第1卷

- 第1篇 一般设计资料
- 第2篇 机械制图和几何公差
- 第3篇 常用机械工程材料
- 第4篇 机构

第2卷

- 第5篇 连接与紧固
- 第6篇 轴及其连接
- 第7篇 轴承
- 第8篇 起重运输机械零部件
- 第9篇 操作件、小五金及管件

第3卷

- 第10篇 润滑与密封
- 第11篇 弹簧
- 第12篇 齿轮传动

第4卷

- 第13篇 带、链传动
- 第14篇 螺旋传动、摩擦轮传动
- 第15篇 多点啮合柔性传动
- 第16篇 减（增）速器、变速器
- 第17篇 常用电机及电气传动系统
- 第18篇 机械振动
- 第19篇 机架

第5卷

- 第20篇 液压传动与控制

第6卷

- 第21篇 气动
- 第22篇 机器人构型与结构设计
- 第23篇 智能制造系统与装备

机械设计手册

HANDBOOK OF MECHANICAL DESIGN

第七版

1

第1卷

主　编

成大先

副主编

王德夫

刘忠明

唐颖达

蔡桂喜

王仪明

郭爱贵

成　杰

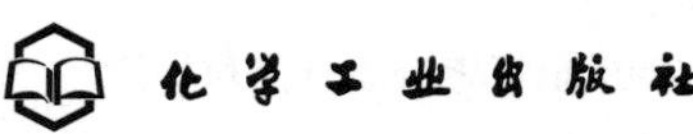

·北　京·

内容简介

《机械设计手册》第七版共6卷，涵盖了机械常规设计的所有内容。其中第1卷包括一般设计资料，机械制图和几何公差，常用机械工程材料，机构。本手册具有权威实用、内容齐全、简明便查的特点。突出实用性，从机械设计人员的角度考虑，合理安排内容取舍和编排体系；强调准确性，数据、资料主要来自标准、规范和其他权威资料，设计方法、公式、参数选用经过长期实践检验，设计举例来自工程实践；反映先进性，增加了许多适合我国国情、具有广阔应用前景的新材料、新方法、新技术、新工艺和新产品。本手册可作为机械设计人员和有关工程技术人员的工具书，也可供高等院校有关专业师生参考使用。

图书在版编目（CIP）数据

机械设计手册. 第1卷 / 成大先主编. -- 7版. 北京：化学工业出版社，2025. 3. -- ISBN 978-7-122-47043-0

Ⅰ. TH122-62

中国国家版本馆 CIP 数据核字第 20250MS654 号

责任编辑：王　烨　　　　装帧设计：尹琳琳

责任校对：边　涛

出版发行：化学工业出版社

（北京市东城区青年湖南街13号　邮政编码100011）

印　　装：三河市航远印刷有限公司

787mm×1092mm　1/16　印张 117¾　字数 4278 千字

2025年3月北京第7版第1次印刷

购书咨询：010-64518888　　　　售后服务：010-64518899

网　　址：http://www.cip.com.cn

凡购买本书，如有缺损质量问题，本社销售中心负责调换。

定　　价：298.00元

撰稿人员
（按姓氏笔画排序）

马　侃　燕山大学
马小梅　洛阳轴承研究所有限公司
王　刚　北方重工集团有限公司
王　迪　北京邮电大学
王　新　3M 中国有限公司
王　薇　北京普道智成科技有限公司
王仪明　北京印刷学院
王延忠　北京航空航天大学
王志霞　太原科技大学
王丽斌　浙江大学
王建伟　燕山大学
王彦彩　同方威视技术股份有限公司
王晓凌　太原重工股份有限公司
王健健　清华大学
王逸琨　北京戴乐克工业锁具有限公司
王新峰　中航西安飞机工业集团股份有限公司
王德夫　中国有色工程有限公司
方　斌　西安交通大学
方　强　浙江大学
石照耀　北京工业大学
叶　龙　北方重工集团有限公司
冯　凯　湖南大学
冯增铭　吉林大学
成　杰　中国科学技术信息研究所
成大先　中国有色工程有限公司
曲艳双　哈尔滨玻璃钢研究院有限公司
任东升　同方威视技术股份有限公司
刘　尧　燕山大学
刘伟民　3M 中国有限公司
刘忠明　郑机所（郑州）传动科技有限公司
刘焕江　太原重型机械集团有限公司
齐臣坤　上海交通大学
闫　柯　西安交通大学
闫　辉　哈尔滨工业大学
孙小波　洛阳轴承研究所有限公司
孙鹏飞　厦门理工学院
杨　松　哈尔滨玻璃钢研究院有限公司
杨　虎　洛阳轴承研究所有限公司
杨　锋　中航西安飞机工业集团股份有限公司
李　斌　北京科技大学
李文超　洛阳轴承研究所有限公司
李优华　中原工学院
李炜炜　北方重工集团有限公司
李俊阳　重庆大学
李胜波　厦门理工学院
李爱峰　太原科技大学
李朝阳　重庆大学
何　鹏　哈尔滨工业大学
汪　军　郑机所（郑州）传动科技有限公司
迟　萌　浙江大学
张　东　北京戴乐克工业锁具有限公司
张　浩　燕山大学
张进利　咸阳超越离合器有限公司
张志宏　郑机所（郑州）传动科技有限公司
张宏生　哈尔滨工业大学
张建富　清华大学
陈　涛　大连华锐重工集团股份有限公司
陈永洪　重庆大学
陈志敏　北京戴乐克工业锁具有限公司
陈志雄　福建龙溪轴承（集团）股份有限公司
陈兵奎　重庆大学
陈建勋　太原科技大学
陈清阳　太原重工股份有限公司
武淑琴　北京印刷学院
苗圩巍　郑机所（郑州）传动科技有限公司
林剑春　厦门理工学院
岳海峰　太原重型机械集团有限公司
周　瑾　南京航空航天大学
周鸣宇　北方重工集团有限公司
周亮亮　太原重型机械集团有限公司

周琬婷　北京邮电大学
郑　浩　上海交通大学
郑中鹏　清华大学
郑晨瑞　北京邮电大学
郎作坤　大连科朵液力传动技术有限公司
孟文俊　太原科技大学
赵玉凯　郑机所（郑州）传动科技有限公司
赵亚磊　中国计量大学
赵建平　陕西法士特齿轮有限责任公司
赵海波　北方重工集团有限公司
赵绪平　北方重工集团有限公司
胡明祎　国机集团工程振动控制技术研究中心
信瑞山　鞍钢北京研究院
侯晓军　中车永济电机有限公司
须　雷　河南省矿山起重机有限公司
姜天一　哈尔滨工业大学
姜洪源　哈尔滨工业大学
秦建平　太原科技大学
敖宏瑞　哈尔滨工业大学
聂幸福　陕西法士特齿轮有限责任公司
贾志勇　深圳市土木建筑学会建筑运营专业委员会
柴博森　吉林大学
徐　建　中国机械工业集团有限公司
殷玲香　南京工艺装备制造股份有限公司
高　峰　上海交通大学
高　鹏　北京工业大学
郭　锐　燕山大学
郭爱贵　重庆大学
唐颖达　苏州美福瑞新材料科技有限公司
凌　丹　电子科技大学
黄　伟　国机集团工程振动控制技术研究中心
黄　海　武汉理工大学
黄一展　北京航空航天大学
康　举　北京石油化工学院
阎绍泽　清华大学
梁百勤　太原重型机械集团有限公司
梁晋宁　同方威视技术股份有限公司
程文明　西南交通大学
曾　钢　中国矿业大学（北京）
曾燕屏　北京科技大学
温朝杰　洛阳轴承研究所有限公司
谢京耀　英特尔公司
谢徐洲　江西华伍制动器股份有限公司
靳国栋　洛阳轴承研究所有限公司
窦建清　北京普道智成科技有限公司
蔡　伟　燕山大学
蔡学熙　中蓝连海设计研究院有限公司
蔡桂喜　中国科学院金属研究所
裴世源　西安交通大学
熊陈生　燕山大学
樊世耀　山西平遥减速机有限公司
颜世铛　郑机所（郑州）传动科技有限公司
霍　光　北方重工集团有限公司
冀寒松　清华大学
魏　静　重庆大学
魏冰阳　河南科技大学

审稿人员
（按姓氏笔画排序）

马文星　王文波　王仪明　文　豪　尹方龙　左开红　吉孟兰　吕　君　朱　胜　刘　实　刘世军　刘忠明
李文超　吴爱萍　何恩光　汪宝明　张晓辉　张海涛　陈清阳　陈照波　赵静一　姜继海　夏清华　徐　华
郭卫东　郭爱贵　唐颖达　韩清凯　蔡桂喜　裴　帮　谭　俊

编辑人员

张兴辉　王　烨　贾　娜　金林茹　张海丽　陈　喆　张燕文　温潇潇　张　琳　刘　哲

HANDBOOK OF MECHANICAL DESIGN SEVENTH EDITION

第七版前言

PREFACE

《机械设计手册》第一版于1969年出版发行，结束了我国机械设计领域此前没有大型工具书的历史，起到了推动新中国工业技术发展和为祖国经济建设服务的重要作用。经过50多年的发展，《机械设计手册》已修订六版，累计销售135万套。作为国家级重点科技图书，《机械设计手册》多次获得国家和省部级奖励。其中，1978年获全国科技大会科技成果奖，1983年获化工部优秀科技图书奖，1995年获全国优秀科技图书二等奖，1999年获全国化工科技进步二等奖，2003年获中国石油和化学工业科技进步二等奖，2010年获中国机械工业科技进步二等奖；多次荣获全国优秀畅销书奖。

《机械设计手册》(以下简称《手册》) 始终秉持权威实用、内容齐全、简明便查的编写特色。突出实用性，从机械设计人员的角度考虑，合理安排内容取舍和编排体系；强调准确性，数据、资料主要来自标准、规范和其他权威资料，设计方法、公式、参数选用经过长期实践检验，设计举例来自工程实践；反映先进性，增加了许多适合我国国情、具有广阔应用前景的新技术、新材料和新工艺，采用了最新的标准、规范，广泛收集了具有先进水平并实现标准化的新产品。

《手册》第六版出版发行至今已有9年的时间，在这期间，机械设计与制造技术不断发展，新技术、新材料、新工艺和新产品不断涌现，标准、规范和资料不断更新，以信息技术为代表的现代科学技术与制造技术相融合也赋予机械工程全新内涵，给机械设计带来深远影响。在此背景之下，经过广泛调研、精心策划、精细编校，《手册》第七版将以崭新的面貌与全国广大读者见面。

《手册》第七版主要修订如下。

一、在适应行业新技术发展、提高产品创新设计能力方面

1. 新增第22篇“机器人构型与结构设计”，帮助设计人员了解机器人领域的关键技术和设计方法，进一步扩展机械设计理论的应用范围。

2. 新增第23篇“智能制造系统与装备”，推动机械设计人员适应我国智能制造标准体系下新的设计理念、设计场景和设计需求。

3. 第3篇新增了“机械设计中的材料选用”一章，为机械设计人员提供先进的选材理念、思路及材料代用等方面的指导性方法和资料。

4. 第12篇新增了摆线行星齿轮传动，谐波传动，面齿轮传动，对构齿轮传动，锥齿轮轮体、支承与装配质量检验，锥齿轮数字化设计与仿真等内容，以适应齿轮传动新技术发展。

5. 第16篇新增了减速器传动比优化分配数学建模，减速器的系列化、模块化，双圆弧人字齿减速器，机器人用谐波传动减速器，新能源汽车变速器，风电、核电、轨道交通、工程机械的齿轮箱传动系统设计等内容。

6. 第18篇新增了“工程振动控制技术应用实例”，通过23个实例介绍不同场景下振动控制的方法和效果。

7. 第 19 篇新增了“机架现代设计方法”一章，以突出现代设计方法在机架有限元分析和机架结构优化设计中的应用。

8. 将“液压传动”篇与“液压控制”篇合并成为新的第 20 篇“液压传动与控制”，完善了液压技术知识体系，新增了液压回路图的绘制规则，液压元件再制造，液压元件、系统及管路污染控制，液压元件和配管、软管总成、液压缸、液压管接头的试验方法等内容。

9. 第 21 篇完善了气动技术知识体系，新增了配管、气动元件和配管试验、典型气动系统及应用等内容。

二、在新产品开发、新型零部件和新材料推广方面

1. 各篇介绍了诸多适应技术发展和产业亟需的新型零部件，如永磁联轴器、风电联轴器、钢球限矩联轴器、液压安全联轴器等；活塞缸固定液压离合器、液压离合器-制动器、活塞缸气压离合器等；石墨滑动轴承、液体动压轴承、UCF 型带座外球面球轴承、长弧面滚子轴承、滚柱交叉导轨副等；不锈弹簧钢丝、高应力液压件圆柱螺旋压缩弹簧等。

2. 在采用新材料方面，充实了钛合金相关内容，新增了 3D 打印 PLA 生物降解材料、机动车玻璃安全技术规范、碳纳米管材料及特性等内容。

三、在贯彻新标准方面

各篇均全面更新了相关国家标准、行业标准等技术标准和资料。

为适应数字化阅读需求，方便读者学习和查阅《手册》内容，本版修订同步推出了《机械设计手册》网络版，欢迎购买使用。

值此《机械设计手册》第七版出版之际，向参加各版编撰和审稿的单位和个人致以崇高的敬意！向一直以来陪伴《手册》成长的读者朋友表示衷心的感谢！ 由于编者水平和时间有限，加之《手册》内容体系庞大，修订中难免存在疏漏和不足，恳请广大读者继续给以批评指正。

编　者

HANDBOOK OF MECHANICAL DESIGN SEVENTH EDITION

目录
CONTENTS

第1篇 一般设计资料

第 11 章 符合造型、载荷、材料等因素要求的零部件结构设计准则 … 1-719

第 12 章 装运要求及设备基础 ………… 1-734

第 13 章 机械设计的巧（新）例与错例 ………………………… 1-743

第2篇 机械制图和几何公差

第3篇 常用机械工程材料

第 2 章　黑色金属材料 …………………………… 3-37

第 4 章　非金属材料 …… 3-429

第 4 篇 机构

HANDBOOK

OF

第1篇 一般设计资料

篇主编	撰稿		审稿	
王仪明	成大先	窦建清	陈清阳	朱　胜
曾　钢	王德夫	成　杰	王文波	
	王仪明		张晓辉	
	曾　钢		左开红	
	陈清阳		谭　俊	

MECHANICAL

DESIGN

修订说明

常用机械设计资料是产品机械设计、制造、装配、检测、装运等阶段所需的基本资料，主要包括物理、数学、力学基础数据及公式，铸、锻、焊、冷加工、工程塑料和粉末冶金的工艺性和结构要素，热处理、表面技术、人机工程学功能参数，机械设计技巧与禁忌等内容。

与第六版相比，主要修订和新增内容如下：

（1）全面更新了相关国家标准等技术标准和资料，删减了大部分企业标准。

（2）删减了第六版“第 14 章 介绍一种新的计算方法-新微分算子法研究机械振动”。

（3）根据新材料、新工艺、新技术发展，新增“增材制造原理及工艺”“热处理标准分类名称及编号摘录”；新增了六种新型材料的基本资料，包括铝镁合金、钛合金、赛钢（POM）、木塑（WPC）、碳纤维和玻璃纤维。

参加本篇编写的有：北京印刷学院王仪明，中国矿业大学（北京）曾钢，中国有色工程有限公司成大先、王德夫，太原重工股份有限公司陈清阳，北京普道智成科技有限公司窦建清，中国科学技术信息研究所成杰等。

本篇由太原重工股份有限公司陈清阳，太原重型机械集团有限公司王文波、张晓辉、左开红，装备再制造国家重点实验室、《中国表面工程》杂志谭俊，解放军装甲兵工程学院朱胜等审稿。

本篇编写组感谢中煤北京煤矿机械有限公司刘爱民、李金峰工程师的指导。

CHAPTER 1

第1章 常用基础资料和公式

1 常用资料和数据

字 母

表 1-1-1

汉语拼音字母								
大 写	小 写	拼 音	大 写	小 写	拼 音	大 写	小 写	拼 音
A	ɑ	ɑ	J	j	jie	S	s	ês
B	b	bê	K	k	kê	T	t	te
C	c	cê	L	l	êl	U	u	u
D	d	dê	M	m	êm	V	v	vê
E	e	e	N	n	nê	W	w	wɑ
F	f	êf	O	o	o	X	x	xi
G	g	gê	P	p	pê	Y	y	yɑ
H	h	hɑ	Q	q	qiu	Z	z	zê
I	i	i	R	r	ɑr			

希腊字母(正体与斜体)(GB/T 3101—1993)							
正 体		斜 体		正 体		斜 体	
大 写	小 写	大 写	小 写	大 写	小 写	大 写	小 写
Α	α	*Α*	*α*	Ν	ν	*Ν*	*ν*
Β	β	*Β*	*β*	Ξ	ξ	*Ξ*	*ξ*
Γ	γ	*Γ*	*γ*	Ο	ο	*Ο*	*ο*
Δ	δ	*Δ*	*δ*	Π	π	*Π*	*π*
Ε	ε	*Ε*	*ε*	Ρ	ρ	*Ρ*	*ρ*
Ζ	ζ	*Ζ*	*ζ*	Σ	σ	*Σ*	*σ*
Η	η	*Η*	*η*	Τ	τ	*Τ*	*τ*
Θ	θ,ϑ	*Θ*	*θ,ϑ*		Υ	*υ*	*Υ*
Ι	ι	*Ι*	*ι*	Φ	ϕ,φ	*Φ*	*ϕ,φ*
Κ	k,κ	*Κ*	*κ*	Χ	χ	*Χ*	*χ*
Λ	λ	*Λ*	*λ*	Ψ	ψ	*Ψ*	*ψ*
Μ	μ	*Μ*	*μ*	Ω	ω	*Ω*	*ω*

注：1. 名称栏内的汉字注音是按普通话的近似音，二字以上的要连续读。
2. 汉语拼音中 “V” 只用来拼写外来语、少数民族语言和方言。
3. 前面没有声母时，韵母 i 写成 y，韵母 u 写成 w。

中国国内标准代号及各国国家标准代号

表 1-1-2

中国国内标准代号	标准名称	中国国内标准代号	标准名称	中国国内标准代号	标准名称	中国国内标准代号	标准名称
GB	强制性国家标准	HB	航空工业行业标准	JC	建材行业标准	SH	石油化工行业标准
GB/T	推荐性国家标准	HG	化工行业标准	JG	建筑工业行业标准	SJ	电子行业标准
GJB	国家军用标准	HJ	环境保护行业标准	JJG	国家计量技术规范	SL	水利行业标准
BB	包装行业标准	HY	海洋行业标准	JT	交通行业标准	SY	石油天然气行业标准
CB	船舶行业标准	JB	机械行业标准	JY	教育行业标准	TB	铁道行业标准
CH	测绘行业标准			LY	林业行业标准	WJ	兵工民品行业标准
CJ	城镇建设行业标准			MH	民用航空行业标准	WM	外经贸行业标准
DL	电力行业标准			MT	煤炭行业标准	XB	稀土行业标准
DZ	地质矿业行业标准			MZ	民政工业行业标准	YB	黑色冶金行业标准
EJ	核工业行业标准			NY	农业行业标准	YS	有色冶金行业标准
FZ	纺织行业标准			QB	轻工行业标准		
				QC	汽车行业标准		
				QJ	航天工业行业标准		

国外标准代号	标准名称	国外标准代号	标准名称	国外标准代号	标准名称	国外标准代号	标准名称
ISO①	国际标准化组织标准	ASME	美国机械工程师学会标准	JSME	日本机械学会标准	NZS	新西兰标准
ISA	国际标准化协会标准	ASTM	美国材料试验标准	JGMA	日本齿轮工业协会标准	ONORM	奥地利标准
IEC	国际电工委员会标准	ГОСТ	俄罗斯国家标准	DS	丹麦标准	SABS	南非标准
IDO	联合国工业发展组织标准	AFNOR	法国标准协会标准	ELOT	希腊标准	SFS	芬兰标准
ANSI②	美国国家标准	NF	法国国家标准	E. S.	埃及标准	UNE	西班牙标准
SAE	美国汽车协会标准	BS	英国标准	IS	印度标准	EN	欧洲标准化委员会标准
NBS	美国国家标准局标准	DIN	德国工业标准	KS	韩国标准		
ASA	美国标准协会标准	VDI	德国工程师协会标准	MSZ	匈牙利标准		
AISI	美国钢铁学会标准	CSA	加拿大标准协会标准	NB	巴西标准		
AGMA	美国齿轮制造者协会标准	UNI	意大利国家标准	NBN	比利时标准		
		AS	澳大利亚标准	NC、UNC	古巴标准		
		SIS	瑞典国家标准	Nch	智利标准		
		JIS	日本工业标准	NEN	荷兰标准		
				NS	挪威标准		

① ISO 的前身为 ISA。

② ANSI 的前身为 ASA，USASI。

注：1. 标准代号后加“/T”为推荐性标准。

2. 中国台湾省标准代号是 CNS。

机械传动效率

表 1-1-3

类别	传动型式	效率 η
圆柱齿轮传动	很好跑合的6级精度和7级精度齿轮传动(稀油润滑)	0.98~0.99
	8级精度的一般齿轮传动(稀油润滑)	0.97
	9级精度的齿轮传动(稀油润滑)	0.96
	加工齿的开式齿轮传动(干油润滑)	0.94~0.96
	铸造齿的开式齿轮传动	0.90~0.93
圆锥齿轮传动	很好跑合的6级和7级精度齿轮传动(稀油润滑)	0.97~0.98
	8级精度的一般齿轮传动(稀油润滑)	0.94~0.97
	加工齿的开式齿轮传动(干油润滑)	0.92~0.95
	铸造齿的开式齿轮传动	0.88~0.92
蜗杆传动	自锁蜗杆	0.4~0.45
	单头蜗杆	0.7~0.75
	双头蜗杆	0.75~0.82
	三头和四头蜗杆	0.8~0.92
	圆弧面蜗杆传动	0.85~0.95
带传动	平带无压紧轮的开式传动	0.98
	平带有压紧轮的开式传动	0.97
	平带交叉传动	0.90
	V带传动	0.96
	同步齿形带传动	0.96~0.98
链传动	焊接链	0.93
	片式关节链	0.95
	滚子链	0.96
	齿形链	0.97
丝杠传动	滑动丝杠	0.3~0.6
	滚动丝杠	0.85~0.95
绞车卷筒		0.94~0.97
滑动轴承	润滑不良	0.94
	润滑正常	0.97
	润滑特好(压力润滑)	0.98
	液体摩擦	0.99
滚动轴承	球轴承(稀油润滑)	0.99
	滚子轴承(稀油润滑)	0.98
摩擦传动	平摩擦传动	0.85~0.92
	槽摩擦传动	0.88~0.90
	卷绳轮	0.95
联轴器	浮动联轴器	0.97~0.99
	齿轮联轴器	0.99
	弹性联轴器	0.99~0.995
	万向联轴器($\alpha \leqslant 3°$)	0.97~0.98
	万向联轴器($\alpha > 3°$)	0.95~0.97
	梅花接轴	0.97~0.98
	液力联轴器(在设计点)	0.95~0.98
复滑轮组	滑动轴承($i=2 \sim 6$)	0.98~0.90
	滚动轴承($i=2 \sim 6$)	0.99~0.95
减(变)速器	单级圆柱齿轮减速器	0.97~0.98
	双级圆柱齿轮减速器	0.95~0.96
	单级行星圆柱齿轮减速器	0.95~0.96
	单级行星摆线针轮减速器	0.90~0.97
	单级圆锥齿轮减速器	0.95~0.96
	双级圆锥-圆柱齿轮减速器	0.94~0.95
	无级变速器	0.92~0.95
	轧机人字齿轮座(滑动轴承)	0.93~0.95
	轧机人字齿轮座(滚动轴承)	0.94~0.96
	轧机主减速器(包括主联轴器和电机联轴器)	0.93~0.96

常用材料的密度

表 1-1-4

t/m³

材料名称	密度	材料名称	密度	材料名称	密度	材料名称	密度
灰铸铁	7.25	锌铝合金	6.3~6.9	工业用毛毡	0.3	有机玻璃	1.18~1.19
白口铸铁	7.55	铝镍合金	2.7	纤维蛇纹石石棉	2.2~2.4	泡沫塑料	0.2
可锻铸铁	7.3	软木	0.1~0.4	角闪石石棉	3.2~3.3	玻璃钢	1.4~2.1
工业纯铁	7.87	木材(含水15%)	0.4~0.75	工业橡胶	1.3~1.8	尼龙	1.04~1.15
铸钢	7.8	胶合板	0.56	平胶板	1.6~1.8	ABS树脂	1.02~1.08
钢材	7.85	刨花板	0.6	皮革	0.4~1.2	石棉板	1~1.3
高速钢	8.3~8.7	竹材	0.9	软钢纸板	0.9	橡胶石棉板	1.5~2.0
不锈钢、合金钢	7.9	木炭	0.3~0.5	纤维纸板	1.3	石棉线	0.45~0.55
硬质合金	14.8	石墨	2~2.2	酚醛层压板	1.3~1.45	石棉布制动带	2
硅钢片	7.55~7.8	石膏	2.2~2.4	平板玻璃	2.5	橡胶夹布传动带	0.8~1.2
紫铜	8.9	凝固水泥块	3.05~3.15	实验器皿玻璃	2.45	磷酸	1.78
黄铜	8.4~8.85	混凝土	1.8~2.45	耐高温玻璃	2.23	盐酸	1.2
铝	2.7	硅藻土	2.2	石英玻璃	2.2	硫酸(87%)	1.8
锡	7.29	普通黏土砖	1.7	陶瓷	2.3~2.45	硝酸	1.54
钛	4.51	黏土耐火砖	2.1	碳化钙(电石)	2.22	酒精	0.8
金	19.32	石英	2.5	胶木	1.3~1.4	汽油	0.66~0.75
银	10.5	大理石	2.6~2.7	电玉	1.45~1.55	煤油	0.78~0.82
镁	1.74	石灰石	2.6	聚氯乙烯	1.35~1.4	柴油	0.83
锌板	7.3	花岗岩	2.6~3	聚苯乙烯	1.05~1.07	石油(原油)	0.82
铅板	11.37	金刚石	3.5~3.6	聚乙烯	0.92~0.95	各类机油	0.9~0.95
工业镍	8.9	金刚砂	4	聚四氟乙烯	2.1~2.3	变压器油	0.88
镍铜合金	8.8	普通刚玉	3.85~3.9	聚丙烯	0.9~0.91	汞	13.55
锡基轴承合金	7.34~7.75	白刚玉	3.9	聚甲醛	1.41~1.43	水(4℃)	1
无锡青铜	7.5~8.2	碳化硅	3.1	聚苯醚	1.06~1.07	空气(20℃)	0.0012
铅基轴承合金	9.33~10.67	云母	2.7~3.1	聚砜	1.24	碳纤维	1.49~2.03
磷青铜	8.8	沥青	0.9~1.5	赛璐珞	1.35~1.4	玻璃纤维	2.26~2.78
镁合金	1.74~1.81	石蜡	0.9	赛钢(POM)	1.41~1.76	木塑(WPC)	0.4~1.4
铝镁合金	2.6~2.7	钛合金	4.3~4.9				

注：表内数值为 $t=20$℃的数值，部分是近似值。

松散物料的密度和安息角

表 1-1-5

物料名称	密度/$t\cdot m^{-3}$	安息角/(°)		物料名称	密度/$t\cdot m^{-3}$	安息角/(°)	
		运动	静止			运动	静止
无烟煤(干,小)	0.7~1.0	27~30	27~45	硫铁矿(块)			45
烟煤	0.8~1	30	35~45	锰矿	1.7~1.9		35~45
褐煤	0.6~0.8	35	35~50	镁砂(块)	2.2~2.5		40~42
泥煤	0.29~0.5	40	45	粉状镁砂	2.1~2.2		45~50
泥煤(湿)	0.55~0.65	40	45	铜矿	1.7~2.1		35~45
焦炭	0.36~0.53	35	50	铜精矿	1.3~1.8		40
木炭	0.2~0.4			铅精矿	1.9~2.4		40
无烟煤粉	0.84~0.89		37~45	锌精矿	1.3~1.7		40
烟煤粉	0.4~0.7		37~45	铅锌精矿	1.3~2.4		40
粉状石墨	0.45		40~45	铁烧结块	1.7~2.0		45~50
磁铁矿	2.5~3.5	30~35	40~45	碎烧结块	1.4~1.6	35	
赤铁矿	2.0~2.8	30~35	40~45	铅烧结块	1.8~2.2		
褐铁矿	1.8~2.1	30~35	40~45	铅锌烧结块	1.6~2.0		

续表

物料名称	密度/t·m^{-3}	安息角/(°)		物料名称	密度/t·m^{-3}	安息角/(°)	
		运动	静止			运动	静止
锌烟尘	0.7~1.5			石灰石(大块)	1.6~2.0	30~35	40~45
黄铁矿烧渣	1.7~1.8			石灰石(中块,小块)	1.2~1.5	30~35	40~45
铅锌团矿	1.3~1.8			生石灰(块)	1.1	25	45~50
黄铁矿球团矿	1.2~1.4			生石灰(粉)	1.2		
平炉渣(粗)	1.6~1.85		45~50	碎石	1.32~2.0	35	45
高炉渣	0.6~1.0	35	50	白云石(块)	1.2~2.0	35	
铅锌水碎渣(湿)	1.5~1.6		42	碎白云石	1.8~1.9	35	
干煤灰	0.64~0.72		35~45	砾石	1.5~1.9	30	30~45
煤灰	0.70		15~20	黏土(小块)	0.7~1.5	40	50
粗砂(干)	1.4~1.9			黏土(湿)	1.7		27~45
细砂(干)	1.4~1.65	30	30~35	水泥	0.9~1.7	35	40~45
细砂(湿)	1.8~2.1		32	熟石灰(粉)	0.5		
造型砂	0.8~1.3	30	45	石灰石(大块)	1.6~2.0	30~35	40~45

材料弹性模量及泊松比

表 1-1-6

名称	弹性模量 E /GPa	切变模量 G /GPa	泊松比 μ	名称	弹性模量 E /GPa	切变模量 G /GPa	泊松比 μ
镍铬钢、合金钢	206	79.38	0.3	横纹木材	0.5~0.98	0.44~0.64	
碳钢	196~206	79	0.3	橡胶	0.00784		0.47
铸钢	172~202		0.3	电木	1.96~2.94	0.69~2.06	0.35~0.38
				赛璐珞	1.71~1.89	0.69~0.98	0.4
球墨铸铁	140~154	73~76	0.3	可锻铸铁	152		
灰铸铁、白口铸铁	113~157	44	0.23~0.27	拔制铝线	69		
冷拔纯铜	127	48		大理石	55		
轧制磷青铜	113	41	0.32~0.35	花岗石	48		
轧制纯铜	108	39	0.31~0.34	石灰石	41		
轧制锰青铜	108	39	0.35	尼龙 1010	1.07		
铸铝青铜	103	41	0.3	夹布酚醛塑料	4~8.8		
冷拔黄铜	89~97	34~36	0.32~0.42	石棉酚醛塑料	1.3		
轧制锌	82	31	0.27	高压聚乙烯	0.15~0.25		
硬铝合金	70	26	0.3	低压聚乙烯	0.49~0.78		
轧制铝	68	25~26	0.32~0.36	聚丙烯	1.32~1.42		
铅	17	7	0.42	硬聚氯乙烯	3.14~3.92		0.34~0.35
玻璃	55	22	0.25	聚四氟乙烯	1.14~1.42		
混凝土	14~39	4.9~15.7	0.1~0.18	碳纤维	230~610	90~95	0.26~0.31
纵纹木材	9.8~12	0.5		赛钢(POM)	2.4~9.1	79~82	0.27~0.30
铝镁合金	68~75	25~27	0.32~0.35	玻璃纤维	53~93	6~9	0.22~0.25
钛合金	55~127	20~47	0.23~0.40	木塑(WPC)	3~5	1.1~1.5	0.2~0.3

表 1-1-7　　基本与常用物理常数

名　称	符号	数　值	单　位
真空中的光速	c_0	2.99792458×10^{8}	m/s
电磁波在真空中的速度	c_0	2.99792458×10^{8}	m/s
电子电荷	e	1.6021892×10^{-19}	C
电子静止质量	m_e	9.109534×10^{-31}	kg
质子静止质量	m_p	1.6726485×10^{-27}	kg
中子静止质量	m_n	1.6749543×10^{-27}	kg
电子荷质比	e/m_e	1.7588047×10^{11}	C/kg
质子荷质比	e/m_p	9.57929×10^{7}	C/kg
电子静止能量	$(W_e)_0$	0.5110034	MeV
质子静止能量	$(W_p)_0$	983.5731	MeV
真空介电常数	ε_0	$8.854187818\times10^{-12}$	F/m
真空磁导率	μ_0	$4\pi\times10^{-7}$	H/m
玻尔半径	a_0	5.2917706×10^{-11}	m
普朗克(Planck)常数	h	6.626176×10^{-34}	J/Hz
阿伏伽德罗(Avogadro)常数	N_A	6.022045×10^{23}	l/mol
约瑟夫逊(Josephson)频率电压比	$2e/h$	4.835939×10^{14}	Hz/V
法拉第(Faraday)常数	F	9.648456×10^{4}	C/mol
里德伯(Rydberg)常数	R_∞	1.097373177×10^{7}	l/m
质子回旋磁比	r_p	2.6751987×10^{8}	Hz/T
玻尔兹曼(Boltzmann)常数	k	1.380662×10^{-23}	J/K
斯蒂芬-玻尔磁曼常数	σ	5.67032×10^{-8}	$W/(m^2\cdot K^4)$
万有引力常数	G	6.6720×10^{-11}	$m^3/(s^2\cdot kg)$
标准重力加速度	g	9.80665	m/s^2
摩尔气体常数	R	8.31441	J/(mol·K)
标准状态下理想气体的摩尔体积	V_m	22.41383×10^{-3}	m^3/mol
第二辐射常数	c_2	1.438786×10^{-2}	m·K
绝对零度	T_0	−273.15	℃
标准大气压	atm	101325	Pa
标准条件下空气中的声速	c	331.4	m/s
纯水三相点的绝对温度	T	273.16	K
4℃时水的密度		0.999973	g/cm^3
0℃时汞的密度		13.5951	g/cm^3
在标准条件下干燥空气的密度		0.001293	g/cm^3

摩 擦 因 数

表 1-1-8 **常用材料的摩擦因数**

摩擦副材料	摩擦因数 μ		摩擦副材料	摩擦因数 μ	
	无润滑	有润滑		无润滑	有润滑
钢-钢	0.15①	0.1~0.12①	青铜-不淬火的 T8 钢	0.16	—
	0.1②	0.05~0.1②	青铜-黄铜	0.16	—
钢-软钢	0.2	0.1~0.2	青铜-青铜	0.15~0.20	0.04~0.10
钢-不淬火的 T8 钢	0.15	0.03	青铜-钢	0.16	—
钢-铸铁	0.2~0.3①	0.05~0.15	青铜-酚醛树脂层压材	0.23	—
	0.16~0.18②		青铜-钢纸	0.24	—
钢-黄铜	0.19	0.03	青铜-塑料	0.21	—
钢-青铜	0.15~0.18	0.1~0.15①	青铜-硬橡胶	0.36	—
		0.07②	青铜-石板	0.33	—
钢-铝	0.17	0.02	青铜-绝缘物	0.26	—
钢-轴承合金	0.2	0.04	铝-不淬火的 T8 钢	0.18	0.03
钢-夹布胶木	0.22	—	铝-淬火的 T8 钢	0.17	0.02
钢-粉末冶金材料	0.35~0.55①	—	铝-黄铜	0.27	0.02
钢-冰	0.027①	—	铝-青铜	0.22	—
	0.014②	—	铝-钢	0.30	0.02
石棉基材料-铸铁或钢	0.25~0.40	0.08~0.12	铝-酚醛树脂层压材	0.26	—
皮革-铸铁或钢	0.30~0.50	0.12~0.15	硅铝合金-酚醛树脂层压材	0.34	—
木材(硬木)-铸铁或钢	0.20~0.35	0.12~0.16	硅铝合金-钢纸	0.32	—
软木-铸铁或钢	0.30~0.50	0.15~0.25	硅铝合金-树脂	0.28	—
钢纸-铸铁或钢	0.30~0.50	0.12~0.17	硅铝合金-硬橡胶	0.25	—
毛毡-铸铁或钢	0.22	0.18	硅铝合金-石板	0.26	—
软钢-铸铁	0.2①,0.18②	0.05~0.15	硅铝合金-绝缘物	0.26	—
软钢-青铜	0.2①,0.18②	0.07~0.15	木材-木材	0.4~0.6①	0.1①
铸铁-铸铁	0.15	0.15~0.16①		0.2~0.5②	0.07~0.10②
		0.07~0.12②	麻绳-木材	0.5~0.8①	—
铸铁-青铜	0.28①	0.16①		0.5②	—
	0.15~0.21②	0.07~0.15②	45 号淬火钢-聚甲醛	0.46	0.016
铸铁-皮革	0.55①,0.28②	0.15①,0.12②	45 号淬火钢-聚碳酸酯	0.30	0.03
铸铁-橡胶	0.8	0.5	45 号淬火钢-尼龙 9(加 3% MoS_2 填充料)	0.57	0.02
橡胶-橡胶	0.5	—			
皮革-木料	0.4~0.5①	—	45 号淬火钢-尼龙 9(加 30%玻璃纤维填充物)	0.48	0.023
	0.03~0.05②	—			
铜-T8 钢	0.15	0.03	45 号淬火钢-尼龙 1010(加 30%玻璃纤维填充物)	0.039	—
铜-铜	0.20	—			
黄铜-不淬火的 T8 钢	0.19	0.03	45 号淬火钢-尼龙 1010(加 40%玻璃纤维填充物)	0.07	—
黄铜-淬火的 T8 钢	0.14	0.02			
黄铜-黄铜	0.17	0.02	45 号淬火钢-氯化聚醚	0.35	0.034
黄铜-钢	0.30	0.02	45 号淬火钢-苯乙烯-丁二烯-丙烯腈共聚体(ABS)	0.35~0.46	0.018
黄铜-硬橡胶	0.25	—			
黄铜-石板	0.25	—			
黄铜-绝缘物	0.27	—	普通钢板(Ra6.3~12.5)与混凝土	0.45~0.6	
石墨-铜合金	0.24~0.35				

①静摩擦因数。②动摩擦因数。

注：1. 表中滑动摩擦因数是摩擦表面为一般情况时的试验数值，由于实际工作条件和试验条件不同，表中的数据只能作近似计算参考。

2. 除①、②标注外，其余材料动、静摩擦因数二者兼之。

表 1-1-9　　　　**常用工程塑料的摩擦因数**

下试样(塑料)	上试样(钢)		上试样(塑料)	
	静摩擦因数 μ_s	动摩擦因数 μ_k	静摩擦因数 μ_s	动摩擦因数 μ_k
聚四氟乙烯	0.10	0.05	0.04	0.04
聚全氟乙丙烯	0.25	0.18	—	—
聚乙烯 低密度	0.27	0.26	0.33	0.33
聚乙烯 高密度	0.18	0.08～0.12	0.12	0.11
聚甲醛	0.14	0.13	—	—
聚偏二氟乙烯	0.33	0.25	—	—
聚碳酸酯	0.60	0.53	—	—
聚苯二甲酸乙二醇酯	0.29	0.28	0.27①	0.20①
聚酰胺(尼龙66)	0.37	0.34	0.42①	0.35①
聚三氟氯乙烯	0.45①	0.33①	0.43①	0.32①
聚氯乙烯	0.45①	0.40①	0.50①	0.40①
聚偏二氯乙烯	0.68①	0.45①	0.90①	0.52①

① 表示黏滑运动。

表 1-1-10　　　　**物体的摩擦因数**

名　称			摩擦因数 μ
滚动轴承	深沟球轴承	径向载荷	0.002
		轴向载荷	0.004
	角接触球轴承	径向载荷	0.003
		轴向载荷	0.005
	圆锥滚子轴承	径向载荷	0.008
		轴向载荷	0.02
	调心球轴承		0.0015
	圆柱滚子轴承		0.002
	长圆柱或螺旋滚子轴承		0.006
	滚针轴承		0.003
	推力球轴承		0.003
	调心滚子轴承		0.004
加热炉内	金属在管子或金属条上		0.4～0.6
	金属在炉底砖上		0.6～1

名　称		摩擦因数 μ
滑动轴承	液体摩擦	0.001～0.008
	半液体摩擦	0.008～0.08
	半干摩擦	0.1～0.5
	液体静压轴承	$(0.75\sim4)\times10^{-6}$
轧辊轴承	滚动轴承	0.002～0.005
	层压胶木轴瓦	0.004～0.006
	青铜轴瓦(用于热轧辊)	0.07～0.1
	青铜轴瓦(用于冷轧辊)	0.04～0.08
	特殊密封全液体摩擦轴承	0.003～0.005
	特殊密封半液体摩擦轴承	0.005～0.01
密封软填料盒中填料与轴的摩擦		0.2
热钢在辊道上摩擦		0.3
冷钢在辊道上摩擦		0.15～0.18
制动器普通石棉制动带(无润滑) $p=0.2\sim0.6\text{MPa}$		0.35～0.48
离合器装有黄铜丝的压制石棉带 $p=0.2\sim1.2\text{MPa}$		0.4～0.43

注：表中滚动轴承和轧辊轴承的摩擦因数为有润滑情况下的无量纲摩擦因数。

表 1-1-11　　　　**有量纲的滚动摩擦因数 μ_k**（大约值）

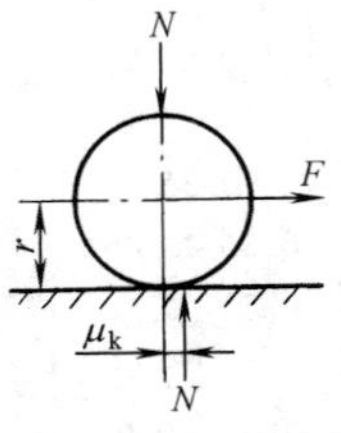

圆柱沿平面滚动。滚动阻力矩为：

$$M=N\mu_k=Fr$$

μ_k 为滚动摩擦因数

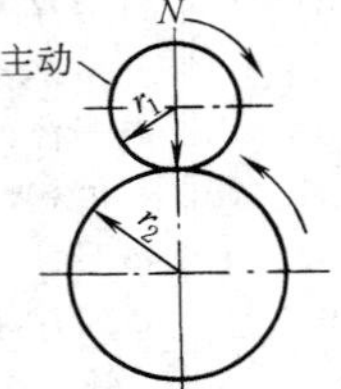

两个具有固定轴线的圆柱，其中主动圆柱以 N 力压另一圆柱，两个圆柱相对滚动。主圆柱上遇到的滚动阻力矩为：

$$M=N\mu_k\left(1+\frac{r_1}{r_2}\right)$$

μ_k 为滚动摩擦因数

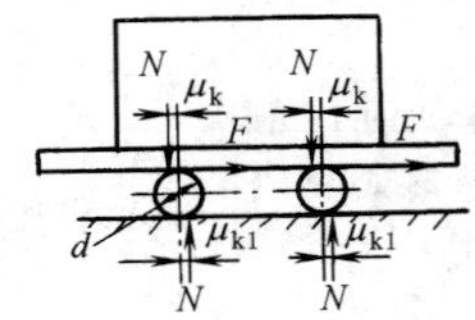

重物压在圆辊支承的平台上移动，每个圆辊承受的载重为 N。克服一个辊子上摩擦阻力所需的牵引力 F

$$F=\frac{N}{d}(\mu_k+\mu_{k1})$$

μ_k 和 μ_{k1} 依次是平台与圆辊之间和圆辊与固定支持物之间的滚动摩擦因数

续表

摩擦副材料	μ_k/cm	摩擦副材料	μ_k/cm
软钢与软钢	约0.05	表面淬火车轮与钢轨	
铸铁与铸铁	约0.05	圆锥形车轮	0.08~0.1
木材与钢	0.03~0.04	圆柱形车轮	0.05~0.070
木材与木材	0.05~0.08	钢轮与木面	0.15~0.25
钢板间的滚子(梁的活动支座)	0.02~0.07	橡胶轮胎与沥青路面	约0.25
铸铁轮或钢轮与钢轨	约0.05	橡胶轮胎与混凝土路面	约0.15
		橡胶轮胎与土路面	1~1.5

注：表中数据只作近似计算参考。

金属材料熔点、热导率及比热容

表 1-1-12

名称	熔点/℃	热导率/W·m^{-1}·K^{-1}	比热容/J·kg^{-1}·K^{-1}	名称	熔点/℃	热导率/W·m^{-1}·K^{-1}	比热容/J·kg^{-1}·K^{-1}	名称	熔点/℃	热导率/W·m^{-1}·K^{-1}	比热容/J·kg^{-1}·K^{-1}
灰口铁	1200	39.2	480	青铜	995	64	343	锡	232	67	228
碳素钢	1400~1500	48	480	紫铜	1083	407	418	锌	419	121	388
不锈钢	1450	15.2	460	铝	658	238	902	镍	1452	91.4	444
黄铜	1083	109	377	铅	327	35	128	钛	1668	22.4	520

注：表中热导率和比热容为20℃时的数据。

材料线胀系数 α_l

表 1-1-13 10^{-6}℃$^{-1}$

材料	温度范围/℃								
	20	20~100	20~200	20~300	20~400	20~600	20~700	20~900	70~1000
工程用铜		16.6~17.1	17.1~17.2	17.6	18~18.1	18.6			
紫铜		17.2	17.5	17.9					
黄铜		17.8	16.8	20.9					
锡青铜		17.6	17.9	18.2					
铝青铜		17.6	17.9	19.2					
铝合金		22.0~24.0	23.4~24.8	24.0~25.9					
碳钢		10.6~12.2	11.3~13	12.1~13.5	12.9~13.9	13.5~14.3	14.7~15		
铬钢		11.2	11.8	12.4	13	13.6			
40CrSi		11.7							
30CrMnSiA		11							
3Cr13		10.2	11.1	11.6	11.9	12.3	12.8		
06Cr18Ni11Ti		16.6	17.0	17.2	17.5	17.9	18.6	19.3	
铸铁		8.7~11.1	8.5~11.6	10.1~12.2	11.5~12.7	12.9~13.2			17.6
镍铬合金		14.5							
砖	9.5								
水泥、混凝土	10~14								
胶木、硬橡胶	64~77								
玻璃		4~11.5							
赛璐珞		100							
有机玻璃		130							

液体材料的物理性能

表 1-1-14

名称	密度 ρ ($t=20$℃) /kg · dm^{-3}	熔点 t /℃	沸点 t/℃	热导率 λ ($t=20$℃) /W · m^{-1} · K^{-1}	比热容 ($0<t<100$℃) /kJ · kg^{-1} · K^{-1}	名称	密度 ρ ($t=20$℃) /kg · dm^{-3}	熔点 t /℃	沸点 t/℃	热导率 λ ($t=20$℃) /W · m^{-1} · K^{-1}	比热容 ($0<t<100$℃) /kJ · kg^{-1} · K^{-1}
水	0.998	0	100	0.60	4.187	氯仿	1.49	-70	61		
汞	13.55	-38.9	357	10	0.138	盐酸	1.20				
						(400g/L)					
苯	0.879	5.5	80	0.15	1.70	硫酸	1.40				
甲苯	0.867	-95	110	0.14	1.67	(500g/L)					
甲醇	0.8	-98	66		2.51	浓硫酸	1.83	约 10	338	0.47	1.42
乙醚	0.713	-116	35	0.13	2.28	浓硝酸	1.51	-41	84	0.26	1.72
乙醇	0.79	-110	78.4		2.38	醋酸	1.04	16.8	118		
丙酮	0.791	-95	56	0.16	2.22	氢氟酸	0.987	-92.5	19.5		
甘油	1.26	19	290	0.29	2.37	石油醚	0.66	-160	>40	0.14	1.76
重油	约 0.83	-10	>175	0.14	2.07	三氯乙烯	1.463	-86	87	0.12	0.93
(轻级)						四氯代	1.62	-20	119		0.904
汽油	约 0.73	-(30	25~210	0.13	2.02	乙烯					
		~50)				亚麻油	0.93	-15	316	0.17	1.88
煤油	0.81	-70	>150	0.13	2.16	润滑油	0.91	-20	>360	0.13	2.09
柴油	约 0.83	-30	150~300	0.15	2.05	变压器油	0.88	-30	170	0.13	1.88

气体材料的物理性能

表 1-1-15

名称	密度 ρ ($t=20$℃) /kg · m^{-3}	熔点 t /℃	沸点 t/℃	热导率 λ ($t=0$℃) /W · m^{-1} · K^{-1}	比热容 ($t=0$℃) /kJ · kg^{-1} · K^{-1}		名称	密度 ρ ($t=20$℃) /kg · m^{-3}	熔点 t /℃	沸点 t/℃	热导率 λ ($t=0$℃) /W · m^{-1} · K^{-1}	比热容 ($t=0$℃) /kJ · kg^{-1} · K^{-1}	
					c_p	c_V						c_p	c_V
氢	0.09	-259.2	-252.8	0.171	14.05	9.934	二氧化碳	1.97	-78.2	-56.6	0.015	0.816	0.627
氧	1.43	-218.8	-182.9	0.024	0.909	0.649	二氧化硫	2.92	-75.5	-10.0	0.0086	0.586	0.456
氮	1.25	-210.5	-195.7	0.024	1.038	0.741	氯化氢	1.63	-111.2	-84.8	0.013	0.795	0.567
氯	3.17	-100.5	-34.0	0.0081	0.473	0.36	臭氧	2.14	-251	-112			
氩	1.78	-189.3	-185.9	0.016	0.52	0.312	硫化碳	3.40	-111.5	46.3	0.0069	0.582	0.473
氖	0.90	-248.6	-246.1	0.046	1.03	0.618	硫化氢	1.54	-85.6	-60.4	0.013	0.992	0.748
氪	3.74	-157.2	-153.2	0.0088	0.25	0.151	甲烷	0.72	-182.5	-161.5	0.030	2.19	1.672
氙	5.86	-111.9	-108.0	0.0051	0.16	0.097	乙炔	1.17	-83	-81	0.018	1.616	1.300
氦	0.18	-270.7	-268.9	0.143	5.20	3.121	乙烯	1.26	-169.5	-103.7	0.017	1.47	1.173
氨	0.77	-77.9	-33.4	0.022	2.056	1.568	丙烷	2.01	-187.7	-42.1	0.015	1.549	1.360
干燥空气	1.293	-213	-192.3	0.02454	1.005	0.718	正丁烷	2.70	-135	1			
煤气	约 0.58	-230	-210		2.14	1.59	异丁烷	2.67	-145	-10			
高炉煤气	1.28	-210	-170	0.02	1.05	0.75	水蒸气①	0.77	0.00	100.00	0.016	1.842	1.381
一氧化碳	1.25	-205	-191.6	0.023	1.038	0.741							

① 表示该项是在 $t=100$℃时测出的。

注：1. 表中性能数据在 101.325kPa 压力时测出。

2. 表中 c_p 表示比定压热容，c_V 表示比定容热容。

2 法定计量单位和常用单位换算

2.1 法定计量单位

用于构成十进倍数单位和分数单位的 SI 词头（摘自 GB 3100—1993）

表 1-1-16

因数	词头名称		符号	因数	词头名称		符号	因数	词头名称		符号
	英文	中文			英文	中文			英文	中文	
10^{24}	yotta	尧[它]	Y	10^{3}	kilo	千	k	10^{-9}	nano	纳[诺]	n
10^{21}	zetta	泽[它]	Z	10^{2}	hecto	百	h	10^{-12}	pico	皮[可]	p
10^{18}	exa	艾[可萨]	E	10^{1}	deca	十	da	10^{-15}	femto	飞[母托]	f
10^{15}	peta	拍[它]	P	10^{-1}	deci	分	d	10^{-18}	atto	阿[托]	a
10^{12}	tera	太[拉]	T	10^{-2}	centi	厘	c	10^{-21}	zepto	仄[普托]	z
10^{9}	giga	吉[咖]	G	10^{-3}	milli	毫	m	10^{-24}	yocto	幺[科托]	y
10^{6}	mega	兆	M	10^{-6}	micro	微	μ				

注：1. 10^4 称为万，10^8 称为亿，10^{12} 称为万亿，这类数词的使用不受词头名称的影响，但不应与词头混淆。
2. [ ] 内的字，是在不致混淆的情况下，可以省略的字。

常用物理量的法定计量单位（摘自 GB/T 3102. 1~3102. 7—1993）

表 1-1-17

量的名称	量的符号、定义	单位名称	单位符号、定义	换算系数	备　注
空间和时间（GB 3102. 1—1993）					
[平面]角（无量纲量）	$\alpha,\beta,\gamma,\theta,\varphi$ 平面角是以两射线交点为圆心的圆被射线所截的弧长与半径之比	弧度	rad 弧度是一圆内两条半径之间的平面角，这两条半径在圆周上所截取的弧长与半径相等		
		度 [角]分 [角]秒	(°) $1° = \frac{\pi}{180}$rad (′) 1′=(1/60)° (″) 1″=(1/60)′	1°=0. 0174533rad $1' = 2.90888\times10^{-4}$rad $1'' = 4.84814\times10^{-6}$rad	“度”最好按十进制细分，其符号置于数字之后，例如：17° 15′最好写成 17. 25°
立体角（无量纲量）	Ω 锥体的立体角是以锥体的顶点为球心作球面，该锥体在球表面截取的面积与球半径平方之比	球面度	sr 球面度是一立体角，其顶点位于球心，而它在球面上所截取的面积等于以球半径为边长的正方形面积		

续表

量的名称	量的符号、定义	单位名称	单位符号、定义	换算系数	备注
空间和时间（GB 3102.1—1993）					
长度 宽度 高度 厚度 半径 直径 程长 距离 笛卡儿坐标 曲率半径	l, L b h δ, d r, R d, D s d, r x, y, z ρ	米 毫米 微米	m mm μm 米是光在真空中（1/299792458）s时间间隔里所经路程的长度		长度是基本量之一 千米俗称公里，米不得称为公尺
		海里	n mile	1n mile = 1852m（准确值）（只用于航程）	
曲率	$\kappa, \kappa = 1/\rho$	每米	m^{-1}		
面积	$A, (s)$ $A = \iint \mathrm{d}x\mathrm{d}y$ x, y是笛卡儿坐标	平方米	m^2		
		公顷	hm^2 $1hm^2$是以100米为边长的正方形面积	$1hm^2 = 10^4 m^2$（准确值）	公顷的国际通用符号为ha
体积，容积	V $V = \iiint \mathrm{d}x\mathrm{d}y\mathrm{d}z$ x, y, z是笛卡儿坐标	立方米	m^3		立方厘米的符号用cm^3，而不用cc
		升	L，(l) $1L = 1dm^3$	$1L = 10^{-3} m^3$（准确值）	1964年国际计量大会重新定义升为$1L = 1dm^3$。根据旧定义，升等于$1.000028dm^3$
时间，时间间隔，持续时间	t	秒	s 秒是铯-133原子基态的两个超精细能级之间跃迁所对应的辐射的9192631770个周期的持续时间		时间是基本量之一
		分 [小]时 日（天）	min，1min = 60s h，1h = 60min d，1d = 24h	 1h = 3600s 1d = 86400s	其他单位如年、月、星期是通常使用单位。年的符号为a
角速度	ω $\omega = \frac{\mathrm{d}\varphi}{\mathrm{d}t}$	弧度每秒	rad/s	$1(°)/s = 0.0174533rad/s$ $1(°)/min = 2.90888 \times 10^{-4} rad/s$ $1rad/min = 0.0166667rad/s$	
角加速度	α $\alpha = \frac{\mathrm{d}\omega}{\mathrm{d}t}$ 此式适用于绕固定轴的旋转，如果ω与α均被看作是矢量，它们也可以普遍使用	弧度每二次方秒	rad/s^2		

续表

量的名称	量的符号、定义	单位名称	单位符号、定义	换 算 系 数	备　注
			空间和时间（GB 3102. 1—1993）		
速度	v c u,v,w $v=\frac{ds}{dt}$	米每秒	$m/s, m\cdot s^{-1}$		v 是广义的标志。c 用作波的传播速度。当不用矢量标志时，建议用 u,v,w 作速度 c 的分量
		千米每小时 节	km/h kn	$1km/h=\frac{1}{3.6}m/s$ $=0.277778m/s$ 1kn = 1n mile/h $=0.514444m/s$	节只用于航行
加速度 自由落体加速度，重力加速度	a　$a=\frac{dv}{dt}$　本方程用于直线运动。如果 a, v 是矢量，它也普遍适用 g	米每二次方秒	m/s^2		标准自由落体加速度：$g_n=9.80665m/s^2$（国际计量大会，1901年）
			周期及有关现象（GB 3102. 2—1993）		
周期	T　一个循环的时间	秒	s		
时间常数	τ　量保持其初始变化率时达到极限值的时间	秒	s		若一个量 $F(t)$ 是时间 t 的函数： $F(t)=A+Be-t/\tau$ 则 τ 是时间常数
频率 旋转频率，旋转速度（转速）	f,ν　$f=\frac{1}{T}$ n　转数除以时间	赫[兹] 每秒 转每分	Hz　$1Hz=1s^{-1}$ s^{-1} r/min	$1r/min=\frac{\pi}{30}rad/s$ $1r/s=2\pi rad/s$	1Hz 是周期为 1s 的周期现象的频率 "转每分"（r/min）通常用作旋转机械转速的单位
角频率，圆频率	ω　$\omega=2\pi f$	弧度每秒 每　秒	rad/s s^{-1}		
波长	λ　在周期波传播方向上，同一时刻两相邻同相位点间的距离	米	m		
					埃（Å）， $1Å=10^{-10}m$（准确值）
波数	σ　$\sigma=\frac{1}{\lambda}$ 与波数对应的矢量 σ 称为波矢量	每　米	m^{-1}		
角波数	κ　$\kappa=2\pi\sigma$ 与角波数对应的矢量 κ 称为传播矢量	弧度每米 每　米	rad/m m^{-1}		
相速度 群速度	c,v　$c=\frac{\omega}{k}=\lambda f$ c_φ, U_φ c_g, U_g　$c_g=\frac{d\omega}{dk}$	米每秒	m/s		如果涉及电磁波速度和其他速度，则用 c 表示电磁波速度，用 v 表示其他速度

续表

量的名称	量的符号、定义	单位名称	单位符号、定义	换算系数	备注
周期及有关现象（GB 3102.2—1993）					
场[量]级	L_F　$L_F=\ln(F/F_0)$ 其中 F 和 F_0 代表两个同类量的振幅，F_0 是基准振幅	奈培 分贝	N_P　$1N_P$ 是当 $\ln(F/F_0)=1$ 时的场量级 dB　1dB 是当 $20\lg(F/F_0)=1$ 时的场量级	$1dB=\frac{\ln10}{20}N_P$ $=0.1151293N_P$	
功率[量]级	L_P　$L_P=\frac{1}{2}\ln(P/P_0)$ 其中 P 和 P_0 代表两个功率，P_0 是基准功率	奈培 分贝	N_P　$1N_P$ 是当 $\frac{1}{2}\ln(P/P_0)=1$ 时的功率量级 dB　1dB 是当 $10\lg(P/P_0)=1$ 时的功率量级		
阻尼系数	δ　若一个量 $F(t)$ 与时间 t 的函数为： $F(t)=Ae^{-\delta t}\cos[\omega(t-t_0)]$ 则 δ 为阻尼系数	每秒 奈培每秒 分贝每秒	s^{-1} N_P/s dB/s		量 $\tau=1/\delta$ 为振幅的时间常数（弛豫时间）。量 $\omega(t-t_0)$ 称为相位
对数减缩	Λ　$\Lambda=T\delta$，阻尼系数与周期的乘积	分贝	dB		无量纲量
衰减系数 相位系数 传播系数	α　若一个量 $F(x)$ 与距离 x 的函数为： $F(x)=Ae^{-\alpha x}\cos[\beta(x-x_0)]$ 则 α 为衰减系数 β　β 为相位系数 γ　$\gamma=\alpha+j\beta$	每米	m^{-1}	α 和 β 的单位，常分别用"奈培每米"（N_P/m）和"弧度每米"（rad/m）	量 $l=1/\alpha$ 被称为衰减长度 量 $\beta(x-x_0)$ 称为相位 $k'=-j\gamma$ 为复角波数
力学（GB 3102.3—1993）					
质量	m　质量是基本量之一	千克（公斤） 吨	kg　千克为质量单位；它等于国际千克原器的质量 t　1t=1000kg	$1g=10^{-3}kg$	人民生活和贸易中，习惯把质量称为重量，但单位应为质量单位 英语中也称为米制吨
体积质量 [质量]密度	ρ　$\rho=\frac{m}{V}$ 质量除以体积	千克每立方米 吨每立方米 千克每升	kg/m^3 t/m^3 kg/L	$1t/m^3=10^3kg/m^3=1g/cm^3$ $1kg/L=10^3kg/m^3=1g/cm^3$	
相对体积质量 相对[质量]密度	d　物质的密度与参考物质的密度在对两种物质所规定的条件下的比				无量纲量，量的名称不应称为比重

续表

量的名称	量的符号、定义	单位名称	单位符号、定义	换算系数	备注
		力学（GB 3102.3—1993）			
质量体积，比体积	v $v=\frac{V}{m}$，体积除以质量	立方米每千克	m^3/kg		
线质量线密度	ρ_l $\rho_l=\frac{m}{l}$，质量除以长度	千克每米	kg/m		
		特[克斯]	tex（用于纤维纺织业）	$1tex=10^{-6}kg/m$ $=1g/km$	
面质量面密度	ρ_A，(ρ_S) $\rho_A=m/A$，质量除以面积	千克每平方米	kg/m^2		
转动惯量（惯性矩）	J，(I) $J=\int r^2 dm$，物体对于一个轴的转动惯量，是它的各质量元与它们到该轴的距离的二次方之积的总和（积分）	千克二次方米	$kg \cdot m^2$	$1kg \cdot m^2=1N \cdot s^2 \cdot m$ $=1J \cdot s^2$ $=1W \cdot s^3$	r为质量元到该轴的距离
动量	p $p=mv$ 质量与速度之积	千克米每秒	$kg \cdot m/s$	$1kg \cdot m/s=1N \cdot s$ $=1Pa \cdot m^2 \cdot s$ $=1J \cdot s/m$	
力 重量	F $F=\frac{d(mv)}{dt}$作用于物体上的合力等于物体动量的变化率 $W(P,G)$ $W=mg$	牛[顿]	N	$1N=1kg \cdot m/s^2$ $=1Pa \cdot m^2=1J/m$ $=1W \cdot s/m$ $=1C \cdot V/m$ $=1A \cdot T \cdot m$ $=1A \cdot Wb/m$ $=1C^2/(F \cdot m)$	加在质量为1kg的物体上使之产生$1m/s^2$加速度的力为1N 物体在特定参考系中的重量为使该物体在此参考系中获得其加速度等于当地自由落体加速度时的力。当此参考系为地球时，此量常称为物体所在地的重力。“重量”一词按习惯仍可用于表示质量，但不赞成这种习惯，用重量表示质量时其单位为kg
冲量	I $I=\int F dt$ 在$[t_1,t_2]$时间内，$I=p(t_2)-p(t_1)$，式中p为动量	牛[顿]秒	$N \cdot s$		
动量矩，角动量	L $L=r \times p$ 质点对一点的动量矩等于从该点到质点的矢径与质点的动量的矢量积	千克二次方米每秒	$kg \cdot m^2/s$		
引力常数	G，(f) 两个质点之间的引力是，$F=G\frac{m_1 m_2}{r^2}$ 式中，r为两质点间的距离，m_1、m_2为两质点的质量	牛[顿]二次方米每二次方千克	$N \cdot m^2/kg^2$		$G=(6.67259 \pm 0.00085) \times 10^{-11} N \cdot m^2/kg^2$

续表

量的名称	量的符号、定义	单位名称	单位符号、定义	换算系数	备注
力学（GB 3102.3—1993）					
力矩	M	牛[顿]米	N·m	定义：力对一点的力矩，等于从这一点到力的作用线上任一点的矢径与该力的矢量积 $M=r\times F$ 在弹性力学中，M 用于表示弯矩，T 用于表示扭矩或转矩	
力偶矩	M			两个大小相等，方向相反，且不在同一直线上的力，其力矩之和	
转矩	M,T			力偶矩的推广	
角冲量	H　$H=\int M\mathrm{d}t$	牛[顿]米秒	N·m·s	在 $[t_1,t_2]$ 时间内，$H=L(t_2)-L(t_1)$，式中 L 为角动量	
压力，压强 正应力 切应力，（剪应力）	p　$p=F/A$，力除以面积 σ τ	帕[斯卡]	Pa $1\mathrm{Pa}=1\mathrm{N/m^2}$	$1\mathrm{Pa}=1\mathrm{N/m^2}=1\mathrm{J/m^3}$ $=1\mathrm{kg/(s^2\cdot m)}$ 符号 p_e 用于表压，其定义为 $p-p_{amb}$，表压的正或负取决于 p 大于或小于环境压力 p_{amb}	$1\mathrm{MPa}=1\mathrm{N/mm^2}$
线应变，（相对变形） 切应变，（剪应变） 体应变	ε,e　$\varepsilon=\dfrac{\Delta l}{l_0}$ γ　$\gamma=\dfrac{\Delta x}{d}$ θ　$\theta=\dfrac{\Delta V}{V_0}$			l_0 是指定参考状态下的长度，Δl 是长度增量， Δx 是厚度为 d 的薄层的上表面对下表面的平行位移 V_0 是指定参考状态下的体积，ΔV 是体积增量	
泊松比	μ,ν　横向收缩量除以延伸量				无量纲量
弹性模量 切变模量，（刚量模量） 体积模量，（压缩模量）	E　$E=\dfrac{\sigma}{\varepsilon}$ G　$G=\dfrac{\tau}{\gamma}$ K　$K=\dfrac{-p}{\theta}$	帕[斯卡]	Pa $1\mathrm{Pa}=1\mathrm{N/m^2}$		E 也称为杨氏模量，G 也称为库仑模量，定义中的 ε、γ 和 θ 是和 σ、τ 和 p 相对应的
[体积]压缩率	κ　$\kappa=\dfrac{1}{V}\times\dfrac{\mathrm{d}V}{\mathrm{d}p}$	每帕[斯卡]	$\mathrm{Pa^{-1}}$ $1\mathrm{Pa^{-1}}=1\mathrm{m^2/N}$		
截面二次矩（惯性矩） 截面二次极矩（极惯性矩）	$I_a,(I)$　$I_a=\int r_a^2\mathrm{d}A$ I_p　$I_p=\int r_p^2\mathrm{d}A$	四次方米	$\mathrm{m^4}$	一截面对在该平面内一轴的二次矩是其面积元与它们到该轴距离的二次方之积的总和（积分） r_a：面积元到轴的距离 一截面对在该平面内一点的二次极矩是其面积元与它们到该点距离的二次方之积的总和（积分） r_p：面积元到一点的距离	

续表

量的名称	量的符号、定义	单位名称	单位符号、定义	换算系数	备注
力学（GB 3102.3—1993）					
截面系数	W,Z　$W=\frac{I_a}{r_{max}}$	三次方米	m^3		一截面对在该平面内一轴的截面系数是其截面的二次矩除以该截面距轴最远点的距离
动摩擦因数 静摩擦因数	$\mu,(f)$　滑动物体的摩擦力与法向力之比 $\mu_s,(f_s)$　静止物体的摩擦力与法向力的最大比值				无量纲量 也称摩擦系数
[动力]黏度	$\eta,(\mu)$　$\tau_{xz}=\eta\frac{dv}{dz}$ 式中τ_{xz}是以垂直于切变平面的速度梯度dv/dz移动的液体中的切应力	帕[斯卡]秒	Pa·s	$1Pa\cdot s=1N\cdot s/m^2$ $=1kg\cdot m^{-1}\cdot s^{-1}$ $=1J\cdot s/m^3$ 一般常用 mPa·s	1p(泊)= 0.1Pa·s 1cp(厘泊)= 10^{-3}Pa·s 1kgf·s/m^2=9.8Pa·s 1lbf·s/ft^2=47.88Pa·s 1lbf·s/in^2 = 6894.76 Pa·s
运动黏度	ν　$\nu=\frac{\eta}{\rho}$ ρ为密度	二次方米每秒	m^2/s	$1m^2/s=1Pa\cdot s\cdot m^3/kg$ $=1J\cdot s/kg$ 一般常用 mm^2/s	1St（斯托克斯）= $10^{-4}m^2/s$ 1cSt(厘斯托克斯)= $10^{-6}m^2/s$ $1ft^2/s=9.2903\times10^{-2}m^2/s$ $1in^2/s=6.4516\times10^{-4}m^2/s$
表面张力	γ,σ　$\gamma=\frac{F}{l}$ 与表面内一个线单元垂直的力除以该线单元的长度	牛[顿]每米	N/m	$1N/m=1J/m^2$ $=1Pa\cdot m$ $=1kg/s^2$	
能[量] 功 势能,位能 动能	E　所有各种形式的能 $W,(A)$　$W=\int F dr$ $E_p,(V)$　$E_p=-\int F dr$ 式中F为保守力 $E_k,(T)$　$E_k=\frac{1}{2}mv^2$	焦[耳]	J　$1J=1N\cdot m$ $=1W\cdot s$	$1J=1N\cdot m=1Pa\cdot m^3$ $=1W\cdot s=1V\cdot A\cdot s$ $=1Wb\cdot A=1V\cdot C$ $=1A^2\cdot H=1V^2\cdot F$ $=1Wb^2/H=1C^2/F$ $=1A^2\cdot\Omega\cdot s$ $=1kg\cdot m^2/s^2$	1J是1N的力在沿力的方向上移过1m距离所做的功
功率	P　$P=\frac{W}{t}$ 能的输送速率	瓦[特] 千瓦	W　1W=1J/s kW	$1W=1J/s=1N\cdot m/s$ $=1Pa\cdot m^3/s$ $=1V\cdot A=1A^2\cdot\Omega$ $=1V^2s$ $=1kg\cdot m^2/s^3$	
效率	η　输出功率与输入功率之比				

续表

量的名称	量的符号、定义	单位名称	单位符号、定义	换算系数	备注
		力学（GB 3102.3—1993）			
质量流量	q_m 质量穿过一个面的速率	千克每秒	kg/s	1kg/s = 1N·s/m = 1Pa·s·m = 1J·s/m^2 1kg/min = 16.6667 ×10^{-3}kg/s 1kg/h = 2.77778 ×10^{-4}kg/s	
体积流量	q_V 体积穿过一个面的速率	立方米每秒	m^3/s	1m^3/min = 16.6667 ×10^{-3}m^3/s 1m^3/h = 2.77778 ×10^{-4}m^3/s	
		热学（GB 3102.4—1993）			
热力学温度	T,(Θ) 热力学温度是基本量之一	开[尔文]	K 热力学温度单位开尔文是水的三相点热力学温度的$\frac{1}{273.16}$		
摄氏温度	t,θ $t=T-T_0$ 其中 T_0 定义为等于 273.15 K	摄氏度	℃ 摄氏度是开尔文用于表示摄氏温度值的一个专门名称		热力学温度 T_0 准确地比水的三相点热力学温度低 0.01K，即 273.15K
线[膨]胀系数 体[膨]胀系数 相对压力系数	α_l $\alpha_l=\frac{1}{l}\times\frac{dl}{dT}$ α_V,(γ) $\alpha_V=\frac{1}{V}\times\frac{dV}{dT}$ α_p $\alpha_p=\frac{1}{p}\times\frac{dp}{dT}$	每开[尔文]	K^{-1}		在不会发生混淆时，符号的下标可省略 压力系数的名称及符号 β 也可用于相对压力系数的量上
压力系数	β $\beta=\frac{dp}{dT}$	帕[斯卡]每开[尔文]	Pa/K		
等温压缩率 等熵压缩率	κ_T $\kappa_T=-\frac{1}{V}\times\left(\frac{\partial V}{\partial p}\right)_T$ κ_S $\kappa_S=-\frac{1}{V}\times\left(\frac{\partial V}{\partial p}\right)_S$	每帕[斯卡]	Pa^{-1}	1Pa^{-1} = 1m^2/N	
热，热量	Q 等温相变中传递的热量，以前常用符号 L 表示，并称为潜热，应当用适当的热力学函数的变化表示，如 $T\Delta S$，这里 ΔS 是熵的变化或 ΔH 焓的变化	焦[耳]	J	1J = 1N·m = 1Pa·m^3 = 1W·s = 1V·A·s = 1kg·m^2/s^2	
热流量	ϕ 单位时间内通过一个面的热量	瓦[特]	W	1W = 1J/s	
面积热流量，热流量密度	q,φ 热流量除以面积	瓦[特]每平方米	W/m^2	1W/m^2 = 1Pa·m/s = 1kg/s^3	

续表

量的名称	量的符号、定义	单位名称	单位符号、定义	换算系数	备注
热学（GB 3102.4—1993）					
热导率，（导热系数）	λ，(κ) 面积热流量除以温度梯度	瓦[特]每米开[尔文]	W/(m·K)		
传热系数 表面传热系数	K，(k) 面积热流量除以温度差 h，(α) $q=h(T_s-T_r)$，式中，T_s 为表面温度，T_r 为表征外部环境特性的参考温度	瓦[特]每平方米开[尔文]	W/(m^2·K)	1W/(m^2·K) =1J/(s·K·m^2) =1N/(s·K·m) =1Pa·m/(s·K) =1kg/(s^3·K)	在建筑技术中，这个量常称为热传递系数，符号为 U
热绝缘系数	M 温度差除以面积热流量 $M=1/K$	平方米开[尔文]每瓦[特]	m^2·K/W		在建筑技术中，这个量常称为热阻，符号为 R
热阻	R 温度差除以热流量	开[尔文]每瓦[特]	K/W		
热导	G $G=1/R$	瓦[特]每开[尔文]	W/K		
热扩散率	a $a=\dfrac{\lambda}{\rho c_p}$ λ 是热导率 ρ 是体积质量 c_p 是质量定压热容	平方米每秒	m^2/s	1m^2/s=1J·s/kg =1N·s·m/kg =1Pa·s·m^3/kg	
热容	C 当一系统由于加给一微小热量 δQ 而温度升高 dT 时，$\delta Q/dT$ 这个量即是热容	焦[耳]每开[尔文]	J/K	1J/K=1N·m/K =1Pa·m^3/K =1kg·m^2/(s^2·K)	除非规定变化过程，这个量是不完全确定的
质量热容，比热容 质量定压热容，比定压热容 质量定容热容，比定容热容 质量饱和热容，比饱和热容	c 热容除以质量 c_p c_V c_{sat}	焦[耳]每千克开[尔文]	J/(kg·K)	1J/(kg·K) =1Pa·m^3/(kg·K) =1m^2/(s^2·K)	相应的摩尔量，参看 GB 3102.8—1993
质量热容比 等熵指数	γ $\gamma=c_p/c_V$ κ $\kappa=-\dfrac{V}{p}\left(\dfrac{\partial p}{\partial V}\right)_S$				这两个量为无量纲量 对于理想气体，$\kappa=\gamma$

续表

量的名称	量的符号、定义	单位名称	单位符号、定义	换算系数	备注
热学（GB 3102.4—1993）					
熵	S 当热力学温度为 T 的系统接受微小热量 δQ 时，若系统内没有发生不可逆的变化，则系统的熵增为 $\delta Q/T$	焦[耳]每开[尔文]	J/K	$1\mathrm{J/K}=1\mathrm{N\cdot m/K}$ $=1\mathrm{Pa\cdot m^3/K}$ $=1\mathrm{kg\cdot m^2/(s^2\cdot K)}$	
质量熵 比熵	s 熵除以质量	焦[耳]每千克开[尔文]	J/(kg·K)	$1\mathrm{J/(kg\cdot K)}$ $=1\mathrm{N\cdot m/(kg\cdot K)}$ $=1\mathrm{Pa\cdot m^3/(kg\cdot K)}$ $=1\mathrm{m^2/(s^2\cdot K)}$	相应的摩尔量参见GB 3102.8—1993
能[量]	E 所有各种形式的能	焦[耳]	J		
热力学能	U 对于热力学封闭系统，$\Delta U=Q+W$，式中 Q 是传给系统的能量，W 是对系统所作的功				热力学能也称为内能
焓	H $H=U+pV$				
亥姆霍兹自由能，亥姆霍兹函数	A,F $A=U-TS$				
吉布斯自由能，吉布斯函数	G $G=U+pV-TS$				$G=H-TS$
质量能，比能	e 内能除以质量	焦[耳]每千克	J/kg	$1\mathrm{J/kg}=1\mathrm{N\cdot m/kg}$ $=1\mathrm{Pa\cdot m^3/kg}$ $=1\mathrm{m^2/s^2}$	相应的摩尔量参见GB 3102.8—1993
质量热力学能，比热力学能	u 热力学能除以质量				质量热力学能也称为质量内能
质量焓，比焓	h 焓除以质量				
质量亥姆霍兹自由能，比亥姆霍兹自由能，比亥姆霍兹函数	a,f 亥姆霍兹自由能除以质量				
质量吉布斯自由能，比吉布斯自由能，比吉布斯函数	g 吉布斯自由能除以质量				
马休函数	J $J=-A/T$	焦[耳]每开[尔文]	J/K		

续表

量的名称	量的符号、定义	单位名称	单位符号、定义	换算系数	备注
热学（GB 3102.4—1993）					
普朗克函数	Y　$Y=-G/T$	焦［耳］每开［尔文］	J/K		
电学和磁学（GB 3102.5—1993）					
电流	I	安［培］	A　在真空中，截面积可忽略的两根相距1m的无限长平行圆直导线内通以等量恒定电流时，若导线间相互作用力在每米长度上为2×10^{-7}N，则每根导线中的电流定义为1A		电流是基本量之一。在交流电技术中，用i表示电流的瞬时值，I表示有效值（均方根值）
电荷［量］	Q　电流对时间的积分	库［仑］	C　1C=1A·s	1C=1J/V=1F·V =1Wb/Ω	也可以使用符号q。ISO和IEC未给出q 单位安［培］［小］时用于蓄电池
体积电荷，电荷［体］密度	ρ,(η)　$\rho=Q/V$ V为体积	库［仑］每立方米	C/m^3		倍数单位可用C/mm^3，C/cm^3
面积电荷，电荷面密度	σ　$\sigma=Q/A$ A为面积	库［仑］每平方米	C/m^2	$1C/m^2=1A\cdot s/m^2$ $=1N/(V\cdot m)$ $=F\cdot T/s$	倍数单位可用C/mm^2，C/cm^2
电场强度	E　$E=F/Q$ F为力	伏［特］每米	V/m　1V/m=1N/C	$1V/m=1m\cdot kg/(A\cdot s^3)$ $=1W/(A\cdot m)$ $=1A\cdot\Omega/m$ $=1A/(S\cdot m)$ $=1T\cdot m/s$ $=1N/C$	倍数单位可用V/mm，V/cm
电位，（电势） 电位差，（电势差），电压 电动势	V,φ　是一个标量，在静电学中： $-\mathrm{grad}\ V=E$ E为电场强度 U,(V)　1、2两点间的电位差为从点1到点2的电场强度线积分 $U=\varphi_1-\varphi_2$ $=\int_{r_1}^{r_2}E\mathrm{d}r$ r为距离 E　电源电动势是电源供给的能量被它输送的电荷除	伏［特］	V　1V=1W/A	1V=1A·Ω =1A/S =1Wb/s =1A·H/s $=1kg\cdot m^2/(A\cdot s^3)$	在交流电技术中，u表示电位差的瞬时值，U表示有效值（均方根值） IEC将φ作为备用符号 在交流电技术中，用e表示电动势的瞬时值，E表示有效值（均方根值）

续表

量的名称	量的符号、定义	单位名称	单位符号、定义	换算系数	备注
电学和磁学（GB 3102.5—1993）					
电通[量]密度，电位移	D div $D=\rho$，电通量密度是一个矢量	库[仑]每平方米	C/m^2，倍数单位可用 C/cm^2	$1C/m^2=1A\cdot s/m^2$ $=1N/(V\cdot m)$ $=1F\cdot T/s$	
电通[量]，电位移通量	Ψ $\Psi=\int De_n dA$ A 为面积，e_n 为面积的矢量单元	库[仑]	C		
电容	C $C=Q/U$	法[拉]	F $1F=1C/V$	$1F=1A\cdot s/V$ $=1S\cdot s$ $=1s/\Omega$ $=1H/\Omega^2$ $=1A^2\cdot s^4/(kg\cdot m^2)$	
介电常数，（电容率） 真空介电常数，（真空电容率）	ε $\varepsilon=D/E$，E 为电场强度 ε_0	法[拉]每米	F/m	$1F/m=1C/(V\cdot m)$ $=1A\cdot s/(V\cdot m)$ $=1S\cdot s/m$ $=1s/(\Omega\cdot m)$ $=1N/V^2$ $=1A^2\cdot s^4/(kg\cdot m^3)$	对于 ε，IEC 给出名称“绝对介电常数（绝对电容率）”，ISO 和 IEC 还给出此量的另一名称“电常数” $\varepsilon_0=1/(\mu_0 c_0^2)$ $=8.854188\times10^{-12}F/m$ 式中，c_0 是电磁波在真空中的传播速度
相对介电常数，（相对电容率）	ε $\varepsilon_r=\varepsilon/\varepsilon_0$				无量纲量
电极化率	x,x_e $x=\varepsilon_r-1$				无量纲量
电极化强度	P $P=D-\varepsilon_0 E$	库[仑]每平方米	C/m^2，倍数单位可用 C/cm^2		IEC 还给出电极化强度备用符号 D_i
电偶极矩	$p,(p_e)$ 是一个矢量 $p\times E=T$ 式中，T 为转矩，E 为均匀场的电场强度	库[仑]米	$C\cdot m$		
面积电流电流密度	$J,(S)$ $\int Je_n dA=I$， 式中 A 为面积，e_n 为面积的矢量单元，面积电流是一个矢量，面积电流对一给定表面的积分等于流经该表面的电流	安[培]每平方米	A/m^2，倍数单位可用 A/mm^2，A/cm^2		面积电流也可以使用符号 $j,(\delta)$。ISO 和 IEC 未给出备用符号 δ
线电流，电流线密度	$A,(a)$ 电流除以导电片宽度	安[培]每米	A/m		倍数单位可用 A/mm，A/cm
磁场强度	H 磁场强度是一矢量， $\mathrm{rot}H=J+\frac{\partial D}{\partial t}$	安[培]每米	A/m	$1A/m=1N/Wb$	倍数单位可用 A/mm，A/cm

续表

量的名称	量的符号、定义	单位名称	单位符号、定义	换算系数	备注
电学和磁学（GB 3102.5—1993)					
磁位差，（磁势差） 磁通势，（磁动势） 电流链	U_m　$U_m=\int_{r_1}^{r_2} H\mathrm{d}r$ r 为距离 F, F_m　$F=\oint H\mathrm{d}r$ r 为距离 Ⓗ　穿过一闭合环路的净传导电流	安[培]	A		IEC 还给出磁位差的符号 U 和备用符号 $\mathscr{U}$ IEC 还给出磁通势的备用符号 $\mathscr{F}$ N 匝相等电流 I 形成的电流链 Ⓗ$=NI$
磁通[量]密度，磁感应强度	B　是一个矢量。$F=I\Delta S\times B$ S　为长度 $I\Delta S$　为电流元	特[斯拉]	T　$1T=1N/(A\cdot m)$	$1T=1V\cdot s/m^2$ $=1Wb/m^2$ $=1Pa\cdot m/A$ $=1J/(A\cdot m^2)$ $=1kg/(A\cdot s^2)$	
磁通[量]	Φ　$\Phi=\int B\mathrm{d}A$ A 为面积	韦[伯]	Wb　$1Wb=1V\cdot s$	$1Wb=1T\cdot m^2$ $=1C\cdot\Omega=1A\cdot H$ $=1J/A=1N\cdot m/A$ $=1kg\cdot m^2/(A\cdot s^2)$	
磁矢位，（磁矢势）	A　磁矢位是一个矢量，其旋度等于磁通密度，$B=\mathrm{rot}\ A$	韦[伯]每米	Wb/m		倍数单位可用 Wb/mm
自感 互感	L　$L=\Phi/I$ M, L_{12}　$M=\Phi_1/I_2$ Φ_1 为穿过回路 1 的磁通 I_2 为回路 2 的电流	亨[利]	H　$1H=1Wb/A$	$1H=1\Omega\cdot s$ $=1s/S$ $=1F\cdot\Omega^2$ $=1kg\cdot m^2/(A^2\cdot s^2)$ $=1V\cdot s/A$	电感：自感和互感的统称
耦合因数，（耦合系数） 漏磁因数，（漏磁系数）	$k,(\kappa)$　$k=\lvert L_{mn}\rvert/\sqrt{L_m L_n}$ σ　$\sigma=1-k^2$				无量纲量
磁导率 真空磁导率	μ　$\mu=B/H$ μ_0	亨[利]每米	H/m $1H/m$ $=1Wb/(A\cdot m)$ $=1V\cdot s/(A\cdot m)$	$1H/m=1\Omega\cdot s/m$ $=1s/(S\cdot m)$ $=1N/A^2$ $=1kg\cdot m/(A^2\cdot s^2)$	IEC 还给出名称“绝对磁导率” $\mu_0=4\pi\times10^{-7}H/m$ $=1.256637\times10^{-6}$ H/m ISO 和 IEC 还给出名称“磁常数”
相对磁导率	μ_r　$\mu_r=\mu/\mu_0$				无量纲量
磁化率	$\kappa,(x_m, x)$ $\kappa=\mu_r-1$				无量纲量 ISO 和 IEC 未给出备用符号 x
[面]磁矩	m　$m\times B=T$ T 为转矩 B 为均匀场的磁通密度	安[培]平方米	$A\cdot m^2$	ISO 还给出名称“电磁矩” IEC 还定义了磁偶极矩 $j=\mu_0 m$，磁偶极矩的单位为 $Wb\cdot m$	

续表

量的名称	量的符号、定义	单位名称	单位符号、定义	换算系数	备注
电学和磁学（GB 3102.5—1993）					
磁化强度	$M,(H_i)$ $M=(B/\mu_0)-H$	安[培]每米	A/m	1A/m=1N/Wb	倍数单位可用 A/mm
磁极化强度	$J,(B_i)$ $J=B-\mu_0 H$	特[斯拉]	T	$1T=1Wb/m^2$ $=1V\cdot s/m^2$	
体积电磁能 电磁能密度	w 电磁场能量除以体积 $w=\frac{1}{2}(ED+BH)$	焦[耳]每立方米	J/m^3	$1J/m^3=1kg/(s^2\cdot m)$	
坡印廷矢量	S $S=E\times H$	瓦[特]每平方米	W/m^2		
电磁波的相平面速度 电磁波在真空中的传播速度	c,c_0	米每秒	m/s		$c_0=1/\sqrt{\varepsilon_0\mu_0}$ $=299792458m/s$ 如果介质中的速度用符号 c，则真空中的速度用符号 c_0
[直流]电阻	R $R=U/I$（导体中无电动势）	欧[姆]	Ω 1Ω=1V/A	$1\Omega=1S^{-1}$ $=1W/A^2$ $=1V^2/W$ $=1Wb/C$ $=1s/F$ $=1H/s$ $=1kg\cdot m^2/(A^2\cdot s^3)$	
[直流]电导	G $G=I/R$	西[门子]	S 1S=1A/V	$1S=1\Omega^{-1}$ $=1A^2\cdot s^3/(kg\cdot m^2)$	
[直流]功率	P $P=UI$	瓦[特]	W 1W=1V·A		
电阻率	ρ $\rho=RA/l$ A 为面积 l 为长度	欧[姆]米	Ω·m	$1\Omega\cdot m=1m/S$ $=1V\cdot m/A$ $=1s\cdot m/F$ $=1H\cdot m/s$	倍数单位可用 Ω·cm，μΩ·cm
电导率	γ,σ $\gamma=1/\rho$	西[门子]每米	S/m	$1S/m=1\Omega^{-1}\cdot m^{-1}$ $=1A/(V\cdot m)$ $=1F/(s\cdot m)$ $=1s/(H\cdot m)$	电化学中用符号 κ
磁阻	R_m $R_m=U_m/\Phi$ IEC 还给出备用符号 $\mathscr{R}$ ISO 和 IEC 还给出符号 R	每亨[利]	H^{-1} $1H^{-1}=1A/Wb$		
磁导	$\Lambda,(P)$ $\Lambda=1/R_m$	亨[利]	H 1H=1Wb/A		
绕组的匝数 相数 极对数	N m p				都是无量纲量
频率 旋转频率	f,ν n 转数被时间除	赫[兹] 每秒	Hz s^{-1}	$1Hz=1s^{-1}$	

续表

量的名称	量的符号、定义	单位名称	单位符号、定义	换算系数	备注
电学和磁学(GB 3102.5—1993)					
角频率	ω　$\omega=2\pi f$	弧度每秒 每秒	rad/s s^{-1}		
相[位]差,相[位]移	φ　当两个正弦量,u,i分别为 $u=U_m\cos\omega t$,$i=I_m\cos(\omega t-\varphi)$时,则$\varphi$为相位移		弧度	rad	此量无量纲
			[角]秒 [角]分 度	(″)$1''=(\pi/648000)$rad (′)$1'=60''=(\pi/10800)$rad (°)$1°=60'=(\pi/180)$rad	这三个单位符号不处于数字右上角时,用括号。π为圆周率
阻抗,(复[数]阻抗)	Z　复数电压被复数电流除　$Z=\lvert Z\rvert e^{j\varphi}=R+jX$	欧[姆]	Ω $1\Omega=1V/A$		
阻抗模,(阻抗)	$\lvert Z\rvert$　$\lvert Z\rvert=\sqrt{R^2+X^2}$				
电抗	X　阻抗的虚部　当一感抗与一容抗串联时,$X=\omega L-\frac{1}{C\omega}$				
[交流]电阻	R　阻抗的实部　在交流电技术中,电阻均指交流电阻,必要时还应说明频率;如需与直流电阻区别,则可使用全称				
品质因数	Q　对于无辐射系统,如果$Z=R+jX$,则$Q=\lvert X\rvert/R$				无量纲量
导纳,(复[数]导纳)	Y,$Y=1/Z$　$Y=\lvert Y\rvert e^{-j\varphi}=G+jB=(R-jX)/\lvert Z\rvert^2$	西[门子]	S $1S=1A/V$		
导纳模,(导纳)	$\lvert Y\rvert$　$\lvert Y\rvert=\sqrt{G^2+B^2}$				
电纳	B　导纳的虚部　在交流电技术中,电导均指交流电导,必要时还应说明频率;如需与直流电导区别,则可使用全称				
[交流]电导	G　导纳的实部				

续表

量的名称	量的符号、定义	单位名称	单位符号、定义	换算系数	备注
电学和磁学（GB 3102.5—1993）					
损耗因数	d $d=1/Q$				无量纲量
损耗角	δ $\delta=\arctan d$	弧度	rad		
［有功］功率	P $P=\frac{1}{T}\int_0^T ui\mathrm{d}t$ 式中，t 为时间，T 为计算功率的时间	瓦特	W 1W＝1J/s ＝1V·A	1W＝1N·m/s ＝1Pa·m^3/s ＝1A^2·Ω ＝1V^2·S ＝1kg·m^2/s^3	$P=ui$ 是瞬时功率，在电工技术中，有功功率单位用瓦特（W）
视在功率（表观功率）	S，P_S $S=UI$ 需要强调其复数性质时使用名称“复［数视在］功率”、符号为 S、P_S 和“复［数视在］功率模”、符号为 $\|S\|$、$\|P_S\|$ 当 $u=U_m\cos\omega t=\sqrt{2}\ U\cos\omega t$ 和 $i=I_m\cos(\omega t-\varphi)=\sqrt{2}I\cos(\omega t-\varphi)$ 时，则 $P=UI\cos\varphi$ $Q=UI\sin\varphi$	伏安	V·A		$\lambda=\cos\varphi$ 式中 φ 为正弦交流电压和正弦交流电流间的相位角
无功功率	Q，P_Q $Q=\sqrt{S^2-P^2}$				无功功率单位 IEC 用乏（var）
功率因数	λ $\lambda=P/S$				无量纲量
［有功］电能［量］	W 有功功率对时间的积分，$W=\int ui\mathrm{d}t$ 发电能量可称为发电量，送电能量可称为送电量，用电能量可称为用电量	焦［耳］ 千瓦［特］［小］时	J kW·h 1kW·h＝3.6MJ	1J＝1N·m＝1Pa·m^3＝1W·s ＝1V·A·s＝1Wb·A＝1V·C ＝1A^2·H＝1V^2·F＝1Wb^2/H ＝1C^2/F＝1A^2·Ω·s＝1V^2·S·s ＝1kg·m^2/s^2	
光　学（GB 3102.6—1993）					
光通量	Φ，(Φ_V) 发光强度为 I 的光源在立体角 dΩ 内的光通量， $\mathrm{d}\Phi=I\mathrm{d}\Omega$， $\Phi=\int\Phi_\lambda\mathrm{d}\lambda$	流［明］	lm	1lm＝1cd·sr sr 为立体角球面度	
发光强度	I，(I_V) $I=\int I_\lambda\mathrm{d}\lambda$，发光强度是基本量之一	坎［德拉］	cd	坎德拉是一光源在给定方向上的发光强度，该光源发出频率为 540×10^{12}Hz 的单色辐射，且在此方向上的辐射强度为（1/683）W/sr	

续表

量的名称	量的符号、定义	单位名称	单位符号、定义	换算系数	备注
光学（GB 3102.6—1993）					
[光]亮度	L,(L_V) 表面一点处的面元在给定方向上的发光强度除以该面元在垂直于给定方向的平面上的正投影面积 $L=\int L_\lambda d\lambda$	坎[德拉]每平方米	cd/m^2		
[光]照度	E,(E_V) 照射到表面一点处的面元上的光通量除以该面元的面积，$E=\int E_\lambda d\lambda$	勒[克斯]	lx	$1lx=1lm/m^2$	
辐[射]能	Q,W 以辐射的形式发射、传播(U,Q_e)或接收的能量	焦[耳]	J	1J=1N·m	
辐[射]功率 辐[射能]通量	P,Φ,(Φ_e) 以辐射的形式发射、传播和接收的功率 $\Phi=\int \Phi_\lambda d\lambda$	瓦[特]	W	1W=1J/s	
光量	Q(Q_V) 光通量对时间积分 $Q=\int Q_\lambda d\lambda$	流[明]秒	lm·s		
曝光量	H $H=\int E dt$	勒[克斯]秒	lx·s		
声学（GB 3102.7—1993）					
静压 (瞬时)声压	p_s,(p_0) 没有声波时媒质中的压力 p 有声波时媒质中的瞬时总压力与静压之差	帕[斯卡]	Pa $1Pa=1N/m^2$		
声能密度	ω,(e),(D) 某一给定体积中的平均声能除以该体积	焦[耳]每立方米	J/m^3		
声功率	W,P 声波辐射的、传输的或接收的功率	瓦[特]	W		
声强[度]	I,J 通过一与传播方向垂直的表面的声功率除以该表面的面积	瓦[特]每平方米	W/m^2		
声阻抗率 [媒质的声]特性阻抗	Z_s 某表面上的声压与质点速度的复数比 Z_c 对一平面行波，媒质中某点处的声压与质点速度的复数比	帕[斯卡]秒每米	Pa·s/m	对于无损耗的媒质 $Z_c=\rho c$ c 为声波在媒质中的传播速度，m/s ρ 为媒质密度，kg/m^3	

续表

量的名称	量的符号、定义	单位名称	单位符号、定义	换算系数	备　注
声　学(GB 3102.7—1993)					
声阻抗 声　阻 声　抗	Z_a　某表面上的声压和体积流量的复数比 R_a　声阻抗的实数部分 X_a　声阻抗的虚数部分	帕[斯卡]秒每立方米	$Pa \cdot s/m^3$		
力阻抗 力　阻 力　抗	Z_m　某表面(或某点)上的力与在此力方向上该表面上的平均质点速度(或该点上的质点速度)的复数比 R_m　力阻抗的实数部分 X_m　力阻抗的虚数部分	牛[顿]秒每米	$N \cdot s/m$		
声压级	L_p　$L_p=2\lg(p/p_0)$ 式中,p 为声压;p_0 为基准声压,在空气中 $p_0=20\mu Pa$,在水中 $p_0=1\mu Pa$	贝[尔]	B	1B 为 $2\lg(p/p_0)=1$ 时的声压级	通常用 dB 为单位,1dB=0.1B 此处 p,I,W 均为有效值 声压级 L_p 的下标 p 可略去,特别是当需用其他下标时
声强级	L_I　$L_I=\lg(I/I_0)$ 式中,I 为声强;I_0 为其准声强,等于 $1pW/m^2$	贝[尔]	B	1B 为 $\lg(I/I_0)=1$ 时的声强级	
声功率级	L_W　$L_W=\lg(W/W_0)$ 式中,W 为声功率;W_0 为基准声功率,等于 1pW	贝[尔]	B	1B 为 $\lg(W/W_0)=1$ 时的声功率级	
隔声量	R　$R=\frac{1}{2}\lg(1/\tau)$ 式中,τ 为透射因数	贝[尔]	B	1B 为 $\lg(1/\tau)=1$ 时的隔声量 通常用 dB 为单位	
吸声量	A　吸收因数乘以材料的表面积	平方米	m^2	吸收因数 α:$\alpha=\delta+\tau$ 损耗因数 δ:损耗声功率与入射声功率之比 透射因数 τ:透射声功率与入射声功率之比	
感觉噪声级	L_{PN}　$L_{PN}=2\lg(p_f/p_0)_{1kHz}$ 式中,p_f 为测试者判断为具有相等噪度的来自正前方中心频率 1kHz 的倍频带噪声的声压级	贝[尔]	B	1B 为 $2\lg(p_f/p_0)=1$ 时的感觉噪声级。通常以 dB 为单位。此量不是纯物理量,而是主观评价量	

注:1. 平面角单位度、分、秒的符号,在组合单位中应采用(°)、(′)、(″)的形式。例如不用°/s 而用(°)/s。

2. 方括号中的字,在不致引起混淆、误解的情况下,可以省略。

3. 量的符号用斜体,单位符号用正体,如 m/kg,其中 m 表示质量符号用斜体,kg 表示质量的单位符号千克用正体。除来源于人名的单位符号第一字母要大写外,其余均为小写字母(但升的符号 L 除外),如牛[顿]用 N,帕[斯卡]用 Pa。

2.2 常用单位换算

长度单位换算

表 1-1-18

米(m)	英寸(in)	英尺(ft)	码(yd)	公里(km)	英里(mile)	(国际)海里(n mile)
1	39.3701	3.28084	1.09361	0.001	6.21371×10^{-4}	5.39957×10^{-4}
0.0254	1	0.0833333	0.0277778	0.0254×10^{-3}	1.57828×10^{-5}	1.37149×10^{-5}
0.3048	12	1	0.333333	0.3048×10^{-3}	1.89394×10^{-4}	1.64579×10^{-4}
0.9144	36	3	1	0.9144×10^{-3}	5.68182×10^{-4}	4.93737×10^{-4}
1000.0	39370.1	3280.84	1093.61	1	0.621371	0.539957
1609.344	63360	5280	1760	1.609344	1	0.868976
1852	72913.4	6076.12	2025.37	1.851999	1.15078	1

面积单位换算

表 1-1-19

平方米(m^2)	平方英寸(in^2)	平方英尺(ft^2)	平方码(yd^2)	市亩	平方英里($mile^2$)	平方千米(km^2)	公亩(a)	公顷(hm^2)
1	1550.00	10.7639	1.19599	0.15×10^{-2}	3.86102×10^{-7}	1×10^{-6}	1×10^{-2}	1×10^{-4}
6.4516×10^{-4}	1	6.94444×10^{-3}	7.71605×10^{-4}	9.67742×10^{-7}	2.49098×10^{-10}	0.64516×10^{-9}	0.64516×10^{-5}	6.4516×10^{-8}
0.0929030	144	1	0.111111	1.39355×10^{-4}	3.58701×10^{-8}	9.29030×10^{-8}	9.29030×10^{-4}	9.29030×10^{-5}
0.836127	1296	9	1	1.25419×10^{-3}	3.22831×10^{-7}	8.36127×10^{-7}	8.36127×10^{-3}	8.36127×10^{-5}
6.66667×10^{2}	1.03333×10^{6}	7.17593×10^{3}	7.97327×10^{2}	1	2.57401×10^{-4}	6.66667×10^{-4}	6.66667	6.66667×10^{-2}
2.58999×10^{6}	4.01449×10^{9}	2.78784×10^{7}	3.09760×10^{6}	3.88499×10^{3}	1	2.58999	25899.9	2.58999×10^{2}
1×10^{6}	1.55000×10^{9}	1.07639×10^{7}	1.19599×10^{6}	1500	0.386102	1	1×10^{4}	1×10^{2}
1×10^{2}	1.55000×10^{5}	1.07639×10^{3}	1.19599×10^{2}	0.15	3.86102×10^{-5}	1×10^{-4}	1	1×10^{-2}
1×10^{4}	1.55000×10^{7}	1.07639×10^{5}	1.19599×10^{4}	15	3.86102×10^{-3}	1×10^{-2}	1×10^{2}	1

注：1. 1 英亩 (acre) = 0.404686ha = 4046.86m^2 = 0.004047km^2。
2. 公顷的国际通用符号为 ha。

体积、容积单位换算

表 1-1-20

立方米(m^3)	立方分米,升(dm^3,L)	立方英寸(in^3)	立方英尺(ft^3)	立方码(yd^3)	英加仑(UK gal)	美加仑(US gal)
1	1000	61023.7	35.3147	1.30795	219.969	264.172
0.001	1	61.0237	0.0353147	1.30795×10^{-3}		
0.16387064×10^{-4}	1.6387064×10^{-2}	1	5.78704×10^{-4}	2.14335×10^{-5}	0.219969	0.264172
0.0283168	28.3168	1728	1	0.0370370	3.60465×10^{-3}	4.32900×10^{-3}
0.764555	764.555	46656	27	1	6.22883	7.48052
4.54609×10^{-3}	4.54609	277.420	0.160544		1	1.20095
3.78541×10^{-3}	3.78541	231	0.133681		0.832674	1

注：1. 1桶 (barrel) (用于石油) = $9702in^3$ = $158.9873dm^3$ = 42US gal = 34.97UK gal。
2. 1蒲式耳 (bu) (美) = $2150.42in^3$ = $35.239dm^3$。

质量、转动惯量单位换算

表 1-1-21

吨(t)	千克(kg)	克(g)	英吨(ton)	美吨(US ton)	磅(lb)	盎司(oz)	市斤	市两
1	1×10^3	1×10^6	0.984207	1.10231	2204.62	35274.0	2×10^3	2×10^4
1×10^{-3}	1	1×10^3	9.84207×10^{-4}	1.10231×10^{-3}	2.20462	35.2740	2	20
1×10^{-6}	1×10^{-3}	1	9.84207×10^{-7}	1.10231×10^{-6}	2.20462×10^{-3}	0.0352740	2×10^{-3}	2×10^{-2}
1.01605	1016.05	1.01605×10^6	1	1.12	2240	35840		
0.907185	907.185	9.07185×10^5	0.892857	1	2000	32000		
4.5359237×10^{-4}	0.45359237	453.59237	4.46429×10^{-4}	5×10^{-4}	1	16	0.907184	9.07184
2.83495×10^{-5}	0.0283495	28.3495	2.79018×10^{-5}	3.125×10^{-5}	6.25×10^{-2}	1	0.0566990	0.566990
0.5×10^{-3}	0.5	5×10^2			1.10231	17.6370	1	10
0.5×10^{-4}	0.05	50			0.110231	1.76370	0.1	1
转动惯量	$1lb\cdot ft^2=0.04214kg\cdot m^2$；$1lb\cdot in^2=2.9264\times10^{-4}kg\cdot m^2$							

注：1. 英吨的单位符号为"ton"，在我国书刊中也有用"UK ton"。
2. 美吨是美国单位，又称为"short ton"，即短吨。

密度单位换算

表 1-1-22

千克每立方米(克每升) [$kg\cdot m^{-3}$($g\cdot L^{-1}$)]	克每毫升(克每立方厘米,吨每立方米) [$g\cdot mL^{-1}$($g\cdot cm^{-3}$, $t\cdot m^{-3}$)]	磅每立方英寸 ($lb\cdot in^{-3}$)	磅每立方英尺 ($lb\cdot ft^{-3}$)	磅每英加仑 [$lb\cdot(UK\ gal)^{-1}$]	磅每美加仑 [$lb\cdot(US\ gal)^{-1}$]
1	0.001	3.61273×10^{-5}	6.24280×10^{-2}	1.00224×10^{-2}	0.834540×10^{-2}
1000	1	0.0361273	62.4280	10.0224	8.34540
27679.9	27.6799	1	1728	277.420	231
16.0185	0.0160185	5.78704×10^{-4}	1	0.160544	0.133681
99.7763	0.0997763	3.60165×10^{-3}	6.22883	1	0.832674
119.826	0.110826	4.32900×10^{-3}	7.48052	1.20095	1

注：$1lb/yd^3$ (磅每立方码) = $0.037\ lb/ft^3$ = $0.593276kg/m^3$。

速度单位换算

表 1-1-23

米每秒 ($m \cdot s^{-1}$)	千米每小时 ($km \cdot h^{-1}$)	英尺每分 ($ft \cdot min^{-1}$)	英尺每秒 ($ft \cdot s^{-1}$)	英里每小时 ($mile \cdot h^{-1}$)	节 (kn)	市里每小时 (市里·时$^{-1}$)
1	3.6	196.850	3.28084	2.23694	1.94260	7.2
0.277778	1	54.6807	0.911344	0.621371	0.539612	2
0.00508	0.018288	1	0.0166667	0.0113636	9.86842×10^{-3}	0.036576
0.3048	1.09728	60	1	0.681818	0.592105	2.19456
0.44704	1.609344	88	1.46667	1	0.868421	3.218688
0.514773	1.85318	101.333	1.68889	1.15152	1	3.706368
0.138889	0.5	27.3403	0.455672	0.310686	0.269806	1

角速度单位换算

表 1-1-24

弧度每秒 ($rad \cdot s^{-1}$)	弧度每分 ($rad \cdot min^{-1}$)	转每秒 ($r \cdot s^{-1}$)	转每分 ($r \cdot min^{-1}$)	度每秒 [$(°) \cdot s^{-1}$]	度每分 [$(°) \cdot min^{-1}$]
1	60	0.159155	9.54930	57.2958	3437.75
0.0166667	1	0.00265258	0.159155	0.954930	57.2958
6.28319	376.991	1	60	360	21600
0.104720	6.28319	0.0166667	1	6	360
0.0174533	1.04720	0.00277778	0.166667	1	60
2.90888×10^{-4}	0.0174533	4.62963×10^{-5}	2.77778×10^{-3}	0.0166667	1

质量流量单位换算

表 1-1-25

千克每秒 ($kg \cdot s^{-1}$)	克每分 ($g \cdot min^{-1}$)	克每秒 ($g \cdot s^{-1}$)	吨每小时 ($t \cdot h^{-1}$)	吨每分 ($t \cdot min^{-1}$)	千克每小时 ($kg \cdot h^{-1}$)	千克每分 ($kg \cdot min^{-1}$)	英吨每小时 ($ton \cdot h^{-1}$)	美吨每小时 ($US\ ton \cdot h^{-1}$)
1	6×10^{4}	1000	3.6	0.06	3600	60	3.54315	3.96832
1.66667×10^{-5}	1	0.0166667	6×10^{-5}	1×10^{-6}	0.06	1×10^{-3}	5.90524×10^{-5}	6.61386×10^{-5}
0.001	60	1	0.0036	6×10^{-5}	3.6	0.08	0.354315×10^{-2}	0.396832×10^{-2}
0.277778	0.166667×10^{5}	277.778	1	0.0166667	1000	16.6667	0.984207	1.10231
16.6667	1×10^{6}	1.66667×10^{4}	60	1	6×10^{4}	1000	59.0524	66.1386
0.277778×10^{-3}	16.6667	0.277778	1×10^{-3}	1.66667×10^{-5}	1	0.0166667	0.984207×10^{-3}	1.10231×10^{-3}
0.0166667	1000	16.6667	0.06	0.001	60	1	0.0590524	0.0661386
0.282236	0.169342×10^{5}	282.236	1.01605	1.69342×10^{-2}	1016.05	16.9342	1	1.12
0.251996	15119.8	251.996	0.907185	0.0151198	907.185	15.1198	0.892859	1

体积流量单位换算

表 1-1-26

立方米每秒 ($m^3 \cdot s^{-1}$)	立方米每分 ($m^3 \cdot min^{-1}$)	立方米每小时 ($m^3 \cdot h^{-1}$)	立方厘米每秒 ($cm^3 \cdot s^{-1}$)	升每秒 ($L \cdot s^{-1}$)	升每分 ($L \cdot min^{-1}$)	升每小时 ($L \cdot h^{-1}$)	立方英尺每秒 ($ft^3 \cdot s^{-1}$)	立方英尺每分 ($ft^3 \cdot min^{-1}$)	立方英尺每小时 ($ft^3 \cdot h^{-1}$)
1	60	3600	1×10^6	1000	6×10	3.6×10^6	35.3147	0.211888×10^4	0.127133×10^6
0.0166667	1	60	0.166667×10^5	16.6667	1000	6×10^4	0.588578	35.3147	2118.88
2.77778×10^{-4}	0.0166667	1	277.778	0.277778	16.6667	1000	9.80963×10^{-3}	0.588578	35.3147
1×10^{-6}	6×10^{-5}	3.6×10^{-3}	1	1×10^{-3}	0.06	3.6	3.53147×10^{-5}	0.211888×10^{-2}	0.127133
0.001	0.06	3.6	1000	1	60	3600	0.0353147	2.11888	127.133
1.66667×10^{-5}	1×10^{-3}	0.06	16.6667	0.0166667	1	60	5.88578×10^{-4}	0.0353147	2.11888
0.277778×10^{-6}	0.166667×10^{-4}	0.001	0.277778	0.277778×10^{-3}	0.0166667	1	9.80963×10^{-6}	0.588578×10^{-3}	0.0353147
0.0283168	1.69902	101.941	0.283169×10^8	28.3168	1699.01	101940	1	60	3600
0.471947×10^{-3}	0.0283168	1.69902	0.471947×10^6	0.471947	28.3168	1699.02	0.0166667	1	60
7.86579×10^{-6}	0.471947×10^{-3}	0.0283168	7.86579	7.86579×10^{-3}	0.471947	28.3168	0.277778×10^{-3}	0.0166667	1

压力单位换算

表 1-1-27

帕斯卡 [Pa 或($N \cdot m^{-2}$)]	牛顿每平方毫米 ($N \cdot mm^{-2}$ 或 MPa)	千克力每平方厘米 ($kgf \cdot cm^{-2}$)	磅力每平方英寸 ($lbf \cdot in^{-2}$)	巴(bar)	毫巴(mbar)	标准大气压 (atm)	托(Torr)	英寸水柱 (inH_2O)	毫米汞柱(mmHg)
1	1×10^{-6}	1.01972×10^{-5}	1.45038×10^{-4}	1×10^{-5}	0.01	9.86923×10^{-6}	0.750062×10^{-2}	4.01463×10^{-3}	7.50062×10^{-3}
1×10^6	1	10.1972	145.038						
9.80665×10^4	9.80665×10^{-2}	1	14.2233	0.980665	980.665	0.967841	735.559		
6.89476×10^3	6.89476×10^{-3}	0.0703070	1	0.0689476	68.9476	0.0680460	51.7149		
1×10^5		1.01972	14.5038	1	1000	0.986923	750.062		
100		1.01972×10^{-3}	0.0145038	0.001	1	9.86923×10^{-4}	0.750062	0.401463	0.750062
101325.0		1.03323	14.6959	1.01325	1013250	1	760		
133.322		1.35951×10^{-3}	0.0193368	0.00133322	1.33322	1.31579×10^{-3}	1		
249.089					2.49089			1	1.86832
133.322					1.33322			0.535240	1

注：1. 1at（工程大气压）= $1kgf/cm^2$ = 0.96784atm = 98066.5Pa = $10^4 mmH_2O$ = 735.6mmHg。

2. $1mmH_2O$（kgf/m^2）= 10^{-4}at = 0.9678atm = 9.80665Pa = 0.0736mmHg。

3. 1mmHg = 13.595mmH_2O = 133.322Pa = 0.00136at = 0.00132atm。

力单位换算

表 1-1-28

牛(N)	千克力(kgf)	达因(dyn)	吨力(tf)	磅达(pdl)	磅力(lbf)
1	0.101972	100000	1.01972×10^{-4}	7.23301	0.224809
9.80665	1	980665	10^{-3}	70.9316	2.20462
10^{-5}	0.101972×10^{-5}	1	0.101972×10^{-8}	7.23301×10^{-5}	2.24809×10^{-6}
9806.65	1000	980665×10^{3}	1	70931.6	2204.62
0.138255	0.0140981	13825.5	1.40981×10^{-5}	1	0.0310810
4.44822	0.453592	444822	4.53592×10^{-4}	32.1740	1

力矩、转矩单位换算

表 1-1-29

牛米(N·m)	千克力米(kgf·m)	磅达英尺(pdl·ft)	磅力英尺(lbf·ft)	达因厘米(dyn·cm)
1	0.101972	23.7304	0.737562	10^{7}
9.80665	1	232.715	7.23301	9.807×10^{7}
0.0421401	4.29710×10^{-3}	1	0.0310810	421401.24
1.35582	0.138255	32.1740	1	1.356×10^{7}
10^{-7}	1.020×10^{-8}	2.373×10^{-6}	0.7376×10^{-7}	1

功、能、热量单位换算

表 1-1-30

焦(J)	千瓦时(kW·h)	千克力米(kgf·m)	英尺磅力(ft·lbf)	米制马力时	英制马力时(hp·h)	千卡($kcal_{IT}$①)	英热单位(Btu)	尔格(erg)
1	2.77778×10^{-7}	0.101972	0.737562	3.77673×10^{-7}	3.72506×10^{-7}	2.38846×10^{-4}	9.47813×10^{-4}	1×10^{7}
3600000	1	367098	2655220	1.35962	1.34102	859.845	3412.14	3.6×10^{13}
9.80665	2.72407×10^{-6}	1	7.23301	3.70370×10^{-6}	3.65304×10^{-6}	2.34228×10^{-3}	9.2949×10^{-3}	9.80665×10^{7}
1.35582	3.76616×10^{-7}	0.138255	1	5.12055×10^{-7}	5.05051×10^{-7}	3.23832×10^{-4}	1.28507×10^{-3}	1.356×10^{7}
2647790	0.735499	270000	1952193	1	0.986321	632.415	2509.62	2.6478×10^{13}
2684520	0.745699	273745	1980000	1.01387	1	641.186	2544.43	2.68452×10^{13}
4186.80	1.163×10^{-3}	426.935	3088.03	1.58124×10^{-3}	1.55961×10^{-3}	1	3.96832	4.186798×10^{10}
1055.06	2.93071×10^{-4}	107.66	778.169	3.98467×10^{-4}	3.93015×10^{-4}	0.251996	1	10.55×10^{9}
10^{-7}	27.78×10^{-15}	0.102×10^{-7}	0.737×10^{-7}	37.77×10^{-15}	37.25×10^{-15}	23.9×10^{-12}	94.78×10^{-12}	1

① $kcal_{IT}$ 是指国际蒸汽表卡。

注：1. 公制马力无国际符号，PS 为德国符号。

2. 在英制中功、能单位用“英尺磅力（ft·lbf）”以便与力矩单位“磅力英尺（lbf·ft）”区别开来。

功率单位换算

表 1-1-31

瓦[特](W)	千瓦[特](kW)	尔格每秒 (erg·s^{-1})	千克力米每秒 (kgf·m·s^{-1})	公制马力	英尺磅力每秒 (ft·lbf·s^{-1})	英制马力(hp)	卡每秒(cal·s^{-1})	千卡每小时 (kcal·h^{-1})	英热单位每小时 (Btu·h^{-1})
1	1×10^{-3}	1×10^{7}	0.101972	1.35962×10^{-3}	0.737562	1.34102×10^{-3}	0.238846	0.859845	3.41214
1×10^{3}	1	1×10^{10}	0.101972×10^{3}	1.35962	0.737562×10^{3}	1.34102	0.238846×10^{3}	0.859845×10^{3}	3412.14
1×10^{-7}	1×10^{-10}	1	0.101972×10^{-7}	1.35962×10^{-10}	0.737562×10^{-7}	1.34102×10^{-10}	0.238846×10^{-7}	0.859845×10^{-7}	3.41214×10^{-7}
9.80665	9.80665×10^{-3}	9.80665×10^{7}	1	0.0133333	7.23301	0.0131509	2.34228	8.43220	33.4617
735.499	0.735499	0.735499×10^{10}	75	1	542.476	0.986320	175.671	632.415	2509.63
1.35582	1.35582×10^{-3}	1.35582×10^{7}	0.138255	1.84340×10^{-3}	1	1.81818×10^{-3}	0.323832	1.16579	4.62624
745.700	0.745700	0.745700×10^{10}	76.0402	1.01387	550	1	178.107	641.186	2544.43
4.1868	4.1868×10^{-3}	4.1868×10^{7}	0.426935	5.69246×10^{-3}	3.08803	5.61459×10^{-3}	1	3.6	14.286
1.163	1.163×10^{-3}	1.163×10^{7}	0.118593	1.58124×10^{-3}	0.857785	1.55961×10^{-3}	0.277778	1	3.96832
0.293071	0.293071×10^{-3}	0.2930712×10^{7}	2.98849×10^{-2}	3.98466×10^{-4}	0.216158	3.93015×10^{-4}	0.0699988	0.251996	1

注：公制马力无国际符号，PS 为德国符号。

比能单位换算

表 1-1-32

焦每千克 (J·kg^{-1})	千卡每千克 (kcal$_{IT}$·kg^{-1})	热化学千卡每千克 (kcal$_{th}$·kg^{-1})	15℃千卡每千克 (kcal$_{15}$·kg^{-1})	英热单位每磅 (Btu·lb^{-1})	英尺磅力每磅 (ft·lbf·lb^{-1})	千克力米每千克 (kgf·m·kg^{-1})
1	0.238846×10^{-3}	0.239006×10^{-3}	0.238920×10^{-3}	0.429923×10^{-3}	0.334553	0.101972
4186.8	1	1.00067	1.00031	1.8	1400.70	426.935
4184	0.999331	1	0.999642	1.79880	1399.77	426.649
4185.5	0.999690	1.00036	1	1.79944	1400.27	426.802
2326	0.555556	0.555927	0.555728	1	778.169	237.186
2.98907	7.13926×10^{-4}	7.14404×10^{-4}	7.14148×10^{-4}	1.28507×10^{-3}	1	0.3048
9.80665	2.34228×10^{-3}	2.34385×10^{-3}	2.34301×10^{-3}	4.21610×10^{-3}	3.28084	1

注：比能又称质量能。

比热容与比熵单位换算

表 1-1-33

焦/(千克·开)($J\cdot kg^{-1}\cdot K^{-1}$)	千卡/(千克·开)($kcal_{IT}\cdot kg^{-1}\cdot K^{-1}$)	热化学千卡/(千克·开)($kcal_{th}\cdot kg^{-1}\cdot K^{-1}$)	15℃千卡/(千克·开)($kcal_{15}\cdot kg^{-1}\cdot K^{-1}$)	英热单位/(磅·℉)($Btu\cdot lb^{-1}\cdot ℉^{-1}$)	英尺·磅力/(磅·°F)($ft\cdot lbf\cdot lb^{-1}\cdot ℉^{-1}$)	千克力·米/(千克·开)($kgf\cdot m\cdot kg^{-1}\cdot K^{-1}$)
1	0.238846×10^{-3}	0.239006×10^{-3}	0.238920×10^{-3}	0.238846×10^{-3}	0.185863	0.101972
4186.8	1	1.00067	1.00031	1	778.169	426.935
4184	0.999331	1	0.999642	0.999331	777.649	426.649
4185.5	0.999690	1.00036	1	0.999690	777.928	426.802
4186.8	1	1.00067	1.00031	1	778.169	426.935
5.38032	1.28507×10^{-3}	1.28593×10^{-3}	1.28547×10^{-3}	1.28507×10^{-3}	1	0.54864
9.80665	2.34228×10^{-3}	2.34385×10^{-3}	2.34301×10^{-3}	2.34228×10^{-3}	1.82269	1

注：比热容又称质量热容，比熵又称质量熵。

传热系数单位换算

表 1-1-34

瓦/(米²·开)($W\cdot m^{-2}\cdot K^{-1}$)	卡/(厘米²·秒·开)($cal\cdot cm^{-2}\cdot s^{-1}\cdot K^{-1}$)	千卡/(米²·小时·开)($kcal\cdot m^{-2}\cdot h^{-1}\cdot K^{-1}$)	英热单位/(英尺²·小时·℉)($Btu\cdot ft^{-2}\cdot h^{-1}\cdot ℉^{-1}$)
1	0.238846×10^{-4}	0.859845	0.176110
41868	1	36000	7373.38
1.163	2.77778×10^{-5}	1	0.204816
5.67826	1.35623×10^{-4}	4.88243	1

热导率单位换算

表 1-1-35

瓦/(米·开)($W\cdot m^{-1}\cdot K^{-1}$)	卡/(厘米·秒·开)($cal\cdot cm^{-1}\cdot s^{-1}\cdot K^{-1}$)	千卡/(米·小时·开)($kcal\cdot m^{-1}\cdot h^{-1}\cdot K^{-1}$)	英热单位/(英尺·小时·℉)($Btu\cdot ft^{-1}\cdot h^{-1}\cdot ℉^{-1}$)	英热单位·英寸/(英尺²·小时·℉)($Btu\cdot in\cdot ft^{-2}\cdot h^{-1}\cdot ℉^{-1}$)
1	0.238846×10^{-2}	0.859845	0.577789	6.93347
418.68	1	360	241.909	2902.91
1.163	2.77778×10^{-3}	1	0.671969	8.06363
1.73073	4.13379×10^{-3}	1.48816	1	12
0.144228	3.44482×10^{-4}	0.124014	0.0833333	1

黑色金属硬度及强度换算值之一（摘自 GB/T 1172—1999）

表 1-1-36

硬度								抗拉强度 R_m/MPa								
洛氏		表面洛氏			维氏	布氏($F/D^2=30$)		碳钢	铬钢	铬钒钢	铬镍钢	铬钼钢	铬镍钼钢	铬锰硅钢	超高强度钢	不锈钢
HRC	HRA	HR15N	HR30N	HR45N	HV	HBS	HBW									
20.0	60.2	68.8	40.7	19.2	226	225		774	742	736	782	747		781		740
21.0	60.7	69.3	41.7	20.4	230	229		793	760	753	792	760		794		758
22.0	61.2	69.8	42.6	21.5	235	234		813	779	770	803	774		809		777

续表

硬度								抗拉强度 R_m/MPa								
洛氏		表面洛氏			维氏	布氏($F/D^2=30$)		碳钢	铬钢	铬钒钢	铬镍钢	铬钼钢	铬镍钼钢	铬锰硅钢	超高强度钢	不锈钢
HRC	HRA	HR15N	HR30N	HR45N	HV	HBS	HBW									
23.0	61.7	70.3	43.6	22.7	241	240		833	798	788	815	789		824		796
24.0	62.2	70.8	44.5	23.9	247	245		854	818	807	829	805		840		816
25.0	62.8	71.4	45.5	25.1	253	251		875	838	826	843	822		856		837
26.0	63.3	71.9	46.4	26.3	259	257		897	859	847	859	840	859	874		858
27.0	63.8	72.4	47.3	27.5	266	263		919	880	869	876	860	879	893		879
28.0	64.3	73.0	48.3	28.7	273	269		942	902	892	894	880	901	912		901
29.0	64.8	73.5	49.2	29.9	280	276		965	925	915	914	902	923	933		924
30.0	65.3	74.1	50.2	31.1	288	283		989	948	940	935	924	947	954		947
31.0	65.8	74.7	51.1	32.3	296	291		1014	972	966	957	948	972	977		971
32.0	66.4	75.2	52.0	33.5	304	298		1039	996	993	981	974	999	1001		996
33.0	66.9	75.8	53.0	34.7	313	306		1065	1022	1022	1007	1001	1027	1026		1021
34.0	67.4	76.4	53.9	35.9	321	314		1092	1048	1051	1034	1029	1056	1052		1047
35.0	67.9	77.0	54.8	37.0	331	323		1119	1074	1082	1063	1058	1087	1079		1074
36.0	68.4	77.5	55.8	38.2	340	332		1147	1102	1114	1093	1090	1119	1108		1101
37.0	69.0	78.1	56.7	39.4	350	341		1177	1131	1148	1125	1122	1153	1139		1130
38.0	69.5	78.7	57.6	40.6	360	350		1207	1161	1183	1159	1157	1189	1171		1161
39.0	70.0	79.3	58.6	41.8	371	360		1238	1192	1219	1195	1192	1226	1204	1195	1193
40.0	70.5	79.9	59.5	43.0	381	370	370	1271	1225	1257	1233	1230	1265	1240	1243	1226
41.0	71.1	80.5	60.4	44.2	393	380	381	1305	1260	1296	1273	1269	1306	1277	1290	1262
42.0	71.6	81.1	61.3	45.4	404	391	392	1340	1296	1337	1314	1310	1348	1316	1336	1299
43.0	72.1	81.7	62.3	46.5	416	401	403	1378	1335	1380	1358	1353	1392	1357	1381	1339
44.0	72.6	82.3	63.2	47.7	428	413	415	1417	1376	1424	1404	1397	1439	1400	1427	1383
45.0	73.2	82.9	64.1	48.9	441	424	428	1459	1420	1469	1451	1444	1487	1445	1473	1429
46.0	73.7	83.5	65.0	50.1	454	436	441	1503	1468	1517	1502	1492	1537	1493	1520	1479
47.0	74.2	84.0	65.9	51.2	468	449	455	1550	1519	1566	1554	1542	1589	1543	1569	1533
48.0	74.7	84.6	66.8	52.4	482		470	1600	1574	1617	1608	1595	1643	1595	1620	1592
49.0	75.3	85.2	67.7	53.6	497		486	1653	1633	1670	1665	1649	1699	1651	1674	1655
50.0	75.8	85.7	68.6	54.7	512		502	1710	1698	1724	1724	1706	1758	1709	1731	1725
51.0	76.3	86.3	69.5	55.9	527		518		1768	1780	1786	1764	1819	1770	1792	
52.0	76.9	86.8	70.4	57.1	544		535		1845	1839	1850	1825	1881	1834	1857	
53.0	77.4	87.4	71.3	58.2	561		552			1899	1917	1888	1947	1901	1929	
54.0	77.9	87.9	72.2	59.4	578		569			1961	1986			1971	2006	
55.0	78.5	88.4	73.1	60.5	596		585			2026				2045	2090	
56.0	79.0	88.9	73.9	61.7	615		601								2181	
57.0	79.5	89.4	74.8	62.8	635		616								2281	
58.0	80.1	89.8	75.6	63.9	655		628								2390	
59.0	80.6	90.2	76.5	65.1	676		639								2509	
60.0	81.2	90.6	77.3	66.2	698		647								2639	
61.0	81.7	91.0	78.1	67.3	721											
62.0	82.2	91.4	79.0	68.4	745											

续表

硬度								抗拉强度 R_m/MPa								
洛氏		表面洛氏			维氏	布氏($F/D^2=30$)		碳钢	铬钢	铬钒钢	铬镍钢	铬钼钢	铬镍钼钢	铬锰硅钢	超高强度钢	不锈钢
HRC	HRA	HR15N	HR30N	HR45N	HV	HBS	HBW									
63.0	82.8	91.7	79.8	69.5	770											
64.0	83.3	91.9	80.6	70.6	795											
65.0	83.9	92.2	81.3	71.7	822											
66.0	84.4				850											
67.0	85.0				879											
68.0	85.5				909											

注：1. 本标准所列换算值是对主要钢种进行实验的基础上制定的。各钢系的换算值适用于含碳量由低到高的钢种。

2. 本标准所列换算值，只有当试件组织均匀一致时，才能得到较精确的结果，因此应尽量避免各种换算。

3. 本表不包括低碳钢。

4. F 为硬度计压头上的载荷（N），D 为压头直径（cm）。

黑色金属硬度及强度换算值之二（摘自 GB/T 1172—1999）

表 1-1-37

硬度							抗拉强度 R_m/MPa	硬度							抗拉强度 R_m/MPa
洛氏	表面洛氏			维氏	布氏 HBS			洛氏	表面洛氏			维氏	布氏 HBS		
HRB	HR15T	HR30T	HR45T	HV	$F/D^2=10$	$F/D^2=30$		HRB	HR15T	HR30T	HR45T	HV	$F/D^2=10$	$F/D^2=30$	
60.0	80.4	56.1	30.4	105	102		375	80.0	85.9	68.9	51.0	146	133		498
62.0	80.9	57.4	32.4	108	104		382	82.0	86.5	70.2	53.1	152	138		518
64.0	81.5	58.7	34.5	110	106		390	84.0	87.0	71.4	55.2	159		155	540
66.0	82.1	59.9	36.6	114	108		399	86.0	87.6	72.7	57.2	166		161	563
68.0	82.6	61.2	38.6	117	110		409	88.0	88.1	74.0	59.3	174		168	589
70.0	83.2	62.5	40.7	121	113		421	90.0	88.7	75.3	61.4	183		176	617
72.0	83.7	63.8	42.8	125	116		433	92.0	89.3	76.6	63.4	191		184	646
74.0	84.3	65.1	44.8	130	120		447	94.0	89.8	77.8	65.5	201		195	678
76.0	84.8	66.3	46.9	135	124		463	96.0	90.4	79.1	67.6	211		206	712
78.0	85.4	67.6	49.0	140	128		480	98.0	90.9	80.4	69.6	222		218	749
								100.0	91.5	81.7	71.7	233		232	788

注：1. 本标准所列换算值是对主要钢种进行实验的基础上制定的。本表主要适用于低碳钢。

2. 本标准所列换算值，只有当试件组织均匀一致时，才能得到较精确的结果，因此应尽量避免各种换算。

3　优先数和优先数系

优先数系和优先数是一种科学的、国际统一的数值制度。产品或零件的主要参数按优先数系形成系列，可使产品或零件走上系列化、标准化；用优先数系进行系列设计，便于分析参数间的关系，减少设计计算工作量；其参数系列比较经济合理，可用较少的品种规格来满足较宽范围的需要，便于协调各部门各专业之间的配合。

3.1　优先数系（摘自 GB/T 321—2005、GB/T 19763—2005）

优先数系是公比为 $\sqrt[5]{10}$、$\sqrt[10]{10}$、$\sqrt[20]{10}$、$\sqrt[40]{10}$和$\sqrt[80]{10}$，且项值中含有 10 的整数幂的几何级数的常用圆整值。各数列分别用符号 R5、R10、R20、R40 和 R80 表示，分别称为 R5 系列、R10 系列、R20 系列、R40 系列和 R80 系列。系列种类分为基本系列、补充系列、变形系列（包括派生系列和复合系列）和化整值系列。R5、R10、R20、R40 四个系列是优先数系中的常用系列。

表 1-1-38 列出了 1~10 这个十进段内基本系列的项值。大于 10 和小于 1 的优先数，可按十进延伸方法求得。

表 1-1-38 **基本系列和补充系列**

	基本系列(常用值)				化整值	优先数的序号 N 从 1 至 10	计算值	基本系列的常用值对计算值的相对误差/%	对数尾数	补充系列 R80		派生系列
	R5	R10	R20	R40								
数值	1.00	1.00	1.00	1.00		0	1.0000	0	000	1.00	3.15	
				1.06	1.05	1	1.0593	+0.07	025	1.03	3.25	
			1.12	1.12	1.1	2	1.1220	−0.18	050	1.06	3.35	
				1.18	1.2	3	1.1885	−0.71	075	1.09	3.45	
		1.25	1.25	1.25	(1.2)	4	1.2589	−0.71	100	1.12	3.55	
				1.32	1.3	5	1.3335	−1.01	125	1.15	3.65	
			1.40	1.40		6	1.4125	−0.88	150	1.18	3.75	
				1.50		7	1.4962	+0.25	175	1.22	3.85	
	1.60	1.60	1.60	1.60	(1.5)	8	1.5849	+0.95	200	1.25	4.00	
				1.70		9	1.6788	+1.26	225	1.28	4.12	
			1.80	1.80		10	1.7783	+1.22	250	1.32	4.25	
				1.90		11	1.8836	+0.87	275	1.36	4.37	
		2.00	2.00	2.00		12	1.9953	+0.24	300	1.40	4.50	
				2.12	2.1	13	2.1135	+0.31	325	1.45	4.62	
			2.24	2.24	2.2	14	2.2387	+0.06	350	1.50	4.75	
				2.36	2.4	15	2.3714	−0.48	375	1.55	4.87	
	2.50	2.50	2.50	2.50		16	2.5119	−0.47	400	1.60	5.00	
				2.65	2.6	17	2.6607	−0.40	425	1.65	5.15	
			2.80	2.80		18	2.8184	−0.65	450	1.70	5.30	
				3.00		19	2.9854	+0.49	475	1.75	5.45	
		3.15	3.15	3.15	(3);3.2	20	3.1623	−0.39	500	1.80	5.60	
				3.35	3.4	21	3.3497	+0.01	525	1.85	5.80	
			3.55	3.55	(3.5);3.6	22	3.5481	+0.05	550	1.90	6.00	
				3.75	3.8	23	3.7584	−0.22	575	1.95	6.15	
	4.00	4.00	4.00	4.00		24	3.9811	+0.47	600	2.00	6.30	
				4.25	4.2	25	4.2170	+0.78	625	2.06	6.50	
			4.50	4.50		26	4.4668	+0.74	650	2.12	6.70	
				4.75	4.8	27	4.7315	+0.39	675	2.18	6.90	
		5.00	5.00	5.00		28	5.0119	−0.24	700	2.24	7.10	
				5.30		29	5.3088	−0.17	725	2.30	7.30	
			5.60	5.60	(5.5)	30	5.6234	−0.42	750	2.35	7.50	
				6.00		31	5.9566	+0.73	775	2.43	7.75	
	6.30	6.30	6.30	6.30	(6.0)	32	6.3096	−0.15	800	2.50	8.00	
				6.70		33	6.6834	+0.25	825	2.58	8.25	
			7.10	7.10	(7.0)	34	7.0795	+0.29	850	2.65	8.50	
				7.50		35	7.4989	+0.01	875	2.72	8.75	

派生系列（表中"派生系列"栏）：

派生系列是从基本系列或补充系列 Rr 中每 p 项取值导出的系列，以 Rr/p 表示。只有当基本系列无一能满足分级要求时才采用派生系列。如在基本系列中，递次隔 2、3、4、…几个项数选取优先数值导出的系列。例如：在 R5 系列中，每隔 1 项选取一项可得 R5/2 系列；在 R10 系列中，每隔 2 项选取一项可得 R10/3 系列；在 R20 系列中，每隔 6 项选取一项可得 R20/7 系列；在 R40 系列中，每隔 5 项选取一项，可得 R40/6 系列

派生系列的公比为

$$q_{r/p} = q_r^p = (\sqrt[r]{10})^p = 10^{p/r}$$

续表

	基本系列(常用值)				化整值	优先数的序号 N	计算值	基本系列的常用值对计算值的相对误差/%	对数尾数	补充系列R80		派生系列
	R5	R10	R20	R40		从1至10						
数值	6.30	8.00	8.00	8.00		36	7.9433	+0.71	900	2.80	9.00	
				8.50		37	8.4140	+1.02	925	2.90	9.25	
			9.00	9.00		38	8.9125	+0.98	950	3.00	9.50	
				9.50		39	9.4406	+0.63	975	3.07	9.75	
	10.00	10.00	10.00	10.00		40	10.000	0	000			
公比	$\sqrt[5]{10}\approx1.6$	$\sqrt[10]{10}\approx1.25$	$\sqrt[20]{10}\approx1.12$	$\sqrt[40]{10}\approx1.06$						$\sqrt[80]{10}\approx1.03$		
主要特性	1. 基本系列中任意两项之积和商,任意一项之整数乘方或开方,都为优先数,其运算应通过序号 N 去实现 2. 大于10或小于1的优先数均可用10、100、1000、…或用0.1、0.01、…乘以基本系列或补充系列优先数求得											

注：1. 优先数的计算与序号 N 的运用示例——求优先数之积：

当求优先数 M_1、M_2 之积时，只需将这两个优先数相应的序号相加，求得新序号，与之对应的优先数为所求之值。

例如：求两优先数之积：3.15×1.6=5

对应序号之和：20+8=28

对应于序号28之优先数为5（相当于3.15×1.6之优先数）。

2. 系列选择原则

（1）选择参数系列时，应优先采用项数最少（相对差最大）的基本系列，即R5系列优先于R10系列采用，R10系列优先于R20系列采用，R20系列优先于R40系列采用（相对差 $=\dfrac{\text{后项}-\text{前项}}{\text{前项}}\times100\%$，各系列分别为：R5≈60%；R10≈25%；R20≈12%；R40≈6%；R80≈3%）。补充系列R80尽可能少用，仅在参数分级很细或基本系列中的优先数不能适用实际情况时才用。

（2）基本系列的公比不能满足要求时，则可采用派生系列。选择派生系列时，应依次优先考虑R5/2、R10/3、R10/5、R20/3、R20/4、R40/3、R40/5。

（3）基本系列中的数值不符合需要、有充分理由而完全不能采用优先数时，允许采用标准中的化整值。化整值系列是由优先数的常用值和一部分化整值所组成的系列，仅在参数取值受到特殊限制时才允许采用。应优先采用第一化整值系列R′r。选得的化整值应尽量保持系列公比的均匀。见标准GB/T 19763—2005。

（4）优先数对于产品的尺寸和参数不全部适用时，则应在基本参数和主要尺寸上采用优先数。

（5）对某些精密产品的参数，可直接使用计算值（所列计算值精确到5位数字，与理论值比较，误差小于0.00005）。

3. 化整值中括号内尺寸，特别是标有＊号的数值1.5，应尽可能不用。

4. 表中常用值对计算值的相对误差 $=\dfrac{\text{常用值}-\text{计算值}}{\text{计算值}}\times100\%$。

3.2 优先数的应用示例

在设计产品时，产品的主参数系列应最大限度采用优先数系。对规格杂乱、品种繁多的老产品，应通过调查分析加以整顿，从优先数系中选用合适的系列作为产品的主要参数系列。在零部件的系列设计中应选取一些主要尺寸作为自变量选用优先数系。下面为起重机滑轮结构尺寸的设计示例。起重机滑轮结构尺寸见图1-1-1。

（1）确定采用优先数的参数

对滑轮来说，最重要的参数是与其相配的钢丝绳直径 d_r。因为 d_r 的大小直接影响到滑轮上所承受载荷的大小，从而决定了滑轮的结构尺寸。因此，首先选用钢丝绳直径 d_r 为优先数，取R20系列，尺寸在10~14mm范围内。

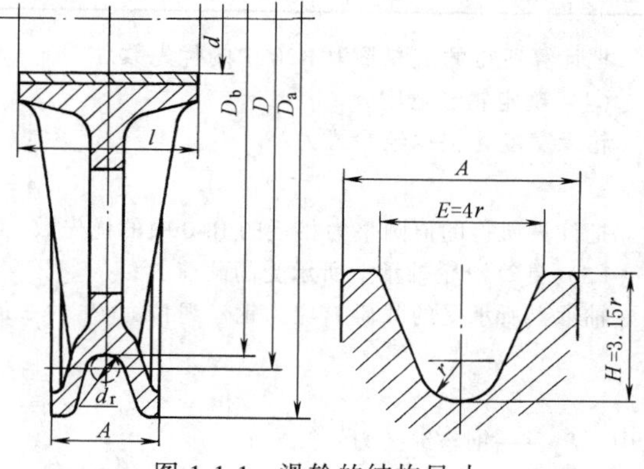

图1-1-1　滑轮的结构尺寸
（参阅JIS Z 8601标准数解说）

其次，在滑轮轮缘部分的几个直径尺寸中，决定钢丝绳中心处的滑轮公称直径 D 采用优先数。而滑轮底径 D_b 按下式计算：

$$D_b=D-d_r$$

D_b 一般不再为优先数。

另外，根据经验确定适当的槽形，其尺寸比例如图 1-1-1 所示，比例系数取优先数。这样只要槽底的圆弧半径 r 取为优先数，则槽形的各部分尺寸就都为优先数。

滑轮的外径 D_a 由下式计算确定：

$$D_a=D_b+2H$$

D_a 一般也不再为优先数。

与轴的配合尺寸——轮毂长度 l 和滑轮孔径 d 都取为优先数。

（2）确定滑轮直径 D

滑轮直径 D 的系列取 R20 系列。滑轮直径与钢丝绳直径之比取决于起重机使用的频繁程度，在起重机的结构规范中最低为 20 倍。系列设计中假定取 20 倍、25 倍和 31.5 倍三种（倍数也按优先数选用，以保证 D 为优先数），并称 20 倍的滑轮为 20 型，25 倍的为 25 型，31.5 倍的为 31.5 型。对应不同钢丝绳直径 d_r 的滑轮直径 D 可按 R20 系列排表（见表 1-1-39）。

（3）确定槽底的圆弧半径 r

对槽底圆弧半径 r 的要求是使钢丝绳能较合适地安放在槽内。槽底半径过小或钢丝绳直径过大，都会产生干涉。r 值可按下式求得：

$$r \geqslant \frac{d_{rm}}{2}+\sqrt{\alpha^2+\beta^2}$$

式中　d_{rm}——钢丝绳直径的平均值，mm；

α——钢丝绳直径公差的 $\frac{1}{4}$，mm；

β——槽底半径公差的 $\frac{1}{2}$，mm。

表 1-1-39　滑轮的系列尺寸　mm

钢丝绳直径 d_r	滑轮直径 D			滑轮底径 D_b			槽底半径 r	槽的高度 H	沟槽宽度 E	轮缘宽度 A	滑轮外径 D_a			载荷 P /kN
	20 型	25 型	31.5 型	20 型	25 型	31.5 型					20 型	25 型	31.5 型	
10	200	250	315	190	240	305	6.3	20	25	37.5	230	280	345	20
11.2	224	280	355	212.8	268.8	343.8	7.1	22.4	28	40	257.6	313.6	388.6	25
12.5	250	315	400	237.5	302.5	387.5	7.1	22.4	28	40	282.3	347.3	432.3	31.5
14	280	355	450	266	341	436	8	25	31.5	40	316	391	486	40
16	315	400	500	299	384	484	9	28	35.5	50	355	440	540	50
18	355	450	560	337	432	542	10	31.5	40	56	400	495	605	63
20	400	500	630	380	480	610	11.2	35.5	45	60	451	551	681	80
22.4	450	560	710	427.6	537.6	687.6	12.5	40	50	67	507.6	617.6	767.6	100

把计算所得的值圆整为 R20 中的优先数。

（4）确定轮缘宽度 A

轮缘宽度 A 根据经验式为

$$A=E+4.25\sqrt{r}$$

把计算所得的值圆整为相近的 R40 中的优先数。

（5）计算滑轮轴承上所承受的载荷 P

轴承上所承受的载荷 P 应为钢丝绳拉力 P_a 的 2 倍，即：

$$P=2P_a=2\times\frac{P_b}{n}=\frac{P_b}{3}$$

式中　P_a——钢丝绳拉力；

P_b——钢丝绳的破断载荷，可由钢丝绳的直径查标准求得；

n——安全系数，对起重机用钢丝绳取 $n=6$。

钢丝绳直径 $d_r=10$mm 时，查得 $P_b=60.3$kN，则 $P=20.1$kN，近似取为优先数 $P\approx20$kN。同时，考虑到在材料许用应力不变时，钢丝绳的破断载荷 P_b 与钢丝绳的截面积成正比。因此

$$P_b\propto d_r^2,\ P\propto P_b,\ P\propto d_r^2$$

现在钢丝绳直径 d_r 为 R20 系列，故载荷 P 为 R20/2 系列（因 $P=20$kN 为 R10 系列中的值，故 R20/2 = R10 系列）。

（6）决定孔径 d 和轮毂长度 l

设孔径 d 取 R20 系列，轮毂长度 l 取 R10 系列。对同一种钢丝绳直径的滑轮，因承载条件的不同，必须有不同的孔径 d 和轮毂长度 l 的组合，因此需要确定其大小的极限范围，这时最好利用优先数图来做系列分析。

1）确定孔径 d 和轮毂长度 l 的关系　d 与 l 的关系可由滑轮轴承面上的许用压力决定，其关系为：

$$l=\frac{P}{dB_p}\propto\frac{d_r^2}{d}$$

式中　B_p——轴承许用压力，设 $B_p=900\text{N/cm}^2$；

P——滑轮轴承所受的载荷，N；

l、d 的单位取 cm。

对各个钢丝绳直径 d_r，其 B_p 和 P 值都是一定的，故上式可表示为

$$l\propto\frac{1}{d}$$

这个关系式在按优先数刻度的 d-l 坐标中是斜率为 -1 的直线（见图 1-1-2），只要算出任意一点就能画出此直线。取孔径 $d=100\text{mm}=10\text{cm}$，钢丝绳直径分别取最小（$d_r=10$mm，$P=20$kN）和最大（$d_r=56$mm，$P=630$kN）两种情况，则轮毂长度 l 为：

$$d_r=10\text{mm 时},\ l=2.24\text{cm}=22.4\text{mm}$$

$$d_r=56\text{mm 时},\ l=71\text{cm}=710\text{mm}$$

在图 1-1-2 中相应于 $d_r=10$mm 时 $d=100$mm，$l=22.4$mm 的一个点，和 $d_r=56$mm 时 $d=100$mm，$l=710$mm 的一个点，以符号▲表示。从这两点分别画出斜率为 -1 的直线①和①′。

相应于其他 d_r 值的 d 与 l 值，只要在两直线①和①′之间，按钢丝绳直径系列 R20 等分，绘出平行直线，就很容易求得，而不必一一计算。

2）确定 d 和 l 的极限范围　按照在滑轮轴两支点间仅装一个滑轮的最小承载条件，以及装五个滑轮的最大承载条件，考虑使轴的弯曲应力不超过许用值，可求得最小孔径、最大孔径与轮毂长度的关系为

$$d_{\min}=\frac{1}{2.72}l$$

$$d_{\max}=1.80l$$

与上式相应的两条斜率为 1 的直线③、③′给出了 d 和 l 的极限范围。

3）修正轮毂长度　与各种 d、l 值相应的点，只要在直线①、①′、③、③′规定的范围内，就能符合设计要求。但因轴（孔）径 d 取 R20 系列，而轮毂长度 l 取 R10 系列，是已经给定的条件，因此，需要把 l 中不是 R10 系列的值向上修正到 R10 系列。例如在图 1-1-2 的直线①上，把箭头符号所表示的 R20 系列的轮毂长度修正到 R10 上。这样得到的滑轮孔径与轮毂长度的系列尺寸见表 1-1-40。

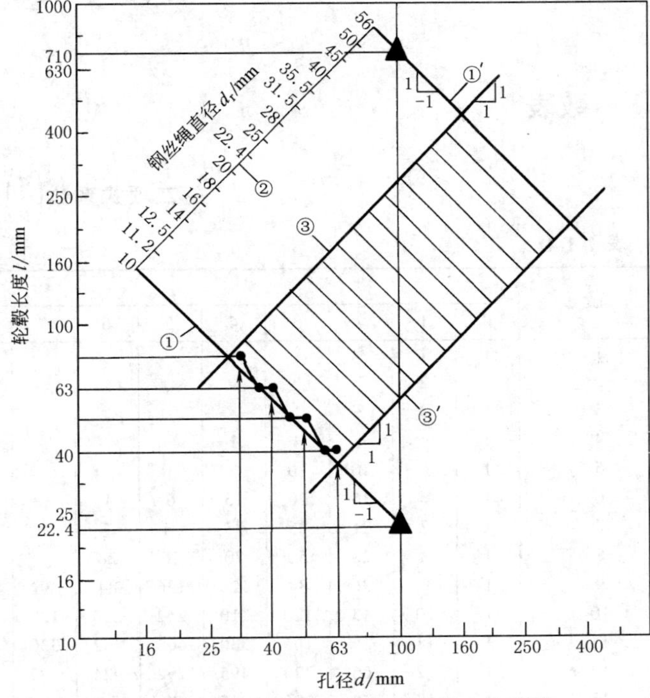

图 1-1-2　确定孔径 d 和轮毂长度 l 的系列

表 1-1-40　　　　滑轮的孔径和轮毂长度　　　　mm

钢丝绳直径 d_r	轴、孔径 d	轮毂长度 l										
		40	50	63	80	100	125	160	200	250	315	400
10	31.5				×							
	35.5			×								
	40			×								
	45		×									
	50		×									
	56	×										
	63	×										
	71	×										
11.2	35.5				×							
	40				×							
	45			×								
	50			×								
	56		×									

4　数表与数学公式

4.1　数表

二项式系数$\binom{n}{p}$

表 1-1-41

n	p															
	0	1	2	3	4	5	6	7	8	9	10	11	12	13	14	15
1	1	1														
2	1	2	1													
3	1	3	3	1												
4	1	4	6	4	1											
5	1	5	10	10	5	1										
6	1	6	15	20	15	6	1									
7	1	7	21	35	35	21	7	1								
8	1	8	28	56	70	56	28	8	1							
9	1	9	36	84	126	126	84	36	9	1						
10	1	10	45	120	210	252	210	120	45	10	1					
11	1	11	55	165	330	462	462	330	165	55	11	1				
12	1	12	66	220	495	792	924	792	495	220	66	12	1			
13	1	13	78	286	715	1287	1716	1716	1287	715	286	78	13	1		
14	1	14	91	364	1001	2002	3003	3432	3003	2002	1001	364	91	14	1	
15	1	15	105	455	1365	3003	5005	6435	6435	5005	3003	1365	455	105	15	1

注：例$(a+b)^8=a^8+8a^7b+28a^6b^2+56a^5b^3+70a^4b^4+56a^3b^5+28a^2b^6+8ab^7+b^8$。

正多边形的圆内切、外接时，其几何尺寸

表 1-1-42

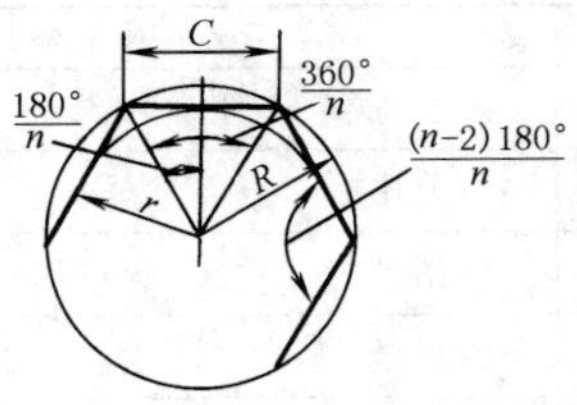

$C=2R\sin\frac{180°}{n}=2r\tan\frac{180°}{n}$

$R=\frac{C}{2\sin\frac{180°}{n}}=\frac{r}{\cos\frac{180°}{n}}$

$r=\frac{C}{2}\cot\frac{180°}{n}=R\cos\frac{180°}{n}$

$A=\frac{n}{2}R^2\sin\frac{360°}{n}=nr^2\tan\frac{180°}{n}$

$=n\frac{C^2}{4}\cot\frac{180°}{n}$

n——多边形的边数
C——多边形的边长
R——外接圆半径
r——切圆半径
A——多边形的面积

n	C		R		r		A		
3	1.732R	3.464r	0.577C	2.000r	0.289C	0.500R	0.433C^2	1.299R^2	5.196r^2
4	1.414R	2.000r	0.707C	1.414r	0.500C	0.707R	1.000C^2	2.000R^2	4.000r^2
5	1.176R	1.453r	0.851C	1.236r	0.688C	0.809R	1.721C^2	2.378R^2	3.633r^2
6	1.000R	1.155r	1.000C	1.155r	0.866C	0.866R	2.598C^2	2.598R^2	3.464r^2
7	0.868R	0.963r	1.152C	1.110r	1.038C	0.901R	3.635C^2	2.736R^2	3.371r^2
8	0.765R	0.828r	1.307C	1.082r	1.207C	0.924R	4.828C^2	2.828R^2	3.314r^2
9	0.684R	0.728r	1.462C	1.064r	1.374C	0.940R	6.182C^2	2.893R^2	3.276r^2
10	0.618R	0.650r	1.618C	1.052r	1.539C	0.951R	7.694C^2	2.939R^2	3.249r^2
11	0.564R	0.587r	1.775C	1.042r	1.703C	0.960R	9.364C^2	2.974R^2	3.230r^2
12	0.518R	0.536r	1.932C	1.035r	1.866C	0.966R	11.196C^2	3.000R^2	3.215r^2
16	0.390R	0.398r	2.563C	1.020r	2.514C	0.981R	20.109C^2	3.062R^2	3.183r^2
20	0.313R	0.317r	3.196C	1.013r	3.157C	0.988R	31.569C^2	3.090R^2	3.168r^2
24	0.261R	0.263r	3.831C	1.009r	3.798C	0.991R	45.575C^2	3.106R^2	3.160r^2
32	0.196R	0.197r	5.101C	1.005r	5.077C	0.995R	81.225C^2	3.121R^2	3.152r^2
48	0.131R	0.131r	7.645C	1.002r	7.629C	0.998R	183.08C^2	3.133R^2	3.146r^2
64	0.098R	0.098r	10.190C	1.001r	10.178C	0.999R	325.69C^2	3.137R^2	3.144r^2

弓形几何尺寸

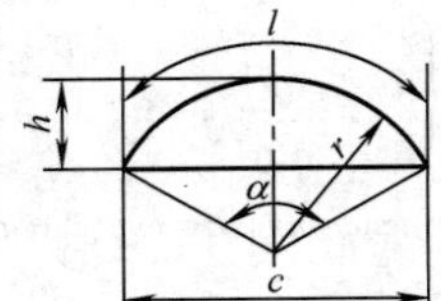

1. $A=\frac{1}{2}[rl-c(r-h)]$

2. $c=2\sqrt{h(2r-h)}=2r\sin\frac{\alpha}{2}$

3. $r=\frac{c^2+4h^2}{8h}$

4. $h=r-\frac{1}{2}\sqrt{4r^2-c^2}=r\left(1-\cos\frac{\alpha}{2}\right)$

5. $l=0.01745r\alpha°$

6. $\alpha°=57.296l/r$

4.2 物理科学和技术中使用的数学符号（摘自 GB/T 3102.11—1993）

表 1-1-43

符　号	意　义　及　举　例
	几　何　符　号
$\overline{AB}$, AB	[直]线段 AB
∠	[平面]角
$\overset{\frown}{AB}$	弧 AB
π	圆周率,圆周长与直径的比
△	三角形
▱	平行四边形
⊙	圆
⊥	垂直
//, ∥	平行,$\underline{\underline{\parallel}}$用于表示平行且相等
∽	相似
≌	全等
	杂　类　符　号
=	a 等于 b,即 $a=b$,≡用来强调这一等式是数学上的恒等
≠	a 不等于 b,即 $a \neq b$
$\stackrel{\text{def}}{=\!=}$	按定义 a 等于 b 或 a 以 b 为定义,即 $a \stackrel{\text{def}}{=\!=} b$,也可用$\stackrel{\text{d}}{=\!=}$
$\underline{\triangle}$	a 相当于 b,即 $a \underline{\triangle} b$,例如在地图上 1cm 相当于 10km 长时,可写成 1cm$\underline{\triangle}$10km
≈	a 约等于 b,即 $a \approx b$
∝	a 与 b 成正比,即 $a \propto b$
:	a 比 b,即 $a:b$
<	a 小于 b,即 $a<b$
>	a 大于 b,即 $a>b$
≤	a 小于或等于 b,即 $a \leqslant b$
≥	a 大于或等于 b,即 $a \geqslant b$
≪	a 远小于 b,即 $a \ll b$
≫	a 远大于 b,即 $a \gg b$
∞	无穷[大]或无限[大]
~	数字范围 $a \sim b$
.	小数点,例:13.59,整数和小数之间用处于下方位置的小数点“.”分开
··	循环小数,例:3.12382382…写作 $3.1\dot{2}3\dot{8}2$

符　号	意　义　及　举　例
	杂　类　符　号
%	百分比
(　)	圆括号
[　]	方括号
{　}	花括号
〈　〉	角括号
±	正或负
∓	负或正
max	最大
min	最小
	运　算　符　号
$a+b$	a 加 b
$a-b$	a 减 b
ab, $a \times b$	a 乘以 b,数的乘号用×(×),如出现小数点时,数的乘号只能用叉
$\frac{a}{b}$, a/b, ab^{-1}	a 除以 b,或 a 被 b 除
$\sum_{i=1}^{n} a_i$	$a_1+a_2+\cdots+a_n$,也可记为 $\sum_i a_i$, $\sum a_i$ 例:$\sum_{i=1}^{\infty} a_i = a_1+a_2+\cdots+a_n+\cdots$
$\prod_{i=1}^{n} a_i$	$a_1 \times a_2 \times \cdots \times a_n$,也可记为 $\prod_i a_i$, $\prod a_i$, $\prod_i a_i$, $\prod_{i=1}^{n} a_i$ 例:$\prod_{i=1}^{\infty} a_i = a_1 \times a_2 \times \cdots \times a_n \cdots$
a^p	a 的 p 次方或 a 的 p 次幂
$a^{1/2}$, $a^{\frac{1}{2}}$, $\sqrt{a}$	a 的$\frac{1}{2}$次方,a 的平方根
$a^{1/n}$, $a^{\frac{1}{n}}$, $\sqrt[n]{a}$	a 的$\frac{1}{n}$次方,a 的 n 次方根。在使用符号$\sqrt[n]{a}$或$\sqrt[n]{\ }$时,为了避免混淆,应采用括号把被开方的复杂表达式括起来
$\lvert a \rvert$	a 的绝对值,a 的模,也可用 abs$a$
sgn$a$	a 的符号函数,对于实数 a: $\text{sgn}a = \begin{cases} 1 & a>0 \\ 0 & a=0 \\ -1 & a<0 \end{cases}$ 对于复数 a,$\text{sgn}a = a/\lvert a \rvert = \exp(\text{i}\arg a)$,$a \neq 0$

续表

符号	意义及举例
运算符号	
$\bar{a}$,$\langle a\rangle$	如果平均值的求法在文中不明了,则应指出其形成的方法。若$\bar{a}$容易与a的复共轭混淆时,就用$\langle a\rangle$
$n!$	n的阶乘,$n\geqslant1$时, $n!=\prod_{k=1}^{n}k=1\times2\times3\times\cdots\times n$ $n=0$时,$n!=1$
$\binom{n}{p}$,C_n^p	二项式系数,$C_n^p=\frac{n!}{p!(n-p)!}$
ent a,E(a)	小于或等于a的最大整数;示性a 例:ent 2.4=2, ent (-2.4)=-3 有时也用[a]
函数符号	
f	函数f,也可以表示为$x\to f(x)$
$f(x)$ $f(x,y,\cdots)$	函数f在x或在$(x,y,\cdots)$的值,也表示以x或以$x,y,\cdots$为自变量的函数f
$f(x)\|_a^b$,$[f(x)]_a^b$	$f(b)-f(a)$,这种表示法主要用于定积分计算
$g\circ f$	f与g的合成函数或复合函数,$(g\circ f)(x)=g(f(x))$
$x\to a$	x趋于a,用$x_n\to a$表示序列$\{x_n\}$的极限为a
$\lim\limits_{x\to a}f(x)$	x趋于a时$f(x)$的极限,$\lim\limits_{x\to a}f(x)=b$可以写为:$f(x)\to b$当$x\to a$,右极限以及左极限可分别表示为$\lim\limits_{x\to a}+f(x)$及$\lim\limits_{x\to a}-f(x)$
$\overline{\lim}$	上极限
$\underline{\lim}$	下极限
sup	上确界
inf	下确界
$\simeq$	渐近等于,例: $\frac{1}{\sin(x-a)}\simeq\frac{1}{x-a}$当$x\to a$时
$O(g(x))$	$f(x)=O(g(x))$的含义为$\|f(x)/g(x)\|$在行文所述的极限中是上方有界的 当f/g与g/f都有界时,称f与g是同阶的
$o(g(x))$	$f(x)=o(g(x))$表示在行文所述的极限中$f(x)/g(x)\to0$
Δx	x的(有限)增量

符号	意义及举例
函数符号	
$\frac{\mathrm{d}f}{\mathrm{d}x}$ $\mathrm{d}f/\mathrm{d}x$ f' $\mathrm{D}f$	单变量函数f的导(函)数或微商,即$\frac{\mathrm{d}f(x)}{\mathrm{d}x}$,$\mathrm{d}f(x)/\mathrm{d}x$,$f'(x)$,$\mathrm{D}f(x)$ 如自变量为时间t,也可用$\dot{f}$表示$\mathrm{d}f/\mathrm{d}t$
$\left(\frac{\mathrm{d}f}{\mathrm{d}x}\right)_{x=a}$ $(\mathrm{d}f/\mathrm{d}x)_{x=a}$ $f'(a)$ $\mathrm{D}f(a)$	函数f的导(函)数在a的值,也可用$\left.\frac{\mathrm{d}f}{\mathrm{d}x}\right\|_{x=a}$表示
$\frac{\mathrm{d}^nf}{\mathrm{d}x^n}$ $\mathrm{d}^nf/\mathrm{d}x^n$ $f^{(n)}$ D^nf	单变量函数f的n阶导函数,当$n=2,3$时,也可用f'' f'''来代替$f^{(n)}$ 如自变量是时间t,也可用$\ddot{f}$来代替$\mathrm{d}^2f/\mathrm{d}t^2$
$\frac{\partial f}{\partial x}$ $\partial f/\partial x$ ∂_xf	多变量$x,y,\cdots$的函数f对于x的偏微商或偏导数,即$\frac{\partial f(x,y,\cdots)}{\partial x}$,$\partial f(x,y,\cdots)/\partial x$,$\partial_x f(x,y,\cdots)$ 也可用$\left(\frac{\partial f}{\partial x}\right)_y$,…或$f_x$表示
$\frac{\partial^{m+n}f}{\partial x^n\partial y^m}$	函数f先对y求m次偏微商,再对x求n次偏微商
$\frac{\partial(u,v,w)}{\partial(x,y,z)}$	u、v、w对x、y、z的函数行列式,即:$\begin{vmatrix}\frac{\partial u}{\partial x}&\frac{\partial u}{\partial y}&\frac{\partial u}{\partial z}\\\frac{\partial v}{\partial x}&\frac{\partial v}{\partial y}&\frac{\partial v}{\partial z}\\\frac{\partial w}{\partial x}&\frac{\partial w}{\partial y}&\frac{\partial w}{\partial z}\end{vmatrix}$
$\mathrm{d}f$	函数f的全微分 $\mathrm{d}f(x,y,\cdots)=\frac{\partial f}{\partial x}\mathrm{d}x+\frac{\partial f}{\partial y}\mathrm{d}y+\cdots$
δf	函数f的(无穷小)变差
$\int f(x)\mathrm{d}x$	函数f的不定积分
$\int_a^bf(x)\mathrm{d}x$	函数f由a至b的定积分,$\int_C$、$\int_S$、$\int_V$、$\oint$分别用于沿曲线C、沿曲面S、沿体积V以及沿闭曲线或闭曲面的积分
$\int_A\int f(x,y)\mathrm{d}A$	函数$f(x,y)$在集合A上的二重积分
指数函数和对数函数符号	
a^x	x的指数函数(以a为底)
e	自然对数的底,$\mathrm{e}=\lim\limits_{n\to\infty}\left(1+\frac{1}{n}\right)^n=2.7182818\cdots$

续表

符号	意义及举例
	指数函数和对数函数符号
e^x, exp$x$	x 的指数函数(以 e 为底),同一场合时只用一种符号
$\log_a x$	以 a 为底的 x 的对数,当底数不必指出时,常用 $\log x$ 表示
ln$x$	x 的自然对数,$\ln x=\log_e x$ 不能用 $\log x$ 代替 $\ln x$、$\log_e x$
lg$x$	x 的常用对数,$\lg x=\log_{10} x$ 不能用 $\log x$ 代替 $\lg x$、$\log_{10} x$
lb$x$	x 的以 2 为底的对数,$\mathrm{lb}x=\log_2 x$ 不能用 $\log x$ 代替 $\mathrm{lb}x$、$\log_2 x$
	三角函数和双曲函数符号
sin$x$	x 的正弦
cos$x$	x 的余弦
tan$x$	x 的正切
cot$x$	x 的余切,$\cot x=1/\tan x$
sec$x$	x 的正割,$\sec x=1/\cos x$
csc$x$	x 的余割,$\csc x=\dfrac{1}{\sin x}$
$\sin^m x$	$\sin x$ 的 m 次方,其他三角函数和双曲线函数的 m 次方的表示法类似
arcsin$x$	x 的反正弦,$y=\arcsin x \Leftrightarrow x=\sin y$, $-\pi/2\leqslant y\leqslant\pi/2$ 反正弦函数是正弦函数在上述限制下的反函数
arccos$x$	x 的反余弦,$y=\arccos x \Leftrightarrow x=\cos y$, $0\leqslant y\leqslant\pi$ 反余弦函数是余弦函数在上述限制下的反函数
arctan$x$	x 的反正切 $y=\arctan x \Leftrightarrow x=\tan y$, $-\pi/2<y<\pi/2$ 反正切函数是正切函数在上述限制下的反函数
arccot$x$	x 的反余切,$y=\mathrm{arccot}x \Leftrightarrow x=\cot y$, $0<y<\pi$ 反余切函数是余切函数在上述限制下的反函数
arcsec$x$	x 的反正割,$y=\mathrm{arcsec}x \Leftrightarrow x=\sec y$, $0\leqslant y\leqslant\pi, y\neq\pi/2$ 反正割函数是正割函数在上述限制下的反函数
	三角函数和双曲函数符号
arccsc$x$	x 的反余割 $y=\mathrm{arccsc}x \Leftrightarrow x=\csc y, -\pi/2\leqslant y\leqslant\pi/2, y\neq 0$ 反余割函数是余割函数在上述限制下的反函数。上述 arcsin$x$ 至 arccsc$x$ 各项不采用 $\sin^{-1}x$、$\cos^{-1}x$ 等符号,因可能被误解为 $(\sin x)^{-1}$、$(\cos x)^{-1}$ 等
sinh$x$	x 的双曲正弦
cosh$x$	x 的双曲余弦
tanh$x$	x 的双曲正切
coth$x$	x 的双曲余切,$\coth x=1/\tanh x$
sech$x$	x 的双曲正割,$\mathrm{sech}x=1/\cosh x$
csch$x$	x 的双曲余割,$\mathrm{csch}x=1/\sinh x$
arsinh$x$	x 的反双曲正弦 $y=\mathrm{arsinh}x \Leftrightarrow x=\sinh y$ 反双曲正弦函数是双曲正弦函数的反函数
arcosh$x$	x 的反双曲余弦 $y=\mathrm{arcosh}x \Leftrightarrow x=\cosh y, y\geqslant 0$ 反双曲余弦函数是双曲余弦函数在上述限制下的反函数
artanh$x$	x 的反双曲正切 $y=\mathrm{artanh}x \Leftrightarrow x=\tanh y$
arcoth$x$	x 的反双曲余切,$y=\mathrm{arcoth}x \Leftrightarrow x=\coth y, y\neq 0$
arsech$x$	x 的反双曲正割,$y=\mathrm{arsech}x \Leftrightarrow x=\mathrm{sech}y, y\geqslant 0$
arcsch$x$	x 的反双曲余割 $y=\mathrm{arcsch}x \Leftrightarrow x=\mathrm{csch}y, y\neq 0$ 上述各项不采用 $\sinh^{-1}x$、$\cosh^{-1}x$ 等符号,因为可能被误解为 $(\sinh x)^{-1}$、$(\cosh x)^{-1}$ 等
	复数符号
i, j	虚数单位,$i^2=-1$,在电工中通常用 j
Rez	z 的实部
Imz	z 的虚部,$z=x+iy$,其中 $x=\mathrm{Re}z$, $y=\mathrm{Im}z$
$\lvert z\rvert$	z 的绝对值;z 的模,也可用 mod z
arg$z$	z 的辐角;z 的相,$z=re^{i\varphi}$,其中 $r=\lvert z\rvert$, $\varphi=\arg z$ 即 $\mathrm{Re}\,z=r\cos\varphi$, $\mathrm{Im}\,z=r\sin\varphi$
z^*	z 的[复]共轭,有时用 $\bar{z}$ 代替 z^*
sgn$z$	z 的单位模函数,$z\neq 0$ 时 $\mathrm{sgn}z=z/\lvert z\rvert=\exp(\mathrm{i}\arg z)$;$z=0$ 时,$\mathrm{sgn}z=0$

续表

符号	意义及举例
矩阵符号	
$\boldsymbol{A}$ $\begin{bmatrix} a_{11} \cdots a_{1n} \\ \vdots \quad \vdots \\ a_{m1} \cdots a_{mn} \end{bmatrix}$	$m\times n$ 型的矩阵 $\boldsymbol{A}$，也可用 $\boldsymbol{A}=(a_{ij})$，a_{ij} 是矩阵 $\boldsymbol{A}$ 的元素；m 为行数，n 为列数。当 $m=n$ 时，$\boldsymbol{A}$ 称为[正]方阵。矩阵元可用大写字母表示。也可用圆括号代替方括号
$\boldsymbol{AB}$	矩阵 $\boldsymbol{A}$ 与 $\boldsymbol{B}$ 的积，$(\boldsymbol{AB})_{ik}=\sum\limits_j A_{ij}B_{jk}$，其中 $\boldsymbol{A}$ 的列数必须等于 $\boldsymbol{B}$ 的行数
$\boldsymbol{E}$，$\boldsymbol{I}$	单位矩阵，方阵的元素 $E_{ik}=\delta_{ik}$，i 与 k 均为整数
$\boldsymbol{A}^{-1}$	方阵 $\boldsymbol{A}$ 的逆，$\boldsymbol{AA}^{-1}=\boldsymbol{A}^{-1}\boldsymbol{A}=\boldsymbol{E}$
$\boldsymbol{A}^{\mathrm{T}}$，$\widetilde{\boldsymbol{A}}$	$\boldsymbol{A}$ 的转置矩阵，$(\boldsymbol{A}^{\mathrm{T}})_{ik}=\boldsymbol{A}_{ki}$ 或 $(\widetilde{\boldsymbol{A}})_{ik}=\boldsymbol{A}_{ki}$；亦使用 $\boldsymbol{A}'$
$\boldsymbol{A}^{*}$	$\boldsymbol{A}$ 的复共轭矩阵，$(\boldsymbol{A}^{*})_{ik}=(\boldsymbol{A}_{ik})^{*}=\boldsymbol{A}_{ik}^{*}$，在数学中亦常用 $\overline{\boldsymbol{A}}$
$\boldsymbol{A}^{\mathrm{H}}$，$\boldsymbol{A}^{+}$	$\boldsymbol{A}$ 的厄米特共轭矩阵，$(\boldsymbol{A}^{\mathrm{H}})_{ik}=(\boldsymbol{A}_{ki})^{*}=\boldsymbol{A}_{ki}^{*}$，在数学中亦常用 $\boldsymbol{A}^{*}$
$\det\boldsymbol{A}$ $\begin{vmatrix} a_{11} & \cdots & a_{1n} \\ \vdots & & \vdots \\ a_{n1} & \cdots & a_{nn} \end{vmatrix}$	方阵 $\boldsymbol{A}$ 的行列式
$\mathrm{tr}\,\boldsymbol{A}$	方阵 $\boldsymbol{A}$ 的迹，$\mathrm{tr}\,\boldsymbol{A}=\sum\limits_i \boldsymbol{A}_{ii}$
$\Vert\boldsymbol{A}\Vert$	矩阵 $\boldsymbol{A}$ 的范数，矩阵的范数有各种定义，例如范数 $\Vert\boldsymbol{A}\Vert=(\mathrm{tr}(\boldsymbol{AA}^{\mathrm{H}}))^{1/2}$

坐标系符号

坐标	径矢量及其微分	坐标系名称	备注
x,y,z	$\boldsymbol{r}=x\boldsymbol{e}_x+y\boldsymbol{e}_y+z\boldsymbol{e}_z$ $\mathrm{d}\boldsymbol{r}=\mathrm{d}x\boldsymbol{e}_x+\mathrm{d}y\boldsymbol{e}_y+\mathrm{d}z\boldsymbol{e}_z$	笛卡儿坐标 cartesian coordinates	$\boldsymbol{e}_x$、$\boldsymbol{e}_y$ 与 $\boldsymbol{e}_z$ 组成一标准正交右手系，见图1
ρ,φ,z	$\boldsymbol{r}=\rho\boldsymbol{e}_\rho(\varphi)+z\boldsymbol{e}_z$，$\mathrm{d}\boldsymbol{r}=\mathrm{d}\rho\boldsymbol{e}_\rho(\varphi)+\rho\mathrm{d}\varphi\boldsymbol{e}_\varphi(\varphi)+\mathrm{d}z\boldsymbol{e}_z$	圆柱坐标 cylindrical coordinates	$\boldsymbol{e}_\rho$、$\boldsymbol{e}_\varphi$ 与 $\boldsymbol{e}_z$ 组成一标准正交右手系，见图3和图4 若 $z=0$，则 ρ 与 φ 成为极坐标
r,θ,φ	$\boldsymbol{r}=r\boldsymbol{e}_r(\theta,\varphi)$，$\mathrm{d}\boldsymbol{r}=\mathrm{d}r\boldsymbol{e}_r(\theta,\varphi)+r\mathrm{d}\theta\boldsymbol{e}_\theta(\theta,\varphi)$ $+r\sin\theta\mathrm{d}\varphi\boldsymbol{e}_\varphi(\varphi)$	球坐标 spherical coordinates	$\boldsymbol{e}_r$、$\boldsymbol{e}_\theta$ 与 $\boldsymbol{e}_\varphi$ 组成一标准正交右手系，见图3和图5

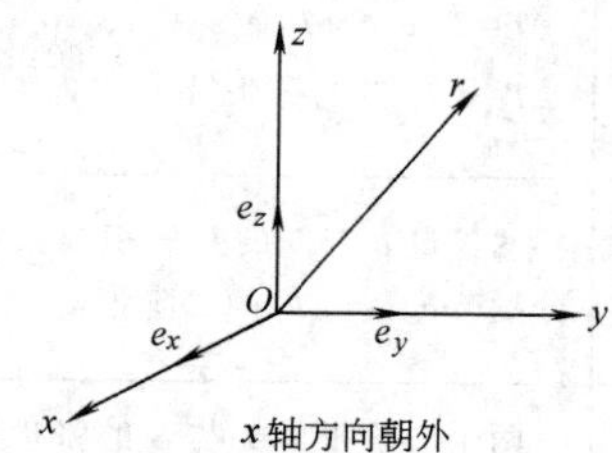

图1　右手笛卡儿坐标系

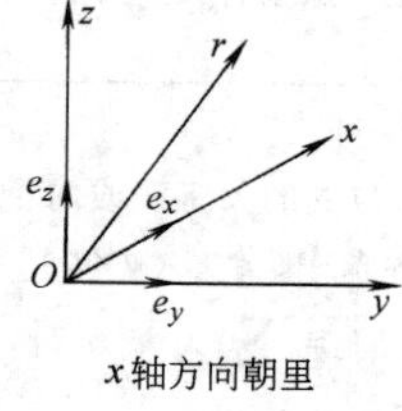

图2　左手笛卡儿坐标系

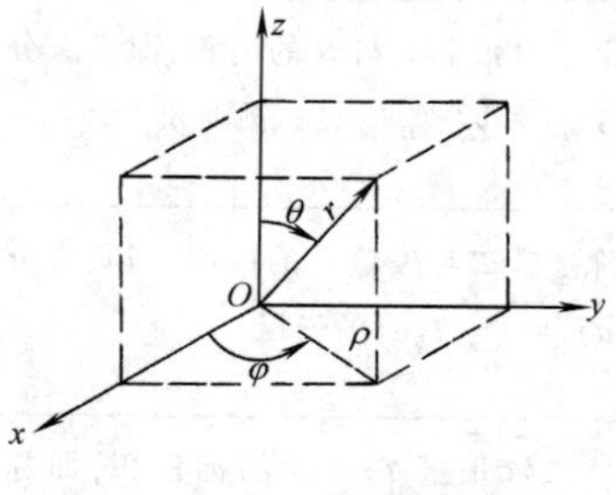

图3　$Oxyz$ 是右手坐标系

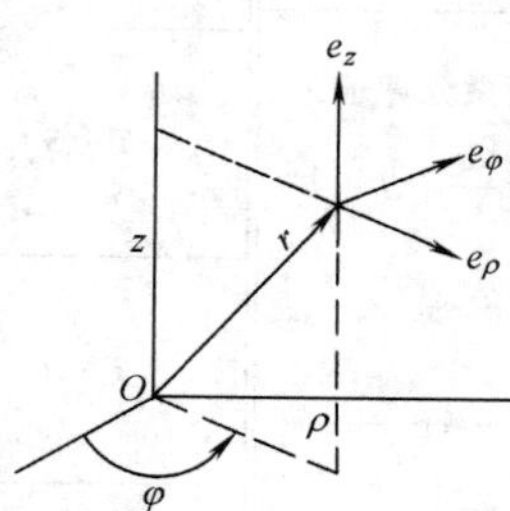

图4　右手柱坐标

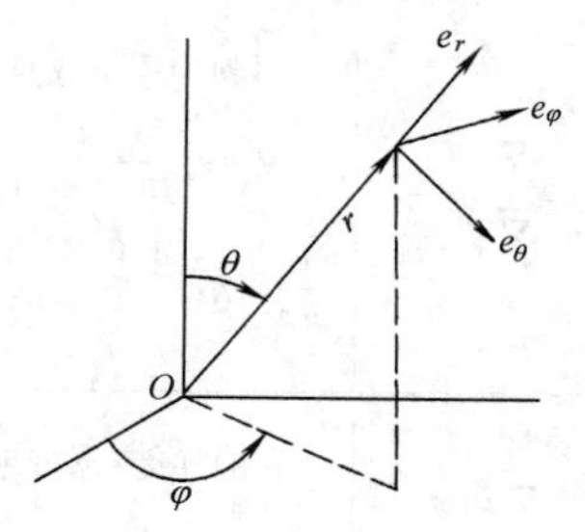

图5　右手球坐标

说明：如果为了某些目的，例外地使用左手坐标系（见图2）时，必须明确地说出，以免引起符号错误

续表

符　号	意义及举例
	矢量和张量符号
$\boldsymbol{a},\vec{a}$	矢量或向量 $\boldsymbol{a}$,这里,笛卡儿坐标用 x,y,z 或 x_1,x_2,x_3 表示,在后一种情况,指标 i,j,k 从1到3取值,并采用下面的求和约定:如果在一项中某个指标出现两次,则表示该指标对1,2,3求和。印刷用黑体 $\boldsymbol{a}$,书写用 $\vec{a}$
$a,\lvert\boldsymbol{a}\rvert$	矢量 $\boldsymbol{a}$ 的模或长度,也可用 $\lVert\boldsymbol{a}\rVert$
$\boldsymbol{e}_a$	$\boldsymbol{a}$ 方向的单位矢量,$\boldsymbol{e}_a=\boldsymbol{a}/\lvert\boldsymbol{a}\rvert$ $\boldsymbol{a}=a\boldsymbol{e}_a$
$\boldsymbol{e}_x,\boldsymbol{e}_y,\boldsymbol{e}_z$, $\boldsymbol{i},\boldsymbol{j},\boldsymbol{k},\boldsymbol{e}_i$	在笛卡儿坐标轴方向的单位矢量
a_x,a_y,a_z,a_i	矢量 $\boldsymbol{a}$ 的笛卡儿分量,$\boldsymbol{a}=a_x\boldsymbol{e}_x+a_y\boldsymbol{e}_y+a_z\boldsymbol{e}_z=(a_x,a_y,a_z)$;$a_x\boldsymbol{e}_x$ 等为分矢量 $\boldsymbol{r}=x\boldsymbol{e}_x+y\boldsymbol{e}_y+z\boldsymbol{e}_z$
$\boldsymbol{a}\cdot\boldsymbol{b}$	$\boldsymbol{a}$ 与 $\boldsymbol{b}$ 的标量积或数量积, $\boldsymbol{a}\cdot\boldsymbol{b}=a_xb_x+a_yb_y+a_zb_z$, $\boldsymbol{a}\cdot\boldsymbol{a}=\boldsymbol{a}^2=\lvert\boldsymbol{a}\rvert^2=a^2$, $\boldsymbol{a}\cdot\boldsymbol{b}=a_ib_i=\sum_i a_ib_i$ 在特殊场合,也可用$(\boldsymbol{a},\boldsymbol{b})$
$\boldsymbol{a}\times\boldsymbol{b}$	$\boldsymbol{a}$ 与 $\boldsymbol{b}$ 的矢量积或向量积,在右手笛卡儿坐标系中,分量$(\boldsymbol{a}\times\boldsymbol{b})_x=a_yb_z-a_zb_y$,一般$(\boldsymbol{a}\times\boldsymbol{b})_i=\sum_j\sum_k\varepsilon_{ijk}a_jb_k$
$\boldsymbol{\nabla}$ $\vec{\boldsymbol{\nabla}}$	那勃勒算子或算符,也称矢量微分算子 $\boldsymbol{\nabla}=\boldsymbol{e}_x\dfrac{\partial}{\partial x}+\boldsymbol{e}_y\dfrac{\partial}{\partial y}+\boldsymbol{e}_z\dfrac{\partial}{\partial z}=\boldsymbol{e}_i\dfrac{\partial}{\partial x_i}$,也可用 $\dfrac{\partial}{\partial\boldsymbol{r}}$ 表示
$\boldsymbol{\nabla}\varphi$ $\mathrm{grad}\varphi$	φ 的梯度,也可用 $\mathrm{grad}\ \varphi$ $\boldsymbol{\nabla}\varphi=\boldsymbol{e}_i\dfrac{\partial\varphi}{\partial x_i}$
$\boldsymbol{\nabla}\cdot\boldsymbol{a}$ $\mathrm{div}\boldsymbol{a}$	$\boldsymbol{a}$ 的散度 $\boldsymbol{\nabla}\cdot\boldsymbol{a}=\dfrac{\partial a_i}{\partial x_i}$
$\boldsymbol{\nabla}\times\boldsymbol{a}$ $\mathrm{rot}\boldsymbol{a}$ $\mathrm{curl}\boldsymbol{a}$	$\boldsymbol{a}$ 的旋度,气象学上称为涡度。也可用 $\mathrm{rot}\ \boldsymbol{a}$,$\mathrm{curl}\ \boldsymbol{a}$,$(\boldsymbol{\nabla}\times\boldsymbol{a})_x=\dfrac{\partial a_z}{\partial y}-\dfrac{\partial a_y}{\partial z}$,一般$(\boldsymbol{\nabla}\times\boldsymbol{a})_i=\sum_j\sum_k\varepsilon_{ijk}\dfrac{\partial a_k}{\partial x_j}$
$\boldsymbol{\nabla}^2$ Δ	拉普拉斯算子 $\Delta=\dfrac{\partial^2}{\partial x^2}+\dfrac{\partial^2}{\partial y^2}+\dfrac{\partial^2}{\partial z^2}$
$\Box$	达朗贝尔算子 $\Box=\dfrac{\partial^2}{\partial x^2}+\dfrac{\partial^2}{\partial y^2}+\dfrac{\partial^2}{\partial z^2}-\dfrac{1}{c^2}\times\dfrac{\partial^2}{\partial t^2}$ 式中,c 为电磁波在真空中的传播速度,$c=299792458\mathrm{m/s}$
$\boldsymbol{T}$	二阶张量 $\boldsymbol{T}$,也用 $\overset{\rightrightarrows}{T}$
$T_{xx},T_{xy},\cdots,T_{zz}$ T_{ij}	张量 $\boldsymbol{T}$ 的笛卡儿分量 $\boldsymbol{T}=T_{xx}\boldsymbol{e}_x\boldsymbol{e}_x+T_{xy}\boldsymbol{e}_x\boldsymbol{e}_y+\cdots$, $T_{xx}\boldsymbol{e}_x\boldsymbol{e}_x$ 等为分张量
$\boldsymbol{ab},\boldsymbol{a}\otimes\boldsymbol{b}$	两矢量 $\boldsymbol{a}$ 与 $\boldsymbol{b}$ 的并矢积或张量积,即具有分量$(\boldsymbol{ab})_{ij}=a_ib_j$ 的二阶张量
$\boldsymbol{T}\otimes\boldsymbol{S}$	两个二阶张量 $\boldsymbol{T}$ 与 $\boldsymbol{S}$ 的张量积,即具有分量$(\boldsymbol{T}\otimes\boldsymbol{S})_{ijkl}=T_{ij}S_{kl}$ 的四阶张量
$\boldsymbol{T}\cdot\boldsymbol{S}$	两个二阶张量 $\boldsymbol{T}$ 与 $\boldsymbol{S}$ 的内积,即具有分量$(\boldsymbol{T}\cdot\boldsymbol{S})_{ik}=\sum_j T_{ij}S_{jk}$ 的二阶张量
$\boldsymbol{T}\cdot\boldsymbol{a}$	二阶张量 $\boldsymbol{T}$ 与矢量 $\boldsymbol{a}$ 的内积,即具有分量$(\boldsymbol{T}\cdot\boldsymbol{a})_i=\sum_j T_{ij}a_j$ 的矢量
$\boldsymbol{T}:\boldsymbol{S}$	两个二阶张量 $\boldsymbol{T}$ 与 $\boldsymbol{S}$ 的标量积,即标量 $\boldsymbol{T}:\boldsymbol{S}=\sum_i\sum_j T_{ij}S_{ji}$

续表

符号	意义及举例
数理逻辑符号	
$\wedge$	称为合取，$p\wedge q$ 即 p 和 q
$\vee$	称为析取，$p\vee q$ 即 p 或 q
$\neg$	称为否定，$\neg p$ 即 p 的否定；不是 p；非 p
$\Rightarrow$	称为推断，$p\Rightarrow q$ 即若 p 则 q；p 含 q；也可写为 $q\Leftarrow p$，有时也用 $\rightarrow$
$\Leftrightarrow$	称为等价，$p\Leftrightarrow q$ 即 p 等价于 q，有时也用 $\leftrightarrow$
$\forall$	称为全称量词 $\forall x\in A, p(x)$ 即命题 $p(x)$ 对于每一个属于 A 的 x 为真
$\exists$	称为存在量词 $\exists x\in A, p(x)$ 即存在 A 中的元 x 使 $p(x)$ 为真
集合符号	
$\in$	$x\in A$ 即 x 属于 A；x 是集合 A 的一个元[素]
$\notin$	$y\notin A$ 即 y 不属于 A；y 不是集合 A 的一个元[素] 也可用 $\not\in$ 或 $\bar{\in}$
$\ni$	$A\ni x$ 即集 A 包含[元]x
$\not\ni$	$A\not\ni y$ 即集 A 不包含[元]y，也可用 $\not\ni$ 或 $\bar{\ni}$
$\{,\cdots,\}$	$\{x_1,x_2,\cdots,x_n\}$ 即诸元素 $x_1,x_2,\cdots,x_n$ 构成的集
$\{\mid\}$	$\{x\in A\mid p(x)\}$ 即使命题 $p(x)$ 为真的 A 中诸元[素]之集
card	$\mathrm{card}(A)$ 即 A 中诸元素的数目；A 的势（或基数）
$\varnothing$	即空集
$\mathbb{N}$，N	即非负整数集；自然数集
$\mathbb{Z}$，Z	即整数集
$\mathbb{Q}$，Q	即有理数集

符号	意义及举例
集合符号	
$\mathbb{R}$，R	即实数集
$\mathbb{C}$，C	即复数集
$[,]$	$[a,b]$ 即 $\mathbb{R}$ 中由 a 到 b 的闭区间
$],]$ $(,]$	$]a,b]$ 即 $\mathbb{R}$ 中由 a 到 b（含于内）的左半 $(a,b]$ 开区间
$[,[$ $[,)$	$[a,b[$ 即 $\mathbb{R}$ 中由 a（含于内）到 b 的右半 $[a,b)$ 开区间
$],[$ $(,)$	$]a,b[$ (a,b) 即 $\mathbb{R}$ 中由 a 到 b 的开区间
$\subseteq$	$B\subseteq A$ 即 B 含于 A；B 是 A 的子集
$\subsetneqq$	$B\subsetneqq A$ 即 B 真包含于 A；B 是 A 的真子集
$\not\subseteq$	$C\not\subseteq A$ 即 C 不包含于 A；C 不是 A 的子集也可用 $\not\subset$
$\supseteq$	$A\supseteq B$ 即 A 包含 B[作为子集]
$\supsetneqq$	$A\supsetneqq B$ 即 A 真包含 B
$\not\supseteq$	$A\not\supseteq C$ 即 A 不包含 C[作为子集]也可用 $\not\supset$
$\cup$	$A\cup B$ 即 A 与 B 的并集
$\cup$	$\bigcup\limits_{i=1}^{n}A_i$ 即诸集 $A_1,\cdots,A_n$ 的并集
$\cap$	$A\cap B$ 即 A 与 B 的交集
$\cap$	$\bigcap\limits_{i=1}^{n}A_i$ 即诸集 $A_1,\cdots,A_n$ 的交集
$\setminus$	$A\setminus B$ 即 A 与 B 之差；A 减 B
C	C_AB 即 A 中子集 B 的补集或余集
$(,)$	(a,b) 即有序偶 a,b；偶 a,b
$(,\cdots,)$	$(a_1,a_2,\cdots,a_n)$ 即有序 n 元组
$\times$	$A\times B$ 即 A 与 B 的笛卡儿积
Δ	Δ_A 即 $A\times A$ 中点对 (x,x) 的集，其中 $x\in A$；$A\times A$ 的对角集

注：矢量和张量往往用其分量的通用符号表示，例如矢量用 a_i，二阶张量用 T_{ij}，并矢积用 a_ib_j 等，但这里指的都是张量的协变分量，张量还具有其他形式的分量，如逆变分量、混合分量等。

4.3 数学公式

代　　数

因 式 分 解

(1) $(x+a)(x+b)=x^2+(a+b)x+ab$

(2) $(a\pm b)^2=a^2\pm 2ab+b^2$

(3) $(a\pm b)^3=a^3\pm 3a^2b+3ab^2\pm b^3$

(4) $(a+b+c+\cdots+k+z)^2=a^2+b^2+c^2+\cdots+k^2+z^2+2ab+2ac+\cdots+2az+2bc+\cdots+2bz+\cdots+2kz$

(5) $a^2-b^2=(a-b)(a+b)$

(6) $a^3\pm b^3=(a\pm b)(a^2\mp ab+b^2)$

(7) $a^n-b^n=(a-b)(a^{n-1}+a^{n-2}b+a^{n-3}b^2+\cdots+ab^{n-2}+b^{n-1})$（$n$ 为正整数）

(8) $a^n-b^n=(a+b)(a^{n-1}-a^{n-2}b+a^{n-3}b^2-\cdots+ab^{n-2}-b^{n-1})$（$n$ 为正偶数）

(9) $a^n+b^n=(a+b)(a^{n-1}-a^{n-2}b+a^{n-3}b^2-\cdots-ab^{n-2}+b^{n-1})$（$n$ 为正奇数）

(10) $(a\pm b)^n=\sum_{p=0}^{n}(\pm 1)^p\binom{n}{p}a^{n-p}b^p=a^n\pm na^{n-1}b+\frac{n(n-1)}{1\times 2}a^{n-2}b^2$

$\pm\frac{n(n-1)(n-2)}{1\times2\times3}a^{n-3}b^3+\cdots+(\pm1)^p\frac{n(n-1)(n-2)\cdots[n-(p-1)]}{1\times2\times3\times\cdots\times p}$

$\times a^{n-p}b^p+\cdots+(\pm1)^{n-1}nab^{n-1}+(\pm1)^nb^n$

式中二项式系数$\binom{n}{p}$见表 1-1-41。

表 1-1-44　　行　列　式

<table>
<tr><td rowspan="2">行列式的展开</td><td>二阶行列式</td><td colspan="2">$\begin{vmatrix}a_1 & b_1\\ a_2 & b_2\end{vmatrix}=a_1b_2-a_2b_1$</td></tr>
<tr><td>三阶行列式</td><td>对角线展开法
$=a_1b_2c_3+a_2b_3c_1+a_3b_1c_2-a_1b_3c_2-a_2b_1c_3-a_3b_2c_1$
(－)　(＋)
实线上三数的积取正号，虚线上三数的积取负号
四阶以上的高阶行列式不能用对角线展开法，只能采用按某一行（或列）的展开法进行计算</td><td>按某一行（或列）展开法
$\begin{vmatrix}a_1 & b_1 & c_1\\ a_2 & b_2 & c_2\\ a_3 & b_3 & c_3\end{vmatrix}$
$=\begin{cases}-a_2\begin{vmatrix}b_1 & c_1\\ b_3 & c_3\end{vmatrix}+b_2\begin{vmatrix}a_1 & c_1\\ a_3 & c_3\end{vmatrix}-c_2\begin{vmatrix}a_1 & b_1\\ a_3 & b_3\end{vmatrix}\\ \text{（按第二行展开）}\\ a_1\begin{vmatrix}b_2 & c_2\\ b_3 & c_3\end{vmatrix}-a_2\begin{vmatrix}b_1 & c_1\\ b_3 & c_3\end{vmatrix}+a_3\begin{vmatrix}b_1 & c_1\\ b_2 & c_2\end{vmatrix}\\ \text{（按第一列展开）}\end{cases}$
等式右端各项符号，按各元素在行列式中位置决定：
$\begin{vmatrix}+-+\\ -+-\\ +-+\end{vmatrix}$</td></tr>
</table>

续表

行列式的性质	行、列依次序对调时，其值不变 $\begin{vmatrix} a_1 & b_1 & c_1 \\ a_2 & b_2 & c_2 \\ a_3 & b_3 & c_3 \end{vmatrix} = \begin{vmatrix} a_1 & a_2 & a_3 \\ b_1 & b_2 & b_3 \\ c_1 & c_2 & c_3 \end{vmatrix}$	某两行（或两列）的元素对应成比例，其值为零 $\begin{vmatrix} a_1 & b_1 & c_1 \\ la_2 & lb_2 & lc_2 \\ a_2 & b_2 & c_2 \end{vmatrix} = 0$；$\begin{vmatrix} kb_1 & b_1 & c_1 \\ kb_2 & b_2 & c_2 \\ kb_3 & b_3 & c_3 \end{vmatrix} = 0$
	两行（或两列）对调后，其值变号 $\begin{vmatrix} a_1 & b_1 & c_1 \\ a_2 & b_2 & c_2 \\ a_3 & b_3 & c_3 \end{vmatrix} = -\begin{vmatrix} a_3 & b_3 & c_3 \\ a_2 & b_2 & c_2 \\ a_1 & b_1 & c_1 \end{vmatrix}$	某行（或列）的元素都是二项式，该行列式可分解为两个行列式的和 $\begin{vmatrix} a_1+d & b_1+e & c_1+f \\ a_2 & b_2 & c_2 \\ a_3 & b_3 & c_3 \end{vmatrix} = \begin{vmatrix} a_1 & b_1 & c_1 \\ a_2 & b_2 & c_2 \\ a_3 & b_3 & c_3 \end{vmatrix} + \begin{vmatrix} d & e & f \\ a_2 & b_2 & c_2 \\ a_3 & b_3 & c_3 \end{vmatrix}$
	某行（或列）各元素乘以 k，其值为原行列式的 k 倍 $\begin{vmatrix} a_1 & kb_1 & c_1 \\ a_2 & kb_2 & c_2 \\ a_3 & kb_3 & c_3 \end{vmatrix} = k\begin{vmatrix} a_1 & b_1 & c_1 \\ a_2 & b_2 & c_2 \\ a_3 & b_3 & c_3 \end{vmatrix}$	某行（或列）所有元素乘以同一数，加到另行（或列）的对应元素上，其值不变 $\begin{vmatrix} a_1 & b_1+kc_1 & c_1 \\ a_2 & b_2+kc_2 & c_2 \\ a_3 & b_3+kc_3 & c_3 \end{vmatrix} = \begin{vmatrix} a_1 & b_1 & c_1 \\ a_2 & b_2 & c_2 \\ a_3 & b_3 & c_3 \end{vmatrix}$
	三阶行列式的性质可推广于高阶行列式	
代数余子式（三阶以上都适用）	元素 a_{ij} 的代数余子式 A_{ij} 是将行列式中的第 i 行及第 j 列划去后，剩下的低一阶的行列式乘以 $(-1)^{i+j}$， 如 $\begin{vmatrix} a_{11} & a_{12} & a_{13} \\ a_{21} & a_{22} & a_{23} \\ a_{31} & a_{32} & a_{33} \end{vmatrix}$ 的 $A_{12} = (-1)^{1+2}\begin{vmatrix} a_{21} & a_{23} \\ a_{31} & a_{33} \end{vmatrix}$	例如 $\begin{vmatrix} 3 & 0 & 6 \\ 1 & -1 & 7 \\ 5 & 2 & 4 \end{vmatrix}$ 中，元素 $a_{12}=0$，它的代数余子式 A_{12} 如下： $A_{12} = (-1)^{1+2}\begin{vmatrix} 1 & 7 \\ 5 & 4 \end{vmatrix} = -\begin{vmatrix} 1 & 7 \\ 5 & 4 \end{vmatrix}$

表 1-1-45　　方程的解

一次方程组	$\begin{cases} a_1x+b_1y=c_1 \\ a_2x+b_2y=c_2 \end{cases}$	$x=\dfrac{\Delta x}{\Delta}$，$y=\dfrac{\Delta y}{\Delta}(\Delta\neq 0)$　　$\Delta=\begin{vmatrix} a_1 & b_1 \\ a_2 & b_2 \end{vmatrix}$；$\Delta x=\begin{vmatrix} c_1 & b_1 \\ c_2 & b_2 \end{vmatrix}$；$\Delta y=\begin{vmatrix} a_1 & c_1 \\ a_2 & c_2 \end{vmatrix}$
	$\begin{cases} a_1x+b_1y+c_1z=d_1 \\ a_2x+b_2y+c_2z=d_2 \\ a_3x+b_3y+c_3z=d_3 \end{cases}$	$x=\dfrac{\Delta x}{\Delta}$，$y=\dfrac{\Delta y}{\Delta}$，$z=\dfrac{\Delta z}{\Delta}$　$(\Delta\neq 0)$ 当 $d_1=d_2=d_3=0$ 时，$\Delta\neq 0$，方程组只有零解，$\Delta=0$，方程组有无穷多组解 $\Delta=\begin{vmatrix} a_1 & b_1 & c_1 \\ a_2 & b_2 & c_2 \\ a_3 & b_3 & c_3 \end{vmatrix}$；$\Delta x=\begin{vmatrix} d_1 & b_1 & c_1 \\ d_2 & b_2 & c_2 \\ d_3 & b_3 & c_3 \end{vmatrix}$；$\Delta y=\begin{vmatrix} a_1 & d_1 & c_1 \\ a_2 & d_2 & c_2 \\ a_3 & d_3 & c_3 \end{vmatrix}$；$\Delta z=\begin{vmatrix} a_1 & b_1 & d_1 \\ a_2 & b_2 & d_2 \\ a_3 & b_3 & d_3 \end{vmatrix}$
	$\begin{cases} a_1x+b_1y+c_1z=0 \\ a_2x+b_2y+c_2z=0 \end{cases}$	$\dfrac{x}{\begin{vmatrix} b_1 & c_1 \\ b_2 & c_2 \end{vmatrix}} = \dfrac{y}{\begin{vmatrix} c_1 & a_1 \\ c_2 & a_2 \end{vmatrix}} = \dfrac{z}{\begin{vmatrix} a_1 & b_1 \\ a_2 & b_2 \end{vmatrix}} = k$

续表

一元二次方程	$ax^2+bx+c=0$ $a\neq 0$	$x_{1,2}=\dfrac{-b\pm\sqrt{b^2-4ac}}{2a}$，根与系数的关系：$x_1+x_2=-\dfrac{b}{a}$，$x_1x_2=\dfrac{c}{a}$ 判别式：$b^2-4ac\begin{cases}>0 & \text{不等二实根}\\ =0 & \text{相等二实根}\\ <0 & \text{共轭复数根}\end{cases}$
一元三次方程	$x^3-1=0$	$x_1=1$，$x_2=\omega_1=\dfrac{-1+\sqrt{3}\,\mathrm{i}}{2}$，$x_3=\omega_2=\dfrac{-1-\sqrt{3}\,\mathrm{i}}{2}$
	$x^3+ax^2+bx+c=0$	令 $x=y-\dfrac{a}{3}$ 代入，则得 $y^3+py+q=0$，式中 $p=b-\dfrac{a^2}{3}$，$q=\dfrac{2a^3}{27}-\dfrac{ab}{3}+c$ 设其根为 y_1、y_2、y_3，则 $y_1=\sqrt[3]{-\dfrac{q}{2}+\sqrt{\left(\dfrac{q}{2}\right)^2+\left(\dfrac{p}{3}\right)^3}}+\sqrt[3]{-\dfrac{q}{2}-\sqrt{\left(\dfrac{q}{2}\right)^2+\left(\dfrac{p}{3}\right)^3}}$ $y_2=\omega_1\sqrt[3]{-\dfrac{q}{2}+\sqrt{\left(\dfrac{q}{2}\right)^2+\left(\dfrac{p}{3}\right)^3}}+\omega_2\sqrt[3]{-\dfrac{q}{2}-\sqrt{\left(\dfrac{q}{2}\right)^2+\left(\dfrac{p}{3}\right)^3}}$ $y_3=\omega_2\sqrt[3]{-\dfrac{q}{2}+\sqrt{\left(\dfrac{q}{2}\right)^2+\left(\dfrac{p}{3}\right)^3}}+\omega_1\sqrt[3]{-\dfrac{q}{2}-\sqrt{\left(\dfrac{q}{2}\right)^2+\left(\dfrac{p}{3}\right)^3}}$ 则 $x_1=y_1-\dfrac{a}{3}$；$x_2=y_2-\dfrac{a}{3}$；$x_3=y_3-\dfrac{a}{3}$ 式中 ω_1 和 ω_2 是方程 $x^3-1=0$ 的二个解

四次方程

① 方程

$$ax^4+cx^2+e=0$$

中，设 $y=x^2$，则化为二次方程

$$ay^2+cy+e=0$$

可解出四个根为

$$x_{1,2,3,4}=\pm\sqrt{\frac{-c\pm\sqrt{c^2-4ae}}{2a}}$$

② 方程

$$ax^4+bx^3+cx^2+bx+a=0$$

中，设 $y=x+\dfrac{1}{x}$，则化为二次方程，可解出四个根为

$$x_{1,2,3,4}=\frac{y\pm\sqrt{y^2-4}}{2},\quad y=\frac{-b\pm\sqrt{b^2-4ac+8a^2}}{2a}$$

③ 一般四次方程

$$ax^4+bx^3+cx^2+dx+e=0$$

都可化为首项系数为 1 的四次方程，而方程

$$x^4+bx^3+cx^2+dx+e=0$$

的四个根与下面两个方程的四个根完全相同：

$$x^2+\left(b+\sqrt{8y+b^2-4c}\right)\frac{x}{2}+\left(y+\frac{by-d}{\sqrt{8y+b^2-4c}}\right)=0$$

$$x^2+\left(b-\sqrt{8y+b^2-4c}\right)\frac{x}{2}+\left(y-\frac{by-d}{\sqrt{8y+b^2-4c}}\right)=0$$

式中 y 是三次方程

$$8y^3-4cy^2+(2bd-8e)y+e(4c-b^2)-d^2=0$$

的任一实根。

阿贝尔-鲁菲尼定理

五次以及更高次的代数方程没有一般的代数解法（即由方程的系数经有限次四则运算和开方运算求根的方法）。

分　式

（1）分式运算

$$\frac{a}{b}\pm\frac{c}{b}=\frac{a\pm c}{b}\qquad \frac{a}{b}\pm\frac{c}{d}=\frac{ad\pm bc}{bd}$$

$$\frac{a}{b}\times\frac{c}{d}=\frac{ac}{bd}\qquad \frac{a}{b}\div\frac{c}{d}=\frac{ad}{bc}$$

$$\left(\frac{a}{b}\right)^n=\frac{a^n}{b^n}\qquad \sqrt[n]{\frac{a}{b}}=\frac{\sqrt[n]{a}}{\sqrt[n]{b}}\quad (a>0,\ b>0)$$

（2）部分分式

任一既约真分式（分子与分母没有公因子，分子次数低于分母次数）都可唯一地分解成形如$\frac{A}{(x-a)^k}$或$\frac{ax+b}{(x^2+px+q)^l}\left(其中\frac{p^2}{4}-q<0\right)$的基本真分式之和，其运算称为部分分式展开。若为假分式（分子次数不低于分母次数），应先化为整式与真分式之和，然后再对真分式进行部分分式展开。部分分式的各个系数可以通过待定系数法来确定。下面分几种不同情况介绍。

设

$$N(x)=n_0+n_1x+n_2x^2+\cdots+n_rx^r$$
$$G(x)=g_0+g_1x+g_2x^2+\cdots+g_sx^3$$

[线性因子重复]

方法一：

$$\frac{N(x)}{(x-a)^m}=\frac{A_0}{(x-a)^m}+\frac{A_1}{(x-a)^{m-1}}+\cdots+\frac{A_{m-1}}{x-a}$$

式中 $N(x)$ 的最高次数 $r\leqslant m-1$；A_0，A_1，…，A_{m-1} 为待定常数，可由下式确定：

$$A_0=[N(x)]_{x=a},\quad A_k=\frac{1}{k!}\left[\frac{d^kN(x)}{dx^k}\right]_{x=a}\quad (k=1,2,\cdots,m-1)$$

方法二：

$$\frac{N(x)}{x^mG(x)}=\frac{A_0}{x^m}+\frac{A_1}{x^{m-1}}+\cdots+\frac{A_{m-1}}{x}+\frac{F(x)}{G(x)}$$

式中 A_0，A_1，…，A_m 为待定常数，可由下式确定：

$$A_0=\frac{n_0}{g_0},\ A_j=\frac{1}{g_0}\left(n_j-\sum_{i=0}^{j-1}A_ig_{j-i}\right)\quad (j=1,\ 2,\ \cdots,\ m-1)$$

$$F(x)=f_0+f_1x+f_2x^2+\cdots+f_kx^k,k\leqslant s-1$$

其系数 f_j 与 m 有关，由下表确定：

m	$f_j\quad(j=0,1,2,\cdots,k;k\leqslant s-1)$
1	$f_j=n_{j+1}-A_0g_{j+1}$
2	$f_j=n_{j+2}-(A_0g_{j+2}+A_1g_{j+1})$
3	$f_j=n_{j+3}-(A_0g_{j+3}+A_1g_{j+2}+A_2g_{j+1})$
⋮	⋮
m	$f_j=n_{j+m}-\sum_{i=0}^{m-1}A_jg_{j+m-i}$

例

$$\frac{x^2+1}{x^3(x^2-3x+6)}=\frac{A_0}{x^3}+\frac{A_1}{x^2}+\frac{A_2}{x}+\frac{f_1x+f_0}{x^2-3x+6}$$

解 依上述公式算出

$$A_0=\frac{n_0}{g_0}=\frac{1}{6}\quad A_1=\frac{1}{g_0}(n_1-A_0g_1)=\frac{1}{6}\left[0-\frac{1}{6}\times(-3)\right]=\frac{1}{12}$$

$$A_2=\frac{1}{g_0}(n_2-A_0g_2-A_1g_1)=\frac{1}{6}\left[1-\frac{1}{6}\times1-\frac{1}{12}\times(-3)\right]=\frac{13}{72}$$

此时 $m=3$，

$$f_0=n_3-(A_0g_3+A_1g_2+A_2g_1)=0-\left[\frac{1}{6}\times0+\frac{1}{12}\times1+\frac{13}{72}\times(-3)\right]=\frac{33}{72}$$

$$f_1=n_4-(A_0g_4+A_1g_3+A_2g_2)=0-\left(0+0+\frac{13}{72}\times1\right)=-\frac{13}{72}$$

所以得到

$$\frac{x^2+1}{x^3(x^2-3x+6)}=\frac{1}{6x^3}+\frac{1}{12x^2}+\frac{13}{72x}+\frac{-13x+33}{72(x^2-3x+6)}$$

方法三：

$$\frac{N(x)}{(x-a)^mG(x)}=\frac{A_0}{(x-a)^m}+\frac{A_1}{(x-a)^{m-1}}+\frac{A_2}{(x-a)^{m-2}}+\cdots+\frac{A_{m-1}}{x-a}+\frac{F(x)}{G(x)}$$

做变换 $y=x-a$，则 $N(x)=N_1(y)$，$G(x)=G_1(y)$，上式变为

$$\frac{N_1(y)}{y^mG_1(y)}=\frac{A_0}{y^m}+\frac{A_1}{y^{m-1}}+\frac{A_2}{y^{m-2}}+\cdots+\frac{A_{m-1}}{y}+\frac{F_1(y)}{G_1(y)}$$

用上述的方法一和二确定出 A_0，A_1，…，A_{m-1} 和 $F_1(y)$，再将 $y=x-a$ 代回。也可按下式来确定系数 A_0，A_1，…，A_{m-1}：

$$A_k=\frac{1}{k!}\left[\frac{\mathrm{d}^k}{\mathrm{d}x^k}\left(\frac{N(x)}{G(x)}\right)\right]_{x=a}\quad(k=0,1,2,\cdots,m-1)$$

[线性因子不重复]

方法一：

$$\frac{N(x)}{(x-a)(x-b)(x-c)}=\frac{A}{x-a}+\frac{B}{x-b}+\frac{C}{x-c}$$

式中 $N(x)$ 的最高次数 $r\leqslant2$，$a\neq b\neq c$；A、B、C 为待定常数，可由下式确定：

$$A=\left[\frac{N(x)}{(x-b)(x-c)}\right]_{x=a}\qquad B=\left[\frac{N(x)}{(x-a)(x-c)}\right]_{x=b}$$

$$C=\left[\frac{N(x)}{(x-a)(x-b)}\right]_{x=c}$$

方法二：

$$\frac{N(x)}{(x-a)(x-b)G(x)}=\frac{A}{x-a}+\frac{B}{x-b}+\frac{F(x)}{G(x)}\quad(a\neq b)$$

式中多项式 $F(x)$ 的最高次数 $k\leqslant s-1$；A、B 为待定常数，用下式确定：

$$A=\left[\frac{N(x)}{(x-b)G(x)}\right]_{x=a}\qquad B=\left[\frac{N(x)}{(x-a)G(x)}\right]_{x=b}$$

A、B 确定后，再用等式两边多项式同次项系数必须相等的法则来确定 $F(x)$ 的各项系数。

例

$$\frac{x^2+3}{x(x-2)(x^2+2x+4)}=\frac{A}{x}+\frac{B}{x-2}+\frac{f_1x+f_0}{x^2+2x+4}$$

解 依上述公式算得

$$A=\left[\frac{x^2+3}{(x-2)(x^2+2x+4)}\right]_{x=0}=-\frac{3}{8}$$

$$B=\left[\frac{x^2+3}{x(x^2+2x+4)}\right]_{x=2}=\frac{7}{24}$$

把 A、B 代入原式，通分并整理后得

$$x^2+3=\left(f_1-\frac{3}{8}+\frac{7}{24}\right)x^3+\left(f_0-2f_1+\frac{7}{12}\right)x^2+\left(\frac{7}{6}-2f_0\right)x+3$$

比较等式两边同次项系数得

$$f_0=\frac{7}{12}\qquad f_1=\frac{1}{12}$$

所以有

$$\frac{x^2+3}{x(x-2)(x^2+2x+4)}=-\frac{3}{8x}+\frac{7}{24(x-2)}+\frac{x+7}{12(x^2+2x+4)}$$

［高次因子］

$$\frac{N(x)}{(x^2+h_1x+h_0)G(x)}=\frac{a_1x+a_0}{x_2+h_1x+h_0}+\frac{F(x)}{G(x)}$$

$$\frac{N(x)}{(x^2+h_1x+h_0)^2G(x)}=\frac{a_1x+a_0}{(x^2+h_1x+h_0)^2}+\frac{b_1x+b_0}{x^2+h_1x+h_0}+\frac{F(x)}{G(x)}$$

$$\frac{N(x)}{(x^3+h_2x^2+h_1x+h_0)G(x)}=\frac{a_2x^2+a_1x+a_0}{x^3+h_2x^2+h_1x+h_0}+\frac{F(x)}{G(x)}$$

……

［计算系数的一般方法］

$$\frac{N(x)}{D(x)}=\frac{N(x)}{G(x)H(x)L(x)}=\frac{A(x)}{G(x)}+\frac{B(x)}{H(x)}+\frac{C(x)}{L(x)}+\cdots$$

① 等式两边乘以 $D(x)$ 化为整式，各项按 x 的同次幂合并，然后列出未知系数的方程组，解出而得。

② 等式两边乘以 $D(x)$ 化为整式，再把 x 用简单的数值（如 $x=0$，1，−1 等）代入，然后列出未知系数的方程组，解出而得。

级　　数

（1）等差级数　$a_1+(a_1+d)+(a_1+2d)+\cdots$（公差为 d，首项为 a_1）

第 n 项　$a_n=a_1+(n-1)d$

前 n 项和　$S_n=\dfrac{n(a_1+a_n)}{2}=na_1+\dfrac{n(n-1)d}{2}$

等差中项　若 a、b、c 成等差数列，则称 b 是 a、c 的等差中项，$b=\dfrac{1}{2}(a+c)$

（2）等比级数　$a_1+a_1q+a_1q^2+\cdots$（公比为 q，首项为 a_1）

第 n 项　$a_n=a_1q^{n-1}$

前 n 项和　$S_n=\dfrac{a_1(1-q^n)}{1-q}=\dfrac{a_1-a_nq}{1-q}$　$(q\neq1)$

等比中项　若 a、b、c 成等比数列，则称 b 是 a、c 的等比中项，$b=\pm\sqrt{ac}$

无穷递减等比级数的和 $S=a_1+a_1q+a_1q^2+\cdots=\dfrac{a_1}{1-q}(|q|<1)$，（$a_1$ 为首项）

（3）调和级数　设 a、b、c 成调和级数，则

$(a-b):(b-c)=a:c$

调和中项　$b=\frac{2ac}{a+c}$

$\frac{1}{a}$、$\frac{1}{b}$、$\frac{1}{c}$成等差级数

$a-\frac{b}{2}$、$b-\frac{b}{2}$、$c-\frac{b}{2}$成等比级数

设 A、G、H 分别表示两数的等差中项、等比中项与调和中项

则：$AH=G^2$

（4）某些有穷级数的前 n 项和

1）$1+2+3+\cdots+n=\frac{1}{2}n(1+n)$

2）$1^2+2^2+3^2+\cdots+n^2=\frac{1}{6}n(n+1)(2n+1)$

3）$1^3+2^3+3^3+\cdots+n^3=\left[\frac{1}{2}n(n+1)\right]^2$

4）$1+3+5+\cdots+(2n-1)=n^2$

5）$2+4+6+\cdots+2n=n(n+1)$

6）$1^2+3^2+5^2+\cdots+(2n-1)^2=\frac{1}{3}n(4n^2-1)$

7）$1^3+3^3+5^3+\cdots+(2n-1)^3=n^2(2n^2-1)$

8）$1\times2+2\times3+3\times4+\cdots+n(n+1)=\frac{1}{3}n(n+1)(n+2)$

9）$1\times2\times3+2\times3\times4+3\times4\times5+\cdots+n(n+1)(n+2)=\frac{1}{4}n(n+1)(n+2)(n+3)$

10）$\frac{1}{1\times2}+\frac{1}{2\times3}+\frac{1}{3\times4}+\cdots+\frac{1}{n(n+1)}=\frac{n}{n+1}$

11）$\frac{1}{1\times2\times3}+\frac{1}{2\times3\times4}+\frac{1}{3\times4\times5}+\cdots+\frac{1}{n(n+1)(n+2)}=\frac{1}{2}\left[\frac{1}{1\times2}-\frac{1}{(n+1)(n+2)}\right]$

（5）某些特殊级数的和

1）$1-\frac{1}{3}+\frac{1}{5}-\frac{1}{7}+\cdots=\frac{\pi}{4}$

2）$1-\frac{1}{5}+\frac{1}{7}-\frac{1}{11}+\frac{1}{13}-\cdots=\frac{\pi}{2\sqrt{3}}$

3）$\frac{1}{1^2}+\frac{1}{2^2}+\cdots+\frac{1}{n^2}+\cdots=\frac{\pi^2}{6}$

4）$\frac{1}{1^2}-\frac{1}{2^2}+\frac{1}{3^2}-\frac{1}{4^2}+\cdots=\frac{\pi^2}{12}$

5）$\frac{1}{1\times3}+\frac{1}{3\times5}+\frac{1}{5\times7}+\cdots=\frac{1}{2}$

6）$1+\frac{1}{1!}+\frac{1}{2!}+\cdots+\frac{1}{n!}+\cdots=\mathrm{e}$（$\mathrm{e}=2.71828\cdots$）

7）二项级数

$(1+x)^n=1+nx+\frac{n(n-1)}{2!}x^2+\cdots+\frac{n(n-1)\cdots(n-k+1)}{k!}x^k+\cdots$；$|x|<1$，称为二项级数，其中 n 为任意实数。此式在 $x=1$，$n>-1$ 及 $x=-1$，$n>0$ 的情况也成立。

例　$\sqrt{1+x}=1+\frac{1}{2}x-\frac{1}{8}x^2+\frac{1}{16}x^3-\frac{5}{128}x^4+\frac{7}{256}x^5-\frac{21}{1024}x^6+\cdots-\frac{1}{\sqrt{1+x}}=1-\frac{1}{2}x+\frac{3}{8}x^2-\frac{5}{16}x^3+\frac{35}{128}x^4-\frac{63}{256}x^5+\frac{231}{1024}x^6-\cdots$

（6）傅里叶级数

1）$\frac{\pi}{4}=\sum_{k=1}^{\infty}\frac{\sin(2k-1)x}{2k-1}$　$(0<x<\pi)$

2）$x=\frac{\pi}{2}+\frac{4}{\pi}\left(\cos x+\frac{1}{3^2}\cos 3x+\frac{1}{5^3}\cos 5x+\cdots\right)$　$(0<x<\pi)$

3）$x=\frac{\pi}{2}-2\left(\frac{\sin 2x}{2}+\frac{\sin 4x}{4}+\frac{\sin 6x}{6}+\cdots\right)$　$(0<x<\pi)$

4）$x=2\sum_{n=1}^{\infty}\frac{(-1)^{n+1}}{n}\sin nx$　$(-\pi<x<\pi)$

5）$x^2=\frac{\pi^2}{3}+4\sum_{n=1}^{\infty}\frac{(-1)^n}{n^2}\cos nx$　$(-\pi<x<\pi)$

6）$x^2=\left(2\pi-\frac{8}{\pi}\right)\sin x-\pi\sin 2x+\left(\frac{2\pi}{3}-\frac{8}{3^3\pi}\right)\times\sin 3x-\frac{\pi}{2}\sin 4x+\cdots$　$(0\leqslant x<\pi)$

7）$e^{ax}=\frac{e^{a\pi}-1}{a\pi}+\frac{2a}{\pi}\sum_{n=1}^{\infty}\frac{(-1)^n e^{a\pi}-1}{a^2+n^2}\cos nx$　$(0\leqslant x\leqslant\pi)$

8）$e^{ax}=\frac{2}{\pi}\sum_{n=1}^{\infty}\left[1-(-1)^n e^{a\pi}\right]\frac{n}{a^2+n^2}\sin nx$　$(0<x<\pi)$

9）$e^{ax}=\frac{2}{\pi}\mathrm{sh}\,a\pi\left\{\frac{1}{2a}+\sum_{n=1}^{\infty}\frac{(-1)^n}{a^2+n^2}\times\left[a\cos nx-n\sin nx\right]\right\}$　$(-\pi<x<\pi,\ a\neq 0)$

10）$\sin ax=\frac{2\sin a\pi}{\pi}\sum_{n=1}^{\infty}\frac{(-1)^{n+1}n\sin nx}{n^2-a^2}$　$(-\pi<x<\pi$，a 不是整数）

11）$\cos ax=\frac{2}{\pi}\sin a\pi\left(\frac{1}{2a}+\sum_{n=1}^{\infty}(-1)^n\frac{a\cos nx}{a^2-n^2}\right)$　$(-\pi\leqslant x\leqslant\pi$，$a$ 不是整数）

12）$\mathrm{sh}\,ax=\frac{2}{\pi}\mathrm{sh}\,a\pi\sum_{n=1}^{\infty}(-1)^{n-1}\frac{n}{a^2+n^2}\sin nx$　$(-\pi<x<\pi)$

13）$\mathrm{ch}\,ax=\frac{2}{\pi}\mathrm{sh}\,a\pi\left(\frac{1}{2a}+\sum_{n=1}^{\infty}(-1)^n\frac{a}{a^2+n^2}\cos nx\right)$　$(-\pi\leqslant x\leqslant\pi)$

根　式

（1）$(\sqrt[n]{a})^n=\sqrt[n]{a^n}=a\,(a\geqslant 0)$

（2）$\sqrt[np]{a^{mp}}=\sqrt[n]{a^m}=a^{\frac{m}{n}}\,(a\geqslant 0)$

（3）$\sqrt[n]{1/a}=1/\sqrt[n]{a}=a^{-\frac{1}{n}}\,(a>0)$

（4）$\sqrt[m]{\sqrt[n]{a}}=\sqrt[n]{\sqrt[m]{a}}=\sqrt[mn]{a}\,(a\geqslant 0)$

（5）$\sqrt[n]{ab}=\sqrt[n]{a}\sqrt[n]{b}\,(a\geqslant 0,b\geqslant 0)$

（6）$\sqrt[n]{\frac{a}{b}}=\frac{\sqrt[n]{a}}{\sqrt[n]{b}}\,(a\geqslant 0,b>0)$

（7）$\sqrt[n]{a}\sqrt[m]{a}=\sqrt[nm]{a^{n+m}}\,(a\geqslant 0)$

（8）$\sqrt{a}\pm\sqrt{b}=\sqrt{a+b\pm 2\sqrt{ab}}\,(a>b)$

（9）$\sqrt{a\pm\sqrt{b}}=\sqrt{\frac{a+\sqrt{a^2-b}}{2}}\pm\sqrt{\frac{a-\sqrt{a^2-b}}{2}}$

（10）$\frac{1}{\sqrt{a}\pm\sqrt{b}}=\frac{\sqrt{a}\mp\sqrt{b}}{a-b}\,(a>0,b>0,a\neq b)$

（11）$\frac{1}{\sqrt[3]{a}\pm\sqrt[3]{b}}=\frac{\sqrt[3]{a^2}\mp\sqrt[3]{ab}+\sqrt[3]{b^2}}{a\pm b}$　$(a\neq b)$

指　数

（1）$a^x\cdot a^y=a^{x+y}$

（2）$\frac{a^x}{a^y}=a^{x-y}$

（3）$(a^x)^y=a^{xy}$

（4）$(ab)^x=a^x b^x$

（5）$\left(\frac{a}{b}\right)^x=\frac{a^x}{b^x}$

（6）$a^{\frac{n}{m}}=\sqrt[m]{a^n}=(\sqrt[m]{a})^n\,(a\geqslant 0)$

（7）$a^{-\frac{n}{m}}=\frac{1}{\sqrt[m]{a^n}}\,(a>0)$

（8）$a^{-n}=\frac{1}{a^n}\,(a>0)$

（9）$a^0=1\,(a\neq 0)$

（10）$0^n=0$

(1)~(5) 式中，$a>0$，$b>0$；x、y 为任意实数。

对　数

(1) 若 $a>0$，$a\neq1$，且 $a^x=M$，则 x 叫作 M 的以 a 为底的对数，记作 $x=\log_a M$，M 叫真数。

(2) $\log_a 1=0$

(3) $\log_a a=1$

(4) $\log_a(MN)=\log_a M+\log_a N$

(5) $\log_a\left(\dfrac{M}{N}\right)=\log_a M-\log_a N$

(6) $\log_a M^n=n\log_a M$

(7) $\log_a\sqrt[n]{M}=\dfrac{1}{n}\log_a M$

(8) $a^{\log_a b}=b$

(9) $\log_a b=\dfrac{1}{\log_b a}$ $(b>0)$

(10) 当 $a=10$ 时，$\log_{10}M$ 记作 $\lg M$，称为常用对数。$\lg M=\dfrac{\ln M}{\ln 10}\approx0.4343\ln M$

(11) 当 $a=\mathrm{e}$ 时，$\log_{\mathrm{e}}M$ 记作 $\ln M$，称为自然对数。$\ln M=\dfrac{\lg M}{\lg \mathrm{e}}\approx2.3026\lg M$

(12) $\log_a a^x=x$

(13) $\log_a b=\log_c b\log_a c=\dfrac{\log_c b}{\log_c a}$

不 等 式

常用不等式

(1) 设 $a_i\geqslant0$，$i=1,2,\cdots,n$，则算术平均与几何平均满足

$$\frac{a_1+a_2+\cdots+a_n}{n}\geqslant\sqrt[n]{a_1a_2\cdots a_n}$$

(2) $\sqrt{a_1^2+a_2^2+\cdots+a_n^2}\leqslant|a_1|+|a_2|+\cdots+|a_n|$

(3) $(a_1^2+a_2^2+\cdots+a_n^2)(b_1^2+b_2^2+\cdots+b_n^2)\geqslant(a_1b_1+a_2b_2+\cdots+a_nb_n)^2$

(4) 设 $a_i>0$，$i=1,2,\cdots,n$，k 是正整数，则 $\left(\dfrac{a_1+\cdots+a_n}{n}\right)^k\leqslant\dfrac{a_1^k+\cdots+a_n^k}{n}$

(5) $\sqrt[n]{(a_1+b_1)(a_2+b_2)\cdots(a_n+b_n)}\geqslant\sqrt[n]{a_1\cdots a_n}+\sqrt[n]{b_1\cdots b_n}$

绝对值与不等式

绝对值定义 $|a|=\begin{cases}a & (a\geqslant0)\\ -a & (a<0)\end{cases}$

(1) $|a\pm b|\leqslant|a|+|b|$

(2) $|a-b|\geqslant|a|-|b|$

(3) $-|a|\leqslant a\leqslant|a|$

(4) $\sqrt{a^2}=|a|$

(5) $|ab|=|a|\cdot|b|$

(6) $\left|\dfrac{a}{b}\right|=\dfrac{|a|}{|b|}$

(7) 若 $|a|\leqslant b$，则 $-b\leqslant a\leqslant b$

(8) 若 $|a|>b$，则 $a>b$ 或 $a<-b$

三角不等式

(1) $\sin x<x<\tan x$ $\left(0<x<\dfrac{\pi}{2}\right)$

(2) $\dfrac{\sin x}{x}>\dfrac{2}{\pi}$ $\left(-\dfrac{\pi}{2}<x<\dfrac{\pi}{2}\right)$

(3) $\sin x>x-\dfrac{1}{6}x^3$ $(x>0)$

(4) $\cos x>1-\dfrac{1}{2}x^2$ $(x\neq0)$

(5) $\tan x>x+\dfrac{1}{3}x^3$ $\left(0<x<\dfrac{\pi}{2}\right)$

含有指数、对数的不等式

(1) $\mathrm{e}^x>1+x$ $(x\neq0)$

(2) $\mathrm{e}^x<\dfrac{1}{1-x}$ $(x<1,\ x\neq0)$

(3) $\mathrm{e}^{-x}<1-\dfrac{x}{1+x}$ $(x>-1,\ x\neq0)$

(4) $\dfrac{x}{1+x}<\ln(1+x)<x$ $(x>-1,\ x\neq0)$

(5) $\ln x\leqslant x-1$ $(x>0)$

(6) $\ln x\leqslant n(x^{\frac{1}{n}}-1)$ $(n>0,\ x>0)$

(7) $(1+x)^\alpha>1+x^\alpha$ $(\alpha>1,\ x>0)$

幂级数展开式

(1) 指数函数和对数函数的幂级数展开式

1) $\mathrm{e}^x=1+\dfrac{1}{1!}x+\dfrac{1}{2!}x^2+\dfrac{1}{3!}x^3+\cdots+\dfrac{1}{n!}x^n+\cdots$ $(|x|<\infty)$

2) $a^x=1+\dfrac{\ln a}{1!}x+\dfrac{(\ln a)^2}{2!}x^2+\dfrac{(\ln a)^3}{3!}x^3+\cdots+\dfrac{(\ln a)^n}{n!}x^n+\cdots$ $(|x|<\infty)$

3) $\ln(1+x)=x-\dfrac{x^2}{2}+\dfrac{x^3}{3}-\dfrac{x^4}{4}+\cdots+(-1)^{n+1}\dfrac{x^n}{n}+\cdots$ $(-1<x\leqslant1)$

4）$\ln(1-x)=-x-\frac{x^2}{2}-\frac{x^3}{3}-\frac{x^4}{4}-\cdots-\frac{x^n}{n}-\cdots \quad (-1\leqslant x<1)$

5）$\ln\left(\frac{1+x}{1-x}\right)=2\left(x+\frac{x^3}{3}+\frac{x^5}{5}+\frac{x^7}{7}+\cdots+\frac{x^{2n+1}}{2n+1}+\cdots\right) \quad (|x|<1)$

6）$\frac{x}{e^x-1}=1-\frac{x}{2}+\frac{1}{12}x^2-\frac{1}{720}x^4+\frac{1}{30240}x^6-\cdots+(-1)^{n+1}\frac{B_n}{(2n)!}x^{2n}+\cdots \quad (|x|<2\pi)$

式中，B_n 为伯努利数。$B_4=\frac{1}{30}$，$B_5=\frac{5}{66}$，$B_6=\frac{691}{2730}$，$B_7=\frac{7}{6}$，$B_8=\frac{3617}{510}$，$B_9=\frac{43867}{798}$，…

7）$e^{\sin x}=1+x+\frac{x^2}{2!}-\frac{3x^4}{4!}-\frac{8x^5}{5!}-\frac{3x^6}{6!}+\frac{56x^7}{7!}+\cdots \quad (|x|<\infty)$

8）$e^{\cos x}=e\left(1-\frac{x^2}{2!}+\frac{4x^4}{4!}-\frac{31x^6}{6!}+\cdots\right) \quad (|x|<\infty)$

（2）三角函数和反三角函数的幂级数展开式

1）$\sin x=x-\frac{x^3}{3!}+\frac{x^5}{5!}-\cdots+(-1)^{n-1}\frac{x^{2n-1}}{(2n-1)!}+\cdots \quad (|x|<\infty)$

2）$\cos x=1-\frac{x^2}{2!}+\frac{x^4}{4!}-\cdots+(-1)^n\frac{x^{2n}}{(2n)!}+\cdots \quad (|x|<\infty)$

3）$\tan x=x+\frac{1}{3}x^3+\frac{2}{15}x^5+\frac{17}{315}x^7+\cdots+\frac{2^{2n}(2^{2n-1})B_n}{(2n)!}x^{2n-1}+\cdots \quad \left(|x|<\frac{\pi}{2}\right)$

4）$\cos x=\frac{1}{x}-\frac{1}{3}x-\frac{1}{45}x^3-\frac{2}{945}x^5-\cdots-\frac{2^{2n}B_n}{(2n)!}x^{2n-1}-\cdots \quad (0<|x|<\pi)$

式中，B_n 为伯努利数

5）$\arcsin x=x+\frac{1}{2\times3}x^3+\frac{1\times3}{2\times4\times5}x^5+\frac{1\times3\times5}{2\times4\times6\times7}x^7+\cdots+\frac{(2n)!}{2^{2n}(n!)^2(2n+1)}x^{2n+1}+\cdots \quad (|x|<1)$

6）$\arctan x=x-\frac{x^3}{3}+\frac{x^5}{5}-\frac{x^7}{7}+\frac{x^9}{9}-\cdots+(-1)^n\frac{x^{2n-1}}{2n+1}+\cdots \quad (|x|\leqslant1)$

（3）双曲线函数和反双曲线函数的幂级数展开式

1）$\mathrm{sh}x=x-\frac{x^3}{3!}+\frac{x^5}{5!}+\frac{x^7}{7!}+\cdots+\frac{x^{2n-1}}{(2n-1)!}+\cdots \quad (|x|<\infty)$

2）$\mathrm{ch}x=1+\frac{x^2}{2!}+\frac{x^4}{4!}+\frac{x^6}{6!}+\cdots+\frac{x^{2n}}{(2n)!}+\cdots \quad (|x|<\infty)$

3）$\mathrm{th}x=x-\frac{x^3}{3!}+\frac{2x^5}{15}-\cdots+(-1)^{n+1}\frac{2^{2n}(2^{2n-1})B_n}{(2n)!}x^{2n-1} \quad \left(|x|<\frac{\pi}{2}\right)$

式中，B_n 为伯努利数

4）$\mathrm{Arsh}x=x-\frac{1}{2\times3}x^3+\frac{1\times3}{2\times4\times5}x^5-\frac{1\times3\times5}{2\times4\times6\times7}x^7+\cdots+(-1)^n\frac{(2n)!}{2^{2n}(n!)^2(2n+1)}x^{2n-1}+\cdots \quad (|x|<1)$

5）$\mathrm{Arth}x=x+\frac{x^3}{3}+\frac{x^5}{5}+\cdots+\frac{x^{2n+1}}{2n+1}+\cdots \quad (|x|<1)$

平 面 三 角

三角函数的定义

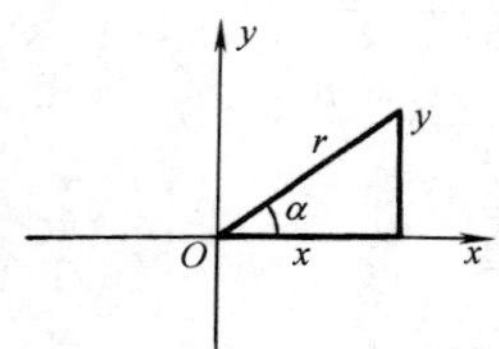

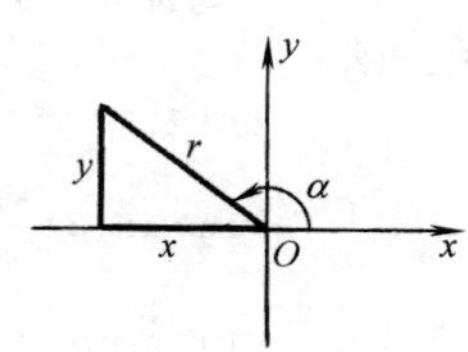

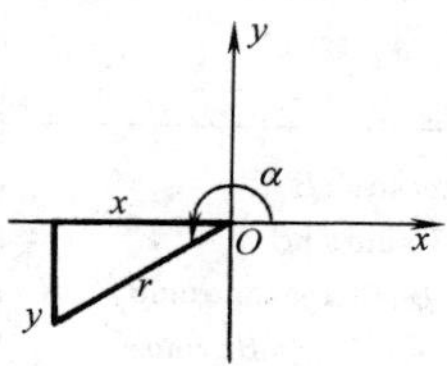

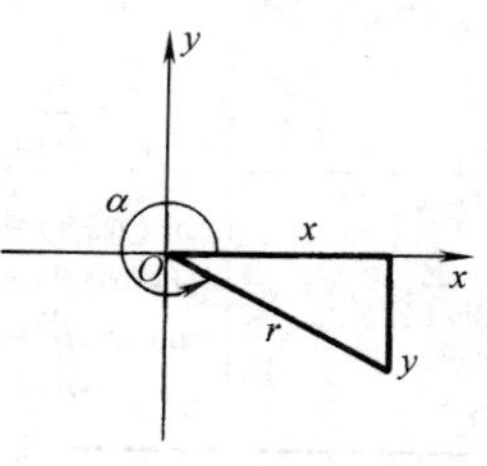

表 1-1-46　三角函数在各象限的正负号

象限	函数					
	$\sin\alpha$	$\cos\alpha$	$\tan\alpha$	$\cot\alpha$	$\sec\alpha$	$\csc\alpha$
Ⅰ	+	+	+	+	+	+
Ⅱ	+	−	−	−	−	+
Ⅲ	−	−	+	+	−	−
Ⅳ	−	+	−	−	+	−

正弦：$\sin\alpha=\dfrac{y}{r}$　　余切：$\cot\alpha=\dfrac{x}{y}$

余弦：$\cos\alpha=\dfrac{x}{r}$　　正割：$\sec\alpha=\dfrac{r}{x}$

正切：$\tan\alpha=\dfrac{y}{x}$　　余割：$\csc\alpha=\dfrac{r}{y}$

表 1-1-47　任意角三角函数诱导公式表

角	函数					
	sin	cos	tan	cot	sec	csc
$-\alpha$	$-\sin\alpha$	$\cos\alpha$	$-\tan\alpha$	$-\cot\alpha$	$\sec\alpha$	$-\csc\alpha$
$90°-\alpha$	$\cos\alpha$	$\sin\alpha$	$\cot\alpha$	$\tan\alpha$	$\csc\alpha$	$\sec\alpha$
$90°+\alpha$	$\cos\alpha$	$-\sin\alpha$	$-\cot\alpha$	$-\tan\alpha$	$-\csc\alpha$	$\sec\alpha$
$180°-\alpha$	$\sin\alpha$	$-\cos\alpha$	$-\tan\alpha$	$-\cot\alpha$	$-\sec\alpha$	$\csc\alpha$
$180°+\alpha$	$-\sin\alpha$	$-\cos\alpha$	$\tan\alpha$	$\cot\alpha$	$-\sec\alpha$	$-\csc\alpha$
$270°-\alpha$	$-\cos\alpha$	$-\sin\alpha$	$\cot\alpha$	$\tan\alpha$	$-\csc\alpha$	$-\sec\alpha$
$270°+\alpha$	$-\cos\alpha$	$\sin\alpha$	$-\cot\alpha$	$-\tan\alpha$	$\csc\alpha$	$-\sec\alpha$
$360°-\alpha$	$-\sin\alpha$	$\cos\alpha$	$-\tan\alpha$	$-\cot\alpha$	$\sec\alpha$	$-\csc\alpha$
$360°+\alpha$	$\sin\alpha$	$\cos\alpha$	$\tan\alpha$	$\cot\alpha$	$\sec\alpha$	$\csc\alpha$

表 1-1-48　三角函数基本公式

名　称	公　　式
一个角的诸函数的基本关系	$\sin^2\alpha+\cos^2\alpha=1$ $\sec^2\alpha-\tan^2\alpha=1$ $\csc^2\alpha-\cot^2\alpha=1$ $\sin\alpha\csc\alpha=1$ $\cos\alpha\sec\alpha=1$ $\tan\alpha\cot\alpha=1$ $\dfrac{\sin\alpha}{\cos\alpha}=\tan\alpha$ $\dfrac{\cos\alpha}{\sin\alpha}=\cot\alpha$
一函数以同一角的其他函数表示式	$\sin\alpha=\pm\sqrt{1-\cos^2\alpha}=\pm\dfrac{\tan\alpha}{\sqrt{1+\tan^2\alpha}}$ $=\pm\dfrac{1}{\sqrt{1+\cot^2\alpha}}$ $\cos\alpha=\pm\sqrt{1-\sin^2\alpha}=\pm\dfrac{1}{\sqrt{1+\tan^2\alpha}}$ $=\pm\dfrac{\cot\alpha}{\sqrt{1+\cot^2\alpha}}$ $\tan\alpha=\pm\dfrac{\sin\alpha}{\sqrt{1-\sin^2\alpha}}=\pm\dfrac{\sqrt{1-\cos^2\alpha}}{\cos\alpha}$ $=\dfrac{1}{\cot\alpha}$ $\cot\alpha=\pm\dfrac{\sqrt{1-\sin^2\alpha}}{\sin\alpha}=\pm\dfrac{\cos\alpha}{\sqrt{1-\cos^2\alpha}}$ $=\dfrac{1}{\tan\alpha}$
和差公式	$\sin(\alpha\pm\beta)=\sin\alpha\cos\beta\pm\cos\alpha\sin\beta$ $\cos(\alpha\pm\beta)=\cos\alpha\cos\beta\mp\sin\alpha\sin\beta$ $\tan(\alpha\pm\beta)=(\tan\alpha\pm\tan\beta)/(1\mp\tan\alpha\tan\beta)$ $\cot(\alpha\pm\beta)=(\cot\alpha\cot\beta\mp1)/(\cot\beta\pm\cot\alpha)$
倍角公式	$\sin2\alpha=2\sin\alpha\cos\alpha$ $\cos2\alpha=\cos^2\alpha-\sin^2\alpha$ $=1-2\sin^2\alpha=2\cos^2\alpha-1$ $\sin3\alpha=3\sin\alpha-4\sin^3\alpha$ $\cos3\alpha=4\cos^3\alpha-3\cos\alpha$ $\sin4\alpha=8\cos^3\alpha\sin\alpha-4\cos\alpha\sin\alpha$ $\cos4\alpha=8\cos^4\alpha-8\cos^2\alpha+1$ $\tan2\alpha=\dfrac{2\tan\alpha}{1-\tan^2\alpha}$ $\cot2\alpha=\dfrac{\cot^2\alpha-1}{2\cot\alpha}$ $\tan3\alpha=\dfrac{3\tan\alpha-\tan^3\alpha}{1-3\tan^2\alpha}$
积化和差公式	$2\sin\alpha\cos\beta=\sin(\alpha+\beta)+\sin(\alpha-\beta)$ $2\cos\alpha\sin\beta=\sin(\alpha+\beta)-\sin(\alpha-\beta)$ $2\cos\alpha\cos\beta=\cos(\alpha+\beta)+\cos(\alpha-\beta)$ $2\sin\alpha\sin\beta=-\cos(\alpha+\beta)+\cos(\alpha-\beta)$ $\tan\alpha\tan\beta=\dfrac{\tan\alpha+\tan\beta}{\cot\alpha+\cot\beta}=-\dfrac{\tan\alpha-\tan\beta}{\cot\alpha-\cot\beta}$ $\cot\alpha\cot\beta=\dfrac{\cot\alpha+\cot\beta}{\tan\alpha+\tan\beta}=-\dfrac{\cot\alpha-\cot\beta}{\tan\alpha-\tan\beta}$
和差化积公式	$\sin\alpha+\sin\beta=2\sin\dfrac{\alpha+\beta}{2}\cos\dfrac{\alpha-\beta}{2}$ $\sin\alpha-\sin\beta=2\cos\dfrac{\alpha+\beta}{2}\sin\dfrac{\alpha-\beta}{2}$ $\cos\alpha+\cos\beta=2\cos\dfrac{\alpha+\beta}{2}\cos\dfrac{\alpha-\beta}{2}$ $\cos\alpha-\cos\beta=-2\sin\dfrac{\alpha+\beta}{2}\sin\dfrac{\alpha-\beta}{2}$ $\tan\alpha\pm\tan\beta=\dfrac{\sin(\alpha\pm\beta)}{\cos\alpha\cos\beta}$ $\cot\alpha\pm\cot\beta=\pm\dfrac{\sin(\alpha\pm\beta)}{\sin\alpha\sin\beta}$

续表

名称	公式	名称	公式
和差化积公式	$\sin\alpha\pm\cos\alpha=\sqrt{2}\sin(\alpha\pm45°)$ $=\pm\sqrt{2}\cos(\alpha\mp45°)$ $\sin^2\alpha-\sin^2\beta=\cos^2\beta-\cos^2\alpha$ $=\sin(\alpha+\beta)\sin(\alpha-\beta)$ $\cos^2\alpha-\sin^2\beta=\cos^2\beta-\sin^2\alpha$ $=\cos(\alpha+\beta)\cos(\alpha-\beta)$	函数的乘方	$\sin^2\alpha=\frac{1}{2}(1-\cos2\alpha)$ $\sin^3\alpha=\frac{1}{4}(3\sin\alpha-\sin3\alpha)$ $\cos^2\alpha=\frac{1}{2}(1+\cos2\alpha)$ $\cos^3\alpha=\frac{1}{4}(\cos3\alpha+3\cos\alpha)$
半角公式	$\sin\frac{\alpha}{2}=\pm\sqrt{\frac{1-\cos\alpha}{2}}$ $\cos\frac{\alpha}{2}=\pm\sqrt{\frac{1+\cos\alpha}{2}}$ $\tan\frac{\alpha}{2}=\pm\sqrt{\frac{1-\cos\alpha}{1+\cos\alpha}}=\frac{1-\cos\alpha}{\sin\alpha}$ $=\frac{\sin\alpha}{1+\cos\alpha}$		
其他常用公式	$\sin\alpha=2\tan\frac{\alpha}{2}\Big/\left(1+\tan^2\frac{\alpha}{2}\right)=2\sin\frac{\alpha}{2}\cos\frac{\alpha}{2}$ $\cos\alpha=\left(1-\tan^2\frac{\alpha}{2}\right)\Big/\left(1+\tan^2\frac{\alpha}{2}\right)=\cos^2\frac{\alpha}{2}-\sin^2\frac{\alpha}{2}=2\cos^2\frac{\alpha}{2}-1$ $\tan\alpha=2\tan\frac{\alpha}{2}\Big/\left(1-\tan^2\frac{\alpha}{2}\right)$ $(1+\tan\alpha)/(1-\tan\alpha)=\tan\left(\frac{\pi}{4}+\alpha\right)$ $(1-\tan\alpha)/(1+\tan\alpha)=\tan\left(\frac{\pi}{4}-\alpha\right)$ 设 $a>0,b>0$，且 A、B 为正锐角，设 $A=\arctan\frac{a}{b}$，$B=\arctan\frac{b}{a}$，则 $a\cos\alpha+b\sin\alpha=\sqrt{a^2+b^2}\sin(A+\alpha)=\sqrt{a^2+b^2}\cos(B-\alpha)$ $a\cos\alpha-b\sin\alpha=\sqrt{a^2+b^2}\sin(A-\alpha)=\sqrt{a^2+b^2}\cos(B+\alpha)$		

表 1-1-49　任意三角形常用公式

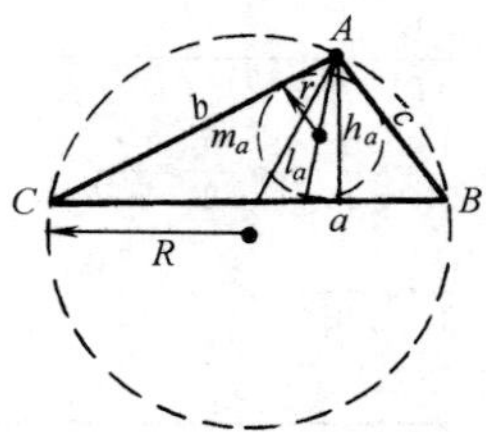

a,b,c——边

$\angle A,\angle B,\angle C$——边的对角

R——外接圆半径

r——内切圆半径

p——三角形三边之和之半

续表

正弦定理	$\frac{a}{\sin A}=\frac{b}{\sin B}=\frac{c}{\sin C}=2R$	半角公式	$\sin\frac{A}{2}=\sqrt{\frac{(p-b)(p-c)}{bc}}$
余弦定理	$a^2=b^2+c^2-2bc\cos A$		$\sin\frac{B}{2}=\sqrt{\frac{(p-a)(p-c)}{ac}}$
正切定理	$\frac{a+b}{a-b}=\frac{\tan\frac{A+B}{2}}{\tan\frac{A-B}{2}}=\frac{\tan\frac{C}{2}}{\tan\frac{A-B}{2}}$		$\sin\frac{C}{2}=\sqrt{\frac{(p-a)(p-b)}{ab}}$
面积	$S=\frac{1}{2}ab\sin C$ $=2R^2\sin A\sin B\sin C=rp$ $=\sqrt{p(p-a)(p-b)(p-c)}$		$\cos\frac{A}{2}=\sqrt{\frac{p(p-a)}{bc}}$
a 边上的高	$h_a=b\sin C=c\sin B$		$\cos\frac{B}{2}=\sqrt{\frac{p(p-b)}{ac}}$
a 边上的中线	$m_a=\frac{1}{2}\sqrt{b^2+c^2+2bc\cos A}$		$\cos\frac{C}{2}=\sqrt{\frac{p(p-c)}{ab}}$
A 角的二等分线	$l_a=\frac{2bc\cos\frac{A}{2}}{b+c}$		$\tan\frac{A}{2}=\frac{r}{p-a}$；$\tan\frac{B}{2}=\frac{r}{p-b}$
外接圆半径	$R=\frac{a}{2\sin A}=\frac{b}{2\sin B}=\frac{c}{2\sin C}=\frac{abc}{4S}$		$\tan\frac{C}{2}=\frac{r}{p-c}$
内切圆半径	$r=\sqrt{\frac{(p-a)(p-b)(p-c)}{p}}$ $=p\tan\frac{A}{2}\tan\frac{B}{2}\tan\frac{C}{2}=\frac{S}{p}$ $\left(p=\frac{a+b+c}{2}\right)$		

表 1-1-50　任意三角形边和角的公式

已　知	求其余要素的公式	已　知	求其余要素的公式
一边和二角 a、$\angle A$、$\angle B$	$\angle C=180°-\angle A-\angle B$ $b=\frac{a\sin B}{\sin A}$，$c=\frac{a\sin C}{\sin A}$	二边和其一对角 a、b、$\angle A$	$\sin B=\frac{b\sin A}{a}$① $\angle C=180°-(\angle A+\angle B)$ $c=\frac{a\sin C}{\sin A}$
二边及其夹角 a、b、$\angle C$	$\frac{A+B}{2}=90°-\frac{C}{2}$ $\tan\frac{A-B}{2}=\frac{a-b}{a+b}\tan\frac{A+B}{2}$ 由所求的$\frac{A+B}{2}$和$\frac{A-B}{2}$的值解出$\angle A$和$\angle B$ $c=\frac{a\sin C}{\sin A}$	三边 a、b、c	$p=\frac{1}{2}(a+b+c)$ $r=\sqrt{(p-a)(p-b)(p-c)/p}$ $\tan\frac{A}{2}=\frac{r}{p-a}$，$\tan\frac{B}{2}=\frac{r}{p-b}$ $\tan\frac{C}{2}=\frac{r}{p-c}$

① 表示如 $a>b$，则 $\angle B<90°$，这时只有一值。如 $a<b$，则当 $b\sin A<a$ 时，$\angle B$ 有二值（$\angle B_2=180°-\angle B_1$）；当 $b\sin A=a$ 时，$\angle B$ 有一值即 $\angle B=90°$；当 $b\sin A>a$ 时，三角形不可能。

反三角函数

(1) $\begin{cases} \sin y=x, \ y=\arcsin x \\ -1\leqslant x\leqslant 1, \ -\dfrac{\pi}{2}\leqslant \arcsin x\leqslant \dfrac{\pi}{2} \end{cases}$（主值范围）

(2) $\begin{cases} \cos y=x, \ y=\arccos x \\ -1\leqslant x\leqslant 1, \ 0\leqslant \arccos x\leqslant \pi \end{cases}$（主值范围）

(3) $\begin{cases} \tan y=x, \ y=\arctan x \\ -\infty<x<\infty, \ -\dfrac{\pi}{2}<\arctan x<\dfrac{\pi}{2} \end{cases}$（主值范围）

(4) $\begin{cases} \cot y=x, \ y=\operatorname{arccot} x \\ -\infty<x<\infty, \ 0<\operatorname{arccot} x<\pi \end{cases}$（主值范围）

(5) $\sin(\arcsin x)=\cos(\arccos x)=\tan(\arctan x)=x$

(6) $\cos(\arcsin x)=\sin(\arccos x)=\sqrt{1-x^2}$

(7) $\tan(\arccos x)=\sqrt{1-x^2}/x$

(8) $\sin(\arctan x)=\cos(\operatorname{arccot} x)=x/\sqrt{1+x^2}$

(9) $\tan(\arcsin x)=x/\sqrt{1-x^2}$

(10) $\sin(\operatorname{arccot} x)=\cos(\arctan x)=1/\sqrt{1+x^2}$

(11) $\arcsin(\sin x)=x\left(|x|\leqslant\dfrac{\pi}{2}\right)$

(12) $\arccos(\cos x)=x$, $(0\leqslant x\leqslant\pi)$

(13) $\arctan(\tan x)=x\left(|x|<\dfrac{\pi}{2}\right)$

(14) $\operatorname{arccot}(\cot x)=x$, $(0<x<\pi)$

(15) $\arcsin x+\arccos x=\dfrac{1}{2}\pi$

(16) $\arctan x+\operatorname{arccot} x=\dfrac{1}{2}\pi$

(17) $\arcsin x=\pm\arccos\sqrt{1-x^2}=\arctan(x/\sqrt{1-x^2})$，正负号与 x 同

(18) $\arccos x=\arcsin\sqrt{1-x^2}=\arctan(\sqrt{1-x^2}/x)$ $(x>0)$

$\arccos x=\pi-\arcsin\sqrt{1-x^2}=\pi+\arctan(\sqrt{1-x^2}/x)$ $(x<0)$

(19) $\arctan x=\arcsin(x/\sqrt{1+x^2})=\pm\arccos(1/\sqrt{1+x^2})$，正负号与 x 同

$\arctan x=\operatorname{arccot}(1/x)$ $(x>0)$　　$\arctan x=\operatorname{arccot}(1/x)-\pi$ $(x<0)$

(20) $\arcsin x\pm\arcsin y=\arcsin(x\sqrt{1-y^2}\pm y\sqrt{1-x^2})$, $-\dfrac{1}{2}\pi\leqslant\arcsin x\pm\arcsin y\leqslant\dfrac{1}{2}\pi$

(21) $\arccos x\pm\arccos y=\arccos(xy\mp\sqrt{1-x^2}\sqrt{1-y^2})$, $0\leqslant\arccos x\pm\arccos y\leqslant\pi$

(22) $\arctan x\pm\arctan y=\arctan\dfrac{x\pm y}{1\mp xy}$, $-\dfrac{\pi}{2}<\arctan x\pm\arctan y<\dfrac{\pi}{2}$

(23) $\arcsin(-x)=-\arcsin x$

(24) $\arccos(-x)=\pi-\arccos x$

(25) $\arctan(-x)=-\arctan x$

(26) $\operatorname{arccot}(-x)=\pi-\operatorname{arccot} x$

复　　数

表 1-1-51

名称		公式		
虚单位的周期性		$i^{4n+1}=i, i^{4n+2}=-1, i^{4n+3}=-i, i^{4n}=1$（$n$ 为自然数），（$\sqrt{-1}=i$ 称为虚数单位）		
复数的表示法	代数式	$z=a+bi$	a 称为 z 的实部 b 称为 z 的虚部	a、b、r、θ 的相互关系： $\begin{cases} a=r\cos\theta \\ b=r\sin\theta \end{cases}$ $\begin{cases} r=\sqrt{a^2+b^2} \\ \tan\theta=\dfrac{b}{a} \end{cases}$ 虚轴 实轴
	三角式	$z=r(\cos\theta+i\sin\theta)$	r 称为 z 的模，记作 $\|z\|$	
	指数式	$z=re^{i\theta}$	θ 称为 z 的幅角，记作 Arg$z$	
复数的运算	代数式	$(a+bi)\pm(c+di)=(a\pm c)+(b\pm d)i$ $(a+bi)(c+di)=(ac-bd)+(bc+ad)i$ $\dfrac{a+bi}{c+di}=\dfrac{ac+bd}{c^2+d^2}+\dfrac{bc-ad}{c^2+d^2}i$		

续表

名称		公式
复数的运算	三角式	$z_1=r_1(\cos\theta_1+\mathrm{i}\sin\theta_1),z_2=r_2(\cos\theta_2+\mathrm{i}\sin\theta_2),z=r(\cos\theta+\mathrm{i}\sin\theta)$ $z_1z_2=r_1r_2[\cos(\theta_1+\theta_2)+\mathrm{i}\sin(\theta_1+\theta_2)]$ $\dfrac{z_1}{z_2}=\dfrac{r_1}{r_2}[\cos(\theta_1-\theta_2)+\mathrm{i}\sin(\theta_1-\theta_2)]$ $z^n=r^n(\cos n\theta+\mathrm{i}\sin n\theta)$(棣莫弗定理) $\sqrt[n]{z}=\sqrt[n]{r}\left(\cos\dfrac{\theta+2k\pi}{n}+\mathrm{i}\sin\dfrac{\theta+2k\pi}{n}\right)$($n$ 为正整数,$k=0,1,2,\cdots,n-1$)
	指数式	$z_1=r_1\mathrm{e}^{\mathrm{i}\theta_1},z_2=r_2\mathrm{e}^{\mathrm{i}\theta_2},z=r\mathrm{e}^{\mathrm{i}\theta}$ $z_1z_2=r_1r_2\mathrm{e}^{\mathrm{i}(\theta_1+\theta_2)}$ $\dfrac{z_1}{z_2}=\dfrac{r_1}{r_2}\mathrm{e}^{\mathrm{i}(\theta_1-\theta_2)}$ $z^n=r^n\mathrm{e}^{\mathrm{i}n\theta}$ $\sqrt[n]{z}=\sqrt[n]{r}\,\mathrm{e}^{\mathrm{i}\frac{\theta+2k\pi}{n}}$($n$ 为正整数,$k=0,1,2,\cdots,n-1$)
欧拉(Euler)公式		$\mathrm{e}^{\mathrm{i}\theta}=\cos\theta+\mathrm{i}\sin\theta,\ \cos\theta=\dfrac{\mathrm{e}^{\mathrm{i}\theta}+\mathrm{e}^{-\mathrm{i}\theta}}{2},\ \sin\theta=\dfrac{\mathrm{e}^{\mathrm{i}\theta}-\mathrm{e}^{-\mathrm{i}\theta}}{2}$

坐标系及坐标变换

表 1-1-52

	坐标系	直角坐标	极坐标	图示
平面直角坐标与极坐标	点的坐标表示	$P(x,y)$ x—横坐标 y—纵坐标	$P(\rho,\theta)$ ρ—极径 θ—极角	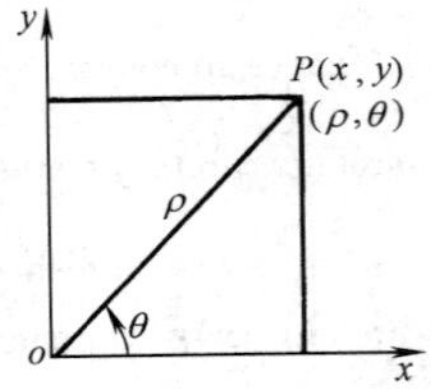
	互换公式	$x=\rho\cos\theta$ $y=\rho\sin\theta$	$\rho=\sqrt{x^2+y^2}$ $\tan\theta=\dfrac{y}{x}$	
平面直角坐标的变换	变换名称	平移	旋转	一般变换
	图示	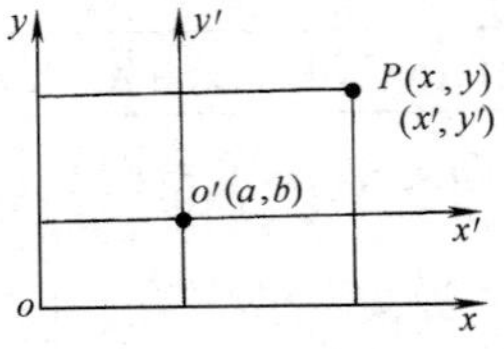	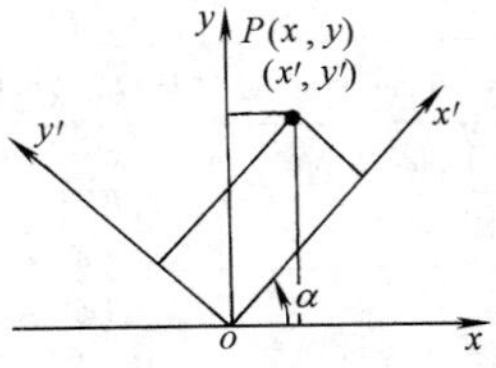	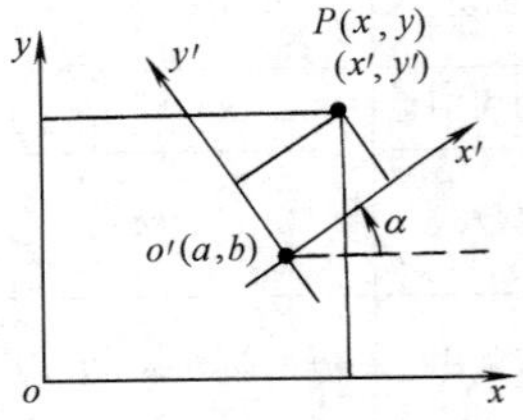
	变换公式	$\begin{cases}x=x'+a\\y=y'+b\end{cases}$ $\begin{cases}x'=x-a\\y'=y-b\end{cases}$	$\begin{cases}x=x'\cos\alpha-y'\sin\alpha\\y=x'\sin\alpha+y'\cos\alpha\end{cases}$ $\begin{cases}x'=x\cos\alpha+y\sin\alpha\\y'=-x\sin\alpha+y\cos\alpha\end{cases}$	$\begin{cases}x=x'\cos\alpha-y'\sin\alpha+a\\y=x'\sin\alpha+y'\cos\alpha+b\end{cases}$ $\begin{cases}x'=(x-a)\cos\alpha+(y-b)\sin\alpha\\y'=-(x-a)\sin\alpha+(y-b)\cos\alpha\end{cases}$

续表

	坐标系	直角坐标	圆柱坐标	球坐标
空间坐标的互换公式	点的坐标表示	$P(x,y,z)$	$P(\rho,\theta,z)$	$P(r,\varphi,\theta)$ φ—纬角，θ—经角
	图示	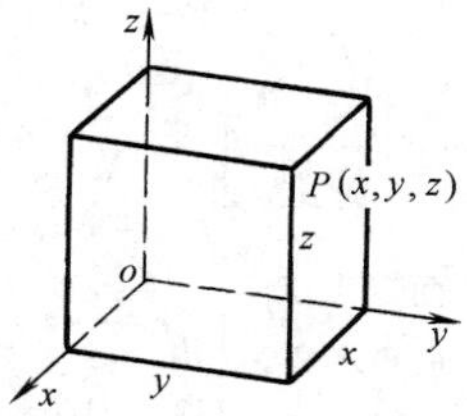	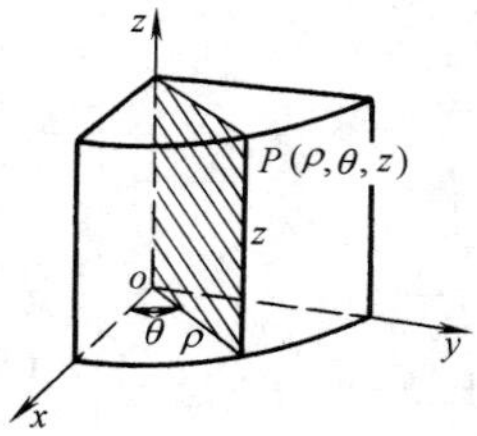	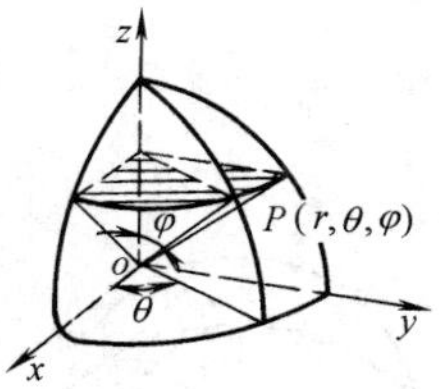
	互换公式	直角坐标与圆柱坐标互换 $\begin{cases}x=\rho\cos\theta\\y=\rho\sin\theta\\z=z\end{cases}$ $\begin{cases}\rho=\sqrt{x^2+y^2}\\\tan\theta=\dfrac{y}{x}\\z=z\end{cases}$	圆柱坐标与球坐标互换 $\begin{cases}\rho=r\sin\varphi\\z=r\cos\varphi\\\theta=\theta\end{cases}$ $\begin{cases}r=\sqrt{\rho^2+z^2}\\\varphi=\arccos\dfrac{z}{\sqrt{\rho^2+z^2}}\\\theta=\theta\end{cases}$	直角坐标与球坐标互换$\begin{cases}x=r\sin\varphi\cos\theta\\y=r\sin\varphi\sin\theta\\z=r\cos\varphi\end{cases}$ $\begin{cases}r=\sqrt{x^2+y^2+z^2}\\\varphi=\arccos\dfrac{z}{\sqrt{x^2+y^2+z^2}}\\\tan\theta=\dfrac{y}{x}\end{cases}$

常用曲线

表 1-1-53

名称		曲线图	方程式	定义与特性	备注
圆	标准形式	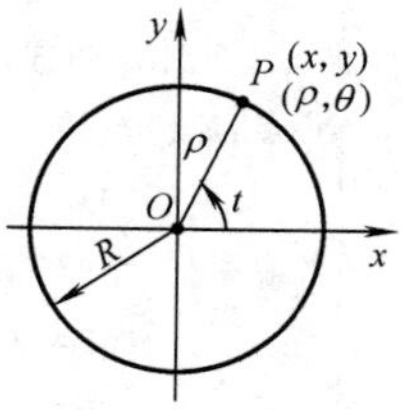	直角坐标方程 $x^2+y^2=R^2$ 极坐标方程 $\rho=R$,（参见一般形式的极坐标方程） 参数方程 $\begin{cases}x=R\cos t\\y=R\sin t\end{cases}$	与定点等距离的动点轨迹	圆心 $O(0,0)$ 半径 R 圆心 $O(\rho=0)$
	一般形式	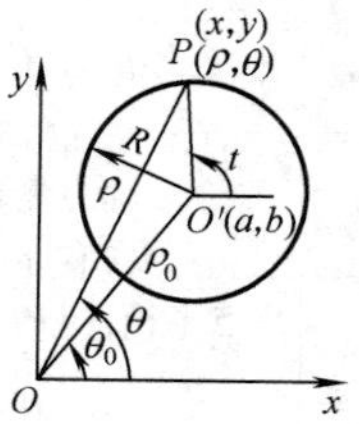	直角坐标方程 $(x-a)^2+(y-b)^2=R^2$ 极坐标方程 $\rho^2-2\rho\rho_0\cos(\theta-\theta_0)+\rho_0^2=R^2$ 参数方程 $\begin{cases}x=a+R\cos t\\y=b+R\sin t\end{cases}$	与定点等距离的动点轨迹	圆心 $O'(a,b)$ 半径 R 圆心 $O'(\rho_0,\theta_0)$

续表

名称	曲线图	方程式	定义与特性	备注
椭圆	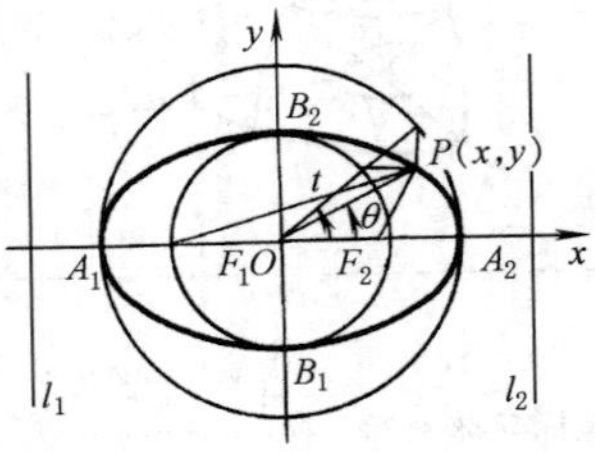	直角坐标方程 $\frac{x^2}{a^2}+\frac{y^2}{b^2}=1$ 极坐标方程 $\rho^2=\frac{b^2}{1-e^2\cos^2\theta}$ （极点在椭圆中心 O 点） 参数方程 $\begin{cases}x=a\cos t\\y=b\sin t\end{cases}$ 准线 $l_1:x=-\frac{a}{e}$ $l_2:x=\frac{a}{e}$	动点 P 到两定点 F_1、F_2（焦点）的距离之和为一常数时，P 点的轨迹 （$\|PF_1\|+\|PF_2\|=2a$） $-a\leqslant x\leqslant a$	$2a$——长轴（A_1A_2） $2b$——短轴（B_1B_2） $2c$——焦距（F_1F_2） $c=\sqrt{a^2-b^2}$ e——离心率 $e=\frac{c}{a}<1$，e 愈大，椭圆愈扁平 顶点：$A_1(-a,0)$ $A_2(a,0)$ $B_1(0,-b)$ $B_2(0,b)$ 焦点：$F_1(-c,0)$ $F_2(c,0)$ 焦点半径：$r_1=PF_1$，$r_2=PF_2$ $r_1=a-ex$，$r_2=a+ex$
双曲线	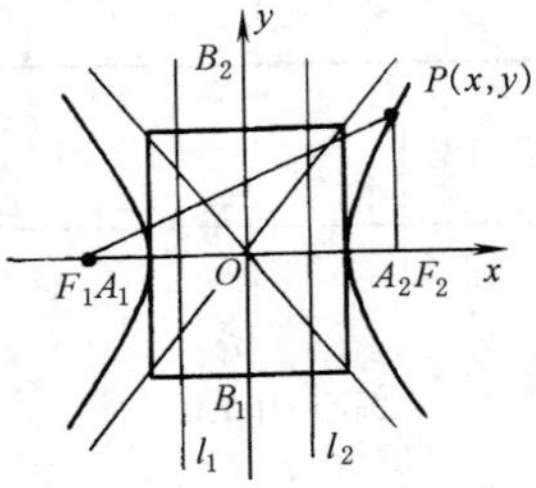	直角坐标方程 $\frac{x^2}{a^2}-\frac{y^2}{b^2}=1$ 极坐标方程 $\rho^2=\frac{-b^2}{1-e^2\cos^2\theta}$ （极点在双曲线中心 O 点） 参数方程 $\begin{cases}x=a\cosh t\\y=b\sinh t\end{cases}$ 准线 $l_1:x=-\frac{a}{e}$ $l_2:x=\frac{a}{e}$ 渐近线 $y=\frac{b}{a}x$ $y=-\frac{b}{a}x$	动点 P 到两定点 F_1、F_2（焦点）的距离之差为一常数时，P 点的轨迹 （$\|PF_1\|-\|PF_2\|=2a$） $x\leqslant -a$，$x\geqslant a$	$2a$——实轴 $2b$——虚轴 $2c$——焦距 $c=\sqrt{a^2+b^2}$ e——离心率 $e=\frac{c}{a}>1$，e 愈小，渐近线与 x 轴的夹角愈小 顶点：$A_1(-a,0)$，$A_2(a,0)$ $B_1(0,-b)$，$B_2(0,b)$ B_1、B_2 叫虚顶点 焦点：$F_1(-c,0)$ $F_2(c,0)$ 焦点半径：$r_1=PF_1$，$r_2=PF_2$ $r_1=\pm(ex-a)$ $r_2=\pm(ex+a)$
抛物线	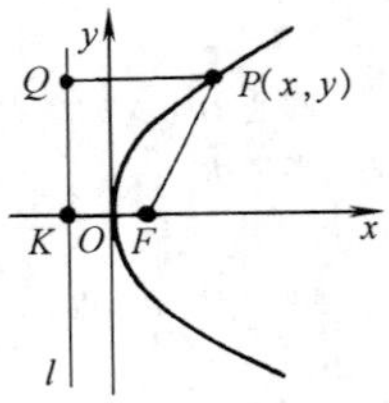	直角坐标方程 $y^2=2px(p>0)$ 极坐标方程 $\rho=\frac{2p\cos\theta}{1-\cos^2\theta}$ （极点在抛物线顶点 O 点） 参数方程 $\begin{cases}x=2pt^2\\y=2pt\end{cases}$ 准线 $l:x=-\frac{p}{2}$	动点 P 到一定点 F（焦点）和一定直线 l（准线）的距离相等时，动点 P 的轨迹（$\|PF\|=\|PQ\|$）	离心率 $e=1$ 顶点 $O(0,0)$ 焦点 $F\left(\frac{p}{2},0\right)$ p——焦点至准线的距离，p 愈大抛物线开口愈大，p 称为焦参数，$p>0$ 开口向右，$p<0$ 开口向左 焦点半径：$r=PF$ $r=x+\frac{p}{2}$

续表

名称	曲线图	方程式	定义与特性	备注
渐开线	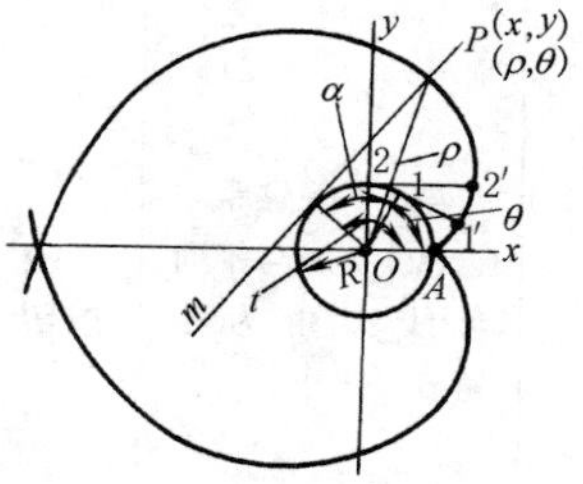	极坐标方程 $\begin{cases}\rho=\dfrac{R}{\cos\alpha}\\ \theta=\tan\alpha-\alpha\end{cases}$ 参数方程 $\begin{cases}x=R(\cos t+t\sin t)\\ y=R(\sin t-t\cos t)\end{cases}$ $t=\alpha+\theta$	一动直线 m（发生线）沿一定圆 O（基圆）做无滑滚动时，m 上任意点（如起始切点 A）的轨迹。用于齿形等	R——基圆半径 α——压力角
阿基米德螺线（等进螺线）	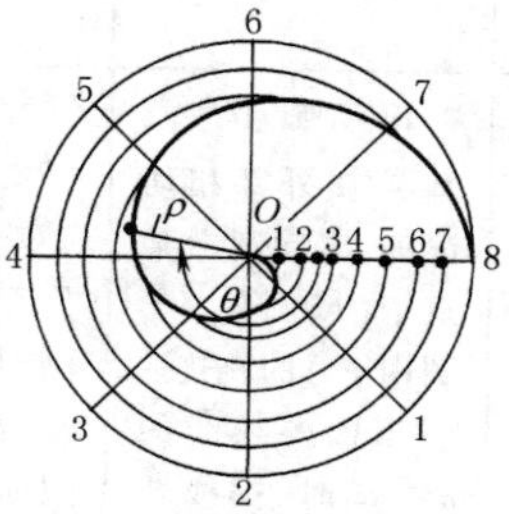	极坐标方程 $\rho=a\theta$	动点沿着等速旋转（角速度 ω）的圆的半径，做等速直线运动（线速度 v）此动点轨迹为阿基米德螺线。用于凸轮等	θ——极角 $a=\dfrac{v}{\omega}$ ρ——极径 O——极点 极点到曲线上任一点的弧长为 $\dfrac{a}{2}(\theta\sqrt{\theta^2+1}+\mathrm{arsh}\theta)$
对数螺线（等角螺线）	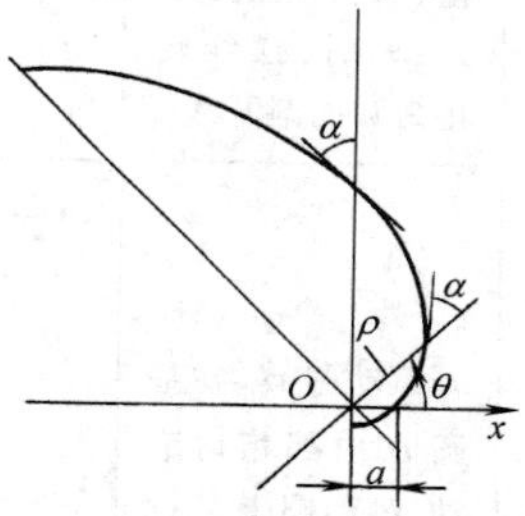	极坐标方程 $\rho=ae^{m\theta}$（m，a 为常数，均大于零） $\alpha=\arctan\dfrac{1}{m}$	动点的运动方向始终与极径保持定角 α 的动点轨迹。用于涡轮叶片等。用对数螺线作为成型铲齿铣刀铲背的轮廓线时，前角恒定不改变	θ——极角 ρ——极径 α——极径与切线（动点运动方向）间的夹角 曲线上任意两点间的弧长为 $\dfrac{\sqrt{1+m^2}}{m}(\rho_2-\rho_1)$
圆柱螺旋线	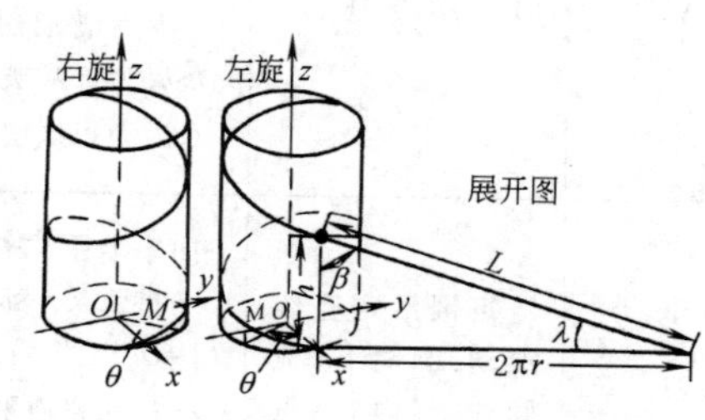	参数方程 $x=r\cos\theta$ $y=r\sin\theta$ $z=\pm r\theta\cot\beta$ $=\pm\dfrac{h}{2\pi}\theta$ （右旋为"+"，左旋为"-"）	圆柱面上的动点 M 绕定轴 z 以等角速度 ω 回转，同时沿 z 轴以等速 v 平移，其动点轨迹就是圆柱螺旋线。用于弹簧等	r——圆柱底半径 β——螺旋角 h——导程 $h=2\pi r\cot\beta$ L——一个导程的弧长 $L=\sqrt{(2\pi r)^2+h^2}$
圆锥螺旋线	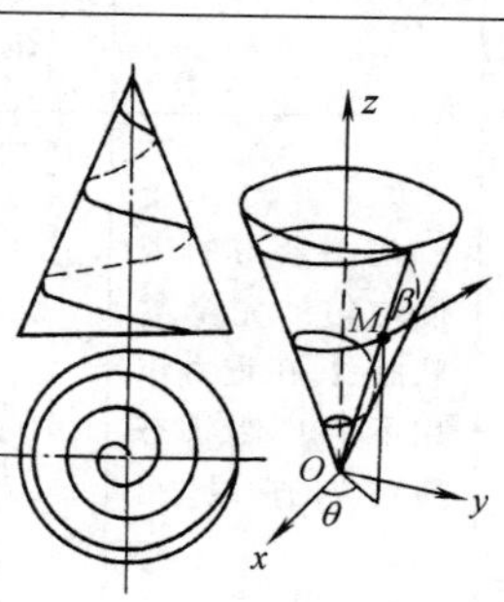	参数方程 $x=\rho\sin\alpha\cos\theta$ $y=\rho\sin\alpha\sin\theta$ $z=\rho\cos\alpha$ $\rho=a\theta$	特性： （1）等螺距 $h=2\pi a\cos\alpha$ （2）切线与锥面母线夹角 β $\cos\beta=\dfrac{1}{\sqrt{1+\theta^2\sin^2\alpha}}$	a——常数 α——半锥角

续表

名称	曲线图	方程式	定义与特性	备注
圆锥对数螺旋线	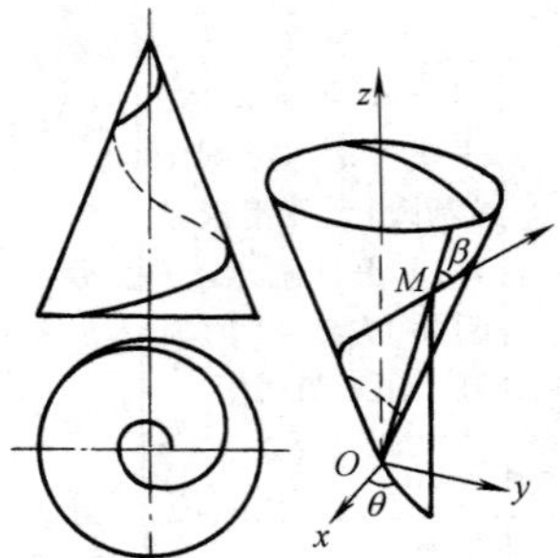	参数方程 $\begin{cases}x=\rho\sin\alpha\cos\theta\\y=\rho\sin\alpha\sin\theta\\z=\rho\cos\alpha\\\rho=\rho_0 e^{\frac{\sin\alpha}{\tan\beta}\theta}\end{cases}$	(1)不等螺距 (2)切线与锥面母线夹角为定角β	α——半锥角 ρ_0,β——常数
外摆线	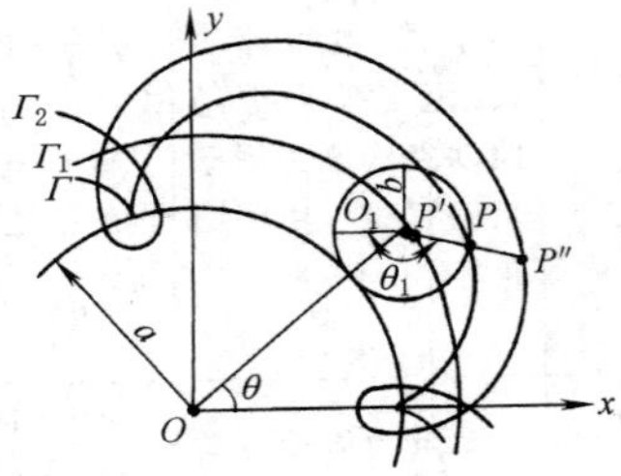	参数方程 $x=(a+b)\cos\theta-l\cos\left(\frac{a+b}{b}\theta\right)$ $y=(a+b)\sin\theta-l\sin\left(\frac{a+b}{b}\theta\right)$	滚动圆O_1，沿基圆O外部相切滚动，滚动圆上某点P（或圆外P''，圆内P'）的轨迹 当内外摆线的$a\to\infty$时，摆线转化为平摆线，当$b\to\infty$时，摆线转化为圆的渐开线	a——基圆半径 b——滚圆半径 θ——公转角 θ_1——自转角 $l=O_1P$，当 $l=b$，为普通摆线Γ $l>b$，为长幅摆线Γ_2 $l<b$，为短幅摆线Γ_1 $\theta_1=\frac{a+b}{b}\theta$
内摆线	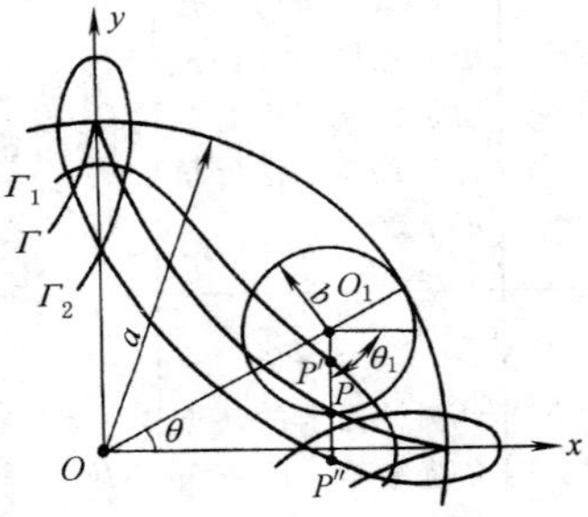	参数方程 $x=(a-b)\cos\theta+l\cos\left(\frac{b-a}{b}\theta\right)$ $y=(a-b)\sin\theta+l\sin\left(\frac{b-a}{b}\theta\right)$	滚动圆O_1在基圆O内部相切滚动，滚动圆上某点P（或圆外P''，圆内P'）的轨迹	a——基圆半径 b——滚圆半径 θ——公转角 θ_1——自转角 $\theta_1=\frac{a-b}{b}\theta$ $l=O_1P$，当 $l=b$，为普通摆线Γ $l>b$，为长幅摆线Γ_2 $l<b$，为短幅摆线Γ_1
平摆线	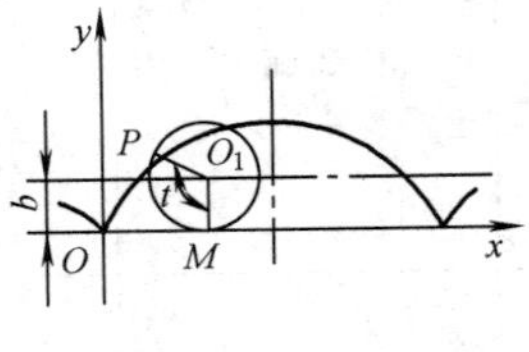	参数方程 $x=bt-l\sin t$ $y=b-l\cos t$	定圆沿定直线滚动，圆周上（或圆外，圆内）一点的轨迹	曲率半径$=2PM$ 一拱弧长$=8b$ $l=O_1P$，当 $l=b$，为普通平摆线 $l>b$，为长幅平摆线 $l<b$，为短幅平摆线
悬链线	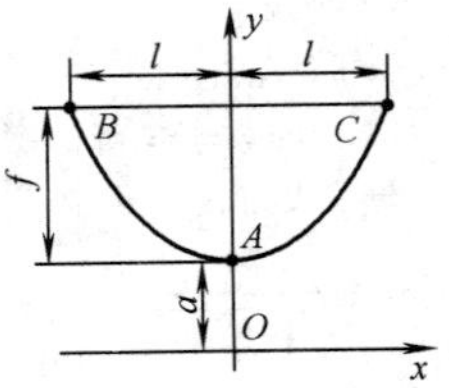	直角坐标方程 $y=\frac{a}{2}(e^{\frac{x}{a}}+e^{-\frac{x}{a}})$ $=a\cosh\frac{x}{a}$	两端悬吊的密度均匀的完全柔软曲线，在重力作用下的自然状态所构成的曲线	a——正常数，即距离OA。在顶点附近近似于抛物线 $y=\frac{x^2}{2a}+a$ $\widehat{BAC}=s$ $\approx l\left(1+\frac{8f^2}{3l^2}\right)$

几 种 曲 面

表 1-1-54

名称		图形	方程	说明
旋转曲面	圆柱面	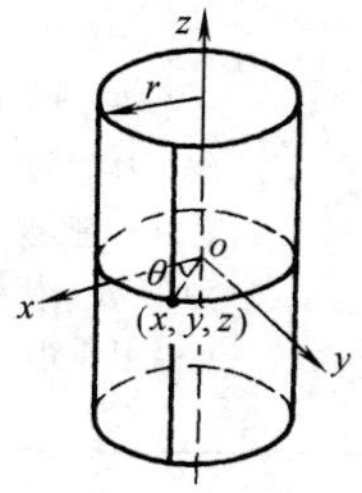	$\begin{cases}x=r\cos\theta\\y=r\sin\theta\\z=z\end{cases}$ θ,z 为参变量 或 $x^2+y^2=r^2$	(1)由平行于 z 轴的直母线 $\begin{cases}x=r\\y=0\\z=z\end{cases}$ 绕 z 轴旋转生成 (2)过点 $P(x,y,z)$ 的切平面方程 $xX+yY=r^2$
	球面	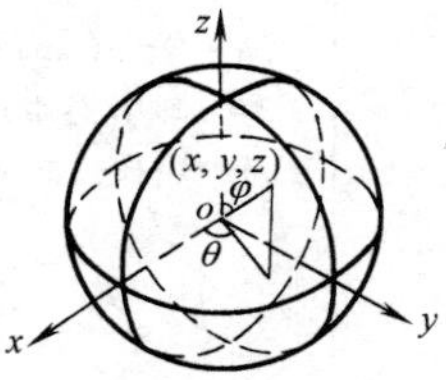	$\begin{cases}x=r\sin\varphi\cos\theta\\y=r\sin\varphi\sin\theta\\z=r\cos\varphi\end{cases}$ φ,θ 为参变量 或 $x^2+y^2+z^2=r^2$	(1)由圆周 $\begin{cases}x=r\sin\varphi\\y=0\\z=r\cos\varphi\end{cases}$ 绕 z 轴回转生成 (2)过点 $P(x,y,z)$ 的切平面方程 $xX+yY+zZ=r^2$
	旋转抛物面	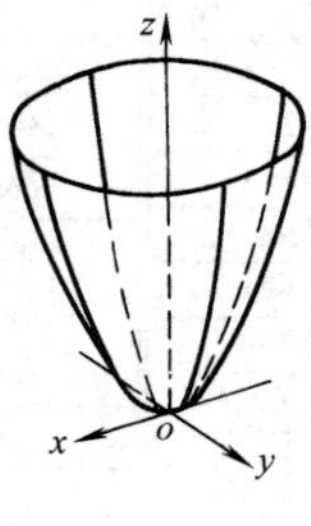	$x^2+y^2=a^2z$	由抛物线 $\begin{cases}x^2=a^2z\\y=0\end{cases}$ 绕 z 轴回转生成
螺旋面	正螺旋面	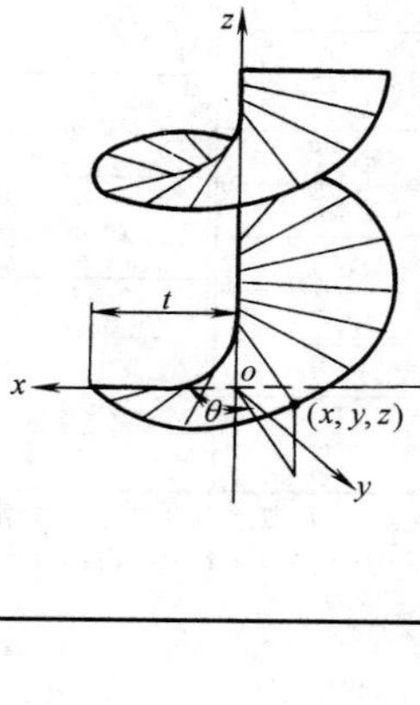	$\begin{cases}x=t\cos\theta\\y=t\sin\theta\\z=b\theta\end{cases}$ 式中 t,θ——参变量 直角坐标方程 $y=x\tan\dfrac{z}{b}$ 柱坐标方程 $z=b\theta$	由垂直于 z 轴的直母线 $x=t,y=z=0$ 绕 z 轴做螺旋运动生成

续表

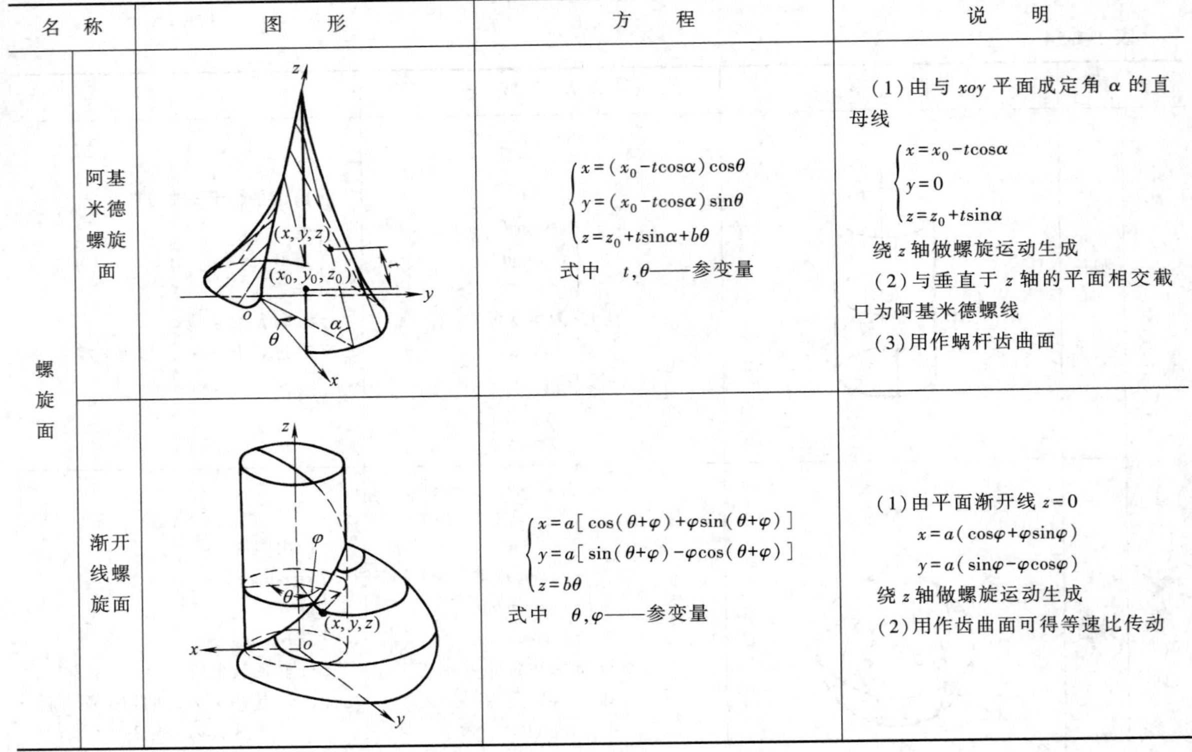

名称		图形	方程	说明
螺旋面	阿基米德螺旋面		$\begin{cases} x=(x_0-t\cos\alpha)\cos\theta \\ y=(x_0-t\cos\alpha)\sin\theta \\ z=z_0+t\sin\alpha+b\theta \end{cases}$ 式中　t,θ——参变量	(1)由与 xoy 平面成定角 α 的直母线 $\begin{cases} x=x_0-t\cos\alpha \\ y=0 \\ z=z_0+t\sin\alpha \end{cases}$ 绕 z 轴做螺旋运动生成 (2)与垂直于 z 轴的平面相交截口为阿基米德螺线 (3)用作蜗杆齿曲面
	渐开线螺旋面		$\begin{cases} x=a[\cos(\theta+\varphi)+\varphi\sin(\theta+\varphi)] \\ y=a[\sin(\theta+\varphi)-\varphi\cos(\theta+\varphi)] \\ z=b\theta \end{cases}$ 式中　θ,φ——参变量	(1)由平面渐开线 $z=0$ $x=a(\cos\varphi+\varphi\sin\varphi)$ $y=a(\sin\varphi-\varphi\cos\varphi)$ 绕 z 轴做螺旋运动生成 (2)用作齿曲面可得等速比传动

微　积　分

特殊极限值

设 n 为正整数，x、y 为任意实数。

1）$\lim\limits_{n\to\infty}\sqrt[n]{a}=1$ （$a>0$）　　2）$\lim\limits_{n\to\infty}\sqrt[n]{n}=1$

3）$\lim\limits_{x\to 0}\dfrac{\sin x}{x}=1$　　4）$\lim\limits_{x\to 0}\dfrac{\tan x}{x}=1$

5）$\lim\limits_{n\to\infty}\left(1+\dfrac{x}{n}\right)^n=e^x$

6）$\lim\limits_{x\to\infty}\left(1+\dfrac{1}{x}\right)^x=e$

7）$\lim\limits_{x\to\infty}\left(1+\dfrac{y}{x}\right)^x=e^y$

8）$\lim\limits_{n\to\infty}\left(1+\dfrac{1}{n}\right)^n=e$，（$e=2.71828\cdots$）

9）$\lim\limits_{n\to\infty}\left(1+\dfrac{1}{2}+\dfrac{1}{3}+\cdots+\dfrac{1}{n}-\ln^n\right)=\gamma$

（$\gamma=0.5772156649\cdots$）

10）$\lim\limits_{n\to\infty}\dfrac{n!}{n^n e^{-n}\sqrt{n}}=\sqrt{2\pi}$ （斯特林公式）

11）$\lim\limits_{n\to\infty}\left\{\dfrac{2\times4\times6\times\cdots\times(2n)}{1\times3\times5\times\cdots\times(2n-1)}\right\}^2\dfrac{1}{2n+1}=\dfrac{\pi}{2}$ （沃利斯公式）

表 1-1-55　导数基本公式

函　数　y	导数 $y'=\dfrac{dy}{dx}$	函　数　y	导数 $y'=\dfrac{dy}{dx}$
c	0	$\sin x$	$\cos x$
cu	cu'	$\cos x$	$-\sin x$
$u\pm v$	$u'\pm v'$	$\tan x$	$\sec^2 x$
uv	$uv'+vu'$	$\cot x$	$-\csc^2 x$
$\dfrac{u}{v}$	$\dfrac{vu'-uv'}{v^2}$	$\sec x$	$\tan x\sec x$
		$\csc x$	$-\cot x\csc x$
$f(u)$ $u=\varphi(x)$	$f'(u)\varphi'(x)$	$\arcsin x$	$\dfrac{1}{\sqrt{1-x^2}}$
$f(x)$ $x=\varphi(y)$	$\dfrac{1}{\varphi'(y)}$	$\arccos x$	$-\dfrac{1}{\sqrt{1-x^2}}$
$\dfrac{1}{x}$	$-\dfrac{1}{x^2}$	$\arctan x$	$\dfrac{1}{1+x^2}$
$\sqrt{x}$	$\dfrac{1}{2\sqrt{x}}$	$\text{arccot}\, x$	$-\dfrac{1}{1+x^2}$
x^n	nx^{n-1}		
a^x	$a^x\ln a$	$\text{arcsec}\, x$	$\dfrac{1}{x\sqrt{x^2-1}}$
e^x	e^x		
$\ln x$ $\ln\lvert x\rvert$	$\dfrac{1}{x}$	$\text{arccsc}\, x$	$-\dfrac{1}{x\sqrt{x^2-1}}$
$\log_a x$	$\dfrac{1}{x\ln a}$	$\sinh x$ $\cosh x$	$\cosh x$ $\sinh x$

注：1. 表中 y、u、v 为 x 的函数，c 为常数。

2. 微分公式：$df(x)=f'(x)dx$；$df(u)=f'(u)du=f'(u)\varphi'(x)dx$。

表 1-1-56　　　　常用高阶导数公式

函　　数	n 阶导数表达式
$y=x^m$	$y^{(n)}=(m)(m-1)(m-2)\cdots(m-n+1)x^{m-n}$　m 为正整数时，$n>m$，$y^{(n)}=0$
$y=a^x$	$y^{(n)}=(\ln a)^n a^x$，$a=\mathrm{e}$ 时，$(\mathrm{e}^x)^{(n)}=\mathrm{e}^x$
$y=\ln x$	$y^{(n)}=(-1)^{n-1}\dfrac{(n-1)!}{x^n}$
$y=\sin x$	$y^{(n)}=\sin\left(x+\dfrac{n\pi}{2}\right)$
$y=\cos x$	$y^{(n)}=\cos\left(x+\dfrac{n\pi}{2}\right)$
$y=u(x)v(x)$	$y^{(n)}=u^{(n)}v+nu^{(n-1)}v'+\dfrac{n(n-1)}{2!}u^{(n-2)}v''+\cdots+uv^{(n)}$

表 1-1-57　　　　导数与函数的增减性、极值、凸凹性、拐点之间的关系

函数 $y=f(x)$	$f'(x)>0$	$f'(x)<0$	$f'(x_0)=0$	
			$f''(x_0)>0$	$f''(x_0)<0$
特　点	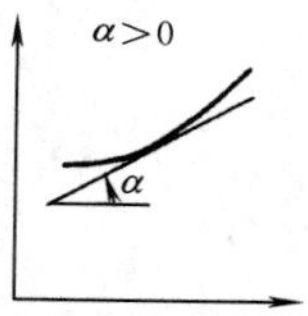 $\alpha>0$ 单调增加	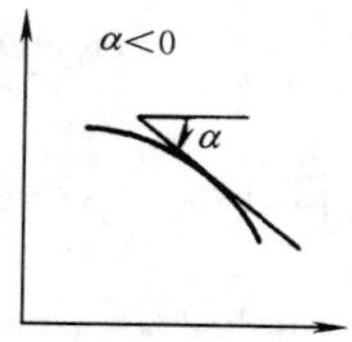 $\alpha<0$ 单调减少	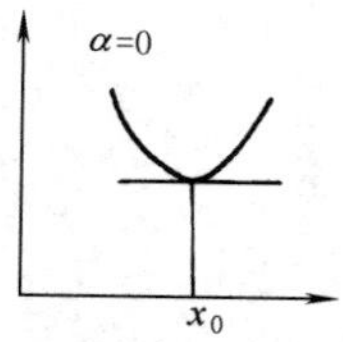 $\alpha=0$ $f(x_0)$是极小值	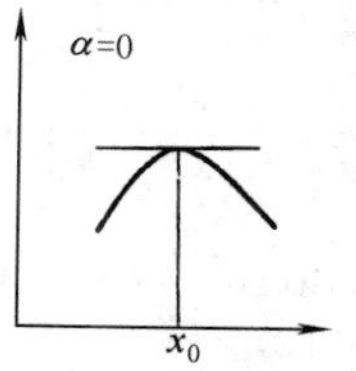 $\alpha=0$ $f(x_0)$是极大值
函　数 $y=f(x)$	$f'(x_0)=0$ $f''(x_0)=0$	$f''(x)>0$	$f''(x)<0$	$f''(x_0)=0$
特　点	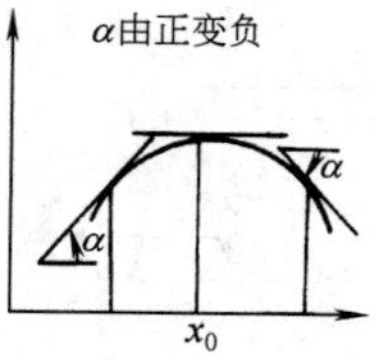 α由正变负 当 x 渐增地经过 x_0 时，若 $f'(x)$ 由正变负（由负变正），则 $f(x_0)$ 是极大值（极小值）。若 $f'(x)$ 不变符号，则在 x_0 点无极值	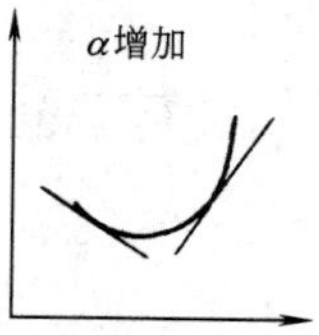 α增加 向上凸	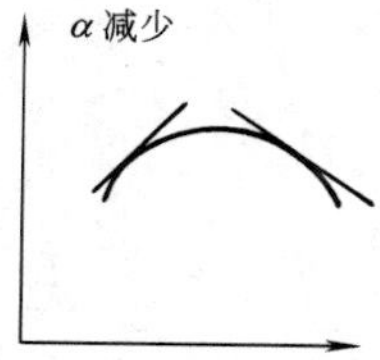 α减少 向下凹	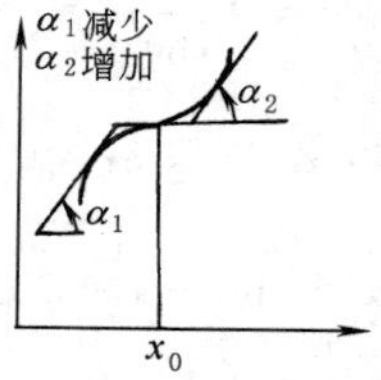 α_1减少 α_2增加 当 x 渐增地经过 x_0 时，若 $f''(x)$ 变符号，则 $f(x)$ 在 x_0 有拐点，若 $f''(x)$ 不变符号，则 $f(x)$ 在 x_0 无拐点

不定积分法则和公式

$\int f'(x)\,\mathrm{d}x=f(x)+C$　　　　$\int kf(x)\,\mathrm{d}x=k\int f(x)\,\mathrm{d}x$　（k 为常数）

$$\int[f(x)+g(x)+\cdots+h(x)]\mathrm{d}x$$

$$=\int f(x)\mathrm{d}x+\int g(x)\mathrm{d}x+\cdots+\int h(x)\mathrm{d}x$$

$$\int uv'\mathrm{d}x = uv-\int vu'\mathrm{d}x$$ （分部积分法）

或 $\int u\mathrm{d}v = uv-\int v\mathrm{d}u$

$$\int f'[\varphi(x)]\mathrm{d}\varphi(x)=f[\varphi(x)]+C$$ （配元积分法）

$$\int f(x)\mathrm{d}x=\int f[\Psi(t)]\Psi'(t)\mathrm{d}t,\ x=\Psi(t)$$（变量置换法）

$$\int a\mathrm{d}x = ax+C$$（a 为常数）

$$\int x^n\mathrm{d}x=\frac{x^{n+1}}{n+1}+C \quad (n\neq -1)$$

$$\int\frac{\mathrm{d}x}{\sin x}=\ln\left|\tan\frac{x}{2}\right|+C$$

$$\int\frac{\mathrm{d}x}{\cos x}=\ln\left|\tan\left(\frac{x}{2}+\frac{\pi}{4}\right)\right|+C$$

$$\int\sin^2x\mathrm{d}x=\frac{x}{2}-\frac{1}{4}\sin 2x+C$$

$$\int\sin^2ax\mathrm{d}x=\frac{1}{2a}(ax-\sin ax\cos ax)+C$$

$$\int\cos^2x\mathrm{d}x=\frac{x}{2}+\frac{1}{4}\sin 2x+C$$

$$\int\cos^2ax\mathrm{d}x=\frac{1}{2a}(ax+\sin ax\cos ax)+C$$

$$\int\sec^2x\mathrm{d}x=\int\frac{\mathrm{d}x}{\cos^2x}=\tan x+C$$

$$\int\csc^2x\mathrm{d}x=\int\frac{\mathrm{d}x}{\sin^2x}=-\cot x+C$$

$$\int\tan x\sec x\mathrm{d}x=\sec x+C$$

$$\int\ln x\mathrm{d}x=x\ln x-x+C$$

$$\int\frac{\ln x}{x}\mathrm{d}x=\frac{1}{2}(\ln x)^2+C$$

$$\int\frac{\mathrm{d}x}{x\ln x}=\ln(\ln x)+C$$

$$\int\frac{\mathrm{d}x}{x^2-a^2}=\frac{1}{2a}\ln\left|\frac{x-a}{x+a}\right|+C$$

$$\int\frac{\mathrm{d}x}{x}=\ln|x|+C$$

$$\int a^x\mathrm{d}x=\frac{a^x}{\ln a}+C$$

$$\int \mathrm{e}^x\mathrm{d}x=\mathrm{e}^x+C$$

$$\int \mathrm{e}^{ax}\mathrm{d}x=\frac{1}{a}\mathrm{e}^{ax}+C$$

$$\int\sin x\mathrm{d}x=-\cos x+C$$

$$\int\cos x\mathrm{d}x=\sin x+C$$

$$\int\tan x\mathrm{d}x=-\ln|\cos x|+C$$

$$\int\cot x\mathrm{d}x=\ln|\sin x|+C$$

$$\int\frac{\mathrm{d}x}{\cos^2x}=\tan x+C$$

$$\int\frac{\mathrm{d}x}{\sin^2x}=-\cot x+C$$

$$\int\frac{\mathrm{d}x}{\sqrt{1-x^2}}=\arcsin x+C$$

$$\int\frac{\mathrm{d}x}{1+x^2}=\arctan x+C$$

$$\int\sinh x\mathrm{d}x=\cosh x+C$$

$$\int\cosh x\mathrm{d}x=\sinh x+C$$

$$\int\frac{\mathrm{d}x}{\sqrt{x^2\pm a^2}}=\ln(x+\sqrt{x^2\pm a^2})+C$$

$$\int\frac{x\mathrm{d}x}{\sqrt{x^2\pm a^2}}=\sqrt{x^2\pm a^2}+C$$

$$\int\sqrt{x^2\pm a^2}\mathrm{d}x=\frac{x}{2}\sqrt{x^2\pm a^2}\pm\frac{a^2}{2}\ln(x+\sqrt{x^2\pm a^2})+C$$

$$\int x\sqrt{x^2\pm a^2}\mathrm{d}x=\frac{1}{3}\sqrt{(x^2\pm a^2)^3}+C$$

$$\int x^2\sqrt{x^2\pm a^2}\mathrm{d}x=\frac{x}{8}(2x^2\pm a^2)\sqrt{x^2\pm a^2}$$
$$-\frac{a^4}{8}\ln(x+\sqrt{x^2\pm a^2})+C$$

$$\int\frac{x\mathrm{d}x}{\sqrt{x^2-a^2}}=\sqrt{x^2-a^2}+C$$

$$\int\sqrt{a^2-x^2}\mathrm{d}x=\frac{x}{2}\sqrt{a^2-x^2}+\frac{a^2}{2}\arcsin\frac{x}{a}+C$$

$$\int x\sqrt{a^2-x^2}\mathrm{d}x=-\frac{1}{3}\sqrt{(a^2-x^2)^3}+C$$

$$\int\frac{x\mathrm{d}x}{\sqrt{a^2-x^2}}=-\sqrt{a^2-x^2}+C$$

$$\int \frac{x^2 dx}{\sqrt{a^2 - x^2}} = -\frac{x}{2}\sqrt{a^2 - x^2} + \frac{a^2}{2}\arcsin\frac{x}{a} + C$$

$$\int \frac{dx}{x\sqrt{a^2 - x^2}} = \frac{-1}{a}\ln\left(\frac{a + \sqrt{a^2 - x^2}}{x}\right) + C$$

$$\int \frac{dx}{(x+a)(x+b)} = \frac{1}{b-a}\ln\frac{x+a}{x+b} + C$$

$$\int (a+bx)^n dx = \begin{cases} \dfrac{(a+bx)^{n+1}}{b(n+1)} + c(n \neq -1) \\ \dfrac{1}{b}\ln(a+bx) + c(n = -1) \end{cases}$$

$$\int \frac{x dx}{a + bx} = \frac{1}{b^2}[a + bx - a\ln|a + bx|] + C$$

$$\int \frac{dx}{x(a+bx)} = -\frac{1}{a}\ln\left|\frac{a+bx}{x}\right| + C$$

$$\int \frac{dx}{a + bx^2} = \frac{1}{\sqrt{ab}}\arctan\sqrt{\frac{b}{a}}x + C$$

$$\int \frac{x dx}{a + bx^2} = \frac{1}{2b}\ln(a + bx^2) + C$$

$$\int \sqrt{ax+b}\,dx = \frac{2}{3a}(ax+b)^{3/2} + C$$

$$\int x\sqrt{ax+b}\,dx = \frac{6ax - 4b}{15a^2}(ax+b)^{3/2} + C$$

$$\int \sin(ax+b)dx = -\frac{1}{a}\cos(ax+b) + C$$

$$\int \cos(ax+b)dx = \frac{1}{a}\sin(ax+b) + C$$

$$\int b^{ax}dx = \frac{b^{ax}}{a\ln b} + C$$

$$\int x^n e^{ax}dx = \frac{1}{a}x^n e^{ax} - \frac{n}{a}\int x^{n-1}e^{ax}dx$$

定积分及公式

（1）定积分与不定积分的基本关系

$$\int_a^b f(x)dx = \int f(x)dx \Big|_a^b = F(b) - F(a)$$

式中，$F(x)$为$f(x)$ 的任一个原函数。

（2）定积分的主要性质

1）$\int_a^b kf(x)dx = k\int_a^b f(x)dx$ （k 为常数）

2）$\int_a^b f(x)dx = -\int_b^a f(x)dx$

3）$\int_a^b [f(x) \pm \varphi(x)]dx = \int_a^b f(x)dx \pm \int_a^b \varphi(x)dx$

4）$\int_a^b f(x)dx = \int_a^c f(x)dx + \int_c^b f(x)dx$

式中，c 为任意一点。

5）若 $f(x) \leqslant g(x)$

则$\int_a^b f(x)dx \leqslant \int_a^b g(x)dx$，$a \leqslant b$

（3）公式

$$\int_{-\pi}^{\pi} \cos nx dx = \int_{-\pi}^{\pi} \sin nx dx = 0$$

$$\int_{-\pi}^{\pi} \cos mx \sin nx dx = 0$$

$$\int_{-\pi}^{\pi} \cos mx \cos nx dx = \int_{-\pi}^{\pi} \sin mx \sin nx dx = \begin{cases} 0，当\ m \neq n\ 时 \\ \pi，当\ m = n\ 时 \end{cases}$$

$$\int_0^{\pi} \cos mx \cos nx dx = \int_0^{\pi} \sin mx \sin nx dx = \begin{cases} 0，当\ m \neq n\ 时 \\ \dfrac{\pi}{2}，当\ m = n\ 时 \end{cases}$$

$$\int_0^{+\infty} \frac{dx}{a^2 + x^2} = \frac{\pi}{2a}$$

$$\int_0^{+\infty} \sin x^2 dx = \int_0^{+\infty} \cos x^2 dx = \frac{1}{2}\sqrt{\frac{\pi}{2}}$$

$$\int_0^{+\infty} \frac{\tan x}{x}dx = \frac{\pi}{2}$$

$$\int_0^{+\infty} x^n e^{-ax}dx = \frac{n!}{a^{n+1}}（n\ 为正整数，a > 0）$$

$$\int_0^{\frac{\pi}{2}} \sin^n x dx = \int_0^{\frac{\pi}{2}} \cos^n x dx = I_n$$

$$I_n = \begin{cases} \dfrac{n-1}{n} \times \dfrac{n-3}{n-2} \times \cdots \times \dfrac{4}{5} \times \dfrac{2}{3}（n\ 为大于\ 1\ 的正奇数，n = 1\ 时，I_n = 1） \\ \dfrac{n-1}{n} \times \dfrac{n-3}{n-2} \times \cdots \times \dfrac{3}{4} \times \dfrac{1}{2} \times \dfrac{\pi}{2}（n\ 为正偶数） \end{cases}$$

$$\int_0^{+\infty} x^{2n} e^{-ax^2}dx = \frac{(2n-1)!!}{2^{n+1}a^n}\sqrt{\frac{\pi}{a}}\ (a > 0)$$

注：$(2n-1)!! = (2n-1)(2n-3)(2n-5)\cdots 5 \times 3 \times 1$

$$\int_0^1 (\ln x)^n dx = (-1)^n n! \ (n\text{为正整数})$$

$$\int_0^1 \frac{\ln x}{1-x}dx = -\frac{\pi^2}{6}$$

$$\int_0^1 \frac{\ln x}{1+x}dx = -\frac{\pi^2}{12}$$

$$\int_0^1 \frac{\ln x}{1-x^2}dx = -\frac{\pi^2}{8}$$

$$\int_0^1 \frac{\ln x}{\sqrt{1-x^2}}dx = -\frac{\pi}{2}\ln 2$$

$$\int_0^{\frac{\pi}{2}} \ln\sin x dx = \int_0^{\frac{\pi}{2}} \ln\cos x dx = -\int_0^{\frac{\pi}{2}} \frac{x}{\tan x}dx = -\frac{\pi}{2}\ln 2$$

$$\int_0^{\infty} e^{-ax}dx = \frac{1}{a}(a > 0)$$

微积分的应用

表 1-1-58　平面曲线的切线和法线方程

曲线方程	曲线上点 $M(x,y)$ 处的切线方程	曲线上点 $M(x,y)$ 处的法线方程	说明
$y=f(x)$	$Y-y=f'(x)(X-x)$	$Y-y=-\frac{1}{f'(x)}(X-x)$	(1) X,Y 为切线或法线的流动坐标 (2)诸导数均在给定点 $M(x,y)$ 上计算 (3) $\dot{x}(t)=\frac{dx}{dt}$ $\dot{y}(t)=\frac{dy}{dt}$
$F(x,y)=0$	$F_x'(X-x)+F_y'(Y-y)=0$	$F_y'(X-x)-F_x'(Y-y)=0$	
$x=x(t)$ $y=y(t)$	$\frac{X-x}{\dot{x}(t)}=\frac{Y-y}{\dot{y}(t)}$	$(X-x)\dot{x}(t)+(Y-y)\dot{y}(t)=0$	

表 1-1-59　平面曲线的曲率和曲率中心

曲线方程	曲率 K,曲率半径 $R=\frac{1}{K}$	曲率中心 (a,b)
$y=f(x)$	$K=\frac{y''}{(1+y'^2)^{3/2}}$	$a=x-\frac{(1+y'^2)y'}{y''}, b=y+\frac{(1+y'^2)}{y''}$
$x=x(t)$ $y=y(t)$	$K=\frac{\dot{x}\ddot{y}-\ddot{x}\dot{y}}{(\dot{x}^2+\dot{y}^2)^{3/2}}$	$a=x-\frac{(\dot{x}^2+\dot{y}^2)\dot{y}}{\dot{x}\ddot{y}-\ddot{x}\dot{y}}, b=y+\frac{(\dot{x}^2+\dot{y}^2)\dot{x}}{\dot{x}\ddot{y}-\ddot{x}\dot{y}}$
$\rho=\rho(\theta)$	$K=\frac{\rho^2+2\rho'^2-\rho\rho''}{(\rho^2+\rho'^2)^{3/2}}$	$a=\rho\cos\theta-\frac{(\rho^2+\rho'^2)(\rho\cos\theta+\rho'\sin\theta)}{\rho^2+2\rho'^2-\rho\rho''}$ $b=\rho\sin\theta-\frac{(\rho^2+\rho'^2)(\rho\sin\theta-\rho'\cos\theta)}{\rho^2+2\rho'^2-\rho\rho''}$

表 1-1-60　曲线的弧长

名称	曲线方程	弧长微分	曲线端点坐标	弧长计算公式
平面曲线	$y=f(x)$ $a\leqslant x\leqslant b$	$ds=\sqrt{dx^2+dy^2}$	$A(a,f(a))$ $B(b,f(b))$	$s=\int_a^b\sqrt{1+y'^2}dx$
	$x=x(t)$ $y=y(t)$ $t_1\leqslant t\leqslant t_2$		$A(x(t_1),y(t_1))$ $B(x(t_2),y(t_2))$	$s=\int_{t_1}^{t_2}\sqrt{\dot{x}^2+\dot{y}^2}dt$
	$\rho=\rho(\theta)$ $\theta_1\leqslant\theta\leqslant\theta_2$		$A(\rho(\theta_1),\theta_1)$ $B(\rho(\theta_2),\theta_2)$	$s=\int_{\theta_1}^{\theta_2}\sqrt{\rho^2+\rho'^2}d\theta$
空间曲线	$x=x(t)$ $y=y(t)$ $z=z(t)$ $t_1\leqslant t\leqslant t_2$	$ds=\sqrt{dx^2+dy^2+dz^2}$	$A(x(t_1),y(t_1),z(t_1))$ $B(x(t_2),y(t_2),z(t_2))$	$s=\int_{t_1}^{t_2}\sqrt{\dot{x}^2+\dot{y}^2+\dot{z}^2}dt$

表 1-1-61 平面图形的面积

名称	说明	公式	图示和面积微分
曲边梯形面积	曲边 $y=f(x)$，$x=a$，$x=b$ 和 x 轴围成的面积	$A=\int_a^b f(x)\mathrm{d}x \quad f(x)\geqslant 0$ $A=-\int_a^b f(x)\mathrm{d}x \quad f(x)\leqslant 0$	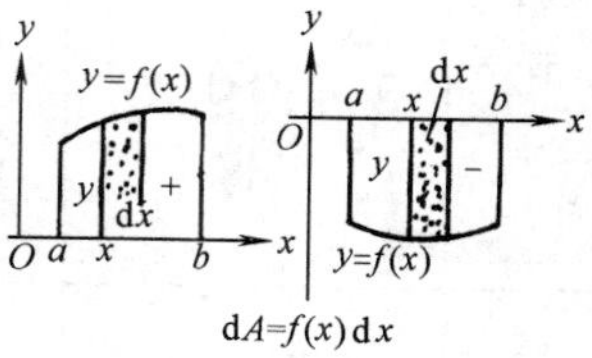 $\mathrm{d}A=f(x)\mathrm{d}x$
	曲边 $y=y_2(x)$ 和曲边 $y=y_1(x)$ 与 $x=a$，$x=b$ 围成的面积 $y_2(x)\geqslant y_1(x) \quad (a\leqslant x\leqslant b)$	$A=\int_a^b (y_2-y_1)\mathrm{d}x$	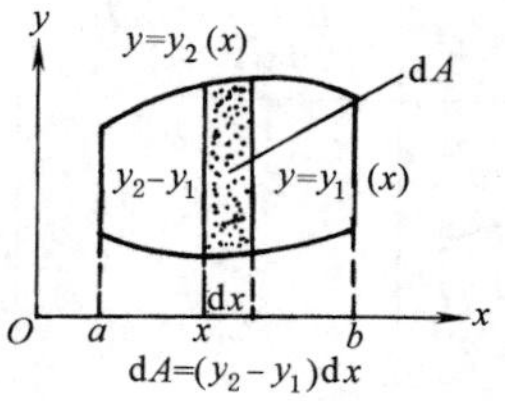 $\mathrm{d}A=(y_2-y_1)\mathrm{d}x$
	曲边 $\begin{cases}x=x(t)\\y=y(t)\end{cases}$ 和 x 轴，$x=x(t_1)$，$x=x(t_2)$ 围成的面积	$A=\int_{t_1}^{t_2} y(t)\dot{x}(t)\mathrm{d}t$	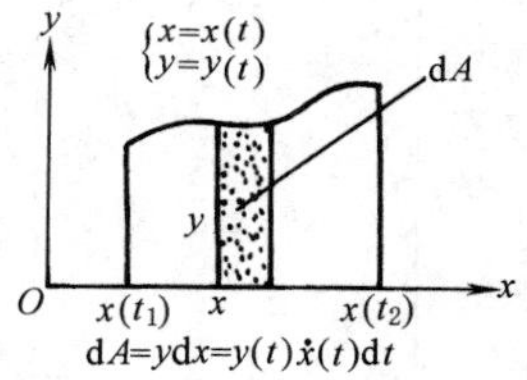 $\mathrm{d}A=y\mathrm{d}x=y(t)\dot{x}(t)\mathrm{d}t$
曲边扇形面积	曲边 $\rho=\rho(\theta)$ 和射线 $\theta=\theta_1$，$\theta=\theta_2$ 围成的面积（$\theta_2\geqslant\theta_1$）	$A=\iint_D \rho\mathrm{d}\rho\mathrm{d}\theta=\frac{1}{2}\int_{\theta_1}^{\theta_2}\rho^2\mathrm{d}\theta$	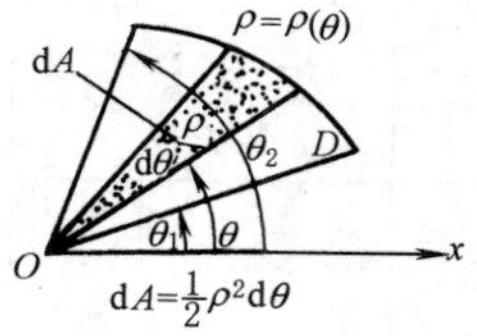 $\mathrm{d}A=\frac{1}{2}\rho^2\mathrm{d}\theta$
区域 D 的面积	区域 D 以闭曲线 C：$\begin{cases}x=x(t)\\y=y(t)\end{cases}$ 为边界；当参数 t 由 t_1 变到 t_2 时，点 $P(x(t),y(t))$ 沿 C 循逆时针方向绕行一周	$A=\iint_D \mathrm{d}x\mathrm{d}y=\frac{1}{2}\oint_C x\mathrm{d}y-y\mathrm{d}x$ $=\frac{1}{2}\int_{t_1}^{t_2}(x\dot{y}-y\dot{x})\mathrm{d}t$	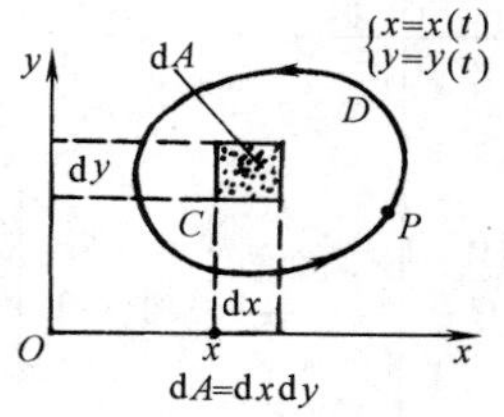 $\mathrm{d}A=\mathrm{d}x\mathrm{d}y$

表 1-1-62　　积分应用举例（一）

名　称	定义及简单情况时公式	一般情况：微分式	一般情况：积分式	图　示
变速直线运动的路程 s	$s=vt$ v——常量	$ds=v(t)dt$ $t_1\leqslant t\leqslant t_2$	$s=\int_{t_1}^{t_2}v(t)dt$	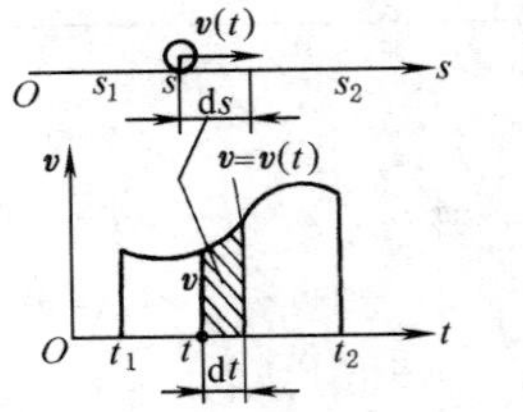
液体静压力 F	$F=pA$ p——压力，为常量 A——受压面积 F——总压力	$dF=p(x)dA=wxydx$ w——流体重度 $p(x)=wx$ $a\leqslant x\leqslant b$ $dA=ydx$	$F=\int_a^b wxydx$ 式中　$y=f(x)$	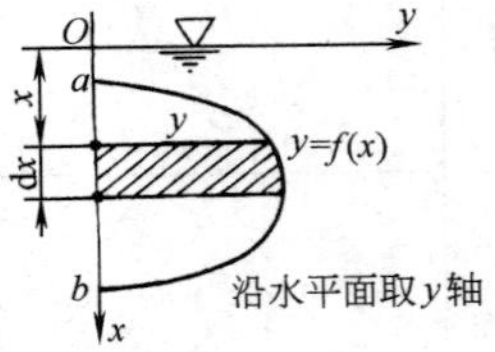
变力 $\boldsymbol{F}$ 作的功 W	$W=\boldsymbol{F}\boldsymbol{r}$ $\boldsymbol{F}$——常力 $\boldsymbol{r}$——直线位移	$dW=F(x)dx$ 设力 $\boldsymbol{F}$ 方向恒定，且与位移方向一致，在一条直线上	$W=\int_a^b F(x)dx$ W 为由 a 位移到 b 时力所做的功	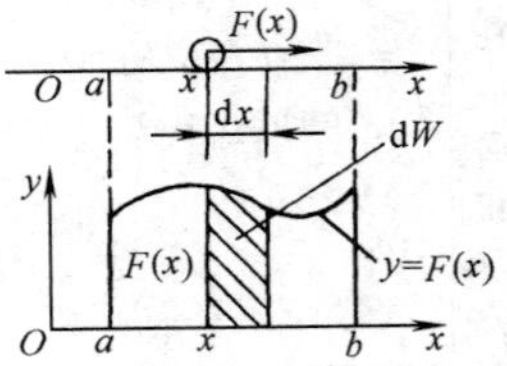
力场对质点位移所做的功 W		$dW=\boldsymbol{F}(x,y,z)d\boldsymbol{r}$ $=Xdx+Ydy+Zdz$ 其中　力场 $\boldsymbol{F}=X(x,y,z)\boldsymbol{i}+$ $Y(x,y,z)\boldsymbol{j}+$ $Z(x,y,z)\boldsymbol{k}$	$W=\int_C\boldsymbol{F}\cdot d\boldsymbol{r}$ $=\int_C Xdx+Ydy+Zdz$ 位移沿曲线 C，由 A 到 B	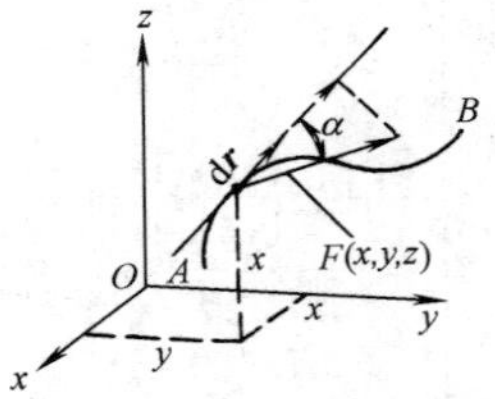
非均匀物体的质量 m：细线 AB 的质量	$m=\mu s$ μ——密度，常数（下同） s——AB 的长度	$dm=\mu(x)ds$ $\mu(x)$——线密度	$m=\int_C\mu(x)ds$ $=\int_a^b\mu(x)\sqrt{1+y'^2}dx$	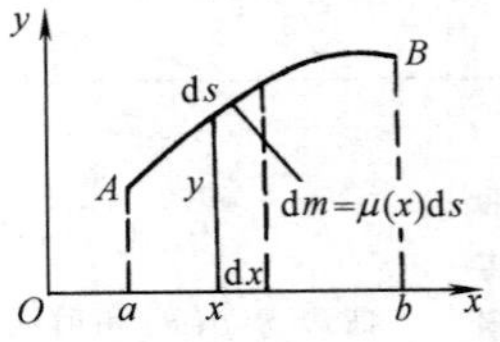
非均匀物体的质量 m：薄板 D 的质量	$m=\mu A$ A——D 的面积	$dm=\mu(x,y)dA$ $\mu(x,y)$——面密度	$m=\iint_D\mu(x,y)dA$ $=\iint_D\mu(x,y)dxdy$	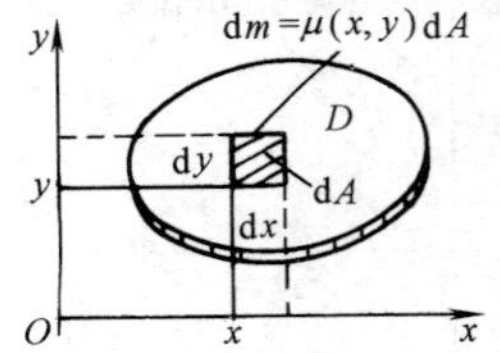
非均匀物体的质量 m：物体 Ω 的质量	$m=\mu V$ V——Ω 的体积	$dm=\mu(x,y,z)dV$ $\mu(x,y,z)$——体密度	$m=\iiint_\Omega\mu(x,y,z)dV$ $=\iiint_\Omega\mu(x,y,z)dxdydz$	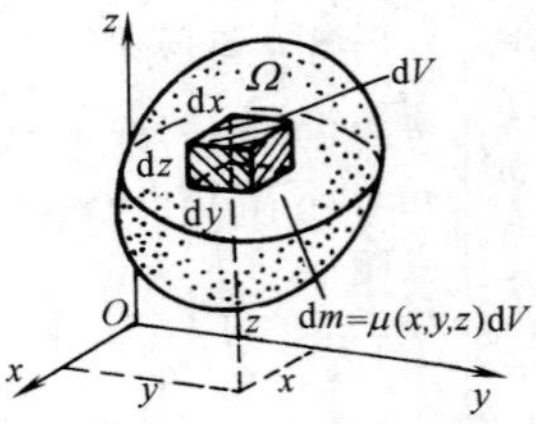

续表

名称		定义及简单情况时公式	一般情况		图示
			微分式	积分式	
静矩 M	曲线 AB 的静矩	质量为 m 的质点，对轴 l 的静力矩 M_l 为 $M_l=rm$ 其中，r 为该质点到轴的距离	$dM_x=yds$ $dM_y=xds$	对 x 轴的静矩：$M_x=\int_C yds=\int_a^b y\sqrt{1+y'^2}dx$ 对 y 轴的静矩：$M_y=\int_C xds=\int_a^b x\sqrt{1+y'^2}dx$	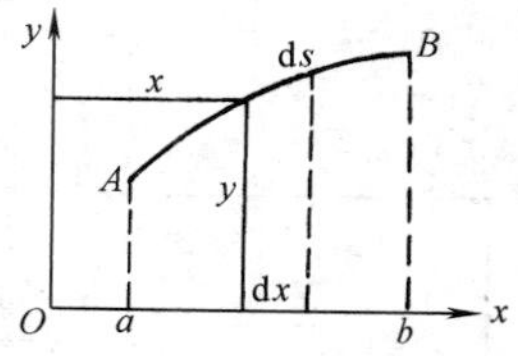
	平面图形 D 的静矩		$dM_x=ydxdy$ $dM_y=xdxdy$	对 x 轴的静矩 $M_x=\iint_D ydxdy$ 对 y 轴的静矩 $M_y=\iint_D xdxdy$	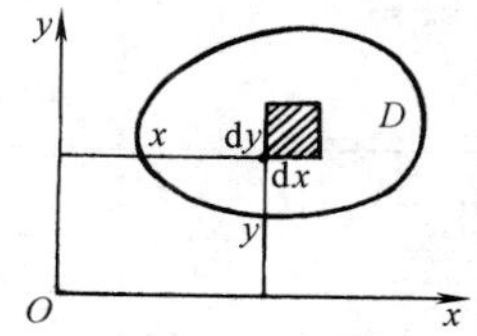
	立体 Ω 的静矩	质量为 m 的质点对平面 π 的静力矩 M_π 为：$M_\pi=rm$ 其中，r 为该质点到平面 π 的距离	$dM_{yz}=xdxdydz$ $dM_{zx}=ydxdydz$ $dM_{xy}=zdxdydz$	对 yOz 平面的静矩 $M_{yz}=\iiint_\Omega xdxdydz$ 对 xOz 平面的静矩 $M_{zx}=\iiint_\Omega ydxdydz$ 对 xOy 平面的静矩 $M_{xy}=\iiint_\Omega zdxdydz$	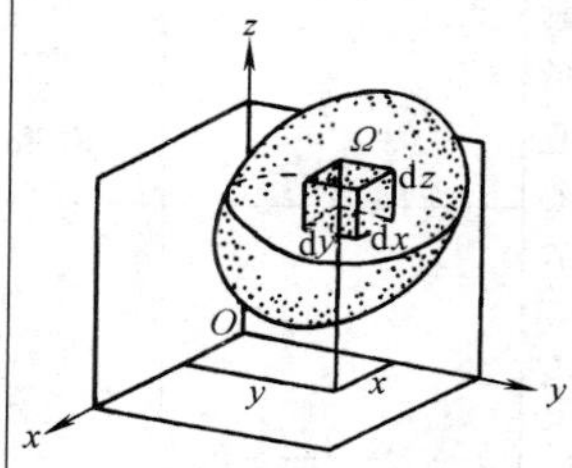
惯矩 I	平面图形 D 的惯矩	质量为 m 的质点对轴 l 的惯矩 I_l 为 $I_l=r^2m$ 其中，r 为该质点到轴 l 的距离	$dI_x=y^2dxdy$ $dI_y=x^2dxdy$	$I_x=\iint_D y^2dxdy$ $I_y=\iint_D x^2dxdy$	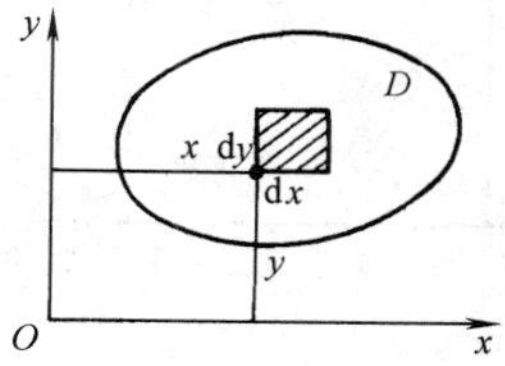
	立体 Ω 的惯矩		$dI_x=(y^2+z^2)dxdydz$ $dI_y=(x^2+z^2)dxdydz$ $dI_z=(x^2+y^2)dxdydz$	$I_x=\iiint_\Omega(y^2+z^2)dxdydz$ $I_y=\iiint_\Omega(x^2+z^2)dxdydz$ $I_z=\iiint_\Omega(x^2+y^2)dxdydz$	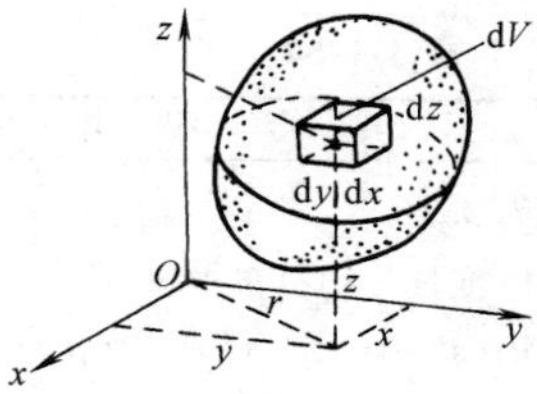
电场通过曲面片 S 的通量 Q		$Q=\boldsymbol{E}\cdot\boldsymbol{S}$ 其中，$\boldsymbol{E}$ 为常场强矢量，$\boldsymbol{S}$ 为以 $\boldsymbol{N}$ 为法线，面积为 S 的平面片	$dQ=\boldsymbol{E}\cdot d\boldsymbol{S}$ $\boldsymbol{E}$ 为变场强，$d\boldsymbol{S}$ 为以 $\boldsymbol{N}$ 为法线的面积为 dS 的微分曲面片，可以表示为 $d\boldsymbol{S}=dydz\mathbf{i}+dzdx\boldsymbol{j}+dxdy\mathbf{k}$	$Q=\iint_S\boldsymbol{E}\cdot d\boldsymbol{S}=\iint_S(E_xdydz+E_ydzdx+E_zdxdy)$	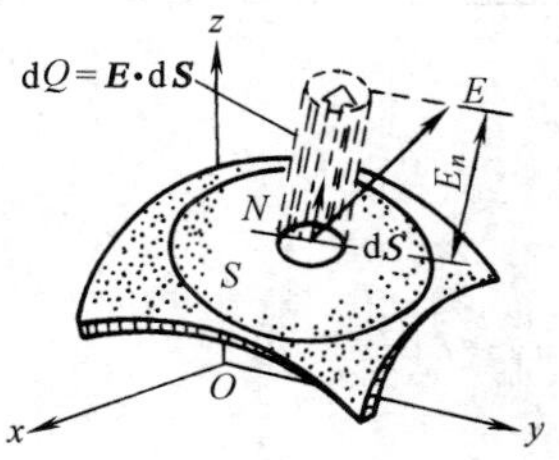 $dQ=\boldsymbol{E}\cdot d\boldsymbol{S}$

注：1. 假设图形有密度 $\mu=1$ 的有质量的图形的静力矩叫做图形的静矩。
2. 假设图形有密度 $\mu=1$ 的有质量的图形的惯性矩叫做图形的惯矩。

表 1-1-63　　积分应用举例（二）

名　称		公式和说明	图　示
函数在区间上的平均值 $\bar{y}$		$\bar{y}=\dfrac{1}{b-a}\int_a^b f(x)\,\mathrm{d}x$　曲边梯形 $ABCD$ 的面积 $\int_a^b f(x)\,\mathrm{d}x$ 等于矩形面积 $\bar{y}(b-a)$	
几何元素的重心 G	平面曲线段 AB 的重心	$\bar{x}=\dfrac{M_y}{s}=\dfrac{\int_a^b x\sqrt{1+y'^2}\,\mathrm{d}x}{\int_a^b \sqrt{1+y'^2}\,\mathrm{d}x}$　$\bar{y}=\dfrac{M_x}{s}=\dfrac{\int_a^b y\sqrt{1+y'^2}\,\mathrm{d}x}{\int_a^b \sqrt{1+y'^2}\,\mathrm{d}x}$ $G(\bar{x},\bar{y})$——AB 的重心；s——AB 的弧长；M_x,M_y——AB 的静矩	
	平面图形 D 的重心	$\bar{x}=\dfrac{M_y}{A}=\dfrac{\iint_D x\,\mathrm{d}x\mathrm{d}y}{\iint_D \mathrm{d}x\mathrm{d}y}$　$\bar{y}=\dfrac{M_x}{A}=\dfrac{\iint_D y\,\mathrm{d}x\mathrm{d}y}{\iint_D \mathrm{d}x\mathrm{d}y}$ $G(\bar{x},\bar{y})$——D 的重心；A——D 的面积；M_x,M_y——D 的静矩	
	立体 Ω 的重心	$\bar{x}=\dfrac{M_{yz}}{V}=\dfrac{\iiint_\Omega x\,\mathrm{d}x\mathrm{d}y\mathrm{d}z}{\iiint_\Omega \mathrm{d}x\mathrm{d}y\mathrm{d}z}$　$\bar{y}=\dfrac{M_{zx}}{V}=\dfrac{\iiint_\Omega y\,\mathrm{d}x\mathrm{d}y\mathrm{d}z}{\iiint_\Omega \mathrm{d}x\mathrm{d}y\mathrm{d}z}$　$\bar{z}=\dfrac{M_{xy}}{V}=\dfrac{\iiint_\Omega z\,\mathrm{d}x\mathrm{d}y\mathrm{d}z}{\iiint_\Omega \mathrm{d}x\mathrm{d}y\mathrm{d}z}$ $G(\bar{x},\bar{y},\bar{z})$——$\Omega$ 的重心；V——Ω 的体积；M_{yz},M_{zx},M_{xy}——Ω 的静矩	

注：本表是另一种类型的积分应用，它们是相应积分区域上的平均值。

常微分方程

表 1-1-64　　一阶微分方程

方程类型	求解方法及通解
1. 变量(可)分离方程 $M_1(x)M_2(y)\mathrm{d}x+N_1(x)N_2(y)\mathrm{d}y=0$	用 $M_2(y)N_1(x)$ 同除方程的两边，再分别积分 通解： $\int\dfrac{M_1(x)}{N_1(x)}\mathrm{d}x+\int\dfrac{N_2(y)}{M_2(y)}\mathrm{d}y=C$，$C$ 为任意常数(下同)
2. 齐次方程 $\dfrac{\mathrm{d}y}{\mathrm{d}x}=f\left(\dfrac{y}{x}\right)$	令　$u=\dfrac{y}{x}$，即 $y=ux$，$\dfrac{\mathrm{d}y}{\mathrm{d}x}=u+x\dfrac{\mathrm{d}u}{\mathrm{d}x}$ 化原方程为变量分离型 $x\mathrm{d}u=[f(u)-u]\mathrm{d}x$ 通解： $\int\dfrac{\mathrm{d}u}{f(u)-u}=\ln x+C$ 其中　$u=\dfrac{y}{x}$

续表

方 程 类 型	求 解 方 法 及 通 解
3. 可化为齐次的方程 $\frac{dy}{dx}=f\left(\frac{a_1x+b_1y+c_1}{a_2x+b_2y+c_2}\right)$	(1)若 $\Delta=\begin{vmatrix} a_1 & b_1 \\ a_2 & b_2 \end{vmatrix}\neq 0$ 则令 $x=X+h, y=Y+k$ $\left.\begin{matrix} a_1h+b_1k+c_1=0 \\ a_2h+b_2k+c_2=0 \end{matrix}\right\}$ 求解 h,k 通过以上变化,方程便化为齐次方程 (2)若 $\Delta=0$ 做未知函数变换 令　$u=a_1x+b_1y$,化原方程为分离变量方程
4. 线性方程 $\frac{dy}{dx}+P(x)y=Q(x)$ $Q(x)=0$,称为齐次 $Q(x)\neq 0$,称为非齐次	依型 1,求其对应齐次方程 $y=e^{-\int P(x)dx}\left[\int Q(x)e^{\int P(x)dx}dx+C\right]$ $y'+P(x)y=0$ 的通解 $y=Ce^{-\int P(x)dx}$ 再利用常数变易法,令 $y=C(x)e^{-\int P(x)dx}$,代入非齐次方程,求得 $C(x)=\int Q(x)e^{\int P(x)dx}dx+C$
5. 伯努利方程 $\frac{dy}{dx}+P(x)y=Q(x)y^n$ $(n\neq 0,1)$	利用变换,令 $z=y^{1-n}$,化原方程为线性方程 通解: $y^{1-n}e^{(1-n)\int p(x)dx}=(1-n)\int Q(x)e^{(1-n)\int p(x)dx}dx+C$
6. 全微分方程 $P(x,y)dx+Q(x,y)dy=0$ 且满足 $\frac{\partial P}{\partial y}=\frac{\partial Q}{\partial x}$	如方程左边恰好是 $U=U(x,y)$ 的全微分,则 $dU=Pdx+Qdy=0$ 通解: $U(x,y)=\int_{x_0}^{x}P(x,y)dx+\int_{y_0}^{y}Q(x_0,y)dy=C$ (x_0,y_0 可适当选取)

表 1-1-65　　二阶微分方程

方 程 类 型	求 解 方 法 及 通 解
1. 常系数二阶齐次方程 $\frac{d^2y}{dx^2}+a\frac{dy}{dx}+by=0$ 式中　a、b 为实常数	令 $y=e^{\lambda x}$,代入原方程,得到特征方程 $\lambda^2+a\lambda+b=0$ 其根为 λ_1、λ_2 (1)$\lambda_1\neq\lambda_2$(实根)　通解 $y=C_1e^{\lambda_1x}+C_2e^{\lambda_2x}$　C_1,C_2 是任意常数(下同) (2)$\lambda_1=\lambda_2$　通解　$y=(C_1+C_2x)e^{\lambda_1x}$ (3)$\lambda_1=\alpha+\beta i,\lambda_2=\alpha-\beta i$　通解　$y=e^{\alpha x}(C_1\cos\beta x+C_2\sin\beta x)$

续表

方程类型	求解方法及通解
2. 常系数二阶非齐次方程 $\frac{d^2y}{dx^2}+a\frac{dy}{dx}+by=f(x)$ 式中　a、b 为常数 $f(x)\neq 0$	通解　$y=y_c+y_p$ 式中　y_c 为对应的齐次方程的通解，求解方法见型1。y_p 为方程的特解，可用待定系数法求得 (1)如 $f(x)=P_n(x)e^{\lambda x}$，式中 $P_n(x)$ 为 n 次多项式 特解　(a) λ 不是特征根　$y_p=Q_n(x)e^{\lambda x}$ (b) λ 是单特征根　$y_p=xQ_n(x)e^{\lambda x}$ (c) λ 是重特征根　$y_p=x^2Q_n(x)e^{\lambda x}$ (2)如 $f(x)=P_n(x)$，相当于(1)中 $\lambda=0$，求解方法与(1)相同 (3)如 $f(x)=ke^{\lambda x}$，相当于(1)中 $P_n(x)=k$，求解方法与(1)相同(k、λ 为常数) (4)如 $f(x)=ke^{\alpha x}\cos\beta x$，$le^{\alpha x}\sin\beta x$ 或 $e^{\alpha x}(k\cos\beta x+l\sin\beta x)$ 式中　k、l、α、β 为常数 特解　(a) $\alpha\pm\beta i$ 不是特征根 $y_p=e^{\alpha x}(A\cos\beta x+B\sin\beta x)$ (b) $\alpha\pm\beta i$ 是特征根 $y_p=xe^{\alpha x}(A\cos\beta x+B\sin\beta x)$ 式中　A、B 为待定系数

(1) 高阶齐次常微分方程的解

用 D 代表 $\frac{d}{dx}$，D^2 代表 $\frac{d^2}{dx^2}$……即高阶齐次常微分方程 $y^{(n)}+p_1y^{(n-1)}+p_2y^{(n-2)}+\cdots+p_{n-1}y'+p_ny=0$，就可以变为含 D 的高次代数方程 $(D^n+p_1D^{n-1}+p_2D^{n-2}+\cdots+p_{n-1}D+p_n)y=0$。

即　$L(D)=D^n+p_1D^{n-1}+p_2D^{n-2}+\cdots+p_{n-1}D+p_n$

式中，$L(D)$ 称为微分算子 D 的 n 次多项式，于是 $L(D)y=0$。根据代数运算法则 $(D-r_1)\cdots(D-r_n)y=0$，即 $(D-r_1)y=0,\cdots,(D-r_n)y=0$，$r_1\cdots r_n$ 即为此高次代数方程（称为特征方程）的根，即 $\frac{dy}{dx}=r_1y$；$\frac{dy}{y}=r_1dx$；$\int\frac{dy}{y}=\int r_1dx$；$\ln y=r_1x+C$；$y=e^{r_1x+C}=C_1e^{r_1x}$；以此类推，$(D-r_n)y=0$，即 $\frac{dy}{dx}=r_ny$；$\frac{dy}{y}=r_ndx$；$\int\frac{dy}{y}=\int r_ndx$；$\ln y=r_nx+C$；$y=e^{r_nx+C}=C_ne^{r_nx}$，所以 $y=C_1e^{r_1x}+C_2e^{r_2x}+\cdots+C_ne^{r_nx}$，这样就表示了为什么常微分方程解是 e^{rx} 的形式。

(2) 关于一阶非齐次常微分方程的解

其特解的解法一般用常数变易法。但考虑直接用积分因子的方法更简便、直观，通解、特解一次性都解出来了。

设 $\frac{dy}{dx}+p(x)y=f(x)$，两边乘以积分因了 $e^{\int p(x)dx}$ 得：

$$\frac{dy}{dx}e^{\int p(x)dx}+p(x)ye^{\int p(x)dx}=f(x)e^{\int p(x)dx}$$

$$\frac{d[ye^{\int p(x)dx}]}{dx}=f(x)e^{\int p(x)dx}$$

$$ye^{\int p(x)dx}=\int f(x)e^{\int p(x)dx}dx+C$$

$$y=e^{-\int p(x)dx}\left[\int f(x)e^{\int p(x)dx}dx+C\right]$$

拉氏变换

拉氏变换的定义：设函数 $f(t)$ 当 $t\geqslant 0$ 时有定义，并且，$f(t)$ 是连续函数或分段连续函数；$f(t)$ 的增大是指数级的，即当 t 充分大后满足不等式 $|f(t)|\leqslant Me^{Ct}$，其中 M、C 都是实常数，则

$$L[f(t)]=\int_0^{\infty}f(t)e^{-st}dt=F(s)$$

称为函数 $f(t)$ 的拉普拉斯变换，简称拉氏变换，并用算符"L"表示，其中，已知函数 $f(t)$ 称为原函数，变换所得的函数 $F(s)$ 称为象函数，s 称为拉普拉斯算子。

若　$L[f(t)]=F(s)$，则

$$L^{-1}[F(s)]=f(t)$$

称为拉氏逆变换。

表 1-1-66 拉氏变换的性质

$L[af(t)]=aL[f(t)]$ （线性性质）	$L\left[\int_0^t f(t)\mathrm{d}t\right]=\frac{1}{s}F(s)$ （积分定理）
$L[af_1(t)+bf_2(t)]=aL[f_1(t)]+bL[f_2(t)]$（线性性质）	$L\left[\int^{(n)}\cdots\int f(t)\mathrm{d}t^n\right]=\frac{1}{s^n}F(s)$ （积分定理）
$L^{-1}[aF_1(s)+bF_2(s)]=aL^{-1}[F_1(s)]+bL^{-1}[F_2(s)]$（线性性质）	$L\left[\frac{f(t)}{t}\right]=\int_s^{\infty}F(s)\mathrm{d}s$ （象函数积分定理）
$L[f'(t)]=sF(s)-f(0)$ （微分定理）	$\lim\limits_{t\to 0}f(t)=\lim\limits_{s\to\infty}sF(s)$ （初值定理）
$L[\mathrm{e}^{at}f(t)]=F(s-a)$ （位移定理）	$\lim\limits_{t\to\infty}f(t)=\lim\limits_{s\to 0}sF(s)$ （终值定理）
$L[f(t-\tau)]=\mathrm{e}^{-s\tau}F(s)$ （延迟定理）	$L[f_1(t)f_2(t)]=F_1(s)F_2(s)$ （卷积定理） 式中 $f_1(t)f_2(t)=\int_0^t f_1(\tau)f_2(t-\tau)\mathrm{d}\tau$ $=\int_0^t f_1(t-\tau)f_2(\tau)$
$L\left[f\left(\frac{t}{a}\right)\right]=aF(as)$ （时间尺度定理）	
$L[(-t)^n f(t)]=\frac{\mathrm{d}^nF(s)}{\mathrm{d}s^n}$ （象函数微分定理）	
$L[f''(t)]=s^2F(s)-sf(0)-f'(0)$ （微分定理）	
$L[f^{(n)}(t)]=s^nF(s)-s^{n-1}f(0)-s^{n-2}f'(0)-\cdots-f^{(n-1)}(0)$ （微分定理）	

表 1-1-67 拉氏变换简表

$F(s)=L[f(t)]$	$f(t)$	$F(s)=L[f(t)]$	$f(t)$
1	单位脉冲 $\delta(t)$	$\frac{1}{(s+a)(s+b)(s+c)}$ （a、b、c 不等）	$\frac{\mathrm{e}^{-at}}{(b-a)(c-a)}+\frac{\mathrm{e}^{-bt}}{(a-b)(c-b)}+\frac{\mathrm{e}^{-ct}}{(a-c)(b-c)}$
$\frac{1}{s}$	单位阶跃 $u(t)=\begin{cases}0 & t<0\\1 & t\geqslant 0\end{cases}$	$\frac{s}{(s+a)(s+b)(s+c)}$ （a、b、c 不等）	$\frac{a\mathrm{e}^{-at}}{(c-a)(a-b)}+\frac{b\mathrm{e}^{-bt}}{(a-b)(b-c)}+\frac{c\mathrm{e}^{-ct}}{(b-c)(c-a)}$
$\frac{1}{s^2}$	单位斜坡 $r(t)=\begin{cases}0 & t<0\\t & t\geqslant 0\end{cases}$	$\frac{s^2}{(s+a)(s+b)(s+c)}$ （a、b、c 不等）	$\frac{a^2\mathrm{e}^{-at}}{(c-a)(b-a)}+\frac{b^2\mathrm{e}^{-bt}}{(a-b)(c-b)}+\frac{c^2\mathrm{e}^{-ct}}{(b-c)(a-c)}$
$\frac{1}{s^n}$	$\frac{t^{n-1}}{(n-1)!}$ $(n=1,2,3,\cdots)$	$\frac{1}{(s+a)(s+b)^2}(a\neq b)$	$\frac{\mathrm{e}^{-at}-\mathrm{e}^{-bt}[1-(a-b)t]}{(a-b)^2}$
$\frac{1}{s+a}$	e^{-at}	$\frac{s}{(s+a)(s+b)^2}(a\neq b)$	$\frac{[a-b(a-b)t]\mathrm{e}^{-bt}-a\mathrm{e}^{-at}}{(a-b)^2}$
$\frac{1}{(s+a)^2}$	$t\mathrm{e}^{-at}$	$\frac{1}{(s+a)^2+b^2}$	$\frac{\mathrm{e}^{-at}}{b}\sin bt$
$\frac{s}{(s+a)^2}$	$(1-at)\mathrm{e}^{-at}$	$\frac{s+a}{(s+a)^2+b^2}$	$\mathrm{e}^{-at}\cos bt$
$\frac{1}{(s+a)^3}$	$\frac{1}{2}t^2\mathrm{e}^{-at}$	$\frac{s}{(s+a)^2+b^2}$	$\left(\cos bt-\frac{a}{b}\sin bt\right)\mathrm{e}^{-at}$
$\frac{s}{(s+a)^3}$	$t\left(1-\frac{a}{2}t\right)\mathrm{e}^{-at}$	$\frac{s+a}{(s+a)^2-b^2}$	$\mathrm{e}^{-at}\cosh bt$
$\frac{1}{(s+a)^n}$	$\frac{1}{(n-1)!}t^{n-1}\mathrm{e}^{-at}$ $(n=1,2,3,\cdots)$	$\frac{b}{(s+a)^2-b^2}$	$\mathrm{e}^{-at}\sinh bt$
$\frac{s^n}{(s+a)^{n+1}}$	$\mathrm{e}^{-at}\sum\limits_{k=0}^{n}\frac{n!\,(-at)^k}{(n-k)!\,(k!)^2}$ $(n=1,2,3,\cdots)$	$\frac{s}{s^2+a^2}$	$\cos at$
$\frac{1}{s(s+a)}$	$\frac{1}{a}(1-\mathrm{e}^{-at})$	$\frac{1}{s^2+a^2}$	$\frac{1}{a}\sin at$
$\frac{1}{(s+a)(s+b)}(a\neq b)$	$\frac{1}{b-a}(\mathrm{e}^{-at}-\mathrm{e}^{-bt})$	$\frac{s\cos b-a\sin b}{s^2+a^2}$	$\cos(at+b)$
$\frac{s}{(s+a)(s+b)}(a\neq b)$	$\frac{1}{b-a}(b\mathrm{e}^{-bt}-a\mathrm{e}^{-at})$	$\frac{s\sin b-a\cos b}{s^2+a^2}$	$\sin(at+b)$
$\frac{1}{s(s+a)(s+b)}$ $(a\neq b)$	$\frac{1}{ab}\left[1+\frac{1}{a-b}(b\mathrm{e}^{-at}-a\mathrm{e}^{-bt})\right]$		

续表

$F(s)=L[f(t)]$	$f(t)$	$F(s)=L[f(t)]$	$f(t)$
$\frac{s}{s^2-a^2}$	$\cosh at$	$\frac{1}{s^2+2abs+b^2}$	$\frac{1}{b\sqrt{1-a^2}}e^{-abt}\sin(b\sqrt{1-a^2}t)$
$\frac{1}{s^2-a^2}$	$\frac{1}{a}\sinh at$	$\frac{s}{s^2+2abs+b^2}$	$\frac{-1}{\sqrt{1-a^2}}e^{-abt}\sin(b\sqrt{1-a^2}t-\phi)$
$\frac{1}{s(s^2+a^2)}$	$\frac{1}{a^2}(1-\cos at)$		
$\frac{1}{s^2(s^2+a^2)}$	$\frac{1}{a^3}(at-\sin at)$		$\phi=\arctan\frac{\sqrt{1-a^2}}{a}$
$\frac{1}{(s^2+a^2)^2}$	$\frac{1}{2a^3}(\sin at-at\cos at)$	$\frac{b^2}{s(s^2+2abs+b^2)}$	$1-\frac{1}{\sqrt{1-a^2}}e^{-abt}\sin(b\sqrt{1-a^2}t+\phi)$
$\frac{s}{(s^2+a^2)^2}$	$\frac{1}{2a}t\sin at$		$\phi=\arctan\frac{\sqrt{1-a^2}}{a}$
$\frac{s^2}{(s^2+a^2)^2}$	$\frac{1}{2a}(\sin at+at\cos at)$		
$\frac{s^2-a^2}{(s^2+a^2)^2}$	$t\cos at$	$\frac{b^2}{(1+Ts)(s^2+b^2)}$	$\frac{Tb}{1+T^2b^2}e^{-\frac{t}{T}}+$
$\frac{1}{s(s^2+a^2)^2}$	$\frac{1}{a^4}(1-\cos at)-\frac{1}{2a^3}t\sin at$		$\frac{1}{\sqrt{1+T^2b^2}}\sin(bt-\phi)$
$\frac{1}{s^4-a^4}$	$\frac{1}{2a^3}(\sinh at-\sin at)$		$\phi=\arctan Tb$
$\frac{s}{s^4-a^4}$	$\frac{1}{2a^2}(\cosh at-\cos at)$	$\frac{b^2}{(1+Ts)(s^2+2abs+b^2)}$	$\frac{Tb^2e^{-\frac{t}{T}}}{1-2abT+T^2b^2}+$
$\frac{s^2}{s^4-a^4}$	$\frac{1}{2a}(\sinh at+\sin at)$		$\frac{be^{-abt}\sin(b\sqrt{1-a^2}t-\phi)}{\sqrt{(1-a^2)(1-2abT-T^2b^2)}}$
$\frac{s^3}{s^4-a^4}$	$\frac{1}{2}(\cosh at+\cos at)$		$\phi=\arctan\frac{Tb\sqrt{1-a^2}}{1-ab^2T}$
$\frac{b^2-a^2}{(s^2+a^2)(s^2+b^2)}$	$\frac{1}{a}\sin at-\frac{1}{b}\sin bt$	$s^{-\frac{1}{2}}$	$\frac{1}{\sqrt{\pi t}}$
$\frac{(b^2-a^2)s}{(s^2+a^2)(s^2+b^2)}$	$\cos at-\cos bt$	$s^{-\frac{3}{2}}$	$2\sqrt{\frac{t}{\pi}}$

应用拉氏变换解常系数线性微分方程

用拉氏变换求解时，由于初始条件已经包括在微分方程的拉氏变换中，不再像古典法需要根据初始条件求算积分常数。

当所有变量的初始条件均为零时，微分方程的拉氏变换可简单地用算子 s 置换$\frac{d}{dt}$，用 s^2 置换$\frac{d^2}{dt^2}$，…，用 s^n 置换$\frac{d^n}{dt^n}$等，并将 $y(t)$、$x(t)$ 代之以象函数 $Y(s)$、$X(s)$ 后求得，所有这一切，使对微分方程的求解得到相当程度的简化。

一般步骤　设所给常系数线性微分方程为

$$\begin{cases}x^{(n)}+a_1x^{(n-1)}+\cdots+a_{n-1}x'+a_nx=f(t)\\ x(0)=b_0,x'(0)=b_1,\cdots,x^{(n-1)}(0)=b_{n-1}\end{cases}$$

1）对方程的两边逐项做拉氏变换（结合所给初始条件），且记 $L[x(t)]=X(s)$，即得 $X(s)$ 的一次代数方程，然后解出 $X(s)$。

2）对 $X(s)$ 的表达式两边做拉氏逆变换（可通过查拉氏变换表得到），若表达式 $X(s)=\frac{A(s)}{B(s)}$ 的右边为有理函数时，则可以将它展开成部分分式之和，并把它写成拉氏变换表中可以找到的以 s 为参量的简单函数，最终得出满足初始条件的解。

偏微分方程

（1）偏数分方程的解

① 一般解　含任意函数的解。

② 完全解　含任意常数的解。

（2）一阶线性方程

令　p 表示 $\frac{\partial z}{\partial x}$　q 表示 $\frac{\partial z}{\partial y}$。

1）一般式

$$P(x,y,z)p + Q(x,y,z)q = R(x,y,z)$$

一般解

$$u = \varphi(v)$$

式中，$u(x,y,z) = a$，$v(x,y,z) = b$ 为方程组

$$\frac{dx}{P} = \frac{dy}{Q} = \frac{dz}{R}$$

的解，$u = \varphi(v)$ 为任意函数。

2）标准式

① $f(p,q) = 0$ 型

完全解

$$z = ax + ky + b$$

式中，a、k、b 为常数，满足 $f(a,k) = 0$，

② $f(x,p,q) = 0$ 型　令 $q = a$ 代入，解出 $p = \varphi(x, a)$，则

$$z = \int\varphi(x, a)dx + ay + b$$

是一个完全解。

③ $f(y, p, q) = 0$ 型　令 $p = a$ 代入，解出 $q = \varphi(y, a)$，则

$$z = ax + \int\varphi(y,a)dy + b$$

是一个完全解。

④ $f(z, p, q) = 0$ 型　令 $q = ap$ 代入，解出 $p = \varphi(z, a)$，则

$$x + ay = \int\frac{dz}{\varphi(z,a)} + b$$

是一个完全解。

⑤ $f(x, p) = g(y, q)$ 型　令两端各等于 a 解出 $p = \varphi(x, a)$，$q = \varphi(y, a)$，则

$$\varepsilon = \int\varphi(x, a)dx + \int\psi(y, a)dy + b$$

是一个完全解。

⑥ $z = px + qy + f(p, q)$ 型

完全解

$$z = ax + by + f(a, b)$$

变分问题

由于20世纪60 ~ 70年代有限元方法的发展及其在工程上的广泛应用，变分原理作为其理论基础，显示出重要性。

有限元法是以变分原理为基础，吸取差分格式的思想而发展起来的一种有效的数值解法，它把求解无限自由度的选定函数归结为求解有限个自由度（Ω 中待定的节点参数值的总个数）的待定问题。按分布形式的节点及其一定的节点参数子区域 Ω_e 称为单元。

泛函的表达式：

$$\int_{\Omega} f(x,y,y')\,\mathrm{d}x$$

$\delta\int_{\Omega} f(x,\ y,\ y')\,\mathrm{d}x$ 称为泛函的变分；$\delta\int_{\Omega} f(x,\ y,\ y')\,\mathrm{d}x = 0$ 为泛函极值的条件。

（1）几个概念

① 极值曲线（函数）。在通过已知点 A、B 的所有曲线（函数）$y = y(x)$ 中［函数 $y(x)$ 与 $y'(x)$ 在区间［a_0，a_1］上连续］，求出这样的函数，使得泛函

$$J(y) = \int_{a_0}^{a_1} F(x,y,y')\,\mathrm{d}x$$

取得极大或极小值，这样的曲线（函数）称为极值曲线（函数）$y = y_0(x)$。

② 容许曲线。满足条件 $y(a_0) = b_0$，$y(a_1) = b_1$ 的光滑曲线称为泛函的容许曲线，即通过 $M_0(a_0,b_0)$、$M_1(a_1,b_1)$ 的曲线称为容许曲线。

$$y(x,\alpha) = y_0(x) + \alpha[y(\alpha) - y_0(x)]$$

式中，α 为任意实数，易证曲线族 $y(x,\alpha)$ 中的每条曲线都属于容许曲线族。

变分 $\delta y = y(x) - y_0(x)$，$y(x,\alpha) = y_0(x) + \alpha\delta y$ 可以推导出在曲线 $y(x,\ \alpha) = y_0(x)$ 达到极值，则 $y = y_0(x)$ 必为微分方程 $F'_y - \dfrac{\mathrm{d}F'_y}{\mathrm{d}x} = 0$ 的解。此方程是欧拉 1744 年得出的，故称为欧拉方程。

若 F 不显含 x，此时泛函

$$J(y) = \int_{a_0}^{a_1} F(y,y')\,\mathrm{d}x$$

于是欧拉方程可降低为一阶方程 $F - y'F'_{y'} = C$。

（2）几个实例

① 最大速降问题　坐标原点到某点 $M(a,\ b)$ 时间最短，是走什么轨迹。根据欧拉方程

$$F'_y - \frac{\mathrm{d}F'_{y'}}{\mathrm{d}x} = 0$$

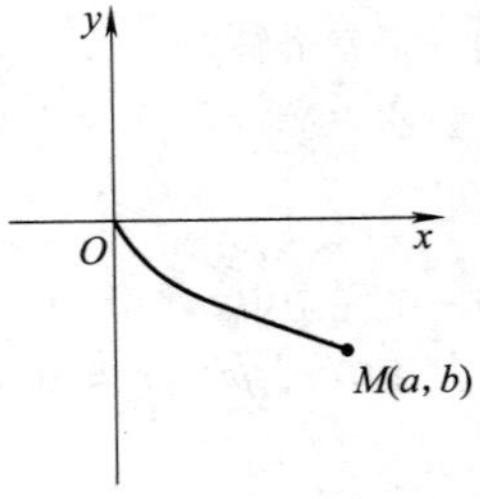

降阶欧拉方程（如果泛函不含 x）

$$F - y'F'_{y'} = C$$

$$\delta\int \frac{\sqrt{1 + y'^2}\,\mathrm{d}x}{\sqrt{2gy}} = 0$$

$$F = \frac{\sqrt{1 + y'^2}}{\sqrt{2gy}}$$

$$\frac{\sqrt{1 + y'^2}}{\sqrt{2gy}} - y'\frac{2y'}{\sqrt{2gy} \times 2\sqrt{1 + y'^2}} = C$$

$$\frac{1 + y'^2 - y'^2}{\sqrt{2gy}\sqrt{1 + y'^2}} = \frac{1}{\sqrt{2gy}\sqrt{1 + y'^2}} = C$$

设 $y' = \cot\theta$

$$\frac{1}{\sqrt{2gy}\sqrt{1 + \cot^2\theta}} = C$$

$$\frac{1}{\sqrt{2gy} \times \csc\theta} = C$$

$$\frac{\sin\theta}{\sqrt{2gy}} = C$$

$$y = \frac{\sin^2\theta}{C^2 \times 2g} = \frac{1-\cos 2\theta}{4gC^2} = \frac{C_1}{2}(1-\cos 2\theta)$$

$$\frac{dy}{dx} = \cot\theta$$

$$dx = \frac{dy}{\cot\theta} = \frac{\left(\frac{C_1}{2} \times 2\sin 2\theta\right)}{\frac{\cos\theta}{\sin\theta}}d\theta = \frac{C_1 \times 2\sin\theta\cos\theta}{\frac{\cos\theta}{\sin\theta}}d\theta = 2C_1\sin^2\theta d\theta = 2C_1\frac{1-\cos 2\theta}{2}d\theta = C_1(1-\cos 2\theta)d\theta$$

$$x = C_1\left(\theta - \frac{\sin 2\theta}{2}\right) + C_2 = \frac{C_1}{2}(2\theta - \sin 2\theta) + C_2$$

因此，曲线通过原点，$C_2 = 0$

$$\begin{cases} x = \frac{C_1}{2}(2\theta - \sin 2\theta) = \frac{C_1}{2}(\varphi - \sin\varphi) \\ y = \frac{C_1}{2}(1-\cos 2\theta) = \frac{C_1}{2}(1-\cos\varphi) \end{cases}$$

旋轮线(俗称摆线)钟表中的齿轮齿形曲线不是渐开线而是摆线，其特点中心距不可分，优点精确。

② 等周问题——条件泛函极值　一块钢板围成什么曲面做成的半壁料仓其容积最大。化成平面问题，定长直线，围成什么曲线使其所围面积最大。

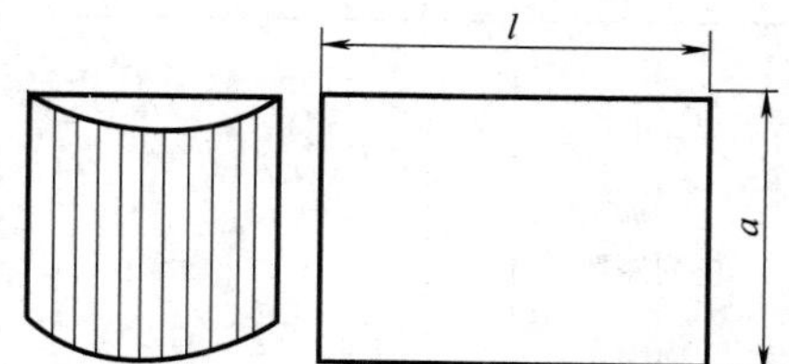

条件：$\int_l \sqrt{1+y'^2}dx = l$；泛函：$f_l(x,y,y') = \int_0^a y dx$

构造一个新函数　$F = y + \lambda\sqrt{1+y'^2}$，其中 λ 为拉格朗日乘子。

根据降阶欧拉公式 $F - y'F'_{y'} = C$

$$y + \lambda\sqrt{1+y'^2} - \lambda y'\frac{2y'}{2\sqrt{1+y'^2}} = C$$

$$y + \lambda\frac{(1+y'^2) - y'^2}{\sqrt{1+y'^2}} = C$$

$$y = -\frac{\lambda}{\sqrt{1+y'^2}} - C_1$$

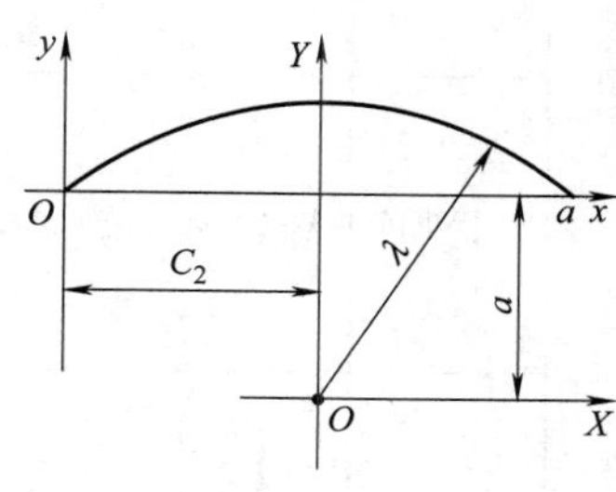

设 $y' = \tan\theta$

$$y = -C_1 - \frac{\lambda}{\sqrt{1+\tan^2\theta}} = -C_1 - \frac{\lambda}{\sec\theta} = -C_1 - \lambda\cos\theta$$

$$\frac{dy}{dx} = \tan\theta,\ dx = \frac{dy}{\tan\theta} = \frac{\lambda\sin\theta d\theta}{\frac{\sin\theta}{\cos\theta}} = \lambda\cos\theta d\theta,\ x = C_2 + \lambda\sin\theta$$

$$\begin{cases} x = \lambda\sin\theta + C_2 \\ y = -\lambda\cos\theta - C_1 \end{cases}$$

$(x-C_2)^2+(y+C_1)^2=\lambda^2$ 半径为 λ 的圆弧，通过(0, a) 点

$\sin\dfrac{l}{2\lambda}=\dfrac{a}{2\lambda}$， 求出 λ， $C_2=\dfrac{a}{2}$， $C_1=\lambda\cos\dfrac{l}{2\lambda}$

③ 悬链线热风炉炉顶　表面积最小，散热少，热效率高。可按最小旋转曲面的方法来类似分析求出。

$$\delta\int_{a_0}^{a_1}\alpha\pi y\sqrt{1+y'^2}\,\mathrm{d}x=0$$

根据降阶欧拉方程

$$F-y'F'_{y'}=c,2\pi y\sqrt{1+y'^2}-2\pi y\frac{y'^2}{\sqrt{1+y'^2}}=c$$

即 $2\pi y\times\dfrac{1}{\sqrt{1+y'^2}}=c$

设 $y'=\mathrm{sh}u$，$2\pi y\dfrac{1}{\sqrt{1+\mathrm{sh}^2u}}=c$，$2\pi y=c\times\mathrm{ch}u$，$y=\dfrac{c}{2\pi}\mathrm{ch}u=a\mathrm{ch}u$

$\dfrac{\mathrm{d}y}{\mathrm{d}x}=\mathrm{sh}u$，$\mathrm{d}y=\mathrm{sh}u\mathrm{d}x$，$\mathrm{d}x=\dfrac{\mathrm{d}y}{\mathrm{sh}u}=\dfrac{a\mathrm{sh}u\mathrm{d}u}{\mathrm{sh}u}=a\mathrm{d}u$，$x=\int a\mathrm{d}u=au+c$

$y=a\mathrm{ch}\left(\dfrac{x-c}{a}\right)$

这是一族悬链线，将它旋转一周就得表面积最小的曲面 —— 悬链线面，a 和 c 将由边界条件确定。

矩　阵

表 1-1-68　**矩阵的概念**

名称		阵列形式	说明
一般形式矩阵	m 行 n 列矩阵	$\boldsymbol{A}=\begin{bmatrix}a_{11} & a_{12} & \cdots & a_{1n}\\ a_{21} & a_{22} & \cdots & a_{2n}\\ \vdots & \vdots & & \vdots\\ a_{m1} & a_{m2} & \cdots & a_{mn}\end{bmatrix}$	(1) mn 个数 $a_{ij}(i=1,2,\cdots,m;j=1,2,\cdots,n)$ 按一定的次序排成 m 行 n 列的阵列 (2)矩阵记作 $\boldsymbol{A}$(或 $\boldsymbol{B}$,$\boldsymbol{C}\cdots$),也可记作 $\boldsymbol{A}_{m\times n}$ 或 $(a_{ij})_{m\times n}$ (3) a_{ij} 称为矩阵的第 i 行第 j 列元素。a_{ii} 称为对角元
	方阵	$\boldsymbol{B}=\begin{bmatrix}b_{11} & b_{12} & \cdots & b_{1n}\\ b_{21} & b_{22} & \cdots & b_{2n}\\ \vdots & \vdots & & \vdots\\ b_{n1} & b_{n2} & \cdots & b_{nn}\end{bmatrix}$	(1)这是 n 阶方阵,可记作 $\boldsymbol{B}_n$ (2)方阵的行数与列数相等 (3) $b_{11},b_{22},\cdots,b_{nn}$ 这条线称为主对角线
	行矩阵	$\boldsymbol{A}=(a_1a_2\cdots a_n)$	(1)这是 1 行 n 列矩阵 (2)行矩阵也称行向量 (3)元素 $a_i(i=1,2,\cdots,n)$ 可用一个下标表示
	列矩阵	$\boldsymbol{B}=\begin{bmatrix}b_1\\ b_2\\ \vdots\\ b_n\end{bmatrix}$	(1)这是 n 行 1 列矩阵 (2)列矩阵也称列向量 (3)元素 $b_i(i=1,2,\cdots,n)$ 可用一个下标表示

续表

名称		阵列形式	说明
特殊形式矩阵	对角阵	$A=\begin{bmatrix} a_1 & & & \\ & a_2 & & \\ & & \ddots & \\ & & & a_n \end{bmatrix}$	(1)这是全部非主对角线元素等于0的方阵 (2)元素 $a_i(i=1,2,\cdots,n)$ 表示位于第 i 行第 i 列 (3)排列有规律的0元素可以省写
	数量矩阵	$A=\begin{bmatrix} k & & & \\ & k & & \\ & & \ddots & \\ & & & k \end{bmatrix}$	对角阵的所有对角元都相等
	单位阵	$I=\begin{bmatrix} 1 & & & \\ & 1 & & \\ & & \ddots & \\ & & & 1 \end{bmatrix}$	(1)单位阵是方阵 (2)所有对角元全为1 (3)单位阵记作 I,为说明其阶数,把 n 阶单位阵记作 I_n
	上三角阵	$U=\begin{bmatrix} u_{11} & u_{12} & \cdots & u_{1n} \\ & u_{22} & \cdots & u_{2n} \\ & & \ddots & \vdots \\ & & & u_{nn} \end{bmatrix}$	n 阶方阵的主对角线以下的元素全为零,即 $u_{ij}=0,i>j$
	下三角阵	$L=\begin{bmatrix} l_{11} & & \\ l_{21} & l_{22} & \\ \vdots & \vdots & \ddots \\ l_{n1} & l_{n2} & \cdots l_{nn} \end{bmatrix}$	n 阶方阵的主对角线以上的元素全为零,即 $l_{ij}=0,i<j$
	上梯形阵	1. 当 $m<n$ 时 $A=\begin{bmatrix} a_{11} & a_{12}\cdots a_{1m}\cdots a_{1n} \\ & a_{22}\cdots a_{2m}\cdots a_{2n} \\ & \ddots\ \vdots \qquad \vdots \\ & a_{mm}\cdots a_{mn} \end{bmatrix}$ 2. 当 $m>n$ 时 $A=\begin{bmatrix} a_{11} & a_{12}\cdots a_{1n} \\ 0 & a_{22}\cdots a_{2n} \\ \vdots & \vdots\ \ddots\ \vdots \\ 0 & 0\ \cdots a_{nn} \\ 0 & 0\ \cdots\ 0 \\ \vdots & \vdots\ \vdots\ \vdots \\ 0 & 0\ \cdots\ 0 \end{bmatrix}$	在 m 行 n 列矩阵中,对角元以下的元素全为零,即 $a_{ij}=0,i>j$

续表

名称		阵列形式	说明
特殊形式矩阵	下梯形阵	1. 当 $m<n$ 时 $A=\begin{bmatrix} a_{11} & 0 & \cdots 0 & 0 \vdots 0 \\ a_{21} & a_{22} & \cdots 0 & 0 \vdots 0 \\ \vdots & \vdots \ddots & \vdots & \vdots \vdots \vdots \\ a_{m1} & a_{m2} & \cdots a_{mm} & 0 \vdots 0 \end{bmatrix}$ 2. 当 $m>n$ 时 $A=\begin{bmatrix} a_{11} & & \\ a_{21} & a_{22} & \\ \vdots & \vdots \ddots & \\ a_{n1} & a_{n2} \cdots & a_{nn} \\ \vdots & \vdots & \vdots \\ a_{m1} & a_{m2} & a_{mn} \end{bmatrix}$	在 m 行 n 列矩阵中，对角元以上的元素全为零，即 $a_{ij}=0, i<j$
	零矩阵	$0=\begin{bmatrix} 0 \cdots 0 \\ \vdots \ \vdots \\ 0 \cdots 0 \end{bmatrix}$	所有元素都是零的矩阵，记作 0 或 $0_{m\times n}$
负矩阵		$-A=\begin{bmatrix} -a_{11} & -a_{12} \cdots -a_{1n} \\ -a_{21} & -a_{22} \cdots -a_{2n} \\ \vdots & \vdots \ \vdots \ \vdots \\ -a_{m1} & -a_{m2} \cdots -a_{mn} \end{bmatrix}$	(1)设 $A=(a_{ij})_{m\times n}$ 则 A 的负矩阵为 $-A=(-a_{ij})_{m\times n}$ (2) $-(-A)=A$
矩阵相等		$\begin{bmatrix} a_{11} & a_{12} \cdots a_{1n} \\ a_{21} & a_{22} \cdots a_{2n} \\ \vdots & \vdots \ \vdots \ \vdots \\ a_{m1} & a_{m2} \cdots a_{mn} \end{bmatrix} = \begin{bmatrix} b_{11} & b_{12} \cdots b_{1n} \\ b_{21} & b_{22} \cdots b_{2n} \\ \vdots & \vdots \ \vdots \ \vdots \\ b_{m1} & b_{m2} \cdots b_{mn} \end{bmatrix}$	(1)矩阵相等时，对应位置的元素相等，即 $a_{ij}=b_{ij}, i=1,2,\cdots,m$ $j=1,2,\cdots,n$ 记作 $A=B$ (2)同阶矩阵才能相等
矩阵转置		$A^{T}=\begin{bmatrix} a_{11} & a_{21} \cdots a_{m1} \\ a_{12} & a_{22} \vdots a_{m2} \\ \vdots & \vdots \ \vdots \ \vdots \\ a_{1n} & a_{2n} \cdots a_{mn} \end{bmatrix}$	(1)设 $A=(a_{ij})_{m\times n}$ 则 A 的转置矩阵 A^{T} 为 $A^{T}=(a'_{ij})_{n\times m}$ 其中 $a'_{ij}=a_{ji}$ (2) $(A^{T})^{T}=A$ (3)对角阵的转置仍是它自身。特别有 $I^{T}=I$
对称矩阵		$A=\begin{bmatrix} a_{11} & \text{对称} & \\ a_{21} & a_{22} & \\ \vdots & \ddots & \ddots \\ a_{n1} & a_{n2} \cdots & a_{nn} \end{bmatrix}$	(1)对称矩阵必是方阵 其中 $a_{ij}=a_{ji}$ (2)转置后不变，即 $A^{T}=A$

表 1-1-69 矩阵运算及其性质

名称		运算式	说明及运算性质
矩阵加减	简例	$\begin{bmatrix}2&1\\1&4\end{bmatrix}+\begin{bmatrix}1&3\\2&1\end{bmatrix}=\begin{bmatrix}2+1&1+3\\1+2&4+1\end{bmatrix}=\begin{bmatrix}3&4\\3&5\end{bmatrix}$ $\begin{bmatrix}3&-1&2\\2&0&1\end{bmatrix}-\begin{bmatrix}1&1&0\\2&-1&1\end{bmatrix}=\begin{bmatrix}3-1&-1-1&2-0\\2-2&0-(-1)&1-1\end{bmatrix}$ $=\begin{bmatrix}2&-2&2\\0&1&0\end{bmatrix}$	(1)矩阵加减时对应位置的元素相加减 (2)同阶矩阵才能相加减 (3)运算性质 $\boldsymbol{A}+\boldsymbol{B}=\boldsymbol{B}+\boldsymbol{A}$ 交换律 $(\boldsymbol{A}+\boldsymbol{B})+\boldsymbol{C}=\boldsymbol{A}+(\boldsymbol{B}+\boldsymbol{C})$ 结合律
	一般形式	$\begin{bmatrix}a_{11}&a_{12}&\cdots&a_{1n}\\a_{21}&a_{22}&\cdots&a_{2n}\\\vdots&\vdots&\vdots&\vdots\\a_{m1}&a_{m2}&\cdots&a_{mn}\end{bmatrix}\pm\begin{bmatrix}b_{11}&b_{12}&\cdots&b_{1n}\\b_{21}&b_{22}&\cdots&b_{2n}\\\vdots&\vdots&\vdots&\vdots\\b_{m1}&b_{m2}&\cdots&b_{mn}\end{bmatrix}=[c_{ij}]$ $c_{ij}=a_{ij}\pm b_{ij}\begin{pmatrix}i=1,2,\cdots,m\\j=1,2,\cdots,n\end{pmatrix}$	
数乘矩阵	简例	$3\times\begin{bmatrix}-1&0\\2&1\end{bmatrix}=\begin{bmatrix}-1&0\\2&1\end{bmatrix}\times3=\begin{bmatrix}3\times(-1)&3\times0\\3\times2&3\times1\end{bmatrix}$ $=\begin{bmatrix}-3&0\\6&3\end{bmatrix}$	(1)数乘矩阵时,该数乘矩阵的每一个元素 (2)运算性质 $k\boldsymbol{A}=\boldsymbol{A}k$ $k(\boldsymbol{A}+\boldsymbol{B})=k\boldsymbol{A}+k\boldsymbol{B}$ 分配律
	一般形式	$k\begin{bmatrix}a_{11}&a_{12}&\cdots&a_{1n}\\a_{21}&a_{22}&\cdots&a_{2n}\\\vdots&\vdots&\vdots&\vdots\\a_{m1}&a_{m2}&\cdots&a_{mn}\end{bmatrix}=\begin{bmatrix}a_{11}&a_{12}&\cdots&a_{1n}\\a_{21}&a_{22}&\cdots&a_{2n}\\\vdots&\vdots&\vdots&\vdots\\a_{m1}&a_{m2}&\cdots&a_{mn}\end{bmatrix}k=[c_{ij}]$ $c_{ij}=ka_{ij}\begin{pmatrix}i=1,2,\cdots,m\\j=1,2,\cdots,n\end{pmatrix}$	
矩阵相乘	简例	$\begin{bmatrix}2&3\\5&2\\1&4\end{bmatrix}\begin{bmatrix}1&3&2\\0&4&5\end{bmatrix}=\begin{bmatrix}2\times1+3\times0&2\times3+3\times4&2\times2+3\times5\\5\times1+2\times0&5\times3+2\times4&5\times2+2\times5\\1\times1+4\times0&1\times3+4\times4&1\times2+4\times5\end{bmatrix}$	(1)矩阵相乘时乘积的元素 c_{ij} 等于左矩阵的第 i 行和右矩阵的第 j 列的对应元素的乘积之和 (2)左矩阵的列数等于右矩阵的行数时才能相乘 (3)运算性质 $(\boldsymbol{AB})\boldsymbol{C}=\boldsymbol{A}(\boldsymbol{BC})$ 结合律 $\boldsymbol{A}(\boldsymbol{B}+\boldsymbol{C})=\boldsymbol{AB}+\boldsymbol{AC}$ $(\boldsymbol{B}+\boldsymbol{C})\boldsymbol{A}=\boldsymbol{BA}+\boldsymbol{CA}$ 分配律 注意,一般 $\boldsymbol{AB}\neq\boldsymbol{BA}$
	一般形式	$\begin{bmatrix}a_{11}&a_{12}&\cdots&a_{1n}\\\vdots&\vdots&\vdots&\vdots\\a_{i1}&a_{i2}&\cdots&a_{in}\\\vdots&\vdots&\vdots&\vdots\\a_{m1}&a_{m2}&\cdots&a_{mn}\end{bmatrix}\begin{bmatrix}b_{11}&b_{1j}&\cdots&b_{1p}\\b_{21}&b_{2j}&\cdots&b_{2p}\\\vdots&\vdots&\vdots&\vdots\\b_{n1}\cdots&b_{nj}&\cdots&b_{np}\end{bmatrix}=[c_{ij}]_{m\times p}$ $c_{ij}=a_{i1}b_{1j}+a_{i2}b_{2j}+\cdots+a_{in}b_{nj}=\sum_{k=1}^{n}a_{ik}b_{kj}$ $\begin{pmatrix}i=1,2,\cdots,m\\j=1,2,\cdots,p\end{pmatrix}$	
方阵的幂	简例	$\begin{bmatrix}2&0\\-1&3\end{bmatrix}^2=\begin{bmatrix}2&0\\-1&3\end{bmatrix}\begin{bmatrix}2&0\\-1&3\end{bmatrix}=\begin{bmatrix}4&0\\-5&9\end{bmatrix}$	(1)方阵的幂是同一方阵的连乘积 (2)$a_0\boldsymbol{A}^n+a_1\boldsymbol{A}^{n-1}+\cdots+a_n\boldsymbol{I}$ 叫做方阵多项式 (3)运算性质 $\boldsymbol{A}^p\boldsymbol{A}^q=\boldsymbol{A}^{p+q}$ $(\boldsymbol{A}^p)^q=\boldsymbol{A}^{pq}$
	一般形式	$\boldsymbol{A}^0=\boldsymbol{I}$ $\boldsymbol{A}^p=\underbrace{\boldsymbol{AA}\cdots\cdots\boldsymbol{A}}_{\text{共}p\text{个}}$	

续表

名称		运算式	说明及运算性质
矩阵微分	简例	$\begin{bmatrix} t^2-1 & -2t \\ 3 & e^t \end{bmatrix}' = \begin{bmatrix} (t^2-1)' & (-2t)' \\ 3' & (e^t)' \end{bmatrix} = \begin{bmatrix} 2t & -2 \\ 0 & e^t \end{bmatrix}$	矩阵微分即对矩阵的每一个元素求微分 $\frac{d}{dt}(\boldsymbol{A}+\boldsymbol{B})=\frac{d\boldsymbol{A}}{dt}+\frac{d\boldsymbol{B}}{dt}$ $\frac{d}{dt}(k\boldsymbol{A})=k\frac{d\boldsymbol{A}}{dt}$（$k$——常数） $\frac{d}{dt}(\boldsymbol{AB})=\frac{d\boldsymbol{A}}{dt}\boldsymbol{B}+\boldsymbol{A}\frac{d\boldsymbol{B}}{dt}$ 例如 $\begin{bmatrix} e^t & \sin t \\ t^3 & \cos t \end{bmatrix}' = \begin{bmatrix} e^t & \cos t \\ 3t^2 & -\sin t \end{bmatrix}$
	一般形式	若 $\boldsymbol{A}$ 的元素是 t 的函数 $a_{ij}=a_{ij}(t)$，则 $\frac{d\boldsymbol{A}}{dt}=\boldsymbol{A}'=\begin{bmatrix} a_{11}'(t) & a_{12}'(t) & \cdots & a_{1n}'(t) \\ a_{21}'(t) & a_{22}'(t) & \cdots & a_{2n}'(t) \\ \vdots & \vdots & \vdots & \vdots \\ a_{m1}'(t) & a_{m2}'(t) & \cdots & a_{mn}'(t) \end{bmatrix}$	
矩阵积分	简例	$\boldsymbol{A}=\begin{bmatrix} 2t & -2 \\ 0 & e^{t'} \end{bmatrix}$，$\int \boldsymbol{A}dt=\begin{bmatrix} \int 2tdt & \int -2tdt \\ \int 0dt & \int e^t dt \end{bmatrix}$	矩阵积分即矩阵的每一个元素积分 例如 $\int_0^1 \begin{bmatrix} e^t & \sin t \\ t^3 & \cos t \end{bmatrix} dt = \begin{bmatrix} \int_0^1 e^t dt & \int_0^1 \sin t dt \\ \int_0^1 t^3 dt & \int_0^1 \cos t dt \end{bmatrix}$ $=\begin{bmatrix} e-1 & 1-\cos 1 \\ 1/4 & \sin 1 \end{bmatrix}$
	一般形式	若 $\boldsymbol{A}$ 的元素是 t 的函数 $a_{ij}=a_{ij}(t)$，则 $\int \boldsymbol{A}dt=\begin{bmatrix} \int a_{11}(t)dt & \int a_{12}(t)dt & \cdots & \int a_{1n}(t)dt \\ \int a_{21}(t)dt & \int a_{22}(t)dt & \cdots & \int a_{2n}(t)dt \\ \vdots & \vdots & \vdots & \vdots \\ \int a_{m1}(t)dt & \int a_{m2}(t)dt & \cdots & \int a_{mn}(t)dt \end{bmatrix}$	

表 1-1-70　矩阵运算性质与数的运算性质比较

比较	数的运算	矩阵的运算
相同点	$a+b=b+a$ $(a+b)+c=a+(b+c)$ $k(a+b)=ka+kb$ $(k_1+k_2)a=k_1a+k_2a$ $a+0=a$ $a(bc)=(ab)c$ $(a+b)c=ac+bc$	$\boldsymbol{A}+\boldsymbol{B}=\boldsymbol{B}+\boldsymbol{A}$　加法交换律 $(\boldsymbol{A}+\boldsymbol{B})+\boldsymbol{C}=\boldsymbol{A}+(\boldsymbol{B}+\boldsymbol{C})$　加法结合律 $k(\boldsymbol{A}+\boldsymbol{B})=k\boldsymbol{A}+k\boldsymbol{B}$　加法分配律 $(k_1+k_2)\boldsymbol{A}=k_1\boldsymbol{A}+k_2\boldsymbol{A}$ $\boldsymbol{A}+0=\boldsymbol{A}$ $\boldsymbol{A}(\boldsymbol{BC})=(\boldsymbol{AB})\boldsymbol{C}$　乘法结合律 $(\boldsymbol{A}+\boldsymbol{B})\boldsymbol{C}=\boldsymbol{AC}+\boldsymbol{BC}$　乘法分配律
不同点	$ab=ba$ $ab=0$　a,b 至少有一个为 0 $(ab)^2=a^2b^2$ $(a+b)^2=a^2+2ab+b^2$ $a^2-b^2=(a+b)(a-b)$	一般地　$\boldsymbol{AB}\neq\boldsymbol{BA}$　不满足交换律 $\boldsymbol{AB}=0$　可能 $\boldsymbol{A},\boldsymbol{B}$ 均不为 0 一般地　$(\boldsymbol{AB})^2\neq\boldsymbol{A}^2\boldsymbol{B}^2$ 一般地　$(\boldsymbol{A}+\boldsymbol{B})^2\neq\boldsymbol{A}^2+2\boldsymbol{AB}+\boldsymbol{B}^2$ 一般地　$\boldsymbol{A}^2-\boldsymbol{B}^2\neq(\boldsymbol{A}+\boldsymbol{B})(\boldsymbol{A}-\boldsymbol{B})$

表 1-1-71　分块矩阵及其运算

名称	阵列形式及运算式	说明
分块矩阵	$\boldsymbol{A}=\left[\begin{array}{ccc:c} a_{11} & a_{12} & \cdots & a_{1n} \\ a_{21} & a_{22} & \cdots & a_{2n} \\ \hdashline \vdots & \vdots & & \vdots \\ a_{m1} & a_{m2} & \cdots & a_{mn} \end{array}\right]=\begin{bmatrix} \boldsymbol{A}_{11} & \boldsymbol{A}_{12} \\ \boldsymbol{A}_{21} & \boldsymbol{A}_{22} \end{bmatrix}$	（1）分划原矩阵 $\boldsymbol{A}=(a_{ij})_{m\times n}$ 的横、竖虚线条数及分划位置根据计算方便而定 （2）被划分的每一块低阶矩阵称为子矩阵或子块

续表

名称	阵列形式及运算式	说明
准对角阵	$A=\begin{bmatrix}A_1 & 0 & \cdots & 0\\ 0 & A_2 & \cdots & 0\\ \vdots & \vdots & \vdots & \vdots\\ 0 & 0 & \cdots & A_l\end{bmatrix}$	主对角线上的子块 $A_1, A_2, \cdots, A_l$ 都是方阵，其他子块都是零矩阵
分块矩阵加减	$\begin{bmatrix}A_{11} & A_{12} & \cdots & A_{1s}\\ \vdots & \vdots & \vdots & \vdots\\ A_{r1} & A_{r2} & \cdots & A_{rs}\end{bmatrix}\pm\begin{bmatrix}B_{11} & B_{12} & \cdots & B_{1s}\\ \vdots & \vdots & \vdots & \vdots\\ B_{r1} & B_{r2} & \cdots & B_{rs}\end{bmatrix}=\begin{bmatrix}A_{11}\pm B_{11} & A_{12}\pm B_{12} & \cdots & A_{1s}\pm B_{1s}\\ \vdots & \vdots & \vdots & \vdots\\ A_{r1}\pm B_{r1} & A_{r2}\pm B_{r2} & \cdots & A_{rs}\pm B_{rs}\end{bmatrix}$	两个具有相同分划方式的分块矩阵可以按块相加或相减，作为其和或差的分块矩阵仍保持原分划方式 注意，分划方式不同的分块矩阵不能按块相加或相减
分块矩阵的数量乘法	$k\begin{bmatrix}A_{11} & A_{12} & \cdots & A_{1s}\\ \vdots & \vdots & \vdots & \vdots\\ A_{r1} & A_{r2} & \cdots & A_{rs}\end{bmatrix}=\begin{bmatrix}kA_{11} & kA_{12} & \cdots & kA_{1s}\\ \vdots & \vdots & \vdots & \vdots\\ kA_{r1} & kA_{r2} & \cdots & kA_{rs}\end{bmatrix}$	数 k 乘分块矩阵的每一子块后，仍保持原分划方式
分块矩阵相乘	$\begin{bmatrix}A_{11} & A_{12} & \cdots & A_{1n}\\ \vdots & \vdots & \vdots & \vdots\\ A_{i1} & A_{i2} & \cdots & A_{in}\\ \vdots & \vdots & \vdots & \vdots\\ A_{m1} & A_{m2} & \cdots & A_{mn}\end{bmatrix}\begin{bmatrix}B_{11} & \cdots & B_{1j} & \cdots & B_{1p}\\ B_{21} & \cdots & B_{2j} & \cdots & B_{2p}\\ \vdots & \vdots & \vdots & \vdots & \vdots\\ B_{n1} & \cdots & B_{nj} & \cdots & B_{np}\end{bmatrix}=\begin{bmatrix}C_{11} & C_{12} & \cdots & C_{1p}\\ \vdots & \vdots & \vdots & \vdots\\ C_{m1} & C_{m2} & \cdots & C_{mp}\end{bmatrix}$ $C_{ij}=A_{i1}B_{1j}+A_{i2}B_{2j}+\cdots+A_{in}B_{nj}=\sum_{k=1}^{n}A_{ik}B_{kj}$ $\begin{pmatrix}i=1,2,\cdots,m\\ j=1,2,\cdots,p\end{pmatrix}$	A 的列从左到右的分划方式与 B 的行自上而下的分划方式相同[即 A 中子块 A_{1i} 的列数与 B 中子块 B_{i1} 的行数相同($i=1,2,\cdots,n$)]，则 A 与 B 可以按块相乘，其乘积仍为分块矩阵
分块矩阵转置	$A^{T}=\begin{bmatrix}A_{11} & A_{12} & \cdots & A_{1s}\\ A_{21} & A_{22} & \cdots & A_{2s}\\ \vdots & \vdots & \vdots & \vdots\\ A_{r1} & A_{r2} & \cdots & A_{rs}\end{bmatrix}^{T}=\begin{bmatrix}A_{11}^{T} & A_{21}^{T} & \cdots & A_{r1}^{T}\\ A_{12}^{T} & A_{22}^{T} & \cdots & A_{r2}^{T}\\ \vdots & \vdots & \vdots & \vdots\\ A_{1s}^{T} & A_{2s}^{T} & \cdots & A_{rs}^{T}\end{bmatrix}$	分块矩阵的转置，不仅仅是把每个子块看作元素后对矩阵做转置，而且每个子块本身还要转置

表 1-1-72　方阵的行列式和代数余子式

名称	方阵的行列式	代数余子式
定义	方阵 A 的行列式是指由方阵 A 的所有元素(位置不变)组成的行列式，记为 $\|A\|$ 或 $\det A$	方阵 A 的任意元素 a_{ij} 的代数余子式是行列式 $\|A\|$ 的对应元素 a_{ij} 的代数余子式，记为 A_{ij}(见本章行列式)
简例	例如 $A=\begin{bmatrix}3 & 0 & 2\\ 1 & 1 & 3\\ 2 & 1 & 5\end{bmatrix}$ $\|A\|=\begin{vmatrix}3 & 0 & 2\\ 1 & 1 & 3\\ 2 & 1 & 5\end{vmatrix}$	例如 $A=\begin{bmatrix}1 & 2 & 1\\ 4 & 3 & 2\\ 1 & 5 & 1\end{bmatrix}$ 的元素 $a_{32}=5$ 的代数余子式是 $A_{32}=(-1)^{3+2}\begin{vmatrix}1 & 1\\ 4 & 2\end{vmatrix}=(-1)^{5}(1\times2-4\times1)=2$

续表

名称	方阵的行列式	代数余子式
一般形式	一般 $A=\begin{bmatrix} a_{11} & a_{12} & \cdots & a_{1n} \\ a_{21} & a_{22} & \cdots & a_{2n} \\ \vdots & \vdots & \vdots & \vdots \\ a_{n1} & a_{n2} & \cdots & a_{nn} \end{bmatrix}$ $\|A\|=\begin{vmatrix} a_{11} & a_{12} & \cdots & a_{1n} \\ a_{21} & a_{22} & \cdots & a_{2n} \\ \vdots & \vdots & \vdots & \vdots \\ a_{n1} & a_{n2} & \cdots & a_{nn} \end{vmatrix}$	a_{ij} 的代数余子式 A_{ij} 是将行列式中的第 i 行及第 j 列划去后剩下的低一阶的行列式乘以 $(-1)^{i+j}$ 如 $\begin{bmatrix} a_{11} & a_{12} & a_{13} \\ a_{21} & a_{22} & a_{23} \\ a_{31} & a_{32} & a_{33} \end{bmatrix}$ 的 $A_{12}=(-1)^{1+2}\begin{vmatrix} a_{21} & a_{23} \\ a_{31} & a_{33} \end{vmatrix}$

表 1-1-73　　非奇异矩阵、正交矩阵、伴随矩阵

名称	定　义	性　质
非奇异矩阵	设方阵 $A=(a_{ij})_{n\times n}$,若 $\|A\|\neq 0$,则 A 是非奇异矩阵(若 $\|A\|=0$,则 A 是奇异矩阵)	(1)若数 $k\neq 0$,则 kA 为非奇异矩阵 (2)若 A,B 为同阶非奇异矩阵,则 AB 与 BA 为非奇异矩阵 (3)非奇异矩阵转置 A^{T} 仍为非奇异矩阵
正交矩阵	设方阵 $A=(a_{ij})_{n\times n}$,若 $A^{\mathrm{T}}A=AA^{\mathrm{T}}=I$ 其中 I 为 n 阶单位阵,则 A 为 n 阶正交矩阵	(1) $\|A\|=\pm 1$ (2) A 为非奇异矩阵
伴随矩阵	由方阵 A 的每一个元素 a_{ij} 的代数余子式 A_{ij} 替换对应元素 a_{ij} 所形成的矩阵经过转置而得到的方阵叫做 A 的伴随矩阵,记为 A^* 或 adj$A$。即 $A^*=\begin{bmatrix} A_{11} & A_{12} & \cdots & A_{1n} \\ A_{21} & A_{22} & \cdots & A_{2n} \\ \cdots & \cdots & \cdots & \cdots \\ A_{n1} & A_{n2} & \cdots & A_{nn} \end{bmatrix}^{\mathrm{T}}=\begin{bmatrix} A_{11} & A_{21} & \cdots & A_{n1} \\ A_{12} & A_{22} & \cdots & A_{n2} \\ \cdots & \cdots & \cdots & \cdots \\ A_{1n} & A_{2n} & \cdots & A_{nn} \end{bmatrix}$	(1) $AA^*=\|A\|I=A^*A$ (2) $(AB)^*=B^*A^*$ (3) $\|A^*\|=\|A\|^{n-1}$

表 1-1-74　　矩阵的初等变换

序号	初等变换	三阶举例
(1)	用常数 $k(\neq 0)$ 乘 A 的第 i 行或者	$\begin{bmatrix} a_{11} & a_{12} & a_{13} \\ a_{21} & a_{22} & a_{23} \\ a_{31} & a_{32} & a_{33} \end{bmatrix}\xrightarrow{k\text{ 乘第 2 行}}\begin{bmatrix} a_{11} & a_{12} & a_{13} \\ ka_{21} & ka_{22} & ka_{23} \\ a_{31} & a_{32} & a_{33} \end{bmatrix}$
(1)′	用常数 $k(\neq 0)$ 乘 A 的第 j 列	$\begin{bmatrix} a_{11} & a_{12} & a_{13} \\ a_{21} & a_{22} & a_{23} \\ a_{31} & a_{32} & a_{33} \end{bmatrix}\xrightarrow{k\text{ 乘第 3 列}}\begin{bmatrix} a_{11} & a_{12} & ka_{13} \\ a_{21} & a_{22} & ka_{23} \\ a_{31} & a_{32} & ka_{33} \end{bmatrix}$

续表

序号	初等变换	三阶举例
(2)	$\boldsymbol{A}$ 的第 i 行加上第 j 行的 k 倍 或者	$\begin{bmatrix} a_{11} & a_{12} & a_{13} \\ a_{21} & a_{22} & a_{23} \\ a_{31} & a_{32} & a_{33} \end{bmatrix} \xrightarrow[\text{第1行的}k\text{倍}]{\text{第2行加上}} \begin{bmatrix} a_{11} & a_{12} & a_{13} \\ a_{21}+ka_{11} & a_{22}+ka_{12} & a_{23}+ka_{13} \\ a_{31} & a_{32} & a_{33} \end{bmatrix}$
(2)′	$\boldsymbol{A}$ 的第 i 列加上第 j 列的 k 倍	$\begin{bmatrix} a_{11} & a_{12} & a_{13} \\ a_{21} & a_{22} & a_{23} \\ a_{31} & a_{32} & a_{33} \end{bmatrix} \xrightarrow[\text{第1列的}k\text{倍}]{\text{第3列加上}} \begin{bmatrix} a_{11} & a_{12} & a_{13}+ka_{11} \\ a_{21} & a_{22} & a_{23}+ka_{21} \\ a_{31} & a_{32} & a_{33}+ka_{31} \end{bmatrix}$
(3)	$\boldsymbol{A}$ 的第 i 行与第 j 行交换 或者	$\begin{bmatrix} a_{11} & a_{12} & a_{13} \\ a_{21} & a_{22} & a_{23} \\ a_{31} & a_{32} & a_{33} \end{bmatrix} \xrightarrow[\text{3行交换}]{\text{第2行与第}} \begin{bmatrix} a_{11} & a_{12} & a_{13} \\ a_{31} & a_{32} & a_{33} \\ a_{21} & a_{22} & a_{23} \end{bmatrix}$
(3)′	$\boldsymbol{A}$ 的第 i 列与第 j 列交换	$\begin{bmatrix} a_{11} & a_{12} & a_{13} \\ a_{21} & a_{22} & a_{23} \\ a_{31} & a_{32} & a_{33} \end{bmatrix} \xrightarrow[\text{3列交换}]{\text{第1列与第}} \begin{bmatrix} a_{13} & a_{12} & a_{11} \\ a_{23} & a_{22} & a_{21} \\ a_{33} & a_{32} & a_{31} \end{bmatrix}$

表 1-1-75　　初等矩阵及其与初等变换的关系

初等矩阵	和单位矩阵的不同	与初等变换的关系	三阶举例
$\boldsymbol{E}(i(k))=\begin{bmatrix} 1 & & & & & \\ & \ddots & & & & \\ & & 1 & & & \\ & & & k & & \\ & & & & 1 & \\ & & & & & \ddots \\ & & & & & & 1 \end{bmatrix}$ i 行 i 列	将单位矩阵 (i,i) 位置的 1 换成 k	$\boldsymbol{E}(i(k))$ 左(或右)乘 $\boldsymbol{A}$ 等价于对 $\boldsymbol{A}$ 作初等变换(1)[或(1)′]	$\boldsymbol{E}(2(k))\boldsymbol{A}$ $=\begin{bmatrix} 1 & 0 & 0 \\ 0 & k & 0 \\ 0 & 0 & 1 \end{bmatrix}\begin{bmatrix} a_{11} & a_{12} & a_{13} \\ a_{21} & a_{22} & a_{23} \\ a_{31} & a_{32} & a_{33} \end{bmatrix}$ $=\begin{bmatrix} a_{11} & a_{12} & a_{13} \\ ka_{21} & ka_{22} & ka_{23} \\ a_{31} & a_{32} & a_{33} \end{bmatrix}$
$\boldsymbol{E}(i,j(k))=\begin{bmatrix} 1 & & & & & \\ & \ddots & & & & \\ & & 1 & & k & \\ & & & & k & \\ & & & & 1 & \\ & & & & & \ddots \\ & & & & & & 1 \end{bmatrix}$ i 行、j 行 j 列	将单位矩阵 (i,j) 位置的 0 换成 k	$\boldsymbol{E}(i,j(k))$ 左(或右)乘 $\boldsymbol{A}$ 等价于对 $\boldsymbol{A}$ 作初等变换(2)[或(2)′]	$\boldsymbol{AE}(1,2(k))$ $=\begin{bmatrix} a_{11} & a_{12} & a_{13} \\ a_{21} & a_{22} & a_{23} \\ a_{31} & a_{32} & a_{33} \end{bmatrix}\begin{bmatrix} 1 & 0 & 0 \\ k & 1 & 0 \\ 0 & 0 & 1 \end{bmatrix}$ $=\begin{bmatrix} a_{11}+ka_{12} & a_{12} & a_{13} \\ a_{21}+ka_{22} & a_{22} & a_{23} \\ a_{31}+ka_{32} & a_{32} & a_{33} \end{bmatrix}$
$\boldsymbol{E}(i,j)=$ $\begin{bmatrix} 1 & & & & & & & & \\ & \ddots & & & & & & & \\ & & 1 & & & & & & \\ & & & 0 & \cdots\cdots & 1 & & & \\ & & & \vdots & 1 & & & & \\ & & & \vdots & & \ddots & \vdots & & \\ & & & \vdots & & & 1 & & \\ & & & 1 & \cdots\cdots & 0 & & & \\ & & & & & & 1 & & \\ & & & & & & & \ddots & \\ & & & & & & & & 1 \end{bmatrix}$ i 行、j 行 i 列　j 列	将单位矩阵 (i,i),(j,j) 位置的 1 换成 0,将 (i,i),(j,j) 位置的 0 换成 1	$\boldsymbol{E}(i,j)$ 左乘 $\boldsymbol{A}$ 等价于对 $\boldsymbol{A}$ 作初等变换(3) 或者 $\boldsymbol{E}(i,j)$ 右乘 $\boldsymbol{A}$ 等价于对 $\boldsymbol{A}$ 作初等变换(3)′	$\boldsymbol{E}(1,2)\boldsymbol{A}$ $=\begin{bmatrix} 0 & 1 & 0 \\ 1 & 0 & 0 \\ 0 & 0 & 1 \end{bmatrix}\begin{bmatrix} a_{11} & a_{12} & a_{13} \\ a_{21} & a_{22} & a_{23} \\ a_{31} & a_{32} & a_{33} \end{bmatrix}$ $=\begin{bmatrix} a_{21} & a_{22} & a_{23} \\ a_{11} & a_{12} & a_{13} \\ a_{31} & a_{32} & a_{33} \end{bmatrix}$ $\boldsymbol{AE}(1,2)$ $=\begin{bmatrix} a_{11} & a_{12} & a_{13} \\ a_{21} & a_{22} & a_{23} \\ a_{31} & a_{32} & a_{33} \end{bmatrix}\begin{bmatrix} 0 & 1 & 0 \\ 1 & 0 & 0 \\ 0 & 0 & 1 \end{bmatrix}$ $=\begin{bmatrix} a_{12} & a_{11} & a_{13} \\ a_{22} & a_{21} & a_{23} \\ a_{32} & a_{31} & a_{33} \end{bmatrix}$

注：若矩阵 $\boldsymbol{B}$ 可由矩阵 $\boldsymbol{A}$ 经过有限次初等变换得到，则称矩阵 $\boldsymbol{B}$ 与 $\boldsymbol{A}$ 等价。

表 1-1-76　　　　**矩阵的秩**

名　称	定　义　及　说　明
矩阵的秩	设矩阵 $\boldsymbol{A}=(a_{ij})_{m\times n}$ $\boldsymbol{A}$ 的 $m(n)$ 个行(列)向量所组成的向量组,其最大线性无关组所含向量的个数称为 $\boldsymbol{A}$ 的行(列)秩。矩阵的行秩与列秩相等,矩阵的行秩与列秩的公共值称为矩阵的秩,记作 $r(\boldsymbol{A})$ 矩阵经初等变换后其秩不变,因而等价矩阵有相同的秩
上梯形阵的秩	设 $\boldsymbol{A}$ 为上梯形阵 $\boldsymbol{A}=\begin{bmatrix} a_{11} & a_{12}\cdots a_{1r}\cdots a_{1n} \\ 0 & a_{22}\cdots a_{2r}\cdots a_{2n} \\ \vdots & \vdots\ \ddots\ \vdots\quad \vdots \\ 0 & 0\cdots a_{rr}\cdots a_{rn} \\ \vdots & \vdots\quad \vdots\quad \vdots \\ 0 & 0\ \cdots 0\ \cdots 0 \end{bmatrix}$ 若 $a_{ii}\neq 0(i=1,2,\cdots,r)$,则 $r(\boldsymbol{A})=r$
下梯形阵的秩	设 B 为下梯形阵 $\boldsymbol{B}=\begin{bmatrix} b_{11} & 0 & \cdots & 0 & 0 & \vdots & 0 \\ b_{21} & b_{22} & \cdots & 0 & 0 & \vdots & 0 \\ \vdots & \vdots & \ddots & \vdots & \vdots & \vdots & \vdots \\ b_{s1} & b_{s2} & \cdots & b_{ss} & 0 & \vdots & 0 \\ \vdots & \vdots & \vdots & \vdots & \vdots & \vdots & \vdots \\ b_{m1} & b_{m2} & \cdots & b_{ms} & 0 & \vdots & 0 \end{bmatrix}$ 若 $b_{ii}\neq 0(i=1,2,\cdots,s)$,则 $r(\boldsymbol{B})=s$
矩阵的标准形	若矩阵 $\boldsymbol{A}_{m\times n}$ 与形如 $\begin{bmatrix} 1 & 0\cdots 0\cdots 0 \\ 0 & 1\cdots 0\cdots 0 \\ \vdots & \vdots\ \ddots\ \vdots\quad \vdots \\ 0 & 0\cdots 1\cdots 0 \\ 0 & 0\cdots 0\cdots 0 \\ \vdots & \vdots\quad \vdots\quad \vdots \\ 0 & 0\cdots 0\cdots 0 \end{bmatrix}_{m\times n}$ 的矩阵等价,则称其为 $\boldsymbol{A}_{m\times n}$ 的标准形 标准形中主对角线上的对角元 1 的个数等于 $\boldsymbol{A}$ 的秩 $r(\boldsymbol{A})$
满秩方阵	设方阵 $\boldsymbol{A}=(a_{ij})_{n\times n}$,若 $r(\boldsymbol{A})=n$,则称 $\boldsymbol{A}$ 是满秩的 满秩方阵的标准形是单位阵,而且仅用行初等变换可将满秩方阵化为单位阵
矩阵秩的求法	方法 1　对矩阵 $\boldsymbol{A}$ 进行初等变换,化为上(下)梯形阵,其非零行的行数即为 $\boldsymbol{A}$ 的秩。也可以化为标准形,其主对角线上的元素 1 的个数等于 $\boldsymbol{A}$ 的秩 方法 2　按定义求秩 方法 3　找出 $\boldsymbol{A}$ 的不等于零的子式的最高阶数,即为 $\boldsymbol{A}$ 的秩 $r(\boldsymbol{A})$

表 1-1-77　　　　**逆矩阵的计算**

计　算　公　式	运　算　性　质
设 $\boldsymbol{A}=(a_{ij})_{n\times n}$ 是可逆的,则 $\boldsymbol{A}^{-1}=\dfrac{1}{\lvert\boldsymbol{A}\rvert}\boldsymbol{A}^{*}=\dfrac{\mathrm{adj}\boldsymbol{A}}{\det\boldsymbol{A}}$	$(\boldsymbol{A}^{-1})^{-1}=\boldsymbol{A}$　　$(k\boldsymbol{A})^{-1}=k^{-1}\boldsymbol{A}^{-1}(k\neq 0)$ $(\boldsymbol{AB})^{-1}=\boldsymbol{B}^{-1}\boldsymbol{A}^{-1}$　$(\boldsymbol{A}^{\mathrm{T}})^{-1}=(\boldsymbol{A}^{-1})^{\mathrm{T}}$ 若 $\boldsymbol{AB}=\boldsymbol{C}$,则 $\boldsymbol{B}=\boldsymbol{A}^{-1}\boldsymbol{C}$
说明	如果 n 阶方阵 $\boldsymbol{B}$ 左乘(或右乘)同阶方阵 $\boldsymbol{A}$ 得到单位阵 $\boldsymbol{I}$,即 $\boldsymbol{BA}=\boldsymbol{AB}=\boldsymbol{I}$,则 $\boldsymbol{B}$ 叫做 $\boldsymbol{A}$ 的逆矩阵,记为 $\boldsymbol{B}=\boldsymbol{A}^{-1}$,显然,$\boldsymbol{A}$ 和 $\boldsymbol{B}$ 都是可逆的、满秩的、非奇异的 对于高阶方阵用公式求逆比较麻烦,可用初等行变换法求逆,即 $(\boldsymbol{A}\ \vdots\ \boldsymbol{I})\xrightarrow{\text{初等行变换}}(\boldsymbol{I}\ \vdots\ \boldsymbol{A}^{-1})$ 即在对 $\boldsymbol{A}$ 进行初等行变换的同时,对单位阵也进行同样的初等行变换,这样将 $\boldsymbol{A}$ 化为单位阵 $\boldsymbol{I}$ 的同时,原 $\boldsymbol{I}$ 就化为 $\boldsymbol{A}^{-1}$

表 1-1-78 线性方程组

线性方程组及其解的判别

含 n 个未知量 m 个方程的线性方程组

$$\begin{cases} a_{11}x_1+a_{12}x_2+\cdots+a_{1n}x_n=b_1 \\ a_{21}x_1+a_{22}x_2+\cdots+a_{2n}x_n=b_2 \\ \cdots\cdots\cdots\cdots\cdots\cdots\cdots\cdots=\cdots \\ a_{m1}x_1+a_{m2}x_2+\cdots+a_{mn}x_n=b_m \end{cases}$$

的矩阵形式是 $\boldsymbol{A}x=\boldsymbol{B}_m$，其相应的齐次方程形式是 $\boldsymbol{A}x=0$

式中 $x=\begin{bmatrix} x_1 \\ x_2 \\ \vdots \\ x_n \end{bmatrix}$；$\boldsymbol{B}_m=\begin{bmatrix} b_1 \\ b_2 \\ \vdots \\ b_m \end{bmatrix}$；$\boldsymbol{A}=\begin{bmatrix} a_{11} & a_{12} & \cdots & a_{1n} \\ a_{21} & a_{22} & \cdots & a_{2n} \\ \vdots & \vdots & \vdots & \vdots \\ a_{m1} & a_{m2} & \cdots & a_{mn} \end{bmatrix}$，$\boldsymbol{A}$ 称为方程组的系数矩阵

令

$\overline{\boldsymbol{A}}=\begin{bmatrix} a_{11} & a_{12} & \cdots & a_{1n} & b_1 \\ a_{21} & a_{22} & \cdots & a_{2n} & b_2 \\ \vdots & \vdots & \vdots & \vdots & \vdots \\ a_{m1} & a_{m2} & \cdots & a_{mn} & b_m \end{bmatrix}$；$\overline{\boldsymbol{A}}$ 称为方程组的增广矩阵

当 $m=n$，且 $|\boldsymbol{A}|\neq 0$ 时，方程组有唯一解，$X=\boldsymbol{A}^{-1}\boldsymbol{B}_m$

若 $r(\boldsymbol{A})=r(\overline{\boldsymbol{A}})=n$，方程组有唯一解；若 $r(\boldsymbol{A})<r(\overline{\boldsymbol{A}})$，方程组无解，

若 $r(\boldsymbol{A})=r(\overline{\boldsymbol{A}})<n$，方程组有无穷多解。齐次方程组有非零解的充要条件是 $r(\boldsymbol{A})<n$

线性方程组的解法

非齐次线性方程组的解法	齐次线性方程组的解法
第一步：写出方程组的增广矩阵 $\overline{\boldsymbol{A}}$ 第二步：利用矩阵的初等行变换将 $\overline{\boldsymbol{A}}$ 化为梯形阵或标准型 第三步：从梯形阵中即可判断方程组是否有解，若有解可求出其解	第一步：写出方程组的系数矩阵 $\boldsymbol{A}$ 第二步：利用矩阵的初等行变换将 $\boldsymbol{A}$ 化为梯形阵或标准型 第三步：从梯形阵中解出方程组的解

常用几何体的面积、体积及重心位置

S——重心位置；A_n——全面积；A——侧面积；V——体积

表 1-1-79

1. 圆球体

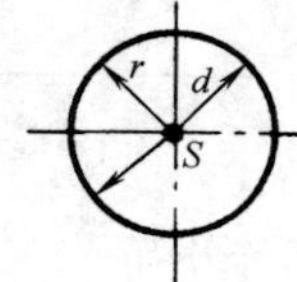

$$A_n=4\pi r^2=\pi d^2$$

$$V=\frac{4\pi r^3}{3}=\frac{\pi d^3}{6}$$

2. 正圆柱体

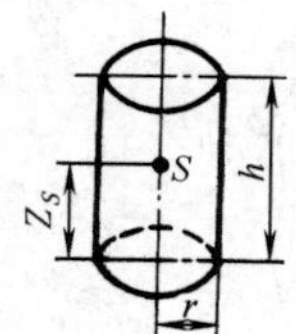

$$Z_S=\frac{h}{2}$$

$$A_n=2\pi r(h+r)$$

$$A=2\pi rh$$

$$V=\pi r^2 h$$

3. 斜截圆柱体

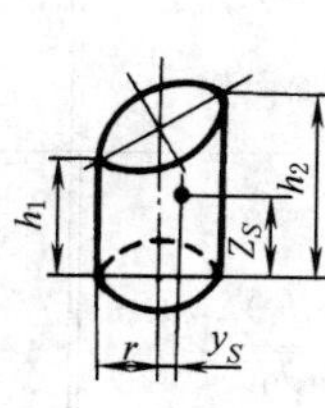

$$Y_S=\frac{r(h_2-h_1)}{4(h_2+h_1)}$$

$$Z_S=\frac{h_2+h_1}{4}+\frac{(h_2-h_1)^2}{16(h_2+h_1)}$$

$$A=\pi r(h_2+h_1)$$

$$A_n=\pi r\left[h_1+h_2+r+\sqrt{r^2+\left(\frac{h_2-h_1}{2}\right)^2}\right]$$

$$V=\frac{\pi r^2(h_2+h_1)}{2}$$

4. 平截正圆锥体

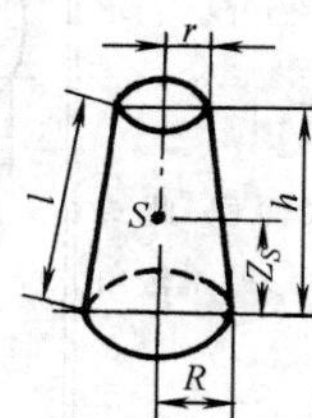

$$Z_S=\frac{h(R^2+2Rr+3r^2)}{4(R^2+Rr+r^2)}$$

$$A=\pi l(R+r)$$

$$A_n=A+\pi(R^2+r^2)$$

$$V=\frac{\pi h}{3}(R^2+Rr+r^2)$$

$$l=\sqrt{(R-r)^2+h^2}$$

续表

5. 正圆锥体

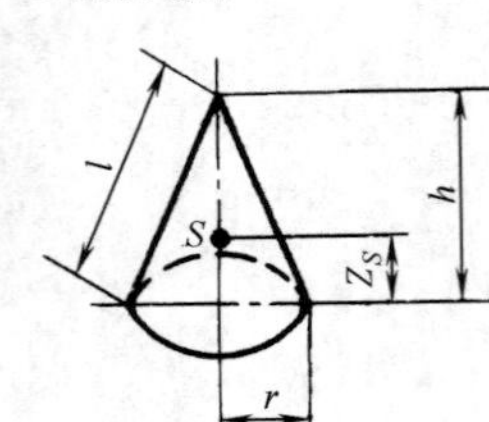

$$Z_S=\frac{h}{4}$$

$$A=\pi rl$$

$$A_n=\pi r(l+r)$$

$$V=\frac{\pi r^2 h}{3}$$

$$l=\sqrt{r^2+h^2}$$

6. 球面扇形体

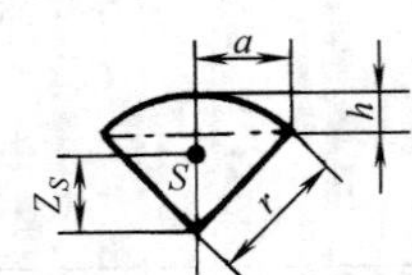

$$Z_S=\frac{3}{8}(2r-h)$$

$$A_n=\pi r(2h+a)$$

$$A=\pi ar$$

$$V=\frac{2}{3}\pi r^2 h$$

7. 棱锥体

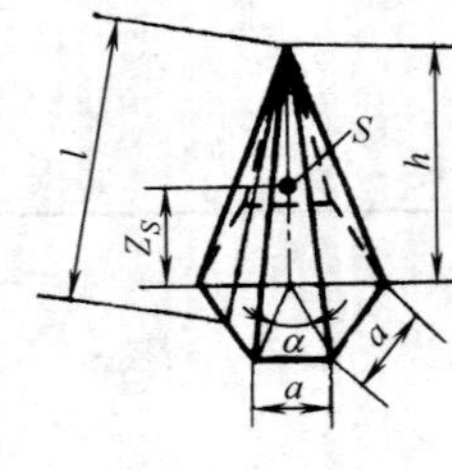

$$Z_S=\frac{h}{4},A=\frac{1}{2}nal$$

$$V=\frac{na^2h}{12}\cot\frac{\alpha}{2}$$

或 $V=\frac{hA_b}{3}$（A_b 为底面积，此式适用于底面为任意多边形的棱锥体）

$$A_n=\frac{1}{2}na\left(\frac{\alpha}{2}\cot\frac{\alpha}{2}+l\right)$$

$\alpha=\frac{360°}{n}$，n——侧面面数

8. 平截长方棱锥体

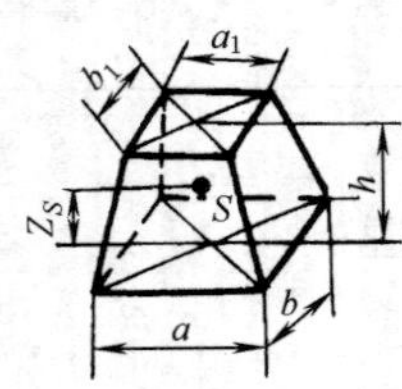

$$Z_S=\frac{h(ab+ab_1+a_1b+3a_1b_1)}{2(2ab+ab_1+a_1b+2a_1b_1)}$$

或 $Z_S=\frac{h}{4}\times\frac{A_b+2\sqrt{A_tA_b}+3A_t}{A_b+\sqrt{A_tA_b}+A_t}$

（此式适用情况同下面 V）

$$V=\frac{h}{6}(2ab+ab_1+a_1b+2a_1b_1)$$

或 $V=\frac{h}{3}(A_t+\sqrt{A_tA_b}+A_b)$

（A_t、A_b 分别为顶、底面积，此式适用底面为任意多边形的平截角锥体）

9. 空心圆柱体

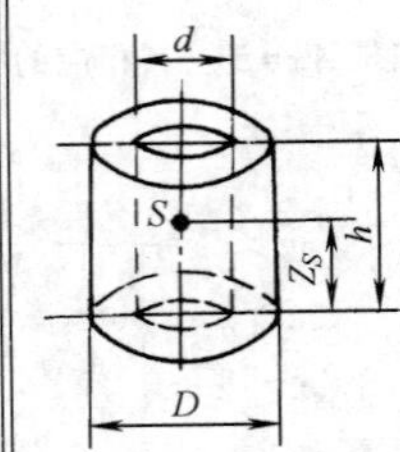

$$Z_S=\frac{h}{2}$$

$$A=\pi h(D+d)$$

$$V=\frac{\pi h}{4}(D^2-d^2)$$

10. 平截空心圆锥体

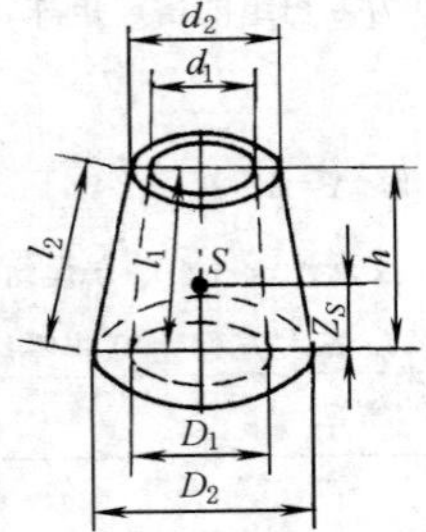

$$Z_S=\frac{h}{4}[D_2^2-D_1^2+2(D_2d_2-D_1d_1)+3(d_2^2-d_1^2)]/(D_2^2-D_1^2+D_2d_2-D_1d_1+d_2^2-d_1^2)$$

$$A=\frac{\pi}{2}[l_2(D_2+d_2)+l_1(D_1+d_1)]$$

$$V=\frac{\pi h}{12}(D_2^2-D_1^2+D_2d_2-D_1d_1+d_2^2-d_1^2)$$

11. 球缺

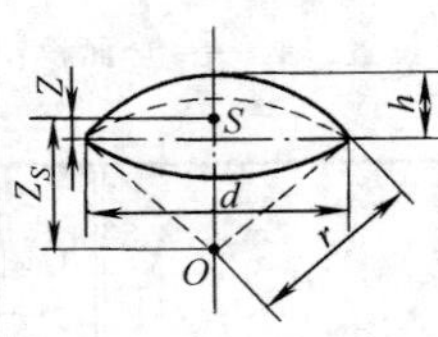

$$Z_S=\frac{3}{4}\times\frac{(2r-h)^2}{3r-h}$$

$$Z=\frac{h(4r-h)}{4(3r-h)}$$

$$A=2\pi rh=\frac{\pi}{4}(d^2+4h^2)$$

$$A_n=\pi\left(2rh+\frac{d^2}{4}\right)$$

$$V=\pi h^2\left(r-\frac{h}{3}\right)$$

12. 平截球台体

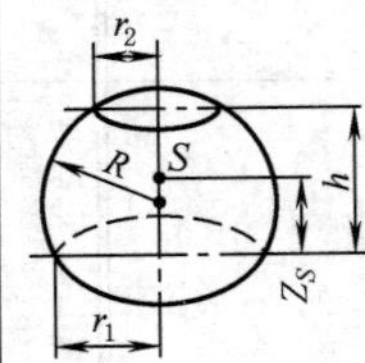

$$Z_S=\frac{3(r_1^4-r_2^4)}{2h(3r_2^2+3r_1^2+h^2)}\pm\frac{r_2^2-r_1^2+h^2}{2h}$$

式中，第 2 项“+”为球心在球台体之内，“−”为球心在球台体之外

$$A=2\pi Rh$$

$$A_n=\pi[2Rh+(r_1^2+r_2^2)]$$

$$V=\frac{\pi h}{6}(3r_1^2+3r_2^2+h^2)$$

$$=0.5236h(3r_1^2+3r_2^2+h^2)$$

$$R^2=r_1^2+\left(\frac{r_2^2-r_1^2+h^2}{2h}\right)^2$$

续表

13. 楔形体  $Z_S=\frac{h(a+a_1)}{2(2a+a_1)}$ $V=\frac{bh}{6}(2a+a_1)$	15. 桶形 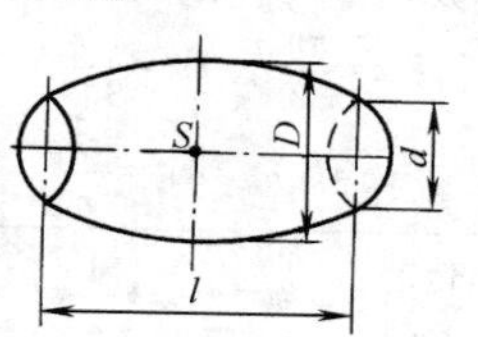 对于抛物线形桶板： $V=\frac{\pi l}{15}\left(2D^2+Dd+\frac{3}{4}d^2\right)$ 对于圆形桶板： $V=\frac{1}{12}\pi l(2D^2+d^2)$ $=0.262l(2D^2+d^2)$
14. 圆环 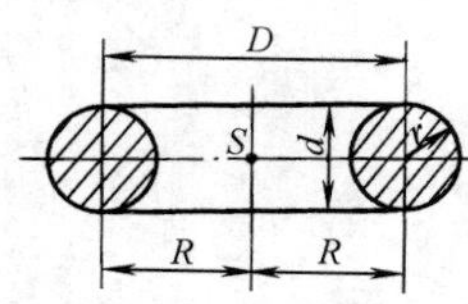 $A_n=4\pi^2Rr=39.478Rr$ $V=2\pi^2Rr^2=\frac{\pi^2Dd^2}{4}$ $=19.74Rr^2$	16. 椭圆球 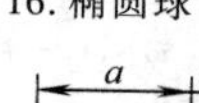 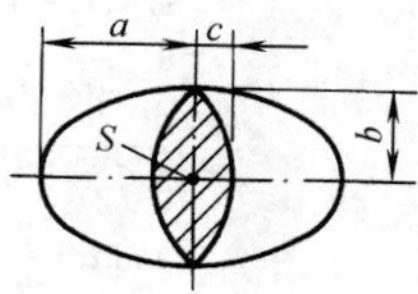 $V=\frac{4}{3}abc\pi$ （A_n 不能用简单公式表示）

5　常用力学公式

5.1　运动学、动力学基本公式

运动学基本公式

表 1-1-80

直线运动 $s=f(t)$ 已知时 $v=\frac{ds}{dt}, a=\frac{dv}{dt}=\frac{d^2s}{dt^2}$ $a=f(t)$ 已知时 $v=v_0+\int_0^t a dt$ $s=s_0+\int_0^t v dt$	匀速运动　$s=s_0+vt$ （v=常数）	s_0——运动开始已经走过的距离 s——运动的距离 v——运动速度 v_0——初速度 v_x——抛射运动、简谐运动动点 x 方向的速度 t——运动时间 a——加速度 a_t——切向加速度 a_n——法向加速度 a_x——抛射运动、简谐运动动点 x 方向的加速度 h——垂直高度 g——重力加速度 v_{0x}——沿 x 方向初速度 v_{0y}——沿 y 方向初速度 θ——抛射角度 φ——角位移 φ_0——运动开始时相对某一基线的角位移 ω——角速度 ω_0——初角速度 ε——角加速度 r——转动半径
	匀变速运动 （a=常数）　$s=s_0+v_0t+\frac{1}{2}at^2=\frac{v^2-v_0^2}{2a}=\frac{(v+v_0)t}{2}$ $v=v_0+at$ $a=\frac{v-v_0}{t}$	
o　m_0 v_0 $(t=0)$　mv $(t=t)$　x；s_0，s	自由落体运动（x 轴垂直向下，s 用 h 表示，$a=g$） （$v_0=0$）　$h=\frac{1}{2}gt^2=\frac{1}{2}vt$ $v=gt=\sqrt{2gh}$	
抛射运动 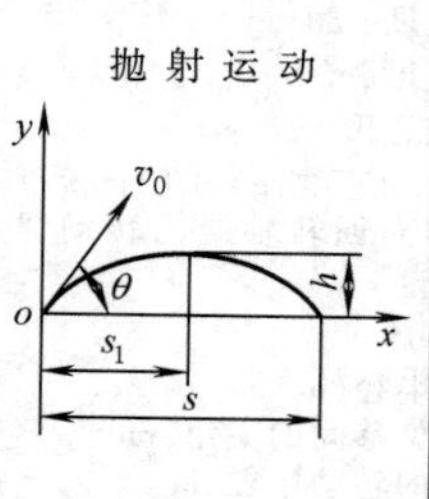	抛射水平位置 $x=v_0t\cos\theta$ 抛射垂直位置 $y=x\tan\theta-\frac{gx^2}{2v_0^2\cos^2\theta}=v_0t\sin\theta-\frac{1}{2}gt^2$ 速度与加速度 $v_x=v_{0x}=v_0\cos\theta, v_y=v_{0y}-gt=v_0\sin\theta-gt$ $a_x=0, a_y=-g$ 抛射到最大高度时的水平距离 $s_1=\frac{1}{2g}v_0^2\sin 2\theta$ 抛射全程的水平距离 $s=2s_1$ 抛射最大高度 $h=\frac{1}{2g}v_0^2\sin^2\theta$ 抛射到最大高度的时间 $t_1=\frac{v_0\sin\theta}{g}$ 抛射全程的时间 $t=2t_1$	

续表

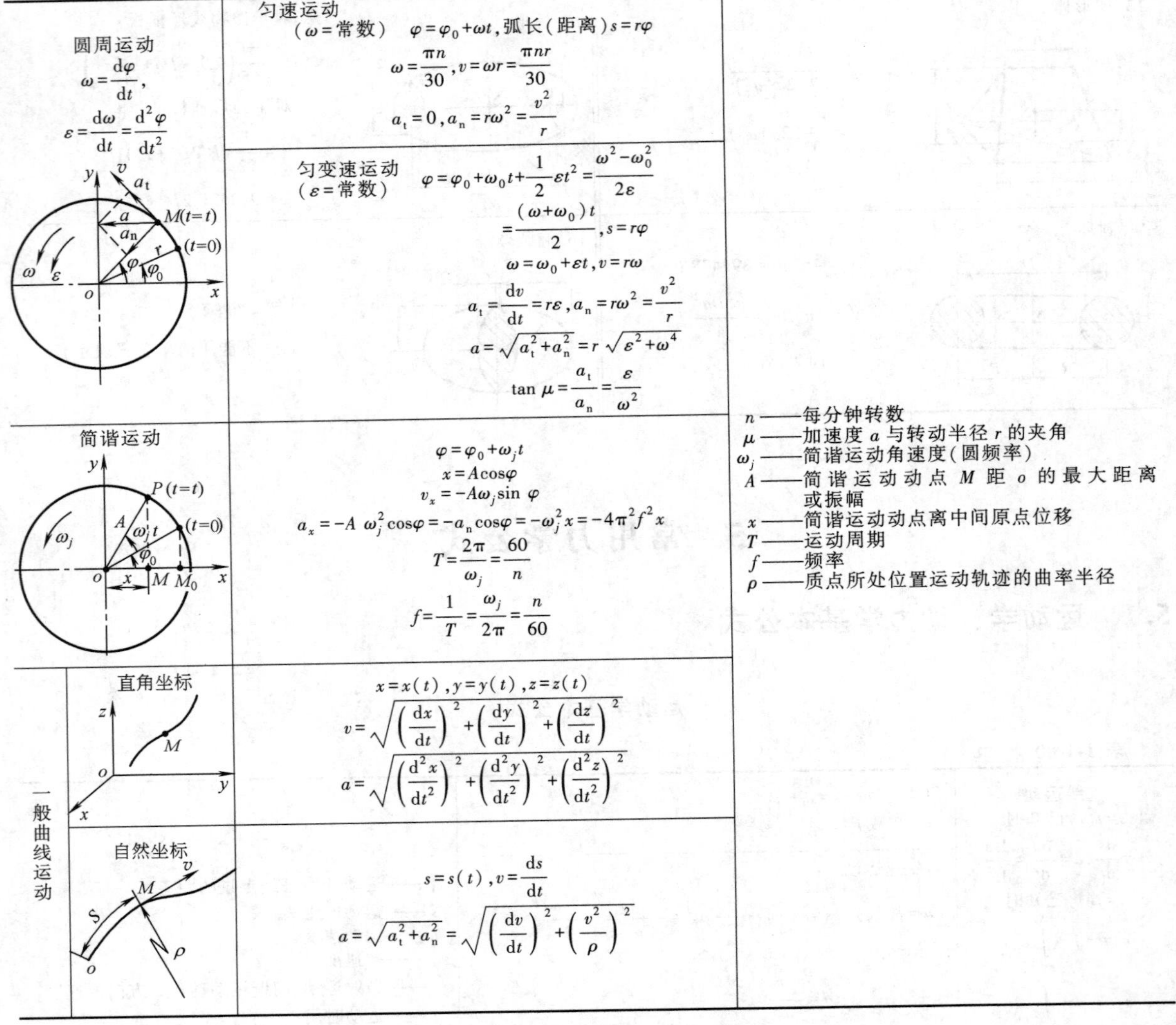

运动	公式	符号意义
圆周运动 $\omega=\dfrac{d\varphi}{dt}$, $\varepsilon=\dfrac{d\omega}{dt}=\dfrac{d^2\varphi}{dt^2}$	匀速运动 (ω=常数) $\varphi=\varphi_0+\omega t$, 弧长(距离) $s=r\varphi$ $\omega=\dfrac{\pi n}{30}, v=\omega r=\dfrac{\pi nr}{30}$ $a_t=0, a_n=r\omega^2=\dfrac{v^2}{r}$	n——每分钟转数 μ——加速度 a 与转动半径 r 的夹角 ω_j——简谐运动角速度(圆频率) A——简谐运动动点 M 距 o 的最大距离或振幅 x——简谐运动动点离中间原点位移 T——运动周期 f——频率 ρ——质点所处位置运动轨迹的曲率半径
	匀变速运动 (ε=常数) $\varphi=\varphi_0+\omega_0 t+\dfrac{1}{2}\varepsilon t^2=\dfrac{\omega^2-\omega_0^2}{2\varepsilon}$ $=\dfrac{(\omega+\omega_0)t}{2}, s=r\varphi$ $\omega=\omega_0+\varepsilon t, v=r\omega$ $a_t=\dfrac{dv}{dt}=r\varepsilon, a_n=r\omega^2=\dfrac{v^2}{r}$ $a=\sqrt{a_t^2+a_n^2}=r\sqrt{\varepsilon^2+\omega^4}$ $\tan\mu=\dfrac{a_t}{a_n}=\dfrac{\varepsilon}{\omega^2}$	
简谐运动	$\varphi=\varphi_0+\omega_j t$ $x=A\cos\varphi$ $v_x=-A\omega_j\sin\varphi$ $a_x=-A\omega_j^2\cos\varphi=-a_n\cos\varphi=-\omega_j^2 x=-4\pi^2 f^2 x$ $T=\dfrac{2\pi}{\omega_j}=\dfrac{60}{n}$ $f=\dfrac{1}{T}=\dfrac{\omega_j}{2\pi}=\dfrac{n}{60}$	
一般曲线运动 直角坐标	$x=x(t), y=y(t), z=z(t)$ $v=\sqrt{\left(\dfrac{dx}{dt}\right)^2+\left(\dfrac{dy}{dt}\right)^2+\left(\dfrac{dz}{dt}\right)^2}$ $a=\sqrt{\left(\dfrac{d^2x}{dt^2}\right)^2+\left(\dfrac{d^2y}{dt^2}\right)^2+\left(\dfrac{d^2z}{dt^2}\right)^2}$	
一般曲线运动 自然坐标	$s=s(t), v=\dfrac{ds}{dt}$ $a=\sqrt{a_t^2+a_n^2}=\sqrt{\left(\dfrac{dv}{dt}\right)^2+\left(\dfrac{v^2}{\rho}\right)^2}$	

动力学基本公式

表 1-1-81

项目	直线运动	回转运动	符号意义
力和转矩	$F=ma$ (N)	$T=J\varepsilon$ (N·m)	m——质量,kg v——运动速度,m/s ω——角速度,rad/s a——加速度,m/s^2 ε——角加速度,rad/s^2 g——重力加速度,g=9.81m/s^2 J——物体对回转轴线的转动惯量,kg·m^2 $J=mi^2$ i——惯性半径,m β——力和位移间的夹角,rad r——质点的转动半径,m h_A——物体起始位置的高度,m h_B——物体末端位置的高度,m
惯性力和惯性力矩	$F_g=-ma$ (N)	离心惯性力 $F_{gn}=-m\omega^2 r$ (N) 切向惯性力 $F_{gt}=-m\varepsilon r$ (N) 惯性力矩 $M_g=-J\varepsilon$ (N·m)	
功	$W=Fs\cos\beta$ (J) 重力:$W=mg(h_A-h_B)$ (J) 弹力:$W=\dfrac{1}{2}K(\lambda_A^2-\lambda_B^2)$ (J)	$W=T(\varphi_B-\varphi_A)$ (J)	
功率	$P=\dfrac{Fv\cos\beta}{1000}$ (kW)	$P=\dfrac{Tn}{9550}=\dfrac{T\omega}{1000}$ (kW)	

续表

项目	直线运动	回转运动	符号意义
动能	$E_k=\frac{1}{2}mv^2$ (J)	$E_k=\frac{1}{2}J\omega^2$ (J)	λ_A——弹簧起始位置的变形量,m λ_B——弹簧末端位置的变形量,m K——弹簧的刚度系数,N/m φ_A——旋转运动开始时相对某一基线的角位移,rad φ_B——旋转运动末端位置时相对某一基线的角位移,rad v_C——质心 C 的移动速度,m/s J_C——刚体对通过质心且与运动平面垂直的轴的转动惯量,kg·m² h——物体距参考水平面的高度,m λ——弹簧的变形量,m t——作用力的作用时间,s v_1,v_2——分别为物体 1,2 碰撞前的速度,m/s u_1,u_2——分别为物体 1,2 碰撞后的速度,m/s k_1——恢复系数,$k_1=\frac{u_2-u_1}{v_1-v_2}$ 木料和胶木相撞　$k=0.26$ 木球和木球相撞　$k=0.50$ 钢球和钢球相撞　$k=0.56$ 玻璃球和玻璃球相撞　$k=0.94$ 完全弹性碰撞　$k=1.0$ 完全塑性碰撞　$k=0$ J_z——物体对 z 轴的转动惯量 J_c'——物体对平行于 z 轴并通过物体重心的 c 轴的转动惯量,kg·m² k_2——z 轴与过重心的 c 轴的距离,m 其他符号同表 1-1-80
	刚体平面运动 $E_k=\frac{1}{2}mv_C^2+\frac{1}{2}J_C\omega^2$ (J)		
位能	重力:$E_p=mgh$ (J) 弹力:$E_p=\frac{1}{2}K\lambda^2$ (J)		
动能定理	$\sum W=\frac{1}{2}m(v^2-v_0^2)$ (J)	$\sum W=\frac{1}{2}J(\omega^2-\omega_0^2)$ (J)	
机械能守恒定律	$E_k+E_p=$常数 (J) (在势力场中,只有势力做功时)		
动量或动量矩	$P=mv$ (kg·m/s)	$L=J\omega$ (kg·m²/s)	
冲量或冲量矩	$I=Ft$ (N·s)	$I_t=Tt$ (N·m·s)	
动量或动量矩定理	$m(v-v_0)=Ft$	$J(\omega-\omega_0)=Tt$	
动量或动量矩守恒定律	$\sum mv=$常数 (系统不受外力或外力矢量和为零时,系统的总动量守恒)	$\sum J\omega=$常数 (系统不受外力矩或外力矩的矢量和为零时,则系统对固定轴的动量矩守恒)	
两物相撞前后系统动能的变化	$E_{k0}-E_k=\frac{m_1m_2}{2(m_1+m_2)}(1-k_1^2)\times(v_1-v_2)^2$		
碰撞后速度	$u_1=\frac{(m_1-k_1m_2)v_1+m_2(1+k_1)v_2}{m_1+m_2}$ $u_2=\frac{m_1(1+k_1)v_1+(m_2-k_1m_1)v_2}{m_1+m_2}$		
碰撞冲量	$I=m_1(v_1-u_1)$ $=(1+k_1)\frac{m_1m_2}{m_1+m_2}\times$ (v_1-v_2)		
惯量平行轴定律		$J_z=J_c'+mk_2^2$ (kg·m²)	

转 动 惯 量

表 1-1-82　　机械传动中转动惯量的换算

转动惯量及飞轮矩	$J=mi^2$	J——转动惯量,kg·m² m——物体的质量,kg i——惯性半径,m
	转动惯量 J 与飞轮矩(GD^2)的关系 $J=(GD^2)/4g$　　kg·m²　　(1) $J=(GD^2)/4$　　kg·m²　　(2)	式(1)中　(GD^2)——飞轮矩,N·m² g——重力加速度 式(2)中　(GD^2)——飞轮矩,kgf·m²
转动惯量的换算	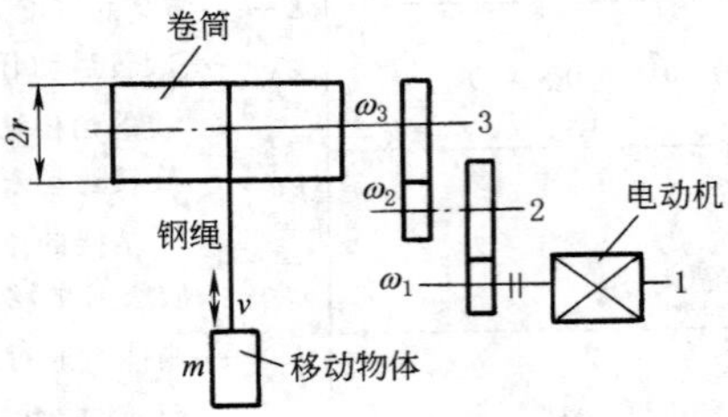 卷筒　2r　钢绳　v　m　移动物体　ω_3　3　ω_2　2　ω_1　电动机　1 $i_1=\omega_1/\omega_2$ $i_2=\omega_2/\omega_3$ $v=r\omega_3$ 系统总动能　$E=J_1\omega_1^2/2+J_2\omega_2^2/2+J_3\omega_3^2/2+m(r\omega_3)^2/2$ 换算到电动机轴上的转动惯量 $J=\frac{2E}{\omega_1^2}=J_1+J_2\left(\frac{\omega_2}{\omega_1}\right)^2+J_3\left(\frac{\omega_3}{\omega_1}\right)^2+mr^2\left(\frac{\omega_3}{\omega_1}\right)^2$ $=J_1+J_2/i_1^2+J_3/(i_1i_2)^2+mr^2/(i_1i_2)^2$ 换算到移动物体上的当量质量 $m=\frac{2E}{v^2}=J_1(i_1i_2)^2/r^2+J_2i_2^2/r^2+J_3/r^2+m$	J——换算到电动机轴上的总转动惯量,kg·m² J_1,J_2,J_3——轴1,轴2,轴3上回转体的转动惯量,kg·m² m——吊在钢绳上移动物体的质量,kg r——卷筒的半径,m $\omega_1,\omega_2,\omega_3$——轴1、轴2、轴3的角速度,rad/s i_1,i_2——轴1与轴2,轴2与轴3间的传动比 v——移动物体速度,m/s
移动物体转动惯量的换算	一般移动物体　$J=\frac{mv_m^2}{\omega_0^2}$,$\omega_0=\frac{\pi n_0}{30}$ 丝杠传动　$J=\frac{mt^2}{4\pi^2i^2}$ 齿轮齿条传动　$J=\frac{md^2}{4i^2}$ 转动物体换算为移动速度为 v_m 时的当量质量 $m=\frac{J_n\omega^2}{v_m^2}$,$\omega=\frac{\pi n}{30}$	J——换算到电动机轴上的转动惯量,kg·m² m——移动物体的质量,kg v_m——物体的移动速度,m/s ω_0——电动机角速度,rad/s n_0——电动机转速,r/min t——丝杠螺距,m d——与齿条相啮合的齿轮节圆直径,m i——电动机与丝杠或齿条间的传动比 J_n——物体绕某轴转动角速度为 ω 时的转动惯量,kg·m² ω——物体绕某轴转动的角速度,rad/s n——转动物体转速,r/min
物体对某一轴线 AA(平行 OO)的转动惯量	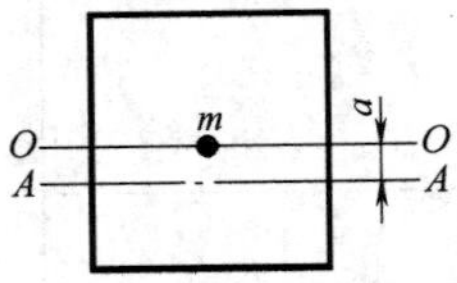 m　O　O　A　A　a $J=J_0+ma^2$	J——物体对 AA 轴的转动惯量,kg·m² J_0——物体对通过重心 OO 轴线的转动惯量,kg·m² a——OO 轴与 AA 轴间的距离,m

一般物体旋转时的转动惯量

J——对某回转轴的转动惯量；A——图形面积；V——图形体积；m——质量；$i=\sqrt{J/m}$——惯性半径；O——重心（个别重心符号另有注明）；$\bar{x}$，$\bar{y}$——重心坐标

表 1-1-83

	图形	公式		图形	公式
细长杆	直杆 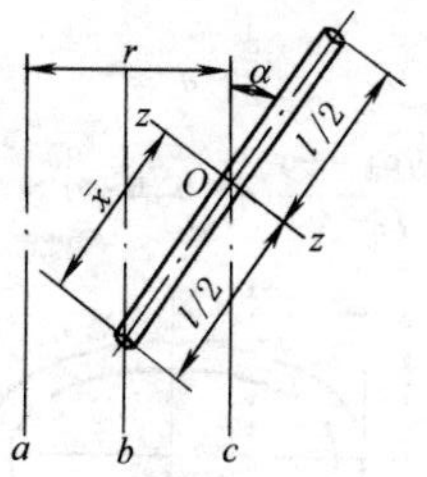	$J_a=m\left[r^2+\frac{(l\sin\alpha)^2}{12}\right]$ $J_b=m\frac{(l\sin\alpha)^2}{3}$ $J_c=m\frac{(l\sin\alpha)^2}{12}$ $J_z=m\frac{l^2}{12}$ $\bar{x}=\frac{l}{2}$	细长杆	圆弧杆 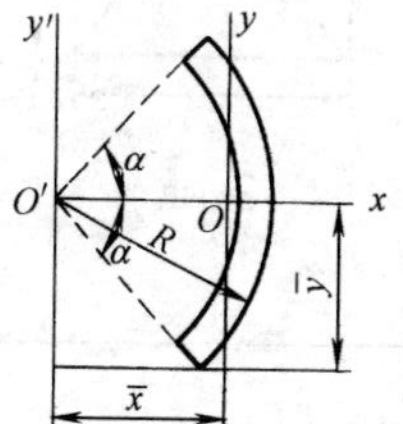 圆弧长 $l=2\alpha R$	$J_x=mR^2\left(\frac{1}{2}-\frac{\sin\alpha\cos\alpha}{2\alpha}\right)$ $J_y=mR^2\left[\left(\frac{1}{2}+\frac{\sin\alpha\cos\alpha}{2\alpha}\right)-\frac{\sin^2\alpha}{\alpha^2}\right]$ $J_{y'}=mR^2\left(\frac{1}{2}+\frac{\sin\alpha\cos\alpha}{2\alpha}\right)$ $J_{pO'}=mR^2$（pO'为回转轴，该轴通过 O' 点与图面垂直） $\bar{x}=\frac{R\sin\alpha}{\alpha}$，$\alpha$——弧度 $\bar{y}=R\sin\alpha$
	直杆 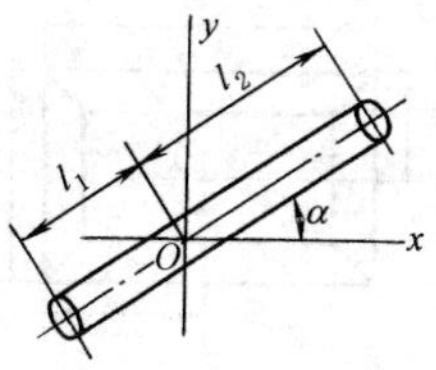	$J_x=\frac{m}{3}\sin^2\alpha(l_1^2-l_1l_2+l_2^2)$ $J_y=\frac{m}{3}\cos^2\alpha(l_1^2-l_1l_2+l_2^2)$		U形杆 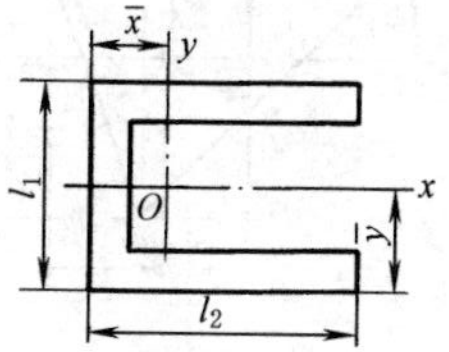	$J_x=\frac{ml_1^2(l_1+6l_2)}{12(l_1+2l_2)}$ $J_y=\frac{ml_2^3(2l_1+l_2)}{3(l_1+2l_2)^2}$ $i_x=0.289l_1\sqrt{\frac{l_1+6l_2}{l_1+2l_2}}$ $i_y=\frac{0.577l_2}{l_1+2l_2}\sqrt{l_2(2l_1+l_2)}$ $\bar{x}=\frac{l_2^2}{l_1+2l_2}$，$\bar{y}=\frac{l_1}{2}$

续表

	图形	公式		图形	公式
细长杆	矩形杆 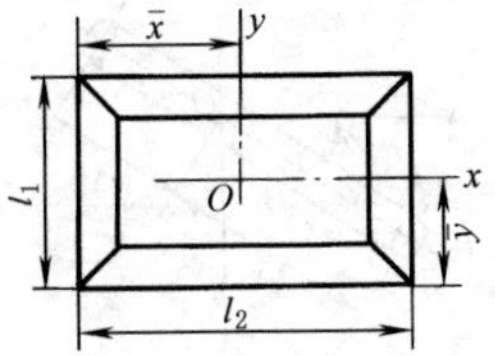 	$J_x=\frac{ml_1^2(l_1+3l_2)}{12(l_1+l_2)}$ $J_y=\frac{ml_2^2(3l_1+l_2)}{12(l_1+l_2)}$ $i_x=0.289l_1\sqrt{\frac{l_1+3l_2}{l_1+l_2}}$ $i_y=0.289l_2\sqrt{\frac{3l_1+l_2}{l_1+l_2}}$ $\bar{x}=\frac{l_2}{2},\bar{y}=\frac{l_1}{2}$	平面板	三角形平板 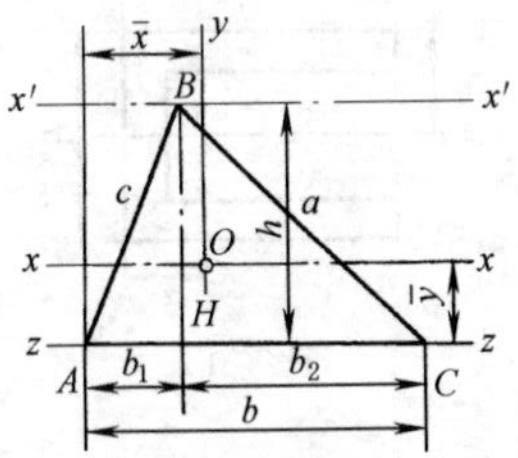 $A=\frac{1}{2}bh$ $\bar{y}=\frac{h}{3}$	$J_x=m\frac{h^2}{18},J_{x'}=m\frac{h^2}{2}$ $J_z=m\frac{h^2}{6},J_{HB}=m\frac{b_1^3+b_2^3}{6b}$ $J_{pB}=v_f\left[\frac{bh^3}{4}+\frac{h(b_1^3-b_2^3)}{12}\right]$ $J_{pO}=m\frac{a^2+b^2+c^2}{36}$ $J_O=m\frac{e_1^2+e_2^2+e_3^2}{12}$ J_{pB},J_{pO}——回转轴分别为 pB、pO 的转动惯量，回转轴分别过 B、O 点与三角形平面垂直 v_f——单位面积的质量 J_O——回转轴在三角形平面内且通过重心 O 的任意轴的转动惯量，e_1、e_2、e_3 为三顶点与回转轴间的距离
	椭圆杆 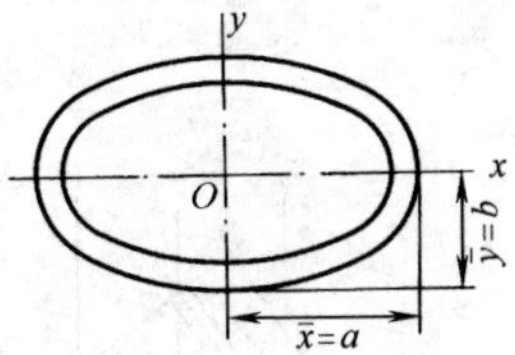 周长 $L=\pi(a+b)\frac{64-3R^4}{64-16R^2}$ $R=\frac{a-b}{a+b}$	$J_x=\frac{mb^2(55a^4+10a^2b^2-b^4)}{2(45a^4+22a^2b^2-3b^4)}$ $J_y=\frac{ma^2(35a^4+34a^2b^2-5b^4)}{2(45a^4+22a^2b^2-3b^4)}$ $i_x=\sqrt{\frac{J_x}{m}},i_y=\sqrt{\frac{J_y}{m}}$		矩形 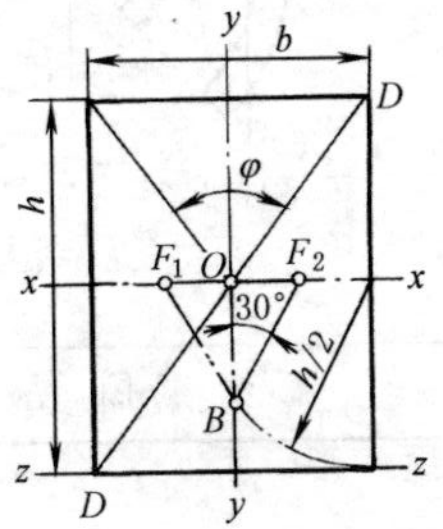 $A=bh$	$J_D=m\frac{D^2\sin^2\varphi}{24}$（$D$ 代表对角线长度，φ 为两对角线夹角） $J_x=m\frac{h^2}{12},J_y=m\frac{b^2}{12}$ $J_z=m\frac{h^2}{3}$ $J_{pO}=m\frac{b^2+h^2}{12}$ pO——通过重心 O，与矩形平面垂直的转轴
	圆环杆 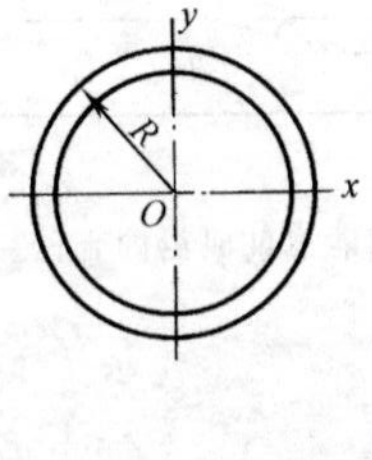 	$J_x=J_y=\frac{mR^2}{2}$ $J_{pO}=mR^2$（pO 表示回转轴，该轴在圆心 O 与杆圆平面垂直） $i_x=i_y=0.707R$ $i_{pO}=R$			

续表

	图形	公式		图形	公式
平面板	梯形 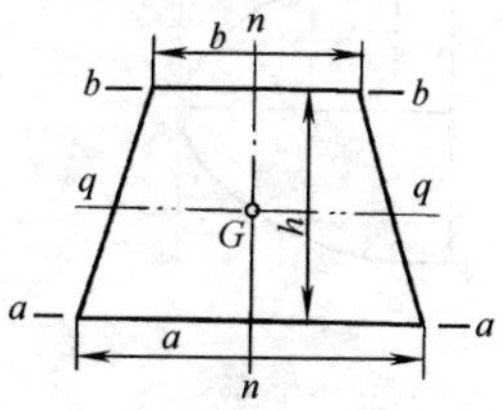 $A=\frac{(a+b)h}{2}$	$J_a=m\frac{h^2}{6}\left(\frac{a+3b}{a+b}\right)$ $J_b=m\frac{h^2}{6}\left(\frac{b+3a}{a+b}\right)$ $J_n=m\frac{a^2+b^2}{24}$ $J_q=m\frac{h^2}{18}\left[1+\frac{2ab}{(a+b)^2}\right]$	平面板	半圆板 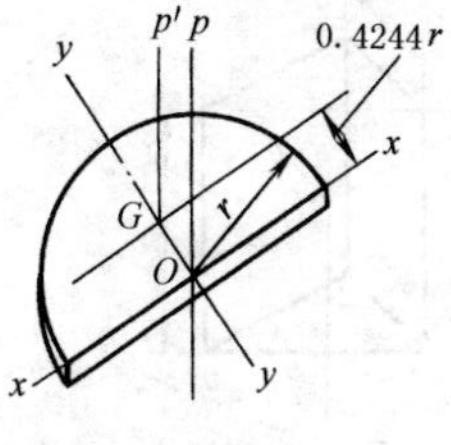 $A=\frac{\pi}{2}r^2$	$J_x=J_y=m\frac{r^2}{4},J_{pO}=m\frac{r^2}{2}$ $J_{p'G}=m\frac{r^2}{2}\left(1-\frac{32}{9\pi^2}\right)$ O 为圆心，G 为重心
	正 n 边形 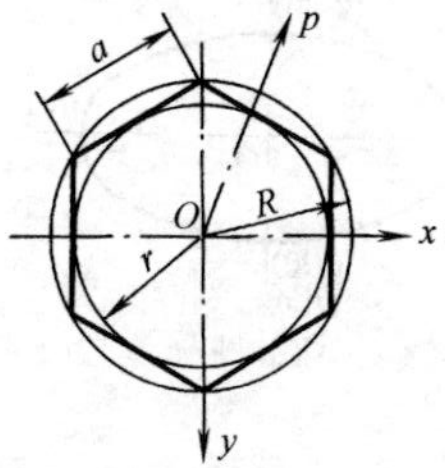 $A=\frac{nar}{2}$	$J_{pO}=m\frac{12r^2+a^2}{24}=m\frac{6R^2-a^2}{12}$ $J_x=J_y=\frac{m}{48}(12r^2+a^2)=\frac{m}{24}(6R^2-a^2)$ pO——与正 n 边形平面垂直的转轴 a——正 n 边形边长 r——内切圆半径 R——外接圆半径		圆环 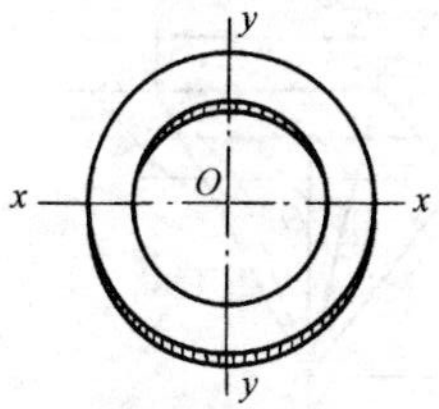 $A=\pi(R^2-r^2)$	$J_x=m\frac{R^2+r^2}{4}$ $J_{pO}=2J_x$ pO——回转轴 pO 垂直圆环平面
	圆板 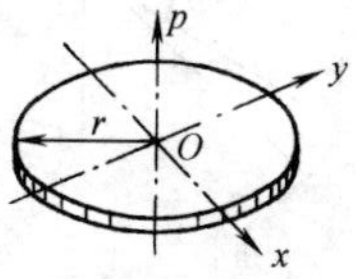 $A=\pi r^2$	$J_x=J_y=m\frac{r^2}{4},i_x=\frac{r}{2}$ $J_{pO}=m\frac{r^2}{2},i_{pO}=\frac{r}{\sqrt{2}}$		扇形 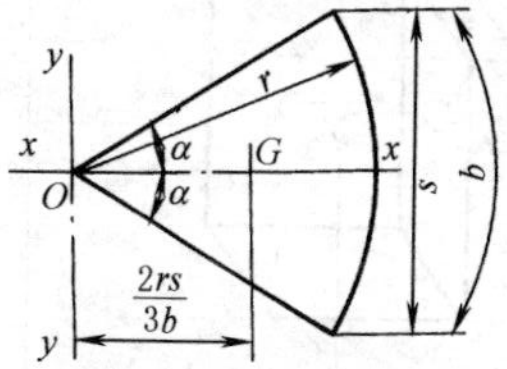 $A=\alpha r^2$	$J_x=m\frac{r^2}{4}\left(1-\frac{\sin2\alpha}{2\alpha}\right)$ $J_y=m\frac{r^2}{4}\left(1+\frac{\sin2\alpha}{2\alpha}\right)$ $J_{pO}=m\frac{r^2}{2}$ $J_{pG}=m\frac{r^2}{2}\left(1-\frac{8s^2}{9b^2}\right)$ α——弧度 pO,pG——分别通过 O、G（重心）垂直图形平面的转轴 s——弦长 b——弧长

续表

类别	图形	公式	类别	图形	公式
平面板	弓形 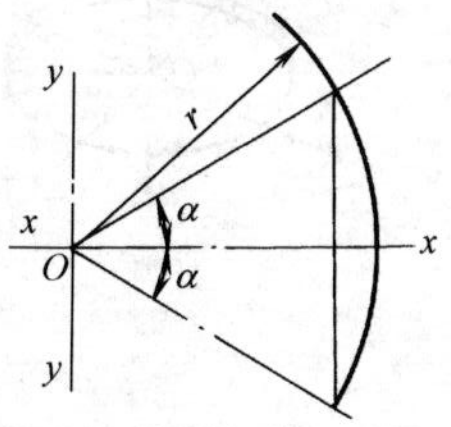 $A=\frac{1}{2}r^2(2\alpha-\sin2\alpha)$	$J_x=\frac{mr^2}{4}\left(1-\frac{1}{6}\times\frac{2\sin2\alpha-\sin4\alpha}{2\alpha-\sin2\alpha}\right)$ $J_y=\frac{mr^2}{4}\left(1+\frac{1}{2}\times\frac{2\sin2\alpha-\sin4\alpha}{2\alpha-\sin2\alpha}\right)$ $J_{pO}=\frac{mr^2}{2}\left(1+\frac{1}{6}\times\frac{2\sin2\alpha-\sin4\alpha}{2\alpha-\sin2\alpha}\right)$ α——弧度	立体形状	矩形棱柱 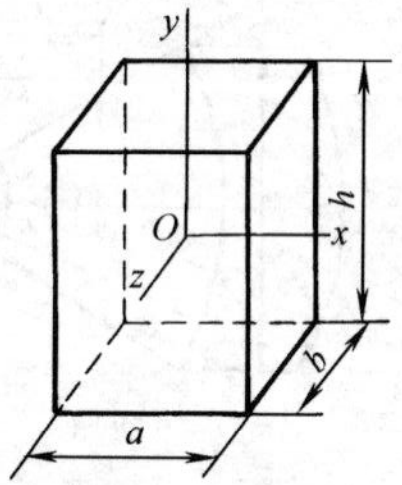	$J_x=\frac{m}{12}(b^2+h^2)$ $J_y=\frac{m}{12}(a^2+b^2)$ $J_z=\frac{m}{12}(a^2+h^2)$ 正立方体时，$a=b=h$ $J_x=J_y=J_z=\frac{ma^2}{6}$
	椭圆形 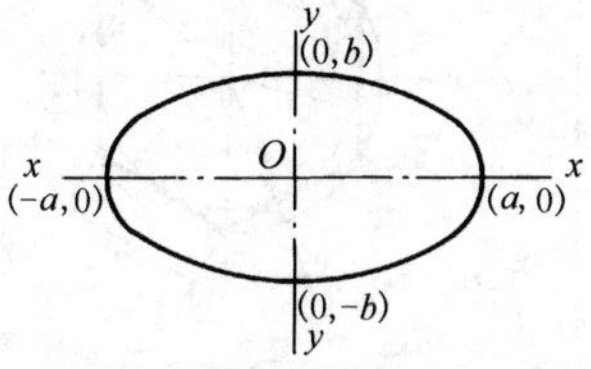 $A=\pi ab$	$J_x=m\frac{b^2}{4}, J_y=m\frac{a^2}{4}$ $J_{pO}=m\frac{a^2+b^2}{4}$		正直角锥体 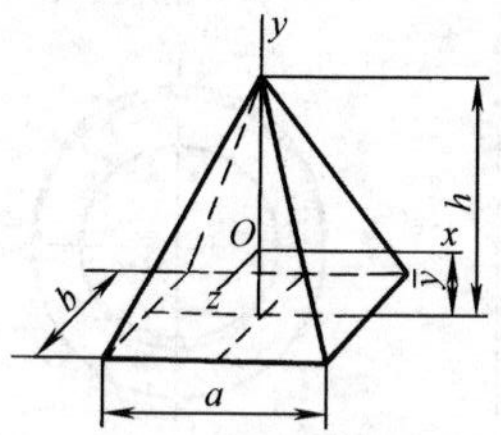 $V=\frac{1}{3}abh$	$J_x=\frac{m}{20}\left(b^2+\frac{3h^2}{4}\right)$ $J_y=\frac{m}{20}(a^2+b^2)$ $J_z=\frac{m}{20}\left(a^2+\frac{3h^2}{4}\right)$ $\bar{y}=\frac{h}{4}$
	抛物线形 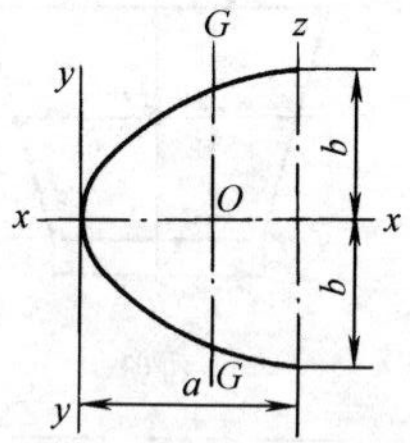	$J_x=m\frac{b^2}{5}, J_y=m\frac{3a^2}{7}$ $J_z=m\frac{8a^2}{35}, J_G=m\frac{12a^2}{175}$ 设抛物线方程为 $y^2=2px$, 则面积 $A=\frac{4}{3}\sqrt{2px^3}=\frac{4}{3}ab$		正三角柱 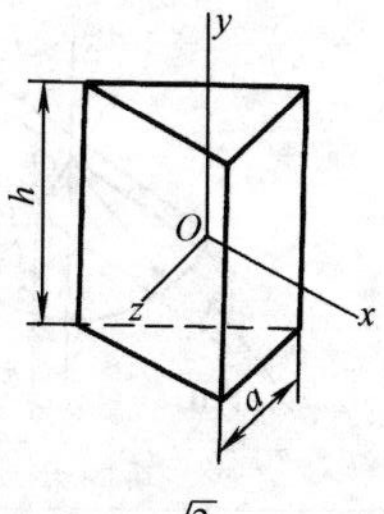 $V=\frac{\sqrt{3}}{4}a^2h$	$J_x=J_z=\frac{m}{24}(a^2+2h^2)$ $J_y=\frac{ma^2}{12}$

续表

	图形	公式		图形	公式
立体形状	圆柱体 $V=\pi R^2 h$	$J_x=J_z=\frac{m}{12}(3R^2+h^2)$ $J_y=\frac{mR^2}{2},\bar{y}=\frac{h}{2}$	立体形状	截顶圆锥体 $V=\frac{1}{3}\pi h(R^2+Rr+r^2)$	$J_y=\frac{3m}{10}\left(\frac{R^5-r^5}{R^3-r^3}\right)$ $\bar{y}=\frac{h}{4}\left(\frac{R^2+2Rr+3r^2}{R^2+Rr+r^2}\right)$
	圆筒体 $V=\pi(R^2-r^2)h$	$J_x=J_z=\frac{m}{12}[3(R^2+r^2)+h^2]$ $J_y=\frac{m}{2}(R^2+r^2)$ $\bar{y}=\frac{h}{2}$		圆球 $V=\frac{4}{3}\pi R^3$	$J_x=J_y=J_z=\frac{2}{5}mR^2$
	直圆锥体 $V=\frac{1}{3}\pi R^2 h$	$J_x=J_z=\frac{3m}{20}\left(R^2+\frac{h^2}{4}\right)$ $J_y=\frac{3}{10}mR^2,\bar{y}=\frac{h}{4}$		空心圆球 $V=\frac{4}{3}\pi(R^3-r^3)$	$J_x=J_y=J_z=\frac{2m}{5}\left(\frac{R^5-r^5}{R^3-r^3}\right)$

续表

	图形	公式		图形	公式
立体形状	半球 $V=\frac{2}{3}\pi R^3$	$J_x=J_z=0.26mR^2$ $J_y=\frac{2}{5}mR^2$ $\bar{y}=\frac{3}{8}R$	立体形状	球冠 $V=\frac{\pi h^2}{3}(3R-h)$ $=\frac{\pi h}{6}(3r^2+h^2)$	$J_y=\frac{2hm}{3R-h}\left(R^2-\frac{3}{4}Rh+\frac{3}{20}h^2\right)$ $\bar{y}=\frac{3(2R-h)^2}{4(3R-h)}$
	圆环 $V=2\pi^2r^2R$	$J_x=J_y=\frac{m}{8}(4R^2+5r^2)$ $J_{pO}=\frac{m}{4}(4R^2+3r^2)$ $r_{pO}=\frac{1}{2}\sqrt{4R^2+3r^2}$ r_{pO}——绕 pO 轴旋转时的惯性半径，pO 为通过 O 点垂直图形平面的轴 R——圆环中径 r——圆环截面半径		椭圆截面圆环 $V=2\pi^2abR$	$J_x=\frac{1}{2}m\left(R^2+\frac{3}{4}a^2+\frac{1}{2}b^2\right)$ $J_y=m\left(R^2+\frac{3}{4}a^2\right)$
	部分球体 $V=\frac{2}{3}\pi R^2h$	$J_y=\frac{mh}{5}(3R-h)$ $\bar{y}=\frac{3}{8}(2R-h)$		矩形截面圆环 $V=2\pi Rah$	$J_x=\frac{1}{12}m\left(6R^2+\frac{3}{2}a^2+h^2\right)$ $J_y=m\left(R^2+\frac{1}{4}a^2\right)$ R——圆环中径

续表

	图形	公式		图形	公式
薄壳体	圆柱侧表面 侧面积 $A=2\pi Rh$	$J_x=\frac{1}{2}m\left(R^2+\frac{h^2}{6}\right)$ $J_y=mR^2$ $J_n=\frac{1}{6}m(3R^2+2h^2)$	薄壳体	截顶圆锥侧表面 侧面积 $A=\pi(R+r)\sqrt{h^2+(R-r)^2}$	$J_x=\frac{m}{4}(R^2+r^2)+\frac{m}{18}h^2\left[1+\frac{2Rr}{(R+r)^2}\right]$ $J_y=\frac{1}{2}m(R^2+r^2)$
	圆柱全表面 全面积 $A=2\pi R(R+h)$	$J_x=\frac{m}{12}\times\frac{1}{R+h}[3R^2(R+2h)+h^2(3R+h)]$ $J_y=\frac{1}{2}mR^2\frac{R+2h}{R+h}$ $J_n=\frac{m}{12}\times\frac{1}{R+h}[3R^2(R+h)+2h^2(3R+2h)]$		半球面 半球面积 $A=2\pi R^2$	$J_x=\frac{5}{12}mR^2$ $J_y=\frac{2}{3}mR^2$ $J_n=\frac{2}{3}mR^2$ 全球面 $J_y=J_n=\frac{2}{3}mR^2$
	圆锥侧表面 侧面积 $A=\pi R\sqrt{R^2+h^2}$	$J_x=\frac{m}{4}\left(R^2+\frac{2}{9}h^2\right)$ $J_y=\frac{1}{2}mR^2$ $J_n=\frac{m}{12}(3R^2+2h^2)$			

常用旋转体的转动惯量

表 1-1-84

计算通式：

$$J=\frac{KmD_e^2}{4}\quad (\mathrm{kg\cdot m^2})$$

式中　m——旋转体质量，kg

　　　K——系数，见本表

　　　D_e——旋转体的飞轮计算直径，m

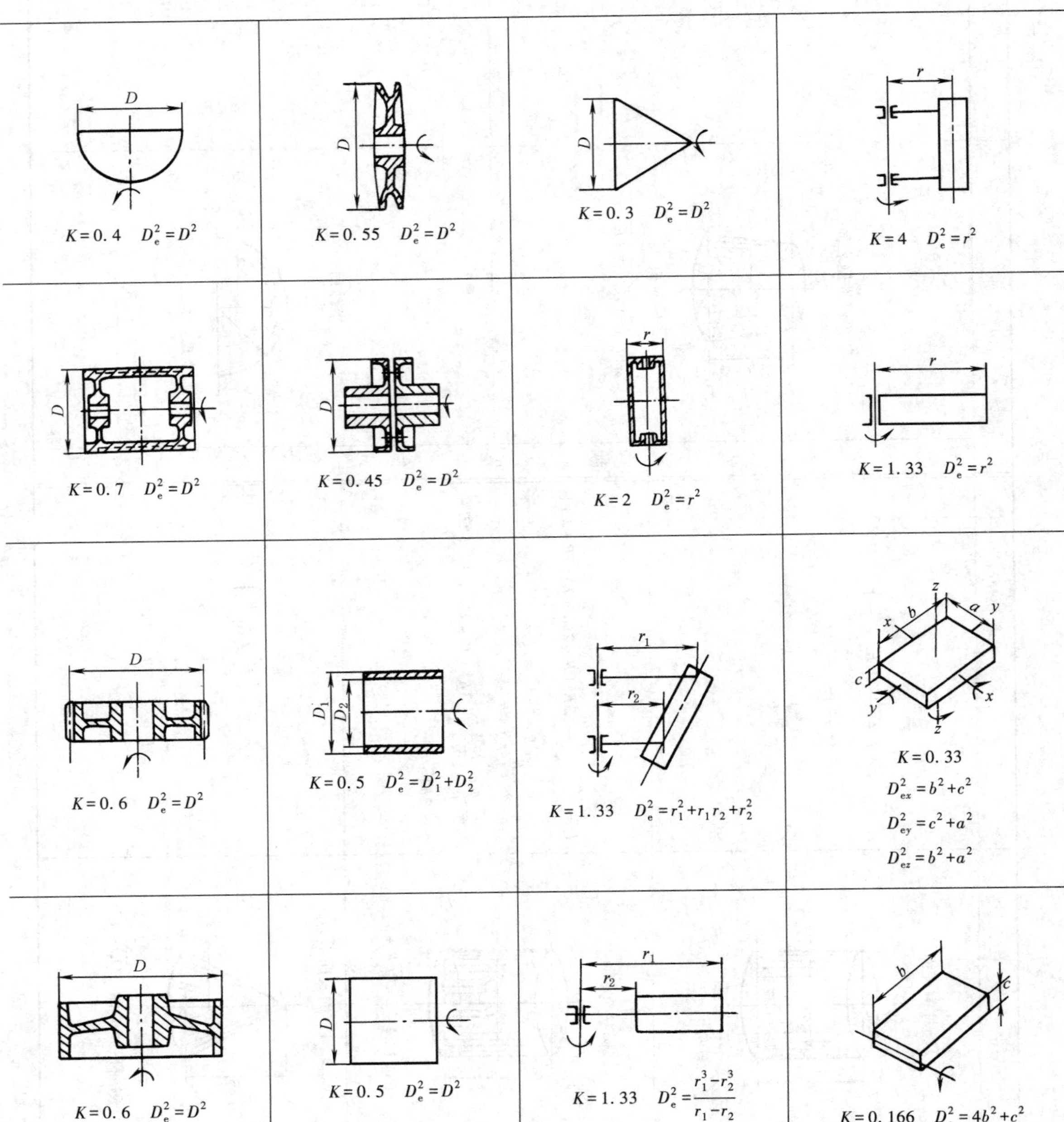

注：表中部分零件只给出主要尺寸，计算出的转动惯量是近似的。

5.2 材料力学基本公式

主应力及强度理论公式

表 1-1-85　　平面应力状态下斜截面上的应力、主应力、最大切应力及应力圆

应力状态	斜截面上的应力 (σ_α、τ_α)	主应力 (σ_1、σ_2、σ_3) 及主方向角 (α_0)	最大切应力 (τ_{max}) 及其位置 (β)	说明
两轴应力状态(一般情况) 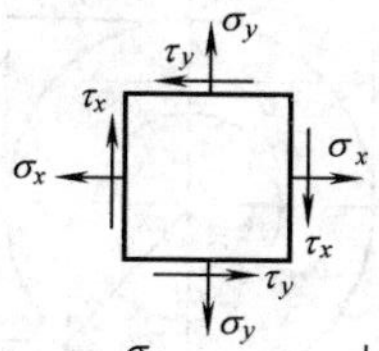	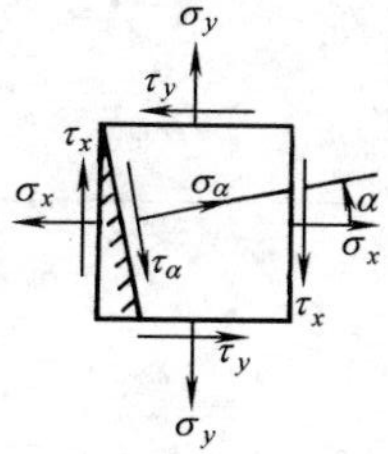	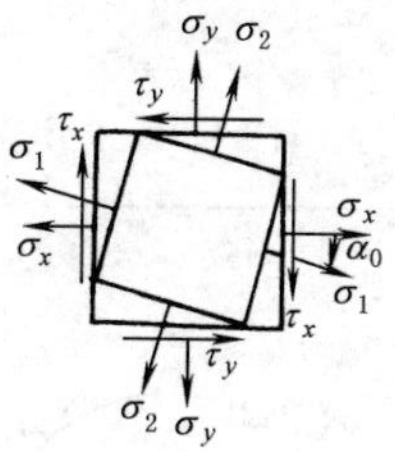	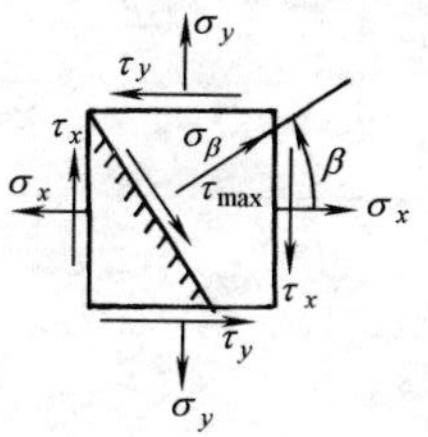	(1)主平面——单元体上切应力为零的平面 (2)主方向角——主平面的法线方向角称为主方向角 (3)主应力——主平面上的正应力称为主应力,分别用 σ_1、σ_2、σ_3 表示,其大小按代数值顺序排列为 $\sigma_1>\sigma_2>\sigma_3$ (4)作用于受力构件某点单元体上的受力图如下 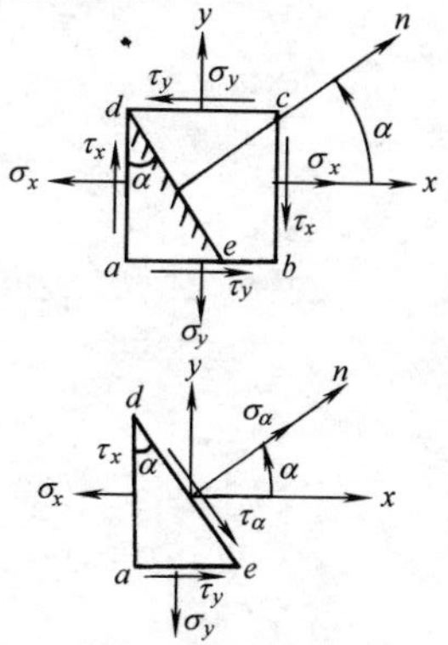
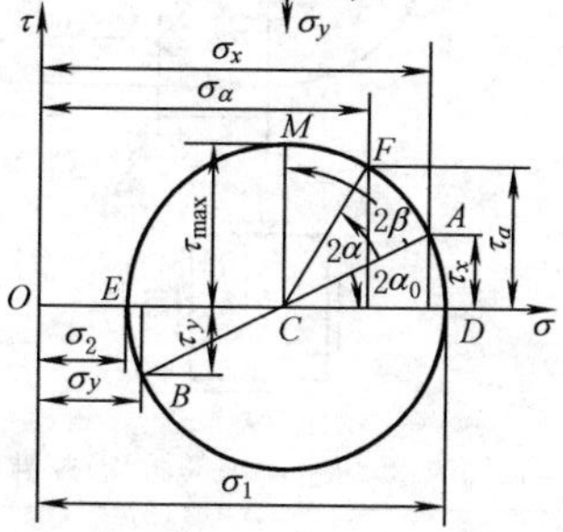	$\sigma_\alpha=\frac{\sigma_x+\sigma_y}{2}+\frac{\sigma_x-\sigma_y}{2}\cos 2\alpha-\tau_x\sin 2\alpha$ $\tau_\alpha=\frac{\sigma_x-\sigma_y}{2}\sin 2\alpha+\tau_x\cos 2\alpha$	$\left.\begin{matrix}\sigma_1\\\sigma_2\end{matrix}\right\}=\frac{\sigma_x+\sigma_y}{2}\pm\sqrt{\left(\frac{\sigma_x-\sigma_y}{2}\right)^2+\tau_x^2}$ $\alpha_0=-\frac{1}{2}\arctan\frac{2\tau_x}{\sigma_x-\sigma_y}$	$\left.\begin{matrix}\tau_{max}\\\tau_{min}\end{matrix}\right\}=\pm\sqrt{\left(\frac{\sigma_x-\sigma_y}{2}\right)^2+\tau_x^2}$ $\beta=\frac{1}{2}\arctan\frac{\sigma_x-\sigma_y}{2\tau_x}$	
单轴应力状态 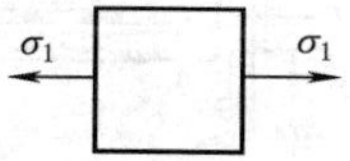 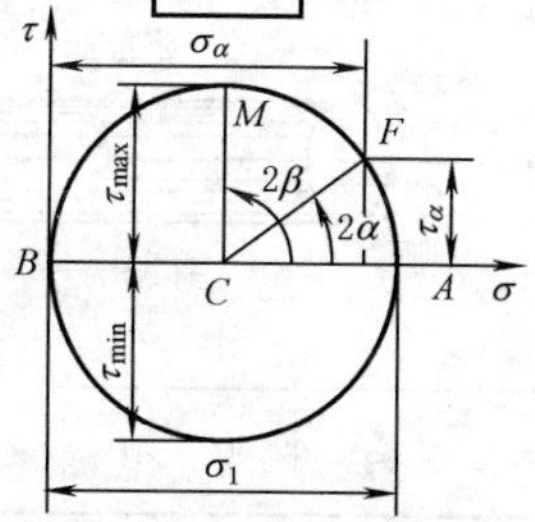	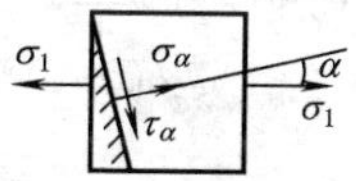	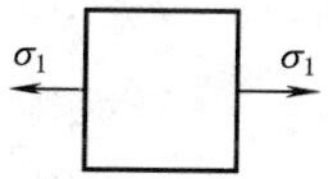	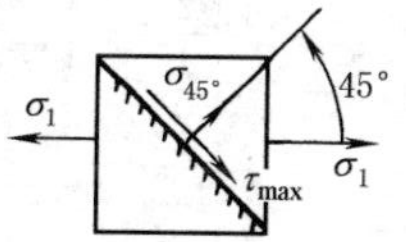	σ_x,σ_y——单元体上的正应力 τ_x——单元体上的切应力 α——斜截面 de 与截面 ad 间的夹角,其转向由 x 轴起量,逆时针转为正,反之为负 σ_α,τ_α——斜截面上的应力 α_0——主应力 σ_1 与 x 轴的夹角,即 σ_1 的方向,叫主方向 β——最大切应力 τ_{max} 作用面法线与 x 轴的夹角,即 τ_{max} 作用面的位置,与主平面相差 ±45°

续表

应力状态	斜截面上的应力(σ_α、τ_α)	主应力(σ_1、σ_2、σ_3)及主方向角(α_0)	最大切应力(τ_{max})及其位置(β)	说明
单轴应力状态 实例 拉杆　应力状态 纯弯梁 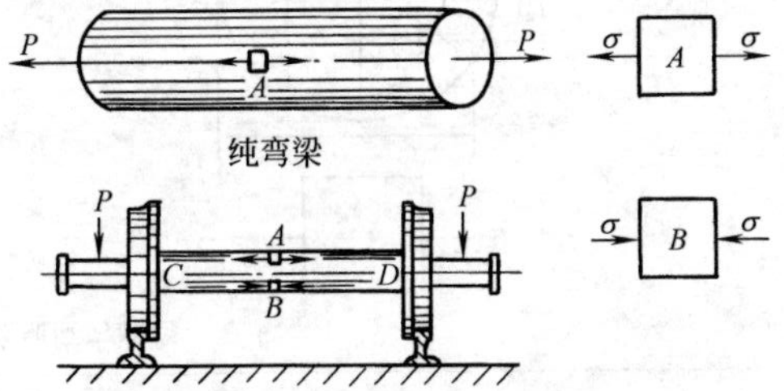	$\sigma_\alpha=\sigma_1\cos^2\alpha=\frac{1}{2}\sigma_1(1+\cos 2\alpha)$ $\tau_\alpha=\frac{1}{2}\sigma_1\sin 2\alpha$	$\sigma_1=\sigma_{max}$、$\sigma_2=\sigma_3=0$ $\alpha_0=0$	$\left.\begin{matrix}\tau_{max}\\\tau_{min}\end{matrix}\right\}=\pm\frac{1}{2}\sigma_1$ $\beta=45°$	
两轴应力状态(纯剪) 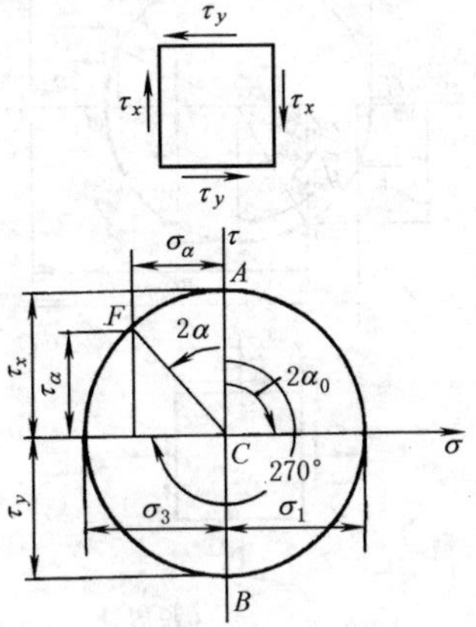	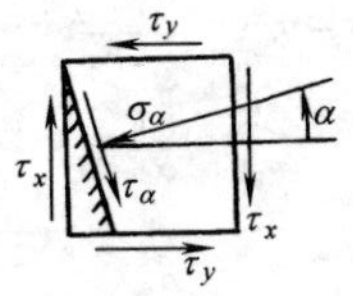	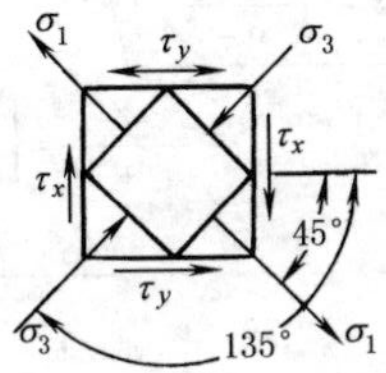	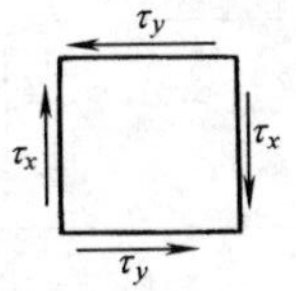	同上
实例 受扭杆　应力状态 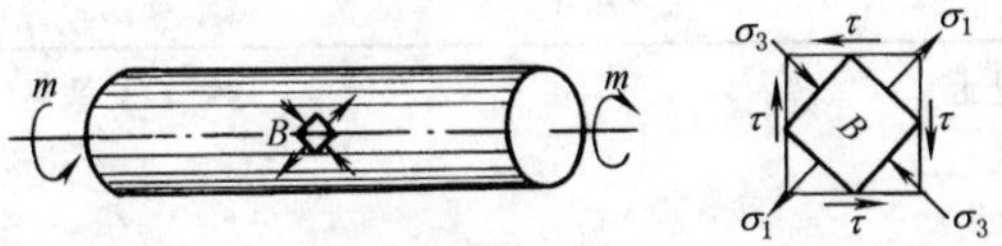	$\sigma_\alpha=-\tau_x\sin 2\alpha$ $\tau_\alpha=\tau_x\cos 2\alpha$	$\sigma_1=\sigma_{max}=\tau_x$ $\sigma_2=0$ $\sigma_3=\alpha_{min}=-\tau_x$ $\alpha_0=-45°$	$\left.\begin{matrix}\tau_{max}\\\tau_{min}\end{matrix}\right\}=\pm\tau_x$ $\beta=0$	

续表

<table>
<tr><th>应　力　状　态</th><th>斜截面上的应力
(σ_α、τ_α)</th><th>主应力(σ_1、σ_2、σ_3)
及主方向角(α_0)</th><th>最大切应力(τ_{max})
及其位置(β)</th><th>说　　明</th></tr>
<tr><td>两轴应力状态(已知主平面上的应力),设 $\sigma_1>\sigma_2$
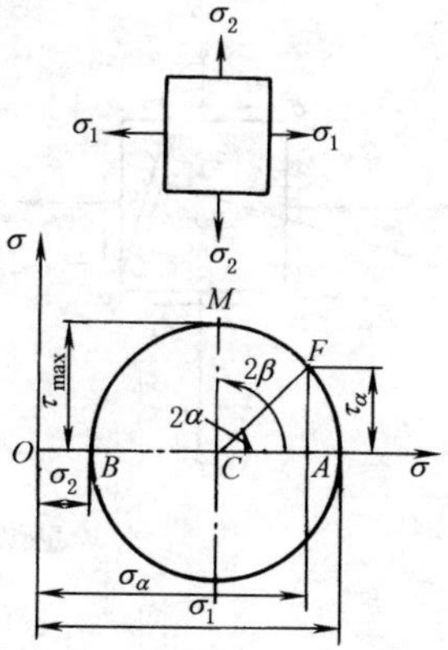</td><td>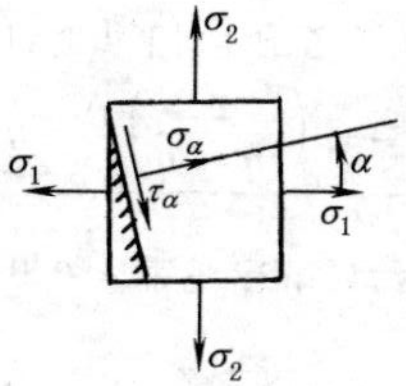</td><td>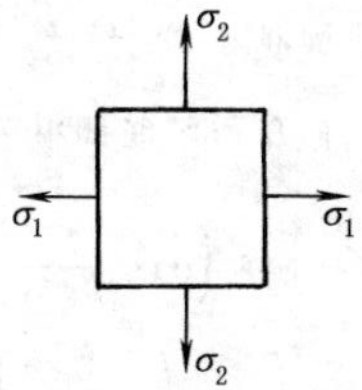</td><td>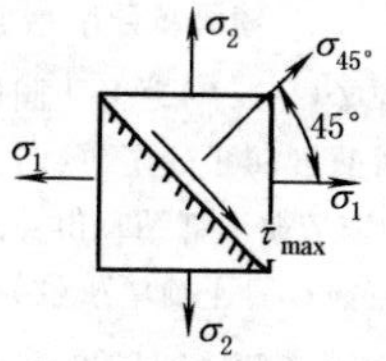</td><td rowspan="3">同上</td></tr>
<tr><td>实例
高压锅炉
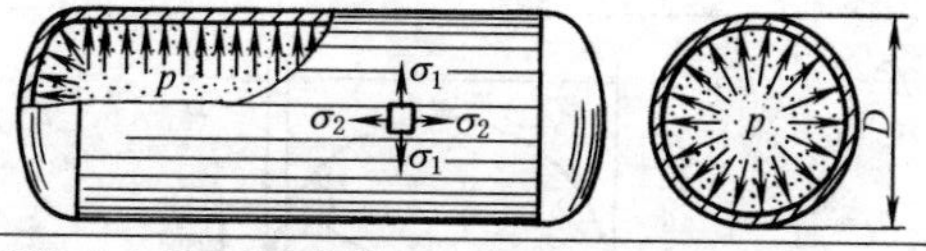</td><td>$\sigma_\alpha=\dfrac{\sigma_1+\sigma_2}{2}+\dfrac{\sigma_1-\sigma_2}{2}$
$\times\cos 2\alpha$
$\tau_\alpha=\dfrac{\sigma_1-\sigma_2}{2}\sin 2\alpha$</td><td>$\sigma_1=\sigma_{max}$
$\sigma_2\neq 0$
$\sigma_3=0$
$\alpha_0=0$</td><td>$\left.\begin{matrix}\tau_{max}\\ \tau_{min}\end{matrix}\right\}=\pm\dfrac{\sigma_1-\sigma_2}{2}$
$\beta=45°$</td></tr>
<tr><td>两轴应力状态[轴向拉(压)与纯剪切的合成]
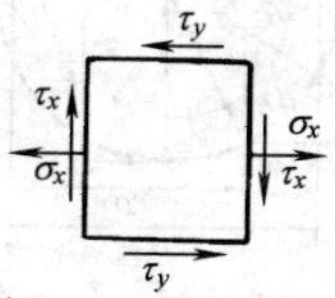
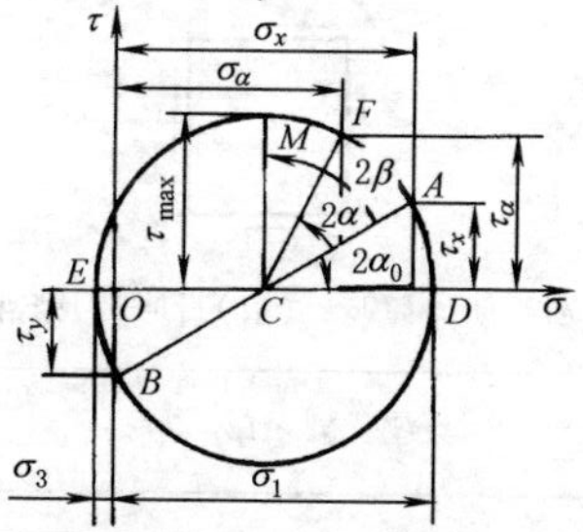</td><td>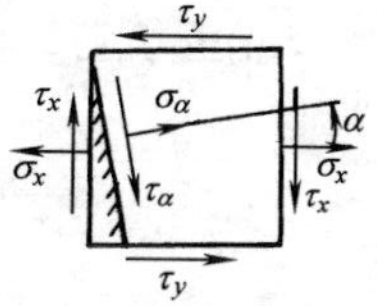</td><td>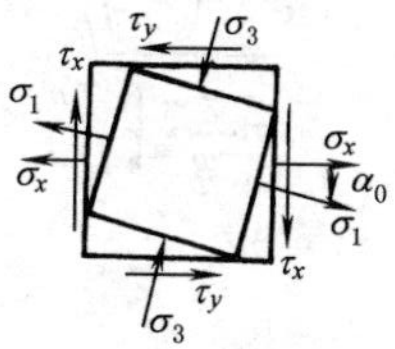</td><td>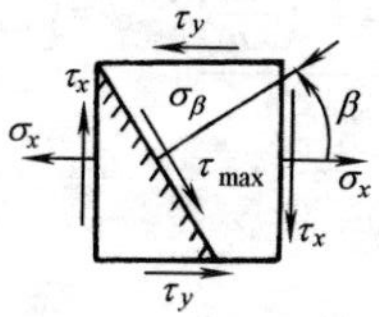</td></tr>
</table>

续表

应力状态	斜截面上的应力 (σ_α、τ_α)	主应力(σ_1、σ_2、σ_3)及主方向角(α_0)	最大切应力(τ_{max})及其位置(β)	说明
两轴应力状态[轴向拉(压)与纯剪切的合成] 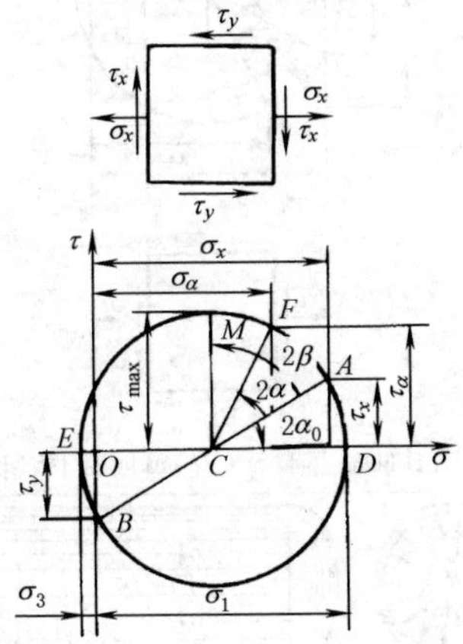	$\sigma_\alpha=\frac{\sigma_x}{2}+\frac{\sigma_x}{2}\cos 2\alpha-\tau_x\sin 2\alpha$ $\tau_\alpha=\frac{\sigma_x}{2}\sin 2\alpha+\tau_x\cos 2\alpha$	$\left.\begin{matrix}\sigma_1=\sigma_{max}\\ \sigma_3=\sigma_{min}\end{matrix}\right\}=\frac{\sigma_x}{2}\pm\sqrt{\left(\frac{\sigma_x}{2}\right)^2+\tau_x^2}$ $\sigma_2=0$ $\alpha_0=-\frac{1}{2}\arctan\frac{2\tau_x}{\sigma_x}$	$\left.\begin{matrix}\tau_{max}\\ \tau_{min}\end{matrix}\right\}=\pm\sqrt{\left(\frac{\sigma_x}{2}\right)^2+\tau_x^2}$ $\beta=\frac{1}{2}\arctan\frac{\sigma_x}{2\tau_x}$	同上
平面应力状态单元体 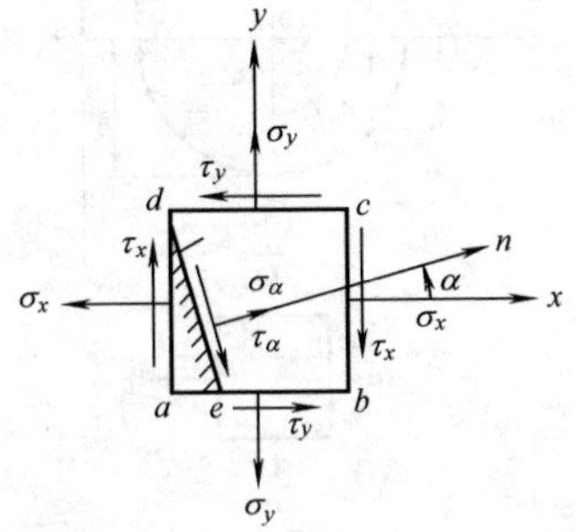	应力圆的定义： 将 σ_α 及 τ_α 式中参变量 2α 消去，可得到以 σ_α 及 τ_α 为变量的圆方程 $\left(\sigma_\alpha-\frac{\sigma_x+\sigma_y}{2}\right)^2+\tau_\alpha^2=\left(\sqrt{\left(\frac{\sigma_x-\sigma_y}{2}\right)^2+\tau_x^2}\right)^2$ 在 σ-τ 坐标系中，以坐标 $\left(\frac{\sigma_x+\sigma_y}{2},0\right)$ 为圆心，以 $R=\sqrt{\left(\frac{\sigma_x-\sigma_y}{2}\right)^2+\tau_x^2}$ 为半径作圆即为应力圆。当已知单元体上所受应力 σ_x、σ_y、τ_x、τ_y 时，则此两轴应力状态下任意斜面上的应力可由此应力圆上对应点的坐标求得		应力圆性质： (1)应力圆上任一点的坐标值必对应于单元体某一截面上的应力，如应力圆上的 F 点对应于单元体 de 面上的应力 σ_α、τ_α (2)应力圆上任意两点所夹的圆心角 2α，对应于单元体上与该两点相对应截面外法线的夹角 α，它们转向相同，大小差两倍 (3)应力圆上的起量基点与单元体上的起量基面相对应，如应力圆上 A 点(σ_x、τ_x)为起量基点，则单元体上与 A 点相对应的截面 bc 为起量基面	

续表

应 力 状 态	斜截面上的应力 (σ_α、τ_α)	主应力(σ_1、σ_2、σ_3) 及主方向角(α_0)	最大切应力(τ_{max}) 及其位置(β)	说 明
单元体应力圆	应力圆画法: (1)取直角坐标系,σ 为横轴,τ 为纵轴 (2)根据单元体 $abcd$ 已知应力(σ_x、τ_x)及(σ_y、τ_y)按一定比例尺,定出 A、B 两点,注意应力正负应与坐标轴正负向一致 (3)连 A、B 两点的直线交 σ 轴于 C 点,以 C 为圆心,CA 为半径作圆,此圆即为单元体的应力圆		如:由应力圆上量得斜截面上的应力为 $\sigma_\alpha = OG, \tau_\alpha = FG$。主应力 $\sigma_1 = OD, \sigma_2 = OE$,主方向 $\alpha_0 = \frac{1}{2}\angle ACD$。最大、最小切应力为 $\tau_{max} = CM, \tau_{min} = CN$,其作用面位置为 $\beta = \frac{1}{2}\angle ACM$	

注:1. 表中各式所表示的应力都设为正,若按表所列公式算出的某应力值或偏转角为负,则其方向与图中表示的方向相反。

2. 应用举例(图 1-1-3)某设备主轴,已知在 S—S 截面上由额定转矩 M_t 引起的切应力 $\tau = 1650\text{N/cm}^2$,主轴自重引起的弯曲正应力 $\sigma = 2500\text{N/cm}^2$,求 S—S 截面上危险点 C 的主应力及最大切应力,并进行强度校核。

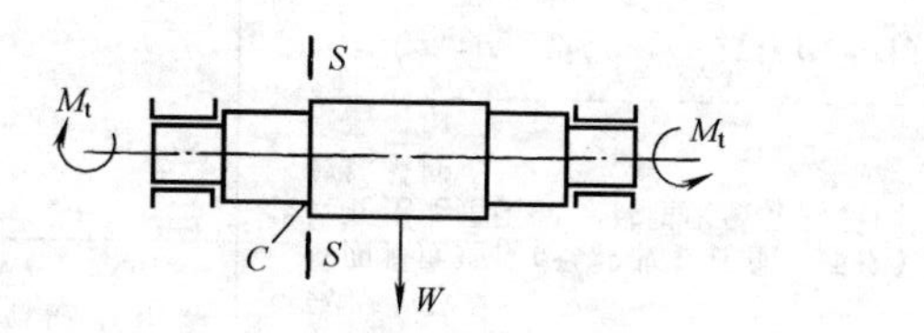

图 1-1-3

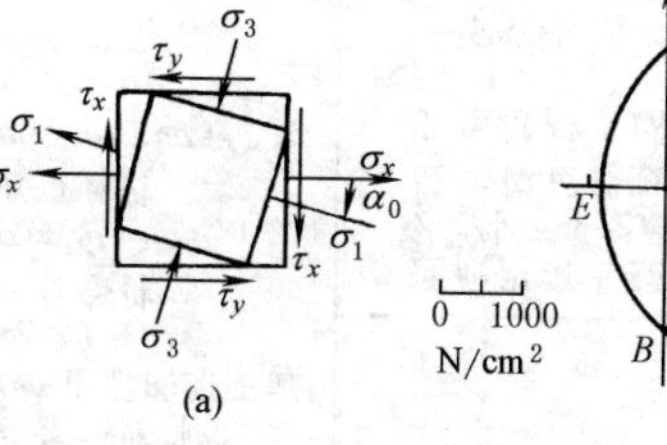

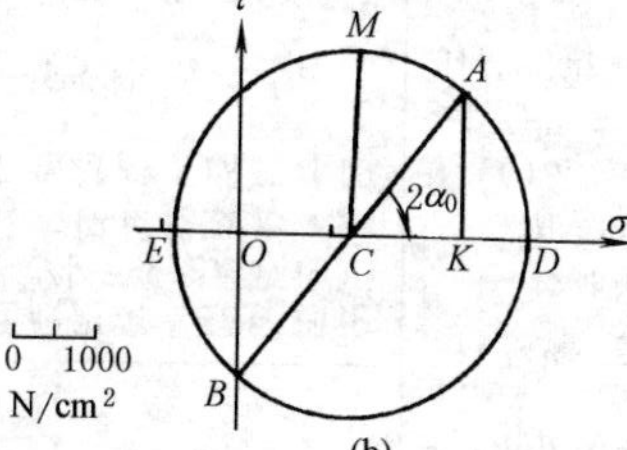

图 1-1-4

解 在危险点 C 取单元体,其上作用有切应力 $\tau_x = 1650\text{N/cm}^2$,正应力 $\sigma_x = 2500\text{N/cm}^2$,见图 1-1-4a,是弯扭组合的两轴应力状态。

(1)解析法:

$$\left.\begin{matrix}\sigma_1\\ \sigma_3\end{matrix}\right\} = \frac{\sigma_x}{2} \pm \sqrt{\left(\frac{\sigma_x}{2}\right)^2 + \tau_x^2} = \frac{2500}{2} \pm \sqrt{\left(\frac{2500}{2}\right)^2 + 1650^2} = \begin{cases}3320\\ -820\end{cases}\text{N/cm}^2$$

$$\alpha_0 = -\frac{1}{2}\arctan\frac{2\tau_x}{\sigma_x} = -\frac{1}{2}\arctan\frac{2\times1650}{2500} = -26.4°$$

$$\tau_{max} = \sqrt{\left(\frac{\sigma_x}{2}\right)^2 + \tau_x^2} = \sqrt{\left(\frac{2500}{2}\right)^2 + 1650^2} = 2070\text{N/cm}^2$$

求出最大主应力和最大切应力后,可按第三强度理论进行强度校核 $\sigma_{Ⅲ} = \sqrt{\sigma^2 + 4\tau^2} \leqslant \sigma_p$(许用应力)

(2)图解法:作 σ-τ 坐标,选取一定的比例尺,取 $OK = \sigma_x = 2500\text{N/cm}^2$,$AK = \tau_x = 1650\text{N/cm}^2$ 得 A 点,因 $\sigma_y = 0$,取 $OB = \tau_y = -1650\text{N/cm}^2$ 得 B 点,连接 AB 交 σ 轴于 C 点,以 C 点为圆心、CA 为半径作圆,此圆即为所取单元体的应力圆,见图 1-1-4b,从应力圆上可以按比例尺直接量得:

$\sigma_1 = OD = 3320\text{N/cm}^2$,$\sigma_2 = 0$,$\sigma_3 = OE = -820\text{N/cm}^2$,$2\alpha_0 = \angle ACD = -52.8°$,$\alpha_0 = -26.4°$,$\tau_{max} = CM = 2070\text{N/cm}^2$。

表 1-1-86 **强度理论及其应用范围**

<table>
<tr><th colspan="2" rowspan="2">材料</th><th rowspan="2">塑性材料(低碳钢、非淬硬中碳钢、退火球墨铸铁、铜、铝等)</th><th rowspan="2">极脆材料(淬硬工具钢、陶瓷等)</th><th colspan="2">拉伸与压缩强度极限不等的脆性材料(如铸铁、石料、混凝土)或低塑性材料(如淬硬高强度钢)</th><th rowspan="2">说明及符号意义</th></tr>
<tr><th>精确计算</th><th>简化计算</th></tr>
<tr><td>单轴应力状态</td><td>简单拉伸</td><td rowspan="5">第三强度理论(最大切应力理论):最大切应力是造成材料屈服破坏的原因
破坏条件:$\tau_{max}=\frac{\sigma_1-\sigma_3}{2}=\frac{\sigma_s}{S}$
强度条件:$\sigma_{Ⅲ}=\sigma_1-\sigma_3\leqslant\sigma_p=\frac{\sigma_s}{S}$
(σ_s——屈服点,下同)
或
第四强度理论(形状改变比能[①]理论),形状改变比能是引起材料屈服破坏的原因
破坏条件:
$\sqrt{\frac{1}{2}[(\sigma_1-\sigma_2)^2+(\sigma_2-\sigma_3)^2+(\sigma_3-\sigma_1)^2]}=\sigma_s$
强度条件:
$\sigma_{Ⅳ}=\sqrt{\frac{1}{2}[(\sigma_1-\sigma_2)^2+(\sigma_2-\sigma_3)^2+(\sigma_3-\sigma_1)^2]}\leqslant\sigma_p=\frac{\sigma_s}{S}$</td><td rowspan="5">第一强度理论(最大拉应力理论),最大拉应力引起材料正断(脆性断裂)破坏的原因
破坏条件:
$\sigma_1=\sigma_b$
强度条件:
$\sigma_{Ⅰ}=\sigma_1\leqslant\sigma_p=\frac{\sigma_b}{S}$
(σ_b——抗拉强度,也可用 R_m 表示,下同)</td><td rowspan="5">莫尔强度理论(修正后的第三强度理论)
破坏条件:
$\sigma_1-\upsilon\sigma_3=\sigma_b$
强度条件:
$\sigma_M=\sigma_1-\upsilon\sigma_3\leqslant\sigma_p=\frac{\sigma_b}{S}$</td><td rowspan="4">第一强度理论,用于脆性材料的正断破坏(即压应力的绝对值小于拉应力)</td><td rowspan="8">(1)各强度理论仅限于讨论常温和静载荷时的情况,同时是针对多向同性材料而言的
(2)各强度理论仅适用于各向同性的材料
(3)σ_1、σ_2、σ_3 为三个互相垂直的主平面内的三向主应力,按其代数值规定 $\sigma_1>\sigma_2>\sigma_3$
(4)μ 为材料的泊松比
(5)$\upsilon=\frac{\sigma_b}{\sigma_c}$ 即 $\frac{拉伸强度极限}{压缩强度极限}$
(6)$\sigma_{Ⅰ}$、$\sigma_{Ⅱ}$、$\sigma_{Ⅲ}$、$\sigma_{Ⅳ}$ 及 σ_M 分别为相应强度理论时的相当应力
(7)表中 σ_p 为许用应力,S 为安全系数,详见下一节
(8)对脆性材料通常采用第一强度理论。对塑性材料通常采用第四强度理论较为经济,但第三强度理论比较简单,应用方便,偏于安全
(9)纯剪时($\sigma_1=\tau$,$\sigma_2=0$,$\sigma_3=-\tau$)的许用剪应力 τ_p 如下:
脆性材料时,由第一强度理论 $\tau_p=\sigma_p$;由第二强度理论 $\tau_p=\frac{1}{1+\mu}\sigma_p=(0.7\sim0.8)\sigma_p$
塑性材料时,由第三强度理论 $\tau_p=0.5\sigma_p$;由第四强度理论 $\tau_p=\frac{1}{\sqrt{3}}\sigma_p=0.577\sigma_p$</td></tr>
<tr><td rowspan="5">两轴应力状态</td><td>两轴拉伸应力(如薄壁压力容顺)</td></tr>
<tr><td>一轴向拉伸、一轴向压缩、其中拉应力较大(如拉伸和扭转或弯曲和扭转等联合作用)</td></tr>
<tr><td>拉伸、压缩应力相等(如圆轴扭转)</td></tr>
<tr><td>一轴向拉伸、一轴向压缩、其中拉应力较大(如压缩和扭转等联合作用)</td><td>近似用第二强度理论(最大伸长线变形理论)
最大伸长线变形 ε_{max} 是引起材料正断破坏的原因
破坏条件
$\varepsilon_1=\frac{1}{E}[\sigma_1-\mu(\sigma_2+\sigma_3)]=\frac{\sigma_b}{E}$
强度条件:
$\sigma_{Ⅱ}=\sigma_1-\mu(\sigma_2+\sigma_3)\leqslant\sigma_p=\frac{\sigma_b}{S}$</td></tr>
<tr><td>两轴压缩应力(如压配合的被包容件的受力情况)</td><td colspan="4">第三强度理论或第四强度理论</td></tr>
<tr><td rowspan="2">三轴应力状态</td><td>三轴拉伸应力(如拉伸具有能产生应力集中的尖锐沟槽的杆件)</td><td colspan="4">第一强度理论</td></tr>
<tr><td>三轴压缩应力(点接触或线接触的接触应力)</td><td colspan="4">第三强度理论或第四强度理论</td></tr>
</table>

① 比能指单位体积的弹性变形能。

许用应力与安全系数

对于标准的和专用的机械零部件，其许用应力与安全系数常常有比较成熟的推荐值。但对于非标准的或特殊的，或对其体积或尺寸无严格限制的机械零部件，其许用应力 σ_p 与安全系数 S 常需要设计者自己选取。

工作应力 σ_c 与许用应力 σ_p 的一般关系式为

$$\sigma_c \leqslant \sigma_p$$

工作应力 $$\sigma_c = K_w \sigma$$

许用应力 $$\sigma_p = \sigma_{lim}/S$$

式中，K_w 为载荷系数；σ_{lim} 为材料强度的极限值。式中各 σ 的涵义应是广义的，也包括各相应 τ 的涵义。

对于塑性材料 $\sigma_{lim} = \sigma_s$（强度计算）

$\sigma_{lim} = \sigma_{-1}$（疲劳计算）

对于脆性材料 $\sigma_{lim} = \sigma_b$

由于 σ 为与计算中所引用的名义载荷 F 对应的名义应力，σ_c 是与在工作中所存在的实际工作载荷 F_c 对应的工作应力，因此，也就有

$$K_w = F_c/F$$

载荷系数 K_w 与工作载荷的类型或机器的受载状态有关。当有动态过载的危险时，要用经常反复的最大载荷（名义载荷加静态附加力和动态附加力）作为 F_c。当有静态过载的危险时，要用按最不利的条件计算的最大的总力作为 F_c，即使这个力只发生一次。

K_w 的精确值只能通过对在已经做好的或与之类似的构件上的载荷或应力的测量得到。如果没有精确确定的 K_w 值，则可用表 1-1-87 的推荐值，也可参考表 1-1-88 的值。

表 1-1-87 载荷系数 K_w 的推荐值

机器名称	空载启动	带载平稳启动	带载快速启动	启动后由摩擦离合器加载	启动后冲击加载
小型离心风机，车床，钻床，发电机，带式运输机等	1.2~1.3	—	—	1.2~1.4	—
轻型传动，片式运输机，铣床，自动机床，泵等	1.3~1.5	—	—	1.3~1.5	—
摩擦传动的卷扬机，绞盘，刨床及插床，刮板运输机，纺织机械，汽车等	1.3~1.5	1.4~1.6	1.5~1.7	1.4~1.6	1.8~2.5
曲柄压力机，球磨机，螺旋压力机，剪床，碾泥机，立式车床等	1.4~1.8	1.7~1.9	1.8~2.0	1.7~1.9	2.0~2.2
挖土机，起重机的起重机构等	—	1.1~1.25	1.2~1.3	—	1.3~2.0
起重机的水平移动机构	—	1.6~1.9	1.8~3.0	—	—
电车，电气列车，电动小车，翻车机等	—	1.6~1.9	1.8~2.5	—	2.0~2.5
碎石机，空气锤，推钢机等	—	2.0~2.2	2.0~2.6	—	2.5~3.5
有曲柄连杆机构或偏心机构的机械，从动部分有大质量及高速的由链传动带动的机械	1.3~1.9	1.5~2.2	1.8~2.5	1.5~2.2	2.0~3.0

表 1-1-88 载荷系数 K_w 的概略值

机器类型举例	K_w	机器类型举例	K_w
旋转机械（蒸汽透平与水力透平），电动机	1.0~1.1	锻压机，切边机，冲孔机，碾碎机	1.6~2.0
活塞式机械，刨床，插床，起吊装置	1.2~1.5	机械锤，轧机，碎石机	2~3

材料强度的极限值 σ_{lim} 要根据材料是塑性材料还是脆性材料，载荷是静载荷还是变载荷（脉动或交变），载荷是拉伸、扭转、弯曲载荷还是复合载荷，构件是否在高温下工作等而分别用屈服极限、扭转屈服极限、弯曲屈服极限、有应力集中时的弯曲屈服极限、强度极限、疲劳极限、蠕变极限等代入。

由于目前在手册中只给出材料的屈服极限与强度极限，只有少数材料有一些疲劳曲线，故在缺少资料的情况下，弯曲屈服极限与扭转屈服极限可由下式近似求得。

弯曲屈服极限 σ_{bs} 与屈服极限 σ_s 之间的关系为

$$\sigma_{bs}=k_b\sigma_s\text{（}\sigma_s\text{ 单位为 MPa）}$$

弯曲支承系数 k_b 由下式求得：

对于圆杆 $$k_b=1+0.53(300/\sigma_s)^{0.25}$$

对于扁杆 $$k_b=1+0.37(300/\sigma_s)^{0.25}$$

扭转屈服极限也可用此式。

当有应力集中时，弯曲屈服极限 σ_{bs} 和扭转屈服极限 τ_{ts} 与屈服极限 σ_s 之间的关系为

$$\sigma_{bs}\text{ 或 }\tau_{ts}=k_{b,t}\sigma_s/\alpha_k$$

式中的支承系数 $k_{b,t}$ 由下式求得：

$$k_{b,t}=1+0.75(c\alpha_k-1)(300/\sigma_s)^{0.25}$$

对于受弯曲的圆杆，$c=1.7$；对于受弯曲的扁杆，$c=1.5$；对于受扭转的圆杆，$c=1.3$。

形状系数 α_k 由表 1-1-89 确定。

表 1-1-89　按公式 $\alpha_k=A+B(X-C)$ 求得的形状系数（式中 $X=\sqrt{d/r}$）

对于		有圆形沟槽的轴			有台阶的轴		
对于		拉伸	弯曲	扭转	拉伸	弯曲	扭转
A		1.140	1.154	1.070	1.080	0.780	0.950
C		0.830	0.980	0.940	0.770	0	0.30
				B			
d/D	0.2	0.7201	0.5461	0.2767	0.4884	0.3689	0.1983
	0.4	0.6880	0.5315	0.2691	0.4579	0.3562	0.1895
	0.6	0.6340	0.5055	0.2557	0.4107	0.3346	0.1747
	0.8	0.5255	0.4451	0.2246	0.3254	0.2885	0.1452
	0.9	0.4105	0.3687	0.1855	0.2452	0.2359	0.1137
	0.95	0.3052	0.2873	0.1442	0.1783	0.1840	0.0847
	0.98	0.1960	0.1914	0.0958	0.1127	0.1215	0.0538

注：$r=(D-d)/2$。

σ_{bs} 与 τ_{ts} 也可由表 1-1-90 查得。

钢、灰铸铁与轻金属的平均疲劳极限与屈服极限 σ_s 或强度极限 σ_b 之间的关系可由表 1-1-90 求得。

表 1-1-90　钢、灰铸铁与轻金属的平均疲劳极限

材料	拉伸		弯曲			扭转		
	对称 σ_{-1t}	脉动 σ_{ot}	对称 σ_{-1}	脉动 σ_o	屈服极限 σ_{bs}	对称 τ_{-1}	脉动 τ_o	屈服极限 τ_{ts}
结构钢	$0.45\sigma_b$	$1.3\sigma_{-1t}$	$0.49\sigma_b$	$1.5\sigma_{-1}$	$1.5\sigma_s$	$0.35\sigma_b$	$1.1\tau_{-1}$	$0.7\sigma_s$
调质钢	$0.41\sigma_b$	$1.7\sigma_{-1t}$	$0.44\sigma_b$	$1.7\sigma_{-1}$	$1.4\sigma_s$	$0.30\sigma_b$	$1.6\tau_{-1}$	$0.7\sigma_s$
渗碳钢	$0.40\sigma_b$	$1.6\sigma_{-1t}$	$0.41\sigma_b$	$1.7\sigma_{-1}$	$1.4\sigma_s$	$0.30\sigma_b$	$1.4\tau_{-1}$	$0.7\sigma_s$
灰铸铁	$0.25\sigma_b$	$1.6\sigma_{-1t}$	$0.37\sigma_b$	$1.8\sigma_{-1}$	—	$0.36\sigma_b$	$1.6\tau_{-1}$	
轻金属	$0.30\sigma_b$	—	$0.4\sigma_b$	—	—	$0.25\sigma_b$	—	

安全系数 S 应当综合载荷确定的准确程度、材料性能数据的可靠性、所用计算方法的合理性、加工装配精度以及所设计的零部件的重要性等来确定。各行业都有一些凭经验的安全系数，但都偏于保守。

有一种相当流行的部分系数法，它将各个对安全系数有影响的因素分别用一个分系数 S_1、S_2、…表示，这些分系数的乘积即为安全系数：

$$S=S_1S_2S_3S_4\cdots$$

表 1-1-91 为各个分系数的例子及其推荐值。

实际上，这些分系数相互之间有一定的联系，即某个分系数取小值时，另一分系数可能要取大值。同时，对这些分系数的选择或对各影响因素的评估常带有主观性，即一般取大值或中间值。因此，如果取值不当，各个分系数的乘积就可能会很大，从而导致零件尺寸过大。通常，所考虑的因素越多，安全系数值越大。

表 1-1-91　　部分系数法求安全系数时各分系数的推荐值

项　　目	系数	具　体　条　件	推荐值
考虑零部件重要程度	S_1	零部件的破坏不会引起停车 零部件的破坏会引起停车 零部件的破坏会造成事故	1.0 1.1~1.2 1.2~1.3
考虑计算载荷及应力公式的准确性	S_2	计算公式准确,所有作用力及应力已知 计算所得应力比实际应力高 计算应力比实际应力低	1.0 1.0 1.05~1.65
抗拉强度(拉伸强度)极限与其他失效形式强度极限之间的关系	S_3	静载荷：塑性材料 $S_3=\dfrac{\text{抗拉强度极限}}{\text{屈服点}}$ 脆性材料 $S_3=\dfrac{\text{抗拉强度极限}}{\text{所考虑的强度极限}}$ 循环变载荷　$S_3=\dfrac{\text{抗拉强度极限}}{\text{疲劳极限}}$	$\dfrac{\sigma_b}{\sigma_s}$ $\dfrac{\sigma_b}{\sigma_{lim}}$ $\dfrac{\sigma_b}{\sigma_{-1}}$
考虑应力集中	S_4	用有效应力集中系数 K_σ，$K_\sigma=\dfrac{\text{光滑试样极限载荷}}{\text{缺口试样极限载荷}}$	K_σ
考虑截面尺寸增大	S_5	由尺寸系数 ε 求得 $\varepsilon=\dfrac{\text{直径为 } d \text{ 的试样的疲劳极限}(\sigma_{-1})_d}{\text{直径为 } d_0 \text{ 的标准试样的疲劳极限}(\sigma_{-1})_{d_0}}$	$1/\varepsilon$
考虑表面加工情况	S_6	由表面系数 β 求得 $\beta=\dfrac{\text{某种表面加工状态的试样的疲劳极限}(\sigma_{-1})_\beta}{\text{磨削试样的疲劳极限 }\sigma_{-1}}$	$1/\beta$
检验质量的系数	S_7	成批产品抽样试验 每一个零部件都检验	1.15~1.30 1.05~1.15

因此，目前比较简单的方法是只取三个部分系数，即

$$S=S_1S_2S_3$$

式中，S_1 考虑材料的可靠性（力学性能的均匀性，内部缺陷等）；对锻件或轧制件制造的零件，$S_1=1.05\sim1.10$，对铸造零件，$S_1=1.15\sim1.2$。S_2 考虑零件的重要程度（工作条件），一般 $S_2=1.0\sim1.3$。S_3 考虑计算的精确性，一般 $S_3=1.2\sim1.3$。

有时也可按计算方法以下列粗略值选取安全系数：

按抗疲劳断裂计算 $S=1.5\sim3$

按抗变形计算 $S=1.2\sim2$

按抗断裂计算 $S=2\sim4$

按抗不稳定计算 $S=3\sim5$

截面力学特性的计算公式

表 1-1-92

特性名称	计算公式	图形	符号意义
静矩	$S_x = \int_A y\mathrm{d}A = Ay_0$ $S_y = \int_A x\mathrm{d}A = Ax_0$		A——图形的全面积 y_0, x_0——重心与 x、y 轴的距离
惯性矩	$I_x = \int_A y^2\mathrm{d}A = i_x^2 A$ $I_y = \int_A x^2\mathrm{d}A = i_y^2 A$		i_y, i_x——分别称为截面对于 y 轴和 x 轴的惯性半径(回转半径)
极惯性矩	$I_p = \int_A \rho^2\mathrm{d}A$ $= \int_A (x^2 + y^2)\mathrm{d}A = I_x + I_y$		
惯性积	$I_{xy} = \int_A xy\mathrm{d}A$		
平行轴惯性矩间的关系	$I_{x_1} = I_x + a^2A$ $I_{y_1} = I_y + b^2A$		
平行轴惯性积间的关系	$I_{x_1y_1} = I_{xy} + abA$		如果 x、y 轴包括图形的对称轴，则 $I_{xy} = 0$，所以 $I_{x_1y_1} = abA$
两轴(通过任一点 O)旋转 α 角(以逆时针方向为正)后 惯性矩的关系	$I_{x_1} = I_x\cos^2\alpha + I_y\sin^2\alpha - I_{xy}\sin2\alpha$ $I_{y_1} = I_y\cos^2\alpha + I_x\sin^2\alpha + I_{xy}\sin2\alpha$		
两轴(通过任一点 O)旋转 α 角(以逆时针方向为正)后 惯性积的关系	$I_{x_1y_1} = \frac{1}{2}(I_x - I_y)\sin2\alpha + I_{xy}\cos2\alpha$		
主形心轴的方位角 α_0	$\tan2\alpha_0 = \frac{2I_{xy}}{I_y - I_x}$		通过截面形心并且有一定方位角 α_0 的两个互相垂直的轴 x_0 和 y_0 称为主形心轴。此时，截面对主形心轴 x_0 和 y_0 的主形心惯性矩，一个为最大，另一个为最小，而且惯性积必等于零
主形心惯性矩	$I_{x_0} = I_x\cos^2\alpha_0 + I_y\sin^2\alpha_0 - I_{xy}\sin2\alpha_0$ $I_{y_0} = I_x\sin^2\alpha_0 + I_y\cos^2\alpha_0 + I_{xy}\sin2\alpha_0$		

各种截面的力学特性

表 1-1-93

简图	面积 A	惯性矩 I	抗弯截面系数 $W=\frac{I}{e}$	重心 S 到相应边的距离 e	惯性半径 $i=\sqrt{\frac{I}{A}}$
正方形	a^2	$\frac{a^4}{12}$	$W_x=\frac{a^3}{6}$ $W_{x_1}=0.1179a^3$	$e_x=\frac{a}{2}$ $e_{x_1}=0.7071a$	$\frac{a}{\sqrt{12}}=0.289a$
矩形	ab	$I_x=\frac{ab^3}{12}$ $I_y=\frac{a^3b}{12}$	$W_x=\frac{ab^2}{6}$ $W_y=\frac{a^2b}{6}$	$e_x=\frac{b}{2}$ $e_y=\frac{a}{2}$	$i_x=0.289b$ $i_y=0.289a$
空心正方形	a^2-b^2	$\frac{a^4-b^4}{12}$	$W_x=\frac{a^4-b^4}{6a}$ $W_{x_1}=0.1179\frac{a^4-b^4}{a}$	$e_x=\frac{a}{2}$ $e_{x_1}=0.7071a$	$0.289\sqrt{a^2+b^2}$

续表

简图	面积 A	惯性矩 I	抗弯截面系数 $W=\frac{I}{e}$	重心 S 到相应边的距离 e	惯性半径 $i=\sqrt{\frac{I}{A}}$
薄壁正方形	$\approx 4a\delta$ $\delta \leqslant \frac{a}{15}$	$\frac{2}{3}a^3\delta$	$W_x=\frac{4}{3}a^3\delta$	$e_x=\frac{a}{2}$	$\frac{a}{\sqrt{6}}=0.408a$
三角形	$A=\frac{bh}{2}=\sqrt{p(p-a)(p-b)(p-c)}$ 式中： $p=\frac{1}{2}(a+b+c)$	$I_{x_1}=\frac{bh^3}{4}$ $I_x=\frac{bh^3}{36}$ $I_{x_2}=\frac{bh^3}{12}$	$W_{x_1}=\frac{bh^2}{24}$ $W_{x_2}=\frac{bh^2}{12}$	$e_x=\frac{2h}{3}$	$i_x=0.236h$
梯形	$\frac{h(a+b)}{2}$	$I_x=\frac{h^3(a^2+4ab+b^2)}{36(a+b)}$ $I_{x_1}=\frac{h^3(b+3a)}{12}$	$W_{x_2}=\frac{h^2(a^2+4ab+b^2)}{12(a+2b)}$ $W_{x_1}=\frac{h^2(a^2+4ab+b^2)}{12(2a+b)}$	$e_x=\frac{h(a+2b)}{3(a+b)}$	$i_x=\frac{h}{3(a+b)}\times\sqrt{\frac{a^2+4ab+b^2}{2}}$
六角形	$A=2.598C^2$ $=3.464r^2$ $C=R$ $r=0.866R$	$I_x=0.5413R^4$ $I_y=I_x$	$W_x=0.625R^3$ $W_y=0.5413R^3$	$e_x=0.866R$ $e_y=R$	$i_x=0.4566R$

续表

简　图	面　积 A	惯性矩 I	抗弯截面系数 $W=\frac{I}{e}$	重心 S 到相应边的距离 e	惯性半径 $i=\sqrt{\frac{I}{A}}$
多角形 n——多角形边数	$A=\frac{nCr}{2}$ $=\frac{nC}{2}\sqrt{R^2-\frac{C^2}{4}}$ $C=2\sqrt{R^2-r^2}$ $\alpha=\frac{360°}{n}$ $\beta=180°-\alpha$ 对八角形 $A=2.828R^2=4.828C^2$ $r=0.924R$　$C=0.765R$	对八角形 $I=0.638R^4$ $=0.8752r^4$	对八角形 $W_x=0.691R^3$ $=0.876r^3$	$e_x=r=\sqrt{R^2-\frac{C^2}{4}}$ $=R\cos\frac{\alpha}{2}$	对八角形 $i_x=0.4749R$ $=0.514r$ $=0.621C$
圆	$\frac{\pi}{4}d^2$	$I_x=I_y=\frac{\pi}{64}d^4$ $=0.0491d^4$ $I_p=\frac{\pi d^4}{32}=0.0982d^4$	$\frac{\pi}{32}d^3=0.0982d^3$ 抗扭截面系数 $W_n=2W$	$e_x=\frac{d}{2}$	$\frac{d}{4}$
空心圆	$\frac{\pi}{4}(D^2-d^2)$	$I_x=I_y=\frac{\pi}{64}(D^4-d^4)$ $=0.0491(D^4-d^4)$ $I_p=\frac{\pi}{32}(D^4-d^4)$ $=0.0982(D^4-d^4)$	$\frac{\pi(D^4-d^4)}{32D}=$ $0.0982\frac{D^4-d^4}{D}$ 抗扭截面系数 $W_n=2W$	$e_x=\frac{D}{2}$	$\frac{1}{4}\sqrt{D^2+d^2}$

续表

简图	面积 A	惯性矩 I	抗弯截面系数 $W=\frac{I}{e}$	重心 S 到相应边的距离 e	惯性半径 $i=\sqrt{\frac{I}{A}}$
半圆	$\frac{\pi}{8}d^2=0.393d^2$	$I_x=0.00686d^4$ $I_y=\frac{\pi}{128}d^4\approx0.0245d^4$	$W_x=0.0239d^3$ $W_y=\frac{\pi}{64}d^3\approx0.0491d^3$	$e_x=0.2878d$ $y_S=0.2122d$	$i_x=0.1319d$ $i_y=\frac{d}{4}$
半圆环	$\frac{\pi(D^2-d^2)}{8}$ $=0.393(D^2-d^2)$ $=1.5708(R^2-r^2)$	$I_x=0.00686(D^4-d^4)-\frac{0.0177D^2d^2(D-d)}{D+d}$ $I_y=\frac{\pi(D^4-d^4)}{128}$	$W_y=\frac{\pi d^3}{64}\left(1-\frac{d^4}{D^4}\right)$	$y_S=\frac{2(D^2+Dd+d^2)}{3\pi(D+d)}$	$i_x=\sqrt{\frac{I_x}{A}}$ $i_y=\sqrt{\frac{I_y}{A}}=\frac{1}{4}\sqrt{D^2+d^2}$
带横孔圆	$\frac{\pi}{4}d^2-d_1d$	$I_x=\frac{\pi d^4}{64}(1-1.69\beta)$ $I_y=\frac{\pi d^4}{64}(1-1.69\beta^3)$ $\beta=\frac{d_1}{d}$	$W_x=\frac{\pi d^3}{32}(1-1.69\beta)$ $W_y=\frac{\pi d^3}{32}(1-1.69\beta^3)$ 抗扭截面系数 $W_n=\frac{\pi d^3}{16}(1-\beta)$	$e_y=\frac{d}{2}$ $e_x=\frac{d}{2}$	$i=\sqrt{\frac{I}{A}}$
花键	$\frac{\pi}{4}d^2+\frac{Zb(D-d)}{2}$ （Z——花键齿数）	$I_x=\frac{\pi d^4}{64}+\frac{bZ(D-d)(D+d)^2}{64}$	$W_x=\frac{\pi d^4+bZ(D-d)(D+d)^2}{32D}$ 抗扭截面系数 $W_n=2W_x$	$e_y=\frac{D}{2}$ $e_x=\frac{d}{2}$	$i_x=\frac{1}{4}\times\sqrt{\frac{\pi d^4+bZ(D-d)(D+d)^2}{\pi d^2+2Zb(D-d)}}$

续表

简图	面积 A	惯性矩 I	抗弯截面系数 $W=\frac{I}{e}$	重心 S 到相应边的距离 e	惯性半径 $i=\sqrt{\frac{I}{A}}$
扇形	$A=\frac{\pi r^2\alpha}{360°}$ $=0.00873r^2\alpha$ $l=\frac{\pi r\alpha}{180°}=0.01745r\alpha$ $C=2r\sin\frac{\alpha}{2}$	$I_{x_1}=\frac{r^4}{8}(\pi\frac{\alpha}{180°}+\sin\alpha)$ $I_x=\frac{r^4}{8}\left(\pi\frac{\alpha}{180°}+\sin\alpha-\frac{64}{9}\sin^2\frac{\alpha}{2}\times\frac{180°}{\pi\alpha}\right)$ $I_y=\frac{r^4}{8}\left(\pi\frac{\alpha}{180°}-\sin\alpha\right)$		$y_S=\frac{2rC}{3l}$	$i_x=\frac{r}{2}\sqrt{1+\frac{\sin\alpha}{\alpha}\times\frac{180°}{\pi}-\frac{64}{9}\times\frac{\sin^2\frac{\alpha}{2}}{\left(\alpha\frac{\pi}{180°}\right)^2}}$ $i_y=\frac{r}{2}\sqrt{1-\frac{\sin\alpha}{\alpha}\times\frac{180°}{\pi}}$
弓形	$A=\frac{1}{2}[rl-C(r-h)]$ $C=2\sqrt{h(2r-h)}$ $r=\frac{C^2+4h^2}{8h}$ $h=r-\frac{1}{2}\sqrt{4r^2-C^2}$ $l=0.01745r\alpha$ $\alpha=\frac{57.296l}{r}$	$I_{x_1}=\frac{lr^3}{8}-\frac{r^4}{16}\sin2\alpha$ $I_x=I_{x_1}-Ay_S{}^2$ $I_y=\frac{r^4}{8}\left(\frac{\alpha\pi}{180°}-\sin\alpha-\frac{2}{3}\sin\alpha\sin^2\frac{\alpha}{2}\right)$ $W_x=\frac{I_x}{r-y_S}$		$y_S=\frac{C^3}{12A}$	$i_x=\sqrt{\frac{I_x}{A}}$
扇形圆环	$\frac{\pi\alpha}{180°}(R^2-r^2)$	$I_{x_1}=\frac{R^4-r^4}{8}\left(\frac{\pi\alpha}{90°}+\sin2\alpha\right)$ $I_x=I_{x_1}-Ay_S^2$ $I_y=\frac{R^4-r^4}{8}\left(\frac{\pi\alpha}{90°}-\sin2\alpha\right)$		$y_S=38.197\frac{(R^3-r^3)\sin\alpha}{(R^2-r^2)\alpha}$	$i_x=\sqrt{\frac{I_x}{A}}$ $i_y=\sqrt{\frac{I_y}{A}}$

续表

简图	面积 A	惯性矩 I	抗弯截面系数 $W=\frac{I}{e}$	重心 S 到相应边的距离 e	惯性半径 $i=\sqrt{\frac{I}{A}}$
椭圆	πab	$I_x=\frac{\pi ab^3}{4}$ $I_y=\frac{\pi a^3 b}{4}$	$W_x=\frac{\pi ab^2}{4}$ $W_y=\frac{\pi a^2 b}{4}$	$e_x=b$ $e_y=a$	$i_y=\frac{b}{2}$ $i_y=\frac{a}{2}$
空心椭圆	$\pi(ab-a_1b_1)$	$I_x=\frac{\pi}{4}(ab^3-a_1b_1^3)$ $I_y=\frac{\pi}{4}(a^3b-a_1^3b_1)$	$W_x=\frac{\pi(ab^3-a_1b_1^3)}{4b}$ $W_y=\frac{\pi(a^3b-a_1^3b_1)}{4a}$	$e_x=b$ $e_y=a$	$i_x=\sqrt{\frac{I_x}{A}}$ $i_y=\sqrt{\frac{I_y}{A}}$
带孔矩形	$b(H-h)$	$I_x=\frac{b(H^3-h^3)}{12}$ $I_y=\frac{b^3(H-h)}{12}$	$W_x=\frac{b(H^3-h^3)}{6H}$ $W_y=\frac{b^2(H-h)}{6}$	$e_x=\frac{H}{2}$ $e_y=\frac{b}{2}$	$i_x=\sqrt{\frac{H^2+Hh+h^2}{12}}$ $i_y=0.289b$

续表

简　图	面　积 A	惯性矩 I	抗弯截面系数 $W=\frac{I}{e}$	重心 S 到相应边的距离 e	惯性半径 $i=\sqrt{\frac{I}{A}}$
空心正方形 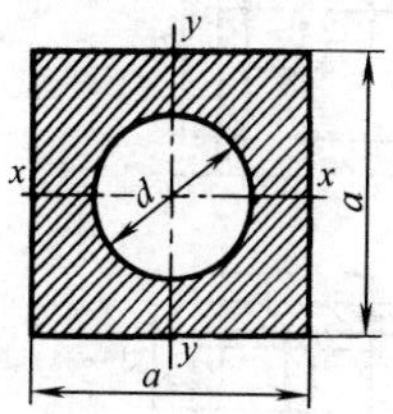	$a^2-\frac{\pi d^2}{4}$	$\frac{1}{12}\left(a^4-\frac{3\pi d^4}{16}\right)$	$\frac{1}{6a}\left(a^4-\frac{3\pi d^4}{16}\right)$	$\frac{a}{2}$	$\sqrt{\frac{16a^4-3\pi d^4}{48(4a^2-\pi d^2)}}$
型钢截面 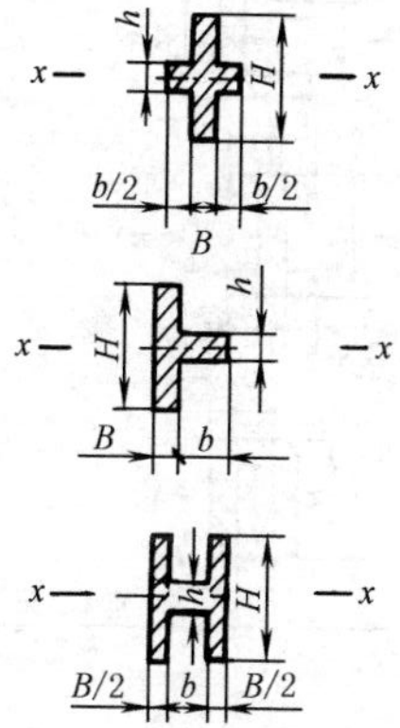	$BH+bh$	$I_x=\frac{BH^3+bh^3}{12}$	$W_x=\frac{BH^3+bh^3}{6H}$	$e_x=\frac{H}{2}$	$i_x=\sqrt{\frac{I_x}{A}}$

续表

简图	面积 A	惯性矩 I	抗弯截面系数 $W=\frac{I}{e}$	重心 S 到相应边的距离 e	惯性半径 $i=\sqrt{\frac{I}{A}}$
型钢截面 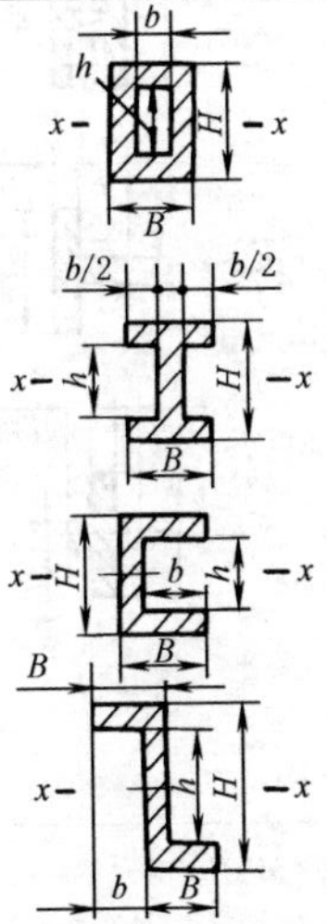	$BH-bh$	$I_x=\frac{BH^3-bh^3}{12}$	$W_x=\frac{BH^3-bh^3}{6H}$	$e_x=\frac{H}{2}$	$i_x=\sqrt{\frac{I_x}{A}}$
型钢截面 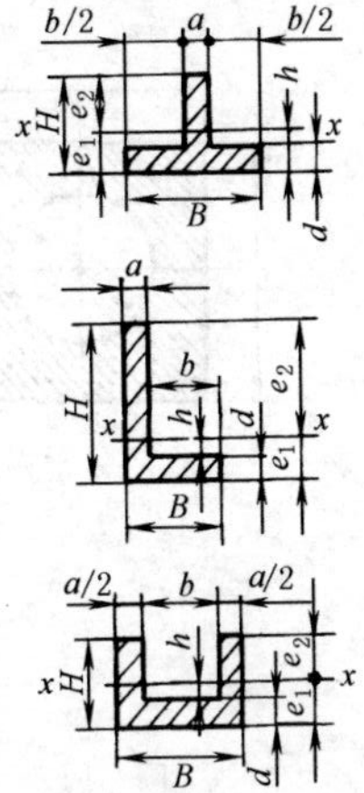	$BH-b(e_2+h)$	$I_x=\frac{1}{3}(Be_1^3-bh^3+ae_2^3)$	$W_{x_1}=\frac{I_x}{e_1}$ $W_{x_2}=\frac{I_x}{e_2}$	$e_1=\frac{aH^2+bd^2}{2(aH+bd)}$ $e_2=H-e_1$	$i_x=\sqrt{\frac{I_x}{A}}$

注：1. 表中 I_x、I_y 均为轴惯性矩；I_p 为极惯性矩。

2. 表中 α 单位为(°)。

杆件计算的基本公式

表 1-1-94

载荷情况	计算公式	符号意义
等截面直杆中心拉伸和压缩 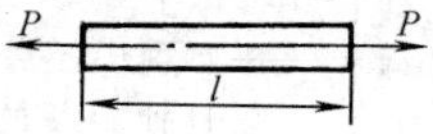 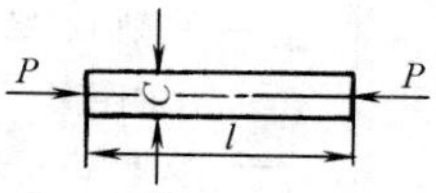 (当 $l>3C$)	纵向力作用下的正应力： $\sigma=\dfrac{P}{A}\leqslant\sigma_{tp}$（拉伸） $\sigma=\dfrac{P}{A}\leqslant\sigma_{cp}$（压缩） $A\geqslant\dfrac{P}{\sigma_p}$ 纵向绝对变形：$\Delta l=\dfrac{Pl}{EA}$ ⎫ 纵向应变：$\varepsilon=\dfrac{\Delta l}{l}=\dfrac{\sigma}{E}$ ⎭ 虎克定律 横向应变：$\varepsilon_1=-\mu\varepsilon$	P——纵向力 E——材料拉压弹性模量 A——横截面面积 σ_{tp}——材料抗拉许用应力 σ_{cp}——材料抗压许用应力 σ_p——材料许用应力 μ——泊松比 l——杆件原长（或杆件长度）
剪切 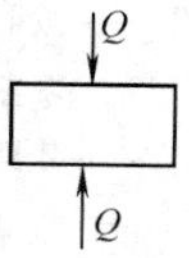	横向力作用下的切应力： $\tau=\dfrac{Q}{A}\leqslant\tau_p$ （假定横截面上切应力 τ 均匀分布） 切应变： $\gamma=\dfrac{\tau}{G}$ （纯剪切的虎克定律）	Q——切力 τ_p——材料许用切应力 φ_p——许用扭转角，(°)/m $G=\dfrac{E}{2(1+\mu)}$——材料的切变模量
等直圆杆与圆管的扭转 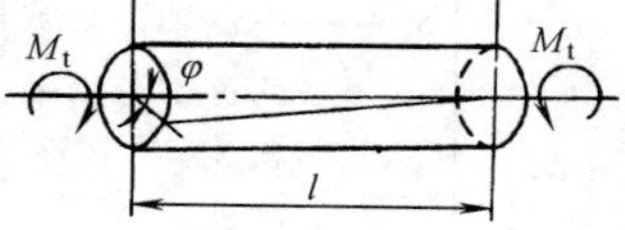	扭矩作用下的切应力： $\tau_{max}=\dfrac{M_t}{W_t}\leqslant\tau_p$ 最大扭转角： $\varphi=\dfrac{M_t l}{GI_t}\times\dfrac{180}{\pi}$ （°） 或 $\varphi=\dfrac{M_t\times100}{GI_t}\times\dfrac{180}{\pi}<\varphi_p$，单位为(°)/m，（此式中 M_t、G、I_t 中所包含的长度单位应用“cm”）	M_t——扭矩 W_t——抗扭截面系数 实心圆轴： $W_t=\dfrac{I_t}{r}=\dfrac{\pi d^3}{16}\approx0.2d^3$ 空心圆管：$W_t=\dfrac{I_t}{r}$ $=\dfrac{\pi}{32}\times\dfrac{D^4(1-\alpha^4)}{D/2}$ $\approx0.2D^3\times(1-\alpha^4)$
直杆横向平面弯曲 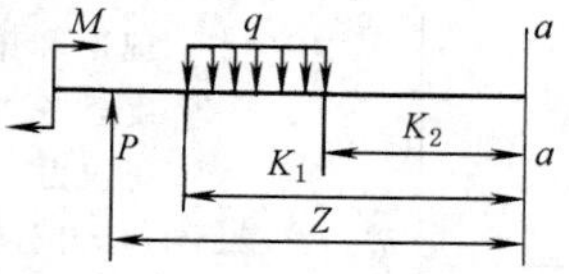 a—a截面 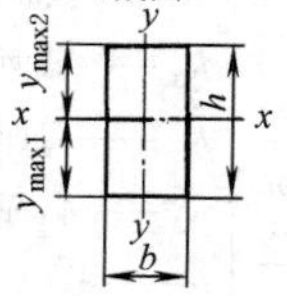	弯矩作用下的正应力：$\sigma=\dfrac{M_b y}{I_x}$ 在受拉一边的最大拉应力：$\sigma_{max}=\dfrac{M_b y_{max1}}{I_x}=\dfrac{M_b}{W_{x1}}\leqslant\sigma_{tp}$ 在受压一边的最大压应力：$\sigma_{max}=\dfrac{M_b y_{max2}}{I_x}=\dfrac{M_b}{W_{x2}}\leqslant\sigma_{cp}$ a—a 截面处的弯矩：$M_b=M+PZ-\dfrac{q(K_1^2-K_2^2)}{2}$ 矩形截面弯曲切应力：$\tau=\dfrac{Q'S_x}{Ib}$ 截面上最大切应力（中性轴上）：$\tau_{max}=\dfrac{Q'S_0}{Ib_0}=\dfrac{3Q'}{2bh}\leqslant\tau_p$ a—a 截面处的切力： $Q'=P-q(K_1-K_2)$ 截面上其他任意点应力： 第三强度理论 $\sigma_{Ⅲ}=\sqrt{\sigma^2+4\tau^2}\leqslant\sigma_p$ 第四强度理论 $\sigma_{Ⅳ}=\sqrt{\sigma^2+3\tau^2}\leqslant\sigma_p$ 通常情况下，对于一般细长的梁，仅根据梁的最大弯矩按正应力强度条件选择应有的截面就可以。只有下列情况时才需校核梁的切应力： 1. 高度较大的铆接或焊接的组合梁，其梁的腹板上的切应力要校核 2. 跨度短、载荷大，或很大载荷均作用于支座附近 3. 材料抗剪强度比弯曲强度小得多（如木材）	I_t——抗扭惯性矩，等于圆面积对于形心的极惯性矩 I_p，即 实心圆轴： $I_p=\dfrac{\pi d^4}{32}\approx0.1d^4$ 空心圆管： $I_p=\dfrac{\pi}{32}\times D^4\times(1-\alpha^4)$ $\approx0.1D^4(1-\alpha^4)$ α——圆管内外圆直径之比 $\alpha=\dfrac{d}{D}$ Q'——横截面上的切力 b——横截面上，在所求切应力处的宽度 S_x——横截面上切力 τ 所在的横线至边缘部分的面积对中心轴的静矩

续表

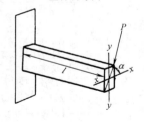

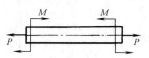

<table>
<tr><th>载荷情况</th><th>计算公式</th><th>符号意义</th></tr>
<tr><td>直杆斜弯曲</td><td>弯矩作用平面与截面主轴线 $x—x$，$y—y$ 不重合时，弯矩的合应力：$\sigma_{max}=\pm\dfrac{M_{max}\cos\alpha}{W_y}\pm\dfrac{M_{max}\sin\alpha}{W_x}$
上式是指工程中常用截面，即有棱角的对称截面，这类截面上最大拉应力与最大压应力相等，恒发生在距中性轴最远的棱角上。拉应力取“+”，压应力取“-”。最大应力所在点无切应力，按正应力进行强度计算，对钢制梁其拉伸与压缩的许用应力相等，所以强度条件：
$\sigma_{max}=\left[\dfrac{M_{max}\cos\alpha}{W_y}+\dfrac{M_{max}\sin\alpha}{W_x}\right]\leqslant\sigma_p$
简化为$\dfrac{M_{max}\cos\alpha}{W_y}\left[1+\dfrac{W_y}{W_x}\tan\alpha\right]\leqslant\sigma_p$</td><td rowspan="4">$M_b$——弯矩
y——截面中任意一点至中性轴 $x—x$ 的距离
y_{max}——截面边缘至中性轴的距离
I_x——截面对 $x—x$ 轴的抗弯惯性矩
I——整个横截面对于中性轴的惯性矩
W_x——截面对 $x—x$ 轴的抗弯截面系数
W_y——截面对 $y—y$ 轴的抗弯截面系数
W——抗弯截面系数
q——一段杆件上的均布载荷
S_0——中性轴以上或以下的这部分横截面面积对于中性轴的静矩
b_0——截面沿中性轴的宽度
α——载荷平面与截面主轴 $x—x$ 间的夹角
M——作用在杆件上的力矩
M_{max}——杆件上受的最大弯矩
$\sigma_{Ⅳ}$，$\sigma_{Ⅰ}$——根据第四强度理论和第一强度理论的合成正应力
h_1——截面外边至中性轴距离
h_2——截面内边至中性轴距离
R_0——截面形心层曲率半径
R_1——截面外边缘曲率半径
R_2——截面内边缘曲率半径
θ——截面 $m—n$ 与作用载荷的夹角
r——中性层曲率半径</td></tr>
<tr><td>直杆拉伸（或压缩）与弯曲
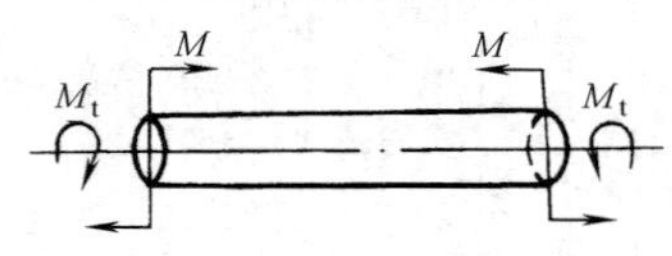
</td><td>拉力（或压力）与弯矩联合作用下的正应力：
$\sigma=\pm\dfrac{P}{A}\pm\dfrac{M}{W}\leqslant\sigma_p$
（拉应力取+，压应力取-）</td></tr>
<tr><td>圆直杆的弯曲与扭转</td><td>弯矩与扭矩联合作用时，最大应力分别为（危险点在上下边缘）
正应力：$\sigma=\dfrac{M}{W}$　切应力：$\tau=\dfrac{M_t}{W_t}$，$(W_t=2W)$
合成正应力（相当应力）：
根据第三强度理论 $\sigma_{Ⅲ}=\sqrt{\sigma^2+4\tau^2}$
根据第四强度理论 $\sigma_{Ⅳ}=\sqrt{\sigma^2+3\tau^2}\leqslant\sigma_p$
（用于钢材等塑性材料）
根据第一强度理论 $\sigma_{Ⅰ}=\dfrac{\sigma}{2}+\dfrac{\sqrt{\sigma^2+4\tau^2}}{2}\leqslant\sigma_p$
（用于铸铁等脆性材料）</td></tr>
<tr><td>曲杆弯曲
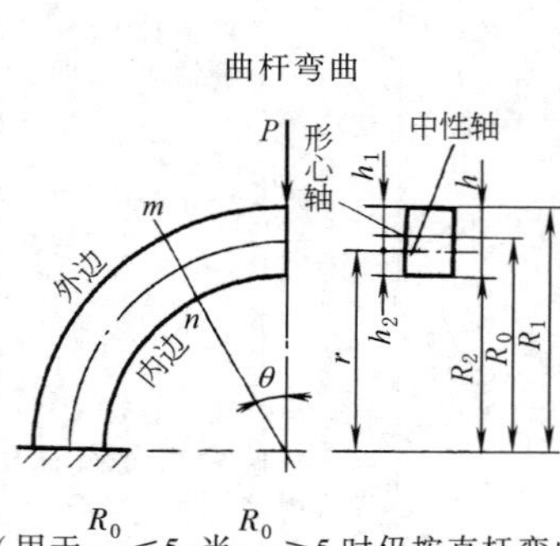

（用于$\dfrac{R_0}{h}\leqslant5$；当$\dfrac{R_0}{h}\geqslant5$时仍按直杆弯曲计算；与切力 Q 对应的切应力一般很小，可略去不计）
有关等截面曲梁的计算公式，见表 1-1-103 和表 1-1-104。</td><td>曲杆任意截面 $m—n$ 上　法向力：$N=P\sin\theta$
弯矩：$M=PR_0\sin\theta$；曲杆内外边缘的正应力：
外边 $\sigma_1=\dfrac{Mh_1}{A(R_0-r)R_1}-\dfrac{N}{A}\leqslant\sigma_{tp}$
内边 $\sigma_2=-\dfrac{Mh_2}{A(R_0-r)R_2}-\dfrac{N}{A}\leqslant\sigma_{cp}$
（如 P 力方向与图相反，式中前后二项的正负号应相反，括号中符号不变）
中性层曲率半径 r 可按表 1-1-95 中公式计算
对于圆截面和矩形截面，亦可按下式大略计算
外边 $\sigma_1=k_1\dfrac{M}{W}$，内边 $\sigma_2=k_2\dfrac{M}{W}$
式中系数 k_1、k_2 由下表查出
<table>
<tr><th rowspan="2">截面</th><th rowspan="2">系数</th><th colspan="7">$\dfrac{R_0}{d}$及$\dfrac{R_0}{h}$</th></tr>
<tr><th>1</th><th>1.5</th><th>2</th><th>3</th><th>4</th><th>5</th><th>6</th></tr>
<tr><td rowspan="2">圆截面（d，R_0）</td><td>k_1</td><td>0.73</td><td>0.82</td><td>0.86</td><td>0.91</td><td>0.93</td><td>0.95</td><td>0.96</td></tr>
<tr><td>k_2</td><td>1.6</td><td>1.36</td><td>1.26</td><td>1.17</td><td>1.12</td><td>1.09</td><td>1.08</td></tr>
<tr><td rowspan="2">矩形截面（h，R_0）</td><td>k_1</td><td>0.75</td><td>0.82</td><td>0.86</td><td>0.92</td><td>0.96</td><td>0.97</td><td>0.98</td></tr>
<tr><td>k_2</td><td>1.53</td><td>1.29</td><td>1.21</td><td>1.12</td><td>1.09</td><td>1.06</td><td>1.05</td></tr>
</table></td></tr>
</table>

表 1-1-95　不同形状截面中性层和形心层的曲率半径值

截面形状	中性层的曲率半径 r 形心层的曲率半径 R_0	截面形状	中性层的曲率半径 r 形心层的曲率半径 R_0
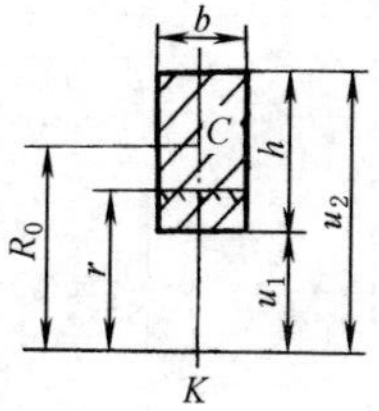	$r=\dfrac{h}{\ln\dfrac{u_2}{u_1}}$ C——截面形心；K——曲率中心（全表相同） $R_0=u_1+\dfrac{h}{2}$	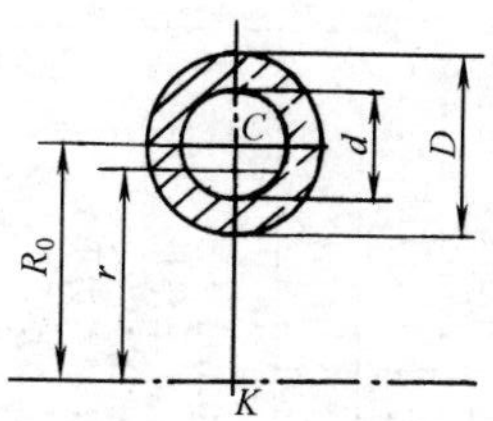	$r=\dfrac{D^2-d^2}{8R_0\left[\sqrt{1-\left(\dfrac{d}{2R_0}\right)^2}-\sqrt{1-\left(\dfrac{D}{2R_0}\right)^2}\right]}$
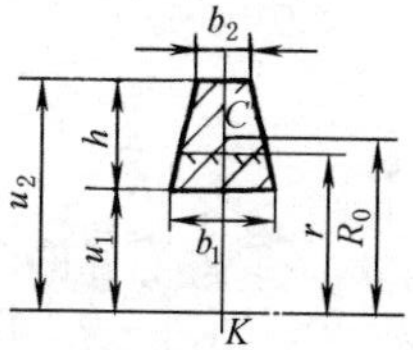	$r=\dfrac{\dfrac{(b_1+b_2)h}{2}}{\left[\dfrac{b_1u_2-b_2u_1}{h}\right]\ln\dfrac{u_2}{u_1}-(b_1-b_2)}$ $R_0=u_1+\dfrac{(b_1+2b_2)}{3(b_1+b_2)}h$	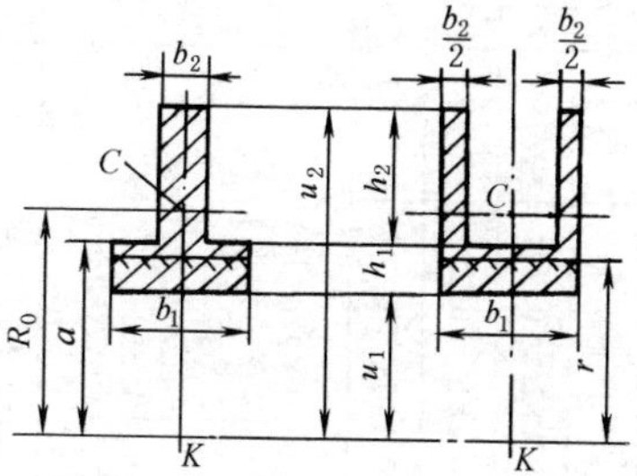	$r=\dfrac{b_1h_1+b_2h_2}{b_1\ln\dfrac{a}{u_1}+b_2\ln\dfrac{u_2}{a}}$ $R_0=u_1+\dfrac{\dfrac{1}{2}b_1h_1^2+b_2h_2\left(\dfrac{h_2}{2}+h_1\right)}{A}$ A——面积（下同）
圆形　椭圆形 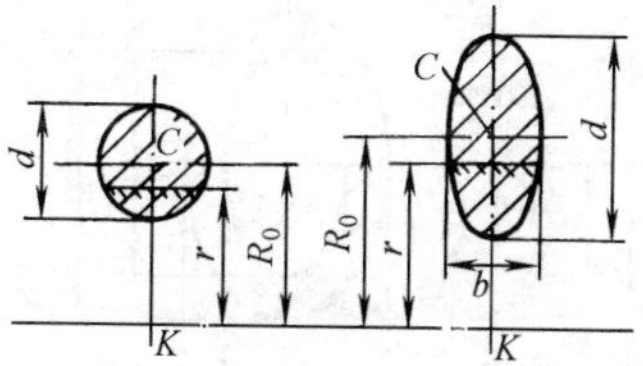	$r=\dfrac{d^2}{8R_0\left[1-\sqrt{1-\left(\dfrac{d}{2R_0}\right)^2}\right]}$	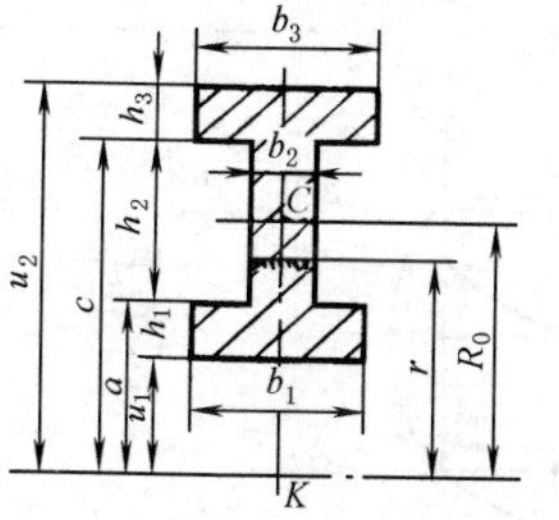	$r=\dfrac{b_1h_1+b_2h_2+b_3h_3}{b_1\ln\dfrac{a}{u_1}+b_2\ln\dfrac{c}{a}+b_3\ln\dfrac{u_2}{c}}$；$R_0=u_1+\dfrac{\dfrac{1}{2}b_1h_1^2+b_2h_2\left(\dfrac{h_2}{2}+h_1\right)+b_3h_3\left(\dfrac{h_3}{2}+h_1+h_2\right)}{A}$ 当 $b_1=b_3$，$h_1=h_3$ 时：$R_0=u_1+h_1+\dfrac{h_2}{2}$

表 1-1-96　　非圆截面直杆自由扭转时的应力和变形计算式（线弹性范围）

最大扭转切应力　　$\tau_{max}=\dfrac{M_t}{W_t}$　　(1)

单位杆长相对扭转角　　$\theta=\dfrac{M_t}{GI_t}$　　(2)

式中　M_t——扭矩；G——切变模量；I_t，W_t——截面抗扭惯性矩和抗扭截面系数

截面形状与扭转切应力分布	I_t	W_t	附　注
矩形（$b/a\geqslant1$）	$I_t=\beta a^3b$	$W_t=\alpha a^2b$	τ_{max} 在长边中点 A，短边中点 B 的应力为 $\tau_B=\gamma\tau_{max}$ 近似公式： $I_t=\dfrac{a^3b}{16}\times\left[\dfrac{16}{3}-3.36\times\dfrac{a}{b}\times\left(1-\dfrac{a^4}{12b^4}\right)\right]$ $W_t=\dfrac{a^2b^2}{3a+1.8b}$
正多边形（边长为 a）	$I_t=\begin{cases}0.02165a^4 & \text{(正三角形)}\\ 1.039a^4 & \text{(正六边形)}\\ 3.658a^4 & \text{(正八边形)}\end{cases}$	$W_t=\begin{cases}0.05a^3 & \text{(正三角形)}\\ 0.981a^3 & \text{(正六边形)}\\ 2.605a^3 & \text{(正八边形)}\end{cases}$	τ_{max} 在各边中点
空心矩形	$I_t=\eta\dfrac{1}{3}\sum s_it_i^3$ 式中　s_i——第 i 个狭矩形（直的或弯的）的长度 t_i——第 i 个狭矩形的厚度 t_{max}——各狭矩形中的最大厚度 η——修正系数 $\eta=\begin{cases}1 & \text{对非型钢和角钢}\\ 1.12 & \text{槽钢}\\ 1.14 & \text{Z 型钢}\\ 1.15 & \text{T 型钢}\\ 1.20 & \text{工字钢}\end{cases}$	$W_t=I_t/t_{max}$	τ_{max} 发生在各狭条矩形中厚度最大处的周边上
开口薄壁截面 切应力沿厚度线性分布	$I_t=\dfrac{2tt_1(a-t)^2(b-t_1)^2}{at+bt_1-t^2-t_1^2}$	长边中点 $W_t=2t_1(a-t)(b-t_1)$ 短边中点 $W_t=2t(a-t)(b-t_1)$	
空心椭圆 $\dfrac{a}{b}>1$　$\dfrac{a_1}{a}=\dfrac{b_1}{b}=c<1$	$I_t=\dfrac{\pi a^3(b^4-b_1^4)}{b(a^2+b^2)}$ 实心椭圆 $I_t=\dfrac{\pi a^3b^3}{a^2+b^2}$	$W_t=\dfrac{\pi(ab^3-a_1b_1^3)}{2b}$ 实心椭圆 $W_t=\dfrac{\pi ab^2}{2}$	τ_{max} 在 A 点、B 点应力为 $\tau_B=\dfrac{b}{a}\tau_{max}$

矩形截面系数：

b/a	1	1.2	1.5	1.75	2	2.5	3
α	0.208	0.219	0.231	0.239	0.246	0.258	0.267
β	0.141	0.166	0.196	0.214	0.229	0.249	0.263
γ	1.0	0.930	0.860	0.820	0.795	0.766	0.753
b/a	4	5	6	8	10	∞	
α	0.282	0.291	0.299	0.307	0.312	0.333	
β	0.281	0.291	0.299	0.307	0.312	0.333	
γ	0.745	0.744	0.743	0.742	0.742	0.742	

续表

截面形状与扭转切应力分布	I_t	W_t	附　　注
闭口薄壁截面 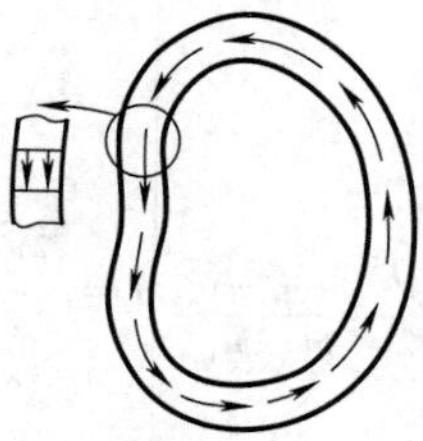 沿厚度均布，且 τt=常数	$I_k=4A_c^2/\oint\frac{dS}{t}$ 壁厚均匀时： $\theta=\frac{M_tS}{4A_c^2Gt}$ 式中 A_c——截面中线所围面积的两倍 t——壁厚 t_{min}——壁的最小厚度 S——截面中线总长 各种形状的薄壁杆件 $\oint\frac{dS}{t}$ 可写成 $\sum\frac{S_i}{t_i}$ 式中 S_i——各段中线长度 t_i——各段中线的相应厚度	$W_k=2A_ct_{min}$	τ_{max} 发生在最小厚度上各点

注：截面周边各点切应力方向与周边相切，凸角点切应力为零，凹角点有应力集中现象。

表 1-1-97　　开口薄壁杆件截面几何参数

扇性坐标　$\omega=\int_0^s r\mathrm{d}s$

r——截面剪心 S 至各板段中心线的垂直距离，均取正号；
s——由剪心 S 算起的截面上任意点 s 的坐标

扇性静矩　$S_\omega=\int_0^s\omega\mathrm{d}A$

截面扇性惯性矩　$J_\omega=\int_A\omega^2\mathrm{d}A$

ω——扇性坐标，mm²；
S_ω——扇性静矩，mm⁴；
J_ω——扇性惯性矩，mm⁶；
J_K——自由扭转截面抗扭几何刚度，mm⁴

截面形状与尺寸	扭心（弯心）A 位置	$\omega(s)$	$S_\omega(s)$	J_ω	J_K
1. 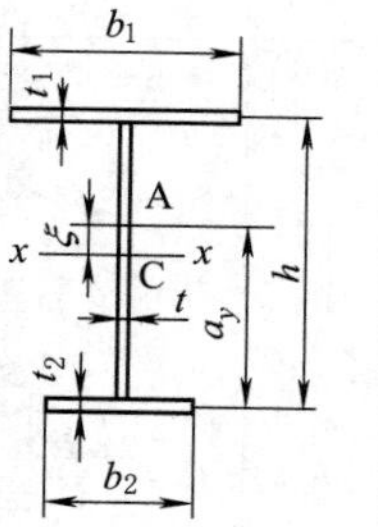	$a_y=\frac{I_{yy1}}{I_{yy}}h$ $=\frac{t_1b_1^3}{t_1b_1^3+t_2b_2^3}h$ 当 $t_1=t_2=t$ 与 $b_1=b_2=b$ 时 $a_y=\frac{h}{2}$	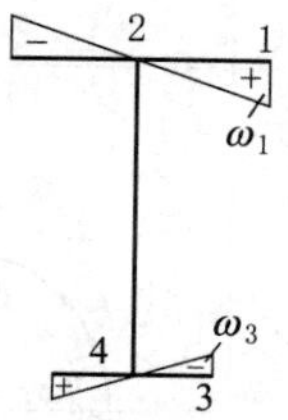 $\omega_1=(h-a_y)b_1/2$ $\omega_3=-a_yb_2/2$	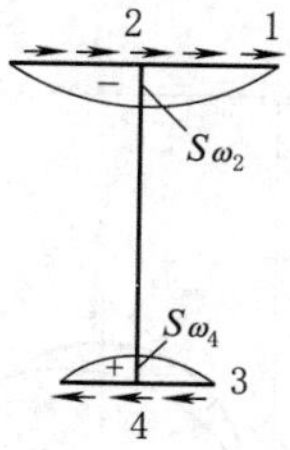 $S_{\omega2}=(h-a_y)b_1^2t_1/8$ $S_{\omega4}=a_yb_2^2t_2/8$	$J_\omega=\frac{t_1b_1^3t_2b_2^3h^2}{(t_1b_1^3+t_2b_2^3)12}$ 当 $t_1=t_2=t$ 与 $b_1=b_2=b$ 时 $J_\omega=\frac{b^3h^2t}{24}$	$J_K=a\frac{b_1t_1^3+b_2t_2^3+ht^3}{3}$ $a=1.2$
2. 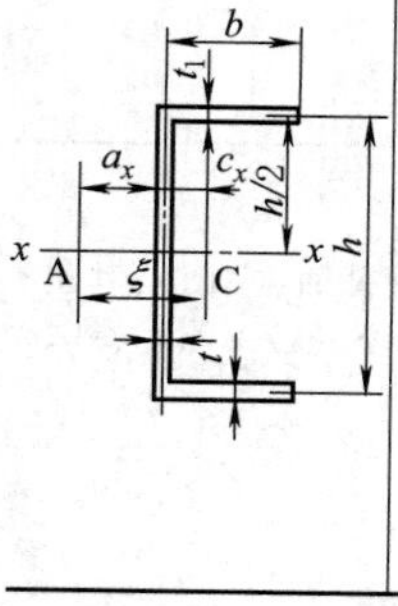	$a_x=\frac{2I_{xx1}}{I_{xx}}c_x$ $=\frac{b}{2\left(1+\frac{ht}{6bt_1}\right)}$	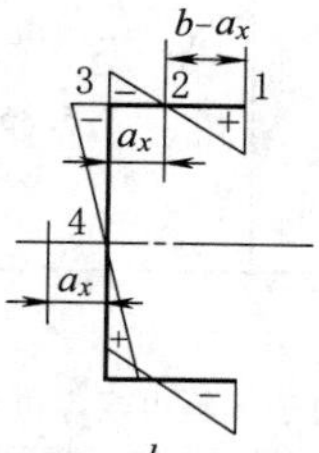 $\omega_1=\frac{b-a_x}{2}h$ $\omega_3=\frac{-a_xh}{2}$	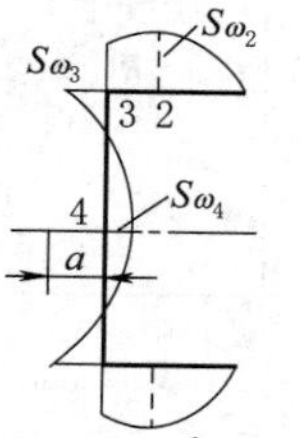 $S_{\omega_2}=(b-a_x)^2ht_1/4$ $S_{\omega_3}=(b-2a_x)bht_1/4$ $S_{\omega_4}=(b-2a_x)ht_1/4$ $-a_xh^2t/8$	$J_\omega=\frac{h^2}{12}(ht+6bt_1)a_x^2$ $+\frac{b^2h^2t_1}{6}(b-3a_x)$	$J_K=a\frac{2bt_1^3+ht^3}{3}$ $a=1.12$

续表

截面形状与尺寸	扭心(弯心)A位置	$\omega(s)$	$S_\omega(s)$	J_ω	J_K
3.	$a_x=0$ $a_y=0$	$\omega_1=\frac{(b-d)h}{2}$ $\omega_2=-\frac{hd}{2}$ $d=\frac{b^2t_1}{ht+2bt_1}$	$S_{\omega_3}=\frac{(ht+bt_1)^2hb^2t_1}{4(ht+2bt_1)^2}$ $S_{\omega_2}=\frac{h^2b^2tt_1}{4(ht+2bt_1)}$	$J_\omega=\frac{b^3t_1h^2}{12}\times\frac{2ht+bt_1}{ht+2bt_1}$	$J_K=a\frac{2bt_1^3+ht^3}{3}$ $a=1.14$
4.	$a_x=2R\frac{\sin\alpha_0-\alpha_0\cos\alpha_0}{\alpha_0-\sin\alpha_0\cos\alpha_0}-R$	$\omega=R^2\left[\phi-2\times\left(\frac{\sin\alpha_0-\alpha_0\cos\alpha_0}{\alpha_0-\sin\alpha_0\cos\alpha_0}\right)\sin\phi\right]$	$S_\omega=R^3t\left[2(\cos\phi-\cos\alpha_0)\times\frac{\sin\alpha_0-\alpha_0\cos\alpha_0}{\alpha_0-\sin\alpha_0\cos\alpha_0}+\frac{\phi^2}{2}-\frac{\alpha_0^2}{2}\right]$	$J_\omega=\frac{2R^2t}{3}\left[\alpha_0-\frac{6(\sin\alpha_0-\alpha_0\cos\alpha_0)^2}{\alpha_0-\sin\alpha_0\cos\alpha_0}\right]$	$J_K=\frac{2R\alpha_0t^3}{3}$
5. 此为序号4当$\alpha_0=\pi$时的特例	$a_x=R$	$\omega=R^2(\phi-2\sin\phi)$	$S_\omega=\frac{R^3t}{2}(4\cos\phi+\phi^2-5.86)$	$J_\omega=\frac{2}{3}\pi(\pi^2-b)R^5t$	$J_K=\frac{2\pi Rt^3}{3}$

6.

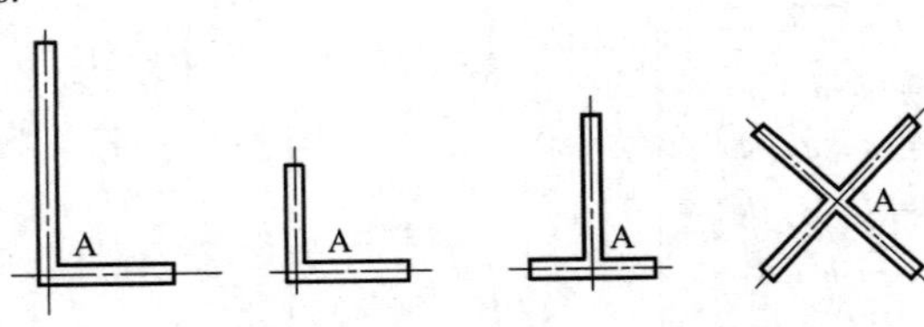

对于不等边或等边角材及分叉状的开式薄壁截面(左图),其扭心(弯心)位于截面中线交点A上,$\omega(s)\approx0$,$S_\omega(s)\approx0$,$J_\omega\approx0$,$J_K=\frac{1}{3}\sum bt^3$

表 1-1-98　　开口薄壁杆件受约束扭转时的双力矩 B 和约束扭矩 M_ω

双力矩　$B=\int_A \sigma_\omega \omega \mathrm{d}A=-E_1 J_\omega \dfrac{\mathrm{d}^2\theta}{\mathrm{d}z^2}$　　　$E_1=\dfrac{E}{1-\mu^2}$

约束扭矩　$M_\omega=\dfrac{\mathrm{d}B}{\mathrm{d}z}=-E_1 J_\omega \dfrac{\mathrm{d}^3\theta}{\mathrm{d}z^3}$　　　E——弹性模量；μ——泊松比

序号	支承及载荷情况	$B(z)$	$M_\omega(z)$
1	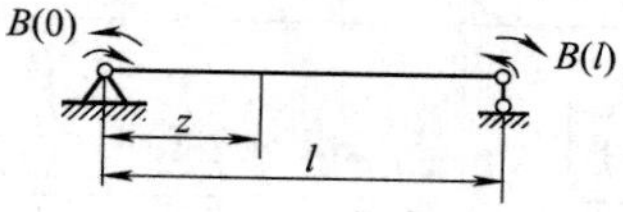 $B(0)$, $B(l)$, z, l	$B(0)\dfrac{\mathrm{sh}[k(l-z)]}{\mathrm{sh}kl}+B(l)\dfrac{\mathrm{sh}kz}{\mathrm{sh}kl}$	$-B(0)k\dfrac{\mathrm{ch}[k(1-z)]}{\mathrm{sh}kl}+B(l)k\dfrac{\mathrm{ch}kz}{\mathrm{sh}kl}$
2	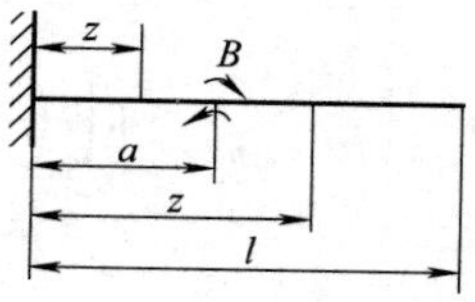 z, B, a, z, l	$z\leqslant a$ $B\dfrac{\mathrm{ch}[k(l-a)]}{\mathrm{ch}kl}\mathrm{ch}kz$ $z\geqslant a$ $-Bk\dfrac{\mathrm{sh}[k(l-z)]}{\mathrm{ch}kl}\mathrm{sh}ka$	$z\leqslant a$ $Bk\dfrac{\mathrm{ch}[k(l-a)]}{\mathrm{sh}kl}\mathrm{sh}kz$ $z\geqslant a$ $Bk\dfrac{\mathrm{ch}[k(l-z)]}{\mathrm{ch}kl}\mathrm{sh}ka$
3	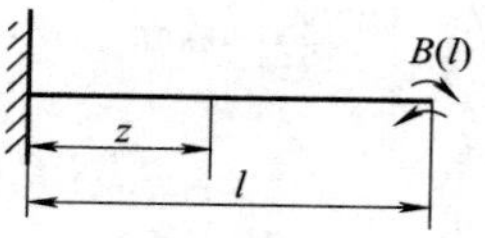 $B(l)$, z, l	$B(l)\dfrac{\mathrm{ch}kz}{\mathrm{ch}kl}$	$B(l)k\dfrac{\mathrm{sh}kz}{\mathrm{ch}kl}$
4	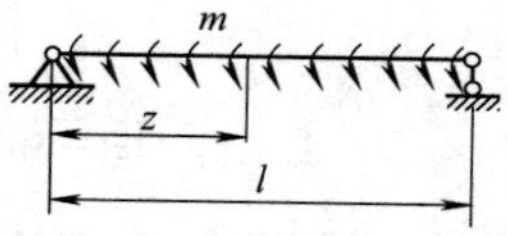 m, z, l	$\dfrac{m}{k^2}\left\{1-\dfrac{\mathrm{ch}\left[k\left(\dfrac{l}{2}-z\right)\right]}{\mathrm{ch}\dfrac{kl}{2}}\right\}$	$\dfrac{m}{k}\times\dfrac{\mathrm{sh}\left[k\left(\dfrac{l}{2}-z\right)\right]}{\mathrm{ch}\dfrac{kl}{2}}$
5	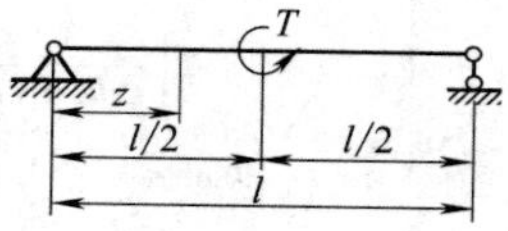 T, z, $l/2$, $l/2$, l	$\dfrac{T}{2k}\times\dfrac{\mathrm{sh}kz}{\mathrm{ch}\dfrac{kl}{2}}$	$\dfrac{T}{2}\times\dfrac{\mathrm{ch}kz}{\mathrm{ch}\dfrac{kl}{2}}$
6	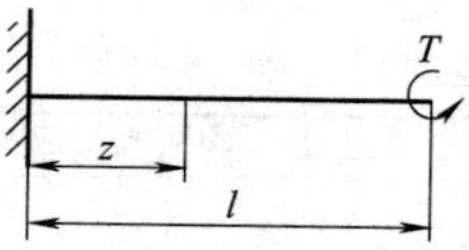 T, z, l	$-\dfrac{T}{k}\times\dfrac{\mathrm{sh}[k(1-z)]}{\mathrm{ch}kl}$	$T\dfrac{\mathrm{ch}[k(l-z)]}{\mathrm{ch}kl}$
7	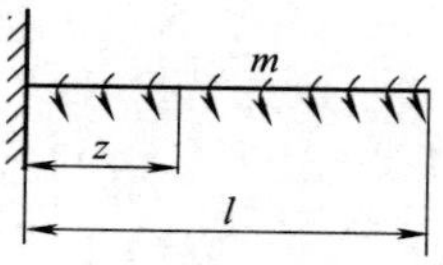 m, z, l	$-\dfrac{m}{k^2\mathrm{ch}kl}\{kl\mathrm{sh}[k(l-z)]-\mathrm{ch}kl+\mathrm{ch}kz\}$	$-\dfrac{m}{k\mathrm{ch}kl}\{\mathrm{sh}kz-kl\mathrm{ch}[k(l-z)]\}$

续表

序号	支承及载荷情况	$B(z)$	$M_{\omega}(z)$
8	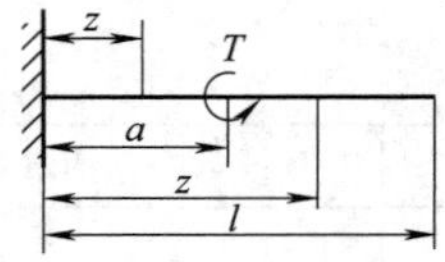	$z\leqslant a$ $-\frac{T}{k\mathrm{ch}kl}(\{\mathrm{sh}kl-\mathrm{sh}[k(l-a)]\}\mathrm{ch}kz-\mathrm{ch}kl\mathrm{sh}kz)$ $z\geqslant a$ $\frac{T}{k\mathrm{ch}kl}\mathrm{sh}[k(l-z)](\mathrm{ch}ka-1)$	$z\leqslant a$ $\frac{T}{\mathrm{ch}kl}(\mathrm{ch}kl\cdot\mathrm{ch}kz-\{\mathrm{sh}kl-\mathrm{sh}[k(1-a)]\}\mathrm{sh}kz)$ $z\geqslant a$ $-\frac{T}{\mathrm{ch}kl}\mathrm{ch}[k(l-z)](\mathrm{ch}ka-1)$
9	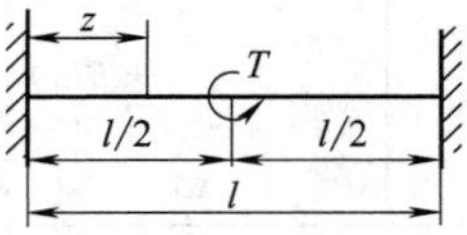	$\frac{T}{2k}\times\frac{\mathrm{ch}kz-\mathrm{ch}\left[k\left(\frac{l}{2}-z\right)\right]}{\mathrm{sh}\frac{kl}{2}}$	$\frac{T}{2}\times\frac{\mathrm{sh}kz+\mathrm{sh}\left[k\left(\frac{l}{2}-z\right)\right]}{\mathrm{sh}\frac{kl}{2}}$
10	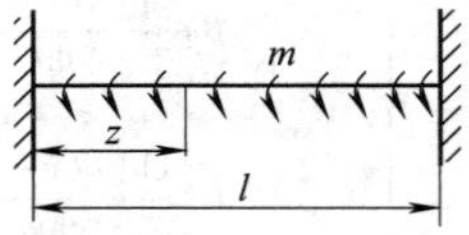	$\frac{m}{k^2}\left[1-\frac{kl\mathrm{ch}\left[k\left(\frac{1}{2}-z\right)\right]}{2\mathrm{sh}\frac{kl}{2}}\right]$	$\frac{ml}{2}\times\frac{\mathrm{sh}\left[k\left(\frac{l}{2}-z\right)\right]}{\mathrm{sh}\frac{kl}{2}}$
11	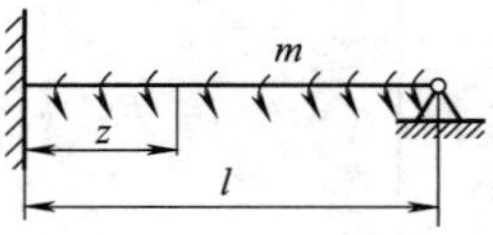	$\frac{m}{k^2}\left[1-\mathrm{ch}[k(l-z)]+\mathrm{sh}[k(l-z)]\times\frac{1+kl\mathrm{sh}kl-\mathrm{ch}kl-\frac{k^2l^2}{2}}{kl\mathrm{ch}kl-\mathrm{sh}kl}\right]$	$\frac{m}{k}\left[\mathrm{sh}k(l-z)-\mathrm{ch}[k(l-z)]\times\frac{1+kl\mathrm{sh}kl-\mathrm{ch}kl-\frac{k^2l^2}{2}}{kl\mathrm{ch}kl-\mathrm{sh}kl}\right]$
12	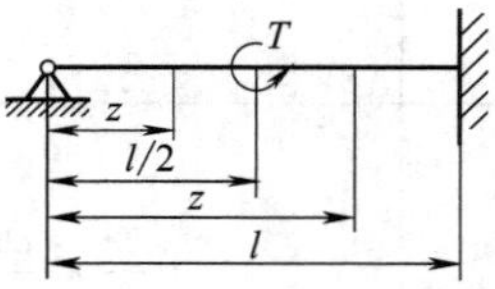	$z\leqslant\frac{l}{2}$ $\frac{T}{k}\frac{1}{kl\mathrm{ch}kl-\mathrm{sh}kl}$ $\times\left(kl\mathrm{ch}\frac{kl}{2}-\mathrm{sh}\frac{kl}{2}-\frac{kl}{2}\right)\mathrm{sh}kz$ $z\geqslant\frac{l}{2}$ $\frac{T}{k}\left\{\frac{\mathrm{sh}kz}{kl\mathrm{ch}kl-\mathrm{sh}kl}\right.$ $\times\left(kl\mathrm{ch}\frac{kl}{2}-\mathrm{sh}\frac{kl}{2}-\frac{kl}{2}\right)$ $\left.-\mathrm{sh}\left[k\left(z-\frac{l}{2}\right)\right]\right\}$	$z\leqslant\frac{l}{2}$ $\frac{T}{\mathrm{sh}kl-kl\mathrm{ch}kl}$ $\times\left(kl\mathrm{ch}\frac{kl}{2}-\mathrm{sh}\frac{kl}{2}-\frac{kl}{2}\right)\mathrm{ch}kz$ $z\geqslant\frac{l}{2}$ $T\left\{\frac{\mathrm{ch}kz}{\mathrm{sh}kl-kl\mathrm{ch}kl}\right.$ $\times\left(kl\mathrm{ch}\frac{kl}{2}-\mathrm{sh}\frac{kl}{2}-\frac{kl}{2}\right)$ $\left.+\mathrm{ch}\left[k\left(z-\frac{l}{2}\right)\right]\right\}$

表 1-1-99　　弯曲切应力的计算公式及其分布（线弹性范围）

序号	截面形状和切应力分布图	垂直切应力 τ、沿周边切应力 τ_1 和最大切应力
1	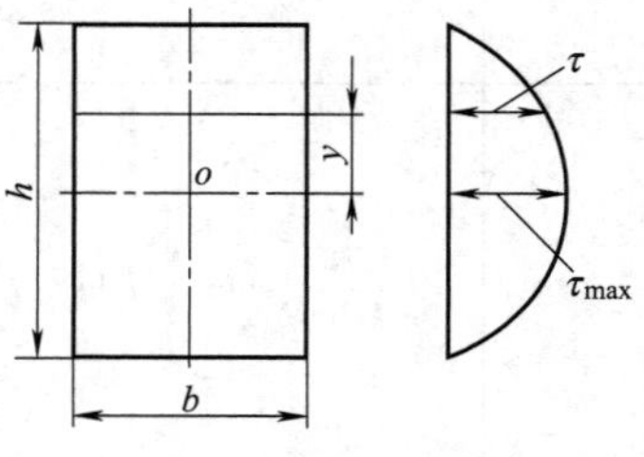	$\tau=\tau_1=\frac{3}{2}\frac{F_s}{A}\left[1-4\left(\frac{y}{h}\right)^2\right]$ $y=0$： $\tau_{max}=\tau_{1max}=\frac{3}{2}\times\frac{F_s}{A}$ $A=bh$

续表

序号	截面形状和切应力分布图	垂直切应力 τ、沿周边切应力 τ_1 和最大切应力
2	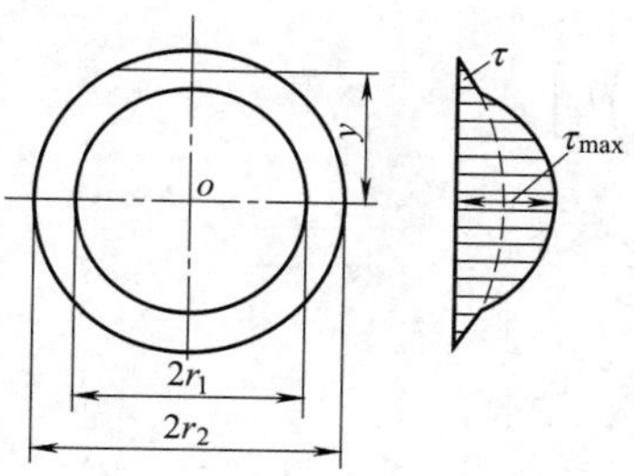 o, y, τ, τ_{max}, $2r_1$, $2r_2$	$r_1 \leqslant y \leqslant r_2$： $\tau=\dfrac{4F_s}{3\pi(r_2^4-r_1^4)}(r_2^2-y^2)$ $0 \leqslant y \leqslant r_1$： $\tau=\dfrac{4F_s}{3\pi(r_2^4-r_1^4)}\left[r_2^2+r_1^2-2y^2+\sqrt{(r_2^2-y^2)(r_1^2-y^2)}\right]$ $0 \leqslant y \leqslant r_1$ $\tau_1=\tau\Big/\sqrt{1-\left(\dfrac{y}{r_2}\right)^2}$ $y=0$： $\tau_{max}=\tau_{1max}=\dfrac{F_s}{A}\times\dfrac{4(r_2^2+r_2r_1+r_1^2)}{3(r_2^2+r_1^2)}$ $A=\pi(r_2^2-r_1^2)$
3	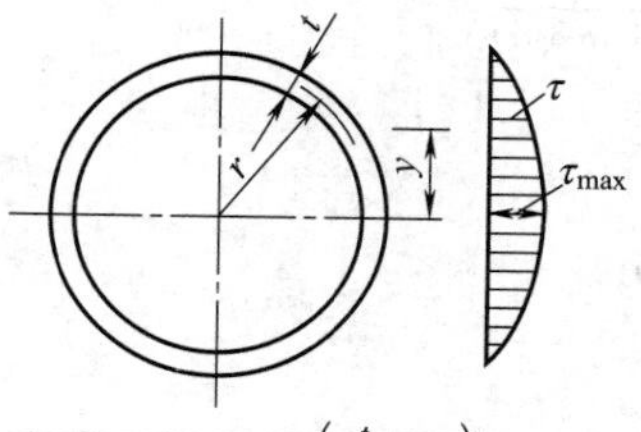 t, r, y, τ, τ_{max} 薄壁圆环$\left(\dfrac{t}{r}\leqslant 5\right)$	$\tau=\dfrac{2F_s}{A}\left[1-\left(\dfrac{y}{r}\right)^2\right]$，$\tau_1=\dfrac{2F_s}{A}\left[1-\left(\dfrac{y}{r}\right)^2\right]^{1/2}$ $y=0$： $\tau_{max}=\dfrac{2F_s}{A}=\tau_{1max}$ $A=2\pi rt$
4	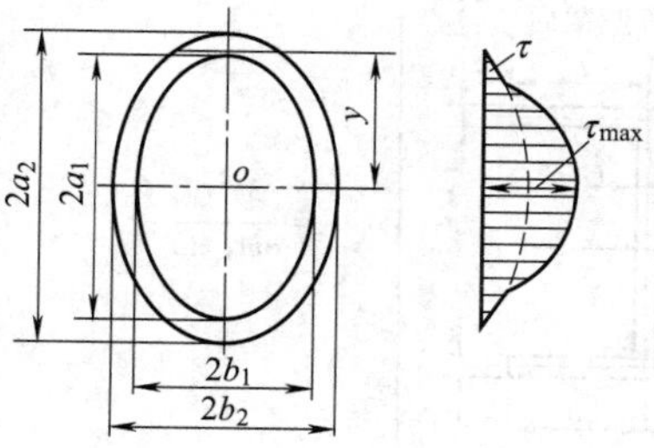 o, y, τ, τ_{max}, $2a_2$, $2a_1$, $2b_1$, $2b_2$	$a_1 \leqslant y \leqslant a_2$： $\tau=\dfrac{4F_s}{3\pi(a_2^3b_2-a_1^3b_1)}(a_2^2-y^2)$ $0 \leqslant y \leqslant a_1$： $\tau=\dfrac{4F_s}{3\pi(a_2^3b_2-a_1^3b_1)}\times \dfrac{\dfrac{b_2}{a_2}(a_2^2-y^2)^{\frac{3}{2}}-\dfrac{b_1}{a_1}(a_1^2-y^2)^{\frac{3}{2}}}{\dfrac{b_2}{a_2}(a_2^2-y^2)^{\frac{1}{2}}-\dfrac{b_1}{a_1}(a_1^2-y^2)^{\frac{1}{2}}}$ $y=0$： $\tau_{max}=\dfrac{F_s}{A}\times\dfrac{4(a_2^2b_2-a_1^2b_1)(a_2b_2-a_1b_1)}{3(a_2^3b_2-a_1^3b_1)(b_2-b_1)}$ $A=\pi(a_2b_2-a_1b_1)$
5	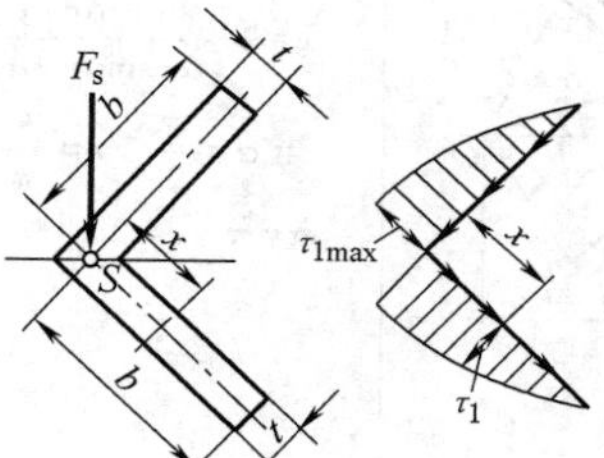 F_s, b, t, x, S, τ_{1max}, τ_1	$\tau_1=\dfrac{3\sqrt{2}}{2}\dfrac{F_s}{A}\left[1-\left(\dfrac{x}{b}\right)^2\right]$ $x=0$： $\tau_{1max}=\dfrac{3\sqrt{2}}{2}\dfrac{F_s}{A}$ $A=2bt$

续表

序号	截面形状和切应力分布图	垂直切应力 τ、沿周边切应力 τ_1 和最大切应力
6	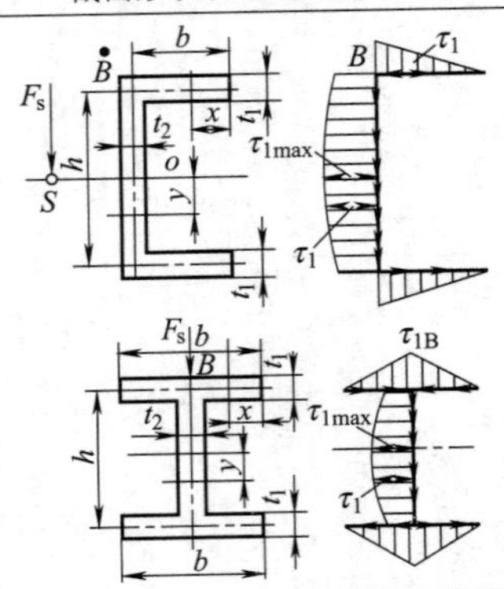	翼缘：$\tau_1=\dfrac{F_s h}{2I}x=\dfrac{F_s}{t_1 h(1+ht_2/6bt_1)}\times\dfrac{x}{b}$ 腹板：$\tau_1=\dfrac{F_s}{2t_2 I}\left[hbt_1+\left(\dfrac{h^2}{4}-y^2\right)t_2\right]$ $y=0$： $\tau_{1\max}=\dfrac{F_s h}{2t_2 I}\left(bt_1+\dfrac{1}{4}ht_2\right)$ $I=\dfrac{1}{2}bt_1h^2\left(1+\dfrac{ht_2}{6bt_1}\right)$
7	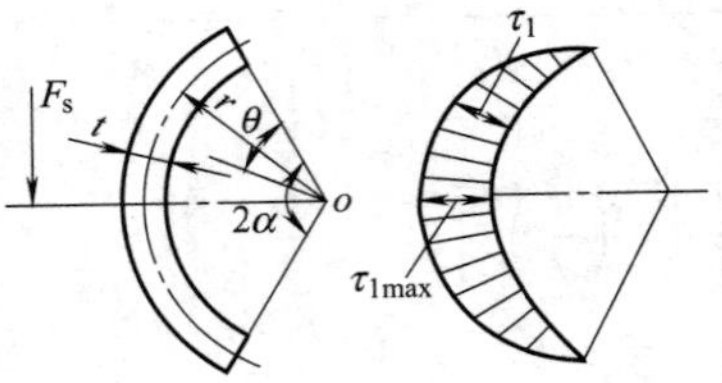	$\tau_1=\dfrac{F_s}{rt}\dfrac{[\sin\alpha\sin\theta-\cos\alpha(1-\cos\theta)]}{\alpha-\sin\alpha\cos\alpha}$ $\theta=\alpha$ $\tau_{1\max}=\dfrac{F_s(1-\cos\alpha)}{rt(\alpha-\sin\alpha\cos\alpha)}=\dfrac{2F_s\alpha(1-\cos\alpha)}{A(\alpha-\sin\alpha\cos\alpha)}$ $A=2\alpha rt$ 半圆形：$\alpha=\pi/2,\tau_{1\max}=2\dfrac{F_s}{A}$ 有缝隙的圆形：$\tau_1=\dfrac{F_s}{\pi rt}(1-\cos\theta)$ $\alpha\to\pi,\tau_{1\max}=4\dfrac{F_s}{A}$

注：1. F_s—作用在横截面上垂直于中性轴的剪力。

2. 垂直切应力 τ 沿中性轴等垂直距离处均布，周边切应力 τ_1 与周边相切，且为全切应力。对薄壁截面序号 3、5、6 和 7 各点的全切应力即为 τ_1，且沿厚度均布。

表 1-1-100　　常用截面弯曲中心的位置

序号	截面形状	弯曲中心位置
1	具有两个对称轴的截面	两对称轴的交点
2	实心截面或闭口薄壁截面	通常与形心位置很接近
3	各窄条矩形中心线汇交于一点的开口薄壁组合截面 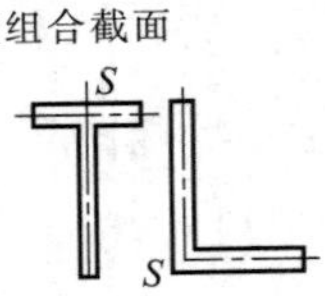	在各矩形中心线的汇交点
4	I 字形薄壁截面(非对称) 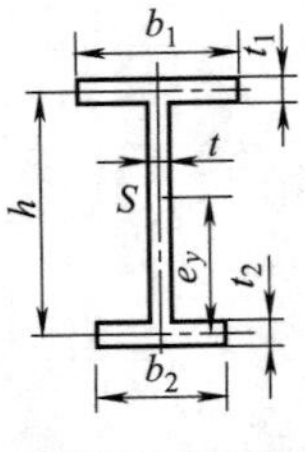	$e_y=\dfrac{t_1b_1^3}{t_1b_1^3+t_2b_2^3}h$
5	槽形薄壁截面 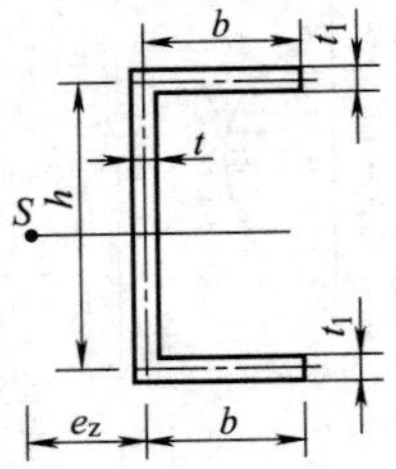	$e_z=\dfrac{3b^2t_1}{6bt_1+ht}$
6	环形段薄壁截面 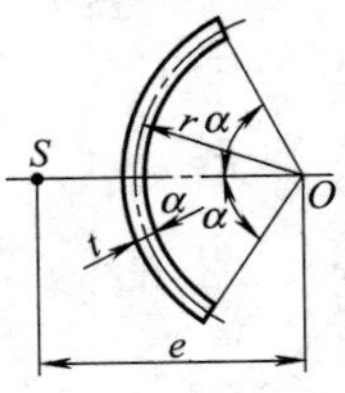	$e=2\dfrac{(\sin\alpha-\alpha\cos\alpha)}{(\alpha-\sin\alpha\cos\alpha)}r$ 当 $\alpha=\dfrac{\pi}{2}$　$e=\dfrac{4}{\pi}r$ $\alpha=\pi$　$e=2r$

注：对于非对称开口薄壁截面梁，要求载荷通过截面的某特定点如图中 S，且载荷所在平面平行于形心主惯性平面，此时梁不产生扭转变形，只产生平面弯曲，此特定点 S 称为截面的弯曲中心。

受静载荷梁的内力及变位计算公式

表 1-1-101

符号意义及正负号规定	简图
P——集中载荷 q——均布载荷 R——支座反力，作用方向向上者为正 Q——剪力，对邻近截面所产生的力矩沿顺时针方向者为正 M——弯矩，使截面上部受压，下部受拉者为正 θ——转角，顺时针方向旋转者为正 f——挠度，向下变位者为正 E——弹性模量 I——截面的轴惯性矩	R　Q　M　M　θ　f
1. 悬臂梁（A　B　M_B　x　l　R_B）	$\xi=\frac{x}{l}$；　$\alpha=\frac{a}{l}$；　$\beta=\frac{b}{l}$；　$\gamma=\frac{c}{l}$ a、b、c——见各栏图中所示

简图	支座反力、支座反力矩	区段	剪力	弯矩	挠度	转角
P　A　B　l　M　Q	$R_B=P$ $M_B=-Pl$		$Q_x=-P$	$M_x=-Px$	$f_x=\frac{Pl^3}{6EI}(2-3\xi+\xi^3)$ $f_A=\frac{Pl^3}{3EI}$	$\theta_x=-\frac{Pl^2}{2EI}(1-\xi^2)$ $\theta_A=-\frac{Pl^2}{2EI}$
P　A　C　B　a　b　l　M　Q	$R_B=P$ $M_B=-Pb$	AC	$Q_x=0$	$M_x=0$	$f_x=\frac{Pb^2l}{6EI}(3-\beta-3\xi)$	
		CB	$Q_x=-P$	$M_x=-P(x-a)$	$f_x=\frac{Pb^2l}{6EI}\left[2-3\frac{x-a}{b}+\frac{(x-a)^3}{b^3}\right]$ $f_A=\frac{Pb^2l}{6EI}(3-\beta)$	$\theta_A=-\frac{Pb^2}{2EI}$

续表

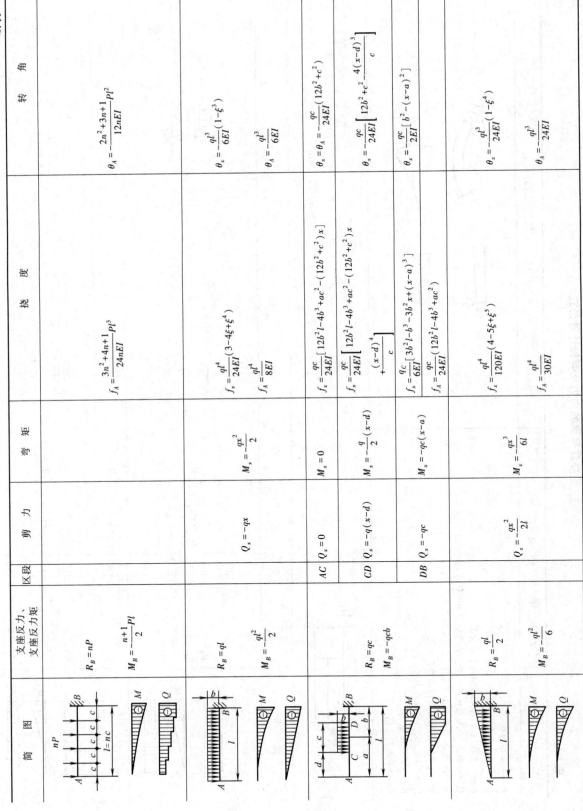

简图	支座反力、支座反力矩	区段	剪力	弯矩	挠度	转角
	$R_B=nP$ $M_B=-\frac{n+1}{2}Pl$				$f_A=\frac{3n^2+4n+1}{24nEI}Pl^3$	$\theta_A=-\frac{2n^2+3n+1}{12nEI}Pl^2$
	$R_B=ql$ $M_B=-\frac{ql^2}{2}$		$Q_x=-qx$	$M_x=-\frac{qx^2}{2}$	$f_x=\frac{ql^4}{24EI}(3-4\xi+\xi^4)$ $f_A=\frac{ql^4}{8EI}$	$\theta_x=-\frac{ql^3}{6EI}(1-\xi^3)$ $\theta_A=-\frac{ql^3}{6EI}$
	$R_B=qc$ $M_B=-qcb$	AC	$Q_x=0$	$M_x=0$	$f_x=\frac{qc}{24EI}[12b^2l-4b^3+ac^2-(12b^2+c^2)x]$	$\theta_x=\theta_A=-\frac{qc}{24EI}(12b^2+c^2)$
		CD	$Q_x=-q(x-d)$	$M_x=-\frac{q}{2}(x-d)$	$f_x=\frac{qc}{24EI}\left[12b^2l-4b^3+ac^2-(12b^2+c^2)x+\frac{(x-d)^4}{c}\right]$	$\theta_x=-\frac{qc}{24EI}\left[12b^2+c^2-\frac{4(x-d)^3}{c}\right]$
		DB	$Q_x=-qc$	$M_x=-qc(x-a)$	$f_x=\frac{qc}{6EI}[3b^2l-b^3-3b^2x+(x-a)^3]$ $f_A=\frac{qc}{24EI}(12b^2l-4b^3+ac^2)$	$\theta_x=-\frac{qc}{2EI}[b^2-(x-a)^2]$
	$R_B=\frac{ql}{2}$ $M_B=-\frac{ql^2}{6}$		$Q_x=-\frac{qx^2}{2l}$	$M_x=-\frac{qx^3}{6l}$	$f_x=\frac{ql^4}{120EI}(4-5\xi+\xi^5)$ $f_A=\frac{ql^4}{30EI}$	$\theta_x=-\frac{ql^3}{24EI}(1-\xi^4)$ $\theta_A=-\frac{ql^3}{24EI}$

简图	支座反力、支座反力矩	区段	剪力	弯矩	挠度	转角
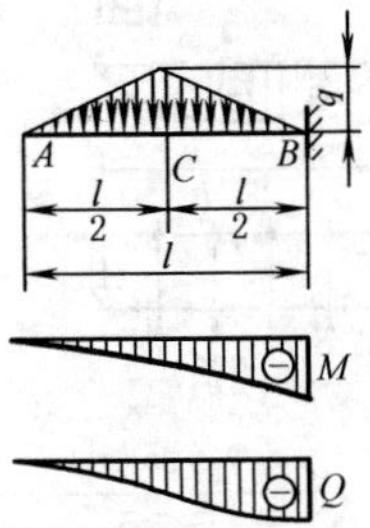	$R_B=\frac{ql}{2}$ $M_B=-\frac{ql^2}{4}$	AC	$Q_x=-\frac{qx^2}{l}$	$M_x=-\frac{qx^3}{3l}$	$f_A=\frac{11ql^4}{192EI}$	$\theta_A=-\frac{7ql^3}{96EI}$
		CB	$Q_x=\frac{ql}{2}(1-4\xi+2\xi^2)$	$M_x=-\frac{ql^2}{12}(1-6\xi+12\xi^2-4\xi^3)$		
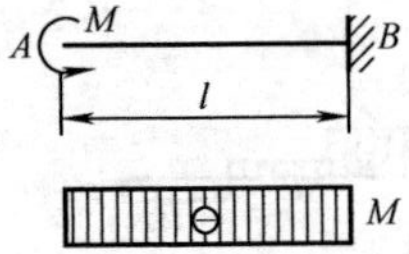	$R_B=0$ $M_B=M_x=-M$		$Q_x=0$	$M_x=-M$	$f_x=\frac{Ml^2}{2EI}(1-\xi)^2$ $f_A=\frac{Ml^2}{2EI}$	$\theta_x=-\frac{Ml}{EI}(1-\xi)$ $\theta_A=-\frac{Ml}{EI}$
2. 简支梁	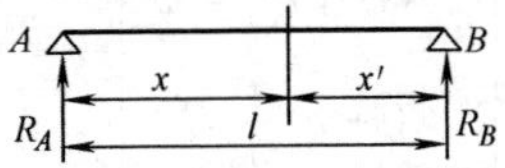				$\xi=\frac{x}{l}$；$\zeta=\frac{x'}{l}$；$\alpha=\frac{a}{l}$；$\beta=\frac{b}{l}$；$\gamma=\frac{c}{l}$；ω 值见表 1-1-102；a、b、c——见各栏中所示	
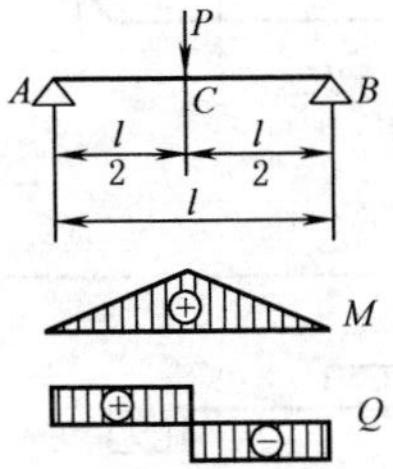	$R_A=R_B=\frac{P}{2}$	AC	$Q_x=\frac{P}{2}$	$M_x=\frac{Px}{2}$ $M_C=M_{max}=\frac{Pl}{4}$	$f_x=\frac{Pl^2x}{48EI}(3-4\xi^2)$ $f_C=f_{max}=\frac{Pl^3}{48EI}$	$\theta_x=\frac{Pl^2}{16EI}(1-4\xi^2)$ $\theta_A=-\theta_B=\frac{Pl^2}{16EI}$
		CB	$Q_x=-\frac{P}{2}$	$M_x=\frac{Pl}{2}(1-\xi)$ $=\frac{Pl}{2}\zeta$		
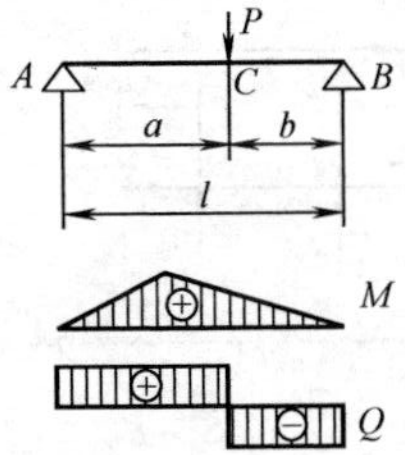	$R_A=\frac{Pb}{l}$ $R_B=\frac{Pa}{l}$	AC	$Q_x=\frac{Pb}{l}$	$M_x=\frac{Pbx}{l}$	$f_x=\frac{Pbl^2}{6EI}(\omega_{D\xi}-\beta^2\xi)$	$\theta_x=-\frac{Pbl}{6EI}(\omega_{M\zeta}+\beta^2)$ $\theta_A=\frac{Pbl}{6EI}(1-\beta^2)=\frac{Pl^2}{6EI}\omega_{D\beta}$
		CB	$Q_x=-\frac{Pa}{l}$	$M_x=Pa(1-\xi)$ $=Pa\zeta$ $M_C=M_{max}=$ $\frac{Pab}{l}=Pl\omega_{R\alpha}$	$f_x=\frac{Pal^2}{6EI}(\omega_{D\zeta}-\alpha^2\zeta)$　$f_C=\frac{Pa^2b^2}{3EIl}=\frac{Pl^3}{3EI}\omega_{R\alpha}^2$ 若 $a>b$，当 $x=\sqrt{\frac{a}{3}(a+2b)}$ 则 $f_{max}=\frac{Pb}{9EIl}\sqrt{\frac{(a^2+2ab)^3}{3}}$	$\theta_x=\frac{Pal}{6EI}(\omega_{M\zeta}+\alpha^2)$ $\theta_B=-\frac{Pal}{6EI}(1-\alpha^2)=-\frac{Pl^2}{6EI}\omega_{D\alpha}$

续表

简图	支座反力、支座反力矩	区段	剪力	弯矩	挠度	转角
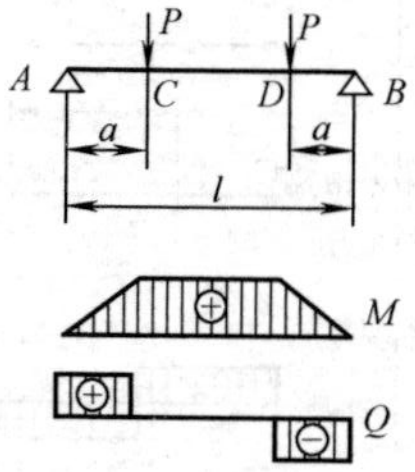	$R_A=R_B=P$	AC	$Q_x=P$	$M_x=Px$	$f_x=\frac{Pl^2x}{6EI}(3\omega_{R\alpha}-\xi^2)$	$\theta_x=\frac{Pl^2}{2EI}(\omega_{R\alpha}-\xi^2)$
		CD	$Q_x=0$	$M_x=M_{\max}=Pa$	$f_x=\frac{Pal^2}{6EI}(-\alpha^2+3\omega_{R\xi})$	$\theta_x=\frac{Pal}{2EI}(1-2\xi)$
					$f_{\max}=\frac{Pal^2}{24EI}(3-4\alpha^2)$	$\theta_A=-\theta_B=\frac{Pal}{2EI}(1-\alpha)$ $=\frac{Pl^2}{2EI}\omega_{R\alpha}$
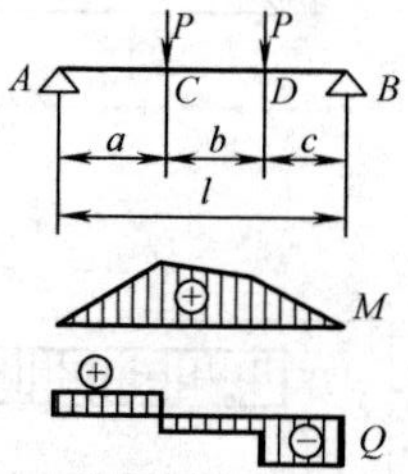	$R_A=\frac{P}{l}(2c+b)$ $R_B=\frac{P}{l}(2a+b)$	AC	$Q_x=\frac{P}{l}(2c+b)$	$M_x=\frac{P}{l}(2c+b)x$	$f_C=\frac{Pa}{6Ell}[(2a+c)l^2-4a^2l+2a^3-a^2c-c^3]$ $f_D=\frac{Pc}{6Ell}[(2c+a)l^2-4c^2l+2c^3-ac^2-a^3]$	$\theta_A=\frac{P}{6Ell}[(2a+c)l^2-3a^2l+a^3-c^3]$ $\theta_B=-\frac{P}{6Ell}[(2c+a)l^2-3c^2l+c^3-a^3]$
		CD	$Q_x=\frac{P}{l}(c-a)$	$M_x=\frac{P}{l}[(c-a)x+al]$		
		DB	$Q_x=-\frac{P}{l}(2a+b)$	$M_x=\frac{P}{l}(2a+b)\times(l-x)$ 若 $a>c$: $M_C=M_{\max}=\frac{Pa}{l}\times(2c+b)$		
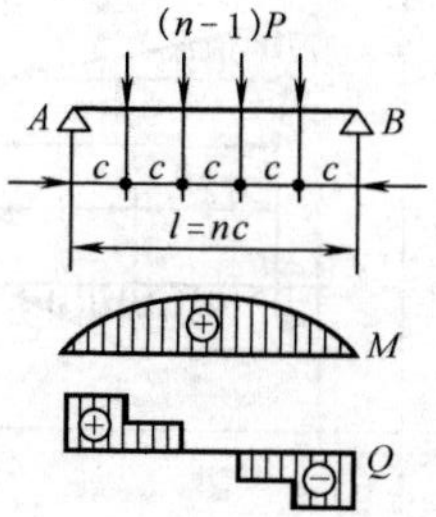	$R_A=R_B=\frac{n-1}{2}P$			当 n 为奇数: $M_{\max}=\frac{n^2-1}{8n}Pl$ 当 n 为偶数: $M_{\max}=\frac{n}{8}Pl$	当 n 为奇数: $f_{\max}=\frac{5n^4-4n^2-1}{384n^3EI}Pl^3$ 当 n 为偶数: $f_{\max}=\frac{5n^2-4}{384nEI}Pl^3$	$\theta_A=-\theta_B=\frac{n^2-1}{24nEI}Pl^2$

简图	支座反力、支座反力矩	区段	剪力	弯矩	挠度	转角
nP A B c/2 c c c c c/2 l=nc M Q	$R_A=R_B=\frac{n}{2}P$			当 n 为奇数：$M_{\max}=\frac{n^2+1}{8n}Pl$ 当 n 为偶数：$M_{\max}=\frac{n}{8}Pl$	当 n 为奇数：$f_{\max}=\frac{5n^4+2n^2+1}{384n^3EI}Pl^3$ 当 n 为偶数：$f_{\max}=\frac{5n^2+2}{384nEI}Pl^3$	$\theta_A=-\theta_B=\frac{2n^2+1}{48nEI}Pl^2$
q A B l M Q	$R_A=R_B=\frac{ql}{2}$		$Q_x=\frac{ql}{2}(1-2\xi)$	$M_x=\frac{qlx}{2}(1-\xi)$ $=\frac{ql^2}{2}\omega_{R\xi}$ $M_{\max}=\frac{ql^2}{8}$	$f_x=\frac{ql^3x}{24EI}(1-2\xi^2+\xi^3)=\frac{ql^4}{24EI}\omega_{S\xi}$ $f_{\max}=\frac{5ql^4}{384EI}$	$\theta_x=\frac{ql^3}{24EI}(1-6\xi^2+4\xi^3)$ $\theta_A=-\theta_B=\frac{ql^3}{24EI}$
q A C D B a a l M Q	$R_A=R_B=qa$	AC	$Q_x=q(a-x)$	$M_x=\frac{qx}{2}(2a-x)$	$f_{\max}=\frac{qa^2l^2}{48EI}(3-2\alpha^2)$	$\theta_A=-\theta_B=\frac{qa^2l}{12EI}(3-2\alpha)$
		CD	$Q_x=0$	$M_x=M_{\max}=\frac{qa^2}{2}$		
q A C D B a c a l M Q	$R_A=R_B=\frac{qc}{2}$	AC	$Q_x=\frac{qc}{2}$	$M_x=\frac{qcx}{2}$	$f_x=\frac{qcl^2x}{48EI}(3-\gamma^2-4\xi^2)$	$\theta_x=\frac{qcl^2}{48EI}(3-\gamma^2-12\xi^2)$
		CD	$Q_x=\frac{q}{2}[c-2\times(x-a)]$	$M_x=\frac{q}{2}[cx-(x-a)^2]$	$f_x=\frac{qcl^3}{48EI}\left[(3-\gamma^2-4\xi^2)\xi+\frac{2(x-a)^4}{cl^3}\right]$	$\theta_x=\frac{qcl^2}{48EI}\left[3-\gamma^2-12\xi^2+\frac{8(x-a)^3}{cl^2}\right]$
				$M_{\max}=\frac{qcl}{8}(2-\gamma)$	$f_{\max}=\frac{qcl^3}{384EI}(8-4\gamma^2+\gamma^3)$	$\theta_A=-\theta_B=\frac{qcl^2}{48EI}(3-\gamma^2)$

续表

简图	支座反力、支座反力矩	区段	剪力	弯矩	挠度	转角
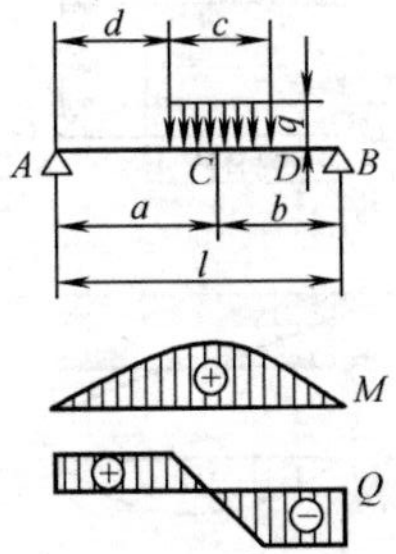 $a=d+\frac{c}{2}$	$R_A=\frac{qcb}{l}$ $R_B=\frac{qca}{l}$	AC	$Q_x=\frac{qcb}{l}$	$M_x=\frac{qcbx}{l}$	$f_x=\frac{qcb}{24EI}\left[\left(4l-4\frac{b^2}{l}-\frac{c^2}{l}\right)x-4\frac{x^3}{l}\right]$	$\theta_x=\frac{qcb}{24EI}\left(4l-4\frac{b^2}{l}-\frac{c^2}{l}-12\frac{x^2}{l}\right)$
		CD	$Q_x=qc\left(\frac{b}{l}-\frac{x-d}{c}\right)$	$M_x=qc\left[\frac{bx}{l}-\frac{(x-d)^2}{2c}\right]$	$f_x=\frac{qcb}{24EI}\left[\left(4l-4\frac{b^2}{l}-\frac{c^2}{l}\right)x-4\frac{x^3}{l}+\frac{(x-d)^4}{bc}\right]$	$\theta_x=\frac{qcb}{24EI}\times\left[4l-4\frac{b^2}{l}-\frac{c^2}{l}-12\frac{x^2}{l}+4\frac{(x-d)^3}{bc}\right]$
		DB	$Q_x=-\frac{qca}{l}$	$M_x=qca\left(1-\frac{x}{l}\right)$	$f_x=\frac{qc}{24EI}\left[4b\left(1-\frac{b^2}{l}\right)x-4\frac{bx^3}{l}+4(x-a)^3-ac^2\left(1-\frac{x}{l}\right)\right]$	$\theta_x=\frac{qc}{24EI}\times\left[4bl-4\frac{b^3}{l}+\frac{ac^2}{l}-12\frac{bx^2}{l}+12(x-a)^2\right]$
				当 $x=d+\frac{cb}{l}$： $M_{\max}=\frac{qcb}{l}\left(d+\frac{cb}{2l}\right)$		$\theta_A=\frac{qcb}{24EI}\left(4l-4\frac{b^2}{l}-\frac{c^2}{l}\right)$ $\theta_B=-\frac{qca}{24EI}\left(4l-4\frac{a^2}{l}-\frac{c^2}{l}\right)$
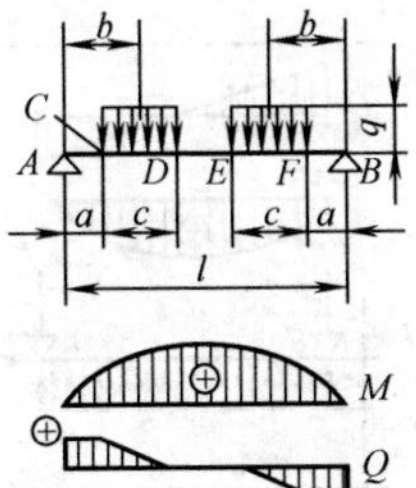 $b=a+\frac{c}{2}$	$R_A=R_B=qc$	AC	$Q_x=qc$	$M_x=qcx$	$f_x=\frac{qc}{2EI}\left[\left(lb-b^2-\frac{c^2}{12}\right)x-\frac{x^3}{3}\right]$	$\theta_x=\frac{qc}{2EI}\left(lb-b^2-\frac{c^2}{12}-x^2\right)$
		CD	$Q_x=qc\left(1-\frac{x-a}{c}\right)$	$M_x=qc\left[x-\frac{(x-a)^2}{2c}\right]$	$f_x=\frac{qc}{2EI}\left[\left(lb-b^2-\frac{c^2}{12}\right)x-\frac{x^3}{3}+\frac{(x-a)^4}{12c}\right]$	$\theta_x=\frac{qc}{2EI}\left[lb-b^2-\frac{c^2}{12}-x^2+\frac{(x-a)^3}{3c}\right]$
		DE	$Q_x=0$	$M_x=M_{\max}=qcb$	$f_x=\frac{qcb}{2EI}\left(lx-x^2-\frac{b^2}{3}-\frac{c^2}{12}\right)$	$\theta_x=\frac{qcb}{2EI}(l-2x)$
					$f_{\max}=\frac{qcb}{2EI}\left(\frac{l^2}{4}-\frac{b^2}{3}-\frac{c^2}{12}\right)$	$\theta_A=-\theta_B=\frac{qc}{2EI}\left(lb-b^2-\frac{c^2}{12}\right)$
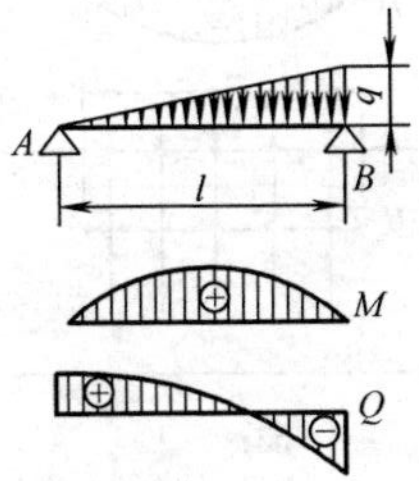	$R_A=\frac{ql}{6}$ $R_B=\frac{ql}{3}$		$Q_x=\frac{ql}{6}(1-3\xi^2)$ $=-\frac{ql}{6}\omega_{M\xi}$	$M_x=\frac{qlx}{6}(1-\xi^2)$ $=\frac{ql^2}{6}\omega_{D\xi}$ 当 $x=\frac{l}{\sqrt{3}}$： $M_{\max}=\frac{ql^2}{\sqrt{3}}$	$f_x=\frac{ql^3x}{360EI}(7-10\xi^2+3\xi^4)$ 当 $x=0.519l_2$　$f_{\max}=0.00652\frac{ql^4}{EI}$	$\theta_x=\frac{ql^3}{360EI}(7-30\xi^2+15\xi^4)$ $\theta_A=\frac{7ql^3}{360EI}$；$\theta_B=-\frac{ql^3}{45EI}$

续表

简图	支座反力、支座反力矩	区段	剪力	弯矩	挠度	转角
	$R_A=R_B=\frac{ql}{4}$	AC	$\theta_x=\frac{ql}{4}(1-4\xi^2)$	$M_x=\frac{qlx}{12}(3-4\xi^2)$	$f_x=\frac{ql^3x}{120EI}\left(\frac{25}{8}-5\xi^2+2\xi^4\right)$	$\theta_x=\frac{ql^3}{24EI}\left(\frac{5}{8}-3\xi^2+2\xi^4\right)$
				$M_{\max}=\frac{ql^2}{12}$	$f_{\max}=\frac{ql^4}{120EI}$	$\theta_A=-\theta_B=\frac{5ql^3}{192EI}$
	$R_A=\frac{ql}{6}(1+\beta)$	AC	$Q_x=-\frac{ql^2}{6a}\times(\beta^2+\omega_{M\xi})$	$M_x=\frac{ql^3}{6a}(\omega_{D\xi}-\beta^2\xi)$	$f_C=\frac{ql^4}{45EI}[4(\alpha^5+\beta^5)-9(\alpha^4+\beta^4)+5(\alpha^3+\beta^3)]$	$\theta_A=\frac{ql^3}{360EI}(1+\beta)(7-3\beta^2)$ $\theta_B=-\frac{ql^3}{360EI}(1+\alpha)(7-3\alpha^2)$
	$R_B=\frac{ql}{6}(1+\alpha)$	CB	$Q=\frac{ql^2}{6b}\times(\alpha^2+\omega_{M\xi})$	$M_x=\frac{ql^3}{6b}(\omega_{D\xi}-\alpha^2\xi)$		
				若 $a>b$，当 $x=\sqrt{\frac{a(l+b)}{3}}$： $M_{\max}=\frac{q}{9}\sqrt{\frac{a(l+b)^3}{3}}$		
	$R_A=-R_B=-\frac{M}{l}$		$Q_x=-\frac{M}{l}$	$M_x=M(1-\xi)$ $M_{\max}=M$	$f_x=\frac{Ml_x}{6EI}(2-3\xi+\xi^2)=\frac{Ml^2}{6EI}\omega_{D\xi}$ 若 $x=0.423l$：$f_{\max}=0.0642\frac{Ml^2}{EI}$	$\theta_A=\frac{Ml}{3EI}$　$\theta_B=-\frac{Ml}{6EI}$ $\theta_x=\frac{Ml}{6EI}(2-6\xi+3\xi^2)=\frac{M}{6EI}\omega_{M\xi}$
	$M_0=M_2-M_1$ $R_A=-R_B=\frac{M_0}{l}$		$Q_x=\frac{M_0}{l}$	$M_x=M_1+M_0\frac{x}{l}$ 若 $M_1>M_2$： $M_{\max}=M_1$	$f_x=\frac{l^2}{6EI}(3M_1\omega_{R\xi}+M_0\omega_{D\xi})$	$\theta_x=\frac{l}{6EI}[3M_1(1-2\xi)-M_0\omega_{M\xi}]$ $\theta_A=\frac{(2M_1+M_2)l}{6EI}$ $\theta_B=-\frac{(M_1+2M_2)l}{6EI}$

续表

简　图	支座反力、支座反力矩	区段	剪　力	弯　矩	挠　度	转　角
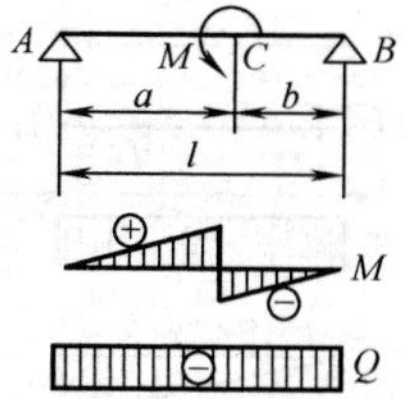	$R_A=-R_B$ $=\frac{M}{l}$	AC	$Q_x=\frac{M}{l}$	$M_x=M\xi$ $M_{C左}=M\alpha$	$f_x=\frac{Ml^2}{6EI}(\omega_{D\xi}-3\beta^2\xi)$	$\theta_x=-\frac{Ml}{6EI}(\omega_{M\xi}+3\beta^2)$
		CB		$M_x=-M\zeta$ $M_{C右}=-M\beta$	$f_x=-\frac{Ml^2}{6EI}(\omega_{D\xi}-3\alpha^2\zeta)$	$\theta_x=-\frac{Ml}{6EI}(\omega_{M\zeta}+3\alpha^2)$
						$\theta_A=\frac{Ml}{6EI}(1-3\beta^2)=-\frac{Ml}{6EI}\omega_{M\beta}$ $\theta_B=\frac{Ml}{6EI}(1-3\alpha^2)=-\frac{Ml}{6EI}\omega_{M\alpha}$
3. 一端简支另一端固定梁	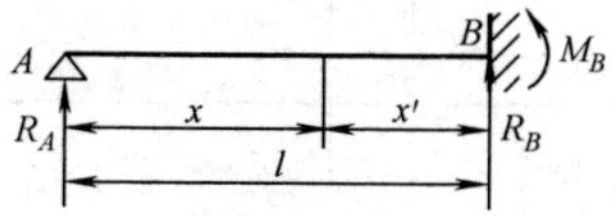			$\xi=\frac{x}{l};\zeta=\frac{x'}{l};\alpha=\frac{a}{l};\beta=\frac{b}{l};\gamma=\frac{c}{l}$；$\omega$ 值见表 1-1-102；a、b、c——见各栏图中所示		
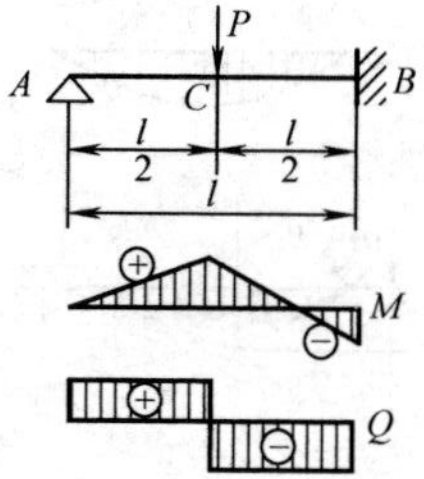	$R_A=\frac{5P}{16}$ $R_B=\frac{11P}{16}$	AC	$Q_x=\frac{5P}{16}$	$M_x=\frac{5Px}{16}$	$f_x=\frac{Pl^2x}{96EI}(3-5\xi^2)$	$\theta_A=\frac{Pl^2}{32EI}$
		CB	$Q_x=-\frac{11P}{16}$	$M_x=\frac{Pl}{16}(8-11\xi)$	$f_x=\frac{Pl^3}{96EI}(-2+15\xi-24\xi^2+11\xi^3)$	
				$M_B=-\frac{3Pl}{16}$ $M_C=M_{\max}=\frac{5Pl}{32}$	$f_C=\frac{7Pl^3}{768EI}$ 当 $x=0.447l$：$f_{\max}=0.00932\frac{Pl^3}{EI}$	
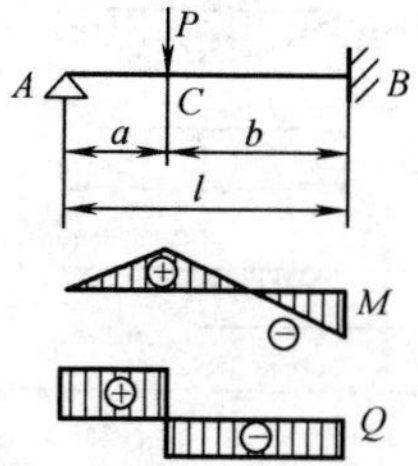	$R_A=\frac{Pb^2}{2l^2}(3-\beta)$ $R_B=\frac{Pa}{2l}(3-\alpha^2)$ $M_B=-\frac{Pab}{2l}(1+\alpha)$ $=-\frac{Pl}{2}\times\omega_{D\alpha}$	AC	$Q_x=R_A$	$M_x=R_Ax$	$f_x=\frac{1}{6EI}[R_A(3l^2x-x^3)-3Pb^2x]$	$\theta_A=\frac{Pab^2}{4EIl}=\frac{Pl^2}{4EI}\omega_{\tau\beta}$
		CB	$Q_x=R_A-P$	$M_x=R_Ax-P(x-a)$	$f_x=\frac{1}{6EI}[R_A(3l^2x-x^3)-3Pb^2x+P(x-a)^3]$	
				$M_C=M_{\max}$ $=\frac{Pab^2}{2l^2}(3-\beta)$ $=\frac{Pl}{2}(3-\beta)\omega_{\tau\beta}$		

续表

简图	支座反力、支座反力矩	区段	剪力	弯矩	挠度	转角
	$R_A=\frac{P}{2}(2-3\alpha+3\alpha^2)$ $=\frac{P}{2}(2-3\omega_{R\alpha})$ $R_B=\frac{P}{2}(2+3\alpha-3\alpha^2)$ $=\frac{P}{2}(2+3\omega_{R\alpha})$ $M_B=-\frac{3Pa}{2}(1-\alpha)$ $=-\frac{3Pl}{2}\omega_{R\alpha}$	AC	$Q_x=R_A$	$M_x=R_Ax$	$f_x=\frac{1}{6EI}[R_A(3l^2x-x^3)-3P(l^2-2al+2a^2)x]$	$\theta_A=\frac{Pal}{4EI}(1-\alpha)=\frac{Pl^2}{4EI}\omega_{R\alpha}$
		CD	$Q_x=R_A-P$	$M_x=R_Ax-P(x-a)$	$f_x=\frac{1}{6EI}[R_A(3l^2x-x^3)-3P(l^2-2al+2a^2)x+P(x-a)^3]$	
		DB	$Q_x=R_A-2P$	$M_x=R_Ax-P(2x-l)$	$f_x=\frac{1}{6EI}[R_A(3l^2x-x^3-2l^3)+P(l^3-3lx^2+2x^3)]$	
				$M_C=M_{\max}=R_Aa$	$f_C=\frac{Pa^2l}{12EI}(3-5\alpha+3\omega_{\tau\alpha})$	
	$R_A=\frac{3ql}{8}$ $R_B=\frac{5ql}{8}$ $M_B=-\frac{ql^2}{8}$		$Q_x=\frac{ql}{8}(3-8\xi)$	$M_x=\frac{qlx}{8}(3-4\xi)$ 当 $x=\frac{3}{8}l$: $M_{\max}=\frac{9ql^2}{128}$	$f_x=\frac{ql^3x}{48EI}(1-3\xi^2+2\xi^3)$ $=\frac{ql^4}{48EI}(2\omega_{S\xi}-\omega_{D\xi})$ 当 $x=0.422l$: $f_{\max}=0.00542\frac{ql^4}{EI}$	$\theta_x=\frac{ql^3}{48EI}(1-9\xi^2+8\xi^3)$ $\theta_A=\frac{ql^3}{48EI}$
$a=d+\frac{c}{2}$	$R_A=\frac{qc}{8l^3}(12b^2l-4b^3+ac^2)$ $R_B=qc-R_A$ $M_B=R_Al-qcb$	AC	$Q_x=R_A$	$M_x=R_Ax$	$f_x=\frac{1}{24EI}[4R_A(3l^2x-x^3)-qc(12b^2+c^2)x]$	$\theta_A=\frac{1}{24EI}[12R_Al^2-qc(12b^2+c^2)]$
		CD	$Q_x=R_A-q(x-d)$	$M_x=R_Ax-\frac{q}{2}(x-d)^2$	$f_x=\frac{1}{24EI}[4R_A(3l^2x-x^3)-qc(12b^2+c^2)x+q(x-d)^4]$	
		DB	$Q_x=R_A-qc$	$M_x=R_Ax-qc(x-a)$	$f_x=\frac{1}{24EI}[4R_A(3l^2x-x^3)-12qcb^2x+4qc(x-a)^3-qac^3]$	
				当 $x=d+\frac{R_A}{q}$: $M_{\max}=R_A\left(d+\frac{R_A}{2q}\right)$		

续表

简图	支座反力、支座反力矩	区段	剪力	弯矩	挠度	转角
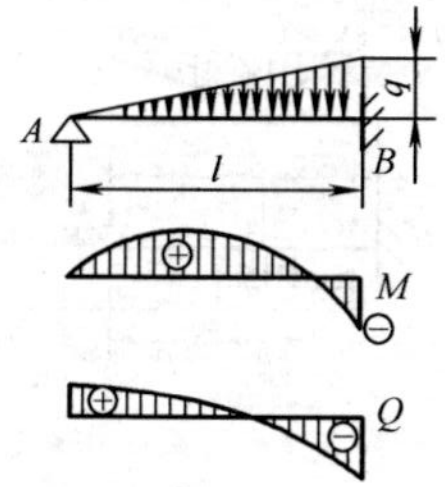 A, B, b, l, M, Q, ⊕, ⊖	$R_A=\frac{ql}{10}$ $R_B=\frac{2ql}{5}$ $M_B=-\frac{ql^2}{15}$		$Q_x=\frac{ql}{10}(1-5\xi^2)$	$M_x=\frac{qlx}{30}(3-5\xi^2)$ 当 $x=0.447l$： $M_{\max}=0.0298ql^2$	$f_x=\frac{ql^3x}{120EI}(1-2\xi^2+\xi^4)$ 当 $x=0.447l$： $f_{\max}=0.00239\frac{ql^4}{EI}$	$\theta_x=\frac{ql^3}{120EI}(1-6\xi^2+5\xi^4)$ $\theta_A=\frac{ql^3}{120EI}$
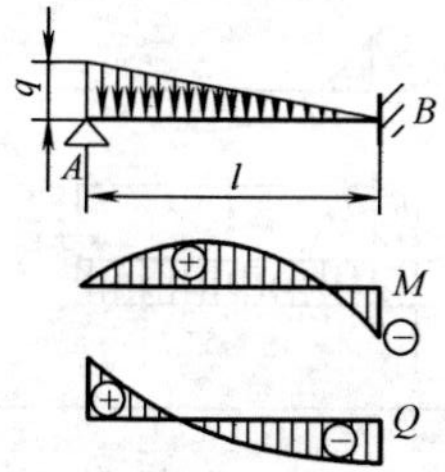 A, B, b, l, M, Q, ⊕, ⊖	$R_A=\frac{11ql}{40}$ $R_B=\frac{9ql}{40}$ $M_B=-\frac{7ql^2}{120}$		$Q_x=$ $\frac{ql}{2}\left(\frac{11}{20}-2\xi+\xi^2\right)$	$M_x=$ $\frac{qlx}{6}\left(\frac{33}{20}-3\xi+\xi^2\right)$ 当 $x=0.329l$： $M_{\max}=0.0423ql^2$	$f_x=\frac{ql^3x}{240EI}(3-11\xi^2+10\xi^3-2\xi^4)$ 当 $x=0.402l$： $f_{\max}=0.00305\frac{ql^4}{EI}$	$\theta_x=\frac{ql^3}{240EI}(3-33\xi^2+40\xi^3-10\xi^4)$ $\theta_A=\frac{ql^3}{80EI}$
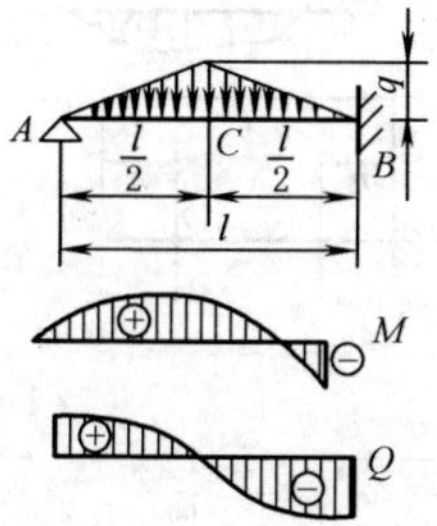 A, B, C, b, $\frac{l}{2}$, $\frac{l}{2}$, l, M, Q, ⊕, ⊖	$R_A=\frac{11ql}{64}$ $R_B=\frac{21ql}{64}$ $M_B=-\frac{5ql^2}{64}$	AC	$Q_x=$ $ql\left(\frac{11}{64}-\xi^2\right)$	当 $x=0.415l$： $M_{\max}=0.0475ql^2$	当 $x=0.430l$： $f_{\max}=0.00357\frac{ql^4}{EI}$	$\theta_A=\frac{5ql^3}{384EI}$

续表

简图	支座反力、支座反力矩	区段	剪力	弯矩	挠度	转角
	$R_A=-R_B=-\frac{3M}{2l}$ $M_B=-\frac{M}{2}$		$Q_x=-\frac{3M}{2l}$	$M_x=\frac{M}{2}(2-3\xi)$ $M_A=M_{max}=M$	$f_x=\frac{Mlx}{4EI}(1-2\xi+\xi^2)=\frac{Ml^2}{4EI}\omega_{\tau\xi}$ 当 $x=\frac{l}{3}$：$f_{max}=\frac{Ml^2}{27EI}$	$\theta_x=\frac{Ml}{4EI}(1-4\xi+3\xi^2)$ $\theta_A=\frac{Ml}{4EI}$
	$R_A=-R_B$ $=-\frac{3M}{2l}(1-\alpha^2)$ $M_B=-\frac{M}{2}(1-3\alpha^2)$ $=\frac{M}{2}\omega_{M\alpha}$	AC	$Q_x=R_A$	$M_x=-\frac{3M}{2}(1-\alpha^2)\xi$	$f_x=\frac{Ml^2}{4EI}[(1-4\alpha+3\alpha^2)\xi+(1-\alpha^2)\xi^3]$	$\theta_A=\frac{Ml}{4EI}(1-4\alpha+3\alpha^2)$
		CB		$M_x=$ $\frac{M}{2}[2-3(1-\alpha^2)\xi]$	$f_x=\frac{Ml^2}{4EI}[(1-\xi)^2\xi-(2-3\xi+\xi^3)\alpha^2]$	
				$M_{C左}=-\frac{3M}{2}(\alpha-\alpha^3)$ $=-\frac{3M}{2}\omega_{D\alpha}$ $M_{C右}=M_{max}$ $=M+M_{C左}$		

4. 两端固定梁

$\xi=\frac{x}{l}$；$\zeta=\frac{x'}{l}$；$\alpha=\frac{a}{l}$；$\beta=\frac{b}{l}$；$\gamma=\frac{c}{l}$；ω 值见表 1-1-102；a、b、c——见各栏图中所示

简图	支座反力、支座反力矩	区段	剪力	弯矩	挠度	转角
	$R_A=R_B=\frac{P}{2}$ $M_A=M_B=-\frac{Pl}{8}$	AC	$Q_x=\frac{P}{2}$	$M_x=-\frac{Pl}{8}(1-4\xi)$ $M_{max}=\frac{Pl}{8}$ 反弯点在 $x=\frac{l}{4}$ 及 $x=\frac{3l}{4}$ 处	$f_x=\frac{Plx^2}{48EI}(3-4\xi)$ $f_{max}=\frac{Pl^3}{192EI}$	

续表

简图	支座反力、支座反力矩	区段	剪力	弯矩	挠度	转角
	$R_A=R_B=P$ $M_A=M_B$ $=-Pa(1-\alpha)$ $=-Pl\omega_{R\alpha}$	AC	$Q_x=P$	$M_x=Pl(\xi-\omega_{R\alpha})$	$f_x=\dfrac{Plx^2}{6EI}(3\omega_{R\alpha}-\xi)$	
		CD	$Q_x=0$	$M_x=M_{\max}=\dfrac{Pa^2}{l}$	$f_x=\dfrac{Pa^2l}{6EI}(3\omega_{R\xi}-\alpha)$	
					$f_{\max}=\dfrac{Pa^2l}{24EI}(3-4\alpha)$	
	$R_A=\dfrac{Pb^2}{l^2}(1+2\alpha)$ $R_B=\dfrac{Pa^2}{l^2}(1+2\beta)$ $M_A=-\dfrac{Pab^2}{l^2}$ $=-Pl\omega_{\tau\beta}$ $M_B=-\dfrac{Pa^2b}{l^2}$ $=-Pl\omega_{\tau\alpha}$	AC	$Q_x=R_A$	$M_x=M_A+R_Ax$	$f_x=\dfrac{Pb^2x^2}{6EIl}[3\alpha-(1+2\alpha)\xi]$	
		CB	$Q_x=R_A-P$	$M_x=M_A+R_Ax-$ $P(x-a)$	$f_x=-\dfrac{Pa^2(l-x)^2}{6EIl}[\alpha-(1+2\beta)\xi]$	
				$M_C=M_{\max}$ $=\dfrac{2Pa^2b^2}{l^3}$ $=2Pl\omega_{R\alpha}^2$	$f_C=\dfrac{Pa^3b^3}{3EIl^3}=\dfrac{Pl^3}{3EI}\omega_{R\alpha}^3$ 若 $a>b$，当 $x=\dfrac{2al}{3a+b}$： $f_{\max}=\dfrac{2P}{3EI}\times\dfrac{a^3b^3}{(3a+b)^2}$	
	$R_A=R_B$ $=\dfrac{n-1}{2}P$ $M_A=M_B$ $=-\dfrac{n^2-1}{12n}Pl$			当 n 为奇数： $M_{\max}=\dfrac{n^2-1}{24n}Pl$ 当 n 为偶数： $M_{\max}=\dfrac{n^2+2}{24n}Pl$	当 n 为奇数： $f_{\max}=\dfrac{n^4-1}{384n^3EI}Pl^3$ 当 n 为偶数： $f_{\max}=\dfrac{nPl^3}{384EI}$	

续表

简图	支座反力、支座反力矩	区段	剪力	弯矩	挠度	转角
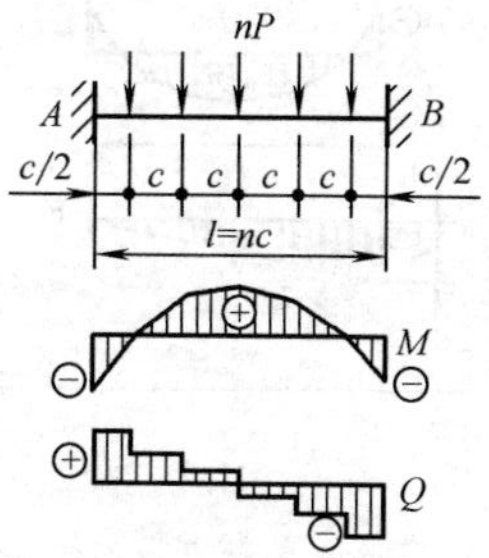	$R_A=R_B=\frac{n}{2}P$ $M_A=M_B$ $=-\frac{2n^2+1}{24n}Pl$			当 n 为奇数： $M_{\max}=\frac{n^2+2}{24n}Pl$ 当 n 为偶数： $M_{\max}=\frac{n^2-1}{24n}Pl$	当 n 为奇数： $f_{\max}=\frac{n^4+1}{384n^3EI}Pl^3$ 当 n 为偶数： $f_{\max}=\frac{nPl^3}{384EI}$	
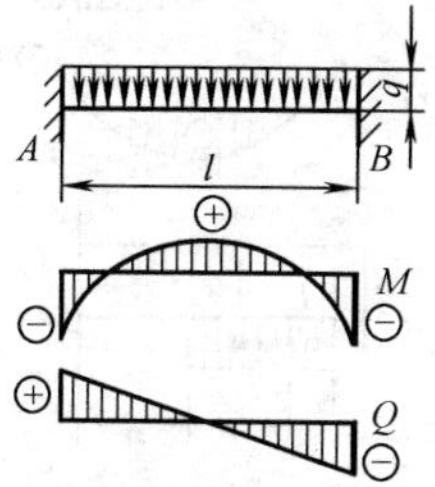	$R_A=R_B=\frac{ql}{2}$ $M_A=M_B$ $=-\frac{ql^2}{12}$		$Q_x=\frac{ql}{2}(1-2\xi)$	$M_x=\frac{ql^2}{12}(6\omega_{R\xi}-1)$ $M_{\max}=\frac{ql^2}{24}$ 反弯点在 $x=0.211l$ 及 $x=0.789l$ 处	$f_x=\frac{ql^2x^2}{24EI}(1-\xi)^2=\frac{ql^4}{24EI}\omega_{R\xi}^2$ $f_{\max}=\frac{ql^4}{384EI}$	
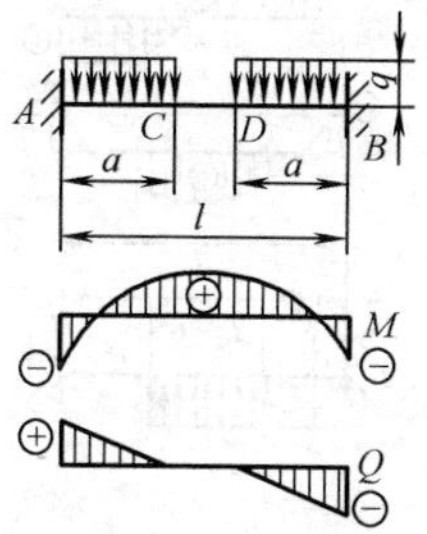	$R_A=R_B=qa$ $M_A=M_B$ $=-\frac{qa^2}{6}(3-2\alpha)$	AC	$Q_x=$ $qa\left(1-\frac{x}{a}\right)$	$M_x=\frac{qa^2}{6}\left(-3+2a+6\frac{x}{a}-3\frac{x^2}{a^2}\right)$	$f_x=\frac{qa^2x^2}{24EI}\left(6-4\alpha-4\frac{x}{a}+\frac{x^2}{a^2}\right)$	
		CD	$Q_x=0$	$M_x=M_{\max}=\frac{qa^3}{3l}$	$f_x=\frac{qa^3l}{24EI}(4\omega_{R\xi}-\alpha)$	
					$f_{\max}=\frac{qa^3l}{24EI}(1-\alpha)=\frac{qal^3}{24EI}\omega_{\tau\alpha}$	

续表

简图	支座反力、支座反力矩	区段	剪力	弯矩	挠度	转角
	$R_A=R_B=\frac{qc}{2}$ $M_A=M_B=-\frac{qcl}{24}(3-\gamma^2)$	AC	$Q_x=\frac{qc}{2}$	$M_x=\frac{qcl}{24}\times(-3+\gamma^2+12\xi)$	$f_x=\frac{qcl^3}{48EI}[(3-\gamma^2)\xi^2-4\xi^3]$	
		CD	$Q_x=\frac{qc}{2}\times\left[1-\frac{2(x-a)}{c}\right]$	$M_x=\frac{qcl}{24}\times\left[-3+\gamma^2+12\xi-12\times\frac{(x-a)^2}{cl}\right]$	$f_x=\frac{qcl^3}{48EI}\left[(3-\gamma^2)\xi^2-4\xi^3+2\frac{(x-a)^4}{cl^3}\right]$	
				$M_{max}=\frac{lqc}{24}(3-3\gamma+\gamma^2)$	$f_{max}=\frac{qcl^3}{384EI}(2-2\gamma^2+\gamma^3)$	
$a=d+\frac{c}{2}$	$R_A=\frac{qc}{4l^3}(12b^2l-8b^3+c^2l-2bc^2)$ $R_B=qc-R_A$ $M_A=-\frac{qc}{12l^2}(12ab^2-3bc^2+c^2l)$ $M_B=-\frac{qc}{12l^2}(12a^2b+3bc^2-2c^2l)$	AC	$Q_x=R_A$	$M_x=M_A+R_Ax$	$f_x=\frac{1}{6EI}(-R_Ax^3-3M_Ax^2)$	
		CD	$Q_x=R_A-q(x-d)$	$M_x=M_A+R_Ax-\frac{q(x-d)^2}{2}$	$f_x=\frac{1}{6EI}\left[-R_Ax^3-3M_Ax^2+\frac{q(x-d)^4}{4}\right]$	
		DB	$Q_x=R_A-qc$	$M_x=M_A+R_Ax-qc(x-a)$	$f_x=\frac{1}{6EI}\times\left[-R_Ax^3-3M_Ax^2+qc(x-a)^3+\frac{qc^3(x-a)}{4}\right]$	
				当 $x=d+\frac{R_A}{q}$： $M_{max}=M_A+R_A\left(d+\frac{R_A}{2q}\right)$		
	$R_A=\frac{3ql}{20}$ $R_B=\frac{7ql}{20}$ $M_A=-\frac{ql^2}{30}$ $M_B=-\frac{ql^2}{20}$		$Q_x=\frac{ql}{20}(3-10\xi^2)$	$M_x=\frac{ql^2}{60}(-2+9\xi-10\xi^3)$ 当 $x=0.548l$： $M_{max}=0.0214ql^2$	$f_x=\frac{ql^2x^2}{120EI}(2-3\xi+\xi^3)$ 当 $x=0.525l$： $f_{max}=0.00131\frac{ql^4}{EI}$	

续表

简图	支座反力、支座反力矩	区段	剪力	弯矩	挠度	转角
	$R_A=R_B=\frac{ql}{4}$ $M_A=M_B$ $=-\frac{5ql^2}{96}$	AC	$Q_x=\frac{ql}{4}(1-4\xi^2)$	$M_x=\frac{ql^2}{12}\times\left(-\frac{5}{8}+3\xi-4\xi^3\right)$	$f_x=\frac{ql^2x^2}{120EI}\left(\frac{25}{8}-5\xi+2\xi^3\right)$	
				$M_{\max}=\frac{ql^2}{32}$	$f_{\max}=\frac{7ql^4}{3840EI}$	
	$R_A=R_B=\frac{qc}{2}$ $M_A=M_B$ $=-\frac{qcl}{24}(3-2\gamma^2)$	AC CD	$Q_x=\frac{qc}{2}$ $Q_x=\frac{qc}{2}\times\left[1-\frac{(x-a)^2}{c^2}\right]$	$M_{\max}=\frac{qcl}{24}(3-4\gamma+2\gamma^2)$	$f_{\max}=\frac{qcl^3}{960EI}(5-10\gamma^2+8\gamma^3)$	
	$R_A=-R_B$ $=-\frac{6Mab}{l^3}$ $=-\frac{6M}{l}\omega_{R\alpha}$ $M_A=\frac{Mb}{l}(2-3\beta)$ $M_B=-\frac{Ma}{l}(2-3\alpha)$	AC	$Q_x=R_A$	$M_x=M_A+R_Ax$	$f_x=\frac{1}{6EI}(-3M_Ax^2-R_Ax^3)$	
		CB		$M_x=M_A+R_Ax+M$	$f_x=\frac{1}{6EI}[(M_A+M)(6lx-3x^2-3l^2)-R_A(2l^3-3l^2x+x^3)]$	
				$M_{C右}=M_{\max}$ $=\frac{Ma}{l}(4-9\alpha+6\alpha^2)$ $M_{C左}=-M(1-4\alpha+9\alpha^2-6\alpha^3)$		

续表

简图	支座反力、支座反力矩	区段	剪力	弯矩	挠度	转角
5. 带悬臂的梁	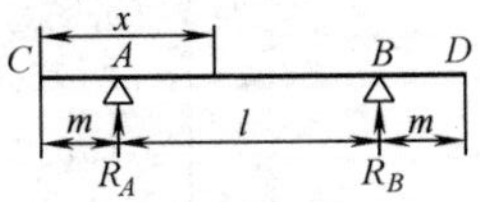			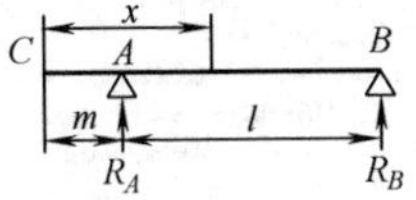	$\lambda=\frac{m}{l}$	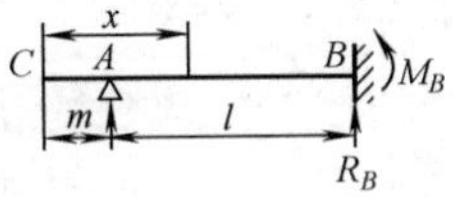
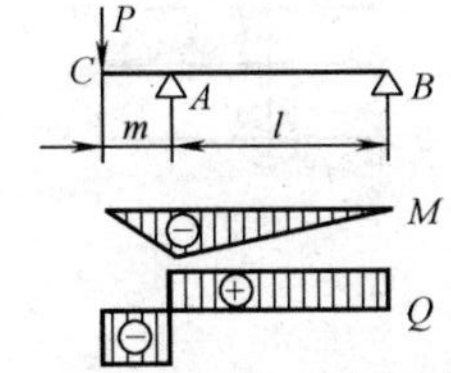	$R_A=P(1+\lambda)$ $R_B=-P\lambda$ $M_A=-Pm$	AC	$Q_x=-P$	$M_x=-Px$	$f_C=\frac{Pm^2l}{3EI}(1+\lambda)$ 当 $x=m+0.423l$ 时： $f_{min}=-0.0642\frac{Pml^2}{EI}$	$\theta_C=-\frac{Pml}{6EI}(2+3\lambda)$ $\theta_A=-\frac{Pml}{3EI}$ $\theta_B=\frac{Pml}{6EI}$
		AB	$Q_x=R_A-P$	$M_x=-Px+P(1+\lambda)(x-m)$		
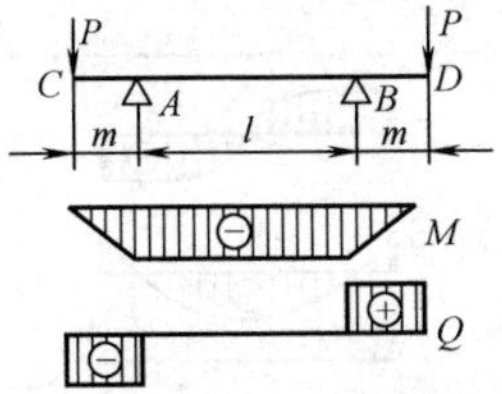	$R_A=R_B=P$ $M_A=M_B=-Pm$	AC	$Q_x=-P$	$M_x=-Px$	$f_C=f_D=\frac{Pm^2l}{6EI}(3+2\lambda)$ 当 $x=m+0.5l$ 时： $f_{min}=-\frac{Pml^2}{8EI}$	$\theta_C=-\theta_D=-\frac{Pml}{2EI}(1+\lambda)$ $\theta_A=-\theta_B=-\frac{Pml}{2EI}$
		AB	$Q_x=0$	$M_x=-Pm$		
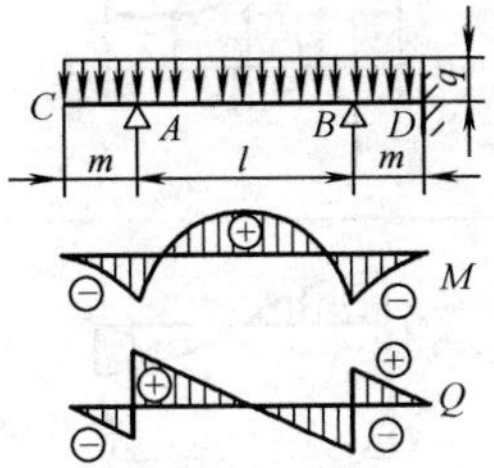	$R_A=R_B=\frac{ql}{2}(1+2\lambda)$ $M_A=M_B=-\frac{qm^2}{2}$	AC AB	$Q_x=-qx$ $Q_x=R_A-qx$	$M_{max}=\frac{ql^2}{8}(1-4\lambda^2)$	$f_C=f_D=\frac{qml^3}{24EI}(-1+6\lambda^2+3\lambda^3)$ $f_{max}=\frac{ql^4}{384EI}(5-24\lambda^2)$	$\theta_C=-\theta_D=\frac{ql^3}{24EI}(1-6\lambda^2-4\lambda^3)$ $\theta_A=-\theta_B=\frac{ql^3}{24EI}(1-6\lambda^2)$
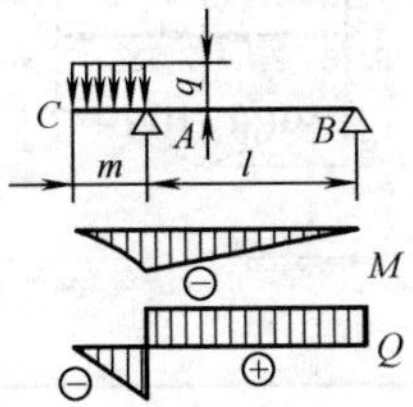	$R_A=\frac{qm}{2}(2+\lambda)$ $R_B=-\frac{qm^2}{2l}$ $M_A=-\frac{qm^2}{2}$	AC	$Q_x=-qx$	$M_x=-\frac{qx^2}{2}$	$f_C=\frac{qm^3l}{24EI}(4+3\lambda)$ 当 $x=m+0.423l$ 时： $f_{min}=-0.0321\frac{qm^2l^2}{EI}$	$\theta_C=-\frac{qm^2l}{6EI}(1+\lambda)$ $\theta_A=-\frac{qm^2l}{6EI}$ $\theta_B=\frac{qm^2l}{12EI}$
		AB	$Q_x=\frac{qm^2}{2l}$	$M_x=-\frac{qm^2}{2}\left(\frac{m+l-x}{l}\right)$		

续表

简图	支座反力、支座反力矩	区段	剪力	弯矩	挠度	转角
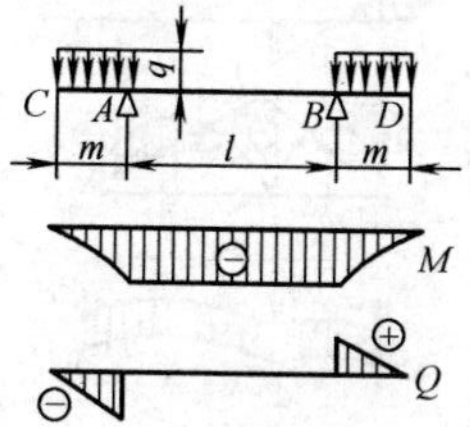	$R_A=R_B=qm$ $M_A=M_B=-\frac{qm^2}{2}$	AC	$Q_x=-qx$	$M_x=-\frac{qx^2}{2}$	$f_C=f_D=\frac{qm^3l}{8EI}(2+\lambda)$ 当 $x=m+0.5l$ 时： $f_{\min}=-\frac{qm^2l^2}{16EI}$	$\theta_C=-\theta_D=-\frac{qm^2l}{12EI}(3+2\lambda)$ $\theta_A=-\theta_B=-\frac{qm^2l}{4EI}$
		AB	$Q_x=0$	$M_x=-\frac{qm^2}{2}$		
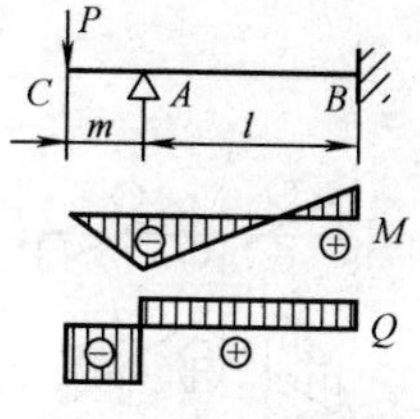	$R_A=\frac{P}{2}(2+3\lambda)$ $R_B=-\frac{3Pm}{2l}$ $M_A=-Pm$ $M_B=\frac{Pm}{2}$	AC	$Q_x=-P$	$M_x=-Px$	$f_C=\frac{Pm^2l}{12EI}(3+4\lambda)$ 当 $x=m+\frac{l}{3}$ 时： $f_{\min}=-\frac{Pml^2}{27EI}$	$\theta_C=-\frac{Pml}{4EI}(1+2\lambda)$ $\theta_A=-\frac{Pml}{4EI}$
		AB	$Q_x=\frac{3Pm}{2l}$	$M_x=-Px+R_A(x-m)$		
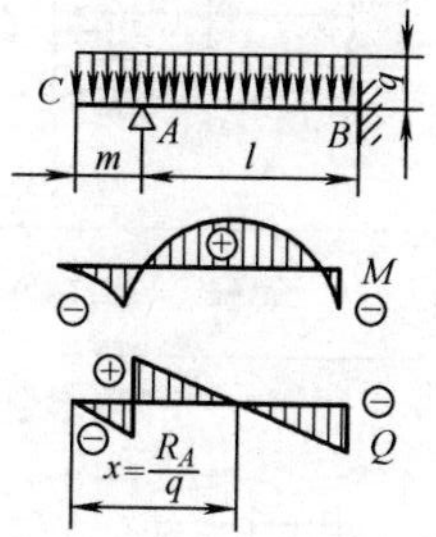	$R_A=\frac{ql}{8}(3+8\lambda+6\lambda^2)$ $R_B=\frac{ql}{8}(5-6\lambda^2)$ $M_A=-\frac{qm^2}{2}$ $M_B=-\frac{ql^2}{8}(1-2\lambda^2)$	AC AB	$Q_x=-qx$ $Q_x=R_A-qx$	当 $x=\frac{R_A}{q}$ 时： $M_{\max}=\frac{R_B}{2q}-M_B$ 当 $m=0.707l$ 时： $M_B=0$	$f_C=\frac{qml^3}{48EI}(-1+6\lambda^2+6\lambda^3)$	$\theta_C=\frac{ql^3}{48EI}(1-6\lambda^2-8\lambda^3)$ $\theta_A=\frac{ql^3}{48EI}(1-6\lambda^2)$
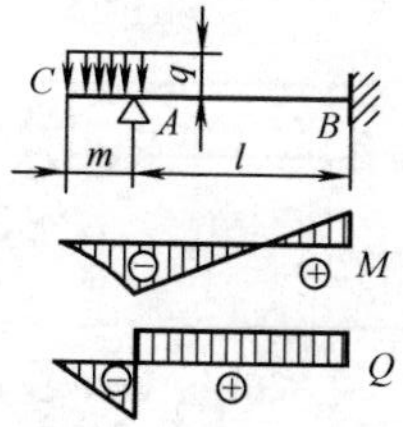	$R_A=\frac{qm}{4}(4+3\lambda)$ $R_B=-\frac{3qm^2}{4l}$ $M_A=-\frac{qm^2}{2}$ $M_B=\frac{qm^2}{4}$	AC	$Q_x=-qx$	$M_x=-\frac{qx^2}{2}$	$f_C=\frac{qm^3l}{8EI}(1+\lambda)$	$\theta_C=-\frac{qm^2l}{24EI}(3-4\lambda)$ $\theta_A=-\frac{qm^2l}{8EI}$
		AB	$Q_x=R_A-qx$	$M_x=-qm\left(x-\frac{m}{2}\right)+R_A(x-m)$		

续表

简　图	支座反力、支座反力矩	区段	剪　力	弯　矩	挠　度	转　角
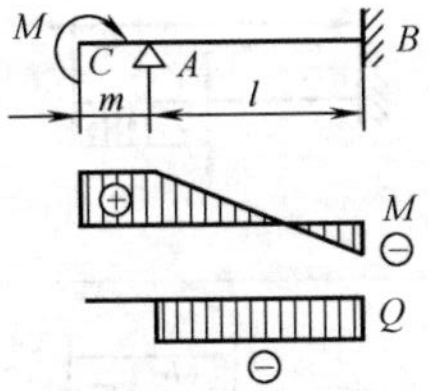	$R_A=-\frac{3M}{2l}$ $R_B=\frac{3M}{2l}$ $M_A=M$ $M_B=-\frac{M}{2}$	AC	$Q_x=0$	$M_x=M$	$f_C=-\frac{Mml}{4EI}(1+2\lambda)$ 当 $x=m+\frac{l}{3}$ 时： $f_{\max}=\frac{Ml^2}{27EI}$	$\theta_C=\frac{Ml}{4EI}(1+4\lambda)$ $\theta_A=\frac{Ml}{4EI}$
		AB	$Q_x=-\frac{3M}{2l}$	$M_x=-R_A(x-m)+M$		
6. 双跨、三跨梁						
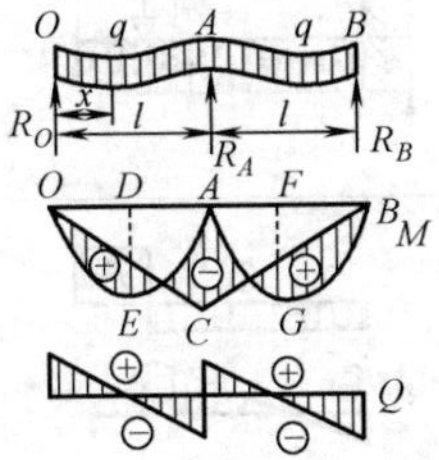	$R_O=R_B=\frac{3}{8}ql$ $R_A=\frac{5}{4}ql$	OA		$M_x=\frac{q}{8}(3lx-4x^2)$	$f=\frac{qx}{48EI}(l^3-3lx^2+2x^3)$	
				$M_O=M_B=0$ $M_A=-\frac{ql^2}{8}$ $DE=AC=FG$ $=\frac{ql^2}{8}$	两支点中间： $f=\frac{ql^4}{192EI}$ $x=0.421l$ 处： $f_{\max}=0.0054\frac{ql^4}{EI}$	
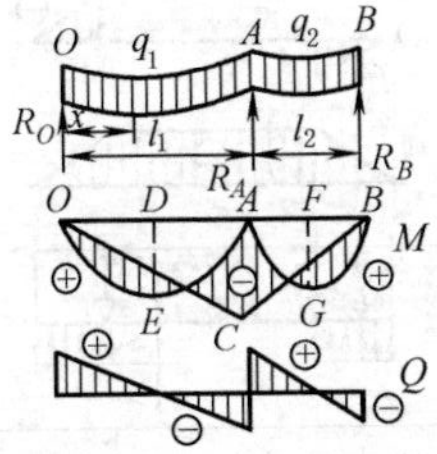	$R_O=\frac{1}{l_1}\times$ $\left[\frac{q_1l_1^2}{2}-\frac{q_1l_1^3+q_2l_2^5}{8(l_1+l_2)}\right]$ $R_A=(q_1l_1+q_2l_2)$ $-(R_O+R_B)$ $R_B=\frac{1}{l_2}\times$ $\left[\frac{q_2l_2^2}{2}-\frac{q_1l_1^3+q_2l_2^3}{8(l_1+l_2)}\right]$	OA		$M_x=R_Ox-\frac{q_1x^2}{2}$	$f=\frac{1}{24EI}[q_1x^4-4R_Ox^3+l_1^2x(4R_O-q_1l_1)]$	
				$M_O=M_B=0$ $M_A=-\frac{q_1l_1^3+q_2l_2^3}{8(l_1+l_2)}$ $DE=\frac{q_1l_1^2}{8}$ $FG=\frac{q_2l_2^2}{8}$		

续表

简图	支座反力、支座反力矩	区段	剪力	弯矩	挠度	转角
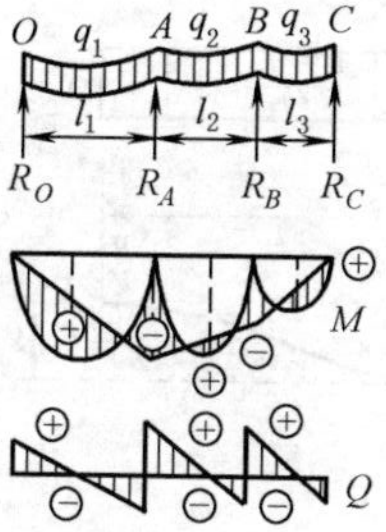	$R_O=\frac{1}{l_1}\left(\frac{q_1l_1^2}{2}+M_A\right)$ $R_A=\frac{q_1l_1}{2}+\frac{q_2l_2}{2}-\frac{M_A}{l_1}-\frac{M_A-M_B}{l_2}$ $R_B=\frac{q_3l_3}{2}+\frac{q_2l_2}{2}-\frac{M_B}{l_3}-\frac{M_B-M_A}{l_2}$ $R_C=\frac{1}{l_3}\left(\frac{q_3l_3^2}{2}+M_B\right)$			$M_O=M_C=0$ $M_A=-[2q_1l_1^3(l_2+l_3)+q_2l_2^3(l_2+2l_3)-q_3l_3^3l_2]/16\left[l_1(l_2+l_3)+l_2\left(l_3+\frac{3}{4}l_2\right)\right]$ $M_B=-\frac{q_2l_2^3+q_3l_3^3+4M_Al_2}{8(l_2+l_3)}$		
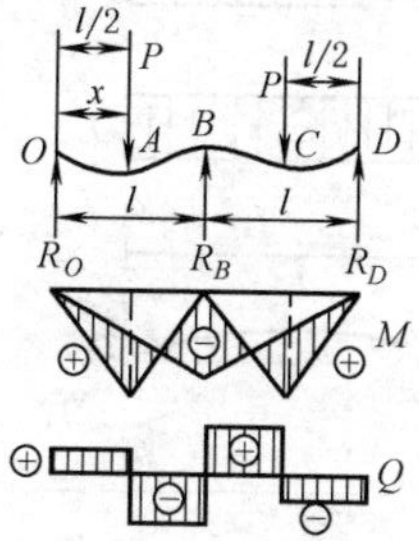	$R_O=R_D=\frac{5}{16}P$ $R_B=\frac{11}{8}P$	OA		$M_x=\frac{5}{16}Px$	$f=\frac{P}{96EI}(3l^2x-5x^3)$	
		AB		$M_x=\frac{P}{16}(8l-11x)$	$f=\frac{P}{96EI}(11x^3-24lx^2+15l^2x-2l^2)$	
				$M_O=M_D=0$ $M_B=-\frac{3}{16}Pl$	$x=0.447l$ 处： $f_{\max}=0.0093\frac{Pl^3}{EI}$ $f_C=\frac{7Pl^3}{768EI}$	
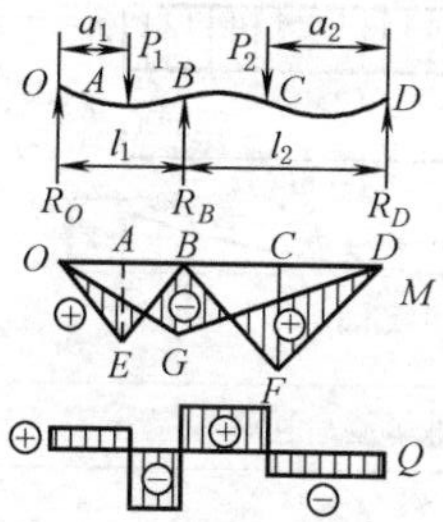	$R_O=\frac{M_B+P_1(l_1-a_1)}{l_1}$ $R_B=P_1+P_2-(R_O+R_2)$ $R_D=\frac{M_B+P_2(l_2-a_2)}{l_2}$			$M_O=M_D=0$ $AE=\frac{P_1a_1(l_1-a_1)}{l_1}$ $CF=\frac{P_2a_2(l_2-a_2)}{l_2}$ $M_B=-\left[P_1\frac{a_1}{l_1}(l_1^2-a_1^2)+P_2\frac{a_2}{l_2}(l_2^2-a_2^2)\right]/[2(l_1+l_2)]$		

续表

单跨超静定梁因支承错位和温度变化时的计算公式（EI 为常数）

梁的支承与受力情况	支座反力	剪力方程、弯矩方程、最大弯矩	挠度方程、端截面转角、最大挠度
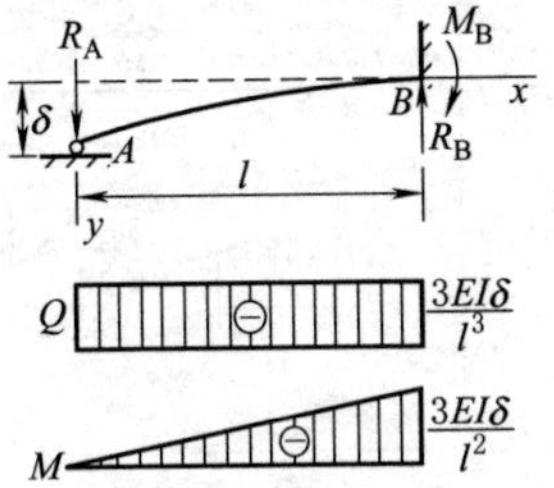 R_A, δ, A, B, M_B, R_B, x, y, l Q ⊖ $\frac{3EI\delta}{l^3}$ M ⊖ $\frac{3EI\delta}{l^2}$	$R_A=\frac{3EI\delta}{l^3}$ （↓） $R_B=\frac{-3EI\delta}{l^3}$ （↑） $M_B=\frac{-3EI\delta}{l^2}$ （↻）	当 $0\leqslant x\leqslant l$ $Q(x)=-\frac{3EI\delta}{l^3}$ $M(x)=-\frac{3EI\delta}{l^3}x$ 在 B 截面处有 $M_{max}=-\frac{3EI\delta}{l^2}$	当 $0\leqslant x\leqslant l$ $f(x)=\frac{\delta}{2}\left(2-3\frac{x}{l}+\frac{x^3}{l^3}\right)$ 在 $x=0$ 处 $f_{max}=\delta$ $\theta_{max}=\theta_A=-\frac{3\delta}{2l}$
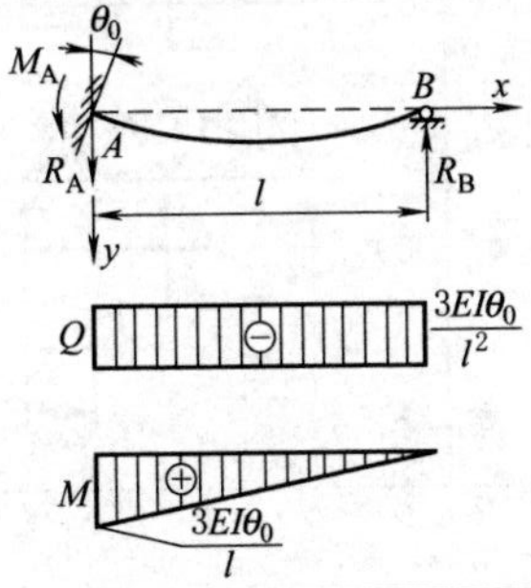 θ_0, M_A, R_A, A, B, R_B, x, y, l Q ⊖ $\frac{3EI\theta_0}{l^2}$ M ⊕ $\frac{3EI\theta_0}{l}$	$R_A=\frac{3EI\theta_0}{l^2}$ （↓） $R_B=\frac{3EI\theta_0}{l^2}$ （↑） $M_A=\frac{3EI\theta_0}{l}$ （↷）	当 $0\leqslant x\leqslant l$ $Q(x)=-\frac{3EI\theta_0}{l^2}$ $M(x)=\frac{3EI\theta_0}{l^2}(1-x)$ 在 A 截面处有 $M_{max}=\frac{3EI\theta_0}{l}$	当 $0\leqslant x\leqslant l$ $f(x)=\frac{\theta_0 l}{2}\left(\frac{2x}{l}-\frac{3x^2}{l^2}+\frac{x^3}{l^3}\right)$ 在 $x=0.422l$ 处 $f_{max}=0.193\theta_0 l$ 在 $x=0$ 处 $\theta_A=\theta_0$ 在 $x=l$ 处 $\theta_B=-\frac{1}{2}\theta_0$
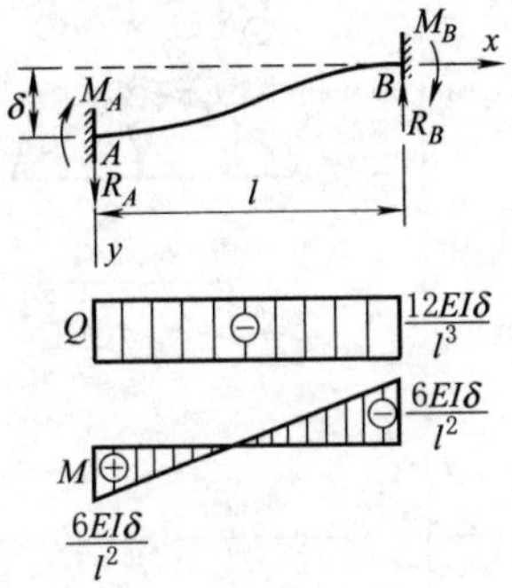 δ, M_A, A, R_A, B, M_B, R_B, x, y, l Q ⊖ $\frac{12EI\delta}{l^3}$ M ⊕ $\frac{6EI\delta}{l^2}$ ⊖ $\frac{6EI\delta}{l^2}$	$R_A=\frac{12EI}{l^3}\delta$ （↓） $R_B=\frac{-12EI}{l^3}\delta$ （↑） $M_A=\frac{6EI}{l^2}\delta$ （↷） $M_B=\frac{-6EI}{l^2}\delta$ （↻）	当 $0\leqslant x\leqslant l$ $Q(x)=-\frac{12EI}{l^3}\delta$ $M(x)=\frac{6EI}{l^2}\delta\left(1-2\frac{x}{l}\right)$ 在 A 截面处有 $M_{+max}=M_A=\frac{6EI}{l^2}\delta$ 在 B 截面处有 $M_{-max}=M_B=-\frac{6EI}{l^2}\delta$	当 $0\leqslant x\leqslant l$ $f(x)=\delta\left[1-\left(3-2\frac{x}{l}\right)\frac{x^2}{l^2}\right]$ 在 $x=0$ 处 $f_{max}=\delta$

续表

梁的支承与受力情况	支座反力	剪力方程、弯矩方程、最大弯矩	挠度方程、端截面转角、最大挠度
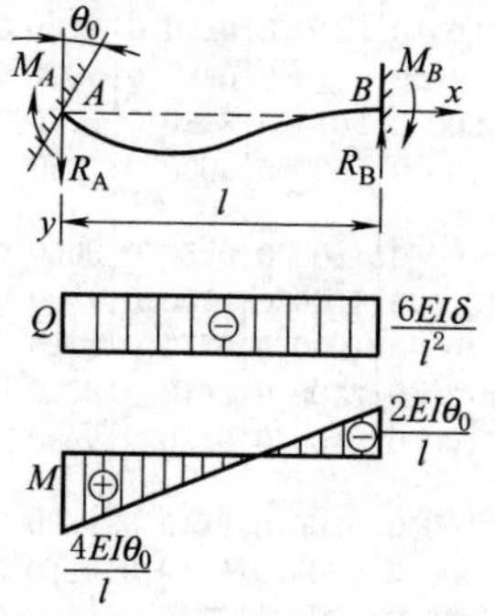 M_A θ_0 A B M_B x R_A R_B l y Q ⊖ $\frac{6EI\delta}{l^2}$ M ⊕ ⊖ $\frac{2EI\theta_0}{l}$ $\frac{4EI\theta_0}{l}$	$R_A=\frac{6EI\theta_0}{l^2}$ (↓) $R_B=\frac{-6EI\theta_0}{l^2}$ (↑) $M_A=\frac{4EI\theta_0}{l}$ (↻) $M_B=\frac{-2EI\theta_0}{l}$ (↺)	当 $0\leqslant x\leqslant l$ $Q(x)=-\frac{6EI\theta_0}{l^2}$ $M(x)=\frac{2EI\theta_0}{l}\left(2-3\frac{x}{l}\right)$ A 截面处，有 $M_{+\max}=\frac{4EI\theta_0}{l}$ B 截面处，有 $M_{-\max}=-\frac{2EI\theta_0}{l}$	当 $0\leqslant x\leqslant h$ $f(x)=\theta_0 l\left(\frac{x^3}{l^3}-2\frac{x^2}{l^2}+\frac{x}{l}\right)$ 在 $x=\frac{1}{3}l$ 处 $f_{\max}=\frac{4}{27}\theta_0 l$ 在 $x=0$ 处 $\theta_{\max}=\theta_0$
温度沿梁截面高度 h 呈线性变化（$t_2>t_1$） 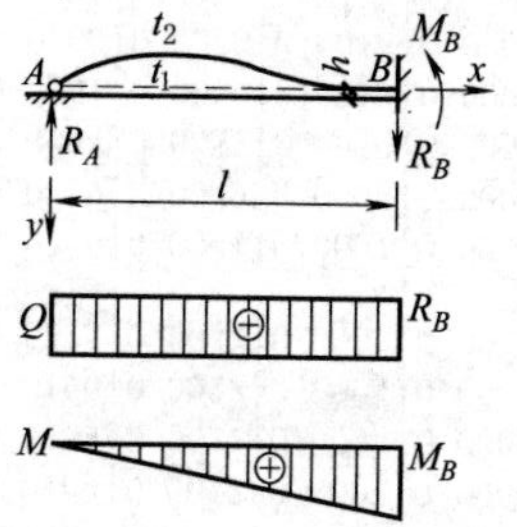 t_2 t_1 A B h M_B x R_A R_B l y Q ⊕ R_B M ⊕ M_B	$R_A=\frac{-3\alpha(t_2-t_1)EI}{2hl}$ (↑) $R_B=\frac{3\alpha(t_2-t_1)EI}{2hl}$ (↓) $M_B=\frac{3\alpha(t_2-t_1)EI}{2h}$ (↑) α——线胀系数	当 $0\leqslant x\leqslant l$ $Q(x)=\frac{3\alpha(t_2-t_1)EI}{2hl}$ $M(x)=\frac{3\alpha(t_2-t_1)EI}{2hl}x$ B 截面处有 $M_{\max}=\frac{3\alpha(t_2-t_1)EI}{2h}$	当 $0\leqslant x\leqslant l$ $f(x)=-\frac{\alpha(t_2-t_1)l^2}{4h}\left(\frac{x}{l}-2\frac{x^2}{l^2}+\frac{x^3}{l^3}\right)$ 在 $x=\frac{1}{3}l$ 处有 $f_{\max}=\frac{\alpha(t_2-t_1)l^2}{27h}$ 在 $x=0$ 处有 $\theta_{\max}=-\frac{\alpha(t_2-t_1)l}{4h}$
温度沿梁的截面高度 h 呈线性变化（$t_1>t_2$） 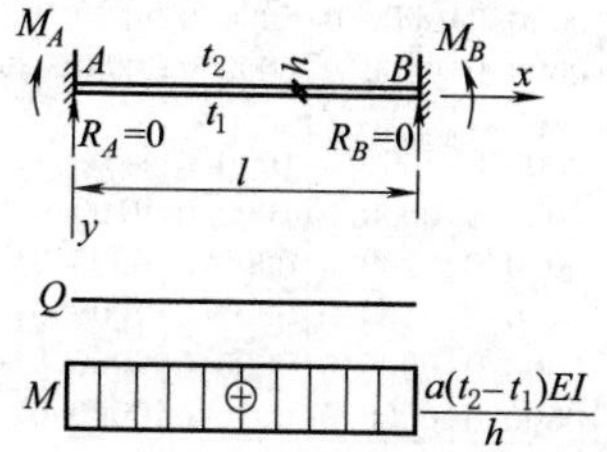 M_A A t_2 t_1 h B M_B x $R_A=0$ $R_B=0$ l y Q M ⊕ $\frac{\alpha(t_2-t_1)EI}{h}$	$R_A=R_B=0$ $M_A=\frac{\alpha(t_2-t_1)EI}{h}$ (↓) $M_B=\frac{\alpha(t_2-t_1)EI}{h}$ (↑) α——线胀系数	当 $0\leqslant x\leqslant l$ $Q(x)=0$ $M(x)=\frac{\alpha(t_2-t_1)EI}{h}$	当 $0\leqslant x\leqslant l$ $f(x)=0$ $\theta(x)=0$

表 1-1-102　　梁分段的比值及 ω 的函数表

α	α^2	α^3	α^4	α^5	$\omega_{R\alpha}$	$\omega_{R\alpha}^2$	$\omega_{D\alpha}$	$\omega_{M\alpha}$	$\omega_{\tau\alpha}$	$\omega_{S\alpha}$	α	α^2	α^3	α^4	α^5	$\omega_{R\alpha}$	$\omega_{R\alpha}^2$	$\omega_{D\alpha}$	$\omega_{M\alpha}$	$\omega_{\tau\alpha}$	$\omega_{S\alpha}$
0.00	0.0000	0.0000	0.0000	0.0000	0.0000	0.0000	0.0000	-1.0000	0.0000	0.0000	0.36	0.1296	0.0467	0.0168	0.0060	0.2304	0.0531	0.3133	-0.6112	0.0829	0.2835
0.01	0.0001	0.0000	0.0000	0.0000	0.0099	0.0001	0.0100	-0.9997	0.0001	0.0100	0.37	0.1369	0.0507	0.0187	0.0069	0.2331	0.0543	0.3193	-0.5893	0.0862	0.2874
0.02	0.0004	0.0000	0.0000	0.0000	0.0196	0.0004	0.0200	-0.9988	0.0004	0.0200	0.38	0.1444	0.0549	0.0209	0.0079	0.2356	0.0555	0.3251	-0.5668	0.0895	0.2911
0.03	0.0009	0.0000	0.0000	0.0000	0.0291	0.0008	0.0300	-0.9973	0.0009	0.0299	0.39	0.1521	0.0593	0.0231	0.0090	0.2379	0.0566	0.3307	-0.5437	0.0928	0.2945
0.04	0.0016	0.0001	0.0000	0.0000	0.0384	0.0015	0.0399	-0.9952	0.0015	0.0399	0.40	0.1600	0.0640	0.0256	0.0102	0.2400	0.0576	0.3360	-0.5200	0.0960	0.2976
0.05	0.0025	0.0001	0.0000	0.0000	0.0475	0.0023	0.0499	-0.9925	0.0024	0.0498											
0.06	0.0036	0.0002	0.0000	0.0000	0.0564	0.0032	0.0598	-0.9892	0.0034	0.0596	0.41	0.1681	0.0689	0.0283	0.0116	0.2419	0.0585	0.3411	-0.4957	0.0992	0.3004
0.07	0.0049	0.0003	0.0000	0.0000	0.0651	0.0042	0.0697	-0.9853	0.0046	0.0693	0.42	0.1764	0.0741	0.0311	0.0131	0.2436	0.0593	0.3459	-0.4708	0.1023	0.3029
0.08	0.0064	0.0005	0.0000	0.0000	0.0736	0.0054	0.0795	-0.9808	0.0059	0.0790	0.43	0.1849	0.0795	0.0342	0.0147	0.2451	0.0601	0.3505	-0.4453	0.1054	0.3052
0.09	0.0081	0.0007	0.0001	0.0000	0.0819	0.0067	0.0893	-0.9757	0.0074	0.0886	0.44	0.1936	0.0852	0.0375	0.0165	0.2464	0.0607	0.3548	-0.4192	0.1084	0.3071
0.10	0.0100	0.0010	0.0001	0.0000	0.0900	0.0081	0.0990	-0.9700	0.0090	0.0981	0.45	0.2025	0.0911	0.0410	0.0185	0.2475	0.0613	0.3589	-0.3925	0.1114	0.3088
0.11	0.0121	0.0013	0.0001	0.0000	0.0979	0.0096	0.1087	-0.9637	0.0108	0.1075	0.46	0.2116	0.0973	0.0448	0.0206	0.2484	0.0617	0.3627	-0.3652	0.1143	0.3101
0.12	0.0144	0.0017	0.0002	0.0000	0.1056	0.0112	0.1183	-0.9568	0.0127	0.1168	0.47	0.2209	0.1038	0.0488	0.0229	0.2491	0.0621	0.3662	-0.3373	0.1171	0.3112
0.13	0.0169	0.0022	0.0003	0.0000	0.1131	0.0128	0.1278	-0.9493	0.0147	0.1259	0.48	0.2304	0.1106	0.0531	0.0255	0.2496	0.0623	0.3694	-0.3088	0.1198	0.3119
0.14	0.0196	0.0027	0.0004	0.0001	0.1204	0.0145	0.1373	-0.9412	0.0169	0.1349	0.49	0.2401	0.1176	0.0576	0.0282	0.2499	0.0625	0.3724	-0.2797	0.1225	0.3124
0.15	0.0225	0.0034	0.0005	0.0001	0.1275	0.0163	0.1466	-0.9325	0.0191	0.1438	0.50	0.2500	0.1250	0.0625	0.0313	0.2500	0.0625	0.3750	-0.2500	0.1250	0.3125
0.16	0.0256	0.0041	0.0007	0.0001	0.1344	0.0181	0.1559	-0.9232	0.0215	0.1525	0.51	0.2601	0.1327	0.0677	0.0345	0.2499	0.0625	0.3773	-0.2197	0.1274	0.3124
0.17	0.0289	0.0049	0.0008	0.0001	0.1411	0.0199	0.1651	-0.9133	0.0240	0.1610	0.52	0.2704	0.1406	0.0731	0.0380	0.2496	0.0623	0.3794	-0.1888	0.1298	0.3119
0.18	0.0324	0.0058	0.0010	0.0002	0.1476	0.0218	0.1742	-0.9028	0.0266	0.1694	0.53	0.2809	0.1489	0.0789	0.0418	0.2491	0.0621	0.3811	-0.1573	0.1320	0.3112
0.19	0.0361	0.0069	0.0013	0.0002	0.1539	0.0237	0.1831	-0.8917	0.0292	0.1776	0.54	0.2916	0.1575	0.0850	0.0459	0.2484	0.0617	0.3825	-0.1252	0.1341	0.3101
0.20	0.0400	0.0080	0.0016	0.0003	0.1600	0.0256	0.1920	-0.8800	0.0320	0.1856	0.55	0.3025	0.1664	0.0915	0.0503	0.2475	0.0613	0.3836	-0.0925	0.1361	0.3088
0.21	0.0441	0.0093	0.0019	0.0004	0.1659	0.0275	0.2007	-0.8677	0.0348	0.1934	0.56	0.3136	0.1756	0.0983	0.0551	0.2464	0.0607	0.3844	-0.0592	0.1380	0.3071
0.22	0.0484	0.0106	0.0023	0.0005	0.1716	0.0294	0.2094	-0.8548	0.0378	0.2010	0.57	0.3249	0.1852	0.1056	0.0602	0.2451	0.0601	0.3848	-0.0253	0.1397	0.3052
0.23	0.0529	0.0122	0.0028	0.0006	0.1771	0.0314	0.2178	-0.8413	0.0407	0.2085	0.58	0.3364	0.1951	0.1132	0.0656	0.2436	0.0593	0.3849	0.0092	0.1413	0.3029
0.24	0.0576	0.0138	0.0033	0.0008	0.1824	0.0333	0.2262	-0.8272	0.0438	0.2157	0.59	0.3481	0.2054	0.1212	0.0715	0.2419	0.0585	0.3846	0.0443	0.1427	0.3004
0.25	0.0625	0.0156	0.0039	0.0010	0.1875	0.0352	0.2344	-0.8125	0.0469	0.2227	0.60	0.3600	0.2160	0.1296	0.0778	0.2400	0.0576	0.3840	0.0800	0.1440	0.2976
0.26	0.0676	0.0176	0.0046	0.0012	0.1924	0.0370	0.2424	-0.7972	0.0500	0.2294	0.61	0.3721	0.2270	0.1385	0.0845	0.2379	0.0566	0.3830	0.1163	0.1451	0.2945
0.27	0.0729	0.0197	0.0053	0.0014	0.1971	0.0388	0.2503	-0.7813	0.0532	0.2359	0.62	0.3844	0.2383	0.1478	0.0916	0.2356	0.0555	0.3817	0.1532	0.1461	0.2911
0.28	0.0784	0.0220	0.0061	0.0017	0.2016	0.0406	0.2580	-0.7648	0.0564	0.2422	0.63	0.3969	0.2500	0.1575	0.0992	0.2331	0.0543	0.3800	0.1907	0.1469	0.2874
0.29	0.0841	0.0244	0.0071	0.0021	0.2059	0.0424	0.2656	-0.7477	0.0597	0.2483	0.64	0.4096	0.2621	0.1678	0.1074	0.2304	0.0531	0.3779	0.2288	0.1475	0.2835
0.30	0.0900	0.0270	0.0081	0.0024	0.2100	0.0441	0.2730	-0.7300	0.0630	0.2541	0.65	0.4225	0.2746	0.1785	0.1160	0.2275	0.0518	0.3754	0.2675	0.1479	0.2793
0.31	0.0961	0.0298	0.0092	0.0029	0.2139	0.0458	0.2802	-0.7117	0.0663	0.2597	0.66	0.4356	0.2875	0.1897	0.1252	0.2244	0.0504	0.3725	0.3068	0.1481	0.2748
0.32	0.1024	0.0328	0.0105	0.0034	0.2176	0.0473	0.2872	-0.6928	0.0696	0.2649	2/3	0.4444	0.2963	0.1975	0.1317	0.2222	0.0494	0.3704	0.3333	0.1481	0.2716
0.33	0.1089	0.0359	0.0119	0.0039	0.2211	0.0489	0.2941	-0.6733	0.0730	0.2700	0.67	0.4489	0.3008	0.2015	0.1350	0.2211	0.0489	0.3692	0.3467	0.1481	0.2700
1/3	0.1111	0.0370	0.0123	0.0041	0.2222	0.0494	0.2963	-0.6667	0.0741	0.2716	0.68	0.4624	0.3144	0.2138	0.1454	0.2176	0.0473	0.3656	0.3872	0.1480	0.2649
0.34	0.1156	0.0393	0.0134	0.0045	0.2244	0.0504	0.3007	-0.6532	0.0763	0.2748	0.69	0.4761	0.3285	0.2267	0.1564	0.2139	0.0458	0.3615	0.4283	0.1476	0.2597
0.35	0.1225	0.0429	0.0150	0.0053	0.2275	0.0518	0.3071	-0.6325	0.0796	0.2793	0.70	0.4900	0.3430	0.2401	0.1681	0.2100	0.0441	0.3570	0.4700	0.1470	0.2541
β	β^2	β^3	β^4	β^5	$\omega_{R\beta}$	$\omega_{R\beta}^2$	$\omega_{D\beta}$	$\omega_{M\beta}$	$\omega_{\tau\beta}$	$\omega_{S\beta}$	β	β^2	β^3	β^4	β^5	$\omega_{R\beta}$	$\omega_{R\beta}^2$	$\omega_{D\beta}$	$\omega_{M\beta}$	$\omega_{\tau\beta}$	$\omega_{S\beta}$

续表

α	α^2	α^3	α^4	α^5	$\omega_{R\alpha}$	$\omega_{R\alpha}^2$	$\omega_{D\alpha}$	$\omega_{M\alpha}$	$\omega_{\tau\alpha}$	$\omega_{S\alpha}$	α	α^2	α^3	α^4	α^5	$\omega_{R\alpha}$	$\omega_{R\alpha}^2$	$\omega_{D\alpha}$	$\omega_{M\alpha}$	$\omega_{\tau\alpha}$	$\omega_{S\alpha}$
0.71	0.5041	0.3579	0.2541	0.1804	0.2059	0.0424	0.3521	0.5123	0.1462	0.2483	0.86	0.7396	0.6361	0.5470	0.4704	0.1204	0.0145	0.2239	1.2188	0.1035	0.1349
0.72	0.5184	0.3732	0.2687	0.1935	0.2016	0.0406	0.3468	0.5552	0.1452	0.2422	0.87	0.7569	0.6585	0.5729	0.4984	0.1131	0.0128	0.2115	1.2707	0.0984	0.1259
0.73	0.5329	0.3890	0.2840	0.2073	0.1971	0.0388	0.3410	0.5987	0.1439	0.2359	0.88	0.7744	0.6815	0.5997	0.5277	0.1056	0.0112	0.1985	1.3232	0.0929	0.1168
0.74	0.5476	0.4052	0.2999	0.2219	0.1924	0.0370	0.3348	0.6428	0.1424	0.2294	0.89	0.7921	0.7050	0.6274	0.5584	0.0979	0.0096	0.1850	1.3763	0.0871	0.1075
0.75	0.5625	0.4219	0.3164	0.2373	0.1875	0.0352	0.3281	0.6875	0.1406	0.2227	0.90	0.8100	0.7290	0.6561	0.5905	0.0900	0.0081	0.1710	1.4300	0.0810	0.0981
0.76	0.5776	0.4390	0.3336	0.2536	0.1824	0.0333	0.3210	0.7328	0.1386	0.2157	0.91	0.8281	0.7536	0.6857	0.6240	0.0819	0.0067	0.1564	1.4843	0.0745	0.0886
0.77	0.5929	0.4565	0.3515	0.2707	0.1771	0.0314	0.3135	0.7787	0.1364	0.2085	0.92	0.8464	0.7787	0.7164	0.6591	0.0736	0.0054	0.1413	1.5392	0.0677	0.0790
0.78	0.6084	0.4746	0.3702	0.2887	0.1716	0.0294	0.3054	0.8252	0.1338	0.2010	0.93	0.8649	0.8044	0.7481	0.6957	0.0651	0.0042	0.1256	1.5947	0.0605	0.0693
0.79	0.6241	0.4930	0.3895	0.3077	0.1659	0.0275	0.2970	0.8723	0.1311	0.1934	0.94	0.8836	0.8306	0.7807	0.7339	0.0564	0.0032	0.1094	1.6508	0.0530	0.0596
0.80	0.6400	0.5120	0.4096	0.3277	0.1600	0.0256	0.2880	0.9200	0.1280	0.1856	0.95	0.9025	0.8574	0.8145	0.7738	0.0475	0.0023	0.0926	1.7075	0.0451	0.0498
0.81	0.6561	0.5314	0.4305	0.3487	0.1539	0.0237	0.2786	0.9683	0.1247	0.1776	0.96	0.9216	0.8847	0.8493	0.8153	0.0384	0.0015	0.0753	1.7648	0.0369	0.0399
0.82	0.6724	0.5514	0.4521	0.3707	0.1476	0.0218	0.2686	1.0172	0.1210	0.1694	0.97	0.9409	0.9127	0.8853	0.8587	0.0291	0.0008	0.0573	1.8227	0.0282	0.0299
0.83	0.6889	0.5718	0.4746	0.3939	0.1411	0.0199	0.2582	1.0667	0.1171	0.1610	0.98	0.9604	0.9412	0.9224	0.9039	0.0196	0.0004	0.0388	1.8812	0.0192	0.0200
0.84	0.7056	0.5927	0.4979	0.4182	0.1344	0.0181	0.2473	1.1168	0.1129	0.1525	0.99	0.9801	0.9703	0.9606	0.9510	0.0099	0.0001	0.0197	1.9403	0.0098	0.0100
0.85	0.7225	0.6141	0.5220	0.4437	0.1275	0.0163	0.2359	1.1675	0.1084	0.1438	1.00	1.0000	1.0000	1.0000	1.0000	0.0000	0.0000	0.0000	2.0000	0.0000	0.0000
β	β^2	β^3	β^4	β^5	$\omega_{R\beta}$	$\omega_{R\beta}^2$	$\omega_{D\beta}$	$\omega_{M\beta}$	$\omega_{\tau\beta}$	$\omega_{S\beta}$	β	β^2	β^3	β^4	β^5	$\omega_{R\beta}$	$\omega_{R\beta}^2$	$\omega_{D\beta}$	$\omega_{M\beta}$	$\omega_{\tau\beta}$	$\omega_{S\beta}$

注：1. α 和 β 的含义见表 1-1-101。

2. 对于脚标为 β 的 ω 值，必须根据已知的 β 值自底行向上查。如果已知值为 α，则按公式 $\beta=1-\alpha$ 求得 β 后再查表。

3. 函数 ω 与参数 α 或 β 间的关系式：

$\omega_{R\alpha}=\omega_{R\beta}=\alpha\beta=\alpha-\alpha^2=\beta-\beta^2$；

$\omega_{D\alpha}=\alpha-\alpha^3=\alpha(1-\alpha^2)=\beta(2-3\beta+\beta^2)=3\omega_{R\alpha}-\omega_{D\beta}=\omega_{R\alpha}(1+\alpha)=\omega_{R\alpha}(2-\beta)$；

$\omega_{D\beta}=\beta-\beta^3=\beta(1-\beta^2)=\alpha(2-3\alpha+\alpha^2)=3\omega_{R\alpha}-\omega_{D\alpha}=\omega_{R\alpha}(1+\beta)=\omega_{R\alpha}(2-\alpha)$；

$\omega_{M\alpha}=3\alpha^2-1=2-6\beta+3\beta^2=\omega_{M\beta}-3(2\beta-1)=1-6\omega_{R\alpha}-\omega_{M\beta}$；

$\omega_{M\beta}=3\beta^2-1=2-6\alpha+3\alpha^2=\omega_{M\alpha}-3(2\alpha-1)=1-6\omega_{R\alpha}-\omega_{M\alpha}$；

$\omega_{S\alpha}=\omega_{s}\beta=\alpha-2\alpha^3+\alpha^4=\beta-2\beta^3+\beta^4=\omega_{R\alpha}(1+\omega_{R\alpha})$；

$\omega_{\tau\alpha}=\alpha\omega_{R\alpha}=\alpha^2\beta=\alpha^2-\alpha^3$；

$\omega_{\tau\beta}=\beta\omega_{R\alpha}=\alpha\beta^2=\beta^2-\beta^3=\alpha-2\alpha^2+\alpha^3$；

函数 ω 的参数也可以是 ξ 或 ζ，关系式是相同的，只是变换脚标以示区别。ω 的脚标的意义是：第一个字母表示某一特定的函数关系，如上列诸关系式；第二个字母表示参数的符号，例如 $\omega_{M\beta}=3\beta^2-1$，$\omega_{M\zeta}=3\zeta^2-1$，$\omega_{R\xi}=\xi\zeta$ 等。但必须符合下列条件：$\alpha+\beta=1$ 或 $\xi+\zeta=1$ 等。

表 1-1-103　等截面曲梁在其平面内受载时的某截面的轴力 N、切力 Q、弯矩 M 及自由端位移

序号	简图	N	Q	M	垂直位移 δ_y	水平位移 δ_x	角位移 θ
1	y x M_0 P T φ α R	$P\sin\varphi+T\cos\varphi$	$P\cos\varphi-T\sin\varphi$	$M_0+PR\sin\varphi-TR(1-\cos\varphi)$	$\frac{R^2}{EI}\left[M_0(1-\cos\alpha)+PR\left(\frac{\alpha}{2}-\frac{\sin2\alpha}{4}\right)-TR\frac{(1-\cos\alpha)^2}{2}\right]$	$\frac{R^2}{EI}\left[-M_0(\alpha-\sin\alpha)-PR\frac{(1-\cos\alpha)^2}{2}+TR\left(\frac{3\alpha}{2}-2\sin\alpha+\frac{\sin2\alpha}{4}\right)\right]$	$\frac{R}{EI}[M_0\alpha+PR(1-\cos\alpha)-TR\times(\alpha-\sin\alpha)]$
2	y x M_0 P T φ α	$P\cos(\alpha-\varphi)+T\sin(\alpha-\varphi)$	$P\sin(\alpha-\varphi)-T\cos(\alpha-\varphi)$	$M_0+PR[\cos(\alpha-\varphi)-\cos\alpha]-TR\times[\sin\alpha-\sin(\alpha-\varphi)]$	$\frac{R^2}{EI}\left[M_0(\sin\alpha-\alpha\cos\alpha)+PR\left(\alpha+\frac{1}{2}\alpha\cos2\alpha-\frac{3}{4}\sin2\alpha\right)-TR\times\left(\cos\alpha-\frac{3}{4}\cos2\alpha-\frac{1}{2}\alpha\sin2\alpha-\frac{1}{4}\right)\right]$	$\frac{R^2}{EI}\left[-M_0(\alpha\sin\alpha-1+\cos\alpha)-PR\left(\cos\alpha-\frac{3}{4}\cos2\alpha-\frac{1}{2}\alpha\times\sin2\alpha-\frac{1}{4}\right)+TP\times\left(\alpha-\frac{1}{2}\alpha\cos2\alpha+\frac{3}{4}\sin2\alpha-2\sin\alpha\right)\right]$	$\frac{R}{EI}[M_0\alpha+PR\times(\sin\alpha-\alpha\cos\alpha)-TR(\alpha\sin\alpha-1+\cos\alpha)]$
3	q=常数 y x φ α R	$qR(1-\cos\varphi)$	$qR\sin\varphi$	$qR^2(1-\cos\varphi)$	$\frac{qR^4}{EI}\times\frac{(1-\cos\alpha)^2}{2}$	$-\frac{qR^4}{EI}\left(\frac{3}{2}\alpha-2\sin\alpha+\frac{\sin2\alpha}{4}\right)$	$\frac{qR^3}{EI}(\alpha-\sin\alpha)$

续表

序号	简图	N	Q	M	垂直位移 δ_y	水平位移 δ_x	角位移 θ
4	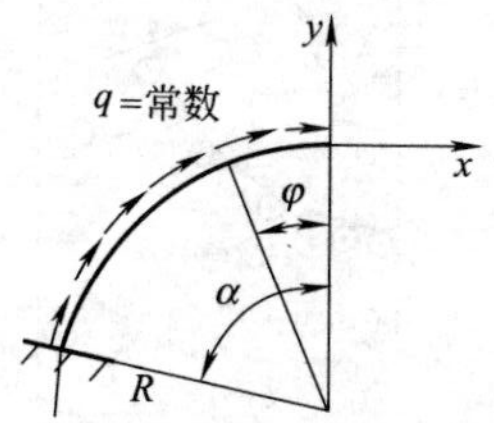 q=常数	$qR\sin\varphi$	$-qR(1-\cos\varphi)$	$-qR^2(\varphi-\sin\varphi)$	$\frac{qR^4}{EI}\left(\frac{\alpha}{2}+\alpha\cos\alpha-\sin\alpha-\frac{\sin2\alpha}{4}\right)$	$\frac{qR^4}{EI}\left(\frac{\alpha^2}{2}-\alpha\sin\alpha+\frac{\sin^2\alpha}{2}\right)$	$\frac{qR^3}{EI}\left(1-\cos\alpha-\frac{\alpha^2}{2}\right)$
5	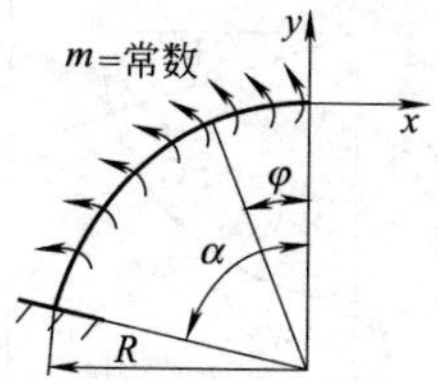 m=常数	0	0	$mR\varphi$	$\frac{mR^3}{EI}(\sin\alpha-\alpha\cos\alpha)$	$\frac{mR^3}{EI}(1-\cos\alpha-\alpha\sin\alpha)$	$\frac{mR^2}{EI}\times\frac{\alpha^2}{2}$

表 1-1-104　载荷垂直于等截面曲梁所在平面时，某截面内力及自由端截面的位移（λ 为抗弯刚度 EI 与抗扭刚度 EI_n 之比）

序号	简图	扭矩 M_n	弯矩 M（垂直于 xy 面）	δ_z（垂直于 xy 面）	绕 x 轴的转角	绕 y 轴的转角
1	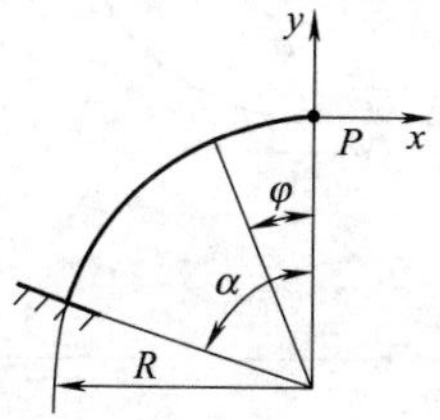	$PR(1-\cos\varphi)$	$PR\sin\varphi$	$\frac{PR^3}{EI}\left(\frac{1+3\lambda}{2}\alpha+\frac{\lambda-1}{4}\sin2\alpha-2\lambda\sin\alpha\right)$	$\frac{PR^2}{EI}\left(\frac{\lambda-1}{2}\sin2\alpha+\frac{1+\lambda}{2}\alpha-\lambda\sin\alpha\right)$	$\frac{PR^2}{EI}\left[\frac{\lambda-1}{2}\sin^2\alpha+\lambda(1-\cos\alpha)\right]$

续表

序号	简图	扭矩 M_n	弯矩 M（垂直于 xy 面）	δ_z（垂直于 xy 面）	绕 x 轴的转角	绕 y 轴的转角
2	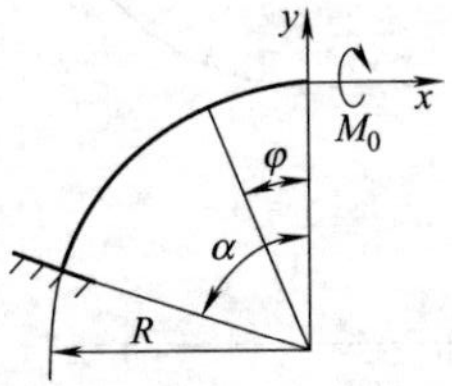	$-M_0\cos\varphi$	$M_0\sin\varphi$	$\frac{M_0R^2}{EI}\left(\frac{\lambda-1}{4}\sin2\alpha+\frac{1+\lambda}{2}\alpha-\lambda\sin\alpha\right)$	$\frac{M_0R}{EI}\left(\frac{1+\lambda}{2}\alpha+\frac{\lambda-1}{2}\sin2\alpha\right)$	$\frac{M_0R}{EI}\left(\frac{\lambda-1}{2}\right)\sin^2\alpha$
3	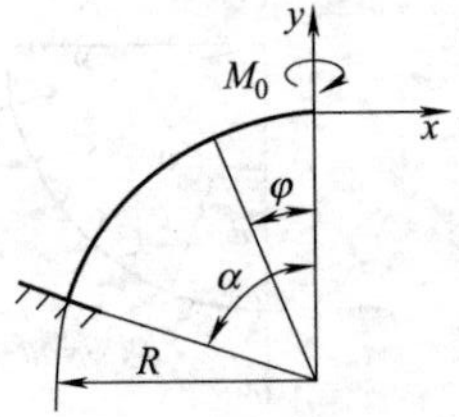	$M_0\sin\varphi$	$M_0\cos\varphi$	$\frac{M_0R^2}{EI}\left[\frac{\lambda-1}{4}\sin^2\alpha+\lambda(1-\cos\alpha)\right]$	$\frac{M_0R}{EI}\left(\frac{\lambda-1}{2}\right)\sin^2\alpha$	$\frac{M_0R}{EI}\left(\frac{1+\lambda}{2}\alpha-\frac{\lambda-1}{4}\sin2\alpha\right)$
4	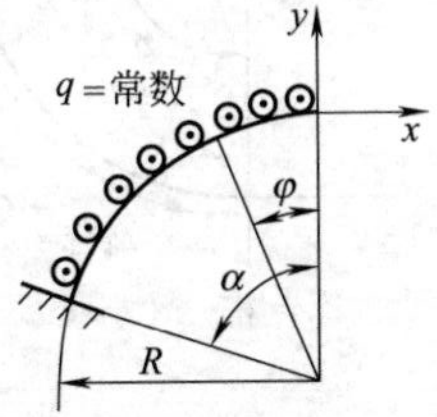 q＝常数	$qR^2(\varphi-\sin\varphi)$	$qR^2(1-\cos\varphi)$	$\frac{qR^4}{EI}[(1-\cos\alpha)^2+\lambda(\alpha-\sin\alpha)^2]$	$\frac{qR^3}{EI}\left[(\lambda+1)(1-\cos\alpha)-\frac{\lambda-1}{4}(1-\cos2\alpha)-\lambda\alpha\sin\alpha\right]$	$\frac{qR^3}{EI}\left[(\lambda+1)\left(\sin\alpha-\frac{\alpha}{2}\right)+\frac{\lambda-1}{4}\sin2\alpha-\lambda\alpha\cos\alpha\right]$

单跨刚架计算公式

（引起刚架内侧拉伸的是正弯矩）

表 1-1-105

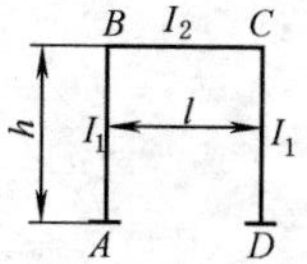

I_1, I_2 ——惯性矩

$k=\frac{I_2}{I_1}\times\frac{h}{l}$；　$N=2k+3$

简图	公式	简图	公式
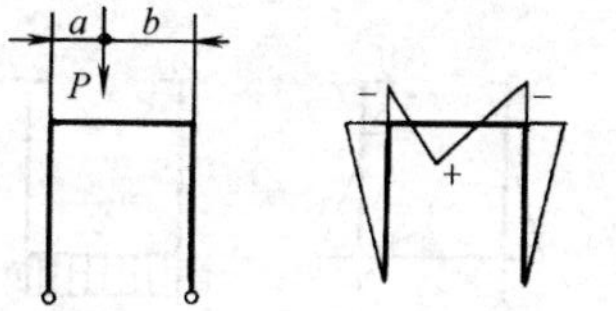 （图：a、b、P）	$M_B=M_C=-\frac{Pab}{l}\times\frac{3}{2N}$ $M_P=\frac{Pab}{l}+M_B$	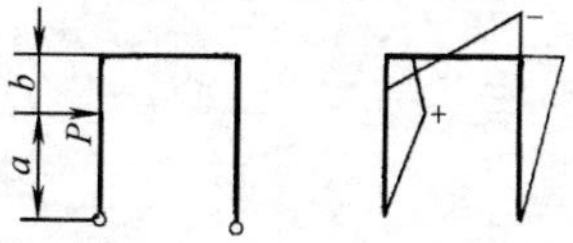 （图：a、b、P）	$\beta=\frac{b}{h}$ $M_B=\frac{Pa}{2}\left[-\frac{(2-\beta)\beta k}{N}+1\right]$ $M_C=\frac{Pa}{2}\left[-\frac{(2-\beta)\beta k}{N}-1\right]$ $M_P=(1-\beta)(Pb+M_B)$
（图：q）	$M_B=M_C=-\frac{ql^2}{4N}$ $M_{\max}=\frac{ql^2}{8}+M_B$	（图：q）	$M_B=\frac{qh^2}{4}\left(-\frac{k}{2N}+1\right)$ $M_C=\frac{qh^2}{4}\left(-\frac{k}{2N}-1\right)$
（图：P）	$M_B=\frac{Ph}{2}$ $M_C=-\frac{Ph}{2}$		

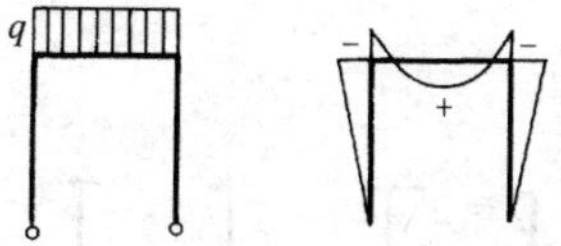

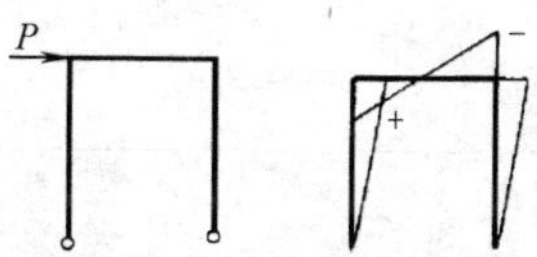

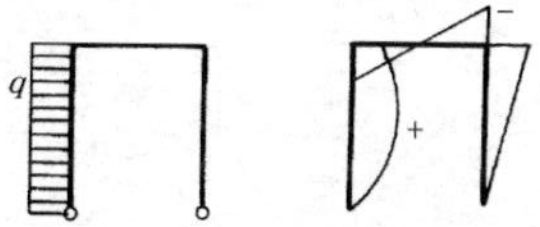

续表

$k=\frac{I_2}{I_1}\times\frac{h}{l}$；$N_1=k+2$；$N_2=6k+1$；$\beta=\frac{b}{l}$或$\frac{b}{h}$			
P a b	$M_A=\frac{Pab}{l}\left[\frac{1}{2N_1}-\frac{2\beta-1}{2N_2}\right]$ $M_D=\frac{Pab}{l}\left[\frac{1}{2N_1}+\frac{2\beta-1}{2N_2}\right]$ $M_B=-\frac{Pab}{l}\left[\frac{1}{N_1}+\frac{2\beta-1}{2N_2}\right]$ $M_C=-\frac{Pab}{l}\left[\frac{1}{N_1}-\frac{2\beta-1}{2N_2}\right]$	P b a	$X_1=\frac{Pab}{h}\times\frac{1+\beta+\beta k}{2N_1}$ $X_2=\frac{Pab}{h}\times\frac{(1-\beta)k}{2N_1}$ $X_3=\frac{3Pa(1-\beta)k}{2N_2}$ $\left.\begin{matrix}M_A\\M_D\end{matrix}\right\}=-X_1\mp\left(\frac{Pa}{2}-X_3\right)$ $\left.\begin{matrix}M_B\\M_C\end{matrix}\right\}=-X_2\pm X_3$
q	$M_A=M_D=\frac{ql^2}{12N_1}$ $M_B=M_C=-\frac{ql^2}{6N_1}$ $M_{\max}=\frac{ql^2}{8}+M_B$	q	$M_A=\frac{qh^2}{4}\left[-\frac{k+3}{6N_1}-\frac{4k+1}{N_2}\right]$ $M_B=\frac{qh^2}{4}\left[-\frac{k}{6N_1}+\frac{2k}{N_2}\right]$ $M_C=\frac{qh^2}{4}\left[-\frac{k}{6N_1}-\frac{2k}{N_2}\right]$ $M_D=\frac{qh^2}{4}\left[-\frac{k+3}{6N_1}+\frac{4k+1}{N_2}\right]$
P	$M_A=-\frac{Ph}{2}\times\frac{3k+1}{N_2}$ $M_B=\frac{Ph}{2}\times\frac{3k}{N_2}$ $M_C=-M_B$ $M_D=-M_A$		

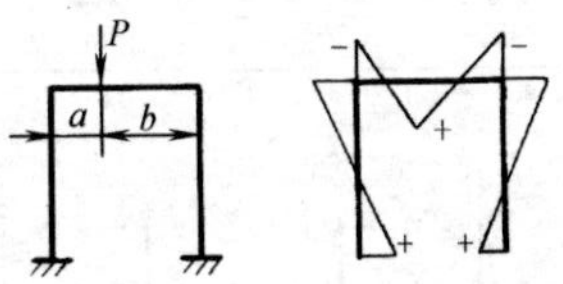

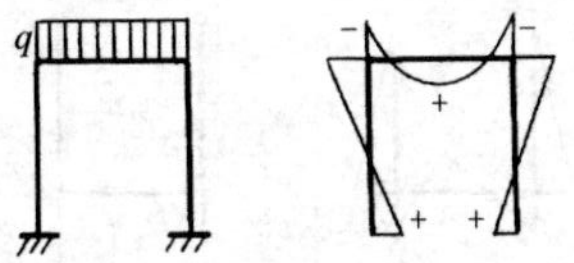

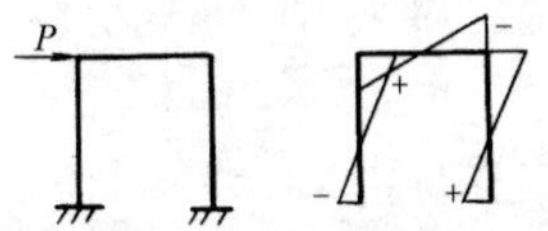

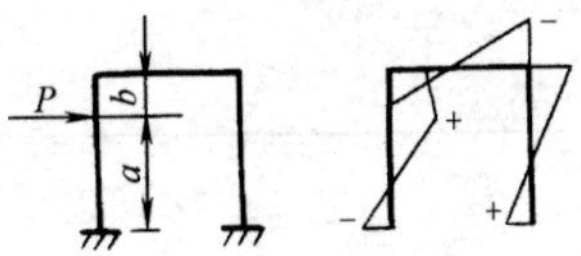

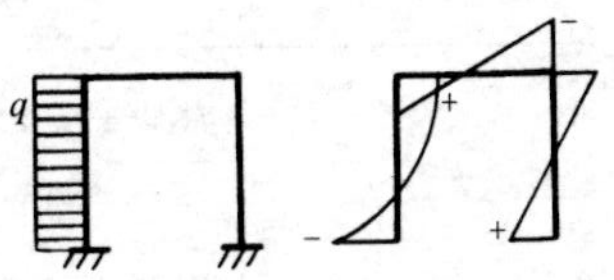

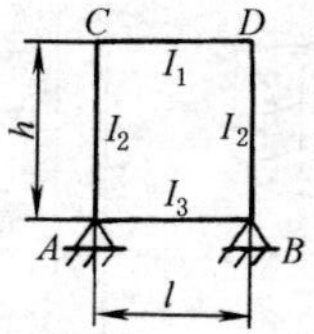

续表

<table>
<tr><td colspan="4">(frame diagram: C, D, A, B, I₁, I₂, I₃, h, l)</td></tr>
<tr><td colspan="4">$k=\frac{I_1}{I_2}\times\frac{h}{l}$; $m=\frac{I_1}{I_3}$; $\alpha=\frac{x}{l}$; $\nu=2+k+\frac{m}{k}(3+2k)$; $\mu=1+6k+m$</td></tr>
<tr><td></td><td>$\left.\begin{matrix}M_A\\M_B\end{matrix}\right\}=\frac{Pl}{2}\alpha(1-\alpha)\left[\frac{1}{\nu}\mp\frac{1-2\alpha}{\mu}\right]$
$\left.\begin{matrix}M_C\\M_D\end{matrix}\right\}=\frac{Pl}{2}\alpha(1-\alpha)\left[-\frac{2k+3m}{k\nu}\mp\frac{1-2\alpha}{\mu}\right]$</td><td> 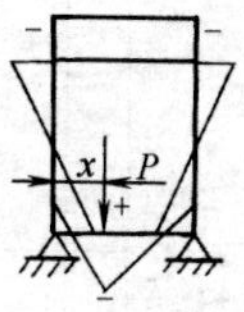</td><td>$\left.\begin{matrix}M_A\\M_B\end{matrix}\right\}=\frac{Pl}{2}\alpha(1-\alpha)m\left[\frac{3+2k}{k\nu}\pm\frac{1-2\alpha}{\mu}\right]$
$\left.\begin{matrix}M_C\\M_D\end{matrix}\right\}=-\frac{Pl}{2}\alpha(1-\alpha)m\left[\frac{1}{\nu}\mp\frac{1-2\alpha}{\mu}\right]$</td></tr>
<tr><td colspan="4">$k=\frac{I_1}{I_2}\times\frac{h}{l}$; $m=\frac{I_1}{I_3}$; $\nu=2+k+\frac{m}{k}(3+2k)$; $\mu=1+6k+m$</td></tr>
<tr><td></td><td>$\left.\begin{matrix}M_A\\M_B\end{matrix}\right\}=\frac{Ph}{2}\eta\times$
$\left\{\frac{1-\eta}{\nu}[(1+k)\eta-(2+k)]\mp\frac{1}{\mu}[1+3k(2-\eta)]\right\}$
$\left.\begin{matrix}M_C\\M_D\end{matrix}\right\}=\frac{Ph}{2}\eta\left\{-\frac{1-\eta}{\nu}[\eta(k+m)+m]\pm\frac{1}{\mu}(3k\eta+m)\right\}$
$\eta=y/h$</td><td> 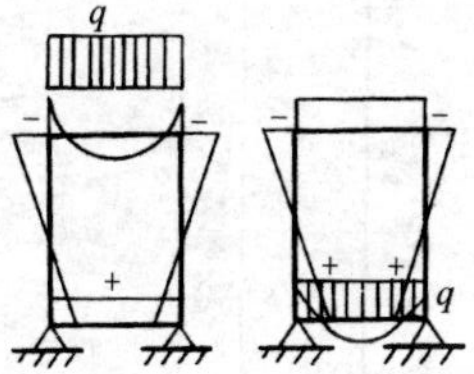</td><td>(1)载荷在构件 CD 上
$M_A=M_B=\frac{ql^2}{12}\times\frac{1}{\nu}$;$M_C=M_D=-\frac{ql^2}{12}\times\frac{2k+3m}{k\nu}$
(2)载荷在构件 AB 上
$M_A=M_B=\frac{ql^2}{12}m\frac{3+2k}{k\nu}$;$M_C=M_D=-\frac{ql^2}{12}\times\frac{m}{\nu}$</td></tr>
<tr><td> 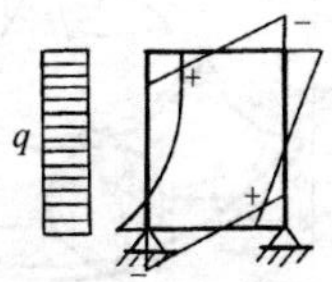</td><td>$\left.\begin{matrix}M_A\\M_B\end{matrix}\right\}=\frac{qh^2}{4}\left[-\frac{3+k}{6\nu}\mp\frac{1+4k}{\mu}\right]$
$\left.\begin{matrix}M_C\\M_D\end{matrix}\right\}=\frac{qh^2}{4}\left[-\frac{k+3m}{6\nu}\pm\frac{2k+m}{\mu}\right]$</td><td> 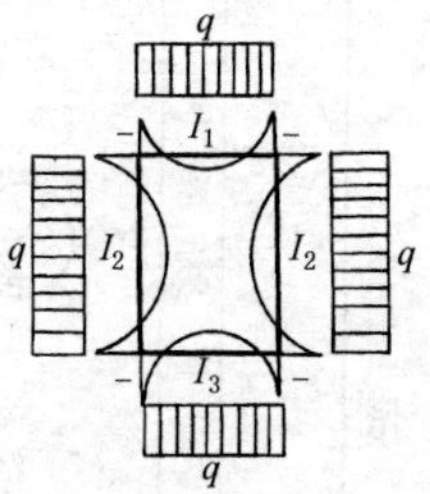</td><td>$I_1=I_3$
$M_A=M_B=M_C=M_D=-\frac{q}{12}\times\frac{l^2+kh^2}{k+1}$</td></tr>
</table>

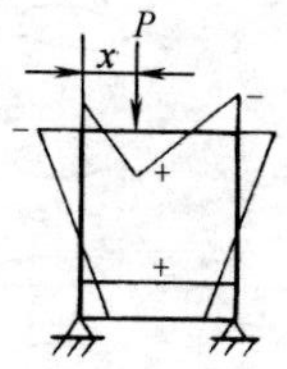

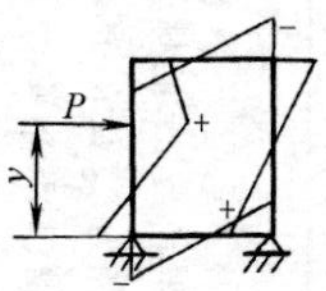

5.3 接触应力

高副机构，理论上载荷是通过点或线接触传递的，实际上零件受载后接触部分产生局部弹性变形，从而形成接触面很小的面接触，这样在零件的接触处产生很大的局部应力，离开接触面稍远处接触应力急剧下降，此时应力称为接触应力。机械零件遇到的接触应力多为变应力，其引起的失效属于接触疲劳破坏。它的特点是零件在接触应力的反复作用下，零件表面产生疲劳裂纹，逐渐扩展，使金属表层脱落，产生疲劳点蚀。影响疲劳点蚀的主要因素是接触应力的大小。接触区材料处于三向压应力状态受力后各方向变形受到限制，所以接触面中心处材料能承受很大的压力而不屈服，因此接触面上的许用压应力较高。表 1-1-106 所引用的是弹性力学的结果，σ_{max} 为接触表面中心处的最大接触压应力。实际上接触体的危险点并不在接触表面，而是在接触面中心下面、接触体内某深度上，按第四强度理论，危险点的计算应力为 $\sigma_{rIV}=0.6\sigma_{max}$。通常接触问题的强度校核按接触表面处的接触应力进行校核，其强度条件为

$$\sigma_{max} \leqslant \sigma_{HP}$$

式中 σ_{HP}——许用接触应力，与材料及其热处理情况、点或线接触、动或静接触的不同情况有关，见表 1-1-107~表 1-1-109。

表 1-1-106　接触应力计算公式

接触体的形式		接触椭圆方程 $Ax^2+By^2=C$ 的系数		接触面中心最大接触压应力 σ_{max}（当接触体 $E_1=E_2=E$；$\mu_1=\mu_2=0.3$ 时）
接触简图	接触体尺寸	A	B	
P, R1, R2, P	半径为 R_1 及 R_2 的两球	$\dfrac{R_1+R_2}{2R_1R_2}$	$\dfrac{R_1+R_2}{2R_1R_2}$	$0.388\sqrt[3]{PE^2\left(\dfrac{R_1+R_2}{R_1R_2}\right)^2}$
R2, P, R1	半径为 R_1 的球及半径为 R_2 的球面	$\dfrac{R_2-R_1}{2R_1R_2}$	$\dfrac{R_2-R_1}{2R_1R_2}$	$0.388\sqrt[3]{PE^2\left(\dfrac{R_2-R_1}{R_1R_2}\right)^2}$
P, R	半径为 R 的球及平面（$R_2=\infty$）	$\dfrac{1}{2R}$	$\dfrac{1}{2R}$	$0.388\sqrt[3]{PE^2\dfrac{1}{R^2}}$
P, R1, R2, P	半径为 R_1 的球及半径为 R_2 的圆柱体（$R_2>R_1$）	$\dfrac{1}{2R_1}$	$\dfrac{1}{2}\left(\dfrac{1}{R_1}+\dfrac{1}{R_2}\right)$	$a\sqrt[3]{PE^2\dfrac{1}{R_1^2}}$
P, R2, R1, P	半径为 R_1 的球及半径为 R_2 的圆筒槽（$R_2>R_1$）	$\dfrac{1}{2}\left(\dfrac{1}{R_1}-\dfrac{1}{R_2}\right)$	$\dfrac{1}{2R_1}$	$a\sqrt[3]{PE^2\left(\dfrac{R_2-R_1}{R_1R_2}\right)^2}$
P, R1, R3, R2	半径为 R_1 的球及半径为 R_2 及 R_3 的环形槽（球珠滑轮）（$R_2>R_3$）	$\dfrac{1}{2}\left(\dfrac{1}{R_1}-\dfrac{1}{R_2}\right)$	$\dfrac{1}{2}\left(\dfrac{1}{R_1}+\dfrac{1}{R_3}\right)$	$a\sqrt[3]{PE^2\left(\dfrac{R_2-R_1}{R_1R_2}\right)^2}$

续表

接触体的形式		接触椭圆方程 $Ax^2+By^2=C$ 的系数		接触面中心最大接触压应力 σ_{max}（当接触体 $E_1=E_2=E$；$\mu_1=\mu_2=0.3$ 时）
接触简图	接触体尺寸	A	B	
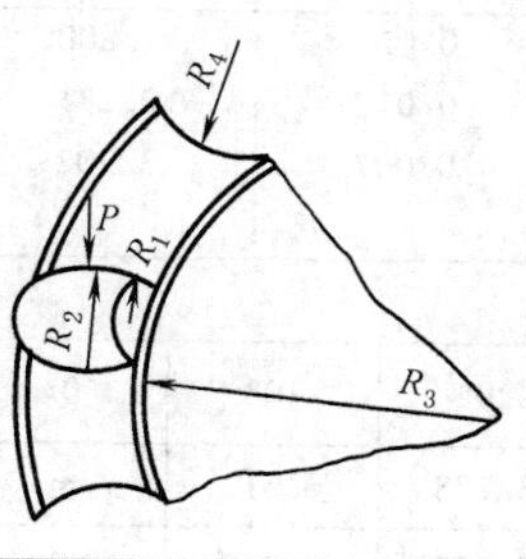	半径为 R_1 及 R_2 的滚柱及半径为 R_3 及 R_4 的环形槽（$R_4>R_2$）	$\frac{1}{2}\left(\frac{1}{R_2}-\frac{1}{R_4}\right)$	$\frac{1}{2}\left(\frac{1}{R_1}+\frac{1}{R_3}\right)$	$a\sqrt[3]{PE^2\left(\frac{R_4-R_2}{R_2R_4}\right)^2}$
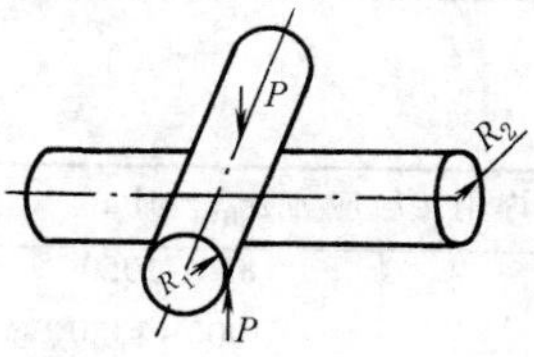	成十字形的半径为 R_1 及 R_2 的二圆柱体（$R_2>R_1$）	$\frac{1}{2R_2}$	$\frac{1}{2R_1}$	$a\sqrt[3]{PE^2\frac{1}{R_2^2}}$
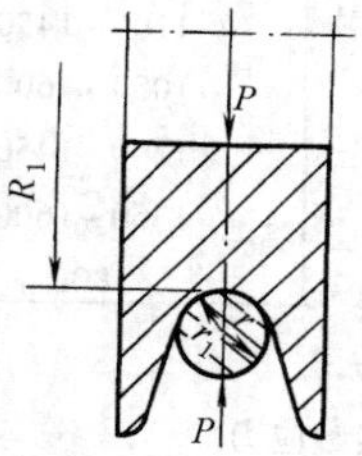	半径为 R_1、r_1 的滑轮槽及半径为 r 的圆柱体	—	—	$\frac{0.41}{ab}\sqrt[3]{PE'^2\left(\frac{1}{r}-\frac{1}{r_1}+\frac{1}{R_1}\right)^2}$ E'——滑轮的弹性模量 a,b——根据辅助角 θ 查本表，辅助角按下式计算 $\cos\theta=\frac{1/r-1/r_1-1/R_1}{1/r-1/r_1+1/R_1}$
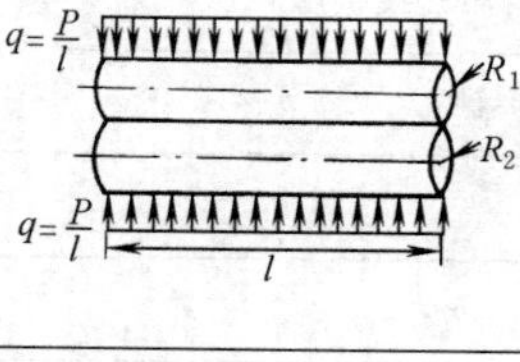	半径为 R_1 及 R_2 的二轴相平行的圆柱体	—	$\frac{1}{2}\left(\frac{1}{R_1}+\frac{1}{R_2}\right)$	$0.418\sqrt{\frac{PE}{l}\times\frac{R_1+R_2}{R_1R_2}}$
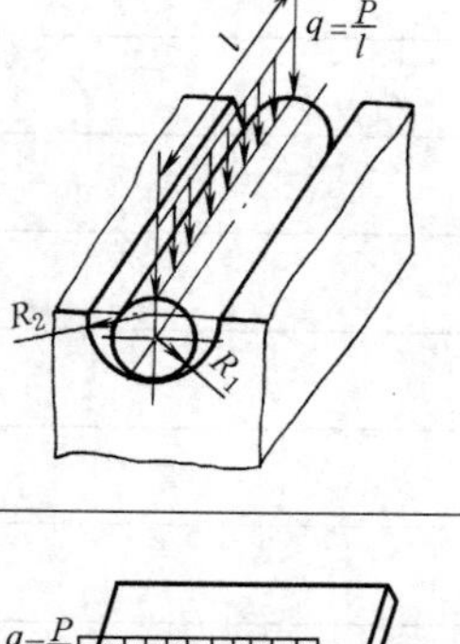	半径为 R_1 及 R_2 的二轴相平行的圆柱体与圆柱凹面	—	$\frac{1}{2}\left(\frac{1}{R_1}-\frac{1}{R_2}\right)$	$0.418\sqrt{\frac{PE}{l}\times\frac{R_2-R_1}{R_1R_2}}$
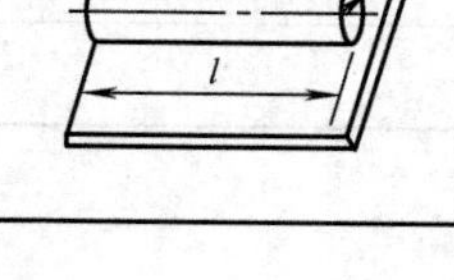	半径为 R 的圆柱体及平面（$R_2=\infty$）	—	$\frac{1}{2R}$	$0.418\sqrt{\frac{PE}{lR}}$

续表

系数 α 值							
$\frac{A}{B}$	α	$\frac{A}{B}$	α	$\frac{A}{B}$	α	$\frac{A}{B}$	α
1.0	0.388	0.6	0.468	0.2	0.716	0.02	1.800
0.9	0.400	0.5	0.490	0.15	0.800	0.01	2.271
0.8	0.420	0.4	0.536	0.1	0.970	0.007	3.202
0.7	0.440	0.3	0.600	0.05	1.280		

系数 a,b 值										
θ	90°	80°	70°	60°	50°	40°	30°	20°	10°	0°
a	1	1.128	1.284	1.486	1.754	2.136	2.731	3.778	6.612	∞
b	1	0.893	0.802	0.717	0.641	0.567	0.493	0.408	0.319	0

注：表中 E 为弹性模量；μ 为泊松比。

表 1-1-107 **许用接触应力**

<table>
<tr><td rowspan="10">静载荷作用下接触面上的许用接触应力</td><td rowspan="9">一开始为线接触时</td><td>材料牌号</td><td>强度极限/MPa</td><td>布氏硬度 HB</td><td colspan="2">接触面许用接触应力 σ_{HP}/MPa</td></tr>
<tr><td>30</td><td>500</td><td>180</td><td rowspan="8">σ_{HLP}（许用线接触应力）</td><td>850～1050</td></tr>
<tr><td>40</td><td>580</td><td>200</td><td>1000～1350</td></tr>
<tr><td>50</td><td>640</td><td>230</td><td>1050～1400</td></tr>
<tr><td>50Mn</td><td>660</td><td>240</td><td>1100～1450</td></tr>
<tr><td>15Cr</td><td>750</td><td>240</td><td>1050～1600</td></tr>
<tr><td>20Cr</td><td>850</td><td>240</td><td>1200～1450</td></tr>
<tr><td>10CrV</td><td></td><td>240</td><td>1350～1600</td></tr>
<tr><td>GCr15</td><td></td><td>—</td><td>3800</td></tr>
<tr><td>一开始为点接触时</td><td colspan="3">—</td><td colspan="2">$\sigma_{HPP}=(1.3\sim1.4)\sigma_{HLP}$
σ_{HPP}——许用点接触应力</td></tr>
<tr><td rowspan="13">接触应力实例</td><td colspan="4">起重机车轮（与钢轨），材料 35</td><td colspan="2">1700（点接触），750（线接触）</td></tr>
<tr><td colspan="4">铁路钢轨</td><td colspan="2">800～1000（线接触）</td></tr>
<tr><td colspan="4">翻车机（翻转火车厢）滚圈，材料 35</td><td colspan="2">750（线接触）</td></tr>
<tr><td colspan="4">火车轮，表面硬度 310HB</td><td colspan="2">2100</td></tr>
<tr><td colspan="4">烧结机的环状冷却机的球形支承材料 14MnMoVNb</td><td colspan="2">1500</td></tr>
<tr><td colspan="4">滚动轴承 GCr15</td><td colspan="2">2300～5000</td></tr>
<tr><td colspan="4">汽车转向器中的螺杆滚子轴承</td><td colspan="2">5000</td></tr>
<tr><td colspan="4">润滑良好的凸轮 300～500HB</td><td colspan="2">770～1300</td></tr>
<tr><td colspan="4">润滑一般的走轮，材料 45，调质 215～255HB</td><td colspan="2">440～470</td></tr>
<tr><td colspan="4">润滑一般的走轮，材料 35SiMn，调质 215～280HB</td><td colspan="2">490～540</td></tr>
<tr><td colspan="4">润滑一般的走轮，材料 38SiMnMo，调质 195～270HB</td><td colspan="2">500～540</td></tr>
<tr><td colspan="4">润滑一般的走轮，材料 42MnMoV，调质 220～260HB</td><td colspan="2">500～550</td></tr>
<tr><td colspan="4">润滑一般的走轮，材料 40Cr，调质 240～280HB</td><td colspan="2">530～550</td></tr>
</table>

注：本表仅供参考。

表 1-1-108　　　　**重型机械用钢的许用接触应力**

钢号	热处理	截面尺寸/mm	许用面压应力/MPa	许用接触应力/MPa
35	正火回火	≤100	130	380
		>100~300	126	360
		>300~500	122	330
		>500~750	120	325
		>750~1000	118	310
	调质	≤100	140	430
		>100~300	134	400
20SiMn	正火回火	400~600	130	380
		>600~900	126	360
		>900~1200	124	350
35SiMn	调质	≤100	176	545
		>100~300	169	525
		>300~400	164	500
		>400~500	160	490
42SiMn	调质	≤100	176	545
		>100~200	171	530
		>200~300	169	525
		>300~500	160	490
38SiMnMo	调质	≤100	182	565
		>100~300	179	555
		>300~500	175	540
		>500~800	164	500
37SiMn2MoV	调质	≤200	187	525
		>200~400	185	490
		>400~600	182	465
45	正火回火	≤100	140	430
		>100~300	136	415
		>300~500	134	400
		>500~700	130	380
	调质	≤200	158	470
20MnMo	调质	100~300	142	445
		>300~500	134	400
42MnMoV	调质	100~300	182	565
		>300~500	179	555
		>500~800	175	540
18MnMoNb	调质	100~300	175	540
		>300~500	169	525
		>500~800	155	475
30CrMn2MoB		100~300	186	590
		>300~500	185	580
		>500~800	183	570
35CrMo	调质	≤100	179	550
		>100~300	175	540
		>300~500	169	525
		>500~800	164	500
40Cr	调质	≤100	179	550
		>100~300	175	540
		>300~500	169	525
		>500~800	155	475

注：表中的许用应力值，仅适用于表面粗糙度为 *Ra* 6.3~0.8μm 的轴，对于 *Ra*12.5μm 以下的轴，许用应力应降低 10%；*Ra*0.4μm 以上的轴，许用应力可提高 10%。

表 1-1-109　　**润滑一般的走轮类零件的许用接触应力**

材　料	热处理	硬度 HB	许用接触应力 /MPa	材　料	热处理	硬度 HB	许用接触应力 /MPa
35	正火	140~185	320~380	37SiMn2MoV	调质	240~290	500~560
	调质	155~205	400~430	42MnMoV	调质	220~260	500~550
45	正火	160~215	380~430	18MnMo	调质	190~230	480~540
	调质	215~255	440~470	18MnMoB	调质	240~290	500~580
20SiMn	正火	—	350~380	30CrMn2MoB	调质	240~300	570~590
35SiMn	调质	215~280	490~540	35CrMo	调质	220~265	500~550
42SiMn	调质	215~285	500~540	40Cr	调质	240~285	530~550
38SiMnMo	调质	195~270	500~540			215~260	480~530

5.4　动荷应力

惯性力引起的动应力

表 1-1-110

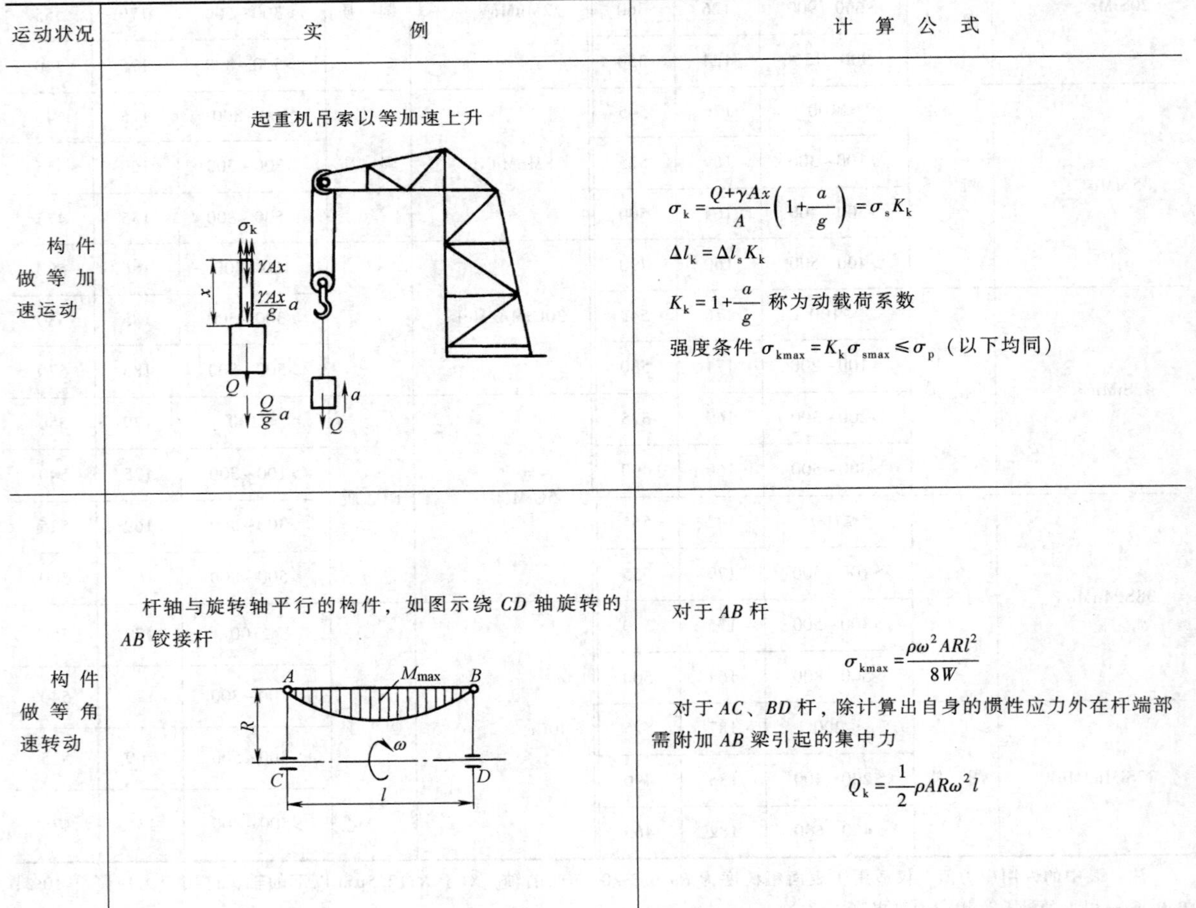

运动状况	实　　例	计 算 公 式
构件做等加速运动	起重机吊索以等加速上升	$\sigma_k=\frac{Q+\gamma Ax}{A}\left(1+\frac{a}{g}\right)=\sigma_s K_k$ $\Delta l_k=\Delta l_s K_k$ $K_k=1+\frac{a}{g}$ 称为动载荷系数 强度条件 $\sigma_{kmax}=K_k\sigma_{smax}\leqslant\sigma_p$（以下均同）
构件做等角速转动	杆轴与旋转轴平行的构件，如图示绕 CD 轴旋转的 AB 铰接杆	对于 AB 杆 $\sigma_{kmax}=\frac{\rho\omega^2 ARl^2}{8W}$ 对于 AC、BD 杆，除计算出自身的惯性应力外在杆端部需附加 AB 梁引起的集中力 $Q_k=\frac{1}{2}\rho AR\omega^2 l$

续表

<table>
<tr><th>运动状况</th><th>实　　例</th><th>计 算 公 式</th></tr>
<tr><td rowspan="2">构件做等角速转动</td><td>绕中心轴旋转的薄壁圆环
</td><td>圆环横截面上的应力
$$\sigma_k=\rho\omega^2R^2=\rho v^2$$
直径变形
$$\Delta D=\frac{D}{E}\sigma_k$$
圆环圆周速度 v 与应力 σ_k 的关系表（$\rho=7.85\times10^3\text{kg/m}^3$）
<table><tr><td>$v/\text{m}\cdot\text{s}^{-1}$</td><td>25</td><td>50</td><td>75</td><td>100</td><td>150</td><td>200</td><td>250</td><td>300</td></tr><tr><td>σ_k/GPa</td><td>4.9</td><td>19.6</td><td>44.2</td><td>78.5</td><td>176.6</td><td>314.0</td><td>490.6</td><td>706.5</td></tr></table></td></tr>
<tr><td>以直径为旋转轴的薄壁圆环
</td><td>圆环 AB 截面上的应力
$$\sigma_{kmax}=\rho\omega^2R^2+\frac{\rho\omega^2AR^3}{4W}=\rho v^2\left(1+\frac{AR}{4W}\right)$$</td></tr>
<tr><td>构件做等角加速度转动</td><td>飞轮轴受 M_t 作用使飞轮以等角加速度 ε 转动
</td><td>轴横截面上最大切应力
$$\tau_{kmax}=\frac{M_t}{W_t}=\frac{I_0\varepsilon}{W_t}$$</td></tr>
<tr><td>构件做变加速运动</td><td>机车车轮连杆
</td><td>当连杆与曲柄垂直时应力最大
$$\sigma_{kmax}=\frac{\rho Al^2R\omega^2}{8W}$$</td></tr>
<tr><td>构件做平面运动</td><td>发动机连杆
</td><td>当连杆与曲柄垂直时应力最大
$$\sigma_{kmax}=\frac{\rho Al^2R\omega^2}{9\sqrt{3}W}$$</td></tr>
</table>

注：σ_k—动应力；σ_s—静应力；σ_p—许用应力；a—加速度；ω—角速度；ε—角加速度；ρ—构件材料的密度；A—横截面面积；W—抗弯截面模量；W_t—抗扭截面模量；I_0—转动惯量。

冲击载荷计算公式

表 1-1-111

冲击型式	实例	最大静变形 δ_s	未考虑被冲击物质量时：最大冲击变形 δ_k	未考虑被冲击物质量时：动荷系数 $K_k=\frac{\delta_k}{\delta_s}$	未考虑被冲击物质量时：最大冲击应力 σ_k	考虑被冲击物质量时修正系数 α	说明
纵向冲击	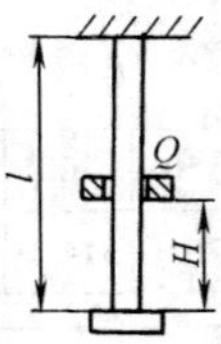	$\frac{Ql}{EA}$	$\delta_k=\delta_s K_k$	$1+\sqrt{1+\frac{2HEA}{Ql}}$ E——弹性模量（下同） A——杆截面积（下同）	$\frac{Q}{A}K_k$	$\alpha=\frac{1}{3}$	在很短的时间内(作用时间小于受力构件的基波自由振动周期的一半)以很大速度作用在构件上的载荷,称为冲击载荷。其应力与变形的计算相当复杂。计算时一般按机械能守恒定律做如下简化: (1)当冲击物的质量比被冲击物质量大5~10倍以上时,被冲击物的质量可略去不计 (2)冲击物的变形略去不计,视为刚体。被冲击物的局部塑性变形也不计,视为弹性体 (3)冲击物在冲击时的弹性回跳量略去不计,冲击应力波引起的能量损耗不计 冲击动荷系数计算公式为: (1)已知冲击物冲击前的高度 H,则 $K_k=1+\sqrt{1+\frac{2H}{\delta_s}}$ (2)已知冲击物以速度 v 作用于被冲击物,则 $K_k=1+\sqrt{1+\frac{v^2}{g\delta_s}}$ 从前两公式可知,当 $H=0$ 或 $v=0$,即载荷突然全部加于构件,称为突加载荷,此时 $K_k=2$ (3)已知冲击物的动能 T_k,则
纵向冲击	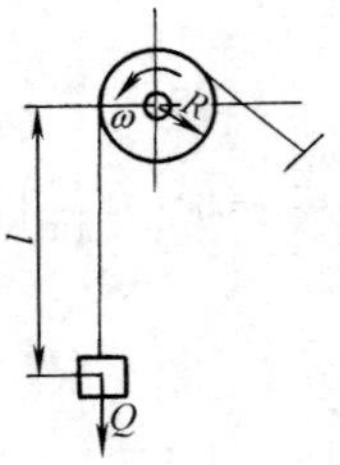	$\frac{Ql}{EA}$		$1+\sqrt{\frac{v^2EA}{gQl}}$	$\frac{Q}{A}K_k$ $v=R\omega$		
横向冲击	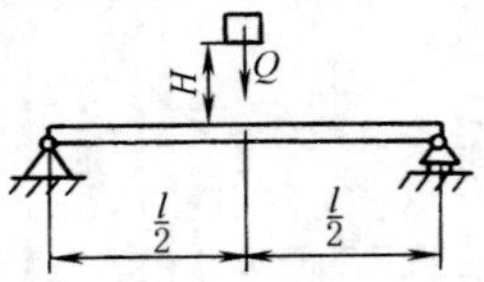	$\frac{Ql^3}{48EI}$		$1+\sqrt{1+\frac{96HEI}{Ql^3}}$ I——截面惯性矩（下同）	$\frac{Ql}{4W}K_k$	$\alpha=\frac{17}{35}$	
横向冲击	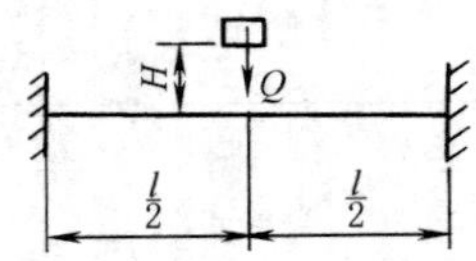	$\frac{Ql^3}{192EI}$		$1+\sqrt{1+\frac{384HEI}{Ql^3}}$	$\frac{Ql}{8W}K_k$		
横向冲击	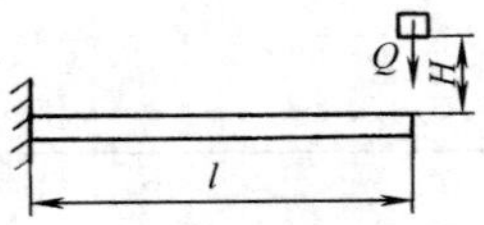	$\frac{Ql^3}{3EI}$		$1+\sqrt{1+\frac{6HEI}{Ql^3}}$	$\frac{Ql}{W}K_k$	$\alpha=\frac{33}{140}$	
水平冲击	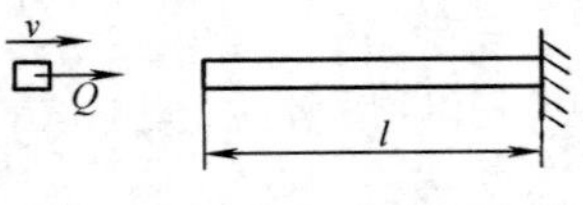	$\frac{Ql}{EA}$		$\sqrt{\frac{v^2EA}{gQl}}$	$\frac{Q}{A}K_k$	$\alpha=\frac{1}{3}$	

续表

冲击型式	实例	最大静变形 δ_s	未考虑被冲击物质量时：最大冲击变形 δ_k	未考虑被冲击物质量时：动荷系数 $K_k=\frac{\delta_k}{\delta_s}$	未考虑被冲击物质量时：最大冲击应力 σ_k	考虑被冲击物质量时修正系数 α	说明
水平冲击		$\frac{Ql^3}{3EI}$	$\delta_k=\delta_s K_k$	$\sqrt{\frac{3v^2EI}{gQl^3}}$	$\frac{Ql}{W}K_k$	$\alpha=\frac{33}{140}$	$K_k=1+\sqrt{1+\frac{T_k}{U_s}}$ U_s——被冲击物在静载荷作用下的变形能 若被冲击物的质量较大需考虑时，被冲击物的冲击应力与应变以波的形式传播，称为应力波或应变波，作为简化计算，可在动荷系数中乘以修正系数 α，即 $K_k=1+\sqrt{1+\frac{2H}{\delta_s\left(1+\alpha\frac{m'}{m}\right)}}$ m'——被冲击物的质量 m——冲击物的质量
冲击扭转		$\varphi_s=\frac{Qal}{GI_t}$ $\delta_s=\frac{Qa^2l}{GI_t}$		$1+\sqrt{1+\frac{2HGI_t}{Qa^2l}}$ I_t——抗剪惯性矩 G——切变模量	$\tau_k=\frac{Qa}{W_t}K_k$		
	转轴突然刹车			n——转轴转速，r/min	$\tau_k=\sqrt{\frac{2\omega^2GI}{Al}}=\frac{\pi n}{30}\sqrt{\frac{2GI}{Al}}$		

振 动 应 力

表 1-1-112

振动情况	自由振动	有阻尼强迫振动
实例		
振动应力计算公式	$\sigma_k=\sigma_s\left(1+\frac{A}{\delta_s}\right)$	$\sigma_{kmax}=\sigma_s\left(1+\frac{\delta_p}{\delta_s}\beta\right)$　$\sigma_{kmin}=\sigma_s\left(1-\frac{\delta_p}{\delta_s}\beta\right)$ $\beta=\frac{1}{\sqrt{\left[\left(1-\frac{p}{\omega}\right)^2\right]^2+4\left(\frac{n}{\omega}\right)^2\left(\frac{p}{\omega}\right)^2}}$

注：σ_k—振动应力；σ_s—静应力；A—振幅；δ_s—静变形；δ_p—干扰力 P 按静载荷作用产生的变形；Q—静载荷；P—离心惯性力；$P\sin\omega t$—惯性力垂直分量；β—放大系数；p—干扰力频率；ω—振动系统固有频率；n—阻尼系数。

5.5 厚壁圆筒、等厚圆盘及薄壳中的应力

厚壁圆筒计算公式

表 1-1-113

载荷类型与应力分布图	半径为 r 的圆柱面上点的主应力：σ_r—径向应力，σ_t—切向应力，σ_z—轴向应力	半径为 r 的圆柱面上点的径向位移 Δr，沿长度 l 方向的位移 Δl	危险点的主应力；危险点的相当应力 $(k=r_1/r_2)$
承受内压 p 作用的圆筒 σ_t, σ_z, σ_r, p, r, $2r_1$, $2r_2$ 圆筒长度为 l（下同）	$\sigma_r=\frac{pr_1^2}{r_2^2-r_1^2}\left(1-\frac{r_2^2}{r^2}\right)$ $\sigma_t=\frac{pr_1^2}{r_2^2-r_1^2}\left(1+\frac{r_2^2}{r^2}\right)$ $\sigma_z=0$（开口圆筒） $\sigma_z=\frac{pr_1^2}{r_2^2-r_1^2}$（封闭圆筒）	开口圆筒 $\Delta r=\frac{pr_1^2}{E(r_2^2-r_1^2)}\left[(1-\mu)r+(1+\mu)\frac{r_2^2}{r}\right]$ $\Delta l=\frac{p\mu l}{E}\times\frac{2r_2^2}{r_2^2-r_1^2}$ 封闭圆筒 $\Delta r=\frac{pr_1^2}{E(r_2^2-r_1^2)}\left[(1-2\mu)r+(1+\mu)\frac{r_2^2}{r}\right]$ $\Delta l=\frac{pl}{E}\times\frac{r_1^2(1-2\mu)}{r_2^2-r_1^2}$	$r=r_1$ $\sigma_1=\sigma_t=\frac{1+k^2}{1-k^2}p$ $\sigma_2=\sigma_z=0$（开口圆筒） $\sigma_2=\sigma_z=\frac{k^2}{1-k^2}p$（封闭圆筒） $\sigma_3=\sigma_r=-p$ $\sigma_{Ⅲ}=\frac{2p}{1-k^2}$ 当 $r_2\to\infty$，$k\to0$ 时，根据第三强度理论有 $\sigma_{Ⅲ}=\sigma_1-\sigma_3\leqslant\sigma_p$ 强度条件为 $2p\leqslant\sigma_p\quad p\leqslant\frac{\sigma_p}{2}$ 说明即使很厚的圆筒，其内压也不能超过一定的限度 $\sigma_M=p\left(\frac{1+k^2}{1-k^2}+\frac{\sigma_{pt}}{\sigma_{pc}}\right)$ $\sigma_{pt}=\frac{\sigma_{bt}}{S}$，$\sigma_{pc}=\frac{\sigma_{bc}}{S}$
承受外压 p 作用的圆筒 p, r_2, r, r_1, σ_z, σ_r, σ_t	$\sigma_r=-\frac{pr_2^2}{r_2^2-r_1^2}\left(1-\frac{r_1^2}{r^2}\right)$ $\sigma_t=-\frac{pr_2^2}{r_2^2-r_1^2}\left(1+\frac{r_1^2}{r^2}\right)$ $\sigma_z=0$（开口圆筒） $\sigma_z=-\frac{pr_2^2}{r_2^2-r_1^2}$（封闭圆筒）	开口圆筒 $\Delta r=-\frac{pr_2^2}{E(r_2^2-r_1^2)}\left[(1-\mu)r+(1+\mu)\frac{r_1^2}{r}\right]$ $\Delta l=\frac{p\mu l}{E}\times\frac{2r_2^2}{r_2^2-r_1^2}$ 封闭圆筒 $\Delta r=-\frac{pr_2^2}{E(r_2^2-r_1^2)}\left[(1-2\mu)r+(1+\mu)\frac{r_1^2}{r}\right]$ $\Delta l=\frac{-pl}{E}\times\frac{r_2^2(1-2\mu)}{r_2^2-r_1^2}$	$r=r_1$，$\sigma_1=\sigma_r=0$ $\sigma_2=\sigma_z=0$（开口圆筒） $\sigma_2=\sigma_z=-\frac{p}{1-k^2}$（封闭圆筒） $\sigma_3=\sigma_t=-\frac{2p}{1-k^2}$ $\sigma_{Ⅲ}=\frac{2p}{1-k^2}$ $\sigma_M=\frac{2p}{1-k^2}\times\frac{\sigma_{pt}}{\sigma_{pc}}$ $\sigma_{pt}=\frac{\sigma_{bt}}{S}$，$\sigma_{pc}=\frac{\sigma_{bc}}{S}$

续表

载荷类型与应力分布图	半径为 r 的圆柱面上点的主应力：σ_r—径向应力，σ_t—切向应力，σ_z—轴向应力	半径为 r 的圆柱面上点的径向位移 Δr，沿长度 l 方向的位移 Δl	危险点的主应力；危险点的相当应力 ($k=r_1/r_2$)
同时承受内压 p_1 和外压 p_2 作用的圆筒	$\sigma_r=\frac{r_1^2p_1-r_2^2p_2}{r_2^2-r_1^2}-\frac{r_1^2r_2^2(p_1-p_2)}{r_2^2-r_1^2}\times\frac{1}{r^2}$ $\sigma_t=\frac{r_1^2p_1-r_2^2p_2}{r_2^2-r_1^2}+\frac{r_1^2r_2^2(p_1-p_2)}{r_2^2-r_1^2}\times\frac{1}{r^2}$ $\sigma_z=0$（开口圆筒） $\sigma_z=\frac{p_1r_1^2-p_2r_2^2}{r_2^2-r_1^2}$（封闭圆筒）	开口圆筒 $\Delta r=\frac{1-\mu}{E}\times\frac{r_1^2p_1-r_2^2p_2}{r_2^2-r_1^2}r+$ $\frac{1+\mu}{E}\times\frac{r_1^2r_2^2(p_1-p_2)}{r_2^2-r_1^2}\times\frac{1}{r}$ 封闭圆筒 $\Delta r=\frac{1-2\mu}{E}\times\frac{r_1^2p_1-r_2^2p_2}{r_2^2-r_1^2}r+$ $\frac{1+\mu}{E}\times\frac{r_1^2r_2^2(p_1-p_2)}{r_2^2-r_1^2}\times\frac{1}{r}$	$r=r_1$ $\sigma_r=-p_1$ $\sigma_t=\frac{(1+k^2)p_1-2p_2}{1-k^2}$ $\sigma_z=\frac{k^2p_1-p_2}{1-k^2}$

注：1. 当外径与内径之比 $d_2/d_1>1.1$ 时，一般按厚壁圆筒计算。

2. σ_{III}、σ_M 分别为按第三强度理论和莫尔强度理论计算的相当应力。

3. σ_{bt}、σ_{bc} 分别为拉伸和压缩时的强度极限；S 为安全系数；σ_{pt}、σ_{pc} 分别为拉伸与压缩时的许用应力；E、μ 分别为弹性模量和泊松比。

4. 从表可知，单纯增加壁厚并不能提高内压圆筒的承载能力，而且增加壁厚将使圆筒内、外侧的应力相差更大，使圆筒外侧的大部分材料不能充分利用。为了有效地提高承载能力，可采用过盈配合的方法制成组合圆筒。

5. 内压厚壁圆筒的压力容器的计算，按钢制压力容器标准（摘自 GB/T 150.1~150.4—2011）计算，外压厚壁圆筒要考虑筒体的稳定性。

等厚旋转圆盘计算公式

表 1-1-114

	应力公式	最大应力		应力公式	最大应力
实心圆盘	当外表面不存在压力,仅考虑离心力 径向应力 $\sigma_r = \frac{3+\mu}{8}\rho\omega^2(r_2^2 - r^2)$ 切向应力 $\sigma_t = \frac{\rho\omega^2}{8}[(3+\mu)r_2^2 - (1+3\mu)r^2]$	最大应力发生在盘中心处($r=0$) $\sigma_{rmax} = \sigma_{tmax} = \frac{3+\mu}{8}\rho\omega^2 r_2^2$	带中心孔的圆盘	$\sigma_r = \frac{3+\mu}{8}\rho\omega^2\left(r_2^2 + r_1^2 - \frac{r_2^2 r_1^2}{r^2} - r^2\right)$ $\sigma_t = \frac{3+\mu}{8}\rho\omega^2\left(r_2^2 + r_1^2 + \frac{r_2^2 r_1^2}{r^2} - \frac{1+3\mu}{3+\mu}r^2\right)$	最大径向应力发生在 $r=\sqrt{r_2 r_1}$ 处,最大切向应力发生在中心孔内径上($r=r_1$) $\sigma_{rmax} = \frac{3+\mu}{8}\rho\omega^2(r_2 - r_1)^2$ $\sigma_{tmax} = \frac{3+\mu}{4}\rho\omega^2\left(r_2^2 + \frac{1-\mu}{3+\mu}r_1^2\right)$ 当 $r_1 \to 0$,中心孔处的切向应力比实心盘中心处的应力约大一倍
强度校核	按第三强度理论,当 σ_t 和 σ_r 同号时,取其中绝对值较大者作为相当应力 $\sigma_{Ⅲ}$,强度条件为 $\sigma_{Ⅲ} \leqslant \sigma_p$ 当 σ_t 和 σ_r 异号时,则相当应力取两者之差,强度条件为 $\sigma_{Ⅲ} = \sigma_t - \sigma_r \leqslant \sigma_p$				

注:μ—泊松比;ρ—圆盘材料密度;ω—旋转角速度;r_2—圆盘外圆半径;r_1—圆盘中心孔半径;r—圆盘内任一点处半径;σ_p—许用应力。

薄壳中应力与位移计算公式

p——压力
q——单位载荷
σ_m 和 σ_t——径向和环向应力(拉伸时为正)
h——壳体厚度
R——壳体横截面中面的半径
E, μ, ρ_M——分别为壳体材料的弹性模量、泊松比和密度
ω——壳表面垂直方向上的位移(离开壳体轴线或中心者为正)
ρ——液体密度
g——重力加速度

表 1-1-115

类型	公式	类型	公式
承受均匀内压的球罐	$\sigma_m = \sigma_t = \frac{pR}{2h}$ $\omega = \frac{pR^2}{2Eh}(1-\mu)$	装满液体并且在半径为 $R\sin\alpha_0$ 处支承的球罐	内压 $p = \rho g R(1-\cos\alpha)$ $\alpha \leqslant \alpha_0$ $\sigma_m = \frac{\rho g R^2}{6h}\left(1 - \frac{2\cos^2\alpha}{1+\cos\alpha}\right)$ $\sigma_t = \frac{\rho g R^2}{6h}\left(5 - 6\cos\alpha + \frac{2\cos^2\alpha}{1+\cos\alpha}\right)$ $\alpha > \alpha_0$ $\sigma_m = \frac{\rho g R^2}{6h}\left(5 + \frac{2\cos^2\alpha}{1-\cos\alpha}\right)$ $\sigma_t = \frac{\rho g R^2}{6h}\left(1 - 6\cos\alpha - \frac{2\cos^2\alpha}{1-\cos\alpha}\right)$

续表

<table>
<tr><th>类　型</th><th>公　　式</th><th>类　型</th><th>公　　式</th></tr>
<tr><td>装满液体的球形容器，边界上自由支承</td><td>内压 $p=\rho gR(\cos\varphi-\cos\beta)$
$\sigma_{\mathrm{m}}=\frac{\rho gR^2}{h}\left[\frac{1+\cos\varphi+\cos^2\varphi}{3(1+\cos\varphi)}-\frac{\cos\beta}{2}\right]$
$\sigma_{\mathrm{t}}=\frac{\rho gR^2}{h}\left[\frac{-1+2\cos\varphi+2\cos^2\varphi}{3(1+\cos\varphi)}-\frac{\cos\beta}{2}\right]$
当 $\varphi=0$ 时，
$\sigma_{\mathrm{m}}=\sigma_{\mathrm{t}}=\frac{\rho gR^2}{h}\times\frac{1-\cos\beta}{2}=\sigma_{\max}$
当 $\varphi=\beta$ 时，
$\sigma_{\mathrm{m}}=-\sigma_{\mathrm{t}}=\frac{\rho gR^2}{h}\times\frac{2-\cos\beta-\cos^2\beta}{6(1+\cos\beta)}$
外轮廓圆周半径的改变量
$\Delta=-\frac{\rho gR^2\sin\beta}{Eh}\times\frac{(1+\mu)(2-\cos\varphi-\cos^2\varphi)}{6(1+\cos\varphi)}$</td><td>装满液体的圆柱壳，上边自由支承</td><td>$\sigma_{\mathrm{m}}=\frac{\rho gHR}{2h}$
$\sigma_{\mathrm{t}}=\frac{\rho g(H-x)R}{h}$</td></tr>
<tr><td>装满液体的圆锥壳，边界上自由支承</td><td>$\sigma_{\mathrm{m}}=\frac{\rho gx\tan\alpha\left(H-\frac{2}{3}x\right)}{2h\cos\alpha}$
$\sigma_{\mathrm{t}}=\frac{\rho gx\tan\alpha}{h\cos\alpha}(H-x)$
$\sigma_{\mathrm{mmax}}=\frac{3\rho gH^2\tan\alpha}{16h\cos\alpha}\left(x=\frac{3}{4}H\text{ 处}\right)$
$\sigma_{\mathrm{tmax}}=\frac{\rho gH^2\tan\alpha}{4h\cos\alpha}\left(x=\frac{H}{2}\text{处}\right)$
轮廓圆周半径的改变量
$\Delta=-\mu\frac{\rho gH^3\tan^2\alpha}{6hE\cos\alpha}$</td><td>带有锥底的圆柱壳，装满液体</td><td>锥底中的应力
$\sigma_{\mathrm{m}}=\frac{\rho g\tan\alpha}{2h\cos\alpha}\left(H+H_{\mathrm{k}}-\frac{2}{3}x\right)x$
$\sigma_{\mathrm{t}}=\frac{\rho gx\tan\alpha}{h\cos\alpha}(H+H_{\mathrm{k}}-x)$
若 $H>H_{\mathrm{k}}/3$，则
$\sigma_{\mathrm{mmax}}=\frac{\rho g\tan\alpha}{2h\cos\alpha}\left(H+\frac{H_{\mathrm{k}}}{3}\right)H_{\mathrm{k}}$（在 $x=H_{\mathrm{k}}$ 处）
若 $H<H_{\mathrm{k}}/3$，则
$\sigma_{\mathrm{mmax}}=\frac{3\rho g\tan\alpha}{16h\cos\alpha}(H+H_{\mathrm{k}})^2$（在 $x=\frac{3}{4}(H+H_{\mathrm{k}})$ 处）
若 $H\geqslant H_{\mathrm{k}}$，则
$\sigma_{\mathrm{tmax}}=\frac{\rho g\tan\alpha}{4h\cos\alpha}(H+H_{\mathrm{k}})^2$（在 $x=\frac{H+H_{\mathrm{k}}}{2}$ 处）
若 $H\leqslant H_{\mathrm{k}}$，则
$\sigma_{\mathrm{tmax}}=\frac{\rho g\tan\alpha}{h\cos\alpha}HH_{\mathrm{k}}$（在 $x=H_{\mathrm{k}}$ 处）</td></tr>
</table>

续表

类型	公式	类型	公式
自重作用下的球形拱，拱边自由支承 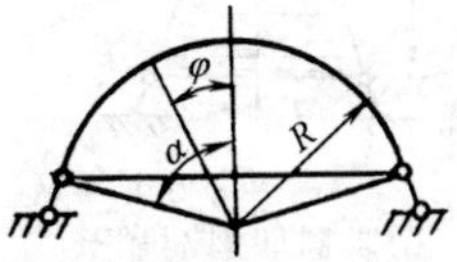	$\sigma_m=-\dfrac{\rho_M gR}{1+\cos\varphi}$ $\sigma_t=\rho_M gR\dfrac{1-\cos\varphi-\cos^2\varphi}{1+\cos\varphi}$ $\varphi=51°50'$时，$\sigma_t=0$； $0<\varphi<51°50'$时，$\sigma_t<0$； $\varphi>51°50'$时，$\sigma_t>0$	带底的长圆柱壳，承受均匀内压 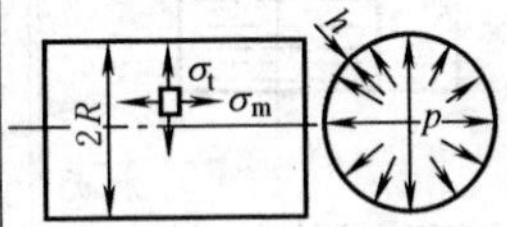	离开边界较远处 $\sigma_m=\dfrac{pR}{2h}$ $\sigma_t=\dfrac{pR}{h}=\sigma_{max}$ $\omega=\dfrac{pR^2}{Eh}\left(1-\dfrac{\mu}{2}\right)$
在自重作用下的圆锥壳，边界自由支承 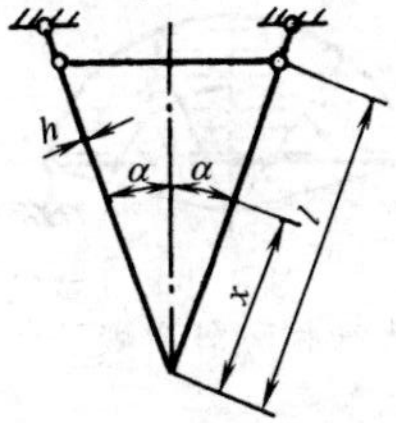	距离边界较远处 $\sigma_m=\dfrac{\rho_M gx}{2\cos\alpha}$；$\sigma_t=\dfrac{\rho_M gx\sin^2\alpha}{\cos\alpha}$ 边界（$x=l$）处的径向位移 $\Delta=\dfrac{\rho_M gl^2}{E}\tan\alpha\left(\sin^2\alpha-\dfrac{\mu}{2}\right)$ 当 $\sin\alpha=\sqrt{\dfrac{\mu}{2}}$时，$\Delta=0$	带有球底的圆柱壳，装满液体 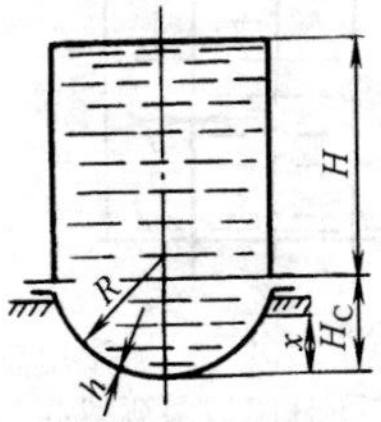	球底中的应力 $\sigma_m=\dfrac{\rho gR}{2h}\left[H+H_C-x+\dfrac{x(3R-x)}{3(2R-x)}\right]$ $\sigma_{mmax}=\dfrac{\rho gR}{2h}(H+H_C)$（在 $x=0$ 处） $\sigma_t=\dfrac{\rho gR}{2h}\left[H+H_C-x-\dfrac{x(3R-x)}{3(2R-x)}\right]$ $\sigma_{t\,max}=\dfrac{\rho gR}{2h}(H+H_C)$（在 $x=0$ 处） 对于半球底（$H_C=R$） $\sigma_{mmax}=\sigma_{t\,max}=\dfrac{\rho gR}{2h}(H+R)$（在 $x=0$ 处）

注：1. 当外径与内径之比 $d_2/d_1\leqslant1.1$ 时，按薄壳计算。

2. 表中计算系“薄膜理论”方法。如仅在边界处考虑弯矩、扭矩及剪切力的影响，而在离开边界稍远部分仍用薄膜理论计算，这种近似计算方法称为“边缘效应”方法，可参考有关书籍。

5.6 平板中的应力

直角坐标系的 xOz 平面和平板的水平中层面重合，y 轴的方向垂直向下。对于矩形平板，x 轴的方向和平板长边之一重合，坐标原点和一角重合（图 1-1-5a）。对于圆形平板，用圆柱坐标系；基面和中层面重合，y 轴通过中心（图 1-1-5b）。

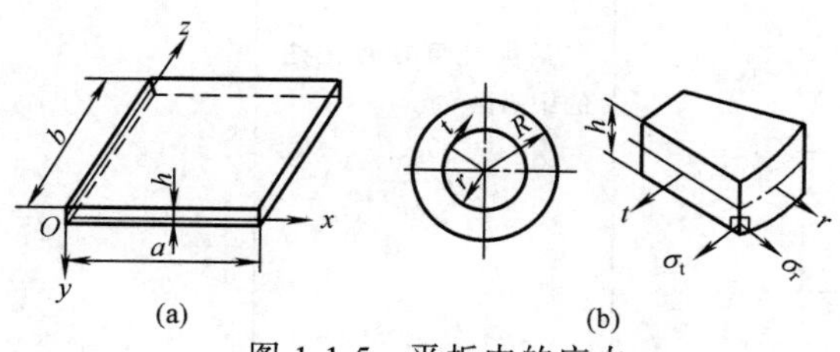

图 1-1-5 平板中的应力

表 1-1-116 中所列矩形或表 1-1-119 中所列圆形板公式适用于 $h \leqslant 0.2b$（小边）的刚性薄板（即 $\frac{f}{h} \leqslant 0.2$ 的小挠度板，即薄膜内力很小）。公式中取泊松比 $\mu = 0.3$。薄板的大挠度计算请参考其他有关手册。

表 1-1-116 矩形平板计算公式（$a \geqslant b$）

支承与载荷特性	中心挠度	中心应力	长边中心应力
周界铰支，整个板面受均布载荷 q	$f = c_0 \frac{qb^4}{Eh^3}$	$\sigma_z = c_1 q\left(\frac{b}{h}\right)^2$ $\sigma_x = c_2 q\left(\frac{b}{h}\right)^2$	
周界固定，整个板面受均布载荷 q	$f = c_3 \frac{qb^4}{Eh^3}$	$\sigma_z = c_4 q\left(\frac{b}{h}\right)^2$ $\sigma_x = c_5 q\left(\frac{b}{h}\right)^2$	$\sigma = -c_6 q\left(\frac{b}{h}\right)^2$
周界铰支，中心受集中载荷 P	$f = c_7 \frac{Pb^2}{Eh^3}$	载荷作用点附近的应力分布，大致和半径为 $0.64b$、中心受集中力的圆形平板相同	
周界固定，中心受集中载荷 P	$f = c_8 \frac{Pb^2}{Eh^3}$		$\sigma = -c_9 \frac{P}{h^2}$

续表

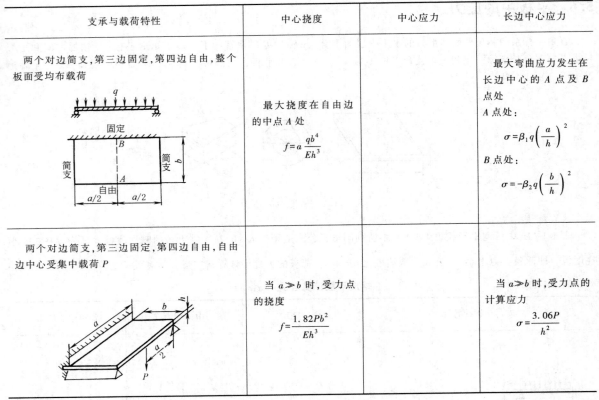

支承与载荷特性	中心挠度	中心应力	长边中心应力
两个对边简支，第三边固定，第四边自由，整个板面受均布载荷	最大挠度在自由边的中点 A 处 $f=\alpha\dfrac{qb^4}{Eh^3}$		最大弯曲应力发生在长边中心的 A 点及 B 点处 A 点处： $\sigma=\beta_1 q\left(\dfrac{a}{h}\right)^2$ B 点处： $\sigma=-\beta_2 q\left(\dfrac{b}{h}\right)^2$
两个对边简支，第三边固定，第四边自由，自由边中心受集中载荷 P	当 $a \gg b$ 时，受力点的挠度 $f=\dfrac{1.82Pb^2}{Eh^3}$		当 $a \gg b$ 时，受力点的计算应力 $\sigma=\dfrac{3.06P}{h^2}$

注：1. 负号表示上边纤维受拉伸。

2. 系数 $c_0 \sim c_9$ 及 α、β_1、β_2 见表 1-1-117 和表 1-1-118。

表 1-1-117　　矩形平板系数表（$a \geqslant b$）

$\dfrac{a}{b}$	c_0	c_1	c_2	c_3	c_4	c_5	c_6	c_7	c_8	c_9	$\dfrac{a}{b}$
1.0	0.0443	0.2874	0.2874	0.0138	0.1374	0.1374	0.3102	0.1265	0.0611	0.7542	1.0
1.1	0.0530	0.3318	0.2964	0.0165	0.1602	0.1404	0.3324	0.1381			1.1
1.2	0.0616	0.3756	0.3006	0.0191	0.1812	0.1386	0.3672	0.1478	0.0706	0.8940	1.2
1.3	0.0697	0.4158	0.3024	0.0210	0.1968	0.1344	0.4008				1.3
1.4	0.0770	0.4518	0.3036	0.0227	0.2100	0.1290	0.4284	0.1621	0.0755	0.9624	1.4
1.5	0.0843	0.4872	0.2994	0.0241	0.2208	0.1224	0.4518				1.5
1.6	0.0906	0.5172	0.2958	0.0251			0.4680	0.1714	0.0777	0.9906	1.6
1.7	0.0964	0.5448	0.2916								1.7
1.8	0.1017	0.5688	0.2874	0.0267			0.4872	0.1769	0.0786	1.0002	1.8
1.9	0.1064	0.5910	0.2826								1.9
2.0	0.1106	0.6102	0.2784	0.0277			0.4974	0.1803	0.0788	1.0044	2.0
3.0	0.1336	0.7134	0.2424					0.1846			3.0
4.0	0.1400	0.7410	0.2304								4.0
5.0	0.1416	0.7476	0.2250								5.0
∞	0.1422	0.7500	0.2250	0.0284			0.5000	0.1849	0.0792	1.008	∞

表 1-1-118　　系数 α、β_1、β_2 的数值

$\dfrac{b}{a}$	0	$\dfrac{1}{3}$	$\dfrac{1}{2}$	$\dfrac{2}{3}$	1	$\dfrac{3}{2}$	2	3	∞
α	1.37	1.03	0.635	0.366	0.123	0.154	0.164	0.166	0.166
β_1	0	0.0468	0.176	0.335	0.583	0.738	0.786	0.798	0.798
β_2	3.0	2.568	1.914	1.362	0.714	0.744	0.750	0.750	0.750

表 1-1-119 圆形平板计算公式

支承与载荷特性	中心挠度	中心应力	周界应力
周界铰支，整个板面受均布载荷 q	$f=\dfrac{0.7qR^4}{Eh^3}$	$\sigma_r=\sigma_t=\mp 1.24q\left(\dfrac{R}{h}\right)^2$ "+"号指下表面，"-"号指上表面，下同	$\sigma_r=0$；$\sigma_t=\mp 0.52q\left(\dfrac{R}{h}\right)^2$ "+、-"号同左边
周界固定，整个板面受均布载荷 q	$f=\dfrac{0.17qR^4}{Eh^3}$	$\sigma_r=\sigma_t=\mp 0.49q\left(\dfrac{R}{h}\right)^2$	$\sigma_r=\pm 0.75q\left(\dfrac{R}{h}\right)^2$；$\sigma_t=\mu\sigma_r$ "+"号指上表面，"-"号指下表面
周界铰支，载荷均布在中心半径为 r 的圆面积上。比值 $\dfrac{r}{R}=\beta$	$f=(1.73-1.03\beta^2+0.68\times\beta^2\ln\beta)\dfrac{qR^2r^2}{Eh^3}$	$\sigma_r=\sigma_t=\mp(1.5-0.262\beta^2-1.95\ln\beta)q\left(\dfrac{r}{h}\right)^2$	$\sigma_r=0$； $\sigma_t=\mp 0.525(2-\beta^2)q\left(\dfrac{r}{h}\right)^2$ "+"号指下表面，"-"号指上表面
周界固定，载荷均布在中心半径为 r 的圆面积上。比值 $\dfrac{r}{R}=\beta$	$f=(0.68-0.51\beta^2+0.68\times\beta^2\ln\beta)\dfrac{qR^2r^2}{Eh^3}$	$\sigma_r=\sigma_t$ $=\mp 0.49(\beta^2-4\ln\beta)q\left(\dfrac{r}{h}\right)^2$	$\sigma_r=\pm 0.75(2-\beta^2)q\left(\dfrac{r}{h}\right)^2$； $\sigma_t=\mu\sigma_r$ "+"号指上表面，"-"号指下表面
周界铰支，中心受集中载荷 P	$f=\dfrac{0.55PR^2}{Eh^3}$	最大拉伸应力在下表面 $\sigma_{max}=\sigma_r$ $=\sigma_t=\dfrac{P}{h^2}\left(0.63\ln\dfrac{R}{h}+1.16\right)$	$\sigma_t=\mp 0.334\dfrac{P}{h^2}$ "+"号指下表面，"-"号指上表面
周界固定，中心受集中载荷 P	$f=\dfrac{0.218PR^2}{Eh^3}$	最大拉伸应力在下表面 $\sigma_{max}=\sigma_r$ $=\sigma_t=\dfrac{P}{h^2}\left(0.63\ln\dfrac{R}{h}+0.68\right)$	$\sigma_r=\pm 0.477\dfrac{P}{h^2}$ "+"号指上表面，"-"号指下表面

注：表中 σ_r、σ_t 表示径向应力和圆周向应力；μ 为泊松比。

表 1-1-120　　圆环形平板计算公式

支承与载荷特性	最大挠度	内、外周界处转角	内周界处应力	外周界处应力
1. 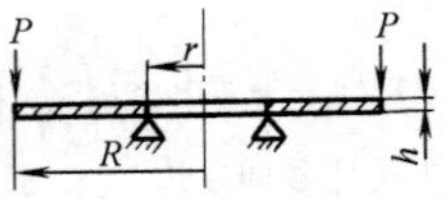	$f=C_1\frac{PR^2}{Eh^3}$	$\theta_r=K_1\frac{PR^2}{rEh^3}$	$\sigma_r=0$	$\sigma_r=0$
		$\theta_R=K_2\frac{PR^2}{rEh^3}$	$\sigma_t=A_1\frac{P}{h^2}$	$\sigma_t=B_1\frac{P}{h^2}$
2. 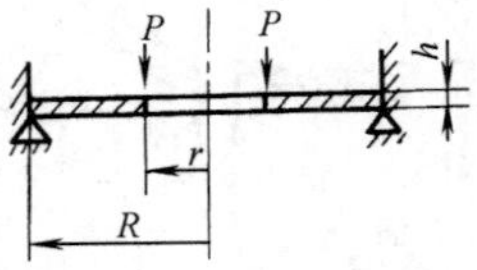	$f=C_2\frac{PR^2}{Eh^3}$		$\sigma_r=0$	$\sigma_r=B_2\frac{P}{h^2}$
			$\sigma_t=A_2\frac{P}{h^2}$	$\sigma_t=B_3\frac{P}{h^2}$
3. 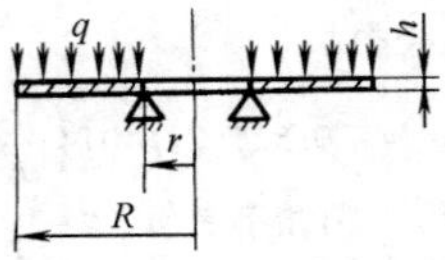	$f=C_3\frac{qR^4}{Eh^3}$	$\theta_r=K_3\frac{qR^4}{rEh^3}$	$\sigma_r=0$	$\sigma_r=0$
		$\theta_R=K_4\frac{qR^4}{rEh^3}$	$\sigma_t=A_3\frac{qR^2}{h^2}$	$\sigma_r=B_4\frac{qR^2}{h^2}$
4. 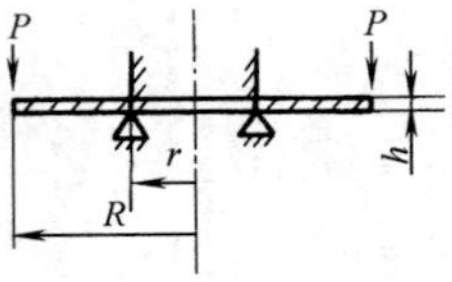	$f=C_4\frac{PR^2}{Eh^3}$	$\theta_r=0$	$\sigma_r=A_4\frac{P}{h^2}$	$\sigma_r\approx 0$
		$\theta_R=K_5\frac{PR^2}{rEh^3}$	$\sigma_t=A_5\frac{P}{h^2}$	$\sigma_t=B_5\frac{P}{h^2}$
5. 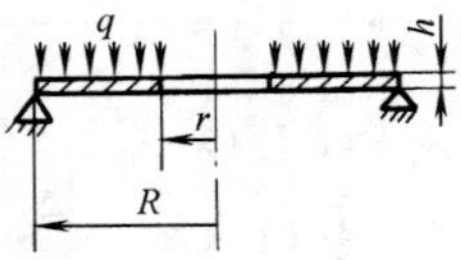	$f=C_5\frac{qR^4}{Eh^3}$	$\theta_r=K_6\frac{qR^4}{rEh^3}$	$\sigma_r=0$	$\sigma_r=0$
		$\theta_R=K_7\frac{qR^4}{rEh^3}$	$\sigma_t=A_6\frac{qR^2}{h^2}$	$\sigma_t=B_6\frac{qR^2}{h^2}$
6. 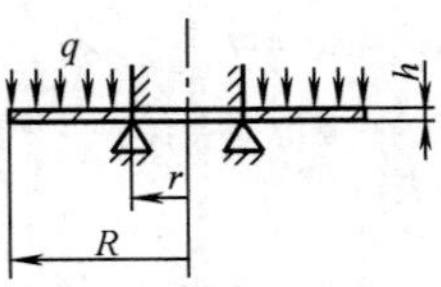	$f=C_6\frac{qR^4}{Eh^3}$	$\theta_r=0$	$\sigma_r=A_7\frac{qR^2}{h^2}$	$\sigma_r=0$
		$\theta_R=K_8\frac{qR^4}{rEh^3}$	$\sigma_t=A_8\frac{qR^2}{h^2}$	$\sigma_t=B_7\frac{qR^2}{h^2}$

续表

支承与载荷特性	最大挠度	内、外周界处转角	内周界处应力	外周界处应力
7. 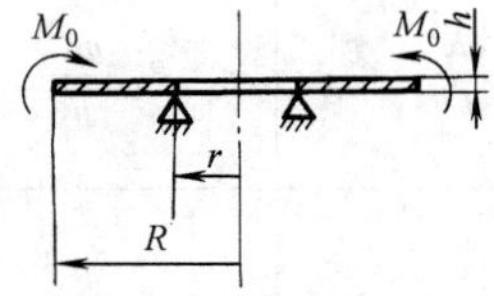	$f=C_7\dfrac{M_0R^2}{Eh^3}$	$\theta_r=K_9\dfrac{M_0R^2}{rEh^3}$	$\sigma_r=0$	$\sigma_r=\dfrac{6M_0}{h^2}$
		$\theta_R=K_{10}\dfrac{M_0R^2}{rEh^3}$	$\sigma_t=A_9\dfrac{M_0}{h^2}$	$\sigma_t=B_8\dfrac{M_0}{h^2}$
8. 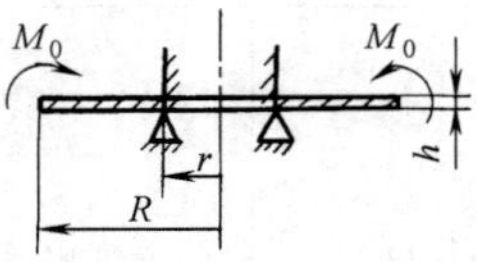	$f=C_8\dfrac{M_0R^2}{Eh^3}$	$\theta_r=0$	$\sigma_r=A_{10}\dfrac{M_0}{h^2}$	$\sigma_r=\dfrac{6M_0}{h^2}$
		$\theta_R=K_{11}\dfrac{M_0R^2}{rEh^3}$	$\sigma_t=A_{11}\dfrac{M_0}{h^2}$	$\sigma_t=B_9\dfrac{M_0}{h^2}$
9. 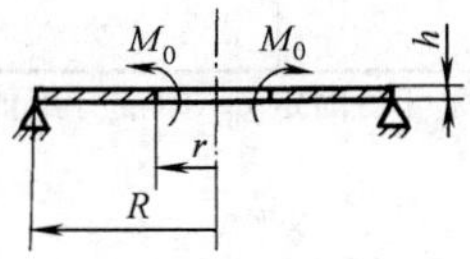	$f=C_9\dfrac{M_0R^2}{Eh^3}$	$\theta_r=K_{12}\dfrac{M_0R^2}{rEh^3}$	$\sigma_r=\dfrac{6M_0}{h^2}$	$\sigma_r=0$
		$\theta_R=K_{13}\dfrac{M_0R^2}{rEh^3}$	$\sigma_t=A_{12}\dfrac{M_0}{h^2}$	$\sigma_t=B_{10}\dfrac{M_0}{h^2}$
10. 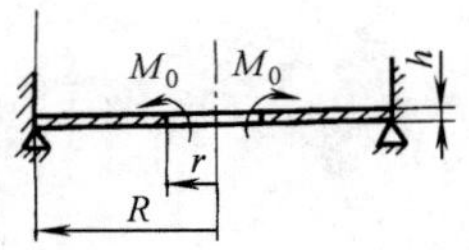	$f=C_{10}\dfrac{M_0R^2}{Eh^3}$	$\theta_r=K_{14}\dfrac{M_0R^2}{rEh^3}$	$\sigma_r=\dfrac{6M_0}{h^2}$	$\sigma_r=B_{11}\dfrac{M_0}{h^2}$
		$\theta_R=0$	$\sigma_t=A_{13}\dfrac{M_0}{h^2}$	$\sigma_t=B_{12}\dfrac{M_0}{h^2}$
11. 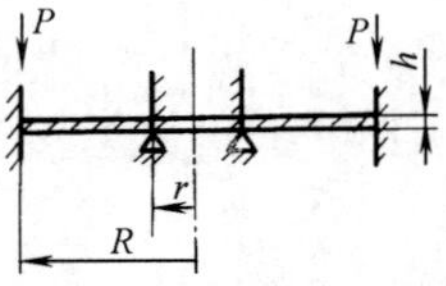	$f=C_{11}\dfrac{PR^2}{Eh^3}$	$\theta_r=0$	$\sigma_r=A_{14}\dfrac{P}{h^2}$	$\sigma_r=B_{13}\dfrac{P}{h^2}$
		$\theta_R=0$	$\sigma_t=A_{15}\dfrac{P}{h^2}$	$\sigma_t=B_{14}\dfrac{P}{h^2}$

续表

支承与载荷特性	最大挠度	内、外周界处转角	内周界处应力	外周界处应力
12.	$f=C_{12}\dfrac{qR^4}{Eh^3}$		$\sigma_r=A_{16}\dfrac{qR^2}{h^2}$ $\sigma_t=A_{17}\dfrac{qR^2}{h^2}$	$\sigma_r=B_{15}\dfrac{qR^2}{h^2}$ $\sigma_t=B_{16}\dfrac{qR^2}{h^2}$
13.	$f=C_{13}\dfrac{qR^4}{Eh^3}$		$\sigma_r=0$ $\sigma_t=A_{18}\dfrac{qR^2}{h^2}$	$\sigma_r=B_{17}\dfrac{qR^2}{h^2}$ $\sigma_t=B_{18}\dfrac{qR^2}{h^2}$
14. 周界固定，中心受力矩 M		中心刚性部分的转角 $\theta=K_{15}\dfrac{M}{Eh^3}$	在内周界上 $\sigma_{r\max}=A_{19}\dfrac{M}{Rh^2}$	在外周界上 $\sigma_r=B_{19}\dfrac{M}{Rh^2}$

注：1. 周界固定表示周界（圆柱面）相对支承可以向下或向上产生挠度，但不能旋转（亦称可动固定）。如带有不能变形的轮缘的板（图 1-1-6a）就是属于外周界固定，内周界固定并支起的情况见图 1-1-6b。

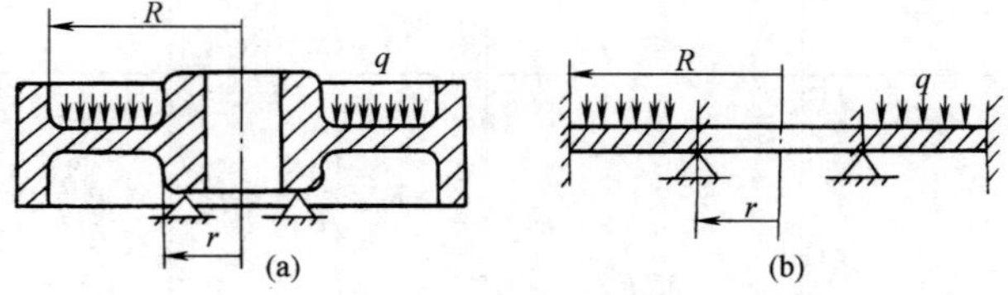

图 1-1-6　周界固定情况

2. 表中 σ_r 表示径向应力，σ_t 表示圆周向应力。

3. 表中挠度计算应满足下列条件：

如果圆环形板的一个或两个边缘自由支起，应该 $h\leqslant\dfrac{2}{3}(R-r)$；如果板的一个或两个边缘固定，则应该$h\leqslant\dfrac{1}{3}(R-r)$。

如果上述条件不能满足，则表中所引入的挠度中应附加下列由切力作用所产生的挠度

对 1、4、11 情况　$$\Delta f=\frac{0.239P\ln\dfrac{R}{r}}{hG}$$

对 5 情况　$$\Delta f=\frac{0.375qR^2}{hG}\left[1-\left(\frac{r}{R}\right)^2-\frac{2r^2\ln R/r}{R^2}\right]$$

对 3、6、12 情况　$$\Delta f=\frac{0.375qR^2}{hG}\left[2\ln R/r-1+\left(\frac{r}{R}\right)^2\right]$$

式中　G——剪切弹性模量。

4. 表中 P 为沿周界分布的载荷；q 为单位面积上的载荷分布在板的全部表面上；M_0 为单位长度上受的力矩，分布在板的周界上。

5. 系数 A、B、C、K 见表 1-1-121～表 1-1-125。

表 1-1-121　　圆环形平板挠度计算系数表

$\frac{R}{r}$	C_1	C_2	C_3	C_4	C_5	C_6	C_7	C_8	C_9	C_{10}	C_{11}	C_{12}	C_{13}
1.25	0.341	0.00504	0.201	0.00512	0.184	0.00212	10.39	0.232	8.876	0.197	0.00128	0.0008	0.162
1.50	0.519	0.0241	0.491	0.0249	0.414	0.018	9.26	0.661	6.927	0.485	0.00639	0.00625	0.118
1.75	0.616	0.0516	0.727	0.0545	0.576	0.0523	8.433	1.100	5.604	0.707	0.0143	0.0175	0.0486
2.00	0.672	0.0810	0.901	0.0878	0.674	0.0935	7.804	1.493	4.654	0.847	0.0237	0.0331	0.0114
2.50	0.721	0.133	1.116	0.153	0.782	0.192	6.923	2.114	3.395	0.955	0.0435	0.0706	0.0915
3.00	0.734	0.172	1.225	0.2096	0.820	0.289	6.342	2.556	2.609	0.940	0.0619	0.1097	0.135
3.50	0.732	0.199	1.278	0.256	0.829	0.374	5.937	2.872	2.080	0.878	0.0782	0.146	0.158
4.00	0.724	0.217	1.302	0.294	0.827	0.448	5.642	3.105	1.704	0.802	0.0922	0.179	0.171
4.50	0.714	0.229	1.340	0.325	0.820	0.511	5.419	3.281	1.426	0.726	0.104	0.209	0.178
5.00	0.704	0.238	1.309	0.350	0.811	0.564	5.246	3.418	1.214	0.656	0.115	0.234	0.182

表 1-1-122　　圆环形平板转角计算系数表

$\frac{R}{r}$	K_1	K_2	K_3	K_4	K_5	K_6	K_7	K_8	K_9	K_{10}	K_{11}	K_{12}	K_{13}	K_{14}
1.25	1.413	1.323	1.169	6.869	0.0296	3.332	2.774	0.144	42.67	40.85	1.799	37.29	34.13	1.642
1.50	1.102	0.983	0.547	4.597	0.0702	2.330	1.770	0.488	19.20	18.4	2.510	15.47	12.80	2.110
1.75	0.892	0.767	0.258	3.508	0.1000	1.712	1.250	0.936	11.64	11.45	2.749	8.894	6.649	2.136
2.00	0.741	0.621	0.110	2.922	0.119	1.307	0.945	1.436	8.000	8.200	2.777	5.900	4.000	1.998
2.50	0.540	0.441	0.0173	2.352	0.135	0.330	0.629	2.486	4.571	5.189	2.600	3.227	1.829	1.616
3.00	0.415	0.336	0.059	2.083	0.136	0.573	0.467	3.540	3.000	3.800	2.348	2.067	1.000	1.277
3.50	0.331	0.270	0.072	1.920	0.131	0.418	0.373	4.573	2.133	3.010	2.111	1.448	0.610	1.016
4.00	0.271	0.224	0.074	1.804	0.124	0.319	0.310	5.582	1.600	2.500	1.905	1.075	0.400	0.819
4.50	0.227	0.192	0.0716	1.711	0.116	0.251	0.267	6.57	1.247	2.144	1.729	0.832	0.277	0.671
5.00	0.193	0.167	0.0674	1.633	0.109	0.203	0.234	7.54	1.000	1.880	1.579	0.664	0.200	0.558

表 1-1-123　　圆环形平板内周界处应力计算系数表

$\frac{R}{r}$	A_1	A_2	A_3	A_4	A_5	A_6	A_7	A_8	A_9	A_{10}
1.25	1.1035	0.0245	1.894	0.227	0.0682	0.592	0.135	0.0456	33.33	6.865
1.50	1.240	0.0868	2.426	0.428	0.128	0.977	0.410	0.123	21.6	7.45
1.75	1.366	0.1723	2.882	0.602	0.181	1.245	0.724	0.217	17.82	7.85
2.00	1.4815	0.270	3.286	0.753	0.226	1.443	1.041	0.312	16.00	8.136
2.50	1.688	0.475	3.983	1.004	0.301	1.710	1.633	0.490	14.29	8.50
3.00	1.868	0.673	4.574	1.206	0.362	1.881	2.153	0.646	13.50	8.71
3.50	2.027	0.855	5.090	1.372	0.412	1.998	2.606	0.782	13.67	8.84
4.00	2.170	1.021	5.547	1.514	0.454	2.082	3.006	0.902	12.80	8.93
4.50	2.298	1.170	5.957	1.637	0.491	2.144	3.362	1.009	12.62	8.99
5.00	2.415	1.305	6.330	1.746	0.524	2.192	3.681	1.104	12.50	9.04

$\frac{R}{r}$	A_{11}	A_{12}	A_{13}	A_{14}	A_{15}	A_{16}	A_{17}	A_{18}
1.25	2.059	27.33	0.517	0.114	0.0343	0.0895	0.0269	0.921
1.50	2.234	15.60	0.574	0.219	0.0658	0.273	0.0819	0.677
1.75	2.355	11.82	1.47	0.316	0.0948	0.488	0.146	0.564
2.00	2.440	10.00	2.195	0.405	0.126	0.710	0.213	0.519
2.50	2.550	8.286	3.251	0.564	0.169	1.143	0.343	0.520
3.00	2.613	7.500	3.947	0.703	0.211	1.541	0.462	0.562
3.50	2.653	7.067	4.420	0.825	0.248	1.904	0.571	0.611
4.00	2.679	6.800	4.752	0.935	0.280	2.233	0.670	0.656
4.50	2.698	6.623	4.992	1.033	0.310	2.534	0.760	0.696
5.00	2.71	6.50	5.17	1.123	0.337	2.809	0.843	0.729

表 1-1-124 圆环形平板外周界处应力计算系数表

$\frac{R}{r}$	B_1	B_2	B_3	B_4	B_5	B_6	B_7	B_8	B_9	B_{10}	B_{11}	B_{12}	B_{13}	B_{14}	B_{15}	B_{16}	B_{17}	B_{18}
1.25	0.827	0.194	0.0583	0.488	0.0183	0.447	0.0075	27.33	2.924	21.33	5.013	1.504	0.0986	0.0296	0.040	0.012	0.330	1.393
1.50	0.737	0.320	0.096	0.690	0.0526	0.596	0.0346	15.60	3.683	9.60	4.174	1.252	0.168	0.0503	0.110	0.033	0.352	1.347
1.75	0.671	0.402	0.121	0.775	0.0875	0.645	0.0725	11.82	4.206	5.818	3.485	1.045	0.218	0.0655	0.181	0.054	0.415	1.309
2.00	0.621	0.454	0.136	0.807	0.119	0.656	0.113	10.00	4.576	4.000	2.927	0.878	0.257	0.077	0.244	0.073	0.476	1.281
2.50	0.551	0.510	0.153	0.810	0.168	0.644	0.186	8.286	5.048	2.286	2.115	0.634	0.311	0.0932	0.346	0.104	0.566	1.246
3.00	0.505	0.531	0.159	0.786	0.203	0.624	0.247	7.500	5.323	1.500	1.579	0.474	0.346	0.104	0.421	0.126	0.620	1.228
3.50	0.472	0.538	0.161	0.757	0.229	0.606	0.294	7.067	5.495	1.067	1.215	0.365	0.371	0.111	0.477	0.143	0.653	1.218
4.00	0.449	0.539	0.162	0.731	0.247	0.592	0.330	6.80	5.609	0.800	0.960	0.288	0.389	0.117	0.520	0.156	0.675	1.212
4.50	0.431	0.536	0.161	0.707	0.261	0.580	0.358	6.623	5.690	0.623	0.775	0.233	0.403	0.121	0.553	0.166	0.690	1.208
5.00	0.417	0.533	0.160	0.688	0.272	0.572	0.381	6.500	5.747	0.500	0.638	0.191	0.413	0.124	0.579	0.174	0.700	1.206

表 1-1-125 圆环形平板的系数表

$\frac{r}{R}$	K_{15}	A_{19}	B_{19}	$\frac{r}{R}$	K_{15}	A_{19}	B_{19}
0.5	0.081	1.14	0.573	0.7	0.0128	0.465	0.325
0.6	0.035	0.685	0.452	0.8	0.0032	0.262	0.212

刚性薄板计算示例

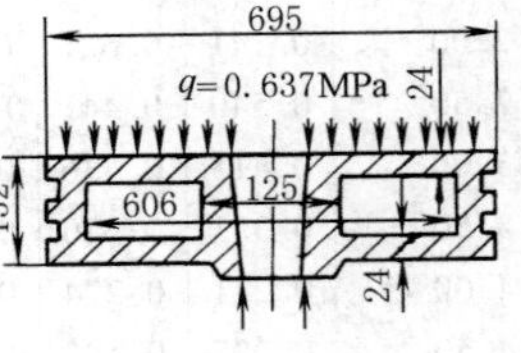

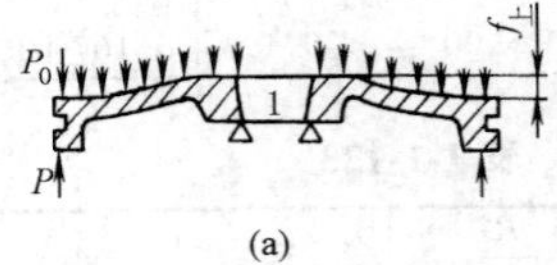

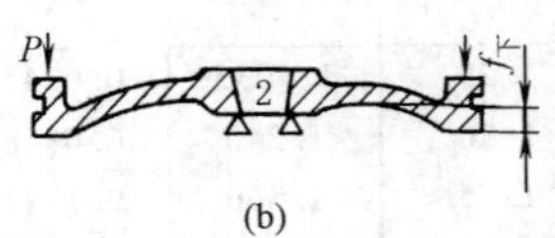

图 1-1-7 活塞应力计算

例 在压强 0.637MPa 下操作的活塞见图 1-1-7。求活塞中的最大应力。

解 因为联系活塞上下底板的环有很大刚性，故可以将上下底板当作内边界固定并支起，外边界固定（即可动固定），故板可以弯曲，不能扭转。

板半径 $R=30.3$cm，$r=6.25$cm，厚度 $h=2.4$cm。在下板的外周界上作用有上板传来的分布力 P（如图 b）。该板的支承及载荷特性如表 1-1-120 中 11 项。外周界挠度 $f=C_{11}\frac{PR^2}{Eh^3}$。根据 $\frac{R}{r}=\frac{30.3}{6.25}=4.85$，查表 1-1-121 取 $C_{11}\approx0.115$，代入公式得：

$$f_下=0.115\times\frac{0.303^2P}{0.024^3E}=763.7\times\frac{P}{E}$$

上板受的作用力有：

① 加在外周界上向上的下板的作用力 P；

② 压强 $q=0.637$MPa 在板轮缘上形成的压力 P_0，

$$P_0=\frac{\pi}{4}\times(0.695^2-0.606^2)\times0.637\times10^6=57929\text{N}$$

③ 板表面上的均布载荷 $q=0.637$MPa。

上板的支承及载荷特性如表 1-1-120 中的 11 和 12 两项叠加。

在①、②两个力作用下，板外周界的挠度 $f_1=763.7\times\frac{P_0-P}{E}=763.7\times\frac{57929-P}{E}$。

在③力作用下，板外周界的挠度可按表 1-1-120 中的 12 项公式 $f_2=C_{12}\frac{qR^4}{Eh^3}$。根据 $\frac{R}{r}=4.85$，查表 1-1-121，取 $C_{12}\approx0.234$，代入公式得：

$$f_2=0.234\times\frac{0.637\times10^6\times0.303^4}{0.024^3E}=\frac{90884972}{E}$$

$$f_上=f_1+f_2$$

上下板外周界处的挠度应当相等，即 $f_下=f_上$，所以

$$763.7\times\frac{P}{E}=763.7\times\frac{57929-P}{E}+\frac{90884972}{E}$$

则

$$P=88469\text{N}$$

上板的应力可根据表 1-1-120 中 11 和 12 两项的应力公式计算。

内周界处的径向应力 $$\sigma_r=A_{14}\frac{P_0-P}{h^2}+A_{16}\frac{qR^2}{h^2}$$

查表 1-1-123，取 $A_{14}\approx1.123$，$A_{16}\approx2.809$，代入公式得：

$$\sigma_r=1.123\times\frac{57929-88469}{0.024^2}+2.809\times\frac{0.637\times10^6\times0.303^2}{0.024^2}=225660509\text{N/m}^2$$

周向应力
$$\sigma_t=A_{15}\frac{P_0-P}{h^2}+A_{17}\frac{qR^2}{h^2}$$

查表 1-1-123，取 $A_{15}\approx0.337$，$A_{17}\approx0.843$，代入公式得：

$$\sigma_t=0.337\times\frac{57929-88469}{0.024^2}+0.843\times\frac{0.637\times10^6\times0.303^2}{0.024^2}=67723310\text{N/m}^2$$

外周界处的径向应力
$$\sigma_r=B_{13}\frac{P_0-P}{h^2}+B_{15}\frac{qR^2}{h^2}$$

查表 1-1-124，取 $B_{13}\approx0.413$，$B_{15}\approx0.579$，代入公式得：

$$\sigma_r=0.413\times\frac{57929-88469}{0.024^2}+0.579\times\frac{0.637\times10^6\times0.303^2}{0.024^2}=36889324\text{N/m}^2$$

周向应力
$$\sigma_t=B_{14}\frac{P_0-P}{h^2}+B_{16}\frac{qR^2}{h^2}$$

查表 1-1-124，取 $B_{14}\approx0.124$，$B_{16}\approx0.174$，代入公式得：

$$\sigma_t=0.124\times\frac{57929-88469}{0.024^2}+0.174\times\frac{0.637\times10^6\times0.303^2}{0.024^2}=11091955\text{N/m}^2$$

下板按表 1-1-120 中 11 项的公式计算。

内周界处的径向应力
$$\sigma_r=A_{14}\frac{P}{h^2}=1.123\times\frac{88469}{0.024^2}=172483831\text{N/m}^2$$

周向应力
$$\sigma_t=A_{15}\frac{P}{h^2}=0.337\times\frac{88469}{0.024^2}=51760509\text{N/m}^2$$

外周界处的径向应力
$$\sigma_r=B_{13}\frac{P}{h^2}=0.413\times\frac{88469}{0.024^2}=63433502\text{N/m}^2$$

周向应力
$$\sigma_t=B_{14}\frac{P}{h^2}=0.124\times\frac{88469}{0.024^2}=19045410\text{N/m}^2$$

故活塞中的最大应力是活塞上板内周界处的径向应力。

5.7 压杆、梁与壳的稳定性

等断面立柱受压稳定性计算

表 1-1-126　等断面立柱受压静力稳定性计算

<table>
<tr><th colspan="2">项目</th><th>稳定条件</th><th>说明</th></tr>
<tr><td rowspan="2">中心压杆</td><td>安全系数法</td><td>$S=\frac{P_c}{P}\geqslant S_s$，常用于机械的稳定校核</td><td rowspan="3">P_c——临界载荷，见表 1-1-130，N
P——实际工作载荷，N
S——实际稳定安全系数
S_s——规定的稳定安全系数，推荐数值见表 1-1-127
A——压杆断面的毛面积，cm^2
φ——折减系数，参考表 1-1-128
σ_p——强度计算时材料的许用应力，N/cm^2
φ_e——偏心压杆的折减系数，其值根据杆的柔度 λ 及 ε 查表 1-1-129
$\varepsilon=\frac{eA}{W}$
e——偏心距，cm
W——断面的抗弯截面系数，cm^3</td></tr>
<tr><td>折减系数法</td><td>$\sigma=\frac{P}{\varphi A}\leqslant\sigma_p$，常用于杆结构的截面选择</td></tr>
<tr><td>偏心压杆</td><td>折减系数法</td><td>$\sigma=\frac{P}{\varphi_e A}\leqslant\sigma_p$</td></tr>
<tr><td>确定压杆截面尺寸</td><td colspan="3">用稳定条件进行已知压杆的稳定校核十分方便。但要计算压杆的截面积 A 时，因 φ 与 A 有关，故需采用逐次渐近法。一般第一次试算取 $\varphi_1=0.5\sim0.6$，将 φ_1 代入上面折减系数法公式，确定毛面积 A 及其截面型式。按此截面计算其 $I_{\min}$、$i_{\min}$ 及 λ 值，即可求得实际的 φ_1' 值，如 φ_1' 和 φ_1 差别较大，应重复计算。取 φ_1 和 φ_1' 的平均值 $\varphi_2=\frac{1}{2}(\varphi_1+\varphi_1')$ 进行第二次试算。第二次试算结果，得到 φ_2'。若 φ_2' 与 φ_2 仍相差较大，则进行第三次试算，取 $\varphi_3=\frac{1}{2}(\varphi_2+\varphi_2')$，同样得到 φ_3'。类推下去，直至 φ 与 φ' 接近为止。一般进行 2~3 次即可完成</td></tr>
</table>

表 1-1-127　　常用零件规定的稳定安全系数的参考数值

压杆类型	S_s	压杆类型	S_s
金属结构中的压杆	1.8~3.0	低速发动机挺杆	4~6
矿山和冶金设备中的压杆	4~8	高速发动机挺杆	2~5
机床走刀丝杠	2.5~4	拖拉机转向机构纵、横推杆	>5
空压机及内燃机连杆	3~8	起重螺旋	3.5~5
磨床油缸活塞杆	4~6	铸铁	4.5~5.5
水平长丝杠或精密丝杠	>4	木材	2.5~3.5

注：除铸铁和木材外其余均为钢制杆。

表 1-1-128　　中心压杆折减系数 φ

	柔度 $\lambda=\frac{\mu l}{i_{min}}$	0	10	20	30	40	50	60	70	80	90	100	110	120	130	140	150	160	170	180	190	200
φ 值	Q215 Q235 Q255	1.00	0.99	0.98	0.96	0.93	0.89	0.84	0.79	0.73	0.67	0.60	0.54	0.47	0.40	0.35	0.31	0.27	0.24	0.22	0.2	0.18
	Q275	1.00	0.98	0.95	0.92	0.89	0.86	0.82	0.76	0.70	0.62	0.51	0.43	0.37	0.33	0.29	0.26	0.24	0.21	0.19	0.17	0.16
	16Mn	1.00	0.99	0.97	0.94	0.90	0.84	0.78	0.71	0.63	0.55	0.46	0.38	0.33	0.28	0.24	0.21	0.19	0.17	0.15	0.14	0.12
	高强度钢 $\sigma_s\geqslant$ 310N/mm^2	1.00	0.97	0.95	0.91	0.87	0.83	0.79	0.72	0.65	0.55	0.43	0.35	0.30	0.26	0.23	0.21	0.19	0.17	0.15	0.14	0.13
	铸铁	1.00	0.97	0.91	0.81	0.69	0.57	0.44	0.34	0.26	0.20	0.16	—	—	—	—	—	—	—	—	—	—
	木材	1.00	0.99	0.97	0.93	0.87	0.80	0.71	0.60	0.48	0.38	0.31	0.25	0.22	0.13	0.16	0.14	0.12	0.11	0.10	0.09	0.08

注：i_{min} 查表 1-1-93；μ 为压杆的长度系数，见表 1-1-131。

表 1-1-129　　偏心压杆折减系数 φ_e（Q235，$\sigma_s=235\text{N/mm}^2$）

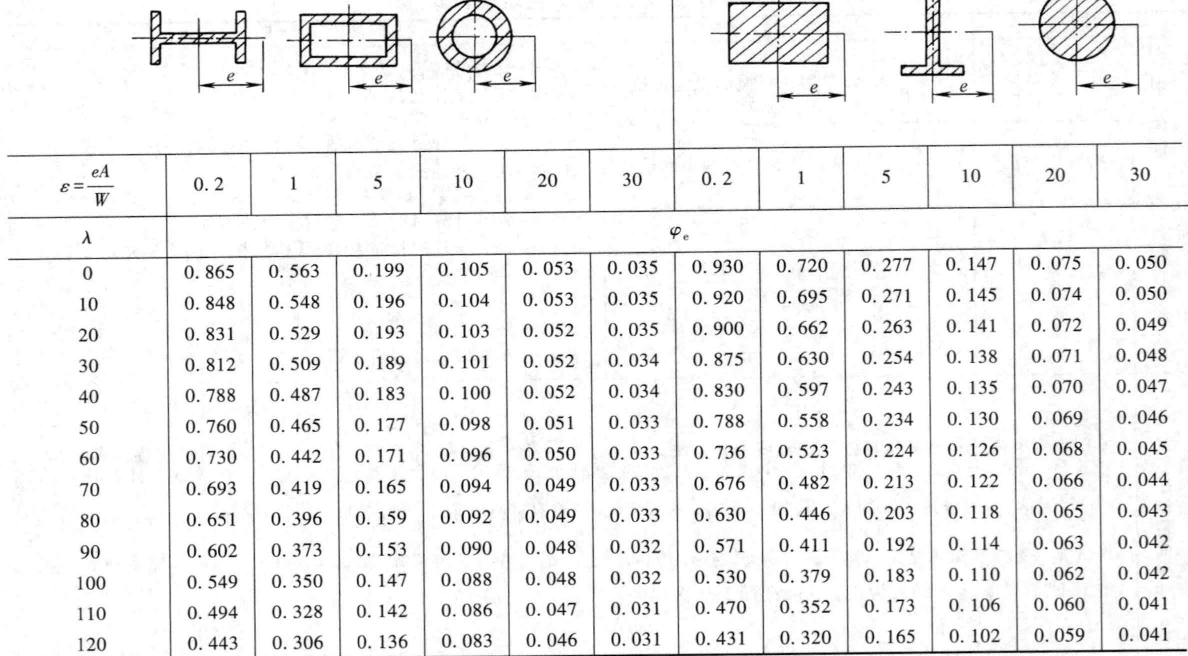

$\varepsilon=\frac{eA}{W}$	0.2	1	5	10	20	30	0.2	1	5	10	20	30
λ	φ_e											
0	0.865	0.563	0.199	0.105	0.053	0.035	0.930	0.720	0.277	0.147	0.075	0.050
10	0.848	0.548	0.196	0.104	0.053	0.035	0.920	0.695	0.271	0.145	0.074	0.050
20	0.831	0.529	0.193	0.103	0.052	0.035	0.900	0.662	0.263	0.141	0.072	0.049
30	0.812	0.509	0.189	0.101	0.052	0.034	0.875	0.630	0.254	0.138	0.071	0.048
40	0.788	0.487	0.183	0.100	0.052	0.034	0.830	0.597	0.243	0.135	0.070	0.047
50	0.760	0.465	0.177	0.098	0.051	0.033	0.788	0.558	0.234	0.130	0.069	0.046
60	0.730	0.442	0.171	0.096	0.050	0.033	0.736	0.523	0.224	0.126	0.068	0.045
70	0.693	0.419	0.165	0.094	0.049	0.033	0.676	0.482	0.213	0.122	0.066	0.044
80	0.651	0.396	0.159	0.092	0.049	0.033	0.630	0.446	0.203	0.118	0.065	0.043
90	0.602	0.373	0.153	0.090	0.048	0.032	0.571	0.411	0.192	0.114	0.063	0.042
100	0.549	0.350	0.147	0.088	0.048	0.032	0.530	0.379	0.183	0.110	0.062	0.042
110	0.494	0.328	0.142	0.086	0.047	0.031	0.470	0.352	0.173	0.106	0.060	0.041
120	0.443	0.306	0.136	0.083	0.046	0.031	0.431	0.320	0.165	0.102	0.059	0.041

续表

$\varepsilon=\frac{eA}{W}$	0.2	1	5	10	20	30	0.2	1	5	10	20	30
λ	φ_e											
130	0.397	0.284	0.131	0.081	0.045	0.030	0.388	0.293	0.156	0.098	0.057	0.040
140	0.354	0.262	0.126	0.079	0.045	0.030	0.348	0.271	0.149	0.095	0.055	0.040
150	0.306	0.242	0.121	0.076	0.044	0.030	0.306	0.247	0.141	0.091	0.054	0.039
160	0.272	0.225	0.116	0.074	0.043	0.029	0.272	0.227	0.134	0.087	0.053	0.038
170	0.243	0.207	0.112	0.071	0.043	0.029	0.243	0.209	0.127	0.084	0.052	0.038
180	0.218	0.192	0.108	0.069	0.042	0.028	0.218	0.191	0.120	0.080	0.051	0.037
190	0.197	0.177	0.104	0.067	0.041	0.028	0.197	0.176	0.114	0.078	0.049	0.036
200	0.180	0.164	0.099	0.065	0.040	0.028	0.180	0.165	0.107	0.075	0.048	0.035

注：对 16Mn 应按 $\lambda=\frac{\mu l}{i_{min}}\sqrt{\frac{\sigma_s}{235}}$ 查本表确定 φ_e。

表 1-1-130　　等断面立柱受压缩的临界载荷和临界应力计算

<table>
<tr><th>压杆类型</th><th>计算公式</th><th>说明</th></tr>
<tr><td>大柔度压杆
$\lambda>\lambda_1$
（比例极限内的稳定问题）</td><td>按欧拉公式计算
临界载荷 $P_c=\frac{\pi^2 EI_{min}}{(\mu l)^2}$
或 $P_c=\eta\frac{EI_{min}}{l^2}$
临界应力 $\sigma_c=\frac{\pi^2 E}{\lambda^2}$
（大柔度压杆采用高强度钢没有意义）</td><td rowspan="3">E——材料弹性模量，N/cm^2
l——压杆全长，cm
I_{min}——压杆截面的最小惯性矩，cm^4
λ——压杆的柔度（长细比），$\lambda=\frac{\mu l}{i_{min}}$
i_{min}——压杆截面的最小惯性半径，cm，$i_{min}=\sqrt{\frac{I_{min}}{A}}$，查表 1-1-93
μ——压杆的长度系数，见表 1-1-131
η——压杆的稳定系数，见表 1-1-131～表 1-1-132，$\eta=\left(\frac{\pi}{\mu}\right)^2$
A——压杆的横截毛面积（强度校核时用净面积），cm^2
$\lambda_1=\pi\sqrt{\frac{E}{\sigma_p}}$，对于 Q235A 钢，$\lambda_1\approx 100$
σ_p——材料的比例极限，N/cm^2
$\lambda_2=\frac{a-\sigma_s}{b}$
σ_s——材料的屈服极限，N/cm^2
a，b——与材料力学性能有关的常数，推荐值见表 1-1-134
对于 Q235A 钢，$\lambda_1\approx 100\geqslant\lambda\geqslant\lambda_2\approx 60$

塑性材料压杆临界应力总图</td></tr>
<tr><td>中等柔度压杆
$\lambda_1\geqslant\lambda\geqslant\lambda_2$
（超过比例极限的稳定问题）</td><td>按直线经验公式计算
临界载荷 $P_c=\sigma_c A$
临界应力 $\sigma_c=a-b\lambda$</td></tr>
<tr><td>小柔度压杆
$\lambda<\lambda_2$
（强度问题）</td><td>按强度问题计算，与柔度 λ 无关
其临界应力接近材料的屈服极限 σ_s（脆性材料时，应以抗压强度 σ_{bc} 作为其临界应力）</td></tr>
</table>

表 1-1-131　　**单跨度等截面压杆的长度系数与稳定系数**

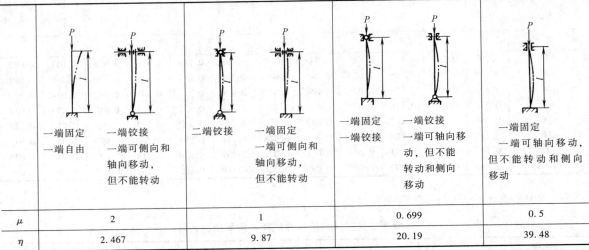

	一端固定 一端自由；一端铰接 一端可侧向和轴向移动，但不能转动	二端铰接；一端固定 一端可侧向和轴向移动，但不能转动	一端固定 一端铰接；一端铰接 一端可轴向移动，但不能转动和侧向移动	一端固定 一端可轴向移动，但不能转动和侧向移动
μ	2	1	0.699	0.5
η	2.467	9.87	20.19	39.48

注：表 1-1-131～表 1-1-133 所列的 μ、η 是指理想支座，对实际的非理想支座应做出尽可能符合实际的修正。如考虑实际固定端不可能对位移完全限制，应将理想的 μ 值适当加大，对表中一端固定的情况，可分别取 2.1、1.2、0.8、0.65；考虑到桁架中有节点的腹杆，其两端并非理想铰支，应降低 μ 值，理想 $\mu=1$ 时应降到 0.8～0.9；又如丝杠两端滑动轴承支承，依轴套的长度 l 与内径 d 之比取如下 μ 值：

当两端轴承均有 $l/d\geqslant3$ 时，$\mu=0.5$；当两端轴承均有 $l/d\leqslant1.5$ 时，$\mu=1.0$；

当一端支承 $l/d\geqslant3$，另一端支承 $1.5<l/d<3$ 时，$\mu=0.6$；当两端支承均有 $1.5<l/d<3$ 时，$\mu=0.75$。

表 1-1-132　　**立柱的稳定系数 η**

$P_c=P_1+P_2=\eta\dfrac{EI_{min}}{l^2}$

b/l	P_2/P_1=0	0.1	0.2	0.5	1.0	2.0	5.0	10	20	50	100	b/l
0	2.467	2.714	2.961	3.701	4.935	7.402	14.80	27.14	51.82	125.8	249.2	0
0.1		2.714	2.960	3.698	4.930	7.377	14.68	26.66	49.86	111.6	176.3	0.1
0.2		2.710	2.953	3.679	4.880	7.207	13.78	23.19	36.33	50.96	56.48	0.2
0.3		2.703	2.936	3.622	4.712	6.769	11.70	16.82	21.37	24.89	26.14	0.3
0.4		2.688	2.904	3.525	4.470	6.074	9.187	11.57	13.29	14.52	14.97	0.4
0.5		2.665	2.856	3.384	4.136	5.268	7.060	8.210	8.963	9.488	9.675	0.5
0.6		2.635	2.793	3.211	3.759	4.497	5.504	6.048	6.434	6.674	6.764	0.6
0.7		2.599	2.715	3.020	3.385	3.830	4.376	4.660	4.834	4.952	4.993	0.7
0.8		2.557	2.636	2.821	3.040	3.280	3.551	3.685	3.765	3.818	3.836	0.8
0.9		2.513	2.551	2.641	2.734	2.832	2.936	2.986	3.015	3.033	3.040	0.9
1.0		2.467	2.467	2.467	2.467	2.467	2.467	2.467	2.467	2.467	2.467	1.0

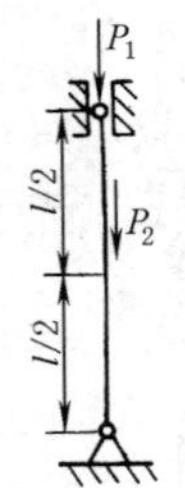

$P_c=(P_1+P_2)_c=\eta\dfrac{EI}{l^2}$

P_2/P_1	0.5	1	2
η	11.9	13.0	14.7

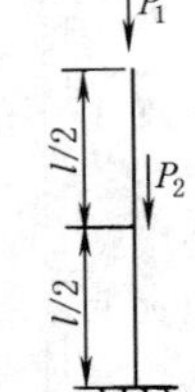

$P_c=(P_1+P_2)_c=\eta\dfrac{EI}{l^2}$

P_2/P_1	0.5	1	2
η	3.38	4.14	5.27

续表

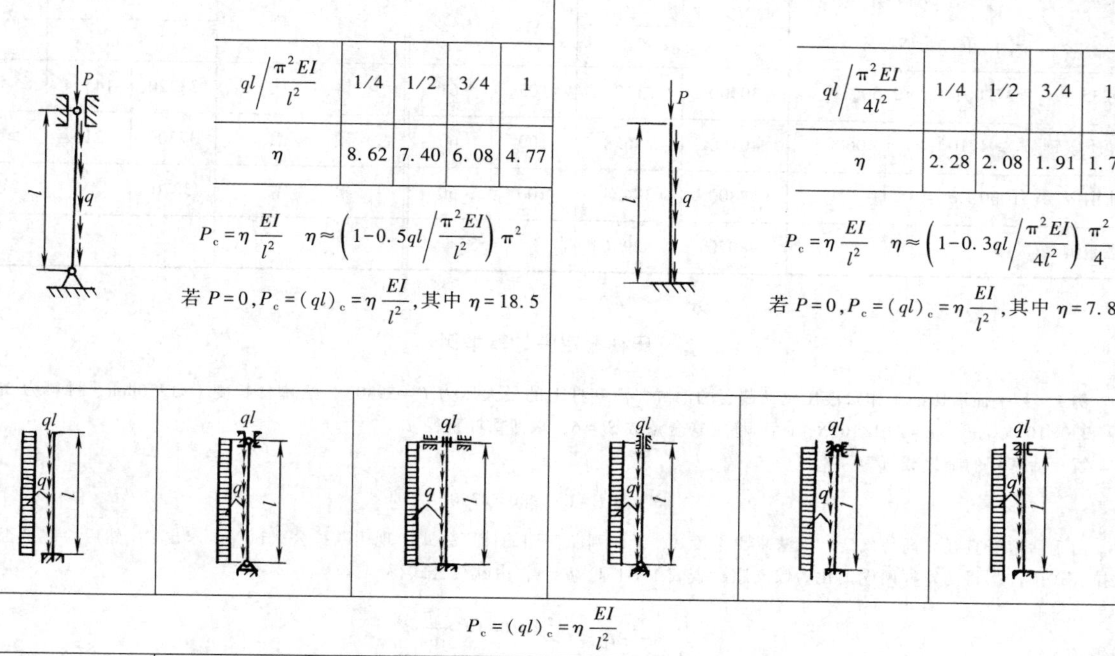

$ql\Big/\dfrac{\pi^2EI}{l^2}$	1/4	1/2	3/4	1
η	8.62	7.40	6.08	4.77

$P_c=\eta\dfrac{EI}{l^2}\quad \eta\approx\left(1-0.5ql\Big/\dfrac{\pi^2EI}{l^2}\right)\pi^2$

若 $P=0$，$P_c=(ql)_c=\eta\dfrac{EI}{l^2}$，其中 $\eta=18.5$

$ql\Big/\dfrac{\pi^2EI}{4l^2}$	1/4	1/2	3/4	1
η	2.28	2.08	1.91	1.72

$P_c=\eta\dfrac{EI}{l^2}\quad \eta\approx\left(1-0.3ql\Big/\dfrac{\pi^2EI}{4l^2}\right)\dfrac{\pi^2}{4}$

若 $P=0$，$P_c=(ql)_c=\eta\dfrac{EI}{l^2}$，其中 $\eta=7.84$

$P_c=(ql)_c=\eta\dfrac{EI}{l^2}$

$\eta=7.84$	$\eta=18.5$	$\eta=18.9$	$\eta=29.6$	$\eta=52.5$	$\eta=73.6$

表 1-1-133　　中部支撑的柱的稳定系数 η

$\dfrac{b}{l}$	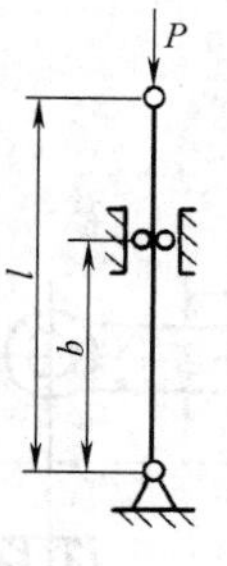	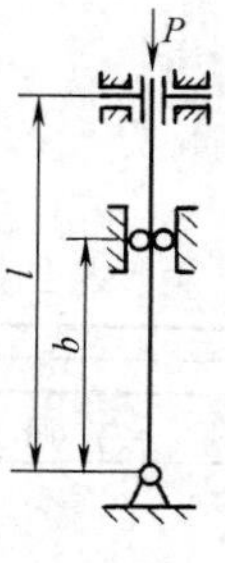	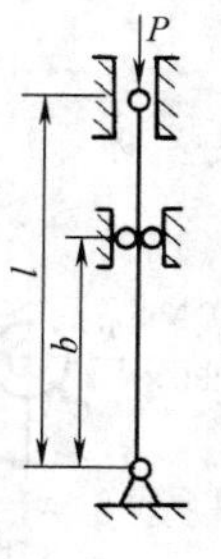	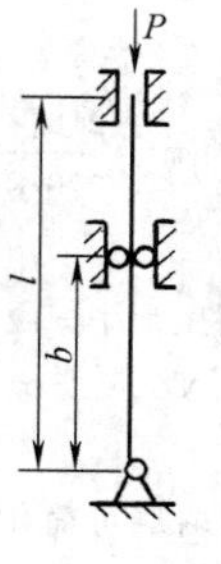	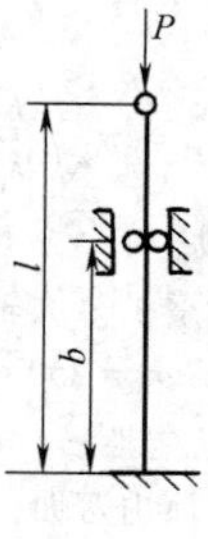	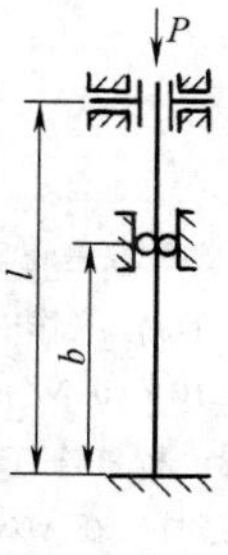	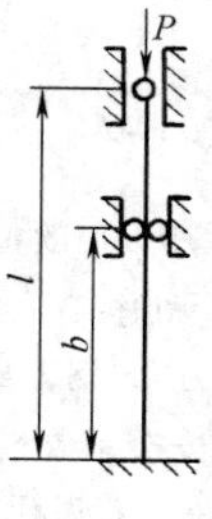	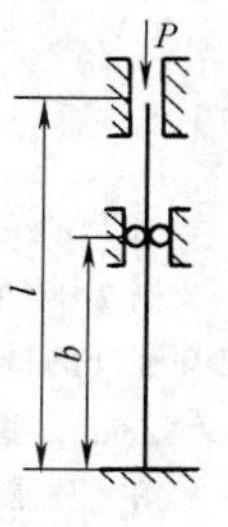
	$P_c=\eta\dfrac{EI}{l^2}$							
0	2.467	9.870	20.19	39.48	2.467	9.870	20.19	39.48
0.1	2.832	11.33	23.23	45.27	2.883	11.53	23.63	46.13
0.2	3.283	13.11	27.06	51.97	3.414	13.65	28.09	54.48
0.3	3.845	15.26	31.75	58.92	4.105	16.37	33.96	64.56
0.4	4.551	17.72	36.80	58.84	5.021	19.90	41.68	75.22
0.5	5.438	20.19	39.48	51.12	6.260	24.42	51.12	80.76
0.6	6.511	21.88	36.80	41.68	7.990	29.82	58.84	75.22
0.7	7.726	22.14	31.75	33.90	10.39	35.10	58.92	64.56
0.8	8.874	21.40	27.06	23.09	13.52	38.41	51.97	54.45
0.9	9.637	20.55	23.23	23.63	17.24	39.40	45.27	46.13
1.0	9.870	20.19	20.19	20.19	20.19	39.48	39.48	39.48

表 1-1-134　　**直线公式系数 a、b 及 λ 范围**

材料（σ_b、σ_s 的单位为 N/cm^2）	a /$N \cdot cm^{-2}$	b /$N \cdot cm^{-2}$	λ_1	λ_2	材料	a /$N \cdot cm^{-2}$	b /$N \cdot cm^{-2}$	λ_1
Q235　$\sigma_b \geqslant 37200$；$\sigma_s = 23500$	30400	112	105	61	铸铁	33220	145.4	
优质碳钢 $\sigma_b \geqslant 47100$；$\sigma_s = 30600$	46100	256.8	100	60	硬铝	37300	215	≥50
硅钢 $\sigma_b \geqslant 51000$；$\sigma_s = 35300$	57800	374.4	100	60	松木	3870	19	≥59
铬钼钢	98070	529.6	≥55					

压杆稳定性计算举例

例 1　某平面磨床的工作台液压驱动装置的油缸，活塞杆上的最大压力 $P=3980N$，活塞杆长度 $l=1250mm$，材料为 35 钢，$\sigma_p=220\times10^2 N/cm^2$，$E=210\times10^5 N/cm^2$，稳定安全系数 $S_s=6$，求活塞杆直径 d。

解　活塞杆的临界载荷为

$$P_c=S_sP=6\times3980=23900N$$

由于活塞杆直径 d 尚待确定，无法求出柔度 λ，无法判断使用的计算公式，现用欧拉公式试算，求出 d，然后检查是否满足欧拉公式条件。将活塞杆两端简化为铰支座，查表 1-1-131，$\mu=1$，由欧拉公式得

$$P_c=\frac{\pi^2EI_{min}}{(\mu l)^2}=\frac{\pi^2\times210\times10^5\times\frac{\pi}{64}d^4}{(1\times125)^2}$$

将 P_c 的数值代入求得 $d=25mm$

检查柔度 λ：

$$\lambda=\frac{\mu l}{i_{min}}=\frac{1\times1250}{\frac{25}{4}}=200$$

$$\lambda_1=\pi\sqrt{\frac{E}{\sigma_p}}=\pi\sqrt{\frac{210\times10^5}{220\times10^2}}=97$$

由于 $\lambda>\lambda_1$，所以用欧拉公式试算是正确的。

例 2　某搓丝机连杆（图 1-1-8）工作时承受的最大轴向压力 $P=12\times10^4N$，已知连杆的材料为 45 钢，$E=210\times10^5N/cm^2$，$\sigma_s=350\times10^2N/cm^2$，$\sigma_p=280\times10^2N/cm^2$，稳定安全系数 $S_s=3$，校核连杆的稳定性。

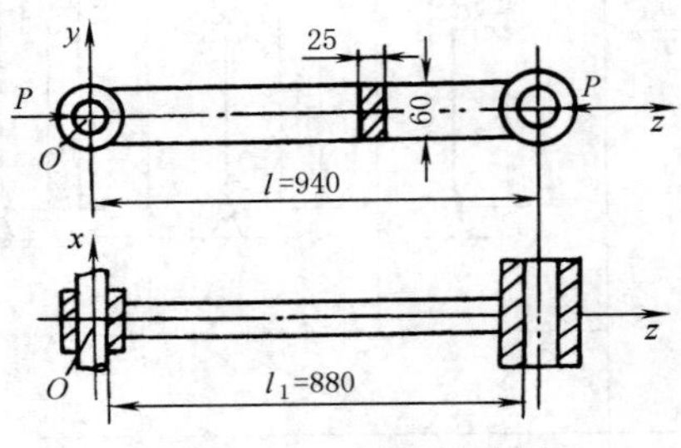

图 1-1-8　搓丝机连杆

解　先求柔度。若连杆失稳时，在 yOz 平面内弯曲，则两端可简化为铰支端，取 $\mu=1$

$$i_x=\sqrt{\frac{I_x}{A}}=\sqrt{\frac{\frac{1}{12}\times2.5\times6^3}{2.5\times6}}=1.73cm$$

$$\lambda_x=\frac{\mu l}{i_x}=\frac{1\times94}{1.73}=54.3$$

若连杆失稳时在 xOz 面内弯曲，则杆两端可简化为固定端，取 $\mu=0.5$

$$i_y=\sqrt{\frac{I_y}{A}}=\sqrt{\frac{\frac{1}{12}\times6\times2.5^3}{6\times2.5}}=0.721cm=i_{min}\qquad \lambda=\lambda_y=\frac{\mu l_1}{i_{min}}=\frac{0.5\times88}{0.721}=61=\lambda_{max}$$

所以以 y 轴为中性轴，失稳的临界应力较小，校核时以 λ_y 为准。

$\lambda_1=\pi\sqrt{\frac{E}{\sigma_p}}=\pi\sqrt{\frac{210\times10^5}{280\times10^2}}=86$，由于 $\lambda<\lambda_1$，所以不能用欧拉公式计算临界载荷。

$\lambda_2=\frac{a-\sigma_s}{b}$，由表 1-1-134 查出 $a=461\times10^2N/cm^2$，$b=2.568\times10^2N/cm^2$，则

$$\lambda_2=\frac{461-350}{2.568}=43.2$$

由于 $\lambda_2<\lambda<\lambda_1$，故用直线公式计算临界应力

$$\sigma_c=a-b\lambda=(461-2.568\times61)\times10^2\text{N/cm}^2=304\times10^2\text{N/cm}^2$$

工作安全系数 $S=\frac{P_c}{P}=\frac{\sigma_c A}{P}=\frac{304\times10^2\times6\times2.5}{12\times10^4}=3.8>S_s$

故连杆满足稳定要求。

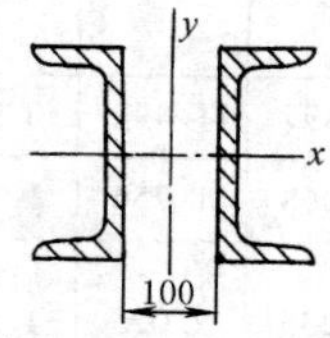

图 1-1-9　压杆截面

例 3　长为 6m 的压杆，两端简化为铰支座，压力 $P=440\text{kN}$，压杆由两个槽钢组成（图 1-1-9），设限定两个槽钢背与背之间的距离为 100mm，许用应力 $\sigma_p=160\times10^2\text{N/cm}^2$，试选择适用的槽钢型号。

解　由稳定条件 $\frac{P}{A}\leqslant\varphi\sigma_p$

由于 A、φ 皆为未知量，所以用试凑法确定压杆的截面，先假设 $\varphi=0.5$

$$A=\frac{P}{\varphi\sigma_p}=\frac{440\times10^3}{0.5\times160\times10^2}=55\text{cm}^2$$

选用两个 20a 槽钢

$$A=2\times28.83=57.66\text{cm}^2$$

$$I_x=2\times1780.4\text{cm}^4$$

$$I_y=2[128+28.83(5+2.01)^2]=2\times1546\text{cm}^4$$

$$i_{\min}=i_y=\sqrt{\frac{I_y}{A}}=\sqrt{\frac{2\times1546}{2\times28.83}}=7.32\text{cm}$$

$$\lambda=\frac{\mu l}{i_{\min}}=\frac{1\times6}{7.32\times10^{-2}}=82$$

由表 1-1-128 根据低碳钢和 $\lambda=82$，用插入法查得 $\varphi=0.719$，则压杆上的许可压力为

$$P=A\varphi\sigma_p=57.66\times0.719\times160\times10^2=665\text{kN}$$

许可压力远远大于实际压力 $P=440\text{kN}$，所以截面过大。

再假设

$$\varphi=0.7,\ A=\frac{P}{\varphi\sigma_p}=\frac{440\times10^3}{0.7\times160\times10^2}=39.3\text{cm}^2$$

选用两个 16a 槽钢

$$A=2\times21.95=43.9\text{cm}^2$$

$$I_x=2\times866.2\text{cm}^4$$

$$I_y=2[73.3+(5+1.8)^2\times21.95]=2\times1088.3\text{cm}^4$$

$$i_{\min}=i_x=\sqrt{\frac{I_x}{A}}=\sqrt{\frac{2\times866.2}{2\times21.95}}=6.28\text{cm}$$

$$\lambda=\frac{\mu l}{i_{\min}}=\frac{1\times600}{6.28}=95.4$$

由表 1-1-128 并用插入法，$\lambda=95.4$ 时，$\varphi=0.634$，压杆上的许可压力为

$$P=A\varphi\sigma_p=43.9\times0.634\times160\times10^2=445\text{kN}$$

所以最后选用两个 16a 槽钢较合适。

变断面立柱受压稳定性计算

表 1-1-135

支承及加载方式	临界力计算公式	稳定系数 η							
	$P_c=\eta\frac{EI_2}{l^2}$	$\frac{I_2-I_1}{I_1}$		0.1	0.2	0.5	1.0	2.0	5.0
		$\frac{b}{l}$	0.4	2.396	2.327	2.141	1.897	1.499	0.917
			0.5	2.423	2.379	2.256	2.068	1.756	1.178
			0.6	2.444	2.420	2.350	2.235	2.025	1.531
			0.7	2.457	2.446	2.415	2.356	2.256	1.95
			0.8	2.464	2.461	2.453	2.440	2.402	2.297
	$(P_1+P_2)_c=\eta\frac{EI_2}{l^2}$	$\frac{P_1+P_2}{P_1}$		1.00	1.25	1.50	1.75	2.00	
		$\frac{I_2}{I_1}$	1.00	9.87	10.94	11.92	12.46	13.04	
			1.25	8.79	9.77	10.49	11.17	11.79	
			1.50	7.87	8.79	9.49	10.07	10.71	
			1.75	7.09	8.01	8.62	9.13	9.77	
			2.00	6.42	7.33	7.87	8.46	8.40	

注：稳定条件计算与等断面杆相同。

梁的稳定性

表 1-1-136 矩形截面梁整体弯扭失稳的临界载荷

临界载荷计算式

最大弯矩临界值 $(M_{max})_c=\frac{c}{l}\sqrt{EI_yGJ}$

最大弯曲应力临界值 $(\sigma_{max})_c=\frac{(M_{max})_c}{W_x}$

$I_y=\frac{bh^3}{12}$ $W_x=\frac{bh^2}{6}$ EI_y——弯曲时最小刚度

$J=\frac{bh^3}{3}\left(1-0.63\frac{b}{h}\right)$ GJ——扭转刚度

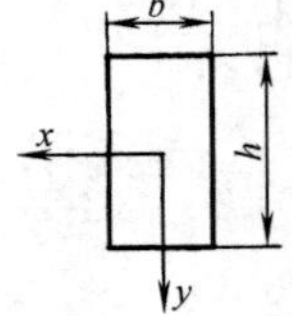

续表

载荷及支座约束	弯矩图及最大弯矩	系数 c
1. 支座在水平面内及垂直面内均为铰支	$M_{max}=M$	π
2. 支座在水平面内固定,在垂直面内铰支		2π
3. 支座同 1	$M_{max}=\eta(1-\eta)Pl$	η: 0.20, 0.30, 0.40, 0.50 c: 4.66, 4.41, 4.27, 4.23
4. 支座同 2		η: 0.20, 0.30, 0.40, 0.50 c: 6.68, 6.60, 6.50, 6.47
5. 支座同 1	$M_{max}=ql^2/8$	3.54
6. 支座同 2		6.08
7. 支座固定,另为自由端	$M_{max}=M$	$\frac{\pi}{2}$

续表

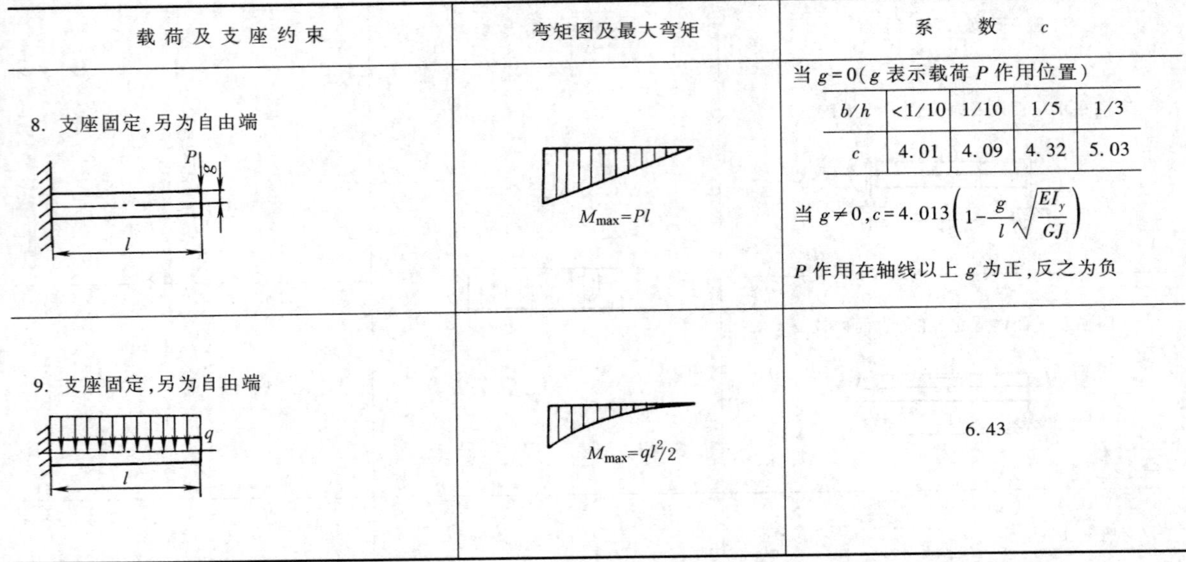

载荷及支座约束	弯矩图及最大弯矩	系数 c
8. 支座固定,另为自由端 P, g, l	$M_{max}=Pl$	当 $g=0$(g 表示载荷 P 作用位置) b/h: <1/10, 1/10, 1/5, 1/3 c: 4.01, 4.09, 4.32, 5.03 当 $g\neq0$,$c=4.013\left(1-\frac{g}{l}\sqrt{\frac{EI_y}{GJ}}\right)$ P 作用在轴线以上 g 为正,反之为负
9. 支座固定,另为自由端 q, l	$M_{max}=ql^2/2$	6.43

表 1-1-137　工字形截面梁的整体弯扭失稳的临界载荷

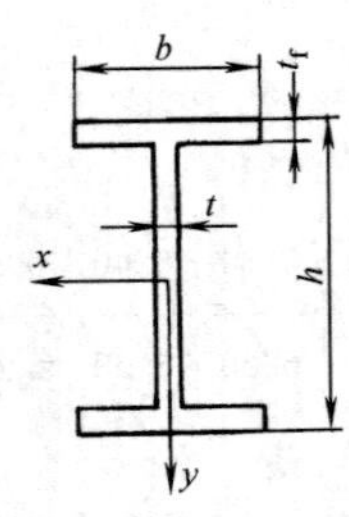

最大弯矩临界值

$$(M_{max})_c=\frac{c}{l}\sqrt{EI_yGJ}$$

最大弯曲应力临界值

$$(\sigma_{max})_c=\frac{(M_{max})_c}{W_x}$$

$$c=\frac{c_1}{\mu}\pi\left[\sqrt{1+\frac{\pi^2 E\Gamma}{(\mu l)^2GJ}(1+c_2^2)}\pm\frac{c_2\pi}{\mu l}\sqrt{\frac{E\Gamma}{GJ}}\right]$$

式中　Γ——扇形惯性矩,对工字板梁 $\Gamma\approx\frac{I_y}{4}h^2$,对型钢可查表

J——扭转相当极惯性矩,$J=\frac{\alpha}{3}(2bt_f^3+ht^3)$,其中板梁 $\alpha=1$,型钢 $\alpha=1.2$

横向载荷作用于上翼缘,式中第二项取负号;作用于下翼缘取正号,其他符号同表 1-1-136

载荷与支座约束	弯矩图及最大弯矩	μ	c_1	c_2
M, βM, l $-1\leqslant\beta\leqslant1$	M, βM $M_{max}=M$	1	$c_1=1.75+1.05\beta+0.3\beta^2\leqslant2.3$ 当弯曲有反向曲率时,β 取正值	0
$l/2$, P, l	$M_{max}=Pl/4$	1	1.35	0.55
$l/2$, P, l		0.5	1.07	0.42

续表

载荷与支座约束	弯矩图及最大弯矩	μ	c_1	c_2
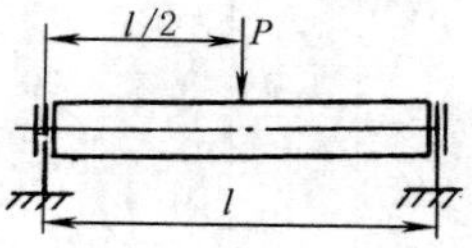 $l/2$, P, l	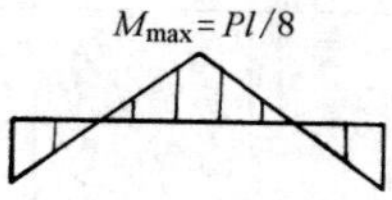 $M_{\max}=Pl/8$	1.0	1.70	1.42
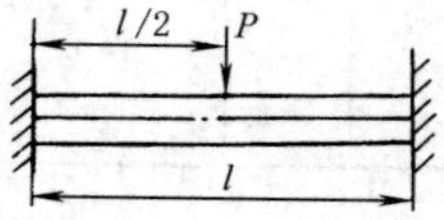 $l/2$, P, l		0.5	1.04	0.84
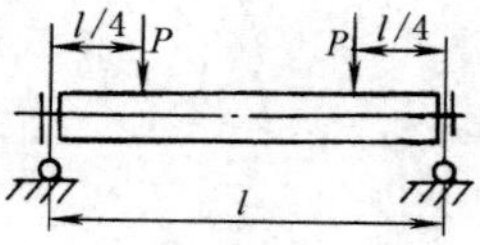 $l/4$, P, P, $l/4$, l	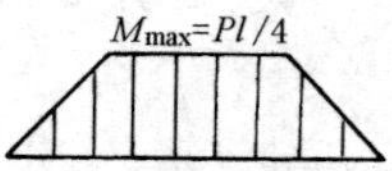 $M_{\max}=Pl/4$	1.0	1.04	0.42
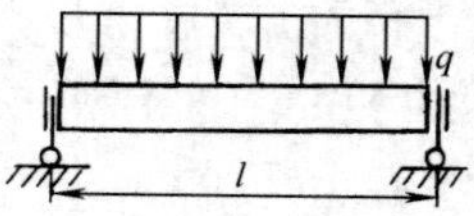 q, l	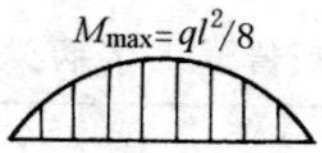 $M_{\max}=ql^2/8$	1.0	1.13	0.45
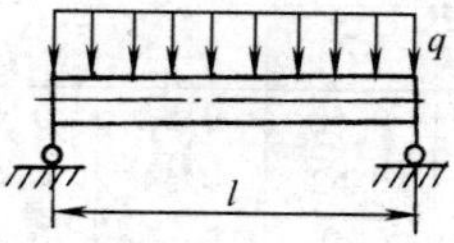 q, l		0.5	0.97	0.29
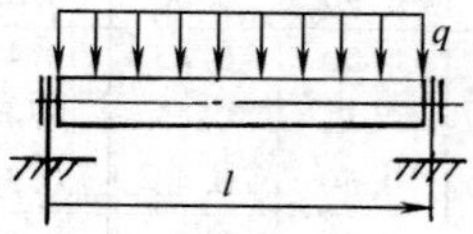 q, l	$ql^2/24$, $ql^2/2$	1.0	1.30	1.55
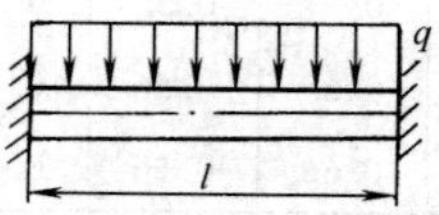 q, l		0.5	0.86	0.82

续表

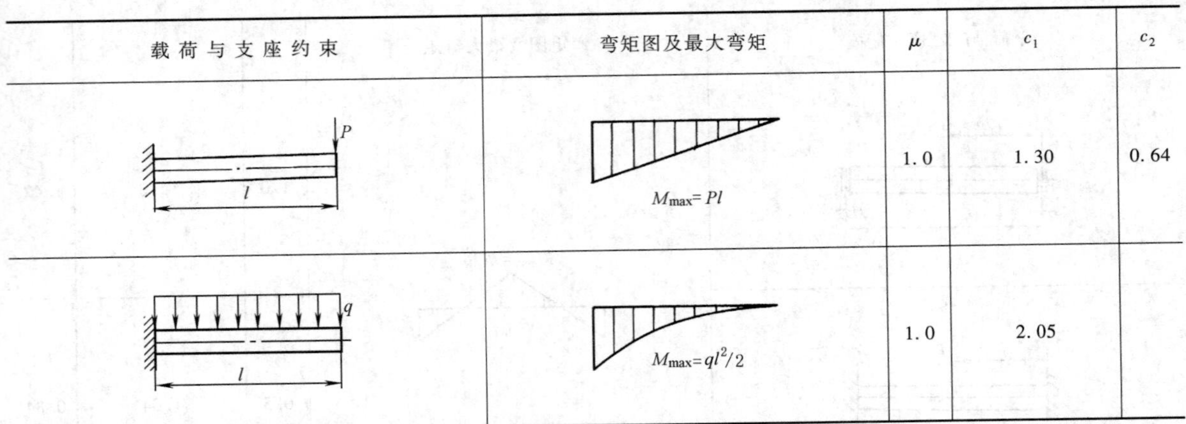

载荷与支座约束	弯矩图及最大弯矩	μ	c_1	c_2
	$M_{max}=Pl$	1.0	1.30	0.64
	$M_{max}=ql^2/2$	1.0	2.05	

注：1. 支座图意义，同表 1-1-136。

2. 梁的整体稳定性条件

据我国钢结构设计规范，梁的整体稳定性条件为

$$\sigma=\frac{M_{max}}{\varphi_s W_x}\leqslant\sigma_p$$

式中 M_{max}——梁的最大弯矩（在最大弯曲刚度平面内）；

W_x——抗弯截面系数；

σ_p——梁的弯曲许用应力，当梁的截面厚度不超过 16mm 时，

$\sigma_p=215\text{MPa}$（Q235 钢）；

$\sigma_p=315\text{MPa}$（Q345 钢）；

φ_s——梁的整体稳定系数。轧制普通工字钢简支梁的 φ_s 见表 1-1-138。轧制槽钢的 $\varphi_s=\frac{570bt}{lh}\times\frac{235}{\sigma_s}\leqslant 1$，其中 h、b 和 t 分别为槽钢截面的高度、翼缘宽度和厚度；l 为跨长；屈服极限 σ_s 的单位为 MPa。当所算得的 $\varphi_s>0.6$ 时，应以 $\varphi'_s=1.1-0.4646/\varphi_s+0.1269/\sqrt{\varphi_s^3}$ 代替。

表 1-1-138　　轧制普通工字钢梁的整体稳定系数 φ_s

载荷情况			工字钢型号	自由长度 l/m								
				2	3	4	5	6	7	8	9	10
跨中无侧向支承点的梁	集中载荷作用于	上翼缘	10~20	2.0	1.30	0.99	0.80	0.68	0.58	0.53	0.48	0.43
			22~32	2.4	1.48	1.09	0.86	0.72	0.62	0.54	0.49	0.45
			36~63	2.8	1.60	1.07	0.83	0.68	0.56	0.50	0.45	0.40
		下翼缘	10~20	3.1	1.95	1.34	1.01	0.82	0.69	0.63	0.57	0.52
			22~40	5.5	2.80	1.84	1.37	1.07	0.86	0.73	0.64	0.56
			45~63	7.3	3.60	2.30	1.62	1.20	0.96	0.80	0.69	0.60
	均布载荷作用于	上翼缘	10~20	1.7	1.12	0.84	0.68	0.57	0.50	0.45	0.41	0.37
			22~40	2.1	1.30	0.93	0.73	0.60	0.51	0.45	0.40	0.36
			45~63	2.6	1.45	0.97	0.73	0.59	0.50	0.44	0.38	0.35
		下翼缘	10~20	2.5	1.55	1.08	0.83	0.68	0.56	0.52	0.47	0.42
			22~40	4.0	2.20	1.45	1.10	0.85	0.70	0.60	0.57	0.46
			45~63	5.6	2.80	1.80	1.25	0.95	0.78	0.65	0.55	0.49
跨中有侧向支承点的梁（不论载荷作用于何处）			10~20	2.2	1.39	1.01	0.79	0.66	0.57	0.52	0.47	0.42
			22~40	3.0	1.80	1.24	0.96	0.76	0.65	0.56	0.49	0.43
			45~63	4.0	2.20	1.38	1.01	0.80	0.66	0.56	0.49	0.43

注：1. 表中的 φ_s 适用于 Q235 钢，对其他牌号的钢，表中系数值应乘以 $235/\sigma_s$，σ_s 的单位为 MPa。

2. 当 φ_s 值大于 0.6 时，应以 $\varphi'_s=1.1-0.4646/\varphi_s+0.1269/\sqrt{\varphi_s^3}$ 代替。

线弹性范围壳的临界载荷

表 1-1-139

<table>
<tr><th>载荷与壳体</th><th>临界载荷</th></tr>
<tr><td>轴向均匀受压的圆柱壳 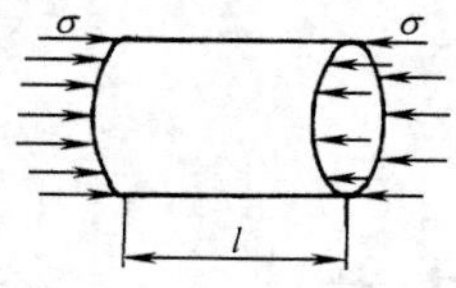
D——平均直径
R——平均半径
t——厚度
（下同）</td><td>$z=\left(\frac{l}{R}\right)^2(R/t)\sqrt{1-\nu^2}$，$\nu$——泊松比（下同）
短壳，$z<2.85$
$\sigma_c=k_c\frac{\pi^2E}{12(1-\nu^2)(l/t)^2}$，$k_c=\begin{cases}\frac{1+12z^2}{\pi^4}（两端简支）\\ \frac{4+3z^2}{\pi^4}（两端固定）\end{cases}$
中长壳，$z>2.85$
经典理论解（理想圆柱壳）$\sigma_c=\frac{1}{\sqrt{3(1-\nu^2)}}\frac{Et}{R}$（两端简支或固定）
实测值（有缺陷圆柱壳）$\sigma_c'=\left(\frac{1}{5}\sim\frac{1}{3}\right)\sigma_c$
对精度较差的柱壳可取 $\sigma_c'=\frac{1}{5}\sigma_c$
对精度较高的柱壳可取 $\sigma_c'=\left(\frac{1}{4}\sim\frac{1}{3}\right)\sigma_c$
长壳，z 很大的细长壳
$\sigma_c=\frac{\pi^2E}{\lambda^2}$，$\lambda=\frac{\sqrt{2}\mu l}{R}>\pi\sqrt{\frac{E}{\sigma_s}}$，$\mu$ 为长度系数，见表 1-1-131</td></tr>
<tr><td>纵向对称面内受弯矩作用圆柱壳 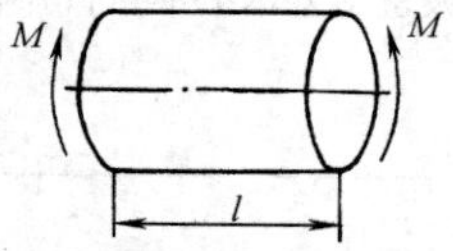</td><td>中长壳，临界弯矩 $M_c=\frac{\pi ERt^2}{\sqrt{3(1-\nu^2)}}$，实测值 $M_c'=(0.4\sim0.7)M_c$</td></tr>
<tr><td>两端受扭圆柱壳 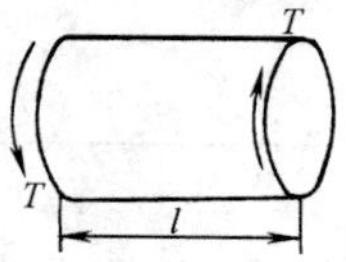
$\tau=\frac{T}{2\pi R^2t}$</td><td>$\tau_c=k_s\left[\frac{\pi^2E}{12(1-\nu^2)(l/t)^2}\right]=\frac{0.904k_sE}{(l/t)^2}$（当 $\nu=0.3$ 时）
短壳，$z=(l/R)^2(R/t)\sqrt{1-\nu^2}<50$，$k_s=\begin{cases}5.35+0.213z（两端简支）\\ 8.98+0.101z（两端固定）\end{cases}$
中长壳，$100\leqslant z\leqslant19.5(1-\nu^2)(D/t)^2=17.5(D/t)^2$（当 $\nu=0.3$ 时），$k_s=0.85z^{0.75}$（$\nu=0.3$，无论什么边界），考虑初始缺陷影响，建议取 k_s 比上式低 15%
长壳，$k_s=\frac{0.416z}{(D/t)^{0.5}}$</td></tr>
<tr><td>径向均匀外压球壳 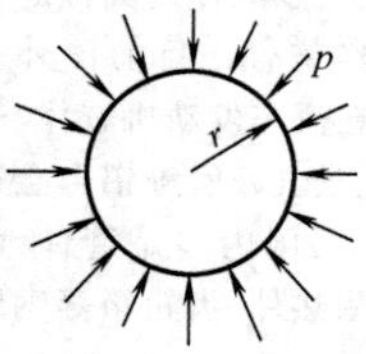</td><td>经典理论解 $p_c=\frac{2Et^2}{r^2\sqrt{3(1-\nu^2)}}=1.2E\left(\frac{t}{r}\right)^2$（当 $\nu=0.3$ 时）
实测值 $p_c'=\left(\frac{1}{4}\sim\frac{2}{3}\right)p_c$
经典解也适用于碟形和椭圆形封头，但式中的 r 应为碟形封头球面部分的内半径；用于椭圆形封头，式中 r 应取下表中的当量半径 r
<table><tr><td>长短半轴比
a/b</td><td>3.0</td><td>2.8</td><td>2.6</td><td>2.4</td><td>2.2</td><td>2.0</td><td>1.8</td><td>1.6</td><td>1.4</td><td>1.2</td></tr><tr><td>当量半径与容器外直径比
$\frac{r}{D}$</td><td>1.36</td><td>1.27</td><td>1.18</td><td>1.08</td><td>0.99</td><td>0.90</td><td>0.81</td><td>0.73</td><td>0.65</td><td>0.57</td></tr></table></td></tr>
</table>

注：1. 轴向受压圆柱壳的屈曲形式与长径比 l/R 及径厚比 R/t 有关。l/R 大、R/t 小的厚长壳将发生和中心受压细长杆一样的整体屈曲；l/R 及 R/t 为中等数值的中长壳，将发生局部屈曲，在柱面上出现一系列凹凸菱形的褶皱；l/R 小、R/t 大的短壳，出现沿轴向成半波形的轴对称屈曲（鼓形）。

2. 轴向压缩或弯矩作用下的圆柱壳以及静水外压的球壳，初始缺陷使壳的极限承载能力显著降低，实测破坏载荷值，仅为临界载荷的（1/5）~（1/3），作为设计依据，应视壳体制造精度从试验结果中取适当值。

3. 扭转或径向外压作用的圆柱壳，微小初始缺陷对极限承载能力无明显影响，仅略低于临界载荷。

第2章 铸件设计的工艺性和铸件结构要素

1 铸造技术发展趋势及新一代精确铸造技术

表 1-2-1

<table>
<tr><td>发展方向</td><td colspan="10">轻量化、精确化、强韧化、高效化、数字化、网络化和清洁化</td></tr>
<tr><td>1.铸件轻量化</td><td colspan="10">近年来，对通过降低产品自重，以降低能源消耗和减少环境污染，提出了更迫切的需要，由于铝、镁合金的重量轻以及它们的优异性能，受到各国的普遍重视，尤其是镁合金，是金属中最轻的，而且其产品材料回收率高，被认为是一种最具开发和发展前途的“绿色材料”。近年来铝合金用量也显著增加，目前，汽车发动机汽缸体及缸盖基本上都用铝合金铸造</td></tr>
<tr><td rowspan="4">2.铸件的精确化——新一代的精确铸造技术</td><td rowspan="3">名称</td><td rowspan="3">原理和特点</td><td colspan="5">适用生产的铸件</td><td>出品率</td><td>毛坯利用率</td><td rowspan="3">应用</td></tr>
<tr><td rowspan="2">材料</td><td rowspan="2">(1)质量
(2)最小壁厚/mm</td><td rowspan="2">(1)尺寸公差
(2)表面粗糙度/μm</td><td rowspan="2">形状特征</td><td rowspan="2">批量</td><td></td><td></td></tr>
<tr><td colspan="2">/%</td></tr>
<tr><td>消失模铸造</td><td>是先用成形机获得零件形状的泡沫塑料模型(代替铸模进行造型)，接着涂抹耐火涂料及干燥，然后放入真空环境的砂箱中填砂，负压紧实，并在负压下直接浇注液体金属，烧去塑料模型，得到铸件的方法。是一种近无余量、精确成形的新工艺
它无需取模，无分型面，无砂芯，并减少了由于型芯组合、合型而造成的尺寸误差，因此，铸件没有飞边、毛刺和超模斜度，尺寸精度高；工序简单，生产效率高；生产清洁，工人劳动强度低，要求技术熟练程度低；零件设计自由度大；投资少，成本低；但生产准备较复杂</td><td>铝合金、铜合金、铁、钢</td><td>(1)从数克到数吨
(2)铝合金 2~3，铸铁 4~5，铸钢 5~6</td><td>(1)GCTG 4~GCTG5 级
(2) Ra = 6.3 ~ 12.5，加工余量最多为 1.5~2mm</td><td>各种形状铸件</td><td>干砂振动造型，大批量，中、小件；自硬砂造型，单件，小批量，中、大件</td><td>40~75</td><td>70~80</td><td>铸件结构越复杂，砂芯越多，越能体现其优越性和经济性。目前国外多用在汽车发动机缸体、缸盖、进气歧管等铝合金铸件上，国内多是管件、耐磨耐热件、齿轮箱等钢铁铸件</td></tr>
</table>

续表

	名称	原理和特点	适用生产的铸件					出品率	毛坯利用率	应用
			材料	(1)质量 (2)最小壁厚/mm	(1)尺寸公差 (2)表面粗糙度/μm	形状特征	批量	/%		
2.铸件的精确化——新一代的精确铸造技术	顺序凝固熔模铸造	顺序凝固熔模铸造新技术可以直接生产高温合金单晶体燃气轮机叶片,叶片的承温能力提高了400℃左右。单晶高温合金涡轮叶片已在航空发动机上获得广泛应用(见图1) 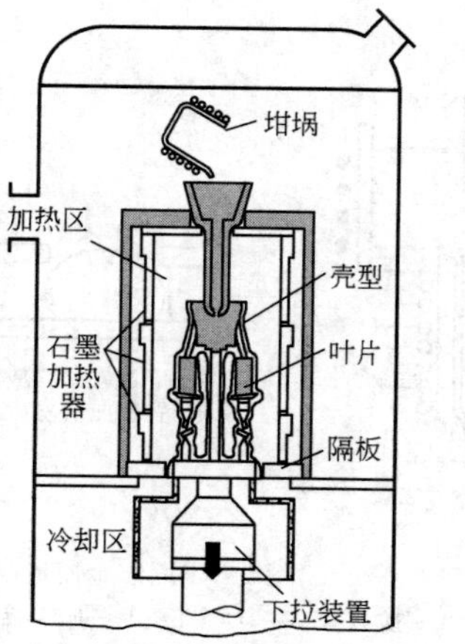 坩埚 加热区 壳型 石墨加热器 叶片 隔板 冷却区 下拉装置 图1　单晶高温合金涡轮叶片的应用								 (a) 等轴晶  (b) 柱状晶 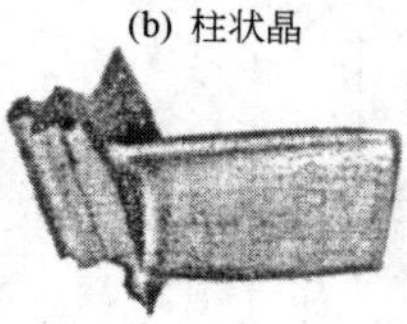 (c) 单晶
	熔模铸造(又称失蜡铸造)	它是用可熔(溶)性一次模和一次型(芯)使铸件成形的方法。其铸件接近零件最后形状,可不加工,或加工量很小,就可直接使用,是一种近净形生产金属零件的先进工艺 它可以铸造形状复杂的铸件;产品精密;合金材料不受限制;生产灵活性高,适应性强 但生产铸件尺寸不能太大,工艺流程繁琐,铸件冷却速度较慢,生产周期长	铝、镁、铜、钛四种合金,铸铁、碳钢、不锈钢、合金钢、贵金属、镍、钴基高温合金	(1)1g到1t (2)最小壁厚0.5mm,最小孔径0.5mm,轮廓尺寸从几毫米到上千毫米	(1)GCTG3~GCTG4级 (2)Ra=0.4~3.2μm	复杂铸件	小、中、大批量	30~60	90	主要用于精密复杂的中、小铸件,目前几乎已应用于所有工业部门,如航空航天、造船、汽轮机、燃气轮机、兵器、电子、石油、化工、交通运输、机械、泵、阀、纺织、医疗、仪器仪表、家电等

续表

<table>
<tr><th colspan="3">名称</th><th>原理和特点</th><th>应　用</th></tr>
<tr><td rowspan="3">2.铸件的精确化——新一代的精确铸造技术</td><td rowspan="3">半固态金属铸造</td><td colspan="2">是利用球状初生固相的固液混合浆料铸造成形；或先将这种固液混合浆料完全凝固成坯料，再根据需要将坯料切分，并重新加热至固液两相区，利用这种半固态坯料进行铸造成形。这两种方法均称为半固态金属铸造。其工艺过程主要分为两大类</td><td></td></tr>
<tr><td rowspan="2">工艺过程分类</td><td>(1)流变铸造　是利用剧烈搅拌等方法制出预定固相分散的半固态金属料浆进行保温，然后将其直接送入成形机，铸造或锻造成形。采用压铸机成形的称为流变压铸，采用锻造机成形的，称为流变锻造
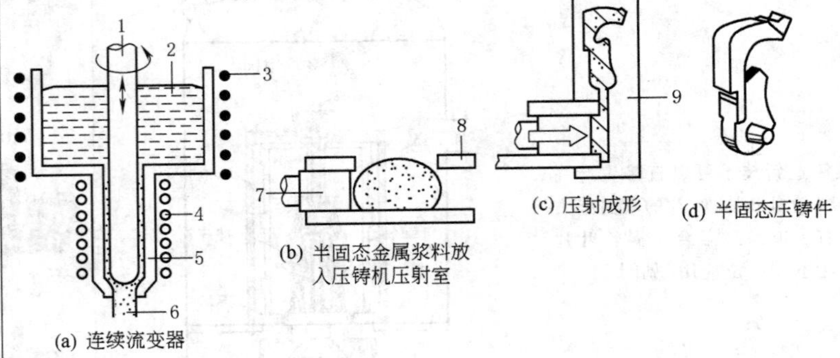

图2　半固态金属流变压铸示意图
1—搅拌棒；2—合金液；3—加热器；4—冷却器；5—搅拌室；6—半固态合金浆料；7—压射冲头；8—压铸压射室；9—压铸型</td><td rowspan="2">由于半固态金属及合金坯料的加热、输送很方便，并易于实现自动化操作，因此，当固态金属触变压铸和触变锻造已成为当今金属半固态成形中的主要工艺方法。但流程更短、成本更低的半固态金属及合金的流变成形技术也正在逐步进入实际商业应用</td></tr>
<tr><td>(2)触变铸造　也是利用剧烈搅拌等方法制出球状晶的半固态金属料浆，并将它进一步凝固成锭坯或坯料，再按需要将坯料分切成一定大小，重新加热至固液两相区，然后利用机械搬运将其送入成形机，进行铸造或锻造。根据采用成形机不同，也可分为触变压铸、触变锻造等
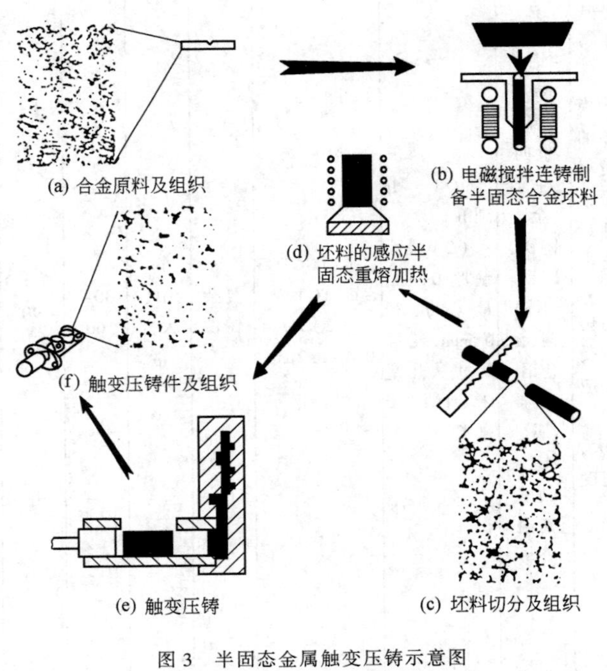

图3　半固态金属触变压铸示意图</td></tr>
</table>

续表

名称			原理和特点	应用
2.铸件的精确化——新一代的精确铸造技术	半固态金属铸造	工艺过程分类	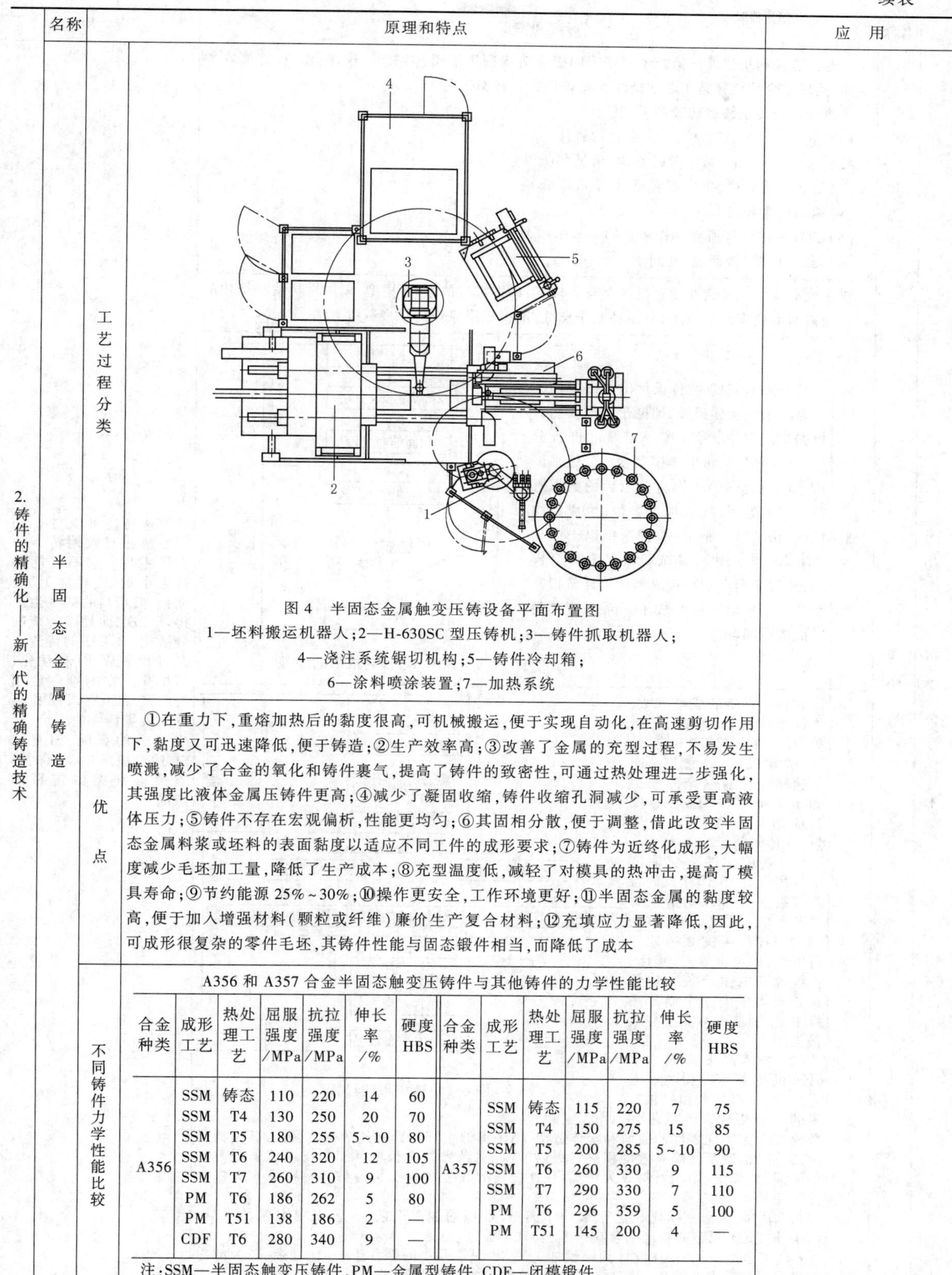 图4　半固态金属触变压铸设备平面布置图 1—坯料搬运机器人；2—H-630SC型压铸机；3—铸件抓取机器人； 4—浇注系统锯切机构；5—铸件冷却箱； 6—涂料喷涂装置；7—加热系统	
		优点	①在重力下，重熔加热后的黏度很高，可机械搬运，便于实现自动化，在高速剪切作用下，黏度又可迅速降低，便于铸造；②生产效率高；③改善了金属的充型过程，不易发生喷溅，减少了合金的氧化和铸件裹气，提高了铸件的致密性，可通过热处理进一步强化，其强度比液体金属压铸件更高；④减少了凝固收缩，铸件收缩孔洞减少，可承受更高液体压力；⑤铸件不存在宏观偏析，性能更均匀；⑥其固相分散，便于调整，借此改变半固态金属料浆或坯料的表面黏度以适应不同工件的成形要求；⑦铸件为近终化成形，大幅度减少毛坯加工量，降低了生产成本；⑧充型温度低，减轻了对模具的热冲击，提高了模具寿命；⑨节约能源25%～30%；⑩操作更安全，工作环境更好；⑪半固态金属的黏度较高，便于加入增强材料（颗粒或纤维）廉价生产复合材料；⑫充填应力显著降低，因此，可成形很复杂的零件毛坯，其铸件性能与固态锻件相当，而降低了成本	
		不同铸件力学性能比较	见下表	

A356和A357合金半固态触变压铸件与其他铸件的力学性能比较

合金种类	成形工艺	热处理工艺	屈服强度/MPa	抗拉强度/MPa	伸长率/%	硬度HBS	合金种类	成形工艺	热处理工艺	屈服强度/MPa	抗拉强度/MPa	伸长率/%	硬度HBS
A356	SSM	铸态	110	220	14	60	A357	SSM	铸态	115	220	7	75
	SSM	T4	130	250	20	70		SSM	T4	150	275	15	85
	SSM	T5	180	255	5～10	80		SSM	T5	200	285	5～10	90
	SSM	T6	240	320	12	105		SSM	T6	260	330	9	115
	SSM	T7	260	310	9	100		SSM	T7	290	330	7	110
	PM	T6	186	262	5	80		PM	T6	296	359	5	100
	PM	T51	138	186	2	—		PM	T51	145	200	4	—
	CDF	T6	280	340	9	—							

注：SSM—半固态触变压铸件，PM—金属型铸件，CDF—闭模锻件

续表

<table>
<tr><th></th><th>名称</th><th colspan="2">原理和特点</th><th>应　用</th></tr>
<tr><td rowspan="4">2. 铸件的精确化——新一代的精确铸造技术</td><td rowspan="4">快速铸造</td><td colspan="2">快速铸造是利用快速成形技术直接或间接制造铸造用熔模、消失模、模样、模板、铸型或型芯等，然后结合传统铸造工艺快捷地制造铸件的一种新工艺
快速铸造与传统铸造比较有下列特点：
(1)适宜小批量、多品种、复杂形状的铸件
(2)尺寸任意缩放，数字随时修改，所见即所得
(3)工艺过程简单，生产周期短，制造成本低
(4)返回修改容易
(5)CAD 三维设计所有过程基于同一数学模型
(6)设计、修改、验证、制造同步</td><td rowspan="4">快速铸造可以将 CAD 模型快速有效地转变为金属零件。它不仅能使过去小批量、难加工、周期长、费用高的铸件生产得以实现，而且将传统的分散化、多工序的铸造工艺过程集成化、自动化、简单化。它的推广应用对新产品开发试制和单件小批量铸件的生产，产生积极的影响，SLA 或 SL 适合成形中、小件，可直接得到类似塑料的产品</td></tr>
<tr><td colspan="2">快速成形技术　是指在计算机控制与管理下，根据零件的 CAD 模型，采用材料精确堆积的方法制造原型或零件的技术，是一种基于离散/堆积成形原理的新型制造方法</td></tr>
<tr><td>原理</td><td>它是先由 CAD 软件设计出所需零件的计算机三维实体模型，即电子模型。然后根据工艺要求，将其按一定厚度进行分层，把原来的三维电子模型变成二维平面信息(截面信息)。再将分层后的数据进行一定的处理，加入加工参数，生成数控代码，在微机控制下，数控系统以平面加工方式，顺序地连续加工出每个薄层模型，并使它们自动粘接成形。这样就把复杂的三维成形问题变成了一系列简单的平面成形问题

CAD模样 → Z向离散化(分层) → 层面信息处理 → 层面制造与连接 → 层面全部加工完毕(否→层面制造与连接；是→后处理)
分解过程：计算机中信息处理
组合过程：成形机中堆积成形

图5　快速成形的原理</td></tr>
<tr><td>特点</td><td>它是一种新的成形方法，不同于传统的铸、锻、挤压等"受迫成形"和车、铣、钻等"去除成形"。它几乎能快速制造任意复杂的原型和零件，而零件的复杂程度对成形工艺难度、成形质量、成形时间影响不大
(1)高度柔性　它取消了专用工具，在计算机的管理和控制下可以制造任意复杂形状的零件，信息过程和物理过程高度相关地并行发生，把可重编程、重组、连续改变的生产装备用信息方式集中到一个制造系统中，使制造成本完全与批量无关
(2)技术高度集成　是计算机技术、数控技术、激光技术、材料技术和机械技术的综合集成。计算机和数控技术为实现零件的曲面和实体造型、精确离散运算和繁杂的数据转换，为高速精确的二维扫描以及精确高效堆积材料提供了保证；激光器件和功率控制技术使采用激光能源固化、烧结、切割材料成为现实；快速扫描的高生产率喷头为材料精密堆积提供了技术条件等
(3)设计、制造一体化　由于采用了离散/堆积的加工工艺，工艺规划不再是难点，CAD 和 CAM 能够顺利地结合在一起，实现了设计、制造一体化
(4)快速性　从 CAD 设计到原型加工完毕，只需几小时至几十小时，复杂、较大的零部件也可能达几百小时，从总体看，比传统加工方法快得多

前处理：构造三维模型 → 模型近似处理 → 成形方向选择 → 切片处理
分层叠加成形：激光（固化树脂、切割纸、烧结粉末）；喷涂/喷射源（喷黏结剂、涂覆/喷射热熔材料）
后处理：三维产品 → 工件剥离 → 后强化/表面处理

图6　快速成形的过程</td></tr>
</table>

续表

名称			原理和特点	应用
2. 铸件的精确化——新一代的精确铸造技术	快速铸造	几种典型工艺	(1)液态光敏聚合物选择性固化成形(简称 SLA 或 SL)　这种工艺的成形机原理如图 7 所示，由液槽、升降工作台、激光器(为紫外激光器，如氦隔激光器、氩离子激光器和固态激光器)、扫描系统和计算机数控系统等组成。液槽中盛满液态光敏聚合物，带有许多小孔的升降工作台，在步进电动机的驱动下，沿 Z 轴作往复运动，激光器功率一般为 10~200mW，波长为 320~370nm，扫描系统为一组定位镜，它根据控制系统的指令，按照每一截面轮廓的要求做高速往复摆动，从而使激光器发出的激光束发射并聚焦于液槽中液态光敏聚合物的上表面，并沿此面作 X-Y 方向的扫描运动。在受到紫外激光束照射的部位，液态光敏聚合物快速固化形成相应的一层固态截面轮廓 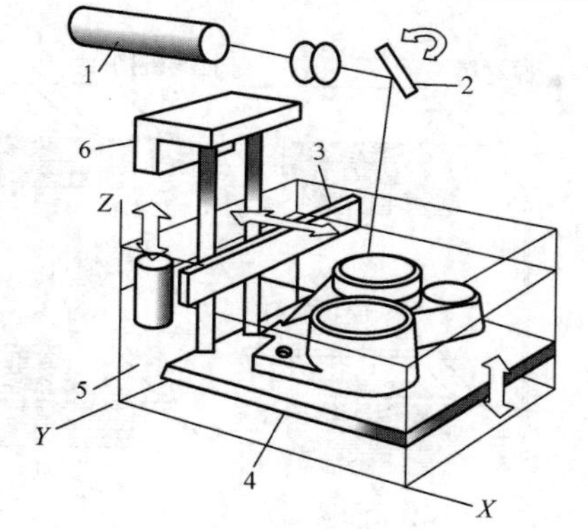 图 7　液态光敏聚合物选择性固化成形机原理 1—激光器；2—扫描系统；3—刮刀；4—可升降工作台 1；5—液槽；6—可升降工作台 2 它的成形过程如图 8 所示，升降工作平台的上表面处于液面下一个截面层厚的高度，该层液态光敏聚合物被激光束扫描发生聚合固化，并形成所需第一层固态截面轮廓后，工作台下降一层高度，液态光敏聚合物流过已固化的截面轮廓层，刮刀按设定的层高，刮去多余的聚合物，再对新铺上的一层液态聚合物进行扫描固化，形成第二层所需固态截面轮廓，它牢固地黏结在前一层上，如此重复直到整个工件成形完成 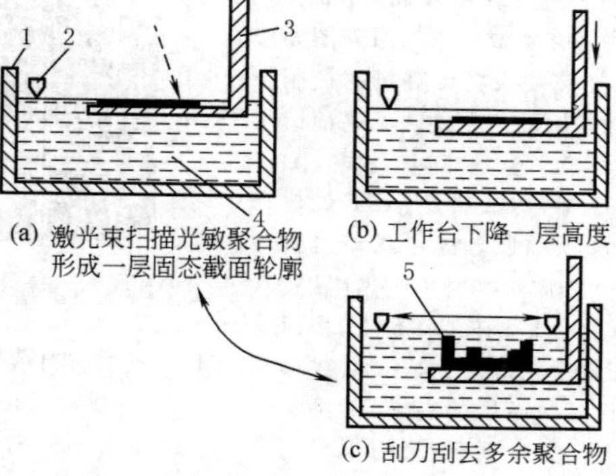 (a) 激光束扫描光敏聚合物形成一层固态截面轮廓　(b) 工作台下降一层高度　(c) 刮刀刮去多余聚合物 图 8　液态光敏聚合物选择性固化成形过程 1—液槽；2—刮刀；3—可升降工作台；4—液态光敏聚合物；5—制件	
			(2)薄形材料选择性切割成形(简称 LOM)　这种工艺的成形机原理如图 9 所示，它由计算机、原材料存储及送进机构、热粘压机构、激光切割系统、可升降工作台和数控系统、模型取出装置和机架等组成。其成形过程如图 10 所示，计算机接受和存储工件的三维模型，沿模型的高度方向提取一系列的横截面轮廓线，向数控系统发出指令，原材料存储及进给机构将存于其中的原材料逐步送至工作台上方，热粘压机构将一层层材料粘合在一起。激光切割系统按照计算机提取的横截面轮廓线，逐一在工作台上方的材料上切割出轮廓线，并将无轮廓区切割成小方网格，这是为了在成形之后能剔除废料，可升降工作台支承正在成形的工件，并在每层成形之后，降低一层材料厚度，以便送进、粘合和切割新的一层材料。数控系统执行计算机发出的指令，使一段段的材料逐步送至工作台的上方，然后粘合、切割，最终形成三维工件 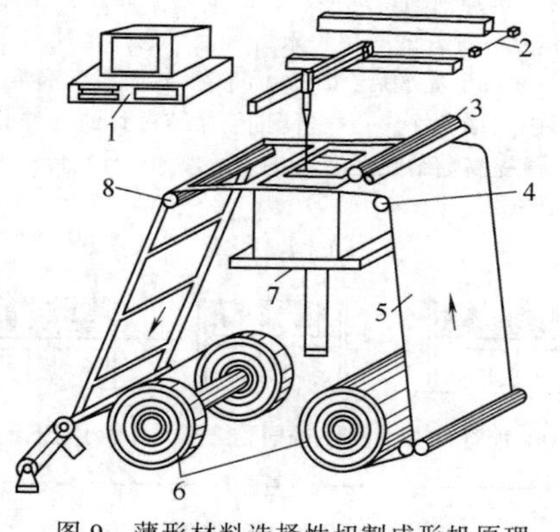 图 9　薄形材料选择性切割成形机原理 1—计算机；2—激光切割系统；3—热粘压机构；4—导向辊 1；5—原材料；6—原材料存储及送进机构；7—工作台；8—导向辊 2	最适合成形中、大件以及多种模具

续表

	名称		原理和特点	应用
2.铸件的精确化——新一代的精确铸造技术	快速铸造	几种典型工艺	图 10　薄形材料选择性切割成形过程	最适合成形中、大件以及多种模具
			(3)丝状材料选择性熔覆成形(简称 FDM)　这种工艺的成形机的原理图如图 11 所示,加热喷头在计算机的控制下,根据截面轮廓的信息做 *X-Y* 平面运动和 *Z* 方向运动。丝状热塑性材料,如 ABS 及 MABS 塑料丝、蜡丝、聚烯烃树脂丝、尼龙丝、聚酰胺丝等由供丝机构送至喷头,并在喷头中加热至熔融态,然后被选择性地涂覆在工作台上,快速冷却后形成截面轮廓。完成一层成形后,喷头上升一截面层的高度,再进行下一层的涂覆,如此循环,最终形成三维产品。为提高成形效率,可采用多个热喷头进行涂覆。由于结构的限制,加热器的功率不能太大,因此,实芯柔性丝材一般为熔点不太高的热塑性塑料或蜡料 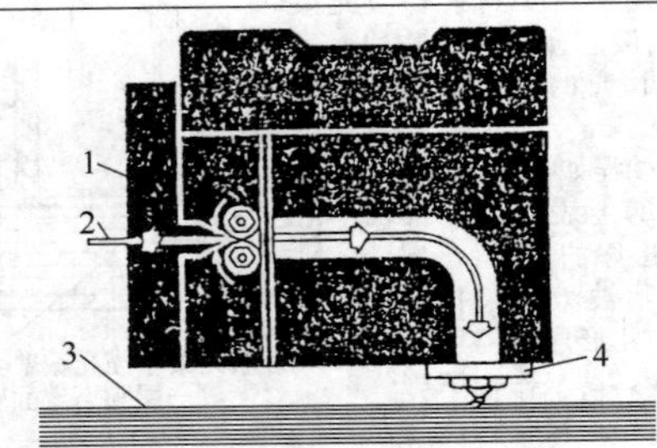 图 11　丝状材料选择性熔覆成形机的原理 1—供丝机构;2—丝状材料; 3—制件;4—加热喷头	适合制造中、小塑料件和蜡件
			(4)粉末材料选择性黏结成形(简称 TDP)　是用多通道喷头在计算机的控制下,根据截面轮廓信息在铺好的一层粉末材料上有选择地喷射黏结剂使部分粉末黏结,形成截面轮廓。一层成形完成后,工作台下降一截面层的高度,再进行下一层的黏结,如此循环,最终形成三维工件。一般情况下,黏结得到的工件必须放在加热炉中,进一步固化或烧结,以便提高黏结强度。其工艺原理如图 12 所示 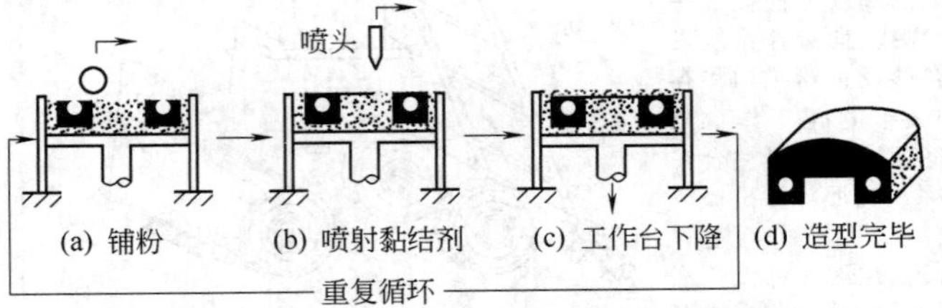 图 12　粉末材料选择性黏结工艺原理 图 13 是按上述原理设计用于制作陶瓷模的 TDP 型快速成形机,它有一个陶瓷粉喷头 1,在直线步进电动机的驱动下,沿 *Y* 方向做往复运动,向工作台面喷洒一层厚度为 100~200μm 的陶瓷粉;另一个黏结剂喷头 2,也用步进电动机驱动,跟随 1,有选择性地喷洒黏结剂,黏结剂液滴的直径为 15~20μm	适合成形小件

续表

名称			原理和特点	应　用
2. 铸件的精确化——新一代的精确铸造技术	快速铸造	几种典型工艺	该工艺成形工件表面不够光洁，必须对整个截面进行扫描黏结，成形时间较长。采用多喷头可提高成形效率 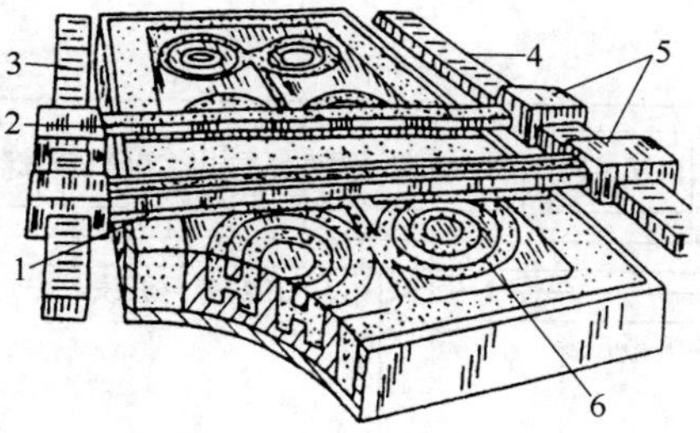 图 13　TDP 型快速成形机 1—陶瓷粉喷头；2—黏结剂喷头；3—导轨 1；4—导轨 2；5—驱动电动机；6—制件	适合成形小件

	原理和特点	应　用
3. 数字化铸造——铸造过程的模拟仿真	计算材料科学随着计算机技术的发展，已成为一门新兴的交叉学科，是除实验和理论外解决材料科学中实际问题的第三个重要研究方法。它可以比理论和实验做得更深刻、更全面、更细致，可以进行一些理论和实验暂时还做不到的研究。因此，模拟仿真成为当前材料科学与制造科学的前沿领域及研究热点 多学科、多尺度、高性能、高保真及高效率是模拟仿真技术的努力目标，而微观组织模拟（从毫米、微米到纳米尺度）则是近年来研究的热点课题（图 14）。通过计算机模拟，可深入研究材料的结构、组成及其各物理化学过程中宏观、微观变化机制，并由材料化学成分、结构及制备参数的最佳组合进行材料设计 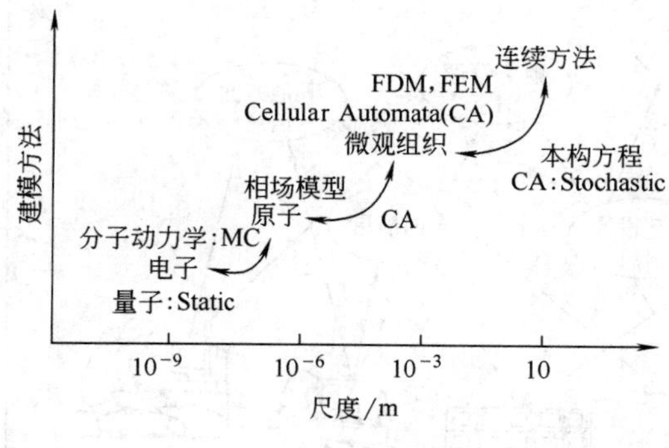 图 14　未来的多尺度模拟仿真	①长江三峡水轮机重 62t 的不锈钢叶片已由中国二重集团铸造厂，采用模拟仿真技术，经反复模拟得到最优化铸造工艺方案，一次试制成功（2000 年） ②一片重 218t 的热轧薄板用轧机机架铸件到全部 18 片冷热轧机机架铸件由马鞍山钢铁公司制造厂与清华大学合作，采用先进铸造技术和凝固过程计算机模拟技术优质完成，且节约了上千万元生产费用

续表

<table>
<tr><th></th><th></th><th>原理和特点</th><th>应用</th></tr>
<tr><td rowspan="3">4. 网络化铸造</td><td>(1)产品及铸造工艺设计集成系统</td><td>现代的产品设计及制造开发系统是在网络化环境下以设计与制造过程的建模与仿真为核心内容，进行的全生命周期设计。面向产品及零部件性能的铸造等成形制造过程的建模与仿真，不仅可以提供产品零部件的可制造性评估，而且可以提供产品零部件的性能预测。因此，在网络化环境下，铸造过程的模拟仿真将在新产品的研究与开发中发挥重要作用。图 15 为产品虚拟开发与传统方法比较
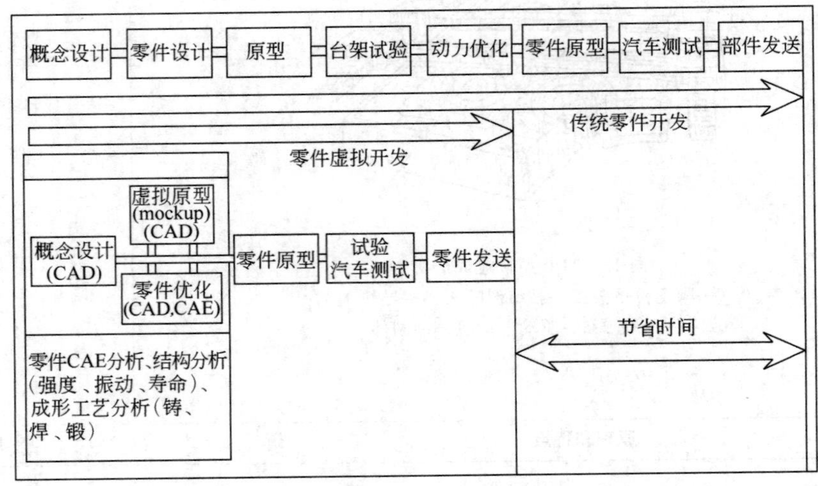

图 15　产品虚拟开发与传统方法比较</td><td></td></tr>
<tr><td>(2)虚拟制造</td><td>虚拟制造是 CAD、CAM 和 CAPP 等软件的集成技术。其关键是建立制造过程的计算模型、模拟仿真制造过程。虚拟制造的基础是虚拟现实技术。所谓“虚拟现实”技术是利用计算机和外围设备，生成与真实环境一致的三维虚拟环境，使用户通过辅助设备从不同的“角度”和“视点”与环境中的“现实”交互</td><td></td></tr>
<tr><td>(3)网络化、数字化设计、铸造与管理系统</td><td>集成的设计、制造与管理信息系统是未来铸造企业取得成功的必要条件（见图 16）。所有工程、铸造与管理系统无缝连接，确保在正确的时间与地点能实时作出正确的决定。可在异地进行实时、协同的分布式生产，建成“虚拟企业”
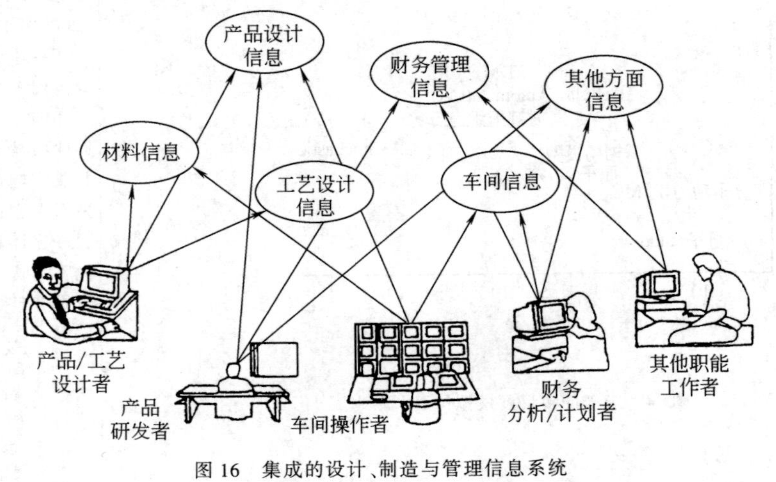

图 16　集成的设计、制造与管理信息系统</td><td></td></tr>
</table>

续表

<table>
<tr><th></th><th>原理和特点</th><th>应　用</th></tr>
<tr><td>5. 洁净化铸造——绿色铸造</td><td>美国在展望制造业前景时,进一步把"精确成形工艺"发展为"无废弃物成形加工技术(waste-free process)"。所谓"无废弃物加工"的新一代制造技术是指加工过程中不产生废弃物;或产生的废弃物能在整个制造过程中作为原料而利用,并在下一个流程中不再产生废弃物。由于无废物加工减少了废料、污染和能量消耗,并对环境有利,从而成为重要的绿色制造技术。绿色铸造是长期的努力方向及目标,日本铸造工厂 2002 年提出了 3R 的环境保护新概念(见图 17),即:减少废弃物(reduce)、再利用(reuse)及再循环(recycle)
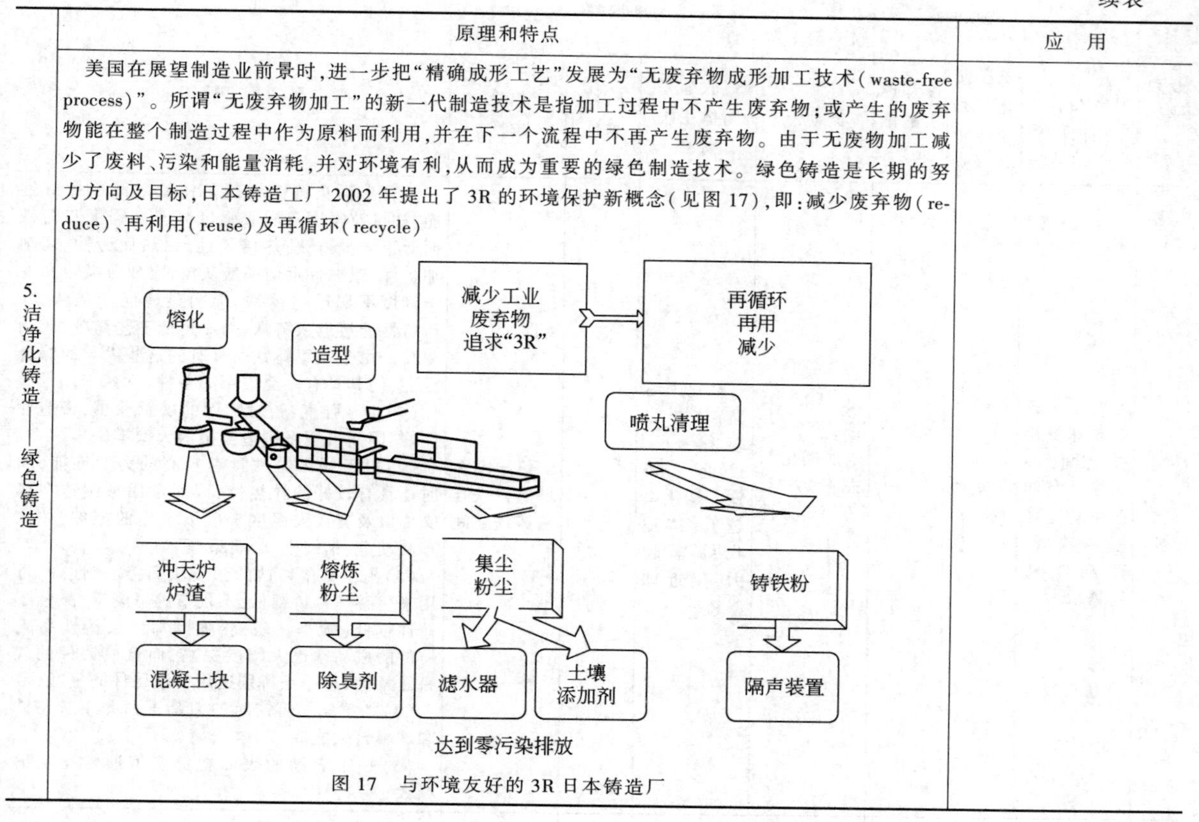

图 17　与环境友好的 3R 日本铸造厂</td><td></td></tr>
</table>

2　常用铸造金属的铸造性和结构特点

铸铁和铸钢的特性与结构特点

表 1-2-2

材料类别	材料特性							结构特点
	综合力学性能	壁厚变化对力学性能的影响	冷却速度的敏感性	流动性	线收缩率与体积收缩率	缺口敏感性	热稳定性	
灰铸铁	综合力学性能低,抗压强度大、为本身抗拉强度的 3~4 倍,消振能力比钢大 10 倍,弹性模量较低	大	很大	很好	小	小	低	(1)可获得比铸钢更薄而复杂的铸件,铸件中残余内应力及翘曲变形较铸钢小 (2)对冷却速度敏感性大,因此薄截面容易形成白口和裂纹,而厚截面又易形成疏松,故灰铸铁件当壁厚超过其临界值时,随着壁厚的增加其力学性能反而显著降低 (3)表面光洁,因而加工余量比铸钢小,表面加工质量不高对疲劳极限不利影响小 (4)消振性高,常用来做承受振动的机座 (5)不允许用于长时间在 250℃ 温度下工作的零件 (6)不同截面上性能较均匀,适于做要求高、截面不一的较厚(大型)铸件

续表

材料类别	材料特性							结构特点
	综合力学性能	壁厚变化对力学性能的影响	冷却速度的敏感性	流动性	线收缩率与体积收缩率	缺口敏感性	热稳定性	
蠕墨铸铁	介于灰铸铁与球墨铸铁之间，冲击韧性及伸长率均比球墨铸铁低，而高于灰铸铁	比灰铸铁小		加蠕化剂去硫去氧后，流动性良好	蠕化率越高，体积收缩率越小，接近灰铸铁。蠕化率越低，体积收缩率越大，接近球墨铸铁		热导率在球墨铸铁与灰铸铁之间	具有介于灰铸铁和球墨铸铁之间的良好性能，如抗拉强度及屈服强度高于高强度灰铸铁而低于球墨铸铁，热传导性、耐热疲劳性、切削加工性、减振性近似一般灰铸铁，疲劳极限和冲击韧度不如球墨铸铁，但明显地优于灰铸铁。铸造性能接近灰铸铁，因而铸造工艺简单，成品率高。由于蠕墨铸铁所具有的这些优异的综合性能，使其具有广泛应用的条件 （1）由于强度高，对断面的敏感性小，铸造性能好，因而可用来制造复杂的大型零件 （2）由于蠕墨铸铁具有较高的力学性能，同时还具有较好的导热性，因而常用来制造在热交换以及有较大温度梯度下工作的零件，如汽车制动盘、钢锭模、金属型等 （3）由于蠕墨铸铁的强度较高；致密性好，可用来代替孕育铸铁件，不仅节约了废钢，减轻了铸件重量（碳当量较高，强度却比灰铸铁高），铸件的成品率也大幅度提高，而且使铸件的气密性增加，这一点特别适用于液压件的生产 （4）加工蠕墨铸铁时的刀具寿命介于灰铸铁和球墨铸铁之间 （5）加工表面的表面粗糙度值通常比灰铸铁大
球墨铸铁	强度、塑性和弹性模量均比灰铸铁好，抗磨性比灰铸铁约大一倍，消振力比灰铸铁低	小	大	与灰铸铁相近	比灰铸铁体积收缩率大，而线收缩率小，易形成缩孔、缩松	与铸钢相近	高	（1）铸件多设计成均匀厚度，尽量避免厚大断面 （2）相连壁的圆角，不同壁厚的过渡段与铸钢相似 （3）球墨铸铁体积收缩率与铸钢相近，因此，其结构设计与铸钢相近；由于其流动性好，在某些情况下可代替铸钢作薄壁零件 （4）可制造在300~400℃温度下使用的零件 （5）可锻铸铁往往因化学成分控制不当引起铸件不合格而报废，但球墨铸铁的化学成分可在较宽范围内变动而不致引起极大的力学性能变化
可锻铸铁	退火前很脆，综合力学性能稍逊于球墨铸铁，冲击韧性比灰铸铁高3~4倍，是韧性与冲击值最好的一种铸铁	大	大	比灰铸铁差，比铸钢好	体积收缩率比铸钢大，退火后最终线收缩率比灰铸铁小得多	小	较高	（1）体积收缩率大，目前只宜作厚度不大的零件，最适合厚度为5~16mm范围，避免十字形截面 （2）可锻铸铁是由白口铸铁热处理（退火或韧化）而得，故其不同厚度截面中的力学性能有很大变化，因此，加工余量很小（尺寸<500mm的铸件为2~3mm）。同一铸件的厚度一定要均匀，厚度之比为1：1.6~1：2较合适 （3）一些薄截面、形状复杂、工作中又受振动的零件，如用铸钢，因其铸造性能差，不易得到合格品，且价格贵，用灰铸铁又嫌其塑性、韧性不足，可用可锻铸铁，如汽车后桥 （4）可以在300~350℃温度下使用 （5）铸件表面比一般灰铸铁光洁，表面韧性较好，适用于力学性能要求较高的表面不加工的毛坯件 （6）突出部分都要用筋加固

续表

材料类别	材料特性							结构特点
	综合力学性能	壁厚变化对力学性能的影响	冷却速度的敏感性	流动性	线收缩率与体积收缩率	缺口敏感性	热稳定性	
铸钢	综合力学性能高，抗压强度与本身抗拉强度相等，消振性能低	小	不大	不好，其中低碳钢比高碳钢差，低合金钢又比碳钢差，但高锰钢较好	大，线收缩率约为2%，而灰铸铁只有0.5%~1%	大	高	(1)铸件壁厚比铸铁大，内应力及翘曲较大，不易铸出复杂零件 (2)可做出大厚度铸件，其力学性能在厚度增加时没有显著降低，但必须使铸件保持顺序凝固的条件(即使铸件壁保持有一定的斜度和节点位于铸件上部等)，以防止疏松与缩孔，但对一些壁较薄而且均匀的铸件，则应创造同时凝固的条件 (3)相连壁的圆角，不同壁厚的过渡段均比灰铸铁大 (4)减少节点及金属积聚比灰铸铁要求严格 (5)气体饱和倾向大，流动性差，表面杂质及气泡多，故加工余量比灰铸铁大 (6)含碳量增高，收缩率增加，导热性能降低，故高碳钢件容易发生冷裂，低合金钢比碳钢易裂，高锰钢导热性很差，收缩率大，很容易开裂，设计时更应强调，壁厚要均匀，转角要圆滑

用灰铸铁、蠕墨铸铁、球墨铸铁制造汽车零件和钢锭模的技术经济比较

表 1-2-3

名称	6110柴油机(104kW)缸盖	集成块	EQ140汽车发动机排气管
毛坯质量	80kg，897mm×249mm×110mm，主要壁厚5.5mm，最大壁厚40mm	最小12kg(壁厚92mm) 最大136kg(壁厚280mm)	14.2kg，总长676.5mm，主要管壁5mm局部最大壁厚22mm
技术要求	该铸件结构复杂，系六缸一盖连体铸件，工作时受较高机械热应力，要求材质具有良好力学性能、抗热疲劳性能、铸造性能和气密性	要求铸件致密、耐高压(7~32MPa)、耐磨，表面粗糙度小、加工性能好	该零件服役温度差别大(室温~1000℃)，承受较大的热循环载荷，要求材质有良好的抗热疲劳性能
原设计材质为灰铸铁	(1)缸盖上喷油嘴座旁的气道壁因热疲劳最易开裂，该部位加工后壁厚仅3~4mm，工作温度250~370℃ (2)缸盖渗漏严重，在导杆孔、螺栓孔等热节处(均为非铸出孔)易产生缩松(孔)缺陷，经加工钻孔后铸壁有微孔穿透造成渗漏 (3)因铸件热节多达50处，尺寸精度高，内腔结构复杂，难以采用冒口补缩和内外冷铁工艺 (4)HT250(CuMo合金铸铁)	(1)由于HT300高牌号灰铸铁碳硅质量分数低，所以铸造性能差，铸件易产生缩裂或晶间缩松而报废，废品率高达60% (2)工艺出品率低，只有55%左右，压边浇冒口的质量是铸件质量的80%以上 (3)HT300	(1)寿命短，汽车行驶不到10000km，管壁开裂严重；若改用球墨铸铁排气管，虽不发生开裂，但变形严重，通道口错开漏气 (2)HT150
蠕墨铸铁	(1)由于蠕墨铸铁的抗拉强度、抗蠕变能力和塑性均明显优于原材质，故采用蠕墨铸铁缸盖，开裂倾向大为降低，使用寿命显著提高 (2)缸盖渗漏率下降15%，当蠕化率大于50%时，其体收缩率小于HT250低合金铸铁，其气密性又与球墨铸铁相近 (3)低合金灰铸铁的抗热疲劳性能、气密性和铸造性能、加工性等对碳当量和合金元素的敏感性大，尤其对薄壁复杂件更为突出，而蠕墨铸铁的上述性能对碳当量敏感性小，加之采用稀土蠕化剂又有较宽的蠕化范围，冲天炉生产条件下缸盖质量也易于控制 (4)节省贵重合金元素，成本下降21%	(1)废品率大幅度下降，总废品率约16.9%(其中夹砂、夹杂物气孔占9%) (2)工艺出品率提高到75%，压边浇冒口质量比原来的减少2/5 (3)经济效益明显，扣除蠕墨铸铁生产成本比HT300灰铸件增加约8%外，仅废品率下降、工艺出品率提高两项，使蠕墨铸铁件成本降低1/3以上	(1)提高寿命3~5倍以上，根本上解决了排气管开裂问题 (2)取消了加强肋，铸件自重减轻了10%

续表

名称	钢锭模
技术要求	钢锭模制作目前一般采用普通灰铸铁和球墨铸铁 钢锭模在反复受热、冷却的恶劣条件下工作，所以其材质的特性直接影响使用寿命。在热应力的作用下，脆性材质可能发生断裂，塑性材料则会发生永久变形。热应力的大小与温度梯度、热胀系数和弹性模量有关。材质的导热性好（可降低温度梯度）、弹性模量低、强度高（特别是高温强度）、韧性好都有利于承受热循环载荷。在非常快的热循环条件下，导热性是主要影响因素，在缓慢热循环的条件下，高强度则更为重要。对于不同结构和冷却方式的钢锭模，对其材质的要求也不尽相同。它要求材质具有良好力学性能、抗热疲劳性能 蠕墨铸铁的力学性能比灰铸铁高，导热性能比球墨铸铁好，所以它也是一种生产钢锭模的良好材质

灰铸铁、球墨铸铁、蠕墨铸铁

（1）某钢铁厂采用蠕虫状石墨 10%～55%的蠕墨铸铁制作中小型钢锭模（用冲天炉熔炼），在雨淋及空冷的冷却条件下，得到最佳的使用效果，使炼钢车间的钢锭模消耗量明显下降

（2）图为各种材质钢锭模的对比试验结果，可见在空冷条件下球墨铸铁寿命最长，消耗最少，次之是体积分数为 10%～50%的蠕虫状石墨铸铁；在喷水雨淋冷却条件下体积分数为 10%～50%蠕虫状石墨铸铁最佳；浸水冷却条件下灰铸铁最好

（3）生产中发现，空冷的断面厚 50.8cm 的钢锭模因断面厚，石墨难以全部球化。即使石墨全部球化时，锭模底部圆角处出现缩孔，其上部石墨漂浮也严重；而体积分数为 10%～50%蠕虫状石墨，可以避免这些缺陷，给铸造工艺带来方便，其使用寿命与球墨铸铁相差不大

（4）该厂采用体积分数为 10%～50%蠕虫状石墨的蠕墨铸铁生产空冷断面厚 50.8cm 和雨淋冷却断面厚 28cm 钢锭模，经过一年左右的实际使用，其模耗与原使用的灰铸铁锭模相比明显降低（见右表），每年节约钢锭模数千吨，价值百万元以上

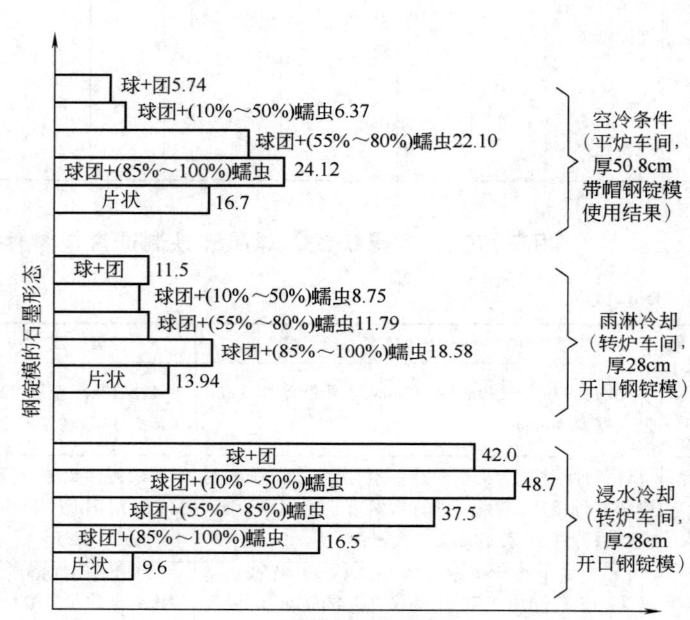

蠕虫—蠕虫石墨；球—球状石墨；团—团球状石墨；百分数为体积分数

车间	锭模类型	吨钢消耗量/kg	每吨钢消耗降低/kg	备注
平炉	厚 50.8cm 空冷锭模	8.06	11.9	包括体积分数为 55%～80%蠕虫状石墨铸铁锭模
转炉	厚 28cm 雨淋开口模	11.32	3.62	

常用铸造有色合金的特性与结构特点

表 1-2-4

<table>
<tr><th>材料分类</th><th>材料特性</th><th>结构特点</th></tr>
<tr><td>黄铜</td><td>铸造性良好，流动性好，线收缩率不大，缩松及偏析倾向小，生成集中性缩孔，生成气孔倾向较小。在大气及低速、干燥纯净的蒸汽中腐蚀极微，在纯净淡水中腐蚀速度为0.0025~0.25mm/a，海水中约0.0075~0.1mm/a；在含CO_2、H_2S、SO_2、NH_3等气体的水溶液中腐蚀速度剧增。普通黄铜的强度与塑性，在含锌较低时，随含锌量增加而提高，含锌32%塑性最高，含锌40%~50%强度最高。所有工业黄铜在200~700℃间存在低塑性区，热加工不低于700℃</td><td>(1)类同铸钢件
(2)不需另外脱氧处理，可获得致密铸件
(3)含锌较高的α黄铜或β黄铜中常出现脱锌腐蚀破裂（季节性破裂），可加Al、Sn、Ni、Si等防止。另止，黄铜还有应力腐蚀破裂（自动破裂），但可能性较小</td></tr>
<tr><td>锡青铜</td><td>铸造性比黄铜差：流动性不好，结晶范围大，容易偏析，易产生缩松，线收缩率不大，体积收缩率小，高温性能差，易脆，强度随截面增大显著下降。耐磨性好。耐低温。含Sn8%时，在大气中腐蚀速度<0.00015~0.002mm/a，随锡含量的增加，耐蚀性提高，锡青铜腐蚀速度，在淡水及海水中<0.05mm/a，在浓硝酸中约0.5mm/月，在浓度为2mol/L的HCl中含Sn5%时约50mm/a，在浓度为2mol/L的NaOH中<0.025mm/a</td><td>(1)可用作铸造各种厚薄不均、尺寸准确的铸件和花纹清晰的工艺美术品，壁厚不得过大，零件突出部分应用较薄的加强筋加固以免热裂
(2)不能用来铸造要求高密封性的铸件
(3)采用金属型或离心铸造可以大大减少缺陷，质量较有保证（大量生产用），单件、小批量生产仍用砂型铸造</td></tr>
<tr><td>无锡青铜</td><td>流动性很好，结晶范围小，偏析很少，不易生成缩松，但生成集中缩孔，体积收缩率大。铝青铜容易吸收气体及氧化而形成氧化铝薄膜造成微裂。无锡青铜具有高的强度、耐磨性、耐热性，在大气、海水、硫酸及大多数的有机酸中耐蚀性较好</td><td>(1)类同铸钢件
(2)铝青铜具有很高的强度（可与钢比）和高的冲击韧性，高的疲劳强度，耐磨，耐低温，耐热，冲击不产生火花，可获得致密铸件，在很多情况下，可代替不锈钢</td></tr>
<tr><td>铝合金</td><td>ZL102、ZL104、ZL101、ZL103（这些铝合金不能进行阳极化处理，只能涂漆处理）、ZL105五种铝合金铸造性能良好，ZL203、ZL301两种铝合金则比较差。它们之间的性能特点比较如下：5——最好，1——最差
<table>
<tr><th rowspan="2">牌号</th><th rowspan="2">流动性</th><th colspan="2">线收缩率/%</th><th rowspan="2">补缩性</th><th rowspan="2">气密性</th><th rowspan="2">抗吸气性</th><th rowspan="2">耐热性</th><th rowspan="2">抗热裂性</th><th rowspan="2">耐蚀性</th></tr>
<tr><th>砂模</th><th>铁模</th></tr>
<tr><td>ZL102</td><td>5</td><td>0.9~1.1</td><td>0.5~0.8</td><td>4</td><td>5</td><td>3</td><td>3</td><td>5</td><td>4（在潮湿大气中很好）</td></tr>
<tr><td>ZL104</td><td>5</td><td>0.9~1.0</td><td>0.5~0.8</td><td>4</td><td>4</td><td>3</td><td>3</td><td>5</td><td>3（在潮湿大气中好）</td></tr>
<tr><td>ZL101</td><td>5</td><td colspan="2">0.8~1.1</td><td>4</td><td>5</td><td>4</td><td>3</td><td>5</td><td>3（在潮湿大气中好）</td></tr>
<tr><td>ZL103</td><td>4</td><td colspan="2">0.9~1.1</td><td>4</td><td>4</td><td>4</td><td>5</td><td>3</td><td>2</td></tr>
<tr><td>ZL105</td><td>4</td><td colspan="2">0.9~1.1</td><td>4</td><td>4</td><td>4</td><td>4</td><td>4</td><td>3</td></tr>
<tr><td>ZL203</td><td>2</td><td colspan="2">1.3~1.5</td><td>2</td><td>3</td><td>3</td><td>3</td><td>1</td><td>2</td></tr>
<tr><td>ZL301</td><td>3</td><td colspan="2">1.0~1.3</td><td>1</td><td>1</td><td>3</td><td>1</td><td>3</td><td>5（在水中最高）</td></tr>
<tr><td>ZL303</td><td>3</td><td colspan="2">1.0~1.3</td><td>2</td><td>2</td><td>3</td><td>5</td><td>3</td><td>4</td></tr>
</table></td><td>(1)ZL102力学性能不高，只能做受力不大的零件，可以铸造薄壁、形状复杂、尺寸大的铸件
(2)ZL104广泛用于汽车、航空发动机以及一般机械电气器具等形状复杂的铸件
(3)ZL101、ZL103吸气倾向大，极易形成细小的针孔，对于大型厚壁铸件，最好在加压下进行结晶，多用来铸造形状复杂的中型和大型铸件
(4)ZL301做的铸件厚大截面易出现黄褐色到暗黑色的显微疏松，使强度急剧下降，对厚薄截面变化敏感性大
(5)铝合金铸件的强度随壁厚增大，下降得更显著。可铸出壁薄而形状比较复杂的铸件</td></tr>
</table>

续表

材料分类	材料特性	结构特点
镁合金	(1)纯镁在20℃时的密度仅为1.738g/cm³,镁合金为1.75~1.85g/cm³,是钢、铁的1/4,铝的2/3,是常用结构材料中最轻的金属,与塑料相近 (2)具有优良的力学性能,比强度和比刚度高,优于钢、铝;比弹性模量与高强铝合金、合金钢大致相近 (3)弹性模量较低,受外力作用时,应力分布更为均匀,可避免过高应力集中,在弹性范围内承受冲击载荷时,所吸收的能量比铝高50%左右,可制造承受猛烈冲击的零部件 (4)极佳的防振性,耐冲击、耐磨性好;镁合金在受到冲击或摩擦时,表面不会产生火花 (5)镁的体积热容比其他所有金属都低,因此,镁及其镁合金加热升温与散热降温,都比其他金属快 (6)铸造性能优良,可以用几乎所有铸造工艺来铸造成形 (7)加工切削性能好,切削速度大大高于其他金属,不需磨削、抛光处理,不使用切削液,即可以得到粗糙度很低的表面 (8)非磁性金属,抗电磁波干扰,电磁屏蔽性好 (9)镁在液态下容易剧烈氧化燃烧,因此镁合金必须在熔剂覆盖下或保护气氛下熔炼。镁合金铸件的固熔处理也要在SO_2、CO_2或SF_6气体保护下进行,或在真空下进行。镁合金的固溶处理和时效处理时间均较长 (10)镁的化学活泼性高。而且在室温下,镁的表面能与空气氧化形成氧化薄膜,但比较脆,疏松多孔,耐蚀性很差,因此,镁及其合金使用时常需进行表面处理	(1)密度低,便于产品轻量化,降低能源消耗;运动零部件惯性低,高速时尤为明显 (2)为满足零件对刚度的要求,可增大壁厚,勿需用加筋、肋等复杂结构 (3)镁合金压铸件可将多种部件组合一次成形,大大提高生产率,并可减少制造误差,减少部件间的摩擦、振动,降低噪声 (4)镁牺牲阳极可用于延长各种金属装置的寿命 (5)优良的热传导性,可改善电子产品散热 (6)它对X射线和热中子的低透射有阻力,特别适用于X射线 (7)它的中温性能使其能在飞机等上面替代工程塑料和树脂基复合材料 (8)替代工程塑料,解决零件老化、变形和变色等问题,而且尺寸稳定,收缩率小 (9)加工成品性好,产品美观,质地好,(相对塑料)无可燃性 (10)具有良好的刻蚀性能和力学性能,又耐磨损,故适于制造光刻板 (11)由于含铝小于30%的细小镁铝合金颗粒在燃烧时能产生耀眼的白光,比自然光线更有利于照相,因此被广泛用于照相用闪光灯 (12)材料回收率高,符合环保要求,由于它的优良性能,被认为是21世纪最具开发应用价值的"绿色材料"

3 铸件的结构要素(摘自GB/T 43415—2023)

铸件的最小壁厚

表 1-2-5 mm

铸造方法	铸件最大轮廓尺寸	铸钢	灰铸铁	球墨铸铁	可锻铸铁	高锰钢
砂型	≤200×200	5~10	4~6	5~7	3~5	20 (最大壁厚不超过125)
	>200×200~400×400	6~12	5~10	6~10	4~6	
	>400×400~800×800	8~16	6~10	8~12	5~8	
	>800×800~1250×1250	10~20	7~12	10~14	—	
	>1250×1250~2000×2000	12~25	8~16	—	—	
	>2000×2000	18~25	15~20	—	—	
金属型	≤70×70	5	4	—	2.5~3.5	
	>70×70~150×150	—	5	—	3.5~4.5	
	>150×150	10	6	—	—	

注:尺寸较小的取下限值,尺寸较大的取上限值。

外壁、内壁与筋的厚度

表 1-2-6

mm

零件质量/kg	零件最大外形尺寸	外壁厚度	内壁厚度	筋的厚度	零件举例
<5	300	7	6	5	盖、拨叉、杠杆、端盖、轴套
6~10	500	8	7	5	盖、门、轴套、挡板、支架、箱体
11~60	750	10	8	6	盖、箱体、罩、电机支架、溜板箱体、支架、托架、门
61~100	1250	12	10	8	盖、箱体、搪模架、油缸体、支架、溜板箱体
101~500	1700	14	12	8	油盘、盖、壁、床鞍箱体、带轮、搪模架
501~800	2500	16	14	10	搪模架、箱体、床身、轮缘、盖、滑座
801~1200	3000	18	16	12	小立柱、箱体、滑座、床身、床鞍、油盘

注：表中数值基于灰铸铁铸件，其他材料铸件可参照设计。

壁的连接形式与尺寸

表 1-2-7

连接形式	结构示意图	连接尺寸
两壁斜向连接（$\alpha<75°$）		$b=a$ $R=\left(\frac{1}{6}\sim\frac{1}{3}\right)a$ $R_1=R+a$
		$b\approx1.25a$ $R=\left(\frac{1}{6}\sim\frac{1}{3}\right)\left(\frac{a+b}{2}\right)$ $R_1=R+b$
		$b>1.25a$，对于铸铁 $h=4c$ $c=b-a$，对于铸钢 $h=5c$ $R=\left(\frac{1}{6}\sim\frac{1}{3}\right)\left(\frac{a+b}{2}\right)$ $R_1=R+m=R+a+c=R+b$
两壁垂直L形连接	注：两壁厚相等时	$R\geqslant\left(\frac{1}{6}\sim\frac{1}{3}\right)a$ $R_1\geqslant R+a$
	注：壁厚 $b\leqslant2a$ 时	$R\geqslant\left(\frac{1}{6}\sim\frac{1}{3}\right)\left(\frac{a+b}{2}\right)$ $R_1\geqslant R+\frac{a+b}{2}$

连接形式	结构示意图	连接尺寸
两壁垂直L形连接	注：壁厚 $b>2a$ 时	$a+c\leqslant b$，$c\approx3\sqrt{b-a}$ 对于铸铁 $h\geqslant4c$ 对于铸钢 $h\geqslant5c$ $R\geqslant\left(\frac{1}{6}\sim\frac{1}{3}\right)\left(\frac{a+b}{2}\right)$ $R_1\geqslant R+\frac{a+b}{2}$
两壁垂直T形连接	注：三壁厚相等时	$R\geqslant\left(\frac{1}{6}\sim\frac{1}{3}\right)a$
	注：壁厚 $b>a$ 时	$a+c\leqslant b$，$c\approx3\sqrt{b-a}$ 对于铸铁 $h\geqslant4c$ 对于铸钢 $h\geqslant5c$ $R\geqslant\left(\frac{1}{6}\sim\frac{1}{3}\right)\left(\frac{a+b}{2}\right)$
	注：壁厚 $b<a$ 时	$b+2c\leqslant a$，$c\approx1.5\sqrt{a-b}$ 对于铸铁 $h\geqslant8c$ 对于铸钢 $h\geqslant10c$ $R\geqslant\left(\frac{1}{6}\sim\frac{1}{3}\right)\left(\frac{a+b}{2}\right)$
两壁V形连接（$\alpha<90°$）	注：b 与 a 相差不多	$r=1.5a$（不小于 25mm） $R=r+a$ 或 $R=1.5r+a$
	b 比 a 大得多	$r=\frac{b+a}{2}$（不小于 25mm） $R=r+a$ $R_1=r+b$

注：1. 圆角半径标准整数系列为：2mm、4mm、6mm、8mm、10mm、12mm、16mm、20mm、25mm、30mm、35mm、40mm、50mm、60mm、80mm、100mm。

2. 当壁厚大于 20mm 时，R 取系数中的小值。

过渡壁的形式及尺寸

表 1-2-8 mm

<table>
<tr><td rowspan="3"></td><td rowspan="3">$b \leqslant 2a$</td><td>铸铁</td><td colspan="11">$R \geqslant \left(\frac{1}{6} \sim \frac{1}{3}\right)\left(\frac{a+b}{2}\right)$</td></tr>
<tr><td rowspan="2">铸钢、可锻铸铁</td><td>$\frac{a+b}{2}$</td><td><12</td><td>12~<16</td><td>16~<20</td><td>20~<27</td><td>27~<35</td><td>35~<45</td><td>45~<60</td><td>60~<80</td><td>80~<110</td><td>110~<150</td></tr>
<tr><td>R</td><td>6</td><td>8</td><td>10</td><td>12</td><td>15</td><td>20</td><td>25</td><td>30</td><td>35</td><td>40</td></tr>
<tr><td rowspan="2"></td><td rowspan="2">$b>2a$</td><td>铸铁</td><td colspan="11">$L \geqslant 4(b-a)$</td></tr>
<tr><td>铸钢</td><td colspan="11">$L \geqslant 5(b-a)$</td></tr>
<tr><td></td><td>$b<1.5a$</td><td colspan="12">$R=\frac{a+b}{2}$</td></tr>
<tr><td></td><td>$b>1.5a$</td><td colspan="12">$R=4a, L=4(a+b)$</td></tr>
</table>

最小铸孔

表 1-2-9 mm

<table>
<tr><td rowspan="3">材料</td><td>孔壁厚度</td><td colspan="2">≤25</td><td colspan="2">26~50</td><td colspan="2">51~75</td><td colspan="2">76~100</td><td colspan="2">101~150</td><td colspan="2">151~200</td><td colspan="2">201~300</td><td colspan="2">≥301</td></tr>
<tr><td rowspan="2">孔的深度</td><td colspan="16">最小孔径</td></tr>
<tr><td>加工后</td><td>不加工</td><td>加工后</td><td>不加工</td><td>加工后</td><td>不加工</td><td>加工后</td><td>不加工</td><td>加工后</td><td>不加工</td><td>加工后</td><td>不加工</td><td>加工后</td><td>不加工</td><td>加工后</td><td>不加工</td></tr>
<tr><td rowspan="5">碳钢与一般合金钢</td><td>≤100</td><td>75</td><td>55</td><td>75</td><td>55</td><td>90</td><td>70</td><td>100</td><td>80</td><td>120</td><td>100</td><td>140</td><td>120</td><td>160</td><td>140</td><td>180</td><td>160</td></tr>
<tr><td>101~200</td><td>75</td><td>55</td><td>90</td><td>70</td><td>100</td><td>80</td><td>110</td><td>90</td><td>140</td><td>120</td><td>160</td><td>140</td><td>180</td><td>160</td><td>210</td><td>190</td></tr>
<tr><td>201~400</td><td>105</td><td>80</td><td>115</td><td>90</td><td>125</td><td>100</td><td>135</td><td>110</td><td>165</td><td>140</td><td>195</td><td>170</td><td>215</td><td>190</td><td>255</td><td>230</td></tr>
<tr><td>401~600</td><td>125</td><td>100</td><td>135</td><td>110</td><td>145</td><td>120</td><td>165</td><td>140</td><td>195</td><td>170</td><td>225</td><td>200</td><td>255</td><td>230</td><td>295</td><td>270</td></tr>
<tr><td>601~1000</td><td>150</td><td>120</td><td>160</td><td>130</td><td>180</td><td>150</td><td>200</td><td>170</td><td>230</td><td>200</td><td>260</td><td>230</td><td>300</td><td>270</td><td>340</td><td>310</td></tr>
<tr><td rowspan="2">高锰钢</td><td>孔壁厚度</td><td colspan="4">≤50</td><td colspan="4">51~100</td><td colspan="8">≥101</td></tr>
<tr><td>最小孔径</td><td colspan="4">20</td><td colspan="4">30</td><td colspan="8">40</td></tr>
<tr><td>灰铸铁</td><td colspan="17">大量生产:12~15;成批生产:15~30;小批、单件生产:30~50</td></tr>
</table>

注：不透圆孔最小允许铸造孔直径应比表中值大 20%，矩形或方形孔其短边要大于表中值的 20%，而不透矩形或方形孔则要大 40%。

铸造内圆角

表 1-2-10

$a \approx b$
$R_1 = R + a$

(a) 均匀过渡内圆角

(b) T形连接内圆角

(c) 十字形连接内圆角

$b < 0.8a$
$R_1 = R + b + c$

(d) 不均匀过渡内圆角

$\frac{a+b}{2}$	内圆角 α											
	≤50°		>50°~75°		>75°~105°		>105°~135°		>135°~165°		>165°	
	铸钢	铸铁	铸钢	铸铁	铸钢	铸铁	铸钢	铸铁	铸钢	铸铁	铸钢	铸铁
	R/mm											
≤8	4	4	4	4	6	4	8	6	16	10	20	16
9~12	4	4	4	4	6	6	10	8	16	12	25	20
13~16	4	4	6	4	8	6	12	10	20	16	30	25
17~20	6	4	8	6	10	8	16	12	25	20	40	30
21~27	6	6	10	8	12	10	20	16	30	25	50	40
28~35	8	6	12	10	16	12	25	20	40	30	60	50
36~45	10	8	16	12	20	16	30	25	50	40	80	60
46~60	12	10	20	16	25	20	35	30	60	50	100	80
61~80	16	12	25	20	30	25	40	35	80	60	120	100
81~110	20	16	25	20	35	30	50	40	100	80	160	120
111~150	20	16	30	25	40	35	60	50	100	80	160	120
151~200	25	20	40	30	50	40	80	60	120	100	200	160
201~250	30	25	50	40	60	50	100	80	160	120	250	200
251~300	40	30	60	50	80	60	120	100	200	160	300	250
>300	50	40	80	60	100	80	160	120	250	200	400	300

c 和 h 值 /mm						
b/a		≤0.4	>0.4~0.65	>0.65~0.8	>0.8
$c\approx$		$0.7(a-b)$	$0.8(a-b)$	$a-b$	—
$h\approx$	铸钢	$8c$			
	铸铁	$9c$			

注：高锰钢铸件的铸造内圆角 R 值应比表中数值增大 1.5 倍。

铸造外圆角

表 1-2-11

表面的最小边尺寸 P/mm	R/mm					
	外圆角 α					
	≤50°	>50°~75°	>75°~105°	>105°~135°	>135°~165°	>165°
≤25	2	2	2	4	6	8
>25~60	2	4	4	6	10	16
>60~160	4	4	6	8	16	25
>160~250	4	6	8	12	20	30
>250~400	6	8	10	16	25	40
>400~600	6	8	12	20	30	50
>600~1000	8	12	16	25	40	60
>1000~1600	10	16	20	30	50	80
>1600~2500	12	20	25	40	60	100
>2500	16	25	30	50	80	120

注：如果铸件按上表可选出许多不同的圆角“R”时，应尽量减少或只取一适当的“R”值以求统一。

铸造斜度

表 1-2-12

图	斜度 $b:h$	角度 β	使用范围
(a) 铸造斜度与斜角 (b) 转折处的斜角	1：5	11°30′	h<25mm 时铸钢件和铸铁件
	1：10	5°30′	h =25~500mm 时的铸钢件和铸铁件
	1：20	3°	
	1：50	1°	h>500mm 时铸钢件和铸铁件

注：当设计不同壁厚的铸件时，在转折点处的斜角最大增到 30°~45°。

过渡斜度

表 1-2-13

图	铸铁件和铸钢件的壁厚 t	K	h	R
注：适用于减速器、机盖、连接管、气缸及其他各种机件连接法兰等铸件的过渡部分尺寸	10~15	3	15	5
	>15~20	4	20	5
	>20~25	5	25	5
	>25~30	6	30	8
	>30~35	7	35	8
	>35~40	8	40	10
	>40~45	9	45	10
	>45~50	10	50	10

注：高锰钢铸件的 R 值需增大 1.5 倍。

表 1-2-14 凸出部分最小尺寸 mm

图	公称尺寸（壁厚）t		≤180	>180~500	>500~1250	>1250~2500	>2500
	a≥（凸台）	铸 钢	5	8	12	16	20
		灰铸铁	4	6	10	13	17

加强筋的设计

表 1-2-15

中 部 的 筋	两 边 的 筋
$H\leqslant 5A$　$S=1.25A$ $a=0.8A$　$r=0.5A$ （铸件内部的筋与外壁厚应为 $a\approx 0.6A$）　$r_1=0.25A$ $R=1.5A$	$H\leqslant 5A$　$r=0.3A$ $a=A$　$r_1=0.25A$ $S=1.25A$

续表

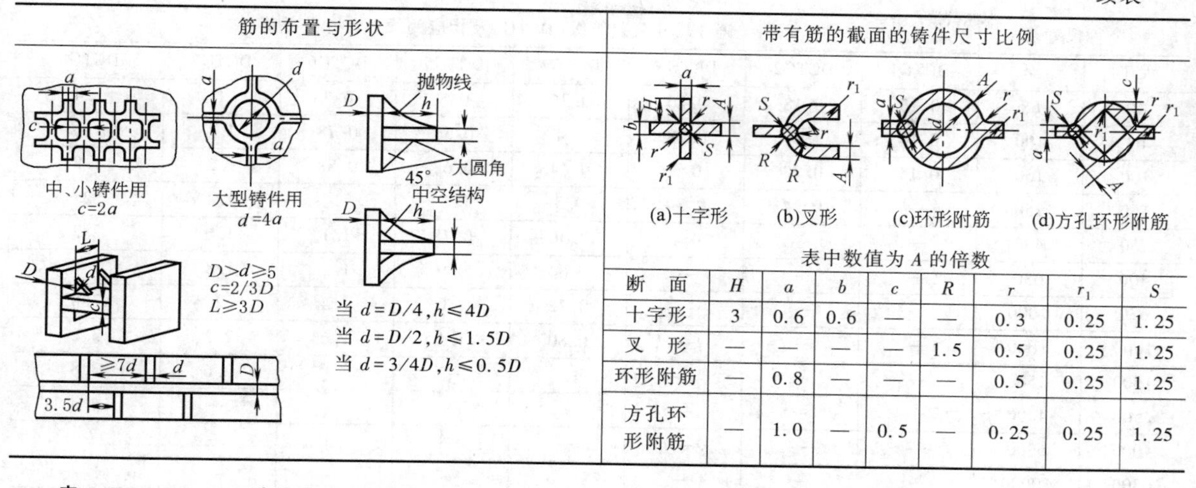

表中数值为 A 的倍数

断面	H	a	b	c	R	r	r_1	S
十字形	3	0.6	0.6	—	—	0.3	0.25	1.25
叉形	—	—	—	—	1.5	0.5	0.25	1.25
环形附筋	—	0.8	—	—	—	0.5	0.25	1.25
方孔环形附筋	—	1.0	—	0.5	—	0.25	0.25	1.25

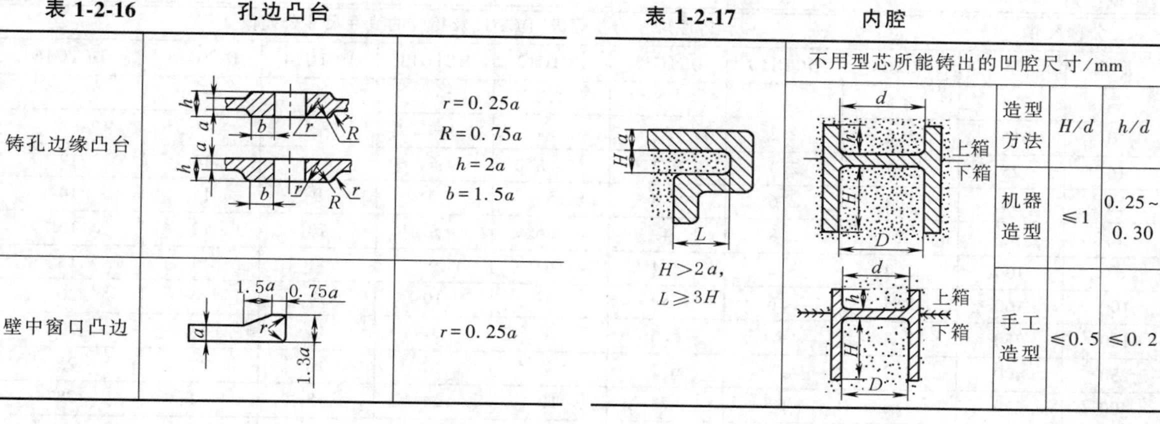

表 1-2-16 孔边凸台

铸孔边缘凸台		$r=0.25a$ $R=0.75a$ $h=2a$ $b=1.5a$
壁中窗口凸边		$r=0.25a$

表 1-2-17 内腔

	不用型芯所能铸出的凹腔尺寸/mm			
		造型方法	H/d	h/d
$H>2a$, $L\geqslant 3H$		机器造型	≤1	0.25~0.30
		手工造型	≤0.5	≤0.2

表 1-2-18 凸座

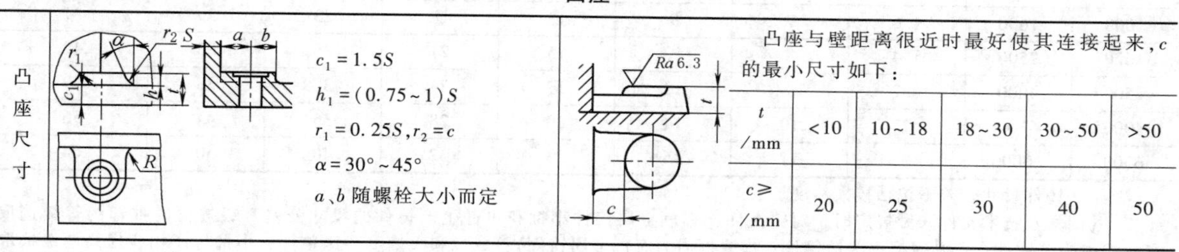

凸座尺寸		$c_1=1.5S$ $h_1=(0.75\sim1)S$ $r_1=0.25S,r_2=c$ $\alpha=30°\sim45°$ a、b 随螺栓大小而定

凸座与壁距离很近时最好使其连接起来，c 的最小尺寸如下：

t/mm	<10	10~18	18~30	30~50	>50
$c\geqslant$/mm	20	25	30	40	50

4 铸造公差（摘自 GB/T 6414—2017）

表 1-2-19 铸件尺寸公差 mm

公称尺寸		铸件尺寸公差等级(DCTG)及相应的线性尺寸公差值							
大于	至	DCTG1	DCTG2	DCTG3	DCTG4	DCTG5	DCTG6	DCTG7	DCTG8
—	10	0.09	0.13	0.18	0.26	0.36	0.52	0.74	1
10	16	0.1	0.14	0.2	0.28	0.38	0.54	0.78	1.1
16	25	0.11	0.15	0.22	0.3	0.42	0.58	0.82	1.2
25	40	0.12	0.17	0.24	0.32	0.46	0.64	0.9	1.3

续表

公称尺寸		铸件尺寸公差等级(DCTG)及相应的线性尺寸公差值							
大于	至	DCTG1	DCTG2	DCTG3	DCTG4	DCTG5	DCTG6	DCTG7	DCTG8
40	63	0.13	0.18	0.26	0.36	0.5	0.7	1	1.4
63	100	0.14	0.2	0.28	0.4	0.56	0.78	1.1	1.6
100	160	0.15	0.22	0.3	0.44	0.62	0.88	1.2	1.8
160	250	—	0.24	0.34	0.5	0.7	1	1.4	2
250	400	—	—	0.4	0.56	0.78	1.1	1.6	2.2
400	630	—	—	—	0.64	0.9	1.2	1.8	2.6
630	1000	—	—	—	0.72	1.0	1.4	2	2.8
1000	1600	—	—	—	0.80	1.1	1.6	2.2	3.2
1600	2500	—	—	—	—	—	—	2.6	3.8
2500	4000	—	—	—	—	—	—	—	4.4
4000	6300	—	—	—	—	—	—	—	—
6300	10000	—	—	—	—	—	—	—	—

公称尺寸		铸件尺寸公差等级(DCTG)及相应的线性尺寸公差值							
大于	至	DCTG9	DCTG10	DCTG11	DCTG12	DCTG13	DCTG14	DCTG15	DCTG16
—	10	1.5	2	2.8	4.2	—	—	—	—
10	16	1.6	2.2	3	4.4	—	—	—	—
16	25	1.7	2.4	3.2	4.6	6	8	10	12
25	40	1.8	2.6	3.6	5	7	9	11	14
40	63	2	2.8	4	5.6	8	10	12	16
63	100	2.2	3.2	4.4	6	9	11	14	18
100	160	2.5	3.6	5	7	10	12	16	20
160	250	2.8	4	5.6	8	11	14	18	22
250	400	3.2	4.4	6.2	9	12	16	20	25
400	630	3.6	5	7	10	14	18	22	28
630	1000	4	6	8	11	16	20	25	32
1000	1600	4.6	7	9	13	18	23	29	37
1600	2500	5.4	8	10	15	21	26	33	42
2500	4000	6.2	9	12	17	24	30	38	49
4000	6300	7	10	14	20	28	35	44	56
6300	10000	—	11	16	23	32	40	50	64

注：1. 铸件尺寸公差不包括拔模斜度。

2. 凡图样及技术文件未做规定时，对铸铁件、有色金属铸件小批和单件生产铸件的尺寸公差等级按框内推荐的等级选取(黑线框内为铸铁件；点画线框内为铸钢件；虚线框内为有色金属铸件)；成批和大量生产比单件、小批生产相应提高两级选取公差等级。

3. 对铸钢件、毛坯铸件基本尺寸不大于 16mm 的 DCTG13~DCTG15 级，其公差值均按 DCTG12 级选取；毛坯铸件基本尺寸大于 16~25mm 的 DCTG13~DCTG15 级，其公差等级提高一级。

5 铸件设计的一般注意事项（摘自 GB/T 43415—2023）

表 1-2-20 避免产生结构缺陷设计的一般注意事项

(1)避免产生结构缺陷的设计

1)收缩能在铸件的内部或表面引起缩孔、热应力和裂纹等结构缺陷；

2)在设计铸件结构时，避免因截面尺寸变化大、断面过厚、圆角过大而导致缩孔缺陷

续表

合理设计	不合理设计	注意事项
$r=\left(\frac{1}{4}\sim\frac{1}{3}\right)S$		在交叉区内的最大圆的直径不应大于1.5XS(壁厚),两交叉区应逐渐过渡,避免导致材料凝结、产生缩孔
		筋的配置应合理,避免材料凝结、产生缩孔
$S_K=(0.6\sim0.8)S$ $r=\left(\frac{1}{4}\sim\frac{1}{3}\right)S_K$		筋厚 S_K 不应过大,避免材料凝结形成缩孔
当 $S\leqslant0.7S_1$ 时,斜度≈1∶5; $r=\left(\frac{1}{4}\sim\frac{1}{3}\right)S_1$		过渡区不应过大,避免产生缩孔

续表

3)合理设计铸件结构,逐渐改变断面、使壁厚均匀,并采用对称的壁厚、避免形成锐角和锐边,以免产生应力和裂纹

合理设计	不合理设计	注意事项
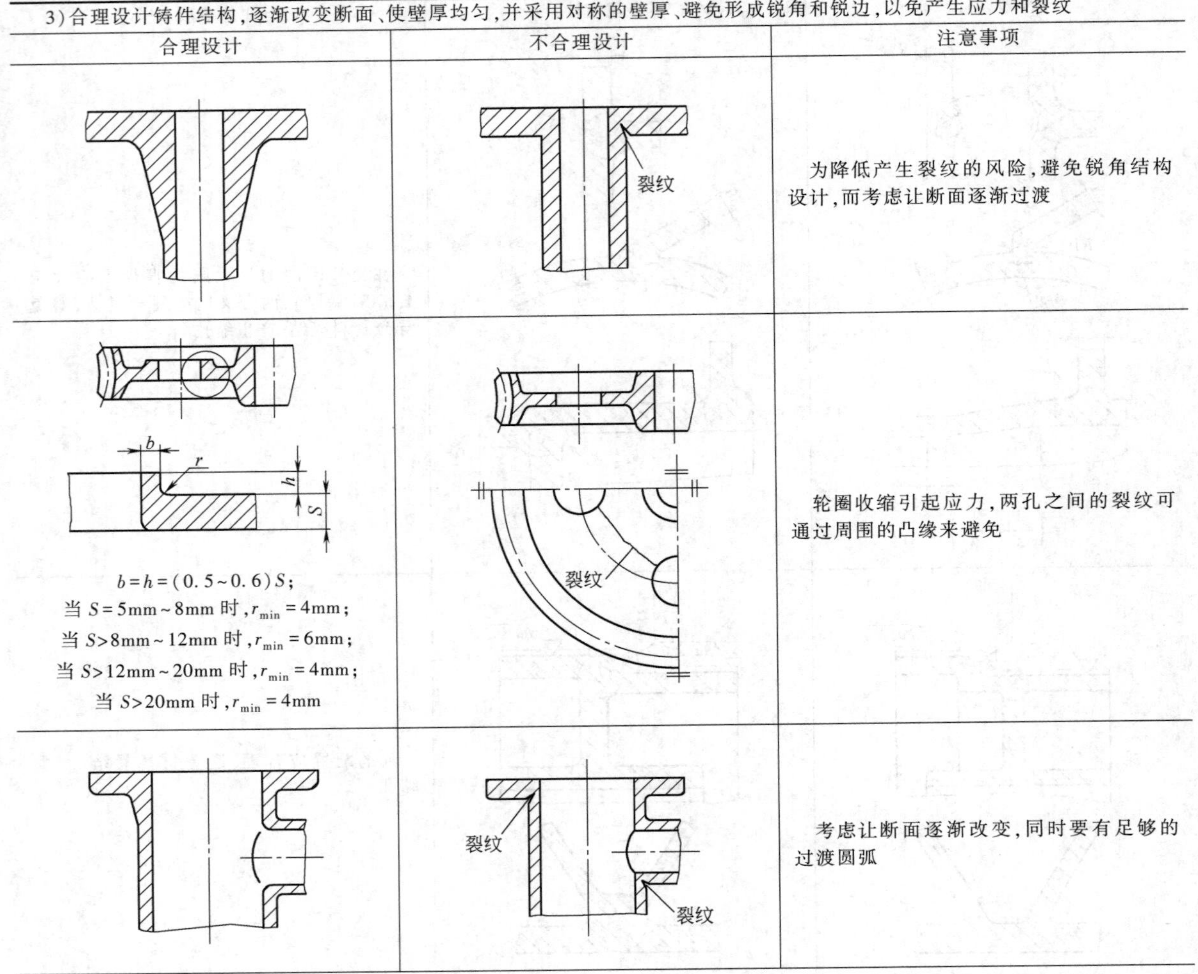		为降低产生裂纹的风险,避免锐角结构设计,而考虑让断面逐渐过渡
$b=h=(0.5\sim0.6)S$; 当 $S=5\text{mm}\sim8\text{mm}$ 时,$r_{\min}=4\text{mm}$; 当 $S>8\text{mm}\sim12\text{mm}$ 时,$r_{\min}=6\text{mm}$; 当 $S>12\text{mm}\sim20\text{mm}$ 时,$r_{\min}=4\text{mm}$; 当 $S>20\text{mm}$ 时,$r_{\min}=4\text{mm}$		轮圈收缩引起应力,两孔之间的裂纹可通过周围的凸缘来避免
		考虑让断面逐渐改变,同时要有足够的过渡圆弧

(2)形状的合理设计

铸件的结构形状设计应该简单。对于采用浇注法成形困难的铸件(例如芯子长度比直径大的空心铸件),可将铸件分成若干部分,加工后再焊接成整体

合理设计	不合理设计	注意事项
	1:20	相邻孔的凸台较小时宜铸成同一个平面;如凸台的尺寸较大,可用一根辅筋将其中两个凸台连接起来。浇注斜度(如 1:20)不必标注
		考虑铸造工艺简单,加固凸台应布置在臂的一侧(外侧)

续表

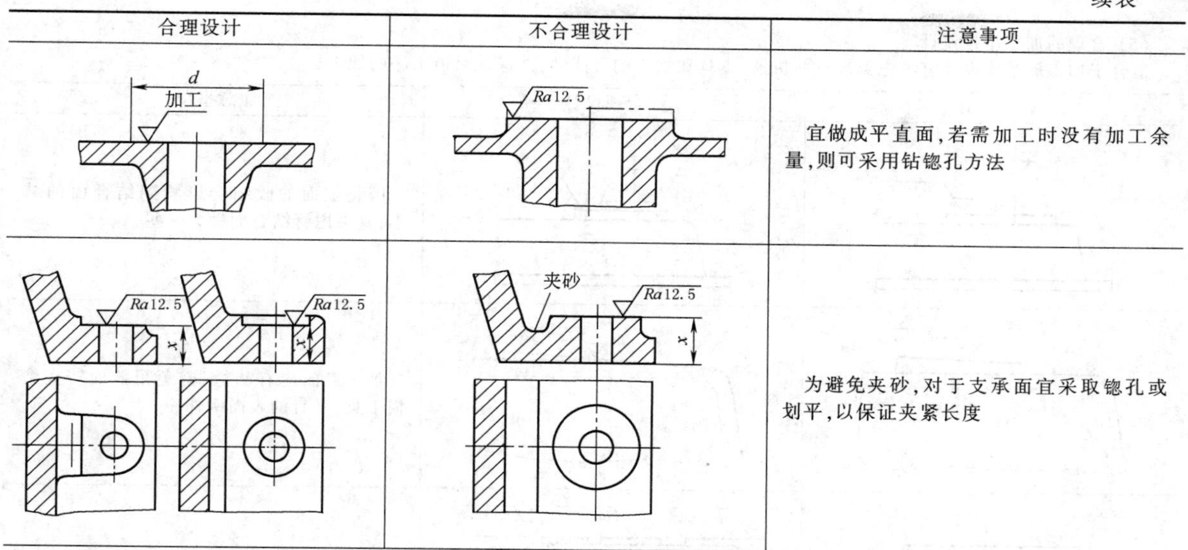

合理设计	不合理设计	注意事项
		宜做成平直面，若需加工时没有加工余量，则可采用钻锪孔方法
		为避免夹砂，对于支承面宜采取锪孔或划平，以保证夹紧长度

(3)型芯的合理设计

因型芯位移造成废品率高、增大铸造成本，宜通过设计简单结构以避免型芯带来的影响

合理设计	不合理设计	注意事项
		通过适当的结构避免型芯
		扣入的法兰需要一个型芯，但筋的预留孔提高了型芯箱的制造成本
Ra12.5	内凹 Ra12.5	避免内凹

(4)浇注和清砂的合理设计

铸件结构的壁厚和断面设计应方便注满液体材料和脱模，保证空气以及浇注时新产生的气体能从空腔顺利排出，不宜有大面积的水平面和不透气的角形，避免形成气孔，且内外两面设计便于清砂

合理设计	不合理设计	注意事项
		应设置通风孔，但考虑到型芯的位移不宜将通风孔设置在壁旁
		对于大一些的型芯，应设置足够的排砂孔

续表

(5) 合理的加工结构设计

适合于加工的结构设计宜考虑到现有的机器、工具和加工的可能性,并保证后道工序的加工

合理设计	不合理设计	注意事项
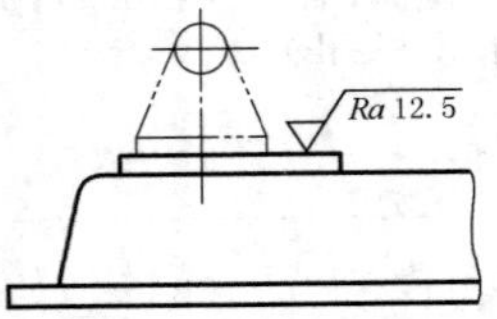 Ra 12.5	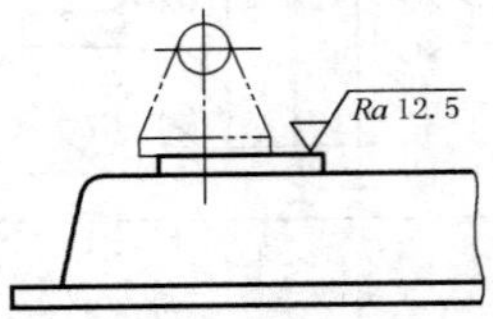 Ra 12.5	因装配面的收缩会影响到结合面的减小,宜考虑将结合面做大一些
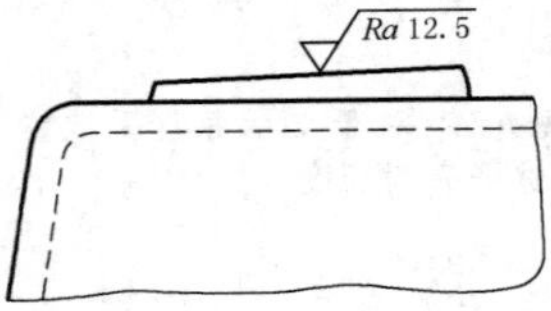 Ra 12.5	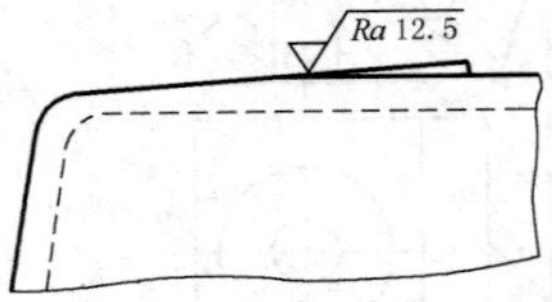 Ra 12.5	加工表面应有凸缘,避免粗糙面铸壳磨损工具,平直的表面例外
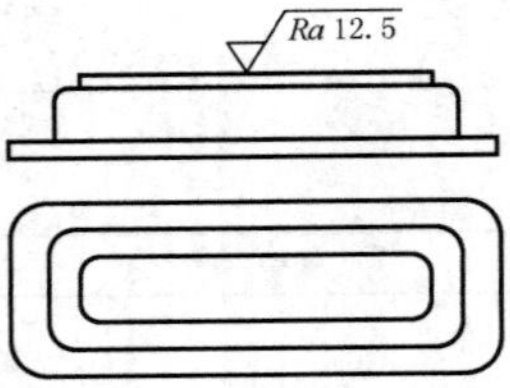 Ra 12.5	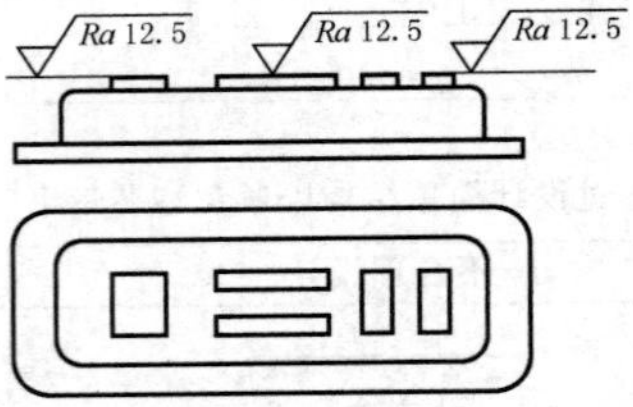 Ra 12.5 Ra 12.5 Ra 12.5	并排凸出的数个凸缘、板块或平面宜组合成一个平面
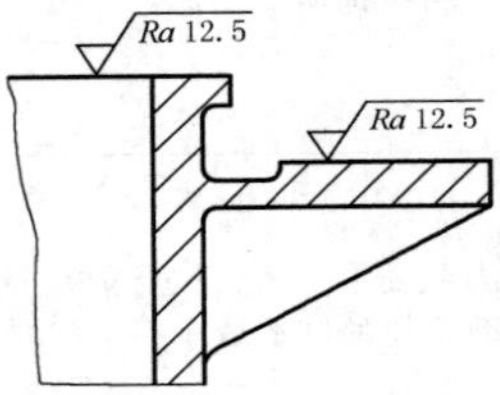 Ra 12.5 Ra 12.5	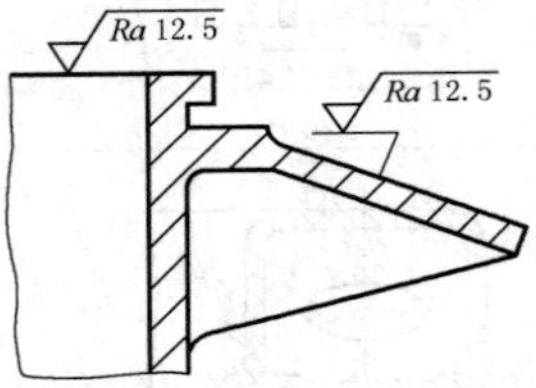 Ra 12.5 Ra 12.5	经加工的平面应平行或垂直地放置在定位平面上
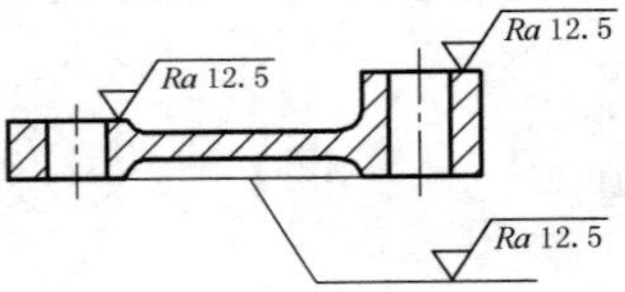 Ra 12.5 Ra 12.5 Ra 12.5	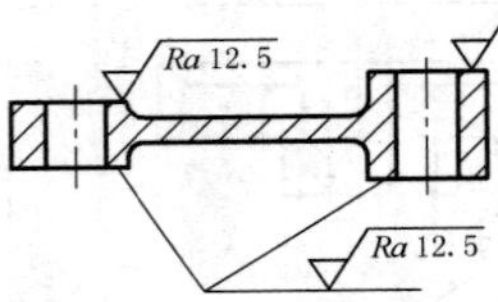 Ra 12.5 Ra 12.5 Ra 12.5	为使这些平面在一次工作程序中加工出来,平行布置的加工面宜在一个平面内
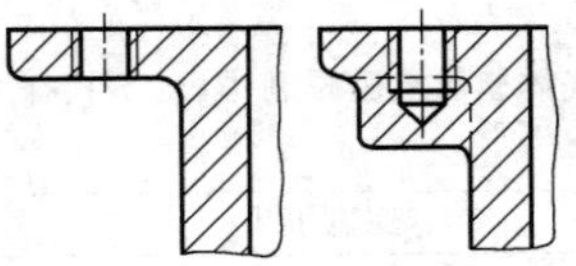	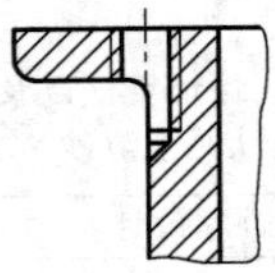	为避免断裂的危险,钻头不应在交界处钻穿,应扩大法兰或配置加固凸台
当d_2>50mm, $d_1 \geqslant d_2$+30mm时 Ra 12.5 Ra 12.5 d_2 d_1 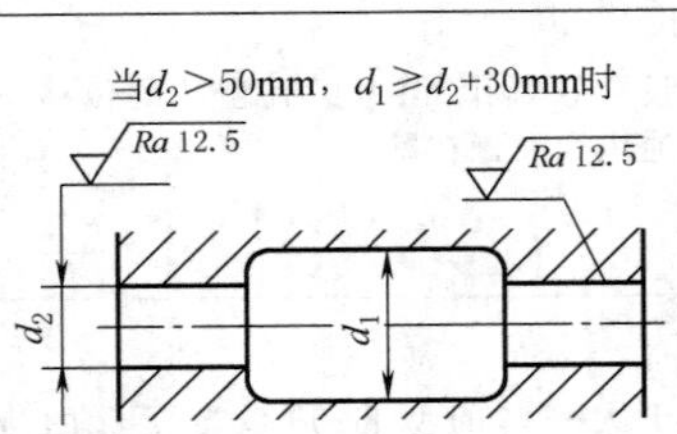	当d_2<50mm时 Ra 12.5 Ra 12.5 d_2 d_1	只有当 $d_2>50$mm、$d_1 \geqslant d_2+30$mm 时,型芯直径可减小,否则应做成直通孔

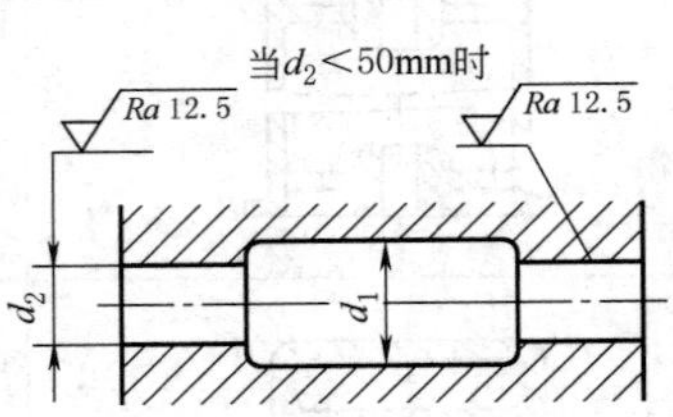

(6)绿色铸件设计

在保证铸件质量的前提下,应采用符合 GB/T 28617 的方法、技术进行绿色铸件设计

6　铸铁件（摘自 GB/T 37400.4—2019）、铸钢件（摘自 GB/T 37400.6—2019）、有色金属铸件（摘自 GB/T 37400.5—2019）等铸件通用技术条件

1）灰铸铁件应符合 GB/T 9439—2023 的规定；球墨铸铁件应符合 GB/T 1348—2019 的规定；耐热铸铁件应符合 GB/T 9437—2009 的规定；可锻铸铁件应符合 GB/T 9440—2010 的规定。

2）一般工程用铸造碳钢件应符合 GB/T 11352—2009 的规定；大型低合金钢铸件应符合 JB/T 6402—2018 的规定；耐热钢铸件应符合 GB/T 8492—2024 的规定；高锰钢铸件应符合 GB/T 5680—2023 的规定；焊接结构用碳素钢铸件应符合 GB/T 7659—2010 的规定。

3）铝合金铸件应符合 GB/T 1173—2013 的规定；锌合金铸件应符合 GB/T 1175—1997 的规定；铜合金铸件应符合 GB/T 1176—2013 的规定。

4）铸件尺寸公差按 GB/T 6414—2017，常用等级代号与公差见表 1-2-19。同一铸件应选用同一种公差等级，公差等级按铸件毛坯最大尺寸选取。公差带应对称于铸件毛坯基本尺寸配置，即公差的一半位于正侧，另一半位于负侧。有特殊要求时，公差带也可非对称配置，但应在图样上标注。斜面公差带应沿斜面对称配置。

5）铸铁件和有色金属铸件的非机械加工铸造内、外圆角或圆弧，其最小极限尺寸为图样标注尺寸，最大极限尺寸为图样标注尺寸加公差值，壁厚尺寸公差等级可降一级选用。如果图样上一般尺寸公差为 DCTG12，则壁厚尺寸公差为 DCTG13。

6）铸件尺寸公差在图样上标注时采用公差等级代号标注，如 GB/T 6414—2017 DCTG10。有特殊要求时，公差应直接在铸件基本尺寸的后面标注，如 95±1。

7）铸件表面上的粘砂、夹砂、飞边、毛刺、浇冒口和氧化皮等应清除干净。不允许有影响铸件使用性能的裂纹、冷隔、缩孔、夹渣、穿透性气孔等。允许存在的缺陷种类、范围、数量以及缺陷的修补技术条件由供需双方商定，并注明。

8）铸件非加工表面粗糙度如下

铸铁件：手工干型和机器干型 $Ra\leqslant 50\mu m$，湿型 $Ra\leqslant 100\mu m$。有色金属件：砂型 $Ra\leqslant 50\mu m$；金属型和离心铸造 $Ra\leqslant 25\mu m$。

铸钢件（表面喷丸处理后）：铸件重≤5000kg，$Ra\leqslant 100\mu m$；铸件重>5000kg，$Ra\leqslant 800\mu m$。

9）对化学成分、热处理有要求时，由供需双方协商确定，并注明。

10）铸件在保证使用性能和外观质量的情况下，经技术检验部门同意及需方认可才能进行补焊。对于铸钢件，补焊应按 GB/T 37400.4—2019（铸钢件补焊通用技术条件）的规定执行。在补焊后应进行消除应力的热处理（对铸铁件冷加工后发现的缺陷采用铸 308 焊条补焊的除外）。

11）对磁粉探伤、超声波检验、射线检验等有要求时，应注明。

铸钢件无损探伤标准为 GB/T 37400.14—2019。

CHAPTER 3

第3章 锻造、冲压和拉深设计的工艺性及结构要素

1 锻造

1.1 金属材料的可锻性

金属材料的可锻性是指金属材料在锻造过程中经受塑性变形而不开裂的能力。一般随着钢的含碳量和某些降低金属塑性等因素的合金元素的增加而变坏，并与其内部组织和锻压规范有很大关系。

碳钢一般均能锻造。低碳钢可锻性最好，锻后一般不需热处理，中碳钢次之；高碳钢则较差，锻后常需热处理，当含碳量达 2.2%时，就很难锻造了。低合金钢的锻造性能，近似于中碳钢。

高合金钢锻造比碳钢困难，对比碳钢，其锻造性能有如下特点：①热导率低，特别是含铬及镍较多的高合金钢的热导率比碳钢要低得多；②锻造温度范围窄，一般碳钢的锻造温度范围为 350~400℃，而高合金钢有些只有 100~200℃；③变形抗力大，硬化倾向性大，高合金钢在锻造温度下的变形抗力较碳钢甚至普通合金结构钢高好几倍，高温合金可高达 5~8 倍；④塑性低，某些耐热钢允许的镦粗变形量为 60%，而有些高温合金仅允许 40%。

铝合金：低碳钢能锻出的各种形状的锻件，都可以用铝合金锻出来，可以自由锻、模锻、顶锻、滚锻和扩孔，但是，一般说来，铝合金锻造时，需用比低碳钢大 30%的能量，它在锻造温度下的塑性比钢的低，而且模锻时的流动性比较差，锻造温度范围较窄，一般都在 150℃范围内，甚至某些高强度铝合金小于 100℃。

锻造铝合金有以下几种：①Al-Mg-Si 系合金，如 6B02 具有高的塑性和耐腐蚀性，易锻造，但强度较低；②Al-Mg-Si-Cu 系合金，如 2A50、2B50、2A14，由于加入了铜提高了强度，但工艺性有些变差，2A50 与 2B50 合金可以通用，两者的区别在于后者加入了微量的铬与钛，2A14 由于含有较多的铜，故强度较高，但热态下塑性不如 2A50，故只用作高载荷而形状简单的锻件，又由于它具有晶间腐蚀与应力腐蚀倾向，故不宜作薄壁零件；③Al-Cu-Mg-Fe-Ni 系合金，如 2A70、2A80，这类合金含有较多的铁和镍，故有较高的抗热性，常称为耐热锻铝，用于制造活塞、叶片、导轮及其他高温零件。2A70 比 2A80 有更高的力学性能和冲压工艺性，特别是高温塑性较好。

铜合金的锻造性能一般较好。尤其是锻造黄铜（HPb59-1）、锡黄铜（HSn62-1，又称海军黄铜）和锰黄铜（HMn58-2）的锻造性更好。与碳钢相比，铜合金的始锻温度较低，锻造温度范围窄，只有 100~200℃，在 250~650℃还有脆性区，但需要锻造的能力比普通碳钢低，铜及黄铜在 20~200℃的低温和 650~900℃的高温下，都有很高的塑性，即在热态和冷态下都可锻造，某些特殊黄铜（如铅黄铜和青铜）塑性很低，很难锻造。含 Sn<10%的锡青铜，含 P 0.1%~0.4%、含 Sn<7%的锡磷青铜和锰青铜都可以进行压力加工，含 Al 5%~7%的铝青铜冷热压力加工均可，但当含 Al>9%时很脆，只能在热态下挤压加工，含 Sn>10%的锡青铜则不能压力加工。铍青铜塑性很差，就是热压力加工也是比较困难的。

钛合金与不锈钢类似，锻造性能不好。它在锻造温度下变形抗力比钢高很多，并随温度的降低而急剧升高，比钢也快得多，变形速度对钛合金的变形抗力的影响也较大，流动性差，模锻时粘模现象比其他金属严重。而且因为钛合金受热后会生成摩擦性氧化皮，对模具磨蚀较大，也增加了钛合金锻造的困难。

1.2 锻造零件的结构要素（摘自 GB/T 12361—2016、JB/T 9177—2015）

模锻斜度（摘自 GB/T 12361—2016）

为了便于模具制造时采用标准刀具，模锻斜度可按下列数值选用：0°15′，0°30′，1°00′，1°30′，3°00′，5°00′，7°00′，10°00′，12°00′，15°00′。

表 1-3-1　　模锻锤、热模锻压力机、螺旋压力机锻件外模锻斜度 α 数值

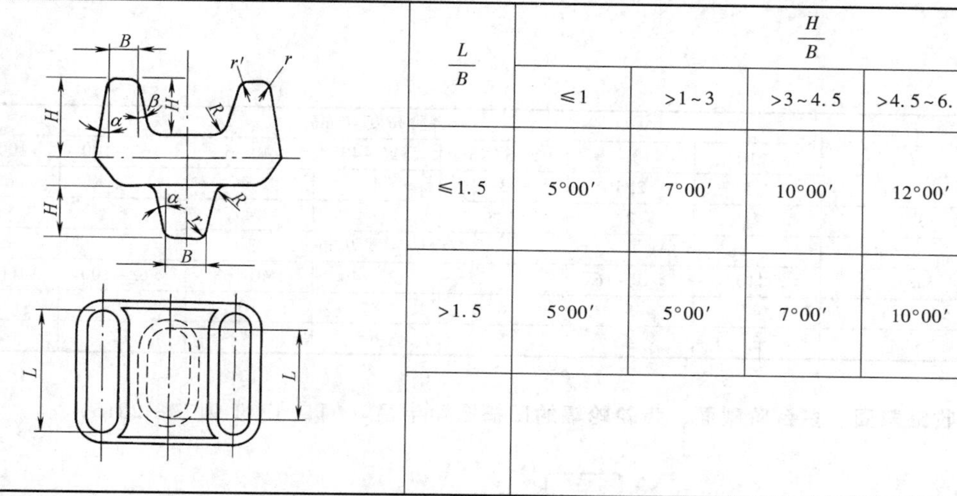

$\frac{L}{B}$	$\frac{H}{B}$ ≤1	>1~3	>3~4.5	>4.5~6.5	>6.5
≤1.5	5°00′	7°00′	10°00′	12°00′	15°00′
>1.5	5°00′	5°00′	7°00′	10°00′	12°00′

注：1. 内模锻斜度 β 的确定，可按表中数值加大 2°或 3°（15°除外）。

2. 当模锻设备具有顶料机构时，外模锻斜度可比表中数值减小 2°或 3°。

表 1-3-2　　平锻件各种模锻斜度数值

类别	简图				
冲头内成形模锻斜度 α		$\frac{H}{d}$	≤1	>1~3	>3~5
		α	0°15′	3°00′	1°00′
凹模成形内模锻斜度 β		Δ/mm	≤10	>10~20	>20~30
		β	5°~7°	7°~10°	10°~12°
		θ	3°~5°	3°~5°	3°~5°
内孔模锻斜度 γ		$\frac{H}{d_{孔}}$	≤1	<1~3	>3~5
		γ	0°30′	0°30′~1°00′	1°30′

圆角半径（摘自 GB/T 12361—2016、JB/T 9177—2015）

圆角半径系列：锻件外圆角半径 r、内圆角半径 R 按下列圆角半径数值选用：（1.0），（1.5），2.0，2.5，3.0，4.0，5.0，6.0，8.0，10.0，12.0，16.0，20.0，25.0，30.0，40.0，50.0，60.0，80.0，100.0。当圆角半径值超过 100mm 时，按 GB/T 321。括号内数值尽量少用。

截面形状变化部位外圆角半径值（a）和内圆角半径值（b）（摘自 GB/T 12361—2016）

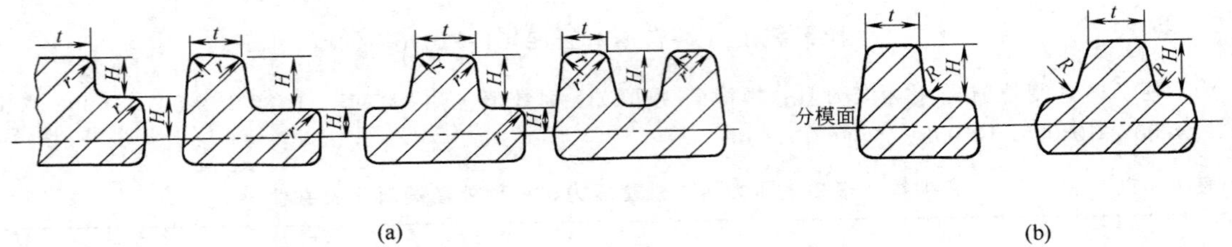

(a)　　　　(b)

表 1-3-3

	$\frac{t}{H}$	台阶高度 H/mm						
		≤10	>10~16	>16~25	>25~40	>40~63	>63~100	>100~160
外圆角半径值(a)/mm	>0.5~1	2.5	2.5	3	4	5	8	12
	>1	2	2	2.5	3	4	6	10
	$\frac{t}{H}$	台阶高度 H/mm						
		≤10	>10~16	>16~25	>25~40	>40~63	>63~100	>100~160
内圆角半径值(b)/mm	>0.5~1	4	5	6	8	10	16	25
	>1	3	4	5	6	8	12	20

收缩截面、多台阶截面、齿轮轮辐的凹槽圆角半径（摘自 JB/T 9177—2015）

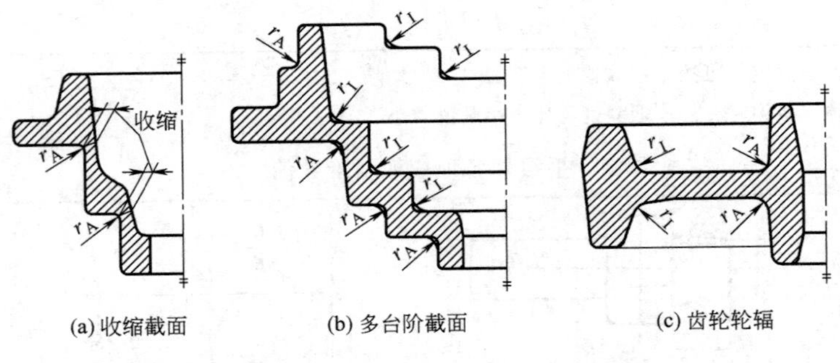

(a) 收缩截面　　(b) 多台阶截面　　(c) 齿轮轮辐

表 1-3-4

mm

	所在的凸肩高度	所在的凸肩高度		锻件的最大直径或高度							
		大于	至	≤25	>25~40	>40~63	>63~100	>100~160	>160~250	>250~400	>400~630
内凹槽圆角 r_A	≤16		16	2.5	3	4	5	7	9	11	12
	>16~40	16	40	3	4	5	7	9	11	13	15
	>40~63	40	63	—	5	7	9	10	12	14	18
	>63~100	63	100	—	—	10	12	14	16	8	22
	>100~160	100	160	—	—	—	16	18	20	23	29
	>160~250	160	250	—	—	—	—	22	25	29	36
外凹槽圆角 r_I	所在的凸肩高度	大于	至	≤25	>25~40	>40~63	>63~100	>100~160	>160~250	>250~400	>400~630
	≤16		16	3.5	4	5	6	8	10	12	14
	>16~40	16	40	5	7	9	10	12	14	16	18
	>40~63	40	63	—	10	12	14	16	18	20	23
	>63~100	63	100	—	—	16	18	20	23	25	30
	>100~160	100	160	—	—	—	22	25	29	32	36
	>160~250	160	250	—	—	—	—	32	36	36	60

注：指向锻件中心的锻件内圆角半径称为内凹槽圆角 r_A；指向飞边的锻件内圆角半径，称为外凹槽圆角 r_I。

最小底厚（摘自 JB/T 9177—2015）

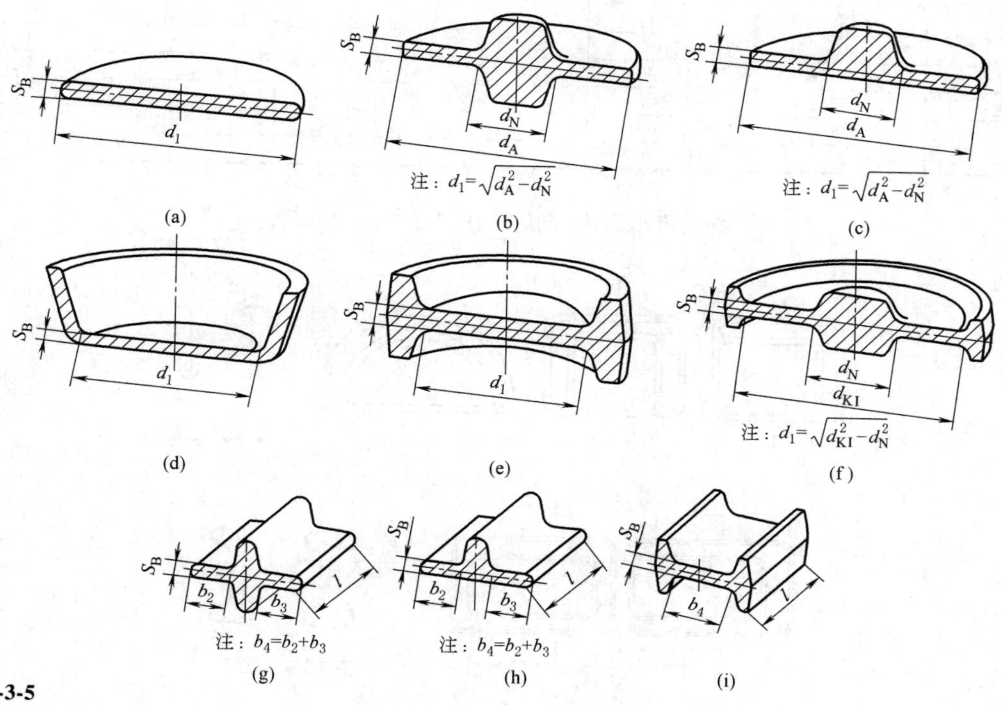

(a) (b) (c) (d) (e) (f) (g) (h) (i)

表 1-3-5

mm

旋转对称			非旋转对称							
直径 d_1	最小底厚 S_B	宽度 b_4	长度 l							
			≤25	>25~40	>40~63	>63~100	>100~160	>160~250	>250~400	>400~630
≤20	2	≤16	2	2	2.5	3	3	—	—	—
>20~50	3.5	>16~40	—	3.5	3.5	3.5	4	4	6	6
>50~80	4	>40~63	—	—	4.5	4.5	5	6	7	9
>80~125	6	>63~100	—	—	—	6.5	7	9	9	11
>125~200	9	>100~160	—	—	—	—	10	10	12	14
>200~315	14	>160~250	—	—	—	—	—	14	16	19
>315~500	20	>250~400	—	—	—	—	—	—	20	23
>500~800	30	>400~630	—	—	—	—	—	—	—	29

最小壁厚、筋宽及筋端圆角半径（摘自 JB/T 9177—2015）

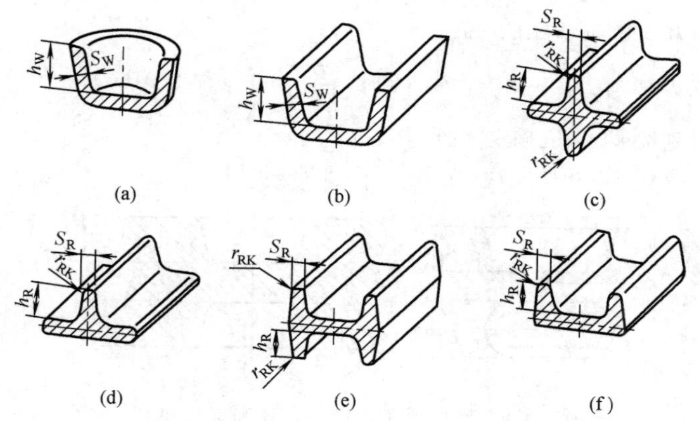

(a) (b) (c) (d) (e) (f)

表 1-3-6

mm

壁高或筋高(h_W 或 h_R)			最小壁厚 S_W	筋宽 S_R	筋端圆角半径 r_{RK}
大于	至				
	16	≤16	3	3	1.5
16	40	>16~40	7	7	3.5
40	63	>40~63	10	10	5
63	100	>63~100	18	18	8
100	160	>100~160	29	—	—

腹板最小厚度（摘自 JB/T 9177—2015）

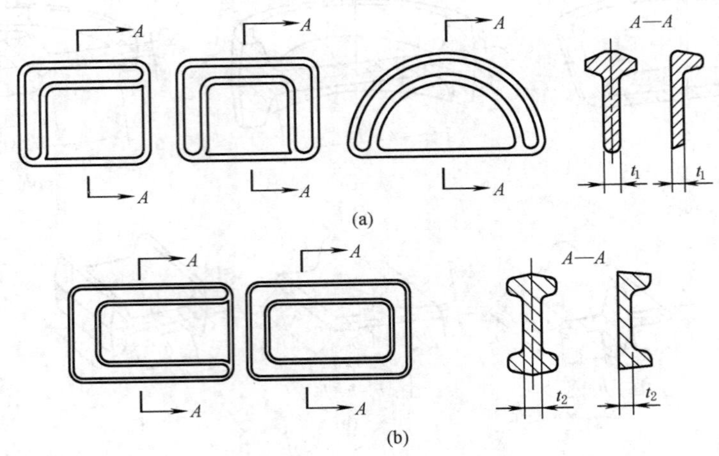

表 1-3-7

mm

锻件在分模面上的投影面积/cm^2	无限制腹板 t_1	有限制腹板 t_2	锻件在分模面上的投影面积/cm^2	无限制腹板 t_1	有限制腹板 t_2
≤25	3	4	>800~1000	12	14
>25~50	4	5	>1000~1250	14	16
>50~100	5	6	>1250~1600	16	18
>100~200	6	8	>1600~2000	18	20
>200~400	8	10	>2000~2500	20	22
>400~800	10	12			

注：1. t_1 和 t_2 允许根据设备、工艺条件协商变动。
2. 无限制腹板（开式腹板）：金属在锻造过程中能较自由地流向飞边的腹板，称为无限制腹板（图 a）。
3. 有限制腹板（闭式腹板）：被筋完全包围，或虽未被完全包围，但开口较小的腹板，称为有限制腹板（图 b）。

最小冲孔直径、盲孔和连皮厚度（摘自 JB/T 9177—2015）

1）锻件最小冲孔直径为 ϕ20mm（图 1-3-1a）。

2）单向盲孔深度：当 $L=B$ 时，$\frac{H}{B}\leqslant 0.7$；当 $L>B$ 时，$\frac{H}{B}\leqslant 1.0$（图 1-3-1b）。

3）双向盲孔深度：分别按单向盲孔确定（图 1-3-1c）。

4）连皮厚度应不小于腹板的最小厚度 t_2，见表 1-3-7 和图 1-3-1d。

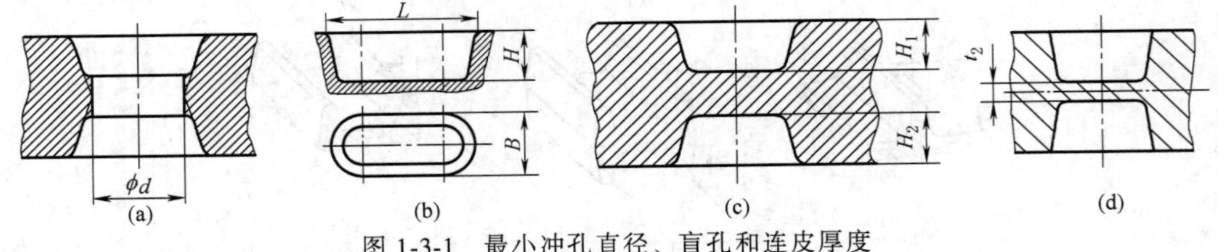

图 1-3-1 最小冲孔直径、盲孔和连皮厚度

1.3 锻件设计注意事项

表 1-3-8

类别	注意事项	不好的设计	改进后的设计
自由锻造	尽量简化锻件外形,应避免锥形和楔形表面	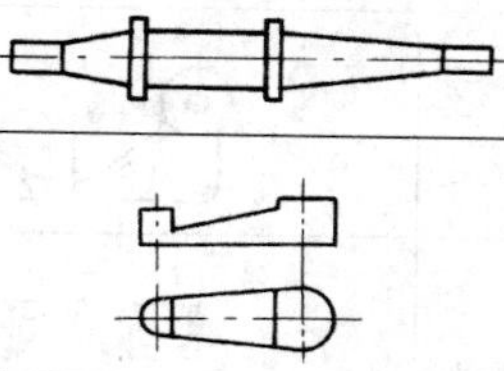	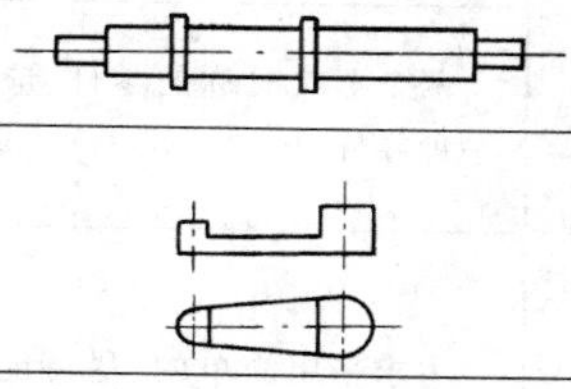
	避免两个圆柱形表面或一个圆柱形表面与棱柱形表面交接	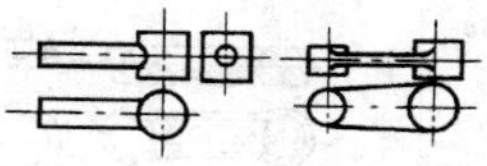	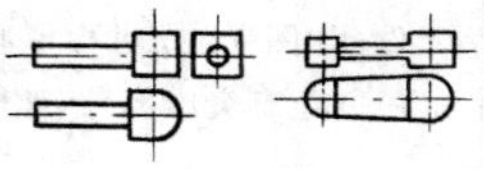
	不允许有加固筋。在多数情况下,必须设置数量才能锻出加固筋	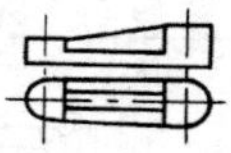	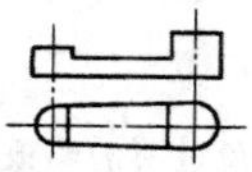
	不允许在基体上或在叉形件内部有凸台	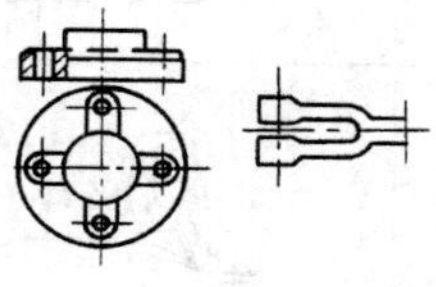	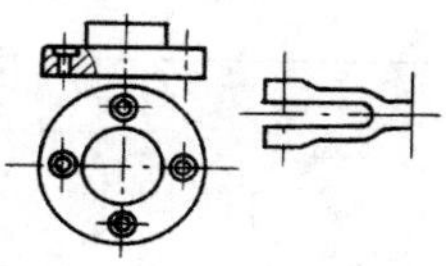
	当零件具有骤变的横截面尺寸或复杂的形状或长柄时,必须设法改用几个较简单的部分组合或焊接而成	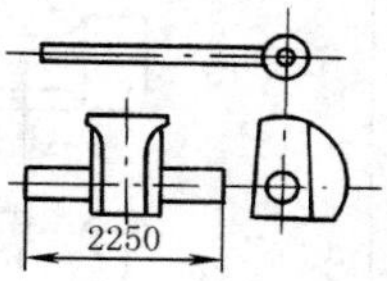 2250	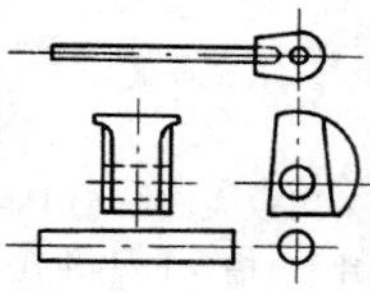
冲模锻造	应有规定的拔模斜度,并避免下部横截	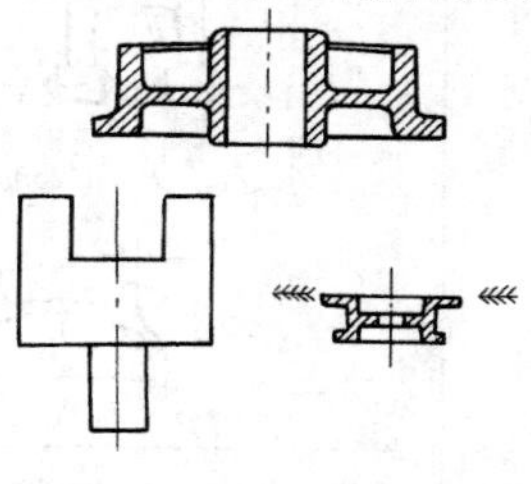	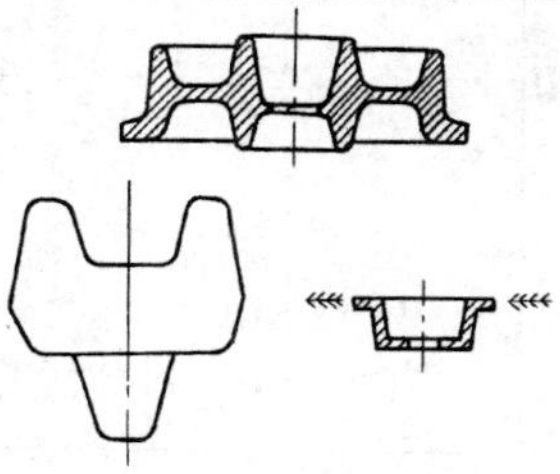
	合理设计分模面 尽量使分模面位于高度一半处左右,并与最小高度相垂直 避免分模面曲折(飞边),便于检查上下模的相对错移 节约金属材料便于模具加工	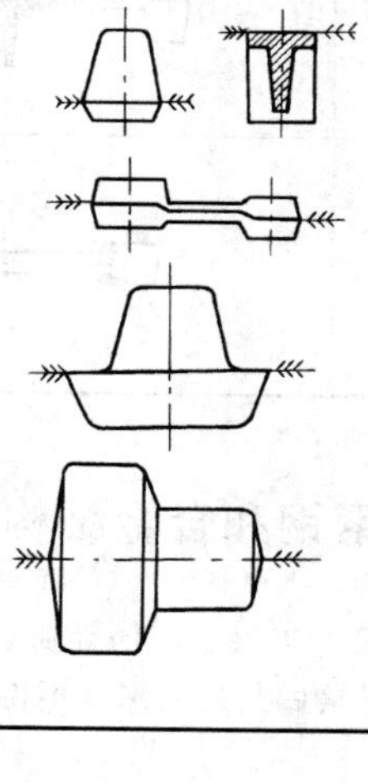	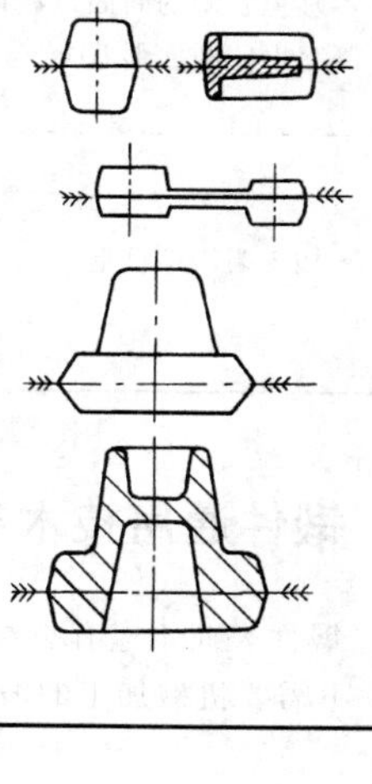

续表

类别	注意事项	不好的设计	改进后的设计
冲模锻造	较深盘状部分与分模面错开	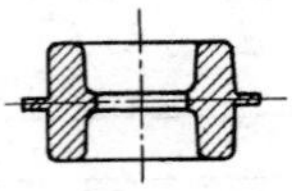	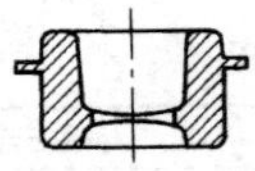
	两个形状对称的零件，应尽量设计成一种零件	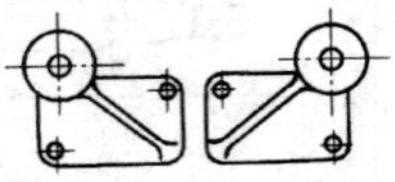	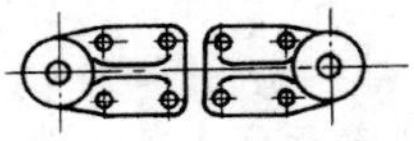
	力求采用简单的、尽可能回转对称的零件（如图a'）或对称形状的零件（如图b'），避免有突出部分，如图a	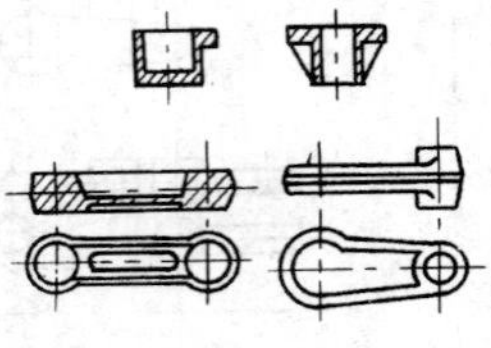 (a) (b)	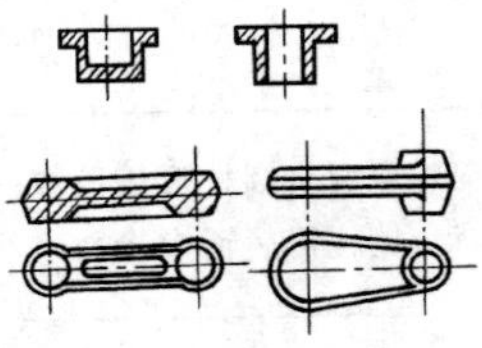 (a') (b')
	避免过薄的辐板或底板	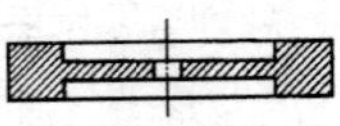	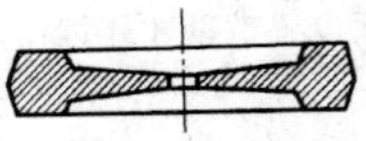
	采用较大圆角（DIN 7523），避免过窄筋片、内槽与过小冲孔	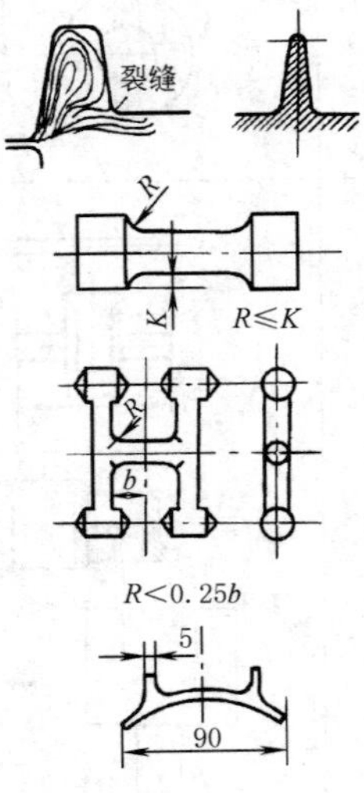 裂缝 $R \leqslant K$ $R<0.25b$ 5 90	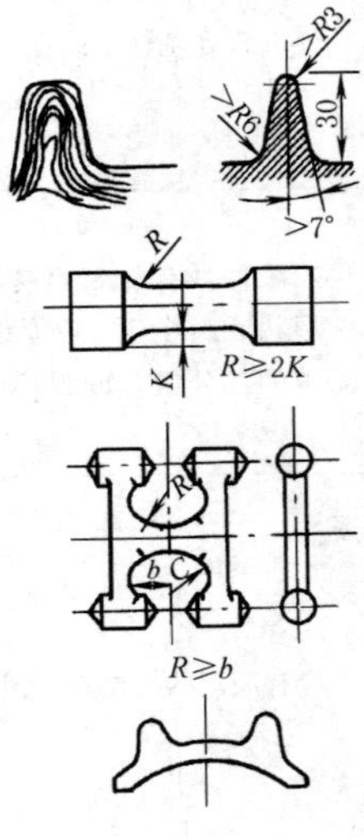 >R3 >R6 30 >7° $R \geqslant 2K$ $R \geqslant b$
	避免急剧的断面过渡以及向冲模内过深突出的断面形状	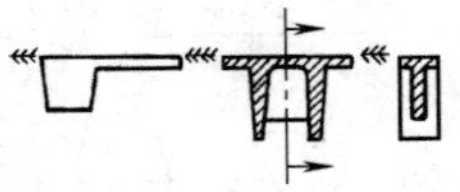	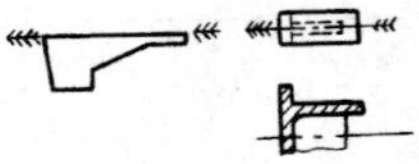
	加工表面应凸起	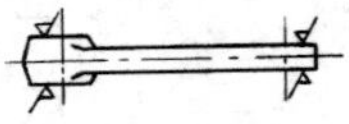	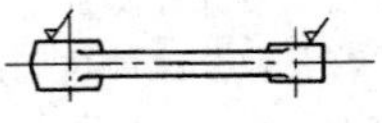

1.4 锻件通用技术条件（碳素钢和合金结构钢）（摘自 GB/T 37400.8—2019）

1）锻件表面不应有裂纹、缩孔、折叠、夹层、锻伤等缺陷，若有缺陷应按以下规定处理：

① 不需要机械加工的锻件表面，经修整后其最大深度不得超过该处尺寸的下偏差。

② 需要机械加工的锻件表面，经测定，若锻件上剩余的单边机械加工余量不小于公称单边余量的50%，则此缺陷可不清除；小于50%时应清除。裂纹、缩孔、折叠、夹层、锻伤等缺陷都应消除。

③ 锻件表面缺陷深度超过单边加工余量时，在需方同意的前提下可进行补焊，将缺陷清除后应按供方的工艺规范实施补焊，补焊的质量应符合需方对锻件质量的要求。

④ 采用非机械方法去除锻件表面缺陷时，该处去除的尺寸及组织影响的深度均不应超过该锻件的机械加工余量，否则需得到需方的同意。

2）发现有白点的锻件应予报废，且与该锻件同一熔炉号、同炉热处理的锻件均应逐件进行检查。

3）对锻件有超声检测、磁粉检测或渗透检测要求时，应在图纸或技术协议中注明无损检测方法、部位和质量等级要求。

2 冲　压

2.1 冷冲压零件推荐用钢

冷冲压零件所用的材料，不仅要适合零件在机器中的工作条件，而且要适合冲压过程中材料变形特点及变形程度所决定的制造工艺要求。满足这种要求的材料应具有足够的强度及较高的可塑性，前者决定于强度极限 R_m，后者决定于伸长率 A 及拉伸时的收缩率 Z；可塑性也可由强度极限及屈服点确定。

各类冲压件对材料的要求：应符合冲压件图样及 GB/T 710、GB/T 716、GB/T 2521、GB/T 6892、GB/T 2040 及 GB/T 3280 规定的力学性能（包括抗拉强度、屈服强度、屈强比、断后伸长率、端面收缩率及落实硬度等）（摘自 GB/T 30571—2014）。

2.2 冷冲压件的结构要素（摘自 GB/T 30570—2014）

冲裁件的结构要素

表 1-3-9

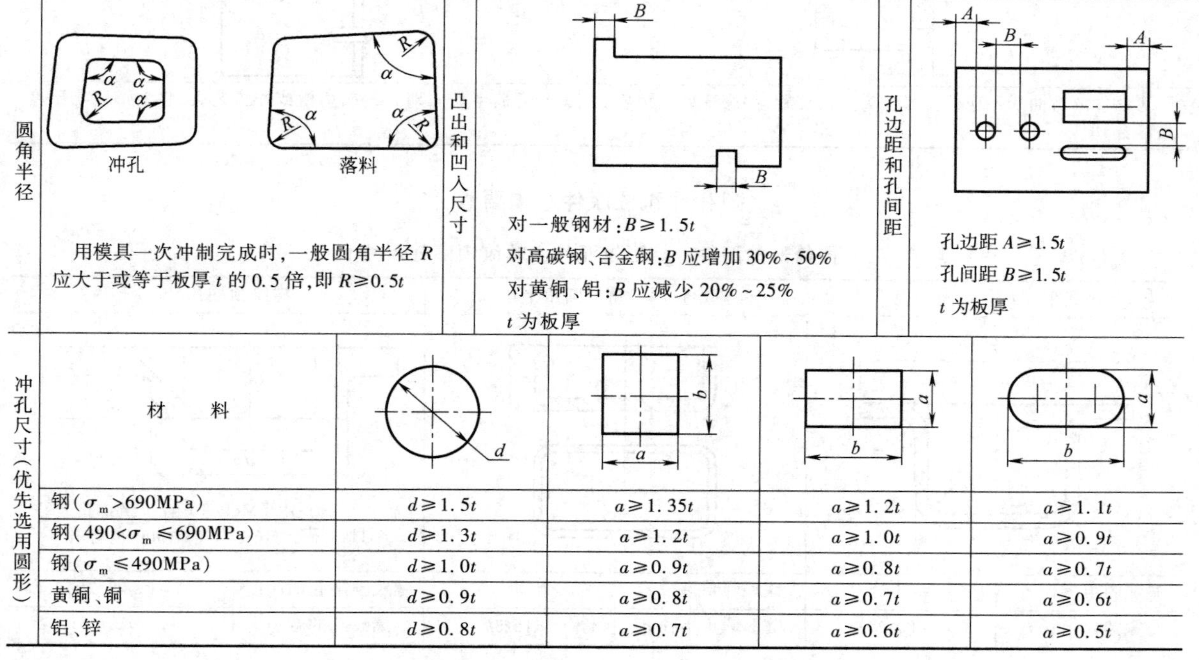

圆角半径	冲孔、落料：用模具一次冲制完成时，一般圆角半径 R 应大于或等于板厚 t 的0.5倍，即 $R \geqslant 0.5t$	凸出和凹入尺寸	对一般钢材：$B \geqslant 1.5t$ 对高碳钢、合金钢：B 应增加30%～50% 对黄铜、铝：B 应减少20%～25% t 为板厚	孔边距和孔间距	孔边距 $A \geqslant 1.5t$ 孔间距 $B \geqslant 1.5t$ t 为板厚

冲孔尺寸（优先选用圆形）	材　料	d	b, a	a, b	a, b
	钢（σ_m>690MPa）	$d \geqslant 1.5t$	$a \geqslant 1.35t$	$a \geqslant 1.2t$	$a \geqslant 1.1t$
	钢（490<$\sigma_m \leqslant$690MPa）	$d \geqslant 1.3t$	$a \geqslant 1.2t$	$a \geqslant 1.0t$	$a \geqslant 0.9t$
	钢（$\sigma_m \leqslant$490MPa）	$d \geqslant 1.0t$	$a \geqslant 0.9t$	$a \geqslant 0.8t$	$a \geqslant 0.7t$
	黄铜、铜	$d \geqslant 0.9t$	$a \geqslant 0.8t$	$a \geqslant 0.7t$	$a \geqslant 0.6t$
	铝、锌	$d \geqslant 0.8t$	$a \geqslant 0.7t$	$a \geqslant 0.6t$	$a \geqslant 0.5t$

弯曲件的结构要素

压弯半径系列：压弯件的内圆角半径优先选择系列：0.1，0.2，0.3，0.5，0.8，1.0，1.2，1.5，2.0，2.5，3.0，4.0，5.0，6.0，8.0，10，12，15，20，25，30，35，40，45，50，63，80，100（单位为mm）。

表 1-3-10 最小压弯半径（t 为板料厚度）（摘自 JB/T 5109—2001） mm

材料		压弯线与轧制纹向垂直	压弯线与轧制线纹向平行
08F、08Al		0.2t	0.4t
10、15、Q195		0.5t	0.8t
20、Q215A、Q235A、Q295		0.8t	1.2t
20、30、35、40、Q255A、10Ti、13MnTi、Q345		13t	1.7t
65Mn	T	2.0t	4.0t
	Y	3.0t	6.0t
12Cr18Ni9（不锈钢）	I	0.5t	2.0t
	BI	0.3t	0.5t
	R	0.1t	0.2t
1J79（铁镍合金）	Y	0.5t	2.0t
	M	0.1t	0.2t

注：1. 表中 t 为板料厚度。

2. 表中数值适用于下列条件：原材料为供货状态，90°V 形校正压弯，毛坯厚小于 30mm、宽度大于 3 倍板厚，毛坯剪断面的光带在弯角外侧。

表 1-3-11 弯曲件直边高度及孔边距

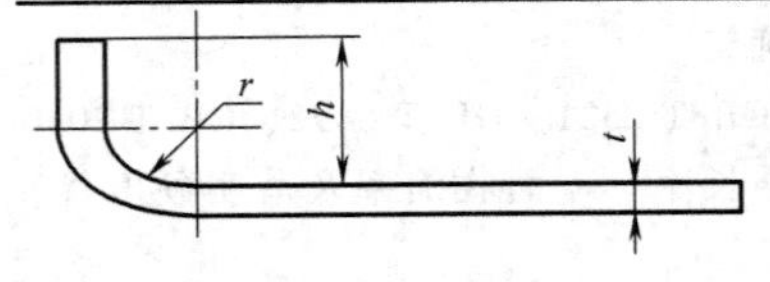	弯曲直角时，弯曲件直边高度 h 应大于弯曲半径 r 加上板厚 t 的 2 倍即 $h>r+2t$	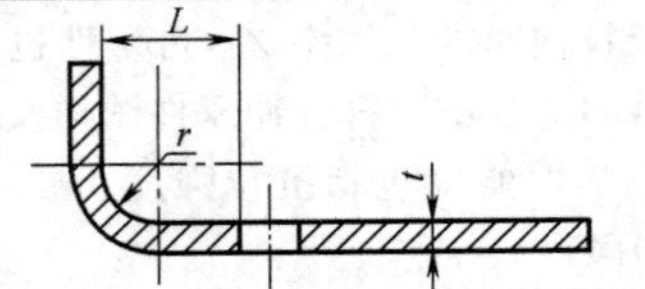	弯曲件上孔的边缘离弯曲变形区宜有一定距离。最小孔边距 $L=r+2t$

表 1-3-12 弯曲线的位置

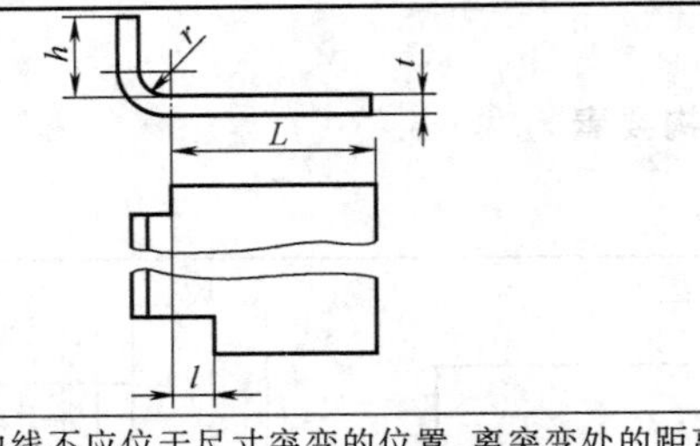	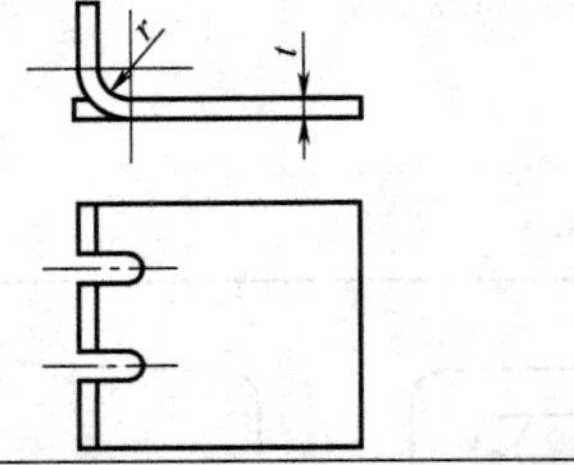
弯曲件的弯曲线不应位于尺寸突变的位置，离突变处的距离 l 应大于弯曲半径 r，即 $l>r$；或切槽或冲工艺孔，将变形区与不变形区分开	

翻孔件和拉深件结构要素

表 1-3-13 圆筒形拉深件、矩形拉深件、螺纹预翻孔尺寸

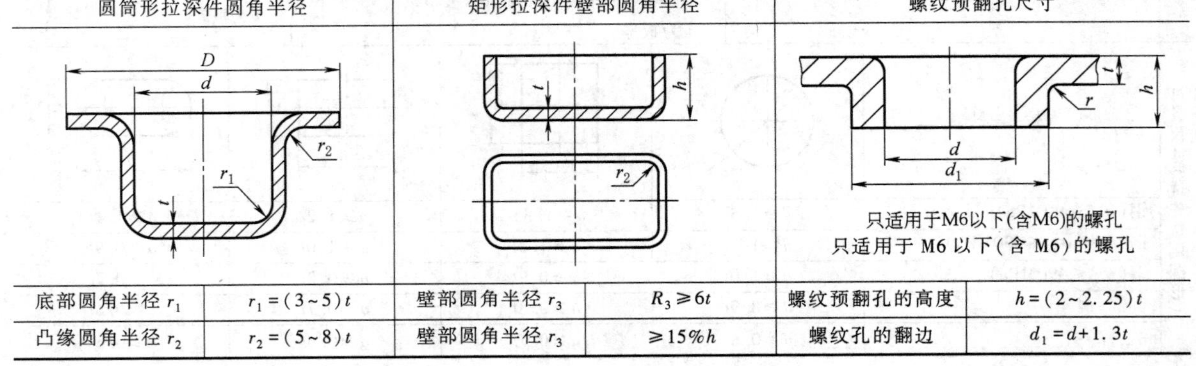

只适用于 M6 以下（含 M6）的螺孔

底部圆角半径 r_1	$r_1=(3\sim5)t$	壁部圆角半径 r_3	$R_3\geqslant6t$	螺纹预翻孔的高度	$h=(2\sim2.25)t$
凸缘圆角半径 r_2	$r_2=(5\sim8)t$	壁部圆角半径 r_3	$\geqslant15\%h$	螺纹孔的翻边	$d_1=d+1.3t$

2.3 冲压件的尺寸和角度公差、形状和位置未注公差（摘自 GB/T 13914、13915、13916—2013）、未注公差尺寸的极限偏差（摘自 GB/T 15055—2021）

四个标准均适用于金属材料冲压件，非金属材料冲压件可参照执行。

平冲压件和成形冲压件尺寸公差

表 1-3-14　　mm

项目		平冲压件尺寸公差(摘自 GB/T 13914—2013)											成形冲压件尺寸公差(摘自 GB/T 13914—2013)									
基本尺寸	材料厚度	公差等级											公差等级									
		ST1	ST2	ST3	ST4	ST5	ST6	ST7	ST8	ST9	ST10	ST11	FT1	FT2	FT3	FT4	FT5	FT6	FT7	FT8	FT9	FT10
>0~1	0.5	0.008	0.010	0.015	0.020	0.030	0.040	0.060	0.080	0.120	0.160	—	0.010	0.016	0.026	0.040	0.060	0.100	0.160	0.260	0.400	0.600
	>0.5~1	0.010	0.015	0.020	0.030	0.040	0.060	0.080	0.120	0.160	0.240	—	0.014	0.022	0.034	0.050	0.090	0.140	0.220	0.340	0.500	0.900
	>1~1.5	0.015	0.020	0.030	0.040	0.060	0.080	0.120	0.160	0.240	0.340	—	0.020	0.030	0.050	0.080	0.120	0.200	0.320	0.500	0.900	1.400
>1~3	0.50	0.012	0.018	0.026	0.036	0.050	0.070	0.100	0.140	0.200	0.280	0.400	0.016	0.026	0.040	0.070	0.110	0.180	0.280	0.440	0.700	1.000
	>0.5~1	0.018	0.026	0.036	0.050	0.070	0.100	0.140	0.200	0.280	0.400	0.560	0.022	0.036	0.060	0.090	0.140	0.240	0.380	0.600	0.900	1.400
	>1~3	0.026	0.036	0.050	0.070	0.100	0.140	0.200	0.280	0.400	0.560	0.780	0.032	0.050	0.080	0.120	0.200	0.340	0.540	0.860	1.200	2.000
	>3~4	0.034	0.050	0.070	0.090	0.130	0.180	0.260	0.360	0.500	0.700	0.980	0.040	0.070	0.110	0.180	0.280	0.440	0.700	1.100	1.800	2.800
>3~10	0.50	0.018	0.026	0.036	0.050	0.070	0.100	0.140	0.200	0.280	0.400	0.560	0.022	0.036	0.060	0.090	0.140	0.240	0.380	0.600	0.960	1.400
	>0.5~1	0.026	0.036	0.050	0.070	0.100	0.140	0.200	0.280	0.400	0.560	0.780	0.032	0.050	0.080	0.120	0.200	0.340	0.540	0.860	1.400	2.200
	>1~3	0.036	0.050	0.070	0.100	0.140	0.200	0.280	0.400	0.560	0.780	1.100	0.050	0.070	0.110	0.180	0.300	0.480	0.760	1.200	2.000	3.200
	>3~6	0.046	0.060	0.090	0.130	0.180	0.260	0.360	0.480	0.680	0.980	1.400	0.060	0.090	0.140	0.240	0.380	0.600	1.000	1.600	2.600	4.000
	>6	0.060	0.080	0.110	0.160	0.220	0.300	0.420	0.600	0.840	1.200	1.600	0.070	0.110	0.180	0.280	0.440	0.700	1.100	1.800	2.800	4.400
>10~25	0.50	0.026	0.036	0.050	0.070	0.100	0.140	0.200	0.280	0.400	0.560	0.780	0.030	0.050	0.080	0.120	0.200	0.320	0.500	0.800	1.200	2.000
	>0.5~1	0.036	0.050	0.070	0.100	0.140	0.200	0.280	0.400	0.560	0.780	1.100	0.040	0.070	0.110	0.180	0.280	0.460	0.720	1.100	1.800	2.800
	>1~3	0.050	0.070	0.100	0.140	0.200	0.280	0.400	0.560	0.780	1.100	1.500	0.060	0.100	0.160	0.260	0.400	0.640	1.000	1.600	2.600	4.000
	>3~6	0.060	0.090	0.130	0.180	0.260	0.360	0.500	0.700	1.000	1.400	2.000	0.080	0.120	0.200	0.320	0.500	0.800	1.200	2.000	3.200	5.000
	>6	0.080	0.120	0.160	0.220	0.320	0.440	0.600	0.880	1.200	1.600	2.400	0.100	0.140	0.240	0.400	0.620	1.000	1.600	2.600	4.000	6.400
>25~63	0.50	0.036	0.050	0.070	0.100	0.140	0.200	0.280	0.400	0.560	0.780	1.100	0.040	0.060	0.100	0.160	0.260	0.400	0.640	1.000	1.600	2.600
	>0.5~1	0.050	0.070	0.100	0.140	0.200	0.280	0.400	0.560	0.780	1.100	1.500	0.060	0.090	0.140	0.220	0.360	0.580	0.900	1.400	2.200	3.600
	>1~3	0.070	0.100	0.140	0.200	0.280	0.400	0.560	0.780	1.100	1.500	2.100	0.080	0.120	0.200	0.320	0.500	0.800	1.200	2.000	3.200	5.000
	>3~6	0.090	0.120	0.180	0.260	0.360	0.500	0.700	0.980	1.400	2.000	2.800	0.100	0.160	0.260	0.400	0.660	1.000	1.600	2.600	4.000	6.400
	>6	0.110	0.160	0.220	0.300	0.440	0.600	0.860	1.200	1.600	2.200	3.000	0.110	0.180	0.280	0.460	0.760	1.200	2.000	3.200	5.000	8.000

续表

基本尺寸	项目/材料厚度	平冲压件尺寸公差(摘自 GB/T 13914—2013)											成形冲压件尺寸公差(摘自 GB/T 13914—2013)									
		公差等级											公差等级									
		ST1	ST2	ST3	ST4	ST5	ST6	ST7	ST8	ST9	ST10	ST11	FT1	FT2	FT3	FT4	FT5	FT6	FT7	FT8	FT9	FT10
>63~160	0.5	0.040	0.060	0.090	0.120	0.180	0.260	0.360	0.500	0.700	0.980	1.400	0.050	0.080	0.140	0.220	0.360	0.560	0.900	1.400	2.200	3.600
	>0.5~1	0.060	0.090	0.120	0.180	0.260	0.360	0.500	0.700	0.980	1.400	2.000	0.070	0.120	0.190	0.300	0.480	0.780	1.200	2.000	3.200	5.000
	>1~3	0.090	0.120	0.180	0.260	0.360	0.500	0.700	0.980	1.400	2.000	2.800	0.100	0.160	0.260	0.420	0.680	1.100	1.800	2.800	4.400	7.000
	>3~6	0.120	0.160	0.240	0.320	0.460	0.640	0.900	1.300	1.800	2.500	3.600	0.140	0.220	0.340	0.540	0.880	1.400	2.200	3.400	5.600	9.000
	>6	0.140	0.200	0.280	0.400	0.560	0.780	1.100	1.500	2.100	2.900	4.200	0.150	0.240	0.380	0.620	1.000	1.600	2.600	4.000	6.600	10.000
>160~400	0.5	0.060	0.090	0.120	0.180	0.260	0.360	0.500	0.700	0.980	1.400	2.000	—	0.100	0.160	0.260	0.420	0.700	1.100	1.800	2.800	4.400
	>0.5~1	0.090	0.120	0.180	0.260	0.360	0.500	0.700	1.000	1.400	2.000	2.800	—	0.140	0.240	0.380	0.620	1.000	1.600	2.600	4.000	6.400
	>1~3	0.120	0.180	0.260	0.360	0.500	0.700	1.000	1.400	2.000	2.800	4.000	—	0.220	0.340	0.540	0.880	1.400	2.200	3.400	5.600	9.000
	>3~6	0.160	0.240	0.320	0.460	0.640	0.900	1.300	1.800	2.600	3.600	4.800	—	0.280	0.440	0.700	1.100	1.800	2.800	4.400	7.000	11.000
	>6	0.200	0.280	0.400	0.560	0.780	1.100	1.500	2.100	2.900	4.200	5.800	—	0.340	0.540	0.880	1.400	2.200	3.400	5.600	9.000	14.000
>400~1000	0.5	0.090	0.120	0.180	0.240	0.340	0.480	0.660	0.940	1.300	1.800	2.600	—	—	0.240	0.380	0.620	1.000	1.600	2.600	4.000	6.600
	>0.5~1	—	0.180	0.240	0.340	0.480	0.660	0.940	1.300	1.800	2.600	3.600	—	—	0.340	0.540	0.880	1.400	2.200	3.400	5.600	9.000
	>1~3	—	0.240	0.340	0.480	0.660	0.940	1.300	1.800	2.600	3.600	5.000	—	—	0.440	0.700	1.100	1.800	2.800	4.400	7.000	11.000
	>3~6	—	0.320	0.450	0.620	0.880	1.200	1.600	2.400	3.400	4.600	6.600	—	—	0.560	0.900	1.400	2.200	3.400	5.600	9.000	14.000
	>6	—	0.340	0.480	0.700	1.000	1.400	2.000	2.800	4.000	5.600	7.800	—	—	0.620	1.000	1.600	2.600	4.000	6.400	10.000	16.000
>1000~6300	0.5	—	—	0.260	0.360	0.500	0.700	0.980	1.400	2.000	2.800	4.000										
	>0.5~1	—	—	0.360	0.500	0.700	0.980	1.400	2.000	2.800	4.000	5.600										
	>1~3	—	—	0.500	0.700	0.980	1.400	2.000	2.800	4.000	5.600	7.800										
	>3~6	—	—	—	0.900	1.200	1.600	2.200	3.200	4.400	6.200	8.000										
	>6	—	—	—	1.000	1.400	1.900	2.600	3.600	5.200	7.200	10.000										

注：1. 平冲压件是经平面冲裁工序加工而成形的冲压件。

成形冲压件是经弯曲、拉深及其他成形方法加工而成的冲压件。

2. 平冲压件尺寸公差适用于平冲压件，也适用于成形冲压件上经冲裁工序加工而成的尺寸。

3. 平冲压件、成形冲压件尺寸的极限偏差按下述规定选取。

(1) 孔（内形）尺寸的极限偏差取表中给出的公差数值，冠以“+”作为上偏差，下偏差为0。

(2) 轴（外形）尺寸的极限偏差取表中给出的公差数值，冠以“-”号作为下偏差，上偏差为0。

(3) 孔中心距、孔边距、弯曲、拉深与其他成形方法而成的长度、高度及未注公差尺寸的极限偏差，取表中给出的公差值的一半，冠以“±”号分别作为上、下偏差。

表 1-3-15　未注公差（冲裁、成形）尺寸的极限偏差（摘自 GB/T 15055—2021）　mm

基本尺寸	板料厚度 t	未注公差冲裁尺寸的极限偏差 公差等级 f	m	c	v	未注公差成形尺寸的极限偏差 公差等级 f	m	c	v
>0.5~3	≤1	±0.05	±0.10	±0.15	±0.20	±0.15	±0.20	±0.35	±0.50
	>1~4	±0.15	±0.20	±0.30	±0.40	±0.30	±0.45	±0.60	±1.00
>3~6	≤1	±0.10	±0.15	±0.20	±0.30	±0.20	±0.30	±0.50	±0.70
	>1~4	±0.20	±0.30	±0.40	±0.55	±0.40	±0.60	±1.00	±1.60
	>4	±0.30	±0.40	±0.60	±0.80	±0.55	±0.90	±1.40	±2.20
>6~30	≤1	±0.15	±0.20	±0.30	±0.40	±0.25	±0.40	±0.60	±1.00
	>1~4	±0.30	±0.40	±0.55	±0.75	±0.50	±0.80	±1.30	±2.00
	>4	+0.45	+0.60	+0.80	+1.20	±0.80	±1.30	±2.00	±3.20
>30~120	≤1	±0.20	±0.30	±0.40	±0.55	±0.30	±0.50	±0.80	±1.30
	>1~4	±0.40	±0.55	±0.75	±1.05	±0.60	±1.00	±1.60	±2.50
	>4	±0.60	±0.80	±1.10	±1.50	±1.00	±1.60	±2.50	±4.00
>120~400	≤1	±0.25	±0.35	±0.50	±0.70	±0.45	±0.70	±1.10	±1.80
	>1~4	±0.50	±0.70	±1.00	±1.40	±0.90	±1.40	±2.20	±3.50
	>4	±0.75	±1.05	±1.45	±2.10	±1.30	±2.00	±3.30	±5.00
>400~1000	≤1	±0.35	±0.50	±0.70	±1.00	±0.55	±0.90	±1.40	±2.20
	>1~4	±0.70	±1.00	±1.40	±2.00	±1.10	±1.70	±2.80	±4.50
	>4	±1.05	±1.45	±2.10	±2.90	±1.70	±2.80	±4.50	±7.00
>1000~2000	≤1	±0.45	±0.65	±0.90	±1.30	±0.80	±1.30	±2.00	±3.30
	>1~4	±0.90	±1.30	±1.80	±2.50	±1.40	±2.20	±3.50	±5.50
	>4	±1.40	±2.00	±2.80	±3.90	±2.00	±3.20	±5.00	±8.00
>2000~4000	≤1	±0.70	±1.00	±1.40	±2.00				
	>1~4	±1.40	±2.00	±2.80	±3.90				
	>4	±1.80	±2.60	±3.60	±5.00				

注：对于 0.5mm 及 0.5mm 以下的尺寸应标公差。对于 4000mm 及以上冲裁尺寸和 2000mm 及以上成形尺寸应标注公差。

表 1-3-16　未注公差（冲裁、成形）圆角半径的极限偏差（摘自 GB/T 15055—2021）　mm

冲裁圆角半径的极限偏差 基本尺寸	板料厚度 t	公差等级 f	m	c	v	成形圆角半径 基本尺寸	极限偏差
>0.5~3	≤1	±0.15		±0.20		≤3	+1.00 -0.30
	>1~4	±0.30		±0.40			
>3~6	≤4	±0.40		±0.60		>3~6	+1.50 -0.50
	>4	±0.60		±1.00			
>6~30	≤4	±0.60		±0.80		>6~10	+2.50 -0.80
	>4	±1.00		±1.40			

续表

冲裁圆角半径的极限偏差						成形圆角半径	
基本尺寸	板料厚度 t	公差等级				基本尺寸	极限偏差
		f	m	c	v		
>30~120	≤4	±1.00		±1.20		>10~18	+3.00 -1.00
	>4	±2.00		±2.40			
>120~400	≤4	±1.20		±1.50		>18~30	+4.00 -1.50
	>4	±2.40		±3.00			
>400	≤4	±2.00		±2.40		>30	+5.00 -2.00
	>4	±3.00		±3.50			

表 1-3-17　尺寸公差等级的选用（摘自 GB/T 13914—2013）

类别	加工方法	尺寸类型	公差等级										
			ST1	ST2	ST3	ST4	ST5	ST6	ST7	ST8	ST9	ST10	ST11
平冲压件	精密冲裁	外形											
		内形											
		孔中心距											
		孔边距											
	普通冲裁	外形											
		内形											
		孔中心距											
		孔边距											
	成形冲压平面冲裁	外形											
		内形											
		孔中心距											
		孔边距											
			FT1	FT2	FT3	FT4	FT5	FT6	FT7	FT8	FT9	FT10	
成形冲压件	拉深	直径											
		高度											
	带凸缘拉深	直径											
		高度											
	弯曲	长度											
	其他成形方法	直径											
		高度											
		长度											

表 1-3-18 **角度公差**（摘自 GB/T 13915—2013）

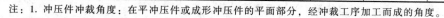

	公差等级	短边尺寸 L/mm							图形
		≤10	>10~25	>25~63	>63~160	>160~400	>400~1000	>1000~2500	
冲压件冲裁角度公差	AT1	0°40′	0°30′	0°20′	0°12′	0°5′	0°4′	—	
	AT2	1°	0°40′	0°30′	0°20′	0°12′	0°6′	0°4′	
	AT3	1°20′	1°	0°40′	0°30′	0°20′	0°12′	0°6′	
	AT4	2°	1°20′	1°	0°40′	0°30′	0°20′	0°12′	
	AT5	3°	2°	1°20′	1°	0°40′	0°30′	0°20′	
	AT6	4°	3°	2°	1°20′	1°	0°40′	0°30′	
	公差等级	短边尺寸 L/mm							
		≤10	>10~25	>25~63	>63~160	>160~400	>400~1000	>1000	
冲压件弯曲角度公差	BT1	1°	0°40′	0°30′	0°16′	0°12′	0°10′	0°8′	
	BT2	1°30′	1°	0°40′	0°20′	0°16′	0°12′	0°10′	
	BT3	2°30′	2°	1°30′	1°15′	1°	0°45′	0°30′	
	BT4	4°	3°	2°	1°30′	1°15′	1°	0°45′	
	BT5	6°	4°	3°	2°30′	2°	1°30′	1°	

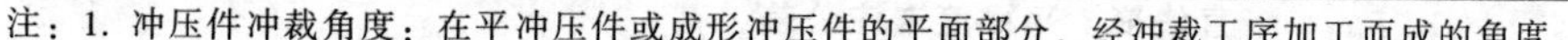

注：1. 冲压件冲裁角度：在平冲压件或成形冲压件的平面部分，经冲裁工序加工而成的角度。

2. 冲压件弯曲角度：经弯曲工序加工而成的冲压件的角度。

3. 冲压件冲裁角度与弯曲角度的极限偏差按下述规定选取。

（1）依据使用的需要选用单向偏差。

（2）未注公差的角度极限偏差，取表中给出的公差值的一半，冠以"±"号分别作为上、下偏差。

表 1-3-19 **未注公差（冲裁、弯曲）角度的极限偏差**（摘自 GB/T 15055—2021） mm

	公差等级	短边长度						
		≤10	>10~25	>25~63	>63~160	>160~400	>400~1000	>1000
冲裁	f	±1°	±0.67°	±0.5°	±0.33°	±0.25°	±0.17°	±0.1°
	m	±1.5°	±1°	±0.67°	±0.5°	±0.33°	±0.25°	±0.17°
	c	±2.00°	±1.50°	±1.00°	±0.67°	±0.50°	±0.33°	±0.25°
	v							
	公差等级	弯曲件直边最小尺寸 l_1						
		≤10	>10~25	>25~63	>63~160	>160~400	>400~1000	>1000
弯曲	f	±1.25°	±1.00°	±0.75°	±0.58°	±0.50°	±0.33°	±0.25°
	m	±2.00°	±1.50°	±1.00°	±0.75°	±0.58°	±0.50°	±0.33°
	c	±3.00°	±2.00°	±1.50°	±1.25°	±1.00°	±0.75°	±0.50°
	v							

表 1-3-20　　角度公差等级选用（摘自 GB/T 13915—2013）

	材料厚度/mm	公差等级					
		AT1	AT2	AT3	AT4	AT5	AT6
冲压件冲裁角度	≤2						
	>2~4						
	>4						

	材料厚度/mm	公差等级				
		BT1	BT2	BT3	BT4	BT5
冲压件弯曲角度	≤2					
	>2~4					
	>4					

冲压件形状和位置未注公差（摘自 GB/T 13916—2013）

① 范围　本标准规定了金属冲压件的直线度、平面度、同轴度、对称度的未注公差等级和数值，规定了金属冲压件的圆度、圆柱度、平行度、垂直度、倾斜度的未注公差。

② 公差等级　冲压件的直线度、平面度、同轴度、对称度未注公差均分为 f（精密级）、m（中等级）、c（粗糙级）、v（最粗级）四个公差等级，冲压件的圆度、圆柱度、平行度、垂直度、倾斜度未注公差不分公差等级。

③ 公差数值　直线度、平面度未注公差值按表 1-3-21 规定，平面度未注公差应选择较长的边作为主参数。主参数。*D*、*H*、*L* 选用见表。

直线度、平面度未注公差

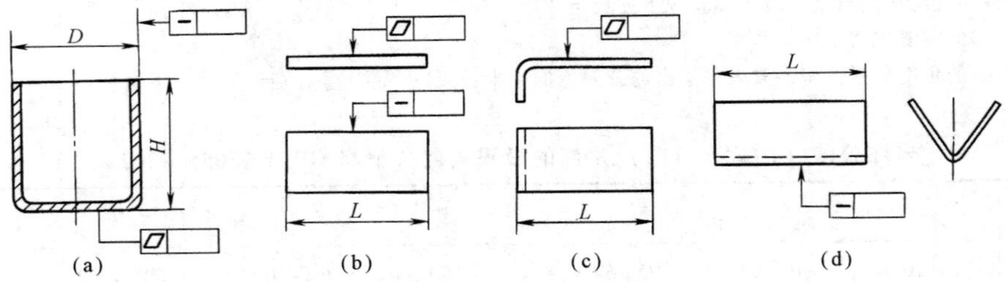

(a)　(b)　(c)　(d)

表 1-3-21　　mm

公差等级	主参数（*L*、*H*、*D*）						
	≤10	>10~25	>25~63	>63~160	>160~400	>400~1000	>1000
f	0.06	0.10	0.15	0.25	0.40	0.60	0.90
m	0.12	0.20	0.30	0.50	0.80	1.20	1.80
c	0.25	0.40	0.60	1.00	1.60	2.50	4.00
v	0.50	0.80	1.20	2.00	3.20	5.00	8.00

同轴度、对称度未注公差

同轴度、对称度未注公差主参数（*B*、*D*、*d*、*L*）按表 1-3-22 规定，示例如图

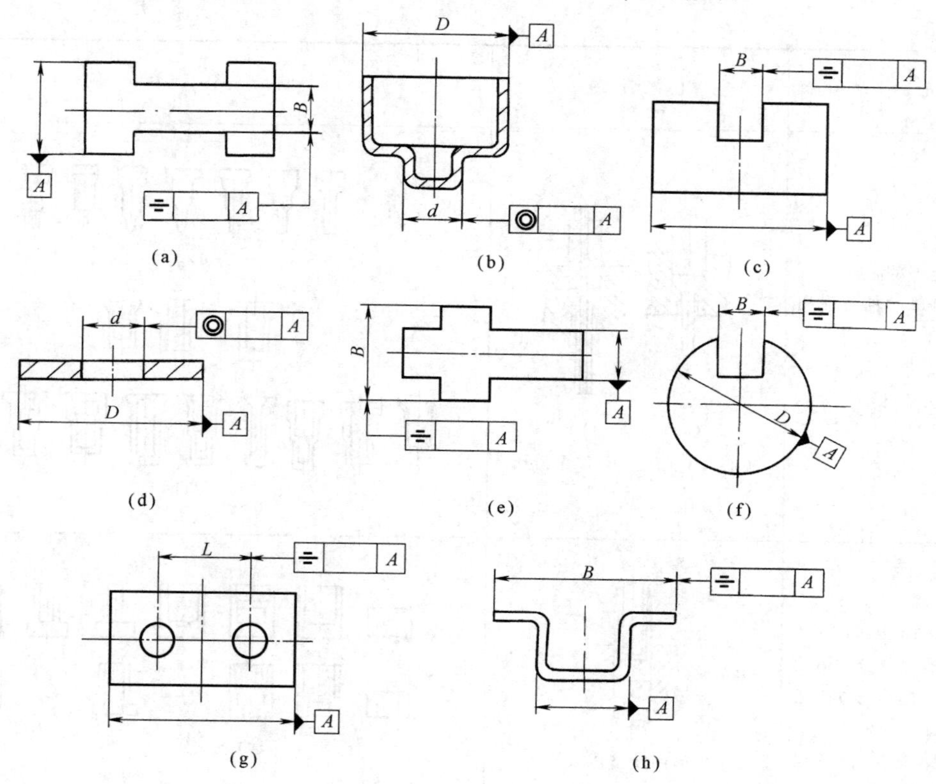

表 1-3-22

mm

公差等级	主参数(B、D、d、L)							
	≤3	>3~10	>10~25	>25~63	>63~160	>160~400	>400~1000	>1000
f	0.12	0.20	0.30	0.40	0.50	0.60	0.80	1.00
m	0.25	0.40	0.60	0.80	1.00	1.20	1.60	2.00
c	0.50	0.80	1.20	1.60	2.00	2.50	3.20	4.00
v	1.00	1.60	2.50	3.20	4.00	5.00	6.50	8.00

圆度、圆柱度、平行度、垂直度、倾斜度未注公差

圆度未注公差值应不大于相应尺寸公差值。

圆柱度未注公差由其圆度、素线的直线度和相对素线的平行度公差组成，而每一项公差均由其标注公差或未注公差控制，采用包容要求。

平行度未注公差值等于尺寸公差值或平面（直线）度公差值，两者以较大值为准。

垂直度、倾斜度未注公差值由角度公差和直线度公差值分别控制。

2.4 冷挤压件结构要素（摘自 JB/T 6541—2004）

挤压是坯料在封闭模腔内受三向不均匀压应力作用，从模具的孔口或缝隙挤出，使其横截面积减小，成为所

需制品的加工方法。在室温下进行的挤压加工，简称冷挤。

冷挤压件的分类

表 1-3-23

类别	名称与特点	工艺简图	制品举例
按形状分	(1)旋转对称形 (2)简单的轴对称和非对称 (3)具有沟纹、齿形等形状的型材	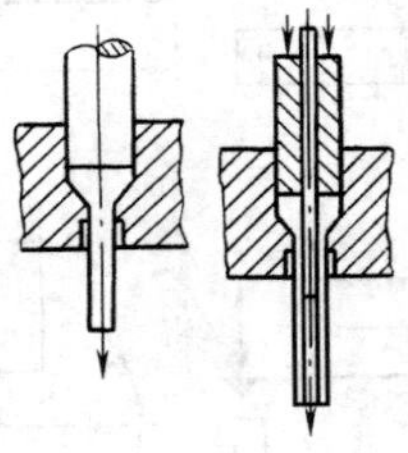 (a) (b) 实心(a)、空心(b)件正挤压	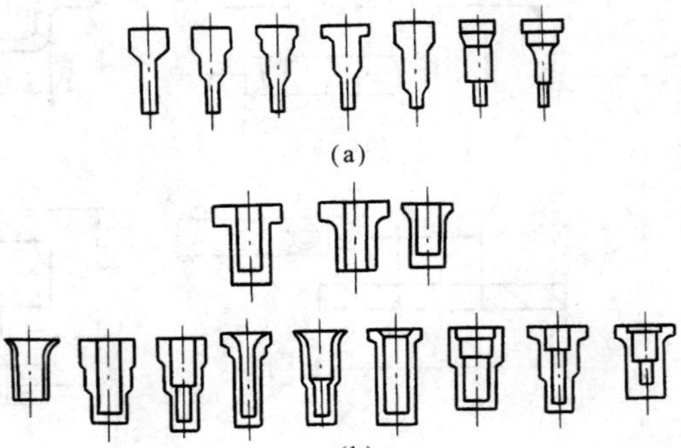 (a) (b)
按工艺分	(1)正挤压：坯料从模孔中流出部分的运动方向与凸模运动方向相同的挤压 (2)反挤压：二者运动方向相反的挤压。又分杯形件反挤压(c图)与杯-杆件反挤压(d图) (3)复合挤压：同时兼有正、反挤时金属流动特征的挤压，又分杯-杯件(e图)、杯-杆件(f图)、杆-杆件复合挤压(g图) (4)镦挤：镦粗、挤压复合组成(h图)	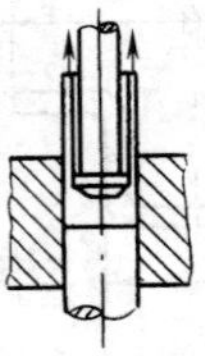 杯形件反挤压(c)	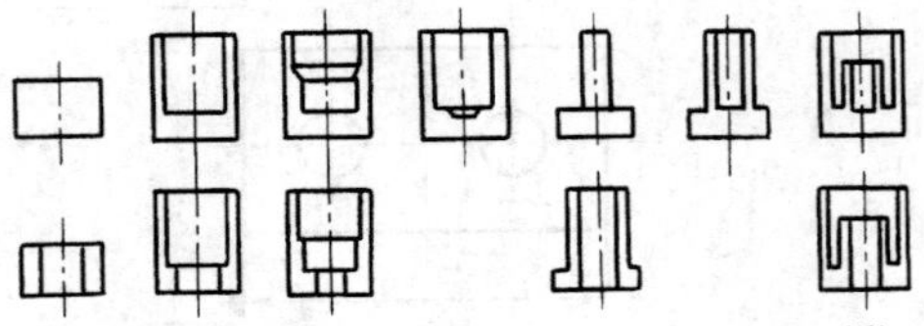 (c) (d)
		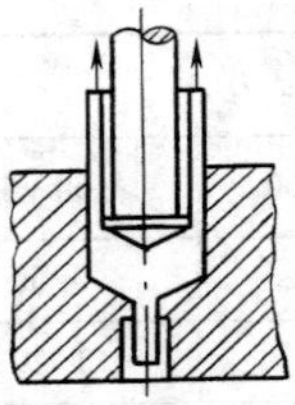 杯-杆件复合挤压(f)	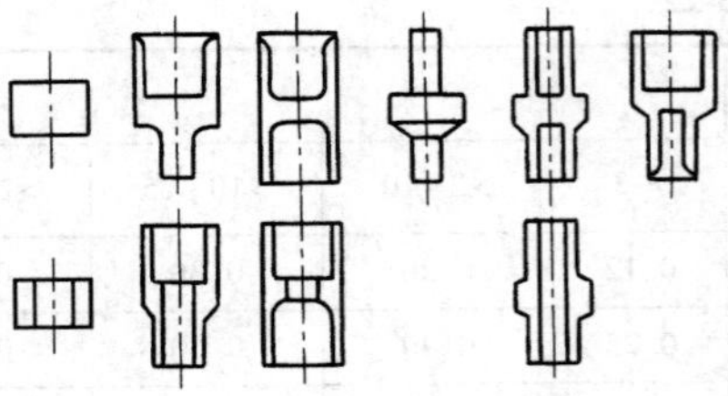 (e) (g) (f)
			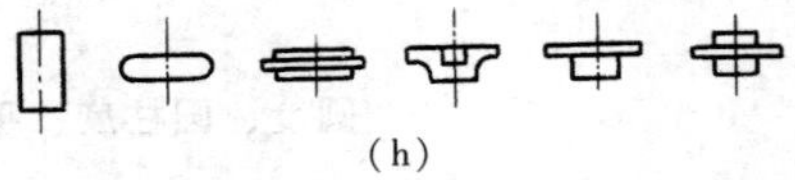 (h)

确定结构要素的一般原则

1）冷挤压件结构必须利用冷挤压工艺的变形特性，尽量达到少或无切削加工。

2）冷挤压件结构要考虑冷挤压工艺变形特性所产生的物理和力学性能变化。

3）冷挤压件结构必须保证足够的模具寿命。

4）冷挤压件结构在保证成形和模具寿命的条件下，应尽量减少成形工步。

5）冷挤压件结构要考虑材料及其后续热处理工序的影响因素。

6）非对称形状的冷挤压件可合并为对称形状进行挤压。

冷挤压件结构要素

表 1-3-24

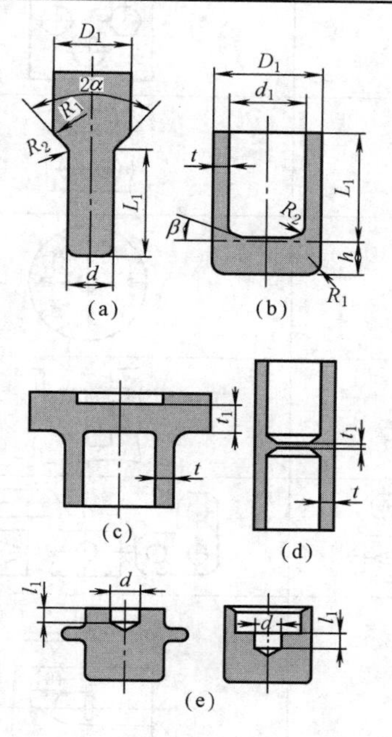

杯形反挤压件内孔	纯铝	紫铜	铜合金	钢
长径比 L_1/d_1	≤7	≤5	≤3	≤2.5
底厚和壁厚比 h/t	>0.5		铜及其合金>1.0	>1.2
正挤压凹模入口角 2α	90°~120°(图 a)			
反挤压凸模锥顶角 β	7°~9°(图 b)			
特殊情况下可为平底凸模，其交界面应有圆角				
正挤压件的圆角半径 R_1 R_2	3~10mm(图 a) 0.5~1.5mm			
反挤压件外圆角半径 R_1 内圆角半径 R_2	一般与零件的圆角半径相同(图 b)			
特殊情况下，为了有利于金属流动可适当加大(图 b)。应注意两圆角之间的距离不能小于壁厚				
复合挤压件连皮位置及厚度 t_1：一般情况下杯-杯形挤压件连皮位置应放在中间(图 d)；扁平类挤压件连皮位置应设在大端(图 c)；连皮厚度 t_1 大于或等于壁厚 t				
凹穴的尺寸和位置：凹穴的深度 l_1 应小于直径 d，一个凹穴时，其位置应设在制件的对称中心(图 e)				

2.5 冷冲压、冷挤压零件的设计注意事项

表 1-3-25

类别	注意事项	不好的设计	改进后的设计
冲裁	工件的形状必须使工件能在板料上紧密排列。可节约金属		
	轮廓应避免出现尖(锐)角，以免产生毛刺或塌角，并避免过紧公差		
	优先采用在连续切割时不易产生错位的工具形状		

续表

类别	注意事项	不好的设计	改进后的设计
冲裁	避免太小的孔间距	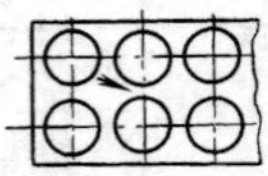	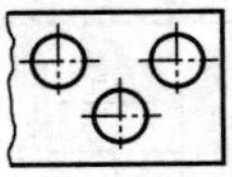
	尽量采用相同的冲剪形状	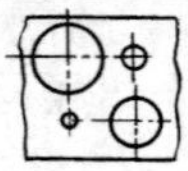	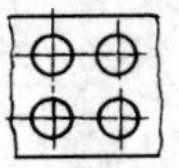
	避免复杂轮廓	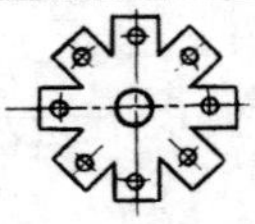	
	避免过薄的冲模结构		
	形状尽量简单,优先采用斜切角,避免圆角	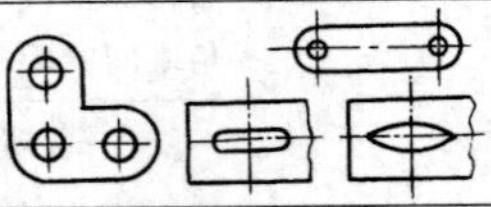	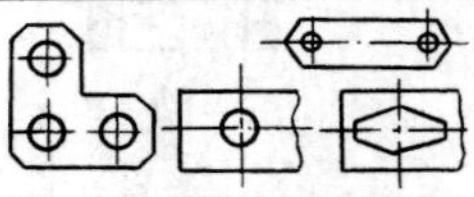
	切口处应有适当斜度,以免工件从凹模中退出时舌部与凹模内壁摩擦	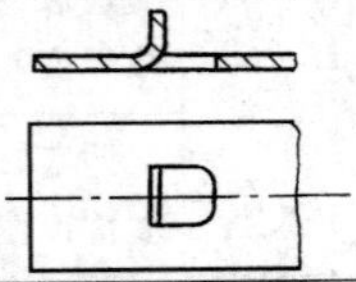	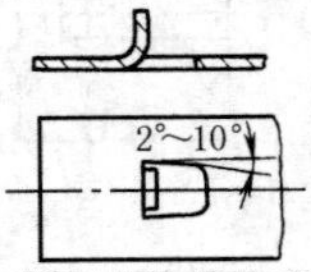 2°~10°
弯曲	考虑材料的弹性变形。图a必须附加整形工序才能实现,图a′弯曲后不需整形	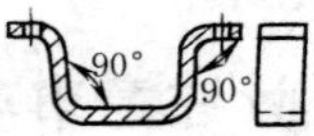 90° 90° (a)角度偏差要求严格 (在10′~30′之内)	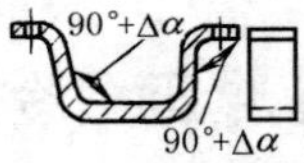 90°+Δα 90°+Δα (a′)角度偏差考虑了材料的弹性变形 (允差2°~3°)
	弯曲件的形状最好对称 图a弯曲时必须用较大的力压紧,而且还可能达不到要求的尺寸	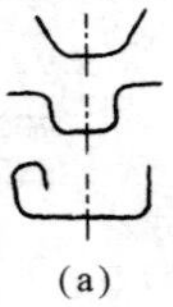 (a)	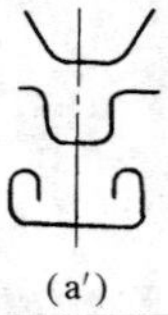 (a′)
	窄料小半径弯曲件且宽度有严格要求时,应在弯曲处留切口	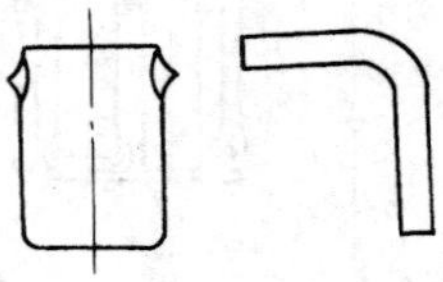	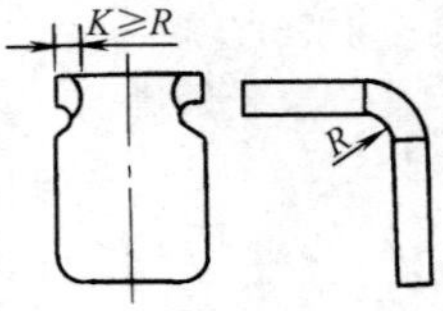 $K \geq R$ R
	在折角处采用缺口以便于折边	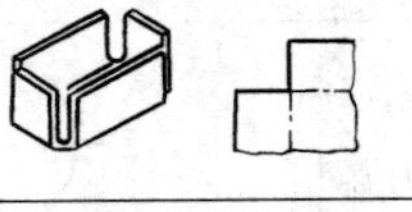	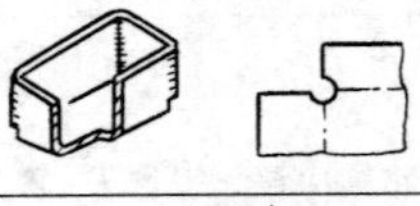
	对需要局部弯曲的工件,应预冲防裂槽或外移弯曲线,以免在交界处产生撕裂	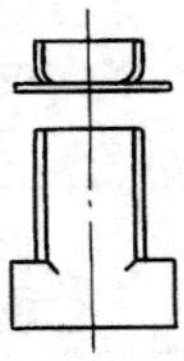	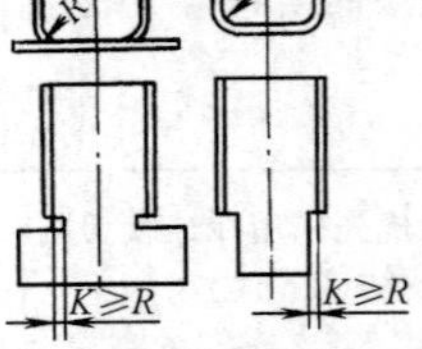 R R $K \geq R$ $K \geq R$

续表

类别	注意事项	不好的设计	改进后的设计
弯曲	正确选择弯边最小高度和最小弯曲半径 弯边最小高度 $H>2t$ 最小曲率半径 $R \geqslant \begin{cases} (0\sim1.3)t & 弯曲线垂直轧制方向 \\ (0.4\sim2.0)t & 弯曲线平行轧制方向 \end{cases}$	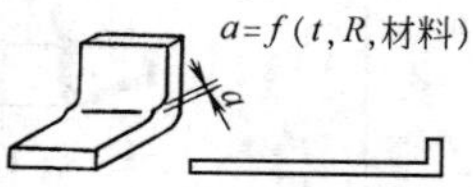 $a=f(t,R,材料)$	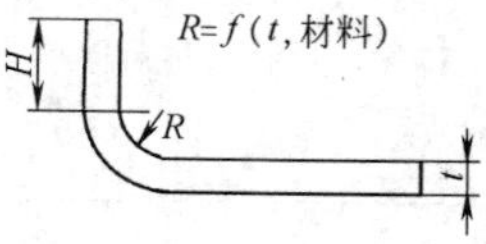 $R=f(t,材料)$
	当在折角附近有冲孔时，注意其与折边的最小距离	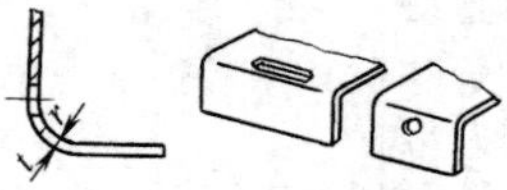	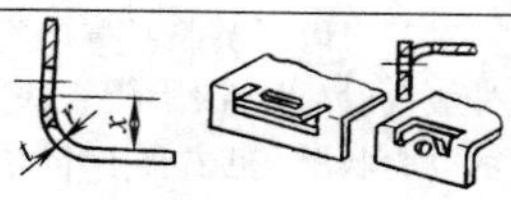 $x \geqslant r+1.5t$
	倘若最小距离不能实现，则力求断口和切槽通过折边		
	在折边区域，避免倾斜变化和缩小的外边缘		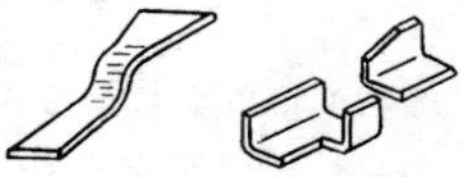
	规定足够宽度的卷边	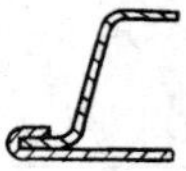	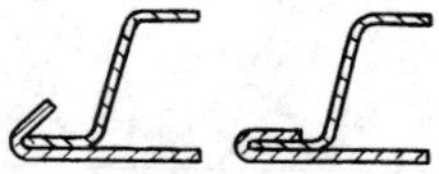
	在薄板边缘进行加固	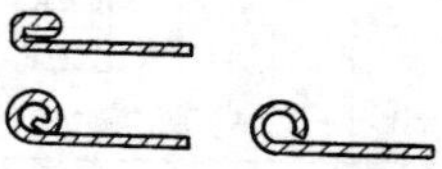	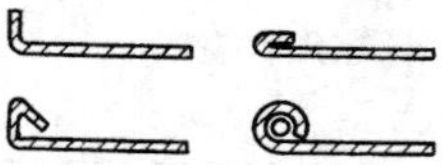
	对空心件和背向弯曲件尽量采用大的保留开口宽度	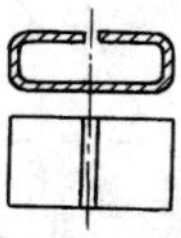	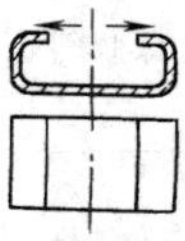
	采用图a′方式，先打出一孔A，再用切口、弯曲的方法代替图a所示结构，可节省很大劳动量	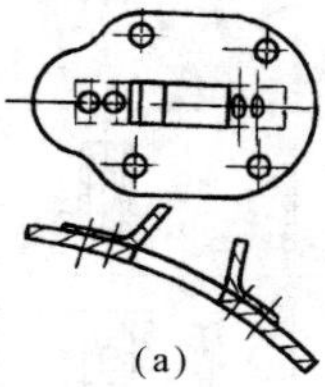 (a)	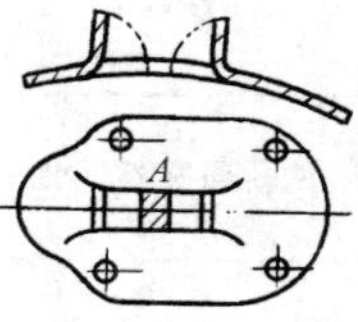 A (a′)
	避免复杂的弯曲件（下料复杂），最好是分开后连接起来	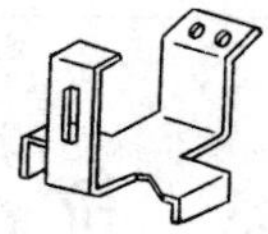	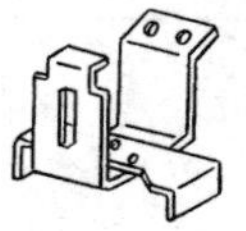
拉深	各部分尺寸的比例关系要恰当 图a结构不仅拉深困难，且需增加工序，放宽切边余量，金属浪费大 图b结构要用四五道拉深工序，并需中间退火，制造困难，图b′仅用一二道工序即可完成，且不需中间退火	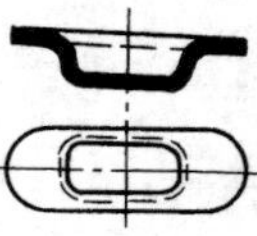 (a) 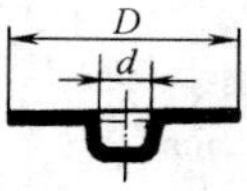 D d $D>2.5d$ (b)	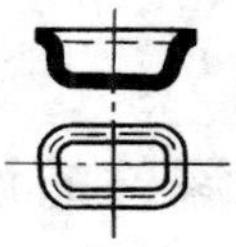 (a′) 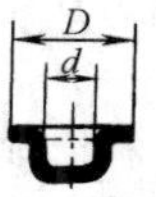 D d $D<1.5d$ (b′)

续表

类别	注意事项	不好的设计	改进后的设计
拉深	拉深件形状应尽量简单、对称,以减少加工难度	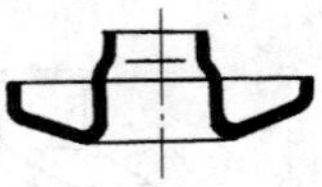	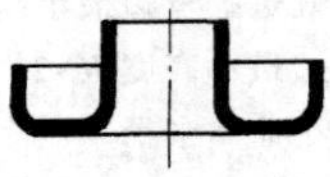
	对于半敞开及非对称的空心件,应考虑设计成成对的拉深件(组合式),以改善拉深时的受力状况(见右图),待拉深后,再将其剖切成两个或更多个零件	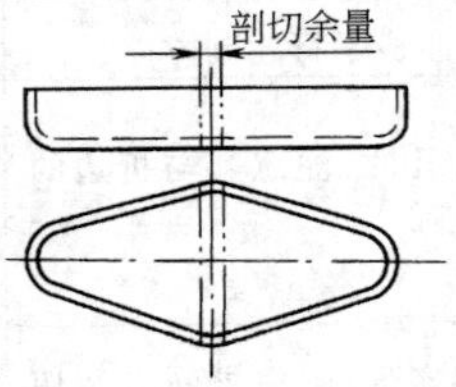 剖切余量	
成形	压肋的形状应力求与零件外形相近或对称,以免因加工时变形不均匀而产生翘曲	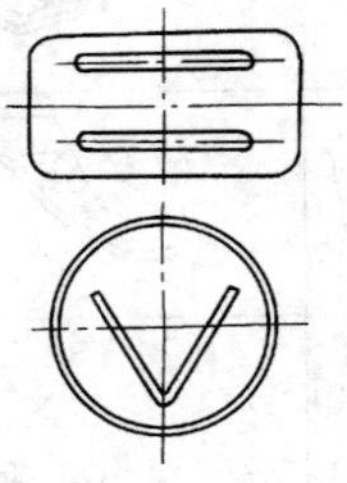	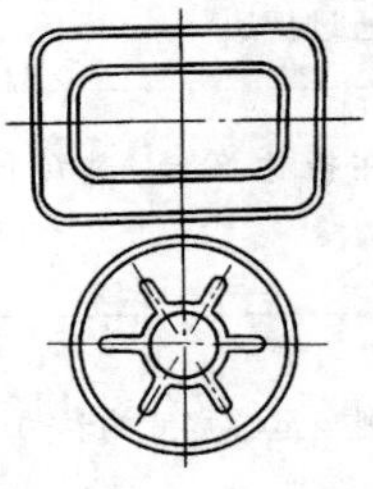
冷挤压	避免下部横截	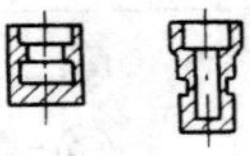	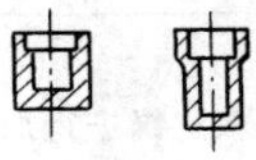
	避免边缘倾斜及小的直径差	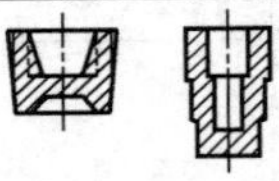	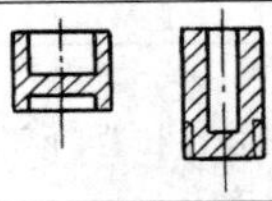
	规定回转对称,无材料堆积,否则将工件分开,然后连接起来	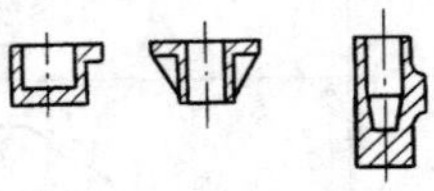	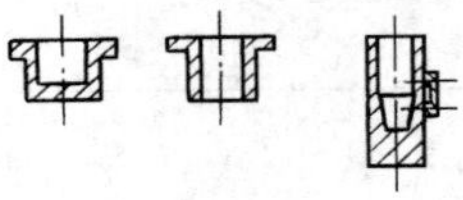
	避免断面突然变化、尖锐的棱边和内槽	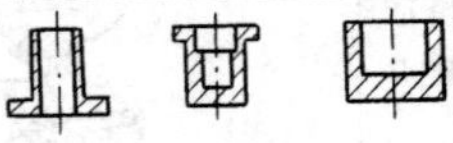	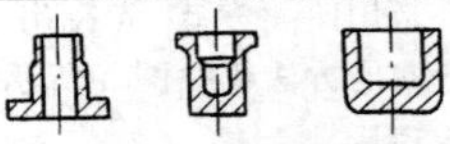
	避免细、长或侧向的孔及螺纹	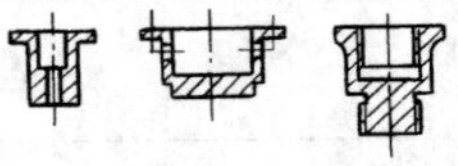	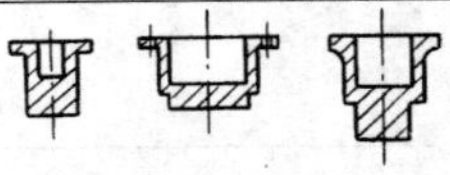

3 拉 深

3.1 拉深件的设计及注意事项

拉深载荷的计算圆筒形件、椭圆形件及盒形件的拉深载荷可按式(1-3-1)近似计算:

$$P = K_p L_s t \sigma_b \tag{1-3-1}$$

式中 L_s——工件断面周长(按料厚中心计)mm;

K_p——系数。对于圆筒形件的拉深,$K_p = 0.5 \sim 1.0$;对于椭圆形件及盒形件的拉深,$K_p = 0.5 \sim 0.8$;对于其他形状工件的拉深,$K_p = 0.7 \sim 0.9$。当拉深趋近极限时 K_p 取大值;反之,取小值。

表 1-3-26 **拉深件的形状设计**（JB/T 6959—2008）

① 尽量简单、对称，轴对称拉深件的工艺性最好，其他形状的拉深件应避免急剧的轮廓变化

② 形状非常复杂的拉深件，应将其分解成若干个件，分别加工后再进行连接(图 a)

③ 空间曲面类拉深件，在工件口部增加一段直壁形状以提高工件刚度，避免拉深皱纹及凸缘变形。(图 b)

④ 半敞开及非对称的空心件，应考虑设计成对的拉深件(组合式)，以改善拉深时的受力状况(图 c)，待拉伸后剖切成两个或多个工件

⑤ 尽量避免尖底形状的拉深件，高度大时，工艺性更差

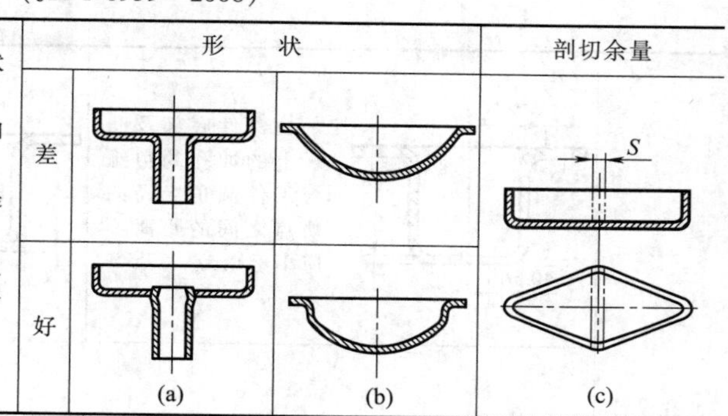

(a) (b) (c)

表 1-3-27 **拉深件的形状误差**

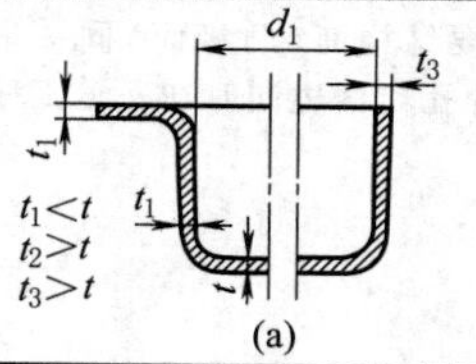

(a)

拉深件的壁厚在变形过程中只能得到近似的形状。图示为圆筒形件拉深成形后的壁厚变化说明

拉深件的凸缘及底部平面存在一定的形状误差，如果对工件凸缘及底面有严格的平面度要求，应增加整形工序

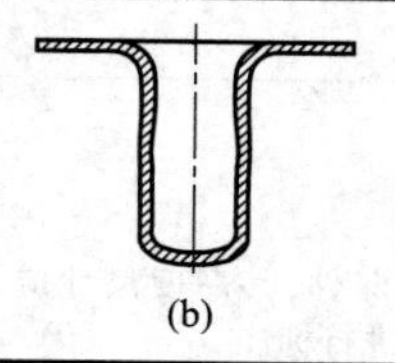
(b)

多次拉深时，内外侧壁及凸缘表面会残留工步弯痕，产生较大的尺寸偏差。如果工件壁厚尺寸及表面质量要求较高，应增加整形工序

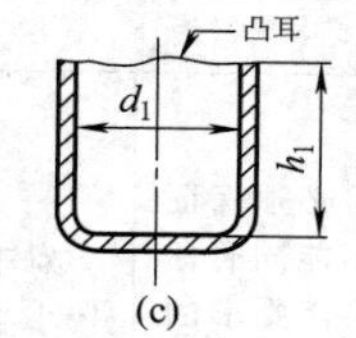

(c)

无凸缘件拉深时，工件端部形成凸耳是不可避免的，凸耳的大小与工件形状、毛坯尺寸及板料的各向异性等因素有关。如果对工件高度尺寸有要求，应增加修边工序

表 1-3-28 **拉深件的尺寸与尺寸标注**

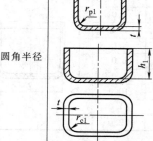

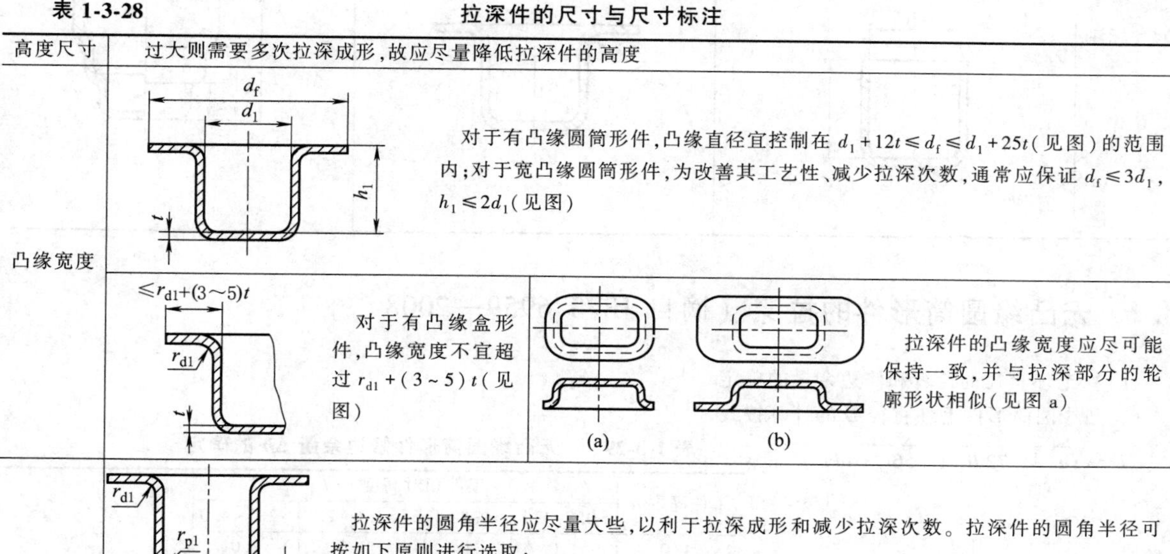

高度尺寸	过大则需要多次拉深成形，故应尽量降低拉深件的高度
凸缘宽度	对于有凸缘圆筒形件，凸缘直径宜控制在 $d_1+12t\leqslant d_f\leqslant d_1+25t$（见图）的范围内；对于宽凸缘圆筒形件，为改善其工艺性、减少拉深次数，通常应保证 $d_f\leqslant 3d_1$，$h_1\leqslant 2d_1$（见图） 对于有凸缘盒形件，凸缘宽度不宜超过 $r_{d1}+(3\sim5)t$（见图） 拉深件的凸缘宽度应尽可能保持一致，并与拉深部分的轮廓形状相似（见图 a）
圆角半径	拉深件的圆角半径应尽量大些，以利于拉深成形和减少拉深次数。拉深件的圆角半径可按如下原则进行选取： ① 拉深件底部圆角半径 r_{p1} 应满足 $r_{p1}\geqslant t$，为使拉深工序顺利进行，一般应取 $r_{p1}=(3\sim5)t$。增加整形工序时，可取 $r_{p1}\geqslant(0.1\sim0.3)t$； ② 拉深件凸缘圆角半径 r_{d1} 应满足 $r_{d1}\geqslant 2t$，为使拉深工序顺利进行，一般应取 $r_{d1}=(5\sim8)t$。增加整形工序时，可取 $r_{d1}\geqslant(0.1\sim0.3)t$； ③ 盒形拉深件转角半径 r_{c1} 应满足 $r_{c1}\geqslant 3t$，为使拉深工序顺利进行，一般应取 $r_{c1}\geqslant 6t$。为便于一次拉深成形，应保证 $r_{c1}\geqslant 0.15h_1$

续表

	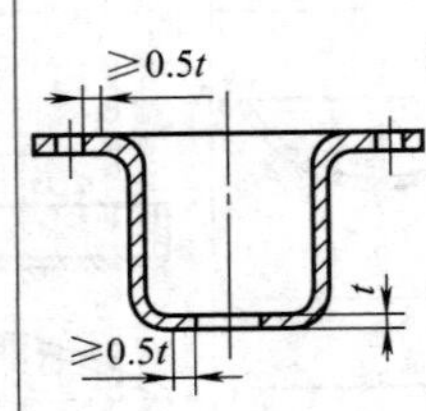 拉深件底部及凸缘上的冲孔的边缘与工件圆角半径的切点之间的距离不应小于 $0.5t$	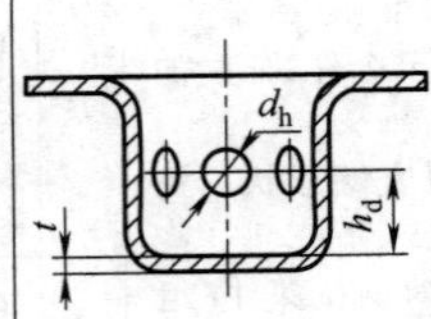 拉深件侧壁上的冲孔，孔中心与底部或凸缘的距离应满足 $h_d \geqslant 2d_h+t$
冲孔设计	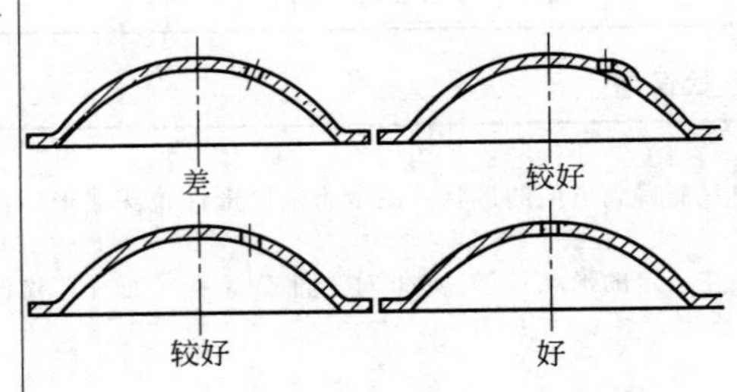	拉深件上的孔位应设置在与主要结构面（凸缘面）同一平面上，或使孔壁垂直于该平面，以便冲孔与修边同时在一道工序中完成

尺寸标注	在拉深件图样上应注明必须保证的内腔尺寸或外部尺寸，不能同时标注内外形尺寸。对于有配合要求的口部尺寸应标注配合部分的深度 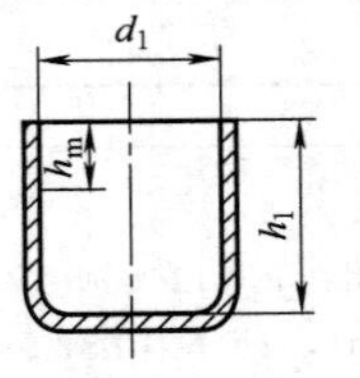	对于拉深件的圆角半径，应标注在较小半径的一侧，即模具能够控制到的圆角半径的一侧 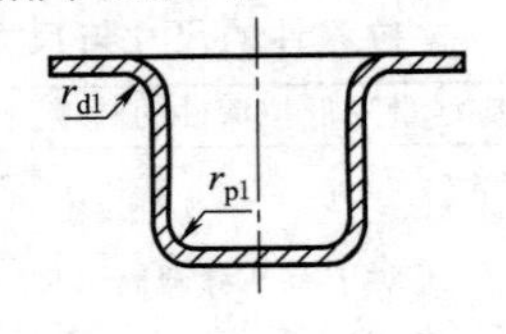	有台阶的拉深件，其高度尺寸应以底部为基准进行标注 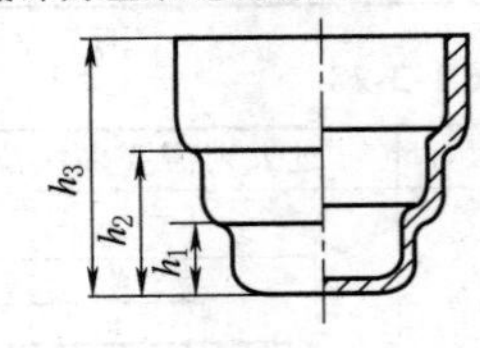

3.2 无凸缘圆筒形件的拉深（摘自 JB/T 6959—2008）

（1）毛坯直径的计算和修边余量的确定

无凸缘圆筒形件毛坯直径 D 的计算按式

$$D=\sqrt{d^2-1.72dr_p-0.56r_p^2+4dh} \tag{1-3-2}$$

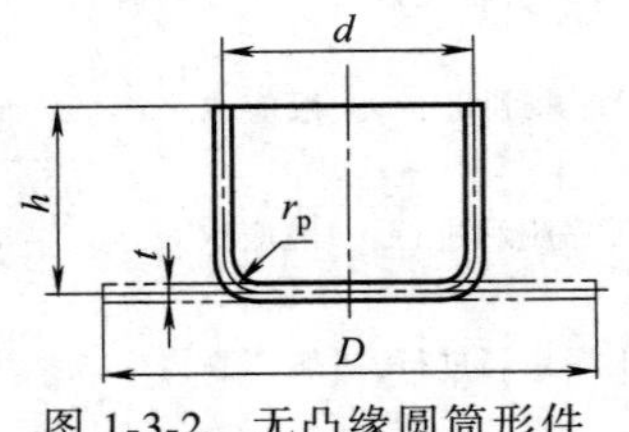

图 1-3-2 无凸缘圆筒形件

表 1-3-29 无凸缘圆筒形件修边余量 Δh 的确定

工件高度 h	工件相对高度 h/d			
	>0.5~0.8	>0.8~1.6	>1.6~2.5	>2.5~4.0
≤10	1.0	1.2	1.5	2.0
>10~20	1.2	1.6	2.0	2.5
>20~50	2.0	2.5	3.3	4.0
>50~100	3.0	3.8	5.0	6.0
>100~150	4.0	5.0	6.5	8.0
>150~200	5.0	6.3	8.0	10.0
>200~250	6.0	7.5	9.0	11.0
>250	7.0	8.5	10.0	12.0

Δh
h
d

(2) 拉深系数的选取

表 1-3-30　　无凸缘圆筒形件的极限拉深系数

适用材料	各次极限拉深系数	毛坯相对厚度 $t/D\times100$					
		>0.08~0.15	>0.15~0.3	>0.3~0.6	>0.6~1.0	>1.0~1.5	>1.5~2.0
08、10S、15S 钢与软黄铜 H62、H68。当材料的塑性好、屈强比小、塑性应变比大时(05、08Z 及 10Z 钢等),应比表中的数值减小 1.5%~2.0%;而当材料的塑性差、屈强比大、塑性应变比小时(20、25、Q215、Q235、酸洗钢、硬铝、硬黄铜等),应比表中的数值增大 1.5%~2.0%(符号 S 为深拉深钢;Z 为最深拉深钢)	$[m_1]$	0.63~0.60	0.60~0.58	0.58~0.55	0.55~0.53	0.53~0.50	0.50~0.48
	$[m_2]$	0.82~0.80	0.80~0.79	0.79~0.78	0.78~0.76	0.76~0.75	0.75~0.73
	$[m_3]$	0.84~0.82	0.82~0.81	0.81~0.80	0.80~0.79	0.79~0.78	0.78~0.76
	$[m_4]$	0.86~0.85	0.85~0.83	0.83~0.82	0.82~0.81	0.81~0.80	0.80~0.78
	$[m_5]$	0.88~0.87	0.87~0.86	0.86~0.85	0.85~0.84	0.84~0.82	0.82~0.80

注:凹模圆角半径较小时,即 $R_d=(4\sim8)t$,表中系数取大值;凹模圆角半径较大时,即 $R_d=(8\sim15)t$,表中系数取小值。

表 1-3-31　　其他金属材料的极限拉深系数

材料牌号		首次拉深 $[m_1]$	以后各次拉深 $[m_i]$
铝和铝合金	8A06、1035、3A21	0.52~0.55	0.70~0.75
杜拉铝	2A11、2A12	0.56~0.58	0.75~0.80
黄铜	H62	0.52~0.54	0.70~0.72
	H68	0.50~0.52	0.68~0.72
纯铜	T2、T3、T4	0.50~0.55	0.72~0.80
无氧铜		0.50~0.58	0.75~0.82
镍、镁镍、硅镍		0.48~0.53	0.70~0.75
康铜(铜镍合金)		0.50~0.56	0.74~0.84
白铁皮		0.58~0.65	0.80~0.85
酸洗钢板		0.54~0.58	0.75~0.78
不锈钢	Cr13	0.52~0.56	0.75~0.78
	Cr18Ni	0.50~0.52	0.70~0.75

材料牌号		首次拉深 $[m_1]$	以后各次拉深 $[m_i]$
不锈钢	06Cr18Ni11Ti	0.52~0.55	0.78~0.81
	Cr18Ni11Nb、Cr23Ni13	0.52~0.55	0.78~0.80
镍铬合金	Cr20Ni80Ti	0.54~0.59	0.78~0.84
合金结构钢	30CrMnSiA	0.62~0.70	0.80~0.84
可伐合金		0.65~0.67	0.85~0.90
钼铱合金		0.72~0.82	0.91~0.97
钽		0.65~0.67	0.84~0.87
铌		0.65~0.67	0.84~0.87
钛及钛合金	TA2、TA3	0.58~0.60	0.80~0.85
	TA5	0.60~0.65	0.80~0.85
锌		0.65~0.70	0.85~0.90

注:1. 毛坯相对厚度 $t/D\times100<0.62$ 时,表中系数取大值:当 $t/D\times100\geqslant0.62$ 时,表中系数取小值。
2. 凹模圆角半径 $R_d<6t$ 时,表中系数取大值;凹模圆角半径 $R_d\geqslant(7\sim8)t$ 时,表中系数取小值。

(3) 无凸缘圆筒形件拉深次数及各次拉深变形尺寸的确定

确定无凸缘圆筒形件拉深次数及各次拉深变形尺寸的步骤和方法如下:

① 按表 1-3-29 确定修边余量 Δh。

② 按式 (1-3-2) 计算毛坯直径 D。

③ 在表 1-3-30 及表 1-3-31 中查得各次拉深的极限拉深系数,并依次计算各次拉深的极限拉深直径,一直计算到小于或等于工件要求的直径,从而得到工件所需的拉深次数。

④ 拉深次数确定以后,为使各次拉深变形程度分配更为合理,应调整各次拉深系数,并使之满足:$d=m_1m_2\cdots m_iD$。

⑤ 根据调整后的拉深系数计算各次拉深直径。

⑥ 确定各工序制件的底部圆角半径。

⑦ 按式 (1-3-3) 计算各工序制件的高度。

$$h_i=0.25\left(\frac{D^2}{d_i}-d_i\right)+0.43\frac{r_{pi}}{d_i}(d_i+0.32r_{pi}) \tag{1-3-3}$$

式中,符号下标 $i=1、2、3、\cdots$,表示第 i 次拉深。

3.3 有凸缘圆筒形件的拉深

(1) 有凸缘圆筒形件毛坯直径的计算和修边余量的确定

有凸缘圆筒形件毛坯直径 D 的计算按式 (1-3-4):

$$D=\sqrt{d_f^2-1.72d(r_p+r_d)-0.56(r_p^2-r_d^2)+4dh} \tag{1-3-4}$$

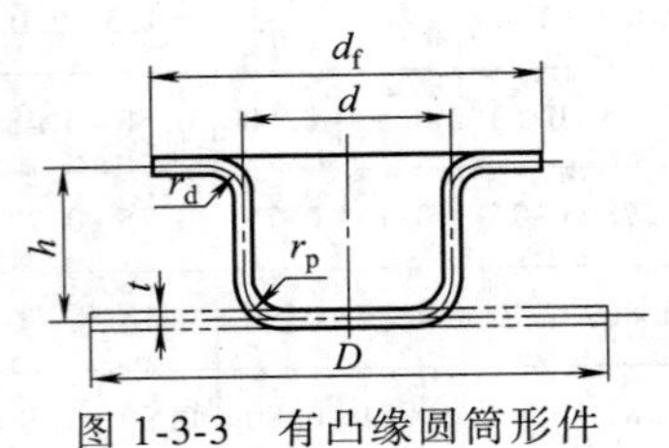

图 1-3-3　有凸缘圆筒形件

表 1-3-32　有凸缘圆筒形件的修边余量 Δd_f 的确定　mm

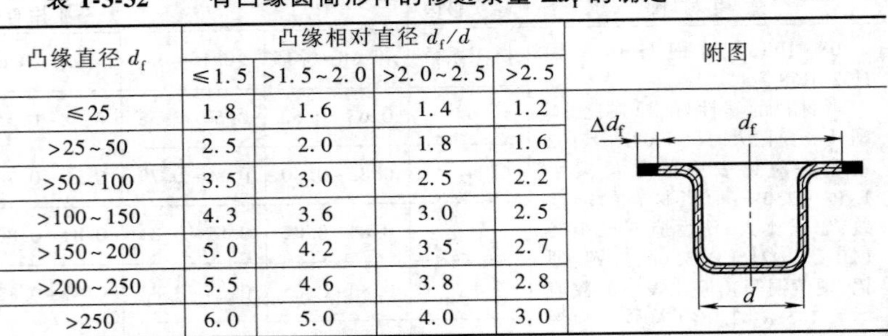

凸缘直径 d_f	凸缘相对直径 d_f/d				附图
	≤1.5	>1.5~2.0	>2.0~2.5	>2.5	
≤25	1.8	1.6	1.4	1.2	
>25~50	2.5	2.0	1.8	1.6	
>50~100	3.5	3.0	2.5	2.2	
>100~150	4.3	3.6	3.0	2.5	
>150~200	5.0	4.2	3.5	2.7	
>200~250	5.5	4.6	3.8	2.8	
>250	6.0	5.0	4.0	3.0	

（2）首次拉深的最大相对高度和极限拉深系数

有凸缘圆筒形件首次拉深的最大相对高度、极限拉深系数见表 1-3-33。对于以后各次拉深，可相应地选取表 1-3-30 中的 $[m_2]$、$[m_3]$、…、$[m_i]$。

表 1-3-33　有凸缘圆筒形件首次拉深的最大相对高度 $[h_1/d_1]$，首次拉深的极限拉深系数 $[m_1]$

凸缘相对直径 d_f/d_1	毛坯相对厚度 $t/D\times100$									
	$[h_1/d_1]$					$[m_1]$				
	>0.06~0.2	>0.2~0.5	>0.5~1.0	>1.0~1.5	>1.5	>0.06~0.2	>0.2~0.5	>0.5~1.0	>1.0~1.5	>1.5
≤1.1	0.45~0.52	0.50~0.62	0.57~0.70	0.60~0.80	0.75~0.90	0.59	0.57	0.55	0.53	0.50
>1.1~1.3	0.40~0.47	0.45~0.53	0.50~0.60	0.56~0.72	0.65~0.80	0.55	0.54	0.53	0.51	0.49
>1.3~1.5	0.35~0.42	0.40~0.48	0.45~0.53	0.50~0.63	0.58~0.70	0.52	0.51	0.50	0.49	0.47
>1.5~1.8	0.29~0.35	0.34~0.39	0.37~0.44	0.42~0.53	0.48~0.58	0.48	0.48	0.47	0.46	0.45
>1.8~2.0	0.25~0.30	0.29~0.34	0.32~0.38	0.36~0.46	0.42~0.51	0.45	0.45	0.44	0.43	0.42
>2.0~2.2	0.22~0.26	0.25~0.29	0.27~0.33	0.31~0.40	0.35~0.45	0.42	0.42	0.42	0.41	0.40
>2.2~2.5	0.17~0.21	0.20~0.23	0.22~0.27	0.25~0.32	0.28~0.35	0.38	0.38	0.38	0.38	0.37
>2.5~2.8	0.13~0.16	0.15~0.18	0.17~0.21	0.19~0.24	0.22~0.27	0.35	0.35	0.34	0.34	0.33
>2.8~3.0	0.10~0.13	0.12~0.15	0.14~0.17	0.16~0.20	0.18~0.22	0.33	0.33	0.32	0.32	0.31

注：1. 表中系数适用于 08 钢、10 钢。对于其他材料，可根据其成形性能的优劣对表中数值做适当修正。

2. 最大相对高度部分较小值对应于工件圆角半径较小的情况，即 r_p、$r_d=(4\sim8)t$；较大值对应于工件圆角半径较大的情况，即 r_p、$r_d=(10\sim20)t$。

（3）多次拉深的设计原则

有凸缘圆筒形件的多次拉深可按如下原则进行设计：

① 对于窄凸缘圆筒形件（$d_f/d=1.1\sim1.4$），前几次拉深中不留凸缘或只留凸缘和圆角部分，而在以后的拉深中形成锥形凸缘，并于整形工序中将凸缘压平。

② 对于宽凸缘圆筒形件（$d_f/d>1.4$），应在首次拉深中形成工件要求的凸缘直径，而在以后的拉深中凸缘直径保持不变。

a. 当毛坯相对厚度较大时，应在首次拉深中得到凸缘与底部圆角半径较大的中间毛坯，而在以后的拉深中制件高度基本保持不变，仅减小圆筒直径和圆角半径。

b. 当毛坯相对厚度较小并且首次拉深圆角半径较大的中间毛坯具有起皱危险时，应按正常圆角半径大小进行首次拉深设计，而在以后的拉深中制件圆角半径基本保持不变，仅以减小圆筒直径来增大制件高度。

③ 为了避免凸缘直径在以后的拉深中发生收缩变形，宽凸缘圆筒形件首次拉深时拉入凹模的毛坯面积（凸缘圆角以内的部分，包括凸缘圆角）应加大 3%~10%。多余材料在以后的拉深中，逐次将 1.5%~3%的部分挤回到凸缘位置，使凸缘增厚。

④ 当工件的凸缘与底部圆角半径过小时，可先以适当的圆角半径拉深成形，然后再整形至工件要求的圆角尺寸。

（4）拉深次数及各次拉深变形尺寸的确定

确定有凸缘圆筒形件拉深次数及各次拉深变形尺寸的步骤和方法如下：

① 按表 1-3-32 确定修边余量 Δd_f。

② 按式（1-3-4）计算毛坯直径 D。

③ 计算 $t/D\times100$ 和 d_f/d，从表 1-3-33 中查得首次拉深的最大相对高度 $[h_1/d_1]$，然后与工件的相对高度 h/d 进行比较，判断能否一次拉深成形。

④ 如需多次拉深，则先用逼近法确定首次拉深的圆筒直径 d_1 和极限拉深系数 $[m_1]$，再从表 1-3-30 中查得以后各次拉深的极限拉深系数。依次计算各次拉深的极限拉深直径，一直计算到小于或等于工件要求的尺寸，从而得到工件所需的拉深次数。

⑤ 拉深次数确定以后，为使各次拉深变形程度分配更为合理，应调整各次拉深系数，并使之满足：$d=m_1m_2\cdots m_iD$。

⑥ 根据上面（3）中③原则，重新计算毛坯直径 D。

⑦ 根据调整后的毛坯直径和拉深系数计算各次拉深直径。

⑧ 确定各工序制件的凸缘与底部圆角半径。

⑨ 按下式计算各工序制件的高度。

$$h_i=\frac{0.25}{d_i}(D^2-d_f^2)+0.43(r_{pi}+r_{di})+\frac{0.14}{d_i}(r_{pi}^2-r_{di}^2) \tag{1-3-5}$$

式中，符号下标 i=1、2、3、…，表示第 i 次拉深。

⑩ 校核首次拉深的制件相对高度。如果首次拉深的 $h_1/d_1>[h_1/d_1]$，则应重新调整各次拉深系数。

3.4 无凸缘椭圆形件的拉深

无凸缘椭圆形件如图 1-3-4 所示。根据能否一次拉深成形，将无凸缘椭圆形件分为两类：能一次拉深成形的称为无凸缘低椭圆形件；需多次拉深成形的称为无凸缘高椭圆形件。

（1）修边余量的确定

无凸缘椭圆形件的修边余量 Δh 的确定可参考表 1-3-34。

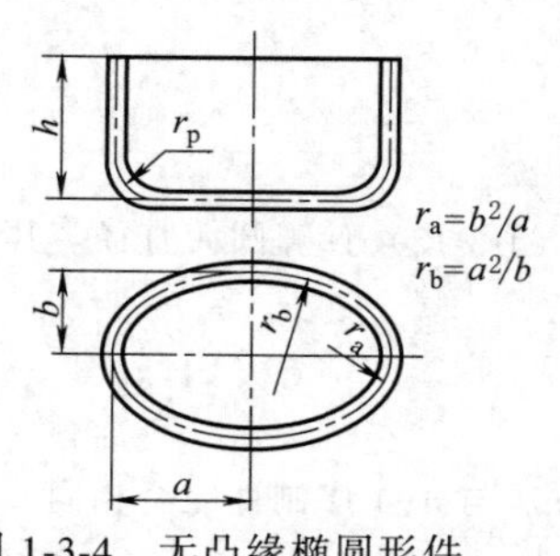

图 1-3-4 无凸缘椭圆形件

表 1-3-34

mm

工件高度 h	工件相对高度 $h/2b$			
	>0.5~0.8	>0.8~1.6	>1.6~2.5	>2.5~4.0
≤10	1.0	1.2	1.5	2.0
>10~20	1.2	1.6	2.0	2.5
>20~50	2.0	2.5	3.3	4.0
>50~100	3.0	3.8	5.0	6.0
>100~150	4.0	5.0	6.5	8.0
>150~200	5.0	6.3	8.0	10.0
>200~250	6.0	7.5	9.0	11.0
>250	7.0	8.5	10.0	12.0

（2）一次拉深的判断

无凸缘椭圆形件一次拉深时的拉深系数按式（1-3-6）计算：

$$m_a=\frac{r_a}{R_a} \tag{1-3-6}$$

式中 R_a——无凸缘椭圆形件长轴端部的毛坯展开半径按式（1-3-7）计算。

$$R_a=\sqrt{r_a^2-0.86r_ar_p-0.14r_p^2+2r_ah} \tag{1-3-7}$$

无凸缘椭圆形件首次拉深的极限拉深系数按式（1-3-8）计算。

$$[m_{a1}]=K_a\sqrt{\frac{b}{a}}[m_1] \tag{1-3-8}$$

式中 K_a——与材料性能有关的系数，K_a=1.04~1.08。材料成形性能好时取小值；反之，取大值；

$[m_1]$——无凸缘圆筒形件的首次拉深的极限拉深系数，表 1-3-30 中的毛坯相对厚度以 $t/2a\times100$ 代换。

(3) 无凸缘低椭圆形件与无凸缘高椭圆形件的拉深

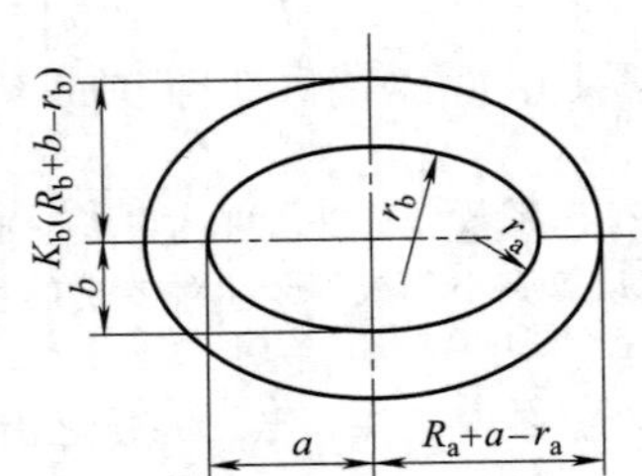

图 1-3-5 无凸缘低椭圆形件的毛坯设计

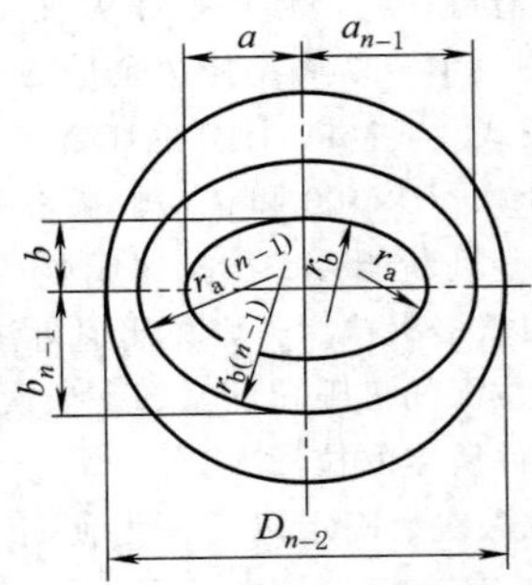

图 1-3-6 无凸缘高椭圆形件的多次拉深

无凸缘低椭圆形件的毛坯展开形状仍为椭圆（见图 1-3-5），图中尺寸 R_b 为短轴端部的毛坯展开半径，按式（1-3-7）计算，式中以 r_b 代换 r_a。图中系数 $K_b=1.0\sim1.1$，当工件椭圆度 a/b 较大时，K_b 取大值。

无凸缘高椭圆形件的多次拉深，其各工序制件应采用无凸缘椭圆形或圆筒形件，拉深工艺计算应由末道工序向前推算。为确保均匀变形，要求各工序制件的椭圆长、矩轴处的拉深系数相等，见式（1-3-9）。

$$m_{n-i}=\frac{r_{a(n-i)}}{r_{a(n-i)}+a_{n-i-1}-a_{n-i}}=\frac{r_{b(n-i)}}{r_{b(n-i)}+b_{n-i-1}-b_{n-i}}=0.75\sim0.85 \tag{1-3-9}$$

式中，符号下标 $n-i$ 和 $n-i-1$ 分别表示第 $n-i$ 次和第 $n-i-1$ 次拉深，其中 $i=0$、1、2、…。材料成形性能差、拉深次数多，拉深接近末道工序时，拉深系数取大值；反之，取小值。

(4) 确定无凸缘高椭圆形件各次拉深变形尺寸的步骤和方法

① 选定末道工序椭圆长、短轴处的拉深系数，按式（1-3-9）计算 $n-1$ 序制件的椭圆长、短半轴尺寸，按式（1-3-10）和式（1-3-11）计算 $n-1$ 序制件的椭圆长、短轴处的曲率半径。

$$r_{a(n-1)}=\frac{b_{n-1}^2}{a_{n-1}} \tag{1-3-10}$$

$$r_{b(n-1)}=\frac{a_{n-1}^2}{b_{n-1}} \tag{1-3-11}$$

② 按 3.4 之（2）中的方法判断 $n-1$ 序制件能否一次拉深成形。

③ 如果 $n-1$ 序制件无法一次拉深成形，则应进行 $n-2$ 序制件的工艺计算。

a. 当 $a_{n-1}/b_{n-1}\leqslant1.3$ 时，$n-2$ 序制件仍选用无凸缘圆筒形件，并按式（1-3-12）计算圆筒直径。其他各道工序的计算，可参考无凸缘圆筒形件的拉深。

$$D_{n-2}=2\frac{r_{b(n-1)}a_{n-1}-r_{a(n-1)}b_{n-1}}{r_{b(n-1)}-r_{a(n-1)}} \tag{1-3-12}$$

b. 当 $a_{n-1}/b_{n-1}>1.3$ 时，$n-2$ 序制件仍选用无凸缘椭圆形件，其计算方法与 $n-1$ 序制件完全相同，只需变换各公式符号中的下标。

④ 通过①、②和③的反复计算，最终可得到各工序制件的截面尺寸及拉深次数。综合考虑各工序变形情况，对各工序拉深系数进行调整，并按调整后的拉深系数重新计算各工序制件的截面尺寸。

⑤ 按以下步骤计算各工序制件的高度：

a. 确定修边余量 Δh；

b. 按式（1-3-13）计算与工件椭圆周长相等效的圆筒当量直径 d，式中系数 $\lambda=(a-b)^2/(a+b)^2$；

$$d=(a+b)\left(1+\frac{3\lambda}{10+\sqrt{4-3\lambda}}\right) \tag{1-3-13}$$

c. 按式（1-3-14）计算无凸缘椭圆形件的近似毛坯当量直径 D：

$$D=1.13\sqrt{3.14[(a-r_p)(b-r_p)+dh]+1.79dr_p-3.58r_p^2} \tag{1-3-14}$$

d. 对于椭圆形制件，按式（1-3-13）计算与各工序制件椭圆周长相等效的圆筒当量直径 d_{n-i}，式中以 a_{n-i} 和 b_{n-i} 代换 a 和 b；

e. 确定各工序制件的底部圆角半径；

f. 计算各工序制件的高度尺寸，椭圆形制件按式（1-3-15）计算；圆筒形制件按式（1-3-3）计算。

$$h_{n-i}=\frac{1}{3.14d_{n-i}}[0.79D^2-3.14(a_{n-i}-r_{p(n-i)})(b_{n-i}-r_{p(n-i)})-1.79d_{n-i}r_{p(n-i)}+3.58r_{p(n-i)}^2] \quad (1\text{-}3\text{-}15)$$

式中，符号下标 $n-i$ 表示第 $n-i$ 次拉深，其中 $i=0$、1、2、…。

3.5 无凸缘盒形件的拉深

无凸缘盒形件如图 1-3-7 所示。无凸缘盒形件的拉深，在变形性质上与圆筒形件相类似。但与圆筒形件拉深不同的是，盒形件拉深过程中变形沿周向分布不均，因此在拉深工艺设计上存在一定差别。根据能否一次拉深成形，将无凸缘盒形件分为两类：能一次拉深成形的称为无凸缘低盒形件；需多次拉深成形的称为无凸缘高盒形件。

（1）修边余量的确定（表 1-3-35）

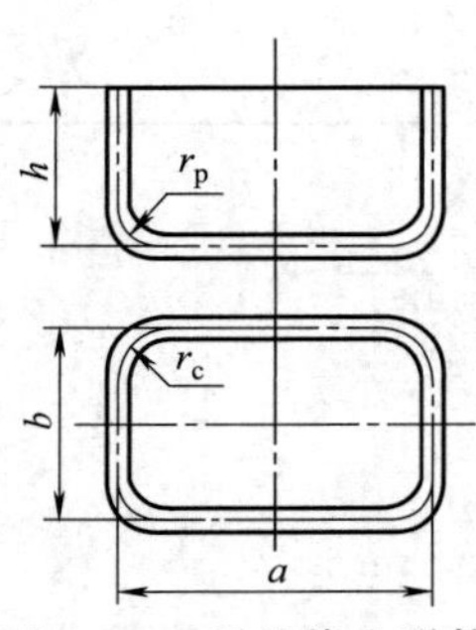

图 1-3-7 无凸缘盒形件

表 1-3-35 无凸缘盒形件的修边余量 Δh 的确定

工件高度 h	工件相对高度 h/b			
	>0.5~0.8	>0.8~1.6	>1.6~2.5	>2.5~4.0
≤10	1.0	1.2	1.5	2.0
>10~20	1.2	1.6	2.0	2.5
>20~50	2.0	2.5	3.3	4.0
>50~100	3.0	3.8	5.0	6.0
>100~150	4.0	5.0	6.5	8.0
>150~200	5.0	6.3	8.0	10.0
>200~250	6.0	7.5	9.0	11.0
>250	7.0	8.5	10.0	12.0

（2）一次拉深的判断

无凸缘盒形件首次拉深的最大相对高度见表 1-3-36。

表 1-3-36 无凸缘盒形件首次拉深的最大相对高度［h/b］

相对转角半径 r_c/b	毛坯相对厚度 $t/D\times100$				备注
	>0.2~0.5	>0.5~1.0	>1.0~1.5	>1.5~2.0	
0.05	0.35~0.50	0.40~0.55	0.45~0.60	0.50~0.70	1. 表中系数适用于 08 钢、10 钢。对于其他材料，可根据其成形性能的优劣对表中数值做适当修正 2. D 为毛坯尺寸，对于圆形毛坯为其直径对于矩形毛坯为其短边宽度 3. 当 $b\leqslant100$mm 时，表中系数取大值；当 $b>100$mm 时，表中系数取小值
0.10	0.45~0.60	0.50~0.65	0.55~0.70	0.60~0.80	
0.15	0.60~0.70	0.65~0.75	0.70~0.80	0.75~0.90	
0.20	0.70~0.80	0.70~0.85	0.82~0.90	0.90~1.00	
0.30	0.85~0.90	0.90~1.00	0.95~1.10	1.00~1.20	

（3）无凸缘低盒形件的毛坯设计

无凸缘低盒形件的初始毛坯设计（图 1-3-8）可按如下步骤进行，而最终毛坯尺寸应根据拉深试验的具体情况做进一步修改。

① 按式（1-3-16）计算直边部分毛坯展开长度 L_a 和 L_b

$$L_a=L_b=h+0.57r_p \quad (1\text{-}3\text{-}16)$$

② 按式（1-3-17）计算转角部分毛坯展开半径 R_c

$$R_c=\sqrt{r_c^2-0.86r_cr_p-0.14r_p^2+2r_ch} \quad (1\text{-}3\text{-}17)$$

③ 如图 1-3-8 所示作出从转角到直边呈阶梯形过渡的毛坯形状 $ABCDEF$，过线段 BC、DE 中点分别向半径为 R_c 的圆弧引切线，并用圆弧 R_c 过渡所有的直线相交位置。

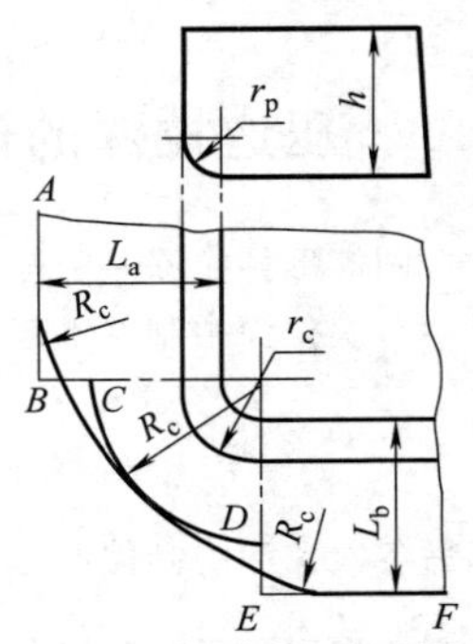

图 1-3-8 无凸缘低盒形件的毛坯设计

（4）无凸缘高盒形件的拉深

① 无凸缘高方形盒件的拉深 对于无凸缘高方形盒件的多次拉深，其各工序制件

可采用无凸缘圆筒形件，并由末道拉深工序得到工件的形状和尺寸。

确定无凸缘高方形盒件各次拉深（图 1-3-9）变形尺寸的步骤和方法见表 1-3-37。

② 无凸缘高矩形盒件的拉深　无凸缘高矩形盒件 $n-1$ 序制件可采用无凸缘椭圆形件，为保证末道拉深工序顺利进行，应选用合理的椭圆形毛坯制件形状。

确定无凸缘高矩形盒件各次拉深（图 1-3-10）变形尺寸的步骤和方法见表 1-3-37。

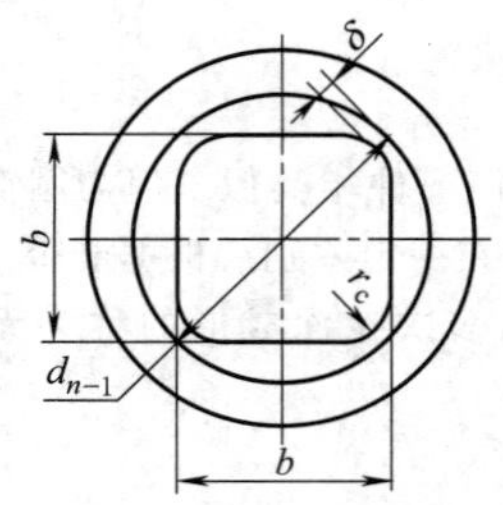

图 1-3-9　无凸缘高方形盒件的多次拉深

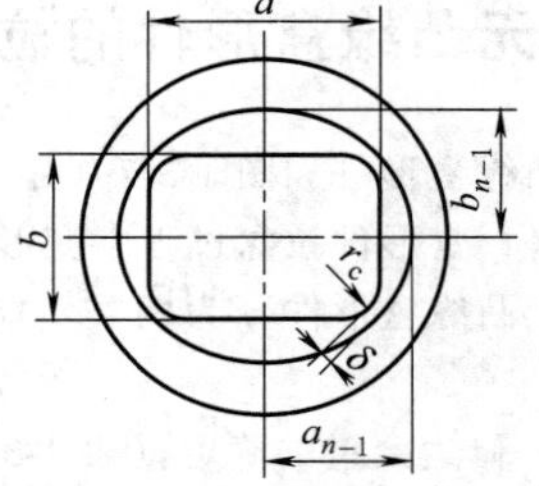

图 1-3-10　无凸缘高矩形盒件的多次拉深

表 1-3-37　无凸缘高方形和高矩形盒件的多次拉深尺寸的确定

无凸缘高方形盒件的多次拉深	① 确定修边余量 Δh； ② 按式(a)计算毛坯直径 D； $D=1.13\sqrt{b^2+4b(h-0.43r_p)-1.72r_c(h+0.5r_c)-4r_p(0.11r_p-0.18r_c)}$　(a) ③ 按式(b)计算 $n-1$ 序制件的圆筒直径，式中转角间距 $\delta=0.2\sim0.3(r_c-0.5t)$； $d_{n-1}=1.41b-0.82r_c+2\delta$　(b) ④ 确定 $n-1$ 序制件的底部圆角半径； ⑤ 按 JB/T 6959—2008 附录式(A.1)计算 $n-1$ 序制件的高度； ⑥ 其他各道工序的计算，可参考无凸缘圆筒形件的拉深。
无凸缘高矩形盒件的多次拉深	① 确定修边余量 Δh； ② 按式(c)计算毛坯当量直径 D； $D=1.13\sqrt{ab+(a+b)(2h-0.86r_p)-1.72r_c(h+0.5r_c)-4r_p(0.11r_p-0.18r_c)}$　(c) ③ 按式(d)计算 $n-1$ 序制件的椭圆长，短半轴尺寸，式中转角间距 $\delta=0.2\sim0.3(r_c-0.5t)$； $\begin{cases}a_{n-1}=0.5a+0.205b-0.41r_c+\delta\\ b_{n-1}=0.5b+0.205a-0.41r_c+\delta\end{cases}$　(d) ④ 按 JB/T 6959—2008 附录 C.1 中 e) 的 2)～6) 计算 $n-1$ 序制件的高度； ⑤ 其他各道工序的计算，可参考无凸缘椭圆形件的拉深。

4　压边（摘自 JB/T 6959—2008）

4.1　压边拉深的条件

圆筒形件拉深时，按式（1-3-18）和式（1-3-19）判断是否采用压边拉深。

首次拉深中制件不起皱的条件是：

$$\frac{t}{D}\geqslant K_y(1-m_1) \tag{1-3-18}$$

以后各次拉深中制件不起皱的条件是：

$$\frac{t}{d_{i-1}}\geqslant K_y\left(\frac{1}{m_i}-1\right) \tag{1-3-19}$$

式中，采用平面凹模拉深时，系数 $K_y=0.045$；采用锥面凹模（通常凹模锥面与冲压方向所成角度为 30°）拉深时，系数 $K_y=0.03$。符号下标 $i-1$ 和 i 分别表示第 $i-1$ 次和第 i 次拉深，其中 $i=2$、3、4、…。

对于椭圆形件及盒形件的拉深，则应根据椭圆长轴端部及盒形件转角部分的拉深变形情况近似判断是否采用压边拉深。

4.2 压边载荷的计算

圆筒形件、椭圆形件及盒形件的压边载荷可按式（1-3-20）近似计算：

$$Q=Fq \tag{1-3-20}$$

式中 F——压边面积，mm^2；

q——单位压边载荷，MPa，通常取 $q=\sigma_b/150$。

4.3 压边方式的选择

图 1-3-11 所示为首次拉深中常用的三种压边方式，以后各次拉深中的压边方式如图 1-3-12 所示。

当采用图 1-3-11b 所示锥面压边时，首次拉深的极限拉深系数可适当降低。图 1-3-11c 所示弧面压边用于首次位深中毛坯相对厚度 $t/D\times100\leqslant0.3$、凸缘宽度较小且凸缘圆角半径较大的情况。

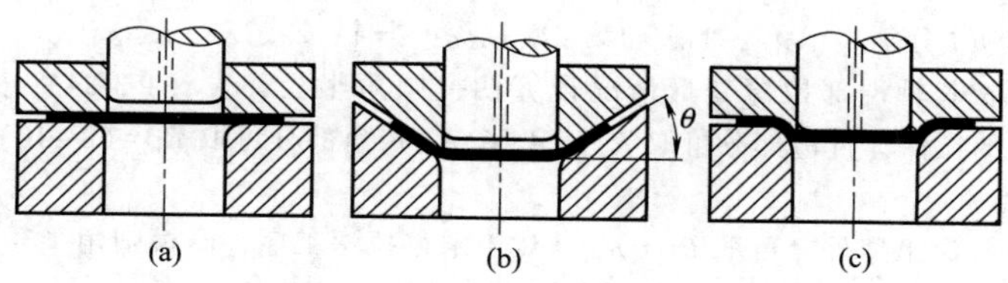

图 1-3-11　首次拉深中的压边方式

当采用单动压力机拉深工件时，为了获得更好的压边效果，常采用带限位装置的压边圈，如图 1-3-12 所示，限位距离一般取 $s=(1.05\sim1.1)t$。

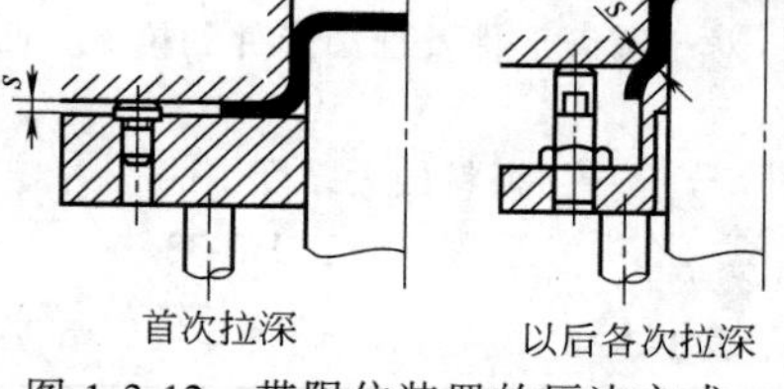

图 1-3-12　带限位装置的压边方式

4.4 压机能力的选择

对于单动压力机，设备公称压力应满足式（1-3-21）：

$$P_0>P+Q \tag{1-3-21}$$

对于双动压力机，设备公称压力应满足式（1-3-22）和式（1-3-23）：

$$P_1>P \tag{1-3-22}$$

$$P_2>Q \tag{1-3-23}$$

式中 P_0——单动压力机的公称压力，N；

P_1——双动压力机拉深滑块的公称压力，N；

P_2——双动压力机压边滑块的公称压力，N。

选择设备的公称压力时，还应考虑设备制造厂家规定的安全系数。

5 模具结构设计（摘自 JB/T 6959—2008）

5.1 模具的结构形式

当必须采用压边拉深时，可参考图 1-3-13 所示模具结构形式，其中斜角结构通常用于拉深直径大于 100mm 的工件。

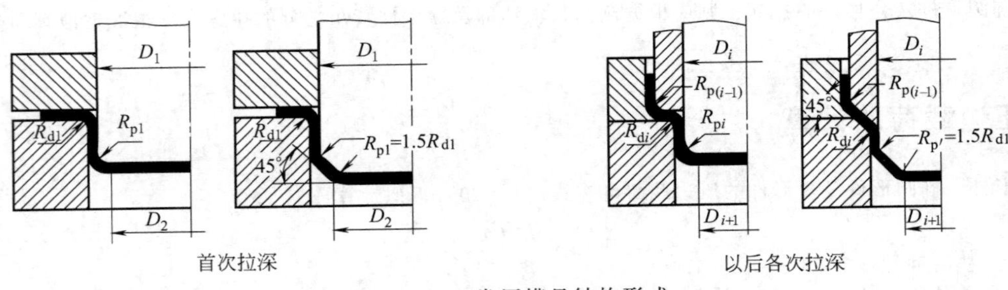

图 1-3-13　常用模具结构形式

5.2　模具的圆角半径

(1) 凹模的圆角半径

圆筒形件拉深时的凹模圆角半径可按式（1-3-24）计算：

$$R_{di}=0.8\sqrt{(d_{i-1}-d_i)t} \tag{1-3-24}$$

式中，符号下标 $i-1$ 和 i 分别表示第 $i-1$ 次和第 i 次拉深，$i=1$、2、3、…。

椭圆形件拉深时，可按长轴端部拉深变形情况计算凹模圆角半径，式（1-3-24）中以 $2r_{a(i-1)}$ 和 $2r_{ai}$ 代换 d_{i-1} 和 d_i，而对于盒形件的拉深，直边部分可取 $R_d=(4\sim6)t$，转角部分可取 $R_d=(8\sim10)t$。

(2) 凸模的圆角半径

一般情况下，除末道拉深工序外，可取 $R_{pi}=R_{di}$；对于末道拉深工序，凸模圆角半径 R_{pn} 可取工件圆角尺寸，且有 $R_{pn}\geqslant t$。如果工件要求的圆角半径小于上述允许值，应增加整形工序。

5.3　模具间隙的确定

对于圆筒形件及椭圆形件的拉深，凸、凹模具的单边间隙 c 可按式（1-3-25）计算：

$$c=t_{max}+K_c t \tag{1-3-25}$$

式中　t_{max}——板料最大厚度，mm；

K_c——系数，见表 1-3-38。

表 1-3-38　　系数 K_c

板料厚度 t mm	一般精度		较精密	精密	备　注
	一次拉深	多次拉深			
≤0.4	0.07～0.09	0.08～0.10	0.04～0.05	0～0.04	1. 对于强度高的材料，表中系数取小值 2. 精度要求高的工件，建议末道工序采用间隙（0.9～0.95）t 的整形拉深
>0.4～1.2	0.08～0.10	0.10～0.14	0.05～0.06		
>1.2～3.0	0.10～0.12	0.14～0.16	0.07～0.09		
>3.0	0.12～0.14	0.16～0.20	0.08～0.10		

对于盒形件的拉深，模具转角部分的间隙应较直边部分大出 $0.1t$，而直边部分的模具间隙可按式（1-3-25）计算，系数 K_c 按表 1-3-38 中较精密或精密级选取。

第4章 焊接和铆接设计工艺性

1 焊　　接

1.1 金属常用焊接方法分类、特点及应用

表 1-4-1

焊接方法分类				原理	特点	应用范围	板厚/mm			设备费	焊接费
							<3	3~50	>50		
熔化焊	气焊			利用可燃气体与氧气混合燃烧的火焰所产生的高热（3000℃）熔化焊件和焊丝进行焊接	火焰温度和性质可以调节，与弧焊热源相比，热影响区宽，热量不如电弧集中，生产率比较低	应用于薄壁结构和小件的焊接，可焊钢、铸铁、铝、铜及其合金、硬质合金等	最适用	适用	不适用	少	中
熔化焊	电弧焊	焊条电弧焊		以涂料焊条与工件为电极，利用电弧放电产生的高热（6000~7000℃）熔化焊条和焊件，用手工操纵焊条进行焊接为手弧焊	具有灵活、机动，适用性广泛，可进行全位置焊接，所用设备简单、耐用性好、维护费用低等优点。但劳动强度大，质量不够稳定，决定于操作者水平	在单件、小批、零星、修配中广泛应用，适于焊接3mm以上的碳钢、低合金钢、不锈钢和铜、铝及其合金	适用	常用 3~20		少	少
熔化焊	电弧焊	埋弧焊		利用焊丝与焊件间产生的电弧将焊剂熔化，使电弧与外界隔绝，电弧继续燃烧，焊丝不断熔化，与被熔化的焊件液态金属混合形成熔池，冷却凝固形成焊缝	生产率比焊条电弧焊提高5~10倍，焊接质量高且稳定，节省金属材料，改善劳动条件	在大量生产中适用于长直、环形或垂直位置的横焊缝，能焊接碳钢、合金钢以及某些铜合金等中、厚壁结构	不适用	最适用		中	少
熔化焊	电弧焊	气体保护焊（气电焊）	非熔化极（钨极氩弧焊）	用外加气体作为电弧介质并保护电弧和焊接区的电弧焊 使用纯钨或钨合金电极的惰性气体保护焊为钨极惰性气体保护焊 使用熔化电极的惰性气体保护焊和混合气体保护焊 利用 CO_2 作保护气体的气体保护焊简称 CO_2 焊	气体保护充分、热量集中，熔池较小，焊接速度快，热影响区较窄，焊接变形小，电弧稳定，飞溅小，焊缝致密，表面无熔渣，成形美观，明弧便于操作，易实现自动化，限于室内焊接	最适用于焊接易氧化的铜、铝、钛及其合金，锆、钽、钼等稀有金属以及不锈钢，耐热钢等	最适用	适用	不适用	少	中
熔化焊	电弧焊	气体保护焊（气电焊）	熔化极（金属极氩弧焊）				不适用	最适用		中	中
熔化焊	电弧焊	气体保护焊（气电焊）	CO_2 气体保护焊		成本低，为埋弧和手工弧焊的40%左右，质量较好，生产率高，操作性能好，大电流时飞溅较大，成形不够美观，设备较复杂	广泛应用于造船、机车车辆、起重机、农业机械中的低碳钢和低合金钢结构	不适用	最适用	适用	中	少
熔化焊	电弧焊	窄间隙气体保护电弧焊		以很高的熔焊率在窄小的间隙内完成焊缝的高效率熔极气体保护焊	高效率的熔化极电弧焊，节省金属，限于垂直位置焊缝	应用于碳钢、低合金钢、不锈钢，耐热钢、低温钢等厚壁结构					

续表

焊接方法分类			原理	特点	应用范围	板厚/mm			设备费	焊接费
						<3	3~50	>50		
熔化焊	电弧焊	气体保护焊(气电焊) 等离子弧焊	借助水冷喷嘴对电弧的约束作用,获得较高能量密度的等离子弧进行焊接的方法	除具有氩弧焊特点外,等离子弧能量密度大,弧柱温度高(8000~24000℃),穿透能力强,能一次焊透双面成形;电流小到0.1A时,电弧仍能稳定燃烧,并保持良好的挺度和方向性	广泛应用于铜合金、合金钢、钨、钼、钴、钛等金属,如钛合金的导弹壳体、波纹管及膜盒,微型电容器、电容器的外壳封接以及飞机和航天装置上的一些薄壁容器的焊接	碳钢≤24,合金钢≤10,不锈钢、耐热钢、铜、钛及其合金≤8				
熔化焊	电渣焊		利用电流通过熔渣而产生的电阻热来熔化金属进行焊接	生产率高,任何厚度不开坡口,一次焊成,焊缝金属比较纯净,热影响区比其他焊法都宽,晶粒粗大,易产生过热组织,焊后必须进行正火处理以改善其性能	应用于碳钢、合金钢,大型和重型结构如水轮机、水压机、轧钢机等全焊或组合结构的制造	不适用	0~100 常用35~400		大	少
熔化焊	电子束焊		利用加速和聚焦的电子束轰击置于真空或非真空中的焊件所产生的热能进行焊接	在真空中焊无金属电极沾污,保证焊缝金属的高纯度,表面平滑无缺陷,热源能量密度大,熔深大,焊速快,焊缝深窄,能单道焊厚件,热影响区小,不产生变形,可防止难熔金属焊接时产生裂纹和泄漏,焊接时一般不填加金属,参数可在较宽范围内调节,控制灵活	用于从微型电子线路组件、真空膜盒、钼箔蜂窝结构、原子能燃料元件到大型的导弹外壳,以及异种金属、复合结构件的焊接等,由于设备复杂,造价高,使用维护技术要求高,焊件尺寸受限制等,其应用范围受一定限制	最适用	几十毫米		大	中
熔化焊	激光焊		以聚焦的激光束作为能源轰击焊件所产生的热量进行焊接 按工作方式分为脉冲激光点焊和二氧化碳连续激光焊	辐射能量释放迅速,生产率高,可在大气中焊接,不需真空环境和保护气体;能量密度很高,热量集中、时间短,热影响区小;焊接不需与工件接触;焊接异种材料比较容易。但能量转换效率太低	特别适用于焊接微型精密、排列非常密集、对受热敏感的焊件,除焊接一般薄壁搭接外,还可焊接细的金属线材以及导线和金属薄板的搭接,如集成电路内外引线、仪表游丝等的焊接,特别是能焊接一些难熔金属和异种金属					
压焊	电阻焊	点焊、缝焊	焊件组合后通过电极施加压力,利用电流通过接头的接触面及邻近区域产生的电阻热进行焊接的方法称电阻焊 点焊是将焊件装配成搭接接头,并压紧在两电极之间,利用电阻热熔化母材金属,形成焊点的电阻焊接方法	低电压大电流,生产率高,变形小,限于搭接。不需填加焊接材料,易于实现自动化,设备较一般熔化焊复杂,耗电量大,缝焊过程中分流现象较严重	点焊主要适用于焊接各种薄板冲压结构及钢筋,目前广泛用于汽车制造、飞机、车厢等轻型结构,利用悬挂式点焊枪可进行全位焊接。缝焊主要用于制造油箱等要求密封的薄壁结构	最适用	稍适用	不适用	大 大	中 中

续表

焊接方法分类			原理	特点	应用范围	板厚/mm			设备费	焊接费
						<3	3~50	>50		
压焊	电阻焊	接触对焊 闪光对焊	闪光对焊是利用电阻热加热焊件接头，使接触点产生闪光，使焊件端面金属熔化，直至端部在一定深度范围内达到预定温度时，迅速施加顶锻力完成焊接的方法。它又分为连续闪光焊和预热闪光焊	接触（电阻）对焊，焊前对被焊工件表面清理工作要求较高，一般仅用于断面简单、直径小于20mm和强度要求不高的工件，而闪光焊对工件表面焊前无需加工，但金属损耗多	闪光对焊用于重要工件的焊接，可焊异种金属（铝-钢、铝-铜等），从直径0.01mm的金属丝到约20000mm^{2}的金属棒。如刀具、钢筋、钢轨等	稍适用	最适用	稍适用	大	少
压焊	摩擦焊		利用焊件摩擦产生的热量将工件加热到塑性状态，加压焊接。分为连续驱动摩擦焊和惯性摩擦焊	接头组织致密，表面不易氧化，质量好且稳定，可焊金属范围较广，可焊异种金属，焊接操作简单、不需添加焊接材料，易实现自动控制，生产率高，设备简单，电能消耗少	广泛用于圆形工件及管子的对接，如大直径铜铝导线的连接、管-板的连接					
压焊	气压焊		将金属局部加热到熔化状态，加外力使其焊接	利用气体火焰将金属工件端面加热到塑形或熔化状态	用于连接圆形、长方形截面的杆件与管子	稍适用	最适用	稍适用	中	少
压焊	扩散焊		焊件紧密贴合，在真空或保护气氛中，在一定温度和压力下保持一段时间，使接触面之间的原子相互扩散完成焊接的一种压焊方法	接头力学性能高；可焊接性能差别大的异种金属，可用来制造双层和多层复合材料；可焊形状复杂的互相接触的面与面，代替整锻；焊接变形小						
压焊	高频焊		用高频（高于100kHz）电流使焊件边缘表层加热至熔化或接近熔化的塑性状态；随后加压，使金属焊接。实质是塑态压焊	热能高度集中，生产率高，成本低；焊缝质量稳定，焊件变形小；适于连续性高速生产	适于生产有缝金属管；可焊低碳钢、工具钢、铜、铝、钛、镍、异种金属等					
压焊	爆炸焊		应用炸药在爆炸瞬时释放的化学能量产生的高温高压爆震波，使焊件以极高的速度相互碰撞，实现焊接的一种压焊方法	爆炸焊接好的双金属或多种金属材料，结合强度高，工艺性好，焊后可经冷热加工。操作简单，成本低	适于各种可塑性金属的焊接					
钎焊	软钎焊 硬钎焊		利用熔融钎焊材料的黏着力或熔合力使焊件表面黏合的办法。钎料熔点比焊件低，焊时焊件本身不熔化。分软钎焊（低温钎焊，钎料熔点低于450℃）和硬钎焊（高温钎焊，钎料熔点高于450℃）	焊件加热温度低、组织和力学性能变化很小，变形也小，接头平整光滑，工件尺寸精确。软钎焊接头强度较低，硬钎焊接头强度较高。焊前工件需清洗、装配要求较严	广泛应用于机械、仪表、航空、空间技术所用装配中，如电真空器件、导线、蜂窝和夹层结构、硬质合金刀具等	最适用	适用	不适用	少	中

续表

两材料结合时状态		液相				固相		固相兼液相	
焊接过程中手段		熔化不加压力		熔化加压力		加压不熔化	加压熔化		
热源类型（其强度由上向下减）		焊接方法类型							
		基本型	变型应用	基本型	变型应用			基本型钎焊	变型热喷涂
高能束	电子束	电子束焊						电子束钎焊	
高能束	激光束	激光焊							
电弧热	气-渣联合保护	焊条电弧焊	手弧堆焊						
电弧热	气-渣联合保护	埋弧焊	埋弧堆焊						
电弧热	气-渣联合保护		水下电弧埋		电能储能焊				
电弧热	气-渣联合保护		电弧点焊		电弧螺柱焊				
电弧热	气-渣联合保护		碳弧气割						
电弧热	气体保护	钨极氩弧焊	钨极氩弧堆焊						
电弧热	气体保护	等离子弧焊	等离子弧堆焊	储能焊	电容储能焊				等离子喷涂
电弧热	气体保护	熔化极气体保护焊	管状焊丝电弧堆焊		电弧螺柱焊				
电阻热	熔渣电阻	电渣焊							
电阻热	固体电阻 工频 接触式			点焊		电阻对焊	闪光对焊	电阻钎焊	
电阻热	固体电阻 工频 接触式			缝焊					
电阻热	固体电阻 工频 接触式			凸焊		电阻扩散焊			
电阻热	固体电阻 工频 感应式			感应电阻焊					
电阻热	固体电阻 高频 接触式					接触高频对焊			
电阻热	固体电阻 高频 接触式					电阻对焊	闪光对焊		
电阻热	固体电阻 高频 感应式					感应高频对焊		高频感应钎焊	
电阻热	固体电阻 高频 感应式					电阻对焊	闪光对焊		
化学反应热	火焰	气焊气割	火焰堆焊			气压焊		火焰钎焊	钎接焊火焰喷焊
化学反应热	热剂	热剂焊							
化学反应热	炸药					爆炸焊			
机械热						摩擦焊			
机械热						超声波焊			
机械热						冷压焊			
间接加热 传热介质	气体					扩散焊		炉中钎焊	扩散钎焊
间接加热 传热介质	液体							浸沾钎焊	
间接加热 传热介质	固体								

不同焊接热源的主要特点	热源	最小加热面积/m^2	最大功率密度/$kW\cdot cm^{-2}$	正常焊接条件下温度/K	热源	最小加热面积/m^2	最大功率密度/$kW\cdot cm^{-2}$	正常焊接条件下温度/K
	氧-乙炔火焰	10^{-6}	2×10^4	3473	熔化极混合气和 CO_2 气体保护焊	10^{-8}	$10^5\sim10^6$	
	金属极电弧	10^{-7}	10^5	6000				
	钨极氩弧	10^{-7}	1.5×10^5	8000	等离子弧	10^{-9}	1.5×10^6	18000～24000
	埋弧焊	10^{-7}	2×10^5	6400	电子束	10^{-11}	$10^8\sim10^{10}$	
	电渣焊	10^{-6}	10^5	2300	激光束	10^{-12}	$10^8\sim10^{10}$	

不同焊接方法的电弧热效率 η	焊接方法	碳弧焊	厚皮焊条手工电弧焊	自动埋弧焊	电渣焊	电子束及激光束焊	钨极氩弧焊 交流	钨极氩弧焊 直流	熔化氩弧焊 钢	熔化氩弧焊 铝
	η	0.5～0.65	0.77～0.87	0.77～0.90	0.83	>0.9	0.68～0.85	0.78～0.85	0.66～0.69	0.7～0.85

表 1-4-2　　常用金属材料适用的焊接方法

焊接方法	铁	碳钢					铸钢		铸铁			低合金钢											不锈钢			耐热合金		轻金属								铜合金					锆铌
	纯铁	低碳钢	中碳钢	高碳钢	工具钢	含铜钢	碳素铸钢	高锰钢	灰铸铁	可锻铸铁	合金铸铁	镍钢	镍铜钢	锰钼钢	碳素钼钢	镍铬钢	铬钼钢	镍铬钼钢	镍钼钢	铬钢	铬钒钢	锰钢	铬钢M型	铬钢F型	铬镍钢A型	耐热超合金	高镍合金	纯铝	铝合金①	铝合金②	纯镁	镁合金	纯钛	钛合金①	钛合金②	纯铜	黄铜	磷青铜	铝青铜	镍青铜	
焊条电弧焊	A	A	A	A	B	A	A	B	B	B	B	A	A	A	A	A	A	B	B	A	A	A	A	A	A	A	A	B	B	B	D	D	D	D	D	B	B	B	B	B	D
埋弧焊	A	A	A	B	B	A	A	B	D	D	D	A	A	A	A	A	A	A	B	B	A	A	A	A	A	A	A	D	D	D	D	D	D	D	D	C	D	C	D	D	D
CO_2 焊	B	A	A	C	D	C	A	B	D	D	D	C	C	C	C	C	C	C	C	C	C	C	B	B	B	C	C	D	D	D	D	D	D	D	D	C	C	C	C	C	D
氩弧焊	C	B	B	B	B	B	B	B	B	B	B	B	—	—	—	—	B	B	A	—	—	B	A	A	A	A	A	A	A	B	A	A	A	A	B	A	A	A	A	A	B
电渣焊	A	A	A	B	C	A	A	A	B	B	B	D	D	D	D	D	D	D	D	D	D	B	C	C	C	C	C	D	D	D	D	D	D	D	D	D	D	D	D	D	D
熔化极气保焊	A	A	A	B	C	A	A	A	B	B	B	D	D	B	B	D	D	D	D	D	D	B	B	B	B	C	C	D	D	D	D	D	D	D	D	D	D	D	D	D	D
氧-乙炔焊	A	A	A	B	A	A	A	B	A	B	A	A	A	A	A	A	A	B	B	A	A	A	B	B	A	A	A	A	A	B	B	B	D	D	D	B	B	C	C	C	D
气压焊	A	A	A	A	A	A	B	D	D	D	D	A	A	B	B	A	A	A	B	A	A	B	B	B	A	B	B	C	C	C	C	C	D	D	D	C	C	C	C	C	D
点缝焊	A	A	B	D	D	A	B	B	D	D	D	A	A	A	—	D	D	D	D	D	D	D	C	A	A	A	A	A	A	A	A	A	A	B	B	C	C	C	C	C	B
闪光焊	A	A	A	A	B	A	A	B	D	D	D	A	A	A	A	A	A	B	B	A	A	A	B	A	A	A	A	A	A	A	A	A	D	D	D	C	C	C	C	C	D
铝热焊	A	A	A	A	B	B	A	B	B	B	A	B	B	B	B	B	B	B	B	B	B	B	D	D	D	D	D	D	D	D	D	D	D	D	D	D	D	D	D	D	D
电子束焊	A	A	A	A	A	A	A	A	C	C	C	A	A	A	A	A	A	A	A	A	A	A	A	A	A	A	A	A	A	A	B	B	A	A	A	B	B	B	B	B	B
钎　焊	A	A	B	B	B	B	B	B	C	C	C	B	B	B	B	B	B	B	B	B	B	B	C	C	B	C	B	B	B	C	B	C	C	D	D	B	B	B	B	B	C

注：1. 表中铝、钛合金①为非热处理型；铝、钛合金②为热处理型。

2. A—最适用；B—适用；C—稍适用；D—不适用。

1.2　金属的可焊性

金属的可焊性，是指金属在某种焊接方法和工艺参数等条件下，获得优质焊接接头的难易程度。同一金属，采用不同焊接方法或工艺参数等，其可焊性可能有很大差别。

在设计时，必须注意焊件结构形状、刚度、焊接方法、焊接材料及焊接工艺条件，考虑工件材料的可焊性。设计重要焊件，必须依据可焊性试验，选择焊接母材。

钢的可焊性

可通过碳当量公式的估算或可焊性试验对钢的可焊性进行评价。

碳当量法是根据化学成分对钢材焊接热影响区淬硬性的影响程度粗略地评价焊接时产生冷裂缝倾向及脆化倾向的一种估算方法。

碳钢及低合金结构钢常用的碳当量公式（国际焊接学会推荐的）如下：

$$C_E = C + \frac{Mn}{6} + \frac{Cr+Mo+V}{5} + \frac{Ni+Cu}{15}$$

对合金成分为 $C \leqslant 0.5\%$、$Mn \leqslant 1.6\%$、$Cr \leqslant 1\%$、$Ni \leqslant 3.5\%$、$Mo \leqslant 0.6\%$、$Cu \leqslant 1\%$ 的合金钢，其碳当量公式推荐如下：

$$C_E = C + \frac{Mn}{6} + \frac{Cr+V}{5} + \frac{Ni}{15} + \frac{Mo+Si}{4} + \frac{Cu}{13} + \frac{P}{2}$$

根据经验：

1）当 $C_E < 0.4\%$ 时，钢材的淬硬倾向不明显，可焊性优良，焊接时不必预热。

2）当 $C_E=0.4\%\sim0.6\%$ 时，钢材的淬硬倾向逐渐明显，需要采取适当预热、控制线能量等工艺措施。

3）当 $C_E>0.6\%$ 时，淬硬倾向强，属于较难焊的钢材，需采取较高的预热温度和严格的工艺措施。

表 1-4-3　　常用钢材的可焊性

可焊性	钢种	评定可焊性的概略指标/%		常用钢号	特点
		合金元素含量	含碳量		
良好（Ⅰ）	低碳钢	—	<0.25	Q195，Q215，Q235，ZG200-400，ZG230-450，08，10，15，20，15Mn，20Mn	在普通条件下可焊接，环境温度低于-5℃时需预热。板厚大于20 mm，结构刚度大时，需预热并在焊后进行消除应力热处理 沸腾钢是在不完全脱氧情况下获得的，含氧量较高，硫磷等杂质分布很不均匀，时效敏感性及冷脆倾向大，焊接时热裂倾向大，一般不宜用于承受动载或严寒下（-20℃）工作的重要焊接结构。镇静钢的杂质分布很均匀，含氧量较低，用于制造承受动载或低温条件下（-40℃）工作的重要焊接结构
良好（Ⅰ）	低合金钢	1～3	<0.20	Q295、Q355、Q390、Q420、Q460（相关旧牌号有09MnV，09MnNb，12Mn，18Nb，09MnCuPTi，10MnSiCu，12MnV，12MnPRE，14MnNb，16Mn，16MnRE，10MnPNbRE，15MnV，15MnTi，16MnNb，14MnVTiRE，15MnVN）	
良好（Ⅰ）	不锈钢	>3	<0.18	06Cr13，06Cr19Ni10，12Cr18Ni9，10Cr18Ni12，06Cr17Ni12Mo2，06Cr18Ni11Ti，12Cr18Ni9Ti，06Cr18Ni12Mo2Ti，10Cr18Ni12Mo2Ti，06Cr17Ni12Mo3Ti，10Cr18Ni12Mo3Ti	
一般（Ⅱ）	中碳钢	<1	0.25～0.35	Q275，30，30Mn，ZG270-500	形成冷裂倾向小，采用适当的焊接规范，可以得到满意的结果。在结构复杂或零件较厚时，必须预热250～400℃，并在焊后进行热处理以消除应力
一般（Ⅱ）	合金结构钢	<3	<0.3	12CrMo，15CrMo，20CrMo，12Cr1MoV，30Cr，20CrV，20CrMnSi，20CrNiMo	
一般（Ⅱ）	不锈钢	13～25	≤0.18	12Cr13，Cr25Ti	
较差（Ⅲ）	中碳钢	<1	0.35～0.45	35、40、45，45Mn	一般情况下，有形成裂纹的倾向，焊前应预热，焊后进行消除应力热处理
较差（Ⅲ）	合金结构钢	1～3	0.30～0.40	30CrMo，35CrMo，35CrMoV，25Cr2MoVA；40CrNiMoA；30CrMnSi；30Mn2，40Mn2，40Cr	
较差（Ⅲ）	不锈钢	13	0.2	20Cr13	
不好（Ⅳ）	中、高碳钢	<1	>0.45	50、55、60、65、70、75、80、85，50Mn，60Mn	极易形成裂纹，在采用预热条件下能焊接，焊后必须进行消除应力热处理
不好（Ⅳ）	合金结构钢	1～3	>0.40	45Mn2，50Mn2；50Cr；38CrSi；38CrMoAlA	
不好（Ⅳ）	不锈钢	13	0.3～0.4	30Cr13，40Cr13	

铸铁的可焊性

铸铁的焊接，主要用于修补铸件缺陷（如气孔、缩孔、砂眼、裂纹等）和损坏的铸铁零件。要求焊后变形小、不脆裂、不产生白口化、易于加工，同时补焊处应无裂纹及气孔，密封性好。

铸铁焊接特点：

1）由于它的脆性大，焊接时不均匀加热和冷却都能促使铸铁白口化和产生裂纹；

2）熔化后的铸铁冷却时，焊缝中容易出现气孔；

3）铸铁仅适合平焊，它比低碳钢焊接要困难得多。

表 1-4-4　　铸铁的可焊性

铸铁类别	可焊性		焊接说明
	与同类材料比较	与低碳钢比较	
灰铸铁	一般	很困难	1. 焊条电弧焊法 (1)低碳钢焊条:焊缝不经热处理不能用一般加工方法加工,只能用砂轮打磨,焊缝极易出现裂缝。只适用于不需机加工的不重要工件缺陷的焊补。焊缝处只能承受较小的静载荷 (2)铸铁焊条:焊接接头加工性能一般,焊缝易出现裂缝。只适用于中、小型零件待加工面和已加工面的较小缺陷的焊补,如小砂眼、小缩孔及小裂缝等 (3)铜焊条:加工性能较差,焊缝抗裂纹性能较好,强度较高,能承受较大静载荷及一定的动载荷,能基本满足紧密性要求。对复杂的、刚度大的工件不宜采用 2. 气焊法 铸铁焊条:加工性能良好,接头具有与母材相近的力学性能与颜色,焊补处刚度大,结构复杂时,易出现裂纹。适用于焊补刚度不大、结构不复杂、待加工尺寸不大的缺陷 3. 热焊法及半热焊法 铸铁焊条:加工性能、紧密性都好,内应力小,不易出现裂纹,接头具有与母材相近的强度。适用于焊后必须加工,要承受较大静载荷、动载荷,要求紧密性等的复杂结构。大的缺陷且工件壁较厚时用电弧焊,中小缺陷且工件较薄时用气焊
可锻铸铁	一般	很困难	复杂铸件应整体加热,简单零件用火焰加热法局部加热即可。重熔部分易产生白口
球墨铸铁	较差	很困难	1. 手工电弧焊 (1)低碳钢焊条:焊缝极易出现裂纹,加工性能极坏,只用于焊补很不重要的工件 (2)球墨铸铁焊条:加工性能良好,接头力学性能基本可达到与母材相差不大 2. 气焊 焊后不热处理,焊接接头加工性好。适用于接头质量要求较高的中小型缺陷的修补。焊丝推荐 FeC-GP1,成分为:C 3.2%~4.0%,Si 3.2%~3.8%,Mn 0.10%~0.40%,S<0.015%,P<0.05%,Mg 0.04%~0.10%,Ni<0.50%,Ce<0.20%
白口铸铁	不好		硬度高、脆性大、容易产生裂纹、不宜进行焊接

注：焊前将铸件整体或局部预热到 600~700℃，在焊补过程中保持这一温度，并在焊后采取缓冷措施的工艺方法称为热焊。预热温度在 300~400℃ 称为半热焊。如果热焊后进行消应力处理，温度也在 650~700℃。

有色金属的可焊性

表 1-4-5

	焊接方法	材料牌号					适用的厚度范围/mm
		1060、1050A 1035、8A06	3A21	5A05,5A06	5A02,5A03	2A11、2A12 2A16	
		可焊性					
铝及铝合金	钨极氩弧焊	良好	良好	良好	良好	不好	1~10
	熔化极氩弧焊	良好	良好	良好	良好	较差	≥3
	熔化极脉冲氩弧焊	良好	良好	良好	良好	较差	≥0.8
	电阻焊(点焊、缝焊)	一般	一般	良好	良好	一般	≤4
	气焊	良好	良好	不好	较差	不好	0.5~10
	碳弧焊	一般	一般	不好	不好	不好	1~10
	焊条电弧焊	一般	一般	不好	不好	不好	3~8
	电子束焊	良好	良好	良好	良好	一般	3~75
	等离子弧焊	良好	良好	良好	良好	较差	1~10

续表

	焊接方法	材料牌号				适用的厚度范围/mm
		紫铜	黄铜	铝青铜	硅白铜	
		可焊性				
铜及铜合金	钨极氩弧焊	良好	一般	一般	良好	1~12
	熔化极氩弧焊	较好	一般	较好	较好	4~50
	气焊	不好	一般	不好	良好	0.5~10
	碳弧焊	较差	较差	一般	—	2~20
	焊条电弧焊	不好	不好	较差	一般	2~10
	埋弧自动焊	一般	较差	一般	—	6~30
	等离子弧焊	一般	一般	一般	良好	1~16
	类别	牌号	相对焊接性	类别	牌号	相对焊接性
镁合金	铸造镁合金	ZM1	差	变形镁合金	MB1	良
					MB2	良
		ZM2	一般		MB3	良
					MB5	一般
		ZM3	良		MB6	差
					MB7	一般
		ZM5	良		MB8	良
					MB15	差

常用异种金属间的可焊性

表 1-4-6

金属名称	铬钢	镀锡铁皮	镀锌铁皮	锌	镉	锡	铅	钼	镁	铝	紫铜	青铜	黄铜	镍铜合金	镍铬合金	镍	不锈钢	碳钢
碳钢	·	·	·					·		·	·	·	·	·	·	·	·	·
不锈钢	·	·	·	⊕	⊕	⊕		·		×	·	·	·	·	·	·	·	
镍	·	·	·	⊕	×	×		·		○	·	·	·	·	·	·		
镍铬合金	·	·	·	○	·	·	⊕	·		⊕	·	·	·	·	·			
镍铜合金	⊕	·	·	○	·	·	×	×		○	·	·	·	·				
黄铜	⊕	·	·	○	·	·	×	×	⊕	⊕	·	·	·					
青铜	·	·	·	○	·	·		×		○	·	·						
紫铜	×	·	⊕	·	×	×		⊕	·	·	·							
铝									·	·								
镁									·									
钼		·	⊕	⊕	·	·		⊕										
铅		·	·	⊕	·	·	·											
锡		·	·	⊕	·	·												
镉		⊕	⊕	○	·													
锌	·	·	·	·														
镀锌铁皮	·	·	·															
镀锡铁皮	·	·																
铬钢	·																	

符号说明

·——可焊性好

○——可焊性尚好，但焊缝脆弱

⊕——可焊性不好

×——不能焊接

空白——未经试焊

表 1-4-7　用不同焊接方法时异种钢的可焊性

方法	金属A↓ B→	锆	锡青铜	钨	钛	钽	高合金钢	碳素钢	银	锡青铜	铌	镍	钼	黄铜	锡	柯伐合金	纯铜	锑	硬质合金	灰铸铁	钒	球墨铸铁	铅	铍	铝
电弧焊	锆	○											○	○											
	锡青铜		○	○		○		○								○				○		○		○	○
	钨		○	○	○		○					○													
	钛			○	○		○					○	○	○				○			○	○		○	○
	钽		○			○												○							
	高合金钢		○		○		○	○			○		○	○			○		○	○	○	○		○	○
	碳素钢								○																
	银						○	○		○			○				○					○		○	○
	锡青铜						○	○			○	○		○		○									
	铌			○	○						○	○		○		○		○			○	○		○	○
	镍						○	○		○			○	○		○	○								
	钼	○			○		○	○			○	○	○	○		○	○	○	○		○	○		○	○
	黄铜														○										
	锡		○									○	○	○		○	○	○				○			○
	柯伐合金						○	○		○			○	○		○	○				○	○			○
	纯铜	○			○	○														○					
	锑				○	○						○		○		○		○	○						
	硬质合金						○	○						○					○						○
	灰铸铁		○				○	○												○					
	钒				○		○					○		○			○				○	○		○	
	球墨铸铁		○				○	○		○												○			
	铅																						○		
	铍		○		○		○	○		○				○							○			○	
	铝		○		○		○	○		○		○		○		○	○		○						○

方法	金属A↓ B→	铝	铝合金	铍	铍合金	铜	铜合金	钴	钴合金	铁	铁合金	钼	钼合金	镍	镍合金	铌	铌合金	钽	钽合金	钛	钛合金	钨	钨合金	锆	锆合金	金属陶瓷
扩散焊	铝	○				○								○						○	○			○		
	铝合金	○	○			○																				
	铍			○																						
	铍合金			○																						
	铜	○				○								○							○					○
	铜合金						○				○						○									
	钴							○																		
	钴合金							○					○													
	铁								○	○			○													○
	铁合金		○						○	○			○								○		○		○	○
	钼									○	○															
	钼合金											○														
	镍								○	○			○	○								○				
	镍合金													○												
	铌									○					○	○										○
	铌合金															○	○									
	钽														○			○								○
	钽合金																	○	○							
	钛																			○						○
	钛合金						○				○									○	○					
	钨													○								○				
	钨合金																						○			
	锆																							○		
	锆合金																								○	○
	金属陶瓷					○				○	○					○		○		○					○	

方法	金属A↓ B→	铝	铜	银	金	镍	铁	锌	钨	铅	锡	锑	钯	铍	镉	钛
冷压焊	铝	○		○	○	○	○	○		○		○				○
	铜	○	○	○	○	○	○	○		○		○				○
	银	○	○	○	○	○		○		○		○				
	金	○	○	○	○	○		○		○	○					
	镍	○	○	○	○	○	○	○		○						
	铁	○	○			○	○	○								○
	锌	○	○	○	○	○	○			○		○	○			
	钨		○													
	铅	○	○	○	○	○		○		○	○	○			○	
	锡									○	○	○			○	
	锑	○	○	○	○	○		○		○	○	○				
	钯				○			○								
	铍													○		
	镉									○	○				○	
	钛	○	○				○									○

方法	金属A↓ B→	碳素钢	合金钢	不锈钢	铝合金	铜合金	镍合金	钛	钽	铌	银	金	铂	钴合金	镁	锆
爆炸焊	锆	○	○					○								○
	镁	○	○		○		○	○							○	
	钴合金		○	○												
	铂						○			○			○			○
	金	○		○		○	○		○							
	银	○		○		○		○			○					
	铌	○		○	○	○		○		○			○			
	钽	○	○	○	○	○		○	○	○		○				
	钛	○	○	○	○		○	○	○	○	○				○	○
	镍合金	○	○	○	○	○	○	○				○	○		○	
	铜合金	○	○	○		○	○		○	○	○	○				
	铝合金	○	○	○	○		○	○	○	○	○				○	
	不锈钢	○		○	○	○	○	○	○	○	○	○		○		
	合金钢	○	○	○	○	○	○	○	○					○	○	○
	碳素钢	○	○	○	○	○	○	○	○	○	○	○			○	○

方法	金属A↓ B→	钴	锗	银	金	钛	钨	硅	镍	钽	铜	铁	钼	铝
激光焊	钴	○			○									
	锗				○				○					
	银			○					○					
	金	○	○					○	○					○
	钛					○								
	钨						○		○					○
	硅				○						○			
	镍		○	○	○		○		○	○	○			○
	钽								○	○	○	○	○	
	铜							○	○	○	○	○		
	铁									○	○	○		
	钼									○			○	
	铝				○		○							○

续表

方法	金属A↓ B→	合金钢	铀	钒	锆	钨	钛	铱	钽	银	硅	铂	钯	镍	钼	镁	铁	锗	铜	铍	铝
电子束焊	合金钢																			○	
	铀		○	○	○	○							○		○						○
	钒		○	○	○										○			○			○
	锆			○	○	○						○			○			○	○		
	钨		○		○	○						○	○						○		○
	钛									○		○	○		○						
	铱							○			○	○	○				○	○			
	钽							○	○	○		○	○			○		○	○		
	银						○		○			○	○			○	○				
	硅							○			○				○		○				
	铂				○	○	○	○	○	○		○			○	○		○		○	
	钯		○			○	○	○	○	○			○		○	○		○	○	○	○
	镍													○		○					○
	钼		○	○	○		○				○	○	○		○			○	○	○	
	镁								○	○		○	○	○		○	○	○		○	○
	铁							○		○	○					○	○		○	○	
	锗			○	○			○	○		○	○	○		○	○			○		
	铜				○	○			○				○		○	○		○	○	○	○
	铍	○										○	○		○	○	○		○	○	○
	铝		○	○		○							○	○		○			○	○	○

方法	金属A↓ B→	铀	钒	锆	钨	钛	铱	钽	银	硅	锑	钯	镍	钼	镁	铁	金	铜	铍	铝
等离子弧焊	铀	○																	○	
	钒		○	○		○						○			○					○
	锆		○	○											○					○
	钨				○	○									○			○		
	钛		○		○	○						○			○			○		○
	铱											○								
	钽							○			○	○			○					
	银								○	○		○					○	○	○	
	硅								○			○				○				
	锑							○			○	○			○	○				
	钯		○			○	○	○	○	○	○				○	○				
	镍												○		○			○	○	○
	钼													○						
	镁		○	○	○	○		○			○	○	○		○			○	○	○
	铁									○	○	○				○	○	○	○	
	金								○							○				
	铜				○	○			○				○		○	○		○		
	铍	○													○	○		○	○	○
	铝		○	○		○							○		○			○	○	○

方法	金属A↓ B→	锆	钨	钛及钛合金	锡	钽	银	硅	铂	钯	镍	钼	镁	钢	金	锗	黄铜	铍	铝
超声波焊	锆	○										○		○					
	钨		○									○		○					
	钛及钛合金			○							○	○		○			○	○	
	锡				○														
	钽					○	○	○				○							
	银					○	○			○			○	○					
	硅					○			○						○				
	铂							○			○			○	○	○			
	钯						○			○									
	镍			○					○		○	○		○	○				
	钼	○	○	○		○					○	○		○					
	镁						○						○						
	钢	○	○	○			○		○		○	○		○	○				
	金							○	○		○			○	○	○			
	锗								○						○				
	黄铜	○		○			○		○		○	○		○	○		○		
	铍			○														○	
	铝	○		○	○	○	○	○	○	○	○	○	○	○	○	○	○	○	○

方法	金属A↓ B→	金	铝合金	铝	银	铁镍钴合金	铁镍合金（50/50）	铁镍合金	铁铬镍合金	铁铬合金	镀铬钢	镀锡钢	镀锌钢	钴钢	高强度钢	加热的钢	酸洗的钢	未氧化的铁	纯铁
电阻焊	金					○		○											
	铝合金		○					○										○	○
	铝						○		○										
	银							○		○	○	○	○			○	○	○	○
	铁镍钴合金	○																○	○
	铁镍合金（50/50）			○						○	○	○	○			○	○	○	○
	铁镍合金	○	○		○			○			○	○	○			○	○	○	○
	铁铬镍合金			○					○			○	○					○	○
	铁铬合金				○		○						○			○	○	○	○
	镀铬钢				○		○	○			○		○	○					
	镀锡钢				○		○	○	○			○			○	○	○	○	○
	镀锌钢				○		○	○	○	○	○		○			○	○	○	○
	钴钢										○					○	○	○	○
	高强度钢										○	○						○	○
	加热的钢				○		○	○		○		○	○	○		○			
	酸洗的钢				○		○	○		○		○	○	○			○		○
	未氧化的钢											○	○	○	○			○	○
	纯铁		○		○	○	○	○	○	○		○	○	○	○		○	○	○

方法	金属A↓ B→	锆	钒	钨	钛	钽	不锈钢	合金钢	碳素钢	银	镍铬钛合金	镍	蒙乃尔	黄铜	电解铜	铜	铸铁	青铜	铅	硬铝	铝
摩擦焊	钛				○	○														○	○
	钽				○						○										
	不锈钢	○					○	○	○		○		○		○					○	○
	合金钢						○	○	○		○	○	○				○			○	○
	碳素钢						○	○						○	○	○	○	○		○	○
	银														○						
	镍铬钛合金					○	○	○			○										○
	镍							○													
	蒙乃尔						○	○					○								

方法	金属A↓ B→	锆	钒	钨	钛	钽	不锈钢	合金钢	碳素钢	银	镍铬钛合金	镍	蒙乃尔	黄铜	电解铜	铜	铸铁	青铜	铅	硬铝	铝
摩擦焊	锆	○																			○
	钒																				
	钨			○																	
	黄铜								○					○						○	○
	电解铜						○		○	○					○						
	铜								○							○				○	○
	铸铁							○	○												
	青铜								○									○		○	○
	铅																		○		
	硬铝						○		○					○		○		○		○	○
	铝	○			○		○	○	○			○		○		○		○		○	○

注：“○”表示可以采用该焊接方法焊接，空白表示不宜采用该方法焊接或焊接性很差。

1.3 焊接材料及其选择

不同焊接方法采用的焊接材料及其作用

表 1-4-8　不同焊接方法采用的焊接材料

焊接方法	焊接材料	焊接材料应有作用
焊条电弧焊	焊条(普通焊条、专用焊条、特种焊条)	(1)保证电弧稳定燃烧和焊接熔滴金属容易过渡 (2)在焊接电弧的周围造成一种还原性或中性的气氛(即造气),保护液态熔池金属,以防止空气中氧、氮等侵入熔敷金属 (3)进行冶金反应和过渡合金元素,调整和控制焊缝金属的成分与性能 (4)生成的熔渣(即造渣)均匀地覆盖在焊缝金属表面,防止气孔、裂纹等焊接缺陷的产生,并获得良好的焊缝外形 (5)改善焊接工艺性能,在保证焊接质量的前提下提高焊接效率 此外,在焊条药皮、焊剂中加入一定量的铁粉,可以改善焊接工艺性能,或提高熔敷效率
气焊	气焊溶剂(焊粉)	
气体保护焊	焊丝(实芯焊丝、药芯焊丝)+保护气体(活性气体、惰性气体、混合气体)	
埋弧焊、电渣焊	焊丝、带极+焊剂(熔炼焊剂、非熔炼焊剂)	
堆焊	焊条、焊丝、带极、焊剂	
钎焊	钎剂、钎料	利用液态钎料填充固态工件的缝隙使金属连接
热喷涂	丝材(合金丝材、纯金属丝材、复合丝材和粉芯丝材)、棒材(陶瓷棒材)和粉末(纯金属粉、合金粉、自熔性合金粉、陶瓷粉或金属陶瓷粉、包覆粉、复合粉、塑料粉)	将涂层材料加热熔化,用高速气流将其雾化成极细的颗粒,并以很高的速度喷射到工件表面,形成涂层
其他	保护气体、衬垫、熔嘴	

表 1-4-9　焊接材料在焊接过程中的作用

材料	作用
焊芯和焊丝	(1)传导电流 (2)作为焊件产生电弧的一个电极 (3)在焊接热源(电阻热、电弧热和化学热)的作用下,焊芯或焊丝作为填充材料受热熔化,以熔滴形式进入熔池,并与熔化了的母材共同组成焊缝,其化学成分对焊接接头的性能有直接作用 (4)造气作用,保护液态熔池金属,以防止空气中氧、氮等侵入熔敷金属 (5)造渣作用,焊渣均匀地覆盖在焊缝金属表面,防止气孔、裂纹等焊接缺陷的产生,并获得良好的焊缝外形
药皮	(1)保护作用　由于电弧的热作用使药皮熔化形成熔渣,在焊接冶金过程中又会产生某些气体。熔渣和电弧气氛起着保护熔滴、熔池和焊接区,隔离空气的作用,防止氮气等有害气体侵入焊缝 (2)冶金作用　在焊接过程中,由于药皮的组成物质进行冶金反应,其主要作用是脱氧脱硫,并保护或添加有益合金元素,保证焊缝的抗气孔性及抗裂性能良好,使焊缝金属满足各种性能要求 (3)使焊条具有良好的工艺性能　焊条药皮的作用可以使电弧容易引燃,并能稳定地连续燃烧;焊接飞溅小;焊缝成形美观;易于脱渣以及可适用于各种空间位置的施焊
药皮材料	(1)脱氧和脱硫　降低药皮或熔渣的氧化性和脱除金属中的氧,该原材料称为脱氧剂。在焊接钢时,对氧亲和力比铁大的金属及其合金都可作为脱氧剂。常用的有锰铁、硅铁、钛铁、铝粉等 (2)引弧和稳弧　一般含低电离电位元素的物质都有稳弧作用。主要作用是改善焊条的引弧性能和提高电弧燃烧的稳定性。这种药皮原材料,通常称为稳弧剂。常用的稳弧剂有碳酸钾、大理石、水玻璃、长石、金红石等 (3)造渣　药皮中某些原材料受焊接热源的作用而熔化,形成具有一定物理、化学性能的熔渣,从而保护熔滴金属和焊接熔池,并能改善焊缝成形。这种原材料被称为造渣剂。它们是焊条药皮中最基本的组成物。常用的造渣剂有:钛铁矿、金红石、大理石、石英砂、长石、云母、萤石等 (4)造气　药皮中的有机物和碳酸盐在焊接时产生气体,从而起到隔离空气、保护焊接区的作用。这类物质被称为造气剂。如木粉、淀粉、大理石、菱苦土等 (5)合金化　其作用就是补偿焊缝金属中有益元素的烧损和获得必要的合金成分。合金剂通常采用铁合金或金属粉,如锰铁、硅铁、钼铁等 (6)黏结　为了把药皮材料涂敷到焊芯上,并使焊条药皮具有一定的强度,必须在药皮中加入黏结力强的物质。常用的黏结剂是钠水玻璃、钾钠水玻璃等 (7)成形　加入某些物质使药皮具有一定的塑性、弹性及流动性,以便于焊条的压制,使焊条表面光滑而不开裂。常用的成形剂有白泥、云母、钛白粉、糊精等

续表

材料	作用												
	材料	主要成分	造气	造渣	脱氧	合金化	稳弧	黏结	成形	增氢	增硫	增磷	氧化
药皮材料	金红石	TiO_2		A			B						
	钛白粉	TiO_2		A			B		A				
	钛铁矿	TiO_2, FeO		A			B						B
	赤铁矿	Fe_2O_3		A			B				B	B	B
	锰矿	MnO_2		A								B	B
	大理石	$CaCO_3$	A	A			B						B
	菱苦土	$MgCO_3$	A	A			B						B
	白云石	$CaCO_3+MgCO_3$	A	A			B						B
	石英砂	SiO_2		A									
	长石	SiO_2, Al_2O_3, K_2O+Na_2O		A			B						
	白泥	SiO_2, Al_2O_3, H_2O		A					A	B			
	云母	SiO_2, Al_2O_3, H_2O, K_2O		A			B		A	B			
	滑石	SiO_2, Al_2O_3, MgO		A					B				
	萤石	CaF_2		A									
	碳酸钠	Na_2CO_3		B			B		A				
	碳酸钾	K_2CO_3		B			A						
	锰铁	Mn-Fe		B	A	A						B	
	硅铁	Si-Fe		B	A	A							
	钛铁	Ti-Fe		B	A	B							
	铝粉	Al		B	A								
	钼铁	Mo-Fe		B	B	A							
	木粉		A		B		B		B	B			
	淀粉		A		B		B		B	B			
	糊精		A		B		B		B	B			
	水玻璃	K_2O, Na_2O, SiO_2		B			A	A					
焊剂	焊剂的作用相当于焊条的药皮 在焊接过程中起隔离空气，保护焊接区金属使其不受空气的侵害，以及进行冶金处理作用。因此，焊剂与焊丝的正确配合使用是决定焊缝金属化学成分和力学性能的重要因素												

注：A—主要作用；B—附带作用。

表 1-4-10 **焊接用钢盘条（焊芯用）牌号及其化学成分**（摘自 GB/T 3429—2015）

组号	序号	牌号	化学成分(质量分数)/%										
			C	Si	Mn	Cr	Ni	Mo	Cu	其他元素	P	S	其他残余元素总量[④]
											不大于		
1	1	H04E	≤0.04	≤0.10	0.30~0.60	—	—	—	—	—	0.015	0.010	—
	2	H08A[①]	≤0.10	≤0.03	0.40~0.65	≤0.20	≤0.30	—	≤0.20	—	0.030	0.030	—
	3	H08E[①]							≤0.20	—	0.020	0.020	—
	4	H08C[①]				≤0.10	≤0.16	—	≤0.10	—	0.015	0.015	—
	5	H15	0.11~0.18	≤0.03	0.35~0.65	≤0.20	≤0.30	—	≤0.20	—	0.030	0.030	—
2	6	H08Mn	≤0.10	≤0.07	0.80~1.10	≤0.20	≤0.30	—	≤0.20	—	0.030	0.030	—
	7	H10Mn	0.05~0.15	0.10~0.35	0.80~1.25	≤0.15	≤0.15	≤0.15	≤0.20	—	0.025	0.025	0.50
	8	H10Mn2	≤0.12	≤0.07	1.50~1.90	≤0.20	≤0.30	—	≤0.20	—	0.030	0.030	—
	9	H11Mn	≤0.15	≤0.15	0.20~0.90	≤0.15	≤0.15	≤0.15	≤0.20	—	0.025	0.025	0.50
	10	H12Mn	≤0.15	≤0.15	0.80~1.40	≤0.15	≤0.15	≤0.15	≤0.20	—	0.025	0.025	0.50
	11	H13Mn2	≤0.17	≤0.05	1.80~2.20	≤0.20	≤0.30	—	—	—	0.030	0.030	—
	12	H15Mn	0.11~0.18	≤0.03	0.80~1.10	≤0.20	≤0.30	—	≤0.20	—	0.030	0.030	—
	13	H15Mn2	0.10~0.20	≤0.15	1.60~2.30	≤0.15	≤0.15	≤0.15	≤0.20	—	0.025	0.025	—
3	14	H08MnSi	≤0.11	0.40~0.70	1.20~1.50	≤0.20	≤0.30	—	≤0.20	—	0.030	0.030	—
	15	H08Mn2Si	≤0.11	0.65~0.95	1.80~2.10	≤0.20	≤0.30	—	≤0.20	—	0.030	0.030	—
	16	H09MnSi	0.06~0.15	0.45~0.75	0.90~1.40	≤0.15	≤0.15	≤0.15	≤0.20	V≤0.03	0.025	0.025	—
	17	H09Mn2Si	0.02~0.15	0.50~1.10	1.60~2.40	—	—	—	≤0.20	Ti+Zr:0.02~0.30	0.030	0.030	—
	18	H10MnSi	≤0.14	0.60~0.90	0.80~1.10	≤0.20	≤0.30	—	≤0.20	—	0.030	0.030	—
	19	H11MnSi	0.06~0.15	0.65~0.85	1.00~1.50	≤0.15	≤0.15	≤0.15	≤0.20	V≤0.03	0.025	0.025	—
	20	H11Mn2Si	0.06~0.15	0.80~1.15	1.40~1.85	≤0.15	≤0.15	≤0.15	≤0.20	V≤0.03	0.025	0.025	—
4	21	H10MnNi3	≤0.13	0.05~0.30	0.60~1.20	≤0.15	3.10~3.80	—	≤0.20	—	0.020	0.020	0.50
	22	H10Mn2Ni	≤0.12	≤0.30	1.40~2.00	≤0.20	0.10~0.50	—	≤0.20	—	0.025	0.025	—
	23	H11MnNi	≤0.15	≤0.30	0.75~1.40	≤0.20	0.75~1.25	≤0.15	≤0.20	—	0.020	0.020	0.50

续表

组号	序号	牌号	化学成分(质量分数)/%										
			C	Si	Mn	Cr	Ni	Mo	Cu	其他元素	P	S	其他残余元素总量[④]
											不大于		
5	24	H08MnMo	≤0.10	≤0.25	1.20~1.60	≤0.20	≤0.30	0.30~0.50	≤0.20	Ti 0.05~0.15	0.030	0.030	—
	25	H08Mn2Mo	0.06~0.11	≤0.25	1.60~1.90	≤0.20	≤0.30	0.50~0.70	≤0.20	Ti 0.05~0.15	0.030	0.030	—
	26	H08Mn2MoV	0.06~0.11	≤0.25	1.60~1.90	≤0.20	≤0.30	0.50~0.70	≤0.20	V 0.06~0.12 Ti 0.05~0.15	0.030	0.030	—
	27	H10MnMo	0.05~0.15	≤0.20	1.20~1.70	—	—	0.45~0.65	≤0.20	—	0.025	0.025	0.50
	28	H10Mn2Mo	0.08~0.13	≤0.40	1.70~2.00	≤0.20	≤0.30	0.60~0.80	≤0.20	Ti 0.05~0.15	0.030	0.030	—
	29	H10Mn2MoV	0.08~0.13	≤0.40	1.70~2.00	≤0.20	≤0.30	0.60~0.80	≤0.20	V 0.06~0.12 Ti 0.05~0.15	0.030	0.030	—
	30	H11MnMo	0.05~0.17	≤0.20	0.95~1.35	—	—	0.45~0.65	≤0.20	—	0.025	0.025	0.50
	31	H11Mn2Mo	0.05~0.17	≤0.20	1.65~2.20	—	—	0.45~0.65	≤0.20	—	0.025	0.025	0.50
6	32	H08CrMo	≤0.10	0.15~0.35	0.40~0.70	0.80~1.10	≤0.30	0.40~0.60	≤0.20	—	0.030	0.030	—
	33	H08CrMoV	≤0.10	0.15~0.35	0.40~0.70	1.00~1.30	≤0.30	0.50~0.70	≤0.20	V 0.15~0.35	0.030	0.030	—
	34	H10CrMo	≤0.12	0.15~0.35	0.40~0.70	0.45~0.65	≤0.30	0.40~0.60	≤0.20	—	0.030	0.030	—
	35	H10Cr3Mo	0.05~0.15	0.05~0.30	0.40~0.80	2.25~3.00	—	0.90~1.10	≤0.20	Al≤0.10	0.025	0.025	0.50
	36	H11CrMo	0.07~0.15	0.05~0.30	0.45~1.00	1.00~1.75	—	0.45~0.65	≤0.20	Al≤0.10	0.025	0.025	0.50
	37	H13CrMo	0.11~0.16	0.15~0.35	0.40~0.70	0.80~1.10	≤0.30	0.40~0.60	≤0.20	—	0.030	0.030	—
	38	H18CrMo	0.15~0.22	0.15~0.35	0.40~0.70	0.80~1.10	≤0.30	0.15~0.25	≤0.20	—	0.025	0.030	—
7	39	H08MnCr5Mo	≤0.10	≤0.50	0.40~0.70	4.50~6.00	≤0.60	0.45~0.65	≤0.20	—	0.025	0.025	0.050
	40	H08MnCr9Mo	≤0.10	≤0.50	0.40~0.70	8.00~10.50	≤0.50	0.80~1.20	≤0.20	—	0.025	0.025	0.050
	41	H10MnCr9MoV	0.07~0.13	0.15~0.50	≤1.20	8.00~10.50	≤0.80	0.85~1.20	≤0.20	V 0.15~0.30 Al≤0.04	0.010	0.010	0.050
8	42	H05Mn2Ni2Mo	≤0.08	0.20~0.55	1.25~1.80	≤0.30	1.40~2.10	0.25~0.55	≤0.20	V≤0.05 Ti≤0.10 Zr≤0.10 Al≤0.10	0.010	0.010	0.50

续表

组号	序号	牌号	化学成分(质量分数)/%										
			C	Si	Mn	Cr	Ni	Mo	Cu	其他元素	P	S	其他残余元素总量[④]
											不大于		
8	43	H08Mn2Ni2Mo	≤0.09	0.20~0.55	1.40~1.80	≤0.50	1.90~2.60	0.25~0.55	≤0.20	V≤0.04 Ti≤0.10 Zr≤0.10 Al≤0.10	0.010	0.010	0.50
	44	H08Mn2Ni3Mo	≤0.10	0.20~0.60	1.40~1.80	≤0.60	2.00~2.80	0.30~0.65	≤0.20	V≤0.03 Ti≤0.10 Zr≤0.10 Al≤0.10	0.010	0.010	0.50
	45	H10MnNiMo	≤0.12	0.05~0.30	1.20~1.60	—	0.75~1.20	0.10~0.30	≤0.20	—	0.020	0.020	0.50
	46	H11MnNiMo	0.07~0.15	0.15~0.35	0.90~1.70	—	0.95~1.60	0.25~0.55	≤0.20	—	0.025	0.025	0.50
	47	H13Mn2NiMo	0.10~0.18	0.20	1.70~2.40	≤0.20	0.40~0.80	0.40~0.65	≤0.20	—	0.025	0.025	0.50
	48	H14Mn2NiMo	0.10~0.18	0.30	1.50~2.40	—	0.70~1.10	0.40~0.65	≤0.20	—	0.025	0.025	0.50
	49	H15MnNi2Mo	0.12~0.19	0.10~0.30	0.60~1.00	≤0.20	1.60~2.10	0.10~0.30	≤0.20	—	0.020	0.015	0.50
9	50	H10MnSiNi	≤0.12	0.40~0.80	≤1.25	≤0.15	0.80~1.10	≤0.35	≤0.20	V≤0.05	0.025	0.025	0.50
	51	H10MnSiNi2	≤0.12	0.40~0.80	≤1.25	—	2.00~2.75	—	≤0.20	—	0.025	0.025	0.50
	52	H10MnSiNi3	≤0.12	0.40~0.80	≤1.25	—	3.00~3.75	—	≤0.20	—	0.025	0.025	0.50
10	53	H09MnSiMo	≤0.12	0.30~0.70	≤1.30	—	≤0.20	0.40~0.65	≤0.20	—	0.025	0.025	0.50
	54	H10MnSiMo	≤0.14	0.70~1.10	0.90~1.20	≤0.20	≤0.30	0.15~0.25	≤0.20	—	0.030	0.030	—
	55	H10MnSiMoTi	0.08~0.12	0.40~0.70	1.00~1.30	≤0.20	≤0.30	0.20~0.40	≤0.20	Ti 0.05~0.15	0.030	0.025	—
	56	H10Mn2SiMo	0.07~0.12	0.50~0.80	1.60~2.10	—	≤0.10	0.40~0.60	≤0.20	—	0.025	0.025	—
	57	H10Mn2SiMoTi	≤0.12	0.40~0.80	1.20~1.90	—	—	0.20~0.50	≤0.20	Ti 0.05~0.20	0.025	0.025	—
	58	H10Mn2SiNiMoTi	0.05~0.15	0.30~0.90	1.00~1.80	—	0.70~1.20	0.20~0.60	≤0.20	Ti 0.02~0.30	0.025	0.025	0.50
11	59	H08MnSiTi	0.02~0.15	0.55~1.10	1.40~1.90	—	—	≤0.15	—	Ti+Zr 0.02~0.30	0.030	0.030	0.50
	60	H13MnSiTi	0.06~0.19	0.35~0.75	0.90~1.40	≤0.15	≤0.15	≤0.15	≤0.20	Ti 0.03~0.17	0.025	0.025	0.50
12	61	H05SiCrMo	≤0.05	0.40~0.70	0.40~0.70	1.20~1.50	≤0.20	0.40~0.65	≤0.20	—	0.025	0.025	0.50
	62	H05SiCr2Mo	≤0.05	0.40~0.70	0.40~0.70	2.30~2.70	≤0.20	0.90~1.20	≤0.20	—	0.025	0.025	0.50
	63	H10SiCrMo	0.07~0.12	0.40~0.70	0.40~0.70	1.20~1.50	≤0.20	0.40~0.65	≤0.20	—	0.025	0.025	0.50
	64	H10SiCr2Mo	0.07~0.12	0.40~0.70	0.40~0.70	2.30~2.70	≤0.20	0.90~1.20	≤0.20	—	0.025	0.025	0.50

续表

组号	序号	牌号	化学成分(质量分数)/%										
			C	Si	Mn	Cr	Ni	Mo	Cu	其他元素	P	S	其他残余元素总量[4]
											不大于		
13	65	H08MnSiCrMo	0.06~0.10	0.60~0.90	1.20~1.70	0.90~1.20	≤0.25	0.45~0.65	≤0.20	—	0.030	0.025	0.50
	66	H08MnSiCrMoV	0.06~0.10	0.60~0.90	1.20~1.60	1.00~1.30	≤0.25	0.50~0.70	≤0.20	V 0.20~0.40	0.030	0.025	0.50
	67	H10MnSiCrMo	≤0.12	0.30~0.90	0.80~1.50	1.00~1.60	—	0.40~0.65	≤0.20	—	0.025	0.025	0.50
14	68	H10MnMoTiB[2]	0.05~0.15	≤0.35	0.65~1.00	≤0.15	≤0.15	0.45~0.65	≤0.20	Ti 0.05~0.30	0.025	0.025	0.50
	69	H11MnMoTiB[2]	0.05~0.17	≤0.35	0.95~1.35	≤0.15	≤0.15	0.45~0.65	≤0.20	Ti 0.05~0.30	0.025	0.025	0.50
15	70	H10MnCr9NiMoV[3]	0.07~0.13	≤0.50	≤1.25	8.50~10.50	≤1.00	0.85~1.15	≤0.10	V 0.15~0.25 Al≤0.04	0.010	0.010	—
	71	H13Mn2CrNi3Mo	0.10~0.17	≤0.20	1.70~2.20	0.25~0.50	2.30~2.80	0.45~0.65	≤0.20	—	0.010	0.015	0.50
	72	H15Mn2Ni2CrMo	0.10~0.20	0.10~0.30	1.40~1.60	0.50~0.80	2.00~2.50	0.35~0.55	≤0.30	—	0.020	0.020	—
	73	H20MnCrNiMo	0.16~0.23	0.15~0.35	0.60~0.90	0.40~0.60	0.40~0.80	0.15~0.30	≤0.20	—	0.025	0.030	0.50
16	74	H08MnCrNiCu	≤0.10	≤0.60	1.20~1.60	0.30~0.90	0.20~0.60	—	0.20~0.50	—	0.025	0.020	0.50
	75	H10MnCrNiCu	≤0.12	0.20~0.35	0.35~0.65	0.50~0.80	0.40~0.80	≤0.15	0.30~0.80	—	—	—	—
	76	H10Mn2NiMoCu	≤0.12	0.20~0.60	1.25~1.80	≤0.30	0.80~1.25	0.20~0.55	0.35~0.65	V≤0.05 Ti≤0.10 Zr≤0.10 Al≤0.10	0.010	0.010	0.50
17	77	H05MnSiTiZrAl	≤0.07	0.40~0.70	0.90~1.40	≤0.15	≤0.15	≤0.15	≤0.20	V≤0.03 Ti 0.05~0.15 Zr 0.02~0.12 Al 0.05~0.15	0.025	0.025	0.50
	78	H08CrNi2Mo	0.05~0.10	0.10~0.30	0.50~0.85	0.70~1.00	1.40~1.80	0.20~0.40	≤0.20	—	0.030	0.025	—
	79	H30CrMnSi	0.25~0.35	0.90~1.20	0.80~1.10	0.80~1.10	≤0.30	—	≤0.20	—	0.025	0.025	—

①根据供需双方协议，H08 非沸腾钢允许硅含量（质量分数）不大于 0.07%。

② B0.005%~0.030%。

③ Nb 0.02%~0.10%，N 0.03%~0.07%。

④ 表中所列外的其他元素总量（除 Fe 外）不大于 0.50%，如供方能保证可不做分析。

表 1-4-11　焊接用不锈钢盘条（焊芯用）钢的牌号及化学成分（成品分析）（摘自 GB/T 4241—2017）

类型	序号	牌号	化学成分(质量分数)/%									
			C	Si	Mn	P	S	Cr	Ni	Mo	Cu	N	其他
奥氏体	1	H04Cr22Ni11Mn6Mo3VN	≤0.05	≤0.90	4.0~7.0	≤0.03	≤0.03	20.5~24.0	9.5~12.0	1.5~3.0	≤0.75	0.10~0.30	V:0.10~0.30
	2	H08Cr17Ni8Mn8Si4N	≤0.10	3.5~4.5	7.0~9.0	≤0.03	≤0.03	16.0~18.0	8.0~9.0	≤0.75	≤0.75	0.08~0.18	
	3	H0ACr20Ni6Mn9N	≤0.05	≤1.00	8.0~10.0	≤0.03	≤0.03	19.0~21.5	5.5~7.0	≤0.75	≤0.75	0.10~0.30	—
	4	H04Cr18Ni5Mn12N	≤0.05	≤1.00	10.5~13.5	≤0.03	≤0.03	17.0~19.0	4.0~6.0	≤0.75	≤0.75	0.10~0.30	—
	5	H08Cr21Ni10Mn6	≤0.10	0.20~0.60	5.0~7.0	≤0.03	≤0.02	20.0~22.0	9.0~11.0	≤0.75	≤0.75		
	6	H09Cr21Ni9Mn4Mo	0.04~0.14	≤0.65	3.3~4.8	≤0.03	≤0.03	19.5~22.0	8.0~10.7	0.5~1.5	≤0.75	—	—
	7	H09Cr21Ni9Mn7Si	0.04~0.14	0.65~1.00	6.5~8.0	≤0.03	≤0.03	18.5~22.0	8.0~10.7	≤0.75	≤0.75	—	—
	8	H16Cr19N9Mn7	≤0.20	≤1.2	5.0~8.0	≤0.03	≤0.03	17.0~20.0	7.0~10.0	≤0.5	≤0.5	—	—
	9	H06Cr21Ni10	≤0.08	≤0.65	1.0~2.5	≤0.03	≤0.03	19.5~22.0	9.0~11.0	≤0.75	≤0.75	—	—
	10	H06Cr21Ni10Si	≤0.08	0.65~1.00	1.0~2.5	≤0.03	≤0.03	19.5~22.0	9.0~11.0	≤0.75	≤0.75	—	—
	11	H07Cr21Ni10	0.04~0.08	≤0.65	1.0~2.5	≤0.03	≤0.03	19.5~22.0	9.0~11.0	≤0.50	≤0.75	—	—
	12	H022Cr21Ni10	≤0.03	≤0.65	1.0~2.5	≤0.03	≤0.03	19.5~22.0	9.0~11.0	≤0.75	≤0.75	—	—
	13	H022Cr21Ni10Si	≤0.03	0.65~1.00	1.0~2.5	≤0.03	≤0.03	19.5~22.0	9.0~11.0	≤0.75	≤0.75	—	—
	14	H06Cr20Ni11Mo2	≤0.08	≤0.65	1.0~2.5	≤0.03	≤0.03	18.0~21.0	9.0~12.0	2.0~3.0	≤0.75	—	—
	15	H022Cr20Ni11Mo2	≤0.03	≤0.65	1.0~2.5	≤0.03	≤0.03	18.0~21.0	9.0~12.0	2.0~3.0	≤0.75	—	—
	16	H10Cr24Ni13	≤0.12	≤0.65	1.0~2.5	≤0.03	≤0.03	23.0~25.0	12.0~14.0	≤0.75	≤0.75		—
	17	H10Cr24Ni13Si	≤0.12	0.65~1.00	1.0~2.5	≤0.03	≤0.03	23.0~25.0	12.0~14.0	≤0.75	≤0.75		—
	18	H022Cr24Ni13	≤0.03	≤0.65	1.0~2.5	≤0.03	≤0.03	23.0~25.0	12.0~14.0	≤0.75	≤0.75		
	19	H022Cr22Ni11	<0.03	≤0.65	1.0~2.5	≤0.03	≤0.03	21.0~24.0	10.0~12.0	≤0.75	≤0.75		
	20	H022Cr24Ni13Si	≤0.03	0.65~1.00	1.0~2.5	≤0.03	≤0.03	23.0~25.0	12.0~14.0	≤0.75	≤0.75		—
	21	H022Cr24Ni13Nb	≤0.03	≤0.65	1.0~2.5	≤0.03	≤0.03	23.0~25.0	12.0~14.0	≤0.75	≤0.75	—	Nb10×C~10
	22	H022Cr21Ni12Nb	≤0.03	≤0.65	1.0~2.5	≤0.03	≤0.03	20.0~23.0	11.0~13.0	≤0.75	≤0.75		Nb10×C~1.2
	23	H10Cr24Ni13Mo2	≤0.12	≤0.65	1.0~2.5	≤0.03	≤0.03	23.0~25.0	12.0~14.0	2.0~3.0	≤0.75	—	—
	24	H022Cr24Ni13Mo2	≤0.03	≤0.65	1.0~2.5	≤0.03	≤0.03	23.0~25.0	12.0~14.0	2.0~3.0	≤0.75	—	
	25	H022Cr21Ni13Mo3	≤0.03	≤0.65	1.0~2.5	≤0.03	≤0.03	19.0~22.0	12.0~14.0	2.3~3.3	≤0.75		—
	26	H11Cr26Ni21	0.08~0.15	≤0.65	1.0~2.5	≤0.03	≤0.03	25.0~28.0	20.0~22.5	≤0.75	≤0.75	—	—
	27	H06Cr26Ni21	≤0.08	≤0.65	1.0~2.5	≤0.03	≤0.03	25.0~28.0	20.0~22.5	≤0.75	≤0.75	—	
	28	H022Cr26Ni21	≤0.03	≤0.65	1.0~2.5	≤0.03	≤0.03	25.0~28.0	20.0~22.5	≤0.75	≤0.75		
	29	H12Cr30Ni9	≤0.15	≤0.65	1.0~2.5	≤0.03	≤0.03	28.0~32.0	8.0~10.5	≤0.75	≤0.75	—	
	30	H06Cr19Ni12Mo2	≤0.08	≤0.65	1.0~2.5	≤0.03	≤0.03	18.0~20.0	1.0~14.0	2.0~3.0	≤0.75		
	31	H06Cr19Ni12Mo2Si	≤0.08	0.65~1.00	1.0~2.5	≤0.03	≤0.03	18.0~20.0	11.0~14.0	2.0~3.0	≤0.75		
	32	H07Cr19Ni12Mo2	0.04~0.08	≤0.65	1.0~2.5	≤0.03	≤0.03	18.0~20.0	11.0~14.0	2.0~3.0	≤0.75		
	33	H022Cr19Ni12Mo2	≤0.03	≤0.65	1.0~2.5	≤0.03	≤0.03	18.0~20.0	11.0~14.0	2.0~3.0	≤0.75		—
	34	H022Cr19Ni12Mo2Si	≤0.03	0.65~1.00	1.0~2.5	≤0.03	≤0.03	18.0~20.0	11.0~14.0	2.0~3.0	≤0.75	—	—
	35	H022Cr19Ni12Mo2Cu2	≤0.03	≤0.65	1.0~2.5	≤0.03	≤0.03	18.0~20.0	11.0~14.0	2.0~3.0	1.0~2.5	—	—
	36	H022Cr20Ni16Mn7Mo3N	≤0.03	≤1.00	5.0~9.0	≤0.03	≤0.02	19.0~22.0	15.0~18.0	2.5~4.5	≤0.5	0.10~0.20	
	37	H06Cr19Ni14Mo3	≤0.08	≤0.65	1.0~2.5	≤0.03	≤0.03	18.5~20.5	13.0~15.0	3.0~4.0	≤0.75	—	
	38	H022Cr19Ni14Mo3	≤0.03	≤0.65	1.0~2.5	≤0.03	≤0.03	18.5~20.5	13.0~15.0	3.0~4.0	≤0.75		—

续表

类型	序号	牌号	化学成分(质量分数)/%									
			C	Si	Mn	P	S	Cr	Ni	Mo	Cu	N	其他
奥氏体	39	H06Cr19Ni12Mo2Nb	≤0.08	≤0.65	1.0~2.5	≤0.03	≤0.03	18.0~20.0	11.0~14.0	2.0~3.0	≤0.75	—	Nb8×C~1.0
	40	H022Cr19Ni12Mo2Nb	≤0.03	≤0.65	1.0~2.5	≤0.03	≤0.03	18.0~20.0	11.0~14.0	2.0~3.0	≤0.75		Nb8×C~1.0
	41	H05Cr20Ni34Mo2Cu3Nb	≤0.07	≤0.60	≤2.5	≤0.03	<0.03	19.0~21.0	32.0~36.0	2.0~3.0	3.0~4.0		Nb8×C~1.0
	42	H019Cr20Ni34Mo2Cu3Nb	≤0.025	≤0.15	1.5~2.0	≤0.015	≤0.02	19.0~21.0	32.0~36.0	2.0~3.0	3.0~4.0		Nb8×C~0.40
	43	H06Cr19Ni10Ti	≤0.08	≤0.65	1.0~2.5	≤0.03	≤0.03	18.5~20.5	9.0~10.5	≤0.75	≤0.75		Ti9×C~1.00
	44	H21Cr16Ni35	0.18~0.25	≤0.65	1.0~2.5	≤0.03	≤0.03	15.0~17.0	34.0~37.0	≤0.75	≤0.75	—	—
	45	H06Cr20Ni10Nb	≤0.08	≤0.65	1.0~2.5	≤0.03	≤0.03	19.0~21.5	9.0~11.0	≤0.75	≤0.75		Nb10×C~1.0
	46	H06Cr20Ni10NbSi	≤0.08	0.65~1.00	1.0~2.5	≤0.03	≤0.03	19.0~21.5	9.0~11.0	≤0.75	≤0.75		Nb10×C~1.0
	47	H022Cr20Ni10Nb	≤0.03	≤0.65	1.0~2.5	≤0.03	≤0.03	19.0~21.5	9.0~11.0	≤0.75	≤0.75	—	Nb10×C~1.0
	48	H019Cr27Ni32Mo3Cu	≤0.025	≤0.50	1.0~2.5	≤0.02	≤0.03	26.5~28.5	30.0~33.0	3.2~4.2	0.7~1.5		
	49	H019Cr20Ni25MoMCu	≤0.025	≤0.50	1.0~2.5	≤0.02	≤0.03	19.5~21.5	24.0~26.0	4.2~5.2	1.2~2.0	—	
	50	H08Cr16Ni8Mo2	≤0.10	≤0.65	1.0~2.5	≤0.03	≤0.03	14.5~16.5	7.5~9.5	1.0~2.0	≤0.75		
	51	H06Cr19Ni10	0.04~0.08	≤0.65	1.0~2.0	≤0.03	≤0.03	18.5~20.0	9.0~11.0	≤0.25	≤0.75		Ti≤0.05, Nb≤0.05
	52	H011Cr33Ni31MoCuN	≤0.015	≤0.50	≤2.00	≤0.02	≤0.01	31.0~35.0	30.0~33.0	0.5~2.0	0.3~1.2	0.35~0.60	—
	53	H10Cr22Ni21Co18Mn3W3 TaAlZrLaN	0.05~0.15	0.20~0.80	0.50~2.00	≤0.04	≤0.015	21.0~23.0	19.0~22.5	2.5~4.0	—	0.10~0.30	
		Nb≤0.30,Co 16.0~21.0,W 2.0~3.5,Ta 0.30~1.25,Al 0.10~0.50,Zr 0.001~0.100,La 0.005~0.100,B≤0.02。											
奥氏体+铁素体	54	H022Cr22Ni9Mo3N	≤0.03	≤0.90	0.5~2.0	≤0.03	≤0.03	21.5~23.5	7.5~9.5	2.5~3.5	≤0.75	0.08~0.20	
	55	H03Cr25Ni5Mo3Cu2N	≤0.04	≤1.0	≤1.5	≤0.04	≤0.03	24.0~27.0	4.5~6.5	2.9~3.9	1.5~2.5	0.10~0.25	—
	56	H022Cr25Ni9Mo4N	≤0.03	≤1.0	≤2.5	≤0.03	≤0.02	24.0~27.0	8.0~10.5	2.5~4.5	≤1.5	0.20~0.30	W≤1.0
铁素体	57	H06Cr12Ti	≤0.08	≤0.8	≤0.8	≤0.03	≤0.03	10.5~13.5	≤0.6	≤0.50	≤0.75	—	Ti10×C~1.5
	58	H10Cr12Nb	≤0.12	≤0.5	≤0.6	≤0.03	≤0.03	10.5~13.5	≤0.6	≤0.75	≤0.75	—	Nb8×C~1.0
	59	H08Cr17	≤0.10	≤0.5	≤0.6	≤0.03	≤0.03	15.5~17.0	≤0.6	≤0.75	≤0.75		—
	60	H08Cr17Nb	≤0.10	≤0.5	≤0.6	≤0.03	≤0.03	15.5~17.0	≤0.6	≤0.75	≤0.75		Nb8×C~1.2
	61	H022Cr17Nb	≤0.03	≤0.5	≤0.6	≤0.03	≤0.03	15.5~17.0	≤0.6	≤0.75	≤0.75	—	Nb8×C~1.2
	62	H03Cr18Ti	≤0.04	≤0.8	≤0.8	≤0.03	≤0.03	17.0~19.0	≤0.6	≤0.5	≤0.75	—	Ti10×C~1.1
	63	H011Cr26Mo	≤0.015	≤0.4	≤0.4	≤0.02	≤0.02	25.0~27.5	Ni+Cu≤ 0.5	0.75~1.50	Ni+Cu≤ 0.5	≤0.015	
马氏体	64	H10Cr13	≤0.12	≤0.5	≤0.6	≤0.03	≤0.03	11.5~13.5	≤0.6	≤0.75	≤0.75	—	—
	65	H05Cr12Ni4Mo	≤0.06	≤0.5	≤0.6	≤0.03	≤0.03	11.0~12.5	4.0~5.0	0.4~0.7	≤0.75		
	66	022Cr13Ni4Mo	≤0.03	0.30~0.90	0.6~1.0	≤0.025	≤0.015	11.5~13.5	4.0~5.0	0.4~0.7	≤0.3	≤0.05	
	67	H32Cr13	0.25~0.40	≤0.5	≤0.6	≤0.03	≤0.03	12.0~14.0	≤0.75	≤0.75	≤0.75		—
沉淀硬化	68	H04Cr17Ni4Cu4Nb	≤0.05	≤0.75	0.25~0.75	≤0.03	≤0.03	16.00~ 16.75	4.5~5.0	≤0.75	3.25~ 4.00	0.15~0.30	

注：本标准适用于制作焊条焊芯、气体保护焊丝、埋弧焊丝、电渣焊丝等焊接用不锈钢盘条。

焊条、焊丝及焊剂的分类、特点和应用

表 1-4-12　　焊条的分类、特点和应用

<table>
<tr><td>按药皮厚度分类</td><td colspan="6">电焊条是在金属丝(即焊芯)表面涂上适当厚度药皮的焊条电弧弧焊用的熔化电极。它由焊芯和涂料药皮两部分组成,因而也称药皮焊条。焊条的药皮都有一定的厚度,用“药皮重量系数 K”表示药皮与焊芯的相对重量比,即:
K=(药皮重量/相同部分的焊芯重量)×100%
K=30%~50%　为厚药皮焊条
K=1%~2%　为薄药皮焊条</td></tr>
<tr><td rowspan="13">按用途分类</td><td colspan="3">焊条型号</td><td colspan="2">焊条牌号(参考)</td><td>应　用</td></tr>
<tr><td>焊条分类</td><td>代号</td><td>国家标准</td><td colspan="2">焊条分类、代号汉字(字母)</td><td>主要用于焊接</td></tr>
<tr><td>非合金钢及细晶粒钢焊条</td><td>E</td><td>GB/T 5117—2012</td><td>结构钢焊条</td><td>结(J)</td><td>碳钢或低合金高强钢</td></tr>
<tr><td>热强钢焊条</td><td>E</td><td>GB/T 5118—2012</td><td>钼及铬钼耐热钢焊条</td><td>热(R)</td><td>珠光体耐热钢和马氏体耐热钢</td></tr>
<tr><td></td><td></td><td></td><td>低温钢焊条</td><td>温(W)</td><td>在低温下工作的结构</td></tr>
<tr><td>不锈钢焊条</td><td>E</td><td>GB/T 983—2012</td><td>不锈钢焊条
(1)铬不锈钢焊条
(2)铬镍不锈钢焊条</td><td>
铬(G)
奥(A)</td><td>不锈钢和热强钢</td></tr>
<tr><td>堆焊焊条</td><td>ED</td><td>GB/T 984—2001</td><td>堆焊焊条</td><td>堆(D)</td><td>以获得热硬性、耐磨、耐蚀的堆焊层</td></tr>
<tr><td>铸铁焊条</td><td>EZ</td><td>GB 10044—2022</td><td>铸铁焊条</td><td>铸(Z)</td><td>焊补铸铁构件</td></tr>
<tr><td>镍及镍合金焊条</td><td>ENi</td><td>GB/T 13814—2008</td><td>镍及镍合金焊条</td><td>镍(Ni)</td><td>镍及高镍合金、也可用异种金属及堆焊</td></tr>
<tr><td>铜及铜合金焊条</td><td>ECu</td><td>GB/T 3670—2021</td><td>铜及铜合金焊条</td><td>铜(Cu)</td><td>铜及铜合金</td></tr>
<tr><td>铝及铝合金焊条</td><td>E 数字 1、3、4</td><td>GB/T 3669—2001</td><td>铝及铝合金焊条</td><td>铝(L)</td><td>铝及铝合金</td></tr>
<tr><td>—</td><td>—</td><td></td><td>特殊用途焊条</td><td>特(TS)</td><td>水下焊接、水下切割等特殊工艺</td></tr>
</table>

<table>
<tr><td rowspan="12">按药皮主要成分分类</td><td>药皮类型</td><td>电源种类</td><td>主要特点和应用</td></tr>
<tr><td>不属已规定的类型</td><td>不规定</td><td>在某些焊条中采用氧化锆、金红石碱性型等,这些新渣系目前尚未形成系列</td></tr>
<tr><td>氧化钛型</td><td>直流或交流</td><td>含多量氧化钛,焊条工艺性能良好,电弧稳定,再引弧方便,飞溅很小,熔深较浅,熔渣覆盖性良好,脱渣容易,焊缝波纹特别美观,可全位置焊接,尤宜于薄板焊接,但焊缝塑性和抗裂性稍差。随药皮中钾、钠及铁粉等用量的变化,分为高钛钾型、高钛钠型及铁粉钛型等</td></tr>
<tr><td>钛钙型</td><td>直流或交流</td><td>药皮中含氧化钛 30%以上,钙、镁的碳酸盐 20%以下,焊条工艺性能良好,熔渣流动性好,熔深一般,电弧稳定,焊缝美观,脱渣方便,适用于全位置焊接,如 J422 即属此类型,是目前碳钢焊条中使用最广泛的一种焊条</td></tr>
<tr><td>钛铁矿型</td><td>直流或交流</td><td>药皮中含钛铁矿≥30%,焊条熔化速度快,熔渣流动性好,熔深较深,脱渣容易,焊波整齐,电弧稳定,平焊、平角焊工艺性能较好,立焊稍次,焊缝有较好的抗裂性</td></tr>
<tr><td>氧化铁型</td><td>直流或交流</td><td>药皮中含多量氧化铁和较多的锰铁脱氧剂,熔深大,熔化速度快,焊接生产率较高,电弧稳定,再引弧方便,立焊、仰焊较困难,飞溅稍大,焊缝抗热裂性能较好,适用于中厚板焊接。由于电弧吹力大,适于野外操作。若药皮中加入一定量的铁粉,则为铁粉氧化钛型</td></tr>
<tr><td>纤维素型</td><td>直流或交流</td><td>药皮中含 15%以上的有机物,30%左右的氧化钛,焊接工艺性能良好,电弧稳定,电弧吹力大,熔深大,熔渣少,脱渣容易。可作立向下焊、深熔焊或单面焊双面成形焊接。立、仰焊工艺性好。适用于薄板结构、油箱管道、车辆壳体等焊接。随药皮中稳弧剂、黏结剂含量变化,分为高纤维素钠型(采用直流反接)、高纤维素钾型两类</td></tr>
<tr><td>低氢钾型
铁粉+低氢钾</td><td>直流或交流</td><td rowspan="2">药皮组分以碳酸盐和萤石为主。焊条使用前必须经 300~400℃ 烘焙。短弧操作,焊接工艺性一般,可全位置焊接。焊缝有良好的抗裂性和综合力学性能。适于焊接重要的焊接结构。按照药皮中稳弧剂量、铁粉量和黏结剂不同,分为低氢钠型、低氢钾型和铁粉低氢型等</td></tr>
<tr><td>低氢钠型</td><td>直流</td></tr>
<tr><td>石墨型</td><td>直流或交流</td><td>药皮中含有多量石墨,通常用于铸铁或堆焊焊条。采用低碳钢焊芯时,焊接工艺性能较差,飞溅较多,烟雾较大,熔渣少,适于平焊。采用有色金属焊芯时,能改善其工艺性能,但电流不易过大</td></tr>
<tr><td>盐基型</td><td>直流</td><td>药皮中含多量氯化物和氟化物,主要用于铝及铝合金焊条。吸潮性强,焊前要烘干。药皮熔点低,熔化速度快。采用直流电源,焊接工艺性较差,短弧操作,熔渣有腐蚀性,焊后需用热水清洗</td></tr>
</table>

续表

<table>
<tr><th colspan="2">分类</th><th>特点和应用</th></tr>
<tr><td rowspan="3">按熔渣的酸碱性分类</td><td colspan="2">主要是根据焊接熔渣的碱度，即按熔渣中碱性氧化物与酸性氧化物的比例来划分</td></tr>
<tr><td>酸性焊条</td><td>药皮中含有大量的 TiO_2、SiO_2 等酸性造渣物及一定数量的碳酸盐等，熔渣氧化性强，熔渣碱度系数小于 1。酸性焊条焊接工艺性好，电弧稳定，可交、直流两用，飞溅小、熔渣流动性和脱渣性好，熔渣多呈玻璃状，较疏松，脱渣性能好，焊缝外表美观。酸性焊条的药皮中含有较多的二氧化硅、氧化铁及氧化钛，氧化性较强，焊缝金属中的氧含量较高，合金元素烧损较多，合金过渡系数较小，熔敷金属中含氢量也较高，因而焊缝金属塑性和韧性较低</td></tr>
<tr><td>碱性(低氢型)焊条</td><td>药皮中含有大量的碱性造渣物(大理石、萤石等)，并含有一定数量的脱氧剂和渗合金剂。碱性焊条主要靠碳酸盐(如 $CaCO_3$ 等)分解出 CO_2 作保护气体，弧柱气氛中的氢分压较低，而且萤石中的氟化钙在高温时与氢结合成氟化氢(HF)，降低了焊缝中的含氢量，故碱性焊条又称为低氢型焊条。采用甘油法测定时，每 100g 熔敷金属中的扩散氢含量，碱性焊条为 1~8mL，酸性焊条为 17~50mL
碱性渣中 CaO 数量多，熔渣脱硫的能力强，熔敷金属的抗热裂纹的能力较强。而且，碱性焊条由于焊缝金属中氧和氢含量低，非金属夹杂物较少，具有较高的塑性和冲击韧性。碱性焊条由于药皮中含有较多的萤石，电弧稳定性差，一般多采用直流反接，只有当药皮中含有较多量的稳弧剂时，才可以交、直流两用。碱性焊条一般用于较重要的焊接结构，如承受动载荷或刚性较大的结构</td></tr>
<tr><td colspan="2">按焊条性能分类</td><td>按性能分类的焊条，都是根据其特殊使用性能而制造的专用焊条，如超低氢焊条、低尘低毒焊条、立向下焊条、躺焊焊条、打底层焊条、高效铁粉焊条、防潮焊条、水下焊条、重力焊条等</td></tr>
<tr><td colspan="2" rowspan="2">其他</td><td>各大类焊条按主要性能的不同还可分为若干小类，如低合金钢焊条，又可分为低合金高强钢焊条、低温钢焊条、耐热钢焊条、耐海水腐蚀用焊条等。有些焊条同时可以有多种用途</td></tr>
<tr><td>对于药皮中含有多量铁粉的焊条，可以称为铁粉焊条。这时，按照相应焊条药皮的主要成分，又可分为铁粉钛型、铁粉钛钙型、铁粉钛铁矿型、铁粉氧化铁型、铁粉低氢型等，构成了铁粉焊条系列</td></tr>
</table>

表 1-4-13　焊丝的分类、特点和应用

<table>
<tr><td rowspan="13">实芯焊丝</td><td colspan="5">实芯焊丝是由热轧线材经拉拔加工而成。为了防止焊丝生锈，必须对焊丝(除不锈钢焊丝外)表面进行特殊处理。目前主要是镀铜处理，包括电镀、浸铜及化学镀铜处理等方法。是目前最常用的焊丝。
实芯焊丝包括埋弧焊、电渣焊、CO_2 气体保护焊、氩弧焊、气焊以及堆焊用的焊丝</td></tr>
<tr><td colspan="3">分　类</td><td colspan="2">特点和应用</td></tr>
<tr><td rowspan="7">埋弧焊、电渣焊焊丝</td><td colspan="4">埋弧焊和电渣焊时焊剂对焊缝金属起保护和冶金处理作用，焊丝主要作为填充金属，同时向焊缝添加合金元素，二者直接参与焊接过程中的冶金反应，焊缝成分和性能是由焊丝和焊剂共同决定的</td></tr>
<tr><td rowspan="6">按被焊材料分类</td><td>低碳钢用焊丝</td><td rowspan="5">埋弧焊、电渣焊时电流大，要采用粗焊丝，焊丝直径 3.2~6.4mm</td><td rowspan="5"></td></tr>
<tr><td>低合金高强钢用焊丝</td></tr>
<tr><td>Cr-Mo 耐热钢用焊丝</td></tr>
<tr><td>低温钢用焊丝</td></tr>
<tr><td>不锈钢用焊丝</td></tr>
<tr><td>表面堆焊用焊丝</td><td colspan="2">焊丝因含碳或合金元素较多，难于加工制造，目前主要采用液态连铸拉丝方法进行小批量生产</td></tr>
<tr><td rowspan="3">气体保护焊焊丝</td><td rowspan="3">按焊接方法分类</td><td>TIG 焊用焊丝</td><td>一般不加填充焊丝，有时加填充焊丝。手工填丝为切成一定长度的焊丝，自动填丝时采用盘式焊丝</td><td rowspan="3">气体保护焊分为惰性气体保护焊(TIG，MIG)和活性气体保护焊(MAG)。惰性气体主要采用 Ar 气，活性气体主要采用 CO_2 气体。MIG 采用 $Ar+2\%O_2$ 或 $Ar+5\%CO_2$；MAG 采用 CO_2、$Ar+CO_2$ 或 $Ar+O_2$</td></tr>
<tr><td>MIG、MAG 焊用焊丝</td><td>主要用于焊接低合金钢、不锈钢等</td></tr>
<tr><td>CO_2 焊用焊丝</td><td>焊丝成分中应有足够数量的脱氧剂，如 Si、Mn、Ti 等。如果合金含量不足，脱氧不充分，将导致焊缝中产生气孔；焊缝力学性能(特别是韧性)将明显下降</td></tr>
<tr><td colspan="3">自保护焊用焊丝</td><td colspan="2">利用焊丝中所含有的合金元素在焊接过程中进行脱氧、脱氮，以消除从空气中进入焊接熔池的氧和氮的不良影响，为此，除提高焊丝中的 C、Si、Mn 含量外，还要加入强脱氧元素 Ti、Zr、Al、Ce 等</td></tr>
</table>

续表

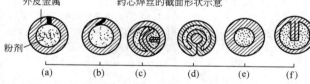

<table>
<tr><td rowspan="14">药芯焊丝</td><td colspan="4">药芯焊丝是将药粉包在薄钢带内卷成不同的截面形状经轧拔加工制成的焊丝。也称为粉芯焊丝、管状焊丝或折叠焊丝，用于气体保护焊、埋弧焊和自保护焊，是一种很有发展前途的焊接材料。它可以制成盘状供应，易于实现机械化焊接。根据焊丝结构，药芯焊丝可分为有缝焊丝和无缝焊丝两种。无缝焊丝可以镀铜，性能好、成本低，已成为今后发展的方向</td></tr>
<tr><td colspan="3">分　类</td><td>特点和应用</td></tr>
<tr><td rowspan="4">按是否使用外加保护气体分类</td><td colspan="3">药芯焊丝可作为熔化极（MIG、MAG、CO_2 气保焊）或非熔化极（TIG）气体保护焊的焊接材料
TIG 焊接时，大部分使用实芯焊丝作填充材料。药芯焊丝内含有特殊性能的造渣剂，底层焊接时不需充氩保护，芯内粉剂会渗透到熔池背面，形成一层致密的熔渣保护层，使焊道背面不受氧化，冷却后该焊渣很易脱落。MAG 焊和 CO_2 焊同属活性气保焊，MAG 是混合气体保护焊。MIG 焊采用纯氩气或氦气或两种混合气体保护</td></tr>
<tr><td colspan="2">气体保护焊丝（有外加保护气）</td><td>工艺性能和熔敷金属冲击性能比自保护得好</td></tr>
<tr><td colspan="2">自保护焊丝（无外加保护气）</td><td>具有抗风性，更适合室外或高层结构现场使用</td></tr>
<tr><td colspan="2">气电立焊用药芯焊丝</td><td>是专用于气体保护强制成形焊接方法的一种焊丝。为了向上立焊，熔渣不能太多，故该焊丝中造渣剂的比例约为 5%～10%，同时含有大量的铁粉和适量的脱氧剂、合金剂和稳弧剂，以提高熔敷效率和改善焊缝性能</td></tr>
<tr><td rowspan="3">按药芯焊丝的横截面结构分类</td><td colspan="3">药芯焊丝的截面形状对焊接工艺性能与冶金性能有很大影响</td></tr>
<tr><td colspan="2">分为简单断面的 O 形和复杂断面的折叠形两类，折叠形又可分为梅花形、T 形、E 形和中间填丝形等</td><td>外皮金属　药芯焊丝的截面形状示意
粉剂
(a) (b) (c) (d) (e) (f)</td></tr>
<tr><td colspan="3">一般地说，药芯焊丝的截面形状越复杂越对称，电弧越稳定，药芯的冶金反应和保护作用越充分。但是随着焊丝直径的减小，这种差别逐渐缩小，当焊丝直径小于 2mm 时，截面形状的影响已不明显了。目前，小直径（不大于 2.0mm）药芯焊丝一般采用 O 形截面，大直径（≥2.4mm）药芯焊丝多采用 E 形、T 形等折叠形复杂截面</td></tr>
<tr><td rowspan="6">按药皮中有无造渣剂分类</td><td colspan="3">药芯焊丝芯部粉剂的成分与焊条药皮相类似</td></tr>
<tr><td colspan="2">熔渣型（有造渣剂）</td><td>在熔渣型药芯焊丝中加入粉剂，主要是为了改善焊缝金属的力学性能、抗裂性及焊接工艺性能。这些粉剂有脱氧剂（硅铁、锰铁）、造渣剂（金红石、石英等）、稳弧剂（钾、钠等）、合金剂（Ni、Cr、Mo 等）及铁粉等</td></tr>
<tr><td rowspan="3">按造渣剂种类及渣的碱度细分</td><td>钛型</td><td>钛型渣系药芯焊丝的焊道成形美观，全位置焊接工艺性能优良，电弧稳定，飞溅小，但焊缝金属的低温韧性和抗裂性稍差（钛型又称金红石型、酸性渣）</td></tr>
<tr><td>钙型</td><td>钙型渣系药芯焊丝焊缝金属的韧性和抗裂性优良，但焊道成形和焊接工艺性稍差（钙型又称碱性渣）</td></tr>
<tr><td>钛钙型</td><td>钛钙型渣系介于上述二者之间（又称金红石碱性、中性或弱碱性渣）</td></tr>
<tr><td colspan="2">金属粉型（无造渣剂）</td><td>金属粉型药芯焊丝几乎不含造渣剂，焊接工艺性能类似于实芯焊丝，但电流密度更大。具有熔敷效率高、熔渣少的特点，抗裂性能优于熔渣型药芯焊丝。这种焊丝粉芯中大部分是金属粉（铁粉、脱氧剂等），其造渣量仅为熔渣型药芯焊丝的 1/3，多层焊可不清渣，使焊接生产率进一步提高。此外，还加入了特殊的稳弧剂，飞溅小，电弧稳定，而且焊缝扩散氢含量低，抗裂性能得到改善</td></tr>
<tr><td rowspan="3">两丝比较</td><td colspan="2">药芯焊丝与实芯焊丝相同点</td><td colspan="2">与实芯焊丝相比，药芯焊丝的特点：</td></tr>
<tr><td colspan="2">a. 与焊条电弧焊焊条相比，可能实现高效焊接
b. 容易实现自动化、机械化焊接
c. 能直接观察到电弧，容易控制焊接状态
d. 抗风能力较弱，存在保护不良的危险</td><td colspan="2">a. 药芯焊丝具有比实芯焊丝更高的熔敷速度，特别是在全位置焊接场合，可使用大电流，提高了焊接效率
b. 电弧柔软，飞溅很少
c. 焊道外观平坦、美观
d. 烟尘发生量较多
e. 当产生焊渣时，必须清除</td></tr>
<tr><td colspan="4">全位置焊接采用细直径药芯焊丝，这类焊丝多为钛型渣系，具有优异的焊接工艺性能。解决了实芯焊丝存在的诸多问题，如飞溅大、成形差、电弧硬等</td></tr>
</table>

表 1-4-14 焊剂的分类、特点和应用

<table>
<tr><th colspan="3">分　类</th><th>特点和应用</th></tr>
<tr><td>含义</td><td colspan="3">焊剂是焊接时能够熔化形成熔渣和气体，对熔化金属起保护、冶金处理作用并改善焊接工艺性能，具有一定粒度的颗粒状物质。烧结焊剂还具有渗合金作用。焊剂与焊丝的正确配合使用是决定焊缝金属化学成分和力学性能的重要因素</td></tr>
<tr><td rowspan="3">按用途分类</td><td colspan="2">(1)按使用用途分类</td><td>有埋弧焊焊剂、电渣焊焊剂、堆焊焊剂</td></tr>
<tr><td colspan="2">(2)按所焊材料分类</td><td>有低碳钢用焊剂、低合金钢用焊剂、不锈钢用焊剂、镍及镍合金用焊剂、钛及钛合金用焊剂、有色金属用焊剂</td></tr>
<tr><td colspan="2">(3)按焊接工艺特点分类</td><td>① 单道焊或多道焊焊剂，单道焊焊剂仅适用于单面单道焊、双面单道焊
② 高速焊焊剂，用于焊接速度大于 60m/h 的焊接场合
③ 超低氢焊剂，熔敷金属中的扩散金属小于或等于 2mL/100g，有利于消除焊接延迟裂纹
④ 抗锈焊剂，对铁锈不敏感，有良好的抗气孔性能
⑤ 高韧性焊剂，焊缝金属的韧性高，适于焊接低温下工作的压力容器
⑥ 单面焊双面成形焊剂，使焊缝背面根部成形满足需要，主要在造船业使用</td></tr>
<tr><td rowspan="2">按制造方法分类</td><td colspan="2">(1)熔炼焊剂</td><td>将各种矿物性原料，主要有锰矿、硅砂、铝矾土、镁矿、萤石、生石灰、钛铁矿等及冰晶石、硼砂等化工产品，按配方比例混合配成炉料，然后在电炉或火焰炉中加热到 1300℃ 以上熔化均匀后，出炉经过水冷粒化、烘干筛选得到的焊剂称为熔炼焊剂</td></tr>
<tr><td colspan="2">(2)非熔炼焊剂</td><td>将各种粉料按配方混合后加入黏结剂，制成一定粒度的小颗粒，经烘焙或烧结后得到的焊剂，称为非熔炼焊剂
根据烘焙温度的不同，非熔炼焊剂又分为：黏结焊剂和烧结焊剂
① 黏结焊剂　又称陶质焊剂或低温烧结焊剂，通常以水玻璃作黏结剂，经 350～500℃ 低温烘焙或烧结得到的焊剂。由于烧结温度低，黏结焊剂有吸潮倾向大，颗粒强度低等缺点。目前国内产品供应量不多
② 烧结焊剂　通常在较高的温度（700～1000℃）烧结，烧结后，粉碎成一定尺寸的颗粒即可使用。经高温烧结后，颗粒强度明显提高，吸潮性大大降低。与熔炼焊剂相比，烧结焊剂熔点较高，松装密度较小，故这类焊剂适于大线能量焊接。烧结焊剂的碱度可以在较大范围内调节，能保持良好的工艺性能，可以根据施焊钢种的需要通过焊剂向焊缝过渡合金元素，烧结焊剂适用性强，制造简便，近年来发展很快</td></tr>
<tr><td rowspan="4">按焊剂的化学成分或渣系分类</td><td rowspan="4">(1)按焊剂主要成分分类</td><td>①按 SiO_2 含量分类</td><td>有高硅焊剂（SiO_2>30%）、中硅焊剂（SiO_2 = 10%～30%）、低硅焊剂（SiO_2<10%）、无硅焊剂</td></tr>
<tr><td>②按 MnO 含量分类</td><td>有高锰焊剂（MnO>30%）、中锰焊剂（MnO = 15%～30%）、低锰焊剂（MnO = 2%～15%）、无锰焊剂（MnO<2%）</td></tr>
<tr><td>③按 CaF_2 含量分类</td><td>有高氟焊剂（CaF_2>30%）、中氟焊剂（CaF_2 = 10%～30%）、低氟焊剂（CaF_2<10%）</td></tr>
<tr><td>④ 按 MnO、SiO_2、CaF_2 含量组合分类</td><td>高锰高硅低氟焊剂，是酸性焊剂，焊接工艺性能好，适于交直流电源，主要用于焊接低碳钢及对韧性要求不高的低合金钢
中锰中硅中氟焊剂，是中性焊剂，焊接工艺性和焊缝韧性均可，多用于低合金钢焊接
低锰中硅中氟焊剂，是碱性焊剂，焊接工艺性较差，仅适用于直流电源，焊剂氧化性小，焊缝韧性高，可焊接不锈钢等高合金钢</td></tr>
</table>

续表

<table>
<tr><th colspan="3">分　类</th><th colspan="3">特 点 和 应 用</th></tr>
<tr><td rowspan="11">按焊剂的化学成分或渣系分类</td><td rowspan="8">(1)按焊剂主要成分分类</td><td>⑤按焊剂的主要成分与特点分类</td><td colspan="3">是国际焊接学会推荐的焊剂分类方法，我国的烧结焊剂采用此法。此方法直观性强，易于分辨焊剂的主要成分为特性</td></tr>
<tr><td>焊剂类型</td><td>焊剂类型代号</td><td>主 要 成 分</td><td>焊 剂 特 点</td></tr>
<tr><td>锰-硅型</td><td>MS</td><td>$(MnO+SiO_2)>50\%$</td><td>与含锰量少的焊丝配合，可以向焊缝过渡适量的锰与硅</td></tr>
<tr><td>钙-硅型</td><td>CS</td><td>$(CaO+MgO+SiO_2)>60\%$</td><td>由于焊剂中含有较多的 SiO_2，即使采用含硅量低的焊丝仍可得到含硅量较高的焊缝金属，适于大电流焊接</td></tr>
<tr><td>铝-钛型</td><td>AR</td><td>$(Al_2O_3+TiO_2)>45\%$</td><td>适于多丝焊接和高速焊接</td></tr>
<tr><td>氟-碱型</td><td>FB</td><td>$(CaO+MgO+MnO+CaF_2)>50\%$，其中 $SiO_2 \leqslant 20\%$，$CaF_2 \geqslant 15\%$</td><td>SiO_2 含量低，减少了硅的过渡，可得到高冲击韧性的焊缝金属</td></tr>
<tr><td>铝-碱型</td><td>AB</td><td>$(Al_2O_3+CaO+MgO)>45\%$ 其中 $Al_2O_3 \approx 20\%$</td><td>性能介于铝-钛型和氟-碱型焊剂之间</td></tr>
<tr><td>特殊型</td><td>ST</td><td>不规定</td><td>—</td></tr>
<tr><td rowspan="3">(2)按焊剂的渣系分类</td><td>①硅酸盐型</td><td colspan="3">氧化锰-二氧化硅型$(MnO+SiO_2)>50\%$、氧化钙-二氧化硅型$(CaO+MgO+SiO_2)>60\%$、氧化锆-二氧化硅型$(ZrO_2+SiO_2)>35\%$</td></tr>
<tr><td>②铝酸盐型</td><td colspan="3">氧化铝-二氧化钛型$(Al_2O_3+TiO_2)>45\%$、碱性氧化铝型$(Al_2O_3+CaO+MgO)>45\%$，其中 $Al_2O_3 \geqslant 20\%$</td></tr>
<tr><td>③碱性氟化物型</td><td colspan="3">如氟化物的焊剂$(CaO+MgO+MnO+CaF_2)>50\%$，其中 $SiO_2 \leqslant 20\%$，$CaF_2>15\%$</td></tr>
<tr><td rowspan="3">按焊剂的化学性质分类</td><td rowspan="3">按焊剂氧化性的强弱分类</td><td>①氧化性焊剂</td><td colspan="3">焊剂对焊缝金属有较强的氧化作用。一种是含有大量 SiO_2、MnO 的焊剂，另一种是含有 FeO 较多的焊剂</td></tr>
<tr><td>②弱氧化性焊剂</td><td colspan="3">焊剂含 SiO_2、MnO、FeO 等活性氧化物等较少。焊剂对焊缝金属有较弱的氧化作用，焊缝金属含氧量较低</td></tr>
<tr><td>③惰性焊剂</td><td colspan="3">又称中性焊剂，焊剂里基本不含 SiO_2、MnO、FeO 等氧化物。焊剂对焊缝金属基本没有氧化作用；焊剂由 Al_2O_3、CaO、MgO 及 CaF_2 等组成</td></tr>
</table>

按熔渣的碱度分类

碱度是熔渣的最重要的冶金特征之一，对熔渣-金属相界面处冶金反应、焊接工艺性能和焊缝金属的力学性能有很大影响。目前，有关焊剂碱度的计算公式应用较广泛的是国际焊接学会(IIW)推荐的公式，即

$$B=\frac{CaO+MgO+BaO+Na_2O+K_2O+CaF_2+0.5(MnO+FeO)}{SiO_2+0.5(Al_2O_3+TiO_2+ZrO_2)}$$

式中，各组分的含量按质量分数计算，根据计算结果分类如下：

①酸性焊剂	碱度 $B<1.0$，具有良好的焊接工艺性能，焊缝成形美观，但可使焊缝金属增硅，焊缝金属含氧量高，低温冲击韧性低
②中性焊剂	碱度 $B=1.0\sim1.5$，熔敷金属的化学成分与焊丝的化学成分相近，焊缝含氧量有所降低
③碱性焊剂	碱度 $B>1.5$，采用碱性焊剂得到的熔敷金属含氧量低，可以获得较高的焊缝冲击韧性，抗裂性好，但焊接工艺性能较差。$B>2.0$ 的焊剂为高碱度焊剂，有除硫及降硅的作用，焊缝金属的氧含量很低，低温冲击韧性值高，但是，随着碱度的提高，焊道形状变得窄而高，并容易产生咬边、夹渣等缺陷。部分国产焊剂的碱度值(按上式算得)如下

焊剂牌号	130	131	150	172	230	250	251	260	330	350	360	430	431	433
碱度值	0.78	1.40	1.30	2.68	0.80	1.75	1.68	1.11	0.81	1.0	0.94	0.78	0.79	0.67

续表

比较	特点和应用

熔炼焊剂

熔炼焊剂的化学成分见表1。熔炼焊剂可以分为以下三类：

(1)高硅焊剂　是以硅酸盐为主的焊剂，焊剂中 $w(SiO)_2>30\%$。由于 SiO_2 含量高，焊剂有向焊缝中过渡硅的作用

根据焊剂含 MnO 数量的不同，高硅焊剂又可分为：高硅高锰焊剂、高硅中锰焊剂、高硅低锰焊剂和高硅无锰焊剂四种。使用高硅焊剂焊接，由于通过焊剂向焊缝中过渡硅，所以焊丝就不必再特意加硅。高硅焊剂应按下列配合方式焊接低碳钢或某些合金钢：

①高硅无锰或低锰焊剂应配合高锰焊丝[$w(Mn)=1.5\%\sim2.9\%$]

②高硅中锰焊剂应配合含锰焊丝[$w(Mn)=0.8\%\sim1.1\%$]

③高硅高锰焊剂应配合低碳钢焊丝或含锰焊丝。这是国内应用最广泛的配合方式之一，多用于焊接低碳钢或某些低合金钢。由于采用高硅高锰焊剂的焊缝金属含氧量及含磷量较高，韧脆转变温度高，不宜用于焊接对于低温韧性要求较高的结构

(2)中硅焊剂　由于焊剂中含 SiO_2 的数量较少，碱性氧化物 CaO 或 MgO 的含量较多，所以焊剂的碱度较高。大多数中硅焊剂属于弱氧化性焊剂，焊缝金属含氧量较低，所以焊缝的韧性更高一些。因此，这类焊剂配合适当的焊丝可用于焊接合金结构钢。但是中硅焊剂的焊缝金属含氢量较高，对于提高焊缝金属抗冷裂纹的能力是很不利的。在中硅焊剂中，如加入相当数量的 FeO，由于提高了焊剂的氧化性就能减少焊缝金属的含氢量。这种焊剂属于中硅氧化性焊剂，是焊接高强度钢的一种新型焊剂

(3)低硅焊剂　这类焊剂由 CaO、Al_2O_3、MgO、CaF_2 等组成。焊剂对于金属基本上没有氧化作用。HJ172 属于这种类型的焊剂，配合相应焊丝可用来焊接高合金钢，如不锈钢、热强钢等

表1　熔炼焊剂的化学成分(质量分数)　　%

焊剂类型	焊剂牌号	SiO_2	Al_2O_3	MnO	CaO	MgO	TiO_2	CaF_2	NaF	ZrO_2	FeO	S	P	R_2O
无锰高硅低氟	HJ130	35~40	12~16	—	10~18	14~19	7~11	4~7	—	—	2	≤0.05	≤0.05	—
无锰高硅低氟	HJ131	34~38	6~9	—	48~55	—	—	2~5	—	—	≤1	≤0.05	≤0.08	≤3
无锰中硅中氟	HJ150	21~23	28~32	—	3~7	9~13	—	25~33	—	—	≤1	≤0.08	≤0.08	≤3
无锰低硅高氟	HJ172	3~6	28~35	1~2	2~5	—	—	45~55	2~3	2~4	≤0.8	≤0.05	≤0.05	≤3
低锰高硅低氟	HJ230	40~46	10~17	5~10	8~14	10~14	—	7~11	—	—	≤1.5	≤0.05	≤0.05	—
低锰中硅中氟	HJ250	18~22	18~23	5~8	4~8	12~16	—	23~30	—	—	≤1.5	≤0.05	≤0.05	≤3
低锰中硅中氟	HJ251	18~22	18~23	7~10	3~6	14~17	—	23~30	—	—	≤1.0	≤0.08	≤0.05	—
低锰高硅中氟	HJ260	29~34	19~24	2~4	4~7	15~18	—	20~25	—	—	≤1.0	≤0.07	≤0.07	—
中锰高硅低氟	HJ330	44~48	≤4	22~26	≤3	16~20	—	3~6	—	—	≤1.5	≤0.08	≤0.08	≤1
中锰中硅中氟	HJ350	30~35	13~18	14~19	10~18	—	—	14~20	—	—	—	≤0.06	≤0.07	—
中锰高硅中氟	HJ360	33~37	11~15	20~26	4~7	5~9	—	10~19	—	—	≤1.5	≤0.10	≤0.10	—
高锰高硅低氟	HJ430	38~45	≤5	38~47	≤6	—	—	5~9	—	—	≤1.8	≤0.10	≤0.10	—
高锰高硅低氟	HJ431	40~44	≤4	34~38	≤6	5~8	—	3~7	—	—	≤1.8	≤0.10	≤0.10	—
高锰高硅低氟	HJ433	42~45	≤3	44~47	≤4	—	—	2~4	—	—	≤1.8	≤0.15	≤0.10	≤0.5

烧结焊剂

烧结焊剂是继熔炼焊剂之后发展起来的新型焊剂。国外已广泛采用烧结焊剂焊接碳钢、高强度钢和高合金钢

黏结焊剂与烧结焊剂都属于非熔炼焊剂。黏结焊剂又称为低温烧结焊剂，烧结焊剂又称为高温烧结焊剂。由于黏结焊剂与烧结焊剂并无本质不同，因此可以将它们归为一类

烧结焊剂的主要优点是可以灵活地调整焊剂的合金成分。其特点如下：

(1)可以连续生产，劳动条件较好。成本低，一般为熔炼焊剂的1/3~1/2

(2)焊剂碱度可在较大范围内调节。熔炼焊剂的碱度最高为2.5左右。烧结焊剂当其碱度高达3.5时，仍具有良好的稳弧性及脱渣性，并可交直流两用，烟尘量也很小

(3)由于烧结焊剂碱度高，冶金效果好，所以能获得较好的强度、塑性和韧性的配合

(4)焊剂中可加入脱氧剂及其他合金成分，具有比熔炼焊剂更好的抗锈能力

(5)焊剂的松装密度较小，一般为 $0.9\sim1.2g/cm^3$，焊接时焊剂的消耗量较少。可以采用大的焊接电流值(可达2000A)，焊接速度可高达150m/h，适用于多丝大电流高速自动埋弧焊工艺

(6)烧结焊剂颗粒圆滑，在管道中输送和回收焊剂时阻力较小

(7)缺点是吸潮性较大。焊缝成分易随焊接工艺参数变化而波动

总之，烧结焊剂由于具有松装密度比较小，熔点比较高等特点，适用于大热量输入焊接。此外，烧结焊剂较容易向焊缝中过渡合金元素。因此，在焊接特殊钢种时宜选用烧结焊剂。熔炼焊剂与烧结焊剂的比较列于表2，可供选择焊剂时参考

续表

比较	特点和应用		
熔炼焊剂与烧结焊剂的特点比较	表2		
	比较项目	熔炼焊剂	烧结焊剂
	一般特点	熔点较低,松装密度较大,颗粒不规则,但强度较高。焊剂的生产中耗电量大,成本较高	熔点较高,松装密度较小,颗粒圆滑较规则,但强度低,可连续生产,成本较低
	焊接工艺性能 高速焊接性能	焊道均匀,不易产生气孔和夹渣	焊道无光泽,易产生气孔、夹渣
	焊接工艺性能 大规范焊接性能	焊道凸凹显著,易粘渣	焊道均匀,容易脱渣
	焊接工艺性能 吸潮性能	比较小,可不必再烘干	比较大,必须烘干
	焊接工艺性能 抗锈性能	比较敏感	不敏感
	焊缝性能 韧性	受焊丝成分和焊剂碱度影响大	比较容易得到高韧性
	焊缝性能 成分波动	焊接规范变化时成分波动较小	成分波动较大
	焊缝性能 多层焊性能	焊缝金属的成分变动小	焊缝成分变动较大
	焊缝性能 脱氧性能	较差	较好
	焊缝性能 合金剂的添加	十分困难	可以添加

对焊条、焊丝及焊剂工艺性能的要求

表 1-4-15　对焊条工艺性能的要求

项目	含义及要求
焊接电弧的稳定性	焊条的工艺性能是指焊条在焊接操作中的性能,它是衡量焊条质量的重要指标之一 电弧稳定性是指电弧容易引燃,并且保持稳定燃烧(不产生断弧、飘移和磁偏吹等)的程度。它直接影响着焊接过程的连续性及焊接质量。焊接电源的特性、焊接工艺参数、焊条药皮类型及组成物等许多因素都影响着电弧的稳定性。焊条药皮中加入电离电位低的物质,可以降低电弧气氛的电离电位,因而就能提高电弧稳定性,由于造渣及压涂工艺的需要,一般在焊条药皮中都含有云母、长石、钛白粉或金红石等成分,所以,电弧稳定性都比较好。然而,低氢焊条由于药皮中萤石的反电离作用,在用交流电源焊接时电弧不能稳定燃烧,只有采用直流电源才能维持电弧连续稳定地燃烧。但在其药皮中加入稳弧剂(例如碳酸钾等)时,也可以在采用交流电源焊接时保持电弧的稳定性。当药皮的熔点过高或药皮太厚时,就容易在焊条端部形成较长的套筒,致使电弧易于熄灭
焊缝成形	良好的焊缝成形要求表面光滑,波纹细密美观,焊缝的几何形状及尺寸正确。焊缝应圆滑地向母材过渡,余高符合标准,无咬边等缺陷。表面成形不仅影响美观,更重要的是影响焊接接头的力学性能。成形不好的焊缝会造成应力集中,引起焊接部件的早期破坏 焊缝成形的影响因素除操作原因以外,主要是熔渣凝固温度、高温熔渣的黏度、表面张力以及密度等。熔渣凝固温度是指由焊条药皮熔化所形成的液态熔渣转变为固态时的温度。熔渣的凝固温度过高,就会产生压铁水的现象,严重影响焊缝成形,甚至产生气孔。凝固温度过低又使熔渣不能均匀地覆盖在焊缝表面,也会造成表面成形很差 高温时熔渣的黏度过大,将使焊接冶金反应缓慢,焊缝表面成形不良,并易产生气孔、夹杂等缺陷。如果熔渣黏度过小,将会造成熔渣对焊缝覆盖不均匀,失去应有的保护作用 液态熔渣的表面张力对于焊缝成形也有很大的影响,一般地,0.3~0.4N/m 即可使熔化状态的熔渣均匀覆盖在焊缝表面上。当熔池结晶时,表面张力急剧增加,使焊缝具有良好的成形
各种位置焊接适应性	工艺性能良好的焊条能适应空间全位置焊接。不同类型的焊条在各种位置上焊接的适应性是不同的。几乎所有的焊条都能进行平焊,而横焊、立焊、仰焊就不是所有焊条都能胜任的。它的主要困难是:在重力的作用下熔滴不易向熔池过渡;熔池金属和熔渣向下淌以致不能形成正常的焊缝。因此,需适当增加电弧和气流吹力,以便把熔滴送向熔池并阻止金属和熔渣下淌。调节熔渣的熔点、黏度及表面张力也是解决焊条全位置焊接的技术措施。因为这不仅可以阻止熔渣及铁水的下淌,而且还能使高温熔渣尽快地凝固
飞溅	焊接过程中由熔滴或熔池中飞出金属颗粒称为飞溅。飞溅不仅弄脏焊缝及其附近的部位,增加清理工作量,而且过多的飞溅还会破坏正常的焊接过程,降低焊条的熔敷效率。熔渣的黏度较大或焊条含水量过多、焊条偏心率过大等均会造成较大飞溅。增大焊接电流及电弧长度,飞溅也随之增加。此外,电源类型、熔滴过渡形态对于飞溅也有一定的影响。一般钛钙型焊条,电弧燃烧稳定,熔滴为细颗粒过渡,飞溅较小。低氢型焊条的电弧稳定性较差,熔滴多为大颗粒短路过渡,飞溅较大
脱渣性	脱渣性是指焊后从焊缝表面清除渣壳的难易程度。它的影响因素有以下几方面: (1)熔渣的线胀系数　熔渣与焊缝金属的线胀系数相差越大,冷却时熔渣越容易与焊缝金属脱离。不同类型焊条的熔渣具有不同的线胀系数,钛型焊条 E4313(J421)熔渣与低碳钢的线胀系数相差最大,脱渣性最好。低氢型焊条 E4315(J427)熔渣与低碳钢的线胀系数相差较小,脱渣性较差 (2)熔渣的氧化性　在焊缝金属冷却结晶的开始阶段,尚未凝固的液体熔渣与处于高温状态的焊缝金属间,仍会发生一定的冶金反应。如果熔渣的氧化性很强就会使焊缝表面氧化,生成一层氧化膜,其主要成分是氧化铁(FeO),它的晶格结构是体心立方晶格。搭建在焊缝金属的 α-Fe 体心立方晶格上,牢固地粘在焊缝金属表面上,导致脱渣困难 如果熔渣中含有能形成尖晶石型化合物的二价和三价金属氧化物(如 Al_2O_3,V_2O_3,Cr_2O_3 等),可以与渣中的 FeO、MnO、CaO、MgO 等形成体心立方晶格的尖晶石型化合物 $MeO \cdot Me_2O_3$。尖晶石晶格常数与 FeO 的晶格常数相差不大,它们可以互相联成共同晶格。这样,熔渣与焊缝金属通过 FeO 薄膜的中介而牢固地联系起来,于是脱渣性恶化,焊缝金属表面出现粘渣现象。因此,含 V、Al、Cr 的合金钢焊接时脱渣性不好的原因就是这些合金元素在焊接过程中形成了氧化物。加强焊条的脱氧能力就可以明显地改善脱渣性 (3)熔渣的松脆性　熔渣越松脆就越容易清除。在平板表面堆焊时,一般脱渣都比较容易。然而,在角焊缝和深坡口底层焊接时,由于熔渣夹在钢板之间而使脱渣造成困难。钛型焊条熔渣的结构比较密实坚硬,在坡口中的脱渣性较差。低氢型焊条的脱渣性最不理想

续表

项目	含义及要求
焊条熔化速度	焊条熔化速度反映着焊接生产率的高低，它可以用焊条的熔化系数 α_P 来表示。考虑到飞溅造成的损失，真正反映焊接生产的指标是焊条的熔敷系数 α_H，即单位时间内单位电流所能熔敷在焊件上的金属质量。α_P 与 α_H 的关系是： $\alpha_H=\alpha_P(1-\Psi)$ 式中，Ψ 为损失系数 表1是几种焊条熔化系数与熔敷系数的实测数据。不同类型焊条的熔化系数是不同的，造成这个差别的主要原因是它们的药皮组成不同。药皮成分影响电弧电压，电弧气氛的电离电位越低，电弧电压就越低，电弧的热量也就越少，因此焊条的熔化系数就越小。药皮成分影响熔滴过渡形态，调整药皮成分可以使熔滴由短路过渡变为颗粒过渡，从而提高了焊条的熔化系数；药皮中含有进行放热反应的物质时，由于化学反应热加速焊条熔化，也提高了焊条的熔化系数，此外，药皮中加入铁粉，可以提高焊条的熔化系数
药皮发红	药皮发红是指焊条在使用到后半段时，由于药皮温升过高而发红、开裂或药皮脱落的现象。这时药皮就失去保护作用及冶金作用。药皮发红引起焊接工艺性能恶化，严重影响焊接质量，也造成了材料的浪费。解决药皮发红的技术关键就是调整焊条药皮配方，改善熔滴过渡形态、提高焊条的熔化系数、减少电阻热以降低焊条的表面温升
焊接烟尘	在焊接电弧的高温作用下，焊条端部的液态金属和熔渣激烈蒸发。同时，在熔滴和熔池的表面上也发生蒸发。由于蒸发而产生的高温蒸气从电弧区被吹出后迅速被氧化和冷凝，变为细小的固态粒子。分散飘浮于空气中，弥散于电弧周围，就形成了焊接烟尘。低碳钢和低合金钢焊条一般均采用低碳钢焊芯，因此焊接烟尘主要取决于药皮成分。不同药皮类型焊条的发尘速度及发尘量范围如表2所示。低氢型焊条的发尘速度和发尘量均高于其他类型的焊条。烟尘中含有各种致毒物质，污染环境，危害焊工健康

几种焊条的 α_P 与 α_H

表1

焊条型号	焊条牌号	$\alpha_P/g\cdot(A\cdot h)^{-1}$	$\alpha_H/g\cdot(A\cdot h)^{-1}$
E4303	J422	9.16	8.25
E4301	J423	10.1	9.7
E4320	J424	9.1	8.2
E4315	J427	9.5	9.0
E5015	J507	9.06	8.49

发尘速度和发尘量

表2

焊条类别	发尘速度/$mg\cdot min^{-1}$	发尘量/$g\cdot kg^{-1}$
钛钙型焊条	200~280	6~8
高钛型焊条	280~320	7~9
钛铁矿型焊条	300~360	8~10
低氢型焊条	360~450	10~20

表 1-4-16　对焊剂工艺性能及质量的要求

项目		要求
一般要求	良好的冶金性能	焊接时配以适当的焊丝和合理的焊接工艺，焊缝金属能得到适宜的化学成分、良好的力学性能（与母材相适应的强度和较高的塑性、韧性）和较强的抗冷裂纹和热裂纹的能力
	良好的工艺性	电弧燃烧稳定，熔渣具有适宜的熔点、黏度和表面张力。焊道与焊道间及焊道与母材间充分熔合，过渡平滑，没有明显咬边，脱渣容易，焊缝表面成形良好，以及焊接过程中产生的有害气体少
	一定的颗粒度和颗粒强度	多次回收使用。焊剂的颗粒度分两种：普通颗粒度为2.5~0.45mm（8~40目），用于普通埋弧焊和电渣焊；细颗粒度为1.25~0.28mm（14~60目），适用于半自动或细丝埋弧焊。其中小于规定粒度60目以下的细颗粒不大于5%，规定粒度14目以上的粗颗粒不大于2%
	较低的含水量、良好的抗潮性	出厂焊剂含水量的质量分数不得大于0.10%。焊接在温度25℃、相对湿度70%的环境条件下，放置24 h，其吸潮率不应大于0.15%
	S、P含量较低	一般为S≤0.06%，P≤0.08%
	机械夹杂物（碳粒、生料、铁合金凝珠及其他杂质）的含量	不得大于焊剂质量分数的0.30%
电渣焊用焊剂的要求	熔渣电导率应适宜	若电导率过低，焊接无法进行；若电导率过高，电阻热过低，影响电渣焊过程的顺利进行
	熔渣黏度适宜	黏度过小，流动性过大，易造成熔渣和金属流失，使焊接过程中断 黏度过大、熔点过高，易形成咬边和夹渣
	熔渣开始蒸发温度适宜	熔渣开始蒸发的温度取决于熔渣中最易蒸发的成分，例如氟化物的沸点低，使熔渣的开始蒸发温度降低，易产生电弧，导致电渣焊过程的稳定性降低，并易产生飞溅
其他要求和说明		通常情况下，焊剂中的 SiO_2 含量增多时，电导率降低，黏度增大；氟化物和 TiO_2 增多时，电导率增大，黏度降低 要获得高质量的焊接接头，焊剂除符合以上要求外，还必须针对不同的钢种选用合适牌号的焊剂及配用焊丝。通常主要根据被焊钢材的类别及对焊接接头性能的要求来选择焊丝，并选择适当的焊剂相配合。一般情况下，对低碳钢、低合金高强钢的焊接，应选用与母材强度相匹配的焊丝；对耐热钢、不锈钢的焊接，应选用与母材成分相匹配的焊丝；堆焊时应根据对堆焊层的技术要求、使用性能等，选择合金系统及相近成分的焊丝，并选用合适的焊剂 还应根据所焊产品的技术要求（如坡口和接头形式、焊后加工工艺等）和生产条件，选择合适的焊剂与焊丝的组合，必要时应进行焊接工艺评定，检测焊缝金属的力学性能、耐腐蚀性、抗裂性以及焊剂的工艺性能，以考核所选焊接材料是否合适 焊剂的焊接工艺性能和化学冶金性能是决定焊缝金属化学成分和性能的主要因素之一，采用同样的焊丝和同样的焊接参数，而配用的焊剂不同，所得焊缝的性能将有很大的差别。一种焊丝可与多种焊剂合理组合，无论是在低碳钢还是在低合金钢上都有这种合理的组合

不同药皮类型焊条工艺性等比较

表 1-4-17　　**酸性焊条与碱性焊条性能对比**

酸性焊条	碱性焊条
药皮成分氧化性强	药皮成分还原性强
对水、锈产生气孔的敏感性不大，焊条在使用前经150～200℃烘焙1h，若不受潮，也可不烘	对水、锈产生气孔的敏感性较大，要求焊条使用前经300～400℃烘焙1～2h
电弧稳定，可用交流或直流焊接	由于药皮中含有氟化物使电弧稳定性变坏，必须采用直流焊接，只有当药皮中加稳弧剂后才可交直流两用
焊接电流较大	焊接电流较小，较同规格的酸性焊条小10%左右
可长弧操作	必须短弧操作，否则容易引起气孔
合金元素过渡效果差	合金元素过渡效果好
焊缝成形较好，除氧化铁型外，熔深较小	焊缝成形尚好，容易堆高，熔深较大
熔渣结构呈玻璃状	焊渣结构呈结晶状
脱渣较容易	坡口内第一层脱渣较困难，以后各层脱渣较容易
焊缝常、低温冲击性能一般	焊缝常、低温冲击韧度较高
除氧化铁型外，抗裂性能较差	抗裂性能好
熔敷金属中的含氢量高，容易产生白色斑点，影响塑性	熔敷金属中含氢量低
焊接时烟尘较少	焊接时烟尘较多

表 1-4-18　　**各种药皮类型的结构钢焊条工艺性能**

<table>
<tr><td>焊条牌号</td><td>J××1</td><td>J××2</td><td>J××3</td><td>J××4</td><td>J××5</td><td>J××6</td><td>J××7</td></tr>
<tr><td>药皮主要成分</td><td>TiO_2 45%～60%、硅酸盐、锰铁、有机物</td><td>TiO_2 30%～45%、硅酸盐、锰铁</td><td>钛铁矿>30%、硅酸盐、锰铁、有机物</td><td>氧化铁>30%、硅酸盐、锰铁、有机物</td><td>有机物>15%、TiO_2、硅酸盐</td><td>碳酸盐>30%、萤石、铁合金、稳弧剂</td><td>碳酸盐>30%、萤石、铁合金，不加稳弧剂</td></tr>
<tr><td>熔渣特性</td><td colspan="2">酸性、短渣</td><td>酸性、较短渣</td><td>酸性、长渣</td><td>酸性、短渣</td><td colspan="2">碱性、短渣</td></tr>
<tr><td>电弧稳定性</td><td>柔和、稳定</td><td colspan="4">稳定</td><td>较差，交、直流</td><td>较差，直流</td></tr>
<tr><td>电弧吹力</td><td colspan="2">大</td><td colspan="2">稍大</td><td>很大</td><td colspan="2">稍大</td></tr>
<tr><td>飞溅</td><td colspan="2">少</td><td colspan="2">中</td><td>多</td><td colspan="2">较多</td></tr>
<tr><td>焊缝外观</td><td>纹细、美观</td><td colspan="3">美观</td><td>粗</td><td colspan="2">稍粗</td></tr>
<tr><td>熔深</td><td>小</td><td colspan="2">中</td><td>稍大</td><td rowspan="2">大</td><td colspan="2">中</td></tr>
<tr><td>咬边</td><td colspan="2">小</td><td>中</td><td>小</td><td colspan="2">小</td></tr>
<tr><td>焊脚形状</td><td>凸</td><td>平</td><td>平或稍凸</td><td colspan="2">平</td><td colspan="2">平或凹</td></tr>
<tr><td>脱渣性</td><td colspan="6">好</td><td>较差</td></tr>
<tr><td>熔化系数</td><td colspan="2">中</td><td>稍大</td><td colspan="2">大</td><td colspan="2">中</td></tr>
<tr><td>尘</td><td colspan="2">少</td><td>稍多</td><td>多</td><td>少</td><td colspan="2">多</td></tr>
<tr><td>平焊</td><td colspan="7">易</td></tr>
<tr><td>立向上焊</td><td colspan="3">易</td><td rowspan="3">不可</td><td>极易</td><td colspan="2">易</td></tr>
<tr><td>立向下焊</td><td colspan="2">易</td><td>困难</td><td colspan="3">易</td></tr>
<tr><td>仰焊</td><td colspan="2">稍易</td><td>易</td><td>极易</td><td colspan="2">稍难</td></tr>
</table>

表 1-4-19 各种药皮类型结构钢焊条的冶金性能

焊条类型(牌号)	所属渣系	熔渣碱度 B_1	焊缝金属化学成分(质量分数)/% C	Si	Mn	S	P	焊缝金属力学性能 R_m/MPa	A/%	Z/%	KV_2/J
E4313 (J421)	钛型 TiO_2 SiO_2-CaO-Al_2O_3	0.40~0.50	0.07~0.10	0.15~0.20	0.25~0.35	0.018~0.030	0.02~0.032	430~490	20~28	60~65	常温,50~ 750℃ ≥47
E4303 (J422)	钛钙型 TiO_2-CaO-SiO_2	0.65~0.76	0.07~0.08	0.10~0.15	0.35~0.5	0.015~0.025	0.02~0.030	430~490	22~30	60~70	0℃ −20℃ 70~115 ≥47
E4301 (J423)	钛铁矿型 TiO_2-FeO-MnO-SiO_2	1.06~1.30	0.07~0.10	<0.10	0.4~0.50	0.016~0.028	0.022~0.035	420~480	20~30	60~68	0℃ 60~110
E4320 (J424)	氧化铁型 FeO-MnO-SiO_2	1.02~1.40	0.08~0.10	约0.10	0.52~0.8	0.018~0.025	0.030~0.05	430~470	25~30	60~68	常温 60~110
E4311 (J425)	纤维素型 FeO-MnO-SiO_2	1.10~1.34	0.08~0.10	0.06~0.10	0.25~0.40	0.016~0.022	0.025~0.035	430~490	20~28	60~65	−30℃ 100~130
E4316 (J426)	低氢碱性 CaO-CaF_2-SiO_2	1.60~1.80	0.07~0.10	0.35~0.45	0.70~1.10	0.015~0.025	0.025~0.028	470~540	22~30	68~72	−30℃ 80~180
E4315 (J427)	低氢碱性 CaO-CaF_2-SiO_2	1.60~1.80	0.07~0.10	0.35~0.45	0.70~1.1	0.012~0.025	0.020~0.025	470~540	24~35	70~75	−20℃ −30℃ 80~230 80~180

焊条类型(牌号)	焊缝中气体 φ(N)/%	φ(O)/%	[H]/mL·$(100g^{-1})$	Mn/S	Mn/Si	氧化物-硅酸盐夹杂总含量/%	抗热裂性	抗气孔性	备注
E4313 (J421)	0.025~0.03	0.06~0.08	25~30	8~12	1.5~1.8	0.109~0.131	一般	大电流或焊接含硫、含硅较高的钢时,气孔敏感性强。对铁锈、水分不太敏感	以Mn脱氧为主
E4303 (J422)	0.024~0.030	0.06~0.1	25~30	13~16	2.5~3.0		尚好	大电流或焊接含硫、含硅较高的钢时,气孔敏感性强。对铁锈、水分不太敏感。药皮氧化性强,易出现CO气孔,脱氧性增强,易出现氢气孔	
E4301 (J423)	0.025~0.030	0.08~0.11	24~30	12~18	4~5	0.134~0.203	尚好	一般,与E4303差不多	氧化性较强、合金过渡系数较低
E4320 (J424)	0.02~0.025	0.10~0.12	26~30	14~28	6~8		较好	较好,对铁锈、水分不敏感	
E4311 (J425)	0.01~0.020	0.06~0.09	30~40	8~14	3.5~4.0	约0.10	一般	氢白点敏感性强,对铁锈、水分等不太敏感	属于造气保护
E4316 (J426)	0.01~0.022	0.025~0.035	8~10	30~38	2~2.5	0.028~0.090	良好	对铁锈、水分很敏感,有铁锈时易产生CO气孔;有水锈时易出现氢气孔。长弧焊时易出现气孔	正接或交流电源时易出现气孔
E4315 (J427)	0.007~0.020	0.025~0.035	6~8	30~38	2~2.5				正接时易出现气孔

选择焊条的基本原则

表 1-4-20　　同类钢材焊接时选择焊条原则

考虑因素	选择原则
焊件的力学性能和化学成分	(1)根据等强度的观点,选择满足母材力学性能的焊条,或结合母材的可焊性,改用低强匹配而焊接性好的焊条,但考虑焊缝结构型式,以满足等强度、等刚度要求 (2)使其合金成分符合或接近母材 (3)母材含碳、硫、磷有害杂质较高时,应选择抗裂性和抗气孔性能较好的焊条。建议选用氧化钛钙型、钛铁矿型焊条。如果尚不能解决,可选用低氢型焊条
焊件的工作条件和使用性能	(1)在承受动载荷和冲击载荷情况下,除保证强度外,对冲击韧性、伸长率均有较高要求,应依次选用低氢型、钛钙型和氧化铁型焊条 (2)接触腐蚀介质的,必须根据介质种类、浓度、工作温度以及区分是一般腐蚀还是晶间腐蚀等,选择合适的不锈钢焊条 (3)在磨损条件下工作时,应区分是一般还是受冲击磨损,是常温还是在高温下磨损等 (4)非常温条件下工作时,应选择相应的保证低温或高温力学性能的焊条
焊件的结构特点和受力状态	(1)形状复杂、刚性大或大厚度的焊件,焊缝金属在冷却时收缩应力大,容易产生裂缝,必须选用抗裂性强的焊条,如低氢型焊条、高韧性焊条或氧化铁型焊条 (2)受条件限制不能翻转的焊件,有些焊缝处于非平焊位置必须选用能全位置焊接的焊条 (3)焊接部位难以清理的焊件,选用氧化性强、对铁锈、氧化皮和油污不敏感的酸性焊条
施焊条件及设备	在没有直流焊机的地方,不宜选用限用直流电源的焊条,而应选用用于交直流电源的焊条。某些钢材(如珠光体耐热钢)需焊后进行消除应力热处理,但受设备条件限制(或本身结构限制)不能进行热处理时,应改用非母体金属材料焊条(如奥氏体不锈钢焊条),可不必焊后热处理 在狭小或通风条件差的场合,选用酸性焊条或低尘焊条;对焊接工作量大的结构,有条件时应尽量采用高效率焊条,如铁粉焊条,高效率重力焊条等,或选用底层焊条、立向下焊条之类的专用焊条
改善焊接工艺和保护工人身体健康	在酸性焊条和碱性焊条都可以满足要求的地方,应尽量采用工艺性能好的酸性焊条
劳动生产率和经济合理性	在使用性能相同的情况下,应尽量选择价格较低的酸性焊条,而不用碱性焊条,在酸性焊条中又以钛型、钛钙型为贵,根据我国矿藏资源情况,应大力推广钛铁矿型药皮的焊条

表 1-4-21　　异种钢、复合钢板焊接时选择焊条原则

焊接材料	原则
一般碳钢和低合金钢的焊接	(1)力学性能按较低的母材选用 (2)工艺控制按焊接性较差的母材执行
低合金钢和奥氏体不锈钢的焊接	(1)一般选用含铬镍比母材高,塑性、抗裂性较好的奥氏体不锈钢焊条 (2)对于不重要的焊件,可选用与不锈钢相应的焊条
不锈钢复合钢板的焊接	(1)推荐使用基层、过渡层、复合层三种不同性能的焊条 (2)一般情况下,复合钢板的基层与腐蚀性介质不直接接触,常用碳钢、低合金钢等结构钢,所以基层的焊接可选用相应等级的结构钢焊条 (3)过渡层处于两种不同材料的交界处,应选用含铬镍比复合钢板高的塑性、抗裂性较好的奥氏体不锈钢焊条 (4)复合层直接与腐蚀性介质接触,可选用相应的奥氏体不锈钢焊条

表 1-4-22 **焊丝选用要点**

考虑因素	说明
总的要求	焊丝的选择要根据被焊钢材种类、焊接部件的质量要求、焊接施工条件(板厚、坡口形状、焊接位置、焊接条件、焊后热处理及焊接操作等)、成本等综合考虑。使用前,应按技术要求进行相应的工艺评定,合格后方可使用。焊接规范参数需按照相应的 WPS(焊接工艺规程)执行
根据被焊结构的钢种	对于碳钢及低合金高强钢,主要是按"等强匹配"的原则,选择满足力学性能要求的焊丝 对于耐热钢的耐候钢,主要是侧重考虑焊缝金属与母材化学成分的一致或相似,以满足对耐热性和耐腐蚀性等方面的要求
根据被焊部件的质量要求	选择焊丝与焊接条件、坡口形状、保护气体混合比等工艺条件有关,要在确保焊接接头性能(特别是冲击韧性)的前提下,选择达到最大焊接效率及降低焊接成本的焊接材料
根据现场焊接位置	对应于被焊工件的板厚选择所使用的焊丝直径,确定所使用的电流值,参考各生产厂的产品介绍资料及使用经验,选择适合于焊接位置及使用电流的焊丝牌号
根据焊接工艺性能	对于碳钢及低合金钢的焊接(特别是半自动焊),主要是根据焊接工艺性能来选择焊接方法及焊接材料。焊接工艺性包括电弧稳定性、飞溅颗粒大小及数量、脱渣性、焊缝外观与形状等

实芯焊丝和药芯焊丝气体保护焊的焊接工艺性的对比	焊接工艺性能			实芯焊丝		CO_2 焊接,药芯焊丝	
				CO_2 焊接	$Ar+CO_2$ 焊接	熔渣型	金属粉型
	操作难易	平焊	超薄板($\delta \leq 2mm$)	稍差	优	稍差	稍差
			薄板($\delta < 6mm$)	一般	优	优	优
			中板($\delta > 6mm$)	良好	良好	良好	良好
			厚板($\delta > 25mm$)	良好	良好	良好	良好
		横角焊	单层	一般	良好	优	良好
			多层	一般	良好	优	良好
		立焊	向下	良好	优	优	稍差
			向下	良好	良好	优	稍差
	焊缝外观		平焊	一般	优	优	良好
			横角焊	稍差	优	优	良好
			立焊	一般	优	优	一般
			仰焊	稍差	良好	优	稍差
	其他		电弧稳定性	一般	优	优	优
			熔深	优	优	优	优
			飞溅	稍差	优	优	优
			脱渣性	—	—	优	稍差
			咬边	优	优	优	优

几种常用钢材的焊条选择举例

表 1-4-23

钢种	选用说明
低碳钢	碳钢的焊接性与钢中含碳量多少密切相关,含碳量越高,钢的焊接性越差。用于焊接的碳钢,含碳量不超过 0.9%。几乎所有的焊接方法都可以用于碳钢结构的焊接,其中以手弧焊、埋弧焊和 CO_2 气体保护焊应用最为广泛 碳钢焊条的焊缝强度通常小于 570MPa,我国碳钢焊条国家标准 GB/T 5117—2012 中有 E43、E50、E55、E57 四个系列焊条,即最小抗拉强度有 430MPa、490MPa、550MPa 和 570MPa 四个强度级别。目前焊接中大量使用的是 490MPa 级以下的焊条。焊接低碳钢(碳含量小于 0.25%)时大多使用 E43××(J42×)系列的焊条 常用低碳钢焊接时焊接材料的选择如下。其中,一般焊接结构可选用酸性焊条,承受动载荷或复杂的厚壁结构及低温使用时选用碱性焊条

续表

钢种	选用说明						
		钢号	焊条电弧焊		埋弧焊	CO_2 气体保护焊	电渣焊
			焊条牌号	焊条型号			
低碳钢	常用低碳钢的焊接材料选择	Q235	J421,J422,J423	E4313,E4303,E4301	H08A,H08MnA + HJ431,HJ430	ER49-1 ER50 系列	H10MnSiA H10Mn2A H10Mn2MoA + HJ350
		Q255	J424,J426,J427	E4320,E4316,E4315			
		Q275	J426,J427, J506,J507	E4316,E4315, E5016,E5015			
		08、10	J422,J423,J424	E4303,E4301,E4320			
		15、20	J426,J427,J507	E4316,E4315,E5015			
		20g	J422,J426,J427	E4303,E4316,E4315			
		22g	J506,J507	E5016,E5015			
		25	J426,J427	E4316,E4315			
		ZG230-450	J506,J507	E5016,E5015			

	牌号	型号	药皮类型	熔渣特性	焊条工艺性能							
					电弧稳定性	焊缝成形	脱渣性	焊接位置	熔敷系数	飞溅	熔深	发尘量 /g·kg^{-1}
各类低碳钢焊条工艺性能的比较	J421	E4313	高钛钾型	酸性短渣	好	美观	好	全位置	一般	少	较浅	5~8
	J422	E4303	钛钙型	酸性短渣	较好	美观	好	全位置	一般	少	较浅	5~8
	J423	E4301	钛铁矿型	酸性(介于长短渣之间)	较好	整齐	一般	全位置	较高	一般	一般	6~9
	J424	E4320	氧化铁型	酸性长渣	一般	整齐	一般	平焊	高	较多	较深	8~12
	J425	E4310	纤维素型	酸性短渣	一般	波纹粗	好	全位置	高	较多	较深	—
	J426	E4316	低氢钾型	碱性短渣	较差	波纹粗	较差	全位置	一般	一般	稍深	14~20
	J427	E4315	低氢钠型	碱性短渣	一般	波纹粗	较差	全位置	一般	一般	稍深	11~17

	牌号	型号	药皮类型	熔敷金属力学性能			抗裂性	抗气孔性	氧化物-硫化物夹杂总量/%
				抗拉强度 R_m/MPa	伸长率 A/%	冲击功 KV_2/J			
各类低碳钢焊条冶金性能综合比较	J421	E4313	钛型	440~490	20~28	98~147	较差	大电流或焊接含Si、S较高的钢材时,气孔敏感性强,对铁锈、水分不太敏感	0.109~0.131
	J422	E4303	钛钙型	440~490	20~30	123~196	尚好		
	J423	E4301	钛铁矿型	420~480	20~30	123~196	尚好		
	J424	E4320	氧化铁型	430~470	25~30	110~160	较好	较好,对铁锈、水分不敏感	0.134~0.203
	J425	E4310	纤维素型	430~490	20~28	98~147	较好	氢白点敏感性强,对铁锈、水分不太敏感	0.10
	J426	E4316	低氢钾型	460~510	22~32	245~368	良好	对铁锈、水分很敏感,引弧处及长弧焊时易出气孔,直流正接焊时也易出气孔	0.028~0.090
	J427	E4315	低氢钠型	460~510	24~35	270~390	良好		

续表

<table>
<tr><th>钢种</th><th colspan="6">选 用 说 明</th></tr>
<tr><td rowspan="9">中碳钢、高碳钢</td><td colspan="6">焊接中碳钢(C=0.25%~0.60%)和高碳钢(C>0.60%)时,应选用杂质含量较低且具有一定脱硫能力的碱性低氢型焊条。在个别情况下,也可采用钛铁矿型或钛钙型焊条,但要有严格的工艺措施配合。中碳钢焊接时焊条的选择如下
中碳钢焊接,由于钢材含碳量较高,焊接裂纹倾向增大,可选用低氢型焊条或焊缝金属具有较高塑、韧性的焊条,而且大多数情况需要预热和缓冷处理。高碳钢焊接则必须采取严格的预热、后热措施,以防止产生焊接裂纹
高碳钢焊接时焊缝与母材性能完全相同比较困难,高碳钢的抗拉强度大多在675MPa(69kgf/mm²)以上,焊接材料的选用应视产品设计要求而定。强度要求高时,可用E7015(J707)或E6015(J607)焊条;强度要求不高时,可用E5016(J506)或E5015(J507)焊条;或者分别选用与以上强度等级相当的低合金钢焊条。所有焊接材料都应当是低氢型的</td></tr>
<tr><td rowspan="8">中碳钢焊接时焊条的选择</td><td rowspan="2">钢号</td><td rowspan="2">含碳量/%</td><td rowspan="2">焊接性</td><td colspan="2">焊条型号(牌号)</td></tr>
<tr><td>不要求等强度</td><td>要求等强度</td></tr>
<tr><td>35</td><td>0.32~0.40</td><td>较好</td><td>E4303,E4301(J422,J423)</td><td rowspan="2">E5016,E5015
(J506,J507)</td></tr>
<tr><td>ZG270-500</td><td>0.31~0.40</td><td>较好</td><td>E4316,E4315(J426,J427)</td></tr>
<tr><td>45</td><td>0.42~0.50</td><td>较差</td><td>E4303,E4301,E4316
(J422,J423,J426)</td><td rowspan="2">E5516,E5515
(J556,J557)</td></tr>
<tr><td>ZG310-570</td><td>0.41~0.50</td><td>较差</td><td rowspan="3">E4315,E5016,E5015
(J427,J506,J507)</td></tr>
<tr><td>55</td><td>0.52~0.60</td><td>较差</td><td rowspan="2">E6016,E6015
(J606,J607)</td></tr>
<tr><td>ZG340-640</td><td>0.51~0.60</td><td>较差</td></tr>
<tr><td>低合金高强度钢</td><td colspan="6">低合金高强度钢根据强度级别分类为:Q355、Q390、Q420、Q460、Q500、Q550、Q620、Q690等,低合金高强度钢根据热处理状态分类为:热轧钢、热机械轧制钢、正火钢、正火轧制钢及调质钢等。低合金钢一般依钢材的强度等级来选用相应的焊条,同时,还需根据母材焊接性、焊接结构尺寸、坡口形状和受力情况等的影响,进行综合考虑。在冷却速度较大,使焊缝强度增高、焊接接头容易产生裂纹的不利情况下,可选用比母材强度低一级的焊条
焊接热轧及正火钢时,选择焊接材料的主要依据是保证焊缝金属的强度、塑性和冲击韧性等力学性能与母材相匹配,不必考虑焊缝金属的化学成分与母材的一致性。焊接厚大构件时,为了防止出现焊接冷裂纹,可选用焊缝金属强度低于母材强度的焊接材料。焊缝强度过高,将导致焊缝金属塑、韧性及抗裂性能的降低。对于控轧钢和热处理钢,焊接时还需采用较小的焊接线能量,避免焊接接头的晶粒粗大,以保证接头的塑韧性指标,特别是低温韧性指标
低碳调质钢产生冷裂纹的倾向较大,因此严格控制焊接材料中的氢是十分重要的。用于低碳调质钢的焊条应是低氢型或超低氢型焊条。中碳调质钢焊接为确保焊缝金属的塑、韧性和强度,提高焊缝的抗裂性,应采用低碳合金系统,尽量降低焊缝金属的硫、磷杂质含量。对于需焊后热处理的构件,还应考虑焊缝金属合金成分应与母材相近</td></tr>
<tr><td>低合金耐热钢</td><td colspan="6">低合金耐热钢要在高温下长期工作,为了保证耐热钢的高温性能,必须向钢中加入较多的合金元素(如Cr、Mo、V、Nb等)。在选择焊接材料时,首先要保证焊缝性能与母材匹配,具有必要的热强性,因此要求焊缝金属的化学成分应尽量与母材一致。如果焊缝金属与母材化学成分相差太大,高温长期使用后,接头区域某些元素发生扩散现象(如碳元素在熔合线附近的扩散),使接头高温性能下降
耐热钢焊条一般可按钢种和构件的工作温度来选用。选配耐热钢焊接材料的原则是焊缝金属的合金成分和性能与母材相应指标一致,或应达到产品技术条件提出的最低性能指标。为了提高焊缝金属的抗热裂能力,焊缝中的碳含量应略低于母材的碳含量,一般应控制在0.07%~0.15%之间。由于钢中碳和合金元素的共同作用,耐热钢焊接时极易形成淬硬组织,焊接性较差。为此耐热钢一般焊前预热,焊后进行回火处理
近年来,在薄壁管焊接中普遍采用了氩弧焊打底,酸性焊条手弧焊盖面的工艺,大大提高了焊接质量。但这类焊条抗裂性次于低氢型焊条,在单独使用或用于厚壁管焊接时,应选择低氢型耐热钢焊条</td></tr>
<tr><td>低温钢</td><td colspan="6">低温钢是在-40~-196℃的低温范围工作的低合金专用钢材。按化学成分来划分,低温钢主要有含镍钢和无镍钢两类。国外一般使用含镍低温钢,如3.5Ni钢、5Ni钢和9Ni钢等;我国多使用无镍低温钢
选择低温钢焊接材料首先应考虑接头使用温度、韧性要求以及是否要进行焊后热处理等,尽量使焊缝金属的化学成分和力学性能(尤其是冲击韧性)与母材一致。经焊后热处理后,焊缝仍应具有较高的低温韧性。由于对焊缝金属的低温韧性提出了严格的要求,低温钢焊条药皮均采用低氢型。焊接时要求尽量采用小的焊接线能量,避免焊缝金属及近缝区形成粗晶组织而降低低温韧性。含镍低温钢除手弧焊外,主要采用氩弧焊进行焊接,采用与母材相同成分的焊丝,保护气体为Ar或在Ar中加入2%的O_2或5%~10%的CO_2,以改善焊缝成形</td></tr>
<tr><td>不锈钢</td><td colspan="6">奥氏体不锈钢含Cr14%~25%,含Ni8%~25%,以06Cr19Ni10为代表的系列主要用于耐蚀条件,以06Cr25Ni20为代表的系列则主要用于耐高温场合。选择奥氏体不锈钢焊接材料时,首先要保证焊缝金属具有与母材一致的耐蚀性能,即焊缝金属主要化学成分要尽量接近母材,其次还应保证焊缝具有良好的抗裂性和综合力学性能
Cr13系列及以Cr12为基的多元合金化的钢属马氏体不锈钢,这类钢具有较大的淬硬倾向。马氏体不锈钢焊接时出现的问题主要是冷裂纹及近缝区淬硬脆化。马氏体不锈钢焊接材料的选择有两条途径:一是为了满足使用性能要求,保证焊缝金属与母材的化学成分一致,使焊后热处理后二者力学性能及使用性能(如耐蚀性)相接近,这时必须采用同质填充材料;二是在无法采用预热或焊后热处理的情况下,为了防止裂纹,采用奥氏体型焊接材料,使焊缝成为奥氏体组织,这种情况下焊缝强度难以与母材匹配
含Cr17%~28%的高铬钢属铁素体不锈钢,主要用作热稳定钢。铁素体不锈钢在焊接加热和冷却过程中不发生相变,焊后即使快速冷却也不会产生淬硬组织。铁素体不锈钢焊接时出现的问题主要是近缝区晶粒易于长大,形成粗大铁素体,热影响区韧性下降导致脆化。铁素体不锈钢焊接应选择杂质(C、N、S、P等)含量低的焊接材料,同时对焊缝进行合理的合金化,以便改善其焊接性和韧性。根据对焊接接头性能的要求,铁素体不锈钢焊接时采用的焊接材料可以是与母材成分相近的高铬铁素体焊条或焊丝,也可以是铬镍奥氏体焊条或焊丝。采用奥氏体焊接材料时焊前不预热,也不进行焊后热处理</td></tr>
</table>

续表

钢种	选用说明
铸铁	根据碳的存在形态，铸铁可分类为白口铸铁、灰口铸铁、可锻铸铁、蠕墨铸铁和球墨铸铁五种。铸铁的特点是碳与硫、磷杂质含量高，组织不均匀，塑性低，属于焊接性不良的材料。铸铁焊接时出现的主要问题，一是焊接接头区域易出现白口及淬硬组织，二是易出现裂纹 铸铁焊接（或焊补）大致分为冷焊、半热焊和热焊三种，焊接材料的选择分为同质焊缝和异质焊缝两类 对焊后需要为灰口铸铁焊缝的，可选用 Z208、Z248 焊条，对焊缝表面需经加工的，可选用 Z308、Z408、Z418、Z508 焊条，其中 Z308 最易加工；对焊缝表面不需加工的，可选用 Z100、Z116、Z117、Z607、Z612 焊条；对球墨铸铁和高强度铸铁，可选用 Z408、Z418、Z258 焊条。铸铁焊补除了合理选用焊接材料外，还必须根据工件要求采取适当的工艺措施，如预热、分段焊、大（小）电流、瞬时点焊、锤击、后热等，才能取得满意的效果
堆焊	堆焊金属类型很多，反映出堆焊金属化学成分、显微组织及性能的很大差异。堆焊工件及工作条件十分复杂，堆焊时必须根据不同要求选用合适的焊条。不同的堆焊工件和堆焊焊条要采用不同的堆焊工艺，才能获得满意的堆焊效果，堆焊中最常碰到的问题是裂纹，防止开裂的方法主要是焊前预热、焊后缓冷，焊接过程中还可采用锤击等方法消除焊接应力。堆焊金属的硬度和化学成分，一般是指堆焊三层以上的堆焊金属而言 堆焊焊条的药皮类型一般有钛钙型、低氢钠型、低氢钾型和石墨型。为了使堆焊金属具有良好的抗裂性及减少焊条中合金元素的烧损，大多数堆焊焊条采用低氢型药皮 低氢钠型药皮主要组成物是钙或镁的碳酸盐矿石和氟化物。熔渣为碱性，流动性差，焊接工艺性能一般，应短弧操作。碱性焊条焊前需烘干后方可使用。该类型焊条具有良好的抗裂性能和力学性能。适用于直流焊接。低氢钾型具备低氢钠型焊条的各种特性并可交流施焊。为了用于交流，在药皮中加入稳弧组成物，还增加硅酸钾作黏合剂
有色金属	有色金属焊条主要指的是镍及镍合金焊条、铜及铜合金焊条、铝及铝合金焊条、镁及镁合金焊条和钛和钛合金焊条等。 镍及镍合金焊条主要用于焊接镍及高镍合金，也可用于异种金属的焊接及堆焊，焊接接头的坡口尺寸及焊接工艺接近铬镍奥氏体不锈钢焊接工艺。镍及镍合金的导热性差，焊接时容易过热引起晶粒长大和热裂纹，而且气孔敏感性强。因此焊条中应含有适量的 Al、Ti、Mn、Mg 等脱氧剂，焊接操作时选用小电流，控制弧长，收弧时注意填满弧坑，保持较低的层间温度 铜及铜合金焊条用途较广，除了用紫铜焊条焊接紫铜外，目前采用较多的是用青铜焊条焊接各种铜及铜合金、铜与钢等。同时，由于铜及铜合金具有良好的耐蚀性、耐磨性等，因此也常用于堆焊轴承等承受金属磨损的零件和耐腐蚀（如耐海水腐蚀）的零件，铜及铜合金焊条也可用来焊补铸铁 镁及镁合金焊接时一般可选用与母材化学成分相同的焊丝，有时为了防止在近缝区沿晶界析出低熔点共晶体，增大金属流动性，减少裂纹倾向，也可采用与母材不同的焊丝 镁及镁合金的焊接方法有气焊、钨极氩弧焊、熔化极氩弧焊、等离子焊、真空电子束焊、激光焊、电阻焊、钎焊、搅拌摩擦焊和螺柱焊 氩弧焊是镁合金最常用的焊接方法，热影响区尺寸和变形比气焊小，焊缝的力学性能和耐蚀性能比气焊高 氩弧焊一般用交流电源，焊接电流的选择主要决定于合金成分、板料厚度和反面有无垫板等，为了减小过热，防止烧穿，焊接镁合金时，应尽可能实施快速焊接 镁及镁合金焊接和补焊时，坡口设计极为重要，下表列出了相应的坡口形式

焊接时坡口形式									补焊坡口形式
接头名称	坡口形式	适用厚度 T/mm	几何尺寸/mm					焊接方法	
			a	c	b	p	α/(°)		
不开坡口对称		≤3.0	0～0.2T	—	—	—	—	钨极手工或自动氩弧焊	补焊时，先将缺陷清除干净，然后加工成坡口，一般形式如下： 略大于缺陷长度 60°～80° 60°～80° 不大于焊缝宽度
外角接		>1.0	—	0.2T	—	—	—	钨极手工或自动氩弧焊（加填充焊丝）	
搭拉		>1.0	—	—	3～4T	—	—	钨极手工或自动氩弧焊	
V形坡口对称		3～8	0.5～2.0	—	—	0.5～1.5	50～70	用可折垫板加填充焊丝的钨极手工或自动氩弧焊	
X形坡口对称		≥20	1.0～2.0	—	—	0.8～1.2	60	加填充焊丝的钨极手工或自动氩弧焊	

说明：1. 不开坡口的对接接头，如仅在一面施焊时，应在其背面加工坡口，以防止产生不熔合或夹渣缺陷，坡口尺寸见右图

2. 附图中 $p=T/3$，$\alpha=10°\sim30°$

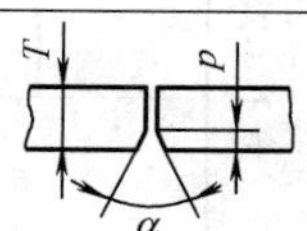

几种常用钢材埋弧焊焊剂与焊丝的选配举例

表 1-4-24

<table>
<tr><th rowspan="2"></th><th rowspan="2">钢号</th><th colspan="2">烧结焊剂与配用焊丝</th><th rowspan="2">说　明</th><th colspan="2">熔炼焊剂与配用焊丝</th><th rowspan="2">说　明</th></tr>
<tr><th>烧结焊剂</th><th>配用焊丝</th><th>熔炼焊剂</th><th>配用焊丝</th></tr>
<tr><td rowspan="7">常用低碳钢</td><td>Q235(A3)</td><td rowspan="3">SJ401,SJ403,SJ402(薄板、中厚板)</td><td rowspan="3">H08A,H08E</td><td rowspan="3">SJ401抗气孔能力强，SJ402抗锈能力强，适于薄板和中厚板的焊接；其中SJ402更适于薄板的高速焊接</td><td rowspan="3">HJ431,HJ430</td><td rowspan="3">H08A,H08MnA</td><td rowspan="7">选用高锰高硅低氟焊剂时，目前常用H08A+HJ431(HJ430、HJ433、HJ434)组合。焊剂中的MnO和SiO_2在高温下与Fe反应，Mn和Si得以还原，过渡到焊接熔池中，冷却时起脱氧剂和合金剂的作用，保证焊缝金属的力学性能。HJ431与HJ430相比，电弧稳定性改善，但抗锈能力和抗气孔能力降低；HJ433含CaF较低、SiO_2较高，有较高的熔化温度及黏度，焊缝成形好，适宜薄板的快速焊接；HJ434由于加入了TiO_2，且CaO和CaF_2含量略高，其抗锈能力、脱渣性更好
选用中锰、低锰或无锰的高硅低氟焊剂时，应选配含锰较高的焊丝，才能保证在焊接过程中有足够数量的锰、硅过渡到熔池，保证焊缝的脱氧和力学性能。常用的焊丝与焊剂的组合有：(H08MnA、H08Mn2、H10Mn2Si、H10Mn2)+(HJ330、HJ230、HJ130)</td></tr>
<tr><td>Q255(A4)</td></tr>
<tr><td>Q275(A5)</td></tr>
<tr><td>15,20</td><td rowspan="4">SJ101,SJ301,SJ302,SJ502,SJ501,SJ503(中厚度板)</td><td rowspan="4">H08A,H08E,H08MnA</td><td rowspan="4">(H08A、H08E)+(SJ301、SJ302)焊接工艺性能良好，熔渣属"短渣"性质，焊接时不下淌，适于环缝的焊接，其中SJ302的脱渣性、抗吸潮性和抗裂性更好，焊剂的消耗量低
(H08A、H08E、H08MnA)+(SJ501、SJ502、SJ503、SJ504)焊接工艺性能良好，易脱渣、焊缝成形美观。其中SJ501抗气孔能力强，主要用于多丝快速焊，特别适合双面单道焊；SJ502、SJ504适于锅炉压力容器的快速焊；SJ503抗气孔能力更强，焊缝金属低温韧性好，适于中、厚板的焊接</td><td rowspan="4">HJ431,HJ430
HJ330</td><td>H08A,H08MnA</td></tr>
<tr><td>25,30</td><td>H08MnA,H10Mn2</td></tr>
<tr><td>20g,22g</td><td>H08MnA,H08MnSi
H10Mn2</td></tr>
<tr><td>20R</td><td>H08MnA</td></tr>
</table>

<table>
<tr><th rowspan="7">低合金钢</th><th rowspan="7">常用热轧、正火低合金钢</th><th>牌号</th><th>屈服强度/MPa</th><th>焊剂</th><th>配用焊丝</th><th colspan="2">说　明</th></tr>
<tr><td>Q295</td><td>295</td><td>HJ430,HJ431,SJ301</td><td>H08A,H08MnA</td><td rowspan="6">①用于薄板
②用于不开坡口对接
③用于中板开坡口对接
④用于厚板深坡口</td><td rowspan="6">低合金钢埋弧焊焊剂与焊丝选配
(1)低合金高强钢焊剂与焊丝的选配
埋弧焊焊接低合金钢时，主要用于热轧正火钢。选用焊剂与焊丝时应保证焊缝金属的力学性能，应选用与母材强度相当的焊接材料，并综合考虑焊缝金属的冲击韧性、塑性及焊接接头的抗裂性。焊缝金属的强度不宜过高，通常控制不低于或略高于母材强度，过高会导致焊缝金属的冲击韧性、塑性及焊接接头的抗裂性降低
对调质钢，为避免热影响区韧性和塑性的降低，一般不采用粗丝、大电流、多丝埋弧焊，采用陶质焊剂572F-6+HJ350的混合焊剂(其中HJ350占80%～82%)，配合H18CrMoA焊丝可实现30CrMnSiNi2A的埋弧焊接</td></tr>
<tr><td rowspan="4">Q355</td><td rowspan="4">355</td><td>SJ501,SJ502</td><td>H08Mn,H08MnA①</td></tr>
<tr><td>HJ430,HJ431,SJ301</td><td>H08A②</td></tr>
<tr><td>HJ430,HJ431,SJ301</td><td>H08MnA,H10Mn2③</td></tr>
<tr><td>HJ350</td><td>H10Mn2,
H08MnMoA④</td></tr>
</table>

类别	牌号	屈服强度/MPa	焊剂	配用焊丝	说明
低合金钢 常用热轧、正火低合金钢	Q390	390	HJ430,HJ431	H08MnA⑤	⑤用于不开坡口对接 ⑥用于中板开坡口对接 ⑦用于厚板深坡口
			HJ430,HJ431	H10Mn2,H10MnSi⑥	
			HJ250,HJ350,SJ101	H08MnMoA⑦	
	Q420	420	HJ431	H10Mn2	
			HJ350,HJ250,HJ252,SJ101	H08MnMoA,H08Mn2MoA	
	Q490	490	SJ102	H08MnMoA	
			HJ250,HJ252,HJ350,SJ101	H08Mn2MoA,H08Mn2MoVA,H08Mn2NiMo	
	Q420	420	HJ431	H08Mn2MoA	
			SJ101	H08MnMoA	
			SJ102	H10Mn2	
	Q450	450	SJ102,SJ301	H08MnMoA	
			SJ101	H08Mn2MoA	

类别	钢种	牌号	焊剂	配用焊丝
低合金耐热钢	0.5Mo	—	HJ350	H08MnMoA
	0.5Cr-0.5Mo	12CrMo	HJ350,SJ103	H08CrMoA,H10CrMoA
	1Cr-0.5Mo,1.25Cr-0.5Mo	15CrMo	HJ350,SJ103	H08CrMoA,H10CrMoA,H13CrMoA
	1Cr-0.5MoV	12CrMoV	HJ350,HJ250,SJ103	H08CrMoV
	2.25Cr-1Mo	Cr2Mo	HJ350,SJ103,SJ104	H08Cr3MoMnA,H13Cr2Mo1A
	2Cr-MoWVTiB	12Cr2MoWVTiB	HJ250	H08Cr2MoWVNbB
	Mn-Mo	14MnMoV 18MnMoNb	HJ350,SJ603,SJ101	H08Mn2MoA
	Mn-Ni-Mo	13MnNiMoNb	HJ350,SJ603,SJ101	H08Mn2NiMo

(2)耐热钢焊剂与焊丝的选配

耐热钢按其合金成分的含量可分为低合金、中合金、高合金耐热钢

1)低合金耐热钢焊剂与焊丝的选配

低合金耐热钢埋弧焊在锅炉、压力容器、管道及汽轮机转子等耐高温工件的焊接生产上应用广泛。焊剂与焊丝组合的基本原则是焊缝金属的合金成分、力学性能与母材基本一致或达到产品所要求的性能;为提高焊缝金属的抗热裂性能,应控制焊接材料的含碳量略低于母材

Cr-Mo耐热钢焊缝金属如果含碳过低,长时间的焊后热处理会促使铁素体形成,使韧性下降。Cr-Mo耐热钢的碳含量一般应控制在0.08%~0.12%范围内,在Cr-Mo较低时,碳含量最好控制在0.08%左右;Cr-Mo较高时,碳含量最好控制在0.10%左右。这样焊缝金属具有较高的冲击韧性和与母材相当的蠕变强度。焊缝金属的含硅量也应合理控制,过高的硅含量会增大回火脆性。Cr-Mo较低时,硅含量宜在0.1%;Cr-Mo较高时,硅含量最好控制在0.15%~0.35%。磷含量应严格控制在0.012%以下

2)中合金耐热钢焊剂与焊丝的选配

中合金耐热钢(如5Cr-0.5Mo、9Cr-1Mo、9Cr-2Mo等)比低合金耐热钢具有更大的淬硬倾向,对焊接冷裂纹更为敏感,因此焊剂、焊丝的选用原则为:在保证焊接接头与母材具有相同的高温蠕变强度和抗氧化性的前提下,提高其抗冷裂性。厚壁工件的窄间隙焊接时应选用低氢型碱性焊剂,或采用高碱度的烧结焊剂,如SJ601、SJ605、SJ103和SJ104等。焊丝的选用有两种方案,一种是选用高Cr-Ni奥氏体钢焊丝,能有效地防止焊接接头热影响区裂纹;另一种是选用与母材成分基本相同的焊丝,可得到同质焊缝金属的接头,容易满足使用要求

(3)低温钢埋弧焊焊剂与焊丝的选配

低温钢要求在较低的使用温度下具有足够的韧性及抗脆性破坏的能力。为此,应选用碱性焊剂,焊丝应严格控制其含碳量,S、P含量应尽量低。目前常选用烧结焊剂配合Mn-Mo或含Ni焊丝;如C-Mo焊丝,配合非熔炼焊剂,通过焊剂向焊缝过渡微量Ti、B合金元素,以保证焊缝金属的低温韧性。焊接时采用较小的线能量,一般埋弧焊在28~45kJ/cm,其目的在于控制焊缝及近缝区粗晶组织的形成,从而提高焊接接头的低温韧性

续表

<table>
<tr><th colspan="2"></th><th>牌号</th><th>工作温度/℃</th><th>焊剂</th><th>配用焊丝</th><th>说　明</th></tr>
<tr><td rowspan="5">低合金钢</td><td rowspan="5">常用低温钢</td><td>16MnDR</td><td>-40</td><td>SJ101,SJ603</td><td>H10MnNiMoA,
H06MnNiMoA</td><td rowspan="5"></td></tr>
<tr><td>DG50</td><td>-46</td><td>SJ603</td><td>H10Mn2Ni2MoA</td></tr>
<tr><td>09MnTiCuREDR</td><td>-60</td><td>SJ102,SJ603</td><td>H08MnA,H08Mn2</td></tr>
<tr><td>09Mn2VDR,
2.5Ni 钢</td><td>-70</td><td>SJ603</td><td>H08Mn2Ni2A</td></tr>
<tr><td>3.5Ni 钢</td><td>-90</td><td>SJ603</td><td>H05Ni3A</td></tr>
<tr><td rowspan="15">不锈钢</td><td></td><td>牌号</td><td colspan="2">焊剂</td><td>配用焊丝</td><td rowspan="15">不锈钢埋弧焊焊剂与焊丝的选配
不锈钢按其金相组织通常分为马氏体不锈钢、铁素体不锈钢、奥氏体不锈钢、奥氏体-铁素体双相不锈钢、沉淀硬化型不锈钢五类,焊接性能差别很大。其中奥氏体-铁素体双相不锈钢和沉淀硬化型不锈钢很少采用埋弧焊进行焊接
采用埋弧焊对不锈钢进行焊接时,焊剂与匹配焊丝的选配如下:
(1)马氏体不锈钢焊剂与焊丝的选配
马氏体耐热钢淬硬倾向大,防止冷裂纹是焊接中的首要问题。应选用 Cr 含量与母材相同的同质焊丝,以保证高温使用性能,并选用高碱度低氢型焊剂。对于常用的马氏体耐热钢(如 12Cr13、20Cr13 等),采用的焊丝与焊剂组合为:(H1Cr13、H0Cr14)+(SJ601、SJ605、SJ608)
马氏体不锈钢焊缝和热影响区焊后状态为硬而脆的马氏体组织,在焊接应力的作用下易产生冷裂纹,因此常采用预热、后热和焊后立即高温回火等工艺措施;由于马氏体不锈钢的导热性低,易过热,在热影响区产生淬硬组织,降低焊接接头的性能,一般不采用埋弧焊。如采用埋弧焊,应选用碱性焊剂以降低焊缝中的含氢量,降低产生冷裂纹的倾向。例如,12Cr13 不锈钢可采用(HJ151、SJ601)+(H1Cr13、H0Cr14、H0Cr21Ni10、H1Cr24Ni13、H0Cr26Ni21)等焊丝
(2)铁素体不锈钢焊剂与焊丝的选配
铁素体不锈钢(如 06Cr11Ti、022Cr12、06Cr13Al、10Cr17 等)由于对过热较敏感,一般采用低热量输入的焊接方法,不宜采用大焊接线能量的埋弧焊
焊接高铬铁素体不锈钢应注意的主要问题是晶间裂纹和脆性问题。由于在焊接热循环的作用下引起的热影响区晶粒长大和碳、氮化物在晶界的聚集,焊接区的塑性和韧性都很低,采用同成分的焊接材料,易产生裂纹,焊前需预热。采用奥氏体焊缝,可与铁素体母体等强,且塑性较好,但焊前不预热和焊后不进行热处理</td></tr>
<tr><td rowspan="5">高铬铁素体不锈钢</td><td>10Cr17</td><td colspan="2" rowspan="5">SJ601,
SJ701,
SJ608,
HJ171,
HJ151</td><td rowspan="3">H1Cr17,
H0Cr21Ni10,
H1Cr24Ni13,
H0Cr26Ni21</td></tr>
<tr><td>10Cr17Ti</td></tr>
<tr><td>10Cr17Mo</td></tr>
<tr><td>X8CrMoTi17</td><td rowspan="2">H0Cr26Ni21,
H1Cr26Ni21,
H1Cr24Ni13</td></tr>
<tr><td>1Cr28</td></tr>
<tr><td rowspan="9">常用奥氏体不锈钢</td><td>022Cr19Ni10N</td><td colspan="2" rowspan="9">SJ601,SJ605,
SJ608,SJ701,
HJ107,HJ151,
HJ172,HJ260</td><td>H00Cr21Ni10</td></tr>
<tr><td>06Cr19Ni10</td><td>H0Cr19Ni9,
H0Cr21Ni10,
H1Cr19Ni10Nb</td></tr>
<tr><td>12Cr18Ni9</td><td>H0Cr19Ni10Nb</td></tr>
<tr><td>06Cr18Ni11Nb</td><td>H0Cr19Ni12Mo2</td></tr>
<tr><td>022Cr17Ni12Mo2</td><td>H00Cr19Ni12Mo2</td></tr>
<tr><td>06Cr17Ni12Mo2</td><td>H00Cr18Ni14Mo2</td></tr>
<tr><td>022Cr18Ni14MoCu2</td><td>H0Cr19Ni11Mo3</td></tr>
<tr><td>06Cr18Ni13Si4</td><td>H00Cr19Ni12Mo2Cu2</td></tr>
</table>

<table>
<tr><th colspan="2"></th><th>牌号</th><th>焊剂</th><th>配用焊丝</th><th>说　明</th></tr>
<tr><td rowspan="8">不锈钢</td><td rowspan="5">常用奥氏体不锈钢</td><td>06Cr19Ni13Mo3</td><td rowspan="5">SJ601，SJ605
SJ608，SJ701，
HJ107，HJ151，
HJ172，HJ260</td><td>H0Cr19Ni11Mo3</td><td rowspan="8">（3）奥氏体不锈钢焊剂与焊丝的选配
奥氏体不锈钢较马氏体、铁素体不锈钢容易焊接，埋弧焊方法通常适用于中厚板的焊接，有时也用于薄板。在焊接过程中 Cr、Ni 元素的烧损可通过焊剂或焊丝中合金元素的过渡来补充。由于埋弧焊熔深大，应注意防止焊缝中心区热裂纹的产生和热影响区耐蚀性的降低
奥氏体不锈钢热裂纹敏感性大，这就要求其焊缝成分大致与母材成分匹配。同时应控制焊缝金属中的铁素体含量，对长期在高温下工作的焊件，焊缝中的铁素体含量应不大于 5%。大多数奥氏体耐热钢都可采用埋弧焊，应选用低硅、低硫、低磷、成分与母材相近的焊丝；对 Cr、Ni 含量大于 20% 的奥氏体钢，为提高抗裂性能，可选用高 Mn（6%～8%）焊丝。焊剂应选用碱性或中性焊剂，以防止向焊缝增硅。奥氏体不锈钢专用焊剂增硅极少，还可过渡合金、补偿元素烧损，可以满足焊缝性能和化学成分的要求，如 SJ601、SJ601Cr 等
常用奥氏体不锈钢埋弧焊焊接时应选择细焊丝和较小的焊接线能量
弥散硬化耐热钢是通过热处理获得高强度的高合金钢，这类钢不仅具有耐热性和抗氧化性，而且具有较高的塑性和断裂韧性。埋弧焊可用来焊接厚度小于 13mm 的弥散硬化耐热钢。如不要求焊缝金属与母材等强，可使用 Cr-Ni 奥氏体钢焊丝，否则必须使用特种焊丝和焊剂。特别是含 Al、Ti 等元素的钢，焊接时应采用无氧化性的焊剂，以保证焊丝和母材中的铝大部分过渡到焊缝金属中</td></tr>
<tr><td>16Cr20Ni14Si2</td><td>H0Cr25Ni13Mo3</td></tr>
<tr><td>06Cr23Ni13</td><td>H1Cr25Ni13</td></tr>
<tr><td rowspan="2">06Cr25Ni20</td><td>H1Cr25Ni13</td></tr>
<tr><td>H1Cr25Ni20</td></tr>
<tr><td rowspan="3">常用弥散硬化耐热钢</td><td>S17400（17-4PH），
S15500（15-5PH）</td><td rowspan="3">SJ601，
SJ605，
SJ608</td><td>H0Cr19Ni9</td></tr>
<tr><td>12Cr17Ni7Al，
X17H5M3，
S3500（AM350）</td><td>H1Cr25Ni20，
ERNiCr-3，
AWS5774B</td></tr>
<tr><td>06Cr15Ni25-
Ti2MoAlVB
06Cr15Ni25-
Ti2MoA286
12Cr22Ni20Co20-
Mo3W3NbN</td><td>H1Cr25Ni13Mo3，
H1Cr25Ni20，
ERNiCrFe-6</td></tr>
<tr><td>其他高合金钢</td><td colspan="5">（1）马氏体时效钢焊剂与焊丝的选配
马氏体时效钢指以铁、镍为基础，含碳≤0.03%、镍 18%～25%，并含有能产生时效强化的合金元素，具有高屈服强度、高断裂韧性以及良好的工艺性能，主要用于航空、航天等构件，有 Ni18%、Ni20%、Ni25%三种类型。焊接时应注意焊接热影响区的软化、焊缝金属的强度、韧性、热裂纹以及应力腐蚀等问题。采用与母材化学成分相同的填充金属，其焊缝金属为低碳马氏体，时效后可得到硬化；但是焊丝中应含有较高的 Ti。应采用不含硅酸盐的碱性焊剂，普通焊剂不宜用来焊接马氏体时效钢。常用碱性焊剂的化学组分举例如下：$Al_2O_3$37%，$CaCO_3$28%，$CaF_2$15%，$Mn_2O_3$14%，Ti-Fe6%
（2）高锰钢焊剂与焊丝的选配
高锰钢是指含碳 0.9%～1.3%和含锰 11%～14%的奥氏体铸钢，焊接性差，焊接时会在热影响区析出碳化物引起脆化和在焊缝上产生热裂纹，特别是在热影响区产生液化裂纹。焊接时采用冷焊并使用小的焊接线能量，一般不用埋弧焊，但有时采用埋弧焊焊接道岔，常用焊丝与焊剂组合为：H0Cr16Mn16+（HJ107、HJ151）</td></tr>
</table>

续表

母材类别及牌号			焊剂	焊丝	说明
有色金属	常用耐蚀合金		HJ131	镍基合金焊丝	焊接相应镍基合金的薄板
			InconFlux4 号	因康镍 62	用于因康镍 600 合金焊接
				因康镍 82	因康镍 600、因康洛依 800 以及几种合金间的异种钢焊接，还适于这几种合金与不锈钢、碳钢间的异种钢焊接
				因康镍 625	适于因康镍 601、625、因康洛依 825 的对接接头的焊接或在钢上堆焊，也可用于 9Ni 的对接埋弧焊
			InconFlux5 号	蒙乃尔 60	适于蒙乃尔 400、404 的堆焊与对接焊，也适于这两种合金间的焊接及其对钢的异种金属的焊接
				蒙乃尔 67	用于铜镍合金的对接接头
			InconFlux6 号	镍 61	用于镍 200、镍 201 的对接接头的同质和异质埋弧焊及钢上的堆焊
				因康镍 82，625	可用于因康镍 600、601 和因康洛依 800 合金的焊接及其相互间的异种钢焊接及在钢上的堆焊，大于三层的堆焊需用 InconFlux4 号焊剂
	纯铜	T2，T3，T4	HJ260、HJ150	HSCu	（1）镍基合金焊剂与焊丝的选配 镍基耐蚀合金焊接一般使用镍基合金作为填充材料。可以焊接铬镍奥氏体不锈钢的各种方法焊接镍基耐蚀合金。对于沉淀硬化型镍基耐蚀合金不适用于焊条电弧焊、熔化极气体保护焊及埋弧焊。镍基合金焊丝不仅用于钨极气体保护焊，还用于熔化极气体保护焊、等离子弧焊和埋弧焊。熔化极气体保护电弧焊使用的焊丝大多数与钨极气体保护电弧焊使用的焊丝相同，具体使用和焊丝取决于过渡形式和母材厚度。镍基合金埋弧焊使用焊接的作用除了保护焊缝不受大气污染、使电弧稳定外，同时把重要的合金元素添加到焊缝中。因此焊剂和焊丝的共同作用应与母材相匹配。对于镍基合金埋弧焊除选用合适的焊丝外，还必须正确选用与该合金母材和焊丝相匹配的焊剂。国际标准 ISO 14174：2004《焊接材料-埋弧焊溶剂-分类》中推荐埋弧焊采用氟化物-碱性类型焊剂。在埋弧焊工艺中，母材、焊丝、焊剂和焊接参数的匹配非常重要 （2）铜及其合金焊剂与焊丝的选配 可用于铜及其合金熔焊的工艺方法除了气焊、碳弧焊、焊条电弧焊、氩弧焊和埋弧焊外，还有等离子弧焊、电子束焊和激光焊等。固相连接工艺有压焊、钎焊、扩散焊、摩擦焊合搅拌摩擦焊。其中熔焊是最常用的焊接方法，其次是钎焊。选择焊接方法时，必须考虑铜及其合金的成分、物理及力学性能特点，以及焊接件的结构复杂程度、尺寸，不同服役条件等。气焊用焊接材料可根据被焊材料以及焊丝焊剂匹配选择。焊丝也可以采用相同成分母材上的切条。对没有清理氧化膜的母材、焊丝，气焊时必须使用焊剂。铜及铜合金气焊时一般应采用焊丝（棒）填充
	黄铜	H68，H62，H59	HJ431，HJ260，HJ150，HJ250	HSCuZn-3，HSCuSi，HSCuSn	
	青铜	QSn6. 5-0. 4，QAl9-2，QSi3-1		HSCuSn，HSCuAl，HSCuSi	
	铜-钢	—	HJ431，HJ260，HJ150，SJ570，SJ671	HSCu，HSCuSi	

焊条的型号和牌号示例

表 1-4-25　　国标焊条类型及型号（一）

<table>
<tr><th rowspan="3">类别</th><th rowspan="3">型号</th><th>型号1、2位数字</th><th colspan="3">型号3、4位数字</th><th rowspan="3">焊接位置</th><th rowspan="3">型号意义及示例</th></tr>
<tr><th rowspan="2">熔敷金属抗拉强度/MPa(kgf/mm^2)</th><th colspan="3">药皮及电源类型</th></tr>
<tr><th>数字</th><th>药皮</th><th>电源</th></tr>
<tr><td rowspan="4">非合金钢及细晶粒钢焊条（摘自GB/T 5117—2012）</td><td rowspan="2">E43××</td><td rowspan="2">≥430
(43)</td><td>03</td><td>钛型</td><td rowspan="3">交流或直流正、反接</td><td>全位置</td><td rowspan="4">示例1：
E　××　××
E——焊条
××——熔敷金属抗拉强度的最小值
××——药皮类型、焊接电源及焊条适用的焊接位置

示例2：
E　55　15-N5　P　U　H10
H10——可选附加代号，表示熔敷金属扩散氢含量不大于10mL/100g
U——可选附加代号，表示在规定温度下，冲击吸收能量47J以上
P——表示焊后状态代号，此处表示热处理状态
N5——表示熔敷金属化学成分分类代号
15——表示药皮类型为碱性，适用于全位置焊接，采用直流反接
55——表示熔敷金属抗拉强度最小值为550MPa
E——表示焊条</td></tr>
<tr><td>13</td><td>金红石</td><td>全位置</td></tr>
<tr><td>E50××</td><td>≥490
(50)</td><td>14</td><td>金红石+铁粉</td><td>全位置</td></tr>
<tr><td>E55××</td><td>≥550
(55)</td><td>15</td><td>碱性</td><td>直流反接</td><td>全位置</td></tr>
<tr><td rowspan="6">热强钢焊条（摘自GB/T 5118—2012）</td><td rowspan="2">E50××-×</td><td rowspan="2">≥490
(50)</td><td>15</td><td>碱性</td><td>直流反接</td><td>全位置</td><td rowspan="6">E　62　15-2G1M　H10
H10——可选附加代号，表示熔敷金属扩散氢含量不大于10mL/100g
2G1M——表示熔敷金属化学成分分类代号
15——表示药皮类型为碱性，适用于全位置焊接，采用直流反接
62——表示熔敷金属抗拉强度最小值为620MPa
E——表示焊条</td></tr>
<tr><td>11</td><td>纤维素</td><td>交流或直流反接</td><td>全位置</td></tr>
<tr><td rowspan="2">E55××-×</td><td rowspan="2">≥550
(55)</td><td>13</td><td>金红石</td><td>交流和直流　正反接</td><td>全位置</td></tr>
<tr><td>18</td><td>碱性+铁粉</td><td>交流和直流　反接</td><td>全位置（PG除外）</td></tr>
<tr><td rowspan="2">E62××-×</td><td rowspan="2">≥620
(62)</td><td>15</td><td rowspan="2">碱性</td><td>直流反接</td><td rowspan="2">全位置</td></tr>
<tr><td>16</td><td>交流和直流反接</td></tr>
</table>

续表

类别	型号	型号1、2位数字	型号3、4位数字			焊接位置	型号意义及示例
		熔敷金属抗拉强度/MPa(kgf/mm^2)	药皮及电源类型				
			数字	药皮	电源		
不锈钢焊条(摘自GB/T 983—2012)	E308-××	≥550					
	E430-××	≥450					
	E630-××	≥930					

焊接位置代号

代号	焊接位置
-1	PA、PB、PD、PF
-2	PA、PB
-4	PA、PB、PD、PF、PG

药皮类型代号

代号	药皮类型	电流类型
5	碱性	直流
6	金红石	交流和直流
7	钛酸型	交流和直流

46 型采用直流焊接

47 型采用交流焊接

E 308-1 6

6——表示药皮类型为金红石型，适用于交直流两用焊接

1——表示焊接位置

308——表示熔敷金属化学成分分类代号

E——表示焊条

注：1. 药皮类型代号含义表（仅限 GB/T 5117、GB/T 5118）

代号	药皮类型	焊接位置[a]	电流类型
03	钛型	全位置[b]	交流和直流正、反接
10	纤维素	全位置	直流反接
11	纤维素	全位置	交流和直流反接
12	金红石	全位置[b]	交流和直流正接
13	金红石	全位置[b]	交流和直流正、反接
14	金红石+铁粉	全位置[b]	交流和直流正、反接
15	碱性	全位置[b]	直流反接
16	碱性	全位置[b]	交流和直流反接
18	碱性+铁粉	全位置[b]	交流和直流反接
19	钛铁矿	全位置[b]	交流和直流正、反接
20	氧化铁	PA、PB	交流和直流正接
24	金红石+铁粉	PA、PB	交流和直流正、反接
27	氧化铁+铁粉	PA、PB	交流和直流正、反接
28	碱性+铁粉	PA、PB、PC	交流和直流反接
40	不做规定由制造商确定		
45	碱性	全位置	直流反接
48	碱性	全位置	交流和直流反接

a 表示焊接位置见 GB/T 16672，其中 PA=平焊、PB=平角焊、PC=横焊、PD=仰角焊、PF=向上立焊、PG=向下立焊。b “全位置”表示平、横、立、仰均可焊接，但此处“全位置”并不一定包含向下立焊，由制造商确定。

2. GB/T 5118—2012 中没有代号 12、24、28、45、48。对于 GB/T 5118—2012 中的代号 10、11、19、20、27 仅限于熔敷金属化学成分代号 1M3。GB/T 5117—2012 的化学成分和 GB/T 5118—2012 的化学成分见表 1-4-29。

表 1-4-26　　　　国标焊条类型及型号（二）

类别	型号	ED后的元素符号为熔敷金属化学成分	短划线后二位数字表示药皮及电源类型：数字	药皮	电源	碳化钨管状焊条型号说明	型号意义及示例
堆焊焊条（摘自GB/T 984—2001）	EDP××-××	普通低中合金钢	00	特殊型		（1）E——焊条，D——表示用于表面耐磨堆焊；ED字母后的字母“G”和元素符号“WC”表示碳化钨管状焊条，其后用数字1、2、3表示芯部碳化钨粉化学成分分类代号，见下表A，短划“-”后面为碳化钨粉粒度代号，用通过筛网和不通过筛网的两个目数表示，以斜线“/”相隔，或只是通过筛网的一个目数表示 （2）下面表中B碳化钨粉的粒度 ① 型号中的“×”代表“1”或“2”或“3” ② 允许通过（-）筛网的≤5%，不通过（+）筛网的≤20%	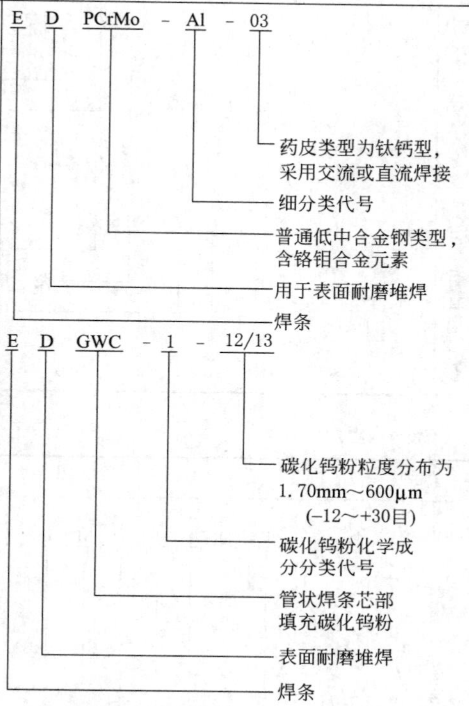 E D PCrMo - Al - 03 E——焊条 D——用于表面耐磨堆焊 PCrMo——普通低中合金钢类型，含铬钼合金元素 Al——细分类代号 03——药皮类型为钛钙型，采用交流或直流焊接 E D GWC - 1 - 12/13 E——焊条 D——表面耐磨堆焊 GWC——管状焊条芯部填充碳化钨粉 1——碳化钨粉化学成分分类代号 12/13——碳化钨粉粒度分布为1.70mm～600μm（-12～+30目） 药皮类型和焊接电流种类不要求限定时，型号可以简化，如EDPCrMo-Al-03可简化成EDPCrMo-Al
	EDR××-××	热强合金钢					
	EDCr××-××	高铬钢			交流或直流		
	EDMn××-××	高锰钢	03	钛钙型			
	EDCrMn××-××	高铬锰钢					
	EDCrNi××-××	高铬镍钢					
	EDD××-××	高速钢	15	低氢钠型	直流		
	EDZ××-××	合金铸铁					
	EDZCr××-××	高铬铸铁	16	低氢钾型			
	EDCoCr××-××	钴基合金			交流或直流		
	EDW××-××	碳化钨	08	石墨型			
	EDT××-××	特殊型					
	EDNi××-××	镍基合金					

类别		型号	C	Si	Ni	Mo	Co	W	Fe	Th
碳化钨管状焊条	A碳化钨粉的化学成分	EDGWC1-××	3.6～4.2	≤0.3		≤0.6	≤0.3	≥94.0	≤1.0	≤0.01
		EDGWC2-××	6.0～6.2	≤0.3		≤0.6	≤0.3	≥91.5	≤0.5	≤0.01
		EDGWC3-××	由供需双方商定							
	B碳化钨粉的粒度	型号	粒度分布							
		EDGWC×-12/30	1.70mm～600μm（-12～+30目）							
		EDGWC×-20/30	650～600μm（-20～+30目）							
		EDGWC×-30/40	600～425μm（-30～+40目）							
		EDGWC×-40	<425μm（-40目）							
		EDGWC×-40/120	425～125μm（-40～+120目）							

EDGWC型为碳化钨管状堆焊焊条。WC1型粉是WC和W_2C的混合物。WC2型粉是WC结晶体。焊缝的硬度一般在30～60HRC，耐磨性能极为优良，适用于低冲击的耐磨场合，如钻井机、挖掘机等。某些工具也用这类焊条进行表面堆焊，如油井钻头、农用工具等

续表

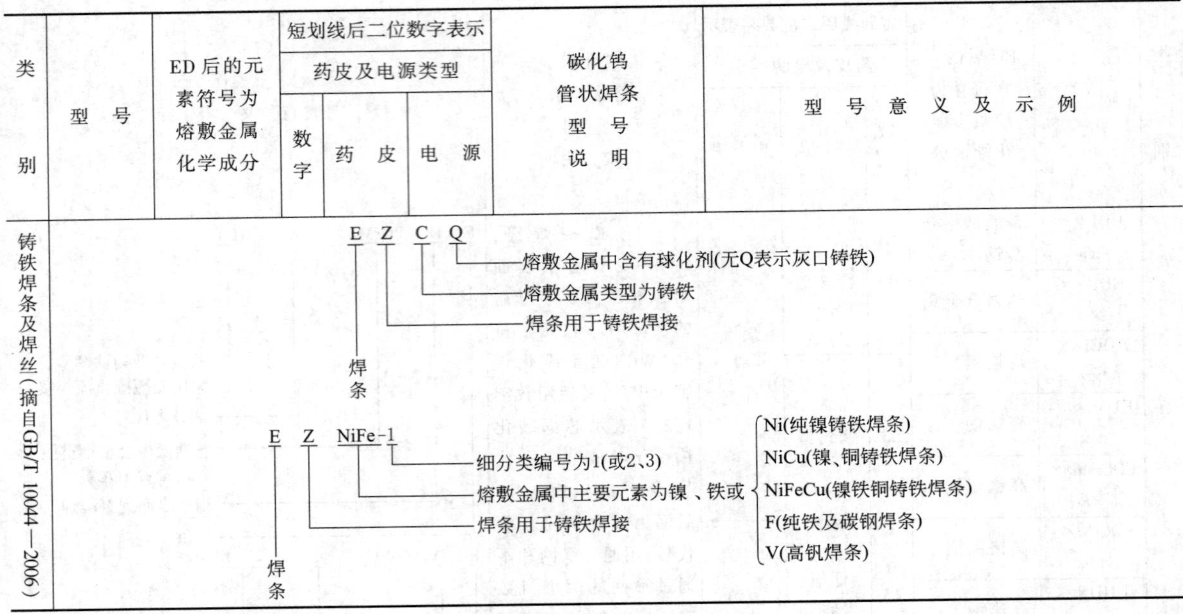

类别	型号	ED后的元素符号为熔敷金属化学成分	短划线后二位数字表示药皮及电源类型			碳化钨管状焊条型号说明	型号意义及示例
			数字	药皮	电源		
铸铁焊条及焊丝(摘自GB/T 10044—2006)	E Z C Q Q——熔敷金属中含有球化剂(无Q表示灰口铸铁) C——熔敷金属类型为铸铁 Z——焊条用于铸铁焊接 E——焊条 E Z NiFe-1 1——细分类编号为1(或2、3) NiFe——熔敷金属中主要元素为镍、铁或 {Ni(纯镍铸铁焊条) NiCu(镍、铜铸铁焊条) NiFeCu(镍铁铜铸铁焊条) F(纯铁及碳钢焊条) V(高钒焊条)} Z——焊条用于铸铁焊接 E——焊条						

表 1-4-27 焊丝类别及型号意义

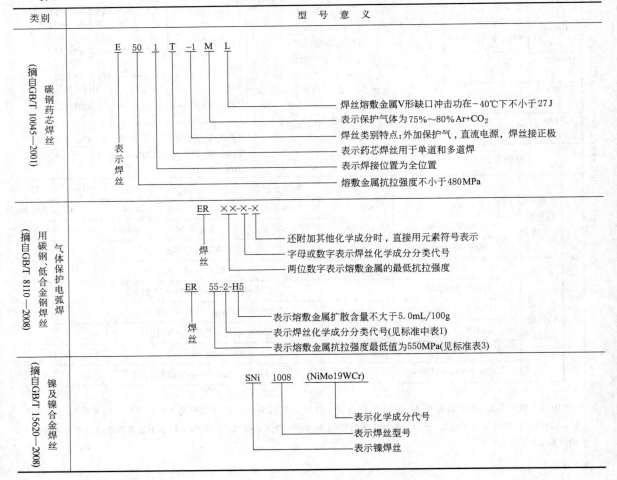

类别	型号意义
碳钢药芯焊丝(摘自GB/T 10045—2001)	E 50 1 T -1 M L L——焊丝熔敷金属V形缺口冲击功在−40℃下不小于27J M——表示保护气体为75%～80%Ar+CO_2 -1——焊丝类别特点：外加保护气，直流电源，焊丝接正极 T——表示药芯焊丝用于单道和多道焊 1——表示焊接位置为全位置 50——熔敷金属抗拉强度不小于480MPa E——表示焊丝
气体保护电弧焊用碳钢、低合金钢焊丝(摘自GB/T 8110—2008)	ER ××-×-× ×——还附加其他化学成分时，直接用元素符号表示 ×——字母或数字表示焊丝化学成分分类代号 ××——两位数字表示熔敷金属的最低抗拉强度 ER——焊丝 ER 55-2-H5 H5——表示熔敷金属扩散含量不大于5.0mL/100g 2——表示焊丝化学成分分类代号(见标准中表1) 55——表示熔敷金属抗拉强度最低值为550MPa(见标准表3) ER——焊丝
镍及镍合金焊丝(摘自GB/T 15620—2008)	SNi 1008 (NiMo19WCr) (NiMo19WCr)——表示化学成分代号 1008——表示焊丝型号 SNi——表示镍焊丝

续表

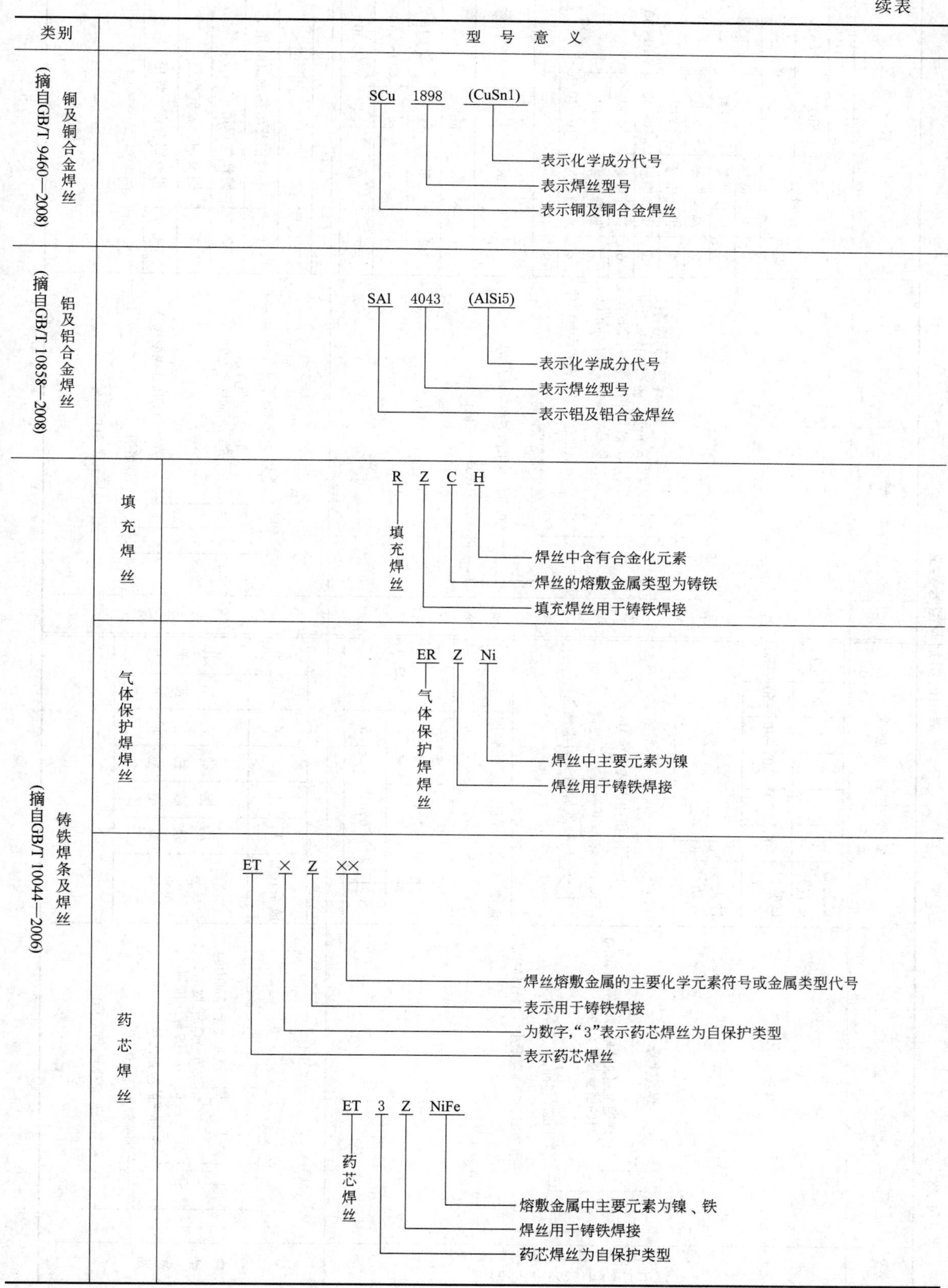

类别
型号意义
铜及铜合金焊丝（摘自GB/T 9460—2008）
SCu 1898 (CuSn1)
表示化学成分代号
表示焊丝型号
表示铜及铜合金焊丝
铝及铝合金焊丝（摘自GB/T 10858—2008）
SAl 4043 (AlSi5)
表示化学成分代号
表示焊丝型号
表示铝及铝合金焊丝
铸铁焊条及焊丝（摘自GB/T 10044—2006）
填充焊丝
R Z C H
填充焊丝
焊丝中含有合金化元素
焊丝的熔敷金属类型为铸铁
填充焊丝用于铸铁焊接
气体保护焊焊丝
ER Z Ni
气体保护焊焊丝
焊丝中主要元素为镍
焊丝用于铸铁焊接
药芯焊丝
ET × Z ××
焊丝熔敷金属的主要化学元素符号或金属类型代号
表示用于铸铁焊接
为数字,“3”表示药芯焊丝为自保护类型
表示药芯焊丝
ET 3 Z NiFe
药芯焊丝
熔敷金属中主要元素为镍 、铁
焊丝用于铸铁焊接
药芯焊丝为自保护类型

表 1-4-28 焊剂的类别及型号意义

类别	型号意义	型号中数字意义
碳素钢埋弧焊用焊剂（摘自GB/T 5293—1999）	F 4 A 2-H08A H08A——焊丝牌号 2——焊缝金属冲击吸收功不小于27J时的试验温度为-20℃ A——拉伸试样和冲击试样的状态 4——熔敷金属抗拉强度最小值为415MPa F——埋弧焊用焊剂	见下表（一）、（二）、（三）
烧结焊剂	□ F × ×× ××——同一渣系类型焊剂中的不同牌号焊剂，按01、02、…、09顺序排列 ×——焊剂的渣系代号 F——埋弧焊用烧结焊剂 □——产品厂家代号(可不标)	见下表（四）
埋弧焊及电渣焊用焊剂（熔炼焊剂）	□ F × × × ×——同一类型焊剂不同牌号按0、1、2、…、9顺序排列，同一牌号生产两种粒度时，牌号后加“×”表示细颗粒 ②——二氧化硅、氟化钙的含量代号 ①——氧化锰含量代号 F——埋弧焊及电渣焊用熔炼焊剂 □——生产厂家代号(可不标)	见下表（五）、（六）
气焊熔剂	□ CJ × ×× ××——同一类型气焊熔剂的不同牌号如01 ×——气焊熔剂的用途类型代号 CJ——气焊熔剂 □——生产厂家代号(可不标)	见下表（七）

（一）

试验温度代号	0	2	3	4	5	6
试验温度/℃	0	-20	-30	-40	-50	-60
冲击吸收功/J	无要求	27				

（二）

拉伸试样和冲击试样符号：

A——焊态下测试力学性能

P——热处理后测试力学性能

（三）

强度代号	抗拉强度/$N \cdot mm^{-2}$	屈服强度/$N \cdot mm^{-2}$	伸长率/%
4	415~550	≥330	≥22.0
		≥400	
5	480~650	≥406	

（四）

渣系代号	1	2	3	4	5	6
渣系类型	氟碱型	铝碱型	硅钙型	硅锰型	铝钛型	其他型

（五）

×②	焊剂类型	SiO_2/%	CaF_2/%
1	低硅低氟	<10	<10
2	中硅低氟	10~30	
3	高硅低氟	>30	
4	低硅中氟	<10	10~30
5	中硅中氟	10~30	
6	高硅中氟	>30	
7	低硅高氟	<10	>30
8	中硅高氟	10~30	
9	其他		

（六）

×①	类型	MnO/%
1	无锰	<2
2	低锰	2~15
3	中锰	15~30
4	高锰	>30

（七）

类型代号	熔剂用途
1	不锈钢及耐热钢气焊用
2	铸铁气焊用
3	铜及铜合金气焊用
4	铝及铝合金气焊用

表 1-4-29 焊条的性能和用途

类别	焊条型号	熔敷金属的化学成分(质量分数)/%										熔敷金属的力学性能				用途
		C	Mn	Si	P	S	Ni	Cr	Mo	V	其他	抗拉强度 R_m/MPa	屈服强度 $R_{eL}^{①}$/MPa	断后伸长率 A/%	冲击试验温度/℃	
非合金钢及细晶粒钢焊条(摘自GB/T 5117—2012)	E4303	0.20	1.20	1.00	0.040	0.035	0.30	0.20	0.30	0.08	—	≥430	≥330	≥20	0	(1)E4303,E5003 熔渣流动性良好,脱渣容易,电弧稳定,熔深适中,飞溅少,焊波整齐,适用于全位置焊接。主要焊接重要的低碳钢结构 (2)E4310 焊接时有机物在电弧区分解产生大量的气体,保护熔敷金属。电弧吹力大,熔深较深,熔化速度快,熔渣少,脱渣容易,飞溅一般,通常限制采用大电流焊接。适用于全位置焊接,主要焊接一般的低碳钢结构,如管道的焊接等,也可用于打底焊接
	E4310	0.20	1.20	1.00	0.040	0.035	0.30	0.20	0.30	0.08	—	≥430	≥330	≥20	-30	
	E4311	0.20	1.20	1.00	0.040	0.035	0.30	0.20	0.30	0.08	—	≥430	≥330	≥20	-30	
	E4312	0.20	1.20	1.00	0.040	0.035	0.30	0.20	0.30	0.80	—	≥430	≥330	≥16	—	
	E4313	0.20	1.20	1.00	0.040	0.035	0.30	0.20	0.30	0.08	—	≥430	≥330	≥16	—	
	E4315	0.20	1.20	1.00	0.040	0.035	0.30	0.20	0.30	0.08	—	≥430	≥330	≥20	-30	
	E4316	0.20	1.20	1.00	0.040	0.035	0.30	0.20	0.30	0.08	—	≥430	≥330	≥20	-30	
	E4318	0.03	0.60	0.40	0.025	0.015	0.30	0.20	0.30	0.08	—	≥430	≥330	≥20	-30	
	E4319	0.20	1.20	1.00	0.040	0.035	0.30	0.20	0.30	0.08	—	≥430	≥330	≥20	-20	
	E4320	0.20	1.20	1.00	0.040	0.035	0.30	0.20	0.30	0.08	—	≥430	≥330	≥20	—	
	E4324	0.20	1.20	1.00	0.040	0.035	0.30	0.20	0.30	0.08	—	≥430	≥330	≥16	—	
	E4327	0.20	1.20	1.00	0.040	0.035	0.30	0.20	0.30	0.08	—	≥430	≥330	≥20	-30	
	E4328	0.20	1.20	1.00	0.040	0.035	0.30	0.20	0.30	0.08	—	≥430	≥330	≥20	-20	
	E4340	—	—	—	0.040	0.035	—	—	—	—	—	≥430	≥330	≥20	0	
	E5003	0.15	1.25	0.90	0.040	0.035	0.30	0.20	0.30	0.08	—	≥490	≥400	≥20	0	
	E5010	0.20	1.25	0.90	0.035	0.035	0.30	0.20	0.30	0.08	—	490~650	≥400	≥20	-30	
	E5011	0.20	1.25	0.90	0.035	0.035	0.30	0.20	0.30	0.08	—	490~650	≥400	≥20	-30	
	E5012	0.20	1.20	1.00	0.035	0.035	0.30	0.20	0.30	0.08	—	≥490	≥400	≥16	—	
	E5013	0.20	1.20	1.00	0.035	0.035	0.30	0.20	0.30	0.08	—	≥490	≥400	≥16	—	
	E5014	0.15	1.25	0.90	0.035	0.035	0.30	0.20	0.30	0.08	—	≥490	≥400	≥16	—	
	E5015	0.15	1.60	0.90	0.035	0.035	0.30	0.20	0.30	0.08	—	≥490	≥400	≥20	-30	
	E5016	0.15	1.60	0.75	0.035	0.035	0.30	0.20	0.30	0.08	—	≥490	≥400	≥20	-30	
	E5016-1	0.15	1.60	0.75	0.035	0.035	0.30	0.20	0.30	0.08	—	≥490	≥400	≥20	-45	
	E5018	0.15	1.60	0.90	0.035	0.035	0.30	0.20	0.30	0.08	—	≥490	≥400	≥20	-30	
	E5018-1	0.15	1.60	0.90	0.035	0.035	0.30	0.20	0.30	0.08	—	≥490	≥400	≥20	-45	
	E5019	0.15	1.25	0.90	0.035	0.035	0.30	0.20	0.30	0.08	—	≥490	≥400	≥20	-20	
	E5024	0.15	1.25	0.90	0.035	0.035	0.30	0.20	0.30	0.08	—	≥490	≥400	≥16	—	
	E5024-1	0.15	1.25	0.90	0.035	0.035	0.30	0.20	0.30	0.08	—	≥490	≥400	≥20	-20	
	E5027	0.15	1.60	0.75	0.035	0.035	0.30	0.20	0.30	0.08	—	≥490	≥400	≥20	-30	
	E5028	0.15	1.60	0.90	0.035	0.035	0.30	0.20	0.30	0.08	—	≥490	≥400	≥20	-20	

续表

类别	焊条型号	熔敷金属的化学成分(质量分数)/%										熔敷金属的力学性能				用途
		C	Mn	Si	P	S	Ni	Cr	Mo	V	其他	抗拉强度 R_m/MPa	屈服强度 $R_{eL}^{①}$/MPa	断后伸长率 A/%	冲击试验温度/℃	
非合金钢及细晶粒钢焊条(摘自GB/T 5117—2012)	E5048	0.15	1.60	0.90	0.035	0.035	0.30	0.20	0.30	0.08	—	≥490	≥400	≥20	-30	(3)E4311、E5011　电弧稳定。当采用直流反接焊接时，熔深浅，其他工艺性能与E4310相似，适用于全位置焊接，主要焊接一般的低碳钢结构 (4)E4312　电弧稳定，再引弧容易，熔深较浅，渣覆盖良好，脱渣容易，焊波整齐，适用于全位置焊接，熔敷金属塑性及抗裂性能较差，主要焊接一般的低碳钢结构、薄板结构，也可用于盖面焊
	E5716	0.12	1.60	0.90	0.03	0.03	1.00	0.30	0.35	—	—	≥570	≥490	≥16	-30	
	E5728	0.12	1.60	0.90	0.03	0.03	1.00	0.30	0.35	—	—	≥570	≥490	≥16	-20	
	E5010-P1	0.20	1.20	0.60	0.03	0.03	1.00	0.30	0.50	0.10	—	≥490	≥420	≥20	-30	
	E5510-P1	0.20	1.20	0.60	0.03	0.03	1.00	0.30	0.50	0.10	—	≥550	≥460	≥17	-30	
	E5518-P2	0.12	0.90~1.70	0.80	0.03	0.03	1.00	0.20	0.50	0.05	—	≥550	≥460	≥17	-30	
	E5545-P2	0.12	0.09~1.70	0.80	0.03	0.03	1.00	0.20	0.50	0.05	—	≥550	≥460	≥17	-30	
	E5003-1M3	0.12	0.60	0.40	0.03	0.03	—	—	0.40~0.65	—	—	≥490	≥400	≥20	—	
	E5010-1M3	0.12	0.60	0.40	0.03	0.03	—	—	0.40~0.65	—	—	≥490	≥420	≥20	—	
	E5011-1M3	0.12	0.60	0.40	0.03	0.03	—	—	0.40~0.65	—	—	≥490	≥400	≥20	—	
	E5015-1M3	0.12	0.90	0.60	0.03	0.03	—	—	0.40~0.65	—	—	≥490	≥400	≥20	—	
	E5016-1M3	0.12	0.90	0.60	0.03	0.03	—	—	0.40~0.65	—	—	≥490	≥400	≥20	—	
	E5018-1M3	0.12	0.90	0.80	0.03	0.03	—	—	0.40~0.65	—	—	≥490	≥400	≥20	—	
	E5019-1M3	0.12	0.90	0.40	0.03	0.03	—	—	0.40~0.65	—	—	≥490	≥400	≥20	—	
	E5020-1M3	0.12	0.60	0.40	0.03	0.03	—	—	0.40~0.65	—	—	≥490	≥400	≥20	—	
	E5027-1M3	0.12	1.00	0.40	0.03	0.03	—	—	0.40~0.65	—	—	≥490	≥400	≥20	—	
	E5518-3M2	0.12	1.00~1.75	0.80	0.03	0.03	0.90	—	0.25~0.45	—	—	≥550	≥460	≥17	-50	
	E5515-3M3	0.12	1.00~1.80	0.80	0.03	0.03	0.90	—	0.40~0.65	—	—	≥550	≥460	≥17	-50	
	E5516-3M3	0.12	1.00~1.80	0.80	0.03	0.03	0.09	—	0.40~0.65	—	—	≥550	≥460	≥17	-50	

续表

类别	焊条型号	熔敷金属的化学成分(质量分数)/%										熔敷金属的力学性能				用途
		C	Mn	Si	P	S	Ni	Cr	Mo	V	其他	抗拉强度 R_m/MPa	屈服强度 $R_{eL}^{①}$/MPa	断后伸长率 A/%	冲击试验温度/℃	
非合金钢及细晶粒钢焊条(摘自GB/T 5117—2012)	E5518-3M3	0.12	1.00~1.80	0.80	0.03	0.03	0.90	—	0.40~0.65	—	—	≥550	≥460	≥17	-50	(5)E4313　电弧比 W4312 稳定,工艺性能、焊缝成形比 E4312 好。适于全位置焊接。主要焊接一般的低碳钢结构、薄板结构,也可用于盖面焊 (6)E5014　熔敷效率较高,焊缝表面光滑,焊波整齐,脱渣性好,角焊缝略凸,适于全位置焊接。主要焊接一般的低碳钢结构 (7)E4324,E5024　熔敷效率高,飞溅少,熔深浅,焊缝表面光滑,适于平焊和平角焊。主要焊接一般的低碳钢结构
	E5015-N1	0.12	0.60~1.60	0.90	0.03	0.03	0.30~1.00	—	0.35	0.05	—	≥490	≥390	≥20	-40	
	E5016-N1	0.12	0.60~1.60	0.90	0.03	0.03	0.30~1.00	—	0.35	0.05	—	≥490	≥390	≥20	-40	
	E5028-N1	0.12	0.60~1.60	0.90	0.03	0.03	0.30~1.00	—	0.35	0.05	—	≥490	≥390	≥20	-40	
	E5515-N1	0.12	0.60~1.60	0.90	0.03	0.03	0.30~1.00	—	0.35	0.05	—	≥550	≥460	≥17	-40	
	E5516-N1	0.12	0.60~1.60	0.90	0.03	0.03	0.30~1.00	—	0.35	0.05	—	≥550	≥460	≥17	-40	
	E5528-N1	0.12	0.60~1.60	0.90	0.03	0.03	0.30~1.00	—	0.35	0.05	—	≥550	≥460	≥17	-40	
	E5015-N2	0.08	0.40~1.40	0.50	0.03	0.03	0.80~1.10	0.15	0.35	0.05	—	≥490	≥390	≥20	-40	
	E5016-N2	0.08	0.40~1.40	0.50	0.03	0.03	0.80~1.10	0.15	0.35	0.05	—	≥490	≥390	≥20	-40	
	E5018-N2	0.08	0.40~1.40	0.50	0.03	0.03	0.80~1.10	0.15	0.35	0.05	—	≥490	≥390	≥20	-50	
	E5515-N2	0.12	0.40~1.25	0.80	0.03	0.03	0.80~1.10	0.15	0.35	0.05	—	≥550	470~550	≥20	-40	
	E5516-N2	0.12	0.40~1.25	0.80	0.03	0.03	0.80~1.10	0.15	0.35	0.05	—	≥550	470~550	≥20	-40	
	E5518-N2	0.12	0.40~1.25	0.80	0.03	0.03	0.80~1.10	0.15	0.35	0.05	—	≥550	470~550	≥20	-40	
	E5015-N3	0.10	1.25	0.60	0.03	0.03	1.10~2.00	—	0.35	—	—	≥490	≥390	≥20	-40	
	E5016-N3	0.10	1.25	0.60	0.03	0.03	1.10~2.00	—	0.35	—	—	≥490	≥390	≥20	-40	

续表

类别	焊条型号	熔敷金属的化学成分（质量分数）/%										熔敷金属的力学性能				用途
		C	Mn	Si	P	S	Ni	Cr	Mo	V	其他	抗拉强度 R_m/MPa	屈服强度 $R_{eL}^{①}$/MPa	断后伸长率 A/%	冲击试验温度/℃	
非合金钢及细晶粒钢焊条（摘自GB/T 5117—2012）	E5515-N3	0.10	1.25	0.60	0.03	0.03	1.10~2.00	—	0.35	—	—	≥550	≥460	≥17	-50	（8）E4320　电弧吹力大，熔深较深，电弧稳定，再引弧容易，熔化速度快，渣覆盖好，脱渣性好，焊缝致密，略带凹度，飞溅稍大。这类焊条不宜焊薄板，适于平焊及平角焊。主要焊接重要的低碳钢结构 （9）E4327，E5027　熔敷效率很高，电弧吹力大，焊缝表面光滑，飞溅少，脱渣好，焊缝稍凸，适于平焊、平角焊，可采用大电流焊接。主要焊接较重要的低碳钢结构 （10）E4315，E5015　熔渣流动性好，焊接工艺性一般，焊波较粗，角焊缝略凸，熔深适中，脱渣性较好，焊接时要求焊条干燥，并采用短弧焊。适于全位置焊接，这类焊条的熔敷金属具有良好的抗裂性和力学性能，主要焊接重要的低碳钢结构，也可焊接与焊条强度相当的低合金钢结构
	E5516-N3	0.10	1.25	0.60	0.03	0.03	1.10~2.00	—	0.35	—	—	≥550	≥460	≥17	-50	
	E5516-3N3	0.10	1.60	0.60	0.03	0.03	1.10~2.00	—	—	—	—	≥550	≥460	≥17	-50	
	E5518-N3	0.10	1.25	0.80	0.03	0.03	1.10~2.00	—	—	—	—	≥550	≥460	≥17	-50	
	E5015-N5	0.05	1.25	0.50	0.03	0.03	2.00~2.75	—	—	—	—	≥490	≥390	≥20	-75	
	E5016-N5	0.05	1.25	0.50	0.03	0.03	2.00~2.75	—	—	—	—	≥490	≥390	≥20	-75	
	E5018-N5	0.05	1.25	0.50	0.03	0.03	2.00~2.75	—	—	—	—	≥490	≥390	≥20	-75	
	E5028-N5	0.10	1.00	0.80	0.025	0.020	2.00~2.75	—	—	—	—	≥490	≥390	≥20	-60	
	E5515-N5	0.12	1.25	0.60	0.03	0.03	2.00~2.75	—	—	—	—	≥550	≥460	≥17	-60	
	E5516-N5	0.12	1.25	0.60	0.03	0.03	2.00~2.75	—	—	—	—	≥550	≥460	≥17	-60	
	E5518-N5	0.12	1.25	0.80	0.03	0.03	2.00~2.75	—	—	—	—	≥550	≥460	≥17	-60	
	E5015-N7	0.05	1.25	0.50	0.03	0.03	3.00~3.75	—	—	—	—	≥490	≥390	≥20	-100	
	E5016-N7	0.05	1.25	0.50	0.03	0.03	3.00~3.75	—	—	—	—	≥490	≥390	≥20	-100	
	E5018-N7	0.05	1.25	0.50	0.03	0.03	3.00~3.75	—	—	—	—	≥490	≥390	≥20	-100	
	E5515-N7	0.12	1.25	0.80	0.03	0.03	3.00~3.75	—	—	—	—	≥550	≥460	≥17	-75	

续表

类别	焊条型号	熔敷金属的化学成分(质量分数)/%										熔敷金属的力学性能				用途
		C	Mn	Si	P	S	Ni	Cr	Mo	V	其他	抗拉强度 R_m/MPa	屈服强度 $R_{eL}^{①}$/MPa	断后伸长率 A/%	冲击试验温度/℃	
非合金钢及细晶粒钢焊条(摘自GB/T 5117—2012)	E5516-N7	0.12	1.25	0.80	0.03	0.03	3.00~3.75	—	—	—	—	≥550	≥460	≥17	-75	(11)E4316,E5016 电弧稳定,工艺性能、焊接位置与E4315和E5015型焊条相似,这类焊条的熔敷金属具有良好的抗裂性能和力学性能,主要焊接重要的低碳钢结构,也可焊接与焊条强度相当的低合金钢结构 (12)E5018 焊接时应采用短弧,适于全位置焊接,但角焊缝较凸,焊缝表面平滑,飞溅较少,熔深适中,熔敷效率较高,主要焊接重要的低碳钢结构,也可焊接与焊条强度相当的低合金钢结构
	E5518-N7	0.12	1.25	0.80	0.03	0.03	3.00~3.75	—	—	—	—	≥550	≥460	≥17	-75	
	E5515-N13	0.06	1.00	0.60	0.025	0.020	6.00~7.00	—	—	—	—	≥550	≥460	≥17	-100	
	E5516-N13	0.06	1.00	0.60	0.025	0.020	6.00~7.00	—	—	—	—	≥550	≥460	≥17	-100	
	E5518-N2M3	0.10	0.80~1.25	0.60	0.02	0.02	0.80~1.10	0.10	0.40~0.65	0.02	Cu:0.10 Al:0.05	≥550	≥460	≥17	-40	
	E5003-NC	0.12	0.30~1.40	0.90	0.03	0.03	0.25~0.70	0.30	—	—	Cu:0.20~0.60	≥490	≥390	≥20	0	
	E5016-NC	0.12	0.30~1.40	0.90	0.03	0.03	0.25~0.70	0.30	—	—	Cu:0.20~0.60	≥490	≥390	≥20	0	
	E5028-NC	0.12	0.30~1.40	0.90	0.03	0.03	0.25~0.70	0.30	—	—	Cu:0.20~0.60	≥490	≥390	≥20	0	
	E5716-NC	0.12	0.30~1.40	0.90	0.03	0.03	0.25~0.70	0.30	—	—	Cu:0.20~0.60	≥570	≥490	≥16	0	
	E5728-NC	0.12	0.30~1.40	0.90	0.03	0.03	0.25~0.70	0.30	—	—	Cu:0.20~0.60	≥570	≥490	≥16	0	
	E5003-CC	0.12	0.30~1.40	0.90	0.03	0.03	—	0.30~0.70	—	—	Cu:0.20~0.60	≥490	≥390	≥20	0	
	E5016-CC	0.12	0.30~1.40	0.90	0.03	0.03	—	0.30~0.70	—	—	Cu:0.20~0.60	≥490	≥390	≥20	0	
	E5028-CC	0.12	0.30~1.40	0.90	0.03	0.03	—	0.30~0.70	—	—	Cu:0.20~0.60	≥490	≥390	≥20	0	
	E5716-CC	0.12	0.30~1.40	0.90	0.03	0.03	—	0.30~0.70	—	—	Cu:0.20~0.60	≥570	≥490	≥16	0	
	E5728-CC	0.12	0.30~1.40	0.90	0.03	0.03	—	0.30~0.70	—	—	Cu:0.20~0.60	≥570	≥490	≥16	0	

续表

类别	焊条型号	熔敷金属的化学成分(质量分数)/%										熔敷金属的力学性能				用途
		C	Mn	Si	P	S	Ni	Cr	Mo	V	其他	抗拉强度 R_m/MPa	屈服强度 $R_{eL}^{①}$/MPa	断后伸长率 A/%	冲击试验温度/℃	
非合金钢及细晶粒钢焊条(摘自GB/T 5117—2012)	E5003-NCC	0.12	0.30~1.40	0.90	0.03	0.03	0.05~0.45	0.45~0.75	—	—	Cu:0.30~0.70	≥490	≥390	≥20	0	(13)E5048　具有良好的向下立焊性能。其他方面与E5018型焊条一样 (14)E4328,E5028　熔敷效率很高,只适用于平焊、平角焊。主要焊接重要的低碳钢结构,也可焊接与焊条强度相当的低合金钢结构
	E5016-NCC	0.12	0.30~1.40	0.90	0.03	0.03	0.05~0.45	0.45~0.75	—	—	Cu:0.30~0.70	≥490	≥390	≥20	0	
	E5028-NCC	0.12	0.30~1.40	0.90	0.03	0.03	0.05~0.45	0.45~0.75	—	—	Cu:0.30~0.70	≥490	≥390	≥20	0	
	E5716-NCC	0.12	0.30~1.40	0.90	0.03	0.03	0.05~0.45	0.45~0.75	—	—	Cu:0.30~0.70	≥570	≥490	≥16	0	
	E5728-NCC	0.12	0.30~1.40	0.90	0.03	0.03	0.05~0.45	0.45~0.75	—	—	Cu:0.30~0.70	≥570	≥490	≥16	0	
	E5003-NCC1	0.12	0.50~1.30	0.35~0.80	0.03	0.03	0.40~0.80	0.45~0.70	—	—	Cu:0.30~0.75	≥490	≥390	≥20	0	
	E5016-NCC1	0.12	0.50~1.30	0.35~0.80	0.03	0.03	0.40~0.80	0.45~0.75	—	—	Cu:0.30~0.75	≥490	≥390	≥20	0	
	E5028-NCC1	0.12	0.50~1.30	0.80	0.03	0.03	0.40~0.80	0.45~0.70	—	—	Cu:0.30~0.75	≥490	≥390	≥20	0	
	E5516-NCC1	0.12	0.50~1.30	0.35~0.80	0.03	0.03	0.40~0.80	0.45~0.70	—	—	Cu:0.30~0.75	≥550	≥460	≥17	-20	
	E5518-NCC1	0.12	0.50~1.30	0.35~0.80	0.03	0.03	0.40~0.80	0.45~0.70	—	—	Cu:0.30~0.75	≥550	≥460	≥17	-20	
	E5716-NCC1	0.12	0.50~1.30	0.35~0.80	0.03	0.03	0.40~0.80	0.45~0.70	—	—	Cu:0.30~0.75	≥570	≥490	≥16	0	
	E5728-NCC1	0.12	0.50~1.30	0.80	0.03	0.03	0.40~0.80	0.45~0.70	—	—	Cu:0.30~0.75	≥570	≥490	≥16	0	
	E5016-NCC2	0.12	0.40~0.70	0.40~0.70	0.025	0.025	0.20~0.40	0.15~0.30	—	0.08	Cu:0.30~0.60	≥490	≥420	≥20	-20	
	E5018-NCC2	0.12	0.40~0.70	0.40~0.70	0.025	0.025	0.20~0.40	0.15~0.30	—	0.08	Cu:0.30~0.60	≥490	≥420	≥20	-20	
	E50XX-G[②]	—	—	—	—	—	—	—	—	—	—	≥490	≥400	≥20	—	
	E55XX-G[②]	—	—	—	—	—	—	—	—	—	—	≥550	≥460	≥17	—	
	E57XX-G[②]	—	—	—	—	—	—	—	—	—	—	≥570	≥490	≥16	—	

① 当屈服发生不明显时,应测定规定塑性延伸强度 $R_{p0.2}$。

② 焊条型号中“XX”代表焊条的药皮类型。

注:表中单值均为最大值。

续表

类型	焊条型号	熔敷金属化学成分(质量分数)							
		C	Mn	Si	P	S	Cr	Mo	V	其他[①]
热强钢焊条(摘自GB/T 5118—2012)	EXXXX-1M3	0.12	1.00	0.80	0.030	0.030	—	0.40~0.65	—	—
	EXXXX-CM	0.05~0.12	0.90	0.80	0.030	0.030	0.40~0.65	0.40~0.65	—	—
	EXXXX-C1M	0.07~0.15	0.40~0.70	0.30~0.60	0.030	0.030	0.40~0.60	1.00~1.25	0.05	—
	EXXXX-1CM	0.05~0.12	0.90	0.80	0.030	0.030	1.00~1.50	0.40~0.65	—	—
	EXXXX-1CML	0.05	0.90	1.00	0.030	0.030	1.00~1.50	0.40~0.65	—	—
	EXXXX-1CMV	0.05~0.12	0.90	0.60	0.030	0.030	0.80~1.50	0.40~0.65	0.10~0.35	—
	EXXXX-1CMVNb	0.05~0.12	0.90	0.60	0.030	0.030	0.80~1.50	0.70~1.00	0.15~0.40	Nb:0.10~0.25
	EXXXX-1CMWV	0.05~0.12	0.70~1.10	0.60	0.030	0.030	0.80~1.50	0.70~1.00	0.20~0.35	W:0.25~0.50
	EXXXX-2C1M	0.05~0.12	0.90	1.00	0.030	0.030	2.00~2.50	0.90~1.20	—	—
	EXXXX-2C1ML	0.05	0.90	1.00	0.030	0.030	2.00~2.50	0.90~1.20	—	—
	EXXXX-2CML	0.05	0.90	1.00	0.030	0.030	1.75~2.25	0.40~0.65	—	—
	EXXXX-2CMWVB	0.05~0.12	1.00	0.60	0.030	0.030	1.50~2.50	0.30~0.80	0.20~0.60	W:0.20~0.60 B:0.001~0.003
	EXXXX-2CMVNb	0.05~0.12	1.00	0.60	0.030	0.030	2.40~3.00	0.70~1.00	0.25~0.50	Nb:0.35~0.65
	EXXXX-2C1MV	0.05~0.15	0.40~1.50	0.60	0.030	0.030	2.00~2.60	0.90~1.20	0.20~0.40	Nb:0.010~0.050
	EXXXX-3C1MV	0.05~0.15	0.40~1.50	0.60	0.030	0.030	2.60~3.40	0.90~1.20	0.20~0.40	Nb:0.010~0.050
	EXXXX-5CM	0.05~0.10	1.00	0.90	0.030	0.030	4.0~6.0	0.45~0.65	—	Ni:0.40

焊条型号	C	Mn	Si	P	S	Cr	Mo	V	其他[①]
EXXXX-5CML	0.05	1.00	0.90	0.030	0.030	4.0~6.0	0.45~0.65	—	Ni:0.40
EXXXX-5CMV	0.12	0.5~0.9	0.50	0.030	0.030	4.5~6.0	0.40~0.70	0.10~0.35	Cu:0.5
EXXXX-7CM	0.05~0.10	1.00	0.90	0.030	0.030	6.0~8.0	0.45~0.65	—	Ni:0.40
EXXXX-7CML	0.05	1.00	0.90	0.030	0.030	6.0~8.0	0.45~0.65	—	Ni:0.40
EXXX-9C1M	0.05~0.10	1.00	0.90	0.030	0.030	8.0~10.5	0.85~1.20	—	Ni:0.40
EXXXX-9C1ML	0.05	1.00	0.90	0.030	0.030	8.0~10.5	0.85~1.20	—	Ni:0.40
EXXXX-9C1MV	0.08~0.13	1.25	0.30	0.01	0.01	8.0~10.5	0.85~1.20	0.15~0.30	Ni:1.0 Mn+Ni≤1.50 Cu:0.25 Al:0.04 Nb:0.02~0.10 N:0.02~0.07
EXXXX-9C1MV1[②]	0.03~0.12	1.00~1.80	0.60	0.025	0.025	8.0~10.5	0.80~1.20	0.15~0.30	Ni:1.0 Cu:0.25 Al:0.04 Nb:0.02~0.10 N:0.02~0.07
EXXXX-G	其他成分								

① 如果有意添加表中未列出的元素,则应进行报告,这些添加元素和在常规化学分析中发现的其他元素的总量不应超过0.50%。

② Ni+Mn的化合物能降低AC1点温度,所要求的焊后热处理温度可能接近或超过了焊缝金属的AC1点

注:表中单值均为最大值。

续表

类型	焊条型号①	熔敷金属力学性能 抗拉强度 R_m/MPa	屈服强度② R_{eL}/MPa	断后伸长率 A/%	预热和道间温度/℃	焊后热处理③ 热处理温度/℃	焊后热处理③ 保温时间④/min
热强钢焊条（摘自GB/T 5118—2012）	E50XX-1M3	≥490	≥390	≥22	90~110	605~645	60
	E50YY-1M3	≥490	≥390	≥20	90~110	605~645	60
	E55XX-CM	≥550	≥460	≥17	160~190	675~705	60
	E5540-CM	≥550	≥460	≥14	160~190	675~705	60
	E5503-CM	≥550	≥460	≥14	160~190	675~705	60
	E55XX-C1M	≥550	≥460	≥17	160~190	675~705	60
	E55XX-1CM	≥550	≥460	≥17	160~190	675~705	60
	E5513-1CM	≥550	≥460	≥14	160~190	675~705	60
	E52XX-1CML	≥520	≥390	≥17	160~190	675~705	60
	E5540-1CMV	≥550	≥460	≥14	250~300	715~745	120
	E5515-1CMV	≥550	≥460	≥15	250~300	715~745	120
	E5515-1CMVNb	≥550	≥460	≥15	250~300	715~745	300
	E5515-1CMWV	≥550	≥460	≥15	250~300	715~745	300
	E62XX-2C1M	≥620	≥530	≥15	160~190	675~705	60
	E6240-2C1M	≥620	≥530	≥12	160~190	675~705	60
	E6213-2C1M	≥620	≥530	≥12	160~190	675~705	60
	E55XX-2C1ML	≥550	≥460	≥15	160~190	675~705	60
	E55XX-2CML	≥550	≥460	≥15	160~190	675~705	60
	E5540-2CMWVB	≥550	≥460	≥14	250~300	745~775	120
	E5515-2CMWVB	≥550	≥460	≥15	320~360	745~775	120
	E5515-2CMVNb	≥550	≥460	≥15	250~300	715~745	240
	E62XX-2C1MV	≥620	≥530	≥15	160~190	725~755	60
	E62XX-3C1MV	≥620	≥530	≥15	160~190	725~755	60
	E55XX-5CM	≥550	≥460	≥17	175~230	725~755	60
	E55XX-5CML	≥550	≥460	≥17	175~230	725~755	60
	E55XX-5CMV	≥550	≥460	≥14	175~230	740~760	240
	E55XX-7CM	≥550	≥460	≥17	175~230	725~755	60
	E55XX-7CML	≥550	≥460	≥17	175~230	725~755	60
	E62XX-9C1M	≥620	≥530	≥15	205~260	725~755	60
	E62XX-9C1ML	≥620	≥530	≥15	205~260	725~755	60
	E62XX-9C1MV	≥620	≥530	≥15	200~315	745~775	120
	E62XX-9C1MV1	≥620	≥530	≥15	205~260	725~755	60
	EXXXX-G	供需双方协商确认					

①焊条型号中XX代表药皮类型15、16或18，YY代表药皮类型10、11、19、20或27。

②当屈服发生不明显时，应测定规定塑性延伸强度 $R_{p0.2}$

③试件放入炉内时，以85~275℃/h的速率加热到规定温度，达到保温时间后，以不大于200℃/h的速率随炉冷却至300℃以下。试件冷却至300℃以下的任意温度时，允许从炉中取出，在静态大气中冷却至室温。

④保温时间公差为0~10min。

续表

类型	国标型号	熔敷金属化学成分/%										熔敷金属力学性能 ≥			用途
		C	Cr	Ni	Mo	Mn	Si	P	S	Cu	其他	抗拉强度 R_m /MPa (kgf/mm²)	断后伸长率 A /%	热处理	
不锈钢焊条(摘自GB/T 983—2012)	E209-××	0.60	20.5~24.0	9.5~12.0	1.5~3.0	4.0~7.0	1.00	0.040	0.030	0.75	N:0.10~0.30 V:0.10~0.30	690	15		E209、E219、E240 通常用于焊接相同类型的不锈钢,也可以用于异种钢的焊接,如低碳钢和不锈钢,或在低碳钢上堆焊以防腐蚀,E240 还可耐磨损
	E219-××		19.0~21.5	5.5~7.0	0.75	8.0~10.0	1.00				N:0.10~0.30	620			
	E240-××		17.0~19.0	4.0~6.0		10.5~13.5						690	25		
	E307-××	0.04~0.14	18.0~21.5	9.0~10.7	0.5~1.5	3.30~4.75	1.00				—	590	25		E307 通常用于异种钢的焊接,如奥氏体锰钢与碳钢锻件或铸件的焊接。焊缝强度中等,具有良好的抗裂性
	E308-××	0.08	18.0~21.0	9.0~11.0	0.75	0.5~2.5						510	30		E308 通常用于焊接相同类型的不锈钢。E308H 由于含碳量高,在高温下具有较高的抗拉强度和蠕变强度。E308L 由于含碳量低,在不含铌、钛等稳定剂时,也能抵抗因碳化物析出而产生的晶间腐蚀。但与铌稳定化的焊缝相比,其高温强度较低。E308Mo、E308MoL 通常用于焊接相同类型的不锈钢。当希望熔敷金属中的铁素体含量超过 E316 型焊条时,也可以用于 Cr18Ni12Mo 型不锈钢锻件的焊接
	E308H-××	0.04~0.08										550			
	E308L-××	0.04		9.0~12.0								510			
	E308Mo-××	0.08		9.0~12.0	2.0~3.0							550			
	E308LMo-××	0.04										520			
	E309-××	0.15	22.0~25.0	12.0~14.0	0.75							550	25		E309 通常用于焊接相同类型的不锈钢,也可用于焊接在强腐蚀介质中使用的要求焊缝合金元素含量较高的不锈钢或用于异种钢的焊接(如 Cr18Ni9 型不锈钢与碳钢)
	E309H-××	0.04~0.15										550			
	E309L-××	0.04										510			E309L 由于含碳量低,因此在不含铌、钛等稳定剂时,也能抵抗因碳化物析出而产生的晶间腐蚀。但与铌稳定化的焊缝相比,其高温强度较低。E309Nb 的铌使焊缝金属的抗晶间腐蚀能力和高温强度提高。通常用于 0Cr18Ni11Nb 型复合钢板的焊接或在碳钢上堆焊。E309Mo 通常用于 0Cr17Ni12Mo2 型复合钢板的焊接或在碳钢上堆焊。E309LMo 熔敷金属含碳量低,因此焊缝抗晶间腐蚀能力较强
	E309LNb-××	0.04									Nb+Ta:0.70~1.00	510			
	E309Nb-××	0.12										550			
	E309Mo-××				2.0~3.0						—				
	E309LMo-××	0.04										510			

续表

类型	国标型号	熔敷金属化学成分/%										熔敷金属力学性能 ≥			用途
		C	Cr	Ni	Mo	Mn	Si	P	S	Cu	其他	抗拉强度 R_m /MPa (kgf/mm²)	断后伸长率 A /%	热处理	
不锈钢焊条(摘自GB/T 983—2012)	E310-××	0.08~0.20	25.0~28.0	20.0~22.5	0.75	1.0~2.5	0.75	0.030	0.030	0.75	—	550	25		E310通常用于焊接相同类型的不锈钢，如06Cr25Ni20型不锈钢。E310H通常用于相同类型的耐热、耐腐蚀不锈钢铸件的焊接和补焊。不宜在高硫气氛中或者有剧烈热冲击条件下使用。E310Nb用于焊接耐热的铸件、06Cr18Ni11Nb型复合钢板或在碳钢上堆焊。E310Mo用于耐热铸件、06Cr17Ni12Mo2型复合钢板的焊接，或在碳钢上堆焊 E312通常用于高镍合金与其他金属的焊接。焊缝金属为双相组织，因此具有较高的抗裂能力。不宜在420℃以下温度使用，以避免二次脆化相的形成 E316用于焊接06Cr17Ni12Mo2型不锈钢及相类似的合金，也可用于焊接在较高温度下使用的不锈钢。E316H由于含碳量较高，在高温下具有较高的抗拉强度和蠕变强度。E316L通常用于焊接低碳含钼奥氏体钢 E317通常用于焊接相同类型的不锈钢，可在强腐蚀条件下使用。E317L由于含碳量低，因此在不含铌、钛等稳定剂时，也能抵抗因碳化物析出而产生的晶间腐蚀，焊缝强度不如E317型焊条。E317MoCu含铜量较高，因此具有较高的耐腐蚀性能。通常用于焊接相同类型的含铜不锈钢 E317LMoCu用于焊接在稀、中浓度硫酸介质中工作的同类型超低碳不锈钢 E318加铌提高了焊缝金属抗晶间腐蚀能力。通常用于焊接相同类型不锈钢。E318V加钒提高了焊缝金属热强性和抗腐蚀能力。通常用于焊接相同类型含钒不锈钢 E320加铌后，提高了抗晶间腐蚀能力，用于焊接在硫酸、亚硫酸及其盐类等强腐蚀介质中工作的相同类型不锈钢。也可用于焊接不进行后热处理的相同类型的不锈钢。不含铌时，可用于含铌不锈钢铸件的补焊，但焊后必须进行固溶处理。E320LR用于为获得含有铁素体的奥氏体不锈钢的焊接。焊缝强度比E320型焊条低
	E310H-××	0.35~0.45										620	8		
	E310Nb-××	0.12		20.0~22.0							Nb+Ta:0.70~1.00	550	23		
	E310Mo-××				2.0~3.0						—		28		
	E312-××	0.15	28.0~32.0	8.0~10.5	0.75	0.5~2.5	1.00	0.040				660	15		
	E316-××	0.08	17.0~20.0	11.0~14.0	2.0~3.0							520	25		
	E316H-××	0.04~0.08													
	E316L-××	0.04										490			
	E316LCu-××	0.04	17~20	11~16	1.20~2.75	0.5~2.5	1.0	0.04	0.03	1.0~2.5		510	25		
	E316LMn-××	0.04	18~21	15~18	2.5~3.5	5~8	0.9	0.04	0.03	0.75	N:0.10~0.25	550	15		
	E317-××	0.08	18.0~21.0	12.0~14.0	3.0~4.0	0.5~2.5	1.00	0.040	0.03	0.75	—	550	20		
	E317L-××	0.04										510			
	E317MoCu-××	0.08			2.0~2.5		0.90	0.035		2		540	25		
	E317LMoCu-××	0.04													
	E318-××	0.08	17.0~20.0	11.0~14.0	2.0~3.0		1.0	0.040		0.75	Nb+Ta:6×C~1.00	550	20		
	E318V-××				2.0~2.5			0.035		0.75	V:0.30~0.70	540	25		
	E320-××	0.07	19.0~21.0	32.0~36.0	2.0~3.0		0.60	0.040		3.0~4.0	Nb+Ta:8×C~1.00	550	28		
	E320LR-××	0.03				1.5~2.5	0.30	0.020	0.015		Nb+Ta:8×C~0.40	520	28		

续表

类型	国标型号	熔敷金属化学成分/%										熔敷金属力学性能 ≥			用途
		C	Cr	Ni	Mo	Mn	Si	P	S	Cu	其他	抗拉强度 R_m /MPa (kgf/mm^2)	断后伸长率 A /%	热处理	
不锈钢焊条(摘自GB/T 983—2012)	E330-××	0.18~0.25	14.0~17.0	33.0~37.0	0.75	1.0~2.5	1.0	0.040	0.030	0.75	—	520	23		E330用于焊接在980℃以上工作的、要求具有耐热性能的设备以及铸造合金与锻造合金，相同类型的不锈钢铸件的补焊。E330H用于相同类型的耐热及耐腐蚀高合金铸件的焊接和补焊。E330MoMnWNb用于在850~950℃高温下工作的耐热及耐腐蚀高合金钢，如Cr20Ni30和Cr18Ni37型不锈钢等的焊接和补焊 E347用于焊接以铌或钛作稳定剂成分相近的铬镍合金 E349常用于焊接相同类型的不锈钢 E383用于焊接与其成分相近的母材和其他类型不锈钢 E385用于焊接在硫酸和一些含有氯化物介质中使用的不锈钢，也可用于焊接00Cr19Ni13Mo3型不锈钢 E410焊接接头属于空气淬硬型材料，焊接时必须进行预热和后热处理，用于焊接相同类型的不锈钢或在碳钢上堆焊，以提高抗腐蚀和擦伤的能力。E410NiMo焊后热处理温度不应超过620℃，温度过高时，可能使焊缝组织中未回火的马氏体在冷却到室温后重新淬硬 E430焊接时，通常需要进行预热和后热处理，才能获得理想的力学性能和抗腐蚀能力
	E330H-××	0.35~0.45										620	8		
	E330MoMnWNb-××	0.20	15.0~17.0		2.0~3.0	3.5	0.70	0.035		0.75	Nb:1.0~2.0 W:2.0~3.0	590	25		
	E347-××	0.08		9.0~11.0	0.75	0.5~2.5	1.0	0.040			Nb+Ta: 8×C~1.00	510			
	E347L-××	0.04	18~21	9.0~11.0	0.75			0.04		0.75	Nb+Ta: 8×C~1.00	510	25		
	E349-××	0.13	18.0~21.0	8.0~10.0	0.35~0.65			0.040			Nb+Ta: 0.75~1.20 V:0.10%~0.30 Ti≤0.15 W:1.25%~1.75	690	23		
	E383-××	0.03	26.5~29.0	30.0~33.0	3.2~4.2			0.020	0.020		—	520	28		
	E385-××		19.5~21.5	24.0~26.0	4.2~5.2	1.0~2.5	0.90	0.030		0.6~1.5					
	E409Nb-××	0.12	11.0~14.0	0.60	0.75	1.0	1.0	0.04	0.03	0.75	Nb+Ta: 0.50~1.50	450	13	a	
	E410-××	0.12	11.0~14.0	0.7	0.75	1.0	0.90	0.040	0.030	0.75	—	450	15	b	
	E410NiMo-××	0.06	11.0~12.5	4.0~5.0	0.40~0.70							760	10	c	
	E430-××	0.10	15.0~18.0	0.6	0.75							450	13	a	
	E430Nb-××	0.10		0.60	0.75		1.0	0.04	0.03	0.75	Nb+Ta: 0.15~0.30	450	13		

续表

类型	国标型号	熔敷金属化学成分/%										熔敷金属力学性能 ≥		
		C	Cr	Ni	Mo	Mn	Si	P	S	Cu	其他	抗拉强度 R_m /MPa (kgf/mm²)	断后伸长率 A /%	热处理
不锈钢焊条(摘自GB/T 983—2012)	E630-××	0.05	16.00~16.75	4.5~5.0	0.75	0.25~0.75	0.75	0.040		3.25~4.00	Nb+Ta: 0.15~0.30	930	6	d
	E16-8-2-××	0.10	14.5~16.5	7.5~9.5	1.0~2.0	0.5~2.5	0.60	0.030		0.75	—	550	25	—
	E16-25MoN-××	0.12	14.0~18.0	22.0~27.0	5.0~7.0		0.90	0.035	0.030	0.75	N≥0.1	610	30	
	E2209-××	0.04	21.5~23.5	7.5~10.5	2.5~3.5	0.5~2.0	1.0	0.040		0.75	N:0.08~0.20	690	20	—
	E2553-××	0.06	24.0~27.0	6.5~8.5	2.9~3.9	0.5~1.5	1.0			1.5~2.5	N:0.10~0.25	760	13	
	E2593-××	0.04	24.0~27.0	8.5~10.5	2.9~3.9	0.5~1.5	1.0	0.04	0.030	1.5~3.0	N:0.08~0.25	760	13	
	E2594-××	0.04	24.0~27.0	8.0~10.5	3.5~4.5	0.5~2.0	1.0	0.04	0.030	0.75	N:0.2~0.3	760	13	
	E2595-××	0.04	24.0~27.0	8.0~10.5	2.5~3.5	2.5	1.2	0.03	0.025	0.4~1.5	N:0.2~0.3 W:0.4~1.0	760	13	
	E3155-××	0.10	20.0~22.5	19.0~21.0	2.5~3.5	1.0~2.5	1.0	0.04	0.030	0.75	Nb+Ta: 0.75~1.25 Co:18.5~21.0 W:2.0~3.0	690	15	
	E33-31-××	0.03	31.0~35.0	30.0~32	1.0~2.0	2.5~4.0	0.9	0.02	0.010	0.4~0.8	N:0.3~0.5	720	20	

用　　途

E630 用于焊接 Cr16Ni4 型沉淀硬化不锈钢

E16-8-2 通常用于焊接高温、高压不锈钢管路

E16-25MoN 用于焊接淬火状态下的低合金钢、中合金钢、刚性较大的结构件及相同类型的耐热钢等，如用于淬火状态下的 30CrMnSi 钢。也可用于异种金属的焊接，如不锈钢与碳钢的焊接

E2209 用于焊接含铬量约为 22% 的双相不锈钢

E2553 用于焊接含铬量约为 25% 的双相不锈钢

备注：1. 表中单值均为最小值。

2. a—加热到 760~790℃，保温 2h，以不高于 55℃/h 的速度炉冷至 595℃以下，然后空冷至室温；

b—加热到 730~760℃，保温 1h，以不高于 110℃/h 的速度炉冷至 315℃以下，然后空冷至室温；

c—加热到 595~620℃，保温 1h，然后空冷至室温；

d—加热到 1025~1050℃，保温 1h，空冷至室温，然后在 610~630℃保温 4h 沉淀硬化处理，空冷至室温。

续表

类型	焊条型号	熔敷金属化学成分/%															熔敷金属硬度HRC(HB)	用途
		C	Mn	Si	Cr	Ni	Mo	W	V	Nb	Co	Fe	B	S	P	其他元素总量		
堆焊焊条(摘自GB/T 984—2001)	EDPMn2-××	0.2	3.50	—	—	—	—	—	—	—	—	余量	—	—	—	—	(220)	EDPMn、EDPCrMo、EDPCrMnSi、EDPCrMoV、EDPCrSi型为普通低中合金钢堆焊焊条。一般用于常温及非腐蚀条件下工作的零部件的堆焊。含碳量低的硬度较低，韧性较好，适用于在激烈冲击载荷下工作的部件，如车轮、车钩、轴、齿轮、铁轨等磨损部件的堆焊。含碳量高的硬度高，韧性较差，适用于带有磨料磨损的冲击载荷条件下工作的零件，如推土机刀板、挖泥斗牙、混凝土搅拌机叶牙、水力机械及矿山机械零件等的堆焊
	EDPMn4-××		4.50													2.00	30	
	EDPMn5-××		5.20													—	40	
	EDPMn6-××	0.45	6.50														50	
	EDPCrMo-A0-××	0.04~0.20	0.50~2.00	1.00	0.50~3.50		1.50							0.035	0.035	1.00	—	
	EDPCrMo-A1-××	0.25	—	—	2.00									—	—	2.00	(200)	
	EDPCrMo-A2-××	0.50			3.00											—	30	
	EDPCrMo-A3-××				2.50		2.50										40	
	EDPCrMo-A4-××	0.30~0.60			5.00		4.00										50	
	EDPCrMo-A5-××	0.50~0.80	0.50~1.50	1.00	4.00~8.00		1.00							0.035	0.035	1.00	—	
	EDPCrMnSi-A1-××	0.30~1.00	2.50		3.50		—										50	
	EDPCrMnSi-A2-××	1.00~2.00	0.50~2.00		3.00~5.00												—	
	EDPCrMoV-A0-××	0.10~0.30			1.80~3.80	1.00	1.00		0.35									
	EDPCrMoV-A1-××	0.30~0.60	—	—	8.00~10.00	—	3.00		0.50~1.00					—	—	4.00	50	
	EDPCrMoV-A2-××	0.45~0.65			4.00~5.00		2.00~3.00		4.00~5.00							—	55	
	EDPCrSi-A-××	0.35	0.80	1.80	6.50~8.50		—		—				0.20~0.40	0.03	0.03		45	
	EDPCrSi-B-××	1.00		1.50~3.00									0.50~0.90				60	

续表

类型	焊条型号	熔敷金属化学成分/%														熔敷金属硬度HRC（HB）	用途
		C	Mn	Si	Cr	Ni	Mo	W	V	Nb	Co	Fe	B	S	P	其他元素总量		
堆焊焊条(摘自GB/T 984—2001)	EDRCrMnMo-××| 0.60	2.50	1.00	2.00		1.00	—	—							—	40、45③	
	EDRCrW-××	0.25~0.55			2.00~3.50		—	7.00~10.00								1.00	48	
	EDRCrMoWV-A1-××	0.50	—	—	5.00		2.50		1.00		—			0.035	0.04	—	55	
	EDRCrMoWV-A2-××	0.30~0.50			5.00~6.50	—	2.00~3.00	2.00~3.50	1.00~3.00								50	
	EDRCrMoWV-A3-××	0.70~1.00			3.00~4.00		3.00~5.00	4.50~6.00	1.50~3.00							1.50		EDRCrMnMo、EDRCrW、EDRCrMoWV型为热强合金钢堆焊焊条。熔敷金属除Cr外还含有Mo、W、V或Ni等其他合金元素，在高温中能保持足够的硬度和抗疲劳性能，主要用于锻模、冲模、热剪切机刀刃、轧辊等堆焊 EDRCrMoWCo型适用于工作条件差的热模具，如镦粗、拉伸、冲孔等模具的堆焊，也可用于金属切削刀具的堆焊 EDCr型为高铬钢堆焊焊条。堆焊层具有空淬特性，有较高的中温硬度，耐蚀性较好。常用于金属间磨损及在水蒸气、弱酸、汽蚀等作用下的部件，如阀门密封面、轴、搅拌机桨、螺旋输送机叶片等的堆焊 EDMn型为高锰钢堆焊焊条。该类焊条堆焊后硬度不高，但经加工硬化后可达450~500HB。适用于严重冲击载荷和金属间磨损条件下工作的零部件，如破碎机颚板、铁轨道岔等的堆焊
	EDRCrMoWCo-A-××	0.08~0.12	0.30~0.70	0.80~1.60	2.00~4.20		3.80~6.20	5.00~8.00	0.50~1.10		12.70~16.30			—	—	—	52~58③	
	EDRCrMoWCo-B-××	0.08~0.12	0.30~0.70	0.80~1.60	1.80~3.20		7.80~11.20	8.80~12.20	0.40~0.80		15.70~19.30						62~65③	
	EDCr-A1-××	0.15					—	—						0.03	0.04		40	
	EDCr-A2-××	0.20	—	—	10.00~16.00	6.00	2.50	2.00		—		余量	—			2.50	37	
	EDCr-B-××	0.25															45	
	EDMn-A-××	1.10	11.00~16.00		—	—	—									5.00		
	EDMn-B-××		11.00~18.00				2.50				—						(170)	
	EDMn-C-××		12.00~16.00		2.50~5.00	2.50~5.00		—										
	EDMn-D-××	0.50~1.00		1.30	4.50~7.50	—	—		0.40~1.20					0.035	0.035	1.00		
	EDMn-E-××		15.00~20.00		3.00~6.00	1.00												
	EDMn-F-××	0.80~1.20	17.00~21.00															

类型	焊条型号	熔敷金属化学成分/%														熔敷金属硬度HRC(HB)	用途
		C	Mn	Si	Cr	Ni	Mo	W	V	Nb	Co	Fe	B	S	P	其他元素总量		
堆焊焊条(摘自GB/T 984—2001)	EDCrMn-A-××	0.25	6.00~8.00	1.00	12.00~14.00	—	—	—	—	—	—	余量	—	—	—	—	30	EDCrMn型为高铬锰钢堆焊焊条。熔敷金属具有较好的耐磨、耐热、耐腐蚀和汽蚀性能。EDCrMn-B型用于水轮机受汽蚀破坏的零件,如叶片、导水叶等的堆焊。EDCrMn-A、EDCrMn-C、EDCrMn-D型适用于阀门密封面的堆焊 EDCrNi型为高铬镍钢堆焊焊条。熔敷金属具有较好的抗氧化、汽蚀、腐蚀性能和热强性能。加入Si或W能提高耐磨性,可以堆焊600~650℃以下工作的锅炉阀门、热锻模、热轧辊等 EDD型为高速钢堆焊焊条。熔敷金属具有很高的硬度、耐磨性和韧性,适用于工作温度不超过600℃的零部件的堆焊;含碳量高的适用于切割及机械加工;含碳量低的热加工及韧性较好,通常可用于剪刀、绞刀等刀具、成形模、剪模、导轨、锭钳、拉刀及其他类似工具的堆焊
	EDCrMn-B-××	0.80	11.00~18.00	1.30	13.00~17.00	2.00	2.00									4.00	(210)	
	EDCrMn-C-××	1.10	12.00~18.00	2.00	12.00~18.00	6.00	4.00									3.00	28	
	EDCrMn-D-××	0.50~0.80	24.00~27.00	1.30	9.50~12.50	—	—									—	(210)	
	EDCrNi-A-××	0.18	0.60~2.00	4.80~6.40	15.00~18.00	7.00~9.00								0.03	0.04		(270~320)	
	EDCrNi-B-××		0.60~5.00	3.80~6.50	14.00~21.00	6.50~12.00	3.50~7.00			0.50~1.20						2.50	37	
	EDCrNi-C-××	0.20	2.00~3.00	5.00~7.00	18.00~20.00	7.00~10.00	—			—						—		
	EDD-A-××	0.70~1.00	0.60	0.80	3.00~5.00	—	4.00~6.00	5.00~7.00	1.00~2.50							1.00	55	
	EDD-B1-××	0.50~0.90					5.00~9.50	1.00~2.50	0.80~1.30									
	EDD-B2-××	0.60~1.00	0.40~1.00	1.00	3.00~5.00	—	7.00~9.50	0.50~1.50	0.50~1.50					0.035	0.035	1.00	—	
	EDD-C-××	0.30~0.50	0.60	0.80			5.00~9.00	1.00~2.50	0.80~1.20					0.03	0.04		55	
	EDD-D-××	0.70~1.00	—	—	3.80~4.50		—	17.00~19.50	1.00~1.50					0.035		1.50		
	EDZ-A0-××	1.50~3.00	0.50~2.00	1.50	4.00~8.00		1.00	—	—						0.035	1.00	—	
	EDZ-A1-××	2.50~4.50	—	—	3.00~5.00		3.00~5.00									—	55	

续表

类型	焊条型号	熔敷金属化学成分/%															熔敷金属硬度HRC（HB）	用途
		C	Mn	Si	Cr	Ni	Mo	W	V	Nb	Co	Fe	B	S	P	其他元素总量		
堆焊焊条(摘自GB/T 984—2001)	EDZ-A2-××	3.00~4.50	1.50	2.50	26.00~34.00		2.00~3.00	—								3.00	60	EDZ型为合金铸铁堆焊焊条。熔敷金属含有少量Cr、Ni、Mo或W等合金元素，除提高耐磨性能外，也改善耐热、耐蚀及抗氧化性能和韧性。常用于混凝土搅拌机、高速混砂机、螺旋送料机等主要受磨料磨损部件的堆焊 EDZCr型为高铬铸铁堆焊焊条。熔敷金属具有优良的抗氧化和耐汽蚀性能，硬度高，耐磨料磨损性能好。常用于工作温度不超过500℃的高炉料钟、矿石破碎机、煤孔挖掘器等耐磨耐蚀件的堆焊
	EDZ-A3-××	4.80~6.00			35.00~40.00		4.20~5.80									—		
	EDZ-B1-××	1.50~2.20	—	—	—			8.00~10.00	—	Ti：4.00~7.00				—	—	1.00	50	
	EDZ-B2-××	3.00			4.00~6.00		—	8.50~14.00								3.00	60	
	EDZ-E1-××	5.00~6.50	2.00~3.00	0.80~1.50	12.00~16.00	—												
	EDZ-E2-××	4.00~6.00	0.50~1.50	1.50	11.00~20.00			—	1.50				—	0.035	0.035	1.00	—	
	EDZ-E3-××	5.00~7.00	0.50~2.00	0.50~2.00	18.00~28.00		5.00~7.00	3.00~5.00	—	—								
	EDZ-E4-××	4.00~6.00	0.50~1.50	1.00	20.00~30.00			2.00	0.50~1.50	4.00~7.00	—	余量						
	EDZCr-A-××	1.50~3.50	1.50~3.00	1.50	28.00~32.00	5.00~8.00										—	40	
	EDZCr-B-××		1.00	—	22.00~32.00	—	—							—	—	7.00	45	
	EDZCr-C-××	2.50~5.00	8.00	1.00~4.80	25.00~32.00	3.00~5.00				—						2.00	48	
	EDZCr-D-××	3.00~4.00	1.50~3.50	3.00	22.00~32.00			—	—				0.50~2.50			6.00	58	
	EDZCr-A1A-××	3.50~4.50	4.00~6.00	0.50~2.00	20.00~25.00	—	0.50						—	0.035	0.035	1.00	—	
	EDZCr-A2-××	2.50~3.50	0.50~1.50	0.50~1.50	7.50~9.00		—			Ti：1.20~1.80								

<table>
<tr><th rowspan="2">类型</th><th rowspan="2">焊条型号</th><th colspan="14">熔敷金属化学成分/%</th><th rowspan="2">熔敷金属硬度HRC（HB）</th><th rowspan="2">用途</th></tr>
<tr><th>C</th><th>Mn</th><th>Si</th><th>Cr</th><th>Ni</th><th>Mo</th><th>W</th><th>V</th><th>Nb</th><th>Co</th><th>Fe</th><th>B</th><th>S</th><th>P</th><th>其他元素总量</th></tr>
<tr><td rowspan="16">堆焊焊条(摘自GB/T 984—2001)</td><td>EDZCr-A3-××</td><td>2. 50~4. 50</td><td>0.50~2.00</td><td>1.00~2.50</td><td>14.00~20.00</td><td rowspan="2">—</td><td>1.5</td><td rowspan="6">—</td><td rowspan="13">—</td><td rowspan="16">—</td><td rowspan="6">—</td><td rowspan="6">余量</td><td rowspan="6">—</td><td rowspan="6">0. 035</td><td rowspan="6">0. 035</td><td rowspan="6">1. 00</td><td rowspan="6">—</td><td rowspan="16">EDCoCr 型为钴基合金堆焊焊条。熔敷金属具有综合耐热性、耐腐蚀性及抗氧化性能，在 600℃以上的高温中能保持高的硬度。调整 C 和 W 的含量可改变其硬度和韧性，以适应不同用途的要求。含碳量愈低，韧性愈好，而且能够承受冷热条件下的冲击，适用于高温高压阀门、热锻模、热剪切机刀刃等的堆焊。含碳量高，硬度高，耐磨性能好，但抗冲击能力弱，且不易加工，常用于牙轮钻头轴承、锅炉旋转叶轮、粉碎机刀口、螺旋送料机等部件的堆焊
EDW 型为碳化钨堆焊焊条。熔敷金属的基体组织上弥散地分布着碳化钨颗粒，硬度很高，抗高、低应力磨料磨损的能力较强，可在 650℃以下工作，但耐冲击力低，裂缝倾向大。适用于受岩石强烈磨损的机械零件，如混凝土搅拌机叶片、推土机、挖泥机叶片、高速混砂箱等表面的堆焊
EDTV 型为特殊型堆焊焊条。用于铸铁压延模、成形模以及其他铸铁模具的堆焊
EDNi 型为镍基合金堆焊焊条。熔敷金属具有综合耐热性、耐腐蚀性，由于含有大量的碳化物，对应力开裂较敏感。主要适用于低应力磨损场合，如泥浆泵、活塞泵套筒、螺旋进料机、挤压机螺杆、搅拌机等部件的堆焊</td></tr>
<tr><td>EDZCr-A4-××</td><td>3. 50~4. 50</td><td>1.50~3.50</td><td>1.50</td><td>23.00~29.00</td><td>1.00~3.00</td></tr>
<tr><td>EDZCr-A5-××</td><td>1. 50~2. 50</td><td rowspan="4">0.50~1.50</td><td>2.0</td><td>24.00~32.00</td><td>4.00</td><td>4.00</td></tr>
<tr><td>EDZCr-A6-××</td><td>2. 50~3. 50</td><td>1.00~2.50</td><td>24.00~30.00</td><td rowspan="8">—</td><td>0.50~2.00</td></tr>
<tr><td>EDZCr-A7-××</td><td>3. 50~5. 00</td><td>0.50~2.50</td><td>23.00~30.00</td><td>2.00~4.50</td></tr>
<tr><td>EDZCr-A8-××</td><td>2. 50~4. 50</td><td>1.50</td><td>30.00~40.00</td><td>2.00</td></tr>
<tr><td>EDCoCr-A-××</td><td>0. 70~1. 40</td><td rowspan="4">2.00</td><td rowspan="5">2.00</td><td rowspan="2">25.00~32.00</td><td rowspan="4">—</td><td>3.00~6.00</td><td rowspan="5">余量</td><td rowspan="5">5.00</td><td rowspan="7">—</td><td rowspan="4">—</td><td rowspan="4">—</td><td rowspan="3">4. 00</td><td>40</td></tr>
<tr><td>EDCoCr-B-××</td><td>1. 00~1. 70</td><td>7.00~10.00</td><td>44</td></tr>
<tr><td>EDCoCr-C-××</td><td>1. 70~3. 00</td><td>25.00~33.00</td><td>11.00~19.00</td><td>53</td></tr>
<tr><td>EDCoCr-D-××</td><td>0. 20~0. 50</td><td>23.00~32.00</td><td>9.50</td><td>7. 00</td><td>28~35</td></tr>
<tr><td>EDCoCr-E-××</td><td>0. 15~0. 40</td><td>1.50</td><td>24.00~29.00</td><td>2.00~4.00</td><td>4.50~6.50</td><td>0.50</td><td>0. 03</td><td>0. 03</td><td>1. 00</td><td>—</td></tr>
<tr><td>EDW-A-××</td><td>1. 50~3. 00</td><td>2.00</td><td rowspan="2">4.00</td><td>—</td><td>—</td><td>—</td><td>40.00~50.00</td><td rowspan="3">—</td><td rowspan="3">余量</td><td rowspan="2">—</td><td rowspan="2">—</td><td>—</td><td>—</td></tr>
<tr><td>EDW-B-××</td><td>1. 50~4. 00</td><td>3.00</td><td>3.00</td><td>3.00</td><td>7.00</td><td>50.00~70.00</td><td>3. 00</td><td>60</td></tr>
<tr><td>EDTV-××</td><td>0. 25</td><td>2.00~3.00</td><td>1.00</td><td>—</td><td>—</td><td>2.00~3.00</td><td rowspan="2">—</td><td>5.00~8.00</td><td>0. 15</td><td>0. 03</td><td>0. 03</td><td>—</td><td>（180）</td></tr>
<tr><td>EDNiCr-C</td><td>0. 50~1. 00</td><td>—</td><td>3.50~5.50</td><td>12.00~18.00</td><td>余量</td><td>—</td><td rowspan="2">—</td><td>1.00</td><td>3.50~5.50</td><td>2. 50~4. 50</td><td rowspan="2">0. 03</td><td rowspan="2">0. 03</td><td rowspan="2">1. 00</td><td rowspan="2">—</td></tr>
<tr><td>EDNiCrFeCo</td><td>2. 20~3. 00</td><td>1.00</td><td>0.60~1.50</td><td>25.00~30.00</td><td>10.00~33.00</td><td>7.00~10.00</td><td>2.00~4.00</td><td>10.00~15.00</td><td>20.00~25.00</td><td>—</td></tr>
</table>

说明：1. 若存在其他元素，也应进行分析，以确定是否符合“其他元素总量”一栏的规定

2. 化学成分的单值均为最大值。硬度的单值均为最小平均值

续表

类型	国标型号	熔敷金属 化学成分/%(f表示微量元素) Cu	Si	Mn	Fe	Al	Sn	Ni	P	Pb	Zn	f成分合计	力学性能 R_m/MPa	A/%
铜及铜合金焊条(摘自GB/T 3670—1995)	ECu	>95.0	0.5	3.0	f	f	—	f	0.03	0.02	f	0.5	170	20
	ECuSi-A	>93.0	1.0~2.0	3.0	—	f	—	f	0.03	0.02	f	0.5	250	22
	ECuSi-B	>92.0	2.5~4.0	3.0	—	f	—	f	0.03	0.02	f	0.5	270	20
	ECuSn-A	余量	f	f	f	f	5.0~7.0	f	0.03	0.02	f	0.5	250	15
	ECuSn-B	余量	f	f	f	f	7.0~9.0	f	0.03	0.02	f	0.5	270	12
	ECuAl-A2	余量	1.5	f	0.5~5.0	6.5~9.0	f	f	—	0.02	f	0.5	410	20
	ECuAl-B	余量	1.5	f	2.5~5.0	7.5~10.0	f	f	—	0.02	f	0.5	450	10
	ECuAl-C	余量	1.0	2.0	1.5	6.5~10.0	f	0.5	—	0.02 f	f	0.5	390	15
	ECuNi-A	余量	0.5	2.5	2.5	Ti0.5	—	9.0~11.0	0.020	0.02 f	f	0.5	270	20
	ECuNi-B	余量	0.5	2.5	2.5	Ti0.5	—	29.0~33.0	0.020	0.02 f	f	0.5	350	20
	ECuAlNi	余量	1.0	2.0	2.0~6.0	7.0~10.0	f	2.0	—	0.02 f	f	0.5	490	13
	ECuMnAlNi	余量	1.0	11.0~13.0	2.0~6.0	5.0~7.5	f	1.0~2.5	—	0.02	f	0.5	520	15

用途：

ECu 可用于脱氧铜、无氧铜及韧性(电解)铜的焊接修补和堆焊以及碳钢和铸铁上堆焊

ECuSi 主要用于焊接铜-硅合金，偶尔用于铜、异种金属和某些铁基金属的焊接，常用在腐蚀区域的堆焊，很少用作堆焊承载面

ECuSn 用于焊接类似成分的磷青铜、黄铜，在某些场合下，用于黄铜与铸铁和碳钢的焊接。ECuSn-A 主要用于焊接类似成分的板材。ECuSn-B 焊条具有较高的锡含量，因而焊缝金属比 ECuSn-A 焊缝金属具有更高的硬度、拉伸和屈服强度

ECuAl-A2 焊条用在连接类似成分的铝青铜、高强度铜-锌合金、硅青铜、锰青铜、某些镍基合金、多数黑色金属与合金及异种金属的连接，也适合作耐磨和耐腐蚀表面的堆焊。ECuAl-B 用于修补铝青铜和其他铜合金铸件，也用于高强度耐磨和耐腐蚀面的堆焊

ECuNi 类焊条用于锻造的或铸造的 70/30、80/20 和 90/10 铜镍合金的焊接，也用于焊接铜-镍包覆钢的包覆侧。通常不需预热

ECuAlNi 焊条用于铸造和锻造的镍-铝青铜材料的连接或修补。也可用于在盐和微水中需高耐腐蚀、耐侵蚀或汽蚀的应用中

ECuMnAlNi 焊条用于铸造或锻造的锰-镍铝青铜材料的连接或修补

焊条型号示例：

E Cu Si-A

- A：同一类焊条中有不同化学成分时，用字母 A、B、C 表示
- Cu Si：元素符号表示型号分类
- E：焊条

类型	焊条型号	焊芯化学成分/% Si	Fe	Cu	Mn	Mg	Zn	Ti	Be	其他 单个	其他 合计	Al	焊接接头 抗拉强度 R_m/MPa
铝及铝合金焊条(摘自GB/T 3669—2001)	E1100	Si+Fe 0.95		0.05~0.20	0.05	—	0.10	—	0.0008	0.05	0.15	≥99.00	≥80
	E3003	0.6	0.7	0.05~0.20	1.0~1.5	—	0.10	—	0.0008	0.05	0.15	余量	≥95
	E4043	4.5~6.0	0.8	0.30	0.05	0.05	0.10	0.20	0.0008	0.05	0.15	余量	≥95

用途：

E1100 焊缝塑性高，导电性好，最低抗拉强度为 80MPa。用于焊接 1100 和其他工业用的纯铝合金

E3003 焊缝塑性高，最低抗拉强度为 95MPa。用于焊接 1100 和 3003 铝合金

E4043 焊条含有大约 5%的硅，在焊接温度下具有极好的流动性，焊缝塑性相当好，最低抗拉强度为 95MPa。可用于焊接 6×××系列铝合金、5×××系列(Mg 含量在 2.5%以下)铝合金和铝-硅铸造合金以及 1100、3003 铝合金

许多铝合金的应用，要求焊缝具有耐腐蚀性能。在这种情况下，选择焊条的成分应尽可能接近母材的成分。对于这种用途的焊条，除了母材为 1100 铝合金和 3003 铝合金以外，一般来说，都需要特殊定货。采用气体保护电弧焊方法更为有利，因为用气体保护电弧焊容易得到成分范围较宽的填充金属

说明：表中单值除规定外，其他均为最大值

续表

类型		焊条型号	化学成分代号	化学成分(质量分数)/%																
				C	Mn	Fe	Si	Cu	Ni[①]	Co	Al	Ti	Cr	Nb[②]	Mo	V	W	S	P	其他[③]
镍及镍合金焊条(摘自GB/T 13814—2008)	镍	ENi2061	NiTi3	0.10	0.7	0.7	1.2	0.2	≥92.0	—	1.0	1.0~4.0	—	—	—	—	—	0.015	0.020	
	镍	ENi2061A	NiNbTi	0.06	2.5	4.5	1.5	—	≥92.0	—	0.5	1.5	—	2.5	—	—	—	0.015	0.015	
	镍铜	ENi4060	NiCu30Mn3Ti	0.15	4.0	2.5	1.5	27.0~34.0	≥62.0	—	1.0	1.0	—	—	—	—	—	0.015	0.020	
	镍铜	ENi4061	NiCu27Mn3NbTi	0.15	4.0	2.5	1.3	24.0~31.0	≥62.0	—	1.0	1.5	—	3.0	—	—	—	0.015	0.020	
	镍铬	ENi6082	NiCr20Mn3Nb	0.10	2.0~6.0	4.0	0.8	0.5	≥63.0	—	—	0.5	18.0~22.0	1.5~3.0	2.0	—	—	0.015	0.020	
	镍铬	ENi6231	NiCr22W14Mo	0.05~0.10	0.3~1.0	3.0	0.3~0.7	0.5	≥45.0	5.0	0.5	0.1	20.0~24.0	—	1.0~3.0	—	13.0~15.0	0.015	0.020	
	镍铬铁	ENi6025	NiCr25Fe10AlY	0.10~0.25	0.5	8.0~11.0	0.8	—	≥55.0	—	1.5~2.2	0.3	24.0~26.0	—	—	—	—	0.015	0.020	Y:0.15
	镍铬铁	ENi6062	NiCr15Fe8Nb	0.08	3.5	11.0	0.8	0.5	≥62.0	—	—	—	13.0~17.0	0.5~4.0	—	—	—	0.015	0.020	
	镍铬铁	ENi6093	NiCr15Fe8NbMo	0.20	1.0~5.0	12.0	1.0	0.5	≥60.0	—	—	—	13.0~17.0	1.0~3.5	1.0~3.5	—	—	0.015	0.020	
	镍铬铁	ENi6094	NiCr14Fe4NbMo	0.15	1.0~4.5	12.0	0.8	0.5	≥55.0	—	—	—	12.0~17.0	0.5~3.0	2.5~5.5	—	1.5	0.015	0.020	
	镍铬铁	ENi6095	NiCr15Fe8NbMoW	0.20	1.0~3.5	12.0	0.8	0.5	≥55.0	—	—	—	13.0~17.0	1.0~3.5	1.0~3.5	—	1.5~3.5	0.015	0.020	
	镍铬铁	ENi6133	NiCr16Fe12NbMo	0.10	1.0~3.5	12.0	0.8	0.5	≥62.0	—	—	—	13.0~17.0	0.5~3.0	0.5~2.5	—	—	0.015	0.020	
	镍铬铁	ENi6152	NiCr30Fe9Nb	0.05	5.0	7.0~12.0	0.8	0.5	≥50.0	—	0.5	0.5	28.0~31.5	1.0~2.5	0.5	—	—	0.015	0.020	
	镍铬铁	ENi6182	NiCr15Fe6Mn	0.10	5.0~10.0	10.0	1.0	0.5	≥60.0	—	—	1.0	13.0~17.0	1.0~3.5	—	—	—	0.015	0.020	Ta:0.3
	镍铬铁	ENi6333	NiCr25Fe16CoNbW	0.10	1.2~2.0	≥16.0	0.8~1.2	0.5	44.0~47.0	2.5~3.5	—	—	24.0~26.0	—	2.5~3.5	—	2.5~3.5	0.015	0.020	—
	镍铬铁	ENi6701	NiCr36Fe7Nb	0.35~0.50	0.5~2.0	2.0	0.5~2.0	—	42.0~48.0	—	—	—	33.0~39.0	0.8~1.8	—	—	—	0.015	0.020	—
	镍铬铁	ENi6702	NiCr28Fe6W	0.35~0.50	0.5~1.5	6.0	0.5~2.0	—	47.0~50.0	—	—	—	27.0~30.0	—	—	—	4.0~5.5	0.015	0.020	—

续表

类型		焊条型号	化学成分代号	化学成分（质量分数）/%															
				C	Mn	Fe	Si	Cu	Ni①	Co	Al	Ti	Cr	Nb②	Mo	V	W	S	P	其他③
镍及镍合金焊条（摘自GB/T 13814—2008）	镍铬铁	ENi6704	NiCr25Fe10Al3YC	0.15~0.30	0.5	8.0~11.0	0.8	—	≥55.0	—	1.8~2.8	0.3	24.0~26.0	—	—	—	—	0.015	0.020	Y:0.15
		ENi8025	NiCr29Fe30Mo	0.06	1.0~3.0	30.0	0.7	1.5~3.0	35.0~40.0	—	0.1	1.0	27.0~31.0	1.0	2.5~4.5	—	—	0.015	0.020	
		ENi8165	NiCr25Fe30Mo	0.03	1.0~3.0	30.0	0.7	1.5~3.0	37.0~42.0	—	0.1	1.0	23.0~27.0	—	3.5~7.5	—	—	0.015	0.020	—
	镍钼	ENi1001	NiMo28Fe5	0.07	1.0	4.0~7.0	1.0	0.5	≥55.0	2.5	—	—	1.0	—	26.0~30.0	0.6	1.0	0.015	0.020	
		ENi1004	NiMo25Cr5Fe5	0.12	1.0	4.0~7.0	1.0	0.5	≥60.0	—	—	—	2.5~5.5	—	23.0~27.0	0.6	1.0	0.015	0.020	
		ENi1008	NiMo19WCr	0.10	1.5	10.0	0.8	0.5	≥60.0	—	—	—	0.5~3.5	—	17.0~20.0	—	2.0~4.0	0.015	0.020	
		ENi1009	NiMo20WCu	0.10	1.5	7.0	0.8	0.3~1.3	≥62.0	—	—	—	—	—	18.0~22.0	—	2.0~4.0	0.015	0.020	
		ENi1062	NiMo24Cr8Fe6	0.02	1.0	4.0~7.0	0.7	—	≥60.0	—	—	—	6.0~9.0	—	22.0~26.0	—	—	0.015	0.020	
		ENi1066	NiMo28	0.02	2.0	2.2	0.2	0.5	≥64.5	—	—	—	1.0	—	26.0~30.0	—	1.0	0.015	0.020	
		ENi1067	NiMo30Cr	0.02	2.0	1.0~3.0	0.2	0.5	≥62.0	3.0	—	—	1.0~3.0	—	27.0~32.0	—	3.0	0.015	0.020	
		ENi1069	NiMo28Fe4Cr	0.02	1.0	2.0~5.0	0.7	—	≥65.0	1.0	0.5	—	0.5~1.5	—	26.0~30.0	—	—	0.015	0.020	
	镍铬钼	ENi6002	NiCr22Fe18Mo	0.05~0.15	10	17.0~20.0	1.0	0.5	≥45.0	0.5~2.5	—	—	20.0~23.0	—	8.0~10.0	—	0.2~1.0			
		ENi6012	NiCr22Mo9	0.03	10	3.5	0.7	0.5	≥58.0	—	0.4	0.4	20.0~23.0	1.5	8.5~10.5	—	—			
		ENi6022	NiCr21Mo13W3	0.02	10	2.0~6.0	0.2	0.5	≥49.0	2.5	—	—	20.0~22.5	—	12.5~14.5	0.4	2.5~3.5			
		ENi6024	NiCr26Mo14	0.02	0.5	1.5	0.2	0.5	≥55.0	—	—	—	25.0~27.0	—	13.5~15.0	—	—			
		ENi6030	NiCr29Mo5Fe15W2	0.03	1.5	13.0~17.0	1.0	1.0~2.4	≥36.0	5.0	—	—	28.0~31.5	0.3~1.5	4.0~6.0	—	1.5~4.0			

续表

类型		焊条型号	化学成分代号	化学成分(质量分数)/%																
				C	Mn	Fe	Si	Cu	Ni[①]	Co	Al	Ti	Cr	Nb[②]	Mo	V	W	S	P	其他[③]
镍及镍合金焊条(摘自GB/T 13814—2008)	镍铬钼	ENi6059	NiCr23Mo16		1.0	1.5		—	≥56.0	—	—		22.0~24.0		15.0~16.5					
		ENi6200	NiCr23Mo16Cu2	0.02		3.0	0.2	1.3~1.9	≥45.0	2.0			20.0~24.0		15.0~17.0	—	—			
		ENi6205	NiCr25Mo16		0.5	5.0		2.0		—	0.4		22.0~27.0	—	13.5~16.5					
		ENi6275	NiCr15Mo16Fe5W3	0.10	1.0	4.0~7.0	1.0		≥50.0	2.5		—	14.5~16.5		15.0~18.0		3.0~4.5			
		ENi6276	NiCr15Mo15Fe6W4	0.02			0.2								15.0~17.0	0.4				
		ENi6452	NiCr19Mo15	0.025	2.0	1.5	0.4		≥56.0	—			18.0~20.0	0.4	14.0~16.0		—			
		ENi6455	NiCr16Mo15Ti	0.02	1.5	3.0	0.2			2.0	—	0.7	14.0~18.0	—	14.0~17.0		0.5		0.020	
		ENi6620	NiCr14Mp7Fe	0.10	2.0~4.0	10.0	1.0	0.5	≥55.0				12.0~17.0	0.5~2.0	5.0~9.0		1.0~2.0			
		ENi6625	NiCr22Mo9Nb	0.10	2.0	7.0	0.8			—		—	20.0~23.0	3.0~4.2	8.0~10.0		—			
		ENi6627	NiCr21MoFeNb	0.03	2.2	5.0	0.7		≥57.0				20.5~22.5	1.0~2.8	8.8~10.0	—	0.5	0.015		
		ENi6650	NiCr20Fe14Mo11WN		0.7	12.0~15.0	0.6		≥44.0	1.0	0.5		19.0~22.0	0.3	10.0~13.0		1.0~2.0	0.02		N:0.15
		ENi6686	NiCr21Mo16W4	0.02	1.0	5.0	0.3		≥49.0	—	—	0.3	19.0~23.0	—	15.0~17.0		3.0~4.4	0.015		
		ENi6985	NiCr22Mo7Fe19			18.0~21.0	1.0	1.5~2.5	≥45.0	5.0		—	21.0~23.5	1.0	6.0~8.0		1.5			
	镍钴铬钼	ENi6117	NiCr22Co12Mo	0.05~0.15	3.0	5.0	1.0	0.5	≥45.0	9.0~15.0	1.5	0.6	20.0~26.0	1.0	8.0~10.0	—	—	0.015	0.020	

① 除非另有规定,Co 含量应低于该含量的 1%,也可供需双方协商,要求较低的 Co 含量

② Ta 含量应低于该含量的 20%

③ 未规定数值的元素总量不应超过 0.5%

注:除 Ni 外所有单值元素均为最大值

续表

类型		焊条型号	化学成分代号	熔敷金属力学性能			应用
				屈服强度[①] R_{eL}/MPa	抗拉强度 R_m/MPa	伸长率 A/%	
				不小于			
镍及镍合金焊条（摘自GB/T 13814—2008）	镍	ENi2061	NiTi3	200	410	18	该种焊条用于焊接纯镍（UNS N02200或N02201）锻造及铸铁构件，用于复合镍钢的焊接和钢表面堆焊以及异种金属的焊接
		ENi2061A	NiNbTi				
	镍铜	ENi4060 ENi4061	NiCu30Mn3Ti NiCu27Mn3NbTi	200	480	27	该分类焊条用于焊接镍铜等合金（UNS N04400）的焊接，用于镍铜复合钢焊接和钢表面堆焊。ENi4060主要用于含铌耐腐蚀环境的焊接
	镍铬	ENi6082	NiCr20Mn3Nb	360	600	22	ENi6082（NiCr20Mn3Nb）焊条　该种焊条用于镍铬合金（UNS N06075，N07080）和镍铬铁合金（UNS N06600，N06601）的焊接，焊缝金属不同于含铬高的其他合金。这种焊条也用于复合钢和异种金属的焊接，也用于低温条件下的镍钢焊接。ENi6231（NiCr22W14Mo）焊条用于UNS N06230镍铬钨钼合金的焊接
		ENi6231	NiCr22W14Mo	350	620	18	
	镍铬铁	ENi6025	NiCr25Fe10AlY	400	690	12	ENi6025（NiCr25Fe10AlY）焊条用于同类镍基合金的焊接，如UNS N06025和UNS N06603合金。焊缝金属具有抗氧化、抗渗碳、抗硫化的特点，也可用于1200℃高温条件下的焊接 ENi6062（NiCr15Fe8Nb）焊条用于镍铬铁合金（UNS N06600，UNS N06601）的焊接，用于镍铬铁复合合金焊接以及钢的堆焊。具有良好的异种金属焊接性能。这种焊条也可以在工作温度980℃时应用，但温度高于820℃时，抗氧化性强度下降 ENi6093（NiCr15Fe8NbMo）、ENi6094（NiCr14Fe4NbMo）、ENi6095（NiCr15Fe8NbMoW）这些焊条用于Ni9%（UNS K81340）钢焊接，焊缝强度比ENi6133焊条高 ENi6133（NiCr16Fe12NbMo）焊条用于镍铁铬合金（UNS N08800）和镍铬铁合金（UNS N06600）的焊接，特别适用于异种金属的焊接。这种焊条也可以在工作温度980℃时应用，但温度高于820℃时，抗氧化性和强度下降 ENi6152（NiCr30Fe9Nb）焊条熔敷金属铬含量比本标准规定的其他镍铬铁焊条的高。用于高铬镍基合金如UNS N06690的焊接。也可以用于低合金抗腐蚀层和不锈钢以及异种金属的焊接 ENi6182（NiCr15Fe6Mn）焊条用于镍铬铁合金（UNS N06600）的焊接，用于镍铬铁复合合金焊接以及钢的堆焊，也可以用于钢与镍基合金的焊接。在最近的应用中，工作温度提高到480℃，另外根据上述的类别条件下，可以在高温时使用该焊条，其抗热裂性能优于本组的其他焊缝金属 ENi6333（NiCr25Fe16CoNbW）焊条用于同类镍基合金（特别是UNS N06333）的焊接。焊缝金属具有抗氧化、抗渗碳、抗硫化的特点，用于1000℃高温条件下的焊接 ENi6701（NiCr36Fe7Nb）、ENi6702（NiCr28Fe6W）焊条用于同类铸造镍基合金的焊接。焊缝金属具有抗氧化的特点，用于1200℃高温条件下的焊接 ENi6704（NiCr25Fe10Al3YC）焊条用于同类镍基合金如UNS N06025和UNS N06603的焊接。焊缝金属具有抗氧化、抗渗碳、抗硫化的特点，用于1200℃高温条件下的焊接 ENi8025（NiCr29Fe30Mo）、ENi8165（NiCr25Fe30Mo）焊条用于铜合金、奥氏体不锈钢铬镍钼合金（UNS N08904）和镍铬钼合金（UNS N08825）的焊接。也可以在钢上堆焊，提供镍铬铁合金层 ENi1001（NiMo28Fe5）焊条用于同类镍钼合金的焊接，特别是UNS N10001，用于镍钼复合合金的焊接，以及镍钼合金与钢和其他镍基合金的焊接 ENi1004（NiMo25Cr5Fe5）焊条用于异种镍基、钴基和铁基合金的焊接 ENi1008（NiMo19WCu）、ENi1009（NiMo20WCu）焊条用于Ni9%（UNS K81340）钢焊接，焊缝强度比ENi6133焊条的高 ENi1062（NiMo24Cr8Fe6）焊条用于镍钼合金的焊接，特别是UNS N10629，用于镍钼复合合金的焊接，以及镍钼合金与钢和其他镍基合金的焊接
		ENi6062	NiCr15Fe8Nb	360	550	27	
		ENi6093 ENi6094 ENi6095	NiCr15Fe8NbMo NiCr14Fe4NbMo NiCr15Fe8NbMoW	360	650	18	
		ENi6133 ENi6152 ENi6182	NiCr16Fe12NbMo NiCr30Fe9Nb NiCr15Fe6Mn	360	550	27	
		ENi6333	NiCr25Fe16CoNbW	360	550	18	
		ENi6701 ENi6702	NiCr36Fe7Nb NiCr28Fe6W	450	650	8	
		ENi6704	NiCr25Fe10Al3YC	400	690	12	
		ENi8025 ENi8165	NiCr29Fe30Mo NiCr25Fe30Mo	240	550	22	
	镍钼	ENi1001 ENi1004	NiMo28Fe5 NiMo25Cr5Fe5	400	690	22	
		ENi1008 ENi1009	NiMo19WCr NiMo20WCu	360	650	22	
		ENi1062	NiMo24Cr8Fe6	360	550	18	
		ENi1066	NiMo28	400	690	22	
		ENi1067	NiMo30Cr	350	390	22	
		ENi1069	NiMo28Fe4Cr	360	550	20	

类型		焊条型号	化学成分代号	熔敷金属力学性能			应用
				屈服强度[①] R_{eL}/MPa	抗拉强度 R_m/MPa	伸长率 A/%	
				不小于			
镍及镍合金焊条（摘自GB/T 13814—2008）	镍铬钼	ENi6002	NiCr22Fe18Mo	380	650	18	ENi1066(NiMo28)焊条用于镍钼合金的焊接，特别是UNS N10665，用于镍钼复合合金的焊接，以及镍钼合金与钢和其他镍基合金的焊接 ENi1067(NiMo30Cr)焊条用于镍钼合金的焊接，特别是UNS N10665和UNS N10675，以及镍钼合金与钢和其他镍基合金的焊接 ENi1069(NiMo28Fe4Cr)焊条用于镍基、钴基和铁基合金与异种金属结合的焊接 ENi6002(NiCr22Fe18Mo)焊条用于镍铬钼合金的焊接，特别是UNS N06002，用于镍铬钼复合合金的焊接，以及镍铬钼合金与钢和其他镍基合金的焊接 ENi6012(NiCr22Mo9)焊条用于6-Mo型高奥氏体不锈钢的焊接。焊缝金属具有优良的抗氯化物介质点蚀和晶间腐蚀能力。铌含量低时可改善可焊性 ENi6022(NiCr21Mo13W3)焊条用于低碳镍铬钼合金的焊接，尤其是UNS N06022合金。用于低碳镍铬钼复合合金的焊接，以及低碳镍铬钼合金与钢和其他镍基合金的焊接 ENi6024(NiCr26Mo14)焊条用于奥氏体铁素体双向不锈钢的焊接，焊缝金属具有较高的强度和耐蚀性能，所以特别适用于双向不锈钢的焊接，如UNS S32750 ENi6030(NiCr29Mo5Fe15W2)焊条用于低碳镍铬钼合金的焊接，特别是UNS N06059合金，用于低碳镍铬钼复合合金的焊接，以及低碳镍铬钼合金与钢和其他镍基合金的焊接 ENi6059(NiCr23Mo16)焊条用于低碳镍铬钼合金的焊接，尤其是适用于UNS N06059合金和铬镍钼奥氏体不锈钢的焊接，用于低碳镍铬钼复合合金的焊接，以及低碳镍铬钼合金与钢和其他镍基合金的焊接 ENi6200(NiCr23Mo16Cu2)、ENi6205(NiCr25Mo16)焊条用于UNS N06200类镍铬钼铜合金的焊接 ENi6275(NiCr15Mo16Fe5W3)焊条用于镍铬钼合金的焊接，特别是UNS N10002等类合金与钢的焊接以及镍铬钼合金复合钢的表面堆焊 ENi6276(NiCr15Mo15Fe6W4)焊条用于镍铬钼合金的焊接，特别是UNS N10276合金，用于低碳镍铬钼复合合金的焊接，以及低碳镍铬钼合金与钢和其他镍基合金的焊接 ENi6452(NiCr19Mo15)、ENi6455(NiCr16Mo15Ti)焊条用于低碳镍铬钼合金的焊接，特别是UNS N06455合金，用于低碳镍铬钼复合合金的焊接，以及低碳镍铬钼合金与钢和其他镍基合金的焊接 ENi6620(NiCr14Mo7Fe)焊条用于Ni9%(UNS K81340)钢的焊接，焊缝金属具有与钢相同的线胀系数。交流焊接时，短弧操作 ENi6625(NiCr22Mo9Nb)焊条用于镍铬钼合金的焊接，特别是UNS N06625类合金与其他钢种以及镍铬钼合金复合钢的焊接和堆焊，也用于低温条件下的Ni9%钢焊接。焊缝金属与UNS N06625合金比较，具有抗腐蚀性能，焊缝金属可以在540℃条件下使用 ENi6627(NiCr21MoFeNb)焊条用于铬镍钼奥氏体不锈钢、双相不锈钢。镍铬钼合金及其他钢材。焊缝金属通过降低不利于耐蚀的母材熔合比来平衡成分 ENi6650(NiCr20Fe14Mo11WN)焊条用于低碳镍铬钼合金和海洋及化学工业使用的铬镍钼奥氏体不锈钢的焊接，如UNS N08926合金。也用于异种金属和复合钢，如低碳镍铬钼合金与碳钢或镍基合金的焊接。也可焊接镍9%钢。 ENi6686(NiCr21Mo16W4)焊条用于低碳镍铬钼合金的焊接，特别是UNS N06686合金，也用于低碳镍铬钼复合钢的焊接，以及低碳镍铬钼合金与碳钢或镍基合金的焊接 ENi6985(NiCr22Mo7Fe19)焊条用于低碳镍铬钼合金的焊接，特别是UNS N06985合金，也用于低碳镍铬钼复合钢的焊接，以及低碳镍铬钼合金与碳钢或镍基合金的焊接 ENi6117(NiCr22Co12Mo)焊条用于镍铬钴钼合金的焊接，特别是UNS N06617合金与其他钢种的焊接和堆焊，也可以用于1150℃条件下要求具有高温强度和抗氧化性能的不同的高温合金，如UNS N08800，UNS N08811。也可以焊接铸造的高镍合金
		ENi6012	NiCr22Mo9	410	650	22	
		ENi6022 ENi6024	NiCr21Mo13W3 NiCr26Mo14	350	690	22	
		ENi6030	NiCr29Mo5Fe15W2	350	585	22	
		ENi6059	NiCr23Mo16	350	690	22	
		ENi6200 ENi6275 ENi6276	NiCr23Mo16Cu2 NiCr15Mo16Fe5W3 NiCr15Mo15Fe6W4	400	690	22	
		ENi6205 ENi6452	NiCr25Mo16 NiCr19Mo15	350	690	22	
		ENi6455	NiCr16Mo15Ti	300	690	22	
		ENi6620	NiCr14Mo7Fe	350	620	32	
		ENi6625	NiCr22Mo9Nb	420	760	27	
		ENi6627	NiCr21MoFeNb	400	650	32	
		ENi6650	NiCr20Fe14Mo11WN	420	660	30	
		ENi6686	NiCr21Mo16W4	350	690	27	
		ENi6985	NiCr22Mo7Fe19	350	620	22	
	镍铬钴钼	ENi6117	NiCr22Co12Mo	400	620	22	

① 屈服发生不明显时，应采用0.2%的屈服强度（$R_{p0.2}$）

焊条型号示例如下：

```
ENi  6022  (NiCr21Mo13W3)
 |    |          |
 |    |          └──表示化学成分代号
 |    └──表示焊条型号
 └──表示镍及镍合金焊条
```

续表

类型	国标型号	焊条和药芯焊丝熔敷金属化学成分/%												用途
		C	Si	Mn	S	P	Fe	Ni	Cu	Al	V	球化剂	其他元素总量	
铸铁焊条(摘自GB/T 10044—2006)	EZC	2.00~4.00	2.5~6.5	≤0.75	≤0.10	≤0.15	余量	—	—	—			—	EZC 型是钢芯或铸铁芯、强石墨化型药皮铸铁焊条,可交流、直流两用
	EZCQ	3.20~4.20	3.20~4.00	≤0.80				—	—	—		0.04~0.15		EZCQ 型是钢芯或铸铁芯、强石墨化型药皮的球墨铸铁焊条。焊缝可承受较高的残余应力而不产生裂纹。重要的铸件可以焊后进行热处理得到所需要的性能和组织
	EZNi-1		≤2.50	≤1.0			≤8.0	≥90	—	—				EZNi 型是纯镍芯、强石墨化型药皮的铸铁焊条,可交流、直流两用,可进行全位置焊接。广泛用于铸铁薄件及加工面的补焊
	EZNi-2							≥85		≤1.0	—			EZNiFe 型是镍铁芯、强石墨化型药皮的铸铁焊条。可交流、直流两用,进行全位置焊接。可用于重要灰口铸铁及球墨铸铁的补焊
	EZNi-3									1.0~3.0				
	EZNiFe-1	≤2.0	≤4.0	≤2.5	≤0.03		余量	45~60	≤2.5	≤1.0			≤1.00	EZNiCu 型是镍铜合金焊芯、强石墨化药皮的铸铁焊条,可交流、直流两用,可进行全位置焊接。由于收缩率较大,焊缝金属抗拉强度较低,不宜用于刚度大的铸件补焊。可在常温或低温预热至 300℃左右焊接。用于强度要求不高,塑性要求好的灰铸件的补焊
	EZNiFe-2					—				1.0~3.0		—		
	EZNiFeMn		≤1.0	10~14				35~45		≤1.0				EZNiFeCu 型是镍铁铜合金芯或镀铜镍铁芯、强石墨化药皮的铸铁焊条。可交流、直流两用,进行全位置焊接。强度高,塑性好,抗裂性优良,与母材熔合好。可用于重要灰口铸铁及球墨铸铁的补焊
	EZNiCu-1	0.35~0.55	≤0.75	≤2.3	≤0.025		3.0~6.0	60~70	25~35		—			
	EZNiCu-2							50~60	35~45	—				EZFe-1 型是纯铁芯药皮焊条。焊缝金属具有好的塑性和抗裂性能,但熔合区白口较严重。加工性能较差。适于补焊铸铁非加工面
	EZNiFeCu	≤2.0	≤2.0	≤1.5	≤0.03		余量	45~60	4~10					EZFe-2 型是低碳钢芯、低熔点药皮的低氢型碳钢焊条。焊缝与母材的结合较好,有一定强度,但熔合区白口较严重,加工困难,用于补焊铸铁非加工面
	EZV	≤0.25	≤0.70	≤1.50	≤0.04	≤0.04		—	—		8~13		—	EZV 型高钒焊条是低碳钢芯、低氢型药皮焊条。焊缝致密性好、强度较高,但熔合区白口较严重,加工困难。适用于补焊高强度灰口铸铁及球墨铸铁
	纯铁及碳钢焊条焊芯化学成分/%													
	EZFe-1	≤0.04	≤0.10	≤0.60	≤0.010	≤0.015	余量							
	EZFe-2	≤0.10	≤0.03	≤0.60	≤0.030	≤0.030	余量							

注：1. 不锈钢焊条、铜及铜合金焊条表中单值均为最大值。

2. 铜及铜合金焊条：ECuNi-A 和 ECuNi-B 类 S 含量应控制在 0.015%以下；字母 f 表示微量元素；Cu 元素中允许含 Ag。

3. 当对不锈钢焊条表中给出的元素进行化学分析还存在其他元素时，这些元素的总量不得超过 0.5%（铁除外）。

表 1-4-30 焊丝类型、性能和用途

类别	型号	型号分类依据	熔敷金属力学性能要求① 抗拉强度 R_m /MPa	屈服强度 $R_{p0.2}$/MPa	伸长率 A/%	V形缺口冲击功 试验温度/℃	冲击功 /J
碳钢药芯焊丝(摘自GB/T 10045—2001)	E50×T-1 E50×T-1M②		480	400	22	-20	27
	E50×T-2 E50×T-2M③			—	—	—	—
	E50×T-3③			—	—	—	—
	E50×T-4 E50×T-5 E50×T-5M②			400	22	-30	27
	E50×T-6②					-30	27
	E50×T-7					—	—
	E50×T-8②					-30	27
	E50×T-9 E50×T-9M②					-30	27
	E50×T-10③			—	—	—	—
	E50×T-11			400	20	—	—
	E50×T-12 E50×T-12M②		480~620	400	22	-30	27
	E43×T-13③		415	—	—	—	—
	E50×T-13③		480	—	—		
	E50×T-14③		480	—	—		
	E43×T-G		415	330	22		
	E50×T-G		480	400	22		
	E43×T-GS③		415	—	—		
	E50×T-GS③		480	—	—		

①表中所列单值均为最小值

②型号带有字母“L”的焊丝,其熔敷金属冲击性能应满足以下要求(无字母“L”时,如上面所示)

③这些型号主要用于单道焊接而不用于多道焊接。因为只规定了抗拉强度,所以只要求做横向拉伸和纵向辊筒弯曲(缠绕式导向弯曲)试验

型号	V形缺口冲击性能要求
E50×T-1L,E50×T-1ML E50×T-5L,E50×T-5ML E50×T-6L E50×T-8L E50×T-9L,E50×T-9ML E50×T-12L,E50×T-12ML	-40℃,≥27J

熔敷金属化学成分①、② 型号	E50×T-1 E50×T-1M E50×T-5 E50×T-5M E50×T-9 E50×T-9M	E50×T-4 E50×T-6 E50×T-7 E50×T-8 E50×T-11	E××T-G⑥	E50×T-12 E50×T-12M
C	0.18	—⑤	—⑤	0.15
Mn	1.75	1.75	1.75	1.60
Si	0.90	0.60	0.90	0.90
S	0.03	0.03	0.03	0.03
P	0.03	0.03	0.03	0.03
Cr③	0.20	0.20	0.20	0.20
Ni③	0.50	0.50	0.50	0.50
Mo③	0.30	0.30	0.30	0.30
V③	0.08	0.08	0.08	0.08
Al③④	—	1.8	1.8	—
Cu③	0.35	0.35	0.35	0.35

型号	E50×T-2 E50×T-2M	E50×T-3 E50×T-10 E43×T-13	E50×T-13 E50×T-14 E×××T-CS
C、Mn、Si、S、P、Cr③ Ni③、Mo③ V③、Al③④、Cu③	无规定		

①应分析表中列出值的特定元素

②单值均为最大值

③这些元素如果是有意添加的,应进行分析

④只适用于自保护焊丝

⑤该值不做规定,但应分析其数值并出示报告

⑥该类焊丝添加的所有元素总和不应超过5%

续表

碳钢药芯焊丝(摘自GB/T 10045—2001)

型号	型号分类依据 焊接位置[①]	外加保护气[②]	极性[③]	适用性
E500T-1	H,F	CO_2	DCEP（为直流电源，焊丝接正极）	M
E500T-1M	H,F	75%~80%Ar+CO_2		
E501T-1	H,F,VU OH	CO_2		
E501T-1M		75%~80%Ar+CO_2		
E500T-2	H,F	CO_2		S(单道焊)
E500T-2M	H,F	75%~80%Ar+CO_2		
E501T-2	H,F,VU OH	CO_2		
E501T-2M		75%~80%Ar+CO_2		
E500T-3	H,F	无		
E500T-4				
E500T-5		CO_2		M(单道和多道焊)
E500T-5M		75%~80%Ar+CO_2		
E501T-5	H,F,VU OH	CO_2	DCEP 或 DCEN[③]	
E501T-5M		75%~80%Ar+CO_2	DCEP 或 DCEN[③]	
E500T-6	H,F	无	DCEP	
E500T-7			DCEN（为直流电源，焊丝接负极）	
E501T-7	H,F,VU OH			
E500T-8	H,F			

型号	型号分类依据 → 焊接位置[①]	外加保护气[②]	极性[③]	适用性
E501T-8	H,F,VU,OH	无	DCEN	M
E500T-9	H,F	CO_2	DCEP	
E500T-9M		75%~80%Ar+CO_2		
E501T-9	H,F,VU OH	CO_2		
E501T-9M		75%~80%Ar+CO_2		
E500T-10	H,F	无	DCEN	S
E500T-11				M
E501T-11	H,F,VU,OH			
E500T-12	H,F	CO_2	DCEP	
E500T-12M		75%~80%Ar+CO_2		
E501T-12	H,F,VU OH	CO_2		
E501T-12M		75%~80%Ar+CO_2		
E431T-13	H,F,VD OH	无	DCEN	S
E501T-13				
E501T-14	H,F,VD,OH			
E××0T-G	H,F	—	—	M
E××1T-G	H,F,VD 或 VU,OH			
E××1T-GS		—		S
E××0T-GS	H,F			

①H—横焊，F—平焊，OH—仰焊，VD—立向下焊，VU—立向上焊

②对于使用外加保护气的焊丝(E×××T-1,E×××T-1M,E×××T-2,E×××T-2M,E×××T-5,E×××T-5M,E×××-9,E×××T-9M 和 E×××T-12,E×××T-12M)，其金属的性能随保护气类型不同而变化，用户在未向焊丝制造商咨询前不应使用其他保护气

③E501T-5 和 E501T-5M 型焊丝可在 DCEN 极性下使用以改善不适当位置的焊接性。推荐的极性请咨询制造商

续表

类别	焊丝型号	焊丝化学成分(质量分数)/% C	Mn	Si	P	S	Ni	Cr	Mo	V	Ti	Zr	Al	Cu①	其他元素总量	熔敷金属拉伸试验要求 保护气体④	抗拉强度 R_m⑤/MPa	屈服强度 $R_{p0.2}$⑤/MPa	伸长率 A/%	试样状态	用途
气体保护电弧焊用碳钢、低合金钢焊丝(摘自GB/T 8110—2008) 碳钢	ER50-2	0.07	0.90~1.40	0.40~0.70	0.025	0.025	0.15	0.15	0.15	0.03	0.05~0.15	0.02~0.12	0.05~0.15	0.50	—	CO_2	≥500	≥420	≥22	焊态	ER49-1 CO_2 气体保护焊焊丝,具有良好的抗气孔性能,飞溅较少,用于焊接低碳钢和某些低合金钢 ER50-3 CO_2 气体保护焊焊丝,具有优良的焊接工艺性能。用于焊接碳钢及低合金钢 ER50-4 采用 CO_2 或 Ar+(5%~20%)CO_2 作为保护气体,具有优良的焊接工艺性能,电弧稳定,飞溅小。适于薄板的高速焊接,可向下立焊。用于碳钢,适于薄板、管的高速焊接 ER50-6 保护气体和焊接工艺同MG50-4,焊丝熔化速度快,抗铁锈能力强,气孔敏感性小,可全位置施焊。用于碳钢及高强钢结构、薄板管的高速焊接 ER55-B2、ER-55-B2L 钨极氩弧焊丝
	ER50-3	0.06~0.15		0.45~0.75							—	—	—								
	ER50-4		1.00~1.50	0.65~0.85																	
	ER50-6		1.40~1.85	0.80~1.15																	
	ER50-7	0.07~0.15	1.50~2.00②	0.05~0.80																	
	ER49-1	0.11	1.80~2.10	0.65~0.95	0.030	0.030	0.30	0.20	—	—							≥490	≥372	≥20		
碳钼钢	ER49-A1	0.12	1.30	0.30~0.70	0.025	0.025	0.20	—	0.40~0.65	—	—	—	—	0.35	0.50	Ar+(1%~5%)O_2	≥515	≥400	≥19	焊后热处理	
铬钼钢	ER55-B2	0.07~0.12	0.40~0.70	0.40~0.70	0.025	0.025	0.20	1.20~1.50	0.40~0.65	—	—	—	—	0.35	0.50	Ar+(1%~5%)O_2	≥550	≥470	≥19	焊后热处理	
	ER49-B2L	0.05															≥515	≥400			
	ER55-B2-MnV	0.06~0.10	1.20~1.60	0.60~0.90	0.030		0.25	1.00~1.30	0.50~0.70	0.20~0.40						Ar+20%CO_2	≥550	≥440			
	ER55-B2-Mn		1.20~1.70					0.90~1.20	0.45~0.65	—									≥20		
	ER62-B3	0.07~0.12	0.40~0.70	0.40~0.70	0.025		0.20	2.30~2.70	0.90~1.20							Ar+(1%~5%)O_2	≥620	≥540	≥17		
	ER55-B3L	0.05															≥550	≥470			
	ER55-B6	0.10		0.50			0.60	4.50~6.00	0.45~0.65												
	ER55-B8	0.10					0.50		0.80~1.20												
	ER62-B9③	0.07~0.13	1.20	0.15~0.50	0.010	0.010	0.80	8.00~10.50	0.85~1.20	0.15~0.30			0.04	0.20		Ar+5%O_2	≥620	≥410	≥16		

续表

类别		焊丝型号	焊丝化学成分(质量分数)/%														熔敷金属拉伸试验要求					用途
			C	Mn	Si	P	S	Ni	Cr	Mo	V	Ti	Zr	Al	Cu[①]	其他元素总量	保护气体[④]	抗拉强度 R_m[⑤]/MPa	屈服强度 $R_{p0.2}$[⑤]/MPa	伸长率 A/%	试样状态	
气体保护电弧焊用碳钢、低合金钢焊丝(摘自GB/T 8110—2008)	镍钢	ER55-Ni1	0.12	1.25	0.40~0.80	0.025	0.025	0.80~1.10	0.15	0.35	0.05	—	—	—	0.35	0.50	Ar+(1%~5%)O_2	≥550	≥470	≥24	焊态	可全位置焊接,适于打底焊。用于工作温度在550℃以下的管道、高压容器、石油炼制设备等。主要焊接1.25% Cr-0.5% Mo珠光体耐热钢。也可用于30CrMnSi铸钢件的修补及打底焊 ER55-B2-MnV钨极氩弧焊丝,适于焊接1.25%Cr-0.5%Mo-V珠光体耐热钢。用于工作温度在580℃以下的锅炉受热面管子和540℃以下的蒸汽管道、石化设备等的打底焊接 ER62-B3、ER-62-B3L2.25%Cr-1% Mo珠光体耐热钢用钨极氩弧焊丝,全位置操作性能良好,适于打底焊接。用于工作温度在580℃以下的锅炉受热面管子和工作温度在550℃以下的高温高压蒸汽管道、合成化工机械、石油裂化设备等
		ER55-Ni2						2.00~2.75	—	—	—										焊后热处理	
		ER55-Ni3						3.00~3.75	—	—	—											
	锰钼钢	ER55-D2	0.07~0.12	1.60~2.10	0.50~0.80	0.025	0.025	0.15	—	0.40~0.60	—	—	—	—	0.50	0.50	CO_2	≥550	≥470	≥17	焊态	
		ER62-D2															Ar+(1%~5%)O_2	≥620	≥540	≥17		
		ER55-D2-Ti	0.12	1.20~1.90	0.40~0.80			—		0.20~0.50		0.20					CO_2	≥550	≥470	≥17		
	其他低合金钢	ER55-1															Ar+20%CO_2	≥550	≥450	≥22	焊态	
		ER69-1															Ar+2%O_2	≥690	≥610	≥16		
		ER76-1																≥760	≥660	≥15		
		ER83-1																≥830	≥730	≥14		
		ERXX-G	供需双方协商确定														供需双方协商					

① 如果焊丝镀铜,则焊丝Cu含量和镀铜层中Cu含量之和不应大于0.50%
② Mn的最大含量可以超过2.00%,但每增加0.05%的Mn,最大含C量应降低0.01%
③ Nb(Cb):0.02%~0.10%;N:0.03%~0.07%;(Mn+Ni)≤1.50%
④ 本标准分类时限定的保护气体类型,在实际应用中并不限制采用其他保护气体类型,但力学性能可能会产生变化
⑤ 对于ER50-2、ER50-3、ER50-4、ER50-6、ER50-7型焊丝,当伸长率超过最低值时,每增加1%,抗拉强度和屈服强度可减少10MPa,但抗拉强度最低值不得小于480MPa,屈服强度最低值不得小于400MPa

注:表中单值均为最大值

类别		焊丝型号	化学成分代号	焊丝化学成分(质量分数)/%													
				C	Mn	Fe	Si	Cu	Ni[①]	Co[①]	Al	Ti	Cr	Nb[②]	Mo	W	其他[③]
镍及镍合金焊丝（摘自GB/T 15620—2008）	镍	SNi2061	NiTi3	≤0.15	≤1.0	≤1.0	≤0.7	≤0.2	≥92.0	—	≤1.5	2.0~3.5	—	—	—	—	—
		SNi4060	NiCu30Mn3Ti	≤0.15	2.0~4.0	≤2.5	≤1.2	28.0~32.0	≥62.0	—	≤1.2	1.5~3.0	—	—	—	—	—
		SNi4061	NiCu30Mn3Nb	≤0.15	≤4.0	≤2.5	≤1.25	28.0~32.0	≥60.0	—	≤1.0	≤1.0	—	≤3.0	—	—	—
		SNi5504	NiCu25Al3Ti	≤0.25	≤1.5	≤2.0	≤1.0	≥20.0	63.0~70.0	—	2.0~4.0	0.3~1.0	—	—	—	—	—
	镍铬	SNi6072	NiCr44Ti	0.01~0.10	≤0.20	≤0.50	≤0.20	≤0.50	≥52.0	—	—	0.3~1.0	42.0~46.0	—	—	—	—
		SNi6076	NiCr20	0.08~0.25	≤1.0	≤2.00	≤0.30	≤0.50	≥75.0	—	≤0.4	≤0.5	19.0~21.0	—	—	—	—
		SNi6082	NiCr20Mn3Nb	≤0.10	2.5~3.5	≤3.0	≤0.5	≤0.5	≥67.0	—	—	≤0.7	18.0~22.0	2.0~3.0	—	—	—
	镍铬铁	SNi6002	NiCr21Fe18Mo9	0.05~0.15	≤2.0	17.0~20.0	≤1.0	≤0.5	≥44.0	0.5~2.5	—	—	20.5~23.0	—	8.0~10.0	0.2~1.0	—
		SNi6028	NiCr25Fe10AlY	0.15~0.25	≤0.5	8.0~11.0	≤0.5	≤0.1	≥59.0	—	1.8~2.4	0.1~0.2	24.0~26.0	—	—	—	Y:0.05~0.12; Zr:0.01~0.10
		SNi6030	NiCr30Fe15Mo5W	≤0.03	≤1.5	13.0~17.0	≤0.8	1.0~2.4	≥36.0	≤5.0	—	—	28.0~31.5	0.3~1.5	4.0~6.0	1.5~4.0	—
		SNi6052	NiCr30Fe9	≤0.04	≤1.0	7.0~11.0	≤0.5	≤0.3	≥54.0	—	≤1.1	1.0	28.0~31.5	0.10	0.5	—	Al+Ti:≤1.5
		SNi6062	NiCr15Fe8Nb	≤0.08	≤1.0	6.0~10.0	≤0.3	≤0.5	≥70.0	—	—	—	14.0~17.0	1.5~3.0	—	—	—
		SNi6176	NiCr16Fe6	≤0.05	≤0.5	5.5~7.5	≤0.5	≤0.1	≥76.0	≤0.05	—	—	15.0~17.0	—	—	—	—
		SNi6601	NiCr23Fe15Al	≤0.10	≤1.0	≤20.0	≤0.5	≤1.0	58.0~63.0	—	1.0~1.7	—	21.0~25.0	—	—	—	—
		SNi6701	NiCr36Fe7Nb	0.35~0.50	0.5~2.0	≤7.0	0.5~2.0	—	42.0~48.0	—	—	—	33.0~39.0	0.8~1.8	—	—	—
		SNi6704	NiCr25FeAl3YC	0.15~0.25	≤0.5	8.0~11.0	≤0.5	≤0.1	≥55.0	—	1.8~2.8	0.1~0.2	24.0~26.0	—	—	—	Y:0.05~0.12; Zr:0.01~0.10

续表

类别	焊丝型号	化学成分代号	焊丝化学成分(质量分数)/%												
			C	Mn	Fe	Si	Cu	Ni[①]	Co[①]	Al	Ti	Cr	Nb[②]	Mo	W	其他[③]
镍及镍合金焊丝（摘自GB/T 15620—2008） 镍铬铁	SNi6975	NiCr25Fe13Mo6	≤0.03	≤1.0	10.0~17.0	≤1.0	0.7~1.2	≥47.0	—	—	0.70~1.50	23.0~26.0	—	5.0~7.0	—	—
镍及镍合金焊丝 镍铬铁	SNi6985	NiCr22Fe20Mo7Cu2	≤0.01	≤1.0	18.0~21.0	≤1.0	1.5~2.5	≥40.0	≤5.0	—	—	21.0~23.5	≤0.50	6.0~8.0	≤1.5	—
镍及镍合金焊丝 镍铬铁	SNi7069	NiCr15F7eNb	≤0.08	≤1.0	5.0~9.0	≤0.50	≤0.50	≥70.0	—	0.4~1.0	2.0~2.7	14.0~17.0	0.70~1.20	—	—	—
镍及镍合金焊丝 镍铬铁	SNi7092	NiCr15Ti3Mn	≤0.08	2.0~2.7	≤8.0	≤0.3	≤0.5	≥67.0	—	—	2.5~3.5	14.0~17.0	—	—	—	—
镍及镍合金焊丝 镍铬铁	SNi7718	NiFe19Cr19Nb5Mo3	≤0.08	≤0.3	≤24.0	≤0.3	≤0.3	50.0~55.0	—	0.2~0.8	0.7~1.1	17.0~21.0	4.8~5.5	2.8~3.3	—	B:0.006; P:0.015
镍及镍合金焊丝 镍铬铁	SNi8025	NiFe30Cr29Mo	≤0.02	1.0~3.0	≤30.0	≤0.5	1.5~3.0	35.0~40.0	—	≤0.2	≤1.0	27.0~31.0	—	2.5~4.5	—	—
镍及镍合金焊丝 镍铬铁	SNi8065	NiFe30Cr21Mo3	≤0.05	1.0	≥22.0	≤0.5	1.5~3.0	38.0~46.0	—	≤0.2	0.6~1.2	19.5~23.5	—	2.5~3.5	—	—
镍及镍合金焊丝 镍铬铁	SNi8125	NiFe26Cr25Mo	≤0.02	1.0~3.0	≤30.0	≤0.5	1.5~3.0	37.0~42.0	—	≤0.2	≤1.0	23.0~27.0	—	3.5~7.5	—	—
镍及镍合金焊丝 镍钼	SNi1001	NiMo28Fe	≤0.08	≤1.0	4.0~7.0	≤1.0	≤0.5	≥55.0	≤2.5	—	—	≤1.0	—	26.0~30.0	≤1.0	V:0.20~0.40
镍及镍合金焊丝 镍钼	SNi1003	NiMo17Cr7	0.04~0.08	≤1.0	≤5.0	≤1.0	≤0.50	≥65.0	≤0.20	—	—	6.0~8.0	—	15.0~18.0	≤0.50	V≤0.50
镍及镍合金焊丝 镍钼	SNi1004	NiMo25Cr5Fe5	≤0.12	≤1.0	4.0~7.0	≤1.0	≤0.5	≥62.0	≤2.5	—	—	4.0~6.0	—	23.0~26.0	≤1.0	V≤0.60
镍及镍合金焊丝 镍钼	SNi1008	NiMo19WCr	≤0.1	≤1.0	≤10.0	≤0.50	≤0.50	≥60.0	—	—	—	0.5~3.5	—	18.0~21.0	2.0~4.0	—
镍及镍合金焊丝 镍钼	SNi1009	NiMo20WCu	≤0.1	≤1.0	≤5.0	≤0.5	0.3~1.3	≥65.0	—	1.0	—	—	—	19.0~22.0	2.0~4.0	—
镍及镍合金焊丝 镍钼	SNi1062	NiMo24Cr8Fe6	≤0.01	≤0.5	5.0~7.0	≤0.1	≤0.4	≥62.0	—	0.1~0.4	—	7.0~8.0	—	23.0~25.0	—	—
镍及镍合金焊丝 镍钼	SNi1066	NiMo28	≤0.02	≤1.0	2.0	≤0.1	≤0.5	≥64.0	≤1.0	—	—	≤1.0	—	26.0~30.0	≤1.0	—
镍及镍合金焊丝 镍钼	SNi1067	NiMo30Cr	≤0.01	≤3.0	1.0~3.0	≤0.1	≤0.2	≥52.0	≤3.0	≤0.5	≤0.2	1.0~3.0	≤0.2	27.0~32.0	≤3.0	V≤0.20
镍及镍合金焊丝 镍钼	SNi1069	NiMo28Fe4Cr	≤0.01	≤1.0	2.0~5.0	0.05	≤0.01	≥65.0	≤1.0	≤0.5	—	0.5~1.5	—	26.0~30.0	—	—
镍及镍合金焊丝 镍铬钼	SNi6012	NiCr22Mo9	≤0.05	≤1.0	≤3.0	≤0.5	≤0.5	≥58.0	—	≤0.4	≤0.4	20.0~23.0	≤1.5	8.0~10.0	—	—
镍及镍合金焊丝 镍铬钼	SNi6022	NiCr21Mo13Fe4W3	≤0.01	≤0.5	2.0~6.0	≤0.1	≤0.5	≥49.0	≤2.5	—	—	20.0~22.5	—	12.5~14.5	2.5~3.5	V≤0.3
镍及镍合金焊丝 镍铬钼	SNi6057	NiCr30Mo11	≤0.02	≤1.0	≤2.0	≤1.0	—	≥53.0	—	—	—	29.0~31.0	—	10.0~12.0	—	V≤0.4
镍及镍合金焊丝 镍铬钼	SNi6058	NiCr25Mo16	≤0.02	≤0.5	≤2.0	≤0.2	≤2.0	≥50.0	—	≤0.4	—	22.0~27.0	—	13.5~16.5	—	—
镍及镍合金焊丝 镍铬钼	SNi6059	NiCr23Mo16	≤0.01	≤0.5	≤1.5	≤0.1	—	≥56.0	≤0.3	0.1~0.4	—	22.0~24.0	—	15.0~16.5	—	—

续表

类别		焊丝型号	化学成分代号	焊丝化学成分(质量分数)/%												
				C	Mn	Fe	Si	Cu	Ni[①]	Co[①]	Al	Ti	Cr	Nb[②]	Mo	W	其他[③]
镍及镍合金焊丝(摘自GB/T 15620—2008)	镍铬钼	SNi6200	NiCr23Mo16Cu2	≤0.01	≤0.5	≤3.0	≤0.08	1.3~1.9	≥52.0	≤2.0	—	—	22.0~24.0	—	15.0~17.0	—	—
		SNi6276	NiCr15Mo16Fe6W4	≤0.02	≤1.0	4.0~7.0	≤0.08	≤0.5	≥50.0	≤2.5	—	—	14.5~16.5	—	15.0~17.0	3.0~4.5	V≤0.3
		SNi6452	NiCr20Mo15	≤0.01	≤1.0	≤1.5	≤0.1	≤0.5	≥56.0	—	—	—	19.0~21.0	≤0.4	14.0~16.0	—	V≤0.4
		SNi6455	NiCr16Mo16Ti	≤0.01	≤1.0	≤3.0	≤0.08	≤0.5	≥56.0	≤2.0	—	≤0.7	14.0~18.0	—	14.0~18.0	≤0.5	—
		SNi6625	NiCr22Mo9Nb	≤0.1	≤0.5	≤5.0	≤0.5	≤0.5	≥58.0	—	≤0.4	≤0.4	20.0~23.0	3.0~4.2	8.0~10.0	—	—
		SNi6650	NiCr20Fe14Mo11WN	≤0.03	≤0.5	12.0~16.0	≤0.5	≤0.3	≥45.0	—	≤0.5	—	18.0~21.0	≤0.5	9.0~13.0	0.5~2.5	N:0.05~0.25 S≤0.010
		SNi6660	NiCr22Mo10W3	≤0.03	≤0.5	≤2.0	≤0.5	≤0.3	≥58.0	≤0.2	≤0.4	≤0.4	21.0~23.0	≤0.2	9.0~11.0	2.0~4.0	—
		SNi6686	NiCr21Mo16W4	≤0.01	≤1.0	≤5.0	≤0.08	≤0.5	≥49.0	—	≤0.5	≤0.25	19.0~23.0	—	15.0~17.0	3.0~4.4	—
		SNi7725	NiCr21Mo8Nb3Ti	≤0.03	≤0.4	≥8.0	≤0.20	—	55.0~59.0	—	≤0.35	1.0~1.7	19.0~22.5	2.75~4.00	7.0~9.5	—	—
	镍铬钴	SNi6160	NiCr28Co30Si3	≤0.15	≤1.5	≤3.5	2.4~3.0	—	≥30.0	27.0~33.0	—	0.2~0.8	26.0~30.0	≤1.0	≤1.0	≤1.0	—
		SNi6617	NiCr22Co12Mo9	0.05~0.15	≤1.0	≤3.0	≤1.0	≤0.5	≥44.0	10.0~15.0	0.8~1.5	≤0.6	20.0~24.0	—	8.0~10.0	—	—
		SNi7090	NiCr20Co18Ti3	≤0.13	≤1.0	≤1.5	≤1.0	≤0.2	≥50.0	15.0~21.0	1.0~2.0	2.0~3.0	18.0~21.0	—	—	—	④
		SNi7263	NiCr20Co20Mo6Ti2	0.04~0.08	≤0.6	≤0.7	≤0.4	≤0.2	≥47.0	19.0~21.0	0.3~0.6	1.9~2.4	19.0~21.0	—	5.6~6.1	—	Al+Ti:2.4~2.8[⑤]
	镍铬钨	SNi6231	NiCr22W14Mo2	0.05~0.15	0.3~1.0	≤3.0	0.25~0.75	≤0.50	≥48.0	≤5.0	0.2~0.5	—	20.0~24.0	—	1.0~3.0	13.0~15.0	—

① 除非另有规定,Co 含量应低于该含量的 1%。也可供需双方协商,要求较低的 Co 含量

② Ta 含量应低于该含量的 20%

③ 除非具体说明,P 最高含量 0.020%,S 最高含量 0.015%

④ Ag≤0.0005%,B≤0.020%,Bi≤0.0001%,Pb≤0.0020%,Zr≤0.15%

⑤ S≤0.007%,Ag≤0.0005%,B≤0.005%,Bi≤0.0001%

注:1.“其他”包括未规定数值的元素总和,总量应不超过 0.5%

2. 根据供需双方协议,可生产使用其他型号的焊丝。用 SNiZ 表示,化学成分代号由制造商确定

续表

类别	型号	化学成分/%																其他元素	抗拉强度 R_m/MPa
		C	Mn	Fe	P	S	Si	Cu	Ni	Co	Al	Ti	Cr	Nb+Ta	Mo	V	W		
镍及镍合金焊丝	ERNi-1	≤0.15	≤1.0	≤1.0	≤0.03	≤0.015	≤0.75	≤0.25	≥93.0	—	≤1.5	2.0~3.5	—	—	—	—	—	≤0.50	380
	ERNiCu-7		≤4.0	≤2.5	≤0.02		≤1.25	余量	62.0~69.0		≤1.25	1.5~3.0							480
	ERNiCr-3	≤0.10	2.5~3.5	≤3.0	≤0.03		≤0.50	≤0.50	≥67.0		—	≤0.75	18.0~22.0	2.0~3.0					550
	ERNiCrFe-5	≤0.08	≤1.0	6.0~10.0			≤0.35		≥70.0			—	14.0~17.0	1.5~3.0					
	ERNiCrFe-6		2.0~2.7	≤8.0					≥67.0			2.5~3.5		—					
	ERNiFeCr-1	≤0.05	≤1.0	≥22.0		≤0.03	≤0.50	1.50~3.0	38.0~46.0		≤0.20	0.60~1.2	19.5~23.5		2.5~3.5				
	ERNiFeCr-2	≤0.08	≤0.35	余量	≤0.015	≤0.015	≤0.35	≤0.30	50.0~55.0		0.20~0.80	0.65~1.15	17.0~21.0	4.75~5.50	2.80~3.30				1138
	ERNiMo-1		≤1.0	4.0~7.0	≤0.025	≤0.03	≤1.0	≤0.50	余量	≤2.5	—	—	≤1.0	—	26.0~30.0	0.20~0.40	≤1.0		690
	ERNiMo-2	0.04~0.08		≤5.0	≤0.015	≤0.02				≤0.20			6.0~8.0		15.0~18.0	≤0.50	≤0.50		
	ERNiMo-3	≤0.12		4.0~7.0	≤0.04	≤0.03				≤2.5			4.0~6.0		23.0~26.0	≤0.60	≤1.0		
	ERNiMo-7	≤0.02		≤2.0						≤1.0			≤1.0		26.0~30.0	—			760
	ERNiCrMo-1	≤0.05	1.0~2.0	18.0~21.0				1.5~2.5		≤2.5			21.0~23.5	1.75~2.50	5.5~7.5				590
	ERNiCrMo-2	0.05~0.15	≤1.0	17.0~20.0				≤0.50		0.50~2.5			20.5~23.0	—	8.0~10.0		0.20~1.0		660
	ERNiCrMo-3	≤0.10	≤0.50	≤5.0	≤0.02	≤0.015	≤0.50		≥58.0	—	≤0.40	≤0.40	22.0~23.0	3.15~4.15			—		760
	ERNiCrMo-4	≤0.02	≤1.0	4.0~7.0	≤0.04	≤0.03	≤0.08		余量	≤2.5	—	—	14.5~16.5	—	15.0~17.0	≤0.35	3.0~4.5		690
	ERNiCrMo-7	≤0.015		≤3.0						≤2.0		≤0.70	14.0~18.0		14.0~18.0	—	≤0.50		
	ERNiCrMo-8	≤0.03		余量	≤0.03		≤1.0	0.7~1.20	47.0~52.0	—		0.70~1.50	23.0~26.0		5.0~7.0		—		590
	ERNiCrMo-9	≤0.015		18.0~21.0	≤0.04			1.5~2.5	余量	≤5.0		—	21.0~23.5	≤0.50	6.0~8.0		≤1.5		

续表

类别		焊丝型号	化学成分代号	化学成分(质量分数)/%													用途
				Cu	Zn	Sn	Mn	Fe	Si	Ni+Co	Al	Pb	Ti	S	P	其他	
铜及铜合金焊丝(摘自GB/T 9460—2008)	铜	SCu1897[①]	CuAg1	≥99.5(含Ag)	—	—	≤0.2	≤0.05	≤0.1	≤0.3	≤0.01	≤0.01	—	—	0.01~0.05	≤0.2	加入锡改善了熔融铜的流动性，焊接工艺性能优良，焊缝成形良好，力学性能高，抗裂性好等。用于紫铜氩弧焊及氧-乙炔气焊时填充材料 含少量硅的黄铜焊丝，熔点约905℃。硅在熔池表面形成一层致密的氧化膜，可减少锌的蒸发和氧化，并有效地防止氢的溶入而造成的气孔。用于黄铜氧-乙炔气焊及碳弧焊时作为填充材料，也可用于钎焊铜、钢、铜镍合金、灰口铸铁以及镶嵌硬质合金刀具等
		SCu1898	CuSn1	≥98.0		≤1.0	≤0.50	—	≤0.5	—		≤0.02			≤0.15	≤0.5	
		SCu1898A	CuSn1MnSi	余量		0.5~1.0	0.1~0.4	≤0.03	0.1~0.4	≤0.1		≤0.01			≤0.015	≤0.2	
	黄铜	SCu4700	CuZn40Sn	57.0~61.0	余量	0.25~1.0	—	—	—	—	≤0.01	≤0.05	—	—	—	≤0.5	
		SCu4701	CuZn40SnSiMn	58.5~61.5		0.2~0.5	0.05~0.25	≤0.25	0.15~0.4			≤0.02				≤0.2	
		SCu6800	CuZn40Ni	56.0~60.0		0.8~1.1	0.01~0.50	0.25~1.20	0.04~0.15	0.2~0.8		0.05				≤0.5	
		SCu6810	CuZn40Fe1Sn1						0.04~0.25	—							
		SCu6810A	CuZn40SnSi	58.0~62.0		≤1.0	≤0.3	≤0.2	0.1~0.5			≤0.03				≤0.2	
		SCu7730	CuZn40Ni10	46.0~50.0		—	—	—	0.04~0.25	9.0~11.0		≤0.05			≤0.25	≤0.5	
	青铜	SCu6511	CuSi2Mn1	余量	≤0.2	0.1~0.3	0.5~1.5	≤0.1	1.5~2.0	—	≤0.01	≤0.02	—	—	≤0.02	≤0.5	
		SCu6560	CuSi3Mn		≤1.0	≤1.0	≤1.5	≤0.5	2.8~4.0						—		
		SCu6560A	CuSi3Mn1		≤0.4	—	0.7~1.3	≤0.2	2.7~3.2		≤0.05	≤0.05			≤0.05		
		SCu6561	CuSi2Mn1Sn1Zn1		≤1.5	≤1.5	≤1.5	≤0.5	2.0~2.8		—	≤0.02			—		
		SCu5180	CuSn6P		—	4.0~6.0	—	—	—		≤0.01				0.1~0.4		
		SCu5180A	CuSn5P		≤0.1	4.0~7.0		≤0.1							0.01~0.4	≤0.2	
		SCu5210	CuSn8P		≤0.2	7.5~8.5				≤0.2	—						
		SCu5211	CuSn10MnSi		≤0.1	9.0~10.0	0.1~0.5		0.1~0.5	—	≤0.01				≤0.1	≤0.5	

续表

类别	焊丝型号	化学成分代号	化学成分(质量分数)/%													用途
			Cu	Zn	Sn	Mn	Fe	Si	Ni+Co	Al	Pb	Ti	S	P	其他	
铜及铜合金焊丝(摘自GB/T 9460—2008) 青铜	SCu5410	CuSn12P		≤0.05	11.0~13.0	—	—	—	—	≤0.005	≤0.02			0.01~0.4	≤0.4	
	SCu6061	CuAl5Ni2Mn			—	0.1~1.0	≤0.5	≤0.1	1.0~2.5	4.5~5.5	≤0.02				≤0.5	
	SCu6100	CuAl7		≤0.2		≤0.5	—		—	6.0~8.5	—					
	SCu6100A	CuAl8			≤0.1		≤0.5	≤0.2	≤0.5	7.0~9.0					≤0.2	
	SCu6180	CuAl10Fe	余量			—	≤1.5		—	8.5~11.0		—	—		≤0.5	
	SCu6240	CuAl11Fe3		≤0.1			2.0~4.5	≤0.1		10.0~11.5				—		
	SCu6325	CuAl8Fe4Mn2Ni2			—	0.5~3.0	1.8~5.0		0.5~3.0	7.0~9.0	≤0.02				≤0.4	熔点约 890℃,铝能提高焊丝的流动性、强度和抗腐蚀性,而硅可有效地控制锌的蒸发、消除气孔和得到满意的力学性能。用于黄铜氧-乙炔气焊及碳弧焊时作填充材料使用,也广泛用于钎焊铜、钢。铜镍合金、灰口铸铁以及镶嵌硬质合金刀具,用途很广
	SCu6327	CuAl8Ni2Fe2Mn2		≤0.2		0.5~2.5	0.5~2.5	≤0.2	0.5~3.0	7.0~9.5						
	SCu6328	CuAl9Ni5Fe3Mn2		≤0.1		0.6~3.5	3.0~5.0		4.0~5.5	8.5~9.5					≤0.5	
	SCu6338	CuMn13Al8Fe3Ni2		≤0.15		11.0~14.0	2.0~4.0	≤0.1	1.5~3.0	7.0~8.5						
白铜	SCu7158②	CuNi30Mn1FeTi	余量	—	—	0.5~1.5	0.4~0.7	≤0.25	29.0~32.0	—	≤0.02	0.2~0.5	≤0.01	≤0.02	≤0.5	
	SCu7061③	CuNi10					0.5~2.0	≤0.2	9.0~11.0			0.1~0.5	≤0.02		≤0.4	

① As 的质量分数不大于 0.05%,Ag 的质量分数:0.8%~1.2%

② 碳的质量分数不大于 0.04%

③ 碳的质量分数不大于 0.05%

注:1. 应对表中所列规定值的元素进行化学分析,但常规分析存在其他元素时,应进一步分析,以确定这些元素是否超出“其他”规定的极限值

2.“其他”包含未规定数值的元素总和

3. 根据供需双方协议,可生产使用其他型号焊丝。用 SCuZ 表示,化学成分代号由制造商确定

续表

类别		焊丝型号	化学成分代号	化学成分(质量分数)/%														用途
				Si	Fe	Cu	Mn	Mg	Cr	Zn	Ga、V	Ti	Zr	Al	Be	其他元素		
																单个	合计	
铝及铝合金焊丝(摘自GB/T 10858—2008)	铝	SAl 1070	Al 99.7	0.20	0.25	0.04	0.03	0.03	—	0.04	V 0.05	0.03	—	99.70	0.0003	0.03	—	
		SAl 1080A	Al 99.8(A)	0.15	0.15	0.03	0.02	0.02		0.06	Ga 0.03	0.02		99.80		0.02		
		SAl 1188	Al 99.88	0.06	0.06	0.005	0.01	0.01		0.03	Ga 0.03 V 0.05	0.01		99.88		0.01		
		SAl 1100	Al 99.0Cu	Si+Fe0.95		0.05~0.20	0.05	—		0.10	—	—		99.00		0.05	0.15	
		SAl 1200	Al 99.0	Si+Fe1.00		0.05						0.05						
		SAl 1450	Al 99.5Ti	0.25	0.40			0.05		0.07		0.10~0.20		99.50		0.03	—	
	铝铜	SAl 2319	AlCu6MnZrTi	0.20	0.30	5.8~6.8	0.20~0.40	0.02	—	0.10	V0.05~0.15	0.10~0.20	0.10~0.25	余量	0.0003	0.05	0.15	SAl 1450用于氩弧焊、氧-乙炔气焊焊接纯铝及对接头性能要求不高的铝合金时作填充材料,广泛应用于化学工业铝制设备上 SAlMg 5556具有较好的耐蚀及抗热裂性能,强度高。用于铝镁合金氩弧焊及氧-乙炔焊的最基本填充金属,也可用于铝锌镁合金的焊接及铝镁铸件的补焊
	铝锰	SAl 3103	AlMn1	0.50	0.7	0.10	0.9~1.5	0.30	0.10	0.20	—	Ti+Zr0.10		余量	0.0003	0.05	0.15	
	铝硅	SAl 4009	AlSi5Cu1Mg	4.5~5.5	0.20	1.0~1.5	0.10	0.45~0.6	—	0.10	—	0.20	—	余量	0.0003	0.05	0.15	
		SAl 4010	AlSi7Mg	6.5~7.5		0.20		0.30~0.45										
		SAl 4011	AlSi7Mg0.5Ti					0.45~0.7				0.04~0.20			0.04~0.07			
		SAl 4018	AlSi7Mg			0.05		0.50~0.8				0.20			0.0003			
		SAl 4043	AlSi5	4.5~6.0	0.8	0.30	0.05	0.05										
		SAl 4043A	AlSi5(A)		0.6		0.15	0.20				0.15						
		SAl 4046	AlSi10Mg	9.0~11.0	0.50		0.40	0.20~0.50										
		SAl 4047	AlSi12	11.0~13.0	0.8		0.15	0.10		0.20		—						
		SAl 4047A	AlSi12(A)		0.6							0.15						
		SAl 4145	AlSi10Cu4	9.3~10.7	0.8	3.3~4.7		0.15	0.15			—						
		SAl 4643	AlSi4Mg	3.6~4.6	0.8	0.10	0.05	0.10~0.30	—	0.10		0.15						

续表

类别		焊丝型号	化学成分代号	化学成分(质量分数)/%														用途
				Si	Fe	Cu	Mn	Mg	Cr	Zn	Ga、V	Ti	Zr	Al	Be	其他元素 单个	其他元素 合计	
铝及铝合金焊丝(摘自GB/T 10858—2008)	铝镁	SAl 5249	AlMg2Mn0. 8Zr	0. 25	0. 40	0. 05	0. 50~1. 1	1. 6~2. 5	0. 30	0. 20	—	0. 15	0. 10~0. 20	余量	0. 0003	0. 05	0. 15	SAlMn 3103 具有良好的耐腐蚀性能和较纯铝高的强度，焊接性及塑性也很好。用在铝锰及其他铝合金氩弧焊及氧-乙炔气焊时作为填充材料
		SAl 5554	AlMg2. 7Mn			0. 10	0. 50~1. 0	2. 4~3. 0	0. 05~0. 20	0. 25		0. 05~0. 20	—					
		SAl 5654	AlMg3. 5Ti	Si+Fe0. 45		0. 05	0. 01	3. 1~3. 9	0. 15~0. 35	0. 20		0. 05~0. 15						
		SAl 5654A	AlMg3. 5Ti												0. 0005			
		SAl 5754[①]	AlMg3	0. 40	0. 40	0. 10	0. 50	2. 6~3. 6	0. 30			0. 15			0. 0003			
		SAl 5356	AlMg5Cr(A)	0. 25			0. 05~0. 20	4. 5~5. 5		0. 10		0. 06~0. 20						
		SAl 5356A	AlMg5Cr(A)												0. 0005			
		SAl 5556	AlMg5Mn1Ti				0. 50~1. 0	4. 7~5. 5	0. 05~0. 20	0. 25		0. 05~0. 20			0. 0003			
		SAl 5556C	AlMg5Mn1Ti												0. 0005			
		SAl 5556A	AlMg5Mn				0. 6~1. 0	5. 0~5. 5		0. 20					0. 0003			
		SAl 5556B	AlMg5Mn												0. 0005			
		SAl 5183	AlMg4. 5Mn0. 7(A)	0. 40			0. 50~1. 0	4. 3~5. 2	0. 05~0. 25	0. 25		0. 15			0. 0003			
		SAl 5183A	AlMg4. 5Mn0. 7(A)												0. 0005			
		SAl 5087	AlMg4. 5MnZr	0. 25		0. 05	0. 7~1. 1	4. 5~5. 2					0. 10~0. 20		0. 0003			
		SAl 5187	AlMg4. 5MnZr												0. 0005			

① SAl 5754 中(Mn+Cr):0. 10~0. 60

注:1. Al 的单值为最小值,其他元素单值均为最大值

2. 根据供需双方协议,可生产使用其他型号焊丝,用 SAlZ 表示,化学成分代号由制造商确定

续表

类别			型号	化学成分/%												用途
				C	Si	Mn	S	P	Fe	Ni	Ce	Mo	球化剂			
铸铁焊条及焊丝(摘自GB/T 10044—2006)	铁基填充焊丝	灰口铸铁填充焊丝	RZC-1	3.2~3.5	2.7~3.0	0.60~0.75	≤0.10	0.50~0.75	余量	—	—	—	—			RZC 型是采用石墨化元素较多的灰铸铁浇铸成焊丝。适用于中小型薄壁件铸铁的气焊。可以配合焊粉使用 RZCH 型焊丝中含有一定数量的合金元素，焊缝强度较高。适用于高强度灰口铸铁及合金铸铁等气焊。可配合焊粉使用 RZCQ 型焊丝中含有一定数量的球化剂，焊缝中的石墨呈球状，具有良好的塑性和韧性。适用于球墨铸铁，高强度灰口铸铁及可锻铸铁的气焊。二者补焊工艺与 RZC 基本相同。焊后可进行热处理 ERZNiFeMn 型为实芯连续焊丝，用于和 EZNiFeMn 型焊条相同的应用场合。这类焊丝的强度和塑性使它适宜于焊接较高强度等级的球墨铸铁件 ERZNi 型是实芯连续焊丝，为纯镍铸铁焊丝，不含脱氧剂，用于焊接需要机械加工的、高稀释焊缝的铸铁件 ET3ZNiFe 型是用于不外加保护气体操作的连续自保护药芯焊丝，但如果制造商推荐也可以使用外加保护气体。这类焊丝的成分除去锰含量更高外，其他与 EZNiFe 型焊条类似。它用于和 EZNiFe 型焊条同样场合的应用。通常用于厚母材或采用自动焊工艺的场合。该焊丝含有 3%~5%锰，有利于提高焊缝金属抗热裂纹的能力和改善焊缝金属的强度和塑性 保护气体应使用制造商推荐的保护气体
			RZC-2	3.2~4.5	3.0~3.8	0.30~0.80		≤0.50								
		合金铸铁填充焊丝	RZCH	3.2~3.5	2.0~2.5	0.50~0.70		0.20~0.40		1.2~1.6		0.25~0.45				
		球墨铸铁填充焊丝	RZCQ-1	3.2~4.0	3.2~3.8	0.10~0.40	≤0.015	≤0.05		≤0.50	≤0.20	—	0.04~0.10			
			RZCQ-2	3.5~4.2	3.5~4.2	0.50~0.80	≤0.03	≤0.10		—	—	—				
	镍基气体保护焊丝		型号	C	Si	Mn	S	P	Fe	Ni	Cu	Al	其他元素总量			
		纯镍铸铁气体保护焊丝	ERZNi	≤1.0	≤0.75	≤2.5	≤0.03	—	≤4.0	≥90	≤4.0	—	≤1.0			
		镍铁锰铸铁气体保护焊丝	ERZNiFeMn	≤0.50	≤1.0	10~14	≤0.03		余量	35~45	≤2.5	≤1.0				
	镍基药芯焊丝		型号	C	Si	Mn	S	P	Fe	Ni	Cu	Al	V	球化剂	其他元素总量	
		镍铁铸铁自保护药芯焊丝	ET3ZNiFe	≤2.0	≤1.0	3.0~5.0	≤0.03	—	余量	45~60	≤2.5	≤1.0	—	—	≤1.0	

表 1-4-31　焊剂的类型及用途(参考)

	牌号	焊剂类型	用途
熔炼焊剂	HJ130	无锰高硅低氟	配合 H10Mn2 焊丝及其他低合金钢焊丝,埋弧焊接低碳钢或其他低合金钢(如 16Mn 等)结构
	HJ131	无锰高硅低氟	配合镍基焊丝焊接镍基合金薄板结构
	HJ150	无锰中硅中氟	配合适当焊丝,如 H2Cr13 或 H3Cr2W8,堆焊轧辊
	HJ151	无锰中硅中氟	配合奥氏体不锈钢焊丝或焊带(如 H0Cr21Ni10、H0Cr20Ni10Ti、H00Cr24Ni12Nb、H00Cr21Ni10Nb、H00Cr26Ni12、H00Cr21Ni10 等)进行带极堆焊或焊接,用于核容器及石油化工设备耐腐蚀层堆焊和构件的焊接。配合 H0Cr16Mn16 焊丝可用于高锰钢补焊。配方中若加入适量氧化铌,还可解决含铌不锈钢焊后脱渣难的问题
	HJ172	无锰低硅高氟	配合适当焊丝,可焊接高铬马氏体热强钢如 Cr12MoWV 及含铌的铬镍不锈钢
	HJ230	低锰高硅低氟	配合 H08MnA、H10Mn2 焊丝及某些低合金钢焊丝,焊接低碳钢及某些低合金钢(16Mn)等结构
	HJ250	低锰中硅中氟	配合适当焊丝(H08MnMoA、H08Mn2MoA 及 H08Mn2MoVA)可焊接低合金钢(15MnV、14MnMoV、18MnMoNb 等)。配合 H08Mn2MoVA 焊丝焊接-70℃低温用钢(如 09Mn2V),具有较好的低温冲击韧性
	HJ251	低锰中硅中氟	配合铬钼钢焊丝焊接珠光体耐热钢(如焊接汽轮机转子)
	HJ252	低锰中硅中氟	配合 H08Mn2NiMoA、H08Mn2MoA、H10Mn2 焊丝焊接低合金钢 15MnV、14MnMoV、18MnMoNb 等,焊缝具有良好的抗裂性和较好的低温韧性,可用于核容器、石油化工等压力容器的焊接
	HJ260	低锰高硅中氟	配合奥氏体不锈钢焊丝(如 H0Cr21Ni10、H0Cr20Ni10Ti 等)焊接相应的耐酸不锈钢结构,也可用于轧辊堆焊
	HJ330	中锰高硅低氟	配合 H08MnA、H08Mn2SiA 及 H10MnSi 等焊丝,可焊接低碳钢和某些低合金钢(如 16Mn、15MnTi、15MnV 等)结构,如锅炉、压力容器等
	HJ350	中锰中硅中氟	配合适当焊丝,可以焊接低合金钢(如 16Mn、15MnV、15MnVN 等)重要结构,如船舶、锅炉、高压容器等。细粒度焊剂可用于细丝埋弧焊,焊接薄板结构
	HJ351	中锰中硅中氟	用于埋弧自动焊和半自动焊,配合适当焊丝可焊接锰钼、锰硅及含钼的低合金钢重要结构,如船舶、锅炉、高压容器等。细粒度焊剂可用于焊接薄板结构
	HJ360	中锰高硅中氟	主要用于电渣焊,配合 H10MnSi、H10Mn2、H08Mn2MoVA 等,焊接低碳钢及某些合金钢大型结构(Q235、20g、16Mn、15MnV、14MnMoV 及 18MnMoNb),如轧钢机架、大型立柱或轴

续表

	牌号	焊剂类型	用　　途
熔炼焊剂	HJ430	高锰高硅低氟	配合 H08A、H08MnA、H10MnSi 等焊丝，焊接低碳钢及某些低合金钢（如 16Mn、16MnV 等）结构，如锅炉、船舶、压力容器、管道等。细粒度焊剂用于细焊丝埋弧焊，焊接薄板结构
	HJ431	高锰高硅低氟	配合 H08A、H08MnA、H10MnSi 等焊丝，焊接低碳钢及某些低合金钢（如 16Mn、15MnV 等）结构，如锅炉、船舶、压力容器等。也可以用于电渣焊及铜的焊接
	HJ433	高锰高硅低氟	配合 H08A 焊丝，用于焊接低碳钢结构，适合管道及容器的快速焊接，常用于输油、输气管道的焊接
	HJ434	高锰高硅低氟	配合 H08A、H08MnA、H10MnSi 等焊丝，焊接低碳钢及某些低合金钢结构，如管道、锅炉、压力容器、桥梁等
烧结焊剂	SJ101	氟碱型	配合 H08MnA、H08MnMoA、H08Mn2MoA、H10Mn2 焊丝，焊接多种低合金结构钢，用于重要的焊接结构，如锅炉、压力容器、管道等。可用于多丝埋弧焊，特别适于大直径容器的双面单道焊
	SJ301	硅钙型	配合 H08MA、H08MnMoA、H08Mn2 焊丝，焊接普通结构钢、锅炉用钢、管线用钢等。可用于多丝快速焊，特别适于双面单道焊
	SJ401	硅锰型	配合 H08A 焊丝，可焊接低碳钢及某些低合金钢，用于机车车辆、矿山机械等金属结构的焊接
	SJ501	铝钛型	配合 H08A、H08MnA 等焊丝，焊接低碳钢及某些低合金钢（如 16Mn、15MnV 等）结构，如锅炉、船舶、压力容器等。可用于多丝快速焊，特别适于双面单道焊
	SJ502	铝钛型	配合 H08A 焊丝，可焊接重要的低碳钢及某些低合金钢结构，如锅炉、压力容器等
气焊熔剂	CJ101	不锈钢及耐热钢气焊熔剂	不锈钢及耐热钢气焊时作助熔剂
	CJ201	铸铁气焊熔剂	铸铁件气焊时作助熔剂
	CJ301	铜气焊熔剂	紫铜及黄铜合金气焊或钎焊时作助熔剂
	CJ401	铝气焊熔剂	铝及铝合金气焊时作助熔剂，并起精炼作用，也可作气焊铝青铜时的熔剂

1.4 焊缝

焊接及相关工艺方法代号及注法（摘自 GB/T 5185—2005）

用阿拉伯数字代号来表示金属焊接及钎焊等各种焊接方法，此数字代号均可在图样上作为焊接方法来使用，标在指引线尾部。此代号与 GB/T 324—2008《焊缝符号表示方法》配套使用（见表 1-4-33～表 1-4-40）。

单一焊接方法代号的表示，如角焊缝采用手工电弧焊时见图 1-4-1。组合焊接方法代号的表示，即一个焊接接头同时采用两种焊接方法打底，后用埋弧焊盖面时见图 1-4-2。

图 1-4-1　　图 1-4-2

表 1-4-32

代号	焊接及相关工艺方法	代号	焊接及相关工艺方法	代号	焊接及相关工艺方法
1	电弧焊	29	其他电阻焊方法	81	火焰切割
101	金属电弧焊	291	高频电阻焊	82	电弧切割
11	无气体保护的电弧焊	3	气焊	821	空气电弧切割
111	焊条电弧焊	31	氧-燃气焊	822	氧电弧切割
112	重力焊	311	氧-乙炔焊	83	等离子弧切割
114	自保护药芯焊丝电弧焊	312	氧-丙烷焊	84	激光切割
12	埋弧焊	313	氢氧焊	86	火焰气刨
121	单丝埋弧焊	4	压力焊	87	电弧气刨
122	带极埋弧焊	41	超声波焊	871	空气电弧气刨
123	多丝埋弧焊	42	摩擦焊	872	氧电弧气刨
124	添加金属粉末的埋弧焊	44	高机械能焊	88	等离子气刨
125	药芯焊丝埋弧焊	441	爆炸焊	9	硬钎焊、软钎焊及钎接焊
13	熔化极气体保护电弧焊	45	扩散焊	91	硬钎焊
131	熔化极惰性气体保护电弧焊(MIG)	47	气压焊	911	红外线硬钎焊
135	熔化极非惰性气体保护电弧焊(MAG)	48	冷压焊	912	火焰硬钎焊
		5	高能束焊	913	炉中硬钎焊
136	非惰性气体保护的药芯焊丝电弧焊	51	电子束焊	914	浸渍硬钎焊
137	惰性气体保护的药芯焊丝电弧焊	511	真空电子束焊	915	盐浴硬钎焊
14	非熔化极气体保护电弧焊	512	非真空电子束焊	916	感应硬钎焊
141	钨极惰性气体保护电弧焊(TIG)	52	激光焊	918	电阻硬钎焊
15	等离子弧焊	521	固体激光焊	919	扩散硬钎焊
151	等离子 MIG 焊	522	气体激光焊	924	真空硬钎焊
152	等离子粉末堆焊	7	其他焊接方法	93	其他硬钎焊
18	其他电弧焊方法	71	铝热焊	94	软钎焊
185	磁激弧对焊	72	电渣焊	941	红外线软钎焊
2	电阻焊	73	气电立焊	942	火焰软钎焊
21	点焊	74	感应焊	943	炉中软钎焊
211	单面点焊	741	感应对焊	944	浸渍软钎焊
212	双面点焊	742	感应缝焊	945	盐浴软钎焊
22	缝焊	75	光辐射焊	946	感应软钎焊
221	搭接缝焊	753	红外线焊	947	超声波软钎焊
222	压平缝焊	77	冲击电阻焊	948	电阻软钎焊
225	薄膜对接缝焊	78	螺柱焊	949	扩散软钎焊
226	加带缝焊	782	电阻螺柱焊	951	波峰软钎焊
23	凸焊	783	带瓷箍或保护气体的电弧螺柱焊	952	烙铁软钎焊
231	单面凸焊	784	短路电弧螺柱焊	954	真空软钎焊
232	双面凸焊	785	电容放电螺柱焊	956	拖焊
24	闪光焊	786	带点火嘴的电容放电螺柱焊	96	其他软钎焊
241	预热闪光焊	787	带易熔颈箍的电弧螺柱焊	97	钎接焊
242	无预热闪光焊	788	摩擦螺柱焊	971	气体钎接焊
25	电阻对焊	8	切割和气刨	972	电弧钎接焊
已被新标准删除，但在某些特定场合仍可能应用的工艺方法					
113	光焊丝电弧焊	32	空气燃气焊	752	弧光光束焊
115	涂层焊丝电弧焊	321	空气乙炔焊	781	电弧螺柱焊
118	躺焊	322	空气丙烷焊	917	超声波硬钎焊
149	原子氢焊	43	锻焊	923	摩擦硬钎焊
181	碳弧焊			953	刮擦软钎焊

焊缝符号表示方法（摘自 GB/T 324—2008、GB/T 12212—2012）

在技术图样或文件上需要表示焊缝或接头时，推荐采用焊缝符号。必要时，也可采用一般技术制图方法表示。

完整的焊缝符号一般由基本符号、补充符号、尺寸符号及数据等与指引线组成。图形符号的比例、尺寸和在图样上的位置参见 GB/T 12212，为了简化在图样上标注焊缝时通常只采用基本符号和指引线，其他内容一般在有关的文件中（如焊接工艺规程等）明确。

表 1-4-33　　基本符号及应用举例

符号名称	示意图	标注方法
卷边焊缝（卷边完全熔化）	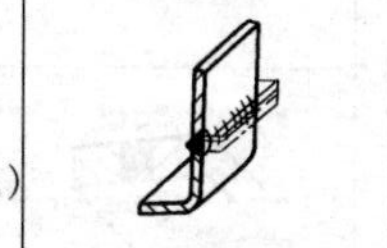	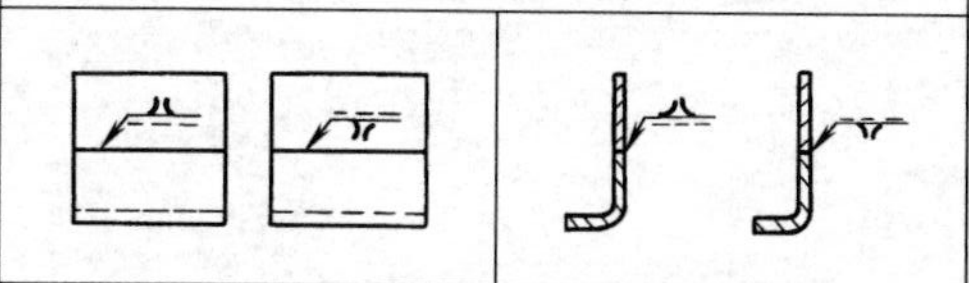
I 形焊缝	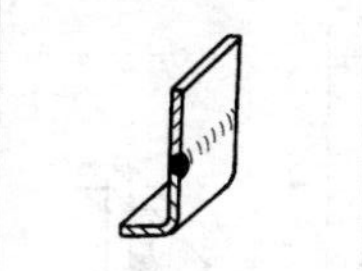	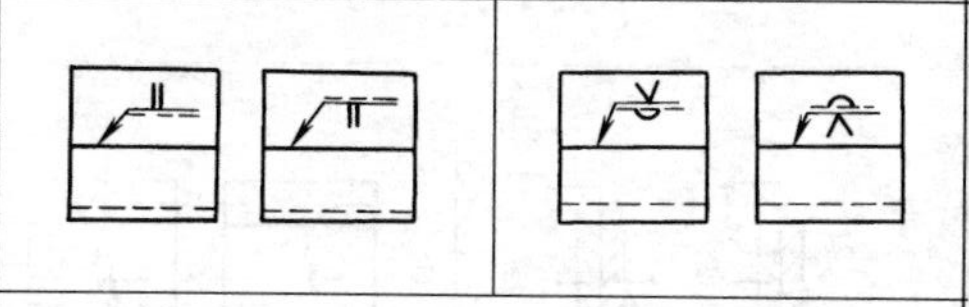
I 形焊缝	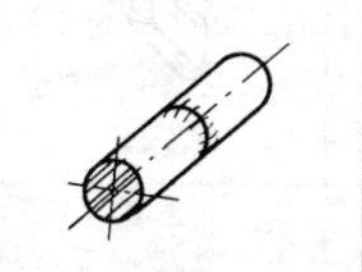	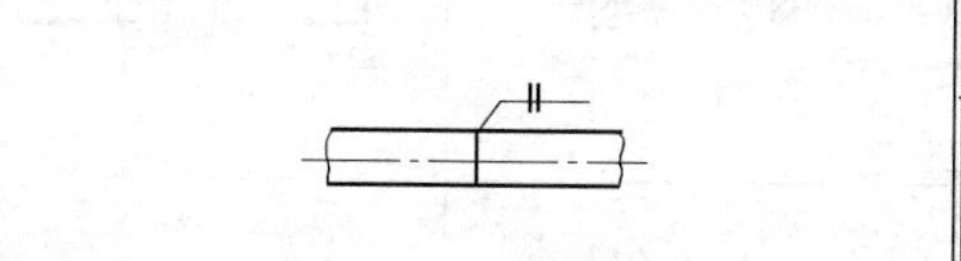
V 形焊缝	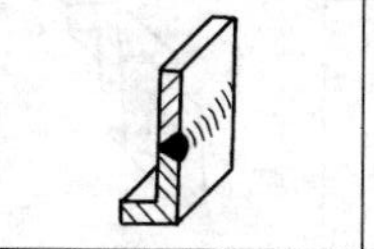	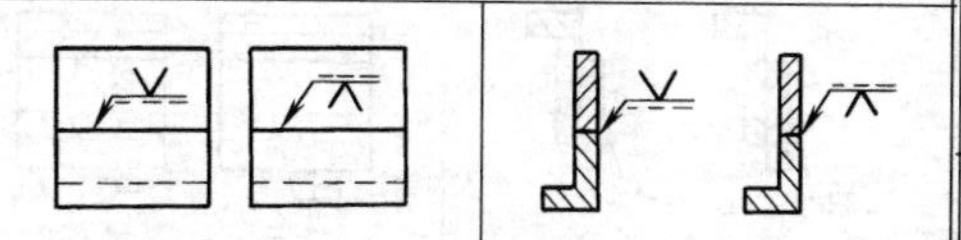
单边 V 形焊缝	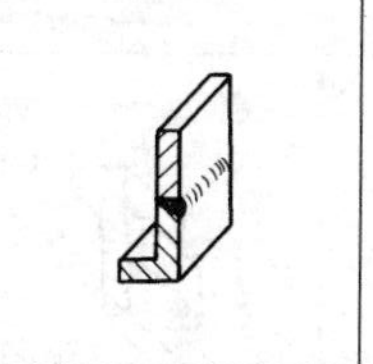	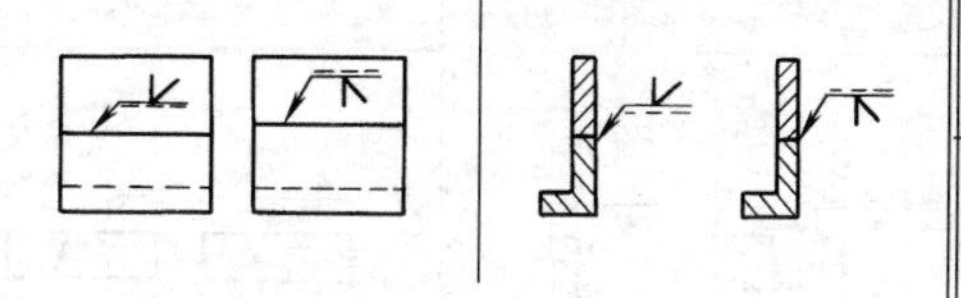 箭头应指向带有坡口一侧的工件
带钝边 V 形焊缝	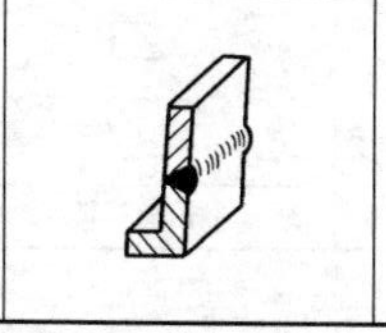	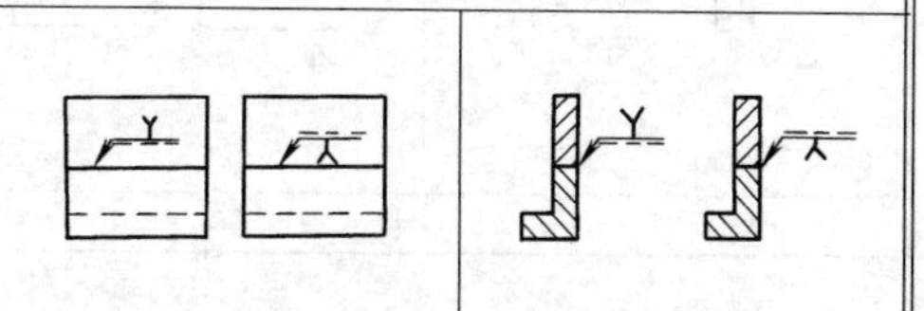
带钝边单边 V 形焊缝	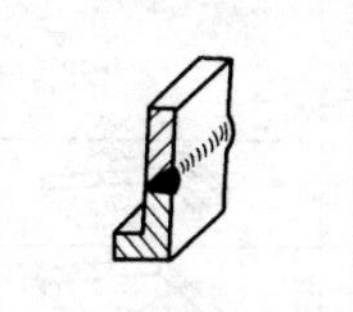	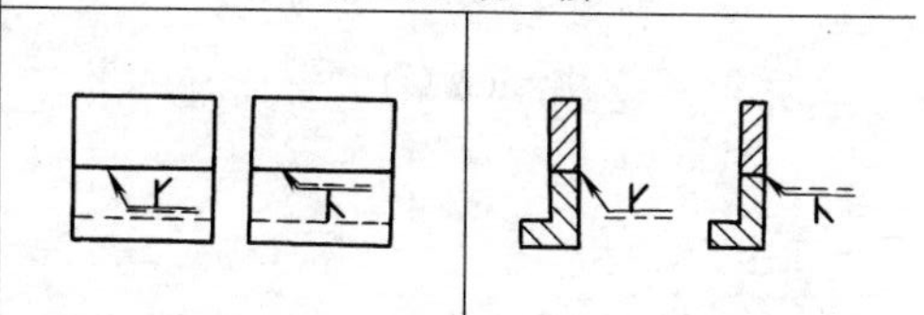
带钝边 U 形焊缝	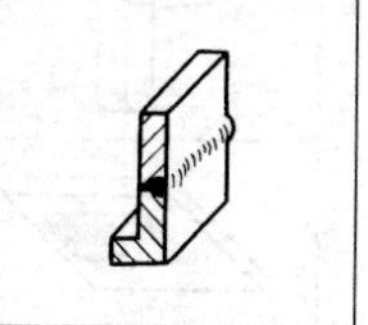	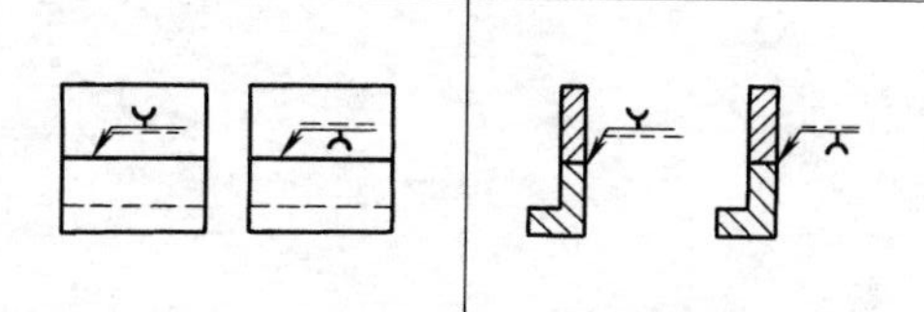
带钝边 J 形焊缝	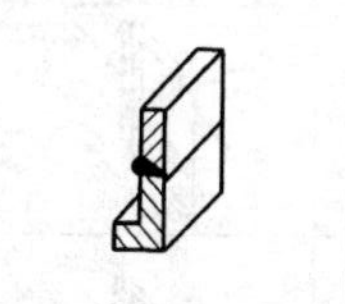	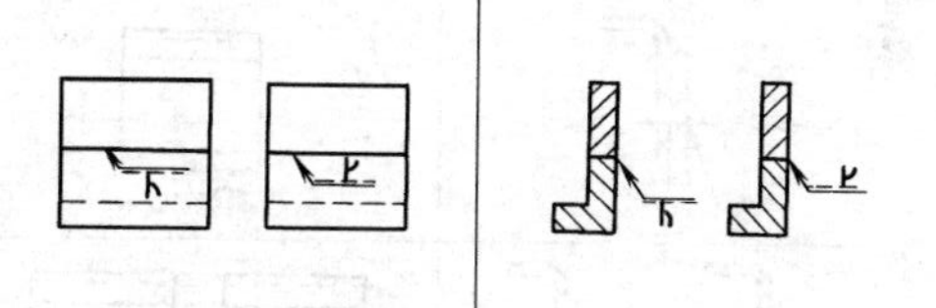
封底焊缝	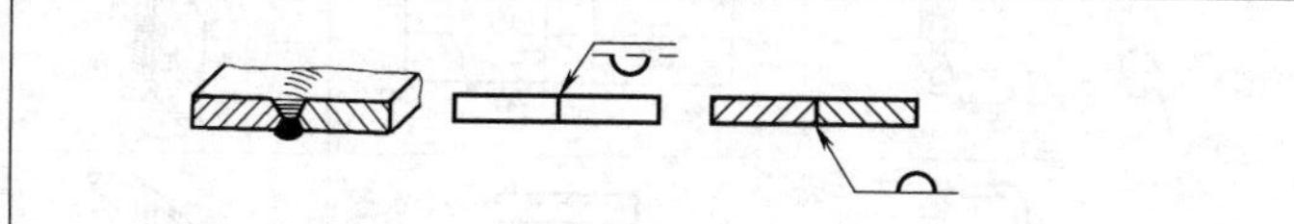	
角焊缝		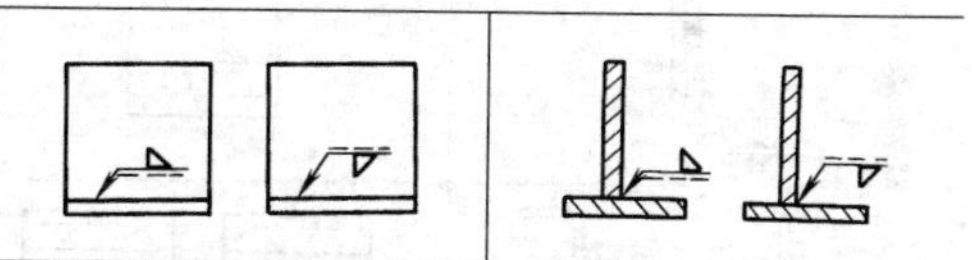
角焊缝	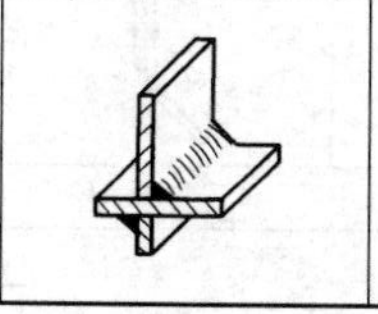	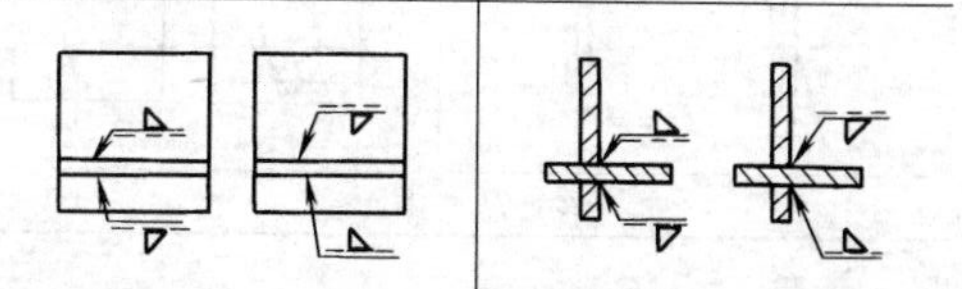

续表

符号名称	示意图	标注方法
角焊缝	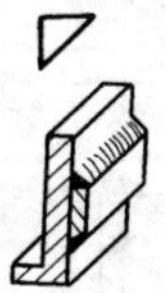	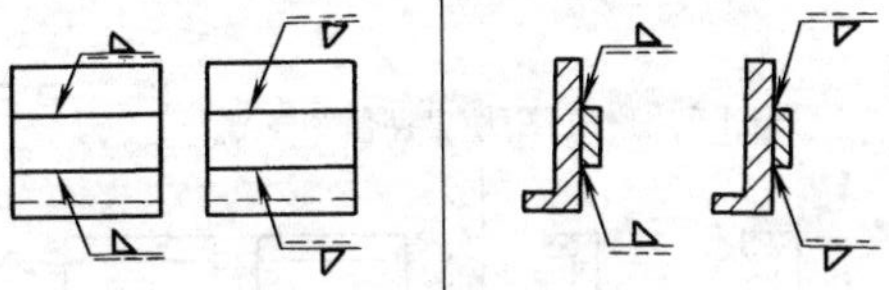
塞焊缝或槽焊缝		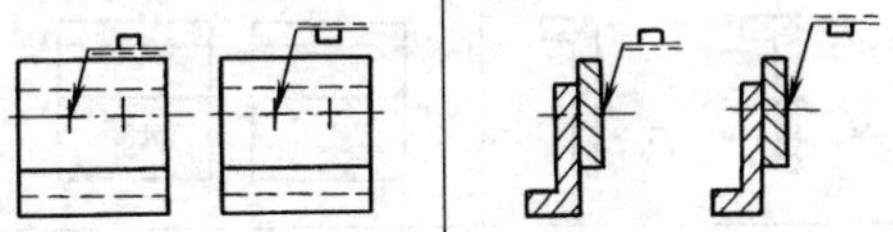
	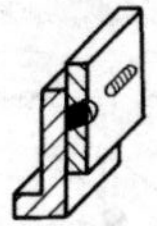	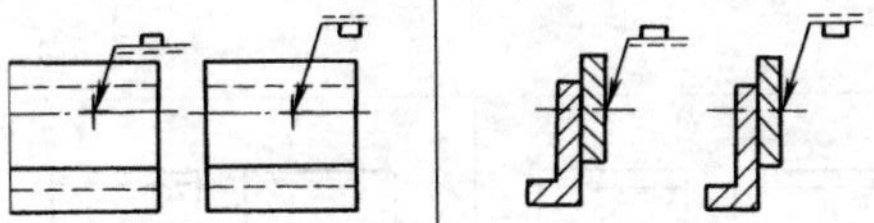
陡边V形焊缝		（省略）
陡边单V形焊缝	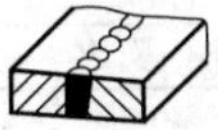	
端焊缝		

符号名称	示意图	标注方法
点焊缝	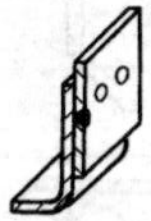	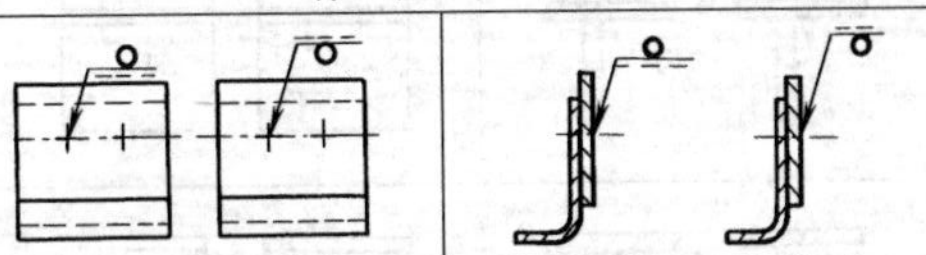
	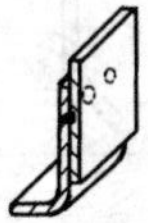	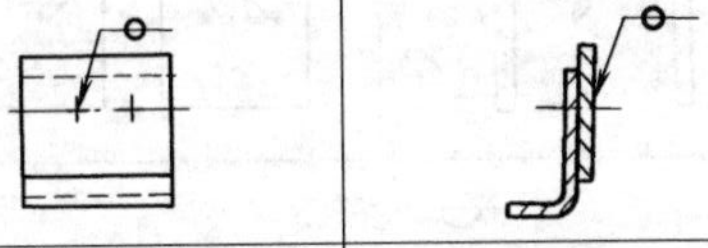
缝焊缝		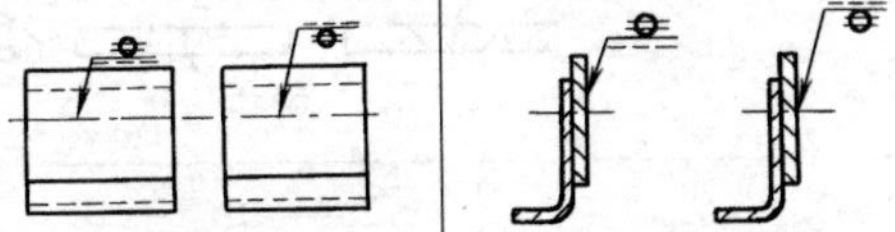
		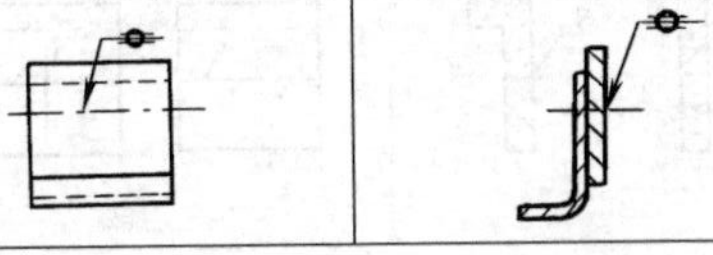
堆焊缝		（省略）
平面连接（钎焊）	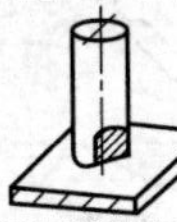 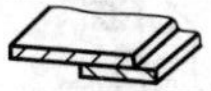	
斜面连接（钎焊）		
折叠连接（钎焊）		

表 1-4-34　　基本符号的组合举例

符号组合	示意图	标注方法	符号组合	示意图	标注方法
卷边与封底组合	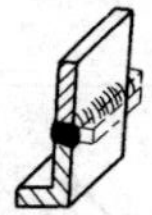	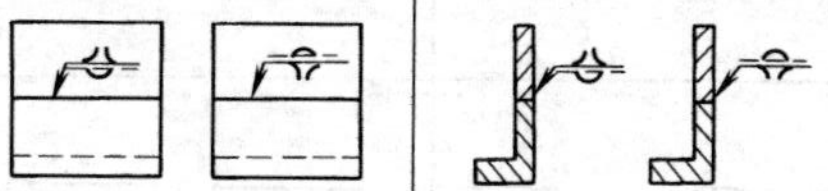	带钝边双面单 V 形焊缝	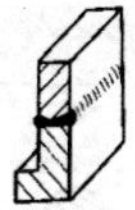	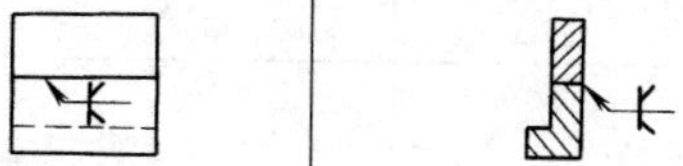
双面 I 形	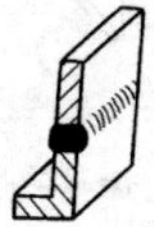	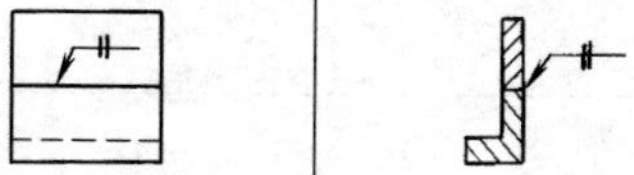	双面 U 形焊缝	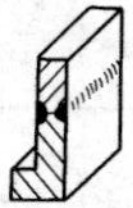	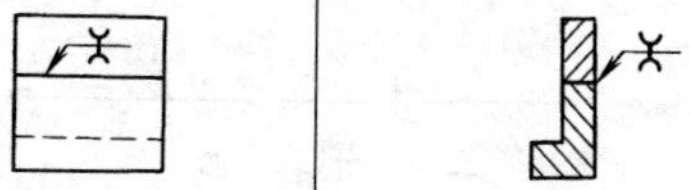
V 形与封底组合		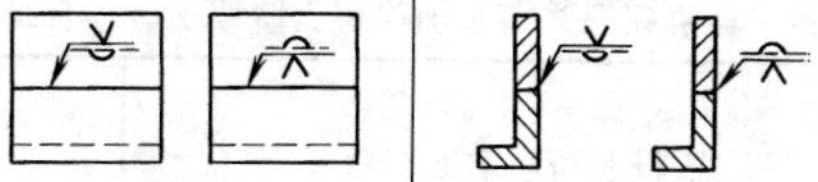	带钝边双面 J 形焊缝	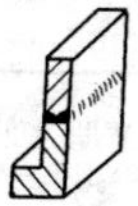	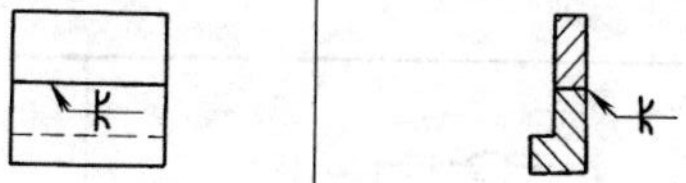
双面 V 形	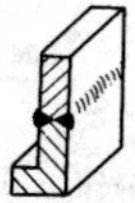		带钝边 V 与 U 结合	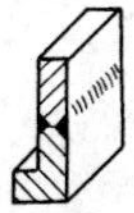	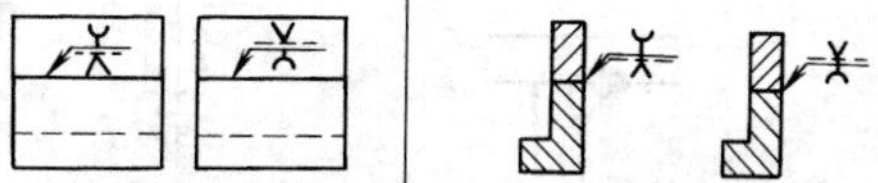
双面 V 形（K 焊缝）		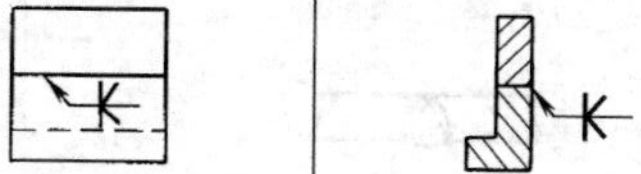	双面角焊缝		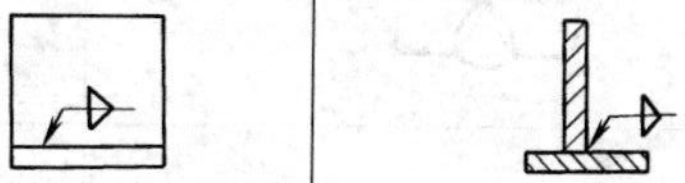
带钝边双面 V 形焊缝		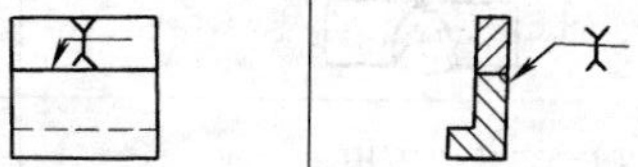		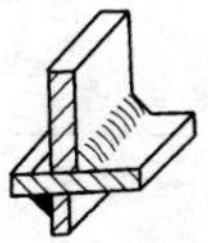	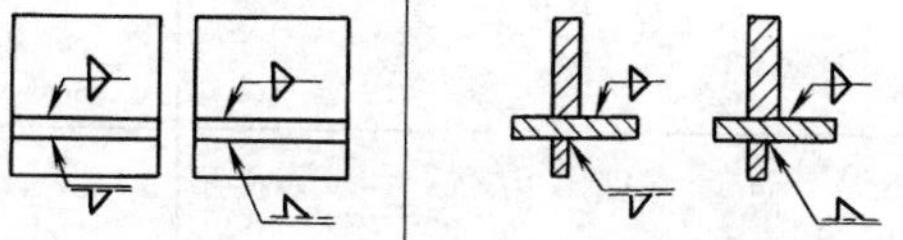

表 1-4-35

辅助符号及应用示例

符号名称	应用示例	符号名称	应用示例
— 平面符号	 焊缝表面齐平（一般通过加工平整）	 凹面符号	 焊缝表面凹陷
 平齐 V 形对接焊缝		 凸面符号	 焊缝表面凸起
 平齐封底 V 形焊缝		 凹陷角焊缝　 表面过渡平滑的角焊缝	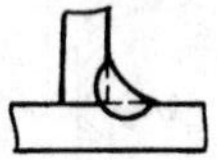
[M] 永久衬垫	衬垫永久保留	 凸起的双面 V 形焊缝	
[MR] 临时衬垫	焊接完成后拆除衬垫		

注：辅助符号表示焊缝表面形状的符号，如不需确切地说明焊缝表面形状时，可以不用。

表 1-4-36

基本符号与辅助符号的组合举例

符号组合	示意图	标注方法		符号组合	示意图	标注方法	
	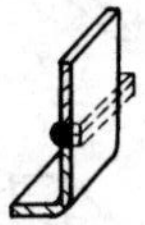	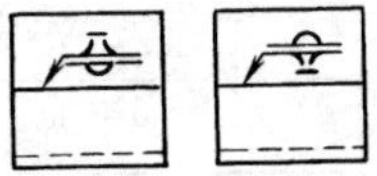	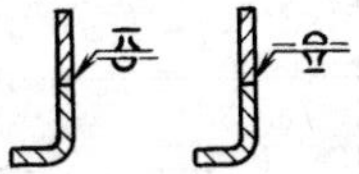		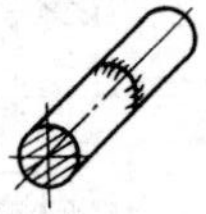	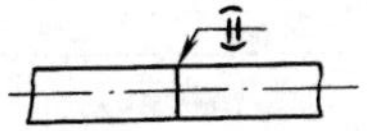	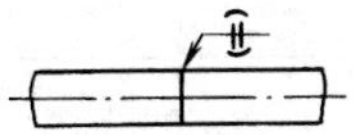
	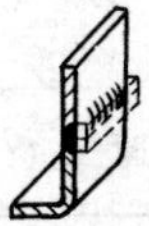	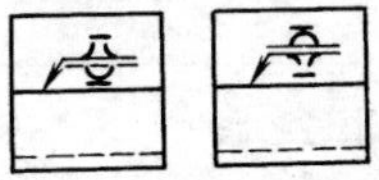	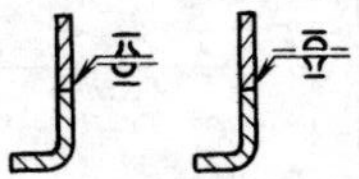		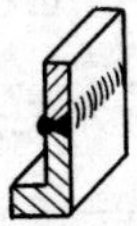	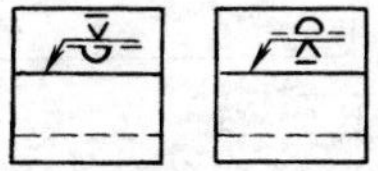	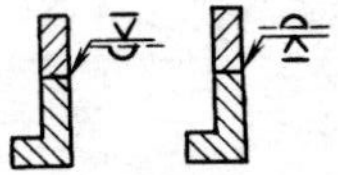

续表

符号组合	示意图	标注方法		符号组合	示意图	标注方法	
	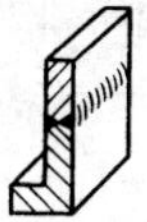	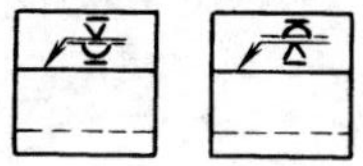	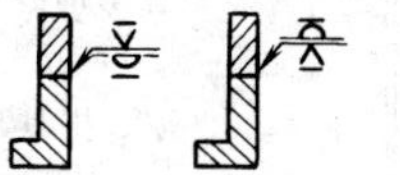			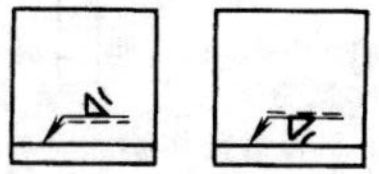	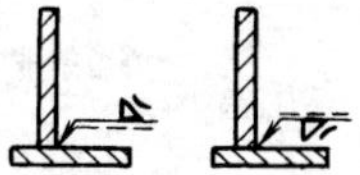
	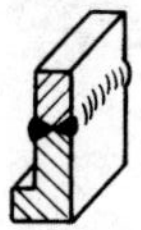		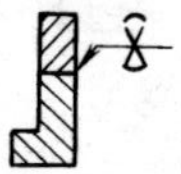				

符号组合	示例	说明	符号组合	示例	说明
	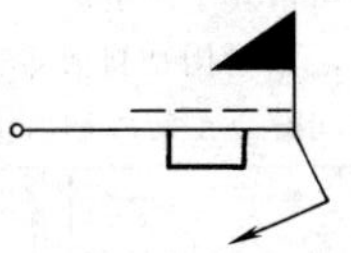	表示现场施焊：塞焊缝或槽焊缝在箭头侧。箭头线可由基准线的左端引出，位置受限制时，允许弯折一次		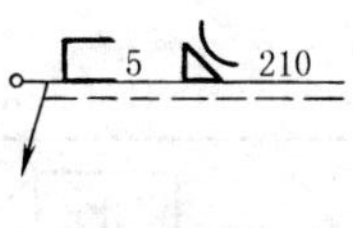 5 210	表示角焊缝（凹面）在箭头侧，焊缝高5mm，焊缝长210mm，工件三面带有焊缝
	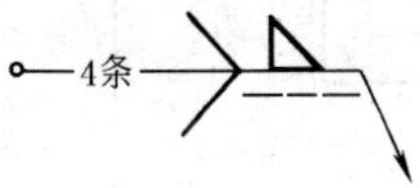 4条	表示相同角焊缝4条，在箭头侧		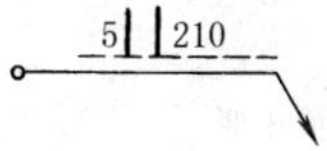 5 210	表示I形焊缝在非箭头侧，焊缝有效厚度5mm，焊缝长210mm
	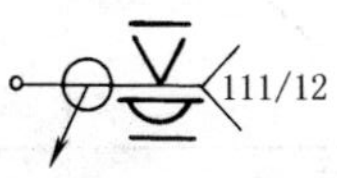 111/12	表示周围施焊，由埋弧焊形成的V形焊缝（平齐）在箭头侧，由手工电弧焊形成的封底焊缝（平齐）在非箭头侧	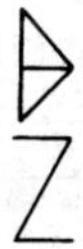	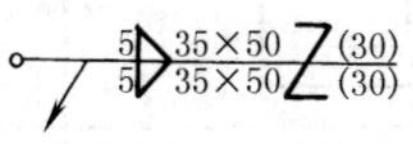 5 35×50 (30) 5 35×50 (30)	表示交错断续角焊缝，焊脚尺寸为5mm，相邻焊缝的间距为30mm，焊缝段数为35，每段焊缝长度为50mm

表 1-4-37　**补充符号及应用示例**

符号名称	示意图	标注示例	符号名称	示意图	标注示例
带垫板符号 ▭	 表示焊缝底有垫板	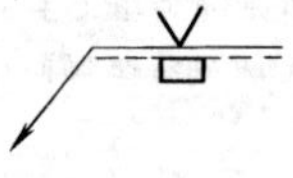 表示 V 形焊缝的背面底部有垫板	周围焊缝符号 ○	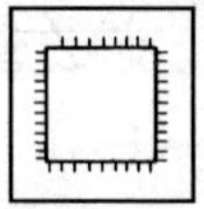 表示环绕工件周围焊缝	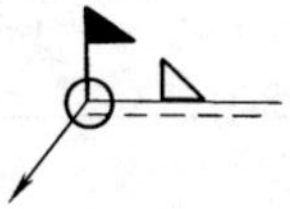 表示在现场沿工件周围施焊
			现场符号 	表示在野外或现场工地上进行焊接	
三面焊符号 ⊏	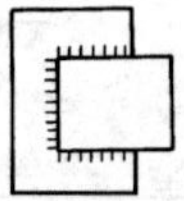 表示三面带有焊缝	 工件三面带有焊缝，手工电弧焊	尾部符号	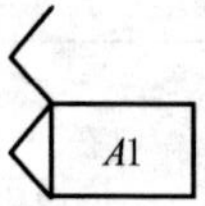 A1（见本表注）	 交错断续焊接符号

注：1. 尾部标注的内容如下：相同焊缝数量；焊接方法代号（按 GB/T 5185 规定）；缺欠质量等级（按 GB/T 19418 规定）；焊接位置（按 GB/T 16672 规定）；焊接材料（按相关焊接材料标准）每个项目应用斜线“/”分开。

2. 为了简化图样，也可将上述内容包括在一个文件中，采用封闭尾部，并标出文件编号，如 A1。

表 1-4-38　**焊缝符号的标注**

符号及位置	示意图	符号及位置	示意图
指引线（箭头线）	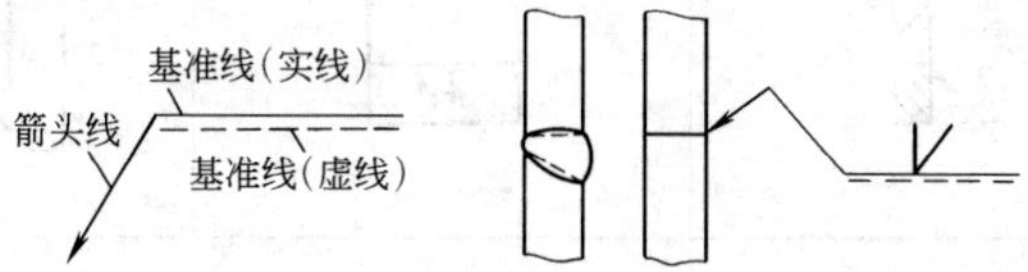 箭头线　基准线(实线)　基准线(虚线) （箭头线允许折一次）	箭头线相对接头的位置	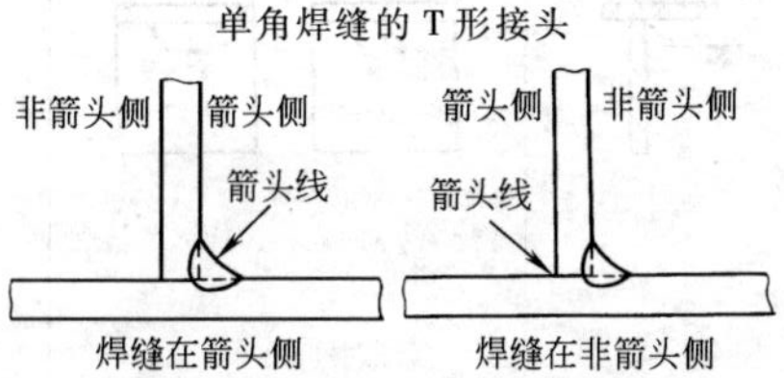 单角焊缝的T形接头 非箭头侧　箭头侧　箭头线　焊缝在箭头侧 箭头侧　非箭头侧　箭头线　焊缝在非箭头侧
基准线（实线或虚线）	指引线一般由带箭头的指引线（简称箭头线）和两条基准线（一条为实线，另一条为虚线）两部分组成。基准线的虚线可以画在基准线的实线下侧或上侧。基准线一般与图样的底边相平行，特殊时也可与底边相垂直		

续表

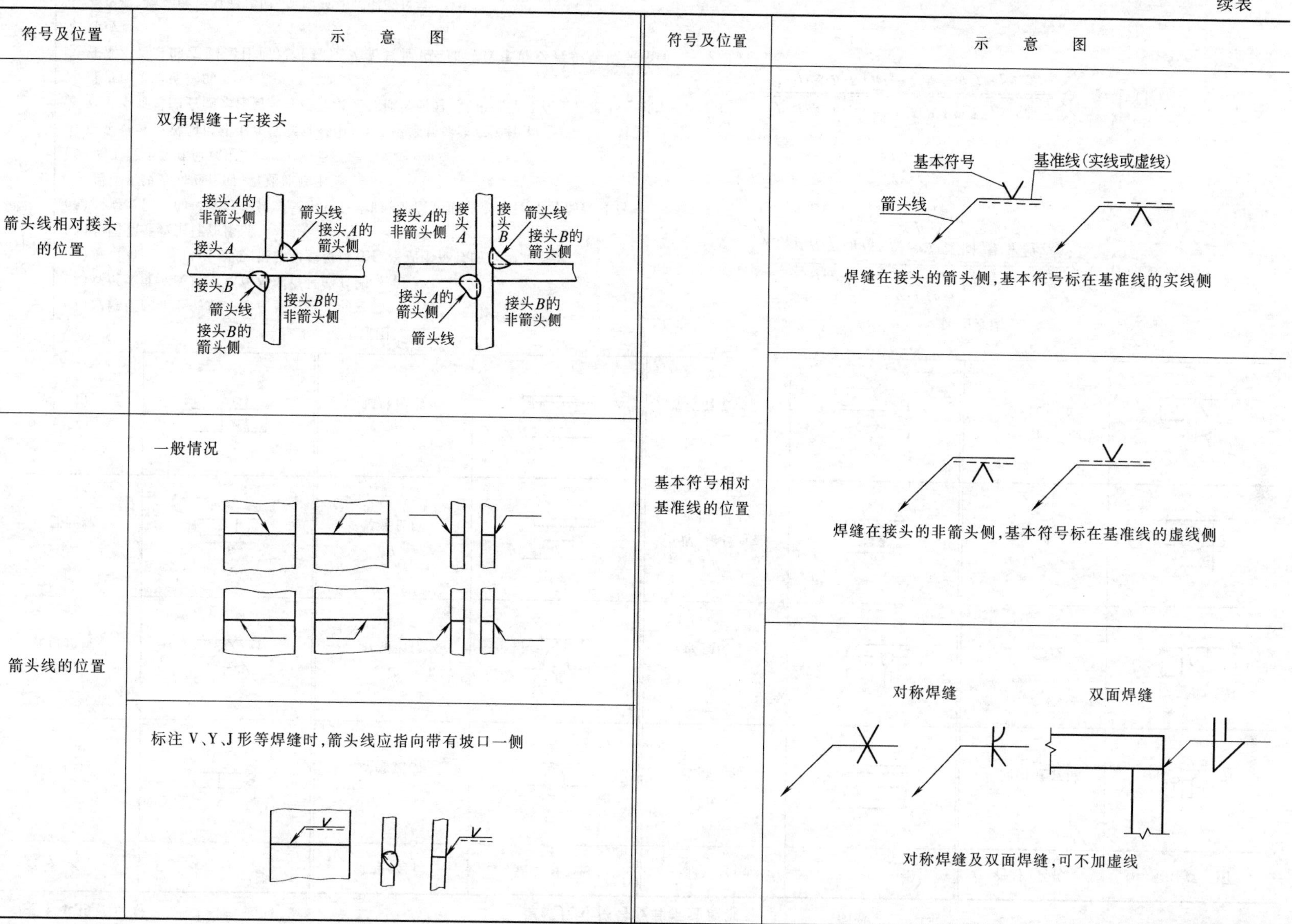

符号及位置	示　意　图
箭头线相对接头的位置	双角焊缝十字接头
箭头线的位置	一般情况
	标注 V、Y、J 形等焊缝时，箭头线应指向带有坡口一侧
基本符号相对基准线的位置	焊缝在接头的箭头侧，基本符号标在基准线的实线侧
	焊缝在接头的非箭头侧，基本符号标在基准线的虚线侧
	对称焊缝及双面焊缝，可不加虚线

表 1-4-39　焊缝尺寸符号及其标注原则

符号、名称	示意图	符号、名称	示意图	符号、名称	示意图	符号、名称	示意图
δ 工作厚度	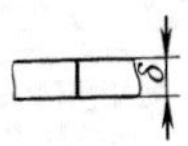	c 焊缝宽度	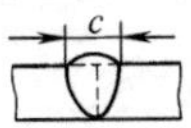	e 焊缝间距	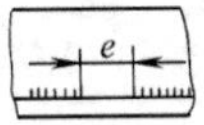	N 相同焊缝数量	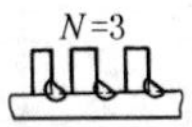 N=3
α 坡口角度	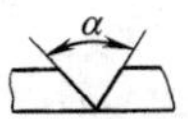	R 根部半径	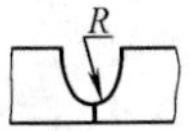	K 焊脚尺寸	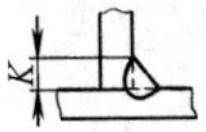	H 坡口深度	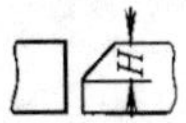
b 根部间隙	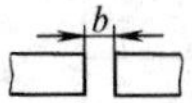	l 焊缝长度	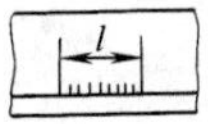	d 点焊:熔核直径 塞焊:孔径	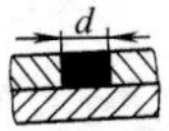	h 余　高	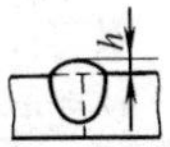
P 钝　边	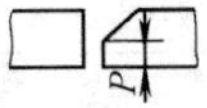	n 焊缝段数	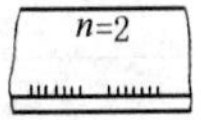 n=2	S 焊缝有效厚度	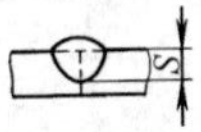	β 坡口面角度	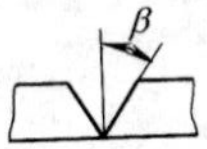

尺寸标注方法及原则

标注原则

(1)焊缝横截面上的尺寸标在基本符号的左侧

(2)焊缝长度方向尺寸标在基本符号的右侧

(3)坡口角度、坡口面角度、根部间隙等尺寸标在基本符号的上侧或下侧

(4)相同焊缝数量标在尾部

(5)当需要标注的尺寸数据较多又不易分辨时,可在数据前面标注相应的尺寸符号。当箭头线方向变化时,上述原则不变

(6)关于尺寸的其他规定

① 确定焊缝位置的尺寸不在焊缝符号中标注,应将其标注在图样上。

② 在基本符号的右侧无任何尺寸标注又无其他说明时,意味着焊缝在工件的整个长度方向上是连续的。

③ 在基本符号的左侧无任何尺寸标注又无其他说明时,意味着对接焊缝应完全焊透。

④ 塞焊缝、槽焊缝带有斜边时,应标注其底部的尺寸。

标注方法

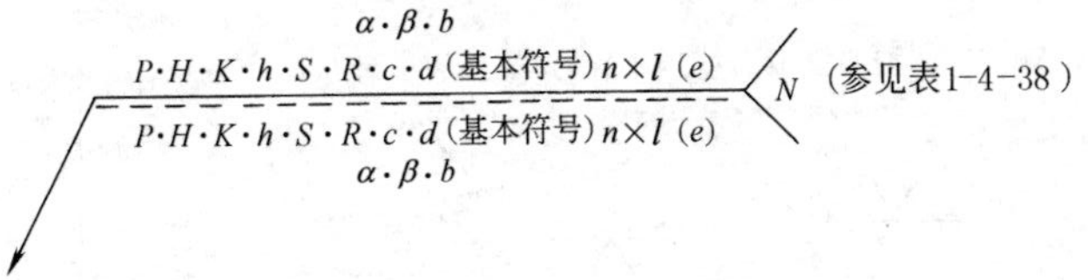

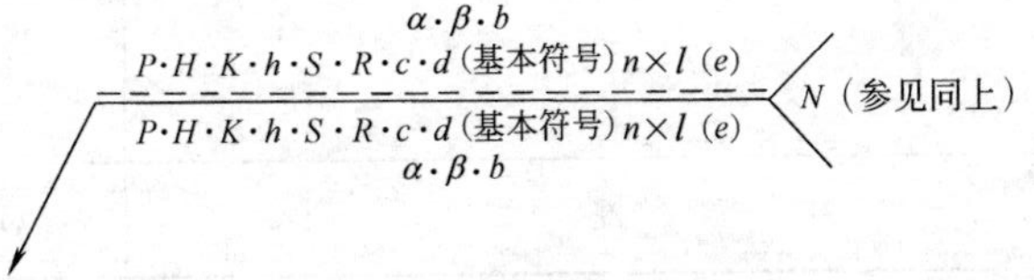

$\alpha \cdot \beta \cdot b$

$P \cdot H \cdot K \cdot h \cdot S \cdot R \cdot c \cdot d$(基本符号)$n \times l\ (e)$　N (参见表1-4-38)

$P \cdot H \cdot K \cdot h \cdot S \cdot R \cdot c \cdot d$(基本符号)$n \times l\ (e)$

$\alpha \cdot \beta \cdot b$

$\alpha \cdot \beta \cdot b$

$P \cdot H \cdot K \cdot h \cdot S \cdot R \cdot c \cdot d$(基本符号)$n \times l\ (e)$　N (参见同上)

$P \cdot H \cdot K \cdot h \cdot S \cdot R \cdot c \cdot d$(基本符号)$n \times l\ (e)$

$\alpha \cdot \beta \cdot b$

表 1-4-40　焊缝的视图、剖视图及其焊缝位置的定位尺寸简化注法示例（摘自 GB/T 12212—2012）

序号	视图或剖视图画法示例	焊缝符号及定位尺寸简化注法示例	说　明
1	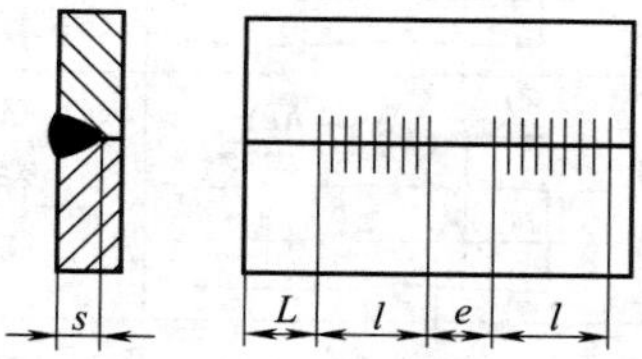 s　L　l　e　l	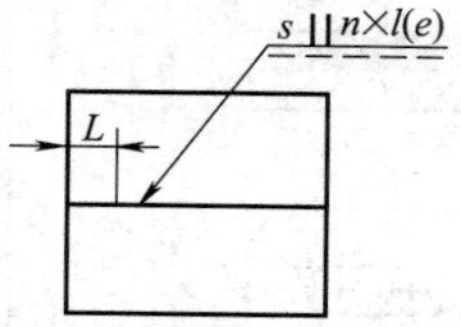 s ‖ n×l(e)　L	断续 I 形焊缝在箭头侧；其中 L 是确定焊缝起始位置的定位尺寸
		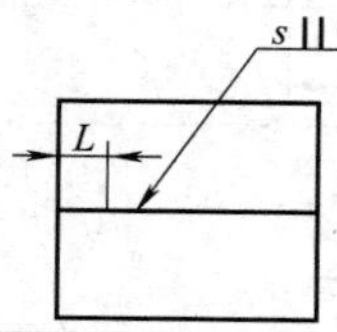 s ‖ l(e)　L	按照表注 2 和表注 3 的规定，焊缝符号标注中省略了焊缝段数和非箭头侧的基准线（虚线）
2	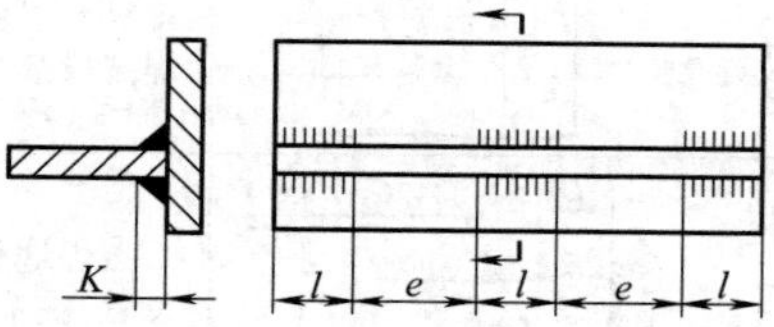 K　l　e　l　e　l	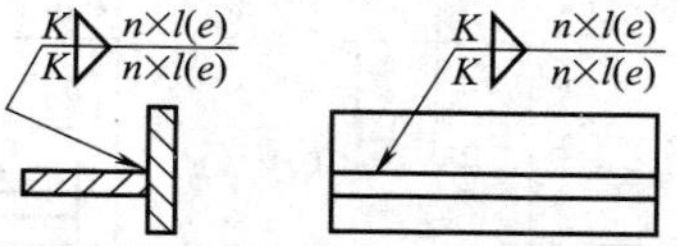 K n×l(e) / K n×l(e)	对称断续角焊缝，构件两端均有焊缝
		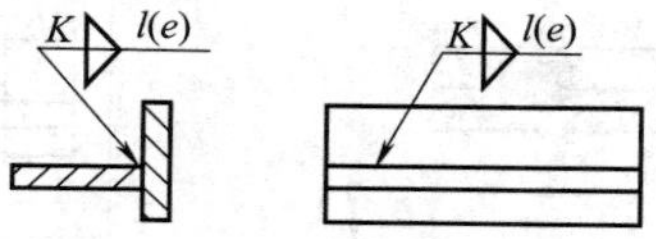 K l(e)	按照表注 2 的规定，焊缝符号标注中省略了焊缝段数；按照表注 1 的规定，焊缝符号中的尺寸只在基准线上标注一次
3	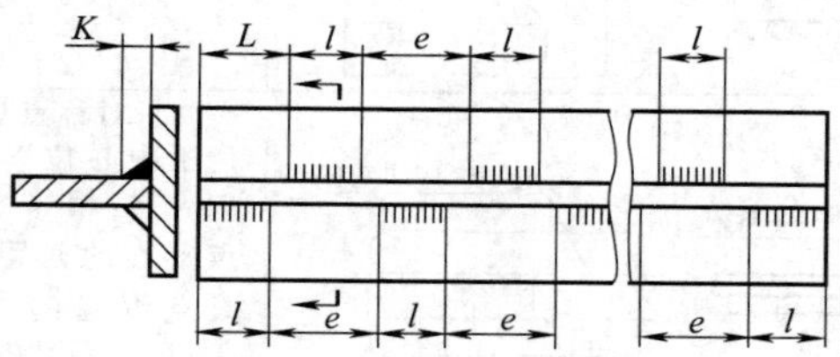 K　L　l　e　l　l　l　e　l　e　e　l	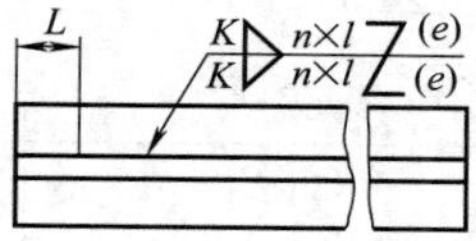 L　K n×l (e) / K n×l (e)	交错断续角焊缝；其中 L 是确定箭头侧焊缝起始位置的定位尺寸；工件在非箭头侧两端均有焊缝
		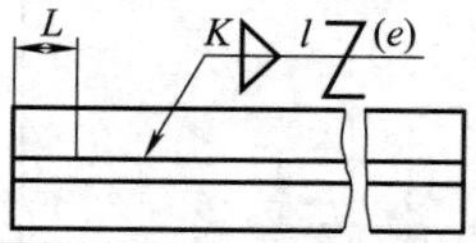 L　K l (e)	说明见序号 2
4	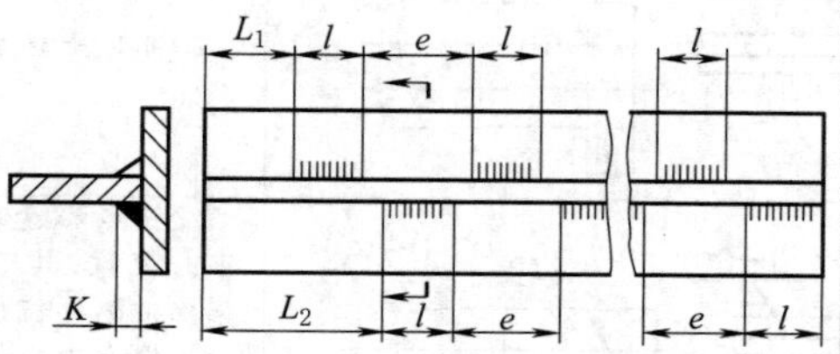 L_1　l　e　l　l　K　L_2　l　e　e　l	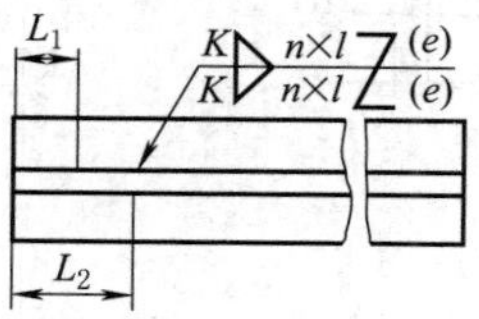 L_1　K n×l (e) / K n×l (e)　L_2	交错断续角焊缝；其中 L_1 是确定箭头侧焊缝起始位置的定位尺寸；L_2 是确定非箭头侧焊缝起始位置的定位尺寸
		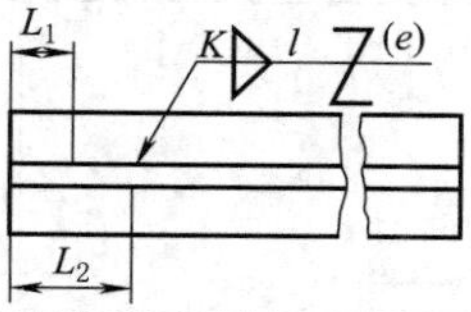 L_1　K l (e)　L_2	说明见序号 2
5	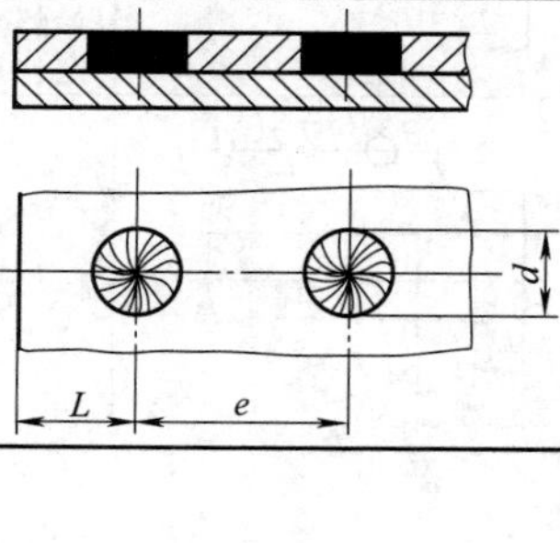 d　L　e	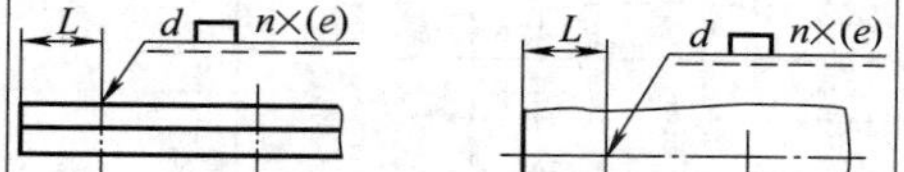 L　d n×(e)	塞焊缝在箭头侧；其中 L 是确定焊缝起始孔中心位置的定位尺寸
		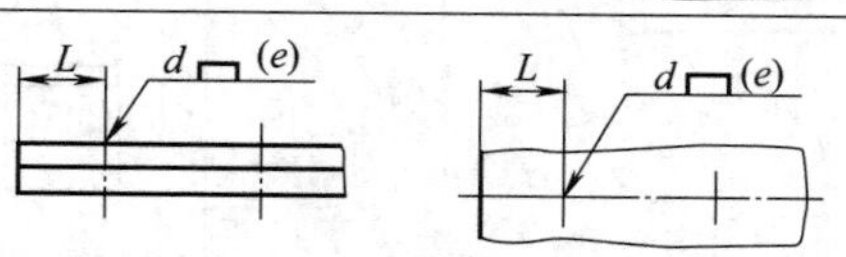 L　d (e)	说明见序号 1

续表

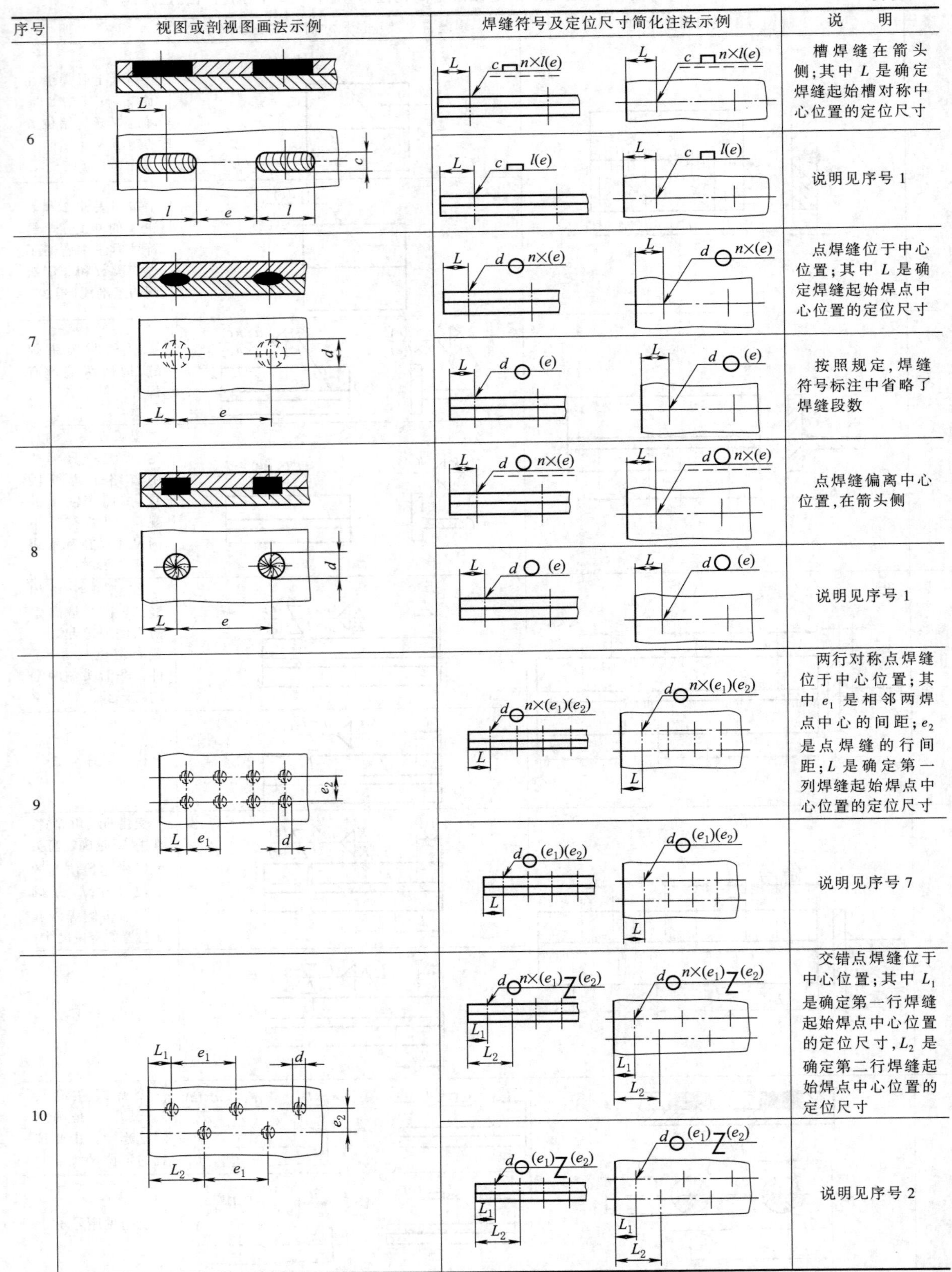

序号	视图或剖视图画法示例	焊缝符号及定位尺寸简化注法示例	说　明
6			槽焊缝在箭头侧；其中 L 是确定焊缝起始槽对称中心位置的定位尺寸
			说明见序号 1
7			点焊缝位于中心位置；其中 L 是确定焊缝起始焊点中心位置的定位尺寸
			按照规定，焊缝符号标注中省略了焊缝段数
8			点焊缝偏离中心位置，在箭头侧
			说明见序号 1
9			两行对称点焊缝位于中心位置；其中 e_1 是相邻两焊点中心的间距；e_2 是点焊缝的行间距；L 是确定第一列焊缝起始焊点中心位置的定位尺寸
			说明见序号 7
10			交错点焊缝位于中心位置；其中 L_1 是确定第一行焊缝起始焊点中心位置的定位尺寸，L_2 是确定第二行焊缝起始焊点中心位置的定位尺寸
			说明见序号 2

续表

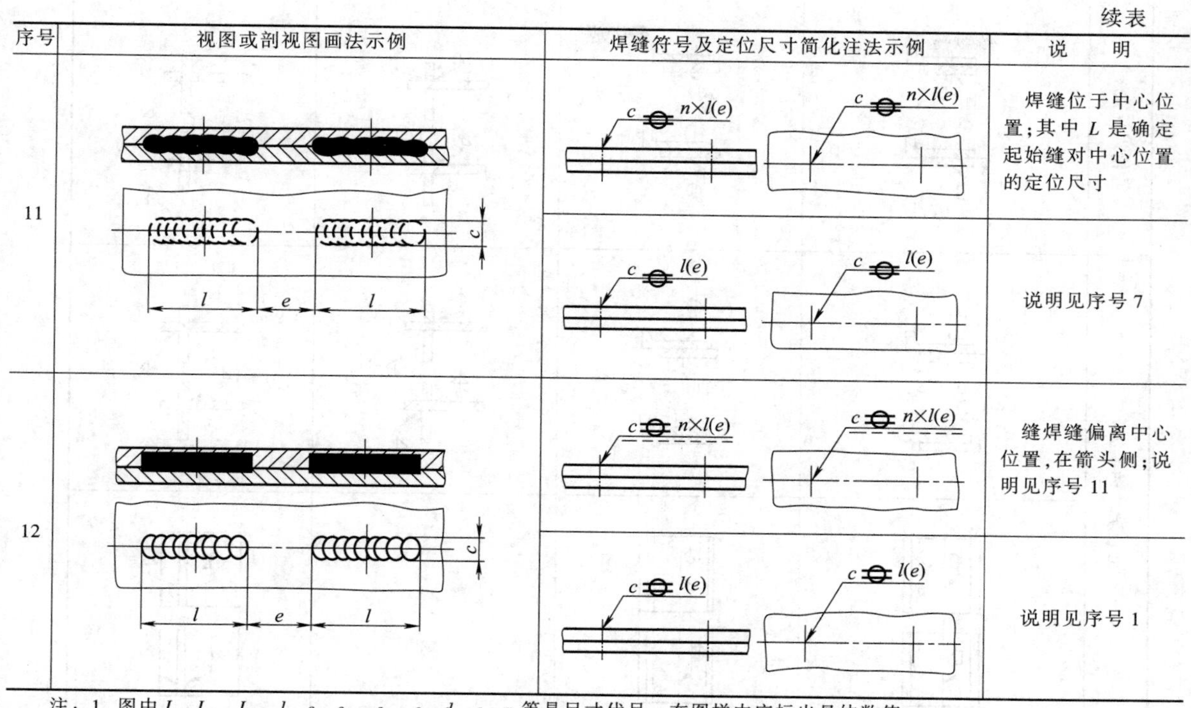

序号	视图或剖视图画法示例	焊缝符号及定位尺寸简化注法示例	说明
11			焊缝位于中心位置;其中 L 是确定起始缝对中心位置的定位尺寸
			说明见序号 7
12			缝焊缝偏离中心位置,在箭头侧;说明见序号 11
			说明见序号 1

注：1. 图中 L、L_1、L_2、l、e、e_1、e_2、s、d、c、n 等是尺寸代号，在图样中应标出具体数值。

2. 在焊缝符号标注中省略焊缝段数和非箭头侧的基准线（虚线）时，必须认真分析，不得产生误解。

3. 标注对称焊缝和交错对称焊缝的尺寸时，允许在基准线上只标注一次，如图 a 所示。

4. 当断续焊缝、对称断续焊缝和交错断续焊缝的段数无严格要求时，允许省略焊缝段数，如图 b 所示。

5. 在不致引起误解的情况下，当箭头线指向焊缝，而非箭头侧又无焊缝要求时，允许省略非箭头侧的基准线（虚线），如图 f 所示。

6. 当同一图样上全部焊缝所采用的焊接方法完全相同时，焊缝符号尾部表示焊接方法的代号可省略不注，但必须在技术要求或其他技术文件中注明“全部焊缝均采用……焊”等字样；当大部分焊接方法相同时，也可在技术要求或其他技术文件中注明“除图样中注明的焊接方法外，其余焊缝均采用……焊”等字样。

7. 在同一图样中，当若干条焊缝的坡口尺寸和焊缝符号均相同时，可采用图 c 的方法集中标注；当这些焊缝同时在接头中的位置均相同时，也可采用在焊缝符号的尾部加注相同焊缝数量的方法简化标注，但其他型式的焊缝，仍需分别标注，如图 d 所示。

8. 当同一图样中全部焊缝相同且已用图示法明确表示其位置时，可统一在技术要求中用符号表示或用文字说明，如“全部焊缝为 5◺”；当部分焊缝相同时，也可采用同样的方法表示，但剩余焊缝应在图样中明确标注。

9. 为了简化标注方法，或者标注位置受到限制时，可以标注焊缝简化代号图 e，但必须在该图样下方或在标题栏附近说明这些简化代号的意义。

10. 当焊缝长度的起始和终止位置明确（已由构件的尺寸等确定）时，允许在焊缝符号中省略焊缝长度，如图 f 所示。

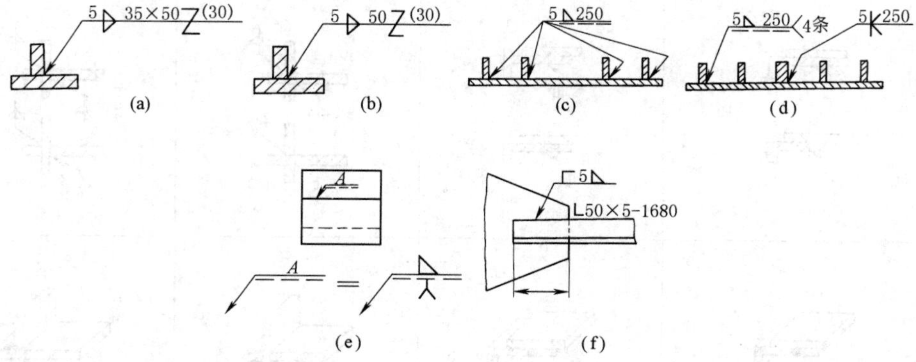

(a) (b) (c) (d) (e) (f)

11. 当同一图样中全部焊缝相同且已用图示明确表示其位置时，可统一在技术要求中用符号表示或用文字说明，如“全部焊缝为 5◺”；当部分焊缝隙相同时，也可采用同样的方法表示，但剩余焊缝应在图样中明确标注。

表 1-4-41　　错误标注示例

示意图	正确标法	错误标法	示意图	正确标法		错误标法
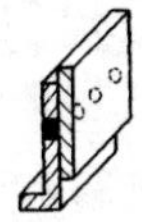	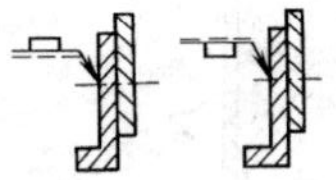	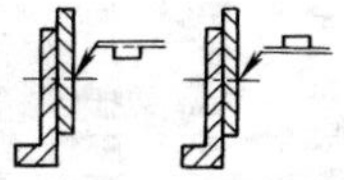	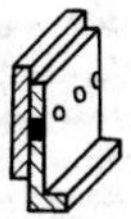	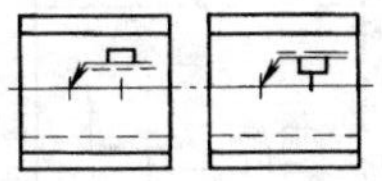	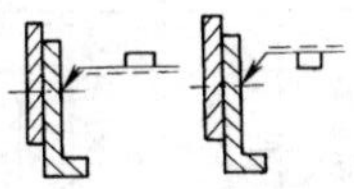	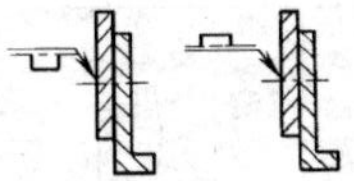
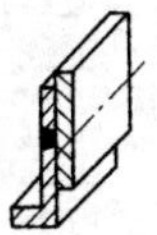	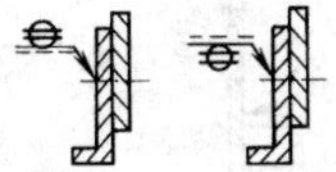	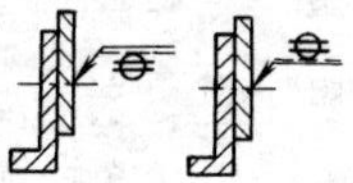	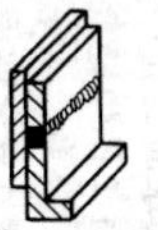	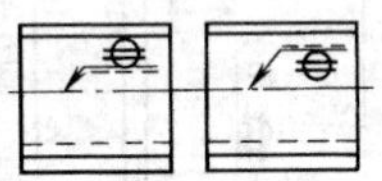	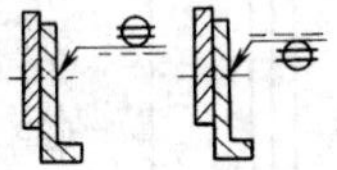	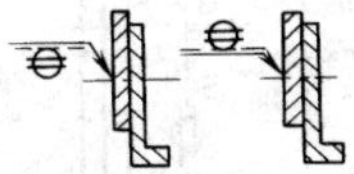
	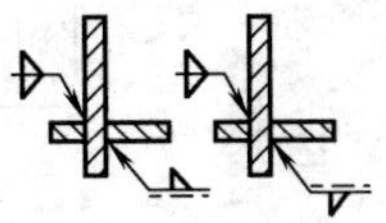	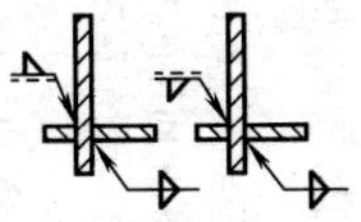	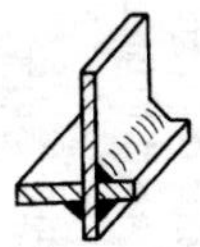		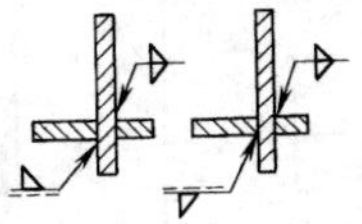	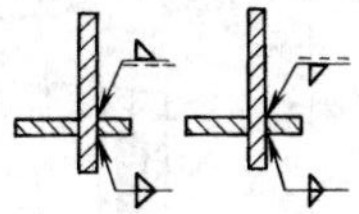
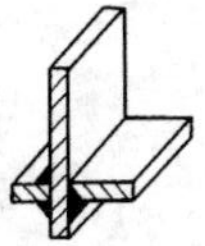	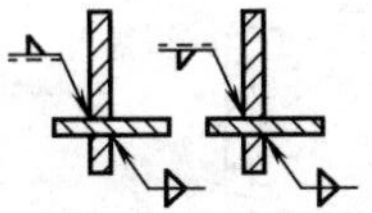	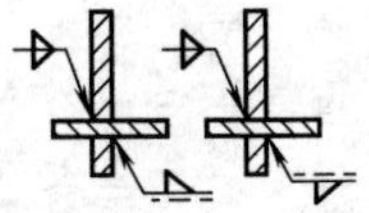	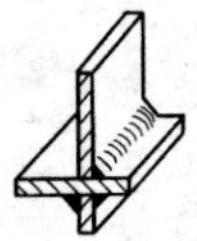	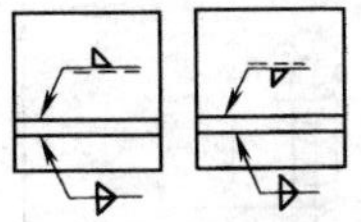	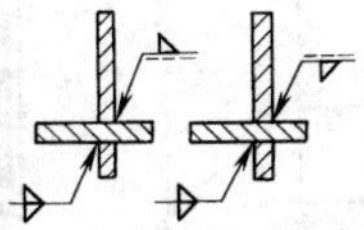	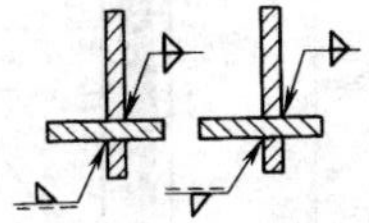

注：当箭头指不到所要表示的接头时，不可采用焊缝符号标注方法。

表 1-4-42　钢材气焊、焊条电弧焊、气体保护焊和高能束焊的推荐坡口（摘自 GB/T 985.1—2008）　mm

单面对接焊坡口										
母材厚度 t	坡口/接头种类	基本符号	横截面示意图	尺寸：坡口角 α 或坡口面角 β	尺寸：间隙 b	尺寸：钝边 c	尺寸：坡口深度 h	适用的焊接方法	焊缝示意图	备注
≤2	卷边坡口	⅄	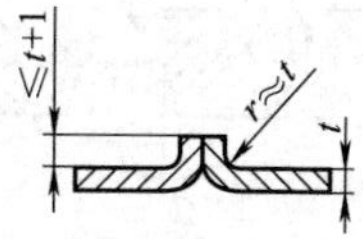	—	—	—	—	3 111 141 512		通常不填加焊接材料
≤4	I 形坡口	‖	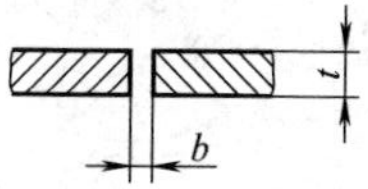	—	≈t	—	—	3 111 141	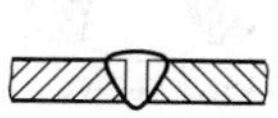	—
3<t≤8					3≤b≤8 ≈t			13 141		必要时加衬垫
≤15					≤1[b] 0			52		
≤100	I 形坡口（带衬垫）	—	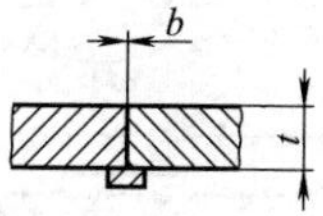	—	—	—	—	51		—
	I 形坡口（带锁底）		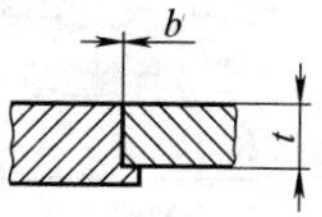						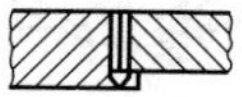	
3<t≤10	V 形坡口	V	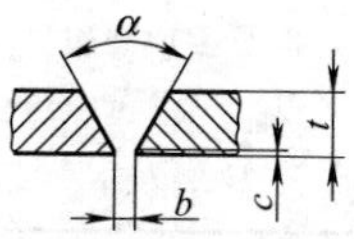	10°≤α≤60°	≤4	≤2	—	3 111 13 141	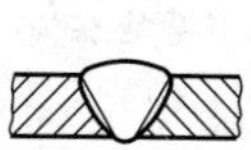	必要时加衬垫
8<t≤12				6°≤α≤8°	—			52		

续表

母材厚度 t	坡口/接头种类	基本符号	横截面示意图	尺寸				适用的焊接方法	焊缝示意图	备注
				坡口角 α 或 坡口面角 β	间隙 b	钝边 c	坡口深度 h			
>16	陡边坡口		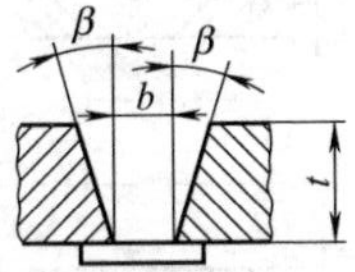	$5° \leqslant \beta \leqslant 20°$	$5 \leqslant b \leqslant 15$	—	—	111 13	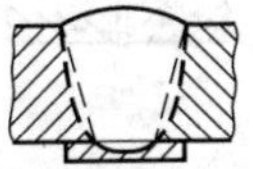	带衬垫
$5 \leqslant t \leqslant 40$	V 形坡口（带钝边）		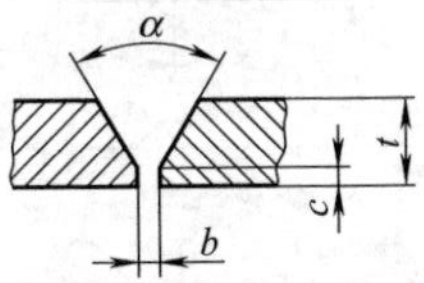	$\alpha \approx 60°$	$1 \leqslant b \leqslant 4$	$2 \leqslant c \leqslant 4$	—	111 13 141		—
>12	U-V 形组合坡口		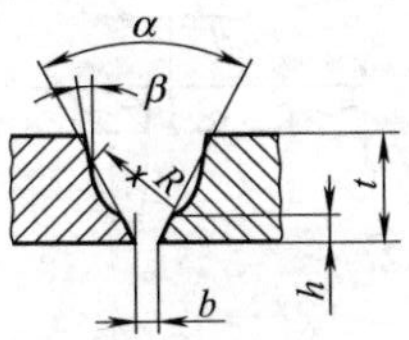	$60° \leqslant \alpha \leqslant 90°$ $8° \leqslant \beta \leqslant 12°$	$1 \leqslant b \leqslant 3$	—	≈4	111 13 141	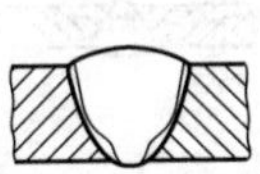	$6 \leqslant R \leqslant 9$
>12	V-V 形组合坡口		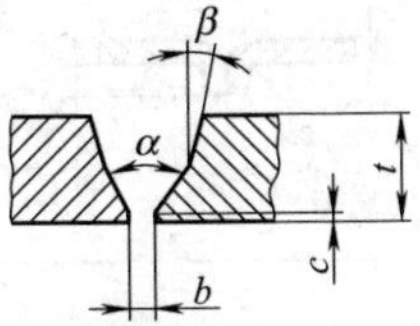	$60° \leqslant \alpha \leqslant 90°$ $10° \leqslant \beta \leqslant 15°$	$2 \leqslant b \leqslant 4$	>2	—	111 13 141	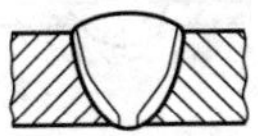	—
>12	U 形坡口		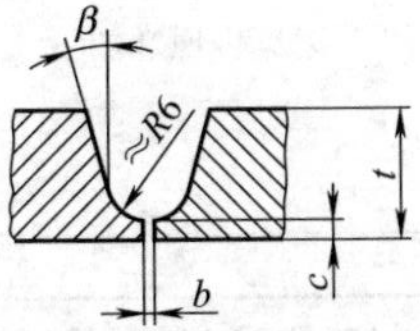	$8° \leqslant \beta \leqslant 12°$	≤4	≤3	—	111 13 141	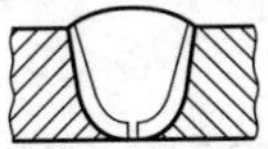	—

续表

母材厚度 t	坡口/接头种类	基本符号	横截面示意图	尺寸：坡口角 α 或坡口面角 β	尺寸：间隙 b	尺寸：钝边 c	尺寸：坡口深度 h	适用的焊接方法	焊缝示意图	备注
$3<t\leqslant10$	单边 V 形坡口	V	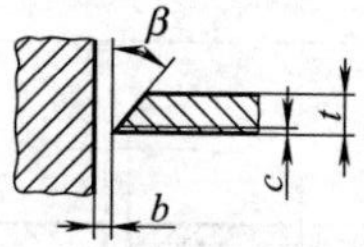 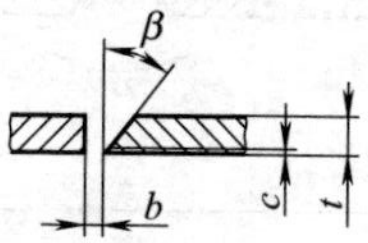	$35°\leqslant\beta\leqslant60°$	$2\leqslant b\leqslant4$	$1\leqslant c\leqslant2$	—	111 13 141	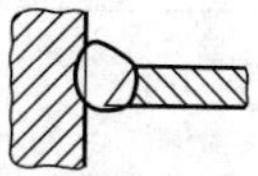 	—
>16	单边陡边坡口		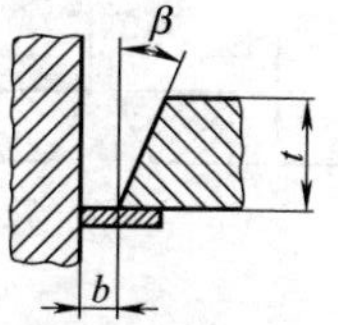	$15°\leqslant\beta\leqslant60°$	$6\leqslant b\leqslant12$	—	—	111	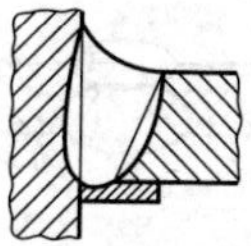	带衬垫
					≈12			13 141		
>16	J 形坡口	Ƴ	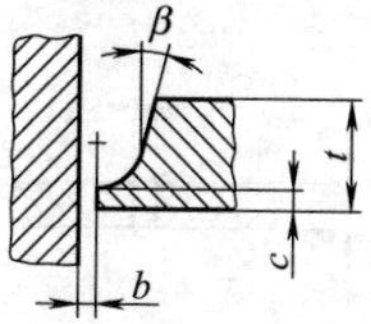	$10°\leqslant\beta\leqslant20°$	$2\leqslant b\leqslant4$	$1\leqslant c\leqslant2$	—	111 13 141	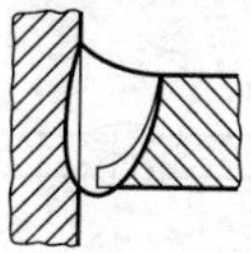	—
≤15	T 形接头		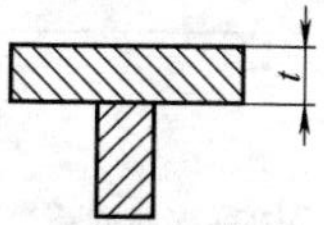	—	—	—	—	52		—
≤100								51		
≤15	T 形接头		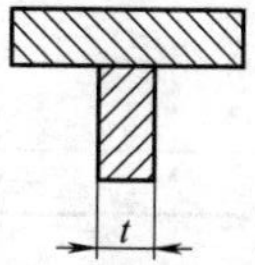	—	—	—	—	52		—
≤100								51		

续表

母材厚度 t	坡口/接头种类	基本符号	横截面示意图	双面对接坡口 尺寸 坡口角 α 或坡口面角 β	间隙 b	钝边 c	坡口深度 h	适用的焊接方法	焊缝示意图	备注
≤8	I 形坡口	‖	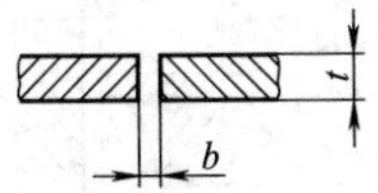	—	≈$t/2$	—	—	111 141 13		
≤15					0			52		
3≤t≤40	V 形坡口		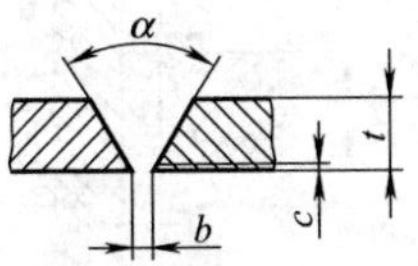	α≈60°	≤3	≤2	—	111 141	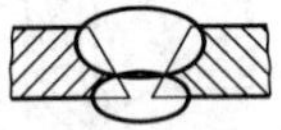	封底
				40°≤α≤60°				13		
>10	带钝边 V 形坡口		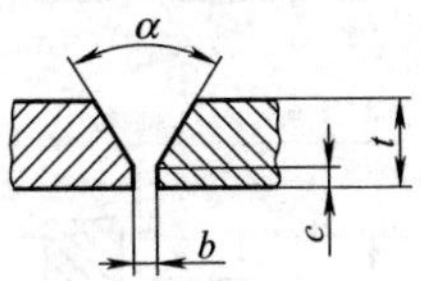	α≈60°	1≤b≤3	2≤c≤4	—	111 141		特殊情况下可适用更小的厚度和气保焊方法。注明封底
				40°≤α≤60°				13		
>10	双 V 形坡口（带钝边）	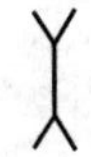	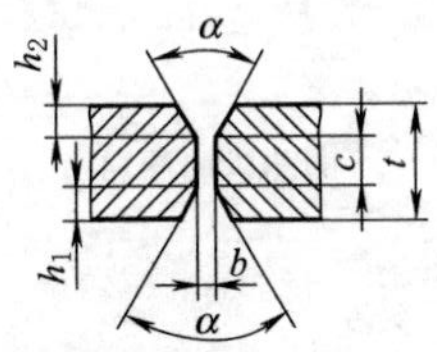	α≈60°	1≤b≤4	2≤c≤6	$h_1=h_2=\frac{t-c}{2}$	111 141	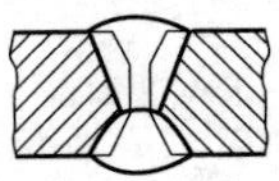	—
				40°≤α≤60°				13		

续表

母材厚度 t	坡口/接头种类	基本符号	横截面示意图	尺寸 坡口角 α 或坡口面角 β	尺寸 间隙 b	尺寸 钝边 c	尺寸 坡口深度 h	适用的焊接方法	焊缝示意图	备注
>10	双V形坡口		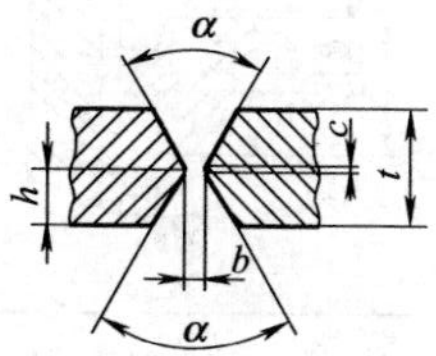	$\alpha \approx 60°$	$1 \leqslant b \leqslant 3$	$\leqslant 2$	$\approx t/2$	111 141	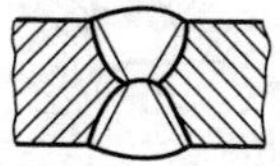	—
				$40° \leqslant \alpha \leqslant 60°$				13		
	非对称双V形坡口		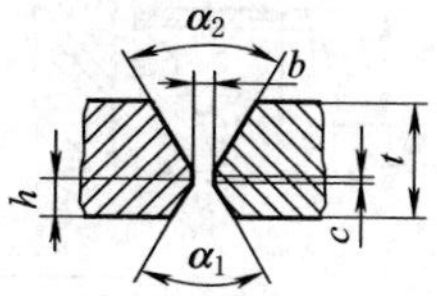	$\alpha_1 \approx 60°$ $\alpha_2 \approx 60°$			$\approx t/3$	111 141	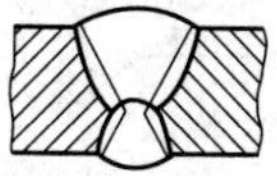	—
				$40° \leqslant \alpha_1 \leqslant 60°$ $40° \leqslant \alpha_2 \leqslant 60°$				13		
>12	U形坡口		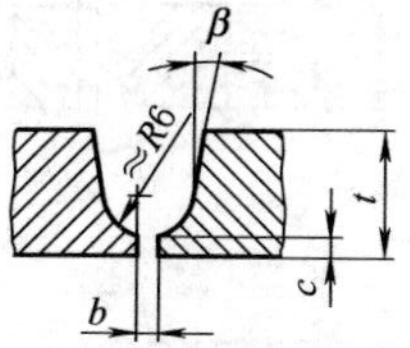	$8° \leqslant \beta \leqslant 12°$	$1 \leqslant b \leqslant 3$	≈ 5	—	111 13		封底
					$\leqslant 3$			141		
≥30	双U形坡口		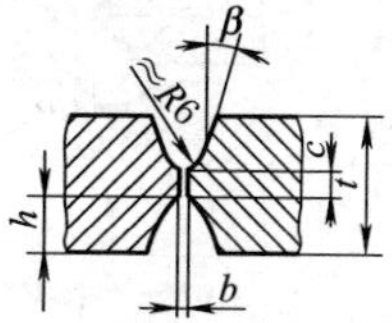	$8° \leqslant \beta \leqslant 12°$	$\leqslant 3$	≈ 3	$\approx \frac{t-c}{2}$	111 13 141	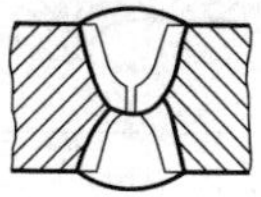	可制成与V形坡口相似的非对称坡口形式
$3 \leqslant t \leqslant 30$	单边V形坡口		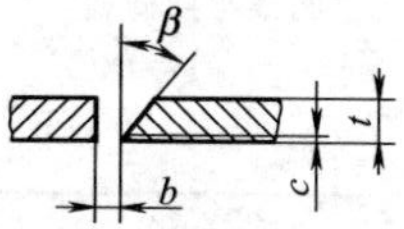	$35° \leqslant \beta \leqslant 60°$	$1 \leqslant b \leqslant 4$	$\leqslant 2$	—	111 13 141		封底

续表

母材厚度 t	坡口/接头种类	基本符号	横截面示意图	尺寸：坡口角 α 或坡口面角 β	尺寸：间隙 b	尺寸：钝边 c	尺寸：坡口深度 h	适用的焊接方法	焊缝示意图	备注
>10	K形坡口			$35° \leqslant \beta \leqslant 60°$	$1 \leqslant b \leqslant 4$	≤2	$\approx t/2$ 或 $\approx t/3$	111 13 141[a]		可制成与V形坡口相似的非对称坡口形式
>16	J形坡口			$10° \leqslant \beta \leqslant 20°$	$1 \leqslant b \leqslant 3$	≥2	—	111 13 141[a]		封底
>30	双J形坡口			$10° \leqslant \beta \leqslant 20°$	≤3	≥2	$\frac{t-c}{2}$	111 13 41		可制成与V形坡口相似的非对称坡口形式
						<2	$\approx t/2$			
≤25	T形接头			—	—	—	—	52		—
≤170								51		

续表

角焊缝的接头形式(单面焊)							
母材厚度 t	接头形式	基本符号	横截面示意图	尺寸		适用的焊接方法	焊缝示意图
				角度 α	间隙 b		
$t_1>2$ $t_2>2$	T形接头	◺	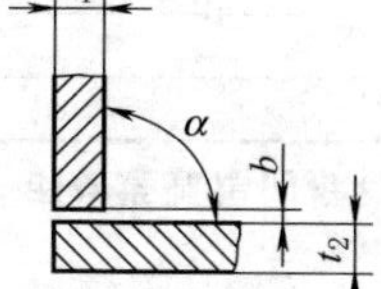	$70° \leqslant \alpha \leqslant 100°$	$\leqslant 2$	3 111 13 141	
$t_1>2$ $t_2>2$	搭接		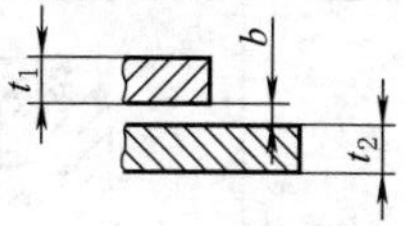	—	$\leqslant 2$	3 111 13 141	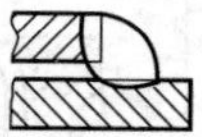
$t_1>2$ $t_2>2$	角接		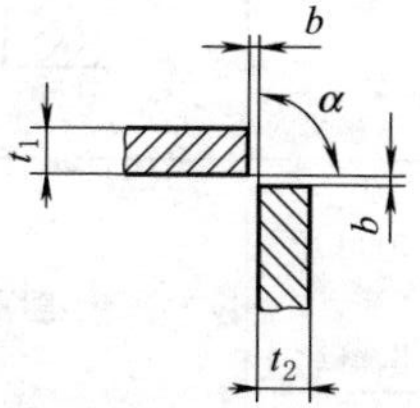	$60° \leqslant \alpha \leqslant 120°$	$\leqslant 2$	3 111 13 141	
$t_1>3$ $t_2>3$	角接		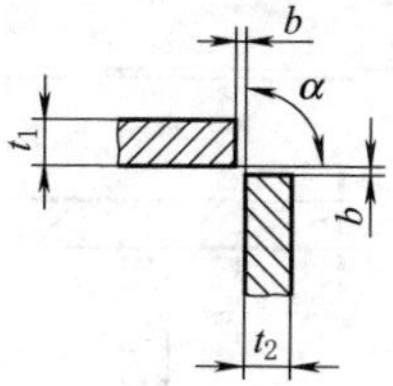	$70° \leqslant \alpha \leqslant 100°$	$\leqslant 2$	3 111 13 141	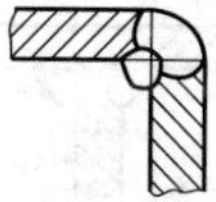
$t_1>2$ $t_2>5$	角接		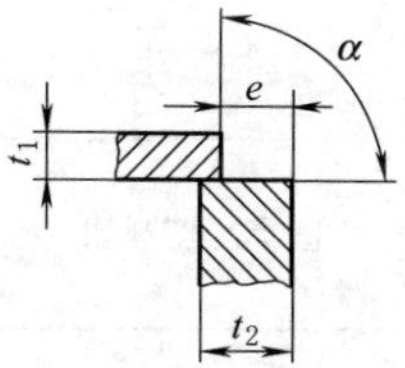	$60° \leqslant \alpha \leqslant 120°$	—	3 111 13 141	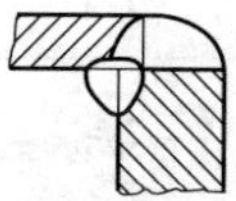

续表

母材厚度 t	接头形式	基本符号	横截面示意图	尺寸 角度 α	尺寸 间隙 b	适用的焊接方法	焊缝示意图
$2\leqslant t_1\leqslant 4$ $2\leqslant t_2\leqslant 4$	T形接头			—	≤2	3 111 13 141	
$t_1>4$ $t_2>4$					—		

窄间隙热丝焊坡口

母材厚度 t	坡口/接头种类	基本符号	横截面示意图	尺寸 坡口角 α 或坡口面角 β	尺寸 间隙 b	尺寸 钝边 c	尺寸 坡口深度 h	适用的焊接方法	焊缝示意图	备注
$20\leqslant t\leqslant 150$	U形坡口			$1°\leqslant\beta\leqslant 1.5°$	—	$c\approx 2$	—	141（热丝）		

注：1. 各类坡口适用于相应的焊接方法。必要时，也可采用两种以上适用方法组合焊接。
2. 焊接方法代号参见 GB/T 5185。

表 1-4-43　钢材埋弧焊的推荐坡口（摘自 GB/T 985．2—2008）　mm

单面对接焊坡口

工件厚度 t	焊缝 名称	焊缝 基本符号	焊缝 焊缝示意图	坡口形式和尺寸 横截面示意图	坡口形式和尺寸 坡口角 α 或坡口面角 β	坡口形式和尺寸 间隙 b、圆弧半径 R	坡口形式和尺寸 钝边 c	坡口形式和尺寸 坡口深度 h	焊接位置	备注
$3\leqslant t\leqslant 12$	平对接焊缝	‖			—	$b\leqslant 0.5t$ 最大 5	—	—	PA	带衬垫，衬垫厚度至少：5mm 或 $0.5t$

焊缝				坡口形式和尺寸					焊接位置	备注
工件厚度 t	名称	基本符号	焊缝示意图	横截面示意图	坡口角 α 或坡口面角 β	间隙 b、圆弧半径 R	钝边 c	坡口深度 h		
$10 \leqslant t \leqslant 20$	V 形焊缝		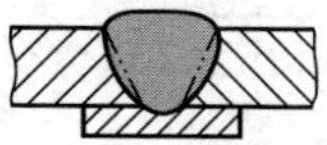	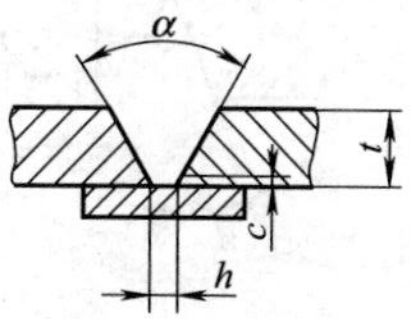	$30° \leqslant \alpha \leqslant 50°$	$4 \leqslant b \leqslant 8$	$c \leqslant 2$	—	PA	带衬垫，衬垫厚度至少：5mm 或 $0.5t$
$t>20$	陡边 V 形焊缝		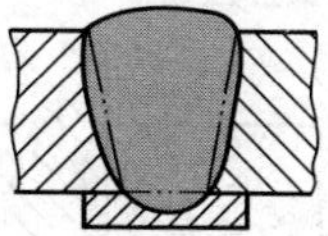	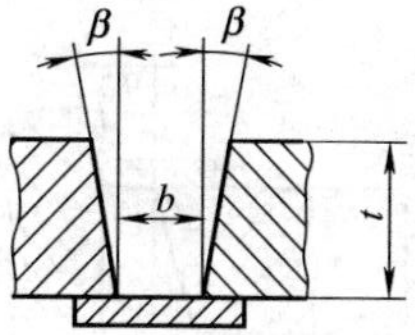	$4° \leqslant \beta \leqslant 10°$	$16 \leqslant b \leqslant 25$	—	—	PA	带衬垫，衬垫厚度至少：5mm 或 $0.5t$
$t>12$	双 V 形组合焊缝		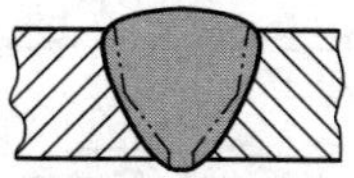	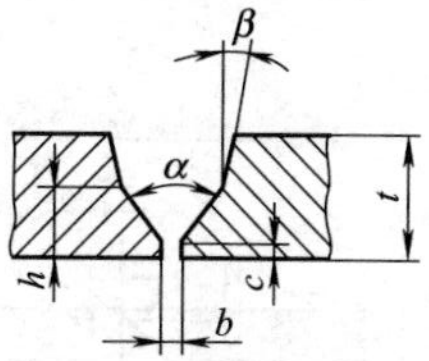	$60° \leqslant \alpha \leqslant 70°$ $4° \leqslant \beta \leqslant 10°$	$1 \leqslant b \leqslant 4$	$0 \leqslant c \leqslant 3$	$4 \leqslant h \leqslant 10$	PA	根部焊道可采用合适的方法焊接
$t \geqslant 12$	U-V 形组合焊缝		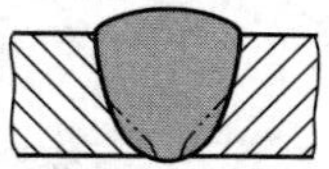	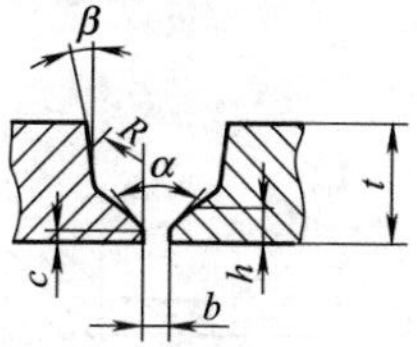	$60° \leqslant \alpha \leqslant 70°$ $4° \leqslant \beta \leqslant 10°$	$1 \leqslant b \leqslant 4$ $5 \leqslant R \leqslant 10$	$0 \leqslant c \leqslant 3$	$4 \leqslant h \leqslant 10$	PA	根部焊道可采用合适的方法焊接
$t \geqslant 30$	U 形焊缝		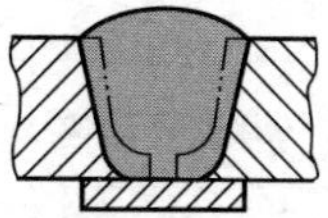	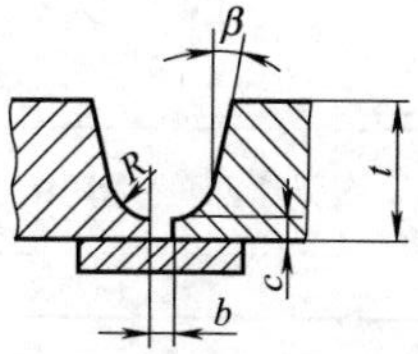	$4° \leqslant \beta \leqslant 10°$	$1 \leqslant b \leqslant 4$ $5 \leqslant R \leqslant 10$	$2 \leqslant c \leqslant 3$	—	PA	带衬垫，衬垫厚度至少：5mm 或 $0.5t$

续表

工件厚度 t	焊缝 名称	焊缝 基本符号	焊缝示意图	坡口形式和尺寸 横截面示意图	坡口角 α 或坡口面角 β	间隙 b、圆弧半径 R	钝边 c	坡口深度 h	焊接位置	备注
$3 \leqslant t \leqslant 16$	单边V形焊缝		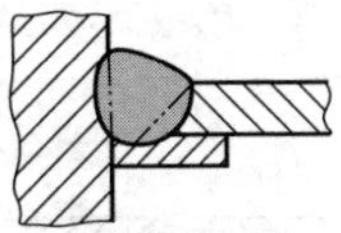 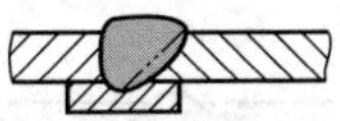	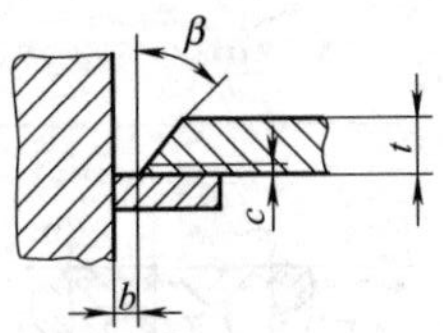 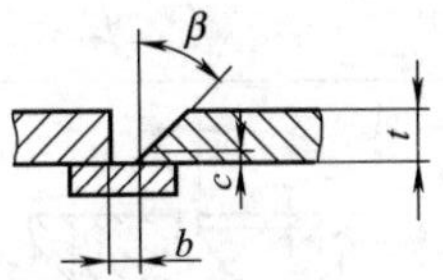	$30° \leqslant \beta \leqslant 50°$	$1 \leqslant b \leqslant 4$	$c \leqslant 2$	—	PA PB	带衬垫，衬垫厚度至少：5mm或0.5t
$t \geqslant 16$	单边陡边V形焊缝		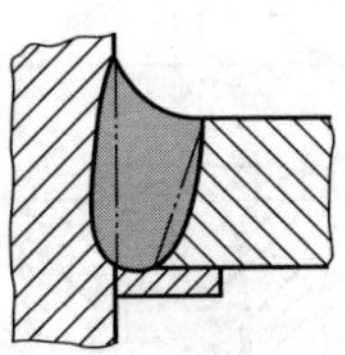	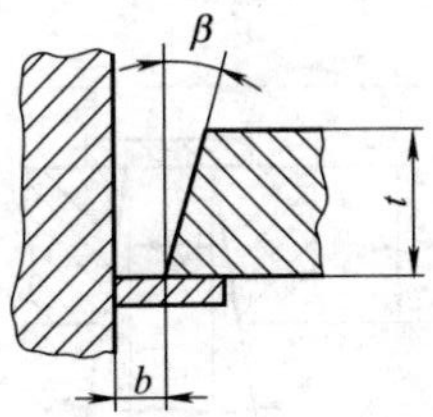	$8° \leqslant \beta \leqslant 10°$	$5 \leqslant b \leqslant 15$	—	—	PA PB	带衬垫，衬垫厚度至少：5mm或0.5t
$t \geqslant 16$	J形焊缝		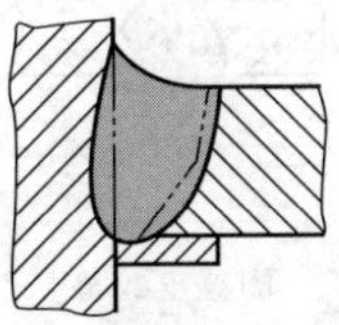	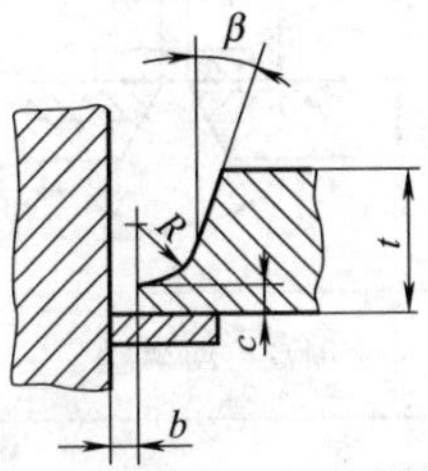	$4° \leqslant \beta \leqslant 10°$	$2 \leqslant b \leqslant 4$ $5 \leqslant R \leqslant 10$	$2 \leqslant c \leqslant 3$	—	PA PB	带衬垫，衬垫厚度至少：5mm或0.5t

续表

双面对接焊坡口										
工件厚度 t	焊缝			坡口形式和尺寸					焊接位置	备注
	名称	基本符号	焊缝示意图	横截面示意图	坡口角 α 或坡口面角 β	间隙 b、圆弧半径 R	钝边 c	坡口深度 h		
$3 \leqslant t \leqslant 20$	平对接焊接	‖	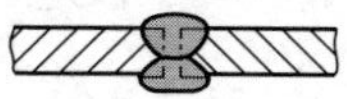	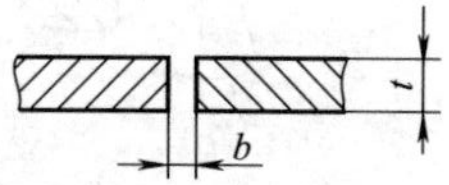	—	$b<2$	—	—	PA	间隙应符合公差要求
$10 \leqslant t \leqslant 35$	带钝边V形焊缝/封底		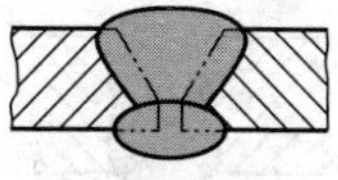	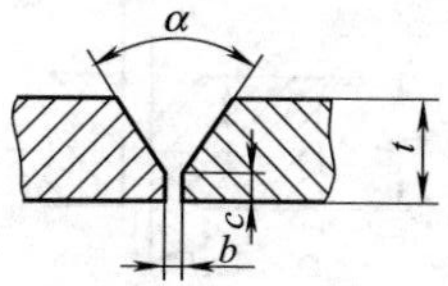	$30° \leqslant \alpha \leqslant 60°$	$b \leqslant 4$	$4 \leqslant c \leqslant 10$	—	PA	根据焊道可用其他方法焊接
$10 \leqslant t \leqslant 20$	V形焊缝/平对接焊缝		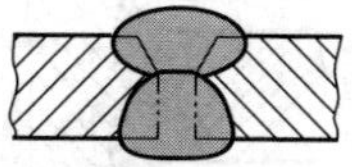	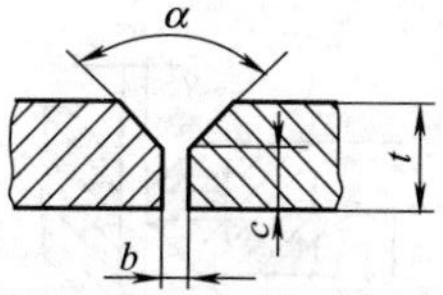	$60° \leqslant \alpha \leqslant 80°$	$b \leqslant 4$	$5 \leqslant c \leqslant 15$	—	PA	根据焊道可用其他方法焊接
$t \geqslant 16$	带钝边的双V形焊缝		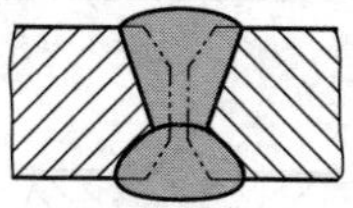	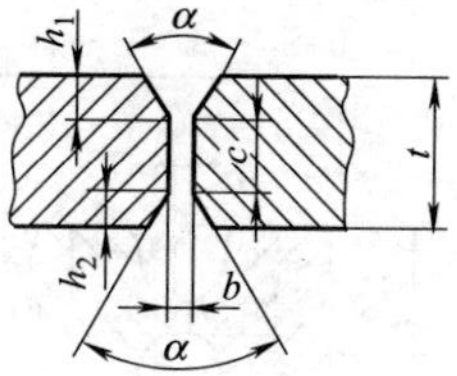	$30° \leqslant \alpha \leqslant 70°$	$b \leqslant 4$	$4 \leqslant c \leqslant 10$	$h_1 = h_2$	PA	—
$t \geqslant 30$	U形焊缝/封底焊缝		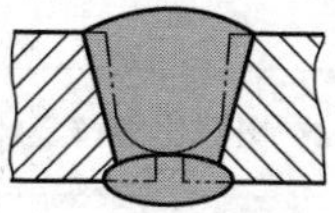	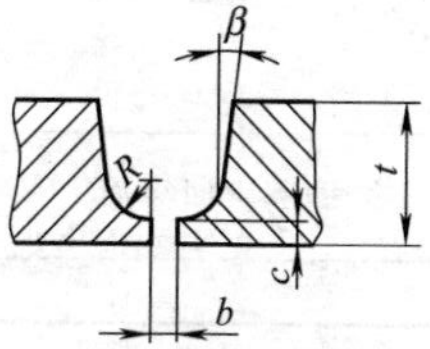	$5° \leqslant \beta \leqslant 10°$	$b \leqslant 4$ $5 \leqslant R \leqslant 10$	$4 \leqslant c \leqslant 10$	—	PA	—

续表

焊缝				坡口形式和尺寸					焊接位置	备注
工件厚度 t	名称	基本符号	焊缝示意图	横截面示意图	坡口角 α 或坡口面角 β	间隙 b、圆弧半径 R	钝边 c	坡口深度 h		
$t\geqslant50$	双 U 形焊缝		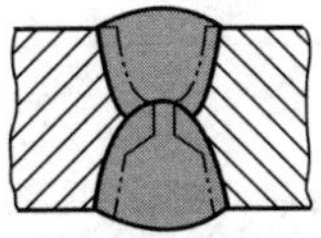	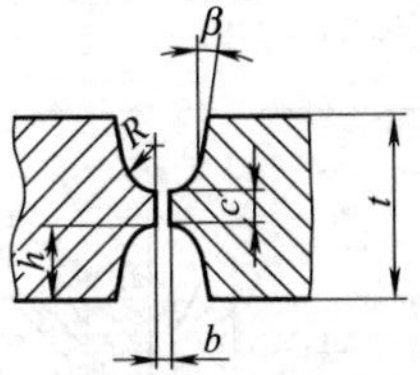	$5°\leqslant\beta\leqslant10°$	$b\leqslant4$ $5\leqslant R\leqslant10$	$4\leqslant c\leqslant10$	$h=0.5(t-c)$	PA	与双 V 形对称坡口相似，这种坡口可制成对称的形式
$t\geqslant12$	带钝边的 K 形焊缝	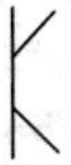	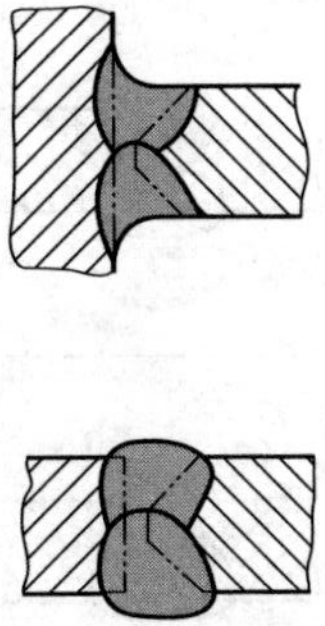	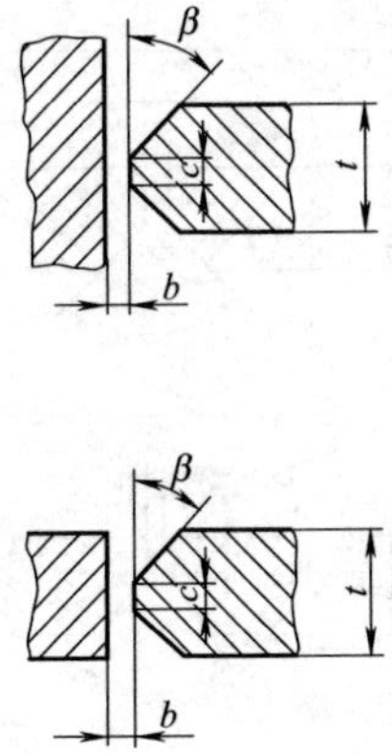	$30°\leqslant\beta\leqslant50°$	$b\leqslant4$	$4\leqslant c\leqslant10$	—	PA PB	与双 V 形对称坡口相似，这种坡口可制成对称的形式 必要时可进行打底焊
$t\geqslant20$	J 形焊缝/封底焊缝		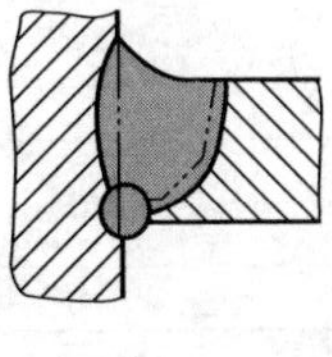	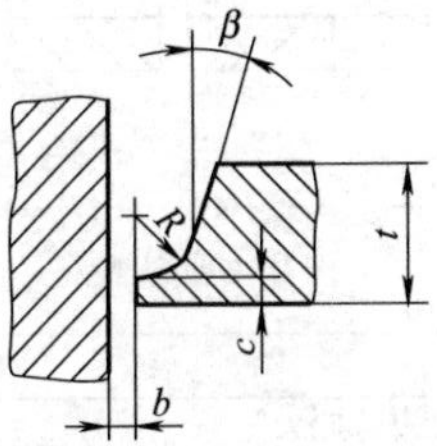	$5°\leqslant\beta\leqslant10°$	$b\leqslant4$ $5\leqslant R\leqslant10$	$4\leqslant c\leqslant10$	—	PA PB	必要时可进行打底焊接

续表

工件厚度 t	焊缝			坡口形式和尺寸					焊接位置	备　注
	名称	基本符号	焊缝示意图	横截面示意图	坡口角 α 或坡口面角 β	间隙 b、圆弧半径 R	钝边 c	坡口深度 h		
$t<12$	单边V形焊缝	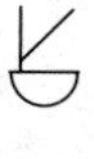	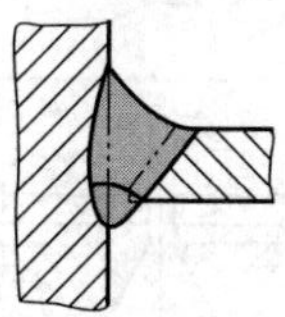	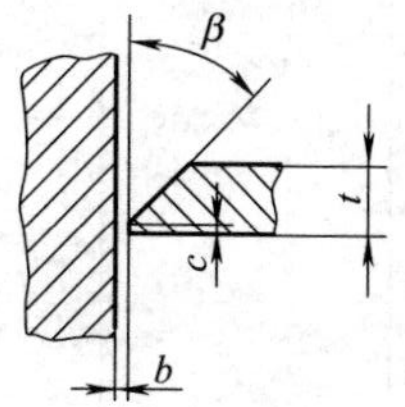	$30° \leqslant \beta \leqslant 50°$	$b \leqslant 4$	$c \leqslant 2$	—	PA PB	必要时可进行打底焊接
$t \geqslant 30$	双面J形焊缝		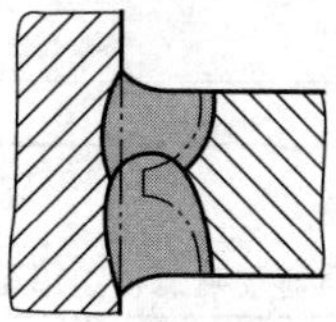	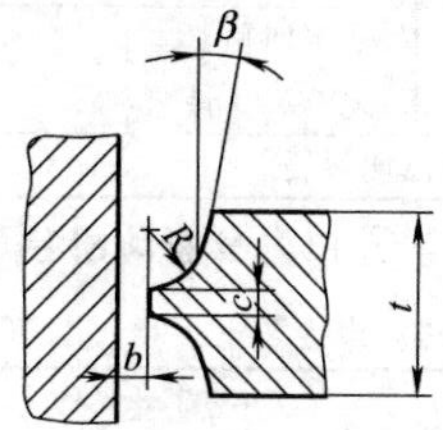	$5° \leqslant \beta \leqslant 10°$	$b \leqslant 4$ $5 \leqslant R \leqslant 10$	$2 \leqslant c \leqslant 7$	—	PA PB	与双V形对称坡口相似,这种坡口可制成对称的形式 必要时可进行打底焊
$t \leqslant 12$	双面J形焊缝		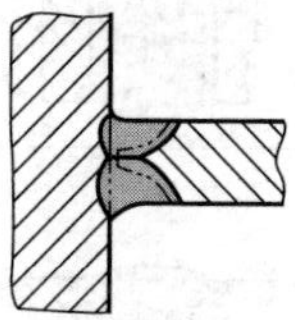	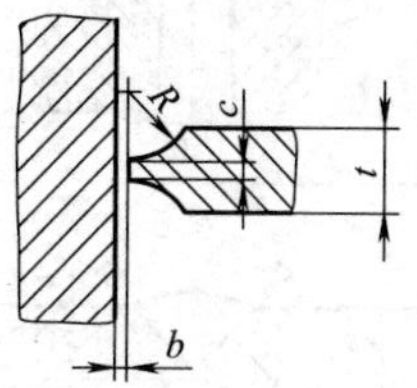	—	$b \leqslant 2$ $5 \leqslant R \leqslant 10$	$2 \leqslant c \leqslant 3$	—	PA PB	单道焊坡口
$t>12$	双面J形焊缝	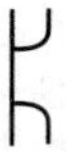	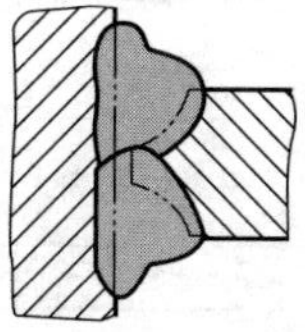	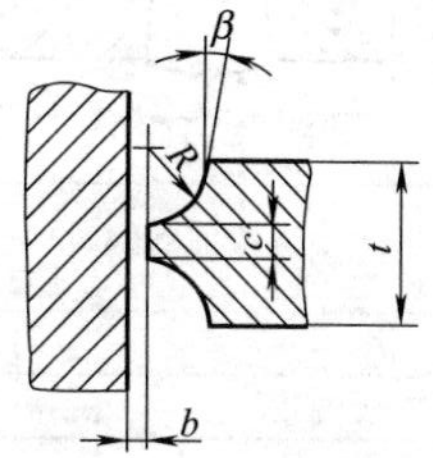	$5° \leqslant \beta \leqslant 10°$	$b \leqslant 4$ $5 \leqslant R \leqslant 10$	$2 \leqslant c \leqslant 7$	—	PA PB	多道焊坡口 必要时可进行打底焊接

续表

工件厚度 t	焊缝 名称	基本符号	焊缝示意图	横截面示意图	坡口角 α 或坡口面角 β	间隙 b、圆弧半径 R	钝边 c	坡口深度 h	焊接位置	备注
窄间隙埋弧焊坡口										
$t \geqslant 30$	UY 形坡口		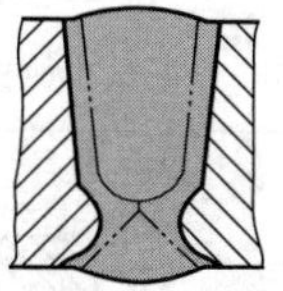	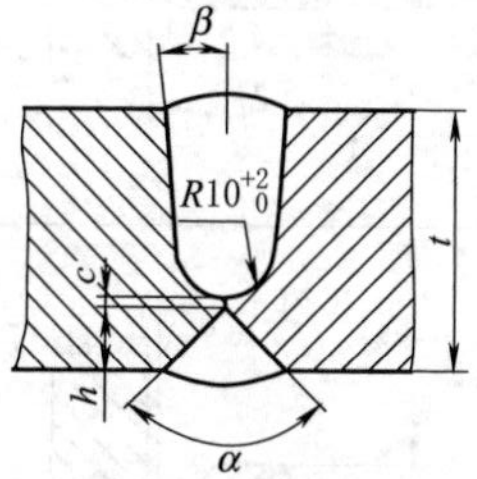	$1° \leqslant \beta \leqslant 1.5°$ $85° \leqslant \alpha \leqslant 95°$	$0 \leqslant b \leqslant 2$	$c \approx 2$	$4 \leqslant h \leqslant 10$	PA	适用于环缝，V 形坡口侧焊条电弧焊封底
					$1.5° \leqslant \beta \leqslant 2°$ $85° \leqslant \alpha \leqslant 95°$	$0 \leqslant b \leqslant 2$	$c \approx 2$	$4 \leqslant h \leqslant 10$	PA	适用于纵缝，V 形坡口侧焊条电弧焊封底
$t \geqslant 30$	陡边 V 形坡口	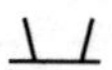	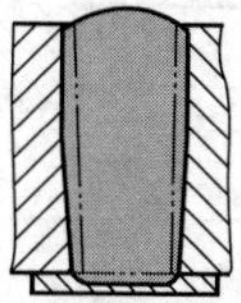	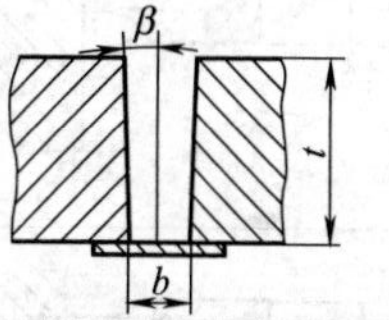	$1.5° \leqslant \beta \leqslant 2°$	$b \approx 20$	—	—	PA	带衬垫，衬垫厚度至少：10mm

注：本表按照完全熔透的原则，规定了对接接头的坡口形式和尺寸。对于不完全熔透的对接接头，允许采用其他形式的焊接坡口。

表 1-4-44　复合钢的推荐坡口（摘自 GB/T 985.4—2008）

mm

工件厚度 t_1	坡口	示意图	坡口角 α、坡口面角 β	间隙 b、半径 R	钝边 c	坡口深度 h	复合层去除宽度 e	备注
复合钢双面焊坡口								
$t_1 \leqslant 18$	带钝边的 V 形对接焊缝	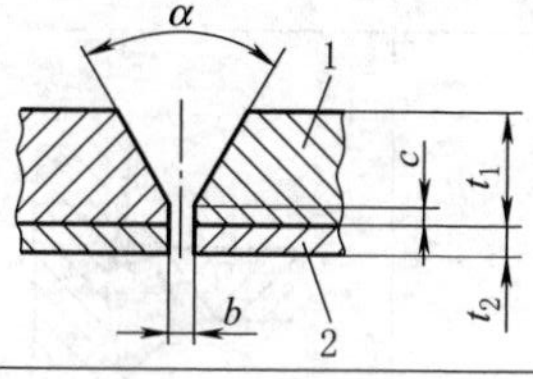	$50° < \alpha < 70°$ $5° < \beta < 15°$	$4 < R < 8$ $b \leqslant 3$	$2 \leqslant c \leqslant 4$	—	—	在复合层侧进行背面打磨或机械加工
$t_1 \leqslant 18$	U 形对接焊缝	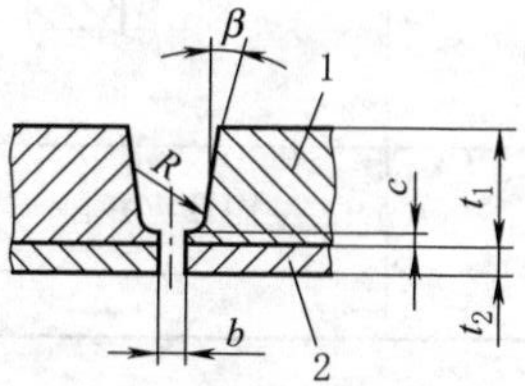						

续表

工件厚度 t_1	坡口	示意图	坡口角 α、坡口面角 β	间隙 b、半径 R	钝边 c	坡口深度 h	复合层去除宽度 e	备注
$t_1>18$	双 V 形焊缝	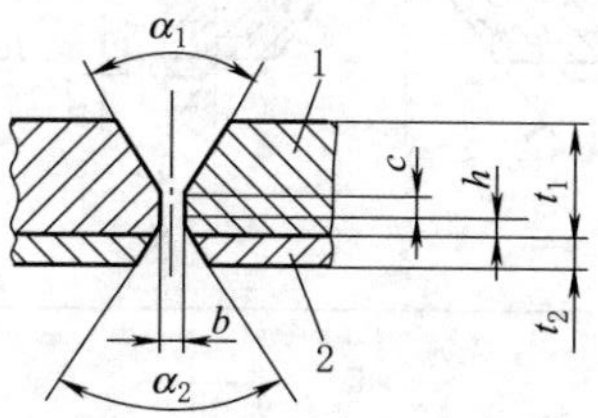	$50°\leqslant\alpha\leqslant70°$ $5°\leqslant\beta\leqslant15°$	$4\leqslant R\leqslant8$ $b\leqslant3$	$2\leqslant c\leqslant6$	$b=3$	—	
$t_1>18$	U-V 形组合焊缝	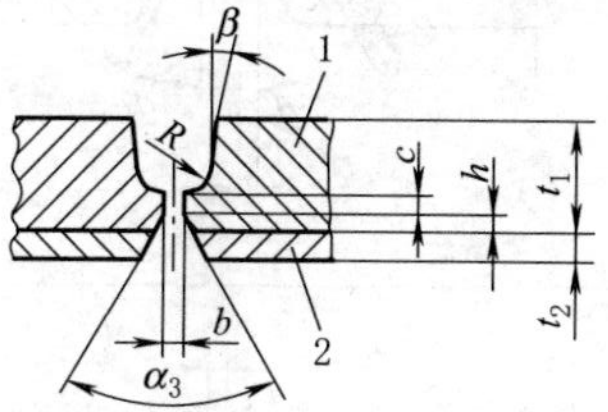						
复合钢双面焊坡口(复合层做去除加工处理)								
$t_1\leqslant18$	V 形对接焊缝	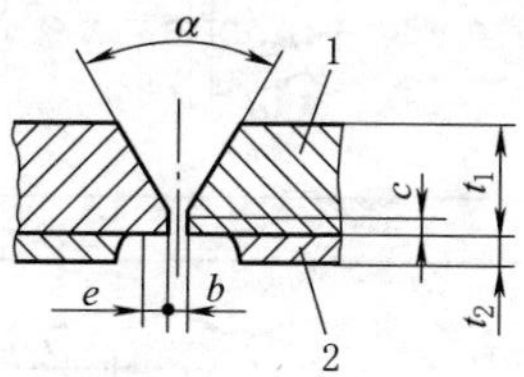	$50°\leqslant\alpha\leqslant70°$ $5°\leqslant\beta\leqslant15°$	$3\leqslant b\leqslant5$ $4\leqslant R\leqslant8$	$c\leqslant2$	—	$e\geqslant4$	建议进行背面打磨或机械加工 邻近的复合层表面应做保护处理,防止打磨颗粒影响 采用埋弧焊时,e 至少应 8mm
$t_1\leqslant18$	U 形对接焊缝	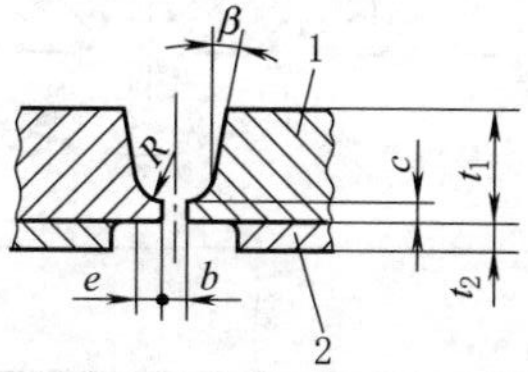						

续表

工件厚度 t_1	坡口	示意图	坡口角 α、坡口面角 β	间隙 b、半径 R	钝边 c	坡口深度 h	复合层去除宽度 e	备注
$t_1>18$	双V形焊缝	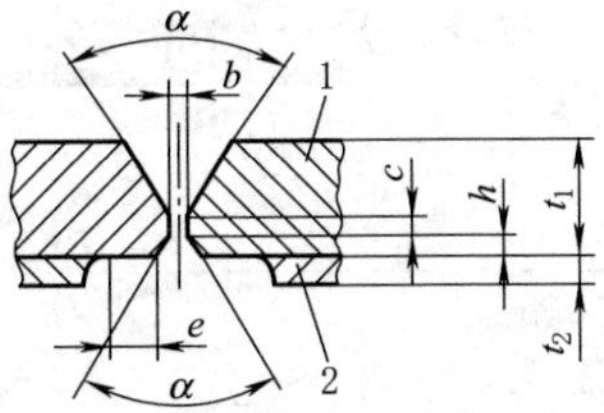	$50°\leqslant\alpha\leqslant70°$	$3\leqslant b\leqslant5$	$c\leqslant2$	$h\approx\frac{1}{3}t_1$	$e\geqslant4$	
复合钢单面焊坡口								
$t_1<18$	V形对接焊缝	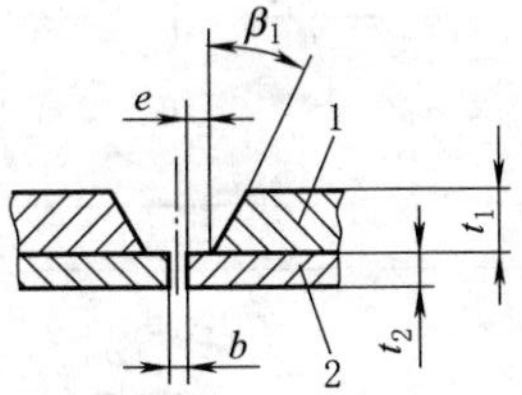	$20°\leqslant\beta_1\leqslant45°$ $20°\leqslant\beta_2\leqslant45°$	$2\leqslant b\leqslant4$	—	—	$e\geqslant3$	
$t_1<18$	V-V形组合焊缝	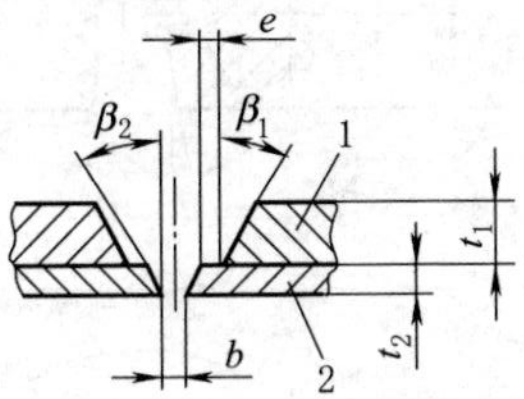						
$t_1\leqslant18$ $1\leqslant t_1\leqslant4$	管道焊缝	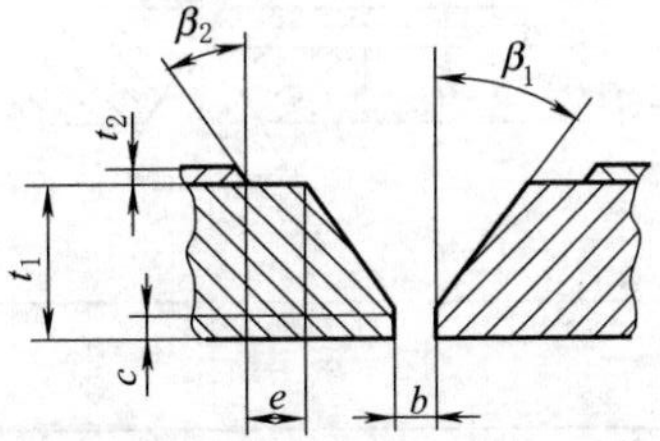	$30°\leqslant\beta_1\leqslant40°$ $20°\leqslant\beta_2\leqslant45°$	$1\leqslant b\leqslant4$	$c\leqslant2$	—	$e\geqslant2$	适合管道焊接

续表

复合钢焊接坡口（带衬垫、垫板或盖板）								
工件厚度 t_1	坡口	示意图	坡口角 α、坡口面角 β	间隙 b、半径 R	钝边 c	坡口深度 h	复合层去除宽度 e	备注
$t_1 \leqslant 18$	V 形 对接焊缝	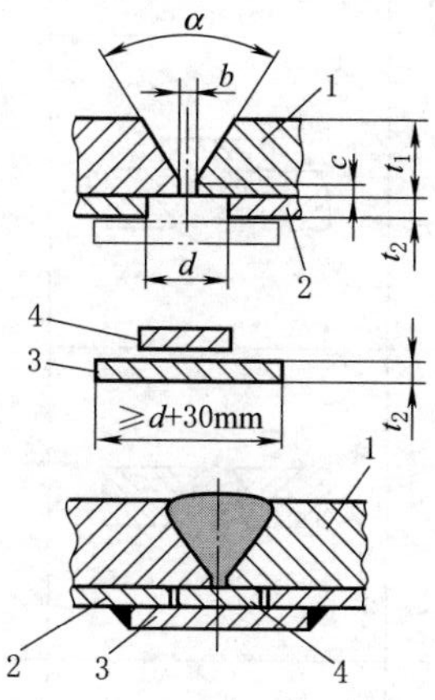	$50° \leqslant \alpha \leqslant 70°$	$b \leqslant 3$	$c \leqslant 2$	—	—	为了组成坡口，在复合层去除之后在复合层一侧放置插件（其尺寸约为： $d \approx (b+10)t_2$ $t_3 \geqslant t_2$
$t_1 \leqslant 18$	V 形 对接焊缝	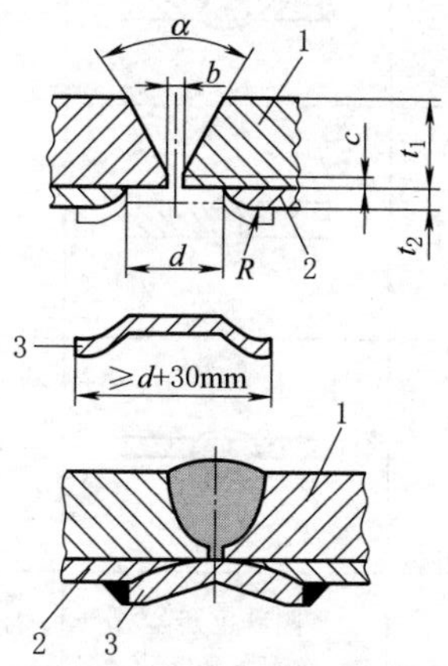	$50° \leqslant \alpha \leqslant 70°$	$b \leqslant 3$ $R > 10$	$c \leqslant 2$	—	—	复合层去除宽度： $d \approx b+15$

注：1. 示意图中：1—基材；2—复合层；3—盖板；4—垫板；t_2—复合层厚度。

2. 本表推荐的焊接坡口通常适合所有可焊的复合钢。但复合层含有钛、锆及其合金时，因为可能产生脆化层，必要时可做适当修正。

表 1-4-45　　铝及铝合金气体保护焊的推荐坡口（摘自 GB/T 985.3—2008）　　mm

单面对接焊坡口										
焊缝				坡口形式及尺寸					适用的焊接方法	备注
工件厚度 t	名称	基本符号	焊缝示意图	横截面示意图	坡口角 α 或坡口面角 β	间隙 b	钝边 c	其他尺寸		
$t \leqslant 2$	卷边焊缝	八		$\leqslant t+1$; $r \approx t$; t	—	—	—	—	141	
$t \leqslant 4$	I 形焊缝	‖		b; t	—	$b \leqslant 2$	—	—	141	建议根部倒角
$2 \leqslant t \leqslant 4$	带衬垫的 I 形焊缝	‖		b; t	—	$b \leqslant 1.5$	—	—	131	
$3 \leqslant t \leqslant 5$	V 形焊缝	V		α; t; c; b	$\alpha \geqslant 50°$	$b \leqslant 3$	$c \leqslant 2$	—	141	
					$60° \leqslant \alpha \leqslant 90°$	$b \leqslant 2$			131	
$3 \leqslant t \leqslant 5$	带衬垫的 V 形焊缝	V		α; t; c; b	$60° \leqslant \alpha \leqslant 90°$	$b \leqslant 4$	$c \leqslant 2$	—	131	
$8 \leqslant t \leqslant 20$	带衬垫的陡边焊缝	⊔		β; β; b; t	$15° \leqslant \beta \leqslant 20°$	$3 \leqslant b \leqslant 10$	—	—	131	

续表

工件厚度 t	焊缝 名称	焊缝 基本符号	焊缝 焊缝示意图	坡口形式及尺寸 横截面示意图	坡口形式及尺寸 坡口角 α 或坡口面角 β	坡口形式及尺寸 间隙 b	坡口形式及尺寸 钝边 c	坡口形式及尺寸 其他尺寸	适用的焊接方法	备注
$3 \leqslant t \leqslant 15$	带钝边 V 形焊缝	Y	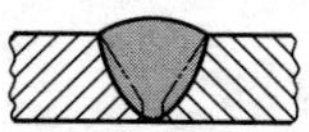	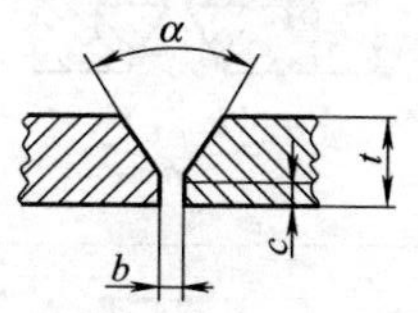	$\alpha \geqslant 50°$	$b \leqslant 2$	$c \leqslant 2$	—	131 141	
$6 \leqslant t \leqslant 25$	带钝边 V 形焊缝（带衬垫）	Y	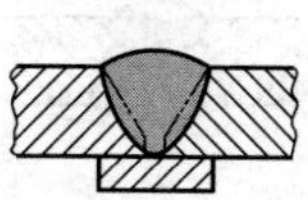	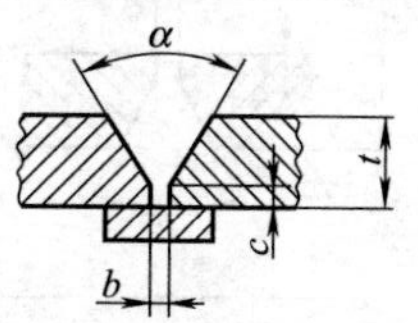	$\alpha \geqslant 50°$	$4 \leqslant b \leqslant 10$	$c = 3$	—	131	
板 $t \geqslant 12$ 管 $t \geqslant 5$	带钝边 U 形焊缝	U	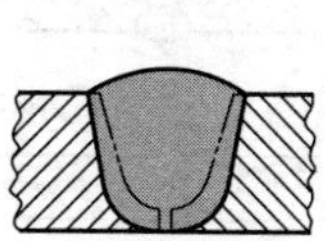	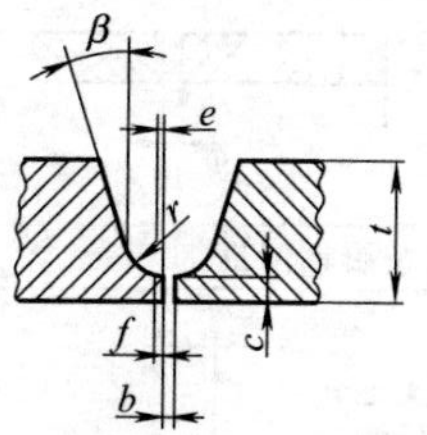	$15° \leqslant \beta \leqslant 20°$	$b \leqslant 2$	$2 \leqslant c \leqslant 4$	$4 \leqslant r \leqslant 6$ $3 \leqslant f \leqslant 4$ $0 \leqslant e \leqslant 4$	141	
$5 \leqslant t \leqslant 30$	带钝边 U 形焊缝	U			$15° \leqslant \beta \leqslant 20°$	$1 \leqslant b \leqslant 3$	$2 \leqslant c \leqslant 4$	$4 \leqslant r \leqslant 6$ $3 \leqslant f \leqslant 4$ $0 \leqslant e \leqslant 4$	131	根部焊道建议采用 TIG 焊（141）
$4 \leqslant t \leqslant 10$	单边 V 形焊缝	V			$\beta \geqslant 50°$	$b \leqslant 3$	$c \leqslant 2$	—	131 141	
$3 \leqslant t \leqslant 20$	带衬垫单边 V 形焊缝	V	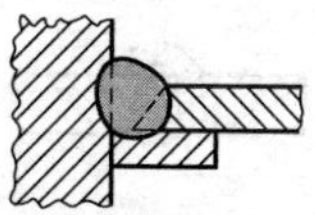 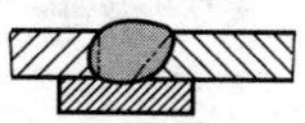	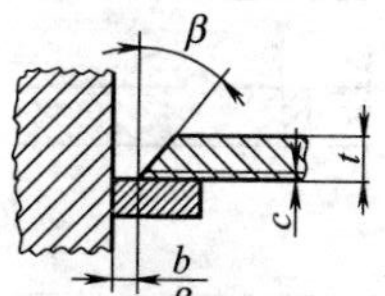 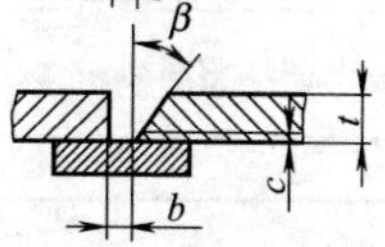	$50° \leqslant \beta \leqslant 70°$	$b \leqslant 6$	$c \leqslant 2$	—	131 141	

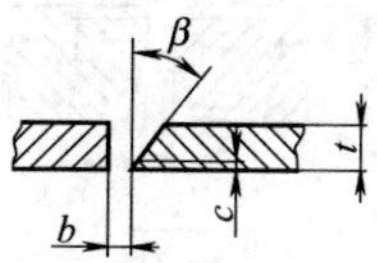

续表

焊缝				坡口形式及尺寸					适用的焊接方法	备注
工件厚度 t	名称	基本符号	焊缝示意图	横截面示意图	坡口角 α 或坡口面角 β	间隙 b	钝边 c	其他尺寸		
$2\leqslant t\leqslant 20$	锁底焊缝	—			$20°\leqslant\beta\leqslant 40°$	$b\leqslant 3$	$1\leqslant c\leqslant 3$	—	131 141	
$6\leqslant t\leqslant 40$	锁底焊缝	—	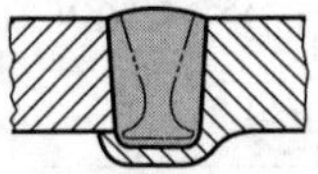	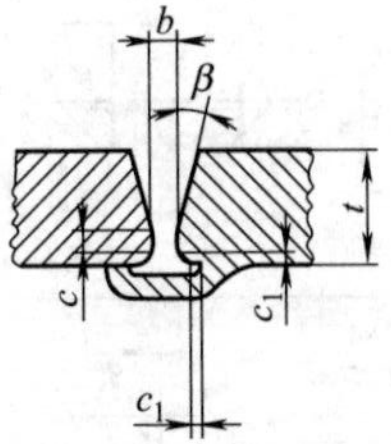	$10°\leqslant\beta\leqslant 20°$	$0\leqslant b\leqslant 3$	$2\leqslant c\leqslant 3$	$c_1\geqslant 1$	131 141	
双面对接焊坡口										
$6\leqslant t\leqslant 20$	I形焊缝	‖	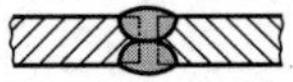	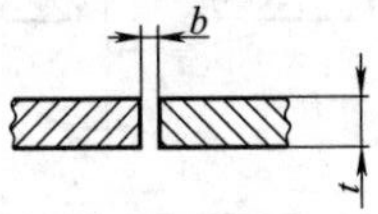	—	$b\leqslant 6$	—	—	131 141	
$6\leqslant t\leqslant 15$	带钝边V形焊缝封底	Y / ◡	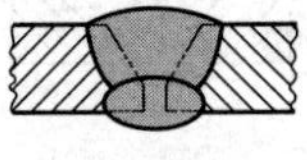	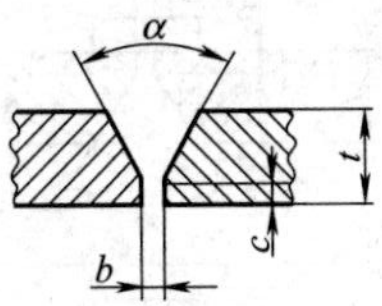	$\alpha\geqslant 50°$	$b\leqslant 3$	$2\leqslant c\leqslant 4$	—	141 131	
$6\leqslant t\leqslant 15$	双面V形焊缝	X	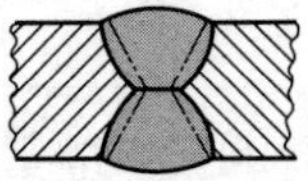	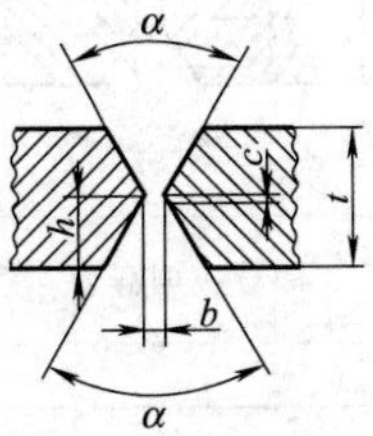	$\alpha\geqslant 60°$	$\leqslant 3$	$c\leqslant 2$	—	141	
$t>15$					$\alpha\geqslant 70°$		$c\leqslant 2$		131	

续表

焊缝				坡口形式及尺寸					适用的焊接方法	备注
工件厚度 t	名称	基本符号	焊缝示意图	横截面示意图	坡口角 α 或坡口面角 β	间隙 b	钝边 c	其他尺寸		
$6\leqslant t\leqslant 15$	带钝边双面V形焊缝		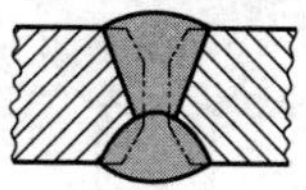	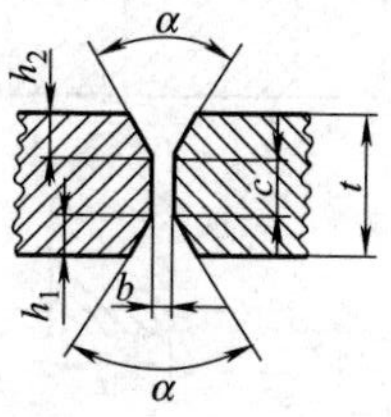	$\alpha\geqslant 50°$	$b\leqslant 3$	$2\leqslant c\leqslant 4$	$h_1=h_2$	141	
$t>15$					$60°\leqslant\alpha\leqslant 70°$		$2\leqslant c\leqslant 6$		131	
$3\leqslant t\leqslant 15$	单边V形焊缝封底		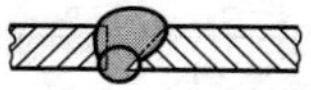	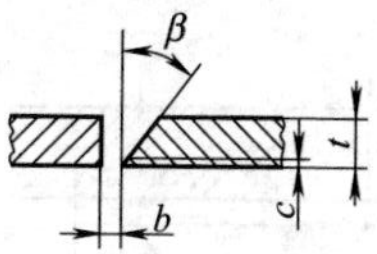	$\beta\geqslant 50°$	$b\leqslant 3$	$c\leqslant 2$	—	141 131	
$t\geqslant 15$	带钝边双面U形焊缝		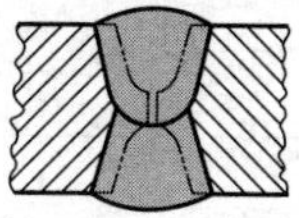	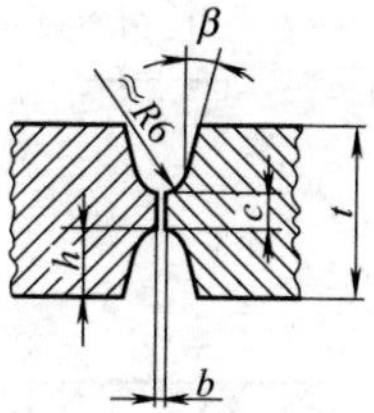	$15°\leqslant\beta\leqslant 20°$	$b\leqslant 3$	$2\leqslant c\leqslant 4$	$h=0.5(t-c)$	131	
T形接头										
—	单面角焊缝		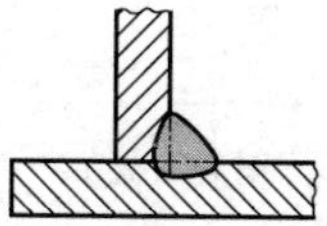	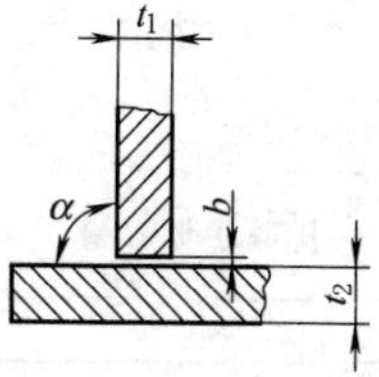	$\alpha=90°$	$b\leqslant 2$	—	—	141 131	

续表

焊缝				坡口形式及尺寸					适用的焊接方法	备注
工件厚度 t	名称	基本符号	焊缝示意图	横截面示意图	坡口角 α 或坡口面角 β	间隙 b	钝边 c	其他尺寸		
—	双面角焊缝		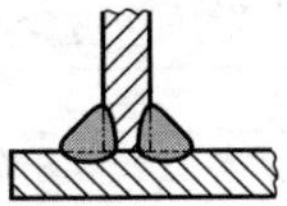	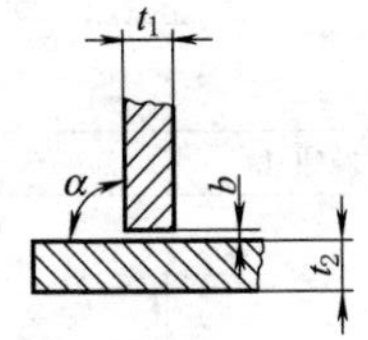	$\alpha=90°$	$b\leqslant2$	—	—	141 131	
$t_1\geqslant15$	单 V 形焊缝		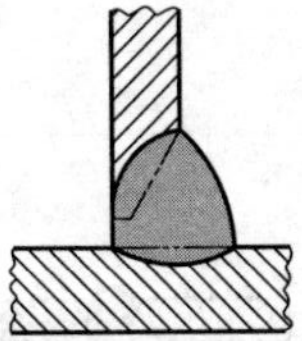	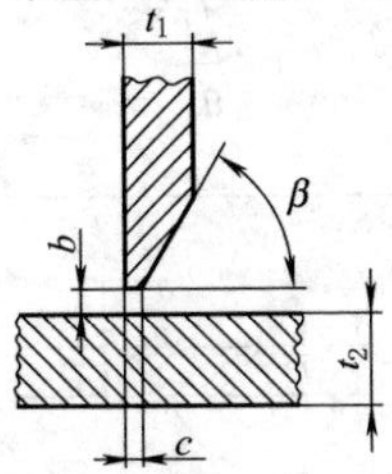	$\beta\geqslant50°$	$b\leqslant2$	$c\leqslant2$	$t_2\geqslant5$	141 131	
$t_1\geqslant8$	双 V 形焊缝		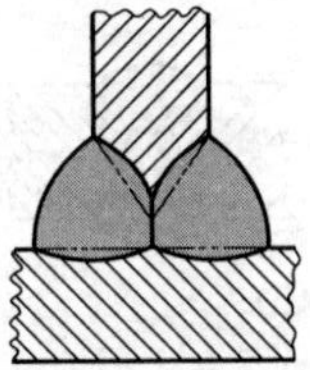	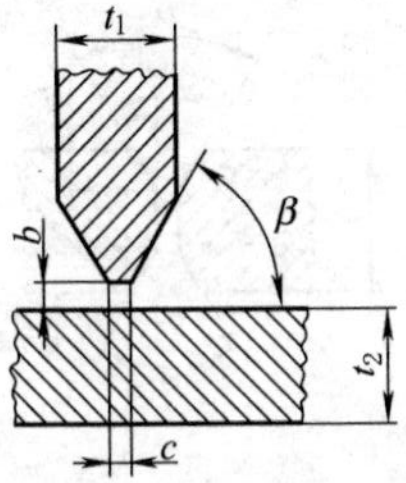	$\beta\geqslant50°$	$b\leqslant2$	$c\leqslant2$	$t_2\geqslant8$	141 131	采用双人双面同时焊接工艺时，坡口尺寸可适当调整

注：同表 1-4-43。

不同厚度钢板的对接焊接

不同厚度钢板对接焊接时，如果两板厚度差（$\delta-\delta_1$）不超过表 1-4-46 规定，则焊接接头的基本型式与尺寸按较厚板的尺寸数据来选取，否则，应在较厚的板上作出单面（如表中图 a）或双面（如图 b）削薄，其削薄长度 $L\geqslant3(\delta-\delta_1)$。

表 1-4-46

mm

(a) (b)	较薄板的厚度 δ_1	≥2~5	>5~9	>9~12	>12
	允许厚度差($\delta-\delta_1$)	1	2	3	4

表 1-4-47　　铜及铜合金焊接坡口型式及尺寸（参数）

mm

<table>
<tr><td colspan="3">坡口型式</td><td></td><td></td><td></td><td colspan="2"></td><td></td><td></td></tr>
<tr><td rowspan="24">坡口尺寸</td><td rowspan="4">氧-乙炔气焊</td><td>板厚</td><td>1~3</td><td>3~6</td><td>3~6</td><td colspan="2">5~10</td><td>10~15</td><td>15~25</td></tr>
<tr><td>间隙 a</td><td>1~1.5</td><td>1~2</td><td>3~4</td><td colspan="2">1~3</td><td>2~3</td><td>2~3</td></tr>
<tr><td>钝边 p</td><td>—</td><td>—</td><td>—</td><td colspan="2">1.5~3</td><td>1.5~3</td><td>1~3</td></tr>
<tr><td>角度 α/(°)</td><td>—</td><td>—</td><td>—</td><td colspan="4">60~80</td></tr>
<tr><td rowspan="4">手工电弧焊</td><td>板厚</td><td>—</td><td>—</td><td>—</td><td colspan="2">5~10</td><td>—</td><td>10~20</td></tr>
<tr><td>间隙 a</td><td>—</td><td>—</td><td>—</td><td colspan="2">0~2</td><td>—</td><td>0~2</td></tr>
<tr><td>钝边 p</td><td>—</td><td>—</td><td>—</td><td colspan="2">1~3</td><td>—</td><td>1.5~2</td></tr>
<tr><td>角度 α/(°)</td><td>—</td><td>—</td><td>—</td><td colspan="2">60~70</td><td>—</td><td>60~80</td></tr>
<tr><td rowspan="4">碳弧焊</td><td>板厚</td><td>3~5</td><td>—</td><td colspan="3">5~10</td><td>—</td><td>10~20</td></tr>
<tr><td>间隙 a</td><td>2~2.5</td><td>—</td><td>2~3</td><td colspan="2">2~2.5</td><td>—</td><td>2~2.5</td></tr>
<tr><td>钝边 p</td><td>—</td><td>—</td><td>3~4</td><td colspan="2">1~2</td><td>—</td><td>1.5~2</td></tr>
<tr><td>角度 α/(°)</td><td>—</td><td>—</td><td>—</td><td colspan="4">60~80</td></tr>
<tr><td rowspan="4">钨极手工氩弧焊</td><td>板厚</td><td>3</td><td>—</td><td>—</td><td colspan="2">6</td><td>12~18</td><td>>24</td></tr>
<tr><td>间隙 a</td><td>0~1.5</td><td>—</td><td>—</td><td colspan="4">0~1.5</td></tr>
<tr><td>钝边 p</td><td>—</td><td>—</td><td>—</td><td colspan="2">1.5</td><td colspan="2">1.5~3</td></tr>
<tr><td>角度 α/(°)</td><td>—</td><td>—</td><td>—</td><td colspan="2">70~80</td><td colspan="2">80~90</td></tr>
<tr><td rowspan="4">熔化极自动氩弧焊</td><td>板厚</td><td>3~4</td><td>6</td><td>—</td><td colspan="2">8~10</td><td>12</td><td>—</td></tr>
<tr><td>间隙 a</td><td>1</td><td>2.5</td><td>—</td><td colspan="2">1~2</td><td>1~2</td><td>—</td></tr>
<tr><td>钝边 p</td><td>—</td><td>—</td><td>—</td><td colspan="2">2.5~3</td><td>2~3</td><td>—</td></tr>
<tr><td>角度 α/(°)</td><td>—</td><td>—</td><td>—</td><td colspan="2">60~70</td><td>70~80</td><td>—</td></tr>
<tr><td rowspan="4">埋弧自动焊</td><td>板厚</td><td>3~4</td><td>5~6</td><td>—</td><td>8~10</td><td>12~16</td><td>21~25</td><td>≥20</td></tr>
<tr><td>间隙 a</td><td>1</td><td>2.5</td><td>—</td><td>2~3</td><td>2.5~3</td><td>1~3</td><td>1~2</td></tr>
<tr><td>钝边 p</td><td>—</td><td>—</td><td>—</td><td colspan="2">3~4</td><td>4</td><td>2</td></tr>
<tr><td>角度 α/(°)</td><td>—</td><td>—</td><td>—</td><td>60~70</td><td>70~80</td><td>80</td><td>60~65</td></tr>
</table>

表 1-4-48　　铅焊接接头坡口型式及尺寸（参数）

mm

板厚	坡口尺寸	板厚	坡口尺寸
<3	1~2.5	4~15	30°~90° 1~2.5 1~2

续表

板厚	坡口尺寸	板厚	坡口尺寸
>15	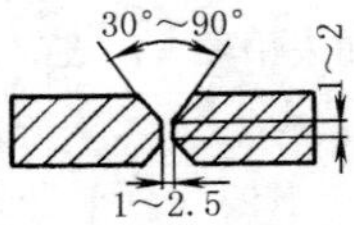 30°～90°；1～2；1～2.5	≤7	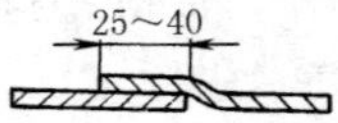 25～40
<3	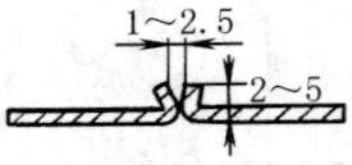 1～2.5；2～5	≤7	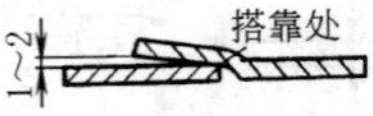 1～2；搭靠处

焊缝强度计算

焊缝静载强度计算见表 1-4-49，不同外形的角焊缝的计算厚度见图 1-4-3。

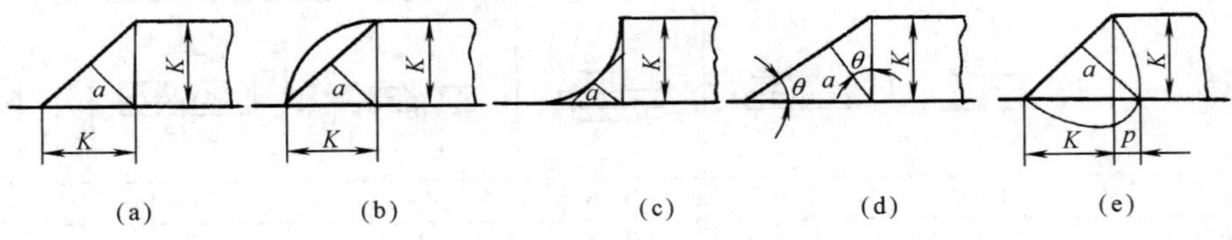

图 1-4-3　不同外形的角焊缝的计算厚度

表 1-4-49　　**电弧焊接头静强度计算基本公式**

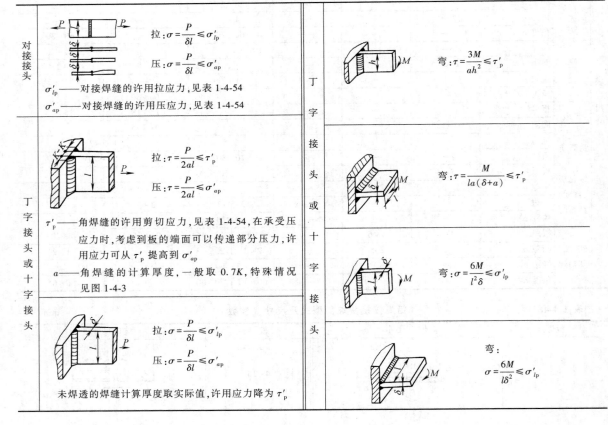

接头类型	计算公式及说明	接头类型	计算公式
对接接头	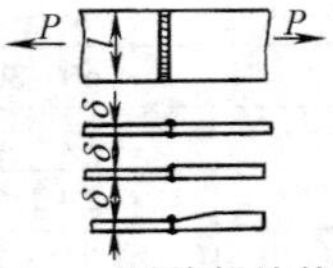 拉：$\sigma=\dfrac{P}{\delta l}\leqslant\sigma'_{lp}$ 压：$\sigma=\dfrac{P}{\delta l}\leqslant\sigma'_{ap}$ σ'_{lp}——对接焊缝的许用拉应力，见表 1-4-54 σ'_{ap}——对接焊缝的许用压应力，见表 1-4-54	丁字接头或十字接头	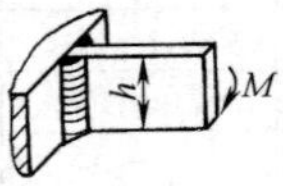 弯：$\tau=\dfrac{3M}{ah^2}\leqslant\tau'_p$
丁字接头或十字接头	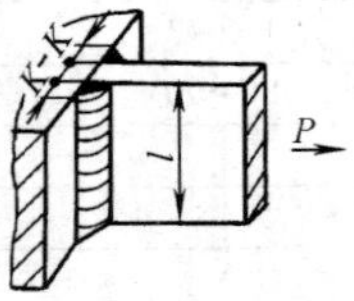 拉：$\tau=\dfrac{P}{2al}\leqslant\tau'_p$ 压：$\tau=\dfrac{P}{2al}\leqslant\sigma'_{ap}$ τ'_p——角焊缝的许用剪切应力，见表 1-4-54，在承受压应力时，考虑到板的端面可以传递部分压力，许用应力可从 τ'_p 提高到 σ'_{ap} a——角焊缝的计算厚度，一般取 $0.7K$，特殊情况见图 1-4-3		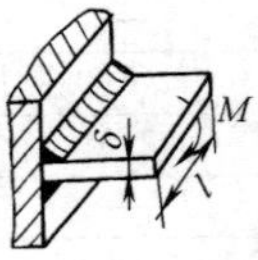 弯：$\tau=\dfrac{M}{la(\delta+a)}\leqslant\tau'_p$
			弯：$\sigma=\dfrac{6M}{l^2\delta}\leqslant\sigma'_{lp}$
	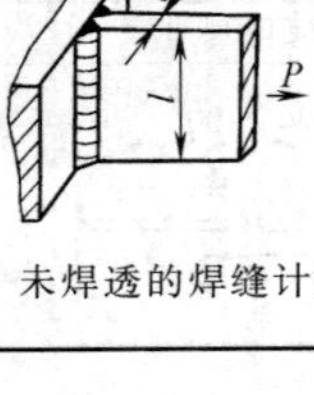 拉：$\sigma=\dfrac{P}{\delta l}\leqslant\sigma'_{lp}$ 压：$\sigma=\dfrac{P}{\delta l}\leqslant\sigma'_{ap}$ 未焊透的焊缝计算厚度取实际值，许用应力降为 τ'_p		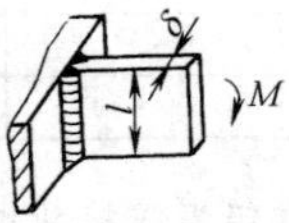 弯： $\sigma=\dfrac{6M}{l\delta^2}\leqslant\sigma'_{lp}$

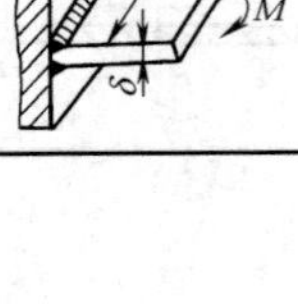

续表

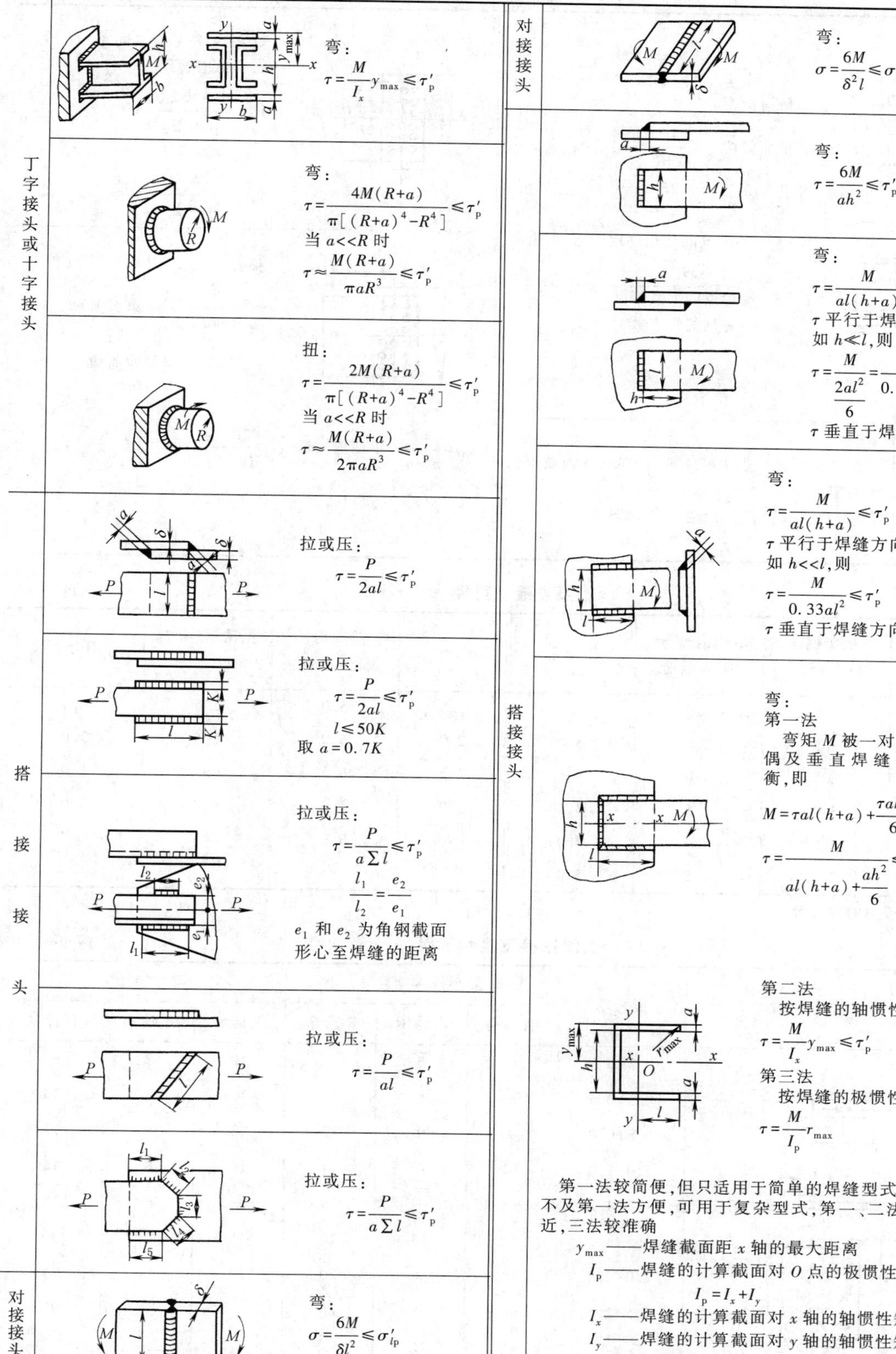

接头型式	计算公式
丁字接头或十字接头	弯： $\tau=\frac{M}{I_x}y_{\max}\leqslant\tau'_p$
丁字接头或十字接头	弯： $\tau=\frac{4M(R+a)}{\pi[(R+a)^4-R^4]}\leqslant\tau'_p$ 当 $a<<R$ 时 $\tau\approx\frac{M(R+a)}{\pi aR^3}\leqslant\tau'_p$
丁字接头或十字接头	扭： $\tau=\frac{2M(R+a)}{\pi[(R+a)^4-R^4]}\leqslant\tau'_p$ 当 $a<<R$ 时 $\tau\approx\frac{M(R+a)}{2\pi aR^3}\leqslant\tau'_p$
搭接接头	拉或压： $\tau=\frac{P}{2al}\leqslant\tau'_p$
搭接接头	拉或压： $\tau=\frac{P}{2al}\leqslant\tau'_p$ $l\leqslant50K$ 取 $a=0.7K$
搭接接头	拉或压： $\tau=\frac{P}{a\sum l}\leqslant\tau'_p$ $\frac{l_1}{l_2}=\frac{e_2}{e_1}$ e_1 和 e_2 为角钢截面形心至焊缝的距离
搭接接头	拉或压： $\tau=\frac{P}{al}\leqslant\tau'_p$
搭接接头	拉或压： $\tau=\frac{P}{a\sum l}\leqslant\tau'_p$
对接接头	弯： $\sigma=\frac{6M}{\delta l^2}\leqslant\sigma'_{lp}$
对接接头	弯： $\sigma=\frac{6M}{\delta^2 l}\leqslant\sigma'_{lp}$
搭接接头	弯： $\tau=\frac{6M}{ah^2}\leqslant\tau'_p$
搭接接头	弯： $\tau=\frac{M}{al(h+a)}\leqslant\tau'_p$ τ 平行于焊缝方向 如 $h\ll l$，则 $\tau=\frac{M}{\frac{2al^2}{6}}=\frac{M}{0.33al^2}\leqslant\tau'_p$ τ 垂直于焊缝方向
搭接接头	弯： $\tau=\frac{M}{al(h+a)}\leqslant\tau'_p$ τ 平行于焊缝方向 如 $h<<l$，则 $\tau=\frac{M}{0.33al^2}\leqslant\tau'_p$ τ 垂直于焊缝方向
搭接接头	弯： 第一法 弯矩 M 被一对水平焊缝的力偶及垂直焊缝的力矩所平衡，即 $M=\tau al(h+a)+\frac{\tau ah^2}{6}$ $\tau=\frac{M}{al(h+a)+\frac{ah^2}{6}}\leqslant\tau'_p$ 第二法 按焊缝的轴惯性矩计算 $\tau=\frac{M}{I_x}y_{\max}\leqslant\tau'_p$ 第三法 按焊缝的极惯性矩计算 $\tau=\frac{M}{I_p}r_{\max}$ 第一法较简便，但只适用于简单的焊缝型式。第二、三法不及第一法方便，可用于复杂型式，第一、二法计算结果相近，三法较准确 $y_{\max}$——焊缝截面距 x 轴的最大距离 I_p——焊缝的计算截面对 O 点的极惯性矩 $I_p=I_x+I_y$ I_x——焊缝的计算截面对 x 轴的轴惯性矩 I_y——焊缝的计算截面对 y 轴的轴惯性矩 $r_{\max}$——焊缝的计算截面距 O 点的最大距离

表 1-4-50 **点焊接头静载强度计算方法及焊点布置**

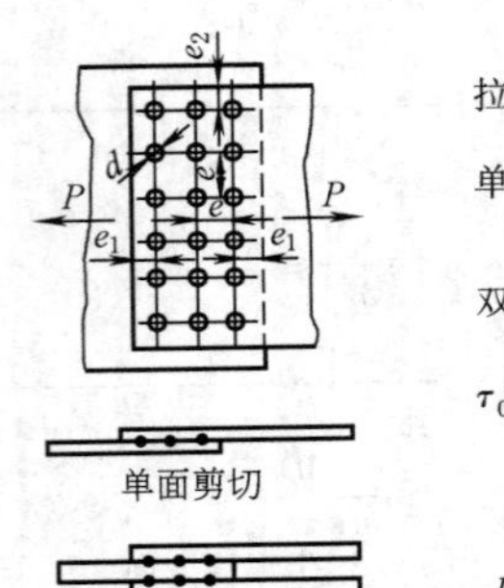

拉或压：

单面剪切 $\tau=\dfrac{4P}{ni\pi d^2}\leqslant\tau'_{0p}$

双面剪切 $\tau=\dfrac{2P}{ni\pi d^2}\leqslant\tau'_{0p}$

τ'_{0p}——焊点的剪切许用应力，见表 1-4-59

i——焊点的列数

n——每列的焊点数

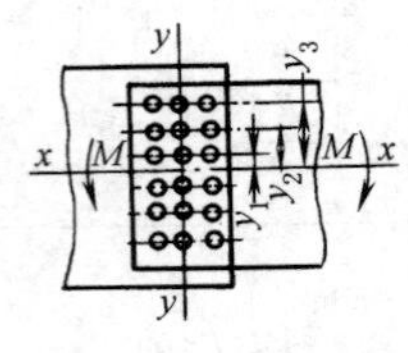

弯：式中符号含义同左

单面剪切

$$\tau_{max}=\frac{4My_{max}}{i\pi d^2\sum y^2 i}\leqslant\tau'_{0p}$$

双面剪切

$$\tau_{max}=\frac{2My_{max}}{i\pi d^2\sum y^2 i}\leqslant\tau'_{0p}$$

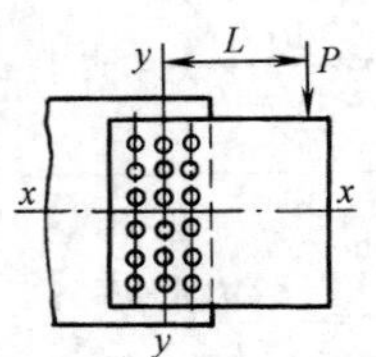

偏心力：

$$\tau_M=\frac{4PLy_{max}}{i\pi d^2\sum y^2 i}\text{（单面剪）或}$$

$$\tau_M=\frac{2PLy_{max}}{i\pi d^2\sum y^2 i}\text{（双面剪）}$$

$$\tau_Q=\frac{4P}{ni\pi d^2}\text{（单面剪）或 }\tau_Q=\frac{2P}{ni\pi d^2}\text{（双面剪）}$$

$$\tau_R=\sqrt{\tau_M^2+\tau_Q^2}\leqslant\tau'_{0p}$$

焊点布置	焊点直径 d 见表 1-4-51 或 $d=5\sqrt{\delta}$，δ 为被焊板中较薄者 节距 $e\geqslant 3d$，边距 $e_1\geqslant 2d$，$e_2\geqslant 1.5d$

表 1-4-51 **焊点最小直径** mm

板厚①	低碳钢、低合金钢	不锈钢、耐热钢、钛合金	铝合金	板厚①	低碳钢、低合金钢	不锈钢、耐热钢、钛合金	铝合金
0.3	2.0	2.5	—	1.5	5.0	5.5	6.0
0.5	2.5	2.5	3.0	2.0	6.0	6.5	7.0
0.6	2.5	3.0	—	2.5	6.5	7.5	8.0
0.8	3.0	3.5	3.5	3.0	7.0	8.0	9.0
1.0	3.5	4.0	4.0	4.0	9.0	10.0	12.0
1.2	4.0	4.5	5.0				

① 指被焊板中的较薄者。

表 1-4-52 **点焊搭接宽度和节距** mm

简 图	板 厚	最小搭接宽度 a			最小节距 e		
		结构钢	不锈钢	铝合金	结构钢	不锈钢	铝合金
	0.3+0.3	6	6	—	10	7	—
	0.5+0.5	8	8	12	11	8	13
	0.8+0.8	9	9	12	13	9	15
	1.0+1.0	12	10	14	14	10	15
	1.2+1.2	—	—	14	—	—	15
	1.5+1.5	14	13	16	15	12	20
	2.0+2.0	18	16	20	17	14	25
	2.5+2.5	—	—	26	—	—	30
	3.0+3.0	20	20	30	26	18	35

表 1-4-53

缝焊搭接宽度、焊缝宽度及强度验算

mm

材料	结构钢		不锈钢		铝合金	
板厚	a	b	a	b	a	b
0.3+0.3	8	3.0~4.0	7	3.0~3.5	—	—
0.5+0.5	9	3.5~4.5	8	3.5~4.0	10	5.0~5.5
0.8+0.8	11	4.0~5.5	12	5.5~6.0	12	5.5~6.0
1.0+1.0	13	5.0~6.5	14	6.0~7.0	13	6.0~6.5
1.2+1.2	—	—	—	—	14	6.5~7.0
1.5+1.5	16	6.0~8.0	18	8.0~9.0	16	7.0~8.0
2.0+2.0	20	8.0~10.0	20	9.0~10.0	18	8.0~9.0
2.5+2.5	22	9.0~11.0	22	10.0~11.0	22	10.0~11.0
3.0+3.0	24	10.0~12.0	25	11.0~12.5	24	11.0~12.0
3.5+3.5	—	—	—	—	26	12.0~13.0

焊缝强度验算

$$\tau=\frac{P}{bl}\leqslant\tau'_{0p}$$

a——搭接宽度；l——焊缝长度；
b——焊缝宽度；τ'_{0p}——见表 1-4-59

焊缝许用应力

1）建筑钢结构焊缝许用应力按表 1-4-54、表 1-4-55 选取。

表 1-4-54

建筑钢结构焊缝许用应力

MPa

焊缝种类	应力种类	符号	埋弧自动、半自动焊和用 E43 型焊条的手工焊				埋弧自动、半自动焊和用 E50 型焊条的手工焊		
			构件的钢号						
			Q215		Q235		Q345 和 16MnQ		
			第 1 组[②]	第$\frac{2}{3}$组	第 1 组	第$\frac{2}{3}$组	第 1 组	第 2 组	第 3 组
对接焊缝	抗压	σ'_{ap}	152	137	167	152	235	226	211
	抗拉								
	（1）当用埋弧自动焊时	σ'_{lp}	152	137	167	152	235	226	211
	（2）当用埋弧半自动焊和手工焊时，焊缝的质量检查为[①]：								
	精确方法	σ'_{lp}	152	137	167	152	235	226	211
	普通方法	σ'_{lp}	127	118	142	127	201	191	181
	抗剪	τ'_p	93	83	98	93	142	137	127
角焊缝	抗拉、抗压、抗剪	τ'_p	108	108	118	118	167	167	167

① 检查焊缝的普通方法指外观检查、钻孔检查等；精确方法是在普通方法基础上，用 X 射线方法进行补充检查。

② 钢材按尺寸分组，见表 1-4-55。

注：原表单位为 kgf/cm^2，表中值为按 $1kgf/cm^2=0.0980665MPa$ 换算值的近似值。

按表 1-4-54 选取的许用应力数值为结构受静载荷时的数值。在表 1-4-56 的情况下工作的构件，其焊缝许用应力值应乘以相应的折减系数 Ψ（见表 1-4-56）。受变应力的构件，其许用应力也乘以降低系数 γ，γ 值可以从

表 1-4-56 中曲线图查得。

表 1-4-55　钢材分组的尺寸　mm

组别	钢材的钢号			
	Q215 或 Q235			Q345 或 16MnQ
	条钢直径或厚度	异形钢厚度	钢板厚度	钢材直径或厚度
第 1 组	≤40	≤15	4～20	≤16
第 2 组	>40～100	>15～20	>20～40	17～25
第 3 组	>100～250	>20	>40～60	26～36

表 1-4-56　折减系数 Ψ 和许用应力降低系数 γ

折减系数 Ψ	许用应力降低系数 γ
(1)重级工作制的起重机金属结构的焊缝 0.95 (2)施工条件较差的高空安装焊缝 0.90 (3)单面连接的单角钢杆件按轴心受力计算焊缝 0.85	γ：0.9、0.8、0.7、0.6 1　0.6　0.2　0　-0.2　-0.6　-1 对接焊缝 贴角焊缝 $\longrightarrow \frac{\delta_{min}}{\delta_{max}}$ 或 $\frac{\tau_{min}}{\tau_{max}}$

2）起重机金属结构焊缝许用应力，按表 1-4-57 选取。起重机结构件的基本许用应力见表 1-4-58。

表 1-4-57　起重机金属结构焊缝的许用应力（摘自 GB/T 3811—2008）　$N \cdot mm^{-2}$

焊缝型式			纵向拉、压许用应力 σ_{hp}	剪切许用应力 τ_{hp}
对接焊缝	质量分数	B 级 C 级	σ_p	$\sigma_p/\sqrt{2}$
		D 级	$0.8\sigma_p$	$0.8\sigma_p/\sqrt{2}$
角焊缝	自动焊、手工焊		—	$\sigma_p/\sqrt{2}$

注：1. 计算疲劳强度时的焊缝许用应力见 GB/T 3811—2008 标准的 5. 8. 5。

2. 焊缝质量分级按 GB/T 19418 的规定。质量要求严格为 B 级中等为 C 级，一般为 D 级，详见标准。

3. 表中 σ_p 为母材的基本许用应力，见表 1-4-59。

4. 施工条件较差的焊缝或受横向载荷的焊缝，表中焊缝许用应力宜适当降低。

表 1-4-58　结构件材料的基本许用应力

σ_s/R_m	基本许用应力	说明
<0.7	按表 1-4-59	σ_p——钢材的基本许用应力，即表 1-4-59 中相应于载荷组合 A、B、C σ_s——钢材的屈服点，当材料无明显的屈服点时，取 σ_s 为 $\sigma_{0.2}$，$\sigma_{0.2}$ 为钢材标准拉力试验残余应变达 0.2%时的试验应力，MPa
≥0.7	$\sigma_p=\frac{0.5\sigma_s+0.35R_m}{n}$	R_m——钢材的抗拉强度，MPa n——与载荷组合类别相应的安全系数，见表 1-4-59

表 1-4-59　强度安全系数 n 和钢材的基本许用应力 σ_p

载荷组合	A	B	C
强度安全系数 n	1.48	1.34	1.22
基本许用应力 $\sigma_p/N \cdot mm^{-2}$	$\sigma_s/1.48$	$\sigma_s/1.34$	$\sigma_s/1.22$

1. 载荷组合：A—无风工作情况；B—有风工作情况；C—特殊载荷作用情况。详见 GB/T 3811—2008。

2. 在一般非高危险的正常情况下，高危险度系数 $\gamma_n=1$，强度安全系数 n 就是 GB/T 3811—2008 表 H. 1 中的强度系数 γ_{fi}（即 1.48、1.34、1.22）。

3. σ_s 值应根据钢材厚度选取，见 GB/T 700 和 GB/T 1591。

1.5　焊接结构的一般尺寸公差和形位公差（摘自 GB/T 19804—2005）

适用于焊件、焊接组装件和焊接结构。复杂的结构可根据需要做特殊规定。每个尺寸和形状、位置要求均是独立的，应分别满足要求（依据 GB/T 4249 规定的独立原则）。

表 1-4-60　　**线性尺寸与直线度、平面度和平行度公差**　　mm

线性尺寸公差

公差等级	2~30	>30~120	>120~400	>400~1000	>1000~2000	>2000~4000	>4000~8000	>8000~12000	>12000~16000	>16000~20000	>20000
	公差 t										
A	±1	±1	±1	±2	±3	±4	±5	±6	±7	±8	±9
B	±1	±2	±2	±3	±4	±6	±8	±10	±12	±14	±16
C	±1	±3	±4	±6	±8	±11	±14	±18	±21	±24	±27
D	±1	±4	±7	±9	±12	±16	±21	±27	±32	±36	±40

（表头：公称尺寸 l 的范围）

直线度、平面度与平行度公差

公差等级	>30~120	>120~400	>400~1000	>1000~2000	>2000~4000	>4000~8000	>8000~12000	>12000~16000	>16000~20000	>20000
	公差 t									
E	±0.5	±1	±1.5	±2	±3	±4	±5	±6	±7	±8
F	±1	±1.5	±3	±4.5	±6	±8	±10	±12	±14	±16
G	±1.5	±3	±5.5	±9	±11	±16	±20	±22	±25	±25
H	±2.5	±5	±9	±14	±18	±26	±32	±36	±40	±40

（表头：公称尺寸 l（对应表面的较长边）的范围）

应用范围

A、E	B、F	C、G	D、H
尺寸精度要求高、重要的焊接件	比较重要的结构，焊接和矫直产生的热变形小，成批生产	一般结构，如箱形结构，焊接和矫直产生的热变形大	允许偏差大的结构件

角度尺寸公差

角度尺寸公差应采用角度的短边为基准边，其长度从图样标明的基准点算起，见下图。如在图样上不标注角度，而只标注长度尺寸，则允许偏差以 mm/m 计。一般选 B 级，可不标注，选用的其他精度等级均应在图样的技术要求（见表 1-4-90）中。

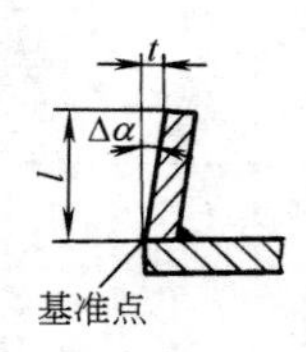

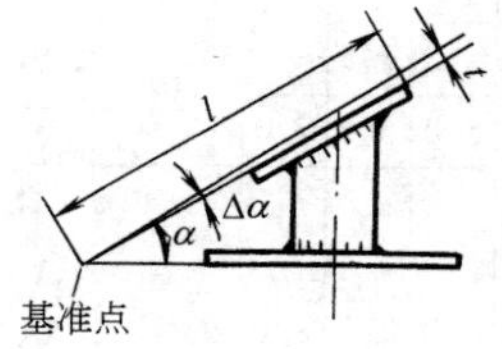

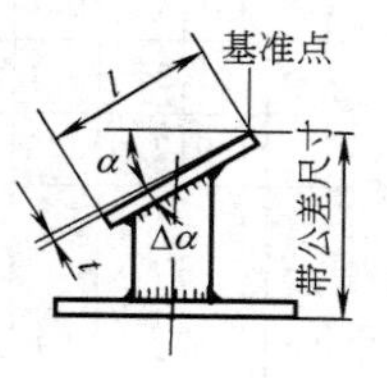

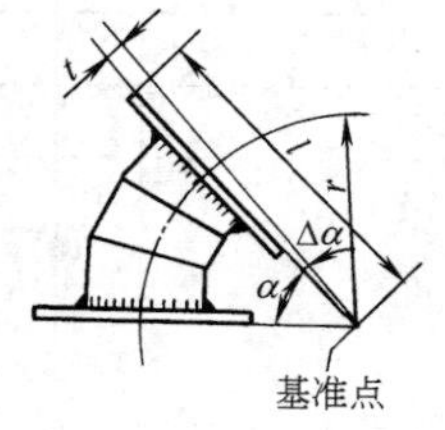

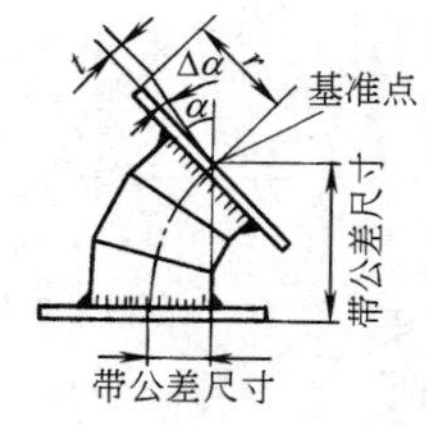

表 1-4-61　　**角度尺寸公差**

公差等级	0~400	>400~1000	>1000	0~400	>400~1000	>1000
	以角度表示的偏差 Δα/(°)			以长度表示的偏差 t/(mm/m)		
A	±20′	±15′	±10′	±6	±4.5	±3
B	±45′	±30′	±20′	±13	±9	±6
C	±1°	±45′	±30′	±18	±13	±9
D	±1°30′	±1°15′	±1°	±26	±22	±18

（表头：公称尺寸 l（工件长度或短边长度）范围/mm）

注：t 为 Δα 的正切值，它可由短边的长度计算得出，以 mm/m 计，即每米短边长度内所允许的偏差值。

表 1-4-62　　焊前弯曲成形的筒体尺寸允差（摘自 GB/T 37400.3—2019） mm

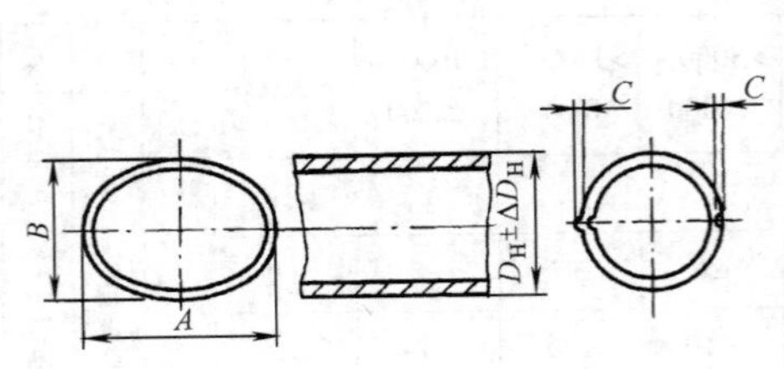

外径 D_H	ΔD_H	当筒体壁厚为下列数值的圆度 *A-B*		弯角 *C*
		≤30	>30	
≤500	±4	6	4	3
>500~1000	±5	8	5	3
>1000~1500	±7	11	7	4
>1500~2000	±9	14	9	4
>2000~2500	±11	17	11	5
>2500~3000	±13	20	13	5
>3000	±15	23	15	6

注：要求筒体内外表面或单面机械加工时，其卷圆成形校圆后，筒体圆度值可取表中的 1/2。

表 1-4-63　　焊前管子的弯曲半径允差、圆度允差及允许的波纹深度（摘自 GB/T 37400.3—2019） mm

允差名称		管子外径											示意图
		30	38	50	60	70	83	102	108	127	150	200	
弯曲半径 *R* 的允差	*R*=75~125	±2	±2	±3	±3	±4							
	R=160~300	±1	±1	±2	±2	±3							
	R=400						±5	±5	±5	±5	±5	±5	
	R=500~1000						±4	±4	±4	±4	±4	±4	
	R>1000						±3	±3	±3	±3	±3	±3	
在弯曲半径处的圆度允差 *a* 或 *b*	*R*=75	3.0											
	R=100	2.5	3.1										
	R=125	2.3	2.6	3.6									
	R=160	1.7	2.1	3.2									
	R=200		1.7	2.8	3.6								
	R=300		1.6	2.6	3.0	4.6	5.8						
	R=400				2.4	3.8	5.0	7.2	8.1				
	R=500				1.8	3.1	4.2	6.2	7.0	7.6			
	R=600				1.5	2.3	3.4	5.1	5.9	6.5	7.5		
	R=700				1.2	1.9	2.5	3.6	4.4	5.0	6.0	7.0	
弯曲处的波纹深度 *a*		—	1.0	1.5	1.5	2.0	3.0	4.0	5.0	6.0	7.0	8.0	

表 1-4-64　　筋板倒角形式及尺寸（摘自 GB/T 37400.3—2019） mm

倒角形式	倒角尺寸/mm		最小筋板尺寸 b_1	最小筋板尺寸 b_2
	筋板厚度 *t*	倒角 *R*		
	>10~40	50	100	200
	>40~70	60	125	250
	>70~150	70		

1.6 钎焊

钎焊是采用比母材熔点低的金属材料作钎料，将焊件和钎料加热到高于钎料熔点，低于母材熔点的温度，利用液态钎料润湿母材，填充接头间隙并与母材相互扩散实现连接焊件的方法。

钎焊时，焊件加热温度较低，焊件的组织和力学性能变化不大，变形较小，接头平整光滑，工艺简单，生产率高，因此钎焊获得广泛应用。

钎焊的缺点是一般情况下接头强度较低，必须用搭接达到与母材等强度。钎焊时接头连接面间要保证一定的间隙。残余的钎剂有腐蚀作用，因而对装配及钎焊后的清理要求较严。

按钎料的熔化温度和钎焊接头的强度不同，钎料可分为：难熔钎料（硬钎料，熔点在450℃以上），易熔钎料（软钎料，熔点在450℃以下）。钎料见表1-4-73，钎剂见表1-4-74～表1-4-79。

为了获得优质的钎焊接头，应根据所钎焊的材料、形状结构及尺寸、接头的使用性能、生产效率及所具备的条件等因素，正确地选择相应的钎焊方法、钎料、钎剂以及钎焊工艺等。

各种钎焊方法的比较及应用范围

表1-4-65

方法	优点	缺点	应用范围
火焰钎焊	(1)设备简单，价格低 (2)热源可以移动，操作灵活 (3)过程可以实现自动化	(1)钎焊零件发生氧化 (2)局部加热，工件易变形 (3)需熟练的技术	钢、合金钢、硬质合金、铜、铝、铸铁的钎焊
空气炉中钎焊	(1)设备投资少 (2)加热均匀，零件变形小 (3)生产效率高，可实现自动化	(1)钎焊零件发生氧化 (2)钎料需预置	适用于多种金属的钎焊，如各种钢种、铜、铝、铸铁等
保护气氛炉中钎焊	(1)温度可正确控制 (2)均匀加热，工件变形小 (3)钎焊时得到保护，不被氧化 (4)易实现机械化，适于大量生产	(1)设备投资大 (2)大多数情况下必须用夹具 (3)钎焊过程不易观察	适用于多种黑色金属及铜、铝的钎焊
真空炉中钎焊	(1)可不加钎剂进行钎焊 (2)钎焊后零件表面光洁 (3)钎焊接头抗腐蚀性好 (4)可钎焊难钎焊的金属及陶瓷等	(1)设备投资大 (2)生产效率低	用于铝合金、钛合金、高温合金、耐熔合金以及陶瓷的钎焊
感应钎焊	(1)加热速度快，成本低 (2)可观察钎焊过程 (3)适用于单件和大量生产	(1)设备投资大 (2)钎焊温度不易控制 (3)局部加热引起工件变形 (4)空气中加热易使工件氧化	多适用于导磁性好的金属，如各种钢、铸铁及硬质合金的钎焊
电阻钎焊	(1)加热迅速，生产率高 (2)热量集中，对周围的热影响小 (3)可以观察钎焊过程 (4)易实现自动化	(1)调节温度困难 (2)零件尺寸和形状受限制 (3)金属发生氧化	刀具、带锯、电机绕组、电触点及电子元器件的钎焊

续表

方法	优点	缺点	应用范围
电弧钎焊	(1)加热快 (2)操作灵活、方便	(1)焊件易氧化 (2)需使用电弧面罩观察	电机绕组、汽车蒙皮等钎焊
盐浴钎焊	(1)零件加热均匀 (2)加热迅速，生产效率高 (3)钎焊温度容易控制 (4)作业人员的技术要求不高	(1)熔盐对环境有污染 (2)用电量大 (3)钎焊后必须严格清除残渣 (4)设备价格高	各类钢、高温合金、铜及铜合金、铝及铝合金的盐浴钎焊
浸渍钎焊	(1)迅速而均匀地加热零件 (2)精确控制温度 (3)操作技术要求不高 (4)生产效率高	(1)设备价格高 (2)钎料消耗量大 (3)钎料必须经常更换	钢、铜及其合金、印刷电路板的软钎焊
扩散钎焊、接触反应钎焊	(1)钎焊接头质量高 (2)钎缝金属量少，并易控制 (3)易实现精密连接	(1)钎焊金属常需涂以过渡金属 (2)常需在气体保护或真空下进行 (3)钎焊时间长	同种或异种金属的精密连接
烙铁钎焊	(1)设备简单 (2)操作方便、灵活	(1)只应用于易熔钎料 (2)钎焊接头强度不高	适用于软钎焊
波峰钎焊	生产效率高	设备投资大	印刷电路板的引线与铜箔电路的软钎焊
再流钎焊：气相钎焊	焊件受热均匀	工作液价格贵，所选温度受限	印刷电路板、集成电路板的软钎焊
再流钎焊：红外钎焊	可连续生产	需专用设备	
再流钎焊：激光钎焊	热量集中，焊点周围不受热影响	只能单点扫描，设备昂贵	
再流钎焊：热板钎焊	可连续生产	需专用设备	
再流钎焊：热风钎焊	受热均匀，生产率高	需专用设备	

钎料和钎剂的选择原则

表 1-4-66

名称	考虑因素	原则
钎料	钎料与母材的匹配	钎料应具有适当的熔点，对母材具有良好的润湿性和填缝能力。应能避免形成脆性的金属间化合物、晶间渗入、因母材过分溶解而造成溶蚀，以及避免热胀系数失配等
	钎料与钎焊方法匹配	不同的钎焊方法对钎料性能的要求是不同的：如电阻钎焊法，要求钎料的电阻率比母材电阻率大一些，以提高加热效率；炉中钎焊法，要求钎料中易挥发元素的含量要少，以保证在相对较长的钎焊时间内不会因为合金元素的挥发而影响钎料性能；真空钎焊法，要求钎料不含蒸气压高的合金元素，避免对真空系统的污染；火焰钎焊法，希望钎料与母材的熔点相差尽可能大，以避免母材局部过热、过烧或熔化等
	满足使用要求	不同产品在不同工作环境和使用条件下对钎焊接头性能的要求是不同的。可能涉及很多方面，如导电性、导热性、工作温度、强度、塑性、密封性、防氧化性、抗腐蚀性等。但对于一个具体的钎焊件来说，只能着重考虑其最主要的使用要求
	钎焊结构的要求	钎焊结构本身的复杂性和钎焊方法的限制，有时使手工送进钎料不可能实现，因而常常要将钎料预先加工成形，如环形、箔材、垫片和粉末等形式，并预先放在钎焊间隙中或附近。因此要考虑钎料的加工性能是否可以制成所需的形式
	生产成本	生产成本包括钎料的材料成本、成形加工成本、钎焊方法及设备投资等，要视钎焊件的批量大小、重要程度等因素，全面综合地分析决定

续表

名称	考虑因素	原　　则
钎剂	母材和钎料	选择钎剂首先应考虑母材和钎料的种类,不同种类要求各异:锡铅钎料焊铜,用活性较小的松香钎剂;焊钢时,用活性较强的氯化锌水溶液(无机软钎剂);焊不锈钢,用活性很强的氯化锌盐酸溶液(无机软钎剂);黄铜钎料焊普通铜及铜合金时,用脱水硼砂(硬钎剂);钎焊铝及铝合金,由于氧化铝膜稳定性大,因此必须选用铝钎焊专用钎剂
	钎焊方法	不同的钎焊方法对钎剂要求也不同:如电阻钎焊,它应有一定的导电性;浸渍钎焊,它应去除水分,以免沸腾和爆炸;感应钎焊的钎焊时间短,加热速度快,它的反应要快,活性要大;炉中钎焊时间长,加热速度慢,它的活性可小些,但热稳定性要好
	钎焊温度	钎剂的熔化温度要与钎焊温度相适应,其熔点应低于钎料的熔点,使钎料在熔化前便为熔化的钎剂所覆盖,为钎料的润湿铺展做好准备;它的沸点应比钎焊温度高,以防止钎剂的蒸发;它的最低活性温度不能比钎料的熔化温度低得太多,否则氧化膜除去过早,随后还会重新生成,而钎剂已消耗完,这点对钎焊时间长、加热速度慢的钎焊过程尤为重要
	钎缝形状	钎缝形状复杂的钎焊接头,应选择腐蚀性小且易去除的钎剂,以便于焊后残渣清除干净

钎料的选择

表 1-4-67

接合的金属或合金	铝及铝合金	镍及镍合金	碳　钢	不锈钢	铸　铁	铜及铜合金	高碳钢及工具钢	耐热钢
铝及铝合金	Al,Zn							
镍及镍合金	不推荐	Cu,Ag Cu-Zn Cr-Ni						
碳钢	Al-Si	Cu,Ag Cu-Zn Cr-Ni	Cu,Ag,Pb Sn,Cu-Zn Cr-Ni					
不锈钢	不推荐	Cu,Ag Cu-Zn Cr-Ni	Cu,Ag Cu-Zn Cr-Ni	Cu,Ag Cu-Zn Cr-Ni				
铸铁	不推荐	Cu,Ag Cu-Zn	Cu,Ag Cu-Zn Pb-Sn	Cu,Ag Cu-Zn	Cu,Ag Cu-Zn Pb-Sn			
铜及铜合金	不推荐	Ag Cu-Zn	Ag Cu-Zn Pb-Sn	Ag Cu-Zn	Ag Cu-Zn Pb-Sn	Ag,Cu-P Cu-Zn Pb-Sn		
高碳钢及工具钢	不推荐	Cu,Ag Cu-Zn	Cu,Ag Cu-Zn	Cu-Zn Cu,Ag	Cu,Ag Cu-Zn	Ag Cu-Zn	Cu,Ag Cu-Zn	
耐热钢	不推荐	Cu,Ag Cu-Zn Cr-Ni	Cu,Ag Cu-Zn Cr-Ni	Cu,Ag Cu-Zn Cr-Ni	Cu,Ag Cu-Zn Cr-Ni	Ag Cu-Zn	Cu,Ag Cu-Zn	Cu,Ag Cu-Zn Cr-Ni

续表

钎接方法	钎接的金属与合金							
	铝及铝合金	镍及镍合金	碳钢	不锈钢	铸铁	铜及铜合金	高碳钢及工具钢	耐热钢
烙铁	Zn	Pb-Sn	Pb-Sn	—	Pb-Sn	Pb-Sn	—	—
气焊枪	Al Zn	Ag Cu-Zn	Cu-Zn Ag,Zn-Pb	Ag Cu-Zn	Ag Cu-Zn Pb-Sn	Cu-P Cu-Zn Ag,Pb-Sn	Ag Cu-Zn	Ag Cu-Zn
电阻加热	Al	Ag Cu-Zn	Cu-Zn Ag	Ag	—	Cu-P Cu-Zn Ag	Ag	Ag
感应加热	Al	Ag	Cu-Zn Ag,Pb-Sn	Ag	Ag Cu-Zn	Cu-P Cu-Zn Pb-Sn,Ag	Ag Cu-Zn Pb-Sn	Ag
电弧加热	Al	Ag Cu-Zn	Ag Cu-Zn	Ag	Ag Cu-Zn	Cu-P Cu-Zn,Ag	Ag Cu-Zn	Ag
熔融盐浴	Al	Ag	Cu-Zn Ag	Ag	Ag Cu-Zn	Ag,Cu-P Cu-Zn	Ag Cu-Zn	Ag
浸渍熔化钎料	—	Ag(Zn) Cu-Zn	Cu-Zn Ag(Zn)	Cu-Zn Ag(Zn)	Ag Cu-Zn	Cu-P Ag(Zn) Ag(P)	Cu-Zn Ag	Cu-Zn Ag-(Zn)
在炉中加热	Al	Ag,Cu Cr-Ni	Cu,Ag Cu-Zn Cr-Ni	Ag,Cu Cr-Ni	Ag Cu-Zn	Cu-P Ag Pb-Sn	Ag,Cu Cu-Zn	Cu,Ag Cr-Ni

典型钎焊的接头形式

表 1-4-68

接头形式	简图	接头形式	简图
平面接头搭接	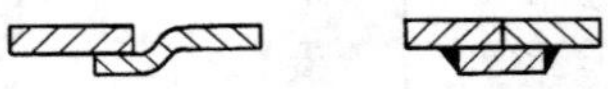	容器堵头接头	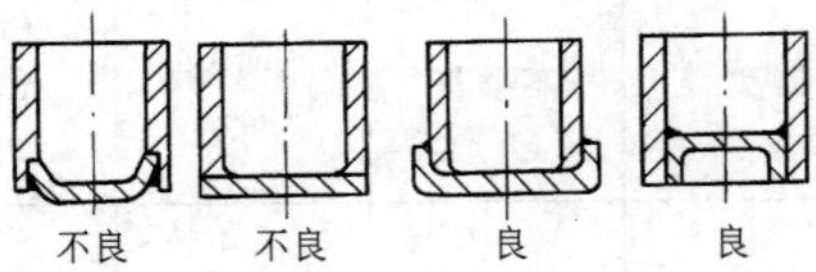 不良　不良　良　良
闭合接头	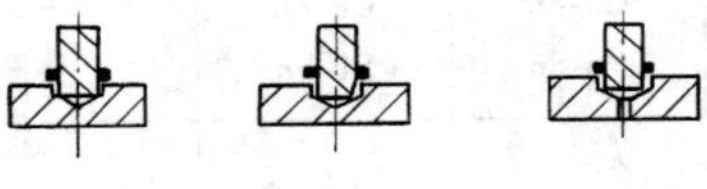	线接头	
套管法兰接头	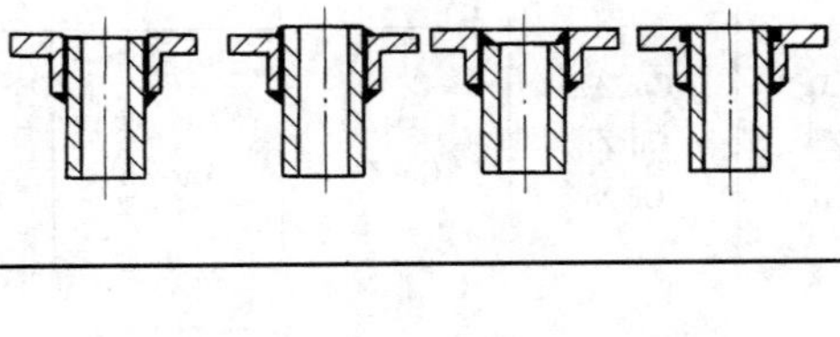	薄壁锁边接头	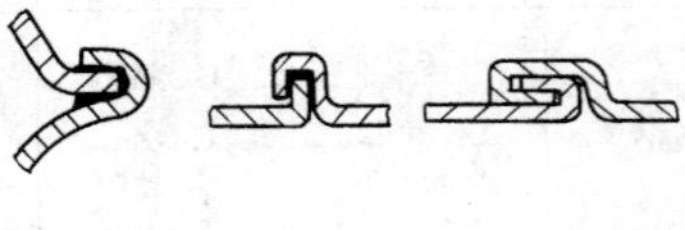

续表

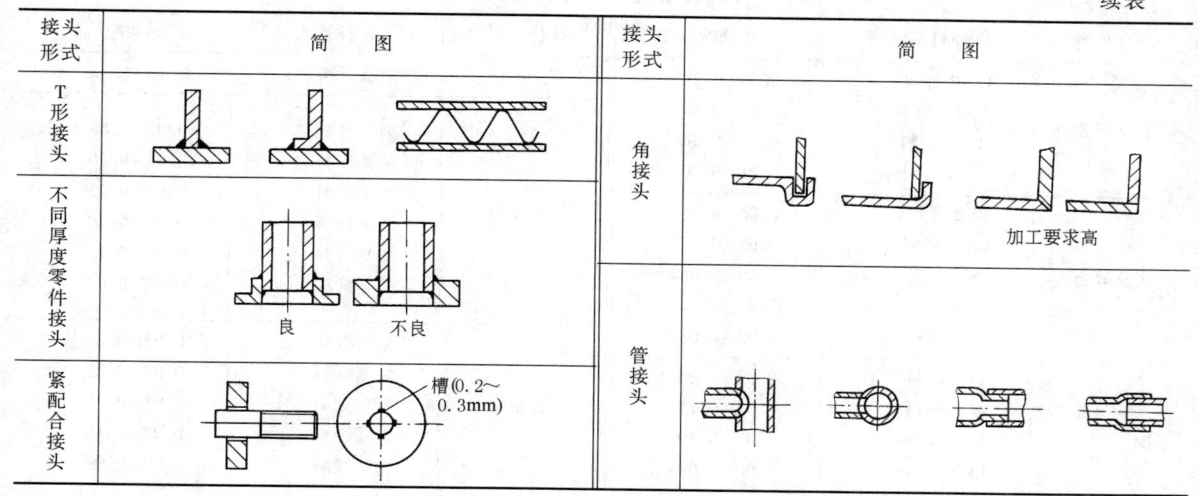

表 1-4-69　　常用"自保持"接头形式

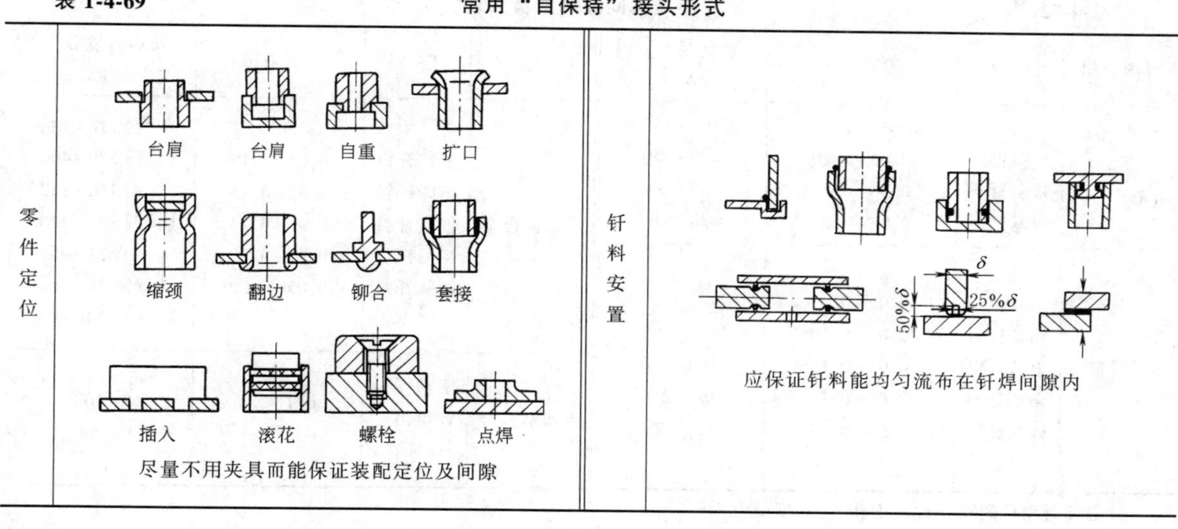

钎焊接头的间隙

表 1-4-70　　不同类别钎料在钎焊温度下接头间隙的推荐值

钎料类别	接头间隙/mm	备　注
AlSi 类	0.05～0.20	搭接长度小于 0.63mm
	0.20～0.25	搭接长度大于 0.63mm
CuP 类	0.025～0.13	无钎剂钎焊和无机钎剂钎焊
Ag 类	0.05～0.13	钎剂钎焊
	0.00～0.05	气相钎剂(气体保护钎焊)
Au 类	0.05～0.13	钎剂钎焊
	0.00～0.05	气相钎剂(气体保护钎焊)
Cu 类	0.00～0.05	气相钎剂(气体保护钎焊)
CuZn 类	0.05～0.13	钎剂钎焊
Mg 类	0.10～0.25	钎剂钎焊
Ni 类	0.05～0.13	一般应用(钎剂/气体保护钎焊)
	0.00～0.05	自由流动型,气体保护钎焊

表 1-4-71　　钎焊温度下不同母材与钎料组合的接头间隙推荐值

母材种类	钎料系统	钎焊间隙/mm	母材种类	钎料系统	钎焊间隙/mm
铜及铜合金	Cu-P 钎料 Ag-Cu 钎料 Cu-Si 钎料 Cu-Ge 钎料	0.04~0.20 0.02~0.15 0.01~0.20 0.01~0.20	铝及铝合金	铝基钎料	0.15~0.25
钛及钛合金	铝基钎料 Cu-P 钎料 铜系钎料 Ag-Cu 银系钎料	0.05~0.25 0.03~0.05 0.03~0.05 0.02~0.10 0.03~0.08	不锈钢	铜基钎料 锰基钎料 金基钎料 钯基钎料 钴基钎料 镍基钎料	0.02~0.08 0.05~0.20 0.03~0.25 0.05~0.20 0.02~0.15 0.01~0.08
碳钢及低合金钢	铜基钎料 银基钎料 锰基钎料 镍基钎料	0.01~0.05 0.02~0.15 0.05~0.20 0.00~0.04	高温合金	锰基钎料 金基钎料 钯基钎料 钴基钎料 镍基钎料	0.03~0.2 0.05~0.25 0.03~0.20 0.02~0.15 0.00~0.08

表 1-4-72　　钎焊接头间隙和抗剪强度

钎焊金属	钎　料	间隙/mm	抗剪强度 σ_τ /MPa	钎焊金属	钎　料	间隙/mm	抗剪强度 σ_τ /MPa
碳钢	铜 黄铜 银基钎料 锡基钎料	0.000~0.05① 0.05~0.20 0.05~0.15 0.05~0.20	100~150 200~250 150~240 38~51	铜和铜合金	铜锌钎料 铜磷钎料 银基钎料 锡铅钎料 镉基钎料	0.05~0.13 0.02~0.15 0.05~0.13 0.05~0.20 0.05~0.20	{铜 170~190 黄铜 270~400} {铜 160~180 黄铜 160~220} {铜 21~46 黄铜 28~46} 40~80
不锈钢	铜 铜基钎料 银基钎料 镍基钎料 锰基钎料	0.02~0.07 0.03~0.20 0.05~0.15 0.05~0.12 0.04~0.15	 370~500 190~230 190~210 约 300	铝和铝合金	铝基钎料 钎焊铝用软钎料	0.1~0.3 0.1~0.3	60~100 40~80

① 必要时用负间隙（过盈配合），强度最大。

表 1-4-73　　钎料

类　别	牌　号	名　称	熔化温度/℃(约) 固相线	熔化温度/℃(约) 液相线	用　途
锡铅钎料(摘自GB/T 3131—2020)	S-Sn95PbA(B)	95A(B)锡铅钎料	183	224	电气、电子工业、餐具锡制器件的焊接、耐高温器件焊接
	S-Sn90PbA(B)	90A(B)锡铅钎料		215	
	S-Sn65PbA(B)	65A(B)锡铅钎料		186	电气、电子工业、印刷线路、微型技术、航空工业及镀层金属的焊接
	S-Sn63PbA(B)	63A(B)锡铅钎料		183	
	S-Sn60PbA(B)	60A(B)锡铅钎料		190	
	S-Sn60PbSbA(B)	60A(B)锡铅锑钎料			
	S-Sn55PbA(B)	55A(B)锡铅钎料		203	普通电气、电子工业(电视机、收录机共用天线、石英钟)、航空
	S-Sn50PbA(B)	50A(B)锡铅钎料		215	
	S-Sn50PbSbA(B)	50A(B)锡铅锑钎料			
	S-Sn45PbA(B)	45A(B)锡铅钎料		227	

续表

类别	牌号	名称	熔化温度/℃(约)		用途
			固相线	液相线	
锡铅钎料(摘自GB/T 3131—2020)	S-Sn40PbA(B)	40A(B)锡铅钎料		238	钣金、铅管焊接、电缆线、换热器金属器材、辐射体、制罐等的焊接
	S-Sn40PbSbA(B)	40A(B)锡铅锑钎料			
	S-Sn35PbA(B)	35A(B)锡铅钎料		248	
	S-Sn30PbA(B)	30A(B)锡铅钎料		258	
	S-Sn30PbSbA(B)	30A(B)锡铅锑钎料	183	258	灯泡、冷却机制造、钣金、铅管焊接
	S-Sn25PbSbA(B)	25A(B)锡铅锑钎料		260	
	S-Sn20PbA(B)	20A(B)锡铅钎料			
	S-Sn18PbSbA(B)	18A(B)锡铅锑钎料		279	
	S-Sn10PbA(B)	10A(B)锡铅钎料	268	301	钣金、锅炉用及其他高温用处的焊接
	S-Sn5PbA(B)	5A(B)锡铅钎料	300	314	
	S-Sn2PbA(B)	2A(B)锡铅钎料	316	322	
	S-Sn50PbCdA(B)	50A(B)锡铅镉钎料	145		轴瓦、陶瓷的烘烤焊接、热切割、分级焊接及其他低温焊接
	S-Sn5PbAgA(B)	5A(B)锡铅银钎料	296	301	电气工业、高温工作条件件的焊接
	S-Sn63PbAgA(B)	63A(B)锡铅银钎料	183		同S-Sn63Pb,但焊点质量等方面优于S-Sn63Pb
	S-KSn40PbSbA(B)	40A(B)抗氧化锡铅钎料	183	238	用于对抗氧化有较高要求的场合
	S-KSn60PbSbA(B)	60A(B)抗氧化锡铅钎料	183	190	

标记示例
锡铅钎料的牌号表示方法按GB/T6208的规定进行。
用S-Sn95PbA制造的,直径为2mm的实芯丝状钎料标记为:
丝 S-Sn95PbA $\phi2$ GB/T 3131—2001
用S-Sn63PbB制造的,直径为2mm的,钎剂类型为R型的树脂单芯(三芯、五芯)丝状钎料标记为:
丝 S-Sn63PbB $\phi2$-R-1(3、5) GB/T 3131—2001
用S-Sn35PbA制造的,直径为10mm的棒状钎料标记为:
棒 S-Sn35PbA $\phi10$ GB/T 3131—2001

类别	牌号	名称	固相线	液相线	用途
铜基钎料(摘自GB/T 6418—2008)	BCu87	高铜	1085	1085	主要用于以气体火焰钎焊、感应钎焊、盐浴浸渍钎焊等方法来钎焊铜及铜合金、镍、钢、铸铁及硬质合金等
	BCu99		1085	1085	
	BCu100-A		1085	1085	
	BCu100-B		1085	1085	
	BCu100(P)		1085	1085	
	BCu99Ag		1070	1080	
	BCu97Ni(B)		1085	1100	
	BCu48ZnNi(Si)	铜锌	890	920	
	BCu54Zn		885	888	
	BCu57ZnMnCo		890	930	
	BCu58ZnMn		880	909	
	BCu58ZnFeSn(Si)(Mn)		865	890	
	BCu58ZnSn(Ni)(Mn)(Si)		870	890	
	BCu59Zn(Sn)(Si)(Mn)		870	900	
	BCu60Zn(Sn)		875	895	
	BCu60ZnSn(Si)		890	905	
	BCu60Zn(Si)		875	895	
	BCu60Zn(Si)(Mn)		870	900	

续表

类别	牌号	名称	熔化温度/℃(约) 固相线	液相线	用途
铜基钎料(摘自GB/T 6418—2008)	BCu95P	铜磷	710	925	铜磷钎料是生产上广泛应用的空气自钎剂钎料,在钎焊铜及铜合金时具有自钎剂作用 铜磷钎料加入银可改善钎料塑性和可加工性,提高抗拉强度和导电性,降低钎料熔点,并可提高钎料的润湿性,因而适合于各种碳钢的钎焊
	BCu94P		710	890	
	BCu93P-A		710	793	
	BCu93P-B		710	820	
	BCu92P		710	770	
	BCu92PAg		645	825	
	BCu91PAg		643	788	
	BCu89PAg		645	815	
	BCu88PAg		643	771	
	BCu87PAg		643	813	
	BCu80AgP		645	800	
	BCu76AgP		643	666	
	BCu75AgP		645	645	
	BCu80SnPAg		560	650	
	BCu87PSn(Si)		635	675	
	BCu86SnP		650	700	
	BCu86SnPNi		620	670	
	BCu92PSb		690	825	
	BCu94Sn(P)	其他铜	910	1040	
	BCu88Sn(P)		825	990	
	BCu98Sn(Si)(Mn)		1020	1050	
	BCu97SiMn		1030	1050	
	BCu96SiMn		980	1035	
	BCu92AlNi(Mn)		1040	1075	
	BCu92Al		1030	1040	
	BCu89AlFe		1030	1040	
	BCu74MnAlFeNi		945	985	
	BCu84MnNi		965	1000	

标记示例:

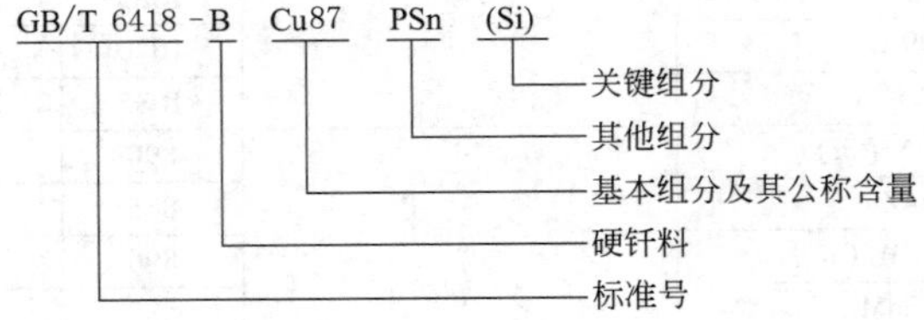

铝基钎料(摘自GB/T 13815—2008)	BAl95Si	铝硅	575	630	用于铝及铝合金的炉中钎焊和火焰钎焊 钎焊接头具有优良的抗腐蚀性能,应用广泛 用于铝及铝合金的火焰钎焊,钎料脆,使用不方便
	BAl92Si		575	615	
	BAl90Si		575	590	
	BAl88Si		575	585	
	BAl86SiCu	铝硅铜	520	585	

续表

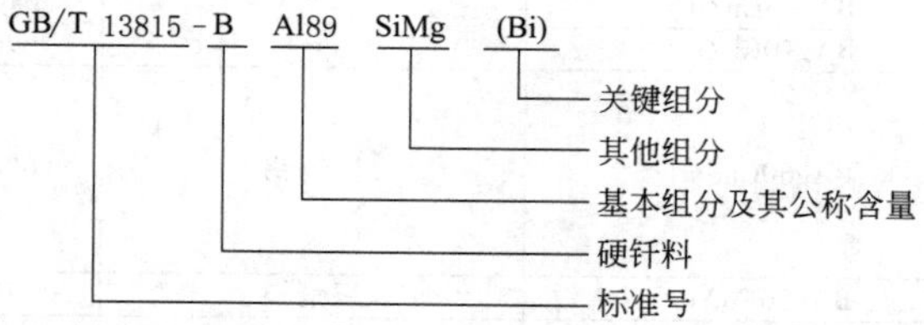

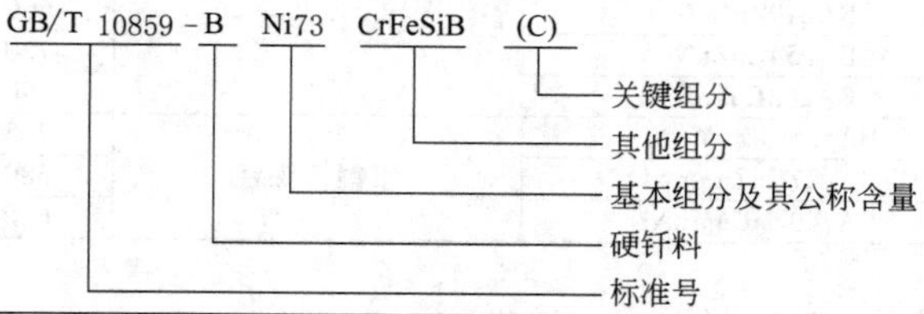

类别	牌号	名称	熔化温度/℃(约)		用途
			固相线	液相线	
铝基钎料(摘自GB/T 13815—2008)	BAl89SiMg	铝硅镁	555	590	用于真空钎焊，一般不适于钎剂钎焊
	BAl89SiMg(Bi)		555	590	
	BAl89Si(Mg)		559	591	
	BAl88Si(Mg)		562	582	
	BAl87SiMg		559	579	
	BAl87SiZn	铝硅锌	576	588	
	BAl85SiZn		576	609	
	标记示例： GB/T 13815 - B Al89 SiMg (Bi) (Bi)——关键组分 SiMg——其他组分 Al89——基本组分及其公称含量 B——硬钎料 GB/T 13815——标准号				
镍基钎料(摘自GB/T 10859—2008)	BNi73CrFeSiB(C)	镍铬硅硼	980	1060	由于镍具有优良的抗腐蚀性、抗氧化性和塑性，因此，镍基钎料常用于钎焊在高温下工作的零件，并常添加铬、硼、硅、锰、钨、磷、铜等
	BNi74CrFeSiB		980	1070	
	BNi81CrB		1055	1055	
	BNi82CrSiBFe		970	1000	
	BNi78CrSiBCuMoNb		970	1080	
	BNi63WCrFeSiB	镍铬钨硼	980	1040	
	BNi67WCrSiFeB		980	1070	
	BNi71CrSi	镍铬硅	1080	1135	
	BNi73CrSiB		1065	1150	
	BNi77CrSiBFe		1030	1125	
	BNi92SiB	镍硅硼	970	1105	添加一些合金元素用来提高其热强度。硼能显著提高钎料的高温强度和润湿性，但其含量增多会使钎料对母材的溶蚀倾向大大增加，并可使合金变脆
	BNi95SiB		970	1095	
	BNi89P	镍磷	875	875	
	BNi76CrP	镍铬磷	890	890	
	BNi65CrP		880	950	
	BNi66MnSiCo	镍铬硅铜	980	1010	
	标记示例： GB/T 10859 - B Ni73 CrFeSiB (C) (C)——关键组分 CrFeSiB——其他组分 Ni73——基本组分及其公称含量 B——硬钎料 GB/T 10859——标准号				
银钎料(摘自GB /T10046—2018)	BAg72Cu	银铜	779	779	是在电真空器件中应用最广的共晶型钎料，工艺性和导电性好
	BAg85Mn	银锰	960	970	
	BAg72CuLi	银铜锂	766	766	由于含有锂而使其具有自钎剂作用，因而使用时可不用钎剂

续表

类别	牌号	名称	熔化温度/℃(约)		用途
			固相线	液相线	
银钎料(摘自GB/T10046—2008)	BAg5CuZn(Si)	银铜锌	820	870	
	BAg12CuZn(Si)		880	830	
	BAg20CuZn(Si)		690	810	
	BAg25CuZn		700	790	
	BAg30CuZn		680	765	
	BAg35ZnCu		685	775	
	BAg44CuZn		675	735	
	BAg45CuZn		665	745	
	BAg50CuZn		690	775	
	BAg60CuZn		695	730	
	BAg63CuZn		690	730	
	BAg65CuZn		670	720	
	BAg70CuZn		690	740	
	BAg60CuSn	银铜锡	600	730	对钢和镍的润湿性优异,但强度低,脆性大。用于受静载接头
	BAg56CuNi	银铜镍	770	895	
	BAg25CuZnSn	银铜锌锡	680	760	BAg56CuZnSn的性能与BAg50CdZnCu钎料相当,但含银量较高,可代替镉钎料用于铜合金、钢和不锈钢等的钎焊。接头具有优良的力学性能
	BAg30CuZnSn		665	755	
	BAg34CuZnSn		630	730	
	BAg38CuZnSn		650	720	
	BAg40CuZnSn		650	710	
	BAg45CuZnSn		640	680	
	BAg55ZnCuSn		630	660	
	BAg56CuZnSn		620	655	
	BAg60CuZnSn		620	685	
	BAg20CuZnCd	银铜锌镉	605	765	适于火焰、高频等快速加热来钎焊铜及其合金、钢、不锈钢间隙、不均匀接头 BAg50CuZnCdNi适于钎焊硬质合金,镍可提高不锈钢钎焊接头抗腐蚀性,这在银钎料中几乎是最好的
	BAg21CuZnCdSi		610	750	
	BAg25CuZnCd		607	682	
	BAg30CuZnCd		607	710	
	BAg35CuZnCd		605	700	
	BAg40CuZnCd		595	630	
	BAg45CdZnCu		605	620	
	BAg50CdZnCu		625	635	
	BAg40CuZnCdNi		595	605	
	BAg50ZnCdCuNi		635	690	
	BAg40CuZnIn	银铜锌铟	635	715	同银铜锌锡
	BAg34CuZnIn		660	740	
	BAg30CuZnIn		640	755	
	BAg56CuInNi		600	710	
	BAg40CuZnNi	银铜锌镍	670	780	
	BAg49ZnCuNi		660	705	
	BAg54CuZnNi		720	855	
	BAg63CuSnNi		690	800	
	BAg25CuZnMnNi	银铜锌镍锰	705	800	
	BAg27CuZnMnNi		680	830	
	BAg49ZnCuMnNi		680	705	

标记示例：

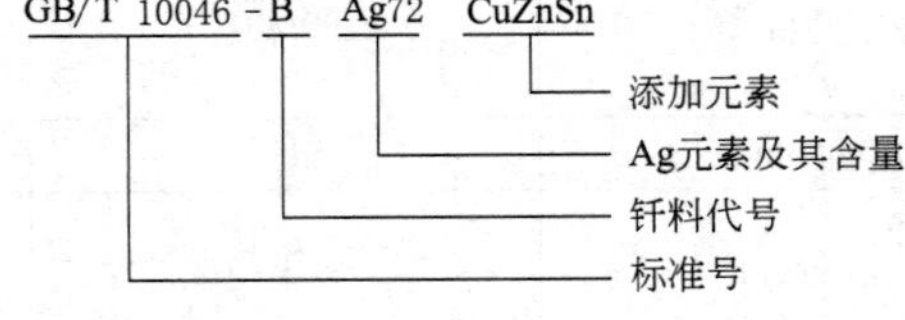

续表

类别	牌号	名称	熔化温度/℃(约)		用途
			固相线	液相线	
锰基钎料(摘自GB/T 13679—2016)	BMn70NiCr	锰镍铬	1035	1180	锰基钎料可用于要求在较高温度(600～700℃)下工作的接头 主要用于钎焊碳钢、合金钢、不锈钢和高温合金。钎焊不锈钢时，无明显的溶蚀和晶间渗入现象，适合于钎焊薄壁零件
	BMn40NiCrCoFe		1065	1135	
	BMn68NiCo	锰镍钴	1050	1070	
	BMn65NiCoFeB		1010	1035	
	BMn52NiCuCr	锰镍铜	1000	1010	
	BMn50NiCuCrCo		1010	1035	
	BMn45NiCu		920	950	

钎　剂

硬钎焊用钎剂型号表示方法（JB/T6045—2017）

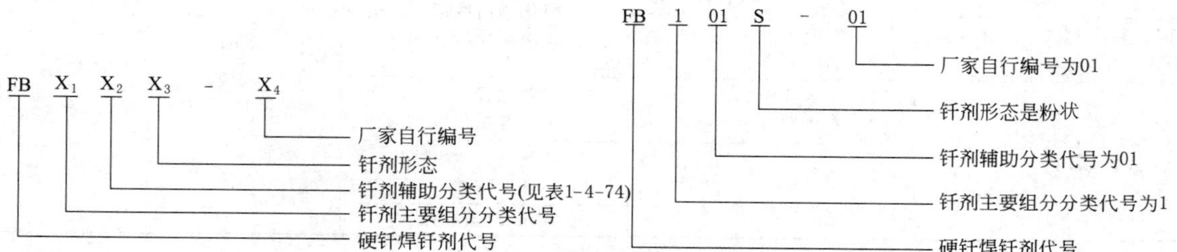

表 1-4-74　钎剂主要元素组分分类

主要组分分类代号(X_1)	辅助分类代号(X_2)	主要组分(质量分数)和特性(不包括成膏剂)	钎焊温度范围(参考)/℃
1		硼酸+硼酸盐+卤化物≥90%	
1	01	主要组分不含卤化物	565～850
	02	卤化物≤45%	565～850
	03	卤化物≥45%	550～850
	04	显碱性	565～850
	05	钎焊温度高	760～1200
2		卤化物≥80%，含有氯化物	
2	01	含有重金属卤化物	450～620
	02	不含有重金属卤化物	500～650
3		硼酸+硼酸盐+氟硼酸盐≥80%	
3	01	硼酸+硼酸盐≥60%	750～1100
	02	氟硼酸盐≥40%	565～925
4		硼酸三甲酯≥30%	
4	01	硼酸三甲酯≥30%～45%	750～950
	02	硼酸三甲酯≥45%～60%	750～950
	03	硼酸三甲酯≥60%～65%	750～950
4	04	硼酸三甲酯≥65%	750～950
5		氟铝酸盐≥80%	
5	01	氟铝酸钾≥80%	500～620
	02	氟铝酸铯或氟铝酸铷≥10%	450～620

表 1-4-75　常用钎剂的化学成分推荐表

型号	化学成分/%					
	H_3BO_3	KBF_4	KF	B_2O_3	$Na_2B_4O_7$	CaF_2
FB101	30	70	—	—	—	—
FB102	—	23	42	35	—	—

续表

型号	化学成分/%					
	H_3BO_3	KBF_4	KF	B_2O_3	$Na_2B_4O_7$	CaF_2
FB103	—	>95	—	—	—	—
FB104	35	—	15	—	50	—
FB105	80	—	—	—	14.5	5.5
FB106	—	42	35	23	—	—
FB301	—	—	—	—	>95	—
FB302	75	—	—	—	25	—
	LiCl	KCl	$ZnCl_2$		$CdCl_2$	NH_4Cl
FB201	25	25	15		30	5

表 1-4-76　软钎焊用钎剂分类及代码（摘自 GB/T 15829—2021）

钎剂类型	钎剂基体	钎剂活性剂	卤化物含量(质量分数)/%
1 树脂类	1 松香(非改性树脂) 2 改性树脂或合成树脂	1 未添加活性剂 2 卤化物活性剂 3 非卤化物活性剂	1 <0.01 2 <0.15 3 0.15~2.0 4 >2.0
2 有机物类(低含量树脂或不含树脂)	1 水溶性 2 非水溶性		
3 无机物类	1 水溶液中的盐类 2 有机配方中的盐类	1 有氯化铵 2 不含有氯化铵	
	3 酸类	1 磷酸 2 不含有磷酸	
	4 碱类	1 胺和/或碳酸铵	

表 1-4-77　常用无机软钎剂的组分和用途

牌号	组分的质量分数/%	适用母材
RJ1	氯化锌 40,水 60	钢、铜、黄铜和青铜
RJ2	氯化锌 25,水 75	铜及铜合金
RJ3	氯化锌 40,氯化铵 5,水 55	钢、铜、黄铜和青铜
RJ4	氯化锌 18,氯化铵 6,水 76	铜及铜合金
RJ5	氯化锌 25,盐酸(密度 $1.19\times10^3kg/m^3$)25,水 50	不锈钢、碳钢、铜合金
RJ6	氯化锌 6,氯化铵 4,盐酸(密度 $1.19\times10^3kg/m^3$)10,水 80	钢、铜及铜合金
RJ7	氯化锌 40,氯化锡 5,氯化亚铜 0.5,盐酸 3.5,水 51	钢、铸铁
RJ8	氯化锌 65,氯化钾 14,氯化钠 11,氯化铵 10	铜及铜合金
RJ9	氯化锌 45,氯化钾 5,氯化锡 2,水 48	铜及铜合金
RJ10	氯化锌 15,氯化铵 1.5,盐酸 36,变性酒精 12.8,正磷酸 2.2,氯化铁 0.6,水余量	碳钢
RJ11	正磷酸 60,水 40	不锈钢、铸铁
QJ205	氯化锌 50,氯化铵 15,氯化镉 30,氯化钠 5	钢、铜及铜合金

表 1-4-78　常用有机软钎剂的组分和用途

牌号	组分的质量分数/%	适用范围
—	乳酸 15,水 85	铜、黄铜和青铜
—	盐酸肼 5,水 95	铜、黄铜和青铜
—	松香 100	铜、镉、锡和银
—	松香 25,酒精 75	铜、镉、锡和银
—	松香 40,盐酸谷氨酸 2,酒精余量	铜及铜合金
—	松香 40,三硬脂酸甘油酯 4,酒精余量	铜及铜合金
—	松香 40,水杨酸 2.8,三乙醇胺 1.4,酒精余量	铜及铜合金
—	松香 70,氯化铵 10,溴酸 20	铜、锌和镍

续表

牌号	组分的质量分数/%	适用范围
—	松香24,盐酸二乙胺4,三乙醇胺2,酒精余量	铜、锌和镍
201	树脂A20,溴化水杨酸10,松香20,酒精余量	波峰焊和浸渍焊
201-2	溴化水杨酸10,松香29.5,甘油0.5,酒精余量	同201
202-B	溴化肼8,甘油4,松香20,水20,酒精余量	引线搪锡
SD-1	改性酚醛55,松香30,溴化水杨酸15	印刷电路板的波峰焊、浸渍焊和引线搪锡
HY-3B	溴化水杨酸12,松香20,改性丙烯酸树脂1.3,缓蚀剂0.25,酒精余量	同SD-1
氟碳B	氟碳0.3,松香23,异丙醇76.7	同SD-1
—	聚丙二醇40~50,正磷酸10~20,松香35,盐酸二乙胺5	镍铬丝的钎焊
RJ11	工业凡士林80,松香15,氯化锌4,氯化铵1	铜及铜合金
RJ12	松香30,氯化锌3,氯化铵1,酒精余量	镀锌铁皮、铜及铜合金
RJ13	松香25,二乙胺5,三羟乙基胺2,酒精余量	钢、铜及铜合金
RJ14	凡士林35,松香20,硬脂酸20,氯化锌13,盐酸苯胺3,水9	钢、铜及铜合金
RJ15	松香34,蓖麻油26,硬脂酸14,氯化锌7,氯化铵8,水11	铜合金和镀锌板
RJ16	松香28,氯化锌5,氯化铵2,酒精65	黄铜挂锡
RJ18	松香24,氯化锌1,酒精75	铜及铜合金
RJ19	松香18,甘油25,氯化锌1,酒精56	同RJ18
RJ21	松香38,正磷酸12,酒精50	铬钢、镍铬不锈钢的挂锡和钎焊
RJ24	松香55,盐酸苯胺2,甘油2,酒精41	铜及铜合金

表1-4-79　　常用硬钎剂的组分和用途

牌号	组分的质量分数/%	钎焊温度/℃	用途
YJ1	硼砂100	800~1150	铜基钎料钎焊碳钢、铜、铸铁和硬质合金
YJ2	硼砂25,硼酸75	850~1150	同YJ1
YJ6	硼砂15,硼酸80,氟化钙5	850~1150	铜基钎料钎焊不锈钢和高温合金
YJ7	硼砂50,硼酸35,氟化钾15	650~850	银基钎料钎焊钢、铜合金、不锈钢和高温合金
YJ8	硼砂50,硼酸10,氟化钾40	>800	铜基钎料钎焊硬质合金
YJ11	硼砂95,过锰酸钾5	>800	铜锌钎料钎焊铸铁
QJ101	硼酸30,氟硼酸钾70	550~850	银基钎料钎焊铜及铜合金、钢、不锈钢和高温合金
QJ102	氟化钾42,硼酐35,氟硼酸钾23	650~850	同QJ101
QJ103	氟硼酸钾>95,碳酸钾<5	550~750	银铜锌镉钎料钎焊铜及铜合金、钢和不锈钢
QJ104	硼砂50,硼酸35,氟化钾15	650~850	银基钎料炉中钎焊铜合金、钢和不锈钢
QJ105	氯化镉29~31,氯化锂24~26,氯化钾24~26,氯化锌13~16,氯化铵4.5~5.5	450~600	钎焊铜及铜合金
200	硼酐66±2,脱水硼砂19±2,氟化钙15±1	850~1150	铜基钎料或镍基钎料钎焊不锈钢和高温合金
201	硼酐77±1,脱水硼砂12±1,氟化钙10±0.5	850~1150	同200
284	氟化钾(脱水)35,氟硼酸钾42,硼酐23	500~850	同QJ101
F301	硼砂30,硼酸70	850~1150	同YJ1
铸铁钎剂	硼酸40~45,碳酸锂11~18,碳酸钠24~27,氟化钠加氯化钠10~20(二者比例27:73)	650~750	银基钎料和低熔点铜基钎料钎焊和修补铸铁

1.7 塑料焊接

热塑性塑料的可焊性

表 1-4-80

塑料名称	焊接方法						
	电加热		火加热			机械加热	
	接触加热	高频电流加热	热空气加热	热惰性气体加热	热混合气体加热	摩擦加热	热工具加热
聚乙烯(板材、薄膜)	好	—	好	好	一般	—	好
聚乙烯(棒料、管)	好	—	好	好	好	—	好
硬聚氯乙烯塑料(板材、薄膜)	好	好	好	好	好	好	好
硬聚氯乙烯塑料(棒料、管)	好	好	好	好	好	好	好
聚酰胺	好	好	好	好	—	—	好
巴维诺尔薄膜	好	好	好	好	—	—	好
聚甲基丙烯酸甲酯(有机玻璃)	好	一般	—	—	一般	一般	好
聚异丁烯	—	—	好	好	一般	—	—
聚苯乙烯	好	—	好	—	—	好	好
软聚氯乙烯塑料	好	一般	好	好	一般	—	—
氟塑料(板材、薄膜)	好	一般	一般	一般	—	—	好
聚丙烯(板材、薄膜)	好	一般	一般	一般	—	—	好

注：高频电流焊接广泛用于塑料薄膜（总厚度小于 2mm）的焊接。

塑料焊接温度

表 1-4-81

塑料名称	焊接温度/℃	塑料名称	焊接温度/℃
硬聚氯乙烯	200~240	聚甲基丙烯酸甲酯(有机玻璃)	200~220
聚乙烯	140~180	软聚氯乙烯	180~200
聚酰胺	160~230	聚四氟乙烯	380~385
聚苯乙烯	140~160	聚丙烯	160~165

硬聚氯乙烯塑料焊接接头形式及尺寸

表 1-4-82

焊接形式	焊接名称	形式	尺寸/mm	应用说明
对接焊缝	单面焊接V形对接焊缝	(图：α、δ、b、a)	$a=0.5\sim1.5$，$b=1\sim1.5$ $\delta\leqslant5$：$\alpha=60°\sim70°$ $\delta>5$：$\alpha=70°\sim90°$ $\delta\leqslant10$：$\beta=60°\sim70°$ $\delta>10$：$\beta=70°\sim90°$	应用于只能在一面焊接的焊缝。在不焊的一面有一缺口，受外力易造成应力集中。一般用于$\delta\leqslant6$
	双面对接V形对接焊缝	(图：α、δ、b、a)		两面进行焊接，一面只焊一条焊缝，可免除缺口应力集中。一般用于$\delta\leqslant10$
	对称X形对接焊缝	(图：β、δ、b、a)		两面进行焊接。是三种对接形式中用料最省、强度最高的一种。一般用于$\delta\geqslant6$

续表

焊接形式	焊接名称	形式	尺寸/mm	应用说明
搭接焊缝	平边双面搭接	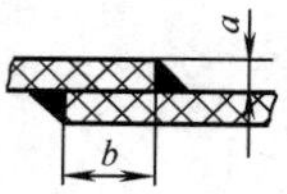	$b \geqslant 3a$	不适于焊接由薄片层压而成的板材，由于两板的中心线不在一起，故在受外力时会产生弯曲力矩。一般很少单独使用，大多用于辅助焊缝
T形连接焊缝	单斜边单面T形连接	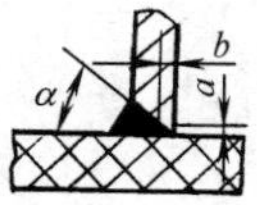	$a=0.5\sim1$ $b=1\sim1.5$ $\alpha=45°\sim55°$	用于焊接安装在塔或贮槽内的架子、隔板等处，不宜用于塔或贮槽等底部的焊缝，即不能用作主要结构焊缝
	双斜边双面T形连接	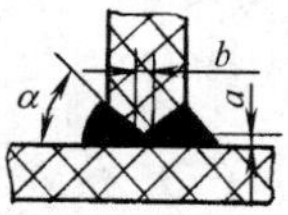		
对角焊缝	单斜边单面角形连接	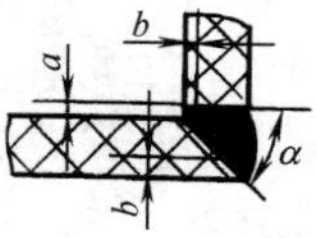	$a=0.5\sim1$ $b=1\sim1.5$ $\alpha=45°\sim55°$ $\beta=80°\sim90°$	用于塔式容器及槽体顶部、底部和器壁的连接。一般用于板厚 $\delta \geqslant 6$mm
	双斜边单面角形连接	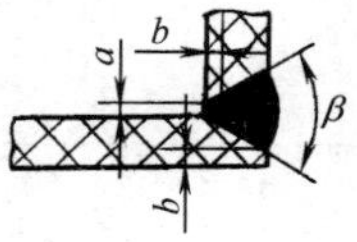		用于塔式容器及槽体顶部、底部和器壁的连接。一般用于板厚 $\delta \geqslant 6$mm
	双斜边双面角形连接	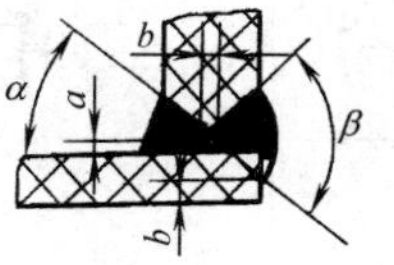		用于塔式容器及槽体顶部、底部和器壁的连接。一般用于板厚 $\delta > 10$mm

1.8 焊接结构设计注意事项

在设计焊接结构时，应尽可能采用最合理的结构和焊接工艺，以便：①在满足设计功能要求下，焊接工作量能减至最少；②焊接件可不再需要或只需要少量的机械加工；③变形和应力能减至最少；④为焊工创造良好的劳动条件。

表 1-4-83　　焊接结构一般注意事项

注意事项	不好的设计	改进后的设计
考虑最有效的焊接位置，以最小的焊接量达到最大的效果	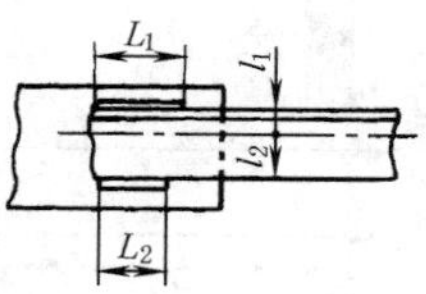 $L_1 l_1 = L_2 l_2$	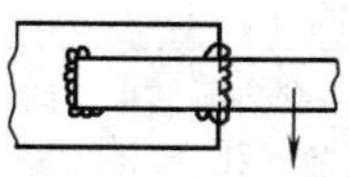

续表

注 意 事 项	不好的设计	改进后的设计
考虑焊接时操作方便。一般情况下要保证焊接作业的最小间隙与操作时焊条的适当角度。如果结构特殊，无法满足此要求时，可用煨弯焊条等措施进行焊接	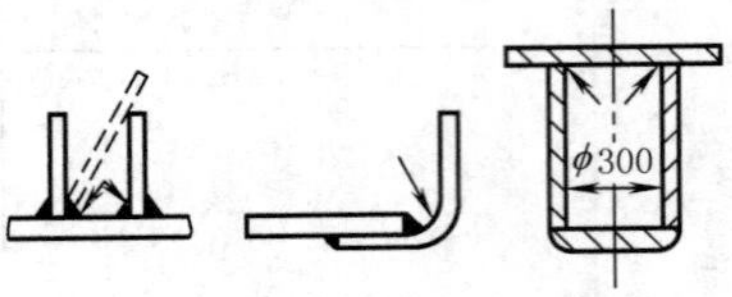 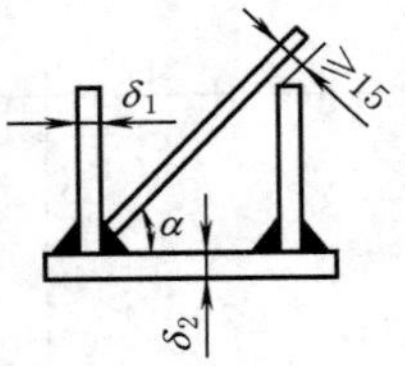 $\phi300$；δ_1，$\geqslant15$，α，δ_2	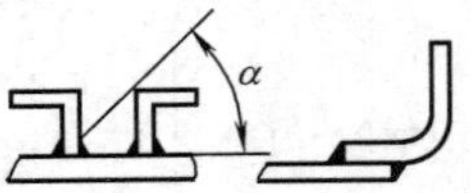 α；焊接操作最小空间和在各种位置焊接时焊条对焊件的角度 $\delta_1=\delta_2,\alpha=45°$ $\delta_1>\delta_2,\alpha<45°$ $\delta_1<\delta_2,\alpha>45°$ A：使用厚涂料焊条时 B：使用薄涂料焊条时 a——平焊 b——立焊 c——仰焊 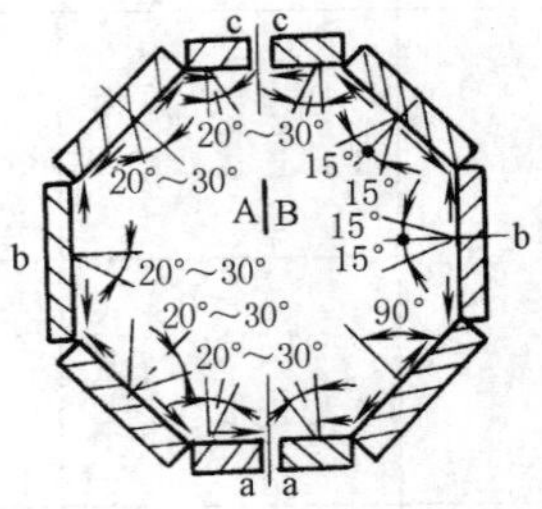 20°～30°，15°，90°
避免将焊缝设计在应力容易集中的地方，特别是重要部件，或承受反复载荷的焊接件，更应注意这一点 重要的法兰盘采用改进后的设计结构	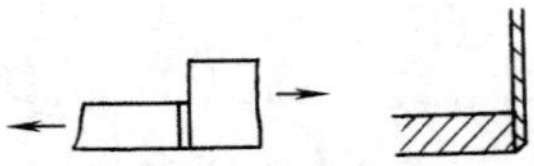	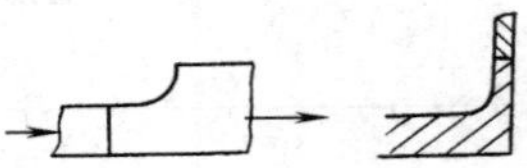
合理布置构件的相互位置，以保证焊接件的刚性	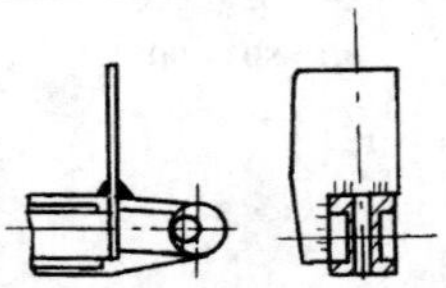	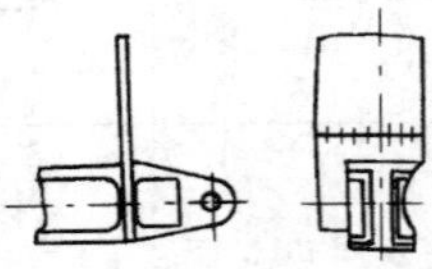
在某些特别重要的焊接件中，焊接厚度不同的钢板时必须使两者中心线一致，以避免产生弯曲力矩	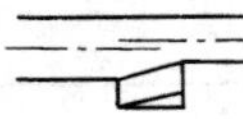	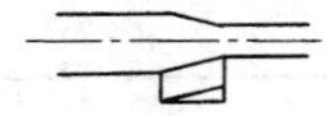
受变应力的焊缝，焊缝不宜凸出，宜平缓，背面补焊，最好将焊缝表面切平。避免用搭接形式，要用时可用长底的填角焊缝	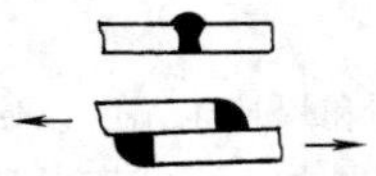	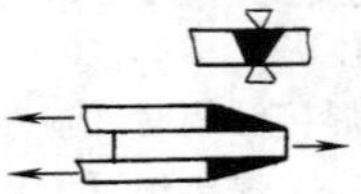
在承受弯曲载荷处，应尽可能避免横向焊缝	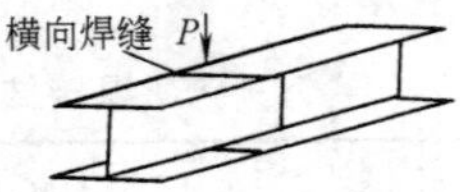 横向焊缝 P	
焊缝的根部要避免处于受拉应力的状态	 P	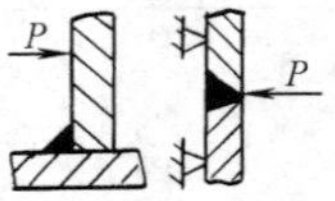 P
焊接加固件或必须退火的封闭箱体时，应钻通气孔，或将焊缝一段断开，避免焊缝受热撕裂或结构变形	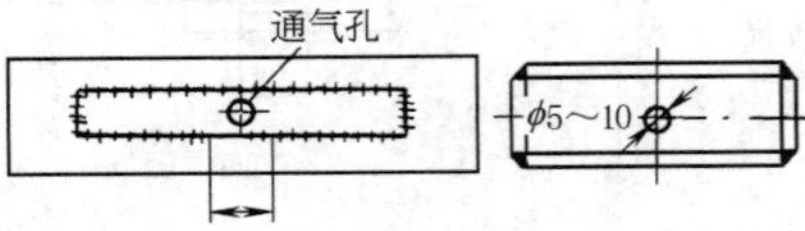 通气孔	$\phi5\sim10$

续表

注意事项		不好的设计	改进后的设计
盖板与侧板焊接时，应按板的厚度选择不同的角接接头。钢板厚度>25mm时还应注意改善外观焊缝		盖板 侧板 δ_1 δ_2；拱形盖板 侧板 δ_1 $\delta_1/3$ δ_2；平盖板 侧板 δ_1 $\delta_2/3$ δ_2	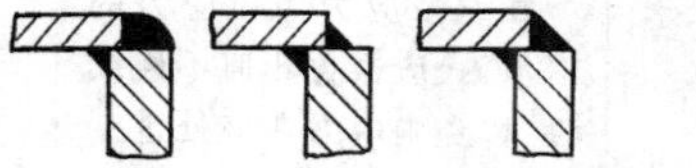 不经济　经济　虽不经济但棱边光滑应优先采用
直接传递负载的焊接件，采用整体嵌接为好			
薄板焊接时，为避免拱起现象，应考虑开孔焊接			
不允许液体从螺孔或其他地方泄出的焊件，在强度允许情况下，应加内部密封焊缝			
在角形连接中，应避免外向开口的焊缝，防止生锈。在要求密封和承受动载荷时，应在内部增加焊缝			
小构件避免内部焊接，在可能的情况下，采用槽焊。$\delta>12$mm，采用单边V形或V形焊缝，而不用角焊缝			
箱形焊接结构应该由带边缘的钢板或型钢拼焊			
缘、辐、毂之类零件组焊时，应选用适当的间隙		机械加工：0.2～0.3mm 毛坯和气割件：1～2mm	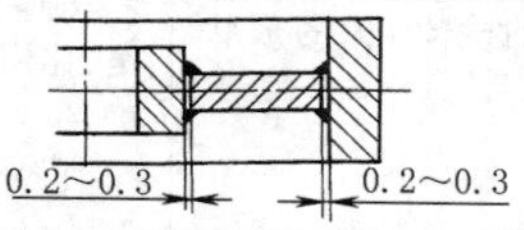 0.2～0.3　0.2～0.3
剖分面尽可能不要被焊缝断开			
焊接由扁钢制造的轮缘时，应将焊缝配置在轮齿之间；焊接前轮毂、轮缘都不要加工			
毛坯上与其他件连接的部分应离开焊缝至少3mm		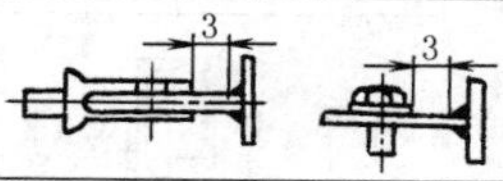 3　3	
调节焊接应力	避免焊缝过分集中，以防止裂纹，减少变形；同时，焊缝间应保持足够的距离	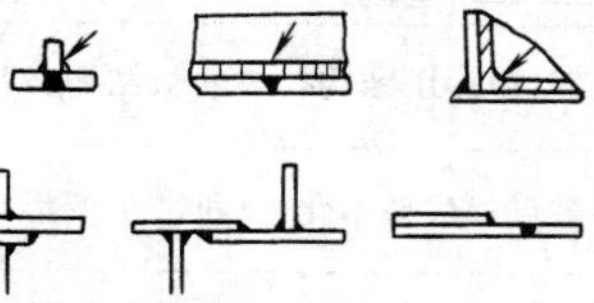	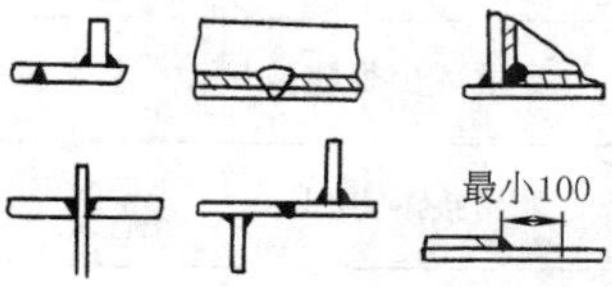 最小100
		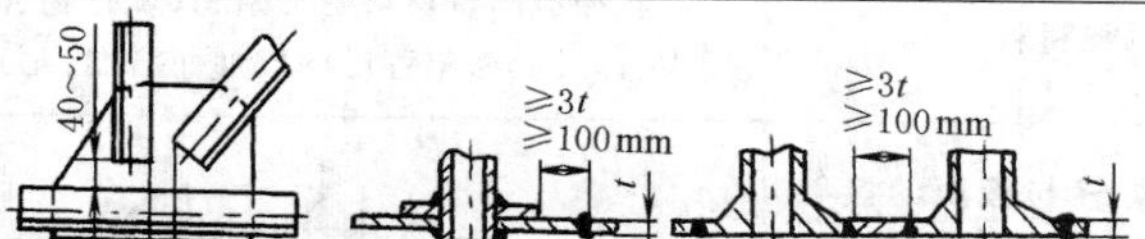 40～50　40～50	≥3t ≥100mm t　≥3t ≥100mm t

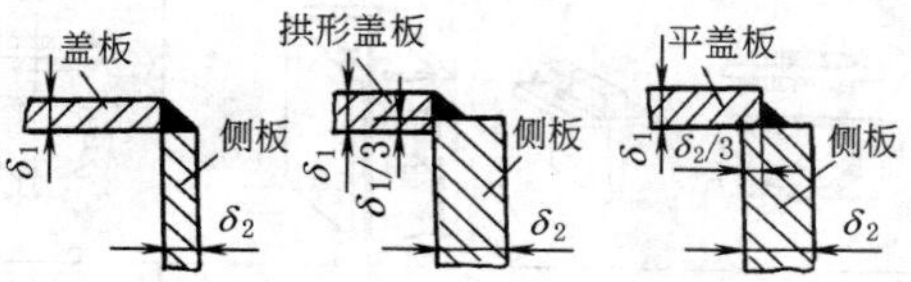

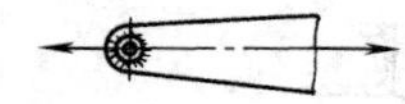

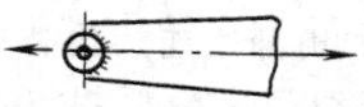

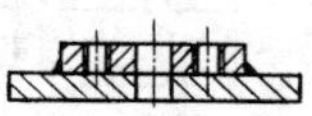

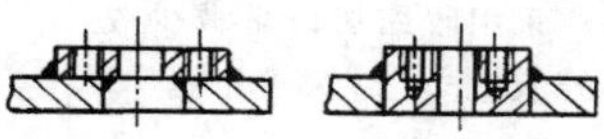

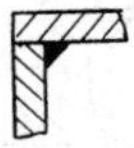

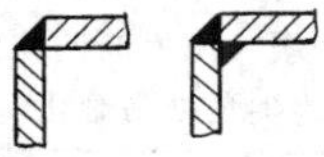

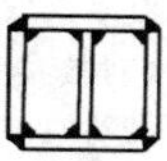

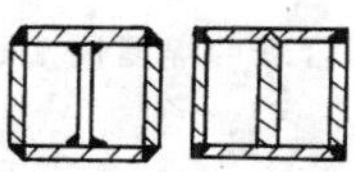

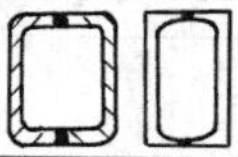

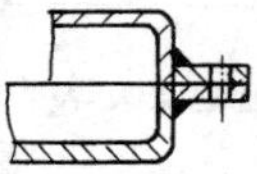

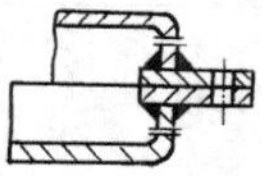

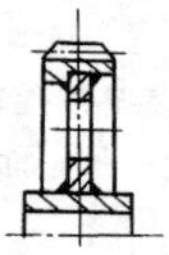

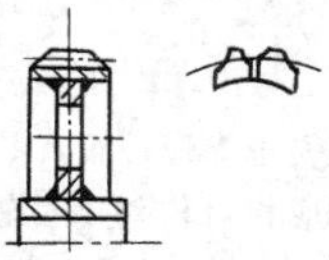

续表

注意事项		不好的设计	改进后的设计
调节焊接应力	在残余应力为拉应力的区域内，应避免几何不连续性，以免内应力在该处进一步增高	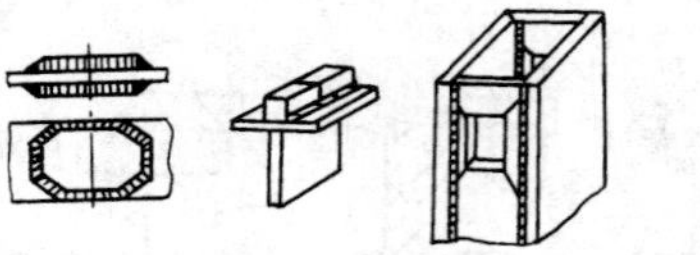	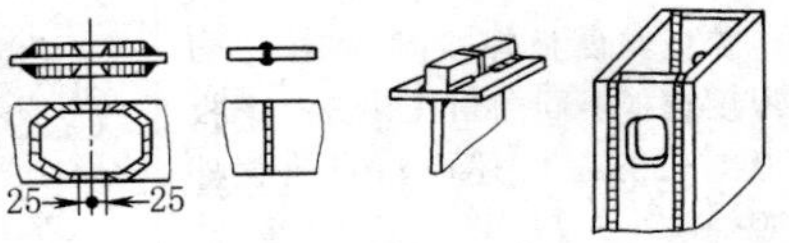 25 25
	采用刚性较小的接头型式。如用翻边连接代替插入式管连接，降低焊缝的拘束度	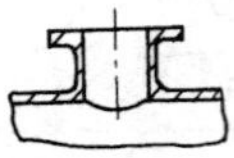	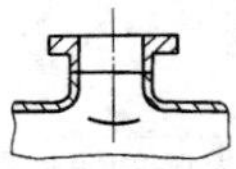
	采用收缩切口来减少收缩应力	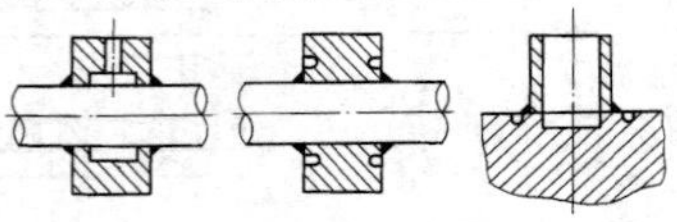	
焊接端部产生锐角的地方，应尽量使角度变缓。薄板筋的锐角必须去掉，因为尖角处易熔化		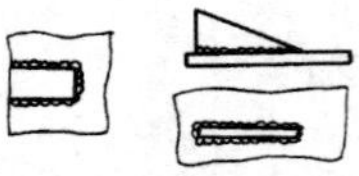	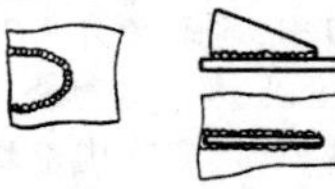
预防焊接变形	选用合理的焊缝尺寸和型式	在保证结构的功能要求下，尺寸尽量小，对仅起连接作用、受力不大、按计算很小的角焊缝，按板厚选取工艺上可能的最小尺寸 采用右图X形坡口，可减少对接接头的角变形。在薄板结构中采用接触点焊代替熔化焊缝可以减少变形和焊后矫正工作。采用断续焊减少收缩变形，但在动载荷作用下，增加应力集中的影响	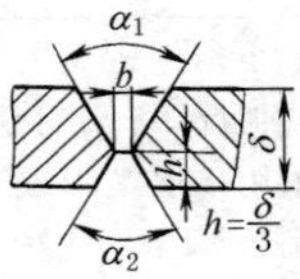 α_1，b，δ，h，$h=\frac{\delta}{3}$，α_2
	合理地选择肋板的形状和布置	用槽钢加固轴承座，比用辐射形肋板更好 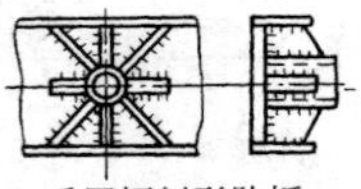 采用辐射形肋板	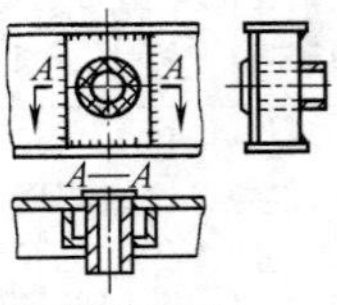 A A，A—A 采用槽钢加固
	焊缝应交错布置	特别是厚截面时，必须避免交叉焊缝	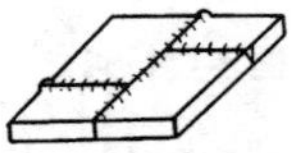
	合理安排焊缝位置 焊缝应相对构件中性轴，或靠近中性轴，以减少收缩力矩或弯曲变形	如有困难，则应使较厚的焊缝布置在靠近中性轴 S-S，较薄的焊缝布置在另一面	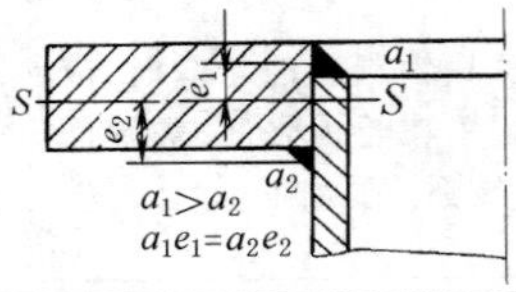 S，S，e_1，e_2，a_1，a_2 $a_1>a_2$ $a_1e_1=a_2e_2$
		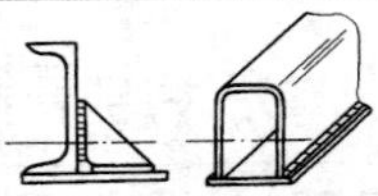	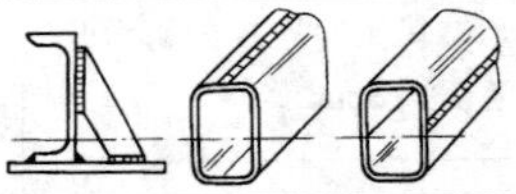
	尽量减少焊缝数量	在可能情况下，用冲压结构代替肋板结构，特别是对薄板结构十分有效	
	采用接触点焊	蒙皮采用接触点焊代替熔化焊，可减少变形	
防止层状撕裂	合理选择材料	层状撕裂随着材料中夹杂物（硫化物、硅酸盐、氧化物）的数量、平行于表面夹杂物面积的增大，以及其密集程度的增加而增加，尤其是硫的含量影响更甚，选材时应特别注意	
	增大焊缝与板面的接触面积	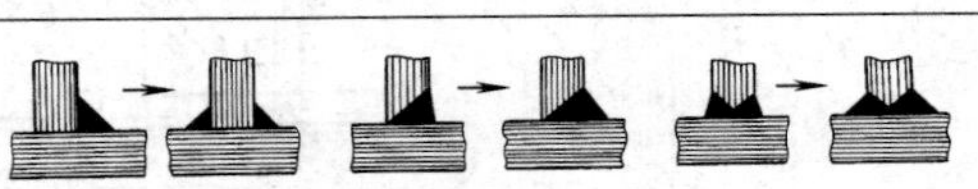	

续表

注 意 事 项		不好的设计	改进后的设计
防止层状撕裂	选择适宜的坡口角度，减少空腔体积	采用适宜的坡口角度 	减少焊道数量 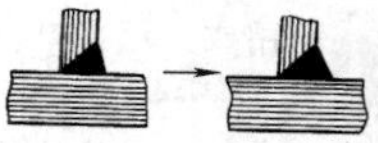
	改变焊道焊接次序	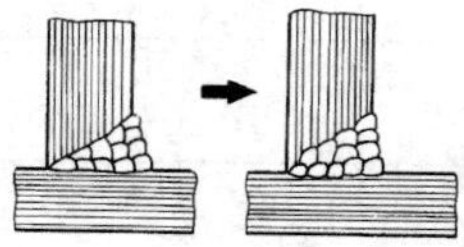	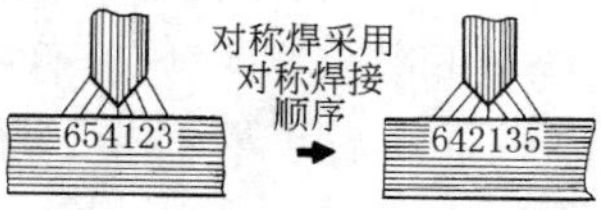 对称焊采用对称焊接顺序 654123 642135
	加中间块焊接，代替十字交叉件结构		
	在承载方向上，加焊变形能力大的焊接材料，增加缓冲层，扩大连接面		
	预热	减少层状撕裂的措施之一，其目的是降低冷却速度，使收缩范围增大	
正确选用角焊缝的计算厚度		角焊缝在较小的负载下，不必计算强度，可按经验确定下凹焊缝的高度 a，即按连接钢板中较薄的板厚考虑。双面角焊缝 $a\geqslant0.3\delta$，单面角焊缝 $a\geqslant0.6\delta$。考虑经济性，a 不应超过 12mm，当需 $a>12$mm 时，则应选择其他型式焊缝 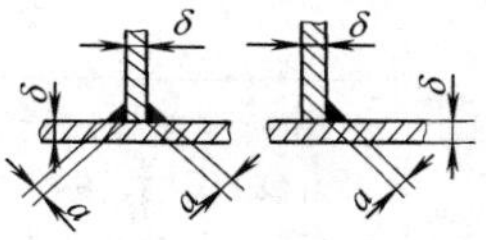	
经济性	提高材料利用率	确定零部件的形状和尺寸时，必须考虑材料的合理利用 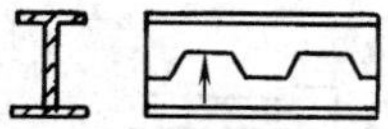 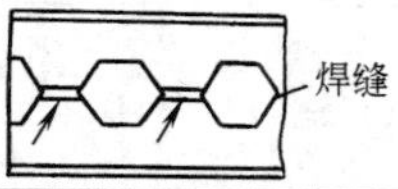	焊缝
	合理选择焊缝型式	同一结构中尽可能选用厚度相同的钢板 V 形焊缝准备成本较低，但焊接空间大，使焊接成本提高 X 形焊缝，准备成本高，但焊接空间较小，在对接焊缝中可适当选用，在角焊缝中双面角焊缝所需焊接金属比单面角焊缝少，并能承受较高负载，变形也较小，应优先采用，但在一面难以施焊或处于强迫位置时，采用单面角焊缝比较经济	
	考虑合理的焊接位置，尽可能选择平焊（横向水平角焊缝）	焊接位置 / 时间比 平焊 1 横焊（角焊缝） 1.3 横焊（对接焊缝） 1.8 立焊 2.2 仰焊 2.5	横焊（角焊缝）　平焊 仰焊　立焊　横焊（对接焊缝）
	在一般情况下，不需要过高的定心要求	不经济的 $\phi\frac{H8}{e9}$	经济的
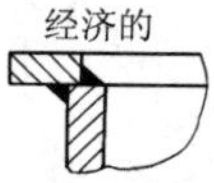	不要把焊缝布置在加工面上	不经济的	经济的 ≤3000　>3000

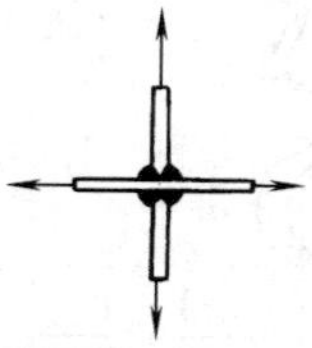

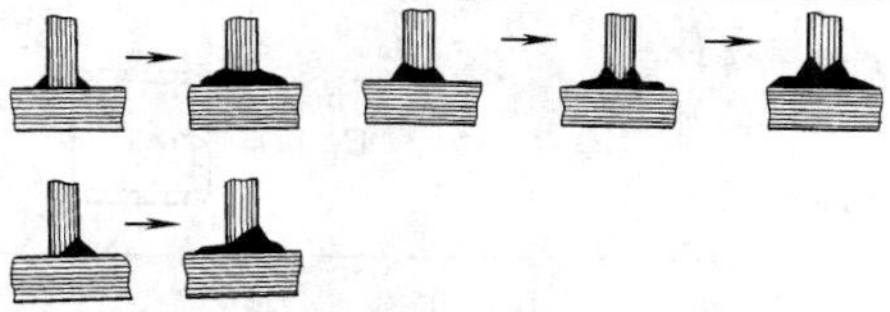

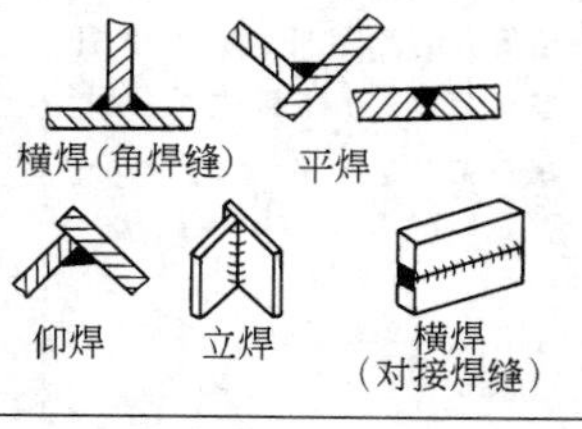

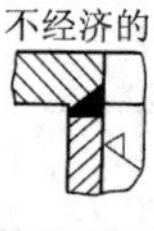

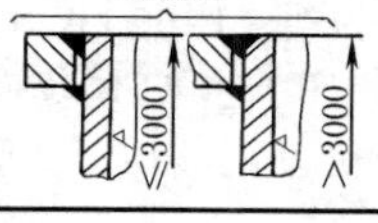

续表

注意事项		不好的设计	改进后的设计
不用或少用坡口(焊条电弧焊可以不用坡口的最大板厚对单边焊接为4mm,对双边焊为6mm)			
尽可能采用连续的细长焊缝而不用断续的短粗焊缝			
考虑焊接方法的不同特点,设计还应注意以下几点:			
埋弧自动焊	1. 同一工件上的焊接接头应采用同一型式,而且以采用直线焊缝为好(左图箭头处表示圆弧)	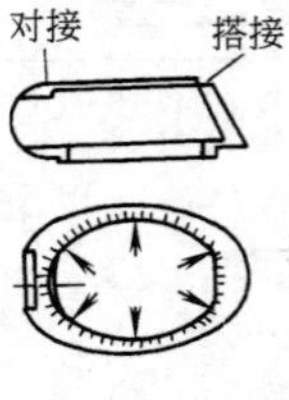 对接 搭接	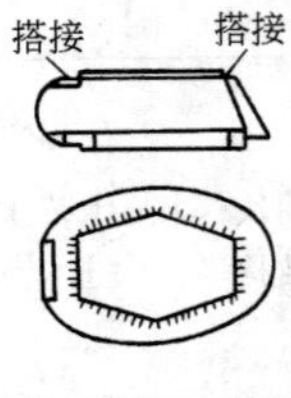 搭接 搭接
	2. 焊缝位置需使焊接设备的调整次数和工件的翻转次数为最少	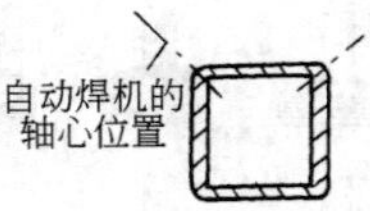 自动焊机的轴心位置	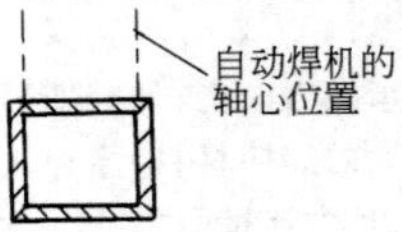 自动焊机的轴心位置
	3. 便于保存熔剂	 需另设挡板	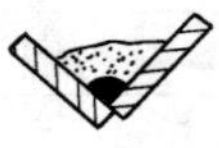
	4. 使自动焊机能沿焊缝自由移动。右图筋板开缺口,可在自动焊缝焊好后,再焊上	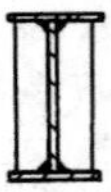	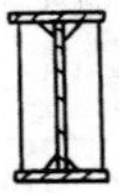
接触对焊	1. 接触对焊和加压气焊,对接两截面面积大小应相等,或者圆杆、管尺寸偏差≤15%,方杆料边长尺寸偏差≤10%	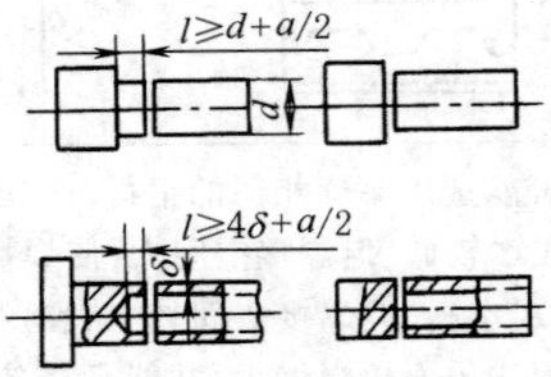 $l \geqslant d+a/2$ $l \geqslant 4\delta+a/2$	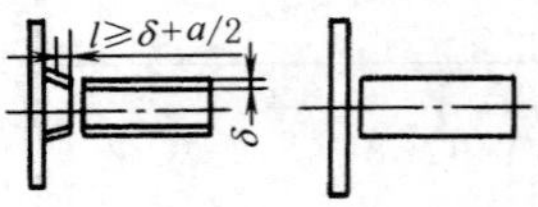 $l \geqslant \delta+a/2$

对于实心棒料 a/mm	棒料直径 d/mm	6	10	14	18	22	28	36	45	55
	手工接触焊	6	8	8	10	12	14	18	22	24
	自动接触焊	6	8	12	16	18	22	28	34	40
	加压气焊	2	3	4	5	7	8	11	14	17
自动接触焊	板料和管壁厚 δ/mm	1.2	2.5	3.0	4.0	5.0	6.2	10.0		
	a/mm	5.0	13.0	16.0	17.0	19.5	22.0	24.0		

接触对焊										
2. 薄壁管件在对焊时,管径与管壁厚应保持右表关系	被焊管外径 d/mm	12	38	75	150	375	500			
	管壁厚度 δ/mm	0.5	1.5	2.5	4.5	8.0	12.5			

续表

<table>
<tr><th colspan="2">注 意 事 项</th><th colspan="6">不好的设计</th><th>改进后的设计</th></tr>
<tr><td rowspan="2">接触滚焊</td><td rowspan="2">必须保证接合边的最小长度 a</td><td>一块板的厚度/mm</td><td>0.25~0.5</td><td>0.75~1</td><td>1.5</td><td>2</td><td>3</td><td rowspan="2"> 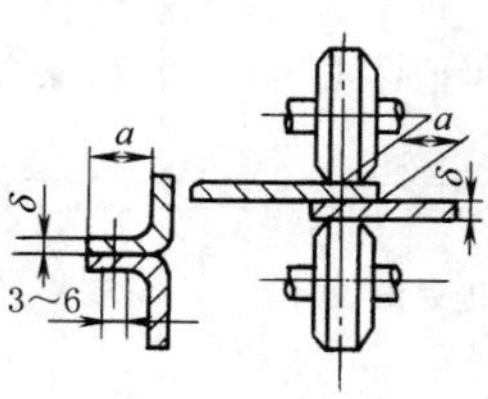a δ 3~6</td></tr>
<tr><td>a/mm</td><td>10</td><td>12</td><td>15</td><td>18</td><td>20</td></tr>
<tr><td rowspan="2">电渣焊</td><td>1. 禁用不便于电渣焊的对接截面
电渣焊最便于焊接的是长方形和环形截面。梯形截面和其他由直线或半径不变的弧形所构成的截面，只要角度不过大，也可以施焊
2. 焊缝上端应保留焊机退出的空间</td><td colspan="6">r_2 r_1 R_1 R_3 R_2 R_4 a B h C</td><td> 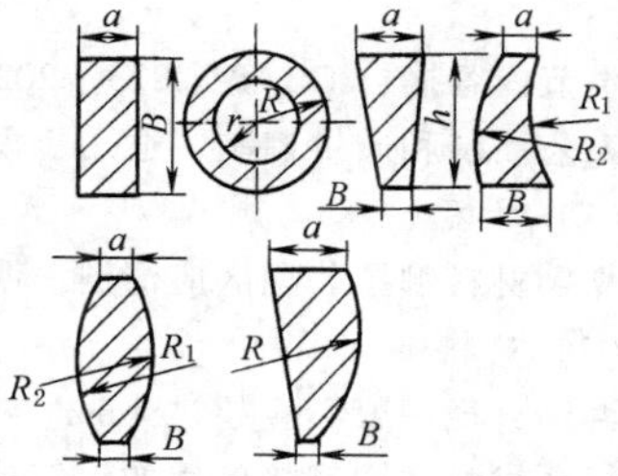a B R r h R_1 R_2</td></tr>
<tr><td>3. 避免焊缝中断</td><td colspan="6"> 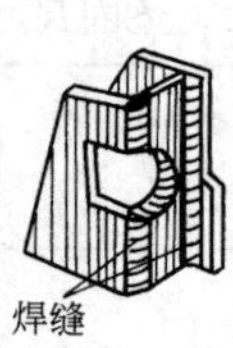焊缝</td><td> 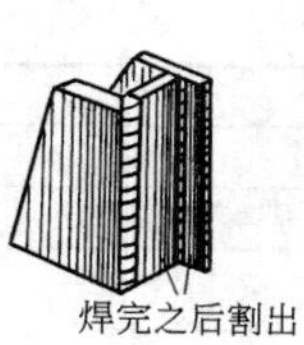焊完之后割出</td></tr>
</table>

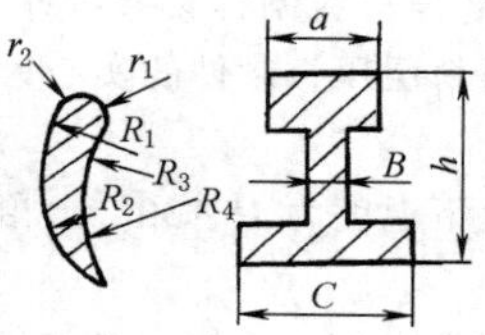

2 铆　接

2.1 铆接设计注意事项

(1) 尽量要使铆钉的中心线与构件的断面重心线重合。

(2) 铆接厚度一般规定不大于 $5d$，使用大头截锥形铆钉时，其总厚度可达直径的7倍。

(3) 在同一结构上铆钉种类不宜太多，一般有两种已够使用。

(4) 冲孔铆接承载力比钻孔约小20%，因此冲孔的方法只可用于不受力构件。

(5) 冷铆一般只用于直径小于8mm、受力不大、不很重要的地方。

(6) 板厚大于4mm时才能进行敛边；板厚小于4mm而要求有很高的紧密性时，可以把涂有铅丹的亚麻布放在钢板之间以获得紧密性。

(7) 工地制成的铆钉，其许用应力应降低。

(8) 尽量避免焊铆同时使用。

(9) 尽量减少在同一截面上的钉孔数，将铆钉交错排列（见表1-4-84中的a）。

(10) 多层板铆合时，需将各层板的接口错开（见表1-4-84中的b）。

(11) 在传力铆接中，排在力的作用方向的铆钉不宜超过6个，但不应少于2个（见表1-4-84中的c）。

表 1-4-84

	a	b	c
不好的设计			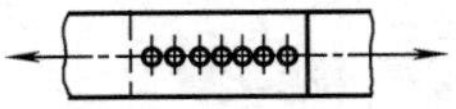
改进后的设计			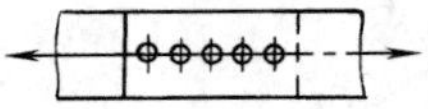

2.2 复合材料制件铆接的一般要求（摘自 GB/T 38825—2020）

本节内容摘自 GB/T 38825—2020《民用飞机复合材料制件铆接要求》，规定了复合材料制件铆接的一般要求、工艺控制和质量控制，适用于民用飞机复合材料层压板制件的实心铆钉铆接和抽芯铆钉铆接。

（1）环境

复合材料铆接装配区应清洁、明亮，一般情况下温度为 15～30℃，相对湿度为 40%～80%。

（2）材料

铆钉直径一般不应超过 4mm。在满足结构要求的情况下，尽量选择平头或半圆头钉头。

复合材料之间铆接使用的铆钉或垫圈的选择应符合工程图样要求，通常选用钛合金或不锈钢材料。

定位销与复合材料制件接触面之间宜采用复合材料工艺垫圈进行产品防护。复合材料工艺垫圈的材料应为碳纤维复合材料或玻璃纤维复合材料。

表 1-4-85　　**复合材料工艺垫圈尺寸**　　mm

铆钉直径	垫圈直径				垫圈厚度 S	复合材料工艺垫圈结构图
	外径 D		内径 d			
	基本尺寸	极限偏差	基本尺寸	极限偏差		
2.0	6.0	+0.5 0	2.3	+0.5 0	1.0	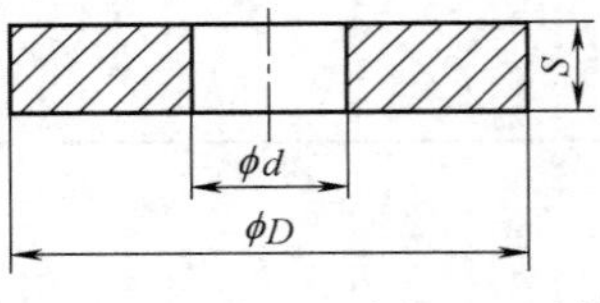 说明：D—外径；d—内径；S—厚度
2.5	6.0		2.8			
3.0	6.0		3.3			
3.5	8.0		3.8			
4.0	10.0		4.3			

（3）铆钉孔的一般要求

① 铆钉孔孔径大小、位置尺寸、位置尺寸极限偏差应符合工程图样的规定。工程图样未规定时，铆钉孔径大小可参考表 1-4-86，位置尺寸极限偏差一般为±1mm，也可参考 GB/T 52.1。

表 1-4-86　　**铆钉孔的直径和容许偏差**　　mm

铆钉直径	2.0	2.5	3.0	3.5	4.0
名义孔径	2.2	2.7	3.2	3.7	4.3
铆钉孔允许偏差	−0.05～+0.15				

② 复合材料制件钻孔表面粗糙度 Ra 应不大于 6.3μm，铰制孔壁表面粗糙度 Ra 不大于 3.2μm。

③ 铆钉孔轴线应垂直于零件表面，偏差应在 90°±1°范围内。

（4）制孔一般要求

一般情况下，钻孔直径应比终孔直径小 0.15～0.40mm，留出余量用于铰孔；一刀铰孔的材料去除量（直径上）应不大于 0.127mm。

（5）锪窝一般要求

窝尺寸应按工程图样规定；沉头窝应与空轴向同心，偏差应不大于 0.08mm；沉头窝轴线应平行于孔轴线，误差应不大于1°；对于锪窝角度偏差应以铆钉的安装要求为准，若无特殊规定，锪窝角度偏差应不大于2°，沉头窝表面粗糙度 Ra 应不大于6.3μm。

（6）实心铆钉铆接要求

① 对碳纤维复合材料结构应使用压铆，无法压铆时，可使用低功率铆枪；对芳纶及玻璃纤维复合材料结构的铆接可使用压铆，也可使用锤铆。

② 除非工程图样另有规定，安装后的实心铆钉墩头尺寸应符合表1-4-87规定。

表 1-4-87　　安装后的实心铆钉墩头尺寸

mm

铆钉直径	墩头直径	墩头直径极限偏差	墩头最小高度	墩头对钉杆轴线同轴度	墩头圆度
2.0	2.8	±0.2	0.6	ϕ0.4	在铆钉墩头直径极限偏差内
2.5	3.5	±0.25	0.75		
3.0	4.2	±0.3	0.9	ϕ0.6	
3.5	4.9	±0.35	1.05		
4.0	5.6	±0.4	1.2		

3　焊接件通用技术条件（摘自GB/T 37400.3—2019）

1）各种钢材在划线前，其钢板局部的平面度、型钢各种变形按表1-4-88执行，若超过其要求公差必须经校正后方可进行划线，型钢达到要求的公差才可划线；且型钢的局部波状及平面度在每米长度内不超过2mm。

表 1-4-88

名称	简图	允许值/mm	名称	简图	允许值/mm
钢板平面度	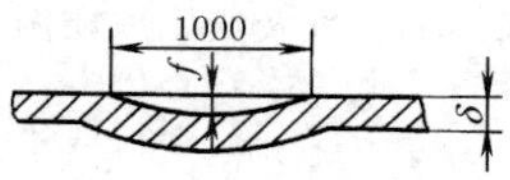	1000长度内平面度允许值 f： $\delta\le14,f\le2$ $\delta>14,f\le1$	槽钢与工字钢直线度	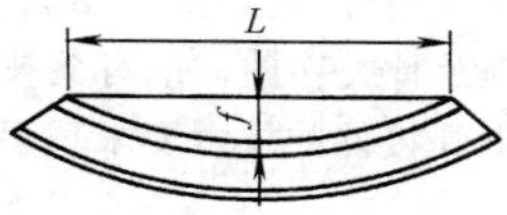	全长直线度 $f\le\frac{1.5}{1000}L$
	测量工具：1000长平尺				
角钢直线度与腿宽倾斜	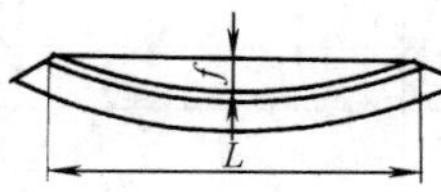	全长直线度 $f\le\frac{1.5}{1000}L$	槽钢与工字钢歪扭	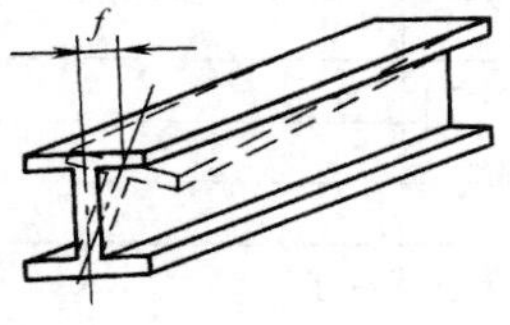	歪扭： $L\le10000$， $f\le3$ $L>10000$， $f\le5$ （L 为槽钢与工字钢的长度）
	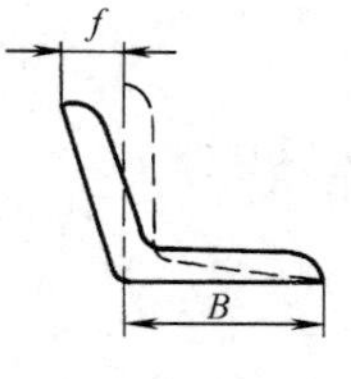	腿宽倾斜不成90°，按腿宽 B 计算，$f\le\frac{1}{100}B$ 但不大于1.5 （不等边角钢按长腿宽度计算）		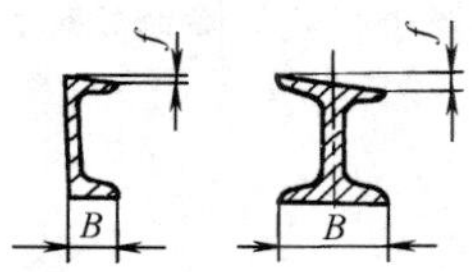	腿宽倾斜 $f\le\frac{1}{100}B$

2）热弯时加热温度为800～1000℃，弯曲过程中温度不得低于700℃，冷弯应在专用的弯管机上进行。管子弯曲后壁厚减薄量（受拉面），对于冷弯不大于壁厚15%，热弯不大于壁厚20%。焊前管子的弯曲半径允差、圆度允差及允许的波纹深度见表1-4-63。弯曲成形的筒体尺寸允差见表1-4-62。

3）焊接件的长度尺寸未注极限偏差及未注直线度、平面度和平行度公差见有关规定。长度尺寸公差一般选B级，形位公差一般选F级，均可不标注，否则应在设计图样上标注（指标注在图纸上的）。焊接件的尺寸公差与形位公差精度等级选用见表1-4-60。

4）角度未注极限偏差见表1-4-61，角度偏差的公称尺寸以短边为基准边，其长度从图样标明的基准点算起。

如在图样上不标注角度，而只标注长度尺寸，则允许偏差以 mm/m 计。一般选 B 级，可不标注，否则应在设计图样上标注。

5）低碳钢的焊接件，一般无须预热就可进行焊接，但当环境温度低于 0℃或者厚度较大时，焊前也必须根据工艺要求进行预热并焊后缓冷。

6）低合金结构钢的焊接件，必须综合考虑碳当量、构件厚度、焊接接头的拘束度、环境温度以及所使用的焊接材料等因素，确定焊接预热温度，见表 1-4-89 采用非低氢焊接材料焊接时，应适当降低临界板厚或者适当提高预热温度。具体构件的预热温度由焊接技术人员根据结构具体情况确定。

表 1-4-89　　低合金结构钢焊接件焊接预热温度

钢号	厚度/mm	焊前预热/℃	钢号	厚度/mm	焊前预热/℃
Q295		不预热	Q420		全部厚度预热
Q355	>40	≥100	Q460		100~150
Q390	≤32	不预热	Q550		100~150
Q390	>32	≥100	Q690		100~150

7）焊接件焊后消除应力处理可按 JB/T 6046—1992 的规定进行。

8）有密闭内腔的焊接件，在热处理之前，应在中间隔板上适当的位置加工 ϕ10mm 孔，使其空腔与外界相通。需在外壁上钻的孔，热处理后要重新堵上。

9）焊接接头及坡口型式与尺寸应符合 GB/T 985.1—2008 与 GB/T 985.2—2008 的规定。焊缝盛水试漏、液压试验、气密性试验、煤油渗漏试验可参照 NB/T 47003.1—2022、NB/T 47003.2—2022 中相关规定。焊缝超声波探伤应符合 GB/T 11345—2023 的规定。焊缝射线探伤应符合 GB/T 3323—2019 的规定。焊缝表面磁粉探伤应符合 GB/T 26951—2011 的规定。要进行力学性能试验的焊缝，应在图样或订货技术要求中注明。焊缝的力学性能试验种类、试样尺寸按 GB/T 2650—2022，GB/T 2651—2023，GB/T 2652—2022，GB/T 2653—2008，GB/T 2654—2008 的规定。试样板焊后与工件经过相同的热处理，并预先经过外观无损探伤检查。

10）图样上焊缝符号的标注应符合 GB/T 324—2008 的规定、焊缝探伤所采用的标准及级别应在图样中注明、焊后是否消除应力处理及种类在图样或有关技术文件中规定。

11）设计人员根据焊接件的技术要求填写表 1-4-90 可采用其他形式标注。

表 1-4-90

焊接件技术要求		焊接件技术要求	
通用技术要求	GB/T 37400.3—2019	形位公差精度等级	
焊缝质量评定级别		密封性试验	是/否
尺寸公差精度等级		耐压试验	是/否
		消应力退火(振动)	是/否
		表面处理	是/否

注：空格中可补充其他技术要求。

12）火焰切割件的质量要符合 GB/T 37400.2—2019 的规定。

13）焊接件涂装前要进行表面除锈处理，其质量等级见 GB/T 37400.3—2019 的规定。

第5章 零部件冷加工、增材制造设计工艺性与结构要素

1 金属材料的切削加工性

金属材料的切削加工性指金属经过切削加工成为合乎要求的工件的难易程度。影响切削加工性的因素很多，到目前为止，还不能用材料的某一种性能，例如金相组织或力学性能等来全面地表示出材料的切削加工性。一般是根据具体情况，选用不同的方法来表示的。目前生产中最常用的是以刀具耐用度为60min时的切削速度 V_{60} 来表示。V_{60} 愈高，表示材料的切削加工性愈好，并以 $R_m=600\text{MPa}$ 的45钢的 V_{60} 作为基准，简写为 $(V_{60})_f$。若以其他材料的 V_{60} 和 $(V_{60})_f$ 相比，其比值 $K_{IV}=\dfrac{V_{60}}{(V_{60})_f}$ 称为相对加工性。常用材料的相对加工性见表1-5-1。

表1-5-1　　常用材料的相对加工性（参考）

钢种	材料代号	相对加工性
优质碳素钢	20	170
	35	131
	45	100
	55	77
合金结构钢	35SiMn	54
	42SiMn	54
	38SiMnMo	65
	38CrMoAlA	45
	60SiMnMo	54
	37SiMn2MoV	44
	20MnMo	97
	18MnMoNb	74
	20Cr	105
	20CrMnMo	27
	20Cr2Mn2Mo	38

钢种	材料代号	相对加工性
合金结构钢	40Cr	100
	50Cr	80
	35CrMo	73
	40CrSi	54
	38CrSiMnMo	54
	35Cr2MnMo	44
轧辊钢	60CrMnMo	44
	60CrMoV	44
弹簧钢	65Mn	50
	60Cr2MoW	33
	50CrVA	44
碳素工具钢	T7	73
	T8	73
	T10	73
	T12	62

钢种	材料代号	相对加工性
合金工具钢	4CrW2Si	73
	Cr12MoV	62
	CrWMn	62
	5CrMnMo	62
	GCr15	73
	GCr15SiMn	73
	W18Cr4V	47
不锈钢	20Cr13	100
	30Cr13	77
	06Cr18Ni11Ti	62
碳素铸钢	ZG230-450	144
	ZG270-500	144
	ZG310-570	118
合金铸钢	ZG35SiMn	100
	ZG35CrMnSi	100

钢种	材料代号	相对加工性
合金铸钢	ZG35CrMo	100
	ZGMn13	118
	ZGCr22Ni2N	100
灰铸铁	HT150	83
	HT200	65
	HT250	52
	HT300	45
铸造有色合金	ZCuSn6Zn6Pb3	
	ZCuSn10Pb1	181
	ZCuAl10Fe3	181
	ZCuZn25Al6Fe3Mn3	181
	ZCuZn38Mn2Pb2	307
	ZL104	551
	ZL203	551

若根据金属的力学性能来分析，一般认为，硬度在170～230HB范围内时，切削加工性良好。过高的硬度不但难以加工，且会造成刀具很快磨损。当HB>300时，切削加工性就显著下降；HB=400时，切削加工性就很差了。而过低的硬度，则易形成很长的切屑缠绕，造成刀具的发热和磨损，零件加工后，表面粗糙度也很高。当材料塑性增加，$\psi=50\%\sim60\%$时，切削加工性也显著下降。

难加工的金属就必须采用硬质合金刀片等高级刀具来加工。例如，采用硬质合金刀片YG6X加工耐热合金效果良好；YG3可加工淬火钢等；YW1可加工不锈钢、高锰钢等；YW2可加工钛合金、奥氏体不锈钢等；YA6可加工高锰钢、淬火钢以及硬铸铁等；白刚玉 60[#](ZR1) 磨轮可磨削硬度≤70HRC 的渗氮的活塞杆等；还有 YW1-YG6X 刀具车削 45 淬硬钢（55~62HRC，表面粗糙度可达 *Ra*6.3~1.6μm）。

影响钢、铁切削加工性的因素及有色金属加工的特点见表 1-5-2，可作为考虑材料切削加工性时的参考。

表 1-5-2　　影响钢、铁切削加工性的因素及有色金属加工的特点

材料	影响因素	切削加工性	影响因素	切削加工性
钢	力学性能	硬度：170~230HB 最好，HB>300 显著下降，HB≈400 很差 塑性：ψ=50%~60%时，显著下降	轧制方法	含碳量<0.3%：冷轧或冷拔比热轧好 含碳量 0.3%~0.4% 的中碳钢：冷轧与热轧差不多 含碳量>0.4%的高碳钢：热轧比冷轧好
	化学成分（质量分数）	C：0.25%~0.35%左右最好 Mn：当 C<0.2%时 1.5%最好 Ni：>8%加工更困难 Mo：0.15%~0.40%时，稍提高；当淬火钢硬度为 HB>350 时，加入一些 Mo，可提高其切削加工性 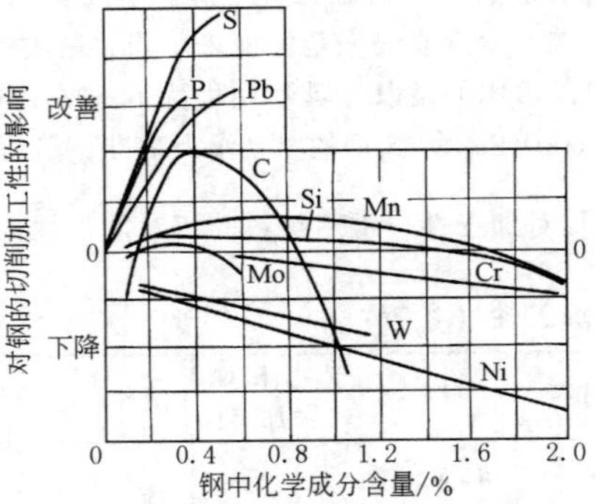 对钢的切削加工性的影响：改善 / 0 / 下降 S　P　Pb　C　Si　Mn　Mo　Cr　W　Ni 0　0.4　0.8　1.2　1.6　2.0 钢中化学成分含量/%	金相组织	铁素体：塑性很大的铁素体钢，切削加工性很低，切削前一般经过冷轧或冷拔可提高 珠光体：含碳量>0.6%时，粒状珠光体比片状珠光体好；低碳钢以断续细网状的片状珠光体为好 索氏体、屈氏体：二者都比珠光体硬。稍差 马氏体：更硬。更差 奥氏体：软而韧，加工硬化厉害，导热性差，易粘刀。很差
			冶炼方法	转炉钢：含硫、磷较高，最好 平炉钢：含硫、磷较低，较差 电炉钢：含硫、磷更低，最差
			热处理	退火：提高 正火：} 淬火：} 低碳钢提高
铸铁	硬度一般虽然不高，但是其热导率较低，并含有碳化铁及其他坚硬的杂质，且切下的切屑是崩碎的，所以刃口附近的较小面积上的温度梯度较大，并且集中地受到一些硬质点的摩擦，因此其切削加工性同样应综合多方面因素来考虑			
	化学成分（质量分数）	C、Si、Al、Ni、Cu、Ti：提高。适当含量是 Si0.1%~0.2%，Ni0.1%~3.0%，Ti0.05%~0.10%，Mo0.5%~2.0% Cr、V、Mn、Co、S、P 等：超过某种限度时就降低。其含量不宜大于 Cr1.0%，V0.5%，Mn1.5%，P0.14%	金相组织	自由石墨（显微硬度 15~40）：提高，但石墨颗粒太大，表面粗糙度会增加 自由铁素体（显微硬度 215~270）：一般铸件中约占 10%，提高 珠光体（显微硬度 300~390）：一般 针状组织（显微硬度 400~495）：略降低 磷铁共晶体（P10%+Fe%，显微硬度 600~1200）：存在于含 P>0.1%的铸铁中，一般当其在铸铁中的比重小于 5%时，影响不大，再多就降低 自由碳化物（显微硬度 1000~2300）：很硬，降低
	热处理	退火使硬度下降 15%~30%，可提高切削速度 30%~80%		
铜、铝合金	铜合金： 1. 强度、硬度比钢低，切削加工性好 2. 青铜比较硬脆，切削时与灰铸铁类似；黄铜比较韧软，切削时与低碳钢有些相同，但较易获得较低的表面粗糙度 3. 黄铜容易产生“扎刀”的毛病 4. 除车某些青铜外，刀具使用寿命比钢、铁高 5. 装卡容易引起变形 6. 线胀系数比钢、铁大，加工发热，尺寸精度较难控制		铝合金： 1. 强度、硬度比铜更低，切削加工性更好，但车螺纹容易“崩扣” 2. 加工时容易粘刀，形成刀瘤，增加表面粗糙度 3. 组织不够致密，很难获得较低的表面粗糙度 4. 除车铸造硅铝明合金外，刀具使用寿命一般都较高（禁止使用陶瓷刀具） 5. 装卡和加工时容易引起变形，工件表面也易碰伤或划伤 6. 线胀系数比铜更大，影响尺寸精度更突出	

续表

材料	切削加工性
镁合金	镁合金与其他金属结构材料相比,密度较小,机加工较容易。可以采用较高的速度、较大的切削深度和进给速度。它的切屑形成类型主要取决于材料成分、热处理状态、工件形状以及刀具进给量大小。其他金属机加工时,刀具倾角和切削速度对切屑形成有很大影响,但对镁合金的影响很小,可以忽略。单点刀具在车、刨、铣、钻等过程中产生的切屑一般分为三种:大进给量时短而易断;中等进给量时短,部分易断;小进给量时则长而卷。铸造合金易于产生折断或部分折断的切屑,并与热处理状态有关;锻件和挤压件则易产生部分断裂或卷曲的切屑,主要与进给速度有关 车、铣、刨、磨、钻、铰、拉、镗等加工工艺均可以满足镁合金工件不同加工及其表面精度的要求。但应遵循的一个共同原则是刀具应尽可能保持锋利、光滑,且无刮痕、毛刺、卷口 镁合金散热极快,加工表面冷却迅速,常常不需要润切液。如果需要主要是用来冷却工件,减小工件变形,减少切屑燃烧的机会(尤其是切屑较细时,若无液体覆盖很容易起火)。因此,镁合金机加工过程中采用的润切液常被称为冷却液。在大批量生产中,冷却液是延长刀具寿命的主要因素。在钻深孔或进行高速大进给量加工时,需要润切液冷却 镁合金采用的油基冷却剂一般为矿物油,而不宜用动物油或植物油 水溶性油或油水乳化液已成功应用于镁合金的某些机加工工艺中,但是不允许使用水基冷却剂。由于水和镁反应将生成易燃易爆气体 H_2,导致在镁合金湿切屑的储存和运输过程中出现氢的积累,即使少量氢的不断积累也是极其危险的。此外,水会降低镁合金废屑的回收价值 对镁合金进行机加工时,必须考虑切屑着火的问题。切屑被加热到接近熔点以后会引燃,应特别注意安全

各种金属机加工能量和速度对比

金属	相对能量	粗车速度/$m\cdot min^{-1}$	拉削速度(加工5~10mm)/$m\cdot min^{-1}$
镁合金	1.0	可达1200	150~500
铝合金	1.8	75~750	60~400
铸铁	3.5	30~90	10~40
低碳钢	6.3	40~200	15~30
镍合金	10.0	20~90	5~20

镁合金孔加工的一般速度和进给量

工艺	速度①/$m\cdot min^{-1}$	进给量/$mm\cdot r^{-1}$ 1.6mm④	3.2mm④	6.4mm④	13mm④	19mm④	25mm④	38mm④	51mm④
钻孔	43~100	0.025	0.076	0.18	0.30	0.41	0.51	0.64	0.76
枪钻	198	0.025	0.025	0.076	0.13	0.20	0.25	0.25	0.25
铰孔	120②	—	0.13	0.20	0.30	—	0.41	0.51	0.76
锪孔									
高速钢	195②	—	—	0.13	0.15	0.18	0.22	0.28	0.33
硬质合金	490③	—	—	0.15	0.18	0.20	0.25	0.30	0.36

① 受设备、刚度条件限制

② 适用于高速钢刀具,也可以采用硬质合金刀具,速度为260$m\cdot min^{-1}$

③ 适用于ϕ76mm的孔,进给量为0.41$mm\cdot r^{-1}$

④ 孔径

镁合金车削速度、进给量和最大切削深度

	车削速度/$m\cdot min^{-1}$	进给量/$mm\cdot r^{-1}$	最大切削深度/mm
粗车	90~185	0.76~2.5	12.7
	185~305	0.51~2.0	10.2
	305~460	0.25~1.5	7.62
	460~610	0.25~1.0	5.08
	610~1525	0.25~0.76	3.81
精车	90~185	0.13~0.64	2.54
	185~305	0.13~0.51	2.03
	305~1525	0.076~0.38	1.27

推荐的矿物油冷却剂

特性	大小	特性	大小
密度/$g\cdot cm^{-3}$	0.79~0.86	最大皂化值	16
黏度(313K)/SUS	55	游离酸最大含量(质量分数)/%	0.2
最低燃烧点/K	408		

2 一般标准

标准尺寸（摘自 GB/T 2822—2005）

表 1-5-3 mm

R			R′		
R10	R20	R40	R′10	R′20	R′40
1.00	1.00		1.0	1.0	
	1.12			**1.1**	
1.25	1.25		**1.2**	**1.2**	
	1.40			1.4	
1.60	1.60		1.6	1.6	
	1.80			1.8	
2.00	2.00		2.0	2.0	
	2.24			**2.2**	
2.50	2.50		2.5	2.5	
	2.80			2.8	
3.15	3.15		**3.0**	**3.0**	
	3.55			**3.5**	
4.00	4.00		4.0	4.0	
	4.50			4.5	
5.00	5.00		5.0	5.0	
	5.60			**5.5**	
6.30	6.30		**6.0**	**6.0**	
	7.10			**7.0**	
8.00	8.00		8.0	8.0	
	9.00			9.0	
10.00	10.00		10.0	10.0	
	11.2			**11**	
12.5	12.5	12.5	**12**	**12**	12
		13.2			**13**
	14.0	14.0		14	14
		15.0			15
16.0	16.0	16.0	16	16	16
		17.0			17
	18.0	18.0		18	18
		19.0			19
20.0	20.0	20.0	20	20	20
		21.2			**21**
	22.4	22.4		**22**	**22**
		23.6			**24**
25.0	25.0	25.0	25	25	25
		26.5			**26**
	28.0	28.0		28	28
		30.0			30
31.5	31.5	31.5	**32**	**32**	**32**
		33.5			**34**
	35.5	35.5		**36**	**36**
		37.5			**38**
40.0	40.0	40.0	40	40	40
		42.5			**42**
	45.0	45.0		45	45
		47.5			**48**
50.0	50.0	50.0	50	50	50
		53.0			53
	56.0	56.0		56	56
		60.0			60
63.0	63.0	63.0	63	63	63

R			R′		
R10	R20	R40	R′10	R′20	R′40
		67.0			67
	71.0	71.0		71	71
		75.0			75
80.0	80.0	80.0	80	80	80
		85.0			85
	90.0	90.0		90	90
		95.0			95
100.0	100.0	100.0	100	100	100
		106			**105**
	112	112		**110**	**110**
		118			**120**
125	125	125	125	125	125
		132			**130**
	140	140		140	140
		150			150
160	160	160	160	160	160
		170			170
	180	180		180	180
		190			190
200	200	200	200	200	200
		212			**210**
	224	224		**220**	**220**
		236			**240**
250	250	250	250	250	250
		265			**260**
	280	280		280	280
		300			300
315	315	315	**320**	**320**	**320**
		335			**340**
	355	355		**360**	**360**
		375			**380**
400	400	400	400	400	400
		425			**420**
	450	450		450	450
		475			**480**
500	500	500	500	500	500
		530			530
	560	560		560	560
		600			600
630	630	630	630	630	630
		670			670
	710	710		710	710
		750			750
800	800	800	800	800	800
		850			850
	900	900		900	900
		950			950
1000	1000	1000	1000	1000	1000
		1060			

R		
R10	R20	R40
	1120	1120
		1180
1250	1250	1250
		1320
	1400	1400
		1500
1600	1600	1600
		1700
	1800	1800
		1900
2000	2000	2000
		2120
	2240	2240
		2360
2500	2500	2500
		2650
	2800	2800
		3000
3150	3150	3150
		3350
	3550	3550
		3750
4000	4000	4000
		4250
	4500	4500
		4750
5000	5000	5000
		5300
	5600	5600
		6000
6300	6300	6300
		6700
	7100	7100
		7500
8000	8000	8000
		8500
	9000	9000
		9500
10000	10000	10000
		10600
	11200	11200
		11800
12500	12500	12500
		13200
	14000	14000
		15000
16000	16000	16000
		17000
	18000	18000
		19000
20000	20000	20000

注：1. “标准尺寸”为直径、长度、高度等系列尺寸。

2. 标准中 0.01~1.0mm 的尺寸，此表未列出。

3. R′系列中的黑体字，为 R 系列相应各项优先数的化整值。

4. 选择尺寸时，优先选用 R 系列，按照 R10、R20、R40 顺序。如必须将数值圆整，可选择相应的 R′系列，应按照 R′10、R′20、R′40 顺序选择。

标准角度（参考）

表 1-5-4

第一系列	第二系列	第三系列	第一系列	第二系列	第三系列	第一系列	第二系列	第三系列	第一系列	第二系列	第三系列	第一系列	第二系列	第三系列
0°	0°	0°			4°			18°			55°			110°
		0°15′	5°	5°	5°		20°	20°	60°	60°	60°	120°	120°	120°
	0°30′	0°30′			6°			22°30′			65°			135°
		0°45′			7°			25°			72°		150°	150°
1°	1°	1°			8°	30°	30°	30°		75°	75°			165°
		1°30′			9°			36°			80°	180°	180°	180°
2°	2°	2°		10°	10°			40°			85°			270°
		2°30′			12°	45°	45°	45°	90°	90°	90°	360°	360°	360°
3°	3°	3°	15°	15°	15°			50°			100°			

注：1. 本标准为一般用途的标准角度，不适用于由特定尺寸或参数所确定的角度以及工艺和使用上有特殊要求的角度。
2. 选用时优先选用第一系列，其次是第二系列，再次是第三系列。

锥度与锥角系列（摘自 GB/T 157—2001）

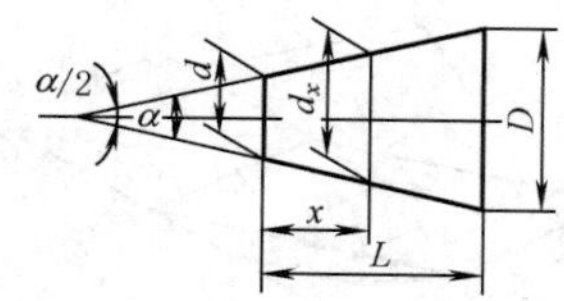

$$锥度\ C=\frac{D-d}{L}=2\tan\frac{\alpha}{2}$$

表 1-5-5（a）　　一般用途圆锥的锥度与锥角

基本值		推算值				应用举例
系列 1	系列 2	圆锥角 α			锥度 C	
		(°)(′)(″)	(°)	rad		
120°				2.094 395	1 : 0.288675	螺纹孔的内倒角，填料盒内填料的锥度
90°				1.570 796	1 : 0.500000	沉头螺钉头，螺纹倒角，轴的倒角
	75°	—	—	1.308 997	1 : 0.651613	车床顶尖，中心孔
60°		—	—	1.047 198	1 : 0.866025	车床顶尖，中心孔
45°		—	—	0.785 398	1 : 1.207107	轻型螺旋管接口的锥形密合
30°		—	—	0.523 599	1 : 1.866025	摩擦离合器
1 : 3		18°55′28.7″	18.924644°	0.330 297	—	有极限转矩的摩擦圆锥离合器
1 : 5		11°25′16.3″	11.421186°	0.199 337	—	易拆机件的锥形连接，锥形摩擦离合器
	1 : 6	9°31′38.2″	9.522783°	0.166 282	—	
	1 : 7	8°10′16.4″	8.171234°	0.142 615	—	重型机床顶尖，旋塞
	1 : 8	7°9′9.6″	7.152669°	0.124 838	—	联轴器和轴的圆锥面连接
1 : 10		5°43′29.3″	5.724810°	0.099 917	—	受轴向力及横向力的锥形零件的接合面，电机及其他机械的锥形轴端
	1 : 12	4°46′18.8″	4.771888°	0.083 285	—	固定球及滚子轴承的衬套
	1 : 15	3°49′5.9″	3.818305°	0.066 642	—	受轴向力的锥形零件的接合面，活塞与活塞杆的连接
1 : 20		2°51′51.1″	2.864192°	0.049 990	—	机床主轴锥度，刀具尾柄，公制锥度铰刀，圆锥螺栓
1 : 30		1°54′34.9″	1.909683°	0.033 330	—	装柄的铰刀及扩孔钻
1 : 50		1°8′45.2″	1.145877°	0.019 999	—	圆锥销，定位销，圆锥销孔的铰刀
1 : 100		0°34′22.6″	0.572953°	0.010 000	—	承受陡振及静变载荷的不需拆开的连接机件
1 : 200		0°17′11.3″	0.286478°	0.005 000	—	承受陡振及冲击变载荷的需拆开的零件，圆锥螺栓
1 : 500		0°6′62.5″	0.114592°	0.002 000	—	

注：系列 1 中 120°~1 : 3 的数值近似按 R10/2 优先数系列，1 : 5~1 : 500 按 R10/3 优先数系列（见 GB/T 321）。

表 1-5-5（b）

特殊用途圆锥的锥度与锥角								
基本值	圆锥角 α		锥度 C	应用举例	基本值	圆锥角 α		应用举例
18°30′	—	—	1∶3.070115	纺织工业	1∶18.779	3°3′1.2″	3.050335°	贾各锥度 No.3
11°54′	—	—	1∶4.797451		1∶19.264	2°58′24.9″	2.973573°	贾各锥度 No.6
8°40′	—	—	1∶6.598442		1∶20.288	2°49′24.8″	2.823550°	贾各锥度 No.0
7°40′	—	—	1∶7.462208		1∶19.002	3°0′52.4″	3.014554°	莫氏锥度 No.5
7∶24	16°35′39.4″	16.594290°	1∶3.428571	机床主轴,工具配合	1∶19.180	2°59′11.7″	2.936590°	莫氏锥度 No.6
1∶9	6°21′34.8″	6.359660°	—	电池接头	1∶19.212	2°58′53.8″	2.981618°	莫氏锥度 No.0
1∶16.666	3°26′12.7″	3.436853°	—	医疗设备	1∶19.254	2°58′30.4″	2.975117°	莫氏锥度 No.4
1∶12.262	4°40′12.2″	4.670042°	—	贾各锥度 No.2	1∶19.922	2°52′31.4″	2.875402°	莫氏锥度 No.3
1∶12.972	4°24′52.9″	4.414696°	—	贾各锥度 No.1	1∶20.020	2°51′40.8″	2.861332°	莫氏锥度 No.2
1∶15.748	3°38′13.4″	3.637067°	—	贾各锥度 No.33	1∶20.047	2°51′26.9″	2.857480°	莫氏锥度 No.1

楔体角度与楔体斜度（摘自 GB/T 4096.1—2022）

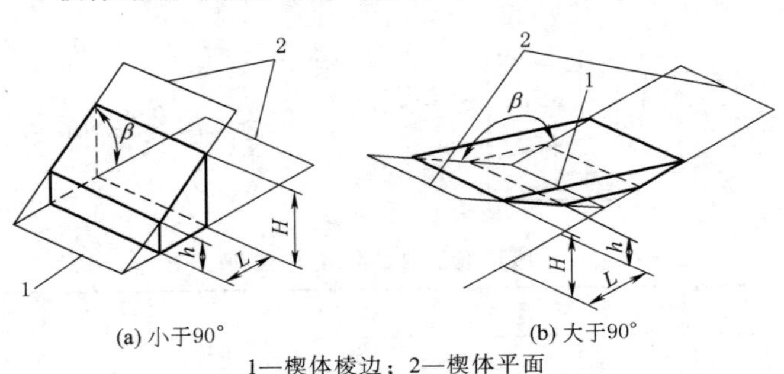

(a) 小于90°　　(b) 大于90°

1—楔体棱边；2—楔体平面

β—楔体角；楔体比率 $C=2\tan\dfrac{\beta}{2}$；楔体斜度 $S=\dfrac{H-h}{L}=\tan\beta$

表 1-5-6

公称值							推算值		
系列 1		系列 2		特殊楔体		楔体斜度	楔体比例	楔体斜度	楔体角度
β	$\beta/2$	β	$\beta/2$	β	$\beta/2$	S	C③	S④	β
120°	60°	—	—	—	—	—	1∶0.288675	1∶−0.577350	—
—	—	—	—	108°①	54°	—	1∶0.363271	1∶−0.324920	—
90°	45°	—	—	—	—	—	1∶0.500000	—	—
—	—	75°	37°30′	—	—	—	1∶0.651613	1∶0.267949	—
—	—	—	—	72°①	36°	—	1∶0.688190	1∶0.324920	—
60°	30°	—	—	—	—	—	1∶0.866025	1∶0.577350	—
—	—	—	—	50°②	—	—	1∶1.072253	1∶0.839100	—
45°	22°30′	—	—	—	—	—	1∶1.207107	1∶1.000000	—
—	—	40°	20°	—	—	—	1∶1.373739	1∶1.191754	—
30°	15°	—	—	—	—	—	1∶1.866025	1∶1.732051	—
20°	10°	—	—	—	—	—	1∶2.835641	1∶2.747477	—
15°	7°30′	—	—	—	—	—	1∶3.797877	1∶3.732051	—
—	—	10°	5°	—	—	—	1∶5.715026	1∶5.671282	—
—	—	8°	4°	—	—	—	1∶7.150333	1∶7.115370	—
—	—	7°	3°30′	—	—	—	1.8.174928	1∶8.144346	—
—	—	—	—	—	—	1∶10	—	—	5°42′38.1″
5°	2°30′	—	—	—	—	—	1∶11.451883	1∶11.430052	—

① 适用于 V 形体。
② 适用于燕尾体。
③ C 表示为 1∶1/C。
④ S 表示为 1∶1/S。

莫氏和公制锥度（附斜度对照）

表 1-5-7

圆锥号数		锥度 $C=2\tan(\alpha/2)$	锥角 α	斜角 $\alpha/2$	斜度 $\tan(\alpha/2)$	圆锥号数		锥度 $C=2\tan(\alpha/2)$	锥角 α	斜角 $\alpha/2$	斜度 $\tan(\alpha/2)$
莫氏	0	1：19.212＝0.05205	2°58′54″	1°29′27″	0.026	公制	4	1：20＝0.05	2°51′51″	1°25′56″	0.025
	1	1：20.047＝0.04988	2°51′26″	1°25′43″	0.0249		6	1：20＝0.05	2°51′51″	1°25′56″	0.025
	2	1：20.020＝0.04995	2°51′41″	1°25′50″	0.025		80	1：20＝0.05	2°51′51″	1°25′56″	0.025
	3	1：19.922＝0.05020	2°52′32″	1°26′16″	0.0251		100	1：20＝0.05	2°51′51″	1°25′56″	0.025
	4	1：19.254＝0.05194	2°58′31″	1°29′15″	0.026		120	1：20＝0.05	2°51′51″	1°25′56″	0.025
	5	1：19.002＝0.05263	3°00′53″	1°30′26″	0.0263		140	1：20＝0.05	2°51′51″	1°25′56″	0.025
	6	1：19.180＝0.05214	2°59′12″	1°29′36″	0.0261		160	1：20＝0.05	2°51′51″	1°25′56″	0.025
	7	1：19.231＝0.052	2°58′36″	1°29′18″	0.026		200	1：20＝0.05	2°51′51″	1°25′56″	0.025

注：1. 公制圆锥号数表示圆锥的大端直径，如 80 号公制圆锥，它的大端直径即为 80mm。

2. 莫氏锥度目前在钻头及铰刀的锥柄、车床零件等应用较多。

60°中心孔（摘自 GB/T 145—2001）

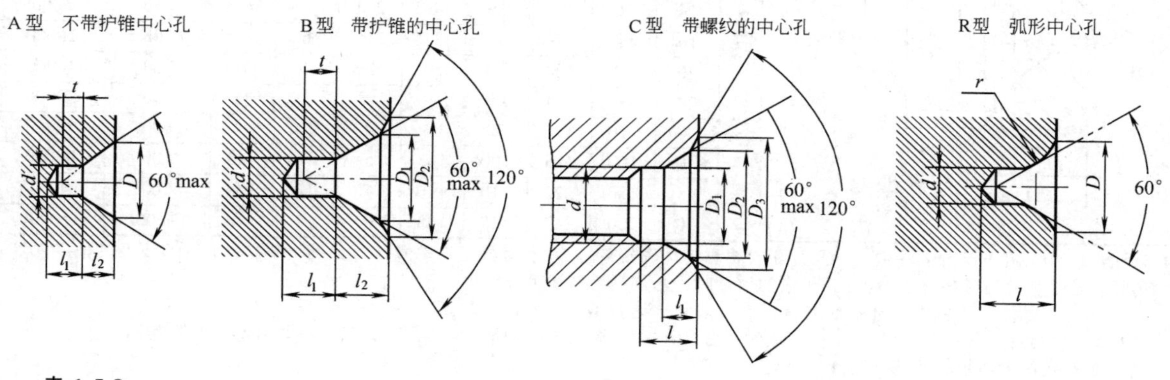

表 1-5-8

mm

d	D		D_1	D_2	l_2		t 参考		l_{min}	r max	r min	d	D_1	D_2	D_3	l	l_1 参考
A、B、R 型	A 型	R 型	B 型		A 型	B 型	A 型	B 型	R 型			C 型					
(0.50)	1.06	—	—	—	0.48	—	0.5	—	—	—	—	M3	3.2	5.3	5.8	2.6	1.8
(0.63)	1.32	—	—	—	0.60	—	0.6	—	—	—	—	M4	4.3	6.7	7.4	3.2	2.1
(0.80)	1.70	—	—	—	0.73	—	0.7	—	—	—	—	M5	5.3	8.1	8.8	4.0	2.4
1.00	2.12	2.12	2.12	3.15	0.97	1.27	0.9	0.9	2.3	3.15	2.50	M6	6.4	9.6	10.5	5.0	2.8
(1.25)	2.65	2.65	2.65	4.00	1.21	1.60	1.1	1.1	2.8	4.00	3.15	M8	8.4	12.2	13.2	6.0	3.3
1.60	3.35	3.35	3.35	5.00	1.52	1.99	1.4	1.4	3.5	5.00	4.00	M10	10.5	14.9	16.3	7.5	3.8
2.00	4.25	4.25	4.25	6.30	1.95	2.54	1.8	1.8	4.4	6.30	5.00	M12	13.0	18.1	19.8	9.5	4.4
2.50	5.30	5.30	5.30	8.00	2.42	3.20	2.2	2.2	5.5	8.00	6.30	M16	17.0	23.0	25.3	12.0	5.2
3.15	6.70	6.70	6.70	10.00	3.07	4.03	2.8	2.8	7.0	10.00	8.00	M20	21.0	28.4	31.3	15.0	6.4
4.00	8.50	8.50	8.50	12.50	3.90	5.05	3.5	3.5	8.9	12.50	10.00	M24	26.0	34.2	38.0	18.0	8.0
(5.00)	10.60	10.60	10.60	16.00	4.85	6.41	4.4	4.4	11.2	16.00	12.50						
6.30	13.20	13.20	13.20	18.00	5.98	7.36	5.5	5.5	14.0	20.00	16.00						
(8.00)	17.00	17.00	17.00	22.40	7.79	9.36	7.0	7.0	17.9	25.00	20.00						
10.00	21.20	21.20	21.20	28.00	9.70	11.66	8.7	8.7	22.5	31.50	25.00						

注：1. 括号内尺寸尽量不用。

2. A、B 型中尺寸 l_1 取决于中心钻的长度，即使中心孔重磨后再使用，此值不应小于 t 值。

3. A 型同时列出了 D 和 l_2 尺寸，B 型同时列出了 D_2 和 l_2 尺寸，制造厂可分别任选其中一个尺寸。

75°、90°中心孔

表 1-5-9　　mm

α	规格 D	D_1	D_2	L	L_1	L_2	L_3	L_0	选择中心孔的参考数据 毛坯轴端直径(min) D_0	选择中心孔的参考数据 毛坯质量(max) /kg
75°(摘自JB/ZQ 4236—1997)	3	9		7	8	1			30	200
	4	12		10	11.5	1.5			50	360
	6	18		14	16	2			80	800
	8	24		19	21	2			120	1500
	12	36		28	30.5	2.5			180	3000
	20	60		50	53	3			260	9000
	30	90		70	74	4			360	20000
	40	120		95	100	5			500	35000
	45	135		115	121	6			700	50000
	50	150		140	148	8			900	80000
90°(摘自JB/ZQ 4237—1997)	14	56	77	36	38.5	2.5	6	44.5	250	5000
	16	64	85	40	42.5	2.5	6	48.5	300	10000
	20	80	108	50	53	3	8	61	400	20000
	24	96	124	60	64	4	8	72	500	30000
	30	120	155	80	84	4	10	94	600	50000
	40	160	195	100	105	5	10	115	800	80000
	45	180	222	110	116	6	12	128	900	100000
	50	200	242	120	128	8	12	140	1000	150000

注：1. 中心孔的选择：中心孔的尺寸主要根据毛坯轴端直径 D_0 和零件毛坯总质量（如轴上装有齿轮、齿圈及其他零件等）来选择。若毛坯总质量超过表中 D_0 相对应的质量时，则依据毛坯质量确定中心孔尺寸。

2. 当加工零件毛坯总质量超过 5000kg 时，一般宜选择 B 型中心孔。

3. D 型中心孔是属于中间型式，在制造时要考虑到在机床上加工去掉余量“L_3”以后，应与 B 型中心孔相同。

4. 中心孔的表面粗糙度按用途自行规定。

零件倒圆与倒角（摘自 GB/T 6403.4—2008）

表 1-5-10　　mm

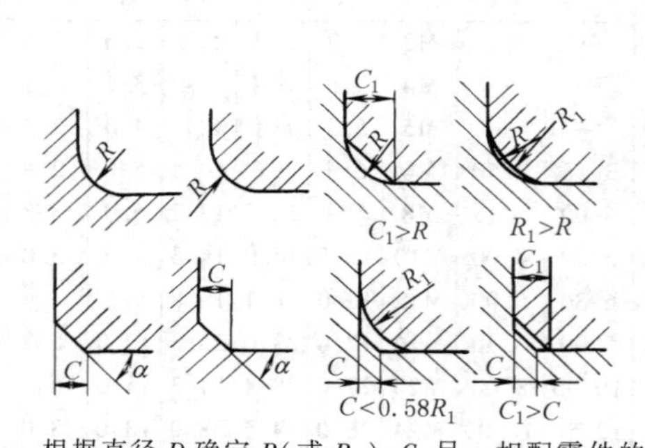

根据直径 D 确定 R(或 R_1)、C，另一相配零件的圆角或倒角按图中关系确定

	直径 D	≤3		>3~6		>6~10		>10~18
R、C	R_1	0.1	0.2	0.3	0.4	0.5	0.6	0.8
	C_{max}($C<0.58R_1$)	—	0.1	0.1	0.2	0.2	0.3	0.4
	直径 D	>18~30	>30~50		>50~80	>80~120	>120~180	
R、C	R_1	1.0	1.2	1.6	2.0	2.5	3.0	
	C_{max}($C<0.58R_1$)	0.5	0.6	0.8	1.0	1.2	1.6	
	直径 D	>180~250	>250~320	>320~400	>400~500	>500~630	>630~800	
R、C	R_1	4.0	5.0	6.0	8.0	10	12	
	C_{max}($C<0.58R_1$)	2.0	2.5	3.0	4.0	5.0	6.0	
	直径 D	>800~1000		>1000~1250		>1250~1600		
R、C	R_1	16	20	25	32	40	50	
	C_{max}($C<0.58R_1$)	8.0	10	12				

注：1. α 一般采用 45°，也可采用 30°或 60°。倒圆半径、倒角的尺寸标准符合 GB/T 4458.4 的要求。

2. 本部分适用于一般机械切削加工零件的外角和内角的倒圆、倒角，不适用于有特殊要求的倒圆、倒角。

3. 当零件材料为高强度钢时，应根据强度适当加大圆弧的尺寸。

4. 涉及密封配合面和应力集中区域的倒棱、倒圆的尺寸应在图纸中明确规定。

球面半径（摘自 GB/T 6403.1—2008）

表 1-5-11

mm

系列												
1	0.2	0.4	0.6	1.0	1.6	2.5	4.0	6.0	10	16	20	
2	0.3	0.5	0.8	1.2	2.0	3.0	5.0	8.0	12	18	22	
1	25	32	40	50	63	80	100	125	160	200	250	
2	28	36	45	56	71	90	110	140	180	220	280	
1	320	400	500	630	800	1000	1250	1600	2000	2500	3200	
2	360	450	560	710	910	1100	1400	1800	2200	2800		

圆形零件自由表面过渡圆角半径和静配合连接轴用倒角

表 1-5-12

mm

圆角半径

$D-d$	2	5	8	10	15	20	25	30	35	40	50	55	65	70	90	100	130
R	1	2	3	4	5	8	10	12	12	16	16	20	20	25	25	30	30
$D-d$	140	170	180	220	230	290	300	360	370	450	460	540	550	650	660	760	
R	40	40	50	50	60	60	80	80	100	100	125	125	160	160	200	200	

静配合连接轴倒角

D	≤10	>10~18	>18~30	>30~50	>50~80	>80~120	>120~180	>180~260	>260~360	>360~500
a	1	1.5	2	3	5	5	8	10	10	12
α	30°				10°					

注：尺寸 $D-d$ 是表中数值的中间值时，则按较小尺寸来选取 R。例如 $D-d=98$，则按 90 选 $R=25$。

燕尾槽（摘自 JB/ZQ 4241—2006）

表 1-5-13

mm

A	40~65	50~70	60~90	80~125	100~160	125~200	160~250	200~320	250~400	320~500
B	12	16	20	25	32	40	50	65	80	100
c	1.5~5(为推荐值)									
e	2		3			4				
f	2		3			4				
H	8	10	12	16	20	25	32	40	50	65

备注：“A”的系列为 40、45、50、60、65、70、80、90、100、110、125、140、160、180、200、225、250、280、320、360、400、450、500

机床工作台 T 形槽（摘自 GB/T 158—1996）

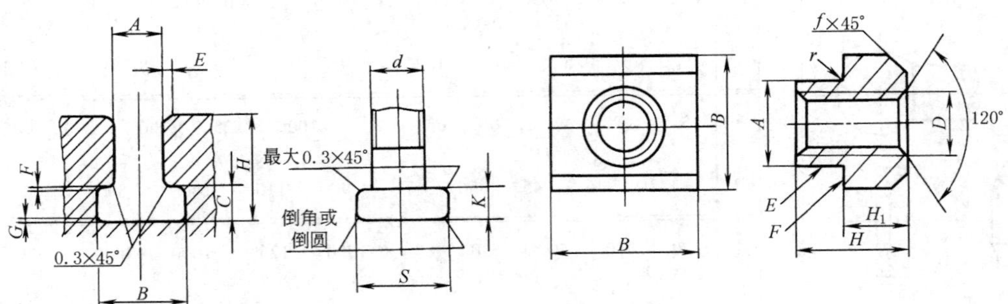

E、F 和 G 倒 45°角或倒圆　　　　T 形槽用螺母

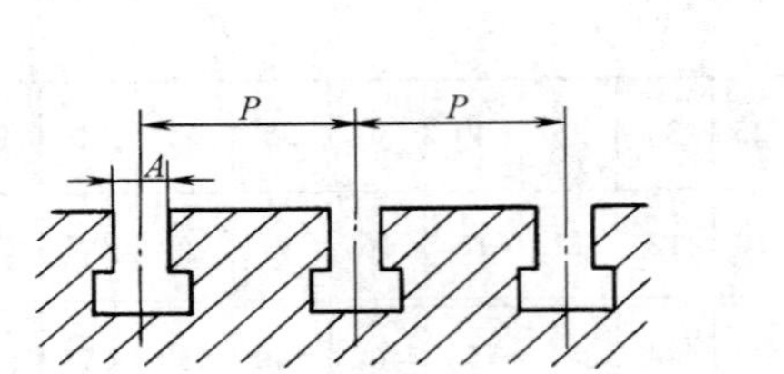

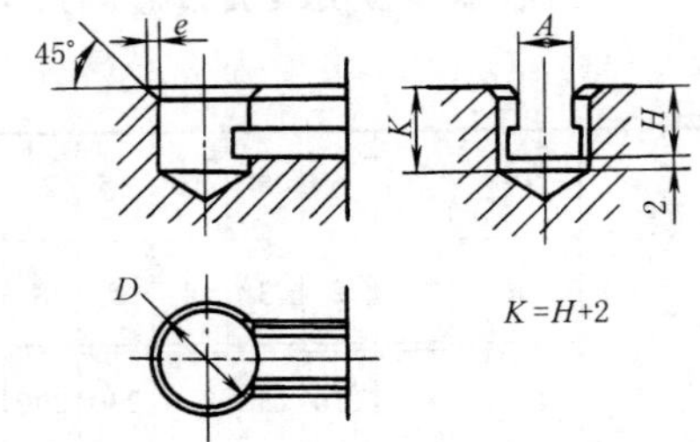

T 形槽不通端型式

表 1-5-14　　　　mm

<table>
<tr><th colspan="10">T 形槽</th><th colspan="3">螺栓头部</th><th colspan="4" rowspan="3">T 形槽间距 P</th><th colspan="2">T 形槽间距偏差</th></tr>
<tr><th>A</th><th colspan="2">B</th><th colspan="2">C</th><th colspan="2">H</th><th>E</th><th>F</th><th>G</th><th>d</th><th>S</th><th>K</th><th rowspan="2">间距 P</th><th rowspan="2">极限偏差</th></tr>
<tr><th>基本尺寸</th><th>最小尺寸</th><th>最大尺寸</th><th>最小尺寸</th><th>最大尺寸</th><th>最小尺寸</th><th>最大尺寸</th><th>最大尺寸</th><th>最大尺寸</th><th>最大尺寸</th><th>公称尺寸</th><th>最大尺寸</th><th>最大尺寸</th></tr>
<tr><td>5</td><td>10</td><td>11</td><td>3.5</td><td>4.5</td><td>8</td><td>10</td><td rowspan="5">1</td><td rowspan="6">0.6</td><td rowspan="5">1</td><td>M4</td><td>9</td><td>3</td><td></td><td>20</td><td>25</td><td>32</td><td>20</td><td rowspan="2">±0.2</td></tr>
<tr><td>6</td><td>11</td><td>12.5</td><td>5</td><td>6</td><td>11</td><td>13</td><td>M5</td><td>10</td><td>4</td><td></td><td>25</td><td>32</td><td>40</td><td>25</td></tr>
<tr><td>8</td><td>14.5</td><td>16</td><td>7</td><td>8</td><td>15</td><td>18</td><td>M6</td><td>13</td><td>6</td><td></td><td>32</td><td>40</td><td>50</td><td rowspan="3">32～100</td><td rowspan="3">±0.3</td></tr>
<tr><td>10</td><td>16</td><td>18</td><td>7</td><td>8</td><td>17</td><td>21</td><td>M8</td><td>15</td><td>6</td><td></td><td>40</td><td>50</td><td>63</td></tr>
<tr><td>12</td><td>19</td><td>21</td><td>8</td><td>9</td><td>20</td><td>25</td><td>M10</td><td>18</td><td>7</td><td>(40)</td><td>50</td><td>63</td><td>80</td></tr>
<tr><td>14</td><td>23</td><td>25</td><td>9</td><td>11</td><td>23</td><td>28</td><td rowspan="4">1.6</td><td rowspan="2">1.6</td><td>M12</td><td>22</td><td>8</td><td>(50)</td><td>63</td><td>80</td><td>100</td><td rowspan="4">125～250</td><td rowspan="4">±0.5</td></tr>
<tr><td>18</td><td>30</td><td>32</td><td>12</td><td>14</td><td>30</td><td>36</td><td rowspan="4">1</td><td>M16</td><td>28</td><td>10</td><td>(63)</td><td>80</td><td>100</td><td>125</td></tr>
<tr><td>22</td><td>37</td><td>40</td><td>16</td><td>18</td><td>38</td><td>45</td><td rowspan="3">2.5</td><td>M20</td><td>34</td><td>14</td><td>(80)</td><td>100</td><td>125</td><td>160</td></tr>
<tr><td>28</td><td>46</td><td>50</td><td>20</td><td>22</td><td>48</td><td>56</td><td>M24</td><td>43</td><td>18</td><td>100</td><td>125</td><td>160</td><td>200</td></tr>
<tr><td>36</td><td>56</td><td>60</td><td>25</td><td>28</td><td>61</td><td>71</td><td rowspan="4">2.5</td><td>M30</td><td>53</td><td>23</td><td>125</td><td>160</td><td>200</td><td>250</td><td rowspan="4">320～500</td><td rowspan="4">±0.8</td></tr>
<tr><td>42</td><td>68</td><td>72</td><td>32</td><td>35</td><td>74</td><td>85</td><td>1.6</td><td>4</td><td>M36</td><td>64</td><td>28</td><td>160</td><td>200</td><td>250</td><td>320</td></tr>
<tr><td>48</td><td>80</td><td>85</td><td>36</td><td>40</td><td>84</td><td>95</td><td rowspan="2">2</td><td rowspan="2">6</td><td>M42</td><td>75</td><td>32</td><td>200</td><td>250</td><td>320</td><td>400</td></tr>
<tr><td>54</td><td>90</td><td>95</td><td>40</td><td>44</td><td>94</td><td>106</td><td>M48</td><td>85</td><td>36</td><td>250</td><td>320</td><td>40</td><td>500</td></tr>
</table>

续表

T形槽宽度A	D 公称尺寸	A 基本尺寸	A 极限偏差	B 基本尺寸	B 极限偏差	H_1 基本尺寸	H_1 极限偏差	H 基本尺寸	H 极限偏差	f 最大尺寸	r 最大尺寸	宽度A	K	D 基本尺寸	D 极限偏差	e
	T形槽用螺母尺寸											T形槽不通端尺寸				
5	M4	5	-0.3 -0.5	9	±0.29	3	±0.2	6.5	±0.29	1	0.3	5	12	15	+1 0	0.5
6	M5	6		10		4	±0.24	8		1.6		6	15	16		
8	M6	8		13	±0.35	6		10				8	20	20	+1.5 0	1
10	M8	10		15		6		12	±0.35			10	23	22		
12	M10	12	-0.3 -0.6	18		7	±0.29	14		2.5	0.4	12	27	28		
14	M12	14		22	±0.42	8		16				14	30	32		
18	M16	18		23		10		20	±0.42			18	38	42		1.5
22	M20	22		34	±0.5	14	±0.35	28			0.5	22	47	50	+2 0	
28	M24	28		43		18		36	±0.5	4		28	58	62		2
36	M30	36	-0.4 -0.7	53	±0.6	23	±0.42	44		6		36	73	76		
42	M36	42		64		28		52	±0.6		0.8	42	87	92		
48	M42	48		75		32	±0.5	60				48	97	108		
54	M48	54		85	±0.7	36		70				54	108	122		

注：螺母材料为45钢。螺母表面粗糙度（按 GB 1031）最大允许值，基准槽用螺母的 *E* 面和 *F* 面为 3.2μm；其余为 6.3μm。螺母进行热处理，硬度为35HRC，并发蓝。

砂轮越程槽（摘自 GB/T 6403.5—2008）

表 1-5-15

mm

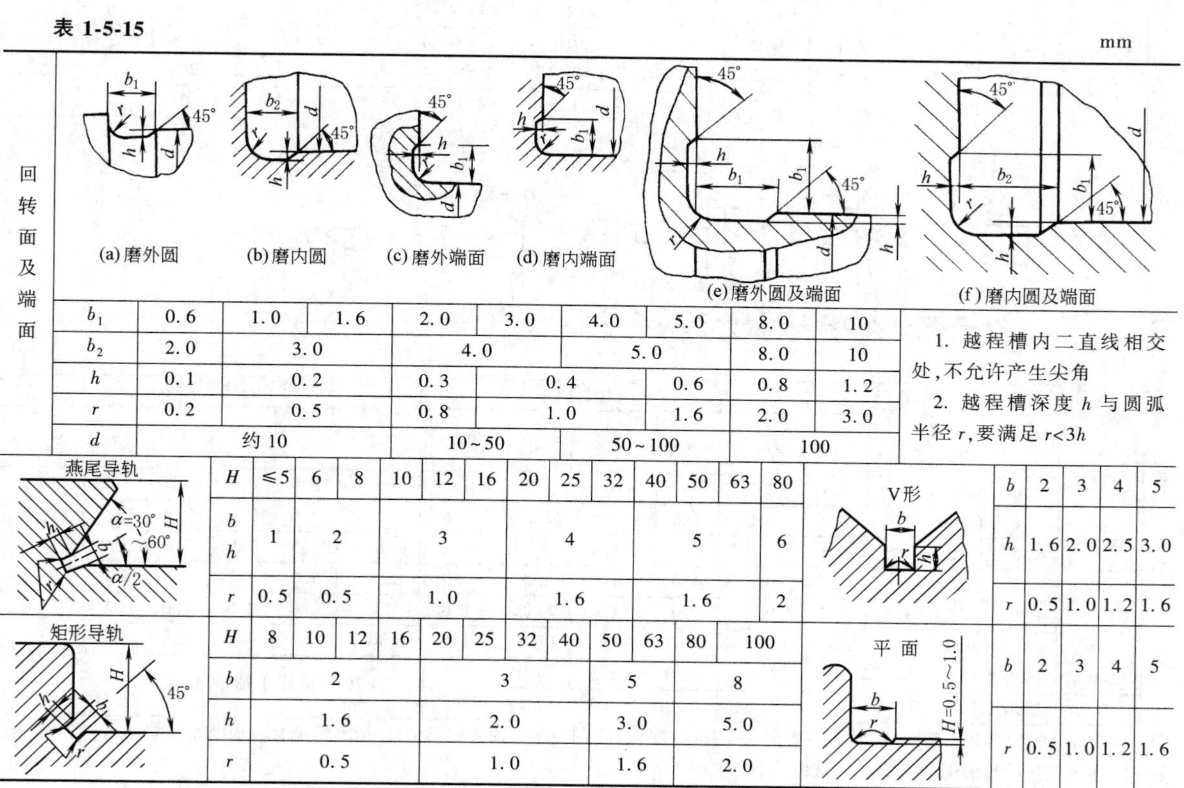

(a)磨外圆 (b)磨内圆 (c)磨外端面 (d)磨内端面 (e)磨外圆及端面 (f)磨内圆及端面

b_1	0.6	1.0	1.6	2.0	3.0	4.0	5.0	8.0	10
b_2	2.0	3.0		4.0		5.0		8.0	10
h	0.1	0.2		0.3	0.4		0.6	0.8	1.2
r	0.2	0.5		0.8	1.0		1.6	2.0	3.0
d	约10			10~50		50~100		100	

1. 越程槽内二直线相交处，不允许产生尖角

2. 越程槽深度 h 与圆弧半径 r，要满足 $r<3h$

燕尾导轨

H	≤5	6	8	10	12	16	20	25	32	40	50	63	80
b h	1	2		3			4			5			6
r	0.5	0.5		1.0			1.6			1.6			2

矩形导轨

H	8	10	12	16	20	25	32	40	50	63	80	100
b	2				3				5		8	
h	1.6				2.0				3.0		5.0	
r	0.5				1.0				1.6		2.0	

V形

b	2	3	4	5
h	1.6	2.0	2.5	3.0
r	0.5	1.0	1.2	1.6

平面

b	2	3	4	5
r	0.5	1.0	1.2	1.6

刨切、插、珩磨越程槽

表 1-5-16 mm

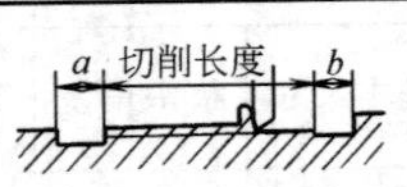	龙门刨 $a+b=100\sim200$	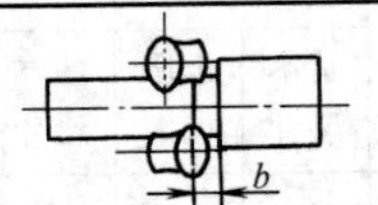	珩磨内圆 $b>30$
	牛头刨床、立刨床 $a+b=50\sim75$		珩磨外圆 $b=6\sim8$
	大插床 50~100，小插床 10~12		

退刀槽（摘自 JB/ZQ 4238—2006）

表 1-5-17 mm

适用于交变载荷，也可用于一般载荷的磨削件

(a)　(b)

(a) 外圆（图 a）							(b) 相配件（图 b）					说明
退刀槽		f_1	g ≈	$t_2{}^{+0.05}_{0}$	推荐的配合直径 d_1		退刀槽尺寸	倒角最小值 α		倒圆最小值 r_2		
r_1	$t_1{}^{+0.1}_{0}$				用在一般载荷	用在交变载荷	$r_1\times t_1$	A 型	B 型	A 型	B 型	
0.6	0.2	2	1.4	0.1	约 18	—	0.6×0.2	0.4	0.1	1	0.3	A 型轴的配合表面需磨削，轴肩不磨削。B 型轴的配合表面及轴肩都需磨削
0.6	0.3	2.5	2.1	0.2	>18~80	—	0.6×0.3	0.3	0	0.8	0	退刀槽 r_1、t_1 见图(a)
1	0.4	4	3.2	0.3	>80	—	1×0.2	0.6	0	1.5	0	
1	0.2	2.5	1.8	0.1	—	>18~50	1×0.4	0.8	0.4	2	1	
1.6	0.3	4	3.1	0.2	—	>50~80	1.6×0.3	1.3	0.6	3.2	1.4	
2.5	0.4	5	4.8	0.3	—	>80~125	2.5×0.4	2.1	1.0	5.2	2.4	
4	0.5	7	6.4	0.3	—	125	4×0.5	3.5	2.0	8.8	5	

适用于对受载无特殊要求的磨削件

(c)　(d)

(c) 轴（图 c）						相配件（孔）			
h_{min}	r_1	t	b C、D 型	b E 型	f_{max}	a	偏差	r_2	偏差
2.5	1.0	0.25	1.6	1.1	0.2	1	+0.6	1.2	+0.6
4	1.6	0.25	2.4	2.2	0.2	1.6	+0.6	2.0	+0.6
6	2.5	0.25	3.6	3.4	0.2	2.5	+1.0	3.2	+1.0
10	4.0	0.4	5.7	5.3	0.4	4.0	+1.0	5.0	+1.0
16	6.0	0.4	8.1	7.7	0.4	6.0	+1.6	8.0	+1.6
25	10.0	0.6	13.4	12.8	0.4	10.0	+1.6	12.5	+1.6
40	16.0	0.6	20.3	19.7	0.6	16.0	+2.5	20.0	+2.5
60	25.0	1.0	32.1	31.1	0.6	25.0	+2.5	32.0	+2.5

(d) 轴（图 d）					
h_{min}	r_1	t_1	t_2	b	f_{max}
4	1.0	0.4	0.25	1.2	0.2
5	1.6	0.6	0.4	2.0	0.2
8	2.5	1.0	0.6	3.2	0.2
12.5	4.0	1.6	1.0	5.0	0.4
20	6.0	2.5	1.6	8.0	0.4
30	10.0	4.0	2.5	12.5	0.4

$r_1=10$ 不适用于精整辊

C 型轴的配合表面需磨削，轴肩不磨削；D 型轴的配合表面不磨削，轴肩需磨削；E 型轴的配合表面及轴肩皆需磨削；F 型相配件为锐角的轴的配合表面及轴肩皆需磨削

续表

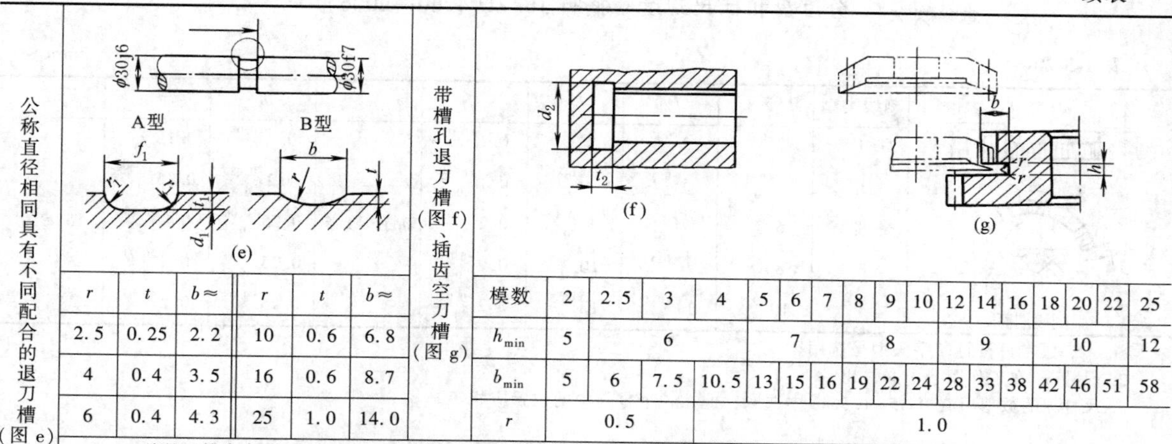

公称直径相同具有不同配合的退刀槽（图e）

r	t	$b\approx$	r	t	$b\approx$
2.5	0.25	2.2	10	0.6	6.8
4	0.4	3.5	16	0.6	8.7
6	0.4	4.3	25	1.0	14.0

带槽孔退刀槽（图f）、插齿空刀槽（图g）

模数	2	2.5	3	4	5	6	7	8	9	10	12	14	16	18	20	22	25
h_{min}	5		6			7			8			9			10		12
b_{min}	5	6	7.5	10.5	13	15	16	19	22	24	28	33	38	42	46	51	58
r		0.5							1.0								

1. A 型退刀槽各部分尺寸根据直径 d_1 的大小按表中 a 表取。B 型退刀槽各部分尺寸见表中 e 表

2. 带槽孔退刀槽直径 d_2 可按选用的平键或楔键而定。退刀槽的深度 t_2 一般为 20mm，如因结构上的原因 t_2 的最小值不得小于 10mm

滚人字齿轮退刀槽（摘自 JB/ZQ 4238—2006）

表 1-5-18

mm

退刀槽深度 h 由设计者决定，一般可取 $0.3m_n$

法向模数 m_n	螺旋角 β 25°	30°	35°	40°	法向模数 m_n	螺旋角 β 25°	30°	35°	40°	法向模数 m_n	螺旋角 β 25°	30°	35°	40°
	退刀槽最小宽度 b					退刀槽最小宽度 b					退刀槽最小宽度 b			
4	46	50	52	54	12	118	124	130	136	28	238	252	266	278
5	58	58	62	64	14	130	138	146	152	30	246	260	276	290
6	64	66	72	74	16	148	158	165	174	32	264	270	300	312
7	70	74	78	82	18	164	175	184	192	36	284	304	322	335
8	78	82	86	90	20	185	198	208	218	40	320	330	350	370
9	84	90	94	98	22	200	212	224	234					
10	94	100	104	108	25	215	230	240	250					

弧形槽端部半径（摘自 GB/T 1127—2023）

表 1-5-19

mm

花键槽

铣切深度 H	5	10	12	25
铣切宽度 B	4	4	5	10
R	20~30	30~37.5	37.5	55

弧形键槽（摘自半圆键槽铣刀 GB/T 1127—2023）

d 是铣削键槽时键槽弧形部分的直径

键基本尺寸 $B\times d$	铣刀 D	键基本尺寸 $B\times d$	铣刀 D	键基本尺寸 $B\times d$	铣刀 D
1×4	4.5	3×16	16.5	6×22	22.5
1.5×7	7.5	4×16		6×25	25.5
2×7		5×16		8×28	28.5
2×10	10.5	4×19	19.5	10×32	32.5
2.5×10		5×19			
3×13	13.5	5×22	22.5		

分度盘和标尺刻度（摘自 JB/ZQ 4260—2006）

表 1-5-20 mm

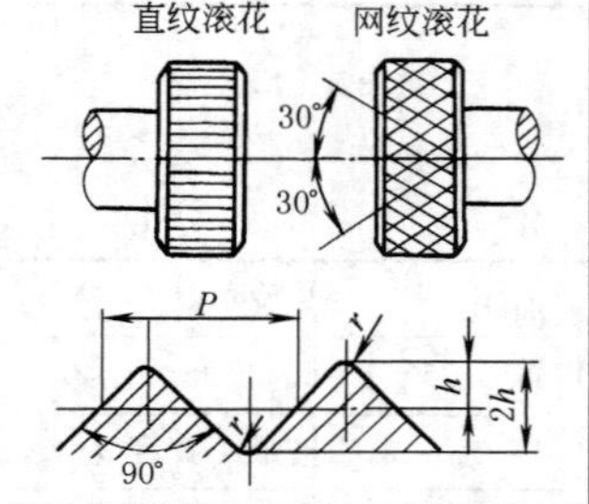

刻线剖面

刻线类型	L	L_1	L_2	C	e	h	h_1	α
Ⅰ	$2^{+0.2}_{0}$	$3^{+0.2}_{0}$	$4^{+0.3}_{0}$	$0.1^{+0.03}_{0}$	0.15~1.5	$0.2^{+0.08}_{0}$	$0.15^{+0.03}_{0}$	15°±10′
Ⅱ	$4^{+0.3}_{0}$	$5^{+0.3}_{0}$	$6^{+0.5}_{0}$	$0.1^{+0.03}_{0}$		$0.2^{+0.08}_{0}$	$0.15^{+0.03}_{0}$	
Ⅲ	$6^{+0.5}_{0}$	$7^{+0.5}_{0}$	$8^{+0.5}_{0}$	$0.2^{+0.03}_{0}$		$0.25^{+0.08}_{0}$	$0.2^{+0.03}_{0}$	
Ⅳ	$8^{+0.5}_{0}$	$9^{+0.5}_{0}$	$10^{+0.5}_{0}$	$0.2^{+0.03}_{0}$		$0.25^{+0.08}_{0}$	$0.2^{+0.03}_{0}$	
Ⅴ	$10^{+0.5}_{0}$	$11^{+0.5}_{0}$	$12^{+0.5}_{0}$	$0.2^{+0.03}_{0}$		$0.25^{+0.08}_{0}$	$0.2^{+0.03}_{0}$	

注：1. 数字可按打印字头型号选用。
2. 尺寸 h_1 在工作图上不必注出。
3. 尺寸 e 的数值可在 0.15~1.5mm 中选取，但在一个零件中的位置应相等。

滚花（摘自 GB/T 6403.3—2008）

表 1-5-21 mm

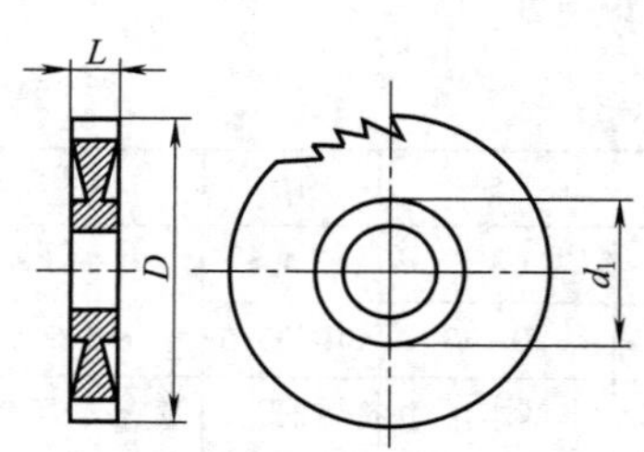

标记
模数 m=0.3 直纹滚花：
直纹 m0.3（GB 6403.3—2008）
模数 m=0.4 网纹滚花：
网纹 m0.4（GB 6403.3—2008）

模数 m	h	r	节距 P
0.2	0.132	0.06	0.628
0.3	0.198	0.09	0.942
0.4	0.264	0.12	1.257
0.5	0.326	0.16	1.571

注：1. 表中 $h=0.785m-0.414r$。
2. 滚花前工件表面粗糙度的轮廓算术平均偏差 Ra 的最大允许值为 12.5μm。
3. 滚花后工件直径大于滚花前直径，其值 $\Delta\approx(0.8\sim1.6)m$，$m$ 为模数。

锯缝尺寸（摘自 JB/ZQ 4246—2006）

表 1-5-22 mm

在设计有锯缝的零件时，应考虑金属锯片的尺寸

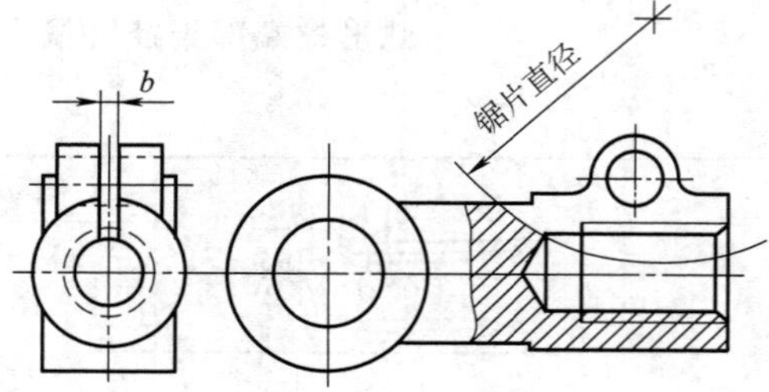

(a) 锯片尺寸及其尺寸系列　(b) 锯缝在图样上的标记方法

D	$d_{1\min}$	L 0.6	0.8	1.0	1.2	1.6	2.0	2.5	3.0	4.0	5.0	6.0
80	34(40)	√	√	√	√	√	√	√	√	√	√	√
100			√	√	√	√	√	√	√	√	√	√
125				√	√	√	√	√	√	√	√	√
160	47				√	√	√	√	√	√	√	√
200	63					√	√	√	√	√	√	√
250							√	√	√	√	√	√
315	80							√	√	√	√	√

3 冷加工设计注意事项

表 1-5-23

注 意 事 项	不 好 的 设 计	改进后的设计
一、尽量减少加工量		
1. 简化整体机构,减少机械运动链中的环节数,并恰当地制定加工精度和表面粗糙度 2. 毛坯的形状和尺寸尽可能与成品近似		
3. 减少加工面数和表面面积 图 a′、图 b′分别减少了内圆柱或平面加工面积,图 c′减少了磨削平面面积	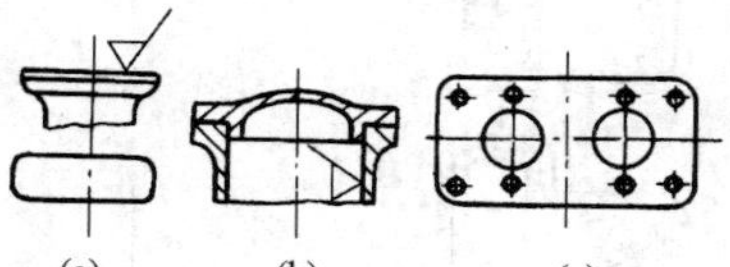 (a) (b) (c)	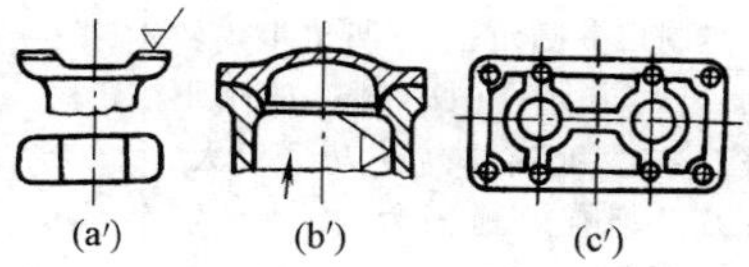 (a′) (b′) (c′)
将孔的锪平面改为端面车削,如图 d′	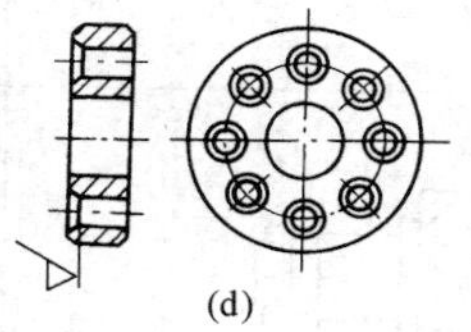 (d)	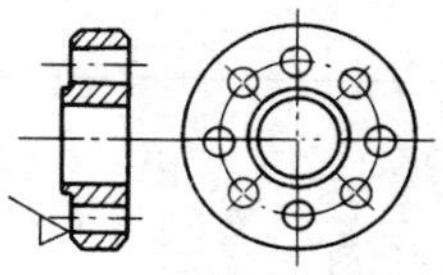 (d′)
将中间部位加大或粗车一些,可减少加工或精车长度,如图 e′	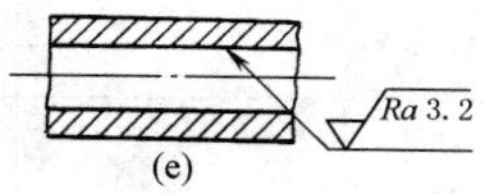 Ra 3.2 (e)	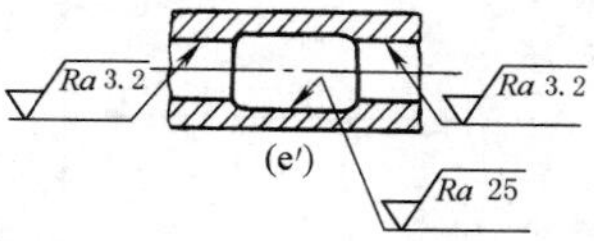 Ra 3.2 Ra 3.2 (e′) Ra 25
轴上仅有部分长度直径有严格公差要求时,应采用阶梯轴,减少磨削,如图 f′	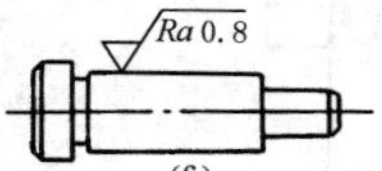 Ra 0.8 (f)	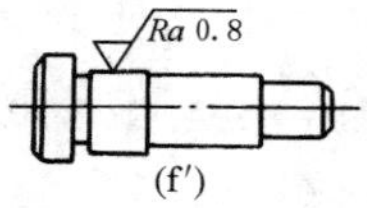 Ra 0.8 (f′)
4. 尽量避免在不敞开的内部表面上加工 图 a′加上轴套,内端面不再受力,从而取消了加工 图 b 需在轴上做较复杂的端部车削,改成图 b′后即可用简易的镗削方法了	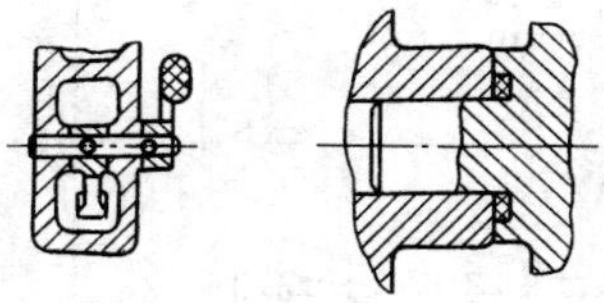 (a) (b)	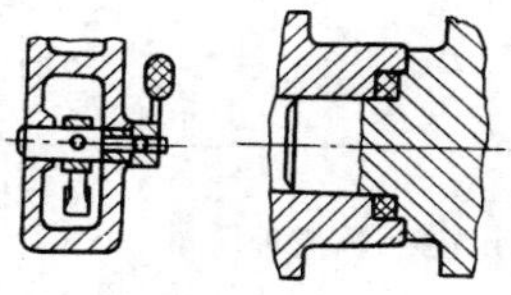 (a′) (b′)
5. 应避免采用大直径的锥形孔 (1)降低孔和轴的加工量; (2)简化刀具结构; (3)简化尺寸检验工作	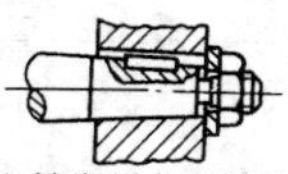 定心精度要求不严时采用	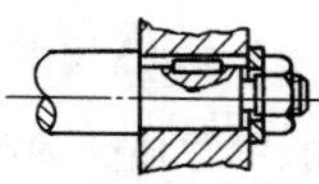 定心精度要求高时采用
6. 应避免深长的花键孔 (1)简化加工过程,降低加工量; (2)简化刀具结构,并减少其轮廓尺寸	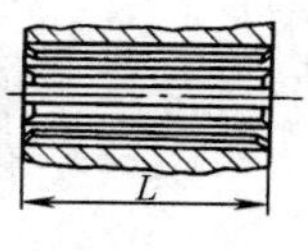 L	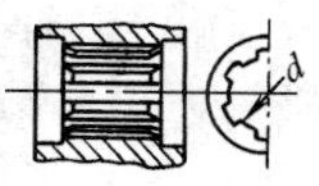 d

续表

注 意 事 项	不 好 的 设 计	改进后的设计
7. 简化零件的结构形状 图 a 的细长孔加工费比图 a′昂贵 图 b 的槽形改成图 b′后，就可以用钻一比槽宽 2mm 的孔的加工方法加工，比较经济 图 c 箱体底部形状复杂：(1) 加工凸台需要仿形装置的专用机床，才能制出其圆角；(2) 四角半径较小，需用小直径（ϕ12mm）的指形铣刀加工，而箱体高度 H 又较大，铣刀很难有效地固紧，高速地加工。改成图 c′两种结构后，加工就可以大大简化	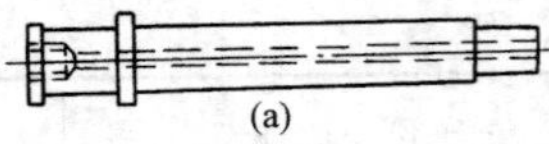 (a) 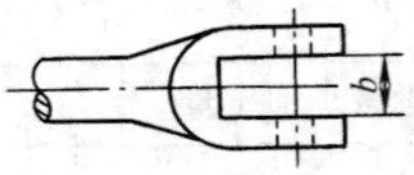 (b) 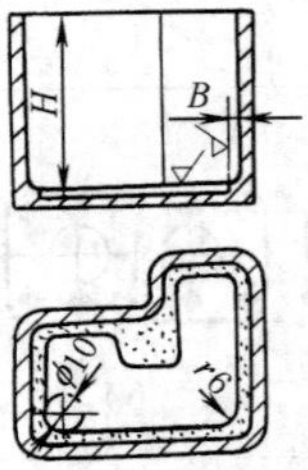 (c)	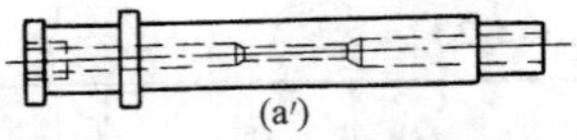 (a′) 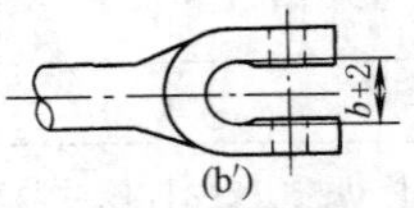 (b′) 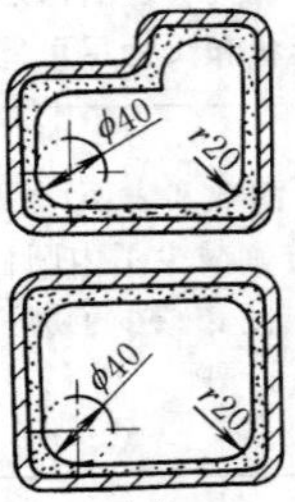 (c′)
8. 用弹性挡圈，简化设计 用弹性挡圈代替轴肩，如图 a′	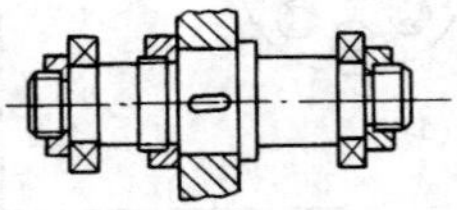 (a)	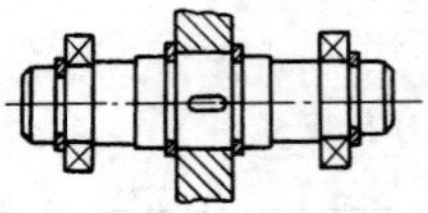 (a′)
用弹性挡圈代替法兰、螺母和轴肩，如图 b′	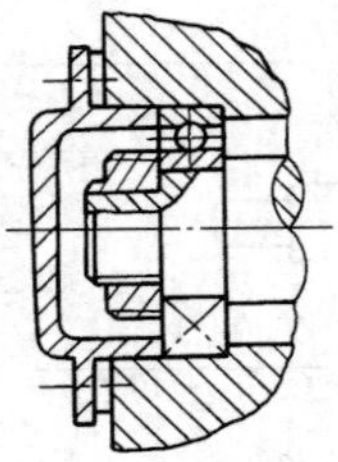 (b)	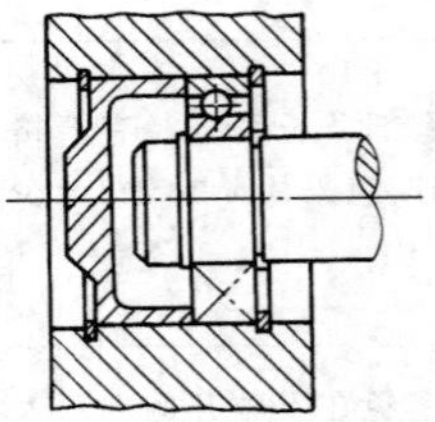 (b′)
9. 使用型材，减少加工量 改进前，用实心毛坯必须深孔加工。改用无缝钢管，外缘焊上套环，可减少加工量	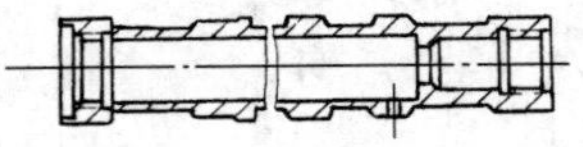	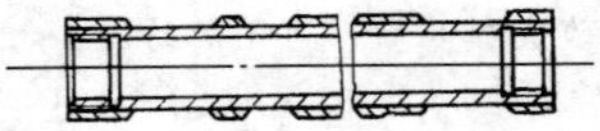
10. 正确进行零件的分拆和合并 图 a 表示与轴制成一体的轧钢机上的抛油环，改成图 a′所示分开制造时，可以减少加工量和内应力，同时抛油环峰尖可制得更高，使用性能更好	(a)	(a′)

续表

注 意 事 项	不 好 的 设 计	改进后的设计
二、便于提高加工精度		
1. 应在一次装卡中加工出具有相互位置精度要求的工作表面 图 a 改进后可在一次装夹中同时加工出两个内孔表面，如图 a′	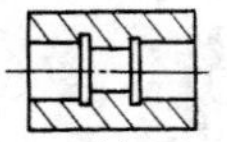 (a)	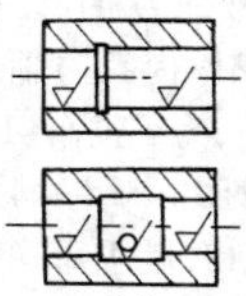 (a′)
图 b 改进后的齿轮毛坯，可在一次装夹中同时加工出外圆、端面及内孔，如图 b′	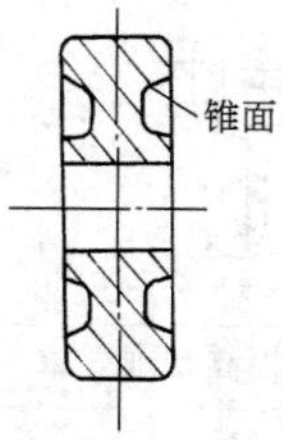 锥面 (b)	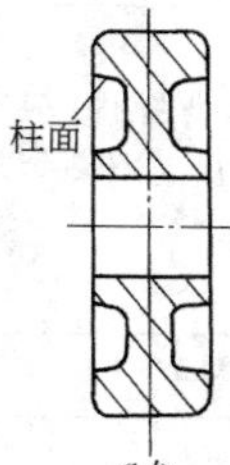 柱面 (b′)
图 c 外圆与内孔有同轴度要求，改进后可在一次装夹后同时加工出外圆与内孔，如图 c′	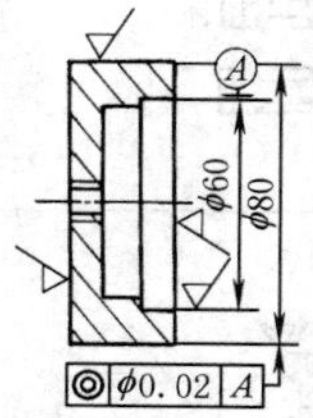 A　ϕ60　ϕ80　◎ ϕ0.02 A (c)	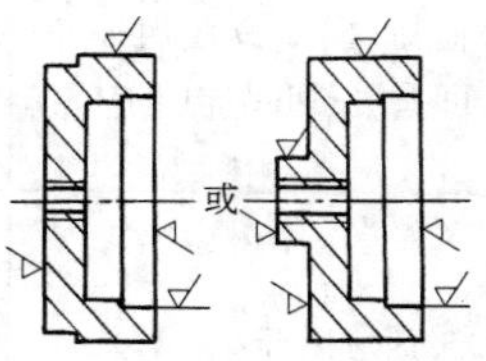 或 (c′)
2. 尽量避免内凹面及内表面加工 图 a′既可简化加工，又可提高尺寸精度和降低表面粗糙度数值	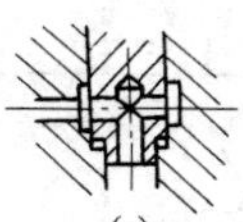 (a)	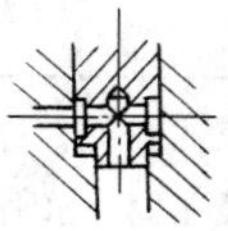 (a′)
加工外圆表面要比内圆表面容易；加工阀杆凹槽要比加工阀套沉割槽方便，且精度易保证，如图 b′	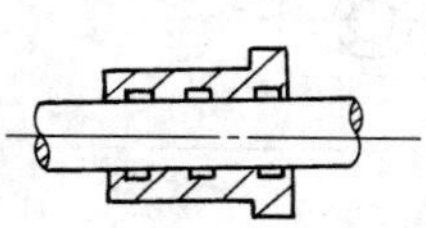 (b)	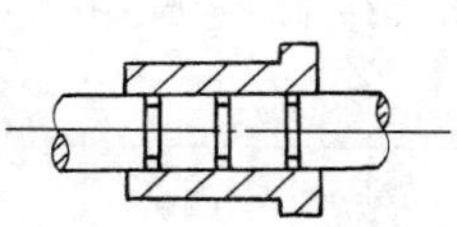 (b′)
3. 大直径的孔尽可能不采用螺纹来固紧相连接的零件，也不要采用螺纹来使相连接的零件确定中心，并要避免用多个同径同时定心 如用螺纹定心，由于螺纹加工的偏差，不易保证连接的精度，并不能采用高产加工方法。多径同时定心，也不易保证精度，而且增加了工作量	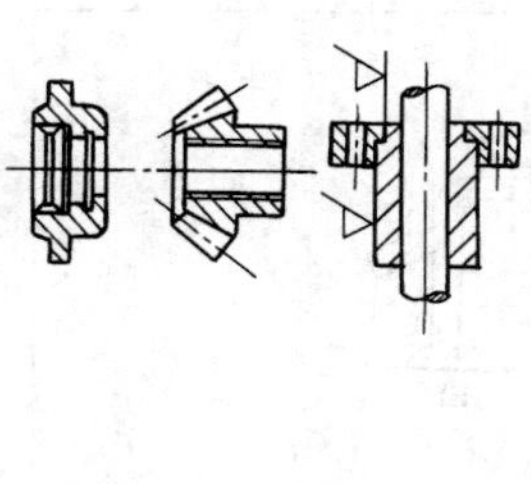	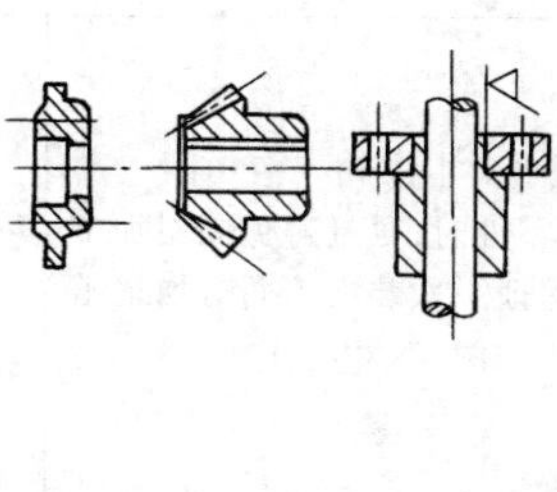

续表

注 意 事 项	不 好 的 设 计	改进后的设计
4. 对同轴度要求高的孔，避免换头车孔。轴承座内孔与轴承配合要求同轴度高，为了提高切削效率需一次安装，图 a 难以满足要求，改为图 a′结构，既不需换头车孔，还可研磨	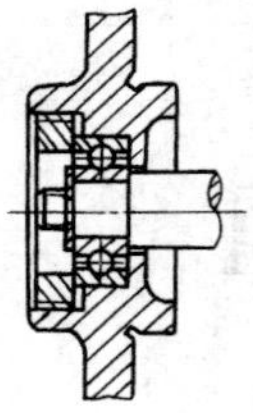 (a)	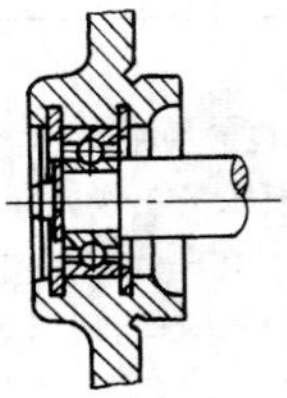 (a′)
5. 较大尺寸的薄壁件，应加肋板，提高工件刚度，以减少加工变形	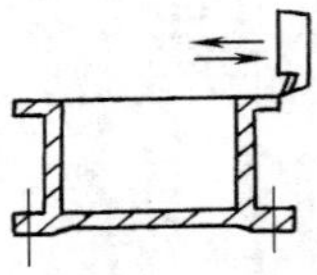	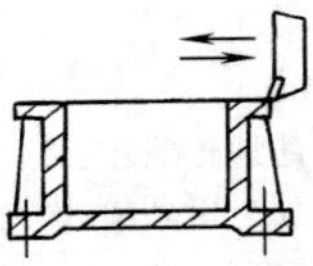
三、便于提高切削效率		
1. 提高毛坯的刚度，并使其结构刚性与加工方法相适应 左图如用叠装法加工，便会因振动影响齿面质量，应改成图 a，若成对加工可采用图 b 结构	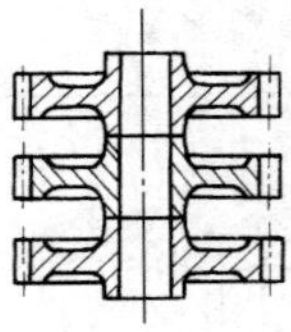	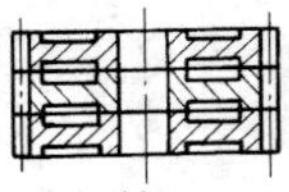 (a) 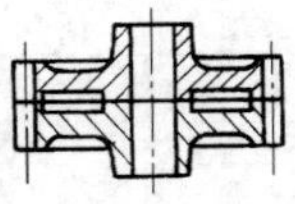 (b)
2. 被加工面应敞开 有利于加工，提高生产效率和加工精度	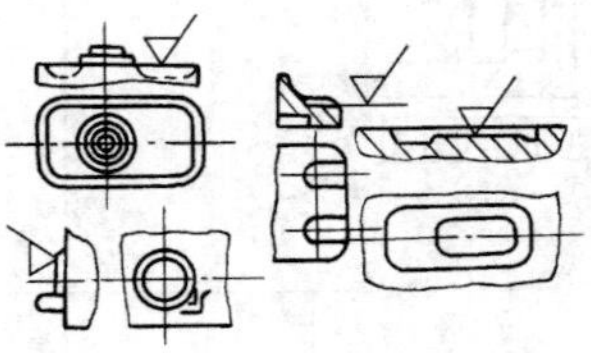	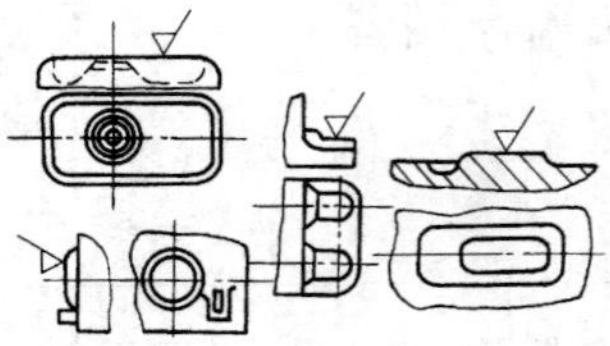
3. 加工面应位于同一水平面上 有利于加工，提高效率，并可同时加工几个零件，简化检验工作	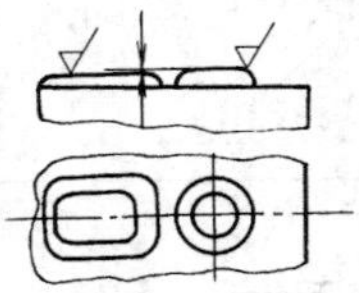	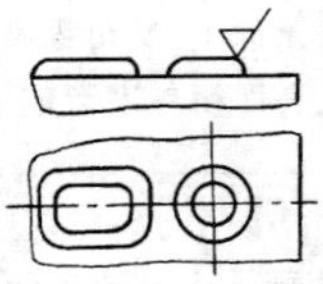
4. 避免用不通的花键孔和键槽孔 便于采用拉削加工	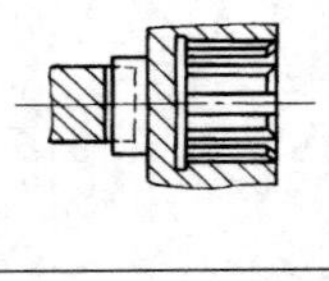	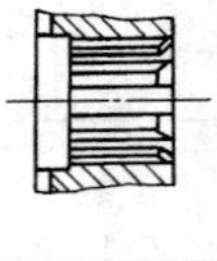
5. 减少装卡次数 设计零件时，尽量避免倾斜加工面，以保证一次装夹后同时加工出各平面，如图 a′	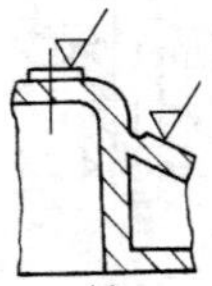 (a)	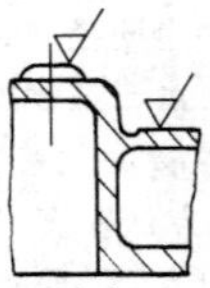 (a′)

续表

注意事项	不好的设计	改进后的设计
图 b′改为通孔后，可减少装夹次数，且可保证同轴度	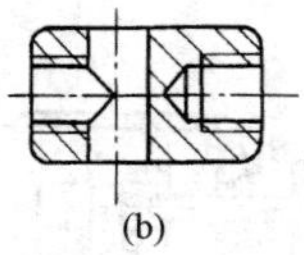 (b)	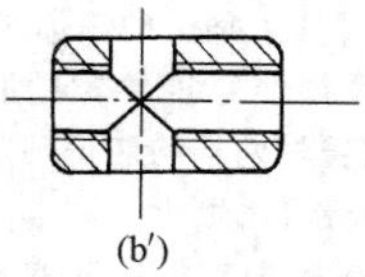 (b′)
图 c′只需装夹一次即可铣削出两键槽	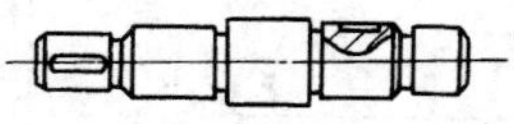 (c)	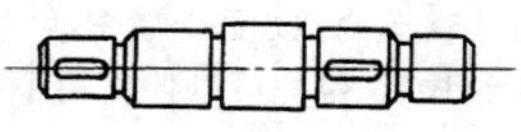 (c′)
6. 减少调整及走刀 尽量使工件上两锥面的锥度相同，只需做一次调整即能加工出两锥面，如图 a′	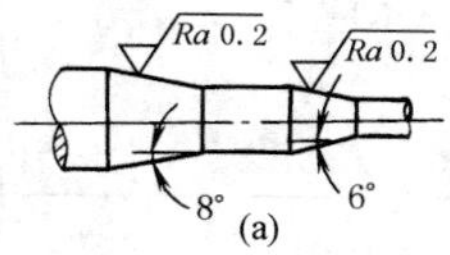 Ra 0.2 Ra 0.2 8° 6° (a)	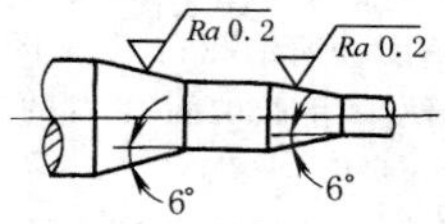 Ra 0.2 Ra 0.2 6° 6° (a′)
图 b 工件底部为圆弧形，只能单件垂直进刀加工；图 b′底部改为平面后，可多件同时加工	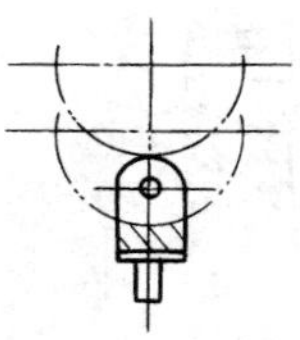 (b)	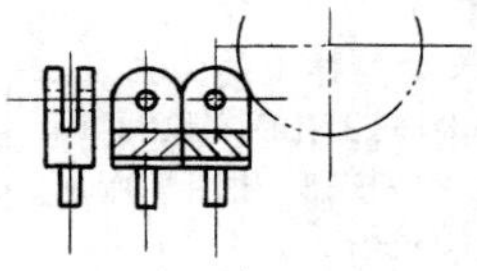 (b′)
在使用条件允许情况下，使零件加工面尽量与刀具外形相同，以减少走刀量，如图 c′	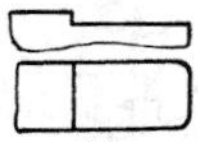 (c)	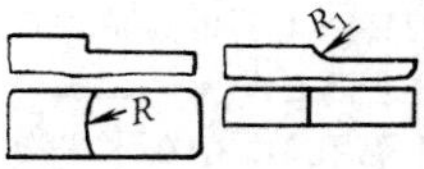 R_1 R (c′)
凹窝的转角半径应具有与凹窝宽度相适应的一致的尺寸 (1)能用一把刀具加工；(2)减少行程次数和加工量	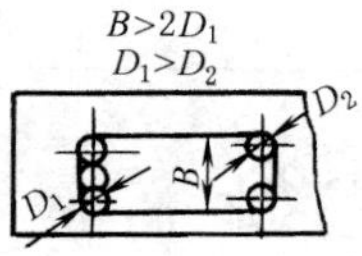 $B>2D_1$ $D_1>D_2$ D_2 D_1 B (d)	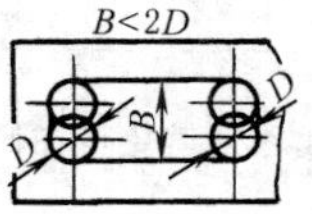 $B<2D$ D D B (d′)
不应有封闭的凹窝和不穿透的槽	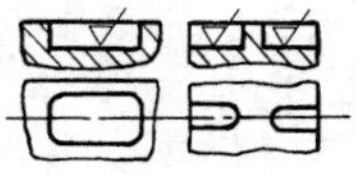	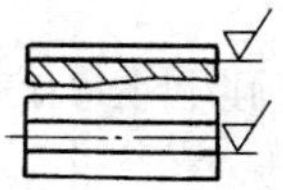

7. 凹槽底部应避免用圆角，倒棱应适应标准刀具的要求

(1)能采用标准刀具；(2)提高刀具寿命，建议在凹窝底部采用倒棱，如右表

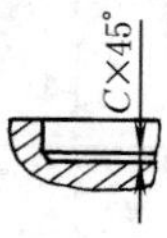

槽底面的形式：$C\times45°$

尺寸	铣刀直径/mm					
	3~12	14~20	22~35	40~50	60~80	≥100
C	0.3~0.4	0.5	0.8	1.0	1.5	2

续表

注意事项	不好的设计	改进后的设计
8. 设计在镗床上加工的箱体时 (1)要使镗杆能穿透要镗的孔和箱体，以便镗杆两端均能得到支承，从而增加镗杆的刚度。图a须采用特制夹具 A 来支承镗杆的一端。图b须加辅助轴套 B，随加工顺序，从1移到2，以支持镗杆。改成图c结构后，镗杆可以伸出箱体进行支承 (2)要镗的孔不可太小，如图d的3。孔太小会影响镗杆刚度和孔的加工精度。通常孔径不小于 ϕ70mm，以便采用 ϕ50mm左右的镗杆 (3)箱体内部要镗的孔应小于外部的孔或相等，并尽量使同心孔的直径从一边向另一边递减排列(图e和图f)	(a) (b) (c)	(d) (e) (f) 如果不能开穿孔，可增加闷头、闷塞
(4)在大的箱体上加工精度较高的孔内沟槽，大孔内螺纹和具有锥度的孔比较困难，如图g所示。应改成图h结构	(g)	(h)
四、改善刀具工作条件		
1. 避免使钻头沿斜的铸造硬皮或只是单边进行工作 在斜边上钻孔时，存在水平分力，单边工作受力不均，均容易损坏刀具，钻孔精度也不易保证，并影响钻孔效率	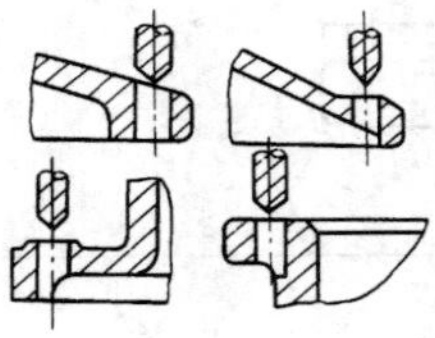	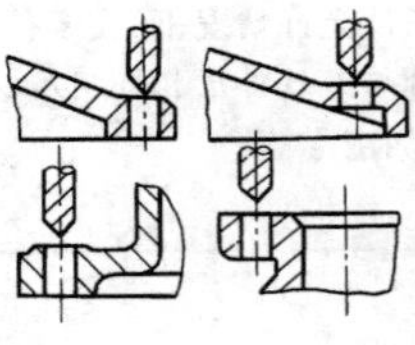
2. 孔的轴线尽量避免设在倾斜方向	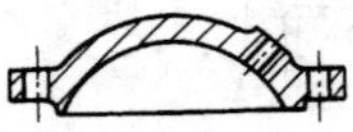	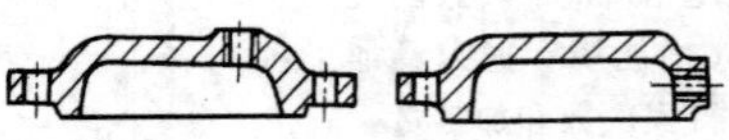
3. 避免钻深孔，因其冷却、排屑困难，孔易偏斜，钻头易折断，可改成图a′	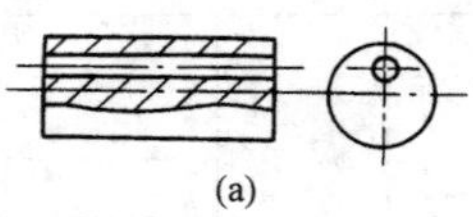 (a)	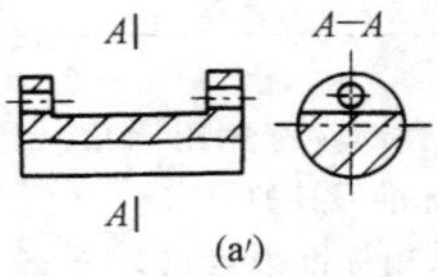 A—A (a′)
4. 孔的安排应使具有标准长度的刀具可能工作 一般 $S\geqslant\frac{D}{2}+(2\sim5\text{mm})$。当 $S<\frac{D}{2}+(2\sim5\text{mm})$ 时，应使用特殊的加长钻头	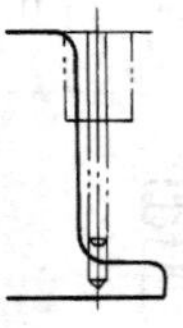	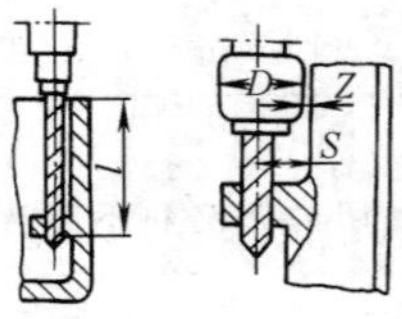

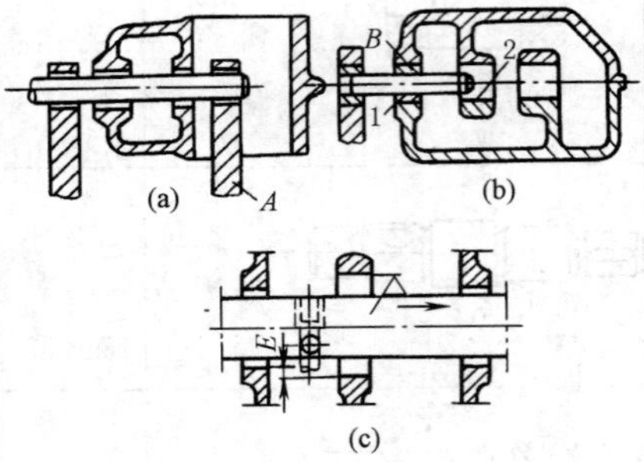

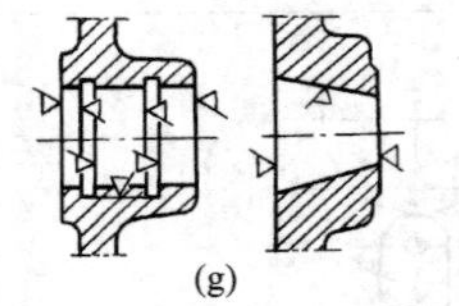

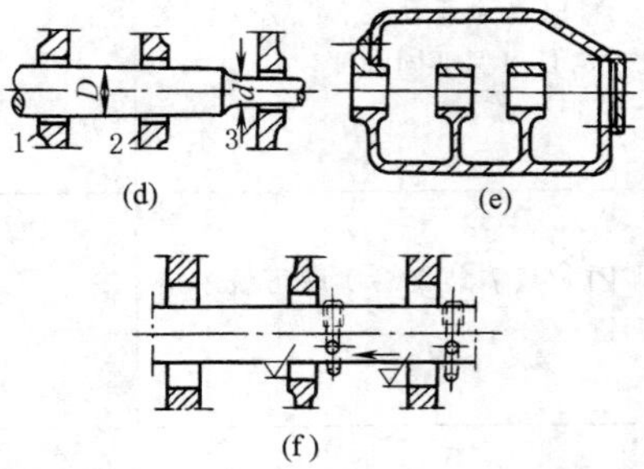

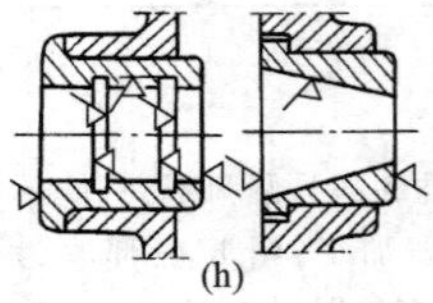

续表

<table>
<tr><th>注意事项</th><th>不好的设计</th><th colspan="9">改进后的设计</th></tr>
<tr><td>5. 钻眼镜状孔时，可加工完一个后，镶嵌相同材料，再钻另一孔，以免钻头单边受力</td><td> 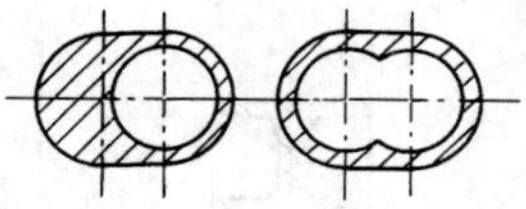</td><td colspan="9"> 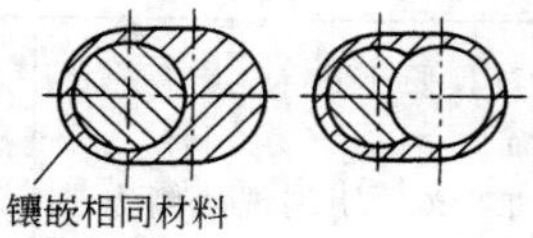镶嵌相同材料</td></tr>
<tr><td>6. 设计出工艺孔，便于钻孔和攻螺纹</td><td> 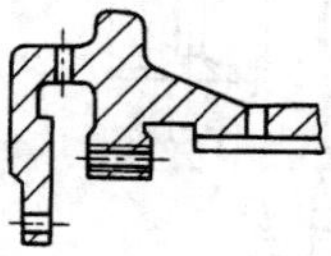</td><td colspan="9"> 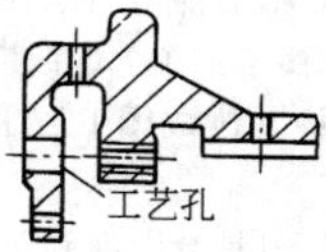工艺孔</td></tr>
<tr><td>7. 加工面应尽可能具有均匀的宽度
这样可以均匀并无冲击地切削，以便提高切削速度，改善刀具工作条件</td><td> 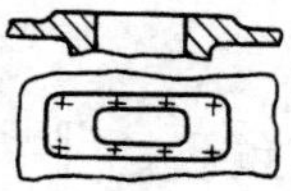</td><td colspan="9"> 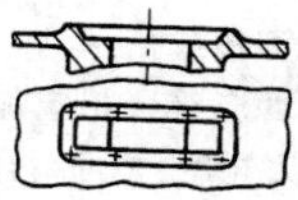</td></tr>
<tr><td>8. 花键孔应是连续而不中断的，拉削孔的两端均须倒角
中断的花键孔加工时，刀具受到冲击，容易损坏，而且切屑难以排除</td><td> 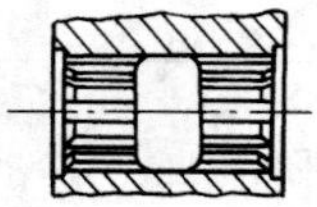</td><td colspan="9"> 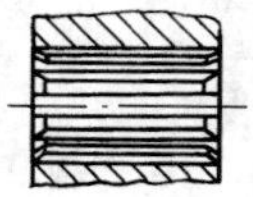</td></tr>
<tr><td>9. 两偏贯孔的加工位置要正确选定
图a钻孔距离太小，易产生钻头偏滑或折断，改为图a′，加大距离，可先钻一小孔 d，然后扩孔，可防止钻头偏滑</td><td> 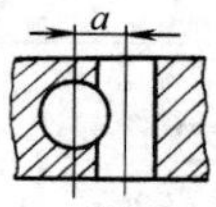a
(a)</td><td colspan="9"> 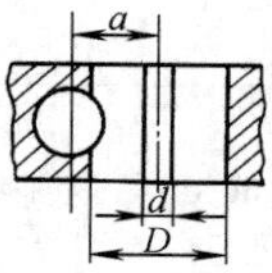a
d
D
(a′)</td></tr>
<tr><td rowspan="5">10. 槽和棱面的深度应和标准刀具的尺寸相适应
能采用标准刀具，提高刀具使用寿命</td><td colspan="10">D_1 D k h d l
$$h=\frac{D-D_1}{2}-(m+k)$$
h——沟或槽的最大深度；
D——铣刀直径；
D_1——夹紧环；
m——铣刀磨削量；
k——间隙</td></tr>
<tr><td>d</td><td>3</td><td>4</td><td>5</td><td>6</td><td>8</td><td>10</td><td>12</td><td>14</td><td>16</td></tr>
<tr><td>$l\leqslant$</td><td>9</td><td>9</td><td>12</td><td>14</td><td>18</td><td>18</td><td>23</td><td>30</td><td>33</td></tr>
<tr><td>d</td><td>18</td><td>20</td><td>22</td><td>25</td><td>28</td><td>32</td><td>36</td><td>40</td><td>45、50</td></tr>
<tr><td>$l\leqslant$</td><td>37</td><td>41</td><td>41</td><td>47</td><td>47</td><td>51</td><td>56</td><td>61</td><td>66</td></tr>
</table>

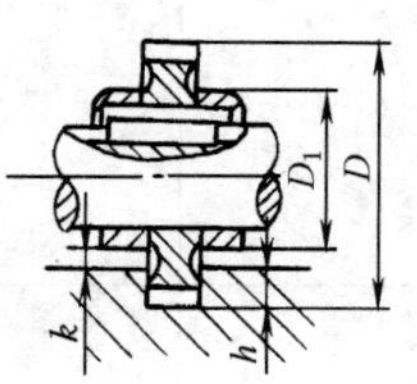

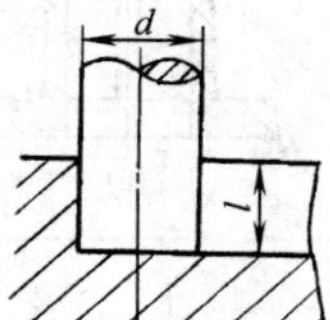

续表

注 意 事 项	不 好 的 设 计	改进后的设计
五、便于加工		
1. 使刀具便于进入、退出并达到加工面 图 a 加工必须用端铣从侧边进刀,一个一个加工,效率低,而且结构也没有必要这样设计,改成图 a′后则可以同时加工许多件。图 b 带轮的油孔不便于加工,如在使用允许情况下,将其改成图 b′结构,则可简化加工 图 c 加工时,刀具会切削到非加工部位,改成图 c′刀具就便于进退了	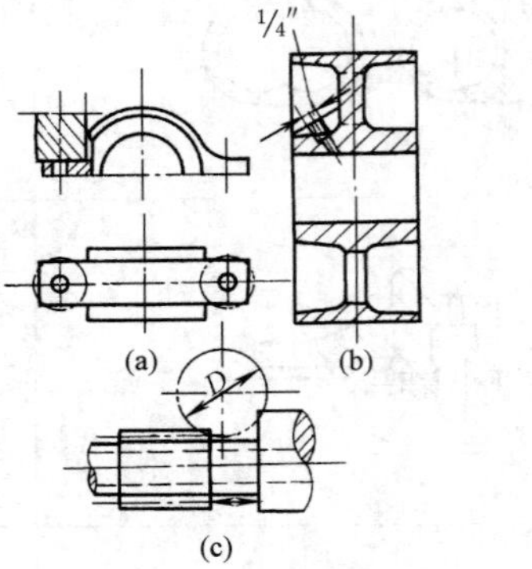 1/4″ D (a) (b) (c)	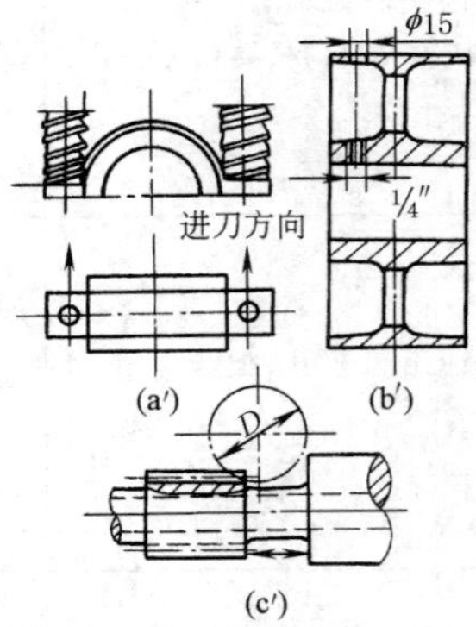 φ15 1/4″ 进刀方向 D (a′) (b′) (c′)
2. 必须留退刀槽或孔 退刀槽的宽度应符合相应加工方法的标准退刀宽度,并可结合工厂的实际情况、结构需要,适当调整 采用标准宽度可以避免损坏刀具和刀具的过早磨损	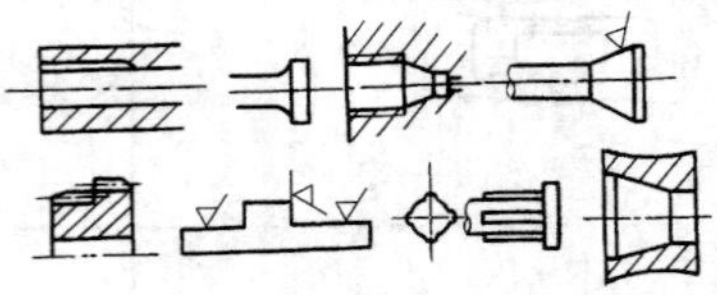	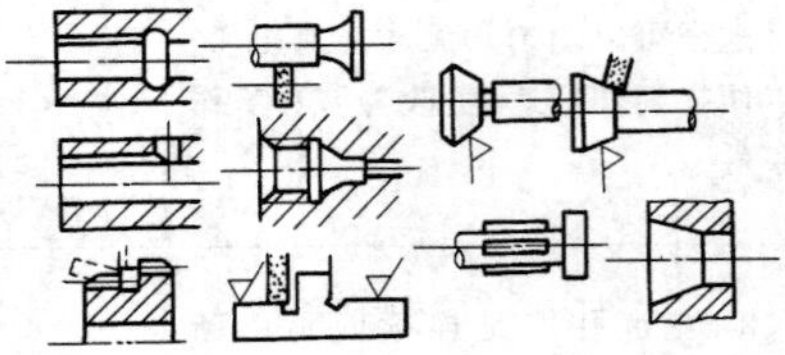
3. 在套筒上插削键槽时,宜在键槽前端设置一孔,以便退刀	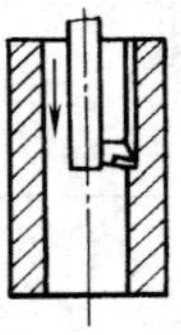	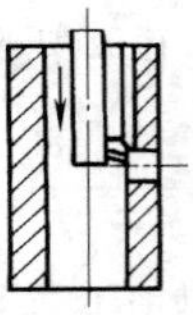
4. 留有较大的空间,以保证快速钻削的正常进行	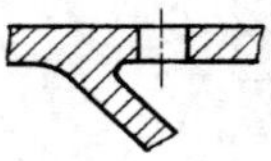	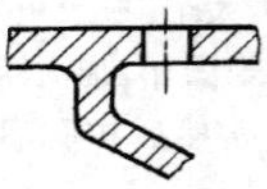
5. 图 a 铸件应在法兰上铸出一半圆槽(如图 a′),以避免铣槽刀具损坏	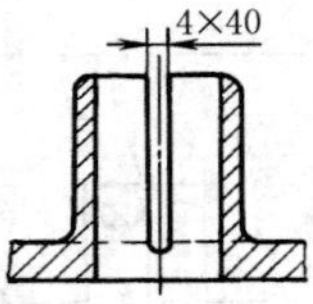 4×40 (a)	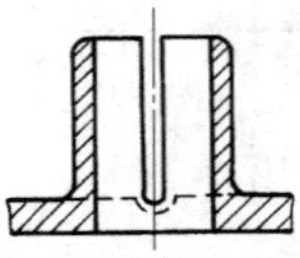 (a′)
6. 减少配合面数 图 a 同时保证轴、孔之间的轴向配合尺寸很难,盲孔应改为通孔,如图 a′	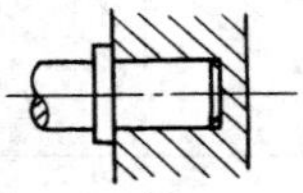 (a)	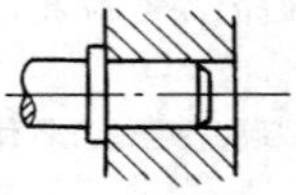 (a′)
图 b 圆锥面和轴肩同时起轴向定位作用,难以保证,宜只靠锥面定位,如图 b′	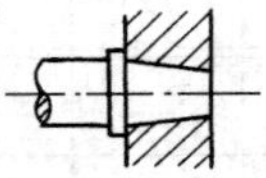 (b)	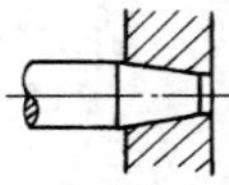 (b′)

续表

注 意 事 项	不 好 的 设 计	改进后的设计
只用两个限制平面即可，如图 c′	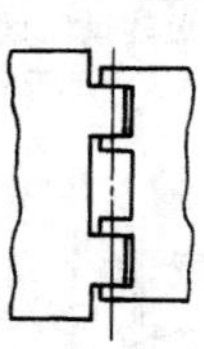 (c)	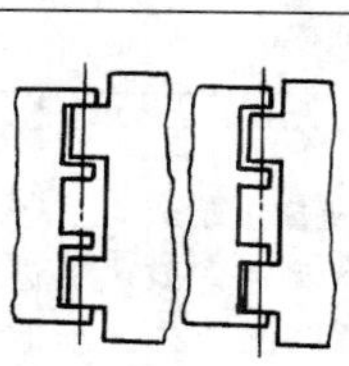 (c′)
7. 铣削表面要便于对刀 图 a 结构如采用半径为 $b/2$ 的成形铣刀加工，易产生偏移，改为图 a′，使铣刀半径 $>b/2$，即使有偏移，在零件上也不会留下偏移残迹	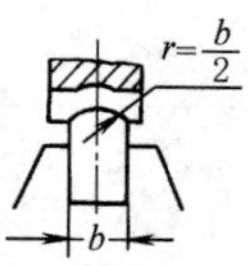 $r=\frac{b}{2}$ b (a)	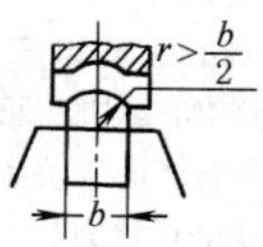 $r>\frac{b}{2}$ b (a′)
8. 防止损伤已加工的表面 图 a 已车好的平面在铣方时易受损，如改为图 a′，轴肩和四方柱之间设一台阶，可防止损伤已车好的端面	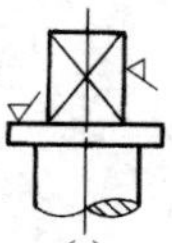 (a)	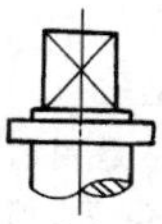 (a′)
9. 长度较大的工件，没有特殊要求，一般以采用外螺纹为宜，采用内螺纹工件不易装卡	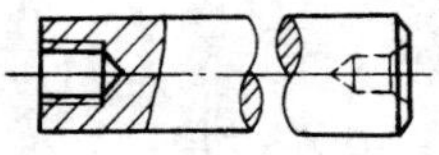	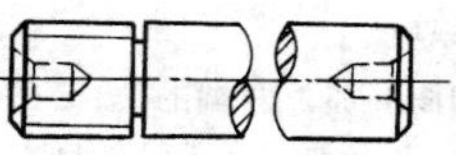
10. 拉削时，夹持平面必须与拉削轮廓保持垂直，图 a 中两夹持平面均与拉削轮廓倾斜是不行的，图 a′则无这一缺点	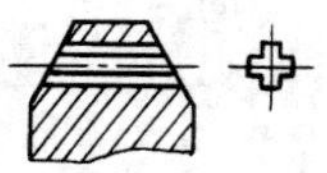 (a)	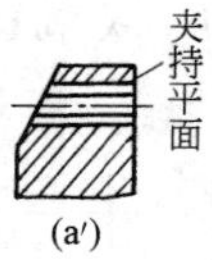 夹持平面 (a′)
11. 设计非标准滚珠轴承时，滚珠的滚道设计要考虑加工的工艺性，图 a 结构左右滚道中心不易对中，改成图 a′结构后加工就比较方便，质量也易保证	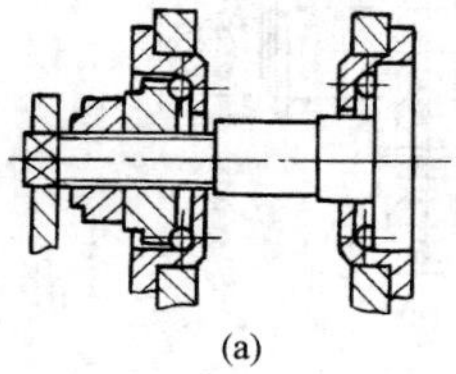 (a)	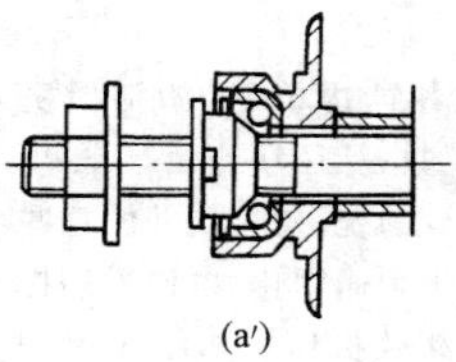 (a′)
12. 考虑测量检验的方便 右图是一精密端盖，由于 $\phi280$ 台阶只有 5mm，千分尺无法测量，而卡尺测量精度又不够，又由于单件生产，制造专用卡规很不经济，所以虽然加工不困难，但无法测量，必须加高台阶	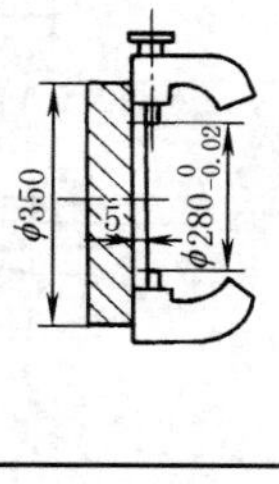 $\phi350$ 5 $\phi280^{\ 0}_{-0.02}$	

续表

注意事项	不好的设计	改进后的设计
六、尽量缩短辅助时间		
1. 便于在机床上装卡 图a是一大型高炉鼓风机进风室铸件，应考虑便于在立车上装卡，但如将吊装用的凸块A形状稍加改变，制出一个小平面，并将K处加工，问题就解决了 图b是电动机端盖，增设三个加工搭子便于装卡，所有加工面，可以在一次装卡后全部加工完 图c没有加工搭子无法装卡，应改成图c′结构	小平面 A K (a) (c)	加工搭子 (b) (c′)
2. 减少装卡次数 图a无论找正还是用心轴加工都不方便，改成图a′后，增加一个C台阶，以C作精加工基准面，这样装卡C面，可在一次装卡中完成A、B面的加工而且A对B的同心度也容易保证 图b和图c加工两端的孔，必须装卡两次，并须调头，不但辅助时间增加，而且不容易保证同心，因此最好设计成穿通的，如图b′及图c′，则只须装卡一次，而且容易使左右孔严格同心	A 0.01 B (a) d D D (b) (c)	A 0.01 B C (a′) D (b′) (c′)
3. 采用标准和通用的刀具和夹具 零件的各结构单元，如沟槽宽度、齿轮模数、孔径和孔距等，尽可能采用较少的统一数值，并使这些数值标准化和通用化，以便采用标准刀具和高效机床。如图a′统一了孔距后，就可采用四轴钻床；图b′统一了沟槽宽、键槽、模数后，刀具就能通用了 阶梯轴各段传递的力矩是相等的，大直径处圆周速度亦较大，受力反而小些，故键槽反可小些，可将两键改成一个规格，使铣刀通用化	80 85 75 (a) φ25 6 φ80 8 25.5 m=4 m=3.5 m=4 8 6 (b)	80 80 80 (a′) φ25 8 8 φ30 m=4 6 6 (b′)

续表

注 意 事 项	不 好 的 设 计	改进后的设计
4. 尽量减少辅助工序的加工 图 a 所示螺套，由于端处切槽，使螺孔表面产生毛刺，需加工修理，改为图 a′在切槽处与螺孔之间用一内圆柱孔隔开，则可避免在铣槽后留下毛刺	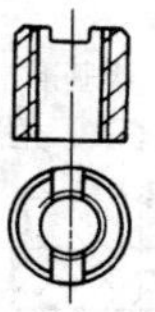 (a)	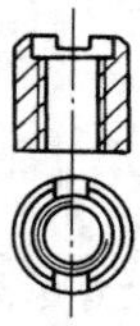 (a′)
七、标注尺寸应考虑加工方便		
1. 加工的尺寸，尽可能避免计算，应由图直接读出 图 a 标注加工时须计算尺寸确定凸肩位置，以调整滑板挡块，此外工件运转时很难测量其尺寸；图 a′标注则不必计算，可直接确定滑板挡块，而且运转中也能测量凸肩长度	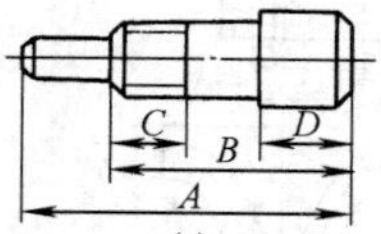 (a)	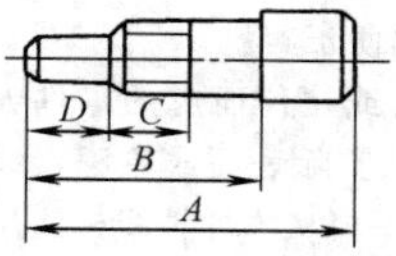 (a′)
图 b 二锥度相交尺寸须计算才能知道，按图 b′标注 *A*、*D* 和小锥度，开始尺寸就知道了，节省加工的辅助时间，也避免计算误差	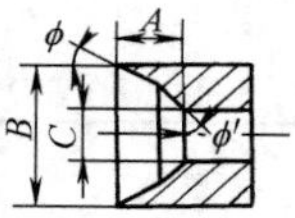 (b)	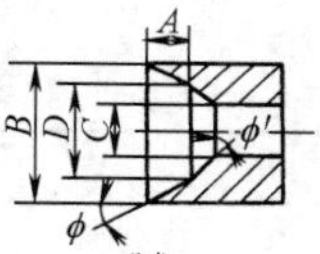 (b′)
图 c 需要操作者计算确定角度或试切，时间长，废品多；按图 c′标注可直接加工	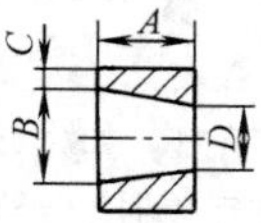 (c)	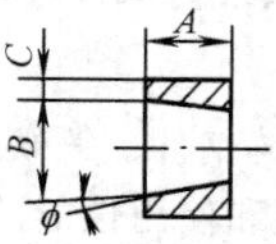 (c′)
图 d′板厚可以直接从图读出	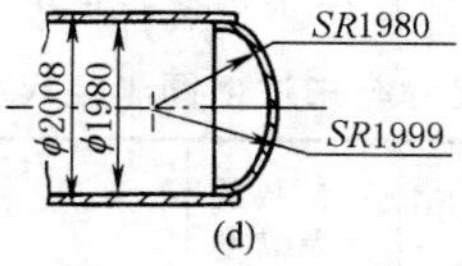 (d)	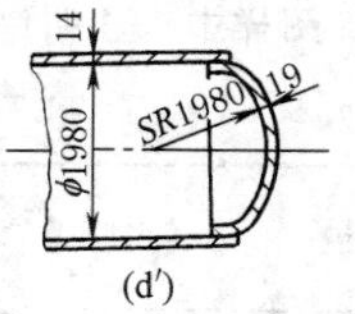 (d′)
2. 尺寸标注应符合工艺过程 图 a 标注不符合加工顺序，改为图 a′标注，既有利简化工艺装置，又有利于提高生产效率 图 b 所示成形扩孔钻加工阶梯孔，由于零件尺寸与扩孔钻上相应尺寸的标注基准不同，不能获得所需精度。改为图 b′标注，则可达到精度要求 图 c、图 d 所示尺寸标注不便加工，而图 c′、图 d′则是便于机加工的标注	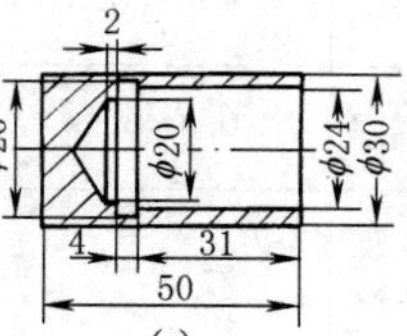 (a) 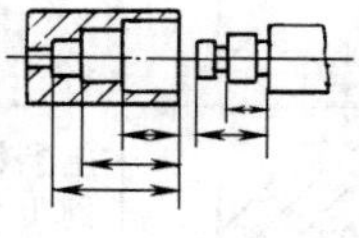 (b) 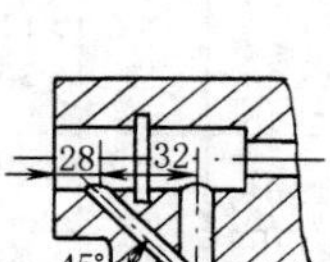 (c) 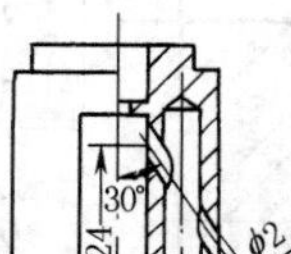 (d)	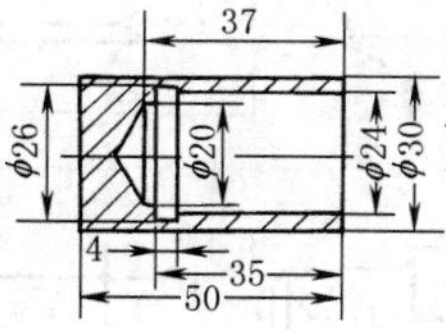 (a′) 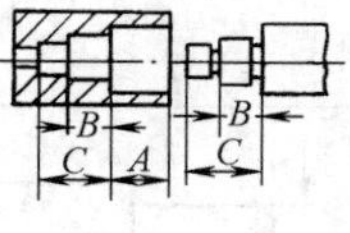 (b′) 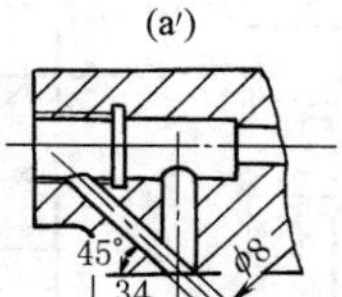 (c′) 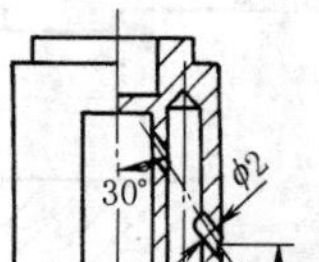 (d′)

续表

注意事项	不好的设计	改进后的设计
3. 便于测量 图a中被测尺寸，需要很多换算时间，而图a′则便于测量 为了测量方便，应多用实际的表面作为测量基准，不要或少用隐蔽基准（虚基准）作为测量基准 图c中尺寸 L_4 不便测量，改为图c′注法则便于测量 对于弯曲或拉伸而成的零件如图d，也应从实际表面或轮廓素线标注尺寸，不要从零件轴线标注尺寸，图d′标注是正确的	(a) (b) (c) (d)	(a′) (b′) (c′) (d′)

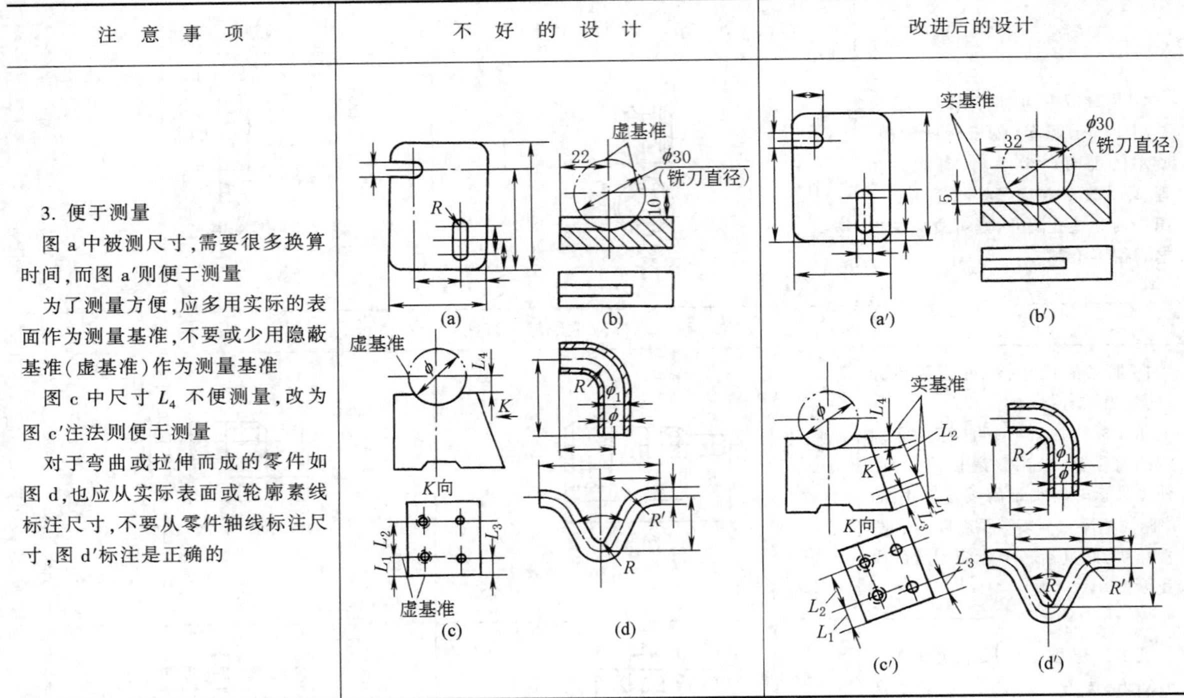

4 切削加工件通用技术条件（摘自 GB/T 37400.9—2019）

1）各种铸钢件、铸铁件、有色金属铸件、锻件加工中，如发现有砂眼、缩孔、夹渣、裂纹等缺陷时，在不降低零件强度和使用性能的前提下，可分别按照有关规定修补，经检验合格后，方可继续加工。加工后的零件不允许有毛刺、尖棱和尖角（除有特殊要求，允许有尖棱和尖角）。

2）零件图样中未注明倒角、倒圆（无明确要求）尺寸见表1-5-24。

表1-5-24 未注倒角尺寸与未注倒圆半径尺寸 mm

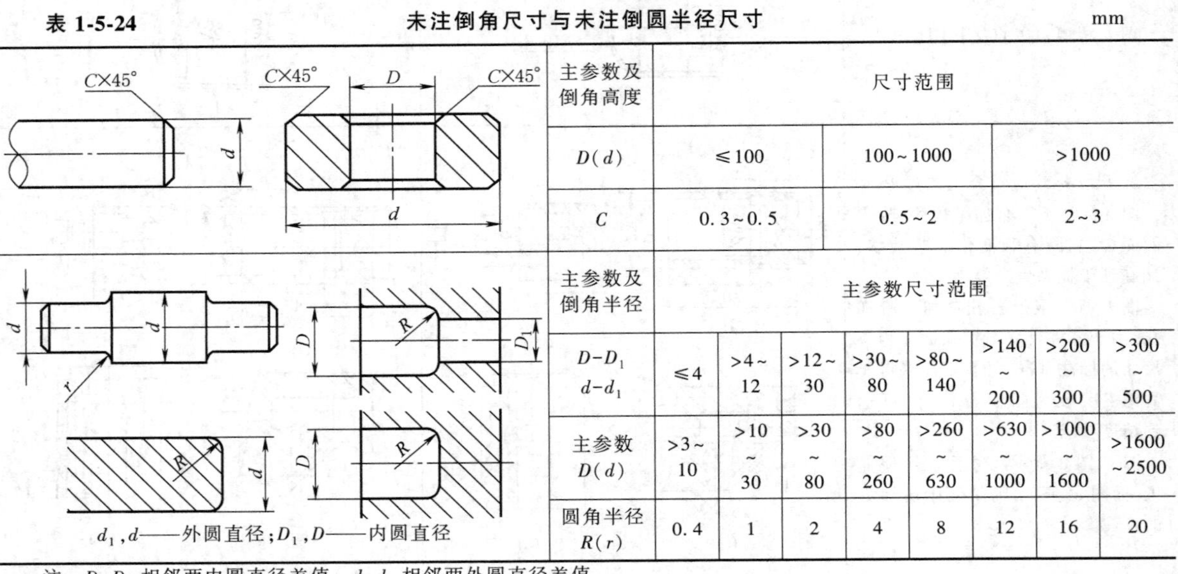

主参数及倒角高度	尺寸范围		
$D(d)$	≤100	100~1000	>1000
C	0.3~0.5	0.5~2	2~3

主参数及倒角半径	主参数尺寸范围							
$D-D_1$ $d-d_1$	≤4	>4~12	>12~30	>30~80	>80~140	>140~200	>200~300	>300~500
主参数 $D(d)$	>3~10	>10~30	>30~80	>80~260	>260~630	>630~1000	>1000~1600	>1600~2500
圆角半径 $R(r)$	0.4	1	2	4	8	12	16	20

注：$D-D_1$ 相邻两内圆直径差值；$d-d_1$ 相邻两外圆直径差值。

3）未注长度尺寸、倒圆半径、倒角高度及角度的极限偏差见表 1-5-25、表 1-5-26 和表 1-5-27。三表适用范围为：适用于两个切削加工面之间未注明公差要求的尺寸，对于毛坯表面和切削表面之间的尺寸，如图中未标注公差，则采用毛坯尺寸的未注公差之半加上本标准中的未注公差。

表 1-5-25　　未注长度尺寸的极限偏差　　mm

公差等级	0.5~6	>6~30	>30~120	>120~400	>400~1000	>1000~2000	>2000~4000	>4000~8000	>8000~12000	>12000~16000	>16000~20000
M(中级)	±0.1	±0.2	±0.3	±0.5	±0.8	±1.2	±2	±3	±4	±5	±6
锯切	±1				±2			±3			

注：长度尺寸小于 0.5mm 时，偏差直接标注在长度尺寸上。

表 1-5-26　　倒圆半径和倒角高度的未注极限偏差　　mm

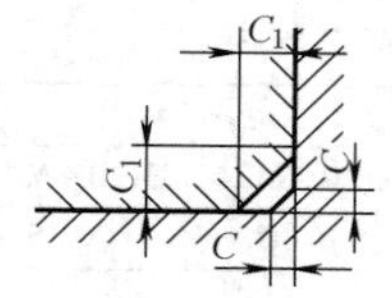

ΔC

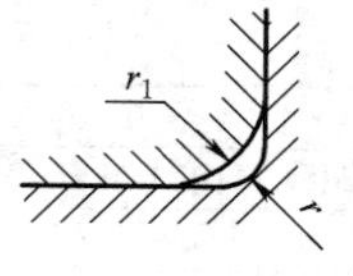

Δr

公称尺寸 C、C_1、r、r_1	0.5~3	>3~6	>6~30	>30~120	>120~400
ΔC、Δr	−0.2	−0.5	−1	−2	−4
ΔC_1、Δr_1	+0.2	+0.5	+1	+2	+4

注：无配合时，可取表中值的正负值为相应尺寸的极限偏差。

表 1-5-27　　未注角度（倾斜度）的极限偏差

精度	短边公称尺寸范围				
	约 10	>10~50	>50~120	>120~400	>400
m(中级)	±1°	±0°30	±0°20′	±0°10′	±0°5′
正切值	0.0175	0.0087	0.0058	0.0029	0.0015
C(粗级)	±1°30′	±1°	±0°30′	±0°15′	±0°10′
正切值	0.0262	0.0175	0.0087	0.0044	0.0029

注：1. 最大允许偏差按正切值×短边计算。

2. C（粗级）用于润滑孔，润滑孔的标志是：钻孔路径上孔的一侧带有公制或英制螺纹。

4）未注形位公差：本标准的未注形位公差适用于用去除材料方法形成的要素。除本标准规定的各项目未注公差外，其他项目如线轮廓度、面轮廓度、倾斜度、位置度和全跳动均应由各要素的注出或未注线性尺寸公差或角度公差控制。

① 未注形状公差。圆度、圆柱度的未注公差值应不大于其未注尺寸公差值。

表 1-5-28　　直线度和平面度的未注公差　　mm

公差等级	长度尺寸范围							
	≤10	>10~30	>30~100	>100~300	>300~1000	>1000~3000	>3000~6000	>6000
H 级	0.02	0.05	0.1	0.2	0.3	0.4	0.7	1.0

注：对于平面度应按其表面的较长一侧或圆表面的直径选择。

② 未注位置公差。平行度的未注公差值等于给出的尺寸公差值或是直线度和平面度未注公差值中的较大者，应取两要素中的较长者作为基准。圆跳动和全跳动的公差值不应大于该要素的形状和位置未注公差的综合值。

表 1-5-29　　垂直度未注公差　　mm

公差等级	基准长度尺寸范围				
	≤100	>100~300	>300~1000	>1000~3000	>3000
H 级	0.2	0.3	0.4	0.5	>0.6

注：形成直角边中较长的一边作为基准，较短的一边作为被测要素。

表 1-5-30　同轴度、跳动和对称度未注公差　mm

公差等级	同轴度公差	跳动公差	对称度公差
H 级	0.1	0.1	0.5

5）键槽的对称度未注公差见表 1-5-31。

表 1-5-31　键槽的对称度未注公差　mm

键槽宽度	尺寸范围							
	>1~3	>3~6	>6~10	>10~18	>18~30	>30~50	>50~120	>120~250
公差	0.02	0.025	0.03	0.04	0.05	0.06	0.08	0.10

6）螺孔和光孔未注位置度公差见表 1-5-32。

表 1-5-32　螺孔未注位置度公差　mm

螺纹孔	孔尺寸范围								
	M4~M5	M6	M8~M10	M12~M16	M20~M24	M30~M42	M48	M56~M90	M100
位置度公差	ϕ0.25	ϕ0.3	ϕ0.5	ϕ0.75	ϕ1.0	ϕ1.5	ϕ2.0	ϕ3.0	ϕ3.3
光孔直径	尺寸范围								
	4.5~5.5	6.6	9~11	13.5~17.5	22~26	33~45	52	62~96	107
位置度公差	ϕ0.5	ϕ0.6	ϕ1.0	ϕ1.5	ϕ2.0	ϕ2.0	ϕ4.6	ϕ6.0	ϕ6.0

7）未注表面粗糙度：螺纹通孔、光孔和麻花钻或尖头钻加工的孔 Ra 值不大于 25μm。退刀槽、润滑槽、螺纹、螺纹退刀槽、楔键和平键槽的 Ra 值不大于 3.2μm。内倒圆（倒角）与它相连的精表面相同，外倒圆（倒角）与它相连的粗表面相同。

5　增材制造原理及工艺

5.1　增材制造相关标准名录（摘自 GB/T 35351—2017）

1）通用标准（14 项）

GB/T 35351—2017《增材制造 术语》

GB/T 35352—2017《增材制造 文件格式》

GB/T 37461—2019《增材制造 云服务模式规范》

GB/T 37698—2019《增材制造 设计 要求、指南和建议》

GB/T 39251—2020《增材制造 金属粉末性能表征方法》

GB/T 39254—2020《增材制造 金属制件机械性能评价通则》

GB/T 39329—2020《增材制造 测试方法 标准测试件精度检验》

GB/T 39331—2020《增材制造 数据处理通则》

GB/T 40210—2021《增材制造云服务平台参考体系》

GB/T 41507—2022《增材制造 术语 坐标系和测试方法》

GB/T 41508—2022《增材制造 通则 增材制造零件采购要求》

GB/T 41978—2022《增材制造 金属粉末空心粉率检测方法》

GB/T 42619—2023《增材制造 工艺参数库构建规范》

GB/T 43148—2023《增材制造 结构轻量化设计要求》

2）设备标准（2 项）

GB/T 14896.7—2015《特种加工机床 术语 第 7 部分：增材制造机床》

GB/T 43141—2023《激光增材制造机床 通用技术条件》

3）工艺标准（7项）

GB/T 35021—2018《增材制造 工艺分类及原材料》

GB/T 37463—2019《塑料材料粉末床熔融床工艺规范》

GB/T 39253—2020《增材制造 金属材料定向能量沉积工艺规范》

GB/T 39328—2020《增材制造 塑料材料挤出成形工艺规范》

GB/T 42617—2023《增材制造 设计 金属材料激光粉末床熔融》

GB/T 42618—2023《增材制造 设计 高分子材料激光粉末床熔融》

GB/T 42621—2023《增材制造 定向能量沉积 铣削复合增材制造工艺规范》

4）热处理

GB/T 39247—2020《增材制造 金属制件热处理工艺规范》

5）材料标准（16项）

GB/T 34508—2017《粉床电子束增材制造 TC4合金材料》

GB/T 35022—2018《主要特性和测试方法 零件和粉末原材料》

GB/T 38970—2020《增材制造用钼及钼合金粉》

GB/T 38971—2020《增材制造用球形钴铬合金粉》

GB/T 38973—2020《增材制造制粉用钛及钛合金棒》

GB/T 38974—2020《增材制造用铌及铌合金粉》

GB/T 38975—2020《增材制造用钽及钽合金粉》

GB/T 42620—2023《增材制造 材料挤出成形用 丙烯腈-丁二烯-苯乙烯（ABS）丝材》

GB/T 42622—2023《增材制造 激光定向能量沉积用钛及钛合金粉末》

GB/T 42787—2023《增材制造用高熵合金粉》

GB/T 41335—2022《增材制造用镍粉》

GB/T 41337—2022《粉末床熔融增材制造镍基合金》

GB/T 41338—2022《增材制造用钨及钨合金粉》

GB/T 41882—2022《增材制造用铜及铜合金粉》

GB/T 41883—2022《增材制造 粉末床熔融增材制造钽及钽合金》

GB/T 43110—2023《增材制造用金属铬粉》

5.2 增材制造基本术语定义（摘自GB/T 35351—2017）

（1）增材制造（additive manufacturing，AM）

以三维模型数据为基础，通过材料堆积的方式制造零件或实物的工艺。

（2）增材制造系统（additive manufacturing system；additive system；additive manufacturing equipment）

增材制造所用的设备和辅助工具。

（3）增材制造设备（additive manufacturing machine；additive manufacturing apparatus）

增材制造系统中用以完成零件或实物生产过程中一个成形周期的必要组成部分，包括硬件、设备控制软件和设置软件。

（4）三维打印（3D printing）

利用打印头、喷嘴或其他打印技术，通过材料堆积的方式来制造零件或实物的工艺。此术语通常作为增材制造的同义词，又称3D打印。

5.3 增材制造原材料主要特性和推荐测试方法（摘自GB/T 35022—2018）

表1-5-33　　原材料主要特性和推荐测试方法

项目	推荐测试方法		
	金属	塑料	陶瓷
粉末粒度及分布	GB/T 1480、GB/T 19077	GB/T 2906、GB/T 19077	JC/T 2176、GB/T 19077

续表

项目	推荐测试方法		
	金属	塑料	陶瓷
形状/形态	GB/T 15445.6	GB/T 15445.8	GB/T 15445.6
比表面积	GB/T 19587	GB/T 19587	GB/T 19587
松装/表观密度	GB/T 1479.1、GB/T 1479.2	GB/T 1636	ISO 18753、ISO 23145-2
振实密度	ISO 3953	GB/T 23652	ISO 23145-1
流动性	无	GB/T 21060、GB/T 11986、GB/T 3682	ISO 14629
灰分	无	GB/T 9345.1	无
氢、氧、氮、碳和硫含量	GB/T 14265	无	无
熔融温度/玻璃化转变温度	无	GB/T 19466.2、GB/T 19466.3	无

5.4 增材制造九种工艺方法图解（摘自GB/T 35021—2018）

表1-5-34

序号	增材制造工艺方法	工艺原理图	图解说明
1	光固化工艺	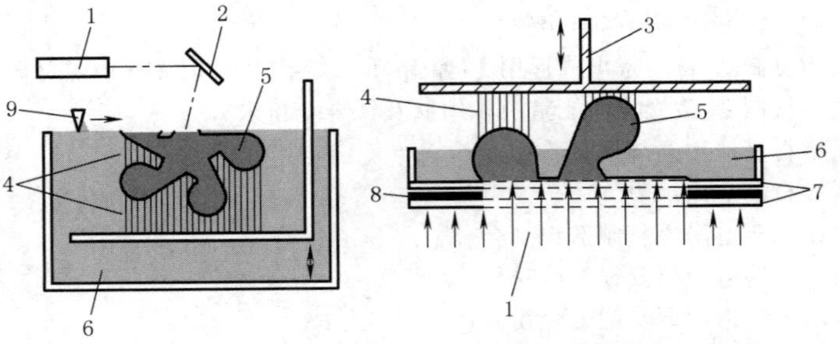 (a) 采用激光光源的光固化工艺　(b) 采用受控面光源的光固化工艺 图1　两种典型的光固化工艺示意图	1—能量光源； 2—扫描振镜； 3—成形和升降平台； 4—支撑结构； 5—成形工件； 6—装有光敏树脂的液槽； 7—透明板； 8—遮光板； 9—重新涂液和刮平装置
2	材料喷射工艺	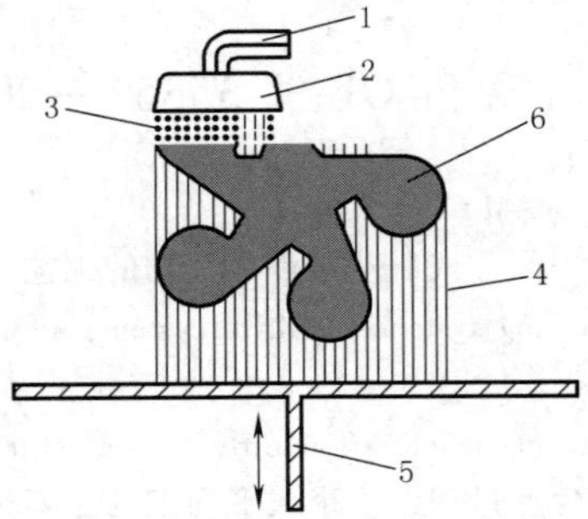 图2　材料喷射工艺原理示意图	1—成形材料和支撑材料的供给系统； 2—分配(喷射)装置(辐射光或热源) 3—成形材料微滴； 4—支撑结构； 5—成形和升降平台； 6—成形工件
3	黏结剂喷射工艺	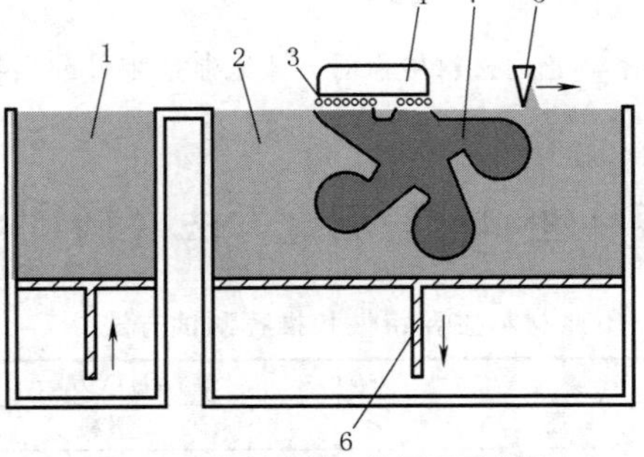 图3　黏结剂喷射工艺原理示意图	1—粉末供给系统； 2—粉末床内的材料； 3—液态黏结剂； 4—含有与黏结剂供给系统接口的分配(喷射)装置； 5—铺粉装置； 6—成形和升降平台； 7—成形工件

续表

序号	增材制造工艺方法	工艺原理图	图解说明
4	粉末床熔融工艺	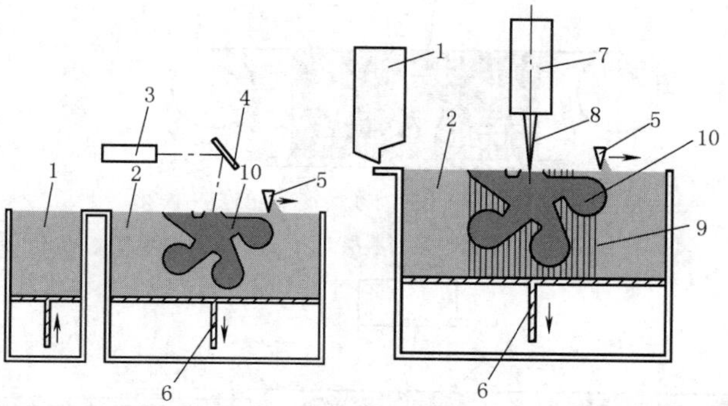 (a) 采用激光的粉末床熔融工艺　(b) 采用电子束的粉末床熔融工艺 图 4　两种典型的粉末床熔融工艺原理示意图	1—粉末供给系统(在有些情况下,为储粉容器,如图 b 所示); 2—粉末床内的材料; 3—激光; 4—扫描振镜; 5—铺粉装置; 6—成形和升降平台; 7—电子枪; 8—聚焦的电子束; 9—支撑结构; 10—成形工件
5	材料挤出工艺	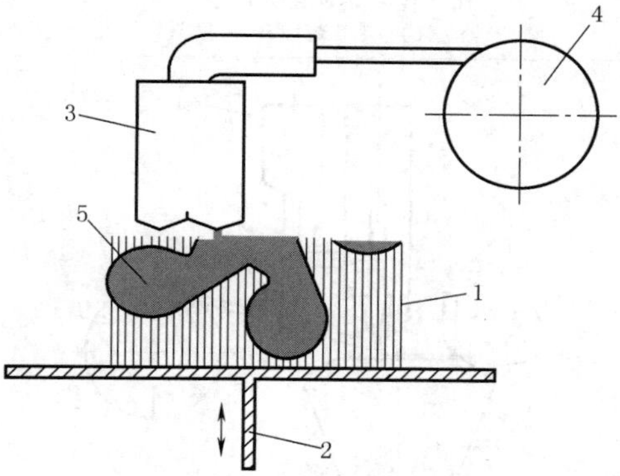 图 5　材料挤出工艺原理示意图	1—支撑材料; 2—成形和升降平台; 3—加热喷嘴; 4—供料装置; 5—成形工件
6	定向能量沉积工艺	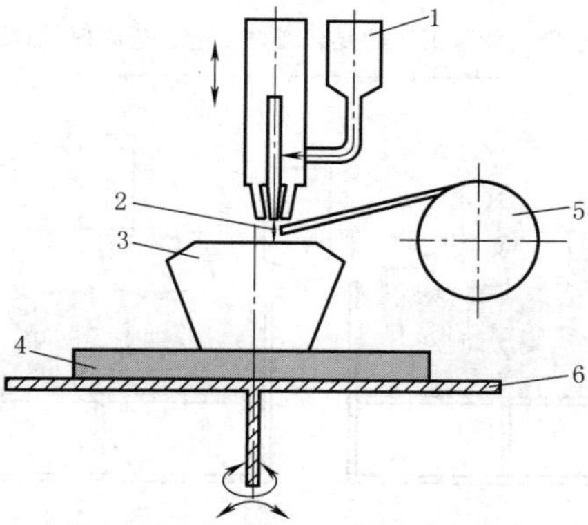 图 6　定向能量沉积工艺原理示意图	1—送粉器; 2—定向能量束(例如:激光、电子束、电弧或等离子束); 3—成形工件; 4—基板; 5—丝盘; 6—成形工作台

续表

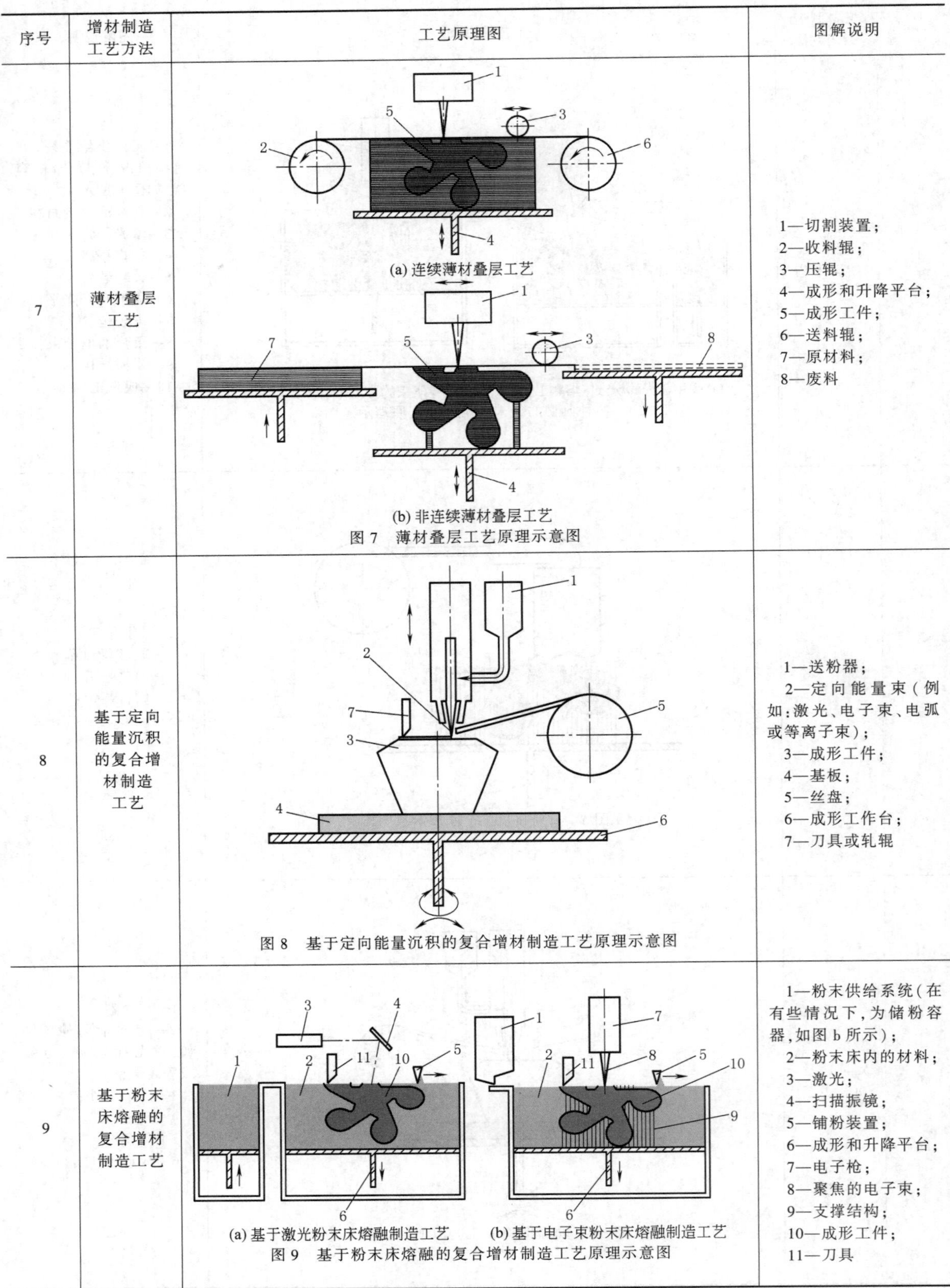

序号	增材制造工艺方法	工艺原理图	图解说明
7	薄材叠层工艺	(a) 连续薄材叠层工艺 (b) 非连续薄材叠层工艺 图7　薄材叠层工艺原理示意图	1—切割装置； 2—收料辊； 3—压辊； 4—成形和升降平台； 5—成形工件； 6—送料辊； 7—原材料； 8—废料
8	基于定向能量沉积的复合增材制造工艺	图8　基于定向能量沉积的复合增材制造工艺原理示意图	1—送粉器； 2—定向能量束（例如：激光、电子束、电弧或等离子束）； 3—成形工件； 4—基板； 5—丝盘； 6—成形工作台； 7—刀具或轧辊
9	基于粉末床熔融的复合增材制造工艺	(a) 基于激光粉末床熔融制造工艺　(b) 基于电子束粉末床熔融制造工艺 图9　基于粉末床熔融的复合增材制造工艺原理示意图	1—粉末供给系统（在有些情况下，为储粉容器，如图b所示）； 2—粉末床内的材料； 3—激光； 4—扫描振镜； 5—铺粉装置； 6—成形和升降平台； 7—电子枪； 8—聚焦的电子束； 9—支撑结构； 10—成形工件； 11—刀具

5.5 增材制造金属材料单步及多材料多步工艺流程图

5.5.1 金属材料单步增材制造工艺

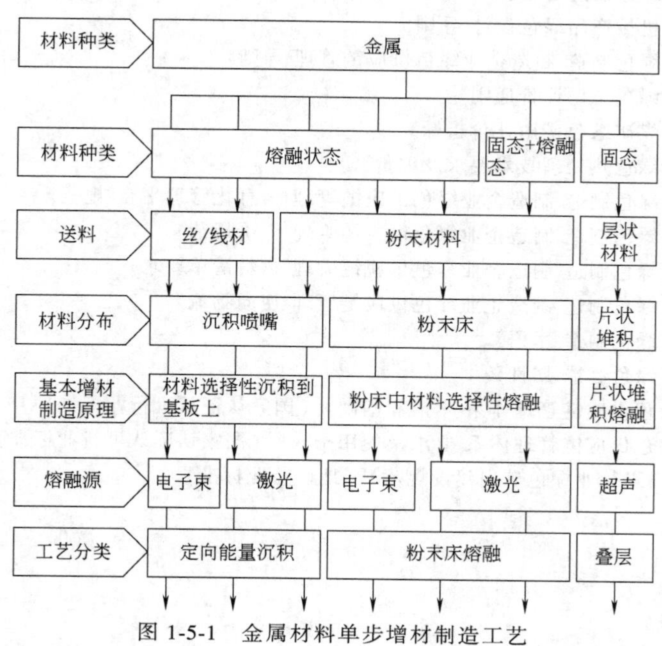

图 1-5-1 金属材料单步增材制造工艺

5.5.2 多材料多步增材制造工艺

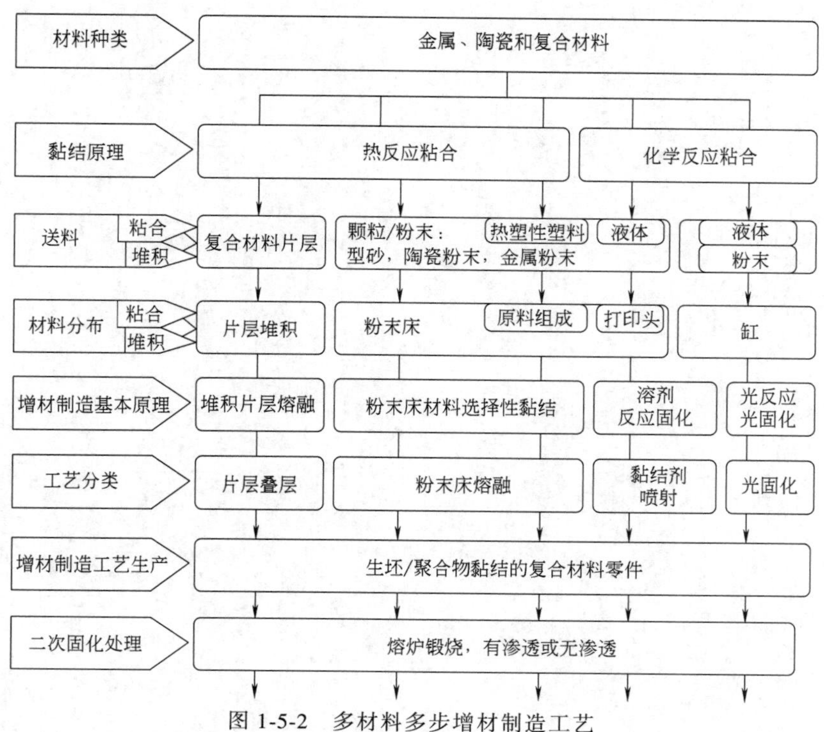

图 1-5-2 多材料多步增材制造工艺

5.6 绿色制造相关标准名录

GB/T 28613—2012《机械产品绿色制造工艺规划 导则》
GB/T 28617—2024《绿色制造通用技术导则 铸造》
GB/T 31206—2014《机械产品绿色设计 导则》
GB/T 33635—2017《绿色制造 制造企业绿色供应链管理 导则》
GB/T 36132—2018《绿色工厂评价通则》
GB/T 37767—2019《煤矿绿色矿山评价指标》
GB/T 38819—2020《绿色热处理技术要求及评价》
GB/T 39256—2020《绿色制造 制造企业绿色供应链管理 信息化管理平台 规范》
GB/T 39257—2020《绿色制造 制造企业绿色供应链管理 评价规范》
GB/T 39259—2020《绿色制造 制造企业绿色供应链管理 物料清单要求》
GB/T 43145—2023《绿色制造 制造企业绿色供应链管理 逆向物流》
GB/T 28612—2023《绿色制造 术语》
GB/T 28616—2023《绿色制造 属性》
RB/T 087—2022《绿色供应链管理体系 术语和基础》（国家认证认可行业标准）
RB/T 089—2022《绿色供应链管理体系 要求及使用指南》（国家认证认可行业标准）
DZ/T-0315—2018《煤炭行业绿色矿山建设规范》（地矿行业标准）

第6章 热处理

1 钢铁热处理

1.1 铁-碳平衡相图及钢的结构组织

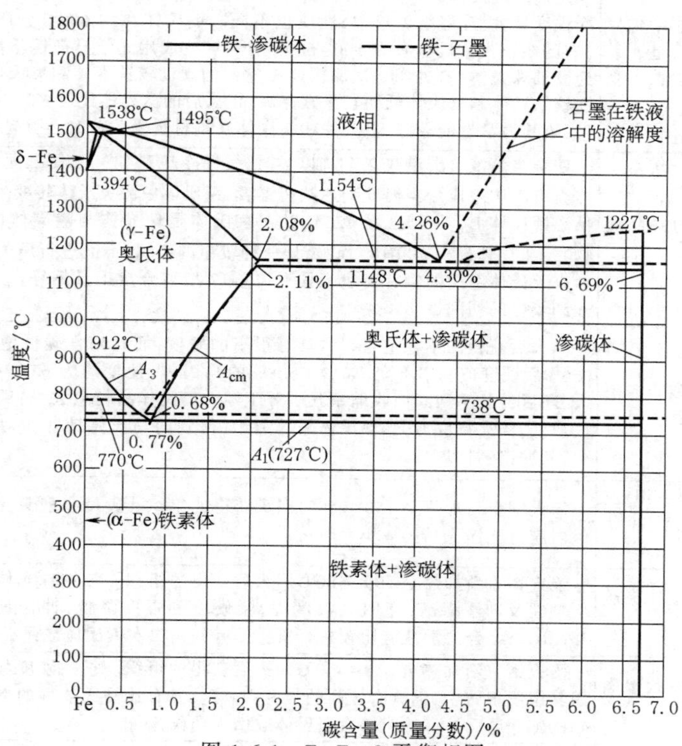

图 1-6-1 $Fe-Fe_3C$ 平衡相图

表 1-6-1 $Fe-Fe_3C$ 平衡相图中的相变点和特性线

相变点	说明
A_1	表示加热时珠光体向奥氏体或冷却时奥氏体向珠光体转变的温度，一般条件下固态相变时，都有不同程度的过热度或过冷度。因此，为与平衡条件下的相变点相区别，将加热时实际的 A_1 称为 A_{c1}，冷却时实际的 A_1 称为 A_{r1}
A_3	表示亚共析钢加热时先共析铁素体完全溶入奥氏体的温度或冷却时开始从奥氏体中析出的温度，加热时实际的 A_3 称为 A_{c3}，冷却时实际的 A_3 称为 A_{r3}
A_{cm}	表示过共析钢加热时先共析渗碳体完全溶入奥氏体的温度或冷却时先共析渗碳体开始从奥氏体中析出的温度，加热时实际的 A_{cm} 称为 A_{ccm}，冷却时实际的 A_{cm} 称为 A_{rcm}

表 1-6-2　　室温下铁-碳合金的平衡组织

名　　称	含碳量（质量分数）/%	平　衡　组　织
亚共析钢	0.02~0.8	铁素体+珠光体
共析钢	0.8	珠光体
过共析钢	0.8~2.11	珠光体+二次渗碳体
亚共晶白口铁	2.11~4.3	树状珠光体+二次渗碳体+共晶体
共晶白口铁	4.3	共晶体（珠光体+渗碳体）
过共晶白口铁	>4.3~6.67	板状一次渗碳体+共晶体

表 1-6-3　　钢的结构组织和特性

名称	组　织	特　　性
铁素体（F）	碳在 α 铁（α-Fe）中的固溶体	呈体心立方晶格。溶碳能力很小，最大为 0.02%；硬度和强度很低，80~120HB，R_m = 250MPa；而塑性和韧性很好，A = 50%，Z = 70%~80%。因此，含铁素体多的钢材（软钢）可用来制作可压、挤、冲板与耐冲击振动的机件。这类钢有超低碳钢，如 0.6Cr13、12Cr13、硅钢片等
奥氏体（A）	碳在 γ 铁（γ-Fe）中的固溶体	呈面心立方晶格。最高溶碳量为 2.11%，在一般情况下，具有高的塑性，但强度和硬度低，170~220HB，奥氏体组织除了在高温转变时产生以外，在常温时亦存在于不锈钢、高铬钢和高锰钢中，如奥氏体不锈钢等
渗碳体（C）	铁和碳的化合物（Fe_3C）	呈复杂的八面体晶格。含碳量为 6.67%，硬度很高，70~75HRC，耐磨，但脆性很大，因此，渗碳体不能单独应用，而总是与铁素体混合在一起。碳在铁中溶解度很小，所以在常温下，钢铁组织内大部分的碳都是以渗碳体或其他碳化物形式出现
珠光体（P）	铁素体片和渗碳体片交替排列的层状显微组织，是铁素体与渗碳体的机械混合物（共析体）	是过冷奥氏体进行共析反应的直接产物。其片层组织的粗细随奥氏体过冷程度不同，过冷程度越大，片层组织越细，性质也不同。奥氏体在约 600℃ 分解成的组织称为细珠光体（有的叫一次索氏体），在 500~600℃ 分解转变成用光学显微镜不能分辨的片层状的组织称为极细珠光体（有的叫一次屈氏体），它们的硬度较铁素体和奥氏体高，而较渗碳体低，其塑性较铁素体和奥氏体低而较渗碳体高。正火后的珠光体比退火后的珠光体组织细密，弥散度大，故其力学性能较好，但其片状渗碳体在钢材承受载荷时会引起应力集中，故不如索氏体
莱氏体（L）（L_d，L'_d）	奥氏体与渗碳体的共晶混合物	铁合金溶液含碳量在 2.11%以上时，缓慢冷却到 1130℃ 便凝固出高温莱氏体 L_d，由渗碳体与奥氏体组成。当温度到达共析温度，莱氏体中的奥氏体转变为珠光体，此时莱氏体称为低温莱氏体 L'_d。因此，在 723℃ 以下莱氏体是珠光体与渗碳体的机械混合物（共晶混合物）。莱氏体硬（>700HB）而脆，是一种较粗的组织，不能进行压力加工，如白口铁。在铸态含有莱氏体组织的钢有高速工具钢和 Cr12 型高合金工具钢等。这类钢一般有较大的耐磨性和较好的切削性
淬火马氏体（M）	碳在 α-Fe 中的过饱和固溶体，显微组织呈针叶状	淬火后获得的不稳定组织。具有很高的硬度，而且随含碳量增加而提高，但含碳量超过 0.6%后硬度值基本不变，如含 C0.8%的马氏体，硬度约为 65HRC，冲击韧性很低，脆性很大，断后伸长率和断面收缩率几乎等于零。奥氏体晶粒愈大，马氏体针叶愈粗大，则冲击韧性愈低；淬火温度愈低，奥氏体晶粒愈细，得到的马氏体针叶非常细小，即无针状马氏体组织，其冲击韧性最高
回火马氏体	是与淬火马氏体硬度相近，而脆性略低的黑色针叶状组织	淬火钢重新加热至 150~250℃ 回火获得的组织。硬度一般只比淬火马氏体低 1~3HRC，但内应力比淬火马氏体小
索氏体（S）	铁素体和较细的粒状渗碳体组成的组织	淬火钢重新加热至 500~680℃ 回火后获得的组织。与细珠光体相比，在强度相同的情况下塑性及韧性都高，随回火温度提高，硬度和强度降低，冲击韧性提高。硬度约为 23~35HRC。综合力学性能比较好。索氏体有的叫二次索氏体或回火索氏体
屈氏体（T）	铁素体和更细的粒状渗碳体组成的组织	淬火钢重新加热至 350~450℃ 回火后获得的组织。它的硬度和强度虽然比马氏体低，但因其组织很致密，仍具有较高的强度和硬度，并有比马氏体好的韧性和塑性，硬度约为 35~45HRC。屈氏体有的叫二次屈氏体或回火屈氏体
下贝氏体（B）	显微组织呈黑色针状形态，其中的铁素体呈针状，而碳化物呈极细小的质点以弥散状分布在针状铁素体内	过冷奥氏体在 400~240℃ 等温转变后的产物。具有较高的硬度，约为 40~55HRC，良好的塑性和很高的冲击韧性，其综合力学性能比索氏体更好，因此，在要求较大的塑性、韧性和高强度相配合时，常以含有适当合金元素的中碳结构钢等温淬火，获得贝氏体以改善钢的力学性能，并减小内应力和变形
低碳马氏体	低碳钢或低合金钢经淬火、低温回火获得的板条状低碳马氏体组织	具有高强度与良好的塑性、韧性相结合的特点（R_m = 1200~1600MPa，$\sigma_{0.2}$ = 1000~1300MPa，$A \geqslant 10\%$，$Z \geqslant 40\%$，$a_k \geqslant 60J/cm^2$）；同时还有低的冷脆转化温度（≤-60℃）；在静载荷、疲劳及多次冲击载荷下，其缺口敏感性和过载敏感性都较低。低碳马氏体状态的 20SiMn2MoVA 的综合力学性能，比中碳合金钢等温淬火获得的下贝氏体更好。保持了低碳钢的工艺性能，但切削加工较难

1.2 热处理方法分类、特点和应用

整体热处理方法、特点和应用

表 1-6-4

名称	操作	特点	目的和应用
退火（焖火）	将工件加热到 A_{c1} 或 A_{c3} 以上（发生相变）或 A_{c1} 以下（不发生相变），保温后，缓冷下来，通过相变以获得珠光体型组织，或不发生相变以消除应力、降低硬度的一种热处理方法	退火后的组织，硬度较低，便于加工。发生相变的退火的组织：亚共析钢→铁素体+珠光体；共析钢→珠光体；过共析钢→珠光体+二次渗碳体	1. 降低硬度，提高塑性，改善切削加工性能和压力加工性能（对于不存在珠光体型转变的某些高合金钢，不能采用退火来软化，而要用正火后加高温回火来降低硬度，此时高温回火也属于不发生相变的退火） 2. 细化晶粒，调整组织（限于有相变的退火），改善力学性能，为下一步工序做准备 3. 消除铸、锻、焊、轧、冷加工等所产生的内应力

碳钢退火后的力学性能

含碳量/%	0.10	0.20	0.30	0.40	0.50	0.60	0.70	0.80	0.90
抗拉强度 R_m/MPa	328.5	446	510	608	637	657	682	701	711
硬度 HB	95	125	142	172	180	185	191	197	201

40Cr钢退火后的力学性能	R_m/MPa	$\sigma_{0.2}$/MPa	a_k/J·cm^{-2}	A/%	Z/%
	656	364	56	21	53.5

名称	操作	特点	目的和应用
完全退火	将工件加热到 A_{c3} 以上30~50℃的温度，并在此温度保温后，缓冷下来	加热得到均一奥氏体组织后，再缓冷转变为珠光体型的组织	主要用于亚共析组织的各种碳钢和合金钢的铸件、锻件及热轧型材，有时也用于焊接结构
扩散退火	将工件或钢锭加热到约1300℃，保温较长时间，然后缓冷下来	是利用高温下原子扩散作用，来消除铸件内化学成分的不均匀性（即偏析）	主要是使钢材成分均匀。由于这种退火耗时长，费用高，只在必要时用于高级优质合金钢。扩散退火又称均匀化，其工艺也属于完全退火
不完全退火	将工件加热到高于 A_{c1} 而低于 A_{c3} 或 A_{cm} 的温度，并在此温度停留一定时间，然后缓冷下来	部分珠光体发生重结晶相变成奥氏体（完全退火是全部），冷却后又得到片层间距较大的珠光体，冷却速度快，珠光体层片薄，硬度高，慢则较厚，硬度也较低，细化晶粒方面不如完全退火，但加热温度低，效率高，所以使用较广	主要用于过共析钢。但只有在锻造后，没有网状渗碳体析出或在消除了网状渗碳体之后才可以采用。对亚共析钢来说，如果原始组织的晶粒已经很细小，只是为了消除锻、轧而产生的内应力或降低硬度，也可采用
等温退火	将工件加热到 A_{c3} 以上30~50℃，保温后，较快地冷却到略低于 A_{r1} 的温度，并在此温度下等温到奥氏体全部分解为止，然后空冷下来	等温退火比普通退火时间短，工件的氧化和脱碳倾向要小，同时，内部组织和截面上的硬度分布均匀，但对温度的控制有较高的要求	主要用于亚共析钢、共析钢及合金钢，尤其是广泛用于合金钢 等温退火还可以用来防止钢中白点的形成

续表

名称		操作	特点	目的和应用
退火（焖火）	球化退火	将工件加热到 A_{c1} 以上 10~20℃，保温适当时间后，缓冷到略低于 A_{r1} 的温度，并停留一段时间，使组织转变完成，然后冷却至 500℃以下再空冷	球化退火是将球光体中的片状渗碳体球化。球化退火后的过共析钢组织是铁素体与球状渗碳体，不但组织比较均匀，而且可以减少淬火时的变形开裂倾向，也降低了硬度，便于加工	主要用于过共析的碳钢及合金工具钢。对于一些形状复杂、淬火时要求变形小、工作时受力复杂的工模具以及轴承用钢，都必须进行球化退火，并严格控制球化级别（按冶标规定） 某厂采用 T10V 制作凿岩机的活塞，未经球化退火，淬火时大批开裂，球化退火后，开裂很少 球化困难的钢，可连续重复球化退火操作，即循环退火
	去应力退火	将工件以缓慢的速度加热至 500~650℃，经适当保温，随炉缓冷至 200~300℃以下出炉（又称软化退火）	由于退火温度低于 A_1，因此，钢在去应力退火过程中并无组织变化，内应力主要是在保温后缓冷过程中消除的	用于消除铸件、锻件、焊接件、热轧件、冷拉件以及切削、冷冲压过程中所产生的内应力 对于严格要求减少变形的重要零件在淬火或渗氮后常增加去应力退火，亦称低温退火或高温回火
	再结晶退火	将钢加热到再结晶温度以上 150~250℃（碳钢再结晶退火温度即为 650~700℃），保温一定时间，然后缓慢冷却下来	通过加热，增加了钢中的原子扩散能力，使冷加工后钢中破碎和歪扭的晶粒发生再结晶，从而使金属的强度、硬度下降，而塑性升高	是使经过冷加工，如冷冲、冷拔、冷轧等发生加工硬化的钢材，降低硬度，提高塑性，以利于加工继续进行，因此，再结晶退火是冷压力加工后钢的中间退火。例如冷冲薄板制造汽车车体的主要工艺过程：热轧→正火→冷轧→中间退火（650~750℃）→冲成汽车车体。中间退火即为消除加工硬化
正火（又称正常化或明火）		将工件加热到 A_{c3} 或 A_{cm} 以上 30~50℃，保温一定时间，然后以稍大于退火的冷却速度冷却下来，如空冷、风冷、喷雾等，得到片层间距较小的珠光体组织（有的叫正火索氏体）	与退火相比，正火后的组织虽然同样是珠光体型的，但组织细，弥散度大，从而有较高的力学性能，还有生产周期短、设备利用率高、成本较低的优点，但劳动条件较差	正火的目的与退火相似，已如前述。具体应用如下： 1. 用于含碳量低于 0.25%的低碳钢工件，以代替退火，有利于钢的切削加工，此时钢的正火温度应提高到 A_{c3}+（100~150℃）为宜，通称高温正火 2. 用于消除过共析钢中的网状渗碳体，以利球化退火。对于截面尺寸较大的过共析钢，应避免采用正火处理 3. 对某些大型重型钢件以及形状复杂、截面有急剧变化的钢件应用正火处理来代替淬火处理，以免发生严重变形或开裂 4. 对于含碳量在 0.25%~0.5%范围内的中碳钢，如 35 钢、45 钢也适于用正火代替退火，但对同样含碳量的合金钢如 5CrMnMo、38CrMoAl 等在正火后还需进行去应力退火 5. 对于性能要求不高的普通结构零件，可以用正火作为最终热处理，来提高力学性能

碳钢正火后的力学性能

含碳量（质量分数）/%	0.10	0.20	0.30	0.40	0.50
抗拉强度 R_m/MPa	363	480.5	549	652	691
硬度 HB	101	134	155	185	194
含碳量（质量分数）/%	0.60	0.70	0.80	0.90	
抗拉强度 R_m/MPa	740	794	824	883	
硬度 HB	207	225	235	260	

40Cr 钢正火后的力学性能	R_m/MPa	$\sigma_{0.2}$/MPa	a_k/J·cm^{-2}	A/%	Z/%
	754	45	78	21	56.9

续表

名称		操　作	特　点	目 的 和 应 用
淬火		将钢加热到相变温度以上，保温一定时间，而后快速冷却下来的一种热处理方法。常用淬火方法如下	淬火一般是为了得到高硬度的马氏体组织，但有时对某些高合金钢，如不锈钢、耐磨钢淬火，则是为了获得单一均匀的奥氏体组织，以分别提高其耐蚀性和耐磨性	淬火的目的是： 1. 提高硬度和耐磨性 2. 淬火加中温或高温回火以获得良好的综合力学性能 应根据淬火零件的材料、形状、尺寸和所要求的力学性能的不同，采用不同的淬火方法 如果工件只需局部提高硬度，则可进行局部淬火，以避免工件其他部分产生变形和开裂
		正火、球化淬火后硬度与碳含量的关系	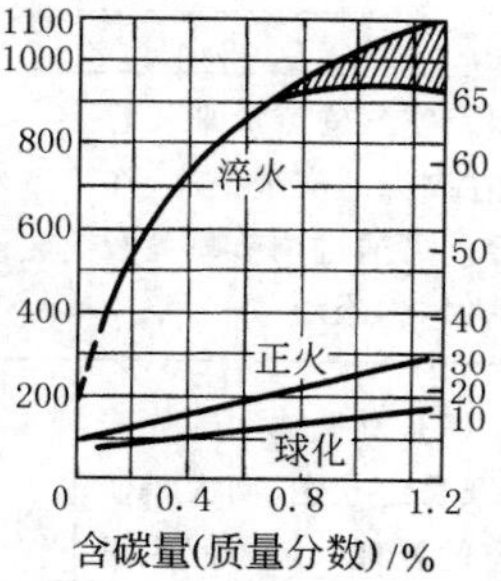 硬度(HV) 1100 1000 800 600 400 200；硬度(HRC) 65 60 50 40 30 20 10；淬火 正火 球化；0 0.4 0.8 1.2 含碳量(质量分数)/%	
	单液淬火	将工件加热到淬火温度后，浸入一种淬火介质中，直到工件冷至室温为止	此法优点是操作简便，缺点是易使工件产生较大内应力，发生变形，甚至开裂	适用于形状简单的工件；对于碳钢工件，直径大于5mm的在水中冷却，直径小于5mm的可以在油中冷却，合金钢工件大都在油中冷却
	双液淬火	将加热后的工件先放在水中淬火冷却至接近 M_s 点（200～300℃）时，从水中取出立即转到油中（或甚至放在空气中）冷却	利用冷却速度不同的两种介质，先快冷躲过奥氏体最不稳定的温度区间（550～650℃），至接近发生马氏体转变（钢发生体积变化）时再缓冷，以减小内应力和变形开裂倾向	主要适用于碳钢制成的中型零件和由合金钢制成的大型零件 双液淬火法的关键在于恰当地掌握好在水中停留的时间，时间过短，中心部分淬不硬；时间过长，又失去了双液淬火的意义。掌握得好，可以有效地防止裂纹的产生 未能很好减小表里温差是此法的又一不足
	分级淬火	将工件加热到淬火温度，保温后，取出置于温度略高（也可稍低）于 M_s 点的淬火冷却剂（盐浴或碱浴）中停留一定时间，待表里温度基本一致时，再取出置于空气中冷却	1. 减小了表里温差，降低了热应力 2. 马氏体转变主要是在空气中进行，降低了组织应力，所以工件的变形与开裂倾向小 3. 便于热矫直 4. 比双液淬火容易操作	由于盐浴或碱浴中淬火冷却速度不够大，对于淬透性较低的钢，容易在分级过程中析出珠光体，故此法多用于形状复杂、小尺寸的碳钢和合金钢工件，如各种刀具。对于淬透性较低的碳素钢工件，其直径或厚度应小于10mm。为了克服这一缺点，生产中有采用 M_s 点以下分级淬火的，它的特点是第一段的冷却速度加大，适用于低淬透性钢而尺寸较大的工件，并能保证较小的内应力
	等温淬火	将工件加热到淬火温度后，浸入温度稍高于 M_s 点的淬火冷却剂（盐浴或碱浴）中，保温足够的时间，使其发生下贝氏体转变后在空气中冷却	与其他淬火相比： 1. 淬火后得到下贝氏体组织，在相同硬度情况下强度和冲击韧性都高，如下表所示 2. 一般工件淬火后可以不经回火直接使用，所以也无回火脆性问题，对于要求性能较高的工件，仍需回火 3. 下贝氏体比体积比马氏体小，减小了内应力与变形、开裂	1. 由于变形很小，因而很适合于处理一些精密的结构零件，如冷冲模、轴承、精密齿轮等 2. 由于组织结构均匀，内应力很小，显微和超显微裂纹产生的可能性小，因而用于处理各种弹簧，可以大大提高其疲劳抗力 3. 特别对于有显著的第一类回火脆性的钢，等温淬火优越性更大 4. 受等温槽冷却速度限制，工件尺寸不能过大

续表

名称		操作	特点	目的和应用
淬火	等温淬火	见下表（处理方法、硬度、a_k、A 比较数据）		5. 球墨铸铁件也常用等温淬火以获得高的综合力学性能，成功地用稀土镁钼球铁代替合金结构钢。一般合金球铁零件等温淬火有效厚度可达100mm或更高（左表中水淬回火与分级淬火回火的比较数据是以含碳量0.95%的碳素钢，在同一淬火温度、同一回火温度条件下，试验取得的）
淬火	喷雾淬火	工件加热到淬火温度后，将压缩空气通过喷嘴使冷却水雾化后喷到工件上进行冷却	可通过调节水及空气的流量来任意调节冷却速度，在高温区实现快冷，在低温区实现缓冷。可通过调节喷嘴数量、水量实现工件均匀冷却	对于大型复杂工件或重要轴类零件（如汽轮发电机的轴），可使其旋转以实现均匀冷却
回火		将淬火后的工件重新加热到 A_{c1} 以下某一温度，保温一段时间，然后取出以一定方式冷却下来 常用回火方法如下	钢淬火后的组织是马氏体和部分残余奥氏体，处于亚稳定状态，回火是使其趋于稳定状态的处理。随着回火温度升高，硬度、强度下降，而塑性、韧性提高	回火的主要目的是： 1. 降低脆性，消除内应力，减少工件的变形和开裂 2. 调整硬度，提高塑性和韧性，获得工件所要求的力学性能 3. 稳定工件尺寸
回火	低温回火	回火温度为150~250℃	回火后获得回火马氏体组织，但内应力消除不彻底，故应适当延长保温时间	目的是降低内应力和脆性，而保持钢在淬火后的高硬度和耐磨性。主要用于各种工具、模具、滚动轴承和渗碳或表面淬火的零件等
回火	中温回火	回火温度为350~450℃左右	回火后获得屈氏体组织，在这一温度范围内回火，必须快冷，以避免第二类回火脆性	目的在于保持一定韧性的条件下提高弹性和屈服强度，故主要用于各种弹簧、锻模、冲击工具及某些要求高强度的零件，如刀杆等
回火	高温回火	回火温度为500~680℃，回火后获得索氏体组织。淬火+高温回火称为调质处理，可获得强度、塑性、韧性都较好的综合力学性能，并可使某些具有二次硬化作用的高合金钢（如高速钢）二次硬化，当处理有第二类回火脆性的钢时，需油冷。其缺点是工艺较复杂，在提高塑性、韧性同时，强度、硬度有所降低，目前在某些地方已可用形变热处理来代替调质处理，球铁等温淬火代替45钢调质		广泛地应用于各种较为重要的结构零件，特别是在交变载荷下工作的连杆、螺栓、齿轮及轴等。不但可作为这些重要零件的最终热处理，而且还常作为某些精密零件如丝杠等的预先热处理，以减小最终热处理中的变形，并为获得较好的最终性能提供组织基础

等温淬火：

处理方法	硬度 HRC	a_k /J·cm^{-2}	A/%
水淬火 回火	53.0	16.6	
	52.5	19.4	
分级淬火 回火	53.0	38.7	0
	52.8	33.2	0
等温淬火	52.0	62.2	11
	52.5	55.3	8

调质

调质钢淬火后马氏体含量与硬度值的关系

含碳量（质量分数）/%	马氏体含量（质量分数）/% 99.9	95	90	80	50
	硬度 HRC				
0.3	49~54	45~50	42~48	37~46	33~42
0.4	55~58.5	50~55.5	48~52	42~50	38~47
0.5	59~61	56~60	53~57	48~54	42~51
0.6	62~64	60~62	58~59.5	52~58	48~54

调质钢淬火、回火硬度关系的参考数据（适用于尺寸小于120mm的零件）

回火后要求的硬度 HRC	15	20	25	30	35	40	45	50	55	60
淬火后须达到的硬度 HRC	42.5	43	44	45	47	48.5	52	55	58	62

名称	操作	目的和应用
亚温淬火	传统调质工艺是完全淬火加高温回火。淬火所得组织为马氏体，高温回火后为回火索氏体。此种显微组织提供了强度和韧性的良好配合。对亚共析结构钢采用完全淬火的理由是避免出现未熔铁素体 随着强韧化工艺的发展，发现对亚共析钢采用不完全淬火有助于在不降低材料强度的同时提高其韧性，即亚温淬火，亦即亚共析钢的不完全淬火，或称临界区淬火、两相区加热淬火。亚温淬火是指将具有平衡态或非平衡原始组织的亚共析钢加热至铁素体和奥氏体两相区保温一定时间后进行淬火、等温淬火的热处理，是一种新型的利用复相强韧化和组织细化的强韧化热处理工艺 采用亚温淬火可以大幅度提高钢的室温和低温韧性，降低冷脆转变温度，抑制可逆回火脆性，改善冷脆行为，防止变形开裂	解决油淬淬不透、水淬又开裂的大件淬火困难问题

续表

名称	操作	特点	目的和应用

名称		钢号	临界点/℃ A_{c1}	临界点/℃ A_{c3}	热处理规范	HRC	a_k /J·cm^{-2}	韧脆转变温度/℃
亚温淬火	亚温处理与常规调质处理性能对比	22CrMnSiMo	—	800~860	860℃+575℃×2h 回火	27.5	63.7	—
					860℃+575℃×2h 回火+785℃淬火+575℃×2h 回火	24.4	97.8	
		35CrMo	755	800	860℃+575℃×2h 回火	36.4	125.0	约 60
					800℃+575℃×2h 回火+785℃淬火+550℃×2h 回火	37.3	153.8	
		40Cr	743	782	860℃+630℃×2h 回火	30.7	160.2	<20
					860℃+600℃×2h 回火+770℃淬火+600℃×2h 回火	29.8	150.2	
		42CrMo	730	780	860℃+600℃×2h 回火	36.0	122.5	—
					860℃+600℃×2h 回火+765℃淬火+600℃×2h 回火	38.7	—	
		45	724	780	830℃+600℃×2h 回火	17.0	149.8	—
					830℃+600℃×2h 回火+700℃淬火+600℃×2h 回火	20.2	155.7	

名称		操作	特点	目的和应用
时效处理	高温时效	加热略低于高温回火的温度,保温后缓冷到 300℃以下出炉	时效与回火有类似的作用,这种方法操作简便,效果也很好,但是耗费时间太长	时效的目的是使淬火后的工件进一步消除内应力,稳定工件尺寸 常用来处理要求形状不再发生变形的精密工件,例如精密轴承、精密丝杠、床身、箱体等 低温时效实际就是低温补充回火
	低温时效	将工件加热到 100~150℃,保温较长时间(约 5~20h)		
冷处理		将淬火后的工件,在 0℃以下的低温介质中继续冷却到-80℃,待工件截面冷到温度均匀一致后,取出空冷	可使残余奥氏体全部或大部分转变为马氏体。因此,不仅提高了工件硬度、抗拉强度,还可以稳定工件尺寸	主要适用于合金钢制成的精密刀具、量具和精密零件,如量块、量规、铰刀、样板、高精度的丝杠、齿轮等。还可以使磁钢更好地保持磁性

名称		类别	钢号	马氏体转变范围 M_s/℃	马氏体转变范围 M_f/℃	残余奥氏体量(质量分数)/% 20℃时	残余奥氏体量(质量分数)/% 冷到 M_f	冷到 M_f 后的硬度增值 HRC
冷处理	常用钢材的冷处理效果	碳素工具钢	T7	300~255	-55	≤5	1	≤0.5
			T8	255~230	-55	3~8	1~6	≤1.0
			T9	230~210	-55	5~12	3~10	1.0~1.5
			T10	210~175	-60	6~18	4~12	1.5~3.0
			T12	175~160	-70	10~25	5~14	3~4
		合金工具钢	Cr06	150~140	-95	15~30	2~14	4~7
			Cr	175~150	-85	10~27	5~14	2~4
			7Cr2	280~230	-55	3~10	1~8	≤1.0
			9Cr2	220~180	-70	6~18	4~13	1.0~2.5
			Cr2	175~145	-90	10~28	5~14	3~6
			7Cr3	240~185	-60	4~17	2~12	1.0~2.5
			9SiCr	210~185	-60	6~17	4~12	1.5~2.5
			CrWMn	155~120	-110	13~45	2~17	≤10
			CrMn	120~100	-120	22~60	≤20	<15
		滚动轴承钢	GCr15	180~145	-90	9~28	4~14	3~6
		弹簧钢	60Mn、65Mn、70Mn	290~230	-55	≤8	≤6	≤1.0
		合金渗碳钢的渗碳层	20Cr3	140~120	-100	17~40	≤15	≤10
			15CrNi2	160~140	-95	12~30	3~14	4~7
			13Ni5A、21Ni5A	120~100	-120	22~60	≤20	≤15
			18CrNiWA	130~120	-120	20~45	≤15	≤10

续表

<table>
<tr><td rowspan="4">名称</td><td colspan="12">冷处理(−183℃)对合金钢力学性能和耐磨性的影响</td></tr>
<tr><td rowspan="3">钢　号</td><td colspan="10">力　学　性　能</td><td rowspan="3">耐磨性增加/%</td></tr>
<tr><td colspan="5">冷 处 理 前</td><td colspan="5">冷 处 理 后</td></tr>
<tr><td>抗弯强度 σ_{bb}/MPa</td><td>挠度 f/mm</td><td>冲击值 a_k/J·cm^{-2}</td><td>硬度 HRC</td><td>磨损量 /μm</td><td>抗弯强度 σ_{bb}/MPa</td><td>挠度 f/mm</td><td>冲击值 a_k/J·cm^{-2}</td><td>硬度 HRC</td><td>磨损量 /μm</td></tr>
<tr><td rowspan="5">冷处理</td><td>12Cr2Ni4A</td><td>2177</td><td>2.60</td><td>153</td><td>58~59</td><td>5.75</td><td>1873</td><td>2.20</td><td>131</td><td>58~64</td><td>3.99</td><td>32</td></tr>
<tr><td>20CrMnTi</td><td>2471</td><td>2.95</td><td>33.5</td><td>57~58</td><td>2.85</td><td>2256</td><td>2.75</td><td>24</td><td>60~63</td><td>2.33</td><td>16</td></tr>
<tr><td>20CrNiMoA</td><td>2520</td><td>4.07</td><td>105</td><td>46~50</td><td>3.85</td><td>1824</td><td>2.90</td><td>72.7</td><td>60~61</td><td>2.38</td><td>38</td></tr>
<tr><td>20CrMnMo</td><td>1981</td><td>2.40</td><td>35</td><td>58.5~59.9</td><td>3.90</td><td>1736</td><td>1.68</td><td>18.2</td><td>60~61</td><td>2.45</td><td>37</td></tr>
<tr><td colspan="12">试件尺寸为10mm×10mm×120mm;气体渗碳(渗碳淬火硬化层深度1.5mm)后直接淬火,150℃回火</td></tr>
</table>

表面热处理、化学热处理方法、特点和应用

表 1-6-5

<table>
<tr><td>名称</td><td colspan="2">操　　作</td><td colspan="2">特　点</td><td>应　　用</td></tr>
<tr><td colspan="6">表面热处理是通过改变零件表层组织,以获得硬度很高的马氏体,而保留心部韧性和塑性(即表面淬火),或同时改变表层的化学成分,以获得耐蚀、耐酸、耐碱性及表面硬度比前者更高(即化学热处理)的处理方法</td></tr>
<tr><td>火焰表面淬火</td><td colspan="2">用乙炔-氧或煤气-氧的混合气体燃烧的火焰,喷射到零件表面上,快速加热,当达到淬火温度后,立即喷水或用乳化液进行冷却</td><td colspan="2">淬透层深度一般为2~6mm,过深往往引起零件表面严重过热,易产生淬火裂纹。表面硬度钢可达65HRC,灰铸铁为40~48HRC,合金铸铁为43~52HRC。这种方法简便,无需特殊设备,但易过热,淬火效果不稳定,因而限制了它的应用</td><td>适用于单件或小批生产的大型零件和需要局部淬火的工具或零件,如大型轴类、大模数齿轮等
常用钢材为中碳钢,如35钢、45钢,及中碳合金钢(合金元素低于3%),如40Cr、65Mn等,还可用于灰铸铁件、合金铸铁件。碳含量过低,淬火后硬度低,而碳和合金元素过高,则易碎裂,因此,以含碳量在0.35%~0.5%之间的碳素钢最适宜</td></tr>
<tr><td rowspan="3">感应加热表面淬火</td><td colspan="2">将工件放入感应器中,使工件表层产生感应电流,在极短的时间内加热到淬火温度后,立即喷水冷却,使工件表层淬火,从而获得非常细小的针状马氏体组织
根据电流频率不同,感应加热表面淬火,可以分为
1. 高频淬火:100~1000kHz
2. 中频淬火:1~10kHz
3. 工频淬火:50Hz</td><td colspan="2">1. 表层硬度比普通淬火高2~3HRC,并具有较低的脆性
2. 疲劳强度、冲击韧性都有所提高,一般工件可提高20%~30%
3. 变形小
4. 淬火层深度易于控制
5. 淬火时不易氧化和脱碳
6. 可采用较便宜的低淬透性钢
7. 操作易于实现机械化和自动化,生产率高
8. 电流频率愈高,淬透层愈薄。例如高频淬火一般1~2mm,中频淬火一般3~5mm,工频淬火能到≥10~15mm
缺点:处理复杂零件比渗碳困难</td><td rowspan="2">常用中碳钢(含碳0.4%~0.5%)和中碳合金结构钢,也可用高碳工具钢和低合金工具钢以及铸铁
一般零件淬透层深度为半径的1/10左右时,可得到强度、耐疲劳性和韧性的最好配合。对于小直径(10~20mm)的零件,建议用较深的淬透层深度,即可达半径的1/5,对于截面较大的零件可取较浅的淬透层深度,即小于半径1/10以下。参见下表
<table><tr><td>工作条件及零件种类</td><td>淬透层深度/mm</td><td>采用材料</td><td>采用设备</td></tr><tr><td>承受扭曲、压力载荷的零件,如曲轴、(m=5~8mm)齿轮、磨床主轴等</td><td>3~5</td><td>45、40Cr、65Mn、9Mn2V、球墨铸铁</td><td>8000Hz中频发电机</td></tr><tr><td>承受扭曲、压力载荷的大型零件,如冷轧辊等</td><td>≥5~15</td><td>9Cr2Mo、9Cr2W、GCr15</td><td>工频设备</td></tr></table></td></tr>
<tr><td>工作条件及零件种类</td><td>淬透层深度/mm</td><td>采用材料</td><td>采用设备</td></tr>
<tr><td>工作于摩擦条件下的零件,如m<4mm的齿轮,直径小于ϕ50mm的轴类等</td><td>1.5~2</td><td>45、40Cr、42MnVB</td><td>电子管式高频设备</td><td>承受变向载荷的零件　　(0.1~0.15)D(D为零件直径)</td></tr>
</table>

续表

名称	操作	特点	应用

感应加热表面淬火

感应加热设备频率与淬硬层深度的关系

材料	加热温度/℃		工频/Hz	中频/kHz			超声频/kHz			高频/kHz	
			频率								
			50	1	2.5	8	35	55	150	250	500
			淬硬层深度/mm								
钢铁	880~900	最小值	17	3.5	2.5	2	1.5	1	0.5	0.3	—
		最大值	70	16	15	8	4	3	2.5	2.5	—
		最佳值	34	8	6	1~3	2.5	2	1.5	1~1.5	0.8
黄铜	850	一般值	25	6	4	2	1.1	0.8	0.5	0.4	0.27
铝	600	一般值	24	5.4	3.4	1.7	0.84	0.66	0.42	0.34	0.24

备注:淬硬层深度约为电流透入深度的1/2为最佳。淬硬层深度应大于电流透入深度的1/4

表面淬火、普通淬火后碳钢的疲劳强度比较

含碳量/%	热处理方法	扭转弯曲疲劳强度/MPa
0.33	高频表面淬火	600
	火焰表面淬火	350
	电炉内整体加热淬火	90
0.41	高频表面淬火	600
	电炉内整体加热淬火	110
	正火	130
0.63	高频表面淬火	360
	火焰表面淬火	390
	电炉内整体加热淬火	150

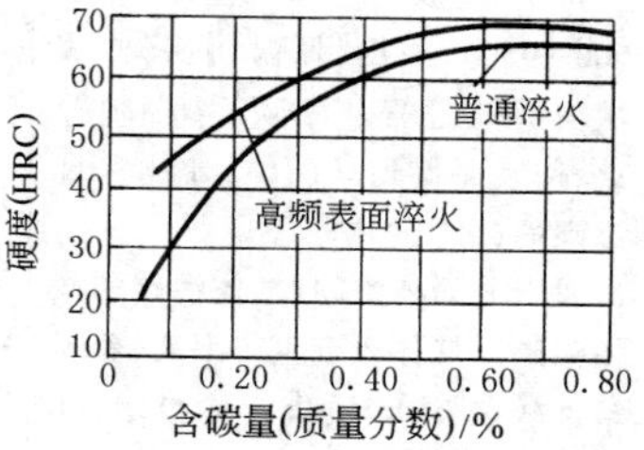

硬度比较

名称	操作	特点	应用
电接触加热表面淬火	利用低电压大电流,通过滚轮在工件表面滚动,使表面有大电流通过,靠接触电阻加热表面到淬火温度,滚轮(电极)移去后,靠自身冷却淬火	1. 工件变形极小,不需回火 2. 淬硬层薄,仅0.15~0.35mm 3. 工件淬硬层金相组织、硬度不均匀 4. 设备简单,操作方便	多用于大型铸铁件,如机床导轨、汽缸套等,以提高其耐磨性,改善抗摩擦能力 形状复杂工件不宜采用
脉冲表面淬火	用脉冲能量加热可使工件表面以极快速度(1/1000s)加热到临界点以上,然后冷却淬火	1. 由于加热冷却迅速,工件组织极细,无淬火变形,无氧化膜 2. 淬火后不需回火 3. 淬火层硬度高,950~1250HV	用于热导率高的钢种,高合金钢难于进行这种淬火。用于小型零件如木材、金属切削工具、照相机、钟表等机器易磨损件
激光表面淬火	应用激光束可获得高达10^8W/cm^2的能量密度,使工件表面极快速加热,并利用工件本身散热冷却淬火 为了提高工件表面对激光吸收率,应对被加热的表面进行"表面黑化处理",所用涂料有粉状金属氧化物、胶质状石墨粉、普通墨汁、炭黑及锌和镁的磷化物等	加热速度非常快,并可靠自身冷却淬火;对形状复杂表面如微孔、沟槽拐角、盲孔等均可处理;应力和变形极小,表面光洁,无需再精加工	是一种可进行表面选择性局部硬化处理及局部表面合金化的多功能工艺方法

续表

名称	操作	特点	应用
电子束热处理	利用电子枪发出电子束打击金属表面,使之极快达到淬火温度,之后自身冷却淬火。被处理工件的加热深度是加速电压和金属密度的函数	工件变形极小,无需后续的校正工作,淬火后的金相组织可获细晶结构,由于(表面)淬火是在真空中进行,所以淬火时,几乎无表面氧化	凡激光能处理的表面都能用电子束来加热,且不需"表面黑化处理"过程 此法可广泛应用于凸轮、透平叶轮、曲轴、阀座、球窝接头和偶合件等的热处理
化学热处理是将工件置于适当的活性介质中加热、保温,使一种或几种元素渗入其表层,以改变其化学成分、组织和性能的热处理			
渗碳	将工件放入渗碳介质中,在900~950℃加热,保温,使钢件表层增碳的过程。渗碳后,必须淬火,使表面得到马氏体,才能实现渗碳的目的 渗碳分固体渗碳、气体渗碳和液体渗碳。气体渗碳生产率高,劳动条件较好,渗碳质量容易控制,并易于实现机械化和自动化,目前正逐步取代固体渗碳 当渗碳零件有不允许高硬度的部位时,可采取镀铜的方法来防止渗碳或者采取多留加工余量的方法	①零件经渗碳热处理后的最终组织,其表面为针状回火马氏体及二次渗碳体,硬度为58~65HRC,而心部组织随钢种不同有低碳马氏体、屈氏体和索氏体等组织,其硬度在20~45HRC之间变动,重载荷零件不低于30HRC(合金钢) ②渗碳淬火硬化层深度可达4~10mm,渗碳层硬度分布曲线比渗氮层硬度分布曲线要平缓,所以受到冲击时,不易剥落 ③具有较高的抗弯曲疲劳性能 ④表面耐磨性或心部抗冲击性能都较中碳钢表面淬火后的零件为高 ⑤获得均匀的硬化层,几乎不受零件形状复杂程度的限制;表面淬火则较困难	渗碳的目的是提高钢表层的硬度和耐磨性而心部仍保持韧性和高塑性 通常采用含碳量为0.15%~0.25%的低碳钢及低合金钢,但对大截面的零件或中心部分要求较高的强度及承受重载荷的零件,均采用含碳量为0.2%~0.3%的钢材进行渗碳 渗碳淬火硬化层深度随零件的具体尺寸及工作条件的要求而定,太薄易引起表面疲劳剥落,太厚则受不起冲击,一般常采用0.5~2.5mm。可按载荷情况近似参考下表选取(要求耐磨性大) (见下表) 渗碳工件表面硬度应不低于56HRC,对于用合金钢制造的重要零件应不低于60HRC 为了保证渗碳后零件的性能,渗碳层的含碳量最好在0.85%~1.05%之间 模数大于4mm、齿宽大于直径的重载荷圆柱齿轮和圆弧齿轮,或模数为5~8mm的重载荷直齿锥齿轮、弧齿锥齿轮等,因为表面淬火不能获得均匀分布的淬透层,而采用渗碳

载 荷	低	较大	重	超重
渗碳淬火硬化层深度/mm	<0.5	0.5~1.0	1.0~1.5	>1.5

几种典型零件的渗碳层深度

机床齿轮模数/mm								汽车、拖拉机齿轮模数/mm			
1~1.25	1.5~1.75	2~2.25	3	3.5	4~4.5	5	>5	2.5	3.5~4	4~5	>5
渗碳淬火硬化层深度/mm											
0.3~0.5	0.4~0.6	0.5~0.8	0.6~0.9	0.7~1.0	0.8~1.1	1.1~1.5	1.2~2	0.6~0.9	0.9~1.2	1.2~1.5	1.4~1.8

厚度小于1.2mm的摩擦片、样板等	厚度小于2mm的摩擦片、样板、离合器等	轴、套筒、活塞、支承销、离合器等	主轴、套筒、大型离合器等	镶钢导轨、大轴、大模数齿轮等
渗碳淬火硬化层深度/mm				
0.2~0.4	0.4~0.7	0.7~1.1	1.1~1.5	1.5~2

续表

名称	操作	特点	应用
渗氮	将工件放在渗氮气氛中，加热到500~600℃，使工件表面渗入氮原子形成氮化物的过程 为了保证工件心部的力学性能，氮化前应进行调质等热处理	①工件氮化后，不再需要淬火便具有很高的表面硬度（约1100~1200HV）及耐磨性，而且具有高的热硬性，在550℃时，硬度仍有915~925HV，在600℃时，硬度仍有850~870HV ②显著提高了钢的疲劳强度，一般可提高25%~32% ③处理温度低，变形极小，比渗碳及表面淬火的变形小得多，渗氮后，一般只需精磨或研磨抛光即可 ④具有较高的耐蚀性。使工件在大气、自来水、热蒸气和弱碱溶液等介质中不受腐蚀 缺点：①渗氮时间太长；②强化渗氮必须采用特殊的合金钢 另外，由于氮的渗入，工件还略有“长大”现象。在设计尺寸要求极严格的工件时，应考虑补救	渗氮的目的是提高表面硬度、耐磨性和疲劳强度（实现这两个目的的为强化渗氮）以及耐蚀能力（耐蚀渗氮） 强化渗氮用钢通常是用含有Al、Cr、Mo等合金元素的钢，如38CrMoAlA（目前专门用于渗氮的钢种），其他如40Cr、35CrMo、42CrMo、50CrV、12Cr2Ni4A等钢种也可用于渗氮。用Cr-Al-Mo钢渗氮得到的硬度比Cr-Mo-V钢渗氮的高，但其韧性不如后者 耐蚀渗氮常用材料是碳钢和铸铁 渗氮广泛用于各种高速传动精密齿轮，高精度机床主轴，如镗杆、磨床主轴；在变向载荷工作条件下要求很高疲劳强度的零件，如高速柴油机轴及要求变形很小和在一定抗热、耐蚀工作条件下耐磨的零件，如发动机的汽缸、阀门等 渗氮层厚度根据渗氮工艺性和使用性能，一般不超过0.6~0.7mm 渗氮层的脆性分为四级，允许使用范围如下表

等级	性质	等级	性质	允许使用范围	等级	性质	允许使用范围	等级	性质	允许使用范围
Ⅰ	不脆	Ⅱ	略脆	在一切场合下均可使用	Ⅲ	脆	磨削表面许可	Ⅳ	极脆	不许使用

几种零件渗氮层深度

工件	材料	温度/℃	时间/h	渗氮层深度/mm	表面硬度	工件	材料	温度/℃	时间/h	渗氮层深度/mm	表面硬度
汽缸筒	38CrMoAlA	Ⅰ.510±10 Ⅱ.560±10 Ⅲ.560±10	20 34 3	0.5~0.75	≥750HV	齿轮	40Cr	510±5	55	0.55~0.60	77~78HRA
						齿轮	42CrMo	Ⅰ.500±5 Ⅱ.530±5	53 5	0.39~0.42	493~599HV
螺杆	38CrMoAlA	Ⅰ.495±5 Ⅱ.525±5	63 5	0.58~0.65	974~1026HV	弹簧	50CrV	430±10	25~30	0.15~0.3	
小齿轮、垫圈等				0.35~0.4		较大模数齿轮、轴	38CrMoAlA			0.45~0.60	

名称	操作	特点	应用
离子氮化	是利用稀薄的含氮气体的辉光放电现象进行的。气体电离后所产生的氮、氢正离子在电场作用下向零件移动，以很大速度冲击零件表面，氮被零件吸附，并向内扩散形成氮化层 氮化前应经过消除切削加工引起的内应力的人工时效，时效温度低于调质回火温度，高于渗氮温度	与一般渗氮比较：生产周期短，仅为气体渗氮的1/5~1/2；氮化层质量好，脆性低；变形小，可不留磨量或少留磨量；采用简单的机械屏蔽方法，就可实现局部氮化，可省去镀锡或镀镍；不锈钢、耐热钢离子氮化不需预先去除钝化膜，可省去喷砂、酸洗等辅助工序；省电、省氨气，无公害、操作条件好 缺点是零件形状复杂或截面悬殊时很难同时达到统一的硬度和深度	基本上适用于所有的钢铁材料。但含有Al、Cr、Ti、Mo、V等合金元素的合金钢离子氮化后比碳钢离子氮化后的表面硬度高 多用于精密零件以及一些要求耐磨而该种材料（如不锈钢）用其他处理方法又难于达到高的表面硬度的零件，例如磨床主轴、燃油泵螺旋长齿轮、万能工具铣床长齿轮（外径ϕ100mm，长222mm）、发动机排气阀、不锈钢转子外圈、不锈钢螺母、内燃机车合金铸铁缸套以及细长管件（内径15mm，长1m左右）内壁氮化等。下面介绍几种常用材料离子氮化效果，供参考

续表

<table>
<tr><th>名称</th><th>操作</th><th>特点</th><th>应用</th></tr>
<tr><td>离子氮化</td><td colspan="3">
<table>
<tr><th rowspan="2">材料</th><th rowspan="2">预先热处理</th><th colspan="2">离子氮化效果</th><th rowspan="2">材料</th><th rowspan="2">预先热处理</th><th colspan="2">离子氮化效果</th></tr>
<tr><th>表面硬度HV5</th><th>渗层深度/mm</th><th>表面硬度HV5</th><th>渗层深度/mm</th></tr>
<tr><td>45</td><td>正火</td><td>250~400</td><td>0.06</td><td>5CrNiMo</td><td>调质 41HRC</td><td>600~750</td><td>0.20~0.40</td></tr>
<tr><td>T10</td><td>球化退火</td><td>200~300</td><td>0.06</td><td>GCr15</td><td>淬火+回火
38HRC</td><td>550~650</td><td>0.20~0.40</td></tr>
<tr><td>20Cr</td><td>正火</td><td>600~750</td><td>0.20~0.50</td><td rowspan="3">CrWMn</td><td>退火</td><td>350~550</td><td rowspan="2">0.20~0.40</td></tr>
<tr><td>20CrMnTr</td><td>正火</td><td>650~800</td><td>0.20~0.50</td><td>调质</td><td>450~650</td></tr>
<tr><td>18Cr2Ni4WA</td><td>调质</td><td>600~800</td><td>0.20~0.50</td><td>淬火+回火</td><td>880~950</td><td>0.10~0.25</td></tr>
<tr><td rowspan="2">40Cr</td><td>正火</td><td>500~700</td><td rowspan="2">0.20~0.50</td><td>W18Cr4V</td><td>淬火+回火
65HRC</td><td>1000~1300</td><td>0.02~0.10</td></tr>
<tr><td>调质</td><td>500~650</td><td>2Cr13</td><td>调质</td><td>950~1200</td><td>0.10~0.30</td></tr>
<tr><td>42CrMo</td><td>调质</td><td>550~700</td><td>0.20~0.50</td><td>1Cr18Ni9Ti</td><td>固溶</td><td>950~1200</td><td>0.08~0.15</td></tr>
<tr><td>38CrMoAlA</td><td>调质</td><td>950~1200</td><td>0.30~0.60</td><td rowspan="2">4Cr9Si2</td><td rowspan="2">淬火+回火
31HRC</td><td rowspan="2">950~1200</td><td rowspan="2">0.10~0.30</td></tr>
<tr><td>25Cr3Mo3VNb</td><td>调质</td><td>1000~1150</td><td>0.15~0.30</td></tr>
<tr><td rowspan="2">3Cr2W8</td><td>球化退火</td><td>650~900</td><td>0.15~0.30</td><td>4Cr14Ni14W2Mo</td><td></td><td>700~1050</td><td>0.06~0.12</td></tr>
<tr><td>淬火+回火
45~47HRC</td><td>1000~1200</td><td>0.10~0.25</td><td>HT200
QT600-3</td><td>铸态
正火</td><td>300~500
400~700</td><td>0.10~0.30
0.10~0.30</td></tr>
<tr><td rowspan="2">Cr12MoV</td><td>退火</td><td>850~950</td><td rowspan="2">0.10~0.20</td><td>TC4(钛合金)</td><td>退火</td><td>850~1600
HV0.05</td><td>0.05~0.20</td></tr>
<tr><td>淬火+回火
60HRC</td><td>1000~1200</td><td>TA7(钛合金)</td><td>退火</td><td>1000~1800
HV0.05</td><td>0.05~0.20</td></tr>
</table>
①碳钢渗氮后,表面硬度不高,但从共析温度(590℃)以上渗氮急冷淬火后的表面硬度可达1100HV
②渗氮层深度在0.3mm左右时,处理时间为6~12h;深度超过0.3mm,处理时间则需较大延长
③38CrMoAlA等含铝钢渗氮后留磨量<0.10mm,其他不含铝的合金结构钢渗氮后留磨量<0.05mm
④表面硬度与预先热处理有关,一般正火态比调质态的高;淬火后的回火温度愈低,原始组织硬度愈高,渗氮后的表面硬度也愈高
⑤为降低脆性,高速钢宜采用浅层(0.01~0.025mm)渗氮
</td></tr>
<tr><td>碳氮共渗</td><td>向工件表面同时渗碳和渗氮的方法
碳氮共渗分气体碳氮共渗、液体碳氮共渗和固体碳氮共渗
按加热温度还可分高温碳氮共渗、中温碳氮共渗和低温碳氮共渗
液体碳氮共渗有毒,已很少采用
非共渗部位的防护,通常采用镀铜。但要求铜层较渗碳用的厚而且更致密一些
低温碳氮共渗(软氮化,500~600℃)以渗氮为主,共渗后一般空冷即可
中温碳氮共渗(氰化,800~860℃)以渗碳为主,共渗后要淬火及低温回火</td><td>与渗碳相比:
①共渗层的硬度(约1000HV)比渗碳工件表面略高,并能保持到较高的温度,耐磨性也比渗碳工件表面高
②耐蚀性高
③具有较高的疲劳强度
④零件变形小
⑤生产周期比渗氮更短
⑥中、高温氰化表面组织应为氮碳化物的马氏体和屈氏体-马氏体,低碳钢高温碳氮共渗组织与渗碳的相似,由共析和亚共析层组成。碳钢的过渡层为屈氏体-索氏体</td><td>碳氮共渗的目的是:提高零件表面的硬度、耐磨性和耐蚀性;提高疲劳强度
低温碳氮共渗(以渗氮为主)主要是为了提高合金工具钢、高速钢制工具、刀具的热硬性、耐磨性,这种碳氮共渗的结果与渗氮相似,共渗层深度可达0.02~0.06mm
中温碳氮共渗主要适用于一般承受压力不很大而只受磨损的中碳结构钢零件。共渗层深度一般为0.3~0.8mm
高温(900~950℃)碳氮共渗(以渗碳为主)主要用于承受压力很大的中碳钢及合金钢的小型结构零件,也可用于低碳钢件代替渗碳,能获得1~2mm的共渗层;中温或高温碳氮共渗用于提高表面硬度、耐磨性和抗疲劳性能
目前,气体碳氮共渗已广泛应用于汽车、拖拉机齿轮及各种标准件的表面强化处理上。汽车调质钢齿轮共渗层深度:轻型汽车0.15~0.25mm;载重汽车0.25~0.35mm</td></tr>
</table>

续表

名称	操　作	特　点	应　用
QPQ或无公害盐浴复合处理	国外也称无公害盐浴氮碳共渗 清洗→预热→氮化→氧化→清洗→浸油 T 525～580℃ 300～350℃ 预热 氮化 350～400℃ 氧化 抛光 350～400℃ QPQ	①盐浴复合处理后的工件（未淬火）的耐磨性远远高于高频淬火、渗碳的工件 ②可使调质的45钢疲劳强度提高40%以上 ③QPQ处理后的工件的耐蚀性比发黑高几十倍到几百倍，比镀硬铬高几倍到十几倍，甚至远远高于镀装饰铬和不锈钢 ④可代替很多零件的高频淬火或渗碳淬火-回火-发黑或镀硬铬三道工序，大大节能	①适用于各种结构钢、工具钢、不锈钢、铸铁和粉末冶金件 ②可以大量替代渗碳淬火、高频淬火、易变形件的淬火，代替发黑、镀硬铬、镀装饰铬和某些不锈钢件 ③适用于汽车、机车、柴油机、纺织机械、农业机械、机床、齿轮、枪炮、工具、模具等各种要求耐磨、耐蚀、耐疲劳的零件 例如，已淬火的高合金工模具钢处理后的寿命可以提高1~3倍
渗铝	以铝渗入钢或铸铁表面，形成铝铁化合物或固溶体的过程。目前采用较广的渗铝方法有： ①固体渗铝 ②镀层扩散渗铝 ③熔融铝渗铝	渗铝件在850℃下工作具有良好的抗氧化能力。高于800℃时的抗氧化性能优于渗铬 低碳钢管渗铝后，能耐高温氧化和耐硫化氢、二氧化硫、二氧化碳、碳酸、硝酸、液氮、水煤气的腐蚀。特别耐硫化氢腐蚀的能力更为显著	渗铝的目的是提高钢或铁在高温下的抗氧化性能 常用低碳钢和中碳钢渗铝来代替高合金的耐热钢和耐热合金。可用在800~900℃要求有较高的抗氧化性能的零件。渗铝层深度一般为0.1~1.0mm。近来对于具有相当高的抗高温氧化性能的铁基或铁-镍基高温合金（耐热钢）也采用渗铝，进一步提高高温抗氧化性能。渗铝层深度一般为0.01~0.04mm 渗铝钢管适用于石油、化工、冶金等方面的管道及容器
渗铬	向工件表面渗铬，形成一层结合牢固的铬-铁-碳的合金层的过程。渗铬方法有： ①固体渗铬 ②气体及半气体渗铬 ③液体渗铬	渗铬零件具有耐蚀、抗氧化、耐磨和较好的抗疲劳性能，兼有渗碳、渗氮和渗铝的优点 渗层深度视材料不同在0.02~0.30mm之间，一般地说，含碳量越高，渗层越浅 高碳钢渗铬层深度仅0.012~0.038mm，硬度约1300HV以上，但脆性大，耐磨，耐酸、碱，耐高温（≤800℃）、耐锈蚀 低碳钢渗铬，表面硬度约为200~300HV，富延展性，可以进行冷变形而不开裂，还可施焊。其耐蚀性能与高铬不锈钢相似	渗铬在全面提供工件保护性能方面较为突出，不仅有效地应用在化学、冶金等工业代替铬不锈钢，而且也用来保护要求抗磨蚀的精密零件。目前喷气发动机上非铁基合金涡轮机叶片、钼制导弹头也用渗铬来提高其表面抗摩擦和抗氧化的能力 选用渗铬工件用钢时，必须根据用途，考虑采用具有适当碳含量及其合金元素含量的钢种，以便得到合适的渗铬层深度和要求的性能。如液体渗铬，温度在950~1000℃，加热4h，渗铬层深度：低碳钢10约为0.07~0.19mm；中碳钢45约为0.02~0.12mm；高碳钢T10约为0.02~0.07mm
渗硼	向工件表面渗硼的过程。渗硼可分固体渗硼、液体渗硼、气体渗硼、膏糊渗硼等几种，目前国内应用较多的是液体盐溶渗硼	渗硼零件具有高的硬度（1400~1800HV）、高的耐磨性和好的红硬性（800℃以下硬度不降低），并在盐酸、硫酸和碱内具有耐蚀性。而其内部还保持一定的塑性和韧性	应用在磨蚀条件下工作的零件，例如石油、采矿工业中的高压阀门闸板，煤、水泵的密封套，泥浆泵和深井泵的缸套、活塞杆等 渗铬层薄，而且渗层的硬度梯度太陡，容易造成渗层剥落。渗层深度一般为0.1~0.15mm 钢在不同条件下渗硼所得渗层深度参见下表

渗硼条件		钢的主要化学成分（质量分数）/%						
温度/℃	时间/h	C0.03	C0.54	C0.40，Cr0.95	C0.04，V1.12	C0.05，Ti1.07	C0.27，Cu1.85	C0.20，Ni12
900	20	0.22	0.18	0.12	0.10	0.10	0.18	—
900	40	0.32	0.26	0.21	0.18	0.11	0.23	0.30
1000	20	0.45	0.26	0.28	0.23	0.18	0.45	0.50

名称	操　作	特　点	应　用
渗硫	将工件置于含硫介质中，以低温、中温、高温的适当温度，使硫渗入工件表面，以形成FeS层	渗硫层硬度虽不高，但减摩作用很好，主要目的是减摩，提高抗咬合能力	适于刀具的补充处理，以及钢和铸铁制的耐磨、抗咬合零件，如汽轮机凸轮轴、汽车及机床齿轮，冷冲模、缸套、滑动轴承等
硫氮共渗	向工件表面同时渗入硫和氮而形成硫化物（深度小于0.01mm）及氮化物（深度为0.01~0.03mm）的化学热处理工艺。主要目的是减摩，提高抗咬合能力、耐磨性及抗疲劳性		适用于碳钢、合金钢、高速钢制的工模具、缸套等，以提高其表面硬度（300~1200HV）、抗咬合能力、耐磨性及疲劳强度
硫碳氮共渗	向工件表面同时渗入硫、碳、氮而形成深度小于0.01mm的硫化物和0.01~0.03mm深的碳氮化合物层的化学热处理工艺 有固体粉末法、液体熔盐法、气体法等工艺方法		适用于碳钢、合金钢、高速钢制的工模具（如铝型材挤压模等）、缸套等，以使工件表面获得高的硬度（600~1200HV）、耐磨性、抗咬合和抗擦伤能力以及疲劳强度

形变热处理方法、特点和应用

表 1-6-6

原理

形变热处理是将塑性变形和热处理结合（合理地综合运用形变强化与相变强化），以提高工件的力学性能的复合工艺

其原理是用形变的方法给金属中引进大量的位错[①]，再用热处理方法将这些位错牢固地钉扎起来，使金属得到包含大量难于移动的位错的相当稳定的组织状态，从而达到更高的强度及塑性（韧性）

名称	操作	特点	应用
低温形变热处理——低温形变淬火	将钢加热至奥氏体状态保持一定时间，急速冷却至 A_{c1} 以下（低于奥氏体再结晶温度）而高于 M_s 的某一中间温度，进行形变然后淬火得到马氏体组织的综合处理工艺称为亚稳奥氏体形变淬火或低温形变淬火	与普通淬火处理相比：①低温形变淬火能在塑性基本保持不变的情况下提高抗拉强度 300～700MPa，有时甚至能提高 1000MPa。例如，Vasco MA 钢经普通热处理后抗拉强度为 2200MPa，屈服强度为 1950MPa，断后伸长率为 8%，低温形变淬火处理后则分别达到 3200MPa、2900MPa 和 8%。②能提高其高温力学性能，从下图可见，低温形变淬火钢在 593℃下的抗拉强度比普通淬火钢在 482℃下的抗拉强度还高，在 538℃的高温抗拉强度与普通淬火钢的常温抗拉强度相当。③低温形变淬火对钢的冲击性能的影响规律尚无统一认识。④适当规范低温形变淬火可适当提高结构钢的疲劳性能	高强度零件，如飞机起落架、火箭蒙皮、高速钢刀具、模具、板簧、炮弹及穿甲弹壳

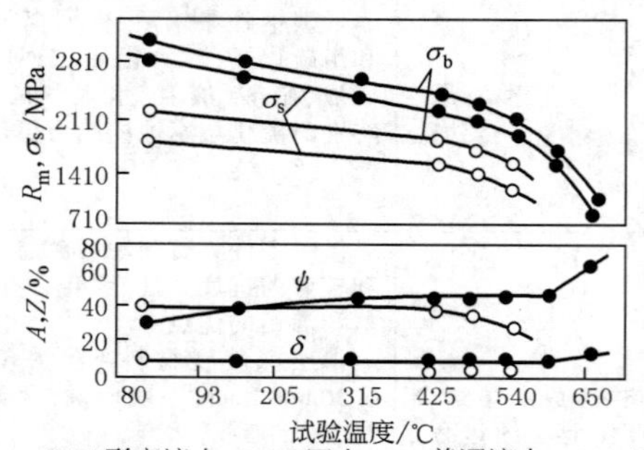

●—91%形变淬火，550℃回火；○—普通淬火，580℃回火

低温形变淬火钢的力学性能

钢种	低温形变淬火：形变温度/℃	低温形变淬火：形变量（体积分数）/%	低温形变淬火：回火温度/℃	抗拉强度 R_m/MPa：低温形变淬火	抗拉强度 R_m/MPa：普通热处理	屈服强度 $\sigma_{0.2}$/MPa：低温形变淬火	屈服强度 $\sigma_{0.2}$/MPa：普通热处理	断后伸长率 A/%：低温形变淬火	断后伸长率 A/%：普通热处理
Vasco MA	590	91	570	3200	2200	2900	1950	8	8
V63(0.63C-3Cr-1.6Ni-1.5Si)	540	90	100	3200	2250	2250	1700	8	1
V48(0.48C-3Cr-1.6Ni-1.5Si)	540	90	100	3100	2400	2100	1550	9	5
D6A	590	71	—	3100	2100	2300	1650	6	10
A41(0.41C-2Cr-1Ni-1.5Si)	540	93	370	3750	—	2750	1800	—	—
A47(0.47C-2Cr-1Ni-1.5Si)	540	93	315	3750	—	2750	1900	—	—
H11	500	91	540	2700	2000	2450	1550	9	10
Halcomb 218	480	50	—	2700	2000	2100	1600	9	4.5
B12(0.4C-5Ni-1.5Cr-1.5Si)	540	75	—	2700	2200	1950	1750	7.5	2
Labelle HT	480	65	—	2600	1900	2450	1700	5	6
A31(0.31C-2Cr-1Ni-1.5Si)	540	93	370	2600	—	2600	1600	—	—
A26	540	75	—	2600	2100	1900	1800	9	0
Super Tricent	480	65	—	2400	2200	2100	1800	10	6
AISI 4340	840	71	100	2200	1900	1700	1600	10	10
12Cr 不锈钢	430	57	—	1700	—	1400	—	13	—
12Cr-2Ni	550	80	430	1650	1280	1400	1000	15	21

续表

低温形变热处理 — 低温形变淬火

低温形变淬火钢的力学性能

钢种	低温形变淬火			抗拉强度 R_m/MPa		屈服强度 $\sigma_{0.2}$/MPa		断后伸长率 A/%	
	形变温度/℃	形变量(体积分数)/%	回火温度/℃	低温形变淬火	普通热处理	低温形变淬火	普通热处理	低温形变淬火	普通热处理
12Cr-8.5Ni-0.3C	310	90	—	—	—	1800	420	—	—
24Ni-0.38C	100	79	150	—	—	1750	1350	—	—
25Ni-0.005C	260	79	—	—	—	980	840	—	—
34CrNi4	—	85	—	—	—	2880	2970	12	2
40CrSiNiWV	—	85	—	2760	2000	2260	1660	5.9	5.5
40CrMnSiNiMoV	—	85	—	2800	2110	2250	1840	7.1	8.0
En30B	450	46	250	1820	1520	1340	1070	16	18

各种处理方式对不同碳含量的Cr5Mo2SiV钢冲击韧度的影响

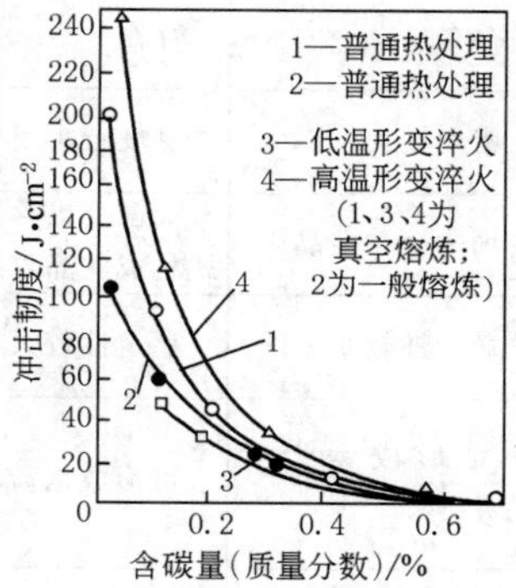

1—普通热处理
2—普通热处理
3—低温形变淬火
4—高温形变淬火
(1、3、4为真空熔炼；2为一般熔炼)

冲击韧度/J·cm⁻²；含碳量(质量分数)/%

钢的疲劳比(σ_{-1}/R_m)与抗拉强度 R_m 之间的关系

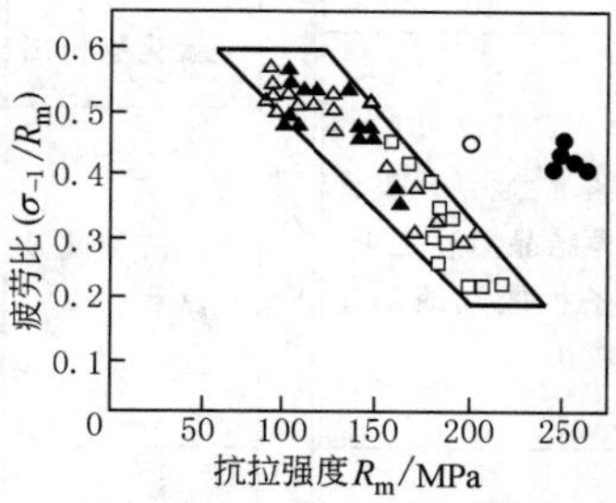

△,▲,□—取自不同研究者的数据；
○—H-11钢普通淬火回火；
●—H-11钢低温形变淬火回火

疲劳比(σ_{-1}/R_m)；抗拉强度 R_m/MPa

H-11钢低温形变淬火和普通淬火、回火的应力-循环曲线

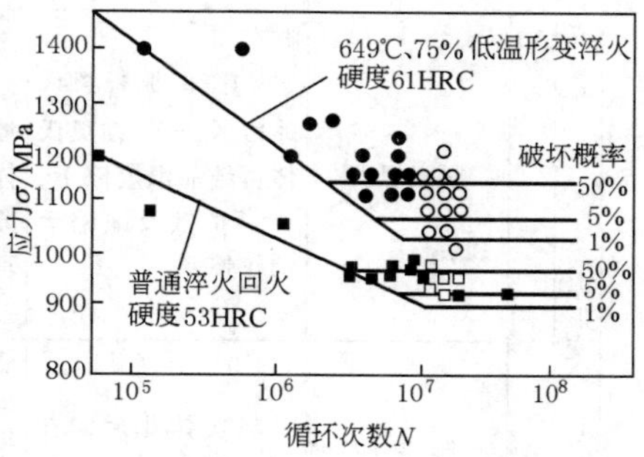

649℃、75%低温形变淬火 硬度61HRC
普通淬火回火 硬度53HRC
破坏概率 50% 5% 1%

应力 σ/MPa；循环次数 N

●,■—破断；○,□—未破断

名称	操作	特点	应用
低温形变等温淬火	钢在奥氏体化后急冷至最大转变孕育区(500~600℃)，施行形变后在贝氏体区等温淬火	在保持较高韧性的前提下，提高强度至2300~2400MPa	热作模具
等温形变淬火	在等温淬火的奥氏体-珠光体或奥氏体-贝氏体转变过程中形变	提高强度，显著提高珠光体转变产物的冲击韧性	适合于等温淬火的小零件，如小轴、小模数齿轮、垫片、弹簧、链节等
连续冷却形变处理	在奥氏体连续冷却转变过程中施行形变	可实现强度与韧性的良好配合	适用于小型精密耐磨、抗疲劳件
诱发马氏体的低温形变	对奥氏体钢施行室温或更低温度的形变(一般为轧制)，然后时效	在保证韧性的前提下提高强度	18-8型不锈钢，PH15-7Mo过渡型不锈钢以及TRIP钢
珠光体低温转变	钢丝奥氏体化后在铅浴或盐浴中等温淬火得到细珠光体组织，再施行超过80%形变量的拔丝	使珠光体组织细化、晶粒畸变。冷硬化显著提高强度	制造钢琴丝和钢缆丝
马氏体(回火马氏体、贝氏体)形变时效	对钢在回火马氏体或贝氏体态施行室温形变，最后200℃回火	使屈服强度提高3倍，冷脆温度下降	低碳钢淬成马氏体，室温下形变，最后回火
预形变热处理	钢材室温形变强化，中间软化退火，然后快速淬火、回火	提高强度及韧性，省略预备热处理工序	适用于形状复杂、切削量大的高强钢零件
晶粒多边化强化	钢材于室温或较高温度施行小形变量(0.5%~10%)形变，于再结晶温度加热，使晶粒成稳定多边化组织	提高高温持久强度和蠕变抗力	锅炉紧固件、汽轮机或燃气轮机零件

续表

名称		项目	低温形变淬火	高温形变淬火
高温形变淬火与低温形变淬火的比较	低温形变热处理	对钢材要求	过冷奥氏体需有较高稳定性	无特殊要求
			只适用于中、高合金钢	碳钢、低合金钢亦可
			在形变设备能力许可下对载荷无尺寸要求	适用较小截面零件及型材，截面过大则形变时因内热而引起再结晶，影响强化效果
	高温形变热处理 特性	形变温度	$<A_{c1}$ 的亚稳奥氏体区域，通常在奥氏体再结晶温度以下，原子扩散及缺陷运动较慢	$>A_{c3}$ 的稳定奥氏体区域，通常在奥氏体再结晶温度之上，原子扩散及缺陷运动较快
		形变前的预冷	奥氏体化后需在特殊设备中快速预冷至形变温度	不需要特殊预冷设备，奥氏体化后可在空气中冷却至形变温度
		有效强化时的形变量	一般大于60%，常为75%～90%	一般较小，为20%～50%
		形变速度	对形变速度没有限制，在过冷奥氏体稳定区内可以尽量减小形变速度	形变速度不能过小，否则再结晶现象严重
		形变设备及工艺安排	形变抗力高，需能力较大的压力加工设备	形变抗力小，普通压力加工设备即可满足要求
			需要设计专门的生产流程	可在压力加工生产线中直接插入淬火、回火工序

项目		低温形变淬火	高温形变淬火
显微组织特征		缺陷（位错）密度大但稳定性较小，多均匀分布在晶内	缺陷密度小但稳定性较大，可按多边化机构形成网络式位错结构
		晶界结构无特殊变化	晶界常呈锯齿状
强化因素	马氏体细化	程度较大	程度较小
	碳化物析出	存在	存在
	点阵缺陷及其结构	密度较大	密度较小
		均匀分布在晶内	大部分以多边化方式构成亚晶界
		稳定性较小	稳定性较大
	晶界状态	难形成锯齿状晶界	可形成锯齿状晶界
强韧化效果	强度	提高较多	提高较少
	塑性	变化不大或略有降低	改善较多
	韧性	略有增减	提高较显著
	冷脆性	脆性转变温度变化不大	脆性转变温度下降
	可逆回火脆	略有抑制	消除可逆回火脆
	不可逆回火脆	无甚影响	减弱不可逆回火脆
	断裂韧度	尚无定论	显著提高
	脆断强度	影响不大	显著提高
	缺口敏感性	影响不大	显著提高
	疲劳性能	提高较少	提高较多
	热强性	多数情况使之降低	可提高短期热强性

续表

名称		操作	特点	应用
高温形变热处理	高温形变淬火	将钢加热至稳定奥氏体区保持一段时间，在该温度下形变，随后进行淬火以获得马氏体组织的综合处理工艺称为稳定奥氏体形变淬火或高温形变淬火。例如，精确控制终锻和终轧温度，利用锻、轧余热直接淬火，然后回火 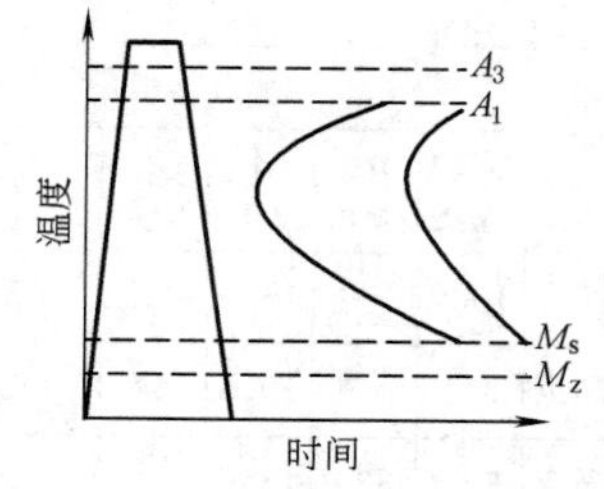 	高温形变淬火辅以适当温度的回火能有效地改善钢材的性能组合，即在提高强度的同时，大大改善其塑性和韧性。如高温形变淬火可提高钢材的裂纹扩散功、冲击疲劳抗力、断裂韧度、疲劳破断抗力、延迟破断裂纹扩展抗力、磨损抗力、接触疲劳抗力（尤其是在超载区）等，从而增加钢件使用的可靠性 它还可降低钢材脆性转变温度及缺口敏感性，在低温破断时呈韧性断口 它对钢材无特殊要求，一般碳钢、低合金钢均可应用 它的形变温度高，形变抗力小，因而在一般压力加工（轧、锻）条件下即可采用，并且极易安插在轧制或锻造生产流程之中 与低温形变淬火相比，高温形变淬火的缺点有：因形变通常是在奥氏体再结晶温度以上的范围内进行的，因而强化程度一般不如低温形变淬火的大；这种工艺适宜在截面较小的材料上进行，否则会因产生大量内热而使再结晶发展，严重影响强化效果 提高强度10%～30%；改善韧性、疲劳抗力、回火脆性、低温脆性和缺口敏感性	高温形变淬火由于能使钢材得到较高的强韧化组合效果以及工艺上极易进行，近年来发展得非常迅速，甚至具有比低温形变淬火更为广阔的前途 适用于加工量不大的碳钢和合金结构钢零件，如连杆、曲柄、叶片、弹簧、农机具及枪炮零件

高温形变淬火钢的力学性能

钢种	高温形变热处理工艺			R_m/MPa		σ_s/MPa		A/%	
	形变量/%	形变温度/℃	回火温度/℃	高温形变淬火	普通淬火	高温形变淬火	普通淬火	高温形变淬火	普通淬火
50CrNi4Mo	90	900	100	2700	2400	1900	1750	9	6
50Si2W	50	900	250	2610	2230	2360	1980	6	4
55Si2MoV	50	900	250	2580	2300	2330	2080	6	5
60Si2Ni3	50	950	200	2800	2250	2230	1930	7	5
M75（俄钢轨钢）	35	1000	350	1750	1300	1500	800	6.5	4
Mn13	45	1050	—	1150	1040	430	447	53.3	53.3
45CrMnSiMoV	50	900	315	2100	1875	—	—	8.5	7
20	20	—	200	1400	1000	1150	850	6	4.5
20Si2	40	—	200	1350	1100	1000	800	11	5
40	40	—	200	2100	1920	1800	1540	5	5
40Si2	40	—	200	2280	1970	1750	1400	8	3
60	20	—	200	2330	2060	2200	1500	3.5	2.5
Q235（A3，Cr3）	30	940	—	690	—	635	350	—	—
45CrMnSiNiWTi	40	800～820	100	2410	2100	2160	2000	5	4
20CrMnSiWTi	50	800	—	1760	1520	1560	1340	7.8	8.3
45CrNi	50	950	250	1970	1740	—	—	8.2	4.5
18CrNiW	60	900	100	1450	1150	—	—	—	—
AISI，SAE4340	40	845	95	2250	2230	1690	1470	10	9
55CrMnB	25	900	200	2400	1800	2100	—	4.5	1
40Cr2Ni4SiMo	60	—	—	2500	2000	1900	1350	13	8
47Cr8	75	—	200	2420	1650	2200	1520	8	3.5
55Si2	15～20	—	300	2220	1820	2010	1750	—	—
50SiMn	15～20	—	300	2040	1750	1760	1540	—	—
40CrSiNiWV	85	—	200	2370	2000	2150	1660	8.1	5.9
40Cr2NiSiMoV	95	—	200	2300	1910	2140	1590	9.1	6.4
40CrMnSiNiMoV	85	—	200	2200	1960	1750	1530	10.5	8.3
55Cr5NiSiMoV	85	—	250	2280	2110	1990	1840	9.0	7.1

续表

名称		操　　作	特　　点	应用
高温形变热处理	锻热淬火	锻热淬火是在热锻成形后立即淬火，以获得淬火组织的一种将锻造和淬火结合在一起的工艺方法，也叫锻造余热淬火。是一种奥氏体化及形变温度较高（一般在1050~1250℃）的典型高温形变热处理工艺	普通淬火在强度、硬度上升的同时总是伴随着塑性及韧性的下降，但锻热淬火却能得到较高的力学性能的组合，使锻热淬火钢具有优良的拉伸、冲击和疲劳性能。锻热淬火钢的高硬度一直保持到600℃回火以前，其回火抗力很高。以550℃回火为例，锻热淬火可提高硬度13.5%，抗拉强度8%，断后伸长率15%、冲击韧度23%。在同等强度（或硬度）下，锻热淬火钢具有优越的冲击韧性和疲劳性能。同时由于它利用锻后余热还节省了热处理（正火加调质）的重新加热	采用锻热淬火后，可用低价的碳钢代替高价的合金钢，它既能降低热处理成本，减少材料费用，又能确保得到强韧的锻件

力学性能

零件名称	工艺	力学性能 R_m /MPa	σ_s /MPa	A /%	Z /%	a_k /J·cm^{-2}	硬度
农机耙片（65Mn）	锻热淬火	—				113	49HRC
	普通淬火	—				119.6	49HRC
4115连杆（45）	锻热淬火	820			46	102	260HBS
	普通淬火	770			63	123	221HBS
拖拉机接片(45)	锻热淬火	880		16	47	56	—
	普通淬火	790		17	43	58	—
拖拉机转向臂(45)	锻热淬火	—		—	—	100	255HRC
	普通淬火	—		—	—	105	—
拖拉机立直落管（45）	锻热淬火	785	690	22.5	41	—	22HRC
	普通淬火	840	660	15	32	—	25HRC
拖拉机主动升降臂（45）	锻热淬火	925	778	10.0	42	70	23HRC
	普通淬火	830	635	30.0	57	120	21HRC
拖拉机转向节半轴（45）	锻热淬火	770	680	23	62	92	—
	普通淬火	—	—	—	—	110	—
拖拉机转向臂轴（45）	锻热淬火	860	705	15	20.5	—	18HRC
	普通淬火	755	720	24	59	—	14HRC

零件名称	工艺	力学性能 R_m /MPa	σ_s /MPa	A /%	Z /%	a_k /J·cm^{-2}	硬度
S195连杆（45）	锻热淬火	1000	—	13.6	48.8	67	302HBS
	普通淬火	841	—	19.6	64	113	294HBS
	锻热淬火	942	829	13.6	61	125	27.8HRC
	普通淬火	867	708	21.6	58.1	123	24.4HRC
K701拖拉机连杆(45)	锻热淬火	1000	—	13.7	44.3	130	290HBS
	普通淬火	745	—	17.2	61	84	280HBS
K701拖拉机吊物（40Cr）	锻热淬火	1130	—	10.7	37.1	88	327HBS
	普通淬火	1002	—	9.6	45.2	57	235HBS
135柴油机连杆（40Cr）	锻热淬火	830	—	21	68	175	250HBS
	普通淬火	770	—	19	66	160	235HBS
高强螺母（20CrMn）	锻热淬火	868	769	24.0	74.3	—	247HBS
	普通淬火	727	655	22	73.2	—	210HBS
履带链板（40Mn）	锻热淬火	870	780	2.0	—	89	268HBS
	普通淬火	800	620	21.8	—	85	246HBS
汽车第一轴凸缘（45）	锻热淬火	846	—	—	—	106	264HBS
	普通淬火	817	—	—	—	106	225HBS

	回火温度/℃	抗拉强度/MPa				断后伸长率/%				冲击韧度/J·cm^{-2}				硬度 HRC			
		锻热淬火	普通淬火	差值	增加率/%	锻热淬火	普通淬火	差值	增加率/%	锻热淬火	普通淬火	差值	增加率/%	锻热淬火	普通淬火	差值	增加率/%
545C（45）钢	500	960	900	60	6.7	8.5	6.1	2.4	39	96	82	14	17	35.2	31.0	4.2	13.5
	550	930	855	75	8.8	9.2	8.0	1.2	15	145	118	27	23	34.0	30.0	4.0	13.3
	600	770	725	45	6.2	11.2	9.0	2.2	24.4	160	146	14	9.6	31.0	27.2	3.8	14.0
	650	750	705	45	6.4	12.0	11.0	1.0	9.1	180	162	18	11.1	26.6	25.6	1.0	3.9
	700	645	610	35	5.7	16.0	12.0	4.0	33	195	180	15	8.3	25.8	25.2	0.6	2.4

是将钢材的轧制与热处理相结合的一种高温形变热处理工艺，它在组织性能及强韧化机理方面，与锻热淬火一样，均服从一般高温形变淬火的规律。是与锻热淬火相似的方法，各种板材、带材、棒材和管材都可以用此法处理

续表

名称		钢号	成分序号	C	Mn	Si	S	P	Cr	Ni	Cu
高温形变热处理 轧热淬火（或称控制轧制）	化学成分（质量分数）/%	10XHCД	1	0.10	0.59	0.97	0.015	0.024	0.73	0.52	0.57
			2	0.12	0.79	0.98	0.020	0.029	0.81	0.52	0.44
			3	0.08	0.63	0.85	0.028	0.010	0.62	0.55	0.48
			4	0.11	0.72	0.94	0.011	0.015	0.64	0.59	0.53
		CT3	1	0.18	0.57	0.26	0.031	0.035	0.10	0.08	0.06
			2	0.19	0.57	0.26	0.030	0.008	0.06	0.06	0.08
			3	0.19	0.48	0.20	0.036	0.008	0.08	0.08	0.05
			4	0.17	0.50	0.23	0.040	0.006	0.08	0.09	0.08

轧后淬火的冷却制度	板厚/mm	终轧温度/℃	淬火温度/℃	耗水量/$m^3\cdot h^{-1}$ 上喷水管	耗水量/$m^3\cdot h^{-1}$ 下喷水管	钢板移动速度/$m\cdot s^{-1}$
	8	890~950	800~860	715~780	1400~1665	0.75
	10~12	980~1010	920~960	715~865	1350~1650	0.50
	16~20	960~1060	940~1000	715~920	1300~1900	0.25
	25~40	1010~1100	950~1050	950~1200	2000~2700	0.25

标准力学性能	钢板	R_m/MPa	σ_s/MPa	A/%	a_k(−40℃)/$J\cdot cm^{-2}$
	CT3 ГОСТ 380—1960	440~470	240	25	50
	10XHCД ГОСТ 5038—1965	540	400	—	50

名称		钢号	成分序号	板厚/mm	钢板处理状态	R_m/MPa	σ_s/MPa	A/%	Z/%	a_k(时效前)/$J\cdot cm^{-2}$	a_k(时效后)/$J\cdot cm^{-2}$
高温形变热处理 轧热淬火（或称控制轧制）	力学性能	10XHCД（俄罗斯钢号，相当于我国10CrNiSiCu）	1	10	淬火机上快冷	820~990	720~840	12~19	—	30~35	35~40
				10	热轧	540~560	400~420	15~25	22~23	24~35	26~38
				20	淬火机上快冷	890~1010	750~840	7.5~14	41~58	35~60	41~63
				20	补充回火	690~730	550~640	19~22	—	50~40	55~104
				20	热轧	570~580	410~450	24~30	58~64	15~20	21~26
				20	淬火压床上快冷	720~820	680~750	16~20	54~61	25~35	30~41
			2	12	淬火机上快冷	760~890	630~750	15~12	—	45~52	49~56
				12	热轧	560~580	400~420	26~30	—	20~32	23~36
				20	淬火机上快冷	880~970	720~850	8.8~14.5	45~54	—	—
				20	淬火压床上冷却	700~790	650~680	12~21	—	45~90	48~95
			3	25	淬火机上快冷	690~790	570~670	9~18	30~42	45~50	51~56
				25	补充回火	570~610	430~490	19~25	—	55~100	60~101
				25	热轧	470~490	300~350	25~26	50~52	20~25	24~28
			4	20	淬火机上快冷	820~1080	700~860	12~20	30~55	31~45	34~49
				20	热轧	480~490	320~340	26~29	55~57	23~31	28~56
				20	淬火压床上冷却	720~820	590~720	8~9	38~58	28~40	34~61
		CT3（俄罗斯钢号，相当于我国Q235）	1	10	淬火机上快冷	590~700	400~560	8~20	34~38	53~82	57~68
				20	淬火机上快冷	630~670	470~570	14~19	38~57	31~42	35~46
				20	淬火机上快冷，补充回火	530~580	380~450	21~31	—	35~58	40~63
				20	热轧	470~480	310~330	26~28	50~57	30~38	35~45
			2	12	淬火机上快冷	540~640	360~450	12~24	—	60~96	63~102
				12	热轧	450~490	300~350	30~31	53~55	13~43	38~45
				20	淬火机上快冷	570~590	390~480	12~24	—	30~80	33~82
				20	淬火压床上快冷，补充回火	500~590	340~410	20~27	51~58	40~88	42~91
				20	热轧	490~510	270~310	25~31	—	28~31	31~85
			3	20	回火压床上冷却	520~550	380~400	20~28	46~61	30~60	35~64
				20	淬火机上快冷	650~700	500~550	12~19	44~47	20~49	23~52
				20	淬火机上快冷，补充回火	480~570	360~440	19~29	50~56	35~53	39~58
				20	热轧	480~490	320~340	26~29	55~57	21~25	24~28
			4	16	淬火机上快冷	580~720	430~570	13~19	42~57	27~65	31~70
				16	淬火机上快冷，补充回火	520~550	420~470	21~26	—	40~60	45~46
				16	热轧	460~470	300~340	26~30	52~55	21~25	24~30

续表

名称	操　作	特　点	应用
高温形变正火	适当降低终锻、终轧温度，然后空冷、或强制空冷、或等温空冷	提高钢材韧性，降低脆性转变温度，提高疲劳抗力	适用于改善以微量元素 V、Nb、Ti 强化的建筑结构材料塑性和碳钢及合金结构钢锻件的预备热处理
高温形变等温淬火	利用锻、轧后余热施行珠光体区域或贝氏体区域内的等温淬火	提高强度及韧性	用于 0.4%C 钢缆绳高碳钢丝及小型紧固件
亚温形变淬火	在 A_{c1} 和 A_{c3} 间施行形变淬火	明显改善合金结构钢脆性，降低冷脆阀	在严寒地区工作的构件和冷冻设备构件
利用形变强化遗传性的热处理	用高温或低温形变淬火使毛坯强化，然后施行中间软化回火，以便于切削加工，最后二次淬火，低温回火，可再现形变强化效果	提高强度和韧性，取消毛坯预备热处理工艺	适用于形状复杂、切削量大的高强钢零件

高温形变热处理 — 表面形变热处理

是表面形变强化工艺，如喷丸强化、滚压强化等；与零件整体热处理强化或表面热处理强化相结合的工艺

名称	操　作	特　点	应用
表面高温形变淬火	用高频或盐浴使工件表层加热至 A_{c1} 或 A_{c3} 以上，施行滚压强化淬火	显著提高零件疲劳强度和耐磨性及使用寿命	高速传动轴、轴承套圈等圆柱形或环形零件，履带板和机铲等磨损零件

9Cr 钢表面高温形变淬火后接触疲劳强度与滚压力的关系

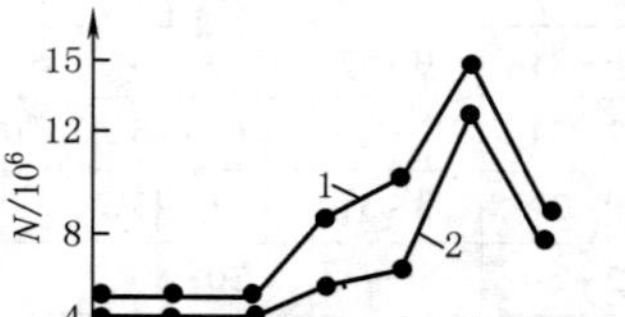

1—形变温度 950~970℃；
2—形变温度 900~920℃

9Cr 钢接触疲劳曲线的对比

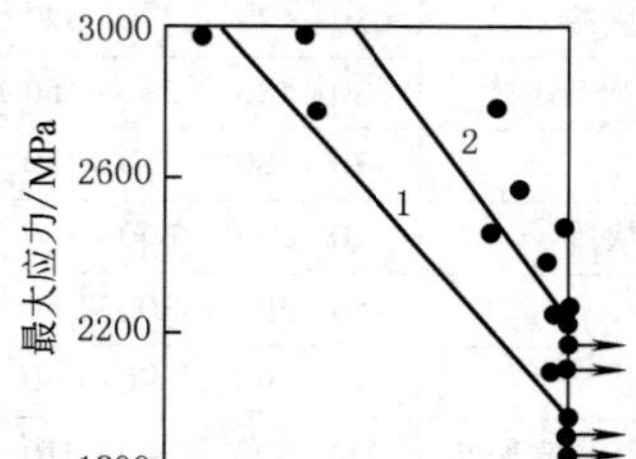

1—普通高频感应加热淬火；
2—950℃滚压形变（滚压力 650kN，160~180℃回火）

9Cr 钢表面高温形变淬火后的力学性能

形变温度/℃	弯矩/kN·m	抗弯强度 σ_{bb}/MPa	挠度 f/mm	强化层深度/mm	硬度/HRC
850	3133/3194	3747/3790	18.7/17.5	3.0/2.7	67/66
900	3270/3318	3932/3940	18.2/17.7	5.0/4.5	68/67
950	3044/3518	3714/4438	13.7/16.6	穿透	66/66
1000	2911/3268	3431/3842	10.0/9.3	穿透	66/67

① 拉拔速度 0.5m/min，140℃ 回火 1.5h。

②分子的形变量为 10%，分母的形变量为 15%。

续表

高温形变热处理 — 表面形变热处理

40钢、40Cr钢表面形变淬火后的接触疲劳极限与滚压力的关系（形变温度950℃，回火温度180~200℃）

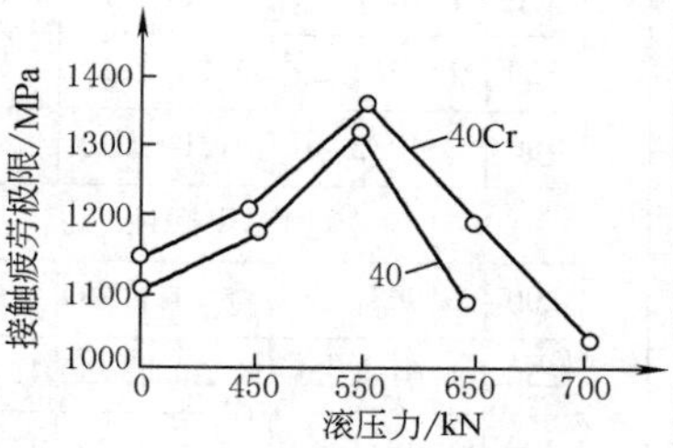

40钢、65Mn钢耐磨性与滚压力间的关系

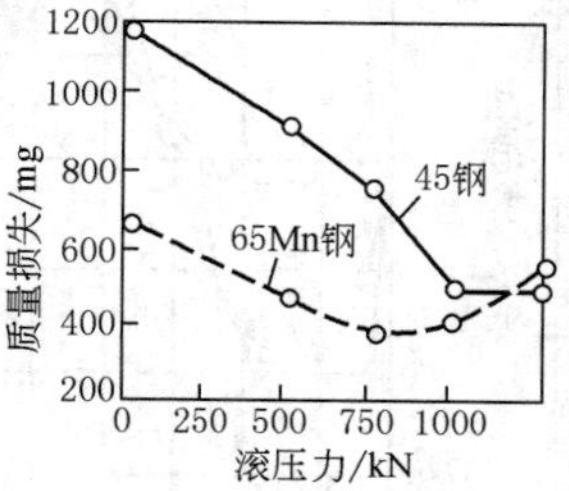

40Cr钢经各种处理后的接触疲劳极限

处理工艺	硬度/HRC	接触疲劳极限/MPa
整体淬火，低温回火	46~48	940
整体淬火，低温回火，喷丸强化	49~51	1080
高频感应加热淬火，低温回火	51~53	1180
高频感应加热淬火，低温回火喷丸强化	54~56	1233
高温滚压淬火，950℃，550N，180~200℃回火	50~52	1270

钢体表面高温形变淬火后的表面粗糙度（Ra）与原始粗糙度（Ra_0）及形变力间的关系

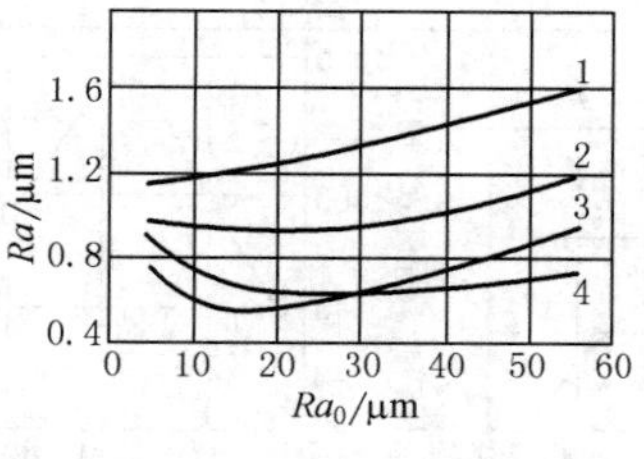

1—600kN；2—800kN；3—1000kN；4—1200kN

表面高温形变淬火可明显改善钢的表面粗糙度，从而能提高疲劳极限

40Cr钢表面高温形变淬火后的强化层深度和相对耐磨性

项目	滚压力/kN	形变温度850℃ 形变时间/s 6	形变温度850℃ 形变时间/s 8	形变温度950℃ 形变时间/s 6	形变温度950℃ 形变时间/s 8	形变温度950℃ 形变时间/s 10
强化层深度/mm	600	2.10	1.10	2.30	2.00	1.66
	800	2.10	2.00	2.50	2.20	1.90
	1000	2.90	2.30	3.00	2.70	2.40
	1200	3.70	2.90	3.90	3.50	3.10
相对耐磨性	600	1.00	0.97	1.13	0.91	0.80
	800	1.19	1.00	1.34	1.09	0.93
	1000	1.30	1.16	1.43	1.23	1.04
	1200	1.16	1.10	1.21	1.04	0.90

由9Cr钢接触疲劳曲线的对比可看出，与普通高频感应加热淬火相比，表面高温形变淬火能够有效地提高接触疲劳强度。随着滚压力（亦即表面形变量）的增大，表面破损的接触循环次数先增后减，到650N时为最大值，在最佳处理条件下，对应10^7循环次数的接触疲劳极限从普通处理时的2000MPa提高到2250MPa，而在小于10^7循环次数的范围内，接触疲劳寿命可以提高2.5~5倍

预冷形变表面形变热处理	给工件预先施加压力再进行表面形变淬火	可使工件形成高的残余压应力，可显著提高其抗疲劳能力、表面粗糙度和耐磨性

续表

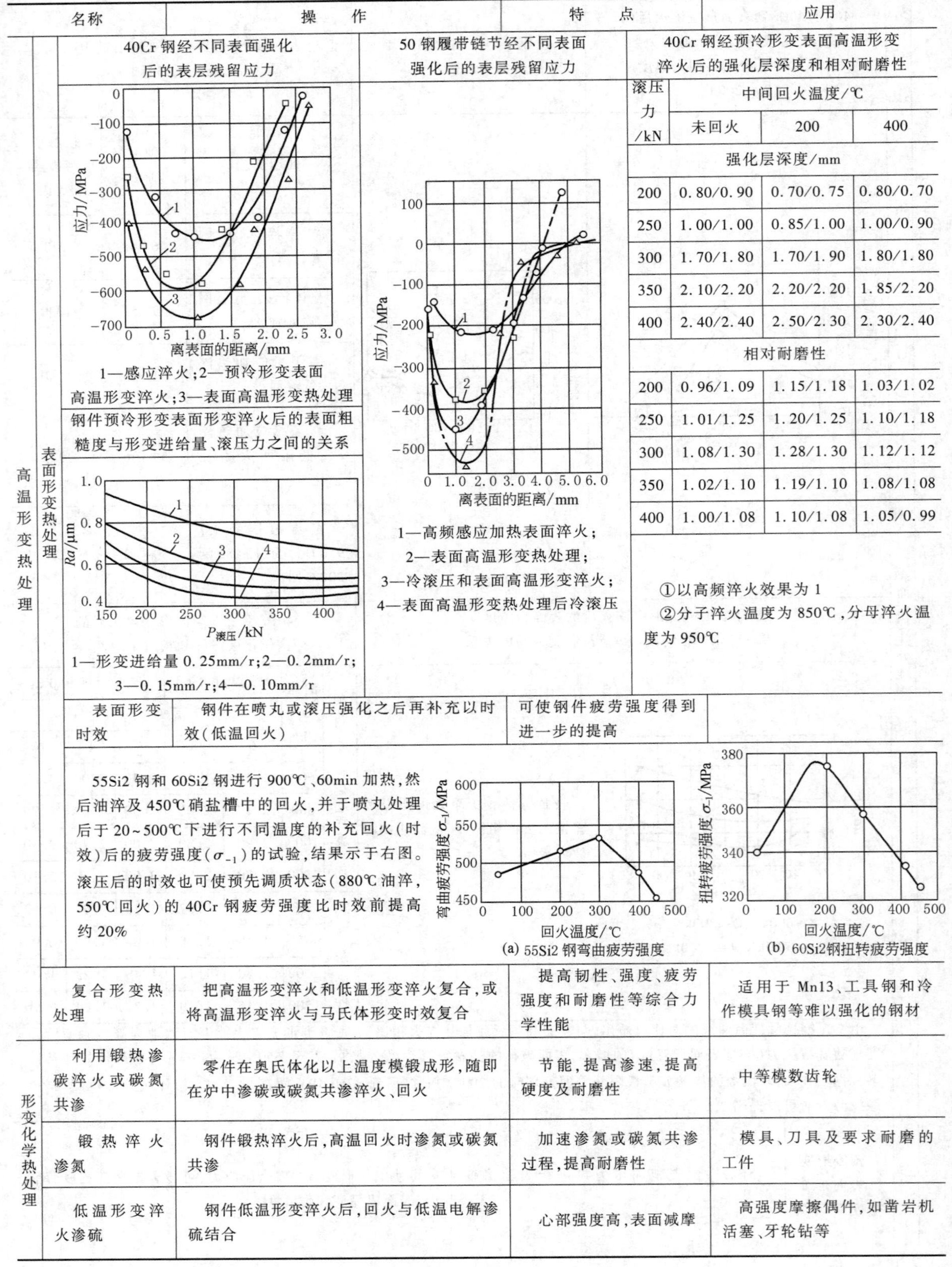

名称	操作	特点	应用

高温形变热处理 — 表面形变热处理

40Cr钢经不同表面强化后的表层残留应力

1—感应淬火；2—预冷形变表面高温形变淬火；3—表面高温形变热处理

钢件预冷形变表面形变淬火后的表面粗糙度与形变进给量、滚压力之间的关系

1—形变进给量0.25mm/r；2—0.2mm/r；3—0.15mm/r；4—0.10mm/r

50钢履带链节经不同表面强化后的表层残留应力

1—高频感应加热表面淬火；
2—表面高温形变热处理；
3—冷滚压和表面高温形变淬火；
4—表面高温形变热处理后冷滚压

40Cr钢经预冷形变表面高温形变淬火后的强化层深度和相对耐磨性

滚压力/kN	中间回火温度/℃ 未回火	200	400
	强化层深度/mm		
200	0.80/0.90	0.70/0.75	0.80/0.70
250	1.00/1.00	0.85/1.00	1.00/0.90
300	1.70/1.80	1.70/1.90	1.80/1.80
350	2.10/2.20	2.20/2.20	1.85/2.20
400	2.40/2.40	2.50/2.30	2.30/2.40
	相对耐磨性		
200	0.96/1.09	1.15/1.18	1.03/1.02
250	1.01/1.25	1.20/1.25	1.10/1.18
300	1.08/1.30	1.28/1.30	1.12/1.12
350	1.02/1.10	1.19/1.10	1.08/1.08
400	1.00/1.08	1.10/1.08	1.05/0.99

①以高频淬火效果为1

②分子淬火温度为850℃，分母淬火温度为950℃

名称	操作	特点	应用
表面形变时效	钢件在喷丸或滚压强化之后再补充以时效(低温回火)	可使钢件疲劳强度得到进一步的提高	

55Si2钢和60Si2钢进行900℃、60min加热，然后油淬及450℃硝盐槽中的回火，并于喷丸处理后于20~500℃下进行不同温度的补充回火(时效)后的疲劳强度(σ_{-1})的试验，结果示于右图。滚压后的时效也可使预先调质状态(880℃油淬，550℃回火)的40Cr钢疲劳强度比时效前提高约20%

(a) 55Si2钢弯曲疲劳强度

(b) 60Si2钢扭转疲劳强度

类别	名称	操作	特点	应用
高温形变热处理	复合形变热处理	把高温形变淬火和低温形变淬火复合，或将高温形变淬火与马氏体形变时效复合	提高韧性、强度、疲劳强度和耐磨性等综合力学性能	适用于Mn13、工具钢和冷作模具钢等难以强化的钢材
形变化学热处理	利用锻热渗碳淬火或碳氮共渗	零件在奥氏体化以上温度模锻成形，随即在炉中渗碳或碳氮共渗淬火、回火	节能，提高渗速，提高硬度及耐磨性	中等模数齿轮
	锻热淬火渗氮	钢件锻热淬火后，高温回火时渗氮或碳氮共渗	加速渗氮或碳氮共渗过程，提高耐磨性	模具、刀具及要求耐磨的工件
	低温形变淬火渗硫	钢件低温形变淬火后，回火与低温电解渗硫结合	心部强度高，表面减摩	高强度摩擦偶件，如凿岩机活塞、牙轮钻等

续表

名称		操　作	特　点	应用
形变化学热处理	渗碳件表面形变时效	渗碳、渗氮、碳氮共渗零件渗后在常温下施行表面喷丸或滚压，随后低温回火，使表面产生形变时效作用	显著提高零件表面硬度、耐磨性，使表面产生压应力，明显提高疲劳抗力	航空发动机齿轮、内燃机缸套等耐磨及疲劳性能要求极高的零件
	渗碳表面形变淬火	用高频电流加热渗碳件表面，然后施行滚压强化，也可在渗碳后直接进行滚压强化	零件表面可以获得极高的耐磨性	齿轮等渗碳件

① 位错——晶体中常见的一维缺陷（线缺陷），在透射电子显微镜下金属薄膜试样衍射像中表现为弯曲的线条。

1.3 常用材料的热处理

材料在热处理中的特性

表 1-6-7

特性	含义及影响	设计中如何考虑
淬透性（可淬性）	指钢接受淬火的能力 不同的钢种，接受淬火的能力不同，因而淬成马氏体（指结构钢和工具钢）组织的深度（淬透层深度）也不同，钢的淬透层深度愈大，表明该钢种的淬透性愈好 淬透性不同的钢，淬火后得到的淬透层深度、金相组织以及沿截面分布的力学性能都不同。以回火至同一硬度水平来比较，淬透性大的钢，其力学性能沿截面是均匀分布的；而淬透性小的钢，心部力学性能低，特别是σ_s、a_k值显著下降。但全部淬透的工件，通常表面残留拉应力，对工件承受疲劳不利，工件热处理中也易变形开裂。未淬透工件则表面可残留压应力，反而有一定好处 淬透层深度是指由淬火表面马氏体到50%马氏体+50%珠光体层的深度 钢的淬透性通常用淬透性曲线图来表示，并用临界淬透直径D_c来比较各种钢材的淬透性大小 钢心部能淬透[淬透，大多数是指心部达到半马氏体，也有个别（工具钢）指心部达到90%或95%的马氏体]的最大直径，称为该种钢的“临界淬透直径” 临界淬透直径D_c越大，淬透性越好。淬透性值以$J\frac{HRC}{d}$表示，d表示至水冷端的距离，HRC为该处测得的硬度值	淬透性大小受钢的化学成分、奥氏体的均匀度、奥氏体化温度和奥氏体晶粒度等因素的影响而变化，但与工件尺寸大小等无关；淬透层深度则除受以上这些因素影响外，还受冷却速度、冷却剂和工件尺寸大小等因素的影响，两者有密切的关系，但其概念不同，不能混淆，例如不能笼统地认为一个淬透了的小尺寸零件的淬透性就一定比一个未淬透的大尺寸零件的淬透性大。钢的淬透性是选择材料和热处理工艺的主要根据之一。必须注意： ①要根据零件不同的工作条件合理确定对钢的淬透性要求，并不是所有场合都要求淬透，或者淬透都是有益的 ②设计大截面或形状复杂的重要构件采用多元合金钢，可保证沿整个截面具有高强度和高韧性的配合，获得综合力学性能，减少淬火变形或避免开裂 ③零件尺寸越大，内部热容量越大，淬火时零件冷却速度越慢，因此，淬透层越薄，性能越差，例如同样的40Cr钢经调质后，当直径为30mm时，$R_m \geqslant 900$MPa，直径为120mm时，$R_m \geqslant 750$MPa，直径为240mm时，$R_m \geqslant 650$MPa，这种现象叫做“钢材的尺寸效应”。但是淬透性大的钢，尺寸效应不明显，如合金元素总量在3%～6%之间的多元合金，在大截面的条件下，仍能保证较高的综合力学性能。查阅手册注意，不能根据小尺寸试样测定的性能指标，用于大尺寸零件的强度计算 ④由于碳钢的淬透性低，有时在设计大尺寸零件时，用碳钢正火比用碳钢调质更经济，而效果相似。例如设计尺寸为ϕ100mm，用45钢调质达到$R_m = 610$MPa，正火也能达到$R_m = 600$MPa ⑤直径较大并具有几个台阶的传动轴，需经调质处理时，考虑到淬透性影响，应先粗车成形，然后调质。如果以棒料先调质，再车外圆，由于直径大，表面淬透层浅，阶梯轴尺寸较小的部分，调质后的组织在粗车时可能被车去，起不到调质作用

部分常用钢材的淬透性值和临界淬透直径

钢　号	淬透性值 $J\frac{HRC}{d}$	$D_{c水}$（20℃）	$D_{c油}$（矿物油）	钢　号	淬透性值 $J\frac{HRC}{d}$	$D_{c水}$（20℃）	$D_{c油}$（矿物油）
20Mn2	J 33/5	26(23)	12(13.5)	40Cr	J 43/7.5	36(32)	20(21)
20MnTiB	J 33/8	38(34)	21(22)	40CrMn	J 43/12	51(47)	36(34)
20MnVB	J 33/15	61(57)	43(42)	40CrV	J 43/10	45(40)	27(29)
20Cr	J 33/5	26(23)	12(13.5)	40Mn2	J 43/9	41(36)	25(26)
20CrMnB	J 33/17	66(64)	45(47)	35SiMn	J 40/9	41(36)	25(26)
20CrMoB	J 33/12	51(47)	36(34)	30CrMnSi	J 40/15	61(57)	43(42)
20CrNi	J 33/9	41(36)	25(26)	30CrMnTi	J 40/12	51(47)	36(34)
20CrMnMoVB	J 33/18	68(66)	48(50)	20CrMnTi	J 33/9	41(36)	25(26)
20SiMnVB	J 33/20	75(71)	54(56)	30CrMo	J 40/10	45(40)	27(29)
12CrNi3	J 30/30	—	78(84)	40Cr2MoV	J 43/15	61(57)	43(42)
12Cr2Ni4	J 30/33	—	84(96)	40MnB	J 43/15	61(57)	43(42)
45	J 43/3	16(15)	8(8.5)	40MnVB	J 43/18	71(66)	51(50)

续表

特性	含义及影响	设计中如何考虑
淬透性（可淬性）	部分常用钢材的淬透性值和临界淬透直径（见下表）	

部分常用钢材的淬透性值和临界淬透直径

钢号	淬透性值 $J\frac{HRC}{d}$	$D_{c水}$ (20℃)	$D_{c油}$ (矿物油)	钢号	淬透性值 $J\frac{HRC}{d}$	$D_{c水}$ (20℃)	$D_{c油}$ (矿物油)
40CrMnB	J 43/22	84(77)	60(62)	GCr15	J 55/9	41(36)	25(26)
40CrMnMoVB	J 43/39	—	94(115)	GCr15SiMn	J 55/18	71(66)	51(50)
40CrNi	J 43/21	80(76)	58(60)	9Mn2V	J 55/13.5	57(52)	38(37)
40CrNiMo	J 43/23	87(78)	66(63)	5SiMnMoV	J 45/6	31(28)	15(17)
65	J 50/9.5	43(39)	26(28)	5Si2MnMoV	J 45/21	81(76)	59(60)
65Mn	J 50/10	45(40)	27(29)	9SiCr	J 55/12	51(47)	36(34)
55Si2Mn	J 50/6.5	32(29)	16(18)	Cr2	J 55/12	51(47)	36(34)
50CrV	J 45/15	61(57)	43(42)	CrMn	J 55/6	31(28)	15(17)
50CrMn	J 45/17	66(64)	45(47)	CrW	J 55/5.5	28(25)	17(15)
50CrMnV	J 45/33	—	84(96)	9CrV	J 55/7	35(31)	18(19)
T9	J 55/5	26(23)	12(13.5)	9CrWMn	J 55/32	—	80(90)
GCr9	J 55/7.5	32(33)	20(21)	CrWMn	J 55/13.5	57(52)	38(37)
GCr9SiMn	J 55/14	58(55)	39(40)				

特性	含义及影响	设计中如何考虑
淬硬性	指钢在正常淬火条件下，以超过临界冷却速度所形成的马氏体组织能够达到的最高硬度，又叫淬硬性	淬硬性不同于淬透性，它主要与含碳量有关，含碳量愈高，淬火后硬度愈高，而合金元素对其无显著影响。所以，淬火硬度高的钢不一定淬透性就高，而硬度低的钢也可能具有高的淬透性
过热、过烧敏感性	温度过高引起奥氏体晶粒粗大叫过热，温度更高不仅晶粒粗大，而且晶间因氧化而出现氧化物或局部熔化叫过烧	奥氏体晶粒长大往往使钢在冷却后的力学性能降低，特别是冲击韧性变坏，甚至在淬火时会形成裂纹。本质粗晶粒钢的过热敏感性大，本质细晶粒钢只有在加热到930~950℃以上晶粒才显著长大，过热可通过适当热处理挽救，过烧工件只能报废
回火稳定性、热稳定性	指回火时减慢钢的组织和性能的变化，使淬火钢在较高温度回火后仍能保持较高硬度 热稳定性是指硬化后的钢在较高温度（600℃左右）长时间保持时抗软化的能力。对于在较高温下工作的零件这种特性非常重要，如热作模具钢零件	回火稳定性好的钢，可在较高的温度回火，使韧性增加，内应力消除更完善。合金钢的回火稳定性比碳钢好。因此，要达到同一回火硬度时，合金钢的回火温度比碳钢高，回火时间比碳钢长，故回火后，合金钢的内应力比碳钢小，韧性比碳钢好。对于要求内应力尽量消除完全（因而回火温度要高一些），但强度指标又要损失小一些的零件（如弹簧等），就应采用回火稳定性较好的材料
变形开裂倾向	指钢在加热和冷却过程，产生热应力和组织应力，其综合作用引起超过钢的 σ_s 或 R_m 而产生变形开裂的倾向	加热或冷却速度太快，加热和冷却不均匀，以及奥氏体向马氏体转变过程中体积的变化，都会造成零件的热应力和组织应力，因此：①零件设计应尽量避免尖角和厚薄断面的突然变化；②采用分级淬火、等温淬火或双液淬火等方法，可降低应力，减少变形，试验表明，如GCr15钢套管分级淬火时，比油淬时的外径变形可减少一半
尺寸稳定性	指零件在长期存放或使用中不变形的性能。这对于精密零件等是极为重要的	引起尺寸变化的主要原因是内应力的存在，以及残余奥氏体的分解，因此，设计精密度高的零件和量具时，必须进行稳定化处理，如淬火后进行冷处理以减少残余奥氏体的含量，或低温时效，使马氏体趋向稳定并减少内应力，以稳定尺寸（适量的奥氏体存在，可减少组织应力，从而也可减少淬火变形）
回火脆性	指钢在某个温度范围回火时，发生冲击韧性降低的现象 产生回火脆性的钢，不仅室温下的冲击韧性较正常钢为低，而且使钢的冷脆温度大大提高	当回火温度在250~400℃时，会引起钢的脆性，称为第一类回火脆性，它一产生就不易消除，故又称不可逆回火脆性。因此，在热处理时很少采用250~400℃温度回火。一般认为碳钢的第一类回火脆性影响不大，但弹簧一般多在350~500℃回火，则只有根据需要与可能，首先保证弹簧要求性能的主要方面 某些合金钢（Cr钢、Cr-Ni钢、Cr-Mn钢）在450~575℃或更高温度回火后，缓冷，还会出现第二类回火脆性，又称可逆回火脆性，即可以再次回火后，快冷消除。对于难以快冷的大截面零件可加入Mo0.3%~0.4%或W0.8%~1.2%，来防止回火脆性
氧化脱碳敏感性	氧化是工件在氧化性气氛和未脱碳的盐浴中加热时，气氛中的 O_2 与Fe发生化学反应形成FeO、Fe_2O_3、Fe_3O_4 等氧化物，俗称氧化皮。脱碳是钢中的碳（溶于奥氏体中的碳和形成碳化物的碳）被氧化烧损的现象。脱碳除了氧的作用外，水蒸气和二氧化碳也引起脱碳。在含有0.05%水汽还原性气氛中，也会脱碳 氧化使工件表面粗糙，淬火时阻碍冷却介质与工件的热交换，降低冷却速度，形成软点、硬度不足等缺陷。脱碳改变了表层的化学成分，使工件淬火后硬度下降，形变量增加，对工件淬火回火后的力学性能尤其是疲劳性能也有极坏的负面影响。对于渗氮工件，表面脱碳使渗氮层脆性增加。脱碳也是引起裂纹的主要原因，因为脱碳层相变延迟可产生巨大的拉应力 为此，现代热处理已大都采用可控气氛炉、真空炉、脱氧干净的盐浴炉或流态床等先进热处理设备 Si对钢的氧化脱碳敏感性影响较大，故含Si钢如9SiCr、4Cr5MoSiV1、4Cr5MoSiV等氧化脱碳敏感性大，热处理时应注意	

注：括号内数值是根据淬透性曲线图和淬透性标准图查得的数据。

淬透性曲线图及其应用

淬透性曲线一般都要实测，也可根据炉号成分按下列统计公式计算。

当 C≤0.28%：$J6\sim40=87C+14Cr+5.3Ni+29Mo+16Mn-17\sqrt{d}+1.4d+22$

当 C≥0.29%：$J6\sim40=78C+22Cr+21Mn+6.9Ni+33Mo-16.3\sqrt{d}+1.13d+18$

$J6\sim40$ 表示试样端淬距离 d 在 6~40mm 范围内时任一 d 值部位的硬度 HRC；d 为端淬距离，即至水冷端的距离（mm）。公式适用于含 0.1%~0.6%C，0.2%~1.88%Mn，0~9%Ni，0~1.97%Cr，0~0.53%Mo，0~3.8%Si 的钢种。

（1）各种常用钢种的淬透性曲线图

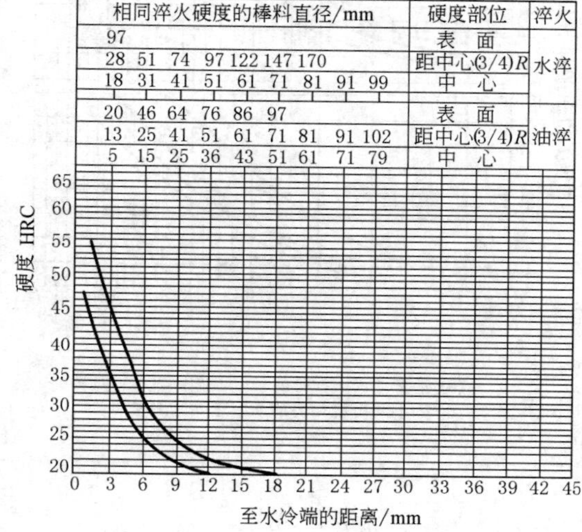

相同淬火硬度的棒料直径/mm
硬度部位
淬火
97
表 面
28 51 74 97 122 147 170
距中心(3/4)R
水淬
18 31 41 51 61 71 81 91 99
中 心
20 46 64 76 86 97
表 面
13 25 41 51 61 71 81 91 102
距中心(3/4)R
油淬
5 15 25 36 43 51 61 71 79
中 心
硬度 HRC
65 60 55 50 45 40 35 30 25 20
0 3 6 9 12 15 18 21 24 27 30 33 36 39 42 45
至水冷端的距离/mm

图 1-6-2　45 钢淬透曲线

相同淬火硬度的棒料直径/mm
硬度部位
淬火
97
表 面
28 51 74 97 122 147 170
距中心(3/4)R
水淬
18 31 41 51 61 71 81 91 102
中 心
20 46 64 76 86 97
表 面
13 25 41 51 61 71 81 91 102
距中心(3/4)R
油淬
5 15 25 36 43 51 61 71 79
中 心
硬度 HRC
65 60 55 50 45 40 35 30 25 20
0 3 6 9 12 15 18 21 24 27 30 33 36 39 42 45
至水冷端的距离/mm

图 1-6-3　40Cr 钢淬透曲线

相同淬火硬度的棒料直径/mm
硬度部位
淬火
97
表 面
28 51 74 97 122 147 170
距中心(3/4)R
水淬
18 31 41 51 61 71 81 91 99
中 心
20 46 64 76 86 97
表 面
13 25 41 51 61 71 81 91 102
距中心(3/4)R
油淬
5 15 25 36 43 51 61 71 79
中 心
硬度 HRC
65 60 55 50 45 40 35 30 25 20
0 3 6 9 12 15 18 21 24 27 30 33 36 39 42 45
至水冷端的距离/mm

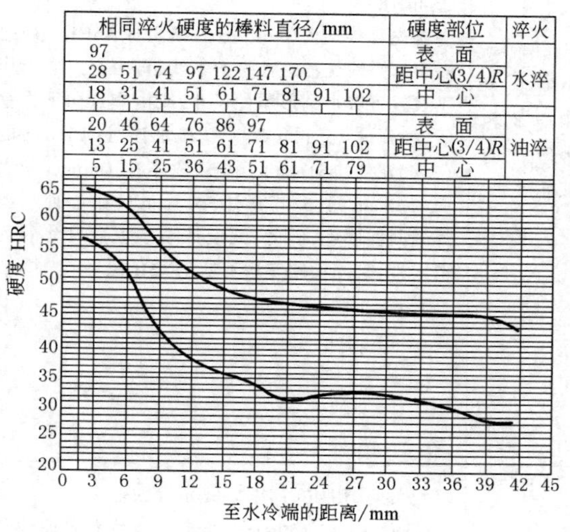

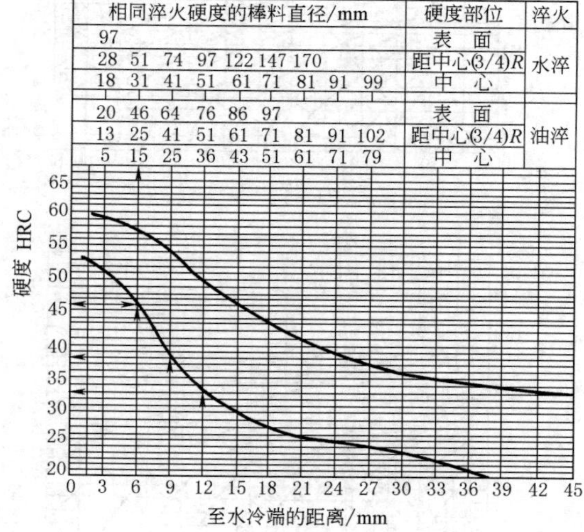

图 1-6-4　65Mn 钢淬透曲线

相同淬火硬度的棒料直径/mm
硬度部位
淬火
97
表 面
28 51 74 97 122 147 170
距中心(3/4)R
水淬
18 31 41 51 61 71 81 91 99
中 心
20 46 64 76 86 97
表 面
13 25 41 51 61 71 81 91 102
距中心(3/4)R
油淬
5 15 25 36 43 51 61 71 79
中 心
硬度 HRC
65 60 55 50 45 40 35 30 25 20
0 3 6 9 12 15 18 21 24 27 30 33 36 39 42 45
至水冷端的距离/mm

图 1-6-5　40CrMnMo 钢淬透曲线

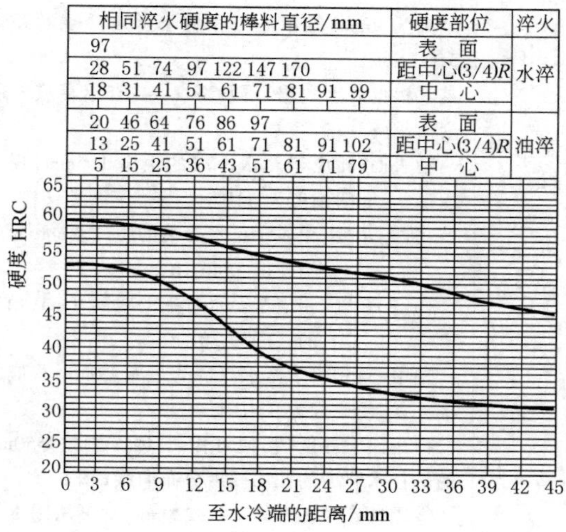

（2）淬透性曲线图的应用

表 1-6-8

<table>
<tr><th>项　目</th><th>应　用　举　例</th></tr>
<tr><td>根据要求硬度，求相应的各种零件的截面尺寸</td><td>已知：选用 40Cr，回火前不同断面硬度值大于 46HRC
首先直接从图 1-6-3 上的纵坐标 46HRC 处向右引水平线交淬透性带的下线，再由交点向上作垂线就可查得圆形零件尺寸，或由交点向下作垂线，找到 $d=6$，再由图 a 查得水淬时，ϕ51mm 的 (3/4)R 处，ϕ31mm 的中心；油淬时，ϕ46mm 的表面，ϕ25mm 的 (3/4)R 处，ϕ15mm 的中心处均能淬到同样硬度，因此，凡设计小于上述尺寸的圆形零件，其淬火硬度均不低于 46HRC
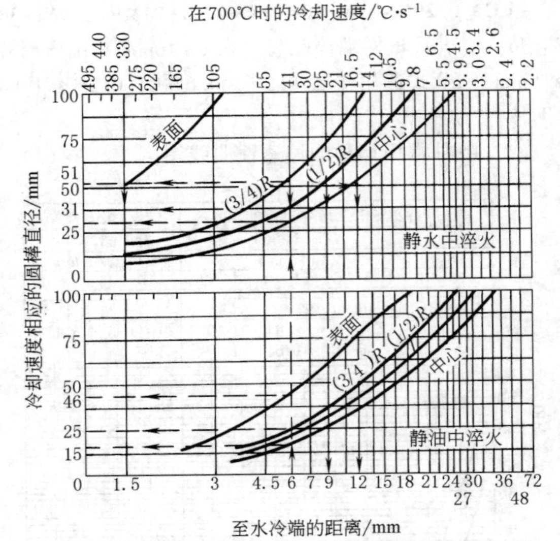

(a) 沿末端淬火试样的长度，圆棒直径、圆棒内不同位置和冷却速度之间的关系</td></tr>
<tr><td>根据选定的材料及尺寸大小，求零件截面上的硬度分布</td><td>已知：选用 40Cr 制造 ϕ50mm 的轴
①从图 a 在 ϕ50mm 处向右引直线与各曲线相交，查出钢材在该直径时水淬后与末端淬火试样的至水冷端的距离的关系为：轴表面相应于至水冷端的距离为 1.5mm，(3/4)R 处相应于至水冷端的距离为 6mm，(1/2)R 处相应于至水冷端的距离为 9mm，轴中心处相应于至水冷端的距离为 12mm
②根据以上数据，再从图 1-6-3 查出相应的硬度值
轴表面：相应于至水冷端的距离 1.5mm，相应的硬度为 53HRC
(3/4)R 处：相应于至水冷端的距离 6mm，相应的硬度为 46HRC
(1/2)R 处：相应于至水冷端的距离 9mm，相应的硬度为 38HRC
轴中心：相应于至水冷端的距离 12mm，相应的硬度为 33HRC
根据以上硬度值，便可作出 40Cr 制成 ϕ50mm 的轴径水淬后的截面硬度分布曲线（图 b）
③零件直径 100mm<d≤220mm 时可从图 b 查得不同零件直径水淬后与末端淬火试样的至水冷端的距离的关系，然后再从相应钢号的淬透性曲线图中查出相应的硬度值。例如 d=120mm，水淬时可按图 b 中箭头所示方向查找
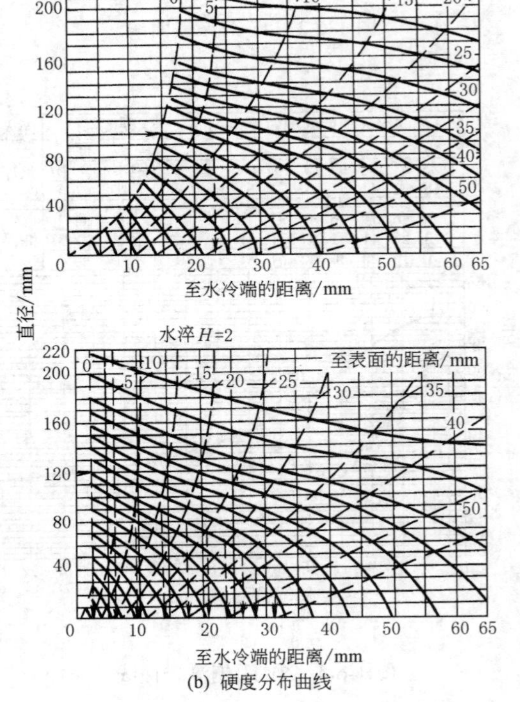

(b) 硬度分布曲线</td></tr>
</table>

续表

项目	应用举例
根据零件尺寸大小及要求的淬火硬度选择材料	已知：$\phi45$mm 的发动机轴，在交变弯曲及扭转应力下工作，为了保证使用要求，热处理后的硬度要求大于 36HRC，问选用 40CrMnMo 能否满足要求 ①由图 c 查得，要获得 36HRC 的硬度，则钢材淬火硬度应大于 45HRC ②由图 d 查得，要保证淬火硬度大于 45HRC，所选用的钢号淬火后的组织含 M 约 50% 时，含碳量应 >0.45%；含 M 约 80% 时，含碳量应 >0.35%。40CrMnMo 的含碳量约 0.37%～0.44%，不能满足含 M 约 50% 组织的要求，但可满足获得含 M 约 80% 的要求 ③根据轴的工作条件，表面处应力最大，中心处应力趋于零，故不需全部淬透，一般淬硬厚度不低于 $(1/4)R$ 即可。因此，根据此淬硬厚度，从图 a 查出相应直径时油淬或水淬后为末端淬火法试样至水冷端距离的关系，即 $\phi45$mm 的轴油淬时，其距中心 $(3/4)R$ 处的冷却速度同末端淬火样品距端部约 10.5mm 处的冷却速度是相当的。查图 1-6-5，按至水冷端的距离为 10.5mm 时，油淬后硬度约 49HRC，故可满足要求 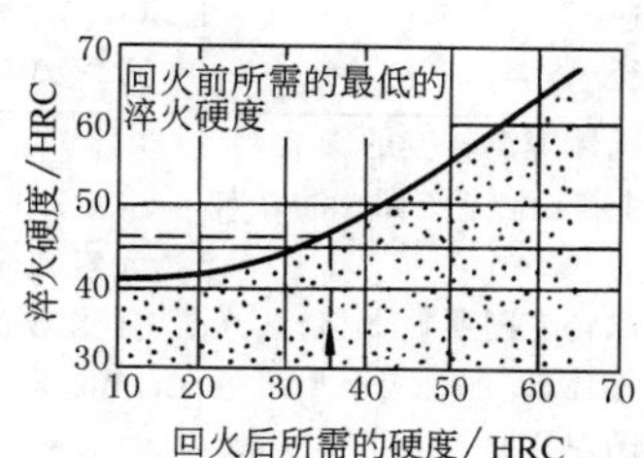 (c) 回火所需硬度与淬火硬度的关系 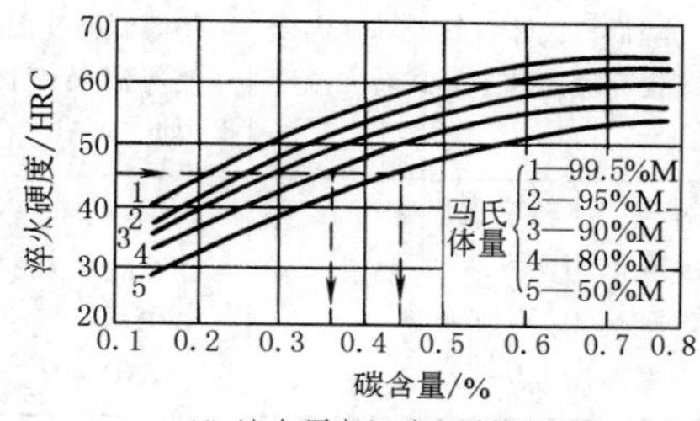 (d) 淬火硬度与碳含量的关系
根据选定材料的淬透性曲线求该钢号的临界淬透直径 D_c	已知：材料的淬透性曲线 ①根据选用材料的含碳量从图 d 找出相当于半马氏体(50%M)区的硬度，并由已知淬透性曲线上找出相同硬度下至水冷端的距离 ②从第一步找出的距离在图 e 的横坐标上找到相同数值处，引出垂线与各冷却强度曲线相交，再由交点向左引纵坐标的垂线，便可得出相应冷却剂的临界淬透直径 ③如果理想临界淬透直径的马氏体量不是以 50% 为标准，则可按图 f 进行换算 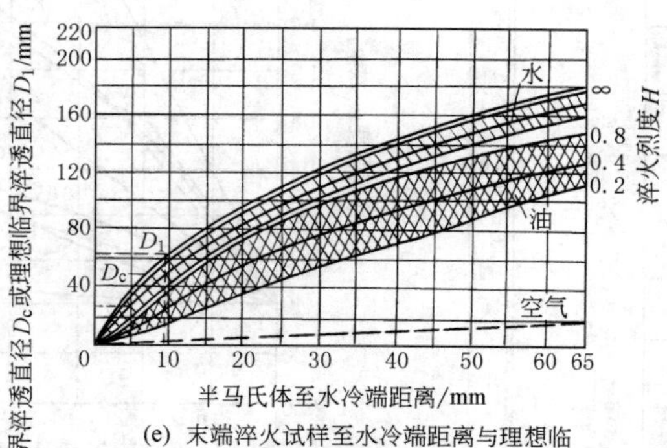 (e) 末端淬火试样至水冷端距离与理想临界淬透直径和临界淬透直径的关系 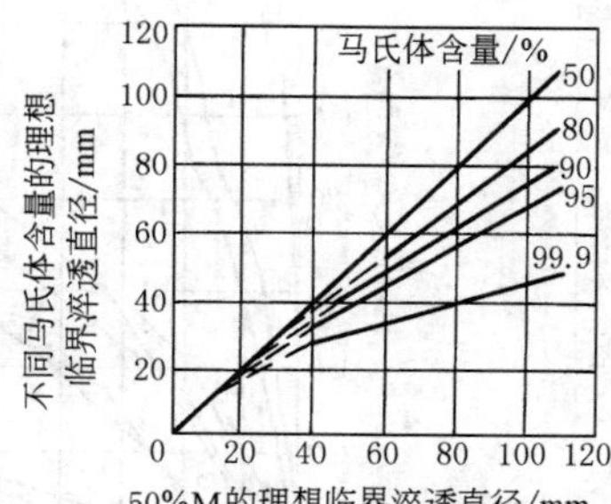 (f) 不同马氏体含量的理想临界淬透直径与50%马氏体含量的理想临界淬透直径之间的关系

合金元素对钢组织性能和热处理工艺的影响

表 1-6-9

	影响方面	合金元素	影响方面	合金元素
对钢组织的影响	对奥氏体化过程的影响 加速 延缓	 Co Ti、V、Mo、W	对奥氏体晶粒度的影响 阻碍晶粒长大 影响不明显 加速晶粒长大	 Ti、V、Ta、Zr、Nb 和少量 W、Mo 等形成稳定难溶碳化物元素，N、O、S 等形成高熔点非金属夹杂物和金属间化合物元素 Si、Ni、Co 等促进石墨化元素 Cu 结构上自由存在的元素 Cr 等形成比较易溶解碳化物的元素 Mn、P
	对奥氏体等温转变的影响 保持等温转变图形状，向右移 等温转变图明显右移，珠光体和贝氏体转变曲线分开使等温转变图左移	 Si、P、Ni、Cu 等不形成碳化物元素和弱形成碳化物元素 强形成碳化物元素 Ti、V、Cr、Mo、W、Co	多种元素综合作用	比较复杂，不是简单叠加
	对连续冷却转变图的影响 降低奥氏体分解或转变温度 提高奥氏体分解或转变温度	 使等温转变图向右移的元素 使等温转变图向左移的元素，如 Co、Al	对 Fe-C 相图奥氏体区的影响 缩小和封闭 γ 区	 Cr、W、Mo、Si、V、Ti 等
			防止或延迟回火脆性	Be、Mo、W
	对马氏体转变的影响 降低 M_s 点 影响 M_s 点不明显 提高 M_s 点	 C、Mn、V、Cr、Ni、Cu、Mo、W Si、B Co、Al	对回火二次硬化的影响 残余奥氏体转变 沉淀硬化	 Mn、Mo、W、Cr、Ni、Co、V V、Mo、W、Cr、Ni、Co
对钢组织的影响	对铁素体固溶硬化作用	图：硬度/HBS（80～240）与溶于铁素体中的合金元素（质量分数）/%（0～22）的关系，曲线 P、Si、Mn、Ni、Mo、V、W、Cr	马氏体碳含量与最高硬度的关系	图：钢淬火最高硬度 HRC（10～70）与 w(C)/%（0～1.0）的关系
对钢力学性能的影响	对抗拉强度的影响	图：抗拉强度 R_m/MPa（220～420）与合金元素（质量分数）/%（0～4）的关系，曲线 Be、Si、Ti、Mo、Ni、W、Al、Mn、V、Co、Cr	对屈服强度的影响	图：屈服强度 σ_s/MPa（0～220）与合金元素（质量分数）/%（0～3）的关系，曲线 Be、Ti、Si、W、Mo、Al、Co、V、Cr

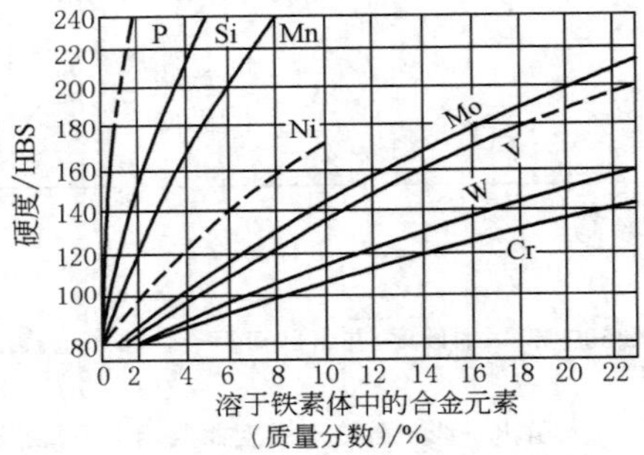

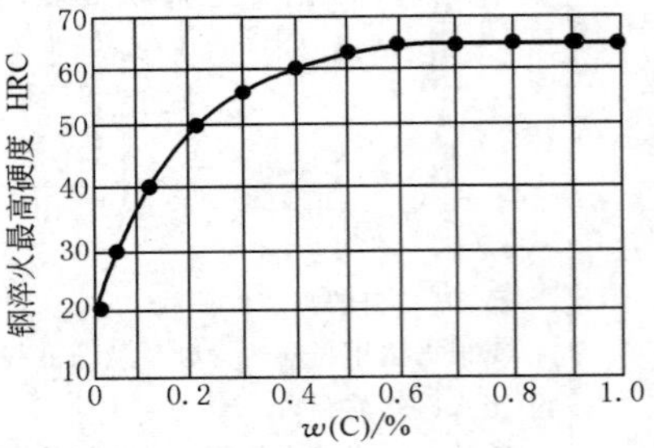

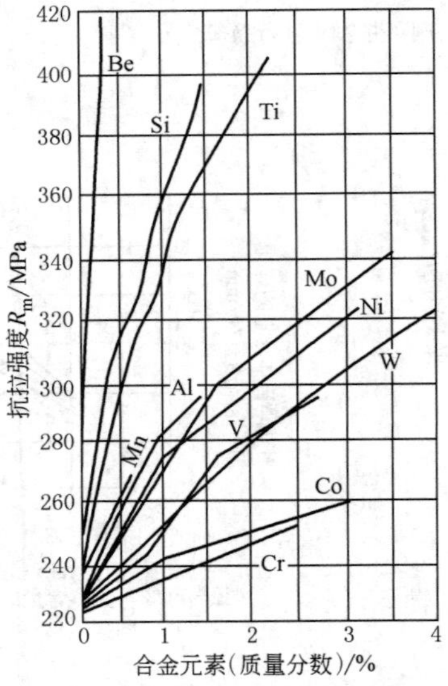

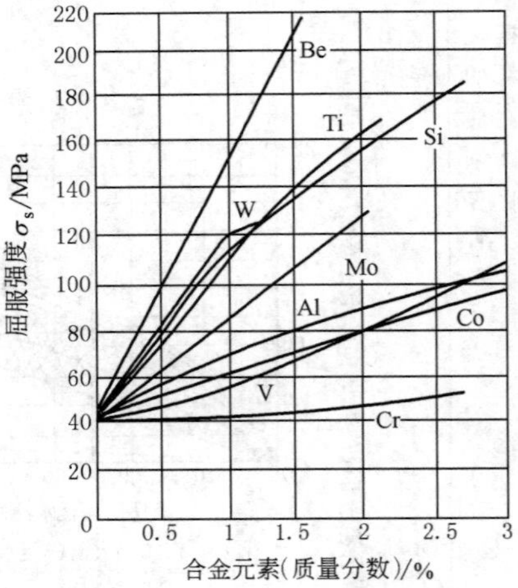

续表

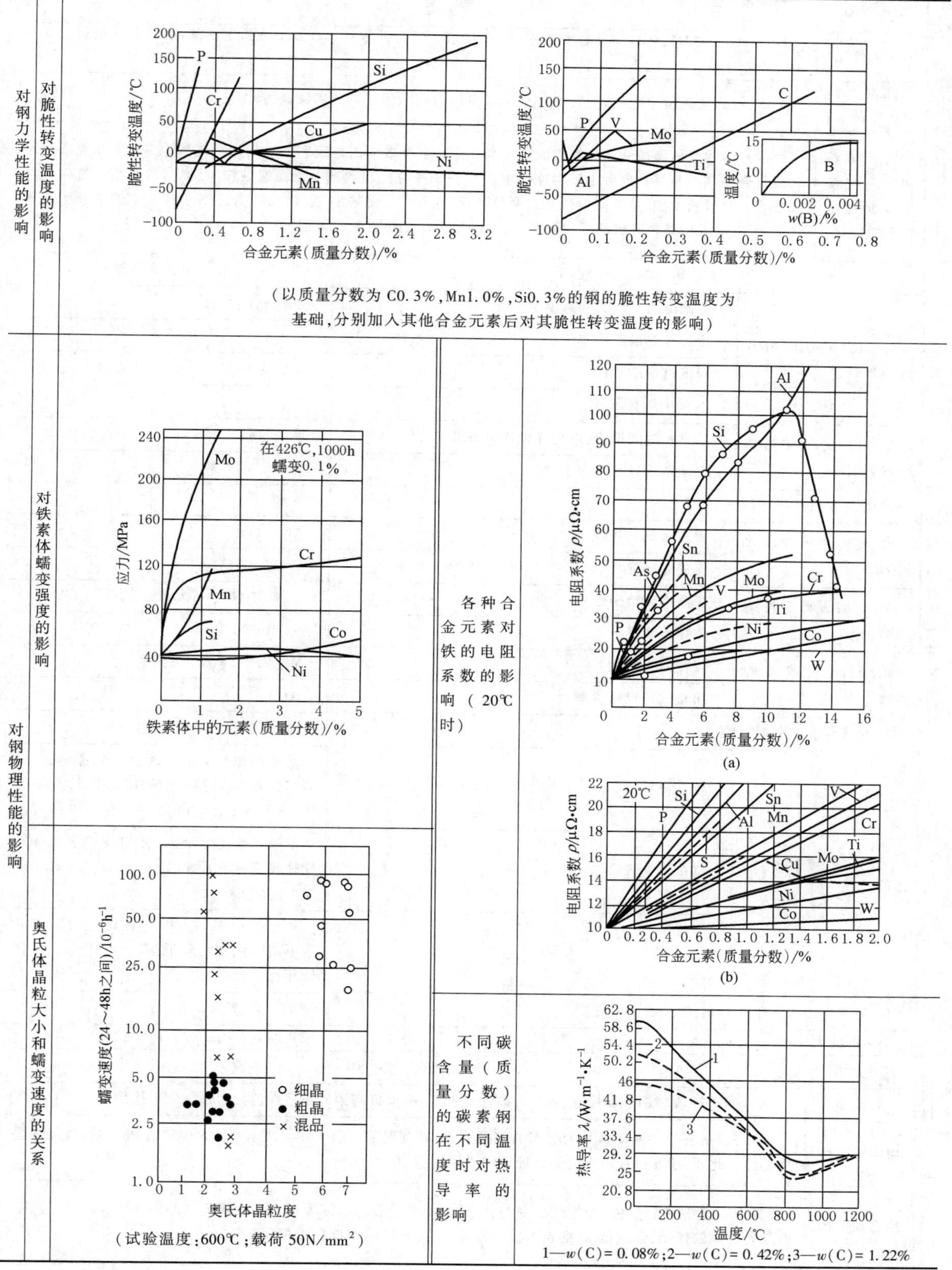
对钢力学性能的影响
对脆性转变温度的影响
脆性转变温度/℃
P
Cr
Si
Cu
Ni
Mn
合金元素(质量分数)/%
C
P
V
Mo
Ti
Al
温度/℃
B
w(B)/%
(以质量分数为C0.3%,Mn1.0%,Si0.3%的钢的脆性转变温度为基础,分别加入其他合金元素后对其脆性转变温度的影响)
对钢物理性能的影响
对铁素体蠕变强度的影响
在426℃,1000h
蠕变0.1%
应力/MPa
Mo
Cr
Mn
Si
Co
Ni
铁素体中的元素(质量分数)/%
各种合金元素对铁的电阻系数的影响(20℃时)
电阻系数 ρ/μΩ·cm
Al
Si
Sn
As
Mn
V
Mo
Cr
Ti
Ni
Co
W
P
合金元素(质量分数)/%
(a)
20℃
Si
P
Al
Sn
Mn
S
V
Cr
Cu
Mo
Ti
Ni
Co
W
合金元素(质量分数)/%
(b)
奥氏体晶粒大小和蠕变速度的关系
蠕变速度(24~48h之间)/$10^{-6}h^{-1}$
细晶
粗晶
混晶
奥氏体晶粒度
(试验温度:600℃;载荷50N/mm²)
不同碳含量(质量分数)的碳素钢在不同温度时对热导率的影响
热导率 λ/W·m⁻¹·K⁻¹
温度/℃
1—w(C)=0.08%;2—w(C)=0.42%;3—w(C)=1.22%

续表

	化学性能	元素的影响
对钢化学性能的影响	高温氧化	$Fe\text{-}Fe_3C$ 合金的抗高温氧化性能很差，加入 Cr、Si、Al 等元素在钢表面形成致密的氧化物，保护钢材表面不继续氧化
	高温含硫气体腐蚀	含 Ni 钢的抗硫腐蚀性很差，无 Ni 的 Cr-Al-Si 钢具有较强的抗硫腐蚀能力
	低温、常温和零下温度的表面化学性能的变化	由于液体和气体腐蚀介质在钢表面产生局部伏特电池效应而导致腐蚀。采用含高 Ni、Cr 的单相奥氏体不锈钢可避免和明显缓和这种电解腐蚀作用。Al 在钢中也能起到减少表面腐蚀作用，提高碳对钢的抗大气腐蚀能力。随碳量增加，抗晶间腐蚀能力明显降低，加入一定量的 Ti 或 Nb 可改善。Cu 和 P 能提高钢抗大气腐蚀能力。Cu 也可提高有机涂层的附着力。含 Cu 钢也是优良的建筑钢材

	影响方面		合金元素
对热处理工艺的影响	1. 对热处理加热温度的影响	提高退火、淬火、回火温度	Cr、Co、V、Al、Ti
		增加过热敏感性	C、Mn、Cr
		降低过热敏感性	W、Mo、Ti、V、Ni、Si、Ta、Co
		不宜在高温加热	Mo
	2. 对热处理加热时间的影响	不宜长时间退火，以免降低淬火硬度	含 W 钢
		必须适当延长淬火加热时间	含 Cr、W、V 钢
	3. 对反复热处理不敏感		W 钢
	4. 对化学热处理的影响	促进对氧的吸收	Al、Cr、Ta
		促进对碳的吸收	Cr、W、Mo、V
	5. 对回火稳定性的影响	提高回火稳定性	V、W、Ti、Cr、Mo、Co、Si
		作用不明显	Al、Mn、Ni
	6. 对回火脆性的影响	促使回火脆性	Mn、Cr、N、P、V、Cu、Ni
		防止或延迟回火脆性	Be、Mo、W
	7. 对高温渗碳温度敏感		Cr、Mo、Mn
	8. 对钢淬透性的影响	提高淬透性	易使晶粒长大的元素，如 Mn；降低奥氏体转变临界冷速的元素，如 C、P、Si、Ni、Cr、Mo、B、Cu、As、Sb、Be、N
		降低淬透性	使晶粒细化的元素，如 Al 提高奥氏体转变临界冷速的元素，如 S、V、Ti、Co、Nb、Ta、W、Te、Zr、Se
		例外	V、Ti、Nb、Ta、Zr、W 等强碳化物形成元素形成碳化物时降低淬透性，溶入固溶体则相反
	9. 对回火二次硬化的影响，残余奥氏体转变		Mn、Mo、W、Cr、Ni、Co、V
	10. 沉淀硬化		V、Mo、W、Cr、Ni、Co

	工艺性能	元素影响
对钢材加工工艺性的影响	焊接性	V、Ti、Nb、Zr 改善钢的焊接性，P、S、C 恶化焊接性，一般提高钢的淬透性的元素都降低焊接性
	切削加工性	加入 S、Mn 在钢中易生成均匀分布的 MnS 夹杂，切削时易断屑。在优质钢中加入少量的 Pb，亦可改善切削加工性。此外，还要经过适当的热处理使钢材硬度适中
	冷态加工性	S、P 等元素易使钢变脆，冷作性能变差，C、Si、P、S、Ni、Cr、V、Cu 等元素都会降低钢的深冲压、拉延性能，Al 有细化晶粒的作用，含少量 Al 的钢可提高深冲压、拉延后的钢板表面质量

常用材料的工作条件和热处理

表 1-6-10

材料	组织、性能特点和工作条件		牌号	热处理		力学性能 ≥							应用示例	临界淬透直径/mm
				淬火/℃	回火/℃	R_m/MPa	σ_s/MPa	A/%	Z/%	a_k/J·cm^{-2}	硬度 HB	硬度 HRC		
渗碳钢	含碳量 0.1%~0.25% 合金元素总量一般不超过 3%，少数达 5%~7%。作用为提高淬透性（Cr、Mn、Mo、Ni 等），阻碍高温渗碳时奥氏体晶粒长大（Ti、V、W、Mo、Cr 等）以及提高渗碳工件表面和心部的强韧性（Ni 最显著） 经渗碳、淬火、低温回火后，碳钢的表层组织为回火马氏体和粒状渗碳体及少量残余奥氏体，心部为珠光体型组织；合金渗碳钢表层为回火马氏体、粒状合金碳化物和少量残余奥氏体，心部淬透时为低碳马氏体，不淬透时还有珠光体型组织 可获得表面硬而耐磨，心部强韧相济的性能 用于受冲击和磨损条件下工作的工件 按合金元素的类型和数量，可分为低淬透性（低强度）、中淬透性（中强度）和高淬透性（高强度）几个等级，以适应不同的应用场合	低淬透性渗碳钢	15、20	（1）渗碳 900~950℃ （2）淬火 一般采用渗碳后预冷到 800~850℃淬火或渗碳后冷到室温，然后重新加热到 750~780℃淬火 对 20Cr2Ni4 和 18Cr2Ni4W 等高合金渗碳钢，为减少淬火后的残余奥氏体，可采用高温回火后再加热到 800℃左右淬火 有时为了消除网状渗碳体、细化晶粒，也有采用二次淬火的，但不常用 （3）回火 一般为 180~200℃		450~550					心部 ≤30 HRC	表面 ≥59	用于受力不太大，心部强度要求不高的耐磨零件，如小齿轮，活塞销，柴油机凸轮轴，顶杆，中小型机床变速箱齿轮等	水淬 20~35
			15Cr			750	500	10	45	70				
			15MnV			750	500	11	45	70				
			20Cr			850	550	10	40	60				
			20Mn2			800	600	10	40	60				
			20MnV			950	800	9	40	50				
		中淬透性渗碳钢	12CrNi3			950	700	11	50	90	心部 30~45 HRC	表面 58~63	用于受中等动载荷的耐磨零件，如汽车、拖拉机变速箱齿轮、联轴器、齿轮轴、十字销头、花键轴套等	油淬 25~60
			20CrNi3			950	750	11	55	100				
			20CrMnTi			1100	850	10	45	70				
			20MnVB			1100	900	10	45	70				
			20CrMnMo			1200	900	10	45	70				
		高淬透性渗碳钢	12Cr2Ni4			1100	850	10	50	90	心部 35~45 HRC	表面 58~63	用于受重载和强烈磨损的重要大型零件，如飞机坦克变速箱齿轮，内燃机车主动牵引齿轮，柴油机曲轴、连杆、缸头螺栓等	油淬 ≥100
			20Cr2Ni4			1200	1100	10	45	80				
			18Cr2Ni4W			1200	850	10	45	100				
			16SiMn2WV			1200	900	10	45	80				
			15SiMn3MoWV			1200	900	10	45	100				
			15CrMn2SiMo			1200	900	10	45	80				

续表

材料	组织、性能特点和工作条件	牌号		热处理		力学性能 ≥							应用示例	临界淬透直径 /mm
				淬火 /℃	回火 /℃	R_m /MPa	σ_s /MPa	A /%	Z /%	a_k /J·cm^{-2}	硬度 HB	硬度 HRC		
调质钢	含碳量 0.25%~0.50%，要求硬度、强度、耐磨性为主的取上限，要求高塑性和韧性的零件取下限 主加合金元素有 Cr、Mn、Ni、Si 等，用以提高淬透性，强化铁素体，另加入少量细化晶粒（如 W、Mo、V、Ti 等）和防止回火脆性（如 Mo、W）的元素 调质钢一般是经调质后获得回火索氏体组织 具有强度、硬度、塑性和韧性良好配合的综合力学性能 用于承受动载荷的重要零件 为了改善表面耐磨性，可在调质后加表面淬火、软氮化或氮化处理 对某些要求强度高而有适当韧性的零件可进行淬火加 200℃ 左右的低温回火（如凿岩机活塞）或中温回火（如模锻锤杆） 调质钢按淬透性和强度分为低、中等、较高和高几个等级	低淬透性钢	45	840 水	560	650	360	17	35	40	210~250		用于小截面的零件，如各种小轴、小齿轮、螺栓等 此类钢在一般机械制造中应用很广 如零件力学性能要求不高，可用正火代替调质	水淬 15~30
			50	830 水	580	700	400	13	34	25				
			40Mn	840 水	600	800	520	18	45	50				
			50Mn	820 水	580	800	550	8	40	35				
		中等淬透性钢	40Cr	850 油	520 水、油	1000	800	9	45	58	250~350		用于中等截面、中载零件，如曲轴、齿轮、连杆、螺栓等。在内燃机车、汽车、拖拉机、机床上应用很广，其中，用得最多的是 40Cr（可用 40MnB、35SiMn 等代替）；38CrMoAl 是典型氮化钢	油淬 25~45
			35SiMn	900 水	570 水、油	900	750	15	45	58				
			40MnB	850 油	500 水、油	1000	800	10	45	58				
			40CrV	880 油	650 水、油	900	750	10	50	88				
			38CrMoAl	940 水、油	640 水、油	1000	850	14	50	88				
		较高淬透性钢	40CrNi	820 油	500 水、油	1000	800	10	45	68	250~350		用于截面较大、受载较重的零件，如大截面的曲轴、连杆、变速箱主动轴等，其中，40CrNi 可用 40MnMoB 等代替	油淬 45~75
			40CrMn	840 油	550 水、油	1000	850	9	45	58				
			35CrMo	850 油	550 水、油	1000	850	12	45	78				
			42CrMo	850 油	560 水、油	1100	950	12	45	78				
			30CrMnSi	880 油	520 水、油	1100	900	10	45	48				
		高淬透性钢	37CrNi3	820 油	500 水、油	1150	1000	10	50	60	250~350		用于大截面、受重载零件，如汽轮机主轴、叶轮、电力机车大齿轮等	油淬 ≥75
			37SiMn2MoV	870 水、油	650 水、油	1000	850	12	50	78				
			40CrNiMo	850 油	600 水、油	1000	850	12	55	98				
			40CrMnMo	850 油	600 水、油	1000	850	10	45	78				

续表

材料	组织、性能特点和工作条件	牌号	热处理 淬火/℃	热处理 回火/℃	力学性能 ≥ R_m/MPa	σ_s/MPa	A/%	Z/%	a_k/J·cm^{-2}	硬度 HBS	应用示例	临界淬透直径/mm
非调质钢	微合金化的非调质钢，即在中碳钢基础上添加微量钒、钛、铌等元素的钢 钢材在锻轧后施行控制冷却。用这种钢材加工出的工件可免除毛坯的调质处理，其力学性能不低于甚至高于调质处理的中碳钢和中碳低合金钢 右列三种牌号的非调质钢的金相组织为珠光体+铁素体，晶粒度为5~7	S53C(调质钢)	调质		875~885	660~670	17~19	55~57	60~63	231~248	这里列出的是几种用于柴油机连杆的非调质钢 目前这类非调质钢已广泛用于曲轴连杆、半轴、齿轮轴等汽车、拖拉机零件	
		35MnVS	锻后空冷		875~890	610~630	17~20	46~50	45~50	249~260		
		40MnVS	锻后空冷		875~932	610~634	15~18	46~50	50~72.5	260~277		
		35MnVNbS	锻后空冷		970~1123	684~765	12~16	32~46	47.5~65	265~288		

几种非调质钢和调质钢的锻造工艺和控冷方式 钢号	加热温度/℃	始锻温度/℃	终锻温度/℃	控冷方式	连杆抗拉试验结果 断裂负荷平均值/kN	最小截面积/mm^2	整体抗拉强度/MPa	强度比/%	疲劳抗力的安全系数 处理工艺	疲劳抗力/kN	安全系数	强度比/%
S53C(调质钢)	1200±10	1100±10	950±20	锻后调质	221	257	976	100	调质	57.7	1.7	100
35MnVS	1210±10	1120±10	960±20	先空冷后堆冷	230	257	1021	104	锻后空冷	85.0	2.5	147
40MnVS	1200±10	1100±10	950±20		242	257	1102	112	锻后空冷	77.5	2.3	134
35MVNbS	1210±10	1120±10	960±20		286	257	1167	120	锻后空冷	89.1	2.6	154

材料	组织、性能特点和工作条件		牌号	热处理	R_m/MPa	σ_s/MPa	A/%	Z/%	a_k/J·cm^{-2}	应用
新型准贝氏体钢	准贝氏体钢是在贝氏体钢合金化的基础上添加适量硅而成的。硅一方面强烈抑制碳化物析出，另一方面增加组织中残余奥氏体量及其稳定性。与一般的结构钢相比，在同等强度水平下，准贝氏体钢具有更高的塑性，冲击韧性的提高非常显著，良好的强度与塑性配合以及循环硬化特征，使准贝氏体钢具有低缺口敏感性和高疲劳强度	系列新型准贝氏体钢的常规力学性能	工程构件高强度准贝氏体钢 BZ-10	热轧 热轧+高温回火	692 585	— 490	10.5 28.0	— —	49 202	高强度板材、型材工程构件
			机器零件用高强度准贝氏体钢 BZ-11 BZ-15	正火+高温回火 正火+低温回火	1137 1270	950 980	16.7 15.0	59.0 58.0	91 87	石油钻采设备、重型钎杆、高强链环、高强钢筋、重载渗碳齿轮等
			机器零件用超高强度准贝氏体钢 BZ-25 BZ-30	正火+低温回火 热轧+低温回火	1570 1849	1310 1581	14.0 10.1	50.0 51.0	71 38	重载弹簧、耐磨板、锥齿、潜孔钻头等
			准贝氏体铸钢 ZGBZ-20 ZGBZ-35	正火+低温回火 正火+低温回火	1025 1746	— —	12.0 6.9	30.0 23.0	38 16	需焊接的耐磨构件、衬板、斗齿

续表

<table>
<tr><td rowspan="3">材料</td><td rowspan="3">组织、性能特点和工作条件</td><td rowspan="3">牌　号</td><td colspan="2">热处理</td><td colspan="7">力学性能 ≥</td><td rowspan="3">应用示例</td><td rowspan="3">临界淬透直径 /mm</td></tr>
<tr><td rowspan="2">淬火 /℃</td><td rowspan="2">回火 /℃</td><td rowspan="2">R_m /MPa</td><td rowspan="2">σ_s /MPa</td><td rowspan="2">A /%</td><td rowspan="2">Z /%</td><td rowspan="2">a_k /J·cm^{-2}</td><td colspan="2">硬度</td></tr>
<tr><td>HB</td><td>HRC</td></tr>
<tr><td rowspan="5">新型准贝氏体钢</td><td rowspan="5">准贝氏体钢焊后空冷相变应力较小，抗裂纹能力很大，因而具有优异的焊接性能。其破断抗力较高，并且在磨损过程中残余奥氏体受形变诱发转变为高碳马氏体，因而表现出优良的耐磨性。奥氏体良好的塑性，可以缓解应力集中，协调塑性变形，使钢的成形加工性较一般贝氏体钢更为优越</td><td colspan="12">高强度准贝氏体钢与强度相当的一般钢号力学性能比较</td></tr>
<tr><td>钢号</td><td>R_m/MPa</td><td>$\sigma_{0.2}$/MPa</td><td>A/%</td><td>Z/%</td><td>KV_2/J</td><td>钢号</td><td>R_m/MPa</td><td>$\sigma_{0.2}$/MPa</td><td>A/%</td><td>Z/%</td><td>KV_2/J</td></tr>
<tr><td>BZ-11（准贝氏体钢）</td><td>1137</td><td>950</td><td>17</td><td>59</td><td>73</td><td>40CrNiMoA</td><td>≥980</td><td>≥835</td><td>≥12</td><td>≥55</td><td>≥41</td></tr>
<tr><td>BZ-15（准贝氏体钢）</td><td>1270</td><td>980</td><td>15</td><td>58</td><td>70</td><td>18Cr2Ni4WA</td><td>≥1175</td><td>≥835</td><td>≥10</td><td>≥45</td><td>≥41</td></tr>
<tr><td>Fortweld70（贝氏体钢）</td><td>1164</td><td>920</td><td>20</td><td>62</td><td>24</td><td>23MnNiCrMo54</td><td>≥1180</td><td>≥980</td><td>≥10</td><td>≥45</td><td>≥52</td></tr>
<tr><td rowspan="3">低淬透性含钛优质碳素结构钢</td><td rowspan="3">含碳量为 0.55%～0.70%，并含有 0.03%～0.10%的 Ti
这类钢一般是经正火后再进行感应加热表面淬火</td><td>55DTi</td><td>正火
830±10</td><td></td><td>550</td><td>$R_{p0.2}$
300</td><td>A
16</td><td>35</td><td rowspan="3"></td><td rowspan="3"></td><td rowspan="3">感应加热表面淬火后 54～57</td><td rowspan="3">用于齿轮的全齿感应加热表面淬火、获得沿齿廓分布的硬化层，而达到齿轮渗碳时的硬化效果，在某些场合代替渗碳而简化工艺
适用齿轮模数：55DTi，≤5mm；60DTi，5～8mm</td><td>8～10
$\left(\frac{HRC}{3}<47\right)$</td></tr>
<tr><td>60DTi</td><td>正火
825±10</td><td></td><td>600</td><td>$R_{p0.2}$
350</td><td>A
14</td><td>30</td><td>10～12.5
$\left(\frac{HRC}{3}<50\right)$</td></tr>
<tr><td>70DTi</td><td>正火
815±10</td><td></td><td>700</td><td>$R_{p0.2}$
400</td><td>A
12</td><td>25</td><td></td></tr>
</table>

续表

材料	组织、性能特点和工作条件	牌号	热处理 淬火/℃	热处理 回火/℃	力学性能 ≥ R_m/MPa	σ_s/MPa	A/%	Z/%	a_k/J·cm^{-2}	硬度 HB	硬度 HRC	应用示例	临界淬透直径/mm
低碳马氏体钢	含碳量不超过 0.25%（有时达 0.4%） 合金元素总量一般不超过 3%，主要有 Cr、Mn、Si（提高淬透性）、Mo、V（细化晶粒）等 热处理是经强烈淬火获得板条状低碳马氏体，是钢材强韧化的重要途径之一。与调质钢相比，强度较高，冷脆转化温度低，而其他性能则与之相当 用在要求具有比调质钢更好的综合力学性能处	16Mn	900℃淬 10%盐水，200℃回火		1440	1220	11.4	40.1	49.8		45	代替调质钢可获高的强度和韧性，如用 15MnVB 代替 40Cr 制造螺栓；用大截面低碳马氏体钢 20SiMn2MoVA 等代替 40Cr 等调质钢制造吊环、吊卡等石油钻井零件，可大大提高使用寿命	7~10（>95%M）
		20Mn	880℃淬 10%盐水，200℃回火		1500	1260	10.8	42.5	95		44		
		20Mn2	880℃淬 10%盐水，250℃回火		1500	1265	12.4	52.5	83		45		
		20MnV	880℃淬 10%盐水，200℃回火		1435	1245	12.5	43.3	89~126		45		15~18（>95%M）
		20Cr	880℃淬 10%盐水，200℃回火		1450	1200	10.5	49	≥70		45		12~15（95%M）
		20CrMnTi	880℃淬 10%NaOH，水溶液，200℃回火		1510	1310	12.2	57	80~100		45		35~40（95%M）
		20CrMnSi	800℃淬水，200℃回火		1575	1315	13	53	93~107		47		
		15MnV	880℃淬 10%NaCl 水溶液，200℃回火		1390	1169	14.8	63.9	112		43		
		15MnVB	880℃淬 10%NaCl 水溶液，200℃回火		1353	1133	12.6	51	95		43		12~18（95%M）
		20MnVB	880℃淬 10%NaCl 水溶液，200℃回火		1435	1245	12.5	43	—		45		
		20MnTiB	870℃淬 10%盐水，200℃回火		1450	1230	11.3	55	104				
		25MnTiB	850℃油淬，200℃回火		1535	1330	12.5	54	96				
		25MnTiBRE	850℃油淬，200℃回火		1700	1345	13	57.5	95				
		20SiMn2MoVA	900℃油淬，250℃回火		1511	1238	13.4	58.5	160		45.8		60~80 油 110~120 水 （95%M）
		25SiMn2MoVA	900℃油淬，250℃回火		1676	1378	11.3	51.0	68				
		18Cr2Ni4WA	890℃油淬，220℃回火		1496	1214	9.3	38.1	—				110~130（>95%M）
		20Cr2Ni4A	880℃油淬，250℃回火		1437	1192	13.8	59.6	—		44.5		
		25Si2Mn2CrNiMoV	450±10	300	1765	1422	13.5	59.3	89		534HV		
		40CrNi2Mo	900±10	230	1900	1560	10	35	—		531HV		

续表

材料	组织、性能特点和工作条件	牌　号	热处理		力学性能 ≥							应用示例	临界淬透直径 /mm
			淬火 /℃	回火 /℃	R_m /MPa	σ_s /MPa	A /%	Z /%	a_k /J·cm^{-2}	硬度 HB	硬度 HRC		
弹簧钢	碳素弹簧钢含碳量为0.6%~0.9%。合金弹簧钢含碳量为0.45%~0.75% 主加元素为Si、Mn，起提高淬透性和强化作用，并加入少量W、V、Cr等防止石墨化和提高弹性极限、屈强比和耐热性的元素 热处理一般是淬火加中温回火，获得回火屈氏体组织，硬度为41~48HRC，个别高强度钢可达47~52HRC。重要弹簧热处理后再喷丸处理，以提高疲劳极限。对高温工作或精密弹簧，有时还进行松弛处理[①]。对一般小于ϕ10mm的小弹簧，冷卷成形后不必淬火，而只进行250~300℃去应力处理 要求高的抗拉强度、高的屈强比、高的疲劳强度（尤其是缺口疲劳）及高的弹性极限，并有足够的塑性和韧性 用在频繁的交变载荷下，主要是疲劳破坏	65	840 油	500	1000	800	9	35			30~45	小于 ϕ12mm 的弹簧	7~12
		85	820 油	480	1100	900	7	30			40~50	小于 ϕ12mm 的弹簧	
		65Mn	830 油	540	1000	800	8	30			35~40	小于 ϕ12mm 的弹簧	8~15
		55Si2Mn	870 水、油	480	1300	1200	6	30			45~48	ϕ20~25mm 的弹簧	20~25
		60Si2Mn	870 油	480	1300	1200	5	25			45~48	ϕ25~30mm 的弹簧	25~30
		50CrVA	850 油	500	1300	1150	A 10	40			43~45	ϕ30~50mm 的弹簧	30~50
		60Si2CrVA	850 油	410	1900	1700	A 6	20			45~52	小于 ϕ50mm 的弹簧	50
		55SiMnMoVA	880 油	550	1400	1300	6	30			46~48	小于 ϕ70mm 的弹簧	75
		55SiMnVB	860 油	460	1400	1250	5	30			40~45	小于 ϕ50mm 的弹簧	50

续表

材料	组织、性能特点和工作条件	牌号	热处理		力学性能 ≥							应用示例	临界淬透直径/mm
			淬火/℃	回火/℃	R_m/MPa	σ_s/MPa	A/%	Z/%	a_k/$J\cdot cm^{-2}$	硬度 HB	硬度 HRC		
特殊性能弹簧用钢和弹性合金	用于高温、腐蚀以及特殊条件的工作	30Cr13	1050℃油淬，450℃回火		175	$\sigma_{0.2}$143	15	46			17~50		
		06Cr18Ni11Ti	冷拔钢丝 ϕ1mm 冷拔钢丝 ϕ4~5mm		180~200 140~160	—	—	—			—		
		07Cr17Ni7Al	(1)1050℃，空冷→950℃，10min+4min/mm，空冷→-73℃，8h→510℃，1h，空冷		(1)158 (2)186	147 182	$\delta_4$6 $\delta_4$2	—			47 49		
		0Cr15Ni7Mo2Al	(2)1050℃，空冷→60%以上冷加工→480℃，1h，空冷		(1)164 (2)186	152 182	$\delta_4$6 $\delta_4$2	—			48 50		
		0Cr12Ni4Mn5Mo5TiAl	冷加工60%→520℃，空冷		185	—	—	—			—		
		00Cr18Co9Mo5TiAl	820℃，30min，空冷→480℃，3h，空冷		206	$\sigma_{0.2}$204	11.8	57			52~55		
		Cr14Ni25Mo(A286)	980℃，1h，油淬→30%冷加工→650~700℃，8~19h，空冷		127~138	$\sigma_{0.2}$110~121	$\delta_4$10~16	43~52			—		
		Ni36CrTiAlMo8	1000~1050℃水淬→750℃，4h，空冷		140~150	$\sigma_{0.2}$110~115	6~7	—			46		
		Ni42CrTiAl	910℃±10℃水淬→600℃，3h，空冷		120~125	$\sigma_{0.2}$80~100	10~15				35~38		
		Inconel718	1040℃，1h，空冷→720℃，8h，炉冷，50℃/h→620℃，8h，空冷		139	$\sigma_{0.2}$118.5	25	48					
		Co40NiCrMo	1100~1150℃水冷→冷加工→400~450℃，4h，空冷		250~270	$\sigma_{0.2}$ 230~250	3~5				54~58		

续表

材料	组织、性能特点和工作条件	牌号	热处理		力学性能 ≥							应用示例	临界淬透直径 /mm
			淬火 /℃	回火 /℃	R_m /MPa	σ_s /MPa	A /%	Z /%	a_k /J·cm^{-2}	硬度 HB	硬度 HRC		
轴承钢	含碳量 0.95%~1.15% 含铬量 0.40%~1.65%，以增加淬透性和耐磨性。对大型轴承常加入Si、Mn、Mo、V，进一步提高淬透性和耐磨性。为保证疲劳强度，S和P分别≤0.020%和≤0.027% 热处理一般是先球化退火，然后淬火加低温回火，得到回火马氏体和分布均匀的细粒状碳化物及少量残余奥氏体，以保证高而均匀的硬度、耐磨性、弹性极限、接触疲劳强度、足够韧性及一定的耐蚀性 精密轴承及偶合件淬火后即进行-80~-70℃冷处理，并在磨削后进行低温时效 要求高而均匀的硬度和耐磨性、高的弹性极限和接触疲劳强度、足够的韧性，同时在大气或润滑剂中具有一定的耐蚀能力 用在承受高压而集中的周期性交变载荷，同时不但存在着转动，而且还有由于滑动产生极大的摩擦处	GCr6	800~820	150~170							62~64	小于 ϕ13mm 滚珠 ϕ10mm 滚柱	
		GCr9	810~830	150~170							62~64	小于 ϕ20mm 滚珠 ϕ17mm 滚柱	
		GCr9SiMn	810~830	150~160							62~64	ϕ25~50mm 滚珠 ϕ18~22mm 滚柱	
		GCr15	820~840	150~160							62~64	ϕ25~50mm 滚珠 柴油机精密耦件	
		GCr15SiMn	820~840	150~170							62~64	ϕ50~100mm 滚珠 大于 ϕ22mm 滚柱	
		GSiMnV	780~820	160							62~64	代 GCr15	
		GSiMnMoV	780~820	160							62~64	代 GCr15 GCr15SiMn	
		GSiMnMoVRE	805	150							62~64	代 GCr15 GCr15SiMn	

材料	组织、性能特点和工作条件		牌号	热处理 淬火/℃	热处理 回火/℃	力学性能 ≥ R_m/MPa	σ_s/MPa	A/%	Z/%	a_k/J·cm^{-2}	硬度 HB	硬度 HRC	应用示例	临界淬透直径/mm
不锈钢	含碳量：马氏体不锈钢0.1%~0.4%；铁素体不锈钢≤0.12%~0.15%；奥氏体不锈钢≤0.2% 不锈钢含大量的Cr和Ni，作用是提高电极电位，形成 Cr_2O_3 保护膜，当Cr≥11.7%时可使钢成为单一合金铁素体组织，大量的Cr和Ni可使钢呈单一奥氏体状态 马氏体型钢靠热处理强化，得到回火索氏体或回火马氏体，有较高强度、硬度和耐磨性，耐蚀性一般 铁素体型钢和奥氏体型钢不能用热处理强化，主要靠形变强化[①] 铁素体型钢一般经退火（抗晶间腐蚀）使用，可抗硝酸，抗高温氧化，耐蚀性好。强度较低，切削加工性比奥氏体型钢好 奥氏体型钢一般进行固溶处理[②]，对含Ti和Nb的钢必须进行稳定化处理和去应力处理。耐蚀性强，塑性、韧性好，切削加工性差 用在酸、碱、盐类溶液中、潮湿大气中或在高温下的蒸汽和气体作用下工作，一般承受压力或交变载荷，易发生电化学或化学腐蚀处	马氏体型	06Cr13	1000~1050 水、油	700~790	500	350	24	60				用于弱腐蚀介质中受冲击载荷的零件，如汽轮机叶片、水压机阀、内燃机车水泵轴、结构架、螺栓、螺母等	
			12Cr13	1000~1050 水、油	700~790	600	420	20	60	90				
			20Cr13	1000~1050 水、油	660~770	660	450	16	55	80				
			30Cr13	1000~1050 水、油	200~300	1600	1300	3	4			48	用于具有较高硬度和耐磨性的医疗器具、量具、刃具、针阀、弹簧等	
			40Cr13	1050~1100 油	200~300	1680	1400	4	8			50		
			95Cr18	1000~1050 油	200~300							55	滚珠轴承、刃具、量具、内燃机车动密封环等	
		铁素体型	Cr17	退火 750~800	—	400	250	20	50	20~80	156		用于硝酸及食品工业设备等	
			Cr17Mo2Ti	退火 750~800	—	500	300	20	55		145		用于有机酸及人造纤维工厂设备等	
		奥氏体型	06Cr19Ni10	1080~1130 水	—	500	200	45	60				化工用冲压耐蚀件焊条的焊芯等	
			12Cr18Ni9	1100~1150 水	—	550	200	45	50				用于耐酸设备、抗磁仪表、医疗器械等	
			17Cr18Ni9	1100~1150 水	—	580	220	40	55					
			06Cr18Ni11Ti[③]	1100~1150 水	—	520	200	40	55					
			Cr18Ni18Mo2Cu2Ti	1050~1100 水	—	650	230	40	55					

续表

材料	组织、性能特点和工作条件	牌号		热处理		力学性能 ≥							应用示例	临界淬透直径 /mm
				淬火 /℃	回火 /℃	R_m /MPa	σ_s /MPa	A /%	Z /%	a_k /J·cm^{-2}	硬度 HB	硬度 HRC		
耐热钢	耐热钢应有良好的热安定性(对高温气体的腐蚀抗力)和热强性,主要是抗晶间氧化,基本途径是合金化。主加合金元素是Cr、Si、Al,以生成致密氧化保护膜。同时加入W、Mo、V等能提高钢的再结晶温度,明显提高高温强度的元素Si、Al,形成的氧化层在高温下变脆,而且Al的氧化层易剥落,所以需与Cr配合使用 在高温下承受不同机械载荷或同时承受摩擦的条件下工作	珠光体型	15CrMo	930~960空冷	680~730	450	240	21		48			在550℃以下工作的零件,如过热器、高中压蒸汽导管等	
			12Cr1MoV	980~1020空冷	720~760	480	260	21		48				
		马氏体型	1Cr12WMoV	1000油	680~700	750	600	15	48	48			580℃以下的汽轮机叶片	
			4Cr9Si2	1050油	700油	900	600	20	55				650℃以下的内燃机排气阀	
		奥氏体型	06Cr18Ni11Ti③	1100~1150水	—	520	200	40	55				适于在500~650℃工作的零件,如喷气发动机排气管、柴油机进排气阀	
			4Cr14Ni14W2MoTi	1170~1200固溶	750时效	720	320	15	35	40				
		镍基合金	Cr20Ni44MoW	1130~1180空冷	—	750		40					用于在700~1000℃下工作的零件,如汽轮机叶片、燃烧室等	
耐磨钢	最常用的是高锰钢ZGMn13,含碳量1.0%~1.3%,含锰11%~14%,高锰钢只有在全部获得奥氏体组织时才呈现出最良好的韧性和耐磨性。而且奥氏体只有在受到剧烈的冲击力或压力时产生加工硬化后,才能提高硬度(450~550HB),具有高的耐磨性 热处理是经水韧处理获得单一奥氏体 在同时受到严重磨损及强烈冲击的条件下工作			水韧处理 1050~1100℃加热,淬入温度低于20℃的盐水		560~700	300	15	15	150~200	180~200		用于工作时受严重磨损及强烈冲击的工件,如挖掘机斗、齿斗、铁道道岔、拖拉机、破碎机的颚板和坦克履带板等	
灰铸铁	含碳量2.5%~4.0%,硅1.0%~3.0%及少量的锰、硫和磷 普通灰铸铁组织为铁素体或珠光体加片状石墨,经孕育处理的变质铸铁为在细珠光体基体上分布着细小片状石墨 灰铸铁的抗拉强度较低,但具有良好的耐磨性、消震性和工艺性能 用于承受压力和要求消震性或经受摩擦的条件	铁素体灰铸铁	HT100	一般只进行去应力退火(高温时效)。表面有白口时,用850~900℃退火消除,对机床导轨等耐磨件可用高(中)频或电接触加热表面淬火处理。淬硬层:电接触加热为0.15~0.35mm;高频加热为1.1~2.5mm;中频加热为3~4mm。硬度>50HRC		100							手工铸造用砂箱、盖、下水管、底座、手轮等	
		铁素体-珠光体灰铸铁	HT150			150							底座、手轮、刀架、水泵壳、阀体、阀盖等	
		珠光体灰铸铁	HT200			200							汽缸体、缸盖、飞轮、机床床身等	
		变质铸铁	HT250 HT300 HT350			250 300 350							机床床身、立柱、机座、汽缸体、凸轮、机床导轨等需表面淬火的铸件	

续表

材料	组织、性能特点和工作条件	牌号	热处理		力学性能 ≥							应用示例	临界淬透直径/mm
			淬火/℃	回火/℃	R_m/MPa	σ_s/MPa	A/%	Z/%	a_k/J·cm^{-2}	硬度 HB	硬度 HRC		
球墨铸铁	大致化学成分为C3.8%~4.0%,Si2.0%~2.8%,Mn0.6%~0.8%,P<0.1%,S<0.04%,Mg0.03%~0.08% 组织为球状石墨和基体,基体依成分、铸造冷速、热处理而不同,有铁素体、铁素体+珠光体、珠光体、回火索氏体、下贝氏体等 球墨铸铁中的石墨呈球形,对基体削弱作用和应力集中的程度较小,故可与钢一样,可用表面合金化和热处理强化进一步提高力学性能 球墨铸铁抗拉强度较高,小能量多次冲击下的疲劳强度接近于钢,而σ_s/R_m比钢约高40%,耐磨性也比钢好。但消震性比灰铸铁差	铁素体球铁 QT400-17 QT420-10	相应热处理 退火		400 420	$\sigma_{0.2}$ 250 270	17 10		60 30	≤197 ≤207		汽车、拖拉机底盘零件,阀门的阀盖和阀体	
		铁素体-珠光体球铁 QT500-05	相应热处理 退火		500	$\sigma_{0.2}$ 350	5		—	147~241		机油泵齿轮等	
		珠光体球铁 QT600-02 QT700-02	相应热处理 正火		600 700	$\sigma_{0.2}$ 420 490	2 2		—	229~302 231~304		柴油机、汽油机的曲轴,机床主轴等	
		回火索氏体基体球铁 QT800-02	相应热处理 调质		800	$\sigma_{0.2}$ 560	2		—	241~321		空压机、冷冻机的缸体、缸套等	
		下贝氏体基体球铁 QT1200-01	相应热处理 等温淬火		1200	$\sigma_{0.2}$ 840	1		30		≥38	汽车、拖拉机齿轮,柴油机凸轮轴等	
碳素结构钢	塑性较高,有一定强度,作普通零件及金属结构件用	Q195、Q215 Q235	一般不经热处理而直接采用		普通低合金钢	含碳量<0.2%,合金元素<3%,但 R_m 尤其是 R_m 比相等含碳量的碳素结构钢高;并有更低的冷脆临界温度,加入 Mn、Si 等元素主要是对铁素体进行固溶强化和细化晶粒等 普通低合金钢一般在正火状态使用,其组织为铁素体+索氏体							
	制造中等应力的零件	Q255 Q275	一般也可经正火或调质处理										

① 是对弹簧预先加上一个超过其工作载荷的变形量(弹性变形),然后固定起来加热,温度略高于弹簧的工作温度,保温 8~24h,使弹簧预先发生了应力松弛和永久变形,从而使其以后在工作中的松弛现象大大减轻,达到尺寸稳定的目的。

② 是指把合金加热到适当温度,保温,使其中某些组成物溶解到基体里形成均匀的固溶体,然后迅速冷却,使溶入物留在基体内成为过饱和固溶体,从而改善其延展性和韧性的处理。

③ 除专用外,一般情况下,不推荐使用。

1.4 如何正确地提出零件的热处理要求

工作图上应注明的热处理要求

表 1-6-11

<table>
<tr><th>方法</th><th>一般零件</th><th>重要零件</th></tr>
<tr><td>普通热处理</td><td>①热处理方法
②硬度标注波动范围一般为：HRC 在 5 个单位左右；HB 在 30~40 个单位左右
<table>
<tr><th>已知</th><th>各种硬度的近似换算式</th><th>适用范围</th></tr>
<tr><td rowspan="3">HRA</td><td>HRC≈2HRA-(101~101.6)</td><td>39~51HRC</td></tr>
<tr><td>HRC ≈ 2HRA - (101.8 ~ 102.4)</td><td>52~61HRC</td></tr>
<tr><td>HRC ≈ 2HRA - (102.6 ~ 102.8)</td><td>63~65HRC</td></tr>
<tr><td>HRC</td><td>HB ≈ 2500/[(118 ~ 101) - HRC]</td><td>30~51HRC</td></tr>
<tr><td>HRB</td><td>HB≈7300/(135-HRB)</td><td></td></tr>
<tr><td colspan="3">心算可粗略为：HRC≈(1/10)HB；
当 HB<400 时 HV≈HB；HB≈7HS</td></tr>
</table></td><td>①热处理方法
②零件不同部位的硬度
③必要时提出零件不同部位的金相组织要求，例如
<table>
<tr><th>零件名称</th><th>材料</th><th>热处理</th><th>硬度</th><th>金相组织</th></tr>
<tr><td>连杆螺栓</td><td>40Cr</td><td>调质</td><td>31HRC</td><td>回火索氏体，不允许有块状铁素体</td></tr>
<tr><td>柴油机凸轮轴</td><td>QT600-3</td><td>等温淬火</td><td>45~50HRC</td><td>下贝氏体+球状石墨</td></tr>
<tr><td>汽车板簧</td><td>60Si2Mn</td><td>淬火、回火</td><td>40~45HRC</td><td>回火屈氏体</td></tr>
<tr><td>铲齿</td><td>ZGMn13</td><td>水韧处理</td><td>180~200HB</td><td>奥氏体</td></tr>
<tr><td>车床主轴</td><td>45</td><td>整体调质，轴颈高频淬火</td><td>200~230HB
45~50HRC</td><td>回火索氏体
回火马氏体</td></tr>
</table></td></tr>
<tr><td>表面淬火</td><td>①热处理方法
②硬度
③淬火区域</td><td>①热处理方法，必要时提出预先热处理要求
②表面淬火硬度、心部硬度
③淬硬层深度
④表面淬火区域
⑤必要时提出变形要求</td></tr>
<tr><td>渗碳</td><td>①热处理方法
②硬度
③渗碳淬火硬化层深度，目前工厂多用下述方法确定
<table>
<tr><th>使用场合</th><th>渗碳淬火硬化层深度</th></tr>
<tr><td>碳素渗碳钢</td><td>由表面至过渡层 1/2 处</td></tr>
<tr><td>含铬渗碳钢</td><td>由表面至过渡层 2/3 处</td></tr>
<tr><td>合金渗碳钢汽车齿轮</td><td>过共析、共析、过渡区总和</td></tr>
</table>
④渗碳区域</td><td>①热处理方法
②淬火、回火后表面硬度、心部硬度
③渗碳淬火硬化层深度
④渗碳区域
⑤必要时提出渗碳层含碳量，一般在下述范围
<table>
<tr><th rowspan="2">状态</th><th colspan="3">含碳量(质量分数)/%</th></tr>
<tr><th>表面过共析区</th><th>共析区</th><th>亚共析(过渡)区</th></tr>
<tr><td>炉冷</td><td>0.9~1.2</td><td>0.7~0.9</td><td><0.7</td></tr>
<tr><td>空冷</td><td>1.0~1.2</td><td>0.6~1.0</td><td><0.6</td></tr>
</table>
⑥必要时提出心部金相组织要求</td></tr>
<tr><td>氮化(渗碳)</td><td>①热处理方法
②表面和心部硬度(表面硬度用 HV 或 HRA 测定)
③氮化层深度(一般应≤0.6mm)
④氮化区域</td><td>①热处理方法
②除一般零件的几项要求外，还需提出心部力学性能
③必要时，还要提出金相组织及对氮化层脆性要求(直接用维氏硬度计压头的压痕形状来评定，评定级别见表 1-6-5)</td></tr>
<tr><td>碳氮共渗</td><td>①中温碳氮共渗与渗碳同
②低温碳氮共渗与氮化同</td><td>①中温碳氮共渗与渗碳同
②低温碳氮共渗与氮化同</td></tr>
</table>

金属热处理工艺分类及代号的表示方法（摘自 GB/T 12603—2005）

热处理工艺代号标记规定如下（铝合金热处理工艺代号可参照执行）：

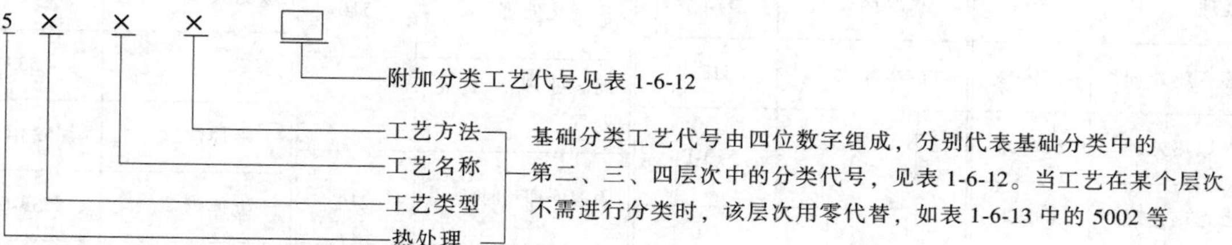

5 × × × □
附加分类工艺代号见表 1-6-12
工艺方法
工艺名称
工艺类型
热处理
基础分类工艺代号由四位数字组成，分别代表基础分类中的第二、三、四层次中的分类代号，见表 1-6-12。当工艺在某个层次不需进行分类时，该层次用零代替，如表 1-6-13 中的 5002 等

多工序热处理工艺代号用连接符号将各工艺代号连接组成，但除第一个工艺外，后面的工艺均省略第一位数字“5”，如 5151-331G 表示调质和气体渗氮。

表 1-6-12

基础分类

工艺总称	代号	工艺类型	代号	工艺名称	代号
热处理	5	整体热处理	1	退火	1
				正火	2
				淬火	3
				淬火和回火	4
				调质	5
				稳定化处理	6
				固溶处理;水韧处理	7
				固溶处理和时效	8
		表面热处理	2	表面淬火和回火	1
				物理气相沉积	2
				化学气相沉积	3
				等离子体增强化学气相沉积	4
		化学热处理	3	渗碳	1
				碳氮共渗	2
				渗氮	3
				氮碳共渗	4
				渗其他非金属	5
				渗金属	6
				多元共渗	7

基础分类（续）

加热方法	代号
可控气氛（气体）	01
真空	02
盐浴（液体）	03
感应	04
火焰	05
激光	06
电子束	07
等离子体	08
固体装箱	09
流态床	10
电接触	11

附加分类

退火工艺	代号	淬火冷却介质	代号	淬火冷却方法	代号
去应力退火	St	空气	A	加压淬火	Pr
均匀化退火	H	油	O	双介质淬火	I
再结晶退火	R	水	W	分级淬火	M
石墨化退火	G	盐水	B	等温淬火	At
脱氢处理	D	有机聚合物水溶液	Po	形变淬火	Af
球化退火	Sp	热浴	H	冷处理	C
等温退火	I			气冷淬火	G
完全退火	F				
不完全退火	P				

说明：

①当附加分类工艺代号多于一个字母时，按表中序号顺序标注

②当对冷却介质及方法需要用表中两个以上字母表示时，用加号将两个或几个字母连接起来，如 s+m 代表盐浴分级淬火

③化学热处理中，没有表明渗入元素的各种工艺，如多元渗、渗金属、渗其他非金属和熔渗，可以在其代号后用其化学符号表示出渗入元素，并用括号括起来，如 5336（Cr），5337（Cr－V）分别代表渗铬和铬钒共渗

④多工序热处理工艺代号用连接符号将各工艺代号连接组成，但除第一个工艺外，后面的工艺均省略第一位数字“5”，如 5151－331G 表示调质和气体渗氮

表 1-6-13　常用热处理工艺及代号的表示方法示例

工艺	代号
热处理	500
感应热处理	500-04
火焰热处理	500-05
激光热处理	500-06
电子束热处理	500-07
离子轰击热处理	500-08
真空热处理	500-02
盐浴热处理	500-03
可控气氛热处理	500-01
流态床热处理	500-10
整体热处理	510
退火	511
去应力退火	511-St
均匀化退火	511-H
再结晶退火	511-R
石墨化退火	511-G
脱氢处理	511-D
球化退火	511-Sp
等温退火	511-1
正火	512
淬火	513
空冷淬火	513-A
油冷淬火	513-O
水冷淬火	513-W
盐水淬火	513-B
有机水溶液淬火	513-Po
盐浴淬火	513-H
加压淬火	513-Pr
双介质淬火	513-I
分级淬火	513-M
等温淬火	513-At
形变淬火	513-Af
淬火及冷处理	513-C
感应加热淬火	513-04
真空加热淬火	513-02
可控气氛加热淬火	513-01
流态床加热淬火	513-10
盐浴加热淬火	513-04
盐浴加热分级淬火	513-10M
盐浴加热盐浴分级淬火	513-10H+M
淬火和回火	514
调质	515
稳定化处理	516
固溶处理，水韧化处理	517
固溶处理和时效	518
表面热处理	520
表面淬火和回火	521
感应淬火和回火	521-04
火焰淬火和回火	521-05
电接触淬火和回火	521-11
激光淬火和回火	521-06
电子束淬火和回火	521-07
物理气相沉积	522
化学气相沉积	523
等离子体增强化学气相沉积	524
化学热处理	530
渗碳	531
固体渗碳	531-09
真空渗碳	531-02
可控气氛渗碳	
流态床渗碳	531-10
离子渗碳	531-08
盐浴渗碳	531-03
碳氮共渗	532
渗氮	533
液体渗氮	533-03
气体渗氮	533-01
离子渗氮	533-08
流态床渗氮	533-10
氮碳共渗	534
渗其他非金属	535
渗硼	535(B)
固体渗硼	535-09(B)
液体渗硼	535-03(B)
渗硅	535(Si)
渗硫	535(S)
渗金属	536
渗铝	536(Al)
渗铬	536(Cr)
渗锌	536(Zn)
渗钒	536(V)
多元共渗	537
硫氮共渗	537(S-N)
铬硼共渗	537(Cr-B)
钒硼共渗	537(V-B)
铬硅共渗	537(Cr-Si)
硫氮碳共渗	537(S-N-C)
铬铝硅共渗	537(Cr-Al-Si)

热处理技术要求在零件图上的表示方法（摘自 JB/T 8555—2008）

表 1-6-14

<table>
<tr><th>零件</th><th>标 注 方 法</th><th>图 例</th></tr>
<tr><td>总则</td><td>
1)技术要求中硬度和有效硬化层深度的指标值可用三种方法表示(同一产品的所有零件图上,应采用统一的表示)
①一般采用:标出上、下限,如 60~65HRC,DC=0.8~1.2
②也可采用:偏差表示法,如 60^{+5}_{0}HRC,DC=$0.8^{+0.4}_{0}$
③特殊情况可只标下限值或上限值,如不小于 50HRC,不大于 229HRS
2)有效硬化层深度代号、深度、定义和测定方法标准
<table>
<tr><td>表面淬火回火</td><td>DS</td><td rowspan="3">mm
(可省略)</td><td>深度>0.3mm,按 GB/T 5617
≤0.3mm,GB/T 9451</td></tr>
<tr><td>渗碳或碳氮共渗淬火回火</td><td>DC</td><td>深度>0.3mm,按 GB/T 9450
≤0.3mm,GB/T 9451</td></tr>
<tr><td>渗氮</td><td>DN</td><td>按 GB/T 11354</td></tr>
</table>
3)复杂零件或其他原因导致技术要求难以标注,文字也难以表达时,则须另绘标注热处理技术要求的图,如右图要求零件硬度检测必须在指定点(部位)时,用如图中的测量点符号表示,指定硬度测量点位置时,应符合 JB/T 6050—2006 第 6 章规定
</td><td>
1. 复杂零件热处理的标注方法
Y　Z
(a) 零件热处理标注
20^{+5}_{0}　5^{+5}_{0}
表面硬度测量点　DS测量点
(b) Y部热处理技术要求的标注
30^{+5}_{0}　15　10
DS测量点　表面硬度测量点
(c) Z部热处理技术要求的标注
</td></tr>
<tr><td>正火、退火及淬火回火(含调质)零件</td><td>
正火、退火、淬火回火(含调质)作为最终热处理状态的零件标注硬度要求一般用布氏硬度(GB/T 231.1)或洛氏硬度(GB/T 230.1)表示,也可以用其他硬度表示
局部热处理零件需将有硬化要求的部位在图形上用点画线框出。轴对称零件或在不致引起误会情况下,也可用一条粗点画线画在热处理部位外侧表示,如右图
</td><td>
2. 局部热处理的标注方法
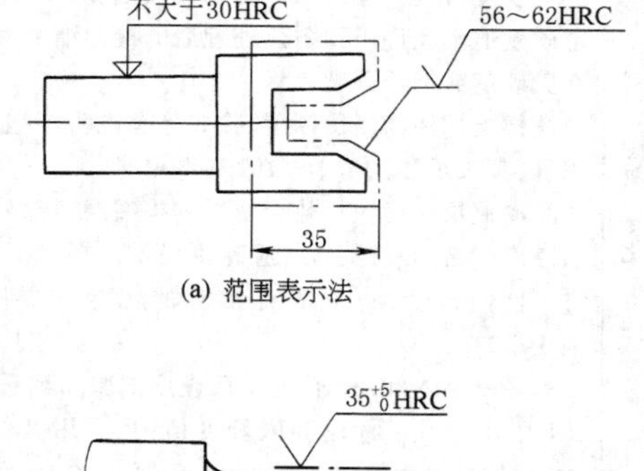

(a) 范围表示法
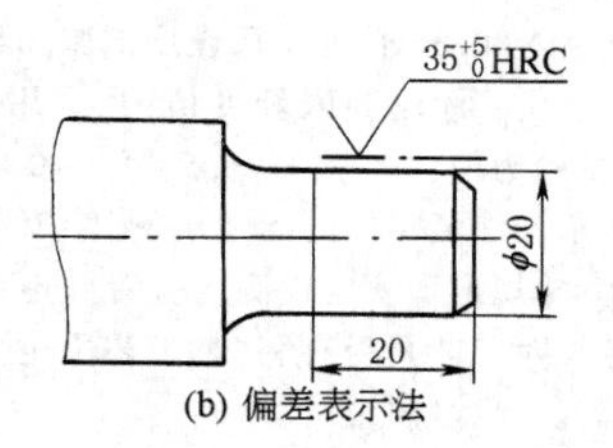

(b) 偏差表示法
</td></tr>
</table>

续表

零件	标注方法	图例
表面淬火零件	表面淬火的表面硬度可用维氏硬度(GB/T 4340.1)、洛氏硬度(GB/T 230)表示。但标注包括两部分:硬度值和相应的试验力。如620~780HV30。试验力选取与最小有效硬化层深度有关,见表1-6-15 有效硬化层深度的标注包括三部分:深度代号、界限硬度值和要求的深度。界限硬度值可根据最低表面硬度值按表1-6-16选取,特殊情况,也可采用其他商定界限硬度值,同样须在DS后标明	3. 局部感应加热淬火回火标注方法 15±5　30$^{+5}_{0}$ 620HV30～780HV30　DS500=0.8～1.6 (a) 范围表示法 DS=0.8$^{+0.8}_{0}$, 620$^{+160}_{0}$HV30 15±5　30$^{+5}_{0}$ (b) 偏差表示法
渗碳和碳氮共渗零件	渗碳和碳氮共渗后淬火回火的零件的表面硬度,通常用维氏硬度或洛氏硬度表示。对应的最小有效硬化层深度和试验力与表面淬火零件相同。其有效硬化层深度DC的表示法与DS基本相同,只是它的界限硬度值是恒定的,通常取550HV1,而且标注时一般可省略,如右图所示。特殊情况下可不采用此值,此时DC后必须注明商定的界限硬度值和试验力。图中要求渗碳后淬火回火部位用粗点画线框出;有的部位允许同时渗碳淬硬,也可以不渗碳淬硬,视工艺是否有利而定,用虚线表示;未标注部位,既不允许渗碳也不允许淬硬。推荐的DC及上偏差见表1-6-23	4. 局部渗碳标注方法 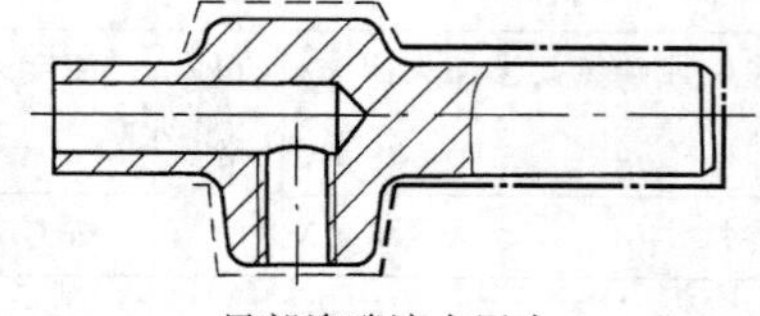 局部渗碳淬火回火 57~63HRC DC=1.2~1.7
渗氮(氮化)零件	表面硬度常用维氏硬度表示,见GB/T 4340.1。表面硬度值由于检测方法不同、有效渗氮层深度不同而有差异,标注时应准确选择。有效渗氮层深度不大于0.3mm时按GB/T 9451执行,大于0.3mm时按GB/T 11354执行。经协商同意,也可以采用其他硬度检测方法表示。心部硬度有要求时,应特别说明。心部硬度通常允许以预备热处理后的检测结果为准,用维氏硬度、布氏硬度或洛氏硬度表示 图样上标注渗氮层深度,除非另有说明,一般均指有效渗氮层深度,其表示方法与DS、DC基本相同 总渗氮层深度包括化合物层和扩散层两部分。零件以化合物层厚度代替DN要求时,应特别说明。厚度要求随零件服役条件不同而改变,一般零件推荐的化合物层厚度及公差值见表1-6-23 采用2.94N(0.3kgf)的维氏硬度试验力测量有效渗氮层深度DN时,DN后不标注界限硬度值;当采用其他试验力时,应在DN后加试验力值,如DN HV0.5=0.3~0.4(见表1-6-17) 右图所示为渗氮零件的标注示例,渗氮部位边缘以粗点画线予以标注,并规定了硬度检测点位置。虚线部位允许渗氮或不允许渗氮视对工艺是否有利,由工艺决定。未标注部位不允许渗氮,如需防渗,必须说明	5. 渗氮零件的标注方法 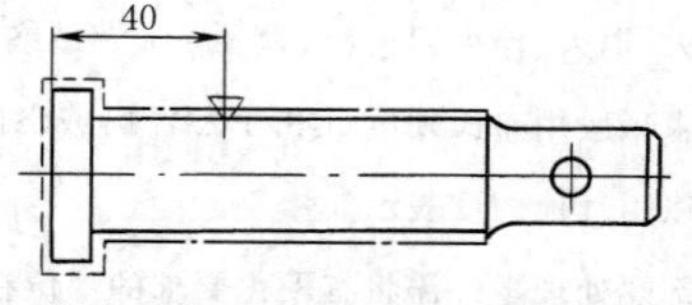 局部渗氮　硬度不小于800HV30 DN=0.4~0.6,脆性不大于3级

表 1-6-15　最低表面硬度、最小有效硬化层深度与试验力之间的关系（摘自 JB/T 8555—2008）

	最小有效硬化层深度 /mm	最低表面硬度 HV				最小有效硬化层深度 /mm	最低表面硬度 HV			
		400~500	>500~600	>600~700	>700		400~500	>500~600	>600~700	>700
以维氏硬度表示时	0.05	—	HV0.5	HV0.5	HV0.5	0.45	HV10	HV10	HV30	HV30
	0.07	HV0.5	HV0.5	HV0.5	HV1	0.5	HV10	HV30	HV30	HV50
	0.08	HV0.5	HV0.5	HV1	HV1	0.55	HV30	HV30	HV50	HV50
	0.09	HV0.5	HV1	HV1	HV1	0.6	HV30	HV30	HV50	HV50
	0.1	HV1	HV1	HV1	HV1	0.65	HV30	HV50	HV50	HV50
	0.15	HV3	HV3	HV3	HV3	0.7	HV50	HV50	HV50	HV50
	0.2	HV5	HV5	HV5	HV5	0.75	HV50	HV50	HV50	HV100
	0.25	HV5	HV5	HV10	HV10	0.8	HV50	HV100	HV100	HV100
	0.3	HV10	HV10	HV10	HV10	0.9	HV50	HV100	HV100	HV100
	0.4	HV10	HV10	HV10	HV30	1.0	HV100	HV100	HV100	HV100

	最小有效硬化层深度 /mm	最低表面硬度（以 HR…N 表示）										
		82~85 HR15N	>85~88 HR15N	>88 HR15N	60~68 HR30N	>68~73 HR30N	>73~78 HR30N	>78 HR30N	44~54 HR45N	>54~61 HR45N	>61~67 HR45N	>67 HR45N
以表面洛氏硬度表示时	0.1	—	—	HR15N	—	—	—	—	—	—	—	—
	0.15	—	HR15N	HR15N	—	—	—	—	—	—	—	—
	0.2	HR15N	HR15N	HR15N	—	—	—	HR30N	—	—	—	—
	0.25	HR15N	HR15N	HR15N	—	—	HR30N	HR30N	—	—	—	—
	0.35	HR15N	HR15N	HR15N	—	HR30N	HR30N	HR30N	—	—	—	HR45N
	0.4	HR15N	HR15N	HR15N	HR30N	HR30N	HR30N	HR30N	—	—	HR45N	HR45N
	0.5	HR15N	HR15N	HR15N	HR30N	HR30N	HR30N	HR30N	—	HR45N	HR45N	HR45N
	≥0.55	HR15N	HR15N	HR15N	HR30N	HR30N	HR30N	HR30N	HR45N	HR45N	HR45N	HR45N

	最小有效硬化层深度 /mm	最低表面硬度							
		HRA				HRC			
		70~75	>75~78	>78~81	>81	40~49	>49~55	>55~60	>60
以洛氏硬度A标尺或C标尺表示时	0.4	—	—	—	HRA	—	—	—	—
	0.45	—	—	HRA	HRA	—	—	—	—
	0.5	—	HRA	HRA	HRA	—	—	—	—
	0.6	HRA	HRA	HRA	HRA	—	—	—	—
	0.8	HRA	HRA	HRA	HRA	—	—	—	HRC
	0.9	HRA	HRA	HRA	HRA	—	—	HRC	HRC
	1.0	HRA	HRA	HRA	HRA	—	HRC	HRC	HRC
	1.2	HRA	HRA	HRA	HRA	HRC	HRC	HRC	HRC

表 1-6-16　表面淬火界限硬度值（摘自 JB/T 8555—2008）

界限硬度值	最低表面硬度					
HV	HRA	HR15N	HR30N	HR45N	HV	HRC
250	65~70	75~76	51~53	32~35	300~330	32~33
275	68	77~78	54~55	36~38	335~355	34~36
300	69~70	79	56~58	39~41	360~385	37~38
325	71	80~81	59~62	42~46	390~420	40~42
350	72~73	82~83	63~64	47~49	425~455	43~45
375	74	84	65~66	50~52	460~480	46~47
400	75	85	67~68	53~54	485~515	48~49
425	76	86	69~70	55~57	520~545	50~51
450	77	87	71	58~59	550~575	52~53
475	78	88	72~73	60~61	580~605	54
500	79	89	74	62~63	610~635	55~56
525	80	—	75~76	64~65	640~665	57
550	81	90	77	66~67	670~705	58~59
575	82	—	78	68	710~730	60
600	—	91	79	69	735~765	61~62
625	83	—	80	70	770~795	63
650	—	92	81	71~72	800~835	64
675	84	—	82	73	840~865	65

表 1-6-17　最小有效渗氮层深度、最低表面硬度与试验力之间的关系（摘自 JB/T 8555—2008）

最小有效渗氮层深度/mm	最低表面硬度 HV						
	200~300	>300~400	>400~500	>500~600	>600~700	>700~800	>800
0.05	—	—	—	HV0.5	HV0.5	HV0.5	HV0.5
0.07	—	HV0.5	HV0.5	HV0.5	HV0.5	HV1	HV1
0.08	HV0.5	HV0.5	HV0.5	HV0.5	HV1	HV1	HV1
0.09	HV0.5	HV0.5	HV0.5	HV1	HV1	HV1	HV1
0.1	HV0.5	HV1	HV1	HV1	HV1	HV1	HV3
0.15	HV1	HV1	HV3	HV3	HV3	HV3	HV5
0.2	HV1	HV3	HV5	HV5	HV5	HV5	HV5
0.25	HV3	HV5	HV5	HV5	HV10	HV10	HV10
0.3	HV3	HV5	HV10	HV10	HV10	HV10	HV10
0.4	HV5	HV10	HV10	HV10	HV10	HV30	HV30
0.45	HV5	HV10	HV10	HV10	HV30	HV30	HV30
0.5	HV10	HV10	HV10	HV30	HV30	HV30	HV30
0.55	HV10	HV10	HV30	HV30	HV30	HV50	HV50
0.6	HV10	HV10	HV30	HV30	HV50	HV50	HV50
0.65	HV10	HV30	HV30	HV50	HV50	HV50	HV50
0.7	HV10	HV30	HV50	HV50	HV50	HV50	HV50
0.75	HV20	HV30	HV50	HV50	HV50	HV100	HV100

注：表内检验方法通常是指允许采用最大试验力，允许用较低的试验力代替表中规定的试验力，如用 HV10 代替 HV30。

常见的热处理技术要求的标注错例

表 1-6-18

	摇杆	机床主轴
	表面硬化	
热处理要求	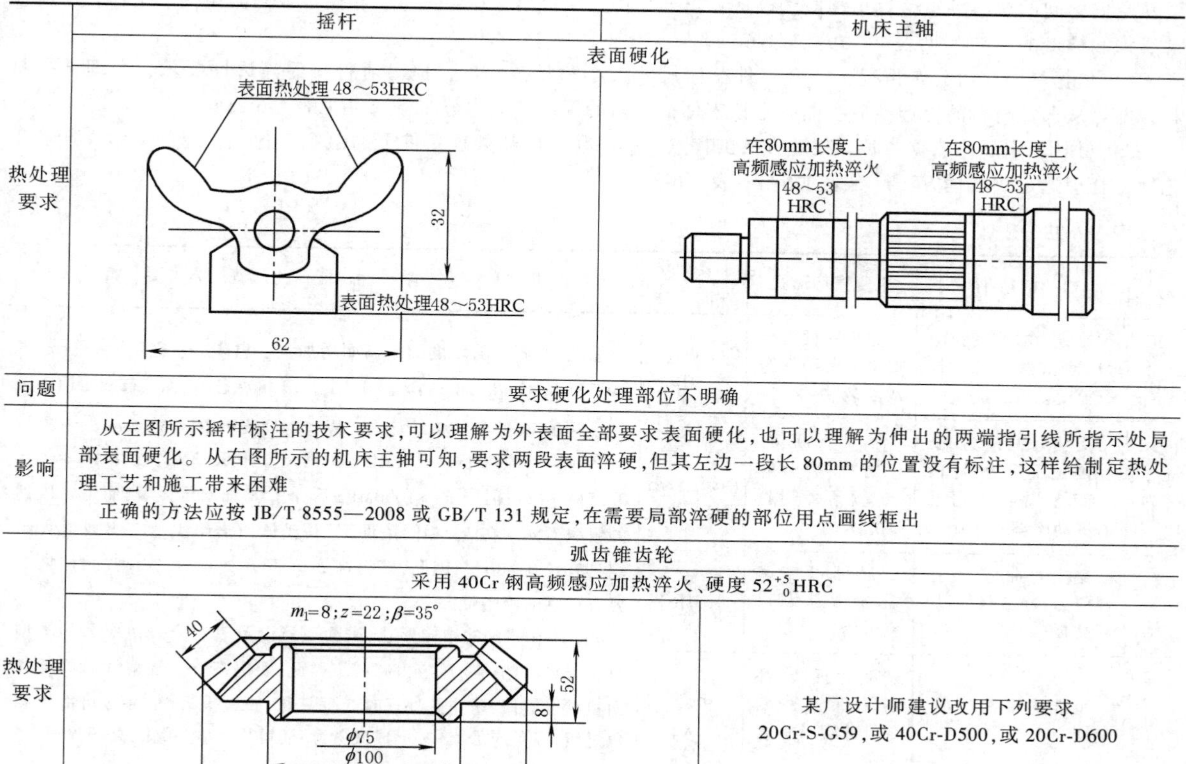	
问题	要求硬化处理部位不明确	
影响	从左图所示摇杆标注的技术要求,可以理解为外表面全部要求表面硬化,也可以理解为伸出的两端指引线所指示处局部表面硬化。从右图所示的机床主轴可知,要求两段表面淬硬,但其左边一段长 80mm 的位置没有标注,这样给制定热处理工艺和施工带来困难 正确的方法应按 JB/T 8555—2008 或 GB/T 131 规定,在需要局部淬硬的部位用点画线框出	
	弧齿锥齿轮	
	采用 40Cr 钢高频感应加热淬火、硬度 52^{+5}_{0}HRC	
热处理要求	40Cr-G52(齿部)	某厂设计师建议改用下列要求 20Cr-S-G59,或 40Cr-D500,或 20Cr-D600
问题	同时提出几种工艺要求,令工艺人员无所适从	
影响	图纸原始热处理要求 40Cr-G52(齿部)。高频感应加热淬火工艺虽有许多优点,但受设备频率、功率、零件结构形状、生产批量等许多条件制约。弧齿锥齿轮采用普通高频设备(如 250kHz 高频或 80kHz 中频)都难以达到理想的仿齿形硬化分布效果,工艺性很差 某厂设计师建议改用 20Cr-S-G59(20Cr 钢、渗碳、高频淬火、59HRC)或 40Cr-D500(40Cr、渗氮、硬度 500HV)或 20Cr-D600(20Cr 钢、渗氮、硬度 600HV) 这种建议叫工艺人员无所适从。它的要求到底是什么?高频感应加炉淬火 52HRC 合格,20Cr 钢渗碳 59HRC 也行,渗氮后 500~600HV 都可以。而且渗氮层有效深度 DN 也没有提出来,说明设计者对该零件准确的技术要求心中无数 此建议还有下列问题: ①热处理工艺有许多种,各种工艺都有其特点,相应地适用于某钢种(如渗氮适用于渗氮钢,有最佳效果)以及达到何种最佳性能。某种工艺适用于某种类型的零件,有的可以互相替代,但大多数是不能替代的,随意更换容易出错 ②硬度互相替代也易出错。硬度是大多数零件的热处理技术要求,硬度的测量方法有多种(常用的有洛氏硬度、布氏硬度、维氏硬度、努氏硬度等),它们依据的原理不同,测量方法不同,适用于不同场合。它们之间的差别有时很悬殊。在理论上它们没有简单准确的对应关系作为换算的基础。现在有一些换算经验公式或对照表,只是根据对同类金属材料,在相同状态下和一定硬度范围内进行比较试验,在积累了大量数据以后,经过分析而归纳出来的经验关系,有一定的实用价值。但在不少情况下是不能互相替代的。如薄硬化层的渗氮零件,只能用维氏硬度、努氏硬度或表面洛氏硬度(负荷≤30kgf)测定。若硬度要求标注大负荷的洛氏硬度 HRC(C 级,150kgf),是不合适的。大负荷会把硬化层压穿,测量结果不可能正确 ③表面硬化的化学热处理工艺,渗碳、渗氮应用最广,在技术要求中不提出硬化层深度是不对的。提得不准确、不合理也是不对的,硬化层不是越深越好,过深不仅浪费能源、工时,增加成本,延长生产周期,而且对性能(尤其是疲劳性能)有害	
热处理要求指标值应有允差	任何一个零件的尺寸和形状都有允许偏差,硬度或硬化层深度也有允差,任何一种测量方法的结果都有一个允许的误差。热处理技术要求的指标值也同样,在提出热处理技术指标值时,应该有一个合理的范围,既保证了零件的质量,又保证有一定的经济性(合格率)和测量方便。常规情况下设计或工艺提出的允差值均应在标准范围内。热处理技术要求的硬度允差,化学热处理渗层深度的允差值,在热处理工艺行业标准中均有规定,可供参考	

注:不同材质零件的有效硬化层深度要求,各行业都有标准规定,可参考。

制定热处理要求的要点

1）根据零件的工作条件，分析载荷特点和应力分布情况，掌握主要损坏形式，确定应有的力学性能指标，并从它们之间的概略关系估算出相应的硬度；重要零件还应提出金相组织等。在腐蚀或高温条件下工作，还应考虑腐蚀和蠕变的影响（见表 1-6-19～表 1-6-24）。

2）依据零件应力分布情况，结合零件截面尺寸大小和复杂程度，提出对材料的淬透性要求，合理选择材料，并可从选定材料的淬透性曲线图确定该零件截面内的硬度和应力分布概况（见表 1-6-25）。

3）材料选定后，依据各种热处理方法的特点、材料在不同热处理条件下的组织变化、相应的力学性能和工艺性，合理选定热处理方法（见表 1-6-19～表 1-6-28）。

表 1-6-19

零件名称	工作条件	主要损坏形式	主要力学性能指标	几种力学性能的概略关系
重要螺栓	拉应力或交变拉应力，冲击载荷（连杆螺栓受切应力）	过度塑性变形或由疲劳破坏造成断裂	σ_{-1l}、$\sigma_{0.2}$、HB	①R_m 一般是随硬度的提高而增加，R_m 愈高、σ_s 愈高［调质：$\sigma_s \approx (0.75 \sim 0.85)R_m$；正火：$\sigma_s \approx 0.5R_m$］，$\delta$ 和 ψ 愈低，而含碳量 $w(C)$ 为 0.2%～0.6%的各种钢的淬火马氏体的硬度 $HRC \approx 60\sqrt{w(C)}+20$ ②σ_{-1} 一般与 R_m 成正比（碳钢 $\sigma_{-1} \approx 0.43R_m$，合金钢 $\sigma_{-1} \approx 0.35R_m+12$），但当 $R_m>1000$MPa 后，σ_{-1} 增加不再显著，而主要依钢的组织而异。在 R_m 相同条件下，马氏体回火组织比正火或退火组织具有较高的 σ_{-1}，因此，要提高 σ_{-1}，既要选用 R_m 较高的材料，又要有适宜的淬透性 σ_{-1} 还和零件的结构形状、表面质量以及表层中残留应力的类型有关，拉应力有害，压应力有利。因此，要提高 σ_{-1} 还应注意降低表面粗糙度数值，防止热处理时产生氧化、脱碳等现象，并尽可能用圆角过渡，以免应力集中，形成疲劳源；还可用渗碳、渗氮、高频淬火、喷丸和滚压等方法来提高 σ_{-1} ③a_k 值只是表示材料在一次冲击下能承受最大冲击能量的抗力指标，但在实际工作中，不少情况是零件承受能量不大的反复冲击，此时零件的耐力不仅与 a_k 值有关，也与 σ_{-1} 有关；一般 a_k 值与 R_m 成反比，而 σ_{-1} 与 R_m 成正比。因此，对于承受冲击作用的零件，要提高其强度，不能片面强调 a_k 值，应根据具体情况考虑。生产实践证明，在小能量和较高频率的冲击作用下，要提高零件寿命，还应适当降低 a_k 值，而增大 R_m，根据试验，相应的最佳硬度为 40HRC 左右 ④K_{IC} 为平面应变断裂脆性，代表一个裂纹源失稳扩张的强度因子临界值。$K_{IC}=Y\sigma_c\sqrt{a_c}$，式中 a_c 为裂纹深度；σ_c 为断裂应力；Y 为裂纹形状因子（常见的半椭圆表面裂纹 $Y \approx 1.4$）。例如 40Cr 热处理到 52HRC，此时 $\sigma_s \approx 1500$MPa，$K_{IC} \approx 1500\text{N/mm}^{3/2}$ 则对 $a_c=1$mm 裂纹，$\sigma_c=\dfrac{K_{IC}}{Y\sqrt{a_c}}=\dfrac{1500}{1.4} \approx 1070\text{MPa}<\sigma_s$，发生脆断。若处理到 46HRC，$\sigma_s \approx 1300$MPa，$K_{IC} \approx 2200\text{N/mm}^{3/2}$ 时，$\sigma_c \approx 1570\text{MPa}>\sigma_s$，则不会脆断，而许用应力要比处理到 52HRC 为高。这是 40Cr 齿轮心部硬度过高后崩齿的一个实例。但 K_{IC} 过高，降低 R_m、σ_s 则易于疲劳破坏，因此原则是在不发生脆断的前提下，尽可能提高强度
重要传动齿轮	交变弯曲应力、交变接触压应力、冲击载荷、齿表面带滑动的滚动摩擦	齿的折断、过度磨损、疲劳麻点、剥落、压塌、磨损为主	σ_{-1}、σ_w（接触疲劳强度）、HRC	
轴、曲轴	交变弯曲应力、扭转应力、冲击载荷、局部磨损	局部过度磨损、疲劳断裂、以疲劳为主	$\sigma_{0.2}$、σ_{-1}、HRC	
凿岩机活塞	小能量多次冲击、交变应力	疲劳折断，冲击端部塑性变形，崩裂，过度磨损	σ_{-1l}、K_{IC}	
弹簧	交变应力、振动	弹性丧失、疲劳断裂	σ_e、σ_{-1l}、σ_s/R_m	
滚动轴承	点接触或线接触下的交变压应力、磨损	过度磨损、疲劳断裂	σ_e、σ_r、σ_{-1l}、HRC	
抽油杆	腐蚀疲劳	脆性断裂	σ_{-1l}	
石油射孔器	高温大能量瞬时冲击（火药爆炸）	过度塑性变形至开裂	R_m、δ_s、ψ、a_k	
刹车鼓	热疲劳、磨损	龟裂、磨损	HRC	
泥浆泵活塞杆	磨损、冲刷、疲劳	磨损、脆断	HRC、σ_{-1l}	
石油化工裂管等	高温、蠕变、腐蚀	塑性变形至断裂，或脆性断裂		
石油钻井钻头	接触疲劳、多次冲击、磨损	脆性断裂、磨损	σ_w（接触疲劳强度）、HRC	

续表

零件名称	工作条件	主要损坏形式	主要力学性能指标	几种力学性能的概略关系
石油钻机吊环	循环周期长的周期变动载荷，磨损，有时有大的冲击载荷、低温	磨损、疲劳断裂	R_m、$\sigma_{0.2}$、HB、缺口敏感性小、过载敏感性小，适应低温	
拖拉机带板履	主要承受压力和一定的冲击载荷	磨损、节销断裂	R_m、a_k、HRC	

注：σ_{-1l}—对称拉伸或压缩应力时的疲劳极限。

表 1-6-20 **硬度选择**

零件结构特点、工作条件		选择要点
承受均匀的静载荷、没有引起应力集中的缺口的零件		硬度越高，强度越高，可根据载荷大小，选择较高的硬度或与强度相适应的硬度(缺口一般是指槽、沟或断面变化很大)
有产生应力集中的缺口的零件		需要较高的塑性，使其在承载情况下，应力分布趋于均匀，减少应力集中现象，只能具有适当的硬度。如工作情况不允许降低硬度，则可用滚压等表面强化处理改善应力分布
承受冲击、疲劳应力的零件		冲击力不大时，一般可用中碳钢全部淬硬；冲击力较大，一般用中碳钢全部淬硬，或表面淬硬；冲击力和疲劳应力都大时，一般是表面淬硬
从磨损或精度要求出发的零件		高速度或高精度一般要求高硬度 50~62HRC，如滚子轴承；中速度一般采用中硬度 40~45HRC；低速度一般采用低硬度，正火或调质硬度 220~260HB
大尺寸零件，如汽轮机转子轴		轴径很大，虽然转速很高(3000r/min)，但由于不可能淬到很高的硬度(一般只能达 220HB 左右)，便不能一律要求高速度、高硬度，而要通过降低配合件的硬度和其他措施来处理
摩擦副或两对相互摩擦的零件的硬度差	机床主轴	在滑动轴承中运转时：轴瓦用巴氏合金，硬度低，约 30HB，轴颈表面硬度可低些，一般为 45~50HRC；锡青铜硬度高，一般约 60~120HB，轴颈表面硬度相应要高一些，约≥50HRC；钢质轴承硬度更高，轴颈表面硬度则需更高一些，因此还需要渗氮处理 有些带内锥孔或外圆锥度的主轴，工作时和配件并无相对滑动，但配件装配频繁，为了保证配合的精度与使用寿命，也必须提高主轴的耐磨性，一般硬度>45HRC
	传动齿轮	小齿轮齿面硬度一般比大齿轮齿面硬度高 25~40HB
	螺母与螺栓	螺母材料比螺栓低一级，硬度低 20~40HB(可以避免咬死和减少磨损)
	滚珠丝杠副	丝杠(GCr15SiMn)58~62HRC，螺母(GCr15)60~62HRC，滚珠(GCr6)62~65HRC
	传动链	链轮齿按工作条件和材料不同取 40~45HRC、45~50HRC、50~58HRC。套筒滚子链的销轴表面硬度≥80HRA，套筒表面硬度 76~80HRA，滚子表面硬度 74~78HRA
	起重机等的转盘的滚子与转动轨道	滚子：购买。柱：GCr15SiMn，淬火 60~65HRC。转动轨道表面硬度：材料 50Mn，淬火 50~55HRC，淬硬层深 2.5~4mm

续表

零件结构特点、工作条件		选择要点
摩擦副或两对相互摩擦的零件的硬度差	起重机车轮与钢轨	轮缘踏面硬度≥200~300HB;钢轨轨面硬度≥220HB
整体淬火后的硬度与材料有效厚度度关系的经验数据如下表		设计要求的硬度应小于最低值,不然就需改选材料来满足高的硬度要求

材料	热处理	截面有效厚度/mm						
		<3	4~10	11~20	20~30	30~50	50~80	80~120
		淬火后硬度 HRC						
15	渗碳、水淬	58~65	58~65	58~65	58~65	58~62	50~60	
15	渗碳、油淬	58~62	40~60					
35	水淬	45~50	45~50	45~50	35~45	30~40		
45	水淬	54~59	50~58	50~55	48~52	45~50	40~45	25~35
45	油淬	40~45	30~35					
T8	水淬	60~65	60~65	60~65	60~65	56~62	50~55	40~45
T8	油淬	55~62						
20Cr	渗碳、油淬	60~65	60~65	60~65	60~65	56~62	45~55	
40Cr	油淬	50~60	50~55	50~55	45~50	40~45	35~40	
35SiMn	油淬	48~53	48~53	48~53			35~40	
65SiMn	油淬	58~64	58~64	50~60	48~55	45~50	40~45	35~40
GCr15	油淬	60~64	60~64	60~64	58~63	52~62	48~50	
CrWMn	油淬	60~65	60~65	60~65	60~64	58~63	56~62	56~60

表 1-6-21　零件的失效原因和工作条件对硬化层深度的要求（感应加热淬火）

失效原因	工作条件	硬化层深度及硬度值要求
磨损	滑动磨损且负荷较小	以尺寸公差为限,一般 1~2mm,硬度 55~63HRC,可取上限
	载荷较大或承受冲击载荷	一般在 2.0~6.5mm 之间,硬度 55~63HRC,可取下限
疲劳	周期性弯曲或扭转载荷	一般为 2.0~12mm,中小型轴类可取半径的 10%~20%,直径小于 40mm 取下限;过渡层为硬化层的 25%~30%

注：齿轮硬化层深度（mm）一般取 0.2~0.4m，m 为齿轮模数。

表 1-6-22　表面淬火有效硬化层深度分级和相应的上偏差（摘自 JB/T 8555—2008）　mm

DS	上偏差		DS	上偏差		DS	上偏差		DS	上偏差	
	感应淬火	火焰淬火		感应淬火	火焰淬火		感应淬火	火焰淬火		感应淬火	火焰淬火
0.1	0.1	—	0.8	0.8	—	1.6	1.3	2.0	3.0	2.0	2.0
0.2	0.2	—	1.0	1.0	—	2.0	1.6	2.0	4.0	2.5	2.5
0.4	0.4	—	1.3	1.1	—	2.5	1.8	2.0	5.0	3.0	3.0
0.6	0.6	—									

表 1-6-23　推荐的渗碳后淬火回火或碳氮共渗淬火回火零件有效硬化层深度及上偏差（摘自 JB/T 8555—2008）

mm

	DC	上偏差	DC	上偏差		DN	上偏差	DN	上偏差		化合物层厚度	上偏差
推荐的有效硬化层深度DC及上偏差	0.05	0.03	1.2	0.5	推荐的有效渗氮层深度DN及上偏差	0.05	0.02	0.35	0.15	推荐的化合物层厚度及上偏差	0.005	0.003
	0.07	0.05	1.6	0.6		0.1	0.05	0.4	0.2		0.008	0.004
	0.1	0.1	2.0	0.8		0.15	0.05	0.5	0.25		0.010	0.005
	0.3	0.2	2.5	1.0		0.2	0.1	0.6	0.3		0.012	0.006
	0.5	0.3	3.0	1.2		0.25	0.1	0.75	0.3		0.015	0.008
	0.8	0.4				0.3	0.1				0.020	0.010
											0.024	0.012

注：DC—渗碳后淬火回火或碳氮共渗后淬火回火有效硬化层深度代号。
DN—有效渗氮层深度代号。

表 1-6-24　金相组织的确定

零件名称、工作条件		金相组织	零件名称、工作条件	金相组织
连杆螺栓		索氏体，不允许有块状铁素体	弹簧	屈氏体
传动齿轮		表面：回火马氏体+少量残余奥氏体+细粒状碳化物 中心：铁素体+细珠光体+低碳回火马氏体	滚动轴承及用轴承钢制作的精密零件	极细的马氏体+分布均匀的细粒状渗碳体+少量残余奥氏体
			严重磨损及强烈冲击的零件，如用 ZGMn13 制作的挖掘机的铲齿	单一的奥氏体（其他还有如颚式破碎机的齿板，球磨机衬板，辊式破碎机的辊筒，铁道道岔等）
轴	机床主轴	细致的索氏体，氮化钢制主轴还必须限制各种材料在离表面 1/4 半径处铁素体含量小于5%，带有内外锥孔锥面及花键部分为屈氏体+少量回火马氏体	凿岩机活塞	回火马氏体+小而少、均匀的圆的未溶碳化物
			锅炉零件（15CrMo）	索氏体
	汽车半轴	索氏体+屈氏体	刀具，如圆板牙（9SiCr）	下贝氏体
	汽车曲轴	球铁曲轴等温淬火，下贝氏体	量具	马氏体+少量残余奥氏体

表 1-6-25　典型零件所用材料淬透性要求

零件工作条件	应力分布及说明	所选材料的淬透性要求
受轴向拉伸或压缩应力或交变拉应力、冲击载荷，如重要的螺栓、拉杆等	应力在零件的截面上分布均匀	全部淬透
受交变弯曲应力、扭转应力、冲击载荷和局部磨损，如轴	应力主要集中于外层，心部应力小，不需要高强度	一般淬透到 $\left(\frac{1}{4}\sim\frac{1}{2}\right)R$ 深，根据载荷大小进行调整
受小能量多次冲击、交变应力，如曲轴	应力分布外大里小	与轴相似
受交变弯曲应力、交变接触压应力、冲击载荷以及带滑动的滚动摩擦，如齿轮	齿轮受交变接触应力、交变弯曲应力和冲击载荷等，对交变接触应力来说表面硬度要高一些好，随不同模数接触点曲率半径不同而异。疲劳（点蚀）系在表面下 0.5b（b 为接触线宽度）处，此处切应力为最大（约 0.31×接触应力）	淬透层应大于 0.5b。模数大，载荷大，淬透性可高一些，心部硬度 33～48HRC
受交变应力和振动，如弹簧	弹簧工作时主要要求不要永久变形，因此材料应有稳定的高的屈强比 σ_s/R_m，如果淬透性不好，中心将出现游离铁素体，使 σ_s/R_m 大大降低，工作时容易产生塑性变形而失效	一般要求全部淬透

续表

零件工作条件	应力分布及说明	所选材料的淬透性要求
受点或线接触下交变压应力和磨损，如滚珠轴承	主要是按接触应力考虑强度，因此必须保证表面的硬度值，但大的轧机轴承冲击载荷大，应同时考虑	小轴承全部淬透，大的受冲击大的轴承则不宜淬透
受较大能量高频冲击，如凿岩机活塞	应力在整个截面上是均匀分布的	全部淬透
耐磨零件	耐磨性一般和表面的硬度有关，硬度越高，耐磨性越好	含碳量及淬透性能够保证热处理后要求的硬度即可
焊接零件	为了防止脆性增加和裂纹产生	淬透性不宜过高
渗碳零件	为了防止淬火后残余奥氏体增加，反而使硬度降低	
高频淬火零件	短时表面加热，淬透性一般并不起多大作用	

表 1-6-26　按性能要求或工作条件选择热处理方法

<table>
<tr><td rowspan="4">退火与正火</td><td>性能要求</td><td colspan="5">选择</td></tr>
<tr><td>切削加工性</td><td colspan="5">金属的硬度在 170~230HB 时切削加工性比较良好，从表 1-6-4 中的碳钢在退火或正火后的硬度看出，低、中碳钢以正火为预先热处理较好，高碳结构钢和工具钢则以退火较好，合金钢由于合金元素的加入，硬度有所提高，在多数情况下，中碳以上合金钢都需退火，而不宜正火</td></tr>
<tr><td>使用性能</td><td colspan="5">性能要求不高，随后不宜再进行淬火与回火的一般工件，可用正火来提高力学性能；但复杂的零件或大型铸件，正火冷却速度快，有形成裂纹危险时，则应退火。另外从减少最终热处理（淬火）的形变开裂倾向来看，正火也不如退火</td></tr>
<tr><td>经济效果</td><td colspan="5">正火比退火生产周期短，耗热量少，且操作简便，故在可能条件下，应优先考虑以正火代替退火</td></tr>
<tr><td rowspan="8">整体淬火与表面热处理</td><td colspan="2">工作条件</td><td colspan="4">选择</td></tr>
<tr><td colspan="2">一般受力情况均可</td><td colspan="4">整体淬火</td></tr>
<tr><td colspan="2">同时受磨损和交变应力者，应考虑采用</td><td colspan="4">表面热处理</td></tr>
<tr><td colspan="2">受磨损较大而不受交变应力的零件</td><td colspan="4">可用高碳钢经淬火及低温回火，或用低碳钢经渗碳、淬火及低温回火</td></tr>
<tr><td>传递功率大，摩擦压力小，摩擦速度高，冲击小</td><td rowspan="4">用于磨损与交变应力作用下的零件</td><td>中碳合金钢</td><td>渗氮</td><td>变形极小</td><td>零件简单、复杂均可</td></tr>
<tr><td>传递功率较大，摩擦压力大，摩擦速度不太高，冲击不太大</td><td>中碳钢</td><td>高频淬火</td><td>变形小</td><td>零件简单</td></tr>
<tr><td rowspan="2">传递功率大，摩擦压力大，摩擦速度不高，冲击大</td><td>低碳合金钢</td><td rowspan="2">渗碳</td><td>变形较小</td><td rowspan="2">零件简单、复杂均可</td></tr>
<tr><td>低碳钢</td><td>变形大</td></tr>
<tr><td rowspan="4">回火</td><td>低温回火</td><td colspan="2">要求高硬度及高耐磨性的零件，如渗碳件、表面淬火齿轮等</td><td colspan="3" rowspan="4">①一般零件尽量不用中温回火，以防止回火脆性
②时效一般只用于高合金钢，对碳钢、低合金钢不适用
③高温回火可消除残余奥氏体，但不能保证高硬度，而低温回火可保证高硬度，但不能消除更多残余奥氏体，故精密件须冷处理、回火、时效</td></tr>
<tr><td>中温回火</td><td colspan="2">要求在一定韧性条件下具有高的弹性极限及屈服点的零件，如弹簧及热锻模等</td></tr>
<tr><td>高温回火</td><td colspan="2">要求有高的综合力学性能的零件，如各种连接件及传动件（连杆、轴等）</td></tr>
<tr><td>冷处理及低温时效</td><td colspan="2">要求保持淬火后的高硬度及尺寸稳定性的精密零件，如柴油机喷嘴、精密轴承及量具等</td></tr>
</table>

表 1-6-27　　零件材料和热处理方法选用的一般原则

零件工作条件	零件类别	用　材	热处理工艺方法
单纯受压应力，并要求消震及耐磨	机床床身、机架、箱体等	灰口铸铁	①一般高温时效 ②要求高的可正火、调质、等温淬火 ③耐磨部位可进行表面淬火或软氮化
单纯受拉应力（要求有高的 σ_s 和 R_m）	拉杆、连杆、重要螺栓等	中碳钢及中碳合金钢	调质
		低碳合金钢	淬火+低温回火
承受交变载荷为主（要求有高的强度、疲劳极限和塑性、韧性）并要求局部表面耐磨	主轴、曲轴、凸轮轴及其他传动轴	中碳钢及中碳合金钢	①正火或调质（重要或高精度零件应调质），要求耐磨处（如轴颈）表面淬火，精度高的（如镗杆）可调质后氮化等 ②轴类表面最后还可进行滚压、喷丸加工，以增加表面压应力，提高疲劳强度
		低碳钢及低碳合金钢	渗碳淬火+低温回火
		球墨铸铁	正火、调质或等温淬火，耐磨处表面淬火
承受大幅度弹性变形为主（要求高的 σ_s/R_m 值、疲劳极限，足够的韧性）	各种弹簧	碳素或合金弹簧钢	①淬火+中温回火 ②小弹簧在冷卷成形后进行200~300℃去应力处理
除承受一般应力外，还受强烈磨损	齿轮、凸轮、活塞销等	低碳钢及低碳合金钢	渗碳或氰化后淬火+低温回火
		中碳钢及中碳合金钢	①正火或调质后表面淬火 ②氰化淬火+低温回火
	精密偶件	GCr15或高速钢	淬火+冷处理+回火
		18Cr2Ni4WA等	渗碳、淬火+冷处理+低温回火
以高硬度、高耐磨性、高热硬性、高淬透性为主	各种工模具	碳素或低合金工具钢	淬火+低温回火
		W18Cr4V、Cr12MoV、3Cr2W8 等高速钢、模具钢	淬火+500~560℃多次回火
		5CrNiMo等热模具钢	淬火+中温回火
以特殊物理、化学性能为主	汽轮机叶片、内燃机进排气阀等	不锈钢、耐热钢等	淬火+回火、固溶处理等

表 1-6-28　　常用最后热处理方法的应用

最后热处理方法	用　途	硬度范围 HRC	在工艺路线中的位置
整体淬火+低温回火	处理以高硬度、高耐磨性为主的高碳钢或高碳合金钢工件，如刀具、工具、量具、滚珠轴承等	58~64	锻造→球化退火→机加工→淬火+低温回火→磨
	处理承受中等载荷同时又需耐磨的含碳量在0.38%~0.50%的中碳钢及中碳合金钢工件，如低速、低载的精密、传动齿轮和轴等	45~55	锻造→退火→机加工→淬火+低温回火→磨
整体淬火+中温回火	处理要求在一定韧性条件下具有高的弹性极限和屈服点的工件，如弹簧及热锻模等	35~45	以汽车板簧为例： 扁钢剪断→加热成形→淬火+中温回火→喷丸→装配

续表

最后热处理方法		用途	硬度范围 HRC	在工艺路线中的位置
调质		处理要求有高的综合力学性能的含碳 0.38%~0.50%的中碳钢及中碳合金钢工件，如连杆、轴等各种连接件及传动件	200~350HB	锻造→退火（正火）→粗机加工→调质→精机加工
调质（或正火）后表面淬火+低温回火		处理承受重载荷并具有良好耐磨性含碳 0.40%~0.50%的调质钢工件，如机床齿轮、主轴及曲轴的轴颈等	心部 200~250HB 表面 45~55	锻造→退火→粗机加工→调质→精机加工→表面淬火+低温回火→磨
渗碳、淬火+低温回火		处理承受重载荷，在复合应力及冲击负荷下具有高耐磨性的含碳 0.15%~0.32%的低碳钢及低碳合金钢工件，如汽车、拖拉机齿轮、轴等	心部 25~35 表面 58~62	锻造→正火→机加工→渗碳→淬火+低温回火→磨
氰化、淬火+低温回火		处理承受较重载荷并具有耐磨性的低碳或中碳的碳钢和合金钢工件，如齿轮、轴等	心部 25~55 （视材料而定） 表面 56~62	锻造→正火或退火→机加工→氰化→淬火+低温回火→磨
调质后氮化		处理心部要求有高的综合力学性能，表面耐磨性高并有一定耐蚀性，同时要求热处理变形小的中碳合金钢工件，如精密磨床主轴、镗杆、齿轮、高精度钻模、阀门等	心部 25~35 表面≥900HV	锻造→退火→粗机加工→调质→精机加工→去应力退火→粗磨→氮化→精磨→时效→研磨
人工时效	高温人工时效	消除铸造、焊接、机械加工所造成的内应力、稳定工件形状及尺寸，如用于处理铸铁床身、焊接机架或精密件机加工去应力等	—	以铸件为例： 铸造→高温人工时效→粗机加工→高温人工时效→精机加工
	冷处理和低温人工时效	用于要求保持高硬度及尺寸稳定性的精密工件，如柴油机喷嘴、精密轴承、量具等	≥62	以精密偶件针阀体为例： 下料→机加工→去应力→机加工→淬火→冷处理→低温人工时效→精磨→低温人工时效

表 1-6-29　　结构钢零件热处理方法选择

热处理方法	用途	热处理方法	用途
1. 退火（完全退火、不完全退火） 2. 正火（在静止空气中或吹风中冷却）	处理工作载荷轻、速度低的含碳 0.15%~0.45%的碳钢零件	7. 正火+渗碳+淬火+低温回火 8. 正火+高温回火+渗碳+高温回火+淬火+低温回火	处理承受重载荷、在复合应力及冲击载荷下具有高的耐磨性的含碳 0.15%~0.32%的低碳钢及低碳合金钢零件 处理淬火后在渗碳工件表层中有大量残余奥氏体的含碳 0.15%~0.32%的高合金钢，如 20Cr2Ni4A、18CrNiW 等的渗碳零件，如坦克、重型汽车的齿轮、大型轧钢机轴承等
3. 淬火+高温回火 4. 正火+高温回火	处理中等载荷的含碳 0.38%~0.5%的中碳钢和中碳合金钢零件，方法 4 也可用处理锻件的预先热处理代替长时间的退火	9. 氰化+淬火+低温回火 10. 正火（或调质）+氮化 11. 正火（或调质）+表面淬火+低温回火	处理在承受较重载荷下具有耐磨性的低碳或中碳钢及合金钢的零件 处理耐磨性高或耐蚀的低碳或中碳钢及合金钢零件或用于零件耐蚀氮化 处理在承受重载荷下具有良好耐磨性的含碳 0.4%~0.5%的调质钢
5. 退火或正火+淬火+低温回火 6. 正火+高温回火+淬火+低温回火	处理承受中等载荷同时需要耐磨而含碳 0.38%~0.50%的中碳合金钢和中碳钢零件		

表 1-6-30　常用不锈钢和耐热钢的热处理方法的选择

	钢号		要求与选择
热处理不可强化	06Cr19Ni10 12Cr18Ni9 17Cr18Ni9 06Cr18Ni11Ti 20Cr13Ni4Mn9 11Cr23Ni18 45Cr14Ni4W2Mo	24Cr18Ni8W2 12Cr21Ni5Ti 12Cr18Mn8Ni5N 1Cr19Ni11Si2AlTi 1Cr14Mn14Ni 1Cr14Mn14Ni3Ti	要求提高耐蚀性能和塑性，消除冷作硬化的工件，应进行固溶处理 对于形状复杂不宜固溶处理的工件，可进行去应力退火 含钛或铌的不锈钢，为了获得稳定的耐蚀性能，可进行稳定化退火
热处理可强化	12Cr13、20Cr13、30Cr13 4Cr13、1Cr17Ni2 2Cr13Ni2、95Cr18 9Cr18MoV、2Cr3WMoV 1Cr11Ni2W2MoV 1Cr12Ni2WMoVNb 3Cr13Ni7Si2 4Cr10Si2Mo 1Cr14Ni3W2VB 0Cr17Ni7Al 0Cr17Ni4Cu4Nd 0Cr15Ni7Mo2Al 3Cr13Mo		要求提高强度、硬度和耐蚀性能的工件，应进行淬火加低温回火处理 要求较高的强度和弹性极限，而对耐蚀性能要求不高的工件，应进行淬火加中温回火处理 要求得到良好的力学性能和一定的耐蚀性能的工件，应进行淬火加高温回火处理 要求消除加工应力、降低硬度和提高塑性的工件，可进行退火处理 要求改善原始组织的工件，可进行正火加高温回火的预备热处理 要求得到良好的力学性能和耐蚀性能的沉淀硬化型不锈钢工件，可进行固溶加时效、固溶加深冷处理或冷变形加时效等调整处理
由热处理可强化的不锈钢和耐热钢构成的焊接组合件			根据工件图样的要求可进行淬火加回火或去应力退火
由热处理不可强化的不锈钢和耐热钢构成的焊接组合件			要求改善焊缝区域组织和耐蚀性能以及较充分地消除应力时，可进行固溶处理。对于形状复杂不宜进行固溶处理的焊接组合件，可采用去应力退火
由热处理可强化与不可强化的不锈钢和耐热钢构成的焊接组合件			当要求以耐蚀性能为主时，应进行固溶处理加低温回火；当要求以力学性能为主时，应进行淬火加低温或中温回火处理。对于形状复杂的焊接组合件，可进行去应力退火或高温回火

几类典型零件的热处理实例

表 1-6-31

名称	工作条件	材料与热处理要求	备注
齿轮	1. 低速、轻载又不受冲击	HT200、HT250、HT300：去应力退火	1. 机床齿轮按工作条件可分三组 （1）低速：转速 2m/s，单位压力 350～600MPa （2）中速：转速 2～6m/s，单位压力 100～1000MPa，冲击载荷不大 （3）高速：转速 4～12m/s，弯曲力矩大，单位压力 200～700MPa
	2. 低速（<1m/s）、轻载，如车床溜板齿轮等	45：调质，200～250HB	
	3. 低速、中载，如标准系列减速器齿轮	45、40Cr、40MnB（50、42MnVB）：调质，220～250HB	
	4. 低速、重载、无冲击，如机床主轴箱齿轮	40Cr（42MnVB）：淬火、中温回火，40～45HRC	

续表

名称	工 作 条 件	材料与热处理要求	备 注
齿轮	5. 中速、中载,无猛烈冲击,如机床主轴箱齿轮	40Cr、40MnB、42MnVB:调质或正火,感应加热表面淬火,低温回火,时效,50~55HRC	2. 机床常用齿轮材料及热处理 (1)45 钢:淬火,高温回火,200~250HB,用于圆周速度小于 1m/s、承受中等压力的齿轮;高频淬火,表面硬度 52~58HRC,用于表面硬度要求高、变形小的齿轮 (2)20Cr:渗碳,淬火,低温回火,56~62HRC,用于高速、压力中等并有冲击的齿轮 (3)40Cr:调质,220~250HB,用于圆周速度不大、中等单位压力的齿轮;淬火、回火,40~50HRC,用于中等圆周速度、冲击载荷不大的齿轮;除上述条件外,如尚要求热处理时变形小,则用高频淬火,硬度 52~58HRC 3. 汽车、拖拉机齿轮的工作条件比机床齿轮要繁重得多,要求耐磨性、疲劳强度、心部强度和冲击韧性等方面比机床齿轮高,因此,一般是载荷重、冲击大,多采用低碳合金钢(除左行列出的牌号以外,尚有 20MnMoB、30CrMnTi、30MnTiB、20MnTiB 等),经渗碳、淬火、低温回火处理。拖拉机最终传动齿轮的传动转矩较大,齿面单位压力较高,密封性不好,砂土、灰尘容易进入,工作条件比较差,常采用 20CrNi3A 等渗碳 4. 一般机械齿轮最常用的材料是 45 钢和 40Cr。其热处理方法选择如下 (1)整体淬火:强度、硬度(50~55HRC)提高,承载能力增大,但韧性减小,变形较大,淬火后须磨齿或研齿,只适用于载荷较大、无冲击的齿轮,应用较少 (2)调质:由于硬度低,韧性也不太高,不能用于大冲击载荷下工作的齿轮,只适用于低速、中载的齿轮。一对调质齿轮的小齿轮齿面硬度要比大齿轮齿面硬度高出 25~40HB (3)正火:受条件限制不适合淬火和调质的大直径齿轮用 (4)表面淬火:45 钢、40Cr 高频淬火机床齿轮广泛采用,直径较大的用火焰表面淬火。但对受较大冲击载荷的齿轮因其韧性不够,须用低碳钢(有冲击、中小载荷)或低碳合金钢(有冲击、大载荷)渗碳
	6. 中速、中载或低速、重载,如车床变速箱中的次要齿轮	45:高频淬火,350~370℃回火,40~45HRC(无高频设备时,可采用快速加热齿面淬火)	
	7. 中速、重载	40Cr、40MnB(40MnVB、42CrMo、40CrMnMo、40CrMnMoVBA):淬火,中温回火,45~50HRC	
	8. 高速、轻载或高速、中载,有冲击的小齿轮	15、20、20Cr、20MnVB:渗碳,淬火,低温回火,56~62HRC。38CrAl,38CrMoAl:渗氮,渗氮层深度 0.5mm,900HV	
	9. 高速、中载,无猛烈冲击,如机床主轴箱齿轮	40Cr、40MnB(40MnVB):高频淬火,50~55HRC	
	10. 高速、中载、有冲击、外形复杂的重要齿轮,如汽车变速箱齿轮(20CrMnTi 淬透性较高,过热敏感性小,渗碳速度快,过渡层均匀,渗碳后直接淬火变形较小,正火后切削加工性良好,低温冲击韧性也较好)	20Cr、20MnVB:渗碳,淬火,低温回火或渗碳后高频淬火,56~62HRC 18CrMnTi、20CrMnTi(锻造→正火→加工齿形→局部镀铜→渗碳、预冷淬火、低温回火→磨齿→喷丸):渗碳层深度 1.2~1.6mm,齿面硬度 58~60HRC,心部硬度 25~35HRC。表面:回火马氏体+残余奥氏体+碳化物。中心:索氏体+细珠光体	
	11. 高速、重载、有冲击、模数<5mm	20Cr:渗碳,淬火,低温回火,56~62HRC	
	12. 高速、重载或中载、模数>6mm,要求高强度、高耐磨性,如立车重要螺旋圆锥齿轮	18CrMnTi:渗碳、淬火、低温回火,56~62HRC	
	13. 高速、重载、有冲击、外形复杂的重要齿轮,如高速柴油机、重型载重汽车、航空发动机等设备上的齿轮	12Cr2Ni4A、20Cr2Ni4A、18Cr2Ni4WA、20CrMnMoVBA(锻造→退火→粗加工→去应力→半精加工→渗碳→退火软化→淬火→冷处理→低温回火→精磨):渗碳层深度 1.2~1.5mm,59~62HRC	
	14. 载荷不高的大齿轮,如大型龙门刨齿轮	50Mn2、50、65Mn:淬火,空冷,≤241HB	
	15. 低速、载荷不大、精密传动齿轮	35CrMo:淬火,低温回火,45~50HRC	
	16. 精密传动、有一定耐磨性的大齿轮	35CrMo:调质,255~302HB	
	17. 要求耐蚀性的计量泵齿轮	9Cr16Mo3VRE:沉淀硬化	
	18. 要求高耐磨性的鼓风机齿轮	45:调质,尿素盐浴软氮化	
	19. 要求耐磨、保持间隙精度的 25L 油泵齿轮	粉末冶金(生产批量要大)	
	20. 拖拉机后桥齿轮(小模数)、内燃机车变速箱齿轮(m=6~8mm)	55DTi 或 60D(均为低淬透性中碳结构钢):中频淬火,回火,50~55HRC,或中频加热全部淬火。可获得渗碳合金钢的质量,而工艺简化,材料便宜	

续表

名称	工 作 条 件	材料与热处理要求	备 注
轴类	1. 在滑动轴承中工作，圆周速度 $v<2\mathrm{m/s}$，要求表面有较高的硬度的小轴、心轴，如机床走刀箱、变速箱小轴	45 钢、50 钢，形状复杂的轴用 40Cr、42MnVB：调质，228～255HB，轴颈处高频淬火，45～50HRC	主轴和轴类的材料与热处理选择必须考虑：受力大小；轴承类型；主轴形状及可能引起的热处理缺陷 在滚动轴承或是轴颈上有轴套在滑动轴承中回转，轴颈不需特别高的硬度，可用 45 钢、40Cr，调质，220～250HB；50Mn，正火或调质，28～35HRC。在滑动轴承中工作的轴颈应淬硬，可用 15、20Cr，渗碳，淬火，回火到硬度 56～62HRC；轴颈处渗碳深度为 0.8～1mm。直径或重量较大的主轴渗碳较困难，要求变形较小时，可用 45 钢或 40Cr，在轴颈处进行高频淬火 高精度和高转速（>2000r/min）机床主轴尚需采用氮化钢进行渗氮处理，以得到更高硬度。在重载下工作的大断面主轴，可用 20SiMnVB 或 20CrMnMoVBA，渗碳，淬火，回火，56～62HRC
	2. 在滑动轴承中工作，$v<3\mathrm{m/s}$，要求高硬度、变形小，如中间带传动装置的小轴	40Cr、42MnVB：调质，228～255HB；轴颈处高频淬火，45～50HRC	
	3. $v\geqslant 3\mathrm{m/s}$，大的弯曲载荷及摩擦条件下工作的小轴，如机床变速箱小轴	15 钢、20 钢、20Cr、20MnVB：渗碳，淬火，低温回火，58～62HRC	
	4. 高载荷的花键轴，要求高强度和耐磨，变形小	45 钢：高频加热，水冷，低温回火，52～58HRC	
	5. 在滚动或滑动轴承中工作，轻或中等载荷，低速，精度要求不高，稍有冲击，疲劳载荷可忽略的主轴；或在滚动轴承中工作，轻载，$v<1\mathrm{m/s}$ 的次要花键轴	45 钢：调质，225～255HB（如一般简易机床主轴）	
	6. 在滚动或滑动轴承中工作，轻或中等载荷，转速稍高，$pv\leqslant 150\mathrm{N\cdot m/(cm^2\cdot s)}$，精度要求较高，冲击，疲劳载荷不大	45 钢：正火或调质，228～255HB；轴颈或装配部位表面淬火，45～50HRC	
	7. 在滑动轴承中工作，中载或重载，转速较高，$pv\leqslant 400\mathrm{N\cdot m/(cm^2\cdot s)}$，精度较高，冲击、疲劳载荷较大	40Cr：调质，228～255HB 或 248～286HB，轴颈表面淬火，≥54HRC，装配部位表面淬火，≥45HRC	
	8. 其他同 7，但转速与精度要求比 7 高，如磨床砂轮主轴	45Cr、42CrMo：其他同上，表面硬度≥56HRC	
	9. 在滑动或滚动轴承中工作，中载，高速，心部强度要求不高，精度不太高，冲击不大，但疲劳应力较大，如磨床、重型齿轮铣床等的主轴	20Cr：渗碳，淬火，低温回火，58～62HRC	1. 心部强度不高，受力易扭曲变形 2. 表面硬度高，宜作高速低载荷主轴 3. 热处理变形较大
	10. 在滑动或滚动轴承中工作，重载，高速，$pv\leqslant 400\mathrm{N\cdot m/(cm^2\cdot s)}$，冲击、疲劳应力都很高	18CrMnTi、20CrMnMoVA：渗碳，淬火，低温回火，≥59HRC	1. 心部有较高的 R_m 及 a_k 值，表面有高的硬度及耐磨性 2. 有热处理变形
	11. 在滑动轴承中回转，重载，高速，精度很高（≤0.003mm），很高疲劳应力，如高精度磨床、镗床主轴	38CrAlMoA：调质，硬度 248～286HB，轴颈渗氮，硬度≥900HV	1. 很高的心部强度，表面硬度极高，耐磨 2. 变形量小
	12. 电机轴，主要受扭	35 钢及 45 钢：正火或正火并回火，187HB 及 217HB	860～880℃正火
	13. 水泵轴，要求足够抗扭强度和耐蚀性能	30Cr13 及 40Cr13：1000～1050℃油淬，硬度分别为 42HRC 及 48HRC	或 12Cr13：1100℃油淬，350～400℃回火，56～62HRC

续表

名称	工作条件	材料与热处理要求	备注
轴类	14. C616-416 车床主轴:45 钢 (1)承受交变弯曲应力、扭转应力,有时还受冲击载荷 (2)主轴大端内锥孔和锥度外圆,经常与卡盘、顶针有相互摩擦 (3)花键部分经常有磕碰或相对滑动 (4)在滚动轴承中运转,中速,中载 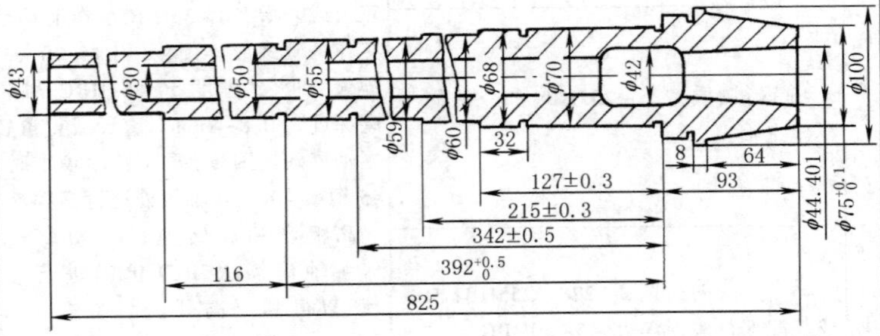	(1)整体调质后硬度 200~230HB,金相组织为索氏体 (2)内锥孔和外圆锥面处硬度 45~50HRC,表面 3~5mm 内金相组织为屈氏体和少量回火马氏体 (3)花键部分硬度 48~53HRC,金相组织为屈氏体和少量回火马氏体	加工和热处理步骤:下料→锻造→正火→粗加工→调质→半精车外圆,钻中心孔,精车外圆,铣键槽→锥孔及外圆锥局部淬火,260~300℃ 回火→车各空刀槽,粗磨外圆,滚铣花键槽→花键高频淬火,240~260℃ 回火→精磨
	(图:φ43、φ30、φ50、φ55、φ59、φ60、φ68、φ70、φ42、φ100、φ44.401、$\phi75^{+0.1}_{0}$;32、8、64、127±0.3、93、215±0.3、342±0.5、$392^{+0.5}_{0}$、116、825)		
	15. 跃进-130 型载重(2.5t)汽车半轴 承受冲击、反复弯曲疲劳和扭转,主要瞬时超载而扭断,要求有足够的抗弯、抗扭、抗疲劳强度和较好的韧性	40Cr、35CrMo、42CrMo、40CrMnMo、40Cr:调质后中频表面淬火,表面硬度≥52HRC,深度 4~6mm,静转矩 6900N·m,疲劳≥3×10^5 次,估计寿命≥3×10^5km 金相组织:索氏体+屈氏体 (原用调质加高频淬火寿命仅为 4×10^4km)	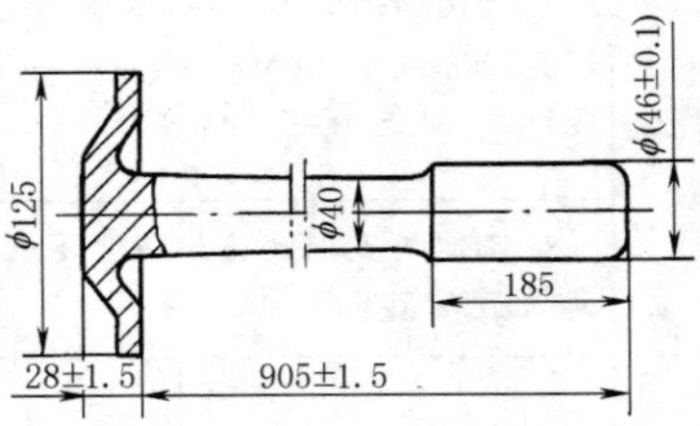 (图:φ125、φ40、φ(46±0.1)、185、28±1.5、905±1.5)
曲轴	内燃机曲轴:承受周期性变化的气体压力、曲柄连杆机构的惯性力、扭转和弯曲应力以及冲击力等。此外,在高速内燃机中还存在扭转振动,会造成很大应力 要求有高强度及一定的冲击韧性、弯曲、扭转、疲劳强度和轴颈处高的硬度与耐磨性	低速内燃机:采用正火状态的碳钢、球墨铸铁 中速内燃机:采用调质碳钢或合金钢,如 45 钢、40Cr、45Mn2、50Mn2 等及球墨铸铁 高速内燃机:采用高强度合金钢,如 35CrMo、42CrMo、18Cr2Ni4WA 等 以 110 型柴油机曲轴为例:QT60-2 正火,中频淬火,$R_m \geqslant 650$MPa,$a_k >$ 15J/mm^2(试样 20mm×20mm×110mm),轴体 240~300HB,轴颈≥55HRC,珠光体数量:试棒≥75%,曲轴≥70%	

续表

名称	工作条件	材料与热处理要求	备注
蜗杆蜗轮	1. 载荷不大,断面较小的蜗杆	45:调质,220~250HB	1. 蜗轮材料与热处理 (1)圆周速度≥3m/s的重要传动:锡磷青铜QSn10-1 (2)圆周速度≤4m/s:QAl9-4 (3)圆周速度≤2m/s,效率要求不高:铸铁,防止蜗轮变形一般进行时效处理 2. 蜗杆材料与热处理 (1)高速重载:15钢、20Cr渗碳淬火,56~62HRC;40钢、45钢、40Cr淬火,45~50HRC (2)不太重要或低速中载:40钢、45调质钢
	2. 有精度要求(螺纹磨出)而速度<2m/s	45:淬火,回火,45~50HRC	
	3. 滑动速度较高、载荷较轻的中小尺寸蜗杆	15:渗碳,淬火,低温回火,56~62HRC	
	4. 滑动速度>2m/s(最大7~8m/s);精度要求很高,表面粗糙度为0.4μm的蜗杆,如立车中的主要蜗杆	20Cr:900~950℃渗碳,800~820℃油淬,180~200℃低温回火,56~62HRC	
	5. 要求高耐磨性、高精度及尺寸大的蜗杆	18CrMnTi:处理同上,56~62HRC	
	6. 要求足够耐磨性和硬度的蜗杆	40Cr、42SiMn、45MnB:油淬,回火,45~50HRC	
	7. 中载、要求高精度并与青铜蜗轮配合使用(热处理后再加工螺纹)的蜗杆	35CrMo:调质(850~870℃油淬,600~650℃回火),255~303HB	
	8. 要求高硬度和最小变形的蜗杆	38CrMoAlA、38CrAlA:正火或调质后渗氮,硬度>850HV	
	9. 汽车转向蜗杆	35Cr:815℃氰化、200℃回火,渗层深度0.35~0.40mm,表面锉刀硬度,心部硬度<35HRC	
弹簧	1. 形状简单、断面较小、受力不大的弹簧	65:785~815℃油淬,300℃、400℃、500℃、600℃回火,相应的硬度为512HB、430HB、369HB、340HB。75:780~800℃油淬或水淬,400~420℃回火,42~48HRC	弹簧热处理一般要求淬透,晶粒细,残余奥氏体少。脱碳层深度每边应符合:<ϕ6mm的钢丝或钢板,应<1.5%直径或厚度;>ϕ6mm的钢丝或钢板,应<1.0%直径或厚度 大型弹簧在热状态加工成形随即淬火+回火,中型弹簧在冷态加工成形(原材料要求球化组织或大部分球化),再淬火+回火。小型弹簧用冷轧钢带、冷拉钢丝等冷态加工成形后,低温回火 处理后可经喷丸处理:40~50N/cm^{2}的压缩空气或离心机70m/s的线速度,将ϕ0.3~0.5mm(对小零件、气门弹簧、齿轮等)、ϕ0.6~0.8mm(对板簧、曲轴、半轴等)铸铁丸或淬硬钢丸喷射到弹簧表面,强化表层。疲劳循环次数可提高8~13倍,寿命可提高2~2.5倍以上
	2. 中等载荷的大型弹簧	60Si2MnA、65Mn:870℃油淬,460℃回火,40~45HRC(农机座位弹簧65Mn:淬火,回火,280~370HB)	
	3. 重载荷、高弹性、高疲劳极限的大型板簧和螺旋弹簧	50CrVA、60Si2MnA:860℃油淬,475℃回火,40~45HRC	
	4. 在多次交变载荷下工作的直径为8~10mm的卷簧	50CrMnA:840~870℃油淬,450~480℃回火,387~418HB	
	5. 机车、车辆、煤水车板弹簧	55Si2Mn、60Si2Mn:39~45HRC(363~432HB)	

续表

名称	工　作　条　件	材料与热处理要求	备　　注
弹簧	6. 车辆及缓冲器螺旋弹簧、汽车张紧弹簧	55Si2Mn、60Si2Mn、60Si2CrA：淬火，回火，40～47HRC 或 370～441HB	
	7. 柴油泵柱塞弹簧、喷油嘴弹簧、农用柴油机气阀弹簧及中型、重型汽车的气门弹簧和板弹簧	50CrVA：淬火，回火，40～47HRC	
	8. 在高温蒸汽下工作的卷簧和扁簧，自来水管道弹簧和耐海水侵蚀的弹簧，ϕ10～25mm	30Cr13：39～46HRC 40Cr13：48～50HRC，48～49HRC，47～49HRC，37～40HRC，31～35HRC，33～37HRC	
	9. 在酸碱介质下工作的弹簧	2Cr18Ni9：1100～1150℃水淬，绕卷后消除应力，400℃回火 60min，160～200HB	
	10. 弹性挡圈 δ=4mm，ϕ85mm	60Si2：400℃预热，860℃油淬，430℃回火空冷，40～45HRC	
机床丝杠	1. ≤8 级精度，受力不大，如各类机床传动丝杠	45、45Mn2：一般丝杠可用正火，≥170HB；受力较大的丝杠，调质，250HB；方头、轴颈局部淬硬，42HRC	1. 丝杠的选材与热处理 (1)丝杠的主要损坏形式：一般丝杠(≤7 级精度)为弯曲及磨损；≥6 级精度丝杠为磨损及精度丧失或螺距尺寸变化 (2)丝杠材料应具有足够的力学性能，优良的加工性能，不易产生磨裂，能得到低的表面粗糙度和低的加工残余内应力，热处理后具有较高硬度，最少淬火变形和残余奥氏体 常用于不要求整体热处理至高硬度的材料，有 45 钢、40Mn、40Cr、T10、T10A、T12A、T12 等。淬硬丝杠材料，有 GCr15、9Mn2V、CrWMn、GCr15SiMn、38CrMoAlA 等 (3)热处理 一般丝杠：正火(45 钢)或退火(40Cr)，去应力处理和低温时效，调质和轴颈、方头高频淬火与回火 精密不淬硬丝杠：去应力处理，低温时效，球化退火，调质球化，如遇原始组织不良等，还需先经 900℃(T10、T10A)～950℃(T12、T12A)正火处理，然后再球化退火，或直接调质球化 精密淬硬丝杠：退火或高温正火后退火，去应力处理，淬火和低温时效 2. 考虑热加工工艺性，丝杠结构设计注意事项 (1)结构尽可能简单，避免各种沟槽、突变的台阶、锐角等，尤其是氮化丝杠更应避免一切棱角 (2)丝杠一端应留有空刀槽、凸起台阶或吊装螺钉孔，便于冷热加工中吊挂用 (3)不应有较大的凸起台阶，以免除局部镦粗的锻造工序 3. 滚珠丝杠副的材料与热处理 (1)材料选用 滚珠丝杠：L≤2m、ϕ40～80mm、变形小、耐磨性高的 6～8 级丝杠用 CrWMn 整体淬火
	2. ≥7 级精度，受力不大，轴颈、方头等处均不需淬硬，如车床走刀丝杠	45Mn 易切削钢和 45 钢：热轧后 R_m=600～750MPa，除应力后 170～207HB。金相组织：片状珠光体+铁素体	
	3. 7～8 级精度，受力较大，如各类大型镗床、立车、龙门铣和刨床等的走刀和传动丝杠	40Cr、42MnVB(65Mn)：调质 220～250HB，R_m≥850MPa；方头、轴颈局部淬硬，42HRC。金相组织：均匀索氏体	
	4. 8 级精度，中等载荷，要求耐磨，如平面磨床、砂轮架升降丝杠与滚动螺母啮合	40Cr、42MnVB：调质，250HB，中频加热表面淬火 54HRC。调质后基体组织：均匀索氏体+细粒状珠光体	
	5. ≥6 级精度，要求具有一定耐磨性、尺寸稳定性、较高强度和较好的切削加工性，如丝杠车床、齿轮机床、坐标镗床等的丝杠	T10、T10A、T12、T12A：球化退火，163～193HB，球化等级 3～5 级，网状碳化物≤3 级，调质，201～229HB。金相组织：细粒状珠光体	
	6. ≥6 级精度，要求耐蚀、较高的抗疲劳性和尺寸稳定性，如样板镗床或其他特种机床精密丝杠	38CrMoAlA：调质，280HB；渗氮，850HV。调质后基体组织：均匀的索氏体。渗氮前表面应无脱碳层	

续表

名称	工作条件	材料与热处理要求	备注
机床丝杠	7. ≥6级精度，要求耐磨、尺寸稳定，但载荷不大，如螺纹磨床、齿轮磨床等高精度传动丝杠（硬丝杠）	9Mn2V（直径≤60mm）、CrWMn（直径>60mm）：球化退火后，球状珠光体1.5~4级，网状碳化物≤3级，硬度≤227HB，淬火硬度56HRC+0.5HRC。金相组织：回火马氏体，无残余奥氏体存在	<φ50mm、耐磨性高、承受较大压力的6~8级丝杠用GCr15整体或中频淬火 >φ50mm、耐磨性高、6~8级丝杠用GCr15SiMn整体或中频淬火 ≤φ40mm、L≤2m、变形小、耐磨性高的6~8级丝杠用9Mn2V、整淬，冷处理 有耐蚀要求特殊用途的丝杠用95Cr18，中频加热表面淬火 L≤1m、变形小、耐磨性高的6~7级丝杠用20CrMoA，渗碳，淬火 L≤2.5m、变形小、耐磨性高的6~7级丝杠用40CrMoA，高频或中频淬火 7~8级的丝杠用55、50Mn、60Mn，高频淬火 L≤2.5m，变形小、耐磨性高的5~6级精度的丝杠用38CrMoAlA或38CrWVAlA，氮化 螺母：GCr15、CrWMn、9CrSi，也有用18CrMnTi、12CrNiA等渗碳钢的 （2）硬度要求 推荐60HRC±2HRC，螺母取上限，当丝杠L≥1.5m或精度为5、6级时，硬度可低一些，但需≥56HRC 采用表面热处理的淬透层深度，磨削后，应为： 中频处理 >2mm 高频渗碳处理 >1mm 氮化处理 >0.4mm 7级精度以上的丝杠应进行消除残余应力的稳定处理
	8. ≥6级精度，受点载荷的，如螺纹或齿轮磨床、各类数控机床的滚珠丝杠	GCr15（直径≤70mm）、GCr15SiMn（直径>80mm）：球化退火后，球状珠光体1.5~4级，网状碳化物≤3级，60~62HRC。金相组织：回火马氏体	
汽车、拖拉机配件	推土机用销套：承受重载、大冲击和严重磨损	20Mn、25MnTiB：渗碳，二次淬火，低温回火，59HRC，渗碳层深2.6~3.8mm	
	推土机履带板：承受重载、大冲击和严重磨损	40Mn2Si：调质，履带齿中频淬火或整体淬火，中频回火，距齿顶淬硬层深30mm	
	推土机链轨节：承受重载、大冲击和严重磨损	50Mn、40MnVB：调质，工作面中频淬火，回火，淬硬层深6~10.4mm	
	推土机支承轮	55SiMn、45MnB：滚动面中频淬火，回火，淬硬层深6.2~9.1mm	
	推土机驱动轮	45SiMn：轮齿中频淬火，淬硬层深7.5mm	
	活塞销：受冲击性的交变弯曲剪应力、磨损大，主要是磨损、断裂	20Cr：渗碳，淬火，低温回火，59HRC（双面）	
	刮板弹簧：转子发动机用，要求在高温下保持弹性和抗疲劳性能	718耐热合金：1050℃固溶处理，冷变形，690℃真空时效，8h（或620℃下8h，500℃下松弛8h）	
	受冲击性的迅速变化着的拉应力和装配时的预应力作用，在发动机运转中，连杆螺栓折断会引起严重事故，要求有足够的强度、冲击韧性和抗疲劳能力 硬度检查处　φ16　φ16.25　106　131	40Cr调质，31HRC，不允许有块状铁素体 下料→锻造→退火或正火→加工→调质（回火水冷防止第二类回火脆性）→加工→装配	

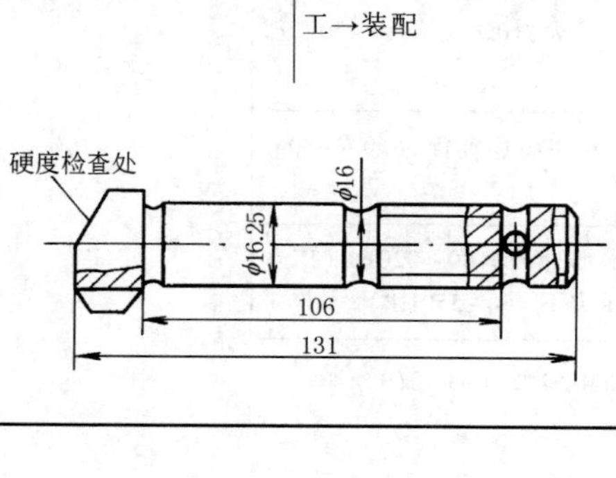

续表

名称	工作条件	材料与热处理要求	备注
矿山机械及其他零件	牙轮钻头:主要是磨坏	20CrMo:渗碳,淬火,低温回火,61HRC	
	输煤机溜槽(原用16Mn钢板,未处理,仅用3~6个月)	16Mn:钢板中频淬火(寿命可提高1倍)	
	铁锹(原用低碳钢固体渗碳淬火,回火,质量很差)	低碳钢:淬火,低温回火,得低碳马氏体,质量大大提高	
	石油钻井提升系统用吊环(原用35钢)、吊卡(原用40CrNi或35CrMo):正火或调质,质量差,笨重	20SiMn2MoVA:淬火,低温回火,得低碳马氏体,质量大大提高	
	石油射孔枪:承受火药爆炸大能量高温瞬时冲击,类似于枪炮。主要是过量塑性变形引起开裂	20SiMn2MoVA:淬火,低温回火,得低碳马氏体,$R_m=1610MPa$,$a_k=80J/mm^2$	
	煤矿用圆环牵引链,要求高抗拉强度和抗疲劳,主要是疲劳断裂及加工时冷弯开裂	20MnV、25Mn2V:弯曲后闪光对焊,正火,880℃淬火,250℃回火获得低碳马氏体,预变形强化。$R_m \geqslant 850MPa$,$\sigma_s \geqslant 650MPa$,$a_k \geqslant 100J/mm^2$	
	凿岩机钎尾:受高频冲击,要求抗多次冲击能力强,耐疲劳,主要是断裂与凹陷	30SiMnMoV、32SiMnMoV:56HRC,渗碳淬火→650℃回火,二次加热260~280℃等温淬火→螺纹部分滚压强化	
	凿岩机钎杆:受高频冲击与矿石摩擦严重,要求抗多次冲击能力强,耐疲劳和磨损,主要是折断与磨损	30SiMnMoV:59HRC,900~920℃下用"603"液体渗碳2h,至880℃空冷25~30s,油冷,230℃回火3h	
	中压叶片油泵定子:要求槽口耐磨和抗弯曲性能好。主要是槽口磨损、折断	38CrMoAl:渗氮,900HV, 调质→粗车→去应力→精车→渗氮	
	机床导轨:要求轨面耐磨和保持高精度。主要是磨损和精度丧失	HT200、HT300:表面电接触加热淬火,56HRC	
	化工用阀门、管件等腐蚀大的零件,要求耐蚀性好	普通碳素钢渗硅	
	锅炉排污阀:主要是锈蚀,要求耐蚀性好	45钢:渗硼	
	1t蒸汽锤杆 ϕ120mm,$L=2345$mm 10t模锻锤锤杆 ｜ 受较剧烈多次冲击和疲劳应力。主要是疲劳断裂	45Cr:850℃淬火,10%盐水冷,450℃回火,45HRC	
		35CrMo:860~870℃水淬,450~480℃回火,40HRC	
	电耙耙斗、电铲铲斗的齿部:冲击大、摩擦严重。主要是磨坏	ZGMn13:水韧处理,180~220HB(工作时在冲击和压力下450~550HB)	
	ϕ840mm及ϕ650mm的矿车轮	ZG55、ZGCrMnSi:280~330HB	

1.5 热处理对零件结构设计的要求

一 般 要 求

表 1-6-32

<table>
<tr><th>要求</th><th>说明</th><th>图例</th></tr>
<tr><td>避免尖角、棱角</td><td>零件的尖角、棱角部分是淬火应力最为集中的地方，往往成为淬火裂纹的起点，因此应尽量避免，而设计成圆角或倒角，如右图所示
渗氮处理的零件对轴肩或截面改变处，采用 $R \geq 0.5$mm 圆角，否则此处渗氮层易发生脆性崩裂。阶梯轴淬火前粗加工时截面变化处的 R 如下表所示
mm

$D-d$	R	$D-d$	R	$D-d$	R
11~15	2	26~50	10	126~300	20
16~25	5	51~125	15	301~500	30

</td><td>不好 好
不好 好
不好 好</td></tr>
<tr><td>避免厚薄悬殊的截面</td><td>厚薄悬殊的零件，在淬火冷却时，由于冷却不均匀而造成的变形、开裂倾向较大，设计时采取：开工艺孔，如图 a；合理安排孔的位置，如图 b；变不通孔为通孔（内孔要求淬硬时，也不应是不通孔），如图 c；或加厚零件太薄的部分，如图 d。图 d 为攻螺纹凸轮，原设计要求 15 钢渗碳淬火，桃形凹槽淬硬为 59~62HRC，由于槽底太薄，淬火后，变形向里凹入，修改设计，加厚槽底。渗碳齿轮应加开工艺孔，增厚 t，使截面均匀，以减小畸变，如图 e
图 f 是一根主轴，轴肩法兰虽然用 9Mn2V 钢油淬，但在螺孔部分淬火时近螺纹口还是会淬裂。解决办法：
① 减小螺纹孔的中心距，适当增加螺孔到边缘的距离
② 增加法兰厚度，并在淬火时在螺孔内旋一螺钉，淬火后拆去
图 g 也是一根截面悬殊的轴，即使采用合金钢也会产生裂纹，虽然可以采用"预冷"淬火法防止淬裂，但轴的硬度会受影响，因此设计时一定要尽量避免厚薄悬殊，并采用淬火应力小的分级或等温淬火</td><td>工艺孔
(a)
>1.5d
(b)
不通孔 厚薄不均　通孔 厚薄均匀
(c)
凹入 φ165 φ30 φ35 φ20 凹入 变形情况
(d)
t
(e)
242高频淬火 355淬火 φ10D φ150 φ180 φ310 1036
(f)
8 φ250 480
(g)</td></tr>
</table>

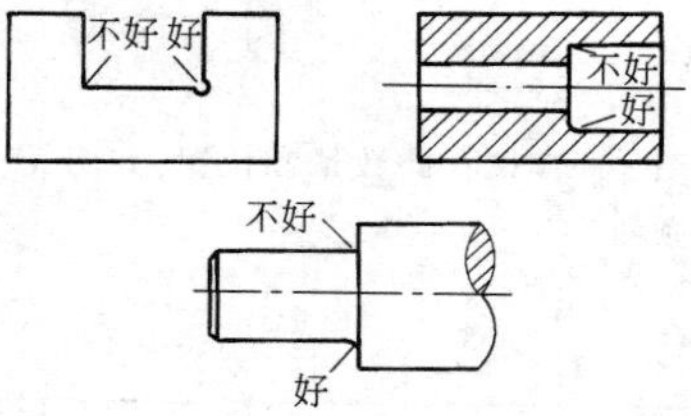

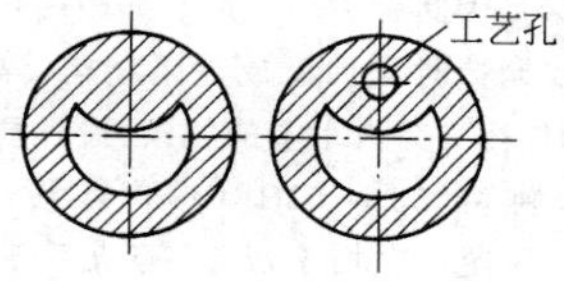

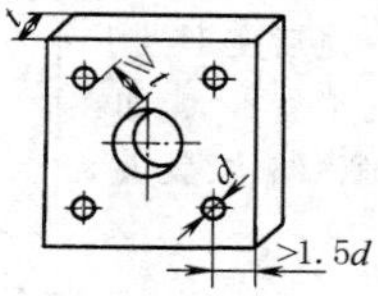

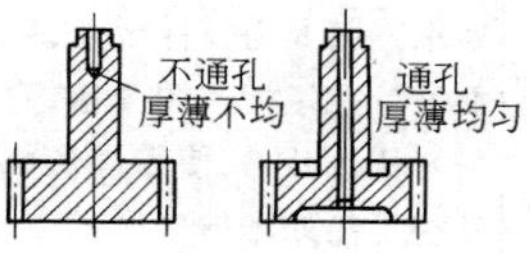

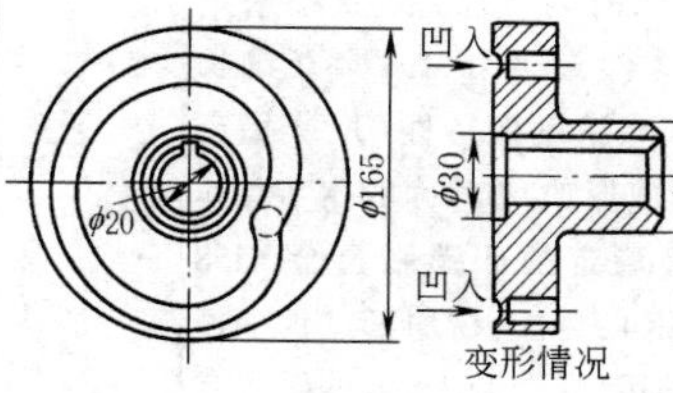

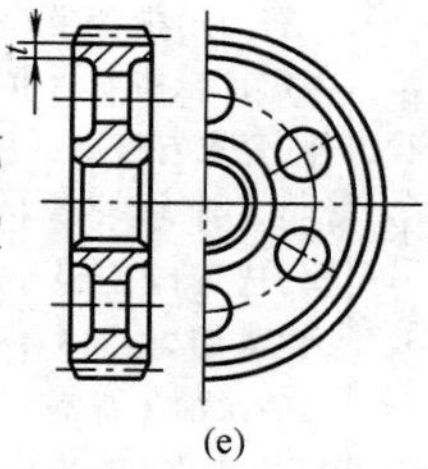

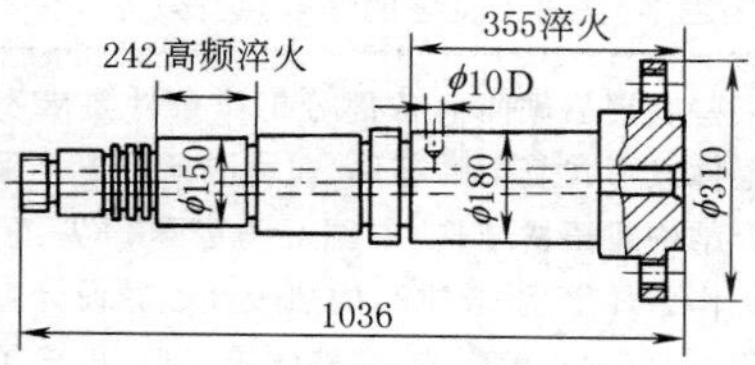

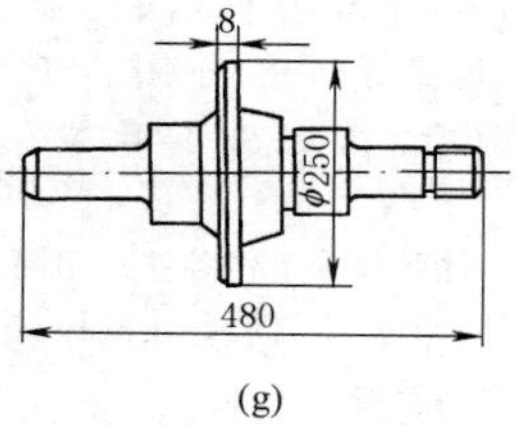

续表

要求	说明	图例
避免太薄边缘	当零件要求必须是薄边时，应在热处理后成形，如图 a′(加工去多余部分)	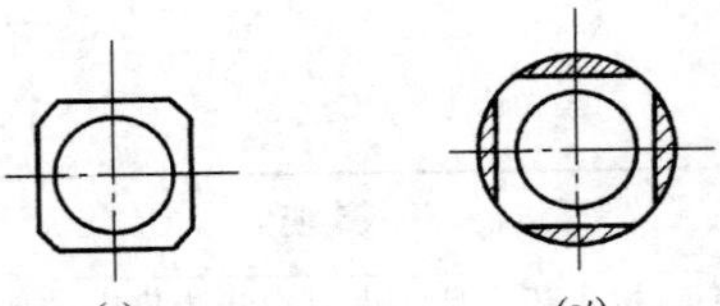 (a) (a′)
合理安排孔的位置	改变图 a 冲模螺孔的数量和位置，如图 a′，减少淬裂倾向	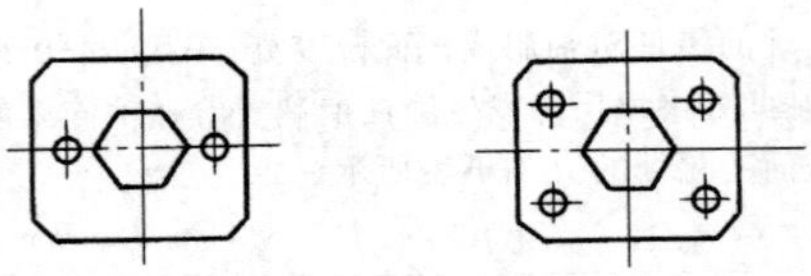 (a) (a′)
尽量采用封闭对称结构	零件形状为开口或不对称结构时，淬火时应力分布不均匀，因此易引起变形。如因结构必须用开口，建议制造时先加工成封闭结构，淬火回火后成形。如图 a 为汽车上的拉条，设计要求 T8A 钢，淬火硬度 58～62HRC，平行度公差为 0.15mm。采用一次加工成形，淬火后沿开口处胀开较大。改用淬火回火后成形，便能达到设计要求。图 b 为镗杆截面，要求渗氮后变形极小。如设计在镗杆一侧开槽，弯曲变形就很大，如在另一侧也开槽，使零件形状呈对称结构，就大大减小了热处理的变形	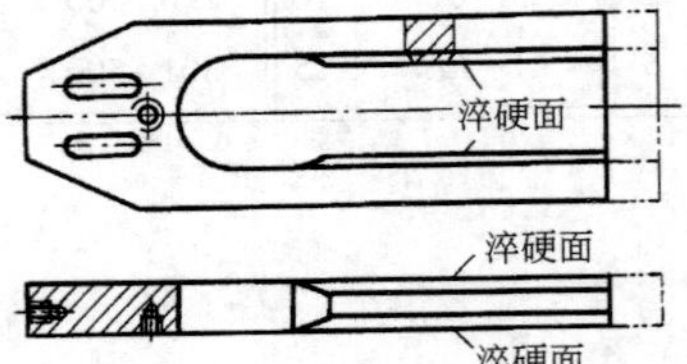 淬硬面 淬硬面 淬硬面 (a) 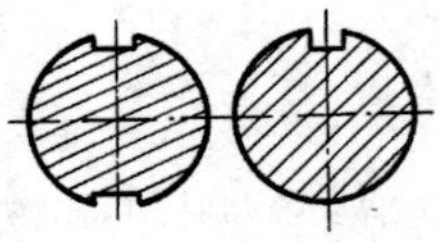 好 不好 (b)
形状力求简单对称	右图是精密坐标镗床的刻线尺(标准尺)，是决定机床精度的重要零件，长约 1.2m，属于细长件，要求有极高的精度和精度保持性(尺寸稳定性)。首先，将形状由槽形改成对称的 X 形；其次，选用畸变极小、极稳定的低膨胀合金 4J58(原来用 20Cr13 不锈钢)；再次，在加工过程中每经一次加工都需一次消除应力退火，全过程共有 27 次之多，获得了良好的综合经济效益	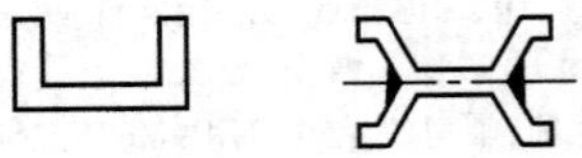
采用组合结构	某些有淬裂倾向而各部分工作条件要求不同的零件或形状复杂的零件，在可能条件下可采用组合结构或镶拼结构，如图 a 为磨床顶尖，顶尖的工作条件繁重，要求高的热硬性。原设计整体采用 W18Cr4V 钢制造，在整体淬火后，出现了裂纹。改用右图所示组合结构，顶尖仍用 W18Cr4V 钢，尾部用 45 钢，分别热处理后，采用热套方式配合，既解决了开裂，又节省了 W18Cr4V 图 b 所示零件两部分工作条件不相同，设计成组合结构，不同部位用不同材料，既提高工艺性，又节约高合金钢材料	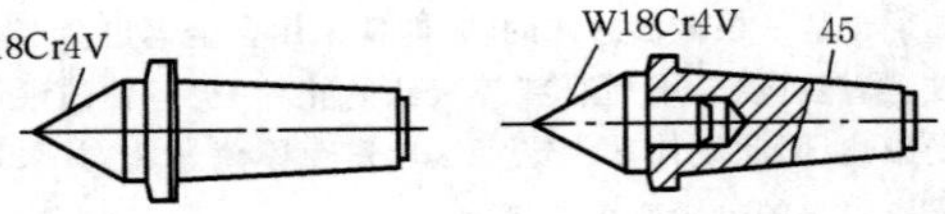 W18Cr4V W18Cr4V 45 (a) 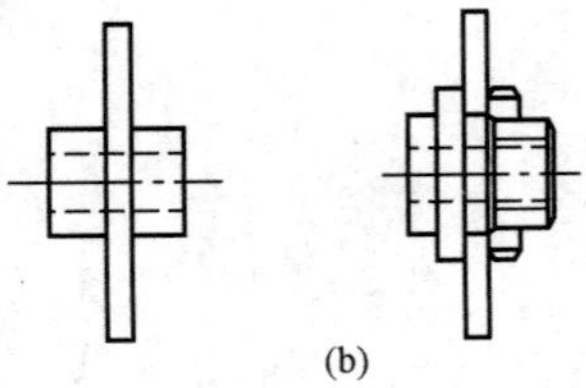 (b)

续表

要求	说　　明	图　　例
合理的技术条件	图 a 是带槽的轴，材料为 T8A，原设计要求>55HRC，经整体水淬后，槽口开裂如图 a 所示；该零件实际只需槽部有高硬度，后改成只要求槽部硬度为>55HRC，经硝盐分级淬火冷却后，槽部为≥55HRC，其余部分为≥40HRC，达到了要求，也避免了槽部开裂现象 图 b 为定位槽口板，如全部淬硬，容易翘曲，用局部淬硬，便可以防止变形，满足要求 图 c 是球头销，原设计材料为 20CrMnTi，渗碳深度 0.8～1mm，淬火回火后硬度 58～62HRC，仅尺寸“23”范围渗碳，不但质量不易保证，而且工艺也比较麻烦。如改用全部渗碳，直接淬硬，既可简化工艺，又可保证质量 图 d 是一根心轴，原设计用 T10A，淬火回火后，全部硬度 56～62HRC，发蓝，螺纹部分也淬到高硬度，不但没有必要，而且也影响了使用性能，应降低螺纹的硬度	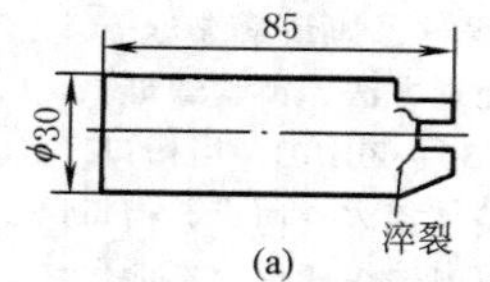 (a) 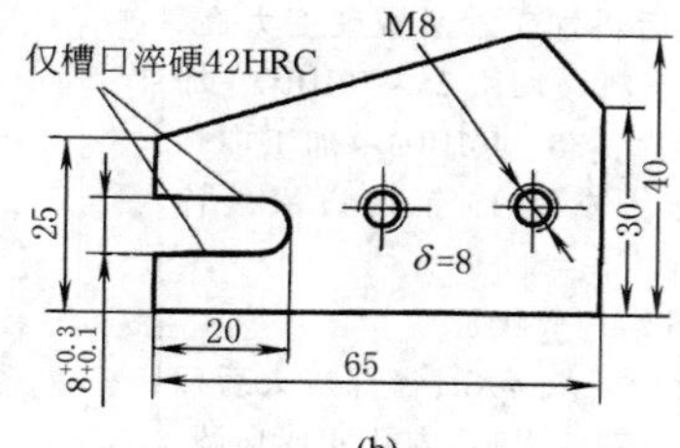 (b) 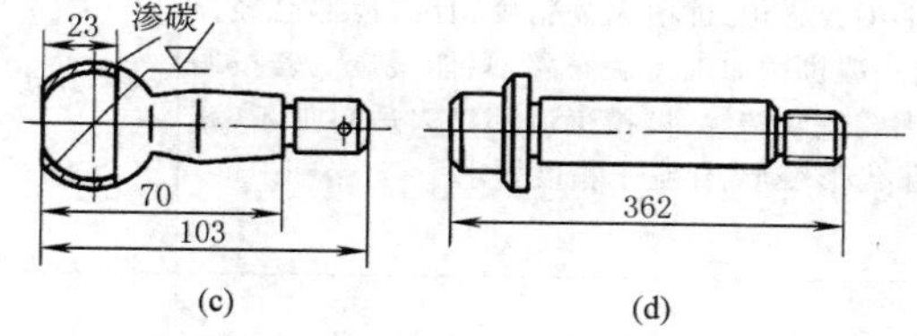 (c)　(d)
考虑淬火后尺寸变化	图 a 是用 45 钢制的闷头螺塞类零件，在全部淬火后，内外螺纹会变形，在装配时，拧不进去，应在槽口部分采用高频淬火 42HRC 图 b 是压配精度的定位销一类的精密零件，虽然形状简单，如全部淬硬，端部会胀大，中间会收缩，必须在淬前放余量，淬火后再磨到尺寸，或局部淬硬 图 c 是大型剪刀板，原设计要求用 65Mn，硬度 55～60HRC，经水淬油冷后，长度伸长达 6mm 左右，因孔距公差显著超差而报废。改用 CrWMn、Cr12Mo 钢，淬火后伸长仅 1～2mm，这样可预先控制孔距的加工尺寸，则刚好符合设计要求	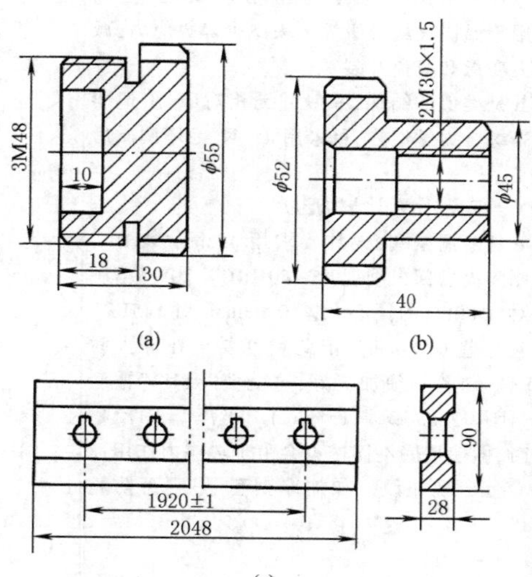 (a)　(b) (c)

续表

要求	说　　明	图　　例
考虑淬火变形	(1)采用适当的热处理方法 45钢制造的套环类零件如图a所示，在淬火后尺寸会胀大，而且有形成椭圆的倾向，因此，对于比较重要的精密紧固件，如锁紧螺母等，就要考虑采用适当的热处理方法。锁紧螺母原设计为45钢，槽口硬度35～40HRC，当槽口、内螺纹等全部加工，再整体淬火、回火，槽口硬度可达到技术条件，但内螺纹变形，不能保证精度，如热处理后再加工，又嫌硬度太高。如调整工艺如下：下料→调质25～30HRC→加工槽→槽口高频淬火，35～40HRC→加工内螺纹，即可达到要求，或用15钢槽口渗碳淬硬，59HRC (2)合理设计零件结构形状 图b圆锥齿轮设计要求40Cr，齿部淬火后回火至45～50HRC。齿部淬火后，内孔变成扁圆，齿部啮合恶化，键槽失去精度，且因齿部已经淬硬，一般机械加工无法修整，只能报废。若按图示虚线修改结构，键槽待齿部淬火后再加工，减少了齿形变形，保证了精度要求	去碳层　4M68±1.5　φ90　5　10 (a) m=5　Z=34　φ175　φ130　45　φ150　R110H7　24H11　49 (b)
考虑淬火裂纹	(1)合理选用材料和热处理方法 图a是铣床刀排用螺母，如采用45钢制造，在淬火时应力集中，在内壁易产生放射状裂纹，故此类零件应采用合金钢42MnVB或40Cr等，以便采用等温淬火或分级淬火来减少淬火应力，减少淬火变形和避免开裂 图b是类似的结构，一般并无相对摩擦，但要求提高综合力学性能，可采用45钢，毛坯调质后再加工 (2)合理设计零件结构形状 图c是镶铜钢套，设计要求用45钢，"45H7"槽两侧淬火后回火硬度45～50HRC，"20f9"槽中心线对"φ80f7"的同心允差0.03mm，对"45H7"槽垂直允差0.03mm。依此精度要求在淬火时"φ45H7"内孔必须加工好，这就使"45H7"槽底极薄（钢厚2mm，铜厚1.5mm）。当淬"45H7"槽两侧时，即使槽底不淬透也会由于热应力作用而在铜套上出现裂纹。如加厚铜套厚度，可防止开裂	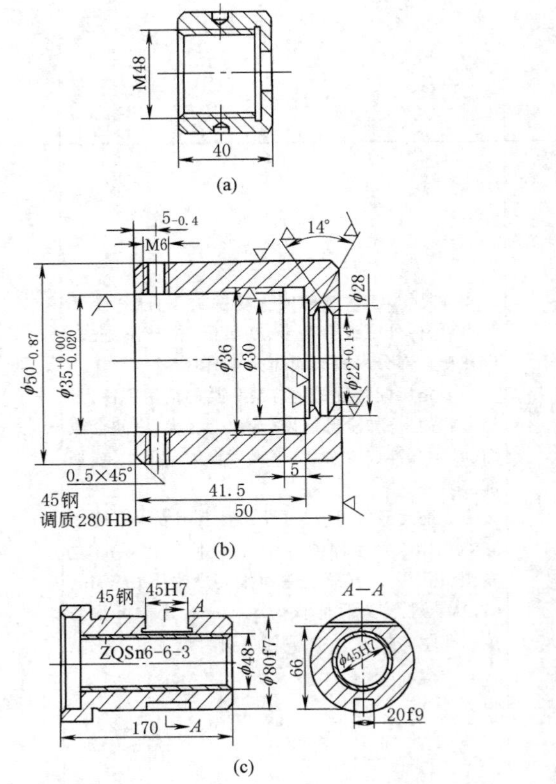 (a)　(b)　(c)

续表

要求	说　　明	图　　例
适当提高表面光洁度	切削加工后零件的表面光洁度不够，有时也可能成为淬火裂纹的起因，如某些轴承套圈，因切削刀痕过深，造成应力集中，在淬火时沿刀痕方向形成淬火裂纹（热处理零件最终热处理时表面应清洁和有较低表面粗糙度，一般淬火零件表面粗糙度 Ra 不大于 3.2μm；渗氮零件要求 ≤0.80~0.10μm，一般是经磨削加工以后的表面粗糙度）	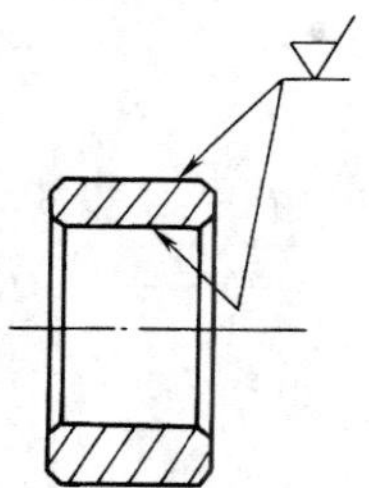
考虑其他热处理工艺性	图 a 是一根在小尺寸范围内要求不同硬度的轴，材料为 45 钢，要求尺寸“35”处 40~45HRC，尺寸“20”的两段 27~40HRC，工艺性太差，无法回火 图 b 是镶钢的导轨，由于截面不均匀，淬火后弯曲变形是难免的，在设计时必须考虑到校直问题：①要避免形成两个方向的弯曲，在上下不可能对称的情况下，左右一定要对称；②要采用残余奥氏体较多的合金工具钢（如 9Mn2V）或轴承钢（如 GCr15），以便在淬火后及时进行“热校直”（用低碳钢渗碳亦可），同时一定要把毛坯锻造后球化退火的金相组织要求列入技术条件，孔口边缘必须倒角 $R \geqslant 0.5 \sim 1$mm，以免校直时产生裂纹 图 c 是导轨板，应尽可能采用电接触加热的方法进行表面硬化处理，最好能把零件加工到尺寸后，安装在床身上再表面淬火，材料则仍可用碳钢如 50 钢，淬硬层愈浅则变形愈小	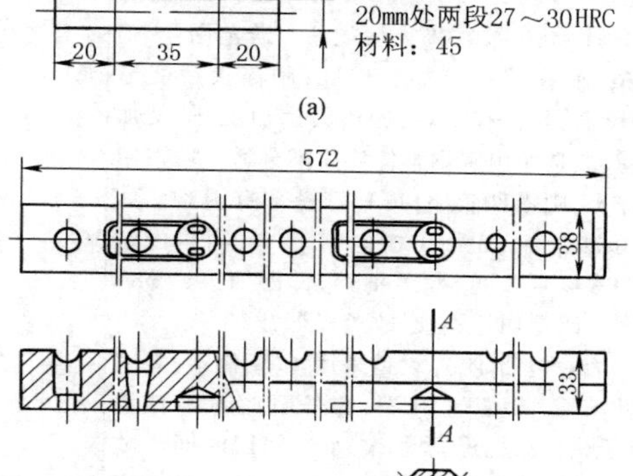 (a) (b) 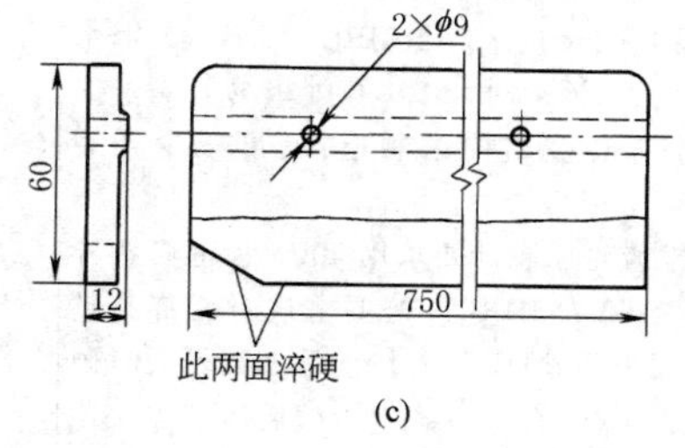 (c)
考虑材料的工艺性	图 a、b 是用 45 钢制造的轴，强度及其他力学性能是足够的，如在图示位置包扎良好，开裂也可避免，但淬火后，端面槽口尺寸是无法校正的，图 a 的会胀大，图 b 的会收缩。从淬火变形考虑就必须改用硬化性较好的合金结构钢如 42MnVB 等，以便采用等温淬火的方法减少变形，外圆的沟槽变形也可减少	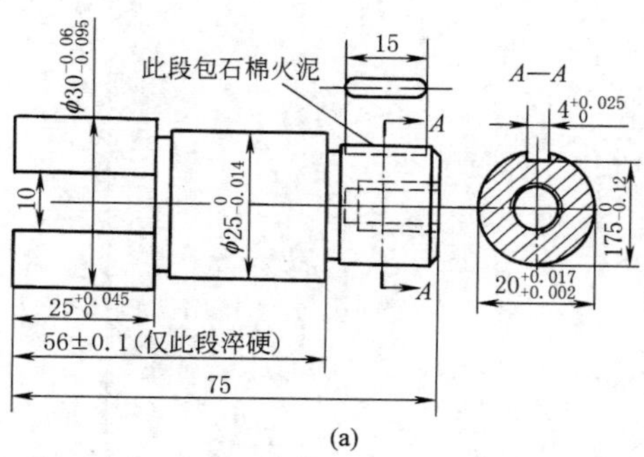 (a)

续表

要求	说明	图例
考虑材料的工艺性		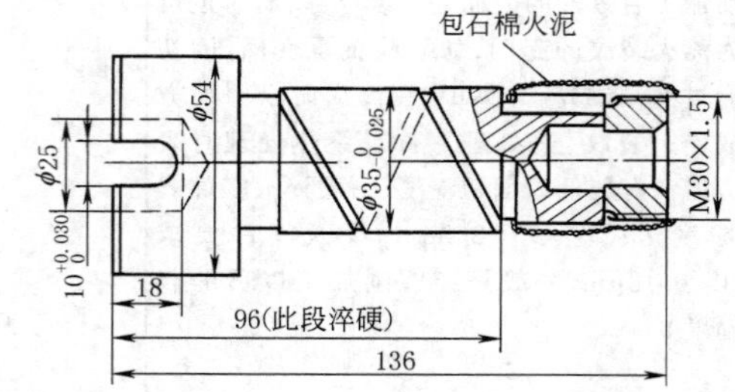 (b)
	图 c 为一滚轮,"12"槽部要求淬硬,槽附近有"ϕ8"的配钻孔,要在淬火后配钻。若选用 45 钢或 40Cr 钢,在淬火前加工出孔,则淬火后变形大,硬度高,配钻有困难;若淬火后加工孔,又加工不动,故选用中碳钢整体淬火不合适。若采用高频淬火,则零件较小,单独淬槽部有困难。如果改用 20Cr 钢,先加工槽,然后渗碳,再将配钻孔处的渗碳层去掉,然后油淬,低温回火,"ϕ8"锥孔因含碳低而淬不硬,故可以配钻	展开图 剖面图 (c)
	图 d 为一内凸轮,原设计采用 45 钢制造,要求凹槽处淬硬。为防止开裂,曾采用水-油双液淬火,由于该件结构厚薄悬殊,水中停留时间不易掌握,结果造成沿薄截面处的淬火裂纹,如改用 40Cr 钢,采用油淬,既可达到技术要求,又不致造成淬火开裂	(d)
	图 e 为一滑阀,结构比较复杂,原设计要求 45 钢淬火后回火,硬度 45~50HRC。由于 45 钢水淬开裂倾向大,淬火时"ϕ10"孔处极易开裂。如改用 40Cr 等合金结构钢制造,就可减少开裂倾向	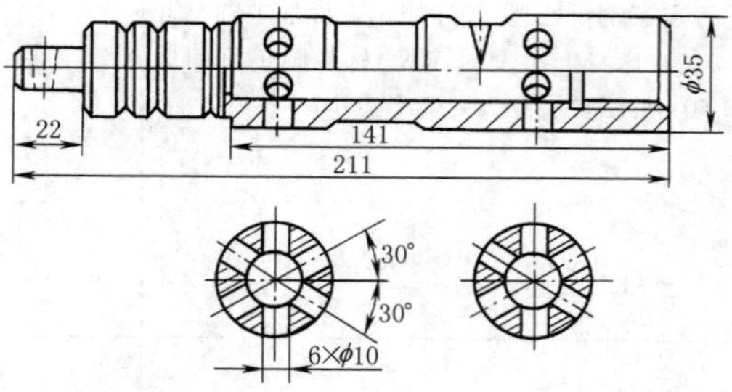 (e)
	图 f 圆锥齿轮原设计要求用 40Cr,齿部高频淬火后回火至 50~55HRC。按要求进行齿部高频淬火后两弧齿面硬度不一,特别是模数较大时硬度差更大,改用低合金渗碳钢渗碳后齿部淬火比较合适	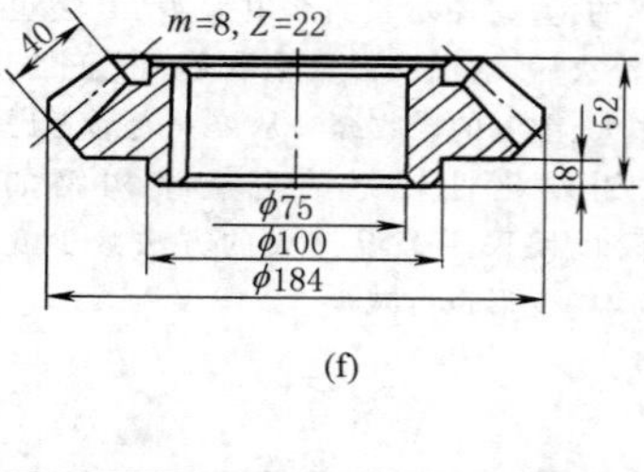 (f)

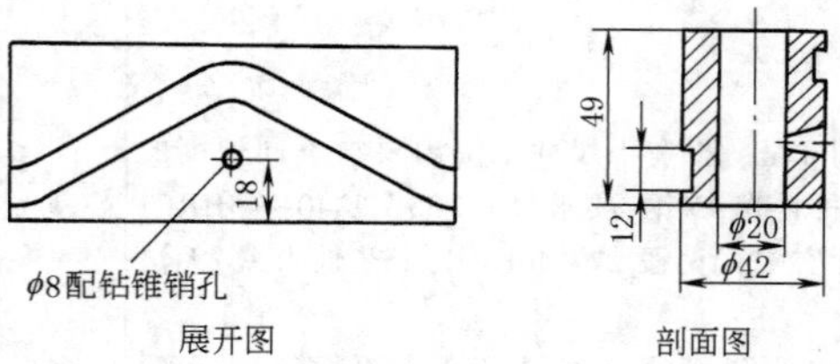

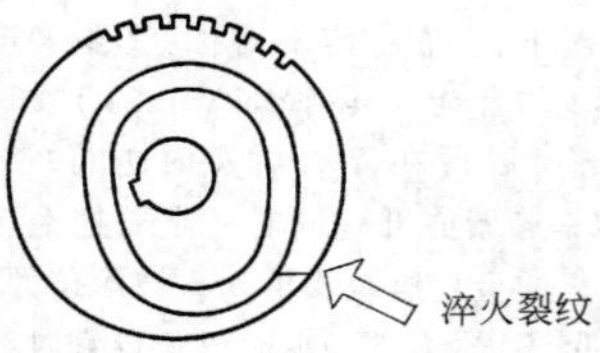

续表

要求	说　　明	图　　例
按变形规律调整加工尺寸	如某汽车变速齿轮键宽要求 $10^{+0.09}_{+0.03}$。渗碳淬火后的变形规律试验数据为缩小 0.05mm。因此,冷加工可控制在 $10^{+0.12}_{0}$,则热处理后一般为 $10^{+0.07}_{0}$,符合技术要求	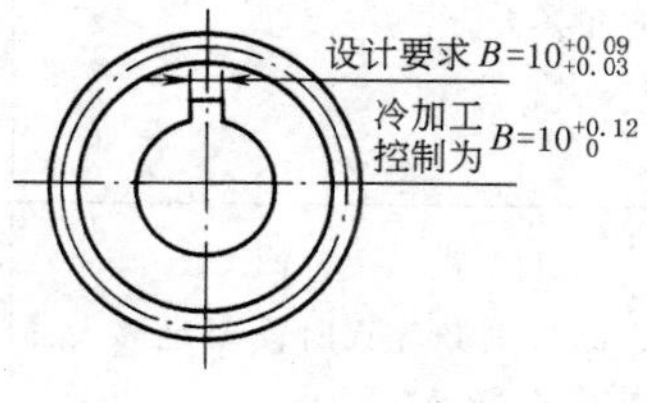 设计要求 $B=10^{+0.09}_{+0.03}$ 冷加工控制为 $B=10^{+0.12}_{0}$
结合工艺改进结构	图 a 所示薄壁套筒,一端带凸缘,氮化后易变成喇叭口,如改为图 a′所示结构,则变形可消失	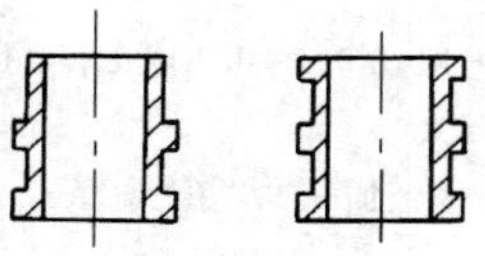 (a)　(a′)
	注意孔距的合理安排 对于受力较大的零件合理安排孔位置尤为重要。图 a 所示模板,其螺孔与落料孔距离太近,淬火时易变形,改为图 a′所示 $l \geqslant s$ 较好 螺钉孔不应位于交叉刃口的延线上,尤其不应靠近小锐角,以免局部减弱模具强度,而出现裂纹,改成图 b′所示结构较好	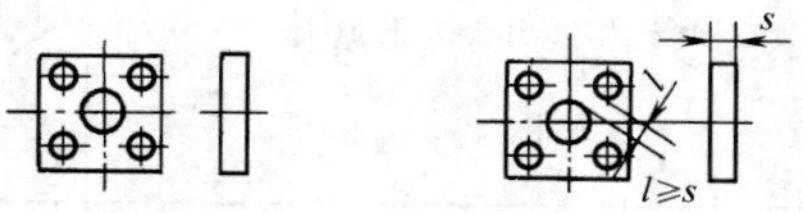 s $l \geqslant s$ (a)　(a′) 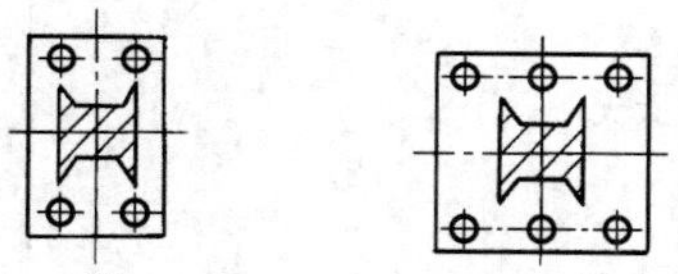 (b)　(b′)
	当键槽离轮齿较近时,其键槽不应置于齿根下面,以免太薄产生断裂,应改成图 a′所示结构	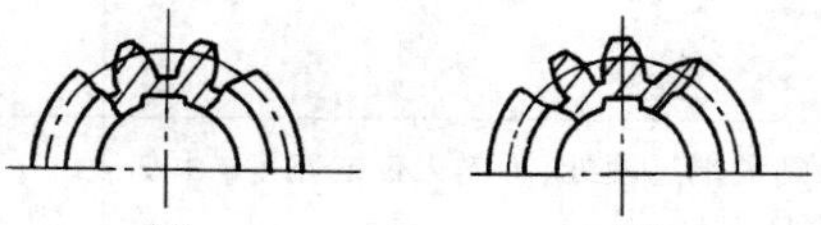 (a)　(a′)
	臂较长而又单薄的铸件应设置加强肋,使其具有合理的刚度,以免热处理时发生畸变或断裂。改成图 a′所示结构,加设了横梁,使铸件刚度和强度显著增加	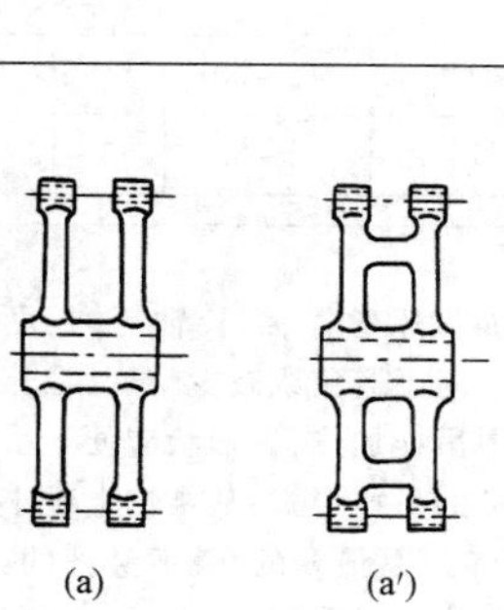 (a)　(a′)

续表

<table>
<tr><th>要求</th><th>说明</th><th>图例</th></tr>
<tr><td rowspan="8">结合工艺改进结构</td><td>b_1 和 b_2 不宜相差太大</td><td> 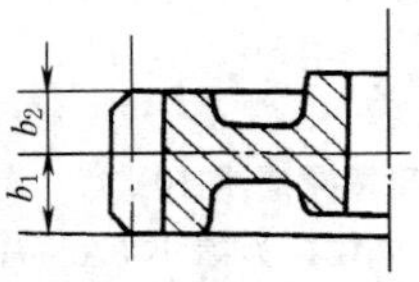b2
b1</td></tr>
<tr><td>全部齿一次加热，高频淬火时，t 要足够大，b 不宜太大，一般 $t \geqslant 2.5h$，$b \leqslant 55$mm</td><td> 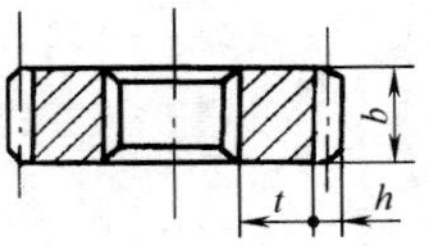b
t h</td></tr>
<tr><td>t/D 不宜太小，一般在 0.1～0.2 以上，l_2 不要太小，约为 $2l_1$，R 要大
渗碳齿轮可在轮辐上加开工艺孔，增厚 t，以减小变形</td><td> 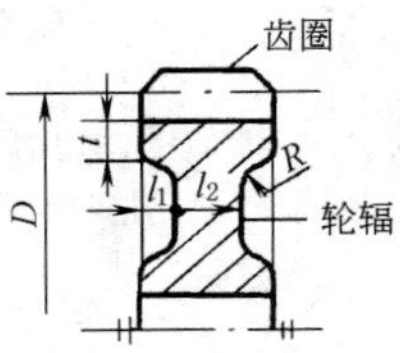齿圈
t
R
D l1 l2
轮辐</td></tr>
<tr><td>b_1 和 b_2 要相当，相差愈大变形愈大</td><td> 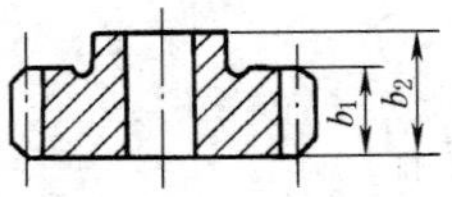b1 b2</td></tr>
<tr><td>l/d 比不要太大</td><td> 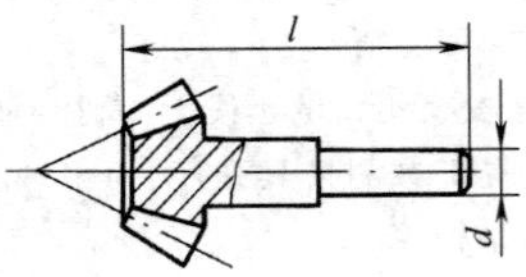l
d</td></tr>
<tr><td>附加余量是为了减少渗碳时变形，热处理后应切去</td><td> 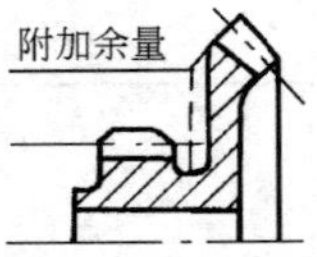附加余量</td></tr>
<tr><td>从小端到大端过渡处，不淬火带的宽度 f 由 $D-d$ 确定，参见下表：
mm
<table><tr><td>$D-d$</td><td><15</td><td>15～20</td><td>>20</td></tr><tr><td>f</td><td>1.5～3</td><td>3～5</td><td>5～12</td></tr></table></td><td>不淬火带宽度 f
高频淬火
D
d</td></tr>
<tr><td>细而长的零件如机床丝杠、细长轴等，长度与直径比不宜太大。为了避免或减少畸变，在热处理时应在井式炉内吊挂加热，其形状应便于吊具装夹。右图是常见的吊挂形式，从结构上看小件a较好，大件d最好，c是最差的、最不经济的，只有单件或极小批量生产时采用</td><td> 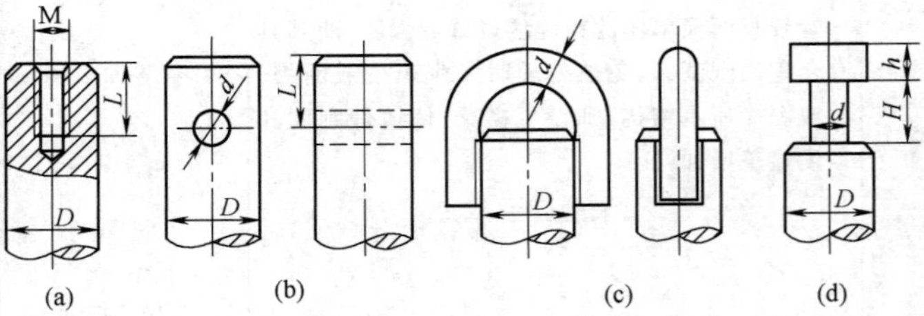M L D d h H
(a) (b) (c) (d)</td></tr>
</table>

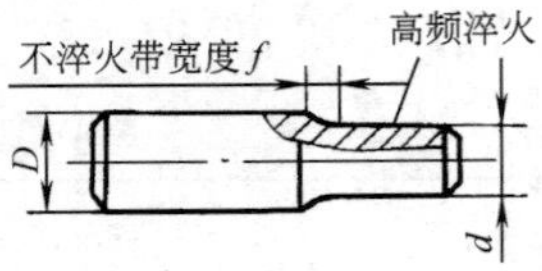

感应加热表面淬火的特殊要求

表 1-6-33

<table>
<tr><th>要　　求</th><th>说　　明</th><th>图　　例</th></tr>
<tr><td>轴端、轴孔及齿轮端部均应有倒角</td><td>感应加热表面淬火时尖角处易过热，甚至熔化，因此轴端应有倒角，若轴有孔，孔也应倒角，如右图，孔径较大时还应配入铜铆钉，淬后拆除</td><td> 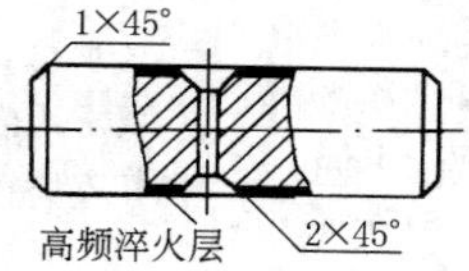</td></tr>
<tr><td>从轴的小径到大径，应允许有“硬度递减区（即过渡区）”</td><td>硬度递减区的宽度和两个直径之差有关，其规定见下表：
mm
<table>
<tr><td>D-d</td><td>10~20</td><td>20~30</td><td>>30</td></tr>
<tr><td>硬度递减区宽度</td><td>5~10</td><td>10~15</td><td>15</td></tr>
</table>
如按表所列数值进行表面淬火后对质量有影响时，则应改变设计结构，因高中频感应圈本身有一定宽度，故淬火时不能淬硬到凸肩根部</td><td> 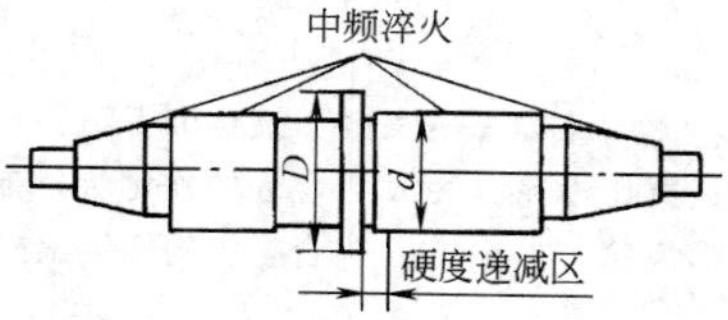</td></tr>
<tr><td>轴上键槽两端必须留6~8mm不淬火带，键槽距轴端应>10mm或开通</td><td>目的是防止淬火时键槽熔化，如设计要求必须淬硬时，应考虑能镶配紫铜销（两端要有间隙），淬后不淬火带的硬度，大约在下表范围：
<table>
<tr><td>钢　　号</td><td>35</td><td>45</td><td>40Cr</td></tr>
<tr><td>硬度　HRC</td><td>25~30</td><td>30~33</td><td>33~36</td></tr>
</table>
键槽距轴端间距>10mm或开通是为了防止淬裂</td><td> 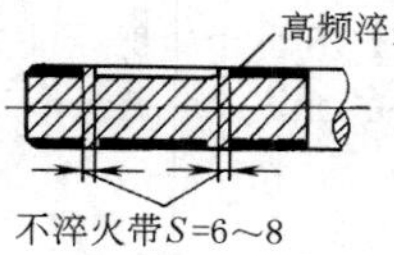</td></tr>
<tr><td>细长的调节螺钉要考虑淬火变形（螺距变化）</td><td>细长的调节螺钉，一般都用热轧圆钢制成，如全部都加热淬火，不仅易造成弯曲，而且螺距也会变化，造成淬火后旋不进螺母，因此对此类工件可广泛采用局部火焰淬火或高频淬火的方法，承受载荷较大的可在毛坯调质后，再局部淬硬</td><td> 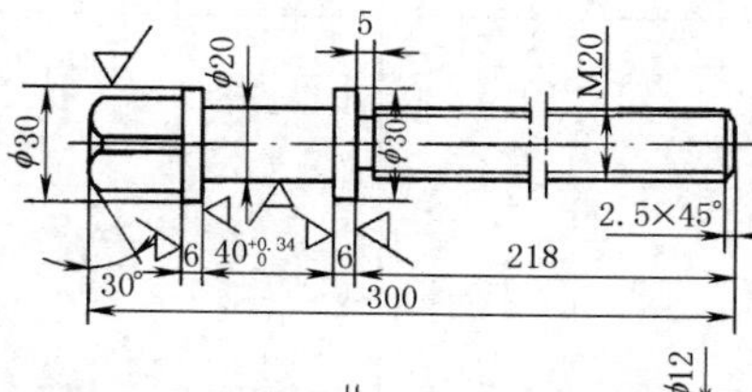</td></tr>
<tr><td>二联或三联以上而外径相差不大的齿轮，若齿部均需淬火时，齿部两端面间的间距应≥8mm。b_2、b_3要相近</td><td>为了防止在分别淬火后，先淬硬的齿轮受到后淬齿轮感应圈感应影响硬度，故二联齿轮淬火时，应先淬直径小的，再淬直径大的</td><td> 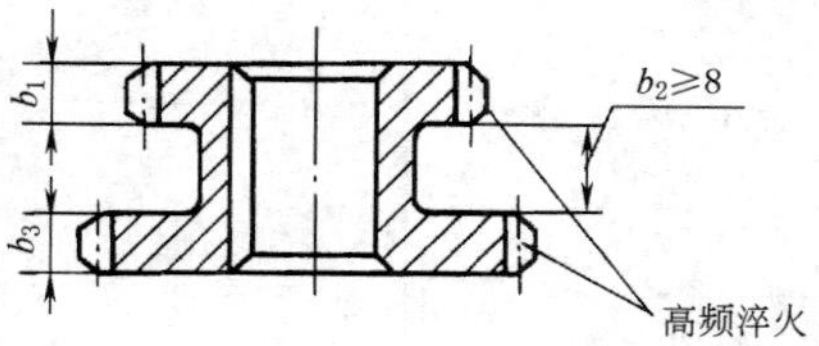</td></tr>
</table>

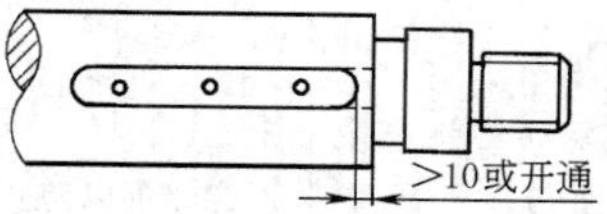

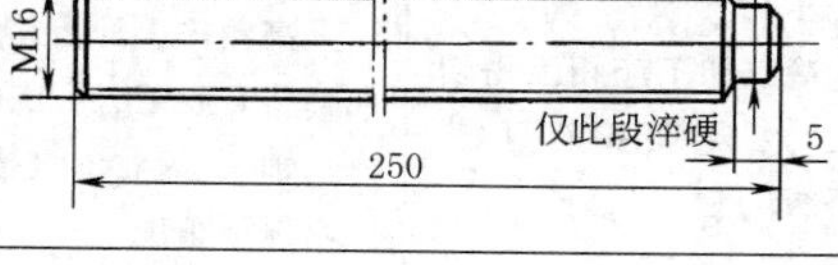

续表

要　求	说　明	图　例
塔形齿轮如在沟槽、拨叉部分要求淬火，则端部厚度应≥5mm，沟槽部分宽度≥12mm	要求端部有一定厚度，是为了防止端部开裂 要求沟槽有一定宽度，是考虑感应器的制作及操作方便	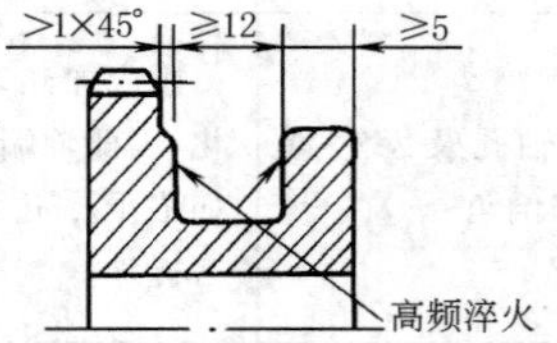 >1×45°　≥12　≥5 高频淬火
在一般条件下，不宜设计齿宽比齿轮直径大的柱形齿轮	这样的齿轮容易发生变形，而且也比较难获得合理的硬化层分布，如必须这样设计，则应采用低合金结构钢等温或分级淬硬	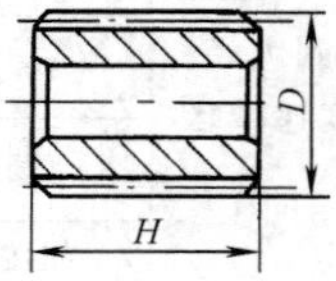 D H
齿轮端面淬火时，淬火部分应凸起不小于1mm，并倒成45°角	这样一方面可避免在端面淬火时影响齿部硬度，同时淬火面积小了，高频的感应圈也比较好解决	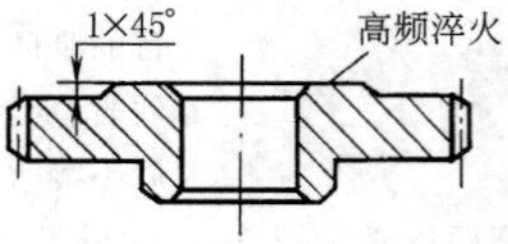 1×45°　高频淬火
齿部及端面均要求淬火时，端面与齿部距离≥5mm	这样可以防止端面淬硬时影响齿部的硬度	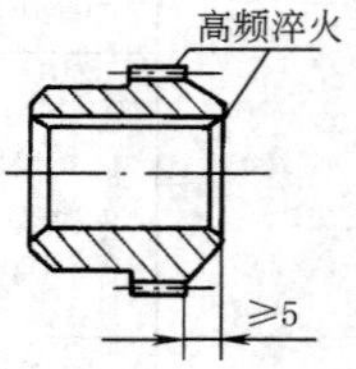 高频淬火 ≥5
冷热加工应相互密切配合，合理安排工艺路线	凡高频淬火的齿轮、长轴套等零件，在淬火后内孔都略有收缩，因此在要求精度较高的情况下，应将长轴套、齿轮的键槽、花键在淬火之后再拉削一次以保证精度	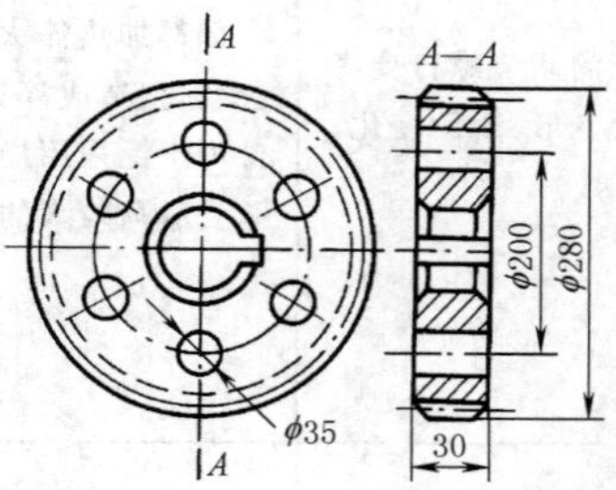 A　A—A φ200　φ280 φ35　A　30 若全部先加工，后淬火，淬火后靠近"φ35"孔处的节圆直径处将会下凹。因此6个孔只能在高频淬火后制出

2 有色金属热处理

2.1 有色金属材料热处理方法及选用

表 1-6-34　　有色金属材料热处理方法、目的与用途

<table>
<tr><th>名　称</th><th>工 艺 方 法</th><th colspan="2">目 的 与 用 途</th></tr>
<tr><td>均匀化退火(扩散退火)</td><td>在加热、保温过程中,由于原子扩散作用而使合金化学成分趋于均匀</td><td rowspan="8">均匀化退火、再结晶退火、去应力退火等工艺方法与钢比较只是热处理温度较低、工艺参数不同而已。但热处理强化机理则与钢不同,不是利用相变强化,而是利用强化相在固溶体中溶解度变化的原理,使强化相弥散、均匀地分布在固溶体基体中进行强化的</td><td>用于铸件或热加工前的铸锭,以消除或减少成分偏析和组织的不均匀性,提高塑性,改善加工产品的质量</td></tr>
<tr><td>再结晶退火</td><td>将冷变形加工后的制品加热到再结晶温度以上,保温后空冷</td><td>用于经冷变形加工后的制品。目的是消除冷作硬化,恢复塑性,以利于下一加工工序的顺利进行
也作为产品的最终退火,以获得细晶粒组织,改善性能</td></tr>
<tr><td>去应力退火</td><td>加热到低于再结晶温度的退火</td><td>消除锻造、铸造、焊接和切削加工产生的内应力
消除黄铜的蚀裂现象
对于不能热处理强化的铝合金和纯铝等,则是为了消除形变应力、保留冷作硬化</td></tr>
<tr><td>固溶处理(淬火)</td><td>加热到稍高于强化相最大溶解度的温度,保温后水冷,获得过饱和固溶体</td><td>是各种有色金属合金强化处理的准备工序(此时尚未强化),与随后的时效处理配合使合金达到强化的目的</td></tr>
<tr><td>自然时效</td><td>在常温下长时间停留,使固溶处理后的过饱和固溶体中的强化相脱溶</td><td>提高强度、硬度。由于此法所用时间太长,除冶金工厂外,生产中一般不采用</td></tr>
<tr><td>人工时效</td><td>在加热条件下(一般150℃左右),使固溶处理下的过饱和固溶体中的强化相脱溶</td><td>提高强度、硬度。普遍用于铝、铜等有色金属合金的强化过程</td></tr>
<tr><td>回归现象</td><td>自然时效后的铝合金,在高于人工时效的温度短时间加热后快速冷却到室温。此时合金重新变软,恢复到刚固溶处理后的状态,且仍能进行正常的时效</td><td>可使自然时效硬化了的铝合金重新软化、恢复塑性,以继续进行冷变形加工
用于铝合金制品的返修</td></tr>
</table>

表 1-6-35　　常用有色金属材料热处理方法的选用

<table>
<tr><th colspan="2">材　料</th><th>热 处 理 方 法</th><th>目　　的</th></tr>
<tr><td rowspan="12">铝合金</td><td rowspan="2">热处理不能强化的形变铝合金</td><td>高温退火</td><td>消除冷作硬化,提高塑性</td></tr>
<tr><td>低温退火</td><td>提高塑性的同时,部分保留冷变形所获得的强化效果</td></tr>
<tr><td rowspan="2">热处理可强化的形变铝合金</td><td>完全退火或快速(中间)退火</td><td>提高塑性并消除由于淬火时效的强化</td></tr>
<tr><td>淬火(即固溶处理,下同)+时效</td><td>获得高的强度和足够韧性</td></tr>
<tr><td rowspan="8">铸造铝合金</td><td>①不预先淬火的人工时效</td><td>提高强度和硬度,改善切削加工性和表面粗糙度</td></tr>
<tr><td>②退火</td><td>适于强度要求不高或不能热处理强化的合金。消除铸造应力和加工硬化。改善组织中某些脆性相形态,提高塑性,稳定尺寸</td></tr>
<tr><td>③淬火+自然时效</td><td>提高零件的强度和在100℃以下工作的耐蚀性</td></tr>
<tr><td>④淬火+不完全人工时效</td><td>用于中等载荷和在不高温度下工作的零件,以获得高的强度,并保持较高塑性</td></tr>
<tr><td>⑤淬火+完全人工时效</td><td>用于处理大载荷零件,获得最高的强度和硬度</td></tr>
<tr><td>⑥淬火+稳定化回火处理</td><td>用于高温工作的零件,与④、⑤相比,强度较低,而塑性较高,回火温度接近工作温度,使组织稳定、耐蚀性提高</td></tr>
<tr><td>⑦淬火+软化回火处理</td><td>回火温度高于⑥,适于在比⑥更高温度状态下工作的零件,以获得高的塑性和尺寸稳定性</td></tr>
<tr><td>⑧冷处理+冷热循环处理</td><td>使零件获得高的尺寸稳定性</td></tr>
</table>

续表

材料		热处理方法	目的
铜合金	纯(紫)铜	再结晶退火	消除由冷变形加工引起的加工硬化,恢复塑性
	黄铜	低温退火	消除内应力,防止应力腐蚀开裂和切削加工时变形
		再结晶退火	包括加工工序间的中间退火和成品的最终退火。消除加工硬化,恢复塑性
	青铜	均匀化退火(扩散退火)	消除或减少铸锭成分偏析和组织不均匀性,提高塑性
		再结晶退火	包括加工工序间的中间退火和成品的最终退火。消除加工硬化,恢复塑性
		去应力(低温)退火	消除内应力,防止应力腐蚀开裂,稳定冷变形或焊接工作的尺寸和性能,以及防止切削加工时产生变形
		淬火+时效	用于铍青铜、硅青铜、复杂铝青铜 提高强度、硬度
钛合金		去应力退火(450~650℃)	消除铸、焊和切削加工内应力,部分恢复塑性
		完全退火(650~800℃)	使组织和力学性能均匀,在室温下具有良好塑性和适当韧性;对于耐热合金,是使其在高温下具有尺寸和组织稳定性 钛合金多在退火状态下使用
		去氢退火(540~760℃)	防止氢脆,必须在真空下进行
		淬火+时效	获得高的强度并保持足够韧性
镁合金		去应力退火	消除铸造、冷热加工、矫直和焊接产生的内应力,稳定尺寸
		再结晶退火	消除冷作硬化
		淬火+时效	提高硬度和强度

2.2 铝及铝合金热处理

铝及铝合金按加工方法分为变形铝合金和铸造铝合金。按热处理性质分为：热处理强化的铝合金，包括硬铝、锻铝及大部分铸造铝合金，它只能在淬火+时效状态下使用；热处理不强化的铝合金，包括工业纯铝、防锈铝，它只能在退火或冷作状态下使用，一部分低强度的铸造铝合金，它只能在退火状态下使用。

变形铝合金的热处理方法和应用

表 1-6-36

合金类型、牌号		方法	有效厚度/mm	退火温度/℃	保温时间/min	冷却方式	应用	备注
热处理不强化的铝合金	1070A、1060、1050A、1035、1200、8A06、3A21	高温退火	≤6	350~500	热透为止		降低硬度,提高塑性,可达到最充分的软化,完全消除冷作硬化	需要特别注意退火温度和保温时间的选择,以免发生再结晶过程而使晶粒长大
	5A02、5A03		>6	350~420	30	空冷		
	5A05、5A06			310~335				
	1070A、1060、1035、8A06、3A21		0.3~3	350~420（井式炉）	50~55			
			>3~6		60~65			
			>6~10		80~85			
	1070A、1060、1050A、1035、1200、8A06、3A21	低温退火	—	150~250	120~180	空冷	既提高塑性,又部分地保留由于冷作变形而获得的强度 消除应力,稳定尺寸	退火温度与杂质含量有关,随杂质含量的增加而升高
	5A02		—	150~180	60~120			
	5A03		—	270~300	60~120			
	3A21		—	250~280	60~150			

续表

合金类型、牌号		方法	有效厚度/mm	退火温度/℃	保温时间/min	冷却方式	应用	备注
热处理强化的铝合金	2A06	完全退火	—	380~430	10~60	30℃/h炉冷至260℃，然后空冷	提高塑性，并完全消除由于淬火及时效而获得的强度，同时可以消除内应力和冷作硬化	完全退火后，半成品可以进行高变形程度的冷压加工 淬火后或淬火及时效后用冷变形强化的2A11、2A12、7A04、合金板材，不宜进行退火，因冷作硬化程度不超过10%，即在临界变形程度范围内，缓慢退火加热，可引起晶粒粗大
	2A11、2A12、2A16、2A17			390~450				
	LT42(旧牌号)			400~450				
	LC6(旧牌号)			390~430				
	7A04		0.3~2	390~430（井式炉）	40~45	30℃/h炉冷至150℃，然后空冷		
			>2~4		50~55			
			>4~6		60~65			
	2A11 2A12 6A02	快速退火	0.3~4	350~370（井式炉）	40~45	空冷	提高经淬火与时效而强化的变形铝合金的半成品及零件的塑性和软化程度 部分消除内应力 缩短退火时间	7A04、LC6(旧牌号)合金在个别情况下，可按2A12合金规范进行快速退火，但可能产生强化，所以退火与变形加工之间的放置时间不应超过240h
			>4~6		60~65			
			>6~10		90~95			
	2A06、2A16、2A17		—	350~370	120~240	空冷或水冷		
	7A04			290~320				
	6A02			380~420				
	2A50			350~400				
	2A14			390~410				
	2A06 2A11 2A12	瞬时退火	—	350~380（硝盐槽）	60~120	水冷	为消除其半成品的加工冷作硬化，以获得继续加工的可能性	

合金类型、牌号		方法	半成品种类	淬火最低温度/℃	最佳温度/℃	发生过烧危险温度/℃	应用	备注
热处理强化的铝合金	2A02	淬火	棒材、锻件	490	495~508	512	淬火是将零件加热到接近共晶熔点或为保证细的晶粒和某种特殊性能而足以使强化相充分溶解的温度，并保温一定时间，然后强冷至室温，以得到稳定的过饱和固溶体	淬火后强度增高，但塑性仍然足够高，可进行冷变形 自然时效的铝合金淬火后只能短时间保持良好塑性，这个时间是：2A12为1.5h；2A11、6A02、2A50、2A70、2A80、2A14、2A02、2A06等为2~3h；7A04、LC6(旧牌号)、7A09为6h，因此变形工艺过程必须在上述时间内完成
	2A11、2A13			480	485~510	525		
	2A06			495	500~510	515		
	2A11		板材、管材	485	490~510	520		
	2A12			490	495~503	505		
			棒材、锻件	485	490~503			
	2A16		板材、管材	525	530~542	545		
			棒材、锻件	520	530~542			
	7A04		板材、管材	450	455~480	520~530		
	7A09			450	455~480	525		
	LC6(旧牌号)		棒材、锻件	450	455~473	—		
	6A02		板材、管材	510	515~540	565		

续表

合金类型、牌号		方法	半成品种类	淬火最低温度/℃	最佳温度/℃	发生过烧危险温度/℃	应　用	备　注
热处理强化的铝合金	6A02	淬火	棒材、锻件	510	515~530	—		
	2A50、2B50			500	510~540	545		
	2A70			520	525~540	545		
	2A80			510	515~535	545		
	2A90			510	510~530	—		
	2A14		板材、管材	490	500~510	517		
			棒材、锻件		495~505	515		
			半成品种类	时效温度/℃		时效时间/h		
	2A06、2A11、2A12、6A02、2A50、2A14	自然时效	各种半成品	室温		48~144 (>96)	时效的目的是将淬火所得到的过饱和固溶体在低温（人工时效）或室温（自然时效）的条件下，保持一定的时间，使强化相从固溶体中呈弥散质点析出，从而使合金异常强化，获得很高的力学性能	2A06、2A11、2A12合金如低于150℃使用时，则进行自然时效；高于150℃使用时，则进行人工时效 6A02、2A50、2B50、2A70、2A80、2A90、2A14、2A02、2A16、2A17合金零件高温使用（≥150℃）时，需人工时效，但6A02、2A50、2A14合金零件也可采用自然时效
	6A02、2A50、2B50、2A14	人工时效	各种半成品	150~165		6~15		
	2A70			180~195		8~12		
	2A80			165~180		8~14		
	2A90		挤压半成品	135~150		2~4		
	2A02		各种半成品	165~175		10~16		
	2A11		—	160±5		6~10		
	2A12		板材、挤压半成品	185~195		6~12		
	2A16		各种半成品	规范1:160~175		10~16		
				规范2:200~220		8~12		
	2A17			180~195		12~16		
	7A04、7A09		板材挤压半成品	120~140		12~24		
		分级时效 一级		120±5		8		
		分级时效 二级		160±5		8		
	LC5（旧牌号）、LC6（旧牌号）	分级时效 一级	模锻件、其他各种锻件	115~125		2~4		
		分级时效 二级		160~170		3~5		

铸造铝合金的热处理方法和应用

表 1-6-37

合金牌号	方　法	操　作	应　用
ZL-103 ZL-104 ZL-105 ZL-401	不预先淬火的人工时效	时效温度大约是150~180℃，保温1~24h 用湿砂型或金属型铸造时，可获得部分淬火效果，即固溶体有着不同程度的过饱和度	改善铸件切削加工性；提高某些合金（如ZL-103、ZL-105）零件的硬度和强度（约30%） 用来处理承受载荷不大的硬模铸造零件

续表

合金牌号	方法	操作	应用
ZL-101 ZL-102 ZL-103 ZL-501	退火	退火温度大约是 280～300℃，保温 2～4h 一般铸件在铸造后或粗加工后常进行此种处理	消除铸件的铸造应力和机械加工引起的冷作硬化，提高塑性 用于要求使用过程中尺寸很稳定的零件
ZL-101 ZL-201 ZL-203 ZL-301 ZL-302	淬火	淬火温度约为 500～535℃，铝镁系合金为 435℃ 这种处理亦称为固溶化处理，对具有自然时效特性的合金，淬火亦表示淬火并自然时效	提高零件的强度并保持高的塑性，提高在 100℃以下工作零件的耐蚀性，用于受动载荷冲击作用的零件
ZL-101 ZL-103 ZL-105 ZL-201 ZL-202 ZL-203	淬火后瞬时(不完全)人工时效	在低温或瞬时保温条件下进行人工时效，时效温度约为 150～170℃	获得足够高的强度(较淬火为高)并保持较高的屈服点 用于承受高静载荷及在不很高温度下工作的零件
ZL-101 ZL-104	淬火后完全人工时效	在较高温度和长时间保温条件下进行人工时效；时效温度约为 175～185℃	使合金获得最高强度而塑性稍有降低 用于承受高静载荷而不受冲击作用的零件
ZL-101 ZL-103 ZL-105	淬火后稳定回火	最好在接近零件工作温度的条件下进行回火 回火温度约为 190～230℃，保温 4～9h	获得足够强度和较高的稳定性，防止零件高温工作时力学性能下降和尺寸变化 适用于高温工作的零件
ZL-101 ZL-103	淬火后软化回火	回火温度更高，一般约为 230～270℃，保温 4～9h	获得较高的塑性，但强度有所降低 适用于要求高塑性的零件

2.3 铜及铜合金热处理

表 1-6-38　铜及铜合金热处理方法和应用

合金牌号	方法	应用	备注
除铍青铜外所有合金	退火	消除应力及冷作硬化，恢复组织，降低硬度，提高塑性，消除铸造应力，均匀组织和成分，改善加工性	可作为黄铜压力加工件的中间热处理工序，青铜件毛坯或中间热处理工序加热保温后空冷
H62、H68、HPb59-1 等	低温退火	消除内应力，提高黄铜件(特别是薄的冲压件)抗腐蚀破裂(又称季裂)的能力	一般作为冷冲压件及机加工零件的成品热处理工序

续表

合金牌号	方法	应用	备注
锡青铜 硅黄铜	致密化退火	消除铸件的显微疏松，提高铸件的致密性	
	淬火	提高塑性，获得过饱和固溶体	采用水冷
铍青铜	淬火时效（调质处理）	提高铍青铜零件的硬度、强度、弹性极限和屈服点	淬火温度为 790℃±10℃，需用氢气或分解氨气保护
QAl9-2、QAl9-4、QAl10-3-1.5、QAl10-4-4	淬火回火	提高青铜铸件和零件的硬度、强度和屈服点	
QSn6.5-0.1、QSn4-3、QSi3-1、QAl7、BZn15-20	回火	消除应力，恢复和提高弹性极限	一般作为弹性元件的成品热处理工序
HPb59-1		稳定尺寸	可作为成品热处理工序

2.4 钛及钛合金热处理

表 1-6-39　钛及钛合金热处理方法和应用

合金牌号	方法	操作	应用	备注
TA3 ~ TA8、TB1、TB2、TC1、TC2、TC4、TC6、TC10	不完全退火	将零件加热至稍低于再结晶温度（一般为 450 ~ 650℃），保温 1 ~ 1.5h，然后空冷	消除因切削加工、锻造、焊接所产生的内应力，使塑性得到部分恢复	为防止零件加热时受到污染，可在真空炉加热，或通氩气或氦气予以保护
TA3 ~ TA8、TB1、TB2、TC1 ~ TC7、TC10 等	完全退火	将零件加热至高于再结晶温度而低于（α+β）→β 的转变温度（一般为 650 ~ 800℃），保温后空冷	较彻底地消除内应力，降低硬度、恢复塑性，并使组织力学性能均匀	为了消除和防止钛合金氢脆现象，可进行除氢退火，其温度一般是 540 ~ 760℃，保温 2 ~ 4h 为了使合金具有更好的综合性能，又发展了多次退火工艺
TC1、TC2、TC4、TC6、TC8、TC9	稳定化退火	加热至比相变温度低 30 ~ 80℃，保温并冷却至低于相变温度 300 ~ 400℃，再保温 80min ± 20min，然后空冷	使合金组织尽可能接近平衡状态，保证组织与性能稳定，以保证零件在较高温度下长期工作	
TB1、TB2、TC3、TC4、TC6、TC8 ~ TC10 等	淬火时效	将合金加热至一定温度（α+β 合金为相变点以下 30 ~ 80℃，即在 α+β 相区内，β 合金为相变点以上 10 ~ 40℃），水冷而得到过饱和的固溶体；然后再在高于脆相 ω 形成温度（450 ~ 600℃）加热、保温并空冷，使过饱和固溶体分解，可溶相（α 相及金属间化合物）从 β 固溶体中呈弥散质点析出，使合金化	使合金获得很高的强度并保持足够的韧性 使合金组织和性能具有足够的热稳定性	

2.5 镁合金的热处理

镁合金的常规热处理工艺分为退火（消除内应力退火和完全再结晶退火）和固溶时效两大类。①消除内应力退火的目的在于消除工件加工成形过程中的内应力，退火温度低于再结晶温度，退火时间短。②再结晶退火的目的在于消除加工硬化，恢复和提高工件的塑性，退火温度高于再结晶退火的温度，退火保温时间也长。对于尺寸要求比较严格的零部件，去应力退火是必需的。③有些镁合金，如MB6、ZM5等压力加工或铸造成形后，为提高抗拉强度和断后伸长率，可进行固溶淬火处理。要使强化相充分溶解，需要较长的加热保温时间。④有些镁合金，如MB15，可以直接进行人工时效处理，得到相当高的时效硬化效果。又如对Mg-Zn系合金，加热淬火使晶粒长大，反不如进行直接人工时效。⑤固溶处理可以提高合金的屈服强度，但塑性有所降低，主要用于Mg-Al-Zn系和Mg-RE-Zr系。

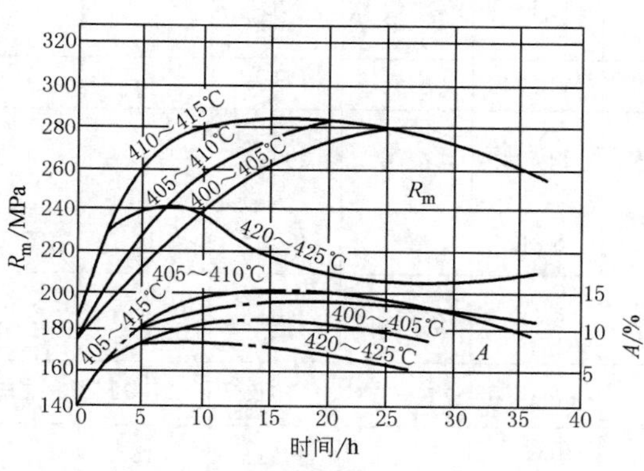

图 1-6-6　固溶温度和时间对ZM5合金性能的影响
（实线为 R_m 曲线，点画线为 A 曲线）

镁合金能否进行热处理强化完全取决于合金元素的固溶度是否随温度变化，当其变化时，镁合金可以进行热处理强化。可进行热处理强化的铸造镁合金有六大系列，变形镁合金有三大系列：

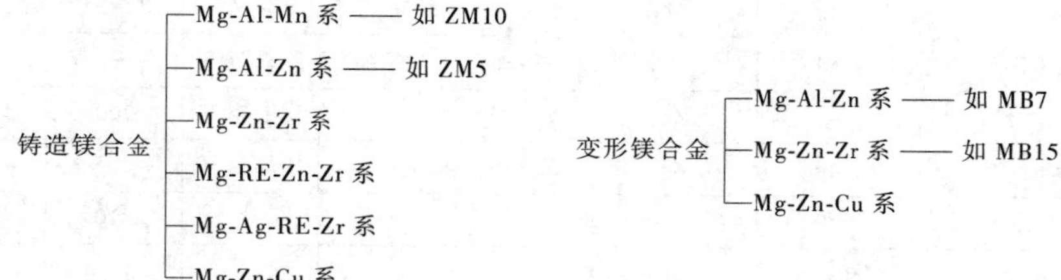

某些热处理强化效果不显著的镁合金通常选择退火作为最终热处理。

镁合金热处理的主要特点是固溶和时效处理时间较长，这是因为合金元素的扩散和合金相的分解过程极其缓慢。由于同样原因，镁合金淬火时不需要快速冷却，通常在静止空气中或人工强制流动的气流中冷却。

表 1-6-40　　镁合金热处理退火规范

合金牌号	完全退火		消除内应力退火			
	温度/℃	时间/h	板材		挤压件和锻件	
			温度/℃	时间/h	温度/℃	时间/h
MB1	340~400	3~5	205	1	260	0.25
MB2	350~400	3~5	150	1	260	0.25
MB3	—	—	250~280	0.5	—	—
MB8	280~320	2~3	—	—	—	—
MB15	380~400	6~8	—	—	260	0.25

表 1-6-41　　镁合金常用的热处理规范

合金类别	合金系	合金牌号	热处理类型	固溶处理			时效(退火)		
				加热温度/℃	加热时间/h	冷却介质	加热温度/℃	加热时间/h	冷却介质
高强度铸造镁合金	Mg-Al-Zn	ZM5	Ⅰ Z	415±5	14~24	空气	175±5	16	空气
			Ⅰ ZS	415±5	14~24	空气	200±5	8	空气
			Ⅱ Z	415±5	6~12	空气	170±5	16	空气
			Ⅱ ZS	415±5	6~12	空气	200±5	8	空气
	Mg-Zn-Zr	ZM1	S	—	—	—	175±5	28~32	空气
				—	—	—	195±5	16	空气
		ZM2	S	—	—	—	325±5	5~8	空气
		ZM8	ZS	480(H_2)	24	空气	150	24	空气
耐热铸造镁合金	Mg-RE-Zn-Zr	ZM3	S	—	—	—	200±5	10	空气
		ZM4	M	—	—	—	325±5	5~8	空气
			Z	570±5	4~6	压缩空气	—	—	—
			ZS	570±5	4~6	压缩空气	200	12~16	空气
		ZM6	ZS	530±5	8~12	压缩空气	205	12~16	空气
	Mg-Y	ZM9	S	—	—	—	310	16	空气
高强度变形镁合金	Mg-Mn	MB1	M	—	—	—	340~400	3~5	空气
	Mg-Mn-Ce	MB8	M	—	—	—	280~320	2~3	空气
	Mg-Al-Zn	MB2	M	—	—	—	280~350	3~5	空气
		MB3	M	—	—	—	250~280	0.5	空气
		MB5	M	—	—	—	320~380	4~8	空气
		MB6	M	—	—	—	320~350	4~6	空气
			Z	380±5	—	—	—	—	—
		MB7	M	—	—	—	200±10	1	空气
			ZS	415±5	—	—	175±5	10	—
	Mg-Zn-Zr	MB15	S	—	—	—	150	2	空气
			ZS	515	2	水	150	2	空气
耐热变形镁合金	Mg-Nd-Zr	MA11	ZS	490~500	—	水	175	24	空气
		MA12	ZS	530~540	—	水	200	16	空气
镁锂合金	Mg-Li		M	—	—	—	175	6	空气
				—	—	—	150	16	空气

注：M 为退火；Z 为固溶处理；S 为人工时效；ZS 为固溶处理加人工时效。

表 1-6-42 **镁合金主要化学成分及力学性能**

类别	牌号	主要成分(质量分数)/%							热处理状态	20℃		150℃		250℃		500℃	
		Zn	Zr	Mn	RE	Nd	Ce	Al		R_m /MPa	A/%	R_m /MPa	A/%	R_m /MPa	$\sigma_{0.2/100}$ /MPa	R_m /MPa	$\sigma_{0.2/100}$ /MPa
铸造镁合金	ZM1	3.5~5.5	0.5~1.0	—	—	—	—	—	SZS	240	5.0	—	—	—	—	—	—
	ZM2	3.5~5.0	0.5~1.0	—	0.7~1.7	—	—	—	S	220	4.0	—	—	—	—	—	—
	ZM3	0.2~0.7	0.4~1.0	—	2.3~4.0	—	—	—	M	145	3.0	—	—	145	25	110	—
	ZM4	2.0~3.0	0.5~1.0	—	2.5~4.0	—	—	—	S	150	4.0	—	—	130	30	95	—
	ZM5	0.2~0.8	—	0.15~0.5	—	—	—	7.5~9.0	Z(ZS)	230 (230)	5(2)	—	—	—	—	—	—
	ZM6	0.2~0.7	0.4~1.0	—	—	2.0~3.0	—	—	ZS	260	5.0	—	—	170	38	110	—
	ZM8	5.5~6.5	0.5~1.0	—	2.0~3.0	—	—	—	ZS	310	9.5	—	—	—	—	—	—
	ZM9			—		—	—	—	S	220	8.0	—	—	140			
变形镁合金	MB1	—	—	1.3~2.5	—	—	—	—	M	210	4	130	45	60			
	MB2	0.2~0.8	—	0.15~0.5	—	—	—	3.0~4.0	M	240	12						
	MB3	0.8~1.5	—	0.4~0.8	—	—	—	4.0~5.0	M	250	12						
	MB5	0.5~1.5	—	0.15~0.5	—	—	—	5.5~7.0	M	260	8.0						
	MB6	2.0~3.0	—	0.20~0.5	—	—	—	5.0~7.0	M(Z)	290 (300)	7.0 (10.0)	—	—	—	—	—	—
	MB7	0.2~0.8	—	0.15~0.5	—	—	—	7.8~9.2	Z	300	8.0	—	—	—	—	—	—
	MB8	—	—	1.5~2.5	—	—	0.15~0.35	—	M	250	18	160	—	120	—	—	—
	MB15	5.0~6.0	0.3~0.9	—	—	—	—	—	Z(ZS)	280 (370)	23.4 (9.5)	—	—	—	—	—	—

注：M 为退火处理；Z 为固溶处理；S 为人工时效；ZS 为固溶淬火加人工时效。

3 热处理标准分类名称及编号摘录

3.1 基础通用标准与热处理工艺标准

序号	标准名称	标准编号
	基础通用标准	
1	金属热处理 术语	GB/T 7232—2023
2	热处理工艺材料 术语	GB/T 8121—2012
3	金属热处理工艺分类及代号	GB/T 12603—2005
4	热处理技术要求在零件图样上的表示方法	JB/T 8555—2008
5	可控气氛分类及代号	JB/T 9208—2008
6	热处理工艺材料分类及代号	JB/T 8419—2008
	热处理工艺标准(部分)	
1	钢件的正火与退火	GB/T 16923—2008
2	钢件的淬火与回火	GB/T 16924—2008
3	真空热处理	GB/T 22561—2023
4	钢件深冷处理	GB/T 25743—2010
5	钢的锻造余热淬火回火处理	JB/T 4202—2008
6	钢件在吸热式气氛中的热处理	JB/T 9207—2008
7	金属制件在盐浴中的加热和冷却	JB/T 6048—2004
8	热处理件清洗技术要求	JB/T 13024—2017
9	热处理冷却技术要求	GB/T 37435—2019
10	可控气氛热处理技术要求	GB/T 38749—2020
11	钢铁件的火焰淬火回火处理	JB/T 9200—2008
12	非调质钢件表面热处理	JB/T 11805—2014
13	钢铁件的感应淬火与回火	GB/T 34882—2017
14	钢铁激光表面淬火	GB/T 18683—2002
15	深层渗碳 技术要求	GB/T 28694—2012
16	钢件真空渗碳淬火	JB/T 11078—2011
17	精密气体渗氮技术要求	JB/T 11232—2011
18	盐浴硫碳氮共渗	JB/T 9198—2008
19	钢件的气体渗氮	GB/T 18177—2008
20	钢件的气体氮碳共渗	GB/T 22560—2008
21	高温渗碳	GB/T 32539—2016
22	精密气体渗氮热处理技术要求	GB/T 32540—2016
23	氮碳氧复合处理(QPQ)技术要求	JB/T 13023—2017
24	钢件的渗碳与碳氮共渗淬火回火	GB/T 34889—2017
25	离子渗氮	GB/T 34883—2017

3.2 热处理质量控制与检验标准

	热处理质量控制与检验	
1	钢件渗碳淬火回火金相检验	GB/T 25744—2010
2	热作模具钢显微组织评级	JB/T 8420—2008
3	钢件感应淬火金相检验	JB/T 9204—2008
4	珠光体球墨铸铁零件感应淬火金相检验	JB/T 9205—2008
5	钢铁零件强化喷丸的质量检验方法	JB/T 10174—2008

续表

	热处理质量控制与检验	
6	球墨铸铁热处理工艺及质量检验	JB/T 6051—2007
7	灰铸铁接触电阻加热淬火质量检验和评级	JB/T 6954—2007
8	薄层碳氮共渗或薄层渗碳钢件显微组织检测	JB/T 7710—2007
9	高碳高合金钢制冷作模具显微组织检验	JB/T 7713—2007
10	钢的感应淬火或火焰淬火后有效硬化层深度的测定	GB/T 5617—2005
11	钢件渗碳淬火硬化层深度的测定和校核	GB/T 9450—2005
12	钢件薄表面总硬化层深度或有效硬化层深度的测定	GB/T 9451—2005
13	钢铁零件 渗氮层深度测定和金相组织检验	GB/T 11354—2005
14	中碳钢与中碳合金结构钢淬火金相组织检验	GB/T 38720—2020
15	低、中碳钢球化组织检验及评级	GB/T 38770—2020
16	热处理金相检验通则	GB/T 34895—2017
17	热处理件硬度检验通则	GB/T 38751—2020
18	热处理质量控制体系	GB/T 32541—2016
19	热处理温度测量	GB/T 30825—2014
20	燃气热处理炉温均匀性测试方法	GB/T 30824—2014
21	热处理炉有效加热区测定方法	GB/T 9452—2023
22	测定工业淬火油冷却性能的镍合金探头试验方法	GB/T 30823—2014
23	热处理钢件火花试验方法	JB/T 11807—2014

3.3 热处理材料标准与零件热处理标准

序号	标准名称	标准编号
	热处理材料标准	
1	不锈钢和耐热钢件热处理	GB/T 39191—2020
2	铸造铝合金热处理	GB/T 25745—2010
3	可锻铸铁热处理	JB/T 7529—2007
4	灰铸铁件热处理	JB/T 7711—2007
5	高温合金热处理	GB/T 39192—2020
6	钛及钛合金件热处理	GB/T 37584—2019
7	大型锻钢件的淬火与回火	GB/T 37464—2019
8	大型锻钢件的锻后热处理	GB/T 37558—2019
9	大型锻钢件的正火与退火	GB/T 37559—2019
10	大型锻钢件热处理工艺模拟技术规范	GB/T 37586—2019
11	4Cr5MoSiV1 热作模具钢件的热处理	GB/T 42083—2022
12	铝合金深冷循环尺寸稳定化处理工艺规范	JB/T 14737—2024
	零件热处理标准	
1	机床零件热处理技术条件　第 1 部分：退火、正火、调质	JB/T 8491.1—2008
2	机床零件热处理技术条件　第 2 部分：淬火、回火	JB/T 8491.2—2008
3	机床零件热处理技术条件　第 3 部分：感应淬火、回火	JB/T 8491.3—2008
4	机床零件热处理技术条件　第 4 部分：渗碳与碳氮共渗、淬火、回火	JB/T 8491.4—2008
5	机床零件热处理技术条件　第 5 部分：渗氮、氮碳共渗	JB/T 8491.5—2008
6	中碳和中碳合金钢滚珠丝杠热处理技术要求	JB/T 14732—2024
7	重载齿轮热处理技术要求	GB/T 38805—2020
8	重载齿轮渗碳热处理技术要求	JB/T 13027—2017

3.4 热处理工艺材料标准、热处理装备标准与绿色低碳热处理标准

序号	标准名称	标准编号
	热处理工艺材料标准	
1	热处理用盐	JB/T 9202—2004
2	高、中温热处理盐浴校正剂	JB/T 4390—2008
3	热处理用氩气、氮气、氢气 一般技术条件	JB/T 7530—2007
4	热处理常用淬火介质 技术要求	JB/T 6955—2008
5	热处理用油基淬火介质	JB/T 13026—2017
6	固体渗碳剂	JB/T 9203—2008
7	化学热处理渗剂 技术条件	JB/T 9209—2008
8	防渗涂料 技术条件	JB/T 9199—2008
9	热处理保护涂料一般技术要求	JB/T 5072—2007
	热处理装备标准	
1	节能热处理燃烧加热设备技术条件	GB/T 21736—2008
2	可控气氛密封多用炉生产线热处理 技术要求	JB/T 10895—2008
3	网带炉生产线热处理 技术要求	JB/T 10897—2008
4	大型可控气氛井式渗碳炉生产线热处理技术要求	JB/T 11077—2011
5	辊底式连续退火炉热处理技术要求	JB/T 14730—2024
6	真空低压渗碳炉热处理技术要求	JB/T 11809—2014
7	真空高压气淬炉热处理技术要求	JB/T 11810—2014
8	真空低压渗碳高压气淬热处理技术要求	GB/T 39194—2020
9	液态淬火冷却设备技术条件	JB/T 10457—2004
10	深冷处理设备热处理技术要求	JB/T 14734—2024
11	液体淬火冷却设备 技术条件	JB/T 10457—2004
	绿色低碳热处理标准	
1	绿色热处理技术要求及评价	GB/T 38819—2020
2	金属热处理生产过程安全、卫生要求	GB 15735—2012

第7章 表面技术

1 表面技术的分类和功能

1.1 表面技术的含义和分类

表面技术是用机械、物理或化学方法，来改变工件表面状态、化学成分、组织结构和应力状态，或施加各种覆盖层，使工件表面具有不同于其基体的某种特殊性能，从而达到特定使用要求的一种应用技术。

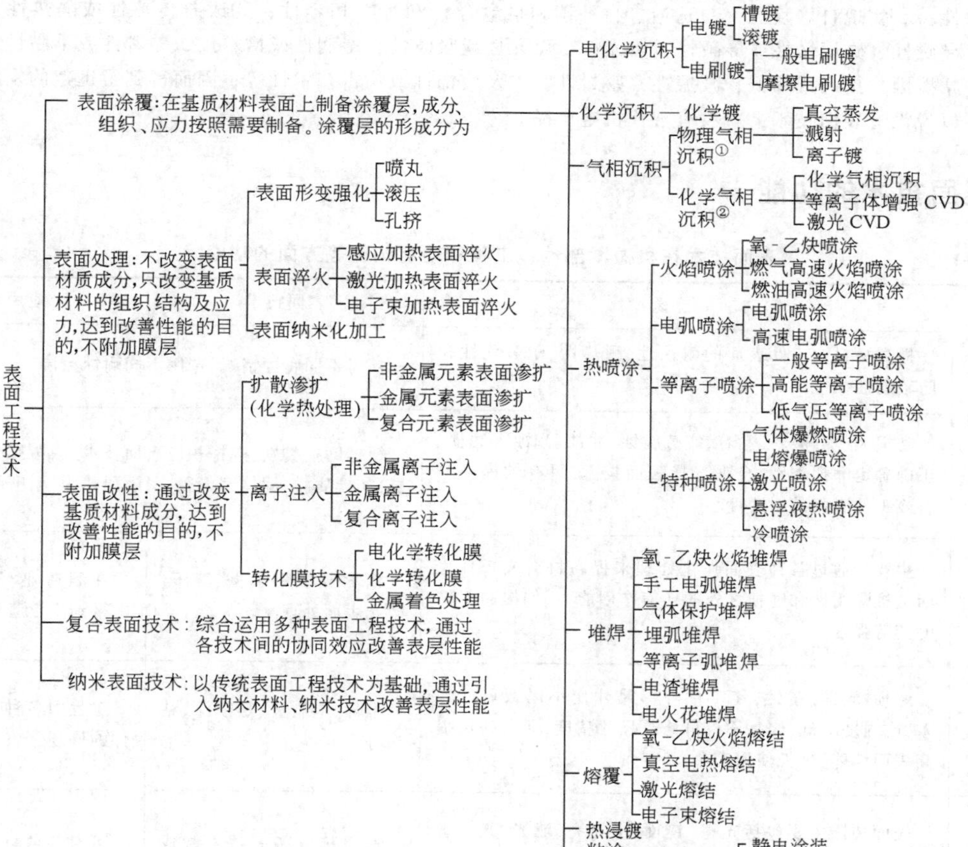

- 表面工程技术
  - 表面涂覆：在基质材料表面上制备涂覆层，成分、组织、应力按照需要制备。涂覆层的形成分为
    - 电化学沉积
      - 电镀
        - 槽镀
        - 滚镀
      - 电刷镀
        - 一般电刷镀
        - 摩擦电刷镀
    - 化学沉积 — 化学镀
    - 气相沉积
      - 物理气相沉积①
        - 真空蒸发
        - 溅射
        - 离子镀
      - 化学气相沉积②
        - 化学气相沉积
        - 等离子体增强 CVD
        - 激光 CVD
    - 热喷涂
      - 火焰喷涂
        - 氧-乙炔喷涂
        - 燃气高速火焰喷涂
        - 燃油高速火焰喷涂
      - 电弧喷涂
        - 电弧喷涂
        - 高速电弧喷涂
      - 等离子喷涂
        - 一般等离子喷涂
        - 高能等离子喷涂
        - 低气压等离子喷涂
      - 特种喷涂
        - 气体爆燃喷涂
        - 电熔爆喷涂
        - 激光喷涂
        - 悬浮液热喷涂
        - 冷喷涂
    - 堆焊
      - 氧-乙炔火焰堆焊
      - 手工电弧堆焊
      - 气体保护堆焊
      - 埋弧堆焊
      - 等离子弧堆焊
      - 电渣堆焊
      - 电火花堆焊
    - 熔覆
      - 氧-乙炔火焰熔结
      - 真空电热熔结
      - 激光熔结
      - 电子束熔结
    - 热浸镀
    - 粘涂
    - 涂装
      - 通用涂装
      - 特殊涂装
        - 静电涂装
        - 电泳涂装
        - 流化床涂装
        - 烧结法涂装
  - 表面处理：不改变表面材质成分，只改变基质材料的组织结构及应力，达到改善性能的目的，不附加膜层
    - 表面形变强化
      - 喷丸
      - 滚压
      - 孔挤
    - 表面淬火
      - 感应加热表面淬火
      - 激光加热表面淬火
      - 电子束加热表面淬火
    - 表面纳米化加工
  - 表面改性：通过改变基质材料成分，达到改善性能的目的，不附加膜层
    - 扩散渗扩（化学热处理）
      - 非金属元素表面渗扩
      - 金属元素表面渗扩
      - 复合元素表面渗扩
    - 离子注入
      - 非金属离子注入
      - 金属离子注入
      - 复合离子注入
    - 转化膜技术
      - 电化学转化膜
      - 化学转化膜
      - 金属着色处理
  - 复合表面技术：综合运用多种表面工程技术，通过各技术间的协同效应改善表层性能
  - 纳米表面技术：以传统表面工程技术为基础，通过引入纳米材料、纳米技术改善表层性能

图 1-7-1

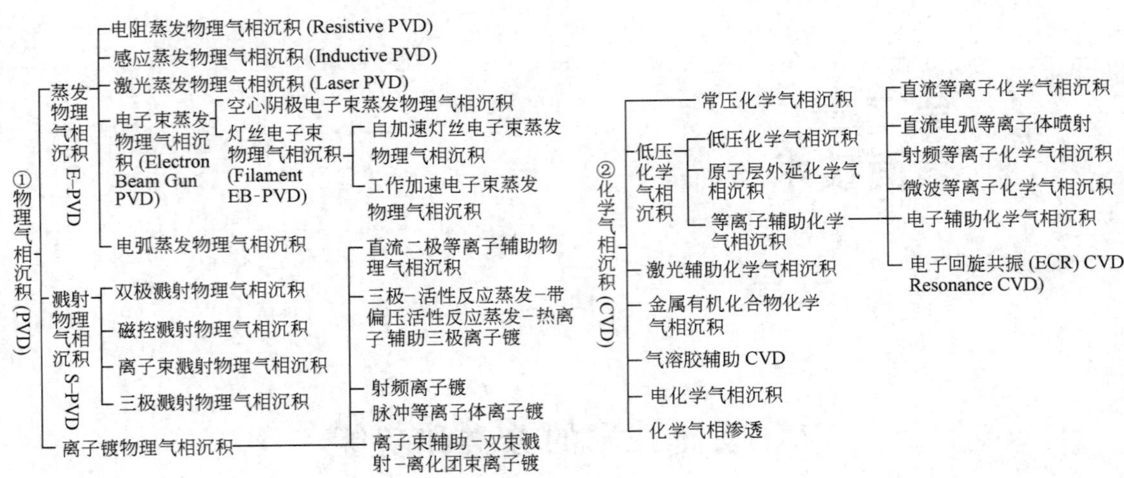

图 1-7-1　表面技术的分类

表面技术具有学科的综合性，手段的多样性，广泛的功能性，潜在的创造性，环境的保护性，以及很强的实用性和巨大的增效性。

它可使产品和零部件的局部或整个表面具有如下功能：①提高耐磨性、耐蚀性、耐疲劳、耐氧化、防辐射性能和自润滑性；②实现自修复性（自适应、自补偿和自愈合）和生物相容性；③改善传热性或隔热性，导电性或绝缘性，导磁性、磁记忆性或屏蔽性，增光性、反光性或吸波性，湿润性或憎水性，黏着性或不黏性，吸油性或干摩性，摩擦因数提高或降低，减振性，密封性，以及装饰性或仿古艺术性等，因而得到了迅速的发展和广泛的应用。可以说没有表面技术，就没有现代机电产品。

1.2　表面技术的功能

表 1-7-1　　表面技术在机械零部件、工程和功能构件等方面的功能

	功能		表面技术	应用
在机械零部件、工程构件、结构材料方面	防护	提高材料或工件表面的耐蚀性、耐热性、耐氧化性和防辐射性	针对不同腐蚀情况，选用不同耐蚀涂层	
	耐磨	磨损大体分磨料、黏着、疲劳腐蚀、冲蚀、汽蚀等磨损。正确确定磨损类别，合理选择表面技术，可有效提高材料或工件表面的耐磨性	根据磨损类别，选择相应表面技术，涂覆有关涂（膜）层，如硬质膜、固体润滑膜、耐磨耐热膜、耐磨耐蚀膜等	
	强化	主要指通过各种表面强化处理来提高材料或工件表面抵抗除腐蚀和磨损之外的环境作用能力，如提高工件的疲劳强度	化学热处理、喷丸、滚压、激光表面处理	在制造业、汽车工业中得到广泛应用
	修复	磨损、剥落、锈蚀，使工件外形尺寸变小以致尺寸超差，或强度降低，修复不仅可修复尺寸精度，而且还可提高表面性能，延长使用寿命	堆焊、电刷镀、热喷涂、粘涂等	工程中各种金属零部件的修复
	装饰	表面装饰主要包括光亮（镜面、全光亮、亚光、光亮缎状、无光亮缎状等）、色泽（各种颜色和多彩等）、花纹（各种平面花纹、刻花和浮雕等）、仿照（仿贵金属、仿大理石、仿花岗石等）多方面特性	选用相应表面技术制成如光亮膜、亚光膜、色泽膜、仿照膜等	可对各种材料表面装饰，方便、高效，而且美观、经济，故应用广泛

续表

		功能	表面技术	应用
在环保、医疗、卫生方面	净化大气	表面技术制成的催化剂载体等，是回收、分解和替代使用各种燃料、原料产生的大量 CO_2、NO_2、SO_2 等有害气体的有效途径之一	涂覆、气相沉积等	催化剂载体
	净化水质	膜材料是重要的净化水质的材料，可用来处理污水、化学提纯、水质软化、海水淡化等	这方面的表面技术在迅速发展	膜材料
	抗菌灭菌	有些材料具有净化环境的功能。其中二氧化钛催化剂可以将一些污染的物质分解掉，使之无害。过渡金属 Ag、Pt、Cu、Zn 等元素能增强 TiO_2 的光催化作用，而且有抗菌、灭菌作用(特别是 Ag 和 Cu)	这种高功能二氧化钛复合材料能够完全分解吸附的菌类物质，不仅可以半永久使用，而且还可以制成纤维和纸，用作广泛的抗菌材料	
	吸附杂质	用一些表面技术制成的吸附剂，可以除去空气、水、溶液中的有害成分以及具有除臭、吸湿等作用	在氨基甲酸乙酰泡沫上涂覆铁粉，经烧结而成的除臭剂，用于冰箱、汽车内	
	去除藻类污垢	运用表面化学原理制成特定的组合电极，例如 Cl-Cu 组合电极	用于除去发电厂沉淀池、热交换器、管道等内部的藻类污垢	
	活化功能	远红外线具有活化空气和水的功能，活化的空气和水有利于人的健康	在水的净化器中加上远红外陶瓷涂层装置，能活化水	
	生物医学	医用涂层可在保持基体材料特性的基础上，或增进基体表面的生物学性质，或阻隔基材离子向周围组织溶出扩散，或提高基体表面的耐磨性、绝缘性等，促进了生物医学材料的发展	等离子喷涂、气相沉积、离子注入、电泳等	在金属材料上涂以生物陶瓷，用作人造骨、人造牙、植入装置导线的绝缘层等
	绿色能源	提高能量转换效率	是许多绿色能源装置如太阳能电池、半导体制冷器等制造的基础之一；用于制造固体氧化物燃料电池中的极板和电解质	
	优化环境	在研制能调光、调温的“智能窗”中，表面技术发挥了积极作用	利用涂覆、镀膜等使窗可按人的意愿来调节光的透过率和光照温度	
	治疗疾病	用表面技术和其他技术制成的磁性涂层敷在人体的一定穴位，有治疗疼痛、高血压等功能。敷驻极体膜，具有促进骨裂愈合等功能		

	功能		表面技术	应用
在功能材料和器件方面	光学特性	反射性	电镀、化学转化处理、涂装、气相沉积	反射镜
		防反射性		防眩零件
		增透性		激光材料增透膜
		光选择透过		反射红外线、透过可见光的透明隔热膜
		分光性		用多层介质膜组成的分光镜
		光选择吸收		太阳能选择吸收膜
		偏光性		起偏器
		发光		光致发光材料
		光记忆		薄膜光致变色材料
	电学特性	导电性	涂装、化学镀、气相沉积等	表面导电玻璃
		超导性		用表面扩散制成的 Nb-Sn 线材
		约瑟夫逊效应		约瑟夫逊器件
		各种电阻特性		膜电阻材料
		绝缘性		绝缘涂层

功能		表面技术	应用
电学特性	半导性	气相沉积、涂装等	半导体材料(膜)
	波导性		波导管
	低接触电阻特性		开关
磁学特性	存储记忆		磁泡材料
	磁记录		磁记录介质
	电磁屏蔽		电磁屏蔽材料
声学特性	声反射和声吸收	涂装、气相沉积等	吸声涂层
	声表面波		声表面波器件
热学特性	导热性	电镀、涂装、气相沉积等	散热材料
	热反射性		热反射镀膜玻璃
	耐热性、蓄热性		集热板
	热膨胀性		双金属温度计

功能		表面技术	应用
热学特性	保温性、绝缘性	大多数表面技术	保温材料
	耐热性		耐热涂层
	吸热性		吸热材料
化学特性	选择过滤性		分离膜材料
	活性		活性剂
	耐蚀		防护涂层
	防沾污性		医疗器件
	杀菌性		餐具镀银
功能转换	光-电转换	涂装、气相沉积、粘涂、等离子喷涂	薄膜太阳能电池
	电-光转换		电致发光器件
	热-电转换		电阻式温度传感器
	电-热转换		薄膜加热器
	光-热转换		选择性涂层
	力-热转换		减振膜
	力-电转换		电容式压力传感器
	磁-光转换		磁光存储器
	光-磁转换		光磁记录材料

续表

	新型材料			表面技术	表面技术所起作用
	名称	特点	应用		
在研制和生产新型材料方面	金刚石薄膜	为金刚石结构。硬度高达80~100GPa，室温热导率达到11W/(cm·K)，是铜的2.7倍，有较好的绝缘性和化学稳定性，在很宽的光波段范围内透明；与Si、GaAs等半导体材料相比，有较宽的禁带宽度	它在微电子技术、超大规模集成电路、光学、光电子等方面有良好的应用前景，有可能是继Ge、Si、GaAs之后的新一代半导体材料	热化学气相沉积、等离子体增强化学气相沉积等	过去制备金刚石材料是在高温高压条件下进行的，现在利用所列表面技术，在低压或常压条件下就可以制得
	类金刚石碳膜	是一种具有非晶态和微晶结构的含氢碳化膜，又名i-C膜、a-C、H膜等。其化学键为sp^3和sp^2。在拉曼谱上特征峰为1552~1558cm^{-1}的漫散峰，而金刚石的特征峰为1333cm^{-1}。类金刚石碳膜的一些性能接近金刚石膜，如高硬度、高热导率、高绝缘性，良好的化学稳定性，从红外到紫外的高光学透过率等 可考虑用作光学器件上的保护膜和增透膜、工具的耐磨层、真空润滑层等		所用的表面技术与金刚石薄膜相似，但条件较低	通常可用低能量的碳氢化合物等离子体分解或碳离子束沉积技术来制得，因而设备较为简单，成本较低，容易实现工业生产。缺点是结构为亚稳态等
	立方氮化硼薄膜	为立方结构。硬度仅次于金刚石，而耐氧化性、耐热性和化学稳定性比金刚石更好。具有高电阻率、高热导率。掺入某些杂质可成为半导体	正逐步用于半导体、电路基板、光电开关以及耐磨、耐热、耐蚀涂层	以化学气相沉积和物理气相沉积为主	不仅能在高压下合成，也可在低压下合成，具体方法很多，主要的有左列两种
	超导薄膜	用YBaCuO等高温超导薄膜可望制成微波调制、检测器件，超高灵敏的电磁场探测器件，超高速开关存储器件	用于超高速计算机等	主要用物理气相沉积如真空蒸发、溅射、分子束外延等方法制备。沉积膜为非晶态，经高温氧化处理后，转变为具有较高转变温度的晶态薄膜	
	LB薄膜	LB薄膜是有机分子器件的主要材料。它是由羧酸及其盐、脂肪酸烷基族以及染料、蛋白质等有机物构成的分子薄膜	在分子聚合、光合作用、磁学、微电子、光电器件、激光、声表面波、红外检测、光学等领域有广泛的应用	将有机高分子材料溶于某种易挥发的有机溶剂中，然后滴在水面或其他溶液上，待溶剂挥发后，液面保持恒温和被施加一定的压力，溶质分子沿液面形成致密排列的单分子膜层。接着用适当装置将分子逐层转移，组装到固体载片，并按需要制备几层到数百层LB膜	
	超微颗粒膜材料	是将超微颗粒嵌于薄膜中构成的复合薄膜	在电子、能源、检测、传感器等许多方面应用前景良好	通常用两种在高温互不相溶的材料组合制成复合靶，然后在基片上生成复合膜。改变靶膜中的组分的比例，可以改变膜中颗粒大小和形态	
	非晶硅薄膜	非晶硅太阳电池的转换效率虽不及单晶硅器件，但它具有合适的禁带宽度(1.7~1.8eV)，太阳辐射峰附近的光吸收系数比晶硅大一个数量级，便于采用大面积薄膜工艺生产，因而工艺简便，成本低廉	这种薄膜还可制成摄像管的靶、位敏检测器件和复印鼓等	等离子体增强化学气相沉积等	
	微米硅	又称纳米晶。晶粒尺寸在10nm左右。它的带隙达2.4eV，电子与空穴迁移率都高于非晶硅两个数量级以上，光吸收系数介于晶体硅与非晶硅之间	可取代掺氢的SiC作非晶硅太阳电池的窗口材料，以提高其转换效率，也可制作异质结双极型晶体管、薄膜晶体管等	等离子体增强化学气相沉积、磁控溅射等	

续表

<table>
<tr><th rowspan="2"></th><th colspan="3">新 型 材 料</th><th rowspan="2">表面技术</th><th rowspan="2">表面技术所起作用</th></tr>
<tr><th>名称</th><th>特 点</th><th>应 用</th></tr>
<tr><td rowspan="4">在研制和生产新型材料方面</td><td>多孔硅</td><td colspan="2">多孔硅的孔隙度很大，一般为60%～90%。可用蓝光激发它在室温下发出可见光，也能电致发光
可制成频带宽、量子效率高的光检测器，它的禁带宽度明显超过晶硅</td><td colspan="2">以硅为原料在以氢氟酸为基的电解液中阳极氧化而制得</td></tr>
<tr><td>碳 60</td><td colspan="2">由60个碳原子组成空心圆球状，它的四周是由12个正五边形碳环（碳-碳单键结构）和20个正六边形碳环（苯环式）构成，宛如一个“足球”
碳60分子的物理性质相对稳定，化学性质相对活泼，它和它的衍生物具有潜在的应用前景。已发现 K_3C_{60} 以及Rb、Cs等碱金属掺杂的超导性。目前这类材料的 T_c 已超过40K，高于其他有机超导体，进一步发展后，可望成为一种高性能、低成本的超导材料</td><td colspan="2">碳60是Rohlfing等人在1984年将碳蒸气骤冷淬火时，通过质谱图发现的</td></tr>
<tr><td>纤维补强陶瓷基复合材料</td><td colspan="2">是以各种金属纤维、玻璃纤维、陶瓷纤维为增强体，以水泥、玻璃陶瓷等为基体，通过一定的复合工艺结合在一起所构成的复合材料
这类材料具有高强度、高韧性和优异的热学、化学稳定性，是一类新型结构材料
目前除了纤维增强水泥基复合材料碳-碳复合材料等已获得实际应用外，还有许多重要的纤维补强陶瓷仍处于实验室阶段，但在一系列高新技术领域中有着良好的应用前景</td><td colspan="2">复合材料在力场中，只有通过界面才能使增强剂和基体二者起到协同作用。界面是影响复合材料性能的关键之一。在一些重要的复合材料中，如碳纤维补强陶瓷基复合材料等，纤维必须通过一定的表面处理，使纤维与基体“相容”</td></tr>
<tr><td>梯度功能材料</td><td colspan="2">根据要求选择两种或多种不同性质的材料，连续地改变各材料的组成和结构，使其结合部位的界面消失，得到连续、平稳变化的非均质材料。其组织连续变化，层间内应力降低，材料的功能随之变化
这种材料用于航空、航天领域，可以有效地解决热应力缓和问题，获得耐热性与力学强度都优异的新功能。此外，还可望在核工业、生物、传感器、发动机等许多领域有广泛的应用</td><td colspan="2">许多表面技术如等离子喷涂、离子镀、离子束合成薄膜技术、化学气相沉积、电镀、电刷镀等，都是制备梯度功能材料的重要方法</td></tr>
</table>

2 不同表面技术的特点

2.1 表面技术的特点与应用

表 1-7-2

<table>
<tr><th colspan="4">镀覆方法</th><th>操 作</th><th>特 点</th><th>应 用</th></tr>
<tr><td rowspan="4">表面涂覆技术</td><td colspan="6">是利用机械、物理或化学等工艺手段，在工件表面制备一涂层或膜层。其化学成分、组织结构可以和工件材料完全不同，以满足工件表面性能，如耐磨、耐蚀、耐热、抗疲劳、耐辐射、提高产品质量、延长使用寿命、涂层与工件基材的结合强度适应工况要求、经济性好、环境性好为准则。涂层的厚度可以为几毫米或几微米。通常在工件表面预留加工余量，以实现表面具有工况需要的涂层厚度。与表面改性和表面处理相比，其约束条件少，技术类型和材料的选择空间大，因而属于这类的表面技术非常多，应用也最为广泛</td></tr>
<tr><td rowspan="2">电化学沉积</td><td colspan="5">是由电子直接参加化学反应的表面沉积工艺方法</td></tr>
<tr><td>电镀</td><td>槽镀</td><td>是指在含有欲镀金属的盐类溶液中，以被镀工件为阴极，通过电解作用，使镀液中欲镀金属的阳离子在工件表面沉积出来，形成镀层的方法</td><td>可沉积单金属，如锌、镉、铜、镍、铬、锡、银、金、钴、铁等数十种；合金，如锌-铜、镍-铁、锌-镍-铁等100多种及复合镀层；可形成较厚镀层，镀层性能不同于工件金属，功能多样，工艺成熟，质量稳定，适合批量生产。因在槽中施镀，需要厂房、镀槽及辅具、废水等配套设备，工件受镀槽尺寸限制，非电镀部分需加保护</td><td>制备防护性镀层、装饰性镀层和功能性镀层。功能性镀层有耐磨、减摩、抗高温氧化、导电、磁性、焊接修复性镀层以及工业生产中应用的其他功能性镀层</td></tr>
</table>

续表

镀覆方法				操作	特点	应用
表面涂覆技术	电化学沉积	电镀	流镀	用强制手段使电解液高速流过阴、阳极的窄小空间(1~10mm)沉积出镀层的方法	适用于外形简单或规则的工件,电流密度大,生产效率高 但需根据具体工件制作专用设备、夹具或自动控制装置	轴类零件、型材、活塞杆、印刷电路、缸套等镀覆镍、铁、铜、锌、铬、金等
			脉冲电镀	用脉冲电流施镀	脉冲电流有方波、锯齿波等,导通时间短,峰值电流大,可改善深镀能力和分散能力,降低孔隙,提高镀层质量,提高电流效率,但需要大电流脉冲电源	制备金、银、镍等镀层
			电铸	用电化学方法将金属沉积在芯膜上,后将两者分离,制出与芯模逆反形状的制品的方法	芯模可用低熔点金属、蜡、石膏等制作,电铸金属常用铜、镍、铁等	制作复制品、冲压模、塑料挤出模、吹塑模、玻璃模、橡胶模及金属箔、网
		电刷镀		用吸水材料包裹阳极镀笔,浸满镀液,在阴极工件表面刷涂形成镀层的方法	不用镀槽,设备简单,工艺灵便,镀层种类多,电流密度大,镀积速度快,工件尺寸不受限制,能完成许多槽镀不能完成或不易完成的电镀工作。适于大型零件局部表面处理及对工件进行现场不解体修复	修复零件,制备各种耐蚀、耐磨及功能性镀层
	化学沉积	化学镀		在固体表面催化作用下通过水溶液中还原剂与金属离子在界面的氧化-还原反应产生金属沉积的方法	不用外电源,设备简单,镀层致密,孔隙率低,可在复杂表面上沉积出均匀的镀层,容易制取非晶态镀层和特殊功能性镀层,可在非金属基材上沉积;沉积速度慢,常需维持较高操作温度,镀液稳定性低,寿命较短,生产维护较难。均镀能力比电镀好	制备各种耐蚀、耐磨、减摩及功能性镀层。可自催化沉积 Ni、Co、Pd、Cu、Au、Ag 等十几种单金属镀层和多种合金镀层
	气相沉积	是利用气相之间的反应,在各种材料或工件表面沉积单层或多层薄膜,使其获得所需的优异性能。可分物理气相沉积和化学气相沉积。物理气相沉积是在真空条件下,利用各种物理方法将镀料气化成原子、分子或离子化为离子,直接沉积到基体表面的方法。化学气相沉积是把含有构成薄膜元素的一种或几种化合物或单质气体供给基体,借助气相作用或基体表面上的化学反应生成所要求的薄膜;它比物理气相沉积具有更好的覆盖性,可以在深孔、阶梯、洼面或其他复杂的三维形体上沉积					
		物理气相沉积(PVD)	真空蒸发	是将工件放入真空室,并用一定方法加热镀膜材料,使其蒸发或升华,飞至工件表面凝聚成膜	薄膜的沉积速率较高,纯度易于保证。工件材料有金属、半导体、绝缘体及塑料、纸张、织物等;镀膜材料有金属、合金、化合物、半导体和一些有机聚合物等。加热方式有电阻、高频感应、电子束、激光、电弧加热等	最适合制备成分较简单、膜纯度要求较高的金属和化合物薄膜。能制备金属磁记录薄膜和热障陶瓷涂层等
			溅射	是将工件放入真空室,并用正离子轰击作为阴极的靶(镀膜材料),使靶材中的原子、分子逸出,飞至工件表面凝聚成膜	溅射镀膜的致密性和结合强度较好,基片温度较低,但成本较高。溅射粒子的动能约 10eV 左右,为热蒸发粒子的 100 倍。按入射离子来源不同,分为直流溅射、射频溅射和离子溅射。入射离子的能量还可用电磁场调节,常用值为 10eV。比真空蒸镀法制得的膜更为致密,其附着力也较高	制备各种金属和合金薄膜,各种化合物和各种不同物质有机组合而成的多层薄膜,以及宽度达数米、厚度均匀性很高的各种薄膜

续表

镀覆方法				操作	特点	应用
表面涂覆技术	气相沉积	物理气相沉积(PVD)	离子镀	是将工件放入真空室,并利用气体放电原理将部分气体和蒸发源(镀膜材料)逸出的气相粒子电离,在离子轰击的同时,把蒸发物或其反应物沉积在工件表面成膜	是一种等离子体增强的物理气相沉积,镀膜致密,结合牢固,可在工件温度低于550℃时得到良好的镀层,绕镀性也较好,即使形状复杂的工件也可得到均匀涂覆,沉积速率高,通常为1~50μm/min,而溅射(二极型)只有0.01~1μm/min。可镀材质广泛,可在金属或非金属,包括石英、陶瓷、玻璃、塑料、橡胶等表面上涂覆不同性能的单一镀层、化合物镀层、合金镀层及复合镀层	制备耐磨、耐蚀镀层、润滑镀层、各种颜色的装饰镀层,以及电子学、光学、能源科学所需的特殊功能性镀层
		化学气相沉积(CVD)	化学气相沉积(CVD)	是将工件放入密封室,加热到一定温度,同时通入反应气体,利用室内气相化学反应在工件表面沉积成膜	其物质源可以是气态、液态和固态,沉积过程包括:①反应气体到达基材表面;②反应气体分子被基体表面吸附;③在基体表面产生化学反应;④化学反应生成物从基体表面扩散。采用的化学反应有:热分解、氢还原、金属还原、化学输送反应、等离子体激发反应、氧化反应等。工件加热方式有电阻、高频感应、红外线加热等。设备和操作费用相对较低,适合于批量生产和连续生产,与其他加工过程有很好的相容性,与其他方法相比,更突出的是它可以在很宽的范围内控制薄膜的化学计量比	可以制备各种涂层,如各种冶金涂层、防护涂层和装饰涂层;粉末、纤维和成形元器件。广泛用于微电子-光电子集成技术、光电子技术、微电子技术、半导体材料以及工具、模具、磨具等
			等离子体增强CVD(PECVD)	是依靠等离子体能量激活CVD反应,利用等离子体产生的化学性质活泼的离子和原子团沉积成膜	在热CVD工艺中,CVD化学反应是靠热能激活的,因此沉积温度一般较高,对于许多应用来说是不适宜的。而本法是利用等离子体能量激活CVD反应,因此可以显著地降低衬底的温度,并使许多在热CVD条件下进行十分缓慢或不能进行的反应能够得以进行;其次可以减小由于薄膜和衬底热膨胀系数不匹配造成的内应力;还可提高沉积速率,改善膜厚均匀性,并有利于得到非晶态和微晶态薄膜,两者往往具有独特的优异性能	可制备钝化膜、光学纤维、金刚石膜、类金刚石膜,摩擦、磨损、腐蚀防护等涂层;广泛应用于半导体器件、半导体光电器件、集成电路、切削工具以及电子、热学、工具等方面
			激光CVD(LCVD)	是利用激光的能量激活CVD化学反应进行沉积成膜	它的沉积机制有两种:①光热解机制,光子加热了衬底,使在衬底发生要求的CVD反应,但其光热分解反应相对于热CVD的优点是可利用激光束快速加热和脉冲特性在热敏感衬底上沉积;②光化学机制,其化学反应是靠光子激活的,因此不需要加热,沉积有可能在室温下进行,但其沉积速率太慢,限制了它的应用	热解LCVD用来制作不同材料的耐氧化、耐蚀和耐磨损涂层;而光解LCVD通常用来沉积电子材料和同位素分离。可有效控制薄膜沉积过程及薄膜尺寸
	热喷涂	它是将金属、合金、金属陶瓷材料加热到熔融或部分熔融,以高的动能使其雾化成微粒并喷至工件表面,形成牢固的涂覆层				
			火焰喷涂	是利用乙炔等燃料与氧气燃烧时所释放出的化学能产生热源,喷制涂层	可以喷涂各种金属、非陶瓷、塑料及尼龙等材料,使用设备简单轻便,可移动,价格低于其他喷涂设备,成本低,手工操作,灵活方便。但火焰线材喷涂,由于喷出熔滴大小不均,因而涂层不均匀,孔隙大	除广泛应用于维修工作,加工工件不当的修复外,已大量直接用于新产品的设计,并开发出许多新材料、新涂层,为生物工程新材料、某些领域的压电陶瓷材料、非晶态材料以及宇航技术中应用的防远红外、微波、激光等功能性涂层。一般常用耐磨、耐蚀、耐热、耐氧化以及导电、绝缘等涂层
			电弧喷涂	是通过相互呈15°~30°的两根金属丝之间产生的电弧热能将丝材熔化,利用高压气流将熔化的金属雾化喷制涂层	①涂层性能优异。可以在不提高工件温度、不使用贵重底材的情况下获得性能好、结合强度高的表面涂层,是火焰喷涂涂层的2.5倍。②喷涂效率高。单位时间内喷涂金属的重量大,生产效率正比于电弧电流。如:当电弧喷涂电流为300A时,喷Zn,30kg/h;Al,10kg/h;不锈钢,15kg/h,比火焰喷涂提高了2~6倍。③能源利用率达57%,而等离子喷涂和火焰喷涂分别只有12%和13%。④经济性好,其费用通常约为火焰喷涂的1/10。设备投资一般为等离子喷涂设备的1/5以下。⑤安全性好。仅使用电和压缩空气。⑥设备相对超声速火焰喷涂、等离子喷涂、爆炸喷涂简单、轻、小,便于现场施工	
			等离子喷涂	利用钨极与水冷铜电极之间产生非转移型压缩电弧,获得高温、高压等离子射流进行喷涂	①基体受热温度低(<200℃),零件无变形,不改变基体金属的热处理性质,因此,可以喷涂一些高强度钢或一些薄壁的、细长的零部件;②喷焰温度高,可喷涂材料非常广泛,包括金属或合金涂层、陶瓷和一些高熔点的难熔金属,这是燃烧火焰或电弧热喷涂难以达到的;③等离子射流速度高,因此形成的涂层更致密,结合强度更高,特别是在喷涂高熔点的陶瓷粉末或难熔金属等方面更显示出独特的优越性	

续表

镀覆方法				操作	特点	应用
表面涂覆技术	热喷	特种喷涂	悬浮液热喷涂	是采用一定的溶液与喷涂微粉制成悬浮液,以液体为载体将粉末送入热源中实现均匀喷涂	作为载体的溶液可以是水、乙醇等简单的载体溶液,也可以是受热后发生化学反应生成某种物质的金属有机或无机盐类溶液。当完全用金属有机或无机盐类溶液作原料时,可通过化学反应生成目标沉积物质制备涂层,称为液体热喷涂	采用钛酸丁酯乙醇溶液,可以通过反应制备 TiO_2 涂层。其特点是可以制备纳米结构涂层
			激光喷涂	在工件被一辅助激光加热器加热的同时,用激光束接近工件表面直射,这时需喷的粉末以倾斜的角度被吹送到激光束中熔化黏结到工作表面,形成涂覆层 获得的涂层结构与原始粉末相同,与工件表面结合良好。可喷涂从低熔点到超高熔点的涂层材料		可制备如高超导薄膜、固体氧化物燃料电池的陶瓷涂层等
			气体爆燃喷涂	是一种利用可燃气体混合物有方向性的爆燃,将被喷涂的粉末材料加热,加速轰击到工件表面形成涂层的方法,其涂层结合强度高(可达250MPa)、致密度好(孔隙率0.5%~3.0%),喷涂材料广泛,工件受热小,不发生相变或形变,操作简便,易于掌握,制备耐磨、耐蚀涂层有独特优势		从航空、航天逐步向冶金、机械、纺织、石油、化工、钻探、造纸、生物、医学等方面发展
			超声速火焰喷涂(HVOF)	第三代HVOF:火焰功率达100~200kW,可实现高效喷涂,喷涂速率可达6~8kg/h(WC-Co),为其他轴向送粉枪的2倍,粒子速度可达300~650m/s,高速粒子使涂层产生压应力;粒子与周围大气接触时间短,对喷涂碳化物金属陶瓷能有效避免其分解和脱碳;高速区范围大,可操作喷涂距离大(150~300mm),工艺性好;火焰温度比等离子喷涂要低很多。因此喷涂WC和硬质合金类效果最佳。其涂层的孔隙率可小于0.5%,结合强度可达150MPa,接近或达到爆燃喷涂层的质量,涂层的耐磨性能与爆燃喷涂层相当,显著优于等离子喷涂层和电镀硬铬层		
			冷喷涂	是采用温度远低于材料熔点的超声速气流(一般低于600℃),将具有一定塑性变形能力的粉末加速到某一临界速度以上,通过与基体的塑性碰撞实现涂层沉积的方法	①可以避免喷涂粉末的氧化、分解、相变、晶粒长大等 ②对基体几乎没有热影响 ③可以用来喷涂对温度敏感材料,如易氧化材料、纳米结构材料等 ④粉末可以进行回收利用 ⑤涂层组织致密,可以保证良好的导电、导热等性能 ⑥涂层内残余应力小,且为压应力,有利于沉积厚涂层 ⑦送粉率高,可以实现较高的沉积效率和生产率 ⑧噪声小,操作安全	喷涂具有一定塑性的材料如纯金属、金属合金、金属陶瓷、塑料以及金属基复合材料等,甚至可以在金属基体上制备较薄的陶瓷功能涂层。不但可制备高硬度、耐磨损、耐蚀、导电、导热、导磁等性能的涂层,也用于快速成形,直接生产零部件
	堆焊	氧-乙炔火焰堆焊		是用焊接方法把填充金属熔敷在金属工件表面,以满足工艺要求的性能和尺寸的方法	①在各种表面技术中,堆焊的表面(镀)层最厚,特别适合严重磨损工况下工件表面的强化或修复;②堆焊层与工件基材为冶金结合,剥落倾向小,因而容易满足各种要求,适用范围广;③受工件大小、形状的限制小,有利于现场施工;④能堆焊的合金种类多,有铁基、镍基、钴基、碳化钨基和铜基等几种类型,且焊层致密	可制备包覆层、耐磨层、堆积层和隔离层(用于焊接异种或有特殊要求的材料时,防止基材的不良影响等情况)
		手工电弧堆焊				
		气体保护堆焊				
		埋弧堆焊				
		等离子弧堆焊				
		电渣堆焊				
		电火花堆焊				
	熔敷(熔结)	氧-乙炔火焰熔结		与堆焊相似,也是在材料或工件表面熔敷金属涂层,但用的涂敷金属是以铁、镍、钴为基,含有强脱氧元素硼和硅而具有自熔性和熔点低于基体的自熔性合金	金属表面强化有多种,其中表面冶金强化是常用的一种,它包括四个方面:表面熔化-结晶处理;表面熔化-非晶态处理;表面合金化;涂层熔化,凝结于表面。涂层熔化,凝结于表面,可以是直接喷焊(一步法),也可以是先喷后熔(二步法),冷凝后形成与基体具有冶金结合的表面层,通常简称为熔结。与表面合金化相比,特点是基体不熔化或熔化极少,因而涂层成分不会被基体金属稀释或轻微稀释 所用工艺是真空熔敷、激光熔敷和喷熔涂覆等	真空熔结涂层主要用于耐磨、耐蚀涂层、多孔润滑涂层、高比表面积涂层和非晶态涂层,还可熔结成形、熔结钎接、熔结封孔、熔结修复等
		真空电热熔结				
		激光熔结				
		电子束熔结				
	热浸镀			是将工件浸在熔融的液态金属中,使工件表面发生一系列物理和化学反应,取出后表面形成金属镀层	镀层金属的熔点必须低于基体金属,而且通常要低得多。常用的镀层金属有锡、锌、铝、铅、Al-Sn、Al-Si、Pb-Sn等。基体材料为钢、铸铁、铜,以钢最为常用。热浸镀工艺包括表面预处理、热浸镀和后处理三部分。可分为熔剂法和保护气体还原法	提高工件的防护能力和延长使用寿命

续表

镀覆方法				操作	特点	应用
表面涂覆技术	粘涂			是将二硫化钼金属粉末和纤维等特殊填料的胶黏剂，直接涂覆于材料或工件表面形成涂层的方法	它具有粘接技术的大部分优点，如应力分布均匀，容易作到密封、绝缘、耐蚀和隔热等。且工艺简单，不需要专门设备，通常在室温下操作，不会使工件产生热影响和变形等。能粘涂各种不同的材料。粘涂厚度可以从几十微米到几十毫米。具有良好的结合强度。该工艺适应面广，除可用于一般零件外，突出优点是对无法焊接的工件、薄壁件、复杂件、有爆炸危险的零件，以及需要现场修复的零件也都可使用。粘涂层材料品种繁多，一般由黏料、固化剂、特殊填料及辅助材料等组成	可制备耐磨、耐蚀、耐高温（低温）涂层，密封堵漏涂层，保温、导电、导磁、绝缘、抗辐射等涂层。目前主要用于表面强化和修复
表面涂覆技术	涂装	是以涂料为原料，通过涂装方法使涂料在被涂工件表面形成牢固的、连续的涂膜，而发挥装饰、防护和特殊功能等作用的方法				
表面涂覆技术	涂装	通用涂装	刷涂	最简便，所用工具简单，适用各种材质、各种形状的工件的涂装，除极少数流平性较差或干燥较快的涂料不适宜外，大部分油性、合成树脂、水性涂料等都适应；它不受涂装场所、环境条件的限制，应用范围广，但效率低，工作条件差，涂膜外观易出现刷痕		
表面涂覆技术	涂装	通用涂装	刮涂	主要用于刮涂腻子，修饰工件凹凸不平的表面，工件的造型缺陷，广泛用于铸造成形物等		
表面涂覆技术	涂装	通用涂装	滚刷	比刷涂效率高一倍，但对窄小的工件和棱角、圆角等形状复杂的部位比较困难，用于船舶、桥梁、大型机械、建筑涂漆		
表面涂覆技术	涂装	通用涂装	浸涂	适用于形状复杂工件，如热交换器、弹簧等，但对带有深槽、不通孔等部位，能积存余漆且不易除去的工件不宜采用		
表面涂覆技术	涂装	通用涂装	淋涂	和浸涂差不多，都是用过量的涂料润湿、黏附、覆盖工件表面，并借助涂料自身重力流平，滴去余漆成膜，用于会漂浮不易浸涂的大型板状、中空类的工件，不适于形状复杂和有易存留余漆部位的工件		
表面涂覆技术	涂装	通用涂装	转鼓涂	是将工件与涂料同置入密闭的鼓形容器中，借助转鼓转动，使工件相互摩擦，将涂料均匀地涂覆在工件表面，用于批量多的小件，如小五金等		
表面涂覆技术	涂装	通用涂装	压缩空气喷涂	几乎适应各种涂料和各种工件，虽然目前有许多新的涂装方法，但它仍是应用最广泛的涂装方法之一。简称压气喷涂		
表面涂覆技术	涂装	通用涂装	高压无气喷涂	不需要借助压缩空气喷出使涂料雾化，而是给涂料施加高压使涂料喷出时雾化的工艺，涂装效率比压气喷涂高3倍以上，漆膜质量好，避免了压气对漆膜造成的不良影响，减少环境污染，对涂料黏度适应范围广，可获得较厚的漆膜。简称无气喷涂		
表面涂覆技术	涂装	特殊涂装	静电涂装	是在喷枪口（或喷盘）与工件之间形成一高压静电场，工件接地为阳极，喷枪口为负高压，当电场强度足够高时，枪口附近的空气即产生电晕放电，使空气发生电离，当涂料粒子通过枪口带上电荷，成为带电粒子，在通过电晕放电区时，进一步与离子化的空气结合而再次带电，并在高压静电场的作用下，向极性相反的工件运动，沉积于工件表面形成涂层。可多支喷枪同时喷涂，与压气喷涂比，效率提高1~3倍（盘式更高），涂料利用提高1~2倍，可获得均匀、平整、光滑、丰满的高装饰性涂层，并显著改善了涂装作业环境，但存在高压火花放电，易引起火灾危险，尖端效应对坑凹部位会产生电场屏蔽，形成涂层较薄，需手工补喷，对涂料的电性能也有一定要求，并易受环境温度、湿度的影响		可制备高级装饰性涂层 广泛用于汽车、电器、家电、小五金等工业领域
表面涂覆技术	涂装	特殊涂装	电泳涂装	是将工件浸渍在水溶性涂料中作为阳极（或阴极），另设一与其相对应的阴极（或阳极），在两极间通直流电，通过电流产生的物理化学作用，使涂料沉积在工件表面。分阳极电泳（工件是阳极，涂料是阴离子型）和阴极电泳两种	① 两种电泳用的涂料均是与传统涂料完全不同的水溶性涂料体系；用电沉积工艺 ② 易于实现机械化、自动化，大大减轻了劳动强度，提高了生产率、涂料利用率 ③ 涂层均匀，边缘覆盖性好，有优异的附着力及抗冲击强度 ④ 从根本上改善了劳动条件和环境污染 ⑤ 阴极电泳涂膜耐蚀性突出，其耐盐雾性一般为阳极电泳的3~4倍，达720~1000h，耗电量少30%，泳透力为阳极电泳的1.3~1.5倍，适用于形状复杂的工件，如汽车车身的涂装，不需要加辅助电极即可获得厚度均匀的涂层，从而简化了工艺。其缺点是电泳液对设备有腐蚀性，相关设备要用不锈钢制作，成本较高。以环氧树脂为基础的阴极电泳涂层耐候性较差，只能作耐蚀性底漆，若面漆透光性太高，仍易引起底漆粉化，导致面漆剥落，应加中间涂层	
表面涂覆技术	涂装	特殊涂装	流化床涂装	是先将净化的压缩空气通入气室，气流均压后，通过微孔板进入流化槽中，把槽中的粉末涂料搅动上浮，形成平稳悬浮流动的沸腾状态，再将预热到粉末涂料熔点以上温度的工件浸入槽中，粉末涂料接触到工件立即黏附、熔融在工件表面，然后取出工件加热烘烤，形成连续均匀的涂层 对热塑性和热固性粉末涂料均适应，但对热容量小的工件不一定适用		主要用于绝缘和耐蚀涂层，广泛用于家用电器和生活用品的工业领域

续表

镀覆方法			操作	特点	应用
表面处理技术	是不改变工件基质材料的化学成分，只改进表面组织结构，达到改善表面性能的目的				
表面处理技术	表面形变强化	喷丸	是利用高速弹丸强烈冲击零件表面，使之产生形变硬化层，引进残余应力的一种再结晶温度以下的强化方法	① 可显著提高抗弯曲疲劳、抗腐蚀疲劳、抗应力腐蚀疲劳、抗微动磨损、耐点蚀（孔蚀）能力 ② 能减弱或消除许多表面缺陷的影响，使表面层浅的缺陷压合，产生超过缺陷深度的压应力层 ③ 设备简单，操作简便，耗能少，生产效率高 ④ 不受工件表面状态的限制。适于各种普通钢、高强度钢和有色金属的表面处理，适应性广	广泛应用于弹簧、齿轮、链条、轴、叶片、火车轮、轴承、涡轮盘、模具、工具以及焊接件的防腐和延长寿命等方面
表面处理技术	表面形变强化	滚压	是利用辊轮对工件表面施加滚压力，实现滚压强化的方法。如图 a	对于圆角、沟槽等可通过滚压获得表层形变强化，并能产生约 5mm 深的残余压应力，如图 b 所示，目前滚压强化用的辊轮、滚压力大小等尚无标准	辊轮 工件 $+\sigma_r$ 0 $-\sigma_r$ (a) (b)
表面处理技术	表面形变强化	孔挤	是使孔的内表面获得形变强化的方法，效果明显		
表面处理技术	表面淬火	感应加热表面淬火	是将工件放入感应圈内，通以交流电后，圈内形成交流磁场，工件被加热，引起感应电动势，在工件内产生闭合电流，即涡流，在每一瞬间，涡流的方向与感应线圈中电流方向相反，由于工件的电阻很小，所以涡流很大，工件被迅速加热到淬火温度，喷水快冷，形成表面硬化的方法 它具有加热温度高，加热效率高，温度容易控制，可局部加热，适用形状复杂的工件，工件容易加热均匀，表面氧化脱碳小，变形小，便于机械化、自动化，作业环境好等特点 所得表面组织为细小隐晶马氏体，碳化物质点弥散分布，质量稳定，表面硬度比普通淬火高 2~3HRC，耐磨性也高了		
表面处理技术	表面淬火	激光加热表面淬火	是以高能密度的激光束照射工件表面，使其需要硬化的部位瞬间吸收光能并立即转化为热能，使激光作用区的温度急剧上升，形成奥氏体，并在激光停止辐射后，快速自淬火，获得极细小马氏体和其他组织的高硬化层的方法 它不需外加淬火介质；加热、冷却快；工艺简便易行，一般不需后续加工即可直接装配；并可不回火即能应用；特别适合形状复杂、体积大，精加工后不宜采用其他方法强化的工件；处理的工件表面光滑，变形小，硬化层硬度很高；它可在工件表面有选择性地局部产生硬化带，以提高耐磨性；还可通过在表面产生压应力，提高表面疲劳抗力		
表面处理技术	表面淬火	电子束加热表面淬火	是采用散焦方式的电子束轰击金属工件表面，控制加热速度为 10^3~10^5℃/s，使工件表面加热到相变点以上、熔点以下时，自身淬火冷却（冷速可以超过 10^5K/s）达到表面硬化 本法所得硬化层的硬度比感应加热、火焰加热等方法所得硬化层硬度高 3~4HRC，组织也更加细化。硬化层深度一般为几微米到几毫米，摩擦性能得到大幅度提高，疲劳性能也得到改善		适用于低碳钢、合金结构钢、轴承钢、工具钢以及白口铁和灰铸铁
表面处理技术	表面纳米化加工		是目前已经开发出来的 8 种实用纳米表面工程技术中的一种 金属表面纳米晶化可以通过不同方法实现。例如，应用超声冲子冲击工艺，可以在 Fe 或不锈钢表面获得晶粒平均尺寸为 10~20nm 的表面层。超声冲子冲击 450s 后，纯 Fe 表面层的显微组织形成了结晶位向为任意取向的纳米晶相，晶粒平均尺寸为 10nm，而 Fe 的原始晶粒尺寸为 50nm		改善表面力学性能使后续渗扩处理节省能源，缩短时间
表面改性技术	是通过改变工件表面的化学成分，达到改善表面组织结构和性能的目的				
表面改性技术	化学热处理（表面渗扩）	非金属元素（如 C、N、B、S）表面渗扩	是将工件置于含有渗入元素的活性介质中加热，使渗入元素的活性原子或离子通过吸附、扩散渗入工件表面中，以改变其表层的成分、组织和性能	①大多数化学热处理形成的表面层与基体没有明显的界面，表面化合物层与其基体为冶金结合，故其结合强度比镀/涂层高得多 ②选择合适的渗入元素及改变工艺条件（如温度、时间等）可形成从几十微米到几毫米的渗层深度范围 ③一些化学热处理可原位形成表面复合处理层，即表面化合物层及其底下的扩散层，以获得高的表面耐磨性或耐蚀性和很高的承载能力，同时，大多数化学热处理及渗碳、渗氮等，还可以在表面层中引入残余压应力，以提高材料的疲劳强度 ④化学热处理与离子注入、气相沉积及高能束等近代表面技术相比，具有成本低、不受工件几何形状和尺寸的限制等优点 但多数传统的化学热处理工艺较复杂，处理周期长，耗能高，有一些化学热处理工艺，特别是液态处理还对环境造成污染，工作条件较差。近年来新工艺不断涌现，在很大程度上，克服了上述不足之处	①可以赋予普通廉价的金属材料以特殊的性能来代替高成本的优质材料或贵重的特种材料 ②几种主要方法渗扩不同元素，可以获得下表所列主要功能
表面改性技术	化学热处理（表面渗扩）	金属元素（Al、Cr、Si、V 等）表面渗扩			

续表

镀覆方法			操作	特点	应用
表面改性技术	化学热处理（表面渗扩）	复合元素表面渗扩	原则上说表列绝大多数的化学热处理可在固态、液态、气态及等离子态四种渗入介质的任一种中进行，但对于渗非金属来说，目前使用最普遍的是气态及液态，而对于渗金属来说是固态及液态，基于环境及可持续发展的要求，液态处理将逐渐减少，无污染、低能耗的等离子渗扩处理逐渐得到越来越广泛的应用		

方法（元素）	基体状态	主要功能	方法（元素）	基体状态	主要功能	方法（元素）	基体状态	主要功能
渗碳（C）	奥氏体	提高硬度、耐磨性和疲劳强度	渗硼（B）	奥氏体	提高硬度、耐磨性和耐蚀性	渗钒（V）	奥氏体	提高硬度、耐磨性及耐蚀性
碳氮共渗（C+N）	奥氏体	提高硬度、耐磨性和疲劳强度	渗硅（Si）	奥氏体	提高耐蚀性和抗氧化性	铬铝共渗（Cr+Al）	奥氏体	提高抗高温氧化、硫介质腐蚀性及抗疲劳性
渗氮（N）	铁素体	提高硬度、耐磨性、疲劳强度和耐蚀性	渗铝（Al）	奥氏体	提高抗高温氧化及硫介质腐蚀性	硼铝共渗（B+Al）	奥氏体	提高耐磨性、耐蚀性和抗氧化性
氮碳共渗（N+C）	铁素体	提高硬度、抗咬合性、疲劳强度和耐蚀性	渗铬（Cr）	奥氏体	提高抗氧化性、耐蚀性及耐磨性	铬硅共渗（Cr+Si）	奥氏体	提高耐磨性、耐蚀性和抗氧化性
渗硫（碳氮）[S(C,N)]	铁素体	降低摩擦，提高抗咬合性及抗疲劳性						

镀覆方法			操作	特点	应用
表面改性技术	等离子化学热处理	离子渗氮 离子碳氮共渗 离子渗碳	等离子渗扩处理是利用稀薄气体中的工件（阴极）与炉体（阳极）之间的辉光放电现象进行的化学热处理	离子渗氮具有渗速快、渗层性能好、处理温度范围大、无污染的特点。它与可控气体渗氮相比：①二者都可实现对化合物层厚的控制，防止厚的脆性氮化物形成；②离子渗氮适用材料范围广，由于处理时的溅射，它可以处理表面有钝化膜的奥氏体不锈钢、耐热合金及钛合金等，而可控气体渗氮则难且贵；③离子渗氮对零件形状与装炉要求苛刻些；④对工件的局部保护，离子渗氮用机械屏蔽即可，而气体渗氮则需镀或涂层；⑤离子渗氮的能耗、气耗和废气排放都比可控气体渗氮的少；⑥可控气体渗氮最佳处理温度一般为480~570℃，而离子渗氮过程中，氮的活化是由外加电场控制的，与处理温度关系不大，所以它可以在很宽的温度范围内进行，例如，钛合金离子渗氮时温度可提高到700~900℃，对奥氏体不锈钢低温离子渗氮时温度则为300~450℃	氮、碳、硼、硫等元素都可通过这种处理方法渗入到金属工件表面，从而使工件的表面硬度、耐磨性和疲劳强度得到大幅度提高
表面改性技术	离子注入	非金属离子注入 金属离子注入 复合离子注入	是将所需的气体或固体蒸气在真空系统中电离，引出离子束后，用数千电子伏至数十万电子伏进行加速直接注入材料达一定深度，改变表面成分与结构，以改善性能的方法	① 离子注入表面改性，注入元素不受材料固溶度限制，适用于各种材料 ② 注入元素的数量可精确测量和控制，控制方法是监测注入电荷的数量 ③ 离子注入是原子的直接混合，注入层厚度为0.1μm，但在摩擦条件下工作时，由于摩擦热作用，注入原子不断向内迁移，其深度可达原始注入深度的100~1000倍，使用寿命延长。注入元素是分散停留在基体内部的，没有界面，故改性层与基体之间结合强度很高，附着性好。改变注入离子的能量大小，可以控制注入层的厚度 ④ 离子注入是在高真空（10^{-4}~10^{-5}Pa）下进行的，并且靶温可以控制在低温、室温、高温，被处理工件不会受环境污染，在低温、室温处理时不会变形或退火软化 ⑤ 离子注入具有直进性，横向扩展小，可以实现大面积均匀性掺杂 ⑥ 对复杂形状的工件注入有困难	①适宜于零件和产品的最后表面处理；②制作大规模集成电路、大容量磁芯存储器，延长磁头寿命几倍；③可得到许多很难互溶的金属合金相和金属玻璃

续表

镀覆方法			操作	特点		应用
表面改性技术	转化膜技术	是指采用化学处理液使金属表面与溶液界面上产生化学或电化学反应，生成稳定的化合物薄膜的处理方法				
		氧化处理	是金属在含有氧化剂的溶液中形成的膜	铝、铝合金	有化学氧化和电化学阳极氧化。化学氧化处理液多以铬酸（盐）法为主，其设备简单，不受工件大小限制，氧化膜厚 0.5～4μm，质地软，吸附能力好；阳极氧化处理有硫酸法、铬酸法、草酸法、磷酸法、硬质法和瓷质法等，膜厚 5～20μm，膜硬，耐蚀、耐热、绝缘及吸附能力更好，硬质法硬度可达 400～1500HV，熔点可达 2050℃	硫酸法：涂装底层、装饰与防护层；草酸法：电器绝缘、日用品装饰；硬质法：耐磨、耐热、绝缘，如活塞、汽缸、轴承等
				钢铁等	钢铁氧化以化学法为主，处理液分碱性和酸性，按膜颜色分发蓝和发黑，多在含氧化剂的浓碱中进行，形成厚度 0.6～1.5μm 以 Fe_3O_4 为主的膜，后经皂化、填充或封闭处理；镁合金、锌合金的氧化多在重铬酸盐中进行，铜合金氧化多在碱性溶液中进行	钢铁氧化可提高耐蚀与润滑性；镁合金氧化用于装饰及涂装底层；铜合金氧化用于装饰及电器仪表
		磷化处理	是金属在磷酸盐溶液中形成的膜	钢铁	分高、中、低温工艺，漆前磷化用锌或碱金属磷酸盐，防锈磷化用锌、锰或铁的磷酸盐，冷变形前磷化用锌或锰磷酸盐，耐磨磷化用锰磷酸盐，后处理有皂化、填充或封闭等，膜多孔，吸附力好	钢铁防护层，涂装，塑性加工和滑动摩擦副中的减摩，硅钢片绝缘
				锌、铝	锌材磷化常用锌系磷化液 铝及铝合金磷化常用锌系溶液和铬-磷酸系溶液（Alodine 法），其耐蚀性好，应用广泛	锌磷化用于热镀锌、热浸锌等；铝磷化用于塑性变形加工及耐蚀
		钝化处理	是金属在铬酸或铬酸盐溶液中形成的膜	铜、锌及其合金	铜及铜合金常用铬酸法、重铬酸盐法、钛酸盐法等进行钝化处理 锌及锌合金的钝化常用于电镀锌及锌基合金的后处理，以铬酸盐法为最普遍，按色彩分为彩色、白色、黑色及草绿色钝化，一般需进行老化后处理	铜钝化用于防护及装饰；锌钝化用于耐蚀、涂装或装饰
				不锈钢等	不锈钢钝化用硝酸或硝酸加重铬酸钠，保持原色；镉镀层钝化可参照锌钝化；银钝化可用铬酸盐或有机物钝化液，电化学钝化防变色效果好	不锈钢钝化可提高耐蚀性；银钝化用于防变色
		金属着色处理	是通过表面转化形成有色膜或干扰膜的过程	一般着色膜层厚度为 25～55nm，其色调与处理方法及膜厚有关。通常可获得黄、红、蓝、绿等色调及彩虹、花斑等多种色彩。杂色色彩的产生，源于膜厚不均匀对光反射过程的影响。处理方法有化学转化法与电化学转化法（通过热处理或化学置换反应也能形成着色膜，以及金属染色处理，即用颜料通过金属表面的吸附作用和化学反应而着色，或通过电解作用使金属离子与染料共沉积而产生色彩，均不属此范围）。钢铁包括不锈钢、铝材及铜等金属材料经不同的着色处理，可呈现不同的色调或色彩		

续表

镀覆方法	操作	特点	应用
复合表面技术	是将两种或两种以上的表面处理工艺方法,用于同一工件的处理,不仅可以发挥各种表面处理技术的各自特点,而且更能显示组合使用的突出效果,使表面性能达到优化,即称复合表面技术,又叫第二代表面技术	复合表面技术已有:复合表面化学热处理、表面热处理与表面化学热处理的复合强化处理、热处理与表面形变强化的复合处理、镀覆层与热处理的复合处理、覆层与表面冶金化的复合处理、离子辅助涂覆、激光、电子束复合气相沉积和复合涂镀层,以及离子注入与气相沉积复合表面改性等 在生产实际中许多方法已获得广泛应用,例如,渗碳淬火与低温电解渗硫复合处理,将工件先渗碳淬火,使表面获得高硬度、高耐磨性和较高的抗疲劳性能,然后渗硫获得复合渗层。渗硫层为多孔鳞片状的硫化物,其中的间隙和孔洞能储存润滑油,具有很好的自润滑性能,降低摩擦因数,改善润滑性能和抗咬合性能,减少磨损。又例如,液体碳氮共渗与高频感应加热表面淬火的复合强化,其表面硬度可达60~65HRC,硬化层深度达1.2~2mm,零件的疲劳强度也比单纯高频淬火的零件明显增加,其弯曲疲劳强度提高10%~15%,接触疲劳强度提高15%~20%	
纳米表面技术	是充分利用纳米材料的优异性能,将传统表面技术与纳米材料、纳米技术交叉、综合、融合,制备出含纳米颗粒的复合覆层或纳米结构的表面技术	当前已开发出8种进入实用阶段的纳米表面技术:①纳米颗粒复合电刷镀技术;②纳米热喷涂技术;③纳米涂装技术;④纳米减摩自修复添加剂技术;⑤纳米固体润滑干膜技术;⑥纳米粘涂技术;⑦纳米薄膜制备技术;⑧金属表面纳米化 由于纳米材料的奇异特性,赋予纳米表面技术比传统表面技术更多优越的新特点: ① 涂覆层本身性能如抗拉强度、屈服点和抗接触疲劳性能大幅度提高 ② 涂覆层功能的提升,解决了许多传统表面技术解决不了的问题,如高性能的纳米声、光、电、磁膜反超硬膜的制备;纳米原位动态自修复技术,由于纳米颗粒材料的作用,能够在金属摩擦副表面形成修复薄膜,能够在工作状态下完成金属摩擦副的原位动态修复,延长了工件的使用寿命 ③ 纳米涂层与基材优化组合,使设计选材更有利于节约能源和节约贵重金属 ④ 为表面技术的复合提供新途径,例如,金属表面纳米化,赋予了基材表面层以优异性能,与离子渗氮技术复合,使渗氮工艺由原来的在500℃条件下处理24h,转变为在300℃条件下处理9h	

2.2 各种表面技术的特点对比

表 1-7-3

项目		真空蒸发	溅射	离子镀	化学气相沉积	电镀	热喷涂
沉积物质产生机制		热蒸发	离子动能转移	热蒸发	化学反应	液体中的电极反应	火焰或等离子体携带的物质颗粒
薄膜沉积机制		原子(及离子)	原子(及离子)	离子和原子	离子及原子团	离子	物质颗粒
薄膜沉积速率/$\mu m \cdot min^{-1}$		较高(可达75)	较低(如对于Cu,可达1)	很高(可达25)	中等(20~250nm/min)	依工艺条件而定,较低至较高	很高
沉积粒子能量		低(0.1~0.5eV/原子)	可较高(1~100eV/离子)	可较高(1~100eV/离子)	在等离子体辅助的情况下较高	可较高	可较高
膜层特点	密度	依材料而变化	较高	高	较高		中等
	气孔	低温时多	气孔少,但混入溅射气体较多	无气孔,但膜层缺陷较多			

续表

项目		真空蒸发	溅射	离子镀	化学气相沉积	电镀	热喷涂
膜层特点	内应力	拉应力	压应力	依工艺条件而定			
	附着力	一般	较好	好	依具体情况而定	好	较好
	绕射性	差	较好	较好			
	纯度	很好	较好	较好	好	一般	—
原材料种类		纯固态物质	大面积固体靶	纯固态物质或适当面积的金属靶	特定种类的气态物质	金属盐类	物质粉末、线材等
薄膜对于复杂形状基体的涂覆能力		差	好于蒸发	好于溅射	好	好	好
制备金属薄膜的能力		好	可以，纯度一般	好	较好	有限的几种金属	可以
制备合金薄膜的能力		可以，但需采取特殊措施	好	可以，但需采取特殊措施	可以	极为有限	可以
制备化合物薄膜的能力		可以，有时需采取措施	可以			不可以	可以
离子轰击基底的可能性		不普遍采用	可以采用	是	可以采用	没有	可以
薄膜与基底间界面元素的扩散		较少	是	是	是	没有	有限
薄膜低温沉积的可能性		可以	可以	较为有限	不可以，在等离子体辅助的情况下有限	可以	有限
大面积沉积的可能性		可以，但需措施保证均匀性	可以	可以，但需措施保证均匀性	可以，但在等离子体辅助的情况下困难	复杂形状较为困难	采取顺序涂覆的方法
对环境产生的污染		无			依原材料而变	较严重	噪声污染、喷物污染
设备复杂性		简单，但大面积时复杂	较为简单	较为复杂	简单，但在等离子体辅助的情况下很复杂	简单	较复杂
薄膜制造成本		较低		稍高	低	很低	较高

3 机械产品表面防护层质量分等分级（摘自JB/T 8595—1997）

表1-7-4　表面防护层质量外观等级（涂覆层不得有漏底和明显的厚薄不匀等缺陷）

	等级		外观检查要求
外观等级	1等		外观良好，无明显变化和缺陷
	2等	a级	允许涂层表面轻微失光（失光率为16%~30%），轻微褪色[色差值（NBS）3.1~6.0]，有少量针孔等缺陷
		b级	对于表面防护层为平光的涂层表面，不得有明显的橘皮或流挂现象
		c级	产品主要表面的涂层，任一平方米正方形面积内直径为0.5mm的气泡不得超过2个，不允许出现直径大于1mm的气泡及超过10%表面面积的隐形气泡
		d级	铁芯迭片表面锈蚀面积不得超过5%

续表

	等级		外观检查要求
外观等级	3等	a级	产品主要表面的涂层，任一平方分米正方形面积内直径为0.5～3mm的气泡，不得多于9个，其中直径大于1mm的气泡不超过3个，直径大于2mm的气泡不超过1个，不允许出现直径大于3mm的气泡及超过30%表面面积的隐形气泡
		b级	允许底金属出现个别锈点（即大于$1dm^2$的试样，最多不得超过一个锈点，小于$1dm^2$的试样不得有锈点）以及涂层边缘有少量起皱
		c级	不得有脱落、开裂、严重的橘皮或流挂现象
		d级	铁芯迭片表面锈蚀面积不得超过15%
	4等		缺陷超过3等的即为4等
附着力等级	零等		刀痕十分光滑，无涂层小片脱落
	1等		在栅格交点处有细小涂层碎片剥落，剥落面积约占栅格面积5%以下
	2等		涂层沿刀痕和（或）栅格交点处剥落，其剥落面积约占栅格面积的5%～15%之间
	3等		涂层沿刀痕部分或全部呈宽条状剥落和（或）从各栅格上部分或全部剥落，剥落面积约占栅格面积的15%～35%之间
	4等		涂层沿刀痕呈宽条状剥落和（或）从各栅格上部分或全部剥落，剥落面积约占栅格面积的35%～65%之间
	5等		涂层剥落面积超过栅格面积的65%

表 1-7-5　电镀化学处理层等级

等级		要求
1等		允许镀层光泽稍变暗（失光率为16%～30%），颜色稍褪［色差值（NBS）3.1～6.0］，但镀层化学处理层和金属表面不得腐蚀
2等	a级	标牌、导电零件的接触部位，活动零件的关键部位等能影响产品性能的零件（或部件）不得出现腐蚀
	b级	除2等a级零件外的其他零（部）件出现腐蚀破坏面积，为该零件主要表面面积5%～25%的零件数不得超过产品零件总数的20%
3等	a级	2等a级的零件（或部件）出现腐蚀破坏面积，为该零件主要表面面积5%～25%的零件不得超过该零件总数的20%
	b级	2等中第a级零件以外的其他零件（或部件）出现腐蚀破坏面积，为该零件主要表面5%～25%的零件数不得超过该产品零件总数的30%。但允许个别零件的腐蚀破坏面积大于25%，小于30%
4等		缺陷超过3等者即为4等

3.1　技术要求

（1）机械产品表面涂、镀层应具有一定的耐候、耐腐蚀性及装饰性。

（2）机械产品表面涂覆层按GB/T 2423.4规定的条件进行12周期40℃交变湿热试验。

1）湿热试验后进行外观检查。

2）湿热试验后的附着力测试必须在12h正常化处理后进行。

① 涂层附着力测试采用25格划格法，其刀具采用6刃刀具。按实测涂层厚度选用刀具，刀具刀刃间距选择见表1-7-6。

表 1-7-6

涂层厚度/μm	刀刃间距/mm
≤60	1
6C以上，120以下	2
>120	3

② 按表1-7-6所列涂层厚度数据选择相应间距的刀具。在产品表面涂层上划6道深及底金属的水平直线刀痕，并在与此6条水平直线成90°角的位置上再划6道垂直并与水平直线刀痕相交的刀痕，这样就形成25个方格的栅格。划格时刀具速度应均匀连续地划出刀痕，不得停顿或跳跃。刀尖必须触及底金属，但不应过深地切入底金属。若涂层硬度高或厚度过厚，致使刀痕不能触及底金属，则应在报告中说明。

③ 附着力测试必须在试样的两个不同部位进行。

④ 划好栅格后，用油漆刷子在栅格表面两个对角线方向轻轻地来回各刷5次。

⑤ 用 2.5 倍放大镜对栅格划痕观察并与相应的条款对照，并参照相应图号的图片评出附着力等级。

⑥ 用 2.5 倍放大镜对栅格划痕观察，如划痕已起毛则该刀具应换新刀具后重新划格。

(3) 机械产品表面镀层化学处理层按 GB/T 2423.17 标准中的有关规定进行盐雾试验。试验后按表 1-7-5 评定等级。

(4) 在户外使用的机械产品表面涂层尚需进行紫外线冷凝试验。按 GB/T 14522 标准中的紫外线冷凝试验方法进行，并按表 1-7-4 评定等级。

(5) 在寒带、寒温带使用的机械产品需增加低温试验。按 GB/T 2423.1 规定的低温试验方法进行试验。试验后按表 1-7-4 评定等级。

3.2 试验方法

表 1-7-7　　交变湿热试验

<table>
<tr><td colspan="5">对涂层质量考核用 GB/T 2423.4 进行 40℃交变湿热试验</td></tr>
<tr><td>试验前检查</td><td colspan="4">试样在正常条件下（温度 15～35℃、相对湿度 45%～75%）进行涂覆层外观质量检查测厚并记录</td></tr>
<tr><td rowspan="2">预处理</td><td colspan="4">试样在正常条件下放入湿热箱（室）内进行试验前预处理</td></tr>
<tr><td>预处理条件</td><td>温度　25℃±3℃
相对湿度　45%～75%</td><td>预处理时间</td><td>大件不得少于 3h；
中件不得少于 2h；
小件不得少于 1h</td></tr>
<tr><td rowspan="2">试验周期</td><td colspan="4">12 周期</td></tr>
<tr><td colspan="4">对于呼吸效应不明显的产品降温阶段相对湿度下限值可为 85%</td></tr>
<tr><td>试验后检测</td><td colspan="4">12 周期试验结束后即将试样取出试验箱（室）外，在正常条件下检查外观，然后在正常条件下放置 12h 后进行附着力测试
正常条件：温度　15～35℃；
相对湿度 45%～75%</td></tr>
</table>

表 1-7-8　　盐雾试验

按 GB/T 2423.17 规定的盐雾试验方法对金属表面镀层化学处理层质量进行考核 (1) 测定被试零（部）件镀层厚度并记录 (2) 根据镀层的镀种、镀层厚度选择盐雾试验持续时间 推荐试验持续时间为：16h、24h、48h、96h、168h、336h、672h。选择相应的试验持续时间 (3) 试验结束后用清水冲洗干净，即刻检查外观，并按表 1-7-5 评定等级

表 1-7-9　　荧光紫外线/冷凝试验

按 GB/T 14522 规定的人工气候加速试验方法对在户外使用的机械产品中的粉末涂料、涂料材料制成的零部件进行荧光紫外线/冷凝试验进行考核 (1) 将试样固定安装在样品架上，面对荧光灯 (2) 试验温度：光照时可采用 50℃、60℃、70℃三种温度中的一种；冷凝阶段的温度为 50℃。温度的容许误差为±3℃ (3) 光照和冷凝周期可先 4h 光照 4h 冷凝或 8h 光照 4h 冷凝两种循环。涂料一般进行 240h、500h、1000h 试验的其中一种 (4) 试验后按表 1-7-4 评定等级

表 1-7-10　　低温试验

<table>
<tr><td colspan="4">按 GB/T 2423.1 规定的低温试验方法考核在寒带、寒温带地区使用的机械产品的涂、镀层质量</td></tr>
<tr><td>试验温度</td><td>-30℃、-40℃、-55℃</td><td>试验周期</td><td>2h、16h、72h 或 96h</td></tr>
<tr><td>说明</td><td colspan="3">1. 根据产品所到地区或需方要求选其中一个试验温度及试验周期进行试验
2. 试验后按表 1-7-4 及表 1-7-5 检验及评定等级</td></tr>
</table>

3.3 检验规则

表 1-7-11

依据	本标准是对同底金属、同涂（镀）层材料、同工艺及同一施工条件下的机械产品、出口产品表面防护层质量的考核、检验及评定等级的依据
试样数量	同底金属、同涂（镀）层材料、同工艺及同施工条件的试样三件
在右列情况之一时，需用本标准对产品表面防护层质量进行重新评定等级	①新产品投产前； ②产品涂（镀）层工艺或涂（镀）层材料改变可能影响其表面防护层质量时； ③不经常生产的机械产品及出口产品再次投产时； ④对批量生产及出口产品表面防护层质量定期抽试，其间隔时间一般为一年一次，仲裁时

3.4 试验结果的判断及复试要求

(1) 按照 3.2 试验方法规定的交变湿热试验、盐雾试验、荧光紫外线/冷凝试验及低温试验进行试验后，对照表 1-7-4 及表 1-7-5 进行评定等级。

（2）若三件试样全部处于一个等级或其中二件处于同一等级则该试样即为这一个等级。若三件试样试验后为三个级别，则另取加倍数量的试样进行复试。复试试样的 2/3 试验后为同一等级则为该一等级。若少于 2/3 试样为同一等级，则该批产品不得评定等级不得再复试。

4 电　镀

利用外加电流作用从电解液中析出金属，并在物件表面沉积而获得金属覆盖层的方法。

电镀层的分类

表 1-7-12

分类		说明	举例
按镀层金属与基体金属之间的电位关系分	阳极性镀层	是指比被保护的基体金属电极电位负、电性强，而使基体金属在一定介质中不受电化学腐蚀的镀层	对钢铁来说，镀锌层在大气腐蚀条件下就是阳极性镀层
	阴极性镀层	是指比被保护的基体金属电极电位正、电性弱，仅能机械地保护而不能使基体金属不受电化学腐蚀的镀层	对钢铁来说，镍、铜、铬、银、金等镀层都是阴极性镀层
按使用目的分	防护性镀层	防止锈蚀或腐蚀 ①一般大气条件下的黑色金属制品 ②海洋性气候条件下 ③要求镀层薄而耐蚀能力强 ④用铜合金制作的海洋仪器 ⑤接触有机酸的黑色金属制品，如食品容器 ⑥耐硫酸和铬酸的腐蚀	 镀锌 镀镉 用镉锡合金代替单一的锌或镉镀层 镀银镉合金 镀锡 镀铅
	工作-保护性镀层	除了防止零件免受腐蚀外，主要在于提高零件的抗机械磨损能力和表面硬度	铬、镍
	装饰性镀层	以装饰性为主，兼备一定防护性 防腐及使制品具有经久不变的光泽外观。多为多层镀覆，底层+（或中间层）+表层。底层常用铜锡镀层，或镀锌铜，或镀铜；表层常用光亮铬或镍、铬。例如，铜/镍/铬多层镀，也有采用多层镍和微孔铬的	铜锡镀层+光亮铬；锌铜镀层+光亮铬；铜镀层+镍+铬 汽车、自行车、钟表等就使用这类镀层
		电镀贵金属，如金、银等和仿金镀层，近年来应用比较广泛，特别在一些贵重装饰品和小五金商品中，用量较多，产量也较大，并有部分出口	主要电镀贵金属及各种合金，例如，铜锡合金、铜锌合金、铜锡锌合金以及锡钴合金和锡镍合金等
	耐磨和减摩镀层	耐磨是指提高表面硬度，镀硬铬能使镀件的表面硬度达到或超过 1000HV；减摩是指在滑动接触面上镀上能起固体润滑剂作用的韧性金属（减摩合金）以减小滑动摩擦 对一些仪器和仪表的接插件，既要求有良好的导电能力，又要求耐磨损，通常镀硬银、硬金、铑及其他合金	耐磨镀层多采用镀硬铬，如大型轴、曲轴的轴颈、发动机的汽缸和活塞环、冲击模具、压印辊的辊面、枪、炮管的内腔等 减摩镀层多用锡、铅锡合金、铟铅合金及铅锡铜合金等，多用于轴瓦或轴套上
	热加工镀层	① 防止局部渗碳 ② 防止局部渗氮 ③ 防止局部碳氮共渗 ④ 钎焊前	镀铜 镀锡 镀锡 镀锡、镀铜或镀银
	高温抗氧化镀层	防止高温氧化 ① 转子发动机内腔，喷气发动机转子叶片等高温工作零件，有些情况下，还需使用复合镀层 ② 更特殊场合下工作的零件	镀镍铬或镀铬合金、复合镀层，如 Ni-Al_2O_3、Ni-Zr_2O_3 和 Cr-TiO_2 等 镀铂铑合金
	焊接性镀层	有些电子元器件组装时需要进行钎焊，为了改善其焊接性能，在表面需要镀一层铜、锡、银以及锡铅合金等	

续表

分类		说明	举例
按使用目的分	修复性镀层	修复报废或磨损的零件	镀铬、铜、铁等,用于轴与齿轮等零件
	导电性镀层	提高表面导电性能的镀层 ① 一般情况 ② 同时要求耐磨的 ③ 在高频波导生产中	 镀铜、镀银 镀银锑合金、银金合金、金钴合金等 采用镜面光泽的镀银层
	磁性镀层	电镀工艺参数改变可以调整镀层的磁性能参数	常用的电沉积磁性合金有镍铁、镍钴、镍钴磷等。这种镀层多用于录音机、电子计算机等设备中的录音带、磁环线上
	其他镀层	① 保持零件表面的润滑剂 ② 改善零件表面的磨合性 ③ 为了增加钢丝和橡胶热压时的黏合性 ④ 为了增加反光能力	多孔性镀铬 镀铜、镀锡、镀铬 镀黄铜 镀铬、镀银、镀高锡青铜等

金属镀层的特点及应用

表 1-7-13

名称	特点	应用
镀锌	锌在干燥空气中比较稳定,不易变色,在水中及潮湿大气中则与氧或二氧化碳作用生成氧化物或碱性碳酸锌薄膜,可以防止锌继续氧化,起保护作用。锌在酸及碱、硫化物中极易遭受腐蚀。镀锌层一般都要经钝化处理,在铬酸或在铬酸盐液中钝化后,由于形成的钝化膜不易与潮湿空气作用,防腐能力大大加强。对弹簧零件、薄壁零件(壁厚<0.5mm)和要求机械强度较高的钢铁零件,必须进行除氢,铜及铜合金零件可不除氢。镀锌成本低、加工方便、效果良好 锌的标准电位较负,所以锌镀层对很多金属均为阳极性镀层	在大气条件和其他良好环境中使用的钢铁零件普遍使用镀锌。但不宜作摩擦零件的镀层
镀镉	与海洋性的大气或海水接触的零件及在70℃以上的热水中,镉镀层比较稳定,耐蚀性强,润滑性好,在稀盐酸中溶解很慢,但在硝酸里却极易溶解,不溶于碱,它的氧化物也不溶于水。镉镀层比锌镀层质软,镀层的氢脆性小,附着力强,而且在一定电解条件下,所得到的镉镀层比锌镀层美观。但镉在熔化时所产生的气体有毒,可溶性镉盐也有毒 在一般条件下,镉对钢铁为阴极性镀层,在海洋性和高温大气中为阳极性镀层	它主要用来保护零件免受海水或与海水相类似的盐溶液以及饱和海水蒸气的大气腐蚀作用。航空、航海及电子工业零件、弹簧、螺纹零件,很多都用镀镉 可以抛光、磷化和作油漆底层,但不能作食具
镀铬	铬在潮湿的大气、碱、硝酸、硫化物、碳酸盐的溶液以及有机酸中非常稳定,易溶于盐酸及热的浓硫酸。在直流电的作用下,如铬层作为阳极则易溶于苛性钠溶液。铬层附着力强,硬度高,800~1000HV,耐磨性好,光反射性强,同时还有较高的耐热性,在480℃以下不变色,500℃以上开始氧化,700℃则硬度显著下降。其缺点是硬、脆,容易脱落,当受交变的冲击载荷时更为明显。并具有多孔性 金属铬在空气中容易钝化生成钝化膜,因而改变了铬的电位。因此铬对铁就成了阴极性镀层	在钢铁零件表面直接镀铬作防腐层是不理想的,一般是经多层电镀(即镀铜→镍→铬)才能达到防锈、装饰的目的。目前广泛应用在为提高零件的耐磨性、修复尺寸、光反射以及装饰等方面

续表

名称	特　点	应　用
松孔镀铬	松孔镀铬是耐磨镀铬的一种特殊形式,它与一般镀铬的明显区别在于其铬镀层的表面上产生网状沟纹或点状孔隙。目的是保存足够的润滑油,以改善摩擦条件,减少两摩擦面的金属接触,提高耐磨性	广泛应用于内燃机的汽缸、汽缸套、活塞环、活塞销以及上述零件磨损后的修复等方面
镀铜	铜在空气中不太稳定,易于氧化,在加热过程中尤甚。同时具有较高的正电位,不能很好地防护其他金属不受腐蚀,但铜具有较高的导电性,铜镀层紧密细致,与基体金属结合牢固,有良好的抛光性能等 铜比铁的电位高,对铁来说是阴极性镀层	铜镀层很少用作防护性镀层。一般用来提高其他材料的导电性,作其他电镀的底层、防止渗碳的保护层以及在轴瓦上用来减少摩擦或作装饰等
镀镍	镍在大气和碱液中化学稳定性好,不易变色,在温度600℃以上时,才被氧化。在硫酸和盐酸中溶解很慢,但易溶于稀硝酸。在浓硝酸中易钝化,因而具有好的耐蚀性能。镍镀层硬度高、易于抛光、有较高的光反射性并可增加美观。其缺点是具有多孔性,为克服这一缺点,可采用多层金属镀层,而镍为中间层 镍对铁为阴极性镀层,对铜为阳极性镀层	通常为了防止腐蚀和增加美观用,所以一般用于保护-装饰性镀层上。铜制品上镀镍防腐较为理想 但由于镍比较贵重,多用镀铜锡合金代替镀镍
镀锡	锡具有较高的化学稳定性,在硫酸、硝酸、盐酸的稀溶液中几乎不溶解,在加热的条件下,锡缓慢地溶于浓酸中。在浓、热的碱液中溶解并生成锡酸盐。硫化物对锡不起作用。锡在有机酸中也很稳定,其化合物无毒。锡的焊接性很好 在一般条件下,锡镀层对铁属于阴极性镀层,对铜则属于阳极性镀层	广泛用于食品工业的容器上和航空、航海及无线电器材的零件上。还可以用来防止铜导线不受橡胶中硫的作用,以及作为非渗氮表面的保护层
镀铅	铅在硫酸、二氧化硫及其他硫化物和硫酸盐中不受腐蚀,但在高温(高于200℃)的浓硫酸中及浓盐酸中则发生强烈的腐蚀,在稀盐酸中反应缓慢,在有机酸——醋酸、乳酸、草酸中也比较稳定	在化学工业中应用较多,如加热器、结晶器、真空蒸发器等内壁镀铅
镀铜锡合金	电镀铜锡合金是在零件上镀铜锡合金后,不必镀镍,而直接镀铬。对于钢制零件用低锡青铜(含锡5%~15%),对于铜及铜合金零件用高锡青铜(含锡约38%以上)。低锡青铜镀层防腐能力良好,其物理、力学性能和工艺性能比中锡(含锡15%~25%)及高锡青铜镀层好	镍是一种比较稀少而贵重的金属,目前在电镀工业上广泛采用电镀铜锡合金来代替镀镍

镀层选择

选择金属镀层时必须注意掌握下列几点：①正确分析零件工作条件，确定对电镀层的工作要求；②被电镀零件的金属种类及该金属电镀层在介质中的稳定性；③被电镀零件的结构、形状和尺寸的公差以及在零件表面上进行电镀并达到所需均匀厚度的可能性；④镀层与被镀零件表面的结合力。

表 1-7-14　　电镀层电镀顺序

被镀金属	电镀层									
	金	镉	铜或铜合金(氰化物法)	铜(酸性法)	镍	锡	铅	银	铬	锌
铁或钢	必须以铜或黄铜为底层	直接镀	直接镀	必须以铜或黄铜为底层	直接镀。最好以铜或黄铜为底层	直接镀	直接镀。对断面大的制品最好以镍为底层	薄层直接镀。其他以铜或黄铜为底层	硬铬直接镀。其他以铜或黄铜为底层	直接镀

续表

被镀金属	电镀层									
	金	镉	铜或铜合金(氰化物法)	铜(酸性法)	镍	锡	铅	银	铬	锌
镉	—	直接镀	直接镀	必须以铜或黄铜为底层	薄层直接镀。其他以铜或黄铜为底层(氰化物法)	直接镀	直接镀	最好以铜或黄铜为底层(氰化物法)	直接镀,在光泽的镉上镀成无光泽铬	—
铜或铜合金	直接镀	直接镀	直接镀	直接镀	直接镀	直接镀	直接镀	浸汞处理	黄铜直接镀。最好以镍为底层	直接镀
镍	直接镀	直接镀	直接镀	直接镀	必须以铜或黄铜为底层	—	必须以铜或黄铜为底层(氰化物法)	以铜或黄铜为底层	直接镀	—
锡	必须以铜或黄铜为底层(氰化物法)	—	直接镀	必须以铜或黄铜为底层(氰化物法)	必须以铜或黄铜为底层(氰化物法)	在热镀锡之后直接镀	直接镀	以铜或黄铜为底层	必须以铜或黄铜为底层(氰化物法)	—
铅或铅合金	必须以铜或黄铜为底层(氰化物法)	直接镀	直接镀	直接镀	—	直接镀	直接镀	以铜或黄铜为底层	必须以铜或黄铜或镍为底层	—
银	直接镀	直接镀	直接镀	直接镀	直接镀	—	—	直接镀	直接镀。最好以镍为底层	—
锌	最好以铜或黄铜为底层	—	直接镀	必须以铜或黄铜为底层(氰化物法)	直接镀。最好以铜或黄铜为底层(氰化物法)	直接镀	—	直接镀。或以铜或黄铜为底层	必须以铜或黄铜为底层(氰化物法)	—

表 1-7-15　　主要金属镀层厚度

镀层名称	使用条件	镀层厚度/mm
锌镀层	室内或良好条件 室外或潮湿空气 十分潮湿空气或工业性大气 汽油、煤油、润滑油等油类	0.007~0.010 0.010~0.020 0.020~0.040 0.020~0.050
镉镀层	海洋性大气 海水或氯化钠溶液 工业性大气 潮湿大气	0.010~0.040 0.040~0.050 0.005~0.015 0.007~0.015

续表

镀层名称	使用条件			镀层厚度/mm			
铜镀层	镀镍、镀铬的底层	轻度腐蚀的大气 中等腐蚀的大气 严重腐蚀的大气		≥0.015 ≥0.030 ≥0.045			
	防止局部渗碳	渗碳层厚度/mm	0.1~0.8 0.8~1.2 >1.2	0.010~0.020 0.030~0.040 0.050~0.070			
	防止氰化 修复磨损的尺寸 提高钢制品的导电性			0.030~0.060 <3 0.010~0.200			
镍镀层				铜(氰化物法)	铜(酸性法)	镍	铬
	轻度腐蚀条件 中等腐蚀条件 严重腐蚀条件			0.003 0.003 0.003	0.012 0.022 0.032	0.010 0.015 0.020	0.001 0.001 0.001
铬镀层	装饰性镀铬 耐磨性镀铬（轴、汽缸套等） 恢复尺寸镀铬			0.001~0.003 0.05~1.0 根据磨损程度来确定厚度，铬镀到一定厚度后要加以研磨			
锡镀层	防止渗氮			0.010~0.020			

表 1-7-16　镀铬层厚度

被镀零件的材料			铜及铜合金				钢铁			
			使用条件分类							
			一类	二类	三类	四类	一类	二类	三类	四类
无光泽镀铬层	铜层	厚度/μm					30~35	20~25	10~15	
	镍层						15~20	10~15	7~10	5~7
	铜锡层		20~25	15~20	10~15	7~10				
	铬层		0.8~1.2	0.5~0.8	0.25~0.5	0.25~0.5	0.8~1.2	0.5~0.8	0.25~0.5	0.25~0.5
	总厚度		21~27	16~21	11~16	7.5~11	46~56	31~41	18~26	6~8
孔隙率/气孔数·cm^{-2}							3	4		
光亮镀铬层	铜层	厚度/μm					30~35	20~25	10~15	
	镍层						15~20	10~15	7~10	5~7
	铜锡层		20~25	15~20	10~15	7~10				
	铬层		0.8~1.2	0.5~0.8	0.25~0.5	0.25~0.5	0.8~1.2	0.5~0.8	0.25~0.5	0.25~0.5
	总厚度		20.8~26.2	15.5~20.8	10.25~15.5	7.25~10.5	45.8~56.2	30.5~40.8	17.25~25.5	5.25~7.5

注：一般零件的使用条件分为良好、中等、恶劣三级，相应的电镀层厚度一般分为四类。

一类（恶劣工作条件）——含有大量工业气体、燃料废气、灰尘、海水蒸发物或其他活性腐蚀剂的大气，以及空气的相对湿度周期性地达到98%的场所，经常要用手握住操作的零件，在湿热带、干热带地区使用的零件。

二类（中等工作条件）——含有少量工业气体、燃料废气、海水蒸发物或其他活性腐蚀剂，而且比较干燥的室内外大气，产品运输、保管时间不长。

三类（良好工作条件）——不含工业气体、燃料废气、海水蒸发物及其他活性腐蚀剂，而且比较干燥的室内外大气，而产品的运输、保管时间不长。

四类——用于较三类更好的条件。

5 复合电镀

复合电镀是采用电化学的方法使金属（或合金）与固体微粒（或纤维）共沉积，而获得复合材料的工艺过程，又称为分散电镀。这种复合材料层称为复合镀层或分散镀层。它由两部分构成：一部分是通过电化学反应而形成镀层的金属或合金，通常称为基质金属，是均匀的连续相；另一部分则为不溶性的固体颗粒或纤维，通常是不连续地分散于基质金属之中，形成一个不连续相，又称为分散相。所以复合镀层属于金属基复合材料。基质金属和不溶性颗粒之间的相界面基本是清晰的，几乎不发生扩散现象，从形式上看是机械混合物，但获得的复合镀层却具有基体金属和固体颗粒两类物质的综合性能。

复合电镀的优缺点

表 1-7-17

优点	优于热加工工艺	热加工方法制取复合材料需要很高温度，从而很难使用有机物来制取金属基复合材料。而复合电镀法制取复合材料时，大多是在水溶液中进行的，温度很少超过90℃。因此，除了目前使用的耐高温陶瓷外，各种遇热容易分解的物质和各种有机物，都可以作为不溶性固体微粒分散到镀层中，以制取各种不同类型的复合材料 在通常的情况下，基质金属和固体微粒之间基本上不发生相互作用，而保持它们各自的特性。如果需要复合镀层中的基质金属和固体微粒之间相互发生扩散，可以将复合镀层通过热处理手段，获得所需特性
优点	可获得任意厚度	复合电镀可根据需要得到任意厚度的镀层，以满足各种不同材料的特性要求。在很多情况下可用廉价的基体材料镀上复合镀层，来代替由贵重材料制造的部件。如在钢钉上镀上银基复合镀层，就可取代纯银电触头，其经济效益是非常明显的
优点	工艺、设备简单	复合电镀工艺和设备与一般电镀技术差不多，仅在使用的设备、镀液和阳极等进行略加改造即可，主要是增加能使固体微粒充分悬浮的措施。与其他制备复合材料的方法相比，设备投资少，工艺比较简单，易于控制，生产费用低，能源消耗少，原材料利用率较高。所以通过电沉积的方法来制备复合材料是比较方便而且经济的
优点	适用范围广	由于基质金属和合金种类繁多以及固体微粒的多样性，提供了广阔的选择性。同一种基体金属可以方便地镶嵌一种或数种性质各异的固体微粒，而同一种固体微粒也可以方便地镶嵌到不同的基体金属中，制成各种各样不同性能的复合镀层。为改变和调节材料的力学、物理和化学等性能创造了有利的途径，扩大了复合电镀的通用性和适应性
缺点		①复合镀层太厚，镀层的均匀性受影响，甚至出现不同程度的变形，影响镀件的整体质量 ②固体微粒在基质金属中的含量不能过高，一般不易超过质量分数50%，因此其整体特性的发挥在一定程度上受到限制 ③在有些情况下，仅在部件表面镀覆一层复合材料还不能完全满足使用特性的要求，必须采用整体材料进行制造。因此，复合电镀不可能完全取代热加工方法来制备复合材料

复合电镀的类型和应用

表 1-7-18

分类依据	根据复合电镀使用的微粒和镀层的关系，可将复合电镀分为下列4种类型	
类型	特征	举例
类型	微粒在单金属中沉积所形成的镀层	用肼作还原剂所获得的镍基复合镀层
类型	微粒在镍基合金中形成的合金复合镀层	碳化硅微粒在镍磷合金中形成的复合镀层
类型	在单金属镀层中存在着两种复合微粒的复合镀层	
类型	复合在镀层中的微粒经过热处理后形成了均相的合金镀层	铝粉与镍磷合金共沉积所得到的镀层，进行热处理后独立的金属铝相消失，形成了镍铝磷合金

续表

<table>
<tr><th>类型依据</th><th>原理或特性</th><th>组成材料及实例</th><th>应用</th></tr>
<tr><td rowspan="2">耐磨复合镀层</td><td>是利用微粒自身的硬度及其共沉积所引起的基质金属的结晶细化来提高其耐磨性的
涂层具有高的硬度和耐磨性能，以提高零部件表面的抗摩擦磨损等特性</td><td>通常以镍、镍基合金、铬等为基质金属，而以硬质固体微粒，如三氧化二铝、氧化锆、碳化硅、碳化硼、碳化钛、碳化铬、氮化钛等为分散相得到的复合镀层</td><td rowspan="2">主要应用在汽缸壁、模具、压辊和轴承等上。例如在瓦特镀镍溶液中加入碳化硅微粒，以获得 Ni-SiC 复合镀层，其耐磨性能比普通镀镍层提高 70%，可用在汽车摩托车等发动机的铝制零件上，已广泛用来取代电镀硬铬层</td></tr>
<tr><td colspan="2">①Ni-SiC（2.3%～4.5%，质量分数）复合镀层是在氨基磺酸盐镀镍溶液中加入 1～3μm 的碳化硅微粒，获得硬度和耐磨性高于瓦特镀镍层，使磨损量大大降低。该复合镀层已用在汽车发动机汽缸内腔表面，作为耐高温耐磨镀覆层。其磨损量是通常铁套汽缸的 60%，可比电镀铬层降低成本 20%～30%
②Ni-Al_2O_3 和 Ni-TiO_2 等复合镀层也在汽车及航空工业中得到应用
③以钴为基质金属的复合镀层具有很好的高温耐磨性能，在 600～1000℃ 高温条件下，仍保持较好的特性。可应用在飞机发动机的活塞环、制动器和启动装置的弹簧等上。Co-Cr_3C_2 复合镀层在 300℃ 以上时，在接触摩擦面上生成玻璃状氧化钴层，因此能保持高温耐磨性。在干燥的空气中，Co-Cr_3C_2 复合镀层在 800℃ 下仍能保持耐磨性</td></tr>
<tr><td>润滑复合镀层</td><td>润滑有干膜润滑和液体润滑（又称湿润滑）两种类型。干膜润滑比液体润滑方便，对于较轻负荷或间隙动作的部件，用干膜润滑更是简单而有效。通常干膜润滑是用黏结剂或涂料等将润滑材料粘接在一起，但其强度、附着力、耐磨性和持久性均不如复合镀层
用复合电镀的方法来制备润滑镀层，在操作上相对比耐磨镀层难一些。因为石墨和二硫化钼等分散相在镀液中不容易均匀悬浮，形成共沉积比较困难。需要选择适宜的表面活性剂和分散剂才能得到均匀稳定的悬浮</td><td>润滑用的复合镀层采用的润滑剂通常是固体微粒。最常用的有石墨、聚四氟乙烯（PTFP）、MoS_2、$(CF)_n$、BN 和 CaF_2 等，但也能直接复合液体的润滑剂，如普通的润滑油。利用微胶囊化的方法很容易将液态物质包裹成珠粒，也能在复合镀液中悬浮，而夹带入复合镀层内</td><td>主要应用在汽缸、活塞环、活塞头、轴承等方面
另外，螺纹或紧固件容易在高温下黏结而咬死，可以用镍基石墨或镍基氟化石墨的复合镀层以及其他复合镀层来防止</td></tr>
<tr><td>电接触复合镀层</td><td colspan="2">在电子工业上广泛应用的金、银等金属镀层虽然具有高的导电性和较低的接触电阻，但是耐磨性差、摩擦因数较大、抗电弧烧蚀性不好、镀层容易变色，且金镀层成本又高，改用复合镀层，效果显著
①采用 Au-WC（质量分数为 17%）或 Au-BN 等复合镀层，其硬度、耐磨性均高于纯金镀层，可使电接触点使用寿命显著提高
②采用 Ag-石墨、Ag-La_2O_3 等复合镀层可使电接点的使用寿命明显增加，抗电弧烧蚀性能提高
③采用 Ag-Ce_2O_3 复合镀层可提高电插拔件的使用寿命，还能节约贵金属</td><td>可广泛应用于电子工业</td></tr>
<tr><td>分散强化合金镀层</td><td>以金属粉作为分散微粒，悬浮在电镀液中并与基质金属共沉积，即可获得金属微粒弥散于另一金属之中的复合镀层。然后将复合镀层进行热处理，可得到一定组成的新合金镀层。通过这种方法可以得到在水溶液中难以共沉积的合金镀层</td><td>①在瓦特镀镍溶液中加入铬粉（颗粒约为 5μm），即可得到 Ni-Cr 复合镀层，再经过 1000℃ 以上的热处理，就得到了 Ni-Cr 合金镀层
②将钼、钨等耐热金属粉加入镀铬溶液中，获得的复合镀层在 1100℃ 下进行热处理，就可获得 Cr-Mo 和 Cr-W 等分散强化合金镀层</td><td>复合镀层应用的另一重要领域是分散强化合金镀层</td></tr>
<tr><td>防护性复合镀层</td><td colspan="2">①将非导电微粒如 SiO_2、SiC、$BaSO_4$ 等加入镀镍溶液中，获得 Ni-SiO_2、Ni-SiC、Ni-$BaSO_4$ 等复合镀层。当继续镀铬时就得到微孔铬或微裂纹铬，它使真实腐蚀电流密度大大下降，从而使其耐蚀性提高 3～5 倍
②在镀锌溶液中加入固体微粒如 SiC、SiO_2、TiO_2、ZrO_2 等，可得到耐蚀性高的 Zn-SiC、Zn-SiO_2、Zn-TiO_2、Zn-ZrO_2 等复合镀层，与锌镀层相比，其耐蚀性有很大的提高</td><td>早在 20 世纪 60 年代为了改善和提高铜/镍/铬体系的耐蚀性，就研究采用了镍封和缎面镍作中间层以代替金属镍层</td></tr>
</table>

续表

类型依据	原理或特征	组成材料及实例	应用
装饰性复合镀层	①在瓦特镀镍溶液中加入粒径为 3μm 的 $\alpha\text{-}Al_2O_3$ 为分散相，再加入光性强的表面活性剂，既能促进微粒进行共沉积，同时由于 $\alpha\text{-}Al_2O_3$ 微粒上吸附了荧光表面活性剂，使复合镀层具有荧光彩色 ②以三聚氰胺树脂为颜料，以柠檬黄、橙、粉红等有机荧光颜料作为分散相，用复合电镀可以获得相应颜色，并在夜间发出荧光彩色的镍镀层。荧光粒子在复合镀层表面的比例约占 80%。为了防止荧光粒子从镀层表面脱落，可在复合镀层的表面再镀一层薄金（0.2~0.5μm）		荧光彩色复合镀层可以作为金属荧光板、汽车和摩托车的尾灯等，以节约能源
其他类型复合镀层	①用镍作为基质金属，以 CdS、CdTe 等为分散相进行的共沉积，得到的复合镀层可作为光敏元件 ②用镍或镍钴合金为基质金属，复合以陶瓷粉、CeO_2 等微粒得到的复合镀层有很好的耐高温特性，可用于航空航天 ③用镍复合 ZrO_2、WC 等得到的复合镀层，可用来作电解电极，以提高催化活性等		由于利用复合电镀的方法制备某些特殊功能材料比较方便。目前复合镀层逐渐向功能应用方面发展。如通过复合电镀法进行材料组合，就能提供改善性能和开发新的应用领域

6 （电）刷镀

刷镀是电镀的一种特殊方式，它不用镀槽，而是用浸有专用镀液的镀笔与镀件作相对运动，通过电解而获得镀层的过程。工作时，工件接电源的负极，镀笔接电源的正极，靠包裹着浸满溶液的阳极在工件表面擦拭，溶液中的金属离子在工件表面与阳极相接触的各点发生放电结晶，并不断长大，形成镀层。如果工件接正极，镀笔接负极，同一刷镀设备还可进行去毛刺、蚀刻和电抛光。

刷镀的特点是镀笔可以制成各种形状，以适应工件的表面形状和工作要求，镀液中金属离子浓度高，且储存方便，操作安全，设备简单，用电量、用水量较少，同一套设备可以在各种基材上获得几十种单金属、合金及复合镀层，还可对基材表面进行电净与活化处理。它允许使用比槽镀大几倍到几十倍的电流密度（最大可达 $500A/dm^2$），因此镀覆速度快，是一般槽镀的 5~50 倍。镀层厚度的均匀性可以控制，镀后一般不需要机械加工。这种方法适用于野外及现场修复，尤其对于大型零件、不易拆卸的零件以及带有不宜浸入槽液的附件，使用特别经济、方便。缺点是不适于加工大面积或大批量零件。

表 1-7-19　　制镀通用工艺流程

<table>
<tr><td colspan="2">工件材质</td><td>低碳钢
普通低碳合金钢</td><td>中碳钢
高碳钢
淬火钢</td><td>铸铁
铸钢</td><td>不锈钢
镍、铬层</td><td>超高强度钢</td><td>铜及铜合金</td><td>注意事项</td></tr>
<tr><td rowspan="9">工序</td><td>电解除油</td><td colspan="4">阴极除油</td><td>阳极除油</td><td>阴极除油</td><td rowspan="9">1. 在活化与刷镀金属的全部过程中，刷镀面应始终保持湿润
2. 在高强度钢上刷镀时，应先采用有机溶剂除油后用机械除锈
3. 在铝和铝合金上刷镀时，应先采用阳极处理，直至表面呈现均匀的灰色到黑色为止，不得过度。水洗后用阴极处理到表面呈现均匀光亮色泽为止</td></tr>
<tr><td>水洗</td><td colspan="6">自来水冲洗，去除残留的除油物</td></tr>
<tr><td>电解除锈</td><td colspan="3">盐酸型电解除锈液</td><td colspan="2">硫酸型电解除锈液</td><td>硫酸型除锈液，阳极腐蚀</td></tr>
<tr><td></td><td colspan="6">自来水冲洗，去除残留的除锈物</td></tr>
<tr><td></td><td colspan="3">电解除膜液</td><td colspan="3"></td></tr>
<tr><td>水洗</td><td colspan="6">自来水冲洗、去除残留的除膜物</td></tr>
<tr><td>活化</td><td colspan="3">普通活化液　阴极活化</td><td colspan="2">铬活化液</td><td></td></tr>
<tr><td>水洗</td><td colspan="6">用自来水冲洗，去除残留的活化液</td></tr>
<tr><td>刷底层</td><td colspan="2">特殊</td><td>中性镍
碱镍
快速镍
碱铜</td><td>特殊镍</td><td>低氢脆性镉</td><td></td></tr>
</table>

续表

工件材质		低碳钢 普通低碳合金钢	中碳钢 高碳钢 淬火钢	铸铁 铸钢	不锈钢 镍、铬层	超高强度钢	铜及铜合金	注意事项
工序	水洗	自来水冲洗,去除残留的刷镀液						
	刷工作层	选择所需要的金属层						
	水洗	自来水冲洗,去除残留的刷镀液						
	干燥	用压缩空气或电风机吹干,并涂防锈油						

注：1. 耗电系数表示某种镀液在 $1dm^2$ 的面积上刷镀 $1\mu m$ 厚的镀层所消耗的电量（Ah）值。

2. 刷镀溶液应稳定，不产生混浊和沉淀物。新配制镀液必须经过严格的性能测定应符合使用说明书要求。

3. 刷镀前工件必须经过表面清理、除油、除锈、除膜及活化等表面准备（如下表）：

电解除油、电解除锈、电解除膜、阴极活化

电解除油	目的	主要清除金属表面的油污及杂质		
	设备	刷镀整流器:工件接阴极,通电处理转台:要求阳极与工件做相对运动		
	电解除油液	主要成分	浓度/$g \cdot L^{-1}$	pH
		磷酸钠(工业级)	50	11~12
		氢氧化钾(工业级)	15~20	
		碳酸钠(工业级)	20	
		氯化钠(工业级)	2~3	
	阳极	石墨(纯度为99.99%) 铂-铱合金(含90%铂和10%铱) 亦可用不锈钢		
	工作条件	阴极电流密度/$A \cdot dm^{-2}$	电压/V	温度/℃
		20~50	4~20	室温~70

本表适合常用金属材料的电解除油

电解除锈	目的	盐酸型电解除锈液具有较强的除去金属表面锈蚀和氧化物的能力,使被镀表面露出新鲜的金属。便于放电还原后的金属原子与基体金属表面良好结合					
	设备	刷镀整流器:工件接阳极,通电处理转台:要求工件与阴极做相对运动					
	电解除锈液		主要成分		浓度/$g \cdot L^{-1}$	pH	
		盐酸型溶液	盐酸(工业级)		30~40	0.5~0.6	
			氯化钠(工业级)		120~140		
		硫酸型溶液	硫酸(工业级)		80~90	0.2~0.5	
			硫酸钠(工业级)		100~110		
	阴极	石墨(纯度为99.99%)。铂-铱合金(含90%铂和10%铱),也可用不锈钢					
	工作条件	溶液选型	电流密度/$A \cdot dm^{-2}$	电压/V	温度/℃	极性	
		盐酸型	10~40	10~15	室温~60	工件接阳极	
		硫酸型	10~50	8~15	室温~60	工件接阳极	
	适用范围	盐酸型	碳钢、淬火钢、铝合金、不锈钢、镍铬钢等				
		硫酸型	铸铁、钢、各种合金钢等				

电解除膜	目的	去除金属表面经电解除锈后残留在金属表面的炭黑		
	设备	刷镀电源:工件接阳极,通电处理转台:要求阳极和工件做相对运动		
	电解除膜液	主要成分	浓度/$g \cdot L^{-1}$	pH
		柠檬酸钠(工业级)	80~90	4~5
		柠檬酸(工业级)	90~100	
	阴极	石墨(纯度为99.99%),铂-铱合金(含90%铂和10%铱),不锈钢		
	工作条件	电流密度/$A \cdot dm^{-2}$	电压/V	温度/℃
		20~40	10~20	室温~60

所有经电解除锈后表面残留有炭黑杂物的工件,必须用电解除膜液进行除炭黑处理。不含碳素的金属材料。如铜、铝、不锈钢等,不必进行电解除膜

用电解除膜液去除炭黑时,金属表面必须呈现灰白色后,方可进行刷镀,这是确保镀层附着强度良好的关键

经电解除膜后,应立即用水冲洗干净,紧接着刷镀底层或工作层,此步骤衔接越迅速越好

工序之间金属表面一定要保持湿润,以免刚显露的金属与空气接触生成氧化膜

阴极活化	目的	按照阴极还原的原理,消除阳极过程中因阳极极化所产生的钝化作用,使基本金属表面的金属原子被活化				
	设备	刷镀整流器:工件接阴极、通电处理转台:要求工件与阴极做相对运动				
	活化溶液	普通活化液	硫酸	H_2SO_4(工业级)80~100g/L		
			硫酸铵	$(NH_4)_2SO_4$(工业级)80~100g/L		
		镍铬活化液	硫酸	H_2SO_4(化学纯)80~100g/L		
			磷酸	H_2PO_4(化学纯)30~40g/L		
			氟硅酸	H_2SiF_6(化学纯)5~10g/L		
			硫酸铵	$(NH_4)_2SO_4$(化学纯)80~100g/L		
	阴极	石墨(纯度99.99%),铂-铱合金(90%铂,10%铱),不锈钢				
	工作条件	溶液选型	电流密度/$A \cdot dm^{-2}$	电压/V	温度/℃	工件极性
		普通活化液	10~20	4~10	室温	阴极
		镍铬活化液	20~40	6~12	室温	阴极
	适用范围	普通活化液:铸铁、钢、普通合金钢;镍铬活化液:镍铬合金钢、镍铬镀层				

表 1-7-20

刷镀层的厚度控制

刷镀层的质量除了与刷镀工艺有关外，还与镀层厚度密切相关，每种金属镀层都具有各自的安全厚度(见刷镀溶液生产厂家说明书)，一般不要超过其安全厚度，否则会导致结合不良，甚至表面粗糙。如果工件的实际镀层要求超过安全厚度，则应刷镀夹心层，为了获得良好的镀层质量，必须符合以下要求。

<table>
<tr><td rowspan="3">厚度计算</td><td rowspan="3">根据工件的被镀面积和镀层的厚度值，采用以下公式计算耗电量：
$Q=C\delta S$
式中　C——耗电系数，Ah/(dm^2·μm)；
δ——要求的镀层厚度，μm；
S——被镀面积，dm^2
按计算所需耗电量由安时计来控制镀层厚度
每种刷镀液都具有各自标定的耗电系数。见刷镀溶液生产厂家说明书</td><td rowspan="3">组合镀层厚度</td><td>(1)底层厚度通常在1~3μm范围内</td></tr>
<tr><td>(2)夹心镀层。根据待镀层使用要求，应选用碱铜镀液，低应力镍镀液、碱镍镀液、快速镍镀液等刷镀夹心镀层，厚度一般不超过50μm</td></tr>
<tr><td>(3)工作镀层。应根据工件要求，选择相应镀层，并保证厚度满足使用要求</td></tr>
</table>

不同工况下镀层的选择

表 1-7-21

工况要求	镀层及其要求与应用	工况要求	镀层及其要求与应用
耐蚀性	①阳极性保护镀层：电极电位比基体金属负的金属镀层。对钢铁基体可选择锌、镉镀层，镀层需用重铬酸盐后处理 ②阴极性保护镀层：电极电位比基体金属正的金属镀层。对钢铁基体可选择金、银、铑、钯、镍、锡、铜、铬等镀层 ③银镀层上沉积一薄层铟，可使银保持银白色又可防锈蚀 ④铜上镀金时应以镍作过渡层，防止铜原子扩散到金镀层中影响金镀层纯度 ⑤三价铬镀液沉积的铬镀层同样具有良好的耐蚀性 ⑥锌、锡镀层能耐硫酸、盐水腐蚀 ⑦铟、铟锡合金在盐水和工业气氛中有良好的耐蚀性 ⑧锌镀层耐有机气氛腐蚀 ⑨一般而言，同一金属镀层，由酸性镀液沉积的镀层耐蚀性比碱性镀液沉积的镀层耐蚀性好	高硬度高耐磨性	①单金属镀层：铁、镍、钴、铑等 ②合金镀层：镍-钨、镍-铁、镍-钴、镍-磷、铁-钴、钴-钨等 ③复合镀层：镍-碳化钨、镍-三氧化二铝等 ④用脉冲电流镀出的单金属、合金镀层 ⑤快速镍镀液(硬度可达40~45HRC) 适于各类轴颈、轴承、凸轮、滚针、滚筒、密封键槽等表面的刷镀
		减摩性	①铬、铟、铟-锡、铅-铟、铅-锡、银、锡、镉、锡-铅-锑或锡-锑-铜等巴氏合金镀层 ②经渗硫、浸渗含氟树脂、阳极化处理的镀层 适于各类轴瓦的修复和制作
低孔隙率	耗电系数大的镀液，沉积出来的镀层孔隙率低。每种镀液为获得低孔隙率的镀层，应注意工艺规范的选择 ①使用允许电压(电流)的下限值 ②阳极、工件、镀液勿过热(<40℃) ③采用涤棉或全涤包套，防止棉纤维夹杂在镀层中	高沉积速度	①在静配合面上，用快速镍、高堆积铜等镀层 ②在滑动摩擦面上，用快速镍等镀层 ③在修复划痕、拉伤时，选择锡或铜镀层 ④厚镀层(≥0.5mm)，应采用复合镀层，如快速镍-低应力镍、快速镍-铜、快速镍-镉、金、铑等
导电性	金、银、铜、锡等镀层 适于电子、电气元件如电触点、触头及开关等的刷镀	修复性	镀液沉积速度快，镀层与基体结合强度高，安全厚度大 快速镍、致密快速镍、酸性镍、高堆积酸性镍、高速酸铜和高堆积碱铜等 同时可选用两种以上镀液，交替沉淀组成复合镀层 适于造纸烘缸、车床导轨修复；各类轴、柱塞环、推拉杆套管及汽缸等的修复
钎焊性	锡、锡-铅、铟、铜、锡-镍、金、银及钯等镀层		
电气触点	铑、铂、锑、金、银镀层		
低氢脆	铟、低氢脆镉镀液 适于超高强度钢制件上刷镀低氢脆镉镀液阳极保护层，可不进行时效处理。如飞机起落架、操作件、固定柱、支承滑板等的修复	防护装饰性	要求耐蚀好，而且表面美观 硬铬、光亮镍、快速镍 塑料模具、工艺品、造纸烘缸等

在不同金属材料上的电刷镀

表 1-7-22

被镀材料	电刷镀工艺的主要特点
铸铁	铸铁组织疏松，表面有较多的微孔，油污存留在微孔中，很难除净，所以采取化学、有机溶剂、电化学等多种形式多次脱脂 活化时不仅要除去表面的氧化膜和疲劳层，而且要除去金属表面的石墨炭黑，使金属原子的晶格充分显露出来，所以要采用2号加3号活化液的工艺，并且活化时间要比钢零件长约30%~50% 电刷镀工艺参数选择上，铸铁件与钢件相比，电刷镀工作电压要高2~4V，电刷镀铸铁材料时，工件与镀笔的相对运动速度要适当降低，约4~6m/min 经过电化学处理的铸铁、铸铝等材料的待镀表面，由于组织缺陷，耐蚀能力差，故不宜采用酸性镀液起镀，而应用弱碱性或中性镀液起镀。目前，快速镍或中性镍是被广泛应用的铸铁起镀层镀液
纯铜、青铜、黄铜	有色金属耐强酸腐蚀能力差，故电净处理后可直接用3号弱活化液进行活化，而省去强活化工序。在起镀时，也避免使用酸性特殊镍镀液镀底层，通常用中性镍或碱铜镀液镀底层
高碳钢、高碳合金钢	这类材料的特点是对氢脆敏感，因此电净处理时，应使电源极性反接，采用阳极脱脂。电刷镀时，在镀笔运动、镀液供送方面有利于氢气逸出，必要时，镀后可低温回火，进行除氢处理
镀铬层	镀铬层上的氧化膜十分牢固，因此，活化好是保证镀层与基体结合强度的关键。对镀铬层的活化可采用铬活化液，也可用10%氢氧化钠水溶液。可采用阴、阳极交替活化的方法，电压适当降低，时间适当延长

被镀材料	电刷镀工艺的主要特点		
低碳钢和低合金钢如10、20、Q235、20Cr、18CrMnTi、15CrMo、20CrMo等	底镀层	工作镀层为铜镀层	特殊镍镀液或碱铜镀液，镀层厚度约2μm
	底镀层	工作镀层为镍镀层并承受较大载荷	特殊镍镀液，镀层厚度约1~2μm
	工作镀层	恢复尺寸，并要求提高耐磨性	快速镍镀液，镀层厚度约10μm
	工作镀层	仅恢复尺寸	碱铜镀液和快速镍镀液刷镀复合镀层，以增大尺寸、厚度，降低镀层内应力
中碳钢和中碳低合金钢如25、40、45、50Cr、38CrSi、40CrMo等	底镀层		特殊镍镀液，镀层厚度约1~2μm
	工作镀层		根据工件表面技术要求选定
不锈钢、高合金钢、特殊钢、镍、铬及合金	底镀层		特殊镍镀液，镀层厚度约1000~2000μm
	工作镀层		根据工作表面技术要求选定
铝及铝合金	底镀层	一般采用特殊镍镀液，镀层厚度约2μm	铝是一种很活泼的两性金属，在空气中能氧化而很快生成一层致密而又坚固的氧化膜。其次，铝和铝合金在酸和碱中都能溶解，铝和其他金属的盐溶液能发生置换反应，铝与其他金属相比，线胀系数差别较大，所以铝与铝合金件刷镀较困难 但在2A70、2A80、LF8(旧牌号)等铝及铝合金表面镀镍、铜、钴很方便，镀层与铝基体能良好结合
	工作镀层	根据工件技术要求选定	

单一镀层安全厚度和夹心镀层

机械零件磨损表面需要恢复的尺寸，往往高于单一镀层所允许的安全厚度值。

安全厚度是指在镀层质量多项性能指标都得到保证的前提下，一次所允许镀覆的单一镀层厚度。当厚度超过安全厚度时，镀层内应力就会增大，裂纹率增高，结合强度下降。单一镀层过厚时，会由于应力增大引起镀层脱落，所以，必须限制单一镀层厚度。不同的镀液，都有一个比较安全的厚度，见表 1-7-23。

表 1-7-23　　常用单一镀层安全厚度

渡液名称	快速镍	碱铜	高堆积碱铜	碱镍	高堆积镍	中性镍	致密快镍	镍-钨合金	镍-钴合金	高速钢	半光亮镍	特殊镍	镍-钨50	低应力镍	半光亮铜	低氢脆镉	锌	铟	铁	铬
镀层安全厚度/μm	130	130	200	100	130	100	130	70	50	200	100	5	70	130	100	100	100	100	200	50

为了满足磨损表面恢复尺寸需要厚镀层的要求，又要改变镀层的应力状态，往往在尺寸镀层中间夹镀一层或几层其他种类的镀层，称为夹心镀层。

夹心镀层的主要作用是改变镀层的应力分布，防止应力向一个方向增加至大于镀层与基体的结合力而造成镀层脱落。常用作夹心镀层的镀液有低力镍、快速镍、碱镍等，夹心镀层厚度一般不超过 0.05mm。

单一镀层的安全厚度与被镀面积的大小有关，在较小面积电刷镀时，安全厚度可稍大一些。例如，一条较深且窄的沟槽（长×宽×深：200mm×3mm×1mm），可用一种镀液一次填平而不用镀夹心镀层。

7　纳米复合电刷镀

纳米复合电刷镀技术是在电刷镀技术基础上发展起来的新技术，它是纳米技术与传统技术的结合，不仅保持了电刷镀的优点，还将大大拓宽传统技术的应用范围，提高其应用效果；它不仅是表面处理技术，也是零件再制造的关键技术。

纳米复合电刷镀技术原理、特点和应用

表 1-7-24

原理	与普通电刷镀技术相似。采用专用的直流电源设备，电源的正极接镀笔，作为刷镀时的阳极，电源的负极接工件，作为刷镀时的阴极。镀笔：通常采用高纯细石墨块作阳极材料，石墨块外面包裹上棉花和耐磨的涤棉套。刷镀时使浸满复合镀液的镀笔以一定的相对运动速度并保持适当压力，在工件表面上移动，在镀笔与工件接触的部位，复合镀液中的金属离子在电场力的作用下扩散到工件表面，并在工件表面获得电子被还原成金属原子，这些金属原子在工件表面沉积结晶，形成复合镀层的金属基质相；复合镀液中的纳米颗粒在电场力或在络合离子挟持等作用下，沉积到工件表面，成为复合镀层的颗粒增强相。纳米颗粒与金属发生共沉积，形成复合电刷镀层。由于该镀层具有超细晶强化、高密度位错强化、弥散强化和纳米颗粒效应强化，因此，有比普通电刷镀层和电镀层更高的硬度和耐磨性
特点	既具有普通电刷镀技术的一般特点，又具有其独特性能，主要有以下几方面： ①纳米复合电刷镀镀液中含有纳米尺度的不溶性固体颗粒，但并不显著影响镀液的性质（酸碱性、导电性、耗电性等）和沉积性能（镀层沉积速度、镀覆面积等） ②纳米复合电刷镀层组织更致密、晶粒更细小，镀层显微组织特点为纳米颗粒弥散分布在金属基质相中，基质相组织主要由微纳米晶构成 ③镀层的耐磨性能、高温性能等综合性能优于同种金属镀层，工作温度更高 ④根据加入的纳米颗粒材料体系的不同，可以采用普通镀液体系获得具有耐蚀、润滑减摩、耐磨等多种性能的复合镀层以及功能镀层 ⑤在同一基质金属的纳米复合电刷镀层中，纳米不溶性固体颗粒的成分、尺寸、含量、纯度等，对镀层性能有不同程度的影响，优化这些影响因素可以获得性能/价格比最佳的纳米复合电刷镀层。这也是获得含纳米结构的金属陶瓷材料的有效途径 ⑥纳米复合电刷镀技术的关键是制备纳米复合镀溶液。不同材料的纳米复合电刷镀溶液，其工艺也不尽相同，可获得不同性能的纳米复合电刷镀层

续表

应用范围	提高表面耐磨性	由于纳米陶瓷颗粒弥散分布在镀层基质金属中，形成了金属陶瓷镀层，这些纳米陶瓷硬质点使镀层的耐磨性显著提高。使用纳米复合电刷镀层可以代替零件镀硬铬、渗碳、渗氮、相变硬化等工艺
	降低表面摩擦因数	使用具有润滑减摩作用的纳米不溶性固体颗粒制成的纳米复合减摩电刷镀层，弥散分布了无数个固体润滑点，能有效降低摩擦副的摩擦因数，起到固体减摩作用，也减少了零件表面的磨损，延长了零件使用寿命
	提高零件表面的高温耐磨性	纳米复合电刷镀层的纳米不溶性固体颗粒多为陶瓷材料，具有优异的耐高温性能。当镀层在较高温度下工作时，陶瓷相能保持优良的高温稳定性，对镀层整体起到支撑作用，有效提高了镀层的高温耐磨性
	提高零件表面的抗疲劳性能	许多表面技术获得的涂层能迅速恢复损伤零件的尺寸精度和几何精度，提高零件表面的硬度、耐磨性、防腐性，但都难以承受交变负荷，抗疲劳性能不高。纳米复合电刷镀层有较高的抗疲劳性能，因为纳米复合电刷镀层中无数个纳米不溶性固体颗粒沉积在镀层晶体的缺陷部位，相当于在众多的位错线上打下无数个"限制桩"，这些"限制桩"可有效地阻止晶格滑移。另外，位错是晶体中的内应力源，"限制桩"的存在也改善了晶体的应力状况。因此，纳米复合电刷镀层的抗疲劳性能明显高于普通镀层。当然，如果纳米复合电刷镀层中的纳米不溶性固体颗粒没有打破团聚，颗粒尺寸太大，或配制镀液时，颗粒表面没有被充分浸润，那么沉积在复合镀层中的这些"限制桩"很可能就是裂纹源，它不仅不能提高镀层的抗疲劳性能，反而会产生相反的作用
	改善有色金属的使用性能	零件使用有色金属，主要是为了发挥其导电、导热、减摩、防腐等性能，但有色金属往往因硬度较低，强度较差，造成使用寿命短，易损坏。在其表面制备纳米复合电刷镀层，不仅能保持它固有的各种优良性能，还能改善它的耐磨性、减摩性、防腐性、耐热性。如用纳米复合电刷镀处理电器设备的铜触点、银触点，处理各种铅青铜、锡青铜轴瓦等，都可有效改善其使用性能
	零件的再制造和性能提升	再制造以废旧零件为毛坯，首先要恢复零件损伤的尺寸精度和几何形状精度。这可先用传统的电镀、电刷镀的方法快速恢复磨损的尺寸，然后使用纳米复合电刷镀技术在尺寸镀层上镀纳米复合电刷镀层作为工作镀层，以提升零件的表面性能，使其优于新品。不仅充分利用了废旧零件的剩余价值，而且节省了资源，有利于环保。在某些备件紧缺的情况下，这种方法可能是备件的唯一来源

纳米复合电刷镀层的性能

表 1-7-25

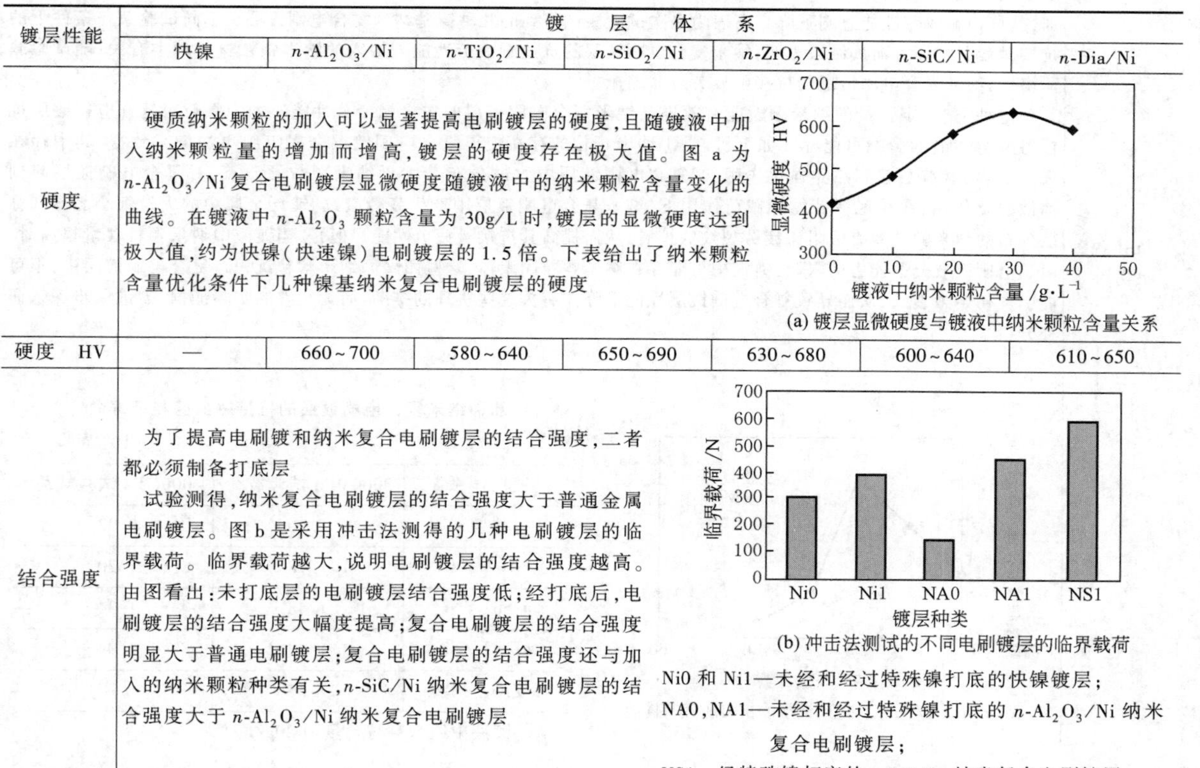

镀层性能	镀层体系						
	快镍	n-Al_2O_3/Ni	n-TiO_2/Ni	n-SiO_2/Ni	n-ZrO_2/Ni	n-SiC/Ni	n-Dia/Ni
硬度	硬质纳米颗粒的加入可以显著提高电刷镀层的硬度，且随镀液中加入纳米颗粒量的增加而增高，镀层的硬度存在极大值。图 a 为 n-Al_2O_3/Ni 复合电刷镀层显微硬度随镀液中的纳米颗粒含量变化的曲线。在镀液中 n-Al_2O_3 颗粒含量为 30g/L 时，镀层的显微硬度达到极大值，约为快镍（快速镍）电刷镀层的 1.5 倍。下表给出了纳米颗粒含量优化条件下几种镍基纳米复合电刷镀层的硬度 (a) 镀层显微硬度与镀液中纳米颗粒含量关系						
硬度 HV	—	660~700	580~640	650~690	630~680	600~640	610~650
结合强度	为了提高电刷镀和纳米复合电刷镀层的结合强度，二者都必须制备打底层 试验测得，纳米复合电刷镀层的结合强度大于普通金属电刷镀层。图 b 是采用冲击法测得的几种电刷镀层的临界载荷。临界载荷越大，说明电刷镀层的结合强度越高。由图看出：未打底层的电刷镀层结合强度低；经打底后，电刷镀层的结合强度大幅度提高；复合电刷镀层的结合强度明显大于普通电刷镀层；复合电刷镀层的结合强度还与加入的纳米颗粒种类有关，n-SiC/Ni 纳米复合电刷镀层的结合强度大于 n-Al_2O_3/Ni 纳米复合电刷镀层 (b) 冲击法测试的不同电刷镀层的临界载荷 Ni0 和 Ni1—未经和经过特殊镍打底的快镍镀层； NA0，NA1—未经和经过特殊镍打底的 n-Al_2O_3/Ni 纳米复合电刷镀层； NS1—经特殊镍打底的 n-SiC/Ni 纳米复合电刷镀层						

续表

镀层性能	镀层体系						
	快镍	n-Al_2O_3/Ni	n-TiO_2/Ni	n-SiO_2/Ni	n-ZrO_2/Ni	n-SiC/Ni	n-Dia/Ni
耐磨性	纳米复合电刷镀层的耐磨性能是影响镀层实用性的重要因素。复合电刷镀层的耐磨性除与电刷镀工艺参数(电压、电流、温度、相对运动速度等)和基质镀液种类有关外,还与所加入纳米颗粒种类及其含量等因素有关 图 c 为 n-Al_2O_3/Ni 复合电刷镀层的磨损失重与镀液中纳米颗粒含量的关系。磨损失重越小,电刷镀层的耐磨性越好。由图看出,由于纳米颗粒的加入,复合电刷镀层的耐磨性明显优于快镍电刷镀层。在镀液中 n-Al_2O_3 颗粒含量为 20g/L 时,n-Al_2O_3/Ni 复合电刷镀层的耐磨性最好,比快镍电刷镀层提高约 1.5 倍。以快镍电刷镀层的相对耐磨性为 1,下表给出了几种镍基纳米复合电刷镀层的相对耐磨性 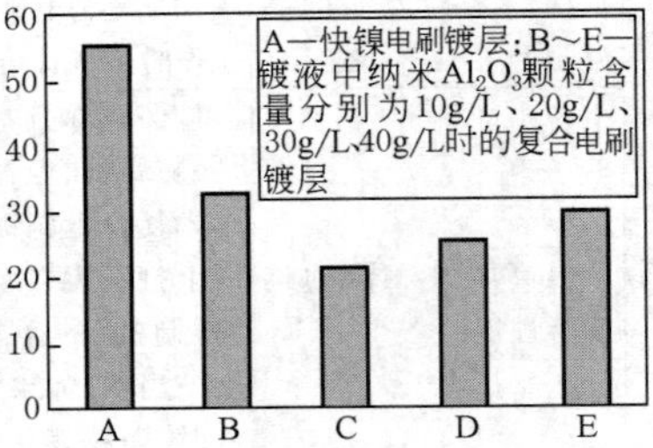 A—快镍电刷镀层;B～E—镀液中纳米Al_2O_3颗粒含量分别为10g/L、20g/L、30g/L、40g/L时的复合电刷镀层 磨损失重/mg; 镀层种类 (c) 磨损失重与镀液中纳米颗粒含量的关系						
相对耐磨性	1	2.2～2.5	1.9～2.2	2.0～2.4	1.5～2.0	1.6～2.0	1.4～1.8
抗接触疲劳性	是指其在循环载荷作用下抵抗破坏的能力。它与电刷镀层的硬度、结合强度、内聚强度、应力状态均有密切关系。纳米复合电刷镀层的抗接触疲劳强度直接受电刷镀工艺参数(电压、电流、温度、相对运动速度等)、基质镀液种类和纳米颗粒种类及含量等因素的影响。图 d 为 n-Al_2O_3/Ni 复合电刷镀层的抗接触疲劳特征寿命(载荷 3000MPa)与镀液中纳米颗粒含量的关系。纳米颗粒含量为 0 的电刷镀层是普通快镍电刷镀层。抗接触疲劳特征寿命越长,说明镀层的抗接触疲劳性能越好。可以看出,普通快镍电刷镀层的抗接触疲劳性能较差,其抗接触疲劳特征寿命仅为 10^5 周,n-Al_2O_3/Ni 复合电刷镀层的抗接触疲劳特征寿命可达 10^6 周;在 n-Al_2O_3 纳米颗粒含量为 20g/L 时,n-Al_2O_3/Ni 复合电刷镀层的抗接触疲劳性能最好,其抗接触疲劳特征寿命可达到 2×10^6 周。但是此后,随着纳米颗粒含量的增加,其抗接触疲劳性能急剧下降。下表为多次试验测试得到的几种镍基纳米复合电刷镀层在不同试验载荷条件下的抗接触疲劳特征寿命。结果表明:纳米复合电刷镀层的抗接触疲劳性能与加入的纳米颗粒材料种类有关;随试验载荷增大,纳米复合电刷镀层的抗接触疲劳寿命缩短 一定种类、一定含量的纳米颗粒能有效提高纳米复合电刷镀层的抗接触疲劳性能。纳米颗粒对复合电刷镀层抗接触疲劳性能的影响可能存在如下机制:①纳米颗粒的存在使得复合电刷镀层金属组织更加细小致密,其中存在大量晶界,对镀层起到晶界强化作用;②复合电刷镀层中弥散分布着大量纳米颗粒硬质点,对复合电刷镀层起到弥散强化作用,在接触疲劳循环载荷作用下,纳米复合电刷镀层中产生疲劳裂纹,镀层金属中的大量细小晶界和弥散分布的纳米颗粒能有效阻碍疲劳裂纹的扩展,从而提高其抗接触疲劳性能。但是,当镀液中纳米颗粒含量很高时,由于电刷镀液分散能力的限制,镀液中可能存在纳米颗粒团聚体,这些团聚的纳米颗粒沉积在复合电刷镀层中,很可能引发初始微裂纹,从而导致复合电刷镀层性能下降。有关这些机理的推断,尚无足够的实验证据,需进一步深入研究分析 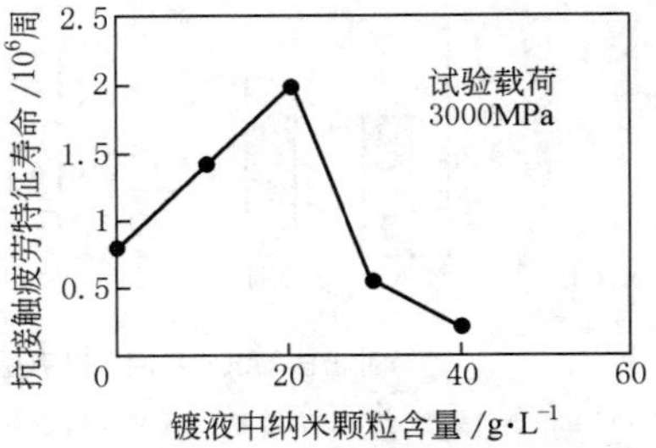 试验载荷 3000MPa 抗接触疲劳特征寿命 /10^6周; 镀液中纳米颗粒含量 /g·L^{-1} (d) n-Al_2O_3/Ni 复合电刷镀层的抗接触疲劳性能						

几种纳米复合电刷镀层的抗接触疲劳特征寿命

10^6 周

镀层体系	3000MPa 试验载荷	4000MPa 试验载荷
快镍	1.20	0.92
n-Al_2O_3/Ni	1.98	1.20
n-SiO_2/Ni	1.48	1.34
n-TiO_2/Ni	1.47	0.94
n-ZrO_2/Ni①	1.55	—

① 镀液中纳米颗粒含量为 20g/L。

续表

镀层性能	镀层体系						
	快镍	n-Al_2O_3/Ni	n-TiO_2/Ni	n-SiO_2/Ni	n-ZrO_2/Ni	n-SiC/Ni	n-Dia/Ni
抗高温性	复合电刷镀层中的纳米颗粒可以有效阻碍涂层中的位错运动和微裂纹扩展，因此可在一定程度上对涂层所受载荷起到支撑作用，这直接表现为其高温硬度和高温耐磨性等的提高 图e给出了几种电刷镀层的硬度与温度的关系。图中曲线表明，n-Al_2O_3/Ni、n-SiC/Ni和n-Dia/Ni(金刚石)3种复合电刷镀层的硬度在各个温度下均高于快镍电刷镀层；快镍电刷镀层的硬度在高于200℃后即快速降低，当温度达250℃时，其硬度仅为300HV左右；几种复合电刷镀层的硬度直到温度达400℃时才表现出下降趋势，在500℃时，n-Al_2O_3/Ni复合电刷镀层的硬度仍高达450HV左右 图f分别给出了快镍电刷镀层和几种纳米复合电刷镀层在相同的微动磨损试验条件下磨痕深度随温度的变化曲线。图中表明在相同温度下，纳米复合电刷镀层的磨痕深度小于快镍电刷镀层的磨痕深度。这说明，由于纳米颗粒的加入，提高了纳米复合电刷镀层的高温耐磨性能。400℃时的复合电刷镀层的磨痕深度小于室温和200℃时的磨痕深度，这是由于复合电刷镀层在400℃条件下发生了再强化现象。同时，复合电刷镀层的高温耐磨性能与所用纳米颗粒种类有关。添加不同纳米颗粒的几种复合电刷镀层的耐磨性能由高到低的顺序排列为：n-Al_2O_3/Ni、n-SiC/Ni和n-Dia/Ni(金刚石) 一般地，金属电刷镀层只适宜在常温下应用。而纳米复合电刷镀层尤其是纳米n-Al_2O_3/Ni复合电刷镀层在400℃时仍具有较高硬度和良好的耐磨性，可以在400℃条件下工作 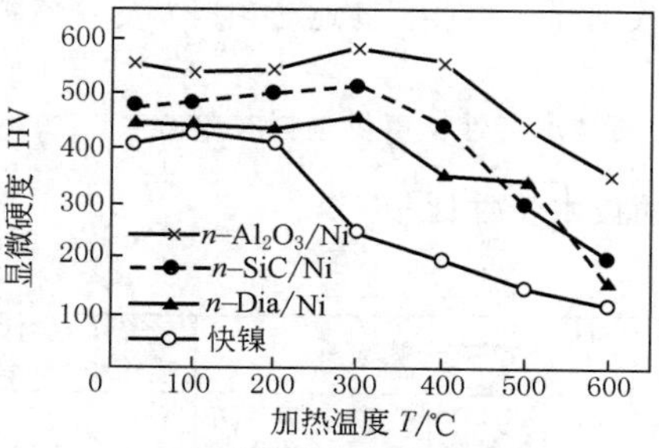 (e) 电刷镀层因故与温度关系 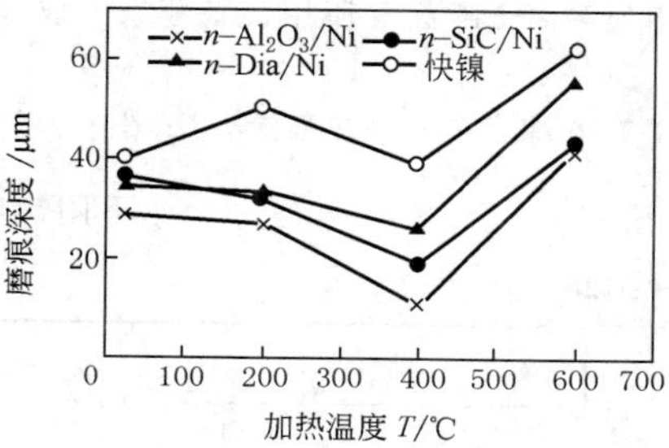 (f)电刷镀层磨痕深度与温度的变化曲线						

8 热喷涂

热喷涂是利用由燃料气或电弧等提供的热量，经喷枪将丝（棒）状或粉末状喷涂材料加热到熔化或软化状态，并通过高速气流使其进一步雾化、加速，然后喷射到经过制备的工件表面而形成涂层的方法。

这种技术的特点是：①涂层和被喷涂的工件材料非常广泛，可作涂层材料的有金属及其合金、自熔合金粉末（包括镍基、钴基、铁基的自熔合金）、陶瓷材料（包括金属氧化物、碳化物、硼化物、氮化物和硅化物）、塑料及复合粉末，可被喷涂的工件材料有金属及其合金、陶瓷、塑料、石膏、木材、纸张等；②工艺灵活，施工对象可以小到10mm，大到像桥梁等大型构件，既可在真空或保护气氛下喷涂活性材料，也可在野外工作；③涂层厚度可以在几十微米到几毫米的较大范围内变化；④生产效率高，大多数工艺可达每小时数千克，有的甚至高达50kg；⑤受喷涂的工件受热程度低（喷熔和等离子弧粉末堆焊除外），并且可以控制，因此可以避免工件因受热可能产生的各种损伤，如应力变形等；⑥与其他堆焊相比，火焰喷熔层和等离子弧粉末堆焊层的母材稀释率较低，有利于合金材料的利用；⑦可喷涂成形，即制造机械零件实体，方法是先在成形模表面形成涂层，然后用适当方法脱去成形模后，成为涂层成形制品；⑧涂层面积小时经济性差，对小零件进行喷涂或者所需涂层面积较小时，作为有用涂层结合在基体上的量占喷涂时消耗的喷涂材料的量较小，经济性差，在这种情况下改用电镀较适宜。

热喷涂的质量和涂层的性能受喷涂材料、喷涂方法及相关参数、被喷涂工件表面制备情况以及应用范围选择是否适当等因素的影响而有很大的差别。

由于涂层材料性能优异，工艺灵活，热喷涂技术除广泛应用于维修工作、加工工件不当的修复外，已直接在新产品设计中应用，并利用它开发出一些新材料、新涂层，如生物工程新材料，某些领域的压电陶瓷材料，非晶态材料，以及宇航技术中应用的防远红外、微波、激光等的功能性涂层，它作为一门高科技和综合应用技术已显示很大作用。可以预见，随着热喷涂技术的不断发展，它必将改变许多新产品的结构和设计，带来更大的经济和社会效益。

热喷涂方法的选用原则：

1）热喷涂层适于作各种耐磨损表面（各种轴颈、轴承、轴瓦、导轨、滑座等摩擦面）、耐蚀表面（各种钢铁构件、塔架、盖板、油罐、船体等表面）和耐热表面（电站锅炉受热面、燃烧室内衬、火箭头部和喷管等）。不同喷涂方法所适用的喷涂材料及所获得的涂层性能有较大的差别，应根据工件的使用条件、技术要求进行具体分析去选择。

2）对涂层的结合力要求不能很高。热喷涂层与基体的结合强度一般为5~100MPa。其中粉末火焰喷涂、普通电弧喷涂涂层的结合强度偏低，而气体爆炸喷涂、超声速火焰喷涂、超声速等离子喷涂涂层的结合强度较高。

3）对涂层的致密性要求不能很高。热喷涂层的孔隙率一般为1%~15%。其中，气体爆炸喷涂、超声速火焰喷涂、低压等离子喷涂、超声速等离子喷涂涂层的孔隙率较低，而粉末火焰喷涂、普通电弧喷涂的孔隙率较高。对喷涂层进行封孔处理可减少孔隙的影响。

4）热喷涂层的厚度一般为0.2~3mm，最大可达25mm；热喷涂对工件的材料一般不做要求；预热和喷涂过程中工件温度一般不超过250℃（温度可控），工件的热处理状态不受影响，也不会产生变形。

5）对大面积的金属喷涂施工最好采用电弧喷涂，对于批量大的工件最好采用自动喷涂。自动喷涂装置可自行制作或订购。

6）不同热喷涂方法中，电弧喷涂、粉末火焰喷涂所用设备简单，成本低；而气体爆炸喷涂、低压等离子喷涂、超声速等离子喷涂等所用设备复杂，成本较高。应根据经济条件、场地面积、人员素质等情况综合考虑选择。

表1-7-26综合了各种热喷涂方法（包含喷熔法）的主要技术特性，可供选择时参考。

不同热喷涂方法的技术特性比较

表1-7-26

热喷涂方法	火焰喷涂				电弧喷涂		等离子喷涂				激光喷涂	爆炸喷涂	熔液喷涂	
	线材火焰喷涂	棒材火焰喷涂	粉末火焰喷涂	高速火焰喷涂	电弧喷涂	高速电弧喷涂	大气等离子喷涂	可控气氛等离子喷涂	水稳等离子喷涂	低压等离子喷涂（或真空等离子喷涂）	激光喷涂	粉末爆炸喷涂	火焰喷熔	低真空熔结
热源	燃烧火焰	燃烧火焰	燃烧火焰	燃烧火焰	电弧	电弧	等离子弧焰流	等离子弧焰流	等离子弧焰流	等离子弧焰流	激光	电火花	燃烧火焰	电热源
喷涂力源	压缩空气等		燃烧火焰	焰流	压缩空气		等离子焰流				—	爆炸波	—	—
火焰温度/℃	3000	2800	3000	略低于等离子	4000	4000~5000	6000~12000	—	18000	5000~12000	—		3000	—
喷涂粒子飞行速度/m·s^{-1}	80~120	150~240	30~90	500~1000	100~200	200~400	200~350	200~350	3660（电弧速度）	400~800	—	400~600	—	—
喷涂材料 形状	线材	棒材	粉末	粉末	芯材	芯材	粉末	粉末	粉末丝材	粉末	粉末	粉末	熔液	熔液
喷涂材料 种类	金属复合材料	陶瓷	金属陶瓷复合材料	金属陶瓷硬质合金	金属丝、粉芯丝	金属丝、粉芯丝	金属陶瓷复合材料	MCrAlY等合金碳化物	金属合金陶瓷	金属合金陶瓷	低熔点到高熔点的各种材料	金属	金属陶瓷复合材料	金属陶瓷复合材料
喷涂量/kg·h^{-1}	2.5~3.0（金属）	0.5~1.0	1.5~2.5（陶瓷）3.5~10（金属）	20~30	10~35	10~38	3.5~10（金属）6.0~7.5（陶瓷）	5~5.5	55（ZrO_2）25（Al）	6~8	—	—	—	—
喷涂层结合强度/MPa	10~20（金属）	5~10	10~20（金属）	>70（WC-Co）	10~30	20~60	30~60（金属）	>80	40~80	>80	良好	30~60	200~300	200~300
涂层孔隙率/%	5~20（金属）	2~8	5~20（金属）	<1（金属）	5~15	<2	3~6（金属）	<1	<1	<1	较低	2.0~2.5	0	0
基体受热温度/℃	均小于250			均小于250	<250		均小于250				<250		约1050	
设备投资	低	低	低	较高	低	中	中	高	高	高	高	高	低	中

表 1-7-27 喷焊与喷涂的特性比较

项目	喷焊	喷涂	项目	喷焊	喷涂
喷涂粉末颗粒尺寸/μm	74~246	46.2~121.2	涂层厚度	可在较大范围内控制(最厚可超过 10mm)	一般控制在 1mm 以内
结合强度/MPa	约 200	≤70			
孔隙率/%	约 0	(多数方法)1~10			
基体受热形式	表面熔化	<200℃	氧化物夹杂	无或少量	有
涂层与基体的结合	冶金	机械(或半冶金)	功率特点(与等离子喷涂比)	低电压,大电流	高电压,大电流
涂层硬度	均匀	不均匀			
涂层组织结构	固溶合金	层状	施工的基体材质及喷涂(焊)料	金属	金属、非金属、陶瓷
基体组织改变	有	无	工艺	先喷涂,后加重熔	喷涂
基体变形程度	易变形	不变形			

喷涂基体表面基本设计要求

表 1-7-28

喷涂内表面	喷涂外表面	说明
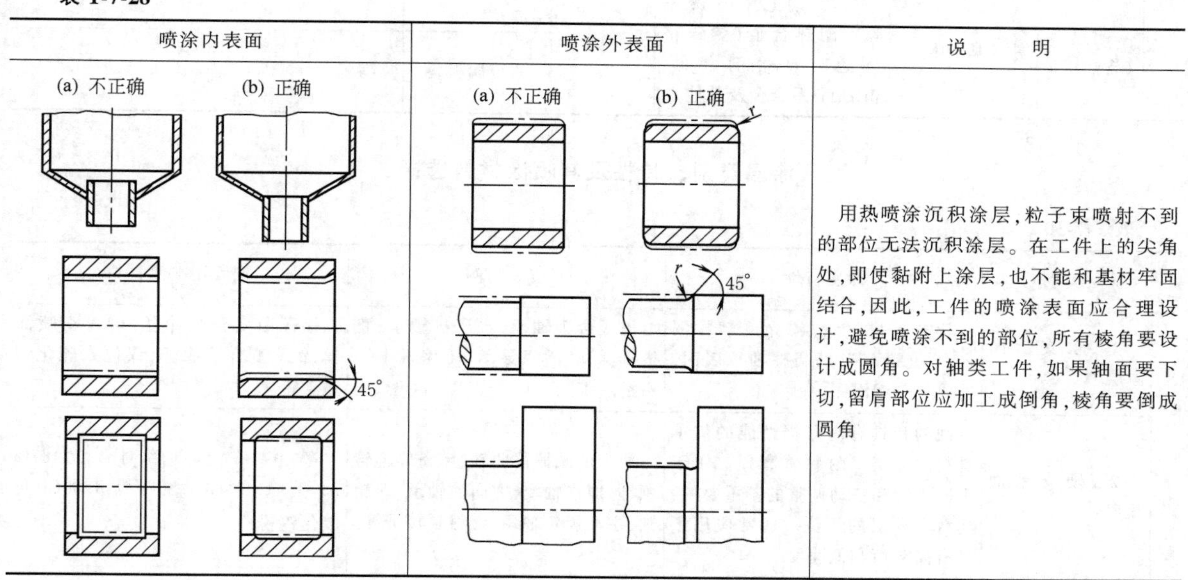 		用热喷涂沉积涂层,粒子束喷射不到的部位无法沉积涂层。在工件上的尖角处,即使黏附上涂层,也不能和基材牢固结合,因此,工件的喷涂表面应合理设计,避免喷涂不到的部位,所有棱角要设计成圆角。对轴类工件,如果轴面要下切,留肩部位应加工成倒角,棱角要倒成圆角

热喷涂材料的选择原则

表 1-7-29

选择原则	1)应满足涂层性能要求,并兼顾工艺性和经济性。例如:钴基合金性能优越,但国内资源比较缺乏,宜少用。我国镍资源比较丰富,可考虑多用些镍基合金。但镍基合金价格比较昂贵,因而在满足使用要求的情况下尽量采用铁基合金。铁基合金的工艺性较差,施工时应确保质量 2)应与工艺方法的选择相适应。不同的喷涂方法所适用的喷涂材料范围并不一样。例如,某些高熔点合金或陶瓷的喷涂需要用较高温度的火焰或较高能量密度的能源;某些需要防止合金元素氧化、烧蚀的重要涂层需要在低真空或有保护气氛的环境下才能获得;大面积构件的防护性 Zn、Al 及其合金的喷涂采用电弧喷涂方法具有较高的喷涂效率和经济性;一些塑料的喷涂应选用特殊设计的喷枪并在较低温度的火焰下进行。总的来讲,要求高性能的重要涂层必须使用满足要求的喷涂材料及与之适应的喷涂方法和喷涂设备,而使用一般材料即可符合要求的涂层则应以获得最大经济效益为准则 3)复合材料的选择。当单一材料涂层不能满足工件的使用要求时,可考虑使用复合涂层,以达到与基体材料的牢固结合,并发挥不同涂层之间的协同效应。如使用具有高耐磨和抗高温氧化性能的陶瓷涂层(如 Al_2O_3、ZrO_2、ZrO_2-Y_2O_3 等)时,为了解决陶瓷与基体金属物理或化学的不相容性,克服两者不能结合或结合力不高的弊病,可在陶瓷表层与基体间引入一层或多层中间层,如第一层(底层)可以是 Ni-Cr、Ni/Al、Mo、W、NiCrAlY 等,第一层至陶瓷表层间还可加入二层至数层成分含量不同的梯度过渡层,其成分由以底层为主表层为辅过渡到以表层为主底层为辅 不同涂层的喷涂材料选择可参考表 1-7-30~表 1-7-34

续表

<table>
<tr><td>热喷涂材料分类</td><td colspan="6">等离子喷涂技术的发展，使可用于喷涂形成涂层的材料极为广泛。一般只要具有物理熔点的材料均可用于喷涂，包括：金属及其合金，无机陶瓷、金属陶瓷，有机高分子，以及这些材料的复合材料。对于在高温下分解的材料，如碳化物，可以与某些金属材料复合在一起制成复合材料，如金属陶瓷，而实现喷涂
从材料形态来分，可以分为线材、棒材和粉末三大类。对于粉末材料，基于送粉特性及经济性考虑，其颗粒大小一般具有一定的粒度分布范围。一般金属粉末的粒度范围为 53~105μm，而陶瓷粉末常为 10~53μm
根据材料种类分为金属与合金、氧化物陶瓷、金属陶瓷复合材料、有机高分子材料。按照使用性能与目的又可分为防腐材料、耐磨材料、耐高温热障材料、减摩材料以及其他功能材料。下表给出了按照用途列出的各类典型材料</td></tr>
<tr><td rowspan="4">不同目的的典型材料</td><td>目的</td><td colspan="2">喷　涂　材　料</td><td>目的</td><td colspan="2">喷　涂　材　料</td></tr>
<tr><td rowspan="2">防腐蚀</td><td>金属材料</td><td>锌、铝、锌铝合金、不锈钢、镍与镍基合金（镍铬合金、蒙乃尔合金等）、自熔剂合金、铜与铜合金、其他（钛、锆、锡、铅与铅合金、镉等）</td><td>耐热
（含热障）</td><td>非金属材料</td><td>陶瓷、金属陶瓷及其他</td></tr>
<tr><td>非金属材料</td><td>陶瓷、塑料</td><td rowspan="2">耐磨损</td><td>金属材料</td><td>碳素钢、低合金钢、不锈钢（主要为马氏体不锈钢）、镍铬合金、自熔剂合金、硬质金属（钼等）、碳化物硬质合金及其他（如镍铝金属间化合物等）</td></tr>
<tr><td>耐热
（含热障）</td><td>金属材料</td><td>耐热钢（含不锈钢等）、耐热合金（含镍铬合金）、自熔剂合金、MCrAlY 系合金及其他</td><td>非金属材料</td><td>陶瓷</td></tr>
</table>

涂层类别、特性及其喷涂材料选择

表 1-7-30

涂层类别		涂层特性	实　　例	推荐用喷涂材料
耐磨涂层	1. 软支承面涂层	软支承材料涂层，允许磨粒嵌入，也允许变形以调整轴承表面，需要充分润滑	巴氏合金轴承、水压机轴承、止推轴承瓦、活塞导承、压缩机十字头滑块等	铝青铜复合喷涂丝，磷青铜喷涂丝，铝铅复合喷涂丝，镍包二硫化钼复合粉
	2. 硬支承面涂层	硬的和具有高磨损性能的支承材料的涂层。耐黏着磨损。用于不嵌入性和自动调整的不重要的、润滑有界限的部位。通常应用于具有高载荷和低速度	冲床的减振器曲轴、糖粉碎辊辊颈、防擦伤轴套、方向舵轴承、涡轮轴、主动齿轮轴颈、燃料泵转子等	铁、镍、钴基自熔剂合金，87% Al_2O_3+13% TiO_2 复合粉，12% Co 包碳化钨粉
	3. 抗磨粒磨损涂层(低温,<540℃)	能经受外来磨料颗粒作用的涂层。因此，涂层硬度应超过磨料颗粒硬度	泥浆泵活塞杆、抛光杆衬套（石油工业）、吸油管连接杆、混凝土搅拌机的螺旋输送器、磨碎锤（烟草制品）、干电池电解槽等	铁、镍、钴基自熔剂合金，含碳化钨型自熔剂合金，Al_2O_3 粉末，Cr_2O_3 粉末，87% Al_2O_3+13% TiO_2 复合粉
	4. 抗磨粒磨损(高温,540~815℃)	同上。同时必须在工作温度时有抗氧化性能		Co 基自熔剂合金（使用温度高达816℃）、Ni+20% Al 复合喷涂丝（使用温度<600℃）、Ni 基自熔剂合金（<760℃）、Cr_2C_2+25% Ni-Cr 混合粉末
	5. 抗摩擦磨损涂层(低温,540℃)	这种磨损发生于硬的表面或含硬质点的软表面在更软的表面上滑动的场合。涂层应比配对表面硬	拉丝绞盘、制动器卷筒、绳斗电铲、拨叉、插塞规、轧管定径穿孔器、挤压模、导向杆、刀片破碎机、纤维导向装置、泵密封、精密捣碎机和成形工具	铁、镍基自熔剂合金，含碳化钨型镍基自熔剂合金，12% Co 包碳化钨粉末

续表

涂层类别		涂层特性	实　　例	推荐用喷涂材料
耐磨涂层	6. 抗摩擦磨损涂层(高温,540~815℃)	同上。但涂层在538℃以上至843℃以下温度范围内使用	锻造工具、热的破碎辊、热成形模具	钴基、镍基自熔剂合金,Cr_3C_2+自熔剂合金+铝化镍混合粉末,Cr_3C_2+25%Ni-Cr混合粉末
	7. 耐纤维和丝线磨损涂层(<538℃以下)	可抵制纤维和丝线以高速从金属表面掠过时所发生的磨损	张力闸阀、牵引辊、刻痕板输送枢轴、卷绕器杆、导丝轮按钮导向装置、丝导向槽、加热板、预张辊	Al_2O_3粉末,60% Al_2O_3+40% TiO_2混合粉末,87% Al_2O_3+13% TiO_2混合粉
	8. 耐微振磨损涂层(可预计的运动)(表面疲劳磨损)	能抵制在一轨道上反复滑动、滚动或冲击所引起的磨损。反复地加载和卸载产生周期应力,从而诱发表面裂纹或表面下裂纹,最后导致表面破裂和大断片的损失(只发生在没有黏着磨损或磨粒磨损的情况下)以及承受连续撞击的磨损	伺服电动机轴、车床和磨床的顶针、凸轮随动件、摇臂、活塞环(内燃机)、汽缸衬套	自熔剂合金+细钼混合粉,自熔剂合金+Ni-Al复合粉,Ni+20%Al复合丝,Ni+5%Al复合粉,含碳化钨型镍基自熔剂合金(35%WC),12%Co包碳化钨,87%Al_2O_3+13%TiO_2混合粉
	9. 耐微振磨损涂层(低温,<540℃,不可预计的运动)(表面疲劳磨损)	能抵制接触表面经受小振幅的振动位移时所引起的磨损。由于无可预计的运动进入系统,因此,此种磨损难以预防	飞机襟翼导向装置、伸胀接缝、压缩机防气圈、压缩机导叶、螺旋桨空气发动机部分和加强杆、中间翼展支承(螺旋桨叶片)	自熔剂合金和细钼粉混合物,自熔剂合金和Ni-Al复合粉,铝青铜喷涂丝,12%Co包碳化钨
	10. 耐微振磨损涂层(高温,538~843℃,不可预计的运动)(表面疲劳磨损)	同上。但涂层在538~843℃的温度范围内使用	涡轮机气密圈、涡轮机气密环、涡轮机气密垫圈、涡轮机导流片调节板、涡轮机排气支承、涡轮叶片	钴基自熔剂合金,Ni+5%Al复合粉,Cr_3C_2+25%Ni-Cr混合粉
	11. 耐气蚀诱发的机械振动磨损涂层	耐液体流中气蚀诱发的机械振动所引起的磨损。最有效的涂层性能是韧性、高耐磨性和耐蚀性	水轮机耐磨环、水轮机叶片、水轮机喷头、柴油机汽缸衬、泵	自熔剂合金+Ni-Al复合粉,Ni+20%Al复合喷涂丝,316型不锈钢粉,铝-青铜喷涂丝,超细纯Al_2O_3粉
	12. 耐颗粒冲蚀涂层(低温,<540℃)	能经受通过气体或液体载带,并具有一定速度的尖利而硬的颗粒的冲击所引起的磨损。冲击角小于45°时,涂层硬度是首要的;冲击角大于45°时,韧性是最为重要的	抽风机、水电阀、旋风除尘器、切断阀阀杆和阀座	铁、镍基自熔剂合金+细铜粉,铁、镍基自熔剂合金+Ni-Al复合粉,Ni+20%Al复合丝,含碳化钨型自熔剂合金,超细纯Al_2O_3粉末,纯Cr_2O_3粉末,12%Co包碳化钨粉末
	13. 耐颗粒冲蚀涂层(高温,540~815℃)	同上。但涂层能在538℃以上温度使用	排气阀座	钴、镍基自熔剂合金,自熔剂合金+Ni-Al复合粉,Ni+5%Al复合粉,Cr_3C_2+25%Ni-Cr混合粉末

续表

涂层类别		涂层特性	实　例	推荐用喷涂材料
耐磨涂层	14. 自润滑减磨涂层	自润滑性好，并有较好的结合性、间隙控制能力 常用于具有低摩擦因数的动密封零部件	用于550℃飞机发动机动密封件、耐磨密封圈及低于550℃时的端面密封（镍包石墨涂层），用于550℃以上动密封处（镍包二硫化钼），用作电触头材料及低摩擦因数材料（铜包石墨）	镍包石墨：润滑性好，结合力较高 铜包石墨：润滑性好，力学性能及焊接性能良好，导电性较高 镍包二硫化钼，自润滑、自黏结镍基合金，自润滑、自黏结铜基合金；及其他包覆材料（聚酯、聚酰胺等）均为减摩材料，润滑性好 镍包硅藻土：可作为500℃以上高温减摩材料，耐磨、封严、动密封
耐热、耐氧化、耐蚀涂层	1. 耐氧化气氛涂层	涂层必须能阻止大气中氧的扩散，具有比操作温度高的熔点，并能阻止本身向基体的迅速扩散	排气消声器、退火盘、热处理夹具、回转窑的外表面	80%Ni+20%Cr合金粉，Ni-Cr合金+6%Al复合粉，铝喷涂丝
	2. 耐热腐蚀气体涂层	能保护暴露在高温腐蚀气体中的基体材料，并可防止黏附氧化物或者脆性化合物的生成，耐机械的作用，并不是一个必要条件，然而这些涂层中某些涂层的耐冲蚀性比其他涂层更好	柱塞端部、回转窑的内表面、钎焊夹具、排气阀杆、氰化处理坩埚	80%Ni+20%Cr合金粉，Ni-Cr合金+6%Al复合粉，铝喷涂丝
	3. 耐工业大气涂层	能保护暴露于有烟尘和化学烟雾的环境的基体材料	所有类型的结构和构件钢、电的导线管、桥梁、输电线路的金属构件等	锌及锌合金喷涂丝，铝及铝合金喷涂丝（涂层表面若经有机封闭剂处理，可大大延长涂层寿命）
	4. 耐盐类气氛涂层	能保护靠近海岸或其他含盐水物体环境的基体材料	高于水线以上的桥梁和船坞结构部分、储藏容器外壁、船的上层结构、栈桥，变压器表面	锌及锌合金喷涂丝，铝及铝合金喷涂丝（应选用适当的封闭剂处理表面）
	5. 耐饮用淡水涂层	能保护暴露于淡水中的基体材料，并不影响水质	淡水储器，高架渠、过滤机水槽、水输送管	锌喷涂丝（采用的表面封闭剂中不含铬酸盐等有害物）
	6. 耐非饮用淡水涂层	能保护非饮用的淡水（水温不超过52℃，pH值在5~10之间）中的基体材料	发电厂引入线、浸渍在淡水中的结构装置、航行在淡水中的船身	锌及锌合金喷涂丝、铝及铝合金喷涂丝（可选用酚醛树脂、石蜡为封闭剂）
	7. 耐热淡水涂层	耐超过52℃的水直到高达204℃的蒸汽，pH值在5~10之间	热交换器、热水储藏容器、蒸汽净化设备、暴露于蒸汽中的零件	铝喷涂丝（涂层表面涂覆封闭剂）
	8. 耐盐水涂层	对盐水介质（如静止或运动着的海水或咸水）具有耐蚀性。但涂层必须正确使用密封剂	船用发动机的集油盘、钢体河桩和桥墩、船体	铝及铝合金喷涂丝（涂层表面再涂覆底漆及防污漆）
	9. 耐化学药品和食品腐蚀的涂层	耐化学、药品（如石油、燃料或溶剂等）和食品的侵蚀，但不改变其化学组成及食品的味道	汽油类、甲苯等药剂的储罐、啤酒厂的麦芽浆槽、软饮料设备、乳品及制酪业设备、食品油储槽及糖罐甘油槽内衬、木屑洗涤机	铝喷涂丝（表面涂覆封闭剂）

续表

涂层类别	涂层特性	实　例	推荐用喷涂材料
导电涂层	电阻小,电流易于通过	电容器的接触器、接地连接器、避雷器、大型闸刀开关的接触面、印刷线路板等	纯铜喷涂丝,纯铝喷涂丝,Ag 等
绝缘(电阻)涂层	对电流有阻止作用,相当于绝缘体	加热器管道的绝缘、电烙铁的焊接头	超细纯 Al_2O_3 粉末,87% Al_2O_3+13%TiO_2 复合粉
耐熔融金属涂层	能经受熔渣和溶剂的腐蚀作用,以及金属蒸气和氧的侵蚀 耐熔融锌 耐熔融铝 耐熔融铜 耐熔融铁和钢	镀锌浸渍槽、浇铸槽模具、风口、输出槽锭模 风口、连铸用的模子	①Al_2O_3+21/2%TiO_2 喷涂粉 ②底层:Ni-Cr 合金+6%Al 工作层:锆酸镁($MgO\cdot ZrO_2$)+24%MgO
黏结底层 (涂层薄,一般只需 0.08~0.18mm)	喷底层目的是增加面层的黏结力。用镍包铝或铝包镍增效材料,还因为喷涂时能产生化学反应,生成金属间化合物的自黏结成分,形成底层无孔隙且为冶金结合,可防止气体渗透对基体的腐蚀	面层是陶瓷材料,基体是金属材料,喷底层后,可防止因热膨胀不同,热应力作用下被破坏	Mo、Nb、T8(用等离子喷涂粉①)Ni-Al(80%、20%)、Ni-Al(83%、17%)(用火焰粉末喷涂②、线材电弧③、线材火焰喷涂④),Ni-Al(95%、5%)(用①~④),Ni-Cr-Al(用①、③、④)Ni-Cr(80%、20%)(用③、④),铝青铜(用①~③);Ni-Al-Mo(90%、5%、5%)(用①、②)
功能性涂层	防微波、远红外、辐射等功能 高 T_c 超导体层,具有 T_c 为 81K 的超导性能	微波吸收层:用在高能物理电子直线加速器、雷达、微波系统,材料有 Fe-Cr-Al、Fe-Cr-Ni-Al、Fe-Cr-Mn、Fe-Ni 等 高 T_c 超导体层:可在氧化铝、氧化锆、蓝宝石等基体上获取超导陶瓷薄膜层,用于生物医学;喷涂羟基磷灰石、氟磷灰石及其他陶瓷层防护人工牙和关节假体 防远红外、激光等功能涂层:用于宇航等技术	

表 1-7-31　机械零件间隙控制涂层(可磨耗密封涂层)

含义	由气体在压力之下驱动的机器其机械效率取决于转子的密封能力,密封能力高可以减小或防止气体的泄漏,因此,要求转子与定子之间具有非常紧密的配合间隙。由于转动零件在工作条件下可能延伸或膨胀,而与静止零件发生碰撞,所以,要制造具有紧密间隙的机器是很困难的,但使用可磨耗密封涂层即可解决这一问题。方法是在静止零件上喷涂一层可磨耗封严层,通过转动部分的零件,使涂层形成紧密尺寸配合的密封通道 典型的可磨耗密封涂层用于喷气发动机压气机匣和涡轮机匣上。涂层应有足够厚度,以使发动机装配时,转子叶片和机匣之间互相搭接。当发动机启动时,叶片顶端与涂层摩擦,磨去一些涂层,形成通道,而叶片本身不受损伤,由于涂层适应叶片径向和轴向移动,每个叶片的顶端都能在涂层中获得最佳密封。在设计可磨耗密封涂层时,必须解决两个根本对立的要求,即涂层不仅是可磨耗的,而且必须耐气流的冲刷和粒子的冲蚀。因此有必要比较涂层的可磨耗性能与抗冲蚀性能,下表给出了几种常用的可磨耗密封涂层材料及性能以及耐热性能和耐化学腐蚀性能

涂层名称	喷涂方法	涂层硬度	喷涂态涂层表面粗糙度/nm	最高使用温度/℃	说　明
聚苯酯-硅铝	等离子喷涂	55~65 HR15Y	600~900	340	涂层中含约 55%(体积分数)的硅铝和 45%的聚苯酯,涂层的孔隙率约 2%
镍-石墨	粉末火焰喷涂	10~40 HR15Y	1000~1300	480	以镍-铝为底层,涂层中含石墨约 15%(体积分数),其余为镍或镍的氧化物,孔隙率约为 25%
镍-石墨		75~80 HR15Y	1000~1200	480	以镍-铝为底层,涂层中含石墨约 12%(体积分数),其余为镍或镍的氧化物,孔隙率约为 25%
氮化硼-镍、铬、铝		40~50 HR15Y	900~1300	815	以镍-铝为底层,涂层中含氮化硼约 25%,其余为镍-铬-铝合金,孔隙率约 25%
镍-铝		(32±5) HR15W	1000~1500	815	以镍-铝为底层,采用特殊的喷涂方法制备孔隙率较高的铝-镍涂层
镍、铬-铝		85HRB	300~400	1040	涂层为含铝 6%的镍铬合金

表 1-7-32　几种典型耐高温热障涂层

涂层类型及特点			选用的涂层材料和工艺方法		
			丝材火焰喷涂	粉末火焰喷涂	等离子喷涂
耐高温涂层	这类涂层能改善基体零件的高温工作条件,并能承受高温条件下的化学或物理分解作用或由于腐蚀造成的化学损坏				
	耐大气氧化	这种涂层能防止基体由于高温氧化造成的损坏。涂层的熔点高于工作温度,在工作温度下具有低蒸气压。不要求涂层承受机械磨损	镍-铬合金、镍-铝、钼	镍-铬-铝	镍-铬合金、镍-铬-铝
	耐气体腐蚀	这类涂层能保护基体免于暴露在高温腐蚀气体中。必须考虑到气体与涂层发生反应时,要防止形成吸附氧化物,或形成易碎的成分,或穿透涂层侵蚀基体。不要求这种涂层具有承受机械冲击或磨损的作用	镍-铬合金铝	镍-铬-铝	镍-铬合金、镍-铬-铝
	耐高温(850℃以上)冲蚀	这类涂层能耐高温,同时也要能耐粒子冲蚀。在高温下的高速粒子和高压气体形成各种恶劣环境,因此,涂层必须能承受由运动着的尖锐和坚硬的粒子所造成的冲蚀。当粒子的冲蚀角度小于45°时,粒子沿表面产生磨料磨损,故要求涂层具有高硬度;当粒子的冲蚀角度大于45°时,要求涂层具有高的韧性	—	—	白色氧化铝、氧化锆、锆酸镁、锆酸钙
	热障	这类涂层具有较低的热传导性能,此种热障作用可以防止基体材料达到其熔点,也具有转移辐射热的作用	—	—	灰白色氧化铝、氧化锆、锆酸镁、氧化锆-镍-铝、锆酸镁-镍-铝、锆酸镁-镍铬-铝
耐熔融金属涂层	这类涂层能承受熔融金属的腐蚀,并对熔融金属不发生润湿作用。如耐熔融的锌、铝、钢和铁,以及铜等的涂层				
	耐熔融锌		—	—	钨、灰色氧化铝、锆酸镁
	耐熔融铝		—	—	灰色氧化铝、锆酸镁
	耐熔融钢铁		钼	—	钼、锆酸镁
	耐熔融铜		铝	—	钨、钼、灰色氧化铝、锆酸镁

表 1-7-33　几种典型的电绝缘或导电涂层

涂层类型			选用的涂层材料和工艺方法			
			丝材	粉末	冷喷涂	等离子喷涂
			火焰喷涂			
导电涂层		这类涂层必须具有良好的导电性能和低电阻	铝、铜	铜	铝、铜	铝、铜
介电涂层		这类涂层必须具有阻止电流通过的绝缘体作用。击穿涂层的强度(通常以单位长度上的电压表示)和容许的电导是介电强度的表征参量		白色氧化铝、氧化铝-氧化钛		白色氧化铝、氧化铝-氧化钛、氧化铬-氧化硅
屏蔽涂层	无线电频率屏蔽	这种涂层必须能接收干扰无线电频率并将其传导到大地,能对无线电频率起屏蔽作用而使超高频通过	铝、锡、锌	铜	铜、铝、锡、锌	铜、铝
	原子能屏蔽	这类涂层通过阻止热中子或γ射线的通过,对射线起屏蔽作用。高原子密度的材料,如铅和钢能有效地屏蔽γ射线。吸收中子较好的一些元素有硼、氢、锂和镉,其中以硼和硼化物最好,这种材料可以用热喷涂的方法制备,并具有吸收热中子的能力,而不产生大量的次级强烈的γ射线	铅、钢	钢	钢	钢、硼化物
说明	热喷涂层也可以作为导电体使用,如印刷线路板和炉子加热元件的触点。氧化物和有机塑料的热喷涂层可作为电绝缘体。本表中所列为典型的电绝缘或导电涂层选用的材料和喷涂方法。基体材料的电性能受到喷涂材料影响。喷涂材料一般应根据材料的已知性能和其使用状态来选择					

热喷涂应用实例

表 1-7-34

喷涂工件		喷涂金属	喷涂工艺	效果
名称	工况			
1. 水闸门	长期处于干湿交替，浸没水下，并受海水、淡水、工业污水、气体、日光、水生物的侵蚀，以及泥砂、冰凌和其他漂流物的冲磨，易发生磨蚀	锌	用SQP-1型火焰喷涂枪喷涂锌丝，火焰为中性焰或稍偏碳化焰，多次喷涂，涂层厚度0.3mm左右，喷涂合格后，用沥青漆封闭（喷涂前用0.5~2mm石英砂喷砂处理）	过去用涂料保护，一般用3~4年，比较好的用7~8年，较差的1~2年。改用喷涂锌后，可延长到20~30年
2. 刹车摩擦片	进口（日）10m落地车床的刹车片	钼	喷砂除锈，粗化后，用SQP-1型喷枪，进行钼线材气喷涂0.2mm厚的涂层	原使用不到半年就磨损报废，喷涂后，使用1年多，无磨损现象
3. 提引水龙头内管（总管）	工程钻机用提引水龙头内管，由于嵌入密封圈内的泥砂对内管外壁产生磨料磨损	50%碳化钨、50%镍基自熔剂合金	用火焰喷熔涂层强化，喷熔层的宏观硬度可以达到52~60HRC。比焊条堆焊平整光滑，后加工余量较小	不需通过热处理来提高硬度，抗磨能力分别为45淬火钢和65Mn淬火钢的22倍和23倍
4. 贪苯菲尔溶液泵耐磨环	贪苯菲尔溶液有较强的腐蚀性，泵中零件要求既要耐磨，又要耐蚀	Cr_2O_3	等离子喷涂氧化铬，间歇喷涂，涂层厚度一般在0.8mm左右，太厚容易开裂	使用寿命达2~3年
5. 活塞环	机车柴油机240活塞环随着机车向高速高载荷发展，要求承受更高的热载荷和机械载荷	钼和镍基自熔剂合金	等离子喷涂钼和镍基自熔剂合金的混合材料，涂层的抗拉强度从0.539MPa提高到1.176MPa，涂层出现龟裂温度从180~200℃提高到400℃	使用寿命从$(9\sim12)\times10^4$km（纯钼涂层）提高到2.4×10^5km
6. 内燃机排气门	承受腐蚀性气体的高温腐蚀和高温燃烧产物的高速冲刷（流速高达800m/s），以及排气门高速启闭使之承受冲击性交变载荷，从而对排气门锥面产生高温腐蚀、磨损和疲劳破坏	钴基合金（Co-02）	在4Cr14Ni14W2Mo制作的排气门锥面上采用等离子弧粉末堆焊钴基合金（Co-02），堆焊层硬度40~48HRC $\phi21_{-0.021}^{\ 0}$ 325 $\phi72$ R6 $\phi85_{-0.15}^{-0.05}$ 6±0.1 12.5	①针对排气门各部分工况不同，避免采用一种高合金材料，节省了贵重金属 ②提高了寿命和生产效率，降低了成本

续表

喷涂工件		喷涂金属	喷涂工艺	效果
名称	工况			
7. 端面浮动油封密封装置	在工程、矿山、建筑、化工、农业等机械中使用,作用是防止润滑油的外泄,同时阻止外部泥水、土砂等介质向内部侵入,使用过程中,两个成对用的环承受一定的压力(工作面压强为0.392~0.588MPa)并以变化的转速相互转动对摩,开始是滑动摩擦磨损,随着泥砂侵入密封面后,又产生磨粒磨损和腐蚀作用	铁基或镍基合金	在普通碳钢环体的工作面上,采用等离子弧粉末喷焊一层铁基或镍基合金涂层,所用合金粉末仅为整体型合金密封环的15%~20%,喷焊层硬度为61~65HRC	使用寿命已达到国外同类产品先进水平,零件尺寸精度高,易保证装配质量 节省了贵重合金材料,产品的成品率也提高了30%~40%
		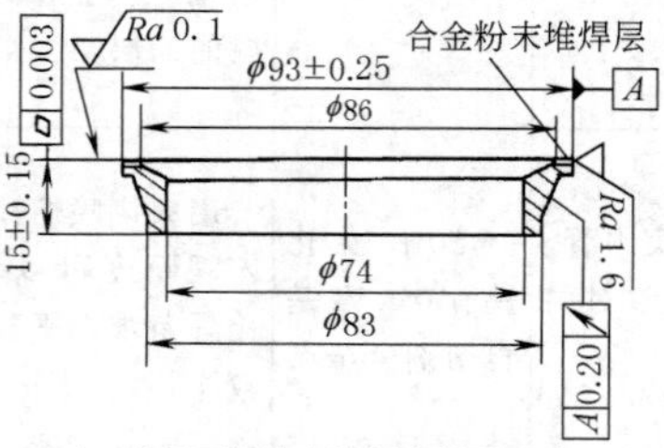 ϕ93等离子弧粉末堆焊密封环尺寸		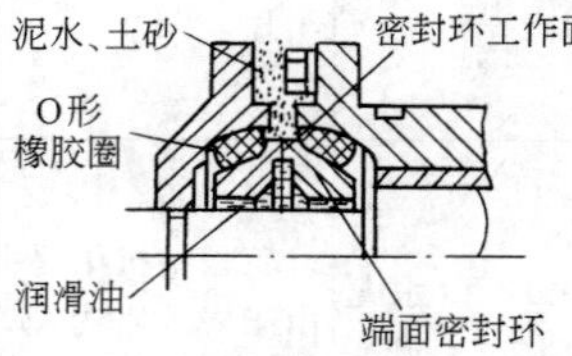 浮动油封密封原理
8. 1700mm轧钢机(德国进口件)平整线扩张机轴的修复,耐滑动摩擦		火焰喷涂		武汉钢铁有限公司:修复后使用正常
9. 井下钻车滑架进行喷涂耐泥浆、碎石磨粒磨损		用等离子喷涂		沈阳有色冶金机械总厂:寿命提高3倍
10. 精锻机芯棒的喷涂,耐高温磨损		采用真空等离子喷涂WC-Co涂层		广州有色金属研究院:效果好
11. 压缩机部分:风扇叶片,压气机叶片及燕尾槽,尾翼座,叶片制动环,轴承箱,低、中、高的压气机机匣,迷宫,燃料嘴阀等耐磨涂层,抗微振磨损、抗侵蚀涂层,可磨削封严涂层等		火焰喷涂,等离子喷涂,气体爆炸喷涂,超高速火焰喷涂		均为航空发动机上涂层使用的主要部位

续表

喷涂工件		喷涂金属	喷涂工艺	效果
名称	工况			
12. 燃烧室隔热涂层		等离子喷涂，超声速火焰喷涂（ZrO_2-Y_2O_3-Al_2O_3、ZrO_2-CaO 等）		
13. 主轴抗氧化耐蚀涂层，抗侵蚀涂层，隔热涂层，可磨涂层		火焰喷涂，等离子喷涂，气体爆炸喷涂		均为航空发动机上涂层使用的主要部位
14. 燃气涡轮定向凝固叶片的耐高温腐蚀涂层		真空等离子喷涂（MCrAlY 涂层）		
15. 斜拉桥上的斜拉索，耐大气、海水腐蚀		火焰喷涂 Zn-Al		节约费用 1/3
16. 硫酸生产用的沸腾炉的复水管		火焰喷涂及等离子喷涂，耐 SO_2 气体腐蚀		
17. 化纤纺丝机上的喂入轮以及各种导丝转子、导丝轮和导丝棒；卷绕头上的辅助槽锟和各种导丝器等，耐磨，耐蚀		涂层材料：氧化铝陶瓷 喷涂粉末：$Al_2O_3 \cdot TiO_2$ 涂层厚度：0.2～0.4mm		结合强度：15.5MPa 宏观硬度：58.5HRC 整体密度：3.50g/cm^3 喷涂工艺：氧-乙炔火焰喷涂或等离子喷涂
18. 纺织机械中机械密封装置的动环与静环的结合面；弹力丝加捻机上摩擦片，耐磨、耐蚀		涂层材料：氧化铬陶瓷 喷涂粉末：Cr_2O_3 涂层厚度：0.2～0.4mm		结合强度：44.8MPa 喷涂工艺：等离子喷涂 整体密度：4.80g/cm^3 宏观硬度：58.5HRC
19. 多用于氧化铝陶瓷涂层与工件金属基体的过渡涂层，耐蚀		涂层材料：镍铬合金 喷涂粉末：80Ni20Cr 涂层厚度：0.05～0.15mm		整体密度：7.48g/cm^3 结合强度：31.0MPa 宏观硬度：188HB 喷涂工艺：氧-乙炔火焰喷涂或等离子喷涂
20. 等离子喷涂生产中空球状的陶瓷材料		它具有密度小、成分均匀、流动性好、热导率低、快速熔化等优点。可作为不定型的高温隔热填充材料或高温轻质块体绝热材料，应用于宇航飞行器，也可作为橡胶、合成树脂等有机材料的一种特殊性的填充剂，是一种新型的耐磨绝缘材料		
21. 热喷涂生产高折射率玻璃微珠材料		可制作汽车号牌的反光膜，广泛用于交通标志		
22. 真空等离子喷涂（或大气等离子喷涂）制造新的高 T_c 超导材料		它是当温度降至某一临界值 T_c（K）时，材料的电阻突然消失，产生了“超导”现象。可应用于量子电子器件、微波元件、电磁屏蔽		
23. 用真空等离子喷涂制造电解活性固体氧化燃料电池薄膜及生产添加钼的催化剂镍电极				
24. 连续退火炉（CAL）辊 ① 汽车用外壳薄板和硅钢片板材表面质量要求极高，不允许有任何划痕和缺陷。故生产中对与钢板接触传动的炉辊表面状态要求十分严格 ② 武钢 CAL 辊长 2700mm、工作部位长 1500mm，辊径 ϕ20mm、工作温度 800～920℃，工作介质为氮氢还原性气氛并具有不同露点		① 在宝钢薄板生产线上采用超声速火焰喷涂（HVOF）技术在连续退火炉辊表面喷涂 NiCr-Cr_3C_2 作抗积瘤涂层具有耐磨、耐高温、自清洁作用 ② 在武钢硅钢片生产线上采用等离子喷涂 NiCr-8%Y_2O_3/ZrO_2 涂层抗积瘤		① 生产的产品达到日本同类产品水平 ② 寿命超过 6 个月，最长达 2 年，表明陶瓷涂层抗积瘤效果明显，硅钢片表面质量达到武钢设计要求

续表

喷涂工件		喷涂金属	喷涂工艺	效果
名称	工况			
25. 热浸镀生产线沉没辊 采用森吉米尔(Sendzimir)法进行薄板钢带连续热浸镀锌(CGU)和热浸镀铝、锡等金属熔液生产线中(见示意图) 熔液坩埚中工作的沉没辊和稳定辊等均遭受694~800℃铝熔液和452~570℃锌熔液侵蚀,同时钢带由辊面带动的运动速度高达35~40m/s。合金辊一般在铝熔液中寿命仅为2~3天,锌熔液中则仅10天左右就会产生很深的磨痕和蚀坑,划伤带钢表面,使废次品率增加			采用等离子喷涂 $Al_2O_3+TiO_2$、MgO-ZrO_2、$MoAl_2O_4$ 和 NiCrAlY 形成的梯度涂层(总厚达1mm),以及用HVOF喷涂Co-WC涂层作为沉没辊和稳定辊工作层 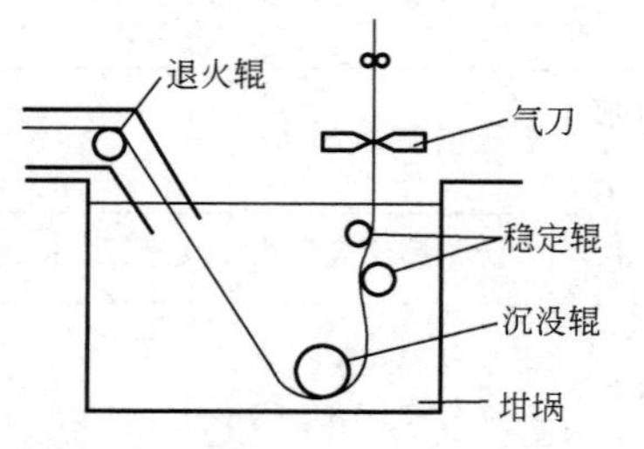 连续热浸镀锌、铝生产线示意图	由于涂层材料与铝、锌熔液不润湿和不产生化学反应,上述两种工艺涂层分别在连续热浸镀铝、锌生产线坩埚中运动的寿命提高3~4倍。该类涂层还可用在熔融Cu、钢液方面作锭模、运输槽、坩埚内壁涂层和热电偶套管、搅拌器、支架等保护层
26. 热轧工具 大口径无缝钢管(φ219~4377mm)自动轧管机所用的轧管机顶头,传统采用Cr17Ni2Mo整体铸造的耐热马氏体不锈钢制造,顶头与970~1050℃的钢管内壁以3~3.5m/s速度相对位移,实际顶头表面温度高达1050~1150℃,使顶头高温硬度和强度急剧下降,表面氧化烧伤,产生结瘤、撕裂、拉伤、凹陷。其消耗量为每轧制千吨钢管耗顶头16t			采用等离子喷焊技术,在锻制的45钢顶头基体上(如图示)喷焊Ni基高温合金+35%碳化钨焊层,厚度为1.2~1.5mm 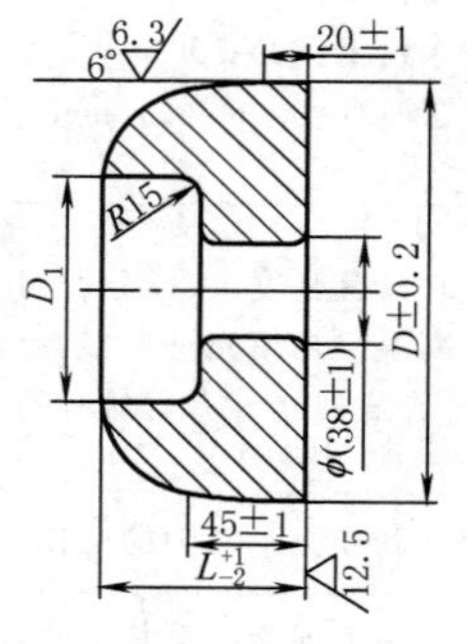 	经包钢钢管有限公司3年的实际生产验证,喷焊顶头平均使用寿命提高3~5倍。每轧制千吨钢管耗顶头降至3t,年增效益达1000万元以上 其他工模具的应用,例如结晶器、高炉风机、热剪刃、压铸和挤压模具等

9　塑料粉末热喷涂

塑料粉末热喷涂是在金属零部件表面喷涂一层塑料的涂覆层，使其既有金属本身的各项特点，如力学性能及电、气性能等，又有塑料所具有的独特性能，如耐蚀、耐磨、自润滑性、高绝缘等的一种新型工艺。采用这种工艺，在同时需要这两种特性的场合，对提高产品质量和效益，节约资源、能源，降低环境污染等方面都有很大的意义。

喷涂的方法和原理参见表1-7-36。设计时，需根据各种方法的特点，按照不同的零件，考虑其喷涂的可能性；涂层的性质不但决定于涂层的涂料，而且由于施工方法不同，同一种涂料仍可得到不同的效果。

塑料粉末热喷涂的特点、涂料类别、涂层性能和应用

表 1-7-35

粉末固态涂料与传统液态涂料涂装的比较

传统的油性漆，对金属表面有优异的润湿性和较好的耐候性，但涂膜本身的耐蚀性，特别是耐水性、耐化学介质性差，不能满足恶劣环境下的防腐蚀要求。常规的液态树脂涂料成分中含有有机溶剂（有机溶剂是涂料配方中的一个重要组分，没有它，则会给涂料的制造、储存、施工都带来困难，涂层的质量会受影响），涂料成膜后，溶剂全部挥发到空气中，造成空气污染和材料浪费。有机溶剂中大多数是有毒有害物质，是造成大气污染的主要原因之一，损害人的健康，易引起火灾和爆炸。粉末涂料是一种不含溶剂的固态涂料，诞生于20世纪40年代末，与传统液态涂料相比，性能、制造方法和涂装作业等各个方面都有很大差异（见下表）

比较项目	粉末涂料	液态涂料
可以使用的树脂	能够熔融的固态树脂	液态或可以分散在溶剂中的树脂
喷涂损失	<10%	约 20%～50%
回收可能性	有	无
溶剂挥发	无	有
一次涂厚性	良好	差
需要涂装次数	1次	多次
边角覆盖性	良好	差
利用率	粉末散失损耗 5% 可回收利用的粉末 35% 材料利用 60%	喷涂材料散失 50% 喷涂中溶剂散失 23% 干燥时溶剂损失 14% 利用的材料 13%

塑料粉末涂料类型和性能改善

从塑料粉末涂料的成膜性质可以把塑料粉末涂料分为热固性和热塑性两大类。热固性粉末涂料的主要组成是各种热固性的合成树脂，如环氧、聚酯、丙烯酸、聚氨酯树脂等，热固性树脂能与固化剂交联后成为大分子网状结构，从而得到不溶、不熔的坚韧而牢固的保护涂层

热塑性粉末涂料以热塑性合成树脂为主要成膜物质，例如聚乙烯、聚丙烯、聚氯乙烯树脂等，热塑性粉末涂料经熔化、流平，在油、水或空气中冷却固化而成膜，配方中不加固化剂

塑料粉末一般由基料树脂、颜料、防老化剂及其他添加剂组成，热固性粉末中还含有固化剂。单独的树脂涂层，其强度、耐热性、耐磨性有限，可以采用添加改性树脂或填料的办法来提高其性能。如改善聚乙烯粉末涂料涂层的力学性能和提高其与金属的附着力的措施成为发展这个品种的重要手段，下表举例介绍了聚乙烯改性品种的情况

粉末涂料中添加金属粉末、陶瓷粉末等材料可以显著地改善涂层性能。如为了提高聚苯硫醚涂层的耐磨性，可以采用聚苯硫醚-氧化铝复合喷涂粉末

	序号	改性树脂	主要改性特点
聚乙烯粉末树脂改性品种	1	醋酸纤维素	提高硬度和流平性
	2	聚丙烯	提高硬度和其他力学性能
	3	EVA 树脂	提高附着力，降低加热温度
	4	聚丁烯	提高光泽度和力学性能

塑料粉末热喷涂的特点

①塑料粉末涂料不含溶剂，其制造和施工过程中释放的有机溶剂几乎为零，避免了有机溶剂挥发所引起的大气污染和火灾事故，节省了大量溶剂，且物料无毒，大大降低了对操作人员的危害

②粉末涂装利用率高。由于涂料是100%的固体，可以采用闭路循环体系，喷溢的粉末涂料可以回收，涂料利用率高达95%

③树脂的相对分子质量比溶剂型涂料大，涂覆层的性能和耐久性比溶剂型涂料有很大提高

④粉末涂料涂装时，厚度可以控制，一次涂装可达 30～500μm，相当于溶剂型涂料几道至几十道涂装的厚度，减少了施工时间，节能、高效

⑤可以选择相应的涂层材料来满足所需性能要求，所提供的粉末均为标准化生产

⑥操作简单，对操作人员需要较少的培训；使用方便，涂装前无需进行物料混合，不需要随季节调节黏度，厚膜也不易产生流挂且易于实现自动化流水线生产

⑦所有涂装工作均在同一系统中完成，没有溶剂的干燥时间，因而涂装时间大大缩短；不需要通风来干燥溶剂，因而输入的热量保持在炉内，减少了能源损耗

⑧易于保持施工环境的卫生等

粉末涂料是一种高性能、低污染、省能源、省资源的新型涂料。其制造工艺比普通涂料复杂，制造成本较高，需要专门设备，涂料成膜烘烤温度高，制备厚涂层较容易，但很难制备薄到 15～30μm 的厚度，更换涂料颜色、品种比普通涂料麻烦

塑料涂层的性能及其应用

金属材料的耐蚀能力有限，特别是耐酸碱盐等强腐蚀介质性能差，而多数塑料对酸碱盐介质具有良好的耐蚀防腐性能。塑料粉末涂覆于金属基体上，利用金属的强度，发挥塑料本身的各种特性，形成满足各种要求的塑料涂覆层

选择合适的塑料品种、涂层厚度和成膜过程，塑料涂层可以获得如下性能：①对无机酸碱盐、大多数溶剂和有机酸具有良好的耐化学腐蚀性；②对许多材料具有减摩性、防黏性；③耐磨性、防滑性；④抗机械振动性；⑤电绝缘性；⑥装饰性等

塑料粉末涂料在许多领域得到了应用：

①家电行业。主要应用于家用电器外壳涂装市场

②建筑行业。耐候性粉末涂料用于户外建筑物型铝和包铝的保护，解决钢门窗路牌、公路标志、门牌等防腐问题

③石化行业。化工机械、化工设备容器等的防腐管道行业。石油输送管、化工防腐管、住房用水管、电站水管、煤气管、船舶水管等

④汽车及其车辆零部件。采用粉末涂料涂装的比例越来越高，粉末涂膜代替电镀和涂装零部件，不仅提高了装饰性、防腐性，而且经济效益也非常可观

⑤金属丝网等金属物件。涂塑后的性能大大优于镀锌工艺

⑥电子元器件绝缘涂层及其绝缘包装等。塑料涂层作为电子元器件、电阻、电容器绝缘包装、变压器、电动机转子的绝缘涂层逐步兴起，如通过对电容器采用绝缘型涂料全封闭涂装，其电性能优良，外观光滑，效果极佳

⑦金属家具。金属制品涂塑取代纯木制品

塑料粉末喷涂方法的原理、特点和应用

表 1-7-36

方法	(1)静电喷涂法
原理	是利用高压静电电晕电场，在喷枪头部金属上接高压负极，被涂金属工件接地形成正极，工件和喷枪电极之间施加高压直流电形成静电场，塑料粉末从储粉筒经输粉管送到喷枪的导流杯时，导流杯上的高压负极产生电晕放电，产生密集电荷使粉末带负电，在静电和压缩空气作用下，粉末均匀地飞向正极工件，随着粉末沉积层的不断增加，达到一定厚度时，金属工件最表层因粉末所带电与再飞来的粉末电荷同性，使新粉末受到排斥而不再附着，即完成一道喷涂。这时，将吸附于工件表面的粉末加热到一定温度，使疏松堆积的固体塑料粉末熔融、流平并固化后形成均匀、连续、平滑的涂层
材料	主要是热固性粉末。除了防腐、装饰作用外，还有绝缘、导电、阻燃、耐热等特殊功能的涂料。静电喷涂对粉末有以下要求：粉末疏松，流动性好，稳定的储藏性，合适的细度(80～100μm)，分布范围越窄越好，球状粒子效果好，粉末是极性的或容易极化的粉种，粉末的体积电阻要适当，粉末涂料表面的电阻要高
优缺点	主要优点是工件不需预热，粉末利用率高(≥90%)，涂层较薄(40～100μm)，涂膜厚薄均匀且易于控制，无流挂现象，适于大批量生产。在防腐、装饰及各种功能性涂层方面应用广泛 主要缺点是涂膜较薄，不适于强腐蚀介质环境，需要专门的烘干室烘干，烘干温度较高，需要封闭的涂装室和回收装置，不适宜形状复杂工件和大工件
应用	家用电器工业、机电工业、轻工业、石油化工以及建筑五金、仪器仪表等 电冰箱箱体静电喷涂的主要工艺：上工件→前处理→干燥→静电喷涂→固化→冷却→卸件
方法	(2)流动浸塑法
原理	也称流化床法，其基本原理是利用工件的热容量进行塑料粉末的熔覆，是粉末涂料施工中用得比较多的方法。先将塑料粉末放入底部透气的容器即流化槽中，槽下通入的压缩空气使塑料粉末沸腾并悬浮于一定高度，而后把预先加热到塑料粉末熔点以上温度的工件浸入流化槽中，塑料粉末就均匀地黏附到被涂工件的表面上，浸渍一定时间后取出并进行机械振荡，除掉多余粉末，然后送入塑化炉经流平、塑化，最后出炉冷却，从而得到均匀的涂层
材料	常用的粉末涂料：①聚乙烯，流动浸塑的主要原料，成本低、加工性好、耐化学性好，耐热性不足；②聚氯乙烯，加热过程有发烟现象，耐化学性好，耐热性不足；③聚酰胺，流浸用的主要是尼龙 1010、尼龙 11、尼龙 12，耐磨性好，自润滑性好，耐油性好，耐强酸性差 大多数热塑性和热固性塑料粉末都可以使用流动浸塑法
优缺点	优点：工艺上省能源、无污染、效率高、质量好、涂层厚，涂膜的耐久性、耐蚀性和外观均较好，粉末涂料损耗少，设备简单，投资少。其缺点是不易涂覆约 75μm 以下膜厚的涂层，工件必须进行预热，主要适用于热塑性涂料
应用	在交通道路、建筑、电气通信、管道材料、养殖、家庭、办公等方面用途广泛。钢管流动浸塑工艺流程如下：钢管表面清理→脱脂→酸洗→水洗→中和→水洗→热水洗→磷化处理或上底漆→预热→流动浸塑→塑化→冷却→检查→包装
方法	(3)静电流浸法
原理	静电流浸法是综合了静电喷涂和流动浸塑的原理而设计的一种方法，该法在流动浸塑槽的多孔板上安装了许多电极；电极上有高压直流电通过，于是使流动浸塑槽中的空气电离而带电，带电的空气离子与塑料粉末撞击使塑料粉末带电，粉末粒子带负电，工件接地带正电，静电吸引作用使塑料粉末被吸附到工件表面，再经加热熔融固化即可形成涂层
材料	静电喷涂的粉末原则上都可以用于静电流浸，但粒度范围较窄，其粒子大小以 20～100μm 为宜。目前常用于静电流浸的粉末有聚乙烯、聚氯乙烯、聚酰胺、环氧树脂、环氧聚酯、聚酯等
优缺点	静电流浸法具有效率高、涂层厚度可以控制、设备小巧、投资较少、操作方便等优点。缺点是不适于大型工件
应用	主要用于线材、带材、电器、电子元器件等形状比较简单、厚度较小的金属材料的防腐、绝缘及装饰涂塑，被涂物的尺寸应在流动浸塑槽的尺寸内，但带状物的长度无限制
方法	(4)火焰喷涂法
原理	粉末火焰喷涂是在特殊设计的喷枪中利用燃气(乙炔、氢气、煤气等)与助燃气(氧气、空气)燃烧产生的热量将塑料粉末加热至熔融状态及半熔融状态，在运载气体(常为压缩空气)的作用下喷向经过预处理的工件表面，液滴经流动、流平形成涂层
材料	喷涂用的粉末应能满足如下要求：粉末的形状应有良好的气体输送性，材料的熔融温度和热分解温度的温差要大，否则容易造成材料过热分解，粉末不能是易分解、易燃烧的微细颗粒，为了便于形成涂层，熔融温度应低，材料的收缩变形要小。能够喷涂的塑料粉末范围较广，如聚乙烯、聚丙烯、尼龙、环氧树脂等
优缺点	能涂覆的涂层厚度大；设备简单，投资少，操作方便；可现场进行施工修补各种涂层缺陷；适应性强，基材可以是金属，也可以是混凝土、木材等非金属材料；更换粉末颜色及品种方便。对于形状复杂的工件涂覆困难，现场喷涂对较大工件预热比较困难，粉末的烧损较大，靠手工控制，不易获得十分均匀的涂层
应用	可以获得防腐、耐磨、减摩等多种性能涂层。喷涂粉末可以是单一的塑料粉末或树脂改性粉末，也可以是复合粉末，可以将金属、陶瓷等粉末与塑料粉末混合后实施喷涂，以改善涂层性能。实验表明，在高密度聚乙烯粉末(HDPE)中添加 5%～30%(体积分数)的 Fe-Ni-B 合金粉末获得的喷涂层，其耐磨性、导热性和承载能力均得到显著提高。在无润滑剂的滑动摩擦情况下，涂层摩擦因数可降低 1.2～1.5 倍，相对耐磨性可提高 7.3～18 倍；添加 5%～10%(体积分数)的粉末固体润滑剂，涂层摩擦因数从 0.38 降至 0.19；而在润滑剂存在的条件下，摩擦因数降低得更多 塑料粉末火焰喷涂技术已经应用于化工、纺织、食品机械等行业，在防腐、减摩等方面发挥作用。如：葡萄酒厂低温发酵车间的 16 个发酵罐是采用不锈钢焊接的，罐体直径 2400mm，高 5400mm，厚 3mm。使用后发现罐内壁出现点状腐蚀，使酒中铁离子超标，影响了产品质量。该厂使用涂刷涂料，使用一段时间后脱落。采用塑料粉末火焰喷涂技术在罐内壁喷涂聚乙烯和环氧树脂，效果良好
方法	(5)分散液喷涂法
原理	分散液喷涂法包括悬浮液喷涂和乳浊液喷涂两种。它是将树脂粉末、溶剂混合成分散液，用喷、淋、浸、涂等方法涂覆于工件表面上，然后在室温或干燥温度下使溶剂挥发，从而在金属表面形成一层松散的粉状堆积层，再在一定的高温下烧结，使其形成一整体膜，并与金属表面牢固结合，烧结后经冷却可再继续涂下一层
材料	聚四氟乙烯、聚三氟乙烯、氯化聚醚、聚苯硫醚等粉种其熔融黏度比普通热塑性树脂高很多，难以采用一般热塑性塑料的加工方法。可将粉末加热到熔点以上，使其由结晶相转变为无定形相，形成密实、连续、透明的弹性体，再通过降温转变为结晶相
优缺点	用分散液喷涂法，可涂装比较复杂的工件，得到性能优良的涂膜。缺点是施工费用较高，对粉末要求高，须分散得很细
应用	石油化工、日用品等防腐、减摩、防黏、装饰涂层，如硫酸铝加热器的 PPS 涂覆，具体工艺如下：制备分散液→工件表面预处理→分散液喷涂→烧结塑化→淬火→针孔检验
方法	(6)不预热塑料粉末火焰喷涂法
原理	不预热塑料粉末火焰喷涂，即在金属表面预涂一层胶黏剂，再直接在胶黏剂表面喷涂塑料粉末以获得涂层的方法
材料	选用改性环氧类胶黏剂作为底胶，采用调整的喷涂枪头进行喷涂，可以得到流平良好的聚乙烯喷涂涂层，涂层与基体结合良好，剥离试验中涂层多为内聚破坏
应用	不预热塑料火焰喷涂技术应用于大型钢结构，喷涂效率低，预热困难可采用本法 典型不预热塑料粉末火焰喷涂工艺流程如下：工件预处理(喷砂、磷化等)→用刷涂、辊涂的方式在金属基体上均匀涂布一层底胶→火焰喷涂→工件冷却(空冷、水冷)→涂层检验→成品

塑料涂层的应用实例

表 1-7-37

涂层类型	使用场合	工作条件	涂层特性			喷涂方法	效果
			厚度/mm	材料	其他		
耐磨	渔轮主机：推力轴承	推力块承受压强1.55MPa，最大线速度425m/min，油温比使用巴氏合金时低20%	0.3～0.5	尼龙1010+5%MoS_2		火焰喷涂	代替巴氏合金使用一年半运转6000h以上，磨损仅0.02mm
	渔轮主机连杆大端轴承内孔	轴瓦承受压强为17.5MPa，有较大冲击力，轴壳温度比用巴氏合金时低2℃	0.5	尼龙1010+5%MoS_2		火焰喷涂	代替巴氏合金使用3000h情况良好
耐蚀	柴油机主机的汽缸和水套	长期泡在海水中，腐蚀十分严重		低压聚乙烯和三元共聚尼龙		火焰喷涂	延长了使用寿命，降低了成本
耐蚀	铬酸泵不锈钢制转轴	腐蚀严重		低压聚乙烯		火焰喷涂	解决了防腐问题
作液压件的密封	油泵配油盘阀面	15MPa压力下工作		尼龙1010	喷后只需一般车削加工	火焰喷涂	密封性超过规定指标
	三通阀闸门密封面			尼龙	喷后只需车削，不用拂刮	火焰喷涂	性能较好
气密	玻璃钢气瓶内衬	工作压力15MPa 爆破压力60MPa		用尼龙代铝制内衬		火焰喷涂	从原来充放1000次提高到3000次以上，尚能工作
	铸铝真空阀阀体			塑料		火焰喷涂	解决了铸铝疏松漏气问题
吸声	振动式自动送料斗	由于工件与送料斗都是金属制的，工作时噪声很大		尼龙		火焰喷涂	噪声减少，吸声效果良好
绝缘	电火花加工头	端面要求导电，四周侧面要求绝缘		尼龙		火焰喷涂	达到技术要求
隔热	风动工具手柄	冬天操作戴薄手套仍很冷，厚手套又不方便		塑料		火焰喷涂	效果很好
装饰	渔轮上各种门柄	为了防腐和装饰，过去均用铜制		改为铸铝涂有色塑料		火焰喷涂	既达到装饰要求又节约了铜材
其他	玻璃纤维纺织机	导纱钩要求耐磨 捻线机滚轮上要解决静电问题		塑料		火焰喷涂	

注：1. 涂层厚度一般不希望超过1mm，且只能一次成形。

2. 耐蚀或电绝缘涂层须进行电火花探伤或半导体高频探伤。机械零件用涂层须进行拉伸、冲击、弯曲、压缩、剪切等强度试验以及弯曲疲劳、耐磨等性能试验。

塑料喷涂对被涂件结构的一般要求

1）设备各部棱角必须加工成圆弧形，曲率半径应尽量大，一般不小于5mm。

2）被涂设备应采用焊接结构，不宜采用铆接结构，应尽可能采用对焊，焊缝要磨光，不允许有气孔、夹渣和焊瘤等缺陷。焊缝凸出高度应小于3mm。

3）为了防止受冲击和局部过冷过热而损坏涂层，应采取适当的措施改进被涂设备的结构。

4）在涂覆后进行装配的零部件，必须考虑留出互相配合的余量，其余量大小，应根据所选用的涂层厚度而定（有资料介绍，作轴承使用的涂层与对磨件的安装间隙，在涂层厚度为0.5mm时，要求比原来的安装间隙大0.015mm左右）。

5）被涂设备的接管应采用法兰连接，避免采用螺纹连接。所用的接管尽可能采用无缝钢管。

6）被涂设备的强度试验、静平衡、动平衡试验、气密性试验以及所有金属加工、热加工都应在涂覆前进行完毕，并须检查合格后，才能进行涂覆。

7）被涂工件的材料一般为钢、铸铁、青铜、铝等。

10 钢铁制件粉末渗锌（摘自JB/T 5067—1999）

粉末渗锌是利用原子扩散渗透原理，将渗锌工件置于含有锌粉和填充剂的转动密闭容器中同时加热，在金属锌与工件不断碰撞过程中，使锌原子扩散到工件中去，形成渗锌层的方法。填充剂的作用是：①防止锌粉黏结，有助于锌粉的均匀分布；②有利于工件均匀加热；③容器旋转时，可防止工件遭受机械损伤。目前，粉末渗锌被广泛用于弹簧、紧固件以及需要严格控制尺寸误差的零件部分的防腐蚀。

粉末渗锌适用于碳钢、低合金钢、45钢、16Mn、弹簧钢、铸铁、白口铁等材质的中小件。

（1）特点

渗锌层厚度均匀，可保证原有材质的力学性能，并具有热浸镀无法达到的零件加工精度和表面粗糙度，渗锌层厚度可达到热浸镀锌国家标准规定的厚度。

渗锌层与基体结合牢固，用于反复拆卸的螺栓等也不会脱落；有一定的耐高温能力，可在400~500℃温度范围内使用；渗锌层硬度高于热浸镀锌层，一般均高于350HV，因此，耐磨性比热浸镀锌件好。

渗锌层耐蚀能力在同等条件下优于热浸镀锌层，且耗锌量仅为热浸镀锌的1/3，生产成本比热浸镀锌约低35%。

渗锌层表面可直接涂漆或包覆高分子材料，不需特殊处理就可结合牢固。

（2）渗锌层技术要求

1）外观。待渗锌件表面应无残留焊渣、型砂、积碳和严重油污等。渗锌前应除去表面的油污、锈迹、氧化层等。渗锌层表面应均匀、平整，允许有轻微的擦伤，待渗件自身存在的砂眼、夹渣等引起的渗锌表面不均匀不应视为外观缺陷；渗锌件不经后处理，其表面为暗灰色，无光泽；渗锌件经钝化处理，表面光滑，呈浅灰色，见光泽；经化学抛光和钝化处理，表面有金属光泽，呈银白色；渗锌铸件经化学和机械抛光，表面光滑、致密，有金属光泽。

2）渗锌层厚度按使用环境和使用寿命不同，选择不同厚度等级。渗锌层厚度应均匀，误差在±10%以内，其等级及范围见表1-7-38。

3）渗锌层应牢固地附着在基体表面，用锤击试验，渗锌层应无起皮、无脱落。

4）根据制件不同的使用环境和配合要求，将渗锌层分为五个等级，每个等级渗锌层厚度见表1-7-38。

渗锌层厚度等级及厚度值

表 1-7-38

<table>
<tr><td rowspan="3">渗锌层厚度等级（摘自JB/T 5067—1999）</td><td>等级</td><td>1</td><td>2</td><td>3</td><td>4</td><td>5</td></tr>
<tr><td>厚度/μm</td><td>≥15</td><td>≥30</td><td>≥50</td><td>≥65</td><td>≥85</td></tr>
<tr><td colspan="6">注：在给定条件下，渗锌层的耐蚀寿命与其厚度成正比。但增加渗锌层厚度的同时，也增加了零件的几何尺寸，所以在考虑寿命的同时也应考虑制件的配合要求。有关紧固件及其他制作渗锌层厚度选择（推荐）见JB/T 5067—1999标准的附录A
渗锌层厚度应均匀，同一个制件的渗锌层厚度偏差不应大于该件渗锌层平均厚度的10%</td></tr>
</table>

续表

<table>
<tr><td rowspan="7">推荐的渗锌层厚度等级(摘自JB/T 5067—1999)附录A</td><td>渗锌层厚度等级</td><td>使用环境及制件</td></tr>
<tr><td>1级</td><td>室内及农村大气环境下使用的紧固件及其他钢铁制件</td></tr>
<tr><td>2级</td><td>室外使用的紧固件及其他钢铁制件</td></tr>
<tr><td>3级</td><td>要求比2级更长的耐蚀寿命,且渗锌后能满足配合要求的紧固件及其他制件</td></tr>
<tr><td>4级、5级</td><td>特殊要求的制件</td></tr>
<tr><td colspan="2">注:1. 公称尺寸为1mm、2mm的紧固件即使采用1级渗锌也可能会产生旋拧困难的现象,建议采用可获得较薄的镀锌层的其他工艺
2. 特殊要求的制件是指某些要求有尽可能长的耐蚀寿命,且无配合要求或渗锌前已预留渗锌层间隙的制件</td></tr>
</table>

11 化学镀、热浸镀、真空镀膜

化学镀、热浸镀、真空镀膜的特点及应用

表 1-7-39

<table>
<tr><td>名称</td><td colspan="2">特　点</td><td>应　用</td></tr>
<tr><td rowspan="3">化学镀</td><td colspan="2">化学镀不用外加电源,利用还原剂将镀液中的金属离子还原并沉积在有催化活性的工件表面形成镀层
化学镀层厚度均匀且不受工件形状复杂程度的影响,无明显边缘效应。镀层晶粒细、致密、孔隙少、外观光亮、耐蚀性好
化学镀有镍、铜、银、钯、金、铂、钴等金属或合金及复合镀层。其中,常用的是化学镀镍和化学镀铜</td><td>不仅可使金属而且可使经特殊镀前处理的非金属(如塑料、玻璃、陶瓷等)直接获得镀层</td></tr>
<tr><td>化学镀镍</td><td>化学镀镍层是含磷3%~15%的镍磷合金层。硬度和耐磨性较好。当磷含量大于8%时,具有优异的耐蚀性和抗氧化性。化学镀镍层与其他镀层结合较好,具有较高的热稳定性。能进行锡焊或铜焊</td><td>用作其他镀层的底层;钢铁零件的中温保护层;磨损件的尺寸修复镀层;铜与钢铁制件防护装饰等。在石油(如管道)、电子(如印刷线路板、磁屏蔽罩)和汽车等工业上有广泛应用</td></tr>
<tr><td>化学镀铜</td><td>化学镀铜层一般很薄(0.5~1μm),外观呈红铜色,具有优良的导电性和焊接性</td><td>主要用于非金属材料的表面金属化,特别是印刷线路板的孔金属化。在电子工业中应用广泛,例如通孔的双面或多层印刷线路板制作。使塑料波导、腔件或其他塑料件金属化后进行电镀等</td></tr>
<tr><td>热浸镀</td><td colspan="2">热浸镀是将工件浸入熔融金属中,靠两种金属互相溶解和扩散获得冶金结合的金属涂层的方法
镀层金属是低熔点的锌、锡、铅和铝。但钢铁不能直接热浸镀铅(因铁与铅不能生成合金),而要先热浸镀锡后再热浸镀铅
热浸镀可以单槽进行,也可以连续自动化生产</td><td>一般只适于形状简单的板材、带材、管材、丝材等
热浸镀锌主要用于钢管、钢板、钢带和钢丝
热浸镀锡可用于薄钢板,因锡无毒,在食品加工和储存容器上应用较多
热浸镀铅用于化工防腐和包覆电缆
热浸镀铝主要用于钢铁高温抗氧化</td></tr>
<tr><td rowspan="4">真空镀膜</td><td colspan="2">真空镀膜是指在真空室或充有惰性气体的真空室内进行气相镀覆的一类技术。主要包括真空蒸镀(真空蒸发)、阴极溅射镀和离子镀。其膜层还可进一步在高温下扩散渗镀,以提高与基体的结合力</td><td></td></tr>
<tr><td>真空蒸镀</td><td>基体可以是金属或非金属。涂层有铝、银、锌、镍和铬等金属及ZrO_2、SiO_2等高熔点化合物。膜层平滑光亮,反射性好。耐蚀性优于电镀层,但覆盖能力不如电镀层</td><td>主要用于制作各种薄膜电子元件;沉积各种光学薄膜如车灯反光罩等;以及用在某些非金属工艺品上作装饰膜层</td></tr>
<tr><td>阴极溅射镀</td><td>与真空蒸镀比较,具有结合力强、涂层材料不受熔点和蒸气压限制等优点,但沉积速度不如真空蒸镀</td><td>可溅镀金、铂等高熔点膜层;TiN、TiC、WC等超硬膜层;MoS_2等耐磨膜层;Al_2O_3等隔热膜层和Co-Cr-Al-Y等高温膜层;以及电子、光学器件和塑料的装饰膜层</td></tr>
<tr><td>离子镀</td><td>具有真空蒸镀和阴极溅射镀的综合优点。基体是金属或非金属均可,膜层材料可以是金属、合金、化合物及陶瓷等。膜层与基体结合力很好</td><td>可镀铝、锌、镉等耐蚀膜层;铝、钨、钛、钽耐热膜层;铬、碳化钛耐磨膜层;金、银、氮化钛装饰膜层;塑料上镀镍、铜、铬用于汽车及电器零件及制作印刷线路板、磁带等</td></tr>
</table>

离子镀 TiN、TiC 化合物镀膜

表 1-7-40

镀层类别	被镀工件			镀层性能				应用举例
	表面要求	材料	最大尺寸/mm	厚度/μm	结合强度	耐蚀性	表面粗糙度	
工具镀	表面无油污、无氧化皮及氰化处理层,工作部位表面粗糙度数值低于 Ra0.8μm,硬度≥60HRC	高速钢、硬质合金、模具钢	ϕ200×900	2~10	良好	—	取决于被镀件表面粗糙度显微硬度 1800~2500HV	氮化钛镀层钻头按 JB/GQ,将转速和走刀量各提高 33% 进行试验,其使用寿命比无镀层的钻头提高 4 倍以上
一般装饰镀	表面无油污、无氧化皮及其他处理层,表面粗糙度数值低于 Ra0.4μm	不锈钢、碳钢(表面电镀铜镍铬层);锌铝合金(表面电镀铬层);玻璃	600×1000	0.5~1	良好,在压力 5MPa 下用布轮抛光 3000m 以上不露底	①人汗水 30~35℃,>100h ②盐雾 35℃±2℃,3.5%NaCl,相对湿度大于 90%,24h 后保持光泽,无锈斑	被镀件表面粗糙度在 Ra10μm 以下的,镀后保持不变	装饰品如戒指、项链等,表壳、表链、各类灯具、餐具等
建筑装饰镀	抛光表面无油污、氧化皮、划伤,表面粗糙度 Ra0.4μm		2500×1500×180, ϕ800×2000	1~5	良好			各类卫生洁具,各种标牌、门框、立柱、旗杆顶等

12　化学转化膜法(金属的氧化、磷化和钝化处理)和金属着色处理

"转化膜"法是指由金属的外层原子和选配的介质的阴离子反应而在金属表面上产生不溶性化合物覆盖物的方法,这是一种化学成膜处理法,通常把这种经过化学处理而生成的覆盖膜,称为"转化膜"或"化学转化膜"。

金属的氧化、磷化和钝化处理的特点与应用

表 1-7-41

名称	操作	特点	应用
氧化	黑色金属的氧化是将工件置于含硝酸钠或亚硝酸钠的氢氧化钠浓溶液中处理,使工件表面生成一层很薄的氧化膜的过程。也称发蓝或发黑	钢铁的氧化膜主要由磁性氧化铁(Fe_3O_4)组成。厚度约为 0.5~1.5μm,一般呈蓝黑色(铸铁和硅钢呈金黄至浅棕色),有一定的防护能力。膜层很薄,不影响工件的尺寸精度。氧化没有氢脆现象,但有时会产生碱脆 为提高膜的耐蚀性、耐磨性和润滑性,可利用其良好的吸附性,进行浸热肥皂水及浸油(锭子油、机油或变压器油)处理	膜层黑亮,有防护和装饰效果。广泛用于各种精密仪器、光学仪器、机械零件及各式武器上作防护装饰 氧化也用于铝、铜、镁等有色金属及合金,以提高耐蚀性或作油漆底层。但处理溶液及膜的组成、颜色、性质随合金不同而异

续表

名称	操作	特点	应用
磷化	磷化是将工件置于含有锰、铁、锌的磷酸盐溶液中处理，使工件表面生成一层难溶于水的磷酸盐薄膜的过程，又称磷酸盐处理 磷化按操作温度可分为高温、中温、低温(冷)磷化三种类型	磷化膜厚度约为3~20μm，呈灰或暗灰色。与金属基体结合较好，在大气条件下很稳定，在有机油类、苯、甲苯及各种气体燃料中有很好的耐蚀性，耐蚀能力为氧化膜的2~10倍以上。但不耐酸、碱、氨、海水及水蒸气等。膜经重铬酸盐封闭后，耐蚀性可大为提高 磷化膜与油漆涂层有良好的结合力；膜层的电绝缘性很高，涂绝缘漆后可耐1000~1200V；膜层具有多孔性，可吸附大量润滑油而减小摩擦；膜层具有不黏附熔融金属的特性 磷化膜的使用温度一般在150℃以下，但可经受400~500℃的短时烘烤，温度过高则耐蚀性下降 磷化后基体的力学性能、强度、磁性等基本不变。但膜本身硬度、强度较低，有一定脆性	用作一般机械零件、制品的保护层和油漆底层；用于冷冲压、冷镦时的减摩和防裂；用于电机、变压器等电磁装置的硅钢片和要求绝缘的钢件，在不影响透磁的情况下提高绝缘性；还可作热浸锌、浸铅-锡及浇铸电机铝转子的钢模的防粘保护层 在国防工业上，可作各种武器的防护层和润滑层；航空发动机上的燃油及润滑油系统的导管、飞机操纵系统上的高压气瓶内腔，起落架轮轴以及其他类似零件也常用磷化膜作保护层 磷化不仅用于黑色金属，也用于锌、镉、铝等有色金属及其合金
钝化	钝化是将金属置于亚硝酸盐、硝酸盐、铬酸盐或重铬酸盐溶液中处理，使金属表面生成一层铬酸盐钝化膜的过程，又称铬酸盐处理	铬酸盐钝化膜主要由三价铬与六价铬的化合物以及基体金属的铬酸盐组成。外观随合金成分、膜厚而变化，可由无色到彩虹色或棕黄色。膜层具有良好的耐蚀性和装饰性；膜层紧密，与基体结合较好，对基体金属可起隔离保护作用。膜中的三价铬不溶于水，构成膜的骨架，使膜有较高的强度与化学稳定性。而六价铬是可溶性的，在膜中起填充作用，在潮湿大气中，即使膜被划伤，六价铬也能溶于水生成铬酸盐，使划伤处重新钝化而具有自愈合能力	常作为锌、镉镀层的后处理，以提高镀层的耐蚀性；用作铝合金、镁合金、铜及铜合金等的防护；在航空工业和其他部门，还用来代替铝的阳极氧化膜用；对于黑色金属，较少单独使用，多是用来封闭磷化层，增强防腐能力；也用于保护金属在防腐施工前不再生锈，并提高漆膜的附着力

金属着色处理

表 1-7-42

含义	金属着色处理是通过表面转化形成有色膜或干扰膜的过程，一般着色膜层厚度为25~55nm，其色调与处理方法及膜厚有关，通常可获得黄、红、蓝、绿等色及彩虹、花斑等色彩。杂色色彩的产生源于膜厚不均对光反射过程的影响 金属着色处理方法有化学转化法与电化学转化法(通过热处理或化学置换反应也能形成着色膜)。金属着色处理是使用颜料通过金属表面的吸附作用和化学反应使其发色，或通过电解作用使金属离子与染料共沉积而产生色彩		
材料	着色技术	颜色	应用
铝和铝合金	自然发色法 交流电解着色法 吸附染色法(化学染色法)	青铜色、茶色、红棕色、琥珀色、金黄色、褐色、黑色 青铜色、古铜色、浅黄、黑色、深古铜色、金绿色、红褐色、粉红色、淡紫色、赤紫色、褐色 用有机染料染色：黑色、红色、蓝色、金黄色、绿色 用无机染料染色：黄色、褐色、黑色、金黄色、橙黄色、白色、暗棕色	着色氧化膜在轻工、建筑等方面应用激增
铜及铜合金		绿、黑、蓝、红等基调色，并派生出古铜色、金黄色、古褐色、褐色、蓝黑色、淡绿色、紫罗兰色、橄榄绿色、巧克力色、灰绿色、灰黄色、红黑色等	用于装饰光学仪器及美术
不锈钢	表面化学氧化着色法 电解着色法 氧化着色法	仿金色、巧克力色、黑色等氧化着色 褐色、金黄、红、绿等不同色 此法所显示出的色彩并非形成的有色表面覆盖层，而是表面形成的无色透明氧化膜对光的干涉而呈现出各种色彩	

13 喷丸、滚压和表面纳米化

喷丸原理与应用

表 1-7-43

分类	原理	应用
喷丸除锈	以压缩空气带动铁丸通过专门工具，高速喷射于金属表面，利用铁丸的冲击和摩擦作用，清除金属表面的铁锈及其他污染，并得到有一定表面粗糙度的、显露金属本色的表面 对于铝质表面的漆层可用喷塑料丸清除	为了提高防护层的结合力
喷丸强化	利用压缩空气（或离心式喷丸机）将淬硬钢丸（一般为锰钢丸，直径为 0.8～1.2mm，硬度为 47～50HRC）喷射到金属表面，利用喷丸的冲击，使金属表层产生极为强烈的塑性变形，形成 0.1～0.8mm 深的强化层，强化层内组织结构细密，又有较高残余压应力，从而提高了零件表面对塑性变形和断裂的抗力，特别是对在交变载荷下工作的零件的疲劳强度和寿命的提高更为明显。同时使零件表面缺陷和机加工带来的损伤减少，降低应力集中 喷丸强化的特点主要有：①显著提高弯曲、接触、应力腐蚀等疲劳强度；②材料的强度越高，表面强化效果越好，因此钢的喷丸强化效果优于其他金属或合金；③喷丸强化能减弱或消除许多表面缺陷，使表层浅的缺陷压合，产生超过缺陷深度的压应力层，不受工件表面状态的限制；④喷丸强化不改变工件表面材料的化学成分，适合于对特殊材料的处理 喷丸强化一般对拉伸面起作用，而对压缩面不起作用，因此板簧的喷丸只在凹面进行	用在承受交变应力下工作的零件可以大大提高其疲劳强度，如汽车板簧、螺旋弹簧、轴类、连杆等喷丸处理后，均可使寿命提高几倍 处理质量一般应以最佳喷丸应力表示（但目前有些工厂在衡量板簧喷丸质量时是用板簧片弧高的变化 ΔH 来表示） 喷丸的直径、材料、硬度以及喷速等对喷丸强化处理质量都有直接影响，必须注意

滚压原理与参数

表 1-7-44

分类	原理	参数	应用
外圆滚压	利用滚压工具在常温状态下对零件表面施加压力，使金属表面层产生塑性变形，修正零件表面的微观几何形状，降低表面粗糙度；同时使零件表面层的金相组织改变，形成有利的压应力分布，提高零件疲劳强度以及耐磨性和硬度	滚压前零件表面粗糙度应有 $Ra6.3\mu m$ 或更低，滚压速度 $v=30\sim200m/min$，走刀量 $s=0.10\sim0.15mm/r$，实际滚压深度 $t=0.01\sim0.02mm$，滚压时滚轮切线点应比零件中心约高 1mm	可滚压圆柱形或锥形内外表面，曲线旋转体的外表面、平面、端面、凹槽、台阶轴的过渡圆角及其他形状的外表面，例如轴类，汽、液缸体内壁，活塞杆、锻锤杆等，特别是对受反复载荷零件的疲劳强度的提高效果显著。对有色金属、碳钢、合金钢和铸铁都适用。采用滚压工艺，可以在各种大、中、小型车床上进行。滚压后、零件表面粗糙度可以从 $Ra6.3\sim3.2\mu m$ 降低到 $Ra0.8\sim0.32\mu m$
内圆滚压		$v=40m/min$，$s=0.08\sim0.15mm/r$ $t=0.015\sim0.025mm$ 滚轮直径一般比待加工孔径大 0.12mm 左右	
深孔滚压		滚压时滚柱与零件有 0°30′或 1°的斜角，$v=60\sim80m/min$，$s=0.15\sim0.25mm/r$，一般钢材滚压过盈量为 0.12mm，滚压后孔径增大 0.02～0.03mm	

注：滚压参数应根据工件材料、硬度、壁厚等条件，通过实验得出。

滚珠滚压加工对碳钢零件表面性质的改善程度

表 1-7-45

钢号	滚压前性质		滚压用量				滚压结果		
	表面粗糙度 Ra/μm	硬度 HB	压力/N	走刀量 /mm·r^{-1}	滚珠直径 /mm	速度 /m·min^{-1}	硬度增长 /%	表面粗糙度 Ra/μm	强化层深度 /mm
20	12.5	140	1500	0.15	30	120	80	0.2	2
45	3.2	190	1800	0.06	10	60	65	0.4	2.5
T7	3.2	180	2500	0.12	10	60	50	0.4	2

表面强化使疲劳强度增加的百分数

表 1-7-46 %

表面强化的种类	轴				曲轴
	截面不变的		有显著应力集中的		
	d=10~20mm	d=40mm	d=10~20mm	d=40mm	
渗氮	20~40	10~15	100~200①	100	30(60)
高频淬火	20~60	—	70~100	50~100②	—
喷丸④	20	10~20	>50	30~50	15~25
滚压⑤	30	20~30	40~100③	40~80③	60(100④)

① 较小的数值用于横向孔应力集中的情况。

② 在整个应力集中区域全进行淬火并且保持塑性中心。

③ 轴上装配压合零件之凸起部分经碾压者；碾磨阶梯式轴的过渡圆角；用冲头锤打压在具有横向孔的轴中的孔边。碾磨曲轴的圆角。

④ 碾磨曲轴的圆角。

⑤ 当受热及在长期工作条件下，因冷作而强化的影响变弱，括号中的数字需要补充检验。

表 1-7-47　喷丸处理对汽车变速箱齿轮弯曲疲劳强度和接触疲劳强度的影响

喷丸工艺	弯曲疲劳试验			接触疲劳试验		
	寿命范围 /10^6	平均寿命 /10^6	相对寿命	寿命范围 /10^6	平均寿命 /10^6	相对寿命
未喷丸	0.167~1.83	0.998	1.00	3.15~4.41	3.78	1.00
一般喷丸	2.30~2.77	2.54	2.54	1.89~2.23	2.06	0.545
加强喷丸	2.20~4.48	3.34	3.35	4.92~5.31	5.115	1.35

注：东风汽车公司早在20世纪70年代，用喷丸强化解决了汽阀弹簧和变速箱1-倒挡齿轮的早期断裂问题，显示喷丸处理可显著提高汽车变速箱齿轮的弯曲疲劳强度和接触疲劳强度。该工艺目前已成为汽车悬挂弹簧的常规处理方法。

各种表面强化方法的特点

表 1-7-48

类别	强化方法	表面层组织结构	硬化层厚度/mm 最小	硬化层厚度/mm 最大	可获得的表面硬度或变化	表层残余应力/MPa	适用材料
表面抛光、磨光、表面形变强化	喷　丸	亚晶粒碎化高密度位错	0.4	1.0	增加 20%~40%	压应力 4~8	钢、铸铁、有色金属
	滚轮磨光		1.0	2.0	增加 20%~50%	压应力 6~8	
	流体抛光		0.1	0.3	增加 20%~40%	压应力 2~4	
	金刚砂磨光		0.01	0.20	增加 30%~60%	压应力 8~10	
化学热处理	渗碳	马氏体+粒状碳化物	0.5	2.0	60~65HRC	压应力 4~10	低碳钢
	氮化	合金氮化物	0.05	0.60	650~1200HV	压应力 4~10	钢、铸铁
	渗硼	硼化物	0.07	0.15	1300~1800HV	—	
	渗钒	碳化钒	0.005	0.02	2800~3500HV	—	
	渗硫	低硬度硫化物(减摩)	0.05	1.0	—	—	
表面冶金强化	表面冶金涂层	固溶体+化合物	0.5	2.0	200~650HB	拉应力 1~5	钢、铸铁、有色金属
	表面激光处理	细化组织			1000~1200HV	—	钢
	表面激光上釉	非晶态			Fe-P-Si 1290~1530HV	—	
表面薄膜强化	化学镀	Ni-P、Ni-B	0.005	0.1	400~1200HV	—	钢、铸铁、有色金属
	镀铬	纯金属	0.01	1.0	500~1200HV	拉应力 2~6	
	电刷镀	高密度位错	0.005	0.3~0.5	200~700HV	—	
	离子镀	Al 膜、Cr 膜等	0.001	0.01	200~2000HV	—	
	化学气相沉积	TiC、TiN	0.001	0.01	1200~3500HV	—	

表面纳米化

表 1-7-49

特点	①纳米金属材料由于晶粒细小,界面密度高,表现出独特的力学性能和物理化学性能。因此,利用纳米金属的优异性能对传统工程金属材料进行表面结构改良,即制备出一层具有纳米晶体结构的表面层,提高工程材料的综合力学性能和环境服役行为 ②由于表面纳米层晶界密度高,晶界作为易快速扩散传质的通道,可以降低渗碳、渗氮的温度,缩短渗透时间,改善渗层质量 ③另外,表面纳米化还可有效抑制裂纹萌生,内部粗晶组织可减缓其扩展,提高材料的抗疲劳强度
制备方法	传统的纳米金属制备方法,如金属蒸发凝聚-原位冷压成形法、机械研磨法、非晶晶化法和电解沉积法等,由于制备技术复杂、成本太高,限制了纳米材料在工业上的实际应用。近年来,随着高速、高精确度喷丸投射机的开发成功,利用喷丸技术可成功实现金属表面的纳米化。目前利用超声速喷丸技术,已可以在平板类、轴类、发动机的叶片等复杂工件上实现表面纳米化
举例	①对 316L 不锈钢表面进行 30s 的轰击后,表层显微组织形成了结晶位向为任意取向的纳米晶相,晶粒平均尺寸为 10nm,硬化层深度达 5~30μm ②将 SS400 钢(相当于 Q235)对接接头进行高能喷丸处理,其硬度和疲劳寿命得到显著提高:母材热影响区和焊缝三个区域表层的硬度在喷丸处理前分别为 148HV、212HV 和 277HV,处理后增加为 494HV、501HV 和 483HV。疲劳试验结果显示,当疲劳寿命为 2×10^6 周时,高能喷丸处理使焊接接头的疲劳强度提高了 79% ③采用高能喷丸技术对工业纯钛进行表面纳米化处理,发现喷丸时间对材料的塑性变形和显微硬度有明显的影响(见图 a 和图 b) 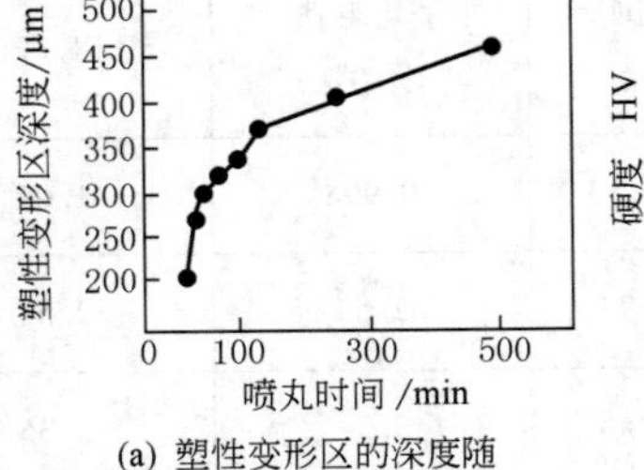 (a) 塑性变形区的深度随喷丸时间的变化 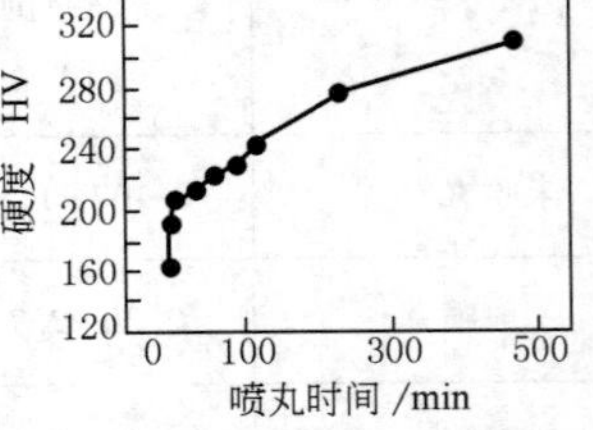 (b) 表面显微硬度随时间的变化

14　高能束表面强化技术

高能束表面强化技术的含义、特点及比较

高能束表面强化技术是采用$10^3 W/cm^2$以上功率密度的高能束流集中作用在金属表面，通过表面扫描或伴随有附加填充材料的加热，使金属表面由于加热、熔化、气化而产生冶金的、物理的、化学的或相结构的转变，达到金属表面改性目的的加工技术。有电子束表面强化技术、离子束表面强化技术、激光束表面强化技术等。

高能束是能供给材料表面不低于$10^3 W/cm^2$功率密度的能源。包括：激光束、电子束、离子束、电火花、超高频感应冲击、太阳能和同步辐射等，如下表：

	类　型	功率密度 $/W \cdot cm^{-2}$	峰值密度 $/W \cdot cm^{-2}$	材料表面吸收的能量密度 $/J \cdot cm^{-2}$	处理能力 $/cm^3 \cdot cm^{-2}$	能源类型
各种高能束能源的功率密度和相关参数	激光束	$10^4 \sim 10^8$	$10^8 \sim 10^9$	10^5	$10^{-5} \sim 10^{-4}$	光
	电子束	$10^4 \sim 10^7$	$10^7 \sim 10^8$	10^6	$10^{-6} \sim 10^{-5}$	电子
	离子束	$10^4 \sim 10^5$	$10^6 \sim 10^7$	$10^5 \sim 10^6$	1~10	强磁场下微波放电
	超声波	$10^4 \sim 10^5$	$10^5 \sim 10^6$	$10^5 \sim 10^6$	$10^{-5} \sim 10^{-4}$	超声波振动
	电火花	$10^5 \sim 10^6$	$10^6 \sim 10^7$	$10^4 \sim 10^5$	$10^{-5} \sim 10^{-4}$	电气
	太阳能	1.9×10^3	$10^4 \sim 10^5$	10^5	$10^{-5} \sim 10^{-4}$	光
	超高频感应冲击	3×10^3	10^4	10^4	$10^{-4} \sim 10^{-3}$	电感应

	工艺方法	功率密度 $/W \cdot cm^{-2}$	作用时间/s
激光束表面强化方法采用的激光功率密度和作用时间	相变硬化	$10^3 \sim 10^4$	0.01~1
	重熔	$10^4 \sim 10^6$	
	合金化		
	熔覆		
	非晶化	$10^6 \sim 10^8$	$10^{-7} \sim 10^{-6}$
	冲击硬化	$10^8 \sim 10^{10}$	

激光束、电子束表面强化和离子束注入技术的分类、特点及应用

表 1-7-50

	激光束表面处理技术	离子束注入技术	电子束表面强化技术
含义、分类	是通过激光(激光束)与材料的相互作用,使材料表面发生要求的物理化学变化,利用激光的高亮度、高方向性和高单色性,对材料表面进行各种处理,显著改善其组织结构和性能。设备一般由激光器、功率计、导光聚焦系统、工作台、数控系统、软件编程系统等构成。典型工艺有相变硬化、重熔、合金化、熔覆、非晶化、冲击硬化、脉冲激光沉积、表面烧蚀沉积	是将所需的气体或固体蒸气在真空系统中电离,引出离子束后,用数千至数十万电子伏加速轰击工件表面直接注入工件,达到一定深度,从而改变材料表面的成分、结构,改善表面性能的真空处理工艺 离子束处理技术主要有离子束刻蚀、离子束镀膜、离子镀、离子注入四种,其中前3种都是利用离子的溅射效应,最后一种则是基于离子注入效应	通常由电子枪阴极灯丝加热后发射带负电的高能电子流,通过一个环状的阳极,经加速射向工件表面,电子能深入金属表面一定深度,与工件金属的原子核及电子发生相互作用,能量以热能形式传给工件,达到改善表面性能的目的 电子束加热的深度和尺寸比激光大。但电子束是在真空中工作的,因而,推广受到限制,如工件尺寸大、大批量流水线生产时则不适宜。典型工艺有表面淬火、熔凝、熔覆、合金化

续表

<table>
<tr><td></td><td>激光束表面处理技术</td><td>离子束注入技术</td><td>电子束表面处理技术</td></tr>
<tr><td>特点</td><td>① 加热冷却速度快，处理效率高
② 激光能量、光斑大小和形状以及激光作用时间可以精确控制，处理效果好
③ 只在需要的部位进行处理，热输入低，工件热变形小甚至基本无变形
④ 激光束易于传输和导向，因此，可以对复杂零件表面进行处理，如深孔、沟槽表面，管状零件内壁等
⑤ 易于实现自动控制，劳动生产率高
⑥ 节省能源，不产生环境污染
⑦ 激光处理可与热处理和热-化学处理、喷丸处理（激光处理前后均可）、热喷涂、放电加工（EDM）沉积或爆炸、离子注入、制作薄膜层化学气相沉积和物理气相沉积过程结合。将激光加热与机加工结合能加工其他方法难以加工的材料
激光处理的优点与电子束处理类似，但免除了电子束处理中有害 X 射线、真空以及表面需去磁的限制。其不足是需要严守安全规程，提高表面的能量吸收，镜面的寿命短，激光器设计复杂，价格昂贵，但由于激光处理的工件寿命可提高数十个百分点乃至几倍，总体看优点大</td><td>① 可根据需要获得不同的引出离子，注入到各种各样的固态物质中，并不受固体溶解度和扩散系数的限制，即在常规下互不共溶的元素，也能实现掺杂。因此，用这种方法可获得不同于平衡结构的特殊物质，方便开发新材料
② 离子注入和注入后的温度可任意控制，且在真空中进行，不氧化、不变形、不发生退火软化，表面粗糙度一般无变化，可作为最终工艺
③ 可控性和重复性好。改变离子源和加速器能量，可以调整离子注入深度和分布；通过可控扫描机构，不仅可实现在较大面积上的均匀化，而且可以在很小范围内进行局部改性
④ 可获得 2 层或 2 层以上性能不同的复合材料。复合层不易脱落。注入层薄，工件尺寸基本不变
现存缺点：注入层薄（$<1\mu m$）；离子只能直线行进，不能绕行，对于复杂的、有内孔的零件不能进行离子注入；设备贵</td><td>① 加热和冷却速度快。将金属材料表面由室温加热至奥氏体化温度或熔化温度仅几分之一到千分之一秒，其冷却速度可达 $10^6 \sim 10^8$℃/s
② 与激光比使用成本低。电子束设备一次性投资仅为激光的 1/3，每瓦约 8 美元，而大功率激光器每瓦约 30 美元，电子束实际使用成本也只有激光处理的 1/2
③ 结构简单。电子束靠磁偏转动、扫描，而不需要工件转动、移动和光传输机构
④ 电子束与金属表面耦合性好。电子束所射表面的角度除 3°~4°特小角度外，电子束与表面的耦合不受反射的影响，能量利用率达 90% 以上，远高于激光。因此电子束处理工件前，工件表面不需加吸收涂层
⑤ 电子束能量的控制比较方便，通过灯丝电流和加速电压很容易实施准确控制（比激光束方便）。根据工艺要求，很容易实现计算机控制
⑥ 电子束加热时，材料表面的熔化层至少有几个微米厚，这会影响冷却阶段固-液相界面的推进速度。其加热时能量沉积范围较宽，而且约有一半电子作用区几乎同时熔化。其加热的液相温度相对激光加热偏低，因而温度梯度较小
⑦ 当使用电压超过 150kW 时，电子束易激发 X 射线，使用过程中应注意防护
⑧ 电子束处理前，工件需进行消磁处理</td></tr>
</table>

<table>
<tr><td rowspan="3">激光表面强化技术的应用</td><td rowspan="3">改进材料表面性能</td><td>激光相变硬化</td><td>是在激光作用下使材料表面快速加热至奥氏体化温度，随后通过热量往基体内部的传导，被加热表面以很快的速度冷却，从而获得细小的马氏体组织，以提高零件表面的耐磨性，并通过在表面产生压应力来提高疲劳强度。仅适用于固态具有多形性转变的钢铁类材料</td></tr>
<tr><td>激光熔覆</td><td>是以激光束为热源在零件表面熔接一层成分和性能完全不同于基体而又与基体具有冶金结合的合金表层，以提高表面的耐磨、耐蚀性能。与表面合金化不同，激光熔覆要求基体材料仅表面一极薄层熔化，以保证熔覆材料最大限度地不被熔化的基体材料所稀释（稀释将降低熔覆层的性能）。这种合金熔覆层基本保持其原有成分和性质不变。比之合金化，激光熔覆能更好地控制表层的成分、厚度和性能</td></tr>
<tr><td>激光重熔</td><td>是在激光作用下使材料表面局部区域快速加热至熔化，随后借助于冷态的金属基体的热传导作用，使熔化区域快速凝固，形成组织结构极其细小的非平衡铸态组织，硬度高，耐磨、耐蚀性好。当扫描速度很快或激光作用时间很短时，对于有些合金，熔化层快速凝固后将得到非晶表面，有极好的耐磨损和耐蚀性能，这就是激光非晶化，有时也称为激光玻璃化</td></tr>
</table>

续表

激光表面强化技术的应用	改进材料表面性能	激光合金化	是在激光重熔的基础上通过向熔化区内添加一些合金元素，熔化的基体材料和添加的合金元素由于激光熔池的运动而得到混合，凝固后形成以基体成分为基础而又不同于基体成分的新的合金层，以达到所要求的使用性能。在熔化区内不仅可以添加合金元素，而且还可以添加一些碳化物类等硬质粒子，这些硬质粒子将镶嵌在合金化的基体中，从而使表面的硬度和耐磨性获得提高 激光合金化具有很高的冷却速度。这种快速冷却的非平衡过程可使合金元素在凝固后的组织达到极高的过饱和度，形成普通合金化方法很难获得的化合物、介稳相和新相，且晶粒极其细小。激光合金化既可以在合金元素用量很小的情况下获得高性能的合金化表层，也可以获得合金含量高、常规方法无法获得或不可能获得的具有特殊性能的合金层。激光合金化为创造新的合金表层提供了广泛的可能性
		激光冲击硬化	是将极高功率密度的激光束作用于材料表面，使其在极短的时间内发生爆炸性气化。原子从表面逸出时形成巨大的冲击波，其产生的压力可以高达10^4MPa以上，这一压力远远高于材料的动态屈服点而使材料表面产生强烈的塑性变形，从而造成组织中位错密度增加形成亚结构。这种组织能大大提高材料的表面硬度、屈服强度和疲劳寿命，从而使材料性能大为改善。实践表明，用激光对7075铝合金进行冲击强化后疲劳强度可以提高3倍左右，抗裂纹扩张性能也大为提高。铝合金构件的焊缝强度采用激光冲击硬化处理后可恢复到接近母材数值
	沉积薄膜	脉冲激光沉积（PLD）	是将高功率脉冲激光束聚焦在放置于真空室中的靶材表面，使靶材表面产生高温（$T \geq 10^4$K），蒸发、电离、膨胀而形成羽辉，羽辉到达基片，在其上淀积成膜。目前所用脉冲激光器中以准分子激光器能量效果最好，已能够制备从高温超导薄膜到类金刚石薄膜的几乎所有薄膜。采用PLD成膜方法易于在较低温度（如室温）下制备和靶材成分一致的多元化合物薄膜，尤其适于高熔点及含易挥发成分膜材的制备。该法具有易于引进新技术的特点，在高质量纳米薄膜、外延单晶膜、多层膜及超晶格薄膜的生长方面具备广阔的应用前景
		激光化学气相沉积（LCVD）	是在传统化学气相沉积（CVD）的基础上发展起来的、利用激光形成薄膜的一项新技术。CVD是在高温下利用气态物质在固态工件表面上进行化学反应生成固态沉积薄膜的过程。LCVD是指利用激光诱导的化学反应产生游离原子或分子沉积在基材表面形成薄膜的技术，其产生的化学反应包括反应气体相、基片表面吸附相和基片表面的热化学反应、光化学反应和等离子体反应等
	表面清洗	激光表面清洗	是基于激光与物质相互作用效应的一项新技术。它采用高能激光束照射到待清洗的工件表面，使表面的污物、锈斑或涂层产生瞬态超热，发生气化挥发；或在基体表面瞬间产生热膨胀，该膨胀导致的平均加速度相当巨大，所引起的热应力使得吸附在工件表面的微粒或油脂克服吸附力的束缚而向前喷射，从而达到洁净工件表面的目的。该过程大致包括激光气化分解、激光剥离、污物粒子热膨胀、基体表面振动和粒子振动等几个方面。以激光辐射清洗法和激光蒸发液膜法为实际常用方法。激光清洗技术去污范围广，运行成本低，易实现自动化操作，且不使用化学试剂，是一种高经济效益的“绿色清洗”技术
	制备纳米粉	激光表面烧蚀沉积法（PLA）	作为简单有效的气化样品手段，除了被扩展到脉冲激光沉积薄膜（PLD）技术上，也是当前激光制备金属、陶瓷、金属间化合物等纳米粉的主要工艺方法。当脉冲激光束作用到置于反应室中的靶材表面，靶材被瞬间（$<10^{-3}$s）加热到气化温度以上，发生高温光热化学反应，瞬时完成粒子成核长大，快凝成为纳米粉体。这是一个从固态到气态的直接相变过程，有利于制备平衡态下得不到的新相。所制备纳米粉体粒径均匀，可小于10nm，纯度高，无烧结性团聚。该过程中，激光主要作用于固-气界面，随着对材料性能的新要求，采用激光烧蚀液-固界面的尝试也已开始

续表

类别	应用											
离子注入技术的应用	提高耐磨性	基材	铍合金	铜合金	钛合金	工具钢	锆合金	高合金钢	低合金钢	不锈钢	轴承钢	超合金
		离子	B	B、N、P	N、C、B	N	C、N、Cr+C	Ta、Ti+C	N	N	Ti+C	Y、C、N
	改善摩擦性能	基材	钛合金	高合金钢	低合金钢	不锈钢		改善疲劳性能	基材	钛合金	高合金钢	低合金钢
		离子	Sn、Ag	Sn、Ag、Au、Mo+S	Sn	C+Ti			离子	N、C、Ba	N、Mn、C、B、Ni	Ni、Ti
	提高硬度	基材	铝合金	铍合金	钛合金	锆合金	高合金钢	低合金钢	高速钢	烧结陶瓷	铜合金	
		离子	N	B	N、C、B	C、B	Ti+C	N	N、B	Y、N、Zr、Cr	B、C、N、P	
	改善耐蚀性能	基材	铝合金	铜合金	锆合金	高合金钢	低合金钢	超合金	纯铜	医用合金		
		离子	Mo	Cr、Al	Cr、Sn	Cr、Ta、Y	Cr、Ta	N、C、Y、Ce	N	N		
	改善催化性能	基材	金属材料陶瓷	消除氢脆	基材	钢	更易形成氮化物	基材	铜、铅	改变光学性能	基材	玻璃、人造材料
		离子	Pt、Mo、Pd		离子	Pt、Pd		离子	Ti、Mo		离子	Nb、Ti、Mo、Zr、Y

应用在表面工程中的注入技术主要是简单离子束注入及其后续加工所采用的反冲注入

该技术中，氮离子注入在工业范围内占主要优势，主要应用于切削及成形工具中，较少应用在机械零部件中，它可使工具的寿命提高2~10倍（见表1-7-51）。硼离子、磷离子、锗离子注入在半导体制造中应用广泛

电子束表面强化技术的应用

电子束无论是脉冲式还是连续式，均可用于加工不同表面粗糙度（但不超过 Ra 40μm）及形状的零件，以及加工零件的不同部分，但应使被加工面与电子束垂直，最好是长且平整的表面或旋转对称面（见图b），若偏差不超过一定程度，不与之垂直的表面也是可行的（见图c）。电子束加工的优点：能加工通常方法不能加工的表面，利用计算机控制可精确调整加热参数，消除变形，无污染，可加工精加工后的磨制表面，易实现自动化及在公差允许范围内的高度精加工，高效率、低能耗（效率达80%~90%），不需冷却剂，加工过程有高度可重复性。其加工质量可与激光技术相媲美

电子束除了可以获得比传统强化工艺更高的硬度，还可以对一个选择的点精确地进行加热，这个点可以是非常小的尺寸，而且仅在被处理材料上很小的区域或微观区域里，可以保持非常小的硬化层厚度差，并且具有较小的淬火应力。电子束强化方法可使硬化后的材料尺寸不变，这一优点，使该工艺得到广泛应用

在电子束加工前，零件需进行消磁处理。一般非重熔加工不需要后续加工，但在有重熔发生的情况下，通常需要后续处理来使已加工表面达到合适的表面粗糙度。电子束完成硬化过程需要使用几千瓦到几十千瓦的加热器

电子束硬化的典型零件是汽车和农用机械的零部件、机械工具部件、滚珠轴承，例如大尺寸活塞环、联轴器、齿轮、曲轴、凸轮连杆、凸轮、轮缘、摇臂、环、涡轮叶片、模具切割边、铣削工具、车削刀具、钻具等

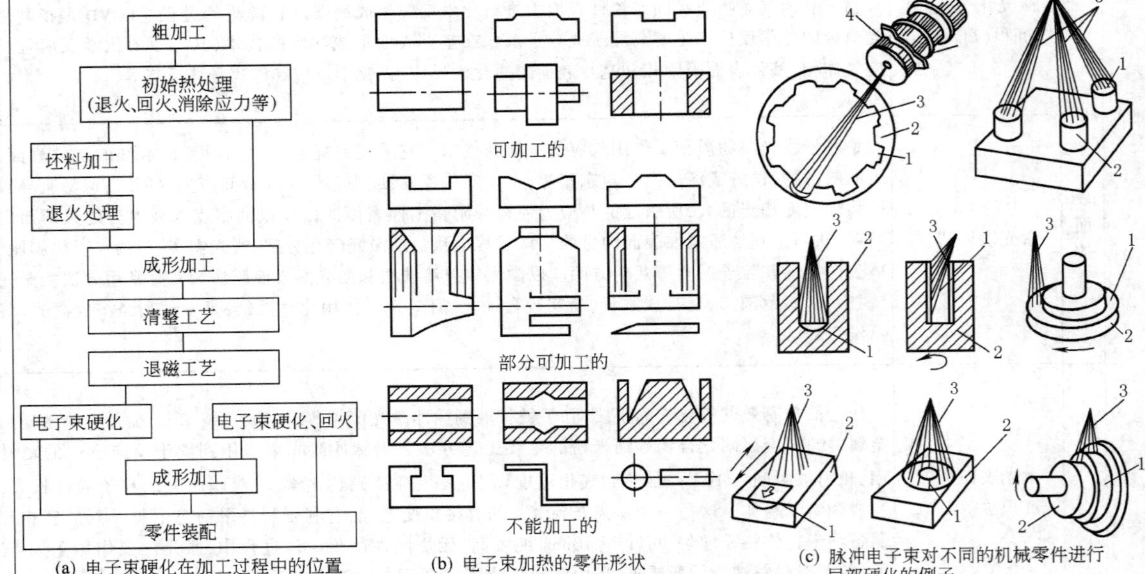

(a) 电子束硬化在加工过程中的位置　(b) 电子束加热的零件形状　(c) 脉冲电子束对不同的机械零件进行局部硬化的例子

1—硬化层；2—工件；3—电子束；4—电子枪

续表

电子束表面强化技术的应用	电子束表面相变强化处理	用散焦方式的电子束轰击金属工件表面，控制加热速度为 $10^3 \sim 10^5$℃/s，使金属表面加热到相变点以上，随后高速冷却（冷却速度达 $737\times10^5 \sim 737\times10^7$℃/s）产生马氏体等相变强化。此方法适用于碳钢、中碳低合金钢、铸铁等材料的表面强化处理
	电子束表面重熔处理	利用电子束轰击工件表面使表面产生局部熔化并快速凝固，从而细化组织，达到硬度和韧性的最佳配合。对某些合金，电子束表面重熔可使各组成相间的化学元素重新分布，降低某些元素的显微偏析程度，改善工件表面的性能。目前，电子束表面重熔主要用于工模具的表面处理上，以便在保持或改善工模具韧性的同时，提高工模具的表面强度、耐磨性和热稳定性 应用表面重熔技术，可使工具钢的硬度及耐磨性提高3倍，使冷作模具的使用寿命提高2.5~3倍；使车削刀具的使用寿命提高80%~90%，使共晶或过共晶铝合金的显微硬度提高30%~50% 由于电子束表面重熔是在真空条件下进行的，表面重熔时有利于去除工件表层的气体，因此可有效地提高铝合金和钛合金表面处理质量
	电子束表面合金化处理	先将具有特殊性能的合金粉末涂覆在金属表面上，再用电子束轰击加热熔化，或在电子束作用的同时加入所需合金粉末使其熔融在工件表面上，在工件表面上形成一层新的具有耐磨、耐蚀、耐热等性能的合金表层。电子束表面合金化所需电子束功率密度约为电子束表面相变强化的3倍以上，或增加电子束辐照时间，使基体表层的一定深度内发生熔化
	此外，电子束覆层、电子束蒸镀及电子束溅射也在不断发展和应用	

表 1-7-51　激光表面处理和离子注入技术应用实例

零件及材料名称	工艺及设备	效　果
汽车与拖拉机缸套	国产 1~2kW CO_2 激光器	提高寿命约40%，降低成本20%，汽车缸套大修期从10万~15万公里提高到30万公里。拖拉机缸套寿命达8000h以上
发动机汽缸体	4条自动生产线 2kW CO_2 激光器	寿命提高1倍以上，行车超过20万公里
东风4型内燃机汽缸套	2kW CO_2 激光器	使用寿命提高到50万公里
2-351组合机导轨	2kW CO_2 激光器	硬度和耐磨性远高于高频淬火的组织

续表

零件及材料名称		工艺及设备		效果
机床导轨	铸铁	激光淬火	5kW CO_2 激光器，波导镜，带宽 20mm，v = 0.6m/min	硬度:650HV
定位环	C60		5kW CO_2 激光器，波导镜，带宽 15mm，v = 0.65m/min	淬火深度:1mm 硬度:700HV
凸轮轴	铸铁		4.5kW CO_2 激光器，波导镜，带宽 15mm，v = 0.9m/min	淬火深度:1.2mm 硬度:800HV
法兰凸轮	42CrMo4V		① CO_2 激光器，4.7kW，带宽 10mm，v=1.5m/min ② CO_2 激光器，5kW，带宽 6mm，v=1.8m/min	淬火深度:0.3mm，硬度:500HV 淬火深度:0.2mm，硬度:550HV
活塞环	耐热钢 ϕ420mm×8mm	激光重熔，5kW CO_2 激光器		重熔宽度:4mm 重熔深度:1.2mm
钛合金工件	Ti6Al4V ϕ200mm×20mm	激光气体表面合金化，5kW CO_2 激光器，氮气 30L/min，扫描速度:5mm/min		合金化宽度:16mm(圆柱面、搭接) 合金化深度:0.15mm，硬度:1800HV
阀杆密封面	耐热钢 ϕ60mm	激光熔覆	5kW CO_2 激光器，Co 基合金粉末，熔覆速度:0.3m/min	硬度:650HV
活塞摩擦面	耐热钢		CO_2 激光 2kW，NiCrBSi/WS 粉末，熔覆层厚度:1mm，熔覆速度:1.2m/min	硬度:620HV
活塞摩擦面	耐热钢		5kW CO_2 激光器，v=1.2m/min，填充材料:药芯焊丝	
辊环	低合金钢		CO_2 激光器，6kW，Co 基合金粉末，熔覆层厚度:1.5mm×3 层，熔覆速度:0.3m/min	硬度:700HV
汽车阀座	AlSi10Mg		CO_2 激光器，6.8kW，AlSi12+Delom15 粉末，熔覆速度:0.6m/min	硬度:340HV
凹模	CrMo 耐热钢		5kW CO_2 激光器，v=0.4m/min	熔覆层深度:1.5mm，硬度:600HV
螺旋	不锈钢	激光熔覆直接成形，CO_2 激光器，4kW，Delom50 粉末，熔覆层厚度:1.2mm×5 层，熔覆速度:0.4m/min，硬度:610HV		

零件及材料名称		离子	效果	零件及材料名称		离子	效果
轴承、齿轮、阀、模具	Fe 基合金	Ti^++C^+	耐磨性	铜拉丝模	WC-CO	C^+	5(寿命提高倍数，以下同)
外科手术器械	Fe 基合金	Cr^+	耐蚀性	刀具	工具钢	N^+	5
齿轮	Fe 基合金	Ta^++C^+	抗咬合性	刀具	WC-CO	N^+	2~4
海洋器件、化工装置	不锈钢	P^+	耐蚀性	切割塑料的刀具	90% Mn、8% V、金刚石	N^+	5
人工骨骼、宇航器件	Ti 合金	C^+、N^+	耐磨性、耐蚀性	模具	钢、WC、WC-CO	N^+	2~4
橡胶、塑料模具	Al 合金	N^+	耐磨性、起模能力	贵重金属铆接砧板	D3	N^+	2~5
宇航、海洋用器件	Al 合金	Mo^+	耐蚀性	轧辊(用于铝、铜)	合金钢		3~6

续表

零件及材料名称		离子	效果
铝罐、管挤压工具	D3	N^+	3~5
铸模工具	钢		3~5
丝锥	工具钢		8~10
细丝模	工具钢		3~4
人造髋关节	钛合金 Ti6Al4V	— N^+	100 400
原子炉构件、化工装置	Zr 合金	N^+	硬度、耐磨性、耐蚀性
阀座、搓丝板、移动式起重机	硬 Cr 层	N^+	硬度
涡轮机叶片	超合金	Y^+、Ce^+、Al^+	抗氧化性
纺丝模口	超合金	$Ti^+ + C^+$	耐磨性
电池	铜合金	Cr^+	耐蚀性
轴承	Be 合金	B^+	耐磨性
工具、刀具	WC+Co	N^+	耐磨性
牙钻	WC-Co	N^+	2~3

零件及材料名称		离子	效果
金属钻头	工具钢	N^+	0.2~6
印刷线路板钻头	高速钢	N^+	4
石墨用钻	WC		6
滚铣刀	高速钢	N^+	2~3
丝状切割器	高速钢	N^+	5
环状切换器	高速钢		11
注入器嘴、模	工具钢		2~10
燃料注入器	工具钢		100
精密航空轴承	M50、440C		更好耐蚀性
铍合金轴承	铍合金	B^+	3~5
球轴承	4210 钢	Cr^+	海水中腐蚀降低 3 倍
球轴承	M50	Ti^+	降低磨损和腐蚀
玻璃纤维挤压器	工具钢	Ti^+	显著降低磨损
涡轮叶片	Ni 钢	Y^+	高抗氧化性
蒸汽阀门	钢	Sn^+	摩擦降低 90%
泵部件	17-4PH	$Ti^+ + C^+$	降低磨损

零件及材料名称		离子类型及剂量	寿命提高倍数
纸刀	1% C、1.6%Cr 钢	N^+ $8\times10^{17}/cm^2$	2
塑料孔钻	高速钢	N^+ $8\times10^{17}/cm^2$	5
乳液割刀	WC-6%Co	N^+ $8\times10^{17}/cm^2$	12
铜条模具	WC-6%Co	C^+ $5\times10^{17}/cm^2$	5
钢拉丝模	WC-6%Co	C^+ $5\times10^{17}/cm^2$	3

零件及材料名称		离子类型及剂量	寿命提高倍数
铜拉丝模	WC-6% Co	N^+ $5\times10^{17}/cm^2$	5
注入器嘴	D3	N^+ $5\times10^{17}/cm^2$	5
螺纹板牙	M2 高速钢	N^+ $8\times10^{17}/cm^2$	5
模具和冲头	2%C、12%Cr 钢	N^+ $4\times10^{17}/cm^2$	显著降低黏着磨损
酚醛树脂用丝锥	M2 高速钢	N^+ $8\times10^{17}/cm^2$	12

	基材	离子元素	混合元素、磁控溅射、离子镀	应用
离子混合的应用	Ti6Al4V	N^+	Sn	耐磨性
	超合金、钢	Ar^+	Y	抗氧化性
	碳	Ar^+	Pt	表面催化
	钢 钛 铁	Ar^+、Kr^+ Ar^+ Ar^+、Xe^+	CrPd PtAl Cr	耐蚀性
	铜	Ne^+	Al、Cr	抗表面失泽性
	Al_2O_3、石英、陶瓷、塑料	Ne^+、He^+	Al、Cu、Au	改善黏结性

	基材	离子元素	蒸气沉积元素	应用
动态离子混合的应用	钢	N^+	B	超硬氮化硼
	钢	N^+	Ti、Hf	强的黏结硬化层（TiN、HfN）
	任何材料	Ne^+	Al、Cu、Au	小气孔率的强黏结金属层
	钢	Ne^+、He^+	Cr、Ta	耐蚀涂层
	任何材料	N^+	Ti	PVD 涂层的基材准备

15 涂 装

涂装是用有机涂料通过一定方法涂覆于材料或制件表面，形成涂膜的全部工艺过程。

涂装用的有机涂料是涂于材料或制件表面而能形成具有保护、装饰或特殊性能（如绝缘、防腐、标志等）固体涂膜的一类液体或固体材料的总称。早期大多数以植物油为主要原料，故有“油漆”之称，后来合成树脂逐步取代了植物油，因而统称为“涂料”。现在除呈黏稠液态的具体涂料品种仍可称“漆”外，其他为水性、粉末涂料等就不能称“漆”了。

涂装技术的涂层体系和涂料的设计选用

表 1-7-52

原则	涂层类型		性能要求	应用范围	设计选用
一、根据涂层类型和性能要求确定涂层体系和涂料	装饰性涂层	一般装饰性涂层	漂亮、鲜艳，有良好的耐候性和耐潮湿性，允许有细小缺陷	一般汽车、仪器、仪表、家用电器、家具	根据对装饰性能的要求确定涂层的层数、厚度，从光泽、丰满度、鲜艳性、耐候性等对工件的适应性上选择合适的涂料 根据对防护性能（如耐盐雾性能、耐湿热性能、耐酸碱及化学物质性能）的要求，以及力学性能（如耐冲击性、韧性、硬度、附着力）的要求，来选择涂料，确定其涂层结构及厚度 涂层体系的一般选择原则如下： ①一般装饰性涂装仅涂双层面漆 ②一般防护装饰性涂装为底漆，2~3道面漆 ③中级涂装为底漆、中间涂层及双层面漆，或高质量底漆加双层面漆 ④高级涂装为底漆、中间涂层、双层面漆及罩光 根据所选涂料的性能、质量情况，在保证涂装质量的情况下可简化涂层体系，减少层次 一般涂层的防护能力和耐久性随膜厚的增加而增长 涂层的耐久性一般可根据涂层的理化性质及其随时间的变化来估计。作为涂层材料所要求的理化性质，主要是对材料的附着性、吸水性及对氧、水汽的透过率等。就金属基材而言，按涂料对其附着力的大小，可将其排列为：镍>钢>铜>黄铜>铝>锡。钢铁几乎对所有类型的底漆都能适用，而镁铝件及其合金通常采用以铬酸锌为基体的钝化底漆。对铝件及镀锌件绝不能用红丹颜料为底漆，否则会引起电化学作用，使附着力下降。不同涂料的理化性质数据多数可在有关资料中查找到 应参照工程上已有的成功经验和新型有机涂料特性，设计和选择涂层体系及其厚度匹配。不同用途涂装层应控制的总厚度参见下表
		高级装饰性涂层	漆膜坚硬，优良的耐候性和耐潮湿性，无肉眼可见的缺陷	高级轿车、高档家具和室内艺术品	
	防护涂层	一般防护涂层	优良的耐酸、碱、电介质等腐蚀的能力和一定的力学性能	矿山机械、建筑桥梁及室外管道	
		重防护涂层	极优异的耐海水、多种化学物质等腐蚀的能力	海船、水下或地下管网、化工设备、码头及海上设备	
	防护装饰性涂层	一般防护装饰性涂层	在装饰性方面与一般装饰性涂层要求相当，但必须具有良好的耐蚀性	载重汽车、农机和一般机器设备	
		高级防护装饰性涂层	除具有高级装饰性涂层的要求外，还应有良好的耐候性和耐湿热温变等性能	轿车、面包车、高档摩托车	

	涂层类别	总厚度	涂层类别	总厚度	涂层类别	总厚度	涂层类别	总厚度	一道涂层的厚度	约为
应控制的总厚度/μm	一般性涂层	80~100	耐蚀涂层	100~150	耐磨耐蚀涂层	250~300	高固体分涂层	700~1000	通常油性涂料	30~35
									合成树脂系列涂料	25~30
	装饰性涂层	80~100	重耐蚀涂层	150~300	超重耐蚀涂层	300~500			无溶剂涂料和特殊的原浆涂料	50~60和100以上

续表

二、涂层间应有良好的配套性	① 涂料和基材(被涂物)应匹配。如木材制品、纸张、皮革和塑料表面不能选用需要高温烘干的烘烤成膜涂料,必须采用自干或仅需低温烘干涂料。钢铁表面可选用铁红或红丹防锈底漆,而有色金属特别是铝及铝镁合金表面则绝对不能使用红丹防锈底漆,否则会发生电化学腐蚀,不仅起不到保护作用,还会加速腐蚀的发生,对这类有色金属要选择锌黄或锶黄防锈底漆。对塑料薄膜及皮革表面,则宜选用柔韧性良好的乙烯类和聚氨酯类涂料。水泥的表面因具有一定的碱性,可选用具有良好的耐碱性的乳胶涂料或过氯乙烯底漆。参见表 1-7-53 和表 1-7-56 ② 涂膜各层之间应匹配。底漆与面漆最好是烘干型底漆与烘干型面漆配套,自干型底漆与自干型面漆配套,同漆基的底漆与面漆配套。选用强溶剂的面漆时,底漆必须能耐强溶剂而不被咬起。此外,底漆和面漆应有大致相同的强度和伸张强度。硬度高的面漆与硬度很低的底漆配套,常产生起皱的弊病。醇酸底漆的油度比面漆的油度应小些,否则面漆的耐候性差,并且由于底、面漆干燥收缩的不同,易造成涂层的龟裂 ③ 在采用多层异类涂层时,应考虑涂层之间的附着性。附着力差的面漆(如过氯乙烯漆、硝基漆)应选择附着力强的底漆(如环氧底漆、醇酸底漆等)。在底漆和面漆性能都很好而两者层间结合不太好的情况下,可采用中间漆作为过渡层,以改善底层和面层的附着性能 ④ 应注意使用条件对配套性的影响。如在富锌底漆上不能采用油改性醇酸树脂面漆作水下设备的防护涂层,这是因为醇酸树脂的耐水性欠佳,当被涂物浸入水中使用时,渗过面漆的水常和底漆中的锌粉发生反应而生成碱性较强的氢氧化物,腐蚀金属基材,破坏整个涂层,所以在富锌底漆或镀锌的工件上采用耐水、耐碱性良好的氯化橡胶、聚氨酯、环氧树脂等涂料品种为宜,也可考虑使用具有良好封闭性能的中间漆作为封闭性中间涂层 ⑤ 涂料与施工工艺的配套。高黏度厚膜涂料一般选用高压无空气设备进行喷涂施工;高固体分涂料,如长效防腐玻璃鳞片涂料采用高压无空气喷涂时所得涂膜的防腐效果大大优于刷涂施工时的性能 ⑥ 涂料与辅助材料应匹配。辅助材料包括稀释剂、催干剂、固化剂、防潮剂、消泡剂、增塑剂、稳定剂、流平剂等。它们的作用主要是改善涂料的施工性能和涂料的使用性能,防止涂层产生弊病,但必须使用得当,例如,当过氯乙烯漆使用硝基漆稀释剂时,将会使过氯乙烯树脂析出,而胺固化环氧树脂涂料使用酯类溶剂作稀释剂时,涂膜固化速度将明显降低,影响涂膜性能

三、从节能、节资和环保要求选择涂料	1. 选用对环境无污染或少污染的涂料	水性涂料以水为分散介质,无毒,其应用日益广泛,已成为涂料发展的必然趋势。粉末涂料、无溶剂涂料和高固体分涂料对于减少环境污染和对人体的危害起了很大作用,其采用日益增多。溶剂型涂料对环境造成的污染和对人体造成的危害是不可忽视的
	2. 选用节能、节省资源的涂料	从涂料性能来讲,同类涂料一般是烘干型比自干型好,但烘干需要烘干设备,能源消耗大,采用自干型既省能源,施工也方便。目前许多涂料,如电泳漆、粉末涂料、各种烤漆均需烘烤成膜。选择低温、快速成形或自干型涂料是节能的主要途径,也是涂料研究的重要内容。电子束固化涂料、紫外线固化涂料以及高固体分涂料均属省资源涂料,但其品种少,正处于发展中
	3. 选用长效型涂料	普通涂料漆膜易损坏,寿命短,频繁的维护施工对于室外大型设备和构筑物尤为不便。选择长效型涂料,如新型的玻璃鳞片涂料及其他各种耐蚀涂料等,使用寿命达 10 年以上,可大大延长涂膜的维护周期,提高经济效益和社会效益
	4. 选用简化施工工艺的涂料	为方便施工,提高经济性,应考虑选择室温固化涂料;底、面合一涂料(即施工一道,既可形成底漆膜,又可形成面漆膜);对前处理要求低的涂料(如带锈底漆、带锈带水施工的涂料);特殊环境固化的涂料(如低温干燥涂料、水下固化涂料);一次成形的美术漆;一次涂装就能达到需要厚度的涂料等

按不同因素选择涂料

表 1-7-53

	涂装类别	产品使用环境	适用产品及部件范围	涂层总厚度和底漆厚度/μm	推荐涂料品种(涂料性能)
按产品使用环境	A 类	一般使用环境	安装在内陆地区的一般产品	80~120 35~60	底漆:C06-1 铁红醇的底漆,C06-11 铁红醇酸底漆,C53-1 红丹醇酸防锈漆,H06-2 铁红环氧酯底漆 面漆:C04-2 各色醇酸瓷漆,C04-42 各色醇酸瓷漆 (见表 1-7-56A 类产品)

续表

	涂装类别	产品使用环境	适用产品及部件范围	涂层总厚度和底漆厚度/μm	推荐涂料品种（涂料性能）
按产品使用环境	B类	沿海地区及腐蚀性较强的环境	安装在含有盐雾的沿海港口，有一定腐蚀的工业大气等地区作业的机械产品	150~220 50~100	底漆：H06-4环氧富锌底漆，H06-2铁红环氧酯底漆，H53-1红丹环氧酯防锈漆，云铁环氧防锈漆，G06-4锌黄、铁红过氯乙烯底漆 面漆：氯化橡胶漆，环氧树脂瓷漆，各色丙烯酸瓷漆，G04-2各色过氯乙烯瓷漆，G04-9各色过氯乙烯外用瓷漆 （见表1-7-56B类产品）
	C类	油的环境	与油类接触的部位或油介质的箱体、容器等	80~160 25~50	底漆：云铁环氧防锈漆，C06-1铁红醇酸底漆，C06-11铁红醇酸底漆，G06-4铁红过氯乙烯底漆，聚氨酯耐油漆 面漆：G04-6过氯乙烯油箱漆，C54-1醇酸耐油漆，Q04-3硝基内用瓷漆，C54-31各色醇酸耐油漆，环氧耐油漆，聚氨酯耐油漆 （见表1-7-56C类产品）
	D类	高温环境	各种在高温环境下需涂漆保护的部件和产品	50~85 25~50	无机硅酸锌底漆（400℃），W61-32铝粉有机硅热漆（300~350℃），W61-42各色有机硅耐热漆（300℃），W61-37各色有机硅耐热漆（300~400℃） （选用耐热漆的耐热性大于或等于使用环境的最高温度见表1-7-56D类产品）
	E类	强腐蚀性环境	长期受潮水和在潮湿、湿热条件下作业的机械及部件（包括地下管外表面）	230~270 60~195	底漆：H06-4环氧富锌底漆，沥青漆 中间漆：云铁环氧防锈漆，环氧厚浆漆 面漆：氯化橡胶铝粉防锈漆，厚浆型氯化橡胶面漆、环氧沥青厚浆防锈漆 （见表1-7-56E类产品）
			在水下作业的机械及部件	250~300 125~250	

	用途	涂料种类											
		油性漆	脂胶漆	大漆	酚醛漆	沥青漆	醇酸漆	过氯乙烯漆	乙烯漆	环氧漆	聚氨酯漆	有机硅漆	无机富锌漆
按不同用途	一般防护	✓	✓				✓						✓
	防化工大气			✓		✓		✓					
	耐酸			✓	✓	✓		✓	✓		✓		
	耐碱			✓		✓		✓	✓	✓	✓		
	耐盐类			✓		✓		✓	✓	✓	✓		
	耐溶剂			✓				✓	✓	✓	✓		✓
	耐油			✓			✓	✓	✓	✓	✓		✓
	耐水			✓	✓	✓		✓	✓	✓	✓	✓	✓
	耐热									✓		✓	✓
	耐磨				✓				✓	✓	✓		✓
	耐候性	✓			✓		✓	✓			✓	✓	✓

	金属类别	底漆品种
按不同金属	黑色金属	铁红纯酸底漆、铁红纯酚醛底漆、铁红酚醇底漆、铁红脂胶底漆、铁红过氯乙烯底漆、沥青底漆、磷化底漆、各色树脂的红丹防锈漆、铁红环氧底漆、铁红硝基底漆、富锌底漆、氨基底漆
	铝及铝镁合金	锌黄纯酚醛底漆、环氧底漆、钙黄丙烯酸底漆
	锌	锌黄纯酚醛底漆、磷化底漆、锌黄环氧底漆、环氧富锌底漆

续表

	金属类别	底漆品种
按不同金属	镉	锌黄纯酚醛底漆、环氧底漆
	铜及铜合金	氨基底漆、铁红醇酸底漆、磷化底漆、环氧底漆
	铬	铁红醇酸底漆
	锡	铁红醇酸底漆、磷化底漆、环氧底漆
	镉铜合金	铁红纯酚醛底漆、酚醛底漆、环氧底漆、磷化底漆
	钛合金	钙黄氯醋-氯化橡胶底漆
	镁及其合金	锌黄、钙黄纯酚醛底漆、丙烯酸底漆、环氧底漆
	铅	铁红醇酸底漆

	底漆类别	涂底漆的工艺					面漆类型				
		涂底漆	局部刮腻子		涂中间层	腻子修补	自干型面漆			烘烤型面漆	
							硝基瓷漆	高固体分硝基瓷漆	热塑性丙烯酸树脂瓷漆	氨基醇酸树脂涂料	热固性丙烯酸树脂涂料
按底漆和面漆的配套	硝基系	硝基系	硝基系	—	硝基系	—	○	○	○	×	×
		—	硝基系	—	硝基系	—	○	○	○	×	×
		—	—	—	硝基系	—	○	○	○	×	×
		—	—	—	—	硝基系	○	○	○	×	×
	油性硝基系	—	硝基系	—	合成系	—	○	○	○	×	×
		—	油性系	—	硝基系	—	○	○	○	×	×
	油性合成系	合成系	合成系	—	合成系	—	○	○	○	△	△
		—	油性系	—	合成系	—	○	○	○	△	△
		—	油性系	—	合成系	—	○	○	○	△	△
		—	油性系	—	合成系	—	○	○	○	×	×
		—	油性系	—	油性系	—	○	○	×	×	×
		—	—	—	油性系	—	○	○	×	×	×
		—	—	—	合成系	—	○	○	○	△	△
	聚酯腻子油性硝基系	聚氨酯类	聚酯系	油性系	油性系	—	○	○	○	×	×
		磷化底漆	聚酯系	硝基系	硝基系	—	○	○	○	×	×
		磷化底漆	聚酯系	油性系	合成系	—	○	○	○	×	×
	烘烤型	合成系	合成系	—	合成系	—	—	—	—	○	○
		—	—	—	合成系	—	—	—	—	○	○
		—	—	—	—	合成系	—	—	—	○	○

注：○—配合良好；△—在一定条件下可用；×—不可用；硝基系—硝化纤维素底漆；油性系—油性清漆系底漆；合成系—合成树脂系底漆（如酚醛改性醇酸树脂涂料），包括各种电泳漆。

耐 热 涂 层

表 1-7-54

序号	表面预处理	涂层系统	干燥规范		涂层厚度/μm	涂层特性	用途
			温度/℃	时间/h			
1	镁合金零件化学氧化	①浸一层H01-2环氧酚醛清漆 ②喷一层H61-3底漆 ③喷一层H61-1铝色耐热漆	<60 后150~160 110~120	20~30min 3 4	20~30	较好的耐湿、耐盐雾、耐海水和耐热性能	涂于300℃下工作的耐热零件(飞机)
2	铝合金阳极化;镁合金化学氧化或氟化;钢铁零件机械加工、吹砂磷化	①涂一层H61-1环氧有机硅聚酰胺铝粉漆 ②涂第二层H61-1环氧有机硅聚酰胺铝粉漆	室温 室温 后100~120 或室温	30min 30min 4~3 7天		对黑色金属、镁合金、铝合金零件表面具有较好的附着力,较好的耐汽油、耐润滑油、耐水、耐湿热、耐盐雾与人工老化性能,漆膜坚硬耐久	涂于长期在300℃温度下工作的铝、镁、钢零件(发动机)
3	磷化	①喷一层W61-25铝色有机硅耐热漆 ②喷第二层W61-25铝色有机硅耐热漆	室温 后150~170 室温 后150~170	30min 2.5~2 30min 2		较好的耐热性能,经500℃±10℃、3h后,其抗冲击强度≥150MPa	涂于在300~500℃范围内工作的钢零件(发动机)
4	铝零件阳极化或化学氧化;钢铁零件吹砂、磷化	①喷一层H06-2锌黄环氧酯底漆或铁红环氧酯底漆 ②喷一层W61-1铝粉有机硅耐热漆	80~90 或100~120 室温 或80~90 或100~120	4~3 2~1 18~24 4~3 2~1		比两层W61耐热漆涂层的附着力好,但耐热性稍低	涂于200~250℃下工作的耐热零件(飞机)
5	铝零件阳极化或化学氧化;钢铁零件吹砂、磷化	①喷一层W61-1铝粉有机硅耐热漆 ②喷第二层W61-1铝粉有机硅耐热漆	室温 室温 或80~90 或100~120	30min 18~24 4~3 2~1		有一定的耐蚀性,能室温干燥,但防护性不如H61-1耐热漆	涂于200~250℃下工作的耐热零件(飞机)
6	吹砂、磷化	涂一层600#铝色有机硅耐热漆	180±5	2		经600℃、200h,具有耐高温抗氧化、耐蚀性能,瞬间使用可耐1200℃	适于600℃下工作的碳钢、高温合金等高温部件

三防（防湿热、防盐雾、防霉菌）涂层系统

表 1-7-55

基体材料	表面预处理	涂层系统 底漆	涂层系统 面漆	涂层厚度/μm	涂层性能	说明
钢铁零部件	无处理或有处理（吹砂、镀锌、镀镉、氧化、磷化）	H06-2 铁红环氧酯底漆	13-4 各色丙烯酸聚氨酯瓷漆	40~60	优良的力学性能、耐介质性能、“三防”性能，优异的耐候性。漆膜光亮、丰满，具有良好的装饰性	
			B04-6 白丙烯酸瓷漆	35~55	漆膜耐光、耐候性优良，不泛黄，在湿热带气候下具有良好的稳定性	烘干（70~80℃）的漆膜比自干的漆膜防护性能好
			灰、黑色丙烯酸氨基半光瓷漆	40~60	漆膜坚硬，具有优良的耐候性能、“三防”性能和装饰性能	
			黑色丙烯酸氨基无光瓷漆	40~60	漆膜坚硬，具有优良的耐候性能、“三防”性能和装饰性能	
			丙烯酸氨基锤纹漆（银灰、蓝、绿、红色）	70~90	漆膜光泽好，防护性好，呈锤痕花纹	
			各色聚酯氨基橘形漆	80~100	花纹美观，色彩柔和，防护性能较好	
		无底漆	H61-1 铝色环氧有机硅聚酰胺耐热漆	40~60	漆膜坚硬、耐久，具有较好的附着力，耐汽油、耐润滑油、耐水、耐湿热、耐盐雾、耐霉菌，人工老化性能良好，耐热 300℃	
			各色环氧粉末涂料	40~120	涂层致密，附着力好，防护性能好，但涂层不够平整	
铜及铜合金零部件	钝化或氧化	H06-2 锌黄或铁红环氧酯底漆或不涂底漆	13-4 各色丙烯酸聚氨酯瓷漆	40~60	优良的力学性能、耐介质性能，优异的耐候性。漆膜光亮、丰满，具有良好的装饰性	有底漆的涂层防护性能比无底漆的好
			B04-6 白丙烯酸瓷漆	35~55	漆膜耐光、耐候性优良，不泛黄，在湿热带气候具有良好的稳定性	必须与底漆配套使用
			灰、黑色丙烯酸氨基半光瓷漆	40~60	漆膜坚硬，具有优良的“三防”性能和装饰性能	
			黑色丙烯酸氨基无光瓷漆	40~60	漆膜坚硬，具有优良的“三防”性能和装饰性能	有底漆的涂层防护性能比无底漆的好
			各色聚酯氨基橘形漆	80~100	花纹美观，色彩柔和，防护性能较好	

续表

基体材料	表面预处理	涂层系统		涂层厚度/μm	涂层性能	说明
		底漆	面漆			
铜及铜合金零部件	钝化或氧化	H06-2 锌黄或铁红环氧酯底漆或不涂底漆	丙烯酸氨基锤纹漆（银灰、蓝、绿、红色）	70~90	漆膜光泽好，防护性好，呈锤痕花纹	有底漆的涂层防护性能比无底漆的好
铝及铝合金零部件	阳极氧化或化学氧化	H06-2 锌黄环氧酯底漆或无底漆	13-4 各色丙烯酸聚氨酯瓷漆	40~60	优良的力学性能、耐介质性质、“三防”性能，优异的耐候性。漆膜光亮、丰满，具有良好的装饰性	有底漆的涂层防护性能比无底漆的好
			B04-6 白丙烯酸瓷漆	35~55	漆膜耐光、耐候性优良，不泛黄，在湿热带气候具有良好的稳定性	
			灰、黑色丙烯酸氨基半光瓷漆	40~60	漆膜坚硬，具有优良的耐候性能、“三防”性能和装饰性能	
			黑色丙烯酸氨基无光瓷漆	40~60	漆膜坚硬，具有优良的耐候性能、“三防”性能和装饰性能	
			丙烯酸氨基锤纹漆（银灰、蓝、绿、红色）	70~90	漆膜光泽好，防护性好，呈锤痕花纹	
			各色聚酯氨基橘形漆	80~100	花纹美观，色彩柔和，防护性能较好	
		无底漆	H61-1 铝色环氧有机硅聚酰胺耐热漆	40~60	漆膜坚硬、耐久，具有较好的附着力，耐汽油、耐润滑油、耐水、耐湿热、耐盐雾、耐霉菌，人工老化性能良好，耐热 300℃	
			各色环氧粉末涂料	60~120	涂层致密，附着力好，防护性能好，但涂层不够平整	

各种涂装类别所用油漆的通用技术要求（摘自 GB/T 37400.12—2019）

表 1-7-56

产品类别		项　目	指　标	试验方法
A类产品	底漆	漆膜颜色及外观	颜色随油漆所用颜料而定,漆膜平整	按有关规定
		黏度(涂-4 黏度计)/s	≥40	
		细度/μm	≤60	
		硬度	2B	
		柔韧性/mm	≤2	
		冲击强度/kg · cm	50	
		附着力	1 级	
		耐盐水性(25℃±1℃,浸 48h)	不起泡、不生锈	
		对面漆的适应性	无不良现象	
		干燥时间	符合产品说明书规定	
	面漆	漆膜颜色及外观	符合标准样板及其色差范围平整光滑	
		黏度(涂-4 黏度计)/s	60~90	
		细度/μm	≤40	
		光泽/%	≥90	
		柔韧性/mm	1	
		冲击强度/kg · cm	50	
		附着力	2 级	
		耐水性 6h	允许轻微失光、发白,经 2h 恢复后小泡消失,失光率不大于 20%	
		耐汽油性(浸于 SH 0004—1990、SH 0005—1990 的 NY-120 溶剂油中,6h)	不起泡、不起皱,允许失光 1h 内恢复	
		干燥时间	符合产品说明书规定	
B类产品	底漆	附着力	2 级	
		固体含量/%	符合产品说明书规定	
		氧化型	55	
		其他类型	符合产品说明书规定	
		柔韧性/mm	≤2	
		耐盐水性(25℃±1℃,浸 96h)	漆膜无剥落、无起泡、无锈点,允许颜色轻微变浅失光	
		对面漆的适应性	无不良现象	
		干燥时间	符合产品说明书规定	
	面漆	漆膜颜色及外观	符合产品标准	
		细度/μm	≤40	
		附着力	≤2 级	
		固体含量/%	符合产品说明书规定	
		柔韧性/mm	1	
		耐候性(经广州地区 12 个月自然暴晒后测定)	漆膜颜色变色不超过 4 级,粉化不超过 3 级,裂纹不超过 2 级	
		干燥时间	符合产品说明书规定	

续表

<table>
<tr><th colspan="2">产品类别</th><th>项　目</th><th>指　标</th><th>试验方法</th></tr>
<tr><td rowspan="2">C类产品</td><td>底漆</td><td colspan="3">按 GB/T 9274 规定中第 5 章浸泡法并按 4.1.3 制板后浸入符合 GB/T 443 的 L-AN 中黏度等级(按 GB/T 3141)为 32 的润滑油中进行,经 48h 外观无明显变化
其他指标同 B 类产品底漆</td></tr>
<tr><td>面漆</td><td>附着力
柔韧性/mm
冲击强度/kg · cm
耐盐雾性,200h
耐盐水性(±30%盐水浸泡)
浸泡(25℃±1℃,21 天, 0℃±2℃,2h)
耐汽油性(浸于 SH 0004—1990、SH 0005—1990 的 NY-120 溶剂油中,21 天)
耐润滑油(浸入 GB/T 443—1989 的 L-AN 黏度等级为 32 的润滑油中,21 天)
干燥时间</td><td>≤2 级
≤2
符合产品说明书规定
1 级
漆膜不起泡、不脱落

漆膜不起泡、不脱落
漆膜不起泡、不脱落
符合产品说明书规定</td><td rowspan="2">按有关规定</td></tr>
<tr><td colspan="2">D类产品</td><td>漆膜颜色及外观
附着力
冲击强度/kg · cm
耐盐水性(25℃±1℃,浸 24h)
耐热性(产品规定耐热最高温度下,100h)
干燥时间</td><td>漆膜平整光滑
≤2 级
≥35
不起泡、不生锈
漆膜完整、但允许失光
符合产品说明书规定</td></tr>
<tr><td rowspan="3">E类产品</td><td>底漆</td><td colspan="3">同 B 类产品</td></tr>
<tr><td>中间漆</td><td>附着力
耐盐水性(25℃±1℃,浸 21 天)
干燥时间:表干/h
实干/h</td><td>≤2 级
漆膜无脱落,允许锈蚀面积不超过 5%
符合产品说明书规定
不大于 24</td><td rowspan="2">按有关规定</td></tr>
<tr><td>面漆</td><td>附着力
耐盐水性(80℃±2℃,2h)
耐油性(浸于 SY1152 柴油机润滑油中,48h)
耐盐雾性(200h)
耐候性(经广州地区天然暴晒 12 个月后测定)
干燥时间</td><td>≤2 级
漆膜不起泡,不生锈、不脱落
漆膜不起泡、不脱落、无软化、无斑点
1 级
变色不超过 4 级,粉化不超过 3 级,裂纹不超过 2 级
符合产品说明书规定</td></tr>
</table>

涂装通用技术条件（摘自 GB/T 37400.12—2019）

1）所有需要进行涂装的钢铁制件表面在涂漆前，必须将铁锈、氧化皮、油脂、灰尘、泥土、盐和污物等除去。若焊接结构件成形后需要热处理，则除锈工序应放在热处理工序之后进行。除锈前先用有机溶剂、碱液、乳化剂、蒸汽等除去钢铁制件表面油脂、污垢。

2）钢铁制件表面的除锈方法、等级及适用范围见表 1-7-57。

表 1-7-57　钢铁制件表面处理方法、等级及应用领域

	标准处理等级	表面处理方法	GB/T 8923.1 中的代表性照片示例	处理后表面的主要特征
一次（全面）处理的标准处理等级	Sa 1	喷射清理	B Sa 1 C Sa 1 D Sa 1	附着不牢的氧化皮、锈蚀、涂料涂层和杂物等已去除
	Sa 2		B Sa 2 C Sa 2 D Sa 2	氧化皮、锈蚀、涂料涂层和杂物等已基本去除，其残留物应是牢固附着的
	Sa 2 1/2		A Sa2 1/2 B Sa2 1/2 C Sa2 1/2 D Sa2 1/2	氧化皮、锈蚀、涂料涂层和杂物等已去除，任何残留的痕迹应仅是点状或条纹状色斑
	Sa 3		A Sa 3 B Sa 3 C Sa 3 D Sa 3	氧化皮、锈蚀、涂料涂层和杂物等已去除，该表面应呈现均匀的金属光泽
	St 2	手工和动力工具清理	B St 2 C St 2 D St 2	附着不牢的氧化皮、锈蚀、涂料涂层和杂物等已去除
	St 3		B St 3 C St 3 D St 3	附着不牢的氧化皮、锈蚀、涂料涂层和杂物等已去除。除锈应比 St2 更彻底，金属基材显露出金属光泽
	Fl	火焰清理	A Fl B Fl C Fl D Fl	氧化皮、锈蚀、涂料涂层和杂物等已去除。任何残留的痕迹应仅表现为表面变色（不同颜色的色调）
	Be	酸洗	—	氧化皮、锈蚀和涂料涂层的残余物彻底被去除，酸洗前采用合适的方法去除涂料涂层
	标准处理等级	表面处理方法	GB/T 8923.1 或 GB/T 8923.2 中的代表性照片示例	处理后表面的主要特征
二次（局部）表面处理的标准处理等级	P Sa 2	局部喷射清理	B Sa 2 C Sa 2 D Sa 2 （适用于表面无涂层的部分）	牢固附着的涂料涂层应完好无损，表面的其他部分应去除疏松涂层、大部分氧化皮、锈蚀和外来杂质，任何残留污物应牢固附着
	P Sa 2 1/2		B Sa2 1/2 C Sa2 1/2 D Sa2 1/2 （适用于表面无涂层的部分）	牢固附着的涂料涂层应完好无损，表面的其他部分应去除疏松涂料涂层，氧化皮、锈蚀和外来杂质，任何污染物的残留痕迹应仅呈现点状或条状的色斑
	P Sa 3		C Sa 3 D Sa 3 （适用于表面无涂层的部分）	牢固附着的涂料涂层应完好无损，表面的其他部分应去除疏松涂料涂层，氧化皮、锈蚀和外来杂质，表面应呈现均匀的金属光泽
	P Ma	局部机械打磨	P Ma	牢固附着的涂料涂层应完好无损，表面的其他部分应去除疏松涂料涂层、氧化皮、锈蚀和外来杂质，任何污染物的残留痕迹应仅呈现点状或条状的色斑
	P St2	局部手工和动力工具清理	C St 2 D St2	牢固附着的涂料涂层应完好无损，表面的其他部分应去除附着不牢的氧化皮、锈蚀、涂料涂层和外来杂质
	P St3		C St 3 D St 3	牢固附着的涂料涂层应完好无损，表面的其他部分应去除附着不牢的氧化皮、锈蚀、涂料涂层和外来杂质，但表面比 P St2 处理的更彻底，金属基底呈现金属光泽

表面处理方法	标准处理等级	应用领域
喷射清理	Sa2	辅助部件或辅助设备及用于轻度腐蚀性环境中的钢铁制件表面； 与混凝土接触或埋入其中的钢铁制件表面
	Sa2½或 P Sa2½	主要部件或主要设备及用于腐蚀性较强的环境中的钢铁制件表面； 长期在潮湿、潮热、盐雾等环境下作业的钢铁制件表面； 与高温接触并且需要涂耐热漆的钢铁制件表面
	Sa3 或 P Sa3	与液体介质或腐蚀性介质接触的表面，如油箱、减速机箱、水箱等内表面、压力容器
手工和动力工具清理	St2 或 P St2	与高温接触但不需要涂耐热漆的钢铁制件
	St3 或 P St3	钢铁构件形状特殊无法进行喷丸除锈的部位
酸洗	Be	设备上的各类钢制管道；不能喷丸的薄板件（壁厚小于 5mm）； 结构复杂的中、小型零件

3）用于制造结构件的钢铁板材及型材（壁厚大于 5mm），应预先进行喷丸或抛丸除锈，除锈等级为 Sa2½级，并立即涂保养底漆（车间底漆）即进行制造前的表面预处理，涂料技术要求见表 1-7-56，推荐厚度范围为 15～30μm，推荐涂料品种：无机硅酸锌底漆、环氧富锌底漆、磷化底漆及铁红环氧酯底漆。

4）各种涂装类别、产品使用环境、适用产品及部件范围、推荐涂层厚度及涂料品种见表 1-7-52。

表 1-7-58　钢材表面焊缝、边缘和其他区域的表面缺陷的处理等级（GB/T 8923.3—2009）

缺陷类型			处理等级		
	名称	图示	P1	P2	P3
1. 焊缝	1.1　焊接飞溅物	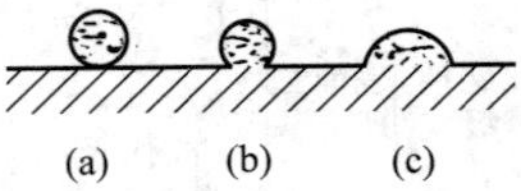 (a)　(b)　(c)	表面应无任何疏松的焊接飞溅物[见图示 a]	表面应无任何疏松的和轻微附着的焊接飞溅物[见图示 a 和 b]，图 c 显示的焊接飞溅物可保留	表面应无任何焊接飞溅物
	1.2　焊接波纹/表面成形	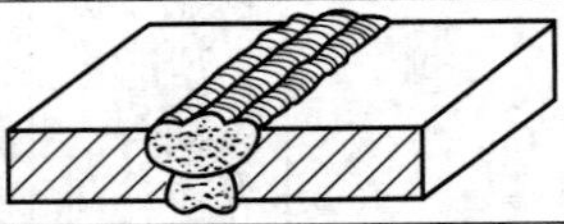	不需处理	表面应去除（如采用打磨）不规则的和尖锐边缘部分	表面应充分处理至光滑
	1.3　焊渣	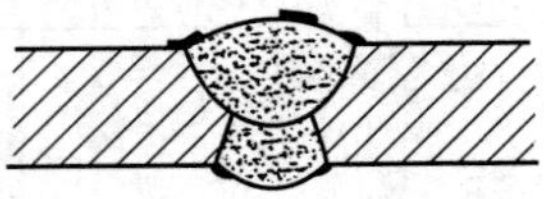	表面应无焊渣	表面应无焊渣	表面应无焊渣
	1.4　咬边	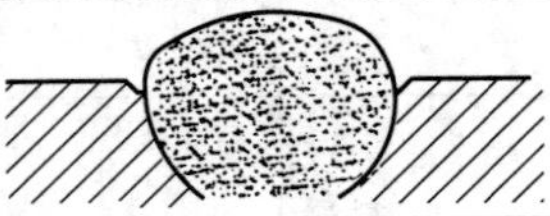	不需处理	表面应无尖锐的或深度的咬边	表面应无咬边
	1.5　气孔	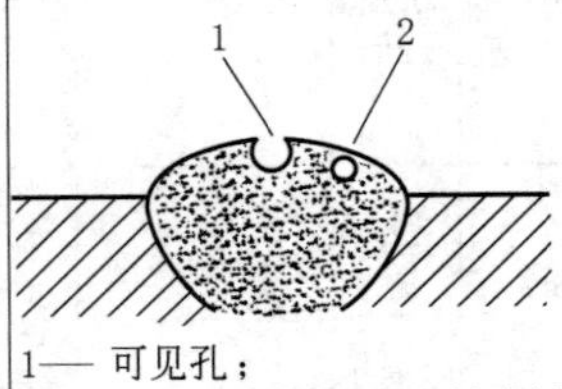 1—可见孔； 2—不可见孔（可能在磨料喷射清理后打开）	不需处理	表面的孔应被充分打开以便涂料渗入，或孔被磨去	表面应无可见的孔
	1.6　弧坑（端部焊坑）	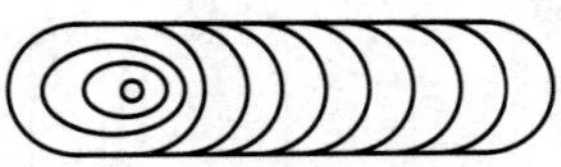	不需处理	弧坑应无尖锐边缘	表面应无可见的弧坑
2. 边缘	2.1　辊压边缘	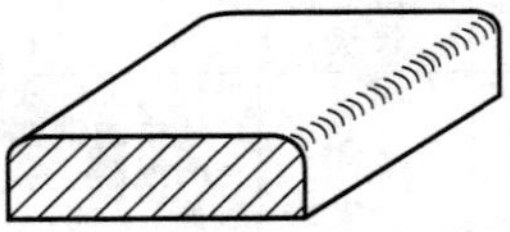	不需处理	不需处理	边缘应进行圆滑处理，半径不小于 2mm（见 ISO 12944-3）
	2.2　冲、剪、锯或钻切边缘	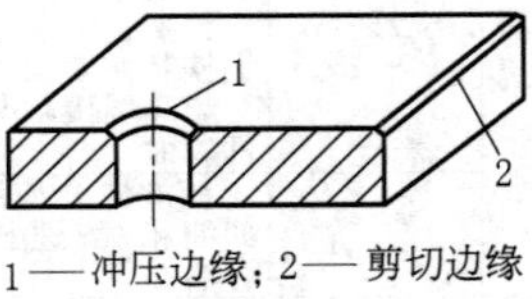 1—冲压边缘；2—剪切边缘	无锐边；边缘无毛刺	无锐边；边缘无毛刺	边缘应进行圆滑处理，半径不小于 2mm（见 ISO 12944-3）
	2.3　热切边缘	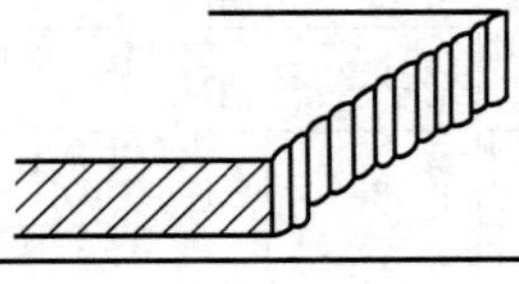	表面应无残渣和疏松剥落物	边缘应无不规则粗糙度	切割面应被磨掉，边缘应进行圆滑处理，半径不小于 2mm（见 ISO 12944-3）

续表

缺陷类型			处理等级		
	名称	图示	P1	P2	P3
3.一般表面	3.1 麻点和凹坑		麻点和凹坑应被充分地打开以便涂料渗入	麻点和凹坑应被充分地打开以便涂料渗入	表面应无麻点和凹坑
	3.2 剥落		表面应无翘起物	表面应无可见的剥落物	表面应无可见的剥落物
	3.3 轧制翘起/夹层		表面应无翘起物	表面应无可见的轧制翘起/夹层	表面应无可见的轧制翘起/夹层
	3.4 辊压杂质		表面应无辊压杂质	表面应无辊压杂质	表面应无辊压杂质
	3.5 机械性沟槽		不需处理	凹槽和沟半径应小于2mm	表面应无凹槽，沟的半径应大于4mm
	3.6 凹痕和压痕		不需处理	凹痕和压痕应进行光滑处理	表面应无凹痕和压痕

注：1. P1—轻度处理，在涂覆涂料前不需处理或仅进行最低程度的处理；

P2—彻底处理，大部分缺陷已被清除；

P3—非常彻底处理，表面无重大的可见缺陷。这种重大的缺陷更合适的处理方法应由相关各方依据特定的施工工艺达成一致。

2. 要达到这些处理等级的处理方法对钢材表面或焊缝区域的完整性无损是非常重要的。例如：过度的打磨可能导致钢材表面形成热影响区域，且依靠打磨清除缺陷可能在打磨区域边缘留下尖锐边缘。

结构上的不同缺陷可能要求不同的处理等级。例如：在所有其他缺陷可能要求处理到P2等级时，咬边（表中1.4）可能要求处理到P3等级，特别是当末道漆有外观要求时，即使无耐腐蚀性要求（见ISO 12944-2），也可能要求处理到P3等级。

5）铆接件相互接触的表面，在连接前必须涂厚度为30~40μm的防锈漆，所用涂料见表1-7-56中A、B类底漆的规定。搭接边缘应用油漆、腻子或黏结剂封闭。由于加工或焊接损坏的底漆，要重新涂装。

6）不封闭的箱形结构内表面，溜槽、漏斗、裙板内表面，平衡重箱内表面，安全罩内表面，在运输过程中是敞开的内表面等，必须涂厚度为60~80μm的防锈漆，所用涂料见表1-7-56中A、B类底漆的规定。木制品按要求涂清漆或色漆。

7）机器产品面漆颜色应符合用户的要求。如用户对机器产品面漆颜色无特殊要求，则由设计人员按表1-7-59选定，并在图样与技术文件中注明。

表 1-7-59

	名称	漆膜颜色标准（GB/T 3181—2008）	名称	漆膜颜色标准（GB/T 3181—2008）
产品类别	热轧设备	淡绿（G02）、湖绿（BG02）、苹果绿（G01）、中绿（G04）、艳绿（G03）	工矿车辆	中灰（B02）、橘黄（YR04）、橘红（R05）、黑色
	冷轧设备	淡绿（G02）、湖绿（BG02）、苹果绿（G01）、豆绿（GY01）、天蓝（PB09）	冶金车辆	黑色
	装卸机械	橘黄（YR04）、橘红（R05）、中灰（B02）、棕（YR05）	连铸设备	纺织绿（GY02）、苹果绿（G01）、银白
	锻压机械、启闭机	淡绿（B02）、苹果绿（G01）、湖绿（BG02）、中绿（G04）、海蓝（PB05）	冶金机械、冶金除尘设备	淡灰（B03）、苹果绿（G01）、黑色
	矿山设备	橘红（R05）、淡黄（Y06）、黑色、苹果绿（G01）、豆绿（GY01）	破碎机械	淡灰（B03）
	焦炉机械、煤气化设备	苹果绿（G01）、纺织绿（GY02）、淡海蓝（B11）、中灰（B02）	造矿烧结设备	纺织绿（GY02）
			人造板设备	湖绿（BG02）
			橡胶设备	湖绿（BG02）
			水泥设备	淡灰（B03）

	名　称	漆膜颜色标准（GB/T 3181—2008）
产品特殊部位	油箱、减速器壳体内表面及其内零件的涂漆面	奶油色（Y03）等浅颜色
	栏杆、扶手	黄色（Y06、Y07、Y08）
	操纵室的顶棚及内壁	半光浅色漆
	操纵室地板	铁红色（R01）
	盖板、走台板、辅板、楼梯板	与主机同色、黑色
	外露的快速回转件，如飞轮、带轮、联轴器、大齿轮等	大红色（R03）
	要求迅速发现的部位，如保险装置的手柄、开关刹车操纵把、润滑系统的油嘴、指示器表面极限位置的刻度	大红色（R03）

表 1-7-60

管　道　类　别	面漆颜色（按 GB 7231—2003）	管　道　类　别	面漆颜色（按 GB/T 231—2003）
稀油压油管	深黄色（Y08）	水管	淡绿色（G02）
稀油回油管	柠黄色（Y05）	高压水管	大红色（R03）
干油管	棕色（YR05）	暖气管	银灰色（B04）

续表

管道类别	面漆颜色（按 GB 7231—2003）	管道类别	面漆颜色（按 GB 7231—2003）
蒸汽管	铝色	煤气管	中(酞)蓝(PB04)
氧气管	淡酞蓝色(PB06)	电线管	中灰(B02)
压缩空气管	淡酞蓝色(PB06)	下水及粪便管	黑

8）机器在工作时容易碰撞的外表面，必须涂以宽度约 100mm 与水平面成 45°斜度的黄、黑相同的“虎皮”条纹。如表面面积较小，条纹宽度可以适当缩小，与水平面的斜度可成 75°，但黄条与黑条每种不得少于 2 条。

9）机器产品配管面漆颜色与机器面漆颜色相同；远离 1m 以外的配管颜色符合 GB 7231—2003 的规定，见表 1-7-60。

10）漆膜要均匀，不可漏涂，边角、夹缝、螺钉头、铆焊处要先刷涂，后大面积涂装。在焊后和装配后无法涂漆的零件或部位，可在焊前和组装前涂漆。设备最后一层面漆应在总装试车合格后涂刷。

11）机器产品表面是否涂刮腻子应在图样与技术文件中注明。

12）涂层的检查项目及方法应符合本标准的规定。

13）在机器产品总图与技术文件中，应注明产品涂装类别、面漆颜色及其涂层厚度。对整机的使用环境按表 1-7-56 中的涂装类别进行标注，如“本产品涂装为 A 类”。不同于整机涂装类别的部件及部位，标注方法同整机，但必须在涂装类别前注明部件的图号、名称及部位。

14）涂装的面漆颜色，应按 GB/T 3181—2008 标准规定标注颜色名称及代号，如“本产品面颜色苹果绿 G01”。也可按油漆厂色卡（板）进行标注，但必须注明色卡的来源及其编号。不同于整机面漆颜色的部件及部位，也应进行标注，方法基本同整机，但必须注明部件的图号、名称及部位。机器产品涂层厚度按表 1-7-56 选用，并注明涂层厚度。

16　复合表面技术

将两种或多种表面技术以适当的顺序和方法加以组合，或以某种表面技术为基础，制造复合涂层（镀层、膜层）、复合改性层或表面复合材料的技术，称复合表面技术，又称第二代表面技术。

复合表面技术能够发挥不同种表面技术或不同种涂层材料各自的优势，取长补短，有机配合，可以得到最优的表面性能和最佳的使用效果。它是发展一系列高新技术的重要工艺保障。

16.1　以增强耐磨性为主的复合涂层

电镀、化学镀复合材料及其复合涂层

表 1-7-61

类别	性能和应用
电镀、化学镀复合材料	复合材料是由两种或多种均匀相结合在一起而构成的多相混合物。它具有各个单相所不能获得的独特性能。采用电镀或化学镀，使金属和不溶性固体微粒共同沉积，可以获得各种微粒弥散金属基质复合镀层
	复合镀层的性能主要取决于基质金属和固体微粒。目前国内外曾用于复合电镀的基质金属和固体微粒列于下表 耐磨复合电镀层多以镍为基质金属，也可以用铁、铬、镍合金等为基质金属，常用的固体微粒为各种氧化物、碳化物、氮化物、硼化物等陶瓷粉末；耐磨化学复合镀最常见的体系是 Ni-P/SiC 和 Ni-P/金刚石 复合镀层耐磨性提高的主要原因是加入的固体微粒的耐磨性能比基质金属高，且微粒能够弥散强化基质金属镀层，并使镀层能保持一定的延性和韧性

续表

类别		性能和应用
	基质金属	分散粒子
基质金属和固体微粒分散相的选择	Ni	Al_2O_3、Cr_2O_3、Fe_2O_3、TiO_2、ZrO_2、ThO_2、SiO_2、CeO_2、BeO、MgO、CdO、金刚石、SiC、TiC、WC、VC、ZrC、TaC、Cr_3C_2、B_4C、BN(α、β)、ZrB_2、TiN、Si_3N_4、WSi_2、PTFE、$(CF)_n$、石墨、MoS_2、WS_2、CaF_2、$BaSO_4$、$SrSO_4$、ZnS、CdS、TiH_2、Cr、Mo、Ti、Ni、Fe、W、V、Ta、玻璃、高岭土
	Cu	Al_2O_3、TiO_2、ZrO_2、SiO_2、CeO_2、SiO、TiC、WC、ZrC、NbC、B_4C、BN、Cr_3B_2、PTFE、$(CF)_n$、石墨、MoS_2、WS_2、$BaSO_4$、$SrSO_4$
	Co	Al_2O_3、Cr_2O_3、Cr_3C_2、WC、TaC、ZrB_2、BN、Cr_3B_2、金刚石
	Fe	Al_2O_3、Fe_2O_3、SiC、WC、B、PTFE、MoS_2
	Cr	Al_2O_3、CeO_2、ZrO_2、TiO_2、SiO_2、UO_2、SiC、WC、ZaB_2、TiB_2
	Au	Al_2O_3、Y_2O_3、SiO_2、TiO_2、ThO_2、CeO_2、TiC、WC、Cr_3B_2、BN、$(CF)_n$、石墨
	Ag	Al_2O_3、TiO_2、BeO、SiC、BN、MoS_2、刚玉、石墨、La_2O_3
	Zn	ZrO_2、SiO_2、TiO_2、Cr_2O_3、SiC、TiC、Cr_3C_2、Al
	Cd	Al_2O_3、Fe_2O_3、B_4C、刚玉
	Pb	Al_2O_3、TiO_2、TiC、B_4C、Si、Sb、刚玉
	Sn	刚玉
	Ni-Co	Al_2O_3、SiC、Cr_3C_2、BN
	Ni-Fe	Al_2O_3、Eu_2O_3、SiC、Cr_3C_2、BN
	Ni-Mn	Al_2O_3、SiC、Cr_3C_2、BN
	Pb-Sn	TiO_2
	Ni-P	Al_2O_3、Cr_2O_3、TiO_2、ZrO_2、SiC、Cr_3C_2、B_4C、PTFE、BN、CaF_2、金刚石
	Ni-B	Al_2O_3、Cr_2O_3、SiC、Cr_3C_2、金刚石
	Co-B	Al_2O_3、Cr_2O_3、BN

电镀、化学镀复合材料 — 电镀镍、钴、铁基复合镀层

① Ni-SiC(质量分数为2.3%~4.0%)复合镀层:在氨基磺酸盐镀镍溶液加入1~3μm的SiC微粒制成

耐磨性比普通镀镍层提高70%,且随摩擦时间增加,效果更为明显。用于发动机汽缸内壁,缸壁的磨损量为普通铁套汽缸的60%

固体微粒在镍基复合镀层中的含量对镀层的耐磨性影响较大。图b表明电镀Ni-SiC复合镀层的耐犁沟磨料磨损和耐擦伤磨料磨损能力均优于电镀镍层,且随SiC含量的增加而逐渐提高,但前者的变化不如后者显著

② Co-Cr_3C_2复合镀层:它在800℃以下仍能保持高的耐磨性,在400~600℃时其耐磨性远优于镍基复合镀层。图a为几种钴基和镍基复合镀层的高温耐磨性能

③ Fe-Al_2O_3和Fe-B_4C复合镀铁:Al_2O_3和B_4C粒度一般为3~7μm,添加量为30~55g/L。复合镀铁层的硬度为900~1000HV,其耐磨性对比见图b。该镀层在农机、交通、矿山设备的轴类零件、内燃机汽缸套及犁铧的表面强化与修复上应用较多

④ 纳米金刚石复合镀层:是将不同含量的金刚石粉(含金刚石27%~30%,石墨和无定形碳的纳米级金刚石粉,其颗粒为3~15nm,用混合酸处理后,得到纯度为90%以上的金刚石粉)与快速镍溶液混合后,用电刷镀方法制成。该复合镀层具有极好的耐磨、减摩性能,并随纳米金刚石粉含量的增加而提高,含量为50g/L时,其耐磨性比纯镍镀层高2倍,摩擦因数降低40%,镀层呈非晶化趋势

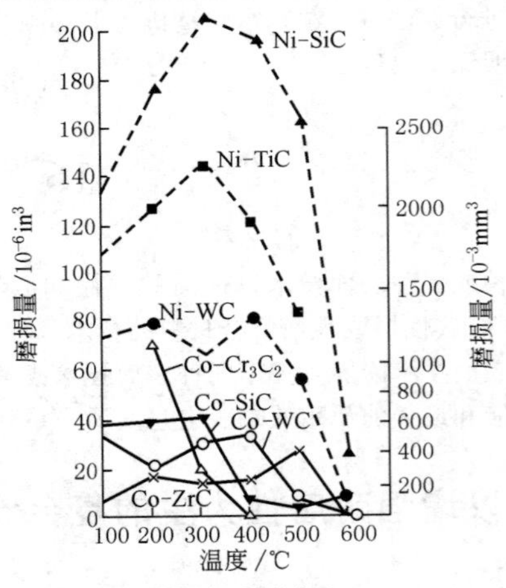

(a) 几种钴基和镍基复合镀层的高温耐磨性能

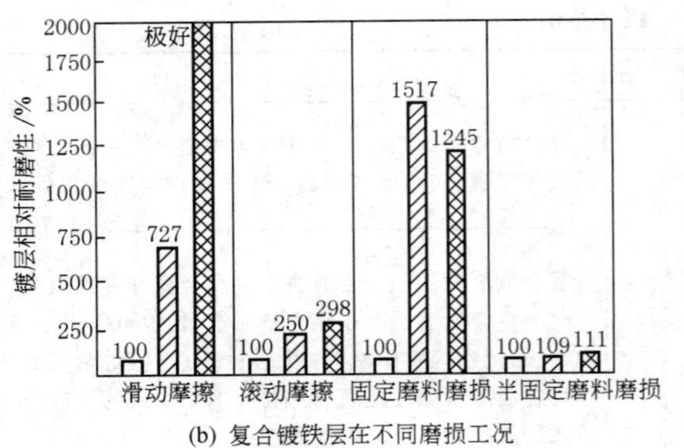

(b) 复合镀铁层在不同磨损工况下的相对耐磨性

续表

类别		性能和应用
电镀、化学镀复合材料	电镀纤维复合材料	是含有连续的细丝或非连续的纤维增强金属基复合材料（用电沉积方法制得） 1）该复合材料用的纤维可以是金属的和非金属的。如钨、硼、石墨、钢、碳化硅、晶须（如 Al_2O_3、SiC）、玻璃等纤维，使其强度和刚度与金属的强度结合起来 2）纤维必须彼此隔开，排列方向应与载荷一致 3）实际采用的电镀成形工艺，有连续细丝缠绕法及交替缠绕和电镀法 4）连续细丝缠绕与电镀是同时进行的。导电纤维从溶液表面向缠绕物运动的行程中就发生了沉积，并由此导致复合材料中易出现孔洞；而对于绝缘纤维，沉积物并不在细丝上生成，仅仅是围绕它生长，并将其封闭。碳纤维尽管导电，但通常仅能以纤维束的形式获得。电镀不可能穿透纤维束的心部，为均匀覆盖，可将纤维束预先镀上金属基材料，然后再缠绕，并同时进行电镀 5）交替缠绕是缠绕一层纤维就接着镀一层金属 6）电成形纤维增强金属基复合材料适用于旋转体表面，其最高使用温度受纤维与基质金属的反应限制
	化学镀镍、磷复合镀层	（1）Ni-B（P）-金刚石复合镀层 在 Ni-B 基镀层中，金刚石复合镀层的耐磨性比不加粒子的镀层或加入 Al_2O_3、SiC 的镀层优越得多，合成金刚石化学镀层又比天然金刚石复合镀层的耐磨性好；原因在于它表面的非催化活性、表面粗糙、有效多边缘及棱角，易于在镀层生长过程中被包裹住，而光滑的天然金刚石没有这个优点。人造金刚石价格便宜，容易控制尺寸。施镀金刚石的前处理很重要，尤其是合成产品，必须依次用浓 HNO_3、HCl 及 H_2SO_4 处理，溶去生产过程中可能混入的杂质，特别是具有活性的金属 Ni、Co、Cu、Fe 等，然后漂洗，干燥备用。金刚石的粒度以 1～6μm 为宜 复合镀层的耐磨性与其粒子尺寸有关。Yamline 耐磨试验结果表明，Ni-B 多晶金刚石复合镀层在粒子含量为 20%（体积分数），试验时间为 85min 情况下，对应粒子平均尺寸为 5μm、9μm、22μm 时的磨损率分别为 6.2μm/h、5.1μm/h、3.4μm/h，粒子尺寸以 9～22μm 为佳。也有试验证明，片状铝粉比球状铝粉效果好。右表是化学镀 Ni-B（P）-金刚石复合镀层耐磨性 （2）Ni-P-TiO_2（*n*）纳米粒子化学复合镀层 试验表面 Ni-P-TiO_2（*n*）复合镀层比单纯 Ni-P 合金镀层具有高得多的硬度和抗高温氧化性能。热处理后 Ni-P 合金镀层的硬度峰值在 400℃，而 Ni-P-TiO_2（*n*）化学复合镀层的在 500℃（见图）

镀层材料	试验时间 /min	磨损率 /μm·h^{-1}
Ni-B	1/30	23000
Ni-B-9μm 多晶人造金刚石	85	5.1
Ni-B-9μm 天然金刚石	85	10.2
Ni-B-9μm 金刚石 B[①]	85	13.1
Ni-B-8μm Al_2O_3	9	109
Ni-B-10μm SiC	5	278
Ni-P-1μm 多晶人造金刚石	2	378
Ni-P-1μm 天然金刚石	2	732

① 金刚石 B 按美国专利 2.947.608～2.947.611 制造

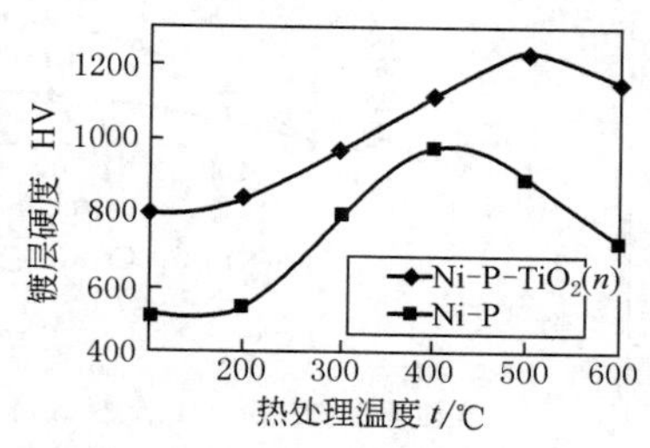

热处理对镀层硬度的影响

类别	性能和应用
铬基复合镀层	（1）Cr-SiC、Cr-WC、Cr-Al_2O_3 复合镀层 是从 CrO_3-H_2SO_4 体系中电沉积获得的，其硬度达 1200～1400HV，耐磨性能比硬铬镀层高 2～3 倍以上（见图 a） （2）Cr-$Cr_{23}C_6$ 复合镀层 是使用混合催化剂（SC-7）沉积出来的。由于该镀层在摩擦过程中的摩擦热所生成的钝化膜（Cr_2O_3）出现在与金属相接触的表面，提高了抗擦伤性和耐磨性。图 b 为镀层厚度一定时用磨损试验机的试验结果。试验表明，随着摩擦过程中接触表面温度的上升，铬镀层硬度降低，磨损量增加；而 Cr-$Cr_{23}C_6$ 复合镀层因形成了高强度的钝化膜，维持了较低的磨损率 （3）Cr-金刚石复合镀层 图 c 是含有天然金刚石和合成金刚石的 Cr-金刚石复合镀层［金刚石含量（质量分数）为 0.1%］与 Cr 镀层在擦伤型磨料磨损条件下的耐磨性。复合镀层的耐磨性比铬镀层大有提高，而且随着磨损试验时间延长，效果更显著。下表为几种铬基复合镀层的硬度和磨损率

续表

类别		性能和应用
电镀、化学镀复合材料	铬基复合镀层	(见下)

镀层种类	微粒含量（质量分数）/%	显微硬度 HV	磨损率 $/10^{-5}mm^3 \cdot N^{-1} \cdot m^{-1}$
Cr-NbC	1.3		0.20
Cr-ZrO_2	1.4		0.35
Cr-ZrB_2	2.0	1200	0.26
Cr-NbC-h-BN	4.0	1000	0.08
Cr-ZrO_2-h-BN	2.2	1100	0.23
Cr-ZrB_2-h-BN	2.5	920	0.12
Cr-HfC	1.2	1000	0.29
Cr-HfC-h-BN	3.0	940	0.19
Cr-Al_2O_3	1.6	800	0.32
Cr-Al_2O_3-h-BN	2.1	860	0.14
Cr-HfB_2	2.0	1200	0.24
Cr-HfB_2-h-BN	2.5	1100	0.24

注：基质金属显微硬度：900；基质金属磨损率：0.54

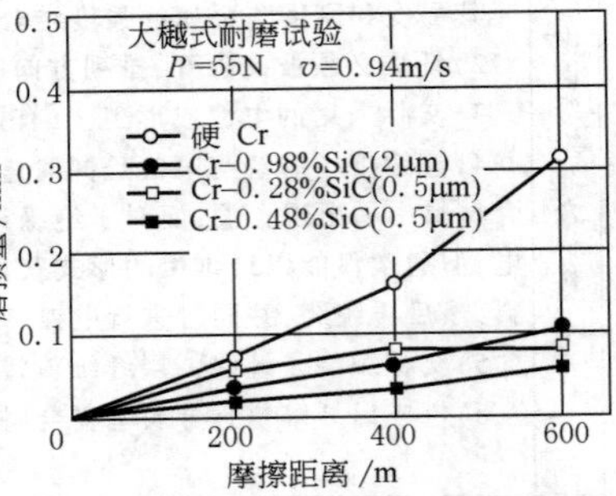

(a) Cr-SiC复合镀层耐磨性试验结果（与硬铬镀层对比）

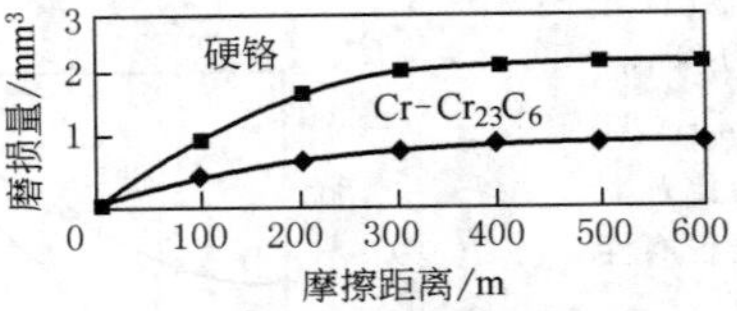

(b) Cr-$Cr_{23}C_6$复合镀层磨损试验结果

滑动速度：0.208m/s；最终载荷：12N；旋转试样：45钢调质，表面电镀，镀层厚度15μm；固定试样：含石墨的金属基自润滑滑动轴承材料。试验时无油润滑

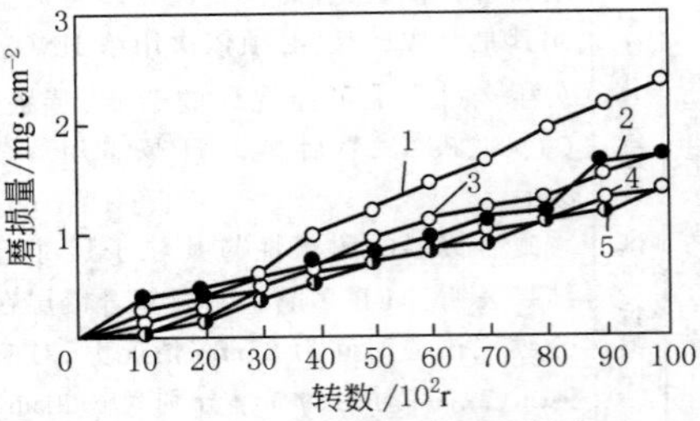

(c) Cr-金刚石复合镀层与Cr镀层磨料磨损试验结果

[CS-10(Taber磨损试验机)，负荷9.8N]

1—Cr，$20A/dm^2$；2—天然金刚石，0.1%，$20A/dm^2$；

3—天然金刚石，0.1%，$10A/dm^2$；

4—合成金刚石，0.1%，$10A/dm^2$；

5—合成金刚石，0.1%，$20A/dm^2$

多层涂层

表 1-7-62

类别	性能和应用
多层涂层	有些单相涂层，如已广泛应用的TiC、TiN和TiCN涂层尽管具有超硬、摩擦因数低、耐磨性、耐蚀性好，但难以同时具备高的硬度、良好的韧性、高的膜基结合强度和弱的表面反应性等综合性能，而合理设计和制备多层涂层，可以发挥不同单层复合镀层各自的优势，取长补短，有机配合，获得最优涂层性能，以及大的涂镀层厚度。电镀、化学镀、热喷涂、堆焊、熔接等都可制备多层膜（涂层）

续表

<table>
<tr><th colspan="2">类 别</th><th>性 能 和 应 用</th></tr>
<tr><td rowspan="4">多层涂层</td><td>双层复合镀层</td><td>

(1) Ni-P/Ni-P-Al_2O_3 双层复合镀层

Ni-P 化学镀层具有低的孔隙率、较高的耐蚀性、与基体的结合强度高，而 Ni-P-Al_2O_3 化学复合镀层经适当的热处理之后，比 Ni-P 化学镀层具有更高的硬度及耐磨性，但该复合镀层使用中易脱落，耐蚀性低。如果在施镀 Ni-P-Al_2O_3 复合镀层前，先镀制 Ni-P 镀层作为底层，制成 Ni-P/Ni-P-Al_2O_3 双层复合镀层，则可将两种镀层的优点结合起来。试验证明，它的结合力和耐蚀性比单层复合镀层都好。与单层 Ni-P 和单层 Ni-P-Al_2O_3 相比，双层复合镀层经 400℃ 热处理后具有更高的硬度，耐磨性也最好

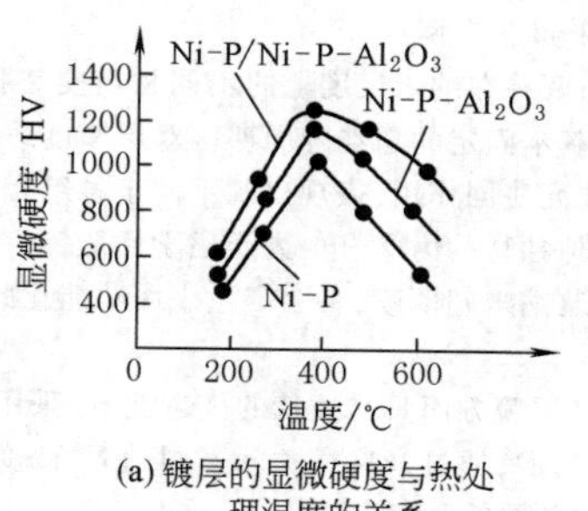

(a) 镀层的显微硬度与热处理温度的关系

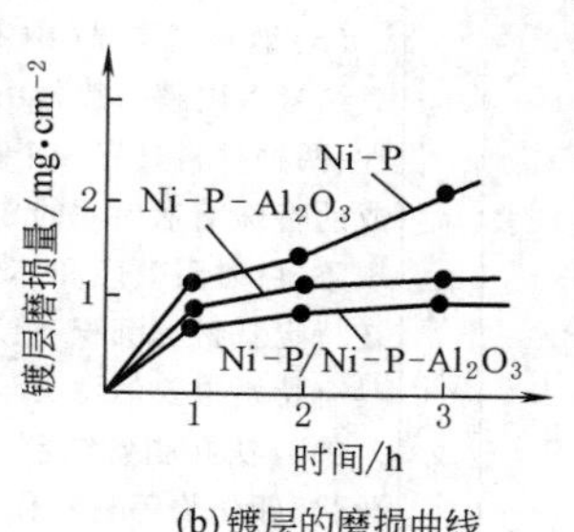

(b) 镀层的磨损曲线

</td></tr>
<tr><td>双层堆焊层</td><td>

(2) GM1/ZO_3 双层堆焊层

GM1 是一种自行研制的具有很强奥氏体化能力的专用超高锰钢过渡层焊条。GM1 焊条熔敷金属的力学性能为：R_m = 595MPa，σ_s = 220MPa，A = 34%，硬度 212HBS，冲击吸收功（0℃时）180×10^6J。用于超高锰钢破碎机锤头（锰的质量分数为 16.5%～18.5%）的堆焊修复，采用“母材+中间过渡层+耐磨层”的双层堆焊层

超高锰钢锤头的堆焊应达到以下要求：① 和超高锰钢直接连接的材料及热影响区，必须有足够的韧性，保证堆焊层在堆焊应力和冲击力作用下不产生剥落及掉块；② 耐磨堆焊层必须具备优良的抗冲击、抗冲刷磨损的综合性能，即高硬度、高韧性

用 GM1 焊条堆焊过渡层后，再在过渡层上面用 ZD3 型堆焊焊条堆焊耐磨层。堆焊时基本采用冷焊工艺，减少基体在 300℃ 以上的停留时间，以避免超高锰钢锤体的性能恶化。采用这种双层堆焊修复后的超高锰钢破碎机锤头基体、过渡层、耐磨层相互间结合良好，未发生堆焊层剥落和掉块。在某水泥厂破碎机的 120kg 锤头修复试验中，一次破碎矿石达到 10 万吨，最高达到 13.5 万吨，使用寿命提高了 2.5～3 倍

</td></tr>
<tr><td>三层复合涂层</td><td>

(3) TiC/TiCN/TiN 三层复合涂层

在气相沉积中，TiC、TiN、TiCN 和 α-Al_2O_3 都是面心立方晶格，具有相近的热胀系数、良好的互溶性和化学稳定性，可以作为复合涂层的子涂层。在 CVD 中，TiC 与基体元素在高温下能发生强烈相互扩散，可得到很高的结合强度，TiN 具有良好的化学稳定性和抗黏着磨损的能力，又呈美丽的金黄色，而 TiCN 的性能介于两者之间，故设计多层复合涂层时，常以 TiC 作底层，TiN 为表层，TiCN 为过渡层

用在 YG8 硬质合金拉丝模上的一种 TiC/TiCN/TiN 涂层，硬度为 2200～2250HV；过渡层 TiC_xN_{1-x} 中 x 为 0.3 左右。这种多层复合涂层拉丝模，经 300 多个模具批量生产试验表明：单位磨损（孔径扩大 0.01mm）生产量提高 1～4 倍，使用寿命长，断丝概率小，抗黏着性好，拉出的钢丝表面质量好

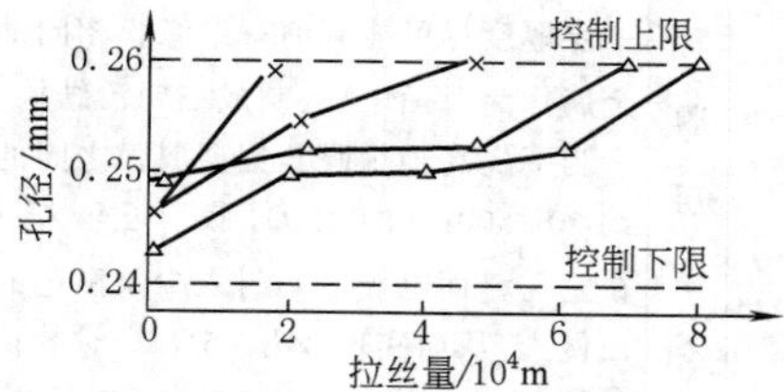

涂层与末涂层拉丝模的对比磨损曲线
△—多层涂层模；×—非涂层模（YG8）

</td></tr>
<tr><td>七层复合涂层</td><td>

(4) TiC/TiCN/TiC/TiCN/TiC/TiCN/TiN 七层复合涂层

涂层厚度控制在 6～8μm。因为，CVD 陶瓷涂层脆性大，弹性变化范围很小，不宜太厚。而且钢基体的热胀系数比涂层大，在涂层与基体界面上会产生切应力，而此切应力又是厚度的函数，当涂层厚度在 6～8μm 以内，它可以忽略不计。涂层层数：实验表明，在厚度一定时，层数愈多，子涂层厚度愈小，这可使子涂层在晶粒形核后开始长大之际，即改涂新的子涂层时，避免晶粒择优取向连续长大，出现各向异性而降低涂层性能

在 Cr12MoV 钢上做的这种七层复合涂层，硬度为 3100HV，涂层与基体的结合强度比单相 TiC 涂层高 2 倍。涂在 9Cr18 钢上耐磨性比未加涂层的和单相涂层的都好，其相对耐磨性提高了 1.2～44 倍。涂层磨损表面形貌观测说明，多层涂层的强韧性也比较好，并显著提高了 9Cr18 不锈轴承钢的滚动接触疲劳寿命，额定寿命提高 4 倍；一些工厂对七层涂层镀制的各种 YG8 冷拉模、Cr12MoV 冷压模及刀具做了应用试验，使用寿命提高了 3～7 倍

</td></tr>
</table>

续表

类别		性能和应用
	纳米多层膜	(5)纳米多层膜(纳米超点阵膜) 纳米多层膜一般是由两种在纳米尺度上的不同材料交替排列而成的涂层体系。由于膜层在纳米量级上排列的周期性,两种材料具有一个基本固定的超点阵周期。双层厚度约为5~10nm。该膜是广义上的金属超晶格,因二维表面上形成的特殊纳米界面的二元协同作用,表现出既不同于各组元,也不同于均匀混合态薄膜的异常特性——超模量、超硬度现象、巨磁阻效应和其他独特的力学、电、光及磁学性能等,在表面改性、强化、功能化改造及超精加工等领域极具潜力;在特定基材上沉积、组装纳米超薄膜,将会产生表面功能化的许多新材料,从而对功能器件、微型电机等机电产品的开发具有特别重要的意义 PVD法在制备纳米多层膜方面具有独特的优越性,可采用各种蒸发、溅射、离子镀方法,选择不同氮化物、碳化物、氧化物、硼化物等材料作物源,通过开启或关闭不同的源、改变靶的几何布置,或者工件旋转经过不同的源,能够方便地调节薄膜组成物的顺序和各层的厚度 利用PVD、CVD和电沉积技术已制出Cu/Ni、Cu/Pd、Cu/Al、Ni/Mo、TiN/VN、TiC/W、TiN/AlN等几十种纳米多层叠膜 M. Shinn等用磁控溅射制备了TiN/NbN、TiN/VN、TiN/VNbN超点阵膜,超点阵周期 $\lambda=1.6\sim450$nm,TiN/NbN的 $\lambda=4.6$nm,最高硬度49~51GPa(TiN硬度约21GPa,NbN硬度约14GPa);Chen等制备了TiN/SiN_x 纳米多层膜,TiN厚度2nm,SiN_x 厚度0.3~1.0nm,最高硬度45GPa±5GPa,内应力显著降低;Yoon等制备了WC-$Ti_{1-x}AiN_x$ 纳米复合超点阵涂层,硬度50GPa
多层涂层	多种膜层结合的复合膜层	在现代电子工业中,大量采用多种工艺,如电镀、氧化、溅射、蒸镀、金属有机化合物化学气相沉积、分子束外延等方法制成功能各异、多种膜层结合的复合膜层 1)$In_2O_3/Y_2O_3/ZnS:Mn/Y_2O_3/Al$ 五层复合膜层 用在双层绝缘膜结构的高辉度、长寿命器件上(见图a) 该器件是在玻璃基板上蒸镀 In_2O_3 透明导电薄膜,其上形成厚约200nm致密的 Y_2O_3 高介电性绝缘膜,然后再蒸镀仅含有少量Mn的ZnS荧光体约500nm的薄膜作为发光层,接着在发光层上蒸镀一层厚度尽可能同前一绝缘膜相同的 Y_2O_3 膜,最后再蒸镀一层铝金属作为背面电极,制成三明治结构 为了提高绝缘膜与铝金属膜之间的附着性,在它们之间可形成厚约20~500nm的 Al_2O_3 膜。近年来,还在背面补加一层玻璃,以便在它与背面电极之间封入少量黑色的硅油,可以充分防止湿气从外面侵入,从而实现3万~5万小时的长寿命和高可靠性 (a)具有双层绝缘膜结构的交流场致发光器件 2)$Al_2O_3/ZnS:Mn/Al_2O_3$ 三层复合膜层 同样是双层绝缘膜结构器件,有的则采用原子束外延蒸镀法来制作发光层(ZnS:Mn)和绝缘层 Al_2O_3,从而使发光效率得到大幅度提高。元件的结构如图b所示。在玻璃基板上用溅射法形成厚约50nm的ITO薄膜,其上用原子束外延生长法制作 Al_2O_3 和ZnS:Mn所形成的绝缘层-发光层-绝缘层的三层夹层结构 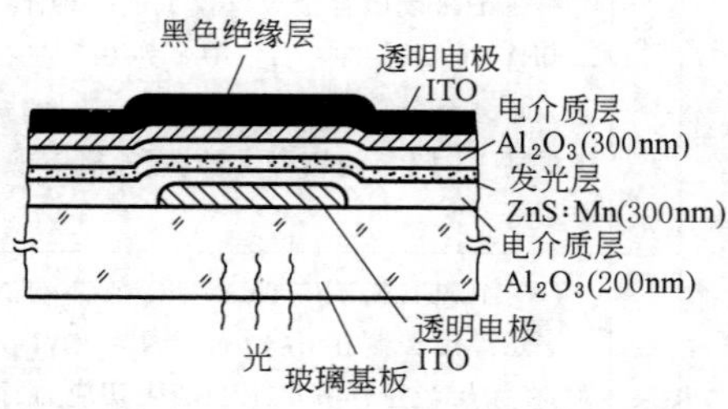 (b)利用原子束外延法制作的交流场致发光器件 3)$Al_2O_3/NiO/ZrO_2/Ni/Al/Al_2O_3/Cu/LaCoO_3$ 七层复合膜层 为了满足某功能的需要常要制备多层涂层,例如,一种高温固体电解燃料电池即用了七层,其顺序为:① Al_2O_3 气密层;② NiO燃料电池层;③ 温度 ZrO_2 层;④ Ni/Al电流导出膜层;⑤ Al_2O_3 气密保护层;⑥ Cu层;⑦ $LaCoO_3$ 空气电极层 磁性膜、磁线存储器、约瑟夫森集成电路等元器件也都采用多层膜结构

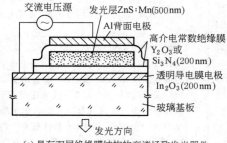

功能梯度涂层

表 1-7-63

类别		性能和应用
功能梯度涂层		在通常情况下，涂层与基体不属同一类材料，突变界面的涂层与基体间由于各自热胀系数不同等性能差异，存在较大的应力，导致涂层与基体结合不牢，涂层厚度也受到限制。功能梯度涂层可使基体到涂层的成分逐渐变化，形成一个缓和应力的过渡层。这样既保证了涂层与基体的结合，又保证了涂层使用要求的特殊性能 功能梯度涂层可用多种方法制备，如用热喷涂法，通过多次逐层喷涂，并随之变化成分，即可得到一定的梯度涂层。用IBAD法，在反应器分压一定时，通过变化蒸发速率或溅射速率也可方便地获得梯度涂层
	梯度涂层	（1）Ni-WC 梯度涂层
		涂层内 WC 颗粒含量从基体到表面逐渐增多。图 a 示出该梯度涂层与普通激光重熔涂层硬度沿深度的分布曲线。图 b 示出该梯度涂层与对比涂层的累计磨损失重与行程的关系曲线。表明梯度涂层从基体到表面硬度缓慢上升，有一明显的过渡区，这种内韧外硬的涂层比普通激光重熔涂层的耐磨性提高很多 （2）Ta-W 梯度涂层 Ta-W 合金是目前解决高初速、高射速火炮内膛表面烧蚀问题的较理想的涂层。为了增加涂层与基体的结合强度，某所进行了用磁控溅射法制备梯度过渡层的试验研究。靶材选用 Ta-10W，过渡区的成分用调整靶的功率加以控制。设过渡区靶材的原子百分浓度为 C，选用 $C=X/D$，$C=(X/D)^2$，$C=(X/D)^{1/2}$（其中，X 为距基体表面的距离，D 为过渡层的厚度）三种曲线形式加以过渡，过渡区外再涂一层同厚度的纯 Ta-10W 层。AES 等分析证明，过渡区内各元素变化形式与理论设计基本相符，过渡层与外层组织均为纤维状结构，且界面不明显，结合良好 显微硬度 HV；深度/mm；Ni35·KF56(50%)；Ni35·KF56(10－30－80%) (a) 梯度涂层与普通激光重熔涂层硬度沿深度分布 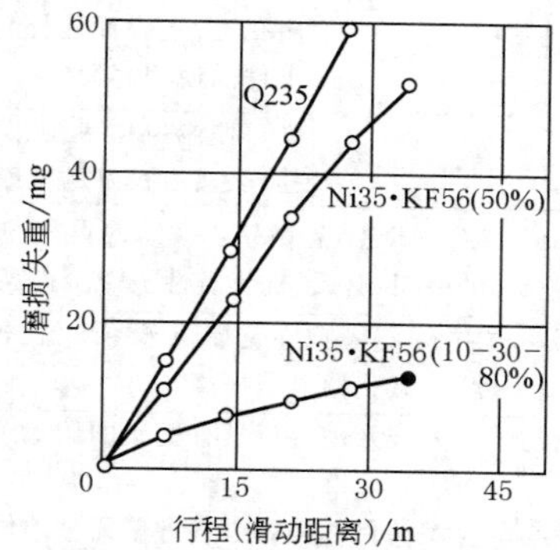 (b) 梯度涂层、普通激光重熔涂层与Q235钢基体累计磨损失重与行程的关系
	热障涂层（隔热涂层）	（3）NiCrAl 结合层/40/60ZrO_2-CoCrAlY（0.5mm）/85/15ZrO_2-CoCrAlY（0.5mm）/ZrO_2 陶瓷表层（1.5mm）热障四层复合梯度涂层 一般的热障涂层由热绝缘陶瓷层（多使用稳定的或部分稳定的 ZrO_2）和结合底层（多用 MCrAlY，M 是 Fe、Co、Ni 或 NiCo）所组成 为了减小由于金属材料和陶瓷材料热胀系数的不同而引起的涂层内热应力，提高涂层的结合强度和抗热震能力，在底层和陶瓷表层之间可引入不同层数和厚度的底层材料和表层材料组成成分呈梯度变化的中间过渡层 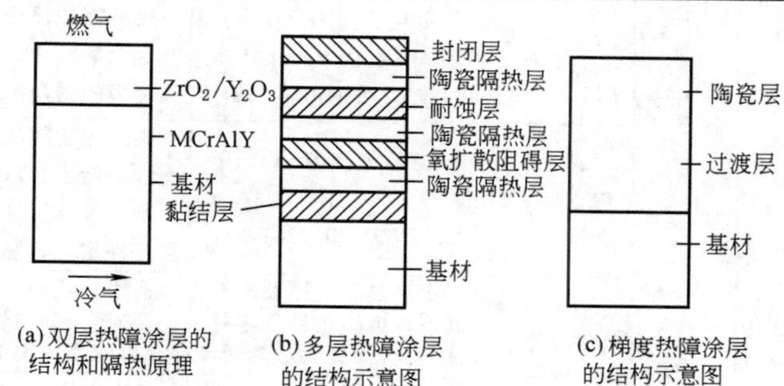 (a) 双层热障涂层的结构和隔热原理　(b) 多层热障涂层的结构示意图　(c) 梯度热障涂层的结构示意图 几种热障涂层的典型结构 一般热障涂层的结构有如图 a 所示的双层系统，图 b 所示的多层系统和图 c 所示的梯度系统。其中双层系统由黏结层（过渡层）和隔热的陶瓷层组成；多层系统通常由黏结层、陶瓷隔热层、氧扩散阻碍层、耐蚀层和封闭层等组成 制备梯度热障涂层可用物理气相沉积和等离子喷涂等方法，由于等离子喷涂法沉积速度快，能在一个工艺过程中完成整个热障涂层的制备，因而目前常被采用。一些厚的梯度热障涂层已应用在柴油机的一些零件上，并具有巨大的应用前景。二维有限元模拟计算表明：四层 2.5mm 厚的热障复合梯度涂层能满足柴油机零件工况要求。它由 NiCrAl 结合层、40/60ZrO_2-CoCrAlY（0.5mm）、85/15ZrO_2-CoCrAlY（0.5mm）及 1.5mm 厚的 ZrO_2 陶瓷表层组成 梯度热障复合涂层在飞机发动机、陆地燃气轮机、柴油机、锅炉燃烧器等高温零部件上已有不同程度的应用

含表面热处理的复合强化层

表 1-7-64

类别	性能与应用
含表面热处理的复合强化层	与表面热处理有关的复合应是其组成工序的有机组合，它应使各道组成工序的性能优点都能充分保留，避免后道工序对前道工序有抵消作用

含表面热处理的复合强化层 — 1. 复合热处理层

表面热处理与一般热处理或其他表面热处理的复合方法十分广泛，例如

复合方法		性能
与渗氮有关的复合表面热处理	调质+渗氮	使工件具有高强韧性的基体和高硬度、高耐磨性、高疲劳强度的表层
	渗氮+淬火	使工件得到更有效的强化，硬度、强度、旋转弯曲疲劳强度普遍提高
	氮化+回火	改善硬度分布，提高工件使用寿命
	渗氮+蒸气处理	使渗氮层表面形成一层厚约数微米的均匀而致密的 Fe_3O_4，具有多孔性，坚硬而能储油，大大提高工件的使用寿命
	渗氮+渗磷	可使渗氮层表面形成一层磷酸盐膜，具有良好的减摩作用
金属共渗+适当热处理	ЖС6-K 合金铬铝共渗后，再经 960℃×6h 和 1210℃×3h 退火，抗热震性进一步提高	
	5ХИМ 钢模具在铬钒共渗+渗氮，退火处理后，硬度、抗氧化性显著提高	

复合方法		性能
与渗碳和碳氮共渗有关的复合表面热处理	渗碳+渗硼	可在较厚的渗碳层表面覆盖一层 0.1mm 左右的渗硼层，得到一种具有强塑支承基体的硬度极高的表面，适于重载且要求有很高耐磨性的工件
	渗碳+碳氮共渗	能在表面形成 0.015~0.02mm 的富碳氮层，具有很高的抗咬合、抗擦伤等能力
	渗碳+渗铬	可增加碳化物层厚度，渗层下没有贫碳区，复合渗层具有高的硬度、疲劳强度、耐磨性、热稳定性和在各种介质中的耐蚀性（包括在铝合金、锌合金熔体中的侵蚀性）
	渗碳+熔盐浸镀（TD 法）	可在工件上涂覆一层 5~10μm 厚的 NbC、VC、Cr-C 等碳化物，它们与金属基体紧密结合的碳化物硬度高达 1300~4000HV，具有极高的耐磨、耐蚀、抗咬合、耐热冲击等性能

经上述工艺复合处理的钢具有优良的耐磨性和耐高温腐蚀性能，适用于锅炉、热交换器、加热炉等承受高温腐蚀的部位

共渗与复合渗的目的是吸收各种单元渗的优点，弥补其不足，使工件表面达到更高的综合性能指标。下表列出了一些元素的共渗、复合渗层的主要性能及应用

类别	处理方法	工艺与渗层厚度/mm	性能特点及应用
含铝共渗及复合渗	Al-Si 复合渗	粉末法：1000℃，8h，厚度：20 钢，0.23mm；45 钢，0.18mm；T8 钢，0.175mm	提高零件热稳定性，如镍铬合金，奥氏体类、铁素体类耐热钢；可用碳钢、低合金钢经 Al-Si 复合渗代替高合金耐热钢；还可用于提高钛、难熔金属及其合金的耐高温气体腐蚀性
	Al-Cr 共渗及复合渗	粉末法：1025℃，10h，厚度：10 钢，0.37mm；1Cr18Ni9Ti，0.22mm	共渗用于提高钛、铜及其合金的热稳定性，提高零件抵抗冲蚀磨损和磨料磨损的能力，可用廉价钢种 Al-Gr 共渗代替高合金钢。复合渗主要用于防止高温气体腐蚀；提高零件持久强度和热疲劳性，如燃气轮机叶片、燃烧室及各种耐热钢制零件
	Al-B 共渗及复合渗	提高热稳定性和耐磨性。适于防止镍铬合金、热稳定钢和热强钢制零件的高温气体腐蚀；可大大提高严重磨损条件下零件的使用寿命，如与熔融金属相接触的、受冲击载荷作用的、在高温下工作的零件；复合渗比共渗能使渗层获得较高浓度的 Al 和 B	
	Al-Ti 共渗及复合渗	粉末法：1000℃，6h	提高热稳定性、耐磨性和耐蚀性，但对提高钢的抗氧化性并不比单独渗 Al 优越
	Al-V 共渗及复合渗		较单独渗 Al 有更高的热稳定性，可使钢的热稳定性提高数十倍，使钢在酸性水溶液中的耐蚀性提高 1~2 倍
	Al-Cr-Si 共渗及复合渗	提高热稳定性和耐蚀、耐冲蚀磨损能力。对镍基热强合金，比单独渗 Al 的热稳定性提高 50%，并有较高的热疲劳抗力；该渗层可用于保护中碳、高碳钢在硝酸、氯化钠水溶液中免受腐蚀；可使某些合金的耐蚀、耐磨损能力提高 1~5 倍。如用于防止直升机钼制发动机叶片的氧化，叶片边缘处温度可达 1500~1600℃	
	Al-Ti-Si、Al-Zr-Si 共渗	Al-Zr-Si 共渗粉末法：800~1100℃，2~8h	提高热稳定性和在某些腐蚀介质中的耐蚀性，如可使碳钢在 NaCl、盐酸和醋酸水溶液中的耐蚀性得到提高

续表

类别		性能与应用		
类别		类别	处理方法	工艺与渗层厚度/mm	性能特点及应用

类别		类别	处理方法	工艺与渗层厚度/mm	性能特点及应用
含表面热处理的复合强化层	1. 复合热处理层	含铬共渗及复合渗	Cr-Si 共渗	1000℃,10h,厚度 0.15;20h,厚度 0.20~0.25	提高耐磨(含冲蚀磨损)、耐蚀(汽蚀、气体腐蚀、电化学腐蚀)能力。渗层具有高的热稳定性和耐急冷急热性
			Cr-Ti 共渗	1100℃,4h,厚度 0.03~0.06	提高抗氧化、耐蚀、耐磨及耐汽蚀性,还可用于提高热稳定性。抗高温氧化及耐磨性均高于渗铬层。渗层表面硬度 2200HV
			Cr-Ti/V/Nb 复合渗	渗 Cr(或镀铬)后在含 V 或 Ti、Nb 的硼砂熔盐中扩散渗 V(或 Ti、Nb),900~1050℃,2~8h,厚度 0.01~0.02	在高硬度的 VC、TiC、NbC 与基体中间是碳化铬,使硬度逐渐降低,从而使其抗冲击剥落性、耐蚀性高于单一碳化物层。表面硬度 3000HV 以上(VC),或 2400HV 以上(NbC)
			Cr-RE 复合渗	渗铬盐浴中加适量稀土:950℃,4~8h,厚 0.01~0.015	提高渗铬速度改善渗铬层质量,使渗层耐蚀性、抗高温氧化性、耐磨性、韧性都得到提高
			Cr-V 共渗后再渗 N	Cr-V 共渗后气体渗 N:1050℃,8h,540℃,6h,共渗层 0.1~0.4,氮化物层 0.01~0.02	渗层抗高温氧化、耐磨性比渗铬或铬钒共渗好
		含硼共渗与复合渗	硼铝共渗与复合渗	用粉末法共渗:1100℃×6h,45 钢厚度 0.36;复合渗:900~1100℃ 渗硼,2~4h;1000℃渗铝,2~4h	钢铁和镍基合金硼铝共渗的目的是提高耐磨性和耐蚀性。硼铝复合渗也是为了获得硬度高、耐磨性和抗氧化性好的表层。主要用于高温下承受磨损和腐蚀的工件,如燃气轮机叶片、发动机的喷射器、火管、热锻模和挤压模
			硼硅共渗与复合渗	用粉末法:1050℃×3h,45 钢厚度 0.24	改善渗硼层的高脆性,提高钢的抗氧化和耐蚀性能,表面硬度也有所提高
			硼锆共渗	膏剂法:950℃,2~10h,厚 0.04~0.1	改善渗层脆性,提高抗冲击载荷的能力。5CrMnMo 钢共渗后在 MLD-10 冲击磨损试验机上试验其磨损失重约为渗硼层的 1/4
			硼铬共渗与复合渗	如:膏剂法渗硼 900℃×(1~2)h+粉末法渗铬 1050℃×3h	渗层由铁、铬的硼化物以及碳化物组成,前者起硬质相作用,后者塑性较好,因而渗层的塑性和耐磨性,尤其在动载下比渗硼层好得多
			碳氮硼共渗	多用盐浴法:常用(730℃±10℃)×(4~6)h,厚度 0.36~0.46	进一步提高碳氮共渗零件的耐磨性。渗层表面硬度一般比碳氮共渗高 2~3HRC,耐磨性显著提高,但疲劳强度不如碳氮共渗
			氧硫碳氮硼五元共渗	气体法:(560℃±10℃)×(1~3)h,厚度 0.04~0.1	可得到单元渗难以实现的综合效果。主要用于高速钢刀具,能使其使用寿命稳定地提高 1~2 倍。工件表面乌黑美观

2. 电镀(化学镀)、热处理复合强化层

(1)镀渗层

钢铁、铜及铜合金、铝及铝合金等材料表面电镀几种金属或合金,然后通过热扩散处理,可形成各种具有耐磨、减摩、耐蚀性能的镀渗层。下面列出几种钢铁、铝合金镀渗复合处理的技术性能

处理	工件材料	镀层材料	热扩散工艺	镀扩层组织、结构和硬度	耐蚀性	摩擦学性能(在 Falex 摩擦磨损试验机上进行试验)	适用范围
镀锡锑复合电镀	碳素钢、合金结构钢、模具钢、不锈钢、铸铁粉末冶金件	以 Sn 为主,含 Sn7%~10%,可增加少量 Cd 以提高耐蚀性	在充氮炉膛中于 580~600℃ 保温 10~15h,高精度工件在精磨前于 600℃ 去应力再加工并电镀	表面为 1~2μm 富锡的减摩层,其下为以 FeSn 和 $FeSn_2$、Fe_3SnC 为主,硬度为 600~800HV 的扩散层,渗层深度为 10~30μm	在大气、海水、矿物油中耐蚀性良好,对碱性介质、硝酸钾溶液等有一定的耐蚀性	销子试样和 V 形块均为 35 钢,未经表面处理时,在 1500N 载荷下瞬时咬死,经复合电镀处理则 7h 才咬死(试样置于水中);试样置于油中连续加载,未经处理件在 2600N 时咬死,经复合电镀处理直至 25000N 仍运转正常	承载不重的轴、齿轮、滑动轴承、挺杆、部分蜗杆和蜗轮(某些情况下可用钢或铸铁代青铜)
镀铜锡复合电镀	碳素钢、工具钢、模具钢	以 Cu 为主,含 Sn 可达 30%	在氮气中加热到 550~600℃,持续 4~6h	表面为 1~2μm 富锡的减摩层,其下是 FeSn、$FeSn_2$、Fe_3SnC,硬度约为 450HV 的渗层,渗层深度 10~20μm,可深达 100μm	在大气、工业大气中有一定的耐蚀性,抗盐雾腐蚀性能明显提高	转速 300r/min 试样上涂凡士林,未经表面处理时 6000N 咬死,经复合处理件直至 24000N 运行正常	减速器、轻工机械中的轻载齿轮、轴瓦、水泵零件、蜗轮(钢件处理可代黄铜、青铜)

续表

类别		性能与应用						
		处理	工件材料	镀层材料	热扩散工艺	镀扩层组织、结构和硬度	耐蚀性	摩擦学性能(在 Falex 摩擦磨损试验机上进行试验)	适用范围
含表面热处理的复合强化层	2.电镀(化学镀)、热处理复合强化层	镀锡镉或锑热扩散(Delsun 法)	铜、青铜和黄铜	一般镀 7~10μmSn、Cd 或 Sb,铝青铜基体加厚至 10~12μm	无需在保护气氛中加热,于空气中加热至 410~430℃,保温 8~14h	表面是抗咬死性能良好的 Cu-Sn-Cd 合金薄层,其下是 Cu_2Sn、Cu_4Sn 等化合物,硬度为 480~600HV,渗层深度约 30μm 为宜	在大气、海水及矿物油中耐蚀	销子为铜合金,V 形块是渗碳、淬火和回火的 15CrNi3A 钢,摩擦速度为 0.1m/s,经过复合电镀处理的 QSn12 和 HPb59-2 的摩擦学性能显著提高 同时提高接触疲劳强度	青铜与黄铜齿轮、蜗轮、油泵壳体、轴承、铜质模具、过滤板
		镀铜热扩散(Zinal 法)	铝与铝合金	In、Cu,可加少量 Zn 以提高结合力	在一般加热炉中于 150~165℃ 保温 4~8h	表面为 1μm 左右的富铟抗咬死层,其下为 In-Cu 化合物,硬度约为 200~250HV,镀渗层深度为 10~50μm	耐蚀性能有所改善	销子是含铜及少量镁、锰的铝合金,V 形块为调质的 35 钢,以 0.1m/s 速率在水中试验,未经处理件在 500N 载荷下瞬时烧伤,经过复合电镀处理则经 1h 才开始擦伤	铝合金武器零件、水龙头、活塞、滑轮等

在渗铝以前进行镀镍、镀铂(有时渗钽、渗铌)可以在金属表面形成一层扩散屏障,以阻滞在高温服役条件下铝的二次扩散,提高渗层的使用寿命。如 527 铁基合金先镀镍,然后进行 750℃×(6~8)h 的粉末渗铝,形成 40~70μm 的镀镍渗铝层,由 $FeAl_3$、Fe_2Al_5、Ni_2Al_3 组成,硬度 850~1000HV;若采用铝铬共渗则层厚为 25~35μm。800℃×100h 氧化试验的增重,未经表面处理、渗铝、镀镍+渗铝、镀镍+铝铬共渗的表面依次为 37.8g/m²、5.4g/m²、1.9g/m² 和 2.8g/m²。

铝铬共渗前渗钽用于镍基和钴基合金,可有效防止铝铬共渗层的再扩散,明显提高渗层的高温疲劳强度和抗高温氧化、硫蚀性能。

(2)电镀(化学镀)+热处理

下表为 45 钢经不同热处理+表面处理后,在"球-盘"试验机上进行的摩擦磨损对比试验结果。试验中上试样是固定的 GCr15 钢球,下试样是 45 钢制成的圆盘

盘试样(45 钢)处理工艺	试验结果	对比说明
1—860℃水淬和 200℃回火,硬度 627HV 2—860℃水淬和 200℃回火,硬度 627HV,刷镀 Ni-Cu-P 镀层(Ni64%,Cu34%,P2%),硬度 961HV 3—860℃水淬和 590℃回火,硬度 243HV,刷镀 Ni-Cu-P 镀层,硬度 904HV 4—860℃水淬和 550℃回火,硬度 487HV,离子渗氮,电压 370V,电流 7.6A,(540~560℃)×13h,硬度 478HV 5—860℃水淬和 550℃回火,硬度 487HV,离子渗氮加刷镀 Ni-Cu-P 镀层,硬度 502HV	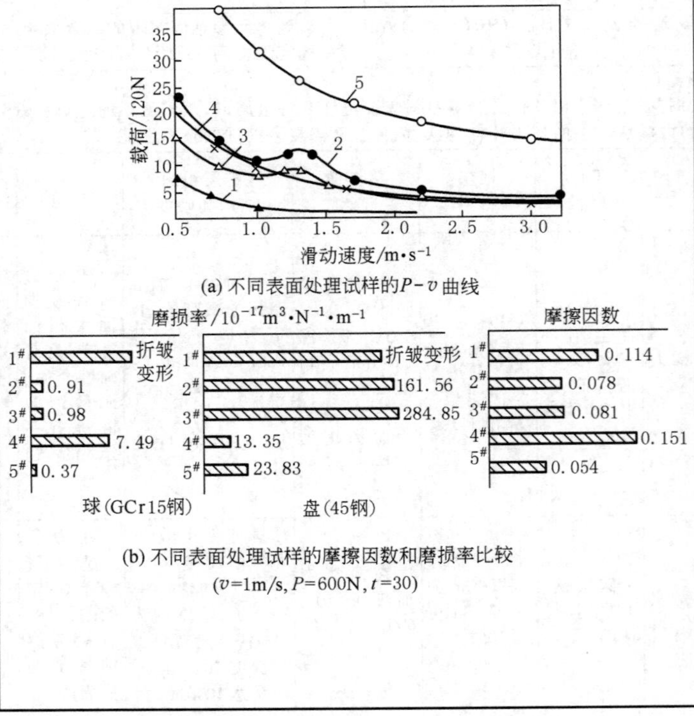 载荷/120N; 滑动速度/m·s⁻¹; 1; 2; 3; 4; 5 (a) 不同表面处理试样的 $P-v$ 曲线 磨损率/$10^{-17}m^3·N^{-1}·m^{-1}$ — 球(GCr15钢): 1# 折皱变形; 2# 0.91; 3# 0.98; 4# 7.49; 5# 0.37 — 盘(45钢): 1# 折皱变形; 2# 161.56; 3# 284.85; 4# 13.35; 5# 23.83 摩擦因数: 1# 0.114; 2# 0.078; 3# 0.081; 4# 0.151; 5# 0.054 (b) 不同表面处理试样的摩擦因数和磨损率比较 (v=1m/s, P=600N, t=30)	左图表明,在离子渗氮 45 钢表面刷镀 Ni-Cu-P 镀层的 5#试样的承载能力最好,大约相当于 2#、3#或 4#试样的 2~3 倍,约相当于未经表面处理的 1#试样的 10 倍。5#试样还具有最低的摩擦因数,大约相当于 1#和 4#试样的 1/2 和 1/3,5#试样对磨钢球的磨损率与 4#试样相比大约下降了 20 倍 扫描电镜形貌观察可见,2#试样表层发生了严重的塑性变形,并在镀层与基体界面出现了将导致镀层剥落的大裂纹;而 5#试样虽然硬度仅有 500HV,但其镀层与基体界面结合良好,这是由于镀层内应力下降,抵抗裂纹扩展能力提高的结果

续表

类别	性能与应用

含表面热处理的复合强化层 — 3. 铸渗复合层

机理	铸渗复合法是在铸型型腔壁上涂敷、贴固一定粒度的合金粉末膏剂（铸渗膏剂），然后将液态金属倒入，液态金属浸透膏剂的毛细孔隙中，靠其热量熔融膏剂并与基体表面熔合为一体。由于界面处的扩散渗透，在铸件表面上形成一定厚度且与基体组织、成分、性能截然不同的合金耐磨覆层——铸渗复合涂层
特点	铸渗法在砂型铸造、精密铸造和压力铸造中均可应用。基体材料可为各种铸钢和铸铁
铸渗膏剂选用	制作耐磨铸渗膏剂，一般选用耐磨性好、熔点较低的高铬白口铁合金粉末，或在其中加入碳化物硬颗粒，再加入1%左右的熔剂（硼砂等）及适量的黏结剂（水玻璃、聚乙烯醇等）调成膏状，或将膏剂压成一定形状备用 合金膏剂获得最大浸透深度的粉末粒度为0.06～0.50mm，制备薄铸渗涂层粉末粒度为0.20～0.32mm。膏剂层厚度一般为铸件厚度的1/10以下，当膏剂涂层厚度小于5mm，铸渗层厚度相当于1～3倍膏剂厚度

WC颗粒复合铸渗层

WC颗粒复合膏剂系列	复合铸渗层磨损面中WC颗粒的面积比/%	相对耐磨性 ε	WC颗粒复合膏剂系列	复合铸渗层磨损面中WC颗粒的面积比/%	相对耐磨性 ε
30MnSiTi铸钢	0	1.0	高铬白口铁+WC（铸态）	47.3	24.5
30MnSiTi+WC（铸态）	53.6	31.2		44.5	21.4
	19.9	14.3		41.7	20.2
高铬白口铁+WC（950℃淬火，250℃回火）	48.2	21.4		25.0	19.2
	11.7	12.8		0	1.8
	5.3	4.0			

高铬白口铁铸渗层

膏剂系列	铸渗层化学成分（质量分数）/% C	Cr	Mo	Cu	V	Fe	涂层厚度/mm	铸渗层平均厚度/mm	热处理状态	硬度HRC	相对耐磨性 ε
Cr	3.84	20.3	—	—	—	余量	2.5	2.7	950℃淬火，250℃回火	60	1.76
Cr-Mo-Cu	2.45	16.8	1.74	0.14	—	余量	2.5	3.4		58	2.45
Cr-V	2.45	15.8	—	—	0.99	余量	2.5	3.0		60	2.74
30MnSiTi铸钢标样										48	1.00

注：1. 耐磨性测试条件：ML-10型销盘式磨料磨损试验机；30MnSiTi铸钢标样，磨料为106μm刚玉砂纸，载荷49N，用万分之一天平测量磨损失重

2. 加WC颗粒的铸渗层，浸透过程中膏剂合金熔化，WC不熔化。凝固后形成在膏剂合金基体上嵌镶着WC颗粒硬质相的复合铸渗层。这种铸渗层中WC含量一般为30%～70%，粒度为900～590μm

4. 表面热处理与其他表面技术复合层

（1）渗碳加强力喷丸

可以提高变速箱齿轮等工件的疲劳强度、寿命和可靠性，尤其是表面能获得大量残余奥氏体的渗碳工艺经喷丸强化可使工件具有很好的疲劳性能。下面是20CrMnTi钢在两种工艺参数下渗碳加强力喷丸后的接触疲劳试验结果

20CrMnTi钢的处理工艺	接触疲劳试验结果	对比说明
Ⅰ—930℃渗碳，碳势1.05%，850℃淬油，190℃回火 Ⅱ—930℃渗碳，碳势1.3%，880℃淬油，190℃回火 Ⅲ—工艺Ⅰ+强力喷丸（HC-34型喷丸机，用直径2.8mm、硬度48～55HRC的钢丸，喷丸强度 f_a =0.56mm） Ⅳ—工艺Ⅱ+强力喷丸（喷丸条件同Ⅲ）	20CrMnTi渗碳+强力喷丸	左图表明，两种工艺经喷丸后其疲劳寿命均明显提高，在较低接触应力下更显著。其中高浓度渗碳与强力喷丸表面复合强化，具有最高的接触疲劳寿命。测试得出，高碳势的工艺Ⅱ比工艺Ⅰ的有效渗层深度增加18.8%；喷丸后表层硬度均明显提高，工艺Ⅰ提高50HV左右，而工艺Ⅱ最多提高约90HV。在次表层0.3～1.0mm范围内，工艺Ⅳ的硬度均比工艺Ⅲ高。高浓度渗碳导致了次表层硬度的提高和有效渗层的增加，强力喷丸的形变强化效应和引入的残余压应力，有效弥补了因大量残余奥氏体所造成的表面残余压应力下降的不利影响。在高应力条件下，复合强化效果受到影响

（2）渗碳加碳氮共渗+加工硬化（压迫、喷丸等）

这是在渗碳后加碳氮共渗工序，以期在随后的淬火中，在表层形成大量的残余奥氏体，然后通过压迫等使表面进一步硬化。这种复合处理能形成很硬而又富有韧性的表层，提高了使用寿命，并能获得很高的疲劳强度

（3）碳氮共渗加氧化抛光复合处理（国外商品名为QPQ工艺）

该工艺的碳氮共渗温度一般为540～580℃，时间0.5～3h，在氧化盐浴中的浸渍时间在5～20min范围内。经QPQ工艺处理的工件，其耐磨性能优良，如下图所示，耐蚀性也很高，如下表。表面乌黑发亮，在适当场合可代替镀铬，解决电镀污染问题。目前国内外在汽车、摩托车、照相机、兵器等零件上应用较多

续表

类别：含表面热处理的复合强化层

4. 表面热处理与其他表面技术复合层

性能与应用

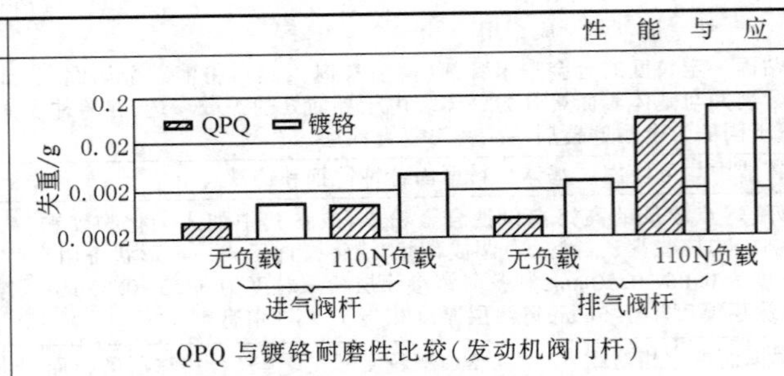

QPQ 与镀铬耐磨性比较(发动机阀门杆)

QPQ 工艺与几种电镀层盐雾试验结果

表面处理	每 24h 失重/$g \cdot m^{-2}$
QPQ 工艺	0.34
12μm 硬铬	7.1
20μm 软铬+25μm 硬铬	7.2
20μm 硬铬	2.9
37.0μm 铜+45.0μm 镍+1.3μm 铬	0.45

(4)在 Al 或 Al-Ti 渗层中嵌夹 Al_2O_3 陶瓷

该工艺可使渗层具有非常优异的抗高温氧化、抗热疲劳和抗冲蚀磨损性能。用固体粉末法时,先将 Al_2O_3、TiO_2(粒度为 1~20μm)和黏结剂(丙烯酸树脂溶于甲苯或丙酮)按比例调成料浆、用刷涂,浸渍或喷涂等方法涂覆于零件表面,干燥后埋入由 60% Al_2O_3+40%渗剂(34%Al+61%Ti+5%碳粉)另加 0.2%NH_4F 组成的粉末中,在氢气保护下 1050℃保温 3~4h,钛与铝的卤化物气体透过陶瓷层与基体产生互扩散,形成以铝为主的铝钛共渗层,陶瓷嵌夹在渗层内。含陶瓷层厚度约 25μm,渗层厚度为 50μm。除粉末法外,还可用电泳法或熔浴法获得这种渗层。用镍基合金渗铝及渗铝夹嵌陶瓷进行对比试验发现,后者的氧化失量率下降到渗铝层的 2%以下,热腐蚀试验的失效时间是渗铝层的 4 倍以上

含激光处理的复合强化层及其他表面技术的复合

表 1-7-65

类别：含激光处理的复合强化层

性能和应用

利用高密度能源的激光束对金属表面进行改性和强化,制备各种高性能的复合涂层

1. 激光制备表面复合涂层

(1)激光熔覆复合涂层

目前对激光熔覆的研究主要是在一般材料表面包敷 Co 基、Ni 基、Cr 基等合金及 WC、TiC、Al_2O_3 等陶瓷材料,以提高所需的表面性能。激光熔覆工艺常用的基体材料、熔覆材料及应用范围如下表

基体材料	熔覆材料	应用范围
碳钢、铸铁、不锈钢、合金钢、铝合金、铜合金、镍基合金、钛基合金等	纯金属及合金,如 Cr、Ni 及 Co、Ni、Fe 基合金	提高耐磨、耐蚀、耐热等性能
	氧化物陶瓷,如 Al_2O_3、ZrO_2、SiO_2、Y_2O_3 等	提高绝热、耐高温、抗氧化等性能
	金属、类金属与 C、N、B、Si 等元素组成的化合物,如 WC、TiC、SiC、B_4C、TiN 等并以 Ni 或 Co 基材料为黏结金属	提高硬度、耐磨性或耐蚀性等

①Ni-Cr-B-Si(基体)+Ni(WC)。是一利用激光熔覆的陶瓷涂层。用来解决沙漠汽车风冷发动机缸套极易磨损的问题,取得显著成效

它是以 Ni-Cr-B-Si 为基础合金,加入 50%左右的镍包碳化钨——Ni(WC)陶瓷作为硬质相,通过热喷涂进行预置,而后用激光将其熔覆。熔覆后的(铸铁缸套)表层可分为熔覆层、淬硬区和铸铁基体三个区域。熔覆层与基体为冶金结合。熔覆层组分比较均匀,无缺陷、无裂纹,在软基体上弥散分布着 WC 颗粒。熔覆层的硬度分布如图所示,其耐磨性提高达 6 倍以上

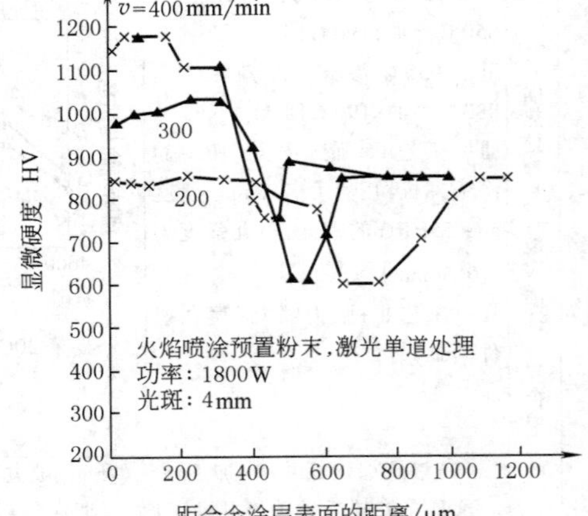

热喷涂+激光熔覆陶瓷涂层硬度分布

[Ni60 : Ni(WC)= 1 : 1 合金粉末]

②20Ni4Mo(基材)+Ni60(WC 颗粒尺寸 450~900μm,含量 60%)激光熔覆粗颗粒 WC 复合涂层后续渗碳淬火,经干砂磨损试验机试验及金相分析表明,其耐磨性明显优于氢原子焊层和氧-乙炔焊层,原因在于复合涂层 WC 颗粒的烧损程度低和硬度高。这种含粗颗粒 WC 的陶瓷涂层在冶金、矿山、煤炭、石油等工业部门承受严重磨粒磨损的零件中得到成功的应用

③15MnV(基材)+Ni(WC)激光熔覆涂层,硬度达 1090~1150HV,耐磨性较基材提高 2 倍以上

④60 钢(基材)+(WC)碳钨激光熔覆涂层,硬度最高达 2200HV 以上,耐磨料磨损为 60 钢的 20 倍左右

⑤铸铁+FeCrNiSiB(自熔性合金)激光熔覆涂层的耐磨性比基材提高 4~5 倍

⑥将 Ni-Al-Cr-Hf 合金粉末涂于 Rene-80 合金上进行激光熔覆,可显著提高其在 1200℃时的抗高温氧化性能;Incoloy800(镍基表面合金)合金表面激光熔覆 Ni-Cr-Al-Zr-Y 涂层,大大改善基材抗高温氧化性能

续表

类别	性能和应用

含激光处理的复合强化层 — 1. 激光制备表面复合涂层

⑦在 ZL109 铝合金表面涂 Si、WC、Al_2O_3、MoS_2 等涂层后，进行激光熔覆，使其表面耐磨性提高 2~6 倍

⑧在 Ti-6Al-4V 合金表面熔覆 TiC，其摩擦因数仅为该合金表面的 1/2；在 Ti-6Al-4V 和 2024Al 合金上分别激光熔覆 TiC 和 WC 陶瓷，熔覆层的耐干砂橡皮轮磨粒磨损性能相应地比基材提高 13 倍和 38 倍

（2）激光合金化复合涂层

① 对 45 钢进行 NiCr 合金化后，硬度为 728HV，合金层耐磨性比基材高 2~3 倍，在高速重载下尤为明显；在 45 钢上制备的 $TiC-Al_2O_3-B_4C-Al$ 激光合金化复合涂层的耐磨性是 CrWMn 钢的 10 倍。用此工艺处理的磨床托板比原 CrWMn 钢制托板寿命提高了 3~4 倍

② 在工具钢表面进行 W、WC、TiC 的激光合金化，由于马氏体相变硬化、碳化物沉淀和弥散强化的共同作用，使合金层耐磨料磨损性能明显提高

③ 铝硅合金经激光 Ni、Cr 合金化后，合金层硬度为 140~180HV，经环块磨损试验，耐磨性比原硅铝合金提高 2~4 倍

④ Ti 合金利用激光碳硼和碳硅共渗的方法实现了表面合金化，硬度由 299~376HV 提高到 1430~2290HV，与硬质合金对磨时，合金化后耐磨性可提高两个数量级

⑤ 20CrNiMo 和 20CrNi4Mo 钢在渗碳、渗硼后，经激光熔覆使合金元素重新分布并均匀化，消除了 Fe_2B 相的择优取向。可使硬度略有增加，并提高了耐低应力磨料磨损性能

激光合金化处理所用的基材（基本材料），添加的合金元素及获得的表面硬度如下表

基体材料	添加的合金元素	硬度/HV	基体材料	添加的合金元素	硬度/HV
Fe、45、40Cr	B	1950~2100	工业纯钛	化合物 金属 非金属	1600~2300 820~930 570~790
45、GCr15、TC6、工业纯 Ti	MoS_2、Cr、Cu	耐磨性提高 2~5 倍			
T10	Cr	900~1100	Fe	石墨	1400
ZL104 铸铝合金	Fe	480		TiN、Al_2O_3	2000
Fe、45、T8A	Cr_2O_3、TiO_2	达 1080	45	WC+Co WC+Ni+Cr+B+Si WC+Co+Mo	1450 700 1200
Fe、GCr15	Ni、Mo、Ti、Ta、Nb、V	达 1650			
1Cr12Ni12MoV	B 胺盐	1225 950	铬钢	WC TiC B	2100 1700 1600
Fe、Q235、45、T8	C、Cr、Ni、W、YG8	达 900			
06Cr18Ni9	TiC	58HRC	铸铁	FeTi、FeCr、FeV、FeSi	300~700

（3）其他含激光处理的复合强化层

类别	处理工艺	性能
先电镀再进行激光表面处理	先用 Watts 镀镍溶液加 ZrO_2 微粒制备 Ni-ZrO_2 复合镀层，而后进行激光合金化处理（激光功率 $P=1000W$，扫描速度 $v=700mm/min$，光斑直径 $D=6mm$）	处理后比原复合镀层的硬度提高 6%，磨损量减少 20%，耐高温氧化性提高 10%；与高温镍基合金 K17 相比，硬度和耐磨性相近，耐高温氧化性提高 20%
与激光相变硬化相复合的表面处理	为了修复严重磨损的轴头（见说明），先用 D132 焊条（含 C0.34%，Cr3.00%，Mo1.40%）进行堆焊，而后再进行激光相变硬化处理，并比较了高频感应加热淬火、激光强化、堆焊后激光强化三种试样的接触疲劳寿命，其中单纯激光强化所采用的优化参数为：激光功率 $P=2000W$，扫描速度 $v=300mm/min$，光斑直径 $D=5mm$；堆焊后的激光强化所采用的优化参数为：$P=2000W$，$v=600mm/min$，$D=5mm$	结果证明，堆焊后激光强化试样在各种接触应力下的接触疲劳寿命均最高 说明： 轴头为履带重载车辆悬挂装置的细长零件扭力轴（长 2.18m），由 45CrNiMoVA 钢制造，轴头热处理硬度不低于 50HRC，与支座中的滚柱直接接触。由于工件条件恶劣，轴头容易磨损
离子渗氮后再进行激光相变硬化处理	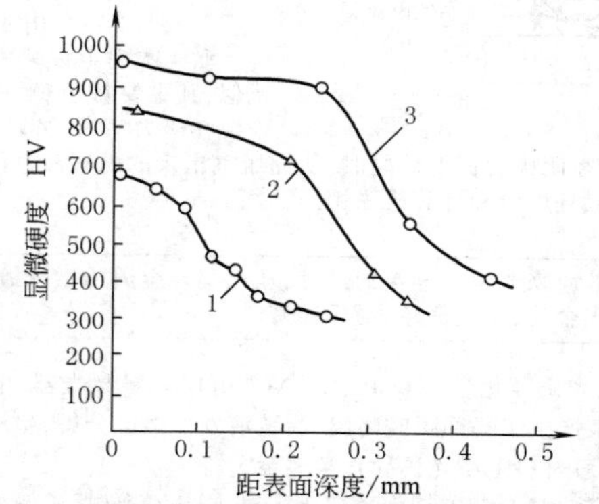 35CrMo 钢离子渗氮后再进行激光相变硬化处理（热处理：850℃油淬和 550℃回火 2h，硬度 380HV） 1—540℃离子氮化 10h；2—2.5kWCO_2 激光相变硬化，激光功率 400W，激光束直径 3mm，移动深度 10mm/s；3—1+2 复合处理	左图示出了这种复合表面处理与单一渗氮处理和单一激光相变硬化处理的硬度随距表面深度的变化情况。图中曲线表明，复合处理的表面硬度最高，可达 950HV，硬化层深也达到 0.46mm，均明显高于单一表面处理的数值；三种试样在 NUS-ISO-1 型往复磨损试验机上进行耐磨性比较得出，复合表面处理的耐磨性比单一离子渗氮提高约 75%，比单一激光处理提高 38%。XPS 分析表明，激光辐照后使表面渗氮层深度明显增加，在复合处理试样中，0.3mm 深处仍有氮原子存在，而单一离子渗氮试样到 0.2mm 处氮原子已经消失

续表

类别			性能和应用
含激光处理的复合强化层	2.激光增强沉积(或激光诱导沉积、激光镀)	机理	①热解机理。利用激光的局部高温,特别是脉冲激光,瞬间达到很高的微区温度,使某些金属络合物产生热裂解。这种裂解反应可使金属实现微区局部镀 ②光解机理。某些化合物在特定波长的激光照射下发生分解,实现金属化学沉积 ③光电化学机理。一定波长的激光,当其光子能量大于半导体的禁带宽度时就可能与金属离子结合并使之沉积。而空穴则可以产生氧化反应,或使基体溶解。以光电化学机理沉积的基体一般为半导体,如InP,在InP/$HAuCl_4$体系中用氩离子激光照射,不通电就可观察到金的沉积
		比普通电镀具有的优点	①沉积速度高。比普通电镀高出2~3个数量级,结合溶液喷射时,镀金速度可达30μm/s以上 ②适用范围广。不但可在金属上沉积,还可在多种半导体(Si、InP、GaAs)、绝缘体(陶瓷、微晶玻璃、聚酰亚胺、聚四氟乙烯)等材料上直接镀覆 ③沉积选择性强。可实现无掩膜微区沉积的直接写入,金属线条宽度可以达到1~2μm ④结合性能优良。镀层与基体有一定的相互扩散作用 ⑤工艺性好。可在常温下工作,工艺简单,易于实现微机控制,通过控制激光束的扫描轨迹,可精确镀制多种线图形
		(1)激光增强电镀	是以高密度激光束辐照液-固分界面,造成局部温升和微区搅拌,从而诱发或增强辐射区的化学反应,引起液体物质的分解并在固体表面沉积出反应生成物。激光增强电镀分普通激光增强电镀和激光喷射电镀,沉积机理主要是激光的热效应
			① 普通激光增强电镀Cu。电镀装置采用图示的三电极体系。电解液采用0.05mol $CuSO_4$和1mol H_2SO_4的混合体系。在待沉积的阴极电极上预先沉积一层厚约50~1000nm的Cu膜或Au膜。激光束光柱直径100~500μm,能量密度为0.1~2kW/cm^2,波长为514.5nm。在此条件下,可制得宽度在微米级的铜线,通过计算机对X-Y操作台的控制可进行图形的沉积 ② 激光喷射电镀Au。它是在激光增强电镀的基础上发展而来的一种新技术,由IBM公司在1985年首先提出。目前主要用在印刷线路板图形的直接制作,以及插件的局部电镀等方面。用得较多的是用金的氰化物来沉积金,其基体一般是合金。当激光功率大约为20~25W时,用直径0.3mm的喷嘴可得到20μm/s的镀速。IBM公司得到的金镀层由极微小的颗粒组成,没有孔隙,和基体的结合力相当好。另外还有用激光喷射电镀在不锈钢基体上沉积金,电镀液采用$KAu(CN)_2$、磷酸盐和微量添加剂组合的混合物,其pH值约为6.4,维持温度在20℃±2℃,激光波长为514.5nm,功率为0.8W。阳极用镀铂黑的铂丝绕制而成,阴极为不锈钢圆盘,移动速度为80μm/s,喷嘴直径为0.5mm 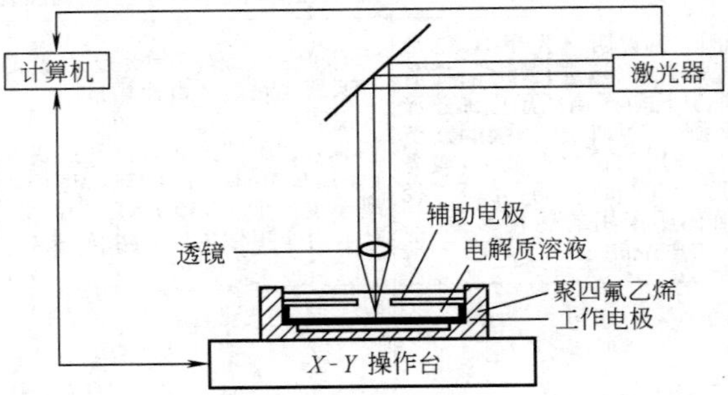 普通激光电镀的实验装置有多种形式:左图是其中的一种。 整个过程在恒电位仪的控制下在聚四氟乙烯或玻璃容器中进行。电极直接浸入电解液中,间距约1cm。激光束一般通过阳极上的小孔直接照射在阴极上。激光波长的选择应考虑尽量避免电解液的吸收,用得较多的是Ar^+激光。普通激光增强电镀也可采用两电极体系,阳极一般采用Pt片,而阴极则用一块预蒸镀上一层金属原子的玻璃片,如蒸镀Ni、Mo、Cu、W等,其厚度一般为20~200μm,使玻璃导电 激光喷射电镀装置大致上与激光增强电镀相似,其主要特色就在于其喷嘴。该装置的阳极装在压力室内,可以是Au片或Pt片,片上有小孔,以利于激光穿过此孔后通过喷嘴照在阴极表面上。同时,从加压室出来的电解液以一定的流速通过喷嘴射到阴极表面上,沉积出金属。其镀速相当快,且可以和计算机联用
		(2)激光诱导化学镀	激光诱导化学镀就是利用激光的光效应来激发化学镀的过程,从而实现金属的微区镀覆。它无需外加电源,可以在常温溶液中于多种基体上一步沉积出金属,工艺简单,易于实施
			① 在p型、n型及未掺杂的InP上激光诱导化学沉积Pt、Cu、Ni。可用染料激光器,电解液为$HPtCl_6$、$CuSO_4$、$NiSO_4$混合液。其过程机理是脉冲激光束产生了局部瞬时高温,使镀液发生微区分解,生成的金属沉积在基体表面上 ② 在半导体硅片及砷化镓和聚酰亚胺材料上激光诱导化学镀金 在半导体上镀金的机理主要是由于半导体在激光照射区产生了电子-孔穴对,使金属离子还原而沉积在基体光照区表面 在聚酰亚胺上的沉积机理则主要是激光引发了电子转移,亚胺转变为胺类物质使金属离子获得了电子后被还原沉积在光照区。该技术可以利用上图所示的装置,只是因为无需电源,而没有阴阳极。激光可直接照射在待沉积的基体材料上,通过控制X-Y操作台或激光束的移动来进行图形的沉积

续表

类别			性能和应用
含激光处理的复合强化层	2. 激光增强沉积（或激光诱导沉积、激光镀）	(3) 固态膜法激光诱导金属沉积	它是将金属的有机化合物涂覆在基体表面，然后用激光照射使其分解，纯金属被还原出来并局部沉积在基体表面。与液相激光镀相比，固态膜法工艺简单，操作方便，且易于与常规工艺的光刻技术兼容 固态膜法激光镀的原理如图 a 所示。其工艺流程一般为：基体活化→涂浆→激光扫描→清洗浆料→热处理→化学镀增厚→电镀。其中热处理是为了清除镀层中的杂质；化学镀和电镀是为了提高镀层的电性能。图 b 所示是在陶瓷基板上沉积的电路图形 膜层　基板　涂膜　曝光扫描　光照区　显影　金属层 (a) 沉积原理示意图　(b) 陶瓷基体上沉积的电路图形

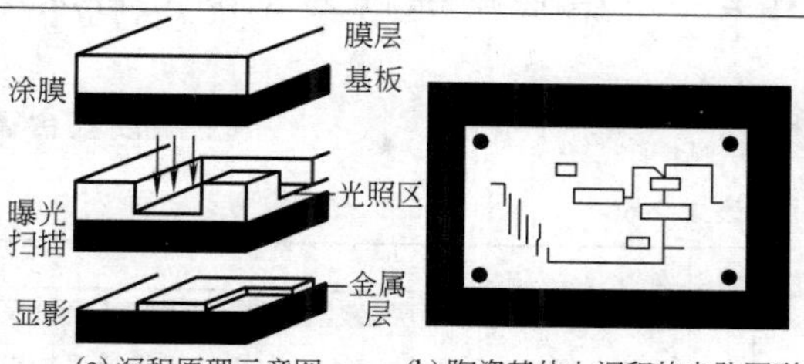

镀层	材料	处理工艺	机理及性质	应用
固态膜法镀金	原材料用 Au 的络合物 NH_4AuAl_4，载体材料一般为硝化赛璐珞	先将硝化赛璐珞和 NH_4AuCl_4 分别溶于 $CH_3(CH_2)_4OO(CH_3)$ 和乙醇，再将两种溶液混在一起，硝化赛璐珞和 NH_4AuCl_4 的比例约 3 : 1。用离心式涂胶机将这种混合溶液在机体上涂覆一层均匀的胶状膜，在 80℃烘 30min，然后用 193nmArF 准分子激光曝光，使活性物质分解，生成的 Au 留在基体材料上。然后将样品置于 CH_2Cl_2 中显影，除去其余的活性物质，即可得沉积金	此过程的机制为 Au 的固相光化学分解沉积，Au 线最小宽度可达亚微米级，Au 膜的附着强度也很高	上述几种激光无掩膜局部沉积技术在电接插件局部镀方面可大幅度减少贵金属的消耗，在集成电路等微电子器件制作中具有广泛的应用前景

类别				性能和应用
含激光处理的复合强化层	2. 激光增强沉积（或激光诱导沉积、激光镀）	(4) 激光化学气相沉积（LCVD）（激光辅助化学气相沉积）	原理和装置	是使用激光的能量激活 CVD 化学反应。LCVD 存在两种可能的机制：光热解机制和光化学机制。光热解机制是光子加热了基板，使在其上方的气体裂解，从而产生所要求的 CVD 反应。显然光热解沉积要求基板对激光的吸收系数较高，且熔化温度必须高于气体的裂解温度。而激光波长必须选择能使气体分子对激光能量的吸收很小或根本不吸收。光热解机制涉及的沉积机理和化学反应在本质上与热 CVD 没有什么根本不同，但光热解反应相对于热 CVD 的一个优点是可以利用激光束快速加热和脉冲特性在热敏感基板上进行沉积。光化学机制则是依靠光子的能量直接使气体发生分解（单分子吸收）。此时多要求使用紫外线，因为紫外线具有足够的光子能量去打断反应气体分子的化学键 准分子激光器是普遍采用的紫外激光器，可以提供能量范围为 3.4（XeF 激光器）~6.4eV（ArF 激光器）。光化学机制对基板类型没有要求，可在室温下沉积，但因为其沉积速率太慢而大大限制了它的应用。典型的 LCVD 系统如图所示 193nm 激光束 激光 CVD 系统示意图 1—光栅；2—窗口；3—衰减器；4—反应气体入口喷嘴；5—缩小望远镜；6—副产物气体排放口；7—加热器
			应用	目前 LCVD 主要应用在半导体的“直接写入”，使卤化物一次沉积具有线宽仅为 0.5μm 的完整线路花样。也可以制作空心硼纤维和碳纤维。此外，还有激光物理气相沉积（LPVD），它可制备 BN 膜、半导体膜、电介质膜、陶瓷膜等
其他表面技术的复合	电刷镀与喷熔相复合			当喷熔工艺用在难熔材料或用在同一零部件上含异种金属的基体材料时，为解决粉末在喷熔过程中呈水珠状的不浸润问题，采用电刷镀改善基材的表面性能，是使喷熔顺利进行的有效办法。如某部在 38CrMoAl 柱塞、5Cr21Mn9Ni4N 和 69A 焊条的异种金属排气门、1Cr18Ni9Ti 阀座上分别用 NiO_2、Co8002、Fe8001 合金粉末喷熔，都不同程度出现冒泡等不浸润现象。用短时间的多次交替活化，在基材表面刷镀一定厚度的镍镀层，而后再喷熔相应合金粉末，由于在 1100℃ 喷熔中界面元素的扩散和 Fe-Ni、Ni-Co 等固溶体的形成，在基材表面得到了牢固的熔覆层。运用该复合工艺已成功地修复了数百根柱塞
	电刷镀与离子注入复合			目前使用最多的镍及镍合金刷镀层的硬度一般不超过 60HRC。为了进一步提高其硬度和耐磨性，某部分别在厚度 0.1mm 的快速镍、碱铜和镍-钨 50 刷镀层上进行了氮离子注入，注入使用的加速电压为 50kV，注入剂量为 $(3\sim5)\times10^{17}$ 离子/cm^2。测试得出，注氮后的快速镍和碱铜镀层的显微硬度均为未注氮镀层的 1.7 倍，镍-钨 50 刷镀层上的为 1.43 倍。在 SKODA-SAVIN 磨损试验机上测得，注氮后的快速镍、碱铜、镍-钨 50 刷镀层的耐磨性分别为未注氮镀层的 1.3、1.7、1.3 倍
	其他			此外，还有喷丸、滚压等表面形变强化与电镀、热处理等技术的复合，导电胶粘涂与电刷镀的复合，焊补、修光与电刷镀的复合等

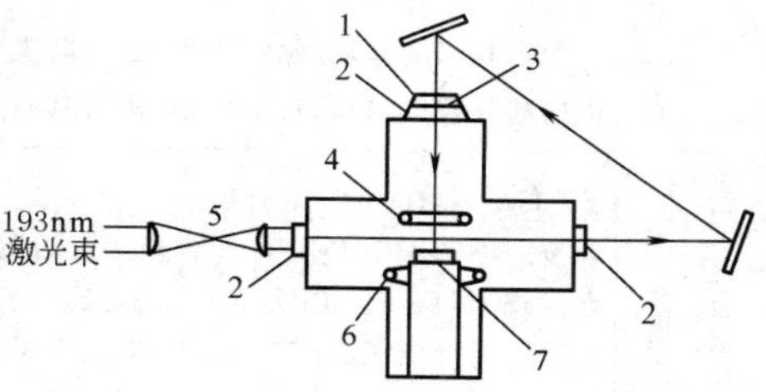

16.2 以增强耐蚀性为主的复合涂层

耐蚀复合镀层和多层镍-铬镀层

表 1-7-66

<table>
<tr><th colspan="3">类别</th><th>性能和应用</th></tr>
<tr><td rowspan="5">耐蚀复合镀层</td><td rowspan="3" colspan="2">1.复合电镀层</td><td>(1)锌-铝复合镀层(镀液由 $ZnSO_4$、250#铝粉及抑制铝粉溶解的物质等组成)
具有很高的耐蚀性。镀层中锌与铝组成腐蚀电池,因铝表面存在氧化膜,故铝为阴极。由于氧在铝上的扩散速率低,电子转移受阻,致使电极过程减慢,金属锌的阳极溶解速度下降。该复合镀层的耐蚀寿命远远高于锌镀层及电镀锌后进行扩散处理的镀层。用镀层的腐蚀失重代表其腐蚀速度,试验测得电镀锌层、电镀锌后扩散处理层、电镀 Zn-Al 复合镀层的腐蚀速度依次为 30~40g/(m^2·日),20~25g/(m^2·日)、2~5g/(m^2·日)。锌-铝复合镀层的焊接性也比电镀锌好;在其上涂装后的协同效果比锌镀层上涂装好得多
锌-氧化铝复合镀层的耐蚀性也优于镀锌层,其中 Al_2O_3 的粒径可取 1~5μm</td></tr>
<tr><td>(2)Ni-Pd 复合镀层
该镀层的化学稳定性高于普通镍镀层,这是由于钯的标准电极电位比镍正得多,在腐蚀微电池中,钯是阴极。在复合镀层中只要含有不到1%(体积分数)的钯微粒,即可使基质金属镍强烈地阳极化,结果引起镍层阳极钝化,提高了复合镀层的化学稳定性
根据相同的原理,除钯之外,还可向复合镀层中引入比较便宜的铜、石墨或导电的金属氧化物(Fe_3O_4、MnO_2 等)微粒,也能起到提高以镍、钴、铁、铬、铝为基质金属的复合镀层的化学稳定性的作用</td></tr>
<tr><td>(3)69Fe-16Ni-Cr 复合镀层
按照不锈钢中 Fe、Ni、Cr 合金元素的比例,电沉积出 Fe-Ni-Cr 三元合金较难实现,但若将铬以微粒形式悬浮于镀液中,电沉积出(Fe-Ni)-Cr 复合镀层,则比较容易。这种复合镀层再经过热处理扩散后可形成与不锈钢成分相近的合金
采用复合电镀法[镀液由 $FeSO_4$、$NiSO_4$ 及金属铬粉(平均粒径为 3μm)等成分组成]制取了 69Fe-16Ni-Cr 的复合镀层。将这种复合镀层在氮保护气氛中以 950℃×16h 进行扩散热处理,其耐蚀性能较未经热处理的复合镀层提高了 20 倍,已接近 304 不锈钢
该镀层的耐蚀性较单一 γ 相的 304 不锈钢稍差,是由于热处理后的组织为以 γ 相为主,兼有一定量 α 相和 $(Fe,Cr)_{23}C_6$ 合金碳化物的混合组织</td></tr>
<tr><td rowspan="2">2.复合机械镀锌层</td><td>机械镀</td><td>是把冲击介质(如玻璃球)、促进剂、光亮平整剂、金属粉和工件一起放入镀覆用的滚筒中,并通过滚筒滚动时产生的动能,把金属粉冷压到工件表面上而形成镀层的工艺
适用机械镀的多是软金属,常用的是锌、镉、锡及其合金
机械镀因具有镀层无氢脆、耗能小、污染少、生产效率高、成本低等优点,在国外应用相当普遍。但普通机械镀锌外观不如电镀层平滑、光亮,存在微小的凹凸及厚度不均匀等问题,从而影响了镀层的致密性和耐蚀性</td></tr>
<tr><td>复合机械镀</td><td>是一种机械镀过程中添加少许惰性聚合物颗粒的复合机械镀工艺,使镀层表观及性能得到了改善
其主要工艺步骤仍然是:脱脂→漂洗→酸洗→漂洗→闪镀→镀锌→分离→漂洗 →干燥。唯一不同的就是在镀锌过程中,随着锌粉的加入,添加一定量的惰性聚合物颗粒,如聚乙烯。该微粒粒径为 0.5~5μm,加入量为锌粉的 5%~10%。微粒的加入可起到润滑和填充作用,能有效地提高锌粉的利用率,显著增加镀层的耐蚀性和耐磨性</td></tr>
<tr><td rowspan="3">多层镍-铬镀层</td><td colspan="2">性能特征</td><td>多层镍-铬镀层具有优良的耐蚀性和外观,不仅大大提高了防护装饰性,而且可以采用较薄镀层而节约了金属
从单层镍到双层镍、三层镍体系,其耐蚀性和外观依次得以改善。单层镍体系在铬层缺陷处开始针孔腐蚀,并迅速穿透镍层至基体;双层镍体系腐蚀向横向伸展,腐蚀坑呈"平底"特征;三层镍体系腐蚀点较小,当其中铬层为微孔铬时腐蚀呈分散状,延缓了腐蚀向纵深发展。据报道,厚度为 30.5μm 的双层镍耐蚀性优于厚度为 51μm 的单层镍,也优于 40μm 铜-镍-铬镀层</td></tr>
<tr><td colspan="2">类型</td><td>目前常采用的多层镍-铬组成类型有:
半光亮镍-光亮镍-铬
半光亮镍-光亮镍-镍封-铬
半光亮镍-高硫镍-光亮镍-镍封-铬</td></tr>
<tr><td colspan="2">应用</td><td>现今多层镍-铬镀层已成为在严酷环境下使用的钢铁零件的防护装饰性镀层。在摩托车、汽车等户外交通工具上得到越来越广泛的应用</td></tr>
</table>

镍镉扩散镀层和金属-非金属复合涂层

表 1-7-67

类别		性能和应用
镍镉扩散镀层		镍镉扩散镀层是先在钢表面镀一层镍，再在镍上镀镉，然后在一定温度下进行扩散处理而获得的
	性能特征	它是结构钢的中温防护层，在500℃以下工作环境中能很好地保护钢不被腐蚀和氧化，并具有一定的耐冲蚀能力，外观由橄榄色、淡褐色、灰色到黑色。扩散层是镍和镉的金属间化合物 $NiCd_4 \cdot NiCd_3$，由于其结构、性能与镍镉合金镀层完全不同，因而在使用上不能用镍镉合金镀层代替它，否则在中温下会使钢基体产生脆断 该镀层的电极电位为-0.69V，对低合金钢、不锈钢均为阳极性防护层，它与另外几种中温防护层在3%NaCl溶液中的电极电位见右图。当镍镉扩散镀层被破坏而裸露镍底层时，裸露部分即与纯镍镀层一样，具有阴极防护层的特性 该镀层在常温与中温下的耐蚀性都比锌镀层好，周期浸渍腐蚀试验的结果为：5448h后，该镀层仅表面附一层黄白色膜层，基体金属没有腐蚀，而锌镀层在120h表面铁锈点达80%；盐雾腐蚀试验结果为：试验8个月经间断喷雾试验累计1209h，镍镉扩散镀层仅出现灰色膜，基体金属没有生锈，而锌镀层试验两个半月基体金属开始腐蚀 按HB 5228—1973试验方法试验，在550℃×100h的条件下，镍镉扩散层与38Cr2Mo2VA钢的氧化速度分别为0.057g/(m·h)与0.127g/(m·h)，前者耐氧化能力比后者高1倍以上 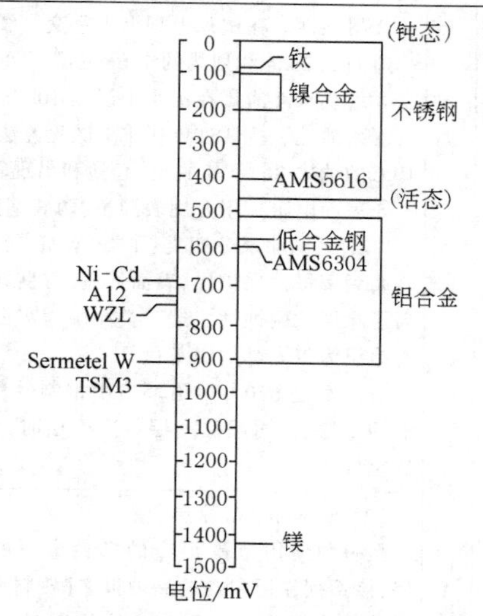 几种中温涂层在3%NaCl溶液中的电位序（饱和甘汞电极作参考电极）
	对基体疲劳强度的影响及改善措施	由于电镀时镍镀层的内应力、机械加工时的表面残余应力以及工作时承受的应力相叠加，会造成基体材料承受循环载荷的疲劳强度有不同程度降低。右表为不同处理方法镍镉扩散层对Cr17Ni2材料疲劳性能的影响。可见，Cr17Ni2钢上直接覆盖镍镉扩散镀层可使基体的疲劳强度下降20% 为改善这种情况，在工艺上应该做到如下几点 ①对疲劳性能要求较高的钢件，镀前应进行喷丸处理 ②选择低应力的镀镍溶液，使镀层应力控制在-34～103MPa（负值为压应力） ③电镀镍溶液的分散能力较镀镉溶液低，在形状复杂零件的深凹处可能出现未镀上镍而镀上了镉。为防止产生镉脆，在没有镍镀层的表面不许有镉镀层存在。局部电镀在镀与不镀的过渡区，距镍镀层边缘5～7mm范围内的大镍镀层上也不允许有镉存在，如已镀上镉层只允许用化学方法退除。形状复杂零件可用化学镀镍代替电镀镍 ④镍镀层厚度不低于5μm，镉镀层厚度不超过5μm。镍和镉镀层的厚度比一般控制在3∶1。通常镍镉扩散镀层的厚度约3μm
	应用	镍镉扩散镀层用于在500℃以下工作的钢零件及要求耐热并耐冲刷的零件。在335℃加热后对基体性能有影响时，不能用此镀层 此外，还有TSM3、A12等中温防护涂层。TSM3复合涂层是Ni-Mg扩散涂层外加一层很薄的陶瓷涂层，它对钢是一种阳极性保护层，在3%NaCl溶液中的电极电位很负，对钢有非常好的保护能力；A12复合涂层由铝化物涂层外加很薄的陶瓷涂层组成，对钢也是阳极性保护层，该涂层光滑、均匀、耐冲蚀，对基体疲劳性能影响小
金属-非金属复合涂层		一般阳极性金属涂层都有孔隙和局部破损，腐蚀介质容易渗透到基体表面，为了保护基体，需在金属涂层上覆盖一层由封孔涂料作底层、耐蚀涂料为面层组成的涂层，这种金属-非金属复合涂层的防护寿命，是单一阳极性金属涂层或单一涂装层的若干倍，而且在同等防护寿命要求下，还可减少金属涂层的厚度。在金属-非金属复合涂层防护体系中，下述复合涂层具有优异的耐蚀性能
	1. 无机盐铝涂层	是用无机黏结剂和分散的铝粉组成的浆料喷涂后，经过干燥、烘烤、固化的涂层 （1）WZL系列铝涂层 该系列涂层具有良好的耐大气腐蚀和盐雾腐蚀能力，由于涂层中含有铬酸盐，所以其耐蚀性比纯铝层高。当涂层被划破露出钢时，涂层的牺牲阳极保护作用优于锌、镉镀层。涂层耐有机溶剂，耐冲刷，可经受磨、钻等机械加工，是一种全包覆型涂层，涂敷过程不影响基体材料的疲劳性能。其主要性能是：

（对基体疲劳强度的影响，右表）

加工工艺	残余应力/MPa[①] 基体	残余应力/MPa[①] 镀层	疲劳极限 σ_{-1}/MPa	σ_{-1}增加率/%
抛光	-480	—	500	—
镍镉扩散镀层	834	343	402	-20
喷丸	567	—	534.5	7
喷丸+镍镉扩散镀层	-500	980	500	—
基体喷丸+镍镉扩散镀层+喷丸	-873	-348	549	10

① 负值表示压应力，正值表示拉应力

续表

<table>
<tr><th colspan="3">类别</th><th>性 能 和 应 用</th></tr>
<tr><td rowspan="5">金属-非金属复合涂层</td><td rowspan="3">1. 无机盐铝涂层</td><td></td><td>①耐热性。具有中温防护作用,在 370℃±15℃下加热 23h,再在 650℃±15℃下加热 4h,涂层不应开裂或起泡,但涂色外观允许褪色。对涂覆 WZL-1 和 WZL-2 的与无涂层的 38Cr2Mo2VA 钢和 1Cr11Ni2W2MoVA 钢,在室温和 350℃下进行疲劳性能对比试验,其循环次数(或疲劳强度)基本相同
②耐蚀性。在试片上划上十字交叉线,其每条线长约 35~38mm,按 ASTM B117 进行盐雾试验 100h,除了试片的任何一边的 3.2mm 和划线的 1.6mm 圈,不应有基体金属发生腐蚀,但允许涂层有褪色或腐蚀斑点
③耐热水浸渍。在沸水中浸渍 10min±0.2min,取出后,不应起泡,也不应有涂层组分溶解出来
④耐油性。按 ASTM D.471 试验方法,室温下在煤油中浸 4h,试片取出 24h 后,应能满足结合力试验要求;浸入 96℃±10℃的油中 8h,不应脱皮、起泡和出现轻微软化
⑤表面电阻。用万用表测量,两表笔间距 25mm,Ⅱ、Ⅳ类涂层及Ⅲ类涂层的底层表面电阻值小于 15Ω
WZL 系列涂层分四类:Ⅰ类(WZL-1)涂层是阻挡型涂层,用于耐蚀要求较低的环境。Ⅱ类(WZL-2)涂层对黑色基体金属为阳极性保护层,表面导电,有良好的热稳定性。Ⅲ类(WZL-3)涂层是双层涂层,底层导电,外层不导电,进一步提高了涂层的耐蚀性。这三类涂层为灰白色或暗灰色。Ⅳ类(WZL-4)涂层性能与Ⅱ类涂层相同,只是工艺方法不同。Ⅳ类涂层为带光泽的银灰色
它们都是 650℃以下环境中钢制件良好的保护层,并具有优异的热稳定性。如果在Ⅰ类涂层表面上增加使涂层导电的工序,并再喷涂一层封闭面层时,可得到表面不导电的组合涂层,对钢具有阳极保护能力,有很高的耐蚀性和热稳定性</td></tr>
<tr><td></td><td>(2) Sermetel W 涂层
是一种使用范围很广的黑色金属的耐蚀、耐热涂层,该系列涂层包含的品种很多(资料介绍)
①该涂层在 5% 或 20% 的盐雾试验中,可以超过 5000h 不生锈,在海洋环境中其耐蚀性远远超过纯铝涂料,优于镉镀层。在工业的、海上的、核的环境中,在淡水、有机酸、酸酐、醇、氨等化学物质中和许多石油产品的设备上是最好的耐蚀涂层之一。它能防止钛和高强钢应力腐蚀和由应力腐蚀引起的裂纹。在锅炉、热交换器和炼油厂的加热器上能长时间防止深度点蚀的产生,对热交换器管道涂比不涂寿命延长 5 倍
该涂层对钢零件具有牺牲性阳极保护作用,将试样中间去除 12mm 宽的涂层露出基体金属进行盐雾试验时,可保持 1000h
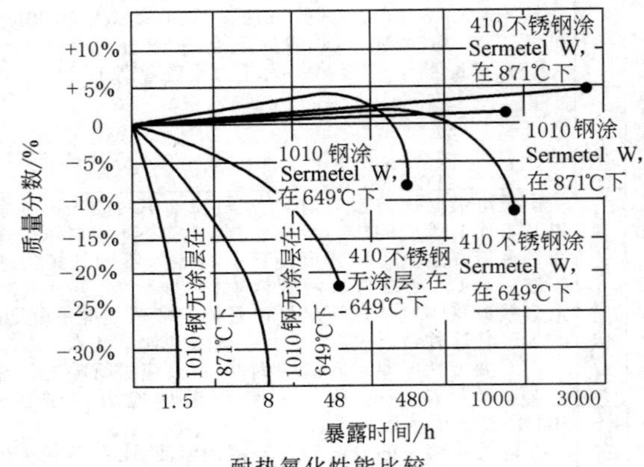

耐热氧化性能比较
②涂层的耐热氧化腐蚀性能优良,将试样加热到 543℃保温 16h,然后进行盐雾试验,32h 为一周期,经过 15 个周期基体没有产生红锈,只有轻微的铝涂层的白色腐蚀产物。涂覆或未涂覆 Sermetel W 涂层的几种钢和不锈钢在 649℃和 871℃下的耐氧化性能见右上图
③该涂层的耐冲刷能力较强,在不同冲击角下的耐侵蚀能力比镍镉扩散镀层和铝化物扩散涂层至少高 2 倍;它还具有较好的耐磨性,其耐磨性能远高于有机涂层。涂覆这种涂层的零件在经受轧、锤、剪、磨、钻等加工时,涂层不会剥落,涂层性能也不会改变</td></tr>
<tr><td></td><td>无机盐铝涂层的使用范围:高强钢的防护层,使用温度不超过 650℃的中温防护层(如发动机叶片于 500℃下的防腐蚀),恶劣环境下钢制件的耐蚀层,钛及其他金属接触腐蚀的保护层等</td></tr>
<tr><td rowspan="2">2. 无机盐富锌涂层</td><td></td><td>是由金属锌粉和无机黏结剂、助剂混合组成的水溶性浆料,涂覆后在常温下固化得到的对钢具有良好防护能力的无机涂层</td></tr>
<tr><td>性能特征</td><td>该涂层在大气、工业大气、海水、淡水、水蒸气和 pH=5~9 的氯化钠水溶液中均有良好的耐蚀性能,在有机溶剂、各种油类中不变软、不溶解也不起泡。有资料报道,它还有防射线辐射的功能。其外观为无光泽的灰色,如果在其表面再涂一层无机铝浆料,则不仅能进一步提高涂层防护体系的耐蚀性,而且还能使其表面呈现光亮的银灰色。该涂层对钢是阴极防护层,但由于涂层致密,与基体的结合力较高,因而对钢具有良好的保护作用和长期的使用寿命。当钢基体出现腐蚀时,腐蚀产物不会在涂层与基体之间扩展,而使涂层鼓起失效,只要去除腐蚀产物,清理干净,涂敷料浆并固化,就仍能保持整体的防护性能,还不会影响涂层的外观
几种富锌涂层中水基无机锌、溶剂型无机富锌、环氧富锌的使用寿命依次为 25a、12~15a、3~5a</td></tr>
</table>

续表

类别			性能和应用									
			防护层类型	盐雾试验结果[1]		周期浸润试验结果[2]		全浸腐蚀试验结果				说明
				涂层厚度/μm	基体金属开始生锈的时间/h	涂层厚度/μm	基体金属开始生锈的时间/h	涂层厚度/μm	基体金属开始生锈的时间[3]/h			
									pH=5	pH=7	pH=9	
金属-非金属复合涂层	2.无机盐富锌涂层	与其他涂层用几种试验方法的耐蚀性对比	无机富锌涂层	8~10	24	30~33	>3556	40~50	>3048	>2048	>3048	① 按 JB 88—1975 进行盐雾试验 ② 按 HB/T 5094—1985 进行试验 ③ 试验溶液：3%NaCl 水溶液
				40~45	>1344	40~45	>3556	10~20	648	>4200	>4000	
			锌镀层（钝化）	16~23	120	20~30	2688					
			锌镀层（未钝化）	21~28	48			21~28	>1008	<1008	>1008	
			热浸锌层	43~58	48	35~55	264					
			涂 CO6-1 醇酸铁锈红防锈漆	16~25	48	15~26	24	15~26	<24	<24	<24	
			涂 CO6-1 漆后涂 CO4-42 醇酸瓷漆	40~50	120	40~50	24	40~50	864 生锈	864 生锈	864 生锈	

其他耐蚀试验							
试验条件	在室温下放入自来水中浸泡半年	35℃下在 3% NaCl 溶液中半浸 1 年半	在相对湿度>95%、48~51℃下两个月	在 350℃下，100h	在 70℃四氯化碳中半浸 100h	在 120 汽油、航空煤油中浸泡 4h
结果	均未出现腐蚀，也不起泡、不脱落		涂层无变化			附着力检查合格

应用：无机富锌料浆中不含对人体有害物质，对施工通风要求不严，也无火灾隐患。但必须在环境温度 5~30℃、相对湿度 30%~90%环境下施工，不能在阳光暴晒下或雨天施工。无机富锌涂层不能在承受动载荷的制件上使用，对钢基体涂敷前必须喷砂。该涂层的使用范围是：船舶、铁路、水利、石油、化工、电业、化学、运输、建筑等行业的钢制件防腐，尤其是大型制件的防腐，如桥梁、管道、储油罐、船闸、塔架、汽车壳体、有机溶剂容器，以及 400℃以下的工作的钢结构件等

有机复合膜层

表 1-7-68

有机复合膜层

1. 聚乙烯复合防腐膜

（1）金属-聚乙烯复合防腐膜

该膜是将事先用偶联剂表面处理过的金属粉末（如铁粉）和聚乙烯（PE）粉末按顺序撒布并一起加热制成的，膜的一边是金属粉末过渡层，另一边是耐蚀的塑料层。施工时，将复合膜金属粉一面用胶黏剂粘贴到金属基体上，再用热风焊等方法对膜的接缝处进行焊合，即可方便地实现对强腐蚀介质下的大型槽、罐等容器贴制防护衬里。聚乙烯（PE）等塑料具有优良的耐蚀性，室温下几乎不溶于任何有机溶剂，能耐多种酸、碱和盐类的腐蚀

（2）玻璃纤维-聚乙烯复合防腐膜

是用浸渍偶联剂的玻璃纤维（GF）布与加热熔融的 PE 粉层压成复合膜。由于 GF 布对多种胶黏剂有着良好的润湿性，因而利用玻璃纤维布作过渡层可解决 PE 在防腐工程上存在的难粘接的问题。该复合膜在 10% HCl 水溶液、20% H_2SO_4 水溶液、20%NaOH 水溶液和水等介质中浸渍 500h，均未出现剥落、起泡、变色、失光等现象

2. 环氧煤沥青-玻璃布复合膜层

（1）环氧煤焦沥青-玻璃布复合膜层

采用中碱、无捻、无蜡的玻璃布作加强基布。涂层制备主要步骤为：表面处理（清除表面油污）→配制→刷底层涂料→打腻子→涂布和缠玻璃布→静置自干→质量检验

一般情况用于普通级防腐，如地沟管道、保温管道、储罐内外壁、异形金属构件、混凝土表面等；对直接埋地管道选用加强级；对腐蚀环境恶劣或维修困难的场合，应选用特加强级，如穿越管道、水下管道、储罐底部等

SY/T 0447—2014 标准规定的防腐等级和结构见右表

防腐等级和结构	等级	结构		厚度/μm
		溶剂型	无溶剂型	
	普通级	底漆+多层面漆	单层或多层	≥400
	加强级	底漆+多层面漆	单层或多层	≥600
		底漆+多层面漆+纤维增强材料+多层面漆	多层涂料+纤维增强材料+单层或多层涂料	≥700

注：环氧树脂沥青涂料的底漆和面漆可为“底面合一”型涂料。

续表

有机复合膜层	2.环氧煤沥青-玻璃布复合膜层		(2)CH_4 型环氧煤沥青冷缠带 它由冷缠带和定型胶两部分组成。冷缠带采用丙纶无纺毡浸渍环氧煤沥青面漆，经分切、收卷后制成，按厚度分普通型和加厚型两种。定型胶由分装的甲、乙组分组成，按使用温度分为普通型(气温 5℃以上使用)和低温型(仅在 5℃以下使用)两种。施工时定型胶甲、乙组分等量混合，再按照定型胶→冷缠带→定型胶的结构缠在钢管外表面，静置自然固化后形成环氧煤沥青-玻璃布复合防腐层 这种冷缠带施工方便、快捷，一次缠绕即可制成行业标准(SY/T 0447)要求的加强级或特加强级防腐层。适用于埋地和水下输油(水)管道、煤气、自来水、供热管道的外壁防腐，也适用于钢质储罐底防腐及污水池、屋顶防水层、地下室等混凝土结构的防渗漏
	3.玻璃鳞片复合涂料涂层	组成及施工工艺	该涂层由玻璃鳞片与树脂混合而成。最常用的树脂是环氧树脂、呋喃树脂、乙烯基树脂、不饱和聚酯树脂。鳞片的选择极为重要，按涂料的要求，宜选择第四代"硼硅酸盐"玻璃鳞片。鳞片的片径与涂层的耐蚀性及施工性能有关。涂层水蒸气透过率随鳞片片径增大而降低，即鳞片的径厚比越大，涂层耐水性越好。玻璃鳞片的用量一般为 5%～40%，太大或太小均导致耐蚀性下降。鳞片在混入树脂前，应进行清洗及用偶联剂处理。玻璃鳞片涂料涂层可采用喷涂、滚涂、刮涂、刷涂等方法施工。其工艺流程一般为：工件前处理→刷底层涂料→刮腻子→涂中间层涂料(刷涂或喷涂鳞片涂料中间层涂料)→涂面层涂料→检查及补漏。一般底层涂料每道干膜厚度约 25～50μm，中间层涂料每道干膜厚度为 150～170μm，面层涂料每道干膜厚度为 25～50μm 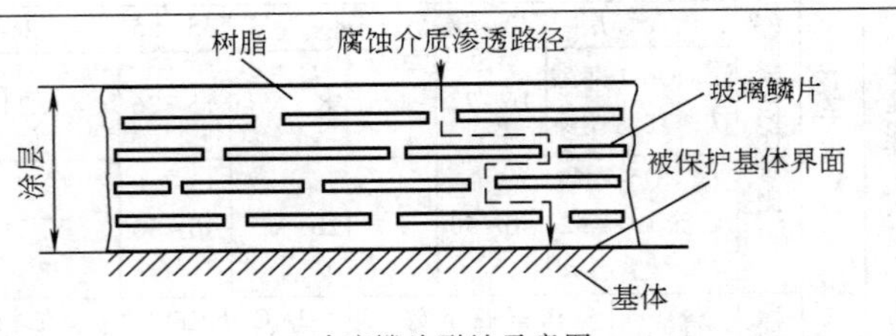 玻璃鳞片耐蚀示意图
		性能特征	该涂层能耐各种浓度的无机酸、碱、石油溶剂以及各类盐和水的侵蚀。用几种常见的腐蚀介质，如酸类：10% HCl、20% HCl、10% H_2SO_4；20% H_2SO_4，有机溶剂：乙醇、丁醇、二甲苯、汽油，碱类：10% NaOH、20% NaOH、30% NaOH、浓氨水、饱和 Na_2CO_3，在常温下浸泡 1000h 以上，涂层无变化。盐雾试验 3000h，涂层表面微暗，但无腐蚀，因含有大量玻璃鳞片，涂层的收缩率及热胀系数降低到接近于碳钢能承受温度急变而不发生龟裂和剥落。对于环氧玻璃鳞片涂料来说，由于环氧树脂中存在羟基等极性基团，故与钢铁、水泥、木材等基体有良好的附着力
		应用	已广泛用于大型河闸、海洋平台、油田及炼油厂输油管道、跨海大桥、大型海轮等较严酷腐蚀条件下的钢结构耐蚀防护

自蔓延技术制备钢基陶瓷复合材料和耐高温热腐蚀复合涂层

表 1-7-69

自蔓延高温技术制备钢基陶瓷复合涂层	自蔓延高温合成技术	自蔓延高温合成技术(SHS)是利用高温放热反应的热量使化学反应自动持续下去的一种技术。具有生产过程简单、反应迅速、外部能源消耗少、合成产品成本低等优点，因而在材料制备中应用较多。目前用 SHS 技术已能合成数百种陶瓷、金属间化合物等多种耐高温材料 对于陶瓷材料的合成，SHS 反应的一般特性为：反应温度为 2000～4000℃，合成反应传播速度(即燃烧波速度)0.1～15cm/s，反应区域宽度为 0.1～5mm，反应开始后材料的加热速度为 10^3～10^6℃/s，点火时间为 0.05～4s SHS 工艺已发展到 40 多种，大体分为 6 种类型 1)粉末的制备。许多产品已达到工业化生产水平。TiC、BN、硬质合金等粉末广泛用于磨料、模具、添加剂、热喷涂、刀具及结构与功能性材料等方面 2)SHS 烧结。可制备多孔过滤器、催化剂载体，已得到较广泛的应用 3)SHS 致密化技术。把 SHS 工艺与常规工艺结合，如 SHS-加压法用于生产硬质合金轧辊、拉丝模、刀片等 4)SHS 熔炼。可制备碳化物、氧化物、硼化物等陶瓷和金属陶瓷铸件 5)SHS 焊接。物料的燃烧反应蔓延至整个焊缝后，施压即可得到性能优异的焊缝 6)SHS 涂层。有两种工艺：①熔铸涂层，即利用 SHS 反应在金属工件表面形成高温熔体同基体金属反应得到具有冶金结合的金属陶瓷涂层，厚度可达 1～4mm；②气相传输涂层，它是通过气相传输在金属、陶瓷或石墨等表面形成 10～250μm 厚的金属陶瓷涂层。其原理是在反应物 $A_{固}$+$B_{固}$ 中加入气体载体 $D_{气}$，如在碳钢上涂敷 C-Cr 陶瓷时，反应物料为 Cr_2O_3+Al+炭+气体载体，在钢工件表面形成的 SHS 涂层组织为 Cr、Al 在 α-Fe 中的固溶体及 Cr_7O_3、$Cr_{23}O_6$ 和 Al_2O_3 相应不同的反应物料，用 SHS 工艺制备的金属陶瓷涂层具有很高的耐蚀性、耐磨性和耐高温等性能。我国已有专门的燃烧合成技术公司批量生成不同形状和用途的陶瓷复合钢管，并成功应用在矿山、石油、电力等领域。这种复合钢管在管道运输业中具有广阔的发展前景

续表

自蔓延高温技术制备钢基陶瓷复合涂层

钢基陶瓷复合衬管

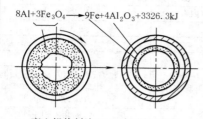

$8Al+3Fe_3O_4 \longrightarrow 9Fe+4Al_2O_3+3326.3kJ$

离心铝热剂法(C-T法)原理示意

钢基陶瓷复合衬管的具体制作方法是离心铝热剂法(即C-T法)。它是将装有铝热剂粉末(如铝粉、Fe_3O_4粉及各种添加剂粉)的管子(或中空零部件)置于旋转装置上,在其一端点火后,依靠反应自身所放出的热量使燃烧波从一端传至另一端,从而在装有粉末的整个管道上得到所需的覆层。C-T法的原理示意如左图,其典型反应为

$$2Al+Fe_2O_3 \rightleftharpoons 2Fe+Al_2O_3+828.4kJ$$

$$8Al+3Fe_3O_4 \longrightarrow 4Al_2O_3+9Fe+3326.3kJ$$

这种反应的温度可达3000℃以上,足以使反应物和生成物熔化。在旋转所产生的离心力的作用下,使得密度具有显著差异的不同液态产物分离,结果形成以钢为基体,Fe为过渡层,耐蚀、耐热、耐磨的Al_2O_3为主的表层的复合衬管。对复合管三层组织的两个结合界面而言,选择合适的离心力可使陶瓷与Fe层的界面产生参差不齐的机械结合;选择合适的参数及铝热剂成分可使铁层与基体达到理想的冶金结合

制备钢基陶瓷复合衬管时,应设法解决陶瓷涂层与钢管热胀系数不一致等相容性问题。由于铝热反应的温度很高;被涂覆的钢管常在900℃以上,冷却过程中钢管对涂层的压应力,常造成陶瓷涂层崩裂剥落。可通过适当加入添加剂提高涂层韧性、改变涂层结构、降低反应温度和陶瓷层密度等途径来解决,如一种网状结构的陶瓷涂层可大大改善涂层的力学性能,消除了陶瓷层的崩裂和剥落现象。C-T法还可扩大到生成碳化物或硼化物与氧化铝的复合衬管

除离心自蔓延外,也可利用静态自蔓延合成法在钢管内壁及一些非回转体内表面(如弯管、异形管及复杂形状的内表面)形成陶瓷涂层

耐高温热腐蚀复合涂层

1. 热喷涂复合涂层

(1)自黏结镍铝复合涂层

自黏结材料是指喷涂过程中发生剧烈的化学反应并释放出大量能量,从而与基体形成良好结合的一类材料。镍铝复合材料属于自黏结材料,它在喷涂过程中,熔融的铝和镍产生强烈的化学反应,生成金属间化合物Ni_3Al或NiAl,放出的热量促进了熔融粒子与基体材料的反应,形成的扩散微区提高了涂层的结合强度

质量好的镍铝复合粉末火焰喷涂涂层,其抗拉强度可达30MPa。对等离子喷涂层,抗拉强度可大于40MPa。涂层致密,抗氧化性能优良,涂层在1096℃保持300h后,质量仅增加$1.25mg/cm^2$。该涂层的热胀系数与大多数钢接近,介于金属基体和金属陶瓷之间,是一种常用的理想黏结底层

(2)自黏结不锈钢材料涂层

利用镍铝复合粉末及钼等在喷涂过程中对基体材料和涂层自身良好的黏结性能,可将其与镍铬合金粉末(包括镍基自熔性合金、铁基自熔性合金和不锈钢等粉末)均匀混合,用团聚法、料浆喷干法等制成不锈钢自黏结复合粉末。通过设计复合粉末的组成,可制备出兼具自黏结性能和基本组分耐蚀、耐磨、耐高温氧化的涂层。这类涂层不需喷涂底层就能与基体良好结合,喷涂厚度达数毫米也不会产生裂纹

左述涂层及其他耐高温氧化涂层的特性见下表

涂层材料	熔点/℃	特　性
Al_2O_3	2040	封孔后耐高温氧化腐蚀
TiO_2	1920	孔隙少,结合性好,耐蚀
Cr	1890	封孔后耐蚀
Cr_3Si_2	1600~1700	硬、致密,耐高温氧化,耐磨
高铬不锈钢	1480~1530	收缩率低,封孔后耐氧化
镍包铝	1510	自黏结,耐氧化
Si	1410	防石墨高温氧化
$MoSi_2$	1393	防石墨高温氧化
80Ni-20Cr	1038	耐氧化,耐热腐蚀
特种Ni-Cr合金	1038	耐高温氧化,耐蚀
$Ni\text{-}Cr\text{-}Al+Y_2O_3$		耐高温氧化
镍包氧化铝		800~900℃工作,耐热冲击
镍包碳化铬		800~900℃工作,耐热冲击

2. 耐氧化复合镀层

$Ni\text{-}Al_2O_3$复合镀层的抗高温氧化性能如右图所示。与电镀镍相比,$Ni\text{-}Al_2O_3$复合镀层在高温下的增重很少。同时,从图中还可看出,无论是电镀镍层还是$Ni\text{-}Al_2O_3$复合镀层,退火温度越高抗氧化性能越好。随着Al_2O_3含量的增加复合镀层的硬度升高,镀层的含氢量增加,脆性也加大。含1.5%(质量分数)Al_2O_3的镀层,其硬度约为纯镍镀层的1.5倍。含3.8%Al_2O_3的$Ni\text{-}Al_2O_3$复合镀层具有较好的抗高温氧化能力,耐磨性能也好

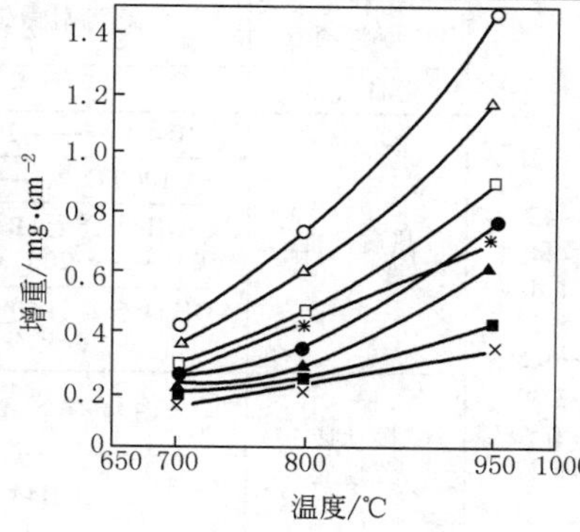

○未经退火的纯镍镀层;
□500℃退火后的镍镀层;
●未经退火的镍-氧化铝复合镀层;
△370℃退火后的镍镀层;
×900℃退火后的镍镀层;
▲370℃退火后的镍-氧化铝复合镀层;
■500℃退火后的镍-氧化铝复合镀层;
*900℃退火后的镍-氧化铝复合镀层

3. 高温珐琅涂层(又称高温搪瓷)

是采用高温熔烧工艺在金属零件表面涂敷一层能对基体金属起耐氧化、防腐蚀、电绝缘或其他防护作用的玻璃或陶瓷涂层

(1)W-2高温珐琅涂层

该涂层具有良好的耐高温氧化、耐热腐蚀和耐热震性能,涂层与基体结合力强,主要适用于镍基和钴基高温合金热端部位,如燃烧室、加力点火器等。该涂层能显著提高零件的热疲劳抗力、高温持久和高温蠕变性能,零件使用寿命可延长2~2.5倍。W-2涂层的组织结构、釉料组成及涂层性能见下表

续表

耐高温热腐蚀复合涂层 — 3. 高温珐琅涂层(又称高温搪瓷)

涂层的釉料组成(质量)/份	涂层组成(质量分数)/%	涂层性能		
		项目	试验条件与内容	数据
硅钡酸盐玻璃70,三氧化二铬30,黏土5,水70 将釉料涂搪于零件表面,经1180℃±20℃熔烧2~7min,即可制成具有深绿色玻璃光泽的涂层	SiO_2 43.0 BaO 42.5 CaO 4.0 ZnO 5.0 BeO 2.5 MoO_3 3.0	密度	—	3.6g/cm^2
		涂层厚度	—	0.05~0.10mm
		最高工作温度	—	1050℃
		熔化温度范围	高温显微镜下观察	收缩点980℃;软化点1140℃ 半球点1280~1310℃; 流动点>1400℃
		弯曲性能	—	弯曲角=30°~42°
		热震性能	1200℃⟷20℃±2℃水冷	涂层热震次数>6次
		热冲刷性能	GH39+W-2涂层,900℃±20℃煤油火焰冲刷,风冷至50℃以下	200次试验后涂层仍保持良好
		拉伸性能	GH39+W-2涂层,室温拉伸 GH39,室温拉伸 GH39+W-2涂层,900℃拉伸 GH39,900℃拉伸	抗拉强度为701MPa,断后伸长率为57.7% 抗拉强度为813MPa,断后伸长率为48.8% 抗拉强度为160MPa,断后伸长率为91.0% 抗拉强度为156MPa,断后伸长率为99.2%

涂层的组织结构	项目	试验条件与内容	数据			
是在玻璃体中镶嵌有三氧化二铬细微晶体的均匀组织。随着使用时间的延长,可能析出BaO·$2SiO_2$、BaO·SiO_2、2BaO·SiO_2及β方石英等微晶	高温持久性能	GH39+W-2涂层,900℃/40MPa GH39,900℃/40MPa	231h20min 47h05min			
	高温蠕变性能	GH39+W-2涂层,900℃/25MPa/100h GH39,900℃/25MPa作用100h	残余伸长率为0.814% 残余伸长率为1.802%			
	1100℃的耐氧化性能	1100℃下停留时间/h	25	50	75	100
		GH39+W-2珐琅涂层增重/g·m^{-2}	3.75	5.60	7.50	9.45
		GH39合金增重	22.00	41.30	45.90	53.00
		金属氧化增重/涂层后试样氧化增重	5.87	7.38	6.12	5.61

另有T-1珐琅涂层,其性能与W-2相似。T-1涂层最主要的优点是涂层组分中不含危及操作人员健康的有毒的氧化铍,故该涂层又称为无铍珐琅

(2) B-1000珐琅涂层

B-1000涂层的特点是熔烧温度低(1050℃),工艺性能好,适用于耐热不锈钢和高温合金基体,如用于航空发动机热端部位的燃烧室、滑轮静止叶片、加力燃烧室等零件上。涂层的釉料组成、涂层的组成及性能见下表

涂层的釉料组成(质量)/份	涂层组成(质量分数)/%	涂层性能		
		项目	试验条件	数据
硼硅钡酸盐玻璃70,三氧化二铬30,黏土5,水70	SiO_2 38.0~42.0 BaO 40.3~44.3 CaO 3.6~4.4 ZnO 4.2~5.3 B_2O_3 5.5~6.5 TiO_2 2.6~3.4 涂层具有深绿色玻璃光泽	工作温度	—	800~900℃
		熔化温度范围	高温显微镜下观察	收缩点810℃,软化点930℃; 半球点1090℃;流动点>1300℃
		弯曲性能	—	弯曲角=30°~45°
		热震性能	1040℃⟷20℃±2℃水冷	涂层热震次数>6次
			1000℃⟷100℃风冷	涂层热震次数>100次
			GH44合金+B-1000涂层,850℃⟷20℃±2℃水冷150周	裂纹长度为0.37mm
			GH44合金,850℃⟷20℃±2℃水冷150周	裂纹长度为0.78mm
		振动疲劳性能	GH44合金+B-1000涂层	断裂前循环次数为(576~6833)×10^3周
			GH44合金	断裂前循环次数为(259~1426)×10^3周
		落球冲击性能	100g钢球从1.5m处自由下落	>1次
		电绝缘性能	0.04~0.06mm厚的B-1000涂层	20℃时的击穿电压为3800~4200V
		热冲刷性能	GH39合金+B-1000涂层,经910℃±10℃焊枪加热,风冷至50℃以下,其中受热面直径为30mm	10次试验后,涂层仍保持良好

另一种418珐琅涂层,使用温度和B-1000涂层相同,特点与B-1000涂层相似,熔烧温度也是1050℃

16.3 以增强固体润滑性为主的复合涂层

复合镀固体润滑材料和气相沉积复合膜和多层膜

表 1-7-70

机理

固体润滑是用固体微粉、薄膜或复合材料代替润滑油脂,涂覆在工件表面,隔离相对运动的摩擦面以达到减摩和耐磨的目的。固体润滑材料由基材、固体润滑剂和起特定作用的其他组元组成。涂覆型和黏结型固体润滑材料的基材可以是金属和非金属材料

固体润滑剂的材料

固体润滑剂有软金属、金属化合物、无机物和有机物等

①软金属。如 Pb、Sn、In、Zn、Ba、Ag、Au 等

②金属化合物。如 PbO、Pb_3O_4、Fe_3O_4 等金属氧化物,CaF_2、BaF_2、$CdCl_2$ 等金属卤化物,WSe_2、$MoSe_2$ 等金属硒化物,MoS_2 等金属硫化物以及 $Zn_3(PO_4)_2$、Ag_2SO_4 等金属盐类

③无机物。如石墨、氟化石墨、玻璃等

④有机物。如蜡、固体脂肪酸和醇、联苯、染料和涂料、塑料和树脂[如聚四氟乙烯(PTFE)、聚酰胺(尼龙)、酚醛]等

对复合镀层,采用的固体润滑剂有石墨、MoS_2、聚四氟乙烯(PTFE)、氟化石墨[$(CF)_n$]和 WS_2 等,采用的基体材料有镍和铜等。不同基材与固体润滑剂所组成的固体润滑复合镀层列于右表

基材	固体润滑剂
Ni	MoS_2、WS_2、$(CF)_n$、石墨、PTFE、BN、CaF_2、PVC
Cu	MoS_2、WS_2、$(CF)_n$、石墨、PTFE、BN、$BaSO_4$
Co	PTFE
Fe	石墨、PTFE
Ag	MoS_2、石墨、BN
Au	石墨、$(CF)_n$、MoS_2
Zn	石墨
Ni-P	PTFE、BN、CaF_2
Ni-B	PTFE、CaF_2
Co-B	CaF_2

应用

固体润滑镀层的使用效果十分显著,如 Ni-$(CF)_n$ 镀层用于水平连铸设备中的结晶器内壁,不需要振动结晶器,也不加润滑剂,就能以较小的力量顺利地将铸坯从结晶器内拉出,且铸坯表面良好;Ni-PTFE 镀层用于增塑聚氯乙烯热压模具内壁,不加起模剂就很容易起模;Au-$(CF)_n$ 镀层的摩擦因数为 Au 镀层的 1/10~1/8,用于电接触表面性能良好,插拔力小,寿命高;Cu-$BaSO_4$ 复合镀层具有抗黏着性能,可用于滑动接触场合;Zn-石墨复合镀层用在汽车工业的钢紧固件上,其抗擦伤能力完全能与贵重的镉镀层相比

用电镀、电刷镀、化学镀可方便地镀制内层坚硬、表层为软金属的既耐磨又减摩的双层或多层镀层。如在电刷镀施工中,工作镀层镀镍钨合金,表面再刷镀一薄层铟效果很好

涂层	性 能 和 应 用

Ni-P-PTFE 复合化学镀层

是一种抗黏着的自润滑涂层。镀层组成为 Ni84.0%(质量),P8.8%,PTFE7.2%。镀层的热处理温度为 200~400℃,1h。其磨损率明显比同样温度热处理的 Ni-P 镀层低,摩擦学性能如下图所示;摩擦因数与往复次数关系如下表所示,随着热处理的提高,镀层的减摩作用逐渐增强,以 400℃ 热处理的效果最好。这是由于高温热处理促使镀层硬化,并形成了硬基体上均匀分布着 PTFE 软颗粒的缘故。但 400℃ 以上热处理会导致 PTFE 分解

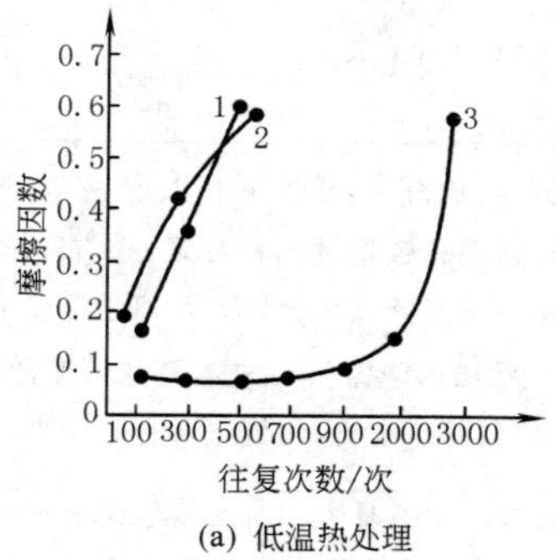

(a) 低温热处理

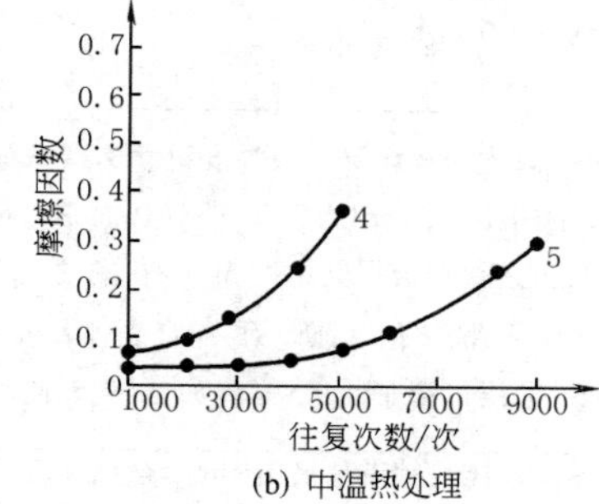

(b) 中温热处理

1—镀态;2—200℃ 热处理;3—300℃ 热处理;4—360℃ 热处理;5—400℃ 热处理

热处理温度/℃	往复运动次数/次	摩擦因数	Ni-P-PTFE	Ni-P
			镀层磨损率/$10^{-5}mg \cdot N^{-1} \cdot m^{-1}$	
镀态	900	0.13~0.70	6.6	56
200	900	0.20~0.60	6.5	38
300	2500	0.10~0.63	3.0	7.5
360	4400	0.10~0.60	1.6	5.8
400	9000	0.07~0.30	0.64	2.1

注:在日制 RFT-Ⅲ型往复摩擦试验机上测试。试验条件为:负荷 98N,往复频率 40 次/min(滑动速度 0.09m/s)

续表

<table>
<tr><td colspan="2">Ni-P-石墨复合镀层</td><td>是在 Ni-P 镀层中加入石墨后摩擦因数明显降低的镀层。该镀层与不同对偶材料在不同负荷下的摩擦因数如右图所示。它与较软的 20 钢或 Ni-P 镀层对磨的摩擦因数均比 45 钢高得多。无论与何种材料对磨，镀层摩擦因数与负荷的关系呈现出相同的变化规律
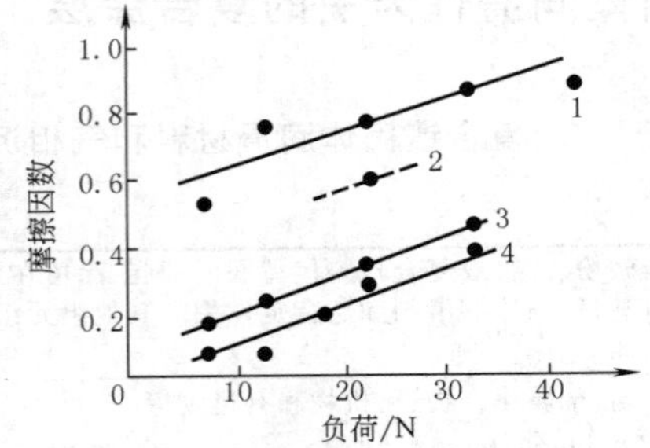

1—化学镀 Ni-P 层与 45 钢配副；
2—Ni-P-石墨复合镀层与 20 钢配副；
3—Ni-P-石墨复合镀层与 Ni-P 层配副；
4—Ni-P-石墨复合镀层与 45 钢配副</td></tr>
<tr><td colspan="2">
以 Ni-P 为基材的刷镀层</td><td>以 Ni-P 为基材的复合刷镀层可获得良好的固体润滑性能和耐磨性。例如，在 40Cr(400HV)表面刷镀复合镀层，以 GCr15(750HV)为对偶，在球-盘摩擦磨损试验机上测得其摩擦学性能如下图所示。由图可见，Ni-P-MoS_2 镀层在负荷和速度小时摩擦因数小，但随着负荷和速度的增大而升高；Ni-P-WC 在低负荷和低速时摩擦因数最大，但随负荷和速度的增大而明显下降，当负荷增至 1362N 时摩擦因数比 Ni-P-MoS_2 的还小。在高负荷(1362N)下，几种复合镀层的摩擦因数随着滑动速度的增加呈下降趋势，其中以 Ni-P-WC 最为明显，说明它的减摩效果最好
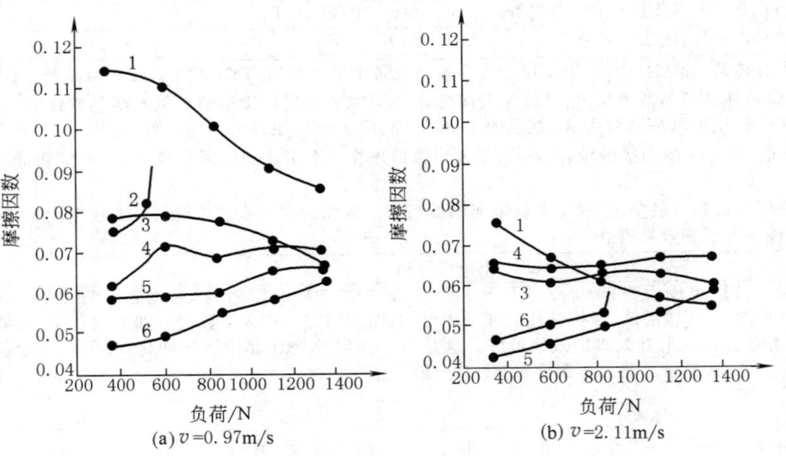

(a) v=0.97m/s　(b) v=2.11m/s
1—Ni-P-WC(WC 加入量为 60g/L)；
2—无镀层；
3—Ni-P；
4—Ni-P-BN(BN 加入量为 30g/L)；
5—Ni-P-MoS_2(MoS_2 加入量为 10g/L)；
6—Ni-MoS_2
所用的微粒粒径均为 1μm，复合镀层的厚度约 50μm</td></tr>
<tr><td colspan="2">Ni-Cu-P/MoS_2 刷镀层</td><td>电刷镀 Ni-Cu-P/MoS_2 固体润滑镀层是一种既耐磨又减摩的镀层，成分为：Ni57.6%(质量分数，下同)、Cu11.2%、P3.2%、$MoS_2$28%(正交磨损实验得出)。其耐磨性优于 Ni-P/MoS_2，对比这两种镀层的结构发现，含有一定量铜的镀层中有 Ni_7P_3、$Ni_{12}P_5$ 等间隙相存在。上述镀层会因其中的 MoS_2 在潮湿天气中容易受到氧化而导致摩擦学性能下降。若在镀液中添加稀土 Ce^{4+}，不仅能提高 MoS_2 的抗氧化腐蚀能力，而且能进一步降低镀层的摩擦因数，提高镀层减摩的稳定性
电刷镀 Ni-Cu-P/MoS_2 镀层可用于油田钻具(如钻杆、套筒)的螺纹接头上，以代替原来的涂有油的铜镀层</td></tr>
<tr><td>气相沉积复合膜和多层膜</td><td>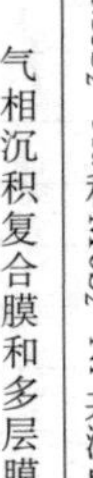
MoS_2-Au 和 MoS_2-Ni 共溅射膜</td><td>MoS_2-Au 和 MoS_2-Ni 共溅射膜是采用 MoS_2-金属共溅射的方法制备复合膜。共溅射膜更致密，摩擦因数稳定，耐磨寿命长。下图是 MoS_2-Au 和 MoS_2-Ni 共溅射膜与 MoS_2 溅射膜摩擦学性能的比较。由图可以看出两种共溅射膜的摩擦学性能都比 MoS_2 溅射膜好(试验采用栓-盘式试验机，负荷 5N，滑动速度 0.1m/s，大气中干摩擦条件)
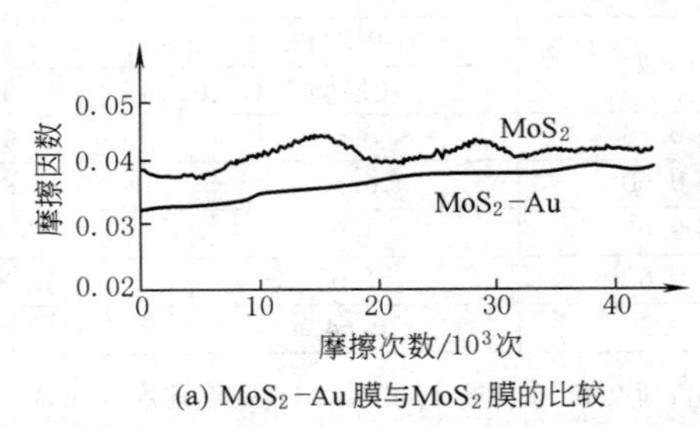

(a) MoS_2-Au 膜与 MoS_2 膜的比较
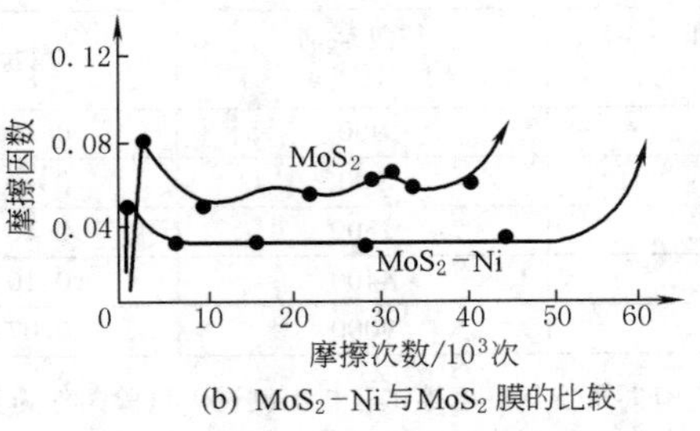

(b) MoS_2-Ni 与 MoS_2 膜的比较
耐磨寿命定义为：摩擦因数达到 0.3 时，所实现的摩擦次数</td></tr>
</table>

<table>
<tr>
<td rowspan="3">气相沉积复合膜和多层膜</td>
<td>MoS_2-Au和MoS_2-Ni共溅射膜</td>
<td colspan="2">在 1Cr18Ni9Ti 基材上共溅射 MoS_2-Au 膜，与 1Cr18Ni9Ti 对磨发现，随溅射膜厚度的增加，其耐磨寿命增大，在对磨过程中，当负荷超过某一临界负荷时，膜就从基材上剥落。MoS_2-Au 膜的临界负荷随着膜厚的增加而加大。膜厚 0.4μm 时，临界负荷为 1.0~2.0N，耐磨寿命为 10~13 千周；膜厚 2.0~2.5μm 时，临界负荷为 5.9~6.9N，耐磨寿命为 30~90 千周。说明 MoS_2-Au 膜与基材的结合强度随着膜层厚度的增加而加大。而 MoS_2 膜的厚度在超过临界值 0.2mm 之后，其寿命就不再随厚度的增加而延长
在 AISI452 淬火钢（58~61HRC）表面共溅射 MoS_2-Ni，与 4130 淬火钢（60HRC）的对磨试验表明，共溅射膜的耐磨寿命几乎随膜厚的增加成线性增加，其寿命受负荷的影响也不像 MoS_2 溅射膜那样强烈。在膜厚为 0.74μm 时负荷由 187N 增至 703N，MoS_2-Ni 共溅射膜的耐磨寿命下降了 50%，而 MoS_2 溅射膜的耐磨寿命几乎损失了 93%</td>
</tr>
<tr>
<td>$Al+N^+$和$Ti+N^+$离子束辅助沉积层</td>
<td>用 Ar^+ 将 Al 和 Ti 溅射在工业纯铁表面，同时用能量为 100keV 的 N^+ 以 2×10^{17} 个/cm^2 的剂量进行离子注入，以形成 0.3μm 厚的 $Al+N^+$ 和 $Ti+N^+$ 离子束辅助沉积（IBAD）层。在日制 DFPM 型试验机上测定其摩擦因数，在自制球-盘试验机上测定其磨损量
图 a 表明，在进入稳定期后 IBAD $Al+N^+$ 和 $Ti+N^+$ 试样的摩擦因数分别为 0.093 和 0.076，比纯铁的 0.451 分别降低 80% 和 83%；图 b 表明，IBAD $Al+N^+$ 和 $Ti+N^+$ 试样的磨损量比纯铁分别降低 71% 和 86%
试验条件：图 a DFPM 型试验机，对偶件 GCr15，负荷 2N，速度 35mm/min 图 b 球-盘试验机，对偶件 GCr15，负荷 6N，速度 22mm/min，滑动行程 8mm</td>
<td>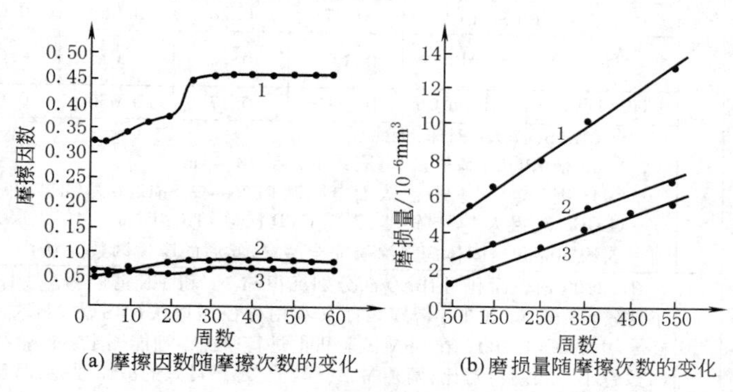

(a) 摩擦因数随摩擦次数的变化　(b) 磨损量随摩擦次数的变化
1—纯铁试样；2—经 $Al+N^+$ 离子束辅助沉积后的试样；
3—经 $Ti+N^+$ 离子束辅助沉积后的试样</td>
</tr>
<tr>
<td>TiC/TiN七层膜、CVD镀层与Pb基润滑镀层</td>
<td colspan="2">多层膜的摩擦学性能优于单层膜，即在干摩擦和油润滑条件下，它的摩擦因数和磨损率低于单层膜。在钢材表面用 CVD 法获得的镀层，更适于真空条件下工作
Pb-Sn-Cu 复合刷镀盘的摩擦因数均比单纯 Pb 刷镀盘的小，而复合刷镀盘的磨损率却高于单纯 Pb 刷镀盘，这是因为 Sn、Cu 相对于 Pb 是较硬的颗粒，且与 Fe 有较高的黏着性；但 CVD$(TiC/TiN)_7$ 镀层球/Pb-Sn-Cu 刷镀盘却是真空下良好的摩擦副
在自制的 MT-1 型真空摩擦试验机上对：(1) CVD 法沉积的 TiC、TiN 单层膜及 TiC/TiN 多层膜的摩擦学性能进行测定；(2) CVD 镀层与 Pb 基润滑镀层的摩擦学性能进行测定，结果如下表
其中，TiC 单层膜厚度 3μm，TiN 单层膜厚度 4.7μm，七层膜$(TiC/TiN)_7$（依次为 $TiC/TiC_xN_y/TiC/TiC_xN_y/TiC/TiC_xN_y/TiN$）的总厚度为 5.5μm，球基材 GCr15 和盘基材 45 钢的真空油淬硬度分别为 62HRC 和 52HRC
试验中上试样（球）固定，下试样（盘）转动。试验条件为：负荷 5N，滑动速度 0.5m/s，先跑合 30min。试验时间为 30min。试验分别在干摩擦和油润滑（SP 8801—100 空间润滑油滴油润滑）条件下进行</td>
</tr>
</table>

续表

气相沉积复合膜和多层膜

TiC/TiN七层膜、CVD镀层与Pb基润滑镀层

(1) 摩擦副 (球⟷盘)	摩擦因数				磨损率/$10^{-15}m^3 \cdot m^{-1}$			
	干摩擦①		油润滑		干摩擦①		油润滑	
	大气中	真空中②	大气中	真空中	大气中	真空中	大气中	真空中
GCr15⟷45钢	0.68	0.47	0.086	0.053	1.60	13.60	0.075	0.890
$(TiC/TiN)_7$⟷45钢	0.46	0.26	0.081	0.052	1.13	0.80	0.060	0.020
TiC⟷45钢	0.42	0.24	0.082	0.080	1.02	0.60	0.065	0.040
TiN⟷45钢	0.48	0.31	0.089	0.068	1.31	0.96	0.075	0.032
GCr15⟷$(TiC/TiN)_7$	0.67	0.35	0.090	0.101	17.70	9.20	2.10	1.400
$(TiC/TiN)_7$⟷$(TiC/TiN)_7$	0.17	0.27	0.051	0.042	5.10	8.30	1.50	0.320
TiC⟷TiC	0.19	0.31	0.095	0.165	8.60	12.40	2.80	3.300
TiN⟷TiN	0.18	0.32	0.092	0.100	9.10	13.60	1.90	0.810

①镀层磨穿前的平均值

②真空度为6.67×10^{-3}Pa

(2) 摩擦副 (球⟷盘)	摩擦因数				磨损率/$10^{-15}m^3 \cdot m^{-1}$			
	干摩擦		油润滑		干摩擦		油润滑	
	大气中	真空中	大气中	真空中	大气中	真空中	大气中	真空中
GCr15①⟷Pb②	0.40	0.32	0.079	0.052	4.40	1.90	0.21	0.28
GCr15⟷Pb-Sn-Cu③	0.37	0.28	0.062	0.041	5.80	1.70	0.17	0.10
$(TiC/TiN)_7$④⟷Pb	0.32⑤	0.18	0.073	0.043	1.10⑤	0.83	0.014	0.041
$(TiC/TiN)_7$⟷Pb-Sn-Cu	0.26⑤	0.17	0.050	0.032	1.30⑤	0.81	0.057	0.066

①GCr15(淬火)钢球,无涂层

②45钢(淬火)基材盘,电刷镀Pb,厚18.4μm

③45钢(淬火)基材盘,表面电刷镀Pb76.4%-Sn12.6%-Cu11.0%(均为质量分数)镀层,厚20.345μm

④GCr15(淬火)基材钢球,表面CVD法镀$(TiC/TiN)_7$七层镀层,厚度5

⑤约50min后固体润滑涂层完全磨穿,此后的摩擦因数为0.61

Si_3N_4、TiN薄膜和MoS_x薄膜

在52100钢表面利用IBAD法分别沉积Si_3N_4和TiN薄膜(厚约1μm),后在其上面再用IBAD法沉积MoS_x薄膜。为了比较,在Si_3N_4和TiN薄膜表面又利用磁控溅射法(MS法)制取MoS_x薄膜。经测定IBAD MoS_x中的$x=1.287$,MS MoS_x中的$x=1.700$。在SRV试验机上进行摩擦学性能测定。试验结果见下图,在给定的范围内,负荷和频率越大,摩擦因数越小。与基材对比,两种MoS_x膜都显示出良好的减摩性能,而且MoS_x对TiN的减摩作用优于对S_3N_4的减摩作用。两种MoS_x中,MS MoS_x膜的减摩性能优于IBAD MoS_x膜

在测定摩擦因数随时间的变化中发现,MS MoS_x膜的摩擦因数在15min后由0.06左右突然升高到0.14,而IBAD MoS_x膜的摩擦因数基本保持不变(0.10左右)。在测定磨损率随负荷和频率的变化关系得出,磨损量随负荷和频率的增加而增加,两种MoS_x膜的耐磨性比Si_3N_4和TiN膜的高3~4倍。而MS MoS_x膜的耐磨性优于IBAD MoS_x,尤其在低负荷或低频率下更为明显

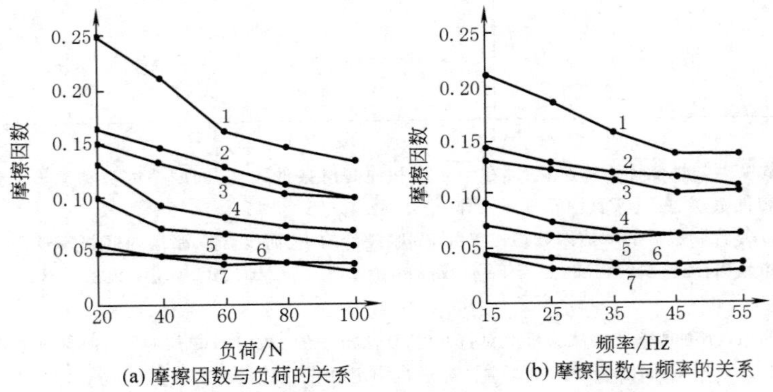

(a) 摩擦因数与负荷的关系　　(b) 摩擦因数与频率的关系

1—52100钢;2—Si_3N_4;3—TiN;4—IBAD MoS_x-Si_3N_4;5—IBAD MoS_x-TiN;
6—MS MoS_x-Si_3N_4;7—MS MoS_x-TiN

上试样为ϕ10mm的Si_3N_4陶瓷球,下试样为沉积了薄膜的圆盘

试验条件:振幅为1mm,时间为30min,液体石蜡润滑,用15Hz的振动频率测定摩擦因数-负荷关系,用40N的负荷测定摩擦因数-频率关系

含扩渗改性的表面膜层

表 1-7-71

类别	性 能 和 应 用
含有渗硫工序的表面热处理层	1)在复合表面热处理中,与渗硫相复合的表面热处理具有较好的自润滑效果。应用较多的是在表面硬化处理之后增加一道低温电解渗硫工艺。低温电解渗硫工艺的处理温度为180~190℃,可与低温回火结合进行。常用的有: ①高频感应加热淬火加低温电解渗硫,如800℃高频感应加热淬火,190℃低温电解渗硫 ②渗碳淬火加低温电解渗硫,如930℃渗碳,预冷至800℃淬火,190℃低温电解渗硫 ③渗氮加低温电解渗硫,如550℃气体氮化,190℃低温电解渗硫 ④碳氮共渗、淬火加低温电解渗硫,如850~880℃碳氮共渗后直接淬火,190℃低温电解渗硫等 图a是在严酷条件下工作的零件表面的理想硬度分布曲线,图中的第1、2、3层分别是易塑性变形的软质层、机械强度好的硬化层和硬度缓降的扩散层。上述硬化处理是为了得到要求的第2、3层,而低温电解渗硫可以生成减摩性良好的第1层 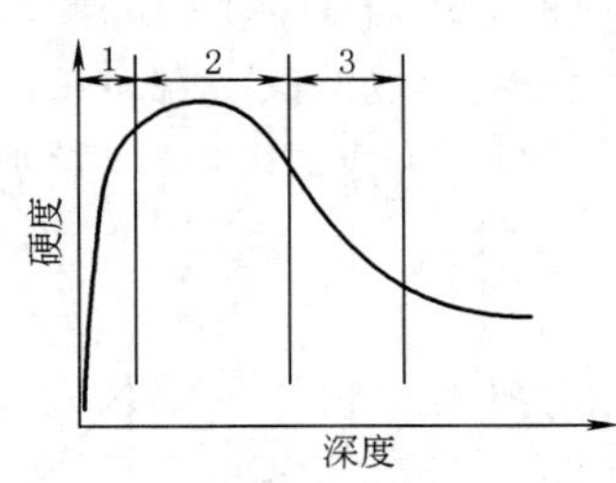 (a) 在严酷条件下工作的零件表面的理想硬度分布 渗硫后硫在钢铁表面主要以硫化铁形成存在。在盐浴中渗硫时,200℃以上形成FeS_2层(黄铜色),180~200℃形成FeS混有FeS_2(黑色混入黄铜色),170℃以下仅有FeS层。渗硫层实质上是由FeS(或$FeS+FeS_2$)组成的化学转化膜。FeS具有密排六方晶格,硬度仅为60HV,受力时沿(0001)晶面滑移,使摩擦时实际接触面积增大,改善了初期的磨合,抗烧伤、咬合效果好。渗硫层是有大量微孔的软质层,有良好的储油能力和减摩性,即使在无润滑状态下摩擦因数也很低。图b是渗碳后各种表面处理的SCM415钢的摩擦因数随载荷的变化曲线 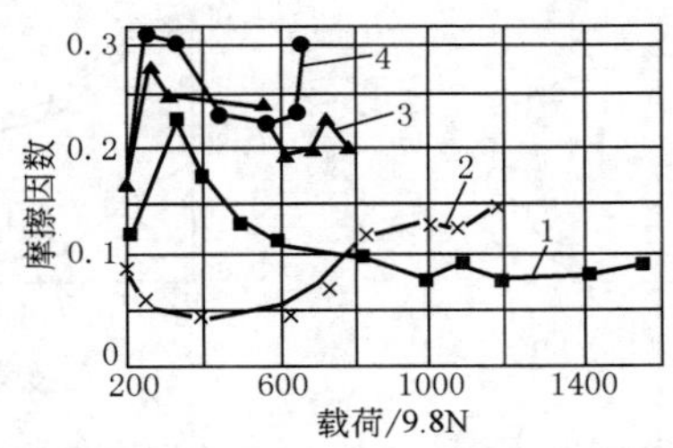 (b) 渗碳后不同表面处理的SCM415钢的摩擦状况 1—渗碳加低温电解渗硫;2—渗碳加磷酸盐处理加MoS_2;3—渗碳加磷酸盐处理;4—渗碳淬火 渗硫方法有固体、气体和液体渗硫三种。按渗硫温度又分为低温(160~200℃)、中温(520~560℃)和高温(800~930℃)渗硫 低温渗硫零件无畸变。在低温渗硫中,除低温电解渗硫、低温气体渗硫、低温液体渗硫外,真空辉光放电离子渗硫也日益受到重视 我国不仅研制出系列设备和配套的工艺,而且已将其成功地应用于轴承、轴瓦、轧辊、齿轮、丝杠、滑板等零件的批量处理中
	2)渗氮、渗碳后再进行渗硫处理、硫氮二元共渗和硫碳氮三元共渗,也可使工件表面兼有渗硫后的减摩特性和渗氮、渗碳后的耐磨特性 ①气体硫氮共渗后的金相组织分为三层,最外层是FeS,第二层是以$Fe_{2\sim3}N$为主的氮化物白亮层,第三层是氮的扩散层。硬度峰值可达$1000HV_{0.05}$,由表及里的硬度变化较为平缓。硫氮共渗后,提高了材料的减摩、耐磨性能。如W18Cr4V钢试样在淬火回火后(64~65HRC)经(560℃±10℃)×1h液体硫氮共渗与未经共渗的磨损试验结果是:对磨20000r后的失重分别为0.0131g和0.1008g。45钢试样(淬火+回火)在Fa-lex试验机上以全损耗系统用油L-AN32(20#机油)润滑加恒定载荷进行试验,2s即发生咬卡,而经过硫氮共渗后的试样,运行500s还未发生咬卡 硫氮共渗与蒸汽处理相结合,可提高钢件的减摩和耐蚀性能。蒸汽处理又称氧化处理,是指在500~600℃的温度下,用过热蒸汽进行的处理。它可使钢件表面形成一层致密的与基体结合牢固的Fe_3O_4薄膜。对于高速钢刀具在硫氮共渗前、后可各进行一次蒸汽处理 ②硫碳氮共渗兼有碳氮共渗和渗硫的特点,能赋予工件优良的耐磨、减摩、耐疲劳、抗咬合性能,并改善了钢铁件(不锈钢除外)的耐蚀性 钢铁表面形成的共渗层由硫化物层、弥散相析出层和过渡层组成。硫化物层厚度为5~20μm,是由FeS、FeS_2、Fe_3O_4等相组成的硫、氮、碳富集区。弥散相析出层主要由Fe(N,C)、Fe_3(N、C)、Fe_4(N、C)相及含氮的马氏体、残余奥氏体等相组成。过渡层是含氮量高于基体的固溶强化区 对于大多数结构钢和不锈钢,常以(565℃±5℃)×(1~3)h进行盐浴硫碳氮共渗。其处理效果十分明显,如45、45Cr钢的轴和齿轮处理后寿命可提高1~3倍;Cr12MoV硅钢片冷冲头等高精度冷作模的寿命提高1~4倍;1Cr13~3Cr13和1Cr18Ni9Ti钢泵轴、阀门寿命提高2~4倍;ZGCr28的叶轮、中壳抗咬合负荷提高4~6倍,台架试验时间延长3个数量级。45钢以570℃×3h进行离子硫碳氮共渗与未处理相比,在干摩擦下起始摩擦因数由0.14~0.15下降至0.08

续表

类别	性能和应用
镀渗层	将电刷镀与渗金属工艺相复合，可以在金属表面形成一层减摩、耐磨的固溶合金化镀覆层。如在40Cr钢表面先刷镀一层Sn（厚度0.5~3μm），而后在氮气气氛中按500℃×6h/550℃×3h/600℃×6h进行渗金属；或在Cu合金（H62）表面刷镀8~15μm的Sn，在氮气气氛中按300℃×6h/400℃×4h渗金属，可获得较好的减摩、耐磨效果 在Al合金（LY12）表面先刷镀一层Cu（厚度0~9μm）+In（厚度16μm），然后在空气中按140℃×4h/160℃×2h的工艺渗金属，所得到的镀层的摩擦学性能与Cu镀层厚度的关系见下图。摩擦学试验是在改进的MPX-200型试验机上进行的。对偶为GCr15（62HRC），30[#]机械油润滑，试验时间30min，结果表明，在该试验条件下，LY12基材刷镀4μmCu+16μmIn后实施渗入工艺的效果最好 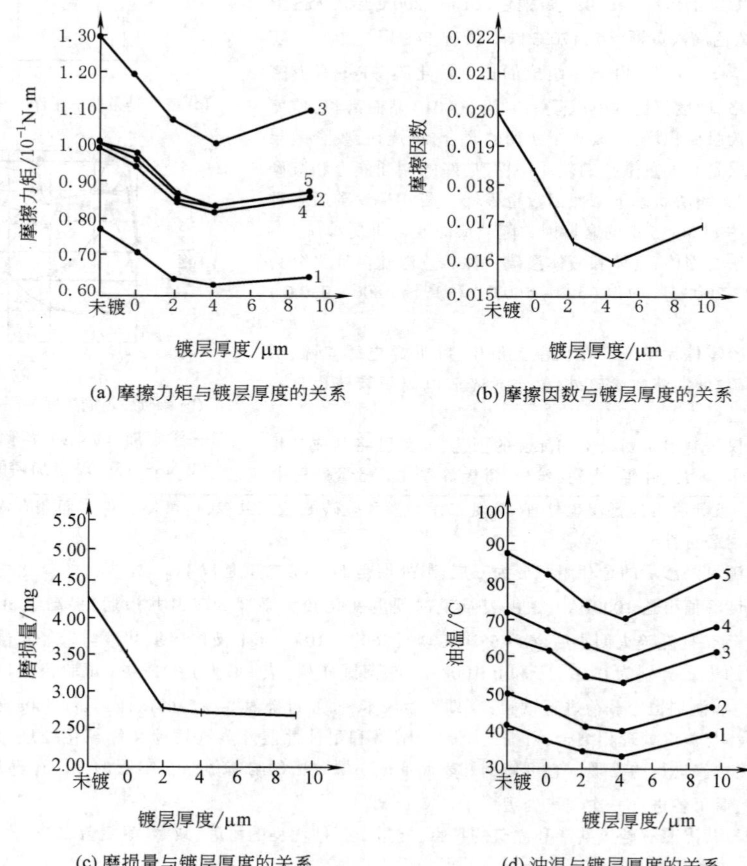 (a) 摩擦力矩与镀层厚度的关系　(b) 摩擦因数与镀层厚度的关系 (c) 磨损量与镀层厚度的关系　(d) 油温与镀层厚度的关系 1—300N，370r/min；2—400N，370r/min；3—500N，370r/min；4—400N，549r/min；5—400N，1102r/min

金属塑料复合材料

表 1-7-72

类别	性能和应用

金属塑料复合材料又称为“背衬型润滑材料”、“三层复合自润滑材料”。它由钢背-多孔青铜-高分子润滑材料复合而成。其力学性能相当于钢,摩擦学性能相当于高分子材料。具有机械强度高、摩擦因数小、耐磨性好、热膨胀小、导热性优良等特点。这类材料目前已有很多种,其中应用得比较广泛而有效的有 PTFE-钢背和聚甲醛-钢背,国外分别称其为 DU 材料和 DX 材料。这些材料适于制作轴套、衬套、垫片、导轨、滑板和半球碗等机械零件

PTFE-钢背复合材料

(1)PTFE-钢背复合材料(DU 材料,聚四氟乙烯滑动减摩材料)

DU 材料由英国 Glacier 金属公司发明,其应用很广。国产的选用 10 钢或 08F 低碳钢冷轧钢板,厚度一般在 0.5~3.0mm,其上镀厚度为 10~15μm 的 Cu,而后采用黏结的方法敷 0.26~0.35mm 厚的球形青 Cu 粉(粒径 0.06~0.19mm),在氢气炉中以 840℃±10℃的温度进行烧结。表面层高分子材料主要是 PTFE(可填充 PbO、硼铅玻璃、SiO_2、天然云母、Cr_2O_3 等物),采用辊压烧结(温度 375℃±5℃)而成,表面层厚度为 0.02~0.06mm。钢背的作用在于提高材料的强度和承载能力,镀 Cu 是为了提高钢背与青铜中间层之间的结合强度。在摩擦升温时表层的 PTFE 及其填充物从孔隙中挤出,起到自润滑作用。一旦表面层被磨破后,中间层青铜则直接与对偶接触,可避免严重烧伤

下表是国产的 FQ-1(PTFE-钢背复合材料)与英国的 DU、美国的 Turcite-B(PTFE 中添加了 50%的青铜粉、MoS_2 和玻璃纤维等制成的带材)材料的性能比较。试验在 Amsler 磨损试验机上进行,对偶材料 45 钢(350HBS),负荷 600N,滑动速度 25.12m/min,总转数 1.5×10^4r(约 1.9km),室温

材料		干摩擦		
		摩擦因数	摩擦力矩/N·m	磨痕宽度/mm
FQ-1	含 5%Pb	0.153	1.89	4.92
	含 10%Pb	0.143	1.70	4.08
	含 20%Pb	0.101	1.25	3.62
DU		0.142	1.70	2.53
Turcite-B		0.186	2.32	6.70

材料		全损耗系统用油 L-AN46 润滑		
		摩擦因数	摩擦力矩/N·m	磨痕宽度/mm
FQ-1	含 5%Pb	0.024	0.30	3.33
	含 10%Pb	0.027	0.35	2.92
	含 20%Pb	0.025	0.30	3.26
DU		0.046	0.65	2.81
Turcite-B		0.36	0.44	4.63

(2)钢背-青铜粉-PTFE 复合材料(C_2)、钢背-青铜粉-($PTFE+Co_2O$)复合材料(D_2)、钢背-青铜粉-(PTFE+Pb)(E_2)

①三种 PTFE 基自润滑复合材料轴承的摩擦因数与负荷变化的规律如图 a 所示。初期,摩擦因数随负荷的增大而不同程度增大,这是其表面层因磨损而露出铜粉逐渐增多的结果,而后,由于 PTFE 受热膨胀被挤出,摩擦因数又随负荷的增大而减小。三种材料中含 Pb 表面层的摩擦因数最小,含 CuO 的最大,说明填充 Pb 能降低复合材料的摩擦因数,而填充 CuO_2 却增大了摩擦因数

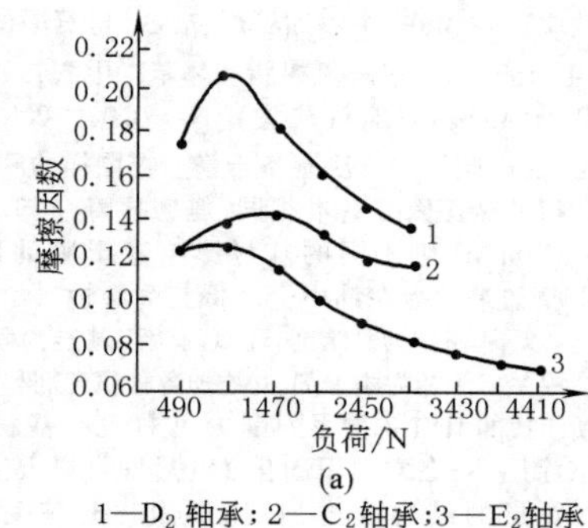

1—D_2 轴承;2—C_2轴承;3—E_2轴承

在磨损试验机上采用逐级加载法(每隔 10min 增加一级负荷)。在干摩擦和运动速度为 1m/s 的情况下试验

续表

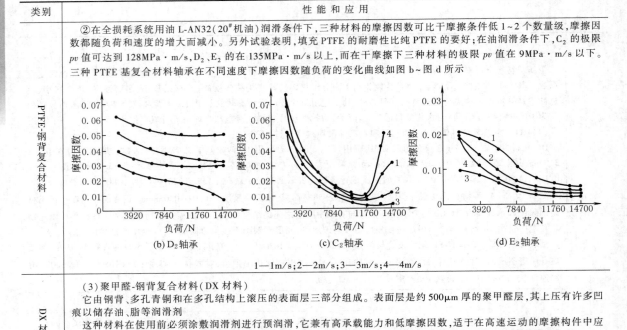

类别	性能和应用
PTFE-钢背复合材料	②在全损耗系统用油 L-AN32(20#机油)润滑条件下，三种材料的摩擦因数可比干摩擦条件低 1~2 个数量级，摩擦因数都随负荷和速度的增大而减小。另外试验表明，填充 PTFE 的耐磨性比纯 PTFE 的要好；在油润滑条件下，C_2 的极限 *pv* 值可达到 128MPa · m/s，D_2、E_2 的在 135MPa · m/s 以上，而在干摩擦下三种材料的极限 *pv* 值在 9MPa · m/s 以下。三种 PTFE 基复合材料轴承在不同速度下摩擦因数随负荷的变化曲线如图 b~图 d 所示 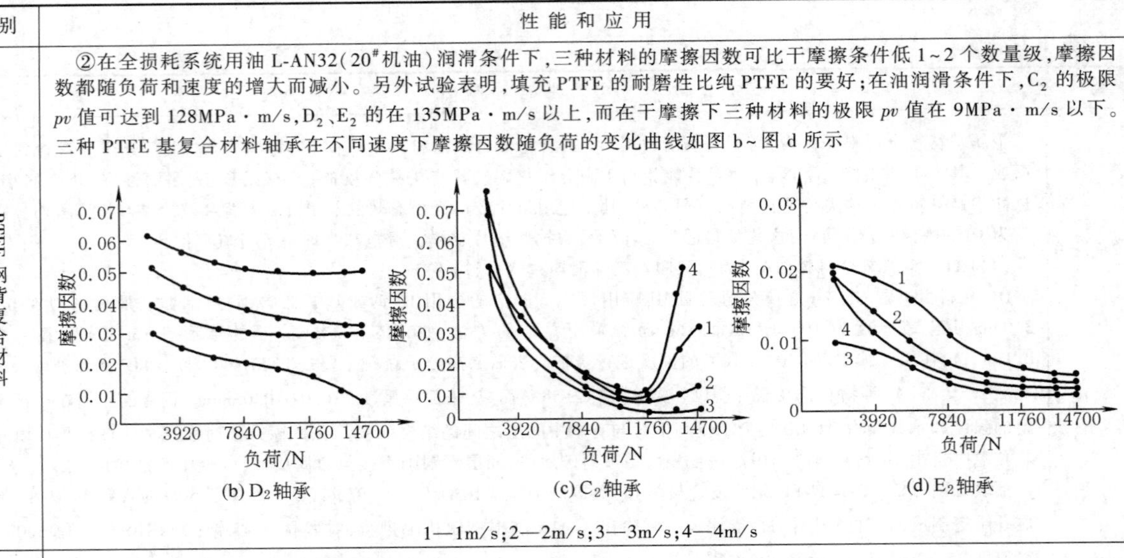 (b) D_2轴承　(c) C_2轴承　(d) E_2轴承 1—1m/s；2—2m/s；3—3m/s；4—4m/s
DX 材料	(3)聚甲醛-钢背复合材料(DX 材料) 它由钢背、多孔青铜和在多孔结构上滚压的表面层三部分组成。表面层是约 500μm 厚的聚甲醛层，其上压有许多凹痕以储存油、脂等润滑剂 这种材料在使用前必须涂敷润滑剂进行预润滑，它兼有高承载能力和低摩擦因数，适于在高速运动的摩擦构件中应用。含油聚甲醛-钢背复合材料的静承载能力约 140MPa，在速度为 22m/min 时能承受大于 10MPa 的载荷 在干摩擦条件下，DX 材料的摩擦学性能不理想。在油脂润滑条件下，它的跑合磨损很小，几乎与稳定磨损相当。在油脂消耗到一定程度后，磨损便逐渐加大。若加油的间隔时间合适，材料的使用寿命可大为延长

黏结固体润滑膜

表 1-7-73

类别		性能和应用
黏结固体润滑膜		黏结固体润滑膜是将固体润滑剂分散于有机或无机黏结剂中，采用喷涂、刷涂或浸涂等方法涂敷于摩擦表面上，经固化而成的膜。干膜厚度一般为 20~50μm，厚的可大于 100μm。干膜具有与基体相同的承载能力，摩擦因数通常在 0.05~0.2 之间，最小可达 0.02。因其可在高温、高负荷、超低温、超高真空、强氧化还原和强辐射等环境下有效地润滑，而获得了从民用机械到空间技术等各个方面的广泛应用
	1.有机黏结固体润滑膜	(1)环氧树脂黏结干膜 以环氧树脂为黏结剂、EMR 为固化剂、邻苯二甲酸二丁酯为添加剂与固体润滑剂 MoS_2 所组成的干膜具有较好的摩擦学性能。按环氧树脂：邻苯二甲酸二丁酯：固化剂：MoS_2(质量)＝1：0.07：0.072：(3~4)的配比在不锈钢表面进行喷涂，常温下固化 5 天，而后在环-块试验机上进行摩擦学性能测定。在负荷 327N、转速 1000r/min 下，其摩擦因数为 0.07~0.16，磨损寿命为 144~212m/μm。根据"协同效应"，在 MoS_2 中添加石墨，MoS_2 与石墨的质量比为 (4~15)：1。按环氧树脂：邻苯二甲酸二丁酯：固化剂：(MoS_2+石墨)(质量)＝1：0.07：0.072：3.5 的配比，以同样的方法制备干膜。在同样的测试条件下，测得的摩擦因数基本相同，但磨损寿命却增加到 186~274m/μm。不同的基材影响着干膜的黏着强度。干膜如果浸泡在油中会降低其耐磨性 以环氧树脂为黏结剂、环氧丙烷丁基醚为固化剂、邻苯二甲酸二丁酯为添加剂，并添加各种填充剂和固体润滑剂所组成的 HNT 涂层系列配方见右表。基材表面涂敷该涂层后，在常温下固化 24h 后即可投入使用。为增加涂层的结合强度，在涂层固化时应对其施加约 0.1MPa 的压力。在龙门铣床的铸铁导轨表面涂敷 HNT 涂层，按正常条件运行，其年磨损量为 5~7μm

组分＼配方号及加入量	HNT11-J5	HNT17-5	HNT20-1	HNT21-4
	加入量/g			
环氧树脂(6101)	100	100	100	100
邻苯二甲酸二丁酯	10	10	15	15
环氧丙烷丁基醚	12	10	10	15
气相二氧化硅	2	1	2	1
铁粉	25	15	25	15
二氧化钛		30	15	30
MoS_2	100	80	80	80
石墨	25	20	20	20
总量	274	266	267	276

续表

类别		性能和应用
黏结固体润滑膜	1. 有机黏结固体润滑膜	见下

（2）聚双马来酰亚胺干膜

几种这类干膜的性能如下表：

组成（质量）	室温下性能			真空下性能			说明			
	膜厚/μm	摩擦因数	磨损寿命/m·μm^{-1}	膜厚/μm	摩擦因数	磨损寿命/m·μm^{-1}	①	②	③	④
氟化石墨：树脂=0.5：1	33 35	0.04~0.07 0.03~0.07	612 602				IF-3	本表是以聚（氨基）双马来酰亚胺树脂为黏结剂，氟化石墨、MoS_2和石墨为固体润滑剂，二甲基甲酰胺为稀释剂，喷涂在不锈钢表面静置12h，然后在240℃固化3h而成的几种干膜的性能	在室温下和高真空（133.322×10^{-6}Pa）下的试验条件为：负荷25MPa，滑动速度1.25m/m，可见，室温下IF-3干膜有优良的摩擦学性能；高真空下氟化石墨黏结膜的性能不如MoS_2黏结膜，但优于石墨黏结膜	聚（氨基）双马来酰亚胺树脂具有聚酰亚胺的优良力学性能，且价格低，能溶解在一些有机溶剂中
氟化石墨：树脂=0.6：1	54 43	0.04~0.07 0.04~0.09	777 870	41 44	0.02 0.02~0.03	69 86				
氟化石墨：树脂=0.7：1	42 52	0.05~0.09 0.05~0.11	462 452							
氟化石墨：树脂=1：1	59 54	0.04~0.08 0.03~0.07	238 274							
MoS_2：树脂=1.52：1	38 39	0.05~0.13 0.08~0.10	72 84	29 37	0.01~0.02 0.01~0.03	258 126				
石墨：树脂=0.6：1	37 31	0.06~0.07 0.05~0.09	662 707	47	0.26	13				

以聚双马来酰亚胺为黏结剂，固体润滑剂为氟化石墨+MoS_2及氟化石墨+石墨，分别制成的IF-1及IF-2干膜，其使用温度可达300℃，蒸发率低，且有耐辐射能力。IF干膜已成功用于航天工业机械的防冷焊和润滑

以改性聚酰亚胺树脂为黏结剂，在固体润滑剂MoS_2中添加Sb_2O_3，在300℃下固化2h所制备的干膜称为PI干膜。其组成（质量）为聚酰亚胺：MoS_2：Sb_2O_3=1：3：1。可用于-178~300℃温度范围及真空条件下，其磨损寿命为270m/μm

用环氧树脂来改性聚双马来酰亚胺使聚合物的综合性能进一步提高，以其作为黏结剂，MoS_2作润滑剂，二甲苯和间甲酚为溶剂，喷涂后，在200℃下固化3h，形成的干膜称为DMI-2干膜。它比以聚双马来酰亚胺为黏结剂的DMI-1干膜（润滑剂、溶剂和制备过程均与前者相同，仅改在240℃下固化3h）的摩擦学性能进一步提高。在高真空下测试DMI-2干膜也表现出良好的摩擦学性能

（3）粉末喷涂黏结干膜

粉末喷涂聚合物基固体润滑黏结膜具有与悬浮液涂层膜相同的摩擦学性能，可以实现100%固体粉末的喷涂。膜厚100~300μm，有较好的弹性和韧性。喷涂方法可采用流化床法、高压静电喷涂法、粉末电泳法、氧-乙炔火焰喷涂法等。用作黏结剂的聚合物有聚乙烯、聚丙烯、聚丁烯、聚酰胺（尼龙）等热塑性树脂和环氧、酚醛、聚氨酯等热固性树脂。以聚酰胺作黏结剂的粉末喷涂干膜，常根据基体工况要求再添加其他材料组成复合膜

添加物质	可提高干膜的性能指标
环氧树脂	黏结强度（如尼龙1010由10.6MPa提高到64.1MPa）
Al粉或Cu粉	导热性和抗压强度
石英粉（或刚玉粉）	硬度、强度和耐热性等

不同组成的干膜	可用于
（由）尼龙粉+石英粉（组成的干膜）	发电机驱动轴轴承
尼龙粉+MoS_2粉+Cu（Al）粉	滑动轴承、凸轮轴、纺织机械和车床主轴等
尼龙粉+MoS_2粉（或MoS_2+石墨）	机床导轨、滑动轴承、柴油机的活塞等
尼龙粉+玻璃粉	发动机汽缸套
尼龙粉+环氧树脂粉等	水力机械的轮机和水泵叶片和轴等
尼龙1010粉（100份）+MoS_2粉（50份）经常温冷喷涂或180~200℃热喷涂	齿轮箱、光杠、丝杠等
低压聚乙烯（90份）+MoS_2粉（10份）经热喷涂（聚乙烯熔融后喷涂）	车床的挂轮箱、溜板箱和尾座等
在耐热、耐多种酸碱和溶剂的氯化聚醚中，添加MoS_2、石墨和PTFE等	化工池槽内壁、输液管道、齿轮的耐磨涂层、铝质旋塞的密封涂料等

续表

类别		性能和应用
黏结固体润滑膜		无机黏结固体润滑膜是以硅酸盐、磷酸盐、硼酸盐等无机盐以及陶瓷、金属等作黏结剂的黏结型润滑材料。虽然具有使用温度宽、耐辐射、真空出气率低、与液氧液氢的相容性好等优点，但因存在脆性大、耐负荷性差、摩擦学性能不如有机膜等不足，目前多数限于在特殊工况（如液氧液氢介质、特殊高温、忌有机蒸气污染的航天机械等）下使用
	2. 无机黏结固体润滑膜	（1）SS-2 干膜 在硅酸盐黏结干膜中，以硅酸钾为黏结剂，MoS_2 和石墨为润滑剂，水作稀释剂的黏结干膜称为 SS-2 干膜。该膜适于 -178～400℃温度范围内工作。在不锈钢上喷涂 40～50μm 厚的这种干膜，在 TimKen 试验机上，以负荷 315N、速度 2.5m/s 的条件试验，其摩擦因数为 0.06～0.08，平均磨损寿命为 120m/μm。在 ^{60}Co 源的射线下累积辐照量达 6.8×10^8R（伦琴）后，7 次试验的平均磨损寿命 100m/μm。SS-2 干膜具有良好的储存稳定性，可以满足液氧输送泵轴承的润滑要求 （2）SS-3 干膜 以硅酸钾为黏结剂，MoS_2、石墨和银粉为润滑剂，水作稀释剂的黏结干膜称为 SS-3 干膜。该膜的耐磨性优于 SS-2 干膜 （3）SS-4 干膜 在 SS-3 干膜基础上通过改进工艺制成的 该膜在 TimKen 试验机上，以负荷 320N、转速 1000r/min 的条件做试验，测得其摩擦因数为 0.09～0.016，平均磨损寿命为 206～417m/μm（膜厚 20～50μm，室温）。在环-块试验机上的测定表明，它的摩擦因数随负荷和速度的增加而减小，磨损寿命随负荷和速度增加而降低。在 CZM 型真空试验机上对 10～20μm 的 SS-4 干膜进行摩擦学性能测定（真空度 133.322×10^{-6}Pa，负荷 15MPa，滑动速度 10m/s，栓、盘材料均为不锈钢），结果由下图可见，该膜在真空条件下的摩擦因数随负荷和速度的增加而减小，磨损寿命随负荷和速度的增加而降低。由于薄的 SS-4 干膜的耐磨性较好，所以可以用在滚动轴承和精度要求较高的相对运动部件上 以磷酸盐为黏结剂，石墨、氟化石墨和 BN 为固体润滑剂，水为稀释剂的黏结干膜是为了在室温到 700℃的宽范围内使用而研制的。在 650～700℃的温度下，该干膜的摩擦因数很小，但耐磨性很差。将干膜喷剂进行表面活化处理后再进行喷涂可提高干膜的结构强度和耐磨性 对于黏结固体润滑干膜的润滑和失效机理的某些研究得出：一般黏结固体润滑干膜的磨损寿命受速度的影响比负荷的影响更敏感，即润滑膜在重负荷、低速度下的使用寿命长于在同样 pv 值下低负荷、高速度下的耐磨寿命；部分黏结固体润滑干膜的磨损过程主要是由于摩擦过程中所产生的小气泡的作用，气泡的形成、扩大和破裂是这部分润滑膜的主要失效过程；在摩擦对偶表上可看到转移膜的形成及其性质是影响润滑膜摩擦学性能的重要因素之一，如在摩擦中能迅速在对偶面上形成与基材结合良好的均匀转移膜，则摩擦因数就低而稳定，耐磨寿命长 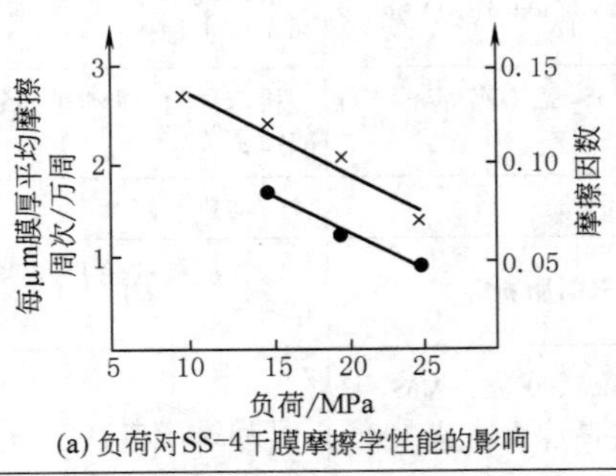 (a) 负荷对SS-4干膜摩擦学性能的影响 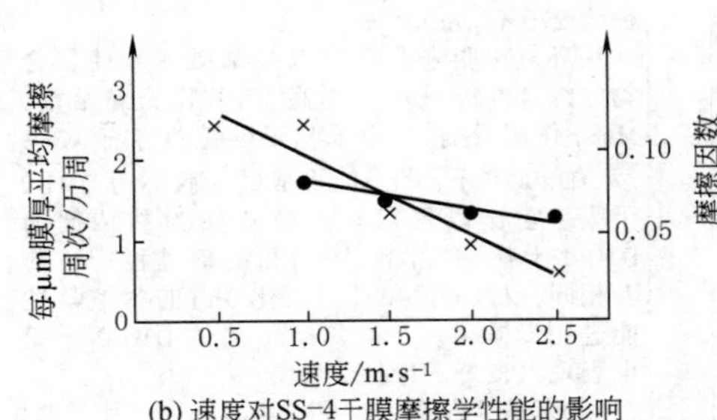 (b) 速度对SS-4干膜摩擦学性能的影响
	3. 应用领域	（1）在高低温条件下的应用 由于这类干膜在适用温度范围内无相的变化，且摩擦因数比较稳定，因而被广泛用于解决润滑油脂所无法解决的高低温机械的润滑和防粘问题。在从-200℃下的极低温到接近 1000℃的高温下都有可供使用的黏结固体润滑干膜。如各类发动机（包括火箭发动机）的高温滑动部件、远程炮炮膛、热加工模具、炼钢机械、耐高温烧蚀紧固件等；低温下的火箭氢氧发动机涡轮泵齿轮和超导设备的有关部件等 （2）在高负荷条件下的应用 由于含 MoS_2 和石墨等层状固体润滑剂的干膜的耐负荷性超出极压性能好的润滑油脂的 10 倍以上，且长期静压后不会从摩擦面流失，因而可解决许多高负荷下的润滑难题，如鱼雷舵机蜗轮蜗杆组件、坦克支承传动系统、大型桥梁与立体高速公路支承台座、建筑减振支承移动系统等润滑，以及机床卡盘和金属冷热加工模具的润滑

续表

类别		性能和应用
黏结固体润滑膜	3. 应用	(3)在真空机械中的应用 由于润滑油脂在真空中会急剧蒸发干燥而失效,因而可考虑选用黏结固体润滑涂层。含 MoS_2 的黏结固体润滑膜在其他条件相同的情况下,其在真空中的摩擦因数约为大气中的1/3,耐磨寿命比大气中长几倍甚至几十倍,是真空机械的首选品种。例如,人造卫星上的天线驱动系统、太阳电池帆板机构、星箭分离机构及卫星搭载机械等都使用了黏结固体润滑涂层技术 (4)在其他方面的应用 这类干膜还具有耐蚀、防污、减振和降噪的作用。某些黏结固体润滑干膜的耐蚀性能甚至与某些耐蚀涂料相当;纺织机械、复印机、印刷机等设备采用固体润滑干膜,解决了污染问题,使产品质量明显提高;汽车等车辆采用黏结固体润滑涂层能明显降低振动和噪声;钟表和电子仪表传动机构、照相机快门机构、计算机磁盘和电子音像设备磁带驱动机构等采用黏结固体润滑涂层使其反应灵敏,精度得到大幅度提高。此外,这类干膜还可以作为动密封材料、非金属材料的润滑材料以及辐射环境和水介质环境下的润滑材料

16.4 以提高疲劳强度等综合性能的表面复合涂层

表 1-7-74

类别	性 能 与 应 用
复合表面化学热处理	(1)渗碳淬火与低温电解渗硫复合处理 先将零件按技术条件要求进行渗碳淬火,表面获得高硬度、高耐磨性和较高的疲劳性能,然后再将零件置于温度为190℃±5℃的盐浴中进行电解渗硫。盐浴成分为75%KSCN+25%NaSCN①,电流密度为2.5~3A/dm²,时间为15min。渗硫后获得复合渗层,渗硫层为多孔鳞片状的硫化物,其中的间隙和孔洞能储存润滑油,因此具有很高的自润滑性能,有利于降低摩擦因数,改善润滑性能和抗咬合性能,减少磨损 (2)渗碳加渗铬 可增加碳化物层厚度,渗层下没有贫碳区,复合渗层具有高的硬度、疲劳强度、耐磨性、热稳定性和在各种介质中的耐蚀性(包括在铝合金、锌合金熔体的侵蚀性) (3)Al-Cr共渗及复合渗 粉末法:1025℃,10h,渗层厚度:10钢,0.37mm;1Cr18Ni9Ti,0.22mm。共渗用于提高钛、铜及其合金的热稳定性,提高工件抵抗冲蚀磨损和磨料磨损的能力,可用廉价钢种Al-Cr共渗代替高合金钢。复合渗主要用于防止高温气体腐蚀,提高工件持久强度和热疲劳性,如燃气轮机叶片、燃烧室及各种耐热钢制零件 (4)Al-Cr-Si共渗及复合渗 提高热稳定性和耐蚀、耐冲蚀磨损能力。对镍基热强合金,比单独渗Al的热稳定性提高50%,并有较高的热疲劳抗力;该渗层可用于保护中碳、高碳钢在硝酸、氯化钠水溶液中免受腐蚀;可使某些合金的耐蚀、耐磨损抗力提高1~5倍。如用于防止直升机钼制发动机叶片的氧化,叶片边缘处温度可达1500~1600℃
表面热处理与表面化学热处理的复合强化	液体碳氮共渗与高频感应加热表面淬火的复合强化:液体碳氮共渗可提高工件的表面硬度、耐磨性和疲劳性能,但有渗层浅、硬度不理想等缺点。将液体碳氮共渗后的工件再进行高频感应加热表面淬火,则表面硬度可达60~65HRC,硬化层深度达1.2~2.0mm,零件的疲劳强度也比单纯高频淬火的零件明显增加,其弯曲疲劳强度提高10%~15%,接触疲劳强度提高15%~20%
热处理与表面形变的复合强化	(1)普通淬火回火与喷丸的复合处理 该工艺在生产中应用很广泛,如齿轮、弹簧、曲轴等重要受力件经淬火回火后再经喷丸表面形变处理,其疲劳强度、耐磨性和使用寿命都有明显提高 (2)复合表面热处理与喷丸的复合处理 例如离子渗氮后,经过高频表面淬火再进行喷丸处理,不仅使组织细致,而且还可以获得具有较高的硬度和疲劳强度的表面 (3)渗碳加强力喷丸的复合处理 可以提高变速箱齿轮等工件的疲劳强度、寿命和可靠性,尤其是表面能获得大量残余奥氏体的渗碳工艺经喷丸强化可使工件具有很好的疲劳性能 (4)渗碳加碳氮共渗,再加工硬化(压延、喷丸等) 在渗碳后加碳氮共渗,以期在随后的淬火中在表面形成大量的残余奥氏体,然后通过压延使表面进一步硬化。这种复合处理能形成很硬而又富有韧性的表层,提高了使用寿命,并获得很高的疲劳强度

续表

类别	性能与应用
镀覆层与热处理的复合强化	(1)铜合金先镀7~10μm锡合金,然后加热到400℃左右(铝青铜加热到450℃左右)保温扩散,最表层是抗咬合性能良好的锡基固溶体,其下是 Cu_3Sn 和 Cu_4Sn,硬度450HV(锡青铜)或600HV(含铅黄铜)左右,提高了铜合金工件的抗咬合、抗擦伤、抗磨料磨损和黏着磨损性能,并提高表面接触疲劳强度和耐蚀能力 (2)在渗铝前进行镀镍、镀铂(有时渗铂、渗铌)可以在金属表面形成一层扩散屏障,以阻滞在高温条件下铝的二次扩散,提高渗层的使用寿命。如527铁基合金先镀镍,然后进行750℃×(6~8)h的粉末渗铝,形成40~70μm的镀镍渗铝层(由 $FeAl_3$、Fe_2Al_5、Ni_2Al_3 组成),硬度850~1000HV;若采用铝铬共渗,则层厚为25~35μm。800℃×100h氧化试验,未经处理表面、渗铝、镀镍+渗铝、镀镍+铝铬共渗的增重依次为:37.8g/m^2、5.6g/m^2、1.9g/m^{2}和2.8g/m^2。铝铬共渗前渗钽用于镍基和钴基合金,可有效防止铝铬共渗层的再扩散,明显提高渗层的高温疲劳强度和抗高温氧化、硫蚀性能 (3)铜、青铜和黄铜进行镀锡镉(或锑)热扩散复合处理。一般镀7~10μm Sn、Cd或Sb,铝青铜基体加厚至10~12μm,在空气中加热至410~430℃,保温8~14h,表面呈抗咬死性能良好的Cu-Sn-Cd合金薄层,其下是 Cu_2Sn、Cu_4Sn 等化合物,硬度为480~600HV,镀渗层厚度约30μm,在大气、海水及矿物油中耐蚀。在Felex摩擦磨损试验机上进行摩擦学性能试验:铜合金销子与经渗碳、淬火、回火的15CrNi3A钢V形块之间摩擦速度为0.1m/s,经镀锡镉(或锑)扩散处理的QSn12和HPb59-2的摩擦学性能显著提高,同时提高了接触疲劳强度
含激光处理的复合强化	与激光相变硬化相复合表面处理:为了修复严重磨损的轴头,先用D132焊条(含C 0.34%,Cr 3.00%,Mo 1.40%)进行堆焊,后再进行激光相变硬化处理,并比较了高频感应加热淬火、激光强化、堆焊后激光强化三种试样的接触疲劳寿命。其中单纯激光强化采用的优化参数为:激光功率 $P=2000W$,扫描速度 $v=300mm/min$,光斑直径 $D=5mm$;堆焊后的激光强化所采用的优化参数为:$P=2000W$,$v=600mm/min$;$D=5mm$。结果证明,堆焊后激光强化试样在各种接触应力下的接触疲劳寿命均最高[轴头为履带重载车辆悬挂装置的细长零件扭力轴(长2.18m),由45CrNiMoVA钢制造,轴头热处理硬度不低于50HRC,与支座中的滚柱直接接触。由于工作条件恶劣,轴头容易磨损]

① KSCN和NaSCN分别为硫氰化钾和硫氰化钠。

17 陶瓷涂层

陶瓷涂层是以氧化物、碳化物、硅化物、硼化物、氮化物、金属陶瓷和其他无机物为原料,用各种方法涂敷在金属等基材表面而使之具有耐热、耐蚀、耐磨以及某些光、电等特性的一类涂层。它的主要用途是作金属等基材的高温防护涂层。

表 1-7-75

	陶瓷涂层的分类			陶瓷涂层的选用
	1. 按涂层物质分	2. 按涂覆方法分	3. 按使用性能分	必须考虑下列因素
陶瓷涂层的分类和选用	1)玻璃质涂层。包括以玻璃为基与金属或金属间化合物组成的涂层、微晶搪瓷等 2)氧化物陶瓷涂层 3)金属陶瓷涂层 4)无机黏结剂黏结的陶瓷涂层 5)有机黏结剂黏结的陶瓷涂层 6)复合涂层	1)高温熔烧涂层 2)高温喷涂涂层。包括火焰喷涂、等离子喷涂、爆震喷涂涂层等 3)热扩散涂层。包括固体粉末包渗、气相沉积渗、流化床渗、料浆渗涂层等 4)低温烘烤涂层 5)热解沉积涂层	1)高温抗氧化涂层 2)高温隔热涂层 3)耐磨涂层 4)热处理保护涂层 5)红外辐射涂层 6)变色示温涂层 7)热控涂层	1)涂层与基材的相容性和结合力 2)涂层抵御周围环境影响的必要能力 3)在高温长时间使用时,涂层与基材的相互作用和扩散应避免基材性能的恶化,同时要考虑选择能适应基材蠕变性能的涂层 4)高温瞬时使用的涂层应避免急冷急热条件下发生破碎或剥落 5)选择最适合的涂覆方法 6)选择最佳的适用厚度 7)确定允许的储存期和储运方法 8)涂层的再修补能力

续表

<table>
<tr><th colspan="3">类　型</th><th>特　点</th><th colspan="2">几种典型涂层</th></tr>
<tr><td rowspan="5">陶瓷涂层的工艺</td><td rowspan="2">(一)熔烧</td><td>釉浆法</td><td colspan="3">搪瓷是其典型代表。该方法的优点是涂层成分变化广泛，质地致密，与基材结合良好；缺点是基材要承受较高温度，有些涂层需在真空或惰性气氛中熔烧</td></tr>
<tr><td>溶液陶瓷法</td><td colspan="3">它是将涂层成分中各种氧化物先配制成金属硝酸盐或有机化合物的水溶液（或溶胶），喷涂在一定温度的基材上，经高温熔烧形成约1μm厚的玻璃质涂层；如需加厚，可重复多次涂烧。其优点是熔烧温度比釉浆法低，但涂层薄，并且局限于复合氧化物组成</td></tr>
<tr><td rowspan="3">(二)高温喷涂</td><td>火焰喷涂法</td><td>它是用氧-乙炔火焰将条棒或粉末原料熔融，依靠气流将陶瓷熔滴喷涂在基材表面形成涂层。其优点是设备投资小，基材不必承受高温，但涂层多孔，涂层原料的熔点不能高于2700℃，涂层与基材结合较差</td><td>火焰喷涂氧化铝涂层</td><td>涂层原料：质量分数为98%的Al_2O_3，$\phi 2.5$mm，棒料
喷涂工艺参数：O_2，0.12～0.20MPa；C_2H_2，0.1～0.15MPa；空气，0.4～0.6MPa
性能：涂层气孔率8%～9.5%；涂层抗折强度31～33MPa；涂层热导率（6.4～7.0）×10^{-3}W/(cm·℃)（在400～750℃范围）；涂层线胀系数7.4×10^{-6}℃$^{-1}$（在20～1000℃范围）；氧化气氛中长期使用最高温度1200℃，瞬时温度低于2000℃
用途：隔热、防热、耐磨零部件，如柴油机活塞、阀门、汽缸盖，熔炼金属用坩埚内表面，铸造合金泵、柱塞、高温滚筒等</td></tr>
<tr><td>等离子喷涂法</td><td>它是用等离子喷枪产生的1500～8000℃高温，以高速射流将粉末原料喷涂到工件表面；也可将整个喷涂过程置于真空室中进行，以提高涂层与基材的结合力和减少涂层的气孔率。它适用于任何可熔而不分解、不升华的原料，基材不必承受高温，喷涂速度较快，但设备投资较大，又不太适用于形状复杂的小零件，工艺条件对涂层性能有较大影响</td><td>等离子喷涂涂层</td><td>1）Al_2O_3涂层：用于耐磨、耐蚀、硬度较高、电绝缘、低热导、抗急冷急热性零部件
2）Cr_2O_3涂层：用于高温耐磨、耐蚀零部件
3）Al_2O_3+TiO_2涂层：用于耐磨、耐蚀零部件
4）WC+Co涂层：用于高温耐磨、耐蚀零部件
5）Cr_3C_2+NiCr涂层：用于高温耐磨、耐蚀零部件
6）TiO_2+ZrO_2+Nb_2O_5涂层：用于红外加热元件的涂层
7）ZrO_2+NiO+Cr_2O_3涂层：用于红外加热元件的涂层
8）ZrO_2+金属涂层：用于低热导、抗急冷急热的零部件
9）ZrO_2涂层：用于隔热、抗金属熔体侵蚀的零部件，也可用于一些生物体的表面层
10）生物玻璃涂层：用于生物体的表面层
11）羟基磷灰石涂层：用于生物体的表面层
12）NiCr、NiAl、NiCrAly涂层：常用于金属基材与陶瓷涂层之间的过渡层</td></tr>
<tr><td>爆震喷涂法</td><td>它是用一定混合比的氧-乙炔气体在爆震喷枪上脉冲点火爆震，即以脉冲的高温（约3300℃）冲击波，夹带熔融或半熔融的粉末原料，高速（800m/s）喷涂在基材表面。其优点是涂层致密，与基材结合牢固，但涂层性能随工艺条件变化大，设备庞大，噪声达150dB，对形状复杂的工件喷涂较困难</td><td>爆震喷涂涂层</td><td>（1）Al_2O_3涂层
气孔率1%～2%；抗折强度132MPa；线胀系数7.0×10^{-6}℃$^{-1}$（70～1800℃范围）；显微硬度1000～1200HV（载荷2.95N）；与12Cr18Ni9不锈钢基材结合强度23.1MPa；氧气氛中最高使用温度1000℃。用于耐磨、耐蚀、抗氧化零部件
（2）WC+（13%～15%）Co金属陶瓷涂层
气孔率0.5%～1.0%；抗折强度590～657MPa；线胀系数8.1×10^{-6}℃$^{-1}$（70～1000℃范围）；显微硬度1150～1250HV（载荷2.95N）；氧气氛中最高使用温度500～550℃。用于耐磨、抗冲击、抗急冷急热性的零部件</td></tr>
</table>

续表

类型			特点	几种典型涂层	
陶瓷涂层的工艺	(三)热扩散	气相或化学蒸气沉积扩散法	它是将涂层原料的金属蒸气或金属卤化物经热分解还原而成的金属蒸气,在一定温度的基材上沉积并与之反应扩散形成涂层。其优点是可以得到均匀而致密的涂层,但工艺过程需在真空或控制气氛下进行	热扩散涂层	它主要是难熔金属及其合金的硅化物涂层和高温合金的铝化物涂层,共同特点是防护金属基材而使之具有高温抗氧化性。例如 (1)钼及钼合金的二硅化钼涂层 钼及含钛的钼合金,用气相热扩散法,在1000~1250℃含质量分数为40%的$SiCl_4$的氢气中热扩散10~240min,基材表面形成$MoSi_2$涂层 (2)铌合金的热扩散硅化物涂层 Nb-10W-25Zr的铌合金用Si-20Cr-20Fe料浆在真空(0.1Pa)、137℃热扩散1h,得到厚约90μm的多元硅化物涂层;外层的$NbSi_2$为主相,中间层为复杂硅物相,内层以Nb_5Si_3为主相 (3)钽合金的热扩散硅化物涂层 Ta-10W合金用Si-20Ti-10Mo料浆在真空(0.1Pa)、1370~1400℃热扩散1h,得到厚约100μm的硅化物涂层 (4)铁基合金的铝化物涂层 铁锰铝铸造合金(Fe基,其他合金的质量分数为:Al3.3%,Mn30%,W+Mo+V+Nb5.95%,C0.4%,B0.1%,RE0.15%,Si<0.35%,P+S<0.035%)采用40铁铝粉(Fe50%、Al50%)、10%Al、50%Al_2O_3料浆(外加2%硝化纤维素,与适量的稀释剂丙酮-酒精,一起球磨混合50h),在氩气包箱内经700℃、10h热扩散,得到20~25μm的多元铝化物涂层,外层以$FeAl_3$相为主,中间层以FeAl和Fe_3Al为主相,内层以Fe_3Al相为主 (5)K_3镍基高温合金的铝化物涂层 K_3镍基高温合金(Ni67%,Al5.6%,Cr10.4%,Ti2.7%,Fe0.22%)用50%Al、50%Fe的铁铝粉(加质量分数为1%~3%的NH_4Cl)在氩气包箱中950℃热扩散90min,这样的粉末包埋渗法处理后得到厚约20~40μm的铝化物涂层。它是单一层,以Ni_2Al_3及NiAl为主相 (6)钢和不锈钢的热扩散铝化物涂层 可用粉末包埋热扩散、液相热扩散、喷涂铝后的热扩散等方法得到不同厚度的铝化物涂层,用于各种耐温、耐蚀零部件
		固相热扩散法(粉末包埋渗镀法)	是将原料粉末与活化剂、惰性填充剂混合后装填在反应器内的工件周围,一起置于高温下,使原料经活化、还原而沉积在工件表面,再经反应扩散形成涂层。其优点是设备简单,与基材结合良好,但涂层组成受扩散过程限制		
		液相扩渗法	它是将工件浸入低熔点金属熔体内,或将工件上的涂层原料加热到熔融或半熔融状态,使原料与基材之间发生反应扩散而形成涂层。其优点是适合于形状复杂的工件,能大量生产,但涂层组成有一定的限制,需进行热扩散及表面处理附加工艺		
		流化床法	它是涂层原料在带有卤素蒸气的惰性气体流吹动下悬浮于吊挂在反应器内的工件周围,形成流化床,并在一定温度下,原料均匀地沉积在工件表面,与之反应扩散,形成涂层。流化床加静电场还可进一步提高涂层的均匀性。这种方法的优点是工件受热迅速、均匀,涂层较厚、均匀,对形状复杂的工件也适用。其缺点是需消耗大量保护气体,涂层组成也受一定的限制		
	(四)低温烘烤		它是将涂层原料预先混合,再与无机黏结剂或有机黏结剂及稀释剂等一起球磨成涂料,用喷涂、浸涂或涂刷等方法涂敷在工件表面,然后自然干燥或在300℃以下低温烘烤成涂层。其优点是设备、工艺简单,化学组成广泛,基材不承受高温,基材与涂层之间有一定的化学作用而结合较牢固,但含无机黏结剂的涂层一般多孔,表面易沾污,含有机黏结剂的涂层一般耐高温性能较差	低温烘烤陶瓷涂层(又称陶瓷涂料)	(1)热处理保护陶瓷涂料 例如1306高抗氧化防脱碳陶瓷涂料,是用氧化铝粉(约45份)、氧化硅粉(约45份)、碳化硅粉(约10份)、硅酸钾(约10份)与水球磨混合成涂料,用喷、浸、刷等方法涂敷在去锈脱脂的干燥工件表面,形成厚0.1~0.3mm的涂层 (2)高温隔热陶瓷涂料 例如用刚玉、镁砂、氧化铬等粉末作陶瓷基料,加磷酸铝黏结剂和水,混合后涂敷于玻璃钢表面,在100~200℃固化成涂层,能在2000℃下瞬时使用 (3)示温变色陶瓷涂料 有单变色型、脱水变色型、多变色型等。例如用镉红、锶黄、氧化铝、偏硼酸钠、碳酸钡、三氧化二钴作基料,加环氧改性有机硅树脂(黏结剂)和二甲苯或二甲苯与异丁醇(稀释剂),配成多变色型陶瓷涂料,220℃时绿变棕;550℃时红棕变红黄;550~600℃时红黄变青黄;600~700℃时青黄变浅棕;700~800℃时浅棕变浅绿;800~900℃时浅绿变蓝绿 (4)红外辐射陶瓷涂料 它以红外波发射率较高的陶瓷粉末为基料,以水玻璃或有机硅树脂为黏结剂,水或有机溶液为稀释剂,均匀混合形成涂料,涂敷于金属、陶瓷或耐火材料表面。这种涂层有明显的节能效果。具体配方较多,下表为某些因素对红外辐射涂料性能的影响
	(五)热解沉积		它是将原料的蒸气和气体在基材表面上高温分解和化学反应形成新的化合物,定向沉积形成涂层。其优点是涂层与基材结合良好,涂层致密,但基材需加热到高温,仅适用于耐热结构基材,并且涂层内应力高,需退火		

续表

陶瓷涂层的工艺	某些因素对红外辐射涂料性能的影响	黏结剂含量对涂料性能的影响（基料为氧化铁）	氧化铁：水玻璃：水（质量比）	400℃时法向发射率(红外分波段)ε			
				全辐射	1~14μm	1~8μm	1~4μm
			1：1：0	0.88	0.89	0.86	0.79
			4：3：0 5：2.5：1 20：5：9	0.83 0.80 0.76	0.82 0.77 0.72	0.80 0.74 0.69	0.67 0.59 0.47
		基料种类对涂料性能的影响(黏结剂为水玻璃)	碳化硅	0.87	0.87	0.86	0.78
			氧化铁	0.85	0.84	0.82	0.78
			氧化铁经1000℃煤气充分接触热处理	0.95	0.94	0.93	0.92
		涂层厚度对ε的影响	层厚30μm,ε约0.80;层厚60μm,ε约0.86;层厚>70μm,ε约0.88				

注：陶瓷涂层种类很多，应用广泛，此处仅简略介绍几种典型的高温无机涂层。

18　表面技术的设计选择

表面技术种类很多，特点各异，但使用某些不同表面技术的适用范围不同，因此，对于具体的工件，如何在众多可用的表面技术中选择一种或加以复合的几种，对工件表面进行处理，获得最佳的技术经济效果，是设计首先要解决的问题。

18.1　表面（复合表面）技术设计选择的一般原则

表 1-7-76

原则	内容要求	
明确工件特点和设计要求	工件的特点和技术要求	工件形状、尺寸大小、厚薄、长短，是否有薄壁或细长件等易变形件，材料热处理状态，表面成分、组织、硬度、加工精度、相应位置精度、表面粗糙度等要求，以及受热的适应程度
	工件的工作条件	载荷性质和大小、相对运动速度、润滑条件、工作温度、压力、湿度以及介质等情况
	工件的失效情况	失效形式、损坏部位、程度及范围，如磨损量大小，磨损面积、深度，裂纹形式及尺寸，断裂性质及断口形貌，腐蚀部位、尺寸、形貌，表面层状态及腐蚀产物等
	工件的制造(或修复)工艺过程	当使用表面技术只是作为工件制造(或修复)工艺流程中的一个或一组工序时，要明确它在其中所处的位置、与前后工序衔接的要求及应采用的工艺措施
	工件涂层设计要求	根据涂层受力状态如冲击、振动、滑动及其载荷大小，摩擦与润滑状态，工作介质如氧化气氛，腐蚀介质的成分、含量、温度及其变化状况，可能发生的失效类型等，设计涂层(表面)应具有的耐磨、耐蚀、耐氧化、绝热、绝缘或其他性能，同时设计选择涂层厚度、结合强度、尺寸精度、表面粗糙度等参数
熟悉表面技术相关资料	①表面技术的原理和工艺过程；②采用的材料及所获得的涂层性能(包括耐磨、耐蚀、耐高温、抗疲劳等使用性能以及硬度、应力状态、孔隙率、涂层缺陷等)；③涂层与工件的结合形式及结合强度；④工艺对工件的热影响程度；⑤能制备的涂层的厚度范围；⑥对前后处理(加工)的要求与影响	

续表

原则		内 容 要 求
涂覆(改性)工艺和涂层与工件应有良好的适应性	涂层与工件材料	二者的热胀系数、热处理状态等物理、化学性能应有良好的匹配性
	涂层与工件表面的结合力	涂层与工件表面要有足够的结合力、不起皱、不鼓泡、不剥离;不加速相互间的腐蚀和磨损;不同表面技术中,离子注入层和表面合金元素扩散层没有明显界面;各种堆焊层、熔接层、激光熔覆层和激光合金化涂层、电火花强化层具有较高的结合强度;热喷涂层和黏结涂层结合强度相对较低
	涂层厚度	不同表面技术获得的涂层(或改性层)厚度差别很大,而厚度将影响其使用寿命、结合力及工件和涂层的性能,因此涂层厚度应适应工件及表面技术工艺的要求与可能。例如,离子注入虽然能显著改善表面的耐磨、耐蚀等性能,但在应用中往往嫌其厚度不足,一些重防腐表面多要求具有一定厚度,单一电镀层常显得不够;对于修复还要考虑恢复到所要求的尺寸的可能性,单独使用薄膜技术一般难以满足恢复尺寸的要求。选择可参见表1-7-69、表1-7-70
	表面技术工艺影响	所选表面技术的工艺对工件尺寸、性能等影响应不超过允许范围。如采用一些高温工艺,如堆焊、熔接(1000℃左右)、CVD(800~1200℃)等,会因受热过高引起工件变形(对细长、薄壁件尤甚)、工件组织或热处理性能改变;一些电镀工艺会降低材料的疲劳性能或产生氢脆性;镀镉需防止产生镉脆
	工艺实施的可行性	考虑表面技术工艺的实施可行性,如工件过大,设备是否配套;与镀膜相关的前后处理工序实施的可能性等
涂层与工作条件、基材、环境的匹配性	1. 适应工作条件	1)处于摩擦状态的表面,必须考虑与对偶件的匹配性。多种材料表面与不同对偶组成摩擦副时,呈现出的摩擦学特性和润滑效果是不同的,如匹配不当,摩擦因数会很大,耐磨性会很差,并将发生黏着磨损等现象。在对偶摩擦表面的黏着性倾向方面,经验表明,塑性材料比脆性材料大;单相金属比多相金属大;互溶性大的材料(相同的金属或晶格类型和电化学性能接近)比互溶性小的材料大;金属中单相固溶体比化合物大;金属-金属组成的摩擦副比金属-非金属摩擦副大 2)在与滚珠、滚柱直接接触的轴颈表面,属于具有较高接触应力的工作表面,就不宜采用热喷涂层(一般不适宜在较高接触应力下使用),而应采用适宜在高接触应力下工作的表面热处理层、表面化学热处理层及合金化熔覆层 3)要求高耐磨、高耐蚀及高温等条件下工作的表面或具有高综合性能的表面,由于单一表面技术的局限性往往就需设计或选用适宜的复合表面技术。如在海水全浸或海水飞溅条件下的钢结构表面,采用喷铝+封闭+涂装方法进行保护可获得10年以上的寿命 4)不同涂层的致密程度有较大差别,如粉末火焰喷涂层的孔隙率约为5%~20%,因其具有储油性,可用作一般油润滑摩擦面,但用作要求致密度高的表面必须进行后续处理
	2. 涂层与基材匹配	在延展性较好的基材表面涂敷耐磨、减摩涂层时,涂层与基材在弹性模量、热胀系数、化学和结构上的合理匹配,不仅能使镀层内和界面区的应力减小,而且会增大涂层与基体的结合强度 当涂(膜)层-基体受外力作用时,膜-基体系在弹性模量上的差异将导致其界面应力的不连续。若涂层的弹性模量比基材大,涂层内将会产生较大的应力,如高速钢基材的弹性模量比TiC镀层的小,在加载时会产生较大的应力,而WC基材的弹性模量比TiC涂层的大,故在加载时涂层中产生的应力小 涂层的热膨胀系数应稍大于基材,使其在温度升高时不造成太大的张应力。若基材的热膨胀系数比涂层大,张应力会随温度的升高而增大;相反,则随着温度的升高,压应力会增大 涂层与基材在结构和化学上的合理匹配,能得到较低的界面能和较高的结合强度。理论上分析,涂层与基材的结合强度是两者的内聚能与界面能之差。两者的内聚能越大,结合强度越高。如果涂层与基材在结构上的一致性好,化学结合力大,则两者结构匹配、界面能低、结合强度高。如TiC与WC可以生成无限固溶体,因而TiC镀层与WC基材间有很强的结合力。TiC和Al_2O_3的化学亲和性也很强,所以通常用TiC作为Al_2O_3镀层与WC基材的中间层 复合表面技术中的梯度涂层、多层涂层和复合涂层能有效改善单一涂层的硬度与韧性的矛盾,以及膜-基结合强度不高等缺陷。为解决匹配性差的问题,可选用有互溶性的材料相结合,如TiN、TiC及Al_2O_3。亦可用具有结合界面而使层间得到足够强度的键合的材料相组合,如TiC或TiN和TiB_2。在多层涂层中最内层应与基材结合良好,中间层应有足够的硬度和强度,表层则起到耐磨和减摩的作用。在复合镀层中存在大量的低能界面,因而其结合强度、韧性和耐磨性均比单相镀层好

续表

原则		内 容 要 求
涂层与工作条件、基材、环境的匹配性	3. 性能组合原则	运用复合镀、热喷镀、表面粘涂等方法可制备各种功能的复合材料。复合材料具有优异的综合性能。例如碳纤维与树脂通过复合，不仅可以获得比铝合金和普通钢高得多的比强度和比弹性模量，而且保持了碳和树脂的耐蚀、减摩、耐磨和自润滑特性。按强化相存在的形态，复合材料分为纤维复合材料、层叠复合材料、细粒复合材料和骨架状复合材料等。按不同方向的性能差异程度可分为多向同性和多向异性复合材料。多种材料的科学组合将同时影响磨损、腐蚀机理及其相应性能 高聚物复合材料通常是硬相分布于软塑料基体中，各组成相的性能及摩擦的工况条件对复合材料的磨损机理起着决定性作用。当硬相对塑料基体的犁沟和切削作用不大时，复合材料的耐磨性与硬度符合混合规律。其体积磨损率$\overline{W}$，满足以下公式： $$\overline{W}=K\sigma/(H_{\alpha}f_{\alpha}+H_{\beta}f_{\beta})$$ 式中，σ 为正应力；H_{α}、H_{β} 分别为 α、β 相的硬度值；f_{α}、f_{β} 分别为 α、β 相占有的体积分数；K 为磨损系数，通常受塑性变形、犁沟和切削作用、微裂纹成核传播等因素的影响 当硬相为网状脆性组织时，硬相对基体起着支撑作用，能阻止软相的变形和犁沟与被切削，可使复合材料的耐磨性接近硬相的水平。当硬相为弥散粒子时，正应力小于临界断裂应力，在犁沟宽度小于粒子尺寸时，也会有好的耐磨性 强化相中纤维强化的耐磨性优于颗粒强化，长纤维（纤维纵向尺寸与横向尺寸之比大于 20～100）强化的耐磨性优于短纤维，此时复合材料的耐磨性与组织结构的各相异性有密切关系。对耐磨性好的基体组元，强化相的作用不大，而对易磨损的基体组元（如 PTFE 等），强化相可使磨损率大大降低 金属基复合材料通常也是硬相分布于软基体中，但耐磨性却不一定符合混合规律。其原因有内部存在残余应力，强化相与基体界面上存在着相互作用，强化相尺寸、形貌等不一致。由于磨损机理主要是薄层的塑性变形和断裂，所以影响其耐磨性的主要因素往往不是材料的硬度（有时硬度过高反而会降低材料的耐磨性），而是硬颗粒与基体界面的结合强度。金属基纤维增强复合材料的磨损和摩擦因数也有明显的方向性。纤维轴向与滑动方向一致时的摩擦因数最小，垂直时最大，如 B 纤维强化的 Pb 基复合材料。复合材料的致密性对磨损也有影响，如在研究 TiB_2 纤维强化的 Fe 基复合材料时发现，在磨料磨损的条件下，含 5%孔隙率的材料的磨损为无孔隙的 2.7 倍 金属基复合材料的摩擦学特性和物理、化学、力学性能受强化相与基体界面作用的影响十分明显。例如化学镀 Ni-P 合金的结构与 P 含量有关，晶态的低 P 合金具有较高的耐磨性，而非晶态的高 P 合金的耐磨性差。这是因为非晶态结构原子间的结合力小。如果将化学沉积 Ni-P 合金镀层在低于或（和）高于 390℃ 的温度下加热处理到相同的硬度，发现低于 390℃ 处理后的磨损体积明显大于 390℃ 以上处理的磨损体积。低 P 的 Ni-P 合金镀层在加热时，晶态固溶体硬度增加，耐磨性也随之变好，至 390℃ 时耐磨性为最好；高 P 镀层加热时除了固溶体外，还有化合物 Ni_3P 析出，成为机械混合物。在 390℃ 以下加热时，硬度虽然降低，但由于 Ni_3P 相的尺寸变大，耐磨性却有所提高。实践证明，Ni_3P 相的尺寸较大的组织具有较好的耐磨性。在相同硬度下两相机械混合物组织的耐磨性比单相固溶体好
	4. 协同效应	单质固体润滑剂中加入另一种（或几种）固体润滑剂，甚至加入非润滑剂物质后，能明显改善其摩擦学性能，这种增强了的润滑效果称为协同效应 例如当石墨与 MoS_2 的质量比为 5∶1 时，其体系的磨损率最低。如果再加入 ZnS 和 CaF_2，则磨损率更低。LaF_3 与 MoS_2 间同样存在协同效应，这是由于 LaF_3 具有抑制 MoS_2 氧化的作用，可以形成 $MoS_2 \cdot nLaF_3$ 结构，夺去了 MoS_2 与氧和水键合的机会，但又不破坏 MoS_2 的层状结构。二正丁基磷酸铈（BuC）与 MoS_2、石墨间也存在协同效应，BuC 可阻止空气与 MoS_2 的作用，同时也使石墨与被 BuC 钝化的金属表面的电化学作用受到了抑制，从而可大大改善润滑膜的摩擦学性能和耐蚀性能。在 PTFE 中加 30%的极性石墨可使其磨损率下降到纯 PTFE 的 1/100～1/80，但摩擦因数增大了；在 Pb-石墨体系中加入少量的强氧化剂 $KMnO_4$，该体系便具有良好的润滑性能；在石墨系润滑剂中加入 NaF 能使其在高温下具有良好的耐磨性。一些氧化物与氟化物复合具有协同效应，如 NiO-CaF_2 和 ZrO_2-CaF_2 的等离子喷涂涂层在 500～930℃ 的范围内都具有良好的摩擦学性能
耐久性原则（指使用寿命）		使用寿命随其使用目的不同，有不同的度量方法。除断裂、变形等工件本体失效外，因磨损、疲劳、腐蚀、高温氧化等表面失效而导致的寿命终结也各有其本身的评价和度量方法：①因磨损失效的机器零件，常用相对耐磨性来评价表面技术的使用效果，即对比其耐久性；②因腐蚀失效的零件，常用其在使用环境下的腐蚀速率来比较其耐久性；③因高温氧化失效的零件常用高温氧化速率来度量其耐高温氧化性能。这些度量与评价方法可参考专门资料。在不同环境下经表面强化的零件的使用寿命的有关资料有待进一步丰富和完善
经济性原则		分析技术经济性时要综合考虑表面涂敷或改性处理成本和采用表面技术所产生的经济效益与环境效益，即要按照绿色设计与绿色制造的要求，考虑零部件的可再制造性，在材料和工艺上为其多次修复与表面强化创造条件，当其报废时，要便于回收和进行资源化处理

18.2 涂覆层界面结合的类型、原理和特点

表 1-7-77

覆层的冶金结合	覆材与基材的熔化冶金结合	原理	是将覆层材料(覆材)和基体材料(基材)表面加热至熔化状态,通过液-固相作用用后,再冷却结晶形成覆层。电弧堆焊是这类结合的典型代表。堆焊时,堆焊材料与基体材料受电弧加热进行熔池冶炼,电弧移开后,熔池冷却结晶形成堆焊层(覆层或焊缝)
		特点	焊缝的结晶属于外延结晶。这种由外延结晶形成的覆层的冶金结合,其本质是靠形成的金属键的价键力而结合,具有很高的结合强度。一些拉伸试验表明,覆材与基材的结合强度常会大于覆层的强度 等离子堆焊由于采用温度高、热量集中的等离子弧为热源,可控制基材的熔深,降低稀释率 激光合金化是用高能激光束辐照,使基材表面和覆层合金熔化,凝固后形成新的合金表层 激光熔敷只将基材熔到刚刚足以确保覆层能很好地结合,即激光束使工件上非常薄的表层熔化,该薄液层与液态熔敷合金相混合,并伴随着扩散作用冷凝成合金覆层 电火花熔敷是利用电极与工件之间的电火花放电,使电极和工件材料局部产生熔化,并相互作用而形成合金覆层 上述工艺在熔敷过程中,基材表面的熔化程度和范围有着较大的差别,但其覆层与基体的结合都属于异种材料的冶金结合,都遵循覆材与基材受热熔化与冷却结晶的规律。因为基材的熔化是局部的,所以合金覆层与基材之间都存在一定的半熔化(过渡)区和热影响区,其大小和结构随材料成分、加热方法和速度等而异。它们的工件表面冷却速度变化范围很大。加大冷却速度,可细化晶粒,改变显微组织,形成特殊结构的硬化层。在足够快的冷却速度下(一般为 10^6℃/s 以上),将抑制熔化材料的结晶过程,内部原子冻结在接近熔点的液体状态,从而形成类似于玻璃结构的非晶态硬化层。用激光束使金属表层快速熔化并离开,造成与基体间足够大的温度梯度,可形成超细化晶体结构或非晶态金属玻璃
		属这类的表面技术	手工电弧堆焊、埋弧自动堆焊、二氧化碳保护堆焊、等离子堆焊、激光合金化、激光熔敷、电火花涂覆等
	熔融覆材和基材的扩散冶金结合	原理	熔结喷涂时,覆材熔化,基材基本不熔化,两者间产生液-固相之间的相互作用,即充分的相互溶解与扩散,形成覆层。其中的主要过程是界面区扩散
		特点	氧-乙炔火焰喷熔和真空熔结等熔结技术中,熔融的合金涂料与固态基材表面经历了较为充分的相互溶解与扩散,界面区扩散是其中的主要过程,其结合称为扩散冶金结合。由于也可形成金属键,因而覆层结合牢固。熔结过程一般包括喷涂和熔结两个步骤 所用涂料通常为含有硅和硼的自熔性合金,因此,合金的熔点比大多数钢的熔点低 370~430℃。在熔结时,熔融涂料与基材表面之间在热作用下,形成一条狭窄的扩散互溶区,产生类似硬钎焊的扩散冶金结合。与其相近,热浸镀也可得到类似软钎焊的带有冶金结合的覆层 热喷涂是以高速气流将熔融涂料雾化后,喷到工件表面并迅速冷凝而成的。某些涂料,如 Al/Ni、Ni/Al 合金,熔滴到达基材表面后,放热反应还可持续数微秒,可得到一定程度的扩散冶金结合,但多数涂层是以机械嵌合为主的。故热喷涂层的结合强度约比堆焊、熔结涂层低一个数量级
		属这类的表面技术	各种熔结技术和多种热喷涂技术

采用不同的工艺方法和加热热源可以得到各种不同结合性质的表面覆层。目前常用的热源在正常规范下的温度和能量密度如下表所示。其中激光束等高密度热源可方便地进行上述各种熔敷工艺

几种热源的温度和能量密度	热源种类	氧-乙炔焰	手工电弧焊(埋弧焊)	钨极氩弧	等离子弧	电子束	激光束
	正常规范下的温度/K	3500	6000(6400)	8000	15000~30000		
	最大能量密度/W·cm^{-2}	2×10^3	10^4(2×10^4)	1.5×10^4	10^5~10^6	10^8~10^9(聚焦)	10^7~10^9(聚焦)

续表

化学溶液沉积镀层结合	原理	是在化学溶液中利用电极反应或化学物质的相互作用，在制件表面沉积成镀层的
	特点	电镀、电刷镀、特种电镀如复合电镀、珩磨镀、非金属上电镀是当电流通过电解液时，在阴极基材上沉积金属的过程；阳极氧化是当电流通过电解液时，在阳极基材上形成氧化膜的过程，如铝及铝合金的氧化；化学镀是含有镀膜金属离子的溶液在还原剂的作用下，在具有催化作用的基材表面上沉积成膜的过程；化学转化膜处理是基材表面原子与溶液中阴离子反应，在基材表面形成化合物膜的过程，如氧化物膜、磷酸盐膜、铬酸盐膜等。化学镀和转化膜处理都是在无外电流通过的情况下进行的。与熔池（熔滴）凝固过程相似，电镀等溶液沉积过程，也遵循形核和晶体长大规律，形成具有晶体结构的沉积膜。所不同的是，前者以过冷度为形核生长的动力学条件，后者以阴极极化等为动力学条件。化学溶液沉积在某些条件下亦可形成非晶态沉积膜。一定沉积条件下的镀层不仅可以和基材金属形成金属键连接，而且可以顺着基材金属的晶粒生长，形成外延结晶。因而理想的沉积镀层具有较高的结合强度
	属这类的表面技术	电镀、电刷镀、特种电镀、化学镀、阳极氧化、化学转化膜处理等
气相沉积膜层结合	原理	是在真空条件下镀制薄膜的技术。其中真空蒸镀是将膜材加热蒸发成气体后，在基材表面沉积成膜；溅射镀是利用荷能粒子轰击靶材表面，使溅射出来的粒子在附近的基材上沉积成膜；离子镀是在气体离子或蒸发物离子的轰击作用下进行蒸发镀膜的 CVD 是一种化学气相生长法。它把含有构成元素的一种或几种化合物、单质元素供给基材，借助气体作用或在基材表面上的化学反应生成要求的薄膜
	特点	真空蒸镀沉积粒子的能量仅为 0.1eV 左右，其沉积的薄膜附着能力和密度一般。溅射镀和离子镀是借助电磁场的作用，在气体放电形成的等离子体环境中激活沉积粒子，使其以几电子伏至几百电子伏的能量轰击基体，这样形成的薄膜，其结合性能等得到了明显提高。PVD 技术的处理温度较低，基体一般无受热变形或材料变质问题 CVD 的反应有热分解、还原、置换等类型，其反应温度多在 1000℃ 左右。许多基材由于难以经受其高温，使其应用大受限制。因为存在着反应气体、反应产物和基材的相互扩散，CVD 镀膜可以获得好的附着强度。等离子体增强化学气相沉积（PECVD）近年来发展很快，它借助于气体辉光放电产生的低温等离子体增强反应物质的活性，促进气体间的化学反应，从而在较低温度下也能沉积出具有好的结合性能的均匀而致密的薄膜 气相沉积成膜过程与熔池凝固过程相似，也遵循形核与晶体长大的结晶规律，沉积成具有晶体结构的薄膜。改变工艺方法和生成条件，可制备出各种单晶、多晶和非晶态固体膜
	属这类的表面技术	物理气相沉积（PVD，包括真空蒸镀、溅射镀和离子镀三种基本方法）、化学气相沉积（CVD）等
高分子涂层结合	原理	利用胶黏剂对被粘物进行连接的技术称为粘接（胶接）技术。表面粘涂技术是粘接技术的一个新的分支。它是将特殊功能胶黏剂（在胶黏剂中加入特殊的填料）直接涂覆于零件表面上，使其具有所需功能的一种表面强化技术 粘接（粘涂）层是通过高分子材料的固化反应而形成的。粘接过程是一个复杂的物理化学过程。目前，有关胶黏剂与被粘物界面产生结合力的理论，有机械结合、吸附、化学键、扩散等理论 涂装层（涂膜）是有机高分子涂料涂敷于基材表面后，干燥而成的膜层 从涂料与胶黏剂的组成来看，粘接层和涂装层与基体的连接是具有共同本质的
	特点	胶黏剂大多由黏料、固化剂等多组分组成。合成高分子化合物是量最多、性能最好的黏料。固化剂用于使胶黏剂固化，并可改变黏料的自身结构 涂料由成膜物质（基料）、分散介质（溶剂和水）、填料（功能填料和着色填料）和助剂等组成 环氧树脂、酚醛树脂、有机硅等树脂作为主要成膜物质（黏料或基料）已在两种涂层（粘涂和涂装）中得到广泛应用。在主要成膜物质中加入不同功能填料形成的耐磨、耐蚀及其他功能性涂层已使粘涂层和涂装层难以区分 胶黏涂层与基体的结合强度与热喷涂层的结合强度大致相近，其抗拉强度一般为 30~80MPa
	属这类的表面技术	普遍采用的涂装（涂料）层、胶黏涂层、黏结固体润滑层（干膜）及一些特殊功能高分子涂层等。这类涂层包含的范围很广

18.3 镀层和不同材料相互接触时的接触腐蚀等级

接触材料	金、银、铂、铑、钯	铜、黄铜、青铜	铜镀镍	铜镀锡	铜镀银	铜镀镉	铜镀锌、钝化处理	不锈钢	钢镀铬①	钢镀镍②	铅	锡(焊料)	钢③和铸铁	钢镀镉、钝化处理	钢镀锌、钝化处理	铝	铝、氧化处理	锌合金、钝化处理	镁合金、钝化处理	硬铝、氧化处理	铝镀锌、钝化处理	铝镀铜④	钛与其合金	炭刷	涂料覆盖层
金、银、铂、铑、钯	0																								
铜、黄铜、青铜	1	0																							
铜镀镍	0~1	0	0																						
铜镀锡	1	1	0~1	0																					
铜镀银	0	0	0~1	1	0																				
铜镀镉	1~2	2	2	—	2	0																			
铜镀锌、钝化处理	2	2	2	1~2	2	—	0																		
不锈钢	0	0~1	0	0~1	0	2	2	0																	
钢镀铬①	0	1	0~1	1	0~1	2	2	0	0																
钢镀镍②	1	0~1	0	0~1	0~1	1~2	1~2	0	0	0															
铅	2	1	1	0~1	1	1	2	1	1	0~1	0														
锡(焊料)	2	1	1	0	0~1	0	1	1	1	0~1	0	0													
钢③和铸铁	2	1	1~2	2	2	1~2	2	1	1~2	1~2	1	1~2	0												
钢镀镉、钝化处理	2	1~2	1~2	2	2	0	—	1~2⑤	2	1~2	1	0~1	2	0											
钢镀锌、钝化处理	2	2	2	2⑥	2	—	0	2	2	1~2	1	0~1	2	2	0										
铝	2	2	1~2	0~1	2	0~1	0~1	2	2	1~2	1~2	0~1	2	0~1	0~1	0									
铝、氧化处理	2	2	1	0~1	2	0~1	0~1	1	1	1	1	0	2	0	0~1	0	0								
锌合金、钝化处理	2	2	1	0~1	2	0~1	0~1	2	2	1~2	1	0	2	0	0~1	0~1	0	0							
镁合金、钝化处理	2	2	2	0~1	2	1~2	0~1	2	2	2	1	0~1	2	1~2	0~1	1~2	1	0~1	0						
硬铝、氧化处理	—	2	1	0~1	2	—	—	1	0~1	—	—	—	—	—	—	—	—	—	—	0					
铝镀锌、钝化处理	—	2	—	—	—	—	—	—	—	—	—	—	—	—	—	1	—	—	—	—	0				
铝镀铜④	—	0	—	—	—	—	—	—	—	—	—	—	—	—	—	2	—	—	—	—	2	0			
钛与其合金	—	0	0	0	0	2	—	0	0	0	—	—	—	2	—	2	1	—	—	1	—	—	0		
炭刷	—	—	—	1	—	—	—	—	—	—	—	—	—	2	2	—	—	—	—	—	—	—	—	0	
涂料覆盖层	—	0	0	0	0	1	—	0	0	0	—	—	—	1	—	0	0	—	—	0	—	—	0	—	0

①铜、镍、铬复合镀层。②铜、镍复合镀层。③碳素钢和低合金钢。④锌、铜复合镀层。⑤06Cr18Ni11Ti的不锈钢。⑥镀层和不同材料相互接触时的接触腐蚀等级：0级表示不引起接触腐蚀（可安全使用）；1级表示引起接触腐蚀，但影响不严重（在大多数的场合下可使用）；2级表示引起严重的接触腐蚀（在人工调节的干燥室内或设备密封良好的条件下可使用）。

18.4 镀层厚度系列及应用范围

镀层的种类及厚度随其使用条件和应用场合不同有很大差别。其使用条件分类见表 1-7-78，常用材料镀层厚度系列及应用范围见表 1-7-79、表 1-7-80。

表 1-7-78　镀层使用条件分类（摘自 GB/T 3764—1996）

分类名称	代号	使用条件分类特征	举例
极严酷	4	暴露于腐蚀严重的大气环境中，包含受海水溅沫，直接与海水接触，或者经常处于饱和海雾中以及在较高温度、湿度下直接受工业废水侵蚀	①全浸或间浸于海水的零(部)件 ②海上舱外仪器的外露零(部)件
严酷	3	暴露于一般大气环境中，受阳光、雨、雪、露的直接侵害，或受少量工业气体、介质蒸汽的直接影响，温度、湿度变化较大	①海上舱内仪器的外露零(部)件 ②常用手持操作的工具和手柄海上舱外仪器的外露零(部)件
中等	3	在一般大气环境中，不受阳光、雨、雪、露、海水等的直接侵害。但有少量工业气体，介质或海雾的影响，可能产生凝露	①一般非密封仪器的内部零(部件) ②液压系统的零(部)件
轻度	2	温暖干燥，温、湿度有较严格控制的大气环境，无工业气体、介质蒸汽和其他腐蚀性介质	①密封壳体内的零(部)件 ②舱内密封仪器的内部零(部)件 ③在空气调节设备完善的舱内使用
特殊	1	受特种腐蚀介质作用，或承受磨损、高压、导电、绝缘以及要求改善工业性能等	①承受磨损的活塞一类零(部)件 ②要求改善焊接、密封性能的结构件和紧固件

表 1-7-79　电镀、化学镀不同金属镀层厚度系列和应用范围

镀层种类	零件材料	使用条件	厚度/μm	应用范围
锌镀层	钢、铜及铜合金	L Y	3~5 5~8	①螺距(P)≤0.8mm 的螺纹零件 ②有 IT6、IT7 精度等级的零件
		L Y	5~8 8~12	①P>0.8mm 的螺纹零件 ②有 IT6、IT7 精度等级的零件
		L Y E	8~12 12~18 18~25 25~30	①主要用于外观和物理性能无特殊要求的耐大气腐蚀的零件 ②与铝、铝合金、镁合金或橡胶接触的零件 ③煤油、汽油或双氧水中的零件(锌层应无孔)
	铝及铝合金	T	8~12 12~18 18~25	
镉镀层	钢、铜及铜合金	L Y	3~5 5~8	①P≤0.8mm 的螺纹零件 ②有 IT6、IT7 精度等级的零件 ③小于 0.5mm 厚的薄片，或直径 D<1mm 的弹簧丝零件
		L Y	5~8 8~12	①P>0.8mm 的螺纹零件 ②有 IT6、IT7 精度等级的零件
		L Y	8~12 12~18	①海水、海雾直接作用的零件 ②在压缩空气、氧、过氧化氢、酒精、高锰酸钾盐及高于 60℃的水中工作的零件
镍镀层	钢、不锈钢	L Y	3~5 5~8	①螺距 P≤0.8mm 的螺纹零件 ②改善不锈钢钎焊性能和温控性能
		L	5~8	P≥0.8mm 的螺纹零件
		Y	8~12	
		T	18~25	防止零件在 300~600℃下氧化
		L	Cu 8~12 Ni 8~12 16~24	①要求防护和装饰的电器、仪表零件 ②承受轻度摩擦的零件
		Y	Cu 12~18 Ni 8~12 20~30	

续表

镀层种类	零件材料	使用条件	厚度/μm	应用范围
黑镍镀层 镉镀层	钢、铜及铜合金	L E H	Zn 3～5 Zn 5～8 黑镍不规定 18～25 25～30	①要求黑色外观的零件 ②电器、仪表等零件的消除反光和防护、装饰 ③弹簧和有渗碳面的零件，直径 $D \geqslant 10$mm 的 30CrMnSiA 钢螺栓 ④与铝及铝合金、镁合金接触的零件 ⑤抗拉强度超过 1240MPa 低氢脆镀镉
铜镀层	钢	T	3～5 5～8	①防止精密零件冷作硬化 ②防止钢和耐热钢制螺纹（$P \leqslant 0.8$mm）在较高温度下工作时相互黏结 ③挤压成形或绕制弹簧时的润滑
			5～8 8～12	防止钢和耐热钢制螺纹（$P \leqslant 0.8$mm）在较高温度下工作时相互黏结
			12～18	①提高黑色金属导电性，用于需浸锡或钎焊的零件 ②要求黑色外观零件（需氧化） ③防止松动零件在较高温度时黏结和冷作硬化
			20～30	①要求减摩的零件 ②防止恶劣条件下工作的零件在高温时黏结
			25～40	用于渗碳保护
	不锈钢		12～18	冷墩时的润滑
	铝及铝合金		18～25	①便于铝合金的钎焊 ②为铝及铝合金镀锡前的底层，便于钎焊
	钛及钛合金	T	5～8	①减摩 ②便于钎焊
镍镀层	钢、不锈钢	Y	Cu 12～18 Ni 12～18 24～36	①减摩 ②便于钎焊
		E、T	Cu 25～30 Ni 18～25 43～55	
	铜及铜合金	L	3～5 5～8	①要求防护或装饰的零件 ②作为氧气系统的防护层
		Y	8～12	
		E	12～18	
	铝及铝合金	T	18～25	防燃气腐蚀
	钛及钛合金		5～8	改善导电性和钎焊性
黑镍镀层	钢、铜及铜合金	Y	Zn 8～12 黑镍不规定	①要求黑色外观的零件 ②电器、仪表等零件的消除反光和防护、装饰

续表

镀层种类	零件材料	使用条件	厚度/μm	应用范围
硬铬及装饰铬镀层	钢	T	1~3 3~5	①精密仪表零件 ②在润滑条件下承受轻微摩擦的零件
			5~10 10~20	①有 IT6、IT7 精度等级的模具零件 ②定期润滑条件下受摩擦不大的零件 ③润滑条件下要求耐磨的零件 ④无润滑条件下受轻微摩擦的零件
			20~40	①定期润滑条件下受摩擦较大的零件 ②无润滑条件下受摩擦不大的零件
			40~60 60~80	无润滑条件下受摩擦较大的零件
			15~50 150~200	一些特殊用途,如枪管等
			<200	修复零件尺寸
	铜及铜合金		1~3 3~5	①小模数齿轮零件的耐磨 ②润滑条件下受摩擦较小的零件
			5~10	润滑条件下受摩擦较大的零件
			10~20	无润滑条件下受摩擦较大的零件
	铝及铝合金		20~40 40~80	承受滑动摩擦零件
	钛及钛合金		10~20	无润滑条件下受摩擦较大的零件
	钢	Y	Cu 20~25 Ni 10~15 Cr 0.5	①要求具有较高反射率的零件 ②表面需要装饰的零件 ③在飞机、导弹外部使用的要求气动性良好的零件
		E	Cu 30~35 Ni 15~20 Cr 0.5~2	
乳白铬镀层		Y、E	10~20 20~40 40~60	①负荷不大的零件的耐磨与防护 ②300~600℃下零件的防护 ③作为防护、耐磨硬铬镀层的底层
松孔铬镀层		T	80~160	要求吸附润滑油的耐磨零件,如涨圈等
			100~250	要求吸附润滑油并在较高压力下工作的耐磨零件,如汽缸等
黑铬镀层	钢、铜及铜合金	Y、E、T	底层厚度同硬铬 黑铬厚度不规定	①要求黑色外观的零件 ②消光零件 ③作标志用
黄铜镀层	钢	T	3~5	黏结橡胶的零件
		L	5~8	需要特殊装饰与防护的零件
		Y	8~12	防零件在300~500℃下工作时氧化;需要特殊装饰与防护的零件
铅锡合金镀层	铜及铜合金	T	3~5	受力较小零件的减摩
			5~8	减摩、改善磨合、改善钎焊性能
			15~30	要求减摩和抗化学腐蚀零件
铅铟扩散镀层	铜及铜合金	L、T	Pb 3~5 铟不规定	改善和提高钎焊性能 常在润滑油、脂作用下的轴瓦和衬套之类零件的耐磨与防护,并增加磨合性

续表

镀层种类	零件材料	使用条件	厚度/μm	应用范围
锡铋合金镀层	钢	L Y	3~5 5~8 8~12 12~18	要求钎焊性能好的零件 氧气系统的零件
		T	5~10	防止渗氮
	铜及铜合金		3~5 5~8 8~12 12~18	要求改善钎焊性能的零件 防止导电零件表面氧化 氧气系统的零件
锌镍合金镀层	钢、铜及铜合金	L、T	3~5 5~8 8~12	耐大气和海洋气候腐蚀的零件 与铝及铝合金、镁合金接触的零件
镉钛合金镀层	高强度钢	Y	8~12	高强度钢(30CrMnSiNi2A、40CrMnSiMoVA 等)制零件;弹性零件
		E、T	18~25	
镍镉扩散镀层	钢、不锈钢	Y	Ni 5~8 Cd 3~5	250~500℃下钢零件的防护 要求一定耐磨性零件的防护
		E	Ni 8~12 Cd 3~5	
锡镀层	钢	L T	Cu 4~7, Sn 7~12, 总 11~19	要求钎焊性好的零件;需热熔的零件
			Cu 7~12, Sn 7~12, 总 14~24	与含硫非金属橡胶垫片等,如接触的零件
			Cu 7~12, Sn 12~18, 总 19~30	100℃下的导电零件;氧气系统的零件
	铜及铜合金	T	5~10	防止渗氮
		T	4~7 7~12 12~18	改善钎焊性零件;氧气系统的零件 防导电零件表面氧化 防导线在橡胶硫的作用下对铜的腐蚀
铅镀层	钢、不锈钢、铜及铜合金	T	8~12	较低温度下改善零件磨合和封严作用,以防润滑油氧化产物的腐蚀
			18~25	硫化物中工作的零件 减摩和防润滑油氧化产物腐蚀的零件
银镀层	钢	L	3~5	螺距 $P \leqslant 0.8$mm 的螺纹零件;防高温黏结
		L T	5~8 8~12	$P>0.8$mm 的螺纹零件;防高温黏结
		T	100~250	一般摩擦下的减摩
			250~500	受力较大摩擦下的减摩
		L、T	Cu 3~5, Ag 5~8, 总 8~13	需要高温钎焊、高频焊接或导电的零件
		Y、T	Cu 5~8, Ag 8~12, 总 13~20	
		E、T	Cu 8~12, Ag 12~18, 总 20~30	

续表

镀层种类	零件材料	使用条件	厚度/μm	应用范围
银镀层	铜及铜合金	L、T	5~8	①提高导电性,稳定接触电阻和要求高度反射率零件 ②要求插拔、耐磨零件
		Y、T	8~12	
		E、T	12~18	导电且受较大摩擦零件;高频导电零件
	铝及铝合金	Y、T	12~18	高频导电零件
		E、T	18~25	
金及硬金镀层	铜及铜合金	T	1~3	电器上减少接触电阻的零件
			3~5	波导管和多导线接线柱的接点
			5~8	耐磨导电零件,如电器回路条等
			8~12	耐蚀和耐磨的导电零件
钯镀层			Ag 8~12, Pd 1~2	防银变色;提高无线电元件和波导管耐磨性
			Ag 8~12, Pd 2~3	提高电接触元件接触可靠性;防氧化和烧伤
铑镀层			硬金 2~3, Rh 1~2	
			硬金 3~5 Rh 2~3	①提高电接触元件接触可靠性、耐磨性,适于低摩擦力矩零件 ②防止铜及铜合金电器接触簧片烧伤和黏结
			Ag 8~12, Rh 2~3	防液体电门在氯化锂介质中腐蚀
化学镀镍层	钢、不锈钢、铜及铜合金	L、T	5~8	形状复杂和要求得到均匀镀层零件的防护与耐磨
		Y、T	8~12	
		E、T	12~18	零件的防护与耐磨;300~600℃下零件的耐氧化
化学镀锡层	铜及铜合金	L、Y	1~3	形状复杂和要求镀层均匀而又不易电镀的弹性零件

表 1-7-80　常用转化膜层的厚度系列和应用范围

膜层种类	零件材料	使用条件	厚度/μm	应用范围
磷化膜层	钢	L、Y、T	不规定	①作涂装和乳化处理的底层 ②冷镦时的润滑 ③要求绝缘和在润滑油下工作的零件 ④高强度钢(30CrMnSiNi2A、40CrMnSiMoVA 等)零件的防护 ⑤不允许电镀部位的防护 ⑥导管内腔和形状复杂零件的防护
钝化膜层	铜及铜合金	L、Y、E		①本色钝化用于需进行钎焊零件的防护 ②彩色钝化用于涂装底层或不要求电镀零件的防护
	不锈钢	T		成品件;导管及容器
化学氧化膜层	钢	L、Y、T		①在200℃下润滑油中工作的尺寸精度高的零件 ②要求黑色外观而又不能用其他镀覆层的零件 ③点火系统零件的抗氧化防护
	铜及铜合金			①要求黑色外观的零件 ②仪表内部零件 ③要求散热的零件

续表

<table>
<tr><th colspan="2">膜层种类</th><th>零件材料</th><th>使用条件</th><th>厚度/μm</th><th>应用范围</th></tr>
<tr><td colspan="2" rowspan="2">化学氧化膜层</td><td>铝及铝合金</td><td rowspan="2">L、Y、E</td><td rowspan="2">不规定</td><td>①形状复杂零件的防护
②铆钉、垫片零件的防护
③涂漆(电冰箱等)的底层
④库存材料的防护
⑤点焊或胶接点焊组件的防护</td></tr>
<tr><td rowspan="2">镁合金</td><td>①有机涂层的底层
②工序间防锈</td></tr>
<tr><td>镁合金</td><td rowspan="2">阳极化膜层</td><td>Y、E</td><td>10~20
20~40
40~60</td><td>①要求耐磨性较高、形状比较简单的零件
②涂漆的底层</td></tr>
<tr><td>钛及钛合金</td><td>钛及钛合金</td><td>E、T</td><td>不规定</td><td>①转动配合中耐磨、耐擦伤,尤其与碳化钨制品转动配合的零件
②用于胶接或涂装的底层
③提高与铝合金、不锈钢等多种金属材料接触的耐蚀能力
④要求绝缘的零件</td></tr>
<tr><td>硫酸</td><td rowspan="9">阳极化膜层</td><td rowspan="9">铝及铝合金</td><td rowspan="2">L、Y、E、T</td><td rowspan="3">不规定</td><td>①一般性防护,在海上和恶劣条件下还需涂漆保护
②气孔率不超过3级的铸件及形状简单对接气焊件
③作涂装底层
④作识别标记或特殊颜色的零件
⑤要求具有装饰或外观光亮并有一定耐磨性的零件</td></tr>
<tr><td>铬酸</td><td>①疲劳性能要求较高的零件
②气孔率超过3级的零件
③搭接、铆接、焊接,有孔、槽、缝或形状复杂的零件
④精度高、表面粗糙度低的零件防护
⑤要求检查材料晶粒度或锻、铸加工表面质量的零件</td></tr>
<tr><td>绝缘</td><td rowspan="7">T</td><td>①要求有较高绝缘性能的仪表零件
②要求有较高硬度和良好耐磨性的仪器仪表零件</td></tr>
<tr><td rowspan="3">硬质</td><td>20~40</td><td>①受力较小的耐磨零件
②耐气流冲刷的零件
③要求绝缘(需补充浸电绝缘清漆)的零件</td></tr>
<tr><td>40~60</td><td>要求具有高硬度和良好耐磨性的零件</td></tr>
<tr><td>60~80</td><td>需隔热的零件</td></tr>
<tr><td>磁质</td><td>不规定</td><td>①精密仪器仪表零件的防护与装饰
②需保持原表面尺寸精度和表面粗糙度,又要求有表面硬度和电绝缘性的零件</td></tr>
<tr><td>硼硫酸</td><td>1~3</td><td>①对疲劳性能要求较高的零件
②气孔率超过3级的零件
③搭接、铆接、焊接,有孔、槽、缝或形状复杂的零件
④精度高、表面粗糙度低的零件</td></tr>
<tr><td>磷酸</td><td>不规定</td><td>①需要胶接的铝合金零件的防护
②铝合金电镀的底层</td></tr>
</table>

18.5 不同金属及合金基体材料的镀覆层的选择

表 1-7-81

目的		镀覆层			
		铁基合金基材	铝及铝合金基材	铜及铜合金基材	钛及钛合金基材
耐蚀	常温大气中	镀锌、镉、双层镀镍、镀乳白铬	硫酸阳极氧化并封闭	镀锌、铬、镉	
	500℃以下的热大气中	镀镍、黄铜、乳白铬、镍镉扩散镀层			
	油中	氧化(发蓝)		钝化	
	60℃以上水中	镀镉			
	海水和海雾中	镀镉、锌镍合金			
	低氢脆、阻滞吸氢脆裂	镀镉钛、松孔镀镉			阳极氧化
	减、防接触腐蚀			镀镉、锌	阳极氧化
	防缝隙腐蚀				镀钯、铜、银
	防热盐应力腐蚀				化学镀镍
防气体污染					阳极氧化
防着火					镀铜、镍、钝化
氧气系统防护		镀锡、锡铋合金		镀锡、锡铋合金	
防护装饰		复合镀铜镍铬、青铜铬、镍铬、铜镍、镍封铬			
装饰			瓷质阳极氧化、缎面或纱面阳极氧化	镀镍、镍铬	
染色			硫酸阳极氧化后着色		
涂料的底层		磷化	化学氧化、铬酸或硫酸阳极氧化		
耐磨		镀硬铬、松孔铬、化学镀镍	硬质阳极氧化、镀硬铬或化学镀镍	化学镀镍、镀硬铬	镀硬铬
减少摩擦		镀硬铬、铅锡合金、铅铟合金、银		镀铅、铅锡合金、铅铟合金	
插拔耐磨				镀银后镀硬金、镀银后镀钯、镀铑	
保持较高抗疲劳性能			铬酸阳极氧化、化学氧化或硫酸、硼酸复合阳极氧化		
防黏结、防烧伤		镀银、铜、磷化		镀锡后镀金	
绝缘		磷化	草酸或硬质阳极氧化		
导电		镀铜、银、金	镀铜、锡或化学氧化	镀银、金	
电磁屏蔽			化学镀镍		
反射热		镀金			
消光			黑色阳极氧化或喷砂后阳极氧化	黑色氧化、镀黑镍、黑铬	
胶接			磷酸、铬酸或薄层硫酸阳极氧化		
便于黏结橡胶		镀黄铜			
便于钎焊		镀铜、锡、镍、银、铅锡合金	化学镀镍或铜	镀锡、银、铅锡合金、锡铋合金、化学镀锡	
防渗碳、防渗氮		镀锡、镍			
识别标志		镀黑铬、黑镍、黑色磷化、氧化	硫酸阳极氧化后着色		

18.6 表面处理的表示方法

金属镀覆和化学处理

GB/T 13911—2008 规定了金属镀覆和化学处理的标识方法，适用于金属和非金属制件上进行电镀、化学镀、化学处理和电化学处理的表示。对金属镀覆和化学处理有该标准未予规定的要求时，允许在有关的技术文件中加以说明。

(1) 标识方法

金属镀覆：

基体材料/镀覆方法　镀覆层名称 | 镀覆层厚度 | 镀覆层特征　后处理

化学处理和电化学处理：

基体材料/处理方法　处理名称 | 处理特征　后处理（颜色）

① 基体材料在图样或有关的技术文件中有明确规定时，允许省略。

② 由多种镀覆方法形成镀层时，当某一镀覆层的镀覆方法不同于最左侧标注的“镀覆方法”时，应在该镀覆层名称的前面标出其镀覆方法符号及间隔符号“·”。

镀覆层特征、镀覆层厚度或后处理无具体要求时或对化学处理或电化学处理的处理特征、后处理或颜色无具体要求时，允许省略。见例 1~例 7。

③ 合金镀覆层的名称以组成该合金的各化学元素符号和含量表示。合金元素之间用连字符“-”相连接。合金含量为质量分数的上限值，用阿拉伯数字表示，写在相应的化学元素符号之后，并加上圆括号。含量多的元素成分排在前面。二元合金标出一种元素成分的含量，三元合金标出两种元素成分的含量，依此类推。合金成分含量无需表示或不便表示时，允许不标注。见例 8、例 9。

如果需要表示某种金属镀覆层的金属纯度时，可在该金属的元素符号后用括号列出质量分数，精确至小数点后一位，见例 10。

进行多层镀覆时，按镀覆先后，自左至右顺序标出每层的名称、厚度和特征，每层的标记之间应空出一个字母的宽度。也可只标出最后镀覆层的名称与总厚度，并在镀覆层名称外加圆括号，以与单层镀覆层相区别，但必须在有关技术文件中加以规定或说明。见例 1、例 3、例 4 及例 11。

④ 镀覆层厚度用阿拉伯数字表示，单位为 μm。厚度数字标在镀覆层名称之后，该数值为镀覆层厚度范围的下限。必要时，可以标注镀层厚度范围。见例 12。

⑤ 轻金属及其合金电化学阳极氧化后进行套色时，按套色顺序列出颜色代码，并在其中间插入加号“+”表示。

轻金属及其合金电化学阳极氧化后着色的色泽以及电化学阳极氧化后套色的要求应以加工样品为依据。

颜色字母代码用括号标在后处理“着色”符号之后。见例 5、例 13。

标注示例：

例 1　Fe/Ep · Cu10 Ni15b Cr0.3mc
（钢材，电镀铜 10μm 以上，光亮镍 15μm 以上，微裂纹铬 0.3μm 以上）

例 2　Fe/Ep · Zn7 · c2C
（钢材，电镀锌 7μm 以上，彩虹铬酸盐处理 2 级 C 型）

例 3　Fe/Ep · Cu20Ap · Ni10 Cr0.3cf
（钢材，电镀铜 20μm 以上，化学镀镍 10μm 以上，电镀无裂纹铬 0.3μm 以上）

例 4　PL/Ep · Cu10b Ni15b Cr0.3
（塑料，电镀光亮铜 10μm 以上，光亮镍 15μm 以上，普通铬 0.3μm 以上。普通铬符号 r 省略）

例 5　Al/Et · A · Cl（BK）
（铝材，电化学处理，阳极氧化，着黑色，对阳极氧化方法无特定要求）

例 6　Cu/Ct · P
（铜材，化学处理，钝化）

例 7 Al/Et · Ec

（铝材，电化学处理，电解着色）

例 8 Cu/Ep · Sn（60）-Pb15 · Fm

（铜材，电镀含锡 60%的锡铅合金 15μm 以上，热熔）

例 9 Cu/Ep · Au-Cu1～3

（铜材，电镀金铜合金 1～3μm）

例 10 Ti/Ep · Au（99.9）3

（钛材，电镀纯度达 99.9%的金 3μm 以上）

例 11 Fe/Ep ·（Cr）25b

（钢材，表面电镀铬，组合镀覆层特征为光亮，总厚度 25μm 以上，中间镀覆层按有关规定执行）

例 12 Cu/Ep · Ni5 Au1～3

（铜材，电镀镍 5μm 以上，金 1～3μm）

例 13 Al/Et · A（s）· Cl（BK+RD+GD）

（铝材，电化学处理，硫酸阳极氧化，套色颜色顺序为黑、红、金黄）

例 14 Fe/SD

（钢材，有机溶剂除油）

（2）表示符号

表 1-7-82

常用基体材料

名称	符号
铁、钢	Fe
铜及铜合金	Cu
铝及铝合金	Al
锌及锌合金	Zn
镁及镁合金	Mg
钛及钛合金	Ti
塑料	PL
硅酸盐材料（陶瓷、玻璃等）	CE
其他非金属	NM

镀覆、处理方法

名称		符号
电镀		Ep
化学镀		Ap
电化学处理		Et
化学处理		Ct
钝化		P
氧化		O
电解着色		Ec
磷化磷酸盐处理	磷酸锰盐处理	MnPh
	磷酸锌盐处理	ZnPh

名称		符号
磷化磷酸盐处理	磷酸锰锌盐处理	MnZnPh
	磷酸锌钙盐处理	ZnCaPh
阳极氧化	硫酸阳极氧化	A(S)
	铬酸阳极氧化	A(Cr)
	磷酸阳极氧化	A(P)
	草酸阳极氧化	A(O)

镀覆层特征、处理特征

名称	符号	名称	符号
光亮	b	松孔	p
半光亮	s	花纹	pt
暗	m	黑色	bk
缎面	st	乳色	O
双层	d	密封②	se
三层	d	复合	cp
普通①	r	硬质	hd
微孔	mp	瓷质	pc
微裂纹	mc	导电	cd
无裂纹	cf	绝缘	i

（1）后处理；（2）电镀锌和电镀镉后铬酸盐处理

（1）名称	符号	（1）名称	符号	分级	类型
钝化	P	封闭	S		
磷化（磷酸盐处理）	Ph	防变色	At		
氧化	O	铬酸盐封闭	Cs		
乳化	E	（2）名称	符号	分级	类型
着色	Cl	光亮铬酸盐处理	c	1	A
热熔	Fm	漂白铬酸盐处理			B
扩散	Di	彩虹铬酸盐处理		2	C
涂装	Pt	深色铬酸盐处理			D

颜色

颜色	符号	颜色	符号
黑	BK	灰、蓝灰	GY
棕	BN	白	WH
红	RD	粉红	PK
橙	OG	金黄	GD
黄	YE	青绿	TQ
绿	GN	银白	SR
蓝、浅蓝	BU		
紫、紫红	VT		

独立加工工序

名称	符号	名称	符号
有机溶剂除油	SD	机械抛光	MP
化学除油	CD	喷砂	SB
电解除油	ED	喷丸	SHB
化学酸洗	CP	滚光	BB
电解酸洗	EP	刷光	BR
化学碱洗	AC	磨光	CR
电化学抛光	ECP	振动擦光	VI
化学抛光	CHP		

① 无特别指定的要求，可省略不标注，如常规镀铬。

② 指弥散镀方式获得的镀覆层，如镍密封。

注：对磷化及阳极氧化无特定要求时，允许只标注 Ph（磷酸盐处理符号）或 A（阳极氧化符号）。

19　有色金属表面处理

19.1　铝及铝合金的氧化与着色

表 1-7-83　　铝及铝合金阳极氧化的分类、特点和应用

类别		特点	应用
保护、装饰性阳极化	硫酸阳极化	氧化膜较厚(10~35μm);有较高的硬度和耐磨性;经封闭后有良好的防护性能,就防护上的应用来说,适用于所有类型的铝合金;对装饰上的应用,如选用纯铝或均相的铝合金,可得到无色透明的膜层,能接受各种着色处理。是应用最广、成本较低的一种工艺方法	可作所有铝合金的防护膜,以及适于要求表面着色装饰的制件。但不适于铆接、搭接件的处理(因接缝处残留的微量硫酸会产生腐蚀)
	铬酸阳极化	氧化膜较薄(2~10μm),呈浅灰色,也能接受染色,耐蚀性好,不影响疲劳强度,有足够的电绝缘性,可防止接触其他金属的电偶腐蚀。因此,对承受应力和在结构上不易清洗残留电解液的零件或组合件特别适宜。膜一般不封闭(但封闭有利于提高耐蚀性)	广泛用于飞机、舰船零件及其他机械零件的防护,特别适于要表面光洁、精度高的工件,以及铆接、搭接件的处理。但不适于含铜大于5%的铝合金(因铜溶于铬酸)。一般仅作防护,很少作装饰
	草酸阳极化	氧化膜较厚(10~60μm),呈军绿或黄色,具有很好的耐蚀性、耐磨性和电绝缘性。调整工艺参数可得硬度较高或韧性较好的不同膜层;经添加铊、锆或钛盐可获特殊仿瓷装饰外观的膜层	韧性膜广泛用于铝线材和带材的处理;硬性膜适于摩擦件的防护;也用作要求绝缘性的精密仪器仪表零件的防护
电绝缘性阳极化	磷酸阳极化与硼酸阳极化	氧化膜薄而致密,电绝缘性高	主要用作电容器和电解电容器的绝缘膜
抗磨性阳极化(硬阳极化)	常用硫酸、草酸、丙二酸、苹果酸及其他一些有机酸作硬质阳极化的溶液。但往往某种铝合金要与某种溶液相配	氧化膜具有高的硬度,当膜厚大于50μm时,硬度达4~5HV,如经适当处理可达6~1000HV以上。因此,硬氧化膜耐磨性和耐蚀性都很好,且有很高的耐热性,可耐1500~2000℃瞬时高温。但膜层脆性较大,且对基体的疲劳强度有一定影响 硬氧化膜一般不进行封闭处理 硬阳极化可以采用直流电源、交流电源、交直流叠加电源及脉冲电源作外电源。其中,以直流电源加压缩空气搅拌低温硫酸电解液的方法因液槽成分简单、稳定、操作方便、成本低而应用较广。脉冲阳极化可在室温操作,成膜速度快,膜层的硬度、耐蚀性、韧性及厚度均匀性则较好	用于要求硬度高、耐磨性好的各种零件的防护,并可用于修复受磨损的铝合金件的尺寸

表 1-7-84　　铝及铝合金的着色

着色方法	着色机理	特点
电解着色法	将在硫酸溶液中常规阳极氧化后的铝及铝合金在金属盐的着色液中电解着色,使金属离子在氧化膜孔的底部电沉积,利用光在沉积金属粒子表面产生光散射而发色 工业生产上应用最多的是锡盐和镍盐电解液,产生古铜色系列。另外,也可用铜、硒盐、钼酸盐、银盐等电解液产生紫红、亮金、蓝、土黄等颜色。如先后在两种金属盐中连续着色,可产生紫色(先银盐后镍盐)、深褐色(先银盐后铜盐)等多种着色效果。还可采用电解着色和有机染料吸附着色两者的复合着色,可获金、红、蓝、黄等各种色调	电解着色的氧化膜具有古朴典雅的装饰效果,有极好的耐晒性,且能耗小(仅为整体着色法的40%),工艺条件易于控制 电解着色一般采用纯铝系、铝-锰系、铝-镁系及铝-锰-硅系的合金。而铝-铜系及铝-硅系的合金很难进行电解着色 是目前工业上应用广泛的着色方法

续表

着色方法	着色机理	特点
干涉着色法	是由电解着色法发展起来的，也称三步法。即先进行硫酸阳极化，然后磷酸阳极化，最后电解着色。磷酸阳极化的作用是改变氧化膜孔的结构，使氧化膜孔底部的孔径增大，再通过沉积一层很薄的金属取得光干涉效果，使在同一种着色液中产生多种不同颜色的着色膜，扩大了建筑用铝材的着色范围 干涉着色的条件见表 1-7-85	干涉着色膜与电解着色膜一样具有很好的耐光性和耐蚀性。但耐磨性比电解着色膜稍差 它进一步扩大了电解着色法的着色范围

注：传统染色法目前已不流行；整体着色法已逐渐为电解着色法所代替，故未列入。

表 1-7-85　　干涉着色的条件

硫酸阳极化	磷酸阳极化	电解着色	着色时间/min									
			2	3	4	5	6	8	12	16	20	24
硫酸 165g/L 温度 20℃ 时间 30min 电流密度 1.5A/dm²	磷酸 120g/L 草酸 30g/L 温度 32℃ 时间 8min 电压(DC) 25V	Sn-Ni 着色液 温度 20℃ pH 7 电压(AC) 15V		亮青铜色	亮青铜色		带灰紫红色	蓝灰色	灰绿色	橙黄色		
硫酸 165g/L 温度 20℃ 时间 30min 电流密度 1.5A/dm²	磷酸 100g/L 温度 20℃ 时间 4min 电压(AC) 10V	Ni 盐着色液 温度 24℃ pH 5.6 电压(AC) 11.5V	亮青铜色	蓝粉红色	蓝灰色		绿灰色	绿青铜色				
硫酸 165g/L 温度 20℃ 时间 30min 电流密度 1.5A/dm²	磷酸 120g/L 温度 25℃ 时间 10min 电压(DC) 10V	Co 盐着色液 温度 20℃ pH 6 电压(AC) 9V			青铜色		蓝灰色	绿灰色	黄绿色	橘黄色	红色	粉红色
硫酸 165g/L 温度 20℃ 时间 30min 电压(DC) 17.5V	磷酸 100g/L 温度 22℃ 时间 4min 电压(AC) 10V	Ni-Sn 着色液 温度 22℃ pH 1.5 电压(AC) 20V	亮蓝 20s 红蓝		亮灰绿色		亮黄色	亮橘黄色	10min 亮粉红色			
硫酸 165g/L 温度 20℃ 时间 30min 电压(DC) 17.5V	磷酸 100g/L 温度 20℃ 时间 4min 电压(AC) 10V	Sn 盐着色液 温度 22℃ pH 0.5 电压(AC) 10V	亮金色	亮黄色	亮橘黄色	亮粉红色						

表 1-7-86　　铝及铝合金氧化膜的封闭

	说明	应用
封闭方法	因氧化膜呈多孔结构，腐蚀介质易渗入膜孔而腐蚀基体，所以必须进行封闭处理，使膜孔闭合以提高膜的防护性能和经久保持膜的着色效果	除有特殊要求，作功能性用途的硬氧化膜及磷酸阳极氧化膜外，一般的阳极氧化膜及着色氧化膜都应封闭
蒸汽封闭	在压力容器中进行，饱和蒸汽温度为 100～200℃。方法是把工件放入容器，抽真空放置 20min 后通蒸汽封闭	适于处理罐、箱、塔和管子类大型制件的内表面
热水封闭	常用 98～100℃，电导率不超过 10μS/cm、pH=6～7 的蒸馏水封闭 30～60min。应用广泛	一般阳极氧化膜的封闭，特别适于染料着色后的封闭
镍盐、钴盐封闭	用镍盐、钴盐或混合二者的水溶液为介质的封闭。既有水合作用，也有镍或钴盐在膜孔内生成氢氧化物沉淀的水解反应。对避免染料被湿气漂洗褪色有良好效果。工作温度为 98～100℃，时间为 30～60min	用于防护性阳极化膜，特别适于着色阳极化膜的封闭处理
重铬酸盐溶液封闭	重铬酸盐对铝及铝合金有缓蚀作用，可阻滞阳极化时留在制件缝隙内的残液对基体的腐蚀，也可阻滞膜层轻微受损部位腐蚀的发生。工作温度为 98～100℃，时间为 30～60min	是防护性阳极化膜的流行封闭方法。耐蚀性好。但膜封闭后呈草黄色，不适于装饰用膜的封闭
两步封闭法	先在 1.5%的醋酸钴溶液中在 35～70℃温度下浸渍 3～10min，然后在 80℃的重铬酸盐溶液中进行 2～4min 的封闭	提高重铬酸盐封闭的防护效果

19.2 镁合金的表面处理

表 1-7-87　　镁合金的表面处理

<table>
<tr><td>工艺流程</td><td colspan="5">一般为：清洗（机械清洗和化学清洗，主要是去除表面油污）→预处理（主要是活化表面）→表面处理→清洗→封孔处理</td></tr>
<tr><td>激光表面处理</td><td colspan="5">激光表面处理是材料表面在高能量激光流的作用下熔化，在纳秒范围内脉冲激光产生高达 10^{10}℃/s 的冷却速度，使金属表面快速凝固，在合金表面形成亚稳态结构固溶体，使表面合金晶粒细化，减少了阴极相的面积，从而提高镁合金耐蚀性
通常用作镁合金激光表面处理的金属涂层有：Al、Ca、Cu、Mo、Ni、Si、W、Al+Cu、Al+Mo、Al+Ni 和 Al+Si 等，其中耐蚀性最好的是通过 Al 形成 $MgAl_2O_4$ 尖晶石的镁基铝合金。该方法有
1）激光表面重熔。可以获得均匀细小或非晶的耐蚀性组织，提高镁合金的耐蚀性能
2）激光表面合金化。可以在镁合金表面制备高耐蚀性的合金层
3）激光熔覆（又称激光涂覆）。即在合金表面涂覆一层耐蚀性的金属涂层，提高镁合金的耐蚀性。如纯镁表面激光熔覆 Mg-Al 合金层，改性合金层的组成相为 α（Al）和 β（Mg_5Al_8），界面上生成共晶层，与纯镁相比，激光改性层的腐蚀电位正移了约 0.7V，钝化区间加大，耐蚀性能优于纯镁。Mg/SiC 复合材料进行表面激光涂覆 $Cu_{60}Zn_{40}$ 后，涂覆层 $Cu_{60}Zn_{40}$ 与 Mg/SiC 基体结合良好，材料的腐蚀电位（Ecorr）比未处理时提高 3.7 倍</td></tr>
<tr><td>气相沉积</td><td colspan="5">利用物理气相沉积（PVD）、化学气相沉积（CVD）和等离子体辅助沉积（IBAD）等技术，可以获得具有一定耐蚀性的防护膜层
气相沉积涂层材料选择原则有：①可提高电位的元素；②可用作牺牲阳极的元素；③可形成具有耐蚀性的薄膜（如尖晶石结构）的元素。常用的涂层材料有：Al、Cr、Mn、V、Ti 等，此外，玻璃搪瓷也可以用于镁合金的防护和装饰</td></tr>
<tr><td>离子注入技术</td><td colspan="5">是将一高能离子在真空条件下加速注入固体表面的方法，该方法可以注入任何离子。离子注入的深度与离子的能量和靶的状态有关，一般为 50~500nm。注入的离子在固溶体中处于置换或间隙位置，形成非平衡相的均匀组织表面层，提高合金的耐蚀性。其优点是可在表面形成新的合金层，改变表面状态，解决了其他工艺制备的涂层表面与基体的结合强度问题。提高合金的耐蚀性与注入离子的种类有关。如注入耐蚀元素 Cr，可提高合金的耐蚀性；在纯镁表面注入硼，可使 Mg 的开路电位正移 200mV，扩大钝化区电位范围，降低临界钝化电流密度</td></tr>
<tr><td rowspan="7">保护膜与涂层处理</td><td colspan="5">镁合金表面的保护膜与涂层处理，通常采用的方法有：化学转化、阳极氧化、有机涂装与金属镀层保护。是提高镁合金耐蚀性能最常用最有效的方法。涂层方法和防护效果，可以根据其服役环境和处理成本进行选择
（1）化学转化膜处理
又叫化学氧化法，是使金属工件表面与处理液发生化学反应，生成一层保护性钝化膜，比自然形成的保护膜有更好的保护效果。同阳极氧化膜相比，化学转化膜比较薄（0.5~3μm），硬度和耐蚀性稍低，适用于在特定的环境下的防护，如运输和储存过程中镁的防护、镁合金机械加工表面后的长期防护。该工艺具有设备简单、投资少、处理成本低等优点。但是在恶劣环境下工作的镁合金部件，化学转化处理必须和其他保护方法联合使用
镁合金的化学转化膜处理，常用的成膜剂有铬酸盐成膜剂和磷酸盐成膜剂两大类</td></tr>
<tr><td rowspan="6">常用镁合金化学转化膜处理方法及特点</td><td>名称</td><td>化学处理液组成</td><td>特　点</td><td>膜的主要组成和厚度</td></tr>
<tr><td>铬化处理</td><td>重铬酸钠（$Na_2Cr_2O_7 \cdot 2H_2O$）：120~180g/L
氟化钙（CaF_2）或氟化镁（MgF_2）：2.5g/L
水：余量</td><td>所有镁合金的涂装底层，室内储存、中性环境中独立保护</td><td>铬酸盐和 $Mg(OH)_2$
8~11μm</td></tr>
<tr><td>铬-锰处理</td><td>重铬酸钠（$Na_2Cr_2O_7 \cdot 2H_2O$）：100g/L
硫酸锰（$MnSO_4 \cdot 2H_2O$）：50g/L
水：余量</td><td>镁锌合金的涂装底层</td><td>铬酸盐 2~5μm</td></tr>
<tr><td>硝酸铁处理</td><td>铬酐（CrO_3）：180g/L
硝酸铁[$Fe(NO_3)_3 \cdot 9H_2O$]：40g/L
KF：3.5g/L
水：余量</td><td>所有镁合金的涂装底层，室内存放或中性环境保护</td><td>铬酸盐 0.5~5μm</td></tr>
<tr><td>磷化处理</td><td>磷酸铵（$NH_4H_2PO_4$）：100g/L
高锰酸钾（$KMnO_4$）：20g/L
磷酸（H_3PO_4）：调溶液 pH 值为 3.5</td><td>所有镁合金的涂装底层</td><td>$Mg_3(PO_4)_2$ 和 Al、Mn 等磷化物 1~6μm</td></tr>
<tr><td>锡酸盐处理</td><td>氢氧化钠（NaOH）：9.95g/L
锡酸钾（$K_2SnO_3 \cdot H_2O$）：49.87g/L
乙酸钠（$NaC_2H_3O_2 \cdot H_2O$）：9.95g/L
焦磷酸钠（$Na_4P_2O_7$）：49.87g/L</td><td>所有镁合金的涂装底层</td><td>$MgSnO_3$、$Mg(OH)_2$
2~5μm</td></tr>
</table>

续表

保护膜与涂层处理

(2)阳极氧化处理

其工艺根据氧化处理液的成分分为酸性氧化液和碱性氧化液两种类型。主要以磷酸盐、高锰酸盐、可溶性硅酸盐、硫酸盐、氢氧化物和氧化物为主的阳极氧化,具体工艺参数如下表

阳极氧化处理比大多数化学转化处理的成本高,主要用在一些特殊性能要求的场合,如耐磨或苛刻条件下的涂装前处理。镁合金阳极处理膜中不仅包含了合金元素的氧化膜,还包含了溶液中通过热分解沉积到工件表面的其他氧化物,如 B_2O_3、P_2O_3 或 Al_2O_3 等。其阳极氧化膜具有不同程度的孔隙率、双层结构,内层为较薄的致密层,外层为较厚的多孔层。因此,必须进行着色与封孔处理。着色与封孔用的处理液需根据阳极氧化处理的工艺不同而不同

镁合金阳极氧化处理的主要工艺参数

阳极氧化处理液组成/$g\cdot L^{-1}$	处理条件	膜的性质	阳极氧化处理液组成/$g\cdot L^{-1}$	处理条件	膜的性质
CrO_3:25 H_3PO_4(85%):50 NH_4OH(30%):160~180mL/L	温度:75~95℃ 电流密度:16A/cm^2 电压:350V(AC)	无光泽的深绿色膜	NH_4HF_2:225~450 $Na_2Cr_2O_7\cdot 2H_2O$:50~125 H_3PO_4(85%):50~110mL/L	温度:70~80℃ 电流密度:0.5~5A/cm^2 薄膜 电压:65~70V 时间:4~5min 厚膜 电压:90~100V 时间:25min	厚6~30μm,暗绿色复合膜
KOH:250~300 Na_2SiO_3:25~45 C_6H_5OH:2~5	温度:77~93℃ 电流密度:20~32A/cm^2 电压:4~8V	无光泽的白色软膜	NH_4F:450 $(NH_4)_2HPO_4$:25	温度:20~25℃ 电流密度:48~100mA/cm^2 电压:190V	无光泽的白色硬膜
KF:35 Na_3PO_4:35 $Al(OH)_3$:35 KOH:165 K_2MnO_4 或 $KMnO_4$:20	温度:≤20℃ 电流密度:1.5~2.5A/cm^2 薄膜 电压:65~70V 时间:7~10min 厚膜 电压:80~90V 时间:60~90min(AC)	厚5~40μm,棕黄色氧化膜	$K_2Cr_2O_7$:25 $(NH_4)_2SO_4$:25	pH值:5.5 温度:20℃±1℃ 时间:60min 电流密度:0.8~2.4mA/cm^2 电压密度:1.2~3.6mA/cm^2	黑色膜

(3)等离子微弧阳极氧化处理

又称等离子阳极氧化或阳极火花沉积。它是利用电化学方法将材料置于脉冲电场环境的电解质溶液中用高电压大电流在材料表面微孔中产生火花放电斑点,在热化学、等离子体化学和电化学共同作用下原位生长成陶瓷膜层的阳极氧化方法。应用金属有 Al、Mg、Ti、Zr、Nb、Ta 等金属或合金

微弧氧化过程一般认为分4个阶段:第1阶段,表面生成氧化膜;第2阶段,氧化膜被击穿,并发生等离子微弧放电;第3阶段,氧化进一步向深层渗透;第4阶段,为氧化、熔融,凝固平衡阶段。在微弧氧化过程中,当电压增大至某一值时,镁合金表面微孔中产生火花放电,使表面局部温度高达1000℃以上,从而使金属表面生成一层陶瓷质的氧化膜,其显微硬度在1000HV以上,最高可达2500~3000HV;而且氧化时间越长,电压越高,生成的氧化膜越厚。但电压过高,将导致氧化膜大块脱落,并在膜表面形成一些小坑,降低氧化膜性质

微弧氧化膜与普通氧化膜一样,具有两层结构:致密层和疏松层,但微弧氧化膜的孔隙小,孔隙率低,生成的膜与基体结合紧密,质地坚硬,分布均匀,从而有更高的耐蚀性和耐磨性。其工艺比普通阳极氧化更简单,成本低,效率高,而且无污染。由于它具有比普通氧化膜更好的性能又兼有陶瓷喷涂层的优点,因而是镁合金阳极氧化的主要发展方向

可根据需要,应用微弧氧化技术,制备耐蚀膜层、耐磨膜层、装饰膜层、电防护膜层、光学膜层、功能性膜层等,应用于航空航天、汽车、机械、化工、电工、医疗、建筑装饰等领域

镁合金常用微弧氧化工艺

电解液体系	电压/V	电流密度/$A\cdot dm^{-2}$	温度/℃	时间/min	膜厚度/μm	电解液体系	电压/V	电流密度/$A\cdot dm^{-2}$	温度/℃	时间/min	膜厚度/μm
六偏磷酸盐系	≤340	2~10	15~30	15~120	30~100	偏铝酸盐系	≤340	15	20~40	15~120	20~105
硅酸盐系	300	5~15	10~20		10~95	磷酸盐与硅酸盐的复合系	≤300	2~10	15~30		10~100
磷酸盐系	≤300		15~30		10~100						

续表

保护膜与涂层处理	(4)表面渗层处理 1)氮化处理。是将氮气解离,用高压加速装置把氮离子植入镁合金的表面,以提高表面耐蚀性 2)渗铝处理。是通过化学热处理或其他热扩散方法,在镁合金表面形成扩散型的富 Al 层,氧化时在镁合金的表面生成致密的 Al_2O_3 或 $MgAl_2O_3$ 层,从而提高镁合金的表面硬度和耐蚀性、耐磨性 (5)金属涂层处理 一般采用电镀、化学镀和喷涂方法制备金属涂层。电镀、化学镀是利用化学还原法或电化学还原法在镁合金表面沉积所需金属元素,并与表面的镁形成结合牢固的致密层。但镁合金表面电镀或化学镀比较困难,一般采用化学转化镀金属。电镀一般选用 Cu、Ni-Cr-Cu 涂层 (6)溶胶-凝胶法 该技术的反应条件温和(室温或稍高温度、常压),合成手段灵活多样的;它制备的金属涂层材料具有耐热、耐蚀及光、电、磁等功能。是开发多功能无机-有机复合膜材料的新的研究方向 (7)有机涂层及特殊涂层 是保护镁合金表面常用的方法,应用的有机物涂层很多,如环氧树脂、乙烯树脂、聚氨酯以及橡胶等。涂装方法有喷涂、浸涂、刷涂、电泳涂或粉末静电涂装。这种防护只能用作短期保护,表面涂覆油、油脂、油漆、蜡和沥青等也可作短时保护

第8章 装配工艺性

1 装配类型和方法

表 1-8-1

项目		特点
装配类型	厂内装配好	一般小型的、运输方便的机器
	厂内部分装配	最后总装、调试、检验等工作都在使用现场,如一些大型的、重型的、不便于运输的机器
装配方法	单件装配	大部分零件可以按经济精度制造,用于新品种试制
	完全互换法	要求任何一个零件不再经过修配及补充加工就能满足技术要求装配。零件制造精度要求较高,制造费用大,但有利于组织装配流水线和专业化协作生产。用于大批、大量生产
	选配法(不完全互换法)	按照严格的尺寸范围将零件分成若干组,然后将对应的各组配合件装配在一起,以达到所要求的装配精度,零件的制造公差可适当放大。用于成批生产的某些精密配合件
	修配法	是以修正某个配合零件的方法来达到规定的装配精度。增加了装配工作量,但可降低零件的加工精度,因此虽然要求较高装配精度,但仍能降低产品成本。用于成批生产精度高的产品或单件、小批生产
	调整法	通过调整一个或几个零件的位置,以消除零件的积累误差,达到装配精度。如使用不同尺寸的可换垫片、衬套、可调节螺钉、镶条等。比修配法方便,也能达到很高的装配精度。结构稍复杂,有时使部件的刚性降低。用于大批生产或单件生产

2 装配工艺设计注意事项

表 1-8-2

注意事项	不好的设计	改进后的设计
1. 尽可能使装配操作分开		
(1)便于分解为组件,以便实现包括预装配和终了装配的装配分级	T1 T2 T8 T6 T7 T2 T6 T3 E1 T6 T5 T5 T6 T6 T7 T3 T4	E1 T1 G1 G2 G3 T2 T3 G11 T3 T4 G31 G32 T5 T6 T6 T7 G11 T6 T8 T2 T5 T6 T6 T7 G:预装组

续表

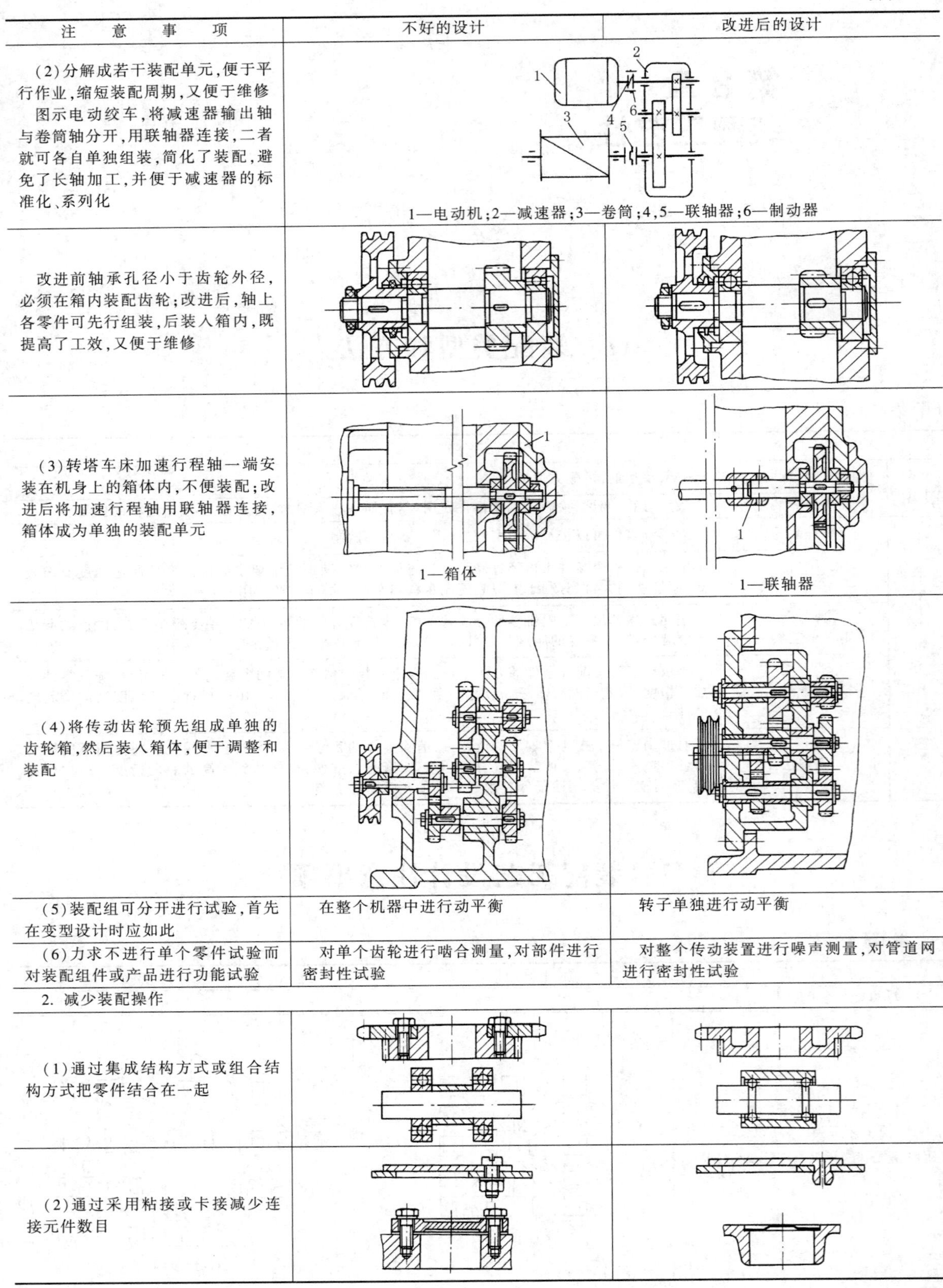

注 意 事 项	不好的设计	改进后的设计
(2)分解成若干装配单元,便于平行作业,缩短装配周期,又便于维修 图示电动绞车,将减速器输出轴与卷筒轴分开,用联轴器连接,二者就可各自单独组装,简化了装配,避免了长轴加工,并便于减速器的标准化、系列化	1—电动机;2—减速器;3—卷筒;4,5—联轴器;6—制动器	
改进前轴承孔径小于齿轮外径,必须在箱内装配齿轮;改进后,轴上各零件可先行组装,后装入箱内,既提高了工效,又便于维修		
(3)转塔车床加速行程轴一端安装在机身上的箱体内,不便装配;改进后将加速行程轴用联轴器连接,箱体成为单独的装配单元	1—箱体	1—联轴器
(4)将传动齿轮预先组成单独的齿轮箱,然后装入箱体,便于调整和装配		
(5)装配组可分开进行试验,首先在变型设计时应如此	在整个机器中进行动平衡	转子单独进行动平衡
(6)力求不进行单个零件试验而对装配组件或产品进行功能试验	对单个齿轮进行啮合测量,对部件进行密封性试验	对整个传动装置进行噪声测量,对管道网进行密封性试验
2. 减少装配操作		
(1)通过集成结构方式或组合结构方式把零件结合在一起		
(2)通过采用粘接或卡接减少连接元件数目		

续表

注　意　事　项	不好的设计	改进后的设计
(3)尽量采用自作用对准及定位	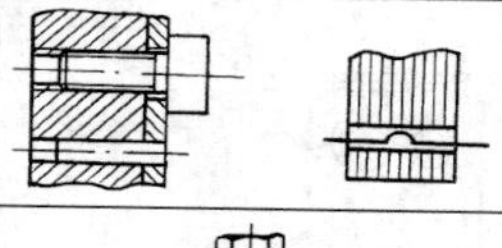	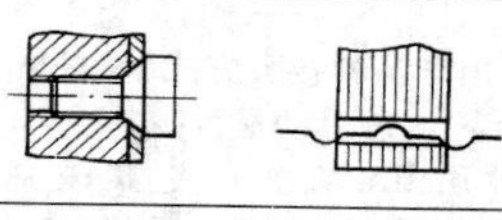
(4)通过功能合成减少零件数目	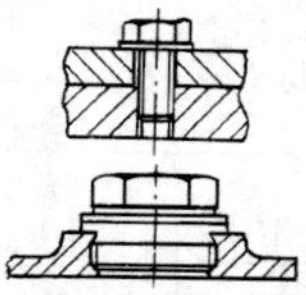	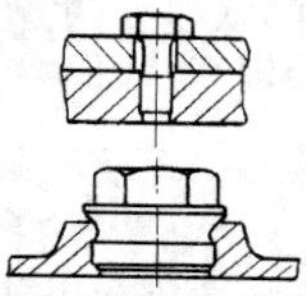
(5)装配操作同时进行	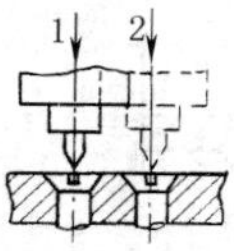 1 2	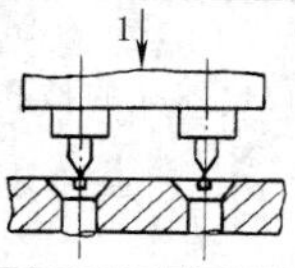 1
(6)减少接合部位及接合表面	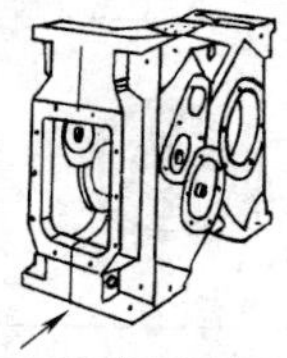	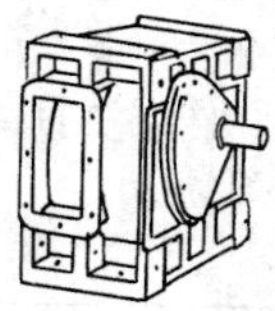
(7)对已装好的组件或产品进行功能试验时无需把它拆开	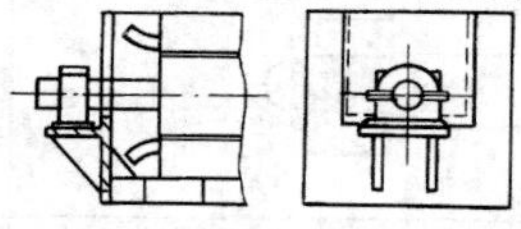 气隙测量不可能进行	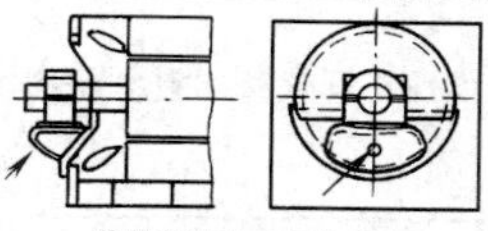 气隙测量可直接进行
(8)避免装配时进行切削加工 图a轴套装入机体后，需钻孔、攻螺纹，既增加装配工作量，又延长装配周期。改进后(见图a′)轴或轴套用卡在轴或轴套环形槽里的压板固连在机体上，压板可用冲压方法制造，机体上的螺纹孔可在切削加工车间加工	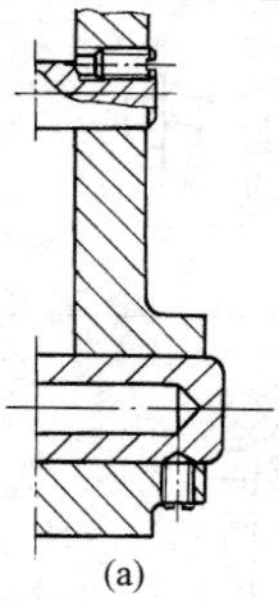 (a)	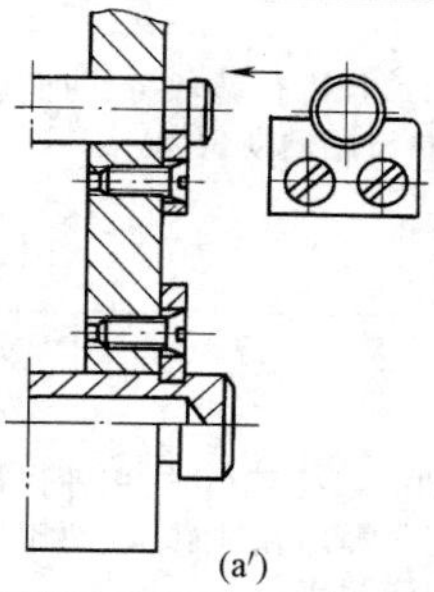 (a′)
(9)尽可能使装配时不进行手工修配 图a是杠杆与导向叶轮连接用键，两个半圆柱系分开加工，不能吻合得很好，装配时须用手工修配。可改用图a′结构(装配时杠杆与导向叶轮之间的相对位置常需调整，不可能用普通锥形销钉)	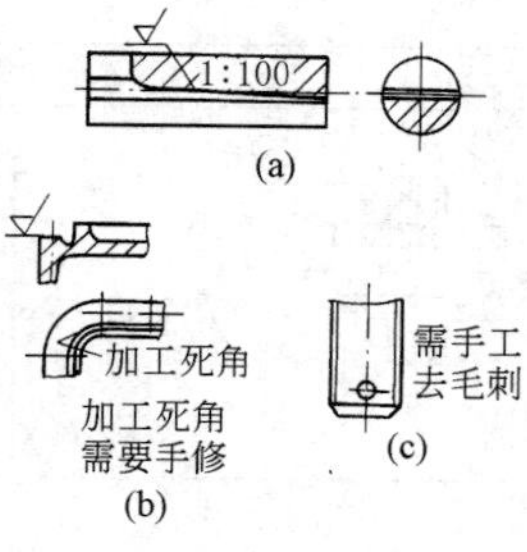 1:100 (a) 加工死角 加工死角需要手修 (b) 需手工去毛刺 (c)	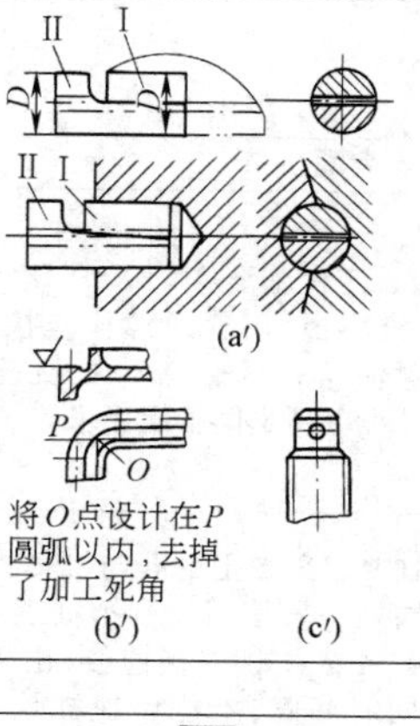 II I D D II I (a′) P O 将O点设计在P圆弧以内，去掉了加工死角 (b′) (c′)
3. 统一和简化装配操作		
(1)对每一组件尽量采用统一的接合方向和接合方法	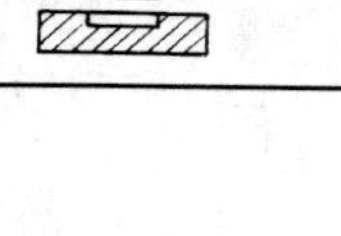	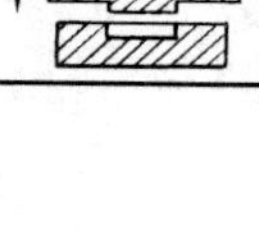

续表

注意事项	不好的设计	改进后的设计
(2)选用合适的接合方式，使机械加工和装配的总劳动量减少 减速器用图a′接合方式，机械加工量虽然比图a大，但由于装配大大简化，还是合理的	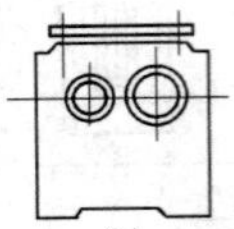 (a)	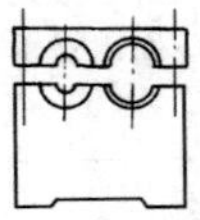 (a′)
根据实际情况，有时采用对称结构，可简化装配。图a′轴套内的槽，采用对称结构，比图a的槽和孔容易对准，简化了装配	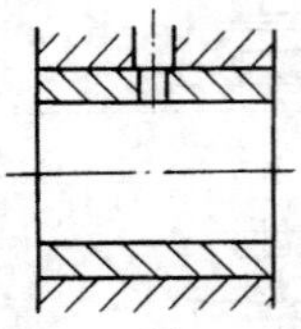 (a)	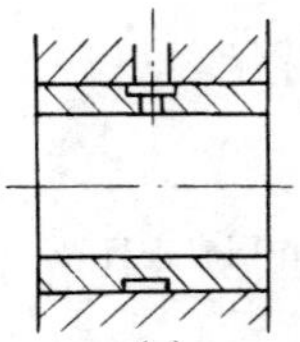 (a′)
(3)用弹性挡圈代替开口销和垫圈，可提高装配效率	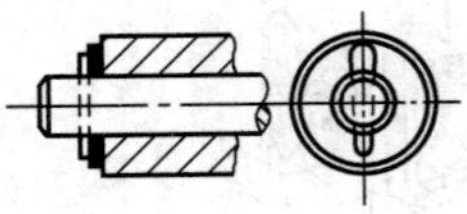	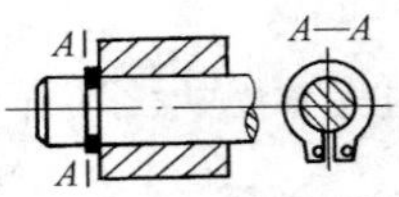 A—A A A
(4)用弹性垫圈代替螺钉和垫圈	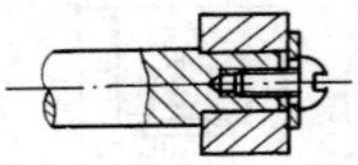	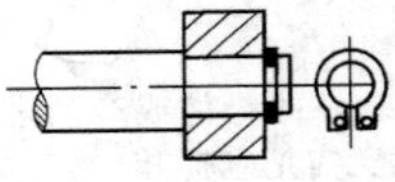
(5)平面形挡圈代替轴肩，曲面形挡圈可限制齿轮轴向位置	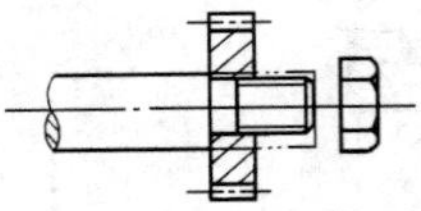	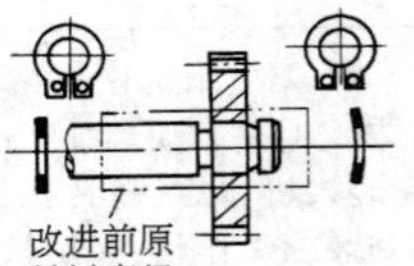 改进前原材料直径
(6)当轴向载荷较小时，用弹性挡圈代替法兰、螺母和轴肩，以便于装配，提高装配效率	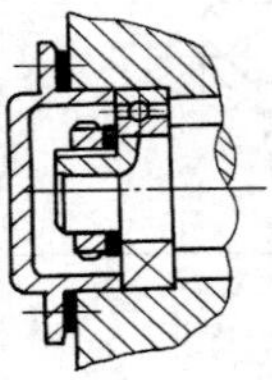	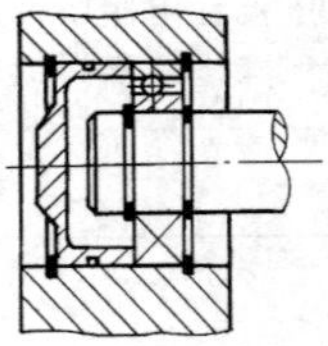
4. 保证装配质量		
(1)应设定位基准 图a两法兰盘用普通螺栓连接，两法兰盘轴孔有同轴度要求，无定位基准时难以满足同轴度要求	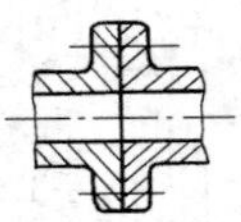 (a)	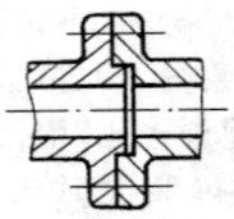 (a′)
液压缸要求缸盖上的孔与缸体内圆表面同轴。若按图a所示缸盖2与缸体1用螺纹3直接连接，由于螺纹之间有间隙，不能保证缸盖2的孔与缸体1内圆表面的同轴度，活塞杆易偏移。改进后(见图a′)另设置装配基面4	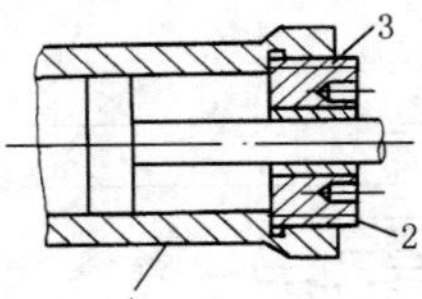 3 2 1 (a)	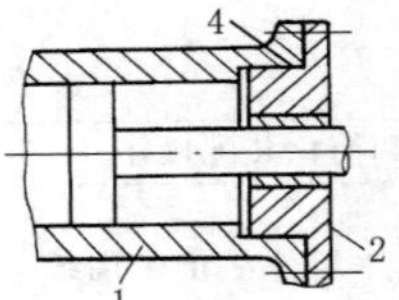 4 2 1 (a′)

续表

注意事项	不好的设计	改进后的设计
两锥轮支架 1 和 2 同机架之间不应有径向游隙,应设置装配基面	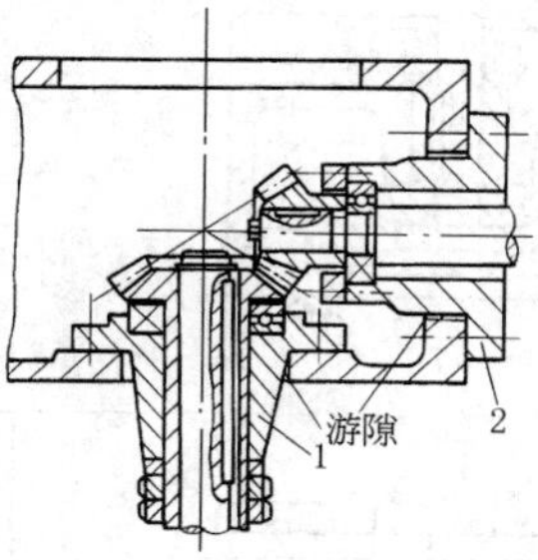 游隙 1 2	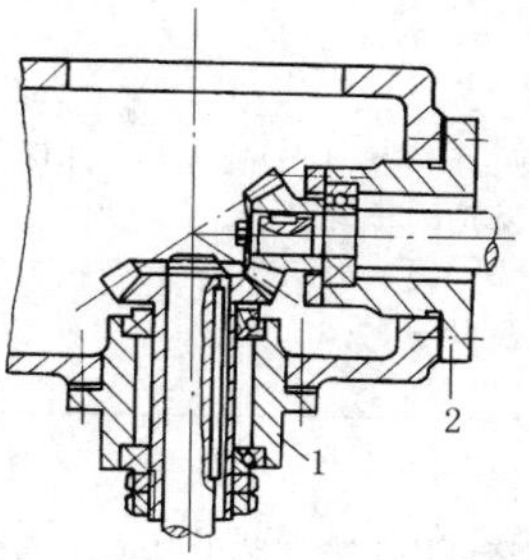 1 2
(2)正确布置定位销 图 a 支承座安装用两销钉定位。按左图的布置,因为左右两销钉孔到支座轴线的距离不要求也不可能加工得绝对相等,如左孔距离为 $a+\Delta$,右孔距离为 $a-\Delta$,若不慎将支座转 180°安装,则此时左孔距离为 $a-\Delta$,右孔距离为 $a+\Delta$,从而使支座轴线较原来的正确位置向左偏移 2Δ。改进后的设计(见图 a′)可避免产生上述错误	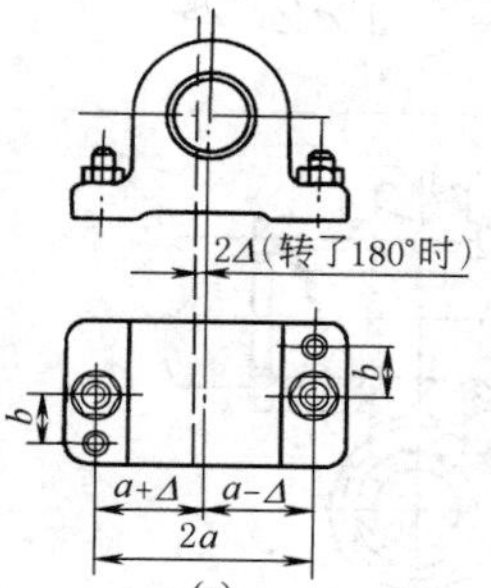 2Δ(转了180°时) b b $a+\Delta$ $a-\Delta$ $2a$ (a)	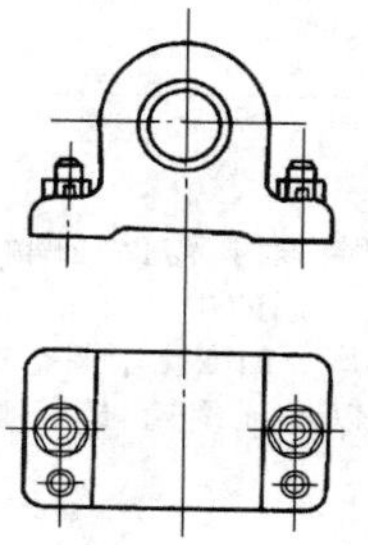 (a′)
(3)采用结构措施补偿误差 图 a′一对圆柱齿轮中的小齿轮比大齿轮稍加宽一些,当有装配误差时,仍能保证两齿沿全齿宽啮合,这就可在保证安装要求前提下,降低装配精度的要求	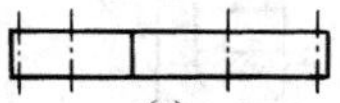 (a)	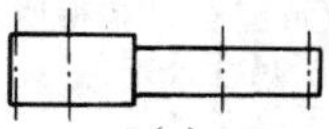 (a′)
图中左右两边的轴肩不要分别与零件 2 和轴承 1 内圈的端面取齐,这样既保证了安装要求,也降低了机械加工精度的要求,避免了装配时的修配工作	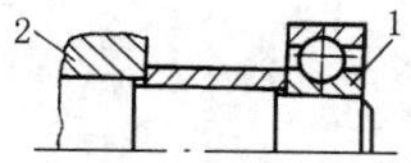 2 1	
(4)采用调整零件 如图所示结构,在轴承外圈与轴承盖 2 之间加一环状零件 1,它的厚度在装配时根据测量结果配制,组件的轴向尺寸加工时可按自由公差,积累的轴向误差可用零件 1 补偿,以保证对轴承内外圈的固定要求	 2 1	
如图所示是装配精度要求较高的圆锥齿轮机构,要求两轮的节圆锥共顶,以保证正确啮合。因此装配时要使两轮能沿各自轴线有控制地移动,以便将两轮调整到所要求的合适位置。小齿轮的轴向位置用垫片 1 来调整,大圆锥齿轮的轴向位置用两端轴承盖处的垫片 2 来调整 蜗杆蜗轮机构,可用类似措施来调整蜗轮的轴向位置,以保证蜗轮与蜗杆的正确位置	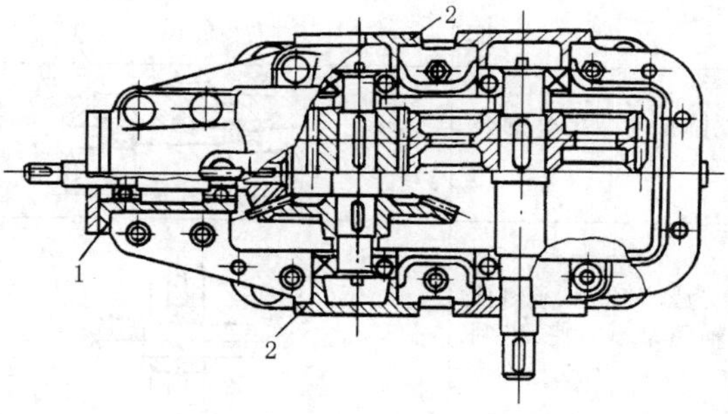 2 1 2	

续表

注 意 事 项	不好的设计	改进后的设计
修配两调整垫 1、2 的厚度，可保证两锥齿轮的正确啮合	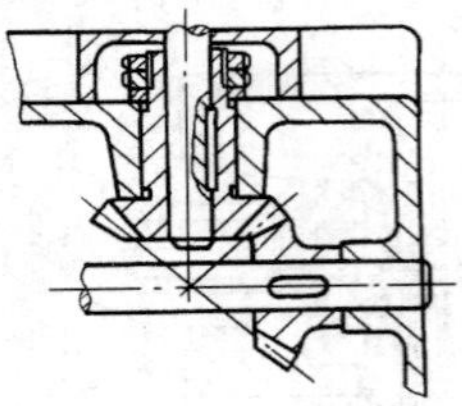	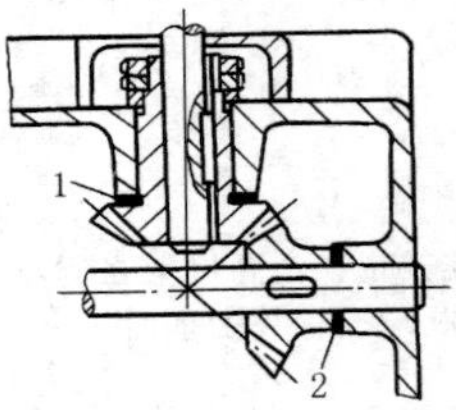 1 2
用调整垫片 1 来调整丝杠支承与螺母之间的同轴度	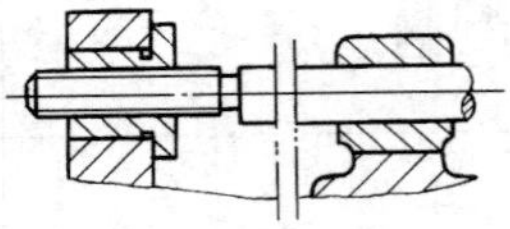	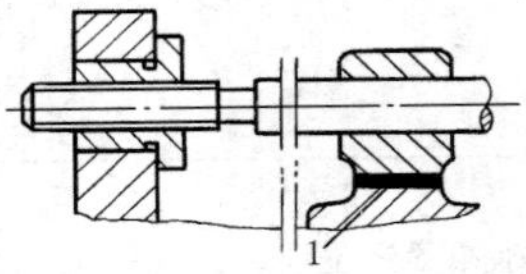 1
蜗杆传动装配时，需保证蜗杆轴线 1 与蜗轮齿冠的中线 2 相重合，利用调整垫厚 a 的变化来调整蜗杆轴向位置，以保证蜗轮、蜗杆啮合精度	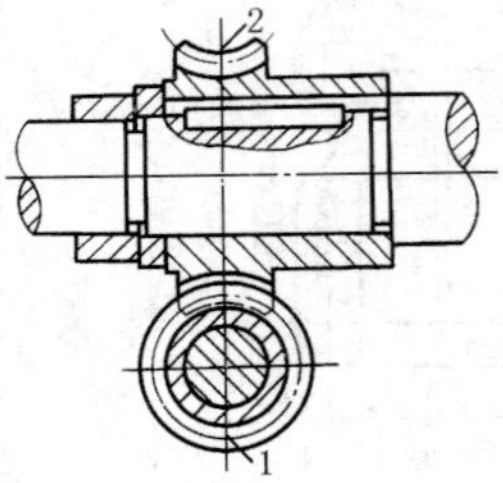 2 1	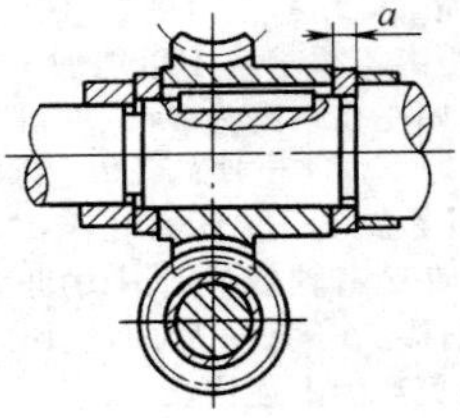 a
(5)避免双重配合以获得明确的定位，并且减少尺寸公差	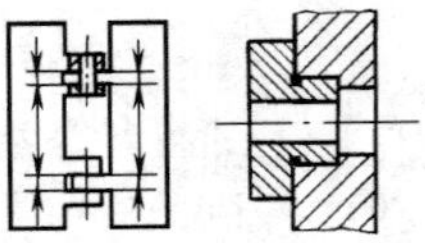	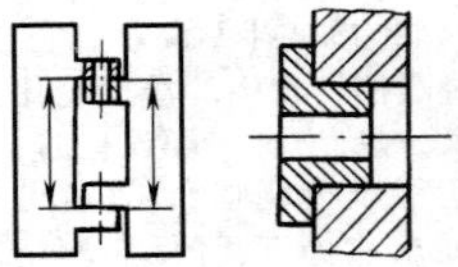
(6)为避免两段配合面同时进入，图 a 应改为图 a′。图 b 蜗杆轴装入箱体时，两轴承外圈不是同时而是一先一后地装入轴承孔配合面	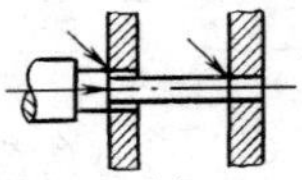 (a) 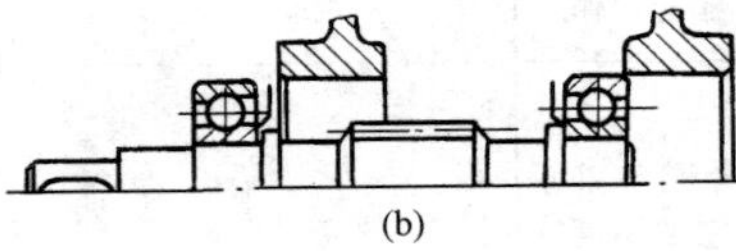 (b)	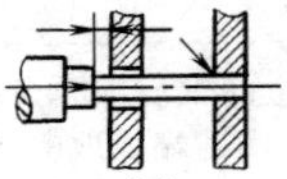 (a′)
(7)图 a 结构在装配零件 1 时，其键槽与轴上的键要对准比较困难。改进后的设计(见图 a′)，键与键槽则很容易对准	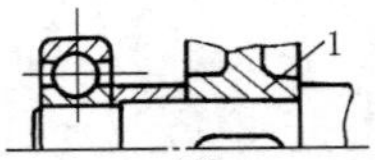 1 (a)	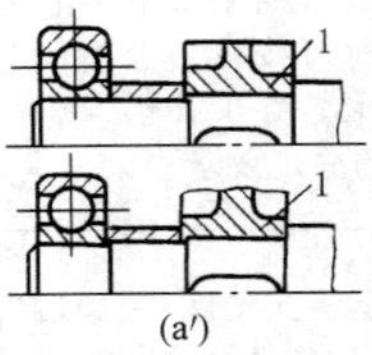 1 1 (a′)
(8)利用弹性降低对装配件的公差要求	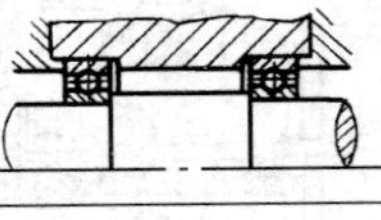	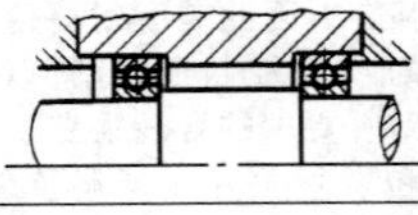
(9)轴与轮毂为紧配合时，须将伸出于轮毂外的轴径车小一些，以利装卸	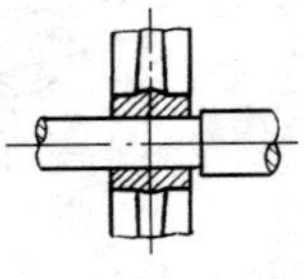	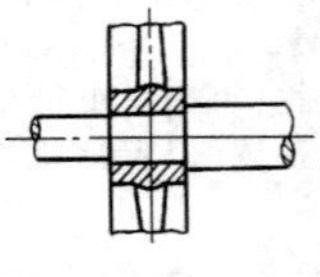

续表

注　意　事　项	不好的设计	改进后的设计
(10)将大的接合面分成多个小的接合面	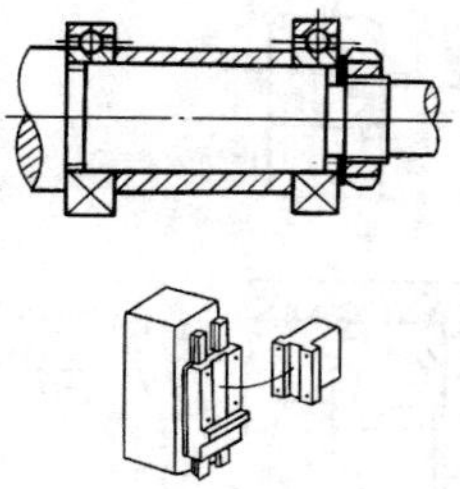	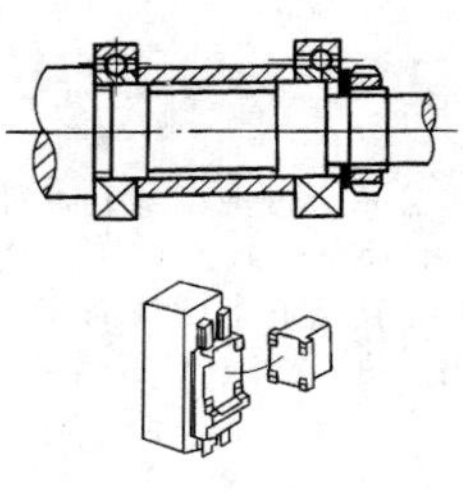
5. 应便于装配		
(1)应留出足够的放置螺钉的高度空间和留出足够的扳手活动空间	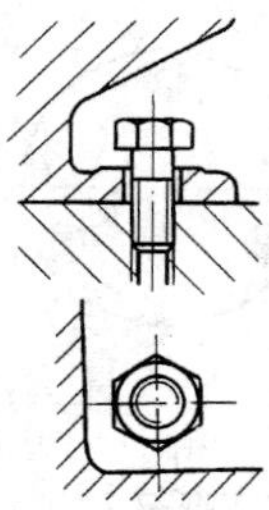	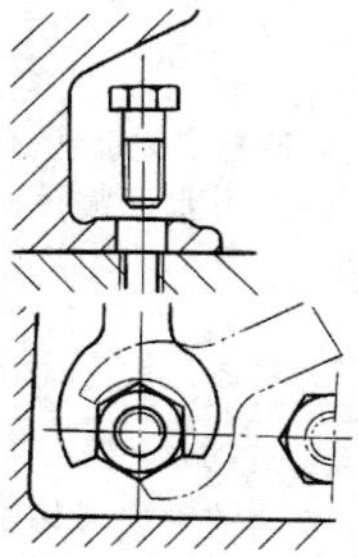
(2)图a装配困难，图a′旁开工艺孔稍好，图b′采用双头螺柱便于装配	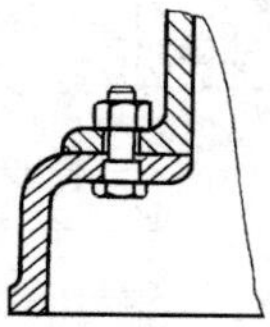 (a)	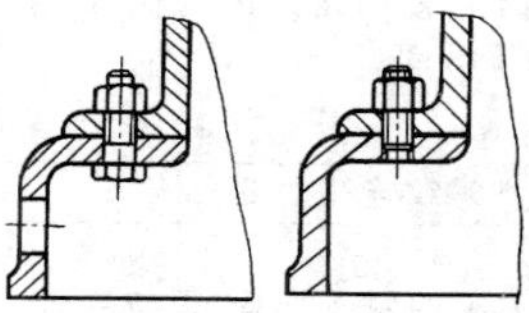 (a′)　(b′)
(3)打入销钉时，应有空气逸出口，以防空气留在孔中，影响装配	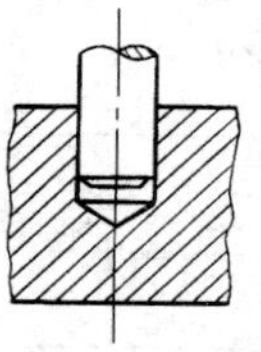	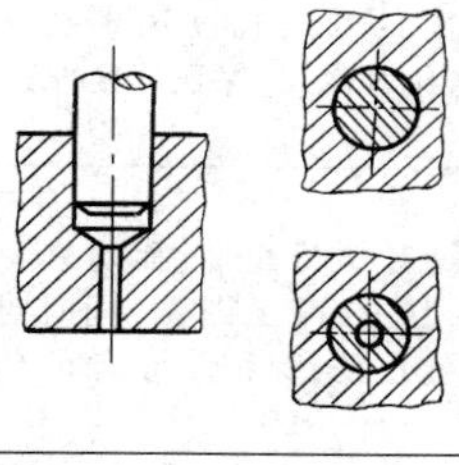
(4)为了装卸方便，确保轴承位置，右端轴径应稍小于轴颈直径，以免装拆轴承时擦伤轴表面	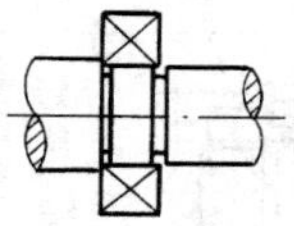	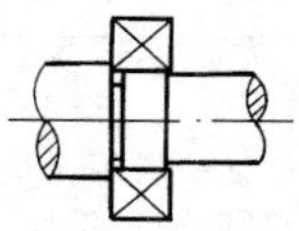
(5)配合件应倒角，以便装配。若倒角为15°～30°，有导向部分则装配更容易	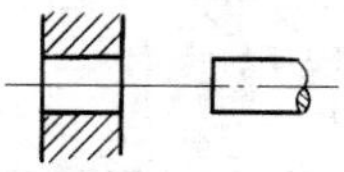	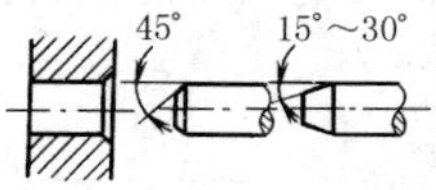 45°　15°～30°
6. 应便于拆卸		
(1)为便于拆卸静配合1的零件，应配置拆卸螺钉或采用具有拆卸螺孔的锥销	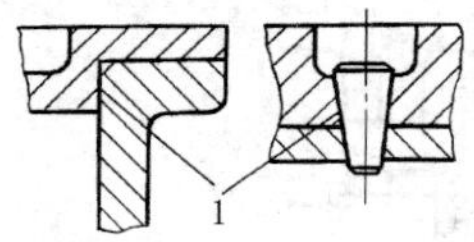 1	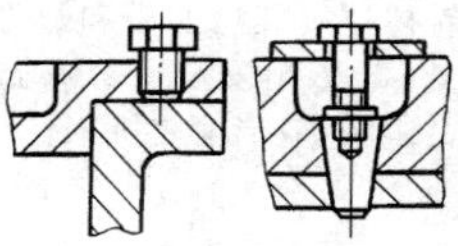

续表

注　意　事　项	不好的设计	改进后的设计
(2)图 a 轴承内圈或图 b 轴承外圈不易拆卸,应使轴肩高度小于内圈厚度(图 a′),或孔的凸肩高度小于外圈厚度(图 b′)	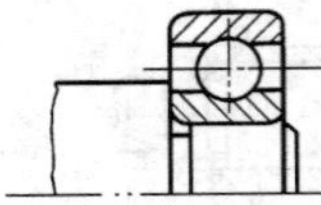 (a) 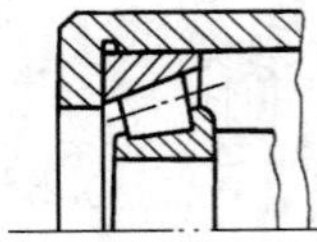 (b)	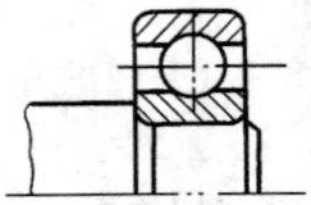 (a′) 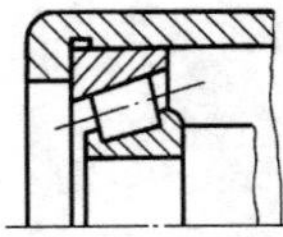 (b′)
(3)端盖上应留有工艺螺孔,以便于拆卸端盖,避免用非正常拆卸方法而损坏零件	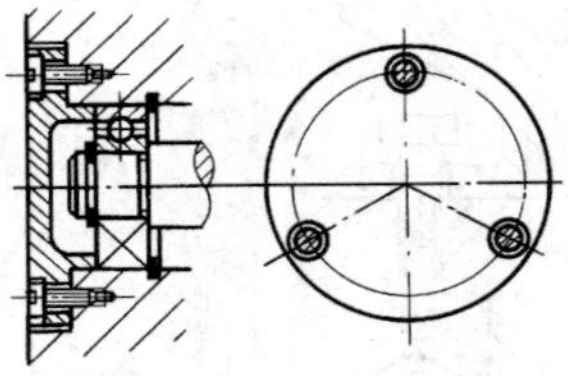	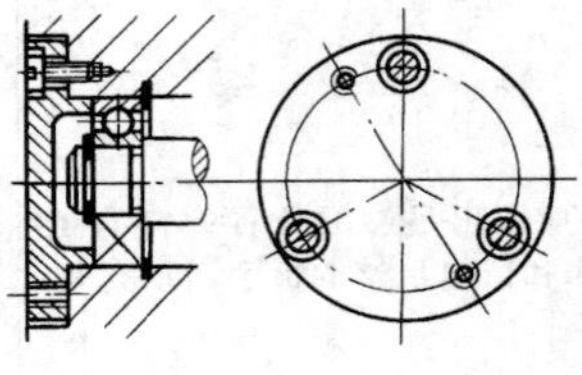
(4)带止转装置的轴要考虑拆卸方便,图 a 所设销子可防止轴转动,但轴的拆卸较困难。改为图 a′结构,则易于拆卸	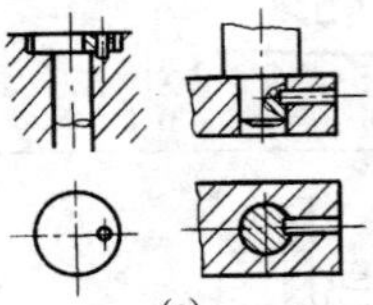 (a)	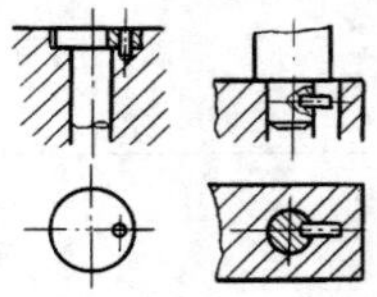 (a′)
7. 考虑螺纹连接的工艺性		
滚压加工的双头螺栓,其 d 大于螺纹底径,若螺孔深度过大,会使螺栓拧不紧或损坏孔口部分螺纹。要控制螺栓上的螺纹长度和螺孔深度,或在螺孔口锪孔,保证螺栓拧紧	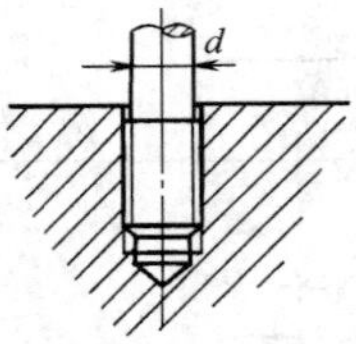 d	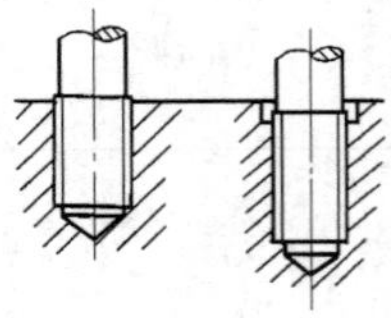
图 a 只是对螺母止动,而对螺栓并未止动,改进后(见图 a′)同时对螺栓和螺母止动,保证了止动的确实可靠	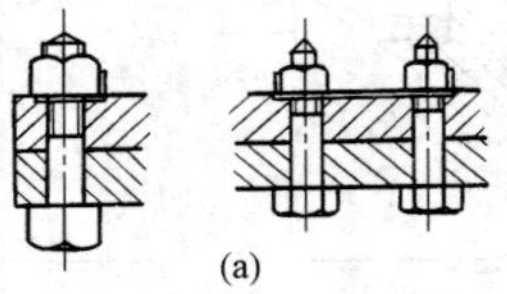 (a)	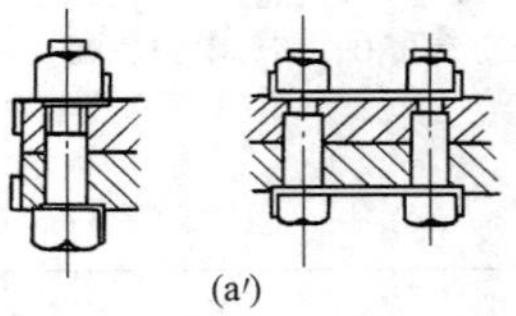 (a′)
图 a 因安装位置的周围无足够的空间弯曲止动垫圈的爪,不能止动。改进后(见图 a′)采用骑缝螺钉,保证止动可靠	 不能折弯垫圈的爪 (a)	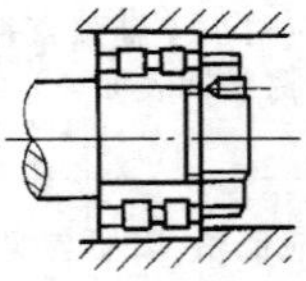 (a′)
高速旋转体连接螺栓的头和螺母等伸出在外,既影响安全也容易造成各种不良影响,应当使之沉入	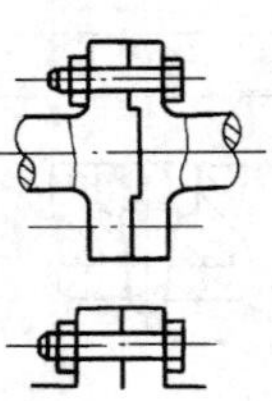	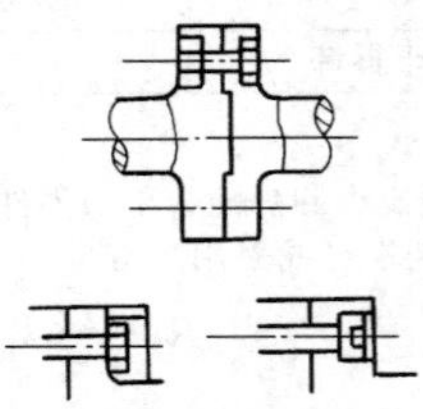

续表

注意事项	不好的设计	改进后的设计
化工管道等的法兰螺栓布置在正下面易受泄漏溶液的腐蚀	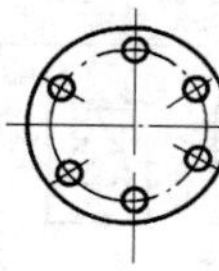	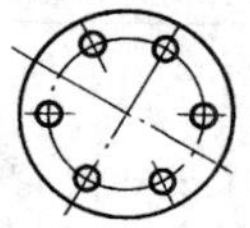
螺母的端面不一定与螺纹相垂直，螺纹有间隙，并且被紧固件两端面也存在平行度误差，如果在长轴中央处进行强力紧固，易使轴产生弯曲	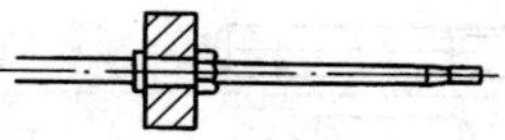	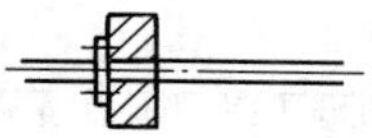
使用多个沉头螺钉时，无法使所有螺钉头的锥面保持良好的接合，连接件间的位移会造成螺钉的松动	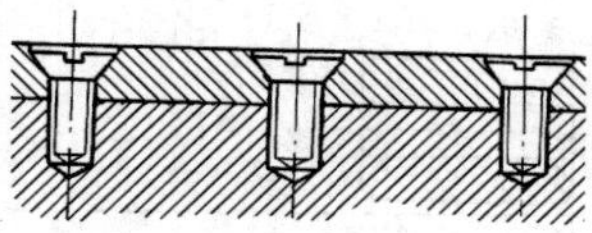	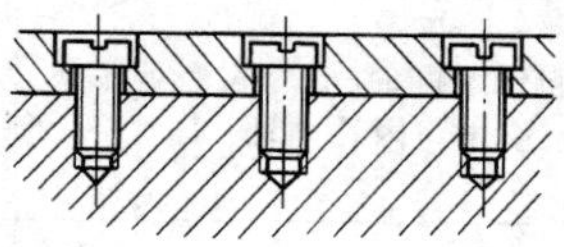
8. 避免装配时的应力集中		
过盈量大的配合处，尤其是采用热装的部位，要考虑配合引起的应力集中与轴肩处的应力集中相叠加的问题，以减少轴肩处的应力集中	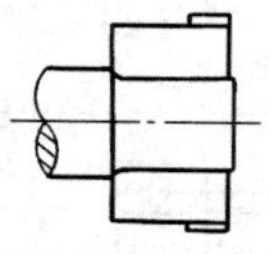	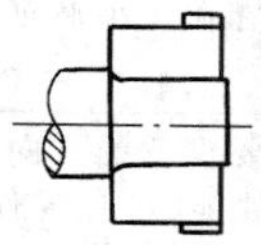
滚动轴承的圆角 R 一般较小，如果相应减小轴部的 R 则应力集中会增大。应采取必要措施，使轴的 R 不致过小	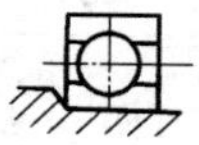	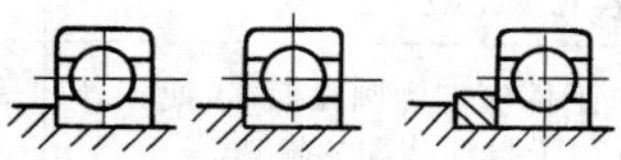
过盈量大的热装，轴上在相对于轮毂端部处为紧固力剧变部，产生应力集中 为了不形成紧固力的剧变部，最好从轮毂端部向套入端逐渐减小过盈量	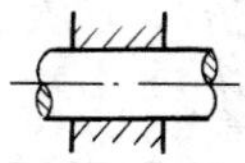	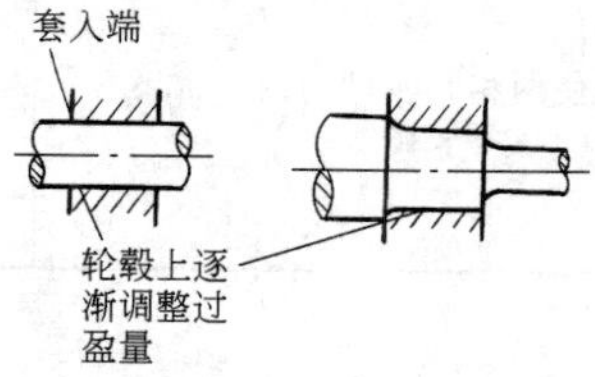 套入端 轮毂上逐渐调整过盈量
将轴向宽度较薄的盘状零件热装到轴上时，过盈量引起的反力有可能使盘状零件变形。为避免出现这种情况，要增加盘状零件的轴向宽度，不能增加时要从轴肩向套入端调整过盈量	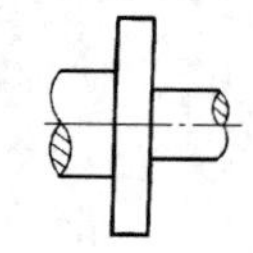	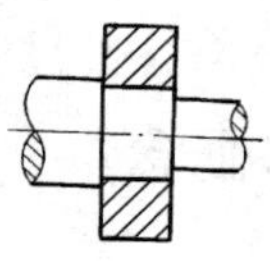
9. 便于起吊安装		
(1)很大的铸件不用吊环螺钉起吊，因为此时吊环螺钉斜着受力很大，较好的办法是用事先铸好的洞孔或铸成的凸起搭子	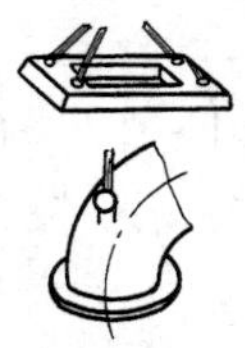	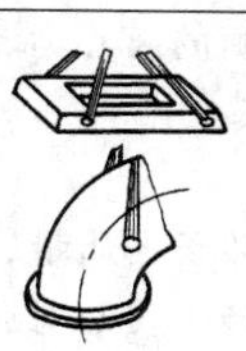
(2)在允许的情况下，事先留有使用调节楔子与安放水平尺的平面，在装配时有很大好处	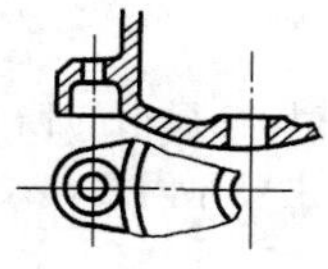	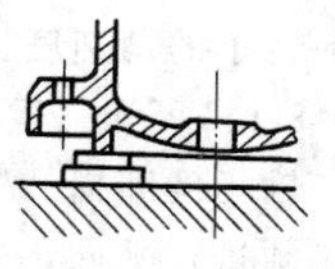

续表

注意事项	不好的设计	改进后的设计
10. 可能实现并简化自动储存和装配		
(1)如果没有特殊要求，轮廓应尽量对称，以便于确定正确位置，避免装错	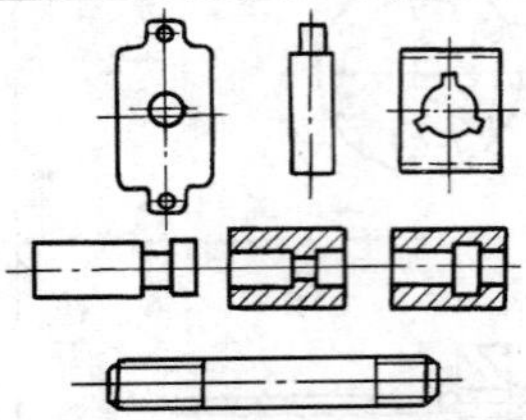	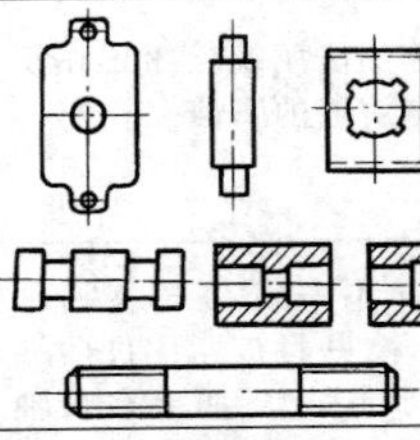
(2)零件孔径不同，为保证装配位置正确，宜在相对于小孔径处切槽或倒角，以便识别	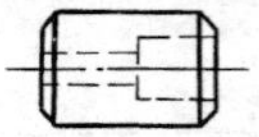	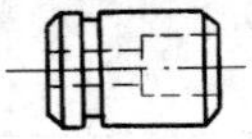
(3)自动装配时，宜将夹紧处车成圆柱面，使之与内孔同轴	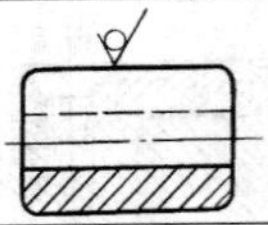	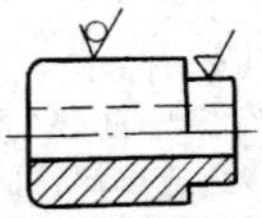
(4)为易于保证垫片上偏心孔的正确位置，可加工出一小平面	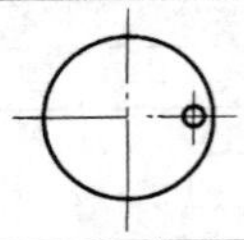	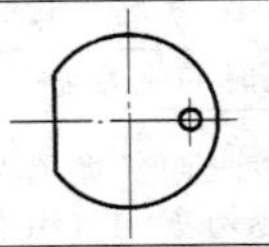
(5)装配时，要求孔的方向一定，若不影响零件性能，可在零件上铣一小平面，其位置与孔成一定关系，平面较孔易定位	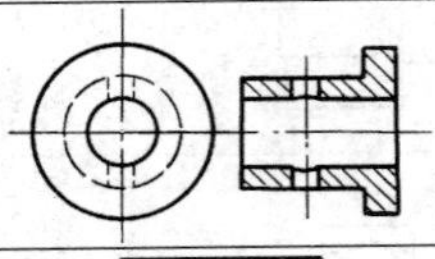	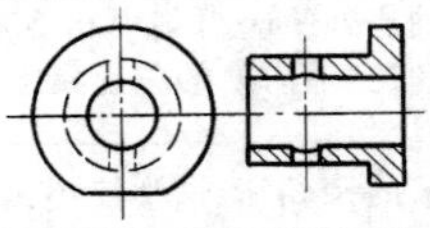
(6)工件底端为圆弧面时，便于导向，有利于自动装配的输送	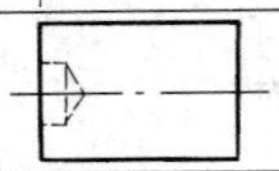	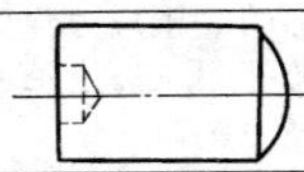
(7)使两相邻零件的内外锥不等，运输中不易"卡死"	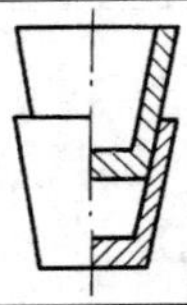	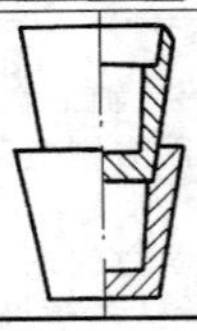

3　转动件的平衡

3.1　基本概念

具有一定转速的转动件——转子，由于材料组织不均匀、零件外形的误差（尤其具有非加工部分）、装配误差以及结构形状局部不对称（如键槽）等原因，使通过转子质心的主惯性轴与旋转轴线不相重合。因而旋转时，转子产生不平衡的离心力，其值由下式计算：

$$C = me\omega^2 = me\left(\frac{\pi n}{30}\right)^2 \quad \text{(N)} \tag{1-8-1}$$

式中　m——转子的质量，kg；

e——转子质心对旋转轴线的偏移，即偏心距，m；

n——转子的转速，r/min；

ω——转子的角速度，rad/s。

由式（1-8-1）可知，重型或高转速的转子，即使具有很小的偏心距，也会引起非常大的不平衡离心力，成为轴的断裂，轴承的磨损，轴系、机器或基础振动的主要原因之一。所以，机器，特别是高速、重型机器在装配时，其转子必须进行平衡。

平衡是改善转子的质量分布，以保证将转子在其轴承中旋转时因不平衡而引起的振动或振动力减小到允许范围内的工艺过程。利用现有的测量仪器可以把转子的不平衡减小到许用的范围，但对平衡品质要求过高是不经济的，也是不必要的。

转子不平衡有两种情况：

1）静不平衡——转子主惯性轴与旋转轴线不相重合，但相互平行，即转子的质心不在旋转轴线上，如图 1-8-1a 所示。当转子旋转时，将产生不平衡的离心力。

2）动不平衡——转子的主惯性轴与旋转轴线交错，且相交于转子的质心上，即转子的质心在旋转轴线上，如图 1-8-1b 所示。这时转子虽处于静平衡状态，但转子旋转时，将产生一不平衡力矩。又称偶不平衡。

在大多数的情况下，转子既存在静不平衡，又存在动不平衡，这种情况称静动不平衡。此时，转子主惯性轴线与旋转轴线既不重合，又不平行，而相交于转子旋转轴线中非质心的任何一点，如图 1-8-1c 所示。当转子旋转时，产生不平衡的离心力和力矩。

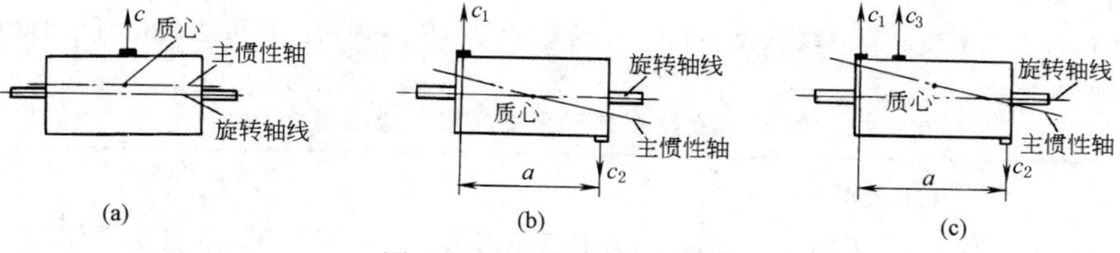

图 1-8-1　转子平衡的类型

转子静不平衡只需在一个平面上（即校正平面）安放一个平衡质量，就可以使转子达到平衡要求，故又称单面平衡。平衡质量的数值和位置，在转子静力状态下确定，即将转子的轴颈搁置在水平刀刃支承上，加以观察，就可以看出其不平衡状态，较重部分会向下转动，这种方法称为静平衡。

静平衡主要应用于转子端面之间的距离比轴承之间的距离小许多的盘形转子，如齿轮、飞轮、带轮等。

转子动不平衡及静动不平衡必须在垂直于旋转轴的两个平面（即校正平面）内各加一个平衡质量，使转子达到平衡。平衡质量的数值和位置，必须使转子在动力状态下，即转子在旋转的情况下确定，这种方法称为动平衡。因需两个平面做平衡校正，故又称双面平衡。

动平衡主要应用于长度较长的转子。校正平面应选择在间距尽可能最大的两个平面，为此，校正平面往往选择在转子的两个端面上。

必须指出，以上所述系指刚性转子的平衡问题。挠性转子必须选定两个以上的校正平面，以及采用专门方法才能达到平衡。挠性转子的平衡及许用剩余不平衡量的确定见 GB/T 9239.12—2021《机械振动 转子平衡 第 12 部分：具有挠性特性的转子的平衡方法与允差》。

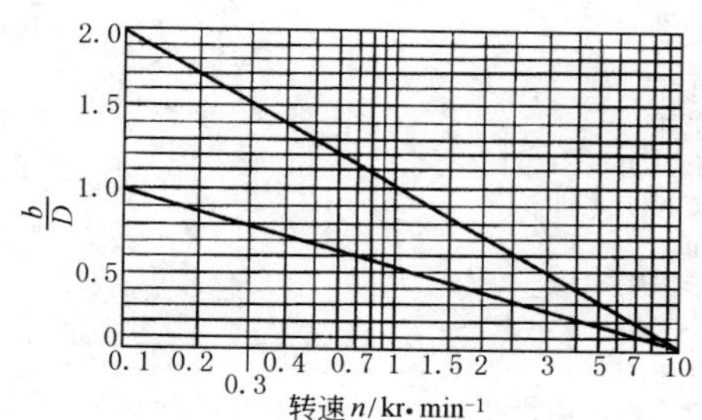

图 1-8-2　平衡法的选择

3.2　静平衡和动平衡的选择

厚度与直径之比小于 0.2 的盘状转子，一般只需进行静平衡。

圆柱形转子或厚度与直径之比大于 0.2 的盘状转子应根据转子的工作转速来决定平衡方式。图 1-8-2 表示平衡的应用范围，用转子尺寸比$\frac{b}{D}$（b 为转子厚度，D 为转子直径）和每分钟转速 n 的关系表达。下斜线以下的转子只需进行静平衡，上斜线以上的转子必须进行动平衡，两斜线间的转子应根据转子的质量、制造工艺、加工情况（部分加工还是全部加工）及轴承的距离等因素，来确定是否需要进行动平衡。

3.3　平衡品质的确定（摘自 GB/T 9239.1—2006，GB/T 9239.14—2017）

转子所需平衡品质常用经验法确定。经验法是根据所制定的平衡等级来确定平衡品质的。表 1-8-3 中每一个平衡品质等级包括从上限到零的许用剩余不平衡范围，平衡品质等级的上限由乘积 $e_{per}\omega$ 除以 1000 确定，单位为

mm/s，用 G 表示。共分 11 个平衡等级。

$$G=\frac{e_{per}\omega}{1000} \tag{1-8-2}$$

式中　e_{per} ——转子单位质量的许用不平衡度，g · mm/kg；

ω ——转子最高工作角速度，rad/s。

图 1-8-3 表示对应于最高工作转速的 e_{per} 的上限，转子许用不平衡量为：

$$U_{per}=e_{per}m \tag{1-8-3}$$

式中　m ——转子质量，kg；

U_{per} ——转子许用剩余不平衡量，g · mm。

式（1-8-3）可以改写为 $e_{per}=\frac{U_{per}}{m}$，说明转子质量越大，许用不平衡量也越大。因此 e_{per} 可用来表示许用剩余不平衡量与转子质量的关系。

常用各种刚性转子的平衡品质等级见表 1-8-3。在确定平衡品质等级后，也可查出相对应的最大许用剩余不平衡度（见图 1-8-3）。

表 1-8-3　　恒态（刚性）转子平衡品质分级指南

机械类型:一般示例	平衡品质级别 G	量值 $e_{per}\cdot\Omega$ /mm · s^{-1}
固有不平衡的大型低速船用柴油机(活塞速度小于 9m/s)的曲轴驱动装置	G1000	4000
固有平衡的大型低速船用柴油机(活塞速度小于 9m/s)的曲轴驱动装置	G1600	1600
弹性安装的固有不平衡的曲轴驱动装置	G630	630
刚性安装的固有不平衡的曲轴驱动装置	G250	250
汽车、卡车和机车用的往复式发动机整机	G100	100
汽车车轮、轮箍、车轮总成、传动轴、弹性安装的固有平衡的曲轴驱动装置	G40	40
农业机械 刚性安装的固有平衡的曲轴驱动装置 粉碎机 驱动轴(万向传动轴、螺旋桨轴)	G16	16
航空燃气轮机 离心机(分离机、倾注洗涤器) 最高额定转速达 950r/min 的电动机和发电机(轴中心高不低于 80mm) 轴中心高小于 80mm 的电动机 风机 齿轮 通用机械 机床 造纸机 流程工业机器 泵 透平增压机 水轮机	G6. 3	6. 3
压缩机 计算机驱动装置 最高额定转速大于 950r/min 的电动机和发电机(轴中心高不低于 80mm) 燃气轮机和蒸汽轮机 机床驱动装置 纺织机械	G2. 5	2. 5
声音、图像设备 磨床驱动装置	G1	1
陀螺仪 高精密系统的主轴和驱动件	G0. 4	0. 4

注：1. 本表是按典型的完全组装好的转子进行分类的，对特殊情况，可使用相邻较高或较低的级别代替。对于部件，见 GB/T 9239. 1—2006。

2. 如果不另做说明（往复运动）或显而易见（例如曲轴驱动装置），则所有列出的项目均为旋转类的。

3. 对于受构成工况（平衡机、工艺装置）限制的情况，见 GB/T 9239. 1—2006 中 5. 2 的注 4 和注 5。

4. 有关选择平衡品质级别的一些附加信息见图 2。基于一般经验，图 2 包括了通常使用的区域（工作转速和平衡品质级别）

5. 曲轴驱动装置可包括曲轴、飞轮、离合器、减振器及连杆的转动部分。固有不平衡的曲轴驱动装置理论⊥是不能被平衡的，固有平衡的曲轴驱动装置理论上是能被平衡的。

6. 有些机器可能有专门规定其平衡允差的国际标准（见参考文献）。

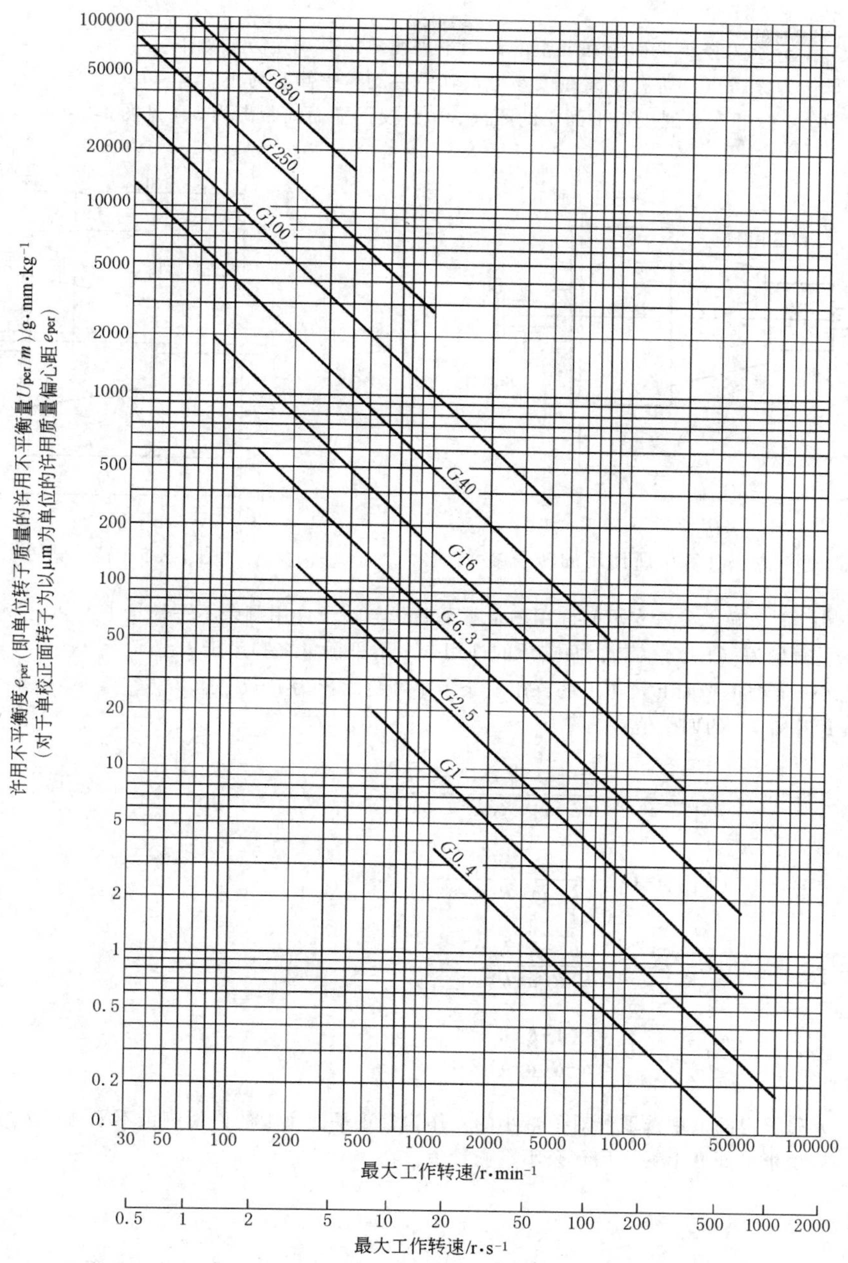

图 1-8-3　对应于各平衡品质等级的最大许用不平衡度

3.4　转子许用不平衡量向校正平面的分配（摘自 GB/T 9239.1—2006，GB/T 9239.4—2017）

（1）单面（静）平衡

对于具有一个校正平面的转子，在该校正平面上测量的许用不平衡量等于 U_{per}。

（2）双面（动）平衡

1）适用于所有转子的通用方法。本方法适用于各类转子并考虑了校正平面的位置和校正平面上剩余不平衡量间最不利的相位关系。

令 $U_{per\,I}$ 和 $U_{per\,II}$ 分别为校正平面Ⅰ和Ⅱ上的许用不平衡量，其确定方法如下：

选择一个支承作为参考点，所有距离在该参考点到另一支承一侧时为正。

设支承间距为 L，参考支承到校正平面Ⅰ的距离为 a，校正平面间距离为 b（见图 1-8-4）。

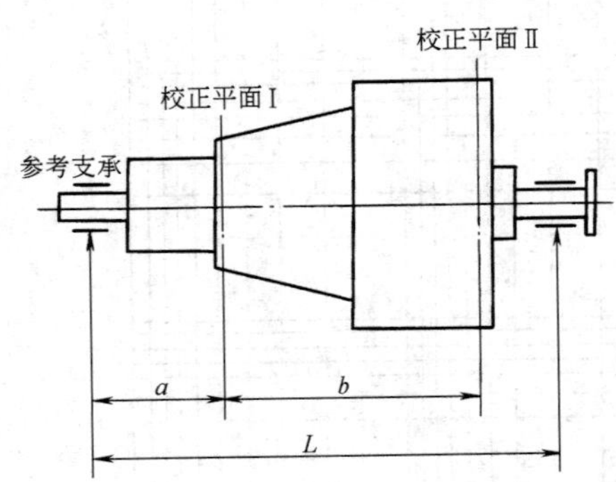

图 1-8-4 通用方法计算中所使用的转子参数

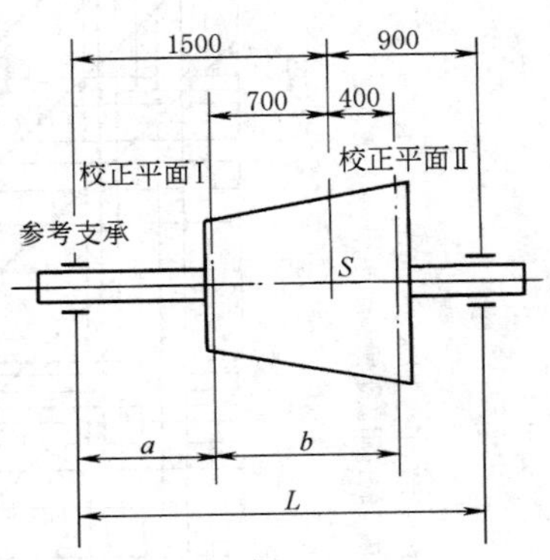

图 1-8-5 转子诸参数

根据本方法❶的定义确定参考支承的许用剩余不平衡量与转子许用剩余不平衡量 U_{per} 的比例为 K，则另一支承的许用剩余不平衡量为 $(1-K)\ U_{per}$，两支承的许用剩余不平衡量之和等于 U_{per}。

根据本方法❷确定校正平面Ⅱ及Ⅰ上的许用剩余不平衡量之比为 $R=U_{per\,II}/U_{per\,I}$。

按下列方程计算 $U_{per\,I}$ 的四个值：

$$U_{per\,I}=U_{per}\frac{KL}{(L-a)+R(L-a-b)} \tag{1-8-4}$$

$$U_{per\,I}=U_{per}\frac{KL}{(L-a)-R(L-a-b)} \tag{1-8-5}$$

$$U_{per\,I}=U_{per}\frac{(1-K)L}{a+R(a+b)} \tag{1-8-6}$$

$$U_{per\,I}=U_{per}\frac{(1-K)L}{a-R(a+b)} \tag{1-8-7}$$

从上述 4 个方程求得的值中选取绝对值最小的，作为校正平面Ⅰ上的许用剩余不平衡量 $U_{per\,I}$。

利用下式计算校正平面Ⅱ上的许用剩余不平衡量 $U_{per\,II}$。

$$U_{per\,II}=RU_{per\,I} \tag{1-8-8}$$

如果校正平面Ⅰ及Ⅱ上的剩余不平衡量都分别不超过 $U_{per\,I}$ 和 $U_{per\,II}$，则转子具有所要求的平衡品质。

2）校正平面间距远小于支承间距转子的一般方法。这种方法特别适用于因两校正平面上不平衡同相或反相180°造成许用剩余不平衡量有很大差异的转子、校正平面间距远比支承间距小的转子及两个校正平面都位于同一外伸端的悬臂转子。

将 U_{per} 分配到各校正平面时，应使每个支承平面上的剩余不平衡量之比与工作支承上许用动载荷之比有相同的比值。如果在工作支承平面进行测量是不可能的，则应选择尽量靠近工作支承的平面。

---

❶ K 值取决于不同的设计及操作条件，多数情况下其值为 0.5；特殊情况下，如支承的载荷容量或刚度不同时，允许一支承相对于另一支承有不同的剩余不平衡量，这是需要的。这种情况下，K 值允许在 0.3~0.7 之间变化。

❷ 在实际应用的大多数场合，比例 R 应选为 1；特殊情况下，例如两个校正平面上的预期不平衡显著不同时，选用不同的 R 值更合适，各支承平面上的剩余不平衡量是独立于 R 值的。R 值如超出 0.5~2.0 的范围是不实际的。

3）通用方法计算实例

转子种类：透平转子（见图 1-8-5）

平衡品质等级：G2.5

转子质量：$m=3600\text{kg}$

工作转速：$n=4950\text{r/min}$

根据式（1-8-2），许用不平衡度：

$$e_{\text{per}}=1000\times 2.5\times\left(\frac{60}{2\pi\times 4950}\right)=4.8\ (\text{g}\cdot\text{mm/kg})$$

根据式（1-8-3），许用剩余不平衡量：

$$U_{\text{per}}=me_{\text{per}}=3600\times 4.8=17.3\times 10^3\ (\text{g}\cdot\text{mm})$$

第一种情况：

$K=0.5$（参考支承处的许用剩余不平衡量与转子许用剩余不平衡量的比例系数）

$R=1$（两校正平面Ⅰ及Ⅱ上的许用剩余不平衡量的比例系数）

根据式（1-8-4） $U_{\text{per I}}=9.9\times 10^3\text{g}\cdot\text{mm}$

根据式（1-8-5） $U_{\text{per I}}=18.9\times 10^3\text{g}\cdot\text{mm}$

根据式（1-8-6） $U_{\text{per I}}=7.7\times 10^3\text{g}\cdot\text{mm}$

根据式（1-8-7） $U_{\text{per I}}=-18.9\times 10^3\text{g}\cdot\text{mm}$

其中绝对值最小的为

$$U_{\text{per I}}=7.7\times 10^3\text{g}\cdot\text{mm}$$

又因 $U_{\text{per II}}=RU_{\text{per I}}$，故

$$U_{\text{per II}}=7.7\times 10^3\text{g}\cdot\text{mm}$$

转子许用剩余不平衡量为

$$U_{\text{per I}}+U_{\text{per II}}=15.4\times 10^3\ (\text{g}\cdot\text{mm})<U_{\text{per}}$$

第二种情况：

$$K=\frac{900}{2400}\left(\frac{\text{参考支承的静载荷}}{\text{总静载荷或转子的重力}}\right)=0.38$$

$$R=\frac{700}{400}\left(\frac{\text{校正平面Ⅰ与质心距离}}{\text{校正平面Ⅱ与质心距离}}\right)=1.75$$

根据式（1-8-4）~式（1-8-7），分别有

$$U_{\text{per I}}=6.3\times 10^3\text{g}\cdot\text{mm}$$

$$U_{\text{per I}}=21.8\times 10^3\text{g}\cdot\text{mm}$$

$$U_{\text{per I}}=6.3\times 10^3\text{g}\cdot\text{mm}$$

$$U_{\text{per I}}=-10.2\times 10^3\text{g}\cdot\text{mm}$$

其中绝对值最小的为

$$U_{\text{per I}}=6.3\times 10^3\text{g}\cdot\text{mm}$$

又因 $U_{\text{per II}}=RU_{\text{per I}}$，故

$$U_{\text{per II}}=11.0\times 10^3\text{g}\cdot\text{mm}$$

转子许用剩余不平衡量为

$$U_{\text{per I}}+U_{\text{per II}}=17.3\times 10^3\ (\text{g}\cdot\text{mm})\leqslant U_{\text{per}}$$

3.5 转子平衡品质等级在图样上的标注方法（参考）

在刚性转子的零件图或部件图中标注转子平衡品质等级的规则如下：

1）在图样的标题栏中应明确记入转子质量（单位 kg）。

2）在图样的技术要求中应写明转子的最高工作转速（单位 r/min）。

3）校正平面的位置应用细实线标出，并以尺寸线标明其与基准平面的距离；当校正平面与某一基准平面重合时，可以用尺寸界线表示校正平面的位置。

4）单面（静）平衡以"◌̊"号表示，双面（动）平衡以"↻"号表示。

5）平衡品质等级应记在由校正平面引出的指引线处，标注内容为平衡符号及平衡品质等级、校正方式。平衡品质等级后可用"："号加注，对单面平衡可加注许用不平衡度或许用质量偏心距（见图 1-8-6）；对双面平衡可加注许用不平衡量（见图 1-8-7）。双面平衡时，平衡品质等级在任意一个校正平面上标注即可。

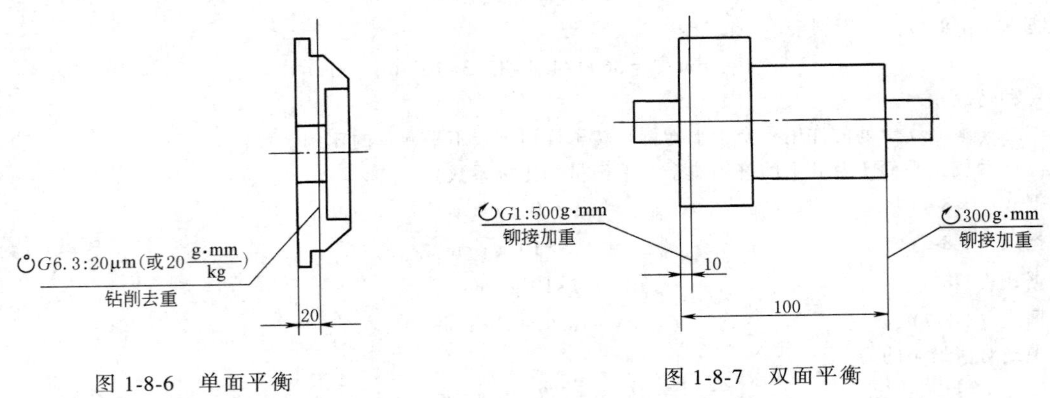

图 1-8-6　单面平衡　　　图 1-8-7　双面平衡

4　装配通用技术条件（摘自 GB/T 37400.10—2019）

4.1　一般要求

1）进入装配的零件及部件（包括外购件、外协件），均必须具有检验部门的合格证方能进行装配。应将用于供应流体的孔清理、检查其贯通性。

2）机座、机身等机器的基础件，装配时应校正水平（或垂直）。其校正精度：对结构简单、精度低的机器不低于 0.2mm/1000mm；对结构复杂、精度高的机器不低于 0.05mm/1000mm。

4.2　装配连接方式

1）螺母拧紧后，螺栓、螺钉头部应露出螺母端面 2~3 个螺距。

2）沉头螺钉紧固后，沉头不得高出沉孔端面。

3）各种密封毡圈、毡垫、石棉绳、皮碗等密封件装配前必须浸透油。钢纸板用热水泡软。紫铜垫做退火处理。

4）圆锥销装配时应与孔进行涂色检查，其接触率不应小于配合长度的 60%，并应分布均匀。定位销的端面一般应凸出零件表面。带螺尾圆锥销装入相关零件后，其大端应沉入孔内。

5）钩头键、楔键装配后，其接触面积应不小于工作面积的 70%，且不接触部分不得集中于一段。外露部分应为斜面的 10%~15%。

6）花键装配时，同时接触的齿数不少于 2/3，接触率在键齿的长度和高度方向不得低于 50%。滑动配合的平键（或花键）装配后，相配件须移动自如，不得有松紧不均现象。

7）压装的轴或套允许有引入端，其导向锥角 10°~20°，导锥长度等于或小于配合长度的 15%。实心轴压入盲孔时允许开排气槽，槽深不大于 0.5mm。

8）锥轴伸与轴孔配合表面接触应均匀，着色研合检验时其接触率不低于 70%。

9）采用压力机压装时，压力机的压力一般为所需压入力的 3~3.5 倍。压装过程中压力变化应平稳。

10）过盈连接各种装配方法的工艺特点及适用范围见表 5-4-1。

11）胀套连接的螺栓必须使用力矩扳手，并对称、交叉、均匀逐级拧紧。拧紧力矩 T_A 值按设计图样或工艺规定，亦可参考表 1-8-4，并按下列步骤进行：①以 $T_A/3$ 拧紧；②以 $T_A/2$ 拧紧；③以 T_A 值拧紧；④以 T_A 值检查全部螺栓。

表 1-8-4　　一般连接螺栓拧紧力矩

力学性能等级	螺纹规格 d/mm														
	M6	M8	M10	M12	M14	M16	M18	M20	M24	M27	M30	M36	M42	M48	M56
	拧紧力矩 T_A/N·m^{-1}														
3.6	2	5	9.8	17.1	27.2	41.7	57.4	81.2	140	206.9	281.1	489.7	785.7	1186	1901
4.6	2.6	6.8	13.1	22.9	36.4	55.9	76.9	108.8	187.5	277.1	376.5	655.9	1052	1589	2547
5.6	3.3	8.5	16.5	28.7	45.6	70	96.4	136.3	235	347	472	822	1319	1991	3192
8.8	7	18	35	61	97	149	205	290	500	739	1004	1749	2806	4236	6791
10.9	9.9	25.4	49.4	86	136.8	210	289	409	705	1042	1416	2466	3957	5973	9575
12.9	11.8	30.4	59.2	103	163.9	252	346.5	490	845	1249	1697	2956	4742	7159	11477
A2—70	5	12.8	24.9	43.3	68.9	105.8	145.6	205.9	355	525	713	1242	1992	3008	4822
A2—80	6.6	16.9	32.9	57.3	91.2	140.1	192.7	272.6	470	694.6	943.8	1644	2638	3982	6384

力学性能等级	螺纹规格 d/mm									
	M64	M72×6	M80×6	M90×6	M100×6	M110×6	M120×6	M125×6	M140×6	M160×6
	拧紧力矩 T_A/N·m^{-1}									
3.6	2841	4113	5703	8258	11514	15344	20157	22480	31731	47888
4.6	3805	5508	7638	11060	15421	20550	26996	30107	42497	64135
5.6	4769	6904	9573	13861	19327	25756	33834	37733	53263	80383
8.8	10147	14689	20368	29492	41122	54799	71988	80284	113326	171027
10.9	14307	20712	28719	41584	57982	77267	101503	113200	159790	241148
12.9	17148	24824	34422	49841	69496	92610	121660	135680	191521	289036
A2—70	7204	10429	14461	20939	29197	38907	51111	57002	80461	121429
A2—80	9538	13808	19146	27722	38655	51511	67669	75467	106526	160765

注：1. 适用于粗牙螺栓、螺钉，不适用于细牙螺栓、螺钉膨胀螺栓以及T形螺栓和地脚螺栓。

2. 拧紧力矩允许偏差为±5%。

3. 所给数值为使用润滑剂的螺栓，摩擦因数为 $\mu=0.125$。

4. 优先选用第一系列，M14、M18、M27、M120 等第二系列尽可能不用。

4.3 典型部件的装配（摘自 GB/T 37400.10—2019）

4.3.1 滚动轴承

1）滚动轴承外圈与开式轴承座及轴承盖的半圆孔不准有卡住现象，装配时允许修整半圆孔，修整尺寸不应超过表 1-8-5 的规定值。

表 1-8-5　　轴承盖（座）修整尺寸　　mm

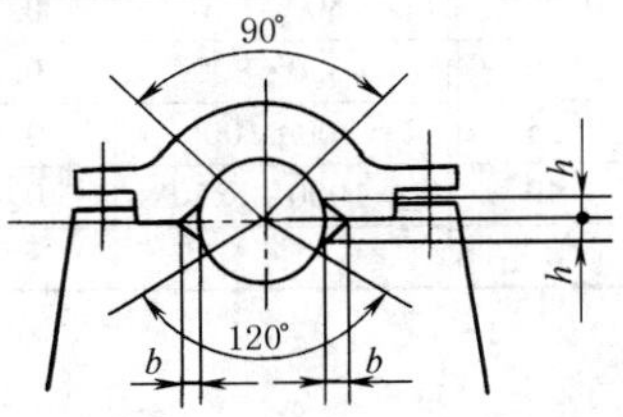

轴承外径 D	b_{max}	h_{max}
≤120	0.10	10
>120~260	0.15	15
>260~400	0.20	20
>400	0.25	30

2）滚动轴承外圈与开式轴承座及轴承盖的半圆孔应接触良好，用涂色检验时，与轴承座在对称于中心线120°、与轴承盖在对称于中心线90°的范围内应均匀接触。在上述范围内用 0.03mm 的塞尺检查时，塞尺不得塞入外圈宽度的 1/3。

3）滚动轴承内圈端面应紧靠轴向定位面，其允许最大间隙：对圆锥滚子轴承和角接触球轴承为0.05mm；其他轴承为0.1mm。

4）采用润滑脂的滚动轴承，装配后在轴承空腔内注入相当空腔容积约30%~50%的符合规定的清洁润滑脂。凡稀油润滑的轴承，不准加润滑脂。

5）滚动轴承热装时，其加热温度应不高于100℃；冷装时，其冷却温度应不低于-80℃。

6）在轴两端采用了径向间隙不可调的向心轴承，且轴向位移是以两端端盖限定时，其一端必须留出间隙 C（见图1-8-8）。间隙 C 的数值可按下式计算。

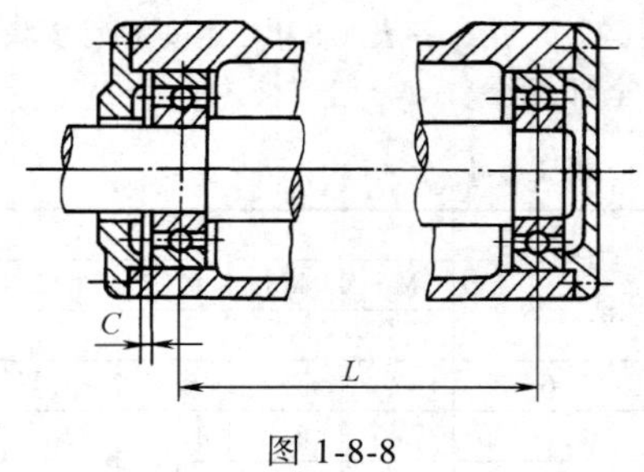

图1-8-8

$$C=\alpha\Delta tL+0.15$$

式中　C——轴承外座圈与端盖间的间隙，mm；

L——两轴承中心距，mm；

α——轴材料的线胀系数，对钢：$\alpha=12\times10^{-6}$℃$^{-1}$；

Δt——轴最高工作时温度与环境温度之差，℃；

0.15——轴膨胀后剩余的间隙，mm。

一般情况取 $\Delta t=40$℃，故装配时只需根据 L 尺寸，即可按如下简易公式计算 C 值。

$$C=0.0005L+0.15$$

7）角接触球轴承、单列圆锥滚子轴承、双列推力球轴承轴向游隙按表1-8-6调整。双列和四列圆锥滚子轴承装配时应检查其轴向游隙，并应符合表1-8-7的要求。

表1-8-6　角接触球轴承、单列圆锥滚子轴承、双列推力球轴承轴向游隙　mm

轴承内径	角接触球轴承轴向游隙		单列圆锥滚子轴承轴向游隙		双列推力球轴承轴向游隙	
	轻系列	中及重系列	轻系列	轻宽、中及中宽系列	轻系列	中及重系列
≤30	0.02~0.06	0.03~0.09	0.03~0.10	0.04~0.11	0.03~0.08	0.05~0.11
>30~50	0.03~0.09	0.04~0.10	0.04~0.11	0.05~0.13	0.04~0.10	0.06~0.12
>50~80	0.04~0.10	0.05~0.12	0.05~0.13	0.06~0.15	0.05~0.12	0.07~0.14
>80~120	0.05~0.12	0.06~0.15	0.06~0.15	0.07~0.18	0.06~0.15	0.10~0.18
>120~150	0.06~0.15	0.07~0.18	0.07~0.18	0.08~0.20	—	—
>150~180	0.07~0.18	0.08~0.20	0.09~0.20	0.10~0.22	—	—
>180~200	0.09~0.20	0.10~0.22	0.12~0.22	0.14~0.24	—	—
>200~250	—	—	0.18~0.30	0.18~0.30	—	—

表1-8-7　双列、四列圆锥滚子轴承的轴向游隙　mm

双列			四列			
轴承内径	一般情况	内圈比外圈温度高25~30℃	轴承内径	轴向游隙	轴承内径	轴向游隙
≤80	0.10~0.20	0.30~0.40	>120~180	0.15~0.25	>500~630	0.30~0.40
>80~180	0.15~0.25	0.40~0.50	>180~315	0.20~0.30	>630~800	0.35~0.45
>180~225	0.20~0.30	0.50~0.60	>315~400	0.25~0.35	>800~1000	0.35~0.45
>225~315	0.30~0.40	0.70~0.80	>400~500	0.30~0.40	>1000~1250	0.40~0.50
>315~580	0.40~0.50	0.90~1.00				

4.3.2 滑动轴承

1）上、下轴瓦的结合面要紧密贴合，用0.05mm塞尺检查不能插入。轴瓦垫片应平整，无棱刺，形状与瓦口相同，其宽度和长度比瓦口面的相应尺寸小1~2mm；垫片与轴颈必须有1~2mm的间隙，两侧厚度应一致，其允差应小于0.2mm。

2）用定位销固定轴瓦时，应在保证瓦口面和端面与相关轴承孔的开合面和端面保持平齐状态下钻铰、配销。销打入后不得松动，销端面应低于轴瓦内孔 1～2mm。

3）上、下轴瓦外圆与相关轴承座孔应接触良好，在允许接触角内的接触率应符合表 1-8-8 的要求。

表 1-8-8　　上、下轴瓦外圆与相关轴承座孔的接触要求

项　　目		接触要求	
		上　瓦	下　瓦
接触角 α	稀油润滑	130°±5°	150°±5°
	油脂润滑	120°±5°	140°±5°
α 角内接触率		≥60%	≥70%
瓦侧间隙 b		D≤200mm 时，0.05mm 塞尺不准塞入	
		D>200mm 时，0.10mm 塞尺不准塞入	

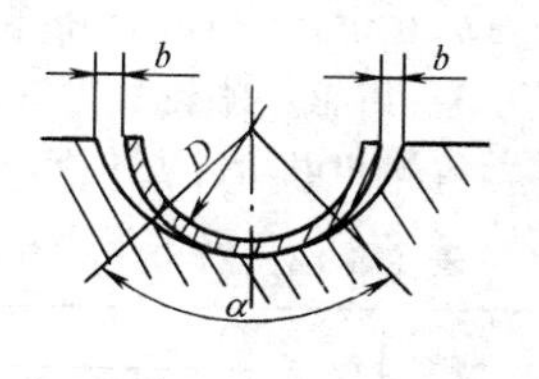

4）上、下轴瓦内孔与相关轴颈接触角 α 以外的部分均需加工出油楔（如表 1-8-9 图示的 C_1），楔形从瓦口开始由最大逐步过渡到零，楔形最大值按表 1-8-9 规定。

表 1-8-9　　上、下轴瓦油楔尺寸

油楔最大值 C_1	
稀油润滑	$C_1 \approx C$
油脂润滑	距瓦两端面 10～15mm 范围内，$C_1 \approx C$
	中间部位 $C_1 \approx 2C$

注：C 值为轴的最大配合间隙。

5）轴瓦内孔刮研后，应与相关轴颈接触良好，在接触角范围内的接触斑点按表 1-8-10 规定。合金轴承衬的刮研接触要求也按表 1-8-10 规定，但刮削量不得大于合金轴承衬壁厚的 1/30。

表 1-8-10　　上、下轴瓦内孔与相关轴颈的接触要求

接触角 α		α 范围内接触点数（25mm×25mm 范围）			
		轴转速 /r·min^{-1}	轴瓦内径/mm		
			≤180	>180～360	>360～500
稀油润滑 120°	油脂润滑 90°	≤300	4	3	2
		>300～500	5	4	3
		>500～1000	6	5	4
		>1000	8	6	5

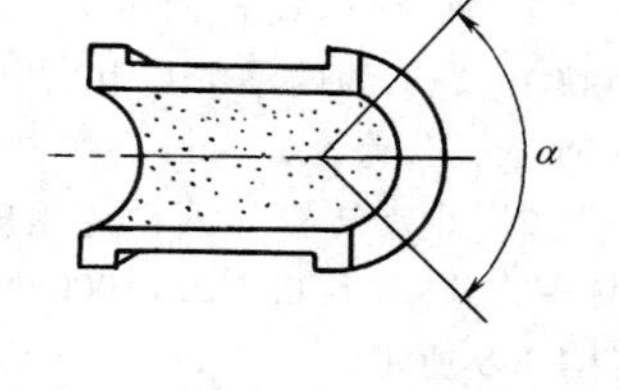

6）球面轴承的轴承体与球面座应均匀接触，用涂色法检查，其接触率不应小于 70%。

7）整体轴套的装配，可根据过盈的大小采用压装或冷装。

8）轴套装入机件后，轴套内径与轴配合应符合设计要求，必要时可通过适当修刮来保证。两件结合面经着色研合，接触痕迹应均匀分布，其未接触部分按限定区域内不得超过表 1-8-11 中限定的方块值。

表 1-8-11　　均匀接触限定值

mm

长度参数范围	限定方块值	长度参数范围	限定方块值
≤200	25×25	>800～1600	80×80
>200～400	40×40	>160	100×100
>400～800	60×60		

注：1. 长度参数范围系指长方形平面的长度，对于圆柱面和弧面按其展开图形的长度。

2. 如果结合面宽度尺寸小于或等于所选范围中限定方块值的边长时，可降到相应结合面的宽度大于限定方块值边长的范围使用。

4.3.3 齿轮与齿轮箱装配

1）齿轮（蜗轮）基准端面与轴肩（或定位套端面）应贴合，用 0.05mm 塞尺检查不能插入，并应保证齿轮基准端面与轴线的垂直度要求。

2）相啮合的圆柱齿轮副，两齿宽中心平面的轴向位置偏差应符合如下规定：当齿宽 $B \leqslant 100\text{mm}$ 时，位置偏差 $\Delta B<0.05B$；当齿宽 $B>100\text{mm}$ 时，位置偏差 $\Delta B<5\text{mm}$。

3）齿轮（蜗轮）副啮合时的齿面接触斑点不小于表 1-8-12 的规定。接触斑点的分布位置应趋近于齿面中部，齿顶和齿端棱边不准许有接触偏载。

表 1-8-12　　齿面接触斑点　　%

<table>
<tr><th rowspan="2">精度等级</th><th colspan="2">圆柱齿轮</th><th colspan="2">圆锥齿轮</th><th colspan="2">蜗　轮</th></tr>
<tr><th>沿齿高</th><th>沿齿长</th><th>沿齿高</th><th>沿齿长</th><th>沿齿高</th><th>沿齿长</th></tr>
<tr><td>5</td><td>55</td><td>80</td><td>65~85</td><td>60~80</td><td rowspan="2">65</td><td rowspan="2">60</td></tr>
<tr><td>6</td><td>50</td><td>70</td><td rowspan="2">55~75</td><td rowspan="2">50~70</td></tr>
<tr><td>7</td><td>45</td><td>60</td><td rowspan="2">55</td><td rowspan="2">50</td></tr>
<tr><td>8</td><td>40</td><td>50</td><td rowspan="2">40~70</td><td rowspan="2">30~65</td></tr>
<tr><td>9</td><td>30</td><td>40</td><td rowspan="2">45</td><td rowspan="2">40</td></tr>
<tr><td>10</td><td>25</td><td>30</td><td rowspan="2">30~60</td><td rowspan="2">25~55</td></tr>
<tr><td>11</td><td>20</td><td>30</td><td>30</td><td>30</td></tr>
</table>

4）齿轮（蜗轮）副装配后应检查齿侧间隙，并符合图样或工艺要求。圆锥齿轮应按加工配对编号装配。

5）齿轮箱与盖的结合面应接触良好。在自由状态下，箱盖与箱体的间隙不应超过表 1-8-13 的规定值；紧固后用 0.05mm 塞尺检查，局部塞入不应超过结合面宽的 1/3。结合面可以涂平面密封胶。

表 1-8-13　　箱盖与箱体在自由状况下的允许间隙　　mm

齿轮箱长度	≤1000	>1000~2000	>2000~3000	>3000~4000
箱体与箱盖间隙	≤0.08	≤0.12	≤0.15	≤0.20

4.3.4 带和链传动装配

1）平行传动轴的带轮，两轴线平行度公差为（0.15/1000）L（L 为两轴中心距），两轮的轮宽中间平面应在同一平面上，公差为 0.5mm。

2）主动链轮与从动链轮的轮齿几何中心线应重合，其偏移误差 $C \leqslant 0.015L/1000$（L 为两链轮的中心距），如图 1-8-9 所示。

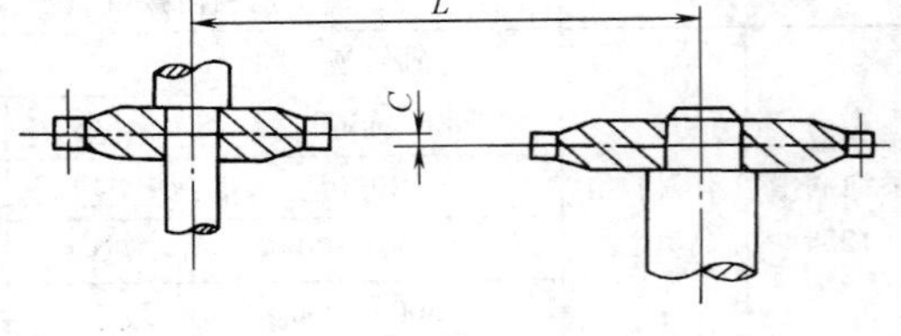

图 1-8-9

3）链条非工作边的初垂度，按两链轮中心距的 1%~5% 调整。

4.3.5 联轴器装配

1）刚性联轴器装配时，两个半轴联轴器端面应紧密接触，轴线的径向位移应小于 0.3mm。

2）挠性、齿式、轮胎、链条联轴器装配时，其装配精度应符合表 1-8-14 的规定。

表 1-8-14　　联轴器装配精度　　mm

<table>
<tr><th>联轴器轴孔直径</th><th>两轴线的同轴度允差(圆周跳动)</th><th>两轴线的角度偏差</th></tr>
<tr><td>≤100</td><td rowspan="3">0.05</td><td rowspan="2">0.05°</td></tr>
<tr><td>>100~180</td></tr>
<tr><td>>180~250</td><td rowspan="2">0.10°</td></tr>
<tr><td>>250~315</td><td rowspan="2">0.10</td></tr>
<tr><td>>315~450</td><td>0.15°</td></tr>
<tr><td>>450~560</td><td rowspan="2">0.15</td><td rowspan="2">0.20°</td></tr>
<tr><td>>560~630</td></tr>
</table>

续表

联轴器轴孔直径	两轴线的同轴度允差(圆周跳动)	两轴线的角度偏差
>630~710	0.20	0.25°
>710~800		0.30°

注：1. 两个半联轴器均须进行转动测量，这样可以补偿其外圆的圆度偏差。

2. 用百分表测量，两轴径间差值是表列公差之半。

3. 两轴线的角度偏差，可用百分表或塞尺检查联轴器两法兰间的间隙偏差。同轴度最大误差应小于0.15mm，否则过大的不平衡力矩和跳动量对运动部件的交变应力及轴承受力都有很大危害。

4.3.6 制动器、离合器装配

1）制动带与制动板铆接后必须贴紧，局部间隙应符合以下要求：

① 制动轮直径<500mm时，局部间隙≤0.3mm；

② 制动轮直径≥500mm时，局部间隙≤0.5mm；

③ 塞尺插入深度小于等于带宽的1/3，且全长上不得多于2处。

2）制动带与制动板铆接时，铆钉头应埋入制动带厚度的1/3，制动带不许有铆裂现象。

3）带式制动器在自由状态时，制动带与制动轮之间的间隙为1~2mm。

4）块式制动器在自由状态时，制动块与制动轮之间的间隙为0.25~0.50mm。

5）片式摩擦离合器在自由状态时，主动盘与被动盘必须彻底分离。

6）干式摩擦片必须干燥、清洁，工作面不允许沾上油污和杂物。

7）离合器的摩擦片接触面积不小于总摩擦面积的75%。

4.3.7 液压缸、气缸及密封件装配

1）组装前检查并清除零件加工时残留的锐角、毛刺和异物，保证密封件装入时不被擦伤。

2）装配时注意密封件的工作方向，O形圈与保护挡环并用时应注意挡环的位置。

3）对弹性较差的密封件，必须采用具有扩张或收缩功能的工装进行装配。

4）带双向密封圈的活塞装入盲孔油缸时，应采用引导工装，不允许用螺钉旋具等硬物硬塞。

5）液压缸、气缸装配后要进行密封及动作试验，达到如下要求：

① 行程符合要求；

② 运行平稳，无卡阻和爬行现象；

③ 无外部渗漏现象，内部渗漏按图样要求。

4.4 平衡试验及其他

1）有平衡力矩要求的零、部件，装配时应按规定进行静平衡或动平衡试验。

2）对有静平衡试验要求，而未注明具体要求时，则按GB/T 9239.1—2006《机械振动 恒态（刚性）转子平衡品质要求 第1部分：规范与平衡允差的检验》、GB/T 9239.14—2017《机械振动 转子平衡 第14部分：平衡误差的评估规程》中G16级执行。

3）对组合式转动体，经总体平衡后不得再任意移动、调换零件。

4）相关两个平面需要互研时，只有在两个平面各自按平板或平尺刮研接近合格后方准互研。被刮研表面的接触斑点不少于表1-8-15的规定。

表1-8-15 刮研表面接触斑点

滑动速度 /m·s^{-1}	接触面积/m^2	
	≤0.20	>0.20
	接触点数(25mm×25mm范围)	
≤0.50	3	2
>0.50~1.50	4	3

4.5 总装及试车

1）产品出厂前必须进行总装。对于特大型产品或成套设备，因受制造厂条件所限而不能总装的，应进行试装。试装时必须保证所有连接或配合部位均符合设计要求。

2）产品总装后均应按产品标准和有关技术文件的规定进行试车和检验。对于特大型产品或成套设备，因受制造厂条件限制而不能试车时，则应按有关合同或协议执行。

3）产品的运转为双向旋转的，必须双向试车；运转为单向的，试车方向必须与工作方向一致。

4）凡机器产品（包括成套设备中的单机）都应在装配后进行空运转试车（包括手动盘车试验）。单机空运转试车时，对需手动盘车的设备，应不少于3个全行程；对连续运转的设备，试车时间不少于2h；对往复运动的设备，全行程往复不少于5次。对有多种动作程序的设备，各动作要进行联动程序的连续操作或模拟操作，运转5次以上，各动作应平稳、到位、无故障。

5）载荷及工艺性试车按产品标准、技术文件或合同规定进行。

6）在试车过程中轴承温度应符合图样或工艺要求，在图样及工艺没有规定时，应符合表1-8-16规定。

7）有压力要求的设备（如液压机），应对密封及系统进行密封耐压试验。其试验压力为工作压力的100%～125%，保压5～10min，不得渗漏。

表 1-8-16 轴承试车时的温升要求 ℃

项目		温升	最高温度
滚动轴承	空运转试车	≤35	≤85
	载荷试车	≤45	≤85
滑动轴承	空运转试车	≤20	≤70
	载荷试车	≤30	≤70

注：1. 最高温度包括室温。

2. 运转规定时间内每相隔30min测温1次，做好记录。若30min内温度变化≤0.5℃，则为最终温度。

5 配管通用技术条件（摘自GB/T 37400.11—2019）

1）本标准适用于油润滑、脂润滑、液压、气动和工业用水配管。但不适用于压力容器配管。

2）管子应优先采用锯切割或机械加工方法，不准许使用砂轮切割和火焰切割。

3）管子的弯曲加工。管子的弯曲一般采用冷弯，即在专用的弯管机上常温下进行。冷弯管的弯曲半径 R 应按图1-8-10、表1-8-18规定。

4）机体上排列的各种管道应相互不干涉，又便于拆装。同平面交叉的管道不得接触。

5）装配前，所有碳钢管（精密钢管除外，包括预制成形管道）及碳钢管预制成形的管路都要进行酸洗、中和、清洗吹干及防锈处理，酸洗残余物要用压缩空气吹除。焊后的不锈钢管只用酸洗，不进行防锈处理。不焊接的不锈钢管及铜管不用酸洗，也不进行防锈处理。酸洗除锈等级要达到GB/T 37400.11—2019《涂装》中附录A规定的质量要求。

6）工业用水管道经酸洗、预装完成后，要进行通水冲洗检验（阀类件除外），保证达到管道清洁度要求，见表1-8-17；对于脂润滑系统，在配管完成后，拆下各给脂装置（分配阀等）入口的连接，进行油脂清洗，直至流出的油脂清洁无异色后再进行连接；对于油润滑系统应通油清洗，清洗一段时间后用清洗液清洗过的烧杯或玻璃杯采100mL的清洗液放在明亮的场所30min后，目测确认无杂质后为合格。对于清洁度高于此要求的液压系统、伺服系统清洗检验及清洁度应符合GB/T 37400.16要求。

7）管螺纹部位缠绕密封带时，应顺螺纹旋向从根部向前右方向缠绕，顶端剩1～2牙，见图1-8-11。对小于3/8的管螺纹，在缠绕密封胶带时，用1/2胶带宽度进行缠绕。

8）采用卡套式管接头连接的碳钢无缝管应是精密冷拔正火状态，不锈钢无缝钢管是退火状态。先酸洗，然后将卡套预先紧固在管端上。卡套式管接头应按GB/T 3765的要求。装配时各接触部位涂少量润滑油，且保证卡套在管端上沿轴向不窜动，径向能稍转动。

表 1-8-17

管道名称	入口压力、流量	出口处液体状态	出口液体过滤要求	备　注
等通径的工业用水管道	选择适当的压力和流量,使管内液体达到紊流状态	液柱离开管口水平喷射长度不小于100mm	用180～240目的过滤网接2min,目测,无残留物为合格	在冲洗过程中,用木棒或塑料棒逐段敲击,使杂质冲洗下去

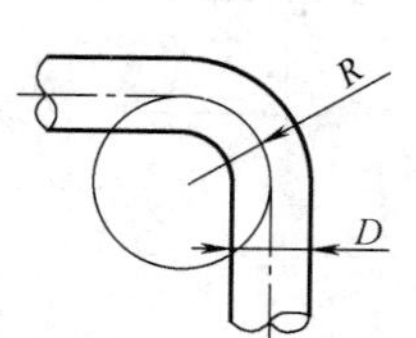

图 1-8-10　钢管的弯曲半径

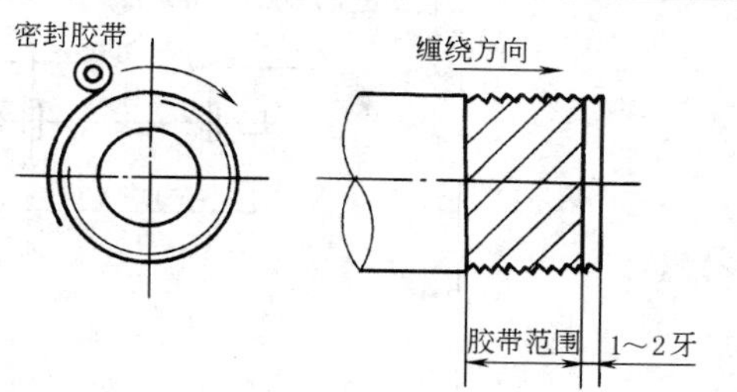

图 1-8-11　管螺纹部分密封带的缠绕

表 1-8-18　**钢管的弯曲半径**

mm

管子外径 ϕ	弯曲半径 R	管子外径 ϕ	弯曲半径 R
$6<\phi\leqslant12$	壁厚>1.0时,最小为$2R$	$48<\phi\leqslant114$	所有壁厚,最小为2.5R
$12<\phi\leqslant48$	所有壁厚,最小为$2R$		

9）预制完成的管子焊接部位均应进行耐压试验。液压管路试验压力为工作压力的1.5倍，气动管路试验压力为工作压力的1.15倍，其他管路试验压力为工作压力的1.25倍，保压15min，应无泄漏及其他异常现象发生。试验完成的管子应打标记。

10）应对装配完成的管道按不同的系统做密封及耐压试验，试验压力见表1-8-19。

表 1-8-19　**管道系统试验压力**

<table>
<tr><th colspan="2">管道系统</th><th colspan="3">试验压力</th><th>保压时间/min</th><th>试压后要求</th></tr>
<tr><td rowspan="2">脂润滑</td><td>双线式系统</td><td colspan="3">$1.25p_s$</td><td rowspan="2">10</td><td rowspan="2">检查各处应无泄漏</td></tr>
<tr><td>非双线式系统</td><td colspan="3">p_s</td></tr>
<tr><td colspan="2">油润滑</td><td colspan="3">$1.25p_s$</td><td>10</td><td>降至工作压力进行全面检查,应无泄漏及其他异常现象发生</td></tr>
<tr><td colspan="2">气　压</td><td colspan="3">$1.15p_s$</td><td>10</td><td>降至工作压力进行全面检查,应无泄漏和变形</td></tr>
<tr><td colspan="2" rowspan="2">液压及工业用水</td><td>$p_s<16.0$</td><td>$p_s=16\sim31.5$</td><td>$p_s>31.5$</td><td rowspan="2">10</td><td rowspan="2">应无泄漏</td></tr>
<tr><td>$1.50p_s$</td><td>$1.25p_s$</td><td>$1.15p_s$</td></tr>
</table>

注：1. p_s 为系统工作压力，MPa。

2. 试压时要逐级增压（5MPa为一级），每级持续2～3min，严禁超压。达到试验压力后，保压时间按表中规定。

11）固定管件用的管夹装配位置及装配方法见表1-8-20。

表 1-8-20　**管夹装配位置及装配方法**

<table>
<tr><th rowspan="2">配管类型</th><th colspan="2">管　夹　的　装　配　位　置</th></tr>
<tr><th>水　平　配　管</th><th>垂　直　配　管</th></tr>
<tr><td>连续直线配管没有接头的场合</td><td>间隔小于1500mm
<1500</td><td>间隔小于2000mm
上　下
<2000</td></tr>
</table>

续表

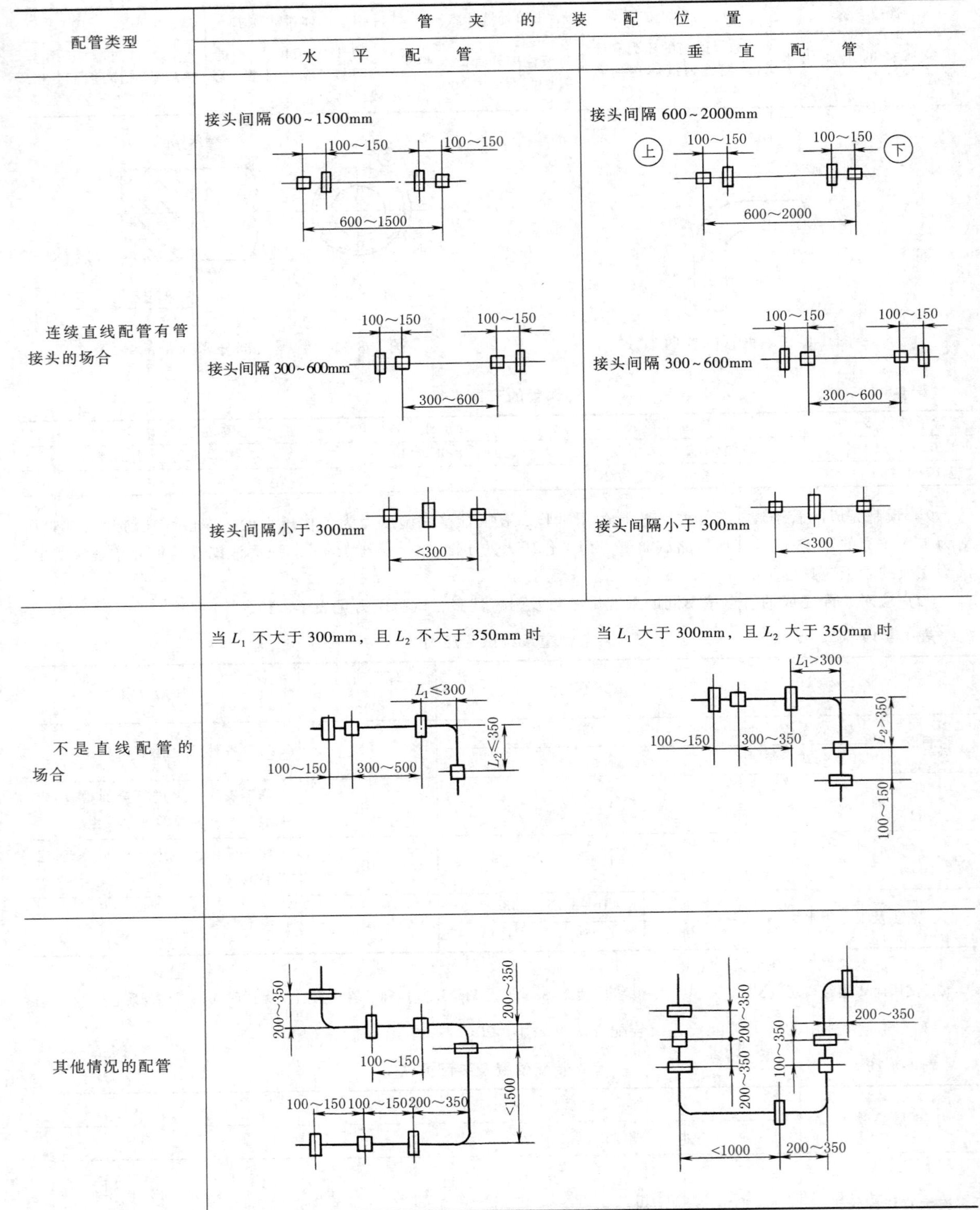

配管类型	管夹的装配位置	
	水平配管	垂直配管
连续直线配管有管接头的场合	接头间隔 600～1500mm	接头间隔 600～2000mm
	接头间隔 300～600mm	接头间隔 300～600mm
	接头间隔小于 300mm	接头间隔小于 300mm
不是直线配管的场合	当 L_1 不大于 300mm，且 L_2 不大于 350mm 时	当 L_1 大于 300mm，且 L_2 大于 350mm 时
其他情况的配管		

注：1. 本表适用于管子外径不大于 25mm 的配管用管夹的装配。管子外径大于 25mm 时两个固定点的间距见 JB/T 5000. 11。

2. 固定管件用的支架、管夹等，可按实际需要调整并确定其位置。

3. 运转（包括试运转）时，如管子的振动振幅大于 1mm，应在其发生最大振幅附近装配管夹。

12）完全按图样预装完成的管道，应结合总装要求，留出调整管，最后确定尺寸。

13）焊接钢管时（包括定位点焊），一般应采用钨极氩弧焊或钨极氩弧焊打底，同时应在管内部通约 5L/min 氩气。焊缝单面焊双面成形。焊缝不得有未熔合、未焊透、夹渣等缺陷。配管对接焊的预处理坡口形状、尺寸见表 1-8-21。

14）管路的装配。对于管路未完全确定尺寸、自由敷设的管路，应确保其功能，长度和角度尺寸未注公差应符合 GB/T 37400. 11—2019 标准中表 3、表 4 中的 C 级；对于完全确定了尺寸的管路（例如：配管详图、预制品图等），长度和角度尺寸未注公差应符合 GB/T 37400. 11—2019 标准中表 3、表 4 中的 B 级。管路的直线度、平面度、平行度公差应符合 GB/T 37400. 11—2019 标准中表 5 中的 F 级。

表 1-8-21

管壁厚 t /mm	焊缝名称	焊缝符号（GB/T 324）	示意图	坡口形状示意图	α	β	根部间隙 b^* /mm
					（°）		
≤2.0	I 形焊缝	‖			—	—	0~3
>2.0~25	Y 形焊缝	Y			≈60°	—	2~4
>25	U 形焊缝 带 V 形根部				≈60°	≈15°	2~3

注：* 表示该数值适用于已完成定位点焊的状态。

15）支座等部件点焊定位时，点焊长度 L_1 为 6~10mm，点焊距离 L 为 100mm，见图 1-8-12。管子点焊定位时可沿圆周均匀点焊 3~4 点。

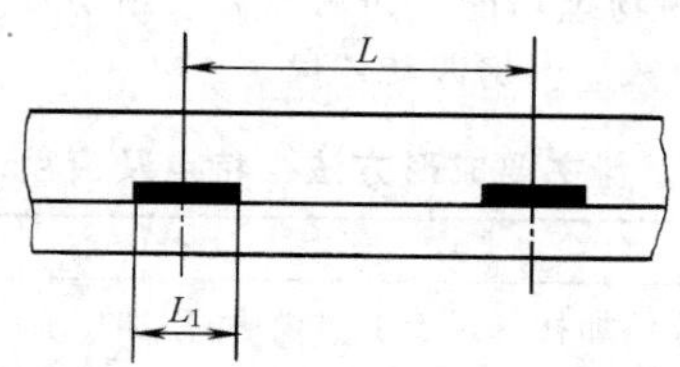

图 1-8-12　点焊定位

16）管道应设放气阀，充液体的管道内气体应排尽，泵和管道末端各装一块压力表（刻度极限值应大于试验压力的 1.5 倍）。

17）严禁用管道（特别是装有易燃介质的管道）作为地线。

第9章 工程用塑料和粉末冶金零件设计要素

1 工程用塑料零件设计要素

1.1 塑料分类、成形方法及应用

塑料按其热性能可分为热塑性和热固性两类。

热塑性塑料的特点是遇热软化或熔融，冷却后又变硬，这一过程可以反复多次。典型产品有聚氯乙烯、聚丙烯、聚乙烯、聚苯乙烯、聚甲基丙烯酸甲（有机玻璃）、ABS、聚酰胺、聚甲醛、聚碳酸酯、氯化聚醚、聚砜、氟塑料等。

热固性塑料的特点是在一定温度下，经过一定时间的加热或加入固化剂即可固化，质地坚硬，既不溶于溶剂，也不能用加热的方法使之再软化。典型产品有酚醛塑料、环氧树脂、不饱和聚酯树脂、氨基塑料和呋喃树脂等。

塑料按功能可分为通用性塑料、工程塑料和功能性塑料。

通用性塑料的特点是原料来源丰富，产量大，应用面广，价格便宜，成形加工容易，如PVC、PE、PP、PS等。

工程塑料的特点是力学性能、耐高低温性能、电性能等的综合性能好，可以代替金属作某些工程结构材料，如聚酰胺、ABS、聚碳酸酯、聚甲醛、热塑性聚酯等。

功能性塑料的特点是具有某种特殊的物理功能，如耐高温、耐烧蚀、耐辐射、导电、导磁、耐蚀、自润滑等，如聚酰亚胺、聚芳砜、聚苯硫醚、聚苯醚、聚四氟乙烯等。

表1-9-1 塑料主要成形方法、特点及应用

成形方法	特　点	应　用
模压成形	将塑料粉及增强、耐磨、耐热等填加材料置于金属模中，用加压、加热方法制得一定形状的塑料制品	一般用于热固性塑料的成形，也适于热塑性塑料的成形
注塑成形	将颗粒状或粉状塑料置于注射机料筒内加热，使其软化后用推杆或旋转螺杆施加压力，使料筒内的物料自料筒末端的喷嘴注射到所需形状的模具中，然后冷却起模，即得所需的制品。该法适宜于加工形状复杂及大批量的制件，成本低，速度快	用于聚乙烯、ABS、SAS、聚酰胺、聚丙烯、聚苯乙烯、硬聚氯乙烯、聚碳酸酯、聚甲醛、氯化聚醚等热塑性塑料的成形。可制作形状复杂的零件。近来酚醛树脂等热固性树脂也可采用注塑成形
挤出成形	将颗粒状或粉状塑料由加料漏斗连续地加入带有加热装置的料筒中，受热软化后，用旋转的螺杆连续从模口挤出（模口的形状即为所需制品的断面形状，其长度视需要而定），冷却定型后即为所需制品	用于硬聚氯乙烯、聚丙烯、聚苯乙烯、ABS、AS、聚酰胺、聚甲醛、聚碳酸酯等加工成连续的管、棒、片或特种断面的制品
浇注成形	将加有填料或未加填料的流动状态树脂倒入具有一定形状的模具中，在常压或低压下置于一定温度的烘箱中烘焙使其固化，即得所需形状的制品	用于酚醛树脂、环氧树脂等热固性塑料的成形，也适用于MC尼龙、聚酰胺等热塑性塑料的成形。可制作大型复杂的零件
吹塑成形	先将已制成的片材、管材塑料加热软化或直接把挤压、注射成形出来的熔融状态的管状物，置于模具内，吹入压缩空气，使塑料处在高于弹性变形温度而又低于其流动温度下吹成所需的空心制品	用于聚乙烯、软聚氯乙烯、聚丙烯、聚苯乙烯等热塑性塑料的成形。可制作瓶子和薄壁空心制品及其他特定形状的空心制品

续表

成形方法	特　　点	应　　用
真空成形	将已制成的塑料片加热到软化温度，借真空的作用使之紧贴在模具上，经过一定时间的冷却使其保持模具的形状，即得所需制品	用于聚碳酸酯、聚砜、聚氯乙烯、聚苯乙烯、ABS等热塑性塑料的成形。可制作薄壁的杯、盘、罩、盖、壳、盒等敞口制品

1.2　工程常用塑料的选用

1）根据零件使用特点和要求，以及拟选用的塑料本身的化学、物理、力学等性能，以及成形方法等进行综合分析后合理选用。表1-9-2为不同用途的零件所选用的材料。

表1-9-2

用　途	要　　求	应用举例	材　　料
一般结构零件	强度和耐热性无特殊要求，一般用来代替钢材或其他材料，但由于批量大，要求有较高的生产率，成本低，有时对外观有一定要求	汽车调节器盖及喇叭后罩壳、电动机罩壳、各种仪表罩壳、盖板、手轮、手柄、油管、管接头、紧固件等	低压聚乙烯、聚氯乙烯、改性聚苯乙烯（203A、204）、ABS、高冲击聚苯乙烯、聚丙烯等。这些材料只承受较低的载荷，当受力小时，大约在60～80℃范围内使用
	同上，并要求有一定的强度	罩壳、支架、盖板、紧固件等	聚甲醛、聚碳酸酯、聚酰胺、ABS、高冲击聚苯乙烯、玻璃增强聚丙烯、尼龙1010
透明结构零件	除上述要求外，必须具有良好的透明度	透明罩壳、汽车用各类灯罩、油标、油杯、视镜、光学镜片、信号灯、防爆灯、防护玻璃以及透明管道等	改性有机玻璃（372、613）、有机玻璃、AS树脂、改性聚苯乙烯（204、203A）、聚苯乙烯、聚碳酸酯、热塑性聚酯
耐磨受力传动零件	要求有较高的强度、刚性、韧性、耐磨性、耐疲劳性，并有较高的热变形温度、尺寸稳定	轴承、齿轮、齿条、蜗轮、凸轮、辊子、联轴器等	尼龙、MC尼龙、聚甲醛、聚碳酸酯、聚酚氧、氯化聚醚、增强聚丙烯、聚苯硫醚等。这类塑料的拉伸强度都在60MPa以上，使用温度可达80～120℃
减摩自润滑零件	对机械强度要求往往不高，但运动速度较高，故要求具有低的摩擦因数，优异的耐磨性和自润滑性	活塞环、机械动密封圈、填料、轴承等	聚四氟乙烯、填充的聚四氟乙烯、聚四氟乙烯填充的聚甲醛、聚全氟乙丙烯（F-46）、含油聚甲醛、超高分子量聚乙烯等；在小载荷、低速时可采用低压聚乙烯
耐高温结构零件	除耐磨受力传动零件和减摩自润滑零件要求外，还必须具有较高的热变形温度及高温抗蠕变性	高温工作的结构传动零件，如汽车分速器盖、轴承、齿轮、活塞环、密封圈、阀门、阀杆、螺母等	聚砜、聚苯醚砜、氟塑料（F-4、F-46）、聚酰亚胺、聚苯硫醚、聚四氟乙烯、石墨填充的聚苯醚砜和聚芳砜，以及各种玻璃纤维增强塑料等。这些材料都可在150℃以上使用
耐蚀设备与零件	对酸碱和有机溶剂等化学药品具有良好的耐蚀能力，还具有一定的机械强度	化工容器、管道、阀门、泵、风机、叶轮、搅拌器以及它们的涂层或衬里等	聚四氟乙烯、聚全氟乙丙烯（F-46）、聚三氟氯乙烯（F-3）、氯化聚醚、ABS、聚氯乙烯、聚碳酸酯、低压聚乙烯、聚丙烯、聚苯乙烯、聚苯硫醚、酚醛塑料等

2）由于塑料的导热性很差，故选用时必须注意设计最有利的散热条件，如采取以金属为基体的再复合塑料，必须在塑料中加入导热性能良好的填充剂或采取利于散热的金属结构设计等。

3）和金属材料一样，当作为轴承材料时，每种塑料均有其最高的使用速度（v）及载荷（p），即 $pv^{\alpha}=$常数。不同塑料的 α 值不相同，如尼龙 $\alpha=1.47$，聚甲醛 $\alpha=1.2$。在设计使用时，必须注意根据所采用的材料来决定其载荷、速度范围。同时还必须注意，各种塑料均有其压力和速度极限，如超过此极限，不论在任何固定的速度或载荷条件下，即使其 pv 乘积不超过允许的 pv 值，也不能使用。材料篇列有几种适宜作为轴承的塑料及其有关性能。

4）由于塑料受热易膨胀变形，故在设计轴承等零件时，必须考虑有足够的配合间隙，一般约为 $0.005d$（d 为轴承直径），但不同的塑料其配合间隙也不尽相同。常用几种塑料轴承的配合间隙见本章第1.4节。

1.3 工程用塑料零件的结构要素

表 1-9-3 几种塑料的起模斜度（推荐值）

塑 料 名 称	起模斜度
聚乙烯、聚丙烯、软聚氯乙烯	30′～1°
ABS、聚酰胺、聚甲醛、氟化聚醚、聚苯醚	40′～1°30′
硬聚氯乙烯、聚碳酸酯、聚砜	50′～2°
聚苯乙烯、有机玻璃	50′～2°
热固性塑料	20′～1°

表 1-9-4 零件不同表面的起模斜度（推荐值）

表面部位	连接零件与薄壁零件	其他零件
外表面	15′	30′～1°
内表面	30′	1°～2°
孔（深度<1.5d）	15′	30′～1°
加强筋凸缘等	2°、3°、5°、10°	

表 1-9-5 热固性塑料零件的壁厚（推荐值）

mm

塑 料 名 称	零件高度尺寸		
	<50	50～100	>100
粉状填料的酚醛塑料	0.7～2.0	2.0～3.0	5.0～6.5
纤维状填料的酚醛塑粉	1.5～2.0	2.5～3.5	6.0～8.0
氨基塑料	1.0	1.3～2.0	3.0～4.0
聚酯玻璃纤维塑料	1.0～2.0	2.4～3.2	>4.8
聚酯无机物填料的塑料	1.0～2.0	3.2～4.8	>4.8

表 1-9-6 热塑性塑料零件的壁厚（推荐值）

mm

塑料名称	最小壁厚	小型零件	中型零件	大型零件
聚酰胺	0.45	0.76	1.5	2.4～3.2
聚乙烯	0.60	1.25	1.6	2.4～3.2
聚苯乙烯	0.75	1.25	1.6	3.2～5.4
有机玻璃(372)	0.80	1.50	2.2	4.0～6.5
硬聚氯乙烯	1.20	1.60	1.8	3.2～5.8
聚丙烯	0.85	1.45	1.75	2.4～3.2
聚碳酸酯	0.95	1.80	2.3	3.0～4.5
聚甲醛	0.80	1.40	1.6	3.2～5.4
氯化聚醚	0.90	1.35	1.8	2.5～3.4
聚苯醚	1.20	1.75	2.5	3.5～6.4
聚砜	0.95	1.80	2.3	3.0～4.5

注：最小壁厚值可随成形条件件而变。

表 1-9-7 加强筋

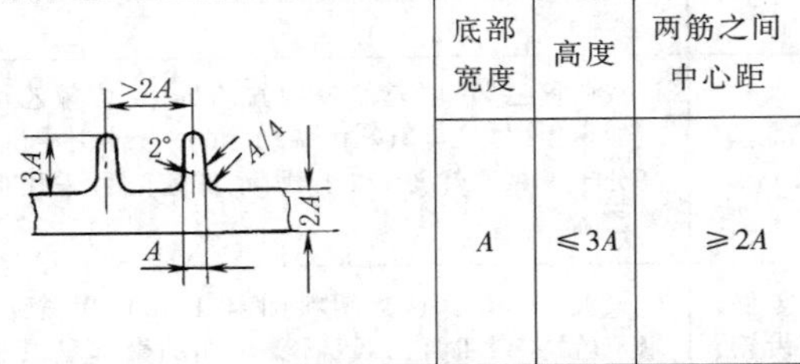	底部宽度	高度	两筋之间中心距
	A	$\leqslant 3A$	$\geqslant 2A$

表 1-9-8 塑料零件壁宽与最佳厚度的关系

mm

塑料名称	壁宽				
	<20	20～50	50～80	80～150	150～250
聚酰胺模塑粉	0.8	1.0	1.3～1.5	3.0～3.5	4.0～6.0
纤维增强塑料		1.5	2.5～3.5	4.0～6.0	6.0～8.0
耐高温塑料	0.5	0.5～1.0	1.0～1.5	1.5～2.0	2.0～3.0
酚醛塑料压塑粉		1.0～1.5	2.0～2.5	5.0～6.0	

表 1-9-9 孔的尺寸关系（最小值）

mm

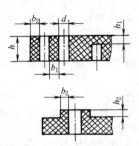

当 $b_2 \geqslant 0.3$mm 时，采用 $h_2 \leqslant 3b_2$

孔径 d	孔深与孔径比 h/d		边距尺寸		盲孔的最小厚度 h_1
	零件边孔	零件中孔	b_1	b_2	
≤2	2.0	3.0	0.5	1.0	1.0
>2～3	2.3	3.5	0.8	1.25	1.0
>3～4	2.5	3.8	0.8	1.5	1.2
>4～6	3.0	4.8	1.0	2.0	1.5
>6～8	3.4	5.0	1.2	2.3	2.0
>8～10	3.8	5.5	1.5	2.8	2.5
>10～14	4.6	6.5	2.2	3.8	3.0
>14～18	5.0	7.0	2.5	4.0	3.0
>18～30	—	—	4.0	4.0	4.0
>30	—	—	5.0	5.0	5.0

表 1-9-10 开孔最小直径（当孔深 $h \leqslant 2d$ 时）

mm

材料	$d_{\min}$
聚酰胺	0.5
其他热塑性塑料	0.8
玻璃纤维增强塑料	1.0
塑压料	1.5
纤维塑料	2.5
酚醛塑料	4.0

表 1-9-11 螺孔的尺寸关系（最小值）

mm

螺纹直径	边距尺寸		盲螺纹孔最小底厚
d	b_1	b_2	h_1
≤3	1.3	2.0	2.0
>3~6	2.0	2.5	3.0
>6~10	2.5	3.0	3.8
>10	3.8	4.3	5.0

表 1-9-12 螺纹退刀尺寸

mm

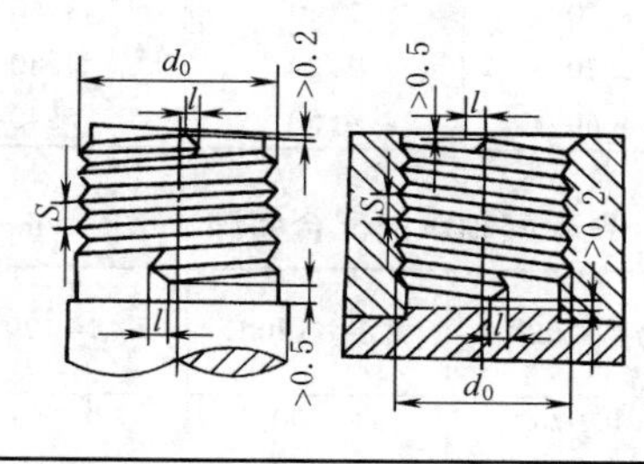

螺纹直径 d_0	螺距 S		
	≤0.5	>0.5~1	>1
	退刀尺寸 l		
≤10	1	2	3
>10~20	2	2	4
>20~34	2	4	6
>34~52	3	6	8
>52	3	8	10

表 1-9-13 滚花尺寸（推荐值）

mm

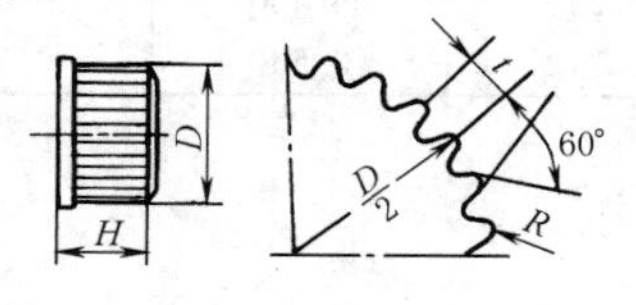

零件直径 D	滚花的距离		$\frac{D}{H}$
	齿距 t	半径 R	
≤18	1.2~1.5	0.2~0.3	1
>18~50	1.5~2.5	0.3~0.5	1.2
>50~80	2.5~3.5	0.5~0.7	1.5
>80~120	3.5~4.5	0.7~1	1.5

表 1-9-14 条纹设计推荐尺寸

mm

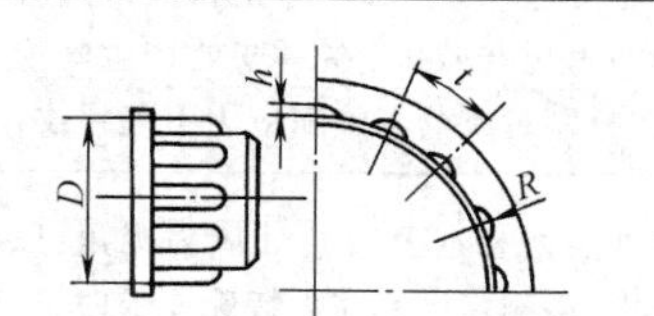

	细条纹				粗条纹			
零件直径 D	≤18	>18~50	>50~80	>80~120	≤18	>18~50	>50~80	>80~120
齿距 t	1.2~1.5	1.5~2.5	2.5~3.5	3.5~4.5	$4R$			
半径 R	0.2~0.3	0.3~0.5	0.5~0.7	0.7~1.0	0.3~1.0	0.5~4.0	1.0~5.0	2.0~6.0
齿高 h	约 $0.86t$				$0.8R$			

1.4 塑料零件的尺寸公差和塑料轴承的配合间隙

塑料零件的尺寸精度受各方面因素的影响。主要因素是塑料的收缩率、成形条件、几何形状、模具的制造精度等。塑料零件的尺寸公差推荐值见表 1-9-15。

表 1-9-15　**塑料零件尺寸公差推荐值**　mm

公称尺寸范围	热固性塑料零件及热塑性塑料中收缩范围小的零件			热塑性塑料中收缩范围大的零件		
	精密级	中级	自由尺寸级	精密级	中级	自由尺寸级
≤6	0.06	0.10	0.20	0.08	0.14	0.24
>6~10	0.08	0.16	0.30	0.12	0.20	0.34
>10~18	0.10	0.20	0.40	0.16	0.26	0.44
>18~30	0.16	0.30	0.50	0.24	0.38	0.60
>30~50	0.24	0.40	0.70	0.36	0.56	0.80
>50~80	0.36	0.60	0.90	0.52	0.70	1.20
>80~120	0.50	0.80	1.20	0.70	1.00	1.60
>120~180	0.64	1.00	1.60	0.90	1.30	2.00
>180~260	0.84	1.30	2.10	1.20	1.80	2.60
>260~360	1.20	1.80	2.70	1.60	2.40	3.60
>360~500	1.60	2.40	3.40	2.20	3.20	4.80
>500	2.40	3.60	4.80	3.40	4.50	5.40

表 1-9-16　**几种塑料轴承的配合间隙**　mm

轴径	聚酰胺和高冲击聚苯乙烯	聚四氟乙烯	酚醛布基层压塑料
6	0.050~0.075	0.050~0.100	0.030~0.075
12	0.075~0.100	0.100~0.200	0.040~0.085
20	0.100~0.125	0.150~0.300	0.060~0.120
25	0.125~0.150	0.200~0.375	0.080~0.150
38	0.150~0.200	0.250~0.450	0.100~0.180
50	0.200~0.250	0.300~0.525	0.130~0.240

表 1-9-17　**聚甲醛轴承的配合间隙**　mm

轴径	常温~60℃	常温~120℃	-45~120℃
6	0.076	0.100	0.150
13	0.100	0.200	0.250
19	0.150	0.310	0.380
25	0.200	0.380	0.510
31	0.250	0.460	0.640
38	0.310	0.530	0.710

1.5　工程用塑料零件的设计注意事项

表 1-9-18

注意事项	不好的设计	改进后的设计
壁厚应尽可能均匀一致，防止在成形过程中由于不均匀的固化与收缩，在厚壁处产生气泡和收缩变形，在急剧过渡处因收缩应力引起裂纹	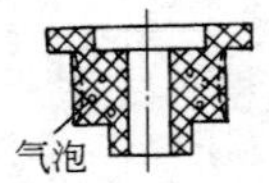 气泡	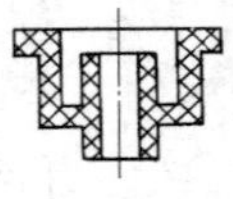
零件内外表面相连及转角处应为圆角，以免产生应力集中，影响强度。在无特殊要求时，零件转角处的圆角半径应不小于0.5~1mm	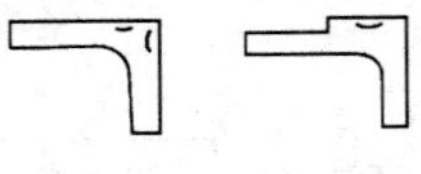	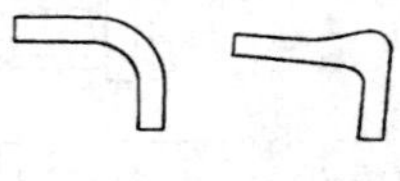
避免采用整体基面作支承面，加强筋与支承面应相距0.5mm的高度，以免因加强筋而影响支承面的准确度	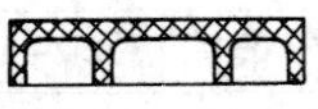	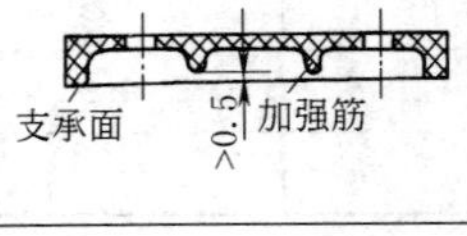 支承面　>0.5　加强筋
孔尽可能设置在不易削弱零件强度的位置。除相邻孔之间以及孔到边缘之间保留适当的距离外，尽可能使有孔部分壁厚一些，以防止孔眼处安装零件而破裂。由于锥形埋头螺钉头对于孔的边缘有侧向力，易使边缘发生崩裂，应避免采用	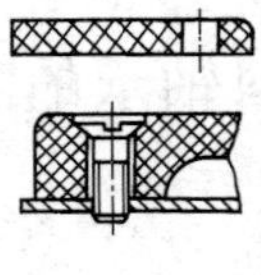	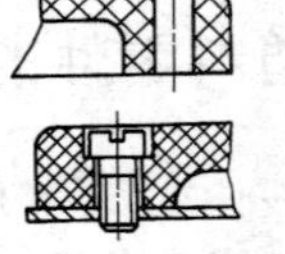

续表

注意事项	不好的设计	改进后的设计
在注塑成形零件时，由于塑料流动产生的压力不平衡，使型芯变形、弯曲或折断。通常不通孔$H<(3\sim5)d$；通孔$H<(8\sim10)d$，孔径$<\phi1.5$mm时$H\approx(3\sim6)d$ 侧孔和侧凹的设置要简化模具结构，以便于零件的起模，缩短生产周期，提高产品质量	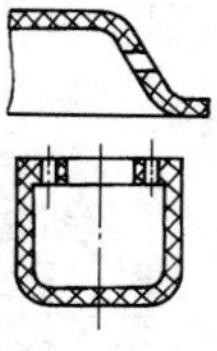	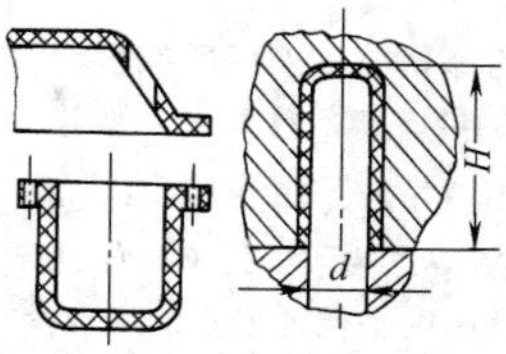 H　d
合理采用加强筋可减少壁厚，节省材料，提高制件的强度和刚性，防止翘曲 加强筋的布置应考虑塑料局部集中而形成缩孔和凹形。如左图的布置，就易产生收缩和气泡	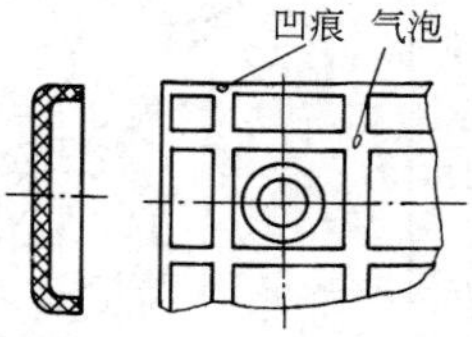 凹痕　气泡	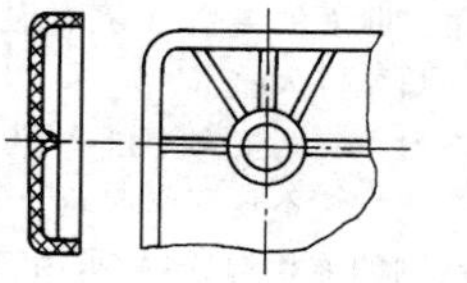
凸出部分尽量位于转角处，凸出部分的高度不应超过孔直径的2倍，并应有足够的倾斜角以便起模。过高的凸出部分会关住气体，使这部分强度和密度减小。凸出点不宜多于3个，如超过3个，需进行机械加工	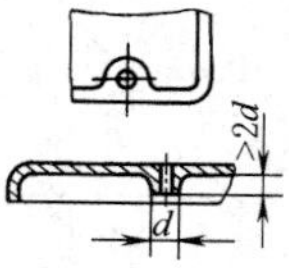 ≥2d　d	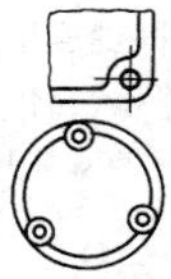
外螺纹不应延长到与支承面相连接处，以免端部螺纹脱落 为防止螺孔内最外圈的螺纹崩裂，应增加一个台阶形的空穴 同一零件的上下两段螺纹，其螺距与旋转方向应相同，否则其中一段螺纹就得用镶拼螺纹型芯、型腔成形或机加工制成，增加了模具结构与工艺的复杂性	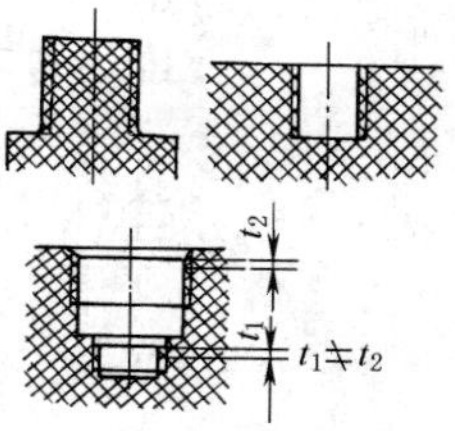 t_2　t_1　$t_1\neq t_2$	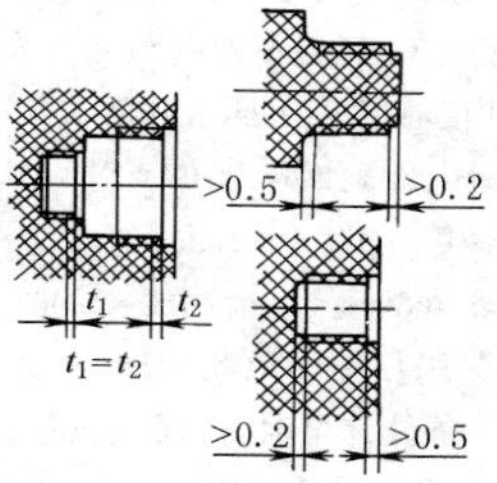 >0.5　>0.2　t_1　t_2　$t_1=t_2$　>0.2　>0.5
必须考虑有足够的起模斜度，斜度的大小与塑料的性质、收缩率、厚度、形状有关。一般推荐的起模斜度为15′～1°	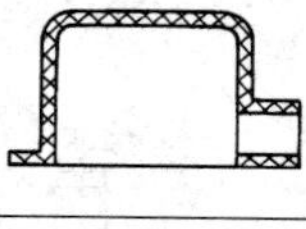	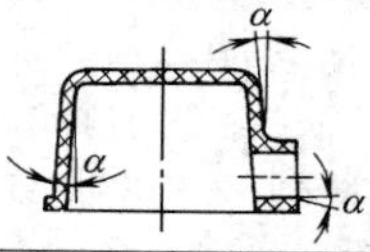 α　α　α
零件的壁与底部的厚度应均匀或尽量平缓过渡，厚薄悬殊或突变，将引起收缩不一致，产生气泡、凹陷或变形 对于热固性塑料壁厚过渡比，模压时为1∶3，挤压时为1∶5，热塑性塑料为1∶(1.5～2)	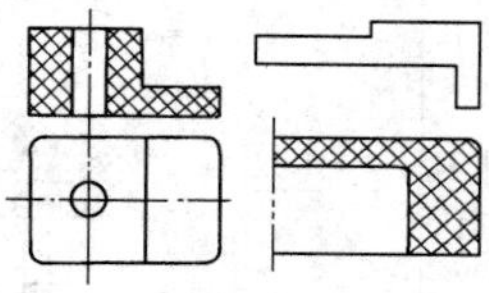	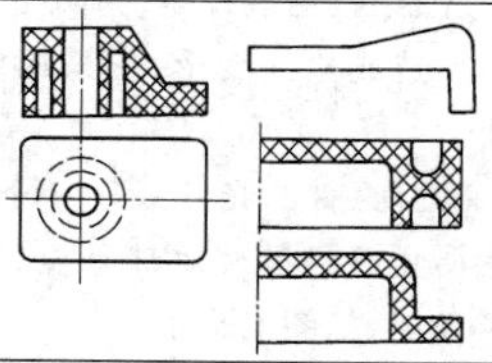
外表面有凹凸纹的手轮或手柄等零件，应使凹凸纹的条纹与起模方向一致，以便于简化模具和起模	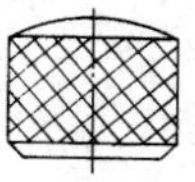	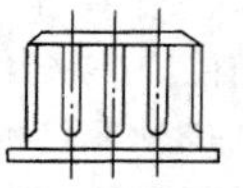
零件上的文字、符号或装饰花纹应采用凸形，以简化模具制造。如零件上不允许有凸起，或在文字、符号上需涂色时，可将凸起的文字或符号设置在凹坑内，既便于制造，又避免碰坏凸起的文字或符号	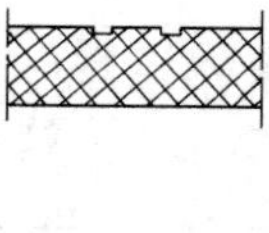	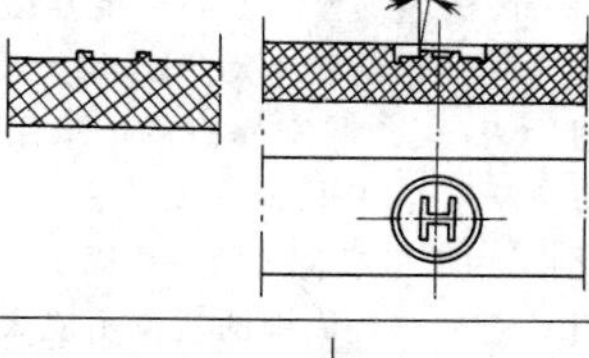 10°
成形后分型面处的飞边应易清除。右图的分型面处为一圆形飞边，容易清除	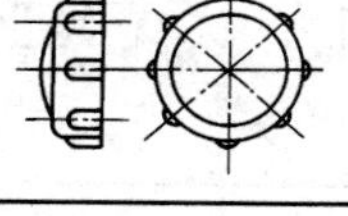	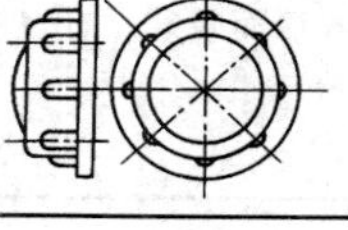

续表

注意事项	不好的设计	改进后的设计
齿轮设计： 1)齿形目前多采用标准齿廓，即分度圆压力角 $\alpha_{分}=20°$，齿高系数 $f=1$ 的形式 2)塑料齿轮的结构尺寸： $t\geqslant 3t_1, t_3\leqslant t_2, t_4>t_2, t_4=d_1, d_2=(1.5\sim3)d_1$ 设计原则是保证最小的应力集中和防止成形收缩不均匀所造成的齿形歪斜，因此在结构上应避免尖角和断面的突变，尽可能使各部分厚度相同，圆角和圆弧应大些 3)尽量不在齿轮辐板上开孔与加筋，以防止由于各部分收缩不均而引起轮齿歪斜 4)与轴的连接形式：可采用花键或半圆键连接。采用花键连接时，连接精度较高，键槽工作面比压较小；而采用半圆键连接时，可降低应力集中。如采用单个平键连接，当传递转矩较大时，往往在键槽处发生压溃变形或尖角开裂	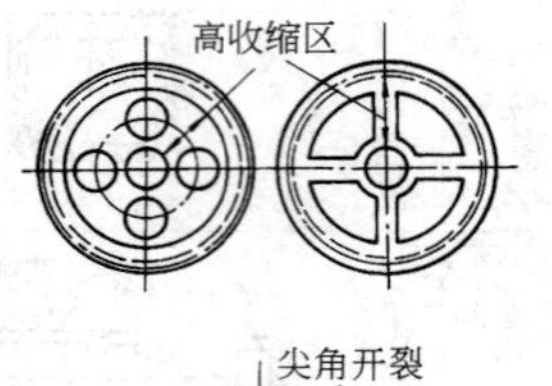 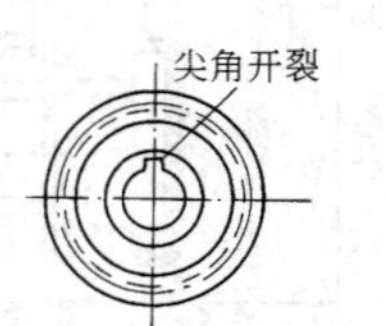	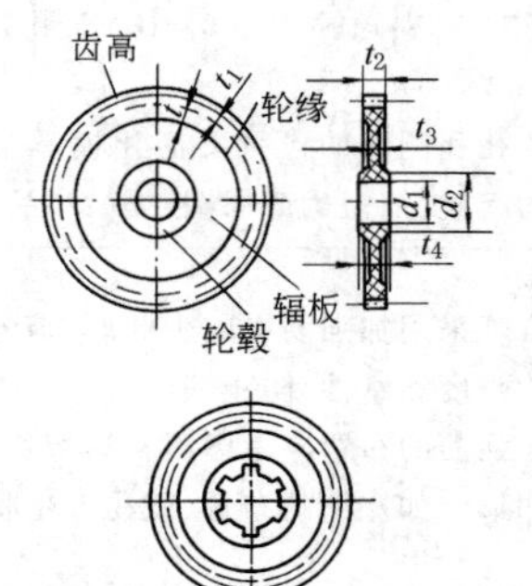
合理设计塑料零件的嵌件： 图a，尽量采用不通孔或不穿的螺纹孔，这样可在设计模具时采用插入式解决嵌件的定位 图b，嵌件表面需滚花或开设沟槽时，一般小嵌件的沟槽，深为1～2mm，宽为2～3mm，转角处为圆弧，滚花为菱形，齿高1～2mm，如零件受力很小时，可只采用菱形滚花，不开沟槽 图c，条件许可时，金属嵌件应凸起或凹入1.5～2mm，以保证嵌件稳定 图d，布置在凸耳或凸起部分的嵌件，应比凸耳或凸起部分长一些，以提高零件的机械强度 图e，尽量避免采用片状、细长的嵌件。当必须采用膜片、细长的嵌件时，为防止成形时塑料对嵌件冲击而造成弯曲变形，应采用销钉支承或打孔 A 通流 图f，螺杆嵌件的光杆部分与模具应为H8/f9配合。为防止塑料沿螺纹部分溢料，螺纹部分应留在塑料外面，如图f′设计 图g，螺纹通孔嵌件高度应低于成形高度0.05mm。嵌件过高易产生变形 图h，嵌件的装夹定位部分应具有H8/f9配合，以保证金属嵌件能精确地固定在模具中 图i，圆柱形或套筒形嵌件推荐结构尺寸见图，在特殊情况下 H 可加大，但不得大于 $2D$ 图j，板形、片状金属嵌件可采用此方式固定。当嵌件厚度小于0.5mm时，最好不用孔固定结构，而采用切口或折弯的方法固定 图k，金属嵌件周围的塑料不能太薄，否则塑料会因冷却收缩而破裂。右表中列出了嵌件周围塑料层的推荐尺寸	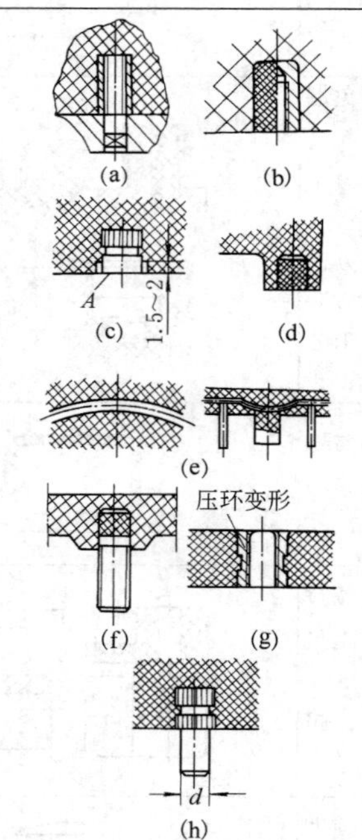	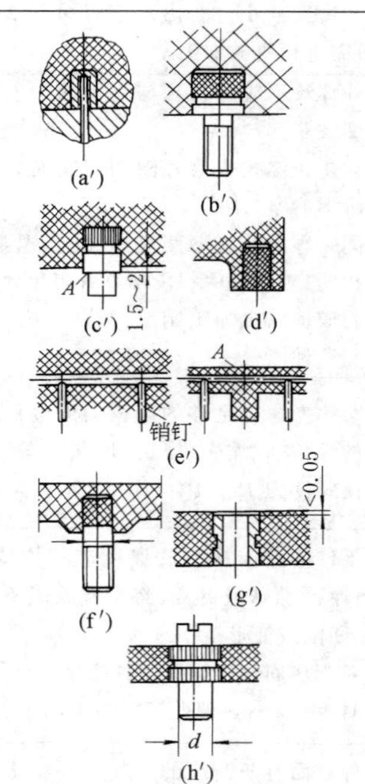
	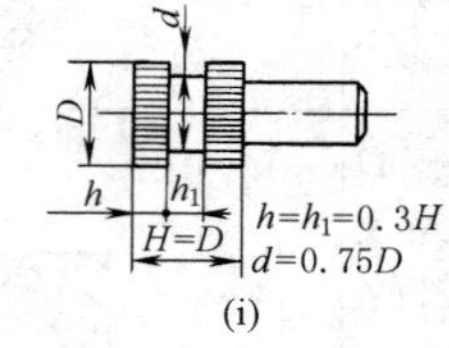 (i)	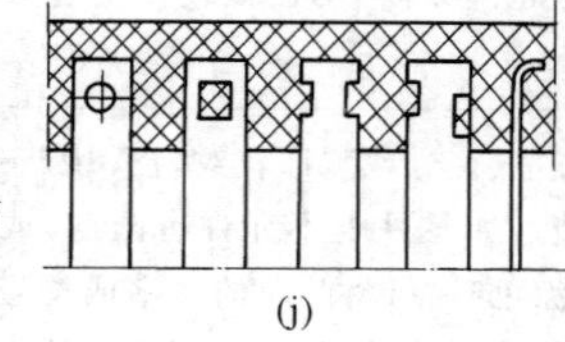 (j)
	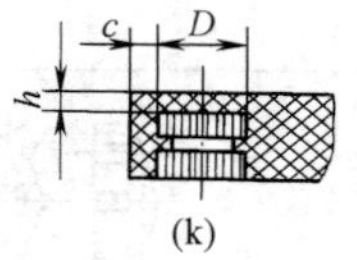 (k)	见下表

mm

D	h	c
≤4	1	1.5
>4～8	1.5	2.0
>8～12	2.0	3.0
>12～16	2.5	4.0
>16～25	3.0	5.0

2 粉末冶金零件设计要素

2.1 粉末冶金的特点及主要用途

粉末冶金是以金属粉末（或金属粉末与非金属粉末的混合物）作原料，经过成形和烧结，制造出各种类型的金属零件和金属材料。它具有很多特点：①利用粉末冶金方法能生产具有特殊性能的零件和材料，如能控制制品的孔隙率和孔隙大小，可生产各种多孔性的材料和多孔含油轴承，能利用金属和金属、金属和非金属的组合效果，生产各种特殊性能的材料，如金属和非金属组成的摩擦材料等。②可制成无切削或少切削的机器零件，从而减少机加工量，提高劳动生产率。其尺寸精度可达公差等级12~13级，必要时也可达10级，表面粗糙度 R_a 的数值低于1.6μm。但粉末冶金成本高，制品的大小和形状受到一定限制。

粉末冶金材料主要用于制作机械零件、工具材料、磁性材料、电工材料、高温材料及原子能工业材料等。用于制作机械零件的粉末冶金成分、性能、特点及用途参见材料篇。

2.2 粉末冶金零件最小厚度、尺寸范围及其精度

表 1-9-19 最小壁厚 mm

最大外径	最小壁厚
10	0.80
20	1.00
30	1.50
40	1.75
50	2.15
60	2.50

表 1-9-20 一般烧结零件的尺寸范围

材料	最大横断面面积/cm²	宽度/mm		高度/mm	
		最大	最小	最大	最小
铁基	40	120	5	40	3
铜基	50	120	5	50	3

表 1-9-21 烧结零件尺寸公差 mm

公称尺寸	宽度			高度		
	尺寸公差					
	精级	中级	粗级	精级	中级	粗级
<10	±0.05	±0.10	±0.30	±0.15	±0.30	±0.70
>10~25	±0.07	±0.20	±0.50	±0.20	±0.50	±1.20
>25~63	±0.10	±0.30	±0.70	±0.40	±0.70	±1.80
>63~160	±0.15	±0.50	±1.20			

注：宽度为垂直压制方向的尺寸，高度为平行压制方向的尺寸。

表 1-9-22 精压零件尺寸公差 mm

公称直径	尺寸公差	长度	尺寸公差
≤40	+0 −0.025	≤40	±0.125
>40~65	+0 −0.04	>40~75	±0.19
>65	+0 −0.05	>75	±0.25

2.3 粉末冶金零件设计注意事项

表 1-9-23

1. 应使压模中的粉末受到大致相等的压缩，并能顺利地从压模中取出已经模压成形的制品。在零件压制方向如有凸起或凹槽时，则粉末在压制时各部分的密实度不易一致，因此凸起或凹槽的深度以不大于零件总高度的1/5为宜，并有一定的起模斜度 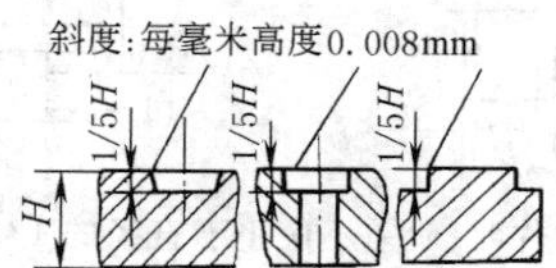 	2. 当由上向下压制的结构零件较长时，其中间部分和两端的粉末密实度差别也较大。所以在实际生产中，常限制其长度为直径的2.5~3.5倍，壁越薄其长度与直径之比的倍数越低 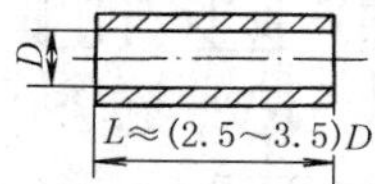

3. 当零件的壁厚急剧变化或零件的壁厚悬殊时，零件各部的密度也相差很大，这样烧结时会引起尺寸变化和变形，应尽量避免

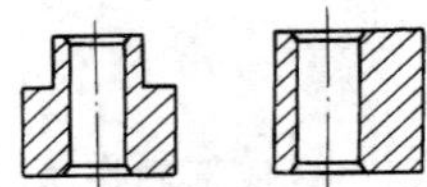

4. 设计带有凸缘或台阶的零件，其内角应设计成圆角，以利于压制时凹模中粉末的流动和便于起模，并可避免产生裂纹

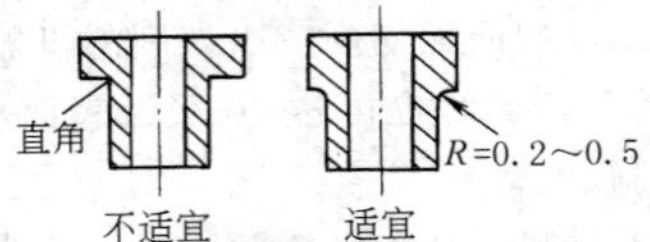

5. 尽量避免深窄的凹槽、尖角或薄边的轮廓，避免细齿滚花和细齿外形，因为这些结构装粉成形都很困难

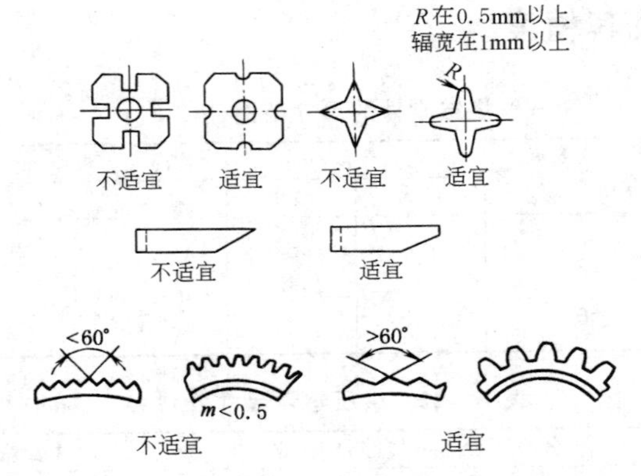

6. 避免尖边、锐角和切向过渡

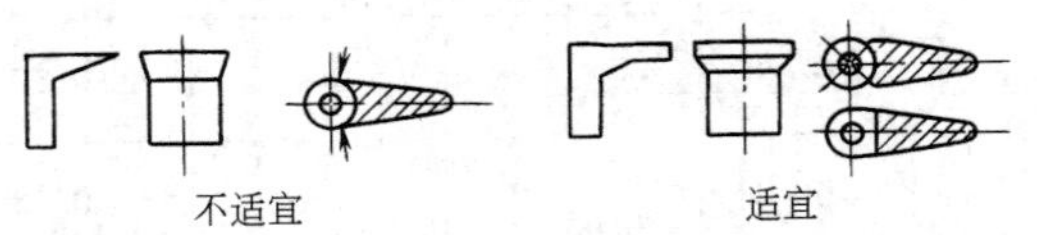

7. 零件只能设计成与压制方向平行的花纹，菱形的花纹不能成形，应避免

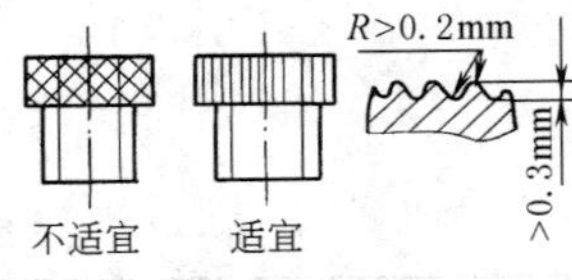

8. 与压制方向垂直的孔（见图a）、径向凹槽（见图b）、内螺纹及外螺纹（见图c、d）、倒锥（见图e）、拐角处的退刀槽（见图f）等结构难以压制成形，当需要时可在烧结后进行切削加工

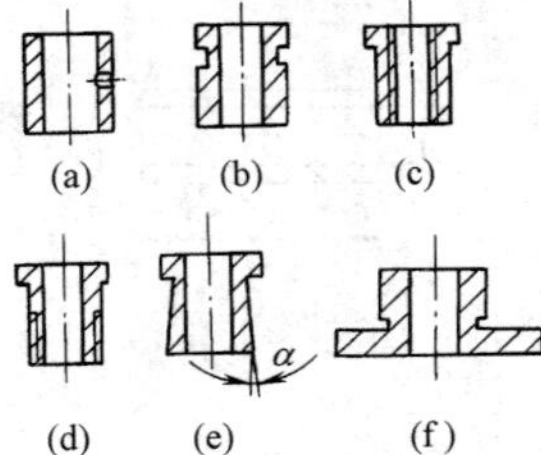

9. 底部凹陷的法兰（见图a）、外圆中部的凸缘（见图b）不能压制成形。上部凹陷的法兰（见图c）为坯件，当埋头孔的面积小于压制面积的1/2，深度（H）小于零件全高的1/4左右时，要作5°的拔梢（见图d）才可以成形

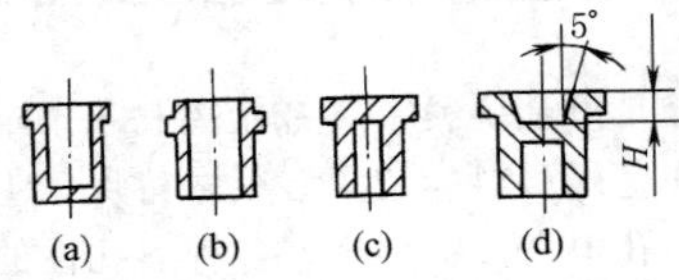

10. 从模具强度和压制件强度方面的因素考虑，并从孔与外侧间的壁厚要便于装粉考虑，制品窄条部分的最小尺寸应有一定的限度

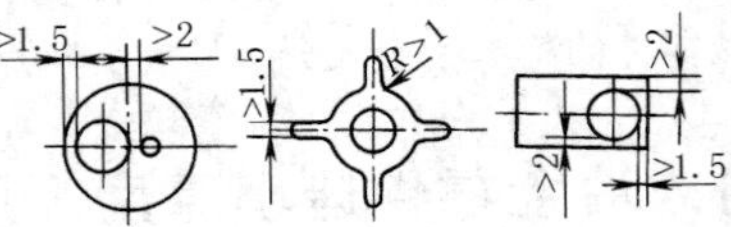

11. 为了使凸模具有必要的刚度，使粉末容易充满型腔和便于从压模内取出制品，零件结构应避免尖锐的棱角，并适当增加横截面的面积

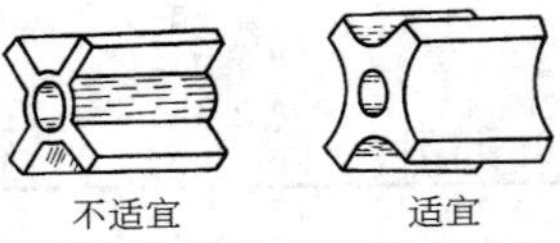

12. 避免过小的公差

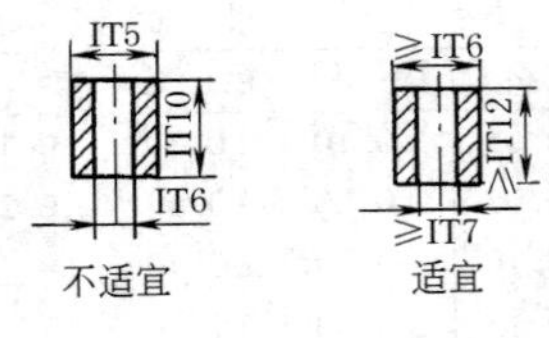

13. 对于长度大于20mm的法兰制件，法兰直径不应超过轴套直径的1.5倍，在可能条件下，应尽量减小法兰的直径，以避免烧结后的变形。法兰根部的圆角半径可参考下表：

轴套直径/mm	≤12	>12～25	>25～50	>50～65	>65
圆角半径/mm	0.8	1.2	1.6	2.4	>2.5

轴套壁厚（δ）与法兰边宽（b）都必须大于1.5mm

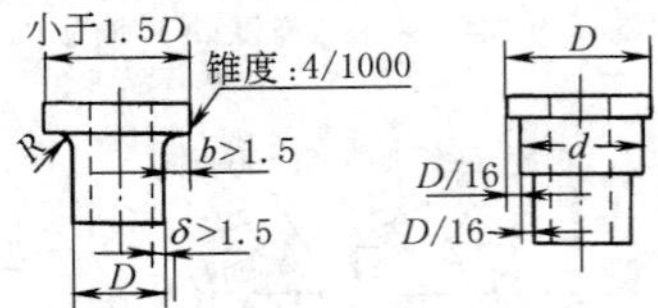

设计阶梯形制件时，阶差不应小于直径的1/16，其尺寸不应小于0.9mm

续表

14. 粉末冶金制件的端部最好不要有过锐棱角，并避免工具倒圆。倒角时尽可能留出0.2mm左右的小平面，以延长凸模的寿命

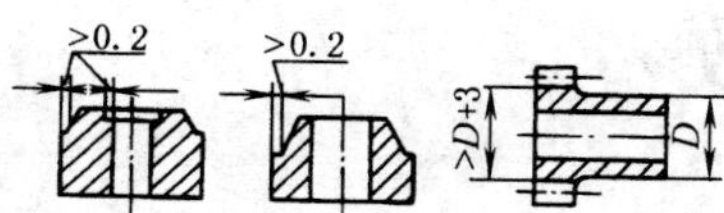

在设计粉末冶金齿轮时，齿根圆直径应大于轮毂直径3mm以上，以减小成形中的困难

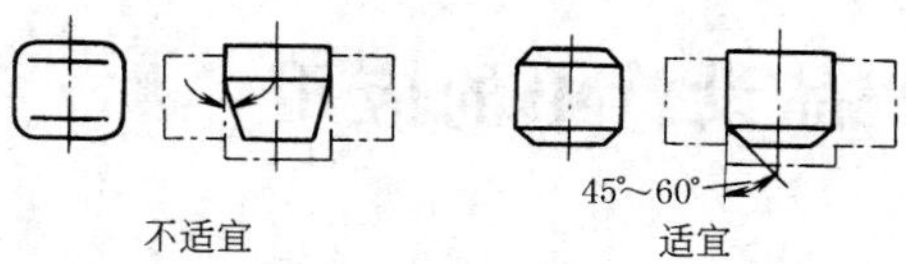

不适宜　　适宜

15. 在很多情况下，粉末冶金零件适于代替机械加工比较困难或加工劳动量大、材料利用率低的一些零件。在某些情况下，还可以代替一些本来需要加工后装配在一起的部件

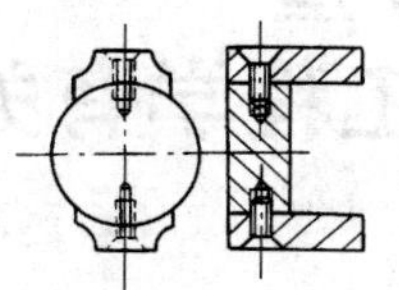

需要装配的零件

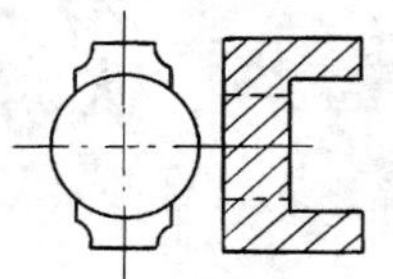

不需装配的粉末冶金零件

16. 当把铸件或锻件改为粉末冶金零件时，将粉末冶金零件上的凸部移到与其相配合的零件上，以简化模具结构和减少制造上的困难

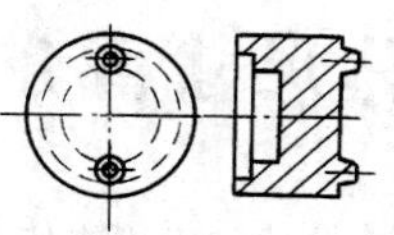
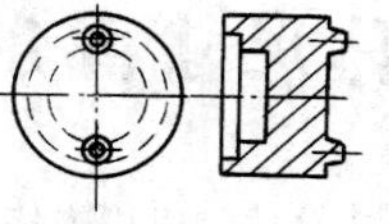

用模锻或铸造，然后用机械加工法制造

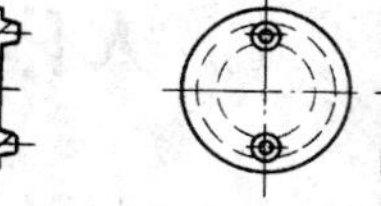

用粉末冶金法制造

第10章 人机工程学有关功能参数

1 人体尺寸百分位数在产品设计中的应用

在涉及人体尺寸的产品尺寸设计时应用人体尺寸百分位数。

百分位数是一种位置指标、一个界值，以符号 PK 表示。一个百分位数将群体或样本的全部观测值分为两部分，有 K%的观测值等于和小于它，有（100-K）%的观测值大于它。人体尺寸用百分位数表示时，称人体尺寸百分位数。即表示某一人体尺寸范围内，有百分之几的人大于或小于给定值。例如：

第5百分位代表"小"身材，即只有5%的数值低于此下限值。

第95百分位代表"大"身材，即只有5%的数值高于此上限值。

第50百分位代表"适中"身材，即有50%的数值高于和低于此值。

产品尺寸设计除根据人体尺寸百分位数设计外，还需根据下列不同情况，作适当修正。

为了保证实现产品的某项功能而对作为产品尺寸设计依据的人体尺寸百分位数所作的尺寸修正量，称为功能修正量。为了消除空间压抑感、恐惧感或为了追求美观等心理需要而作的尺寸修正量，称为心理修正量。为了保证实现产品的某项功能而设定的产品最小尺寸，称为产品最小功能尺寸（=人体尺寸百分位数+功能修正量）。为了方便、舒适地实现产品的某项功能而设定的产品尺寸，是产品最佳功能尺寸（=人体尺寸百分位数+功能修正量+心理修正量）。所设计的产品在尺寸上能满足多少人使用，以合适地使用的人占使用者群体的百分比表示，称为满足度。

1.1 人体尺寸百分位数的选择（摘自GB/T 12985—1991）

（1）产品尺寸设计的分类

1）Ⅰ型产品尺寸设计：需要两个人体尺寸百分位数作为尺寸上限值和下限值的依据，称为Ⅰ型产品尺寸设计。又称双限值设计。

2）Ⅱ型产品尺寸设计：只需要一个人体尺寸百分位数作为尺寸上限值或下限值的依据，称为Ⅱ型产品尺寸设计。又称单限值设计。

3）ⅡA型产品尺寸设计：只需要一个人体尺寸百分位数作为尺寸上限值的依据，称为ⅡA型产品尺寸设计。又称大尺寸设计。

4）ⅡB型产品尺寸设计：只需要一个人体尺寸百分位数作为尺寸下限值的依据，称为ⅡB型产品尺寸设计。又称小尺寸设计。

5）Ⅲ型产品尺寸设计：只需要第50百分位数（P50）作为产品尺寸设计的依据，称为Ⅲ型产品尺寸设计。又称平均尺寸设计。

（2）百分位数的选择

1）Ⅰ型产品尺寸设计时，对涉及人的健康、安全的产品，应选用P99和P1作为尺寸上、下限值的依据，这时满足度为98%；对于一般工业产品，选用P95和P5作为尺寸上、下限值的依据，这时满足度为90%。

2）ⅡA型产品尺寸设计时，对于涉及人的健康、安全的产品，应选用P99或P95作为尺寸上限值的依据，这时满足度为99%或95%；对于一般工业产品，选用P90作为尺寸上限值的依据，这时满足度为90%。

3）ⅡB型产品尺寸设计时，对于涉及人的健康、安全的产品，应选用P1或P5作为尺寸下限值的依据，这时满足度为99%或95%；对于一般工业产品，选用P10作为尺寸下限值的依据，这时满足度为90%。

4）Ⅲ型产品尺寸设计时，选用P50作为产品尺寸设计的依据。

5）在成年男、女通用的产品尺寸设计时，根据1）~3）的准则，选用男性的P99、P95或P90作为尺寸上限值的依据；选用女性的P1、P5或P10作为尺寸下限值的依据。

（3）功能修正量和心理修正量

因为GB/T 10000—1988中的表列值均为裸体测量的结果，在产品尺寸设计而采用它们时，应考虑由于穿鞋引起的高度变化量和穿着衣服引起的围度、厚度变化量。其次，在人体测量时要求躯干采取挺直姿势，但人在正常作业时，躯干采取自然放松的姿势，因此要考虑由于姿势的不同所引起的变化量。最后是为了确保实现产品的功能所需的修正量。所有这些修正量的总计为功能修正量。

1）功能修正量举例

着衣修正量：坐姿时的坐高、眼高、肩高、肘高加6mm，胸厚加10mm，臀膝距加20mm。

穿鞋修正量：身高、眼高、肩高、肘高对男子加25mm，对女子加20mm。

姿势修正量：立姿时的身高、眼高等减10mm；坐姿时的坐高、眼高减44mm。

在确定各种操纵器的布置位置时，应以上肢前展长为依据，但上肢前展长是后背至中指尖点的距离，因此对按按钮、推滑板推钮、扳动扳钮开关的不同操作功能应做如下的修正：按减12mm，推和扳、拨减25mm。

功能修正量通常为正值，但有时也可能为负值。例如针织弹力衫的胸围功能修正量取负值。

功能修正量通常用实验方法求得。

2）心理修正量举例

例1 在护栏高度设计时，对于3000~5000mm高的工作平台，只要栏杆高度略微超过人体重心高度就不会发生因人体重心高所致的跌落事故。但对于高度更高的平台来说，操作者在这样高的平台栏杆旁时，因恐惧心理而足发“酸、软”，手掌心和腋下出“冷汗”，患恐高症的人甚至会晕倒，因此只有将栏杆高度进一步加高才能克服上述心理障碍。这项附加的加高量便属于“心理修正量”。

例2 在确定下蹲式厕所的长度和宽度时，应以下蹲长和最大下蹲宽为尺寸依据，再加上由于衣服厚度引起的尺寸增加和上厕所时所进行的必要动作引起的变化量作为功能修正量。但这时厕所的门就几乎紧挨着鼻子，使人在心理上产生一种“空间压抑感”，因此还应增加一项心理修正量。

例3 在设计鞋的举例（略）中给出了各种鞋的功能修正量，但鞋类很重视款式美，这样小的放余量（设计鞋时，鞋的内底长应比足长长一些，所长出部分称为放余量）使鞋的造型较不美观，因此还需加上心理修正量——超长度，于是演变出了形形色色美观的鞋品种

① 素头皮鞋：放余量+14mm，超长度+2mm；

② 三节头皮鞋：放余量+14mm，超长度+11mm；

③ 网球鞋（胶鞋）：放余量+14mm，超长度+2mm。

心理修正量也是用实验的方法求得的。根据被试者对不同超长度的试验鞋进行试穿实验，将被试者的主观评价量表的评分结果进行统计分析，求出心理修正量。

（4）产品尺寸设计举例

1）Ⅰ型产品尺寸设计

例 在汽车驾驶员的可调式座椅的调节范围设计时，为了使驾驶员的眼睛位于最佳位置、获得良好的视野以及方便地操纵驾驶盘及踩刹车，高身材驾驶员可将座椅调低和调后，低身材驾驶员可将座椅调高和调前。因此对于座椅的高低调节范围的确定需要取眼高的P90和P10为上、下限值的依据；对于座椅的前后调节范围的确定需要取臀膝距的P90和P10为上、下限值的依据。

2）ⅡA型产品尺寸设计

例1 在设计门的高度、床的长度时，只要考虑到高身材的人的需要，那么对低身材的人使用时必然不会产生问题。所以

应取身高的 P90 为上限值的依据。

例 2 为了确定防护可伸达危险点的安全距离时，应取人的相应肢体部位的可达距离的 P99 为上限值的依据。

3）ⅡB 型产品尺寸设计

例 在确定工作场所采用的栅栏结构、网孔结构或孔板结构的栅栏间距，网、孔直径应取人的相应肢体部位的厚度的 P1 为下限值的依据。

4）Ⅲ型产品尺寸设计

例 1 门的把手或锁孔离地面的高度、开关在房间墙壁上离地面的高度设计时，都分别只确定一个高度供不同身高的人使用，所以应平均地取肘高的 P50 为产品尺寸设计的依据。

例 2 当工厂由于生产能力有限，对本来应采用尺寸系列的产品只能生产其中一个尺寸规格时，也取相应人体尺寸的 P50 为设计依据。

1.2 以主要百分位和年龄范围的中国成人人体尺寸数据（摘自 GB/T 10000—2023）

本节给出 18 岁～70 岁男性和女性人体尺寸通用数据。GB/T 10000—2023 中还进一步给出了 18～25 岁、26 岁～35 岁、36～60 岁和 61 岁～70 岁四个年龄分组的尺寸数据，可根据具体设计需要选取。

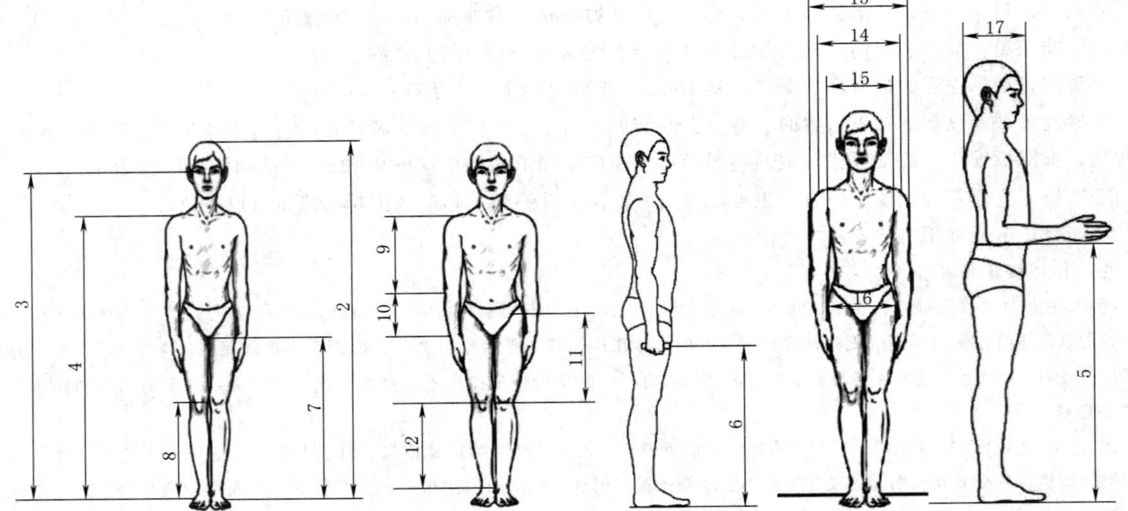

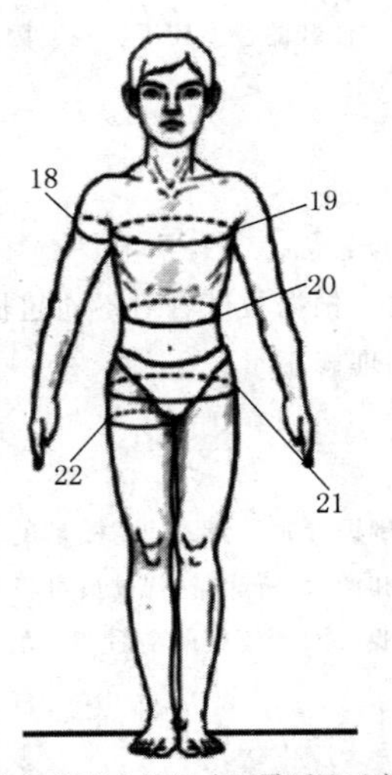

(a) 立姿静态人体尺寸测量项目示意图

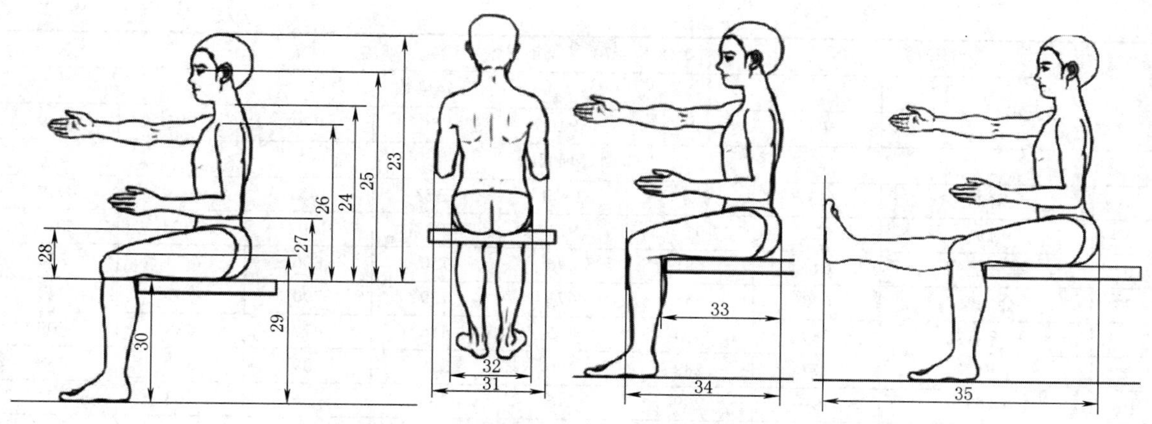

(b) 坐姿静态人体尺寸测量项目示意图

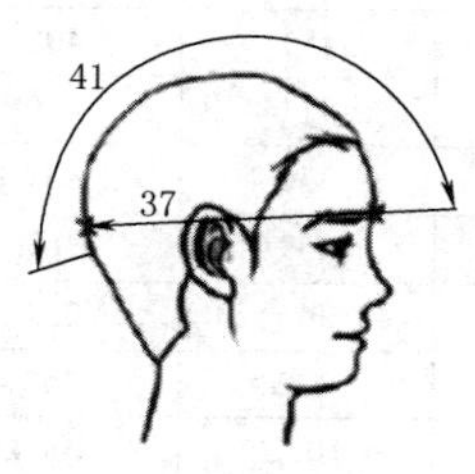

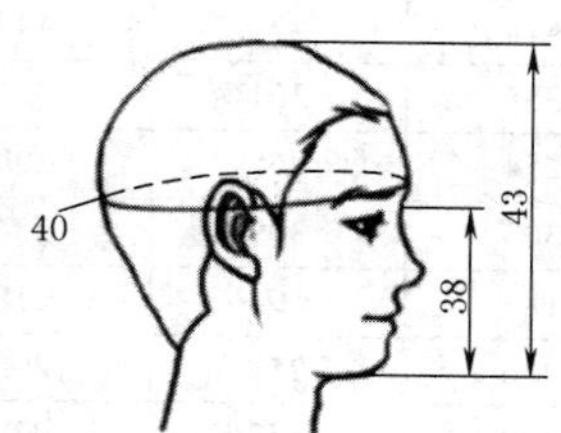

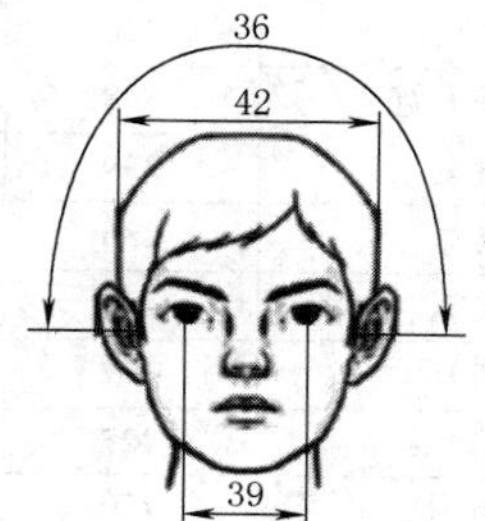

(c) 头部测量项目示意图

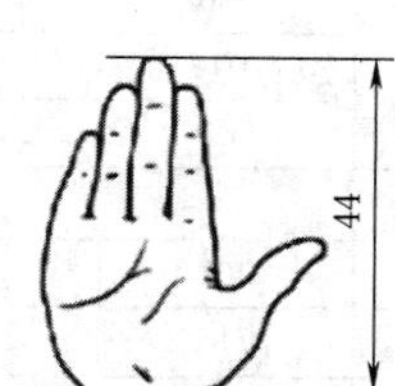

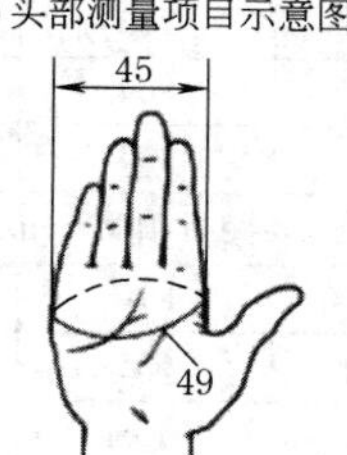

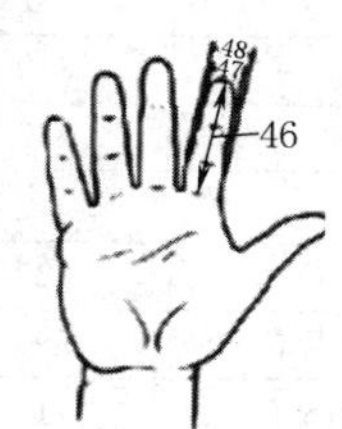

(d) 手部测量项目示意图

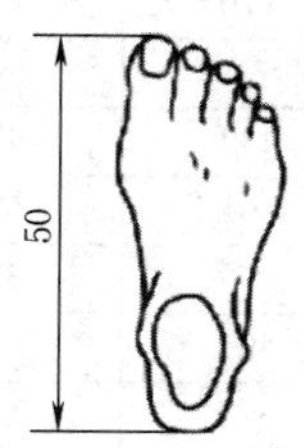

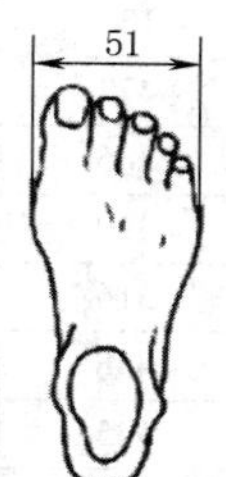

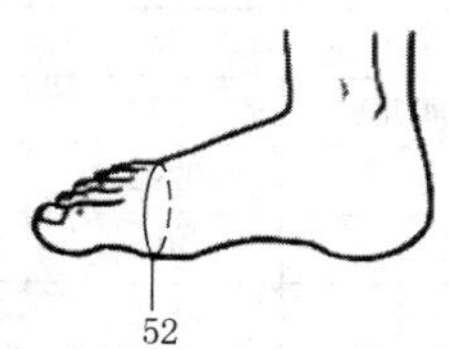

(e) 足部测量项目示意图

表 1-10-1　　静态人体尺寸百分位数示例（摘自 GB/T 10000—2023）

18 岁~70 岁成年男性								
测量项目		百分位数						
		P1	P5	P10	P50	P90	P95	P99
1	体重/kg	47	52	55	68	83	88	100
立姿测量项目/mm								
2	身高	1528	1578	1604	1687	1773	1800	1860
3	眼高	1416	1464	1486	1566	1651	1677	1730

续表

18 岁~70 岁成年男性								
测量项目		百分位数						
		P1	P5	P10	P50	P90	P95	P99
立姿测量项目/mm								
4	肩高	1237	1279	1300	1373	1451	1474	1525
5	肘高	921	957	974	1037	1102	1121	1161
6	手功能高	649	681	696	750	806	823	854
7	会阴高	628	655	671	729	790	807	849
8	胫骨点高	389	405	415	445	477	488	509
9	上臂长	277	289	296	318	339	347	358
10	前臂长	199	209	216	235	256	263	274
11	大腿长	403	424	434	469	506	517	537
12	小腿长	320	336	345	374	405	415	434
13	肩最大宽	398	414	421	449	481	490	510
14	肩宽	339	354	361	386	411	419	435
15	胸宽	236	254	265	299	330	339	356
16	臀宽	291	303	309	334	359	367	382
17	胸厚	172	184	191	218	246	254	270
18	上臂围	227	246	257	295	332	343	369
19	胸围	770	809	832	927	1032	1064	1123
20	腰围	642	687	713	849	986	1023	1096
21	臀围	810	845	864	938	1018	1042	1098
22	大腿围	430	461	477	537	600	620	663
坐姿测量项目/mm								
23	坐高	827	856	870	921	968	979	1007
24	坐姿颈椎点高	599	622	635	675	715	726	747
25	坐姿眼高	711	740	755	798	845	856	881
26	坐姿肩高	534	560	571	611	653	664	686
27	坐姿肘高	199	220	231	267	303	314	336
28	坐姿大腿厚	112	123	130	148	170	177	188
29	坐姿膝高	443	462	472	504	537	547	567
30	坐姿腘高	361	378	386	413	442	450	469
31	坐姿两肘间宽	352	376	390	445	505	524	566
32	坐姿臀宽	292	308	316	346	379	388	410
33	坐姿臀-腘距	407	427	438	472	507	518	538
34	坐姿臀-膝距	509	526	535	567	601	613	635
35	坐姿下肢长	830	873	892	956	1025	1045	1086
头部测量项目/mm								
36	头宽	142	147	149	158	167	170	175
37	头长	170	175	178	187	197	200	205
38	形态面长	104	108	111	119	129	133	144
39	瞳孔间距	52	55	56	61	66	68	71
40	头围	531	543	550	570	592	600	617
41	头矢状弧	305	320	325	350	372	380	395
42	耳屏间弧（头冠状弧）	321	334	340	360	380	386	397
43	头高	202	210	217	231	249	253	260

续表

18岁~70岁成年男性								
测量项目		百分位数						
		P1	P5	P10	P50	P90	P95	P99
手部测量项目/mm								
44	手长	165	171	174	184	195	198	204
45	手宽	78	81	82	88	94	96	100
46	食指长	62	65	67	72	77	79	82
47	食指近位宽	18	18	19	20	22	23	23
48	食指远位宽	15	16	17	18	20	20	21
49	掌围	182	190	193	206	220	225	234
足部测量项目/mm								
50	足长	224	232	236	250	264	269	278
51	足宽	85	89	91	98	104	106	110
52	足围	218	226	231	247	263	268	278

18岁~70岁成年女性								
测量项目		百分位数						
		P1	P5	P10	P50	P90	P95	P99
1	体重/kg	41	45	47	57	70	75	84
立姿测量项目/mm								
2	身高	1440	1479	1500	1572	1650	1673	1725
3	眼高	1328	1366	1384	1455	1531	1554	1601
4	肩高	1161	1195	1212	1276	1345	1366	1411
5	肘高	867	895	910	963	1019	1035	1070
6	手功能高	617	644	658	705	753	767	797
7	会阴高	618	641	653	699	749	765	798
8	胫骨点高	358	373	381	409	440	449	468
9	上臂长	256	267	271	292	311	318	332
10	前臂长	188	195	202	219	238	245	256
11	大腿长	375	395	406	441	476	487	508
12	小腿长	297	311	318	345	375	384	401
13	肩最大宽	366	377	384	409	440	450	470
14	肩宽	308	323	330	354	377	383	395
15	胸宽	233	247	255	283	312	319	335
16	臀宽	281	293	299	323	349	358	375
17	胸厚	168	180	186	212	240	248	265
18	上臂围	216	235	246	290	332	344	372
19	胸围	746	783	804	895	1009	1042	1109
20	腰围	599	639	663	781	923	964	1047
21	臀围	802	837	854	921	1009	1040	1111
22	大腿围	443	470	485	536	595	617	661
坐姿测量项目/mm								
23	坐高	780	805	820	863	906	921	943
24	坐姿颈椎点高	563	581	592	628	664	675	697
25	坐姿眼高	665	690	704	745	787	798	823
26	坐姿肩高	500	521	531	570	607	617	636
27	坐姿肘高	188	209	220	253	289	296	314
28	坐姿大腿厚	108	119	123	137	155	163	173
29	坐姿膝高	418	433	440	469	501	511	531

续表

18岁~70岁成年女性								
测量项目		百分位数						
		P1	P5	P10	P50	P90	P95	P99
30	坐姿腘高	341	351	356	380	408	418	439
31	坐姿两肘间宽	317	338	352	410	474	491	529
32	坐姿臀宽	293	308	317	348	382	393	414
33	坐姿臀-腘距	396	416	426	459	492	503	524
34	坐姿臀-膝距	489	506	514	544	577	588	607
35	坐姿下肢长	792	833	849	904	960	977	1015
头部测量项目/mm								
36	头宽	137	141	143	151	159	162	168
37	头长	162	167	170	178	187	189	194
38	形态面长	96	100	102	110	119	122	130
39	瞳孔间距	50	52	54	58	64	66	71
40	头围	517	528	533	552	571	577	591
41	头矢状弧	280	303	311	335	360	367	381
42	耳屏间弧(头冠状弧)	313	324	330	349	369	375	385
43	头高	199	206	213	227	242	246	253
手部测量项目/mm								
44	手长	153	158	160	170	179	182	188
45	手宽	70	73	74	80	85	87	90
46	食指长	59	62	63	68	73	74	77
47	食指近位宽	16	17	17	19	20	21	21
48	食指远位宽	14	15	15	17	18	18	19
49	掌围	163	169	172	185	197	201	211
足部测量项目/mm								
50	足长	208	215	218	230	243	247	256
51	足宽	77	82	83	90	96	98	102
52	足围	200	207	211	225	240	245	254

人体尺寸百分位数应用

造型尺寸选用百分位界限建议	确定造型尺寸的性质	由人体总长决定的造型尺寸	由人体某部分决定的造型尺寸	由人完成的可调尺寸			按人体尺寸确定适宜操作的最佳范围	造型尺寸需要考虑人的多项身体尺寸
	选用百分位数	第1百分位	第5百分位	第5百分位至第95百分位	第50百分位	第95百分位	第99百分位	以上述性质确定百分位后，不应以比例适中的人作为基准，应按可能出现的尺寸差距，改变造型形式加以适应
	应用举例	人操作紧急制动杆的距离	取决于臂长、腿长的坐平面高度，或调节构件必要的可及范围	坐位、坐位安全带、至调节构件的距离	门铃、开关、插座等的安置尺寸	门、船舱口通道、床、担架	至运转着的机器部件的有效半径或紧急出口的直径	同一百分位高度的人，由于比例不匀称，大腿长短不一，坐深尺寸则不相同，从而使坐位表面适合臀部的造型对人的最佳配合失去意义。若将坐位表面改为平的座椅，则可解决因坐深不同的适应问题

1.3 工作空间人体尺寸（摘自 GB/T 10000—2023）

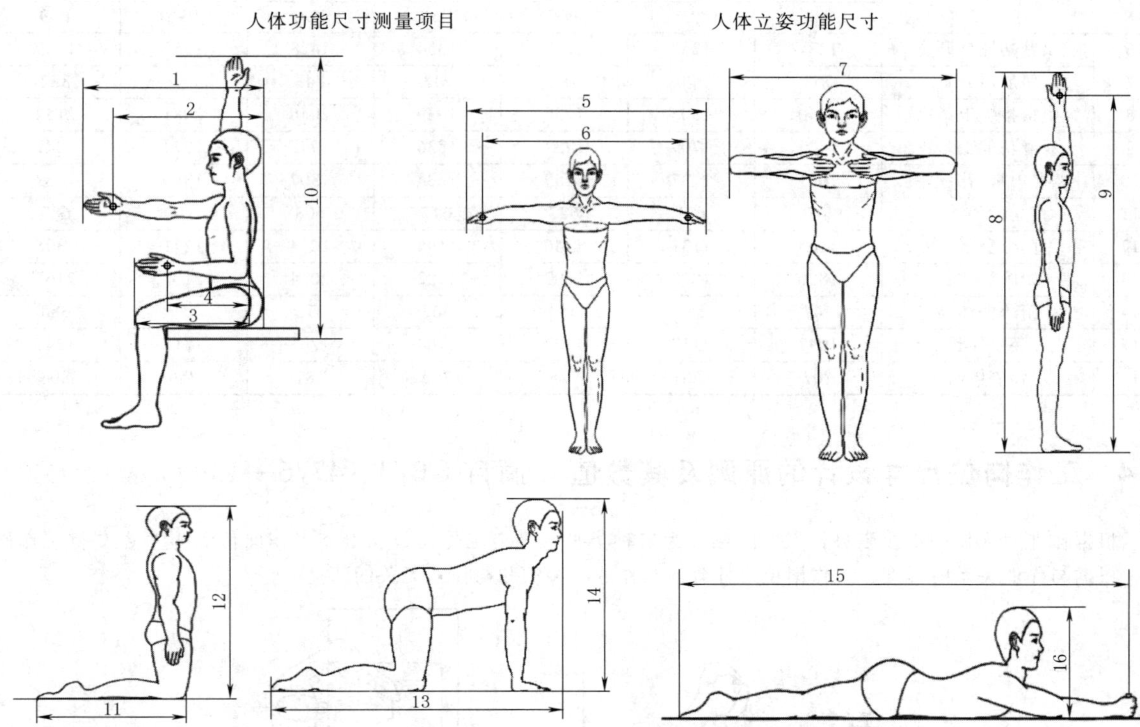

表 1-10-2 工作空间设计用功能尺寸百分位数 mm

18 岁~70 岁男性								
测量项目		百分位数						
		P1	P5	P10	P50	P90	P95	P99
1	上肢前伸长	729	760	774	822	873	888	920
2	上肢功能前伸长	628	654	667	710	758	774	808
3	前臂加手前伸长	403	418	425	451	478	486	501
4	前臂加手功能前伸长	291	308	316	340	365	374	398
5	两臂展开宽	1547	1594	1619	1698	1781	1806	1864
6	双臂功能展开宽	1327	1378	1401	1475	1556	1582	1638
7	两肘展开宽	804	827	839	878	918	931	859
8	中指指尖上举高	1868	1948	1986	2104	2228	2266	2338
9	双臂功能上举高	1764	1845	1880	1993	2113	2150	2222
10	坐姿中指指尖举高	1188	1242	1267	1348	1432	1456	1508
11	直立跪姿体长	581	612	628	679	732	749	786
12	直立跪姿体高	1166	1200	1217	1274	1332	1351	1391
13	俯卧姿体长	1922	1982	2014	2115	2220	2253	2326
14	俯卧姿体高	343	351	355	374	397	404	322
15	爬姿体长	1128	1161	1178	1233	1290	1308	1347
16	爬姿体高	743	765	776	813	852	864	891

18 岁~70 岁成年女性								
测量项目		百分位数						
		P1	P5	P10	P50	P90	P95	P99
1	上肢前伸长	640	693	709	755	805	820	856
2	上肢功能前伸长	535	595	609	653	700	715	751
3	前臂加手前伸长	372	386	393	416	441	448	461
4	前臂加手功能前伸长	269	284	291	313	338	346	365
5	两臂展开宽	1435	1472	1491	1560	1633	1655	1704

续表

	测量项目	18 岁~70 岁成年女性						
		百分位数						
		P1	P5	P10	P50	P90	P95	P99
6	双臂功能展开宽	1231	1267	1287	1354	1428	1452	1509
7	两肘展开宽	753	770	780	813	848	859	882
8	中指指尖上举高	1740	1808	1836	1939	2046	2081	2152
9	双臂功能上举高	1643	1709	1737	1836	1942	1974	2047
10	坐姿中指指尖举高	1081	1137	1159	1234	1307	1329	1382
11	直立跪姿体长	610	621	627	647	668	674	689
12	直立跪姿体高	1103	1131	1146	1198	1254	1271	1308
13	俯卧姿体长	1826	1872	1897	1982	2074	2101	2162
14	俯卧姿体高	347	351	353	362	375	379	388
15	爬姿体长	1097	1117	1127	1164	1203	1215	1241
16	爬姿体高	707	720	728	753	781	789	808

1.4 工作岗位尺寸设计的原则及其数值（摘自 GB/T 14776—1993）

根据作业时人体的作业姿势，工作岗位分为三种类型：坐姿工作岗位、立姿工作岗位和坐立姿交替工作岗位。根据与作业关系的程度，工作岗位尺寸分为与作业有关的和与作业无关的两类。

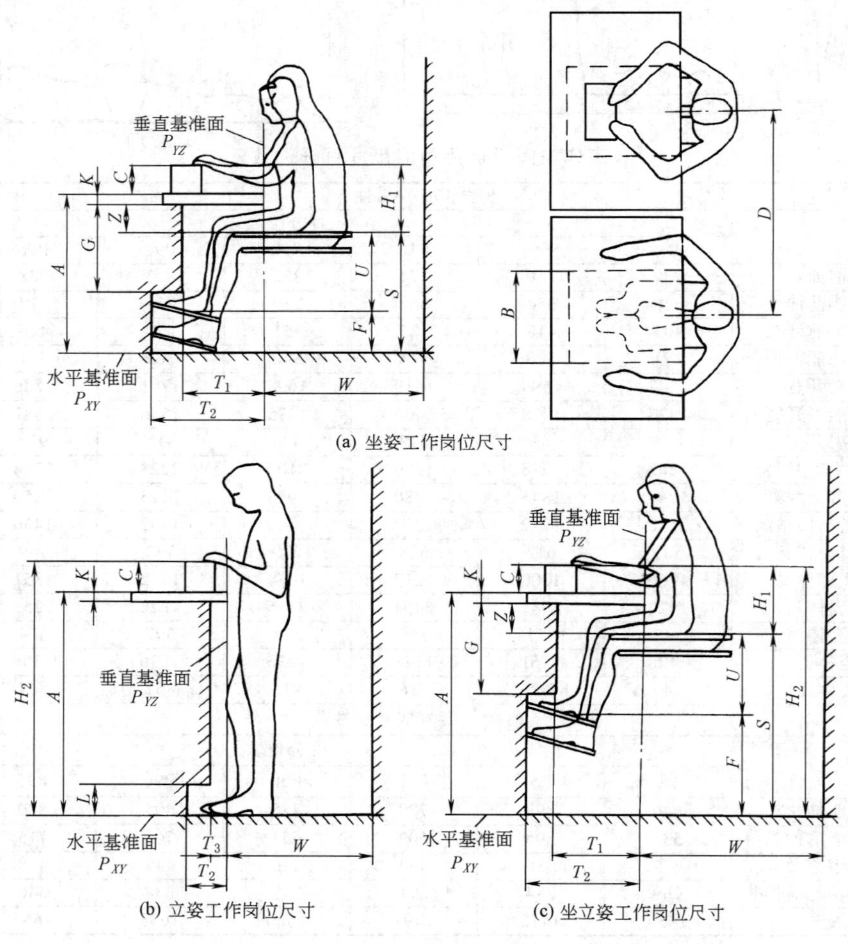

(a) 坐姿工作岗位尺寸

(b) 立姿工作岗位尺寸

(c) 坐立姿工作岗位尺寸

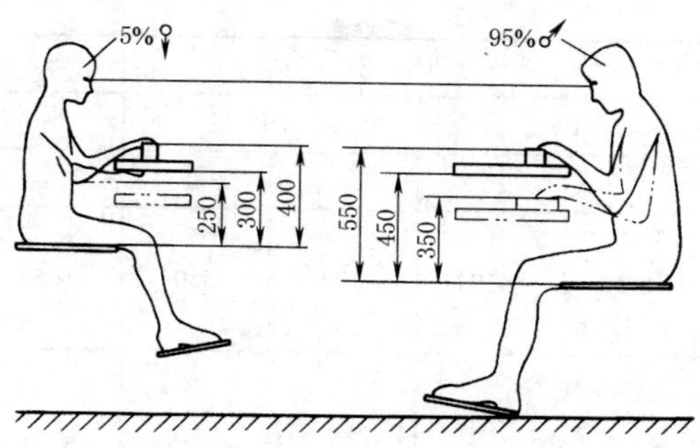

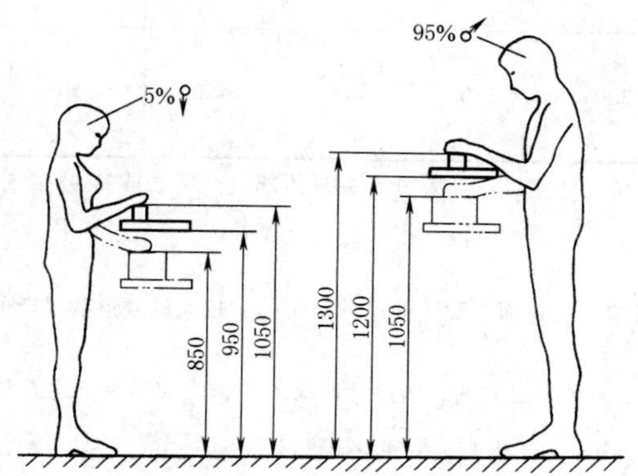

(d)依作业要求确定的坐姿工作岗位相对高度 H_1 和立姿工作岗位的工作高度 H_2 数值（展示了第5百分位数女性（5%♀）和第95百分位数男性（95%♂）情况，以及对视距和手、臂姿势的影响）

P_{XY}—水平基准面；P_{YZ}—垂直基准面；S—座位面高度；H_1—坐姿工作岗位的相对高度；H_2—立姿工作岗位的工作高度；A—工作平面高度；C—作业面高度；K—工作台面厚度；F—脚支撑高度；U—小腿空间高度；Z—大腿空间高度；G—坐姿工作岗位的腿空间高度；L—立姿工作岗位的脚空间高度；T_1—腿部空间进深；T_2—脚空间进深；B—腿部空间宽度（图a~图c中B尺寸同）；D—横向活动间距（图a~图c中D尺寸同）；W—向后活动间距

表 1-10-3

mm

	尺寸符号	坐姿工作岗位	立姿工作岗位	坐立姿工作岗位
与作业无关的工作岗位尺寸	D		≥1000	
	W		≥1000	
	T_1	≥330	≥80	≥330
	T_2	≥530	≥150	≥530
	G	≤340	—	≤340
	L		≥120	—
	B	≥480	—	480≤A≤800
				700≤A≤800

	尺寸符号	P5	
		女 性	男 性
大腿空间高度Z和小腿空间高度U的最小限值与最大限值	Z	135	135
	U	375	415
	尺寸符号	P95	
		女 性	男 性
	Z	175	175
	U	435	480

续表

	类别	举例	H_1				H_2			
			P5		P95		P5		P95	
			女	男	女	男	女	男	女	男
坐姿工作岗位相对高度 H_1，立姿工作岗位工作高度 H_2	Ⅰ	调整作业 检验工作 精密元件装配	400	450	500	550	1050	1150	1200	1300
	Ⅱ	分检作业 包装作业 体力消耗大的重大工件组装	250		350		850	950	1000	1050
	Ⅲ	布线作业 体力消耗小的小零件组装	300	350	400	450	950	1050	1100	1200

注：1. 表中的与作业无关的工作岗位尺寸是以作业人员有关身体部位的第5或第95百分位数值（见GB/T 12985和GB/T 10000）推导出来的。

2. 与作业有关的工作岗位尺寸有

（1）作业面高度 C 通常依据作业对象、工作面上配置的尺寸确定；对较大的或形状复杂的加工对象，以满足最佳加工条件来确定被加工对象的方位。

（2）工作台面厚度 K。对原有设备，K 值是已知的；新设计情况的 K 值，应满足下式关系。

$$K=A-Z_{5\%}-S_{5\%} \tag{1-10-1}$$

$$K=A-Z_{95\%}-S_{95\%} \tag{1-10-2}$$

（3）坐姿工作岗位的相对高度 H_1 和立姿工作岗位的工作高度 H_2。

根据作业时使用视力和臂力的情况，把作业分为三个类别。

Ⅰ类：使用视力为主的手工精细作业。分别以GB/T 10000中坐姿、立姿女性、男性眼高的第5和第95百分位数为参照，并考虑到姿势修正量和经验，确定坐姿工作岗位的相对高度 H_1 和立姿工作岗位的工作高度 H_2。

Ⅱ类：使用臂力为主，对视力也有一般要求的作业。分别以GB/T 10000中坐姿、立姿女性、男性肘高的第5和第95百分位数为参照，结合经验，确定坐姿工作岗位的相对高度 H_1 和立姿工作岗位的工作高度 H_2。

Ⅲ类：兼顾视力和臂力的作业。以Ⅰ、Ⅱ两类相应的高度平均值分别确定坐姿、立姿工作岗位的女性、男性的第5和第95百分位数的相对高度 H_1 和工作高度 H_2。

（4）工作平面高度 A 的最小限值

坐姿工作岗位

$$A \geqslant H_1-C+S \tag{1-10-3}$$

或

$$A \geqslant H_1-C+U+F \tag{1-10-4}$$

立姿工作岗位

$$A \geqslant H_2-C \tag{1-10-5}$$

（5）坐位面高度 S 的调整范围

$$S_{95\%}-S_{5\%}=H_{1(5\%)}-H_{1(95\%)} \tag{1-10-6}$$

（6）脚支撑高度 F 的调整范围

$$F_{5\%}-F_{95\%}=S_{5\%}-S_{95\%}+U_{95\%}-U_{5\%} \tag{1-10-7}$$

$$F_{5\%}-F_{95\%}=H_{1(95\%)}-H_{1(5\%)}+U_{95\%}-U_{5\%} \tag{1-10-8}$$

1.4.1 工作岗位尺寸设计

（1）工作岗位尺寸设计的一般程序

1）确定工作岗位类型；

2）根据表1-10-3确定作业要求的类别，在表中查出和作业人员性别相符的第95百分位数的相对高度 H_1 或工作高度 H_2。

（2）坐姿工作岗位

1）工作面高度 A 被限定、不能升降时，坐位面高度 S、脚支撑高度 F 必须满足第5和第95百分位数的作业人员身材的升降调整范围。

2）工作面高度 A 可以升降时，坐位面高度 S 必须可以升降调整，以适应第5和第95百分位数身材的作业人员。

3）在设计女性和男性共同使用的坐姿工作岗位时，应选取男性的相对高度 H_1 计算工作面高度 A；同时坐位面高度 S 和脚支撑高度 F 必须有较大的调节范围，以适应女性作业人员。

4）在用式（1-10-4）计算工作面高度 A 时，必须使用小腿空间高度 U 和脚支撑高度 F 的第95百分位数，保证第95百分位数的作业人员有必要的腿部空间高度 G。

5）按式（1-10-6）~式（1-10-8）分别确定坐位平面高度 S 和脚支撑高度 F 的调节范围。

6）检验第5和第95百分位数的大腿空间高度 $Z_{5\%}$ 和 $Z_{95\%}$ 是否大于表1-10-3中的最小限值。

如果不符合要求，可参照下述方面进行修改

① 加大工作平面高度 A 的尺寸；

② 减小作业点高度 C，如改变工件、工装夹具安置方位；

③ 减小工作台面厚度 K 值。

经修改后的设计，应再做复核。

7）设计步骤举例见例1。

（3）立姿工作岗位

1）在工作面高度 A 被限定情况下，可使用踏脚台解决作业人员的适应性，同时必须注意：

① 踏脚台的设置对立姿工作岗位原有灵活性的限制；

② 踏脚台的设置增加意外伤害的可能性；

③ 踏脚台对不同百分位数身材作业人员的适应性。

2）在工作面高度 A 未被限定情况下可以使用工作面能升降调节的台面以适应第5和第95百分位数的作业人员。

3）在工作平面高度 A 必须统一的情况下（如生产流水线），工作高度 H_2 按作业人员性别异同分两种情况确定。

① 作业人员性别一致时

$$H_2=[H_{2(5\%)}+H_{2(95\%)}]/2 \tag{1-10-9}$$

式中，$H_{2(5\%)}$ 和 $H_{2(95\%)}$ 分别为表1-10-3中某一类别作业的女性或男性第5和第95百分位数立姿工作岗位高度。

② 作业人员性别不一致时，取

$$H_2=[H_{2(\mathrm{W.95\%})}+H_{2(\mathrm{M.5\%})}]/2 \tag{1-10-10}$$

式中　$H_{2(\mathrm{W.95\%})}$ ——表1-10-3中某一类别女性第95百分位数立姿工作岗位高度；

$H_{2(\mathrm{M.5\%})}$ ——表1-10-3中该类别男性第5百分位数立姿工作岗位高度。

4）用式（1-10-5）确定工作平面高度 A。同时必须注意：

① 对第95百分位数的男性（或女性）作业人员增加了视距，应检查是否影响观察和操作；

② 对第5百分位数的女性（或男性）作业人员，应该检查作业点是否可及。

5）当作业点在垂直基准面以外150mm以上时，必须保证立姿腿部空间进深 T_1、脚空间进深 T_2 和脚空间高度 L 符合表1-10-3中规定的数值。

（4）坐、立姿交替工作岗位

1）用立姿工作岗位设计方法，确定工作高度 H_2 和工作平面高度 A。

2）根据作业要求的类别，从表1-10-5中查出工作高度 $H_{1(5\%)}$ 和 $H_{1(95\%)}$；分别按式（1-10-6）和式（1-10-7）计算坐位面高度 S 调整范围和脚支撑 F 调整范围，核算大腿空间高度 Z 是否大于表1-10-3中规定的最小限值。

3）检查在立姿工作时第5百分位数的作业人员能否触及以坐姿为主安排的工装卡具、作业对象。

1.4.2 工作岗位尺寸设计举例

例1 坐姿工作岗位。

已知作业内容及作业要求类别：用风动旋具拧紧外罩，Ⅲ类；作业人员性别：女性；作业点高度 $C=150\text{mm}$；工作台面厚度 $K=30\text{mm}$。

从表1-10-3中查出相对高度：$H_{1(5\%)}=300\text{mm}$；$H_{1(95\%)}=400\text{mm}$。

按式（1-10-4）计算工作平面高度 A：

$$A \geqslant H_{1(95\%)}-C+U_{95\%}+F_{95\%}$$

式中，$U_{95\%}=435\text{mm}$（见表1-10-5）。

$F_{95\%}$ 是脚支撑的最低部位，按图1-10-1安装时，$F_{95\%}=(350/2)\sin10°+20\approx50$（mm）

$$A \geqslant 400-150+435+50=735\ (\text{mm})$$

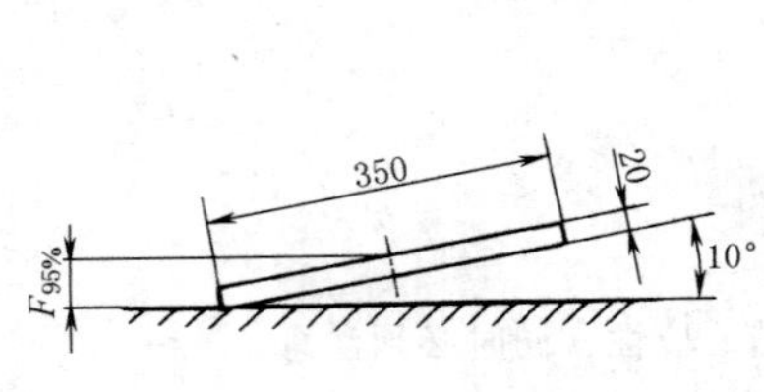

图1-10-1 脚支撑安排

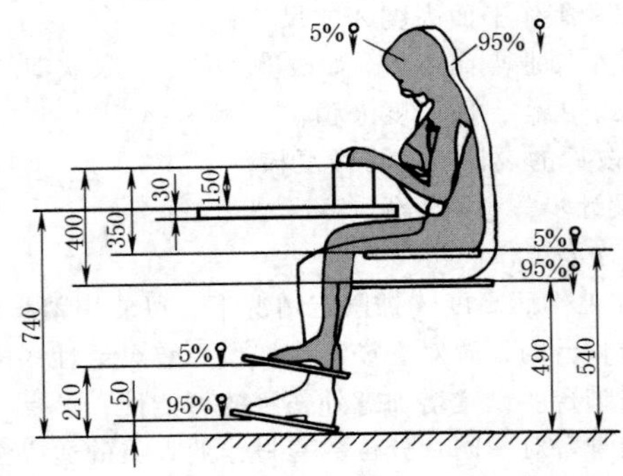

图1-10-2 设计的工作岗位

（5%♀是第5百分位的女性，95%♀是第95百分位的女性）

计算出的 A 值是最小值，在实际计算中，应该按实际确定的 A 值进行以下的计算（例如，$A=800\text{mm}$）。

按式（1-10-3）计算坐位面高度 S

$$S_{5\%} \leqslant A+C-H_{1(5\%)}=735+150-300=585\ (\text{mm})$$

$$S_{95\%} \leqslant A+C-H_{1(95\%)}=735+150-400=485\ (\text{mm})$$

按式（1-10-7）和式（1-10-8）计算第5百分位数身材的作业人员脚支撑高度 F：

$$F_{5\%}=S_{5\%}-U_{5\%}=585-375=210\ (\text{mm})$$

$$F_{95\%}=S_{95\%}-U_{95\%}=485-435=50\ (\text{mm})$$

与作业无关的工作岗位尺寸按表1-10-3所规定的数值确定。

与作业有关的尺寸汇总如下：

工作面高度 $A \geqslant 735\text{mm}$；

坐位面高度 S 调整范围为 485～585mm；

脚支撑高度 F 调整范围为 50～210mm。

坐姿工作岗位示意如图1-10-2所示。

根据式（1-10-1）、式（1-10-2）检验大腿空间高度 Z 是否符合表1-10-3中规定的最小限值。

$Z_{5\%}=A-S_{5\%}-K=735-585-30=120$（mm），小于表1-10-3中规定的最小值135mm。

$Z_{95\%}=A-S_{95\%}-K=735-485-30=220$（mm），大于表1-10-3中规定的最小值175mm。

当得出 Z 值小于表 1-10-3 中规定的最小值时，可在实际的设计中通过调整作业点高度 C 值或工作台的结构尺寸加以改进。

例 2 坐、立姿交替的工作岗位。

已知作业内容及作业要求类别：电流表布线，Ⅲ类。作业人员性别：男性；作业点高度 $C=150$mm，工作台面厚度 $K=30$mm。

以式（1-10-9）和表 1-10-3 值为依据确定工作高度 H_2：

$$H_2=[H_{2(5\%)}+H_{2(95\%)}]/2=(1050+1200)/2=1125\ (\mathrm{mm})$$

按式（1-10-3）计算工作面高度 A：

$$A \geqslant H_2-C=1125-150=975\ (\mathrm{mm})$$

从表 1-10-3 中查出Ⅲ类、坐姿工作岗位时的男性工作高度 H_1：

$$H_{1(5\%)}=350\mathrm{mm},\ H_{1(95\%)}=450\mathrm{mm}$$

按式（1-10-3）计算坐位面高度 S：

$$S_{5\%} \leqslant A+C-H_{1(5\%)}=975+150-350=775\ (\mathrm{mm})$$

$$S_{95\%} \leqslant A+C-H_{1(95\%)}=975+150-450=675\ (\mathrm{mm})$$

按式（1-10-7）计算脚支撑高度 F：

$$F_{5\%}=S_{5\%}-U_{5\%}=775-420=355\ (\mathrm{mm})$$

$$F_{95\%}=S_{95\%}-U_{95\%}=675-480=195\ (\mathrm{mm})$$

因工作面高度 A 为 975mm，大于 800mm，腿部空间宽度 B 应该选择大于或等于 700mm。与作业无关的工作岗位尺寸，按表 1-10-3 所规定的数据确定。

与作业有关的尺寸汇总如下：

工作面高度 $A \geqslant 975$mm；

坐位面高度 S 的调整范围为 675~775mm；

脚支撑高度 F 的调整范围为 190~355mm。

坐、立姿交替的工作岗位示意如图 1-10-3 所示。

最后，根据式（1-10-1）和式（1-10-2）检验大腿空间高度 Z 是否符合表 1-10-3 中规定的最小限值。

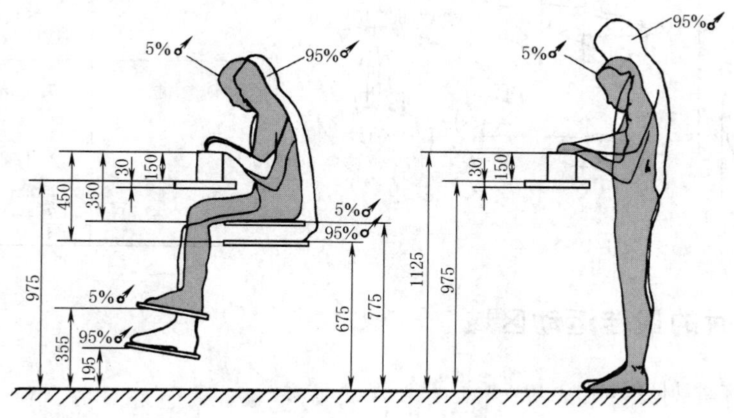

图 1-10-3 设计的坐立姿工作岗位尺寸

（5%♂是第 5 百分位的男性，95%♂是第 95 百分位的男性）

2　人体必需和可能的活动空间

2.1　人体必需的空间

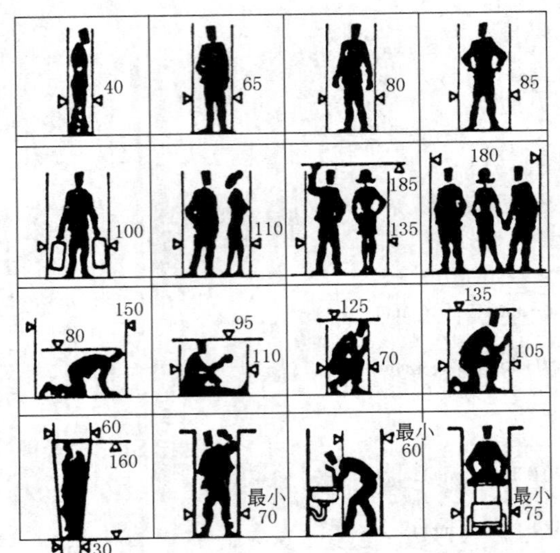

身高为175cm的人所必需的空间主要尺寸/cm

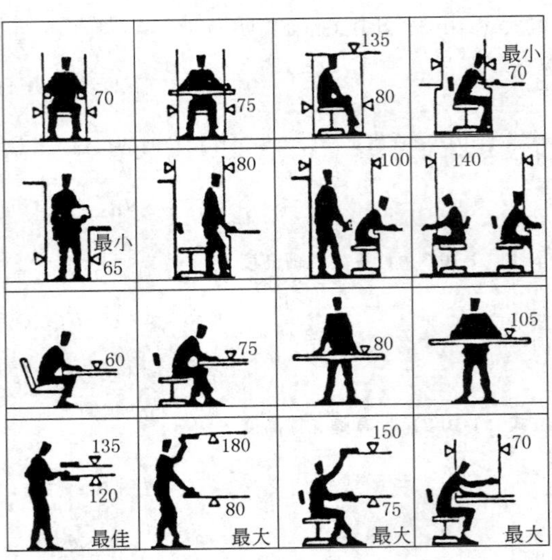

人坐着和站着时所必需的空间主要尺寸/cm

图 1-10-4　人体必需的空间

2.2　人手运动的范围

设计工具和装置的把手、手柄、手接触的筛板和其他产品的安全孔时，要考虑人手尺寸及其运动的可能性。图 1-10-5 和表 1-10-4 给出了手的主要尺寸的平均值，图中上部是男性手尺寸，下部是女性手尺寸。男性手最长为 21cm，女性手最长为 20.5cm。握拳时，手可摆动 135°；手指伸开时，手可摆动 150°。

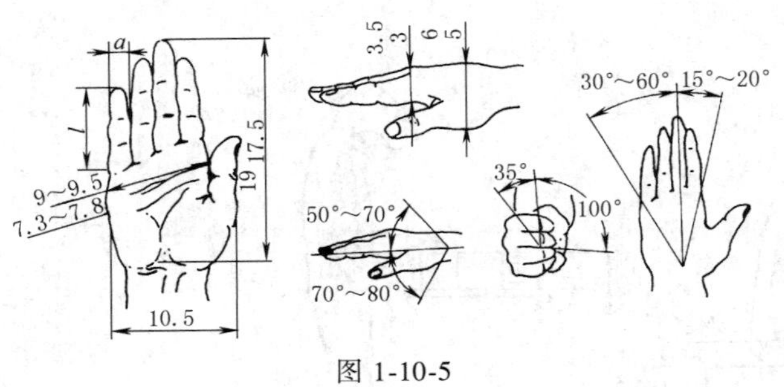

图 1-10-5

表 1-10-4　　cm

	指长 l	指宽 a
大指	7.8~6.3	2.4~2.2
中指	9.6~8.5	2.1~1.9
小指	7.4~6.5	1.8~1.5

2.3　上肢操作时的最佳运动区域

上肢操作时的最佳运动区域如图 1-10-6 所示。

2.4　腿和脚运动的范围

脚各部分的比例及其弯曲范围对于研究脚部操纵机构是重要的。如自行车的结构要适应脚部尺寸和运动学，

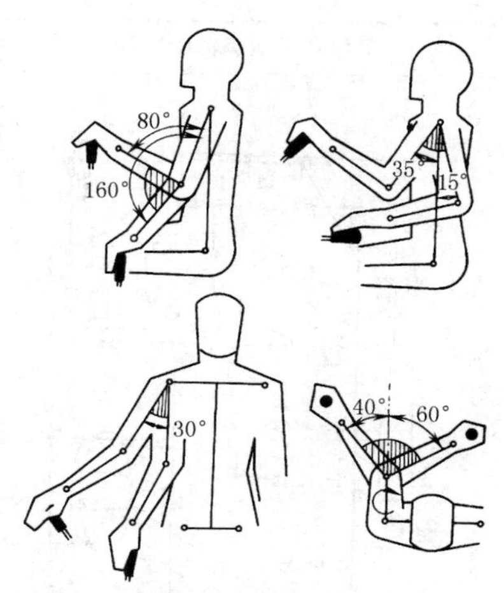

图 1-10-6　上肢操作时的最佳运动区域

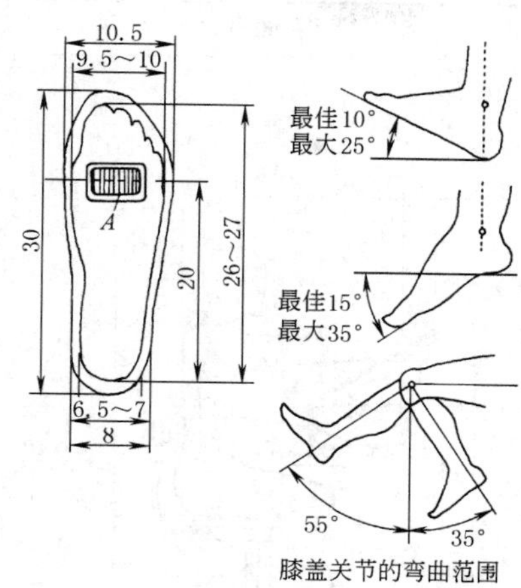

图 1-10-7　腿和脚运动的范围

操作台或台下空间的大小取决于操作者坐着的身体尺寸和姿态，小腿高度决定坐位的最佳高度。图 1-10-7 所示为身高 175cm 男性的脚部尺寸（穿鞋和不穿鞋）。脚的长度最大为 29cm，最小为 23cm；脚的宽度最大为 10.5cm，最小为 7.8cm；脚掌与踏板接触的面积为 *A*。实际上还必须考虑到鞋后跟的高度。

3　操作者有关尺寸

3.1　坐着工作时手工操作的最佳尺寸

表 1-10-5

cm

工 作 台 高 度	工作台表面上手的工作区域
设计原则： ①需力越大，应该越低 ②要求视力越强，应该越高 ③高度还决定于工作时人体的姿势、操纵机构的大小和操作者的身高 *A*——要求手臂运动有较高精度的工作（钟表组装），88±2 *B*——视力强度较高的工作，84±2 *C*——一般工作台，74±2；会议桌，69～70 *D*——打字桌，需要较大力气才能完成的工作的工作台，66±2 *E*——放腿空间的最低高度，60	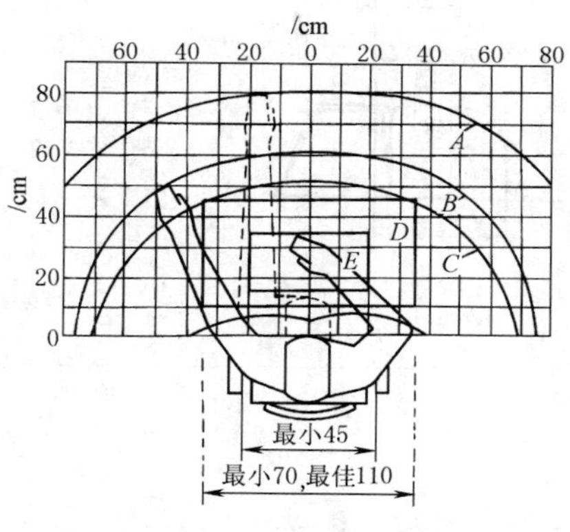 手的运动区 *A*——最大可达到区域，在此区内，完成手工操作需要用一定的力 *B*——伸直手臂时，手指可达到区域 *C*——手掌容易达到区域 *D*——粗的手工工作最佳的可达到区域 *E*——精度和手艺要求很高的手工劳动的最佳可达到区域 本图尺寸推荐用于中等身高的男性，坐在高 70cm 左右的工作台前。对于女性，到达区应该减小 10%

续表

手工操作的最佳区	工作台下腿脚活动空间
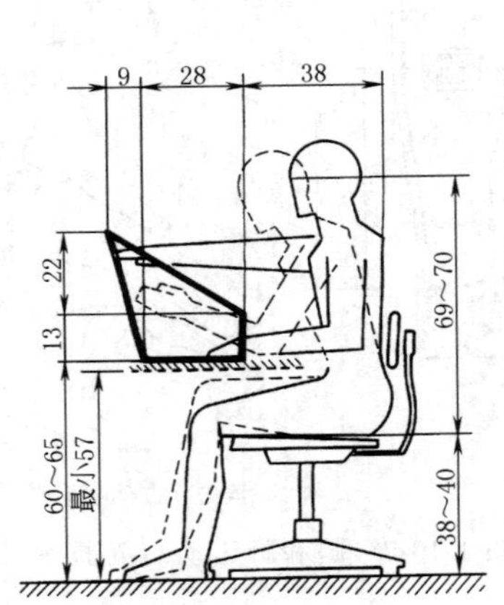 本图给出的尺寸，推荐用于身高为155~160的男性 在这些条件下，他们能够方便地用手工作（装配、安装、包装等工作，力为100N）	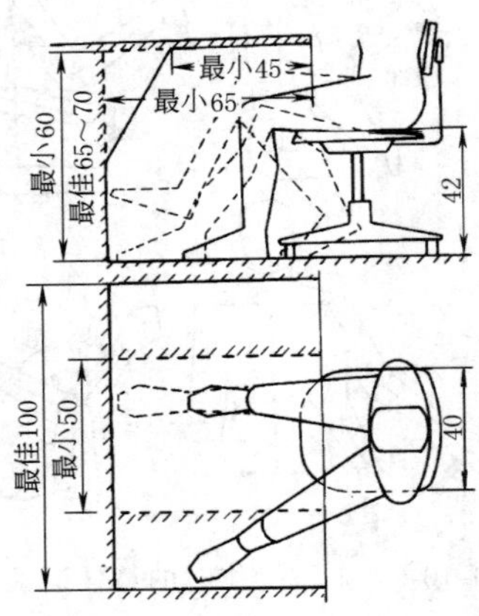 本图尺寸适用于身高不超过181者 图上示出了腿脚七种姿势：两腿伸直；脚在右角上；腿在坐位下弯曲；一只脚在前，另一只脚在后；两腿交叉；脚放在脚踏板上；在一只腿置于另一只腿上，或对身高为200者，腿脚区高等于75~77

3.2 工作坐位的推荐尺寸

表 1-10-6 cm

工作桌子与椅子的关系尺寸	桌子高度： 女性 69~73 男性 73~75	车间用椅子	椅子高度：38~52 宽　　度：38~40 椅背宽度：30~32
操作者用沙发椅	坐位高度：38~55 范围内调节 坐位宽度：40~50 椅背宽度：38~43 扶手最低高度：45	办公室椅子	坐位高度： 男性 41~45 女性 39~40 坐位宽度：40 椅背宽度：35~40

3.3 运输工具的坐位及驾驶室尺寸

表 1-10-7

cm

运输工具内的坐位	轻便小汽车的驾驶室
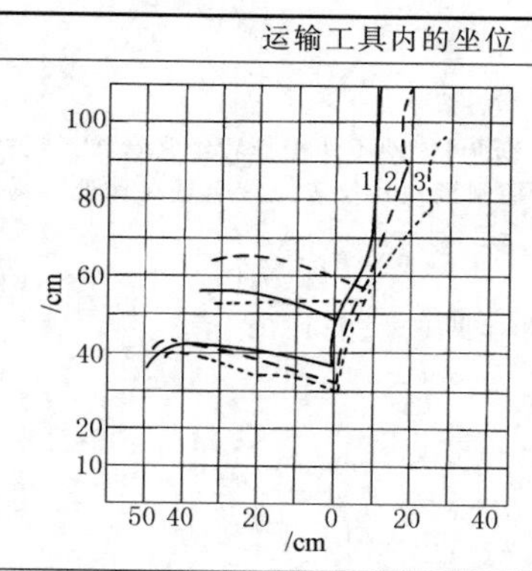 1—英国航空公司飞机的坐位； 2—瑞典高速火车的坐位； 3—英国铁路货车上的坐位	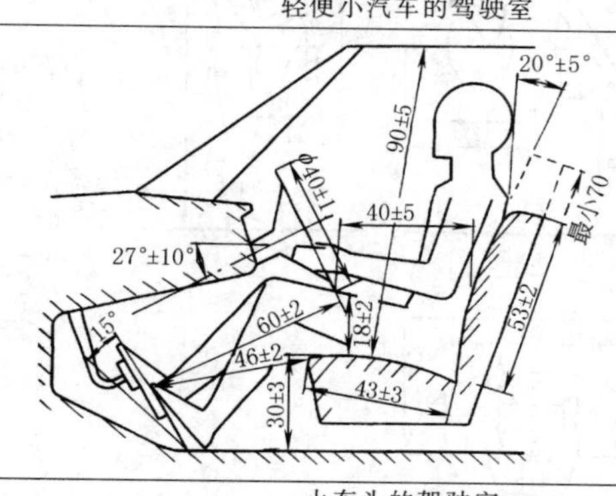 本尺寸以身高169～180者为基础 坐位在水平面上可调约±10，在垂直面上可调±4
载重汽车的驾驶室	火车头的驾驶室
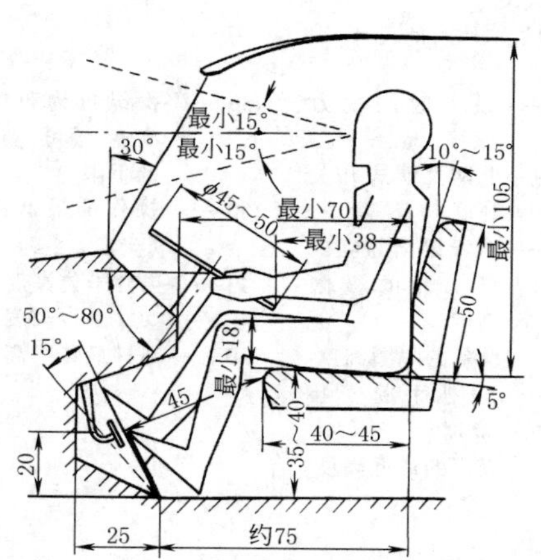 本尺寸以身高175±5者最佳。坐位水平可调±10，垂直可调±5，坐位最小宽度48	驾驶室顶 最小180 窗户的上边 164 站着时眼睛的水平位置 10° 200 识别信号的视域 15° 15° 60 指示仪表和操纵机构 60°～70° 10°～15° 79-坐着时眼睛的水平位置 50 20 5° 20 103 75～80 72 45 20 50 6 最小50 18

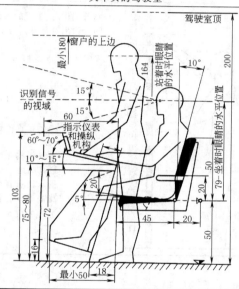

3.4 站着工作时手工操作的有关尺寸

表 1-10-8

cm

| 工作台的高度 | 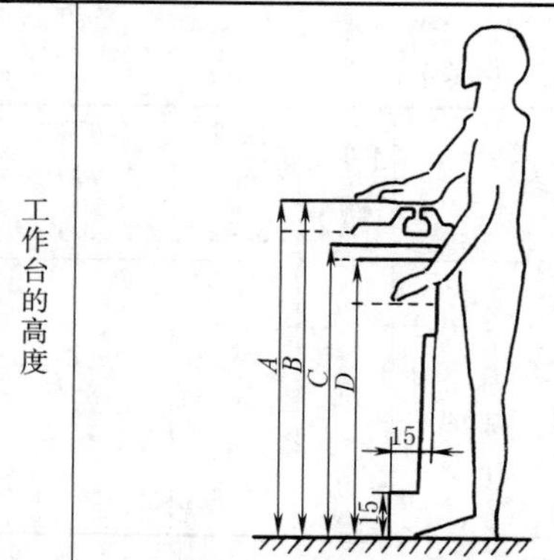
适于身高175男性，165女性（括号内尺寸）
设计原则：工作场地的高度决定于作用力、操作者操作物件的尺寸、视力要求和人的身高
A——精密工作，靠肘支承工作，如在书写时，105～115（100～110）
B——虎钳固定在工作台上的高度，113
C——轻手工工作（包装等），95～100（90～95）
D——用劲大的工作（重的钳工工作），80～95（75～90） |

续表

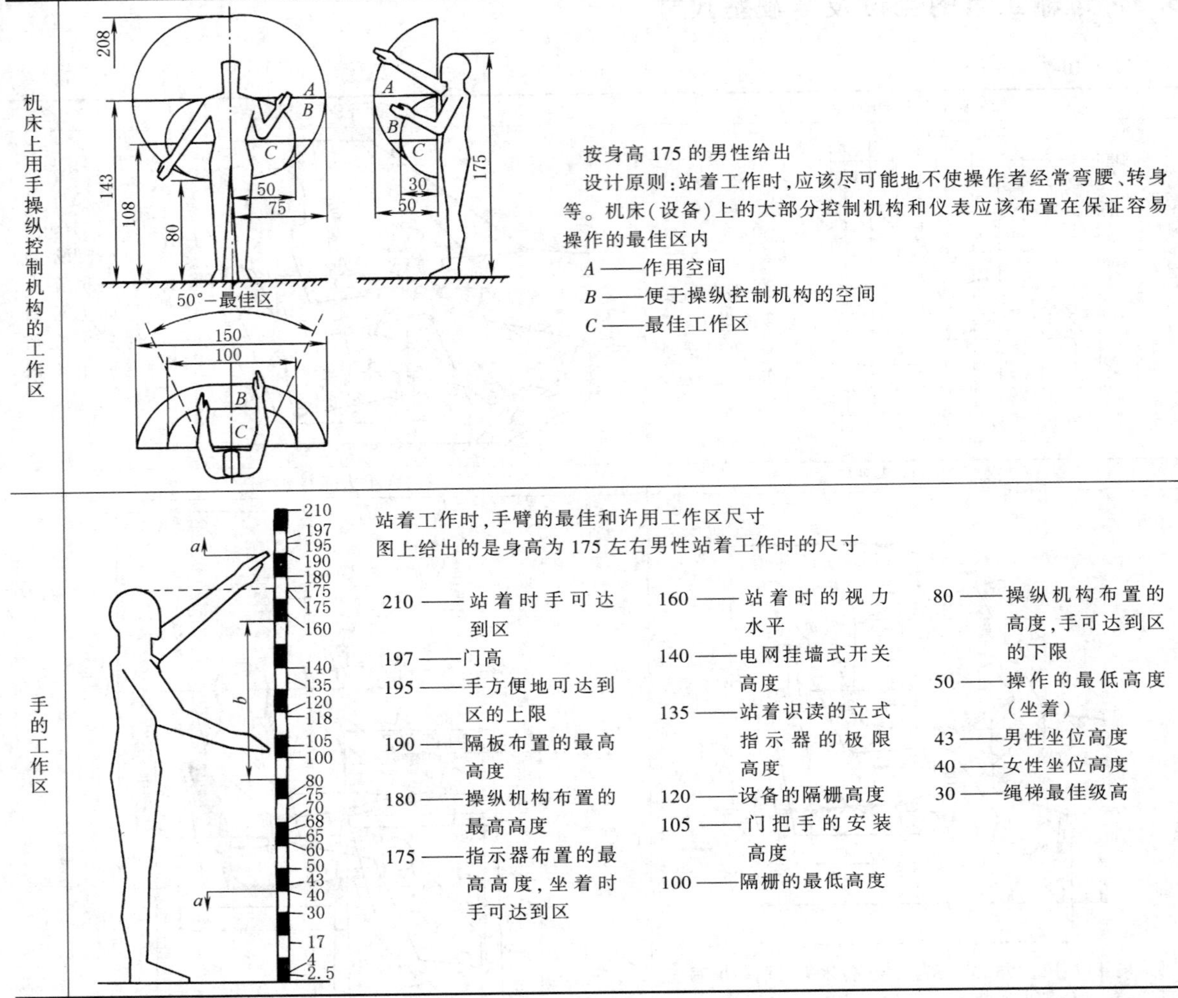

机床上用手操纵控制机构的工作区	按身高175的男性给出 设计原则：站着工作时，应该尽可能地不使操作者经常弯腰、转身等。机床（设备）上的大部分控制机构和仪表应该布置在保证容易操作的最佳区内 *A*——作用空间 *B*——便于操纵控制机构的空间 *C*——最佳工作区
手的工作区	站着工作时，手臂的最佳和许用工作区尺寸 图上给出的是身高为175左右男性站着工作时的尺寸 210——站着时手可达到区 197——门高 195——手方便地可达到区的上限 190——隔板布置的最高高度 180——操纵机构布置的最高高度 175——指示器布置的最高高度，坐着时手可达到区 160——站着时的视力水平 140——电网挂墙式开关高度 135——站着识读的立式指示器的极限高度 120——设备的隔栅高度 105——门把手的安装高度 100——隔栅的最低高度 80——操纵机构布置的高度，手可达到区的下限 50——操作的最低高度（坐着） 43——男性坐位高度 40——女性坐位高度 30——绳梯最佳级高

4　手工操作的主要数据

4.1　操作种类和人力关系

表 1-10-9　　几种操作状态下人力发挥的作用力、速度和功率（平均值）

操作类别	操作状态	作用力 P/N	速度 v /m·s^{-1}	功率 Pv /N·m·s^{-1}	操作类别	操作状态	作用力 P/N	速度 v /m·s^{-1}	功率 Pv /N·m·s^{-1}
空手	空手举重	120	0.8	96	杠杆	用手上下压泵的杠杆	50	1.1	55

续表

操作类别	操作状态	作用力 P/N	速度 v /m·s⁻¹	功率 Pv /N·m·s⁻¹	操作类别	操作状态	作用力 P/N	速度 v /m·s⁻¹	功率 Pv /N·m·s⁻¹
曲摇柄	 回转曲柄或摇柄	100	0.8	80	锤击	 挥锤打铁砧	120	0.4	48
推拉船橹	 水平推拉船橹	100	0.6	60	绞车	 转动绞车的把柄提升重物	200	0.3	60
拉链	 拉滑轮链提升重物	280	0.4	112	踏车	 以自身的重量上楼梯或脚踏水车旋转	550	0.15	82.5

注：表中数据是根据实验测得的人力平均值。体重为65kg的工作者，如在极短时间内动作，作用力 P 值可达表中数值的2倍（但是踏车情况下的 P 值仍旧一样）。

表 1-10-10　　人的推拉力

N

 430	 420	 400	 390	 385	 380	 380	 370	 370
 370	 350	 330	 320	 300	 290	 285	 280	 270

注：人的两腿分开50°。

表 1-10-11　　操作物体时的最佳位置

操作说明	图例	操作说明	图例
1. 用双手拿起物体的最初位置：手距地面高度为500~600mm左右；低于此值，拿起物体不方便	 H	5. 用锤打物体的位置：竖打的情况下，物体的高度在400~800mm之间，其效果无显著差别，适宜高度为500~600mm，横打最佳高度为900~1000mm	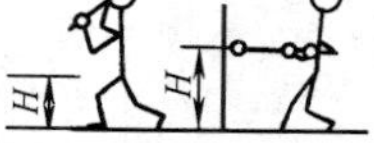 H　H
2. 手摇杠杆的位置：手摇杠杆的高度约为750mm，适宜的行程为250mm	 H	6. 水平推或拉的位置：握棒的位置离地面的适宜高度为850~950mm	 H　H
3. 双手加压物体的高度：用双手加压，最大压力的作用高度为500mm，但400~700mm之间无显著差别，可施加近于体重的压力	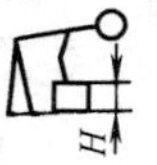 H	7. 拉链时手的位置：拉链时手的位置从最高1700mm（H_1）拉下至1200mm（H_2）为最佳	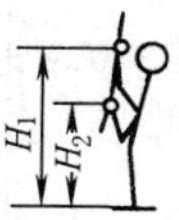 H_1　H_2
4. 手摇摇柄的位置：摇柄的中心高度为800~900mm，力臂视力矩大小取250~400mm	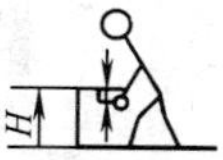 H		

表 1-10-12 **人的体力**

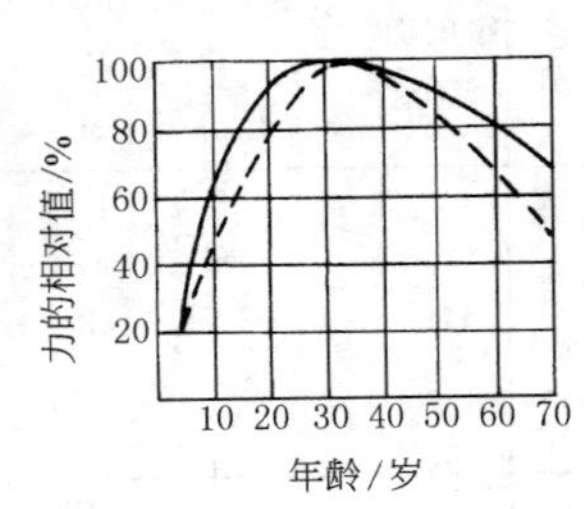 ——男性，- - -女性 女性体力比男性低 30%~40%	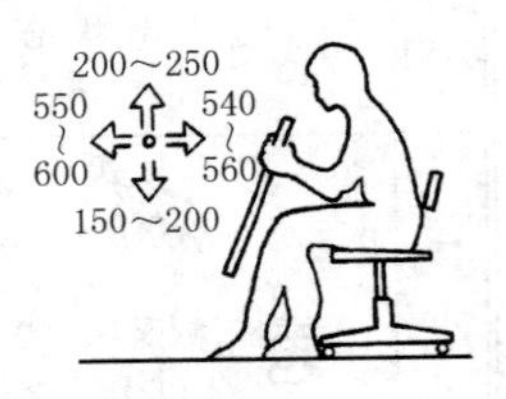 操纵把手在操作者前高 70~90cm 的地方，手在各个方向上的最大力(N)	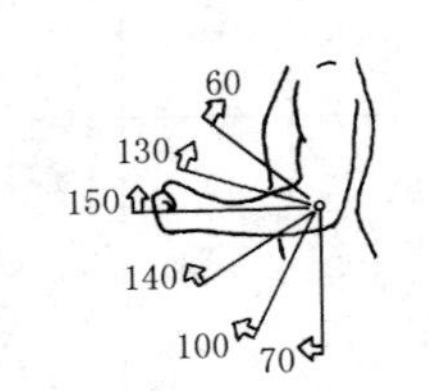 前臂弯曲时静力(N)的大概值	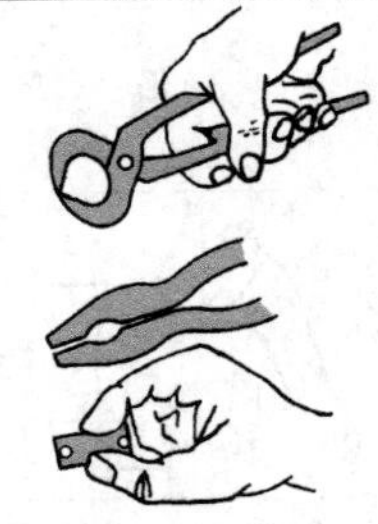 手的握压力(N)： 男性手掌的平均握压力为 400(最大为 500)；女性为 300；手指捏压力为 100

注：设计时需根据各地区具体情况进行修正。

表 1-10-13 **健康男人骑自行车发出的平均功率**

骑车人	发出功率/kW	持续时间	骑车人	发出功率/kW	持续时间
一流选手	0.74	最高发出功率约 10s	中学生	0.22 0.15 0.07	最高发出功率约 10s 短时间(5~10min) 长时间(10~60min)
成年人	0.51 0.22 0.15	最高发出功率约 10s 短时间(5~30min) 长时间(30~60min)			

4.2 操纵机构的功能参数及其选择

操纵系统的可靠性和安全性取决于操纵机构型式选择的正确与否，选择操纵机构的型式取决于切换力、装置的精度、调节范围、切换速度（接通或断开）、调节或调整精度的等级，以及切换开关的可能位置等因素，参见表 1-10-14~表 1-10-16。

表 1-10-14 **操纵机构型式及最佳力**

<table>
<tr><td rowspan="3">操纵机构名称</td><td colspan="2">两　种</td><td>三　种</td><td>四　种</td><td colspan="2">操　纵　力</td></tr>
<tr><td colspan="4">调　节　位　置</td><td>较　小</td><td>较　大</td></tr>
<tr><td colspan="3">快　速　开　和　关</td><td>精确调节的快速操纵</td><td>精确调节的慢操纵</td><td>快速操纵</td></tr>
<tr><td>操纵机构型式</td><td>按钮</td><td>脚踏板</td><td colspan="2">旋转杠杆开关</td><td>旋钮</td><td>曲柄把手</td></tr>
<tr><td>最佳力/N</td><td>10</td><td>30~50</td><td>10</td><td>10</td><td>20~40</td><td>20~80</td></tr>
<tr><td>操纵机构型式</td><td>两投杠杆转换开关</td><td>脚踏按钮</td><td>杠杆</td><td>旋转把手</td><td>手轮</td><td>带把的手轮</td></tr>
<tr><td>最佳力/N</td><td>5</td><td>30~50</td><td>70</td><td>30~50</td><td>20~50</td><td>20~50</td></tr>
</table>

续表

操纵机构名称	两种	三种	四种	操纵力	
	调节位置			较小	较大
	快速开和关		精确调节的快速操纵	精确调节的慢操纵	快速操纵
操纵机构作用型式	 光信号			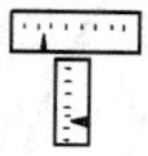	

表 1-10-15　　操纵力推荐值　　N

操纵方式	操纵器形式			
	按钮	操纵杆	手轮、驾驶盘	踏板
用手指	5	10	10	
用手掌	10			
用手臂		60(150)	40(150)	
用双手		90(200)	60(250)	
用脚				120(200)

注：1. 括号内的数值适用于不常用的操纵器。

2. 用双手操纵管道阀门的手动操纵杆和操纵轮，用力不得超过450N。

表 1-10-16　　操纵机构其他功能参数

工作情况	杠杆	踏板	曲柄把手	杠杆/cm				相关尺寸	手轮布置位置/cm
				布置					
				杠杆把手的最佳布置	运动方向	操纵力/N 最大	操纵力/N 最佳		
1. 转动角度 2. 主要和经常使用时的工作行程 3. 辅助的或不经常使用时的工作行程	<30° 250mm 400mm	<60° 150mm 250mm	1. 最大旋转半径<400mm 2. 旋转中心离地面高度900~1100mm 3. 手把上的平均运动速度<1m/s		→推	600	90~130		当坐着操纵手轮时，手轮的转动中心应比坐位高约40cm
					←拉	500	50~130		
					↑向上	250	70~120		
					↓向下	250	70~120		
					←拉向操作者	200	50~70		
					→向外推	150	50~70		

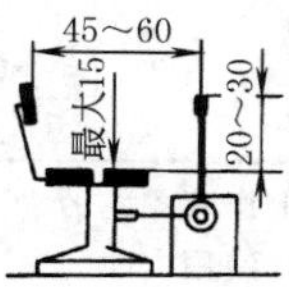

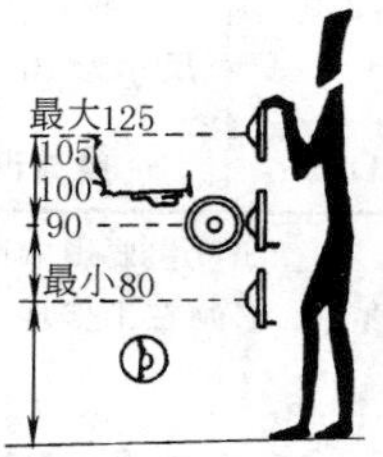

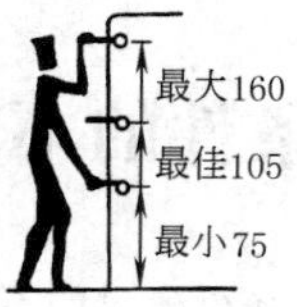

5 照　　明

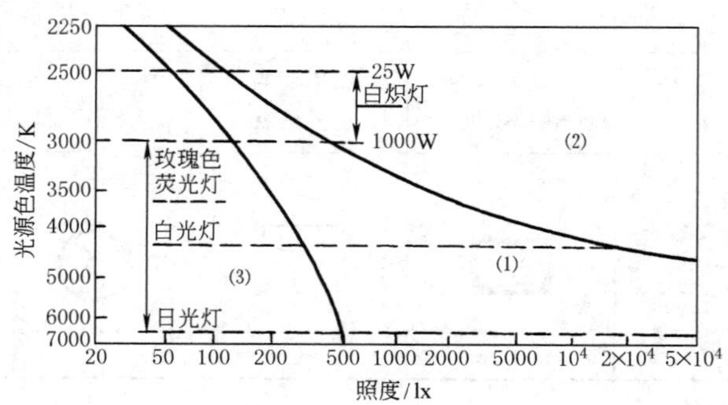

图 1-10-8　照度和颜色的影响

克劳依脱霍夫图表是一种定向的辅助手段，用此图表从美学上决定舒适的和不舒适的照明。美学上舒适的和自然的照明由区域（1）内照度（lx）和色温度（K）的交点来决定，如果交点位在区域（1）之外，那么照明不是自然光而是失真颜色（2）或者是冷光，这时会感到光线不足（3）

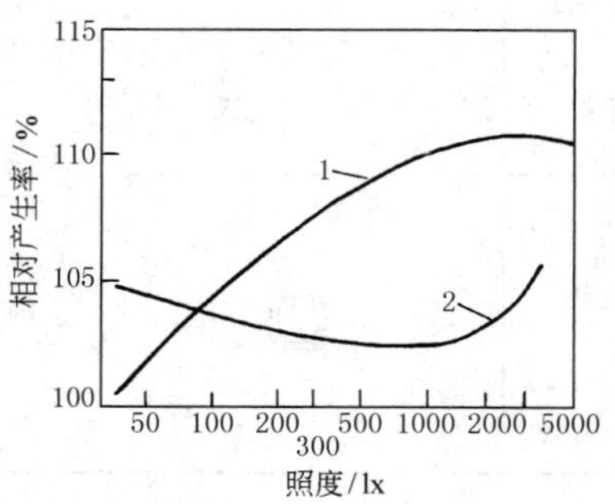

图 1-10-9　相对生产率和眼睛疲劳度同照度的关系曲线

1—相对生产率；2—眼睛疲劳度

实验证明，在工作面上和工作地点有较强的照明时，可以提高劳动生产率和降低眼睛与机体的疲劳度。但是对每一种视力工作来说，它具有自己的界限，这是由于使眼睛发花的亮度会对视力产生不良作用

表 1-10-17　　按照工作形式和视力活动特点推荐的工作地点人工照明的照度

照度/lx	视力活动特点	照度/lx	工作形式
5000	最精确的工作,认清的零件尺寸<0.2mm(特殊视力任务)	5000	最复杂视觉任务
		3000	精确的检查
		2000	中等对比度和弱反射时的最佳照明(仪表的生产和组装)
1000	精确的工作,区分的零件尺寸为0.2~1mm(正常视力任务)	1500	雕刻工作
		1000	最精确的机械工作;区分颜色;机器加工的精确工作
		500	设计和绘制图纸、精确的机械试验、实验室、计算中心、机器印刷
500	中等精度工作,区分的零件尺寸为1~10mm(简单视力任务)	300	对没有日光照明的工作地点;卫生上的最低要求;阅读、写信、机关工作、钳工工作、压力机车间工作
		160	车间总体照明卫生上的最低要求;大致的检查、加工车间、储存、包装工作、分发、铸造生产
250	粗糙的工作,区分的零件尺寸为10~100mm	100	建筑物的入口、通道和楼梯等地方
		60	视力分析状态上最低要求的照度
125	一般地识别方位	25	安全工作的最低照度(内部交通和指向)

注：照度主要影响同眼睛工作有关的劳动生产率，提高照度在某些范围内意味着提高劳动生产率。表内列出的人工照明的照度值，必须在工作地点内全日使用。

6　综合环境条件的不同舒适度区域和振动引起疲劳的极限时间

图 1-10-10 为综合环境条件给出的不同舒适度的区域，可以对比人的工作区是否适应或应加以改进，但是有些条件对人体的影响不是单一的。例如图中加速度在（0.1~1）g（重力加速度）为不舒适区。但对于冲击及振动等连续作用情况下，其对于人体器官的疲劳作用，与振动频率及作用时间有很明显的关系。图 1-10-11a、b 分别为由垂直振动和水平振动作用于人体器官产生不同疲劳的极限时间及其频率的关系，加速度以振动的均方值决定。

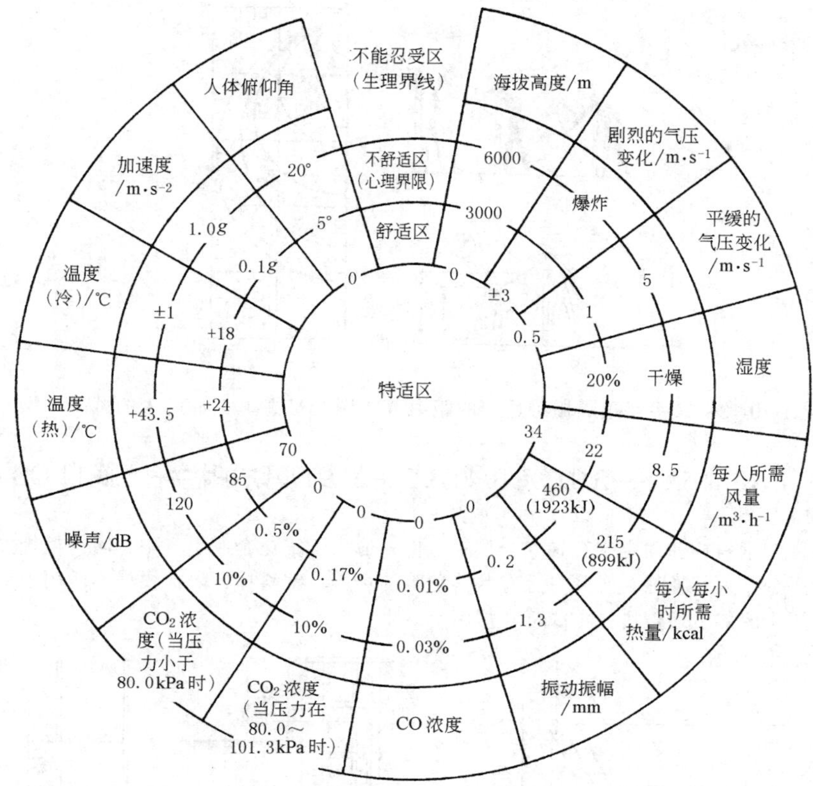

图 1-10-10　综合环境条件的不同舒适度区域

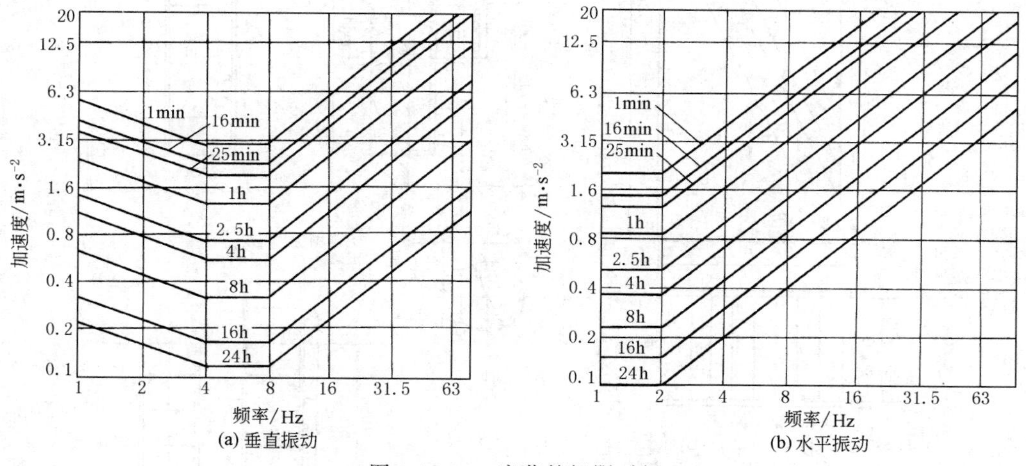

图 1-10-11　疲劳的极限时间

7　安全隔栅及其他

7.1　安全隔栅

人手经过隔栅可达到的距离，见图 1-10-12。

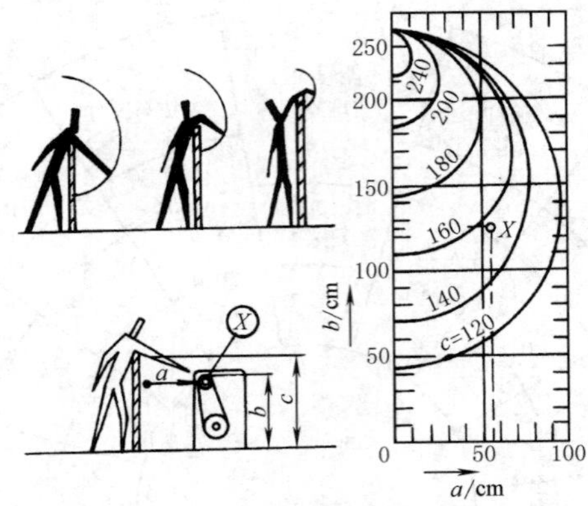

图 1-10-12　人手经过隔栅可达到的距离（本图为身高 175cm 的人的试验结果）

7.2　梯子（摘自 GB 4053.1—2009，GB 4053.2—2009）及防护栏杆（摘自 GB 4053.3—2009）

本标准规定的固定钢斜梯和固定钢直梯安全技术条件只适用于工业企业生产中，防护栏杆安全技术条件只适用于工业企业中的平台、人行通道、升降口等有跌落危险的场所；钢斜梯、防护栏杆不适用于交通及其他移动设备上，钢直梯不适用于船舶、通信塔、电线杆和烟囱上。

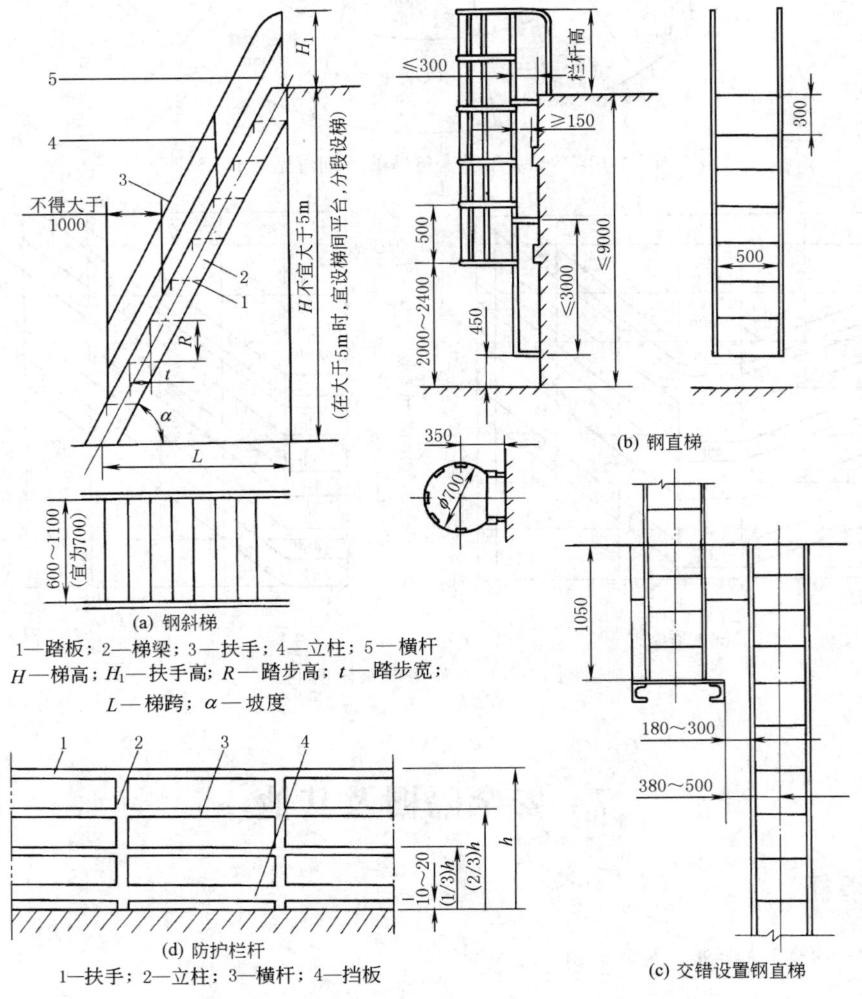

(a) 钢斜梯

1—踏板；2—梯梁；3—扶手；4—立柱；5—横杆

H—梯高；H_1—扶手高；R—踏步高；t—踏步宽；

L—梯跨；α—坡度

(b) 钢直梯

(c) 交错设置钢直梯

(d) 防护栏杆

1—扶手；2—立柱；3—横杆；4—挡板

表 1-10-18

坡度 α/(°)	30	35	40	45	50	55	60	65	70	75
踏步高 R/mm	160	175	185	200	210	225	235	245	255	265
踏步宽 t/mm	280	250	230	200	180	150	135	115	95	75

坡度 α/(°)	45	51	55	59	73
高跨比 $H:L$	1:1	1:0.8	1:0.7	1:0.5	1:0.3

类别	项目	内容
固定式钢斜梯（摘自GB 4053.2—2009）	零件尺寸及材质	踏板：$\delta \geqslant$4mm 花纹钢板，或经防滑处理的普通钢板，或由 25mm×4mm 扁钢和小角钢组焊成的格子板 扶手：H=900mm，或按 GB 4053.3—2009 中规定的栏杆高度；采用外径为 ϕ30～50mm，壁厚不小于 2.5mm 的管材 立柱：用不小于 40mm×40mm×4mm 角钢，或外径为 ϕ30～50mm 管材，从第一级踏板开始设置，间距不宜大于 1000mm 横杆：采用直径不小于 ϕ16mm 圆钢或 30mm×4mm 扁钢，固定在立柱中部 梯梁：采用性能不低于 Q 235-A · F 钢材，其截面尺寸应通过计算确定
	载荷规定	钢斜梯活载荷应按实际要求采用，但不得小于下列数值 ①钢斜梯水平投影面上的活载荷标准值取 3.5kN/m^2 ②踏板中点集中活载荷取 1.5kN/m^2 ③扶手顶部水平集中活载荷取 0.5kN/m ④挠度不大于受弯构件跨度的 1/250
		与附在设备上的平台梁相连接时，连接处应采用开长圆孔的螺栓连接，其他坡度按直线插入法取值
固定式钢直梯（摘自GB 4053.1—2009）	构件尺寸及设计有关规定	梯梁应采用不小于 50mm×50mm×5mm 角钢或 60mm×8mm 扁钢 踏棍宜采用不小于 ϕ20mm 的圆钢，间距宜为 300mm 等距离分布 支撑应采用角钢、钢板或钢板组焊成 T 形钢制作，埋设或焊接时必须牢固可靠 无基础的钢直梯，至少焊两对支撑，支撑竖向间距不宜大于 3000mm，最下端的踏棍与基准面距离不宜大于 450mm 钢直梯每级踏棍的中心线与建筑物或设备外表面之间的净距离不得小于 150mm（见图 b） 侧进式钢直梯中心线至平台或屋面的距离为 380～500mm，梯梁与平台或屋面之间的净距离为 180～300mm（见图 c） 梯段高度超过 3000mm 时应设护笼，护笼下端距基准面为 2000～2400mm，护笼上端高出基准面应与 GB 4053.3—2009 中规定的栏杆高度一致 护笼直径应为 700mm，其圆心距踏棍中心线为 350mm。水平圈采用不小于 40mm×4mm 扁钢，间距为 450～750mm，在水平圈内侧均布焊接 5 根不小于 25mm×4mm 扁钢垂直条 钢直梯最佳宽度为 500mm。由于工作面所限，攀登高度在 5000mm 以下时，梯宽可适当缩小，但不得小于 300mm 钢直梯上端的踏棍应与平台或屋面平齐，其间隙不得大于 300mm，并在直梯上端设置高度不低于 1050mm 的扶手 梯段高不宜大于 9m。超过 9m 时宜设梯间平台，以分段交错设梯。攀登高度在 15m 以下时，梯间平台的间距为 5～8m，超过 15m 时，每 5m 设一个梯间平台，平台应设安全防护栏杆
	载荷规定	踏棍按在中点承受 1kN 集中活载荷计算，允许挠度不大于踏棍长度的 1/250 梯梁按组焊后其上端承受 2kN 集中活载荷计算（高度按支撑间距选取，无中间支撑时按两端固定点距离选取），长细比不宜大于 200
	固定注意	固定在平台上的钢直梯，应下部固定，其上部的支撑与平台梁固定，在梯梁上开设长圆孔，采用螺栓铰接 固定在设备上的钢直梯当温差较大时，应一个支撑固定，其余支撑均在梯梁上开设长圆孔，采用螺栓铰接

续表

<table>
<tr><td rowspan="2">固定式工业防护栏杆</td><td>构件尺寸及设计有关规定</td><td>防护栏杆的高度宜为 1050mm。离地高度小于 20m 的平台、通道及作业场所的防护栏杆高度不得低于 1000mm,离地高度等于或大于 20m 高的平台、通道及作业场所的防护栏杆不得低于 1200mm
扶手宜采用外径 φ33.5~50mm 的钢管,立柱宜采用不小于 50mm×50mm×4mm 角钢或 φ33.5~50mm 钢管,立柱间隙宜为 1000mm
横杆采用不小于 25mm×4mm 扁钢或 φ16mm 的圆钢,横杆与上、下构件的净间距不得大于 380mm
挡板宜采用不小于 100×2 扁钢制造。如果平台设有满足挡板功能及强度要求的其他结构边沿时,允许不另设挡板
室外栏杆、挡板与平台间隙为 10~20mm,室内不留间隙
栏杆端部必须设置立柱或与建筑物牢固连接</td></tr>
<tr><td colspan="2">强度要求:栏杆的设计,必须保证其扶手所能承受水平方向垂直施加的载荷不小于 500N/m</td></tr>
<tr><td>钢斜梯、直梯、栏杆共同规定</td><td colspan="2">钢斜梯梯梁、钢直梯及栏杆的全部构件采用性能不低于 Q 235-A・F 的钢材制造
钢斜梯、钢直梯及栏杆全部采用焊接,焊接要求应符合 GB 55006—2021 的技术规定。当栏杆不便焊接时,也可用螺栓连接,但必须保证其结构强度要求
所有结构表面应光滑、无毛刺,安装后不应有歪斜、扭曲、变形及其他缺陷
钢斜梯、直梯及栏杆安装后表面必须认真除锈,并做防腐涂装</td></tr>
</table>

7.3 倾斜通道

表 1-10-19

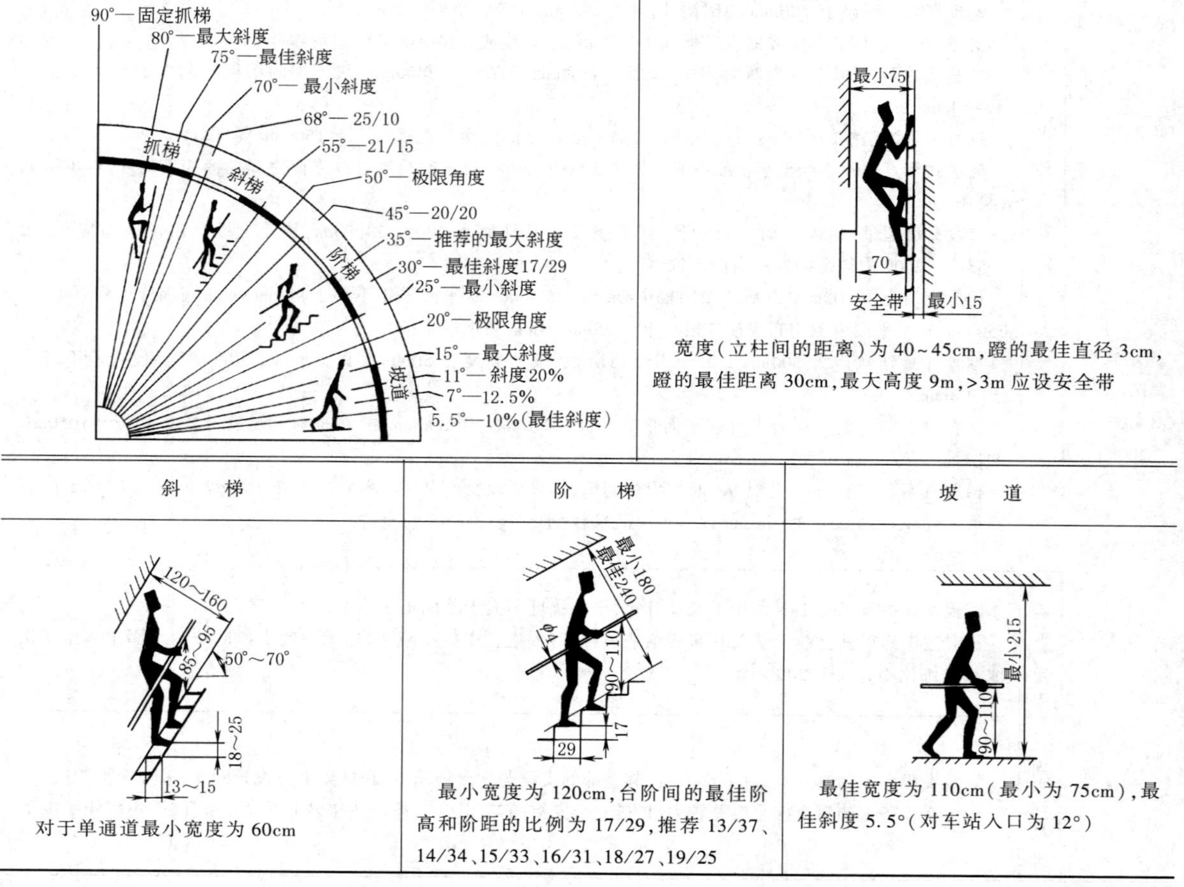

CHAPTER 11

第11章 符合造型、载荷、材料等因素要求的零部件结构设计准则

1 符合造型要求的结构设计准则

表1-11-1

准 则	造型不合理	造型合理
1. 选择合理的表达方式		
寻求一种有目的的、合理的表达方式	交流立式电动机 不稳定，头部太重	稳定，安全站立
	熨斗 笨重，不易动	轻便，使用合手
2. 形状统一		
(1)应用少的形状变体	发电机	
	绞车	开式结构 闭式结构
(2)力求形状与轮廓相似	轴承	
(3)线缝走向合适	空调器 混淆，不协调	方框型式 展开型式
3. 构造总的外形		
(1)用可描述的方式安置	真空泵 不可描述	盒式
(2)可分解成清晰的、界限分明的部分	控制装置 堆积，不可描述	明确分段，L形

续表

准　则	造型不合理	造型合理	准　则	造型不合理	造型合理
4. 通过色彩支持			5. 通过图形补充		
(1)色彩与造型协调		 功能表面	(1)采用格式相同的字体与符号	 MBA 50	 MBA50 集中的,统一的
(2)减少色调与材料差别		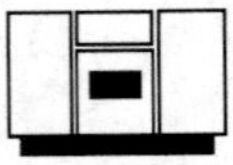	(2)力求表达一致	 50 MBA	 MBA50 全用凸形字
(3)规定与衬色协调的特征色	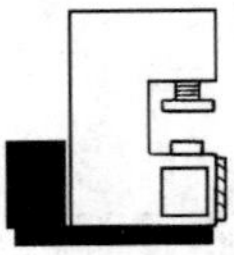	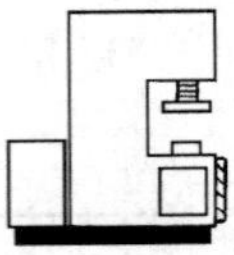	(3)图形单元在种类、大小与色彩方面与其他部分构形相协调	 ELA 300 0000	 ELA 300 0000

2　符合载荷要求的结构设计准则

表 1-11-2

准　　则	改进前的设计	改进后的设计
1. 铸钢受压应力比受拉应力或扭转应力好	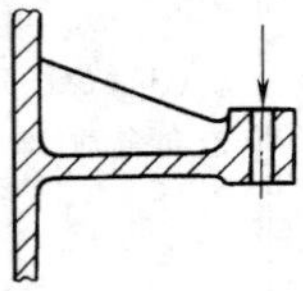	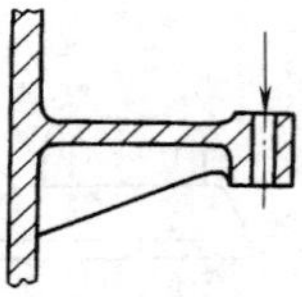
2. 由于纵向弯曲的原因,钢或塑料受拉比受压好	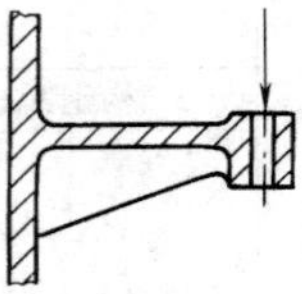	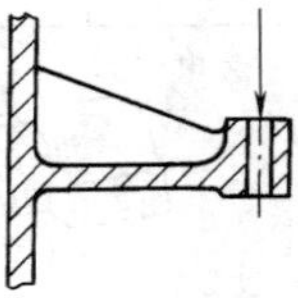
3. 力求力流传递路径合理。图a力流在A处急剧转向流经齿轮,致使A处应力很大,产生较大应力集中;图a′力流过渡平缓,应力分布较均匀,不易出现应力集中	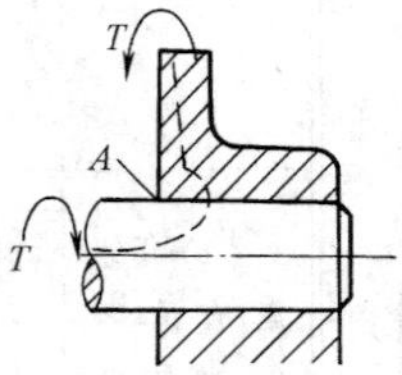 T A T (a)	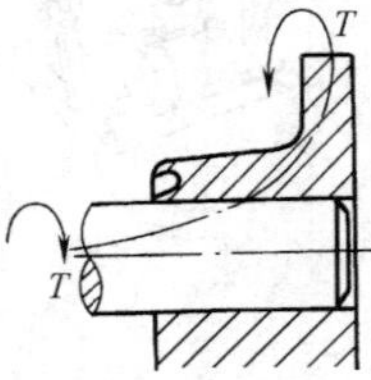 T T (a′)

续表

准　　则	改进前的设计	改进后的设计
4. 力求力流传递路线长短合理 1)图 a 为普通轧机,它有一个高大的工作机架。图 a′为无机架轧机,由于没有机架,其应力回线长度比普通轧机大大缩短,这样,整个结构尺寸和零部件尺寸均大大缩小,变形小,刚度增大,提高了轧材轧制精度,节省了材料,因此而得名短应力线轧机 2)图 b′为使力流线长更为合理的实例。这是因为在利用轴的扭转变形部分地改善因轴的弯曲变形而产生的轮齿齿面上载荷不均的程度方面,图 b′的齿轮布置优于图 b	(a) (b)	(a′) (b′)
5. 力求载荷分布均匀化 (1)增加结构弹性变形 图 a 各圈螺纹受力不均,第 1 圈螺牙受力可为第 7 圈螺牙受力的十几倍。图 b、c、d 用降低螺母局部刚度,以增加其弹性变形来达到均载的目的	7 6 5 4 3 2 1 螺纹上的载荷 F (a)	(b) (c)　(d)
(2)设置载荷均载装置 行星轮系由于制造误差和工作时各构件变形,致使各行星轮间受力不均。为使各行星轮间载荷分配均匀,采用了均载装置(弹性轴、弹性销轴),如图所示。它是通过弹性构件的弹性变形来达到各行星轮均载目的的(图中仅绘出一个行星轮)	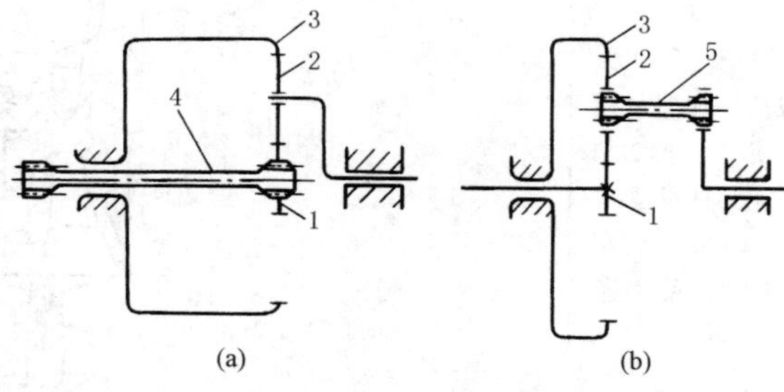 (a)　(b) 1,3—中心轮;2—行星轮;4—弹性轴;5—弹性销轴	

续表

<table>
<tr><th>准　　则</th><th>改进前的设计</th><th>改进后的设计</th></tr>
<tr><td>图 c 为某星型高速大马力柴油机曲轴自由端弹性连接结构，曲轴通过弹性轴 1 驱动辅助机组，通过空心弹性轴 2 驱动凸轮传动机构。弹性轴两端采用弹性卡圈定位，这种定位结构使用较多</td><td colspan="2">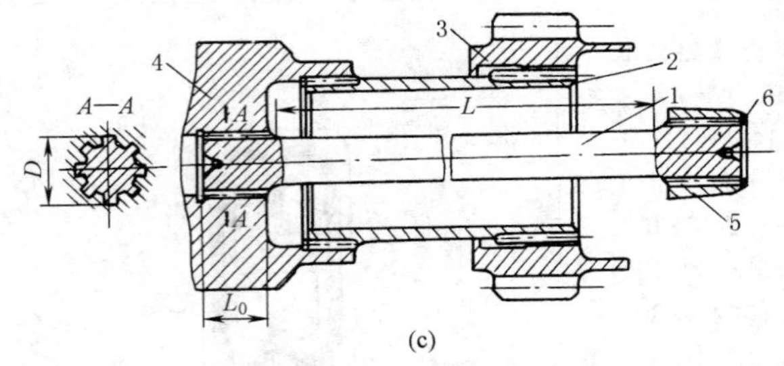

(c)
1—弹性轴；2—空心弹性轴；3—凸轮轴传动机构的齿轮；4—曲轴；5—辅助机组传动机构的齿轮；6—定位用弹性卡圈</td></tr>
<tr><td>6. 借助力的平衡设计部分或全部地将某些零部件由于本身结构而伴生的无用力平衡掉
(1)采用对称结构设计
如图 a 人字齿轮传动，可全部抵消；图 b 二级圆柱斜齿减速器，可部分抵消，从而减轻该轴及轴承上的载荷
(2)设置平衡装置
图 c 为齿轮泵简图，为平衡液压径向力，在泵壳或侧板上开有液压力平衡槽，将高压油引入低压区，同时，又将低压油与高压区连通，这样两个齿轮轴上的载荷由于液压力被平衡掉而仅是齿轮啮合力，减轻了轴承上的作用载荷</td><td colspan="2">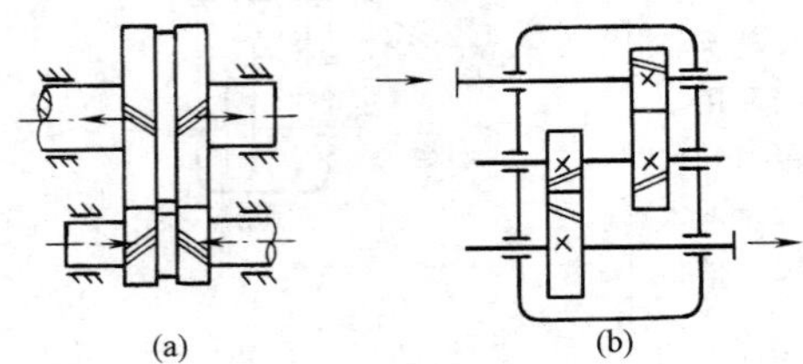
(a)　　(b)
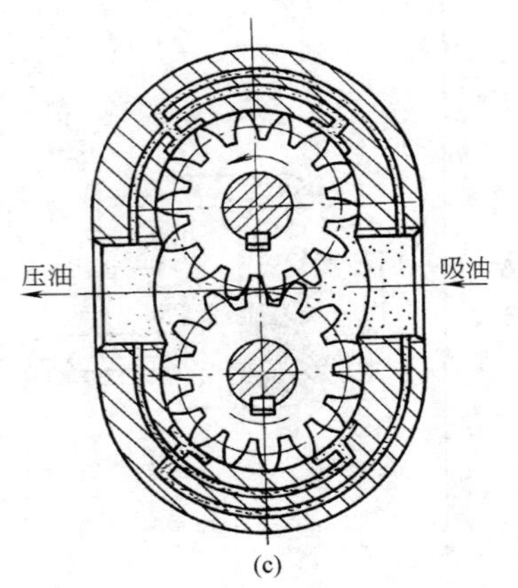

(c)</td></tr>
<tr><td>7. 合理分配载荷。如图采用了卸载结构设计，使轴承座 2 和输出轴 1 悬臂段分别只承受单一的径向力和传递单一转矩，从而大大改善了输出轴的受力条件和蜗轮副的啮合条件</td><td colspan="2">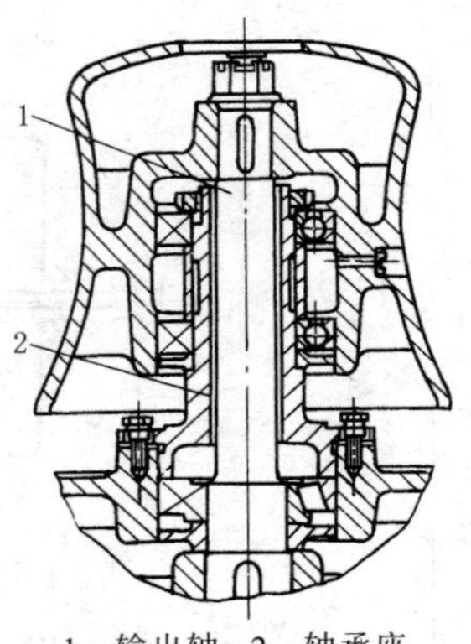

1—输出轴；2—轴承座</td></tr>
</table>

续表

准　则	改进前的设计	改进后的设计
8. 避免因离心力而损害收缩接合(过盈连接)	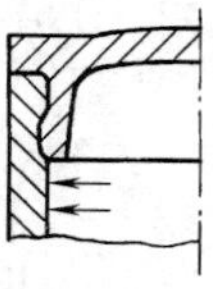	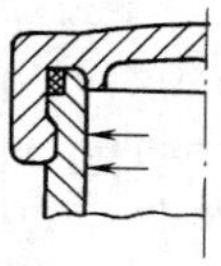
9. 避免由于变形产生的内压力造成不密封	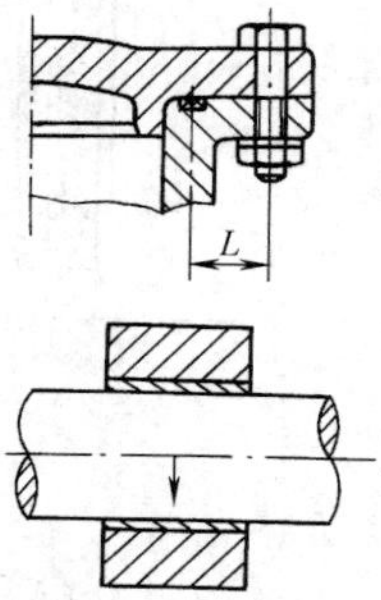 L	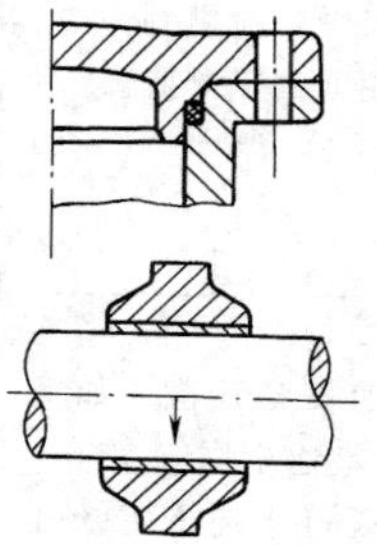
10. 通过增大弹簧长度减小弯曲应力(软弹簧特性)	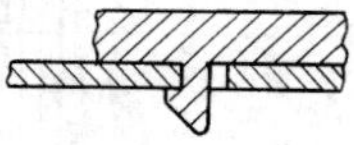	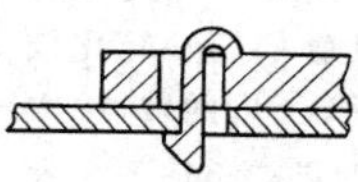
11. 力求具有恒定强度(应力)的梁	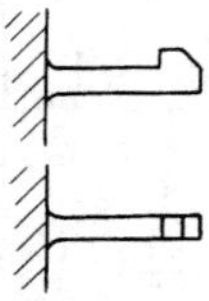	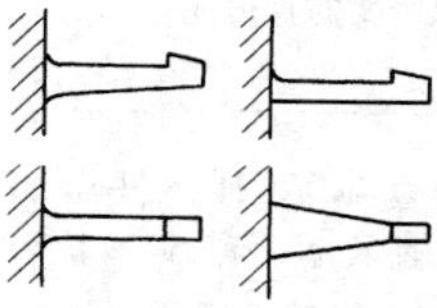
12. 避免零件高应力部位的切口	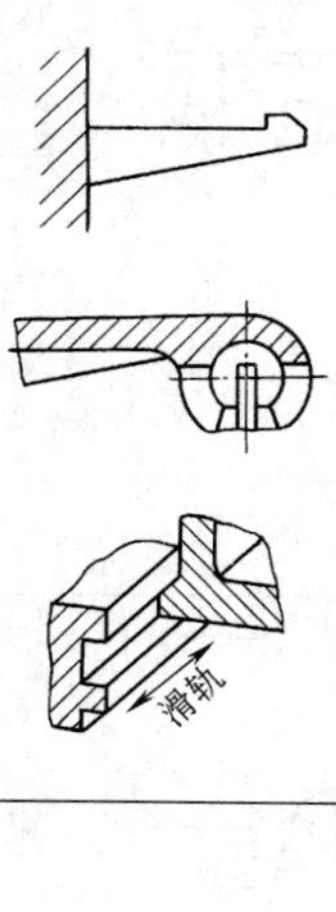 滑轨	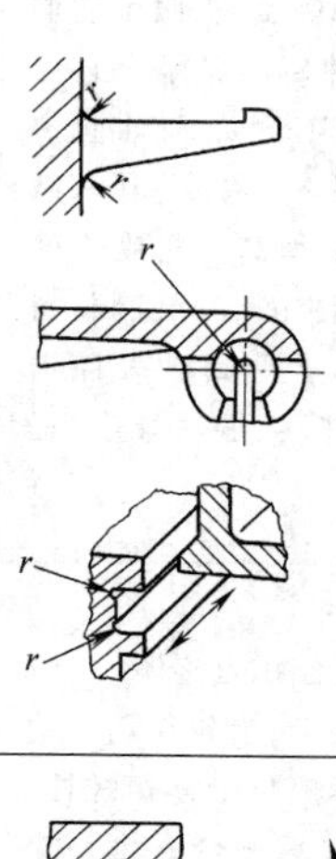 r r r r
13. 在板带和缆索上通过夹紧部位的阻尼保持小的弯曲交变应力	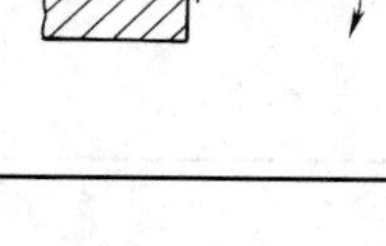	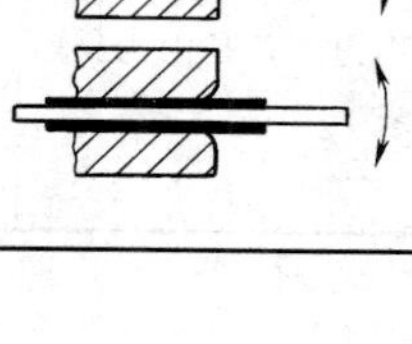

续表

准　　则	改进前的设计	改进后的设计
14. 利用压力自适性。如图是中部凸起的平带轮，目的是防止平带从带轮轮面脱落下来。平带运动时，一旦出现跑偏，则借助摩擦力将平带拉回到中央，以保持带与轮面的正常接触	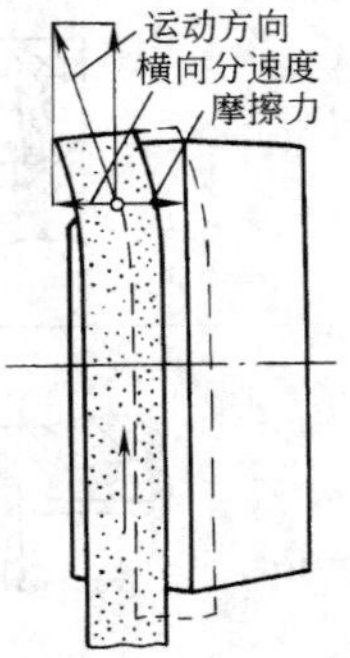 运动方向 横向分速度 摩擦力	
15. 利用速度自适应。如图为汽车后轴差速器传动简图。通过差速器既可实现将驱动轴的转动转化为两个后轮轴的同步转动（汽车直行），同时又可以实现将驱动轴的转动转化成两个后轮的两个不同的转速（汽车转弯行驶，且随弯道曲率半径不同而任意组合），实现汽车两后轮轴转动速度的自适应		
16. 改用新轴承，提高可靠性。CARB 轴承是一种综合了短圆柱滚子轴承、球面滚子轴承和滚针轴承的优点，克服了它们的缺点的一种新型轴承。它可以调节变形、不同心和轴向位移，如图 a、图 b。因此，其承载能力比传统轴承高。它用于轧机定位端（见图 b），在轧制材料进入辊隙，轴承受到极大撞击时，可以明显降低振动幅度，提高使用寿命	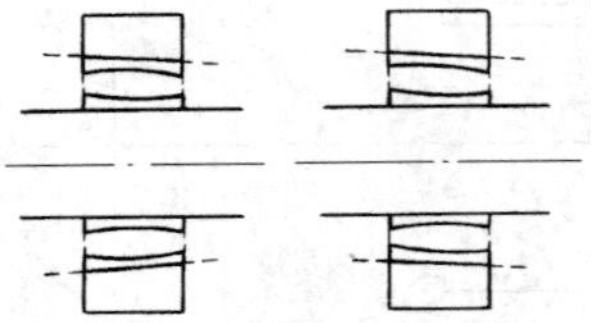 (a) 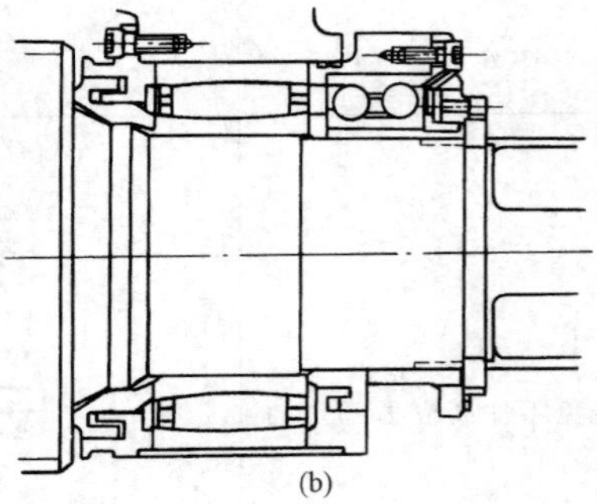 (b)	
17. 合理地合并为整体。图 a 所示的齿轮传动，齿轮作用力通过各自的轴承座传给连接螺栓。如果将两个轴承座合并为一个整体，如图 b，则整体轴承座承受大部分作用力而且是内力，螺栓受力就小多了	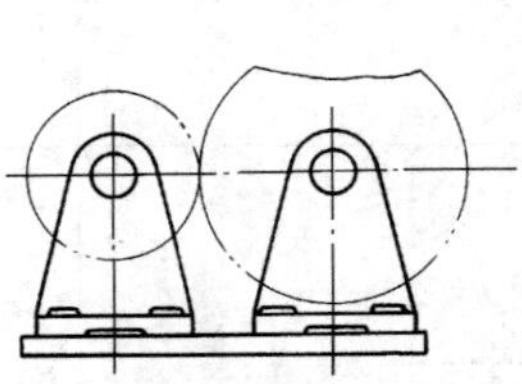 (a)轴承座分开结构	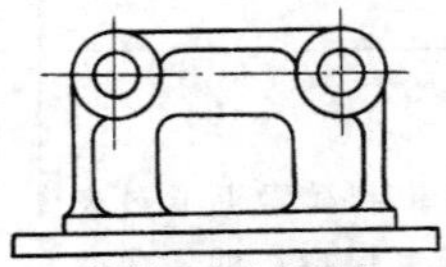 (b)轴承座合并结构

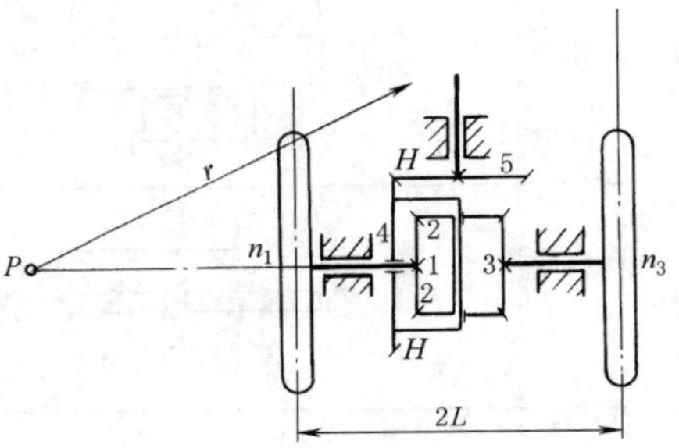

续表

准　　则	改进前的设计	改进后的设计
18. 外力尽量作用在形心位置，避免产生或减小附加力矩。图 a 所示结构油缸安放位置，油缸驱动力 P 对立柱将产生附加弯矩（见图 b），改成图 c，使截面形心外移，可减小附加力矩，但制作易使立柱发生挠曲。如将油缸中心线安放在立柱的对称中心线上，则使立柱受力得到很大改善。但因油缸外移，横梁跨度加大，对横梁的强度和刚度都不利，故应综合分析对比，求得整机结构设计的合理方案	立柱　油缸　上横梁 (a) 三轴滚弯机（滚弯板料） $M=PL$　L　P　P　A　A (b) 弯矩示意	$A—A$ (c) 立柱截面形状 O　P　O (d) 油缸驱动力通过立柱截面形心

3　符合公差要求的结构设计准则

表 1-11-3

准　　则	改进前的设计	改进后的设计
1. 通过避免双重配合来避免小的公差	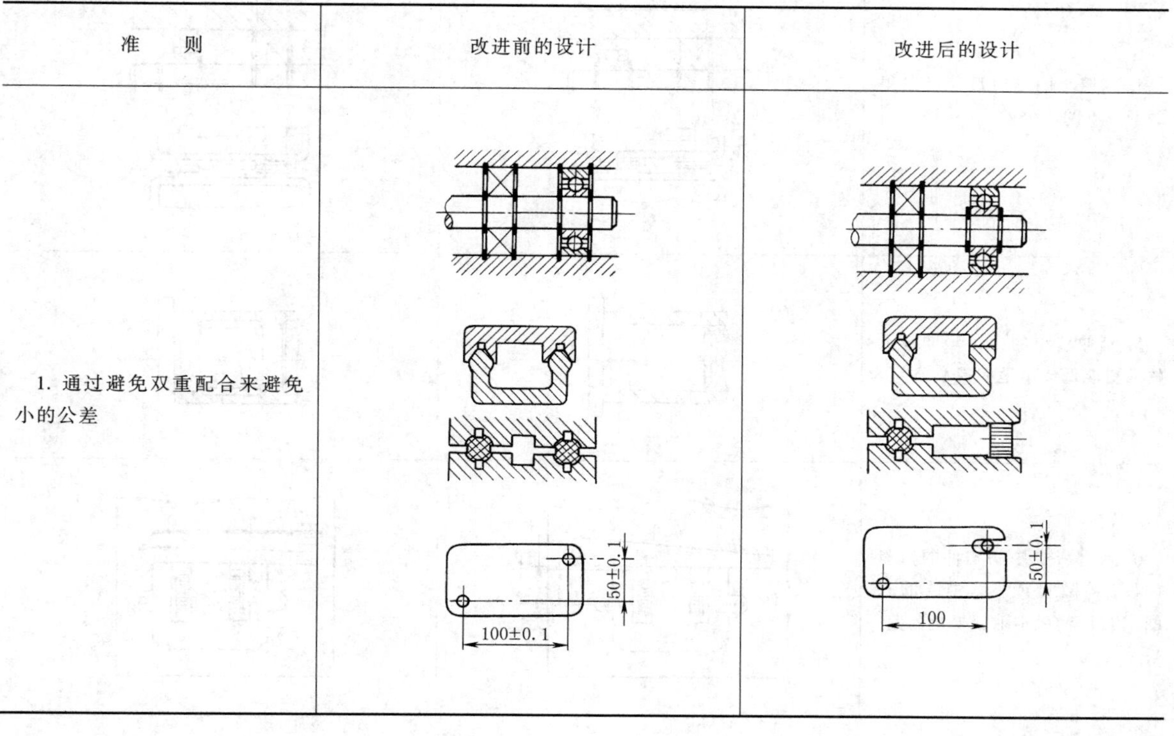	

续表

准　则	改进前的设计	改进后的设计
2. 通过弹性元件来避免小的公差和消除间隙配合 图a为通过弹簧 图b是通过在电动机1和减速器3中引入浮动轴2使起升系统的力流长度加长，弹性增加，达到补偿制造和安装误差	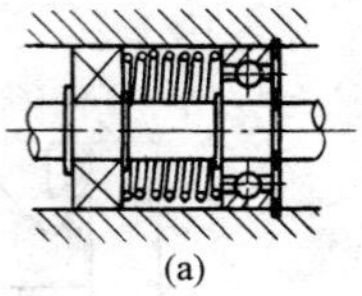 (a) 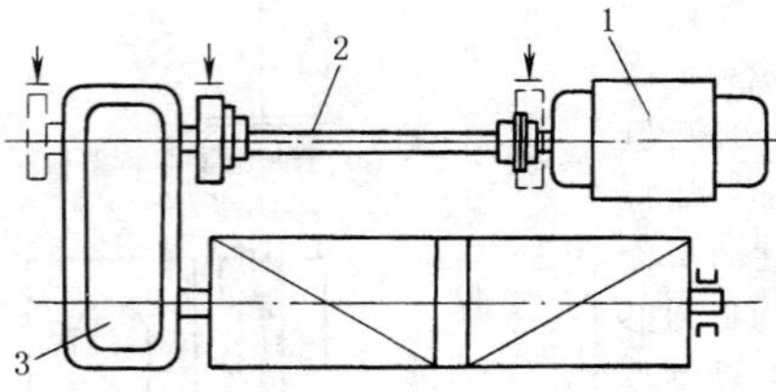 (b)	
3. 通过采用调整元件避免小公差	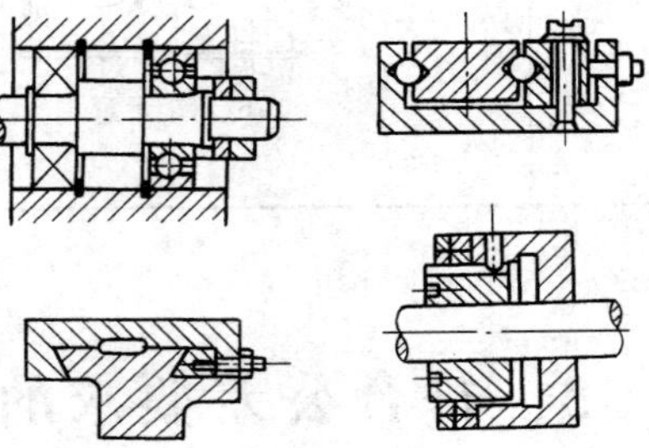	
4. 利用小的绝对尺寸可以得到低成本的小公差	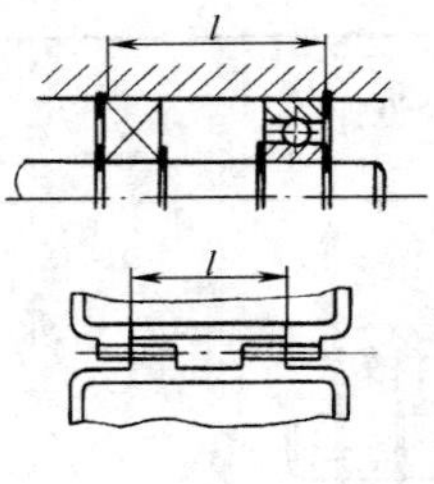	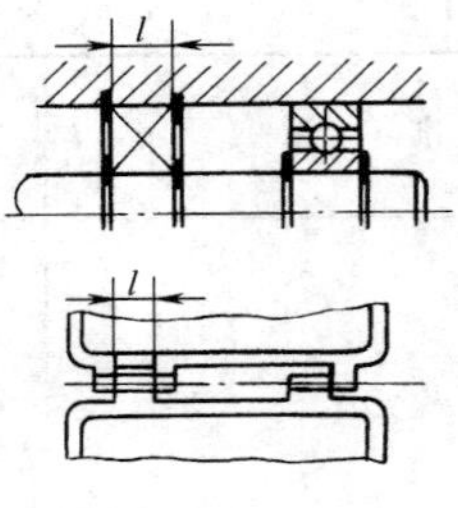
5. 延伸较小的面比延伸较大的面更能低成本地实现小公差	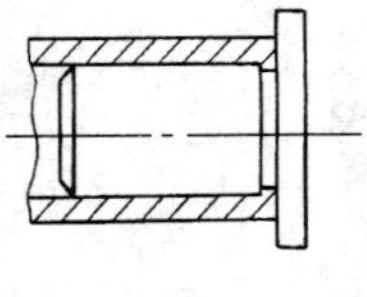	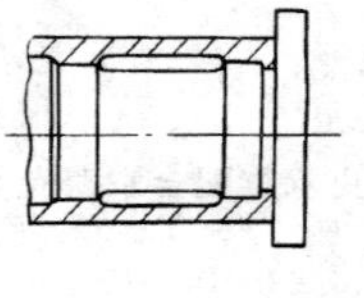
6. 通过减少中间构件的数量(尺寸的数量或"尺寸链的长度")可以低成本地获得小公差	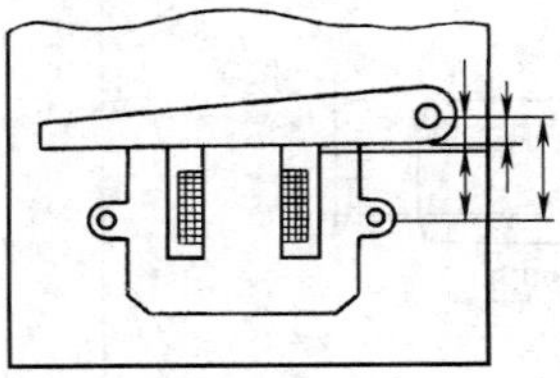	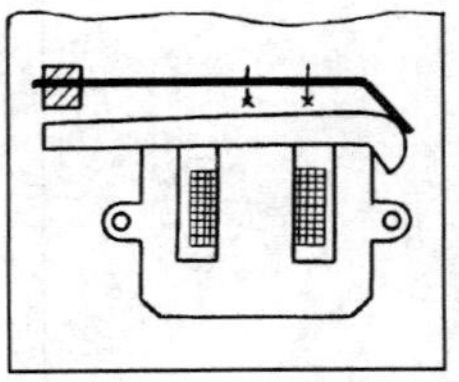

4 符合材料及其相关因素要求的结构设计准则

铸钢、铸铁件等及材料相关因素要求的结构设计准则

表 1-11-4

准　　则	改进前的设计	改进后的设计
1. 零部件结构形状和受力应与材料特性相适应:铸钢受压比受拉更好,钢和塑料则相反,受拉比受压好些(纵向弯曲),如图 a 和图 b	铸钢 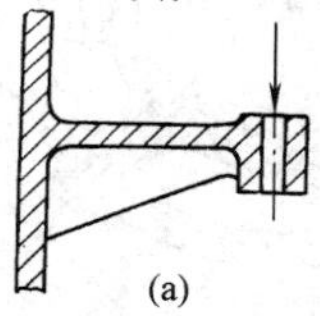 (a)	钢、塑料 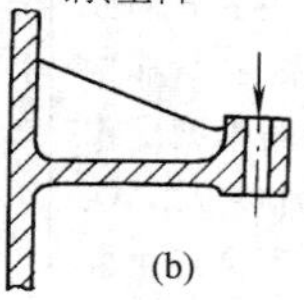 (b)
钢材料结构应以三角桁架代替筒支梁,以拉压代替受弯,使承载能力大为提高,如图 c′	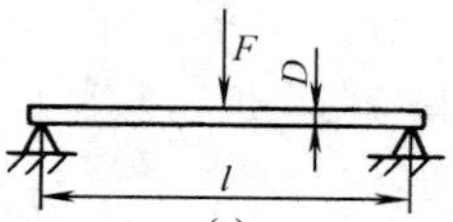 (c)	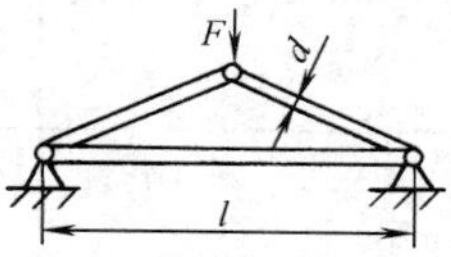 (c′)
铸铁抗压强度远高于抗拉强度,铸铁支座应设计成图 d′	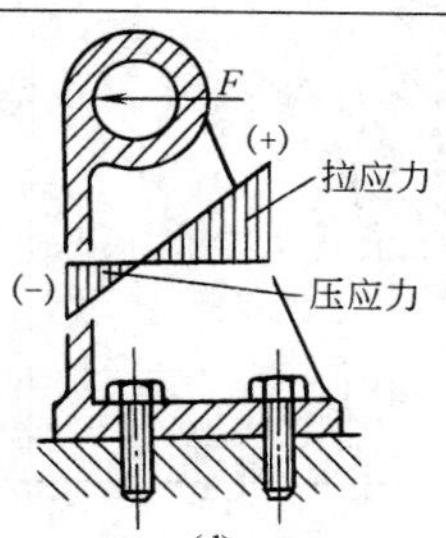 拉应力 压应力 (d)	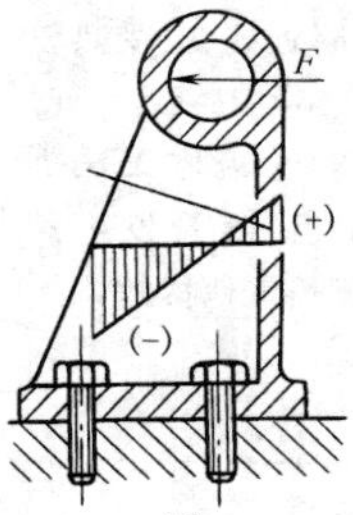 (d′)
2. 重要的轴类不能用圆棒车出(见图 a),必须锻制。而且锻制还应避免缩锻(见图 b,但比图 a 好),因为缩锻会使料中的轧丝破坏或容易破坏。在可能情况下,应尽量采用伸锻(见图 e)。重要的齿轮也应用锻制毛坯(见图 f)制造,而不要采用热轧钢棒(见图 c)或热轧钢板(见图 d)来加工	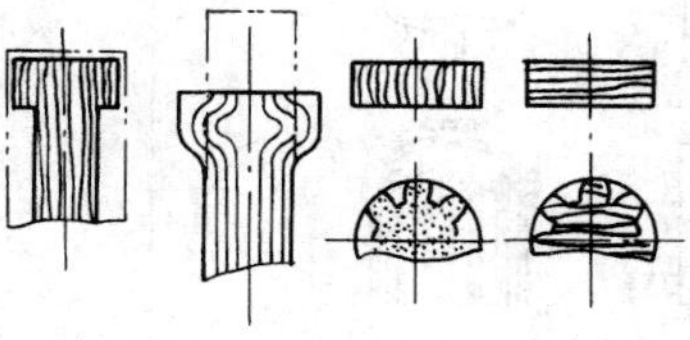 (a)　(b)　(c)　(d)	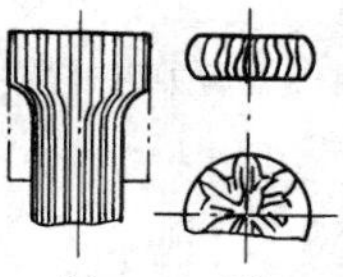 (e)　(f)
3. 图 a 用埋头螺钉固定很薄的铁皮,靠沉头部分支承是不够的,须将下面厚板锪一 60°的倒角将铁皮压入,如图 a′	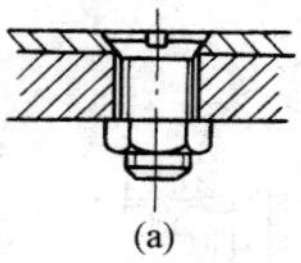 (a)	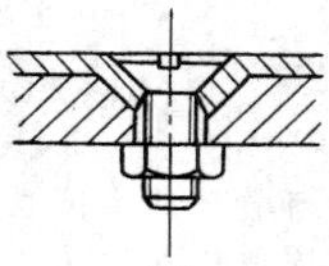 (a′)
4. 考虑材料膨胀。图 a 由于轴受热伸长,使轴承间隙减小甚至卡死,不能正常工作。改成图 a′后右轴承可随轴伸长而自由窜动,轴的伸长不影响工作的稳定性	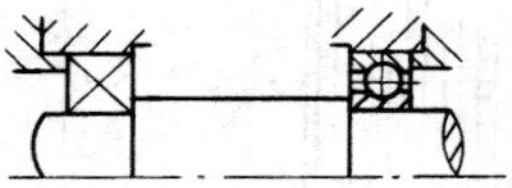 (a)	 (a′)

续表

准　　则	改进前的设计	改进后的设计
在壳体及法兰盘中,特别是在加热阶段,温度的差异将引起椭圆变形。若零件不是完全回转对称,应使导轨元件设在对称线上,以防导轨卡死。图 b 导向元件安排得不符合膨胀规律,椭圆变形可能引起导轨的卡死。图 b′是符合膨胀规律的布置形式,导轨位于对称线上,不会产生椭圆变形下的卡死危险	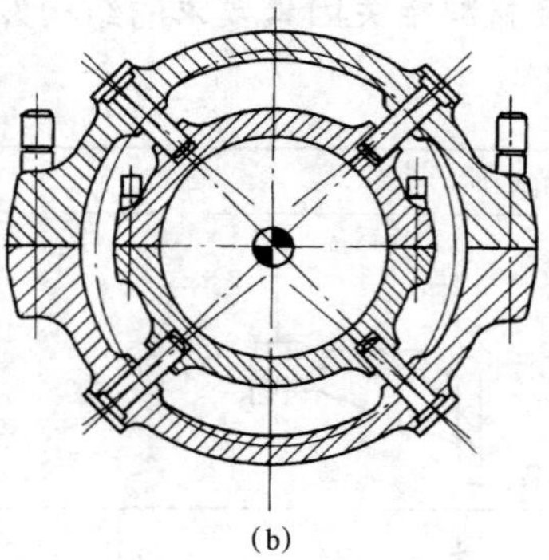 (b)	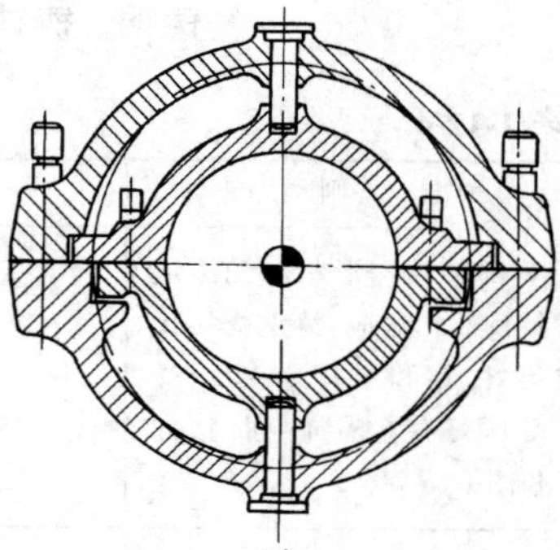 (b′)
5. 考虑材料蠕变。在图 a 中,材料在圆柱面附近蠕变,受热较快的盖体被限制在中心,同时在 y 处发生蠕变,盖体无法拆卸。改为图 a′后,尽管发生蠕变,也可以毫无损害地拆卸	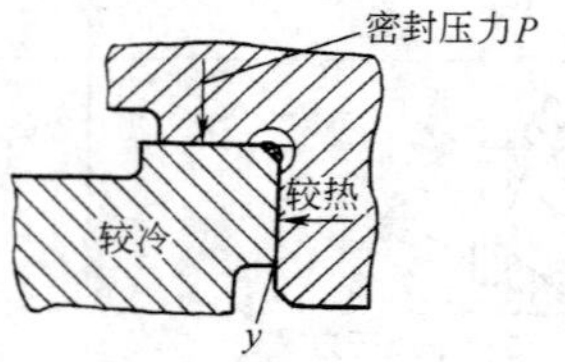 密封压力P 较热 较冷 y (a)	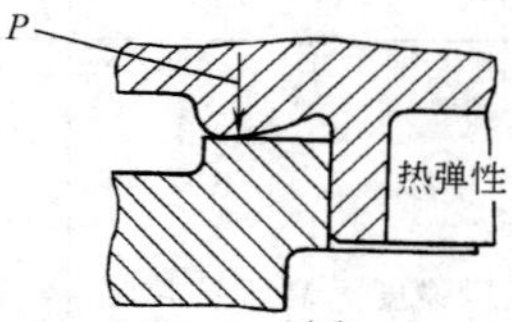 P 热弹性 (a′)
6. 考虑腐蚀 1)应避免潮气或腐蚀液体集中部位,如图 a	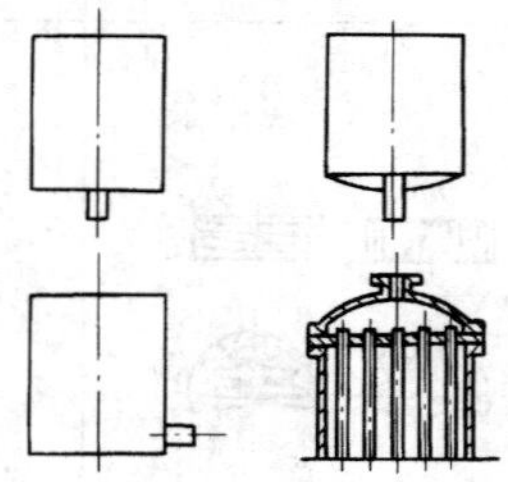 (a)	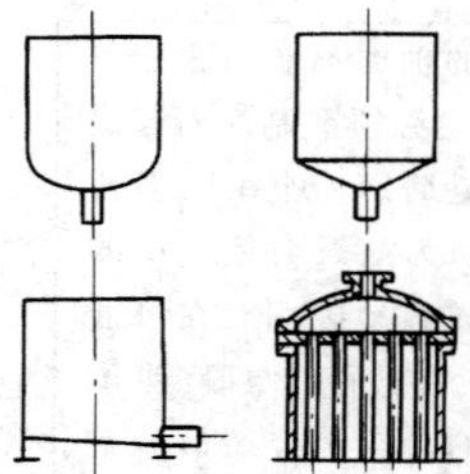 (a′)
2)在立式冷却管中的水位线处由于高浓度而形成在气相与液相边界上的腐蚀,如图 b。改进后的图 b′通过加高水位而加以克服	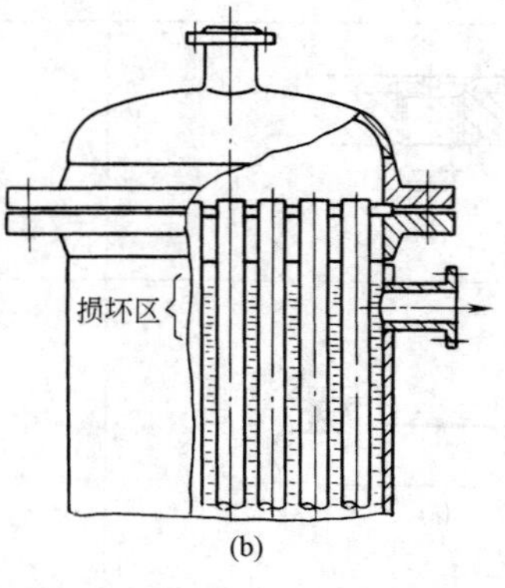 损坏区 (b)	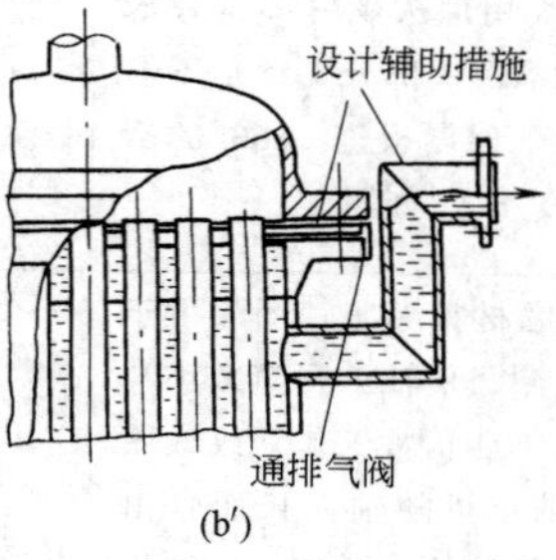 设计辅助措施 通排气阀 (b′)

续表

准　　则	改进前的设计	改进后的设计
3)图c、c′是两种高压气体储藏器,图c′优于图c。因为,图c′受腐蚀面积仅为图c的1/6;预计10年后腐蚀深度为2mm,从强度看,图c对此腐蚀量决不可忽视,迫使增大壁厚达8mm,而对图c′来说,2mm腐蚀量对于30mm的壁厚,几乎没有大的影响	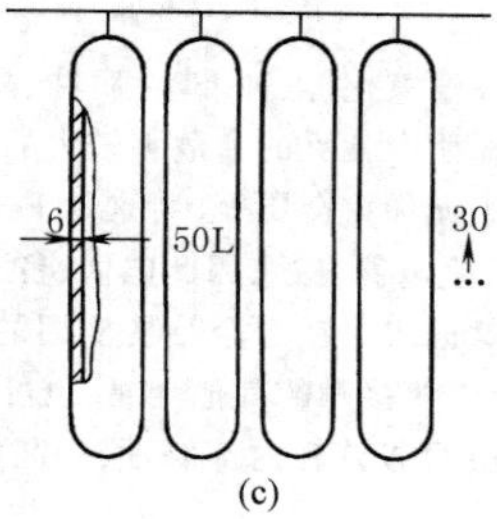 (c)	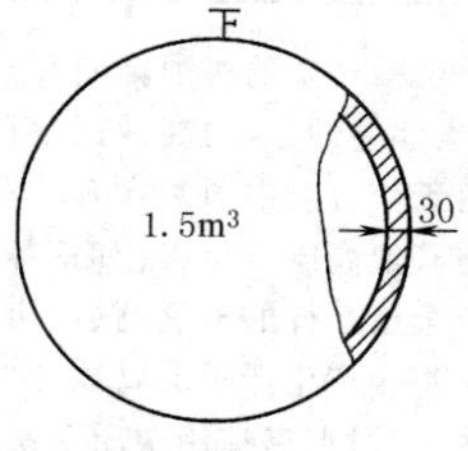 (c′)
4)图d容器出口支承没有绝缘,由于冷却到露点以下,形成具有强烈电解质性质的冷凝物。在冷凝物与气体的过渡处产生可能导致支承损坏的腐蚀。改进后的图d′,一边采用绝缘,另一边则采用耐蚀性好的材料制成特殊支承,防止了损坏	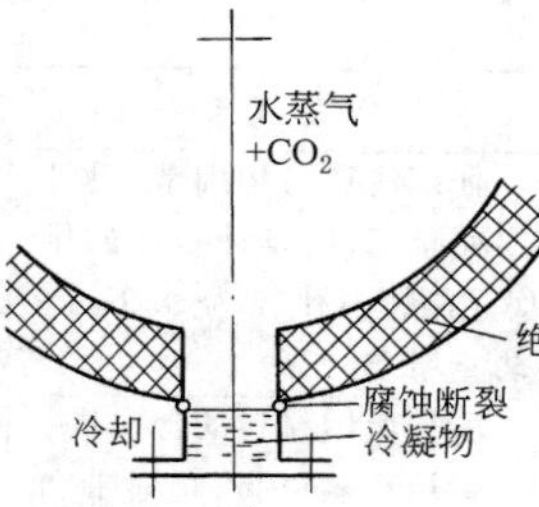 (d)	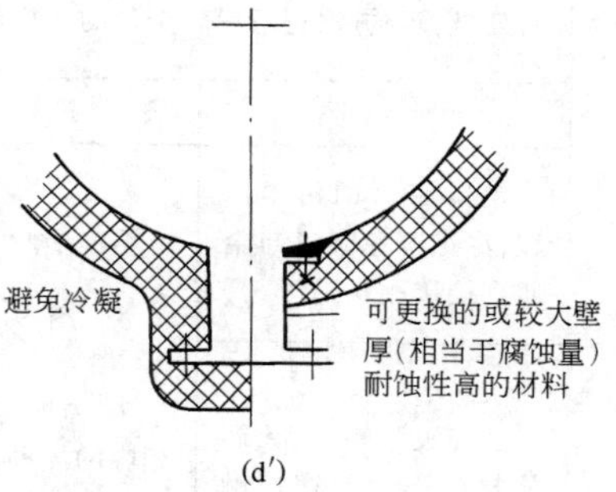 (d′)
7. 在冲击载荷下,由于热塑性塑料具有蠕变这一不利特性,因此,塑料字头的形状应与钢不同	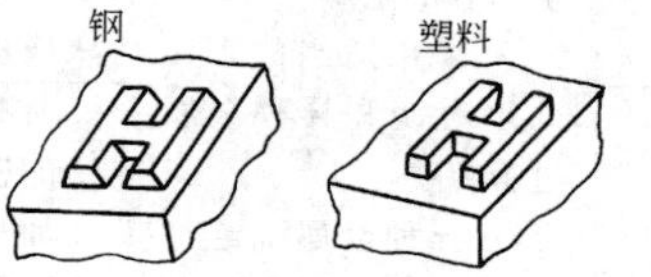	
8. 利用形状记忆合金防止防振橡胶耐久限下降 如图是引擎防振支承装置。它用加入苯乙烯、丁二烯的防振橡胶制作成鼓形,而周围用鼓形形状记忆合金制作的弹簧缠绕制成。它可把变形抑制在一定的范围内,从而提高耐久性。当环境温度超过预定值时,弹簧半径变小,使橡胶收缩起到抑制(变形)器的作用,故可防止橡胶变形增大,从而阻止其耐久限下降	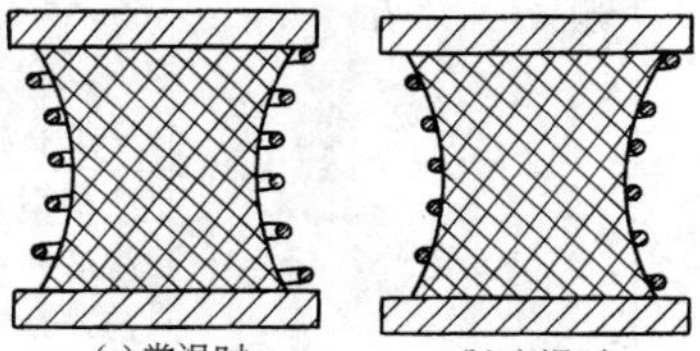 (a)常温时　(b)高温时 引擎防振支承装置	
9. 提高阻尼,改善结构抗振性。图a′为机床床身,保留砂芯的新结构由于砂芯的吸振作用,比原结构的阻尼提高了。这时沿Z轴方向抗弯曲振动能力提高了6.8倍,Y轴方向抗弯曲振动能力提高了10倍,抗扭转振动能力提高了0.1倍	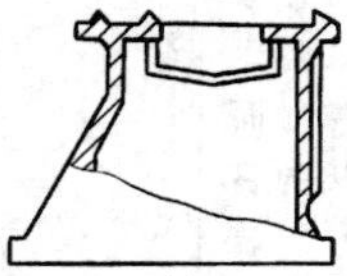 (a)	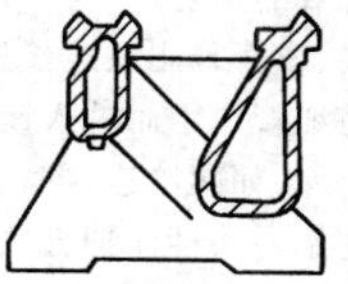 (a′)

镁合金件合理的结构设计

表 1-11-5

根据镁合金的腐蚀特征	镁及镁合金的腐蚀类型有全面腐蚀、电偶腐蚀、高温氧化、点蚀、缝隙腐蚀、晶间腐蚀、应力腐蚀开裂和腐蚀疲劳等。其中,电偶腐蚀、应力腐蚀开裂和腐蚀疲劳是镁合金应用中常见的和危害较大的腐蚀类型 由于镁合金中通常含有较多的电极电位较高的组元如重金属等(特别是 Fe、Cu、Ni),以及镁及其合金在实际应用中经常与其他高电位金属(如钢等)接触,从而很容易发生电偶腐蚀,因此电偶腐蚀是镁合金腐蚀的基本类型。人们常常忽视镁合金组合件的电偶腐蚀,从而出现灾难性后果,这已成为镁合金结构应用的障碍。通常,镁基体中与阴极相邻的局部区域都会产生严重的腐蚀,阴极可能是外部与镁合金相接触的其他金属,也可能是镁合金内的第二相或杂质。在盐水环境中,通过严格控制杂质含量如 Fe、Ni、Cu 及 Fe-Mn 可以减轻内部腐蚀,提高镁合金耐蚀性。镁与不同金属形成电偶是电化学腐蚀电动势的主要外部来源 电偶腐蚀包括阴极、阳极、电解质和导体四个基本环节。其中任何一个环节消失,电偶腐蚀就会停止。因此,可按下表所列措施与方法进行镁合金件的结构设计

设计程序与方法

程　　序	措　　施	方　　法
消除密封的污损区域,尽量避免湿气与金属直接接触	① 选择与镁电化学相容的异种金属,或在镁上镀一层与镁电化学相容的金属 ② 采用适当的表面处理对镁和异种金属进行保护 ③ 异种金属加绝缘的垫圈或填充填料,避免出现封闭电路 ④ 在密封化合物或底漆中加入铬酸盐,抑制微电池作用	仔细注意结构细节,设计出完整工件,设计合适的排水孔,最小孔径为 3.2mm,防止堵塞
选择吸附性差、无芯的材料作为与镁接触的材料		测量所用材料的含水量 采用环氧树脂、塑料带和薄膜,用蜡和橡胶保护 尽可能避免使用木头、纸张、纸板、多孔泡沫和海绵状橡皮
保护所有的搭接面		所有的搭接面都采用合适的密封材料,使用底漆 加长连续流体路径以减小电偶腐蚀电流
采用兼容金属		大多数 5000 和 6000 系列铝合金与镁兼容,镁铁连接中有锌钢板、80%Sn-20%Zn、锡或镉 双金属接头材料择优顺序见右栏
选择合适的精整方法		根据要求选择化学处理、涂层和电镀,并在安装运行前进行检测

双金属接头材料择优顺序

顺序	镁-铝
1	5056 铝合金(线材和铆钉)
2	5052 铝合金(压延板材)
3	6061 铝合金(挤压材和压延板材)
4	6053 铝合金(挤压材和铆钉)
顺序	镁-钢
1	镀锌
2	镀 80%锡-20%锌
3	镀锡
4	镀镉

设计示例

	设计注意事项	改进前的设计	改进后的设计
镁合金与镁合金连接	在许多实际使用情况下,镁合金之间的连接,由于同牌号镁合金的成分几乎保持不变,它们之间的电化学腐蚀是非常轻微的。但是,在结合处可能会出现缝隙,聚集腐蚀介质,使镁与镁合金之间产生缝隙腐蚀。因此,在装配时,需要采取一些有效的预防措施:一是在镁合金零件表面采用铬酸盐颜料涂层,或者采用在连接处用封口胶的“湿装配”技术,阻碍水由毛细管作用而进入镁合金表面;二是正确地设计接触面和配套面,如螺栓连接时,螺栓的曲度有助于减少连接的腐蚀问题。另一种保护方式是,在构件组装前涂覆底漆,组装后再涂一层漆。镁与镁装配时的正确方法如图 a 所示。镁螺栓连接装配件也可以采用此方法	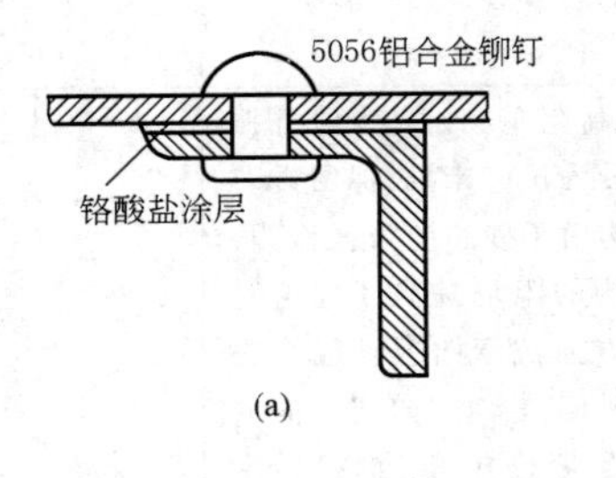 (a)	

续表

			设计注意事项	改进前的设计	改进后的设计
设计示例	镁合金构件与非金属材料连接		镁构件与非金属的组合，虽然连接的大多数非金属材料，如塑料和陶瓷，对镁构件都不会产生电化学腐蚀，但是，镁构件与木材连接时，由于木材有吸水性，木材吸水后内部的天然酸被浸析出来，使镁合金构件长期与酸接触，引起镁构件腐蚀。因此，与镁合金构件接触的木材必须采用油漆或清漆封闭，以防止吸水；并且，在接触面还必须采用镁与镁装配时所用的保护措施，如镁零件表面采用铬酸盐颜料涂层。与镁合金构件连接的碳纤维增强塑料和镁构件与木材的装配一样，在一般的电解液中，镁表面易发生电化学腐蚀，如果不加保护将导致镁的腐蚀。镁合金构件与木材或异种金属连接时正确的保护方法如图 b 所示	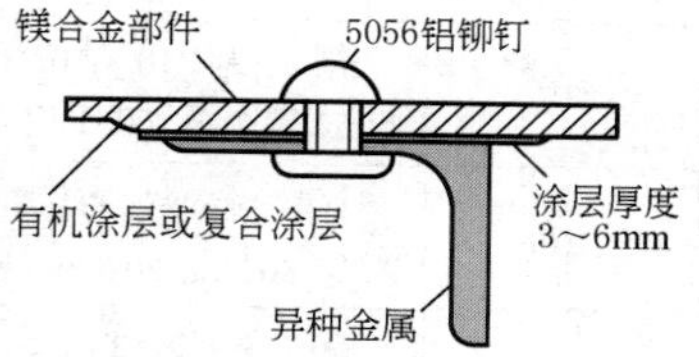 (b) 镁与木材或异种金属连接	
	镁合金构件与异种金属连接[47,55]		镁与异种金属装配时，接触金属之间的电位差和工作环境是引起镁腐蚀的主要因素。阻止或减少镁与异种金属之间的接触腐蚀，可以采用以下几种方法	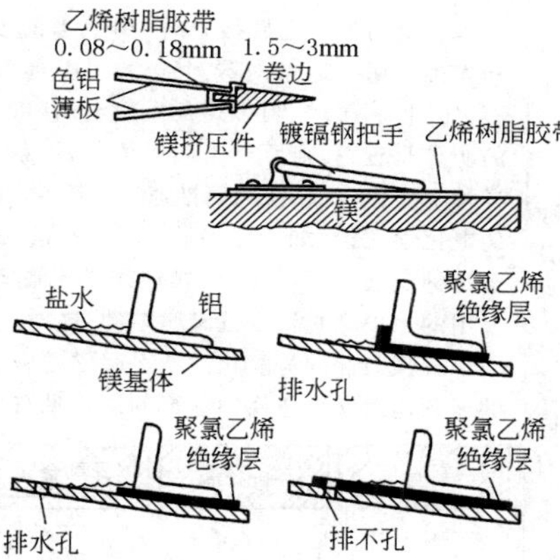 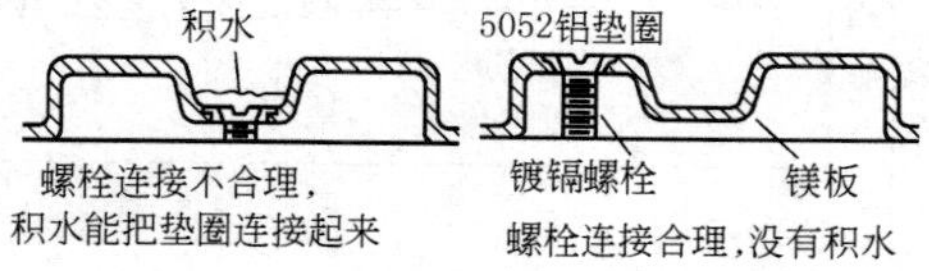 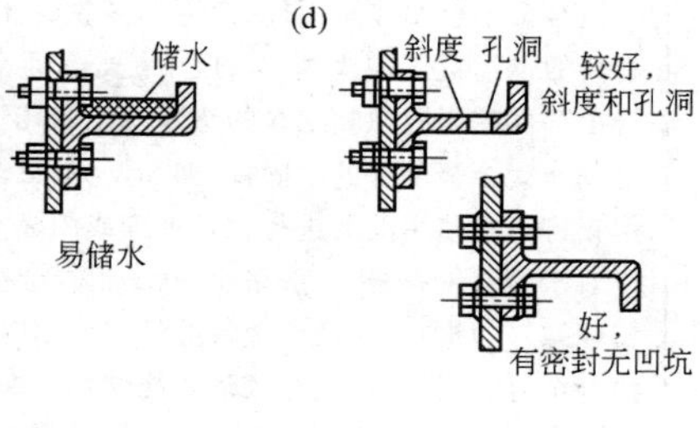	
		采用与镁相容的异种金属	镁与异种金属接触时，材料的电化学相容性尤为重要，异种金属与镁合金的电化学相容性好，可以明显减少构件的电化学腐蚀。高纯度的铝（99.99%）与镁有很好的电化学相容性，但在工业铝合金中，常有铁、铜的存在，会严重破坏这种相容性；此外，在高 pH 值的水溶液中，铝与镁的接触，会导致铝的腐蚀。常用的与镁相容的异种金属有：铝合金体系（5052、6053、6061、6063）、锌和锌合金体系。这些合金体系可用来制作垫片、衬垫、紧固件和构件。当镁与其他金属，如不锈钢、钛、铜连接时，必须对其他金属进行表面处理，采取防护措施。与镁连接的金属材料，一般遵循下列优选原则 镁合金与铝装配：5056、6061、5052、6053；镁合金与钢装配：镀锌钢、镀锌-锡（80% Sn-20% Zn）合金钢、镀锡钢 镁合金与其他金属的装配：在腐蚀条件下镁都会发生腐蚀，因此都必须采取防护措施。镁合金与异种金属铆接的正确方法如图 a、图 b 所示	(c) 镁-异种金属装配时胶带密封和排水孔的位置	
		隔开异种金属	隔开异种金属，避免腐蚀介质构成回路。通常在异种金属之间使用绝缘的垫圈、填料或防潮膜，使镁与异种金属（如铝或钢）分开。如采用厚度为 0.08mm 的乙烯树脂胶带或不吸水的橡胶胶带，或者在密封化合物和底漆中加入铬酸盐，避免电解液环境，以抑制电偶腐蚀，如图 c 所示	螺栓连接不合理，积水能把垫圈连接起来	螺栓连接合理，没有积水 (d)
		表面避免积水	为保证镁零件有良好的腐蚀防护性，装配件连接处合理的设计是非常必要的。首先应尽量避免镁构件表面产生可能聚集水滴的结构，并且考虑排水。为避免缝隙的毛细管作用而吸水，应尽量避免在零件上形成窄的缝隙、缺口或凹槽。此外，在零件上应避免形成尖角以避免材料处于高应力状态。图 d 和图 e 分别为镁合金零件结构设计时应注意的问题 填充缝隙，如图 f 所示，能有效降低电偶腐蚀	易储水	较好，斜度和孔洞 好，有密封无凹坑

续表

设计注意事项	改进前的设计	改进后的设计

设计示例 — 镁合金构件与异种金属连接[47,55] — 表面避免积水

盐雾腐蚀环境中异种金属-AZ91D 压铸合金装配时的电偶腐蚀情况

电偶腐蚀程度	金属
轻微	高纯铝（10×10^{-6}Fe）、5056 铝合金、5052 铝合金、6061 铝合金、6063 铝合金
中等	镀锌+铬酸盐+硅酸盐① 镀 80%Sn-20%Zn+铬酸盐①
严重	50% Sn-50% Pb、镀锡①②、镀镉①②、镀锌①②、铅、黄铜、钛
非常严重	碳钢、不锈钢、镍、锌粉/无机胶黏剂/密封剂①、380 铸铝 铝粉/无机黏结剂/密封剂①、离子束沉积 1100 铝（1000×10^{-6}Fe）①

① 钢紧固件上有薄膜

② 铬酸盐将提高镀层的相容性

易储水

斜度

孔洞

(e)

镶块　填隙物　镁　填隙物　镶块

较好的　　某些场合必要的

(f)

设计示例 — 镁合金构件与异种金属连接[47,55] — 对镁合金和异种金属同时采取保护措施

镁合金与异种金属接触时，用适当的表面处理保护镁和异种金属。通常对异种金属和镁都覆盖一层完整的膜，如图 g 中的 1，可以避免发生电偶腐蚀。但是，如果镁的防护膜破裂，则形成小阳极面积的镁与大阴极面积的异种金属原电池，镁的腐蚀速度显著增加，使镁发生严重的电化学腐蚀，如图 g 中的 2。一般情况下，应尽可能避免这种现象出现。同时，在使用防潮膜时，任何情况下，采用的保护膜必须是抗碱腐蚀的，这样，才能避免因腐蚀而形成强碱性的氢氧化镁所引起膜的破裂。阴极与阳极的面积比对镁合金腐蚀速率的影响见右表

异种金属　异种金属　异种金属　异种金属

腐蚀介质　膜　膜　膜　膜

镁　镁　镁　镁

1　2　3　4

(g)

镁合金 AZ31B-H24 与工业纯钛连接的面积比对腐蚀速率的影响

环境气氛	与暴露时间/d	腐蚀速率/$g\cdot m^{-2}\cdot d^{-1}$ 未配对 AZ31B-H24	阴极与阳极的面积比为 1:6	阴极与阳极的面积比为 6:1
潮湿环境	3	17.4	26.5	88.7
	358	0.106	0.171	0.372
	715	0.095	0.156	0.235
	1087	0.082	0.125	0.207
	2563	0.077	0.115	0.204
	平均腐蚀速率	0.090	0.142	0.255
城市环境	368	0.096	0.120	0.148
	722	0.101	0.120	0.173
	1087	0.096	0.120	0.161
	2575	0.078	0.099	0.130
	平均腐蚀速率	0.093	0.112	0.153

紧固件的选择

镁合金不宜用作紧固件，而绝大多数镁合金装配件需要用铆钉、螺钉、螺母这类紧固件，因此螺栓组合的设计、紧固件材料的选择对镁在盐水中的应用是非常重要的。一般情况下，非金属材料能完全避免镁合金的电化学腐蚀，可以用作镁合金部件的紧固件和绝缘的垫圈。纯铝几乎能与所有的镁合金相容，含镁、锰、硅的铝合金与镁合金相容性较好，可以用来制作镁合金部件的紧固件，如 5×××系铝合金的 5056 合金铆钉、5052 合金垫圈以及 6×××系的 6061 和 6053 合金铆钉。但铝铆钉在使用前需进行化学处理或阳极氧化处理

对于镀铬钢螺栓，一般采用 5052 铝合金垫圈。对于钢铆钉、铜铆钉、钢、镍、铝（除 5056、6053 或 6061 铝合金以外）或黄铜螺钉与螺栓，在镁合金装配件中使用时，由于其与镁不相容，不能裸露使用，而必须对这些部件先进行镀锡、锌或锡-铅合金，然后再进行化学处理才能使用

对于紧固件与镶嵌件的隔离，可采用特殊的有机涂层，如烘干的乙烯塑料溶胶、环氧树脂和耐高温的氟化烃类树脂涂层

续表

设计注意事项		改进前的设计	改进后的设计
用于镁合金工件的两种拧入式垫圈、尼龙垫圈应用	螺纹垫圈可以压入或热装到镁合金工件上，但拧入式垫圈应用得较多。为了使螺纹孔与垫圈配合更好，可采用一次攻螺纹后再精攻 拧入式垫圈有两种类型，如图h、图i所示。其中一种为管状，螺纹在其外表面，它被拧入到工件的螺纹孔中，这种垫圈可以起到轴承和轴瓦的作用，见图h。螺纹也可攻在里面，从而与螺杆、螺栓或其他螺纹紧固件连接。大螺距可以有效地增加强度，BWS倒角螺纹或类似系列的螺纹可以减小根部应力集中。垫圈与螺栓或螺杆的强度应保证在扭曲过程中后者先失效，而不是垫圈内部的螺纹先剥落。另一种类型是由弹簧线圈精确螺旋而成的螺纹衬套，它用于攻螺纹孔与螺栓、螺钉或螺杆的配合，螺纹与美国标准系列类似，见图i。采用热处理钢质螺栓时，垫圈塞入深度为螺栓直径的2.5倍效果最好。对于盲孔，垫圈厚度应为紧固件直径的3倍 压入式或热装式垫圈的室温过盈不能大于垫圈紧固的极限。应变为0.1%时产生的残余应力很小，一般情况下不会发生问题，其中0.03%的应变已成功应用于生产。同时，应变为0.3%的过盈配合也已得到了应用，但此时产生的残余应力较大，可能导致应力腐蚀开裂，增大镁合金的疲劳破坏倾向。另外，镁合金的热胀系数一般比垫圈金属的大，所以在高温下装配可以增加室温过盈，从而使之在高温下保持足够的紧固力	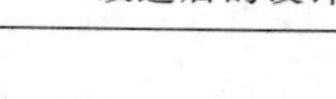 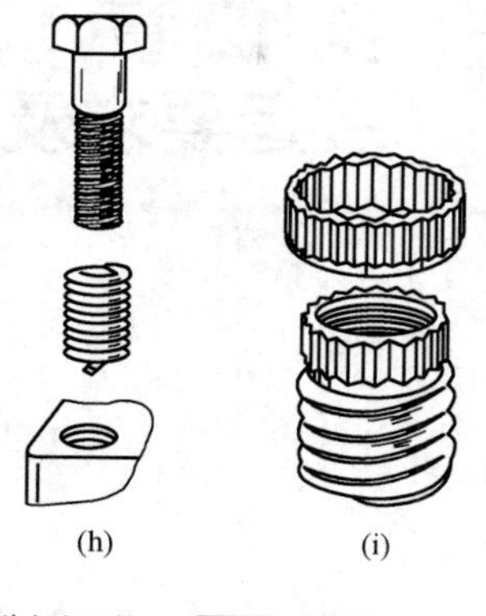 (h) (i) 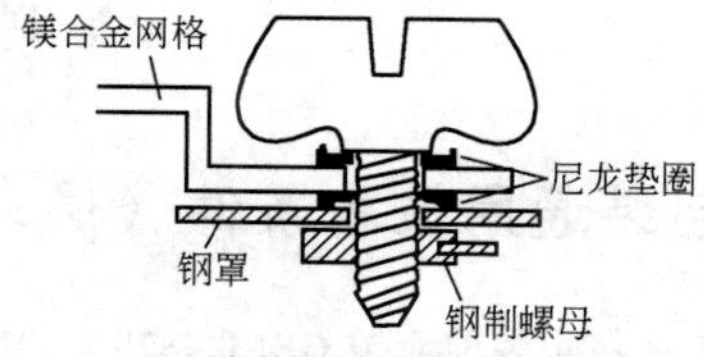 (j) 尼龙垫圈隔离镁合金网格和不锈钢支撑螺纹间的连接部位	
镁合金板闪光铆接接头设计形式	闪光铆接可以用于镁合金的连接，其接头设计形式如图k所示。机械沉头孔孔深至少为1.3mm，底部圆柱形台阶的最小高度为0.38mm，以保证与铆钉尺寸匹配 厚1.3mm左右的材料可以采用上连接板攻螺纹的闪光铆接，螺纹孔和铆钉坡口标准张角为100°。攻螺纹前，应先冲好或钻好铆钉孔，且孔径应略小于铆钉直径；攻螺纹时，扩孔到标准尺寸。倒角圆孔将会减小边缘应力集中和接头疲劳破坏。攻螺纹必须在热态下进行，使板局部加热，其范围刚好达到攻螺纹尺寸。如果板材处于H24状态，加热时间应有所限制，以避免局部淬火。例如，AZ31B-H24板材在423K温度下加热5s不会发生淬火效应	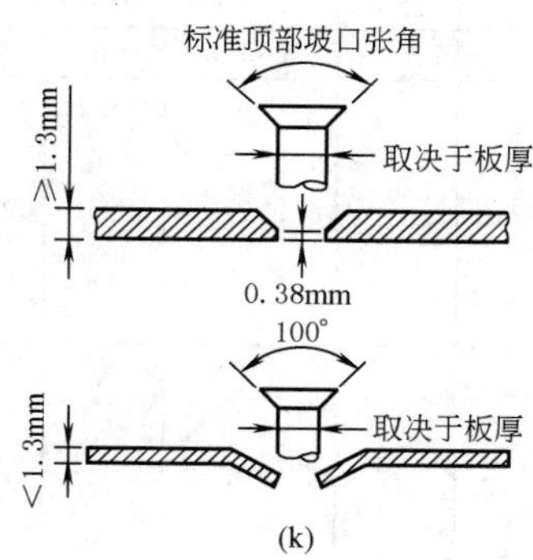 (k)	

CHAPTER 12 第12章 装运要求及设备基础

1 装运要求

1.1 包装通用技术条件（摘自 GB/T 37400.13—2019）

1）产品在包装前应按 GB/T 4879—2016《防锈包装》的要求进行防锈、清洗、涂油。

2）采用集装箱运输的产品，应符合集装箱的要求。集装箱外部尺寸、额定质量、最小内部尺寸和门框开口尺寸要求按 GB/T 1413—2023《系列 1 集装箱分类、尺寸和额定质量》的有关规定（见表 1-12-1 和表 1-12-2）。

表 1-12-1　系列 1 集装箱外部尺寸、允许公差和额定质量（摘自 GB/T 1413—2023）

集装箱箱型	长度 L				宽度 W				高度 H				额定质量 R（总质量）	
		公差		公差		公差		公差		公差		公差		
	mm		ft 和 in	in	mm		ft	in	mm		ft 和 in	in	kg	lb
1EEE	13716	$^{0}_{-10}$	45′	$^{0}_{-\frac{3}{8}}$	2438	−5	8	$^{0}_{-\frac{3}{16}}$	2896	$^{0}_{-5}$	9′6″	$^{0}_{-\frac{3}{16}}$	30480	67200
1EE									2591	$^{0}_{-5}$	8′6″	$^{0}_{-\frac{3}{16}}$	30480	67200
1AAA	12192	$^{0}_{-10}$	40′	$^{0}_{-\frac{3}{8}}$	2438	$^{0}_{-5}$	8	$^{0}_{-\frac{3}{16}}$	2896	$^{0}_{-5}$	9′6″	$^{0}_{-\frac{3}{16}}$	30480	67200
1AA									2591	$^{0}_{-5}$	8′6″	$^{0}_{-\frac{3}{16}}$		
1A									2438	$^{0}_{-5}$	8′	$^{0}_{-\frac{3}{16}}$		
1AX									<2438		<8′			
1BBB	9125	$^{0}_{-10}$	29′11$\frac{1}{4}$″	$^{0}_{-\frac{3}{8}}$	2438	$^{0}_{-5}$	8	$^{0}_{-\frac{3}{16}}$	2896#	$^{0}_{-5}$	9′6″	$^{0}_{-\frac{3}{16}}$	30480	67200
1BB									2591	$^{0}_{-5}$	8′6″	$^{0}_{-\frac{3}{16}}$		
1B									2438	$^{0}_{-5}$	8′	$^{0}_{-\frac{3}{16}}$		
1BX									<2438		<8′			

续表

集装箱箱型	长度 L				宽度 W				高度 H				额定质量 R（总质量）	
		公差		公差		公差		公差		公差		公差		
	mm		ft 和 in	in	mm		ft	in	mm		ft 和 in	in	kg	lb
1CCC	6058	$^{0}_{-6}$	$19'10\frac{1}{2}''$	$^{0}_{-\frac{1}{4}}$	2438	$^{0}_{-5}$	8	$^{0}_{-\frac{3}{16}}$	2896h	$^{0}_{-5}$	9′6″	$^{0}_{-\frac{3}{16}}$	30480	67200
1CC									2591	$^{0}_{-5}$	8′6″	$^{0}_{-\frac{3}{16}}$		
1C									2438	$^{0}_{-5}$	8′	$^{0}_{-\frac{3}{16}}$		
1CX									<2438		<8′			
1D	2991	$^{0}_{-5}$	$9'9\frac{3}{4}''$	$^{0}_{-\frac{3}{16}}$	2438	$^{0}_{-5}$	8	$^{0}_{-\frac{3}{16}}$	2438	$^{0}_{-5}$	8′	$^{0}_{-\frac{3}{16}}$	10160	22400
1DX									<2438		<8′			

表 1-12-2　系列 1 通用集装箱最小内部尺寸和门框开口尺寸　mm

集装箱箱型	最小内部尺寸			最小门框开口尺寸	
	高度	宽度	长度	高度	宽度
1EEE	箱体外部公称高度减去 241	2330	13542	2566	2286
1EE			13542	2261	
1AAA			11998	2566	
1AA			11998	2261	
1A			11998	2134	
1BBB			8931	2566	
1BB			8931	2261	
1B			8931	2134	
1CCC			5867	2566	
1CC			5867	2261	
1C			5867	2134	
1D			2802	2134	

注：1. 顶角件伸入箱内的部分不作为减少集装箱的内部尺寸。

2. 内部尺寸指在不考虑顶角件伸入箱内部分的条件下，集装箱的内接最大矩形六面体的尺寸。除另有规定者外，内部尺寸与内部净空尺寸是同义词。

3. 通常对设在集装箱端部的门孔称为门框开口，也即按箱内最大平行六面体的宽度和高度设置门孔，使货物能无阻碍地进入集装箱。

3）装箱件的清点以装箱单为依据（不管何种包装形式，均应填写装箱单）。装箱编号以分数形式表示，分母为总箱数，分子为顺序数。

4）产品应按包装设计图样要求进行包装，图中无法绘出的加固方法应在技术要求中加以说明。

5）内销产品在储运、装卸条件允许的情况下，尽量以完整的机器（部件）包装发至用户。但对经海运又多次装卸的产品，其每箱质量以不大于 3000kg 为宜。在一个包装箱（件）中只能装同台次产品的零部件。

6）传动带、橡胶运输带等应拆下用牛皮纸（不得用油纸）或塑料薄膜包装，固定在箱内适当的位置，切勿与油脂接触。

7）一般情况下，装箱时零部件不得与箱板或框架木方直接接触，其距离为 30~50mm。

8）长度达到5.5m的产品应捆扎，紧固不少于3处，10m以内的产品应不少于5处，10m或超过10m的产品原则上相隔3m捆扎一处。薄壁管材不允许捆扎，应用木箱包装，管子层数以不大于20层为宜，以防压扁、压弯。

9）对于质量超过3t或接近3t且偏重的货物，需喷涂起吊位置和重心。包装箱起吊线的位置无论上部或下部均应对称于重心线的两侧。

10）储运标志应符合GB/T 191—2008《包装储运图示标志》的规定。危险货物包装标志应符合GB 190—2009《危险货物包装标志》的规定。外购件利用原包装箱时，应换成主机厂的标志。

11）箱面应注明油封日期，便于按时维修保养。

12）随每台产品供给用户的随机文件（产品证明书、说明书、安装图、易损件图、装箱单等）应用塑料袋封装，放在总箱数的第一箱内，并应在此箱面上注明“随机文件在此”的字样。

1.2 有关运输要求

1）凡经铁路运输的产品，均应符合铁路部门运输的有关规定，确保产品安全地运到用户手中。

2）包装箱或产品零部件的最大外形尺寸、质量应符合国内外运输方面有关超限超重的规定。设计产品包装时，应尽量不超过机车车辆限界尺寸，见图1-12-1。如无法解决时，可按一、二级超限的装载限界进行包装，见图1-12-2及图1-12-3。

3）特大、特重零部件，以铁路运输需用特殊车辆时，应绘出装车加固结构图，并注明最大外形尺寸、重心位置。

4）产品装车后，机车的重心高度从轨面起不得超过2m。产品应配置均衡，不得偏重一侧或一端。应注意体积小、质量大的零件与车体接触的面积，如砧座有可能集重，集重件应采取措施增加装载件与车体接触面积。

5）凡经公路运送的产品，其外形尺寸应考虑运行公路沿线路面与桥梁、管线交叉时的净空尺寸。一般桥梁、管线的下部与公路路面间的最小净空尺寸如下：

公路与公路桥或管道交叉时，5m；

公路与铁路桥交叉时，5m；

公路与低压电力线交叉时，6m；

公路桥梁桥面上部的最小净空，5m。

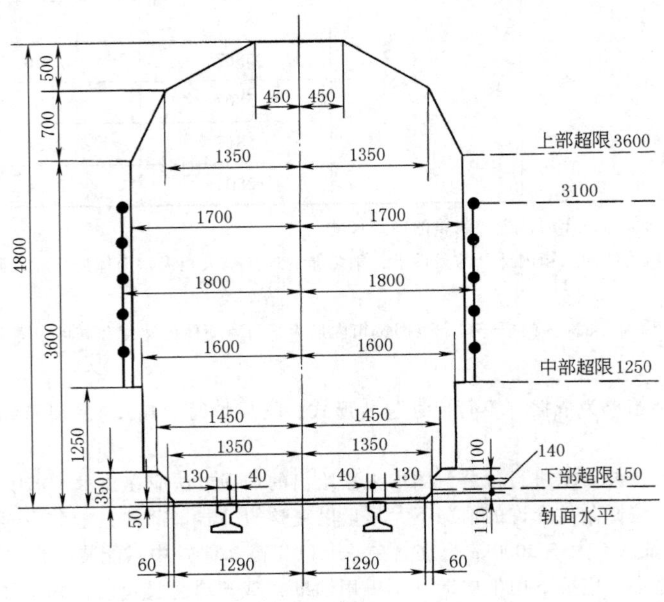

图1-12-1　机车车辆限界图

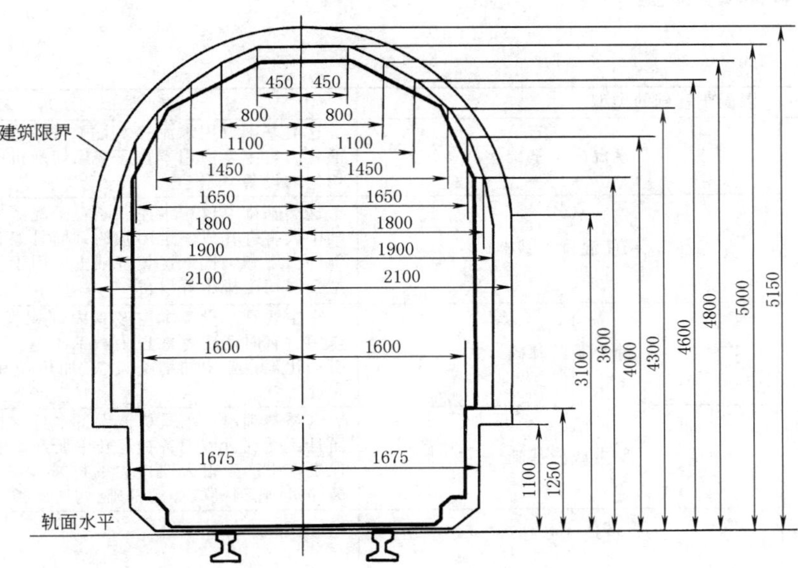

图 1-12-2　一级超限

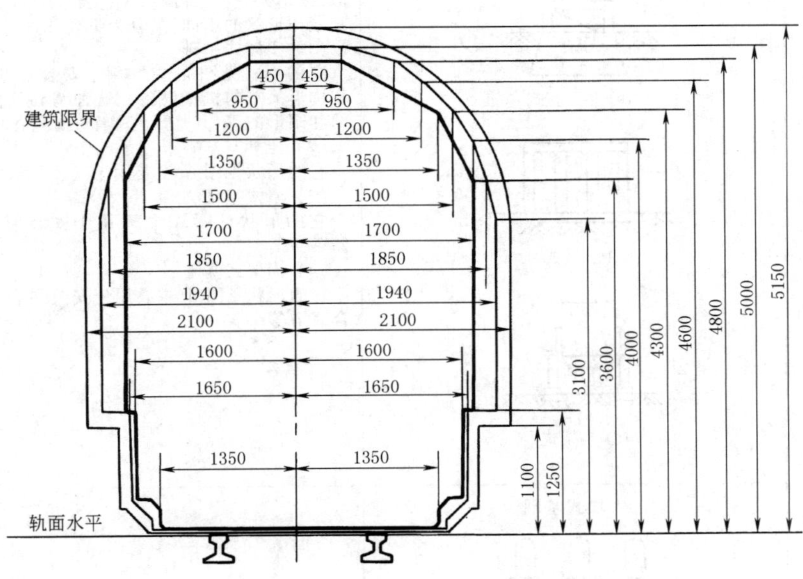

图 1-12-3　二级超限

2　设备基础设计的一般要求

设备基础设计涉及的条件和要求较多，可参考专门的手册和规范。本章仅提出一般要求。

2.1 混凝土基础的类型

表 1-12-3

混凝土基础的类型		性质与应用
不同用料的基础	素混凝土基础	这类基础只用水泥、砂、石子,按一定的配比浇灌成一定形状。它主要适用于普通金属切削机床、电机及其他运转均匀的设备
	钢筋混凝土基础	这类基础不仅用水泥、砂、石子浇灌成一定形状,而且在其中放有绑扎成一定形状的钢筋骨架和钢筋网,以加强基础的强度和刚性。这类基础主要用于压缩机、轧钢机和重型金属切削机床等设备
承受不同性质载荷的基础	静力载荷基础	它主要承受设备本身及其内部物料重量的静力载荷的作用。有时还要考虑风力载荷对它产生的倾覆力矩。如石油化工企业中的塔类设备、加热炉和储罐等的基础,均属此类
	动力载荷基础	这类基础不仅承受机械设备本身重量的静力载荷作用,而且还受到机械设备在运转中所产生的动力载荷的作用。在工作中产生很大惯性力的机械设备,如往复式压缩机、破碎机、轧钢机械等的基础,均属此类
不同结构外形的基础	单块式基础 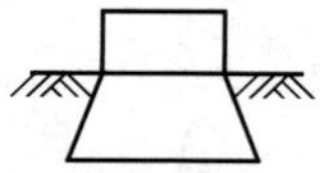 (a) 实体式 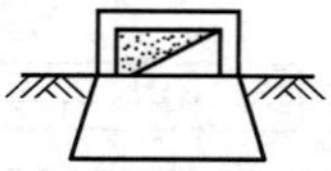 (b) 地下室式 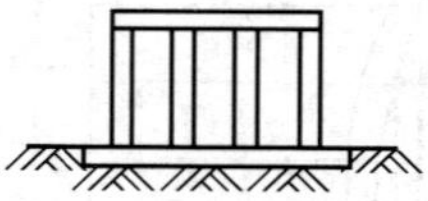 (c) 墙式 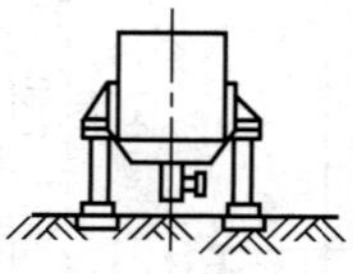 (d) 构架式	单块式基础是根据工艺上的要求单独建成的。它与其他基础或厂房基础无关。其顶面形状和机械设备底座相似,或稍大一些,标高以工艺要求来确定。单块式基础以其结构形状的不同,又分为下列几种: (1) 实体式基础 它的形状见图 a,主要用于安装重量较大的塔类设备和构形简单的机械设备。这种基础顶面有方形的、矩形的和圆形的等,其外形有单节的、多节的和阶梯式的等 (2) 地下室基础 它的形状见图 b,主要用于安装重量较轻的机械设备 (3) 墙式基础 它的形状见图 c,主要用于安装回转式机械设备及储罐 (4) 构架式基础 它的形状见图 d,主要用于安装在底部操作的设备,如合成塔等
	大块式基础 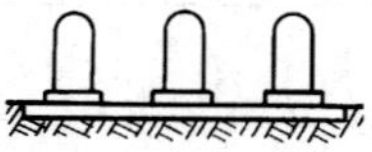 (a) 无地下室式 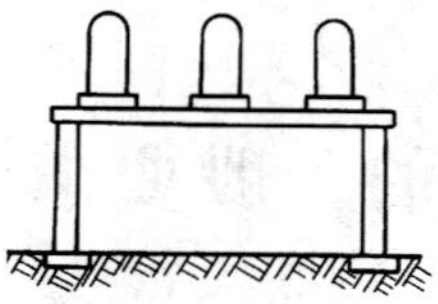 (b) 屋顶或楼板式	这种基础建成连续的大块形状,以供邻近的多台机械设备、辅助设备和工艺管道安装使用,见图 a。有时也可将厂房的混凝土楼板或屋顶作为大块式基础进行安装,见图 b

2.2 地脚螺栓

地脚螺栓的作用是将设备与基础牢固地连接起来，以免在工作时发生位移和倾覆。设备在安装过程中用垫铁找平，然后用地脚螺栓固定。

地脚螺栓的种类和选用（摘自 GB/T 799—2020）

表 1-12-4

mm

A 型

螺纹规格 d	M8	M10	M12	M16	M20	M24	M30	M36	M42	M48	M56	M64	M72
b^{+2P}_{0}	31	36	40	50	58	68	80	94	106	120	140	160	180
l_1	46	65	82	93	127	139	192	244	261	302	343	385	430
D	10	15	20	20	30	30	45	60	60	70	80	90	100
x(max)	3.2	3.8	4.3	5	6.3	7.5	9	10	11	12.5	14	15	15

B 型

螺纹规格 d	M8	M10	M12	M16	M20	M24	M30	M36	M42	M48	M56	M64	M72
b^{+2P}_{0}	31	36	40	50	58	68	80	94	106	120	140	160	180
l_1	48	60	72	96	120	144	180	216	252	288	336	384	432
R	16	20	24	32	40	48	60	72	84	96	112	128	144
x(max)	3.2	3.8	4.3	5	6.3	7.5	9	10	11	12.5	14	15	15

C 型

螺纹规格 d	M8	M10	M12	M16	M20	M24	M30	M36	M42	M48	M56	M64	M72
b^{+2P}_{0}	31	36	40	50	58	68	80	94	106	120	140	160	180
l_1	32	40	48	64	80	96	120	144	168	192	224	256	288
R	16	20	24	32	40	48	60	72	84	96	112	128	144
x(max)	3.2	3.8	4.3	5	6.3	7.5	9	10	11	12.5	14	15	15

① 末端按 GB/T 2 规定应倒角或倒圆，由制造者选择。

② 不完整螺纹的长度 $u \leqslant 2P$，P 为螺距。优选长度尺寸及公差参见 GB/T 799—2020 表 4。

注：无螺纹部分杆径 d_s 约等于螺纹中径或螺纹大径。

地脚螺栓的外露长度

表 1-12-5

安装型式	简图	外露长度	说明
一个螺母，一个垫圈		$L_3 \approx 2d, L_0 \approx 3d$	L 及 L_0 太大或太小都会影响设备安装
两个螺母（一个标准型，一个扁螺母），一个垫圈		$L_2 \approx (1.5 \sim 5)P$ 式中 L_0——螺纹长度 P——螺距 L_2——螺栓端部外露长度	

2.3 设备和基础的连接方法及适应范围

表 1-12-6

类型		连接方法	型式	适用范围	安装注意事项
无地脚螺栓连接		设备直接用水泥砂浆固定在基础上	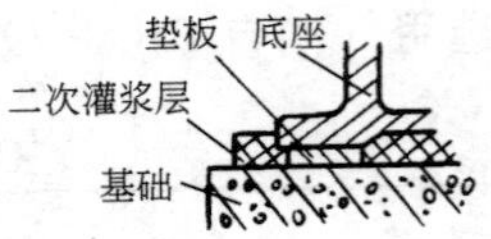 垫板 底座 二次灌浆层 基础	用于安装轻型和平衡良好、振动较小的设备	
短地脚螺栓(死地脚螺栓)埋置	一次浇灌法	在浇灌基础时，预先把地脚螺栓埋入，与基础同时浇灌。根据螺栓埋入深度不同，可分为全部预埋和部分预埋两种形式。其优点是减少模板工程，增加地脚螺栓的稳定性、坚固性和抗振性；缺点是不便于调整	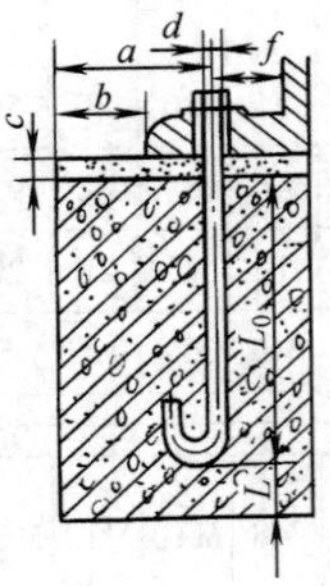 全部预埋法 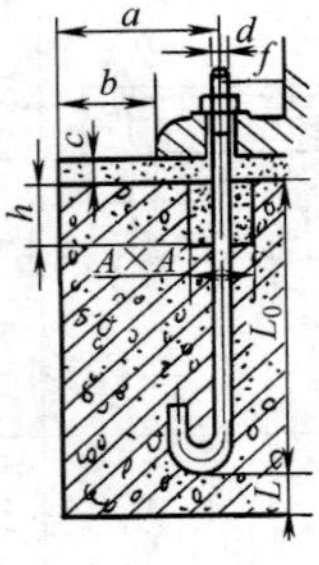 部分预埋	固定动力载荷较轻、冲击振动较小的轻型设备	$a \geqslant 4d$（或 $a \geqslant$ 150mm） $b \geqslant 100$mm A、h 按 JB/ZQ 4364—2006 的规定，并参见表 1-12-7 L_0 为最小埋入深度，按实际作用力确定或 $L_0 \approx 20d$。采用 100 号混凝土时，埋入深度按表 1-12-8 选取 $f=300 \sim 500$mm $c=50 \sim 100$mm $L \geqslant 100$mm $e \geqslant 15$mm g 按以下要求 基础不配筋 $d<25$mm 时，$g \geqslant$ 100mm；$d>25$mm 时，$g \geqslant 150$mm 基础配筋时 $g \geqslant 50$mm
	二次浇灌法	在浇灌基础时，预先在基础上留出地脚螺栓的预留孔，安装设备时穿上螺栓，然后用混凝土或水泥砂浆把地脚螺栓预留孔浇灌捣实	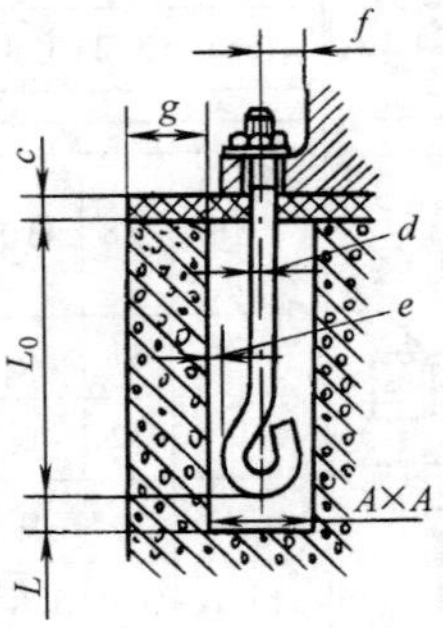		
长地脚螺栓(活地脚螺栓)埋置		设备用可换的地脚螺栓固定在预先埋入基础孔内的锚板上。安装地脚螺栓的螺栓孔是在浇灌基础时留出来的，地脚螺栓和锚板一起使用。这类地脚螺栓可分为两种：一种是两端带有螺纹的；另一种是顶部有螺纹，下端是 T 形的	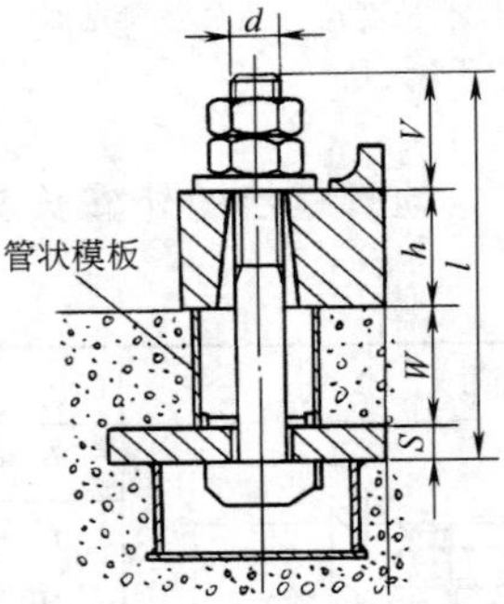 管状模板	有强烈振动和冲击载荷的重型机械设备	T 形地脚螺栓尺寸见 JB/ZQ 4362—2006，并见表 1-12-9 T 形地脚螺栓用锚板尺寸见 JB/ZQ 4172—2006

注：1. 对于螺栓中心线到基础边缘尺寸 a，如设备有特殊要求，取 $a<4d$ 时，可对基础边沿进行加固处理。

2. 设备基础内地脚螺栓预留孔及埋设件的简化表示法见 JB/ZQ 4173—2006。

表 1-12-7　　设备基础预留调整孔的尺寸　　mm

d	16~18	20	24	30	36	42	48	56
A	80	100		130		160		180
h	150	200		300		400		500

表 1-12-8　　地脚螺栓埋入深度　　mm

地脚螺栓直径 d		10~20	24~30	30~42	42~48	52~64	68~80
最小埋入深度 L_0	弯钩式	200~400	500	600~700	700~800		
	锚定式	200~400	400	400~500	500	600	700~800

注：本表是采用 100 号混凝土时，地脚螺栓的埋入深度。

表 1-12-9　　T 形地脚螺栓安装尺寸　　mm

螺纹规格(d×P)	S	V_{min}	W_{max}	螺纹规格(d×P)	S	V_{min}	W_{max}
M24	20	55	800	M80×6	40	175	2400
M30	25	65	1000	M90×6	50	200	2600
M36	30	85	1200	M100×6	50	220	2800
M42	30	95	1400	M110×6	60	250	3000
M48	35	110	1600	M125×6	60	270	3200
M56	35	130	1800	M140×6	80	320	3600
M64	40	145	2000	M160×6	80	340	3800
M72×6	40	160	2200				

注：如果只用一个螺母，螺栓伸出长度 V 可适当减小。

3　垫铁种类、型式、规格及应用

垫铁是机械设备安装找平找正用的调整件，放置在设备底座与基础之间。通过垫铁厚度的调整，可使设备安装达到所要求的标高和水平度。垫铁不仅要承受设备的重量，还要承受地脚螺栓的锁紧力。垫铁还应方便于二次灌浆。

垫铁种类、型式、规格及应用见表 1-12-10。

表 1-12-10

种类	型　式	规　格	应　用
平垫铁（矩形垫铁）	H，L，B 平垫铁		用于承受主要载荷和连续振动较强的设备，如一般轧钢设备
斜垫铁	A，1:10~1:20，H，C，B 斜垫铁		用于不承受主要载荷，只起设备找正找平作用的场合，设备的主要载荷由灌浆层承受。常用于安装精度要求不高的容器设备

续表

种类	型　式	规　格	应　用
钩头成对斜垫铁	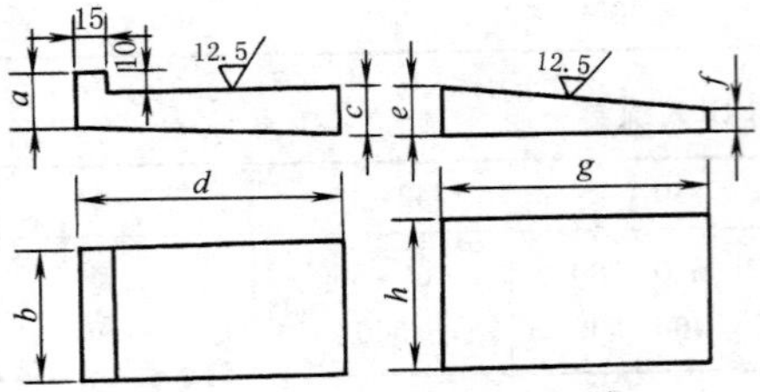 (a) 上块　(b)下块	$a \sim h$ 按实际需要确定(其中 $g \approx d+10$、$h \approx b+10$),斜度为 1 :(10~20)	分上、下两块成对使用,用于不需设置地脚螺栓而直接安放在地坪上的设备。垫铁承受主要载荷,底座与垫铁之间需要放置防振填料。可采用钩头垫铁找平后用电弧焊焊牢或用灌浆层固定
开口型和开孔型垫铁	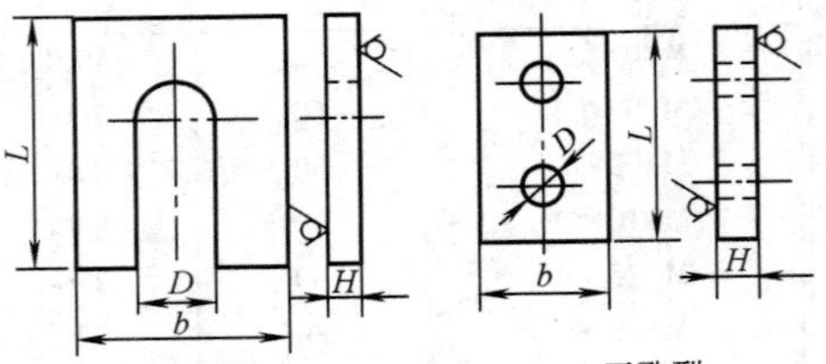 开口型　开孔型	尺寸与普通平垫铁相同。其开口度和开孔的大小比地脚螺栓直径大 2~5mm;宽度根据机械设备的底座尺寸而定,一般应与设备底座宽度相等,如需焊接固定时,应比底座宽度稍大些;长度比机械设备底座长度略长 20~40mm;厚度按实际需要而定	这种垫铁用于安设在金属结构或地坪上的机械设备,且支承面积又较小
可调垫铁	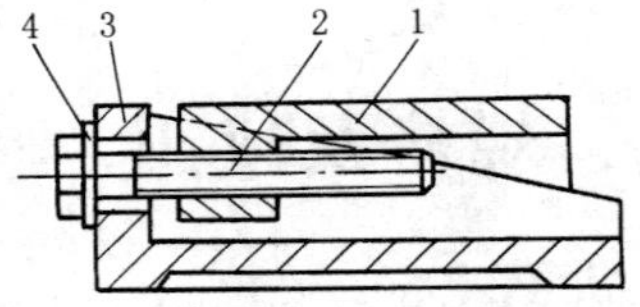 两块调整垫铁 1—调整块; 2—螺栓; 3—垫座; 4—垫圈 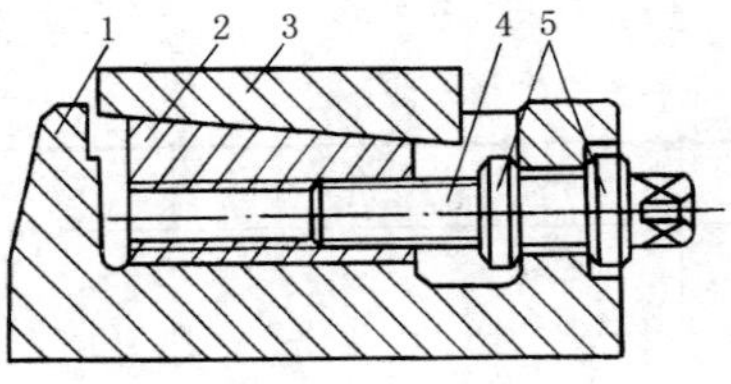三块调整垫铁 1—垫座; 2—调整块; 3—升降块; 4—调整螺栓; 5—挡圈	垫铁随机床带来,其规格和数量由设备制造厂设计	用于安装精度要求较高的设备,一般用于金属切削机床的安装(如精密车床、磨床、镗床、龙门刨床、导轨磨床等) 这种垫铁利用两块斜滑板相对移动,从而改变设备的调整高度

注:垫铁材料有铸铁和钢两种。铸铁垫铁厚度一般在 20mm 以上,钢垫铁厚度在 0.3~20mm 之间。

第 13 章 机械设计的巧（新）例与错例

扫码阅读

参 考 文 献

[1] 原化工部起重运输技术中心站编. 化工起重运输设计手册（常用机械零件）[M]. 北京：燃料化学工业出版社，1971.

[2] 成大先. 机械设计手册（第6版）第1卷 [M]. 北京：化学工业出版社，2017.

[3] 日本机械学会. 机械工学便览 [M]. 东京：丸善株式会社. 1989.

[4] 新机械工学便览编辑委员会. 新机械工学便览 [M]. 林博仁译. 台北：王家出版社，1989.

[5] 邹振戊等. 五金手册（第2版）[M]. 北京：机械工业出版社，2004.

[6] 机械工程手册、电机工程手册编辑委员会编. 机械工程手册：基础理论卷. 第2版 [M]. 北京：机械工业出版社，1996.

[7] 《选矿设计手册》编委会. 选矿设计手册 [M]. 北京：冶金工业出版社，1988.

[8] 李维钺. 中外钢铁材料力学性能速查手册 [M]. 北京：机械工业出版社，2006.

[9] 漆贯荣，等. 理科最新常用数据手册 [M]. 西安：陕西人民出版社，1983.

[10] 中国机械工程学会焊接学会. 焊接手册（第3版）第1卷，焊接方法及设备 [M]. 北京：机械工业出版社，2016.

[11] 中国机械工程学会焊接学会. 焊接手册（第3版）第2卷，材料的焊接 [M]. 北京：机械工业出版社，2016.

[12] 中国机械工程学会焊接学会. 焊接手册（第3版）第3卷，焊接结构 [M]. 北京：机械工业出版社，2016.

[13] 张秀田，等. 法定计量单位换算手册 [M]. 北京：石油工业出版社，1985.

[14] G. 尼曼. 机械零件：第2卷. 第2版 [M]. 余梦生等译. 北京：机械工业出版社，1989.

[15] 解思适. 飞机设计手册9载荷、强度和刚度 [M]. 北京：航空工业出版社，2001.

[16] 机械工程手册，电机工程手册编辑委员会. 机械工程手册：第2版. 机械零部件设计卷 [M]. 北京：机械工业出版社，1996.

[17] G. 尼曼. 机械零件. 第1卷. 第2版 [M]. 余梦生等译. 北京：机械工业出版社，1985.

[18] 《建筑结构静力计算手册》编写组. 建筑结构静力计算手册. 第2版 [M]. 北京：中国建筑工业出版社，1998.

[19] 小栗富士雄. 标准机械设计图表便览（增订3版）. 台北：众文图书公司，1996.

[20] 刘鸿文. 材料力学 Ⅰ（第6版）[M]. 北京：高等教育出版社，2017.

[21] Г. С. 皮萨连柯，等. 材料力学手册 [M]. 宋俊杰等译. 石家庄：河北人民出版社，1982.

[22] 徐灏. 机械设计手册：第1卷. 第2版 [M]. 北京：机械工业出版社，2000.

[23] 何秋梅，王伟，郑明华. 机械设计与制造基础 [M]. 北京：清华大学出版社，2013.

[24] 徐灏. 机械设计手册：第3卷. 第2版 [M]. 北京：机械工业出版社，2000.

[25] 上海焊接协会. 现代焊接生产手册 [M]. 上海：上海科学技术出版社，2006.

[26] 吴树雄. 电焊条选用指南（第三版）[M]. 北京：化学工业出版社，2003.

[27] 张应立，周玉华. 焊接材料手册 [M]. 北京：化学工业出版社，2020.

[28] 洪松涛，等. 简明焊工手册（第3版）[M]. 上海：上海科学技术出版社，2008.

[29] 中国机械工程学会热处理学会 徐跃明. 热处理手册（第1卷）工艺基础（第5版） [M]. 北京：机械工业出版社，2023.

[30] 中国机械工程学会热处理学会 徐跃明. 热处理手册（第2卷）典型零件热处理（第5版）[M]. 北京：机械工业出版社，2023.

[31] 中国机械工程学会热处理学会 徐跃明. 热处理手册（第3卷）热处理设备和工辅材料（第5版）[M]. 北京：机械工业出版社，2023.

[32] 中国机械工程学会热处理学会 徐跃明. 热处理手册（第4卷）热处理质量检验和技术数据（第5版）[M]. 北京：机械工业出版社，2023.

[33] 刘先曙，宋黎明，张义，等. 热处理工作者手册 [M]. 北京：机械工业出版社，1986.

[34] 岑军健. 新编非标准设备设计手册 [M]. 上册. 北京：国防工业出版社，1999.

[35] 张允城，胡如南，向荣. 电镀手册 [M]. 北京：国防工业出版社，2007.

[36] 曲敬信，汪泓宏. 表面工程手册 [M]. 北京：化学工业出版社，1998.

[37] 韦福水，蒋伯平，汪行恺，等. 热喷涂技术 [M]. 北京：机械工业出版社，1985.

[38] 张康夫，王秀蓉，陈孟成，等. 机电产品防锈、包装手册 [M]. 北京：航空工业出版社，1990.

[39] 《表面处理工艺手册》编审委员会. 表面处理工艺手册 [M]. 上海：上海科学技术出版社，1991.

[40] 韩凤麟. 粉末冶金手册（上）[M]. 北京：冶金工业出版社，2012.

[41] 韩凤麟. 粉末冶金手册（下）[M]. 北京：冶金工业出版社，2012.

[42] [捷] 施密德. 人机功效参数 [M]. 朱有庭译. 北京：化学工业出版社，1988.

[43] 赖维铁. 机电产品造型设计 [M]. 上海：上海科学技术出版社，1989.

[44] [德] G. 帕尔 W. 拜茨. 工程设计学学习与实践手册 [M]. 张直明，等译. 北京：机械工业出版社，1992.

[45] 成大先. 机械设计图册 [M]. 北京：化学工业出版社，2000.

[46] 陈振华，等. 镁合金 [M]. 北京：化学工业出版社，2004.

[47] 张津，章宗和，等. 镁合金及应用. 北京：化学工业出版社，2004.

[48] 徐滨士，刘世参. 中国材料工程大典：第 16~17 卷. 材料表面工程［M］. 北京：化学工业出版社，2006.
[49] 钱苗根，姚寿山，张少宗. 现代表面技术［M］. 北京：机械工业出版社，2003.
[50] 樊东黎，潘健生，徐沅明，等. 中国材料工程大典：第 15 卷. 材料热处理工程［M］. 北京：化学工业出版社，2006.
[51] 柳百成，黄天佑. 中国材料工程大典：第 18~19 卷. 材料铸造成形工程［M］. 北京：化学工业出版社，2006.
[52] 史耀武. 中国材料工程大典：第 22~23 卷. 材料焊接工程［M］. 北京：化学工业出版社，2006.
[53] 李亚江. 焊接材料的选用［M］. 北京：化学工业出版社，2004.
[54] 黄伯云，李成功，石力开，等. 中国材料工程大典：第 4 卷. 有色金属材料工程［M］. 北京：化学工业出版社，2006.
[55] 史耀武. 焊接手册（第三版，修订本）：第 1~3 卷［M］. 北京：机械工业出版社，2010.

HANDBOOK

OF

第2篇
机械制图和几何公差

篇主编 窦建清 张建富

撰稿 窦建清 张建富 高鹏 王薇

审稿 吴爱萍

MECHANICAL

DESIGN

修订说明

本篇本着标准更新、内容适用、表达准确的原则，对机械制图、极限与配合、几何公差、表面结构等常用机械设计基础规范进行了全面修订，具体情况如下：

(1) 在“机械制图”部分，把目前最新版的机械制图和技术制图相关国家标准做了系统梳理：字体部分以表格形式进行编写，把图纸标注中常用符号的尺寸及形状做了集中介绍；增加第一角和第三角视图的区别说明和效果对比图；在弹簧图纸格式中增加板弹簧的图样格式。新增了管路图画法部分，详细介绍了技术制图、机械制图中各种管路和管件的画法，这对非暖通和给排水专业读者来说是非常必要的。

(2) 在“公差与配合”部分，对 GB/T 1801—2009 进行标准更新，将数据整合到 GB/T 1800.1—2020。对公差配合应用内容进行了扩充，对图纸中的关键零件进行了编号，并解释了各种配合的选用原则，修改了原图纸中不符合新国标的配合等级。

(3) 在“几何公差”部分，将 GB/T 16671 由 2009 版升级到 2018 版，但考虑到现实使用的需要，仍保留了 2009 版动态公差图的内容。

(4) 在“表面结构”部分，修改了个别图样中选用滤波器长度的错误。

(5) 在“孔间距偏差”部分，新增了螺栓中心距变化趋势图，并进行解释；把图样中关于角度的标注都改成国标规定的水平方向。

(6) 在“产品标注实例”部分，规范了倒角、表面粗糙度符号、尺寸线等的标注；增加了轴类零件的顶尖孔标注。

本篇由窦建清、张建富主编，高鹏、王薇参加编写。其中，第 1 章由北京普道智成科技有限公司王薇编写，第 2 章、第 3 章由清华大学张建富和北京工业大学高鹏编写，第 4 章~第 6 章由北京普道智成科技有限公司窦建清编写。清华大学吴爱萍教授对全篇进行了审核。

CHAPTER 1

第1章 机械制图

国家已颁布部分《技术制图》标准，这些技术制图标准在技术内容上，相对工业部门（如机械、造船、建筑、土木及电气等行业）的制图标准具有统一性、通用性和通则性，它处于高一层次的位置，对各行业制图标准具有指导性。仍在贯彻执行的原《机械制图》国家标准若与《技术制图》有不一致的内容时，应执行《技术制图》标准。必要时，某些内容将《技术制图》与《机械制图》同时编入，使《机械制图》中的规定作为《技术制图》的补充。为方便读者更好地使用《技术制图》和《机械制图》方面的国家标准，现把目前我国已发布的《技术制图》和《机械制图》的最新版本列表于表2-1-1。

表 2-1-1　　机械制图常用国家标准列表

标准号	标准中文名称	标准规定和使用范围
GB/T 145—2001	中心孔	本标准规定了A型、B型、C型和R型中心孔的型式和尺寸 标准适用于A型、B型、C型和R型的中心孔
GB/T 197—2018	普通螺纹　公差	本标准规定了普通螺纹的公差和标记。普通螺纹的基本牙型和直径与螺距系列分别符合GB/T 192和GB/T 193标准的规定 本标准适用于一般用途紧固螺纹
GB/T 324—2008	焊缝符号表示法	本标准规定了焊缝符号的表示规则 本标准适用于焊接接头的符号标注
GB/T 1443—2016	机床和工具柄用自夹圆锥	本标准规定了4、6、80、100、120、160、200号米制圆锥和0、2、3、4、5、6号莫式圆锥的尺寸和公差 本标准适用机床和工具柄用自夹圆锥
GB/T 1144—2001	矩形花键尺寸、公差和检验	本标准规定了圆柱直齿小径定心花键的基本尺寸、公差与配合、检验规则和标记方法及其量规的尺寸公差和数值表 本标准适用于矩形花键及其量规的设计、制造与检验
GB/T 1182—2018	产品几何技术规范(GPS)　几何公差　形状、方向、位置和跳动公差标注	本标准规定了工件几何公差规范的符号及其说明的规则。本标准给出了几何公差规范的基本原则。本标准中的图例旨在说明如何用可视化注解(包括诸如TED之类的注解)对技术规范做出完整诠释 本标准适用于产品几何技术规范(GPS)中几何公差的形状、方向、位置和跳动公差标注
GB/T 1801—2009	产品几何技术规范(GPS)极限与配合　公差带和配合的选择	本标准规定了公称尺寸至3150mm的孔、轴公差带和配合的选择。关于极限与配合的基本规定见GB/T 1800.1—2009 本标准适用具有圆柱形和两平行平面型的线性尺寸要素
GB/T 3478.1—2008	圆柱直齿渐开线花键(米制模数　齿侧配合)第1部分:总论	本标准规定了圆柱直齿渐开线花键的模数系列、基本齿廓、公差和齿侧配合类别等内容 本标准适用于标准压力角为30°和37.5°(模数从0.5~10mm)以及45°(模数从0.25~2.5mm)齿侧配合的圆柱直齿渐开线花键
GB/T 3882—2017	滚动轴承　外球面球轴承和偏心套外形尺寸	本标准规定了外球面球轴承和偏心套的特征和外形尺寸 标准适用于轴承的设计和选型
GB/T 4457.2—2003	技术制图　图样画法　指引线和基准线的基本规定	本标准规定了在技术制图、图样画法指引线、基准线及其组成部分表达的总原则，以及在各类技术文件中的说明和指引线的表达方法 本标准适用于技术产品图样，其他有关范围的图样也可参照使用

续表

标准号	标准中文名称	标准规定和使用范围
GB/T 4457.4—2002	机械制图　图样画法　图线	本标准规定了在机械制图中所用图线的一般规则 本标准适用于机械工程图样
GB/T 4457.5—2013	机械制图　剖面区域的表示方法	本标准规定了在机械图样中各种剖面符号及其画法 本标准适用于机械图样的剖视图和断面图中剖面区域表示
GB/T 4458.1—2002	机械制图　图样画法　视图	本标准规定了视图表示法 本标准适用于在机械制图中用正投影法(见 GB/T 14692)绘制的技术图样。除特别指明外,该标准规定的图样画法系第一角画法
GB/T 4458.2—2003	机械制图　装配图中零、部件序号及其编排方法	本标准规定了在机械装配图中零件、部件序号的编排方法 本标准适用于机械装配图的绘制
GB/T 4458.3—2013	机械制图　轴测图	本标准规定了三种常用的轴测图的绘制方法 本标准适用于手工及计算机绘制轴测图;也适用于三维模型投影工程图
GB/T 4458.4—2003	机械制图　尺寸注法	本标准规定了在图样中标注尺寸的基本方法 本标准适用于机械图样的绘制
GB/T 4458.5—2003	机械制图　尺寸公差与配合注法	本标准规定了机械图样中尺寸公差与配合公差的标注方法 本标准适用于机械图样中尺寸公差(线性尺寸公差和角度)与配合的标注方法
GB/T 4458.6—2002	机械制图　图样画法　剖视图和断面图	本标准规定了剖视图和断面图的表示法 本标准适用于在机械制图中用正投影法(见 GB/T 14692)绘制的技术图样
GB/T 4459.1—1995	机械制图　螺纹及螺纹紧固件表示法	本标准规定了螺纹及螺纹紧固件的表示法 本标准适用于机械工业产品图样及有关技术文件。其他图样和技术文件也可参照采用
GB/T 4459.2—2003	机械制图　齿轮表示法	本标准规定了齿轮的表示法 本标准适用于机械图样中齿轮的绘制
GB/T 4459.3—2000	机械制图　花键表示法	本标准规定了花键的表示法 本标准适用于在机械图样中表示矩形花键和渐开线花键及其连接
GB/T 4459.4—2003	机械制图　弹簧表示法	本标准规定了弹簧的表示法 本标准适用于机械制图中弹簧的表示法
GB/T 4459.5—1999	机械制图　中心孔表示法	本标准规定了中心孔的表示法 本标准适用于在机械图样中不需要确切地表示出形状和结构的标准中心孔。非标准中心孔也可参照采用
GB/T 4459.7—2017	机械制图　滚动轴承表示法	本标准规定了滚动轴承的通用画法、特征画法和规定画法 本标准适用于在装配图中不需要确切地表示其形状和结构的标准滚动轴承。非标准滚动轴承也可参照采用
GB/T 4459.8—2009	机械制图　动密封圈　第1部分:通用简化表示法	本标准规定了动密封圈简化表示法中通用的画法 本标准适用于在装配图中不需要确切地表示其形状和结构的动密封圈
GB/T 4459.9—2009	机械制图　动密封圈　第2部分:特征简化表示法	本标准规定了动密封圈简化表示法中的结构特征画法。本标准适用于在装配图中不需要确切地表示其形状和结构的旋转轴唇形密封圈、往复运动橡胶密封圈和橡胶防尘圈
GB/T 4460—2013	机械制图　机构运动简图用图形符号	本标准规定了机构运动简图中使用的图形符号 本标准适用于绘制机械运动简图
GB/T 4728.1—2018	电气简图用图形符号　第1部分:一般要求	本标准规定了电气简图用图形符号的一般说明 本标准适用电气简图用图形符号

续表

标准号	标准中文名称	标准规定和使用范围
GB/T 5185—2005	焊接及相关工艺方法代号	本标准规定了焊接及相关工艺方法代号 本标准规定的这种代号体系可用于计算机、图样、工作文件和焊接工艺规程等
GB/T 5796.4—2022	梯形螺纹 第4部分:公差	本标准规定了梯形螺纹的公差和标记,其直径与螺距组合系列符合GB/T 5796.2的规定,其公差相对于GB/T 5796.1规定的设计牙型 本文件适用于一般用途的机械传动螺纹,也可能用于紧固螺纹。本文件规定的公差体系不适用于对轴向位移有高精度要求的梯形螺纹,例如,机床丝杠及精确进给螺纹工件
GB/T 6567.1—2008	技术制图 管路系统的图形符号 基本原则	本标准规定了管路系统中常用图形符号的表达、使用和组合派生的基本原则 本标准适用于输送液体、气体及其他介质的管路系统原理图,也可用于有关的其他设计图样
GB/T 6567.2—2008	技术制图 管路系统的图形符号 管路	本标准规定了管路系统中常用管路的图形符号 本标准适用于管路图形符号在管路系统中的表示
GB/T 6567.3—2008	技术制图 管路系统的图形符号 管件	本标准规定了管路系统中常用管件的图形符号 本标准适用于管件图形符号在管路系统中的表示
GB/T 6567.4—2008	技术制图 管路系统的图形符号 阀门和控制元件	本标准规定了管路系统中常用阀门和控制元件的图形符号 本标准适用于阀门和控制元件图形符号在管路系统中的表示
GB/T 6567.5—2008	技术制图 管路系统的图形符号 管路、管件和阀门等图形符号的轴测图画法	本标准规定了管路、管件、阀门和控制元件等图形符号的轴测图画法 本标准适用于输送液体、气体及其他介质的管路系统图的绘制
GB/T 10609.1—2008	技术制图 标题栏	本标准规定了技术图样中标题栏的基本要求、内容、尺寸与格式 本标准适用于技术图样中的标题栏
GB/T 10609.2—2009	技术制图 明细栏	本标准规定了技术图样中明细栏的基本要求、内容、尺寸与格式 本标准适用于装配图中所采用的明细栏。其他带有装配性质的技术图样或技术文件也可以参照采用
GB/T 10609.4—2009	技术制图 对缩微复制原件的要求	本标准规定了对缩微复制元件(技术图样及技术文件)的基本要求 本标准适用于缩微拍摄前的技术图样和技术文件,科技文献资料也可以参照使用
GB/T 12360—2005	产品几何量技术规范(GPS) 圆锥配合	本标准规定了圆锥配合的术语和定义及一般规定 本标准适用于锥度 C 从1:3~1:500,长度 L 从6~630mm,直径至500mm光滑圆锥的配合。其公差的给定方法,按GB/T 11334—2005《圆锥公差》中4.2的规定
GB/T 14665—2012	机械工程 CAD 制图规则	本标准规定了机械工程中用计算机辅助设计(以下简称CAD)时的制图规则 本标准适用于在计算机及其外围设备中进行显示、绘制、打印的机械工程图样及有关技术文件 本标准是GB/T 18229在机械CAD制图中的补充
GB/T 14689—2008	技术制图 图纸幅面及格式	本标准规定了图纸的幅面尺寸和格式,以及有关的附加符号 本标准适用于技术图样(包括原图、底图和复制图等)及有关技术文件
GB/T 14690—1993	技术制图 比例	本标准规定了绘图比例及其标注方法 本标准适用于技术图样及有关技术文件
GB/T 14691—1993	技术制图 字体	本标准规定了汉字、字母和数字的结构形式及基本尺寸 本标准适用于技术图样及有关技术文件
GB/T 14692—2008	技术制图 投影法	本标准规定了投影法的基本规则 本标准适用于技术图样及有关技术文件
GB/T 15054.2—2008	小螺纹 第2部分:公差和极限尺寸	本标准规定了小螺纹的公差、极限尺寸、标记和检验 本标准适用于公称直径范围为0.3~1.4mm的一般用途小螺纹

续表

标准号	标准中文名称	标准规定和使用范围
GB/T 15754—1995	技术制图　圆锥的尺寸和公差注法	本标准规定了光滑正圆锥(以下简称圆锥)的尺寸和公差注法 本标准适用于技术图样及有关技术文件
GB/T 16675.1—2012	技术制图　简化表示法　第1部分　图样画法	本标准规定了技术图样(机械、电气、建筑和土木工程等)中使用的通用简化画法 本标准适用于由手工和计算机绘制的技术图样及有关技术文件
GB/T 16675.2—2012	技术制图　简化表示法　第1部分　尺寸注法	本标准规定了技术图样(机械、电气、建筑和土木工程等)中使用的简化注法 本标准适用于由手工和计算机绘制的技术图样及有关技术文件
GB/T 17450—1998	技术制图　图线	本标准规定了图线的名称、型式、结构、标记及画法规则 本标准适用于各种技术图样,如机械、电气、建筑和土木工程图样等
GB/T 17451—1998	技术制图　图样画法 视图	本标准规定了视图的基本表示法 本标准适用于用正投影法绘制的技术图样,如机械、电气、建筑和土木工程图样等
GB/T 17452—1998	技术制图　图样画法　剖视图和断面图	本标准规定了剖视图和断面图的基本表示法 本标准适用于用正投影法绘制的技术图样,如机械、电气、建筑和土木工程图样等
GB/T 17453—2005	技术制图　图样画法　剖面区域的表示法	本标准规定了技术制图(包括机械、电气、建筑和土木工程图样等)表示剖面区域的总体原则 本标准适用于用正投影法绘制的技术图样
GB/T 19096—2003	机械制图　图样画法　未定义形状边的术语和注法	本标准规定了未定义形状边的术语和在技术制图中表示未定义形状边的状态的准则,同时也规定了所使用图形符号的比例和尺寸 本标准适用于工程图样中对未定义的形状边标注,1×45°的几何定义,可参考 GB/T 4458.4 和 GB/T 16675.2 的规定

1　图纸幅面及格式（摘自 GB/T 14689—2008）

表 2-1-2　　**图纸幅面尺寸**　　mm

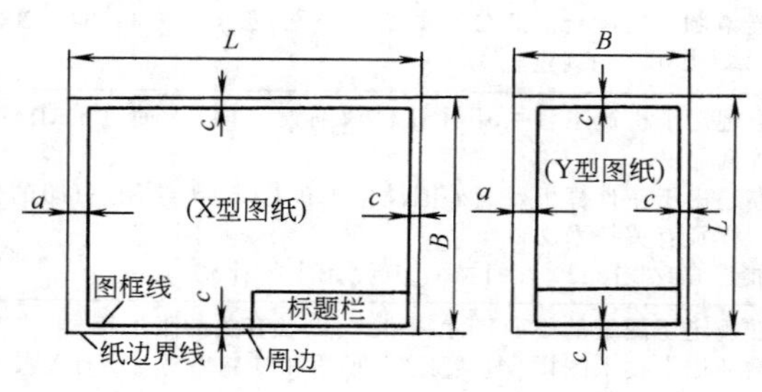

需要装订的图样

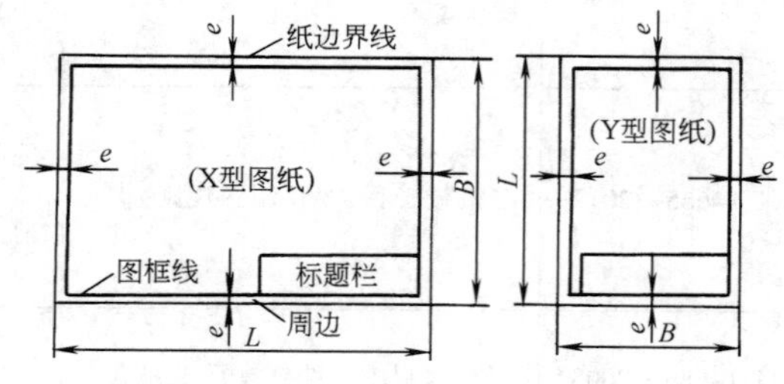

不需要装订的图样

基本幅面						加长幅面					
第一选择						第二选择		第三选择			
幅面代号	A0	A1	A2	A3	A4	幅面代号	B×L	幅面代号	B×L	幅面代号	B×L
B×L	841×1189	594×841	420×594	297×420	210×297	A3×3	420×891	A0×2	1189×1682	A3×5	420×1486
						A3×4	420×1189	A0×3	1189×2523	A3×6	420×1783
e	20		10			A4×3	297×630	A1×3	841×1783	A3×7	420×2080
						A4×4	297×841	A1×4	841×2378	A4×6	297×1261

续表

幅面代号	A0	A1	A2	A3	A4	幅面代号	B×L	幅面代号	B×L	幅面代号	B×L
c	10			5		A4×5	297×1051	A2×3	594×1261	A4×7	297×1471
								A2×4	594×1682	A4×8	297×1682
a	25							A2×5	594×2102	A4×9	297×1892

注：1. 绘制技术图样时，应优先采用基本幅面。必要时，也允许选用第二选择的加长幅面或第三选择的加长幅面。

2. 加长幅面的图框尺寸，按所选用的基本幅面大一号的图框尺寸确定。例如 A2×3 的图框尺寸，按 A1 的图框尺寸确定，即 e 为 20（或 c 为 10），而 A3×4 的图框尺寸，按 A2 的图框尺寸确定，即 e 为 10（或 c 为 10）。

3. 标题栏的长边置于水平方向并与图纸的长边平行时，则构成 X 型图纸，若标题栏的长边与图纸的长边垂直时，则构成 Y 型图纸，如图所示。

2 标题栏方位、附加符号及投影符号（摘自 GB/T 14689—2008）

（1）标题栏的方位

每张图纸上都必须画出标题栏，标题栏的位置位于图纸的右下方，见上一节，标题栏的格式和尺寸见下一节。当 X 型图纸横放、Y 型图纸竖放时，看图方向与看标题栏的方向一致（见上节图）。

为了利用预先印制的图纸，允许将 X 型图纸的短边置于水平位置使用，如图 2-1-1 所示，或将 Y 型图纸的长边置于水平位置使用，如图 2-1-2 所示。

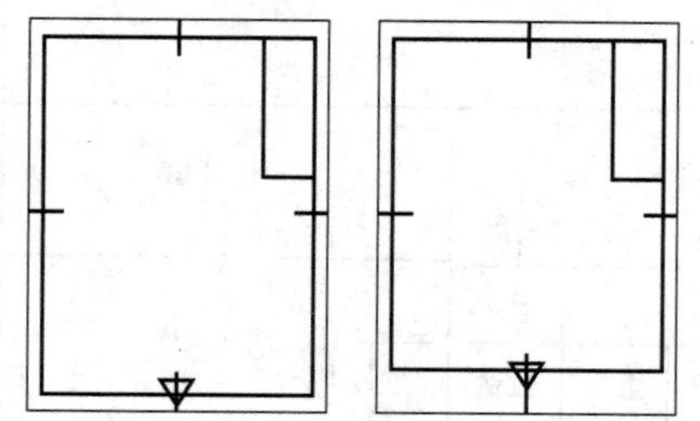

图 2-1-1　标题栏的方位（X 型图纸竖放时）

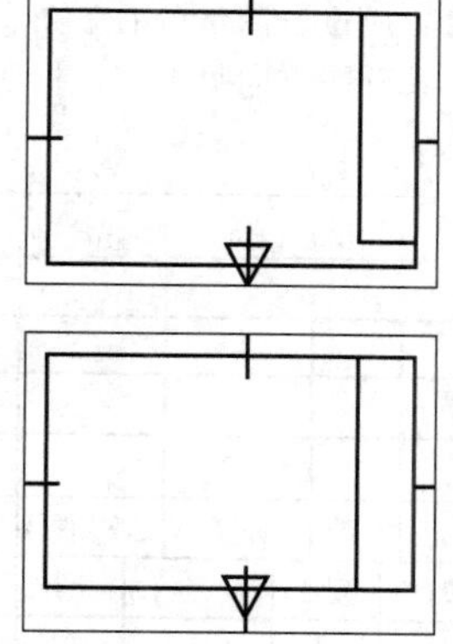

图 2-1-2　标题栏的方位（Y 型图纸横放时）

（2）对中符号、方向符号及剪切符号

为了使图样复制和缩微摄影时定位方便，均应在图纸各边长的中点处分别画出对中符号。对中符号用粗实线绘制，线宽不小于 0.5mm，长度从纸边界开始至伸入图框内约 5mm，如图 2-1-1、图 2-1-2 所示。当对中符号处在标题栏范围内时，则伸入标题栏部分省略不画，如图 2-1-2 所示。

使用预先印制的图纸时，为了明确绘图与看图时图纸的方向，应在图纸的下边对中符号处画出一个方向符号，如图 2-1-1、图 2-1-2 所示。方向符号是用细实线绘制的等边三角形，其大小和所处的位置如图 2-1-3 所示。

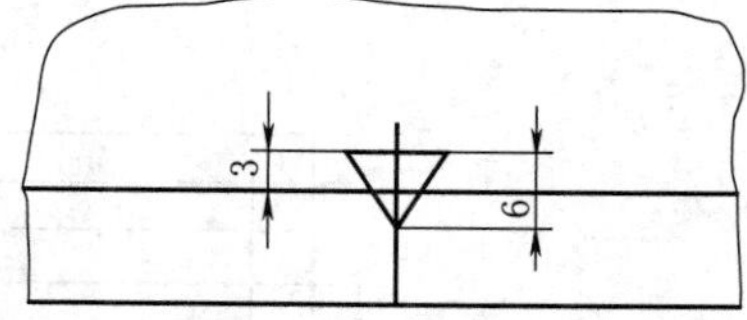

图 2-1-3　方向符号的尺寸和位置

为使复制图样时便于自动切剪，可在图纸（如供复制用的底图）的四个角上分别绘出剪切符号，剪切符号可采用直角边边长为 10mm 的黑色等腰三角形，如图 2-1-4 所示，当使用这种符号对某些自动切纸机不适合时，也可以将剪切符号画成两条粗线段，线段的线宽为 2mm，线长为 10mm，如图 2-1-5 所示。

（3）投影符号

第一角画法的投影识别符号，如图 2-1-6 所示。第三角画法的投影识别符号，如图 2-1-7 所示。

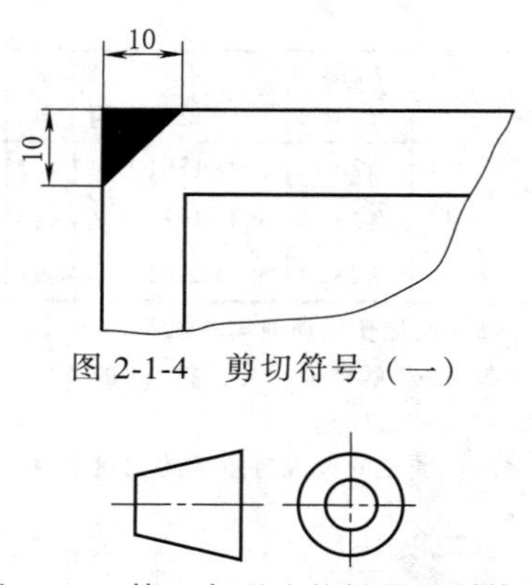

图 2-1-4　剪切符号（一）

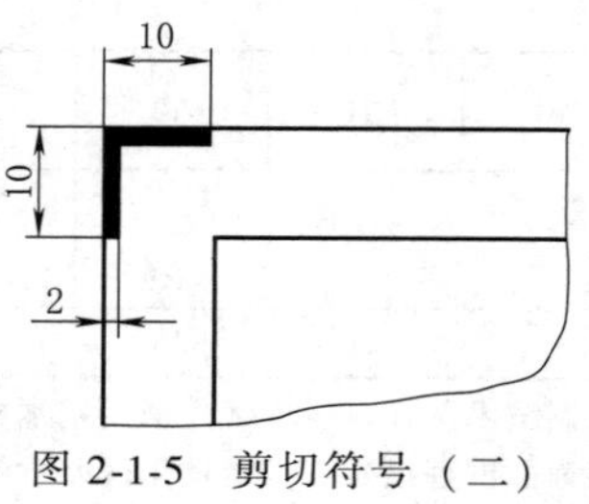

图 2-1-5　剪切符号（二）

图 2-1-6　第一角画法的投影识别符号

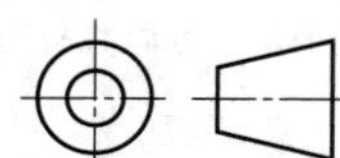

图 2-1-7　第三角画法的投影识别符号

投影符号中的线型用粗实线和细点画线绘制，其中粗实线的线宽不小于 0.5mm。投影符号一般放置在标题栏中名称及代号区的下方。

3　标题栏和明细栏（摘自 GB/T 10609.1—2008、GB/T 10609.2—2009）

标题栏的位置应位于图纸的右下角，其长边置于水平方向并与图纸的长边平行，但 A4 图纸竖放，标题栏位于图纸正下方，其看图方向见上节。标题栏见图 2-1-8，明细栏见图 2-1-9。

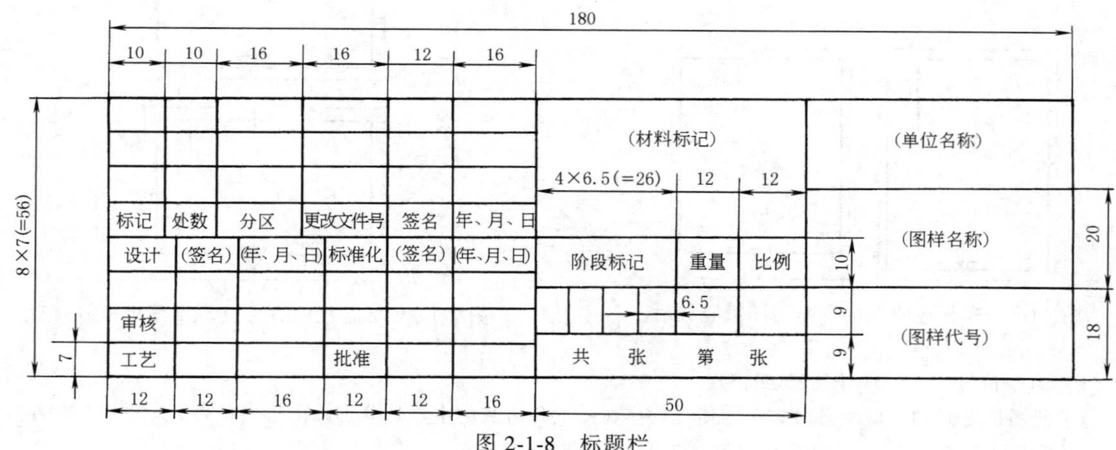

图 2-1-8　标题栏

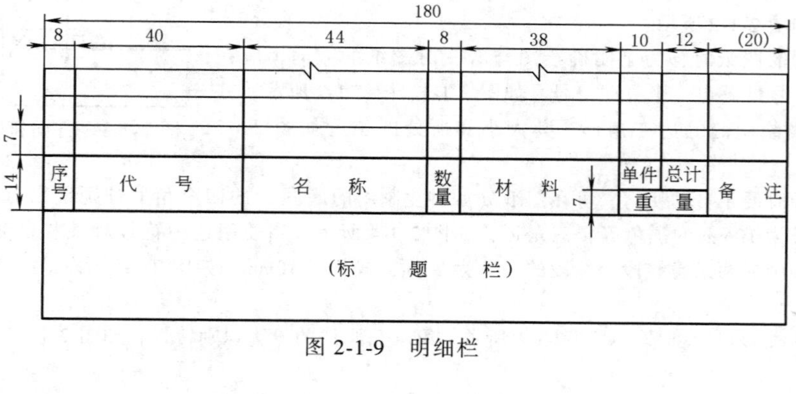

序号	代　号	名　称	数量	材　料	单件重量	总计重量	备　注
8	40	44	8	38	10	12	(20)

（标　　题　　栏）

180；行高 7；表头高 14；7

图 2-1-9　明细栏

4 比例（摘自 GB/T 14690—1993）

表 2-1-3

比例		应用说明
缩小比例	1∶2　1∶5　1∶10 1∶2×10^n　1∶5×10^n　1∶10×10^n （1∶1.5）（1∶2.5）（1∶3）（1∶4）（1∶6） （1∶1.5×10^n）（1∶2.5×10^n） （1∶3×10^n）（1∶4×10^n） （1∶6×10^n）	①绘制同一机件的各个视图时，应尽可能采用相同的比例，使绘图和看图都很方便 ②比例应标注在标题栏的比例栏内，必要时，可在视图名称的下方或右侧标注比例，例如： $\frac{1}{2:1}$　$\frac{A\text{向}}{1:10}$　$\frac{B—B}{2.5:1}$
放大比例	2∶1　5∶1　10∶1 2×10^n∶1　5×10^n∶1　10×10^n∶1 （2.5∶1）（4∶1） （2.5×10^n∶1）（4×10^n∶1）	①当图形中孔的直径或薄片的厚度小于或等于2mm，以及斜度和锥度较小时，可不按比例而夸大画出 ②表格图或空白图不必标注比例

注：1. n 为正整数。

2. 必要时允许采用带括号的比例。

3. 原值比例为 1∶1（即比值为 1 的比例）。

5 字体及其在 CAD 制图中的规定（摘自 GB/T 14691—1993、GB/T 14665—2012）

5.1 字体的基本要求

图样中书写的字体必须做到：字体工整、笔画清楚、间隔均匀、排列整齐。字体基本要求见表 2-1-4。

表 2-1-4　字体的基本要求

项目	基本要求		其他要求
字体高度	1.8mm、2.5mm、3.5mm、5mm、7mm、10mm、14mm、20mm		如需书写更大的字，其字体高度应按$\sqrt{2}$的比率递增
汉字	应写成长仿宋体，并应采用国家正式公布推行的简化字。汉字高度 h 不应小于 3.5mm，其字宽一般为 $h/\sqrt{2}$		示例见表 2-1-5
字母和数字	可写成斜体和直体。用作指数、分数、极限偏差，注脚等的数字及字母，一般应采用小一号的字体		斜体字的字头向右倾斜，与水平基准线成 75°
	应用场合		举例
	斜体	图样和技术文件中的视图名称，公差数值，基准符号，参数代号，各种结构要素代号，尺寸和角度符号，物理量的符号	示例见表 2-1-5
		用物理量符号作为下标时，下标用斜体	比定压热容 c_p
	直体	计量单位符号	A（安培）、N（牛顿）、m（米）
		单位词头	k（10^3，千）、m（10^{-3}，毫）、M（10^6，兆）
		化学元素符号	C（碳）、N（氮）、Fe（铁）、H_2SO_4（硫酸）
		产品型号	JR5-1
		图幅分区代号	A5、B3、CC7
		除物理量符号以外的下标	相对摩擦因数 μ_τ、标准重力加速度 g_n
		数学符号	sin、cos、lim、ln

续表

项目	基本要求	其他要求
组合书写①	表示汉字、拉丁字母、希腊字母、阿拉伯数字和罗马数字等的组合书写	

书写格式		尺寸															
		A 型字体								B 型字体							
大写字母高度	h	1.8	2.5	3.5	5	7	10	14	20	1.8	2.5	3.5	5	7	10	14	20
小写字母高度	c_1	1.3	1.8	2.5	3.5	5	7	10	14	1.26	1.75	2.5	3.5	5	7	10	14
小写字母伸出尾部	c_2	0.5	0.72	1.0	1.43	2	2.8	4	5.7	0.54	0.75	1.05	1.5	2.1	3	4.2	6
小写字母出头部	c_3	0.5	0.72	1.0	1.43	2	2.8	4	5.7	0.54	0.75	1.05	1.5	2.1	3	4.2	6
发音符号范围	f	0.64	0.89	1.25	1.78	2.5	3.6	5	7	0.72	1.0	1.4	2.0	2.8	4	5.6	8
字母间间距②	a	0.26	0.36	0.5	0.7	1	1.4	2	2.8	0.36	0.5	0.7	1	1.4	2	2.8	4
基准线最小间距（有发音符号）	b_1	3.2	4.46	6.25	8.9	12.5	17.8	25	35.7	3.42	4.75	6.65	9.5	13.3	19	26.6	38
基准线最小间距（无发音符号）	b_2	2.73	3.78	5.25	7.35	10.5	14.7	21	29.4	2.7	3.75	5.25	7.5	10.5	15	21	30
基准线最小间距（仅为大写字母）	b_3	2.21	3.06	4.25	5.95	8.5	11.9	17	23.8	2.34	3.25	4.55	6.5	9.1	13	18.2	26
词间距	e	0.78	1.08	1.5	2.1	3	4.2	6	8.4	1.08	1.5	2.1	3	4.2	6	8.4	12
笔画宽度	d	0.13	0.18	0.25	0.35	0.5	0.7	1	1.4	0.18	0.25	0.35	0.5	0.7	1	1.4	2

① 特殊的字符组合，如 LA、TV、Tr 等。

② 字母间距可为 $a=(1/14)h$ （A 型） 和 $a=(1/10)h$ （B 型）。

5.2 字体示例

表 2-1-5　　字体示例

汉字		字体工整　笔画清楚　间隔均匀　排列整齐
数字(斜体)		0123456789
拉丁字母(斜体)	大写	ABCDEFGHIJKLMNOP QRSTUVWXYZ

续表

拉丁字母（斜体）	小写	*abcdefghijklmnopq* *rstuvwxyz*
希腊字母（斜体）	大写	*ΑΒΓΔΕΖΗΘΙΚ* *ΛΜΝΞΟΠΡΣΤ* *ΥΦΧΨΩ*
	小写	*α β γ δ ε ζ η θ ϑ ι κ* *λ μ ν ξ ο π ρ σ τ* *υ ϕ φ χ ψ ω*
罗马数字（斜体）		*I II III IV V VI VII VIII IX X*

续表

应用示例	10Js5(±0.003) M24-6h $\phi 25\frac{H6}{m5}$ $\frac{II}{2:1}$ $\sqrt{Ra\ 6.3}$ R8 5% 460r/min 220V 5MΩ 380kPa

注：本表示例中字母和数字均为 A 型字。

5.3 CAD 制图中字体的要求

1）汉字一般用正体输出；字母除表示变量外，一般以正体输出；数字一般以正体输出。

2）小数点进行输出时，应占一个字位，并位于中间靠下处。

3）标点符号除省略号和破折号为两个字位外，其余均为一个符号一个字位。

4）字体高度 h 与图纸幅面之间的选用关系，见表 2-1-6。

表 2-1-6　CAD 制图中字体高度与图幅关系（GB/T 14665—2012）　mm

字体高度＼图幅	A0	A1	A2	A3	A4
汉字	7		5		
字母与数字	5		3.5		

5）字体的最小字（词）距、行距以及间隔或基准线与字体之间最小距离，见表 2-1-7。

表 2-1-7　CAD 制图中字距、行距等的最小距离（GB/T 14665—2012）　mm

字体	最小距离				
汉字	字距	1.5	字母与数字	字距	0.5
	行距	2		间距	1.5
	间隔线或基准线与汉字的间距	1		行距	1
				间隔线或基准线与字母、数字的间距	1

注：当汉字与字母、数字组合使用时，字体的最小字距、行距等应根据汉字的规定使用。

5.4 图纸标注中常用符号的尺寸及形状

表 2-1-8　机械图纸 CAD 制图中常用符号的尺寸及形状　mm

序号	项目	字号和高度	不同图纸幅面字高				
			A0	A1	A2	A3	A4
01	GB/T 14691—1993 中规定的字体高度	基本汉字	7		5		
		基本数字与字母	5		3.5		

续表

序号	项目	字号和高度	不同图纸幅面字高/mm				
			A0	A1	A2	A3	A4
02	装配图中零部件序号	字号比基本数字字号大一号	7		5		
03	公差代号及上下偏差	公差代号和基本数字字号相同	5		3.5		
		上下偏差的数字字号应比基本数字字号小一号	3.5		2.5		
04	剖面图中剖切符号及剖切方向字母	与基本数字及字母字号相同	5		3.5		
05	表面粗糙度符号高度及字母高度	字号比基本数字字号大一号,符号总高度是基本汉字高度2倍	5(7/15)		3.5(5/10.5)		
06	形位公差框格高度	字号与基本数字相同,框格高度是基本汉字高度2倍	5(10)		3.5(7)		
07	向视图和局部视图的方向及编号	字号与基本数字相同,框格高度是基本汉字高度2倍	5		3.5		
08	轴类零件中心孔符号高度	字号与基本数字相同,三角开口高度是基本汉字高度2倍	5		3.5		
09	基准符号的高度及字号	底部三角形边长3,中线高度4,上部方框边长5,字高3.5					

表面粗糙度(表面结构)符号尺寸标准

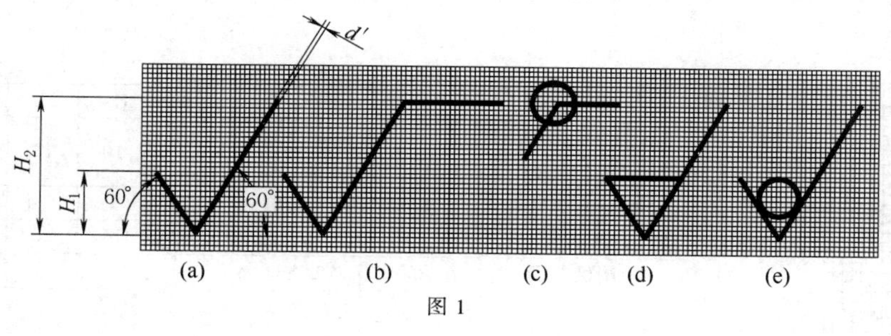

图 1

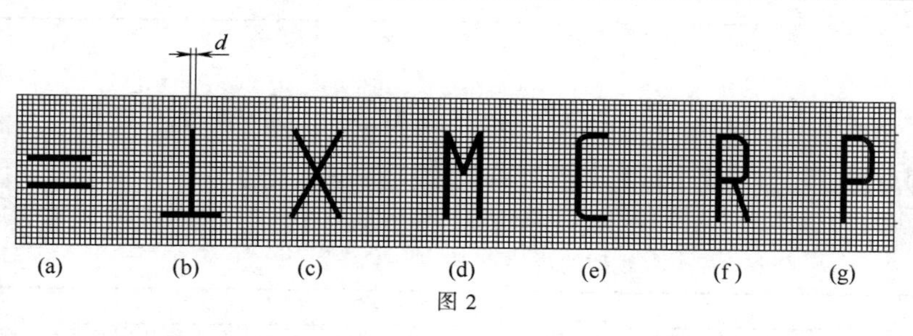

图 2

1)图2中c~g中的符号形状与GB/T 14691(B型直体)相应的大写字母相同,尺寸见图3右侧表格

2)图1中b符号的水平线长度取决于其上下所标注的内容的长度

3)图3中“a”、“b”、“c”、“d”、“e”区域中的所有字母高度应等于h(标注尺寸所用字体高度)

图 3

数字和字母高度 h①	2.5	3.5	5	7	10	14	20
符号线宽 d' 字母线宽 d	0.25	0.35	0.5	0.7	1	1.4	2
高度 H_1	3.5	5	7	10	14	20	22
高度 $H_2$②(min)	7.5	10.5	15	21	30	42	60

①见GB/T 14690;②H_2取决于标注内容

续表

形位公差基准及公差框格尺寸标准

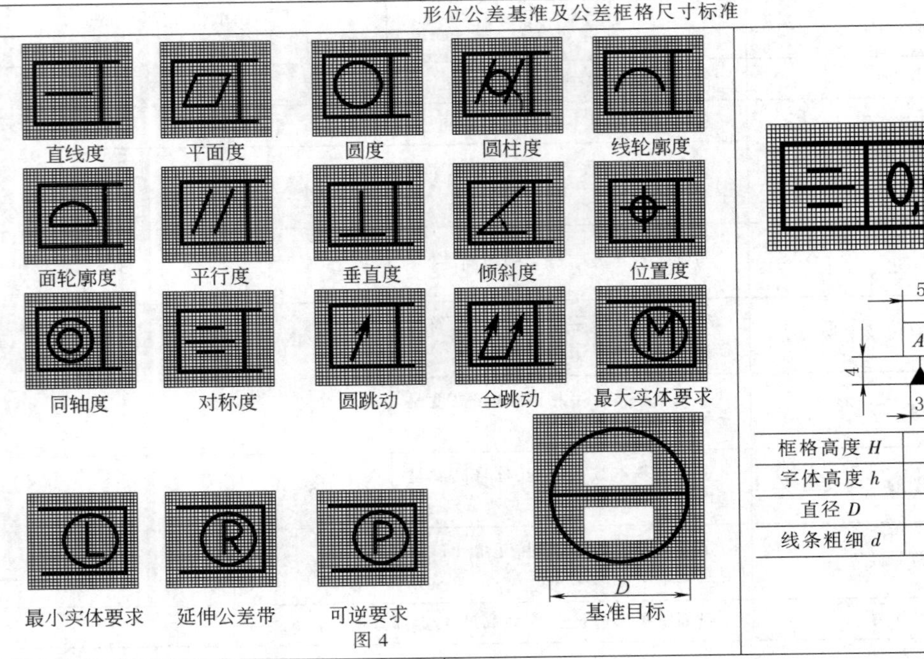

图 4

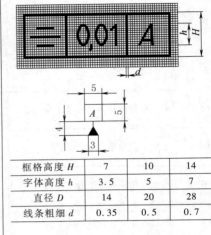

框格高度 H	7	10	14
字体高度 h	3.5	5	7
直径 D	14	20	28
线条粗细 d	0.35	0.5	0.7

中心孔符号

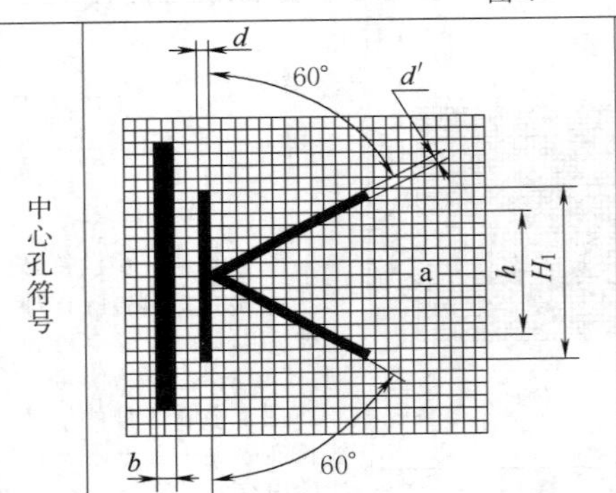

轮廓线宽度 b	0.5	0.7	1	1.4	2	2.8
数字和大写字母高度 h	3.5	5	7	10	14	20
符号线宽度 d'	0.35	0.5	0.7	1	1.4	2
高度 H_1	5	7	10	14	20	28
图纸幅面	A0/A1	A2/A3/A4				

6 图线（摘自 GB/T 4457.4—2002）及指引线和基准线（摘自 GB/T 4457.2—2003）

表 2-1-9 线型的应用

<table>
<tr><th>代码 No.</th><th>线型</th><th colspan="2">一般应用</th></tr>
<tr><td rowspan="3">01.1</td><td>细实线</td><td colspan="2">1 过渡线 2 尺寸线 3 尺寸界线 4 指引线和基准线 5 剖面线 6 重合断面的轮廓线 7 短中心线 8 螺纹牙底线 9 尺寸线的起止线 10 表示平面的对角线 11 零件成形前的弯折线 12 范围线及分界线 13 重复要素表示线，如齿轮的齿根线 14 锥形结构的基面位置线 15 叠片结构位置线，如变压器叠钢片 16 辅助线 17 不连续同一表面连线 18 成规律分布的相同要素连线 19 投影线 20 网格线</td></tr>
<tr><td>波浪线</td><td>21 断裂处边界线；视图与剖视图的分界线</td><td rowspan="2">对于波浪线或双折线在一张图样上一般采用一种线型</td></tr>
<tr><td>双折线</td><td>22 断裂处边界线；视图与剖视图的分界线</td></tr>
</table>

续表

代码 No.	线型	一般应用
01.2	粗实线	1 可见棱边线 2 可见轮廓线 3 相贯线 4 螺纹牙顶线 5 螺纹长度终止线 6 齿顶圆(线) 7 表格图、流程图中的主要表示线 8 系统结构线(金属结构工程) 9 模样分型线 10 剖切符号用线
02.1	细虚线	1 不可见棱边线 2 不可见轮廓线
02.2	粗虚线	1 允许表面处理的表示线
04.1	细点画线	1 轴线 2 对称中心线 3 分度圆(线) 4 孔系分布的中心线 5 剖切线
04.2	粗点画线	1 限定范围表示线
05.1	细双点画线	1 相邻辅助零件的轮廓线 2 可动零件的极限位置的轮廓线 3 质心线 4 成形前轮廓线 5 剖切面前的结构轮廓线 6 轨迹线 7 毛坯图中制成品的轮廓线 8 特定区域线 9 延伸公差带表示线 10 工艺用结构的轮廓线 11 中断线

图线组别和图线宽度/mm	线型组别		0.25	0.35	0.5	0.7	1	1.4	2	①在机械图样中采用粗、细两种线宽，它们之间的比例为2∶1 ②线型组别0.5和0.7为优先采用的图线组别 ③图线组别和图线宽度的选择应根据图样的类型、尺寸、比例和缩微复制的要求确定
	与线型代码对应的线型宽度	01.2 02.2 04.2	0.25	0.35	0.5	0.7	1	1.4	2	
		01.1 02.1 04.1 05.1	0.13	0.18	0.25	0.35	0.5	0.7	1	

注：1. 本标准是对GB/T 17450—1998的补充，即补充规定了机械图样中各种线型的具体应用，GB/T 17450是本标准的基础。图线标准中所涉及的基本线型的结构、尺寸、标记和绘制规则见GB/T 17450。

2. 对图线缩微复制的要求见GB/T 10609.4—2009。

表 2-1-10　　部分线型的应用示例

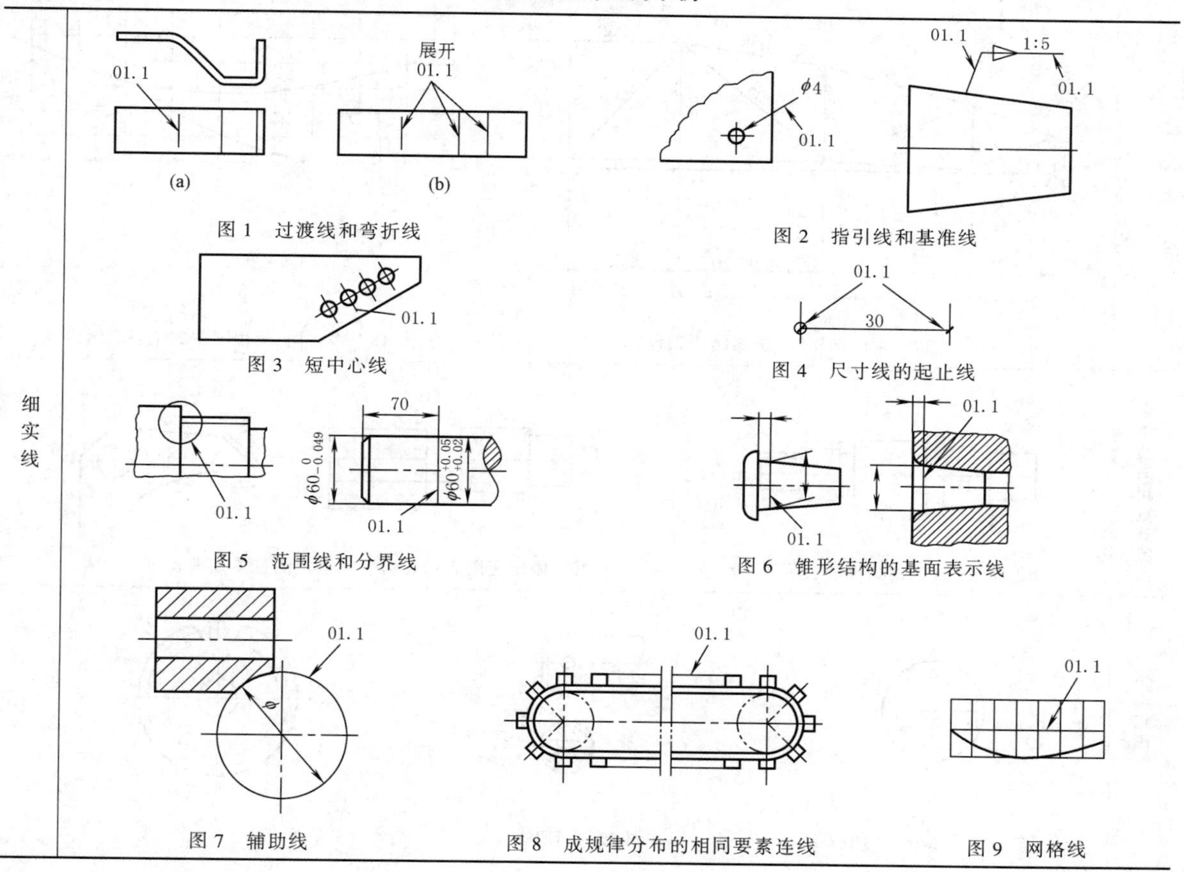

图1　过渡线和弯折线

图2　指引线和基准线

图3　短中心线

图4　尺寸线的起止线

图5　范围线和分界线

图6　锥形结构的基面表示线

图7　辅助线

图8　成规律分布的相同要素连线

图9　网格线

第2篇

续表

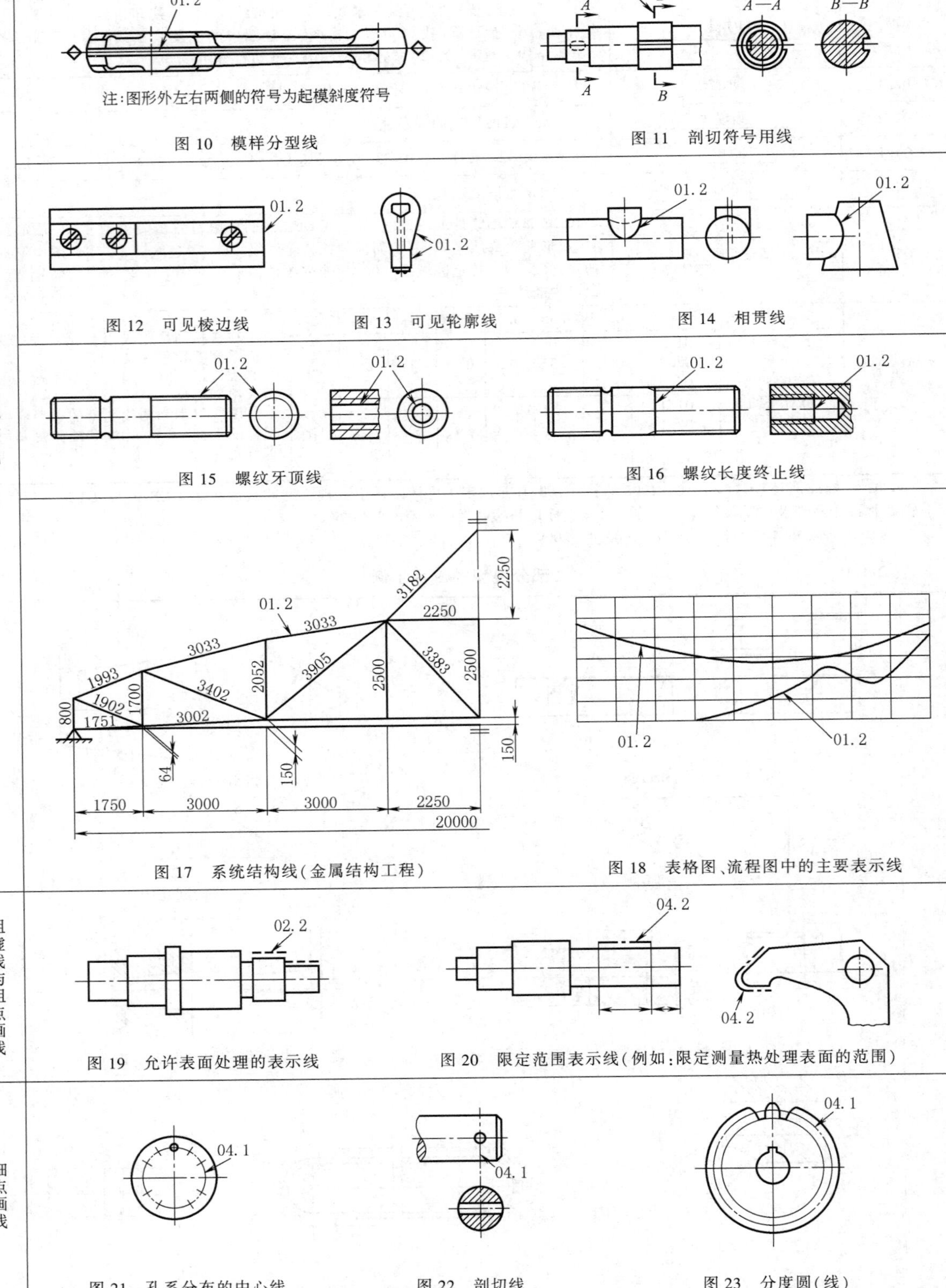

图 10　模样分型线

图 11　剖切符号用线

图 12　可见棱边线

图 13　可见轮廓线

图 14　相贯线

图 15　螺纹牙顶线

图 16　螺纹长度终止线

图 17　系统结构线(金属结构工程)

图 18　表格图、流程图中的主要表示线

图 19　允许表面处理的表示线

图 20　限定范围表示线(例如:限定测量热处理表面的范围)

图 21　孔系分布的中心线

图 22　剖切线

图 23　分度圆(线)

续表

<table>
<tr><td>细双点画线</td><td>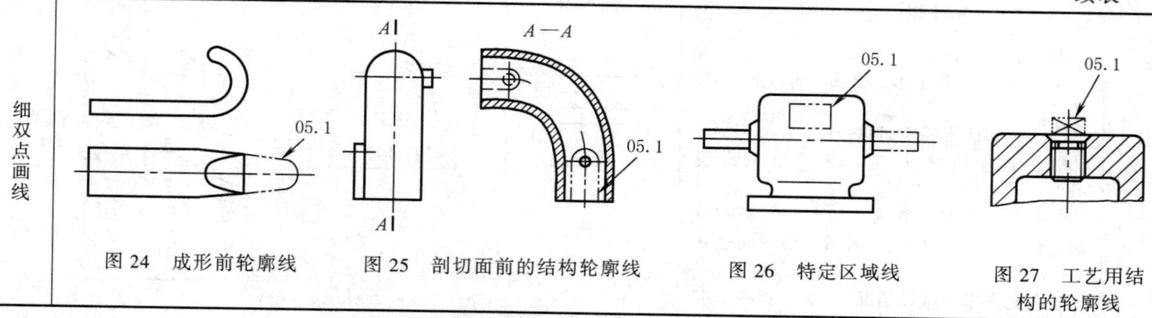图 24　成形前轮廓线　图 25　剖切面前的结构轮廓线　图 26　特定区域线　图 27　工艺用结构的轮廓线</td></tr>
</table>

表 2-1-11　**指引线和基准线的表达**

<table>
<tr><td rowspan="3">指引线</td><td>指引线要与要表达的物体形成一定角度，在绘制的结构上给予限制，而不能与相邻的图纸（如剖面线）平行，与相应图纸所成的角度应大于 15°（图 a～图 m）</td><td rowspan="3">指引线为细实线，它以明确的方式建立图形和附加的字母、数字或文本说明（注意事项、技术要求、参照条款等）之间联系的线
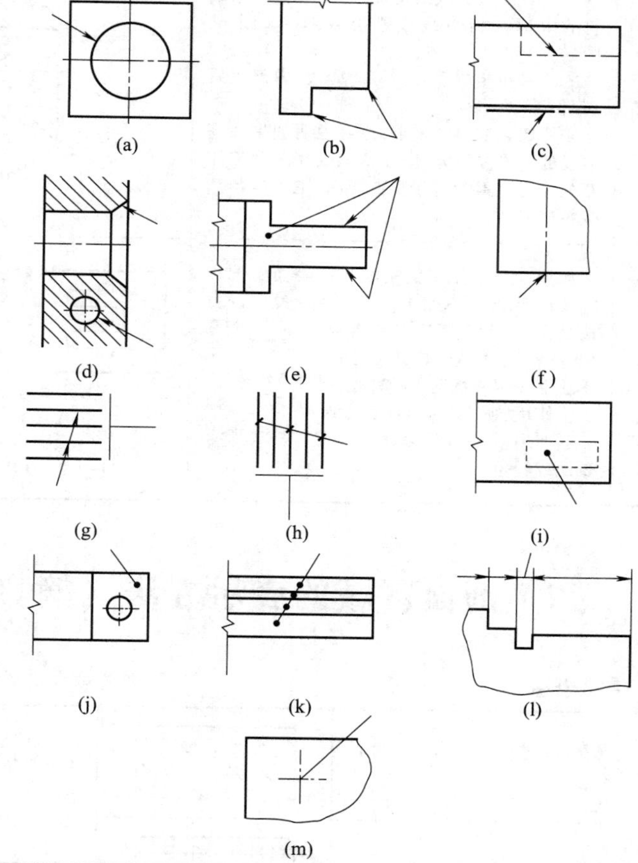
(a)　(b)　(c)　(d)　(e)　(f)　(g)　(h)　(i)　(j)　(k)　(l)　(m)</td></tr>
<tr><td>指引线可以弯折成锐角（图 e），两条或几条指引线可以有一个起点（图 b、图 e、图 g、图 h 和图 k），指引线不能穿过其他的指引线、基准线以及诸如图形符号或尺寸数值等</td></tr>
<tr><td>指引线的终端有如下几种形式：
①实心箭头
如果指引线终止于表达零件的轮廓线或转角处时，平面内部的管件和缆线，图表和曲线图上的图线时，可采用实心箭头。箭头也可以画到这些图线与其他图线（如对称中心线）相交处，如图 a～图 g 所示。如果是几条平行线，允许用斜线代替箭头（图 h）
②一个点
如果指引线的末端在一个物体的轮廓内，可采用一个点（图 i～图 k）
③没有任何终止符号
指引线在另一条图线上，如尺寸线、对称线等（图 l、图 m）</td></tr>
<tr><td>基准线</td><td>基准线应绘制成细实线，每条指引线都可以附加一条基准线，基准线应按水平或竖直方向绘制</td><td>基准线是与指引线相连的水平或竖直的细实线，可在上方或旁边注写附加说明
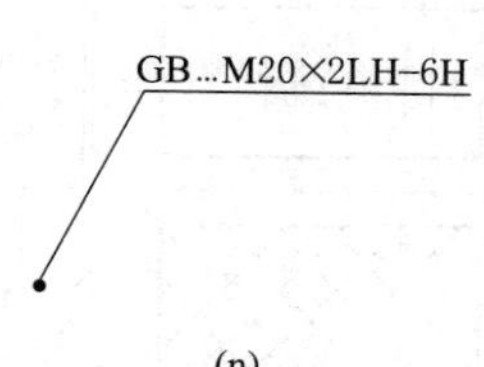
(n)
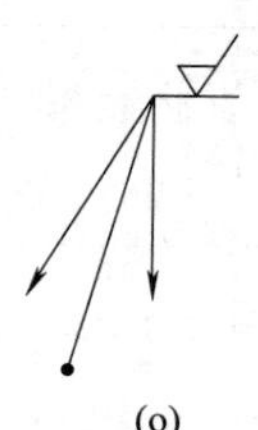
(o)</td></tr>
</table>

续表

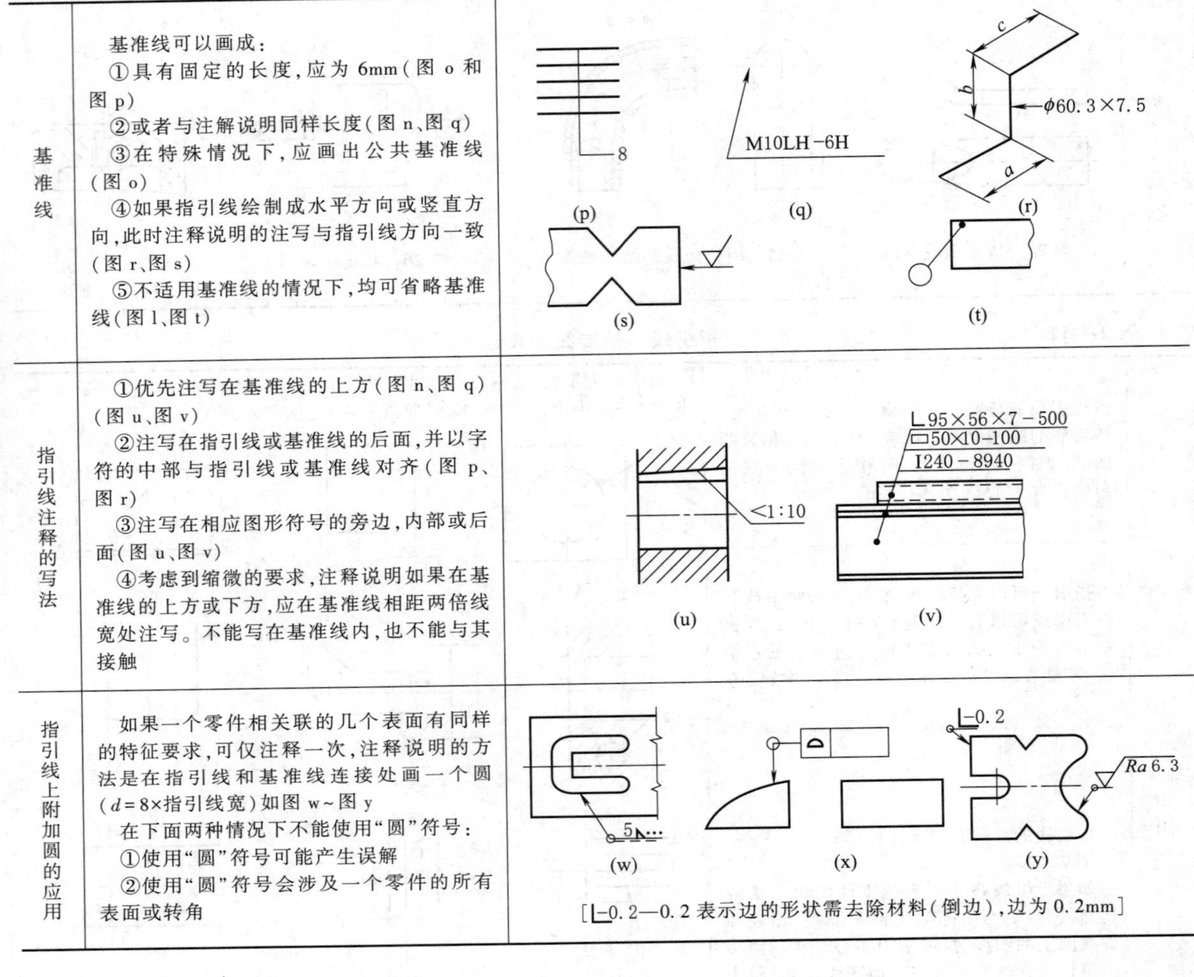

基准线	基准线可以画成： ①具有固定的长度，应为 6mm（图 o 和图 p） ②或者与注解说明同样长度（图 n、图 q） ③在特殊情况下，应画出公共基准线（图 o） ④如果指引线绘制成水平方向或竖直方向，此时注释说明的注写与指引线方向一致（图 r、图 s） ⑤不适用基准线的情况下，均可省略基准线（图 l、图 t）	 (p) (q) (r) (s) (t)
指引线注释的写法	①优先注写在基准线的上方（图 n、图 q）（图 u、图 v） ②注写在指引线或基准线的后面，并以字符的中部与指引线或基准线对齐（图 p、图 r） ③注写在相应图形符号的旁边，内部或后面（图 u、图 v） ④考虑到缩微的要求，注释说明如果在基准线的上方或下方，应在基准线相距两倍线宽处注写。不能写在基准线内，也不能与其接触	 (u) (v)
指引线上附加圆的应用	如果一个零件相关联的几个表面有同样的特征要求，可仅注释一次，注释说明的方法是在指引线和基准线连接处画一个圆（$d=8\times$指引线宽）如图 w～图 y 在下面两种情况下不能使用"圆"符号： ①使用"圆"符号可能产生误解 ②使用"圆"符号会涉及一个零件的所有表面或转角	 (w) (x) (y) [－0.2—0.2 表示边的形状需去除材料（倒边），边为 0.2mm]

7 剖面区域的表示方法（摘自 GB/T 4457.5—2013）

表 2-1-12 剖面区域表示法

金属材料（已有规定剖面符号者除外）		木质胶合板（不分层数）	
线圈绕组元件		基础周围的泥土	
转子、电枢、变压器和电抗器等的叠钢片		混凝土	
非金属材料（已有规定剖面符号者除外）		钢筋混凝土	

续表

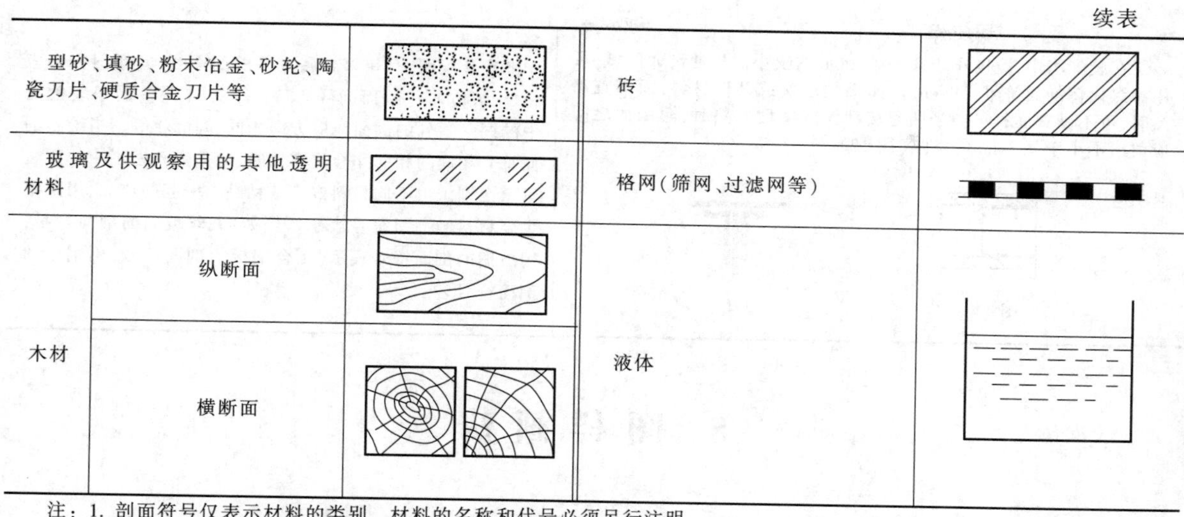

型砂、填砂、粉末冶金、砂轮、陶瓷刀片、硬质合金刀片等			砖	
玻璃及供观察用的其他透明材料			格网（筛网、过滤网等）	
木材	纵断面		液体	
	横断面			

注：1. 剖面符号仅表示材料的类别，材料的名称和代号必须另行注明。

2. 叠钢片的剖面线方向，应与束装中叠钢片的方向一致。

3. 液面用细实线绘制。

4. 另有 GB/T 17453—2005《技术制图　图样画法　剖面区域的表示法》适用于各种技术图样，如机械、电气、建筑和土木工程图样等，所以机械制图应同时执行 GB/T 17453 的规定。

表 2-1-13　　剖面符号的画法

①在同一金属零件的零件图中，剖视图、断面图的剖面线，应画成间隔相等、方向相同且一般与剖面区域的主要轮廓或对称线成45°的平行线（图 1）。必要时，剖面线也可画成与主要轮廓线成适当角度（见图 2）

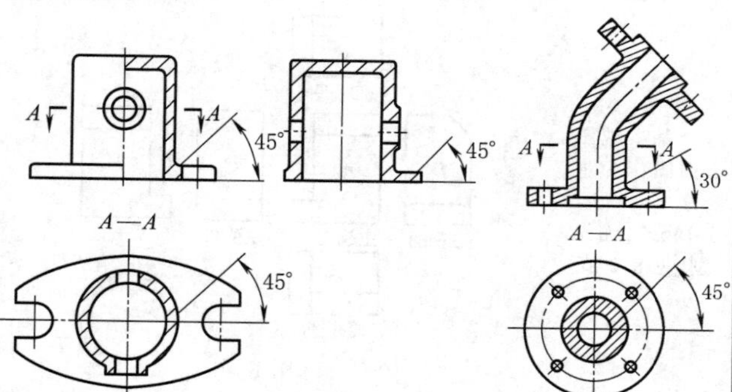

图 1　　图 2

②当绘制接合件的图样时，各零件的剖面符号应按本表第⑧条的规定绘制（图 3～图 5）。当绘制接合件与其他零件的装配图时，如接合件中各零件的剖面符号相同，可作为一个整体画出（图 6）；如不相同，则应分别画出

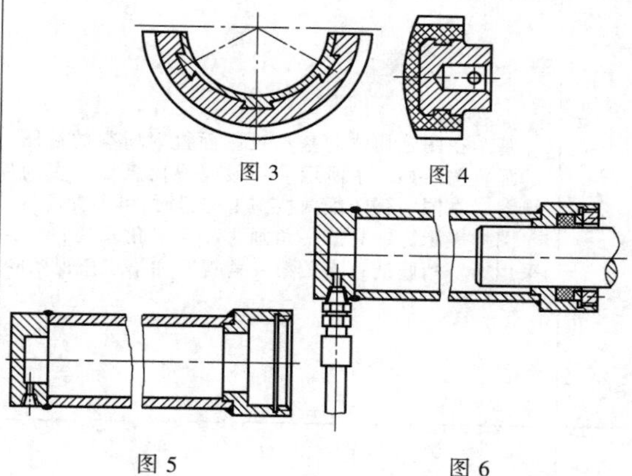

图 3　　图 4

图 5　　图 6

③相邻辅助零件（或部件），不画剖面符号（图 7）

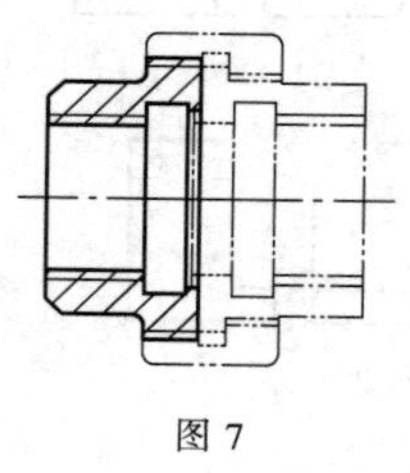

图 7

④当剖面区域较大时，可以只沿轮廓的周边画出剖面符号（图 8）

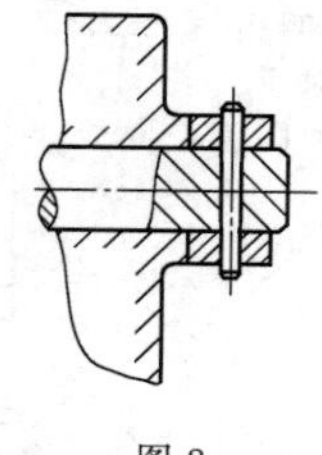

图 8

⑤如仅需画出剖视图中的一部分图形，其边界又不画波浪线时，则应将剖面线绘制整齐（图 9）

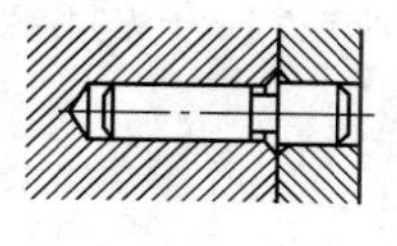

图 9

⑥木材、玻璃、液体、叠钢片、砂轮及硬质合金刀片等剖面符号，也可在外形视图中画出一部分或全部作为材料类别的标志（图 10）

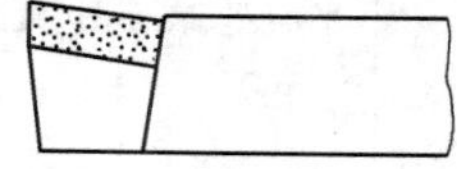

图 10

续表

⑦在装配图中,宽度小于或等于 2mm 的狭小面积的剖面区域,可用涂黑代替剖面符号(图 11)。如果是玻璃或其他材料,而不宜涂黑时,可不画剖面符号。当两邻接剖面区域均涂黑时,两剖面之间应留出不小于 0.7mm 的空隙(图 12) 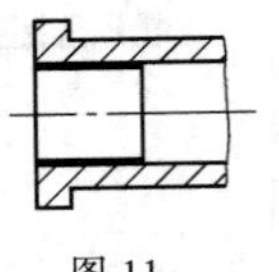 图 11  图 12	⑧在装配图中,相邻金属零件的剖面线,其倾斜方向应相反,或方向一致而间隔不等(图 8、图 9)。同一装配图中的同一零件的剖面线应方向相同、间隔相等。当绘制剖面符号相同的相邻非金属零件时,应采用疏密不一的方法以示区别。由不同材料嵌入或粘贴在一起的成品,用其中主要材料的剖面符号表示。例如:夹丝玻璃的剖面符号,用玻璃的剖面符号表示;复合钢板的剖面符号,用钢板的剖面符号表示

8 图样画法

8.1 视图(摘自 GB/T 17451—1998、GB/T 4458.1—2002)

视图是物体向基本投影面投射所得的图线和轮廓;视图有多种投影方法,我们一般采用的是正投影法,一个物体的图纸(图样)是由多个视图构成的,根据物体的复杂情况,常见的视图有主视图、俯视图、左视图,为了表达清楚物体的结构有时需要全部六个方向的视图;为了表达清楚细小部位的零件结构有时还要有局部放大视图,有时为了看清楚物体上沟、槽、孔的深度及内部结构还要有剖面图或断面图。一张图纸中不在乎有几个视图,只要能表达清楚物体的内外部结构,视图越少越好。

表 2-1-14 视图表示法

基本视图	基本视图是物体向基本投影面投射所得的视图。六个基本视图的配置关系如图 1 所示。一般应取信息量最多的那个视图作为主视图。在同一张图纸内按图 1 配置时,可不标注视图名称 图样表示方法有第一角画法和第三角画法,见 GB/T 14692,优先采用第一角画法。有关第一角视图和第三角视图的区别,见 8.2 节	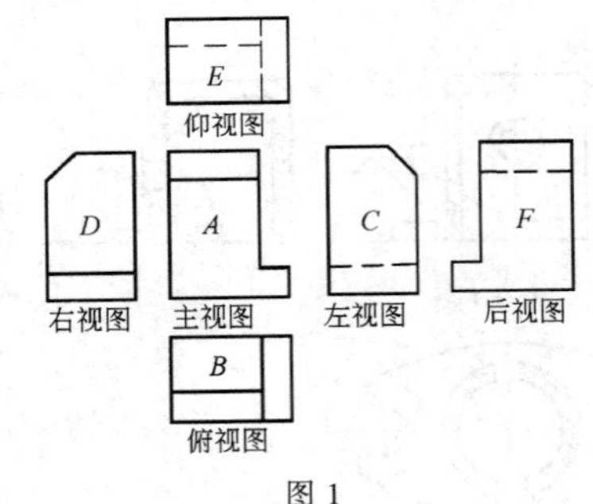 图 1
向视图	向视图是可自由配置的视图。在向视图的上方标注"×"("×"为大写拉丁字母),在相应视图的附近用箭头指明投射方向,并标明相同的字母。向视图的投射方向应与基本视图的投射方向一一对应,如图 2 所示。也可在视图的下方(或上方)标注图名,如正立面图、平面图、底面图、背立面图等	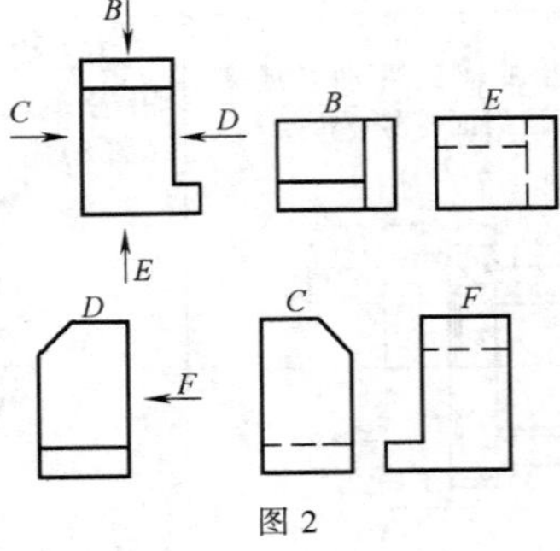 图 2

续表

局部视图

局部视图是将物体的某一部分向基本投影面投射所得的视图。局部视图可按基本视图的配置形式配置(图 3 的俯视图);也可按向视图的形式配置并标注(图 4)。画局部视图时,其断裂边界用波浪线或双折线绘制,见图 3 和图 4 中的 A 向视图。当所表示的外轮廓成封闭时,则不必画出其断裂边界线,见图 4 中 B 向视图

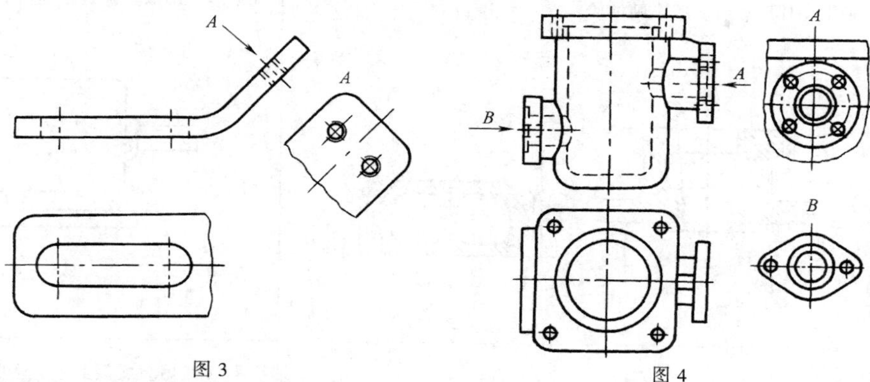

图 3　　图 4

为了节省绘图时间和图幅,对称构件或零件的视图可只画一半或四分之一,并在对称中心线的两端画出两条与其垂直的平行细实线(图 5~图 7)

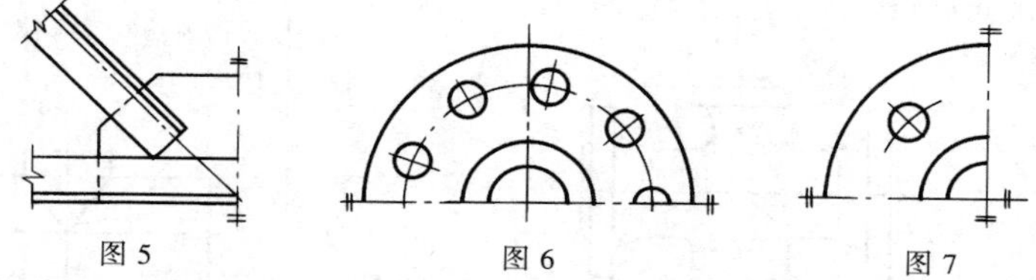

图 5　　图 6　　图 7

(摘自 GB/T 4458.1—2002)

按第三角画法(见 GB/T 14692)配置在视图上所需表示物体局部结构的附近,并用细点画线将两者相连(图 8~图 11)

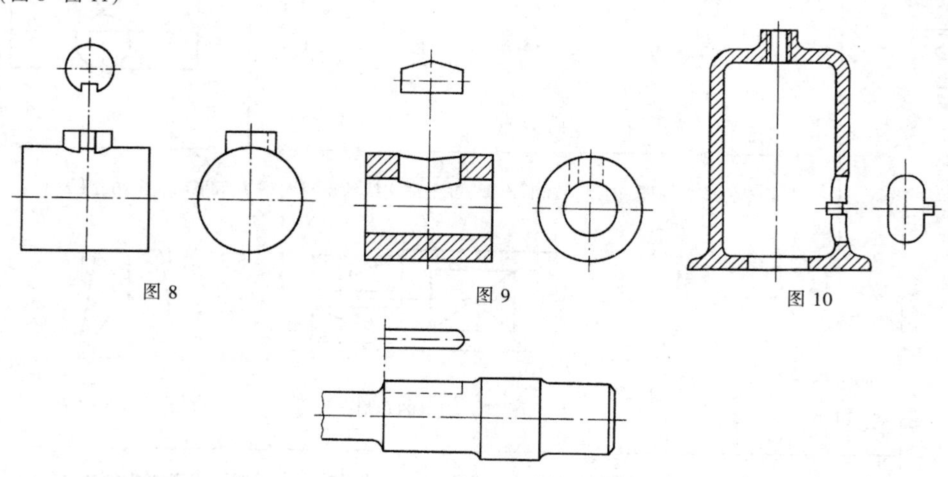

图 8　　图 9　　图 10

图 11

标注局部视图时,通常在其上方用大写的拉丁字母标出视图的名称,在相应视图附近用箭头指明投射方向,并注上相同的字母(图 4)。当局部视图按基本视图配置,中间又没有其他图形隔开时,则不必标注(图 3)

斜视图

斜视图是物体向不平行于基本投影面的平面投射所得的视图。斜视图通常按向视图的配置形式配置并标注(图 12)。必要时,允许将斜视图旋转配置,并标注旋转符号,表示该视图名称的大写拉丁字母应靠近旋转符号的箭头端(图 13),也允许将旋转角度标注在字母之后(图 14)

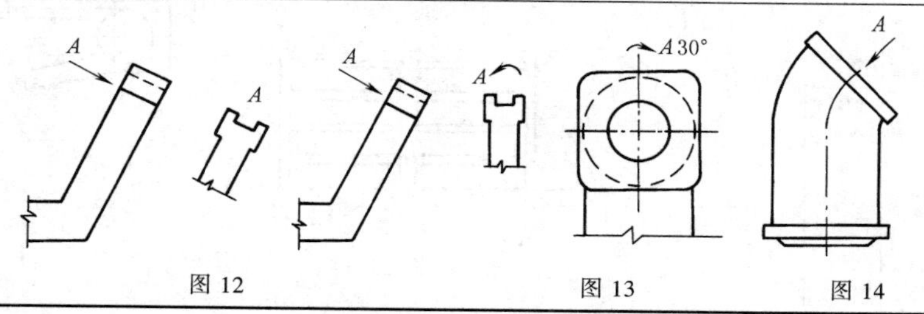

图 12　　图 13　　图 14

续表

相邻的辅助零件与特定区域	相邻的辅助零件用细双点画线绘制。相邻的辅助零件不应覆盖主要零件,而可以被主要零件遮挡(图 15、图 16),相邻的辅助零件的剖面区域不画剖面线 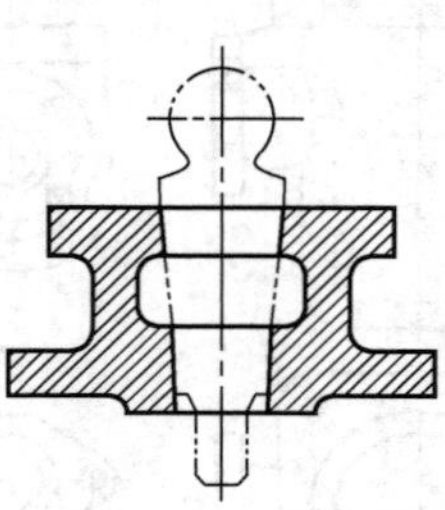 图 15 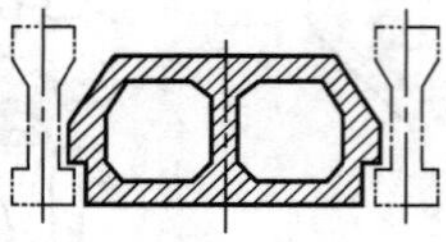　图 16	当轮廓线无法明确绘制时,则其特定的封闭区域应用细双点画线绘制(图 17) 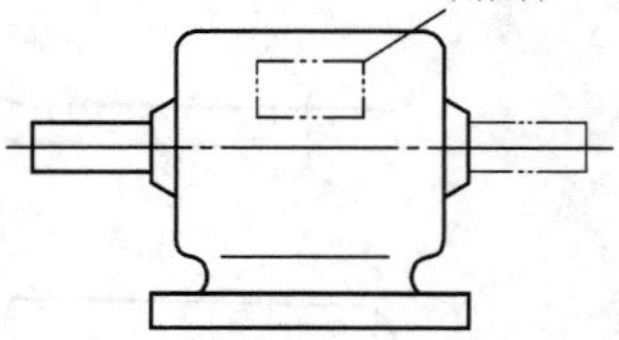 (铭牌) 图 17
表面交线	过渡线应用细实线绘制,且不宜与轮廓线相连(图 18) 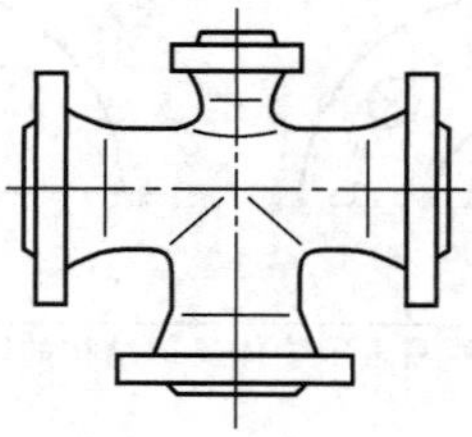 图 18	相贯线用粗实线绘制,不可见相贯线用细虚线绘制。相贯线若按简化画法,按 GB/T 16675.1 的规定,如图 19 中的细虚线。当使用简化画法会影响对图形的理解时,则应避免使用 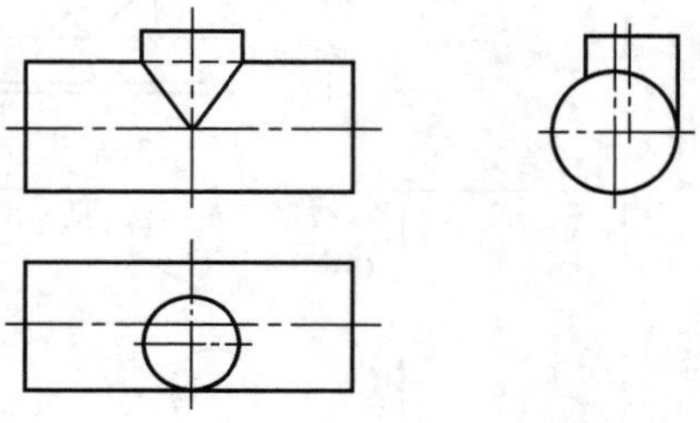 图 19
平面画法	为了避免增加视图、剖视图或断面图,可用细实线绘出对角线表示平面(图 20、图 21) 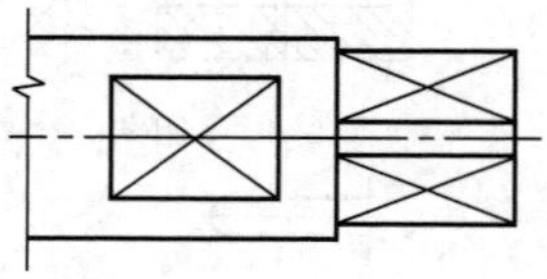 图 20　轴上的矩形平面 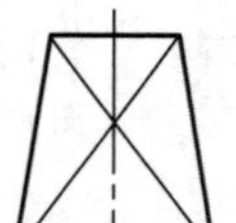　图 21　锥形平面	
断裂画法	较长的机件(轴、杆、型材、连杆等)沿长度方向的形状一致或按一定规律变化时,可断开绘制,其断裂边界用波浪线绘制(图 22、图 23)。断裂边界也可用双折线或细双点画线绘制 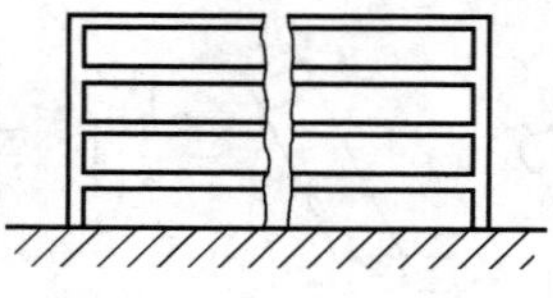 图 22 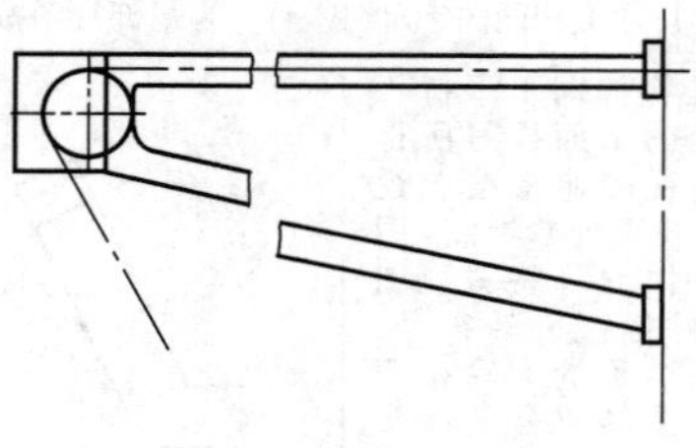　图 23	

续表

视图其他表示法（GB/T 4458.1—2002）

重复结构要素

零件中成规律分布的重复结构，允许只绘制出其中一个或几个完整的结构，并反映其分布情况。重复结构的数量和类型的表示应遵循 GB/T 4458.4 中的有关要求

对称的重复结构用细点画线表示各对称结构要素的位置（图 24、图 25）。不对称的重复结构则用相连的细实线代替（图 26）

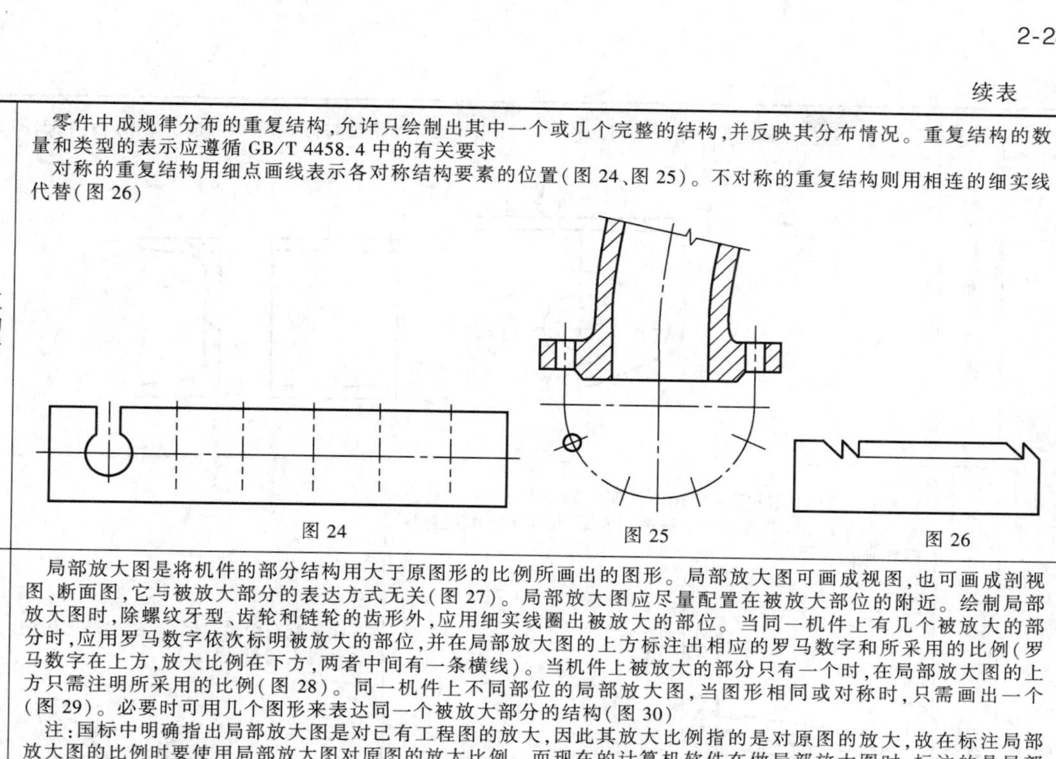

图 24　　图 25　　图 26

局部放大图

局部放大图是将机件的部分结构用大于原图形的比例所画出的图形。局部放大图可画成视图，也可画成剖视图、断面图，它与被放大部分的表达方式无关（图 27）。局部放大图应尽量配置在被放大部位的附近。绘制局部放大图时，除螺纹牙型、齿轮和链轮的齿形外，应用细实线圈出被放大的部位。当同一机件上有几个被放大的部分时，应用罗马数字依次标明被放大的部位，并在局部放大图的上方标注出相应的罗马数字和所采用的比例（罗马数字在上方，放大比例在下方，两者中间有一条横线）。当机件上被放大的部分只有一个时，在局部放大图的上方只需注明所采用的比例（图 28）。同一机件上不同部位的局部放大图，当图形相同或对称时，只需画出一个（图 29）。必要时可用几个图形来表达同一个被放大部分的结构（图 30）

注：国标中明确指出局部放大图是对已有工程图的放大，因此其放大比例指的是对原图的放大，故在标注局部放大图的比例时要使用局部放大图对原图的放大比例。而现在的计算机软件在做局部放大图时，标注的是局部放大图对实物（模型）的实际比例。由于局部放大图只是对图纸细节的放大，且局部放大图中标注的尺寸也是物体（模型）的实际尺寸，因此两者并不矛盾，但读者在使用局部放大图时还是要按国标标注

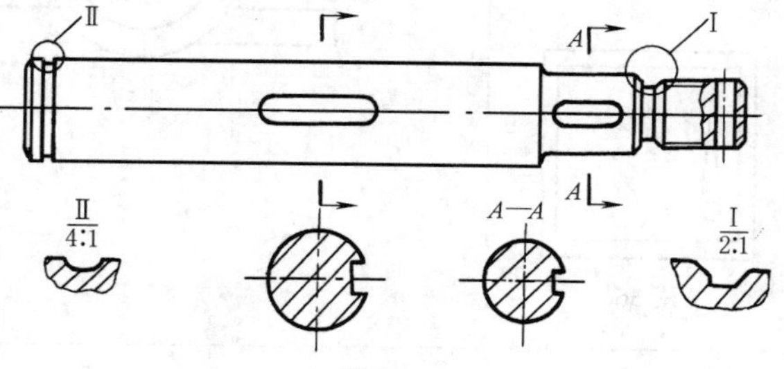

图 27

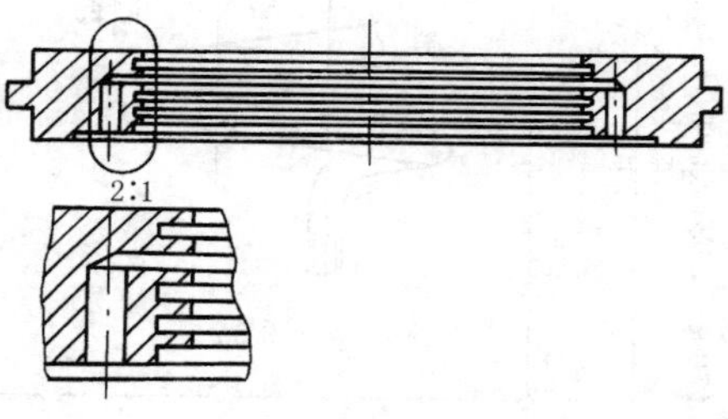

图 28

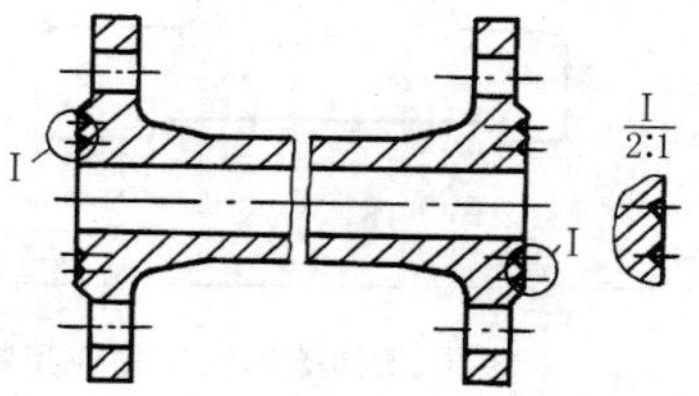

图 29

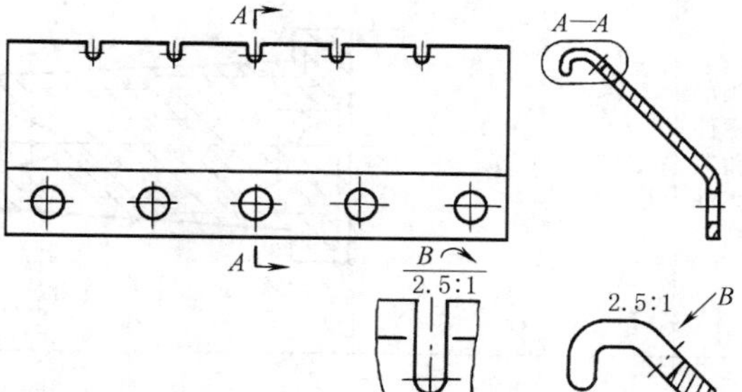

图 30

初始轮廓与弯折线

当有必要表示零件成形前的初始轮廓时，应用细双点画线绘制（图 31）

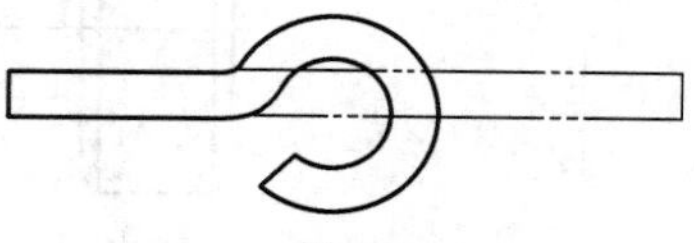

图 31

弯折线在展开图中应用细实线绘制（图 32）

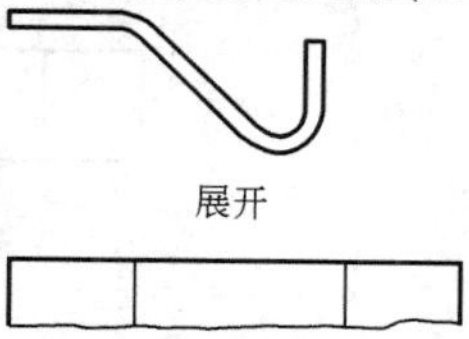

展开

图 32

续表

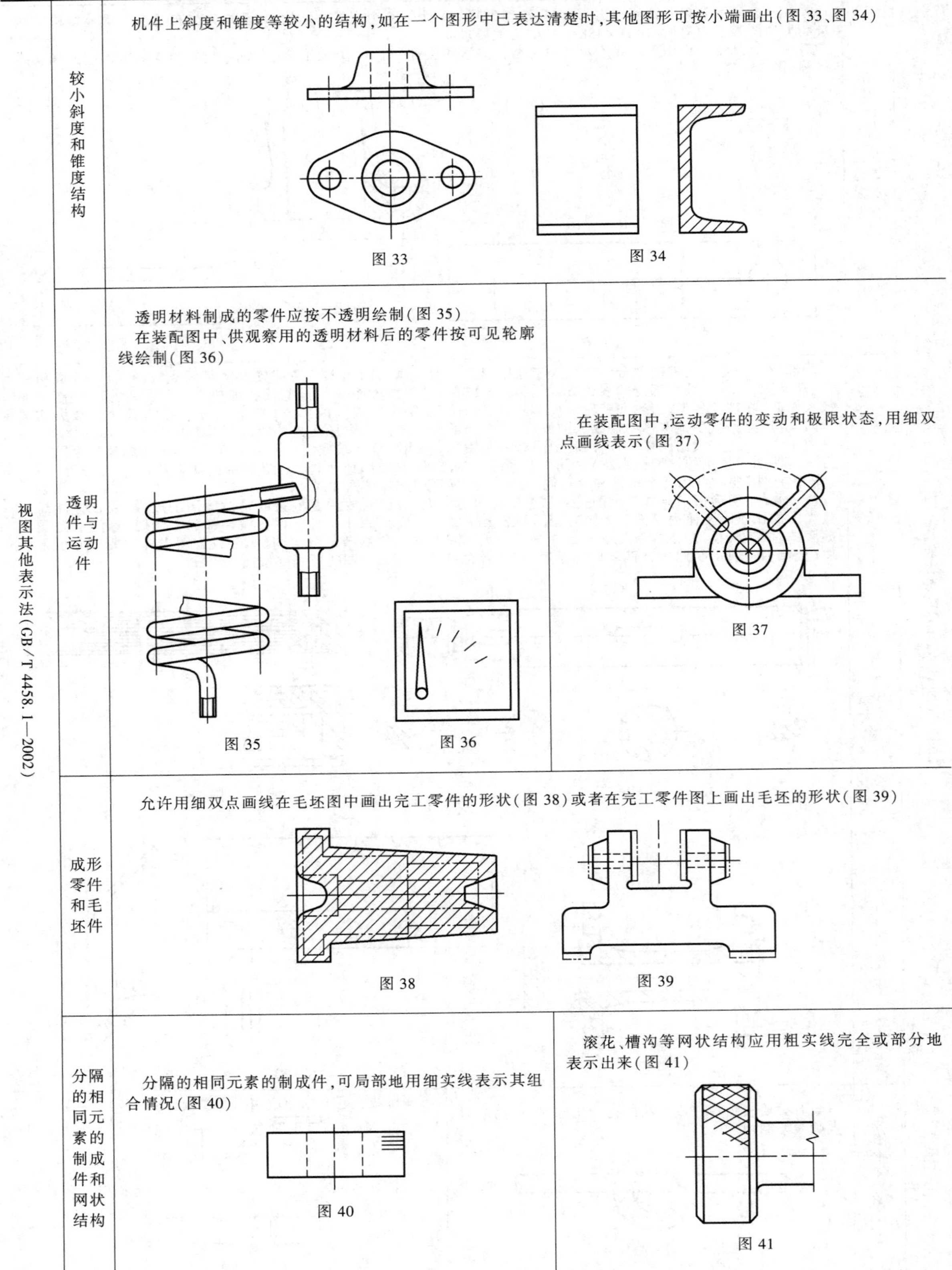

视图其他表示法（GB/T 4458.1—2002）	项目	说明	
	较小斜度和锥度结构	机件上斜度和锥度等较小的结构，如在一个图形中已表达清楚时，其他图形可按小端画出（图 33、图 34） 图 33　图 34	
	透明件与运动件	透明材料制成的零件应按不透明绘制（图 35） 在装配图中、供观察用的透明材料后的零件按可见轮廓线绘制（图 36） 图 35　图 36	在装配图中，运动零件的变动和极限状态，用细双点画线表示（图 37） 图 37
	成形零件和毛坯件	允许用细双点画线在毛坯图中画出完工零件的形状（图 38）或者在完工零件图上画出毛坯的形状（图 39） 图 38　图 39	
	分隔的相同元素的制成件和网状结构	分隔的相同元素的制成件，可局部地用细实线表示其组合情况（图 40） 图 40	滚花、槽沟等网状结构应用粗实线完全或部分地表示出来（图 41） 图 41

续表

视图其他表示法(GB/T 4458.1—2002)	纤维方向	材质的纤维方向和轧制方向,一般不必示出,必要时,应用带箭头的细实线表示(图 42、图 43) 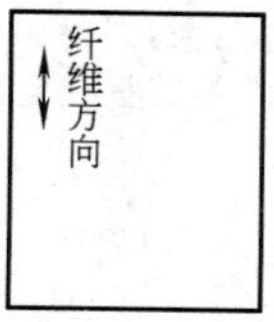 纤维方向　轧制方向 图 42 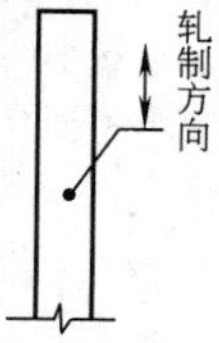　图 43		
	零件图中两个或两个以上相同视图的表示	一个零件上有两个或两个以上图形相同的视图,可以只画一个视图,并用箭头、字母和数字表示其投射方向和位置(图 44、图 45) 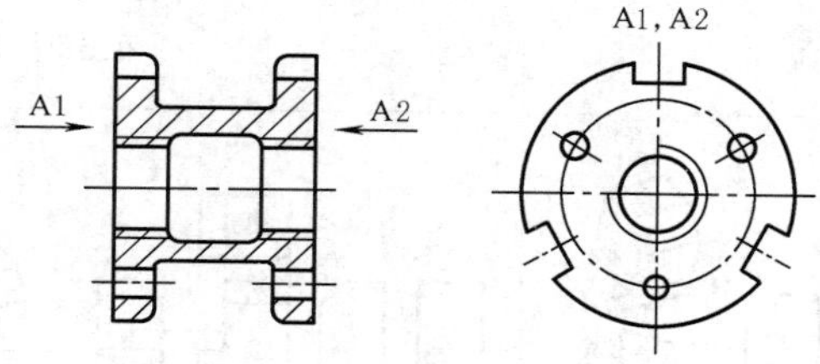 A1　A2　A1,A2 图 44　两个相同视图的表示 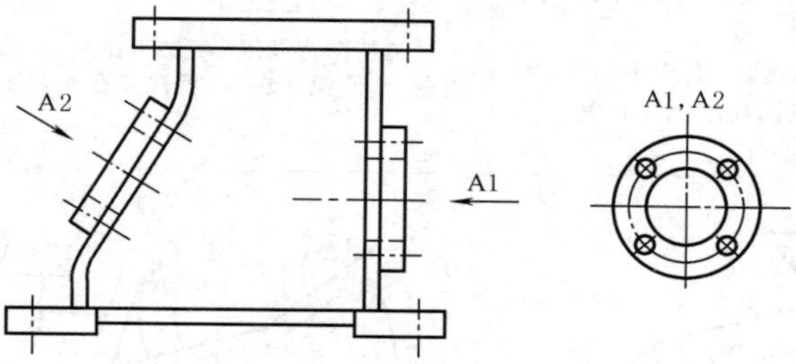 A2　A1　A1,A2 图 45　两个图形相同的局部视图和斜视图的表示	镜像零件	对于左右手零件或装配件,可用一个视图表示(图 46),并按 GB/T 16675.1 在图形下方注写必要的说明 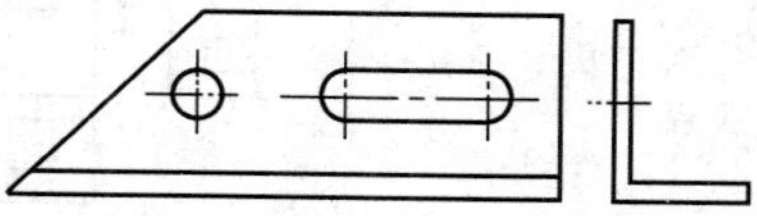 零件 1(LH)如图; 零件 2(RH)对称 图 46

注:视图的简化画法见 GB/T 16675.1—2012。

8.2　第一角视图和第三角视图的区别

世界各国的工程图样有两种体系,即第一角投影法(又称“第一角画法”)和第三角投影法(又称“第三角画法”)。中国及世界上大多数国家采用第一角投影,美国、英国等少数国家及地区采用第三角投影。第一角投影法所得的图样就是第一角视图,第三角投影法所得的图样就是第三角视图。无论是第一角投影还是第三角投影都采用正投影,其度量关系仍然符合“三等关系”。

表 2-1-15　　第一角视图和第三角视图的区别

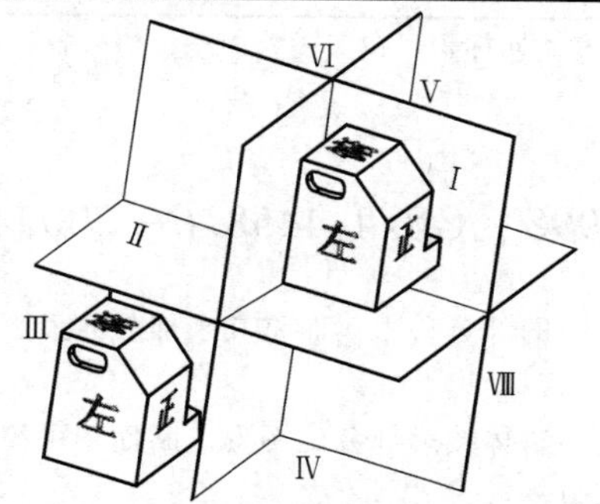	第一角画法将物体置于第一分角内,第三角画法将物体置于第三分角内

续表

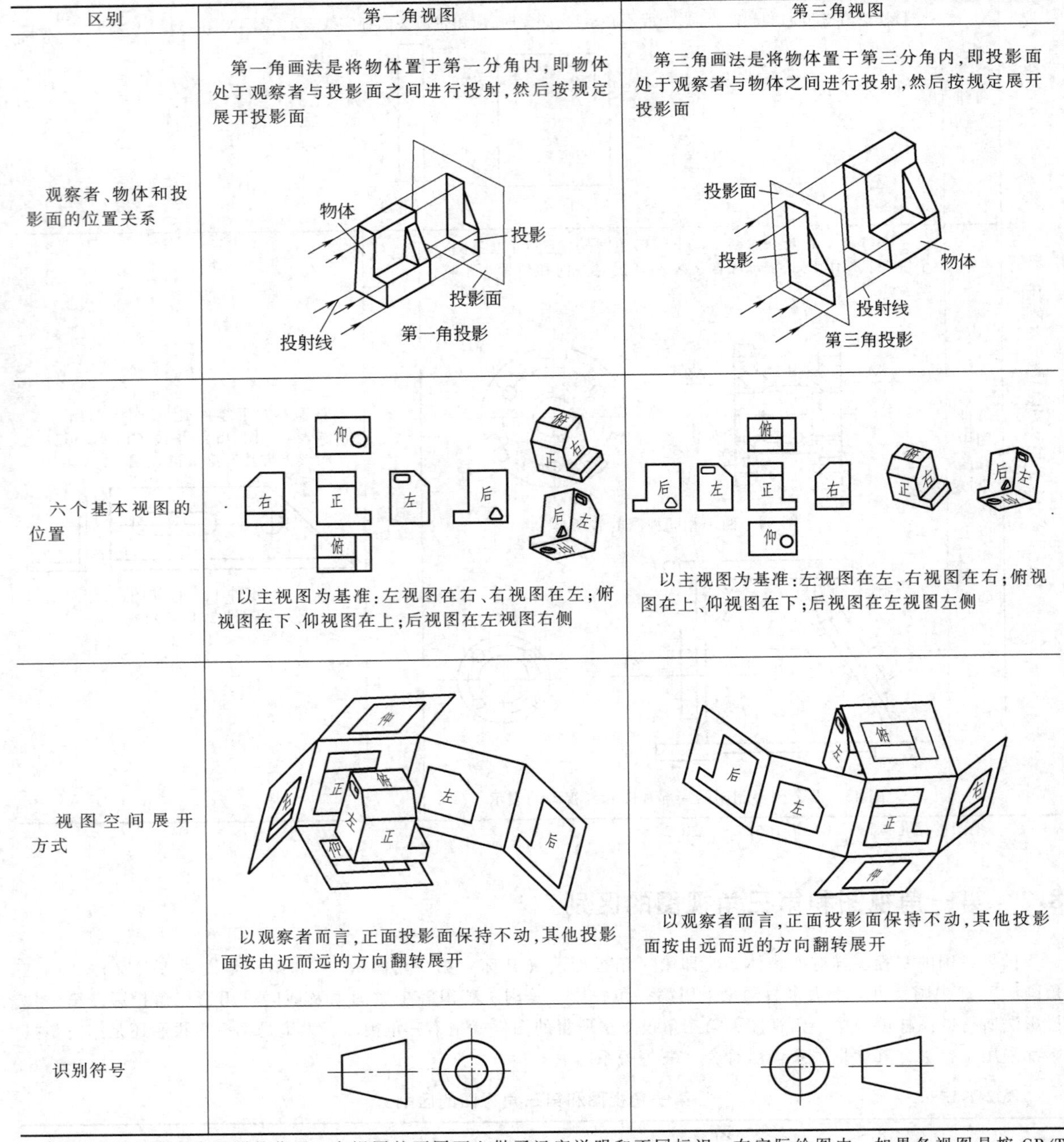

区别	第一角视图	第三角视图
观察者、物体和投影面的位置关系	第一角画法是将物体置于第一分角内，即物体处于观察者与投影面之间进行投射，然后按规定展开投影面	第三角画法是将物体置于第三分角内，即投影面处于观察者与物体之间进行投射，然后按规定展开投影面
六个基本视图的位置	以主视图为基准：左视图在右、右视图在左；俯视图在下、仰视图在上；后视图在左视图右侧	以主视图为基准：左视图在左、右视图在右；俯视图在上、仰视图在下；后视图在左视图左侧
视图空间展开方式	以观察者而言，正面投影面保持不动，其他投影面按由近而远的方向翻转展开	以观察者而言，正面投影面保持不动，其他投影面按由远而近的方向翻转展开
识别符号		

注：为了区分六个视图的位置，在视图的不同面上做了汉字说明和不同标识。在实际绘图中，如果各视图是按 GB/T 17451—1998 中规定的基本位置布局的则不需要说明。

8.3 剖视图和断面图（摘自 GB/T 17452—1998、GB/T 4458.6—2002）

剖视图是假想用剖切面剖开物体，将处在观察者和剖切面之间的部分移去，而将其余部分向投影面投射所得的图形。剖视图可简称为剖视。

断面图是假想用剖切面将物体的某处切断，仅画出该剖切面与物体接触部分的图形。断面图可简称为断面。

剖面区域是假想用剖切面剖开物体，剖切面与物体的接触部分。

表 2-1-16　　剖视图和断面图（GB/T 17452—1998）

剖切面的分类	根据物体的结构特点，可选择单一剖切面（平面或柱面）（图 1、图 2）、几个平行的剖切平面（图 3）或几个相交的剖切面（平面或柱面）（图 4） 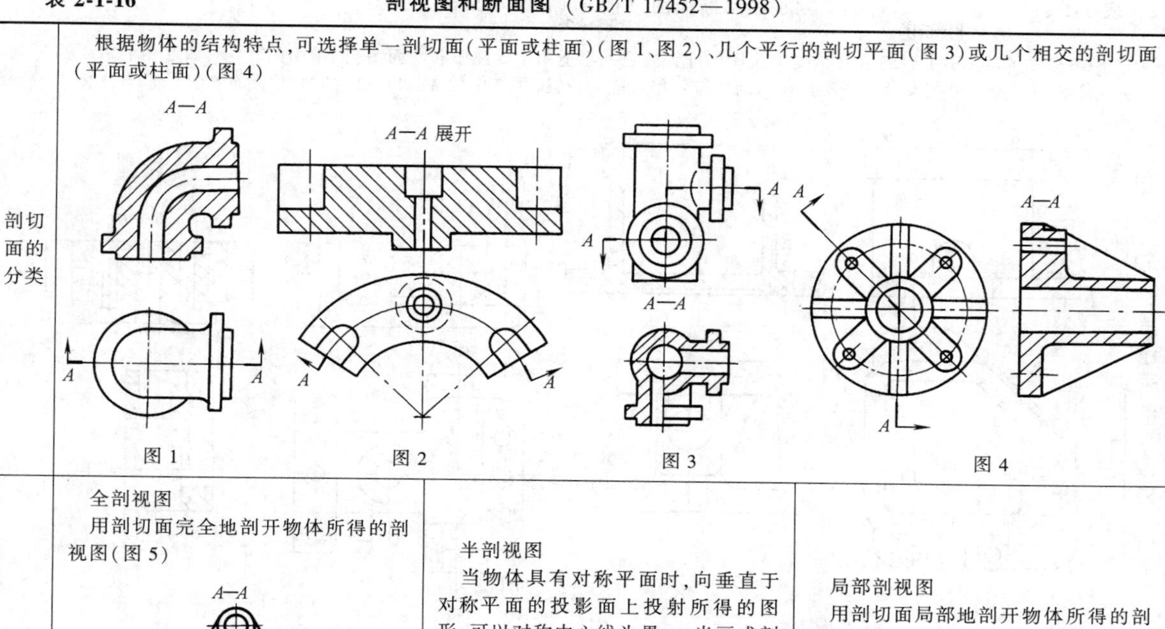 图 1　图 2　图 3　图 4
剖视图的分类	全剖视图 用剖切面完全地剖开物体所得的剖视图（图 5） 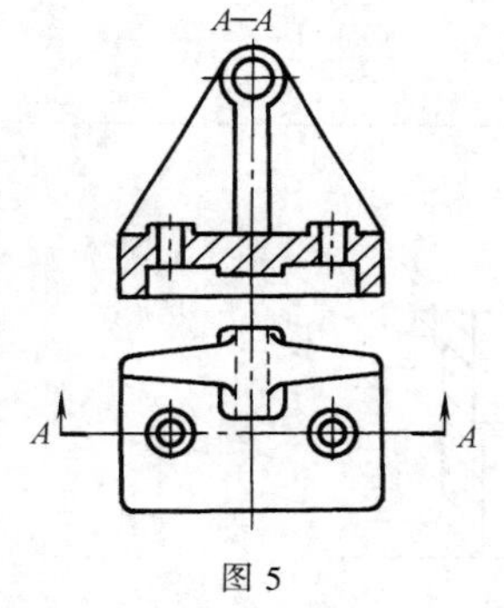 图 5 半剖视图 当物体具有对称平面时，向垂直于对称平面的投影面上投射所得的图形，可以对称中心线为界，一半画成剖视图，另一半画成视图（图 6） 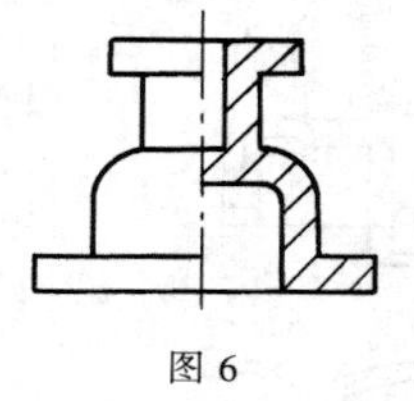 图 6 局部剖视图 用剖切面局部地剖开物体所得的剖视图（图 7） 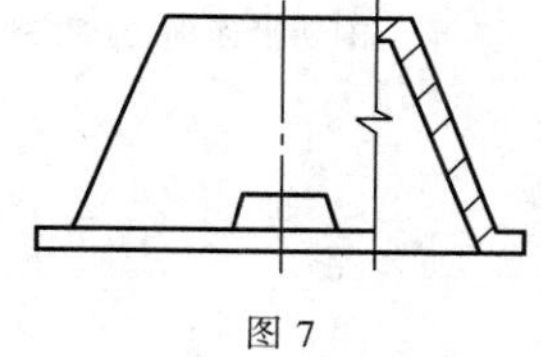 图 7
断面图的分类	移出断面图 移出断面图的图形应画在视图之外，轮廓线用粗实线绘制，配置在剖切线的延长线上，或其他适当位置（图 8） 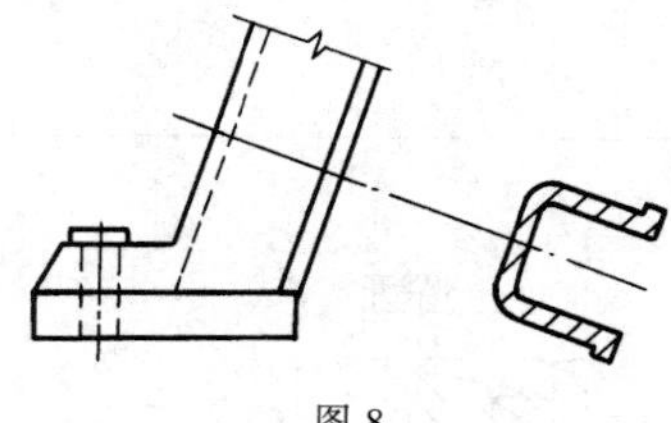 图 8 重合断面图 重合断面图的图形应画在视图之内，断面轮廓线用细实线绘出。当视图中轮廓线与重合断面图的图形重叠时，视图中的轮廓线仍应连续画出，不可间断（图 9） 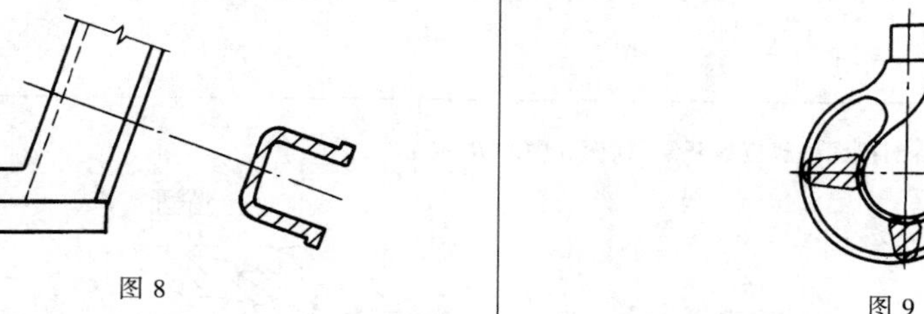 图 9
剖视图和断面图的标注	一般应标注剖视图或移出断面图的名称“×—×”（×为大写拉丁字母或阿拉伯数字）。在相应的视图上用剖切符号表示剖切位置和投射方向，并标注相同的字母或数字（图 5），字母和数字的高度与图幅所用尺寸标注数字相同 剖切符号、剖切线和字母的组合标注如图 10 所示。剖切线也可省略不画，如图 11 所示 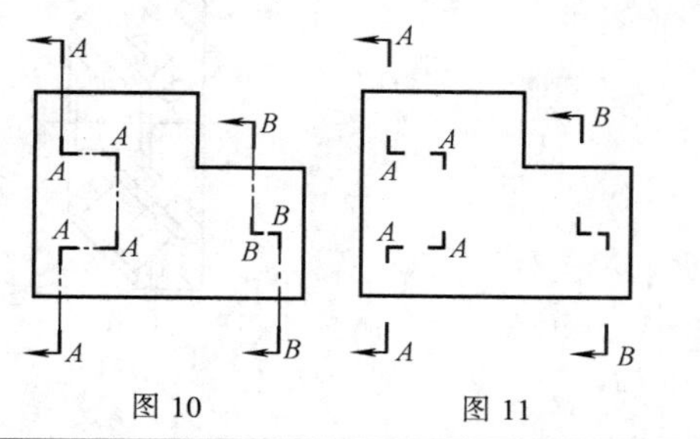 图 10　图 11

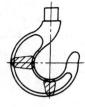

表 2-1-17 **剖视图和断面图**（摘自 GB/T 4458.6—2002）

基本要求

GB/T 17451、GB/T 4458.1 中的基本视图的配置规定同样适用于剖视图和断面图(图 1 中的 *A—A*、图 2 中的 *B—B*)。剖视图和断面图也可按投影关系配置在与剖切符号相对应的位置(图 2 中的 *A—A*),必要时允许配置在其他适当位置

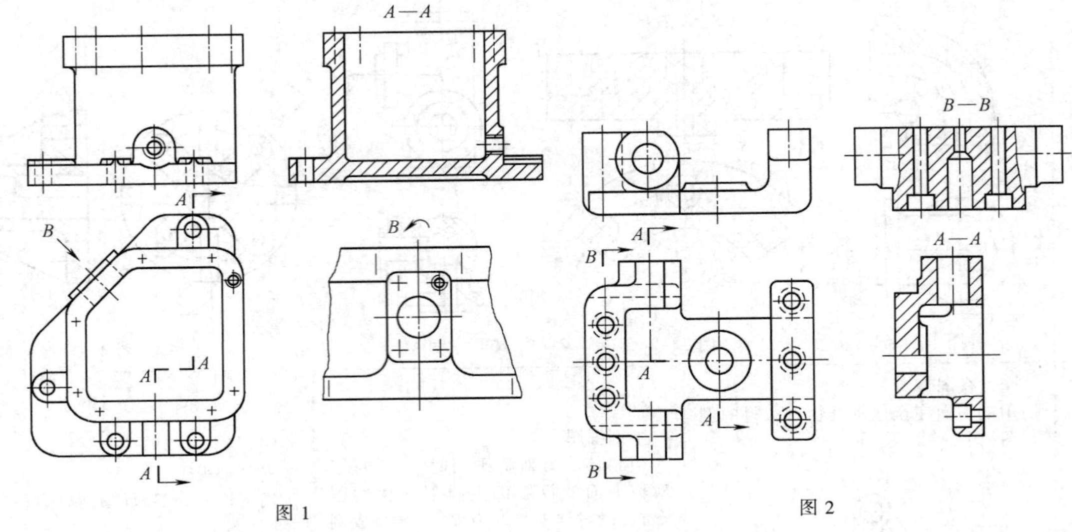

图 1　　图 2

剖视图

用单一剖切平面剖切(图 3、图 4)

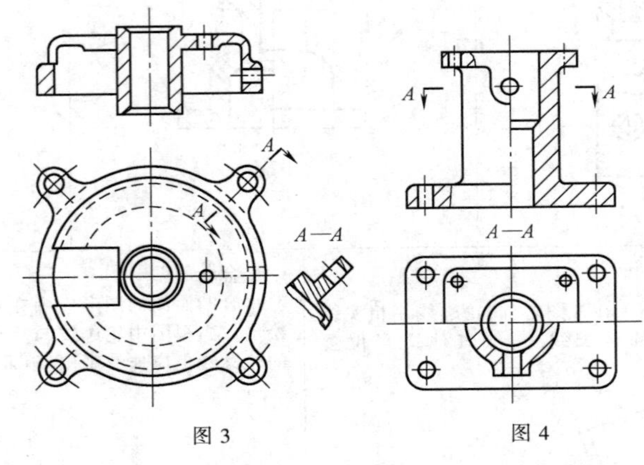

图 3　　图 4

用单一柱面剖切机件,剖视图一般应展开绘制(图 5 中的 *B—B*)

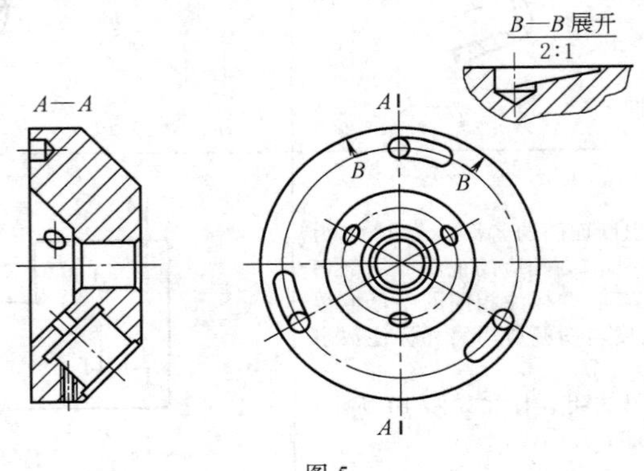

图 5

续表

剖视图

用几个平行的剖切平面(图 6)剖切时,在图形内不应出现不完整的要素,仅当两个要素在图形上具有公共对称中心线或轴线时,可以各画一半,此时应以对称中心线或轴线为界(图 7)

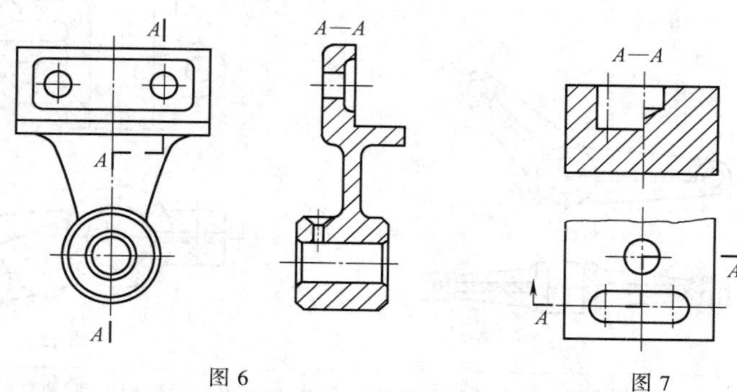

图 6

图 7

用几个相交的剖切平面获得的剖视图应旋转到一个投影平面上(图 8、图 9)。采用这种方法画剖视图时,先假想按剖切位置剖开机件,然后将被剖切平面剖开的结构及其有关部分旋转到与选定的投影面平行再进行投射(图 10~图 12);或采用展开画法,此时应标注“×—×展开”(图 13)。在剖切平面后的其他结构,一般仍按原来位置投影(图 14 中的油孔)。当剖切后产生不完整要素时,应将此部分按不剖绘制(图 15 中的臂)

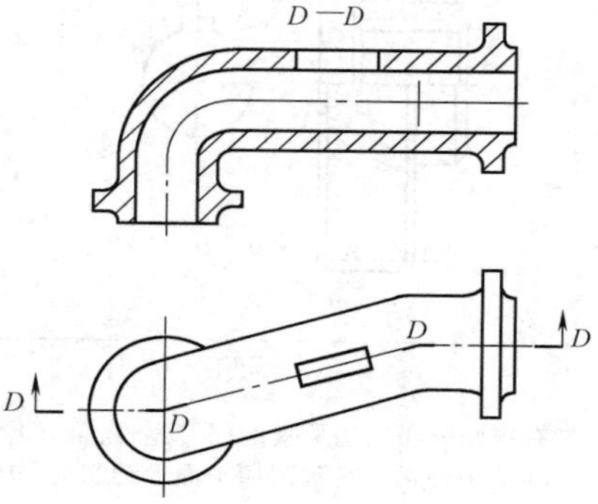

图 8

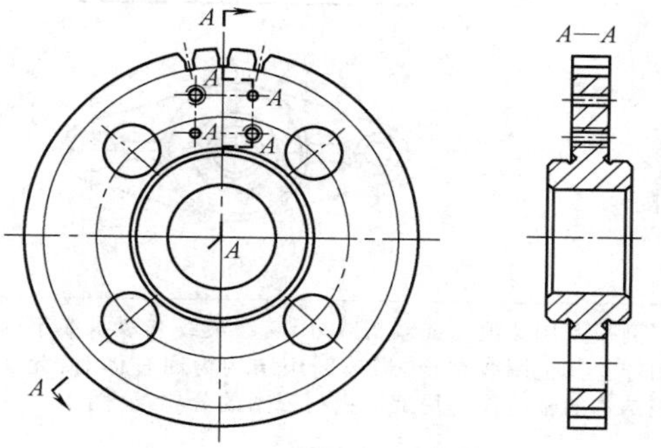

图 9

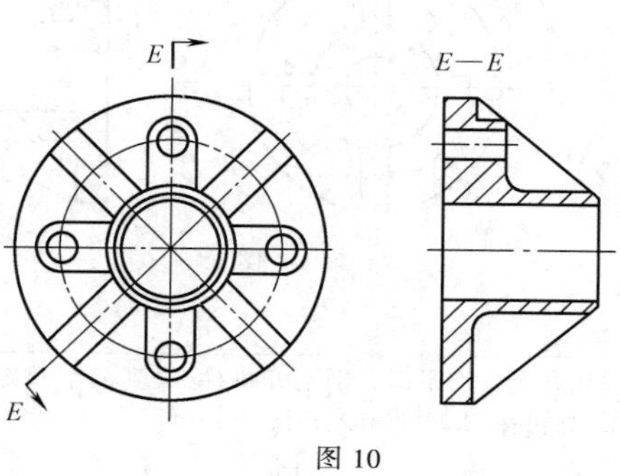

图 10

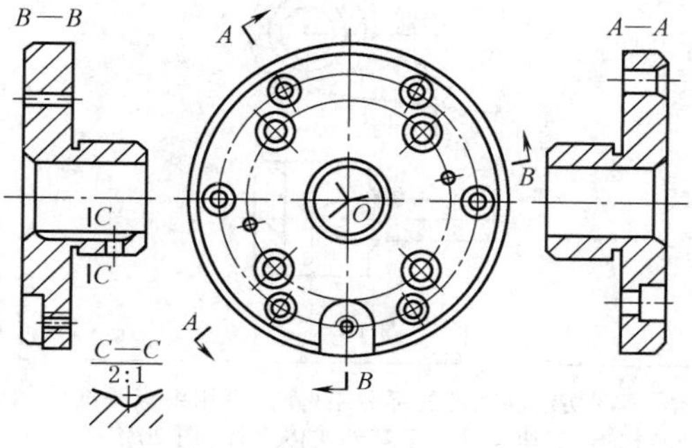

图 11

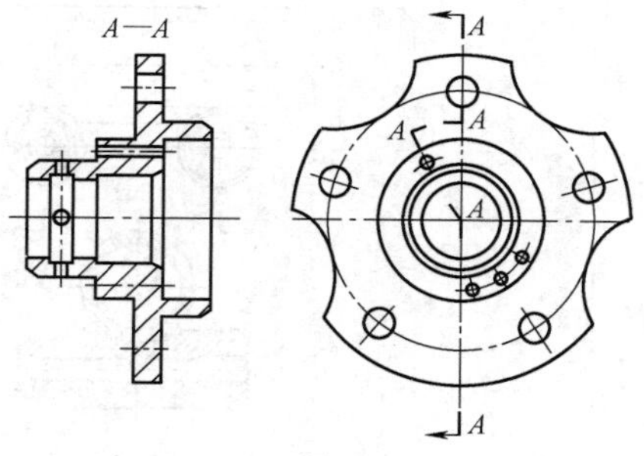

图 12

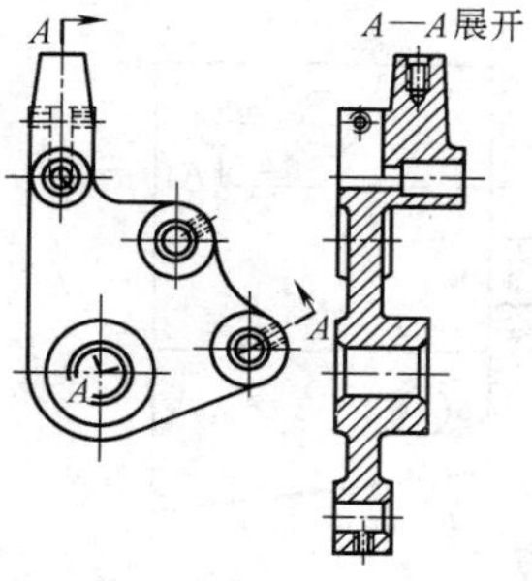

图 13

续表

剖视图

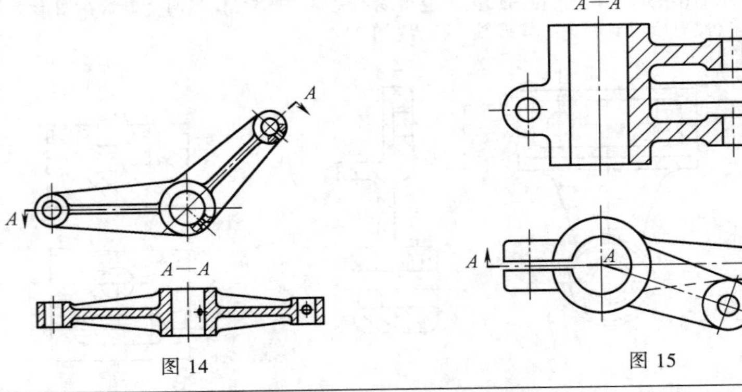

图 14　　　　图 15

机件的形状接近于对称，且不对称部分已另有图形表达清楚时，也可以画成半剖视图(图 16、图 17)

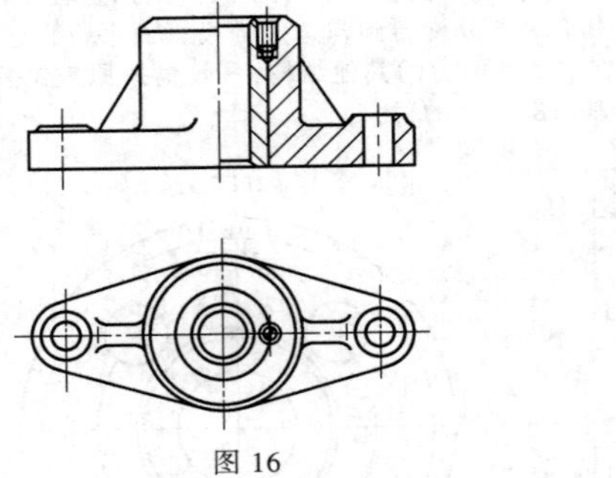

图 16

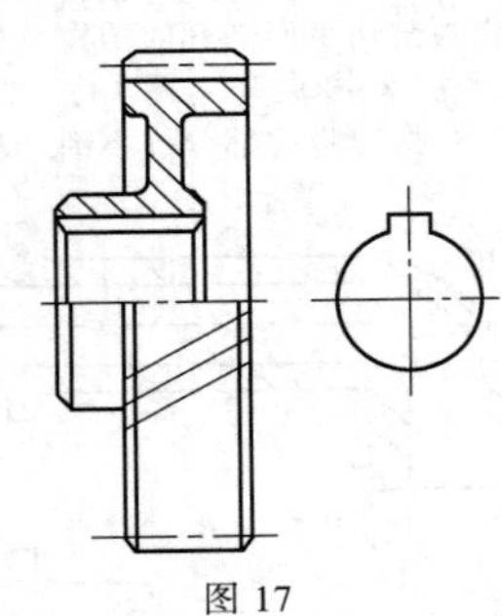

图 17

局部剖视图用波浪线或双折线分界，波浪线和双折线不应与图样上其他图线重合，当被剖切结构为回转体时，允许将该结构的轴线作为局部剖视与视图的分界线(图 18)

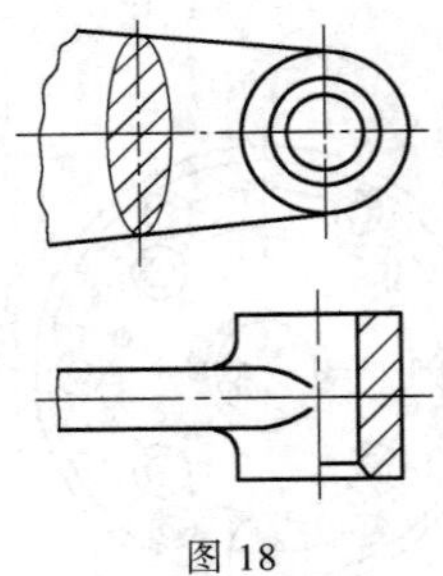

图 18

带有规则分布结构要素的回转零件，需要绘制剖视图时，可以将其结构要素旋转到剖切平面上绘制(图 19)

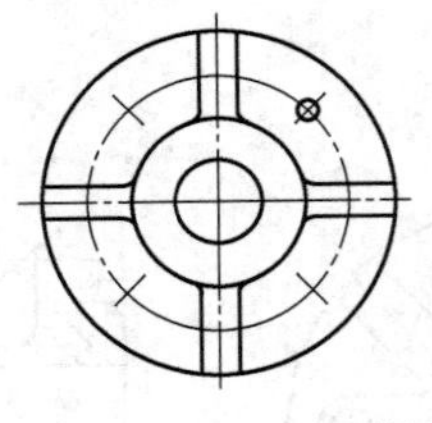

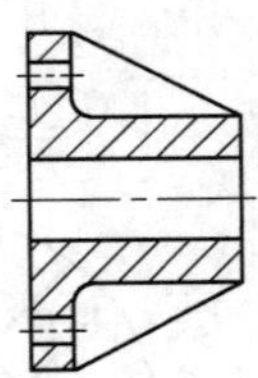

图 19

当只需剖切绘制零件的部分结构时，应用细点画线将剖切符号相连，剖切面可位于零件实体之外(图 20)

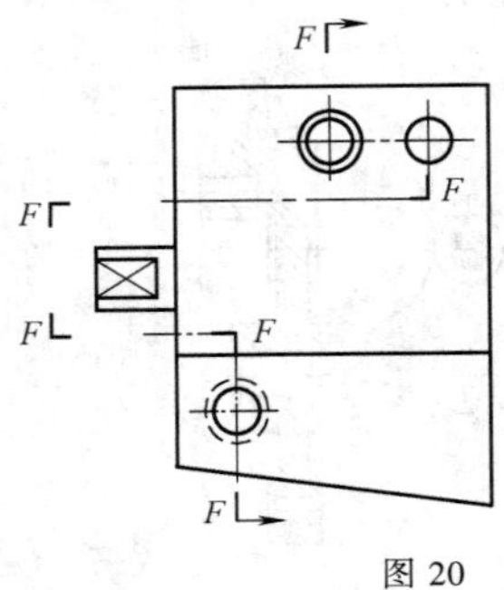

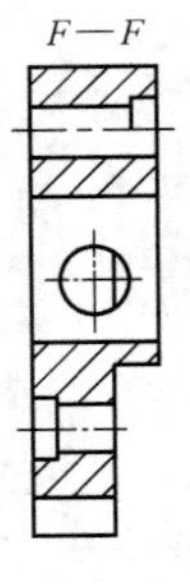

图 20

用几个剖切平面分别剖开机件，得到的剖视图为相同的图形时，可按图 21 的形式标注

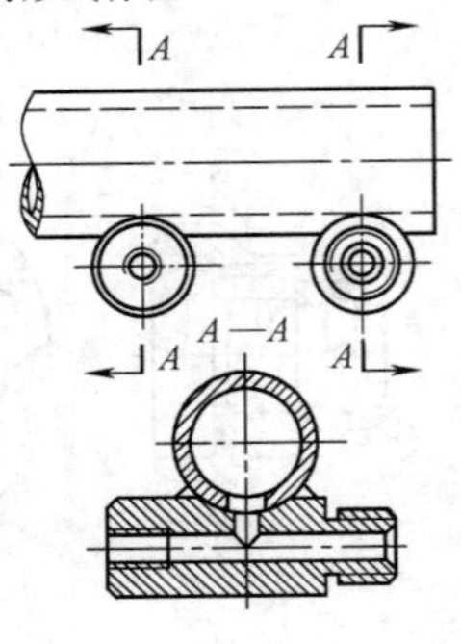

图 21

续表

<table>
<tr>
<td>剖视图</td>
<td>用一个公共剖切平面剖开机件，按不同方向投射得到的两个剖视图，应按图 22 的形式标注
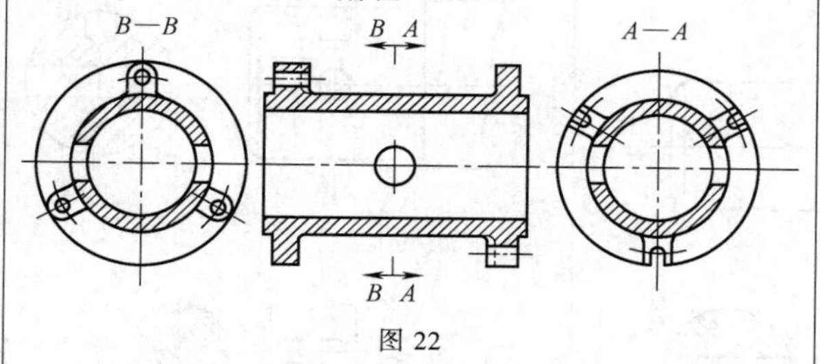
图 22</td>
<td>可将投射方向一致的几个对称图形各取一半（或四分之一）合并成一个图形。此时应在剖视图附近标出相应的剖视图名称“×—×”（图 23）
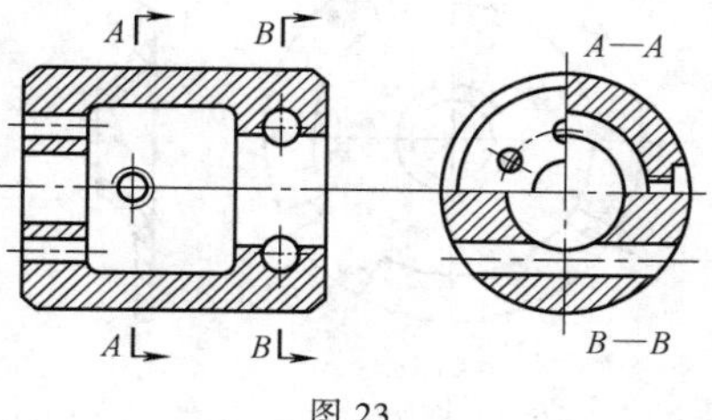
图 23</td>
</tr>
<tr>
<td rowspan="3">剖切位置与剖视图的标注</td>
<td colspan="2">一般应在剖视图的上方用大写的拉丁字母标出剖视图的名称“×—×”。在相应的视图上用剖切符号表示剖切位置和投射方向（用箭头表示），并标注相同的字母（图 1、图 4、图 9 和图 20）。剖切符号之间的剖切线可省略不画</td>
</tr>
<tr>
<td>当剖视图按投影关系配置，中间又没有其他图形隔开时，可省略箭头（图 5、图 6、图 24）
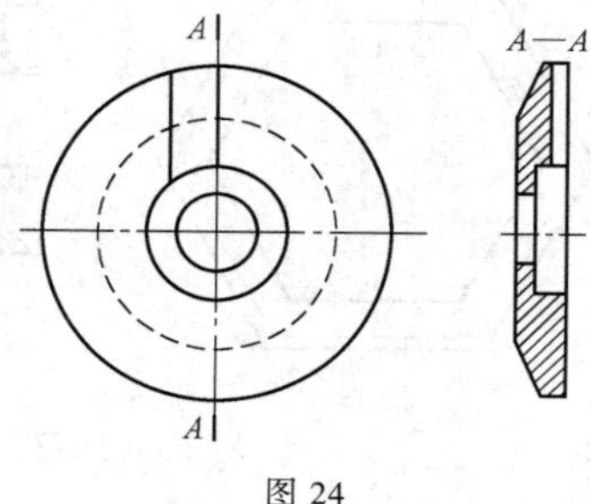
图 24</td>
<td>当单一剖切平面通过机件的对称平面或基本对称的平面，且剖视图按投影关系配置，中间又没有其他图形隔开时，不必标注（图 3 中的主视图、图 4 中的主视图、图 25 中的主视图）
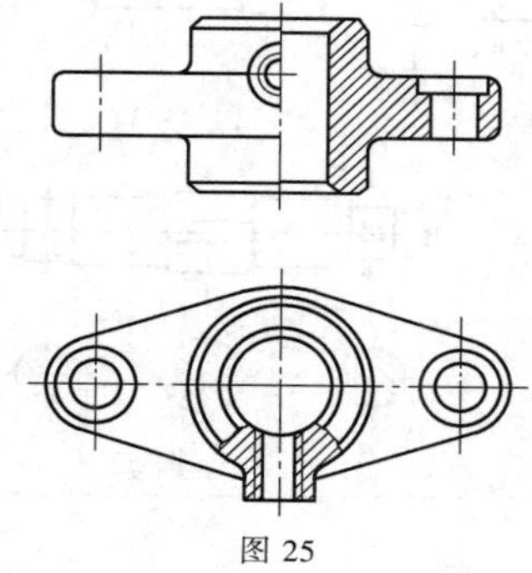
图 25</td>
</tr>
<tr>
<td colspan="2">当单一剖切平面的剖切位置明确时，局部剖视图不必标注（图 4 中主视图上的两个小孔、图 25 中的俯视图）</td>
</tr>
<tr>
<td rowspan="2">断面图</td>
<td>移出断面的轮廓线用粗实线绘制，通常配置在剖切线的延长线上（图 26）
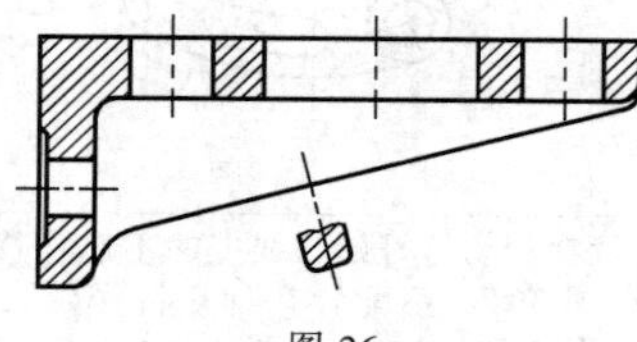
图 26</td>
<td>移出断面的图形对称时也可画在视图的中断处（图 27）
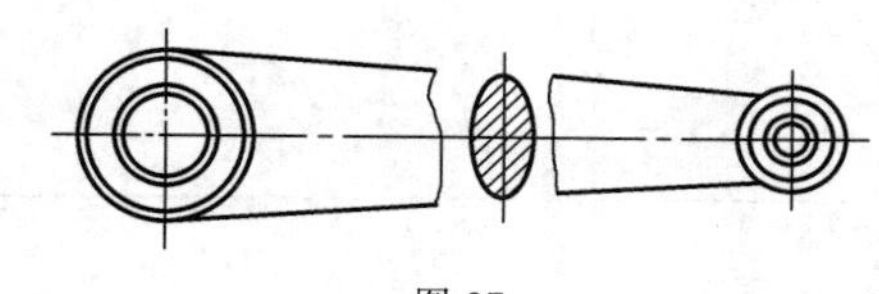
图 27</td>
</tr>
<tr>
<td>必要时可将移出断面配置在其他适当位置。在不引起误解时，允许将图形旋转，其标注形式见图 28
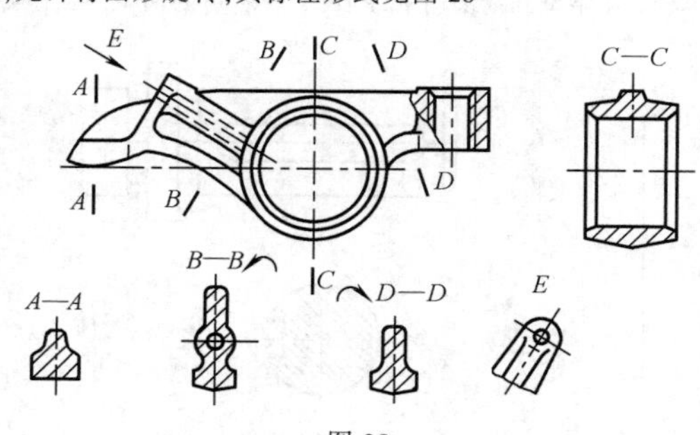
图 28</td>
<td>由两个或多个相交的剖切平面剖切得出的移出断面图，中间一般应断开（图 29）
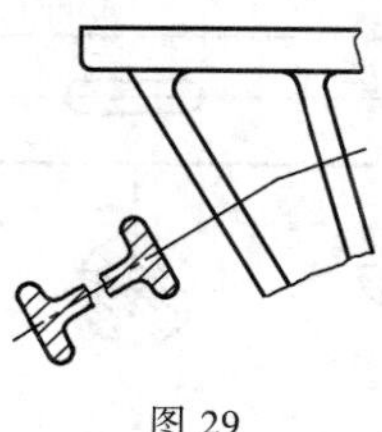
图 29</td>
</tr>
</table>

续表

<table>
<tr><td rowspan="3">断面图</td><td colspan="2">当剖切平面通过回转面形成的孔或凹坑的轴线时，则这些结构按剖视图要求绘制（图 30 中的 A—A、图 31～图 33）
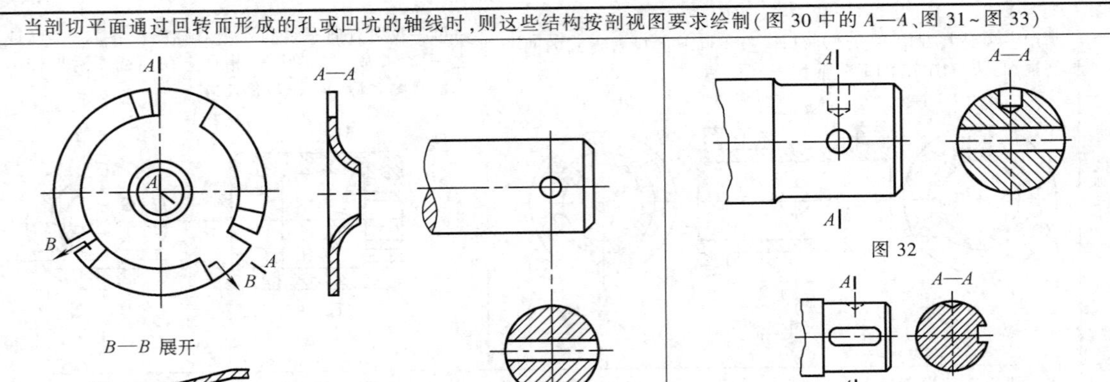
图 30　图 31　图 32　图 33</td></tr>
<tr><td colspan="2">为便于读图，逐次剖切的多个断面图可按图 34～图 36 的形式配置
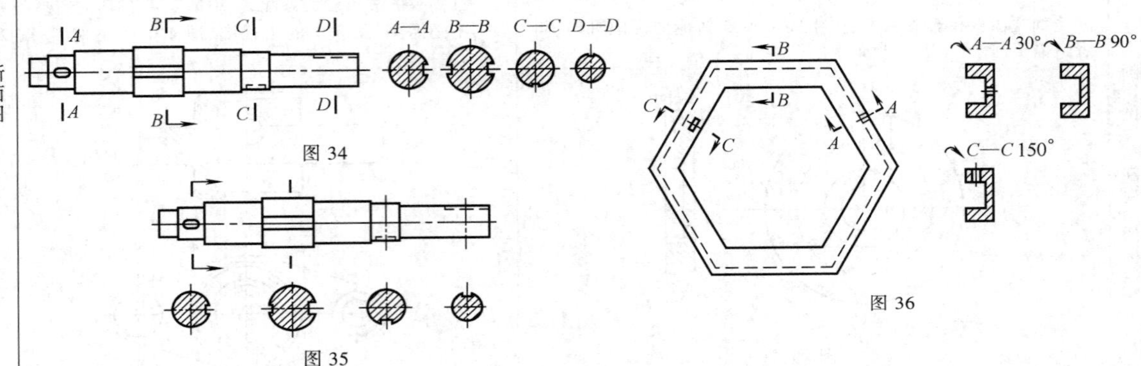
图 34　图 35　图 36</td></tr>
<tr><td>当剖切平面通过非圆孔，会导致出现完全分离的剖面区域时，则这些结构应按剖视图要求绘制（图 37）</td><td>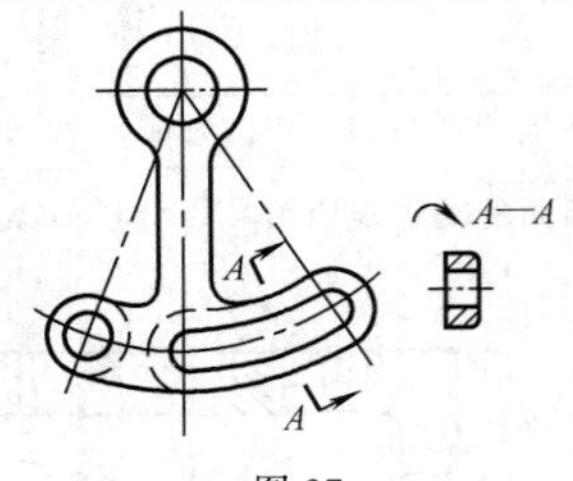
图 37</td></tr>
<tr><td>剖切位置与断面图的标注</td><td>一般应用大写的拉丁字母标注移出断面图的名称“×—×”，在相应的视图上用剖切符号表示剖切位置和投射方向（用箭头表示），并标注相同的字母（图 38 中的 A—A）。剖切符号之间的剖切线可省略不画
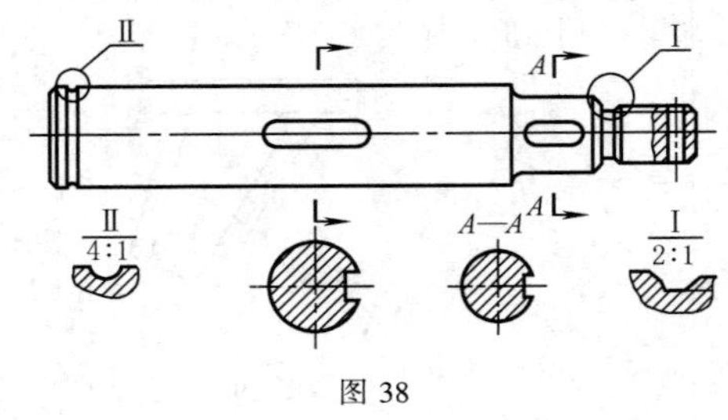
图 38</td><td>配置在剖切符号延长线上的不对称移出断面不必标注字母（图 39）。不配置在剖切符号延长线上的对称移出断面（图 28 中的 A—A、图 34 中的 C—C 和 D—D），以及按投影关系配置的移出断面（图 32 和图 33），一般不必标注箭头，配置在剖切线延长线上的对称移出断面，不必标注字母和箭头（图 31 及图 35 右边的两个断面图）
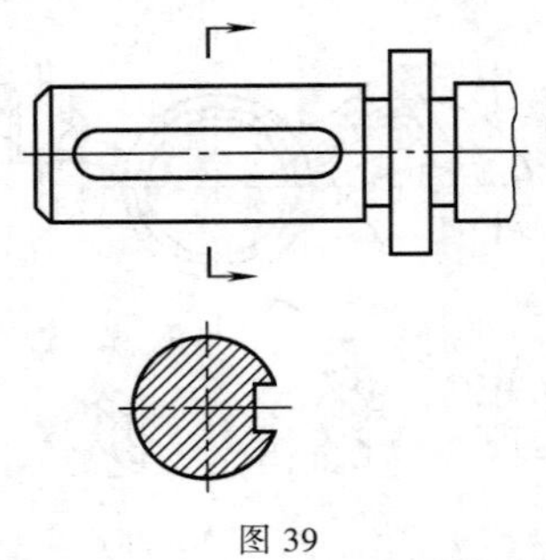
图 39</td></tr>
</table>

续表

剖切位置与断面图的标注	对称的重合断面及配置在视图中断处的对称移出断面不必标注(图 40 和图 27) 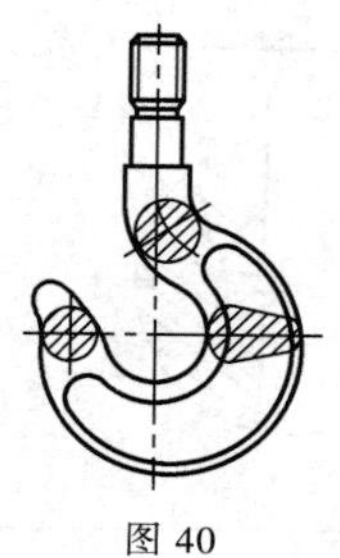 图 40	不对称的重合断面可省略标注。重合断面的轮廓线用细实线绘制,断面图形画在视图之内。当视图中的轮廓线与重合断面的图形重叠时,视图中的轮廓线仍应连续画出,不可间断(图 41) 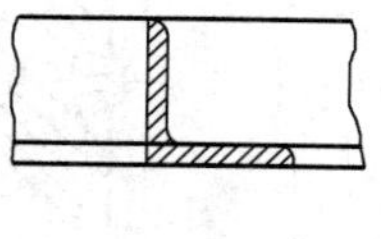 图 41

注:剖视图和断面图的简化表示法见 GB/T 16675.1—2012。

8.4 图样画法的简化表示法(摘自 GB/T 16675.1—2012)

由必要的主要结构要素和几何参数按比例表示图形的方法为简化表示法,也可以单独采用符号、字母或文字表示。简化表示法由简化画法和简化注法组成。

简化表示法的原则是:

1)简化必须保证不致引起误解和不会产生理解的多义性,在此前提下应力求制图简便。

2)便于识读和绘制,注重简化的综合效果。

3)在考虑便于手工制图和计算机制图的同时,还要考虑缩微制图的要求。

简化表示法的基本要求是:

1)尽量避免不必要的视图和剖视图。

2)在不致引起误解时,应避免使用虚线表示不可见的结构。

3)尽可能使用有关标准中规定的符号,表达设计要求。

4)尽可能减少相同结构要素的重复绘制。

5)对于已经清晰表达的结构,可对其进行简化。

表 2-1-18 **简化画法**

类别	简化后	简化前	说明
左右手件画法	零件 1(LH)如图 零件 2(RH)对称(或镜像对称件)	零件 1(左件) 零件 2(右件)	对于左右手零件和装配件,允许仅画出其中一件,另一件则用文字说明,其中“LH”为左件,“RH”为右件

续表

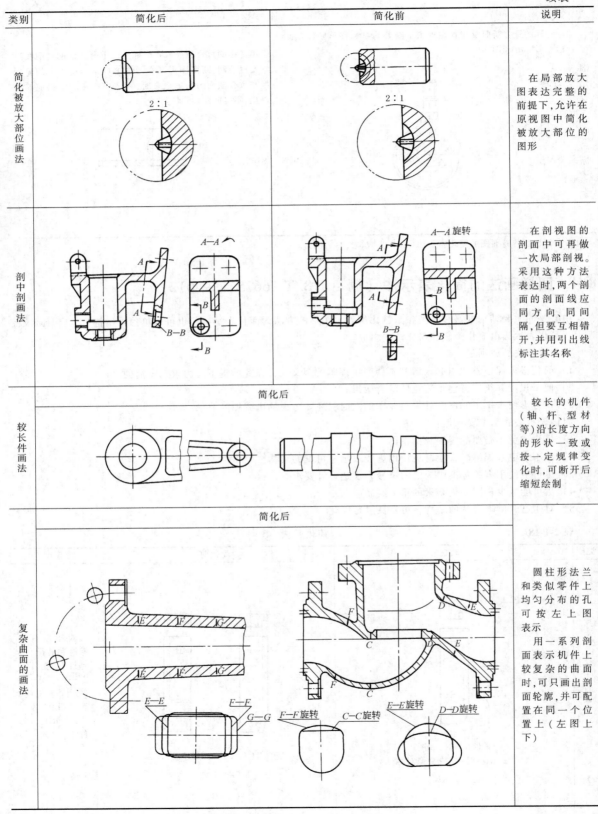

<table>
<tr><th>类别</th><th>简化后</th><th>简化前</th><th>说明</th></tr>
<tr><td>简化被放大部位画法</td><td> 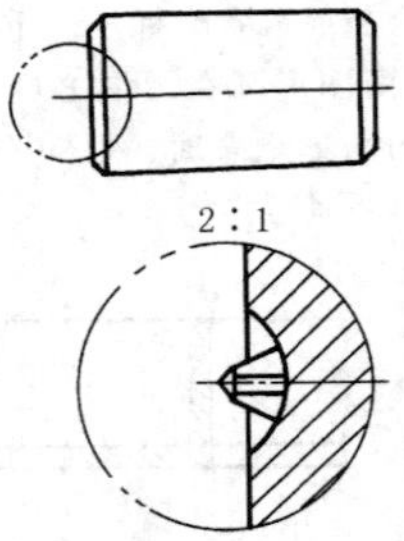2∶1</td><td> 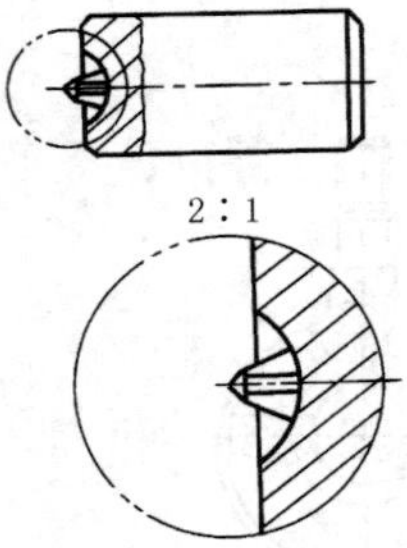2∶1</td><td>在局部放大图表达完整的前提下，允许在原视图中简化被放大部位的图形</td></tr>
<tr><td>剖中剖画法</td><td> 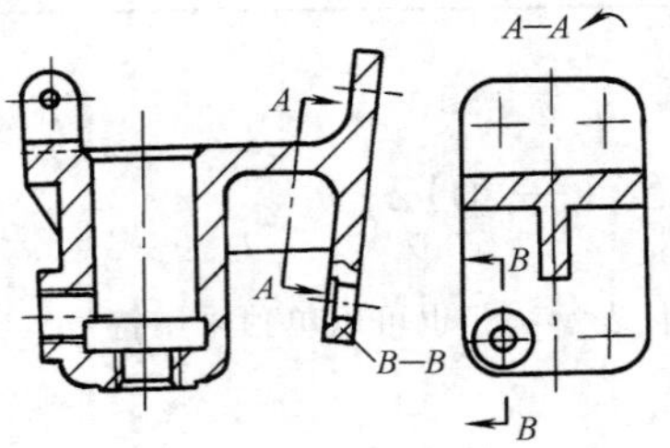A—A
A A B B—B B</td><td> 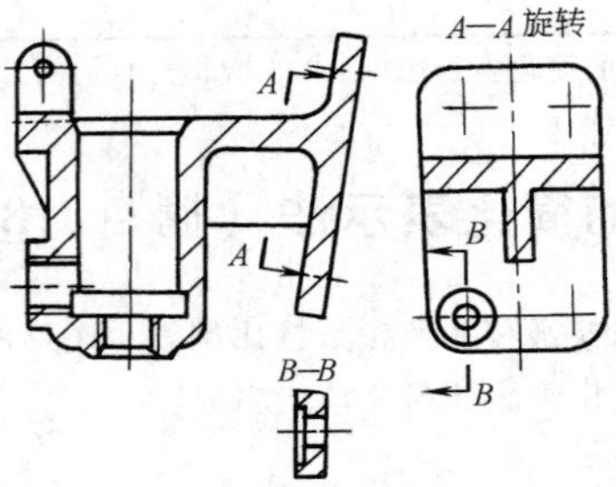A—A旋转
A A B B—B B</td><td>在剖视图的剖面中可再做一次局部剖视。采用这种方法表达时，两个剖面的剖面线应同方向、同间隔，但要互相错开，并用引出线标注其名称</td></tr>
<tr><td>较长件画法</td><td colspan="2">简化后 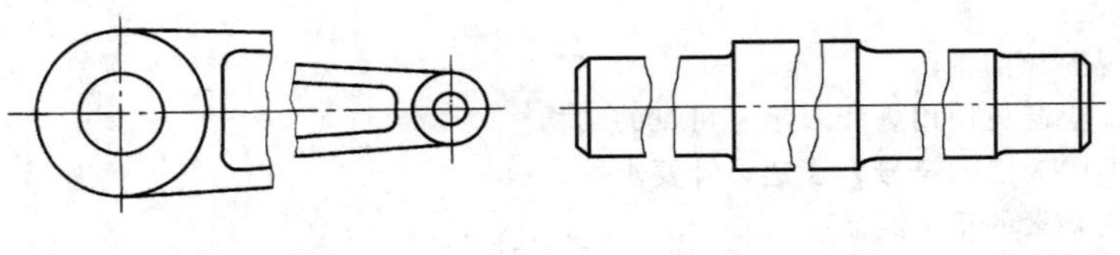</td><td>较长的机件（轴、杆、型材等）沿长度方向的形状一致或按一定规律变化时，可断开后缩短绘制</td></tr>
<tr><td>复杂曲面的画法</td><td colspan="2">简化后 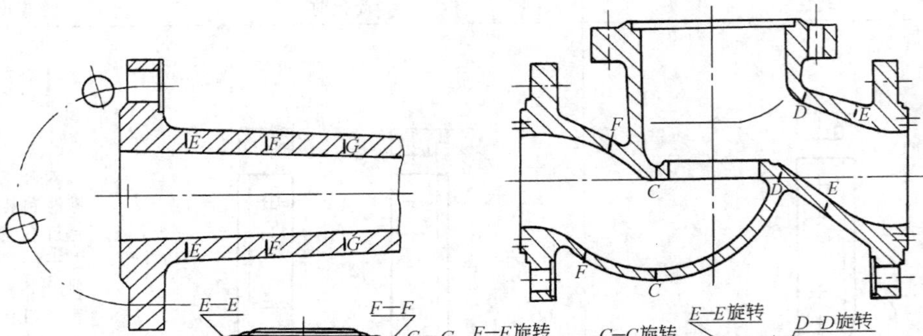
E F G E F G E—E F—F G—G
F D E C D E F C F—F旋转 C—C旋转 E—E旋转 D—D旋转</td><td>圆柱形法兰和类似零件上均匀分布的孔可按左上图表示
用一系列剖面表示机件上较复杂的曲面时，可只画出剖面轮廓，并可配置在同一个位置上（左图上下）</td></tr>
</table>

续表

类别	简化后	说明
拆卸画法	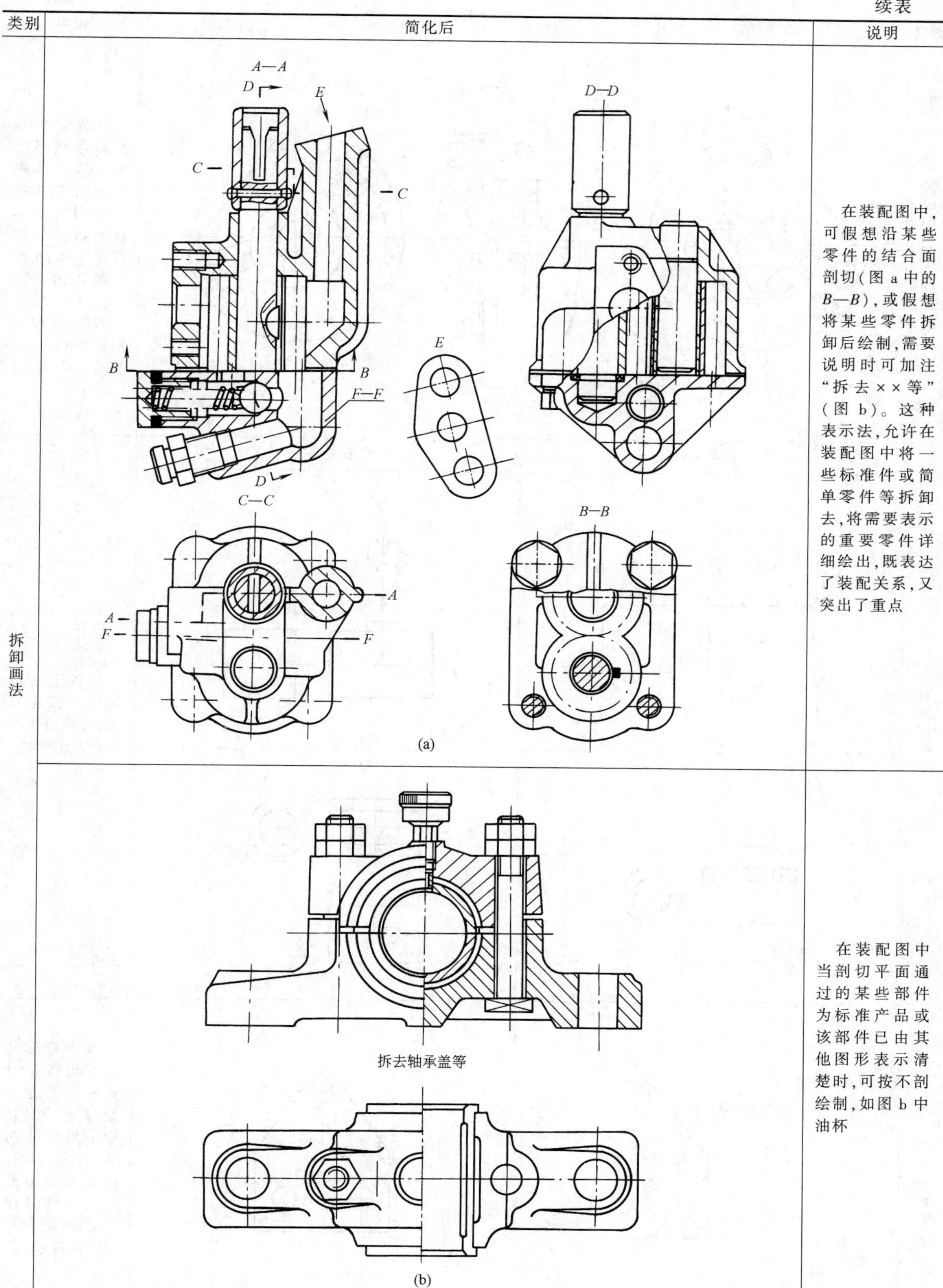(a)	在装配图中，可假想沿某些零件的结合面剖切（图 a 中的 *B—B*），或假想将某些零件拆卸后绘制，需要说明时可加注“拆去××等”（图 b）。这种表示法，允许在装配图中将一些标准件或简单零件等拆卸去，将需要表示的重要零件详细绘出，既表达了装配关系，又突出了重点
	拆去轴承盖等 (b)	在装配图中当剖切平面通过的某些部件为标准产品或该部件已由其他图形表示清楚时，可按不剖绘制，如图 b 中油杯

续表

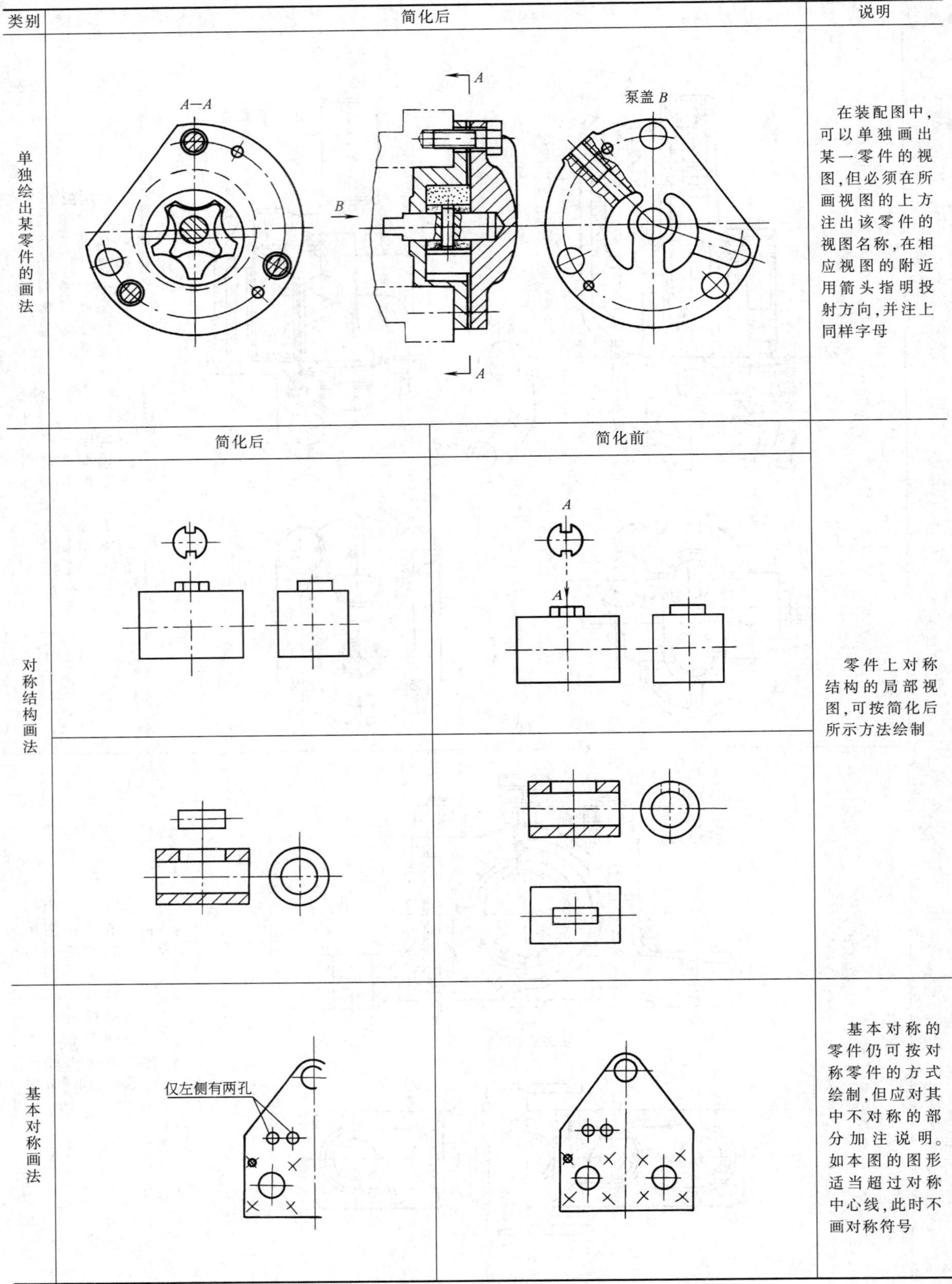

类别	简化后	简化前	说明
单独绘出某零件的画法			在装配图中，可以单独画出某一零件的视图，但必须在所画视图的上方注出该零件的视图名称，在相应视图的附近用箭头指明投射方向，并注上同样字母
对称结构画法			零件上对称结构的局部视图，可按简化后所示方法绘制
基本对称画法			基本对称的零件仍可按对称零件的方式绘制，但应对其中不对称的部分加注说明。如本图的图形适当超过对称中心线，此时不画对称符号

续表

<table>
<tr><th>类别</th><th colspan="2">简化后</th><th>说明</th></tr>
<tr><td>对称件画法</td><td colspan="2"> 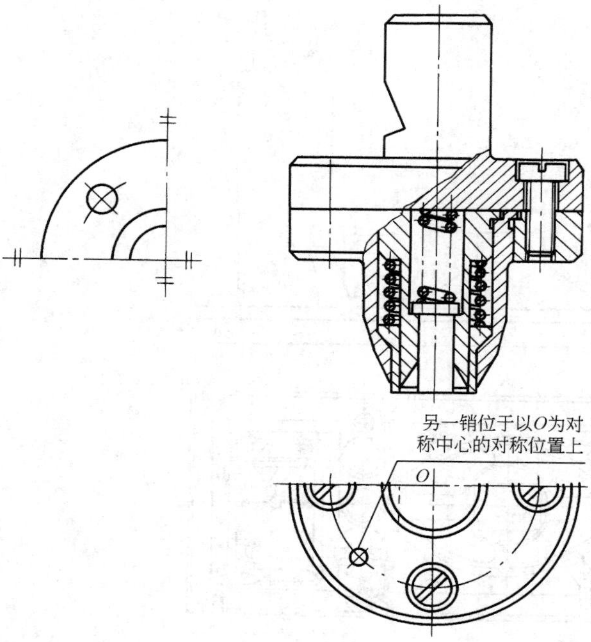另一销位于以O为对称中心的对称位置上
O</td><td>在不致引起误解时，对于对称机件的视图可只画一半或四分之一，并在对称中心线的两端画出两条与其垂直的平行细实线（即对称符号）。这条规定不仅适用于零件图，也适用于装配图</td></tr>
<tr><td></td><td>简化后</td><td>简化前</td><td></td></tr>
<tr><td>剖切平面前的结构画法</td><td> 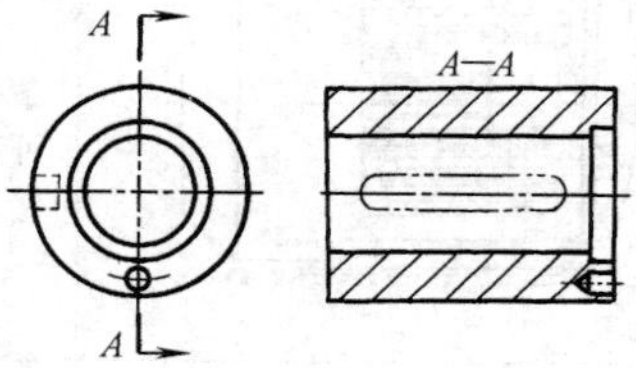A A A—A</td><td> 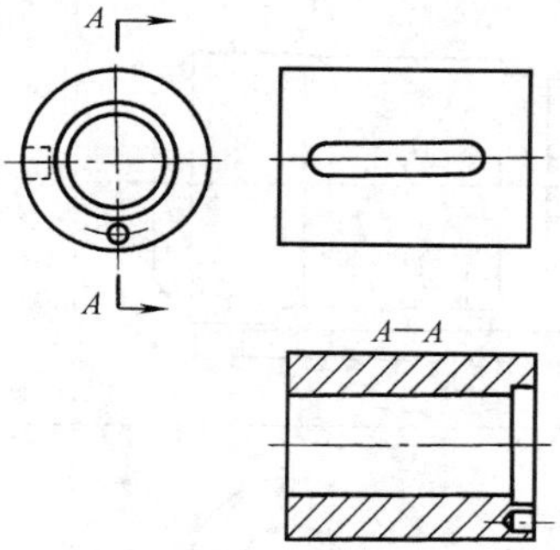A A A—A</td><td>在需要表示位于剖切平面前的结构时，这些结构按假想投影的轮廓线绘制</td></tr>
<tr><td>剖切平面后的结构省略画法</td><td> 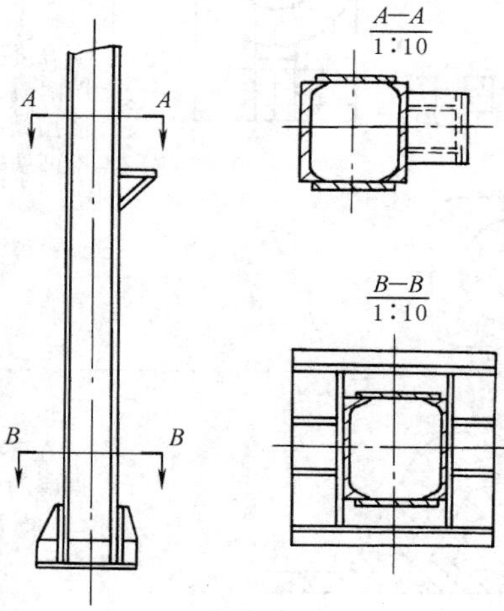A A B B
A—A 1∶10
B—B 1∶10</td><td>A A B B
A—A 1∶10
B—B 1∶10</td><td>在不致引起误解时，剖切平面后不需表达的部分允许省略不画（见简化后 A—A 剖视）</td></tr>
</table>

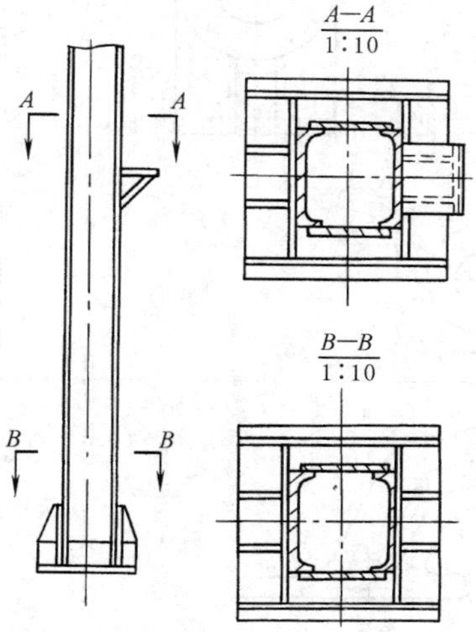

续表

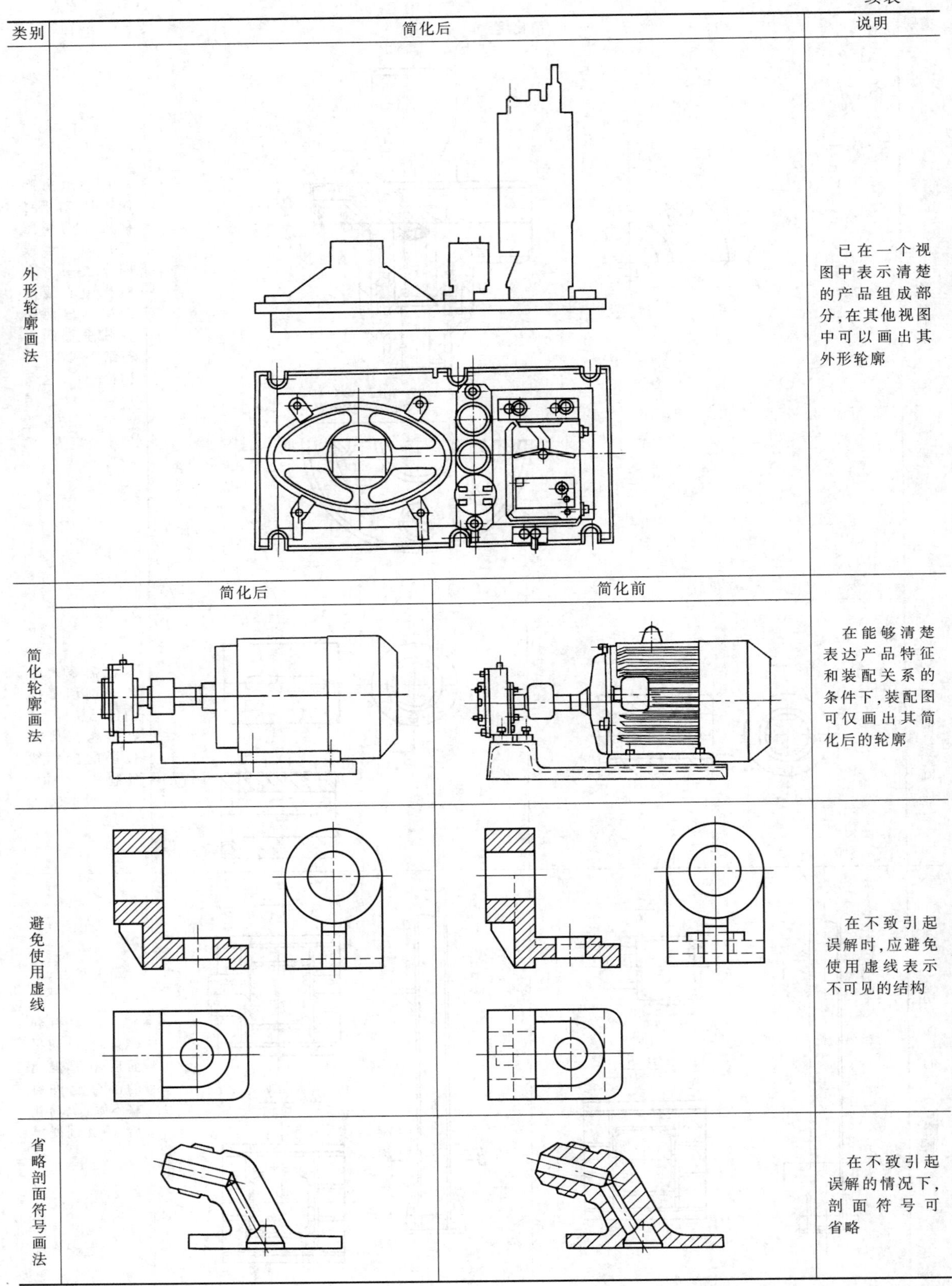

类别	简化后	简化前	说明
外形轮廓画法	（图）		已在一个视图中表示清楚的产品组成部分，在其他视图中可以画出其外形轮廓
	简化后	简化前	
简化轮廓画法	（图）	（图）	在能够清楚表达产品特征和装配关系的条件下，装配图可仅画出其简化后的轮廓
避免使用虚线	（图）	（图）	在不致引起误解时，应避免使用虚线表示不可见的结构
省略剖面符号画法	（图）	（图）	在不致引起误解的情况下，剖面符号可省略

续表

类别	简化后	简化前	说明
省略剖面符号画法	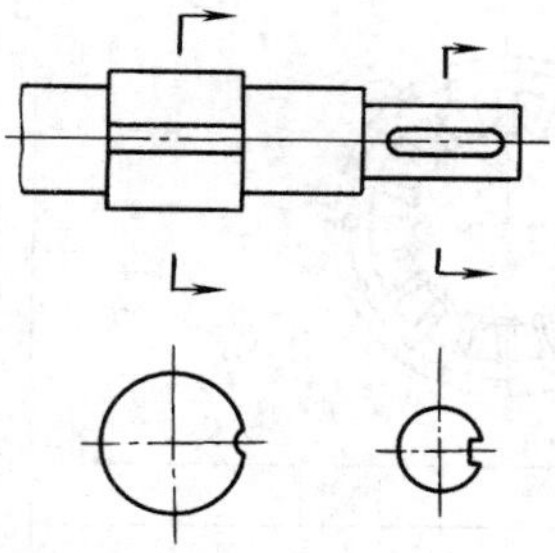	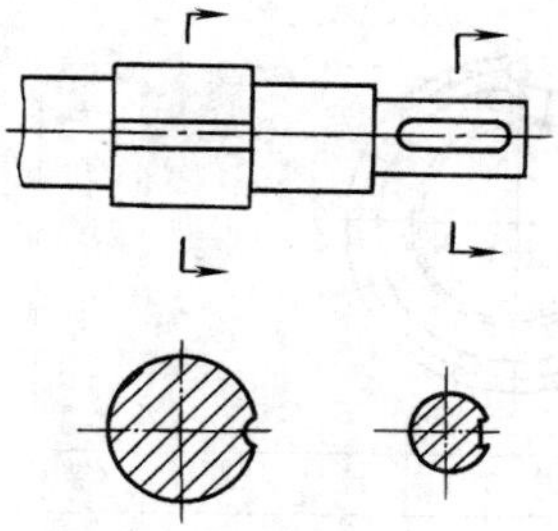	在不致引起误解的情况下，剖面符号可省略
省略视图与剖面的画法	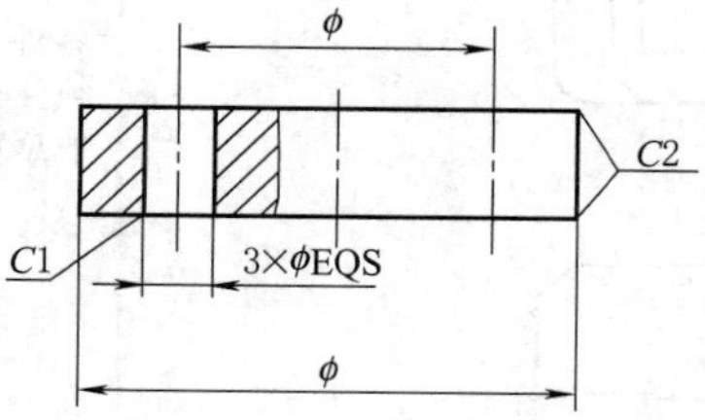 ϕ C2 C1 3×ϕEQS ϕ	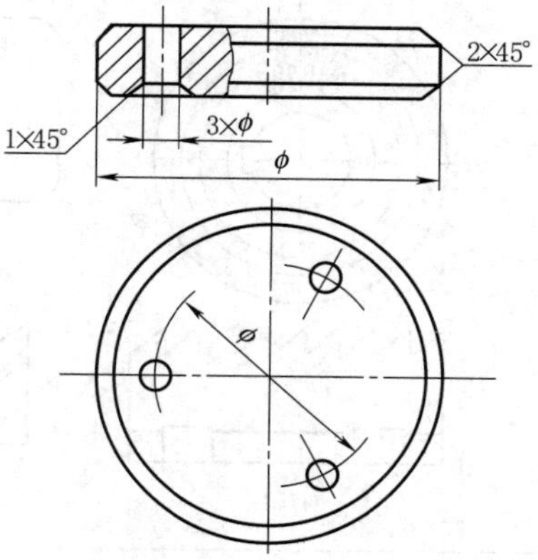 2×45° 1×45° 3×ϕ ϕ ϕ	应避免不必要的视图和剖视图
涂色画法	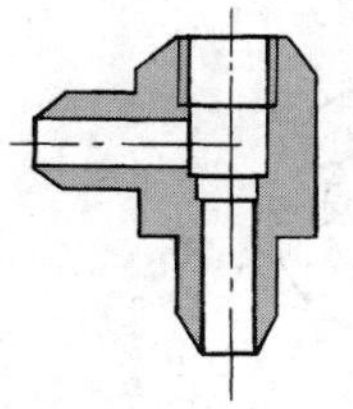	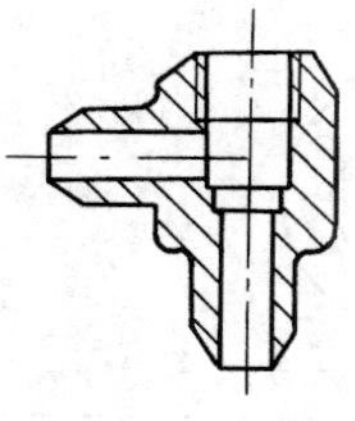	在零件图中可以用涂色代替剖面符号
	简化后 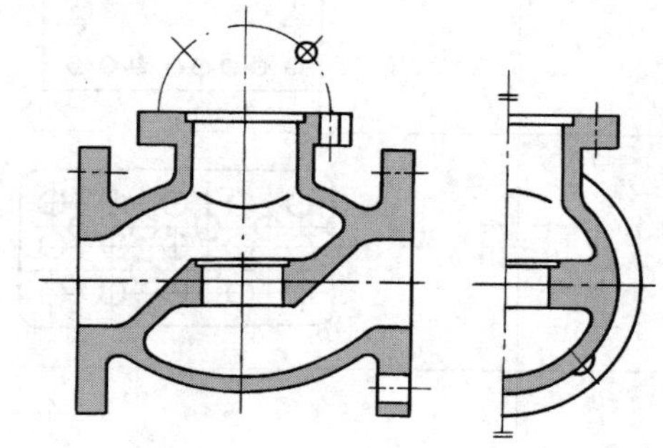		
较大剖面画法	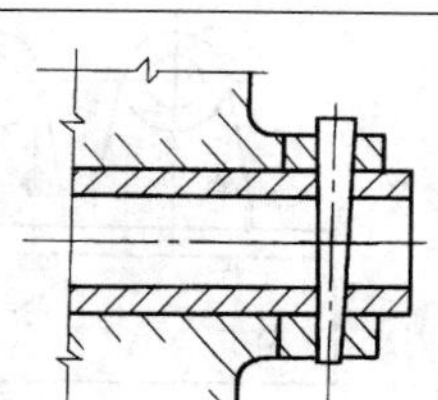		在装配图中，装配关系已清楚表达时，较大面积的剖面可只沿周边画出部分剖面符号或沿周边涂色

续表

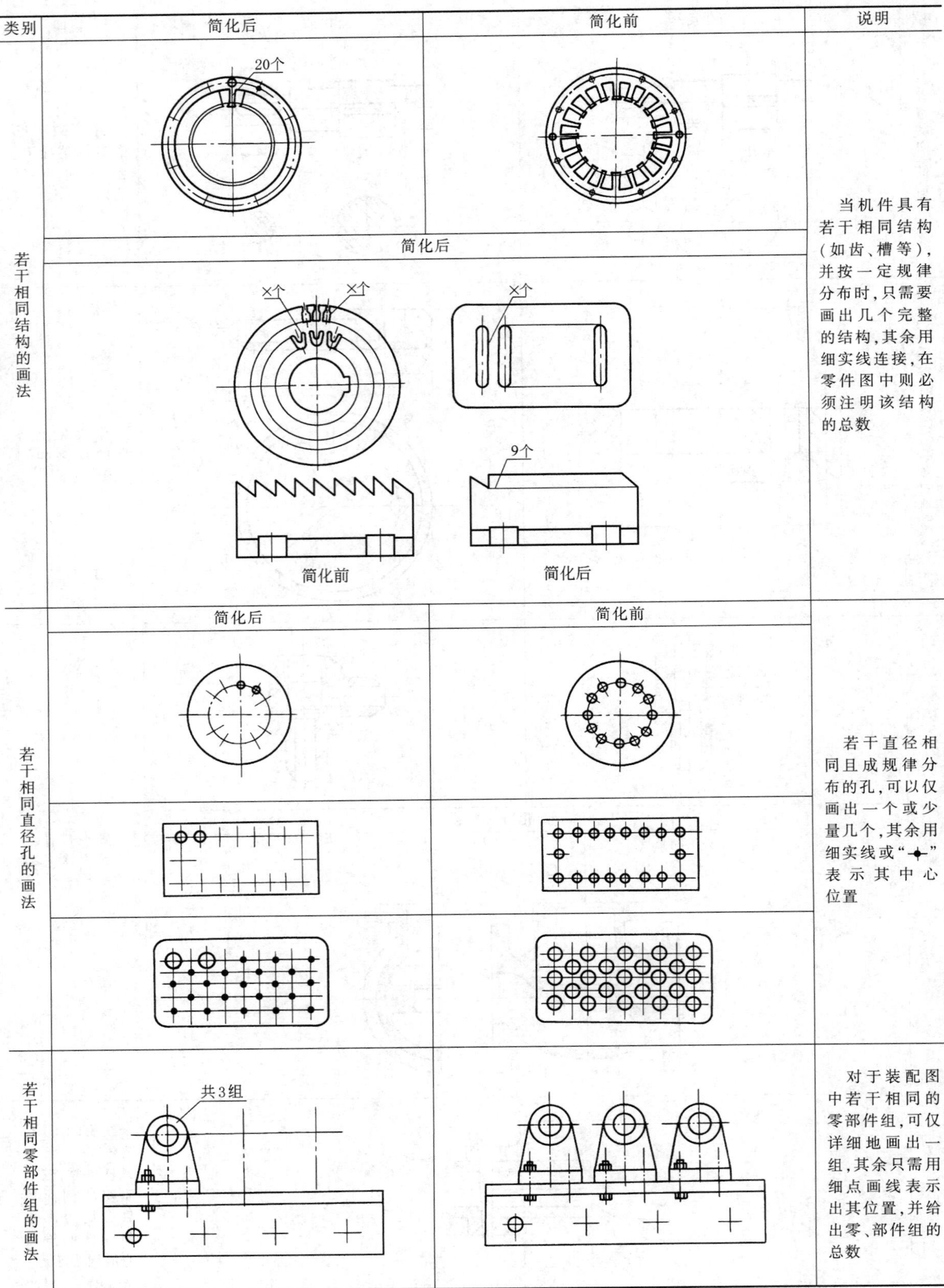

类别	简化后	简化前	说明
若干相同结构的画法	20个		当机件具有若干相同结构（如齿、槽等），并按一定规律分布时，只需要画出几个完整的结构，其余用细实线连接，在零件图中则必须注明该结构的总数
	简化后：×个；×个；×个		
	简化前	简化后：9个	
若干相同直径孔的画法			若干直径相同且成规律分布的孔，可以仅画出一个或少量几个，其余用细实线或“—◆—”表示其中心位置
若干相同零部件组的画法	共3组		对于装配图中若干相同的零部件组，可仅详细地画出一组，其余只需用细点画线表示出其位置，并给出零、部件组的总数

续表

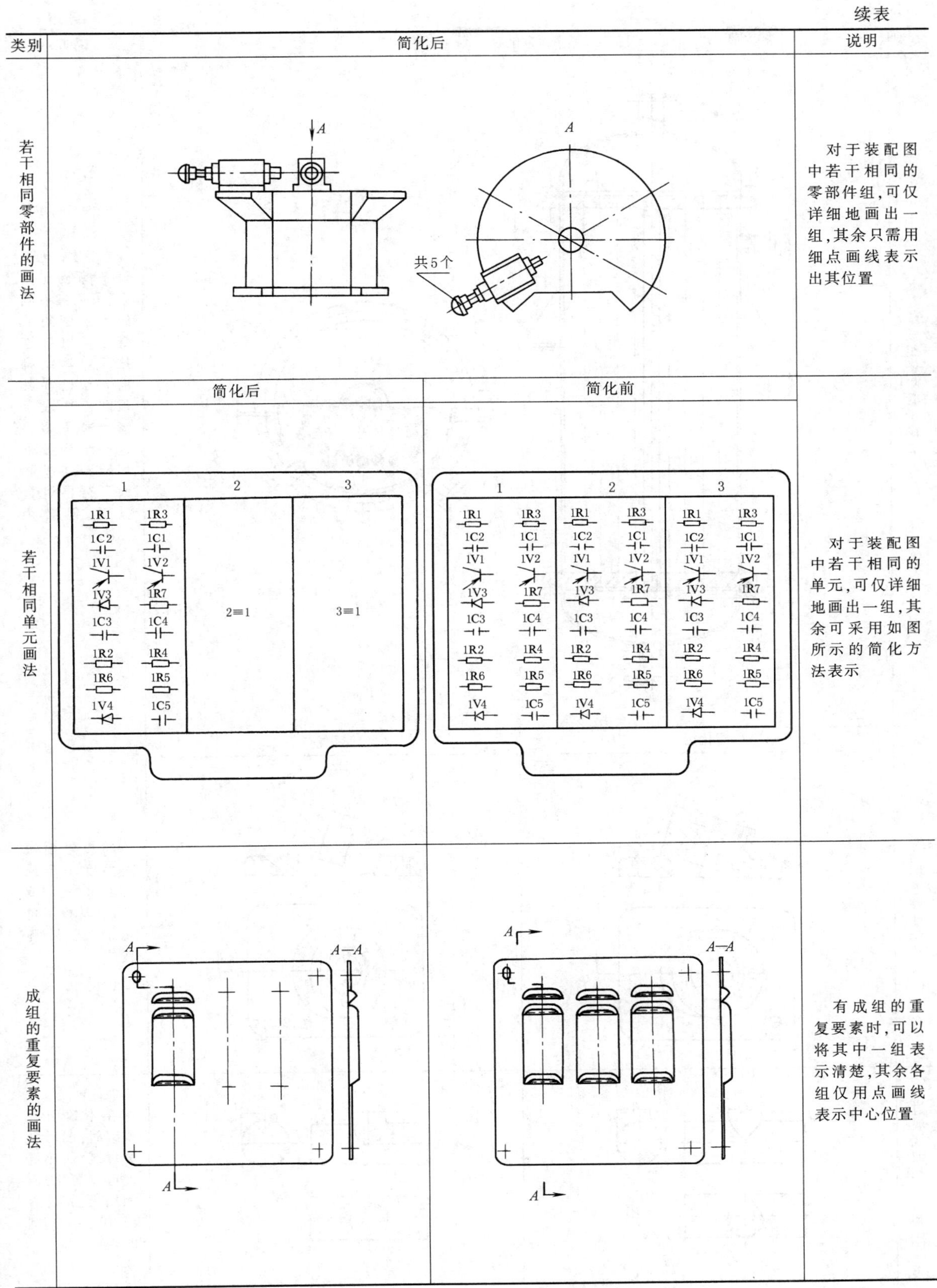

类别	简化后	简化前	说明
若干相同零部件的画法	（图）		对于装配图中若干相同的零部件组，可仅详细地画出一组，其余只需用细点画线表示出其位置
若干相同单元画法	（图）	（图）	对于装配图中若干相同的单元，可仅详细地画出一组，其余可采用如图所示的简化方法表示
成组的重复要素的画法	（图）	（图）	有成组的重复要素时，可以将其中一组表示清楚，其余各组仅用点画线表示中心位置

续表

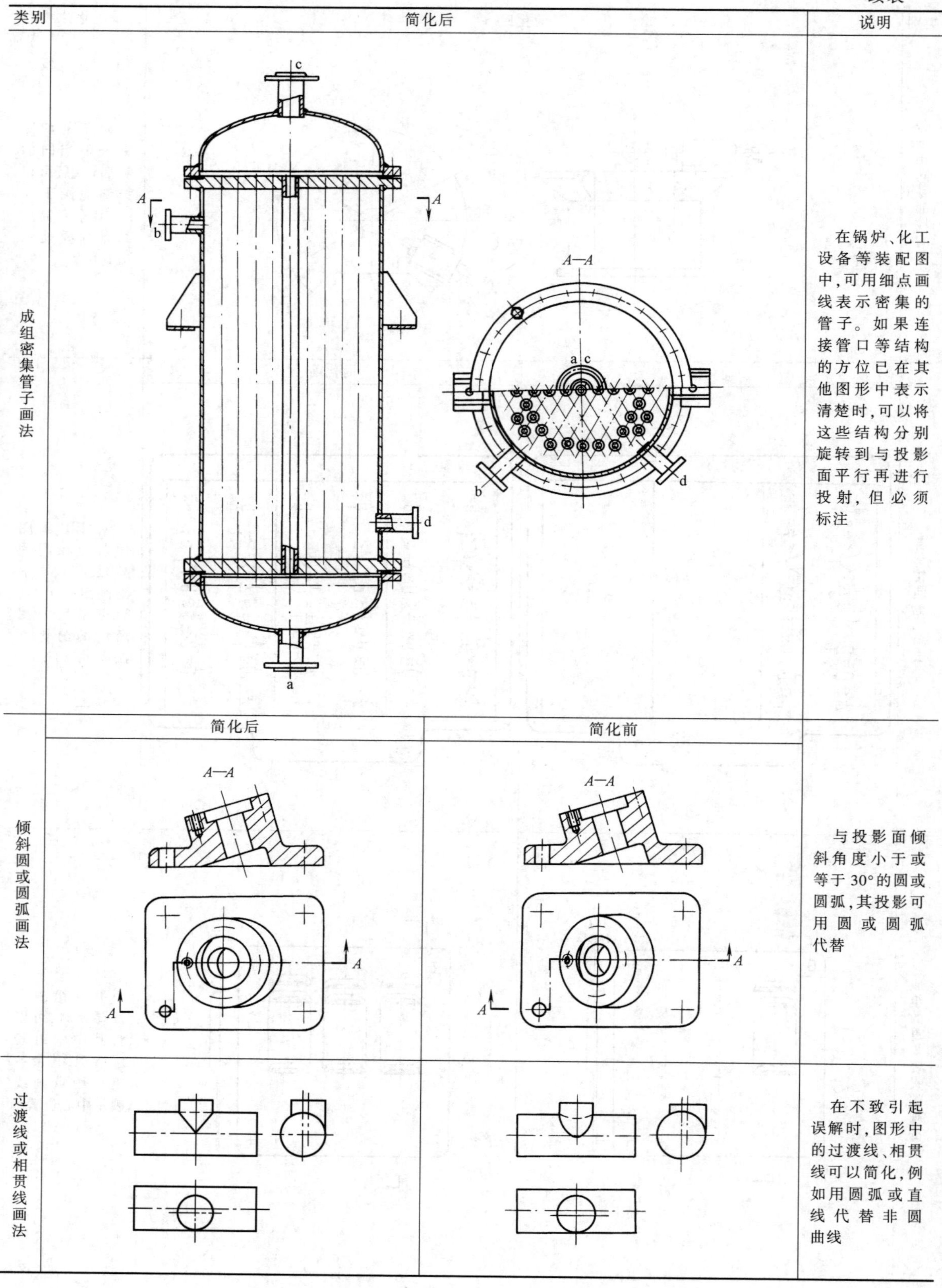

类别	简化后		说明
成组密集管子画法	A—A		在锅炉、化工设备等装配图中，可用细点画线表示密集的管子。如果连接管口等结构的方位已在其他图形中表示清楚时，可以将这些结构分别旋转到与投影面平行再进行投射，但必须标注
	简化后	简化前	
倾斜圆或圆弧画法	A—A	A—A	与投影面倾斜角度小于或等于30°的圆或圆弧，其投影可用圆或圆弧代替
过渡线或相贯线画法			在不致引起误解时，图形中的过渡线、相贯线可以简化，例如用圆弧或直线代替非圆曲线

续表

类别	简化后	简化前	说明
过渡线或相贯线画法	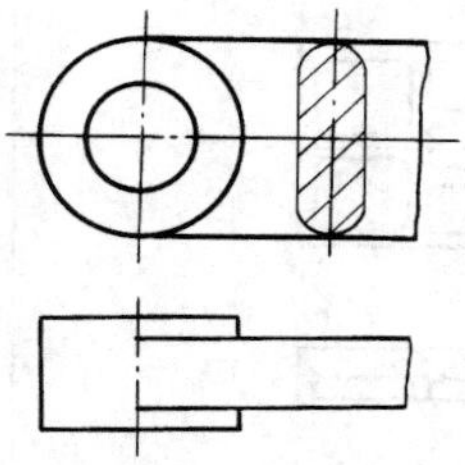	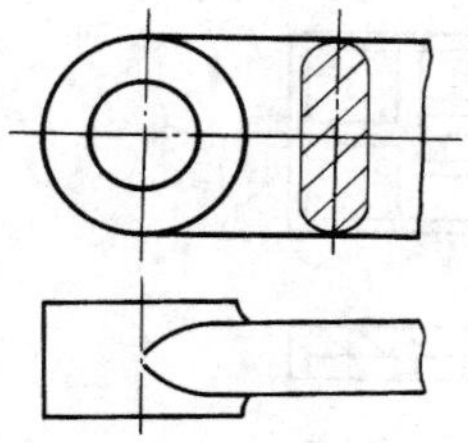	在不致引起误解时，图形中的过渡线、相贯线可以简化，例如用圆弧或直线代替非圆曲线
模糊画法	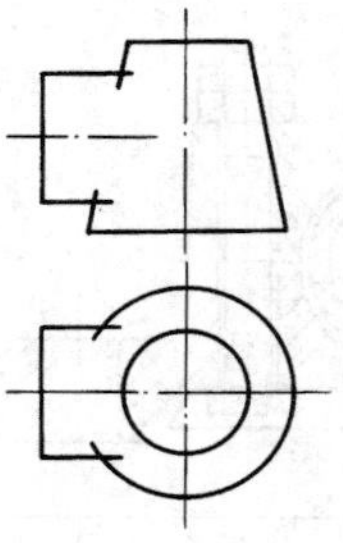	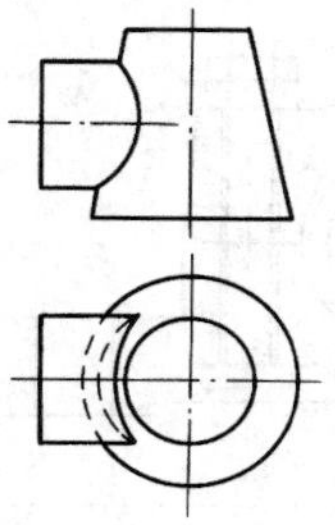	可采用模糊画法表示相贯线、过渡线。一般铸、锻、机械加工件等其相贯线、过渡线在生产过程中自然形成，只要求在图样上将组成机件的各个几何体形状、大小和相对位置表示出即可
极小结构及斜度画法	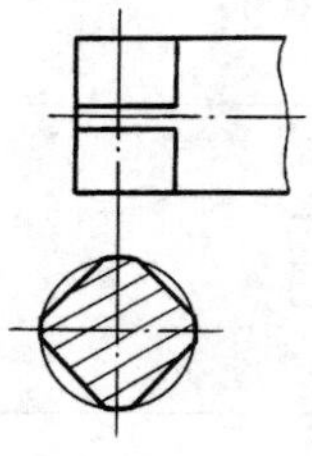	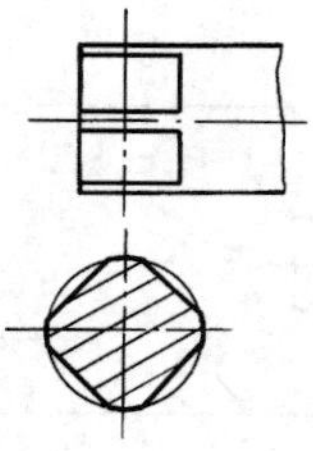	当机件上较小的结构及斜度等已在一个图形中表达清楚时，在其他图形中应当简化或省略
圆角画法	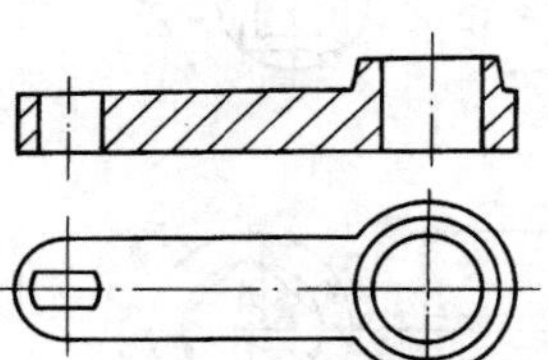 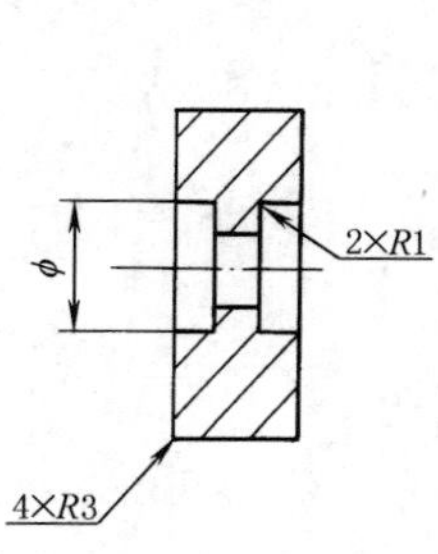 ϕ 2×*R*1 4×*R*3	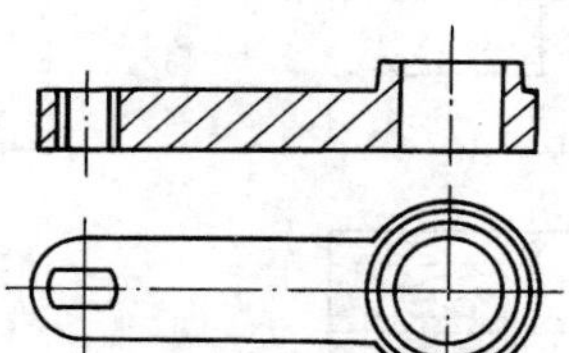 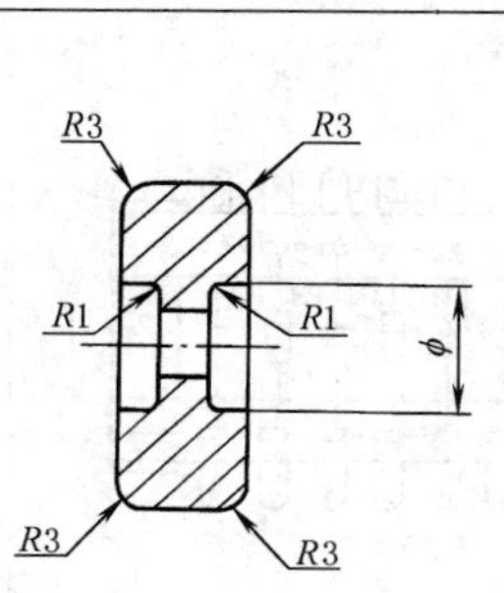 *R*3 *R*3 *R*1 *R*1 ϕ *R*3 *R*3	除确属需要表示的某些结构圆角外，其他圆角在零件图中均可不画，但必须注明尺寸或在技术要求中加以说明

续表

类别	简化后	简化前	说明
圆角画法	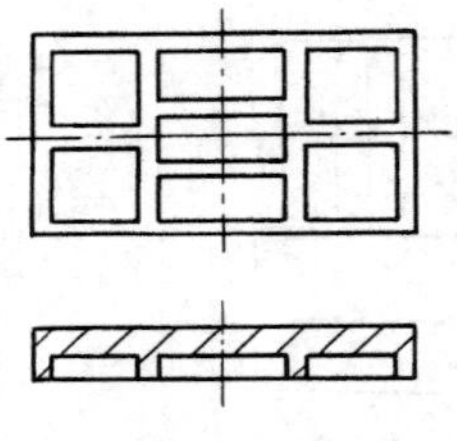 全部铸造圆角 *R*5	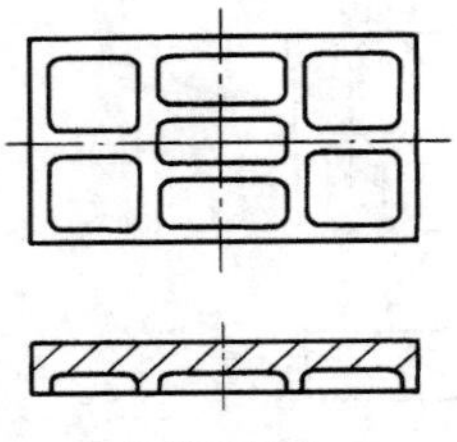 全部铸造圆角 *R*5	除确属需要表示的某些结构圆角外，其他圆角在零件图中均可不画，但必须注明尺寸或在技术要求中加以说明
倒角等细节画法	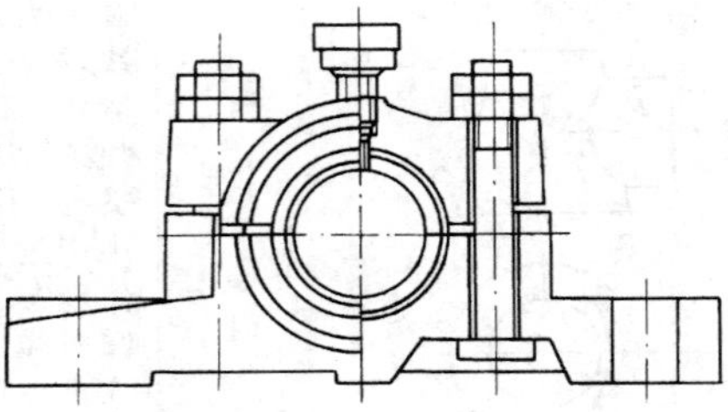	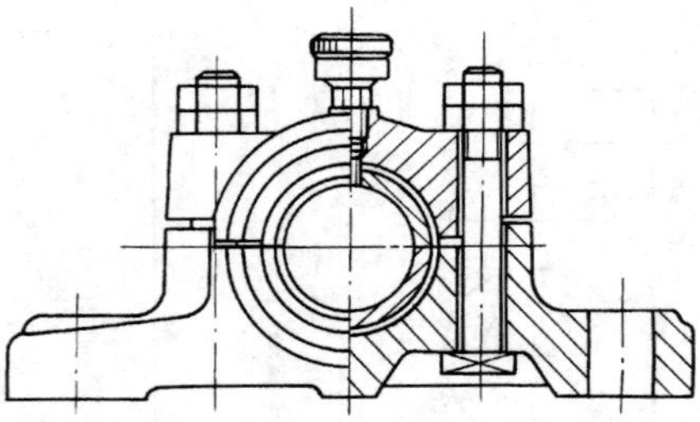	在装配图中，零件的剖面线倒角、肋、滚花或拔模斜度及其他细节等可不画出
滚花画法	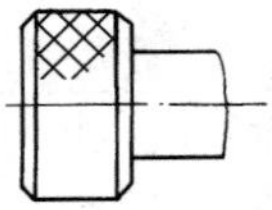	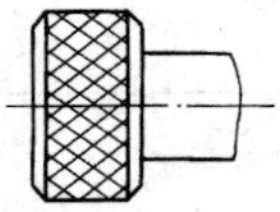	滚花一般采用在轮廓线附近用细实线局部画出的方法表示，也可省略不画
平面画法	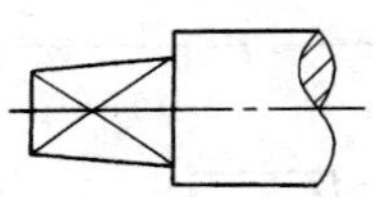	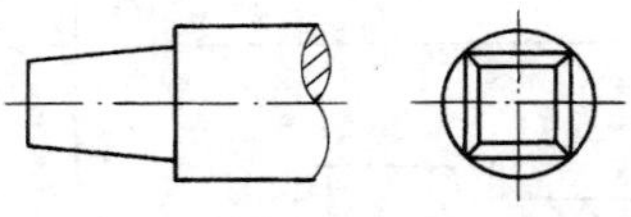	当回转体零件上的平面在图形中不能充分表达时，可用两条相交的细实线表示这些平面
元件符号化画法	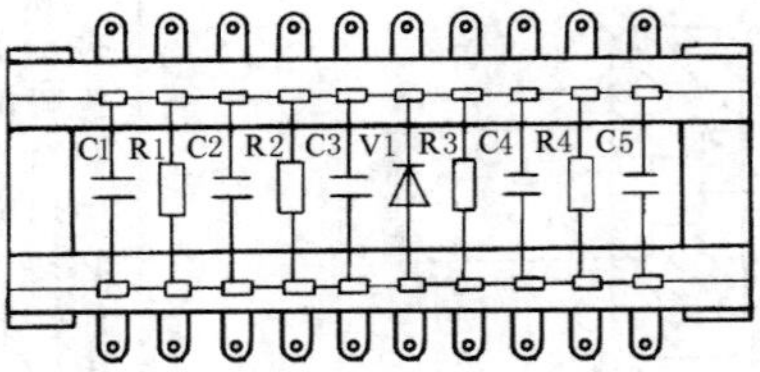 C1 R1 C2 R2 C3 V1 R3 C4 R4 C5	（略）	仅以焊接固定而无其他紧固工序的电子元器件，可用GB/T 4728.4—2018、GB/T 4728.5—2018《电气图用图形符号》中规定的图形符号绘制

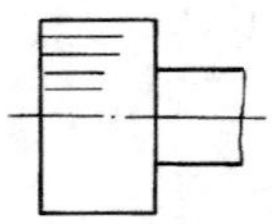

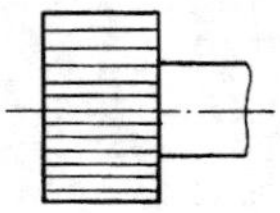

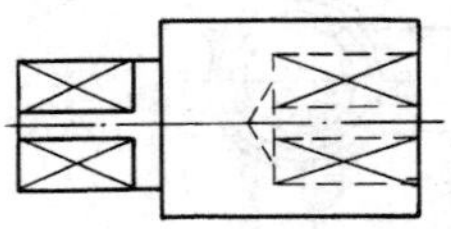

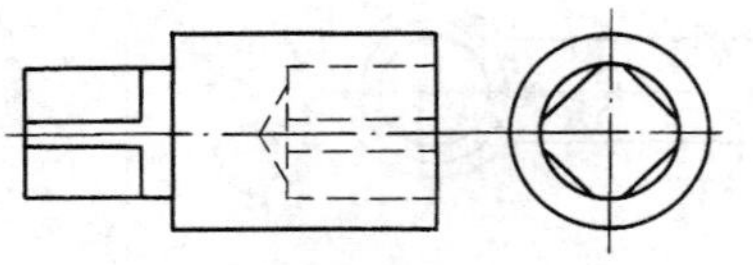

续表

类别	简化后	简化前	说明
软管接头画法	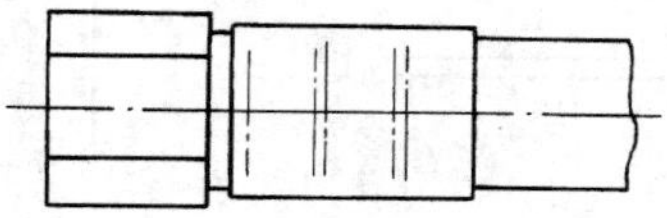	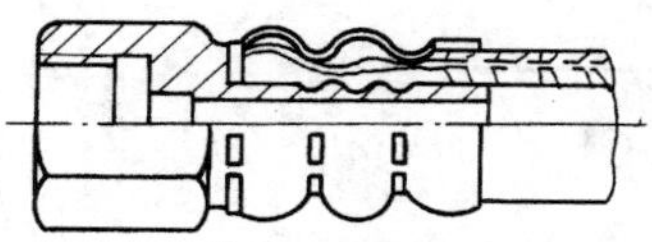	软管接头可参照左图所示的简化表示法绘制
	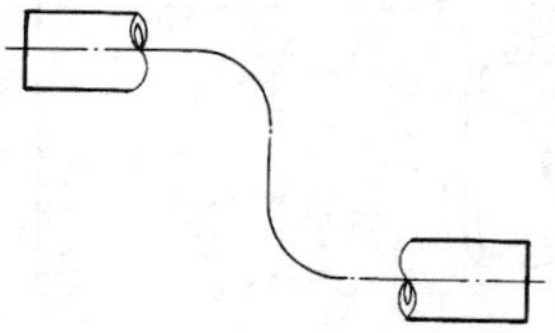 (a) 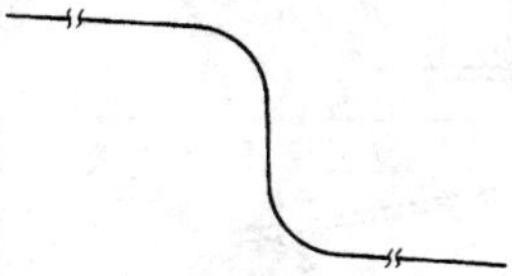 (b)	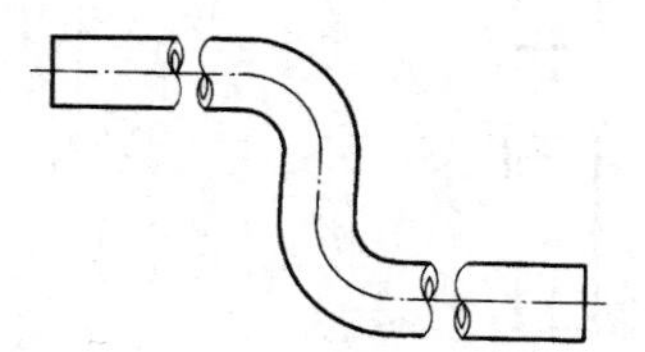	管子可仅在端部画出部分形状，其余用细点画线画出其中心线，如图 a 所示 若设计允许，可用与管子中心线重合的单根粗实线表示管子，如图 b 所示
管子画法	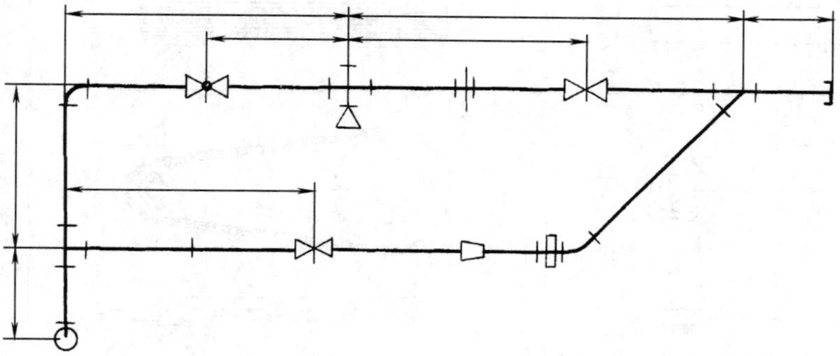 (a) 简化后 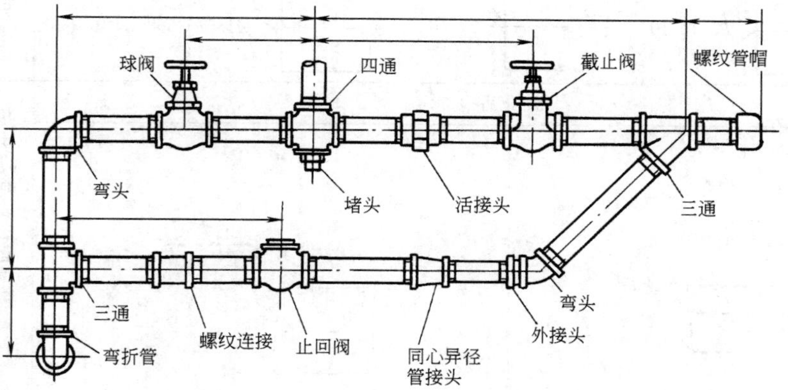 球阀 四通 截止阀 螺纹管帽 弯头 堵头 活接头 三通 三通 螺纹连接 止回阀 同心异径管接头 弯头 外接头 弯折管 (b) 简化前		图 a 为化工管道的简化实例

续表

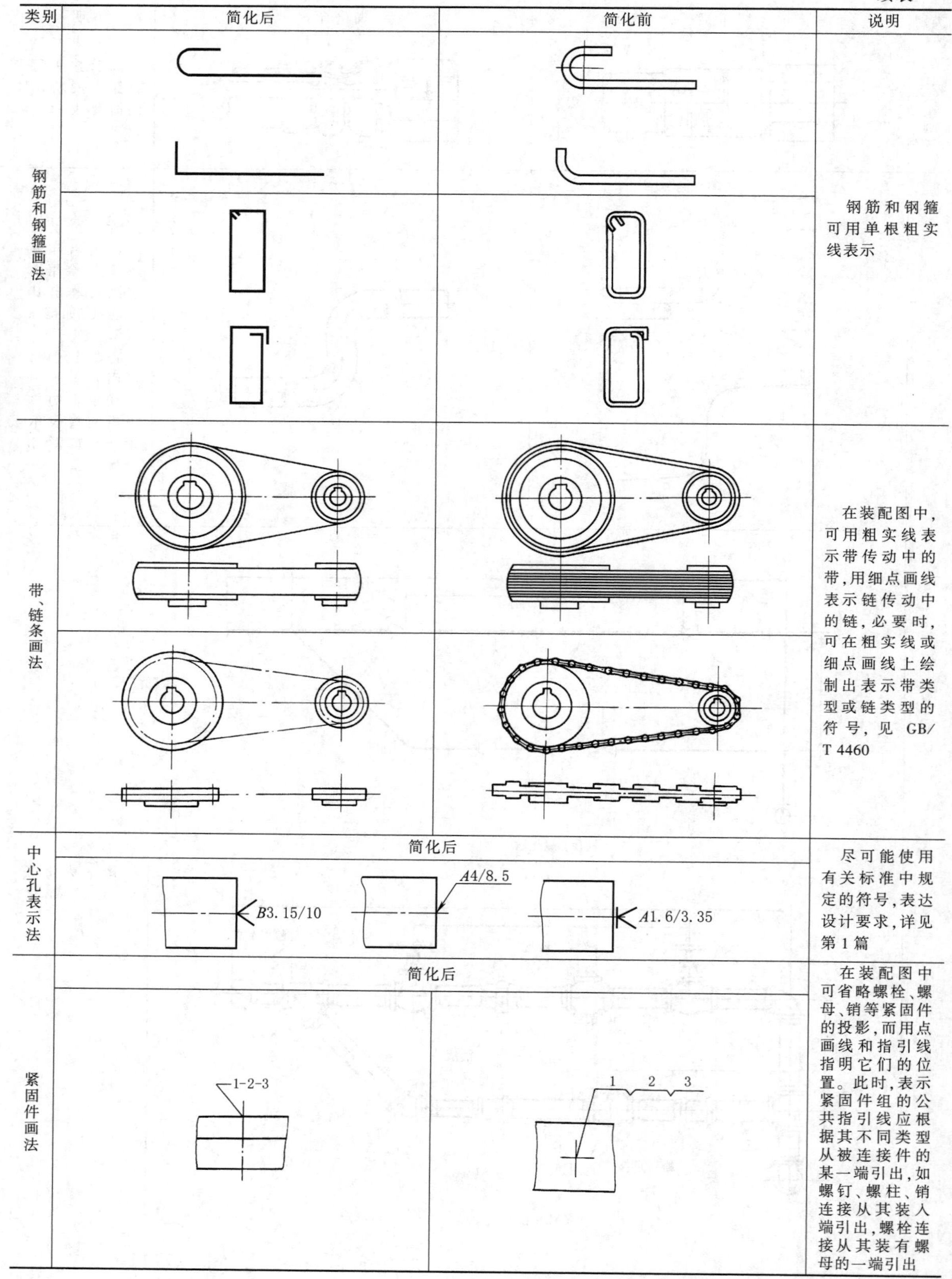

类别	简化后	简化前	说明
钢筋和钢箍画法			钢筋和钢箍可用单根粗实线表示
带、链条画法			在装配图中，可用粗实线表示带传动中的带，用细点画线表示链传动中的链，必要时，可在粗实线或细点画线上绘制出表示带类型或链类型的符号，见GB/T 4460
中心孔表示法	简化后：B3.15/10　A4/8.5　A1.6/3.35		尽可能使用有关标准中规定的符号，表达设计要求，详见第1篇
紧固件画法	简化后：1-2-3	1　2　3	在装配图中可省略螺栓、螺母、销等紧固件的投影，而用点画线和指引线指明它们的位置。此时，表示紧固件组的公共指引线应根据其不同类型从被连接件的某一端引出，如螺钉、螺柱、销连接从其装入端引出，螺栓连接从其装有螺母的一端引出

续表

类别	简化后	说明
牙嵌式离合器齿画法	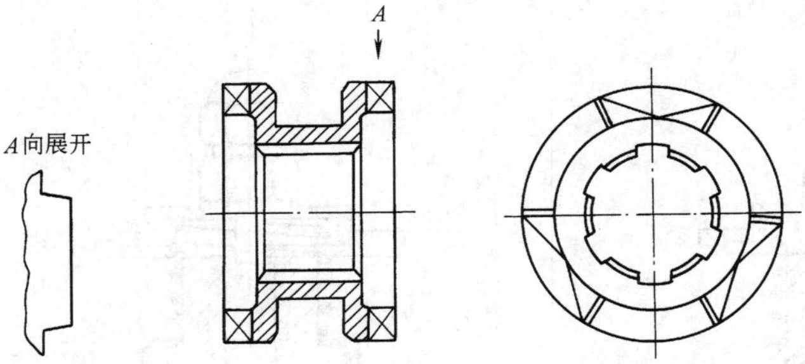 A A向展开	在剖视图中，类似牙嵌式离合器的齿等相同结构可按图示简化
机件的肋、轮辐及薄壁的画法	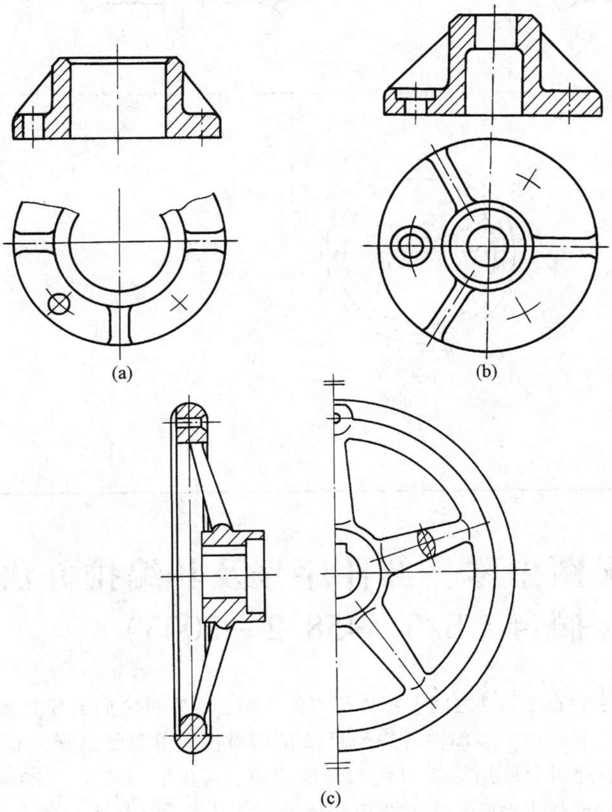 (a) (b) (c)	对于机件的肋、轮辐及薄壁等，如按纵向剖切，这些结构都不画剖面符号，而用粗实线将它与其邻接部分分开。当零件回转体上均匀分布的肋、轮辐、孔等结构不处于剖切平面上时，可将这些结构旋转到剖切平面上画出
轴等实体的画法	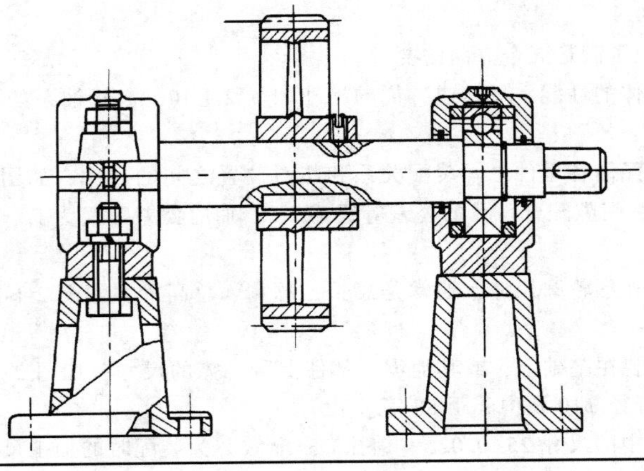	在装配图中，对于紧固件以及轴、连杆、球、钩子、键、销等实心零件，若按纵向剖切，且剖切平面通过其对称平面或轴线时，则这些零件均按不剖绘制。如需要特别表明零件的构造，如凹槽、键槽、销孔等则可用局部剖视表示

续表

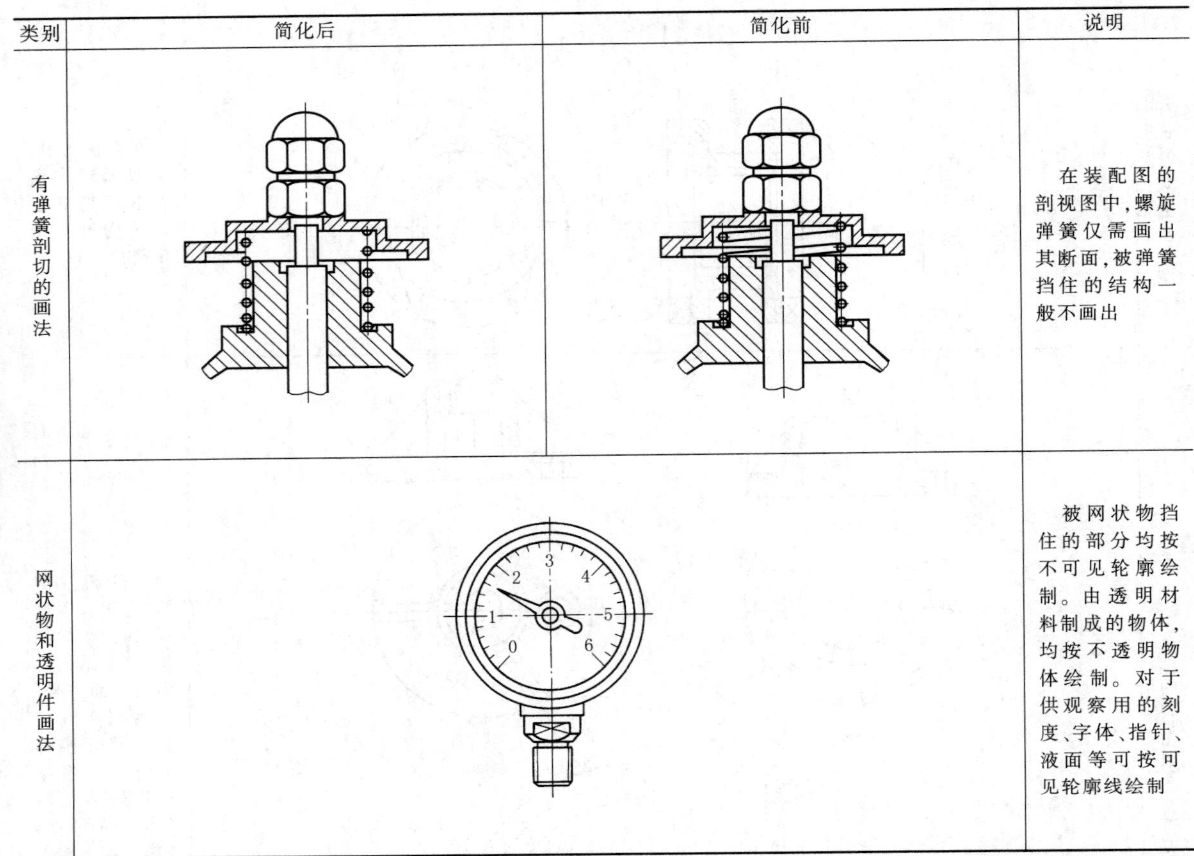

类别	简化后	简化前	说明
有弹簧剖切的画法			在装配图的剖视图中，螺旋弹簧仅需画出其断面，被弹簧挡住的结构一般不画出
网状物和透明件画法			被网状物挡住的部分均按不可见轮廓绘制。由透明材料制成的物体，均按不透明物体绘制。对于供观察用的刻度、字体、指针、液面等可按可见轮廓线绘制

9　装配图中零、部件序号及其编排方法（摘自 GB/T 4458.2—2003）

装配图是用来表达产品或部件中的各部件之间、部件与零件之间、各零件之间装配关系的图样。装配图中所有的零、部件均应编号，有些情况下，一个零部件的编号可以在不同视图中重复出现，装配图中零、部件的编号，应与明细栏中的序号一致。装配图中所用的指引线和基准线应按 GB/T 4457.2—2003《技术制图　图样画法　指引线和基准线的基本规定》的规定绘制。装配图中字体的写法应符合 GB/T 14691—1993《技术制图　字体》的规定。具体要求见表 2-1-19。

装配图中的尺寸标注一般是为了满足五个方面的要求。

1）性能规格尺寸：表示装配体的性能、规格或特征的尺寸如图 2-1-10，齿轮油泵的进出口管螺纹尺寸代号 G3/8。

2）装配和配合尺寸：表示装配体各零件之间装配关系和相对位置之间的尺寸，如图 2-1-10 中的 ϕ14H8/f7、ϕ30H8/f7 是配合尺寸，属于基孔制间隙配合。孔的公差等级为 H8，轴的公差等级为 f7，25±0.02 是重要的相对位置尺寸。

3）外形尺寸：表示装配体的外形轮廓尺寸，通常是总长、总宽、总高等，如图 2-1-10 中的长 172，高 110、宽 120 等尺寸。

4）安装尺寸：表示装配图安装在基础上，或其他零、部件上所必需的尺寸，如图 2-1-10 中所示的安装板的长 120、宽 40、厚 15，两安装孔直径 ϕ10 及中心距 88 等。

5）其他重要尺寸：图 2-1-10 中的尺寸 25±0.02，“销孔 ϕ3/配做”为装配时的加工尺寸。

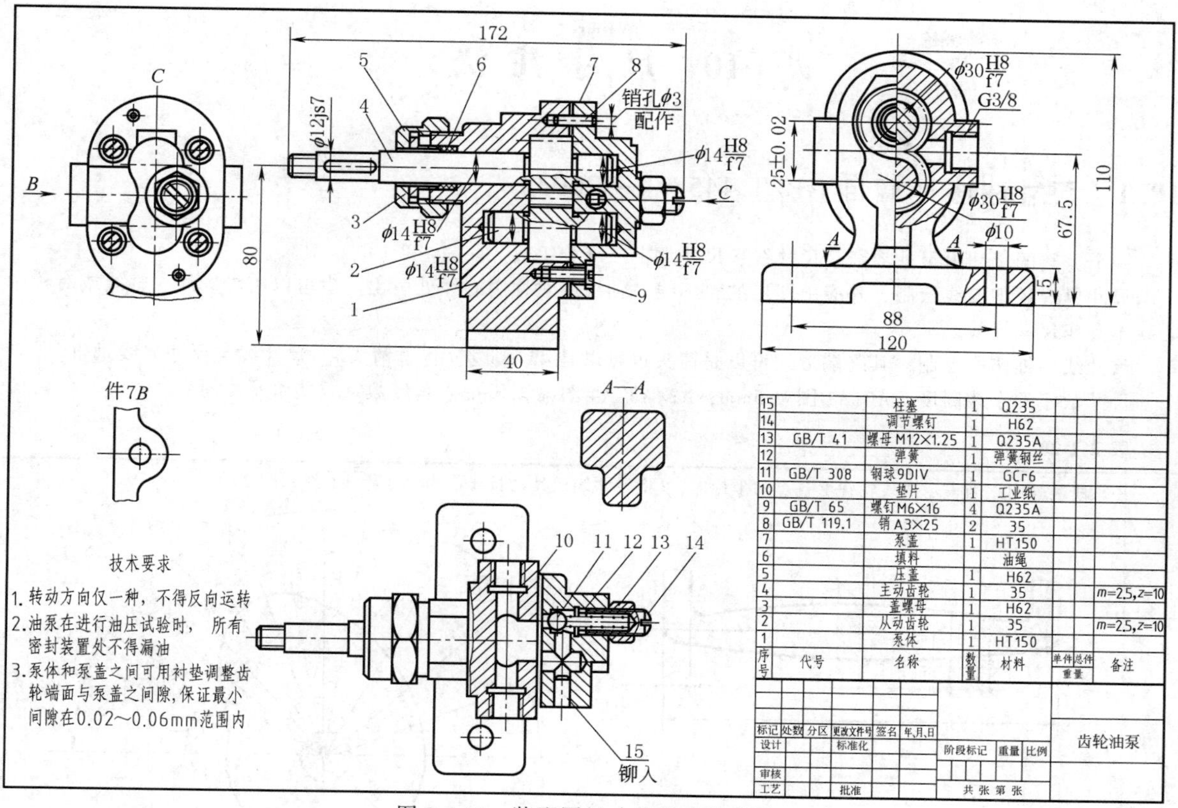

技术要求

1. 转动方向仅一种，不得反向运转
2. 油泵在进行油压试验时，所有密封装置处不得漏油
3. 泵体和泵盖之间可用衬垫调整齿轮端面与泵盖之间隙，保证最小间隙在0.02～0.06mm范围内

序号	代号	名称	数量	材料	单件重量	总件重量	备注
15		柱塞	1	Q235			
14		调节螺钉	1	H62			
13	GB/T 41	螺母 M12×1.25	1	Q235A			
12		弹簧	1	弹簧钢丝			
11	GB/T 308	钢球 9DIV	1	GCr6			
10		垫片	1	工业纸			
9	GB/T 65	螺钉 M6×16	4	Q235A			
8	GB/T 119.1	销 A3×25	2	35			
7		泵盖	1	HT150			
6		填料		油绳			
5		压盖	1	H62			
4		主动齿轮	1	35			m=2.5, z=10
3		盖螺母	1	H62			
2		从动齿轮	1	35			m=2.5, z=10
1		泵体	1	HT150			

标记 处数 分区 更改文件号 签名 年、月、日
设计 标准化 阶段标记 重量 比例
审核
工艺 批准 共 张 第 张

齿轮油泵

图 2-1-10 装配图尺寸及零部件序号

表 2-1-19　　装配图序号编排要求

序号的编排方法	装配图中编写零、部件序号的表示方法有以下三种： 1. 在水平的基准(细实线)上或圆(细实线)内注写序号，序号字号比该装配图中所注尺寸数字的字号大一号(图 1)； 2. 在水平的基准(细实线)上或圆(细实线)内注写序号，序号字号比该装配图中所注尺寸数字的字号大一号或两号(图 2)； 3. 在指引线的非零件端的附近注写序号，序号字号比该装配图中所注尺寸数字的字号大一号或两号(图 3) 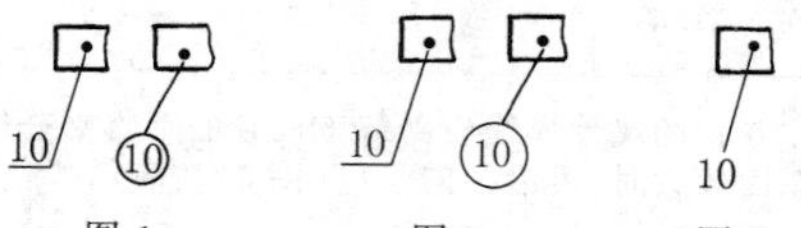 图 1　　图 2　　图 3 同一装配图中编排序号的形式应一致。相同的零、部件用一个序号，一般只标注一次。多处出现的相同的零、部件，必要时也可重复标注。装配图中序号应按水平或竖直方向排列整齐； 可按下列两种方法编排：按顺时针或逆时针方向顺次排列，在整个图上无法连续时，可只在每个水平或竖直方向顺次排列；也可按装配图明细栏中的序号排列，采用此种方法时，应尽量在每个水平或竖直方向顺次排列
指引线的表示方法	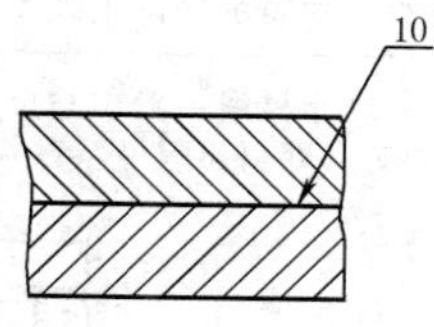 图 4 指引线应自所指部分的可见轮廓内引出，并在末端画一圆点(图 1~图 3)，若所指部分(很薄的零件或涂黑的剖面)内不便画圆点时，可在指引线的末端画出箭头，并指向该部分的轮廓(图 4) 一组紧固件以及装配关系清楚的零件组，可以采用公共指引线(图 5) 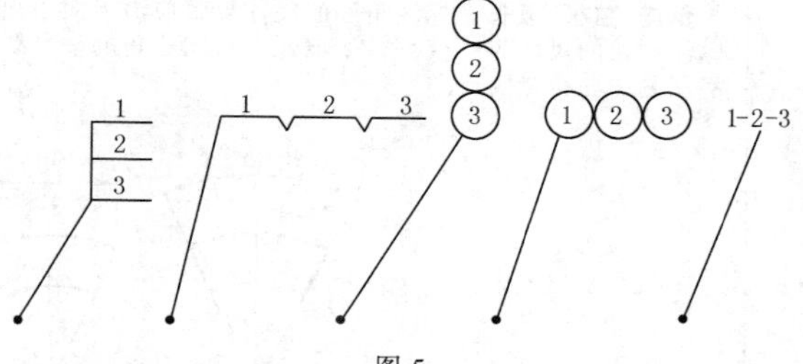 图 5 指引线不能相交。当指引线通过有剖面线的区域时，它不应与剖面线平行。指引线可以画成折线，但只可曲折一次

10 尺 寸 注 法

10.1 尺寸注法（摘自 GB/T 4458.4—2003）

一个完整的尺寸由尺寸界线、尺寸线、尺寸数字三部分组成。

尺寸界线用细实线绘制，并应由图形的轮廓线、轴线或对称中心线处引出。也可以用轮廓线、轴线或对称中心线本身作尺寸界线。

尺寸线用细实线绘制，其终端形式可以是箭头也可以是45°斜线（优选箭头）。尺寸线与尺寸界线垂直。

尺寸数字的字体高度：A0/A1 图幅 5mm，A2/A3/A4 图幅 3.5mm。角度数字只能水平书写。

表 2-1-20

尺寸界线	**曲线轮廓** 当表示曲线轮廓上各点的坐标时，可将尺寸线或其延长线作为尺寸界线(图 1、图 2) 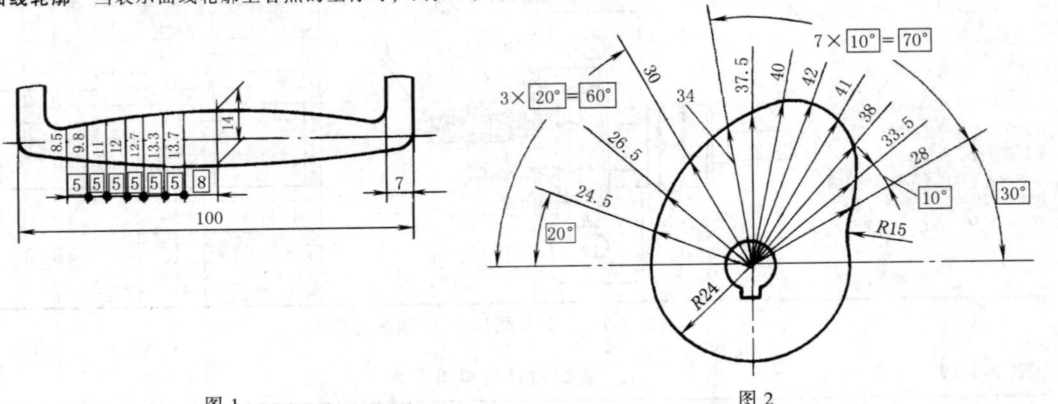 图 1　　图 2 图中方框中的尺寸表示理论正确尺寸，测量时由工艺装备的精度或手工调整的精度来保证
	光滑过渡处 尺寸界线一般应与尺寸线垂直，必要时才允许倾斜。在光滑过渡处标注尺寸时，必须用细实线将轮廓线延长，从它们的交点处引出尺寸界线(图 3、图 4) 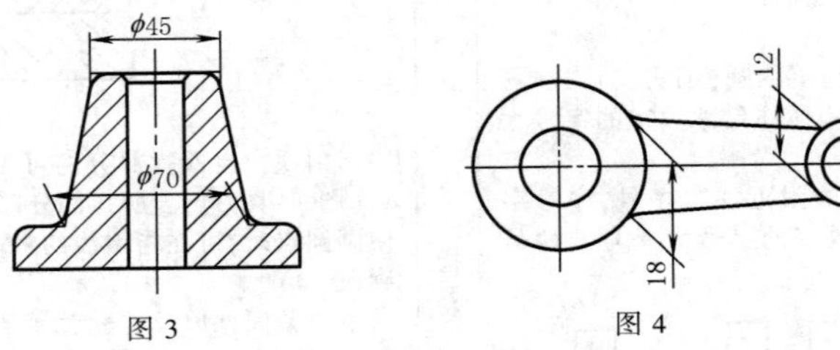 图 3　　图 4
	角度、弦长、弧长 标注角度的尺寸界限应沿径向引出(图 5)；标注弦长的尺寸界线应平行于该弦的垂直平分线(图 6)；标注弧长的尺寸界线应平行于该弧所对圆心角的平分线(图 7)，当弧度较大时，可沿径向引出(图 8)。表示弧长的尺寸数字左侧加注符号"⌒" 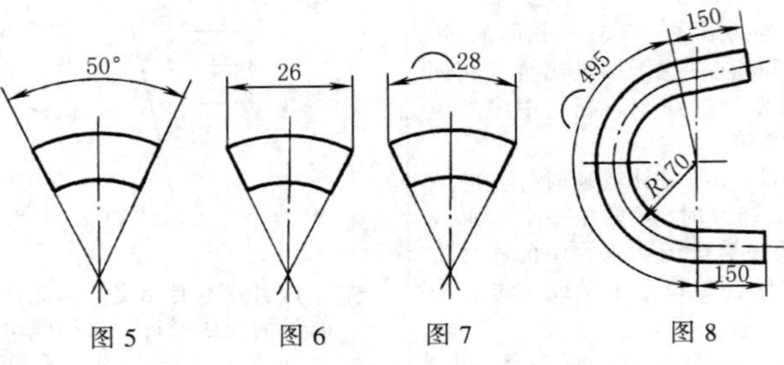 图 5　　图 6　　图 7　　图 8

尺寸线

尺寸线及其终端 尺寸线用细实线绘制，其终端可以有两种形式，即箭头和斜线。当尺寸线与尺寸界线相互垂直时，同一张图样中只能采用一种尺寸线终端的形式。机械图样中一般采用箭头作为尺寸线的终端。标注线性尺寸时，尺寸线应与所标注的线段平行。尺寸线不能用其他图线代替，一般也不得与其他图线重合或画在其延长线上。尺寸线的终端采用斜线形式时，尺寸线与尺寸界线应相互垂直(图 9)

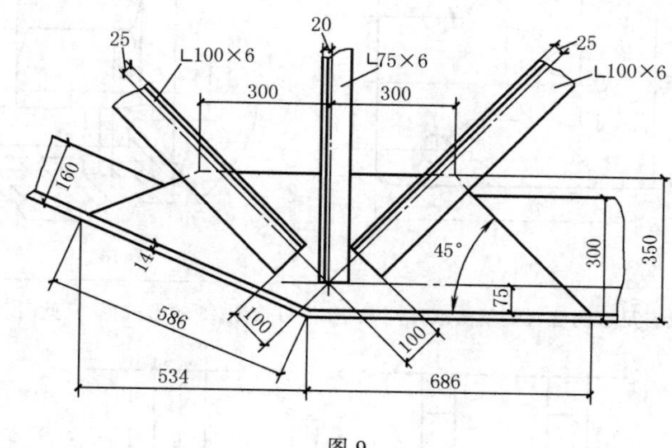

图 9

直径与半径 圆的直径和圆弧半径的注法见图 10。当圆弧的半径过大或在图纸范围内无法标出其圆心位置时，可按图 11 的形式标注。若不需要标出其圆心时，可按图 12 的形式标注

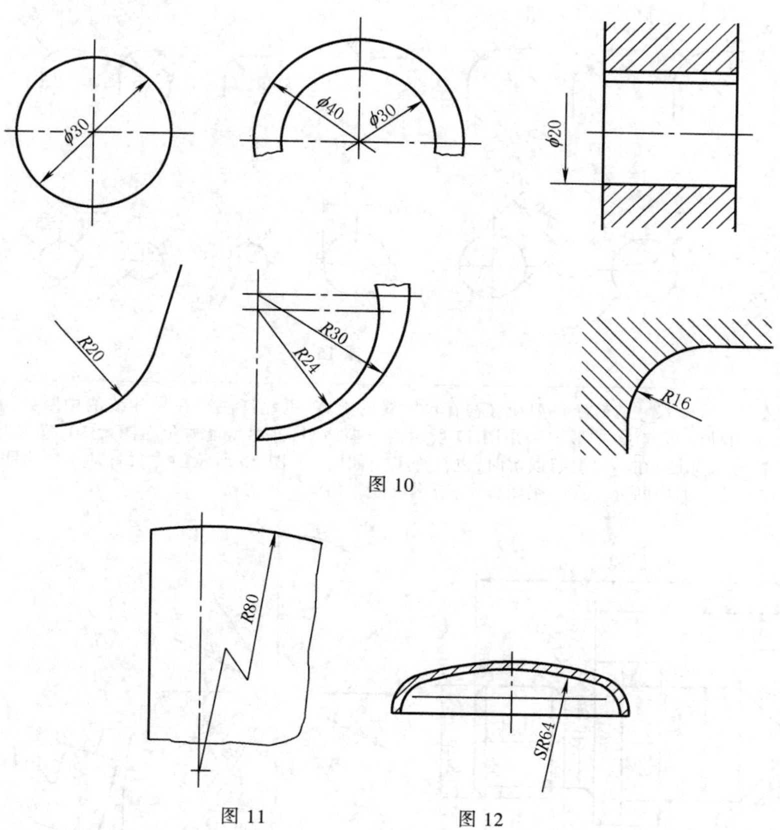

图 10

图 11

图 12

角度 标注角度时，尺寸线应画成圆弧，其圆心是该角的顶点，角度数字只能从左向右水平书写，如图 5 所示

续表

尺寸线

对称机件 当对称机件的图形只画出一半或略大于一半时，尺寸线应略超过对称中心线或断裂处的边界，此时仅在尺寸线的一端画出箭头（图 13、图 14）

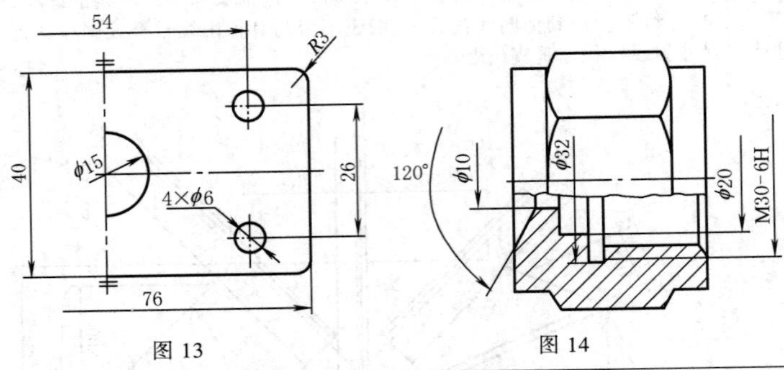

图 13　　图 14

小尺寸的标注 在没有足够的位置画箭头或注写数字时，可按图 15 的形式标注，此时，允许用圆点或斜线代替箭头

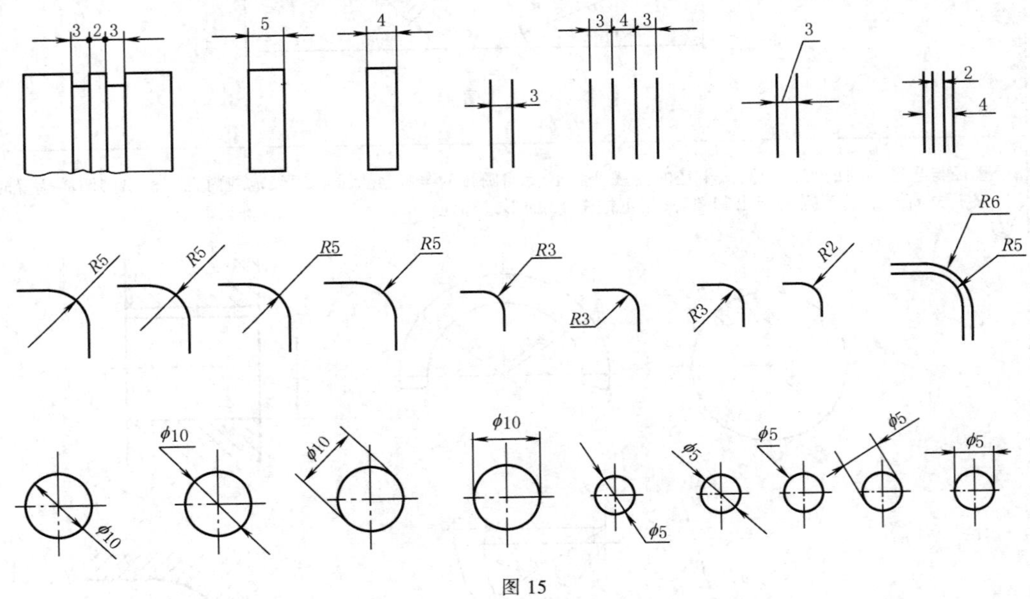

图 15

尺寸数字

线性尺寸数字 线性尺寸的数字一般应注写在尺寸线的上方，也允许注写在尺寸线的中断处（图 16）。线性尺寸数字的方向，有以下两种注写方法：一般应采用图 17 所示的方向注写，并尽可能避免在图示 30°范围内标注尺寸，当无法避免时可按图 18 的形式标注；在不致引起误解时，也允许采用如图 19、图 20 所示的方法标注。非水平方向的尺寸，其数字可水平地注写在尺寸线的中断处。在一张图样中，应尽可能采用同一种方法

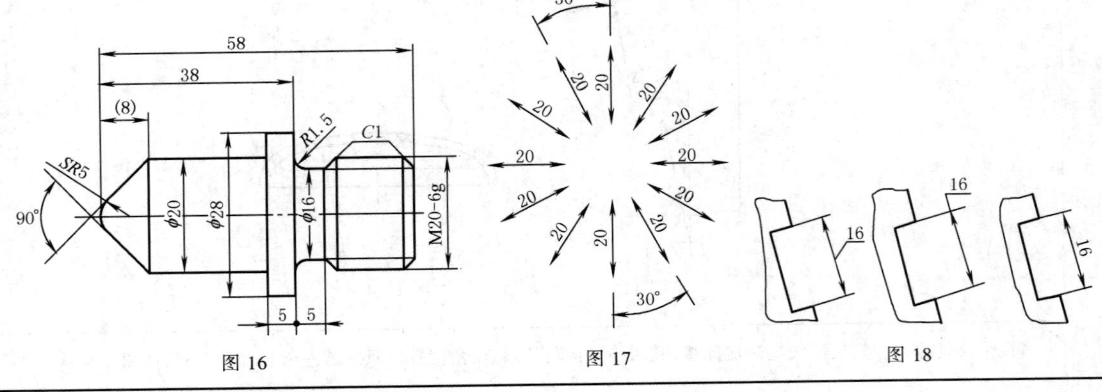

图 16　　图 17　　图 18

续表

	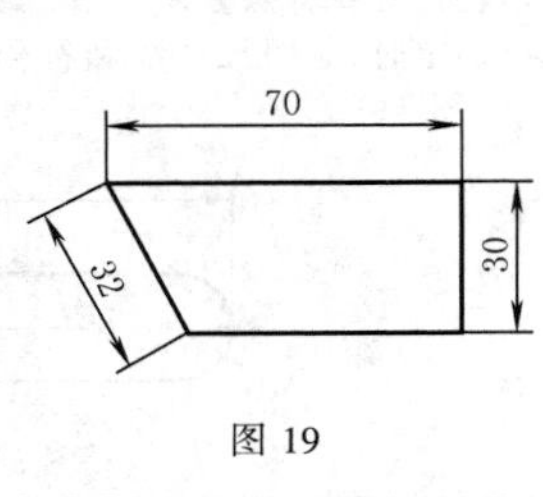 图 19	75 φ20 φ30 φ50 26 10 图 20
尺寸数字	**角度数字**　角度数字一律写成水平方向，一般注写在尺寸线的中断处(图 21)，必要时也可按(图 22)形式标注 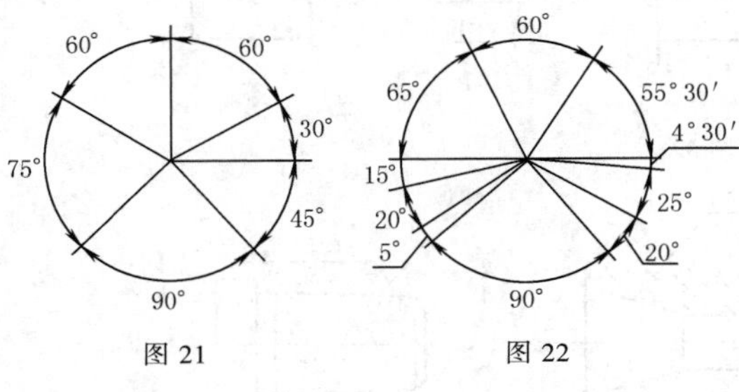 图 21　　图 22	尺寸数字不可被任何图线所通过，否则应将该图线断开(图 23) 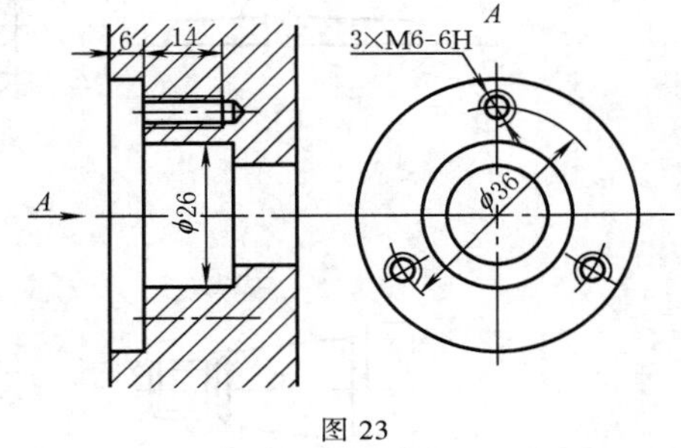 图 23
标注尺寸的符号及缩写词	**直径、半径、球面**　标注直径时，应在尺寸数字前加注符号“φ”；标注半径时，应在尺寸数字前加注符号“*R*”；标注球面的直径或半径时，应在符号“φ”或“*R*”前再加注符号“*S*”。对于螺钉、铆钉的头部，轴(包括螺杆)的端部以及手柄的端部，在不致引起误解的情况下可省略符号“*S*”(图 24) 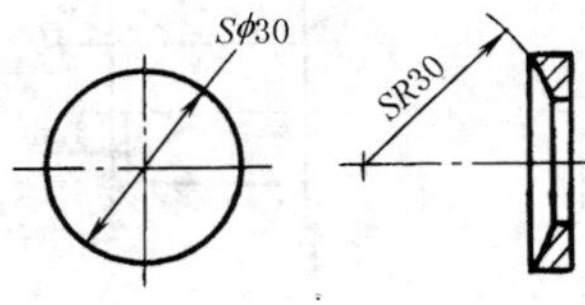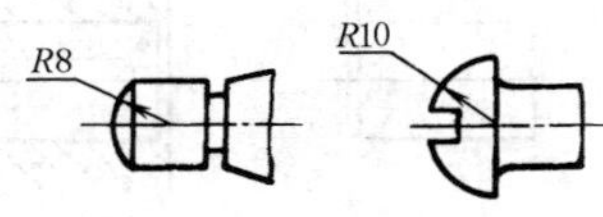 图 24	
	参考尺寸　标注参考尺寸时，应将尺寸数字加上括号(图 25) 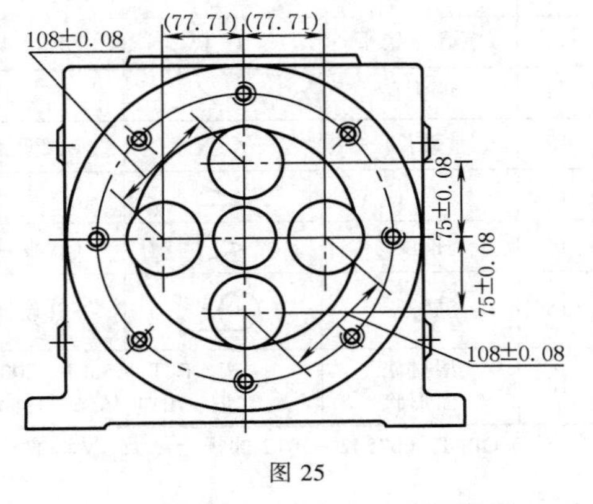 图 25	**剖面为正方形结构**　标注剖面为正方形结构的尺寸时，可在正方形边长尺寸数字前加注符号□(图 26、图 27)或用“*B*×*B*”(*B* 为正方形的对边距离)(图 28、图 29) 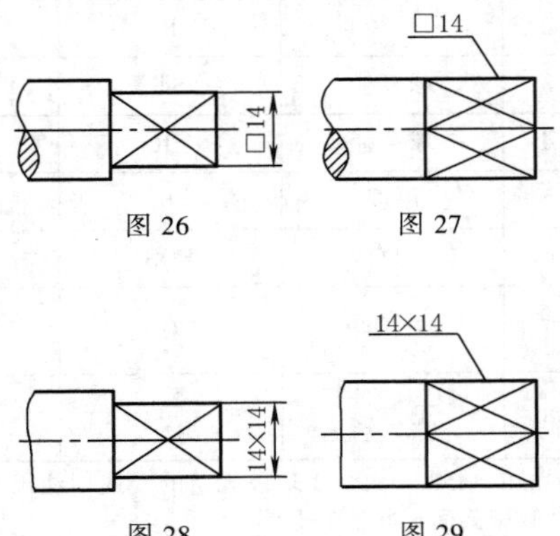 图 26　图 27 图 28　图 29

续表

厚度 标注板状零件的厚度时，可在尺寸数字前加注符号“t”（图30）

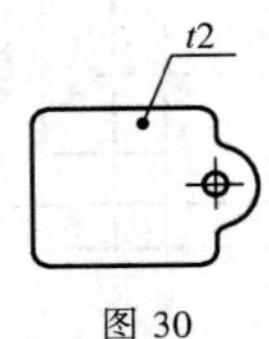

图30

半径尺寸有特殊要求 当需要指明半径尺寸是由其他尺寸所确定时，应用尺寸线和符号“R”标出，但不要注写尺寸数字（图31）

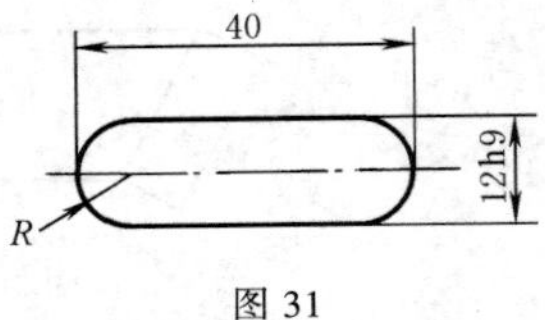

图31

斜度和锥度 斜度注法如图32所示，锥度注法如图33所示

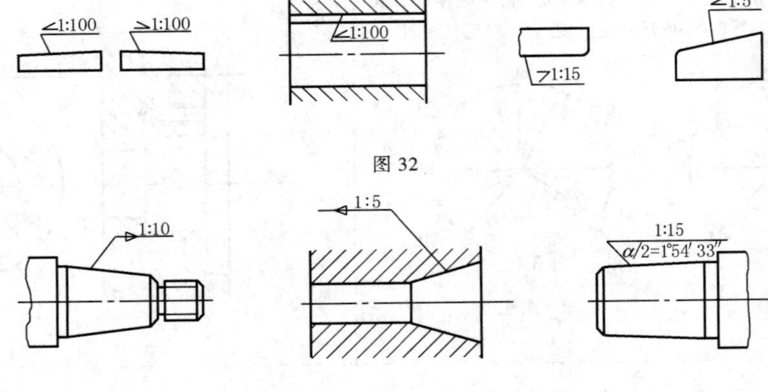

图32

图33

倒角 45°的倒角可按图34的形式标注（C后边的数字是倒角直边尺寸），非45°的倒角应按图35的形式标注

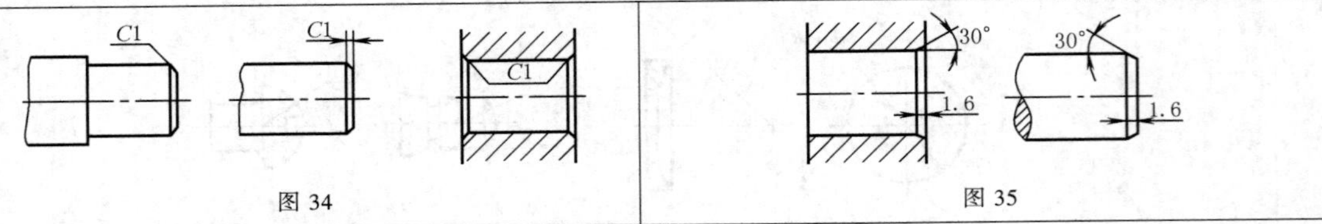

图34

图35

尺寸的简化注法按GB/T 16675.2（表2-1-21）

标注尺寸的符号及缩写词

序号	符号及缩写词 含义	现行	曾用	序号	符号及缩写词 含义	现行	曾用
1	直径	φ	（未变）	9	深度	↧	深
2	半径	R	（未变）	10	沉孔或锪平	⌴	沉孔、锪平
3	球直径	Sφ	球φ	11	埋头孔	∨	沉孔
4	球半径	SR	球R	12	弧长	⌒	（仅变注法）
5	厚度	t	厚δ	13	斜度	∠	（未变）
6	均布	EQS	均布	14	锥度	◁	（仅变注法）
7	45°倒角	C	1×45°	15	展开	○→	（新增）
8	正方形	□	（未变）	16	型材截面形状	按GB/T 4656.1—2000（旧：GB/T 4656—1984）	

GB/T 4458.4—2003附录规定的上述标注尺寸的符号及缩写词与GB/T 16675.2—2012的规定一致，仅增加了“展开”和“型材截面形状”符号。

未定义形状边的注法 需要确切地指定边的形状和给出极限尺寸要求时，应按GB/T 19096—2003进行标注

10.2 尺寸注法的简化表示法（摘自 GB/T 16675.2—2012）

表 2-1-21　简化注法

类别	简化后	简化前	说明
单边箭头	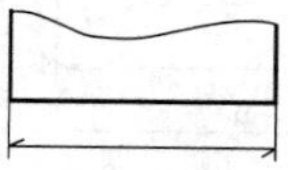	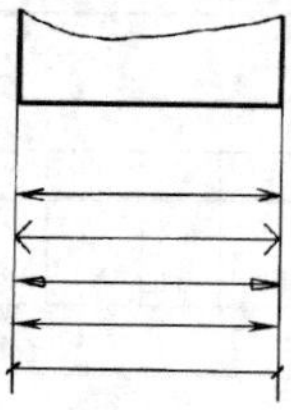	标注尺寸可使用单边箭头。对于机械图样应（同时）执行 GB/T 4458.4
带箭头指引线	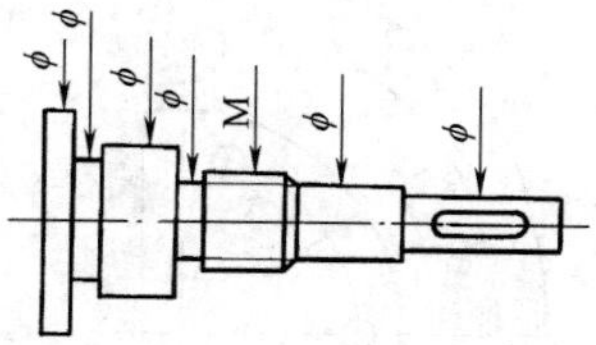 φ φ φ φ M φ φ	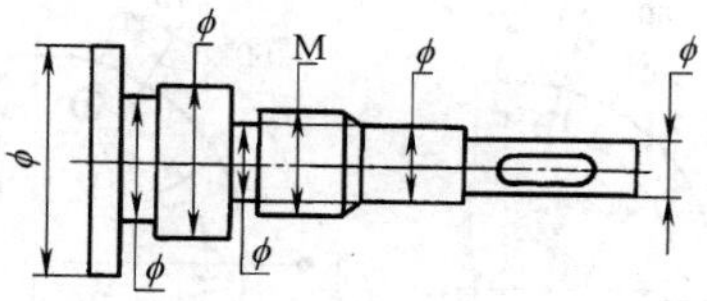 φ M φ φ φ φ φ φ	标注尺寸时，可采用带箭头的指引线
不带箭头指引线	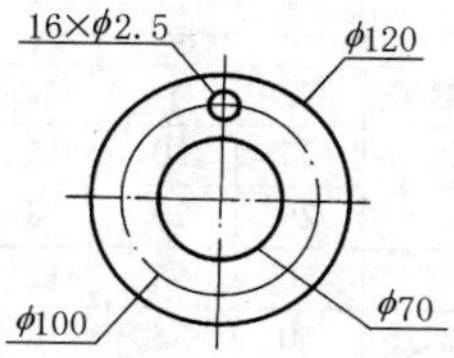 16×φ2.5 φ120 φ100 φ70	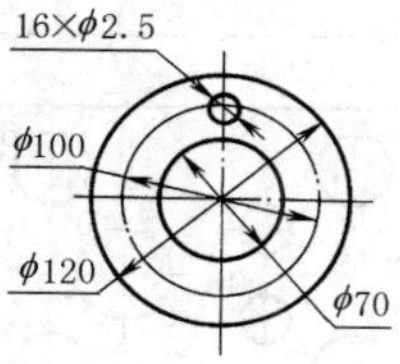 16×φ2.5 φ100 φ120 φ70	标注尺寸时，也可采用不带箭头的指引线
共用尺寸线和箭头（同心圆弧和不同心圆弧）	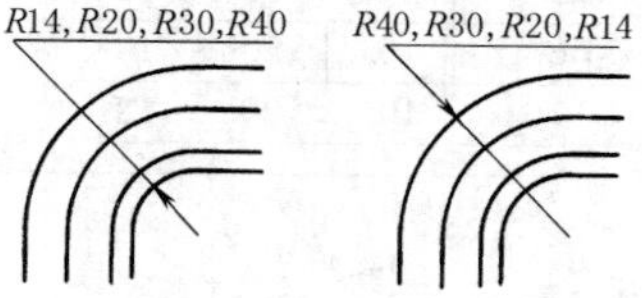 R14, R20, R30, R40　R40, R30, R20, R14	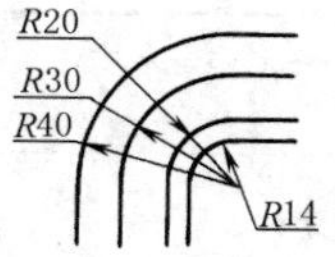 R20 R30 R40 R14	一组同心圆弧或圆心位于一条直线上的多个不同心圆弧的尺寸，可用共用的尺寸线和箭头依次表示
	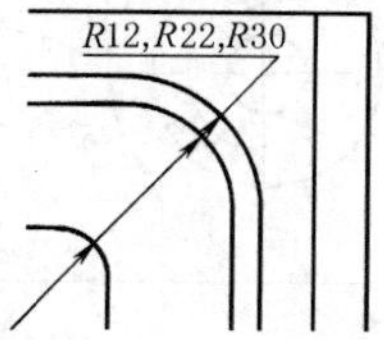 R12, R22, R30	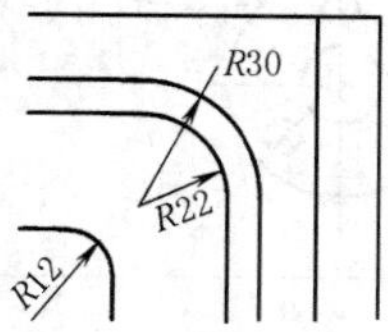 R30 R22 R12	
（同心圆和台阶孔）共用尺寸线和箭头	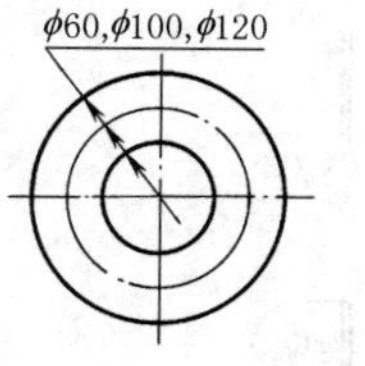 φ60, φ100, φ120	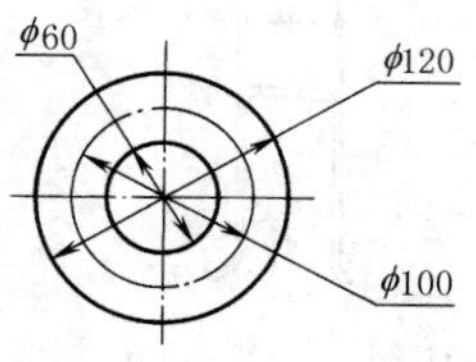 φ60 φ120 φ100	一组同心圆或尺寸较多的台阶孔的尺寸，也可用共用的尺寸线和箭头依次表示
	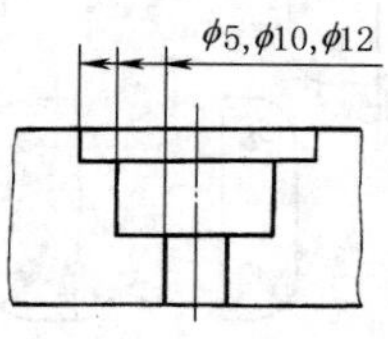 φ5, φ10, φ12	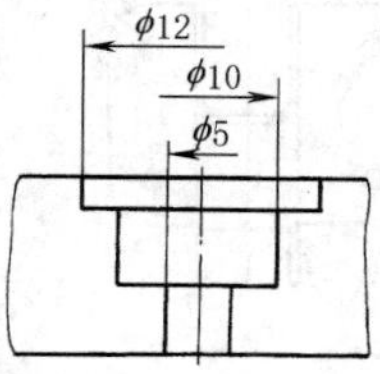 φ12 φ10 φ5	

续表

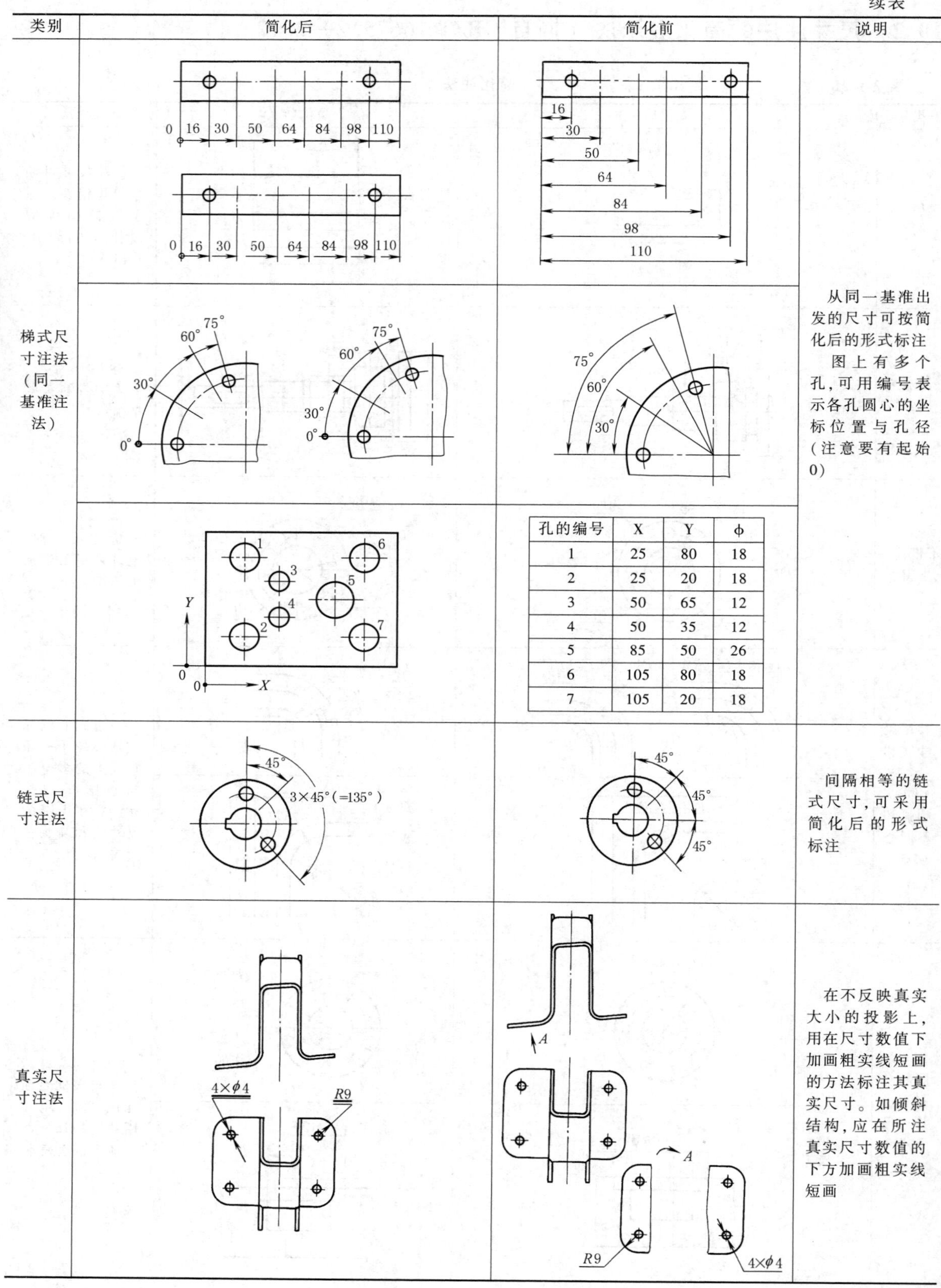

类别	简化后	简化前	说明
梯式尺寸注法（同一基准注法）			从同一基准出发的尺寸可按简化后的形式标注 图上有多个孔，可用编号表示各孔圆心的坐标位置与孔径（注意要有起始0）
链式尺寸注法			间隔相等的链式尺寸，可采用简化后的形式标注
真实尺寸注法			在不反映真实大小的投影上，用在尺寸数值下加画粗实线短画的方法标注其真实尺寸。如倾斜结构，应在所注真实尺寸数值的下方加画粗实线短画

孔的编号	X	Y	ϕ
1	25	80	18
2	25	20	18
3	50	65	12
4	50	35	12
5	85	50	26
6	105	80	18
7	105	20	18

续表

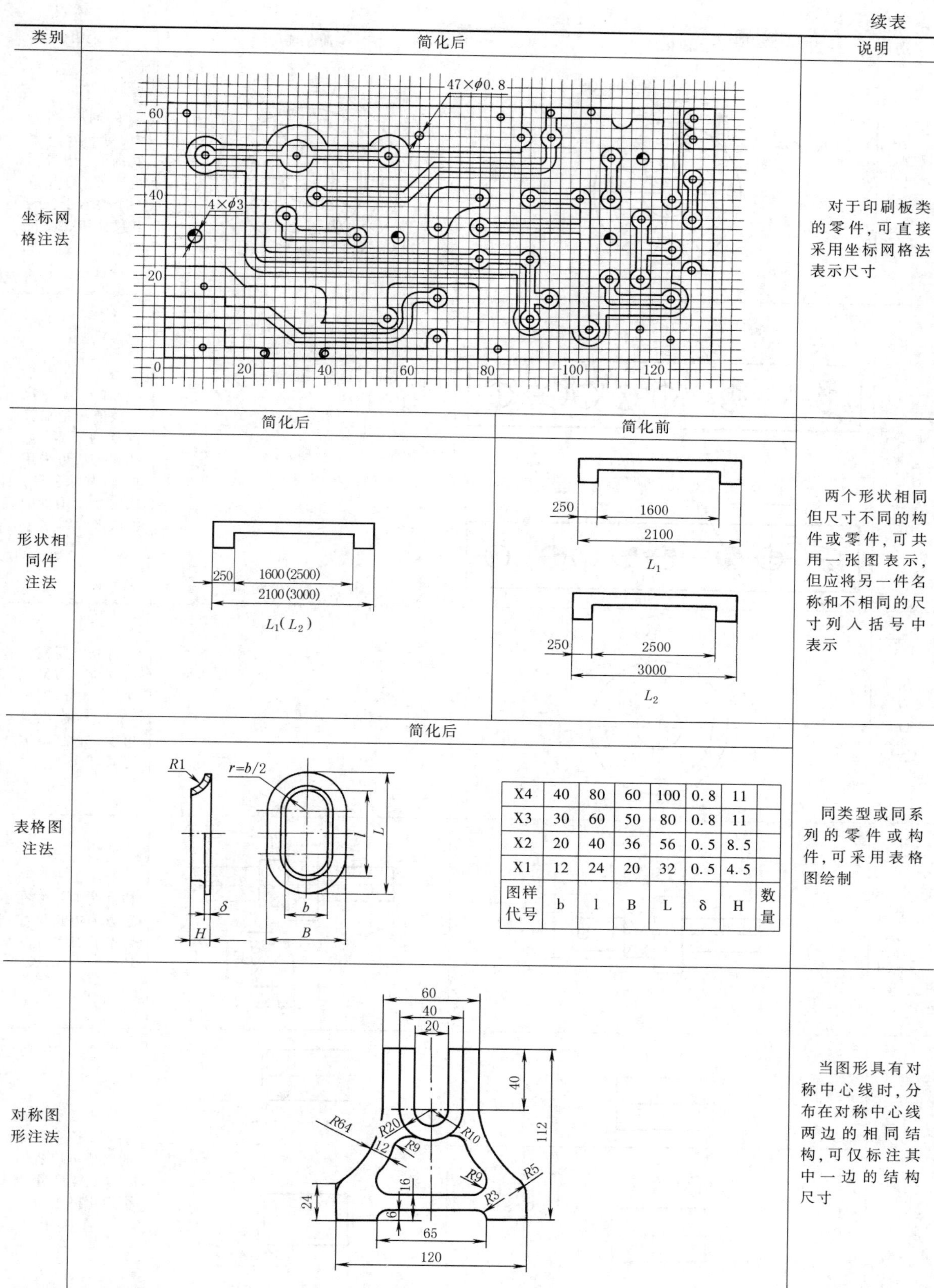

类别	简化后	说明
坐标网格注法	简化后	对于印刷板类的零件，可直接采用坐标网格法表示尺寸
形状相同件注法	简化后 / 简化前	两个形状相同但尺寸不同的构件或零件，可共用一张图表示，但应将另一件名称和不相同的尺寸列入括号中表示
表格图注法	简化后	同类型或同系列的零件或构件，可采用表格图绘制
对称图形注法		当图形具有对称中心线时，分布在对称中心线两边的相同结构，可仅标注其中一边的结构尺寸

X4	40	80	60	100	0.8	11	
X3	30	60	50	80	0.8	11	
X2	20	40	36	56	0.5	8.5	
X1	12	24	20	32	0.5	4.5	
图样代号	b	l	B	L	δ	H	数量

续表

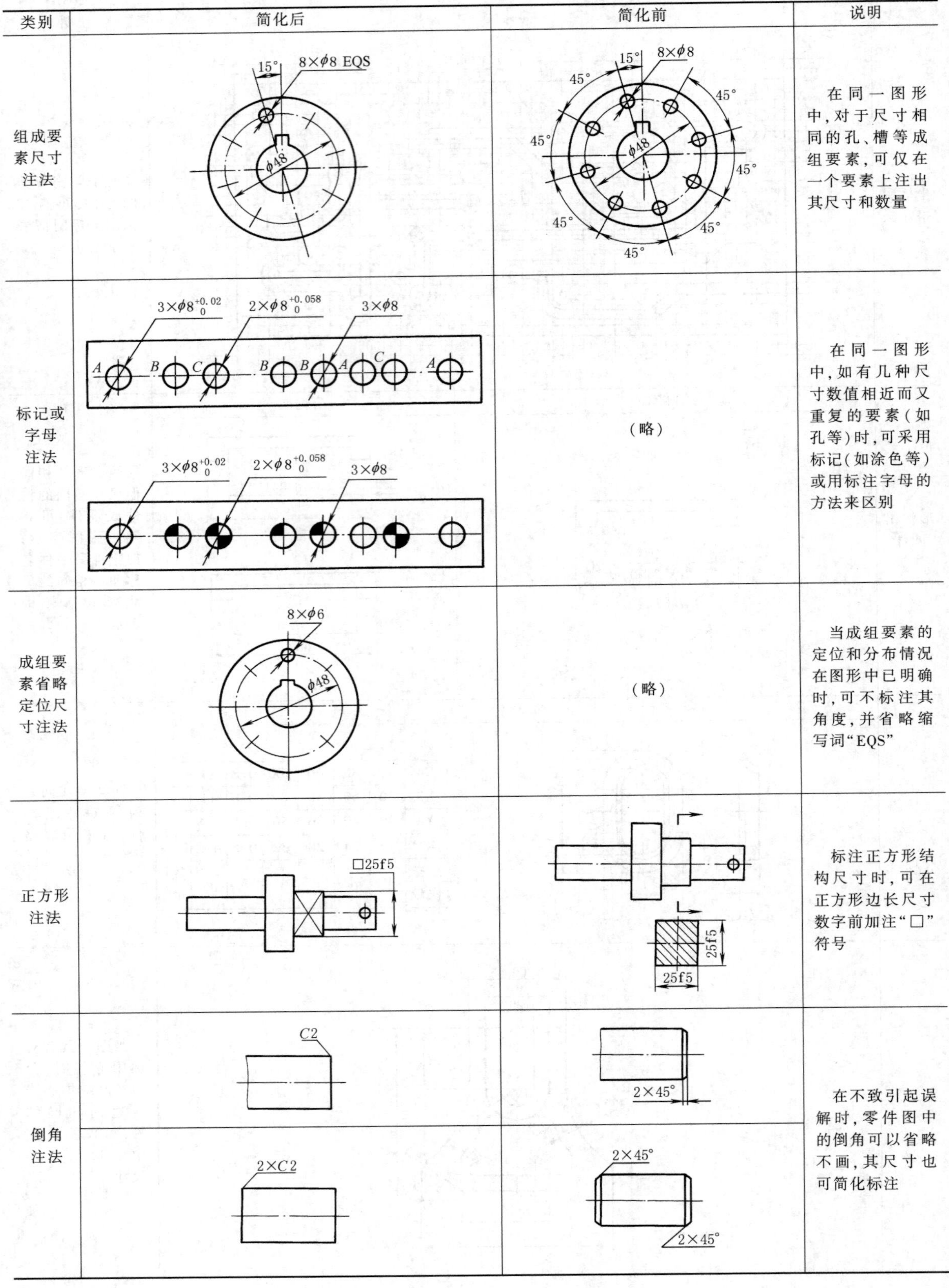

类别	简化后	简化前	说明
组成要素尺寸注法	15° 8×ϕ8 EQS ϕ48	15° 8×ϕ8 45° 45° 45° 45° 45° 45° 45° ϕ48	在同一图形中，对于尺寸相同的孔、槽等成组要素，可仅在一个要素上注出其尺寸和数量
标记或字母注法	$3\times\phi8^{+0.02}_{0}$ $2\times\phi8^{+0.058}_{0}$ 3×ϕ8 A B C B B A C A $3\times\phi8^{+0.02}_{0}$ $2\times\phi8^{+0.058}_{0}$ 3×ϕ8	（略）	在同一图形中，如有几种尺寸数值相近而又重复的要素（如孔等）时，可采用标记（如涂色等）或用标注字母的方法来区别
成组要素省略定位尺寸注法	8×ϕ6 ϕ48	（略）	当成组要素的定位和分布情况在图形中已明确时，可不标注其角度，并省略缩写词“EQS”
正方形注法	□25f5	25f5 25f5	标注正方形结构尺寸时，可在正方形边长尺寸数字前加注“□”符号
倒角注法	C2	2×45°	在不致引起误解时，零件图中的倒角可以省略不画，其尺寸也可简化标注
	2×C2	2×45° 2×45°	

续表

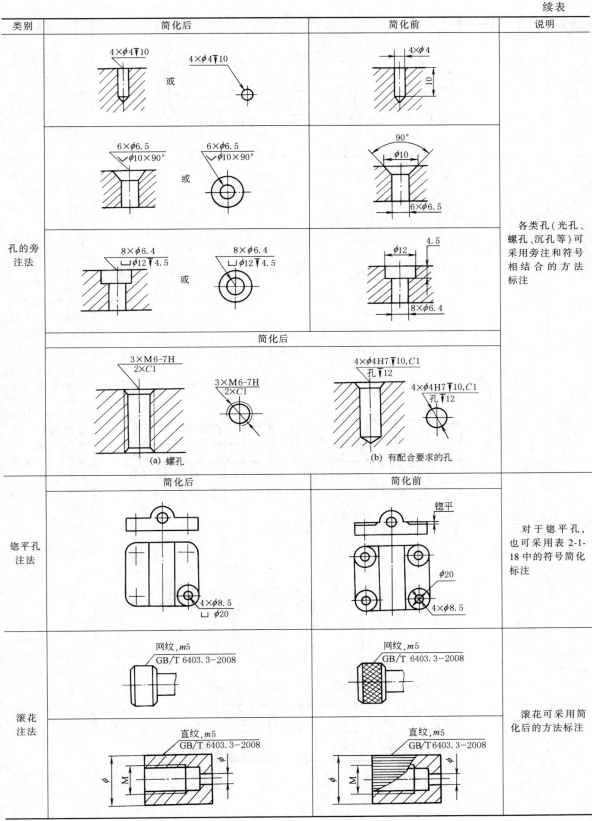

<table>
<tr><th>类别</th><th>简化后</th><th>简化前</th><th>说明</th></tr>
<tr><td rowspan="4">孔的旁注法</td><td> 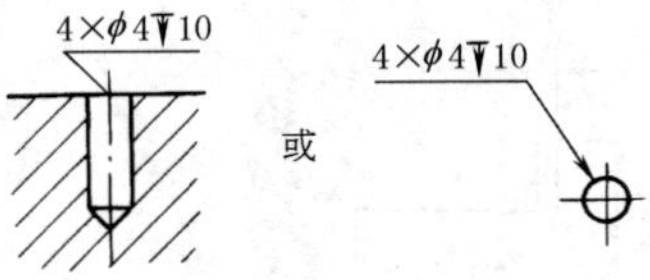4×φ4↧10 或 4×φ4↧10</td><td> 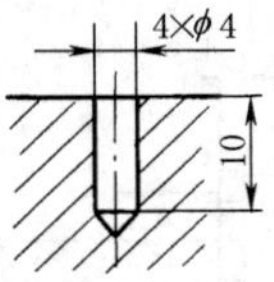4×φ4 10</td><td rowspan="4">各类孔(光孔、螺孔、沉孔等)可采用旁注和符号相结合的方法标注</td></tr>
<tr><td> 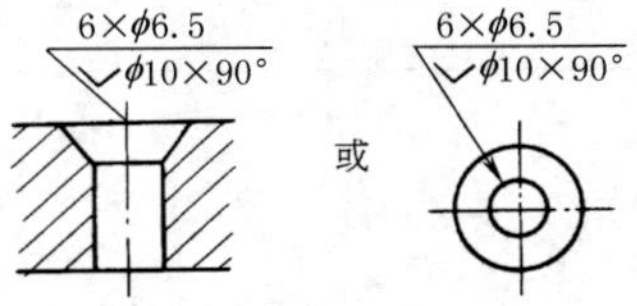6×φ6.5 ⌵φ10×90° 或 6×φ6.5 ⌵φ10×90°</td><td> 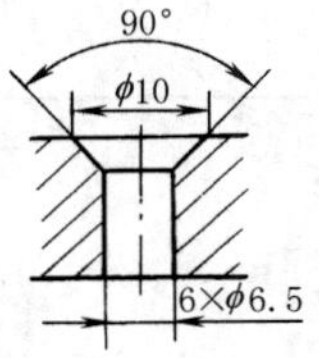90° φ10 6×φ6.5</td></tr>
<tr><td> 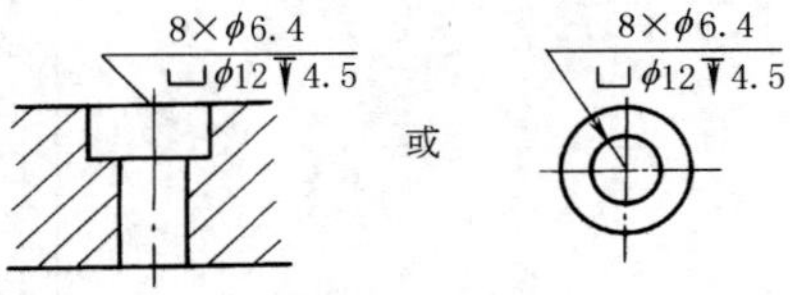8×φ6.4 ⌴φ12↧4.5 或 8×φ6.4 ⌴φ12↧4.5</td><td> 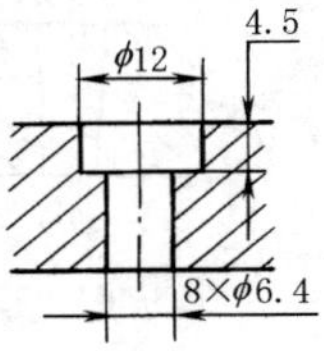4.5 φ12 8×φ6.4</td></tr>
<tr><td colspan="2">简化后
3×M6-7H 2×C1 3×M6-7H 2×C1
(a) 螺孔
4×φ4H7↧10,C1 孔↧12 4×φ4H7↧10,C1 孔↧12
(b) 有配合要求的孔</td></tr>
<tr><td></td><td>简化后</td><td>简化前</td><td></td></tr>
<tr><td>锪平孔注法</td><td> 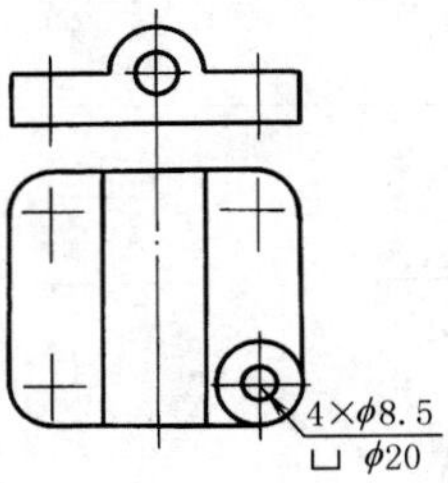4×φ8.5 ⌴φ20</td><td> 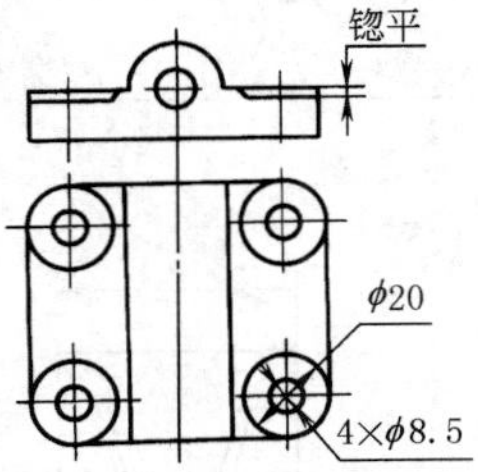锪平 φ20 4×φ8.5</td><td>对于锪平孔，也可采用表2-1-18中的符号简化标注</td></tr>
<tr><td rowspan="2">滚花注法</td><td> 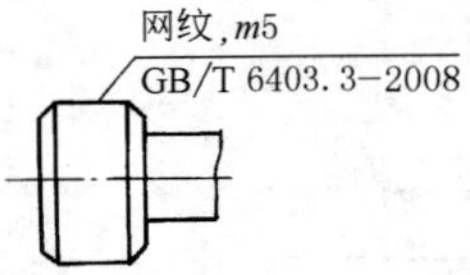网纹,m5 GB/T 6403.3—2008</td><td> 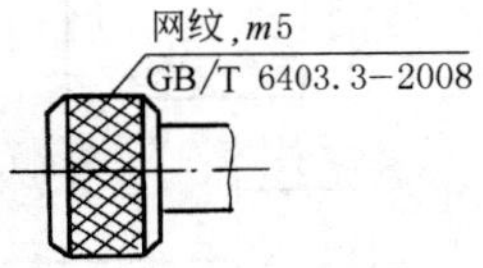网纹,m5 GB/T 6403.3—2008</td><td rowspan="2">滚花可采用简化后的方法标注</td></tr>
<tr><td> 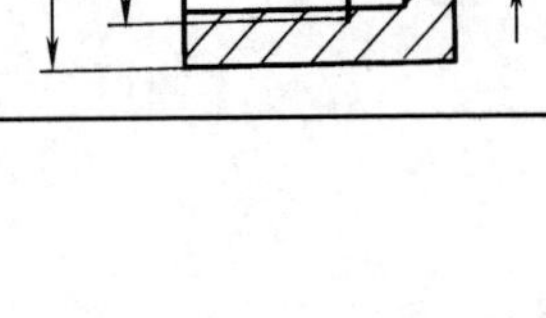直纹,m5 GB/T 6403.3—2008 φ M φ</td><td> 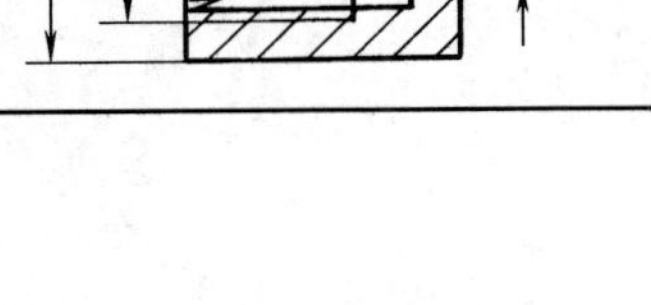直纹,m5 GB/T 6403.3—2008 φ M φ</td></tr>
</table>

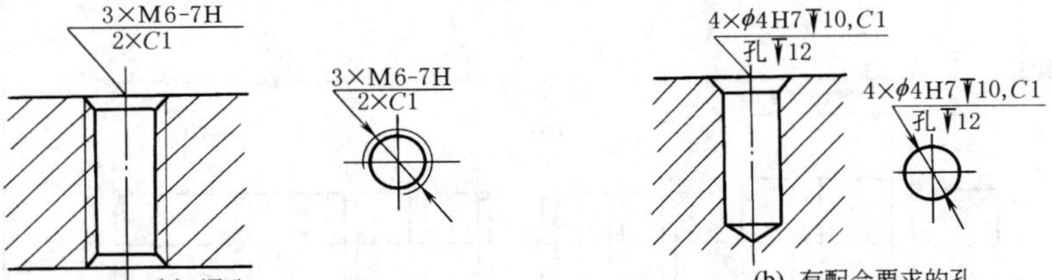

续表

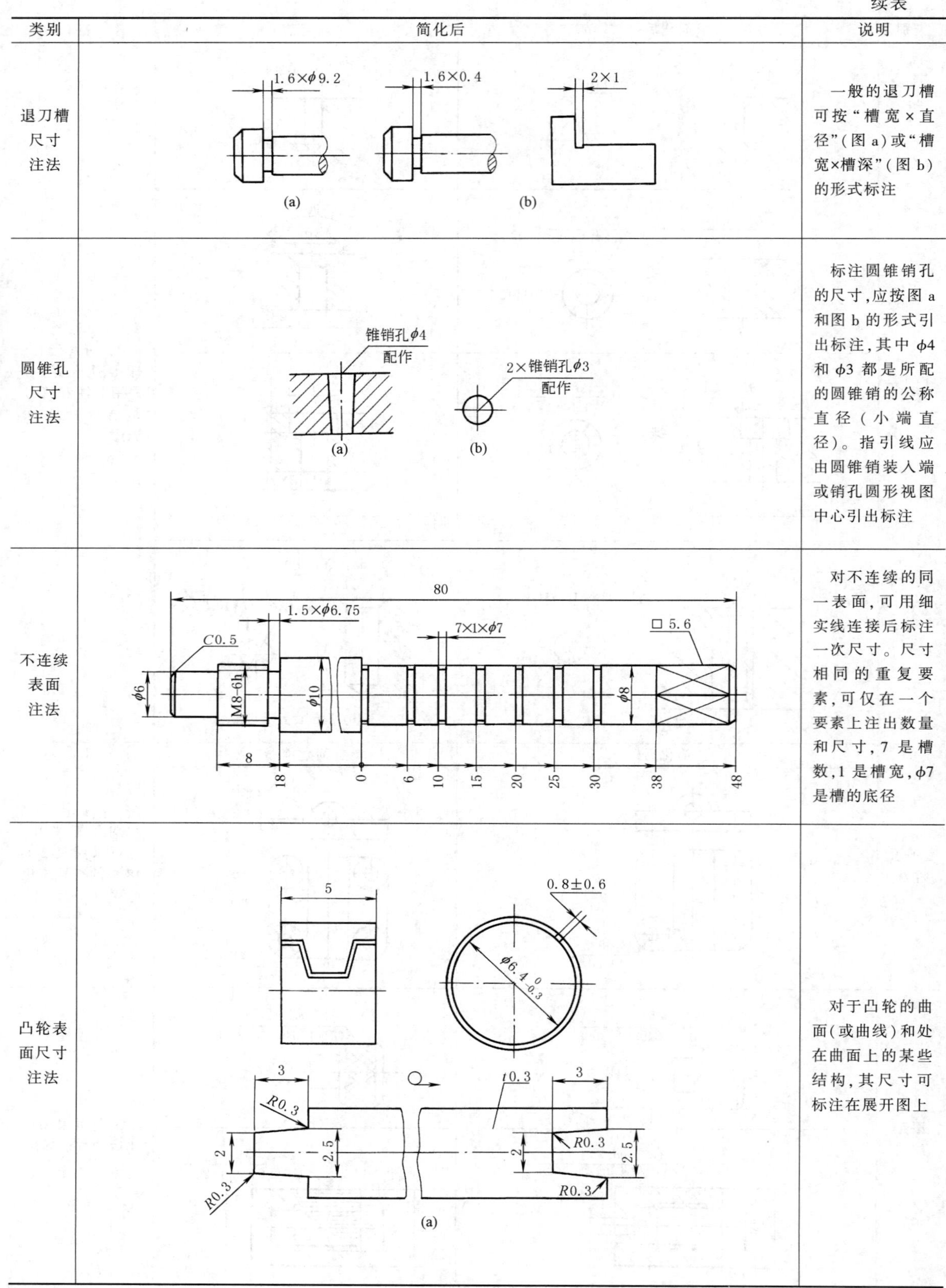

类别	简化后	说明
退刀槽尺寸注法		一般的退刀槽可按“槽宽×直径”(图a)或“槽宽×槽深”(图b)的形式标注
圆锥孔尺寸注法		标注圆锥销孔的尺寸,应按图a和图b的形式引出标注,其中ϕ4和ϕ3都是所配的圆锥销的公称直径(小端直径)。指引线应由圆锥销装入端或销孔圆形视图中心引出标注
不连续表面注法		对不连续的同一表面,可用细实线连接后标注一次尺寸。尺寸相同的重复要素,可仅在一个要素上注出数量和尺寸,7是槽数,1是槽宽,ϕ7是槽的底径
凸轮表面尺寸注法		对于凸轮的曲面(或曲线)和处在曲面上的某些结构,其尺寸可标注在展开图上

续表

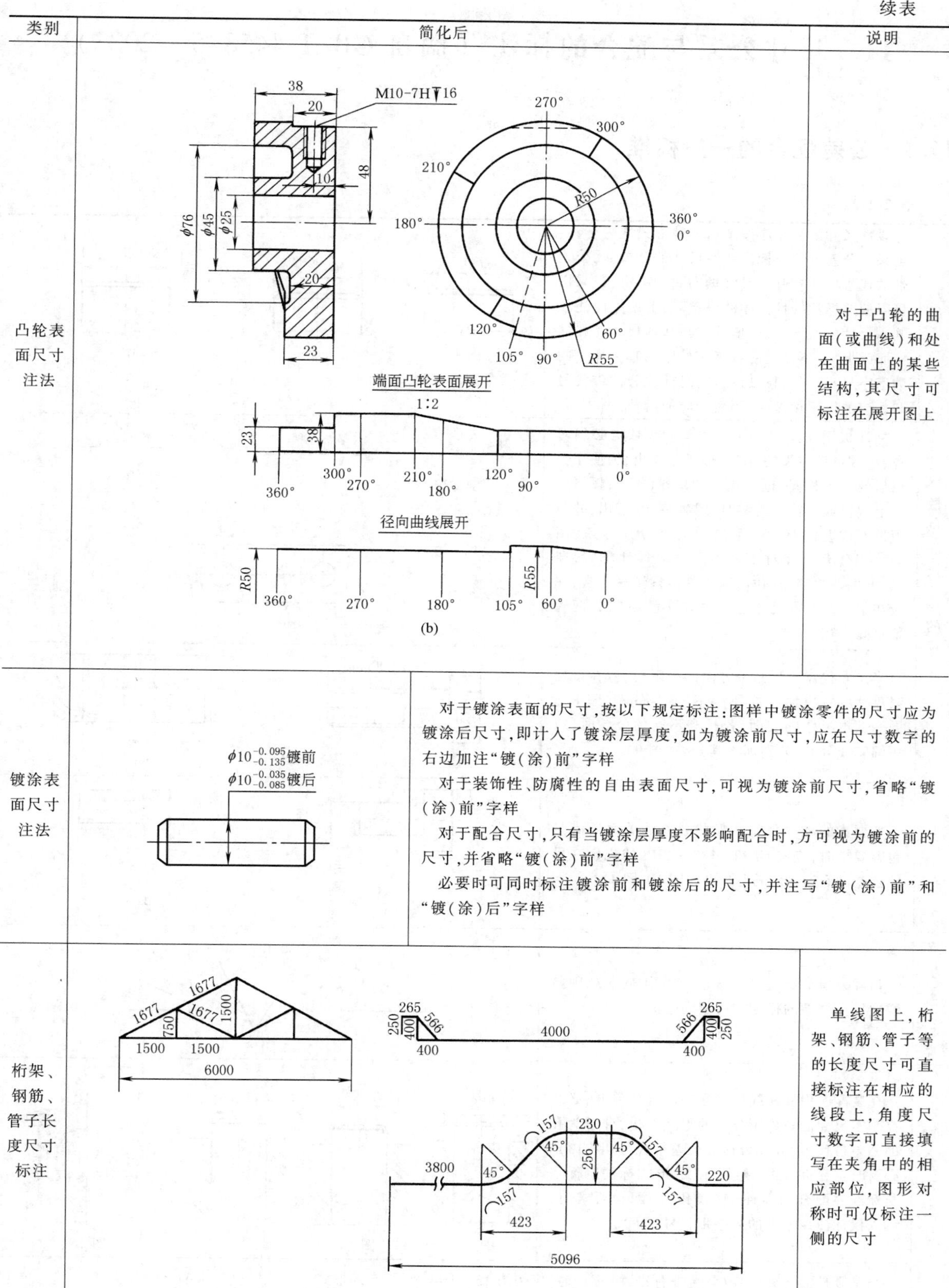

类别	简化后	说明
凸轮表面尺寸注法	(b)	对于凸轮的曲面(或曲线)和处在曲面上的某些结构，其尺寸可标注在展开图上
镀涂表面尺寸注法		对于镀涂表面的尺寸，按以下规定标注：图样中镀涂零件的尺寸应为镀涂后尺寸，即计入了镀涂层厚度，如为镀涂前尺寸，应在尺寸数字的右边加注“镀(涂)前”字样 对于装饰性、防腐性的自由表面尺寸，可视为镀涂前尺寸，省略“镀(涂)前”字样 对于配合尺寸，只有当镀涂层厚度不影响配合时，方可视为镀涂前的尺寸，并省略“镀(涂)前”字样 必要时可同时标注镀涂前和镀涂后的尺寸，并注写“镀(涂)前”和“镀(涂)后”字样
桁架、钢筋、管子长度尺寸标注		单线图上，桁架、钢筋、管子等的长度尺寸可直接标注在相应的线段上，角度尺寸数字可直接填写在夹角中的相应部位，图形对称时可仅标注一侧的尺寸

第2篇

11　尺寸公差与配合的标注（摘自 GB/T 4458.5—2003）

11.1　公差配合的一般标准

表 2-1-22

线性尺寸公差的标注	线性尺寸的公差应按图示三种形式之一标注：当采用公差带代号标注线性尺寸的公差时，公差带的代号应注在基本尺寸的右边（图 1）；当采用极限偏差标注线性尺寸的公差时，上偏差应注在基本尺寸的右上方，下偏差应与基本尺寸注在同一底线上，上下偏差的数字字号应比基本尺寸的数字字号小一号（图 2）；当同时标注公差带代号和相应的极限偏差时，则后者应加括号（图 3）	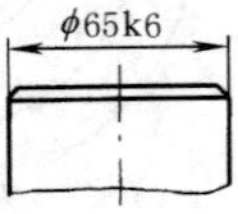 图 1 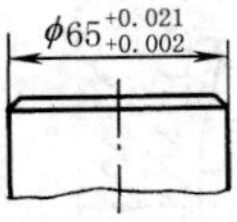　图 2 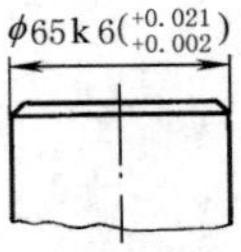　图 3
	标注极限偏差时，上、下偏差的小数点必须对齐，小数点后右端的“0”一般不予注出，为使小数点后的位数相同，也可用“0”补齐（图 4，图 5），当上偏差或下偏差为零时，用数字“0”标出，并与下偏差或上偏差的小数点前的个位数对齐（图 6）。当公差带相对于基本尺寸对称地配置，即上、下偏差数字相同时，偏差数字只注写一次，并应在偏差与基本尺寸之间注出符号“±”，且两者数字高度相同（图 7）	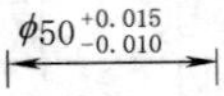 图 4 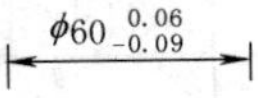　图 5 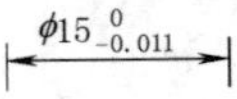　图 6 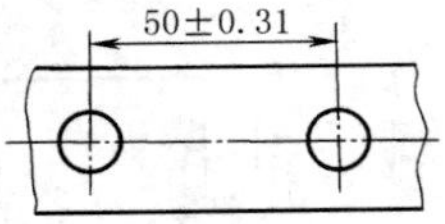　图 7
	当尺寸仅需要限制单方向的极限时，应在该极限尺寸的右边加注符号“max”或“min”（图 8）。同一基本尺寸的表面，若具有不同的公差时，应用细实线分开，分别标注其公差（图 9）	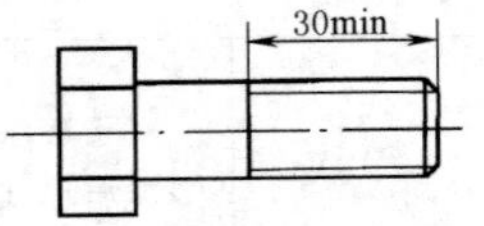 图 8 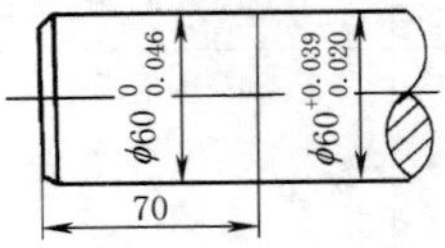　图 9
	如要素的尺寸公差和形状公差的关系需满足包容要求时，应按 GB/T 1182—2018 的规定在尺寸公差的右边加注符号“Ⓔ”（图 10、图 11）	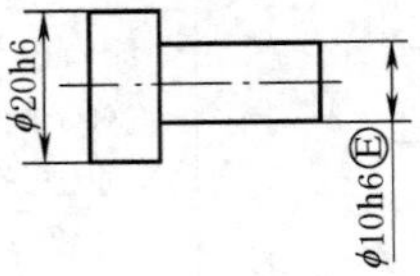 图 10 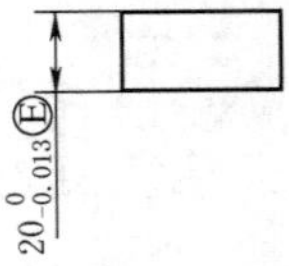　图 11
角度公差的标注	角度公差的标注如图 12 所示，其基本规则与线性尺寸公差的标注方法相同	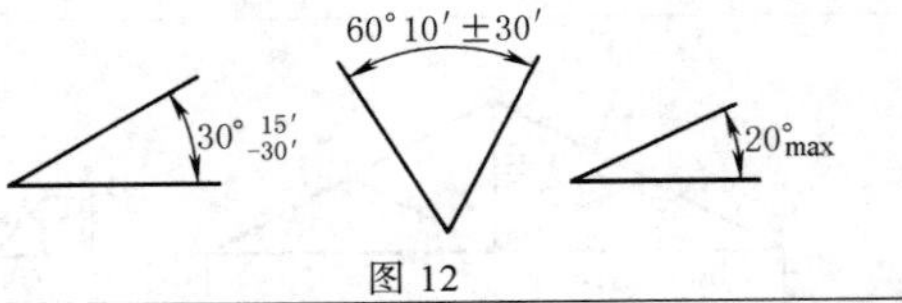 图 12
配合的标注	在装配图中标注线性尺寸的配合代号时，必须在基本尺寸的右边用分数的形式注出，分子为孔的公差带代号，分母为轴的公差带代号（图 13）。必要时也允许按图 14、图 15 的形式标注。标注与标准件配合的零件（轴或孔）的配合要求时，可以仅标注该零件的公差带代号（图 16）	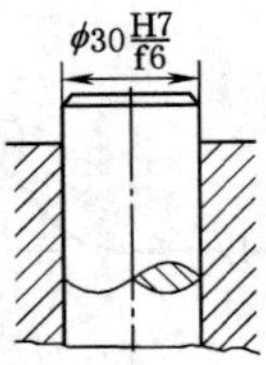 图 13 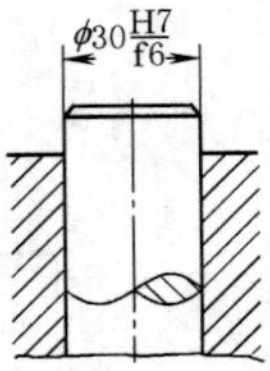　图 14 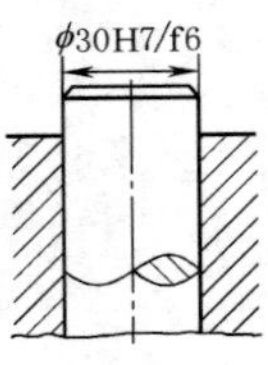　图 15 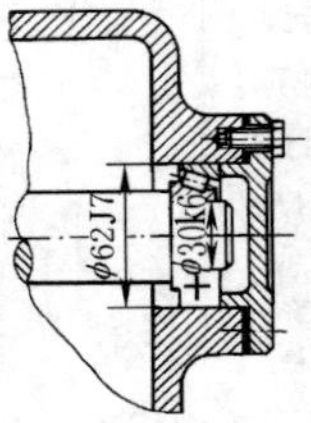　图 16
	当某零件需与外购件（均为非标准件）配合时，应按图 13、图 14 及图 15 的形式标注	

11.2 配制配合的标注（GB/T 1801.1—2020）

说明：GB/T 1801—2009 已于 2020 年 11 月 1 日废止，被 GB/T 1800.1—2020 取代，在新国标中已没有配制配合要求，之所以保留本节内容，是为了读者在读以前的图纸时，能看懂图纸，起到承前启后的作用。

公称尺寸大于 500mm 的零件，除采用互换性生产外，根据其制造特点可采用配制配合，配制配合是以一个零件的实际尺寸为基数，来配制另一个零件的工艺措施，一般用于公差等级较高，单件、小批量生产的配合零件，设计人员应根据生产和使用情况决定。

（1）配制配合的一般要求

1）先按互换性生产选取配合，配制的结果应满足此配合公差；

2）一般选较难加工，且能得到较高测量精度的那个零件（多数为孔）作为先加工工件，给它一个容易达到的公差或按"线性尺寸未注公差"加工；

3）配制件（多数为轴）的公差可按所定的配合公差来选取，所以配制件的公差比采用互换性生产时单个零件的公差要宽，配制件的偏差和极限尺寸以先加工件的实际尺寸为基数确定；

4）配制配合不涉及形位公差、表面结构等，不因配制配合而降低对它们的要求；

5）测量要注意温度、形位误差对测量的影响。

（2）配制配合在图样上的注法

用代号 MF 表示配制配合，借用基准孔代号 H 或基准轴代号 h 表示先加工工件，在装配图和零件图的相应部位均应标出，装配图上还要标明按互换性生产时的配合要求。

1）如在装配图上标注为 ϕ3000H6/f6MF（先加工孔）或 ϕ3000F6/h6MF（先加工轴）。

2）若先加工件为孔，给一个较容易达到的公差，如 H8，在零件图上标注为 ϕ3000H8MF。

若按"线性尺寸的未注公差"加工，则标注为 ϕ3000MF。

3）配制件为轴，根据已确定的配合公差选取合适的公差带例如 f7，此时其最大间隙为 0.355mm，最小间隙为 0.145mm，图上标注为 ϕ3000f7MF，或 $\phi3000_{-0.355}^{-0.145}$MF。

（3）配制件极限尺寸的计算

如上例，用尽可能准确的测量方法，测出先加工件（孔）的实际尺寸，如为 ϕ3000.195mm，则配制件（轴）的极限尺寸计算如下。

1）配制件轴采用 f7（图 2-1-11）

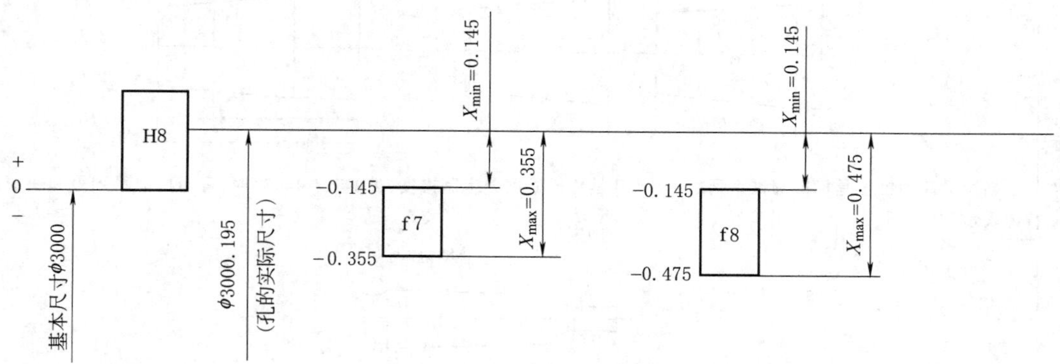

图 2-1-11　ϕ3000H6/f6MF 的公差带图

最大极限尺寸 = 3000.195 − 0.145 = 3000.050mm

最小极限尺寸 = 3000.195 − 0.355 = 2999.840mm

2）配制件轴采用 f8（见图 2-1-11），则

最大极限尺寸 = 3000.195 − 0.145 = 3000.050mm

最小极限尺寸 = 3000.195 − 0.475 = 2999.720mm

从以上可知，配制配合可以用较大的制造公差满足较高精度的配合性质要求，但无互换性。

12 圆锥的尺寸和公差注法（摘自 GB/T 15754—1995）

表 2-1-23

特征参数及字母符号		锥度 C	圆锥角 α	最大圆锥直径 D	最小圆锥直径 d	给定横截面处圆锥直径 d_x	圆锥长度 L	总长 L'	给定横截面处的长度 L_x
尺寸标注	优先方法	1∶5 1/5	35°						
	可选方法	0.2∶1 20%	0.6rad						

$$C=\frac{D-d}{L}\text{或 }C=2\tan\frac{\alpha}{2}=1:\frac{1}{2}\cot\frac{\alpha}{2}$$

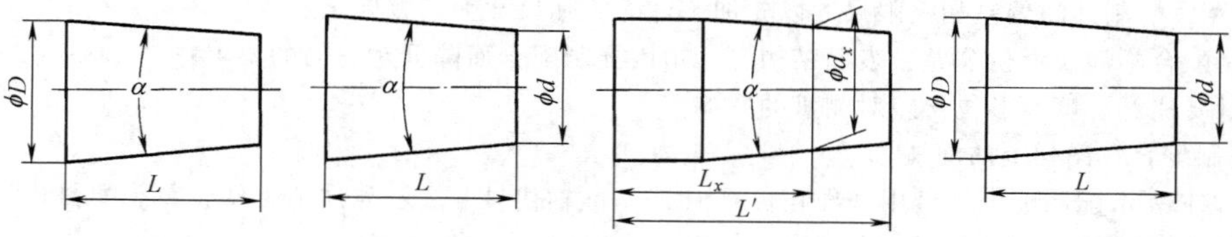

圆锥尺寸注法

锥度图形符号

锥度图形符号

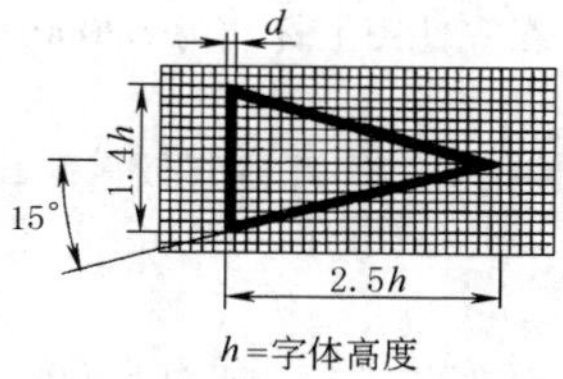

h=字体高度
$d=1/10h$

图形符号的配置

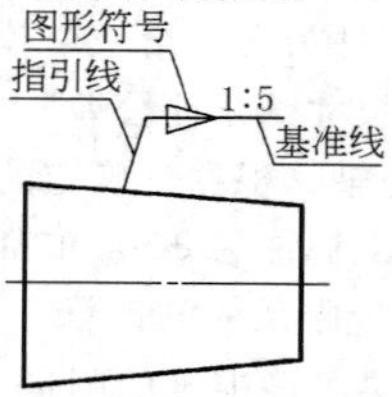

图形符号 指引线 1:5 基准线

锥度标注方法

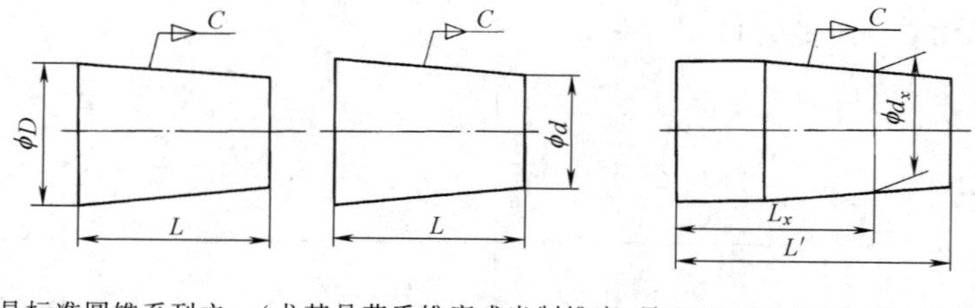

当所标注的锥度是标准圆锥系列之一（尤其是莫氏锥度或米制锥度，见 GB/T 1443）时，可用标准系列号和相应的标记表示（如下图）

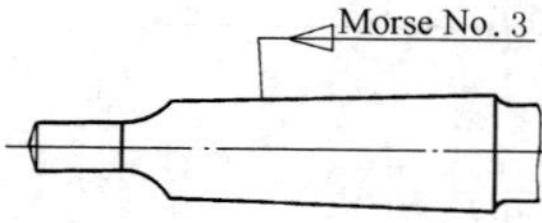

Morse No.3

圆锥公差注法

给定圆锥角与大端圆锥直径的圆锥公差注法

图样上标注　说明

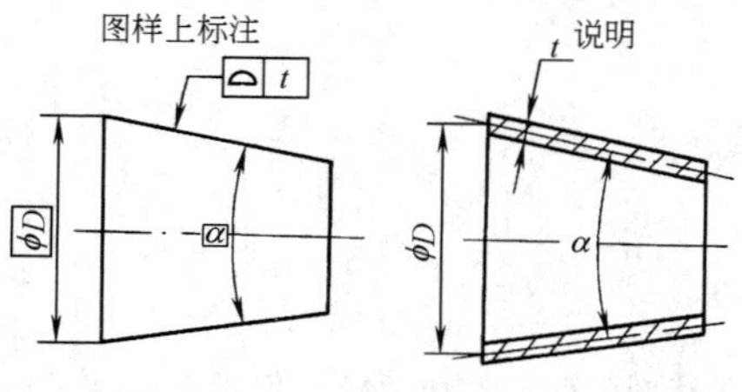

给定锥度与大端圆锥直径的圆锥公差注法

图样上标注　说明

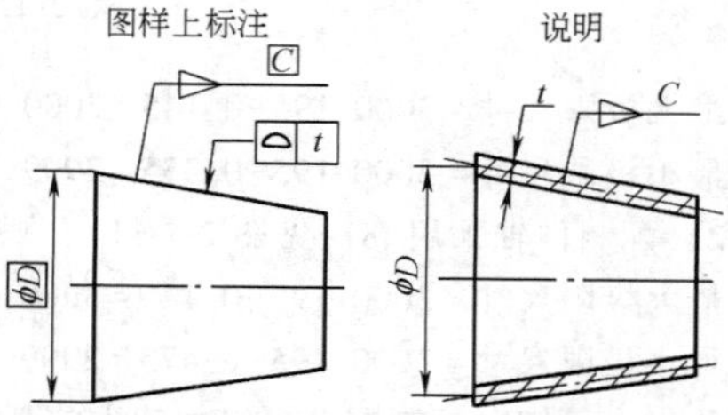

续表

<table>
<tr><td rowspan="3">圆锥公差注法</td><td>给定圆锥轴向位置尺寸与锥度的圆锥公差注法</td><td>图样上标注
C
t
ϕd_x
L_x</td><td>说明
t
C
ϕd_x
L_x</td><td>给定圆锥轴向位置尺寸及其公差与锥度的圆锥公差注法</td><td>图样上标注
C
t
ϕd_x
$L_x \pm \delta_x$</td><td>说明
t
C
t
ϕd_x
$L_x - \delta_x$
$L_x + \delta_x$</td></tr>
<tr><td>与基准线有关的圆锥公差注法</td><td colspan="5">图样上标注
t A
ϕ
ϕD
α
A
说明
t
ϕD
α
A</td></tr>
<tr><td>相配合的圆锥公差注法</td><td colspan="2">根据 GB/T 12360—2005 的要求，相配合的圆锥应保证各装配件的径向和(或)轴向位置。标注两个相配圆锥的尺寸及公差时，应确定：具有相同的锥度或圆锥角；标注尺寸公差的圆锥直径的基本尺寸应一致；确定直径(图 a)和位置(图 b)的理论正确尺寸与两装配件的基准平面有关</td><td colspan="3"> 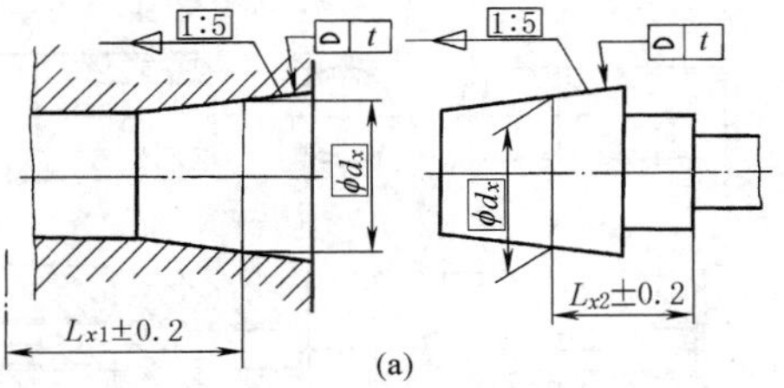1:5　t　1:5　t
ϕd_x　ϕd_x
$L_{x1} \pm 0.2$　$L_{x2} \pm 0.2$
(a) 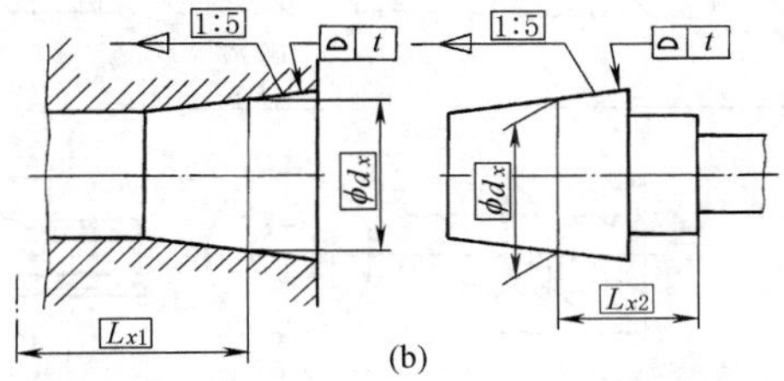
1:5　t　1:5　t
ϕd_x　ϕd_x
L_{x1}　L_{x2}
(b)</td></tr>
<tr><td rowspan="3">限定条件</td><td colspan="6">必要时，可给出限定条件以保证圆锥实际要素不超过给定的公差带。这些限定条件可在图样上直接给出或在技术要求中说明</td></tr>
<tr><td>附加形位公差要求</td><td colspan="3">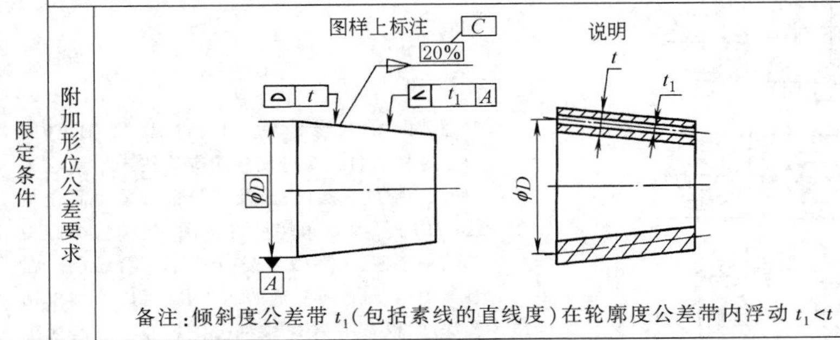

备注：倾斜度公差带 t_1(包括素线的直线度)在轮廓度公差带内浮动 $t_1 < t$</td><td colspan="2">圆锥的形状公差一般不单独给出，而是由对应的面轮廓度公差带或圆锥直径公差带限定。只有为了满足某一功能需要，对圆锥的形状公差有更高的要求时，才给出圆锥的形状公差。但它应小于面轮廓度公差 t 或圆锥直径公差 T_D 的一半
(T_D 见本篇第 2 章极限与配合，“圆锥公差与配合”节)</td></tr>
<tr><td colspan="6">在技术要求中说明；　如：量规涂色检验，接触率大于 80%</td></tr>
</table>

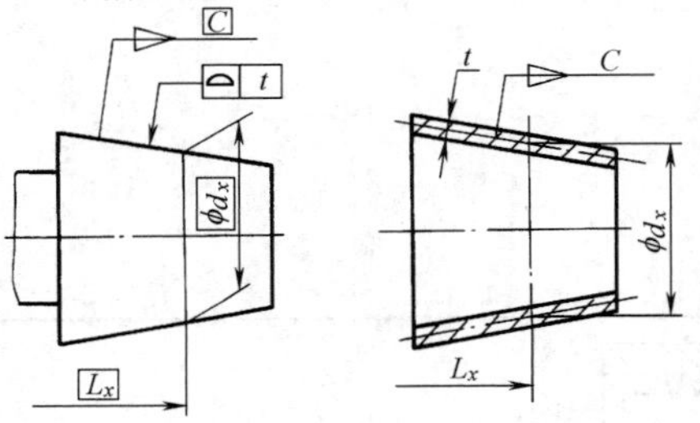

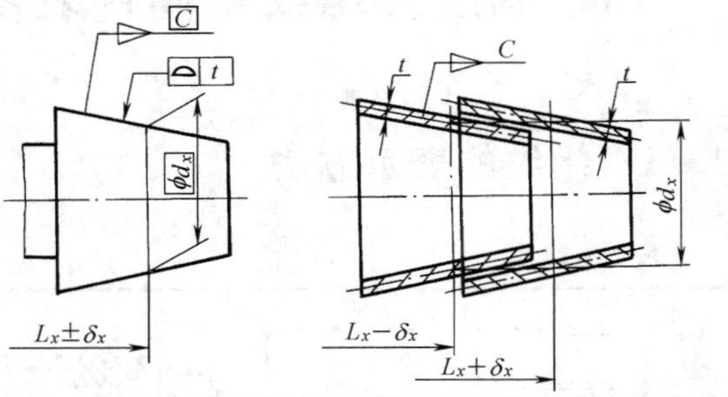

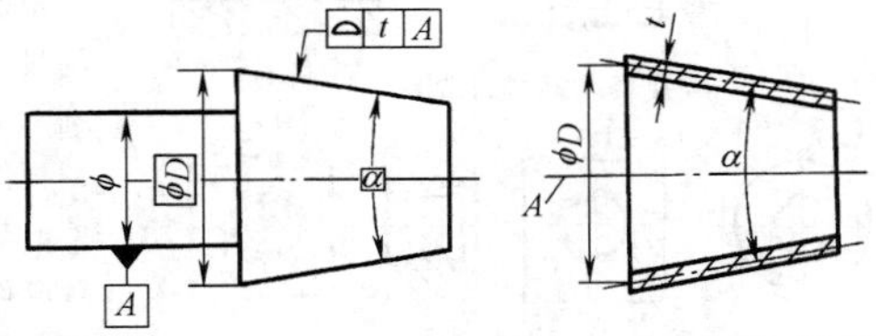

注：本标准规定的是光滑正圆锥的尺寸和公差注法。正圆锥是要求圆锥的锥顶与基本圆锥相重合，且其母线是直的。光滑圆锥是指在机械结构中所使用的具有圆锥结构的工件，这种工件利用圆锥的自动定心、自锁性好、密封性好、间隙或过盈可以自由调整等特点工作，例如圆锥滑动轴承、圆锥阀门、钻头的锥柄、圆锥心轴等。而对于像锥齿轮、锥螺纹、圆锥滚动轴承的锥形套圈等零件，它们虽然也具有圆锥结构，但其功能与前述情况不同，它们的圆锥部分的要求都由该零件的专门标准所确定，本标准不适用于这类零件。

13　螺纹及螺纹紧固件表示法（摘自 GB/T 4459.1—1995）

13.1　螺纹的表示方法

表 2-1-24

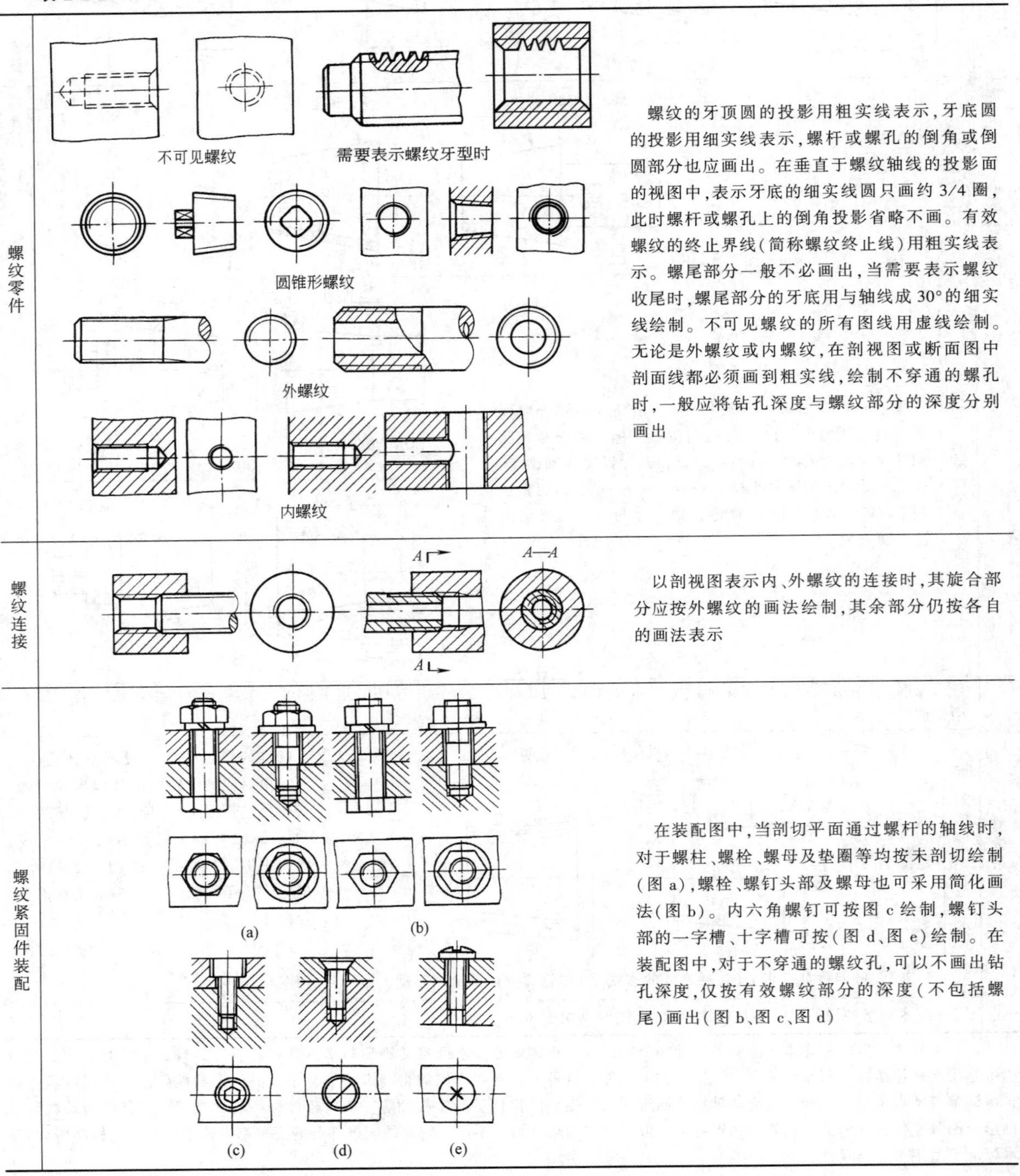

类别	说明
螺纹零件	螺纹的牙顶圆的投影用粗实线表示，牙底圆的投影用细实线表示，螺杆或螺孔的倒角或倒圆部分也应画出。在垂直于螺纹轴线的投影面的视图中，表示牙底的细实线圆只画约 3/4 圈，此时螺杆或螺孔上的倒角投影省略不画。有效螺纹的终止界线(简称螺纹终止线)用粗实线表示。螺尾部分一般不必画出，当需要表示螺纹收尾时，螺尾部分的牙底用与轴线成 30°的细实线绘制。不可见螺纹的所有图线用虚线绘制。无论是外螺纹或内螺纹，在剖视图或断面图中剖面线都必须画到粗实线，绘制不穿通的螺孔时，一般应将钻孔深度与螺纹部分的深度分别画出
螺纹连接	以剖视图表示内、外螺纹的连接时，其旋合部分应按外螺纹的画法绘制，其余部分仍按各自的画法表示
螺纹紧固件装配	在装配图中，当剖切平面通过螺杆的轴线时，对于螺柱、螺栓、螺母及垫圈等均按未剖切绘制(图 a)，螺栓、螺钉头部及螺母也可采用简化画法(图 b)。内六角螺钉可按图 c 绘制，螺钉头部的一字槽、十字槽可按(图 d、图 e)绘制。在装配图中，对于不穿通的螺纹孔，可以不画出钻孔深度，仅按有效螺纹部分的深度(不包括螺尾)画出(图 b、图 c、图 d)

13.2 螺纹的标记方法

表 2-1-25

螺纹类别		特征代号	公称直径	螺距	导程	线数	旋向	公差带代号	旋合长度代号	标记示例	附注
标准普通螺纹	粗牙	M	10				右	6H	L	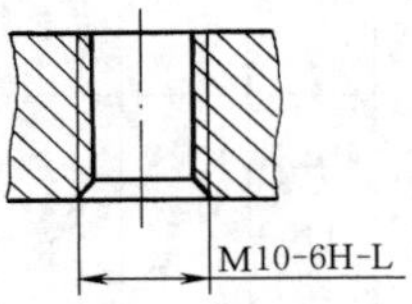 M10-6H-L	标准 GB/T 197—2018 普通螺纹粗牙不注螺距，中等旋合长度不标 N(以下同)。短、长旋合长度分别用字母 S、L 表示。右旋不标注。多线时注出 Ph(导程)、P(螺矩)(下同) 普通螺纹细牙必须标螺距 螺纹副标记示例：M20×2LH 中等公差精度(如 6H、6g)不注公差带代号
	细牙		16	1.5			LH（左）	5g6g	S	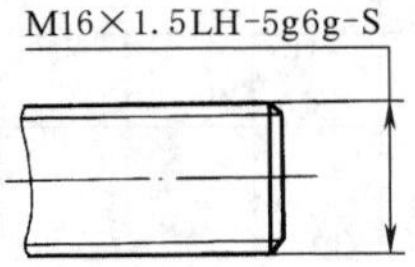 M16×1.5LH-5g6g-S	
小螺纹		S	0.8					4H5		S0.8 4H5	标准 GB/T 15054.4—1994 内螺纹中径公差带为 4H，顶径公差等级为 5 级。外螺纹中径公差带为 5h，顶径公差等级为 3 级。顶径公差带位置仅一种，故只注等级 螺纹副标记示例：S0.9 4H5/5h3
			1.2				LH（左）	5h3		S1.2LH5h3	
梯形螺纹		Tr	32	6			LH（左）	7e		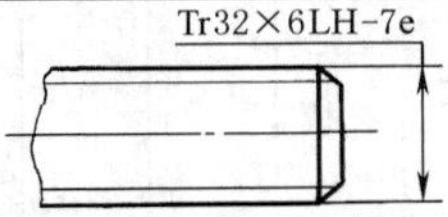 Tr32×6LH-7e	标准 GB/T 5796.4—2022 多线螺纹螺距和导程都可参照此格式标注 螺纹副标记示例： Tr36×6-7H/7e
			40	7	14	2	LH（左）	7e	L	Tr40×14(P7)LH-7e-L	
锯齿形螺纹		B	40	7	14	2	LH（左）	8c	L	B40×14(P7)LH-8c-L	标准 GB/T 13576.1～.4—2008 螺纹副标记示例：B40×7-7A/7c

非标准螺纹

非标准螺纹，应画出螺纹的牙型，并注出所需要的尺寸及有关要求(下图)

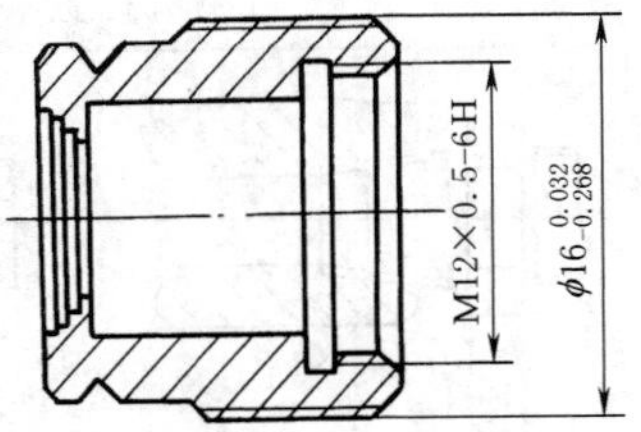

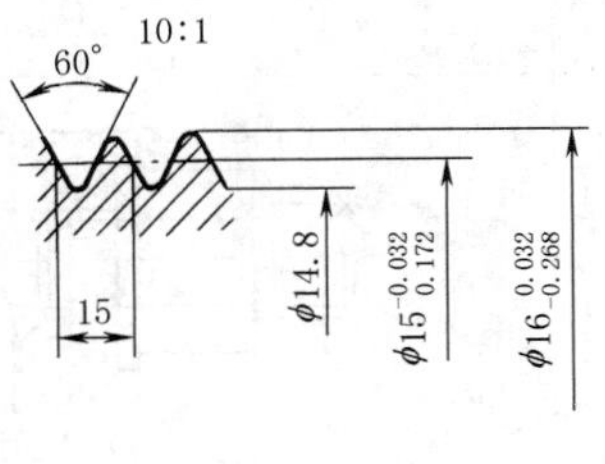

M12×0.5-6H　$\phi16^{0.032}_{-0.268}$　10:1　60°　15　$\phi14.8$　$\phi15^{-0.032}_{-0.172}$　$\phi16^{0.032}_{-0.268}$

螺纹长度

图 a 所标注的螺纹长度，均指不包括螺尾在内的有效螺纹长度。当需要标出螺尾长度时，其标注方法见图 b 或另加说明

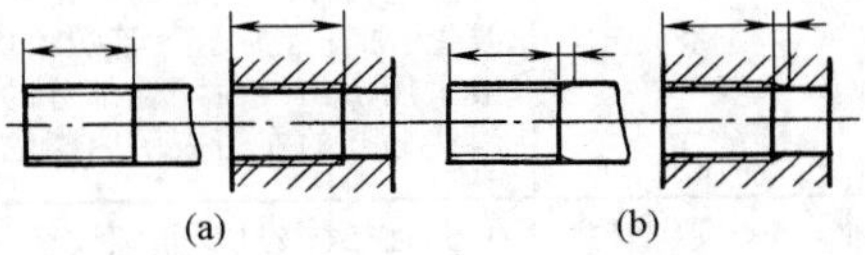

(a)　(b)

续表

螺纹类别		特征代号	尺寸代号	旋向	公差等级	基距代号	标记示例	附注
米制密封螺纹		M_c 圆锥螺纹 M_p 圆柱内螺纹	公称直径 14			S	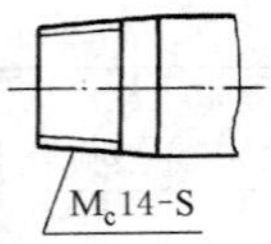 M_c14-S	标准 GB/T 1415—2008 S 为短基距代号，标准基距不注代号（下同） 螺纹副标记示例：M_p10/M_c10 圆柱内螺纹与圆锥外螺纹的配合；M_c10×1 内外螺纹均为锥螺纹；M_c10-S
60°密封管螺纹	圆锥管螺纹（内、外）	NPT	3/4	LH（左）			NPT3/4-LH	标准 GB/T 12716—2011 内、外螺纹均仅有一种公差带，故不注公差带代号（下同）
	圆柱内螺纹	NPSC						
55°非螺纹密封管螺纹		G	1½	LH（左）			G1½-LH	标准 GB/T 7307—2001 内螺纹公差等级只有一种，不标记。外螺纹公差等级分 A 级和 B 级两种 标记螺纹副时，仅标注外螺纹的标记代号，如 G1½A
			1/2	LH（左）	A		G1/2A-LH	
55°螺纹密封的管螺纹	圆锥外螺纹	R（R_1、R_2）	3/4	LH			R3/4-LH	GB/T 7306.1—2000《圆柱内螺纹与圆锥外螺纹》 GB/T 7306.2—2000《圆锥内螺纹与圆锥外螺纹》 内、外螺纹均只有一种公差带，故省略不注 R_1 表示与圆柱内螺纹相配合的圆锥外螺纹；R_2 表示与圆锥内螺纹相配合的圆锥外螺纹。如 $R_1$3 或 $R_2$3 表示螺纹副时，尺寸代号只标注一次，如 R_p/$R_1$3；R_c/$R_2$3
	圆锥内螺纹	R_c	1/2				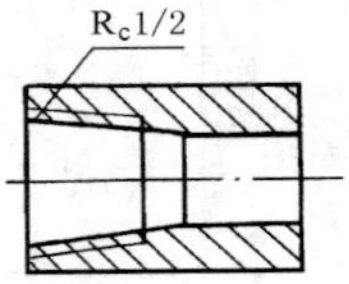 R_c1/2	
	圆柱内螺纹	R_p	1/2				R_p1/2	
自攻螺钉螺纹		ST	公称直径 3.5				ST3.5	标准 GB/T 5280—2002 使用时，应先制出螺纹底孔（预制孔）
自攻锁紧螺钉用螺纹（粗牙普通螺纹）		M	公称直径 5				M5×20	标准 GB/T 6559—1986 使用时，先制预制孔，标记示例中的 20 为螺杆长度
螺纹副的标注方法		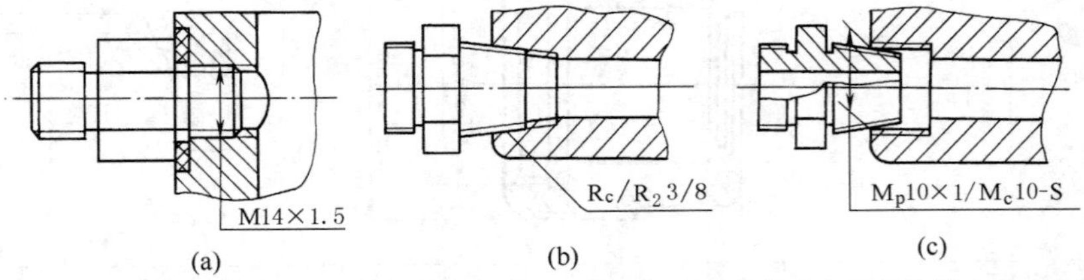 M14×1.5 (a)　R_c/$R_2$3/8 (b)　M_p10×1/M_c10-S (c) 装配图中螺纹副的标记与螺纹的标注方法相同。米制螺纹一般直接标注在大径的尺寸线上或其引出线上，如图 a 所示。管螺纹应采用引出线由配合部分的大径处引出标注，如图 b 所示。米制密封螺纹一般采用引出线由配合部分的大径处引出标注，也可直接标注在从基面处画出的尺寸线上，如图 c 所示。斜线分开的左边表示内螺纹，右边表示外螺纹						

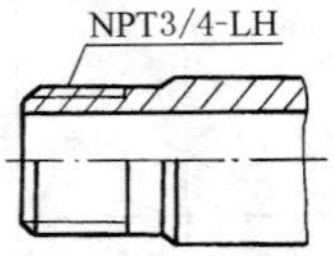

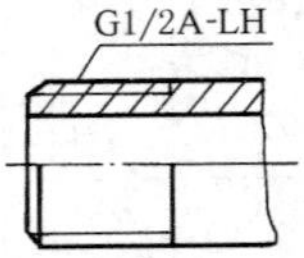

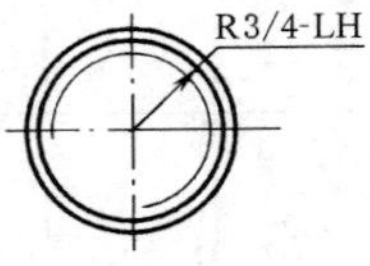

注：60°圆锥管螺纹和 55°螺纹密封及非螺纹密封管螺纹来源于英制，被采用制定为我国标准螺纹时已米制化。特征代号后的数字是定性地表征螺纹大小的“尺寸代号”，不是定量地将其数值换成毫米，故不得称为“公称直径”。

表 2-1-26　　　　螺纹与花键画法比较

名称	轴线垂直于投影面的视图	中径	牙、齿	终止线	尾部	标记或代号
螺纹	小径用 3/4 圈的细实线圆绘制	规定不画出	一般不画出	一条粗实线	必要时才画出	一般由三部分组成，见表 2-1-24
花键	小径用完整的细实线圆绘制	渐开线花键必须用点画线画出	一般应画出一个齿	两条平行的细实线	规定应画出	见标准 GB/T 1144—2001 和 GB/T 3478.1—2008 有关规定，与螺纹完全不同，见表 2-1-27

14　齿轮、花键表示法（摘自 GB/T 4459.2—2003、GB/T 4459.3—2000）

表 2-1-27

齿轮、齿条、蜗杆、蜗轮及链轮的画法	齿顶圆和齿顶线用粗实线绘制，分度圆和分度线用细点画线绘制，齿根圆和齿根线用细实线绘制，也可省略不画，在剖视图中，齿根线用粗实线绘制。表示齿轮、蜗轮一般用两个视图，或者用一个视图和一个局部视图（图 1～图 3）。在剖视图中，当剖切平面通过齿轮的轴线时，轮齿一律按不剖处理（图 1～图 3、图 5、图 6）。如需表明齿形，可在图形中用粗实线画出一个或两个齿；或用适当比例的局部放大图表示（图 4～图 6）。当需要表示齿线的特征时，可用三条与齿线方向一致的细实线表示（图 4、图 5、图 7），直齿则不需表示。如需要注出齿条的长度时，可在画出齿形的图中注出，并在另一视图中用粗实线画出其范围线（图 5） 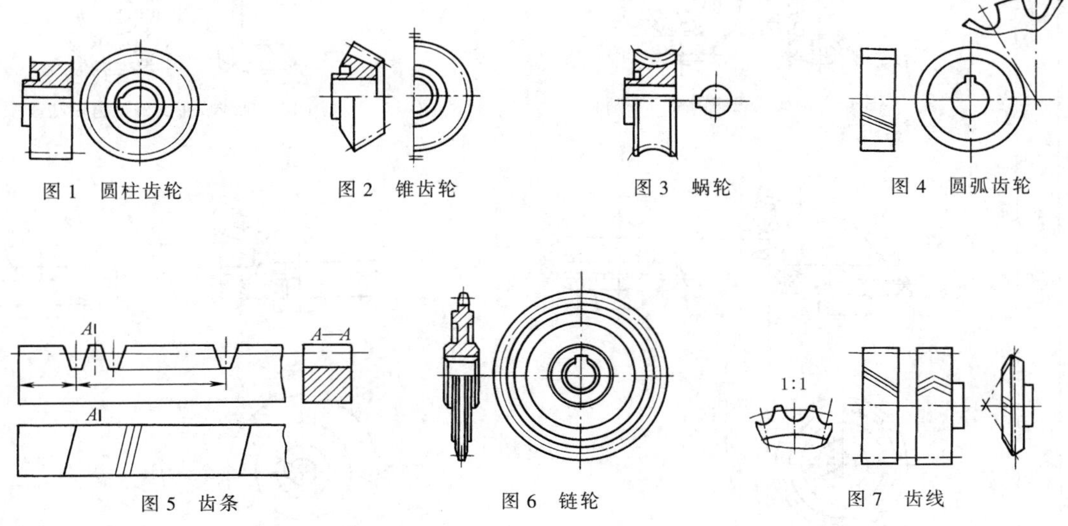 图 1　圆柱齿轮　图 2　锥齿轮　图 3　蜗轮　图 4　圆弧齿轮 图 5　齿条　图 6　链轮　图 7　齿线
齿轮、蜗轮、蜗杆啮合画法	在垂直于圆柱齿轮轴线的投影面的视图中，啮合区内的齿顶圆均用粗实线绘制（图 8、图 12），其省略画法如图 9 所示。在平行于圆柱齿轮、锥齿轮轴线的投影面的视图中，啮合区的齿顶线不需画出，节线用粗实线绘制，其他处的节线用细点画线绘制（图 10、图 14）。在啮合的剖视图中，当剖切平面通过两啮合齿轮的轴线时，在啮合区内，将一个齿轮的轮齿用粗实线绘制，另一个齿轮的轮齿被遮挡的部分用细虚线绘制（图 8、图 11、图 16），也可省略不画（图 12、图 13、图 15）。在剖视图中，当剖切平面不通过啮合齿轮的轴线时，齿轮一律按不剖绘制

续表

齿轮、蜗轮、蜗杆啮合画法

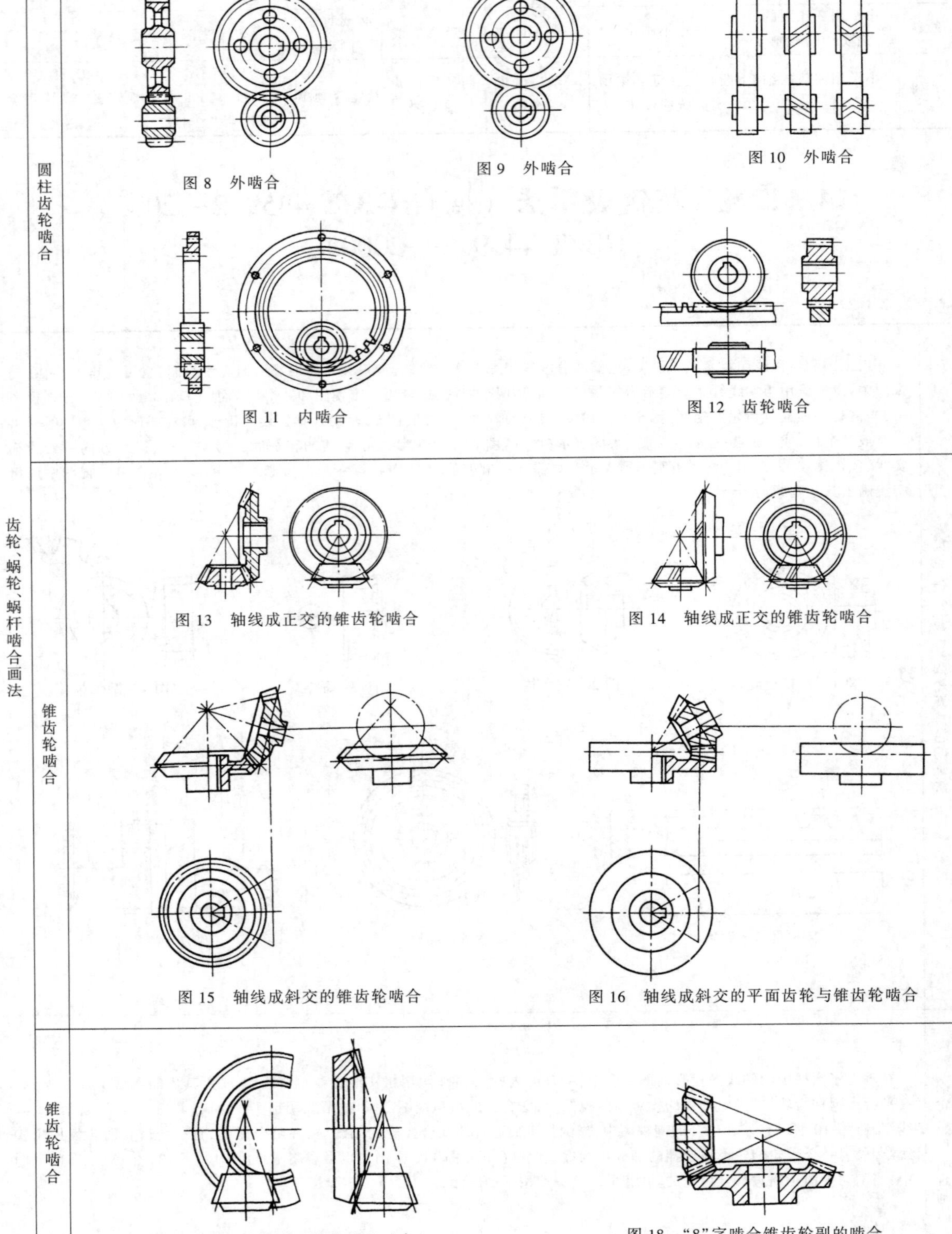

圆柱齿轮啮合
锥齿轮啮合
锥齿轮啮合

图 8 外啮合

图 9 外啮合

图 10 外啮合

图 11 内啮合

图 12 齿轮啮合

图 13 轴线成正交的锥齿轮啮合

图 14 轴线成正交的锥齿轮啮合

图 15 轴线成斜交的锥齿轮啮合

图 16 轴线成斜交的平面齿轮与锥齿轮啮合

图 17 准双曲面齿轮副的啮合

图 18 “8”字啮合锥齿轮副的啮合

续表

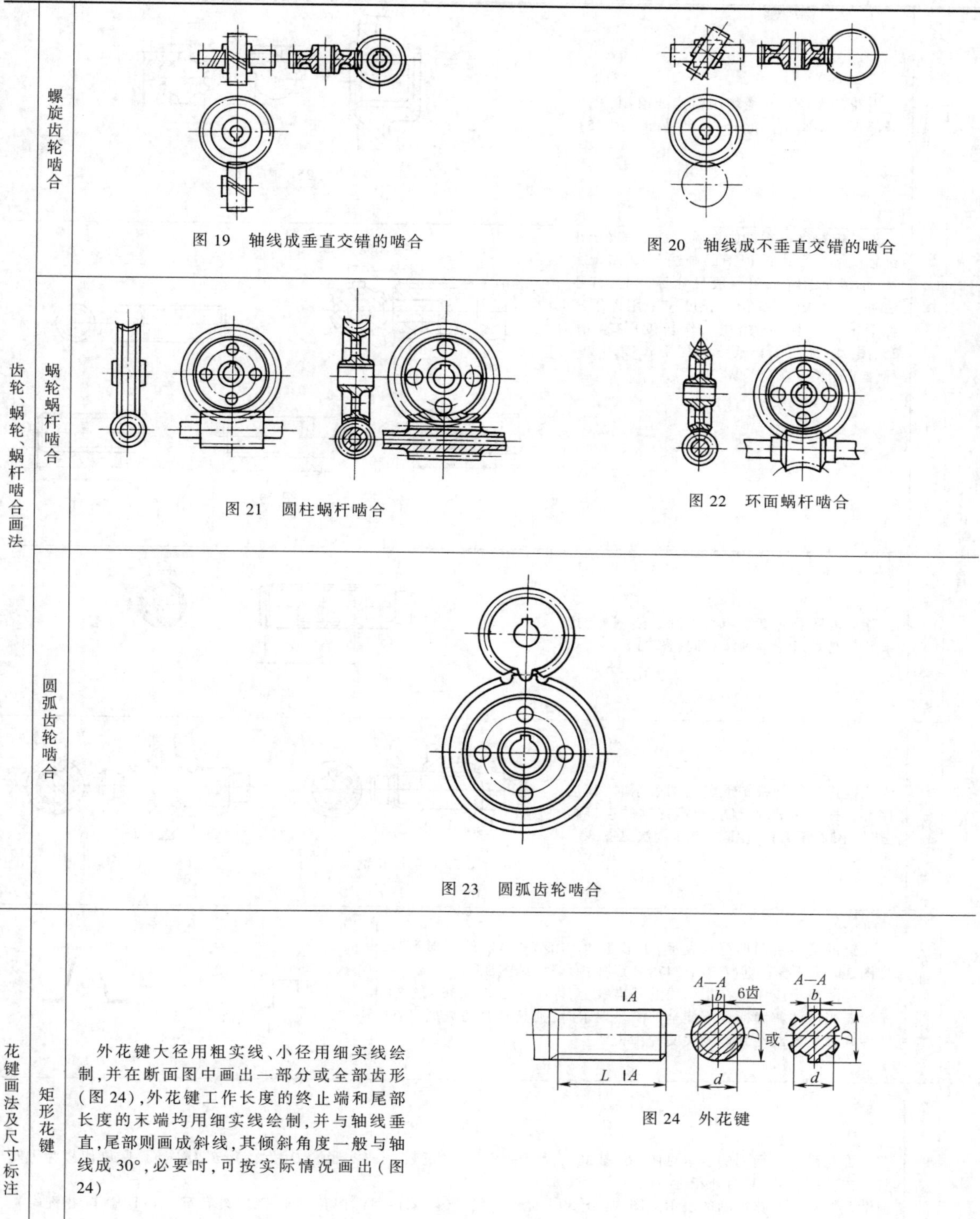

图 19　轴线成垂直交错的啮合

图 20　轴线成不垂直交错的啮合

图 21　圆柱蜗杆啮合

图 22　环面蜗杆啮合

图 23　圆弧齿轮啮合

外花键大径用粗实线、小径用细实线绘制，并在断面图中画出一部分或全部齿形（图 24），外花键工作长度的终止端和尾部长度的末端均用细实线绘制，并与轴线垂直，尾部则画成斜线，其倾斜角度一般与轴线成 30°，必要时，可按实际情况画出（图 24）

图 24　外花键

续表

花键画法及尺寸标注	矩形花键	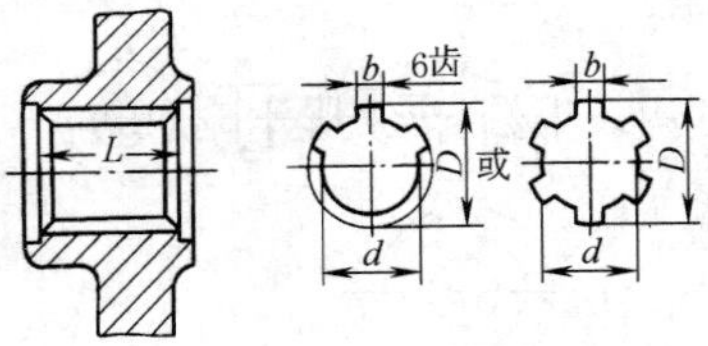 内花键大径及小径均用粗实线绘制，并在局部视图中画出一部分或全部齿形（图 25） 图 25　内花键
		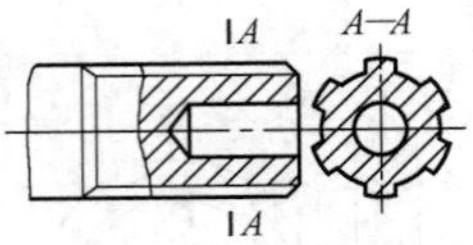 外花键局部剖视的画法见图 26，垂直于花键轴线的投影面的视图的画法见图 27。大径、小径及键宽采用一般尺寸标注时，其注法见图 24、图 25。花键长度应采用以下三种形式之一标注：标注工作长度图 24、图 25、图 28；标注工作长度和尾部长度图 29；标注工作长度及全长图 30 图 26 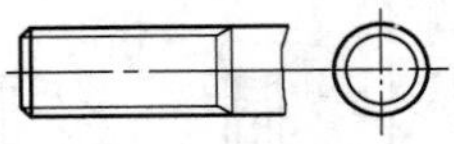　图 27 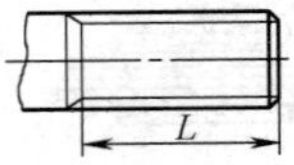 图 28 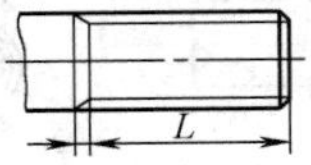　图 29 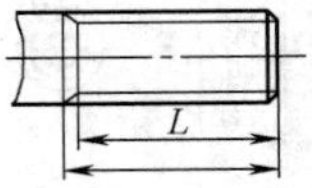　图 30
	渐开线花键	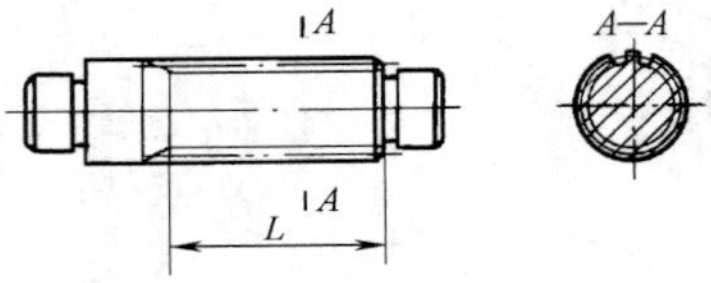 除分度圆及分度线用细点画线绘制外，其余部分与矩形花键画法相同（图 31） 图 31
	花键连接	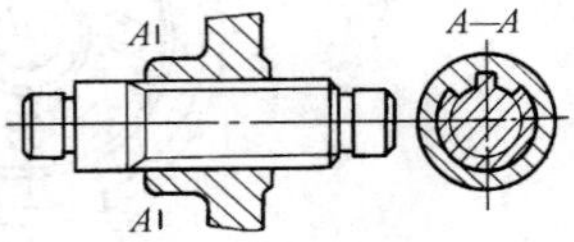 花键连接用剖视图或断面图表示时，其连接部分按外花键的绘制，矩形花键的连接画法见图 32，渐开线花键的连接画法见图 33 图 32　矩形花键 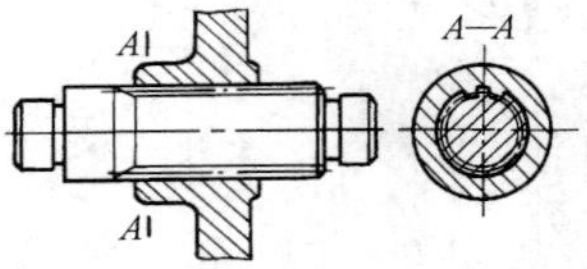　图 33　渐开线花键
	花键的标注	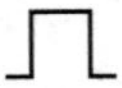 花键的类型由图形符号表示，矩形花键（GB/T 1144）的图形符号见图 34，渐开线花键（GB/T 3478.1）的图形符号见图 35 花键的标记应注写在指引线的基准线上，标注方法如图 36～图 39 所示。当所注花键标记不能全部满足要求时，则其必要的数据可在图中列表表示或在其他相关文件中说明 图 34 　图 35
	花键的标注	矩形花键及花键副的表示见图 36、图 38。标记顺序为：N（键数）×d（小径）×D（大径）×B（键宽）。字母代号为大写时为内花键，小写时为外花键 渐开线花键及花键副的表示见图 37、图 39。标记中代号（含义）：INT（内花键）、EXT（外花键）、INT/EXT（花键副）、Z（齿数符号）、m（模数符号）、30P（30°平齿根）、30R（30°圆齿根）、45（45°圆齿根）、5H/5h（内、外花键公差等级均为 5 级、配合类别为 H/h）

续表

花键画法及尺寸标注	花键的标注	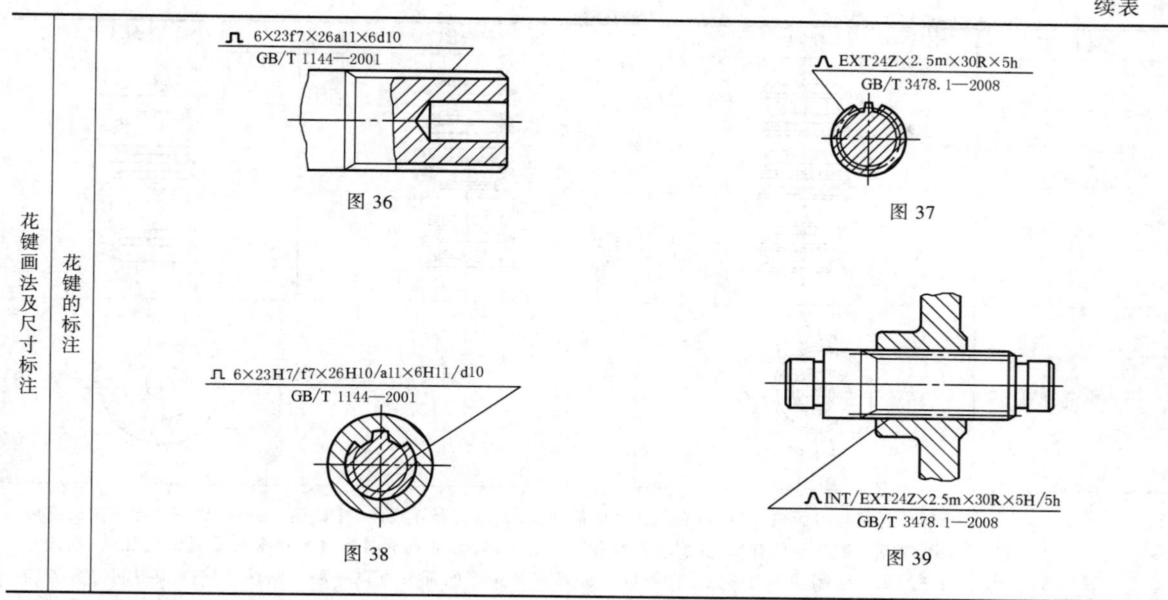

图 36　图 37　图 38　图 39

15　弹簧表示法（摘自 GB/T 4459.4—2003）

表 2-1-28

名称	视图	剖视图	示意图
圆柱螺旋压缩弹簧			
截锥螺旋压缩弹簧			
圆柱螺旋拉伸弹簧			
圆柱螺旋扭转弹簧			
截锥涡卷弹簧			

续表

名称	视图	剖视图	示意图
碟形弹簧			
平面涡卷弹簧			
说明	螺旋弹簧均可画成右旋,对必须保证的旋向要求应在“技术要求”中注明,必要时也可按支承圈的实际结构绘制。螺旋压缩弹簧,如要求两端并紧且磨平时,无论支承圈数多少和末端贴紧情况如何,均按本表图示形式绘制。有效圈数在四圈以上的螺旋弹簧中间部分可以省略。圆柱螺旋弹簧中间部分省略后,允许适当缩短图形的长度。截锥涡卷弹簧中间部分省略后用细实线相连。片弹簧的视图一般按自由状态下的形式绘制		

装配图中弹簧的画法

被弹簧挡住的结构一般不画出,可见部分应从弹簧的外轮廓线或从弹簧钢丝剖面的中心线画起(图1)。型材直径或厚度在图形上小于或等于2mm的螺旋弹簧、碟形弹簧、片弹簧允许用示意图绘制(图2~图4),当弹簧被剖切时,剖面直径或厚度在图形上小于或等于2mm时也可用涂黑表示(图5)。四束以上的碟形弹簧,中间部分省略后用细实线画出轮廓范围(图3)。被剖切弹簧的直径在图形上小于或等于2mm,如果弹簧内部还有零件,为了便于表达,可按图6的示意图形式绘制。板弹簧允许仅画出外形轮廓(图7、图8),平面涡卷弹簧的装配图画法见图9,弓形板弹簧由多种零件组成,其画法见图10

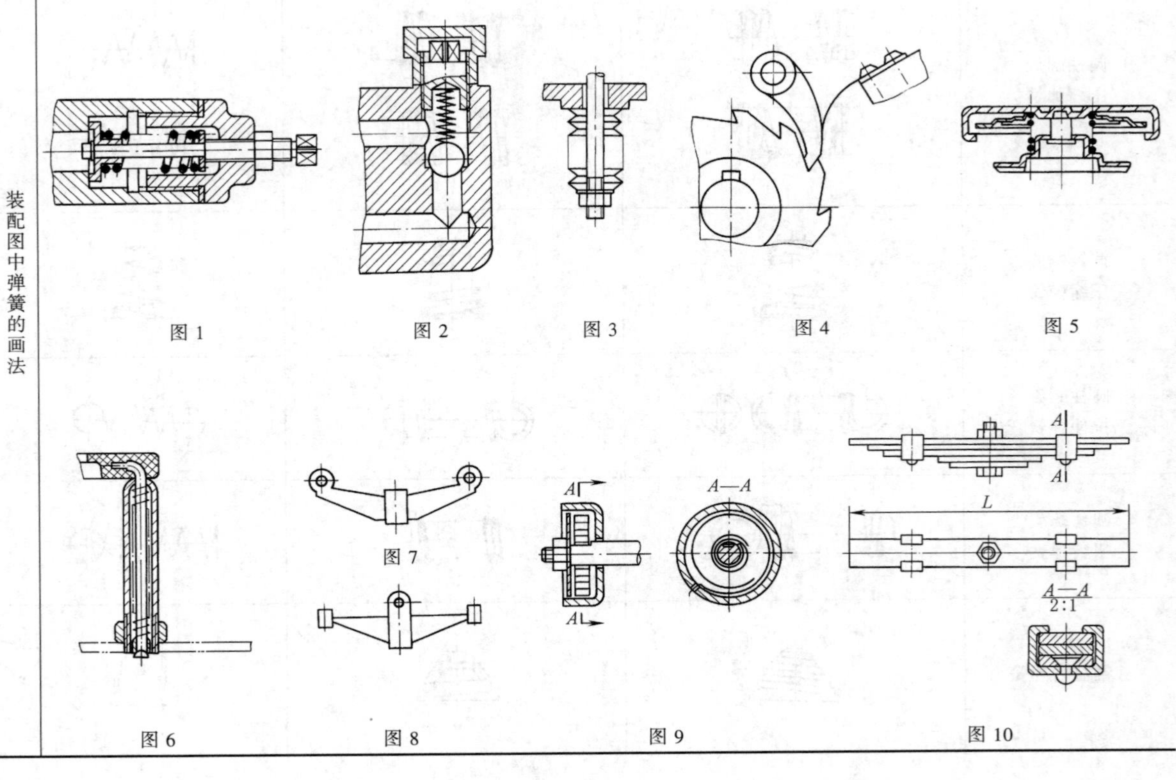

图1　图2　图3　图4　图5

图6　图7　图8　图9　图10

16　中心孔表示法（摘自 GB/T 4459.5—1999）

表 2-1-29

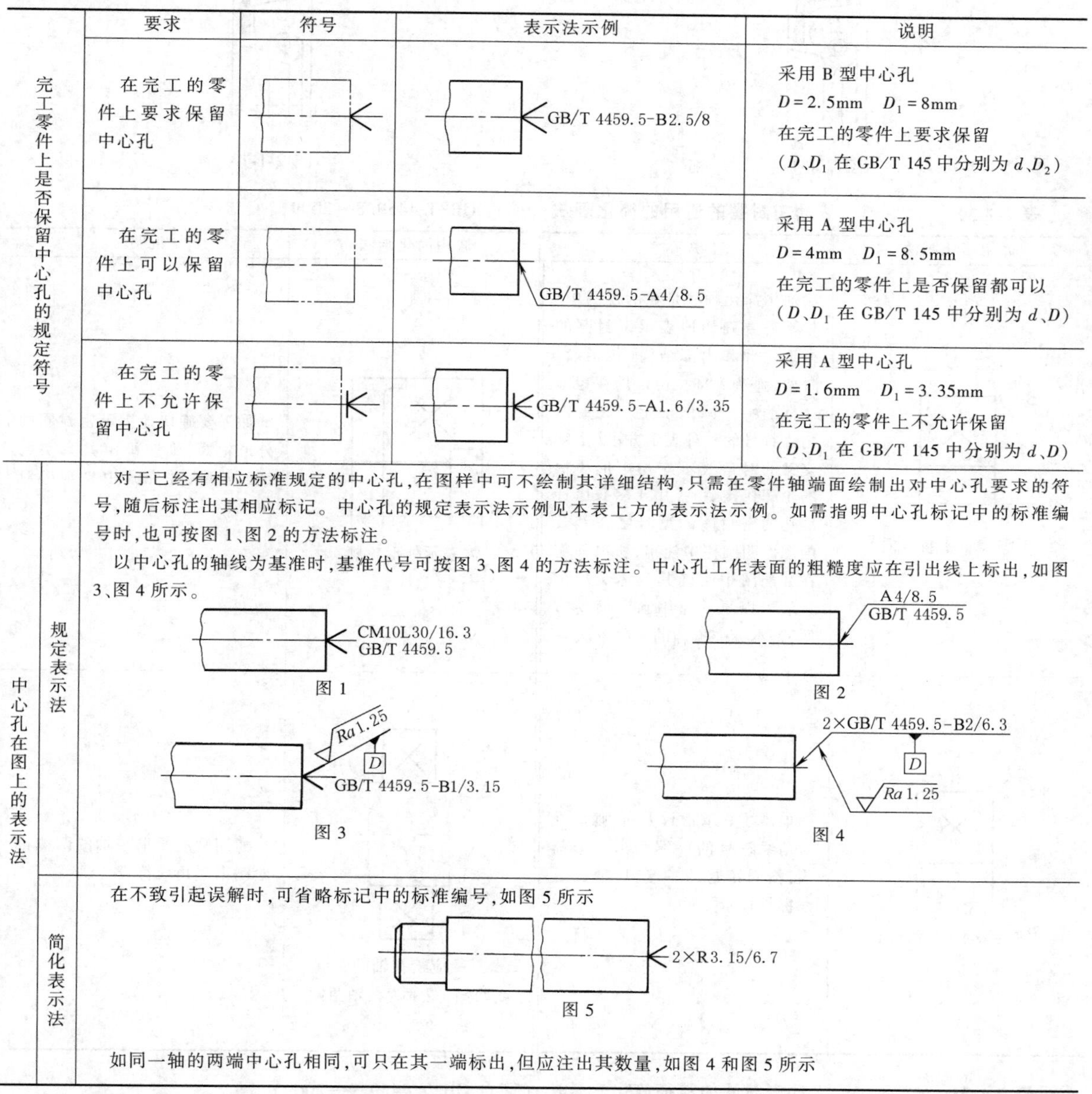

	要求	符号	表示法示例	说明
完工零件上是否保留中心孔的规定符号	在完工的零件上要求保留中心孔		GB/T 4459.5-B2.5/8	采用 B 型中心孔 $D=2.5$mm　$D_1=8$mm 在完工的零件上要求保留 （D、D_1 在 GB/T 145 中分别为 d、D_2）
	在完工的零件上可以保留中心孔		GB/T 4459.5-A4/8.5	采用 A 型中心孔 $D=4$mm　$D_1=8.5$mm 在完工的零件上是否保留都可以 （D、D_1 在 GB/T 145 中分别为 d、D）
	在完工的零件上不允许保留中心孔		GB/T 4459.5-A1.6/3.35	采用 A 型中心孔 $D=1.6$mm　$D_1=3.35$mm 在完工的零件上不允许保留 （D、D_1 在 GB/T 145 中分别为 d、D）

中心孔在图上的表示法

规定表示法

对于已经有相应标准规定的中心孔，在图样中可不绘制其详细结构，只需在零件轴端面绘制出对中心孔要求的符号，随后标注出其相应标记。中心孔的规定表示法示例见本表上方的表示法示例。如需指明中心孔标记中的标准编号时，也可按图 1、图 2 的方法标注。

以中心孔的轴线为基准时，基准代号可按图 3、图 4 的方法标注。中心孔工作表面的粗糙度应在引出线上标出，如图 3、图 4 所示。

图 1

图 2

图 3

图 4

简化表示法

在不致引起误解时，可省略标记中的标准编号，如图 5 所示

图 5

如同一轴的两端中心孔相同，可只在其一端标出，但应注出其数量，如图 4 和图 5 所示

注：四种标准中心孔（R 型、A 型、B 型及 C 型）的标记说明见第 1 篇第 5 章。

17　动密封圈表示法（摘自 GB/T 4459.8—2009、GB/T 4459.9—2009）

本标准主要适用于在装配图中不需要确切地表示其形状和结构的旋转轴唇形密封圈、往复运动橡胶密封圈和橡胶防尘圈。按本标准绘制密封圈的各种符号、矩形线框和轮廓线均用粗实线绘制。本标准规定了动密封圈的简化画法和规定画法。简化画法可采用通用画法（GB/T 4459.8）或特征画法（GB/T 4459.9），在同一图样中一般

只采用通用画法或特征画法中的一种。在剖视和断面中，采用简化法绘制的密封圈一律不画剖面符号；如需较详细画出密封圈的内部结构时，可采用规定画法。采用规定画法绘制密封圈时，仅在金属骨架等嵌入元件上画出剖面符号或涂黑，如图 2-1-12 和图 2-1-13 所示。

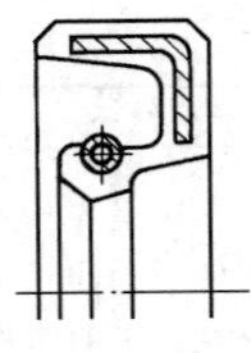

图 2-1-12

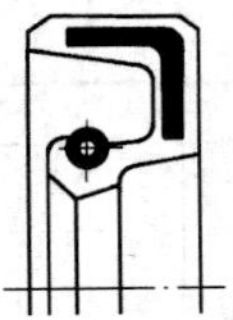

图 2-1-13

表 2-1-30　　动密封圈的通用的简化画法（摘自 GB/T 4459.8—2009）

通用简化画法	说明	通用简化画法	说明
不需表示密封方向	通用简化画法是在剖视图中，如不需要确切地表示密封圈的外形轮廓和内部结构（包括唇、骨架、弹簧等）时，可采用在矩形线框的中央画出十字交叉的对角线符号的一种表示方法（十字交叉的对角线不应与矩形线框的轮廓线接触）。由于多数已标准化的密封圈的型号已在其装配图的明细栏中注出，所以只需在装配图中明确其具体装配位置就可以了。通用画法简易方便，是本标准推荐的一种方法	需表示外形轮廓	如需要确切地表示密封圈的外形轮廓，则应画出其真实的剖面轮廓，并在其中央画出对角线符号
需要表示密封方向	如需要表示密封方向，则应在对角线符号的一端画出一个箭头，指向密封的一侧，以便给装配提供指示	密封圈应绘在轴的一侧或两侧，图示为在轴两侧	通用画法要求在轴的两侧都绘制出对角线符号

表 2-1-31　　动密封圈的特征简化表示法（摘自 GB/T 4459.9—2009）

特征简化画法	应用	规定画法
常用旋转轴唇形密封圈	特征画法是在剖视图中，如需要比较形象地表示出密封圈的密封结构特征时，可采用在矩形线框的中间画出密封要素符号的一种表示方法 与通用画法相同，特征画法应绘制在轴的两侧	必要时可在产品图样、产品样本、用户手册中采用规定画法绘制密封圈，这种画法可绘制在轴的两侧；也可绘制在轴的一侧，另一侧按通用画法绘制

续表

	特征简化画法	应用	规定画法
常用旋转轴唇形密封圈	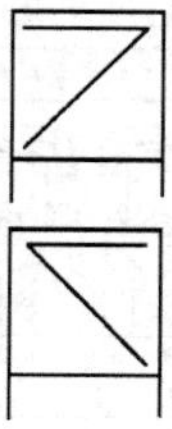	主要用于旋转轴唇形密封圈。也可用于往复运动活塞杆唇形密封圈及结构类似的防尘圈（单唇形单向轴用）	GB/T 9877，B形 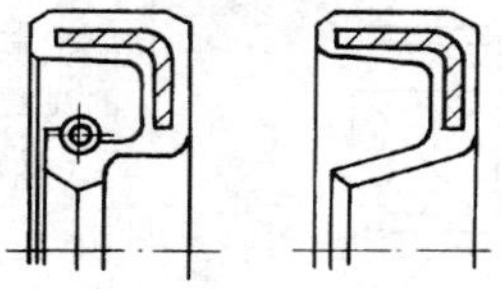 GB/T 9877，W形 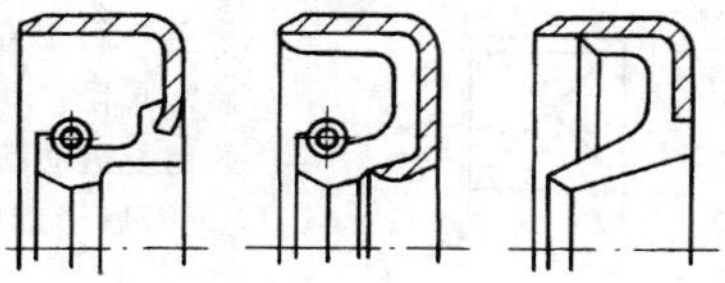 GB/T 9877，Z形 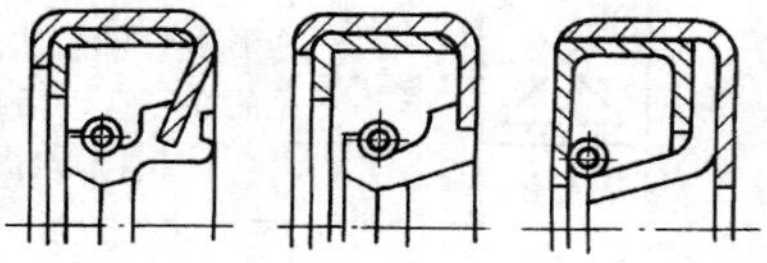
	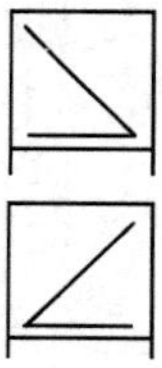	主要用于旋转轴唇形密封圈。也可用于往复运动活塞杆唇形密封圈及结构类似的防尘圈（单唇形单向孔用）	
	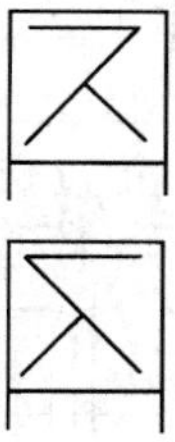	主要用于有副唇的旋转轴唇形密封圈。也可用于结构类似的往复运动活塞杆唇形密封圈（双唇形单向轴用）	GB/T 9877，FB形 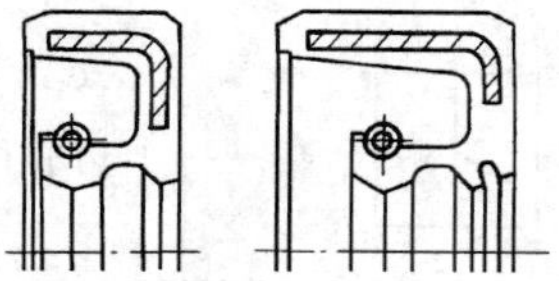 GB/T 9877，FW形 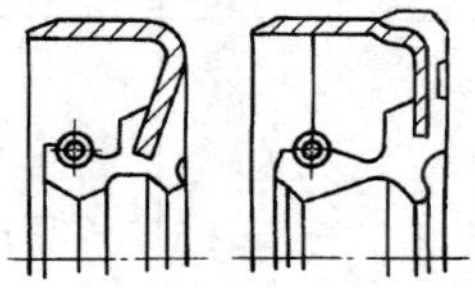 GB/T 9877，FZ形 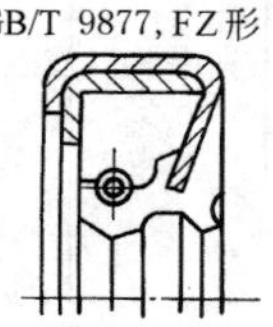

续表

	特征简化画法	应用	规定画法
常用旋转轴唇形密封圈	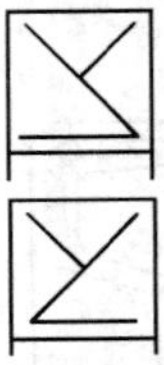	主要用于有副唇的旋转轴唇形密封圈。也可用于结构类似的往复运动活塞杆唇形密封圈（双唇形单向孔用）	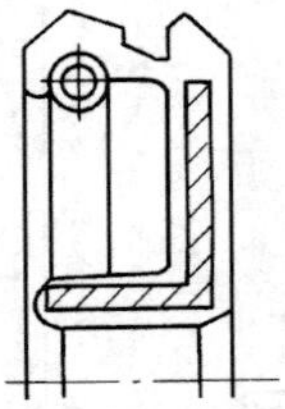
	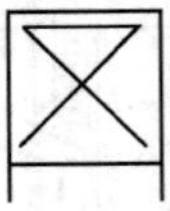	主要用于双向密封旋转轴唇形密封圈。也可用于结构类似的往复运动活塞杆唇形密封圈（双唇形双向轴用）	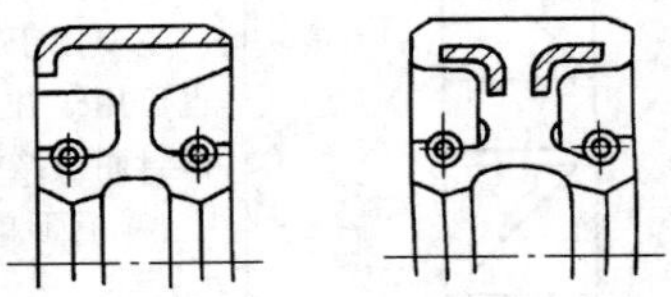
		主要用于双向密封旋转轴唇形密封圈。也可用于结构类似的往复运动活塞杆唇形密封圈（双唇形双向孔用）	
常用往复运动橡胶密封圈	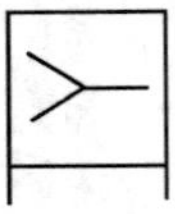	用于Y形、U形及蕾形橡胶密封圈	GB/T 10708.1—2000，Y形 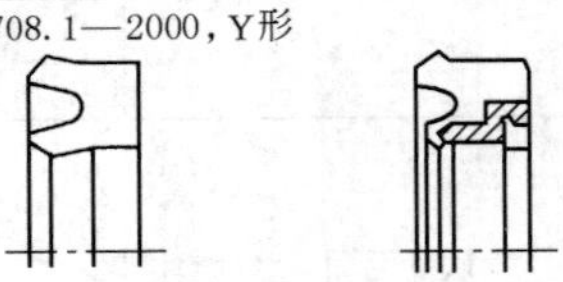 GB/T 10708.1—2000，蕾形 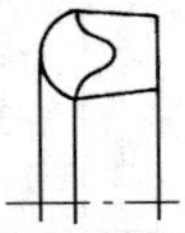
	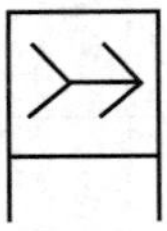	用于V形橡胶密封圈 V形密封圈由一个压环、数个重叠的密封环和一个支承环组成，不能单环使用，其他几种密封圈均可单独使用	GB/T 10708.1—2000，V形 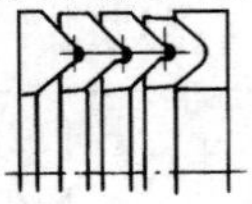
	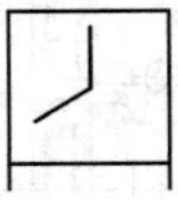	用于J形橡胶密封圈	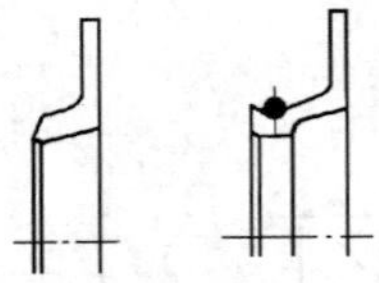
	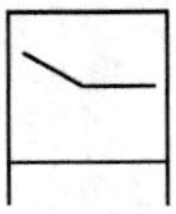	用于高低唇Y形橡胶密封圈（孔用）和橡胶防尘密封圈	GB/T 10708.1—2000，Y形 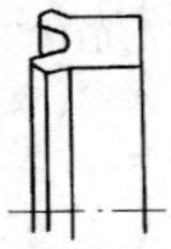　JB/T 6375，Y形 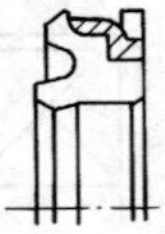
		用于起端面密封和防尘功能的 V_D 形橡胶密封圈	JB/T 6994—2007，S形、A形 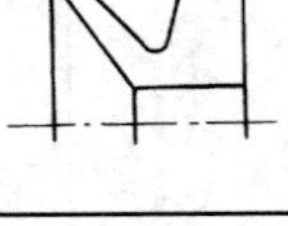

续表

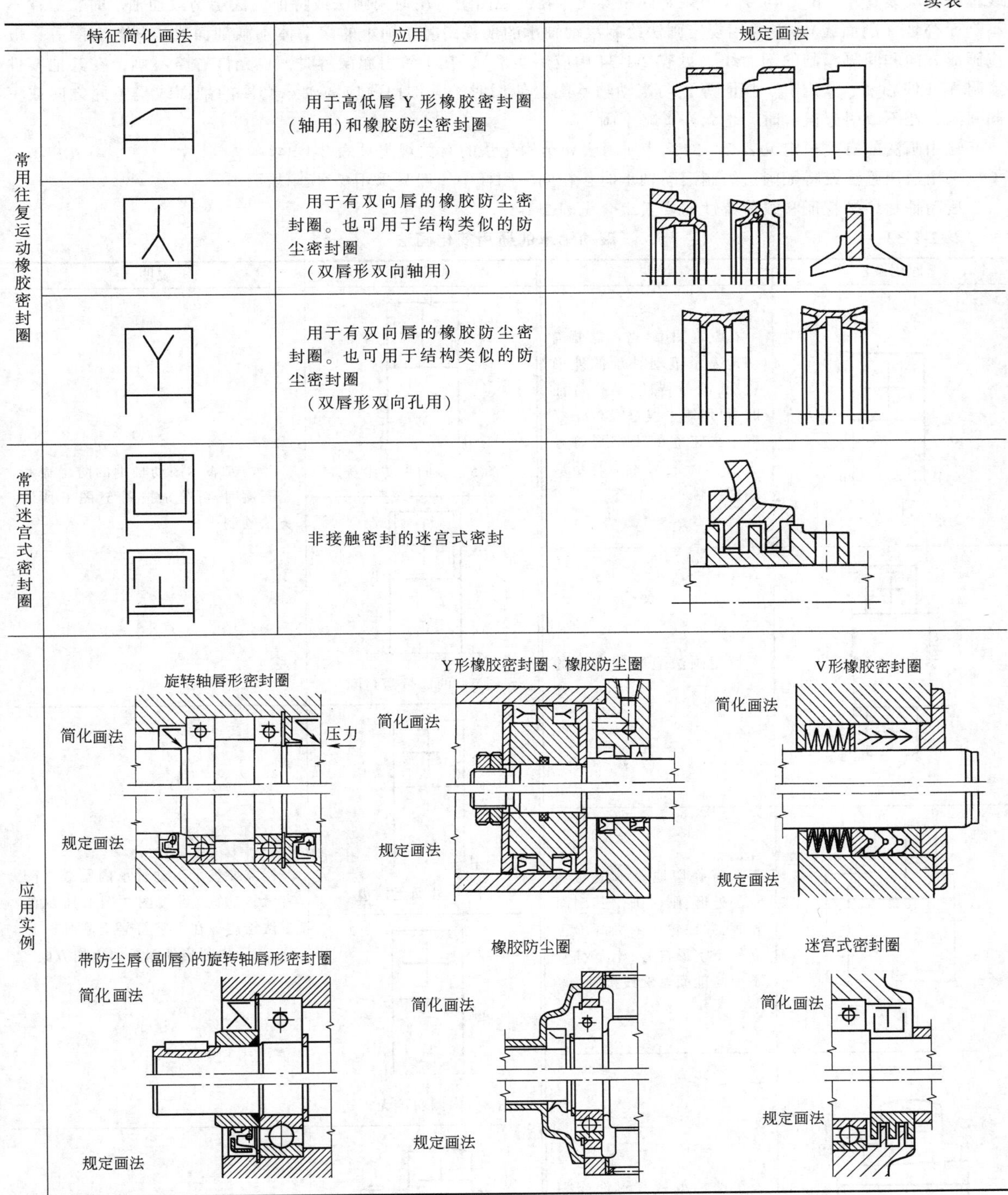

	特征简化画法	应用	规定画法
常用往复运动橡胶密封圈		用于高低唇Y形橡胶密封圈（轴用）和橡胶防尘密封圈	
		用于有双向唇的橡胶防尘密封圈。也可用于结构类似的防尘密封圈（双唇形双向轴用）	
		用于有双向唇的橡胶防尘密封圈。也可用于结构类似的防尘密封圈（双唇形双向孔用）	
常用迷宫式密封圈		非接触密封的迷宫式密封	
应用实例	旋转轴唇形密封圈 简化画法 压力 规定画法 带防尘唇（副唇）的旋转轴唇形密封圈 简化画法 规定画法	Y形橡胶密封圈、橡胶防尘圈 简化画法 规定画法 橡胶防尘圈 简化画法 规定画法	V形橡胶密封圈 简化画法 规定画法 迷宫式密封圈 简化画法 规定画法

18 滚动轴承表示法（摘自 GB/T 4459.7—2017）

本标准规定了滚动轴承的通用画法、特征画法和规定画法。本标准适用于在装配图中不需要确切地表示其形状和结构的标准滚动轴承。非标准滚动轴承也可参照采用。通用画法、特征画法和规定画法中的各种符号、矩形线框和轮廓线均用 GB/T 4457.4 中规定的粗实线。在剖视图中，用通用画法或特征画法绘制滚动轴承时，一律不画剖面符号（剖面线），在采用规定画法绘制滚动轴承的剖视图时，轴承的滚动体不画剖面线，其各套圈等一般应画成方向和间隔相同的剖面线（见表 2-1-34 中应用实例），在不致引起误解时，也允许省略不画；在其他零件或附件（偏心套、紧定套、挡圈等）与滚动轴承配合使用时，其剖面线应与轴承套圈的剖面线呈不同方向或不同间隔，在不致引起误解时，也允许省略不画。

通用画法的有关规定见表 2-1-32，特征画法和结构化法的有关规定见表 2-1-34。

采用通用画法或特征画法绘制滚动轴承时，在同一图样中一般只采用一种画法。

滚动轴承结构特征和载荷特性的要素组合见表 2-1-33。

表 2-1-32　　滚动轴承的通用简化画法

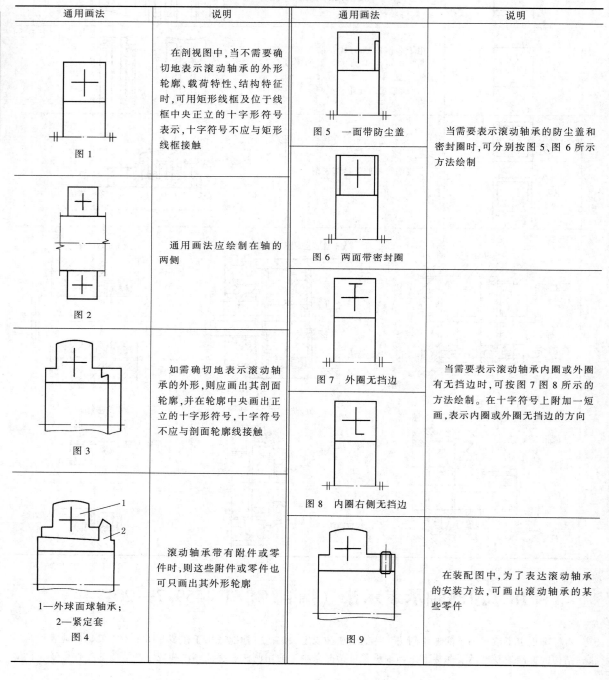

通用画法	说明	通用画法	说明
图 1	在剖视图中，当不需要确切地表示滚动轴承的外形轮廓、载荷特性、结构特征时，可用矩形线框及位于线框中央正立的十字形符号表示，十字符号不应与矩形线框接触	图 5　一面带防尘盖	当需要表示滚动轴承的防尘盖和密封圈时，可分别按图 5、图 6 所示方法绘制
图 2	通用画法应绘制在轴的两侧	图 6　两面带密封圈	
图 3	如需确切地表示滚动轴承的外形，则应画出其剖面轮廓，并在轮廓中央画出正立的十字形符号，十字符号不应与剖面轮廓线接触	图 7　外圈无挡边	当需要表示滚动轴承内圈或外圈有无挡边时，可按图 7 图 8 所示的方法绘制。在十字符号上附加一短画，表示内圈或外圈无挡边的方向
1 2 1—外球面球轴承； 2—紧定套 图 4	滚动轴承带有附件或零件时，则这些附件或零件也可只画出其外形轮廓	图 8　内圈右侧无挡边	
		图 9	在装配图中，为了表达滚动轴承的安装方法，可画出滚动轴承的某些零件

表 2-1-33　　**滚动轴承特征画法中要素符号的组合**

轴承承载特性		轴承结构特征			
		两个套圈		三个套圈	
		单列	双列	单列	双列
径向承载	非调心	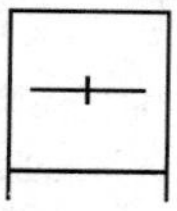	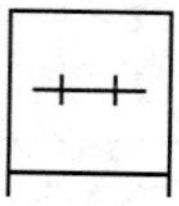	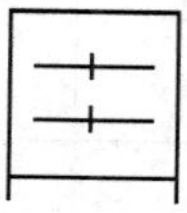	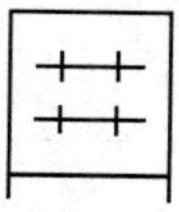
	调心	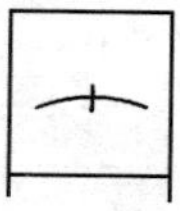	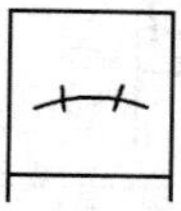	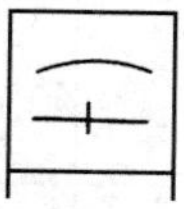	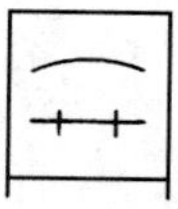
轴向承载	非调心	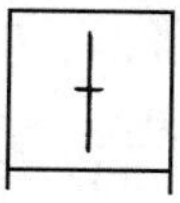	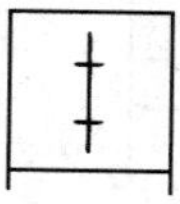	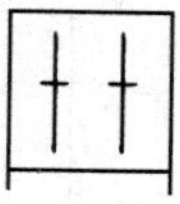	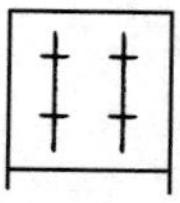
	调心	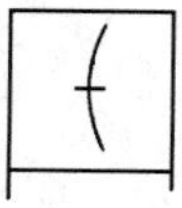	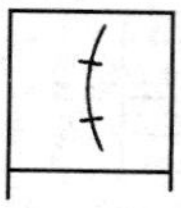	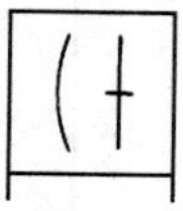	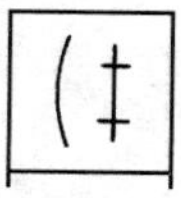
径向和轴向承载	非调心			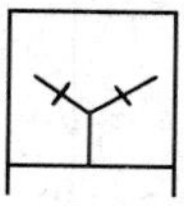	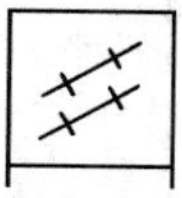
	调心	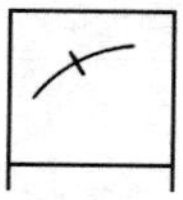		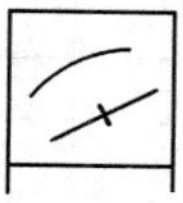	

注：表中滚动轴承只画出了其轴线一侧的部分。

表 2-1-34　　**滚动轴承的特征画法及规定画法**

特征画法		规定画法	
在剖视图中,如需较形象地表示滚动轴承的结构特征时,可采用表中所示在矩形线框内画出其结构特征要素符号的方法表示。 表 2-1-32 中图 4~图 9 的规定也适用于特征画法。特征画法应绘在轴的两侧		必要时,在滚动轴承的产品图样、产品样本、用户手册和使用说明书中可采用表中的规定画法绘制 在装配图中,滚动轴承的保持架及倒角等可省略 规定画法一般绘制在轴的一侧,另一侧按通用画法绘制	
球轴承和滚子轴承		球轴承	滚子轴承
	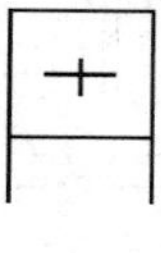	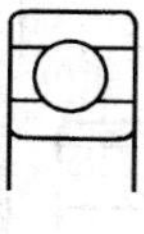	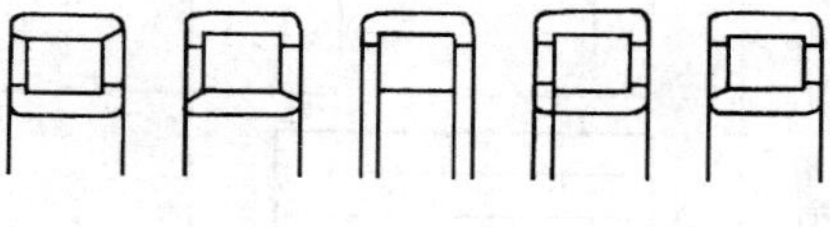
	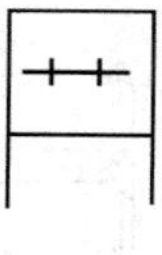	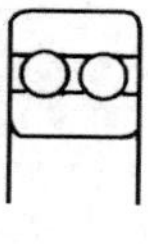	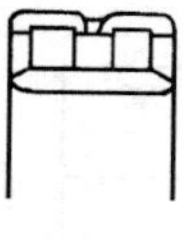

续表

		球轴承	滚子轴承
球轴承和滚子轴承	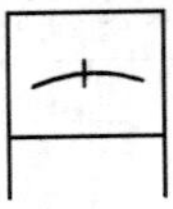		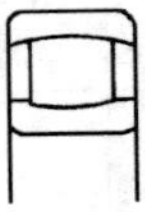
	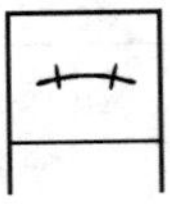	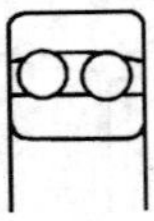	
	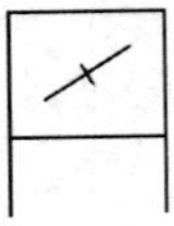	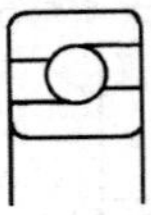	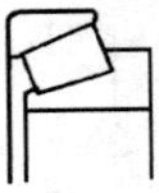
	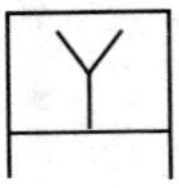	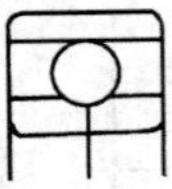 （三点接触）	
	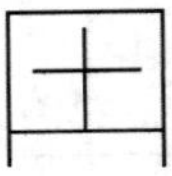	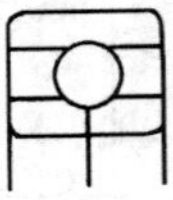 （四点接触）	
		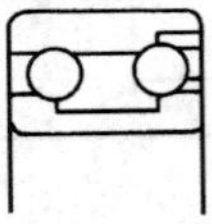	
	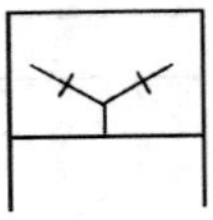	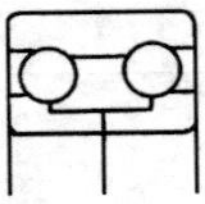	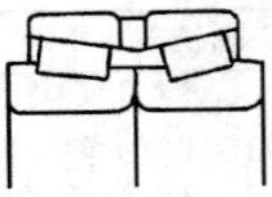
	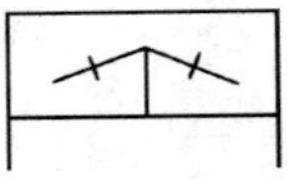		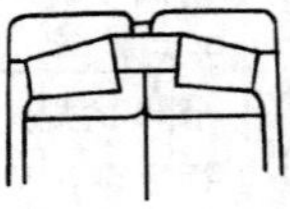
滚针轴承	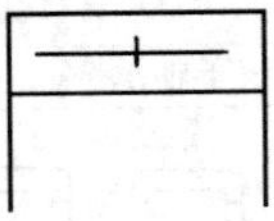	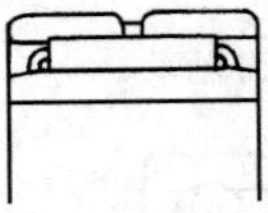 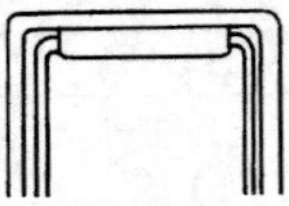 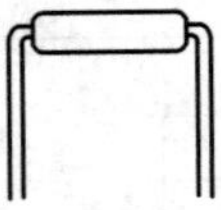	
	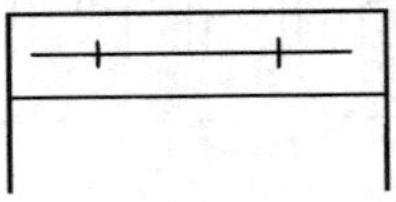	 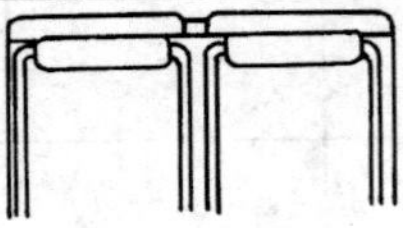 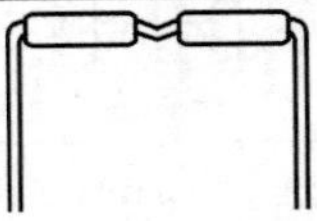	
	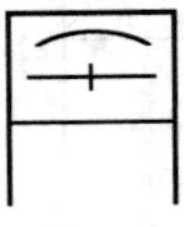	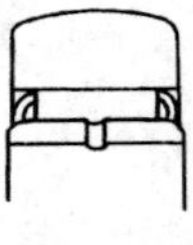 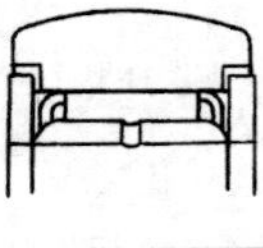 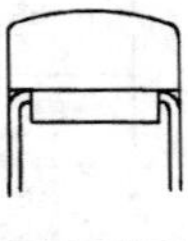	

续表

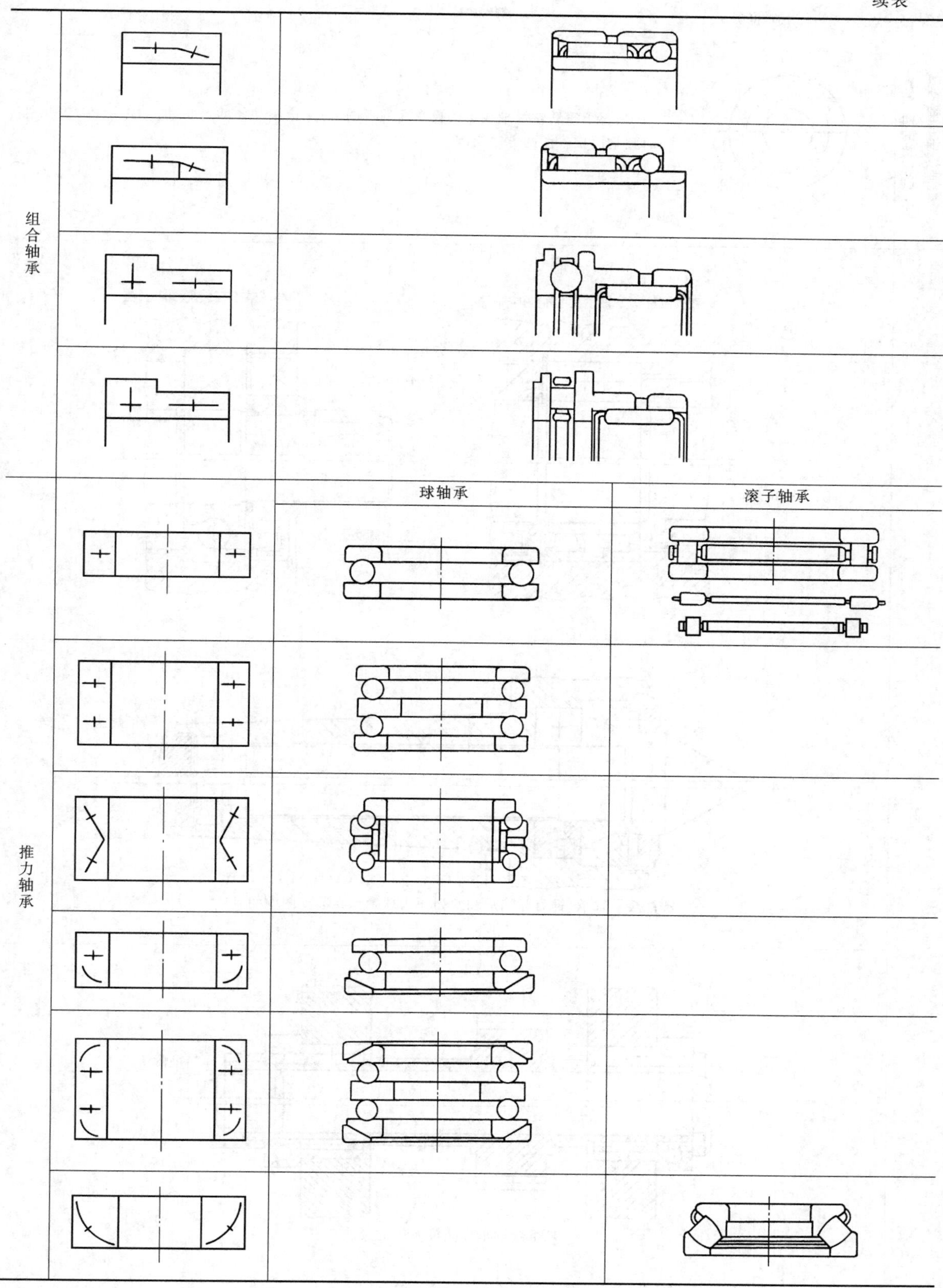

续表

滚动轴承轴线垂直于投影面的特征画法	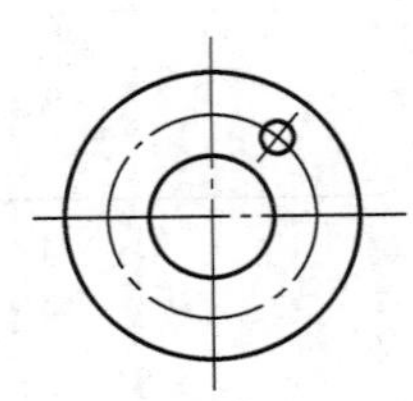 在垂直于滚动轴承轴线上的投影面的视图上，无论滚动体的形状（球、柱、针等）及尺寸如何，均可按本图的方法绘制
应用实例	双列圆柱滚子轴承在装配图中画法　　角接触球轴承在装配图中画法 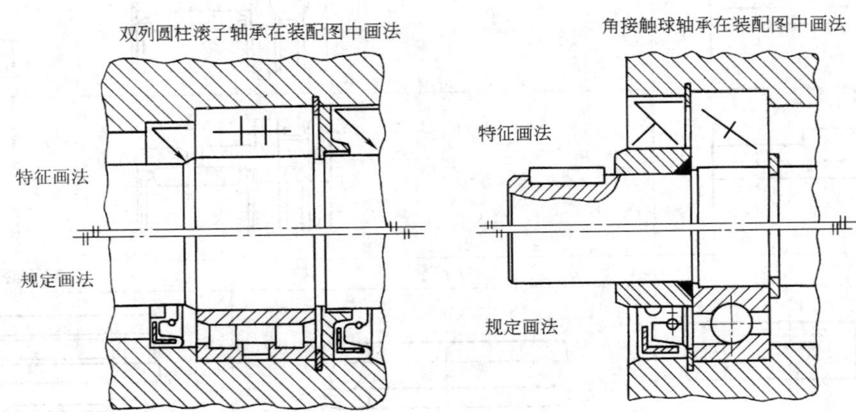
	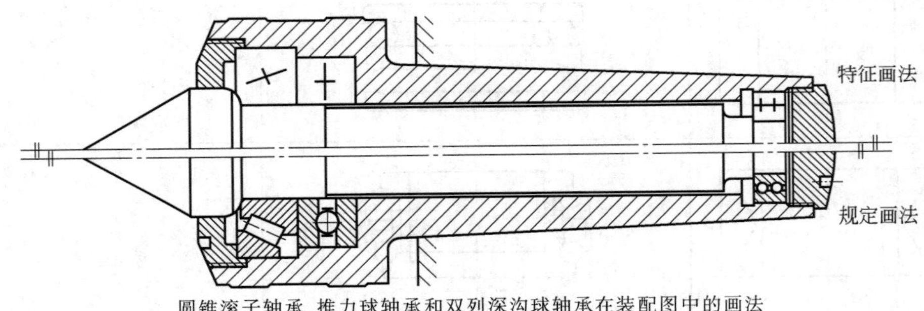 圆锥滚子轴承、推力球轴承和双列深沟球轴承在装配图中的画法
	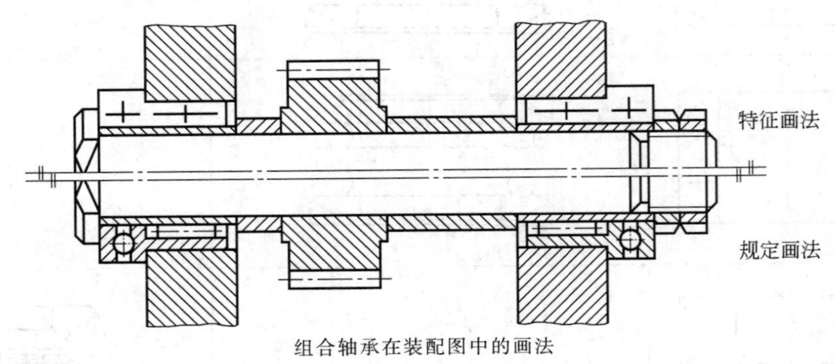 组合轴承在装配图中的画法

19 齿轮、弹簧的图样格式

19.1 齿轮的图样格式（摘自 GB/T 4459.2—2003）

参数表一般放在图样的右上角；参数表中列出的参数项目可根据需要增减，检查项目按功能要求而定；技术要求一般放在该图样的右下角。示例见图 2-1-14～图 2-1-17。

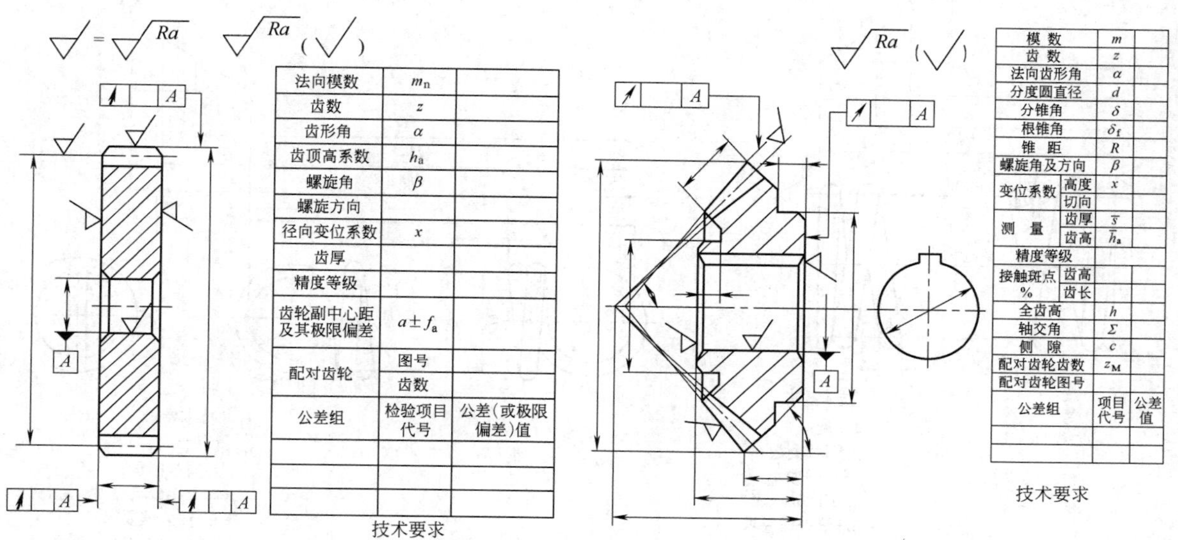

法向模数	m_n	
齿数	z	
齿形角	α	
齿顶高系数	h_a	
螺旋角	β	
螺旋方向		
径向变位系数	x	
齿厚		
精度等级		
齿轮副中心距及其极限偏差	$a\pm f_a$	
配对齿轮	图号	
	齿数	
公差组	检验项目代号	公差（或极限偏差）值

图 2-1-14　渐开线圆柱齿轮图样格式示例

模数		m	
齿数		z	
法向齿形角		α	
分度圆直径		d	
分锥角		δ	
根锥角		δ_f	
锥距		R	
螺旋角及方向		β	
变位系数	高度	x	
	切向		
测量	齿厚	$\bar{s}$	
	齿高	$\bar{h}_a$	
精度等级			
接触斑点%	齿高		
	齿长		
全齿高		h	
轴交角		Σ	
侧隙		c	
配对齿轮齿数		z_M	
配对齿轮图号			
公差组		项目代号	公差值

图 2-1-15　锥齿轮图样格式示例

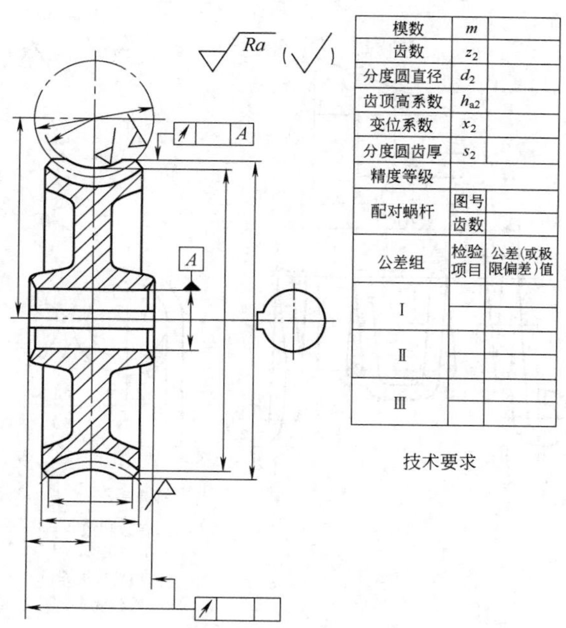

模数	m	
齿数	z_2	
分度圆直径	d_2	
齿顶高系数	h_{a2}	
变位系数	x_2	
分度圆齿厚	s_2	
精度等级		
配对蜗杆	图号	
	齿数	
公差组	检验项目	公差（或极限偏差）值
Ⅰ		
Ⅱ		
Ⅲ		

图 2-1-16　蜗轮图样格式示例

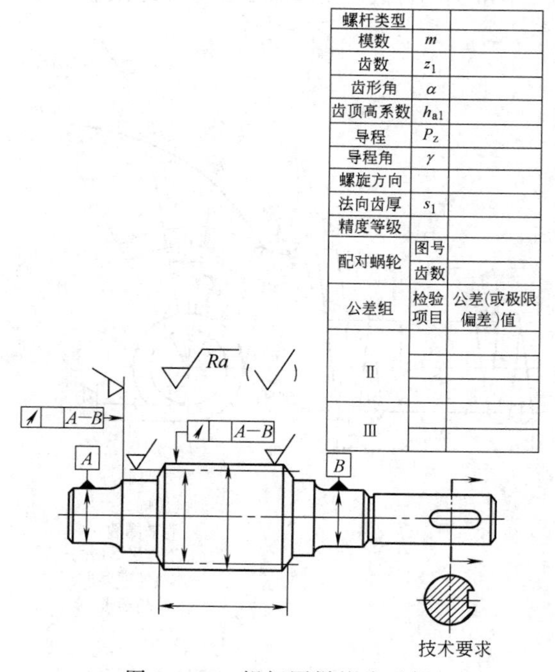

螺杆类型		
模数	m	
齿数	z_1	
齿形角	α	
齿顶高系数	h_{a1}	
导程	P_z	
导程角	γ	
螺旋方向		
法向齿厚	s_1	
精度等级		
配对蜗轮	图号	
	齿数	
公差组	检验项目	公差（或极限偏差）值
Ⅱ		
Ⅲ		

图 2-1-17　蜗杆图样格式示例

19.2 弹簧的图样格式（摘自 GB/T 4459.4—2003）

弹簧的参数应直接标注在图形上，当直接标注有困难时可在“技术要求”中说明。一般用图解方式表示弹簧特性。圆柱螺旋压缩（拉伸）弹簧的力学性能曲线均画成直线，标注在主视图上方。圆柱螺旋扭转弹簧的力学性能曲线一般画在左视图上方，也允许画在主视图上方，性能曲线画成直线。力学性能曲线（或直线形式）用粗实线绘制。示例见图 2-1-18～图 2-1-22。弹簧的术语及代号见表 2-1-35。

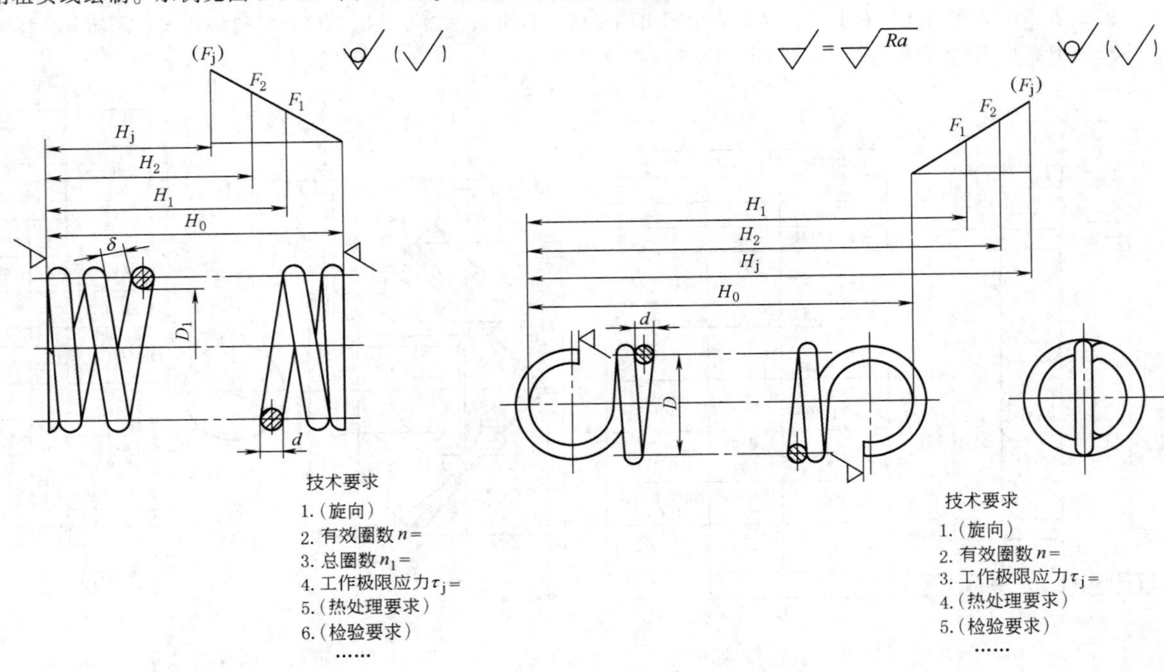

图 2-1-18 圆柱螺旋压缩弹簧的图样格式示例

图 2-1-19 圆柱螺旋拉伸弹簧的图样格式示例

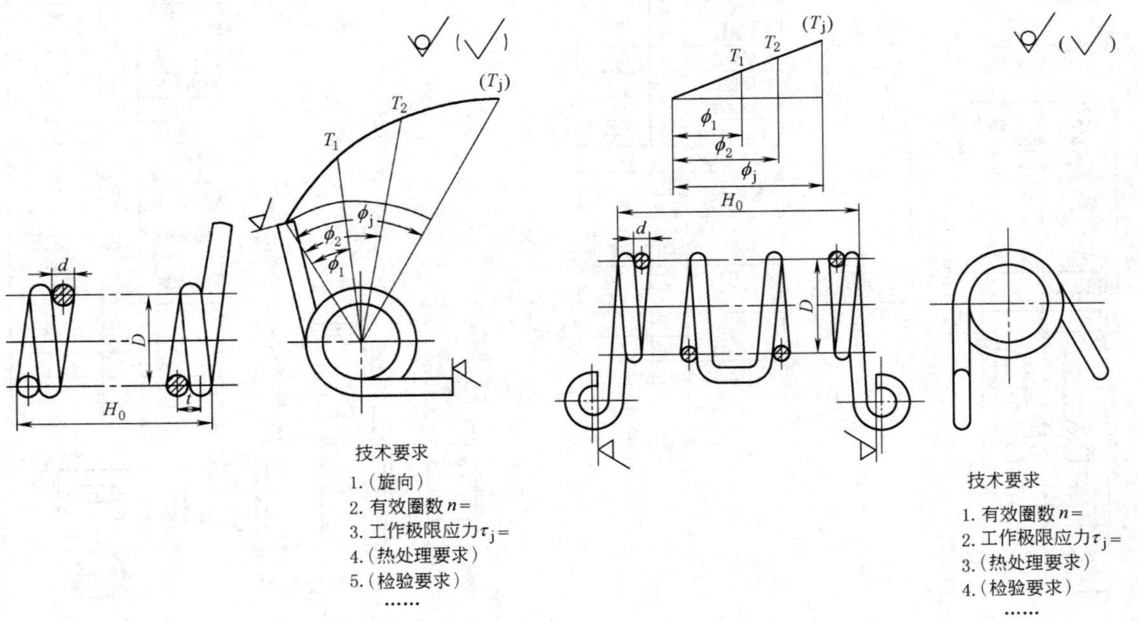

图 2-1-20 圆柱螺旋扭转弹簧的图样格式示例（一）

图 2-1-21 圆柱螺旋扭转弹簧的图样格式示例（二）

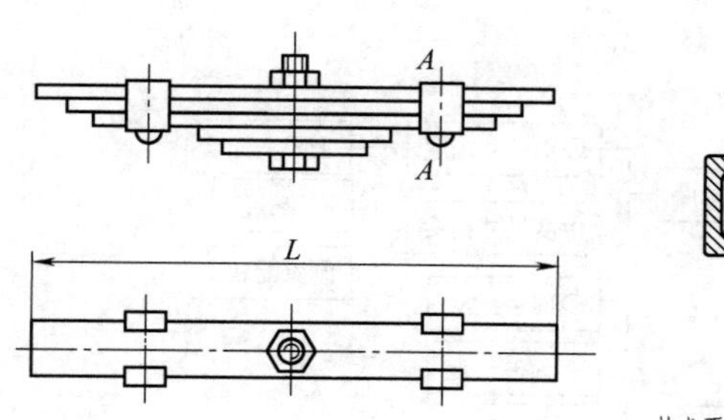
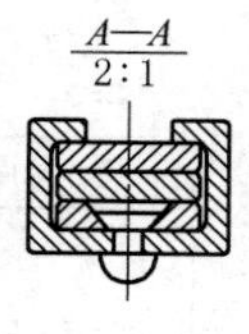

图 2-1-22　板弹簧的图样格式示例

表 2-1-35　　弹簧的术语及代号

序号	术语	代号	序号	术语	代号
1	工作负荷	F_1、F_2、F_3、…、F_n T_1、T_2、T_3、…、T_n	15	极限扭转角	ϕ_j
2	极限负荷	F_j，T_j	16	试验扭转角	ϕ_s
3	试验负荷	F_s	17	弹簧刚度	F'、T'
4	压并负荷	F_b	18	初拉力	F_0
5	压并应力	τ_b	19	有效圈数	n
6	变形量(挠度)	f_1、f_2、f_3、… f_n	20	总圈数	n_1
7	极限负荷下变形量	f_j	21	支承圈数	n_z
8	自由高度(长度)	H_0	22	弹簧外径	D_2
9	自由角度(长度)	Φ_0	23	弹簧内径	D_1
10	工作高度(长度)	H_1、H_2、H_3、…、H_n	24	弹簧中径	D
11	极限高度(长度)	H_j	25	线径	d
12	试验负荷下的高度(长度)	H_s	26	节距	t
13	压并高度	H_b	27	间距	δ
14	工作扭转角	ϕ_1、ϕ_2、ϕ_3、…、ϕ_n	28	旋向	

20　技术要求的一般内容与给出方式（摘自 JB/T 5054.2—2000）

（1）技术要求的一般内容

JB/T 5054.2—2000《产品图样及设计文件　图样的基本要求》对机械图样（含零件图和装配图）中的技术要求，大致分为如下五个方面的内容。

① 几何精度，见图 2-1-23。

② 加工、装配的工艺要求，是指为保证产品质量而提出的工艺要求。

③ 理化参数，是指对材料的成分、组织和性能方面的要求。

④ 产品性能及检测要求，是指使用及调试方面的要求。

⑤ 其他要求。

标准中较为具体地提出了如下九个方面的一般内容。

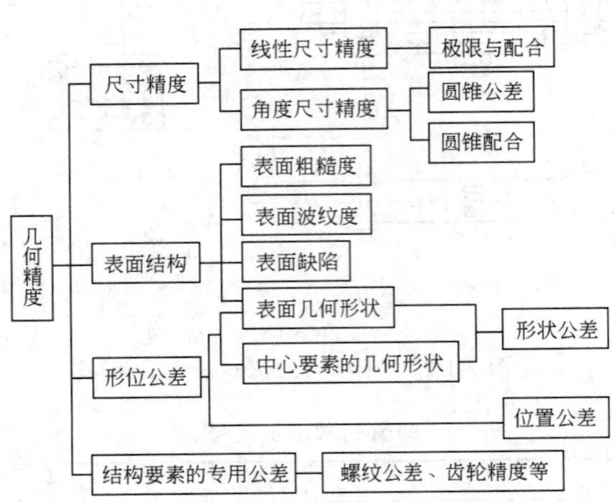

图 2-1-23 几何精度分类

① 对材料、毛坯、热处理的要求（如电磁参数、化学成分、湿度、硬度、金相要求等）。

② 视图中难以表达的尺寸公差、形状和表面粗糙度等。

③ 对有关结构要素的统一要求（如圆角、倒角、尺寸等）。

④ 对零、部件表面质量的要求（如涂层、镀层、喷丸等）。

⑤ 对间隙、过盈及个别结构要素的特殊要求。

⑥ 对校准、调整及密封的要求。

⑦ 对产品及零、部件的性能和质量的要求（如噪声、抗振性、自动、制动及安全等）。

⑧ 试验条件和方法。

⑨ 其他说明。

以上是在产品、零件、部件的图样中给出技术要求时，一般应考虑的几个方面，对于每一个图样代号的零件图或装配图，上述九个方面并非都是必备的，应根据表达对象各自的具体情况提出必要的技术要求。

（2）技术要求的给出方式

① 标准化了的几何精度要求一般注写在图形上。对某些要素有特殊要求时，可用指引线引出，并在其基准线上注写简要的说明。

② 在标题栏附近，以“技术要求”为标题，逐条书写文字说明。

③ 以企业标准的形式给定技术要求。有条件统一的技术要求可制定企业的《通用技术条件》等。

④ 也可由企业总工程师签发企业标准以外的其他形式的技术文件，明令贯彻实施某种技术要求。

（3）“技术要求”的书写

这里的“技术要求”是指书写在标题栏附近的，以“技术要求”为标题的条文性文字说明。书写技术要求时应注意以下几点。

① 对“技术要求”的标题及条文的书写位置，JB/T 5054.2 中明确规定：应“尽量置于标题栏上方或左方”。切忌将“技术要求”书写在远离标题栏处。不要将对于结构要素的统一要求（如“全部倒角 $C1$”）书写在图样右上角。

② 文字说明应以“技术要求”为标题，仅一条时不必编号，但不得省略标题。不得以“注”代替“技术要求”；更不允许将“技术要求”写成“技术条件”。“技术要求”仅是“技术条件”中的一部分。

③ 条文用语应力求简明、规范，在装配图中，当表述涉及零、部件时，可用其序号或代号（图样代号）代替。

④ 对于尺寸公差和形位公差的未注公差的具体要求应在技术要求中予以明确。

⑤ 引用上级标准或企业标准时，应给出完整的标准编号和标准名称。

21 常用几何画法

表 2-1-36

名称		画法
任意等分一直线	已知一直线	①在已知 ab 线上的 a 点作一直线 ac，与 ab 成任一角度（最好为 20°～40°） ②由 a 点起在 ac 线上截取所求的等份（如 5 等份）得 $1'$、$2'$、$3'$、$4'$、$5'$各点 ③连接 $b5'$，通过 $4'$、$3'$、$2'$、$1'$各点作 $b5'$的平行线，则在 ab 上所截的各点把 ab 分为 5 等份 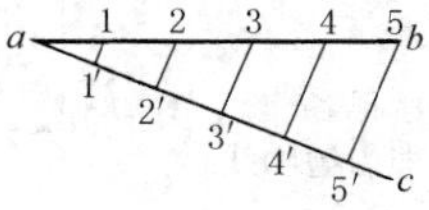
任意正多边形	已知一边	①以已知边 ab 线上 a 点或 b 点为圆心，ab 为半径画一段圆弧同 ab 的垂直二等分线交于点 6 ②把 $b6$ 边分成 6 等份，得 1、2、3、4、5、6 各点。从点 6 起沿垂直线用 $b6$ 线上 1 等份（如 $b1$）的长度向上截取 7、8、9、10、11 各点 ③如要作正六边形，则以点 6 为圆心，$a6$ 为半径画圆；如作正七边形，则以点 7 为圆心，$a7$ 为半径画圆，以此类推 ④用 ab 长等分圆周，连各等分点，即为所求正多边形 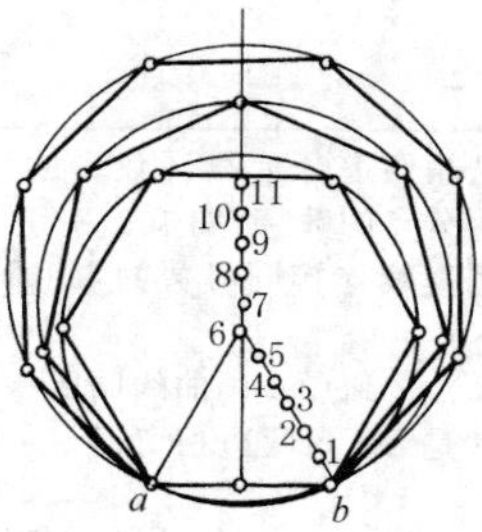
	已知一个圆	①在已知圆内作直径 ab ②把 ab 等分成所求多边形的边数（图中分成 7 等份） ③分别以 a、b 为圆心，ab 长为半径画圆弧交于 e ④连接 $e2$，并延长交圆周于 f（作任意边形都要通过点 2） ⑤用 af 长等分圆周，连各等分点，即为所求圆内接正多边形 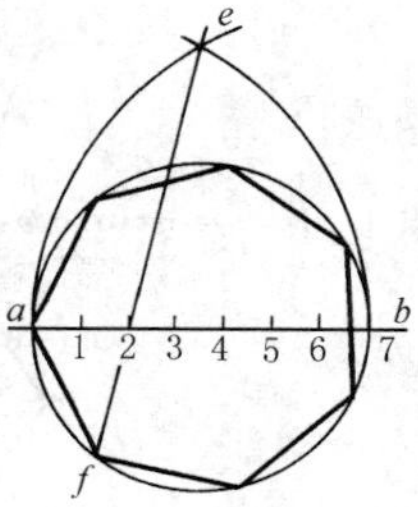

名称		画法
椭圆	已知长短轴	①以 o 为圆心，长、短轴之半各为半径，画两个同心圆 ②把外圆分成若干等份（如 12 等份），得到 1、2、3、…、12 各点 ③把上述 12 个点分别同圆心相连，使内圆也分成 12 等份，得 $1'$、$2'$、$3'$、…、$12'$各点 ④外圆上各点向圆内作直线平行于短轴 cd，内圆上各点作直线平行于长轴 ab，并与外圆各点作的直线相交，得 Ⅰ、Ⅱ、…、Ⅷ 各点 ⑤光滑连接 Ⅰ、Ⅱ、b、Ⅲ、Ⅳ、d、Ⅴ、Ⅵ、a、Ⅶ、Ⅷ、c、Ⅰ 各点，即得椭圆 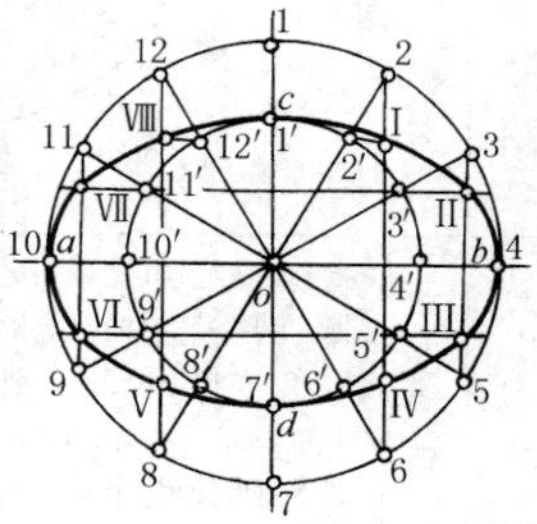
扁圆	已知长轴	①把长轴 ab 分成 4 等份，得 ao、oc、co_1、o_1b ②以 o 和 o_1 为圆心，oo_1 为半径各画两段圆弧，得交点 1、2 ③连接 $o1$、o_11、$o2$、o_12 并延长，同用 o 和 o_1 为圆心，用 ao 为半径所画两个圆相交，得 3、4、5、6 四点 ④以 1、2 为圆心，2-5（或 1-6）为半径画圆弧，同已画好的两圆的一部分圆周相接，即得扁圆 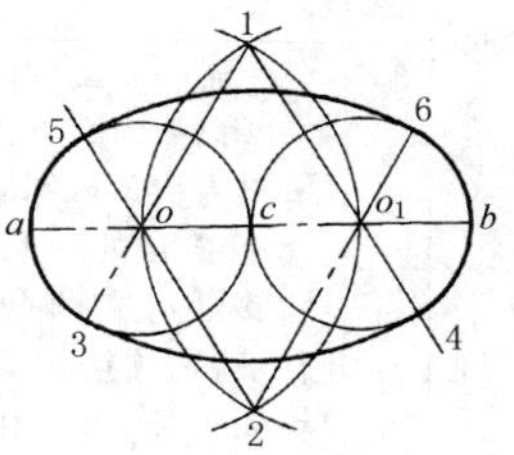
	已知长短轴	①连接 ac，以 o 为圆心，oa 为半径画圆弧，与 oc 的延长线相交于 e ②以 c 为圆心，ce 为半径画圆弧与 ac 相交于 f ③画 af 的垂直二等分线与长轴相交于 h，并与 cd 的延长线相交于 g ④利用对称性求出 g'、h' ⑤以 g、g'为圆心，gc（$=g'd$）为半径分别画切点间的圆弧。再以 h、h'为圆心，ah（$=bh'$）为半径分别画圆弧，在切点与前两段圆弧相切地连起，即得扁圆 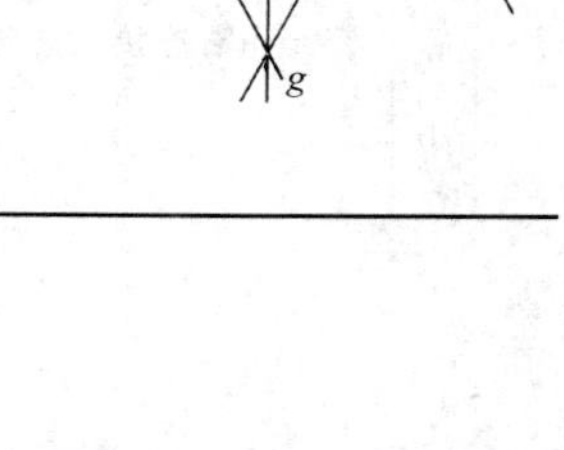

续表

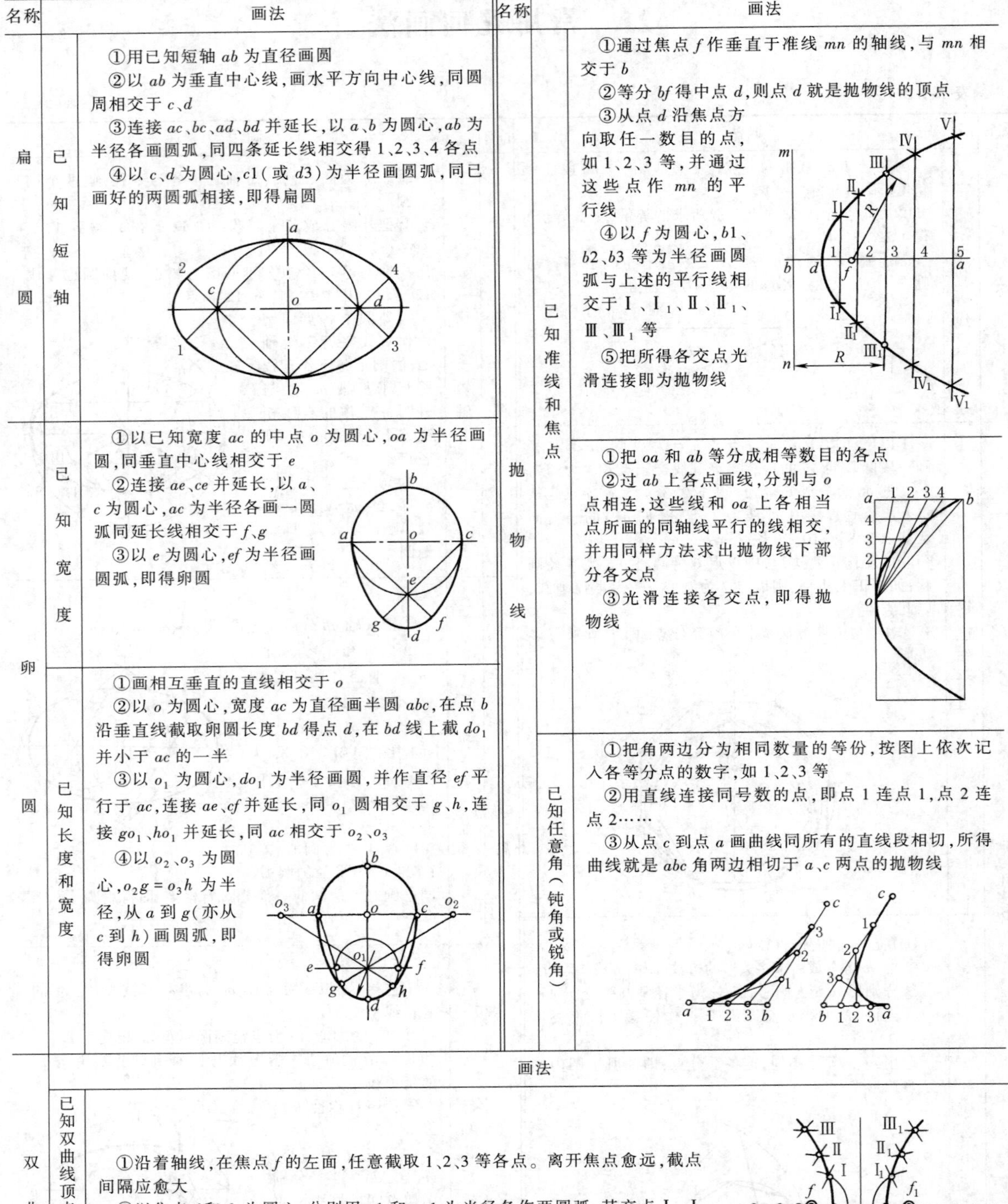

名称		画法
扁圆	已知短轴	①用已知短轴 ab 为直径画圆 ②以 ab 为垂直中心线，画水平方向中心线，同圆周相交于 c、d ③连接 ac、bc、ad、bd 并延长，以 a、b 为圆心，ab 为半径各画圆弧，同四条延长线相交得 1、2、3、4 各点 ④以 c、d 为圆心，$c1$（或 $d3$）为半径画圆弧，同已画好的两圆弧相接，即得扁圆
卵圆	已知宽度	①以已知宽度 ac 的中点 o 为圆心，oa 为半径画圆，同垂直中心线相交于 e ②连接 ae、ce 并延长，以 a、c 为圆心，ac 为半径各画一圆弧同延长线相交于 f、g ③以 e 为圆心，ef 为半径画圆弧，即得卵圆
	已知长度和宽度	①画相互垂直的直线相交于 o ②以 o 为圆心，宽度 ac 为直径画半圆 abc，在点 b 沿垂直线截取卵圆长度 bd 得点 d，在 bd 线上截 do_1 并小于 ac 的一半 ③以 o_1 为圆心，do_1 为半径画圆，并作直径 ef 平行于 ac，连接 ae、cf 并延长，同 o_1 圆相交于 g、h，连接 go_1、ho_1 并延长，同 ac 相交于 o_2、o_3 ④以 o_2、o_3 为圆心，$o_2g=o_3h$ 为半径，从 a 到 g（亦从 c 到 h）画圆弧，即得卵圆

名称		画法
抛物线	已知准线和焦点	①通过焦点 f 作垂直于准线 mn 的轴线，与 mn 相交于 b ②等分 bf 得中点 d，则点 d 就是抛物线的顶点 ③从点 d 沿焦点方向取任一数目的点，如 1、2、3 等，并通过这些点作 mn 的平行线 ④以 f 为圆心，$b1$、$b2$、$b3$ 等为半径画圆弧与上述的平行线相交于Ⅰ、$Ⅰ_1$、Ⅱ、$Ⅱ_1$、Ⅲ、$Ⅲ_1$ 等 ⑤把所得各交点光滑连接即为抛物线
		①把 oa 和 ab 等分成相等数目的各点 ②过 ab 上各点画线，分别与 o 点相连，这些线和 oa 上各相当点所画的同轴线平行的线相交，并用同样方法求出抛物线下部分各交点 ③光滑连接各交点，即得抛物线
	已知任意角（钝角或锐角）	①把角两边分为相同数量的等份，按图上依次记入各等分点的数字，如 1、2、3 等 ②用直线连接同号数的点，即点 1 连点 1，点 2 连点 2…… ③从点 c 到点 a 画曲线同所有的直线段相切，所得曲线就是 abc 角两边相切于 a、c 两点的抛物线

名称		画法
双曲线	已知双曲线顶点间和焦点间的距离	①沿着轴线，在焦点 f 的左面，任意截取 1、2、3 等各点。离开焦点愈远，截点间隔应愈大 ②以焦点 f 和 f_1 为圆心，分别用 $a1$ 和 a_11 为半径各作两圆弧，其交点Ⅰ、Ⅰ和 $Ⅰ_1$、$Ⅰ_1$ 就是双曲线上的点 ③用同样方法，求出交点Ⅱ、Ⅱ和 $Ⅱ_1$、$Ⅱ_1$，Ⅲ、Ⅲ和 $Ⅲ_1$、$Ⅲ_1$ 等点 ④光滑连接上述各交点，即为双曲线

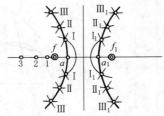

续表

名称		画法
摆线	已知转圆半径和导线长画普通摆线	①以 o 为圆心,R 为半径作转圆,同导线 aa_1 相切于点 a ②从点 a 起分圆周成适当等份(图中为 12 等份)得分点 1、2、3、…、12 ③在导线上截取 aa_1 等于圆周长度,把 aa_1 分成 12 等份,得分点 1′、2′、3′、…、12′ ④通过转圆圆心 o,作导线的平行线 oo_{12},并从导线上各分点 1′、2′、3′、…、12′作导线的垂直线,同直线 oo_{12} 交于 o_1、o_2、…、o_{12} 点,在转圆上各分点作导线的平行线 ⑤以 o_1 为圆心,R 为半径,画圆弧同经过点 1 所作导线的平行线相交在点Ⅰ,用同样方法,可求得Ⅱ、Ⅲ、Ⅳ、…、Ⅺ各点,光滑连接,即为普通摆线
	已知转圆半径和导圆半径画外摆线	①以 o'为圆心,R'为半径画导圆圆弧。并在圆弧上任取一点 a,连接 $o'a$ 并延长,截取 $oa=R$(转圆半径) ②以 o 为圆心,R 为半径画转圆 ③从 a 点起把转圆圆周分成适当等份(图中为 12 等份),得分点 1、2、3、…、12 ④画 o'的中心角,使 $\alpha=\frac{R}{R'}\times360°$,得到导圆弧 $\overset{\frown}{aa'}$,把 $\overset{\frown}{aa'}$分成 12 等份,得分点 1′、2′、3′、…、12′ ⑤将点 o'同各分点 1′、2′、3′、…、12′相连成直线并延长。以 o'为圆心,$oo'=R'+R$ 为半径画圆弧,同各延长线相交在点 o_1、o_2、o_3、…、o_{12} ⑥以 o'为圆心,作通过转圆上各分点的辅助圆弧。以 o_1 为圆心,R 为半径画圆弧,同通过点 1 的辅助圆弧相交在点Ⅰ;以 o_2 为圆心,R 为半径画圆弧同通过点 2 的辅助圆相交在点Ⅱ,用同样方法,求得Ⅲ、Ⅳ、Ⅴ、…、Ⅺ各点,光滑连接,即为外摆线
	已知转圆半径和导圆半径画内摆线	与外摆线相仿,只是取转圆各位置的圆心 o_1、o_2、o_3、…、o_{12} 时,是以 o'为圆心,$oo'=R'-R$ 为半径画圆弧来求得。其余作法均同外摆线 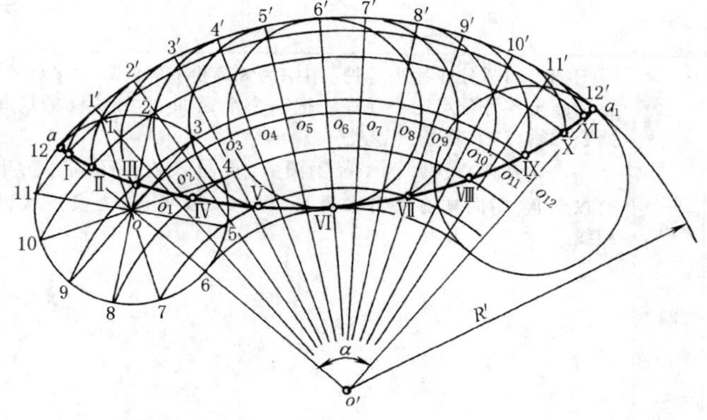

续表

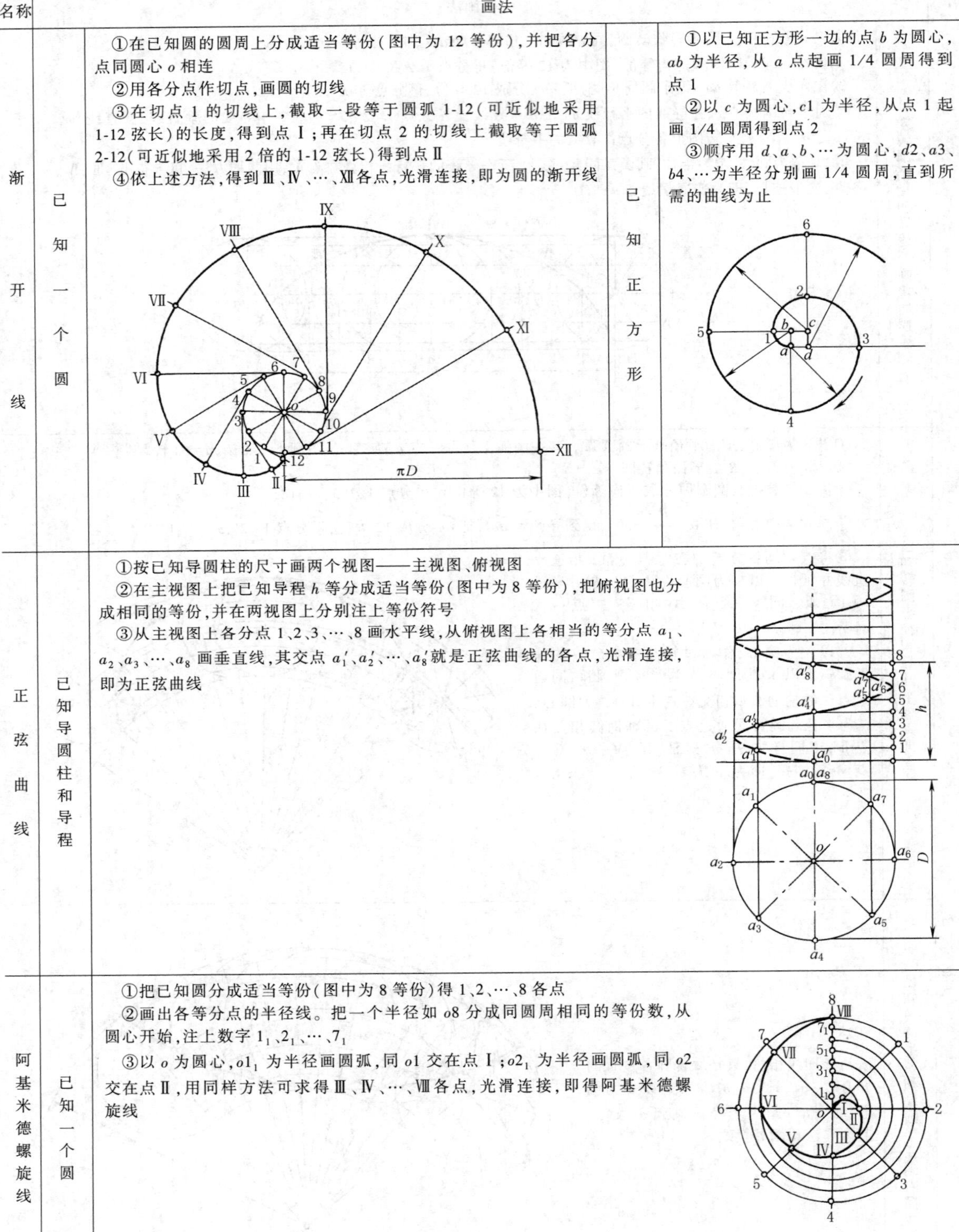

名称		画法
渐开线	已知一个圆	①在已知圆的圆周上分成适当等份(图中为12等份),并把各分点同圆心 o 相连 ②用各分点作切点,画圆的切线 ③在切点1的切线上,截取一段等于圆弧1-12(可近似地采用1-12弦长)的长度,得到点Ⅰ;再在切点2的切线上截取等于圆弧2-12(可近似地采用2倍的1-12弦长)得到点Ⅱ ④依上述方法,得到Ⅲ、Ⅳ、…、Ⅻ各点,光滑连接,即为圆的渐开线
渐开线	已知正方形	①以已知正方形一边的点 b 为圆心,ab 为半径,从 a 点起画1/4圆周得到点1 ②以 c 为圆心,$c1$ 为半径,从点1起画1/4圆周得到点2 ③顺序用 d、a、b、…为圆心,$d2$、$a3$、$b4$、…为半径分别画1/4圆周,直到所需的曲线为止
正弦曲线	已知导圆柱和导程	①按已知导圆柱的尺寸画两个视图——主视图、俯视图 ②在主视图上把已知导程 h 等分成适当等份(图中为8等份),把俯视图也分成相同的等份,并在两视图上分别注上等份符号 ③从主视图上各分点1、2、3、…、8画水平线,从俯视图上各相当的等分点 a_1、a_2、a_3、…、a_8 画垂直线,其交点 a_1'、a_2'、…、a_8' 就是正弦曲线的各点,光滑连接,即为正弦曲线
阿基米德螺旋线	已知一个圆	①把已知圆分成适当等份(图中为8等份)得1、2、…、8各点 ②画出各等分点的半径线。把一个半径如 $o8$ 分成同圆周相同的等份数,从圆心开始,注上数字 1_1、2_1、…、7_1 ③以 o 为圆心,$o1_1$ 为半径画圆弧,同 $o1$ 交在点Ⅰ;$o2_1$ 为半径画圆弧,同 $o2$ 交在点Ⅱ,用同样方法可求得Ⅲ、Ⅳ、…、Ⅷ各点,光滑连接,即得阿基米德螺旋线

22 几种常见结构的展开图画法

表 2-1-37

名称	画法
大小圆管过渡接头	①用已知尺寸画出主视图和俯视图 ②12 等分俯视图圆周标记 1、2、3、…、7 各点，并投影到主视图底线得相应的 1、2、3、…、7 各点，各点与锥体顶点 *o* 相连 ③以 *o* 为圆心，*o*1 为半径作圆弧 1-1，使弧长等于底圆周长，展开图上各弧长 1-2、2-3、3-4 等分别等于俯视图上的圆弧长 1-2、2-3、3-4 等（在一般情况下可以用弦长代替弧长直接量取，因此适当地提高圆周等分数可提高展开图的准确性），并与 *o* 点相连 ④以 *o* 为圆心，*o*1′为半径作圆弧 1′-1′，即得所求的展开图 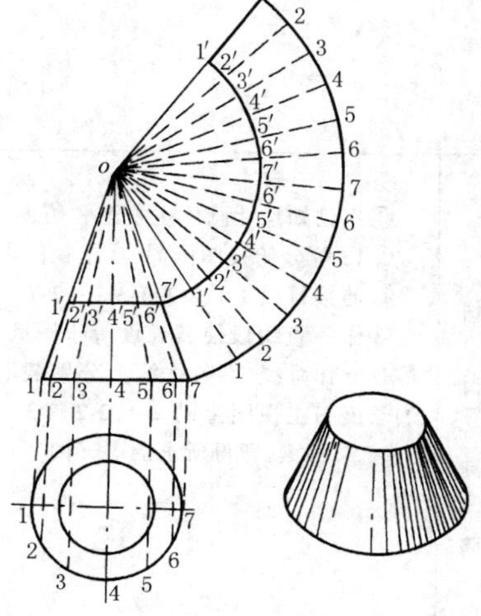
顶部斜截的正圆锥	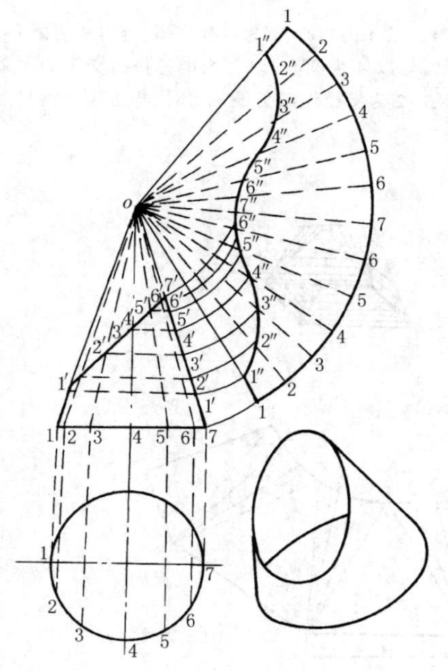 ①用已知尺寸画出主视图和俯视图 ②12 等分俯视图圆周，标记 1、2、3、…、7 各点并投影到主视图底线得相应的 1、2、3、…、7 各点。各点与锥体顶点 *o* 相连，与顶部斜截线相交得 1′、2′、3′、…、7′各点 ③自主视图顶部斜截线上的 1′、2′、3′、…、7′各点作底边平行线与 *o*7 线相交得 1′、2′、3′、…、7′各点 ④以 *o* 为圆心，*o*1 为半径作圆弧 1-1，其弧长等于俯视图圆周长。展开图上各弧长 1-2、2-3、3-4 等分别等于俯视图上的圆弧长 1-2、2-3、3-4 等 ⑤连 *o*-1、*o*-2、*o*-3 等各线，在相应的线段上截取 1″、2″、3″等各点，使 *o*1″=*o*1′、*o*2″=*o*2′、*o*3″=*o*3′、…、*o*7″=*o*7′。光滑连接 1″、2″、3″、…、7″各点，即得所求的展开图

续表

名称	画法
圆筒弯管（虾米管）	是一段圆环不可展曲面。其近似展开图可用若干节圆柱面的展开图代替。一般每节进出口之间的角度宜大于10°
斜口圆筒	①用已知尺寸画出主视图和俯视图 ②12等分俯视图圆周，在主视图上作出从等分点引出的与轴线平行的平行线1-1、2-2、3-3、…、7-7 ③作一直线段使其长度等于圆筒的圆周长，并分成12等份，自等分点作垂线，在各垂线上分别截取1-1、2-2、3-3、…、7-7，使它们的长度与主视图上的1-1、2-2、3-3、…、7-7相等。光滑连接1、2、3、…、7各点，即得所求的展开图 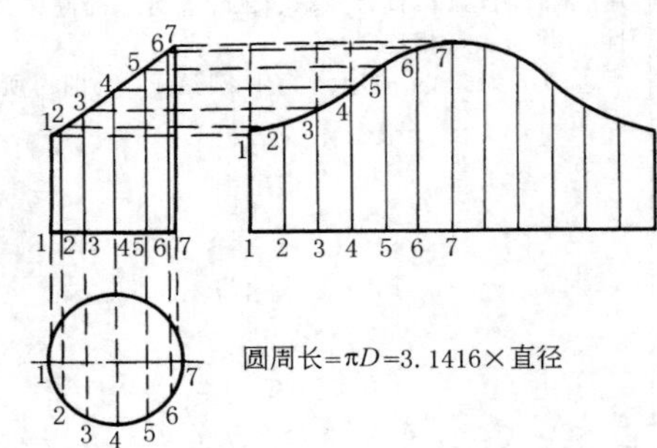
圆顶方底漏斗	①用已知尺寸画出主视图和俯视图 ②12等分俯视图圆周，标记1、2、3、4各点，并分别与A、B、C、D连接 ③求D1、D2等展开线实长：在主视图中上下两边的延长线上作垂线JK，取K-1(4)等于c，K-2(3)等于d，连J-1(4)、J-2(3)即为实长c'、d' ④取水平线AB等于a，分别以A、B为圆心，以c'为半径作弧交于1。以A为圆心，d'为半径作弧，与以1为圆心，俯视图中1-2为半径作弧交于2。同法得3、4点。以4为圆心，c'为半径作弧与以A为圆心，以a为半径作弧交于D。又以同法得3、2、1各点。以1为圆心，主视图中e为半径作弧，与以D为圆心，$a/2$为半径作弧交于o。用同样方法得出与之对称的展开图右边各点。光滑连接各点，即得所求的展开图 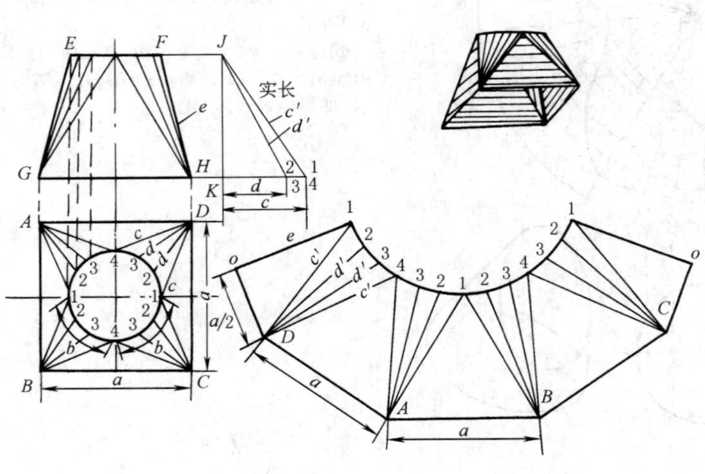

续表

名称	画法
圆顶方底人形管	①用已知尺寸画出主视图和俯视图 ②设 CD 等于 DE。以 D 为圆心，DE 为半径作3/4圆得 E-4-4-C 圆弧。三等分 $\widehat{E4}$、$\widehat{4C}$ 得等分点1、2、3、…、7。分别向 DE、CD 作垂线得2′、3′和5′、6′。连接 A 与2′、3′、4′，B 与4′、5′、6′ ③求 A1、A2′、A3′、A4′、B4′、B5′、B6′、B7 展开线实长：画水平线 A′4′，在其上分别取长为主视图中的 A1、A2′、A3′、A4′得各点1、2′、3′、4′，由 A′、2′、3′、4′点向上作垂线并依次取长为 a、e、d、R 得 A、2、3、4，连接 A 与1、2、3、4即得 A1、A2′、A3′、A4′各线的实长 A1、A2、A3、A4，同法求出 B4′、B5′、B6′、B7 各线实长 B4、B5、B6、B7 ④取 AA 为 $2a$，以 A 为圆心，A1 为半径分别作弧交于1。以1为圆心，主视图中1-2为半径作弧，与以 A 为圆心，A2 为半径作弧交于2。同法可得3、4。以4为圆心，B4 为半径作弧与以 A 为圆心，AB 为半径作弧交于 B。以 B 为圆心，B5、B6、B7 为半径画同心圆弧，与以4为圆心，主视图中等分弧4-5、5-6、6-7为半径顺序画弧交于5、6、7。以7为圆心，主视图中 BC 为半径作弧，与以 B 为圆心，以 a 为半径作弧交于 o。用同样方法得出与之对称的展开图右边各点，光滑连接各点，即得所求的展开图 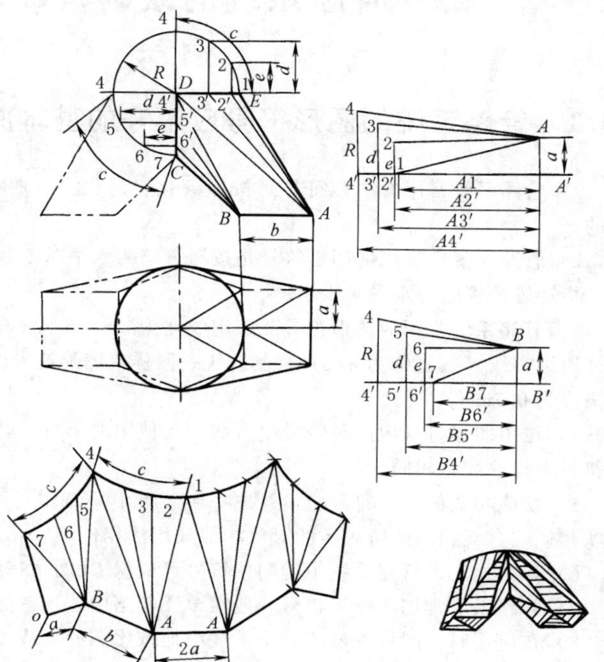
渐开线螺旋面	是以其内缘螺旋线为脊线的切线曲面，用垂直于轴的截平面截它时，截交线为渐开线，故称渐开线螺旋面，是可展曲面。其展开图是半径为 R_1 及 R_2 的同心圆围成的环形平面，有圆心角为 α 的缺口 $\cos\theta=\dfrac{2\pi r_1}{\sqrt{(2\pi r_1)^2+s^2}}$ $R_1=\dfrac{r_1}{\cos^2\theta}=r_1+\dfrac{s^2}{4\pi^2 r_1}$ $R_2=\sqrt{\dfrac{r_2^2-r_1^2}{\cos^2\theta}+R_1^2}$ $\alpha=2\pi(1-\cos\theta)$，$\alpha=(1-\cos\theta)\times360°$ 式中，θ 为内缘螺旋线升角，r_1、r_2 分别为内、外缘螺旋线半径，s 为内、外缘螺旋线导程 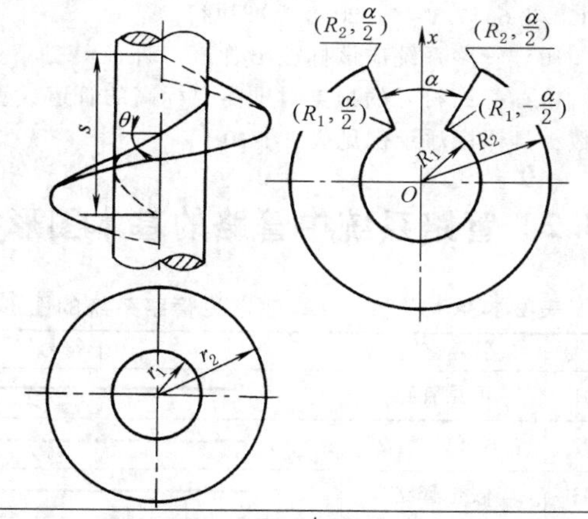
正螺旋面	其近似展开图是一带缺口的环形，环形的内、外弧长分别等于内、外螺旋线的长度。设正螺旋面内径为 d_1，外径为 d_2，导程为 s，则 $D_1=(d_2-d_1)\dfrac{\sqrt{(\pi d_1)^2+s^2}}{\sqrt{(\pi d_2)^2+s^2}-\sqrt{(\pi d_1)^2+s^2}}$ $D_2=D_1+(d_2-d_1)$ $\alpha=\left[\pi D_1-\sqrt{(\pi d_1)^2+s^2}\right]\times360°/(\pi D_1)$ 作图步骤是：作竖线段 $AB=\dfrac{d_2-d_1}{2}$，过 A、B 作横线 AE 和 BF，分别等于内、外螺旋线的长度（图中各是该长度的1/4），连 FE 交 BA 的延长线于 O，以 O 为圆心，OA、OB 为半径便可画出此环形 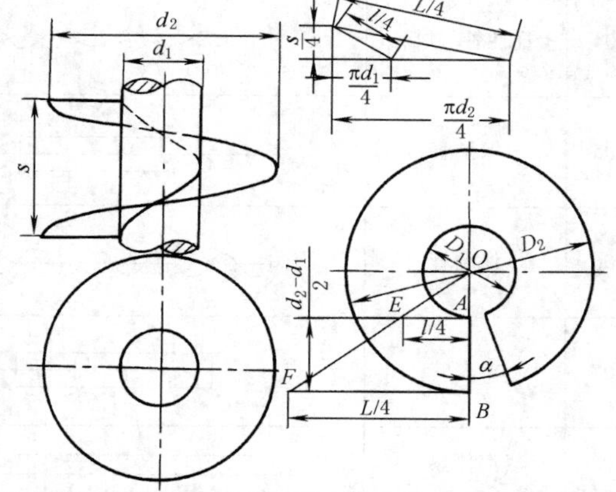

23 管路系统的绘制（GB/T 6567.1～5—2008）

23.1 管路系统的图形符号应遵守的基本原则

1）管路系统常用的图形符号是按形象化、简化、清晰和便于计算机绘图和手工绘图及缩微复制等要求制定的。

2）管路系统中常用的图形符号是按照管路为水平时绘制的，也适用于任何位置的管路。但图形符号内的字符、指针等按管路为水平时表示。

3）管路系统常用的图形符号一般用线宽为 d=0.5～2mm 的图线绘制，对于管件、阀门及控制元件图形符号允许用细实线（线宽约为 $d/2$）绘制。统一图样上图形符号的各类线型宽度应分别保持一致，两平行线间的最小距离应为 0.7mm。

4）位于图形符号内或与符号组合在一起使用的字母、数字和所有其他字符，应按直体书写，它们的线宽应与符号本身的线宽相同。

5）功能相关的图形符号应设计成一组，可由一基本符号与附加符号或符号要素组成。组成符号的特征是：形状相似或含义相似或所表示的对象相似或用法相似等。

6）未做规定的管路系统中的图形符号可根据 GB/T 6567.1—2008 的原则组合或派生。

7）管路系统常用的图形符号一般在单线管路中使用。必要时，也可用于双线管路。

8）在应用时，图形符号的大小可适当地按比例放大或缩小。

9）建筑行业的给排水管路系统国家标准中一些图形符号和本节描述的有区别，在机械设计领域按本节介绍的 GB/T 6567.1～5—2008 标准执行。

10）管路系统应该标注出管道“外径×壁厚”或 DN 值、介质代号和标高等。

11）标高符号的顶点对准需要标高的管道或管件，没有特殊说明，标高是指管道中心，单位为 m，保留 2 位小数，具体标注示例见表 2-1-40

23.2 管路系统中管路的基本图形符号及标注

表 2-1-38　　常见管路系统的图形符号（摘自 GB/T 6567.2—2008）

序号	管路名称	图形符号	备注
01	可见管路		
02	不可见管路		
03	假想管路		
04	挠性管、软管		波纹管和各种软管
05	保护管		起保护管路的作用，使其不受撞击、防止介质污染绝缘等，可在被保护管路的全部或局部上用该符号表示或省去符号仅用文字说明
06	保温管		起隔热作用，可在被保温管路的全部或局部上用该符号表示或省去符号仅用文字说明（在技术要求中要说明保温材料的要求和外壳做法）
07	夹套管		管路内及夹套内均有介质出入，该符号可用波浪线断开表示
08	蒸汽伴热管		

续表

序号	管路名称	图形符号	备注
09	电伴热管	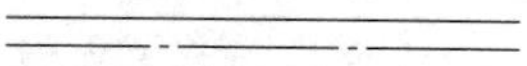	用电伴热带做防冻保护或加热用的管道，还应该在电伴热带外有保护层
10	交叉管	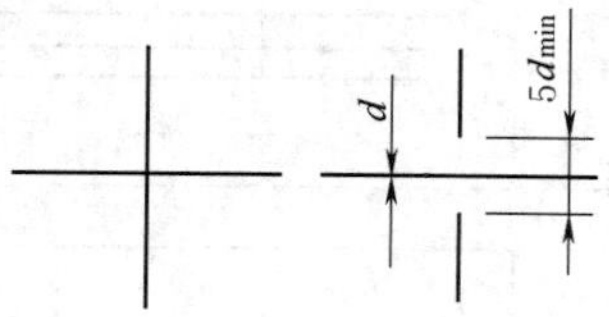 d　$5d_{min}$	两管路相交叉单不连接。当需要表示两管道的相对位置时，其中在下方或后方的管路应断开。（不采用半圆弧跨接的形式）
11	相交管	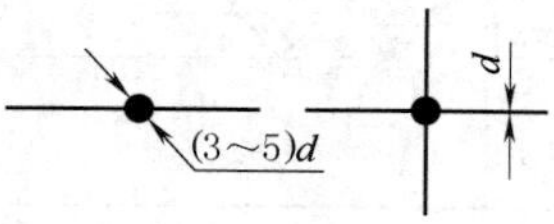 (3～5)d　d	指两管路相交连接，连接点的直径为所连接管路符号线宽 d 的 3~5 倍
12	弯折管		管路朝向观察者弯成 90°
			管路背离观察者弯成 90°
13	介质流向		一般标注在靠近阀门的图形符号处，表示介质的流动方向
14	管路坡度	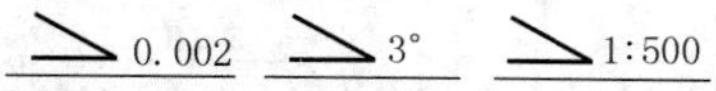 0.002　3°　1:500	管路中的坡度符号按 GB/T 4458.4 中坡度符号绘制

表 2-1-39　管路的一般连接形式和常用介质代号（摘自 GB/T 6567.2—2008）

管路的一般连接形式			管路常用介质代号		
序号	连接方式	图形符号及说明	介质类别	代号	英文名称
1	螺纹连接	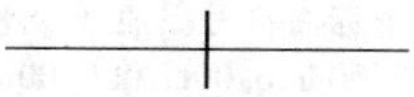 必要时可用文字说明，省略符号绘制	空气	A	Air
2	法兰连接	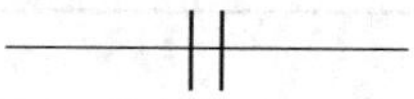 必要时可用文字说明，省略符号绘制	蒸汽	S	Steam
3	承插连接	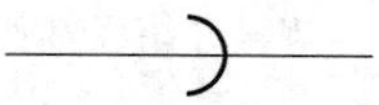 必要时可用文字说明，省略符号绘制	油	O	Oil
4	焊接连接	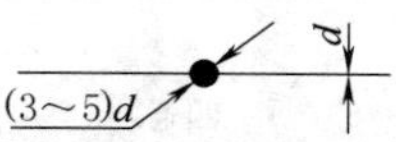 (3～5)d　d 焊点符号的直径约为所连接管路符号线宽 d 的 3~5 倍，必要时可省略	水	W	Water

注：随着工业技术的发展，介质种类越来越多，管路中其他介质的类别代号用相应的英文名称的第一位大写字母表示，如与表 2-1-39 规定的类别代号重复时，可用前两位大写字母表示。也可采用该介质化合物分子式符号（例如硫酸为 H_2SO_4）或国际通用代号（如 LPG、LNG、CNG）。

第2篇

表 2-1-40　　**管路系统的标注**（摘自 GB/T 6567.2—2008）

标注图样	说明	标注图样	说明
管道直径和介质标注			
W ϕ108×4 S ϕ32×3 A DN40	管道的外径、壁厚和介质等直接标注在管道上方	W ϕ108×4 S ϕ32×3 A DN40	由于管道之间间隙太小，通过引线标注管道的外径、壁厚和介质等
标高标注			
h　45° (a)　(b)	标高的两种基本符号，优先选用图 a。h 为 3～5mm。箭头对准标注位置	5.50	标高直接在管子上方，管道起点处，这是离基准 5.50m 的高度
-5.50	标高直接在管子上方、管道的末端。这是离基准 -5.50m 的高度	3.60	标高标注在管子转折处，表示立管的高度。这是离基准 3.60m 的高度
1.90	标高在管件（阀门）的中心引线上方，这是离基准 1.90m 的高度	5.50	标高直接在管子下方、管道起点处，采用 b）型标高符号，这是离基准 5.50m 的高度
9.00 6.00 3.00		这是同时标注 3 个挨得很近的管道，通过引出线和一个标高符号完成 3 个管道的标注。它们的高度分别是：3.00m、6.00m 和 9.00m	

23.3　管路系统常用元件的图形符号

管路系统中的管件种类很多，不可能所有元件都一一表示，本节只介绍经常使用的管道元件及它们之间的组合及安装固定支架等。

表 2-1-41　　**管路系统常用管件图形符号**（摘自 GB/T 6567.3—2008）

序号	名称	符号	序号	名称	符号
01	弯头（管）		03	四通	
02	三通		04	活接头	

续表

序号	名称	符号	序号	名称	符号
05	外接头	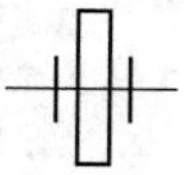	14	法兰盖	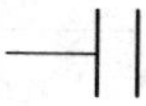
06	内外螺纹接头	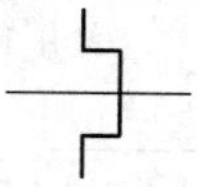	15	盲板	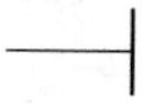
07	同心异径管接头	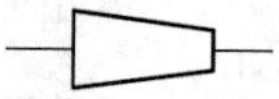	16	管间盲板	
08	同底偏心异径管接头	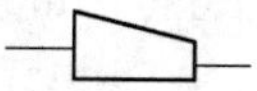	17	波形伸缩器	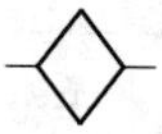
09	同顶偏心异径管接头	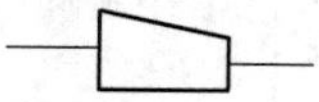	18	套筒伸缩器	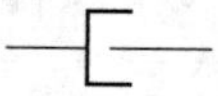
10	双承插管接头	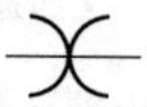	19	矩形伸缩器	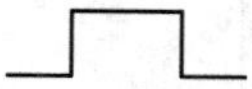
11	快换接头	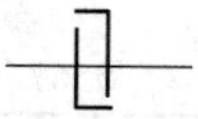	20	弧形伸缩器	
12	螺纹管帽(管帽螺纹为内螺纹)	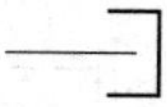	21	球形铰接器	
13	堵头(堵头螺纹为外螺纹)	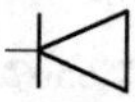			

表 2-1-42　管路系统常用管架图形符号（摘自 GB/T 6567.3—2008）

序号	名称	图形符号				
		一般形式	支(拖)架	吊架	弹性支(拖)架	弹性吊架
01	固定管架	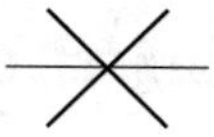				
02	活动管架		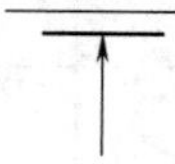	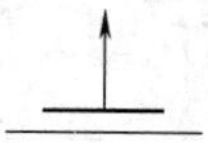	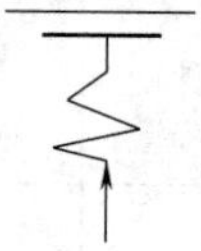	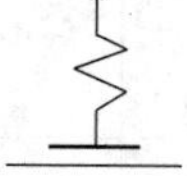
03	导向管架	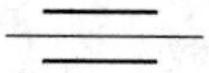	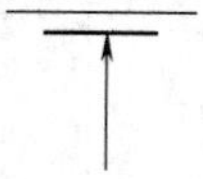	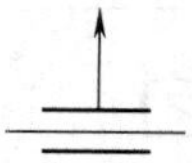	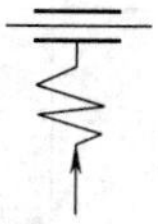	

表 2-1-43 **管路系统常用阀门图形符号**（摘自 GB/T 6567.4—2008）

序号	名称	图形符号	序号	名称	图形符号
01	截止阀		10	重锤式安全阀	
02	闸阀		11[②]	减压阀	
03	节流阀		12	疏水阀	
04	球阀		13	角阀	
05	蝶阀		14	三通阀	
06	隔膜阀		15	四通阀	
07	旋塞阀				
08[①]	止回阀				
09	弹簧式安全阀				

① 流向由空白三角形至非空白三角形。

② 小三角形一段为高压端。

表 2-1-44 **阀门与管路的一般连接形式**（摘自 GB/T 6567.4—2008）

连接方式	螺纹连接	法兰连接	焊接连接
图样符号			

注：市场上已有承插式阀门，国标中没有标出，可以参考表 2-1-41 中双承插接头样式绘制。

表 2-1-45 **阀门的控制元件及其组合**（摘自 GB/T 6567.4—2008）

序号	名称	图形符号	序号	名称	图形符号
01	手动(脚动)元件		07	电动元件	M
02	自动元件		08	弹簧元件	
03	带弹簧膜元件		09	浮球元件	
04	不带弹簧膜元件		10	重锤元件	
05	活塞元件		11	遥控	至……
06	电磁元件	Σ			

续表

常见阀门和控制元件图形符号组合			
手动阀	电动阀	电磁阀	浮球阀
	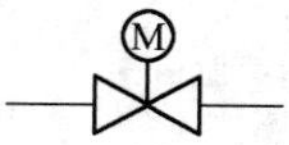 M	 Σ	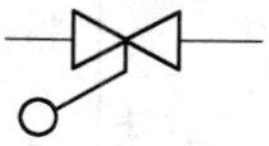

表 2-1-46　管路系统常用传感器的图形符号及仪表和记录仪（摘自 GB/T 6567.4—2008）

序号	名称	图形符号	序号	名称	图形符号
01	温度传感器		05	水准传感器	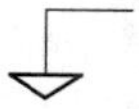
02	压力传感器		备注:GB/T 6567.4—2008 中称为水准传感器,根据实际经验,称为水位传感器更合适		
03	流量传感器		06	指示表(计)	
04	湿度传感器		07	记录仪	

常见传感器和指示表(记录仪)的图形符号组合				
温度指示表	压力指示表	水位计	流量记录仪	湿度记录仪
		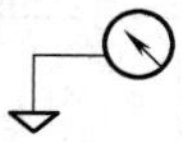		

23.4　管路系统常用元件的轴测图画法

管路或管段应按正投影法则绘制。

当管路或管段平行于直角坐标轴时，其轴测图用平行于对应的轴测轴的直线绘制。

当管路或管段不平行于直角坐标轴时，在其轴测图上应同时画出其在相应坐标平面上的投影及投射平面。

当管路或管段所在的平面平行于直角坐标平面的垂直面时，应同时画出其在水平面上的投影及其投射平面。

当管路或管段所在的平面平行于直角坐标平面的水平面时，应同时画出其在垂直面上的投影及其投射平面。

当管路或管段不平行于任何直角坐标平面时，应按图 2-1-24 绘制。

图 2-1-25 是管路系统综合布局示意图。

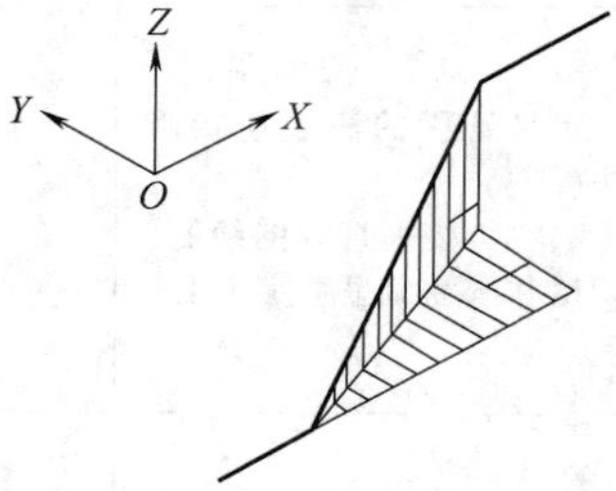

图 2-1-24　管路不平行于任何坐标平面时的画法

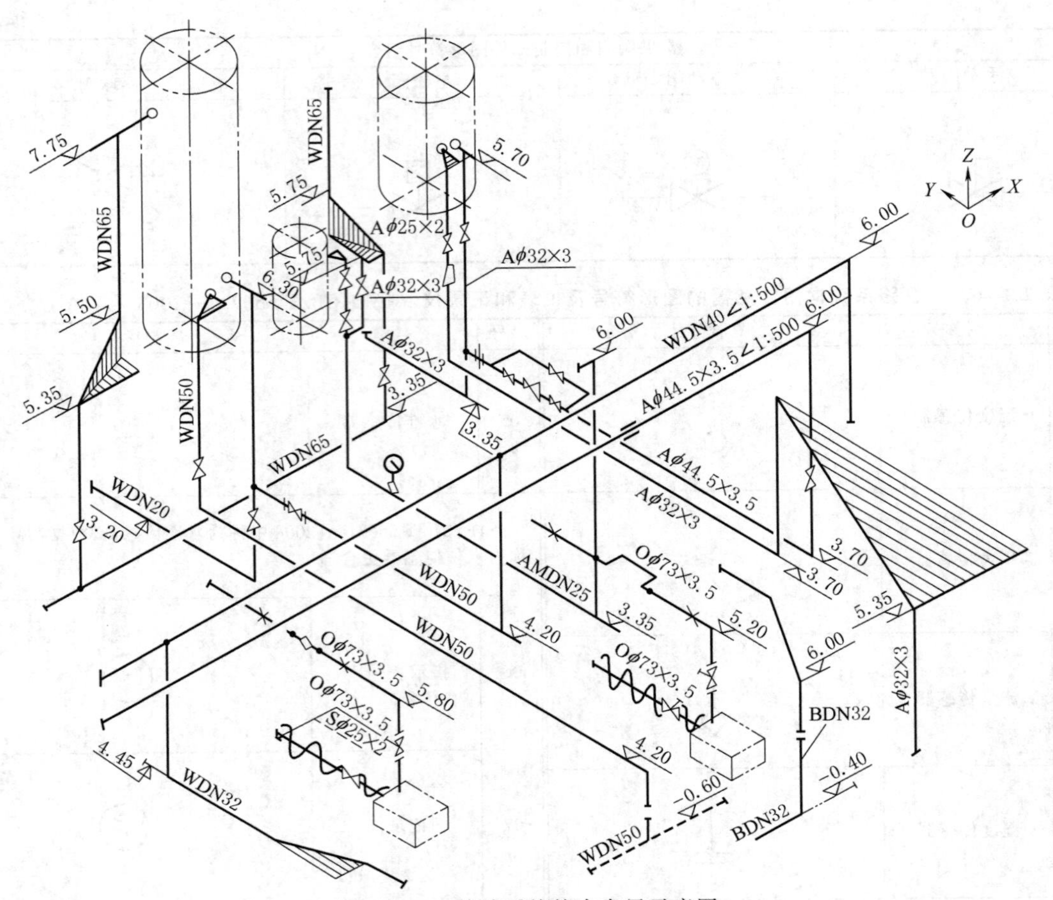

图 2-1-25　管路系统综合布局示意图

表 2-1-47　　管路系统轴测图常用元件的图形符号（摘自 GB/T 6567.5—2008）

元件位置及说明	图样符号	元件位置及说明	图样符号
垂直管段的法兰连接画法(一) 管道(管段)竖直、法兰盘与水平呈30°角绘制		垂直管段的法兰连接画法(二) 管道(管段)竖直、法兰盘与水平呈30°角绘制	
水平管段的法兰连接画法(一) 法兰盘按垂直方向绘制,管道和法兰盘呈一定角度		水平管段的法兰连接画法(二) 法兰盘按垂直方向绘制,管道和法兰盘呈一定角度	
法兰连接阀门画法		螺纹连接阀门画法	

续表

元件位置及说明	图样符号	元件位置及说明	图样符号
控制元件轴线和水平面平行（阀门水平安装），控制元件在外侧	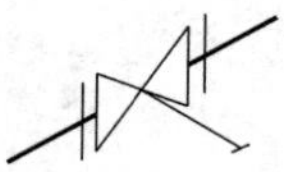	控制元件轴线和水平面平行（阀门水平安装），控制元件在内侧	
控制元件轴线和水平面平行（阀门垂直安装），控制元件在外侧	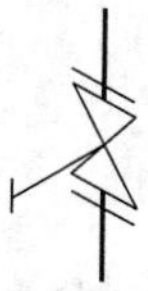	控制元件轴线和水平面呈45°夹角（阀门水平安装），控制元件在内侧	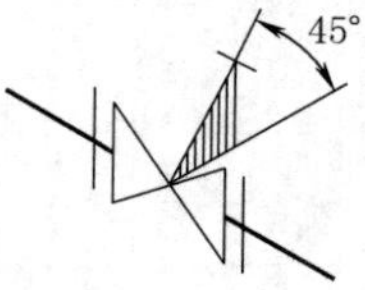 45°

CHAPTER 2

第2章 极限与配合

1 公差、偏差和配合的基础

1.1 术语、定义及标注方法（摘自 GB/T 1800.1—2020）

表 2-2-1 极限与配合术语定义

术语	定义
基本术语	
尺寸要素	线性尺寸要素或角度尺寸要素 ①线性尺寸要素是具有线性尺寸的尺寸要素 ②角度尺寸要素是属于回转恒定类别的几何要素，其母线名义上倾斜一个不等于0°或90°的角度；或属于棱柱面恒定类别，两个方位要素之间的角度由具有相同形状的两个表面组成
公称组成要素	由设计者在产品技术文件中定义的理想组成要素
公称要素	由设计者在产品技术文件中定义的理想要素
组成要素	工件的实际表面或表面模型的几何要素
孔	工件的内尺寸要素，包括非圆柱面形的内尺寸要素
基准孔	在基孔制配合中选作基准的孔
轴	工件的外尺寸要素，包括非圆柱形的外尺寸要素
基准轴	在基轴制配合中选作基准的轴
公差和偏差相关术语	
公称尺寸	由图样规范定义的理想形状要素的尺寸，它可以是一个整数或一个小数值。通过它应用上、下极限偏差可算出极限尺寸
实际尺寸	拟合组成要素的尺寸
极限尺寸	尺寸要素的尺寸所允许的极限值。尺寸要素允许的最大尺寸称上极限尺寸；尺寸要素允许的最小尺寸称下极限尺寸
偏差 （上极限偏差） （下极限偏差） （极限偏差）	某值与其参考值之差 上极限尺寸减其公称尺寸所得的代数差为上极限偏差（内尺寸要素为 ES，外尺寸要素为 es）；下极限尺寸减其公称尺寸所得的代数差为下极限偏差（内尺寸要素为 EI，外尺寸要素为 ei）。相对于公称尺寸的上极限偏差和下极限偏差为极限偏差 图1 定义说明用图（以孔为例）
基本偏差	确定公差带相对公称尺寸位置的那个极限偏差。它可以是上极限偏差或下极限偏差，一般为靠近零线的那个极限偏差 基本偏差代号，对孔用大写字母 A、…、ZC 表示，对轴用小写字母 a、…、zc 表示，各 28 个。其中，基本偏差 H 代表基准孔，h 代表基准轴
Δ 值	为得到内尺寸要素的基本偏差，给一定值增加的变动值
公差	上极限尺寸与下极限尺寸之差。也可以是上极限偏差与下极限偏差之差。它是允许尺寸的变动量。尺寸公差是一个没有符号的绝对值
公差极限	确定允许值上界限和/或下界限的特定值
标准公差与标准公差等级	线性尺寸公差 ISO 代号体系中的任一公差 标准公差等级是用常用标示符表征的线性尺寸公差组 同一公差等级对所有公称尺寸的一组公差被认为具有同等精确程度 标准公差等级用符号 IT 和等级数字表示，如 IT7。当其与代表基本偏差的字母一起组成公差带时，省略 IT 字母，如 h7。标准公差等级分 IT01、IT0、IT1～IT18 共 20 级

续表

术语	定义
基本术语	
公差带	公差极限之间(包括公差极限)的尺寸变动值 公差带包含在上极限尺寸和下极限尺寸之间,由公差大小和相对于公称尺寸的位置确定 公差带代号是基本偏差和标准公差等级的组合 公差带代号基本偏差标示符和公差等级组成,如孔公差带 H7,轴公差带 h7
注公差尺寸的表示	注公差的尺寸用公称尺寸后跟所要求的公差带或(和)对应的偏差值表示。如 32H7、80js15、100g6、$100^{-0.012}_{-0.034}$、100g6($^{-0.012}_{-0.034}$)
ISO 配合制相关术语	
ISO 配合制	由线性尺寸公差 ISO 代号体系确定公差的孔和轴组成的一种配合制度 形成配合要素的线性尺寸公差 ISO 代号体系应用的前提条件是孔和轴的公称尺寸相同
配合相关术语	
间隙 (最大间隙) (最小间隙)	当轴的直径小于孔的直径时,孔和轴的尺寸之差 在间隙配合中,孔的下极限尺寸与轴的上极限尺寸之差为最小间隙 在间隙配合或过渡配合中,孔的上极限尺寸与轴的下极限尺寸之差为最大间隙 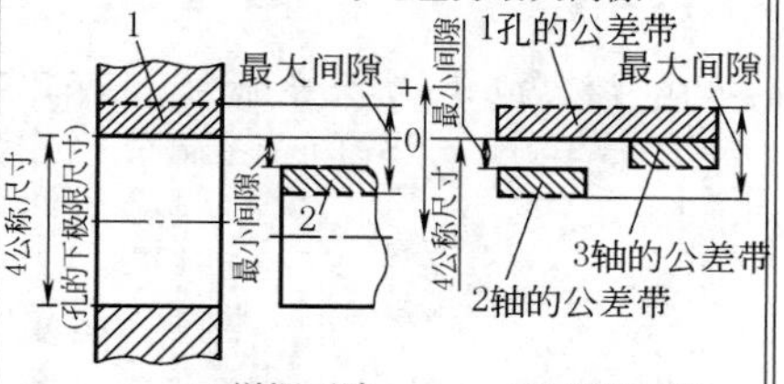 (a) 详细画法 (b) 简化画法 图 2 间隙配合定义说明
过盈 (最小过盈) (最大过盈)	当轴的直径大于孔的直径时,相配孔和轴的尺寸之差 在过盈配合中,孔的上极限尺寸与轴的下极限尺寸之差称为最小过盈 在过盈配合或过渡配合中,孔的下极限尺寸与轴的上极限尺寸之差称为最大过盈 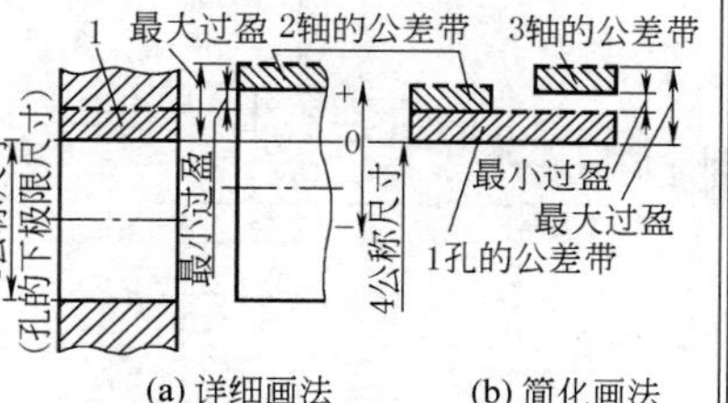 (a) 详细画法 (b) 简化画法 图 3 过盈配合定义说明
配合 (配合公差) (间隙配合) (过盈配合) (过渡配合)	类型相同且待装配的外尺寸要素(轴)和内尺寸要素(孔)之间的关系称为配合 配合分基孔制和基轴制两种制度,各有间隙配合、过渡配合和过盈配合三种类型。配合的种类取决于孔和轴的公差带之间的关系 间隙配合是孔和轴装配时总是存在间隙的配合。此时,孔的下极限尺寸大于或在极端情况下等于轴的上极限尺寸。基本偏差 a~h(A~H)用于间隙配合 过盈配合是孔和轴装配时总是存在过盈的配合。此时,孔的上极限尺寸小于或在极端情况下等于轴的下极限尺寸 过渡配合是孔和轴装配时可能具有间隙或过盈的配合 基本偏差 j~zc(J~ZC)用于过渡配合和过盈配合 组成配合的两个尺寸要素的尺寸公差之和称为配合公差。配合公差是一个没有符号的绝对值,其表示配合所允许的变动量。间隙配合公差等于最大间隙与最小间隙之差,过盈配合公差等于最大过盈与最小过盈之差;过渡配合公差等于最大间隙与最大过盈之和
过渡配合	孔和轴装配时可能具有间隙或过盈的配合。 在过渡配合中,孔和轴的公差带或完全重叠或部分重叠,因此,是否形成间隙配合或过盈配合取决于孔和轴的实际尺寸 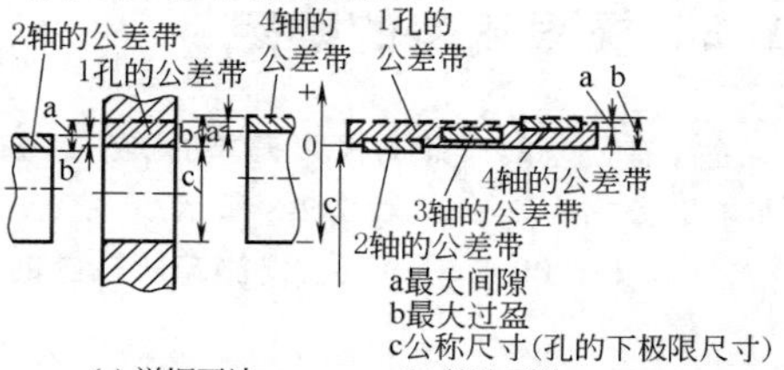 (a) 详细画法 (b) 简化画法 图 4 过渡配合定义说明
基孔制配合	孔的基本偏差为零的配合,即其下极限偏差等于零(见下图) 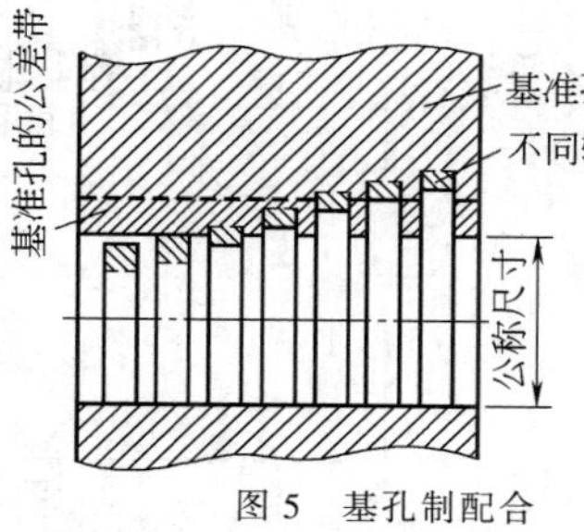 图 5 基孔制配合 孔的下极限尺寸与公称尺寸相同的配合制。所要求的间隙或过盈由不同公差带代号的轴与一基本偏差为零的公差带代号的基准孔相配合得到 限制公差带的水平实线代表基准孔或不同的轴的基本偏差 限制公差带的虚线代表其他极限偏差 本图所示为基准孔与不同的轴之间可能的组合,其与它们的标准公差等级有关 基孔制配合的可能示例:H8/f8,H7/h6,H6/k5

续表

术语	定义	术语	定义
基轴制配合	轴的基本偏差为零的配合，即其上极限偏差等于零（见图 6） 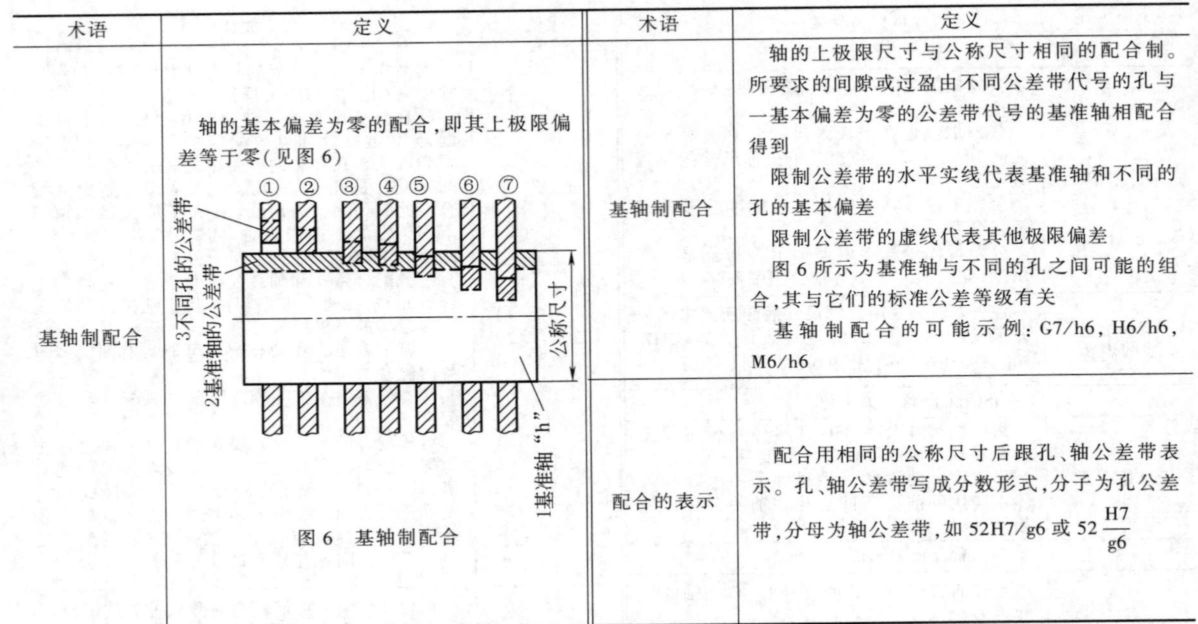 图 6　基轴制配合	基轴制配合	轴的上极限尺寸与公称尺寸相同的配合制。所要求的间隙或过盈由不同公差带代号的孔与一基本偏差为零的公差带代号的基准轴相配合得到 限制公差带的水平实线代表基准轴和不同的孔的基本偏差 限制公差带的虚线代表其他极限偏差 图 6 所示为基准轴与不同的孔之间可能的组合，其与它们的标准公差等级有关 基轴制配合的可能示例：G7/h6，H6/h6，M6/h6
		配合的表示	配合用相同的公称尺寸后跟孔、轴公差带表示。孔、轴公差带写成分数形式，分子为孔公差带，分母为轴公差带，如 52H7/g6 或 52 $\frac{H7}{g6}$

1.2　极限偏差的确定

注有公差的尺寸的极限偏差的确定，如由公差带代号转换成“+”或“-”公差标注，可采用下列方法之一，如本部分的表 2-2-2~表 2-2-8 所示。

GB/T 1800.2 中的表，仅涵盖所选择的情形。

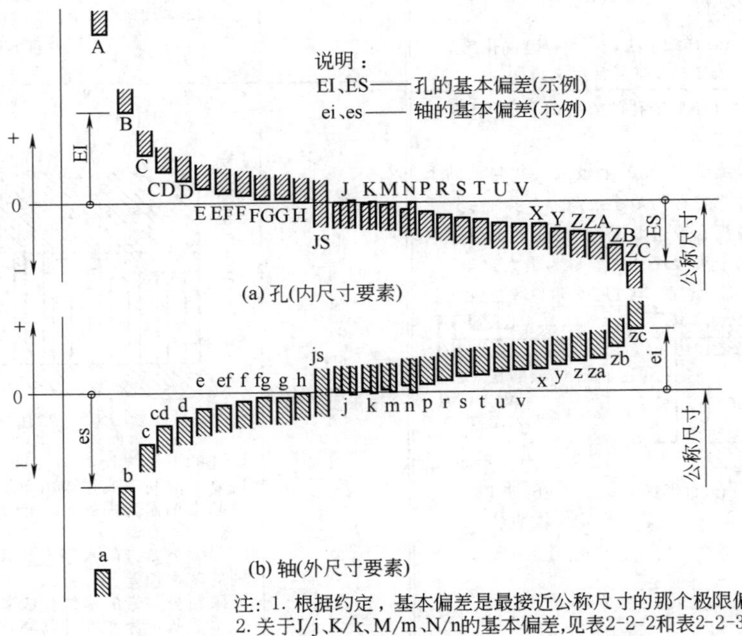

图 2-2-1　公差带（基本偏差）相对于公称尺寸位置的示意说明

表 2-2-2　　孔的极限偏差

极限偏差							
A ~ G	H	JS	J	K	M	N	P ~ ZC
+, 0, −, EI, ES	+, 0, −, ES	+, 0, −, ES, EI	+, 0, −, ES, EI, J6, J7, J8	+, 0, −, ES, EI, 1, 2, 3	+, 0, −, ES, EI, 4M7M8, 5	+, 0, −, ES, EI, 6, 7	+, 0, −, ES, EI
ES = EI+IT EI>0 见表 2-2-5	ES = 0+IT EI = 0	ES = +IT/2 EI = −IT/2	ES>0 见表 2-2-5	见表 2-2-5 和表 2-2-6			ES<0 见表 2-2-6
			EI = ES−IT				

说明：
1. 公称尺寸≤3mm 时，K1 ~ K3，K4 ~ K8；
2. 3mm<公称尺寸≤500mm 时，K4 ~ K8；
3. K9 ~ K18；公称尺寸>500mm 时，K4 ~ K8；
4. M1 ~ M6；
5. M9 ~ M18；公称尺寸>500mm 时，M7 ~ M8；
6. 1mm<公称尺寸≤3mm 或公称尺寸>500mm 时，N1 ~ N8，N9 ~ N18；
7. 3mm<公称尺寸≤500mm 时，N9 ~ N18。

注：1. IT 见表 2-2-4。
2. 所代表的公差带近似对应于公称尺寸大于 10 ~ 18mm 的范围。

表 2-2-3　　轴的极限偏差

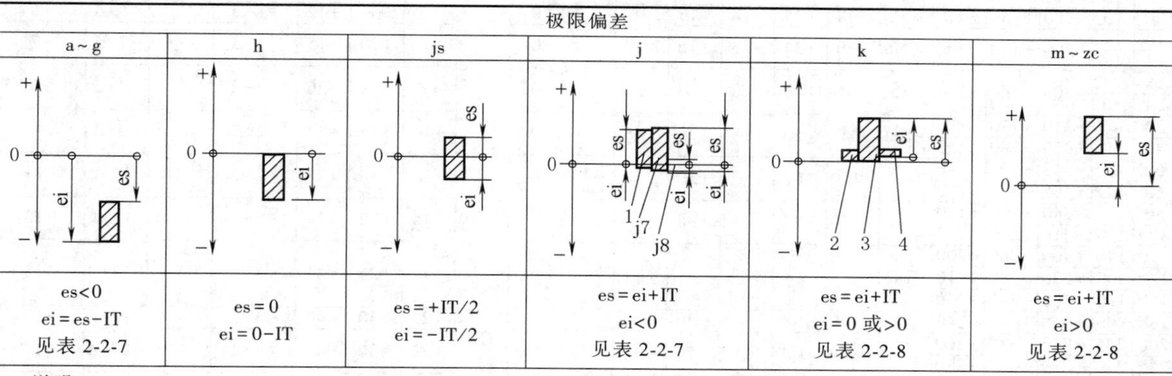

极限偏差					
a ~ g	h	js	j	k	m ~ zc
es<0 ei = es−IT 见表 2-2-7	es = 0 ei = 0−IT	es = +IT/2 ei = −IT/2	es = ei+IT ei<0 见表 2-2-7	es = ei+IT ei = 0 或>0 见表 2-2-8	es = ei+IT ei>0 见表 2-2-8

说明：
1. j5，j6；
2. k1 ~ k3；公称尺寸≤3mm 时，k4 ~ k7；
3. 3mm<公称尺寸≤500mm 时，K4 ~ K7；
4. k8 ~ k18；公称尺寸>500mm 时，k4 ~ k7。

注：1. IT 见表 2-2-4。
2. 所代表的公差带近似对应于公称尺寸大于 10 ~ 18mm 的范围。

1.2.1　标准公差数值表（摘自 GB/T 1800.1—2020）

表 2-2-4　　公称尺寸至 3150mm 的标准公差数值

公称尺寸/mm		标准公差等级																			
		IT01	IT0	IT1	IT2	IT3	IT4	IT5	IT6	IT7	IT8	IT9	IT10	IT11	IT12	IT13	IT14	IT15	IT16	IT17	IT18
大于	至	μm													mm						
—	3	0.3	0.5	0.8	1.2	2	3	4	6	10	14	25	40	60	0.1	0.14	0.25	0.4	0.6	1	1.4
3	6	0.4	0.6	1	1.5	2.5	4	5	8	12	18	30	48	75	0.12	0.18	0.3	0.48	0.75	1.2	1.8
6	10	0.4	0.6	1	1.5	2.5	4	6	9	15	22	36	58	90	0.15	0.22	0.36	0.58	0.9	1.5	2.2
10	18	0.5	0.8	1.2	2	3	5	8	11	18	27	43	70	110	0.18	0.27	0.43	0.7	1.1	1.8	2.7
18	30	0.6	1	1.5	2.5	4	6	9	13	21	33	52	84	130	0.21	0.33	0.52	0.84	1.3	2.1	3.3
30	50	0.6	1	1.5	2.5	4	7	11	16	25	39	62	100	160	0.25	0.39	0.62	1	1.6	2.5	3.9
50	80	0.8	1.2	2	3	5	8	13	19	30	46	74	120	190	0.3	0.46	0.74	1.2	1.9	3	4.6
80	120	1	1.5	2.5	4	6	10	15	22	35	54	87	140	220	0.35	0.54	0.87	1.4	2.2	3.5	5.4
120	180	1.2	2	3.5	5	8	12	18	25	40	63	100	160	250	0.4	0.63	1	1.6	2.5	4	6.3

续表

公称尺寸/mm		标准公差等级																			
		IT01	IT0	IT1	IT2	IT3	IT4	IT5	IT6	IT7	IT8	IT9	IT10	IT11	IT12	IT13	IT14	IT15	IT16	IT17	IT18
大于	至	μm													mm						
180	250	2	3	4.5	7	10	14	20	29	46	72	115	185	290	0.46	0.72	1.15	1.85	2.9	4.6	7.2
250	315	2.5	4	6	8	12	16	23	32	52	81	130	210	320	0.52	0.81	1.3	2.1	3.2	5.2	8.1
315	400	3	5	7	9	13	18	25	36	57	89	140	230	360	0.57	0.89	1.4	2.3	3.6	5.7	8.9
400	500	4	6	8	10	15	20	27	40	63	97	155	250	400	0.63	0.97	1.55	2.5	4	6.3	9.7
500	630	—	—	9	11	16	22	32	44	70	110	175	280	440	0.7	1.1	1.75	2.8	4.4	7	11
630	800	—	—	10	13	18	25	36	50	80	125	200	320	500	0.8	1.25	2	3.2	5	8	12.5
800	1000	—	—	11	15	21	28	40	56	90	140	230	360	560	0.9	1.4	2.3	3.6	5.6	9	14
1000	1250	—	—	13	18	24	33	47	66	105	165	260	420	660	1.05	1.65	2.6	4.2	6.6	10.5	16.5
1250	1600	—	—	15	21	29	39	55	78	125	195	310	500	780	1.25	1.95	3.1	5	7.8	12.5	19.5
1600	2000	—	—	18	25	35	46	65	92	150	230	370	600	920	1.5	2.3	3.7	6	9.2	15	23
2000	2500	—	—	22	30	41	55	78	110	175	280	440	700	1100	1.75	2.8	4.4	7	11	17.5	28
2500	3150	—	—	26	36	50	68	96	135	210	330	540	860	1350	2.1	3.3	5.4	8.6	13.5	21	33

1.2.2 孔和轴的基本偏差数值（摘自 GB/T 1800.1—2020）

可使用孔的表 2-2-5 和表 2-2-6（大写字母）和轴的表 2-2-7 和表 2-2-8（小写字母）由公称尺寸和基本偏差标示符得到基本偏差（上极限偏差或下极限偏差）。

表 2-2-5　　孔 A～M 的基本偏差数值　　μm

公称尺寸/mm		基本偏差数值																		
		下极限偏差,EI												上极限偏差,ES						
大于	至	所有公差等级												IT6	IT7	IT8	≤IT8	>IT8	≤IT8	>IT8
		A①	B①	C	CD	D	E	EF	F	FG	G	H	JS	J			K③④		M②③④	
	3	+270	+140	+60	+34	+20	+14	+10	+6	+4	+2	0		+2	+4	+6	0	0	−2	−2
3	6	+270	+140	+70	+46	+30	+20	+14	+10	+6	+4	0		+5	+6	+10	−1+Δ		−4+Δ	−4
6	10	+280	+150	+80	+56	+40	+25	+18	+13	+8	+5	0		+5	+8	+12	−1+Δ		−6+Δ	−6
10	14	+290	+150	+95	+70	+50	+32	+23	+16	+10	+6	0		+6	+10	+15	−1+Δ		−7+Δ	−7
14	18																			
18	24	+300	+160	+110	+85	+65	+40	+28	+20	+12	+7	0		+8	+12	+20	−2+Δ		−8+Δ	−8
24	30																			
30	40	+310	+170	+120	+100	+80	+50	+35	+25	+15	+9	0		+10	+14	+24	−2+Δ		−9+Δ	−9
40	50	+320	+180	+130																
50	65	+340	+190	+140		+100	+60		+30		+10	0		+13	+18	+28	−2+Δ		−11+Δ	−11
65	80	+360	+200	+150																
80	100	+380	+220	+170		+120	+72		+36		+12	0		+16	+22	+34	−3+Δ		−13+Δ	−13
100	120	+410	+240	+180																
120	140	+460	+260	+200	+145	+85		+43		+14	0	+145	偏差=±ITn/2，式中，n为标准公差等级数	+18	+26	+41	−3+Δ		−15+Δ	−15
140	160	+520	+280	+210																
160	180	+580	+310	+230																
180	200	+660	+340	+240		+170	+100		+50		+15	0		+22	+30	+47	−4+Δ		−17+Δ	−17
200	225	+740	+380	+260		+170	+100		+50		+15	0		+22	+30	+47	−4+Δ		−17+Δ	−17
225	250	+820	+420	+280																
250	280	+920	+480	+300		+190	+110		+56		+17	0		+25	+36	+55	−4+Δ		−20+Δ	−20
280	315	+1050	+540	+330																
315	355	+1200	+600	+360		+210	+125		+62		+18	0		+29	+39	+60	−4+Δ		−21+Δ	−21
355	400	+1350	+680	+400																
400	450	+1500	+760	+440		+230	+135		+68		+20	0		+33	+43	+66	−5+Δ		−23+Δ	−23
450	500	+1650	+840	+480																
500	560					+260	+145		+76		+22	0					0		−26	
560	630																			
630	710					+290	+160		+80		+24	0					0		−30	
710	800																			
800	900					+320	+170		+86		+26	0					0		−34	
900	1000																			
1000	1120					+350	+195		+98		+28	0					0		−40	
1120	1250																			
1250	1400					+390	+220		+110		+30	0					0		−48	
1400	1600																			
1600	1800					+430	+240		+120		+32	0					0		−58	
1800	2000																			
2000	2240					+480	+260		+130		+34	0					0		−68	
2240	2500																			
2500	2800					+520	+290		+145		+38	0					0		−76	
2800	3150																			

① 公称尺寸≤1mm 时，不适用基本偏差 A 和 B。
② 特例：对于公称尺寸大于 250～315mm 的公差带代号 M6，ES=−9μm（计算结果不是−11μm）。
③ 为确定 K 和 M 的值，对于标准公差等级至 IT8 的 K、M、N 和标准公差等级至 IT7 的 P～ZC 的基本偏差的确定，应考虑表 2-2-6 右边几列中的 Δ 值。
④ 对于 Δ 值，见表 2-2-6。

表 2-2-6 **孔 N~ZC 的基本偏差数值** μm

公称尺寸/mm		基本偏差数值 上极限偏差,ES																Δ 值					
		≤IT8	>IT8	≤IT7	>IT7 的标准公差等级													标准公差等级					
大于	至	N[①②]		P~ZC[①]	P	R	S	T	U	V	X	Y	Z	ZA	ZB	ZC		IT3	IT4	IT5	IT6	IT7	IT8
—	3	-4	-4	在>IT7的标准公差等级的基本偏差数值上增加一个Δ值	-6	-10	-14		-18		-20		-26	-32	-40	-60		0	0	0	0	0	0
3	6	-8+Δ	0		-12	-15	-19		-23		-28		-35	-42	-50	-80		1	1.5	1	3	4	6
6	10	-10+Δ	0		-15	-19	-23		-28		-34		-42	-52	-67	-97		1	1.5	2	3	6	7
10	14	-12+Δ	0		-18	-23	-28		-33		-40		-50	-64	-90	-130		1	2	3	3	7	9
14	18									-39	-45		-60	-77	-108	-150							
18	24	-15+Δ	0		-22	-28	-35		-41	-47	-54	-63	-73	-98	-136	-188		1.5	2	3	4	8	12
24	30							-41	-48	-55	-64	-75	-88	-118	-160	-218							
30	40	-17+Δ	0		-26	-34	-43	-48	-60	-68	-80	-94	-112	-148	-200	-274		1.5	3	4	5	9	14
40	50							-54	-70	-81	-97	-114	-136	-180	-242	-325							
50	65	-20+Δ	0		-32	-41	-53	-66	-87	-102	-122	-144	-172	-226	-300	-405		2	3	5	6	11	16
65	80					-43	-59	-75	-102	-120	-146	-174	-210	-274	-360	-480							
80	100	-23+Δ	0		-37	-51	-71	-91	-124	-146	-178	-214	-258	-335	-445	-585		2	4	5	7	13	19
100	120					-54	-79	-104	-144	-172	-210	-254	-310	-400	-525	-690							
120	140	-27+Δ	0		-43	-63	-92	-122	-170	-202	-248	-300	-365	-470	-620	-800		3	4	6	7	15	23
140	160					-65	-100	-134	-190	-228	-280	-340	-415	-535	-700	-900							
160	180					-68	-108	-146	-210	-252	-310	-380	-465	-600	-780	-1000							
180	200	-31+Δ	0		-50	-77	-122	-166	-236	-284	-350	-425	-520	-670	-880	-1150		3	4	6	9	17	26
200	225					-80	-130	-180	-258	-310	-385	-470	-575	-740	-960	-1250							
225	250					-84	-140	-196	-284	-340	-425	-520	-640	-820	-1050	-1350							
250	280	-34+Δ	0		-56	-94	-158	-218	-315	-385	-475	-580	-710	-920	-1200	-1550		4	4	7	9	20	29
280	315					-98	-170	-240	-350	-425	-525	-650	-790	-1000	-1300	-1700							
315	355	-37+Δ	0		-62	-108	-190	-268	-390	-475	-590	-730	-900	-1150	-1500	-1900		4	5	7	11	21	32
355	400					-114	-208	-294	-435	-530	-660	-820	-1000	-1300	-1650	-2100							
400	450	-40+Δ	0		-68	-126	-232	-330	-490	-595	-740	-920	-1100	-1450	-1850	-2400		5	5	7	13	23	34
450	500					-132	-252	-360	-540	-660	-820	-1000	-1250	-1600	-2100	-2600							

公称尺寸/mm		基本偏差数值 上极限偏差,ES							
		≤IT8	>IT8	≤IT7	>IT7 的标准公差等级				
大于	至	N[①②]		P~ZC[①]	P	R	S	T	U
500	560	-44		在 >IT7 的标准公差等级的基本偏差数值上增加一个Δ值	-78	-150	-280	-400	-600
560	630					-155	-310	-450	-660
630	710	-50			-88	-175	-340	-500	-740
710	800					-185	-380	-560	-840
800	900	-56			-100	-210	-430	-620	-940
900	1000					-220	-470	-680	-1050
1000	1120	-66			-120	-250	-520	-780	-1150
1120	1250					-260	-580	-840	-1300
1250	1400	-78			-140	-300	-640	-960	-1450
1400	1600					-330	-720	-1050	-1600
1600	1800	-92			-170	-370	-820	-1200	-1850
1800	2000					-400	-920	-1350	-2000
2000	2240	-110			-195	-440	-1000	-1500	-2300
2240	2500					-460	-1100	-1650	-2500
2500	2800	-135			-240	-550	-1250	-1900	-2900
2800	3150					-580	-1400	-2100	-3200

① 为确定 N 和 P~ZC 的值，对于标准公差等级至 IT8 的 K、M、N 和标准公差等级至 IT7 的 P~ZC 的基本偏差的确定，应考虑表 2-2-6 右边几何中的 Δ 值。

② 公称尺寸≤1mm 时，不使用标准公差等级>IT8 的基本偏差 N。

第 2 篇

表 2-2-7 **轴 a～j 的基本偏差数值** μm

公称尺寸/mm		基本偏差数值														
		上极限偏差 es												下级限偏差，ei		
		所有公差等级												IT5 和 IT6	IT7	IT8
大于	至	a[①]	b[①]	c	cd	d	e	ef	f	fg	g	h	js	j		
—	3	-270	-140	-60	-34	-20	-14	-10	-6	-4	-2	0	偏差 =± ITn/2，式中，n 是标准公差等级数	-2	-4	-6
3	6	-270	-140	-70	-46	-30	-20	-14	-10	-6	-4	0		-2	-4	
6	10	-280	-150	-80	-56	-40	-25	-18	-13	-8	-5	0		-2	-5	
10	14	-290	-150	-95	-70	-50	-32	-23	-16	-10	-6	0		-3	-6	
14	18															
18	24	-300	-160	-110	-85	-65	-40	-25	-20	-12	-7	0		-4	-8	
24	30															
30	40	-310	-170	-120	-100	-80	-50	-35	-25	-15	-9	0		-5	-10	
40	50	-320	-180	-130												
50	65	-340	-190	-140		-100	-60		-30		-10	0		-7	-12	
65	80	-360	200	-150												
80	100	-380	-220	-170		-120	-72		-36		-12	0		-9	-15	
100	120	-410	-240	-180												
120	140	-460	-260	-200		-145	-85		-43		-14	0		-11	-18	
140	160	-520	-280	-210												
160	180	-580	-310	-230												
180	200	-660	-340	-240		-170	-100		-50		-15	0		-13	-21	
200	225	-740	-380	-260												
225	250	-820	-420	-280												
250	280	-920	-480	-300		-190	-110		-56		-17	0		-16	-26	
280	315	-1050	-540	-330												
315	355	-1200	-600	-360		-210	-125		-62		-18	0		-18	-28	
355	400	-1350	-680	-400												
400	450	-1500	-760	-440		-230	-135		-68		-20	0		-20	-32	
450	500	-1650	-840	-480												
500	560					-260	-145		-76		-22	0				
560	630															
630	710					-290	-160		-80		-24	0				
710	800															
800	900					-320	-170		-86		-26	0				
900	1000															
1000	1120					-350	-195		-98		-28	0				
1120	1250															
1250	1400					-390	-220		-110		-30	0				
1400	1600															
1600	1800					-430	-240		-120		-32	0				
1800	2000															
2000	2240					-480	-260		-130		-34	0				
2240	2500															
2500	2800					-520	-290		-145		-38	0				
2800	3150															

① 公称尺寸≤1mm 时，不使用基本偏差 a 和 b。

表 2-2-8 **轴 k～zc 的基本偏差数值** μm

公称尺寸/mm		基本偏差数值 下极限偏差，ei															
大于	至	IT4 至 IT7	≤IT3，>IT7	所有公差等级													
		k		m	n	p	r	s	t	u	v	x	y	z	za	zb	zc
—	3	0	0	+2	+4	+6	+10	+14		+18		+20		+26	+32	+40	+60
3	6	+1	0	+4	+8	+12	+15	+19		+23		+28		+35	+42	+50	+80
6	10	+1	0	+6	+10	+15	+19	+23		+28		+34		+42	+52	+67	+97
10	14	+1	0	+7	+12	+18	+23	+28		+33		+40		+50	+64	+90	+130
14	18										+39	+45		+60	+77	+108	+150

续表

公称尺寸/mm		基本偏差数值 下极限偏差,ei															
大于	至	IT4 至 IT7	≤IT3,>IT7	所有公差等级													
		k		m	n	p	r	s	t	u	v	x	y	z	za	zb	zc
18	24	+2	0	+8	+15	+22	+28	+35		+41	+47	+54	+63	+73	+98	+136	+188
24	30								+41	+48	+55	+64	+75	+88	+118	+160	+218
30	40	+2	0	+9	+17	+26	+34	+43	+48	+60	+68	+80	+94	+112	+148	+200	+274
40	50								+54	+70	+81	+97	+114	+136	+180	+242	+325
50	65	+2	0	+11	+20	+32	+41	+53	+66	+87	+102	+122	+144	+172	+226	+300	+405
65	80						+43	+59	+75	+102	+120	+146	+174	+210	+274	+360	+480
80	100	+3	0	+13	+23	+37	+51	+71	+91	+124	+146	+178	+214	+258	+335	+445	+585
100	120						+54	+79	+104	+144	+172	+210	+254	+310	+400	+525	+690
120	140	+3	0	+15	+27	+43	+63	+92	+122	+170	+202	+248	+300	+365	+470	+620	+800
140	160						+65	+100	+134	+190	+228	+280	+340	+415	+535	+700	+900
160	180						+68	+108	+146	+210	+252	+310	+380	+465	+600	+780	+1000
180	200	+4	0	+17	+31	+50	+77	+122	+166	+236	+284	+350	+425	+520	+670	+880	+1150
200	225						+80	+130	+180	+258	+310	+385	+470	+575	+740	+960	+1250
225	250						+84	+140	+196	+284	+340	+425	+520	+640	+820	+1050	+1350
250	280	+4	0	+20	+34	+56	+94	+158	+218	+315	+385	+475	+580	+710	+920	+1200	+1550
280	315						+98	+170	+240	+350	+425	+525	+650	+790	+1000	+1300	+1700
315	355	+4	0	+21	+37	+62	+108	+190	+268	+390	+475	+590	+730	+900	+1150	+1500	+1900
355	400						+114	+208	+294	+435	+530	+660	+820	+1000	+1300	+1650	+2100
400	450	+5	0	+23	+40	+68	+126	+232	+330	+490	+595	+740	+920	+1100	+1450	+1850	+2400
450	500						+132	+252	+360	+540	+660	+820	+1000	+1250	+1600	+2100	+2600
500	560	0	0	+26	+44	+78	+150	+280	+400	+600							
560	630						+155	+310	+450	+660							
630	710	0	0	+30	+50	+88	+175	+340	+500	+740							
710	800						+185	+380	+560	+840							
800	900	0	0	+34	+56	+100	+210	+430	+620	+940							
900	1000						+220	+470	+680	+1050							
1000	1120	0	0	+40	+66	+120	+250	+520	+780	+1150							
1120	1250						+260	+580	+840	+1300							
1250	1400	0	0	+48	+78	+140	+300	+640	+960	+1450							
1400	1600						+330	+720	+1050	+1600							
1600	1800	0	0	+58	+92	+170	+370	+820	+1200	+1850							
1800	2000						+400	+920	+1350	+2000							
2000	2240	0	0	+68	+110	+195	+440	+1000	+1500	+2300							
2240	2500						+460	+1100	+1650	+2500							
2500	2800	0	0	+76	+135	+240	+550	+1250	+1900	+2900							
2800	3150						+580	+1400	+2100	+3200							

1.2.3　尺寸标注和公差带计算示例

在图纸上标注尺寸时，可以用 GB/T 1800.2 所示的公差代号表示方法或 GB/T 38762.1 所示的公称尺寸及“+”和/或“-”极限偏差标识，两者的意义相同。当尺寸配合有其他要求时可以在尺寸公称代号（或上下极限偏差）后面增加辅助符号。

表 2-2-9　　尺寸及其公差的标识方法对比

GB/T 1800.1	GB/T 38762.1	意义①
32H7	$32^{+0.025}_{0}$	公称尺寸为 32,公差代号为 H7,上极限偏差为+0.025,下极限偏差为 0。 查表 2-2-4,得到公称尺寸 32 的 IT7 的标准公差为 0.025,查表 2-2-5 得到公差等级为 H 的孔的下极限偏差为 0(查表 2-2-23 可以直接得到 32H7 上下极限偏差数值)
80js15	80±0.6	公称尺寸为 80,公差代号为 js15,上极限偏差为+0.6,下极限偏差为-0.6 查表 2-2-4,得到公称尺寸 80 的 IT15 的标准公差为 1.2,查表 2-2-7 得到公差等级为 js 的轴的极限偏差为±IT15/2=±0.6(查表 2-2-39 可以直接得到 80js15 上下极限偏差数值)
100g6Ⓔ	$100^{-0.012}_{-0.034}$Ⓔ	公称尺寸为 100,公差代号为 g6,上极限偏差为-0.012,下极限偏差为-0.024。Ⓔ表示配合有包容要求 查表 2-2-4,得到公称尺寸 100 的 IT6 的标准公差为 0.022,查表 2-2-7 得到公称尺寸 100 的公差等级为 g 的轴的上极限偏差为-0.012,因此其下极限偏差为-0.012-0.022=-0.034(查表 2-2-37 可以直接得到 100g6 上下极限偏差数值)
40U6	$40^{-0.055}_{-0.071}$	公称尺寸为 40,公差代号为 U6,上极限偏差为-0.055,下极限偏差为-0.071 查表 2-2-4,得到公称尺寸 40 的 IT6 的标准公差为 0.016,查表 2-2-7 得到公称尺寸 100 的公差等级为 U 的轴的>IT7 上极限偏差为-0.060,IT6 的修正值 Δ=0.005,因此 IT6 的上极限偏差为-0.006+0.005=-0.055 因此其下极限偏差为-0.055-0.016=-0.071(查表 2-2-29 可以直接得到 40U6 上下极限偏差数值)

① 本表中的意义部分只是告诉读者如何看尺寸标注的公差带符号和如何通过 IT 级别及上下极限偏差计算尺寸的公差带数值（上下极限偏差）。

注：为节省读者计算时间和方便查找，本手册的第 2.6 节的表 2-2-20～表 2-2-48 专门列表示出了 3150 以内各种公差等级的孔和轴的上下极限偏差。

第2篇

2 公差与配合的选择

2.1 基准制的选择

选择基准制时，应从结构、工艺和经济性等方面来分析确定。

① 在常用尺寸范围（500mm 以内），一般应优先选用基孔制。这样可以减少刀具、量具的数量，比较经济合理。

② 基轴制通常用于下列情况。

a. 所用配合的公差等级要求不高（一般为 IT8 或更低）或直接用冷拉棒料（一般尺寸不太大）制作轴，又不需加工。

b. 如图 2-2-2 所示的结构，活塞销和活塞销孔要求为过渡配合，而销与连杆小头衬套内孔为间隙配合。如采用基孔制，活塞销应加工成阶梯轴，这会给加工、装配带来困难，而且使强度降低；而采用基轴制，则无此弊，活塞销可加工成光轴，连杆衬套孔做大一些很方便。

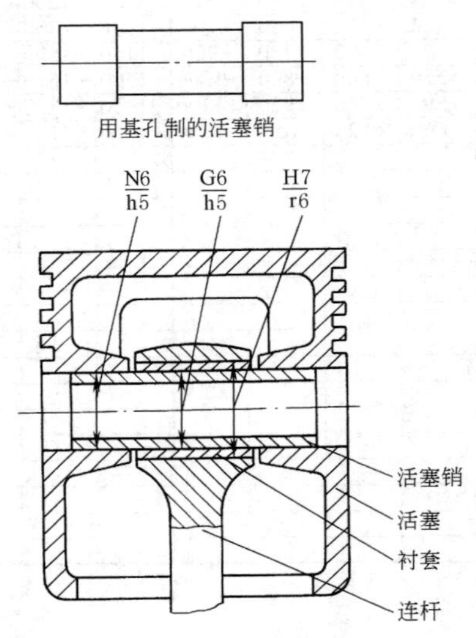

图 2-2-2 活塞销与活塞及连杆的连接

c. 在同一基本尺寸的各个部分需要装上不同配合的零件。

③ 与标准件配合时，基准制的选择通常依标准件而定。例如，与滚动轴承配合的轴应按基孔制，与滚动轴承外圈配合的孔应按基轴制。

④ 在某些情况下，为了满足配合的特殊需要，允许采用混合配合。即孔和轴都不是基准件，如 M7/f7，K8/d8 等，配合代号没有 H 或 h。混合配合一般用于同一孔（或轴）与几个轴（或孔）组成的配合，对每种配合性质的要求不同，而孔（或轴）又需按基轴制（或基孔制）的某种配合制造的情况。

如图 2-2-3 所示的结构，与滚动轴承相配的轴承座孔必须采用基轴制，如孔用 M7；而端盖与轴承座孔的配合，由于要求经常拆卸，配合要松一些，设计选用最小间隙为零的间隙配合，即采用 ϕ80M7/f7 混合配合。若采用 H7/h7，则轴承座孔要加工成微小阶梯，工艺上远不如加工光孔方便、经济。

又如图 2-2-4 所示的与滚动轴承相配合的轴，必须采用基孔制，如轴用 k6；而隔离套的作用只是隔开两个滚动轴承，为使装卸方便，需用间隙配合，且公差等级也可降低，因此采用混合配合 ϕ60F9/k6。

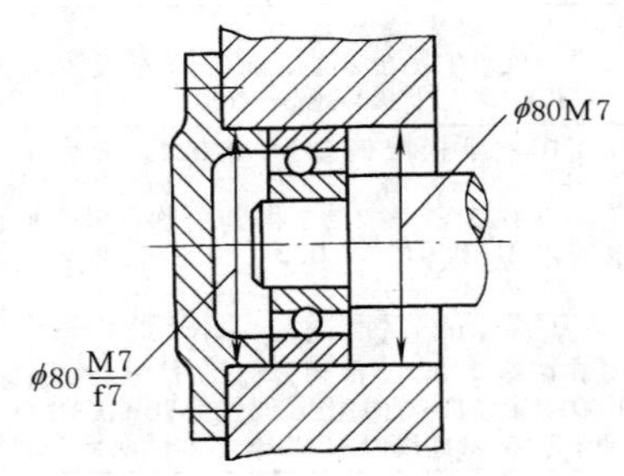

图 2-2-3 一孔与几轴的混合配合

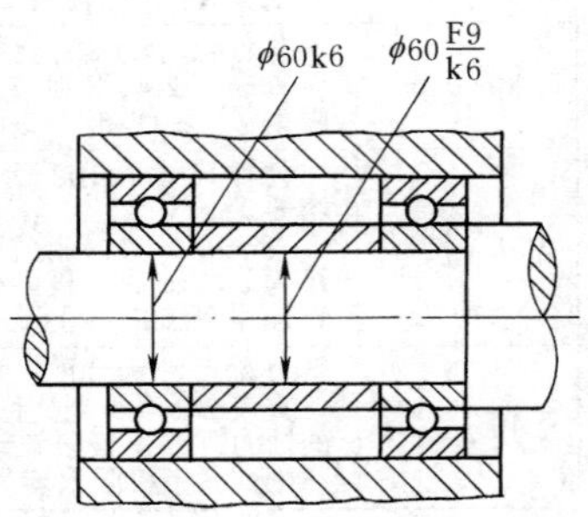

图 2-2-4 一轴与几孔的混合配合

2.2 标准公差等级和公差带的选择

2.2.1 标准公差等级的选择

在满足使用要求的前提下，应尽可能选择较低的公差等级，以降低加工成本。公差等级的使用范围和选择可参考表 2-2-10 及表 2-2-11，公差等级与加工方法的关系可参考表 2-2-12，公差等级与成本的关系可参考表 2-2-13、表 2-2-14。

在选择公差等级时，还应考虑表面粗糙度的要求，可参考表 2-4-19～表 2-4-21。

对于公称尺寸小于或等于 500mm 的配合，当公差等级高于或等于 IT8 时，推荐选择孔的公差等级比轴低一级；对于公差等级低于 IT8 或公称尺寸大于 500mm 的配合，推荐选用同级孔、轴配合。

表 2-2-10　　标准公差等级的使用范围

应　　用	公差等级(IT)																			
	01	0	1	2	3	4	5	6	7	8	9	10	11	12	13	14	15	16	17	18
块规	—	—	—																	
量规			—	—	—	—	—	—	—											
配合尺寸							—	—	—	—	—	—	—	—	—					
特别精密零件的配合				—	—	—	—	—												
非配合尺寸(大制造公差)														—	—	—	—	—	—	—
原材料公差										—	—	—	—	—	—	—				

表 2-2-11　　标准公差等级的选择

公差等级	应用条件说明	应用举例	可采用的加工方法
IT5	用于机床、发动机和仪表中特别重要的配合，在配合公差要求很小、形状精度要求很高的条件下，这类公差等级能使配合性质比较稳定，它对加工要求较高，一般机械制造中较少应用	与5级滚动轴承相配的机床箱体孔，与6级滚动轴承孔相配的机床主轴，精密机械及高速机械的轴径，机床尾架套筒，高精度分度盘轴颈，分度头主轴，精密丝杠基准轴颈，高精度镗套的外径，发动机主轴的外径，活塞销外径与活塞的配合，精密仪器的轴与各种传动件轴承的配合，航空、航海工业仪表中重要的精密孔的配合，5级精度齿轮的基准孔及5级、6级精度齿轮的基准轴	研磨、珩磨、圆磨、平磨、金刚石车、金刚石镗、拉销
IT6	广泛用于机械制造中的重要配合，配合表面有较高均匀性的要求，能保证相当高的配合性质，使用可靠	与6级滚动轴承相配的外壳孔及与滚子轴承相配的机床主轴轴颈，机床制造中，装配式齿轮、蜗轮、联轴器、带轮、凸轮的孔径，机床丝杠支承轴颈，矩形花键的定心直径，摇臂钻床的立柱等，机床夹具导向件的外径尺寸，精密仪器、光学仪器、计量仪器的精密轴，无线电工业、自动化仪表、电子仪器、邮电机械中特别重要的轴，以及手表中特别重要的轴，医疗器械中牙科车头、中心齿轮及X射线机齿轮箱的精密轴等，缝纫机中重要轴类，发动机的气缸外套外径，曲轴主轴颈，活塞销，连杆衬套，连杆和轴瓦外径等，6级精度齿轮的基准孔和7级、8级精度齿轮的基准轴径，以及1级、2级精度齿轮顶圆直径	珩磨、圆磨、平磨、金刚石车、金刚石镗、拉销、铰孔、粉末冶金
IT7	应用条件与IT6相类似，但精度要求可比IT6稍低一些，在一般机械制造业中应用相当普遍	机械制造中装配式青铜蜗轮轮缘孔径，联轴器、带轮、凸轮等的孔径，机床卡盘座孔、摇臂钻床的摇臂孔、车床丝杠轴承孔等，机床夹头导件的内孔，发动机的连杆孔、活塞孔、铰制螺栓定位孔等，纺织机械的重要零件，印染机械中要求较高的零件，手表的离合杆压簧等，自动化仪表中的重要内孔，缝纫机的重要轴内孔零件，邮电机械中重要零件的内孔，7级、8级精度齿轮的基准孔和9级、10级精度齿轮的基准轴	珩磨、圆磨、平磨、金刚石车、金刚石镗、拉销、铰孔、车、镗、粉末冶金、粉末冶金烧结
IT8	在机械制造中属中等精度，在仪器、仪表及钟表制造中，由于基本尺寸较小，所以较高精度范畴配合确定性要求不太高时，应用较多的一个等级，尤其是在农业机械、纺织机械、印染机械、自行车、缝纫机、医疗器械中应用最广	轴承座衬套沿宽度方向的尺寸配合，手表中跨齿轮、棘爪拨针轮等与夹板的配合，无线电仪表工业中的一般配合，电子仪器仪表中较重要的内孔，计算机中变数齿轮孔和轴的配合，医疗器械中牙科车头的钻头套的孔与车针柄部的配合，电机制造业中铁芯与机座的配合，发动机活塞油环槽宽，连杆轴瓦内径，低精度(9～12级精度)齿轮的基准孔和11级、12级精度齿轮的基准轴，6～8级精度齿轮的顶圆	圆磨、平磨、拉销、铰孔、车、镗、铣、粉末冶金、粉末冶金烧结

续表

公差等级	应用条件说明	应用举例	可采用的加工方法
IT9	应用条件与 IT8 相类似，但精度要求低于 IT8	机床制造中轴套外径与孔、操作件与轴、空转带轮与轴、操纵系统的轴与轴承等的配合，纺织机械、印染机械中的一般配合零件，发动机中机油泵体内孔、气门导管内孔、飞轮与飞轮套圈衬套、混合气预热阀轴、气缸盖孔径、活塞槽环的配合等，光学仪器、自动化仪表中的一般配合，手表中要求较高零件的未注公差尺寸的配合，单键连接中键宽配合尺寸，打字机中的运动件配合等	铰孔、车、镗、铣、粉末冶金烧结
IT10	应用条件与 IT9 相类似，但精度要求低于 IT9	电子仪器仪表中支架上的配合，打字机中铆合件的配合尺寸，闹钟机构中的中心管与前夹板，轴套与轴，手表中尺寸小于 18mm 时要求一般的未注公差尺寸及大于 18mm 要求较高的未注公差尺寸，发动机中油封挡圈孔与曲轴带轮毂	铰孔、车、镗、铣、刨插、钻孔、辊压、挤压、冲压、粉末冶金烧结
IT11	配合精度要求较粗糙，装配后可能有较大的间隙，特别适用于要求间隙较大且有显著变动而不会引起危险的场合	机床上法兰盘止口与孔、滑块与滑移齿轮、凹槽等，农业机械、机车车厢部件及冲压加工的配合零件，钟表制造中不重要的零件，手表制造用的工具及设备中的未注公差尺寸，纺织机械中较粗糙的活动配合，印染机械中要求较低的配合，医疗器械中手术刀片的配合，磨床制造中的螺纹连接及粗糙的动连接，不作测量基准用的齿轮顶圆直径公差	车、镗、铣、刨插、钻孔、辊压、挤压、冲压、压铸
IT12	配合精度要求很粗糙，装配后有很大的间隙	非配合尺寸及工序间尺寸，发动机分离杆，手表制造中工艺装备的未注公差尺寸，计算机行业切削加工中未注公差尺寸的极限偏差，医疗器械中手术刀柄的配合，机床制造中扳手孔与扳手座的连接	钻孔、冲压、压铸
IT13	应用条件与 IT12 相类似	非配合尺寸及工序间尺寸，计算机、打字机中切削加工零件及圆片孔、两孔中心距的未注公差尺寸	钻孔、冲压、压铸
IT14	用于非配合尺寸及不包括在尺寸链中的尺寸	机床、汽车、拖拉机、冶金矿山、石油化工、电机、电器、仪器、仪表、造船、航空、医疗器械、钟表、自行车、造纸、纺织机械等工业中未注公差尺寸的切削加工零件	冲压、压铸
IT15	用于非配合尺寸及不包括在尺寸链中的尺寸	冲压件、木模铸造零件、重型机床中尺寸大于 3150mm 的未注公差尺寸	锻造
IT16	用于非配合尺寸及不包括在尺寸链中的尺寸	打字机中浇铸件尺寸，无线电制造中箱体外形尺寸，压弯延伸加工用尺寸，纺织机械中木制零件及塑料零件尺寸公差，木模制造和自由锻造时用	砂型铸造、气割
IT17	用于非配合尺寸及不包括在尺寸链中的尺寸	塑料成形尺寸公差，医疗器械中的一般外形尺寸公差	
IT18	用于非配合尺寸及不包括在尺寸链中的尺寸	冷作、焊接尺寸用公差	

表 2-2-12　各种加工方法所能达到的公差等级

加工方法	公差等级(IT)																
	01	0	1	2	3	4	5	6	7	8	9	10	11	12	13	14	15	16
研磨	—	—	—	—	—	—	—											
珩						—	—	—	—									
圆磨							—	—	—	—								
平磨							—	—	—	—								
金刚石车							—	—	—									
金刚石镗							—	—	—									
拉削							—	—	—	—								
铰孔								—	—	—	—	—						
车									—	—	—	—	—					
镗									—	—	—	—	—					
铣										—	—	—	—					
刨插												—	—					
钻孔												—	—	—				
滚压、挤压												—	—					
冲压												—	—	—	—	—		

续表

加工方法	公差等级(IT)																
	01	0	1	2	3	4	5	6	7	8	9	10	11	12	13	14	15	16
压铸													—	—	—	—		
粉末冶金成形								—	—	—								
粉末冶金烧结									—	—	—	—						
砂型铸造、气割																		—
锻造																	—	

表 2-2-13　不同公差等级加工成本比较

尺寸	加工方法	公差等级(IT)															
		1	2	3	4	5	6	7	8	9	10	11	12	13	14	15	16
外径	普通车削						-·-	-·-	-·-	—	—	—	---	---	---		
	六角车床车削							-·-	-·-	—	—	—	---	---	---		
	自动车削							-·-	-·-	—	—	—	---	---			
	外圆磨			-·-	-·-	—	—	---	---								
	无心磨					-·-	—	—	—	---	---						
内径	普通车削						-·-	-·-	-·-	—	—	—	---	---	---		
	六角车床车削								-·-	-·-	—	—	---	---	---		
	自动车削								-·-	-·-	—	—	---	---			
	钻										-·-	-·-	—	—	---		
	铰							-·-	-·-	—	—	---	---				
	镗							-·-	-·-	—	—	---	---				
	精镗				-·-	-·-	—	—	---	---							
	内圆磨				-·-	-·-	—	—	---	---							
	研磨		-·-	-·-	—	—	---	---									
长度	普通车削							-·-	-·-	-·-	—	—	—	---	---	---	
	六角车床车削								-·-	-·-	—	—	—	---	---		
	自动车削								-·-	-·-	—	—	—	---	---		
	铣							-·-	-·-	-·-	—	—	—	---	---		

注：虚线、实线、点画线表示成本比例为 1∶2.5∶5。

表 2-2-14　切削加工的经济精度

外圆柱面表面加工

加工方法	车削 粗	车削 半精或一次加工	车削 精	磨削 粗	磨削 一次加工	磨削 精	研磨	用钢珠或滚柱工具滚压
公差等级(IT)	12~14	10~11	6~9	8~9	7	6~7	5	5~9

孔加工

加工方法	钻及扩钻孔 无钻模	钻及扩钻孔 有钻模	扩孔 粗扩	扩孔 铸孔或锻孔后一次扩孔	扩孔 钻扩后精扩	铰孔 半精	铰孔 精	铰孔 细	拉孔 粗拉铸孔或锻孔
公差等级(IT)	11~13	11~13	13	11~13	10	8~9	7~8	6~7	8~9

加工方法	拉孔 粗拉或钻孔后精拉孔	镗孔 粗	镗孔 半精	镗孔 精	镗孔 细	磨孔 粗	磨孔 精	磨孔 细	研(珩)磨	用钢球或挤压杆校正、用钢球或滚柱扩孔器挤孔
公差等级(IT)	7~8	13	11	8~10	6~7	8~9	7	6	6	7~10

圆柱形深孔加工

加工方法	用麻花钻、扁钻、环孔钻钻孔 刀具转	用麻花钻、扁钻、环孔钻钻孔 工件转	用麻花钻、扁钻、环孔钻钻孔 刀具工件转	扩钻	扩孔	深孔钻钻孔或镗孔 刀具转	深孔钻钻孔或镗孔 工件转	深孔钻钻孔或镗孔 刀具工件转	镗刀块镗孔	铰孔	磨孔	珩磨	研磨
公差等级(IT)	11~13	11		9~11		9~11	8~9		7~9		7		5~7

续表

圆锥形孔加工	加工方法		扩孔		镗孔		铰孔		磨孔	研磨
			粗	精	粗	精	机动	手动		
	公差等级（IT）	锥孔	11	9	9	7	7	高于7	高于7	6
		深锥孔	—		9~11		7~9		7	6~7

花键孔加工	加工方法	插	拉	磨
	公差等级（IT）	8~9	7~9	

平面加工	加工方法	刨削和圆柱铣刀及端铣刀铣削				拉　削		磨　削				研磨	用钢珠或滚柱工具滚压
		粗	半精或一次加工	精	细	粗拉铸面及锻压表面	精拉	一次加工	粗	精	细		
	公差等级（IT）	11~14	11~13	10	6~9	10~11	6~9	7~9	9	7	6	5	7~10

用三面刃铣刀同时加工平行表面	表面长和宽/mm	表面高度/mm		
		≤50	>50~80	>80~120
		两平行表面距离的尺寸精度/μm		
	≤120	50	60	80
	>120~300	60	80	100

端面加工	直径尺寸/mm	车削		磨削	
		粗	精	普通	精密
		端面至基准的尺寸精度/μm			
	≤50	150	70	30	20
	>50~120	200	100	40	25
	>120~260	250	130	50	30
	>260~500	400	200	70	35

成形铣刀加工	表面长度/mm	粗铣		精铣	
		铣刀宽度/mm			
		≤120	>120~180	≤120	>120~180
		加工表面至基准的尺寸精度/μm			
	≤100	250	—	100	—
	>100~300	350	450	150	200
	>300~600	450	500	200	250

公制螺纹加工	加工方法		精度等级	螺纹公差（GB/T 197—2018）	加工方法		精度等级	螺纹公差（GB/T 197—2018）
	车螺纹	外螺纹	1~2级	4h~6h	梳形车刀车螺纹	外螺纹	1~2级	4h~6h
		内螺纹	2~3级	5H6H~7H		内螺纹	2~3级	5H6H~7H
	圆板牙套螺纹		2~3级	6h~8h	梳形铣刀铣螺纹		2~3级	6h~8h
	丝锥攻螺纹		1~3级	4H5H~7H	旋风铣螺纹		2~3级	6h~8h
	带圆梳刀自动张开式板牙		1~2级	4h~6h	搓丝板搓螺纹		2级	6h
					滚丝模滚螺纹		1~2级	4h~6h
	带径向或切向梳刀的自动张开式板牙			6h	砂轮磨螺纹		1级或更高	4h以上
					研磨螺纹		1级	4h

花键加工	花键的最大直径/mm	花键轴				花键孔			
		用磨制的滚铣刀		成形磨		拉削		推削	
		尺寸精度/μm							
		花键宽	底圆直径	花键宽	底圆直径	花键宽	底圆直径	花键宽	底圆直径
	18~30	25	50	13	27	13	18	8	12
	>30~50	40	75	15	32	16	26	9	15
	>50~80	50	100	17	42	16	30	12	19
	>80~120	75	125	19	45	19	35	12	23

齿形加工	加工方法			精度等级（GB/T 10095.1—2022）（GB/T 11334—2005）	加工方法		精度等级（GB/T 10095.1—2022）（GB/T 11365—2019）
	滚齿	单头滚刀（$m=1\sim20$mm）	滚刀精度等级：AA	6~7级	磨齿	成形砂轮仿形法	5~6级
			A	8级		盘形砂轮范成法	3~6级
			B	9级		双盘形砂轮范成法（马格法）	3~8级
			C	10级		蜗杆砂轮范成法	4~6级
		多头滚刀（$m=1\sim20$mm）		8~10级	模数铣刀铣齿		9级以下

续表

齿形加工	插齿	圆盘形插齿刀（$m=1\sim20$mm）	插齿刀精度等级：AA	6 级	铸铁研磨轮研齿	5~6 级
					直齿圆锥齿轮刨齿	8 级
			A	7 级	螺旋齿圆锥齿轮刀盘铣齿	8 级
			B	8 级	蜗轮模数滚刀滚蜗轮	8 级
	剃齿	圆盘形剃齿刀（$m=1\sim20$mm）	剃齿刀精度等级：A	5 级	热轧 热轧齿轮（$m=2\sim8$mm）	8~9 级
			B	6 级		
			C	7 级	热轧 轧后冷校准齿形	7~8 级
	珩齿			6~7 级	冷轧齿轮（$m\leqslant1.5$mm）	7 级

2.2.2 公差带代号的选择（摘自 GB/T 1800.1—2020）

公差带代号应尽可能从图 2-2-5 和图 2-2-6 分别给出的孔和轴相应的公差带代号中选取。框中所示的公差带代号应优先选取。

极限与配合公差制给出了多种公差带代号（见表 2-2-5 和表 2-2-8）即这种选取仅受限于 GB/T 1800.2 所示的公差带代号，其可选性也非常宽。通过对公差带代号选取的限制，可以避免工具和量具不必要的多样性。

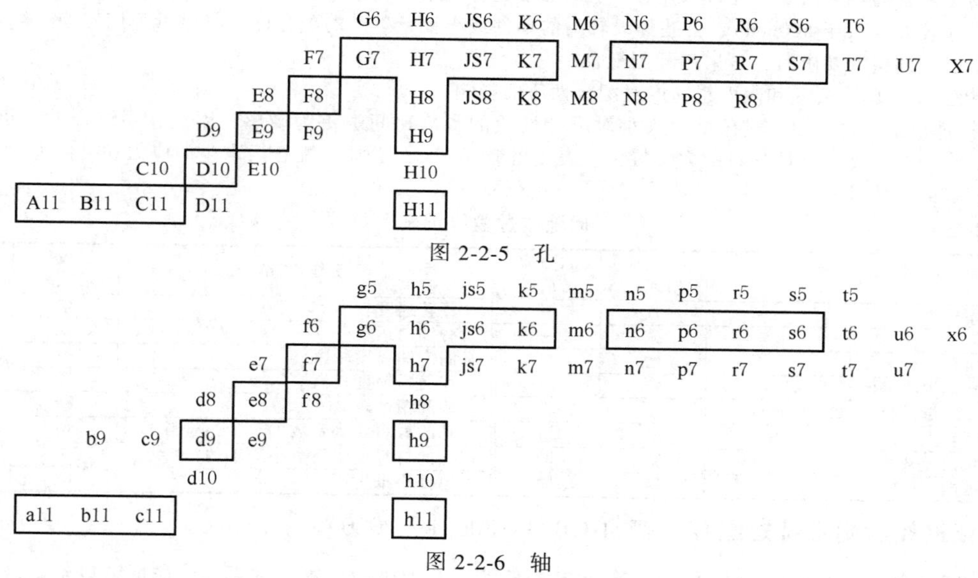

图 2-2-5 孔

图 2-2-6 轴

图 2-2-5 和图 2-2-6 中的公差带代号仅应用于不需要对公差带代号进行特定选取的一般性用途。例如，键槽需要特定选取。

在特定应用中若有必要，偏差 js 和 JS 可被相应的偏差 j 和 J 替代。

2.3 配合的确定和配合制的选择

确定一配合有两种可用方法，即，通过经验或通过计算由功能要求和相配零件的可生产性所得到的允许间隙和/或过盈。

2.3.1 配合制选择注意事项

首先需要做的决定是采用“基孔制配合”（孔 H）还是采用“基轴制配合”（轴 h）。需要特别注意的是，这两种配合制对于零件的功能没有技术性的差别，因此应基于经济因素选择配合制。通常情况下，应选择“基孔制配合”。这种选择可避免工具（如铰刀）和量具不必要的多样性。“基轴制配合”应仅用于那些可以带来切实经济利益的情况（如需要在没有加工的拉制钢棒的单轴上安装几个具有不同偏差的孔的零件）。

配合的选择还要考虑以下几点。

① 配合件的工作情况（可参考表 2-2-15）。

a. 相对运动情况：有相对运动的配合件，应选择间隙配合，速度大则间隙大，速度小则间隙小，没有相对运动时，需综合其他因素选择，采用间隙、过盈或过渡配合均可。

b. 载荷情况：一般情况，如单位压力大则间隙小，在静连接中传力大以及有冲击振动时，过盈要大。

c. 定心精度要求：要求定心精度高时，选用过渡配合，定心精度不高时，可选用基本偏差 g 或 h 所组成的公差等级高的小间隙配合代替过渡配合，间隙配合和过盈配合不能保证定心精度。

d. 装拆情况：有相对运动、经常装拆时，采用 g 或 h 组合的配合，无相对运动装拆频繁时，一般用 g、h 或 j、p 组成的配合，不经常装拆时，可用 k 组成的配合，基本不拆的，用 m 或 n 组成的配合，另外，当机器内部空间较小时，为了装配零件方便，虽然零件装上后不需再拆，只要工作情况允许，也要选过盈不大或有间隙的配合。

e. 工作温度：当配合件的工作温度和装配温度相差较大时，必须考虑装配间隙在工作时发生的变化。

② 在高温或低温条件下工作时（-60~800℃），如果配合件材料的线胀系数不同，配合间隙（或过盈）需进行修正计算。可参见本章第 4 节。

③ 配合件的生产批量：单件小批量生产时，孔往往接近下极限尺寸，轴往往接近上极限尺寸，造成孔轴配合偏紧，因此间隙应适当放大些。

④ 应尽量优先采用图 2-2-7 和图 2-2-8 所示的优先配合，其次采用常用配合。

为了满足配合的特殊需要，允许采用任一孔、轴公差带组合的配合。

对于尺寸较大（大于 500mm）、公差等级较高的单件或小批量生产的配合件，应尽量采用互换性生产，当用普通方法难以达到精度要求时，可采用配制配合。

⑤ 形状公差、位置公差和表面粗糙度对配合性质的影响。

⑥ 选择过盈配合时，由于过盈量的大小对配合性质的影响比间隙更为敏感，因此，要综合考虑更多因素，如配合件的直径、长度、工件材料的力学特性、表面粗糙度、形位公差、配合后产生的应力和夹紧力，以及所需的装配力和装配方法等。

表 2-2-15　　间隙或过盈修正表

工作情况	过盈应增或减	间隙应增或减	工作情况	过盈应增或减	间隙应增或减
材料许用应力小	减	—	旋转速度较高	增	增
经常拆卸	减	—	有轴向运动	—	增
有冲击负荷	增	减	润滑油黏度较大	—	增
工作时孔的温度高于轴的温度	增	减	表面粗糙度较高	增	减
工作时孔的温度低于轴的温度	减	增	装配精度较高	减	减
配合长度较大	减	增	孔的材料线胀系数大于轴的材料	增	减
零件形状误差较大	减	增	孔的材料线胀系数小于轴的材料	减	增
装配时可能歪斜	减	增	单件小批生产	减	增

2.3.2 依据经验确定特定配合（摘自 GB/T 1800.1—2020）

基于决策的考虑，对于孔和轴的公差等级和基本偏差（公差带的位置）的选择，应能够以给出最满足所要求使用条件对应的最小和最大间隙或过盈。

对于通常的工程目的，只需要许多可能的配合中的少数配合。图 2-2-7 和图 2-2-8 中的配合可满足普通工程机构需要。基于经济因素，如有可能，配合应优先选择框中所示的公差带代号（见图 2-2-7 和图 2-2-8）。可由基孔制（见图 2-2-7）获得符合要求的配合，或在特定应用中由基轴制（见图 2-2-8）获得。

基准孔	轴公差代号		
	间隙配合	过渡配合	过盈配合
H6	g5 h5	js5 k5 m5	n5 p5
H7	f6 g6 h6	js6 k6 m6 n6	p6 r6 s6 t6 u6 x6
H8	e7 f7 h7 d8 e8 f8 h8	js7 k7 m7	s7 u8
H9	d8 e8 f8 h8		
H10	b9 c9 d9 e9 h9		
H11	b11 c11 d10 h10		

图 2-2-7　基孔制配合的优先配合

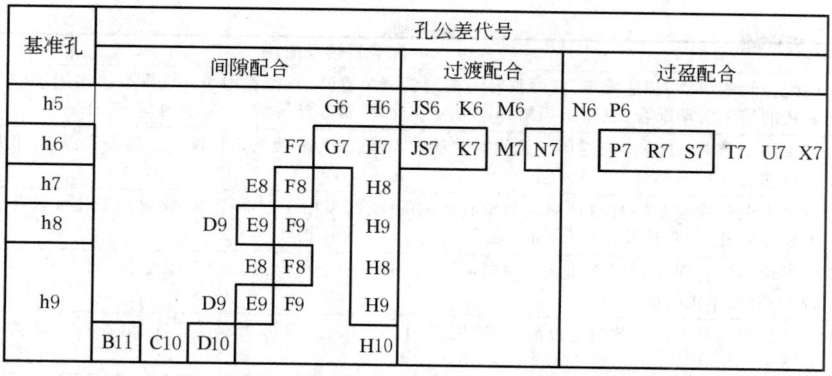

基准孔	孔公差代号		
	间隙配合	过渡配合	过盈配合
h5	G6 H6	JS6 K6 M6	N6 P6
h6	F7 G7 H7	JS7 K7 M7 N7	P7 R7 S7 T7 U7 X7
h7	E8 F8 H8		
h8	D9 E9 F9 H9		
h9	E8 F8 H8 D9 E9 F9 H9 B11 C10 D10 H10		

图 2-2-8 基轴制配合的优先配合

2.3.3 依据计算确定特定配合（摘自 GB/T 1800.1—2020）

在某些特定功能的情形下，需要计算由相配零件的功能要求所导出的允许间隙和/或过盈。由计算得到的间隙和/或过盈以及配合公差应转换成极限偏差，如有可能，转换成公差带代号。关于确定公差带代号的更多信息，见表 2-2-16。

表 2-2-16 配合公差的确定

可用计算的解释结果来确定配合公差		
依定义	间隙配合公差：最大间隙-最小间隙	
计算结果	0.089mm-0.025mm=0.064mm	
依定义	过渡配合公差：最大间隙+最大过盈	
计算结果	0.008mm+0.033mm=0.041mm	
依定义	过盈配合公差：最大过盈-最小过盈	
计算结果	0.059mm-0.018mm=0.041mm	
说明		
最大间隙	$c_1=0.089$mm	$c_2=0.008$mm
最小间隙	$d=0.025$mm	—
间隙配合公差	$e_1=0.064$mm	—
过渡配合公差	$e_2=0.041$mm	—
过盈配合公差	$e_3=0.033$mm	—
最大过盈	$f_1=0.033$mm	$f_2=0.059$
最小过盈	$g=0.018$mm	

示例图片(配合公差)

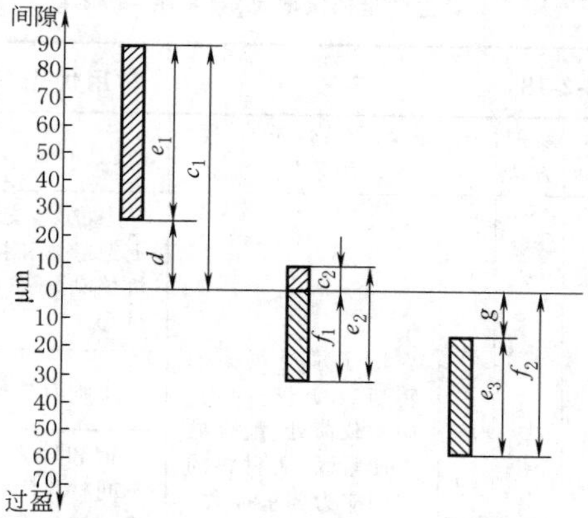

2.4 配合特性及基本偏差的应用

表 2-2-17 轴的各种基本偏差的应用说明

配合	基本偏差	配合特性及应用
间隙配合	a、b	可得到特别大的间隙，应用很少
	c	可得到很大的间隙，一般适用于缓慢、松弛的间隙配合。用于工作条件较差（如农业机械），受力变形，或为了便于装配，而必须保证有较大的间隙时，推荐配合为 H11/c11。其较高等级的配合，如 H8/c7 适用于轴在高温下工作的紧密动配合，如内燃机排气阀和导管
间隙配合	d	配合一般用于 IT7~11 级，适用于松的转动配合，如密封盖、滑轮、空转带轮等与轴的配合。也适用于大直径滑动轴承配合，如透平机、球磨机、轧辊成形和重型弯曲机，及其他重型机械中的一些滑动支承
	e	多用于 IT7~9 级，通常适用于要求有明显间隙，易于转动的支承配合，如大跨距支承、多支点支承等配合。高等级的 e 轴适用于大、高速、重载支承，如涡轮发电机、大电动机的支承及内燃机主要轴承、凸轮轴支承、摇臂支承等配合
	f	多用于 IT6~8 级的一般转动配合。当温度影响不大时，被广泛用于普通润滑油（或润滑脂）润滑的支承，如齿轮箱、小电动机、泵等的转轴与滑动支承的配合

续表

配合	基本偏差	配合特性及应用
间隙配合	g	配合间隙很小，制造成本高，除很轻载荷的精密装置外，不推荐用于转动配合。多用于 IT5～7 级，最适合不回转的精密滑动配合，也用于插销等定位配合，如精密连杆轴承、活塞及滑阀、连杆销等
	h	多用于 IT4～11 级。广泛用于无相对转动的零件，作为一般的定位配合。若没有温度、变形影响，也用于精密滑动配合
过渡配合	js	为完全对称偏差(±IT/2)，平均为稍有间隙的配合，多用于 IT4～7 级，要求间隙比 h 轴小，并允许略有过盈的定位配合，如联轴器，可用手或木锤装配
	k	平均为没有间隙的配合，适用于 IT4～7 级。推荐用于稍有过盈的定位配合，如为了消除振动用的定位配合，一般用木锤装配
	m	平均为具有不大过盈的过渡配合，适用于 IT4～7 级，一般可用木锤装配，但在最大过盈时，要求相当的压入力
	n	平均过盈比 m 轴稍大，很少得到间隙，适用于 IT4～7 级，用锤或压力机装配，通常推荐用于紧密的组件配合。H6/n5 配合时为过盈配合
过盈配合	p	与 H6 或 H7 孔配合时为过盈配合，与 H8 孔配合时则为过渡配合。对非铁类零件，为较轻的压入配合，当需要时易于拆卸。对钢、铸铁或铜、钢组件装配是标准压入配合
	r	对铁类零件为中等打入装配，对非铁类零件，为轻打入装配，当需要时可以拆卸。与 H8 孔配合，直径在 100mm 以上时为过盈配合，直径小时为过渡配合
	s	用于钢和铁制零件的永久性和半永久性装配，可产生相当大的结合力。当用弹性材料，如轻合金时，配合性质与铁类零件的 p 轴相当，如套环压装在轴上、阀座等配合。尺寸较大时，为了避免损伤配合表面，需用热胀或冷缩法装配
	t、u、v、x、y、z	过盈量依次增大，除 u 外一般不推荐使用

表 2-2-18　常用优先配合特性及选用举例

配合方式 基孔	配合方式 基轴	装配方法	配合特性及使用条件		应用举例
$\frac{H7}{z6}$		温差法	特重型压入配合	用于承受很大的转矩或变载、冲击、振动载荷处，配合处不加紧固件，材料的许用应力要求很大	中、小型交流电机轴壳上绝缘体和接触环，柴油机传动轴壳体和分电器衬套
$\frac{H7}{y6}$					小轴肩和环
$\frac{H7}{x6}$					钢和轻合金或塑料等不同材料的配合，如柴油机销轴与壳体、气缸盖与进气门座等的配合
$\frac{H7}{v6}$					柴油机销轴与壳体，连杆孔和衬套外径等配合
$\frac{H7}{v6}$	$\frac{U7}{h6}$	压力机或温差	重型压入配合	用于传递较大转矩，配合处不加紧固件即可得到十分牢固的连接。材料的许用应力要求较大	车轮轮箍与轮芯，联轴器与轴，轧钢设备中的辊子与心轴(图 1)，拖拉机活塞销和活塞，船舵尾轴和衬套等的配合
$\frac{H7}{u6}$					
$\frac{H8}{u7}$					蜗轮青铜轮缘与钢轮心，安全联轴器销轴与套，螺纹车床蜗杆轴衬和箱体孔等的配合
$\frac{H6}{t5}$	$\frac{T6}{h5}$			不加紧固件可传递较小的转矩，当材料强度不够时，可用来代替重型压入配合，但需加紧固件	齿轮孔和轴的配合
$\frac{H7}{t6}$ $\frac{H8}{t7}$	$\frac{T7}{h6}$				联轴器与轴，含油轴承和轴承座，农业机械中曲柄盘与销轴等配合

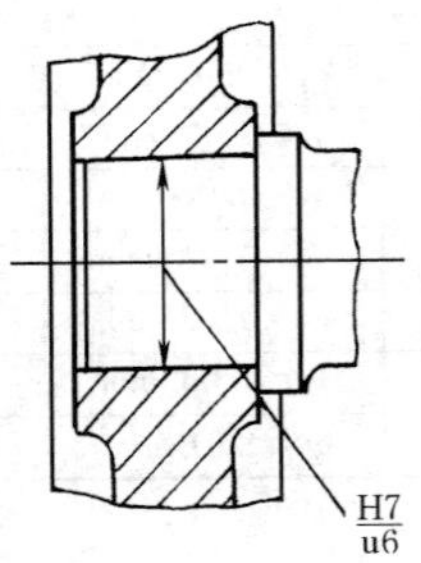

$\frac{H7}{u6}$

图 1

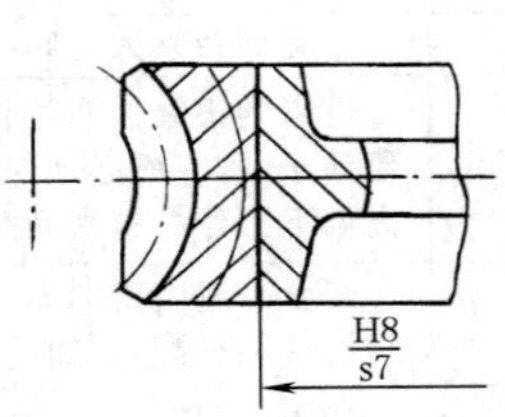

$\frac{H8}{s7}$

图 2

续表

配合方式 基孔	配合方式 基轴	装配方法	配合特性及使用条件		应用举例
H6/s5	S6/h5	压力机或温差	中型压入配合	不加紧固件可传递较小的转矩，当材料强度不够时，可用来代替重型压入配合，但需加紧固件	柴油机连杆衬套和轴瓦，主轴承孔和主轴瓦等的配合
H7/s6	S7/h6				减速器中轴与蜗轮，空压机连杆头与衬套，辊道辊子和轴，大型减速器低速齿轮与轴的配合
H8/s7					青铜轮缘与轮心（图2），轴衬与轴承座，空气钻外壳盖与套筒，安全联轴器销钉和套，压气机活塞销和气缸（图3），拖拉机齿轮泵小齿轮和轴等的配合
H7/r6	R7/h6		轻型压入配合	用于不拆卸的轻型过盈连接，不依靠配合过盈量传递摩擦载荷，传递转矩时要增加紧固件，以及用于以高的定位精度达到部件的刚性及对中性要求	重载齿轮与轴，车床齿轮箱中齿轮与衬套，蜗轮青铜轮缘与轮心（图4），轴和联轴器，可换铰套与铰模板等的配合
H6/p5 H7/p6	P6/h5 P7/h6				冲击振动的重载荷齿轮和轴，压缩机十字销轴和连杆衬套，柴油机缸体上口和主轴瓦，凸轮孔和凸轮轴等的配合
H8/p7		压力机压入	过盈概率66.8%～93.6%	用于可承受很大转矩、振动及冲击（但需附加紧固件），不经常拆卸的地方。同轴度及配合紧密性较好	升降机用蜗轮或带轮的轮缘和轮心，链轮轮缘和轮心，高压循环泵缸和套等的配合
H6/n5	N6/h5		80%		可换铰套与铰模板，增压器主轴和衬套等的配合
H7/n6	N7/h6		77.7%～82.4%		爪形联轴器与轴（图5），链轮轮缘与轮心，蜗轮青铜轮缘与轮心，破碎机等振动机械的齿轮和轴，柴油机泵座与泵缸，压缩机连杆衬套和曲轴衬套，圆柱销与销孔的配合
H8/n7	N8/h7		58.3%～67.6%		安全联轴器销钉和套，高压泵缸和缸套，拖拉机活塞销和活塞毂等的配合
H6/m5	M6/h5	铜锤打入	50%～62.1%	用于配合紧密不经常拆卸的地方。当配合长度大于1.5倍直径时，用来代替H7/n6，同轴度好	压缩机连杆头与衬套，柴油机活塞孔和活塞销的配合
H7/m6	M7/h6				蜗轮青铜轮缘与铸铁轮心（图6），齿轮孔与轴，减速器的轴与圆链齿轮，定位销与孔的配合
H8/m7	M8/h7		50%～56%		升降机构中的轴与孔，压缩机十字销轴与座的配合

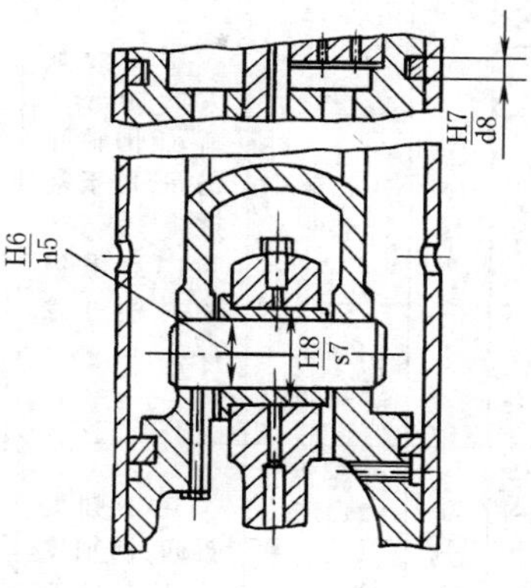

H7/d8　H6/h5　H8/s7

图3

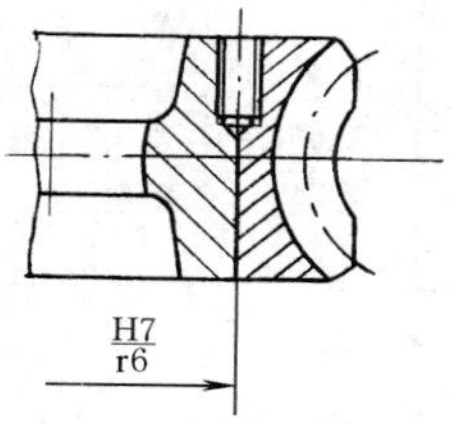

H7/r6

图4

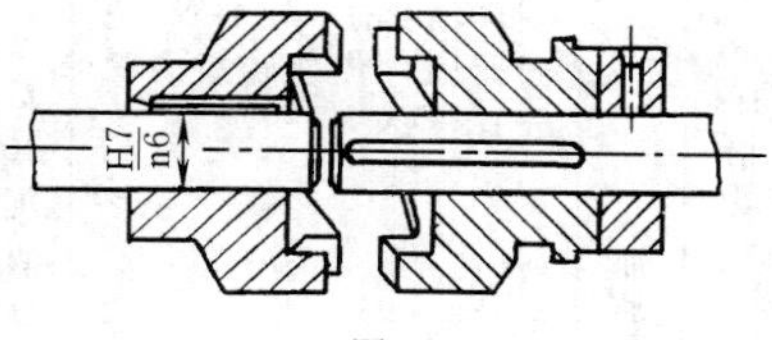

H7/n6

图5

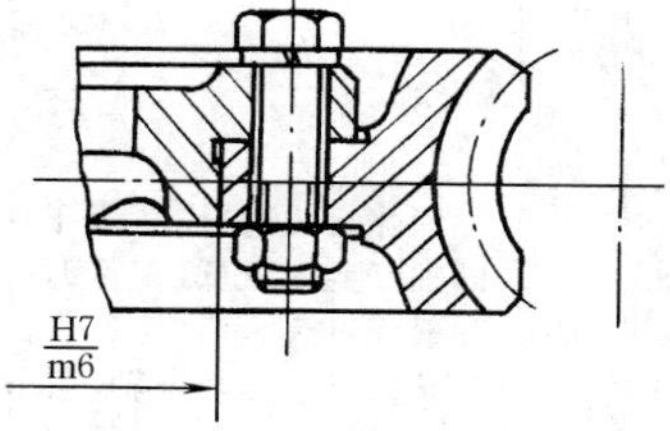

H7/m6

图6

续表

配合方式		装配方法	配合特性及使用条件		应用举例	
基孔	基轴					
$\frac{H6}{k5}$	$\frac{K6}{h5}$	手锤打入	46.2%~49.1%	用于受不大的冲击载荷处,同轴度仍好,用于常拆卸部位。为广泛采用的一种过渡配合	精密螺纹车床床头箱体孔和主轴前轴承外圈的配合	n6—重载,有冲击振动的载荷 m6—中等载荷,具有冲击的变载荷 k6—中等载荷 js6—轻载荷,不太重要的地方 $\frac{H7}{d11}$ $\frac{H7}{n6(k6,m6,js6)}$ 图 7
$\frac{H7}{k6}$	$\frac{K7}{h6}$		41.7%~45%		机床不滑动齿轮和轴,中型电机轴与联轴器或带轮,减速器蜗轮与轴,齿轮和轴的配合(图 7)	
$\frac{H8}{k7}$	$\frac{K8}{h7}$		41.7%~54.2%		压缩机连杆孔与十字头销,循环泵活塞与活塞杆	
$\frac{H6}{js5}$	$\frac{JS6}{h5}$	手锤或木锤装卸	19.2%~21.1%	用于频繁拆卸、同轴度要求不高的地方,是最松的一种过渡配合,大部分都将得到间隙	木工机械中轴与轴承的配合	$\frac{H7}{h6(k6,js6)}$ $\frac{H7}{h6}$ 图 8 图 9
$\frac{H7}{js6}$	$\frac{JS7}{h6}$		18.8%~20%		机床变速箱中齿轮和轴,精密仪表中轴和轴承,增压器衬套间的配合	
$\frac{H8}{js7}$	$\frac{JS8}{h7}$		17.4%~20.8%		机床变速箱中齿轮和轴,轴端可卸下的带轮和手轮,电机机座与端盖等的配合	
$\frac{H6}{h5}$	$\frac{H6}{h5}$	加油后用手旋进	配合间隙较小,能较好地对准中心,一般多用于常拆卸或在调整时需移动或转动的连接处,或工作时滑移较慢并要求较好的导向精度的地方,和对同轴度有一定要求,通过紧固件传递转矩的固定连接处		剃齿机主轴与剃刀衬套,车床尾座体与套筒,高精度分度盘轴与孔,光学仪器中变焦距系统的孔轴配合	
$\frac{H7}{h6}$ $\frac{H8}{h7}$	$\frac{H7}{h6}$ $\frac{H8}{h7}$				机床变速箱的滑移齿轮和轴,离合器与轴,滚动轴承座与箱体(图 8),风动工具活塞与缸体,往复运动的精导向的压缩机连杆孔和十字头(图 10),定心的凸缘与孔的配合(图 9),橡胶滚筒密封轴上滚动轴承座与筒体的配合(图 11)	$\frac{H7}{h6}$ $\frac{H8}{k7}$ $\frac{H8}{h7}$ $\frac{H8}{h8}$ 图 10 H8 h8 h6 js6 $\frac{H7}{h6}$ 图 11
$\frac{H8}{h8}$ $\frac{H9}{h9}$	$\frac{H8}{h8}$ $\frac{H9}{h9}$		间隙定位配合,适用于同轴度要求较低、工作时一般无相对运动的配合及负载不大、无振动、拆卸方便、加键可传递转矩的情况		剖分式滑动轴承壳与轴瓦,电动机座上口与端盖,连杆螺栓与连杆头(图 12),安全销钉与套,一般齿轮与轴,带轮与轴,离合器与轴,操纵件与轴,拨叉与导向轴,滑块与导向轴,减速器油尺与箱体孔,螺旋搅拌器叶轮与轴的配合(图 13)	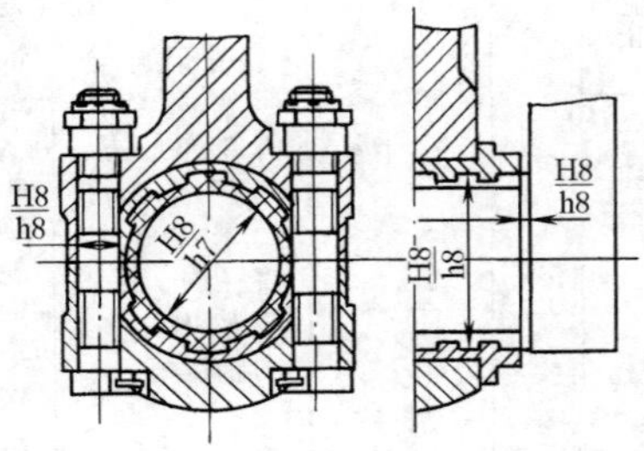 $\frac{H8}{h8}$ $\frac{H8}{h7}$ $\frac{H8}{h8}$ $\frac{H8}{h8}$ 图 12

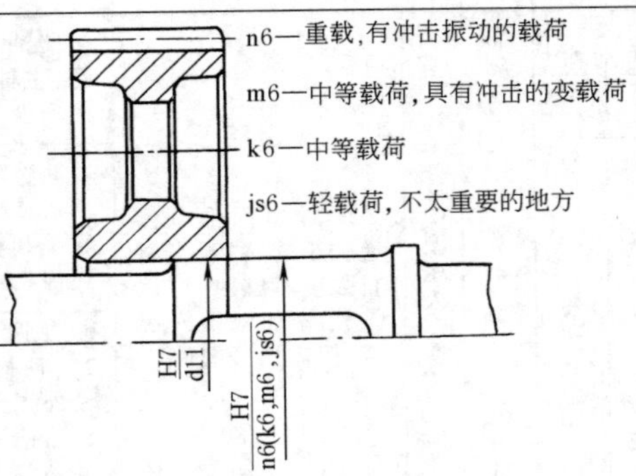

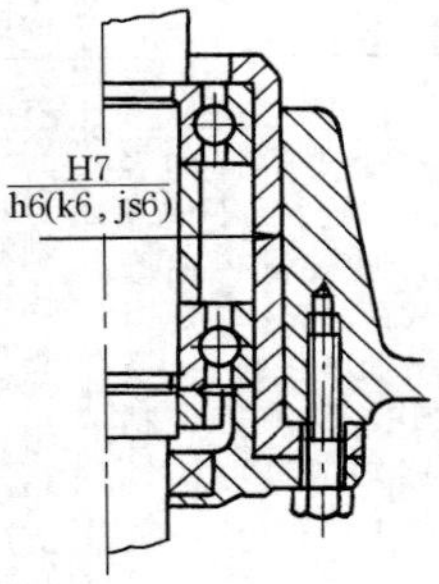

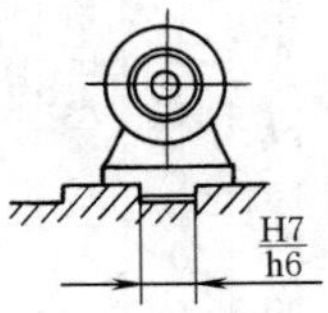

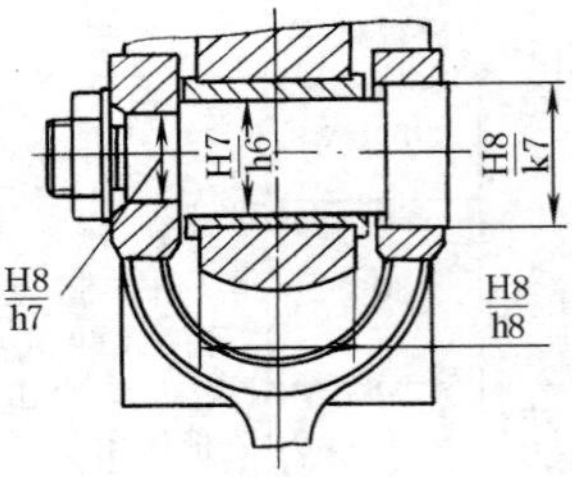

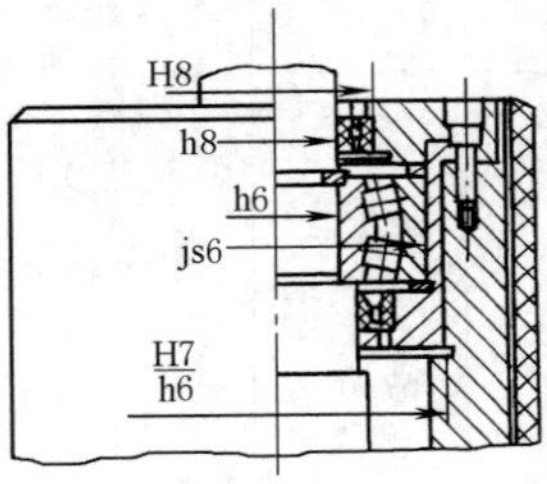

续表

配合方式		装配方法	配合特性及使用条件	应用举例
基孔	基轴			
H10/h10 H11/h11	H10/h10 H11/h11	加油后用手旋进	间隙定位配合，适用于同轴度要求较低、工作时一般无相对运动的配合及负载不大、无振动、拆卸方便、加键可传递转矩的情况	起重机链轮与轴（图14），对开轴瓦与轴承座两侧的配合（图15），连接端盖的定心凸缘，一般的铰接，粗糙机构中拉杆、杠杆等配合
H6/g5	G6/h5	手旋进	具有很小间隙，适用于有一定相对运动、运动速度不高并且精密定位的配合，以及运动可能有冲击但又能保证零件同轴度或紧密性的配合	光学分度头主轴与轴承，刨床滑块与滑槽
H7/g6	G7/h6			精密机床主轴与轴承，机床传动齿轮与轴，中等精度分度头主轴与轴套，矩形花键定心直径，可换钻套与钻模板，柱塞燃油泵的轴承壳体与销轴，拖拉机连杆衬套与曲轴，钻套与衬套的配合（图16）
H8/g7				柴油机气缸体与挺杆，手电钻中的配合等
H6/f5	F6/h5	手推滑进	具有中等间隙，广泛适用于普通机械中转速不大、用普通润滑油或润滑脂润滑的滑动轴承，以及要求在轴上自由转动或移动的配合场合	精密机床中变速箱、进给箱的转动件的配合，或其他重要滑动轴承、高精度齿轮轴套与轴承衬套及柴油机的凸轮轴与衬套孔等的配合
H7/f6	F7/h6			爪形离合器与轴，机床中一般轴与滑动轴承，机床夹具，钻模、镗模的导套孔，柴油机机体套孔与气缸套，柱塞与缸体等的配合
H8/f7	F8/h7			中等速度、中等载荷的滑动轴承，机床滑移齿轮与轴，蜗杆减速器的轴承端盖与孔，离合器活动爪与轴，齿轮轴套与套（图17）
H8/f8	F8/h8		配合间隙较大，能保证良好润滑，允许在工作中发热，故可用于高转速或大跨度或多支点的轴和轴承以及精度低、同轴度要求不高的在轴上转动的零件与轴的配合	滑块与导向槽，控制机构中的一般轴和孔，支承跨距较大或多支承的传动轴和轴承的配合
H9/f9	F9/h9			安全联轴器轮毂与套，低精度含油轴承与轴，球体滑动轴承与轴承座及轴，链条张紧轮或皮带导轮与轴，柴油机活塞环与环槽宽等的配合

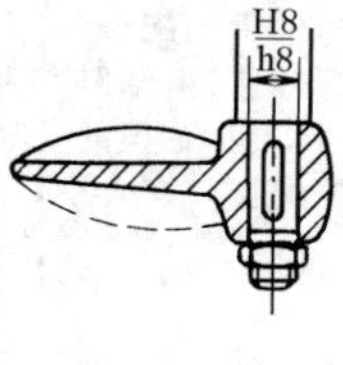

图 13

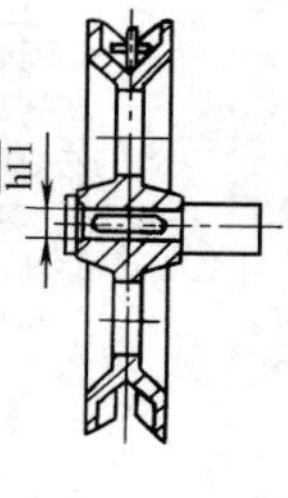

图 14

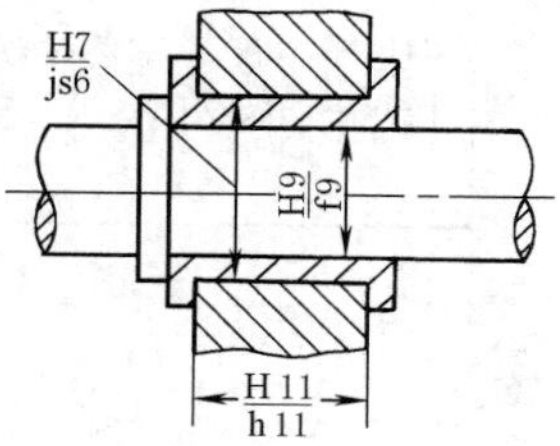

图 15

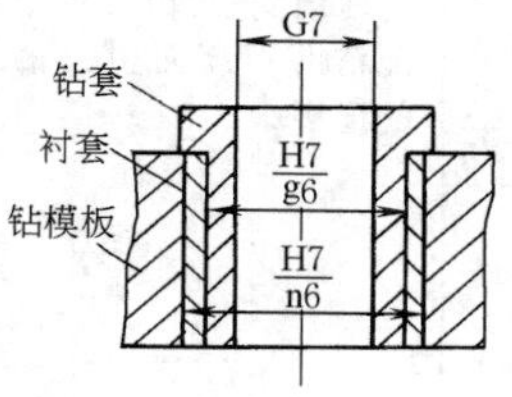

图 16

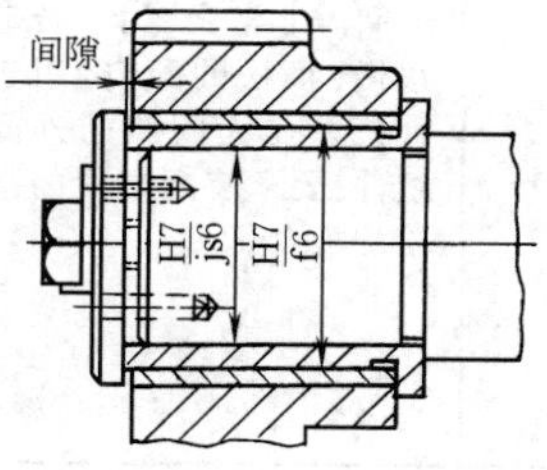

图 17

续表

配合方式		装配方法	配合特性及使用条件	应用举例	
基孔	基轴				
$\frac{H8}{e7}$	$\frac{E8}{h7}$	手轻推进	配合间隙较大，适用于高转速、载荷不大、方向不变的轴与轴承的配合，或虽是中等转速，但轴跨度长或三个以上支点的轴与轴承的配合	汽轮发电机、大电动机的高速轴与滑动轴承，风扇电机的销轴与衬套	
$\frac{H8}{e8}$	$\frac{E8}{h8}$			外圆磨床的主轴与轴承，汽轮发电机轴与轴承，柴油机的凸轮轴与轴承，船用链轮轴及中、小型电机轴与轴承，手表中的分轮、时轮轮片与轴套的配合	图 18
$\frac{H9}{e9}$	$\frac{E9}{h9}$		用于精度不高且有较松间隙的转动配合	粗糙机构中衬套与轴承圈，含油轴承与座的配合	
$\frac{H8}{d8}$	$\frac{D8}{h8}$		配合间隙比较大，用于精度不高、高速及负载不高的配合或高温条件下的转动配合，以及由于装配精度不高而引起偏斜的连接	机车车辆轴承，缝纫机梭摆与梭床，空压机活塞环与环槽宽度的配合	
$\frac{H9}{d9}$	$\frac{D9}{h9}$			通用机械中的平键连接，柴油机活塞环与环槽宽，空压机活塞与压杆（图 18）、印染机械中汽缸活塞密封环，热工仪表中精度较低的轴与孔，滑动轴承及较松的带轮与轴的配合	图 19
$\frac{H11}{c11}$	$\frac{C11}{h11}$		间隙非常大，用于转动很慢、很松的配合；用于大公差与大间隙的外露组件；要求装配方便的很松的配合	起重机吊钩（图 19），带榫槽法兰与槽的外径配合（图 20），农业机械中粗加工或不加工的轴与轴承等的配合	图 20

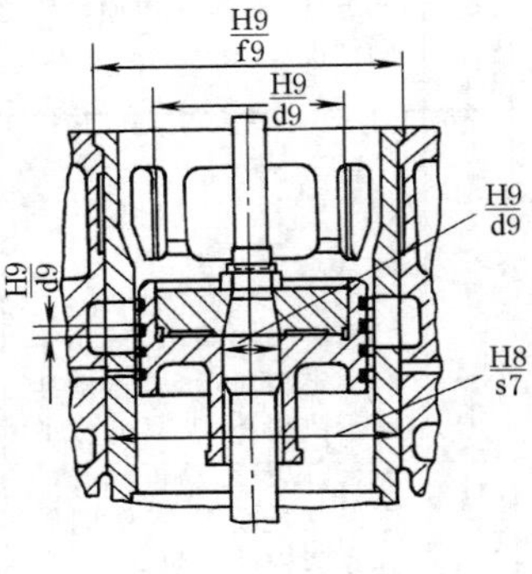

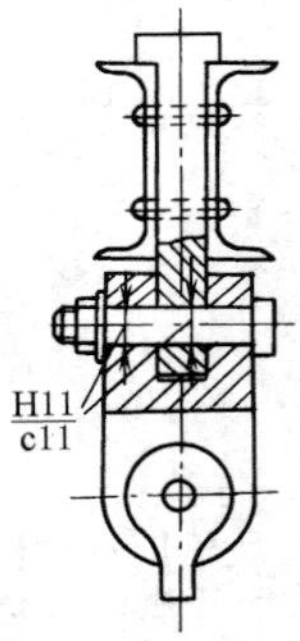

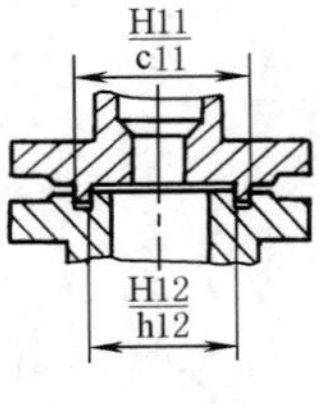

2.5 公差配合应用实例

本节以图 2-2-9 为例介绍公差配合选择注意事项。表 2-2-19 是图 2-2-9 中主要零件编号及公差带代号选择情况。

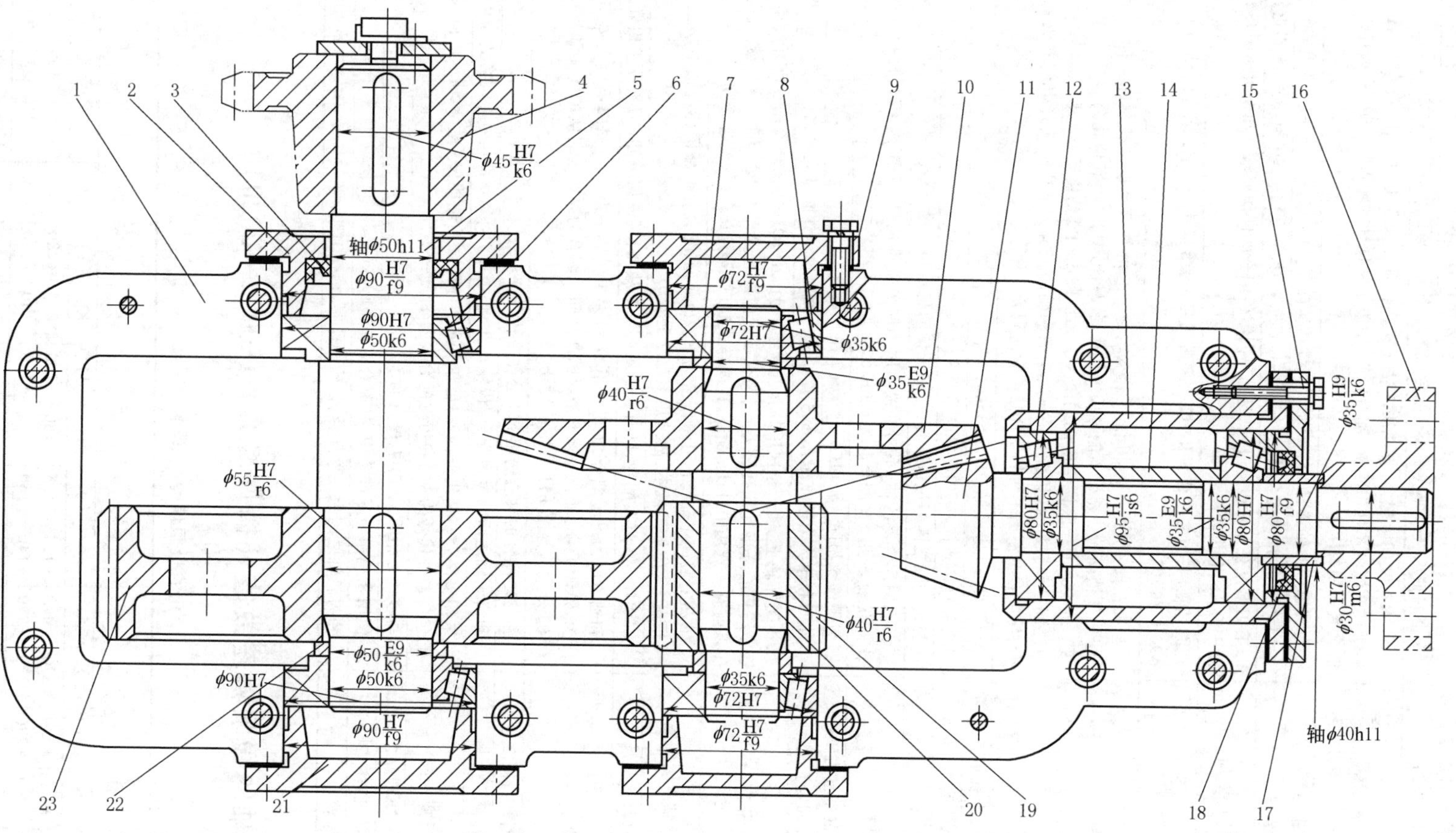

图 2-2-9 公差配合选用说明

表 2-2-19　　图 2-2-9 主要零件名称及公差带代号选择表

序号	零件名称	公差带代号及说明
1	减速箱基座	5 个和轴承、密封圈、端盖有配合的区域都采用基孔制 H7 公差代号
2	带孔轴承端盖	ϕ90H7/f9 间隙配合，方便法兰盘安装。以前有人选用 H7/d11 配合，该配合机制已不再属于优选配合系列(H7/f6，配合较好，但为了降低轴承端盖加工成本，选择 H7/f9 既经济又能满足使用要求)
3	碗型密封圈	与其配合的轴选择 h11 公差带代号
4	输出链轮	ϕ45H7/k6 过渡配合，既有一定定心装配功能，又方便拆卸(与零件 16 相近)
5	输出轴(主轴)	采用多个公差带代号，以满足和不同零件配合的性能要求。和密封圈配合 h11，和轴承内圈配合 k6，和齿轮配合 r6
6	10#推力轴承	外圈基轴制，与之配合的孔 H7 公差带代号，内圈基孔制，与之配合的轴为 k6 公差带代号，ϕ90H7/ϕ50k6
7	挡圈(挡环)	挡圈孔选择 E9 公差带代号。因为与之配合的轴已经按基孔制配合标准选择 k6 公差带代号，该挡圈的公差带不能再采用基孔制，只能选用一个其他孔公差带，例如 E 级别(8~10 级)，ϕ35k6 的极限偏差是+0.018、+0.002；而 ϕ36E9 的极限偏差是+0.15、+0.05，能保证两者之间是间隙配合，因此选用 E9，挡圈和轴的配合为 ϕ35E9/k6(以前有人选用 D11/k6 配合，该配合机制已不再属于优选配合系列)(2 件)
8	07#推力轴承	与零件 5 相同。ϕ72H7/ϕ35k6(2 件)
9	轴承端盖	与零件 2 相同，ϕ72H7/ϕf9(2 件)
10	伞齿轮	与传动轴之间为过盈配合，以保证传动稳定和位置可靠。基孔制 ϕ40H7/r6
11	伞齿轮轴	基孔制配合下的轴，不同位置采用不同公差带代号，与轴承、轴套件配合时为 ϕ35k6，与输入联轴器法兰盘配合时为 ϕ30m6
12	07#重型推力轴承	与零件 5 相同。ϕ80H7/ϕ35k6(2 件)
13	安装固定套筒	外圈和箱体为过渡配合 ϕ95H7/js6，内圈和轴承外圈基孔制，公差带代号 ϕ80H7
14	轴承隔套	滑套在轴上，轴已经选用基孔制状态下的 k6 公差带，轴套内孔不能再选用基孔制公差带代号，只能选用其他孔公差带，为保证间隙配合选择 E9 公差带代号。数值说明参考零件 7(以前有人选用 D11/k6 配合，该配合机制已不再属于优选配合系列)
15	带孔轴承端端盖 2	轴和安装固定套筒内孔的配合为 H7/f9，间隙配合。按新国标应选 H7/f6，根据该零件实际情况，考虑加工成本，故选用 H7/f9 配合
16	联轴器法兰盘	ϕ30H7/m6 过渡配合，既有一定定心装配功能，又方便拆卸(与零件 4 相近)
17	轴套 2	和轴之间为过渡配合，轴已选用 k6 公差带代号，轴套的孔选基孔制公差带，选择 H9。配合为 ϕ35H9/k6，轴套和碗型密封圈 2 之间的配合为减少密封圈的磨损和起到密封作用，轴套 02 外圈应选择 h11 公差带代号
18	碗型密封圈 2	和与之配合的轴应选用 h11 公差带代号
19	小齿轮	和齿轮轴之间为过盈配合，齿轮基孔制，选择 H7 公差带代号。配合为 ϕ40H7/r6
20	齿轮轴	采用多个公差带代号，以满足和不同零件配合的性能要求。和轴承内圈及挡圈(挡环)2 配合公差带代号为 k6，和齿轮配合公差带代号为 r6
21	轴承端端盖 2	与零件 2 相同，ϕ90H7/f9(1 件)
22	挡圈(挡环)2	使用及说明与零件 7 相同，配合为 ϕ50E9/k6
23	大齿轮	和齿轮轴之间为过盈配合，齿轮基孔制，选择 H7 公差带代号，配合为 ϕ55H7/r6

2.6 孔与轴的极限偏差数值（摘自 GB/T 1800.2—2020）

表 2-2-20　　孔的极限偏差（基本偏差 A、B 和 C）[①]　　μm

公称尺寸/mm		A					B						C					
大于	至	9	10	11	12	13	8	9	10	11	12	13	8	9	10	11	12	13
—	3[②]	+295 +270	+310 +270	+330 +270	+370 +270	+410 +270	+154 +140	+165 +140	+180 +140	+200 +140	+240 +140	+280 +140	+74 +60	+85 +60	+100 +60	+120 +60	+160 +60	+200 +60
3	6	+300 +270	+318 +270	+345 +270	+390 +270	+450 +270	+158 +140	+170 +140	+188 +140	+215 +140	+260 +140	+320 +140	+88 +70	+100 +70	+118 +70	+145 +70	+190 +70	+250 +70

续表

公称尺寸/mm		A					B						C					
大于	至	9	10	11	12	13	8	9	10	11	12	13	8	9	10	11	12	13
6	10	+316 +280	+338 +280	+370 +280	+430 +280	+500 +280	+172 +150	+186 +150	+208 +150	+240 +150	+300 +150	+370 +150	+102 +80	+116 +80	+138 +80	+170 +80	+230 +80	+300 +80
10	18	+333 +290	+360 +290	+400 +290	+470 +290	+560 +290	+177 +150	+193 +150	+220 +150	+260 +150	+330 +150	+420 +150	+122 +95	+138 +95	+165 +95	+205 +95	+275 +95	+365 +95
18	30	+352 +300	+384 +300	+430 +300	+510 +300	+630 +300	+193 +160	+212 +160	+244 +160	+290 +160	+370 +160	+490 +160	+143 +110	+162 +110	+194 +110	+240 +110	+320 +110	+440 +110
30	40	+372 +310	+410 +310	+470 +310	+560 +310	+700 +310	+209 +170	+232 +170	+270 +170	+330 +170	+420 +170	+560 +170	+159 +120	+182 +120	+220 +120	+280 +120	+370 +120	+510 +120
40	50	+382 +320	+420 +320	+480 +320	+570 +320	+710 +320	+219 +180	+242 +180	+280 +180	+340 +180	+430 +180	+570 +180	+169 +130	+192 +130	+230 +130	+290 +130	+380 +130	+520 +130
50	65	+414 +340	+460 +340	+530 +340	+640 +340	+800 +340	+236 +190	+264 +190	+310 +190	+380 +190	+490 +190	+650 +190	+186 +140	+214 +140	+260 +140	+330 +140	+440 +140	+600 +140
65	80	+434 +360	+480 +360	+550 +360	+660 +360	+820 +360	+246 +200	+274 +200	+320 +200	+390 +200	+500 +200	+660 +200	+196 +150	+224 +150	+270 +150	+340 +150	+450 +150	+610 +150
80	100	+467 +380	+520 +380	+600 +380	+730 +380	+920 +380	+274 +220	+307 +220	+360 +220	+440 +220	+570 +220	+760 +220	+224 +170	+257 +170	+310 +170	+390 +170	+520 +170	+710 +170
100	120	+497 +410	+550 +410	+630 +410	+760 +410	+950 +410	+294 +240	+327 +240	+380 +240	+460 +240	+590 +240	+780 +240	+234 +180	+267 +180	+320 +180	+400 +180	+530 +180	+720 +180
120	140	+560 +460	+620 +460	+710 +460	+860 +460	+1090 +460	+323 +260	+360 +260	+420 +260	+510 +260	+660 +260	+890 +260	+263 +200	+300 +200	+360 +200	+450 +200	+600 +200	+830 +200
140	160	+620 +520	+680 +520	+770 +520	+920 +520	+1150 +520	+343 +280	+380 +280	+440 +280	+530 +280	+680 +280	+910 +280	+273 +210	+310 +210	+370 +210	+460 +210	+610 +210	+840 +210
160	180	+680 +580	+740 +580	+830 +580	+980 +580	+1210 +580	+373 +310	+410 +310	+470 +310	+560 +310	+710 +310	+940 +310	+293 +230	+330 +230	+390 +230	+480 +230	+630 +230	+860 +230
180	200	+775 +660	+845 +660	+950 +660	+1120 +660	+1380 +660	+412 +340	+455 +340	+525 +340	+630 +340	+800 +340	+1060 +340	+312 +240	+355 +240	+425 +240	+530 +240	+700 +240	+960 +240
200	225	+855 +740	+925 +740	+1030 +740	+1200 +740	+1460 +740	+452 +380	+495 +380	+565 +380	+670 +380	+840 +380	+1100 +380	+332 +260	+375 +260	+445 +260	+550 +260	+720 +260	+980 +260
225	250	+935 +820	+1005 +820	+1110 +820	+1280 +820	+1540 +820	+492 +420	+535 +420	+605 +420	+710 +420	+880 +420	+1140 +420	+352 +280	+395 +280	+465 +280	+570 +280	+740 +280	+1000 +280
250	280	+1050 +920	+1130 +920	+1240 +920	+1440 +920	+1730 +920	+561 +480	+610 +480	+690 +480	+800 +480	+1000 +480	+1290 +480	+381 +300	+430 +300	+510 +300	+620 +300	+820 +300	+1110 +300
280	315	+1180 +1050	+1260 +1050	+1370 +1050	+1570 +1050	+1860 +1050	+621 +540	+670 +540	+750 +540	+860 +540	+1060 +540	+1350 +540	+411 +330	+460 +330	+540 +330	+650 +330	+850 +330	+1140 +330
315	355	+1340 +1200	+1430 +1200	+1560 +1200	+1770 +1200	+2000 +1200	+689 +600	+740 +600	+830 +600	+960 +600	+1170 +600	+1490 +600	+449 +360	+500 +360	+590 +360	+720 +360	+930 +360	+1250 +360
355	400	+1490 +1350	+1580 +1350	+1710 +1350	+1920 +1350	+2240 +1350	+769 +680	+820 +680	+910 +680	+1040 +680	+1250 +680	+1570 +680	+489 +400	+540 +400	+630 +400	+760 +400	+970 +400	+1290 +400
400	450	+1655 +1500	+1750 +1500	+1900 +1500	+2130 +1500	+2470 +1500	+857 +760	+915 +760	+1010 +760	+1160 +760	+1390 +760	+1730 +760	+537 +440	+595 +440	+690 +440	+840 +440	+1070 +440	+1410 +440
450	500	+1805 +1650	+1900 +1650	+2050 +1650	+2280 +1650	+2620 +1650	+937 +840	+995 +840	+1090 +840	+1240 +840	+1470 +840	+1810 +840	+577 +480	+635 +480	+730 +480	+880 +480	+1110 +480	+1450 +480

① 没有给出公称尺寸大于 500 mm 的基本偏差 A、B 和 C。

② 公称尺寸小于 1 mm 时，各级的 A 和 B 均不采用。

表 2-2-21　　孔的极限偏差（基本偏差 CD、D 和 E）　　μm

公称尺寸/mm		CD[①]					D								E					
大于	至	6	7	8	9	10	6	7	8	9	10	11	12	13	5	6	7	8	9	10
—	3	+40 +34	+44 +34	+48 +34	+59 +34	+74 +34	+26 +20	+30 +20	+34 +20	+45 +20	+60 +20	+80 +20	+120 +20	+160 +20	+18 +14	+20 +14	+24 +14	+28 +14	+39 +14	+54 +14
3	6	+54 +46	+58 +46	+64 +46	+76 +46	+94 +46	+38 +30	+42 +30	+48 +30	+60 +30	+78 +30	+105 +30	+150 +30	+210 +30	+25 +20	+28 +20	+32 +20	+38 +20	+50 +20	+68 +20
6	10	+65 +56	+71 +56	+78 +56	+92 +56	+114 +56	+49 +40	+55 +40	+62 +40	+76 +40	+98 +40	+130 +40	+190 +40	+260 +40	+31 +25	+34 +25	+40 +25	+47 +25	+61 +25	+83 +25
10	18						+61 +50	+68 +50	+77 +50	+93 +50	+120 +50	+160 +50	+230 +50	+320 +50	+40 +32	+43 +32	+50 +32	+59 +32	+75 +32	+102 +32
18	30						+78 +65	+86 +65	+98 +65	+117 +65	+149 +65	+195 +65	+275 +65	+395 +65	+49 +40	+53 +40	+61 +40	+73 +40	+92 +40	+124 +40
30	50						+96 +80	+105 +80	+119 +80	+142 +80	+180 +80	+240 +80	+330 +80	+470 +80	+61 +50	+66 +50	+75 +50	+89 +50	+112 +50	+150 +50
50	80						+119 +100	+130 +100	+146 +100	+174 +100	+220 +100	+290 +100	+400 +100	+560 +100	+73 +60	+79 +60	+90 +60	+106 +60	+134 +60	+180 +60
80	120						+142 +120	+155 +120	+174 +120	+207 +120	+260 +120	+340 +120	+470 +120	+660 +120	+87 +72	+94 +72	+107 +72	+126 +72	+159 +72	+212 +72
120	180						+170 +145	+185 +145	+208 +145	+245 +145	+305 +145	+395 +145	+545 +145	+775 +145	+103 +85	+110 +85	+125 +85	+148 +85	+185 +85	+245 +85
180	250						+199 +170	+216 +170	+242 +170	+285 +170	+355 +170	+460 +170	+630 +170	+890 +170	+120 +100	+129 +100	+146 +100	+172 +100	+215 +100	+285 +100
250	315						+222 +190	+242 +190	+271 +190	+320 +190	+400 +190	+510 +190	+710 +190	+1000 +190	+133 +110	+142 +110	+162 +110	+191 +110	+240 +110	+320 +110
315	400						+246 +210	+267 +210	+299 +210	+350 +210	+440 +210	+570 +210	+780 +210	+1100 +210	+150 +125	+161 +125	+182 +125	+214 +125	+265 +125	+355 +125
400	500						+270 +230	+293 +230	+327 +230	+385 +230	+480 +230	+630 +230	+860 +230	+1200 +230	+162 +135	+175 +135	+198 +135	+232 +135	+290 +135	+385 +135
500	630						+304 +260	+330 +260	+370 +260	+435 +260	+540 +260	+700 +260	+960 +260	+1360 +260		+189 +145	+215 +145	+255 +145	+320 +145	+425 +145
630	800						+340 +290	+370 +290	+415 +290	+490 +290	+610 +290	+790 +290	+1090 +290	+1540 +290		+210 +160	+240 +160	+285 +160	+360 +160	+480 +160
800	1000						+376 +320	+410 +320	+460 +320	+550 +320	+680 +320	+880 +320	+1220 +320	+1720 +320		+226 +170	+260 +170	+310 +170	+400 +170	+530 +170
1000	1250						+416 +350	+455 +350	+515 +350	+610 +350	+770 +350	+1010 +350	+1400 +350	+2000 +350		+261 +195	+300 +195	+360 +195	+455 +195	+615 +195
1250	1600						+468 +390	+515 +390	+585 +390	+700 +390	+890 +390	+1170 +390	+1640 +390	+2340 +390		+298 +220	+345 +220	+415 +220	+530 +220	+720 +220
1600	2000						+522 +430	+580 +430	+660 +430	+800 +430	+1030 +430	+1350 +430	+1930 +430	+2730 +430		+332 +240	+390 +240	+470 +240	+610 +240	+840 +240
2000	2500						+590 +480	+655 +480	+760 +480	+920 +480	+1180 +480	+1580 +480	+2230 +480	+3280 +480		+370 +260	+435 +260	+540 +260	+700 +260	+960 +260
2500	3150						+655 +520	+730 +520	+850 +520	+1060 +520	+1380 +520	+1870 +520	+2620 +520	+3820 +520		+425 +290	+500 +290	+620 +290	+830 +290	+1150 +290

① 中间的基本偏差 CD 主要应用于精密机构和钟表制造业。如果需要在其他公称尺寸中包含该基本偏差的公差带代号，可依据 GB/T 1800.1 计算。

表 2-2-22 孔的极限偏差（基本偏差 EF 和 F） μm

公称尺寸/mm		EF[①]								F							
大于	至	3	4	5	6	7	8	9	10	3	4	5	6	7	8	9	10
—	3	+12 +10	+13 +10	+14 +10	+16 +10	+20 +10	+24 +10	+35 +10	+50 +10	+8 +6	+9 +6	+10 +6	+12 +6	+16 +6	+20 +6	+31 +6	+46 +6
3	6	+16.5 +14	+18 +14	+19 +14	+22 +14	+26 +14	+32 +14	+44 +14	+62 +14	+12.5 +10	+14 +10	+15 +10	+18 +10	+22 +10	+28 +10	+40 +10	+58 +10
6	10	+20.5 +18	+22 +18	+24 +18	+27 +18	+33 +18	+40 +18	+54 +18	+76 +18	+15.5 +13	+17 +13	+19 +13	+22 +13	+28 +13	+35 +13	+49 +13	+71 +13
10	18									+19 +16	+21 +16	+24 +16	+27 +16	+34 +16	+43 +16	+59 +16	+86 +16
18	30									+24 +20	+26 +20	+29 +20	+33 +20	+41 +20	+53 +20	+72 +20	+104 +20
30	50									+29 +25	+32 +25	+36 +25	+41 +25	+50 +25	+64 +25	+87 +25	+125 +25
50	80											+43 +30	+49 +30	+60 +30	+76 +30	+104 +30	
80	120											+51 +36	+58 +36	+71 +36	+90 +36	+123 +36	
120	180											+61 +43	+68 +43	+83 +43	+106 +43	+143 +43	
180	250											+70 +50	+79 +50	+96 +50	+122 +50	+165 +50	
250	315											+79 +56	+88 +56	+108 +56	+137 +56	+186 +56	
315	400											+87 +62	+98 +62	+119 +62	+151 +62	+202 +62	
400	500											+95 +68	+108 +68	+131 +68	+165 +68	+223 +68	
500	630												+120 +76	+146 +76	+186 +76	+251 +76	
630	800												+130 +80	+160 +80	+205 +80	+280 +80	
800	1000												+142 +86	+176 +86	+226 +86	+316 +86	
1000	1250												+164 +98	+203 +98	+263 +98	+358 +98	
1250	1600												+188 +110	+235 +110	+305 +110	+420 +110	
1600	2000												+212 +120	+270 +120	+350 +120	+490 +120	
2000	2500												+240 +130	+305 +130	+410 +130	+570 +130	
2500	3150												+280 +145	+355 +145	+475 +145	+685 +145	

① 中间的基本偏差 EF 主要应用于精密机构和钟表制造业，如果需要在其他公称尺寸中包含该基本偏差的公差带代号，可依据 GB/T 1800.1 计算。

表 2-2-23　　孔的极限偏差（基本偏差 FG 和 G）　　μm

公称尺寸/mm		FG①								G							
大于	至	3	4	5	6	7	8	9	10	3	4	5	6	7	8	9	10
—	3	+6 +4	+7 +4	+8 +4	+10 +4	+14 +4	+18 +4	+29 +4	+44 +4	+4 +2	+5 +2	+6 +2	+8 +2	+12 +2	+16 +2	+27 +2	+42 +2
3	6	+8.5 +6	+10 +6	+11 +6	+14 +6	+18 +6	+24 +6	+36 +6	+54 +6	+6.5 +4	+8 +4	+9 +4	+12 +4	+16 +4	+22 +4	+34 +4	+52 +4
6	10	+10.5 +8	+12 +8	+14 +8	+17 +8	+23 +8	+30 +8	+44 +8	+66 +8	+7.5 +5	+9 +5	+11 +5	+14 +5	+20 +5	+27 +5	+41 +5	+63 +5
10	18									+9 +6	+11 +6	+14 +6	+17 +6	+24 +6	+33 +6	+49 +6	+76 +6
18	30									+11 +7	+13 +7	+16 +7	+20 +7	+28 +7	+40 +7	+59 +7	+91 +7
30	50									+13 +9	+16 +9	+20 +9	+25 +9	+34 +9	+48 +9	+71 +9	+109 +9
50	80											+23 +10	+29 +10	+40 +10	+56 +10		
80	120											+27 +12	+34 +12	+47 +12	+66 +12		
120	180											+32 +14	+39 +14	+54 +14	+77 +14		
180	250											+35 +15	+44 +15	+61 +15	+87 +15		
250	315											+40 +17	+49 +17	+69 +17	+98 +17		
315	400											+43 +18	+54 +18	+75 +18	+107 +18		
400	500											+47 +20	+60 +20	+83 +20	+117 +20		
500	630												+66 +22	+92 +22	+132 +22		
630	800												+74 +24	+104 +24	+149 +24		
800	1000												+82 +26	+116 +26	+166 +26		
1000	1250												+94 +28	+133 +28	+193 +28		
1250	1600												+108 +30	+155 +30	+225 +30		
1600	2000												+124 +32	+182 +32	+262 +32		
2000	2500												+144 +34	+209 +34	+314 +34		
2500	3150												+173 +38	+248 +38	+368 +38		

① 中间的基本偏差 EG 主要应用于精密机构和钟表制造业，如果需要在其他公称尺寸中包含该基本偏差的公差带代号，可依据 GB/T 1800.1 计算。

表 2-2-24 孔的极限偏差（基本偏差 H）

公称尺寸/mm		H																	
		1	2	3	4	5	6	7	8	9	10	11	12	13	14①	15①	16①	17①	18①
大于	至	偏差																	
		μm											mm						
—	3[a]	+0.8	+1.2	+2	+3	+4	+6	+10	+14	+25	+40	+60	+0.1	+0.14	+0.25	+0.4	+0.6		
3	6	+1	+1.5	+2.5	+4	+5	+8	+12	+18	+30	+48	+75	+0.12	+0.18	+0.3	+0.48	+0.75	+1.2	+1.8
6	10	+1	+1.5	+2.5	+4	+6	+9	+15	+22	+36	+58	+90	+0.15	+0.22	+0.36	+0.58	+0.9	+1.5	+2.2
10	18	+1.2	+2	+3	+5	+8	+11	+18	+27	+43	+70	+110	+0.18	+0.27	+0.43	+0.7	+1.1	+1.8	+2.7
18	30	+1.5	+2.5	+4	+6	+9	+13	+21	+33	+52	+84	+130	+0.21	+0.33	+0.52	+0.84	+1.3	+2.1	+3.3
30	50	+1.5	+2.5	+4	+7	+11	+16	+25	+39	+62	+100	+160	+0.25	+0.39	+0.62	+1	+1.6	+2.5	+3.9
50	80	+2	+3	+5	+8	+13	+19	+30	+46	+74	+120	+190	+0.3	+0.46	+0.74	+1.2	+1.9	+3	+4.6
80	120	+2.5	+4	+6	+10	+15	+22	+35	+54	+87	+140	+220	+0.35	+0.54	+0.87	+1.4	+2.2	+3.5	+5.4
120	180	+3.5	+5	+8	+12	+18	+25	+40	+63	+100	+160	+250	+0.4	+0.63	+1	+1.6	+2.5	+4	+6.3
180	250	+4.5	+7	+10	+14	+20	+29	+46	+72	+115	+185	+290	+0.46	+0.72	+1.15	+1.85	+2.9	+4.6	+7.2
250	315	+6	+8	+12	+16	+23	+32	+52	+81	+130	+210	+320	+0.52	+0.81	+1.3	+2.1	+3.2	+5.2	+8.1
315	400	+7	+9	+13	+18	+25	+36	+57	+89	+140	+230	+360	+0.57	+0.89	+1.4	+2.3	+3.6	+5.7	+8.9
400	500	+8	+10	+15	+20	+27	+40	+63	+97	+155	+250	+400	+0.63	+0.97	+1.55	+2.5	+4	+6.3	+9.7
500	630	+9	+11	+16	+22	+32	+44	+70	+110	+175	+280	+440	+0.7	+1.1	+1.75	+2.8	+4.4	+7	+11
630	800	+10	+13	+18	+25	+36	+50	+80	+125	+200	+320	+500	+0.8	+1.25	+2	+3.2	+5	+8	+12.5
800	1000	+11	+15	+21	+28	+40	+56	+90	+140	+230	+360	+560	+0.9	+1.4	+2.3	+3.6	+5.6	+9	+14
1000	1250	+13	+18	+24	+33	+47	+66	+105	+165	+260	+420	+660	+1.05	+1.65	+2.6	+4.2	+6.6	+10.5	+16.5
1250	1600	+15	+21	+29	+39	+55	+78	+125	+195	+310	+500	+780	+1.25	+1.95	+3.1	+5	+7.8	+12.5	+19.5
1600	2000	+18	+25	+35	+46	+65	+92	+150	+230	+370	+600	+920	+1.5	+2.3	+3.7	+6	+9.2	+15	+23
2000	2500	+22	+30	+41	+55	+78	+110	+175	+280	+440	+700	+1100	+1.75	+2.8	+4.4	+7	+11	+17.5	+28
2500	3150	+26	+36	+50	+68	+96	+135	+210	+330	+540	+860	+1350	+2.1	+3.3	+5.4	+8.6	+13.5	+21	+33

① IT14 至 IT18 只用于大于 1mm 的公称尺寸。

表 2-2-25 孔的极限偏差（基本偏差 JS）①

公称尺寸/mm		JS																	
		1	2	3	4	5	6	7	8	9	10	11	12	13	14②	15②	16②	17	18
大于	至	偏差																	
		μm											mm						
—	3②	±0.4	±0.6	±1	±1.5	±2	±3	±5	±7	±12.5	±20	±30	±0.05	±0.07	±0.125	±0.2	±0.3		
3	6	±0.5	±0.75	±1.25	±2	±2.5	±4	±6	±9	±15	±24	±37.5	±0.06	±0.09	±0.15	±0.24	±0.375	±0.6	±0.9
6	10	±0.5	±0.75	±1.25	±2	±3	±4.5	±7.5	±11	±18	±29	±45	±0.075	±0.11	±0.18	±0.29	±0.45	±0.75	±1.1
10	18	±0.6	±1	±1.5	±2.5	±4	±5.5	±9	±13.5	±21.5	±35	±55	±0.09	±0.135	±0.215	±0.35	±0.55	±0.9	±1.35
18	30	±0.75	±1.25	±2	±3	±4.5	±6.5	±10.5	±16.5	±26	±42	±65	±0.105	±0.165	±0.26	±0.42	±0.65	±1.05	±1.65
30	50	±0.75	±1.25	±2	±3.5	±5.5	±8	±12.5	±19.5	±31	±50	±80	±0.125	±0.195	±0.31	±0.5	±0.8	±1.25	±1.95
50	80	±1	±1.5	±2.5	±4	±6.5	±9.5	±15	±23	±37	±60	±95	±0.15	±0.23	±0.37	±0.6	±0.95	±1.5	±2.3
80	120	±1.25	±2	±3	±5	±7.5	±11	±17.5	±27	±43.5	±70	±110	±0.175	±0.27	±0.435	±0.7	±1.1	±1.75	±2.7
120	180	±1.75	±2.5	±4	±6	±9	±12.5	±20	±31.5	±50	±80	±125	±0.2	±0.315	±0.5	±0.8	±1.25	±2	±3.15
180	250	±2.25	±3.5	±5	±7	±10	±14.5	±23	±36	±57.5	±92.5	±145	±0.23	±0.36	±0.575	±0.925	±1.45	±2.3	±3.6
250	315	±3	±4	±6	±8	±11.5	±16	±26	±40.5	±65	±105	±160	±0.26	±0.405	±0.65	±1.05	±1.6	±2.6	±4.05
315	400	±3.5	±4.5	±6.5	±9	±12.5	±18	±28.5	±44.5	±70	±115	±180	±0.285	±0.445	±0.7	±1.15	±1.8	±2.85	±4.45
400	500	±4	±5	±7.5	±10	±13.5	±20	±31.5	±48.5	±77.5	±125	±200	±0.315	±0.485	±0.775	±1.25	±2	±3.15	±4.85
500	630	±4.5	±5.5	±8	±11	±16	±22	±35	±55	±87.5	±140	±220	±0.35	±0.55	±0.875	±1.4	±2.2	±3.5	±5.5
630	800	±5	±6.5	±9	±12.5	±18	±25	±40	±62.5	±100	±160	±250	±0.4	±0.625	±1	±1.6	±2.5	±4	±6.25
800	1000	±5.5	±7.5	±10.5	±14	±20	±28	±45	±70	±115	±180	±280	±0.45	±0.7	±1.15	±1.8	±2.8	±4.5	±7
1000	1250	±6.5	±9	±12	±16.5	±23.5	±33	±52.5	±82.5	±130	±210	±330	±0.525	±0.825	±1.3	±2.1	±3.3	±5.25	±8.25

续表

公称尺寸/mm		JS																	
		1	2	3	4	5	6	7	8	9	10	11	12	13	14[②]	15[②]	16[②]	17	18
大于	至	偏差																	
		μm											mm						
1250	1600	±7.5	±10.5	±14.5	±19.5	±27.5	±39	±62.5	±97.5	±155	±250	±390	±0.625	±0.975	±1.55	±2.5	±3.9	±6.25	±9.75
1600	2000	±9	±12.5	±17.5	±23	±32.5	±46	±75	±115	±185	±300	±460	±0.75	±1.15	±1.85	±3	±4.6	±7.5	±11.5
2000	2500	±11	±15	±20.5	±27.5	±39	±55	±87.5	±140	±220	±350	±550	±0.875	±1.4	±2.2	±3.5	±5.5	±8.75	±14
2500	3150	±13	±18	±25	±34	±48	±67.5	±105	±165	±270	±430	±675	±1.05	±1.65	±2.7	±4.3	±6.75	±10.5	16.5

① 为了避免相同值的重复。表列值以"±*x*"给出，可为 ES=+*x*，EI=−*x*，例如$\pm^{0.23}_{0.23}$mm。

② IT 14~16 只用于大于 1mm 的公称尺寸。

表 2-2-26　孔的极限偏差（基本偏差 J 和 K） μm

公称尺寸/mm		J				K							
大于	至	6	7	8	9[①]	3	4	5	6	7	8	9[②]	10[②]
—	3	+2 −4	+4 −6	+6 −8		0 −2	0 −3	0 −4	0 −6	0 −10	0 −14	0 −25	0 −40
3	6	+5 −3	±6[③]	+10 −8		0 −2.5	+0.5 −3.5	0 −5	+2 −6	+3 −9	+5 −13		
6	10	+5 −4	+8 −7	+12 −10		0 −2.5	+0.5 −3.5	+1 −5	+2 −7	+5 −10	+6 −16		
10	18	+6 −5	+10 −8	+15 −12		0 −3	+1 −4	+2 −6	+2 −9	+6 −12	+8 −19		
18	30	+8 −5	+12 −9	+20 −13		−0.5 −4.5	0 −6	+1 −8	+2 −11	+6 −15	+10 −23		
30	50	+10 −6	+14 −11	+24 −15		−0.5 −4.5	+1 −6	+2 −9	+3 −13	+7 −18	+12 −27		
50	80	+13 −6	+18 −12	+28 −18				+3 −10	+4 −15	+9 −21	+14 −32		
80	120	+16 −6	+22 −13	+34 −20				+2 −13	+4 −18	+10 −25	+16 −38		
120	180	+18 −7	+26 −14	+41 −22				+3 −15	+4 −21	+12 −28	+20 −43		
180	250	+22 −7	+30 −16	+47 −25				+2 −18	+5 −24	+13 −33	+22 −50		
250	315	+25 −7	+36 −16	+55 −26				+3 −20	+5 −27	+16 −36	+25 −56		
315	400	+29 −7	+39 −18	+60 −29				+3 −22	+7 −29	+17 −40	+28 −61		
400	500	+33 −7	+43 −20	+66 −31				+2 −25	+8 −32	+18 −45	+29 −68		
500	630								0 −44	0 −70	0 −110		
630	800								0 −50	0 −80	0 −125		
800	1000								0 −56	0 −90	0 −140		
1000	1250								0 −66	0 −105	0 −165		
1250	1600								0 −78	0 −125	0 −195		

续表

公称尺寸/mm		J				K							
大于	至	6	7	8	9①	3	4	5	6	7	8	9②	10②
1600	2000								0 -92	0 -150	0 -230		
2000	2500								0 -110	0 -175	0 -280		
2500	3150								0 -135	0 -210	0 -330		

① 公差带代号 J9、J10 等的公差极限对称于公称尺寸线。

② 公称尺寸大于 3mm 时，大于 IT8 的 K 的偏差值不做规定。

③ 与 JS7 相同。

表 2-2-27　孔的极限偏差（基本偏差 M 和 N）　μm

公称尺寸/mm		M								N								
大于	至	3	4	5	6	7	8	9	10	3	4	5	6	7	8	9①	10①	11①
—	3①	-2 -4	-2 -5	-2 -6	-2 -8	-2 -12	-2 -16	-2 -27	-2 -42	-4 -6	-4 -7	-4 -8	-4 -10	-4 -14	-4 -18	-4 -29	-4 -44	-4 -64
3	6	-3 -5.5	-2.5 -6.5	-3 -8	-1 -9	0 -12	+2 -16	-4 -34	-4 -52	-7 -9.5	-6.5 -10.5	-7 -12	-5 -13	-4 -16	-2 -20	0 -30	0 -48	0 -75
6	10	-5 -7.5	-4.5 -8.5	-4 -10	-3 -12	0 -15	+1 -21	-6 -42	-6 -64	-9 -11.5	-8.5 -12.5	-8 -14	-7 -16	-4 -19	-3 -25	0 -36	0 -58	0 -90
10	18	-6 -9	-5 -10	-4 -12	-4 -15	0 -18	+2 -25	-7 -50	-7 -77	-11 -14	-10 -15	-9 -17	-9 -20	-5 -23	-3 -30	0 -43	0 -70	0 -110
18	30	-6.5 -10.5	-6 -12	-5 -14	-4 -17	0 -21	+4 -29	-8 -60	-8 -92	-13.5 -17.5	-13 -19	-12 -21	-11 -24	-7 -28	-3 -36	0 -52	0 -84	0 -130
30	50	-7.5 -11.5	-6 -13	-5 -16	-4 -20	0 -25	+5 -34	-9 -71	-9 -109	-15.5 -19.5	-14 -21	-13 -24	-12 -28	-8 -33	-3 -42	0 -62	0 -100	0 -160
50	80			-6 -19	-5 -24	0 -30	+5 -41					-15 -28	-14 -33	-9 -39	-4 -50	0 -74	0 -120	0 -190
80	120			-8 -23	-6 -28	0 -35	+6 -48					-18 -33	-16 -38	-10 -45	-4 -58	0 -87	0 -140	0 -220
120	180			-9 -27	-8 -33	0 -40	+8 -55					-21 -39	-20 -45	-12 -52	-4 -67	0 -100	0 -160	0 -250
180	250			-11 -31	-8 -37	0 -46	+9 -63					-25 -45	-22 -51	-14 -60	-5 -77	0 -115	0 -185	0 -290
250	315			-13 -36	-9 -41	0 -52	+9 -72					-27 -50	-25 -57	-14 -66	-5 -86	0 -130	0 -210	0 -320
315	400			-14 -39	-10 -46	0 -57	+11 -78					-30 -55	-26 -62	-16 -73	-5 -94	0 -140	0 -230	0 -360
400	500			-16 -43	-10 -50	0 -63	+11 -86					-33 -60	-27 -67	-17 -80	-6 -103	0 -155	0 -250	0 -400
500	630				-26 -70	-26 -96	-26 -136						-44 -88	-44 -114	-44 -154	-44 -219		
630	800				-30 -80	-30 -110	-30 -155						-50 -100	-50 -130	-50 -175	-50 -250		
800	1000				-34 -90	-34 -124	-34 -174						-56 -112	-56 -146	-56 -196	-56 -286		
1000	1250				-40 -106	-40 -145	-40 -205						-66 -132	-66 -171	-66 -231	-66 -326		
1250	1600				-48 -126	-48 -173	-48 -243						-78 -156	-78 -203	-78 -273	-78 -388		

续表

公称尺寸/mm		M								N								
大于	至	3	4	5	6	7	8	9	10	3	4	5	6	7	8	9①	10①	11①
1600	2000				-58 -150	-58 -208	-58 -288						-92 -184	-92 -242	-92 -322	-92 -462		
2000	2500				-68 -178	-68 -243	-68 -348						-110 -220	-110 -285	-110 -390	-110 -550		
2500	3150				-76 -211	-76 -286	-76 -406						-135 -270	-135 -345	-135 -465	-135 -675		

① 公差带 N9、N10 和 N11 只用于大于 1mm 的公称尺寸。

表 2-2-28　　孔的极限偏差（基本偏差 P）　　μm

公称尺寸/mm		P							
大于	至	3	4	5	6	7	8	9	10
—	3	-6 -8	-6 -9	-6 -10	-6 -12	-6 -16	-6 -20	-6 -31	-6 -46
3	6	-11 -13.5	-10.5 -14.5	-11 -16	-9 -17	-8 -20	-12 -30	-12 -42	-12 -60
6	10	-14 -16.5	-13.5 -17.5	-13 -19	-12 -21	-9 -24	-15 -37	-15 -51	-15 -73
10	18	-17 -20	-16 -21	-15 -23	-15 -26	-11 -29	-18 -45	-18 -61	-18 -88
18	30	-20.5 -24.5	-20 -26	-19 -28	-18 -31	-14 -35	-22 -55	-22 -74	-22 -106
30	50	-24.5 -28.5	-23 -30	-22 -33	-21 -37	-17 -42	-26 -65	-26 -88	-26 -126
50	80			-27 -40	-26 -45	-21 -51	-32 -78	-32 -106	
80	120			-32 -47	-30 -52	-24 -59	-37 -91	-37 -124	
120	180			-37 -55	-36 -61	-28 -68	-43 -106	-43 -143	
180	250			-44 -64	-41 -70	-33 -79	-50 -122	-50 -165	
250	315			-49 -72	-47 -79	-36 -88	-56 -137	-56 -186	
315	400			-55 -80	-51 -87	-41 -98	-62 -151	-62 -202	
400	500			-61 -88	-55 -95	-45 -108	-68 -165	-68 -223	
500	630				-78 -122	-78 -148	-78 -188	-78 -253	
630	800				-88 -138	-88 -168	-88 -213	-88 -288	
800	1000				-100 -156	-100 -190	-100 -240	-100 -330	
1000	1250				-120 -186	-120 -225	-120 -285	-120 -380	
1250	1600				-140 -218	-140 -265	-140 -335	-140 -450	
1600	2000				-170 -262	-170 -320	-170 -400	-170 -540	
2000	2500				-195 -305	-195 -370	-195 -475	-195 -635	
2500	3150				-240 -375	-240 -450	-240 -570	-240 -780	

表 2-2-29　　**孔的极限偏差**（基本偏差 R、S）　　μm

公称尺寸/mm		R								S							
大于	至	3	4	5	6	7	8	9	10	3	4	5	6	7	8	9	10
—	3	-10 -12	-10 -13	-10 -14	-10 -16	-10 -20	-10 -24	-10 -35	-10 -50	-14 -16	-14 -17	-14 -18	-14 -20	-14 -24	-14 -28	-14 -39	-14 -54
3	6	-14 -16.5	-13.5 -17.5	-14 -19	-12 -20	-11 -23	-15 -33	-15 -45	-15 -63	-18 -20.5	-17.5 -21.5	-18 -23	-16 -24	-15 -27	-19 -37	-19 -49	-19 -67
6	10	-18 -20.5	-17.5 -21.5	-17 -23	-16 -25	-13 -28	-19 -41	-19 -55	-19 -77	-22 -24.5	-21.5 -25.5	-21 -27	-20 -29	-17 -32	-23 -45	-23 -59	-23 -81
10	18	-22 -25	-21 -26	-20 -28	-20 -31	-16 -34	-23 -50	-23 -66	-23 -93	-27 -30	-26 -31	-25 -33	-25 -36	-21 -39	-28 -55	-28 -71	-28 -98
18	30	-26.5 -30.5	-26 -32	-25 -34	-24 -37	-20 -41	-28 -61	-28 -80	-10 -112	-33.5 -37.5	-33 -39	-32 -41	-31 -44	-27 -48	-35 -68	-35 -87	-35 -119
30	50	-32.5 -36.5	-31 -38	-30 -41	-29 -45	-25 -50	-34 -73	-34 -96	-34 -134	-41.5 -45.5	-40 -47	-39 -50	-38 -54	-34 -59	-43 -82	-43 -105	-43 -143
50	65			-36 -49	-35 -54	-30 -60	-41 -87					-48 -61	-47 -66	-42 -72	-53 -99	-53 -127	
65	80			-38 -51	-37 -56	-32 -62	-43 -89					-54 -67	-53 -72	-48 -78	-59 -105	-59 -133	
80	100			-46 -61	-44 -66	-38 -73	-51 -105					-66 -81	-64 -86	-58 -93	-71 -125	-71 -158	
100	120			-49 -64	-47 -69	-41 -76	-54 -108					-74 -89	-72 -94	-66 -101	-79 -133	-79 -166	
120	140			-57 -75	-56 -81	-48 -88	-63 -126					-86 -104	-85 -110	-77 -117	-92 -155	-92 -192	
140	160			-59 -77	-58 -83	-50 -90	-65 -128					-94 -112	-93 -118	-85 -125	-100 -163	-100 -200	
160	180			-62 -80	-61 -86	-53 -93	-68 -131					-102 -120	-101 -126	-93 -133	-108 -171	-108 -208	
180	200			-71 -91	-68 -97	-60 -106	-77 -149					-116 -136	-113 -142	-105 -151	-122 -194	-122 -237	
200	225			-74 -94	-71 -100	-63 -109	-80 -152					-124 -144	-121 -150	-113 -159	-130 -202	-130 -245	
225	250			-78 -98	-75 -104	-67 -113	-84 -156					-134 -154	-131 -160	-123 -169	-140 -212	-140 -255	
250	280			-87 -110	-85 -117	-74 -126	-94 -175					-151 -174	-149 -181	-138 -190	-158 -239	-158 -288	
280	315			-91 -114	-89 -121	-78 -130	-98 -179					-163 -186	-161 -193	-150 -202	-170 -251	-170 -300	
315	355			-101 -126	-97 -133	-87 -144	-108 -197					-183 -208	-179 -215	-169 -226	-190 -279	-190 -330	
355	400			-107 -132	-103 -139	-93 -150	-114 -203					-201 -226	-197 -233	-187 -244	-208 -297	-208 -348	
400	450			-119 -146	-113 -153	-103 -166	-126 -223					-225 -252	-219 -259	-209 -272	-232 -329	-232 -387	
450	500			-125 -152	-119 -159	-109 -172	-132 -229					-245 -272	-239 -279	-229 -292	-252 -349	-252 -407	
500	560				-150 -194	-150 -220	-150 -260						-280 -324	-280 -350	-280 -390		
560	630				-155 -199	-155 -225	-155 -265						-310 -354	-310 -380	-310 -420		
630	710				-175 -225	-175 -255	-175 -300						-340 -390	-340 -420	-340 -465		

续表

公称尺寸/mm		R								S							
大于	至	3	4	5	6	7	8	9	10	3	4	5	6	7	8	9	10
710	800				-185 -235	-185 -265	-185 -310						-380 -430	-380 -460	-380 -505		
800	900				-210 -266	-210 -300	-210 -350						-430 -486	-430 -520	-430 -570		
900	1000				-220 -276	-220 -310	-220 -360						-470 -526	-470 -560	-470 -610		
1000	1120				-250 -316	-250 -355	-250 -415						-520 -586	-520 -625	-520 -685		
1120	1250				-260 -326	-260 -365	-260 -425						-580 -646	-580 -685	-580 -745		
1250	1400				-300 -378	-300 -425	-300 -495						-640 -718	-640 -765	-640 -835		
1400	1600				-330 -408	-330 -455	-330 -525						-720 -798	-720 -845	-720 -915		
1600	1800				-370 -462	-370 -520	-370 -600						-820 -912	-820 -970	-820 -1050		
1800	2000				-400 -492	-400 -550	-400 -630						-920 -1012	-920 -1070	-920 -1150		
2000	2240				-440 -550	-440 -615	-440 -720						-1000 -1110	-1000 -1175	-1000 -1280		
2240	2500				-460 -570	-460 -635	-460 -740						-1100 -1210	-1100 -1275	-1100 -1380		
2500	2800				-550 -685	-550 -760	-550 -880						-1250 -1385	-1250 -1460	-1250 -1580		
2800	3150				-580 -715	-580 -790	-580 -910						-1400 -1535	-1400 -1610	-1400 -1730		

表 2-2-30　　孔的极限偏差（基本偏差 T 和 U）　　μm

公称尺寸/mm		T①				U					
大于	至	5	6	7	8	5	6	7	8	9	10
—	3					-18 -22	-18 -24	-18 -28	-18 -32	-18 -43	-18 -58
3	6					-22 -27	-20 -28	-19 -31	-23 -41	-23 -53	-23 -71
6	10					-26 -32	-25 -34	-22 -37	-28 -50	-28 -64	-28 -86
10	18					-30 -38	-30 -41	-26 -44	-33 -60	-33 -76	-33 -103
18	24					-38 -47	-37 -50	-33 -54	-41 -74	-41 -93	-41 -125
24	30	-38 -47	-37 -50	-33 -54	-41 -74	-45 -54	-44 -57	-40 -61	-48 -81	-48 -100	-48 -132
30	40	-44 -55	-43 -59	-39 -64	-48 -87	-56 -67	-55 -71	-51 -76	-60 -99	-60 -122	-60 -160
40	50	-50 -61	-49 -65	-45 -70	-54 -93	-66 -77	-65 -81	-61 -86	-70 -109	-70 -132	-70 -170
50	65		-60 -79	-55 -85	-66 -112		-81 -100	-76 -106	-87 -133	-87 -161	-87 -207

续表

公称尺寸/mm		T①				U					
大于	至	5	6	7	8	5	6	7	8	9	10
65	80		-69 -88	-64 -94	-75 -121		-96 -115	-91 -121	-102 -148	-102 -176	-102 -222
80	100		-84 -106	-78 -113	-91 -145		-117 -139	-111 -146	-124 -178	-124 -211	-124 -264
100	120		-97 -119	-91 -126	-104 -158		-137 -159	-131 -166	-144 -198	-144 -231	-144 -284
120	140		-115 -140	-107 -147	-122 -185		-163 -188	-155 -195	-170 -233	-170 -270	-170 -330
140	160		-127 -152	-119 -159	-134 -197		-183 -208	-175 -215	-190 -253	-190 -290	-190 -350
160	180		-139 -164	-131 -171	-146 -209		-203 -228	-195 -235	-210 -273	-210 -310	-210 -370
180	200		-157 -186	-149 -195	-166 -238		-227 -256	-219 -265	-236 -308	-236 -351	-236 -421
200	225		-171 -200	-163 -209	-180 -252		-249 -278	-241 -287	-258 -330	-258 -373	-258 -443
225	250		-187 -216	-179 -225	-196 -268		-275 -304	-267 -313	-284 -356	-284 -399	-284 -469
250	280		-209 -241	-198 -250	-218 -299		-306 -338	-295 -347	-315 -396	-315 -445	-315 -525
280	315		-231 -263	-220 -272	-240 -321		-341 -373	-330 -382	-350 -431	-350 -480	-350 -560
315	355		-257 -293	-247 -304	-268 -357		-379 -415	-369 -426	-390 -479	-390 -530	-390 -620
355	400		-283 -319	-273 -330	-294 -383		-424 -460	-414 -471	-435 -524	-435 -575	-435 -665
400	450		-317 -357	-307 -370	-330 -427		-477 -517	-467 -530	-490 -587	-490 -645	-490 -740
450	500		-347 -387	-337 -400	-360 -457		-527 -567	-517 -580	-540 -637	-540 -695	-540 -790
500	560		-400 -444	-400 -470	-400 -510		-600 -644	-600 -670	-600 -710		
560	630		-450 -494	-450 -520	-450 -560		-660 -704	-660 -730	-660 -770		
630	710		-500 -550	-500 -580	-500 -625		-740 -790	-740 -820	-740 -865		
710	800		-560 -610	-560 -640	-560 -685		-840 -890	-840 -920	-840 -965		
800	900		-620 -676	-620 -710	-620 -760		-940 -996	-940 -1030	-940 -1080		
900	1000		-680 -736	-680 -770	-680 -820		-1050 -1106	-1050 -1140	-1050 -1190		
1000	1120		-780 -846	-780 -885	-780 -945		-1150 -1216	-1150 -1255	-1150 -1315		
1120	1250		-840 -906	-840 -945	-840 -1005		-1300 -1366	-1300 -1405	-1300 -1465		
1250	1400		-960 -1038	-960 -1085	-960 -1155		-1450 -1528	-1450 -1575	-1450 -1645		
1400	1600		-1050 -1128	-1050 -1175	-1050 -1245		-1600 -1678	-1600 -1725	-1600 -1795		

续表

公称尺寸/mm		T①				U					
大于	至	5	6	7	8	5	6	7	8	9	10
1600	1800		-1200 -1292	-1200 -1360	-1200 -1430		-1850 -1942	-1850 -2000	-1850 -2080		
1800	2000		-1350 -1442	-1350 -1500	-1350 -1580		-2000 -2092	-2000 -2150	-2000 -2230		
2000	2240		-1500 -1610	-1500 -1675	-1500 -1780		-2300 -2410	-2300 -2475	-2300 -2580		
2240	2500		-1650 -1760	-1650 -1825	-1650 -1930		-2500 -2610	-2500 -2675	-2500 -2780		
2500	2800		-1900 -2035	-1900 -2110	-1900 -2230		-2900 -3035	-2900 -3110	-2900 -3230		
2800	3150		-2100 -2235	-2100 -2310	-2100 -2430		-3200 -3335	-3200 -3410	-3200 -3530		

① 公称尺寸至 24mm 的 T5～T8 的偏差值没有列入表内，建议以 U5～U8 代替。

表 2-2-31　孔的极限偏差（基本偏差 V、X 和 Y）①　　μm

公称尺寸/mm		V②				X						Y③				
大于	至	5	6	7	8	5	6	7	8	9	10	6	7	8	9	10
—	3					-20 -24	-20 -26	-20 -30	-20 -34	-20 -45	-20 -60					
3	6					-27 -32	-25 -33	-24 -36	-28 -46	-28 -58	-28 -76					
6	10					-32 -38	-31 -40	-28 -43	-34 -56	-34 -70	-34 -92					
10	14					-37 -45	-37 -48	-33 -51	-40 -67	-40 -83	-40 -110					
14	18	-36 -44	-36 -47	-32 -50	-39 -66	-42 -50	-42 -53	-38 -56	-45 -72	-45 -88	-45 -115					
18	24	-44 -53	-43 -56	-39 -60	-47 -80	-51 -60	-50 -63	-46 -67	-54 -87	-54 -106	-54 -138	-59 -72	-55 -76	-63 -96	-63 -115	-63 -147
24	30	-52 -61	-51 -64	-47 -68	-55 -88	-61 -70	-60 -73	-56 -77	-64 -97	-64 -116	-64 -148	-71 -84	-67 -88	-75 -108	-75 -127	-75 -159
30	40	-64 -75	-63 -79	-59 -84	-68 -107	-76 -87	-75 -91	-71 -96	-80 -119	-80 -142	-80 -180	-89 -105	-85 -110	-94 -133	-94 -156	-94 -194
40	50	-77 -88	-76 -92	-72 -97	-81 -120	-93 -104	-92 -108	-88 -113	-97 -136	-97 -159	-97 -197	-109 -125	-105 -130	-114 -153	-114 -176	-114 -214
50	65		-96 -115	-91 -121	-102 -148		-116 -135	-111 -141	-122 -168	-122 -196		-138 -157	-133 -163	-144 -190		
65	80		-114 -133	-109 -139	-120 -166		-140 -159	-135 -165	-146 -192	-146 -220		-168 -187	-163 -193	-174 -220		
80	100		-139 -161	-133 -168	-146 -200		-171 -193	-165 -200	-178 -232	-178 -265		-207 -229	-201 -236	-214 -268		
100	120		-165 -187	-159 -194	-172 -226		-203 -225	-197 -232	-210 -264	-210 -297		-247 -269	-241 -276	-254 -308		
120	140		-195 -220	-187 -227	-202 -265		-241 -266	-233 -273	-248 -311	-248 -348		-293 -318	-285 -325	-300 -363		
140	160		-221 -246	-213 -253	-228 -291		-273 -298	-265 -305	-280 -343	-280 -380		-333 -358	-325 -365	-340 -403		
160	180		-245 -270	-237 -277	-252 -315		-303 -328	-295 -335	-310 -373	-310 -410		-373 -398	-365 -405	-380 -443		
180	200		-275 -304	-267 -313	-284 -356		-341 -370	-333 -379	-350 -422	-350 -465		-416 -445	-408 -454	-425 -497		

续表

公称尺寸/mm		V②				X						Y③				
大于	至	5	6	7	8	5	6	7	8	9	10	6	7	8	9	10
200	225		-301 -330	-293 -339	-310 -382		-376 -405	-368 -414	-385 -457	-385 -500		-461 -490	-453 -499	-470 -542		
225	250		-331 -360	-323 -369	-340 -412		-416 -445	-408 -454	-425 -497	-425 -540		-511 -540	-503 -549	-520 -592		
250	280		-376 -408	-365 -417	-385 -466		-466 -498	-455 -507	-475 -556	-475 -605		-571 -603	-560 -612	-580 -661		
280	315		-416 -448	-405 -457	-425 -506		-516 -548	-505 -557	-525 -606	-525 -655		-641 -673	-630 -682	-650 -731		
315	355		-464 -500	-454 -511	-475 -564		-579 -615	-569 -626	-590 -679	-590 -730		-719 -755	-709 -766	-730 -819		
355	400		-519 -555	-509 -566	-530 -619		-649 -685	-639 -696	-660 -749	-660 -800		-809 -845	-799 -856	-820 -909		
400	450		-582 -622	-572 -635	-595 -692		-727 -767	-717 -780	-740 -837	-740 -895		-907 -947	-897 -960	-920 -1017		
450	500		-647 -687	-637 -700	-660 -757		-807 -847	-797 -860	-820 -917	-820 -975		-987 -1027	-977 -1040	-1000 -1097		

① 公称尺寸大于500mm的V、X和Y的基本偏差数值没有列入表中。

② 公称尺寸至14mm的公差带代号V5~V8的偏差数值没有列入表中，建议以公差带代号X5~X8替代。

③ 公称尺寸至18mm的公差带代号Y6~Y10的偏差数值没有列入表中，建议以公差带代号Z6~Z10替代。

表 2-2-32　孔的极限偏差（基本偏差Z和ZA）①

μm

公称尺寸/mm		Z						ZA					
大于	至	6	7	8	9	10	11	6	7	8	9	10	11
—	3	-26 -32	-26 -36	-26 -40	-26 -51	-26 -66	-26 -86	-32 -38	-32 -42	-32 -46	-32 -57	-32 -72	-32 -92
3	6	-32 -40	-31 -43	-35 -53	-35 -65	-35 -83	-35 -110	-39 -47	-38 -50	-42 -60	-42 -72	-42 -90	-42 -117
6	10	-39 -48	-36 -51	-42 -64	-42 -78	-42 -100	-42 -132	-49 -58	-46 -61	-52 -74	-52 -88	-52 -110	-52 -142
10	14	-47 -58	-43 -61	-50 -77	-50 -93	-50 -120	-50 -160	-61 -72	-57 -75	-64 -91	-64 -107	-64 -134	-64 -174
14	18	-57 -68	-53 -71	-60 -87	-60 -103	-60 -130	-60 -170	-74 -85	-70 -88	-77 -104	-77 -120	-77 -147	-77 -187
18	24	-69 -82	-65 -86	-73 -106	-73 -125	-73 -157	-73 -203	-94 -107	-90 -111	-98 -131	-98 -150	-98 -182	-98 -228
24	30	-84 -97	-80 -101	-88 -121	-88 -140	-88 -172	-88 -218	-114 -127	-110 -131	-118 -151	-118 -170	-118 -202	-118 -248
30	40	-107 -123	-103 -128	-112 -151	-112 -174	-112 -212	-112 -272	-143 -159	-139 -164	-148 -187	-148 -210	-148 -248	-148 -308
40	50	-131 -147	-127 -152	-136 -175	-136 -198	-136 -236	-136 -296	-175 -191	-171 -196	-180 -219	-180 -242	-180 -280	-180 -340
50	65		-161 -191	-172 -218	-172 -246	-172 -292	-172 -362		-215 -245	-226 -272	-226 -300	-226 -346	-226 -416
65	80		-199 -229	-210 -256	-210 -284	-210 -330	-210 -400		-263 -293	-274 -320	-274 -348	-274 -394	-274 -464
80	100		-245 -280	-258 -312	-258 -345	-258 -398	-258 -478		-322 -357	-335 -389	-335 -422	-335 -475	-335 -555
100	120		-297 -332	-310 -364	-310 -397	-310 -450	-310 -530		-387 -422	-400 -454	-400 -487	-400 -540	-400 -620

续表

公称尺寸/mm		Z						ZA					
大于	至	6	7	8	9	10	11	6	7	8	9	10	11
120	140		-350 -390	-365 -428	-365 -465	-365 -525	-365 -615		-455 -495	-470 -533	-470 -570	-470 -630	-470 -720
140	160		-400 -440	-415 -478	-415 -515	-415 -575	-415 -665		-520 -560	-535 -598	-535 -635	-535 -695	-535 -785
160	180		-450 -490	-465 -528	-465 -565	-465 -625	-465 -715		-585 -625	-600 -663	-600 -700	-600 -760	-600 -850
180	200		-503 -549	-520 -592	-520 -635	-520 -705	-520 -810		-653 -699	-670 -742	-670 -785	-670 -855	-670 -960
200	225		-558 -604	-575 -647	-575 -690	-575 -760	-575 -865		-723 -769	-740 -812	-740 -855	-740 -925	-740 -1030
225	250		-623 -669	-640 -712	-640 -755	-640 -825	-640 -930		-803 -849	-820 -892	-820 -935	-820 -1005	-820 -1110
250	280		-690 -742	-710 -791	-710 -840	-710 -920	-710 -1030		-900 -952	-920 -1001	-920 -1050	-920 -1130	-920 -1240
280	315		-770 -822	-790 -871	-790 -920	-790 -1000	-790 -1110		-980 -1032	-1000 -1081	-1000 -1130	-1000 -1210	-1000 -1320
315	355		-879 -936	-900 -989	-900 -1040	-900 -1130	-900 -1260		-1129 -1186	-1150 -1239	-1150 -1290	-1150 -1380	-1150 -1510
355	400		-979 -1036	-1000 -1089	-1000 -1140	-1000 -1230	-1000 -1360		-1279 -1336	-1300 -1389	-1300 -1440	-1300 -1530	-1300 -1660
400	450		-1077 -1140	-1100 -1197	-1100 -1255	-1100 -1350	-1100 -1500		-1427 -1490	-1450 -1547	-1450 -1605	-1450 -1700	-1450 -1850
450	500		-1227 -1290	-1250 -1347	-1250 -1405	-1250 -1500	-1250 -1650		-1577 -1640	-1600 -1697	-1600 -1755	-1600 -1850	-1600 -2000

① 公称尺寸大于 500mm 的 Z 和 ZA 的基本偏差数值没有列入表中。

表 2-2-33　孔的极限偏差（基本偏差 ZB 和 ZC）①　μm

公称尺寸/mm		ZB					ZC				
大于	至	7	8	9	10	11	7	8	9	10	11
—	3	-40 -50	-40 -54	-40 -65	-40 -80	-40 -100	-60 -70	-60 -74	-60 -85	-60 -100	-60 -120
3	6	-46 -58	-50 -68	-50 -80	-50 -98	-50 -125	-76 -88	-80 -98	-80 -110	-80 -128	-80 -155
6	10	-61 -76	-67 -89	-67 -103	-67 -125	-67 -157	-91 -106	-97 -119	-97 -133	-97 -155	-97 -187
10	14	-83 -101	-90 -117	-90 -133	-90 -160	-90 -200	-123 -141	-130 -157	-130 -173	-130 -200	-130 -240
14	18	-101 -119	-108 -135	-108 -151	-108 -178	-108 -218	-143 -161	-150 -177	-150 -193	-150 -220	-150 -260
18	24	-128 -149	-136 -169	-136 -188	-136 -220	-136 -266	-180 -201	-188 -221	-188 -240	-188 -272	-188 -318
24	30	-152 -173	-160 -193	-160 -212	-160 -244	-160 -290	-210 -231	-218 -251	-218 -270	-218 -302	-218 -348
30	40	-191 -216	-200 -239	-200 -262	-200 -300	-200 -360	-265 -290	-274 -313	-274 -336	-274 -374	-274 -434
40	50	-233 -258	-242 -281	-242 -304	-242 -342	-242 -402	-316 -341	-325 -364	-325 -387	-325 -425	-325 -485
50	65	-289 -319	-300 -346	-300 -374	-300 -420	-300 -490	-394 -424	-405 -451	-405 -479	-405 -525	-405 -595

续表

公称尺寸/mm		ZB					ZC				
大于	至	7	8	9	10	11	7	8	9	10	11
65	80	-349 -379	-360 -406	-360 -434	-360 -480	-360 -550	-469 -499	-480 -526	-480 -554	-480 -600	-480 -670
80	100	-432 -467	-445 -499	-445 -532	-445 -585	-445 -665	-572 -607	-585 -639	-585 -672	-585 -725	-585 -805
100	120	-512 -547	-525 -579	-525 -612	-525 -665	-525 -745	-677 -712	-690 -744	-690 -777	-690 -830	-690 -910
120	140	-605 -645	-620 -683	-620 -720	-620 -780	-620 -870	-785 -825	-800 -863	-800 -900	-800 -960	-800 -1050
140	160	-685 -725	-700 -763	-700 -800	-700 -860	-700 -950	-885 -925	-900 -963	-900 -1000	-900 -1060	-900 -1150
160	180	-765 -805	-780 -843	-780 -880	-780 -940	-780 -1030	-985 -1025	-1000 -1063	-1000 -1100	-1000 -1160	-1000 -1250
180	200	-863 -909	-880 -952	-880 -995	-880 -1065	-880 -1170	-1133 -1179	-1150 -1222	-1150 -1265	-1150 -1335	-1150 -1440
200	225	-943 -989	-960 -1032	-960 -1075	-960 -1145	-960 -1250	-1233 -1279	-1250 -1322	-1250 -1365	-1250 -1435	-1250 -1540
225	250	-1033 -1079	-1050 -1122	-1050 -1165	-1050 -1235	-1050 -1340	-1333 -1379	-1350 -1422	-1350 -1465	-1350 -1535	-1350 -1640
65	80	-349 -379	-360 -406	-360 -434	-360 -480	-360 -550	-469 -499	-480 -526	-480 -554	-480 -600	-480 -670
80	100	-432 -467	-445 -499	-445 -532	-445 -585	-445 -665	-572 -607	-585 -639	-585 -672	-585 -725	-585 -805
100	120	-512 -547	-525 -579	-525 -612	-525 -665	-525 -745	-677 -712	-690 -744	-690 -777	-690 -830	-690 -910
120	140	-605 -645	-620 -683	-620 -720	-620 -780	-620 -870	-785 -825	-800 -863	-800 -900	-800 -960	-800 -1050
140	160	-685 -725	-700 -763	-700 -800	-700 -860	-700 -950	-885 -925	-900 -963	-900 -1000	-900 -1060	-900 -1150
160	180	-765 -805	-780 -843	-780 -880	-780 -940	-780 -1030	-985 -1025	-1000 -1063	-1000 -1100	-1000 -1160	-1000 -1250
180	200	-863 -909	-880 -952	-880 -995	-880 -1065	-880 -1170	-1133 -1179	-1150 -1222	-1150 -1265	-1150 -1335	-1150 -1440
200	225	-943 -989	-960 -1032	-960 -1075	-960 -1145	-960 -1250	-1233 -1279	-1250 -1322	-1250 -1365	-1250 -1435	-1250 -1540
225	250	-1033 -1079	-1050 -1122	-1050 -1165	-1050 -1235	-1050 -1340	-1333 -1379	-1350 -1422	-1350 -1465	-1350 -1535	-1350 -1640
250	280	-1180 -1232	-1200 -1281	-1200 -1330	-1200 -1410	-1200 -1520	-1530 -1582	-1550 -1631	-1550 -1680	-1550 -1760	-1550 -1870
280	315	-1280 -1332	-1300 -1381	-1300 -1430	-1300 -1510	-1300 -1620	-1680 -1732	-1700 -1781	-1700 -1830	-1700 -1910	-1700 -2020
315	355	-1479 -1536	-1500 -1589	-1500 -1640	-1500 -1730	-1500 -1860	-1879 -1936	-1900 -1989	-1900 -2040	-1900 -2130	-1900 -2260
355	400	-1629 -1686	-1650 -1739	-1650 -1790	-1650 -1880	-1650 -2010	-2079 -2136	-2100 -2189	-2100 -2240	-2100 -2330	-2100 -2460
400	450	-1827 -1890	-1850 -1947	-1850 -2005	-1850 -2100	-1850 -2250	-2377 -2440	-2400 -2497	-2400 -2555	-2400 -2650	-2400 -2800
450	500	-2077 -2140	-2100 -2197	-2100 -2255	-2100 -2350	-2100 -2500	-2577 -2640	-2600 -2697	-2600 -2755	-2600 -2850	-2600 -3000

① 公称尺寸大于 500mm 的 ZB 和 ZC 的基本偏差数值没有列入表中。

表 2-2-34 **轴的极限偏差**（基本偏差 a、b 和 c）[①] μm

公称尺寸/mm		a[②]					b[②]						c				
大于	至	9	10	11	12	13	8	9	10	11	12	13	8	9	10	11	12
—	3	-270 -295	-270 -310	-270 -330	-270 -370	-270 -410	-140 -154	-140 -165	-140 -180	-140 -200	-140 -240	-140 -280	-60 -74	-60 -85	-60 -100	-60 -120	-60 -160
3	6	-270 -300	-270 -318	-270 -345	-270 -390	-270 -450	-140 -158	-140 -170	-140 -188	-140 -215	-140 -260	-140 -320	-70 -88	-70 -100	-70 -118	-70 -145	-70 -190
6	10	-280 -316	-280 -338	-280 -370	-280 -430	-280 -500	-150 -172	-150 -186	-150 -208	-150 -240	-150 -300	-150 -370	-80 -102	-80 -116	-80 -138	-80 -170	-80 -230
10	18	-290 -333	-290 -360	-290 -400	-290 -470	-290 -560	-150 -177	-150 -193	-150 -220	-150 -260	-150 -330	-150 -420	-95 -122	-95 -138	-95 -165	-95 -205	-95 -275
18	30	-300 -352	-300 -384	-300 -430	-300 -510	-300 -630	-160 -193	-160 -212	-160 -244	-160 -290	-160 -370	-160 -490	-110 -143	-110 -162	-110 -194	-110 -240	-110 -320
30	40	-310 -372	-310 -410	-310 -470	-310 -560	-310 -700	-170 -209	-170 -232	-170 -270	-170 -330	-170 -420	-170 -560	-120 -159	-120 -182	-120 -220	-120 -280	-120 -370
40	50	-320 -382	-320 -420	-320 -480	-320 -570	-320 -710	-180 -219	-180 -242	-180 -280	-180 -340	-180 -430	-180 -570	-130 -169	-130 -192	-130 -230	-130 -290	-130 -380
50	65	-340 -414	-340 -460	-340 -530	-340 -640	-340 -800	-190 -236	-190 -264	-190 -310	-190 -380	-190 -490	-190 -650	-140 -186	-140 -214	-140 -260	-140 -330	-140 -440
65	80	-360 -434	-360 -480	-360 -550	-360 -660	-360 -820	-200 -246	-200 -274	-200 -320	-200 -390	-200 -500	-200 -660	-150 -196	-150 -224	-150 -270	-150 -340	-150 -450
80	100	-380 -467	-380 -520	-380 -600	-380 -730	-380 -920	-220 -274	-220 -307	-220 -360	-220 -440	-220 -570	-220 -760	-170 -224	-170 -257	-170 -310	-170 -390	-170 -520
100	120	-410 -497	-410 -550	-410 -630	-410 -760	-410 -950	-240 -294	-240 -327	-240 -380	-240 -460	-240 -590	-240 -780	-180 -234	-180 -267	-180 -320	-180 -400	-180 -530
120	140	-460 -560	-460 -620	-460 -710	-460 -860	-460 -1090	-260 -323	-260 -360	-260 -420	-260 -510	-260 -660	-260 -890	-200 -263	-200 -300	-200 -360	-200 -450	-200 -600
140	160	-520 -620	-520 -680	-520 -770	-520 -920	-520 -1150	-280 -343	-280 -380	-280 -440	-280 -530	-280 -680	-280 -910	-210 -273	-210 -310	-210 -370	-210 -460	-210 -610
160	180	-580 -680	-580 -740	-580 -830	-580 -980	-580 -1210	-310 -373	-310 -410	-310 -470	-310 -560	-310 -710	-310 -940	-230 -293	-230 -330	-230 -390	-230 -480	-230 -630
180	200	-660 -775	-660 -845	-660 -950	-660 -1120	-660 -1380	-340 -412	-340 -455	-340 -525	-340 -630	-340 -800	-340 -1060	-240 -312	-240 -355	-240 -425	-240 -530	-240 -700
200	225	-740 -855	-740 -925	-740 -1030	-740 -1200	-740 -1460	-380 -452	-380 -495	-380 -565	-380 -670	-380 -840	-380 -1100	-260 -332	-260 -375	-260 -445	-260 -550	-260 -720
225	250	-820 -935	-820 -1005	-820 -1110	-820 -1280	-820 -1540	-420 -492	-420 -535	-420 -605	-420 -710	-420 -880	-420 -1140	-280 -352	-280 -395	-280 -465	-280 -570	-280 -740
250	280	-920 -1050	-920 -1130	-920 -1240	-920 -1440	-920 -1730	-480 -561	-480 -610	-480 -690	-480 -800	-480 -1000	-480 -1290	-300 -381	-300 -430	-300 -510	-300 -620	-300 -820
280	315	-1050 -1180	-1050 -1260	-1050 -1370	-1050 -1570	-1050 -1860	-540 -621	-540 -670	-540 -750	-540 -860	-540 -1060	-540 -1350	-330 -411	-330 -460	-330 -540	-330 -650	-330 -850
315	355	-1200 -1340	-1200 -1430	-1200 -1560	-1200 -1770	-1200 -2090	-600 -689	-600 -740	-600 -830	-600 -960	-600 -1170	-600 -1490	-360 -449	-360 -500	-360 -590	-360 -720	-360 -930
355	400	-1350 -1490	-1350 -1580	-1350 -1710	-1350 -1920	-1350 -2240	-680 -769	-680 -820	-680 -910	-680 -1040	-680 -1250	-680 -1570	-400 -489	-400 -540	-400 -630	-400 -760	-400 -970
400	450	-1500 -1655	-1500 -1750	-1500 -1900	-1500 -2130	-1500 -2470	-760 -857	-760 -915	-760 -1010	-760 -1160	-760 -1390	-760 -1730	-440 -537	-440 -595	-440 -690	-440 -840	-440 -1070
450	500	-1650 -1805	-1650 -1900	-1650 -2050	-1650 -2280	-1650 -2620	-840 -937	-840 -995	-840 -1090	-840 -1240	-840 -1470	-840 -1810	-480 -577	-480 -635	-480 -730	-480 -880	-480 -1110

① 没有给出公称尺寸大于 500mm 的基本偏差 a、b 和 c。

② 公称尺寸小于 1mm 时，各级的 a 和 b 均不采用。

表 2-2-35 轴的极限偏差（基本偏差 cd 和 d） μm

公称尺寸/mm		cd[①]						d								
大于	至	5	6	7	8	9	10	5	6	7	8	9	10	11	12	13
—	3	-34 -38	-34 -40	-34 -44	-34 -48	-34 -59	-34 -74	-20 -24	-20 -26	-20 -30	-20 -34	-20 -45	-20 -60	-20 -80	-20 -120	-20 -160
3	6	-46 -51	-46 -54	-46 -58	-46 -64	-46 -76	-46 -94	-30 -35	-30 -38	-30 -42	-30 -48	-30 -60	-30 -78	-30 -105	-30 -150	-30 -210
6	10	-56 -62	-56 -65	-56 -71	-56 -78	-56 -92	-56 -114	-40 -46	-40 -49	-40 -55	-40 -62	-40 -76	-40 -98	-40 -130	-40 -190	-40 -260
10	18							-50 -58	-50 -61	-50 -68	-50 -77	-50 -93	-50 -120	-50 -160	-50 -230	-50 -320
18	30							-65 -74	-65 -78	-65 -86	-65 -98	-65 -117	-65 -149	-65 -195	-65 -275	-65 -395
30	50							-80 -91	-80 -96	-80 -105	-80 -119	-80 -142	-80 -180	-80 -240	-80 -330	-80 -470
50	80							-100 -113	-100 -119	-100 -130	-100 -146	-100 -174	-100 -220	-100 -290	-100 -400	-100 -560
80	120							-120 -135	-120 -142	-120 -155	-120 -174	-120 -207	-120 -260	-120 -340	-120 -470	-120 -660
120	180							-145 -163	-145 -170	-145 -185	-145 -208	-145 -245	-145 -305	-145 -395	-145 -545	-145 -775
180	250							-170 -190	-170 -199	-170 -216	-170 -242	-170 -285	-170 -355	-170 -460	-170 -630	-170 -890
250	315							-190 -213	-190 -222	-190 -242	-190 -271	-190 -320	-190 -400	-190 -510	-190 -710	-190 -1000
315	400							-210 -235	-210 -246	-210 -267	-210 -299	-210 -350	-210 -440	-210 -570	-210 -780	-210 -1100
400	500							-230 -257	-230 -270	-230 -293	-230 -327	-230 -385	-230 -480	-230 -630	-230 -860	-230 -1200
500	630									-260 -330	-260 -370	-260 -435	-260 -540	-260 -700		
630	800									-290 -370	-290 -415	-290 -490	-290 -610	-290 -790		
800	1000									-320 -410	-320 -460	-320 -550	-320 -680	-320 -880		
1000	1250									-350 -455	-350 -515	-350 -610	-350 -770	-350 -1010		
1250	1600									-390 -515	-390 -585	-390 -700	-390 -890	-390 -1170		
1600	2000									-430 -580	-430 -660	-430 -800	-430 -1030	-430 -1350		
2000	2500									-480 -655	-480 -760	-480 -920	-480 -1180	-480 -1580		
2500	3150									-520 -730	-520 -850	-520 -1060	-520 -1380	-520 -1870		

① 中间的基本偏差 cd 主要应用于精密机构和钟表制造业。如果需要在其他公称尺寸中包含该基本偏差的公差带代号，可依据 GB/T 1800.1 计算。

表 2-2-36 轴的极限偏差（基本偏差 e 和 ef） μm

公称尺寸/mm		e						ef[①]							
大于	至	5	6	7	8	9	10	3	4	5	6	7	8	9	10
—	3	-14 -18	-14 -20	-14 -24	-14 -28	-14 -39	-14 -54	-10 -12	-10 -13	-10 -14	-10 -16	-10 -20	-10 -24	-10 -35	-10 -50

续表

公称尺寸/mm		e						ef①							
大于	至	5	6	7	8	9	10	3	4	5	6	7	8	9	10
3	6	-20 -25	-20 -28	-20 -32	-20 -38	-20 -50	-20 -68	-14 -16.5	-14 -18	-14 -19	-14 -22	-14 -26	-14 -32	-14 -44	-14 -62
6	10	-25 -31	-25 -34	-25 -40	-25 -47	-25 -61	-25 -83	-18 -20.5	-18 -22	-18 -24	-18 -27	-18 -33	-18 -40	-18 -54	-18 -76
10	18	-32 -40	-32 -43	-32 -50	-32 -59	-32 -75	-32 -102								
18	30	-40 -49	-40 -53	-40 -61	-40 -73	-40 -92	-40 -124								
30	50	-50 -61	-50 -66	-50 -75	-50 -89	-50 -112	-50 -150								
50	80	-60 -73	-60 -79	-60 -90	-60 -106	-60 -134	-60 -180								
80	120	-72 -87	-72 -94	-72 -107	-72 -126	-72 -159	-72 -212								
120	180	-85 -103	-85 -110	-85 -125	-85 -148	-85 -185	-85 -245								
180	250	-100 -120	-100 -129	-100 -146	-100 -172	-100 -215	-100 -285								
250	315	-110 -133	-110 -142	-110 -162	-110 -191	-110 -240	-110 -320								
315	400	-125 -150	-125 -161	-125 -182	-125 -214	-125 -265	-125 -355								
400	500	-135 -162	-135 -175	-135 -198	-135 -232	-135 -290	-135 -385								
500	630		-145 -189	-145 -215	-145 -255	-145 -320	-145 -425								
630	800		-160 -210	-160 -240	-160 -285	-160 -360	-160 -480								
800	1000		-170 -226	-170 -260	-170 -310	-170 -400	-170 -530								
1000	1250		-195 -261	-195 -300	-195 -360	-195 -455	-195 -615								
1250	1600		-220 -298	-220 -345	-220 -415	-220 -530	-220 -720								
1600	2000		-240 -332	-240 -390	-240 -470	-240 -610	-240 -840								
2000	2500		-260 -370	-260 -435	-260 -540	-260 -700	-260 -960								
2500	3150		-290 -425	-290 -500	-290 -620	-290 -830	-290 -1150								

① 中间的基本偏差 ef 主要应用于精密机构和钟表制造业。如果需要在其他公称尺寸中包含该基本偏差的公差带代号，可依据 GB/T 180.1 计算。

表 2-2-37　　轴的极限偏差（基本偏差 f 和 fg）　　μm

公称尺寸/mm		f								fg①							
大于	至	3	4	5	6	7	8	9	10	3	4	5	6	7	8	9	10
—	3	-6 -8	-6 -9	-6 -10	-6 -12	-6 -16	-6 -20	-6 -31	-6 -46	-4 -6	-4 -7	-4 -8	-4 -10	-4 -14	-4 -18	-4 -29	-4 -44
3	6	-10 -12.5	-10 -14	-10 -15	-10 -18	-10 -22	-10 -28	-10 -40	-10 -58	-6 -8.5	-6 -10	-6 -11	-6 -14	-6 -18	-6 -24	-6 -36	-6 -54

续表

公称尺寸/mm		f								fg①							
大于	至	3	4	5	6	7	8	9	10	3	4	5	6	7	8	9	10
6	10	-13 -15.5	-13 -17	-13 -19	-13 -22	-13 -28	-13 -35	-13 -49	-13 -71	-8 -10.5	-8 -12	-8 -14	-8 -17	-8 -23	-8 -30	-8 -44	-8 -66
10	18	-16 -19	-16 -21	-16 -24	-16 -27	-16 -34	-16 -43	-16 -59	-16 -86								
18	30	-20 -24	-20 -26	-20 -29	-20 -33	-20 -41	-20 -53	-20 -72	-20 -104								
30	50	-25 -29	-25 -32	-25 -36	-25 -41	-25 -50	-25 -64	-25 -87	-25 -125								
50	80		-30 -38	-30 -43	-30 -49	-30 -60	-30 -76	-30 -104									
80	120		-36 -46	-36 -51	-36 -58	-36 -71	-36 -90	-36 -123									
120	180		-43 -55	-43 -61	-43 -68	-43 -83	-43 -106	-43 -143									
180	250		-50 -64	-50 -70	-50 -79	-50 -96	-50 -122	-50 -165									
250	315		-56 -72	-56 -79	-56 -88	-56 -108	-56 -137	-56 -185									
315	400		-62 -80	-62 -87	-62 -98	-62 -119	-62 -151	-62 -202									
400	500		-68 -88	-68 -95	-68 -108	-68 -131	-68 -165	-68 -223									
500	630				-76 -120	-76 -146	-76 -186	-76 -251									
630	800				-80 -130	-80 -160	-80 -205	-80 -280									
800	1000				-86 -142	-86 -176	-86 -226	-86 -316									
1000	1250				-98 -164	-98 -203	-98 -263	-98 -358									
1250	1600				-110 -188	-110 -235	-110 -305	-110 -420									
1600	2000				-120 -212	-120 -270	-120 -350	-120 -490									
2000	2500				-130 -240	-130 -305	-130 -410	-130 -570									
2500	3150				-145 -280	-145 -355	-145 -475	-145 -685									

① 中间的基本偏差 fg 主要应用于精密机构和钟表制造业。如果需要在其他公称尺寸中包含该基本偏差的公差带代号，可依据 GB/T 1800.1 计算。

表 2-2-38　　轴的极限偏差（基本偏差 g）

μm

公称尺寸/mm		g							
大于	至	3	4	5	6	7	8	9	10
—	3	-2 -4	-2 -5	-2 -6	-2 -8	-2 -12	-2 -16	-2 -27	-2 -42
3	6	-4 -6.5	-4 -8	-4 -9	-4 -12	-4 -16	-4 -22	-4 -34	-4 -52
6	10	-5 -7.5	-5 -9	-5 -11	-5 -14	-5 -20	-5 -27	-5 -41	-5 -63

续表

公称尺寸/mm		g							
大于	至	3	4	5	6	7	8	9	10
10	18	-6 -9	-6 -11	-6 -14	-6 -17	-6 -24	-6 -33	-6 -49	-6 -76
18	30	-7 -11	-7 -13	-7 -16	-7 -20	-7 -28	-7 -40	-7 -59	-7 -91
30	50	-9 -13	-9 -16	-9 -20	-9 -25	-9 -34	-9 -48	-9 -71	-9 -109
50	80		-10 -18	-10 -23	-10 -29	-10 -40	-10 -56		
80	120		-12 -22	-12 -27	-12 -34	-12 -47	-12 -66		
120	180		-14 -26	-14 -32	-14 -39	-14 -54	-14 -77		
180	250		-15 -29	-15 -35	-15 -44	-15 -61	-15 -87		
250	315		-17 -33	-17 -40	-17 -49	-17 -69	-17 -98		
315	400		-18 -36	-18 -43	-18 -54	-18 -75	-18 -107		
400	500		-20 -40	-20 -47	-20 -60	-20 -83	-20 -117		
500	630				-22 -66	-22 -92	-22 -132		
630	800				-24 -74	-24 -104	-24 -149		
800	1000				-26 -82	-26 -116	-26 -166		
1000	1250				-28 -94	-28 -133	-28 -193		
1250	1600				-30 -108	-30 -155	-30 -225		
1600	2000				-32 -124	-32 -182	-32 -262		
2000	2500				-34 -144	-34 -209	-34 -314		
2500	3150				-38 -173	-38 -248	-38 -368		

表 2-2-39 轴的极限偏差（基本偏差 h）

公称尺寸/mm		h																	
		1	2	3	4	5	6	7	8	9	10	11	12	13	14①	15①	16①	17	18
大于	至	偏差																	
		μm											mm						
—	3①	0 -0.8	0 -1.2	0 -2	0 -3	0 -4	0 -6	0 -10	0 -14	0 -25	0 -40	0 -60	0 -0.12	0 -0.14	0 -0.25	0 -0.4	0 -0.6		
3	6	0 -1	0 -1.5	0 -2.5	0 -4	0 -5	0 -8	0 -12	0 -18	0 -30	0 -48	0 -75	0 -0.12	0 -0.18	0 -0.3	0 -0.48	0 -0.75	0 -1.2	0 -1.8
6	10	0 -1	0 -1.5	0 -2.5	0 -4	0 -6	0 -9	0 -15	0 -22	0 -36	0 -58	0 -90	0 -0.15	0 -0.22	0 -0.36	0 -0.58	0 -0.9	0 -1.5	0 -2.2
10	18	0 -1.2	0 -2	0 -3	0 -5	0 -8	0 -11	0 -18	0 -27	0 -43	0 -70	0 -110	0 -0.18	0 -0.27	0 -0.43	0 -0.7	0 -1.1	0 -1.8	0 -2.7

续表

公称尺寸/mm		h																	
		1	2	3	4	5	6	7	8	9	10	11	12	13	14[①]	15v	16[①]	17	18
大于	至	偏差																	
		μm											mm						
18	30	0 -1.5	0 -2.5	0 -4	0 -6	0 -9	0 -13	0 -21	0 -33	0 -52	0 -84	0 -130	0 -0.21	0 -0.33	0 -0.52	0 -0.84	0 -1.3	0 -2.1	0 -3.3
30	50	0 -1.5	0 -2.5	0 -4	0 -7	0 -11	0 -16	0 -25	0 -39	0 -62	0 -100	0 -160	0 -0.25	0 -0.39	0 -0.62	0 -1	0 -1.6	0 -2.5	0 -3.9
50	80	0 -2	0 -3	0 -5	0 -8	0 -13	0 -19	0 -30	0 -46	0 -74	0 -120	0 -190	0 -0.3	0 -0.46	0 -0.74	0 -1.2	0 -1.9	0 -3	0 -4.6
80	120	0 -2.5	0 -4	0 -6	0 -10	0 -15	0 -22	0 -35	0 -54	0 -87	0 -140	0 -220	0 -0.35	0 -0.54	0 -0.87	0 -1.4	0 -2.2	0 -3.5	0 -5.4
120	180	0 -3.5	0 -5	0 -8	0 -12	0 -18	0 -25	0 -40	0 -63	0 -100	0 -160	0 -250	0 -0.4	0 -0.63	0 -1	0 -1.6	0 -2.5	0 -4	0 -6.3
180	250	0 -4.5	0 -7	0 -10	0 -14	0 -20	0 -29	0 -46	0 -72	0 -115	0 -185	0 -290	0 -0.46	0 -0.72	0 -1.15	0 -1.85	0 -2.9	0 -4.6	0 -7.2
250	315	0 -6	0 -8	0 -12	0 -16	0 -23	0 -32	0 -52	0 -81	0 -130	0 -210	0 -320	0 -0.52	0 -0.81	0 -1.3	0 -2.1	0 -3.2	0 -5.2	0 -8.1
315	400	0 -7	0 -9	0 -13	0 -18	0 -25	0 -36	0 -57	0 -89	0 -140	0 -230	0 -360	0 -0.57	0 -0.89	0 -1.4	0 -2.3	0 -3.6	0 -5.7	0 -8.9
400	500	0 -8	0 -10	0 -15	0 -20	0 -27	0 -40	0 -63	0 -97	0 -155	0 -250	0 -400	0 -0.63	0 -0.97	0 -1.55	0 -2.5	0 -4	0 -6.3	0 -9.7
500	630	0 -9	0 -11	0 -16	0 -22	0 -32	0 -44	0 -70	0 -110	0 -175	0 -280	0 -440	0 -0.7	0 -1.1	0 -1.75	0 -2.8	0 -4.4	0 -7	0 -11
630	800	0 -10	0 -13	0 -18	0 -25	0 -36	0 -50	0 -80	0 -125	0 -200	0 -320	0 -500	0 -0.8	0 -1.25	0 -2	0 -3.2	0 -5	0 -8	0 -12.5
800	1000	0 -11	0 -15	0 -21	0 -28	0 -40	0 -56	0 -90	0 -140	0 -230	0 -360	0 -560	0 -0.9	0 -1.4	0 -2.3	0 -3.6	0 -5.6	0 -9	0 -14
1000	1250	0 -13	0 -18	0 -24	0 -33	0 -47	0 -66	0 -105	0 -165	0 -260	0 -420	0 -660	0 -1.05	0 -1.65	0 -2.6	0 -4.2	0 -6.6	0 -10.5	0 -16.5
1250	1600	0 -15	0 -21	0 -29	0 -39	0 -55	0 -78	0 -125	0 -195	0 -310	0 -500	0 -780	0 -1.25	0 -1.95	0 -3.1	0 -5	0 -7.8	0 -12.5	0 -19.5
1600	2000	0 -18	0 -25	0 -35	0 -46	0 -65	0 -92	0 -150	0 -230	0 -370	0 -600	0 -920	0 -1.5	0 -2.3	0 -3.7	0 -6	0 -9.2	0 -15	0 -23
2000	2500	0 -22	0 -30	0 -41	0 -55	0 -78	0 -110	0 -175	0 -280	0 -440	0 -700	0 -1100	0 -1.75	0 -2.8	0 -4.4	0 -7	0 -11	0 -17.5	0 -28
2500	3150	0 -26	0 -36	0 -50	0 -68	0 -96	0 -135	0 -210	0 -330	0 -540	0 -860	0 -1350	0 -2.1	0 -3.3	0 -5.4	0 -8.6	0 -13.5	0 -21	0 -33

① IT14~16 只用于大于 1mm 的公称尺寸。

表 2-2-40　　轴的极限偏差（基本偏差 js）①

公称尺寸/mm		js																	
		1	2	3	4	5	6	7	8	9	10	11	12	13	14[②]	15[②]	16[②]	17	18
大于	至	偏差																	
		μm											mm						
—	3[②]	±0.4	±0.6	±1	±1.5	±2	±3	±5	±7	±12.5	±20	±30	±0.05	±0.07	±0.125	±0.2	±0.3		
3	6	±0.5	±0.75	±1.25	±2	±2.5	±4	±6	±9	±15	±24	±37.5	±0.06	±0.09	±0.15	±0.24	±0.375	±0.6	±0.9
6	10	±0.5	±0.75	±1.25	±2	±3	±4.5	±7.5	±11	±18	±29	±45	±0.075	±0.11	±0.18	±0.29	±0.45	±0.75	±1.1
10	18	±0.6	±1	±1.5	±2.5	±4	±5.5	±9	±13.5	±21.5	±35	±55	±0.09	±0.135	±0.215	±0.35	±0.55	±0.9	±1.35
18	30	±0.75	±1.25	±2	±3	±4.5	±6.5	±10.5	±16.5	±26	±42	±65	±0.105	±0.165	±0.26	±0.42	±0.65	±1.05	±1.65
30	50	±0.75	±1.25	±2	±3.5	±5.5	±8	±12.5	±19.5	±31	±50	±80	±0.125	±0.195	±0.31	±0.5	±0.8	±1.25	±1.95
50	80	±1	±1.5	±2.5	±4	±6.5	±9.5	±15	±23	±37	±60	±95	±0.15	±0.23	±0.37	±0.6	±0.95	±1.5	±2.3

续表

公称尺寸/mm		js																	
		1	2	3	4	5	6	7	8	9	10	11	12	13	14[②]	15[②]	16[②]	17	18
大于	至	偏差																	
		μm										mm							
80	120	±1.25	±2	±3	±5	±7.5	±11	±17.5	±27	±43.5	±70	±110	±0.175	±0.27	±0.435	±0.7	±1.1	±1.75	±2.7
120	180	±1.75	±2.5	±4	±6	±9	±12.5	±20	±31.5	±50	±80	±125	±0.2	±0.315	±0.5	±0.8	±1.25	±2	±3.15
180	250	±2.25	±3.5	±5	±7	±10	±14.5	±23	±36	±57.5	±92.5	±145	±0.23	±0.36	±0.575	±0.925	±1.45	±2.3	±3.6
250	315	±3	±4	±6	±8	±11.5	±16	±26	±40.5	±65	±105	±160	±0.26	±0.405	±0.65	±1.05	±1.6	±2.6	±4.05
315	400	±3.5	±4.5	±6.5	±9	±12.5	±18	±28.5	±44.5	±70	±115	±180	±0.285	±0.445	±0.7	±1.15	±1.8	±2.85	±4.45
400	500	±4	±5	±7.5	±10	±13.5	±20	±31.5	±48.5	±77.5	±125	±200	±0.315	±0.485	±0.775	±1.25	±2	±3.15	±4.85
500	630	±4.5	±5.5	±8	±11	±16	±22	±35	±55	±87.5	±140	±220	±0.35	±0.55	±0.875	±1.4	±2.2	±3.5	±5.5
630	800	±5	±6.5	±9	±12.5	±18	±25	±40	±62.5	±100	±160	±250	±0.4	±0.625	±1	±1.6	±2.5	±4	±6.25
800	1000	±5.5	±7.5	±10.5	±14	±20	±28	±45	±70	±115	±180	±280	±0.45	±0.7	±1.15	±1.8	±2.8	±4.5	±7
1000	1250	±6.5	±9	±12	±16.5	±23.5	±33	±52.5	±82.5	±130	±210	±330	±0.525	±0.825	±1.3	±2.1	±3.3	±5.25	±8.25
1250	1600	±7.5	±10.5	±14.5	±19.5	±27.5	±39	±62.5	±97.5	±155	±250	±390	±0.625	±0.975	±1.55	±2.5	±3.9	±6.25	±9.75
1600	2000	±9	±12.5	±17.5	±23	±32.5	±46	±75	±115	±185	±300	±460	±0.75	±1.15	±1.85	±3	±4.6	±7.5	±11.5
2000	2500	±11	±15	±20.5	±27.5	±39	±55	±87.5	±140	±220	±350	±550	±0.875	±1.4	±2.2	±3.5	±5.5	±8.75	±14
2500	3150	±13	±18	±25	±34	±48	±67.5	±105	±165	±270	±430	±675	±1.05	±1.65	±2.7	±4.3	±6.75	±10.5	±16.5

① 为了避免相同值的重复，表列值以"±x"给出，可为 es=+x，ei=−x，例如±$^{0.23}_{0.23}$mm。

② IT 14～16 只用于大于 1mm 的公称尺寸。

表 2-2-41　　轴的极限偏差（基本偏差 j 和 k）　　μm

公称尺寸/mm		j				k										
大于	至	5[①]	6[①]	7[①]	8	3	4	5	6	7	8	9	10	11	12	13
—	3	±2	+4 −2	+6 −4	+8 −6	+2 0	+3 0	+4 0	+6 0	+10 0	+14 0	+25 0	+40 0	+60 0	+100 0	+140 0
3	6	+3 −2	+6 −2	+8 −4		+2.5 0	+5 +1	+6 +1	+9 +1	+13 +1	+18 0	+30 0	+48 0	+75 0	+120 0	+180 0
6	10	+4 −2	+7 −2	+10 −5		+2.5 0	+5 +1	+7 +1	+10 +1	+16 +1	+22 0	+36 0	+58 0	+90 0	+150 0	+220 0
10	18	+5 −3	+8 −3	+12 −6		+3 0	+6 +1	+9 +1	+12 +1	+19 +1	+27 0	+43 0	+70 0	+110 0	+180 0	+270 0
18	30	+5 −4	+9 −4	+13 −8		+4 0	+8 +2	+11 +2	+15 +2	+23 +2	+33 0	+52 0	+84 0	+130 0	+210 0	+330 0
30	50	+6 −5	+11 −5	+15 −10		+4 0	+9 +2	+13 +2	+18 +2	+27 +2	+39 0	+62 0	+100 0	+160 0	+250 0	+390 0
50	80	+6 −7	+12 −7	+18 −12			+10 +2	+15 +2	+21 +2	+32 +2	+46 0	+74 0	+120 0	+190 0	+300 0	+460 0
80	120	+6 −9	+13 −9	+20 −15			+13 +3	+18 +3	+25 +3	+38 +3	+54 0	+87 0	+140 0	+220 0	+350 0	+540 0
120	180	+7 −11	+14 −11	+22 −18			+15 +3	+21 +3	+28 +3	+43 +3	+63 0	+100 0	+160 0	+250 0	+400 0	+630 0
180	250	+7 −13	+16 −13	+25 −21			+18 +4	+24 +4	+33 +4	+50 +4	+72 0	+115 0	+185 0	+290 0	+460 0	+720 0
250	315	+7 −16	±16	±26			+20 +4	+27 +4	+36 +4	+56 +4	+81 0	+130 0	+210 0	+320 0	+520 0	+810 0
315	400	+7 −18	±18	+29 −28			+22 +4	+29 +4	+40 +4	+61 +4	+89 0	+140 0	+230 0	+360 0	+570 0	+890 0
400	500	+7 −20	±20	+31 −32			+25 +5	+32 +5	+45 +5	+68 +5	+97 0	+155 0	+250 0	+400 0	+630 0	+970 0
500	630								+44 0	+70 0	+110 0	+175 0	+280 0	+440 0	+700 0	+1100 0

续表

公称尺寸/mm		j				k										
大于	至	5[①]	6[①]	7[①]	8	3	4	5	6	7	8	9	10	11	12	13
630	800								+50 0	+80 0	+125 0	+200 0	+320 0	+500 0	+800 0	+1250 0
800	1000								+56 0	+90 0	+140 0	+230 0	+360 0	+560 0	+900 0	+1400 0
1000	1250								+66 0	+105 0	+165 0	+260 0	+420 0	+660 0	+1050 0	+1650 0
1250	1600								+78 0	+125 0	+195 0	+310 0	+500 0	+780 0	+1250 0	+1950 0
1600	2000								+92 0	+150 0	+230 0	+370 0	+600 0	+920 0	+1500 0	+2300 0
2000	2500								+110 0	+175 0	+280 0	+440 0	+700 0	+1100 0	+1750 0	+2800 0
2500	3150								+135 0	+210 0	+330 0	+540 0	+860 0	+1350 0	+2100 0	+3300 0

① 表中公差代号 j5、j6 和 j7 的某些极限值与公差代号 js5、js6 和 js7 一样，用“±x”表示。

表 2-2-42　　轴的极限偏差（基本偏差 m 和 n）　　μm

公称尺寸/mm		m							n						
大于	至	3	4	5	6	7	8	9	3	4	5	6	7	8	9
—	3	+4 +2	+5 +2	+6 +2	+8 +2	+12 +2	+16 +2	+27 +2	+6 +4	+7 +4	+8 +4	+10 +4	+14 +4	+18 +4	+29 +4
3	6	+6.5 +4	+8 +4	+9 +4	+12 +4	+16 +4	+22 +4	+34 +4	+10.5 +8	+12 +8	+13 +8	+16 +8	+20 +8	+26 +8	+38 +8
6	10	+8.5 +6	+10 +6	+12 +6	+15 +6	+21 +6	+28 +6	+42 +6	+12.5 +10	+14 +10	+16 +10	+19 +10	+25 +10	+32 +10	+46 +10
10	18	+10 +7	+12 +7	+15 +7	+18 +7	+25 +7	+34 +7	+50 +7	+15 +12	+17 +12	+20 +12	+23 +12	+30 +12	+39 +12	+55 +12
18	30	+12 +8	+14 +8	+17 +8	+21 +8	+29 +8	+41 +8	+60 +8	+19 +15	+21 +15	+24 +15	+28 +15	+36 +15	+48 +15	+67 +15
30	50	+13 +9	+16 +9	+20 +9	+25 +9	+34 +9	+48 +9	+71 +9	+21 +17	+24 +17	+28 +17	+33 +17	+42 +17	+56 +17	+79 +17
50	80		+19 +11	+24 +11	+30 +11	+41 +11				+28 +20	+33 +20	+39 +20	+50 +20		
80	120		+23 +13	+28 +13	+35 +13	+48 +13				+33 +23	+38 +23	+45 +23	+58 +23		
120	180		+27 +15	+33 +15	+40 +15	+55 +15				+39 +27	+45 +27	+52 +27	+67 +27		
180	250		+31 +17	+37 +17	+46 +17	+63 +17				+45 +31	+51 +31	+60 +31	+77 +31		
250	315		+36 +20	+43 +20	+52 +20	+72 +20				+50 +34	+57 +34	+66 +34	+86 +34		
315	400		+39 +21	+46 +21	+57 +21	+78 +21				+55 +37	+62 +37	+73 +37	+94 +37		
400	500		+43 +23	+50 +23	+63 +23	+86 +23				+60 +40	+67 +40	+80 +40	+103 +40		
500	630				+70 +26	+96 +26						+88 +44	+114 +44		
630	800				+80 +30	+110 +30						+100 +50	+130 +50		

续表

公称尺寸/mm		m							n						
大于	至	3	4	5	6	7	8	9	3	4	5	6	7	8	9
800	1000				+90 +34	+124 +34						+112 +56	+146 +56		
1000	1250				+106 +40	+145 +40						+132 +66	+171 +66		
1250	1600				+126 +48	+173 +48						+156 +78	+203 +78		
1600	2000				+150 +58	+208 +58						+184 +92	+242 +92		
2000	2500				+178 +68	+243 +68						+220 +110	+285 +110		
2500	3150				+211 +76	+286 +76						+270 +135	+345 +135		

表 2-2-43　　轴的极限偏差（基本偏差 p）　　μm

公称尺寸/mm		p							
大于	至	3	4	5	6	7	8	9	10
—	3	+8 +6	+9 +6	+10 +6	+12 +6	+16 +6	+20 +6	+31 +6	+46 +6
3	6	+14.5 +12	+16 +12	+17 +12	+20 +12	+24 +12	+30 +12	+42 +12	+60 +12
6	10	+17.5 +15	+19 +15	+21 +15	+24 +15	+30 +15	+37 +15	+51 +15	+73 +15
10	18	+21 +18	+23 +18	+26 +18	+29 +18	+36 +18	+45 +18	+61 +18	+88 +18
18	30	+26 +22	+28 +22	+31 +22	+35 +22	+43 +22	+55 +22	+74 +22	+106 +22
30	50	+30 +26	+33 +26	+37 +26	+42 +26	+51 +26	+65 +26	+88 +26	+126 +26
50	80		+40 +32	+45 +32	+51 +32	+62 +32	+78 +32		
80	120		+47 +37	+52 +37	+59 +37	+72 +37	+91 +37		
120	180		+55 +43	+61 +43	+68 +43	+83 +43	+106 +43		
180	250		+64 +50	+70 +50	+79 +50	+96 +50	+122 +50		
250	315		+72 +56	+79 +56	+88 +56	+108 +56	+137 +56		
315	400		+80 +62	+87 +62	+98 +62	+119 +62	+151 +62		
400	500		+88 +68	+95 +68	+108 +68	+131 +68	+165 +68		
500	630				+122 +78	+148 +78	+188 +78		
630	800				+138 +88	+168 +88	+213 +88		
800	1000				+156 +100	+190 +100	+240 +100		
1000	1250				+186 +120	+225 +120	+285 +120		

续表

公称尺寸/mm		p							
大于	至	3	4	5	6	7	8	9	10
1250	1600				+218 +140	+265 +140	+335 +140		
1600	2000				+262 +170	+320 +170	+400 +170		
2000	2500				+305 +195	+370 +195	+475 +195		
2500	3150				+375 +240	+450 +240	+570 +240		

表 2-2-44　　轴的极限偏差（基本偏差 r、s）　　μm

公称尺寸/mm		r								s							
大于	至	3	4	5	6	7	8	9	10	3	4	5	6	7	8	9	10
—	3	+12 +10	+13 +10	+14 +10	+16 +10	+20 +10	+24 +10	+35 +10	+50 +10	+16 +14	+17 +14	+18 +14	+20 +14	+24 +14	+28 +14	+39 +14	+54 +14
3	6	+17.5 +15	+19 +15	+20 +15	+23 +15	+27 +15	+33 +15	+45 +15	+63 +15	+21.5 +19	+23 +19	+24 +19	+27 +19	+31 +19	+37 +19	+49 +19	+67 +19
6	10	+21.5 +19	+23 +19	+25 +19	+28 +19	+34 +19	+41 +19	+55 +19	+77 +19	+25.5 +23	+27 +23	+29 +23	+32 +23	+38 +23	+45 +23	+59 +23	+81 +23
10	18	+26 +23	+28 +23	+31 +23	+34 +23	+41 +23	+50 +23	+66 +23	+93 +23	+31 +28	+33 +28	+36 +28	+39 +28	+46 +28	+55 +28	+71 +28	+98 +28
18	30	+32 +28	+34 +28	+37 +28	+41 +28	+49 +28	+61 +28	+80 +28	+112 +28	+39 +35	+41 +35	+44 +35	+48 +35	+56 +35	+68 +35	+87 +35	+119 +35
30	50	+38 +34	+41 +34	+45 +34	+50 +34	+59 +34	+73 +34	+96 +34	+134 +34	+47 +43	+50 +43	+54 +43	+59 +43	+68 +43	+82 +43	+105 +43	+143 +43
50	65		+49 +41	+54 +41	+60 +41	+71 +41	+87 +41				+61 +53	+66 +53	+72 +53	+83 +53	+99 +53	+127 +53	
65	80		+51 +43	+56 +43	+62 +43	+72 +43	+89 +43				+67 +59	+72 +59	+78 +59	+89 +59	+105 +59	+133 +59	
80	100		+61 +51	+66 +51	+73 +51	+86 +51	+105 +51				+81 +71	+86 +71	+93 +71	+106 +71	+125 +71	+158 +71	
100	120		+64 +54	+69 +54	+76 +54	+89 +54	+108 +54				+89 +79	+94 +79	+101 +79	+114 +79	+133 +79	+166 +79	
120	140		+75 +63	+81 +63	+88 +63	+103 +63	+126 +63				+104 +92	+110 +92	+117 +92	+132 +92	+155 +92	+192 +92	
140	160		+77 +65	+83 +65	+90 +65	+105 +65	+128 +65				+112 +100	+118 +100	+125 +100	+140 +100	+163 +100	+200 +100	
160	180		+80 +68	+86 +68	+93 +68	+108 +68	+131 +68				+120 +108	+126 +108	+133 +108	+148 +108	+171 +108	+208 +108	
180	200		+91 +77	+97 +77	+106 +77	+123 +77	+149 +77				+120 +108	+126 +108	+133 +108	+148 +108	+171 +108	+208 +108	
200	225		+94 +80	+100 +80	+109 +80	+126 +80	+152 +80				+136 +122	+142 +122	+151 +122	+168 +122	+194 +122	+237 +122	
225	250		+98 +84	+104 +84	+113 +84	+130 +84	+156 +84				+144 +130	+150 +130	+159 +130	+176 +130	+202 +130	+245 +130	
250	280		+110 +94	+117 +94	+126 +94	+146 +94	+175 +94				+154 +140	+160 +140	+169 +140	+186 +140	+212 +140	+255 +140	
280	315		+114 +98	+121 +98	+130 +98	+150 +98	+179 +98				+174 +158	+181 +158	+190 +158	+210 +158	+239 +158	+288 +158	
315	355		+126 +108	+133 +108	+144 +108	+165 +108	+197 +108				+186 +170	+193 +170	+202 +170	+222 +170	+251 +170	+300 +170	

续表

公称尺寸/mm		r								s							
大于	至	3	4	5	6	7	8	9	10	3	4	5	6	7	8	9	10
355	400		+132 +114	+139 +114	+150 +114	+171 +114	+203 +114				+226 +208	+233 +208	+244 +208	+265 +208	+297 +208	+348 +208	
400	450		+146 +126	+153 +126	+166 +126	+189 +126	+223 +126				+252 +232	+259 +232	+272 +232	+295 +232	+329 +232	+387 +232	
450	500		+152 +132	+159 +132	+172 +132	+195 +132	+229 +132				+272 +252	+279 +252	+292 +252	+315 +252	+349 +252	+407 +252	
500	560				+194 +150	+220 +150	+260 +150						+324 +280	+350 +280	+390 +280		
560	630				+199 +155	+225 +155	+265 +155						+354 +310	+380 +310	+420 +310		
630	710				+225 +175	+255 +175	+300 +175						+390 +340	+420 +340	+465 +340		
710	800				+235 +185	+265 +185	+310 +185						+430 +380	+460 +380	+505 +380		
800	900				+266 +210	+300 +210	+350 +210						+486 +430	+520 +430	+570 +430		
900	1000				+276 +220	+310 +220	+360 +220						+526 +470	+560 +470	+610 +470		
1000	1120				+316 +250	+355 +250	+415 +250						+586 +520	+625 +520	+685 +520		
1120	1250				+326 +260	+365 +260	+425 +260						+646 +580	+685 +580	+745 +580		
1250	1400				+378 +300	+425 +300	+495 +300						+718 +640	+765 +640	+835 +640		
1400	1600				+408 +330	+455 +330	+525 +330						+798 +720	+845 +720	+915 +720		
1600	1800				+462 +370	+520 +370	+600 +370						+912 +820	+970 +820	+1050 +820		
1800	2000				+492 +400	+550 +400	+630 +400						+1012 +920	+1070 +920	+1150 +920		
2000	2240				+550 +440	+615 +440	+720 +440						+1110 +1000	+1175 +1000	+1280 +1000		
2240	2500				+570 +460	+635 +460	+740 +460						+1210 +1100	+1275 +1100	+1380 +1100		
2500	2800				+685 +550	+760 +550	+880 +550						+1385 +1250	+1460 +1250	+1580 +1250		
2800	3150				+715 +580	+790 +580	+910 +580						+1535 +1400	+1610 +1400	+1730 +1400		

表 2-2-45　　轴的极限偏差（基本偏差 t 和 u）①　　μm

公称尺寸/mm		t①				u				
大于	至	5	6	7	8	5	6	7	8	9
—	3					+22 +18	+24 +18	+28 +18	+32 +18	+43 +18
3	6					+28 +23	+31 +23	+35 +23	+41 +23	+53 +23
6	10					+34 +28	+37 +28	+43 +28	+50 +28	+64 +28
10	18					+41 +33	+44 +33	+51 +33	+60 +33	+76 +33

续表

公称尺寸/mm		t①				u				
大于	至	5	6	7	8	5	6	7	8	9
18	24					+50 +41	+54 +41	+62 +41	+74 +41	+93 +41
24	30	+50 +41	+54 +41	+62 +41	+74 +41	+57 +48	+61 +48	+69 +48	+81 +48	+100 +48
30	40	+59 +48	+64 +48	+73 +48	+87 +48	+71 +60	+76 +60	+85 +60	+99 +60	+122 +60
40	50	+65 +54	+70 +54	+79 +54	+93 +54	+81 +70	+86 +70	+95 +70	+109 +70	+132 +70
50	65	+79 +66	+85 +66	+96 +66	+112 +66	+100 +87	+106 +87	+117 +87	+133 +87	+161 +87
65	80	+88 +75	+94 +75	+105 +75	+121 +75	+115 +102	+121 +102	+132 +102	+148 +102	+176 +102
80	100	+106 +91	+113 +91	+126 +91	+145 +91	+139 +124	+146 +124	+159 +124	+178 +124	+211 +124
100	120	+119 +104	+126 +104	+139 +104	+158 +104	+159 +144	+166 +144	+179 +144	+198 +144	+231 +144
120	140	+140 +122	+147 +122	+162 +122	+185 +122	+188 +170	+195 +170	+210 +170	+233 +170	+270 +170
140	160	+152 +134	+159 +134	+174 +134	+197 +134	+208 +190	+215 +190	+230 +190	+253 +190	+290 +190
160	180	+164 +146	+171 +146	+186 +146	+209 +146	+228 +210	+235 +210	+250 +210	+273 +210	+310 +210
180	200	+186 +166	+195 +166	+212 +166	+238 +166	+256 +236	+265 +236	+282 +236	+308 +236	+351 +236
200	225	+200 +180	+209 +180	+226 +180	+252 +180	+278 +258	+287 +258	+304 +258	+330 +258	+373 +258
225	250	+216 +196	+225 +196	+242 +196	+268 +196	+304 +284	+313 +284	+330 +284	+356 +284	+399 +284
250	280	+241 +218	+250 +218	+270 +218	+299 +218	+338 +315	+347 +315	+367 +315	+396 +315	+445 +315
280	315	+263 +240	+272 +240	+292 +240	+321 +240	+373 +350	+382 +350	+402 +350	+431 +350	+480 +350
315	355	+293 +268	+304 +268	+325 +268	+357 +268	+415 +390	+426 +390	+447 +390	+479 +390	+530 +390
355	400	+319 +294	+330 +294	+351 +294	+383 +294	+460 +435	+471 +435	+492 +435	+524 +435	+575 +435
400	450	+357 +330	+370 +330	+393 +330	+427 +330	+517 +490	+530 +490	+553 +490	+587 +490	+645 +490
450	500	+387 +360	+400 +360	+423 +360	+457 +360	+567 +540	+580 +540	+603 +540	+637 +540	+695 +540
500	560		+444 +400	+470 +400			+644 +600	+670 +600	+710 +600	
560	630		+494 +450	+520 +450			+704 +660	+730 +660	+770 +660	
630	710		+550 +500	+580 +500			+790 +740	+820 +740	+865 +740	
710	800		+610 +560	+640 +560			+890 +840	+920 +840	+965 +840	
800	900		+676 +620	+710 +620			+996 +940	+1030 +940	+1080 +940	

续表

公称尺寸/mm		t[①]				u				
大于	至	5	6	7	8	5	6	7	8	9
900	1000		+736 +680	+770 +680			+1106 +1050	+1140 +1050	+1190 +1050	
1000	1120		+846 +780	+885 +780			+1216 +1150	+1255 +1150	+1315 +1150	
1120	1250		+906 +840	+945 +840			+1366 +1300	+1405 +1300	+1465 +1300	
1250	1400		+1038 +960	+1085 +960			+1528 +1450	+1575 +1450	+1645 +1450	
1400	1600		+1128 +1050	+1175 +1050			+1678 +1600	+1725 +1600	+1795 +1600	
1600	1800		+1292 +1200	+1350 +1200			+1942 +1850	+2000 +1850	+2080 +1850	
1800	2000		+1442 +1350	+1500 +1350			+2092 +2000	+2150 +2000	+2230 +2000	
2000	2240		+1610 +1500	+1675 +1500			+2410 +2300	+2475 +2300	+2580 +2300	
2240	2500		+1760 +1650	+1825 +1650			+2610 +2500	+2675 +2500	+2780 +2500	
2500	2800		+2035 +1900	+2110 +1900			+3035 +2900	+3110 +2900	+3230 +2900	
2800	3150		+2235 +2100	+2310 +2100			+3335 +3200	+3410 +3200	+3530 +3200	

① 公称尺寸至 24mm 的公差带代号 t5～t8 的偏差值没有列入表内，建议用公差的 u5～u8 代替。

表 2-2-46　　轴的极限偏差（基本偏差 v、x 和 y）[①]　　μm

公称尺寸/mm		v[②]				x						y[③]				
大于	至	5	6	7	8	5	6	7	8	9	10	6	7	8	9	10
—	3					+24 +20	+26 +20	+30 +20	+34 +20	+45 +20	+60 +20					
3	6					+33 +28	+36 +28	+40 +28	+46 +28	+58 +28	+76 +28					
6	10					+40 +34	+43 +34	+49 +34	+56 +34	+70 +34	+92 +34					
10	14					+48 +40	+51 +40	+58 +40	+67 +40	+83 +40	+110 +40					
14	18	+47 +39	+50 +39	+57 +39	+66 +39	+53 +45	+56 +45	+63 +45	+72 +45	+88 +45	+115 +45					
18	24	+56 +47	+60 +47	+68 +47	+80 +47	+63 +54	+67 +54	+75 +54	+87 +54	+106 +54	+138 +54	+76 +63	+84 +63	+96 +63	+115 +63	+147 +63
24	30	+64 +55	+68 +55	+76 +55	+88 +55	+73 +64	+77 +64	+85 +64	+97 +64	+116 +64	+148 +64	+88 +75	+96 +75	+108 +75	+127 +75	+159 +75
30	40	+79 +68	+84 +68	+93 +68	+107 +68	+91 +80	+96 +80	+105 +80	+119 +80	+142 +80	+180 +80	+110 +94	+119 +94	+133 +94	+156 +94	+194 +94
40	50	+92 +81	+97 +81	+106 +81	+120 +81	+108 +97	+113 +97	+122 +97	+136 +97	+159 +97	+197 +97	+130 +114	+139 +114	+153 +114	+176 +114	+214 +114
50	65	+115 +102	+121 +102	+132 +102	+148 +102	+135 +122	+141 +122	+152 +122	+168 +122	+196 +122	+242 +122	+163 +144	+174 +144	+190 +144		
65	80	+133 +120	+139 +120	+150 +120	+166 +120	+159 +146	+165 +146	+176 +146	+192 +146	+220 +146	+266 +146	+193 +174	+204 +174	+220 +174		

续表

公称尺寸/mm		v[②]				x						y[③]				
大于	至	5	6	7	8	5	6	7	8	9	10	6	7	8	9	10
80	100	+161 +146	+168 +146	+181 +146	+200 +146	+193 +178	+200 +178	+213 +178	+232 +178	+265 +178	+318 +178	+236 +214	+249 +214	+268 +214		
100	120	+187 +172	+194 +172	+207 +172	+226 +172	+225 +210	+232 +210	+245 +210	+264 +210	+297 +210	+350 +210	+276 +254	+289 +254	+308 +254		
120	140	+220 +202	+227 +202	+242 +202	+265 +202	+266 +248	+273 +248	+288 +248	+311 +248	+348 +248	+408 +248	+325 +300	+340 +300	+363 +300		
140	160	+246 +228	+253 +228	+268 +228	+291 +228	+298 +280	+305 +280	+320 +280	+343 +280	+380 +280	+440 +280	+365 +340	+380 +340	+403 +340		
160	180	+270 +252	+277 +252	+292 +252	+315 +252	+328 +310	+335 +310	+350 +310	+373 +310	+410 +310	+470 +310	+405 +380	+420 +380	+443 +380		
180	200	+304 +284	+313 +284	+330 +284	+356 +284	+370 +350	+379 +350	+396 +350	+422 +350	+465 +350	+535 +350	+454 +425	+471 +425	+497 +425		
200	225	+330 +310	+339 +310	+356 +310	+382 +310	+405 +385	+414 +385	+431 +385	+457 +385	+500 +385	+570 +385	+499 +470	+516 +470	+542 +470		
225	250	+360 +340	+369 +340	+386 +340	+412 +340	+445 +425	+454 +425	+471 +425	+497 +425	+540 +425	+610 +425	+549 +520	+566 +520	+592 +520		
250	280	+408 +385	+417 +385	+437 +385	+466 +385	+498 +475	+507 +475	+527 +475	+556 +475	+605 +475	+685 +475	+612 +580	+632 +580	+661 +580		
280	315	+448 +425	+457 +425	+477 +425	+506 +425	+548 +525	+557 +525	+577 +525	+606 +525	+655 +525	+735 +525	+682 +650	+702 +650	+731 +650		
315	355	+500 +475	+511 +475	+532 +475	+564 +475	+615 +590	+626 +590	+647 +590	+679 +590	+730 +590	+820 +590	+766 +730	+787 +730	+819 +730		
355	400	+555 +530	+566 +530	+587 +530	+619 +530	+685 +660	+696 +660	+717 +660	+749 +660	+800 +660	+890 +660	+856 +820	+877 +820	+909 +820		
400	450	+622 +595	+635 +595	+658 +595	+692 +595	+767 +740	+780 +740	+803 +740	+837 +740	+895 +740	+990 +740	+960 +920	+983 +920	+1017 +920		
450	500	+687 +660	+700 +660	+723 +660	+757 +660	+847 +820	+860 +820	+883 +820	+917 +820	+975 +820	+1070 +820	+1040 +1000	+1063 +1000	+1097 +1000		

① 公称尺寸大于 500mm 的 v、x 和 y 的基本偏差数值没有列入表中。

② 公称尺寸至 14mm 的公差带代号 v5～v8 的偏差数值没有列入表中，建议以公差带代号 x5～x8 替代。

③ 公称尺寸至 18mm 的公差带代号 y6～y10 的偏差数值没有列入表中，建议以公差带代号 z6～z10 替代。

表 2-2-47　　轴的极限偏差（基本偏差 z 和 za）[①]　　μm

公称尺寸/mm		z						za[①]					
大于	至	6	7	8	9	10	11	6	7	8	9	10	11
—	3	+32 +26	+36 +26	+40 +26	+51 +26	+66 +26	+86 +26	+38 +32	+42 +32	+46 +32	+57 +32	+72 +32	+92 +32
3	6	+43 +35	+47 +35	+53 +35	+65 +35	+83 +35	+110 +35	+50 +42	+54 +42	+60 +42	+72 +42	+90 +42	+117 +42
6	10	+51 +42	+57 +42	+64 +42	+78 +42	+100 +42	+132 +42	+61 +52	+67 +52	+74 +52	+88 +52	+110 +52	+142 +52
10	14	+61 +50	+68 +50	+77 +50	+93 +50	+120 +50	+160 +50	+75 +64	+82 +64	+91 +64	+107 +64	+134 +64	+174 +64
14	18	+71 +60	+78 +60	+87 +60	+103 +60	+130 +60	+170 +60	+88 +77	+95 +77	+104 +77	+120 +77	+147 +77	+187 +77
18	24	+86 +73	+94 +73	+106 +73	+125 +73	+157 +73	+203 +73	+111 +98	+119 +98	+131 +98	+150 +98	+182 +98	+228 +98
24	30	+101 +88	+109 +88	+121 +88	+140 +88	+172 +88	+218 +88	+131 +118	+139 +118	+151 +118	+170 +118	+202 +118	+248 +118
30	40	+128 +112	+137 +112	+151 +112	+174 +112	+212 +112	+272 +112	+164 +148	+173 +148	+187 +148	+210 +148	+248 +148	+308 +148

续表

公称尺寸/mm		z						za①					
大于	至	6	7	8	9	10	11	6	7	8	9	10	11
40	50	+152 +136	+161 +136	+175 +136	+198 +136	+236 +136	+296 +136	+196 +180	+205 +180	+219 +180	+242 +180	+280 +180	+340 +180
50	65	+191 +172	+202 +172	+218 +172	+246 +172	+292 +172	+362 +172	+245 +226	+256 +226	+272 +226	+300 +226	+346 +226	+416 +226
65	80	+229 +210	+240 +210	+256 +210	+284 +210	+330 +210	+400 +210	+293 +274	+304 +274	+320 +274	+348 +274	+394 +274	+464 +274
80	100	+280 +258	+293 +258	+312 +258	+345 +258	+398 +258	+478 +258	+357 +335	+370 +335	+389 +335	+422 +335	+475 +335	+555 +335
100	120	+332 +310	+345 +310	+364 +310	+397 +310	+450 +310	+530 +310	+422 +400	+435 +400	+454 +400	+487 +400	+540 +400	+620 +400
120	140	+390 +365	+405 +365	+428 +365	+465 +365	+525 +365	+615 +365	+495 +470	+510 +470	+533 +470	+570 +470	+630 +470	+720 +470
140	160	+440 +415	+455 +415	+478 +415	+515 +415	+575 +415	+665 +415	+560 +535	+575 +535	+598 +535	+635 +535	+695 +535	+785 +535
160	180	+490 +465	+505 +465	+528 +465	+565 +465	+625 +465	+715 +465	+625 +600	+640 +600	+663 +600	+700 +600	+760 +600	+850 +600
180	200	+549 +520	+566 +520	+592 +520	+635 +520	+705 +520	+810 +520	+699 +670	+716 +670	+742 +670	+785 +670	+855 +670	+960 +670
200	225	+604 +575	+621 +575	+647 +575	+690 +575	+760 +575	+865 +575	+769 +740	+786 +740	+812 +740	+855 +740	+925 +740	+1030 +740
225	250	+669 +640	+686 +640	+712 +640	+755 +640	+825 +640	+930 +640	+849 +820	+866 +820	+892 +820	+935 +820	+1005 +820	+1110 +820
250	280	+742 +710	+762 +710	+791 +710	+840 +710	+920 +710	+1030 +710	+952 +920	+972 +920	+1001 +920	+1050 +920	+1130 +920	+1240 +920
280	315	+822 +790	+842 +790	+871 +790	+920 +790	+1000 +790	+1110 +790	+1032 +1000	+1052 +1000	+1081 +1000	+1130 +1000	+1210 +1000	+1320 +1000
315	355	+936 +900	+957 +900	+989 +900	+1040 +900	+1130 +900	+1260 +900	+1186 +1150	+1207 +1150	+1239 +1150	+1290 +1150	+1380 +1150	+1510 +1150
355	400	+1036 +1000	+1057 +1000	+1089 +1000	+1140 +1000	+1230 +1000	+1360 +1000	+1336 +1300	+1357 +1300	+1389 +1300	+1440 +1300	+1530 +1300	+1660 +1300
400	450	+1140 +1100	+1163 +1100	+1197 +1100	+1255 +1100	+1350 +1100	+1500 +1100	+1490 +1450	+1513 +1450	+1547 +1450	+1605 +1450	+1700 +1450	+1850 +1450
450	500	+1290 +1250	+1313 +1250	+1347 +1250	+1405 +1250	+1500 +1250	+1650 +1250	+1640 +1600	+1663 +1600	+1697 +1600	+1755 +1600	+1850 +1600	+2000 +1600

① 公称尺寸大于 500mm 的 z 和 za 的基本偏差数值没有列入表中。

表 2-2-48　　轴的极限偏差（基本偏差 zb 和 zc）①　　μm

公称尺寸/mm		zb					zc				
大于	至	7	8	9	10	11	7	8	9	10	11
—	3	+50 +40	+54 +40	+65 +40	+80 +40	+100 +40	+70 +60	+74 +60	+85 +60	+100 +60	+120 +60
3	6	+62 +50	+68 +50	+80 +50	+98 +50	+125 +50	+92 +80	+98 +80	+110 +80	+128 +80	+155 +80
6	10	+82 +67	+89 +67	+103 +67	+125 +67	+157 +67	+112 +97	+119 +97	+133 +97	+155 +97	+187 +97
10	14	+108 +90	+117 +90	+133 +90	+160 +90	+200 +90	+148 +130	+157 +130	+173 +130	+200 +130	+240 +130
14	18	+126 +108	+135 +108	+151 +108	+178 +108	+218 +108	+168 +150	+177 +150	+193 +150	+220 +150	+260 +150
18	24	+157 +136	+169 +136	+188 +136	+220 +136	+266 +136	+209 +188	+221 +188	+240 +188	+272 +188	+318 +188

续表

公称尺寸/mm		zb					zc				
大于	至	7	8	9	10	11	7	8	9	10	11
24	30	+181 +160	+193 +160	+212 +160	+244 +160	+290 +160	+239 +218	+251 +218	+270 +218	+302 +218	+348 +218
30	40	+225 +200	+239 +200	+262 +200	+300 +200	+360 +200	+299 +274	+313 +274	+336 +274	+374 +274	+434 +274
40	50	+267 +242	+281 +242	+304 +242	+342 +242	+402 +242	+350 +325	+364 +325	+387 +325	+425 +325	+485 +325
50	65	+330 +300	+346 +300	+374 +300	+420 +300	+490 +300	+435 +405	+451 +405	+479 +405	+525 +405	+595 +405
65	80	+390 +360	+406 +360	+434 +360	+480 +360	+550 +360	+510 +480	+526 +480	+554 +480	+600 +480	+670 +480
80	100	+480 +445	+499 +445	+532 +445	+585 +445	+665 +445	+620 +585	+639 +585	+672 +585	+725 +585	+805 +585
100	120	+560 +525	+579 +525	+612 +525	+665 +525	+745 +525	+725 +690	+744 +690	+777 +690	+830 +690	+910 +690
120	140	+660 +620	+683 +620	+720 +620	+780 +620	+870 +620	+840 +800	+863 +800	+900 +800	+960 +800	+1050 +800
140	160	+740 +700	+763 +700	+800 +700	+860 +700	+950 +700	+940 +900	+963 +900	+1000 +900	+1060 +900	+1150 +900
160	180	+820 +780	+843 +780	+880 +780	+940 +780	+1030 +780	+1040 +1000	+1063 +1000	+1100 +1000	+1160 +1000	+1250 +1000
180	200	+926 +880	+952 +880	+995 +880	+1065 +880	+1170 +880	+1196 +1150	+1222 +1150	+1265 +1150	+1335 +1150	+1440 +1150
200	225	+1006 +960	+1032 +960	+1075 +960	+1145 +960	+1250 +960	+1296 +1250	+1322 +1250	+1365 +1250	+1435 +1250	+1540 +1250
225	250	+1096 +1050	+1122 +1050	+1165 +1050	+1235 +1050	+1340 +1050	+1396 +1350	+1422 +1350	+1465 +1350	+1535 +1350	+1640 +1350
250	280	+1252 +1200	+1281 +1200	+1330 +1200	+1410 +1200	+1520 +1200	+1602 +1550	+1631 +1550	+1680 +1550	+1760 +1550	+1870 +1550
280	315	+1352 +1300	+1381 +1300	+1430 +1300	+1510 +1300	+1620 +1300	+1752 +1700	+1781 +1700	+1830 +1700	+1910 +1700	+2020 +1700
315	355	+1557 +1500	+1589 +1500	+1640 +1500	+1730 +1500	+1860 +1500	+1957 +1900	+1989 +1900	+2040 +1900	+2130 +1900	+2260 +1900
355	400	+1707 +1650	+1739 +1650	+1790 +1650	+1880 +1650	+2010 +1650	+2157 +2100	+2189 +2100	+2240 +2100	+2330 +2100	+2460 +2100
400	450	+1913 +1850	+1947 +1850	+2005 +1850	+2100 +1850	+2250 +1850	+2463 +2400	+2497 +2400	+2555 +2400	+2650 +2400	+2800 +2400
450	500	+2163 +2100	+2197 +2100	+2255 +2100	+2350 +2100	+2500 +2100	+2663 +2600	+2697 +2600	+2755 +2600	+2850 +2600	+3000 +2600

① 公称尺寸大于 500mm 的 zb 和 zc 的基本偏差数值没有列入表中。

3 一般公差 未注公差的线性和角度尺寸的公差（摘自 GB/T 1804—2000）

3.1 线性和角度尺寸的一般公差的概念

① 一般公差是指在车间通常加工条件下可保证的公差。采用一般公差的尺寸，在该尺寸后不需注出其极限偏差数值。标准中规定了未注出公差的线性和角度尺寸的一般公差的公差等级和极限偏差数值，适用于金属切削加工的尺寸，也适用于一般的冲压加工的尺寸。非金属材料和其他工艺方法加工的尺寸可参照采用。

该标准仅适用于下列未注公差的尺寸：线性尺寸，如外尺寸、内尺寸、阶梯尺寸、直径、半径、距离、倒圆半径和倒角高度；角度尺寸，包括通常不注出角度值的角度尺寸，如直角（90°），GB/T 1184 提到的或等多边形的角度除外；机加工组装件的线性和角度尺寸。

该标准不适用于下列尺寸：其他一般公差标准涉及的线性和角度尺寸；括号内的参考尺寸；矩形框格内的理论正确尺寸。

选取图样上未注公差尺寸的一般公差的公差等级时，应考虑通常的车间精度并由相应的技术文件或标准进行具体规定。

对任一单一尺寸，如功能上要求比一般公差更小的公差或允许更大的公差并更为经济时，其相应的极限偏差要在相关的基本尺寸后注出。

在图样或有关技术文件中采用本标准规定的线性和角度尺寸的一般公差时，应按本章 3.3 的规定进行标注。

由不同类型的工艺（如切削和铸造）分别加工形成的两表面之间的未注公差的尺寸应按规定的两个一般公差数值中的较大值控制。

以角度单位规定的一般公差仅控制表面的线或素线的总方向，不控制它们的形状误差。从实际表面得到的线的总方向是理想几何形状的接触线方向。接触线和实际线之间的最大距离是最小可能值（见 GB/T 4249）。

② 构成零件的所有要素总是具有一定的尺寸和几何形状。由于尺寸误差和几何特征（形状、方向、位置）误差的存在，为保证零件的使用功能就必须对它们加以限制，超出将会损害其功能。因此，零件在图样上表达的所有要素都有一定的公差要求。

对功能上无特殊要求的要素可给出一般公差。一般公差可应用于线性尺寸、角度尺寸、形状和位置等几何要素。

采用一般公差的要素在图样上可不单独注出其公差，而是在图样上、技术要求或技术文件（如企业标准）中进行总的说明。

③ 线性和角度尺寸的一般公差是在车间普通工艺条件下，机床设备可保证的公差。在正常维护和操作情况下，它代表车间通常的加工精度。

一般公差的公差等级的公差数值符合通常的车间精度。按零件使用要求选取相应的公差等级。

线性尺寸的一般公差主要用于低精度的非配合尺寸。

采用一般公差的尺寸在正常车间精度保证的条件下，一般可不检验。

④ 对某确定的公差值，加大公差通常在制造上并不会经济。例如，适宜“通常中等精度”水平的车间加工 35mm 直径的某要素，规定±1mm 的极限偏差值通常在制造上对车间不会带来更大的利益，而选用±0.3mm 的一般公差的极限偏差值（中等级）就足够了。

当功能上允许的公差等于或大于一般公差时，应采用一般公差。只有当要素的功能允许比一般公差大的公差，而该公差在制造上比一般公差更为经济时（如装配时所钻的盲孔深度），其相应的极限偏差数值要在尺寸后注出。

由于功能上的需要，某要素要求采用比“一般公差”小的公差值，则应在尺寸后注出其相应的极限偏差数值。

⑤ 零件功能允许的公差常常是大于一般公差，所以当工件任一要素超出（偶然地超出）一般公差时零件的功能通常不会被损害。只有当零件的功能受到损害时，超出一般公差的工件才能被拒收。

3.2 一般公差的公差等级和极限偏差数值

（1）线性尺寸

表 2-2-49 给出了线性尺寸的极限偏差数值；表 2-2-50 给出了倒圆半径和倒角高度尺寸的极限偏差数值。

表 2-2-49 线性尺寸的极限偏差数值 mm

公差等级	公称尺寸分段							
	0.5~3	>3~6	>6~30	>30~120	>120~400	>400~1000	>1000~2000	>2000~4000
精密 f	±0.05	±0.05	±0.1	±0.15	±0.2	±0.3	±0.5	—
中等 m	±0.1	±0.1	±0.2	±0.3	±0.5	±0.8	±1.2	±2

续表

公差等级	公称尺寸分段							
	0.5~3	>3~6	>6~30	>30~120	>120~400	>400~1000	>1000~2000	>2000~4000
粗糙 c	±0.2	±0.3	±0.5	±0.8	±1.2	±2	±3	±4
最粗 v	—	±0.5	±1	±1.5	±2.5	±4	±6	±8

表 2-2-50　　倒圆半径和倒角高度尺寸的极限偏差数值　　mm

<table>
<tr><th rowspan="2">公差等级</th><th colspan="4">公称尺寸分段</th><th rowspan="2">公差等级</th><th colspan="4">公称尺寸分段</th></tr>
<tr><th>0.5~3</th><th>>3~6</th><th>>6~30</th><th>>30</th><th>0.5~3</th><th>>3~6</th><th>>6~30</th><th>>30</th></tr>
<tr><td>精密 f</td><td rowspan="2">±0.2</td><td rowspan="2">±0.5</td><td rowspan="2">±1</td><td rowspan="2">±2</td><td>粗糙 c</td><td rowspan="2">±0.4</td><td rowspan="2">±1</td><td rowspan="2">±2</td><td rowspan="2">±4</td></tr>
<tr><td>中等 m</td><td>最粗 v</td></tr>
</table>

注：倒圆半径和倒角高度的含义参见 GB/T 6403.4。

（2）角度尺寸

表 2-2-51 给出了角度尺寸的极限偏差数值，其值按角度短边长度确度，对圆锥角按圆锥素线长度确定。

表 2-2-51　　角度尺寸的极限偏差数值

<table>
<tr><th rowspan="2">公差等级</th><th colspan="5">长度分段/mm</th></tr>
<tr><th>~10</th><th>>10~50</th><th>>50~120</th><th>>120~400</th><th>>400</th></tr>
<tr><td>精密 f</td><td rowspan="2">±1°</td><td rowspan="2">±30′</td><td rowspan="2">±20′</td><td rowspan="2">±10′</td><td rowspan="2">±5′</td></tr>
<tr><td>中等 m</td></tr>
<tr><td>粗糙 c</td><td>±1°30′</td><td>±1°</td><td>±30′</td><td>±15′</td><td>±10′</td></tr>
<tr><td>最粗 v</td><td>±3°</td><td>±2°</td><td>±1°</td><td>±30′</td><td>±20′</td></tr>
</table>

3.3　一般公差的标注

若采用标准规定的一般公差，应在图样标题栏附近或技术要求、技术文件（如企业标准）中注出本标准号及公差等级代号。例如选取中等级时，标注为：GB/T 1804—m。

4　在高温或低温工作条件下装配间隙的计算

工程图上标注的尺寸偏差与配合是以温度 20℃ 为基准的。但是，某些机械如化工机械、飞机、发动机等可以在 800℃ 至-60℃ 的高温或低温条件下工作，如果结合件材料的线胀系数不同，配合间隙（或过盈）需进行修正计算，以选择比较正确的配合类别。计算公式如下：

$$x_{zmax}=x_{Gmax}+d[\alpha_z(t_z-t)\mp\alpha_k(t_k-t)] \tag{2-2-1}$$

$$x_{zmin}=x_{Gmin}+d[\alpha_z(t_z-t)\mp\alpha_k(t_k-t)] \tag{2-2-2}$$

式中　x_{zmax}，x_{zmin}——最大与最小的装配间隙，mm；

t_k，t_z——孔和轴的工作温度，℃；

x_{Gmax}，x_{Gmin}——最大与最小的工作间隙，mm；

t——装配时环境的温度，℃；

d——配合的公称直径，mm；

α_k，α_z——孔和轴材料的线胀系数，℃$^{-1}$。

式（2-2-1）及式（2-2-2）中，负号用在当温度提高，孔的尺寸扩大的情况下；正号用在当温度提高，孔的尺寸缩小的情况下（如重量大的零件上不大的孔局部加热时，以及放置在加热壳体上的小而薄的套筒的孔，均由于温度提高使孔的尺寸缩小）。

例　铝制的活塞与钢的气缸壁在工作时的间隙范围，$x_{Gmax}=0.3$mm；$x_{Gmin}=0.1$mm，活塞与气缸配合的公称直径 $d=150$mm，工作温度 $t_k=110$℃；$t_z=180$℃，$\alpha_k=12\times10^{-6}$℃$^{-1}$，$\alpha_z=24\times10^{-6}$℃$^{-1}$，装配温度 $t=20$℃。试确定装配间隙。

由式（2-2-1）及式（2-2-2），其最大与最小的装配间隙为

$$x_{zmax}=0.3+150\times[24\times10^{-6}\times(180-20)-12\times10^{-6}\times(110-20)]=0.714\ (mm)$$
$$x_{zmin}=0.1+150\times[24\times10^{-6}\times(180-20)-12\times10^{-6}\times(110-20)]=0.514\ (mm)$$

5 圆锥公差与配合

5.1 圆锥公差（摘自 GB/T 11334—2005）

5.1.1 适用范围

本标准适用于锥度 C 从 1∶3 至 1∶500、长度 L 从 6~630mm 的光滑圆锥。标准中的圆锥角公差也适用于棱体的角度与斜度。

5.1.2 术语、定义及图例

表 2-2-52

术语	定义	图例
公称圆锥	设计给定的理想形状的圆锥，见图 1 公称圆锥可用两种形式确定： ①一个公称圆锥直径（最大圆锥直径 D、最小圆锥直径 d、给定截面圆锥直径 d_x）、公称圆锥长度 L、公称圆锥角 α 或公称锥度 C ②两个公称圆锥直径和公称圆锥长度 L	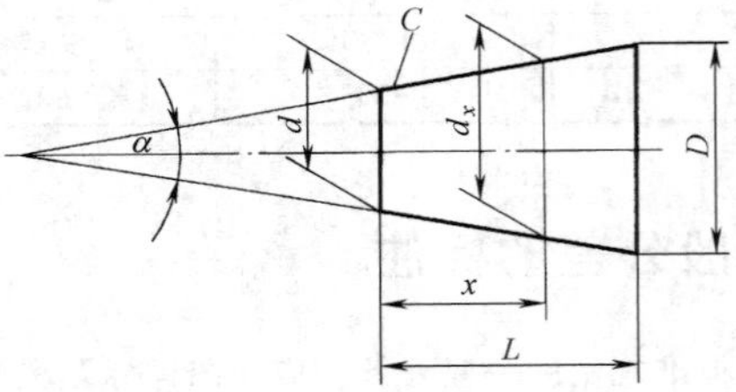 图 1
实际圆锥	实际存在并与周围介质分离的圆锥	
实际圆锥直径 d_a	实际圆锥上的任一直径，见图 2	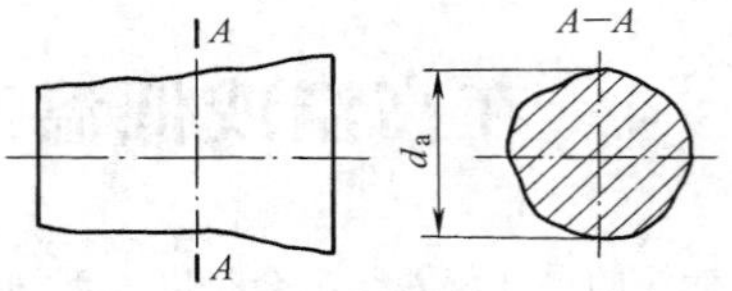 图 2
实际圆锥角	在实际圆锥的任一轴向截面内，包容圆锥素线且距离为最小的两对平行直线之间的夹角，见图 3	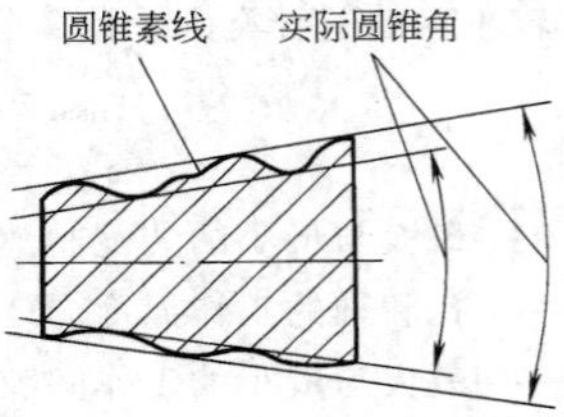
极限圆锥	与公称圆锥共轴且圆锥角相等，直径分别为上极限直径和下极限直径的两个圆锥。在垂直于圆锥轴线的任一截面上，这两个圆锥的直径差都相等，见图 4	圆锥素线　实际圆锥角 图 3
极限圆锥直径	极限圆锥上的任一直径，如图 4 中的 D_{max}、D_{min}、d_{max}、d_{min}	
极限圆锥角	允许的上极限或下极限圆锥角，见图 5	
圆锥直径公差 T_D	圆锥直径的允许变动量，见图 4	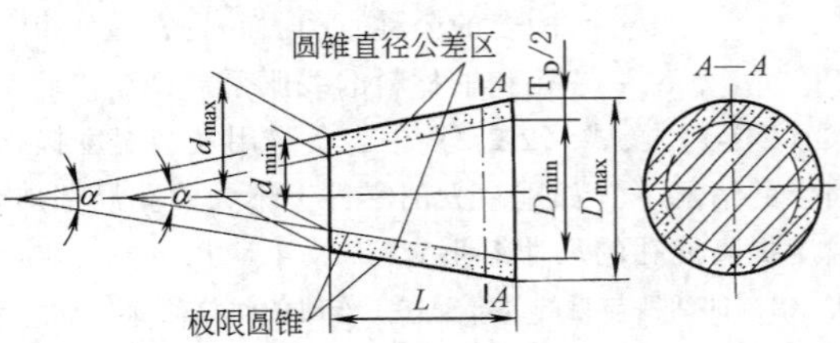 圆锥直径公差区　极限圆锥
圆锥直径公差区	两个极限圆锥所限定的区域。在轴向截面内的圆锥直径公差区见图 4	图 4

续表

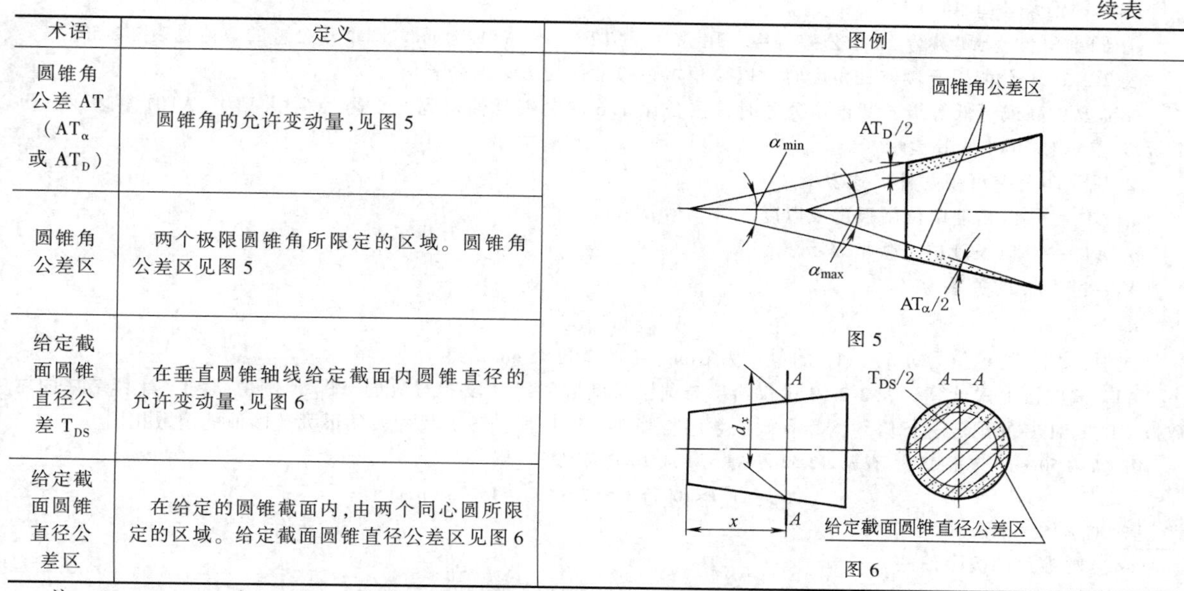

术语	定义	图例
圆锥角公差 AT（AT_α 或 AT_D）	圆锥角的允许变动量，见图 5	图 5
圆锥角公差区	两个极限圆锥角所限定的区域。圆锥角公差区见图 5	
给定截面圆锥直径公差 T_{DS}	在垂直圆锥轴线给定截面内圆锥直径的允许变动量，见图 6	图 6
给定截面圆锥直径公差区	在给定的圆锥截面内，由两个同心圆所限定的区域。给定截面圆锥直径公差区见图 6	

注：T_D、AT（AT_α 或 AT_D）、T_{DS} 均为没有符号的绝对值。

5.1.3 圆锥公差的项目和给定方法

（1）圆锥公差的项目

① 圆锥直径公差 T_D。

② 圆锥角公差 AT，用角度值 AT_α 或线性值 AT_D 给定。

③ 圆锥的形状公差 T_F，包括素线直线度公差和截面圆度公差。

④ 给定截面圆锥直径公差 T_{DS}。

（2）圆锥公差的给定方法

① 给出圆锥的公称圆锥角 α（或锥度 C）和圆锥直径公差 T_D。由 T_D 确定两个极限圆锥。此时，圆锥角误差和圆锥的形状误差均应在极限圆锥所限定的区域内。

当对圆锥角公差、圆锥的形状公差有更高的要求时，可再给出圆锥角公差 AT、圆锥的形状公差 T_F。此时，AT 和 T_F 仅占 T_D 的一部分。

② 给出给定截面圆锥直径公差 T_{DS} 和圆锥角公差 AT。此时，给定截面圆锥直径和圆锥角应分别满足这两项公差的要求。T_{DS} 和 AT 的关系见图 2-2-10。

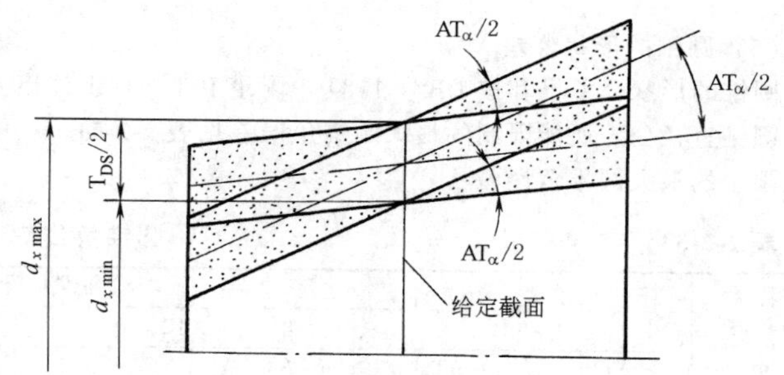

图 2-2-10　T_{DS} 和 AT 的关系

该方法是在假定圆锥素线为理想直线的情况下给出的。

当对圆锥形状公差有更高的要求时，可再给出圆锥的形状公差 T_F。

5.1.4 圆锥公差的数值

（1）圆锥直径公差 T_D

以公称圆锥直径（一般取最大圆锥直径 D）为公称尺寸，按 GB/T 1800.1—2020 规定的标准公差选取。

（2）给定截面圆锥直径公差 T_{DS}

以给定截面圆锥直径 d_x 为公称尺寸，按 GB/T 1800.1—2020 规定的标准公差选取。

(3) 圆锥角公差 AT

① 圆锥角公差 AT 共分 12 个公差等级，用 AT1、AT2、…、AT12 表示。圆锥角公差的数值见表 2-2-53。

表 2-2-53 中数值用于棱体的角度时，以该角短边长度作为 L 选取公差值。

如需要更高或更低等级的圆锥角公差时，按公比 1.6 向两端延伸得到。更高等级用 AT0、AT01 等表示，更低等级用 AT13、AT14 等表示。

② 圆锥角公差可用两种形式表示。

a. AT_α——以角度单位微弧度或以度、分、秒表示；

b. AT_D——以长度单位微米表示。

AT_α 和 AT_D 的关系为

$$AT_D = AT_\alpha L \times 10^{-3}$$

式中，AT_D 的单位为 μm；AT_α 的单位为 μrad；L 的单位为 mm。

AT_D 值应按上式计算，表 2-2-53 中仅给出与圆锥长度 L 的尺寸段相对应的 AT_D 范围值。AT_D 计算结果的尾数按 GB/T 8170 的规定进行修约，其有效位数应与表 2-2-53 中所列该 L 尺寸段的最大范围值的位数相同。

例 L 为 50mm，选用 AT7，查表 2-2-52 得 AT_α 为 315μrad 或 1′05″，则

$$AT_D = AT_\alpha L \times 10^{-3} = 315 \times 50 \times 10^{-3} = 15.75\ (\mu m)$$

取 $AT_D = 15.8\mu m$。

(4) 圆锥角的极限偏差

圆锥角的极限偏差可按单向或双向（对称或不对称）取值（图 2-2-11）。

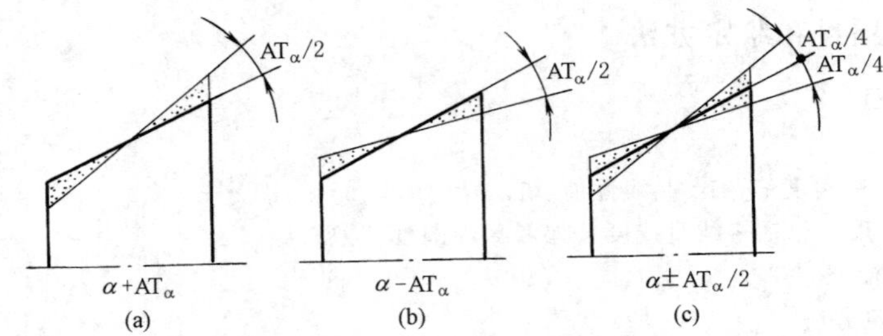

图 2-2-11 圆锥角的极限偏差

(5) 圆锥的形状公差

圆锥的形状公差推荐按 GB/T 1184 中附录 B“图样上注出公差值的规定”选取。

圆锥直径公差所能限制的最大圆锥角误差见表 2-2-54，表中给出了圆锥长度 L 为 100mm，圆锥直径公差 T_D 所能限制的最大圆锥角误差 $\Delta\alpha_{max}$。

表 2-2-53 **圆锥角公差**

公称圆锥长度 L/mm		圆锥角公差等级											
		AT1			AT2			AT3			AT4		
		AT_α		AT_D	AT_α		AT_D	AT_α		AT_D	AT_α		AT_D
大于	至	μrad	(″)	μm	μrad	(″)	μm	μrad	(″)	μm	μrad	(″)	μm
自 6	10	50	10	>0.3~0.5	80	16	>0.5~0.8	125	26	>0.8~1.3	200	41	>1.3~2.0
10	16	40	8	>0.4~0.6	63	13	>0.6~1.0	100	21	>1.0~1.6	160	33	>1.6~2.5
16	25	31.5	6	>0.5~0.8	50	10	>0.8~1.3	80	16	>1.3~2.0	125	26	>2.0~3.2
25	40	25	5	>0.6~1.0	40	8	>1.0~1.6	63	13	>1.6~2.5	100	21	>2.5~4.0
40	63	20	4	>0.8~1.3	31.5	6	>1.3~2.0	50	10	>2.0~3.2	80	16	>3.2~5.0
63	100	16	3	>1.0~1.6	25	5	>1.6~2.5	40	8	>2.5~4.0	63	13	>4.0~6.3
100	160	12.5	2.5	>1.3~2.0	20	4	>2.0~3.2	31.5	6	>3.2~5.0	50	10	>5.0~8.0
160	250	10	2	>1.6~2.5	16	3	>2.5~4.0	25	5	>4.0~6.3	40	8	>6.3~10.0
250	400	8	1.5	>2.0~3.2	12.5	2.5	>3.2~5.0	20	4	>5.0~8.0	31.5	6	>8.0~12.5
400	630	6.3	1	>2.5~4.0	10	2	>4.0~6.3	16	3	>6.3~10.0	25	5	>10.0~16.0

续表

公称圆锥长度 L/mm		圆锥角公差等级											
		AT5			AT6			AT7			AT8		
		$AT_α$		AT_D	$AT_α$		AT_D	$AT_α$		AT_D	$AT_α$		AT_D
大于	至	μrad	(′)(″)	μm	μrad	(′)(″)	μm	μrad	(′)(″)	μm	μrad	(′)(″)	μm
自6	10	315	1′05″	>2.0~3.2	500	1′43″	>3.2~5.0	800	2′45″	>5.0~8.0	1250	4′18″	>8.0~12.5
10	16	250	52″	>2.5~4.0	400	1′22″	>4.0~6.3	630	2′10″	>6.3~10.0	1000	3′26″	>10.0~6.0
16	25	200	41″	>3.2~5.0	315	1′05″	>5.0~8.0	500	1′43″	>8.0~12.5	800	2′45″	>12.5~20.0
25	40	160	33″	>4.0~6.3	250	52″	>6.3~10.0	400	1′22″	>10.0~16.0	630	2′10″	>16.0~25.0
40	63	125	26″	>5.0~8.0	200	41″	>8.0~12.5	315	1′05″	>12.5~20.0	500	1′43″	>20.0~32.0
63	100	100	21″	>6.3~10.0	160	33″	>10.0~16.0	250	52″	>16.0~25.0	400	1′22″	>25.0~40.0
100	160	80	16″	>8.0~12.5	125	26″	>12.5~20.0	200	41″	>20.0~32.0	315	1′05″	>32.0~50.0
160	250	63	13″	>10.0~16.0	100	21″	>16.0~25.0	160	33″	>25.0~40.0	250	52″	>40.0~63.0
250	400	50	10″	>12.5~20.0	80	16″	>20.0~32.0	125	26″	>32.0~50.0	200	41″	>50.0~80.0
400	630	40	8″	>16.0~25.0	63	13″	>25.0~40.0	100	21″	>40.0~63.0	160	33″	>63.0~100.0
公称圆锥长度 L/mm		圆锥角公差等级											
		AT9			AT10			AT11			AT12		
		$AT_α$		AT_D	$AT_α$		AT_D	$AT_α$		AT_D	$AT_α$		AT_D
大于	至	μrad	(′)(″)	μm	μrad	(′)(″)	μm	μrad	(′)(″)	μm	μrad	(′)(″)	μm
自6	10	2000	6′52″	>12.5~20	3150	10′49″	>20~32	5000	17′10″	>32~50	8000	27′28″	>50~80
10	16	1600	5′30″	>16~25	2500	8′35″	>25~40	4000	13′44″	>40~63	6300	21′38″	>63~100
16	25	1250	4′18″	>20~32	2000	6′52″	>32~50	3150	10′49″	>50~80	5000	17′10″	>80~125
25	40	1000	3′26″	>25~40	1600	5′30″	>40~63	2500	8′35″	>63~100	4000	13′44″	>100~160
40	63	800	2′45″	>32~50	1250	4′18″	>50~80	2000	6′52″	>80~125	3150	10′49″	>125~200
63	100	630	2′10″	>40~63	1000	3′26″	>63~100	1600	5′30″	>100~160	2500	8′35″	>160~250
100	160	500	1′43″	>50~80	800	2′45″	>80~125	1250	4′18″	>125~200	2000	6′52″	>200~320
160	250	400	1′22″	>63~100	630	2′10″	>100~160	1000	3′26″	>160~250	1600	5′30″	>250~400
250	400	315	1′05″	>80~125	500	1′43″	>125~200	800	2′45″	>200~320	1250	4′18″	>320~500
400	630	250	52″	>100~160	400	1′22″	>160~250	630	2′10″	>250~400	1000	3′26″	>400~630

注：1μrad 等于半径为 1m、弧长为 1μm 所对应的圆心角，5μrad≈1″（秒），300μrad≈1′（分）。

表 2-2-54　圆锥长度 L 为 100mm，圆锥直径公差 T_D 所能限制的最大圆锥角误差 $\Delta\alpha_{max}$

圆锥直径公差等级	圆锥直径/mm												
	3	>3~6	>6~10	>10~18	>18~30	>30~50	>50~80	>80~120	>120~180	>180~250	>250~315	>315~400	>400~500
	$\Delta\alpha_{max}$/μrad												
IT01	3	4	4	5	6	6	8	10	12	20	25	30	40
IT0	5	6	6	8	10	10	12	15	20	30	40	50	60
IT1	8	10	10	12	15	15	20	25	35	45	60	70	80
IT2	12	15	15	20	25	25	30	40	50	70	80	90	100
IT3	20	25	25	30	40	40	50	60	80	100	120	130	150
IT4	30	40	40	50	60	70	80	100	120	140	160	180	200
IT5	40	50	60	80	90	110	130	150	180	200	230	250	270
IT6	60	80	90	110	130	160	190	220	250	290	320	360	400
IT7	100	120	150	180	210	250	300	350	400	460	520	570	630
IT8	140	180	220	270	330	390	460	540	630	720	810	890	970
IT9	250	300	360	430	520	620	740	870	1000	1150	1300	1400	1550
IT10	400	480	580	700	840	1000	1200	1400	1600	1850	2100	2300	2500
IT11	600	750	900	1000	1300	1600	1900	2200	2500	2900	3200	3600	4000
IT12	1000	1200	1500	1800	2100	2500	3000	3500	4000	4600	5200	5700	6300
IT13	1400	1800	2200	2700	3300	3900	4600	5400	6300	7200	8100	8900	9700

续表

圆锥直径公差等级	圆锥直径/mm												
	3	>3~6	>6~10	>10~18	>18~30	>30~50	>50~80	>80~120	>120~180	>180~250	>250~315	>315~400	>400~500
	$\Delta\alpha_{max}$/μrad												
IT14	2500	3000	3600	4300	5200	6200	7400	8700	10000	11500	13000	14000	15500
IT15	4000	4800	5800	7000	8400	10000	12000	14000	16000	18500	21000	23000	25000
IT16	6000	7500	9000	11000	13000	16000	19000	22000	25000	29000	32000	36000	40000
IT17	10000	12000	15000	18000	21000	25000	30000	35000	40000	46000	52000	57000	63000
IT18	14000	18000	22000	27000	33000	39000	46000	54000	63000	72000	81000	89000	97000

注：圆锥长度不等于100mm时，需将表中的数值乘以100/L，L的单位为mm。

5.2 圆锥配合（摘自GB/T 12360—2005）

5.2.1 适用范围

本标准适用于锥度C从1∶3至1∶500，长度L从6~630mm，直径至500mm光滑圆锥的配合。其公差的给定方法，按5.1.3中（2）①的规定。

5.2.2 术语及定义

表 2-2-55

术语	定义
圆锥配合	圆锥配合有结构型圆锥配合和位移型圆锥配合两种
结构型圆锥配合	由圆锥结构确定装配位置，内、外圆锥公差区之间的相互关系 结构型圆锥配合可以是间隙配合、过渡配合或过盈配合。图1为由轴肩接触得到间隙配合的结构型圆锥配合示例，图2为由结构尺寸a得到过盈配合的结构型圆锥配合示例 轴肩　外圆锥　内圆锥 图1 a　基准平面 图2
圆锥直径配合量T_{Df}	圆锥配合在配合直径上允许的间隙或过盈的变动量 ① 圆锥直径配合量是一个没有符号的绝对值 ② 对于结构型圆锥配合，圆锥直径间隙配合量是最大间隙（X_{max}）与最小间隙（X_{min}）之差；圆锥直径过盈配合量是最小过盈（Y_{min}）与最大过盈（Y_{max}）之差；圆锥直径过渡配合量是最大间隙（X_{max}）与最大过盈（Y_{max}）之差。圆锥直径配合量也等于内圆锥直径公差（T_{Di}）与外圆锥直径公差（T_{De}）之和 圆锥直径间隙配合量　$T_{Df}=X_{max}-X_{min}$ 圆锥直径过盈配合量　$T_{Df}=Y_{min}-Y_{max}$ 圆锥直径过渡配合量　$T_{Df}=X_{max}-Y_{max}$ 圆锥直径配合量　$T_{Df}=T_{Di}+T_{De}$ ③ 对于位移型圆锥配合，圆锥直径间隙配合量是最大间隙（X_{max}）与最小间隙（X_{min}）之差，圆锥直径过盈配合量是最小过盈（Y_{min}）与最大过盈（Y_{max}）之差；也等于轴向位移公差（T_E）与锥度（C）之积 圆锥直径间隙配合量　$T_{Df}=X_{max}-X_{min}=T_E C$ 圆锥直径过盈配合量　$T_{Df}=Y_{min}-Y_{max}=T_E C$

续表

术语	定义
位移型圆锥配合	（续）

内、外圆锥在装配时做一定相对轴向位移（E_a）确定的相互关系

位移型圆锥配合可以是间隙配合或过盈配合。图 3 为给定轴向位移 E_a 得到间隙配合的位移型圆锥配合示例，图 4 为给定装配力 F_s 得到过盈配合的位移型圆锥配合示例

（1）初始位置 P

在不施加力的情况下，相互结合的内、外圆锥表面接触时的轴向位置

（2）极限初始位置 P_1、P_2

初始位置允许的界限

极限初始位置 P_1 为内圆锥的下极限圆锥和外圆锥的上极限圆锥接触时的位置，见图 5

极限初始位置 P_2 为内圆锥的上极限圆锥和外圆锥的下极限圆锥接触时的位置，见图 5

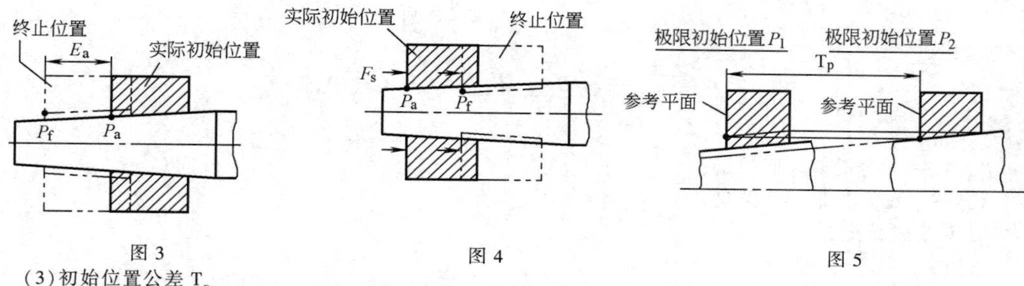

图 3　　图 4　　图 5

（3）初始位置公差 T_p

初始位置允许的变动量，等于极限初始位置 P_1 和 P_2 之间的距离，见图 5

$$T_p=\frac{1}{C}(T_{Di}+T_{De})$$

式中　C——锥度；

T_{Di}——内圆锥直径公差；

T_{De}——外圆锥直径公差

（4）实际初始位置 P_a

相互结合的内、外实际圆锥的初始位置，见图 3、图 4。它应位于极限初始位置 P_1 和 P_2 之间

（5）终止位置 P_f

相互结合的内、外圆锥，为使其终止状态得到要求的间隙或过盈，所规定的相互轴向位置，见图 3、图 4

（6）装配力 F_s

相互结合的内、外圆锥，为在终止位置（P_f）得到要求的过盈所施加的轴向力，见图 4

（7）轴向位移 E_a

相互结合的内、外圆锥，从实际初始位置（P_a）到终止位置（P_f）移动的距离，见图 3

（8）最小轴向位移 E_{amin}

在相互结合的内、外圆锥的终止位置上，得到最小间隙或最小过盈的轴向位移

（9）最大轴向位移 E_{amax}

在相互结合的内、外圆锥的终止位置上，得到最大间隙或最大过盈的轴向位移

图 6 为在终止位置上得到最大、最小过盈的示例

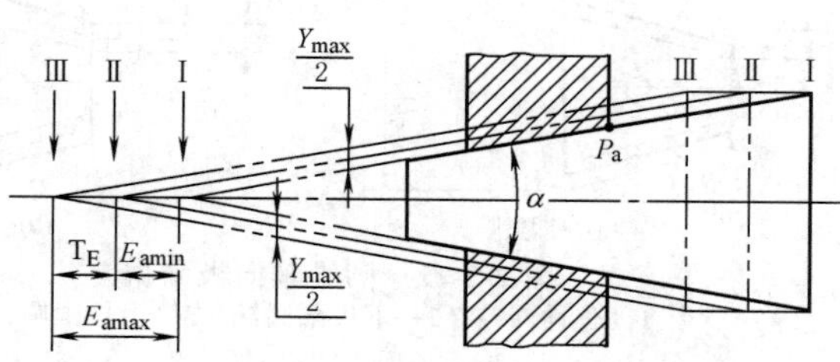

图 6

Ⅰ—实际初始位置；Ⅱ—最小过盈位置；Ⅲ—最大过盈位置

（10）轴向位移公差 T_E

轴向位移允许的变动量，等于最大轴向位移（E_{amax}）与最小轴向位移（E_{amin}）之差，见图 6

$$T_E=E_{amax}-E_{amin}$$

5.2.3 圆锥配合的一般规定

① 结构型圆锥配合推荐优先采用基孔制。内、外圆锥直径公差区代号及配合按 GB/T 1801 选取。如 GB/T 1801 给出的常用配合仍不能满足需要，可按 GB/T 1800.1 规定的基本偏差和标准公差组成所需配合。

② 位移型圆锥配合的内、外圆锥直径公差区代号的基本偏差推荐选用 H、h 和 JS、js。其轴向位移的极限值按 GB/T 1801 规定的极限间隙或极限过盈来计算。

③ 位移型圆锥配合的轴向位移极限值 E_{amin}、E_{amax} 和轴向位移公差 T_E 按下列公式计算。

a. 对于间隙配合：

$$E_{amin}=\frac{1}{C}\left|X_{min}\right|$$

$$E_{amax}=\frac{1}{C}\left|X_{max}\right|$$

$$T_E=E_{amax}-E_{amin}=\frac{1}{C}\left|X_{max}-X_{min}\right|$$

式中 C——锥度；

X_{max}——配合的最大间隙量；

X_{min}——配合的最小间隙量。

b. 对于过盈配合：

$$E_{amin}=\frac{1}{C}\left|Y_{min}\right|$$

$$E_{amax}=\frac{1}{C}\left|Y_{max}\right|$$

$$T_E=E_{amax}-E_{amin}=\frac{1}{C}\left|Y_{max}-Y_{min}\right|$$

式中 C——锥度；

Y_{max}——配合的最大过盈量；

Y_{min}——配合的最小过盈量。

5.2.4 内、外圆锥轴向极限偏差的计算

圆锥轴向极限偏差是圆锥的某一极限圆锥与其公称圆锥轴向位置的偏离，如图 2-2-12 所示。规定下极限圆锥与公称圆锥的偏离为轴向上偏差 es_z、ES_z；上极限圆锥与公称圆锥的偏离为轴向下偏差 ei_z、EI_z。轴向上偏差与轴向下偏差代数差的绝对值为轴向公差 T_z。

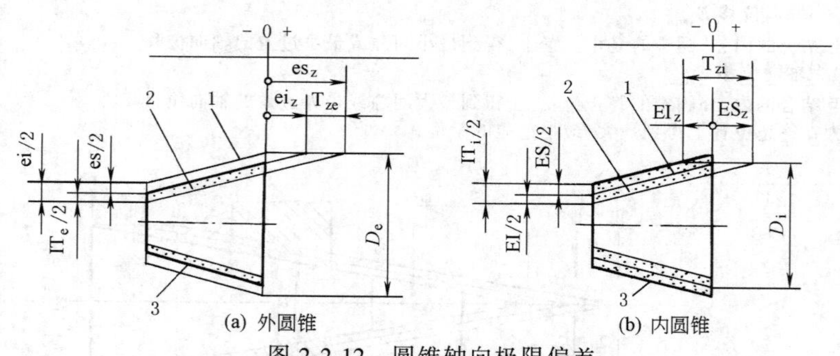

图 2-2-12 圆锥轴向极限偏差

1—公称圆锥；2—下极限圆锥；3—上极限圆锥

(1) 计算公式

① 轴向上偏差：

外圆锥

$$es_z=-\frac{1}{C}ei$$

内圆锥

$$ES_z=-\frac{1}{C}EI$$

② 轴向下偏差：

外圆锥
$$ei_z=-\frac{1}{C}es$$

内圆锥
$$EI_z=-\frac{1}{C}ES$$

③ 轴向基本偏差：

外圆锥
$$e_z=-\frac{1}{C}\times 直径基本偏差$$

内圆锥
$$E_z=-\frac{1}{C}\times 直径基本偏差$$

④ 轴向公差：

外圆锥
$$T_{ze}=\frac{1}{C}IT_e$$

内圆锥
$$T_{zi}=\frac{1}{C}IT_i$$

（2）计算用表

锥度 C 等于 1∶10 时，按 GB/T 1800.1 规定的基本偏差计算所得的外圆锥的轴向基本偏差（e_z）列于表 2-2-56。此时，按 GB/T 1800.1 规定的标准公差计算所得的轴向公差 T_z 的数值列于表 2-2-57。

当锥度 C 不等于 1∶10 时，圆锥的轴向基本偏差和轴向公差按表 2-2-56、表 2-2-57 给出的数值，乘以表 2-2-58、表 2-2-59 的换算系数进行计算。

表 2-2-56　锥度 $C=1:10$ 时，外圆锥的轴向基本偏差 e_z 数值　mm

基本偏差		a	b	c	cd	d	e	ef	f	fg	g	h	js	j		
公称尺寸		公差等级														
大于	至	所有等级												5、6	7	8
—	3	+2.7	+1.4	+0.6	+0.34	+0.2	+0.14	+0.1	+0.06	+0.04	+0.02	0	$e_z=\pm\frac{T_{ze}}{2}$	+0.02	+0.04	+0.06
3	6	+2.7	+1.4	+0.7	+0.46	+0.3	+0.2	+0.14	+0.1	+0.06	+0.04	0		+0.02	+0.04	—
6	10	+2.8	+1.5	+0.8	+0.56	+0.4	+0.25	+0.18	+0.13	+0.08	+0.05	0		+0.02	+0.05	—
10	14	+2.9	+1.5	+0.95	—	+0.5	+0.32	—	+0.16	—	+0.06	0		+0.03	+0.06	—
14	18															
18	24	+3	+1.6	+1.1	—	+0.65	+0.4	—	+0.2	—	+0.07	0		+0.04	+0.08	—
24	30															
30	40	+3.1	+1.7	+1.2	—	+0.8	+0.5	—	+0.25	—	+0.09	0		+0.05	+0.1	—
40	50	+3.2	+1.8	+1.3												
50	65	+3.4	+1.9	+1.4	—	+1	+0.6	—	+0.3	—	+0.1	0		+0.07	+0.12	—
65	80	+3.6	+2	+1.5												
80	100	+3.8	+2.2	+1.7	—	+1.2	+0.72	—	+0.36	—	+0.12	0		+0.09	+0.15	—
100	120	+4.1	+2.4	+1.8												
120	140	+4.6	+2.6	+2	—	+1.45	+0.85	—	+0.43	—	+0.14	0		+0.11	+0.18	—
140	160	+5.2	+2.8	+2.1												
160	180	+5.8	+3.1	+2.3												
180	200	+6.6	+3.4	+2.4	—	+1.7	+1	—	+0.5	—	+0.15	0		+0.13	+0.21	—
200	225	+7.4	+3.8	+2.6												
225	250	+8.2	+4.2	+2.8												
250	280	+9.2	+4.8	+3	—	+1.9	+1.1	—	+0.56	—	+0.17	0		+0.16	+0.26	—
280	315	+10.5	+5.4	+3.3												
315	355	+12	+6	+3.6	—	+2.1	+1.25	—	+0.62	—	+0.18	0		+0.18	+0.28	—
355	400	+13.5	+6.8	+4												
400	450	+15	+7.6	+4.4	—	+2.3	+1.35	—	+0.68	—	+0.2	0		+0.2	+0.32	—
450	500	+16.5	+8.4	+4.8												

续表

基本偏差		k		m	n	p	r	s	t	u	v	x	y	z	za	zb	zc
公称尺寸		公差等级															
大于	至	<4 >7	4~7	所有等级													
—	3	0	0	-0.02	-0.04	-0.06	-0.1	-0.14	—	-0.18	—	-0.20	—	-0.26	-0.32	-0.4	-0.6
3	6	0	-0.01	-0.04	-0.08	-0.12	-0.15	-0.19	—	-0.23	—	-0.28	—	-0.35	-0.42	-0.5	-0.8
6	10	0	-0.01	-0.06	-0.1	-0.15	-0.19	-0.23	—	-0.28	—	-0.34	—	-0.42	-0.52	-0.67	-0.97
10	14	0	-0.01	-0.07	-0.12	-0.18	-0.23	-0.28	—	-0.33	—	-0.4	—	-0.5	-0.64	-0.9	-1.3
14	18									-0.33	-0.39	-0.45	—	-0.6	-0.77	-1.08	-1.5
18	24	0	-0.02	-0.08	-0.15	-0.22	-0.28	-0.35	—	-0.41	-0.47	-0.54	-0.63	-0.73	-0.98	-1.36	-1.88
24	30								-0.41	-0.48	-0.55	-0.64	-0.75	-0.88	-1.18	-1.6	-2.18
30	40	0	-0.02	-0.09	-0.17	-0.26	-0.34	-0.43	-0.48	-0.6	-0.68	-0.8	-0.94	-1.12	-1.48	-2	-2.74
40	50								-0.54	-0.7	-0.81	-0.97	-1.14	-1.36	-1.80	-2.42	-3.25
50	65	0	-0.02	-0.11	-0.2	-0.32	-0.41	-0.53	-0.66	-0.87	-1.02	-1.22	-1.44	-1.72	-2.25	-3	-4.05
65	80						-0.43	-0.59	-0.75	-1.02	-1.2	-1.46	-1.74	-2.1	-2.74	-3.6	-4.8
80	100	0	-0.03	-0.13	-0.23	-0.37	-0.51	-0.71	-0.91	-1.24	-1.46	-1.78	-2.14	-2.58	-3.35	-4.45	-5.85
100	120						-0.54	-0.79	-1.04	-1.44	-1.72	-2.10	-2.54	-3.1	-4	-5.25	-6.9
120	140	0	-0.03	-0.15	-0.27	-0.43	-0.63	-0.92	-1.22	-1.7	-2.02	-2.48	-3	-3.65	-4.7	-6.2	-8
140	160						-0.65	-1	-1.34	-1.9	-2.28	-2.8	-3.4	-4.15	-5.35	-7	-9
160	180						-0.68	-1.08	-1.46	-2.1	-2.52	-3.1	-3.8	-4.65	-6	-7.8	-10
180	200	0	-0.04	-0.17	-0.31	-0.5	-0.77	-1.22	-1.66	-2.36	-2.84	-3.5	-4.25	-5.2	-6.7	-8.8	-11.5
200	225						-0.80	-1.3	-1.8	-2.58	-3.1	-3.85	-4.7	-5.75	-7.4	-9.6	-12.5
225	250						-0.84	-1.4	-1.96	-2.84	-3.4	-4.25	-5.2	-6.4	-8.2	-10.5	-13.5
250	280	0	-0.04	-0.2	-0.34	-0.56	-0.94	-1.58	-2.18	-3.15	-3.85	-4.75	-5.8	-7.1	-9.2	-12	-15.5
280	315						-0.98	-1.7	-2.4	-3.5	-4.25	-5.25	-6.5	-7.9	-10	-13	-17
315	355	0	-0.04	-0.21	-0.37	-0.62	-1.08	-1.9	-2.68	-3.9	-4.75	-5.9	-7.3	-9	-11.5	-15	-19
355	400						-1.14	-2.08	-2.94	-4.35	-5.3	-6.6	-8.2	-10	-13	-16.5	-21
400	450	0	-0.05	-0.23	-0.4	-0.68	-1.26	-2.32	-3.3	-4.9	-5.95	-7.4	-9.2	-11	-14.5	-18.5	-24
450	500						-1.32	-2.52	-3.6	-5.4	-6.6	-8.2	-10	-12.5	-16	-21	-26

注："+" 表示相对于基本圆锥，外圆锥有轴向间隙；"-" 表示相对于基本圆锥，外圆锥有轴向过盈。

表 2-2-57　　锥度 $C=1:10$ 时，轴向公差 T_z 数值　　mm

公称尺寸		公差等级									
大于	至	IT3	IT4	IT5	IT6	IT7	IT8	IT9	IT10	IT11	IT12
—	3	0.02	0.03	0.04	0.06	0.1	0.14	0.25	0.4	0.6	1
3	6	0.025	0.04	0.05	0.08	0.12	0.18	0.3	0.48	0.75	1.2
6	10	0.025	0.04	0.06	0.09	0.15	0.22	0.36	0.58	0.9	1.5
10	18	0.03	0.04	0.08	0.11	0.18	0.27	0.43	0.7	1.1	1.8
18	30	0.04	0.05	0.09	0.13	0.21	0.33	0.52	0.84	1.3	2.1
30	50	0.04	0.07	0.11	0.16	0.25	0.39	0.62	1	1.6	2.5
50	80	0.05	0.08	0.13	0.19	0.3	0.46	0.74	1.2	1.9	3
80	120	0.06	0.1	0.15	0.22	0.35	0.54	0.87	1.4	2.2	3.5
120	180	0.08	0.12	0.18	0.25	0.4	0.63	1	1.6	2.5	4
180	250	0.1	0.14	0.2	0.29	0.46	0.72	1.15	1.85	2.9	4.6
250	315	0.12	0.16	0.23	0.32	0.52	0.81	1.3	2.1	3.2	5.2
315	400	0.13	0.18	0.25	0.36	0.57	0.89	1.4	2.3	3.6	5.7
400	500	0.15	0.2	0.27	0.4	0.63	0.97	1.55	2.5	4	6.3

表 2-2-58　　一般用途圆锥的换算系数

基本值		换算系数	基本值		换算系数
系列 1	系列 2		系列 1	系列 2	
1∶3		0.3		1∶15	1.5
	1∶4	0.4	1∶20		2
1∶5		0.5	1∶30		3
	1∶6	0.6		1∶40	4
	1∶7	0.7	1∶50		5
	1∶8	0.8	1∶100		10
1∶10		1	1∶200		20
	1∶12	1.2	1∶500		50

表 2-2-59　　特殊用途圆锥的换算系数

基本值	换算系数	基本值	换算系数
18°33′	0.3	1∶18.779	1.8
11°54′	0.48	1∶19.002	1.9
8°40′	0.66	1∶19.180	1.92
7°40′	0.75	1∶19.212	1.92
7∶24	0.84	1∶19.254	1.92
1∶9	0.9	1∶19.264	1.92
1∶12.262	1.2	1∶19.922	1.99
1∶12.972	1.3	1∶20.020	2
1∶15.748	1.57	1∶20.047	2
1∶16.666	1.67	1∶20.288	2

注：圆锥的尺寸和公差的注法见本篇第 1 章。

（3）基孔制的轴向极限偏差

按表 2-2-56～表 2-2-59 中的数值由下列公式计算。

① 对内圆锥：

基本偏差为 H 时

$$ES_z = 0$$
$$EI_z = -T_{zi}$$

② 对外圆锥：

基本偏差为 a 到 g 时

$$es_z = e_z + T_{ze}$$
$$ei_z = e_z$$

基本偏差为 h 时

$$es_z = +T_{ze}$$
$$ei_z = 0$$

基本偏差为 js 时

$$es_z = +\frac{T_{ze}}{2}$$
$$ei_z = -\frac{T_{ze}}{2}$$

基本偏差为 j 到 zc 时

$$es_z = e_z$$
$$ei_z = e_z - T_{ze}$$

第3章 几何公差

1 术语与定义（摘自 GB/T 1182—2018、GB/T 4249—2018、GB/T 16671—2018、GB/T 18780.1—2002、GB/T 17851—2022）

表 2-3-1

术语	定义
要素类	
要素(几何要素)	点、线、面
组成要素	工件实际表面上或表面模型上的几何要素
导出要素	由一个或几个组成要素得到的中心点、中心线或中心面
尺寸要素	由一定大小的线性尺寸或角度尺寸确定的几何形状
公称组成要素	由技术制图或其他方法确定的理论正确组成要素
公称导出要素	由一个或几个公称组成要素导出的中心点、轴线或中心平面
工件实际表面	实际存在并将整个工件与周围介质分隔的一组要素
实际(组成)要素	由接近实际(组成)要素所限定的工件实际表面的组成要素部分
提取组成要素	按规定方法,由实际(组成)要素提取有限数目的点所形成的实际(组成)要素的近似替代
提取导出要素	由一个或几何提取组成要素得到的中心点、中心线或中心面
拟合组成要素	按规定的方法由提取组成要素形成的并具有理想形状的组成要素
拟合导出要素	由一个或几个拟合组成要素导出的中心点、轴线或中心平面
方位要素	能确定要素方向和/或位置的点、直线、平面或螺旋线类要素
基准	用来定义公差带的位置和/或方向或用来定义实体状态的位置和/或方向的一个(组)方位要素
基准体系	由两个或三个单独的基准构成的组合用来确定被测要素几何位置关系
基准要素	零件上用来建立基准并实际起基准作用的实际(组成)要素(如一条边、一个表面或一个孔)
模拟基准要素	在加工和检测过程中用来建立基准并与实际基准要素相接触,且具有足够精度的实际表面(如一个平板、一个支撑或一根心棒)
基准目标	零件上与加工或检验设备相接触的点、线或局部区域,用来体现满足功能要求的基准
几何公差类	
公差带	由一个或两个理想的几何线要素或面要素所限定的、由一个或多个线性尺寸表示公差值的区域
相交平面	由工件的提取要素建立的平面,用于标识提取面上的线要素(组成要素或中心要素)或标识提取线上的点要素
定向平面	由工件的提取要素建立的平面,用于标识公差带的方向
方向要素	由工件的提取要素建立的理想要素,用于标识公差带宽度(局部偏差)的方向
组合连续要素	由多个单一要素无缝组合在一起的单一要素
组合平面	由工件上的要素建立的平面,用于定义封闭的组合连续要素

续表

术语	定义
理论正确尺寸(TED)	当给出一个或一组要素的位置、方向或轮廓度公差时，分别用来确定其理论正确位置、方向或轮廓的尺寸称为理论正确尺寸(TED)(理论正确尺寸用于位置度公差标注，位置度公差标注主要由理论正确尺寸、公差框格和基准部分组成) TED 也用于确定基准体系中各基准之间的方向、位置关系 TED 没有公差，并标注在一个方框中(见图 a 和图 b 示例) 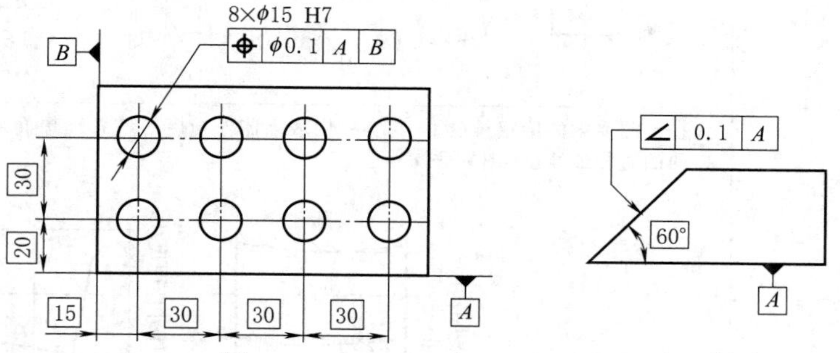 8×ϕ15 H7　ϕ0.1 A B　B　30　20　15　30　30　30　A (a) 0.1 A　60°　A (b)
理论正确要素(TEF)	具有理想形状，以及理想尺寸、方向与位置的公称要素
联合要素	由连续的或不连续的组成要素组合而成的要素，并将其视为一个单一要素
形状公差	单一实际要素的形状对其理想要素所允许的变动量，如直线度、平面度、圆度、圆柱度、轮廓度等
位置公差	关联实际实测要素对具有确定方向或位置的理想要素的允许变动量。包括定向公差、定位公差和跳动公差，如方(定)向公差、定位公差、跳动公差
方向公差	关联实际被测要素对具有确定方向的理想被测要素的允许变动量，如平行度、垂直度、倾斜度
定位公差	关联实际被测要素对具有确定位置的理想被测要素的允许变动量，如同轴度(同心度)、对称度、位置度
跳动公差	关联实际被测要素绕基准轴线作无轴向运行时回转一周或连续回转时沿给定方向所允许的最大示值跳动量。包括圆跳动和全跳动，圆跳动又分径向圆跳动、轴向圆跳动和斜向圆跳动，如圆跳动、全跳动
几何公差带	限制实际形状要素或实际位置要素的变动区域。公差带是一个给定的区域，是误差的最大允许值，它由大小、形状、方向和位置四个因素来决定
延伸公差带	根据零件的功能要求，位置度和对称度公差带需延伸到被测要素的长度界限之外时，该公差带称延伸公差带
	公差原则类
独立原则	图样上给定的每个一个尺寸和几何(形状、方向或位置)要求均是独立的，应分别满足要求。如果对尺寸和形状、尺寸与位置之间的相互关系有特定要求应在图样上规定。独立原则是尺寸公差和几何公差相互关系遵循的基本原则
相关要求	图样上给定的几何公差和尺寸公差相互有关的公差要求。包括包容要求、最大实体要求(MMR)、最小实体要求(LMR)及可逆要求(RPR)
局部实际尺寸(简称实际尺寸)	在实际要素的任意正截面上，两对应点之间测得的直线距离
边界	由设计给定的具有理想形状的极限包容面称为边界。边界的尺寸为理想包容面的直径或宽度
包容要求	包容要求表示提取组成要素不得超越其最大实体边界(MMB)的一种尺寸要素要求。其局部尺寸不得超出最小实体尺寸，采用包容要求的尺寸要素应在其尺寸极限偏差或公差带代号之后加注符号Ⓔ。包容要求适用于圆柱表面或两平行对应面
最大实体要求(MMR)	尺寸要素的非理想要素不得违反其最大实体实效状态(MMVC)的一种尺寸要素要求，也即尺寸要素的非理想要素不得超越其最大实体实效边界(MMVB)的一种尺寸要素要求，用符号Ⓜ表示。应用于注有公差的要素时，Ⓜ标注在导出要素的几何公差值之后；应用于基准要素时，Ⓜ标注在基准字母之后
最小实体要求(LMR)	尺寸要素的非理想要素不违反其最小实体实效状态(LMVC)的一种尺寸要素要求，也即尺寸要素的非理想要素不得超越其最小实体实效边界(LMVB)的一种尺寸要素要求，用符号Ⓛ表示。应用于注有公差的要素时，Ⓛ标注在导出要素的几何公差值之后；应用于基准要素时，Ⓛ标注在基准字母之后
可逆要求(RPR)	最大实体要求(MMR)或最小实体要求(LMR)的附加要求，表示尺寸公差可以在实际几何误差小于几何公差之间的差值范围内增大。图样上用符号Ⓡ表示，标注在Ⓜ之后或Ⓛ之后

续表

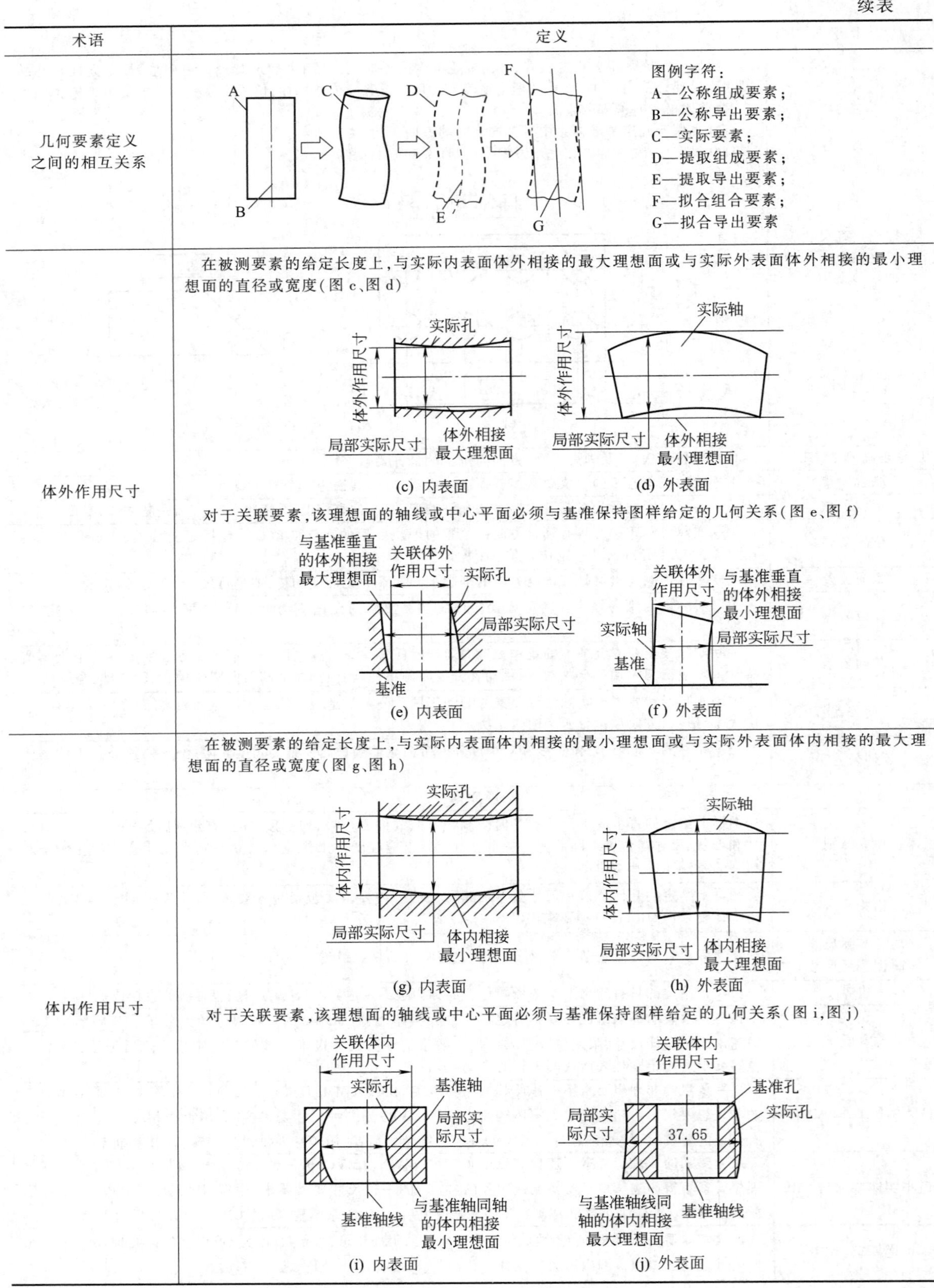

术语	定义
几何要素定义之间的相互关系	图例字符： A—公称组成要素； B—公称导出要素； C—实际要素； D—提取组成要素； E—提取导出要素； F—拟合组合要素； G—拟合导出要素
体外作用尺寸	在被测要素的给定长度上，与实际内表面体外相接的最大理想面或与实际外表面体外相接的最小理想面的直径或宽度（图c、图d） (c) 内表面　(d) 外表面 对于关联要素，该理想面的轴线或中心平面必须与基准保持图样给定的几何关系（图e、图f） (e) 内表面　(f) 外表面
体内作用尺寸	在被测要素的给定长度上，与实际内表面体内相接的最小理想面或与实际外表面体内相接的最大理想面的直径或宽度（图g、图h） (g) 内表面　(h) 外表面 对于关联要素，该理想面的轴线或中心平面必须与基准保持图样给定的几何关系（图i，图j） (i) 内表面　(j) 外表面

续表

术语	定义
最大实体状态(MMC)	假定理想要素的局部尺寸处处位于极限尺寸之内并具有实体最大时的状态
最大实体尺寸(MMS)	确定要素最大实体状态的尺寸。即外尺寸要素的上极限尺寸,内尺寸要素的下极限尺寸
最大实体实效状态(MMVC)	拟合要素的尺寸为其最大实体实效尺寸(MMVS)时的状态 在给定长度上,实际要素处于最大实体状态且其导出要素的形状或位置误差等于给出公差值时的综合极限状态 最大实体实效状态与最大实体状态的主要差别是,它涉及尺寸和形状(或位置)两种几何特性。这两种特性的综合效应可用在极限状态下与该实际要素体外相接的最大或最小理想面来表示(图 k、图 l、图 m)。如上所述,该体外相接理想面的直径或宽度为体外作用尺寸。另外,最大实体实效状态既适用于单一要素,也适用于关联要素 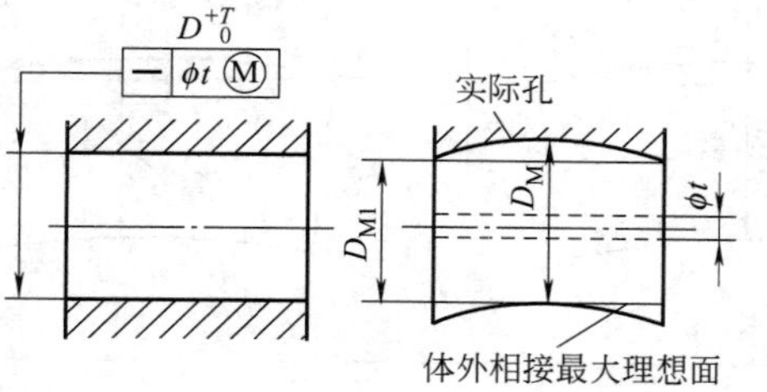 (k) 内表面 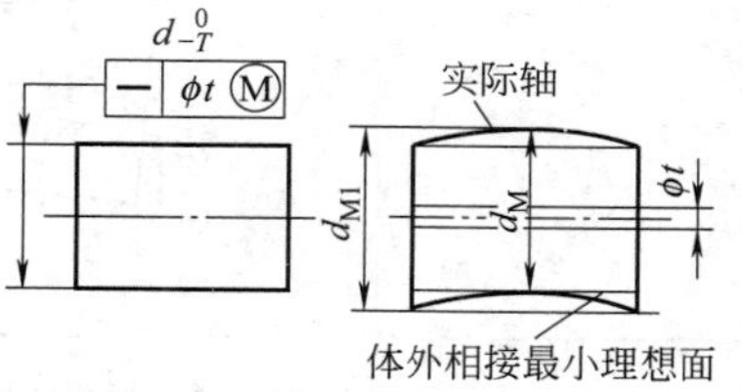 (l) 外表面 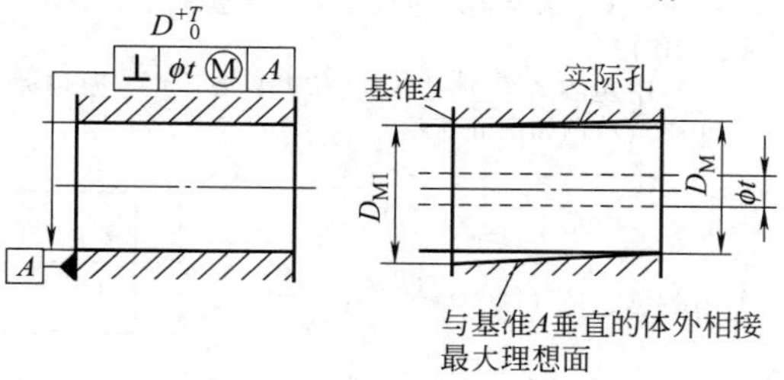 (m) 内表面
最大实体实效尺寸(MMVS)	最大实体实效状态下的体外作用尺寸 对于外表面为最大实体尺寸加上形位公差值(加注符号Ⓜ的) 对于内表面为最大实体尺寸减去形位公差值(加注符号Ⓜ的)
最大实体边界(MMB)	最大实体状态的理想形状的极限包容面
最大实体实效边界	最大实体实效状态对应的极限包容面
最小实体状态(LMC)	假定提取组成要素的局部尺寸处处位于极限尺寸之内且使具有实体最小时的状态
最小实体尺寸(LMS)	确定要素最小实体状态的尺寸,即外尺寸要素的下极限尺寸,内尺寸要素的上极限尺寸
最小实体实效状态(LMVC)	拟合要素的尺寸为其最小实体实效尺寸(LMVS)时的状态
最小实体实效尺寸(LMVS)	尺寸要素的最小实体尺寸与其导出要素的几何公差(形状、方向或位置)共同作用产生的尺寸 对于内表面为最小实体尺寸加上形位公差值(加注符号Ⓛ的) 对于外表面为最小实体尺寸减去形位公差值(加注符号Ⓛ的)
最小实体边界(LMB)	最小实体状态的理想形状的极限包容面
最小实体实效边界	最小实体实效状态对应的极限包容面称之为最小实体实效边界
几何公差	不论注有公差要素的提取要素的局部尺寸如何,提取要素均应位于给定的几何公差带之内,并且其几何误差允许达到最大值 示例:图 n 为一注有直径公差,素线直线度公差和圆度公差的外圆柱尺寸要素。此标注说明其提取圆柱面的局部尺寸应在上极限尺寸与下极限尺寸之间,其形状误差应在给定的相应形状公差之内。不论提取圆柱面的局部尺寸如何,其形状误差(素线直线度误差和圆度误差包括横截面奇数棱圆误差)均允许达到给定的最大值(见图 o,图 p)

续表

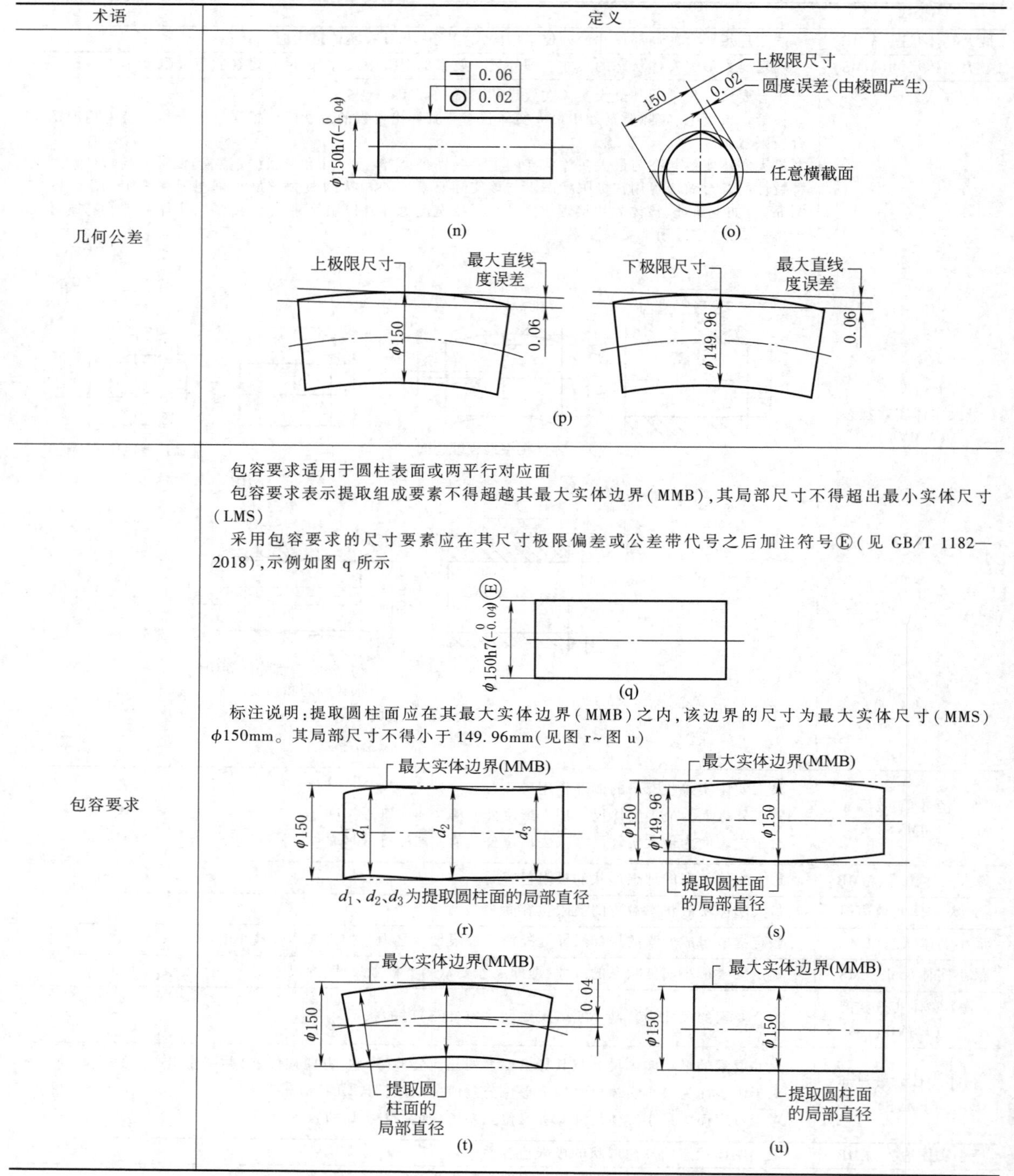

术语	定义
几何公差	(n) (o) (p)
包容要求	包容要求适用于圆柱表面或两平行对应面 包容要求表示提取组成要素不得超越其最大实体边界(MMB),其局部尺寸不得超出最小实体尺寸(LMS) 采用包容要求的尺寸要素应在其尺寸极限偏差或公差带代号之后加注符号Ⓔ(见 GB/T 1182—2018),示例如图 q 所示 (q) 标注说明:提取圆柱面应在其最大实体边界(MMB)之内,该边界的尺寸为最大实体尺寸(MMS)ϕ150mm。其局部尺寸不得小于 149.96mm(见图 r~图 u) (r) (s) (t) (u)

2 几何公差的符号及其标注(摘自 GB/T 1182—2018)

几何特征符号定义如表 2-3-2 所示。

表 2-3-2　　几何特征符号

	公差项目		特征项目		符号	有无基准
形位公差的特征项目及符号	形状公差		直线度		—	无
			平面度		▱	
			圆度		○	
			圆柱度		⌭	
			线轮廓度		⌒①	无
			面轮廓度		⌓①	
	位置公差	方(定)向公差	平行度		//	有
			垂直度		⊥	
			倾斜度		∠	
			线轮廓度		⌒①	
			面轮廓度		⌓①	
		定位公差	位置度		⌖	有或无
			同轴度(用于轴线) 同心度(用于中心点)		◎	有
			线轮廓度		⌒①	
			面轮廓度		⌓①	
			对称度		⌯	
		跳动公差	圆跳动	径向	↗	有
				轴向		
				斜向		
			全跳动	径向	⌰	
				轴向		

① 另参见 GB/T 17852、GB/T 16671—2018 和 GB/T 13319。

表 2-3-3　　附加符号（摘自 GB/T 1182—2018）

项目	符号	项目	符号	项目	符号	项目	符号
组合规范元素		公差带约束		拟合被测要素		贴切要素	Ⓣ
组合公差带	CZ①③	(未规定偏置量的)线性偏置公差带	OZ	最小区域(切比雪夫)要素	Ⓒ	最大内切要素	Ⓧ
独立公差带	SZ③					导出要素	
不对称公差带						中心要素	Ⓐ
(规定偏置量的)偏置公差带	UZ①	(未规定偏置量的)角度偏置公差带	VA	最小二乘(高斯)要素	Ⓖ	延伸公差带	Ⓟ
						参数	
				最小外接要素	Ⓝ	偏差的总体范围	T

第2篇

续表

项目	符号	项目	符号	项目	符号	项目	符号
峰值	P	全周（轮廓）		方向要素框格	// | B [2]	包容要求	Ⓔ
谷深	V	全表面（轮廓）		组合平面框格	// | B	状态的规范元素	
标准差	Q	公差框格		理论正确尺寸符号		自由状态（非刚性零件）	Ⓕ
被测要素标识符		无基准的几何规范标注		理论正确尺寸（TED）	50 [2]	基准相关符号	
区间	←→	有基准的几何规范标注	D	实体状态		基准要素标识	E [2]
联合要素	UF	辅助要素标识符或框格		最大实体要求	Ⓜ	基准目标标识	φ4/A1 [2]
小径	LD	任意横截面	ACS	最小实体要求	Ⓛ	接触要素	CF
大径	MD	相交平面框格	// | B [2]	可逆要求	Ⓡ	仅方向	><
中径/节径	PD	定向平面框格	// | B [2]	尺寸公差相关符号			

① 另参见 GB/T 17852、GB/T 16671—2018 和 GB/T 13319。
② 这些符号中的字母、数值和特征符号仅为示例。
③ 本标准此前的版本中，将符号 CZ 称为“公共公差带”。

表 2-3-4　被测要素的几何公差规范标注

被测要素	标注方法	标注示例
组成要素	在二维标注中，指引线终止在要素的轮廓上或轮廓的延长线上，但与尺寸线明显分离，见图 1a、图 2a，指引线是以箭头终止在轮廓上或轮廓的延长线上 当指引线终止在组成要素的界限以内时，引线以圆点形式终止在要素上（见图 3a）。当要素面可见时是实心圆点，否则为空心圆点箭头可放在指引线的横线上，并使用指引线指向该面要素	图1a　2D标注　图1b　3D标注 图2a　2D标注　图2b　3D标注
	在三维标注中，指引线终止在组成要素上（但应与尺寸线明显分开）见图 1b、图 2b，指引线以圆点终止 指引线的终点可以是放在使用指引横线上的箭头，并指向该面要素，见图 3b	图3a　2D标注　图3b　3D标注
导出要素（中心线、中心面或中心点）	使用参照线与指引线进行标注，并用箭头终止在尺寸要素的尺寸延长线上。见图 4a、图 4b、图 5a、图 5b、图 6a、图 6b 可将修饰符Ⓐ（中心要素）放置在回转体的公差框格内公差带、要素与特征部分。此时，指引线应与尺寸线对齐，可在组成要素上用圆点或箭头终止，见图 7 图7a　2D标注　图7b　3D标注	图4a　2D标注　图4b　3D标注 图5a　2D标注　图5b　3D标注 图6a　2D标注　图6b　3D标注

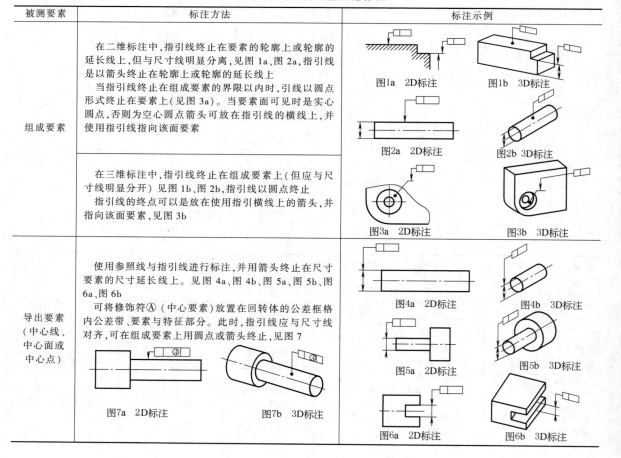

表 2-3-5 **基准要素的标注方法**（GB/T 17851—2022）

基准要素		标注方法	标注示例
相对于被测要素的基准(如一条边、一个表面或一个孔),由基准字母表示。带方框的大写字母用细实线与一个涂黑或空白的三角形相连,表示基准的字母也应注在公差框格内			
1. 基准要素为组成要素时	为线、表面等时	基准三角形放置在要素的轮廓线或其延长线上,但应与尺寸线错开	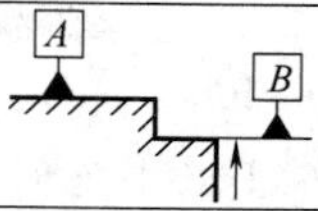 A B
	受到图形限制时	基准三角形也可放置在该轮廓面引出线的水平线上	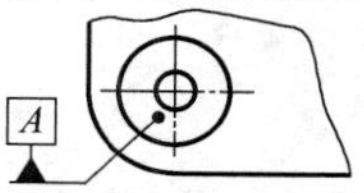 A
2. 基准要素为导出要素时	中心线、轴线、中心平面等	基准三角形应放置在该尺寸线的延长线上。基准三角形可代替尺寸箭头	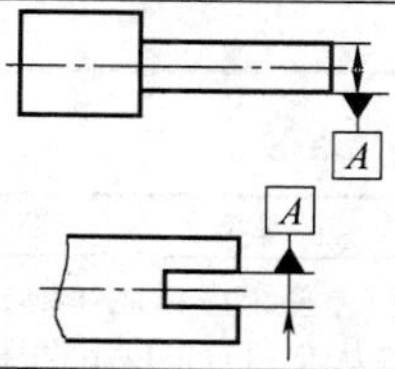 A A
3. 基准要素为局部要素时		当基准要素是指某一局部时,应用粗点画线画出其局部范围,并加注必要的尺寸	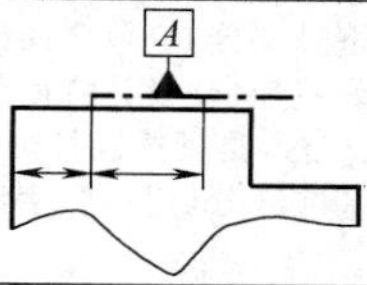 A
4. 公共基准的标注		当要求两个要素一起作为公共基准时,应在这两个要素上分别标注基准符号,并在框格中一个基准栏内注上用短横线相连的两个字母	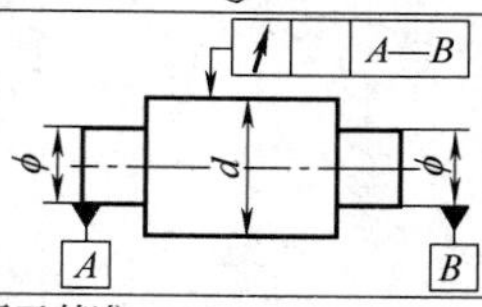 A—B ϕ d ϕ A B
5. 三基面体系的标注		以三个基准平面建立三基面体系时,表示基准的大写字母按基准的优先顺序自左至右填写在各框格内	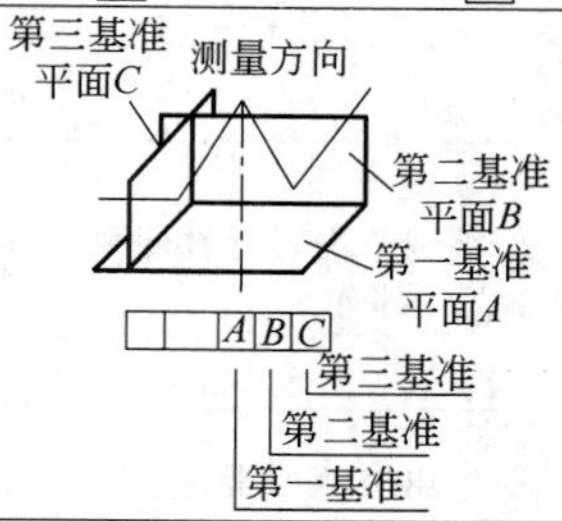 第三基准平面C 测量方向 第二基准平面B 第一基准平面A A B C 第三基准 第二基准 第一基准
6. 采用基准代号标注时,在公差框格中填写相应的字母: (1)单基准要素,用大写字母表示 (2)由两个要素组成的公共基准,用由短横线隔开的两个大写字母表示 (3)由两个或三个要素组成的基准体系,如多基准组合,表示基准的大写字母按基准的优先次序从左至右分别置于各格中			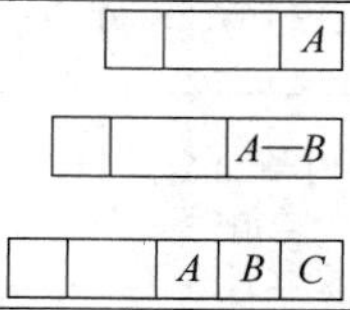 A A—B A B C
7. 当需要在基准要素上指定某些点、线或局部表面来体现各基准平面时,应标注基准目标,可按下列方法标注: (1)基准目标为点时,用一个“×”表示 (2)基准目标为线时,用两个“×”并用细实线相连来表示,如果线是封闭的则“×”可省略 (3)基准目标为一个区域时,该区域用双点画线绘出,并画上与水平呈45°细实线的图形来表示			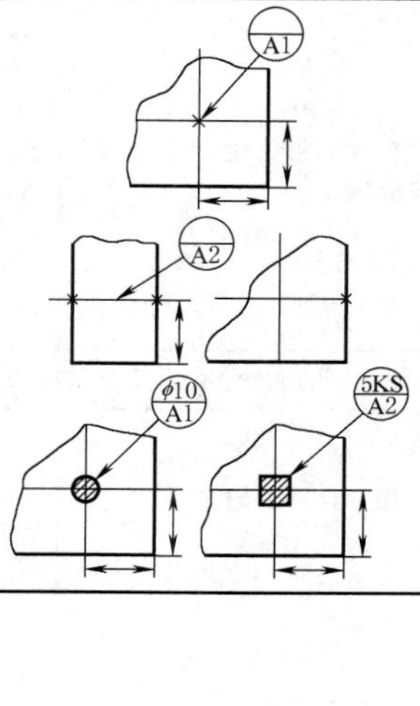 A1 A2 ϕ10 A1 5KS A2

第2篇

续表

基准要素	标注方法	标注示例
8. 基准目标代号在图样中的标注如右图		

表 2-3-6　　公差框格、公差数值和有关符号的标注（GB/T 1182—2018）

要求	标注方法	标注示例

1. 公差要求应标注在划分成两个部分或三个部分的矩形框格内。第三个部分可选的基准部分可包含一至三个框格，框格中的内容从左到右按以下次序填写：

（1）符号部分：应包含几何特征符号，见表 2-3-2

（2）公差带、要素与特征部分：这部分的内容除了表示范围的线性尺寸外，还可以有其他规范元素，以线性尺寸单位表示的量值，如公差带是圆或圆柱形的则在公差值前加符号 ϕ，如公差带是圆球形的则在公差值前加符号“$S\phi$”

（3）基准部分：用一个字母表示单个基准或多个字母表示公共基准或基准体系

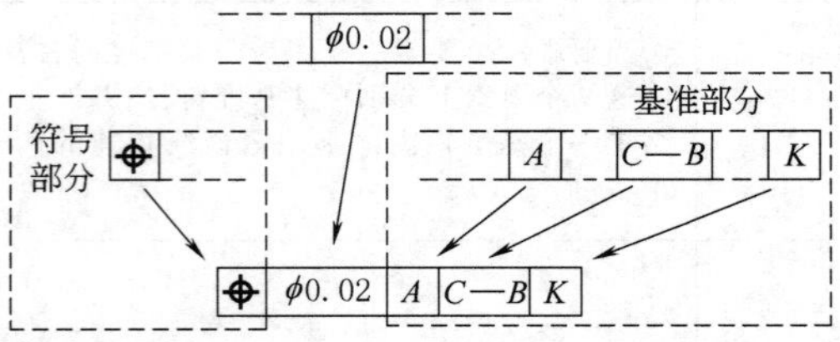

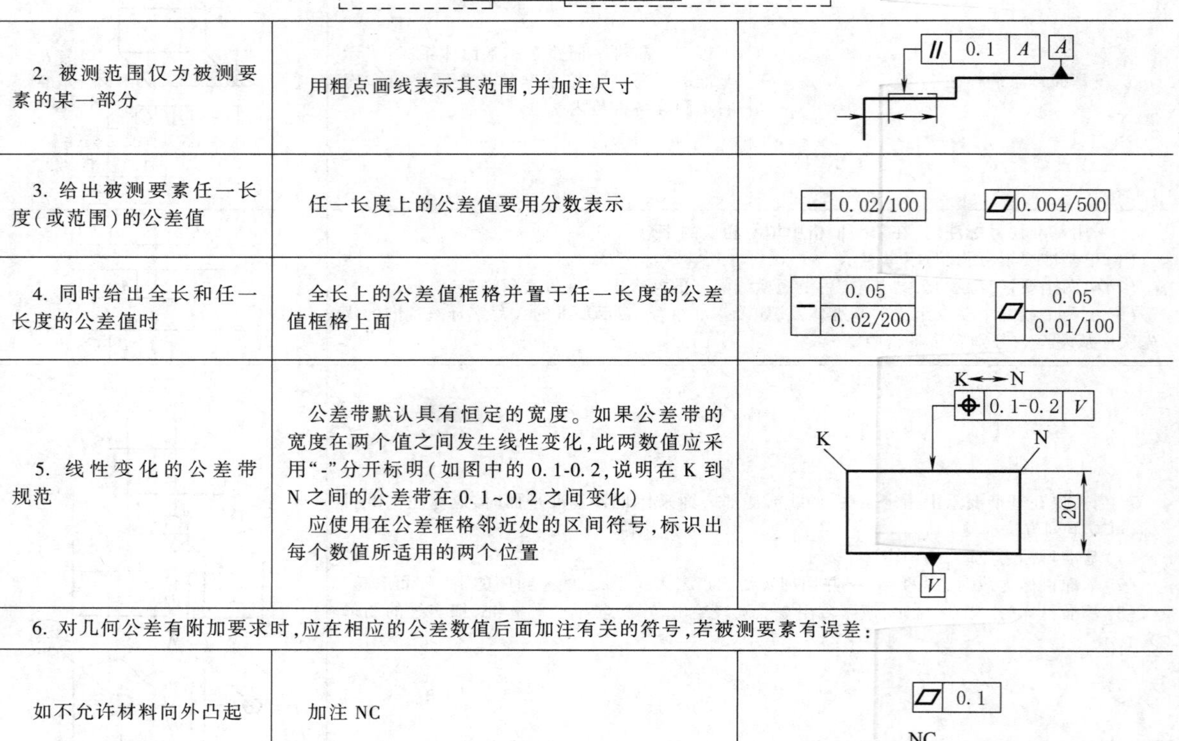

要求	标注方法	标注示例
2. 被测范围仅为被测要素的某一部分	用粗点画线表示其范围，并加注尺寸	// 0.1 A　A
3. 给出被测要素任一长度（或范围）的公差值	任一长度上的公差值要用分数表示	— 0.02/100　▱ 0.004/500
4. 同时给出全长和任一长度的公差值时	全长上的公差值框格并置于任一长度的公差值框格上面	— 0.05 / 0.02/200　▱ 0.05 / 0.01/100
5. 线性变化的公差带规范	公差带默认具有恒定的宽度。如果公差带的宽度在两个值之间发生线性变化，此两数值应采用“-”分开标明（如图中的 0.1-0.2，说明在 K 到 N 之间的公差带在 0.1~0.2 之间变化） 应使用在公差框格邻近处的区间符号，标识出每个数值所适用的两个位置	K←→N　⌖ 0.1-0.2 V　K　N　20　V
6. 对几何公差有附加要求时，应在相应的公差数值后面加注有关的符号，若被测要素有误差：		
如不允许材料向外凸起	加注 NC	▱ 0.1　NC

续表

要求	标注方法	标注示例
7. 组合规范元素	如果该规范适用于多个要素，见图 a～图 d，应标注规范应用于要素的方式： 默认遵守独立原则，即对每个被测要素的规范要求都是相互独立的 可选择标注 SZ 以强调要素要求的独立性，但并不改变该标注的含义。SZ 表示“独立公差带” 当组合公差带应用于若干独立的要素时，或若干个组合公差带（由同一个公差框格控制）同时（并非相互独立的）应用于多个独立的要素时，要求为组合公差带标注符号 CZ，见图 c 与图 d。该标注应增加附加补充标注，以表示该规范适用于多个要素［在相邻标注区域内，使用例如“3×”（图 b），或使用三根指引线与公差框格相连（见图 c），但不可同时使用］ 其中，CZ 标注在公差框格内（见图 c 与图 d），所有相关的单独公差带应采用明确的理论正确尺寸（TED），或缺省的 TED 约束相互之间的位置及方向	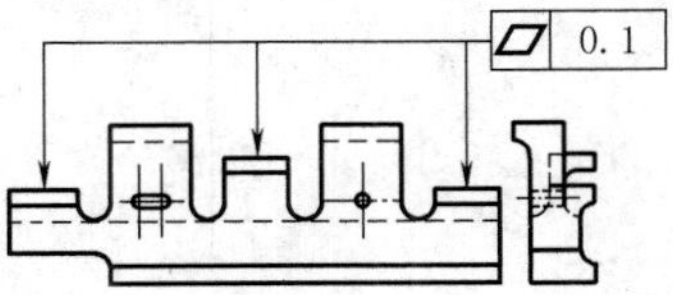 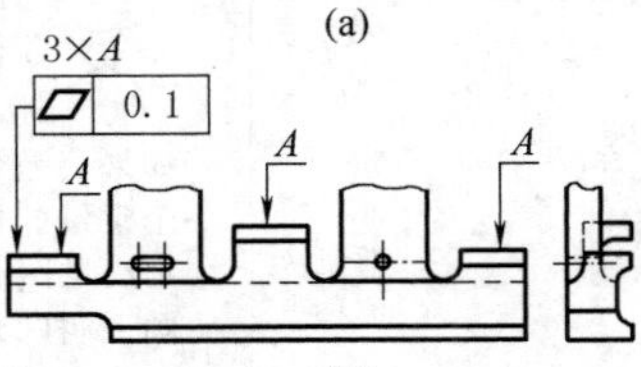 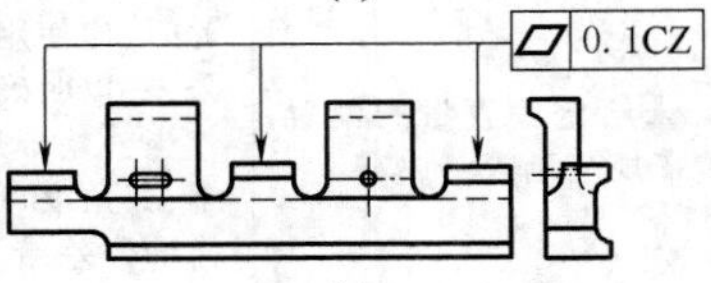 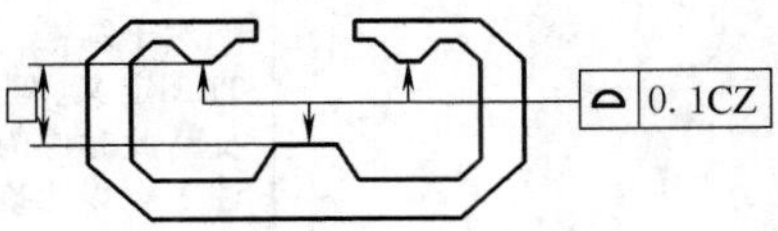 0.1 (a) 3×A 0.1 A A A (b) 0.1CZ (c) 0.1CZ (d)
8. 给定偏置量的偏置公差带规范元素	公差带的中心默认位于理论正确要素（TEF）上，将其作为参照要素。使用 UZ 的偏置公差带是可选规范元素，见图 a 提取面应限定在给定直径等于公差值的一系列圆球的两等距包络面之间。这些圆球的中心所处的面要素由一个与 TEF 接触，且直径等于 UZ 后面绝对值的球包络而成。“+”符号表示“实体外部”，“-”符号则表示“实体内部”，见图 b。应始终标注正负号	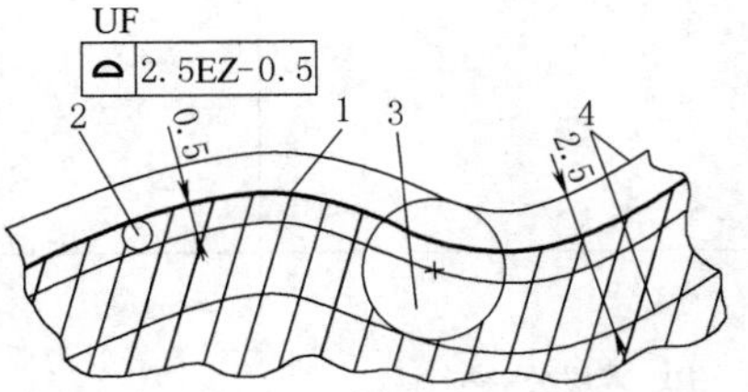 UF 2.5EZ-0.5 2 0.5 1 3 4 2.5 (a) 1—本示例中单个复杂理论正确要素（TEF），其实体位于轮廓的下方； 2——个球（直径 0.5），用于表示定义理论偏置要素的无数个球（定义出了公差带圆心位置）； 3——个球（直径 2.5），用于表示相对于参照要素所来定义公差带的无数个球（公差带的大小）； 4—公差带界限 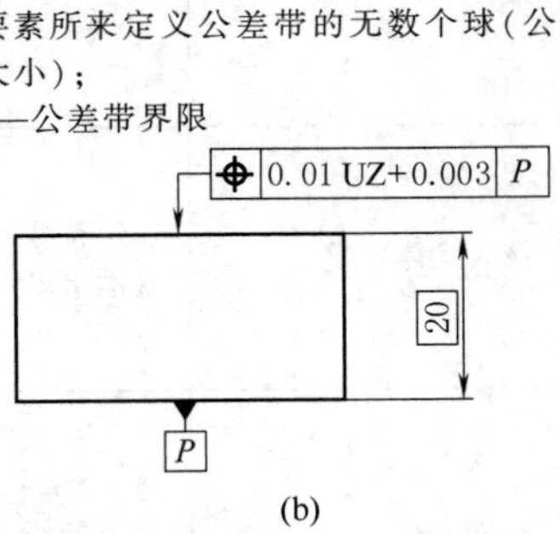 0.01 UZ+0.003 P 20 P (b) 说明：偏置公差带中心包络球在实体外部，直径为 0.003mm，公差带为 0.01mm

续表

要求	标注方法	标注示例
9. 未给定偏置量的偏置公差带规范元素	如果公差带允许相对于与 TEF 的对称状态有一个常量的偏置,但未规定数值,则应当注明符号 OZ,见图 a 圆、圆柱、球或圆环的 TEF 公称尺寸不可使用 TED 定义,例如,当尺寸标只有+/-公差的情况。此时,应使用 OZ 标注线轮廓度公差与面轮廓度公差,以明确 TEF 的尺寸不固定 当公差带是基于 TEF 定义的,且为角度尺寸要素,其角度可变(未给定偏置量)时,应在公差框格的公差带、要素与特征部分内标注 VA 修饰符,见图 b 对于圆锥,其 TEF 的公称角度尺寸不可使用 TED 定义,例如角度尺寸只标注+/-公差的情况。此时应为线轮廓度公差与面轮廓度公差标注 VA,以明确 TEF 的角度尺寸是不固定的	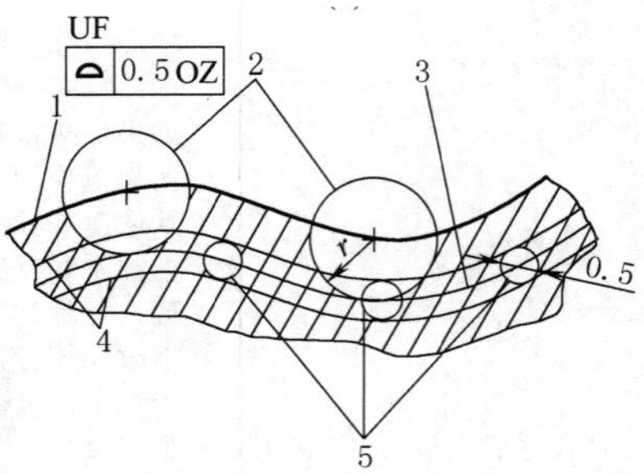 UF 0.5 OZ 1 2 3 r 0.5 4 5 (a) 1—单个复杂理论正确要素(TEF); 2—两个球或圆,用于表示定义理论偏差要素的无数个球或圆; 3—参照要素(和理论正确要素偏差 r); 4—公差带界限(宽度为 0.5); 5—三个球或圆,用于表示公差带由无数个球或圆,相对于参考要素,包络而成 r—常量,但未限定偏置量 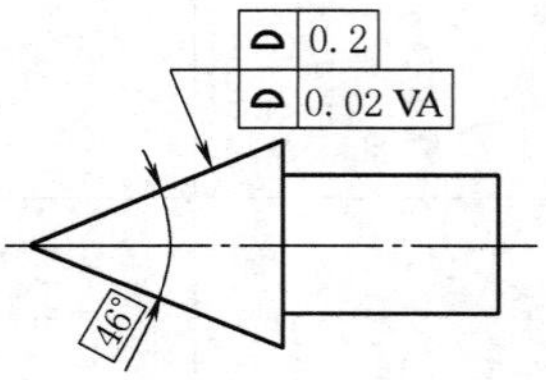 0.2 0.02 VA 46° (b)
10. 多层公差标注	若需要为要素指定多个几何特征,为了方便,要求可在上下堆叠的公差框格中给出	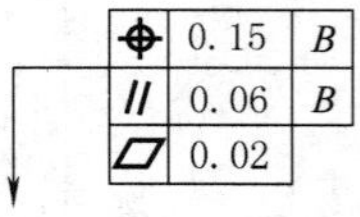 ⌖ 0.15 B ∥ 0.06 B ▱ 0.02
11. 单一要素要求遵守包容要求时	该尺寸公差后面加注Ⓔ	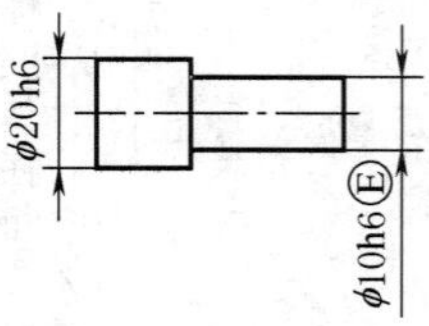 ϕ20h6 ϕ10h6Ⓔ
12. 最大实体要求	用符号Ⓜ表示,此符号置于给出的公差值或基准字母的后面,或同时置于两者后面	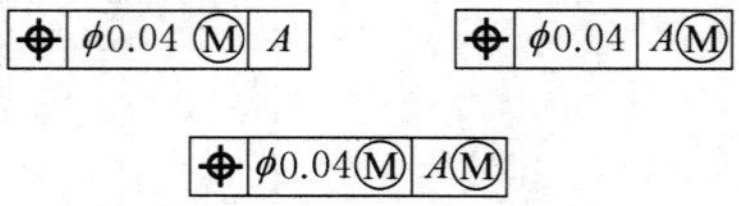 ⌖ ϕ0.04 Ⓜ A ⌖ ϕ0.04 AⓂ ⌖ ϕ0.04Ⓜ AⓂ
13. 最小实体要求	用符号Ⓛ表示,此符号置于给出的公差值或基准字母的后面,或同时置于两者后面	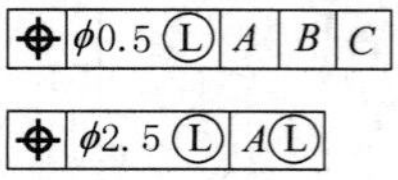 ⌖ ϕ0.5 Ⓛ A B C ⌖ ϕ2.5 Ⓛ AⓁ

续表

要求	标注方法	标注示例
14. 可逆要求	将可逆要求符号Ⓡ置于被测要素形位公差框格中形位公差值之后的符号Ⓜ或Ⓛ的后面。公差框格内加注双重符号ⓂⓇ表示可逆要求用于最大实体要求,加注双重符号ⓁⓇ表示可逆要求用于最小实体	⊥ φ0.2ⓂⓇ A ⌖ φ0.2ⓁⓇ A
15. 自由状态条件	对于非刚性零件的自由状态条件用符号Ⓕ表示,此符号置于给定公差值后面	○ 0.03Ⓕ ▱ 0.025 / 0.03Ⓕ
16. 被测要素标注	如果被测要素并非公差框格的指引线及箭头所标注的完整要素,则应给出指明被测要素的标注: —ACS,若被测要素为提取组成要素与横截平面相交,或提取中心线与相交平面相交所定义的交线或交点,见图 a。若有基准标注,ACS 也会将基准要素修正到相应的横截面内。该横截面与所标注的基准或组成要素的直线垂直。ACS 仅适用于回转体表面、圆柱表面或棱柱表面 —在要素上标注位置的字母以区间符号分开,例如被测要素为局部要素,或公差带宽度于位置间按比例变化 如果规范适用于多个被测要素,可使用 $n\times$或多根指引线标识被测要素。如果将被测要素视为联合要素,则应增加 UF,见图 b 螺纹规范默认适用于中径的导出轴线。应标注“MD”表示大径,标注“LD”表示小径。规定花键与齿轮的规范与基准应注明其适用的具体要素,例如标注“PD”表示节圆直径,“MD”表示大径或“LD”表示小径,见图 c	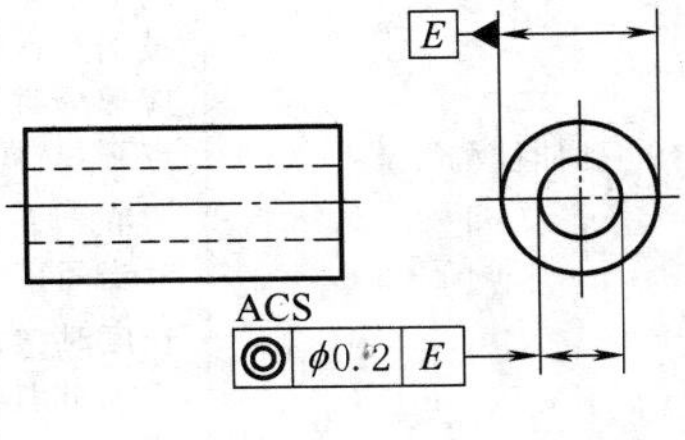 E ACS ◎ φ0.2 E (a) 适用于任一横截面的规范标注 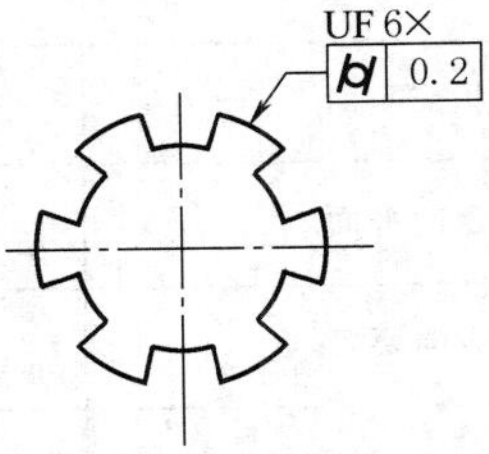 UF 6× ⌭ 0.2 (b) 适用于联合要素的规范标注 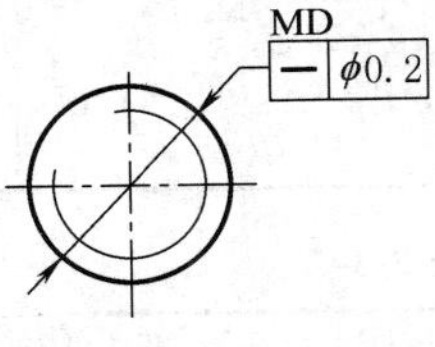 MD — φ0.2 (c) 适用于螺纹大径的规范标注
17. 理论正确尺寸	理论正确尺寸应围以框格,零件实际尺寸仅由在公差框格中位置度、轮廓度或倾斜度公差来限定	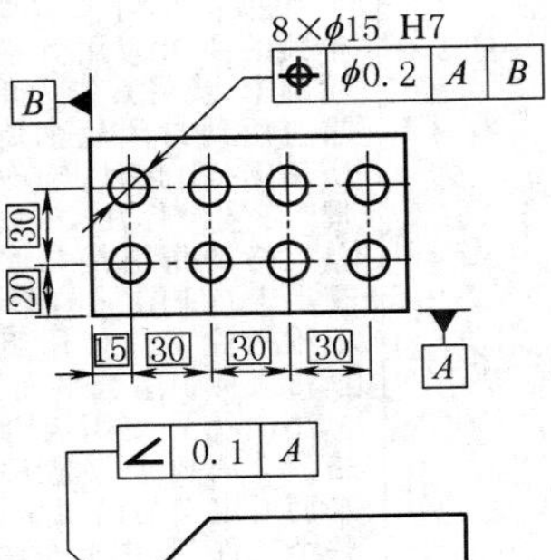 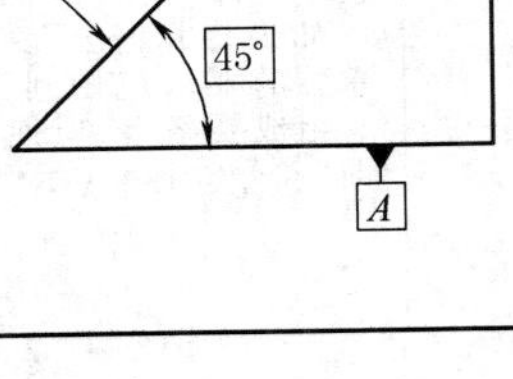 8×φ15 H7 ⌖ φ0.2 A B B 30 20 15 30 30 30 A ∠ 0.1 A 45° A

续表

要求	标注方法	标注示例
18. 局部规范	如果特征相同的规范适用于在要素整体尺寸范围内任意位置的一个局部长度，则该局部长度的数值应添加在公差值后面，并用斜杠分开，见图 a。如果要标注两个或多个特征相同的规范，组合方式见图 b	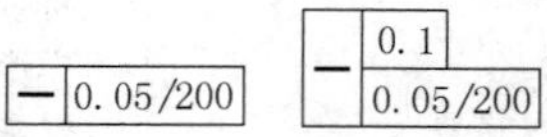 — 0.05/200 (a)　— 0.1 / 0.05/200 (b)
19. 延伸被测要素	在公差框格的第二格中公差值之后的修饰符Ⓟ可用于标注延伸被测要素，见图 a 和图 b 当使用“虚拟”的组成要素直接在图样上标注被测要素的投影长度，并以此表示延伸要素的相应部分时，该虚拟要素的标注方式应采用细长双点画线，同时延伸的长度应使用前面有修饰符Ⓟ的理论正确尺寸(TED)数值标注。见图 a 当间接地在公差框格中标注延伸被测要素的长度时，数值应标注在修饰符Ⓟ的后面（见图 b）。此时，可省略代表延伸要素的细长双点画线。这种间接标注的使用仅限于盲孔	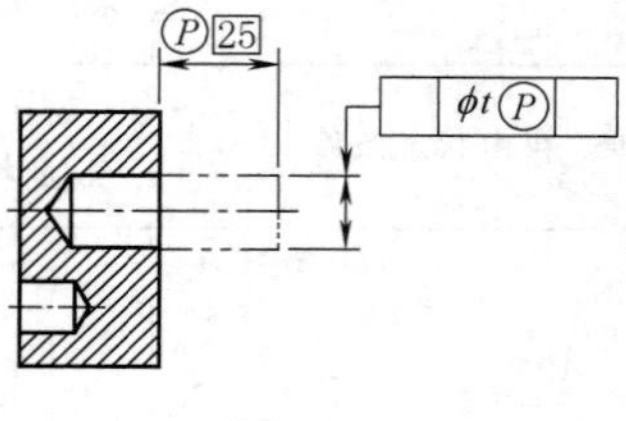 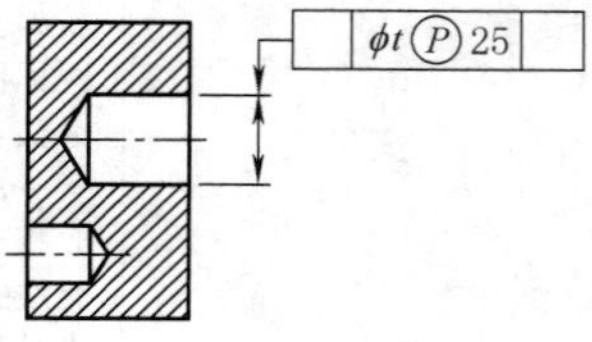 Ⓟ25　φtⓅ (a) φtⓅ25 (b)
20. 相交平面	相交平面应使用相交平面框格规定，并且作为公差框格的延伸部分标注在其右侧	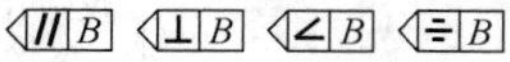 ⟨// B　⟨⊥ B　⟨∠ B　⟨≡ B
21. 定向平面	定向平面应使用定向平面框格规定，并且标注在公差框格的右侧	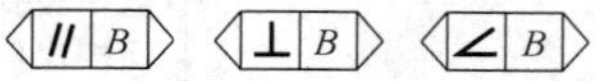 ⟨// B⟩　⟨⊥ B⟩　⟨∠ B⟩
22. 方向要素	当使用方向要素框格时，应作为公差框格的延伸部分标注在其右侧	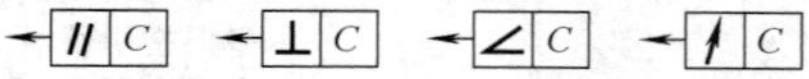 ←// C　←⊥ C　←∠ C　←↗ C
23. 组合平面	当使用组合平面框格时，应作为公差框格的延伸部分标注在其右侧。 可用于相交平面框格第一部分的同一符号，也可用于组合平面框格的第一部分，且含义相同	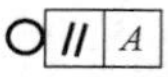 ○// A

表 2-3-7　附加标注

项目	标注方法	标注示例
1. 全周符号	如果将几何公差规范作为单独的要求应用到横截面的轮廓上，或将其作为单独的要求应用到封闭轮廓所表示的所有要素上时，应使用“全周”符号○标注，并放置在公差框格的指引线与参考线的交点上（见图 a 与图 c）。在三维标注中应使用组合平面框格来标识组合平面，在二维标注中优先使用组合平面框格。全周要求仅适用于组合平面所定义的面要素，而不是整个工件（见图 b 与图 d） 如果将几何公差规范作为单独的要求应用到工件的所有组成要素上，应使用“全表面”符号◎标注（示例见图 e）	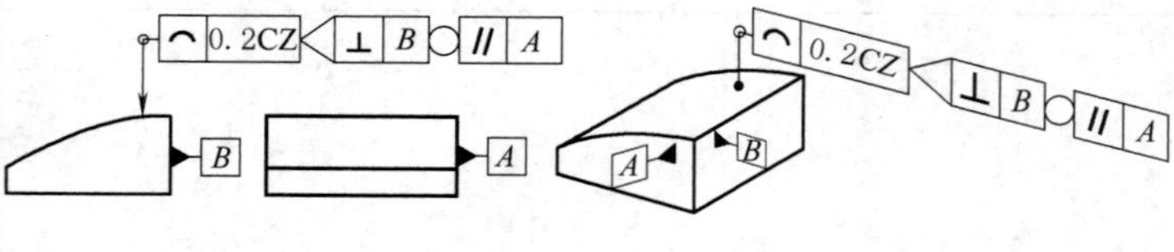 ⌒ 0.2CZ ⟨⊥ B ○// A　B　A　2D　3D 注：1. 图样未标注完整，轮廓的公称几何形状未定义 2. 当使用线轮廓度符号时，如果相交平面与组合平面相同，则可以省略组合平面符号 (a) 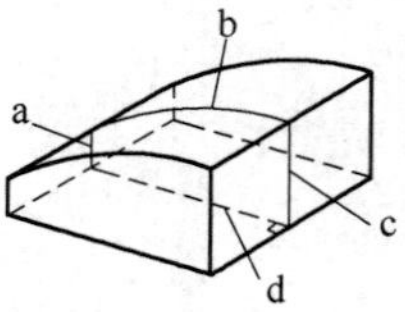 a b c d　说明：图样上所标注的要求作为公差带，适用于在所有横截面中的线 a、b、c、d (b)

续表

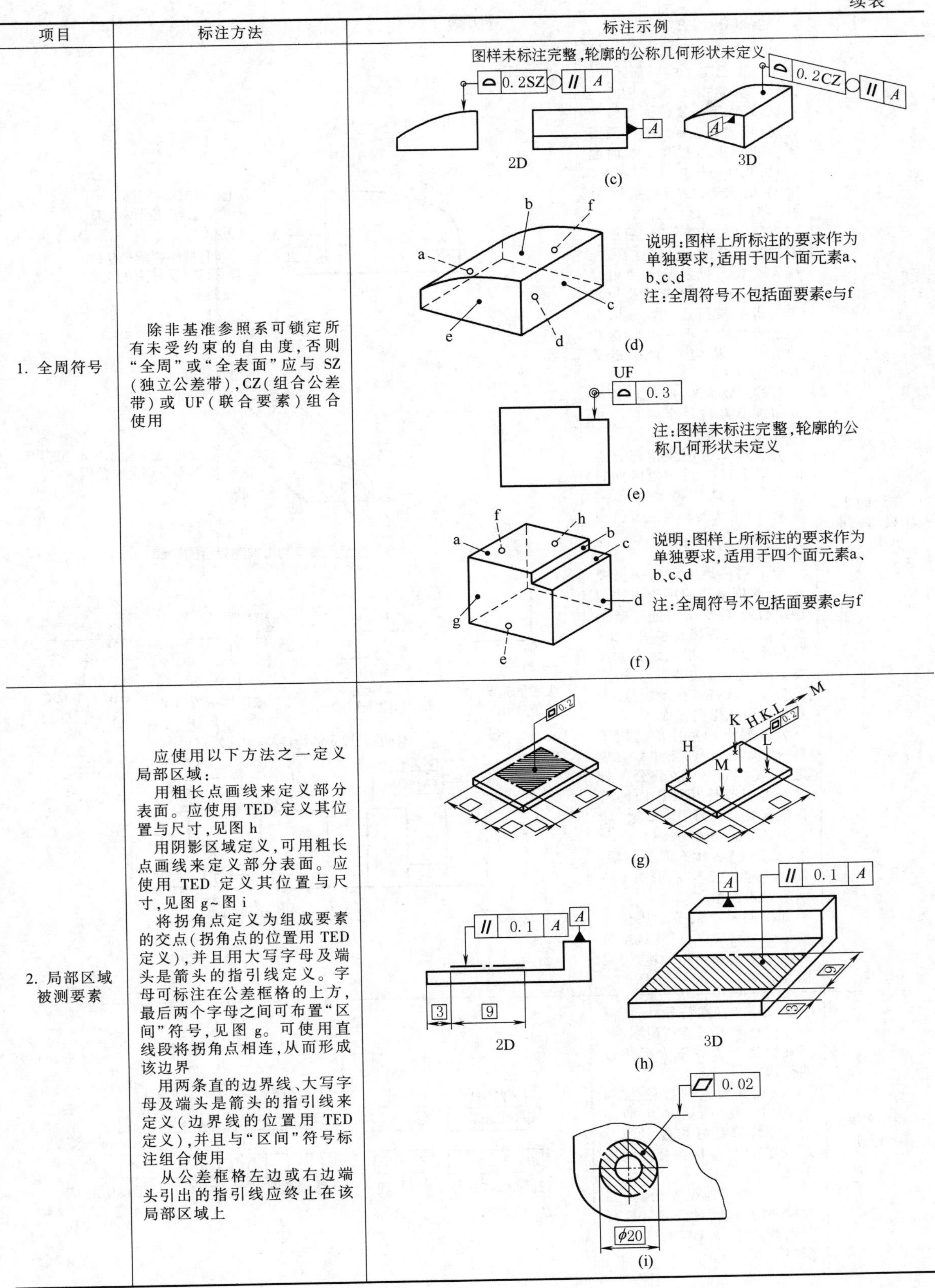

项目	标注方法	标注示例
1. 全周符号	除非基准参照系可锁定所有未受约束的自由度，否则“全周”或“全表面”应与 SZ（独立公差带），CZ（组合公差带）或 UF（联合要素）组合使用	图样未标注完整，轮廓的公称几何形状未定义 2D　3D (c) 说明：图样上所标注的要求作为单独要求，适用于四个面元素a、b、c、d 注：全周符号不包括面要素e与f (d) 注：图样未标注完整，轮廓的公称几何形状未定义 (e) 说明：图样上所标注的要求作为单独要求，适用于四个面元素a、b、c、d 注：全周符号不包括面要素e与f (f)
2. 局部区域被测要素	应使用以下方法之一定义局部区域： 用粗长点画线来定义部分表面。应使用 TED 定义其位置与尺寸，见图 h 用阴影区域定义，可用粗长点画线来定义部分表面。应使用 TED 定义其位置与尺寸，见图 g～图 i 将拐角点定义为组成要素的交点（拐角点的位置用 TED 定义），并且用大写字母及端头是箭头的指引线定义。字母可标注在公差框格的上方，最后两个字母之间可布置“区间”符号，见图 g。可使用直线段将拐角点相连，从而形成该边界 用两条直的边界线、大写字母及端头是箭头的指引线来定义（边界线的位置用 TED 定义），并且与“区间”符号标注组合使用 从公差框格左边或右边端头引出的指引线应终止在该局部区域上	(g) 2D　3D (h) (i)

续表

<table>
<tr><th>项目</th><th>标注方法</th><th>标注示例</th></tr>
<tr><td>3. 连续的非封闭被测要素</td><td>如果一个规范只适用于要素上一个已定义的局部区域，或连续要素的一些连续的局部区域，而不是横截面的整个轮廓（或轮廓表示的整个面要素），应标识出被测要素的起止点，并且用粗长点画线定义部分面要素或使用符号“←→”（称为“区间”）
当使用区间符号时，用于标识被测要素起止点的点要素、线要素或面要素都应使用大写字母一一定义，与端头为箭头的指引线相连。如果该点要素或线要素不在组成要素的边界上，则应用 TED 定义其位置
若被测要素为导出要素，可使用该要素与一个要素的相交特征定义其界限
应在标识被测要素起止点的大写字母之间使用区间符号“←→”。该要素（组合被测要素）由定义的要素或部分要素在起止点之间的所有部分或区域组成
为了明确地标识出被测要素，公差框格应使用指引线与该组合被测要素相连。指引线从框格的右端或左端引出。其端头为箭头，指向组合被测要素的轮廓（见图 j 示例）。箭头也可以布置在参照线上，再用指引线指向表面
公差要求均独立地适用于每一个面或线素，除非另有规定，如使用符号 CZ 将公差带进行组合或使用 UF 修饰符将组合要素视为一个要素
为防止出现对被测公称要素（见图 k）解释不清的问题，要素的起止点应采用图 l 所示的方式表达
如果同一个规范适用于一组组合被测要素，可将该组合标注于公差框格的上方，见图 m</td><td> 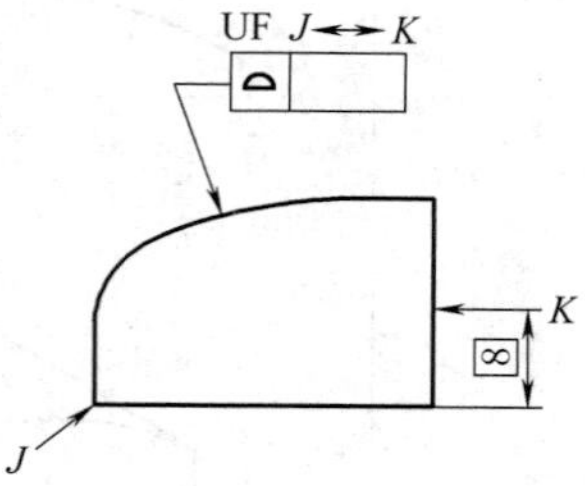UF J←→K
K
J
图样未标注完整，轮廓的公称几何形状未定义
说明：被测要素是从线J开始到线K结束的上部面要素
(j) 局部要素示例 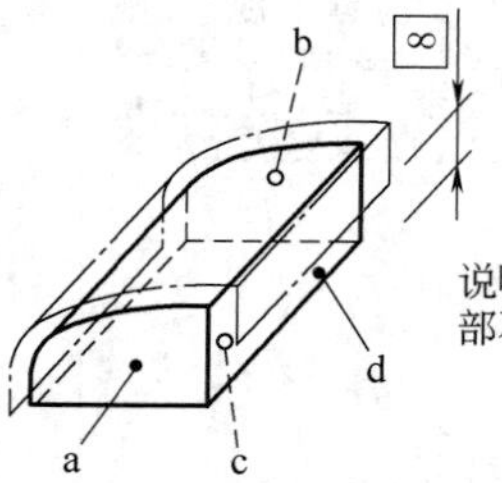
b
a c d
说明：面要素a、b、c与d的下部不在规范的范围内
(k) 长点画线勾勒出被测要素的轮廓 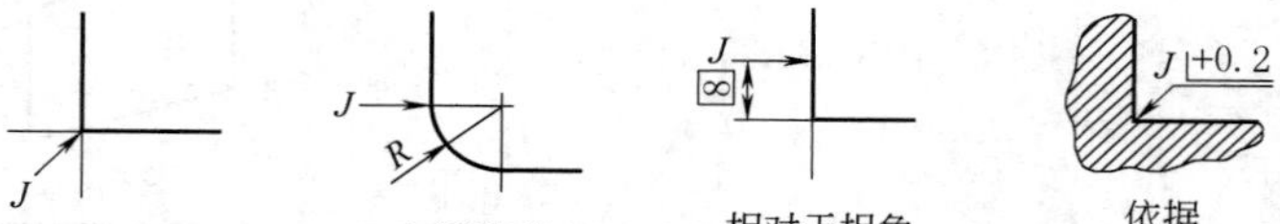
J
尖锐的边界或拐角
J R
圆弧连接(相切连续)
J
相对于拐角或边界偏置(带有TED)
J +0.2
依据 GB/T 19096 与边界标注组合
(l) 要素界限的标注(要素起始点) 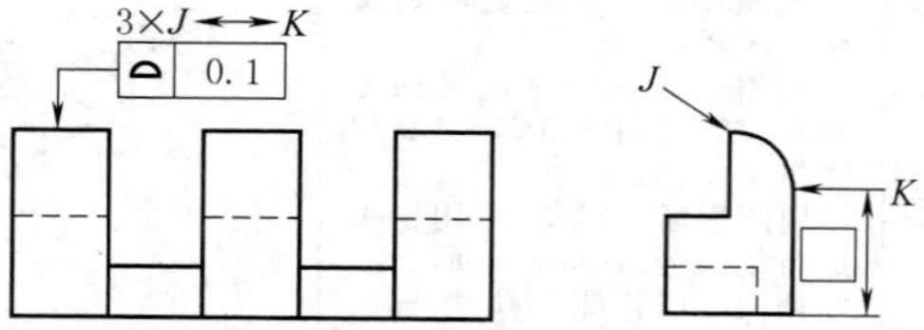
3×J←→K
0.1
J K
(m) 多个组合被测要素的标注</td></tr>
<tr><td>4. 说明性内容的标注</td><td>除框格和基准符号外，还需对几何公差要求进行说明时，可在框格上方或下方标注说明性内容
（1）被测要素的数量，如 4 个 φ10H8 孔、两处、6 个槽、3 组孔等均满足框格规定的公差带要求时，应标在公差框格上方
（2）一些其他说明内容，如对检测的要求，对公差带控制范围的要求等均应写在公差框格下方</td><td> 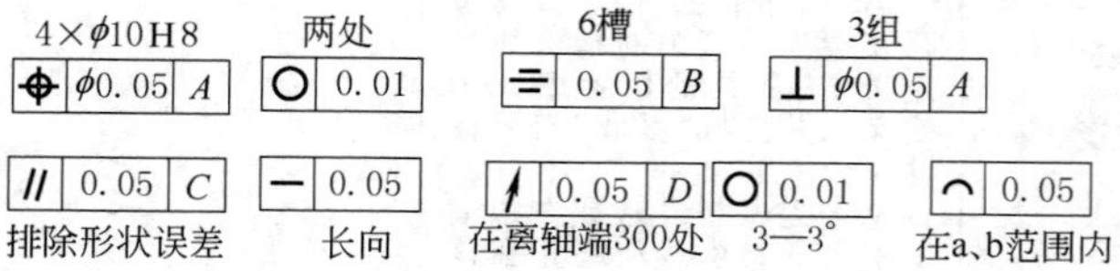4×φ10H8 | φ0.05 | A
两处 | 0.01
6槽 | 0.05 | B
3组 | φ0.05 | A
0.05 | C 排除形状误差
0.05 长向
0.05 | D 在离轴端300处
0.01 3—3°
0.05 在a、b范围内</td></tr>
</table>

表 2-3-8 简化标注法

项目	标注方法	标注示例
1. 同一被测要素,不同的项目要求	由于是同一被测要素,可用同一根指引线与框格相连。此时要注意不能将组成要素与导出要素的公差要求用同一指引线表示	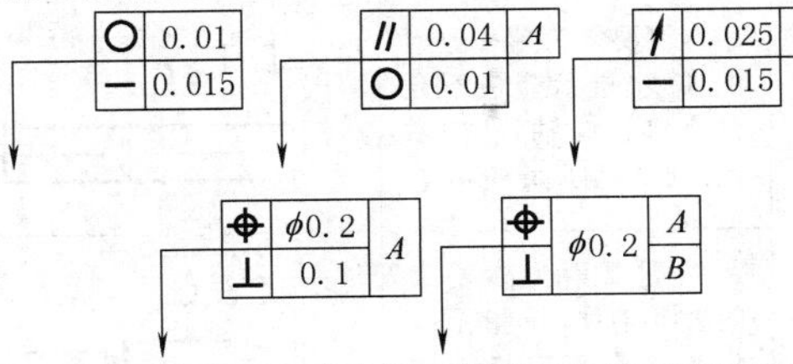
2. 同一项目,不同要求	虽是同一个公差项目,但以基准要求不同或对公差值有不同要求时,可共用同一个公差特征符号和同一根指引线	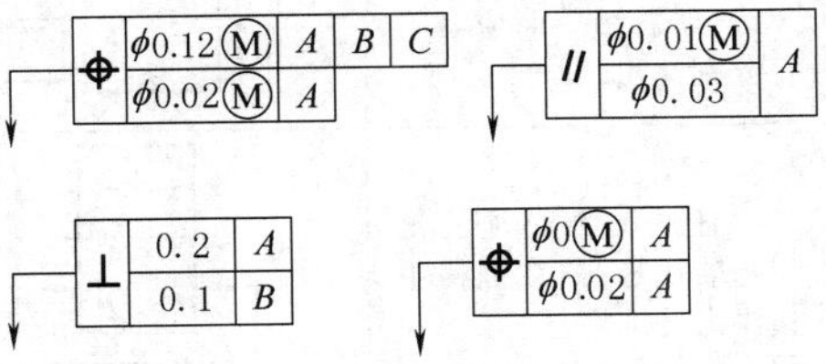
3. 中心孔作基准时	由于中心孔一般不画详图,而是按制图标准的规定采用符号表示法并加注规格符号。此时,可将中心孔符号线的一边延长,基准符号的短横线沿符号线配置	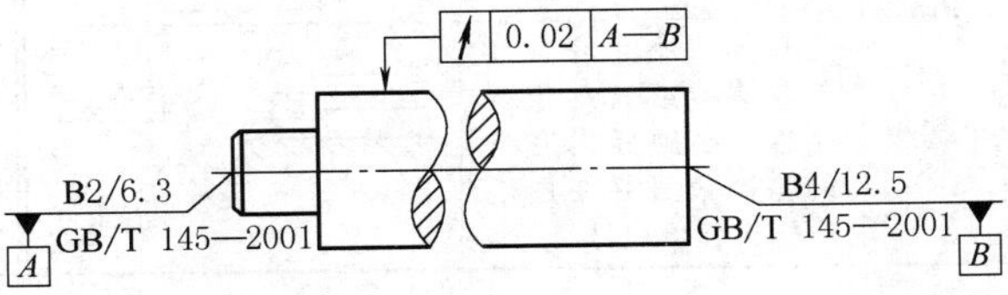
4. 几个被测要素具有相同要求	几个圆柱表面或几条线、几个孔、几个表面具有同一几何公差要求时,可由同一指引线引出不同箭头指向被测表面,也可在框格上方写明	

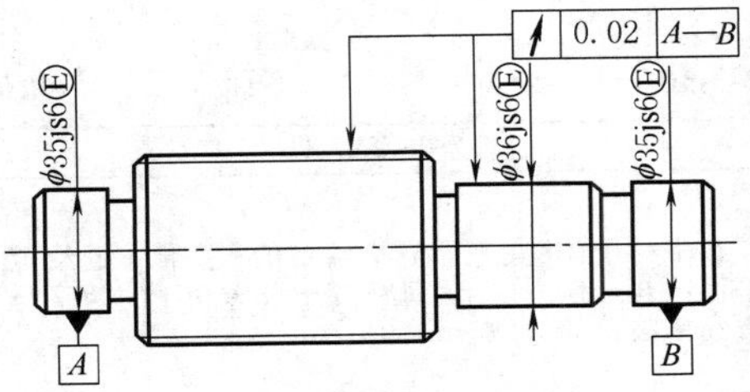

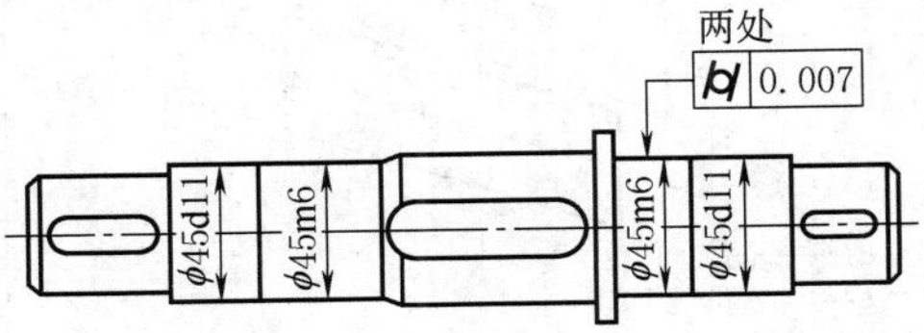

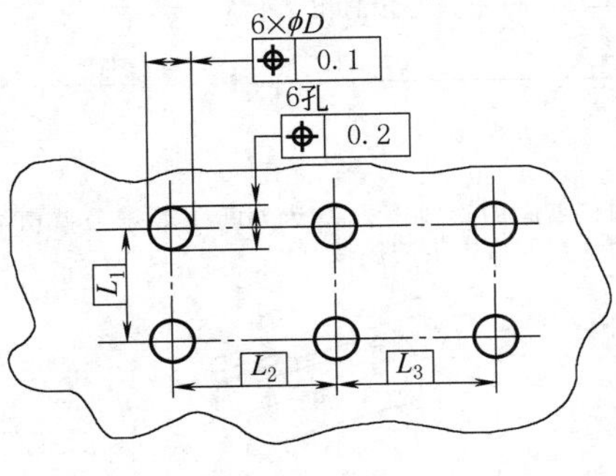

表 2-3-9　　不允许采用的一些标注方法

要素特征	被取消内容	图例
被测要素	被测要素为单一要素的轴线，指示箭头不允许直接指向轴线，如右图。必须与尺寸线相连	
被测要素	被测要素为多要素的公共轴线时，指示箭头不允许直接指向轴线，如右图。而应各自分别注出	
被测要素	任选基准必须注出基准代号，并在框格中注出基准字母	
基准要素	短横线不允许直接与轮廓线或其延长线相连。必须标出完整的基准代号并在框格中标出字母代号	
基准要素	短横线不允许直接与尺寸线相连，必须标出完整的基准代号并在框格中标出字母代号	
基准要素	当基准要素为多个要素的公共轴线、公共中心平面时，短横线不允许直接与公共轴线相连，必须分别标注，并在框格内标出字母代号	
基准要素	当中心孔为基准时，短横线不允许直接与中心孔的角度尺寸线相连，必须标出完整的基准代号并在框格中标出字母代号	

3　几何公差带的定义、标注和解释（摘自 GB/T 1182—2018）

表 2-3-10　　几何公差带定义

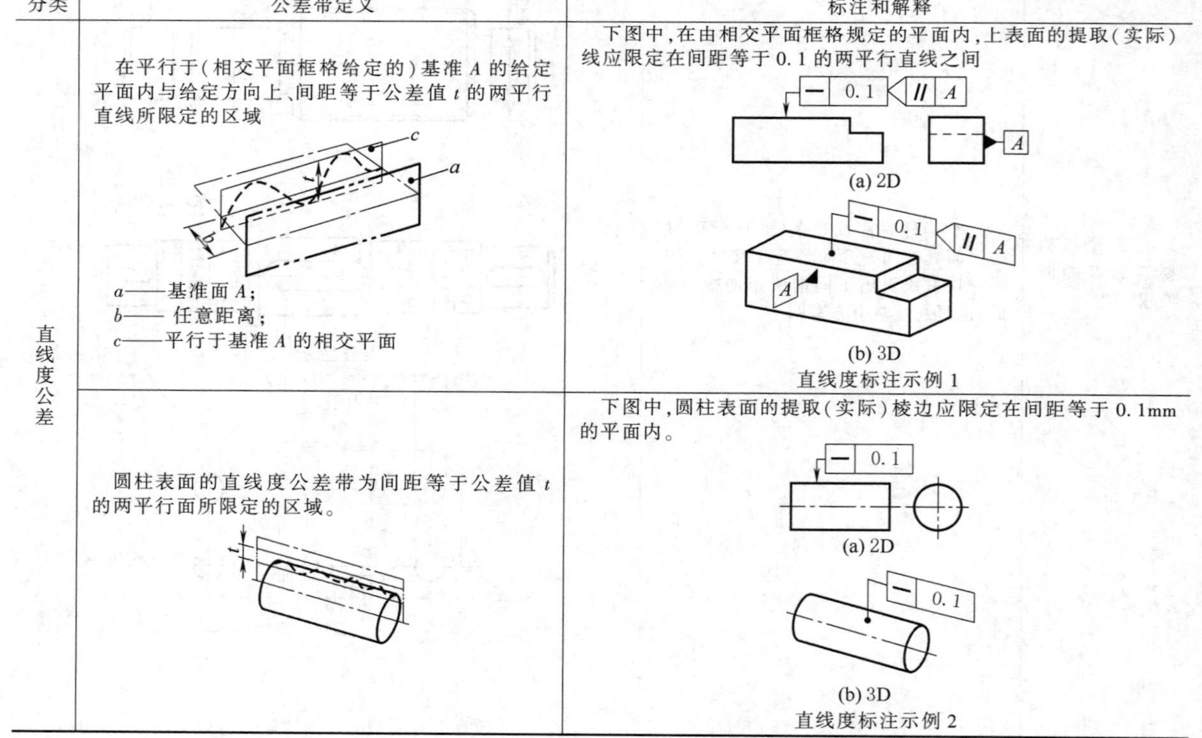

分类	公差带定义	标注和解释
直线度公差	在平行于（相交平面框格给定的）基准 A 的给定平面内与给定方向上、间距等于公差值 t 的两平行直线所限定的区域 a——基准面 A； b——任意距离； c——平行于基准 A 的相交平面	下图中，在由相交平面框格规定的平面内，上表面的提取（实际）线应限定在间距等于 0.1 的两平行直线之间 (a) 2D (b) 3D 直线度标注示例 1
直线度公差	圆柱表面的直线度公差带为间距等于公差值 t 的两平行面所限定的区域。	下图中，圆柱表面的提取（实际）棱边应限定在间距等于 0.1mm 的平面内。 (a) 2D (b) 3D 直线度标注示例 2

续表

<table>
<tr><th>分类</th><th>公差带定义</th><th>标注和解释</th></tr>
<tr><td rowspan="2">直线度公差</td><td>由于在公差值前加注 ϕ，公差带为直径 ϕt 的圆柱面所限定的区域</td><td>下图中，外圆柱面的提取中心线应限定在直径等于 ϕ0.08 的圆柱面内。
(a) 2D
(b) 3D
直线度标注示例 3</td></tr>
<tr><td colspan="2">注：被测要素可以是组成要素或导出要素，其公称被测要素的属性和形状为明确给定的直线或一组直线要素，属于线要素</td></tr>
<tr><td rowspan="2">平面度公差</td><td>公差带为间距等于公差值 t 的两平行平面之间的区域</td><td>下图中，提取(实际)表面应限定在间距等于 0.08 的两平行平面之间
(a) 2D　(b) 3D</td></tr>
<tr><td colspan="2">注：被测要素可以是组成要素或导出要素，其公称被测要素的属性和形状为明确给定的平表面，属于面要素</td></tr>
<tr><td rowspan="3">圆度公差</td><td>公差带在给定横截面内、半径差等于公差值 t 的两同心圆所限定的区域
a——任意相交平面(任意横截面)</td><td>下图中，在圆柱面和圆锥面的任意横截面内，提取(实际)圆周应限定在半径差等于 0.03 的两共面同心圆之间。对于圆锥表面还要添加方向要素进行标注
(a) 2D　(b) 2D</td></tr>
<tr><td>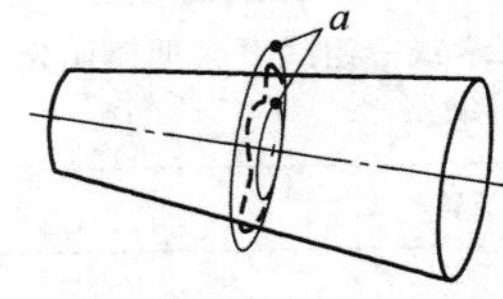
a——垂直于基准 C 的圆(被测要素的轴线)，在圆锥表面上且垂直于被测要素点的表面</td><td>下图中，提取圆周线位于该表面的任意横截面上，由被测要素和与其同轴的圆锥相交所定义，并且其锥角可确保该圆锥与被测要素垂直，该提取圆周线应限定在距离等于 0.1 的两个圆之间，这两个圆位于相交圆锥上
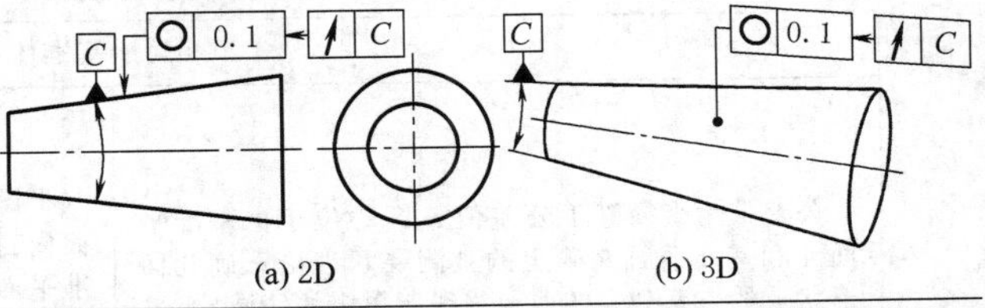
(a) 2D　(b) 3D</td></tr>
<tr><td colspan="2">注：1. 被测要素可以是组成要素，其公称被测要素的属性和形状为明确给定的圆周线或一组圆周线平表面，属于线要素；
2. 圆柱要素的圆度要求可应用在与被测要素轴线垂直的横截面上，球形要素的圆度要求可用在包含球心的横截面上，非圆柱体或球体的回转体表面应标注方向要素</td></tr>
</table>

续表

<table>
<tr><th>分类</th><th>公差带定义</th><th>标注和解释</th></tr>
<tr><td rowspan="2">圆度公差</td><td>公差带是半径差为公差值 t 的两同轴圆柱面所限定的区域
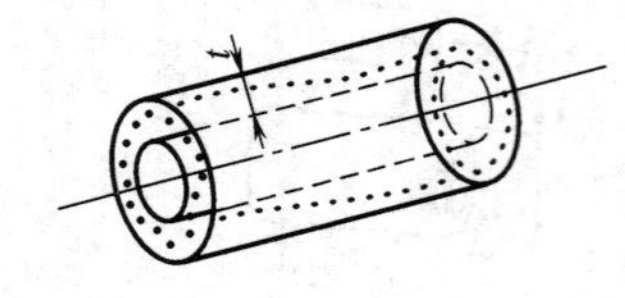</td><td>下图中，提取（实际）圆柱表面应限定在半径差等于 0.1 的两同轴圆柱面之间
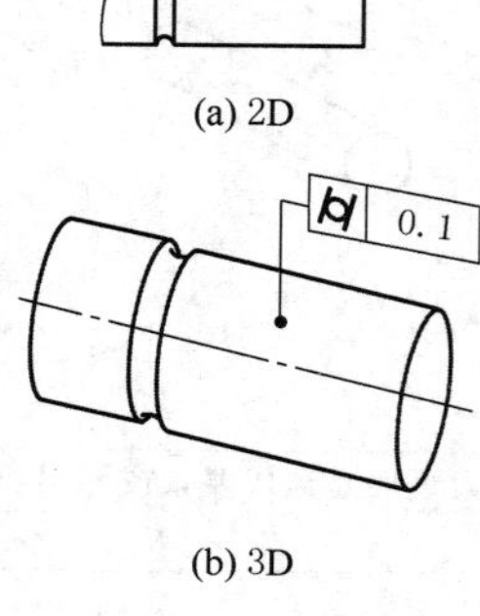
(a) 2D
(b) 3D</td></tr>
<tr><td colspan="2">注：被测要素是组成要素，其公称被测要素的属性与形状为明确给定的圆柱表面，属于面要素</td></tr>
<tr><td rowspan="5">线轮廓度公差</td><td colspan="2">（1）与基准不相关的线轮廓度公差</td></tr>
<tr><td>公差带为直径等于公差值 t、圆心位于具有理论正确几何形状上的一系列圆的两包络线所限定的区域
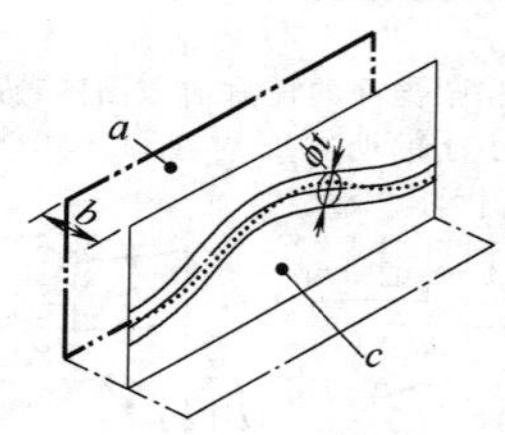
a——基准平面 A；
b——任意距离；
c——平行于基准平面 A 的平面</td><td>下图中，在任一平行于基准平面 A 的截面内，如相交平面框格所规定的，提取（实际）轮廓线应限定在直径等于 0.04、圆心位于理论正确几何形状上的一系列圆的两等距包络线之间
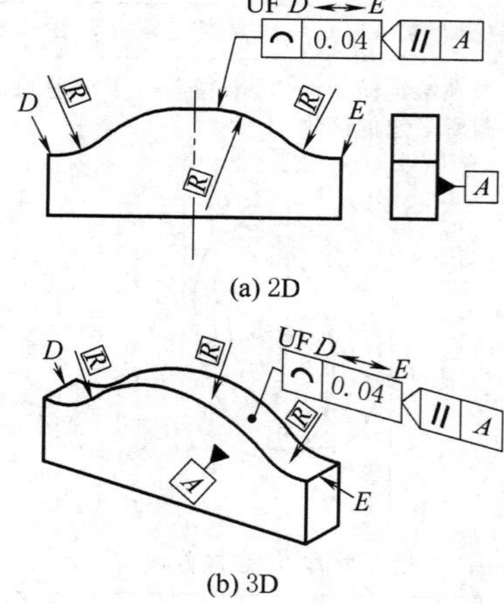
(a) 2D
(b) 3D</td></tr>
<tr><td colspan="2">注：被测要素可以是组成要素或导出要素，其公称被测要素的属性由线要素或一组线要素明确给定；其公称被测要素的形状，除直线外，则用通过图样上完整的标注或基于 CAD 模型的查询明确给定</td></tr>
<tr><td colspan="2">（2）相对于基准体系的线轮廓度公差</td></tr>
<tr><td>公差带为直径等于公差值 t、圆心位于由基准平面 A 和基准平面 B 确定的被测要素理论正确几何形状上的一系列圆的两包络线所限定的区域</td><td>下图中，在任一由相交平面框格规定的平行于基准平面 A 的截面内，提取（实际）轮廓线应限定在直径等于 0.04、圆心位于由基准平面 A 与基准平面 B 确定的被测要素理论正确几何形状线上的一系列圆的两等距包络线之间</td></tr>
</table>

续表

分类	公差带定义	标注和解释
线轮廓度公差	*a*——基准 *A*; *b*——基准 *B*; *c*——平行于基准 *A* 的平面	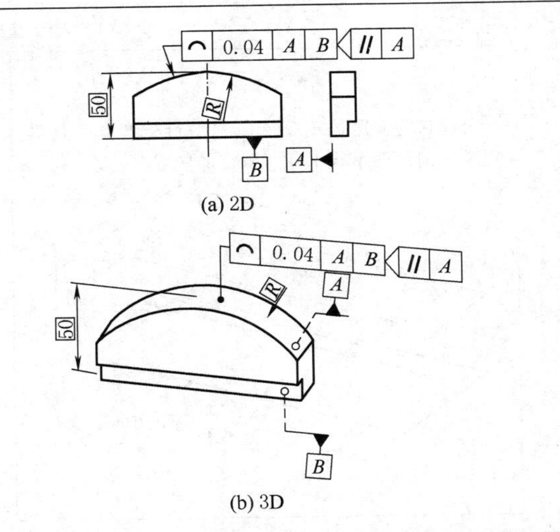 (a) 2D (b) 3D
	注:被测要素可以是组成要素或导出要素,其公称被测要素的属性由线性要素或一组线性要素明确给定,其公称被测要素的形状,除直线外,则用通过图样上完整的标注或基于 CAD 模型的查询明确确定	
面轮廓度公差	(1)与基准不相关的面轮廓度公差	
	公差带为直径等于公差值 *t*、球心位于理论正确几何形状上的一系列圆球的两包络面所限定的区域 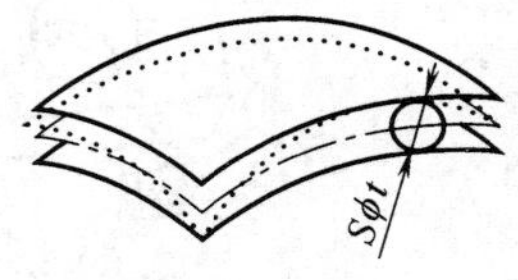	下图中,提取(实际)轮廓面应限定在直径等于 0.02、球心位于被测要素理论正确几何形状表面上的一系列圆球的两等距包络面之间 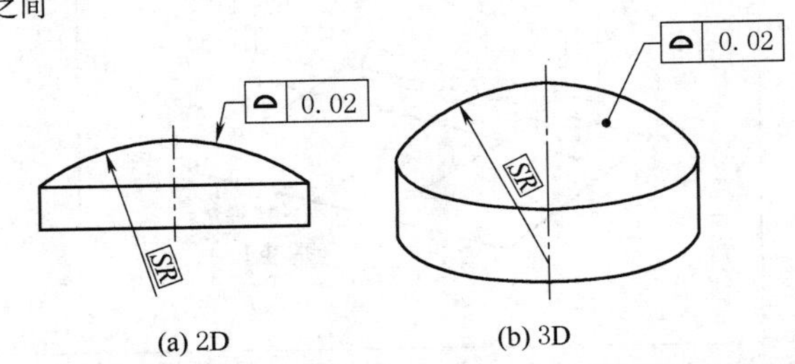 (a) 2D (b) 3D
	注:被测要素可以是组成要素或导出要素,其公称被测要素属性由某个面要素明确给定,其公称被测要素的形状,除平面外,则应通过图样上完整的标注或基于 CAD 模型的查询明确给定	
	(2)相对于基准的面轮廓度公差	
	公差带为直径等于公差值 *t*、球心位于由基准平面 *A* 确定的被测要素理论正确几何形状上的一系列圆球的两包络面所限定的区域 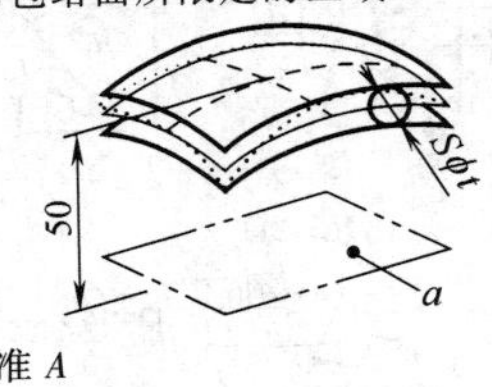 *a*——基准 *A*	下图中,提取(实际)轮廓面应限定在直径距离等于 0.1、球心位于由基准平面 *A* 确定的被测要素理论正确几何形状上的一系列圆球的两等距包络面之间 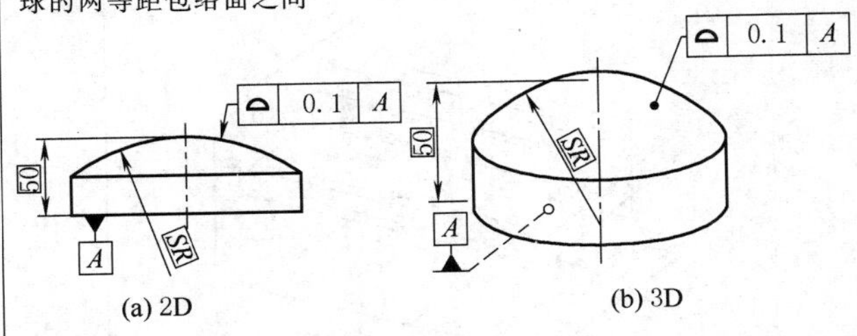 (a) 2D (b) 3D
	注:1. 被测要素可以是组成要素或导出要素,其公称被测要素的属性由面要素明确给定,其公称被测要素的形状,除平面外,应通过图样上完整的标注或基于 CAD 模型的查询明确确定; 2. 若是方向规范,"><"应放置在公差框格的第二格或放在每个公差框格的基准标注之后,或如果公差带位置的确定无需依赖基准,则可不标注基准。应使用明确的与/或缺省 TED 给定锁定在公称被测要素与基准之间的角度尺寸	

续表

<table>
<tr><th>分类</th><th>公差带定义</th><th>标注和解释</th></tr>
<tr><td rowspan="4">平行度公差</td><td colspan="2">(1)相对于基准体系的中心线平行度公差</td></tr>
<tr><td>公差带为间距等于公差值 t、平行于两基准且沿规定方向的两平行平面所限定的区域
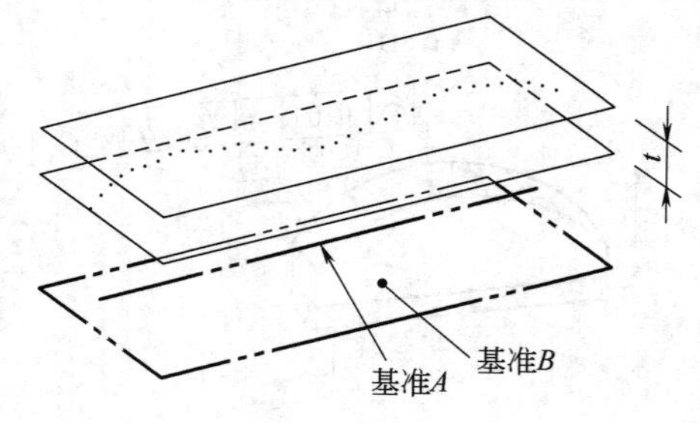
</td><td>下图中,提取(实际)中心线应限定在间距等于 0.1,平行于基准轴线 A 的两平行平面之间。限定公差带的平面均平行于由定向平面框格规定的基准平面 B。基准 B 为基准 A 的辅助基准
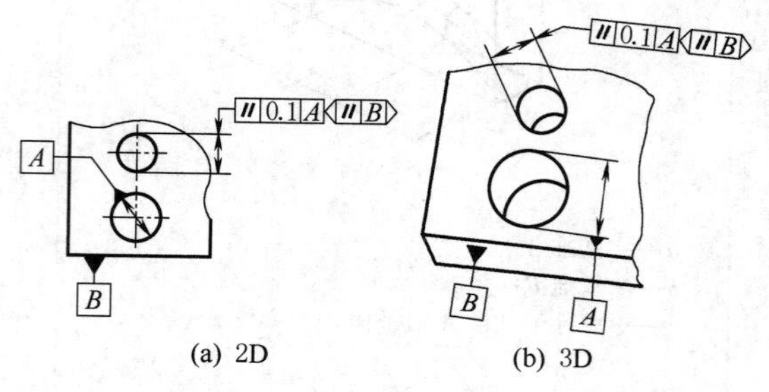

(a) 2D　(b) 3D</td></tr>
<tr><td>公差带为间距等于公差值 t、平行于基准 A 且垂直于基准 B 的两平行平面所限定的区域
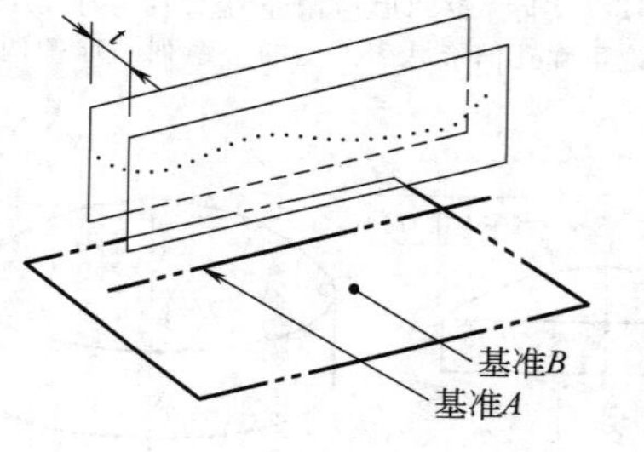
</td><td>下图中,提取(实际)中心线应限定在间距等于 0.1,平行于基准轴线 A 的两平行平面之间。限定公差带的平面均垂直于由定向平面框格规定的基准平面 B。基准 B 为基准 A 的辅助基准
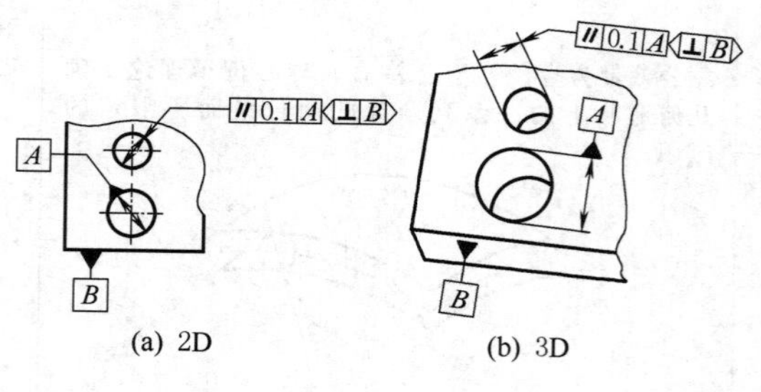

(a) 2D　(b) 3D</td></tr>
<tr><td>提取(实际)中心线应限定在两对间距分别等于 0.1 和 0.2,且平行于基准轴线 A 的平行平面之间
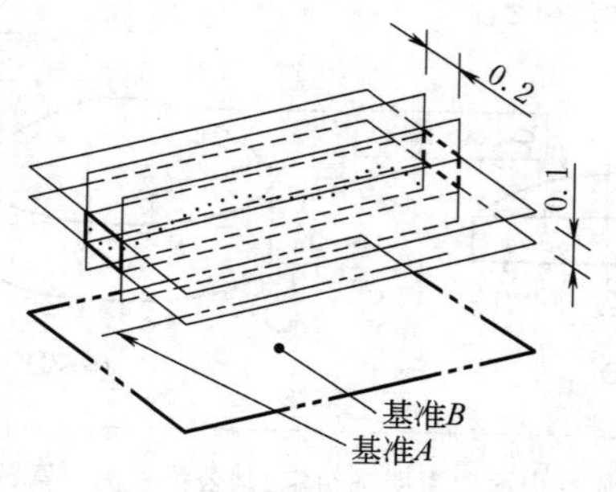
</td><td>下图中,提取(实际)中心线应限定在两对间距分别等于公差值 0.1 和 0.2、且平行于基准轴线 A 的平行平面之间。定向平面框格规定了公差带宽度相对于基准平面 B 的方向。基准 B 为基准 A 的辅助基准
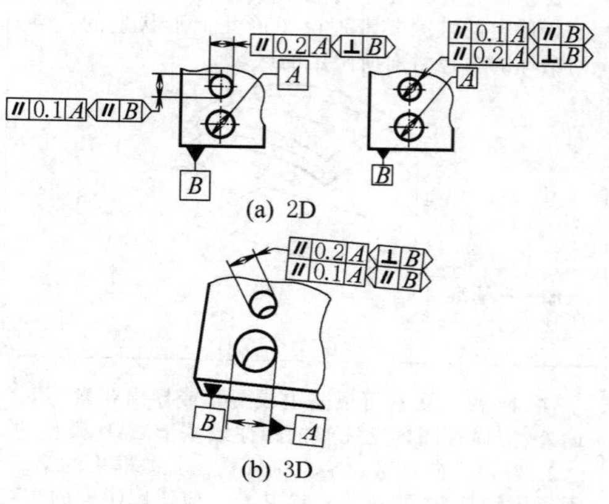

(a) 2D
(b) 3D</td></tr>
</table>

续表

分类	公差带定义	标注和解释
平行度公差	(2)相对于基准直线的中心线平行度公差(下孔的轴线作为基准直线)	
	若在公差值前加注 ϕ,公差带为平行于基准轴线、直径等于公差值 ϕt 的圆柱面所限定的区域 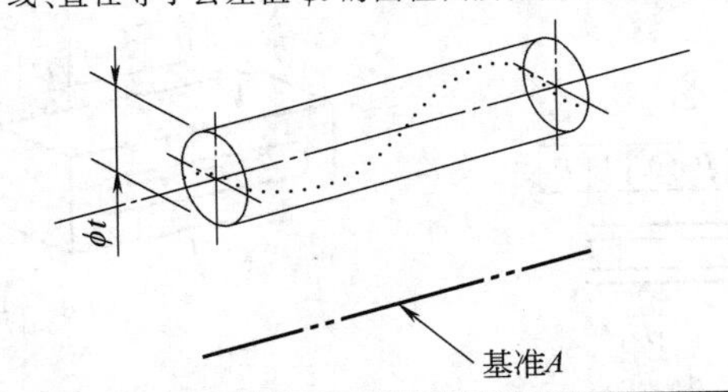	下图中,提取(实际)中心线应限定在平行于基准轴线 A、直径等于 ϕ0.03 的圆柱面内 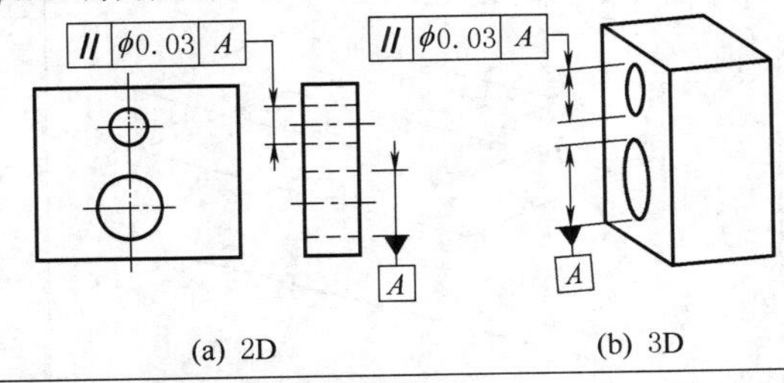
	(3)相对于基准面的中心线平行度公差(底面作为基准面)	
	公差带为平行于基准平面、间距为公差值 t 的两平行平面所限定的区域 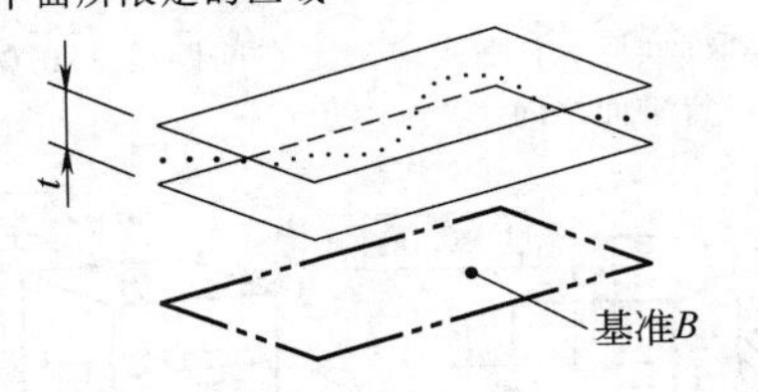	下图中,提取(实际)中心线应限定在平行于基准面 B、间距等于 0.01 的两平行平面之间 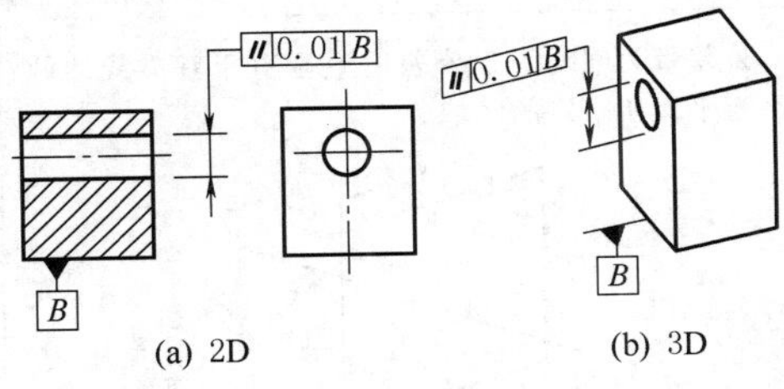
	(4)相对于基准面的一组在表面上的线平行度公差(底面作为基准面)	
	公差带为间距等于公差值 t 的两平行直线所限定的区域。该两平行直线平行于基准平面 A 且处于平行于基准平面 B 的平面内 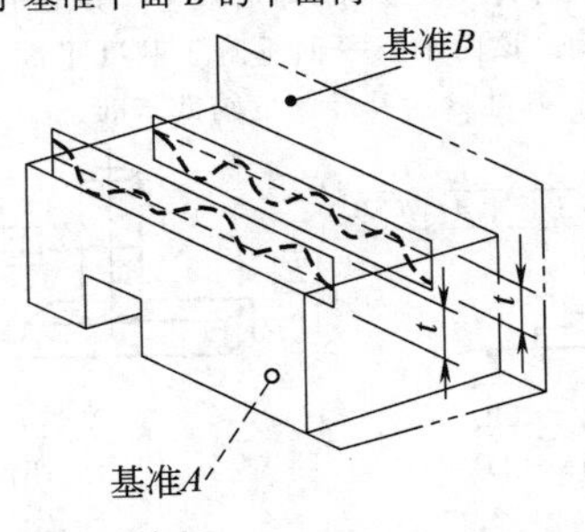	下图中,每条由相交平面框格规定的,平行于基准面 B 的提取(实际)线,应限定在间距等于 0.02 平行于基准平面 A 的两平行线之间。基准 B 为基准 A 的辅助基准 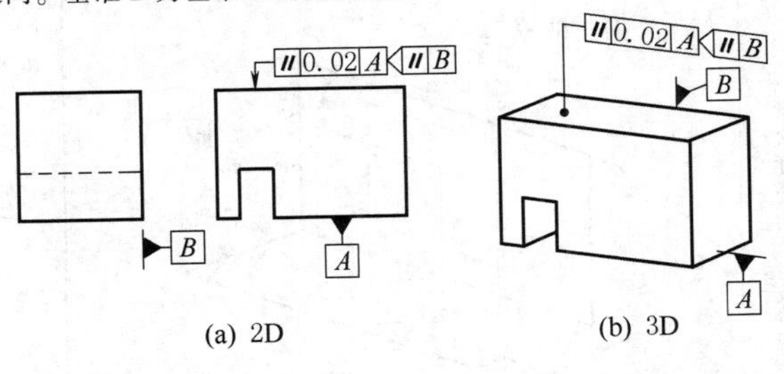
	(5)相对于基准直线的平面平行度公差(孔的轴线作为基准直线)	
	公差带为间距等于公差值 t,平行于基准的两平行平面所限定的区域 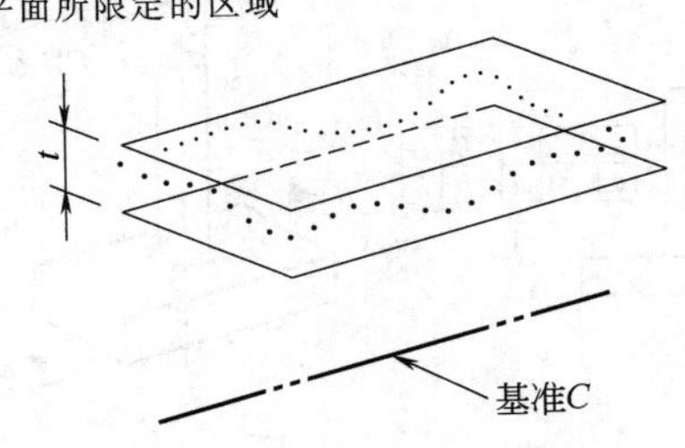	下图中,提取(实际)面应限定在间距等于 0.1,平行于基准轴线 C 的两平行平面之间 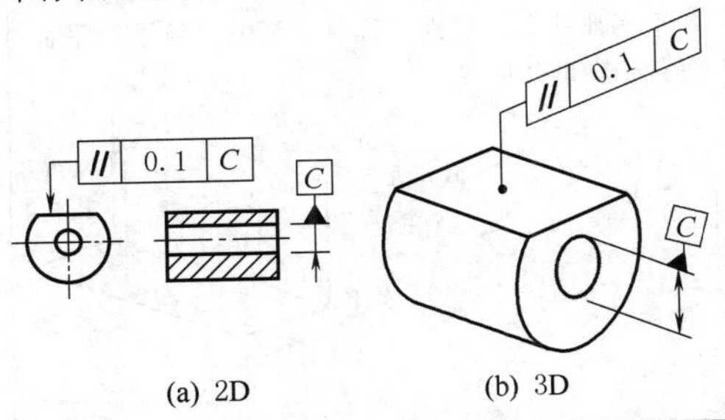

第2篇

续表

分类	公差带定义	标注和解释
	(6)相对于基准面的平面平行度公差	
平行度公差	公差带为间距等于公差值 t,平行于基准的两平行平面所限定的区域 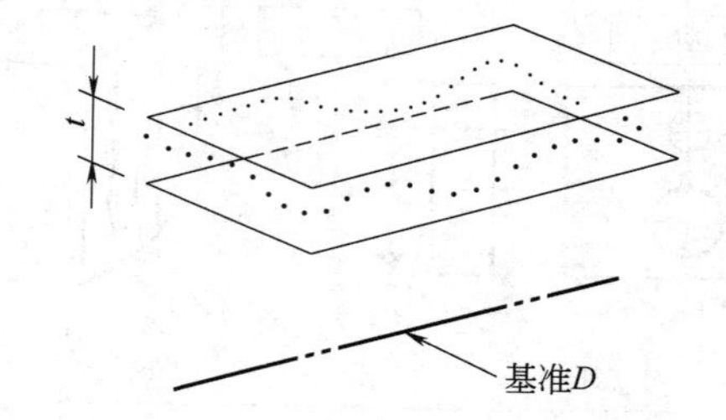	下图中,提取(实际)表面应限定在间距等于 0.01,平行于基准面 D 的两平行平面之间 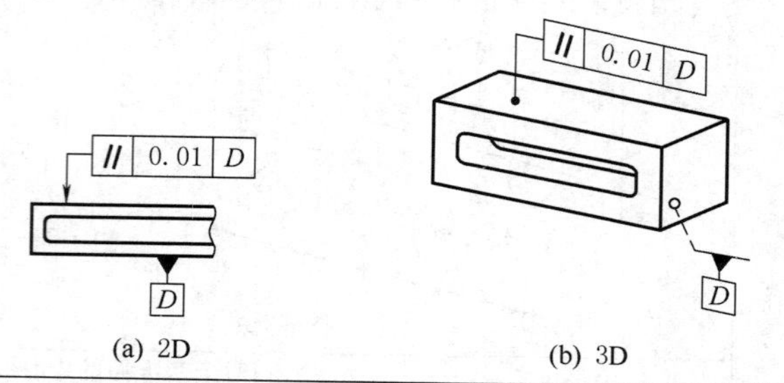 (a) 2D (b) 3D
	注:被测要素可以是组成要素或导出要素,其公称被测要素的属性可以是线性要素,一组线性要素,或面要素,每个公称被测要素的形状由直线或平面明确确定。如果被测要素是公称状态为平面上的一系列直线,应标注相交平面框格	
	(1)相对于基准直线的中心线垂直度公差	
垂直度公差	公差带为间距等于公差值 t、垂直于基准线的两平行平面所限定的区域 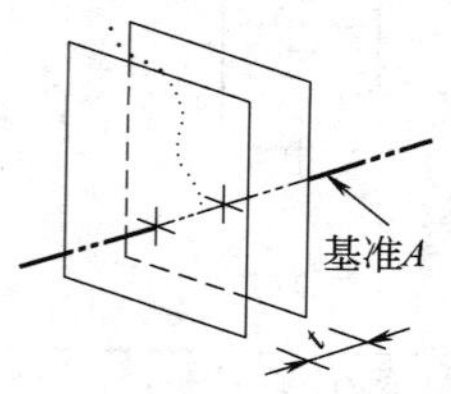	下图中,提取(实际)中心线应限定在间距等于 0.06、垂直于基准轴 A 的两平行平面之间 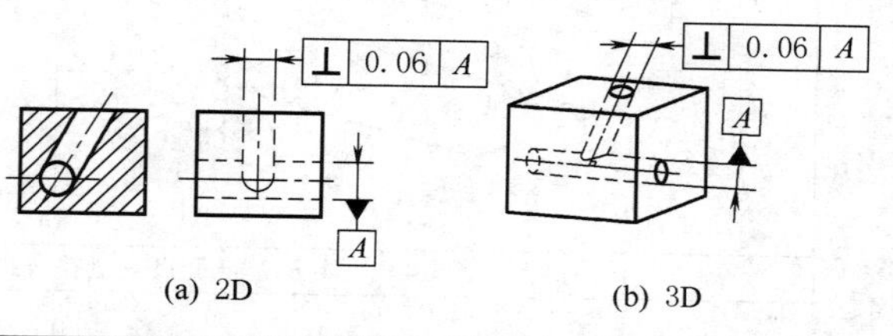 (a) 2D (b) 3D
	(2)相对于基准体系的中心线垂直度公差(平台的底面为基准面 A,侧面为参考基准 B)	
	公差带为间距等于公差值 t 的两平行平面所限定的区域。该两平行平面垂直于基准平面 A 且平行于辅助基准 B 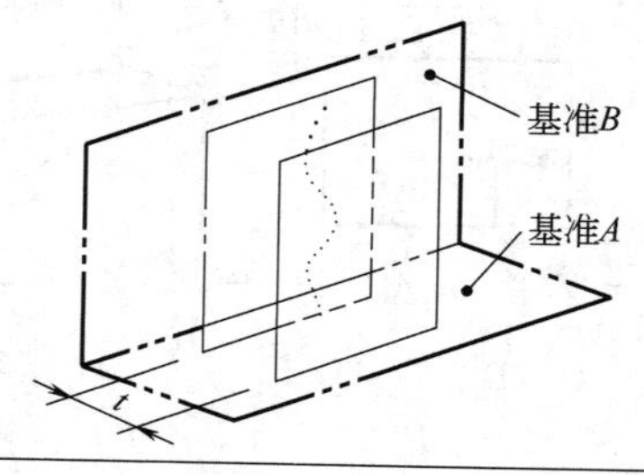	下图中,圆柱面的提取(实际)中心线应限定在间距等于 0.1 的两平行平面之间。该两平行平面垂直于基准平面 A,且方向由基准平面 B 规定。基准 B 为基准 A 的辅助基准 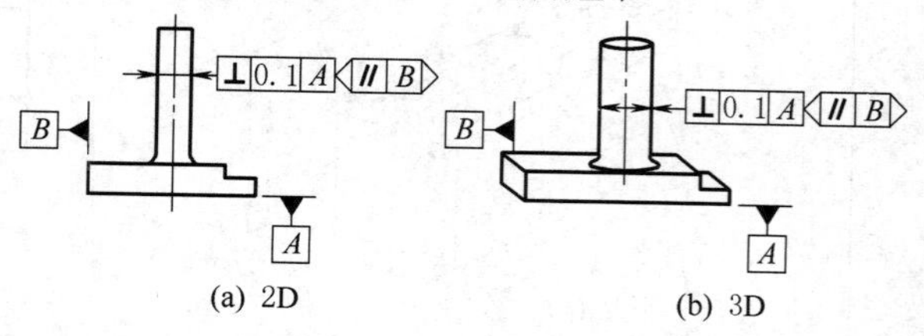 (a) 2D (b) 3D
	公差带为间距分别等于公差值 0.1 与 0.2、且相互垂直的两组平行平面所限定的区域。该两组平行平面都垂直于基准平面 A。其中一组平行平面平行于辅助基准 B 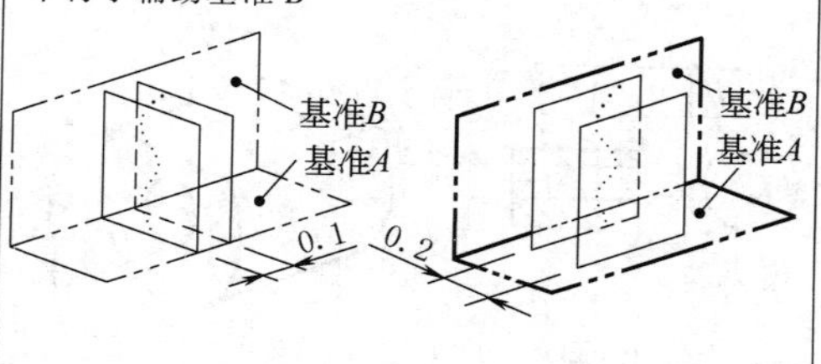	下图中,圆柱的提取(实际)中心线应限定在间距分别等于 0.1 与 0.2、且垂直于基准平面 A 的两组平行平面之间。公差带的方向使用定向平面框格由基准平面 B 规定。基准 B 是基准 A 的辅助基准 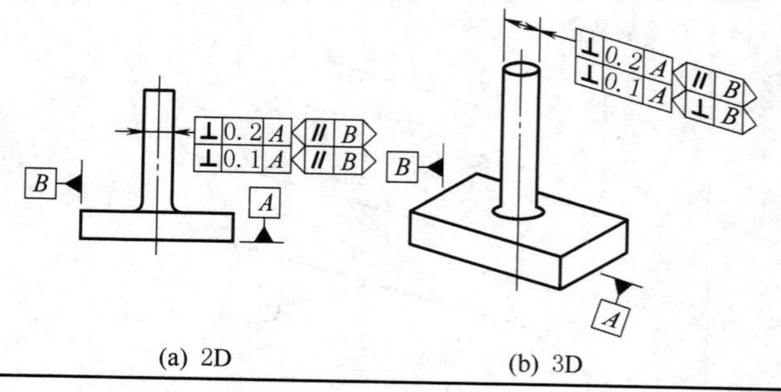 (a) 2D (b) 3D

续表

<table>
<tr><th>分类</th><th>公差带定义</th><th>标注和解释</th></tr>
<tr><td rowspan="7">垂直度公差</td><td colspan="2">(3)相对于基准面的中心线垂直度公差(平台的底面为基准面)</td></tr>
<tr><td>若公差值前加注符号 ϕ,则公差带为直径等于公差值 ϕt,轴线垂直于基准平面的圆柱面所限定的区域
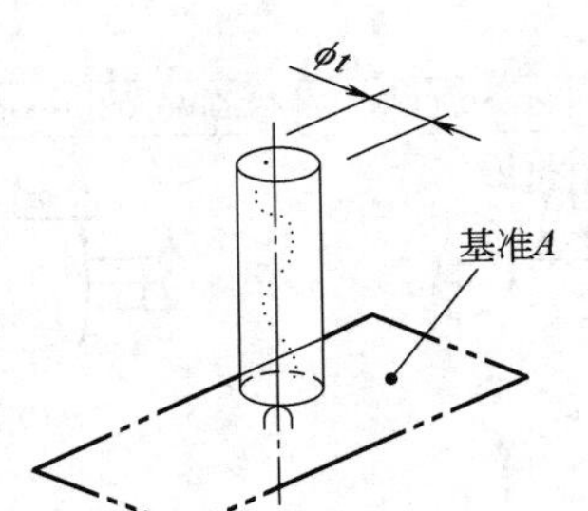
</td><td>下图中,圆柱面的提取(实际)中心线应限定在直径等于 φ0.01 垂直于基准平面 A 的圆柱面内
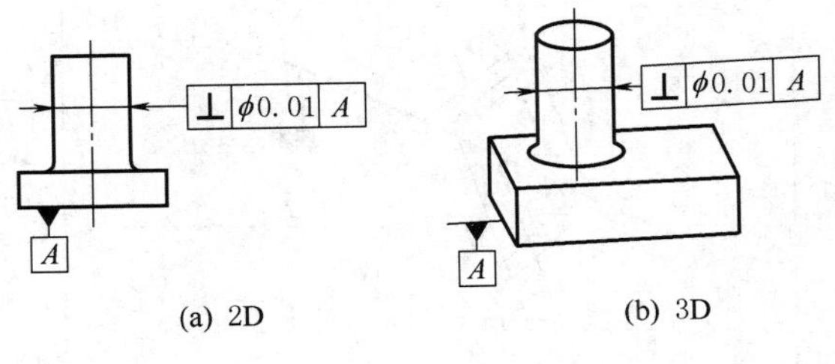

(a) 2D (b) 3D</td></tr>
<tr><td colspan="2">(4)相对于基准直线的平面垂直度公差(轴的中心线为基准轴线 A)</td></tr>
<tr><td>公差带为间距等于公差值 t 且垂直于基准轴线的两平行平面所限定的区域
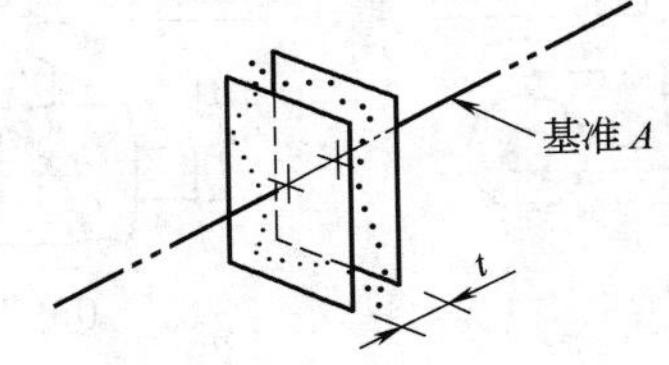
</td><td>下图中,提取(实际)面应限定在间距等于 0.08 的两平行平面之间。该两平行平面垂直于基准轴线 A
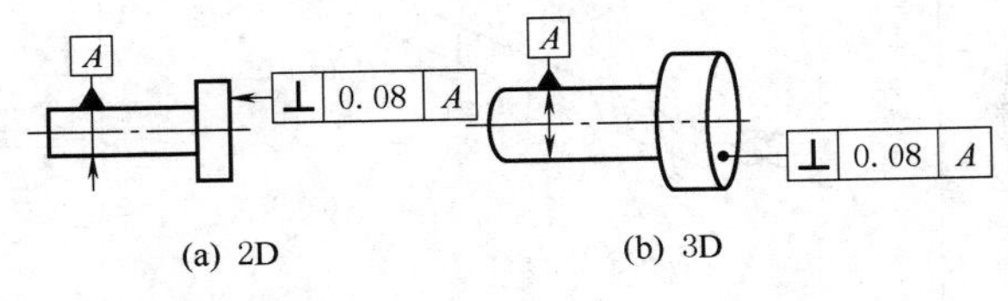

(a) 2D (b) 3D</td></tr>
<tr><td colspan="2">(5)相对于基准面的平面垂直度公差</td></tr>
<tr><td>公差带为间距等于公差值 t 垂直于基准平面 A 的两平行平面所限定的区域
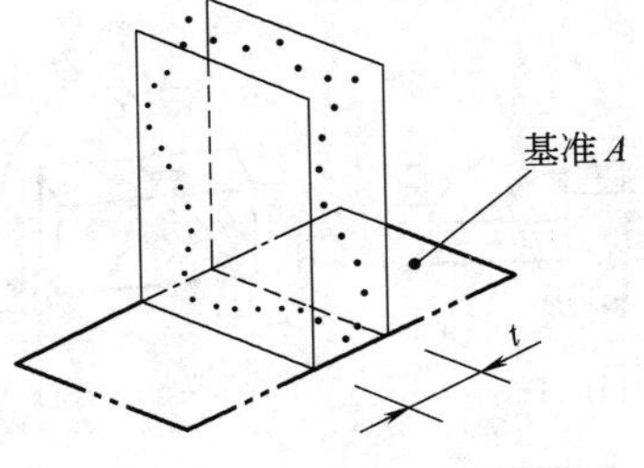
</td><td>下图中,提取(实际)面应限定在间距等于 0.08 垂直于基准平面 A 的两平行平面之间
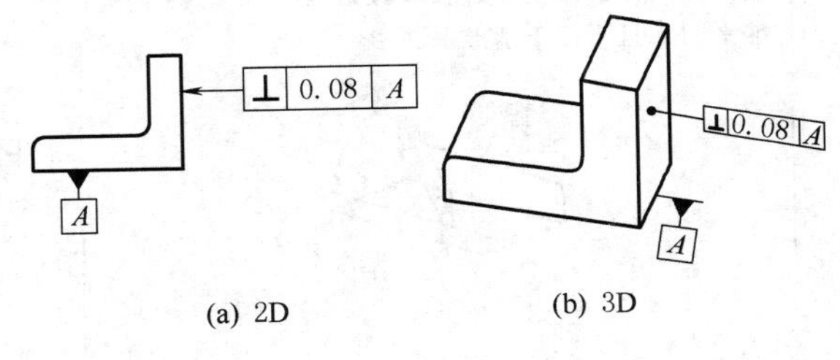

(a) 2D (b) 3D</td></tr>
<tr><td colspan="2">注:被测要素可以是组成要素或导出要素,其公称被测要素的属性可以是线性要素,一组线性要素,或面要素,公称被测要素的形状由直线或平面明确给定。如果被测要素是公称平面,且被测要素是该平面上的一组直线时,应标注相交平面框格。应使用缺省的 TED(90°)给定锁定在公称被测要素与基准之间的 TED 角度</td></tr>
</table>

第2篇

续表

<table>
<tr><th>分类</th><th>公差带定义</th><th>标注和解释</th></tr>
<tr><td rowspan="7">倾斜度公差</td><td colspan="2">(1)相对于基准直线的中心线倾斜度公差(中心轴的轴线作为导出基准线 A—B)</td></tr>
<tr><td>公差带为间距等于公差值 t 的两平行平面所限定的区域。该两平行平面按规定角度倾斜于基准轴线。被测线与基准线在不同的平面内
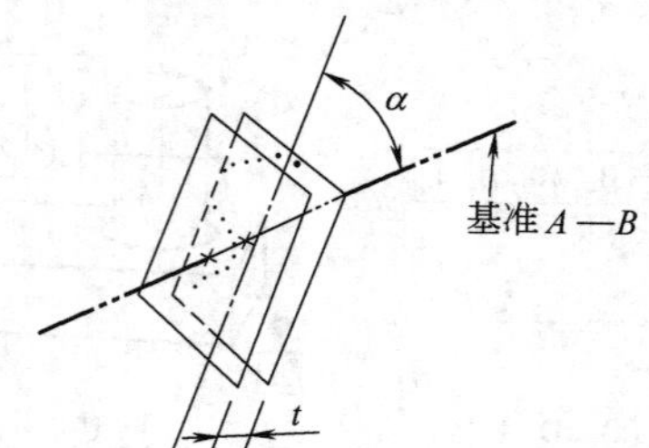
</td><td>下图中,提取(实际)中心线应限定在间距为 0.08 的两平行平面之间。该两平行平面按理论正确角度 60°倾斜于公共基准轴线 A—B
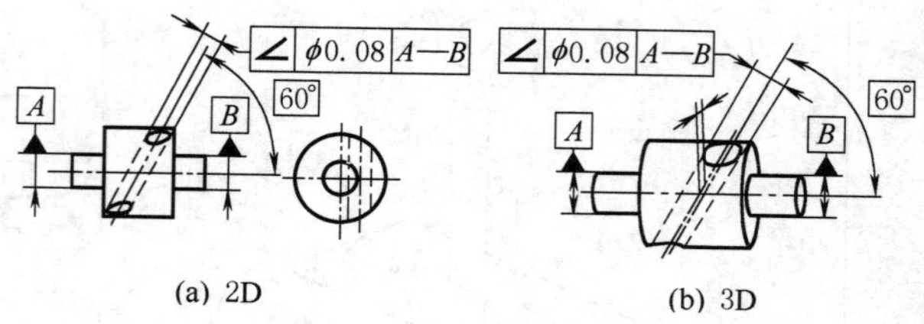

(a) 2D (b) 3D</td></tr>
<tr><td>公差带为直径等于公差值 φt 的圆柱面所限定的区域。该圆柱面按规定角度倾斜于基准。被测线与基准线在不同的平面内(倾斜度公差)
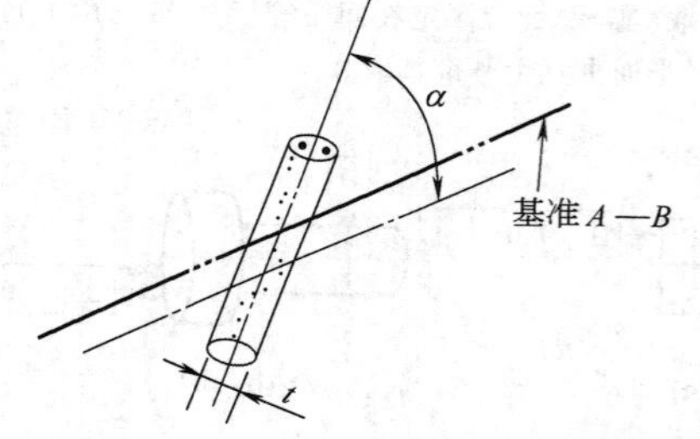

注:公差带相对于公共基准A—B的距离无约束要求</td><td>下图中,提取(实际)中心线应限定在间距等于 0.08 的圆柱面所限定的区域。该圆柱按理论正确角度 60°倾斜于公共基准轴线 A—B(倾斜度公差)
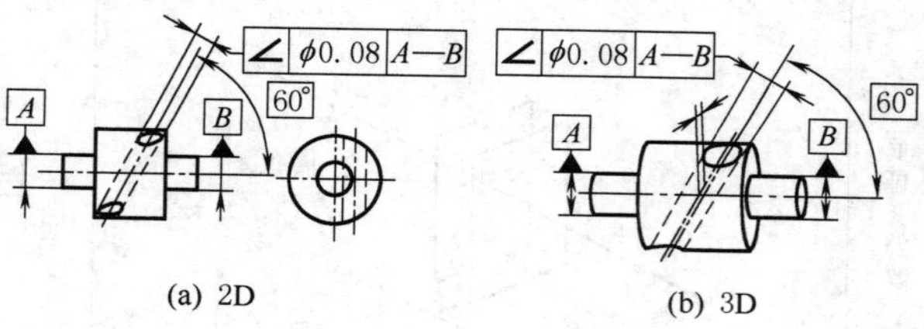

(a) 2D (b) 3D</td></tr>
<tr><td colspan="2">(2)相对于基准体系的中心线倾斜度公差</td></tr>
<tr><td>公差带为直径等于公差值 φt 的圆面所限定的区域。该圆柱面公差带的轴线按规定角度倾斜于基准平面 A 且平行于基准平面 B
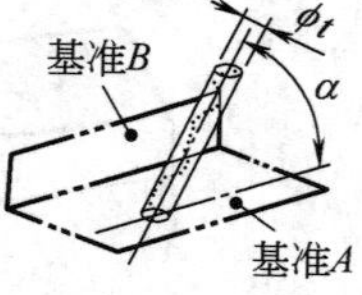
</td><td>下图中,提取(实际)中心线应限定在直径等于 φ0.1 的圆面内。该圆柱面的中心线按理论正确角度 60°倾斜于基准平面 A 且平行于基准平面 B
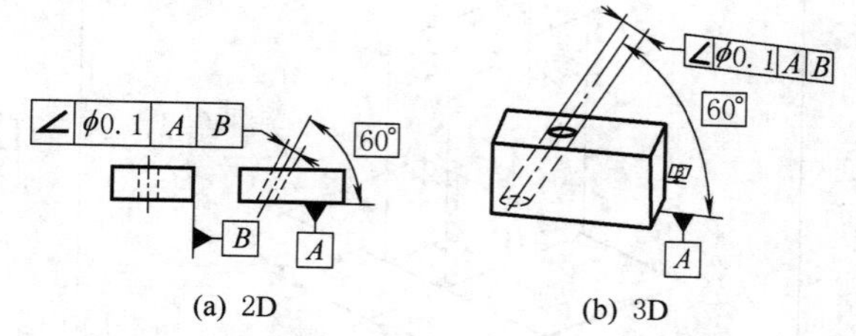

(a) 2D (b) 3D</td></tr>
<tr><td colspan="2">(3)相对于基准直线的平面倾斜度公差</td></tr>
<tr><td>公差带为间距等于公差值 t 的两平行平面所限定的区域。该两平行平面按规定角度倾斜于基准直线</td><td>下图中,提取(实际)表面应限定在间距等于 0.1 的两平行平面之间。该两平行平面按理论正确角度 75°倾斜于基准轴线 A</td></tr>
</table>

续表

分类	公差带定义	标注和解释
倾斜度公差	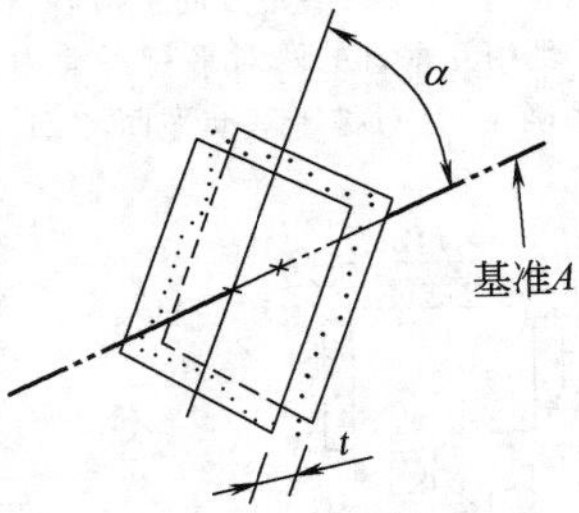	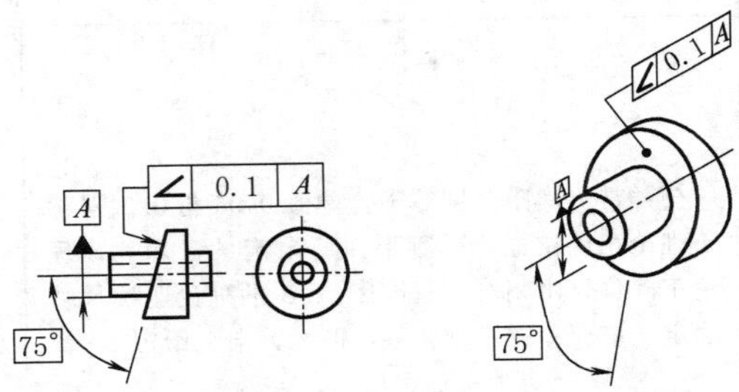 (a) 2D (b) 3D
	(4)相对于基准面的平面倾斜度公差	
	公差带为间距等于公差值 t 的两平行平面所限定的区域。该两平行平面按规定角度倾斜于基准平面 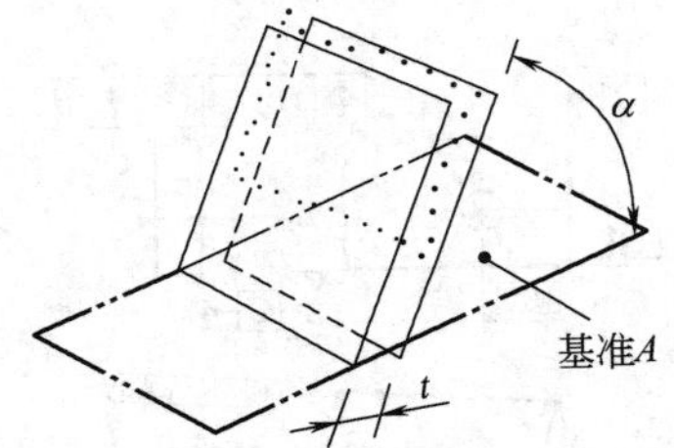	提取(实际)表面应限定在间距等于 0.08 的两平行平面之间。该两平行平面按理论正确角度 40°倾斜于基准平面 A 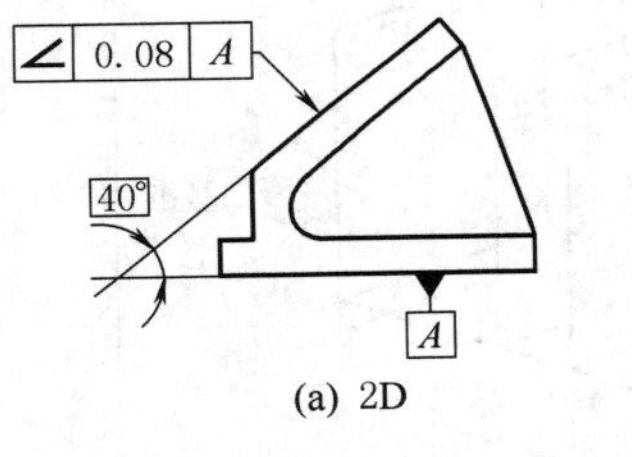 (a) 2D 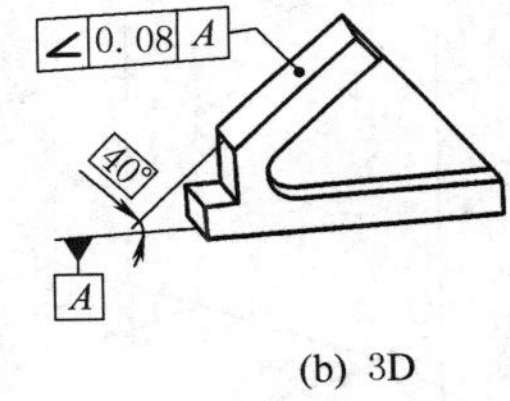 (b) 3D
	注:被测要素可以是组成要素或导出要素,其公称被测要素的属性是线性要素,一组线性要素,或面要素,每个公称被测要素的形状由直线或平面明确给定。如果被测要素是公称平面,且被测要素是该平面上的一组直线,应标注相交平面框格。应使用至少一个明确的 TED 给定锁定在公称被测要素与基准之间的 TED 角度	
	(1)导出点的位置度公差	
位置度公差	公差值前加注 $S\phi$,公差带为直径等于公差值 $S\phi0.3$ 的圆球面所限定的区域。该圆球面中心的理论正确位置由基准 A、B、C 和理论正确尺寸确定 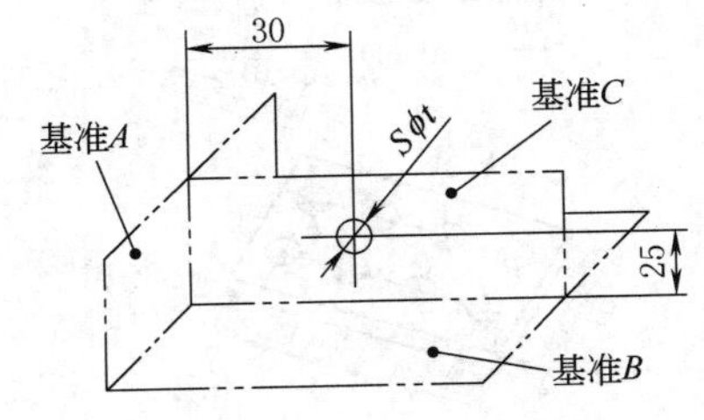	下图中,提取(实际)球心应限定在直径等于 $S\phi0.3$ 的圆球面内。该圆球面的中心与基准平面 A、基准平面 B、基准中心平面 C 及被测球所确定的理论正确位置一致 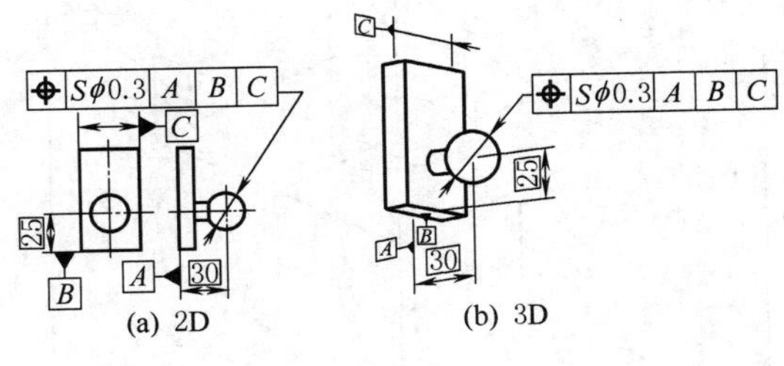 (a) 2D (b) 3D

续表

分类	公差带定义	标注和解释
	(2)中心线的位置度公差	
位置度公差	公差带为间距分别等于公差值 0.05 与 0.2,对称于理论正确位置的平行平面所限定的区域。该理论正确位置由相对于基准 *C*、*A*、*B* 的理论正确尺寸确定。该公差在基准体系的两个方向上给定 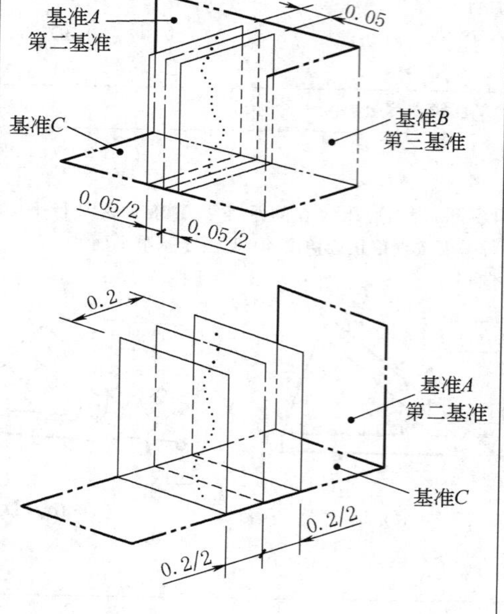 	各孔的提取(实际)中心线在给定方向上应各自限定在间距分别等于 0.05 及 0.2、且相互垂直的两对平行平面内。每对平行平面的方向由基准体系确定,且对称于基准平面 *C*、*A*、*B* 及被测孔所确定的理论正确位置 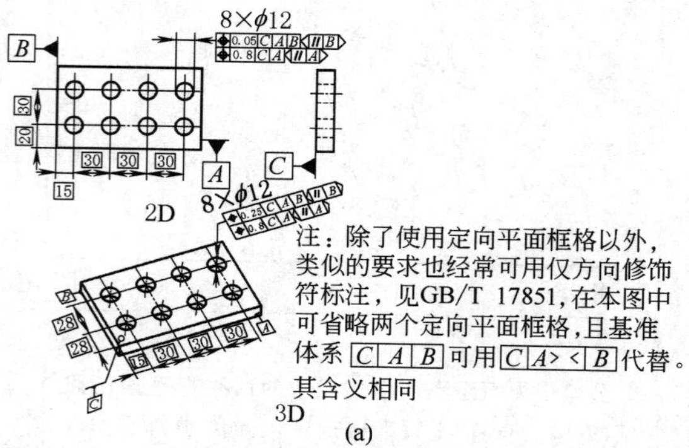 (a) 提取(实际)中心线应限定在直径等于 ϕ0.08 的圆柱面内。该圆柱面的轴线应处于由基准平面 *C*、*A*、*B* 与被测孔所确定的理论正确位置 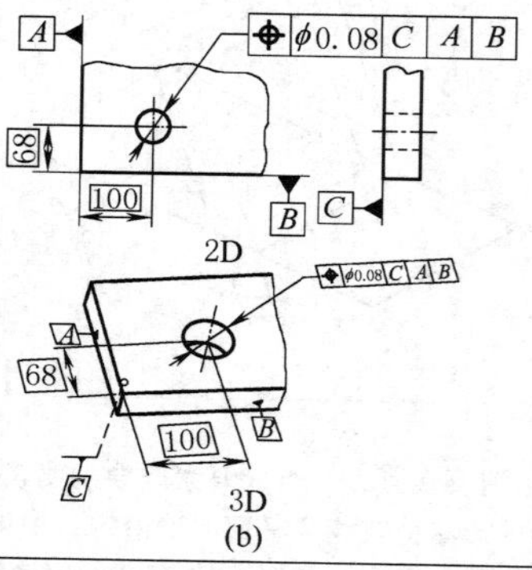 (b)
	公差带为直径等于公差值 ϕ*t* 的圆面所限定的区域。该圆柱面轴线的位置由相对于基准 *C*、*A*、*B* 的理论正确尺寸确定 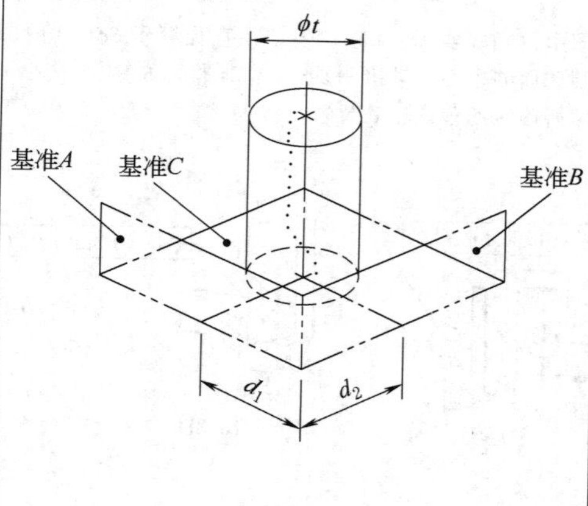 	下图中,各孔的提取(实际)中心线应各自限定在直径等于 0.1 的圆柱面内。该圆柱面的轴线应处于由基准 *C*、*A*、*B* 与被测孔所确定的理论正确位置(位置度标注) 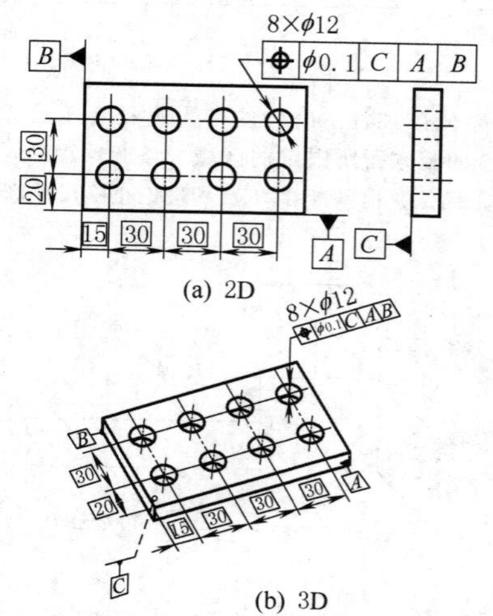 (b) 3D

续表

<table>
<tr><th>分类</th><th>公差带定义</th><th>标注和解释</th></tr>
<tr><td rowspan="8">位置度公差</td><td colspan="2">（3）中心线的平面度公差</td></tr>
<tr><td>公差带为间距等于公差值0.1，对称于要素中心线的两平行平面所限定的区域。中心平面的位置由相对于基准A、B的理论正确尺寸确定
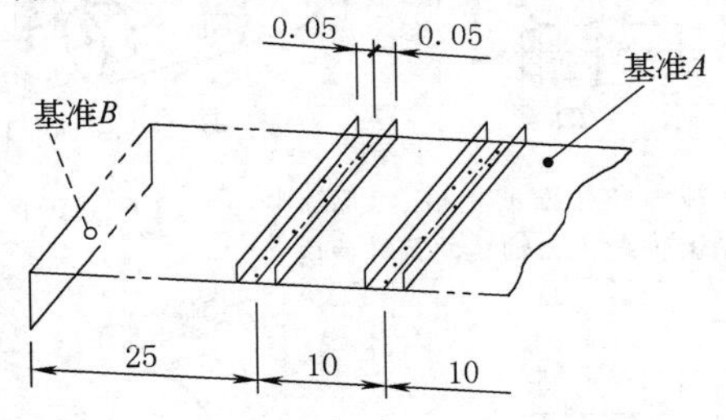
</td><td>下图中，提取（实际）中心线应限定在距离等于0.1，对称于基准面A、B与被测线所确定的理论正确位置的两平行平面之间
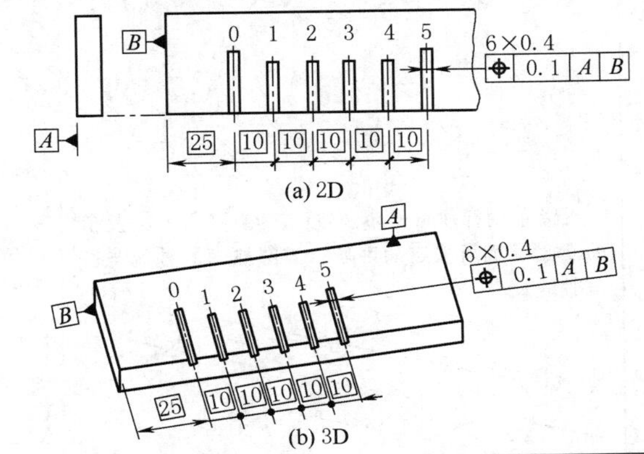
</td></tr>
<tr><td>公差带为间距等于公差值0.05的两平行平面所限定的区域。该两平行平面绕基准A对称布置
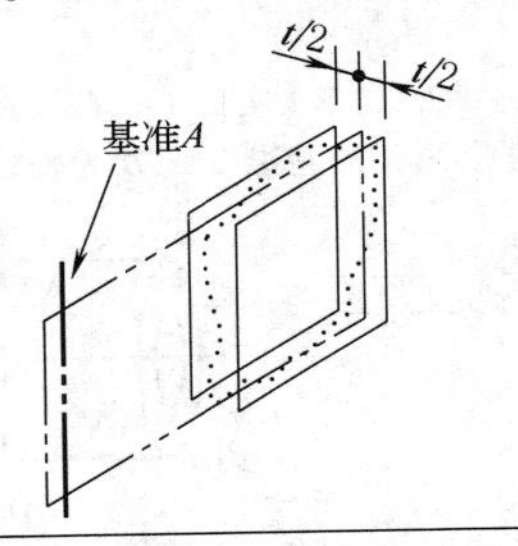
</td><td>下图中，提取（实际）中心面应限定在间距等于0.05的两平行平面之间。该两平行平面对称于由基准轴线A与中心表面所确定的理论正确位置
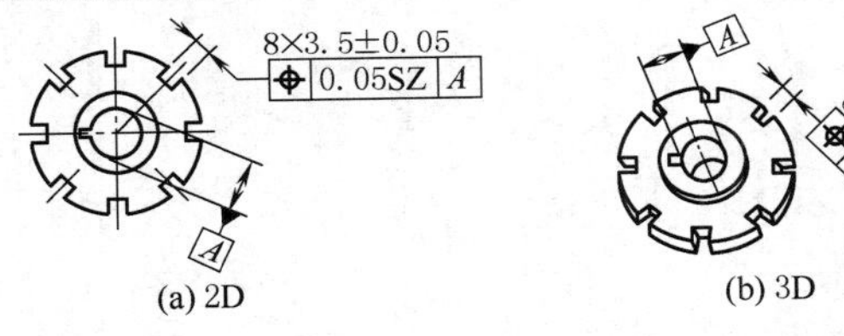
</td></tr>
<tr><td colspan="2">（4）平表面的位置度公差</td></tr>
<tr><td>公差带为间距等于公差值t的两平行平面所限定的区域。该两平行平面对称于由相对于基准A、B的理论正确尺寸所确定的理论正确位置，
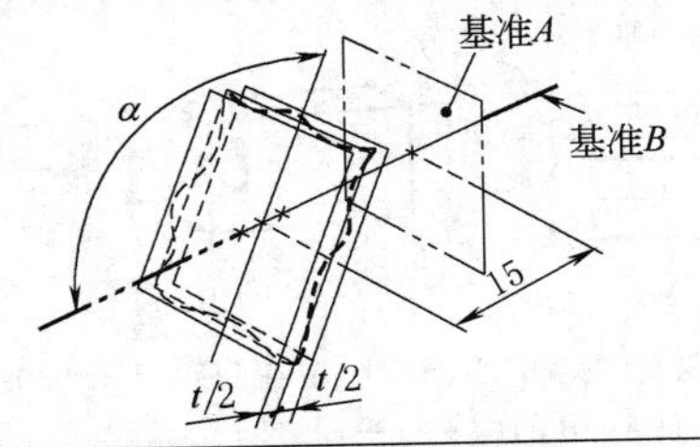
</td><td>下图中，提取（实际）表面应限定在间距等于0.05的两平行平面之间。该两平行平面对称于由基准平面A、基准轴线B与该被测表面所确定的理论正确位置
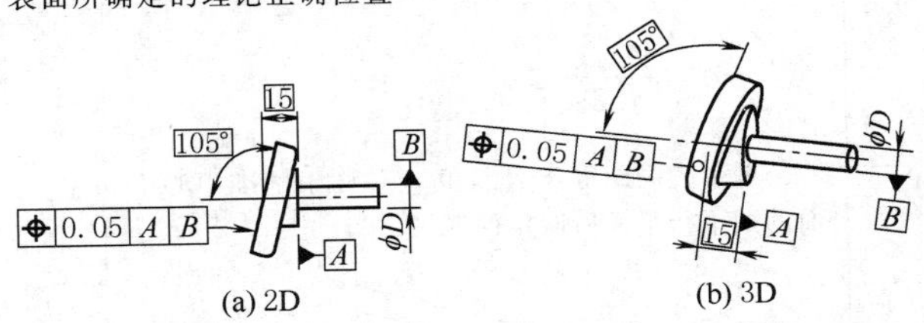
</td></tr>
<tr><td colspan="2">注：被测要素可以是组成要素或导出要素，其公称被测要素的属性为一个组成要素，或导出的点、直线或平面，或为导出曲线或导出曲面。公称被测要素的形状除直线与平面外。应通过图样上完整的标注或CAD模型的查询明确给定</td></tr>
<tr><td colspan="2">（1）点的同心度公差</td></tr>
<tr><td>公差值前标注符号ϕ，公差带为直径等于公差值ϕt的圆周所限定的区域。该圆周公差带的圆心与基准点重合
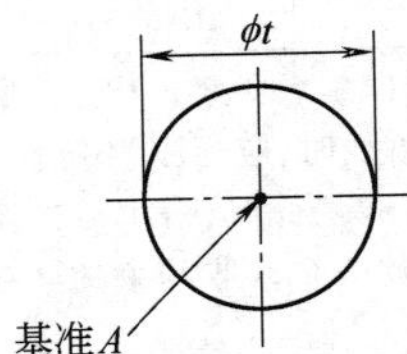
</td><td>下图中，在任意横截面内，内圆的提取（实际）中心应限定在直径等于ϕ0.1，以基准点A（在同一截面内）为圆心的圆周内
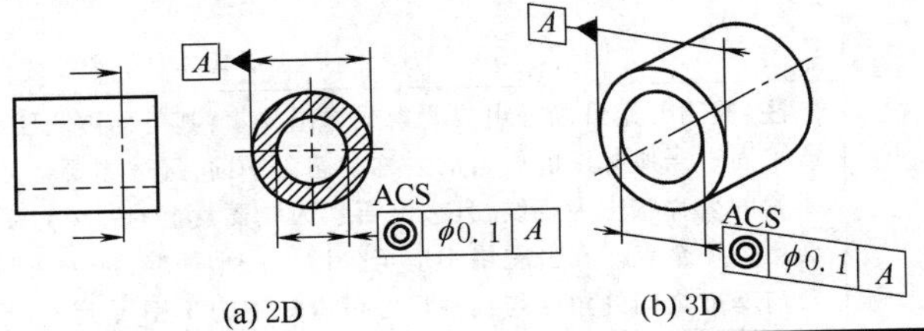
</td></tr>
</table>

续表

分类	公差带定义	标注和解释
同心度和同轴度公差	(2)中心线的同轴度公差	
	公差值前标注符号 ϕ,公差带为直径等于公差值 ϕt 的圆柱面所限定的区域。该圆柱面的轴线与基准轴线重合 在图 a 中 a 是中心线基准 A-B; 在图 b 中 a 是中心线基准 A; 在图 c 中 a 是垂直于第一基准 A 的第二基准 B(中心线)	图 a 中,被测圆柱的提取(实际)中心线应限定在直径等于 ϕ0.08、以公共基准轴线 A—B 为轴线的圆柱面内 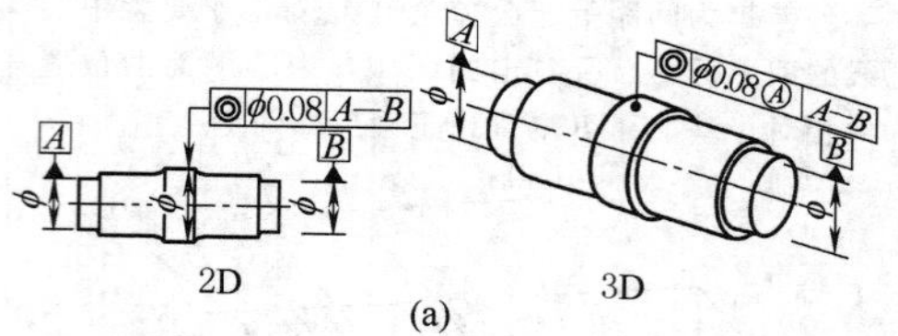 (a) 图 b 中,被测圆柱面的提取(实际)中心线应限定在直径等于 ϕ0.1、以基准轴线 A 为轴线的圆柱面内 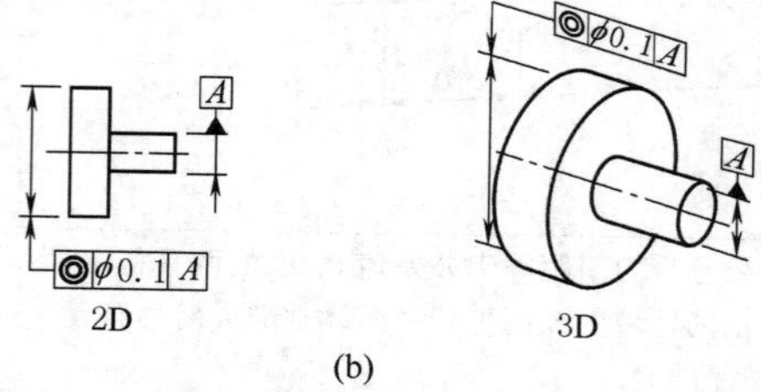 (b) 图 c 中,被测圆柱面的提取(实际)中心线应限定在直径等于 ϕ0.1、以垂直于基准平面 A 的基准轴线 B 为轴线的圆柱面内 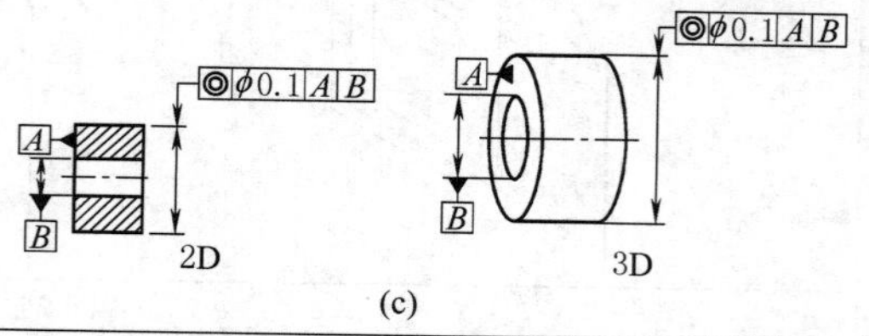 (c)
	注:被测要素可以是导出要素,其公称被测要素的属性与形状是点要素、一组点要素或直线要素。当所标注的要素的公称状态为直线,且被测要素为一组点时,应标注"ACS"	
对称度公差	公差带为间距等于公差值 t、对称于基准中心平面的两平行平面所限定的区域 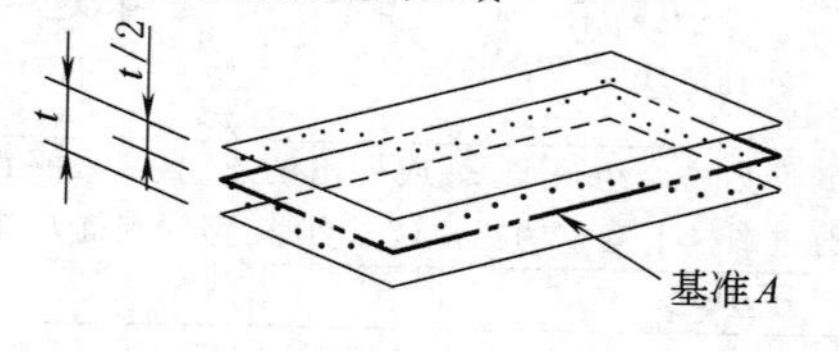 	图 a 中,提取(实际)中心面应限定在间距等于 0.08、对称于基准中心平面 A 的两平行平面之间 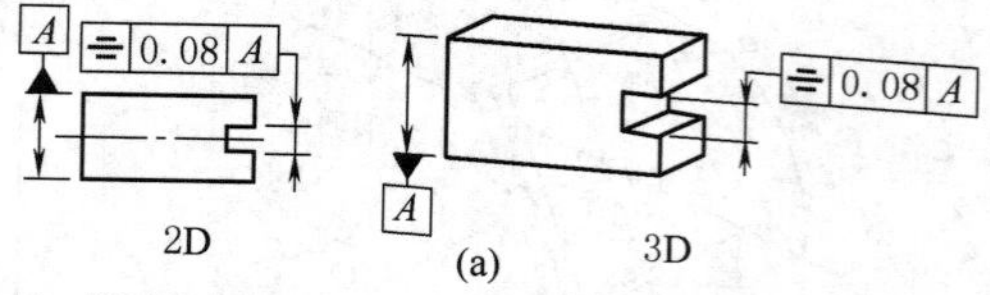 (a) 图 b 中,提取(实际)中心面应限定在间距等于 0.08、对称于公共基准中心平面 A—B 的两平行平面之间 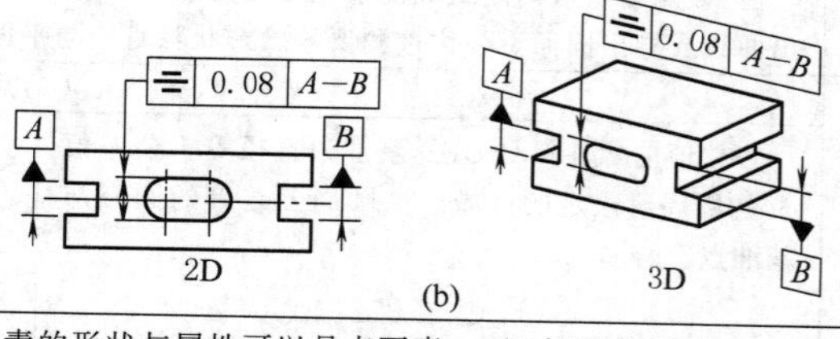 (b)
	注:被测要素可以是组成要素或导出要素,其公称被测要素的形状与属性可以是点要素,一组点要素,直线,一组直线,或平面。当所标注的要素的公称状态为平面,且被测要素为该平面上的一组直线时,应标注相交平面框格。当所标注的要素的公称状态为直线,且被测要素为线要素上的一组点要素时,应标注"ACS"。此时,每个点的基准都是在同一横截面上的一个点。在公差格中应至少标注一个基准,且该基准可以锁定公差带的一个未收约束的转换。锁定公差被测要素与基准之间的角度与线性尺寸可由缺省的 TED 给定	

续表

分类	公差带定义	标注和解释
	(1)径向圆跳动公差	
圆跳动公差	公差带为在任一垂直于基准轴线的横截面内，半径差等于公差值 t、圆心在基准轴线上的两同心圆所限定的区域 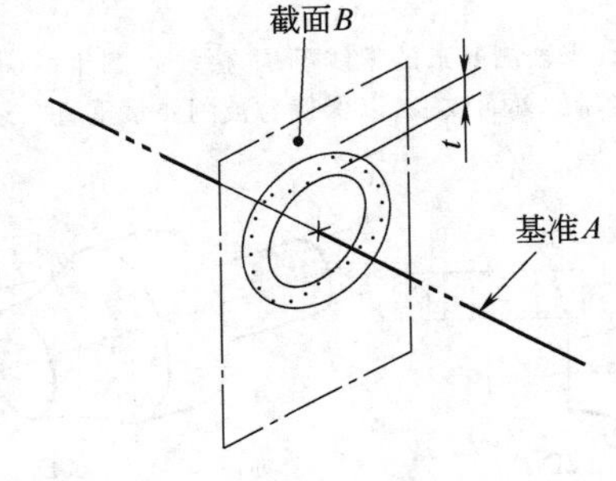 	图 a 中，在任一垂直于基准 A 的横截面内，提取（实际）圆应限定在半径差等于 0.1、圆心在基准轴线 A 上的两同心圆之间 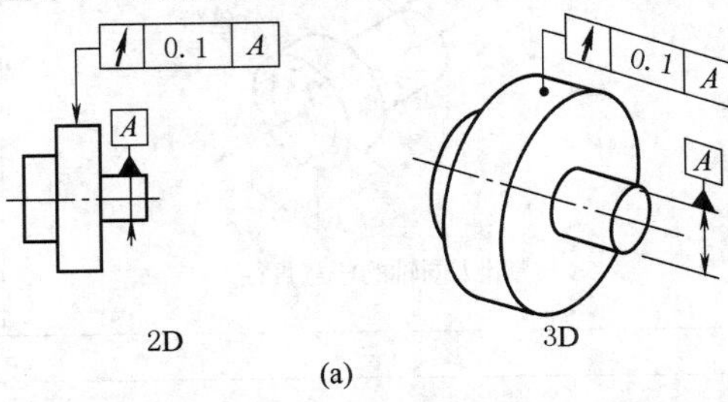 (a) 图 b 中，在任一平行于基准平面 B、垂直于基准轴线 A 的横截面上，提取（实际）圆应限定在半径差等于 0.1、圆心在基准轴线 A 上的两同心圆之间 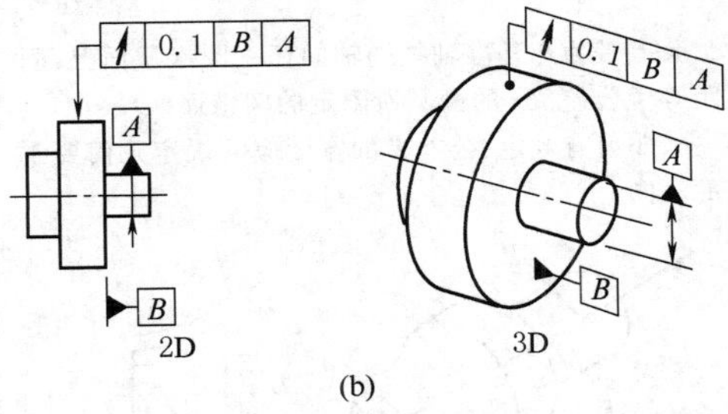 (b) 图 c 中，在任一垂直于公共基准轴线 $A—B$ 的横截面内，提取（实际）圆应限定在半径差等于 0.1、圆心在基准轴线 $A—B$ 上的两同心圆之间 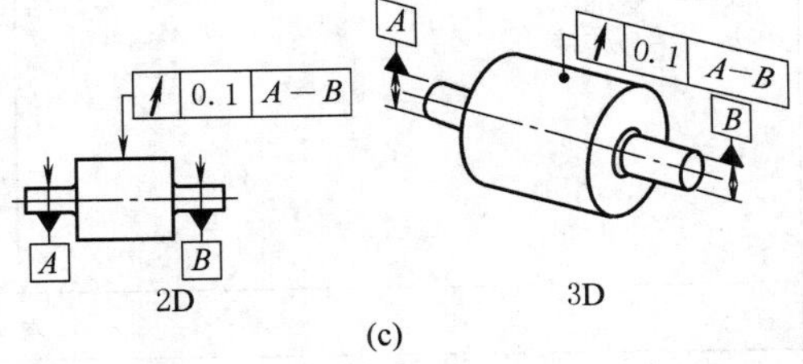 (c) 图 d 中，在任一垂直于基准轴线 A 的横截面内，提取（实际）线应限定在半径差等于 0.2 的共面同心圆之间 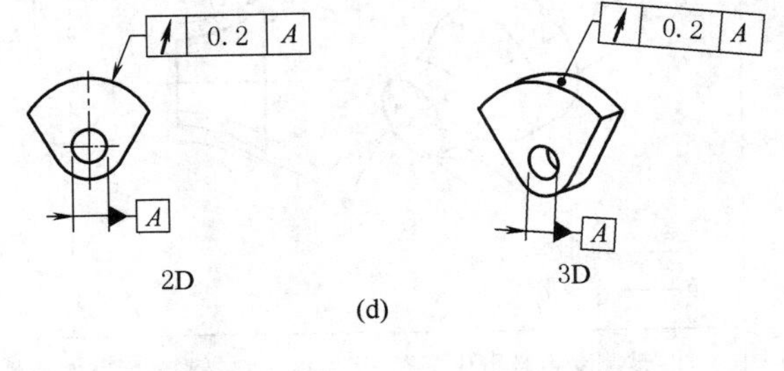 (d)

续表

<table>
<tr><th>分类</th><th>公差带定义</th><th>标注和解释</th></tr>
<tr><td rowspan="7">圆跳动公差</td><td colspan="2">(2)轴向圆跳动公差</td></tr>
<tr><td>公差带为与基准轴线同轴的任一半径的圆柱截面上，间距等于公差值 t 的两圆所限定的圆柱面区域
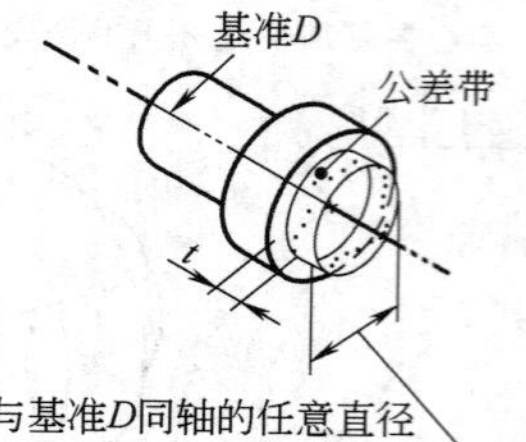
</td><td>下图中，在与基准轴线 D 同轴的任一圆柱形截面上，提取(实际)圆应限定在轴向距离等于 0.1 的两个等圆之间
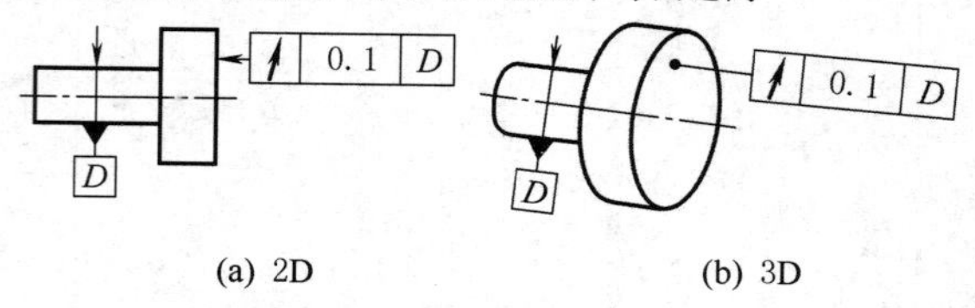

(a) 2D (b) 3D</td></tr>
<tr><td colspan="2">(3)斜向圆跳动公差</td></tr>
<tr><td>公差带为与基准轴线同轴的任一圆锥截面上，间距等于公差值 t 的两圆所限定的圆锥面区域
除非另有规定，公差带的宽度应沿规定几何要素的法向
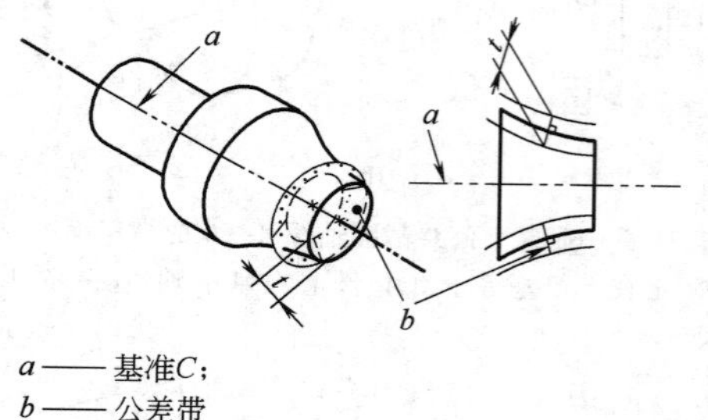

a——基准C；
b——公差带</td><td>图 a 中，在与基准轴线 C 同轴的任一圆锥截面上，提取(实际)线应限定在素线方向间距等于 0.1 的两不等圆之间，并且截面的锥角与被测要素垂直
2D 3D
(a)
如图 b 所示，当被测要素的素线不是直线时，圆锥截面的锥角要随所测圆的实际位置而改变，以保持与被测要素垂直
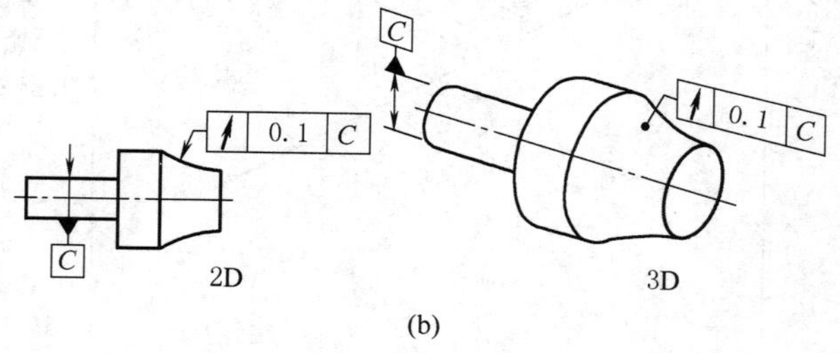

2D 3D
(b)</td></tr>
<tr><td colspan="2">(4)给定方向的圆跳动公差</td></tr>
<tr><td>公差带为在与基准轴线同轴的、具有给定锥角的任一圆锥截面上，间距等于公差值 t 的两不等圆所限定的区域
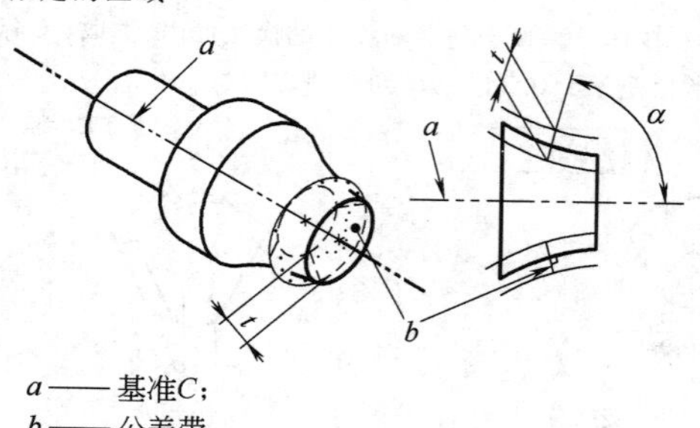

a——基准C；
b——公差带</td><td>下图中，在相对于方向要素(给定角度 α)的任一圆锥截面上，提取(实际)线应限定在圆锥截面内间距等于 0.1 的两圆之间
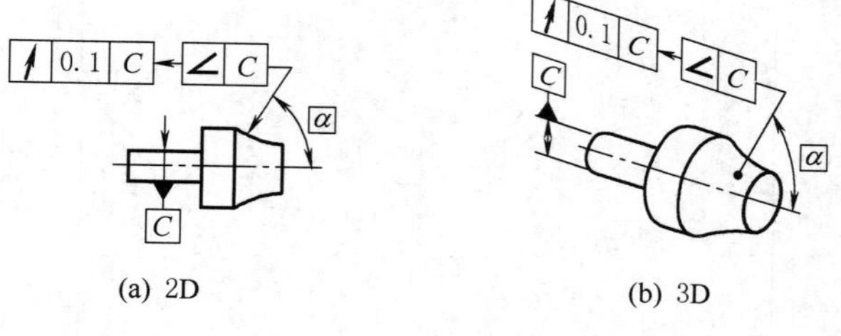

(a) 2D (b) 3D</td></tr>
<tr><td colspan="2">注：被测要素是组成要素，其公称被测要素的形状与属性由圆环线或一组圆环线明确给定。属于线性要素</td></tr>
</table>

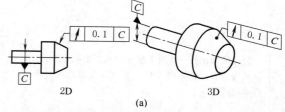

续表

分类	公差带定义	标注和解释
全跳动公差	(1)径向全跳动公差	
	公差带为半径差等于公差值 t,与基准轴线同轴的两圆柱面所限定的区域 公共基准轴A—B	下图中,提取(实际)表面应限定在半径差等于 0.1,与公共轴线 A—B 同轴的两圆柱面之间 (a) 2D (b) 3D
	(2)轴向全跳动公差	
	公差带为间距等于公差值 t,垂直于基准轴线的两平行平面所限定的区域 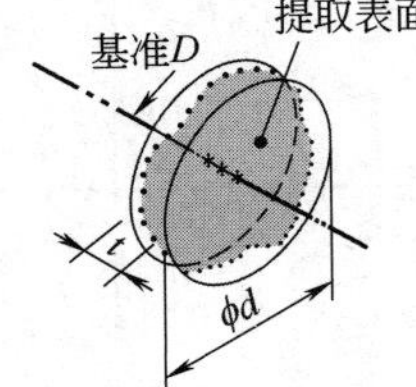	下图中,提取(实际)表面应限定在间距等于 0.1、垂直于基准轴线 D 的两平行平面之间 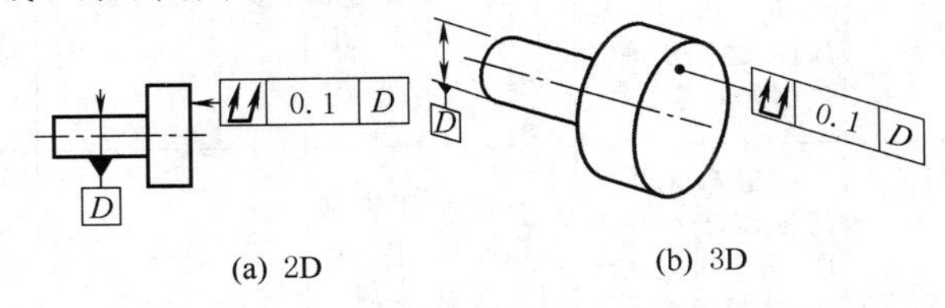 (a) 2D (b) 3D
	注:被测要素是组成要素,公称被测要素的形状与属性为平面或回转体表面。公差带保持被测要素的公称形状,但对于回转体表面不约束径向尺寸	

4　几何公差的选择

(1) 根据零件的功能要求综合考虑加工经济性、零件的结构刚性和测试条件

① 在满足零件功能要求的情况下,尽量选用较低的公差等级。几何公差等级的应用可参考表 2-3-11。

表 2-3-11　　**几何公差等级应用举例**

公差等级	直线度和平面度	圆度和圆柱度	面对面平行度	线对面、线对线平行度	垂直度	同轴度、对称度、圆跳动、全跳动
1	精密量具、测量仪器以及精度要求极高的精密机械零件,如 0 级样板、平尺、工具显微镜等精密测量仪器的导轨面,喷油嘴针阀体端面,油泵柱塞套端面等	高精度机床主轴、滚动轴承的滚珠和滚柱等	高精度机床、高精度测量仪器及量具等主要基准和工作面		高精度机床、高精度测量仪器及量具等主要基准和工作面	用于同轴度或旋转精度要求很高的零件,一般要按尺寸公差 IT5 或高于 IT5 制造的零件。1、2 级用于精密测量仪器的主轴和顶尖,柴油机喷油针阀等;3、4 级用于机床主轴轴颈,砂轮轴轴颈,汽轮机主轴,高精度滚动轴承内、外圈等
2		高压油泵柱塞及套,纺锭轴承,高速柴油机进、排气门,精密机床主轴轴颈,针阀圆柱面,喷油泵柱塞及柱塞套	精密机床,精密测量仪器、量具以及夹具的基准面和工作面	精密机床上重要箱体主轴孔对基准面及对其他孔的要求	精密机床导轨,普通机床重要导轨机床主轴轴向定位面,精密机床主轴肩端面,滚动轴承座圈端面	
3	用于 0 级及 1 级宽平尺工作面,1 级样板平尺的工作面,测量仪器圆弧导轨,测量仪器的测杆等	工具显微镜套管外圆,高精度外圆磨床主轴,磨床砂轮主轴套筒,喷油嘴针阀体,高精度微型轴承内外圈	精密机床精密测量仪器、量具以及夹具的基准面和工作面	精密机床上重要箱体主轴孔对基准面及对其他孔的要求	精密机床导轨,普通机床重要导轨,机床主轴轴向定位面,精密机床主轴肩端面,滚动轴承座圈端面	

第2篇

续表

公差等级	直线度和平面度	圆度和圆柱度	面对面平行度	线对面、线对线平行度	垂直度	同轴度、对称度、圆跳动、全跳动
4	量具、测量仪器和高精度机床导轨，如测量仪器的V形导轨，高精度平面磨床的V形导轨和滚动导轨，轴承磨床床身导轨等	较精密机床主轴精密机床主轴箱孔，高压阀门活塞、活塞销、阀体孔，高压油泵柱塞，较高精度滚动轴承配合轴，铣削动力头箱体孔等	普通车床，测量仪器、量具的基准面和工作面，高精度轴承座圈、端盖、挡圈的端面	机床主轴孔对基准面的要求，重要轴承孔对基准面的要求，床头箱体重要孔间要求，齿轮泵的端面等	普通机床导轨，精密机床重要零件，机床重要支承面，普通机床主轴偏摆，测量仪器、刀具、量具，液压传动轴瓦端面	应用范围较广的公差等级，用于精度要求比较高，一般按尺寸公差IT7或IT8制造的零件。5级常用在机床轴颈，汽轮机主轴，柱塞油泵转子，高精度滚动轴承外圈，一般精度滚动轴承内圈，6、7级用在内
5	平面磨床纵导轨、垂直导轨、立柱导轨和平面磨床的工作台，液压龙门刨床导轨面，六角车床床身导轨面，柴油机进排气门导杆等	一般机床主轴，较精密机床主轴箱孔，柴油机、汽油机活塞及活塞销孔，高压空气压缩机十字头销、活塞				
6	普通车床及龙门刨床床身导轨面，滚齿机立柱导轨，床身导轨及工作台，自动车床床身导轨，平面磨床垂直导轨，卧式镗床、铣床工作台及机床主轴箱导轨，柴油机进、排气门导杆，柴油机机体上部结合面等	一般机床主轴及箱体孔，中等压力下液压装置工作面（包括泵、压缩机的活塞和气缸），汽车发动机凸轮轴，纺机锭子，通用减速器轴颈，高速船用发动机曲轴，拖拉机曲轴轴颈	一般机床零件的工作面和基准面，一般刀具、量具、夹具	机床一般轴承孔对基准面要求，床头箱一般孔间要求，主轴花键对定心直径要求，刀具、量具、模具	普通精度机床主要基准面和工作面，回转工作台端面，一般导轨，主轴箱体孔、刀架、砂轮架及工作台回转中心，一般轴肩对其轴线	燃机曲轴，凸轮轴轴颈，水泵轴，齿轮轴，汽车后桥输出轴，电机转子，0级精度滚动轴承内圈，印刷机传墨辊等
7	机床床头箱体，滚齿机床身导轨，镗床工作台，摇臂钻底座工作台，柴油机气门导杆，液压泵盖，压力机导轨及滑块	大功率低速柴油机曲轴、活塞、活塞销、连杆、气缸，高速柴油机箱体孔，千斤顶或压力油缸活塞，液压传动系统的分配机构，机车传动轴，水泵及一般减速器轴颈				
8	车床溜板箱件，机床主轴和传动箱体，自动车床底座，气缸盘结合面，气缸座，内燃机连杆分离面，减速机壳体结合面	低速发动机减速器大功率曲柄轴轴颈，压气机连杆，拖拉机气缸体、活塞，炼胶机冷铸轴辊，印刷机传墨辊，内燃机曲轴，柴油机机体孔，凸轮轴，拖拉机小型船用柴油机气缸套	一般机床零件的工作面和基准面，一般刀具、量具、夹具	机床一般轴承孔对基准面要求，床头箱一般孔间要求，主轴花键对定心直径要求，刀具、量具、模具	普通精度机床主要基准面和工作面，回转工作台端面，一般导轨主轴箱体孔刀架、砂轮架及工作台回转中心，一般轴肩对其轴线	用于一般精度要求通常按尺寸公差IT9～IT11制造的零件。8级用于拖拉机发动机分配轴轴颈，9级用于齿轮轴的配合面，水泵叶轮，离心泵泵体，棉花精梳机前、后滚子，10级用于摩托车活塞，印染机导布辊，内燃机活塞环槽底径对活塞中心，气缸套外圈对内孔等

续表

<table>
<tr><th>公差等级</th><th>直线度和平面度</th><th>圆度和圆柱度</th><th>面对面平行度</th><th>线对面、线对线平行度</th><th>垂直度</th><th>同轴度、对称度、圆跳动、全跳动</th></tr>
<tr><td>9</td><td>机床溜板箱，主钻工作台，螺纹磨床的挂轮架，柴油机气缸体连杆的分离面，缸盖的结合面，阀片，锻压机气缸体，柴油机缸孔环面以及辅助机构及手动机械的支承面</td><td>空压机缸体，通用机械杠杆与拉杆用套筒销子，拖拉机活塞环、套筒孔</td><td rowspan="2">低精度零件，重型机械滚动轴承端盖</td><td rowspan="2">柴油机和煤气发动机的曲轴孔、轴颈等</td><td rowspan="2">花键轴轴肩端面，带式输送机法兰盘等对端面、轴线，手动卷扬机及传动装置中轴承端面，减速器壳体平面等</td><td rowspan="2">用于一般精度要求通常按尺寸公差 IT9～IT11 制造的零件。8 级用于拖拉机发动机分配轴轴颈，9 级用于齿轮轴的配合面，水泵叶轮，离心泵泵体，棉花精梳机前、后滚子，10 级用于摩托车活塞，印染机导布辊，内燃机活塞环槽底径对活塞中心，气缸套外圈对内孔等</td></tr>
<tr><td>10</td><td>自动车床床身底面，车床挂轮架，柴油机气缸体，汽车变速箱的壳体与汽车发动机缸盖结合面，阀片以及液压管件和法兰的连接面等</td><td>印染机导布辊、绞车、吊车、起重机滑动轴承轴颈等</td></tr>
<tr><td>11、12</td><td>用于易变形的薄片零件，如离合器的摩擦片、支架等要求不高的结合面等</td><td></td><td>零件的非工作面，卷扬机、输送机用以装减速器壳体的平面</td><td></td><td>农业机械齿轮端面等</td><td>用于无特殊要求，一般按尺寸公差 IT12 制造的零件</td></tr>
</table>

注：1. 在满足零件的功能要求前提下，考虑到加工的经济性，对于线对线和线对面的平行度和垂直度公差等级应选用低于面对面的平行度和垂直度公差等级。

2. 使用本表选择面对面平行度和垂直度时，宽度应不大于 1/2 长度，若大于 1/2，则降低一级公差等级选用。

② 结构特点和工艺性。对于刚性差的零件（如细长件、薄壁件等）和距离远的孔、轴等，由于加工和测量时都较难保证形位精度，故在满足零件功能要求下，几何公差可适当降低 1～2 级精度使用。例如，孔相对于轴，细长比较大的轴或孔；距离较大的轴或孔，宽度较大（一般大于 1/2 长度）的零件表面；线对线和线对面相对于面对面的平行度，线对线和线对面相对于面对面的垂直度。

③ 考虑相应的加工方法。几种主要加工方法达到的几何公差等级，可参考表 2-3-12～表 2-3-15。

表 2-3-12　　几种主要加工方法达到的平面度和直线度公差等级

加工方法			公差等级											
			1	2	3	4	5	6	7	8	9	10	11	12
车	普车 立车 自动	粗											●	●
		细									●	●		
		精					●	●	●	●				
铣	万能铣	粗											●	●
		细										●	●	
		精						●	●	●	●			
刨	龙门刨 牛头刨	粗											●	●
		细									●	●		
		精							●	●	●			
磨	无心磨 外圆磨 平磨	粗									●	●	●	
		细							●	●	●			
		精		●	●	●	●	●	●					
研磨	机动 手工	粗				●	●							
		细			●									
		精	●	●										

续表

加工方法			公差等级											
			1	2	3	4	5	6	7	8	9	10	11	12
刮研	刮研手工	粗						●	●					
		细				●	●							
		精	●	●	●									

表 2-3-13　几种主要加工方法达到的圆度和圆柱度公差等级

表面	加工方法			公差等级											
				1	2	3	4	5	6	7	8	9	10	11	12
轴	精密车削					●	●	●							
	普通车削							●	●	●	●	●	●		
	普通立车		粗						●	●	●	●	●		
			细					●	●	●					
	自动、半自动车		粗								●	●			
			细							●	●				
			精						●	●					
	外圆磨		粗					●	●	●					
			细			●	●	●							
			精	●	●	●									
	无心磨		粗						●	●					
			细		●	●	●	●							
	研磨				●	●	●	●							
	精磨			●	●										
孔	钻									●	●	●	●	●	●
	镗	普通镗	粗							●	●	●	●		
			细					●	●	●	●				
			精				●	●							
		金刚镗	细			●	●								
			精	●	●	●									
	铰孔							●	●	●					
	扩孔							●	●	●					
	内圆磨		细				●	●							
			精			●	●								
	研磨		细				●	●	●						
			精	●	●	●	●								
	珩磨								●	●	●				

表 2-3-14　几种主要加工方法达到的平行度、垂直度公差等级

加工方法		公差等级											
		1	2	3	4	5	6	7	8	9	10	11	12
		面对面											
研磨		●	●	●	●								
刮		●	●	●	●	●	●						
磨	粗					●	●	●	●				
	细				●	●	●						
	精		●	●	●								
铣							●	●	●	●	●	●	
刨								●	●	●	●	●	
拉								●	●	●			
插								●	●				

续表

加工方法		公差等级											
		1	2	3	4	5	6	7	8	9	10	11	12
轴线对轴线（或平面）													
磨	粗							●	●				
	细				●	●	●	●					
镗	粗								●	●	●		
	细							●	●				
	精						●	●					
金刚石镗					●	●	●						
车	粗										●	●	
	细							●	●	●	●		
铣							●	●	●	●	●		
钻										●	●	●	●

表 2-3-15　　几种主要加工方法达到的同轴度、圆柱度公差等级

加工方法		公差等级											
		1	2	3	4	5	6	7	8	9	10	11	12
车、镗	孔				●	●	●	●	●	●			
	轴			●	●	●	●	●	●				
铰						●	●	●					
磨	孔		●	●	●	●	●	●					
	轴	●	●	●	●	●	●						
珩磨			●	●	●								
研磨		●	●	●									

（2）综合考虑形状、位置和尺寸三种公差的相互关系

① 合理考虑各项几何公差之间的关系。

在同一要素上给出的形状公差值应小于位置公差值。例如，两个平行的表面，其平面度公差值应小于平行度公差值。

圆柱形零件的形状公差（轴线的直线度除外）一般情况下应小于其尺寸公差值。

平行度公差值应小于其相应的距离公差值。

② 根据零件的功能要求选用合适的公差原则。可参考表 2-3-16、表 2-3-17。

对于尺寸公差与形位公差需要分别满足要求，两者不发生联系的要素，采用独立原则。

对于尺寸公差与形位公差发生联系，用理想边界综合控制的要素，采用相关要求，并根据所需用的理想边界的不同，采用包容要求或最大实体要求。

当被测要素用最大实体边界（即最大实体状态下的理想边界）控制时，采用包容要求。

当被测要素用最大实体实效边界（最大实体实效状态下的综合极限边界）控制时，采用最大实体要求。

独立原则有较好的装配使用质量，工艺性较差；最大实体要求有良好的工艺经济性，但使零件精度、装配质量有所降低。因此要结合零件的使用性能和要求，以及制造工艺、装配、检验的可能性与经济性等进行具体分析和选用。

表 2-3-16　　公差原则的主要应用范围

公差原则	主要应用范围
独立原则	主要满足功能要求，应用很广，如有密封性、运动平稳性、运动精度、磨损寿命、接触强度、外形轮廓大小要求等场合，有时甚至用于有配合性质要求的场合。常用的有： 1. 没有配合要求的要素尺寸如零件外形尺寸、管道尺寸，以及工艺结构尺寸如退刀槽尺寸、肩距、螺纹收尾、倒圆、倒角尺寸等，还有未注尺寸公差的要素尺寸 2. 有单项特殊功能的要素。其单项功能由几何公差保证，不需要或不可能由尺寸公差控制，如印染机的滚筒，为保证印染时接触均匀，印染图案清晰，滚筒表面必须圆整，而滚筒尺寸大小，影响不大，可由调整机构补偿，因此采用独立原则，分别给定极限尺寸和较严的圆柱度公差即可，如用尺寸公差来控制圆柱度误差是不经济的 3. 非全长配合的要素尺寸。有些要素尽管有配合要求，但与其相配的要素仅在局部长度上配合，故可不必将全长控制在最大实体边界之内 4. 对配合性质要求不严的尺寸。有些零件装配时，对配合性质要求不严，尽管由于形状或位置误差的存在，配合性质将有所改变，但仍能满足使用功能要求

续表

公差原则	主要应用范围
包容要求	1. 单一要素。主要满足配合性能，如与滚动轴承相配的轴颈等，或必须遵守最大实体状态边界，如轴、孔的作用尺寸不允许超过最大实体尺寸，要素的任意局部实际尺寸不允许超过最小实体尺寸 2. 关联要素。主要用于满足装配互换性。零件处于最大实体状态时，几何公差为零。零值公差主要应用于： ①保证可装配性，有一定配合间隙的关联要素的零件 ②几何公差要求较严，尺寸公差相对地要求差些的关联要素的零件 ③轴线或对称中心面有几何公差要求的零件，即零件的配合要素必须是包容件和被包容件 ④扩大尺寸公差，即由几何公差补偿给尺寸公差，以解决实际上应该合格，而经检测被判定为不合格的零件的验收问题
最大实体要求	主要应用于保证装配互换性，如控制螺钉孔、螺栓孔等中心距的位置度公差等 1. 保证可装配性，包括大多数无严格要求的静止配合部位，使用后不致破坏配合性能 2. 用于配合要素有装配关系的类似包容件或被包容件，如孔、槽等面和轴、凸台等面 3. 公差带方向一致的公差项目 形状公差只有直线度公差 位置公差有： ①定向公差（垂直度、平行度、倾斜度等）的线/线、线/面、面/线，即线Ⓜ/线Ⓜ、线Ⓜ/面、面/线Ⓜ ②定位公差（同轴度、对称度、位置度等）的轴线或对称中心平面和中心线 ③跳动公差的基准轴线（测量不便） ④尺寸公差不能控制几何公差的场合，如销轴轴线直线度
最小实体要求	主要应用于控制最小壁厚，以保证零件具有允许的刚度和强度。提高对中度 必须用于中心要素。被测要素和基准要素均可采用最小实体要求。常见于位置度、同轴度等位置公差 同Ⓔ，可扩大零件合格率
可逆要求	应用于最大实体要求，但允许其实际尺寸超出最大实体尺寸。必须用于中心要素。形状公差只有直线度公差。位置公差有平行度、垂直度、倾斜度、同轴度、对称度、位置度 应用于最小实体要求，但允许实际尺寸超出最小实体尺寸。必须用于中心要素。只有同轴度和位置度等位置公差

表 2-3-17　几何公差与尺寸公差的关系及公差原则应用示例

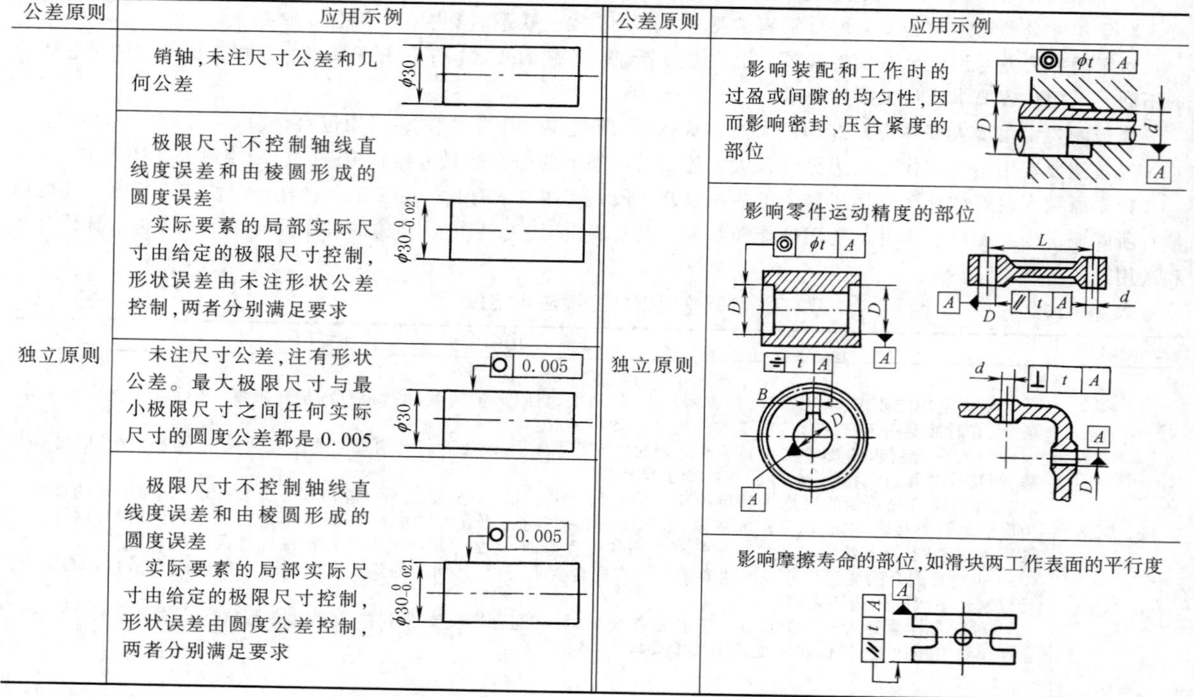

公差原则	应用示例	公差原则	应用示例
独立原则	销轴，未注尺寸公差和几何公差	独立原则	影响装配和工作时的过盈或间隙的均匀性，因而影响密封、压合紧度的部位
	极限尺寸不控制轴线直线度误差和由棱圆形成的圆度误差 实际要素的局部实际尺寸由给定的极限尺寸控制，形状误差由未注形状公差控制，两者分别满足要求		影响零件运动精度的部位
	未注尺寸公差，注有形状公差。最大极限尺寸与最小极限尺寸之间任何实际尺寸的圆度公差都是0.005		影响摩擦寿命的部位，如滑块两工作表面的平行度
	极限尺寸不控制轴线直线度误差和由棱圆形成的圆度误差 实际要素的局部实际尺寸由给定的极限尺寸控制，形状误差由圆度公差控制，两者分别满足要求		

续表

公差原则	应用示例
独立原则	影响旋转平衡、强度、重量、外观等部位，如高速飞轮安装内孔 *A* 和外表面的同轴度 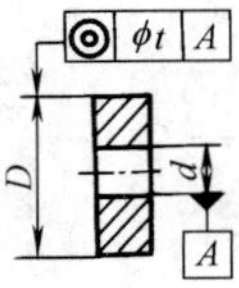
独立原则	所有量规、夹具、定位元件、引导元件的工作表面之间的相互位置公差等 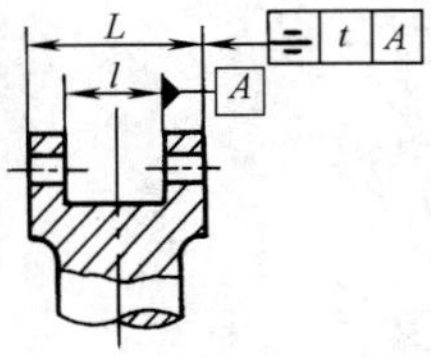
包容要求	由最大极限尺寸形成的最大实体边界（φ30）控制了轴的尺寸大小和形状误差 形状误差受极限尺寸控制，最大可达尺寸公差（0.021），不必考虑未注形状公差的控制 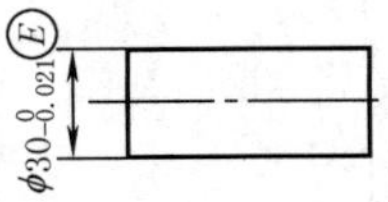
包容要求	由最大极限尺寸形成的最大实体边界（φ30）控制了轴的尺寸大小和形状误差 形状误差除受极限尺寸控制外，还必须满足圆度公差的进一步要求 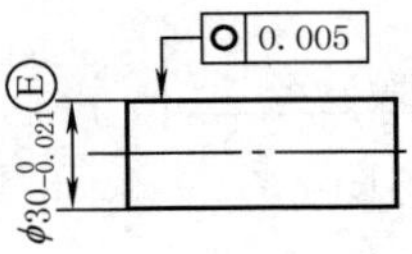
包容要求	用于关联要素，采用零值公差 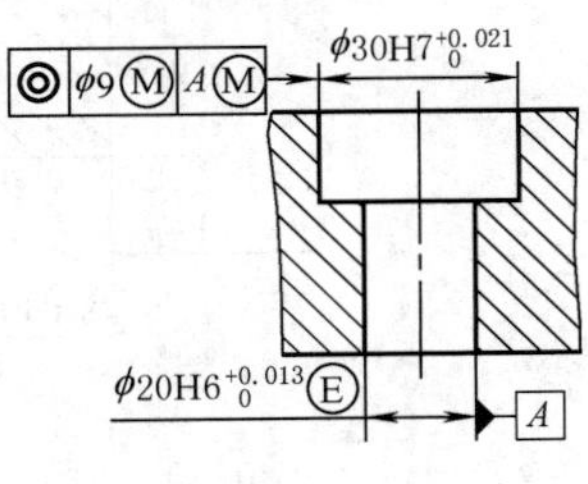
最大实体要求（单一要素）	极限尺寸不控制形状误差，仅控制局部实际尺寸；形状误差由极限尺寸与给定的形状公差形成的实效边界（$φ30^{\ 0}_{-0.01}$）控制 实际轴的形状误差在实效边界内可以得到极限尺寸的补偿，此时，不必考虑未注形状公差 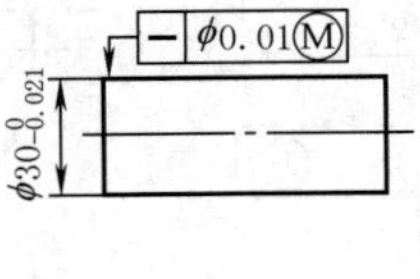
最大实体要求（单一要素）	极限尺寸不控制形状误差，仅控制局部实际尺寸，形状误差由极限尺寸与给定的形状公差形成的实效边界（φ30.01）控制。形状误差除受实际边界的限制，并能得到极限尺寸的补偿外，还必须满足对轴线直线度公差的进一步要求。即：轴线直线度误差允许得到补偿，超过给定值 φ0.01，但最大不得超过 φ0.02 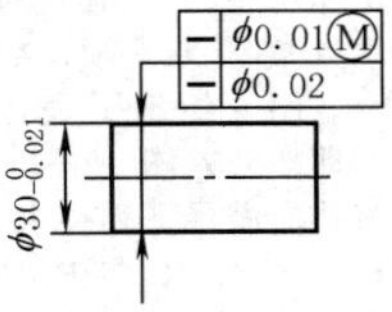
最大实体要求（关联要素）	螺栓杆部（或通孔）及类似部位的直线度 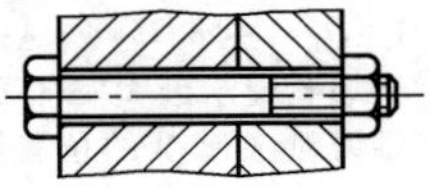
最大实体要求（关联要素）	螺钉杆部和头部间（螺钉通孔及沉头孔间）及类似部位的同轴度 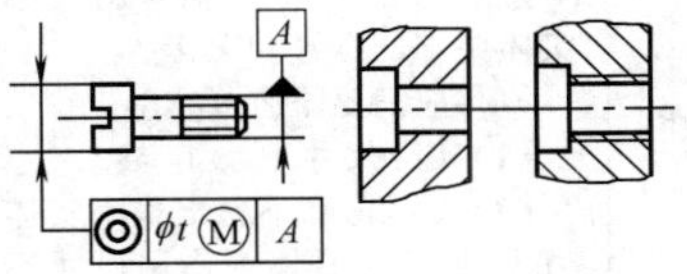
最大实体要求（关联要素）	不影响安装使用的连接件的位置公差，如衬套和垫圈零件内、外圈间的同轴度以及带舌锁紧垫圈的对称度 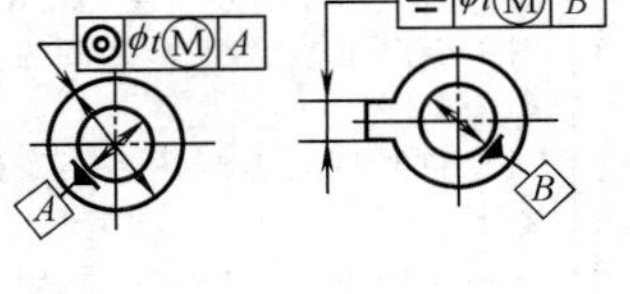
最大实体要求（关联要素）	圆周分布的与直角坐标分布的连接安装孔 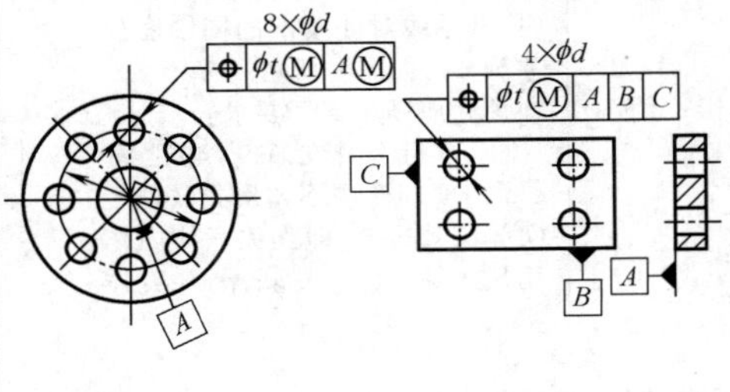

第2篇

续表

<table>
<tr><th>公差原则</th><th>应用示例</th></tr>
<tr><td>最小实体要求</td><td>
1. 轴线位置度公差采用最小实体要求
图 a 表示孔 $\phi8^{+0.25}_{0}$ 的轴线对 A 基准的位置度公差采用最小实体要求。当被测要素处于最小实体状态时，其轴线对 A 基准的位置度公差为 $\phi0.4$，如图 b 所示。图 c 给出了表达上述关系的动态公差图
该孔应满足下列要求：
（1）实际尺寸在 $\phi8 \sim 8.25$ 之间
（2）实际轮廓不超出关联最小实体实效边界，即其关联体内作用尺寸不大于最小实体实效尺寸 $D_{LV}=D_L+t=\phi8.25+\phi0.4=\phi8.65$
当该孔处于最大实体要求时，其轴线对 A 基准的位置误差允许达到最大值，即等于图样给出的位置度公差（$\phi0.4$）与孔的尺寸公差（0.25）之和 $\phi0.65$
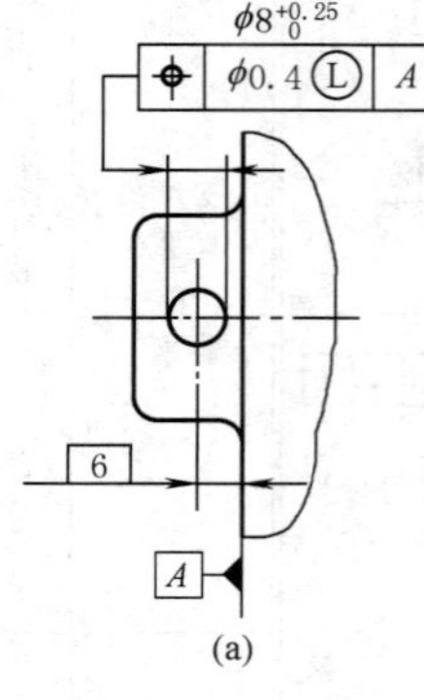

(a)
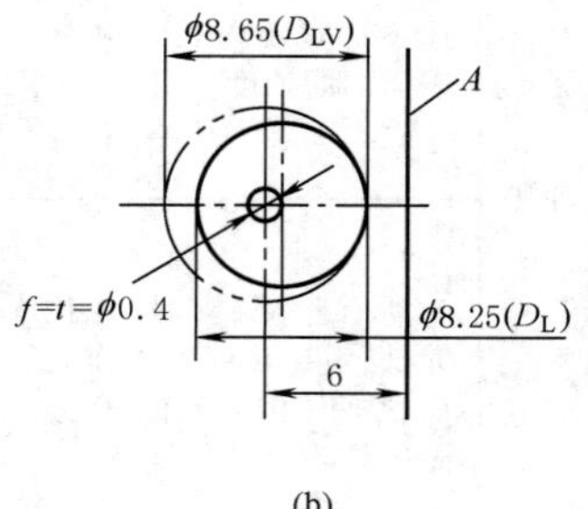

(b)
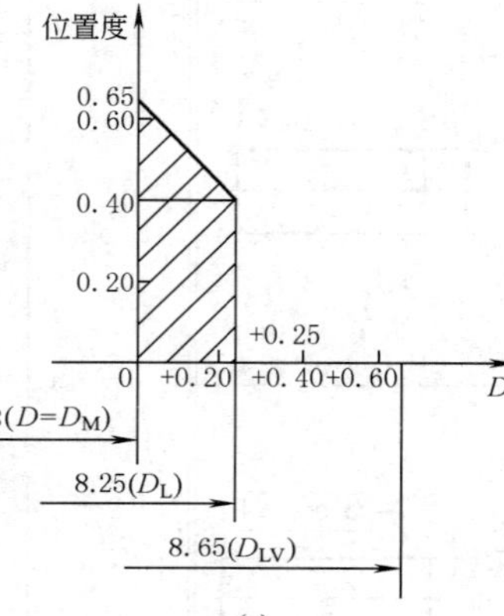

(c)
2. 轴线位置度公差采用最小实体要求的零形位公差
图 d 表示孔 $\phi8^{+0.65}_{0}$ 的轴线对 A 基准的位置度公差采用最小实体要求的零形位公差
该孔应满足下列要求：
（1）实际尺寸不小于 $\phi8$
（2）实际轮廓不超出最小实体边界，即其关联体内作用尺寸不大于最小实体尺寸 $D_L=\phi8.65$
当该孔处于最小实体状态时，其轴线对 A 基准的位置度误差应为零，如图 e 所示。当该孔处于最大实体状态时，其轴线对 A 基准的位置度误差允许达到最大值，即孔的尺寸公差 $\phi0.65$。图 f 给出了表达上述关系的动态公差图
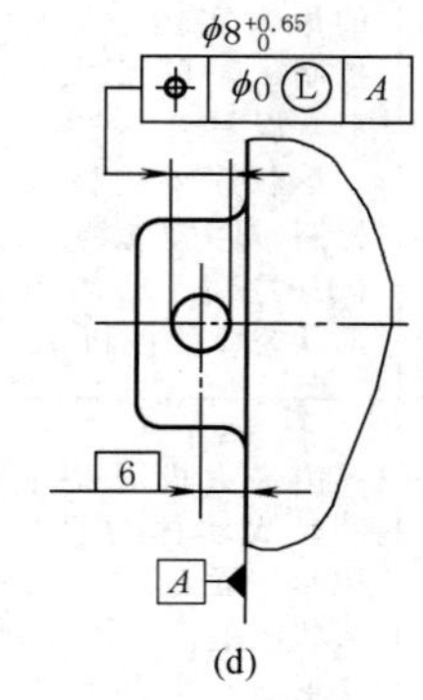

(d)
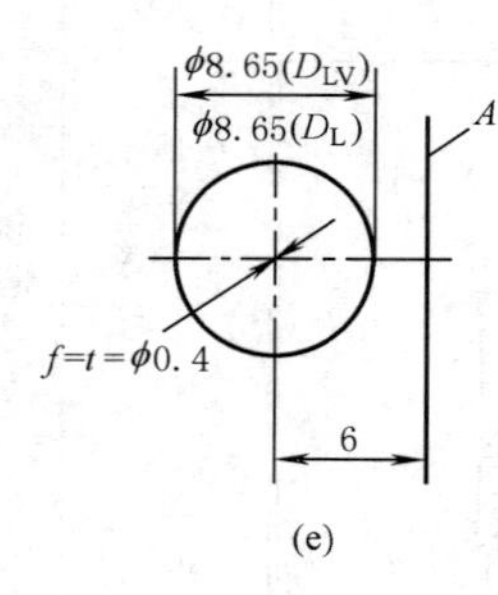

(e)
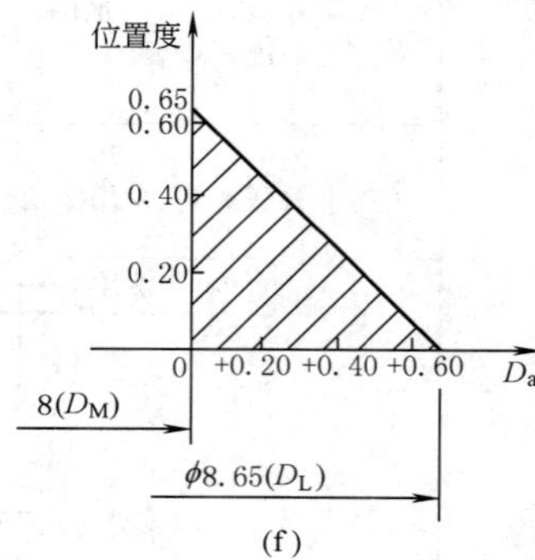

(f)
3. 同轴度公差采用最小实体要求
图 g 中最小实体要求应用于孔 $\phi39^{+1}_{0}$ 轴线对 A 基准的同轴度公差并同时应用于基准要素。当被测要素处于最小实体状态时，其轴线对 A 基准的同轴度公差为 $\phi1$，如图 h 所示
该孔应满足下列要求：
（1）实际尺寸在 $\phi39 \sim 40$ 之间
（2）实际轮廓不超出关联最小实体实效边界，即其关联体内作用尺寸不大于关联最小实体实效
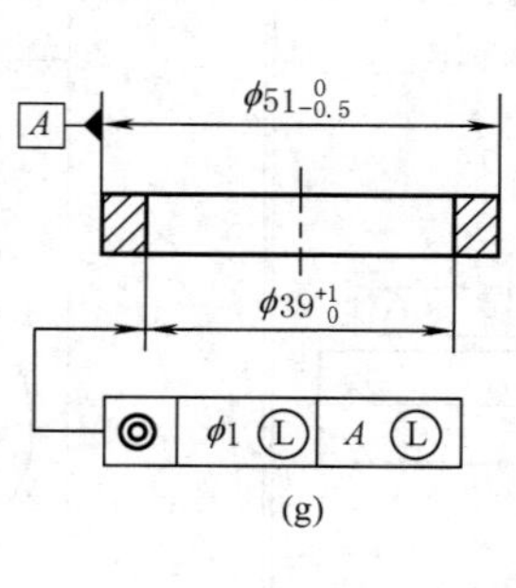

(g)
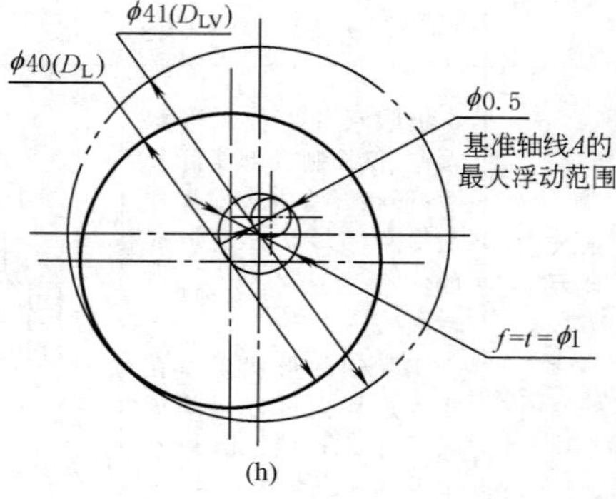

(h)
</td></tr>
</table>

续表

<table>
<tr><th>公差原则</th><th>应用示例</th></tr>
<tr><td>最小实体要求</td><td>

尺寸 $D_{LV}=D_L+t=\phi40+\phi1=\phi41$

当该孔处于最大实体状态时，基轴线对 A 基准的同轴度误差允许达到最大值，即等于图样给出的同轴度公差（$\phi1$）与孔的尺寸公差（1mm）之和 $\phi2$，如图 i 所示

当基准要素的实际轮廓偏离其最小实体边界，即其体内作用尺寸偏离最小实体尺寸时，允许基准要素在一定范围内浮动。其最大浮动范围是直径等于基准要素的尺寸公差 0.5mm 的圆柱形区域，如图 h（被测要素处于最小实体状态）和图 i（被测要素处于最大实体状态）所示

4. 同轴度公差采用最小实体要求的零形位公差

图 j 表示最小实体要求的零形位公差应用于孔 $\phi39^{+2}_{0}$ 的轴线对 A 基准的同轴度公差，并同时应用于基准要素

该孔应满足下列要求：

（1）实际尺寸不小于 $\phi39$

（2）实际轮廓不超出关联最小实体边界，即其关联体内作用尺寸不大于最小实体尺寸 $D_L=41$

当该孔处于最小实体状态时，其轴线对 A 基准的同轴度误差应为零，如图 k 所示

当该孔处于最大实体状态时，其轴线对 A 基准的同轴度误差允许达到最大值，即图样给出的被测要素的尺寸公差值 $\phi2$，如图 l 所示

5. 成组要素的位置度公差采用最小实体要求

图 m 表示 12 个槽 3.5mm±0.05mm 的中心平面对 A、B 基准的位置度公差采用最小实体要求。当各槽均处于最小实体状态时，其中心平面对 A、B 基准的位置度公差为 0.5，如图 n 所示。图 o 给出了表达上述关系的动态公差图

各槽应满足下列要求：

（1）实际尺寸在 3.45~3.55 之间

（2）实际轮廓不超出关联最小实体实效边界，即其关联体内作用尺寸不大于关联最小实体实效尺寸 $D_{LV}=D_L+t=3.55+0.5=4.05$

当各槽均处于最大实体状态时，其中心平面对 A、B 基准的位置度误差允许达到最大值，即等于图样给出的位置度公差（0.5）与槽的尺寸公差（0.1）之和 0.6

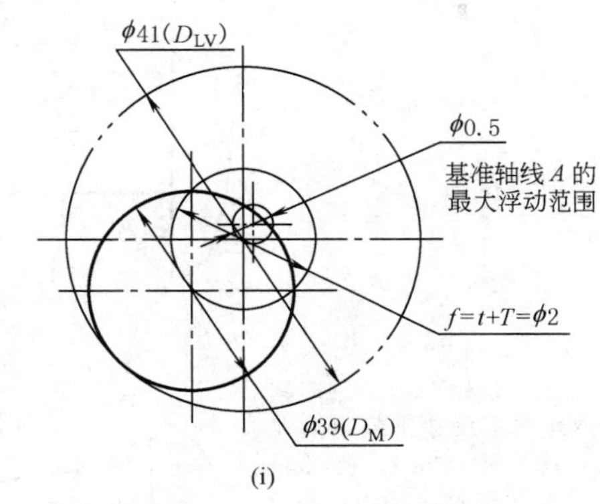

(i)

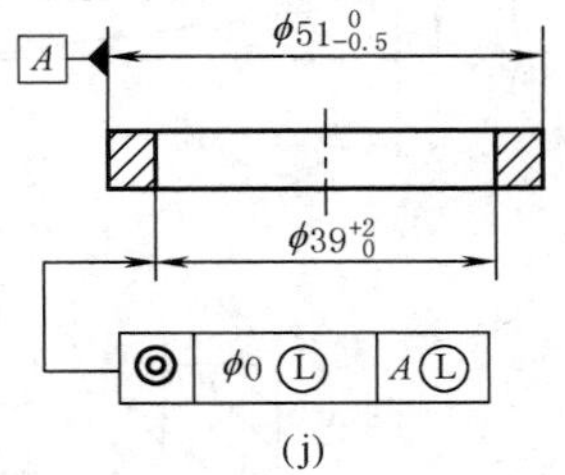

(j)

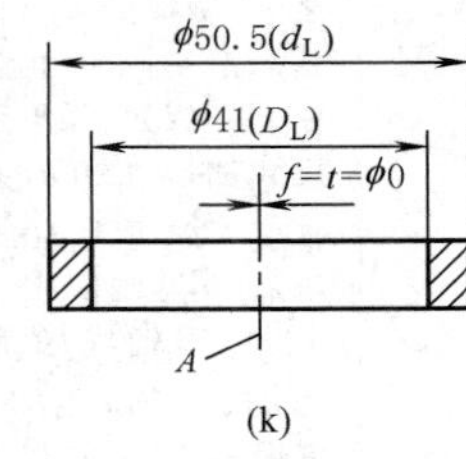

(k)

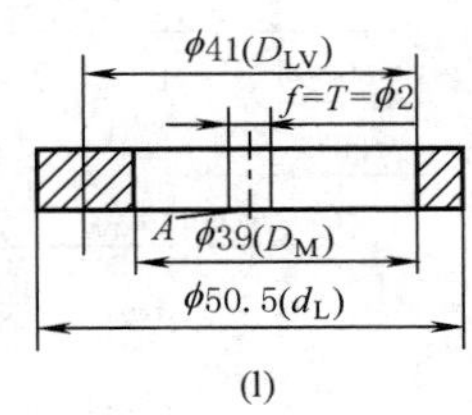

(l)

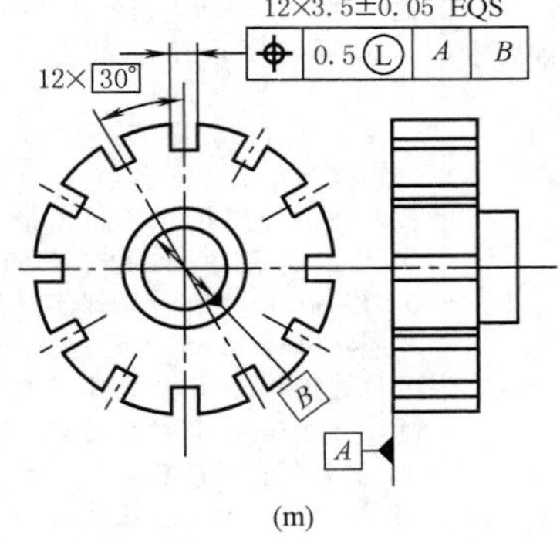

(m)

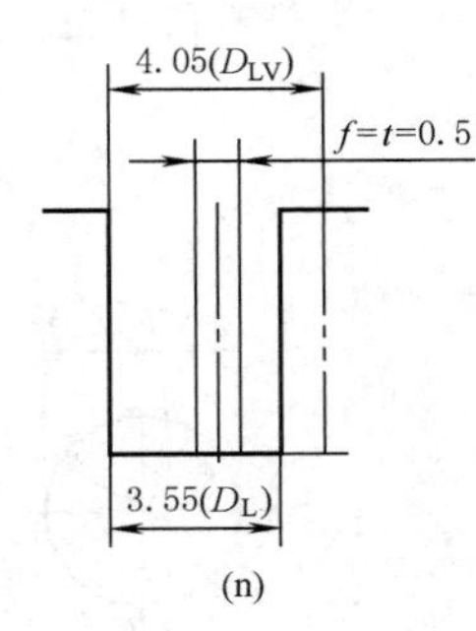

(n)

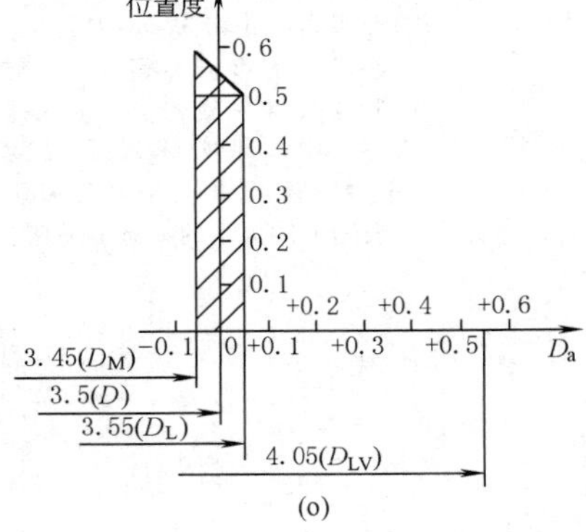

(o)

</td></tr>
</table>

第2篇

续表

公差原则	应用示例
可逆要求	1. 可逆要求用于最大实体要求 图 a 中的被测要素（轴）不得超出其最大实体实效边界，即其关联体外作用尺寸不超出最大实体实效尺寸 φ20.2。所有局部实际尺寸应在 φ19.9～20.2 之间，轴线的垂直度公差可根据其局部实际尺寸在 0～0.3 之间变化。例如，如果所有局部实际尺寸都是 φ20（d_M），则轴线的垂直度误差可为 φ0.2（图 b）；如果所有局部实际尺寸都是 φ19.9（d_L），则轴线的垂直度误差可为 φ0.3（图 c）；如果轴线的垂直度误差为零，则局部实际尺寸可为 φ20.2（图 d）。图 e 给出了表达上述关系的动态公差图 2. 可逆要求用于最小实体要求 图 f 中的被测要素（孔）不得超出其最小实体实效边界，即其关联体内作用尺寸不超出最小实体实效尺寸 φ8.65（＝φ8＋0.25＋φ0.4）。所有局部实际尺寸应在 φ8～8.65 之间，其轴线的位置度误差可根据其局部实际尺寸在 0～0.65 之间变化。例如，如果所有局部实际尺寸均为 φ8.25（D_L），则其轴线的位置度误差可为 φ0.4（图 g）；如果所有局部实际尺寸均为 φ8（D_M），则轴线的位置度误差可为 φ0.65（图 h）；如果轴线的位置度误差为零，则局部实际尺寸可为 φ8.65（D_{LV}）（图 i）。图 j 给出了表达上述关系的动态公差图 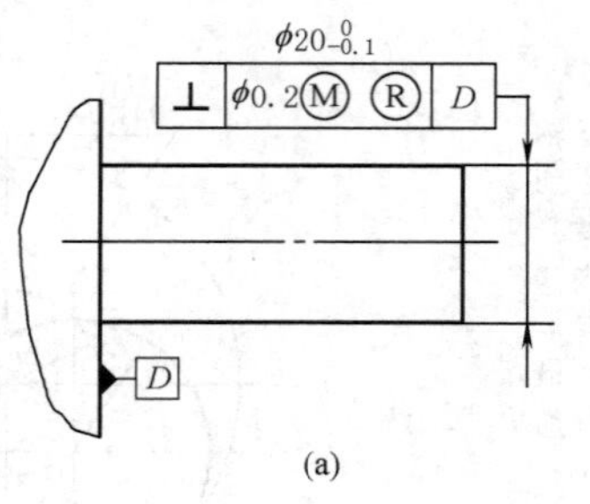 (a) 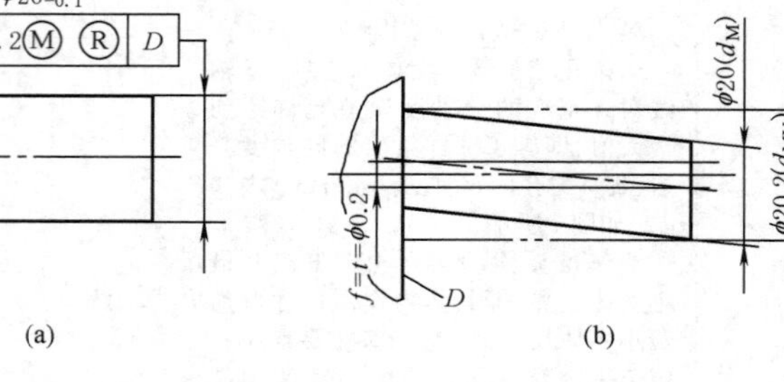 (b) 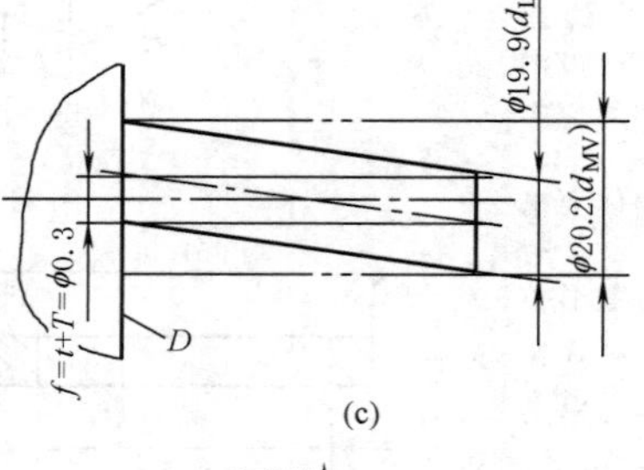 (c) 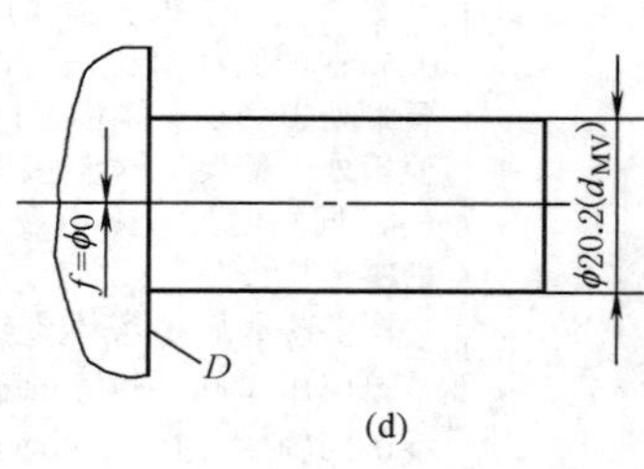 (d) 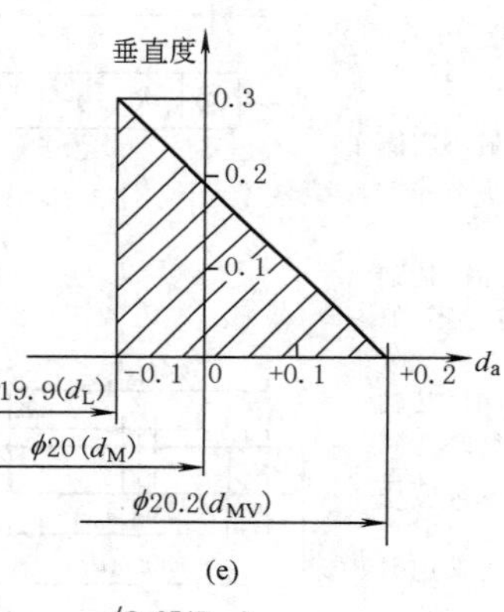 (e) 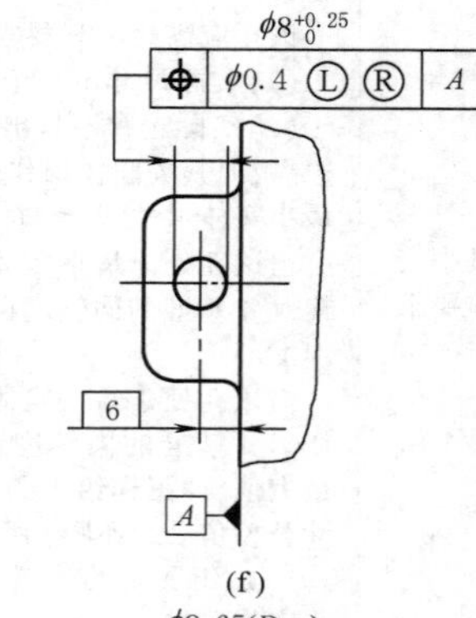 (f) 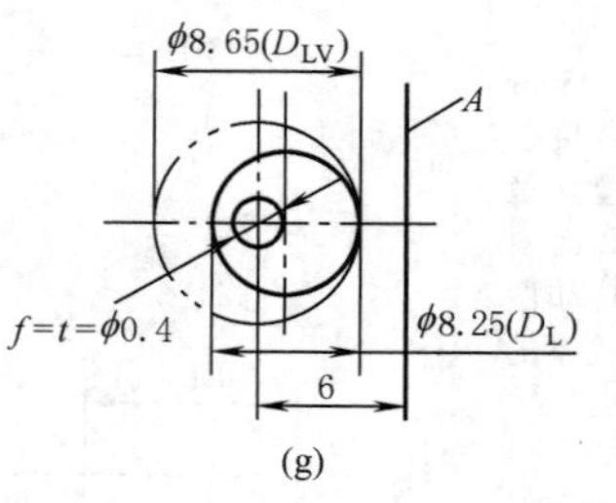 (g) 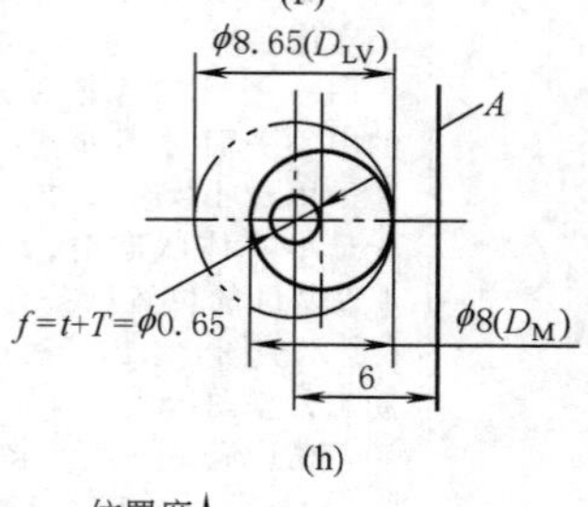 (h) 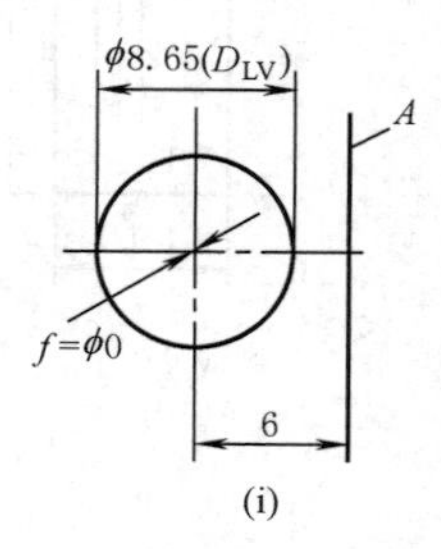 (i) 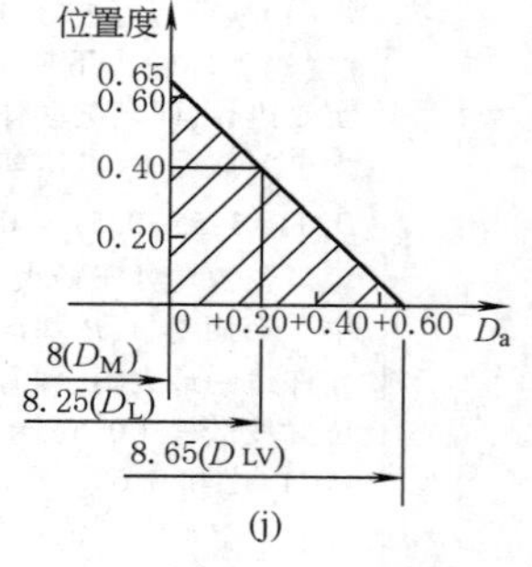 (j)

表 2-3-18　带Ⓜ、Ⓛ和Ⓡ的公差标注示例（摘自 GB/T 16671—2009，GB/T 16671—2018[①]）

<table>
<tr><th>举例</th><th>图例</th><th>对图例的解释</th></tr>
<tr>
<td>例 1
图中所示零件的预期功能是两销柱要与一个具有两个公称尺寸为 ϕ10mm 的孔相距 25mm 的板类零件装配，且要与平面 A 相垂直</td>
<td>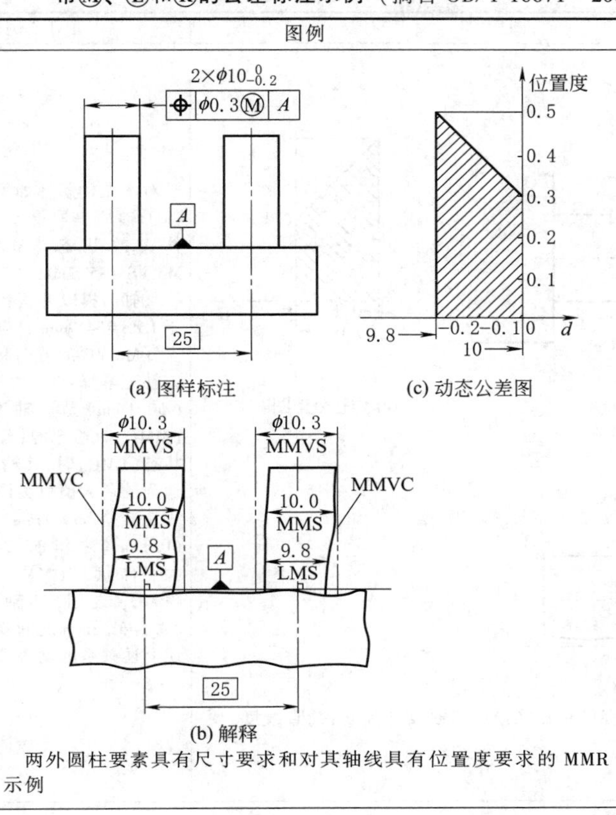

(a) 图样标注　(c) 动态公差图
(b) 解释
两外圆柱要素具有尺寸要求和对其轴线具有位置度要求的 MMR 示例</td>
<td>对本图例解释如下：
①两销柱的提取要素不得违反其最大实体实效状态（MMVC），其直径为 MMVS＝10.3mm
②两销柱的提取要素各处的局部直径均应大于 LMS＝9.8mm 且均应小于 MMS＝10.0mm
③两个 MMVC 的位置处于其轴线彼此相距为理论正确尺寸 25mm，且与基准 A 保持理论正确垂直
补充解释：图 a 中两销柱的轴线位置度公差（ϕ0.3mm）是这两销柱均为其最大实体状态（MMC）时给定的；若这两销柱均为其最小实体状态（LMC）时，其轴线位置度误差允许达到的最大值可为图 a 中给定的轴线位置度公差（ϕ0.3mm）与销柱的尺寸公差（0.2mm）之和 ϕ0.5mm；当两销柱各自处于最大实体状态（MMC）与最小实体状态（LMC）之间，其轴线位置度公差在ϕ0.3～0.5mm 之间变化。图 c 给出了表述上述关系的动态公差图</td>
</tr>
<tr>
<td>例 2
图中所示零件的预期功能也是两销柱要与一个具有两个公称尺寸为 ϕ10mm 的孔相距 25mm 的板类零件装配，且与平面 A 相垂直</td>
<td>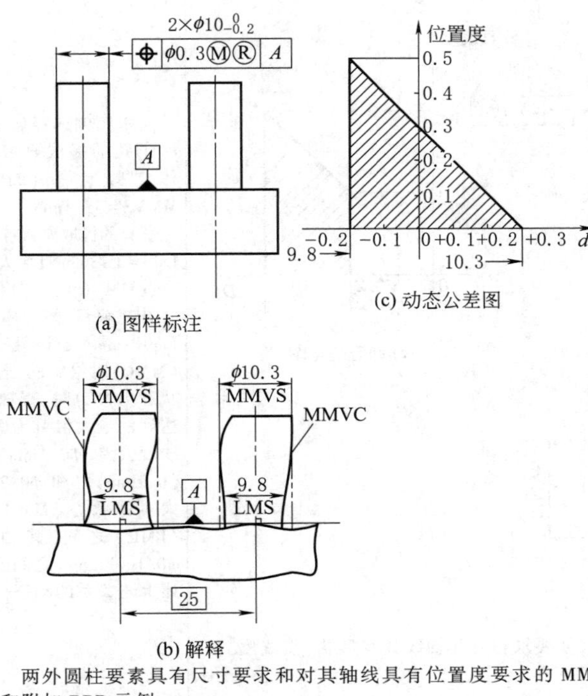

(a) 图样标注　(c) 动态公差图
(b) 解释
两外圆柱要素具有尺寸要求和对其轴线具有位置度要求的 MMR 和附加 RPR 示例</td>
<td>对本图例解释如下：
①两销柱的提取要素不得违反其最大实体实效状态（MMVC），其直径为 MMVS＝10.3mm
②两销柱的提取要素各处的局部直径均应大于 LMS＝9.8mm；RPR 允许其局部直径从 MMS（＝10.0mm）增加至 MMVS（＝10.3mm）
③两个 MMVC 的位置处于其轴线彼此相距为理论正确尺寸 25mm，且与基准 A 保持理论正确垂直
补充解释：图 a 中两销柱的轴线位置度公差（ϕ0.3mm）是这两销柱均为其最大实体状态（MMC）时给定的；若这两销柱均为其最小实体状态（LMC）时，其轴线位置度误差允许达到的最大值可为图 a 中给定的轴线位置度公差（ϕ0.3mm）与销柱的尺寸公差（0.2mm）之和 ϕ0.5mm；当两销柱各自处于最大实体状态（MMC）与最小实体状态（LMC）之间，其轴线位置度公差在 ϕ0.3～0.5mm 之间变化。由于本例还附加了可逆要求（RPR），因此如果两销柱的轴线位置度误差小于给定的公差（ϕ0.3mm）时，两销柱的尺寸公差允许大于 0.2mm，即其提取要素各处的局部直径均可大于它们的最大实体尺寸（MMS＝10mm）；如果两销柱的轴线位置度误差为零，则两销柱的尺寸公差允许增大至 10.3mm。图 c 给出了表述上述关系的动态公差图</td>
</tr>
</table>

续表

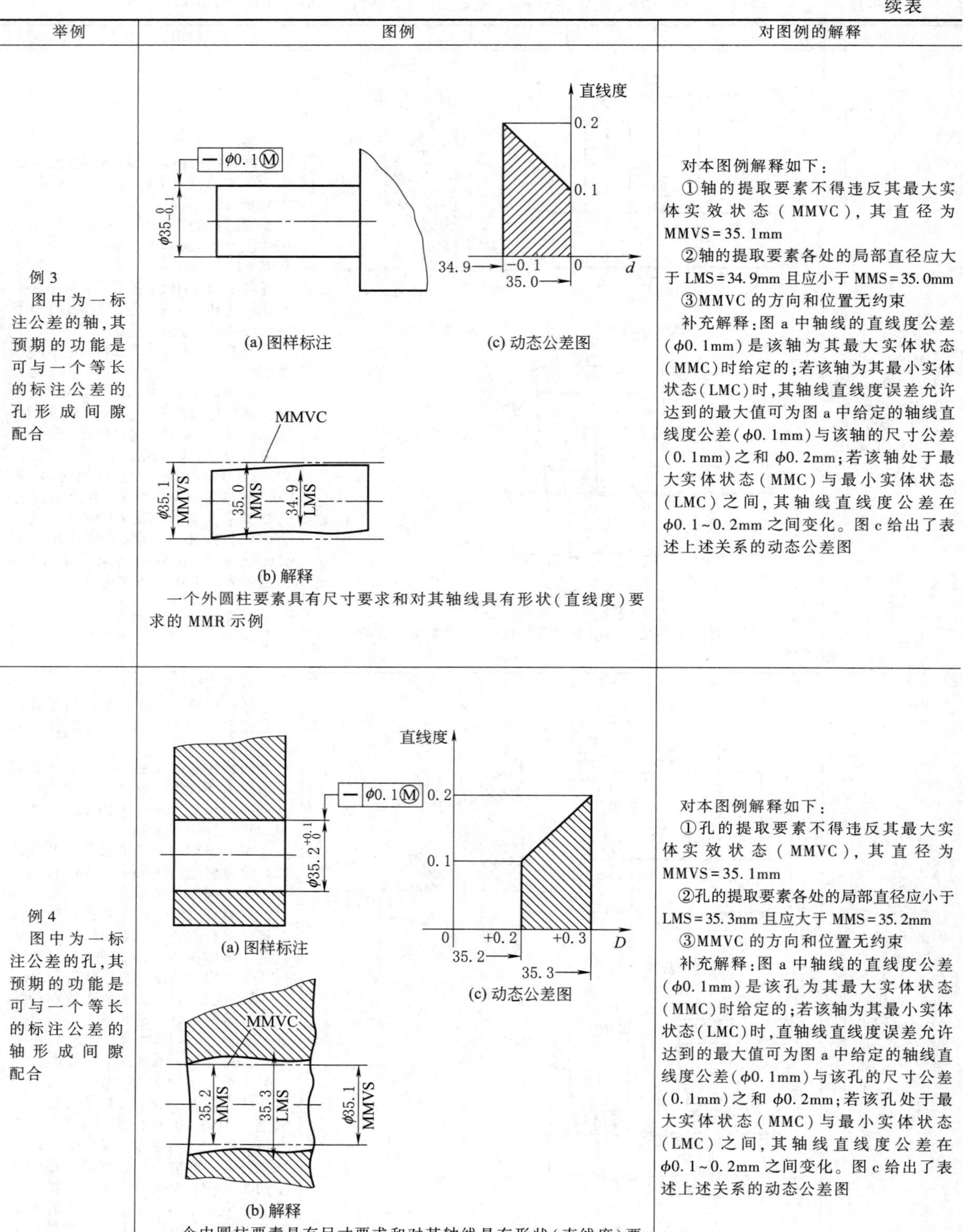

举例	图例	对图例的解释
例 3 图中为一标注公差的轴，其预期的功能是可与一个等长的标注公差的孔形成间隙配合	(a) 图样标注 (c) 动态公差图 (b) 解释 一个外圆柱要素具有尺寸要求和对其轴线具有形状（直线度）要求的 MMR 示例	对本图例解释如下： ①轴的提取要素不得违反其最大实体实效状态（MMVC），其直径为 MMVS = 35.1mm ②轴的提取要素各处的局部直径应大于 LMS = 34.9mm 且应小于 MMS = 35.0mm ③MMVC 的方向和位置无约束 补充解释：图 a 中轴线的直线度公差（ϕ0.1mm）是该轴为其最大实体状态（MMC）时给定的；若该轴为其最小实体状态（LMC）时，其轴线直线度误差允许达到的最大值可为图 a 中给定的轴线直线度公差（ϕ0.1mm）与该轴的尺寸公差（0.1mm）之和 ϕ0.2mm；若该轴处于最大实体状态（MMC）与最小实体状态（LMC）之间，其轴线直线度公差在 ϕ0.1～0.2mm 之间变化。图 c 给出了表述上述关系的动态公差图
例 4 图中为一标注公差的孔，其预期的功能是可与一个等长的标注公差的轴形成间隙配合	(a) 图样标注 (c) 动态公差图 (b) 解释 一个内圆柱要素具有尺寸要求和对其轴线具有形状（直线度）要求的 MMR 示例	对本图例解释如下： ①孔的提取要素不得违反其最大实体实效状态（MMVC），其直径为 MMVS = 35.1mm ②孔的提取要素各处的局部直径应小于 LMS = 35.3mm 且应大于 MMS = 35.2mm ③MMVC 的方向和位置无约束 补充解释：图 a 中轴线的直线度公差（ϕ0.1mm）是该孔为其最大实体状态（MMC）时给定的；若该轴为其最小实体状态（LMC）时，直轴线直线度误差允许达到的最大值可为图 a 中给定的轴线直线度公差（ϕ0.1mm）与该孔的尺寸公差（0.1mm）之和 ϕ0.2mm；若该孔处于最大实体状态（MMC）与最小实体状态（LMC）之间，其轴线直线度公差在 ϕ0.1～0.2mm 之间变化。图 c 给出了表述上述关系的动态公差图

续表

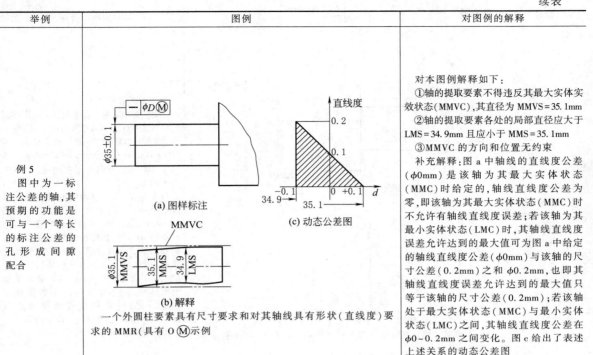

举例	图例	对图例的解释
例 5 图中为一标注公差的轴，其预期的功能是可与一个等长的标注公差的孔形成间隙配合	(a) 图样标注 (c) 动态公差图 (b) 解释 一个外圆柱要素具有尺寸要求和对其轴线具有形状（直线度）要求的 MMR（具有 0 Ⓜ）示例	对本图例解释如下： ①轴的提取要素不得违反其最大实体实效状态（MMVC），其直径为 MMVS = 35.1mm ②轴的提取要素各处的局部直径应大于 LMS = 34.9mm 且应小于 MMS = 35.1mm ③MMVC 的方向和位置无约束 补充解释：图 a 中轴线的直线度公差（ϕ0mm）是该轴为其最大实体状态（MMC）时给定的，轴线直线度公差为零，即该轴为其最大实体状态（MMC）时不允许有轴线直线度误差；若该轴为其最小实体状态（LMC）时，其轴线直线度误差允许达到的最大值可为图 a 中给定的轴线直线度公差（ϕ0mm）与该轴的尺寸公差（0.2mm）之和 ϕ0.2mm，也即其轴线直线度误差允许达到的最大值只等于该轴的尺寸公差（0.2mm）；若该轴处于最大实体状态（MMC）与最小实体状态（LMC）之间，其轴线直线度公差在 ϕ0～0.2mm 之间变化。图 c 给出了表述上述关系的动态公差图
例 6 图中为一标注公差的孔，其预期的功能是可与一个等长的标注公差的轴形成间隙配合	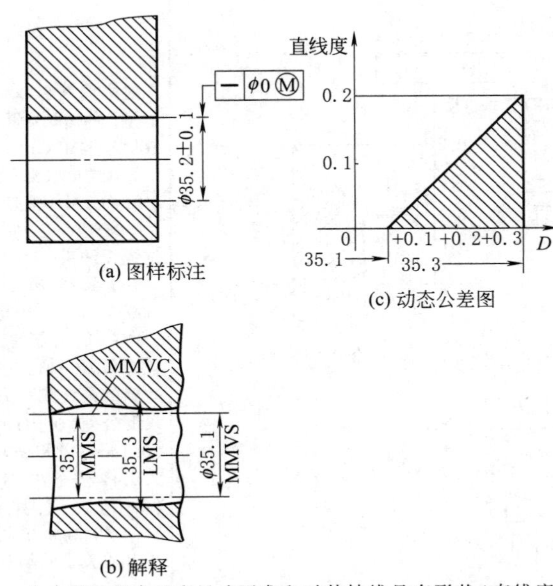 (a) 图样标注 (c) 动态公差图 (b) 解释 一个内圆柱要素具有尺寸要求和对其轴线具有形状（直线度）要求的 MMR（具有 0 Ⓜ）示例	对本图例解释如下： ①孔的提取要素不得违反其最大实体实效状态（MMVC），其直径为 MMVS = 35.1mm ②孔的提取要素各处的局部直径应小于 LMS = 35.3mm 且应大于 MMS = 35.1mm ③MMVC 的方向和位置无约束 补充解释：图 a 中轴线的直线度公差（ϕ0mm）是该孔为其最大实体状态（MMC）时给定的，轴线直线度公差为其最大实体状态（MMC）时给定的，轴线直线度公差为零，即该孔为其最大实体状态（MMC）时不允许有轴线直线度误差；若该孔为其最小实体状态（LMC）时，其轴线直线度误差允许达到的最大值可为图 a 中给定的轴线直线度公差（ϕ0mm）与该孔的尺寸公差（0.2mm）之和 ϕ0.2mm，也即其轴线直线度误差允许达到的最大值只等于该孔的尺寸公差（0.2mm）；若该孔处于最大实体状态（MMC）与最小实体状态（LMC）之间，其轴线直线度公差在 ϕ0～0.2mm 之间变化。图 c 给出了表述上述关系的动态公差图

续表

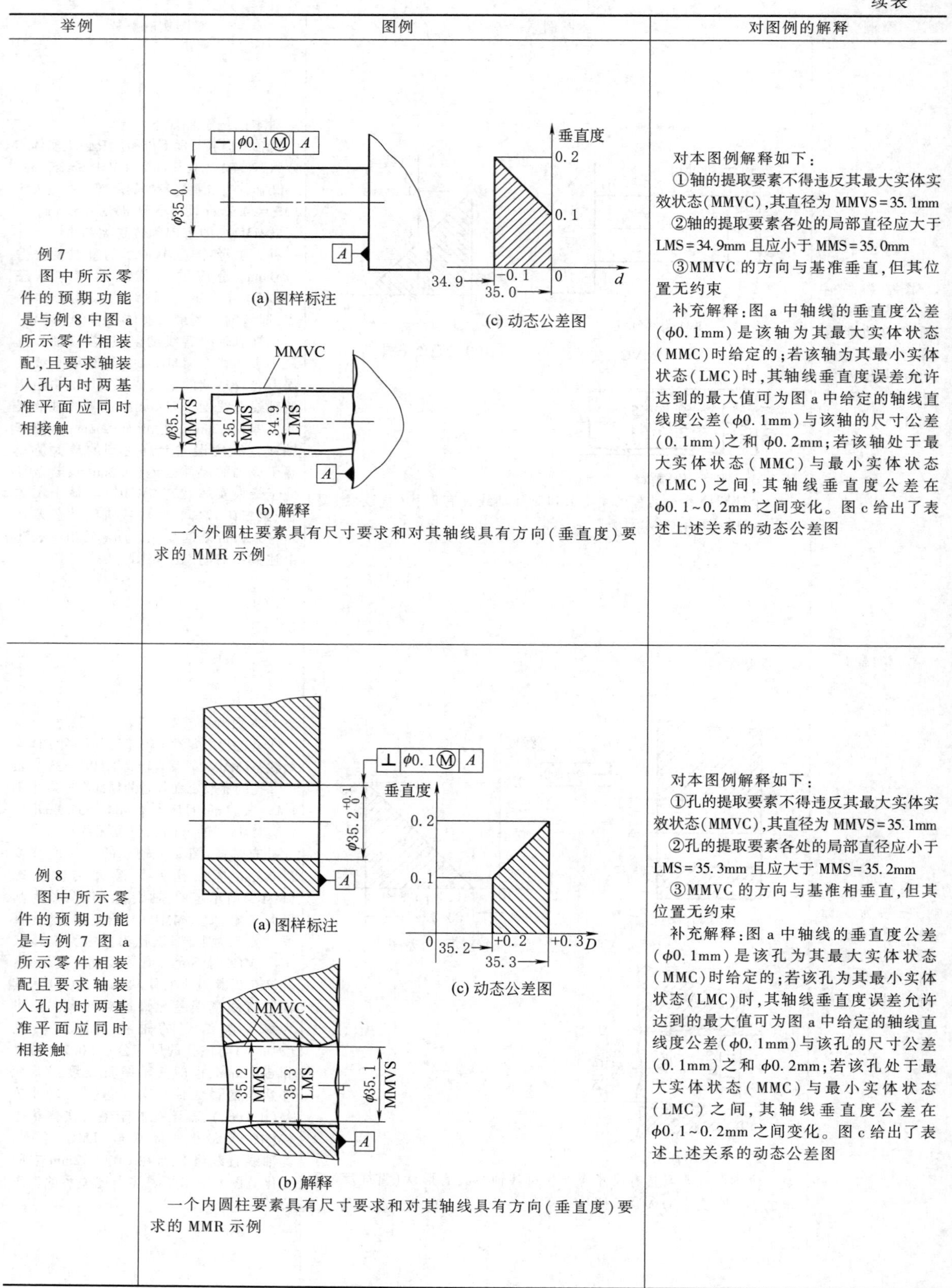

举例	图例	对图例的解释
例 7 图中所示零件的预期功能是与例 8 中图 a 所示零件相装配，且要求轴装入孔内时两基准平面应同时相接触	(a) 图样标注 (b) 解释 (c) 动态公差图 一个外圆柱要素具有尺寸要求和对其轴线具有方向(垂直度)要求的 MMR 示例	对本图例解释如下： ①轴的提取要素不得违反其最大实体实效状态(MMVC)，其直径为 MMVS=35.1mm ②轴的提取要素各处的局部直径应大于 LMS=34.9mm 且应小于 MMS=35.0mm ③MMVC 的方向与基准垂直，但其位置无约束 补充解释：图 a 中轴线的垂直度公差(ϕ0.1mm)是该轴为其最大实体状态(MMC)时给定的；若该轴为其最小实体状态(LMC)时，其轴线垂直度误差允许达到的最大值可为图 a 中给定的轴线直线度公差(ϕ0.1mm)与该轴的尺寸公差(0.1mm)之和 ϕ0.2mm；若该轴处于最大实体状态(MMC)与最小实体状态(LMC)之间，其轴线垂直度公差在 ϕ0.1~0.2mm 之间变化。图 c 给出了表述上述关系的动态公差图
例 8 图中所示零件的预期功能是与例 7 图 a 所示零件相装配且要求轴装入孔内时两基准平面应同时相接触	(a) 图样标注 (b) 解释 (c) 动态公差图 一个内圆柱要素具有尺寸要求和对其轴线具有方向(垂直度)要求的 MMR 示例	对本图例解释如下： ①孔的提取要素不得违反其最大实体实效状态(MMVC)，其直径为 MMVS=35.1mm ②孔的提取要素各处的局部直径应小于 LMS=35.3mm 且应大于 MMS=35.2mm ③MMVC 的方向与基准相垂直，但其位置无约束 补充解释：图 a 中轴线的垂直度公差(ϕ0.1mm)是该孔为其最大实体状态(MMC)时给定的；若该孔为其最小实体状态(LMC)时，其轴线垂直度误差允许达到的最大值可为图 a 中给定的轴线直线度公差(ϕ0.1mm)与该孔的尺寸公差(0.1mm)之和 ϕ0.2mm；若该孔处于最大实体状态(MMC)与最小实体状态(LMC)之间，其轴线垂直度公差在 ϕ0.1~0.2mm 之间变化。图 c 给出了表述上述关系的动态公差图

续表

举例	图例	对图例的解释
例 9 图中所示零件的预期功能是与例 10 图 a 所示零件相装配，而且要求两基准平面 *A* 相接触，两基准平面 *B* 双方同时与另一零件（图中未画出）的平面相接触	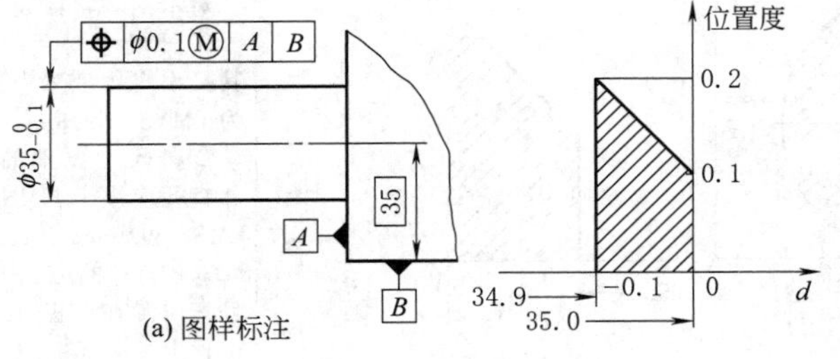 (a) 图样标注 (c) 动态公差图 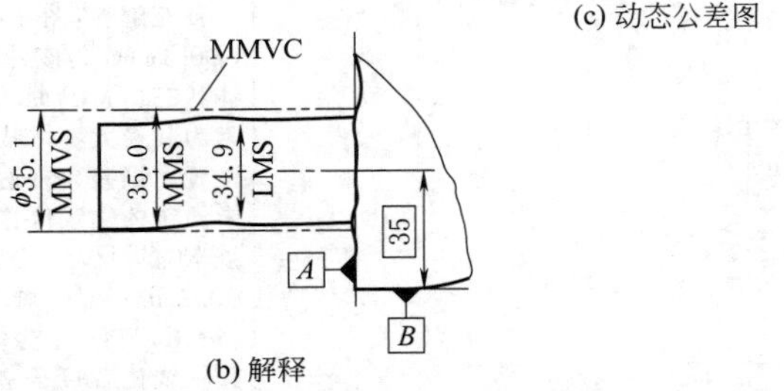 (b) 解释 一个外圆柱要素具有尺寸要求和对其轴线具有位置（位置度）要求的 MMR 示例	对本图例解释如下： ①轴的提取要素不得违反其最大实体实效状态（MMVC），其直径为 MMVS=35.1mm ②轴的提取要素各处的局部直径应大于 LMS=34.9mm 且应小于 MMS=35.0mm ③MMVC 的方向与基准 *A* 相垂直，并且其位置在与基准 *B* 相距 35mm 的理论正确位置上 补充解释：图 a 中轴线的位置度公差（ϕ0.1mm）是该轴为其最大实体状态（MMC）时给定的；若该轴为其最小实体状态（LMC）时，其轴线位置度误差允许达到的最大值可为图 a 中给定的轴线位置度公差（ϕ0.1mm）与该轴的尺寸公差（0.1mm）之和 ϕ0.2mm；若该轴处于最大实体状态（MMC）与最小实体状态（LMC）之间，其轴线位置度公差在 ϕ0.1～0.2mm 之间变化。图 c 给出了表述上述关系的动态公差图
例 10 图中所示零件的预期功能是与例 9 图 a 所示零件相装配，而且要求两基准平面 *A* 相接触，两基准平面 *B* 双方同时与另一零件（图中未画出）的平面相接触	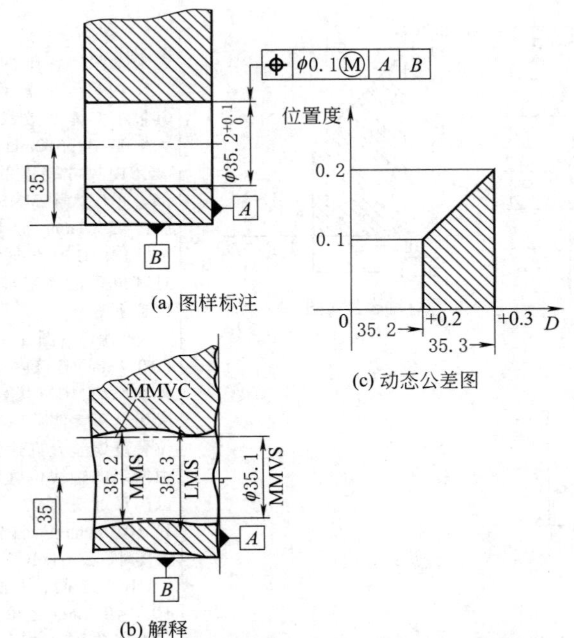 (a) 图样标注 (c) 动态公差图 (b) 解释 一个内圆柱要素具有尺寸要求和对其轴线具有位置（位置度）要求的 MMR 示例	对本图例解释如下： ①孔的提取要素不得违反其最大实体实效状态（MMVC），其直径为 MMVS=35.1mm ②孔的提取要素各处的局部直径应小于 LMS=35.3mm 且应大于 MMS=35.2mm ③MMVC 的方向与基准 *A* 相垂直，并且其位置在与基准 *B* 相距 35mm 的理论正确位置上 补充解释：图 a 中轴线的位置度公差（ϕ0.1mm）是该孔为其最大实体状态（MMC）时给定的；若该孔为其最小实体状态（LMC）时，其轴线位置度误差允许达到的最大值可为图 a 中给定的轴线位置度公差（ϕ0.1mm）与该孔的尺寸公差（0.1mm）之和 ϕ0.2mm；若该孔处于最大实体状态（MMC）与最小实体状态（LMC）之间，其轴线位置度公差在 ϕ0.1～0.2mm 之间变化。图 c 给出了表述上述关系的动态公差图

续表

举例	图例	对图例的解释
例 11 图例仅说明最小实体要求的一些原则，本图样标注不全，不能控制最小壁厚。在其他要素上缺少最小实体要求，因此不能表示这一功能本例可以用位置度、同轴度或同心度标注，其意义均相同	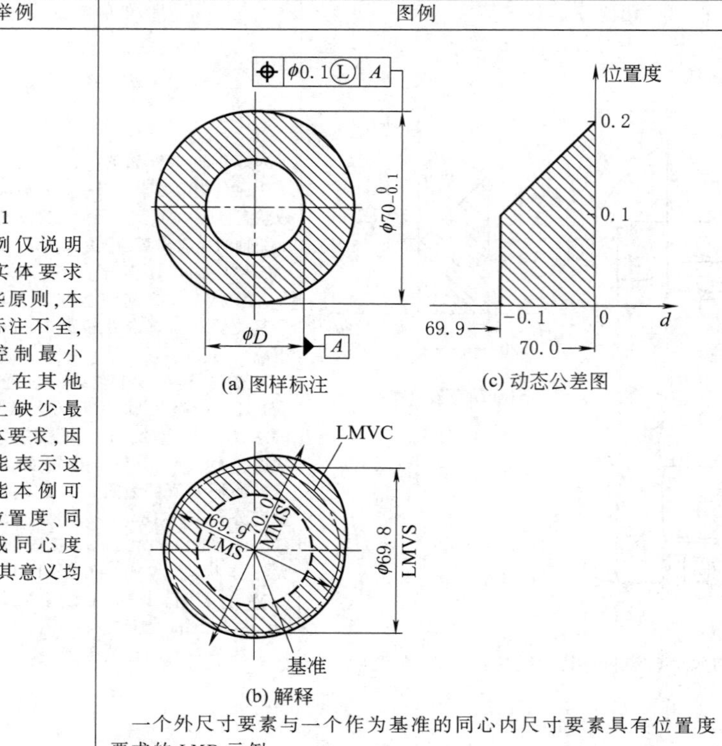 (a) 图样标注　(c) 动态公差图　(b) 解释 一个外尺寸要素与一个作为基准的同心内尺寸要素具有位置度要求的 LMR 示例	对本图例解释如下： ①外尺寸要素的提取要素不得违反其最小实体实效状态（LMVC），其直径为 LMVS＝69.8mm ②外尺寸要素的提取要素各处的局部直径应小于 MMS＝70.0mm 且应大于 LMS＝69.9mm ③LMVC 的方向与基准 *A* 相平行，并且其位置在与基准 *A* 同轴的理论正确位置上 补充解释：图 a 中轴线的位置度公差（ϕ0.1mm）是该外尺寸要素为其最小实体状态（LMC）时给定的；若该外尺寸要素为其最大实体状态（MMC）时，其轴线位置度误差允许达到的最大值可为图 a 中给定的轴线位置度公差（ϕ0.1mm）与该轴的尺寸公差（0.1mm）之和 ϕ0.2mm；若该轴处于最小实体状态（LMC）与最大实体状态（MMC）之间，其轴线位置度公差在 ϕ0.1～0.2mm 之间变化。图 c 给出了表述上述关系的动态公差图
例 12 图例仅说明最小实体要求的一些原则。本图样标注不全，不能控制最小壁厚。在其他要素上缺少最小实体要求，因此不能表示这一功能，本图可以用位置度、同轴度或同心度标注，其意义均相同	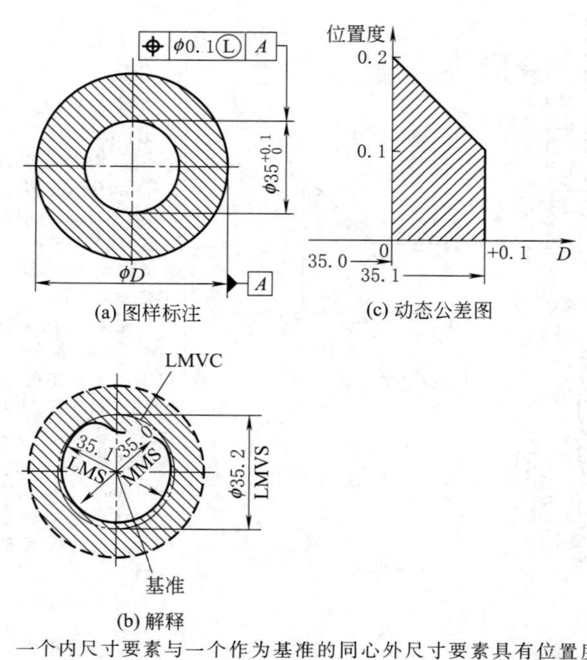 (a) 图样标注　(c) 动态公差图　(b) 解释 一个内尺寸要素与一个作为基准的同心外尺寸要素具有位置度要求的 LMR 示例	对本图例解释如下： ①内尺寸要素的提取要素不得违反其最小实体实效状态（LMVC），其直径为 LMVS＝35.2mm ②内尺寸要素的提取要素各处的局部直径应大于 MMS＝35.0mm 且应小于 LMS＝35.1mm ③LMVC 的方向与基准 *A* 相平行，并且其位置在与基准 *A* 同轴的理论正确位置上 补充解释：图 a 中轴线的位置度公差（ϕ0.1mm）是该内尺寸要素为其最小实体状态（LMC）时给定的；若该内尺寸要素为其最大实体状态（MMC）时，其轴线位置度误差允许达到的最大值可为图 a 中给定的轴线位置度公差（ϕ0.1mm）与该内尺寸要素的尺寸公差（0.1mm）之和 ϕ0.2mm；若该内尺寸要素处于最小实体状态（LMC）与最大实体状态（MMC）之间，其轴线位置度公差在 ϕ0.1～0.2mm 之间变化。图 c 给出了表述上述关系的动态公差图

续表

<table>
<tr><th>举例</th><th>图例</th><th>对图例的解释</th></tr>
<tr><td>例 13
图例仅说明最小实体要求的一些原则。本图样标注不全，不能控制最小壁厚。在其他要素上缺少最小实体要求，因此不能表示这一功能。本图例可以用位置度、同轴度或同心度标注，其意义均相同</td><td>

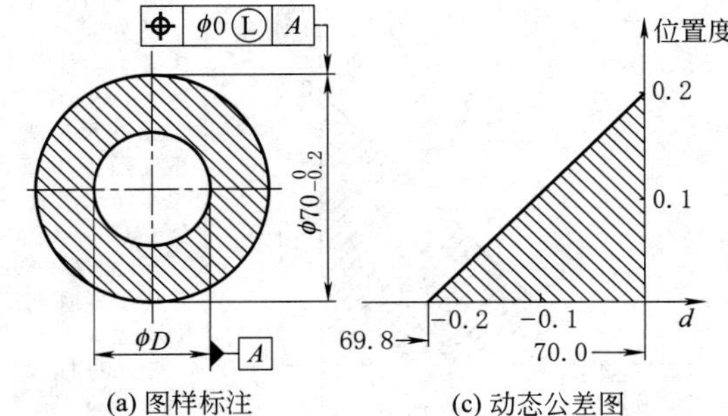

(a) 图样标注　(c) 动态公差图

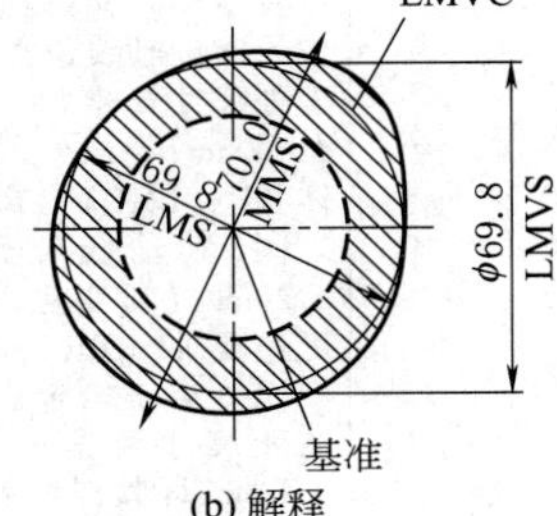

(b) 解释

一个外尺寸要素与一个作为基准的同心内尺寸要素具有位置度要求的 LMR 示例
</td><td>对本图例解释如下：
①外尺寸要素的提取要素不得违反其最小实体实效状态（LMVC），其直径为 LMVS＝69.8mm
②外尺寸要素的提取要素各处的局部直径应小于 MMS＝70.0mm 且应大于 LMS＝69.8mm
③LMVC 的方向与基准 A 相平行，并且其位置在与基准 A 同轴的理论正确位置上
补充解释：图 a 中轴线的位置度公差（φ0mm）是该外尺寸要素为其最小实体状态（LMC）时给定的，轴线的位置度公差规定为零，即该尺寸要素为其最小实体状态（LMC）时不允许有轴线位置度误差；若该外尺寸要素为最大实体状态（MMC）时，其轴线位置度误差允许达到的最大值可为图 a 给定的轴线位置度公差（φ0mm）与该外尺寸要素的尺寸公差（0.2mm）之和 φ0.2mm；若该外尺寸要素处于最小实体状态（LMC）与最大实体状态（MMC）之间，其轴线位置度公差在 φ0～0.2mm 之间变化。图 c 给出了表述上述关系的动态公差图</td></tr>
<tr><td>例 14
图例仅说明最小实体要求的一些原则。本图样标注不全，不能控制最小壁厚。在其他要素上缺少最小实体要求，因此不能表示这一功能，本图例可以用位置度、同轴度或同心度标注，其意义均相同</td><td>

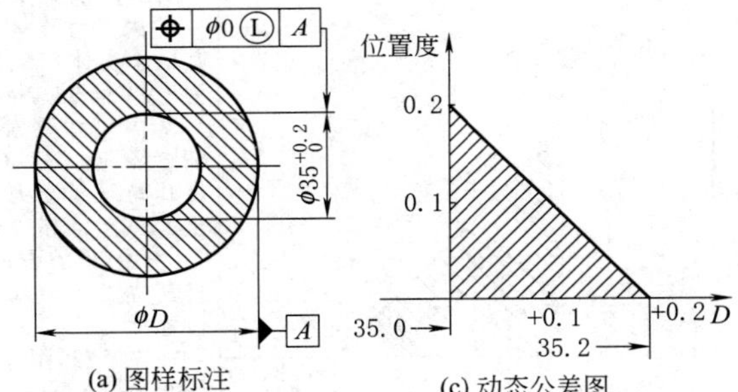

(a) 图样标注　(c) 动态公差图

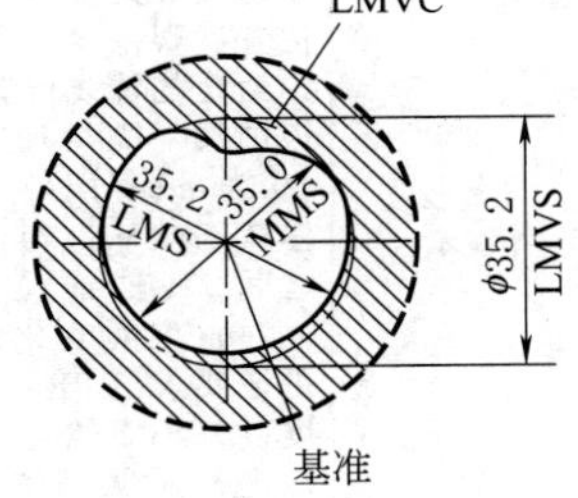

(b) 解释

一个内尺寸要素与一个作为基准的同心外尺寸要素具有位置度要求的 LMR 示例
</td><td>对本图例解释如下：
①内尺寸要素的提取要求不得违反其最小实体实效状态（LMVC），其直径为 LMVS＝35.2mm
②内尺寸要素的提取要素各处的局部直径应小于 MMS＝35.0mm 且应小于 LMS＝35.2mm
③LMVC 的方向与基准 A 相平行，并且其位置在与基准 A 同轴的理论正确位置上
补充解释：图 a 中轴线的位置度公差（φ0mm）是该内尺寸要素为其最小实体状态（LMC）时给定的，轴线的位置度公差规定为零，即该尺寸要素为其最小实体状态（LMC）时不允许有轴线位置度误差；若该内尺寸要素为最大实体状态（MMC）时，其轴线位置度误差允许达到的最大值可为图 a 给定的轴线位置度公差（φ0mm）与该内尺寸要素的尺寸公差（0.2mm）之和 φ0.2mm；若该外尺寸要素处于最小实体状态（LMC）与最大实体状态（MMC）之间，其轴线位置度公差在 φ0～0.2mm 之间变化。图 c 给出了表述上述关系的动态公差图</td></tr>
</table>

第 2 篇

续表

<table>
<tr><th>举例</th><th>图例</th><th>对图例的解释</th></tr>
<tr><td>例 15
图例仅说明最小实体要求的一些原则。本图样标注不全,不能控制最小壁厚。在其他要素上缺少最小实体要求,因此不能表示这一功能。本图例可以用位置度、同轴度或同心度标注,意义相同</td><td>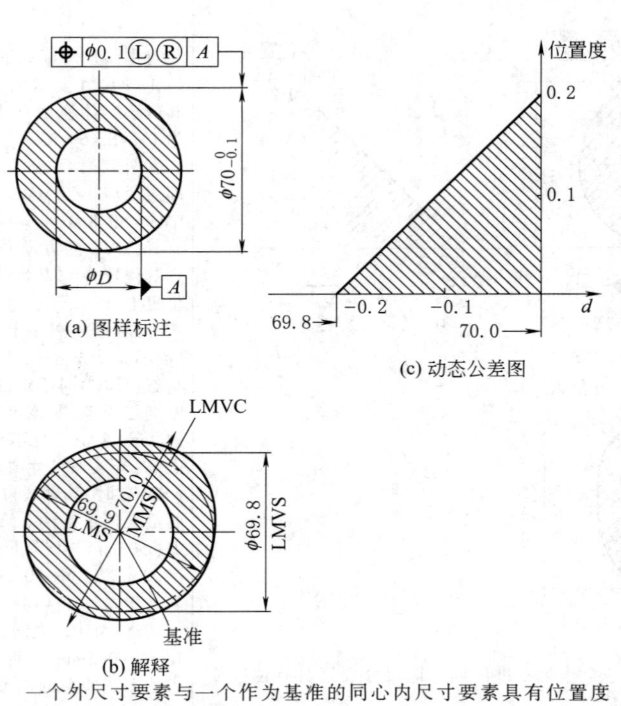

(a) 图样标注
(c) 动态公差图
(b) 解释
一个外尺寸要素与一个作为基准的同心内尺寸要素具有位置度要求的 LMR 和附加 RPR 示例</td><td>对本图例解释如下:
①外尺寸要素的提取要素不得违反其最小实体实效状态(LMVC),其直径为 LMVS=69.8mm
②外尺寸要素的提取要素各处的局部直径应小于 MMS=70.0mm,RPR 允许其局部直径从 LMS(=69.9mm)减小至 LMVS(=69.8mm)
③LMVC 的方向与基准 A 相平行,并且其位置在与基准 A 同轴的理论正确位置上
补充解释:图 a 中轴线的位置度公差(φ0.1mm)是该外尺寸要素为其最小实体状态(LMC)时给定的;若该外尺寸要素为其最大实体状态(MMC)时,其轴线位置度误差允许达到的最大值可为图 a 中给定的轴线位置度公差(φ0.1mm)与该外尺寸要素尺寸公差(0.1mm)之和 φ0.2mm;若该外尺寸要素处于最小实体状态(LMC)与最大实体状态(MMC)之间,其轴线位置度公差在 φ0.1~0.2mm 之间变化。由于本例还附加了可逆要求(RPR),因此如果其轴线位置度误差小于给定的公差(φ0.1mm)时,该外尺寸要素的尺寸公差允许大于 0.1mm,即其提取要素各处的局部直径均可小于它的最小实体尺寸(LMS=69.9mm);如果其轴线位置度误差为零,则其局部直径允许减小至 69.8mm。图 c 给出了表述上述关系的动态公差图</td></tr>
<tr><td>例 16
图例仅说明最小实体要求的一些原则。本图样标注不全,不能控制最小壁厚。在其他要素上缺少最小实体要求,因此不能表示这一功能。本图例可以用位置度、同轴度或同心度标注,其意义相同</td><td>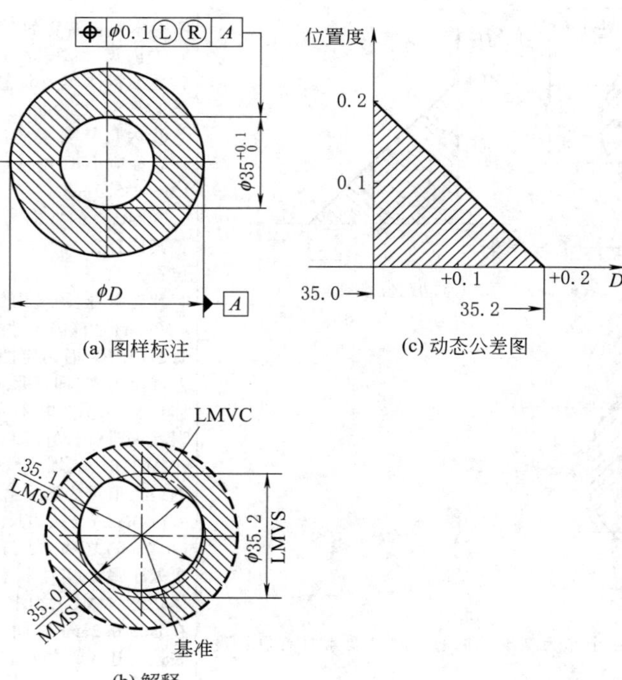

(a) 图样标注
(c) 动态公差图
(b) 解释</td><td>对本图例解释如下:
①内尺寸要素的提取要素不得违反其最小实体实效状态(LMVC),其直径为 LMVS=35.2mm
②内尺寸要素的提取要素各处的局部直径应小于 MMS=35.0mm,RPR 允许其局部直径从 LMS(=35.1mm)增大至 LMVS(=35.2mm)
③LMVC 的方向与基准 A 相平行,并且其位置在与基准 A 同轴的理论正确位置上
补充解释:图 a 中轴线的位置度公差(φ0.1mm)是该内尺寸要素为其最小实体状态(LMC)时给定的;若该内尺寸要素为其最大实体状态(MMC)时,其轴线位置度误差允许达到的最大值可为图 a 中给定的轴线位置度公差(φ0.1mm)与该内尺寸要素尺寸公差(0.1mm)之和 φ0.2mm;若该外尺寸要素处于最小实体状态(LMC)与最大实体状态(MMC)之间,其轴线位置度公差在 φ0.1~0.2mm 之间变化。由于本例还附加了可逆要求(RPR),因此如果其轴线位置度误差小于给定的公差(φ0.1mm)时,该内尺寸要素的尺寸公差允许大于 0.1mm,即其提取要素各处的局部直径均可大于它的最小实体尺寸(LMS=35.1mm);如果其轴线位置度误差为零,则其局部直径允许增大至 35.2mm。图 c 给出了表述上述关系的动态公差图</td></tr>
</table>

续表

举例	图例	对图例的解释
例 17 图例所示零件的预期功能是与例 18 图 a 所示零件相装配	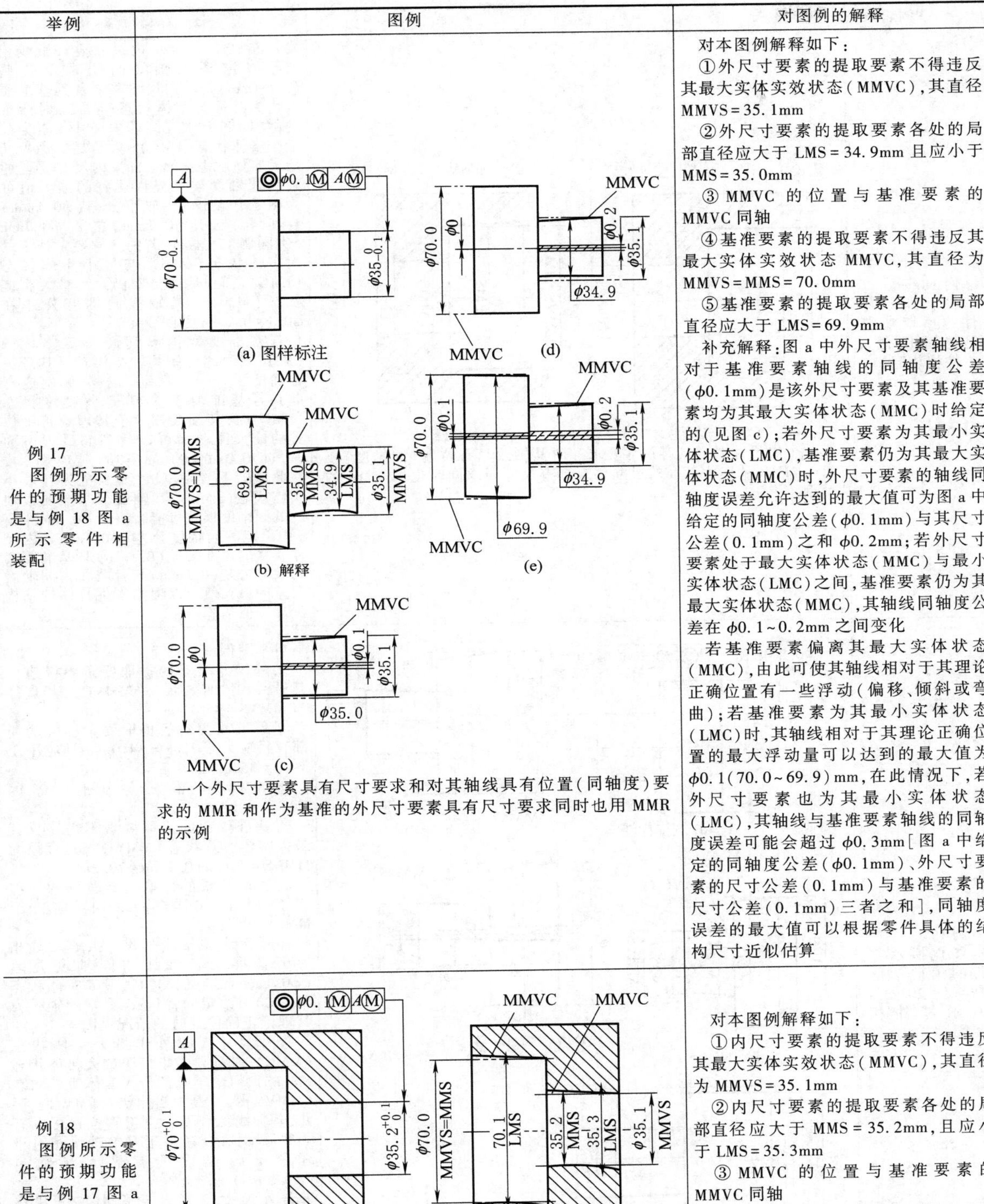(a) 图样标注　(b) 解释　(c)　(d)　(e) 一个外尺寸要素具有尺寸要求和对其轴线具有位置(同轴度)要求的 MMR 和作为基准的外尺寸要素具有尺寸要求同时也用 MMR 的示例	对本图例解释如下： ①外尺寸要素的提取要素不得违反其最大实体实效状态(MMVC),其直径 MMVS=35.1mm ②外尺寸要素的提取要素各处的局部直径应大于 LMS=34.9mm 且应小于 MMS=35.0mm ③ MMVC 的位置与基准要素的 MMVC 同轴 ④基准要素的提取要素不得违反其最大实体实效状态 MMVC,其直径为 MMVS=MMS=70.0mm ⑤基准要素的提取要素各处的局部直径应大于 LMS=69.9mm 补充解释:图 a 中外尺寸要素轴线相对于基准要素轴线的同轴度公差(φ0.1mm)是该外尺寸要素及其基准要素均为其最大实体状态(MMC)时给定的(见图 c);若外尺寸要素为其最小实体状态(LMC),基准要素仍为其最大实体状态(MMC)时,外尺寸要素的轴线同轴度误差允许达到的最大值可为图 a 中给定的同轴度公差(φ0.1mm)与其尺寸公差(0.1mm)之和 φ0.2mm;若外尺寸要素处于最大实体状态(MMC)与最小实体状态(LMC)之间,基准要素仍为其最大实体状态(MMC),其轴线同轴度公差在 φ0.1~0.2mm 之间变化 若基准要素偏离其最大实体状态(MMC),由此可使其轴线相对于其理论正确位置有一些浮动(偏移、倾斜或弯曲);若基准要素为其最小实体状态(LMC)时,其轴线相对于其理论正确位置的最大浮动量可以达到的最大值为 φ0.1(70.0~69.9)mm,在此情况下,若外尺寸要素也为其最小实体状态(LMC),其轴线与基准要素轴线的同轴度误差可能会超过 φ0.3mm[图 a 中给定的同轴度公差(φ0.1mm)、外尺寸要素的尺寸公差(0.1mm)与基准要素的尺寸公差(0.1mm)三者之和],同轴度误差的最大值可以根据零件具体的结构尺寸近似估算
例 18 图例所示零件的预期功能是与例 17 图 a 零件相装配	φ0.1Ⓜ AⓂ　A　$\phi70^{+0.1}_{\ 0}$　$\phi35.2^{+0.1}_{\ 0}$　MMVC　MMVC　φ70.0　MMVS=MMS　70.1　LMS　35.2　MMS　35.3　LMS　φ35.1　MMVS (a) 图样标注　(b) 解释 一个内尺寸要素具有尺寸要求和对其轴线具有位置(同轴度)要求的 MMR 和作为基准的尺寸要素具有尺寸要求同时也用 MMR 的示例	对本图例解释如下： ①内尺寸要素的提取要素不得违反其最大实体实效状态(MMVC),其直径为 MMVS=35.1mm ②内尺寸要素的提取要素各处的局部直径应大于 MMS=35.2mm,且应小于 LMS=35.3mm ③ MMVC 的位置与基准要素的 MMVC 同轴 ④基准要素的提取要素不得违反其最大实体实效状态 MMVC,其直径为 MMVS=MMS=70.0mm ⑤基准要素的提取要素各处的局部直径应小于 LMS=70.1mm

续表

举例	图例	对图例的解释
例 18 图例所示零件的预期功能是与例 17 图 a 零件相装配	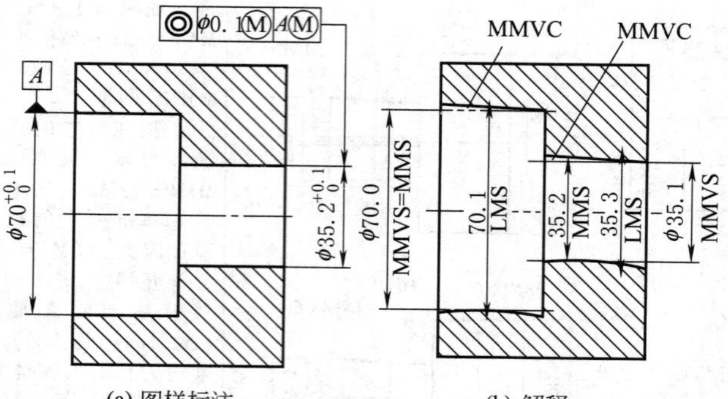 (a) 图样标注　(b) 解释 一个内尺寸要素具有尺寸要求和对其轴线具有位置（同轴度）要求的 MMR 和作为基准的尺寸要素具有尺寸要求同时也用 MMR 的示例	补充解释：图 a 中内尺寸要素轴线相对于基准要素轴线的同轴度公差（ϕ0.1mm）是该内尺寸要素及其基准要素均为其最大实体状态（MMC）时给定的［类同例 17 图 c］；若内尺寸要素为其最小实体状态（LMC），基准要素仍为其最大实体状态（MMC）时，内尺寸要素的轴线同轴度误差允许达到的最大值可为图 a 中给定的同轴度公差（ϕ0.1mm）与其尺寸公差（0.1mm）之和 ϕ0.2mm（类同例 17 图 d）；若内尺寸要素处于最大实体状态（MMC）与最小实体状态（LMC）之间，基准要素仍为其最大实体状态（MMC），其轴线同轴度公差在 ϕ0.1～0.2mm 之间变化 若基准要素偏离其最大实体状态（MMC），由此可使其轴线相对于其理论正确位置有一些浮动（偏移、倾斜或弯曲）；若基准要素为其最小实体状态（LMC）时，其轴线相对于其理论正确位置的最大浮动量可以达到的最大值为 ϕ0.1（70.0～69.9）mm（类同例 17 图 e），在此情况下，若内尺寸要素也为其最小实体状态（LMC），其轴线与基准要素轴线的同轴度误差可能会超过 ϕ0.3mm［图 a 中给定的同轴度公差（ϕ0.1mm）、内尺寸要素的尺寸公差（0.1mm）与基准要素的尺寸公差（0.1mm）三者之和］，同轴度误差的最大值可以根据零件具体的结构尺寸近似估算
例 19 图例所示零件的预期功能是与例 20 图 a 所示零件相装配	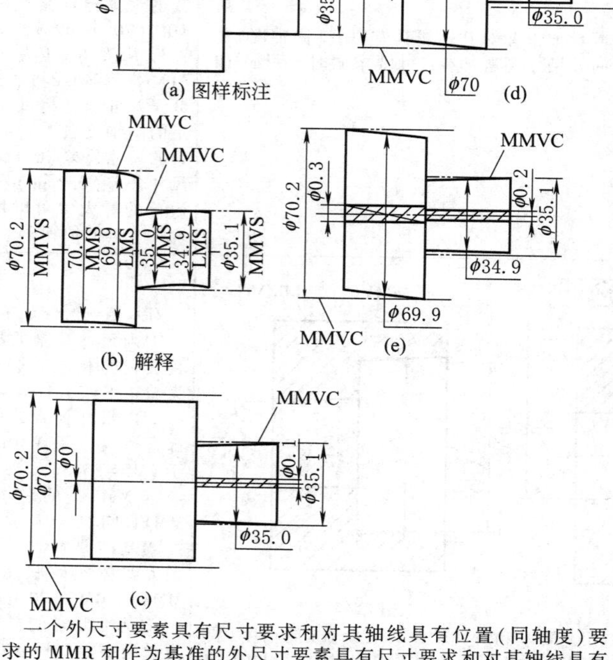 (a) 图样标注　(b) 解释　(c)　(d)　(e) 一个外尺寸要素具有尺寸要求和对其轴线具有位置（同轴度）要求的 MMR 和作为基准的外尺寸要素具有尺寸要求和对其轴线具有形状（直线度）要求同时也用 MMR 的示例	对本图例解释如下： ①外尺寸要素的提取要素不得违反其最大实体实效状态（MMVC），其直径为 MMVS = 35.1mm ②外尺寸要素的提取要素各处的局部直径应大于 LMS = 34.9mm 且应小于 MMS = 35.0mm ③ MMVC 的位置与基准要素的 MMVC 同轴 ④基准要素的提取要素不得违反其最大实体实效状态（MMVC），其直径为 MMVS = 70mm + 0.2mm = 70.2mm ⑤基准要素的提取要素各处的局部直径应大于 LMS = 69.9mm，且均应小于 MMS = 70.0mm 补充解释：图 a 中外尺寸要素轴线相对于基准要素轴线的同轴度公差（ϕ0.1mm）是它们均为其最大实体状态（MMC）时给定的，当基准要素的轴线为其理论正确位置时的情况见图 c 若外尺寸要素处于最大实体状态（MMC），基准要素也处于最大实体状态（MMC），但由于它的最大实体实效状态（MMVC）大于最大实体状态（MMC），因此，其轴线相对于理论正确位置可以有一些浮动，在此条件下基准轴线相对于理论正确位置具有最大浮动量（ϕ0.2mm）见图 d 若外尺寸要素处于最小实体状态（LMC），基准要素也处于最小实体状态（LMC），此时，基准轴线相对于理论正确位置的浮动量可为 ϕ0.3mm［基准要素的尺寸公差（0.1mm）与基准轴线的直线度公差 ϕ0.2mm 之和］见图 e，在此情况下同轴度误差为最大，具体数值可以根据零件的具体结构尺寸近似算出

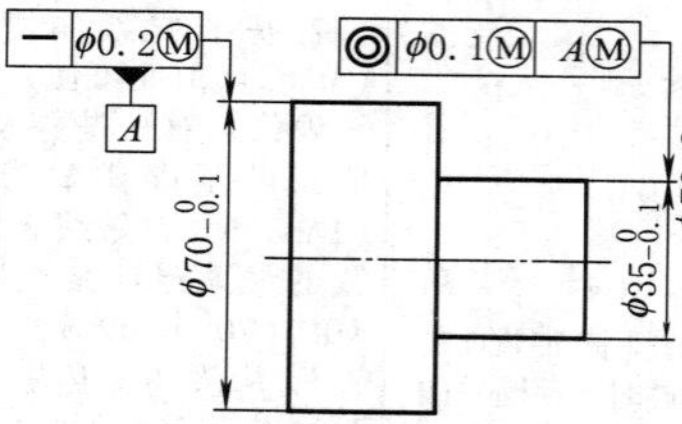

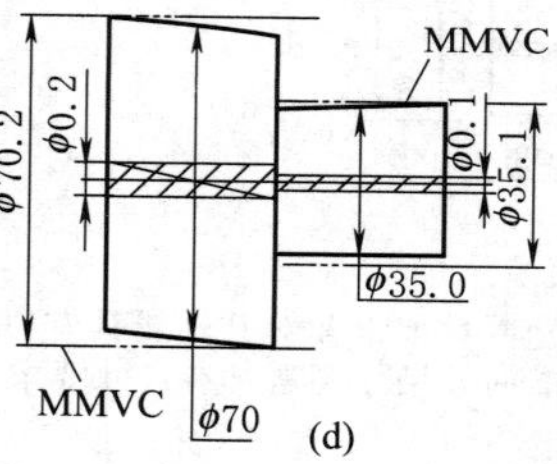

续表

举例	图例	对图例的解释
例 20 图例所示零件的预期功能是与例 19 图 a 所示零件相装配	(a) 图样标注 (b) 解释 一个内尺寸要素具有尺寸要求和对其轴线具有位置(同轴度)要求的 MMR 和作为基准的内尺寸要素具有尺寸要求和对其轴线具有形状(直线度)要求同时也用 MMR 的示例	对本图例解释如下: ①内尺寸要素的提取要素不得违反其最大实体实效状态(MMVC),其直径为 MMVS=35.1mm ②内尺寸要素的提取要素各处的局部直径应大于 MMS=35.2mm,且应小于 LMS=35.3mm ③ MMVC 的位置与基准要素的 MMVC 同轴 ④基准要素的提取要素不得违反其最大实体实效状态(MMVC),其直径为 MMVS=70mm-0.2mm=69.8mm ⑤基准要素的提取要素各处的局部直径应小于 LMS=70.1mm,且均应大于 MMS=70.0mm 补充解释:图 a 中内尺寸要素轴线相对于基准要素轴线的同轴度公差(ϕ0.1mm)是它们均为其最大实体状态(MMC)时给定的,当基准要素的轴线为其理论正确位置时的情况类同例 19 图 c 若内尺寸要素处于最大实体状态(MMC),基准要素也处于最大实体状态(MMC),但由于它的最大实体实效状态(MMVC)小于最大实体状态(MMC),因此,其轴线相对于理论正确位置可以有一些浮动,在此条件下基准轴线相对于理论正确位置具有最大浮动量(ϕ0.2mm)的情况类同例 19 图 d 若内尺寸要素处于最小实体状态(LMC),基准要素也处于最小实体状态(LMC),此时,基准轴线相对于理论正确位置的浮动量可为 ϕ0.3mm[基准要素的尺寸公差(0.1mm)与基准轴线的直线度公差(ϕ0.2mm)之和](类同例 19 图 e),在此情况下同轴度误差为最大,具体数值可以根据零件的具体结构尺寸近似算出
例 21 图例所示零件的预期功能是承受内压并防止崩裂	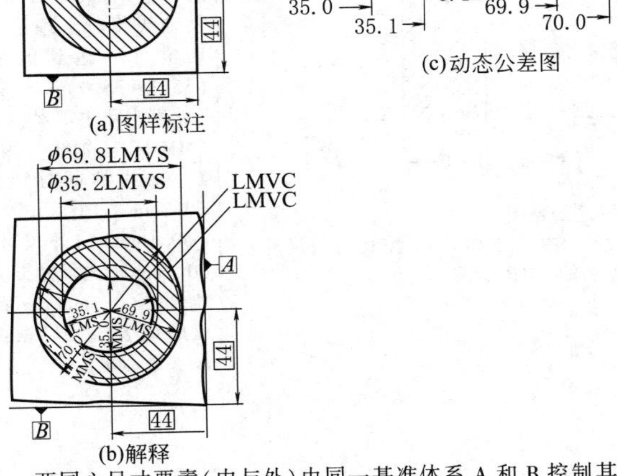 (a)图样标注 (c)动态公差图 (b)解释 两同心尺寸要素(内与外)由同一基准体系 A 和 B 控制其尺寸和位置的 LMR 示例	对本图例解释如下: ①外尺寸要素的提取要素不得违反其最小实体实效状态(LMVC),其直径为 LMVS=69.8mm ②外尺寸要素的提取要素各处的局部直径应小于 MMS=70.0mm 且应大于 LMS=69.9mm ③内尺寸要素的提取要素不得违反其最小实体实效状态,其直径为 LMVS=35.2mm ④内尺寸要素的提取要素各处的局部直径应大于 MMS=35.0mm 且应小于 LMS=35.1mm ⑤内、外尺寸要素的最小实体实效状态的理论正确方向和位置应处于距基准体系 *A* 和 *B* 各为 44mm 补充解释:图 a 中内、外尺寸要素轴线的位置度公差(ϕ0.1mm)均为其最小实体状态(LMC)时给定的;若此内、外尺寸要素均为其最大实体状态(MMC)时,其轴线位置度误差均允许达到的最大值可为图 a 中给定的位置度公差(ϕ0.1mm)与其尺寸公差(0.1mm)之和 ϕ0.2mm;若此内、外尺寸要素处于各自的最小实体状态(LMC)与最大实体状态(MMC)之间,各自轴线的位置度公差都在 ϕ0.1~0.2mm 之间变化。图 c 给出了表述上述关系的动态公差图

续表

举例	图例	对图例的解释
例22 图例所示零件的预期功能是承受内压并防止崩裂	(a) 图样标注 (b) 解释 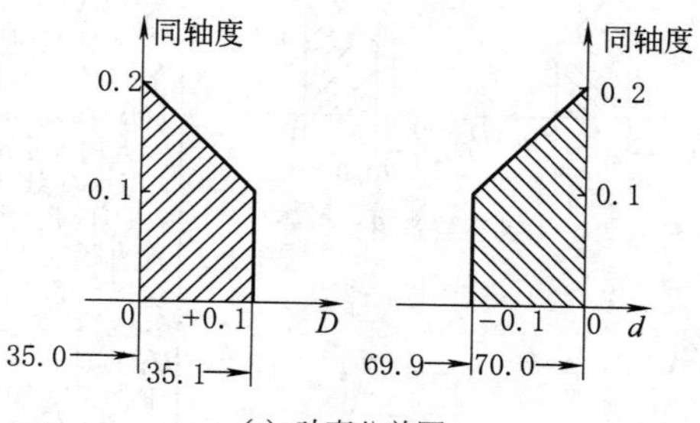 (c) 动态公差图 一个外尺寸要素由尺寸和相对于由尺寸和 LMR 控制的内尺寸要素作为基准的位置(同轴度)控制的 LMR 示例	对本图例解释如下: ①外尺寸要素的提取要素不得违反其最小实体实效状态(LMVC),其直径为 LMVS=69.8mm ②外尺寸要素的提取要素各处的局部直径应小于 MMS=70.0mm 且应大于 LMS=69.9mm ③内尺寸要素(基准要素)的提取要素不得违反其最小实体实效状态(LMVC),其直径为 LMVS=LMS=35.1mm ④内尺寸要素(基准要素)的提取要素各处的局部直径应大于 MMS=35.0mm 且应小于 LMS=35.1mm ⑤外尺寸要素的最小实体实效状态(LMVC)位于内尺寸要素(基准要素)轴线的理论正确位置 补充解释:图 a 外尺寸要素轴线相对于内尺寸要素(基准要素)的同轴度公差(ϕ0.1mm)是它们均为其最小实体状态(LMC)时给定的;若外尺寸要素为最大实体状态(MMC),内尺寸要素(基准要素)仍为其最小实体状态(LMC),外尺寸要素的轴线同轴度误差允许达到的最大值可为图 a 中给定的同轴度公差(ϕ0.1mm)与其尺寸公差(0.1mm)之和 ϕ0.2mm;若外尺寸要素处于最小实体状态(LMC)与最大实体状态(MMC)之间,内尺寸要素(基准要素)仍为其最小实体状态(LMC),其轴线的同轴度公差在 ϕ0.1~0.2mm 之间变化。若内尺寸要素(基准要素)偏离其最小实体状态(LMC),由此可使其轴线相对于理论正确位置有一些浮动;若内尺寸要素(基准要素)为其最大实体状态(MMC)时,其轴线相对于理论正确位置的最大浮动量可以达到的最大值为 ϕ0.1mm(35.1~35.0)mm(见图 c),在此情况下,若外尺寸要素也为其最大实体状态(MMC),其轴线与内尺寸要素(基准要素)轴线的同轴度误差可能会超过 ϕ0.3mm[图 a 中的同轴度公差(ϕ0.1mm)与外尺寸要素的尺寸公差(0.1mm)、内尺寸要素(基准要素)的尺寸公差(0.1mm)三者之和],同轴度误差的最大值可以根据零件的具体结构尺寸近似算出

续表

举例	图例	对图例的解释
例 23 图例所示零件的预期功能是可与类似零件形成间隙配合，但两个零件的平面相接触并非功能要求	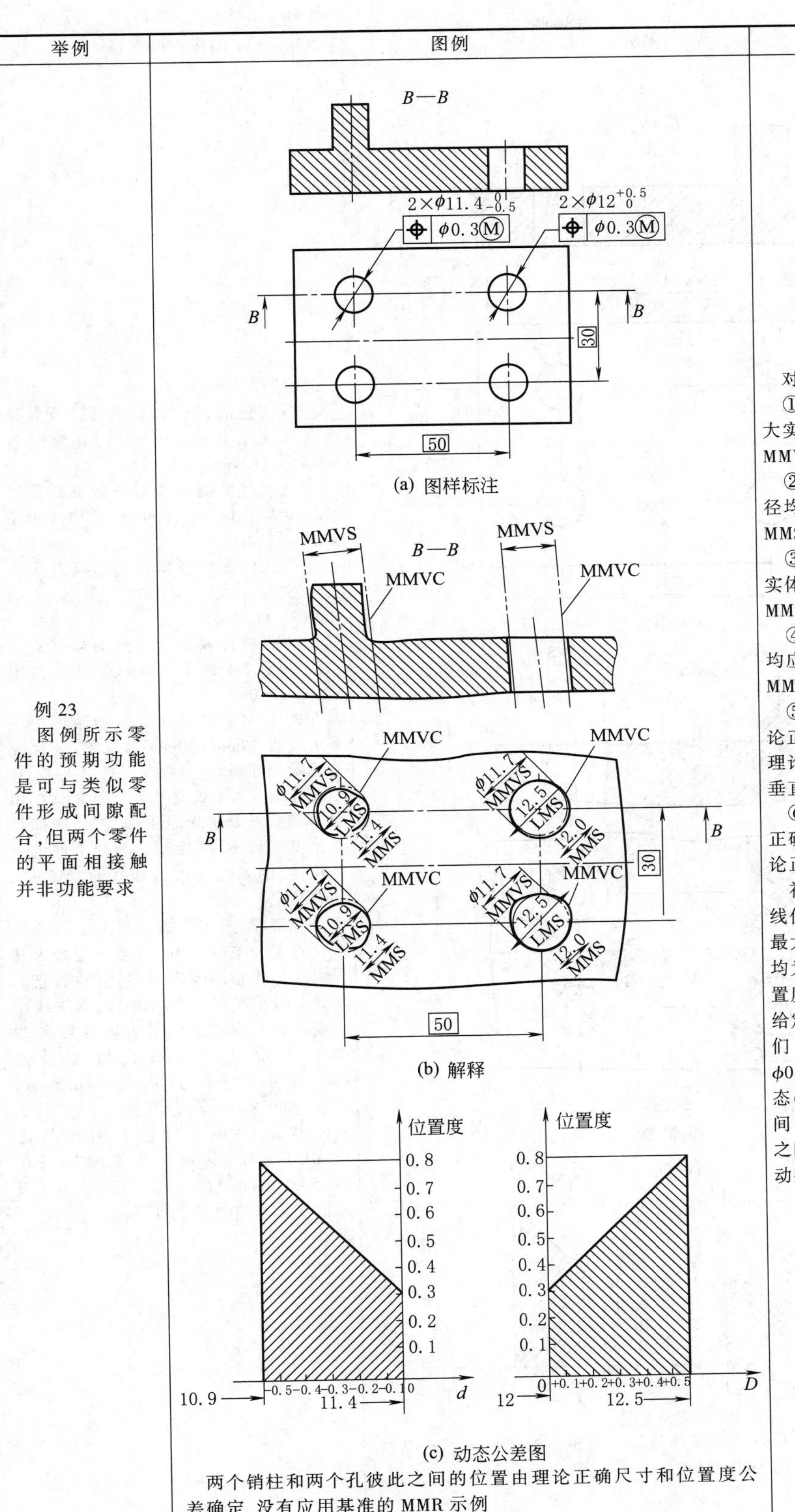 (a) 图样标注 (b) 解释 (c) 动态公差图 两个销柱和两个孔彼此之间的位置由理论正确尺寸和位置度公差确定，没有应用基准的 MMR 示例	对本图例解释如下： ①两销柱的提取要素不得违反其最大实体实效状态（MMVC），其直径为 MMVS = 11.7mm ②两销柱的提取要素各处的局部直径均应大于 LMS = 10.9mm 且均应小于 MMS = 11.4mm ③两孔的提取要素不得违反其最大实体实效状态（MMVC），其直径为 MMVS = 11.7mm ④两孔的提取要素各处的局部直径均应小于 LMS = 12.5mm 且均应大于 MMS = 12.0mm ⑤两销柱的 MMVC 处于彼此相距理论正确尺寸理论为 30mm 的位置，彼此理论正确相互平行，且要和基准 *A* 相垂直。 ⑥两孔的 MMVC 处于彼此相距理论正确尺寸理论为 30mm 的位置，彼此理论正确相互平行，且要和基准 *A* 相垂直 补充解释：图 a 两销柱和两个孔的轴线位置度公差（φ0.3mm）是它们均为其最大实体状态（MMC）时给定的；若它们均为其最小实体状态（LMC），其轴线位置度误差允许达到的最大值可为图 a 中给定的轴线位置度公差（φ0.3mm）与它们的尺寸公差（0.5mm）之和。φ0.8mm；若它们各自处于最小实体状态（LMC）与最大实体状态（MMC）之间，其轴线位置度公差在 φ0.5～0.8mm 之间变化。图 c 给出了表述上述关系的动态公差图

续表

举例	图例	对图例的解释
例 24 图例所示零件的预期功能是可与类似零件形成间隙配合，并要求两个零件的平面在配合时完全相接触	B—B 2×φ11.4 $^{0}_{-0.5}$ ⌖ φ0.3Ⓜ A 2×φ12 $^{+0.5}_{0}$ ⌖ φ0.3Ⓜ A (a)图样标注 (b)解释 (c)动态公差图 两个销柱和两个孔彼此之间的位置由理论正确尺寸和具有基准的位置度公差确定的 MMR 示例	对本图例解释如下： ①两销柱的提取要素不得违反其最大实体实效状态（MMVC），其直径为 MMVS = 11.7mm ②两销柱的提取要素各处的局部直径均应大于 LMS = 10.9mm 且均应小于 MMS = 11.4mm ③两孔的提取要素不得违反其最大实体实效状态（MMVC），其直径为 MMVS = 11.7mm ④两孔的提取要素各处的局部直径均应小于 LMS = 12.5mm 且均应大于 MMS = 12.0mm ⑤四个 MMVC 处于彼此相距理论正确尺寸为 30mm×50mm 的位置，彼此理论正确相互平行，且要与基准 A 相垂直 ⑥孔组要素（基准要素）的 MMVC 相对于基准 B 处于理论正确方向，例如垂直于基准面 B，且相互之间处于理论正确位置，例如均匀地分布在直径 80mm 的圆柱上 补充解释：图 a 两销柱和两个孔的轴线位置度公差（φ0.3mm）是它们均为其最大实体状态（MMC）时给定的；若它们均为其最小实体状态（LMC），其轴线位置度误差允许达到的最大值可为例 23 图 a 中给定的轴线位置度公差（φ0.3mm）与它们的尺寸公差（0.5mm）之和。φ0.8mm；若它们各自处于最小实体状态（LMC）与最大实体状态（MMC）之间，其轴线位置度公差在 φ0.5～0.8mm 之间变化。图 c 给出了表述上述关系的动态公差图

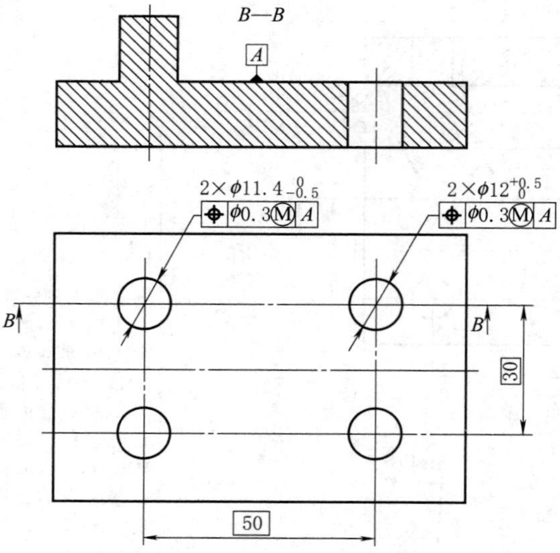

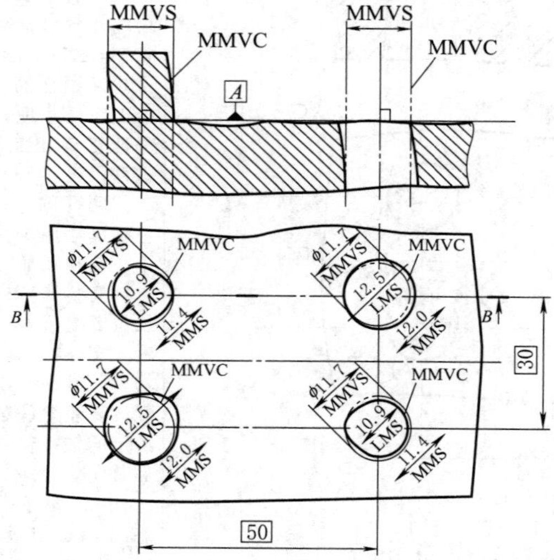

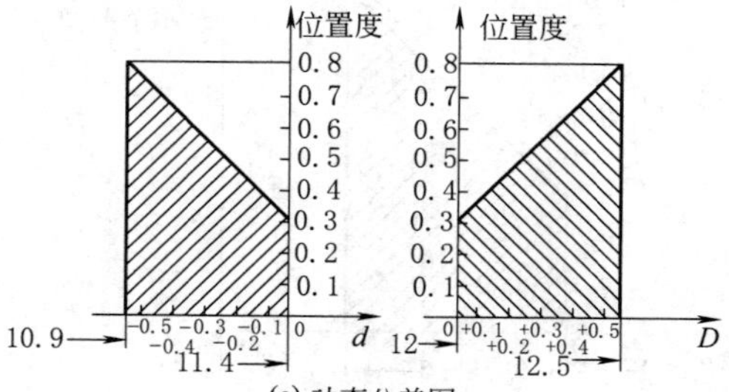

续表

举例	图例	对图例的解释
例 25 图例所示零件的功能要求是可与类似零件形成间隙配合，且要使该零件的左端面 B 与类似零件的相应端面完全相接触	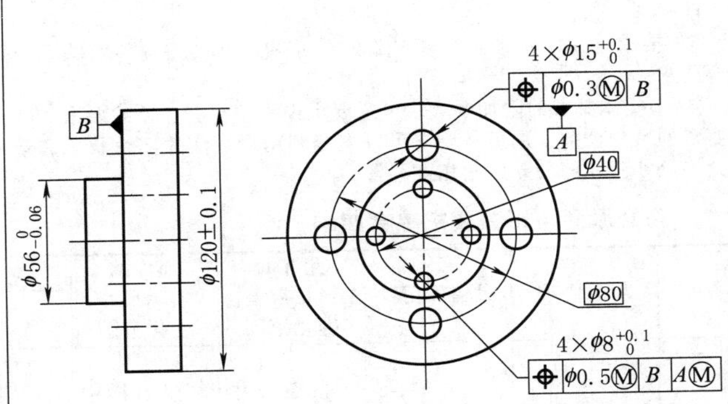 (a) 图样标注 (b) 解释 以一组要素为基准的成组要素中各个要素均有尺寸要求和对其轴线又均有位置度要求的 MMR 示例	对本图例解释如下： ①$4\times\phi8^{+0.1}_{0}$ 孔各自的提取要素均不得违反其最大实体实效状态（MMVC），其直径为 MMVS = 7.5mm ②$4\times\phi8^{+0.1}_{0}$ 孔各自提取要素各处的局部直径均应小于 LMS = 8.1mm 且均应大于 MMS = 8.0mm ③$4\times\phi8^{+0.1}_{0}$ 孔各自的最大实体实效状态（MMVC）均应与基准 B 的理论正确方向和基准 A 的理论正确位置相一致 ④$4\times\phi15^{+0.1}_{0}$ 孔组要素（基准要素）各孔的提取要素均不得违反其最大实体实效状态（MMVC），其直径为 MMVS = 14.7mm ⑤$4\times\phi15^{+0.1}_{0}$ 孔组要素（基准要素）各孔提取要素各处的局部直径均应小于 LMS = 15.1mm 且均应大于 MMS = 15.0mm 补充解释：图 a 中 $4\times\phi8^{+0.1}_{0}$ 各孔轴线的位置度公差（φ0.5mm）是它们各自均为其最大实体状态（MMC），$4\times\phi15^{+0.1}_{0}$ 孔组要素（基准要素）各孔也均为其最大实体状态（MMC）时给定的；若 $4\times\phi8^{+0.1}_{0}$ 各孔均为其最小实体状态（LMC），$4\times\phi15^{+0.1}_{0}$ 孔组要素（基准要素）各孔仍均为其最大实体状态（MMC）时，$4\times\phi8^{+0.1}_{0}$ 各孔轴线的位置度误差允许达到的最大值可为图 a 中给定的位置度公差（φ0.5mm）与其尺寸公差（0.1mm）之和 φ0.6m；若 $4\times\phi8^{+0.1}_{0}$ 各孔处于最大实体状态（MMC）与最小实体状态（LMC）之间，$4\times\phi15^{+0.1}_{0}$ 孔组要素（基准要素）各孔仍均为其最大实体状态（MMC）基准要素仍为其最大实体状态（MMC），$4\times\phi8^{+0.1}_{0}$ 各孔轴线的位置度公差在 φ0.5～0.6mm 之间变化 若 $4\times\phi15^{+0.1}_{0}$ 孔组要素（基准要素）各孔偏离其最大实体状态（MMC），由此可使其轴线相对于其理论正确位置有所浮动，当 $4\times\phi15^{+0.1}_{0}$ 孔组要素（基准要素）各孔均为其最小实体状态（LMC）时，其轴线相对于其理论正确位置的浮动量为最大，若 $4\times\phi8^{+0.1}_{0}$ 各孔也均为其最小实体状态（LMC），此时 $4\times\phi8^{+0.1}_{0}$ 各孔轴线的位置度误差为最大，但由于 $4\times\phi15^{+0.1}_{0}$ 孔组要素（基准要素）各孔轴线相对于其理论正确位置的浮动方向不一，会使 $4\times\phi8^{+0.1}_{0}$ 各孔轴线的位置度误差一般也不会一致

续表

举例	图例	对图例的解释
例 25 图例所示零件的功能要求是可与类似零件形成间隙配合，且要使该零件的左端面 *B* 与类似零件的相应端面完全相接触		图 b 为表述下述情况的示意图：4×$\phi15^{+0.1}_{0}$ 孔组要素（基准要素）各孔处于各自最大实体状态（MMC）、4×ϕ0.6 为各自轴线的最大浮动量；4×$\phi15^{+0.1}_{0}$ 孔组要素（基准要素）各孔处于各自最大实体状态（MMC）、4×ϕ0.4 为各孔轴线的最大浮动量；ϕ6 为 4×$\phi15^{+0.1}_{0}$ 孔组要素（基准要素）拟合要素的轴线（确定 4×$\phi8^{+0.1}_{0}$ 孔组要素位置的）的最大浮动量

① 产品几何级数规范（GPS）几何公差最大实体要求（MMR）、最小实体要求（LMR）和可逆要求 GB/T 16671，从 2009 版升级到 2018 版，2018 版中取消了动态公差图和对例图的补充解释，本手册在引用该国标时经征求专家意见，认为保留动态公差和补充解释部分更有利于读者理解最大实体要求（MMR）、最小实体要求（LMR）和可逆要求知识，故本表沿用 GB/T 16671—2009 的内容。

注：1. 最大实体要求（MMR）和最小实体要求（LMR）涉及组成要素的尺寸和几何公差的相互关系，这些要求只用于尺寸要素的尺寸及其导出要素几何公差的综合要求。

2. 可逆要求（RPR）是最大实体要求或最小实体要求的附加要求。可逆要求仅用于注有公差的要素。在最大实体要求或最小实体要求附加可逆要求后，改变了尺寸要素的尺寸公差，用可逆要求可以充分利用最大实体实效状态和最小实体实效状态的尺寸，在制造可能性的基础上，可逆要求允许尺寸和几何公差之间相互补偿。

表 2-3-19　　独立原则与相关要求综合归纳

公差原则	符号	应用要素	应用项目	功能要求	控制边界	允许的形位误差变化范围	允许的实际尺寸变化范围	检测方法	
								形位误差	实际尺寸
独立原则	无	组成要素及导出要求	各种几何公差项目	各种功能要求但互相不能关联	无边界，形位误差和实际尺寸各自满足要求	按图样中注出或未注几何公差的要求	按图样中注出或未注出形位公差的要求	通用量仪	两点法测量
包容要求	Ⓔ	单一尺寸要素（圆、圆柱面、两平行平面）	形状公差（线、面轮廓度除外）	配合要求	最大实体边界	各种形状误差不能超出其控制边界	体外作用尺寸不能超出其控制边界，而局部实际尺寸不能超出其最小实体尺寸	通端极限量规及专用量仪	通端极限量规测量最大实体尺寸，两点法测量最小实体尺寸
最大实体要求	Ⓜ	导出要素（轴线及中心平面）	直线度、倾斜度、平行度、垂直度、同轴度、对称度、位置度	满足装配要求但无严格的配合要求时采用，如螺栓孔轴线的位置度、两轴线的平行度等	最大实体实效边界	当局部实际尺寸偏离其最大实体尺寸时，形位公差可获得补偿值（增大）	其局部实际尺寸不能超出尺寸公差的允许范围	综合量规（功能量规及专用量仪）	两点法测量
最小实体要求	Ⓛ	导出要素（轴线及中心平面）	直线度、垂直度、同轴度、位置度等	满足临界设计值的要求，以控制最小壁厚，提高对中度，满足最小强度的要求	最小实体实效边界	当局部实际尺寸偏离其最小实体实效尺寸时，几何公差可获得补偿值（增大）	其局部实际尺寸不能超出尺寸公差的允许范围	通用量仪	两点法测量

续表

公差原则	符号		应用要素	应用项目	功能要求	控制边界	允许的形位误差变化范围	允许的实际尺寸变化范围	检测方法	
									形位误差	实际尺寸
可逆要求	Ⓡ	Ⓜ Ⓡ	导出要素（轴线及中心平面）	适用于Ⓜ的各项目	对最大实体尺寸没有严格要求的场合	最大实体实效边界	当与Ⓜ同时使用时，几何误差变化同Ⓜ	当几何误差小于给出的形位公差时，可补偿给尺寸公差，使尺寸公差增大，其局部实际尺寸可超出给定范围	综合量规或专用量仪控制其最大实体边界	仅用两点法测量最小实体尺寸
		Ⓛ Ⓡ		适用于Ⓛ的各项目	对最小实体尺寸没有严格要求的场合	最小实体实效边界	当与Ⓛ同时使用时，几何误差变化同Ⓛ		三坐标仪或专用量仪控制其最小实体边界	仅用两点法测量最大实体尺寸

表 2-3-20　圆度和圆柱度公差等级与尺寸公差等级的对应关系

尺寸公差等级（IT）	圆度、圆柱度公差等级	公差带占尺寸公差的百分比	尺寸公差等级（IT）	圆度、圆柱度公差等级	公差带占尺寸公差的百分比	尺寸公差等级（IT）	圆度、圆柱度公差等级	公差带占尺寸公差的百分比
01	0	66	5	4	40	9	10	80
0	0	40		5	60	10	7	15
	1	80		6	95		8	20
1	0	25	6	3	16		9	30
	1	50		4	26		10	50
	2	75		5	40		11	70
2	0	16		6	66	11	8	13
	1	33		7	95		9	20
	2	50	7	4	16		10	33
	3	85		5	24		11	46
3	0	10		6	40		12	83
	1	20		7	60	12	9	12
	2	30		8	80		10	20
	3	50	8	5	17		11	28
	4	80		6	28		12	50
4	1	13		7	43	13	10	14
	2	20		8	57		11	20
	3	33		9	85		12	35
	4	53	9	6	16	14	11	11
	5	80		7	24		12	20
5	2	15		8	32	15	12	12
	3	25		9	48			

与表面粗糙度对应关系

主参数	圆度和圆柱度公差等级（7、8、9 为常用等级，7 级为基本级）												
	0	1	2	3	4	5	6	7	8	9	10	11	12
尺寸/mm	*Ra*/μm（不大于）												
≤3	0.00625	0.0125	0.0125	0.025	0.05	0.1	0.2	0.2	0.4	0.8	1.6	3.2	3.2
>3~18	0.00625	0.0125	0.025	0.05	0.1	0.2	0.4	0.4	0.8	1.6	3.2	6.3	12.5
>18~120	0.0125	0.025	0.05	0.1	0.2	0.2	0.4	0.8	1.6	3.2	6.3	12.5	12.5
>120~500	0.025	0.05	0.1	0.2	0.4	0.8	0.8	1.6	3.2	6.3	12.5	12.5	12.5

表 2-3-21　　平行度、垂直度和倾斜度公差等级与尺寸公差等级的对应关系

平行度（线对线、面对面）公差等级	3	4	5	6	7	8	9	10	11	12
尺寸公差等级（IT）					3,4	5,6	7,8,9	10,11,12	12,13,14	14,15,16
垂直度和倾斜度公差等级	3	4	5	6	7	8	9	10	11	12
尺寸公差等级（IT）	5	6	7,8	8,9	10	11,12	12,13	14	15	

注：6、7、8、9 级为常用的几何公差等级，6 级为基本级。

表 2-3-22　　同轴度、对称度、圆跳动和全跳动公差等级与尺寸公差等级的对应关系

同轴度、对称度、径向圆跳动、径向全跳动公差等级	1	2	3	4	5	6	7	8	9	10	11	12
尺寸公差等级（IT）	2	3	4	5	6	7,8	8,9	10	11,12	12,13	14	15
端面圆跳动、斜向圆跳动、端面全跳动公差等级	1	2	3	4	5	6	7	8	9	10	11	12
尺寸公差等级（IT）	1	2	3	4	5	6	7,8	8,9	10	11,12	12,13	14

注：6、7、8、9 级为常用的几何公差等级，7 级为基本级。

（3）单一表面的几何公差与表面粗糙度的要求

单一表面的几何公差与表面粗糙度的要求也要协调。中等尺寸可参考表 2-3-20。

（4）几何公差综合选用实例

图 2-3-1 所示为摇臂钻床主轴套零件图。试根据零件的功能和装配要求，确定几何公差等级和公差数值，并按规定标注在零件图上。

① 两端 ϕ68J6 孔的几何公差选择。两端 ϕ68J6 孔用于安装轴承，支承主轴运转，所以孔自身尺寸公差要求较高，并应有几何公差要求。

a. 为保证 ϕ68J6 孔的轴线与 ϕ80h5 轴线同轴，应给出同轴度公差要求。考虑到测量方便，可以给出径向圆跳动公差要求，圆跳动公差合格了，同轴度也必定合格。

b. 为保证装入两端 ϕ68J6 孔的轴承不被损坏，ϕ68J6 孔表面必须有一定的圆度和圆柱度，所以给出圆柱度公差要求。

c. 几何公差项目确定后，根据孔尺寸公差等级较高对相应的几何公差要求也高的原则，根据加工方法选择几何公差。如采用普通镗床加工，查表 2-3-15 加工方法所能达到的圆跳动公差等级，选定径向圆跳动公差等级 5 级为宜，查表 2-3-25 取其公差值为 0.01mm。查表 2-3-13 加工方法所能达到的圆柱度公差等级，选定圆柱度公差等级 6 级，查表 2-3-24 取其公差值为 0.005mm。

② ϕ80h5 轴表面的几何公差选择。为保证 ϕ80h5 外圆柱面与套筒内圆柱面配合间隙均匀，对 ϕ80h5 轴表面提出了圆柱度要求。

可采用形状公差等级与尺寸公差等级或与表面粗糙度等级的对应关系（表 2-3-20）来确定几何公差等级。但从 ϕ80h5 与 ϕ68J6 的配合关系来看，ϕ80h5 为间隙配合，而 ϕ68J6 为过渡配合，所以对 ϕ80h5 的形状公差要求相对可以降低一些，选定为 7 级圆柱度公差等级，查表 2-3-24 取公差值为 0.008mm。

③ 两端 ϕ60D8 孔的端面形位公差选择。两孔是装推力轴承的，为保证孔端面与推力轴承相接触，应避免端面产生轴向跳动，所以应有端面圆跳动的几何公差要求。

对端面圆跳动公差等级的选择，可根据几何公差等级与尺寸公差等级的对应关系来确定，查表 2-3-22 端面圆跳动一栏尺寸公差等级，对应的较高的几何公差等级是 7 级，查表 2-3-25 取公差值为 0.025mm。

④ 齿间对称中心面几何公差的选择。为保证主轴作上下垂直滑动，要求齿条必须垂直于 ϕ80h5 的轴线，所

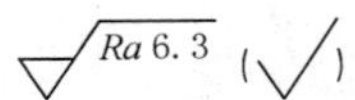

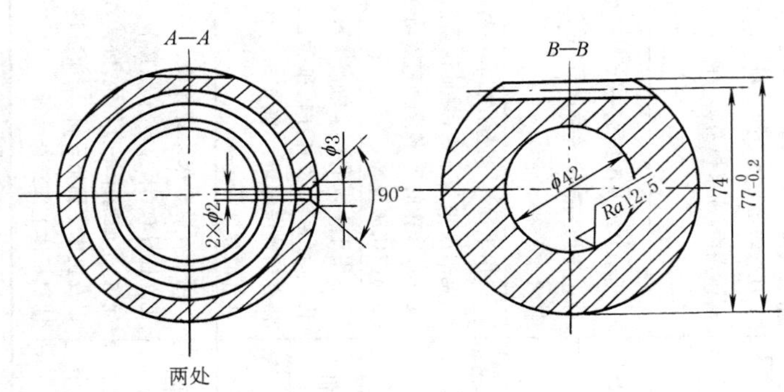

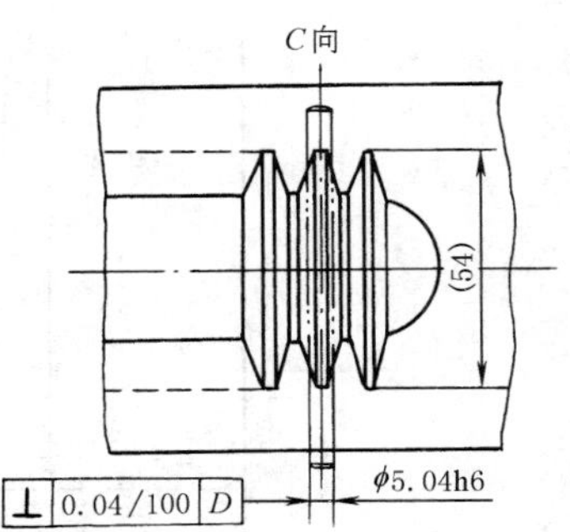

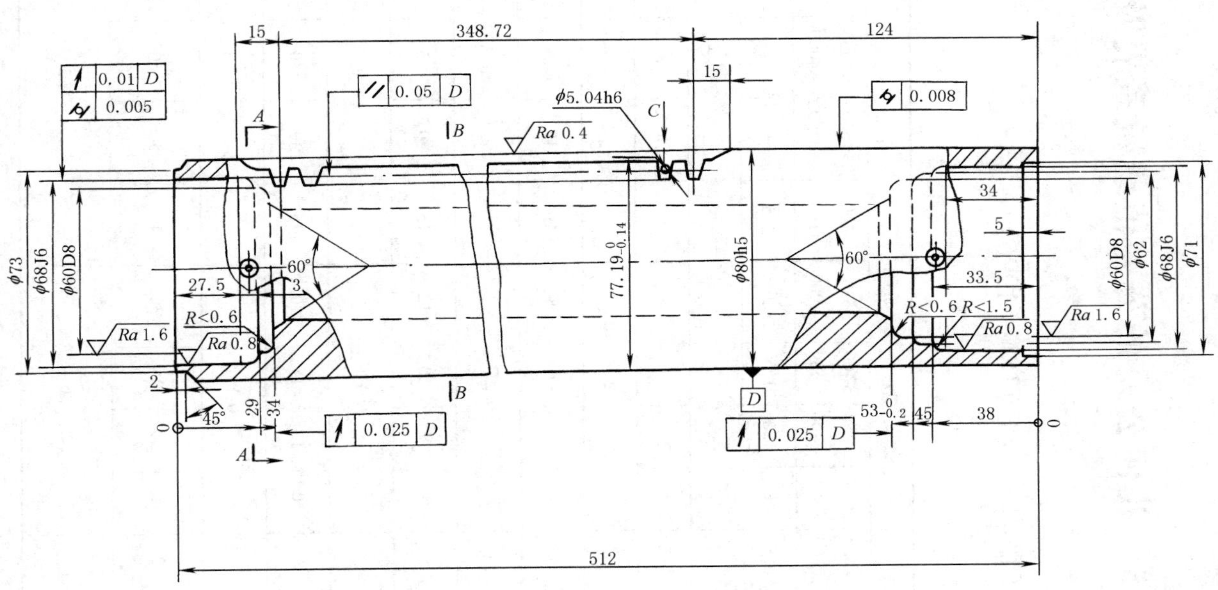

图 2-3-1　摇臂钻床主轴套

以要由垂直度公差来保证。

对垂直度公差等级的选择，可根据齿条的检验棒尺寸公差等级 6 级（IT6），齿间相当于孔相对轴，可降低 1~2 级等级选择的原则，齿间可选 8 级（IT8）尺寸公差等级，查表 2-3-21，8 级尺寸公差等级对应的垂直度公差等级为 6 级。按齿条长 54mm 的尺寸分段，查表 2-3-26 取公差值为 0.02mm。在图纸上标注时，应标在检验棒上，若检验棒的长度为 100mm，公差值也应为 2 倍，即 0.04mm。

⑤ 各齿条分度线几何公差的选择。为保证主轴套作上下滑动时与套筒配合间隙均匀，必须要求各齿条分度线构成的分度面与 ϕ80h5 的轴线平行，所以要由给出的平行度公差来保证。

对平行度位置公差等级的选择，因同一齿条均以 ϕ80h5 的轴线为基准，所以，平行度可选取与垂直度为同一形位公差等级 6 级，查表 2-3-26，取公差值为 0.05mm。

5 几何公差的公差值或数系表及应用举例

5.1 直线度、平面度公差值（摘自 GB/T 1184—1996）

表 2-3-23

μm

公差等级	主参数 L/mm																应用举例
	≤10	>10~16	>16~25	>25~40	>40~63	>63~100	>100~160	>160~250	>250~400	>400~630	>630~1000	>1000~1600	>1600~2500	>2500~4000	>4000~6300	>6300~10000	
1	0.2	0.25	0.3	0.4	0.5	0.6	0.8	1	1.2	1.5	2	2.5	3	4	5	6	用于精密量具、测量仪器以及精度要求极高的精密机械零件。如0级样板、平尺、0级宽平尺、工具显微镜等精密测量仪器的导轨面，喷油嘴针阀体端面，油泵柱塞套端面等
	Ra	0.025		0.05				0.1				0.2					
2	0.4	0.5	0.6	0.8	1	1.2	1.5	2	2.5	3	4	5	6	8	10	12	
	Ra	0.05		0.1				0.2				0.4					
3	0.8	1	1.2	1.5	2	2.5	3	4	5	6	8	10	12	15	20	25	用于0级及1级宽平尺工作面，1级样板平尺的工作面，测量仪器圆弧导轨，测量仪器的测杆等
	Ra	0.1		0.1				0.4				0.8					
4	1.2	1.5	2	2.5	3	4	5	6	8	10	12	15	20	25	30	40	用于量具、测量仪器和高精度机床导轨，如1级宽平尺，0级平板，测量仪器的V形导轨，高精度平面磨床的V形导轨和滚动导轨，轴承磨床及平面磨床床身等
	Ra	0.1		0.2				0.4				1.6					
5	2	2.5	3	4	5	6	8	10	12	15	20	25	30	40	50	60	用于1级平板，2级宽平尺，平面磨床的纵导轨，垂直导轨，立柱导轨和平面磨床的工作台，液压龙门刨床导轨，六角车床床身导轨，柴油机进、排气门导杆等
	Ra	0.2		0.2				0.8				1.6					
6	3	4	5	6	8	10	12	15	20	25	30	40	50	60	80	100	用于普通车床床身导轨，龙门刨床导轨，滚齿机立柱导轨、床身导轨及工作台，自动车床床身导轨，平面磨床垂直导轨，卧式镗床、铣床工作台以及机床主轴箱导轨，柴油机进、排气门导杆，柴油机机体上部结合面等
	Ra	0.2		0.4				1.6				3.2					

续表

公差等级	主参数 L/mm																应用举例
	≤10	>10 ~16	>16 ~25	>25 ~40	>40 ~63	>63 ~100	>100 ~160	>160 ~250	>250 ~400	>400 ~630	>630 ~1000	>1000 ~1600	>1600 ~2500	>2500 ~4000	>4000 ~6300	>6300 ~10000	
7	5	6	8	10	12	15	20	25	30	40	50	60	80	100	120	150	用于2级平板，0.02mm游标卡尺尺身，机床床头箱体、滚齿机床身导轨、镗床工作台、摇臂钻底座工作台，柴油机气门导杆，液压泵盖，压力机导轨及滑块
	Ra		0.4	0.8				1.6				6.3					
8	8	10	12	15	20	25	30	40	50	60	80	100	120	150	200	250	用于2级平板，车床溜板箱体，机床主轴箱体，机床传动箱体，自动车床底座，气缸盖结合面，气缸座，内燃机连杆分离面，减速器壳体的结合面
	Ra		0.8	0.8				3.2				6.3					
9	12	15	20	25	30	40	50	60	80	100	120	150	200	250	300	400	用于2级平板，机床溜板箱体，立钻工作台，螺纹磨床的挂轮架，金相显微镜的载物台，柴油机气缸体，连杆的分离面，缸盖的结合面，阀片，空气压缩机的缸体，柴油机缸孔环面以及液压管件和法兰的连接面等
	Ra		1.6	1.6				3.2				12.5					
10	20	25	30	40	50	60	80	100	120	150	200	250	300	400	500	600	用于3级平板，自动车床床身底面，车床挂轮架，柴油机气缸体，摩托车的曲轴箱体，汽车变速箱的壳体，汽车发动机缸盖结合面，阀片以及辅助机构及手动机械的支撑面
	Ra		1.6	3.2				6.3				12.5					
11	30	40	50	60	80	100	120	150	200	250	300	400	500	600	800	1000	用于易变形水位薄片，薄壳零件，如离合器的摩擦片、汽车发动机缸盖的结合面，手动机械支架、机床法兰等
	Ra		3.2	6.3				12.5				12.5					
12	60	80	100	120	150	200	250	300	400	500	600	800	1000	1200	1500	2000	
	Ra		6.3	12.5				12.5				12.5					
主参数 L 图例																	

注：表中所列的表面粗糙度值和应用举例，仅供参考。

5.2 圆度、圆柱度公差值（摘自 GB/T 1184—1996）

表 2-3-24

μm

公差等级	主参数 $d(D)$/mm													应用举例(参考)
	≤3	>3~6	>6~10	>10~18	>18~30	>30~50	>50~80	>80~120	>120~180	>180~250	>250~315	>315~400	>400~500	
0	0.1	0.1	0.12	0.15	0.2	0.25	0.3	0.4	0.6	0.8	1.0	1.2	1.5	高精度量仪主轴，高精度机床主轴、滚动轴承滚珠和滚柱等
1	0.2	0.2	0.25	0.25	0.3	0.4	0.5	0.6	1	1.2	1.6	2	2.5	
2	0.3	0.4	0.4	0.5	0.6	0.6	0.8	1	1.2	2	2.5	3	4	精密量仪主轴，外套、阀套，高压油泵柱塞及套，纺锭轴承，高速柴油机进、排气门，精密机床主轴轴颈，针阀圆柱表面，喷油泵柱塞及柱塞套
3	0.5	0.6	0.6	0.8	1	1	1.2	1.5	2	3	4	5	6	小工具显微镜套管外圆，高精度外圆磨床主轴，磨床砂轮主轴套筒，喷油嘴针阀体，高精度微型轴承内、外圈
4	0.8	1	1	1.2	1.5	1.5	2	2.5	3.5	4.5	6	7	8	较精密机床主轴，精密机床主轴箱孔，高压阀门活塞、活塞销、阀体孔，小工具显微镜顶针，高压油泵柱塞，较高精度滚动轴承的配合轴，铣削动力头箱体孔等
5	1.2	1.5	1.5	2	2.5	2.5	3	4	5	7	8	9	10	一般量仪主轴、测杆外圆，陀螺仪轴颈，一般机床主轴，较精密机床主轴箱孔，柴油机汽油机活塞、活塞销孔，铣削动力头轴承箱座孔，高压空气压缩机十字头销、活塞等
6	2	2.5	2.5	3	4	4	5	6	8	10	12	13	15	仪表端盖外圆，一般机床主轴及箱孔，中等压力下液压装置工作面(包括泵，压缩机的活塞和气缸)，汽车发动机凸轮轴，纺机锭子，通用减速器轴颈，高速船用发动机曲轴，拖拉机曲轴，主轴颈，风动绞车曲轴
7	3	4	4	5	6	7	8	10	12	14	16	18	20	大功率低速柴油机曲轴、活塞、活塞销、连杆、气缸，高速柴油机箱体孔，千斤顶或压力油缸活塞，液压传动系统的分配机构，机车传动轴，水泵及一般减速器轴颈
8	4	5	6	8	9	11	13	15	18	20	23	25	27	低速发动机、减速器、大功率曲柄轴轴颈，压气机连杆盖、体，拖拉机气缸体、活塞，炼胶机冷铸轴辊，印刷机传墨辊，内燃机曲轴，柴油机机体孔，凸轮轴，拖拉机、小型船用柴油机气缸套
9	6	8	9	11	13	16	19	22	25	29	32	36	40	空气压缩机缸体、通用机械杠杆与拉杆用套筒销子、拖拉机活塞环套筒孔，氧压机基座
10	10	12	15	18	21	25	30	35	40	46	52	57	63	印刷机导布辊，绞车、吊车、起重机滑动轴承颈等
11	14	18	22	27	33	39	46	54	63	72	81	89	97	
12	25	30	36	43	52	62	74	87	100	115	130	140	155	

主参数 $d(D)$ 图例

5.3 同轴度、对称度、圆跳动和全跳动公差值（摘自 GB/T 1184—1996）

表 2-3-25　　　　μm

公差等级	主参数 $d(D)$、B、L/mm																	应用举例(参考)
	≤1	>1~3	>3~6	>6~10	>10~18	>18~30	>30~50	>50~120	>120~250	>250~500	>500~800	>800~1250	>1250~2000	>2000~3150	>3150~5000	>5000~8000	>8000~10000	
1	0.4	0.4	0.5	0.6	0.8	1	1.2	1.5	2	2.5	3	4	5	6	8	10	12	用于同轴度或旋转精度要求很高的零件，一般需要按尺寸公差等级 IT6 或高于 IT6 制造的零件。1、2 级用于精密测量仪器的主轴和顶尖，柴油机喷油嘴针阀等。3、4 级用于机床主轴轴颈、砂轮轴轴颈，汽轮机主轴，测量仪器的小齿轮轴，高精度滚动轴承内、外圈等
2	0.6	0.6	0.8	1	1.2	1.5	2	2.5	3	4	5	6	8	10	12	15	20	
3	1	1	1.2	1.5	2	2.5	3	4	5	6	8	10	12	15	20	25	30	
4	1.5	1.5	2	2.5	3	4	5	6	8	10	12	15	20	25	30	40	50	
5	2.5	2.5	3	4	5	6	8	10	12	15	20	25	30	40	50	60	80	应用范围较广的精度等级，用于精度要求比较高，一般按尺寸公差等级 IT7 或 IT8 制造的零件。5 级常用在机床轴颈，测量仪器的测量杆，汽轮机主轴，柱塞油泵转子，高精度滚动轴承外圈，一般精度滚动轴承内圈。6、7 级用在内燃机曲轴，凸轮轴轴颈，水泵轴，齿轮轴，汽车后桥输出轴，电机转子，0 级精度滚动轴承内圈，印刷机传墨辊等
6	4	4	5	6	8	10	12	15	20	25	30	40	50	60	80	100	120	
7	6	6	8	10	12	15	20	25	30	40	50	60	80	100	120	150	200	
8	10	10	12	15	20	25	30	40	50	60	80	100	120	150	200	250	300	用于一般精度要求，通常按尺寸公差等级 IT9~IT11 制造的零件。8 级用于拖拉机发动机分配轴轴颈，9 级精度用于齿轮与轴的配合面，水泵叶轮，离心泵泵体，棉花精梳机前后滚子。10 级用于摩托车活塞，印染机导布辊，内燃机活塞环槽底径对活塞中心，气缸套外圆对内孔工作面等
9	15	20	25	30	40	50	60	80	100	120	150	200	250	300	400	500	600	
10	25	40	50	60	80	100	120	150	200	250	300	400	500	600	800	1000	1200	
11	40	60	80	100	120	150	200	250	300	400	500	600	800	1000	1200	1500	2000	用于无特殊要求，一般按尺寸公差等级 IT12 制造的零件
12	60	120	150	200	250	300	400	500	600	800	1000	1200	1500	2000	2500	3000	4000	

主参数 $d(D)$、B、L 图例

当被测要素为圆锥面时，取

$$d=\frac{d_1+d_2}{2}$$

5.4 平行度、垂直度、倾斜度公差值（摘自 GB/T 1184—1996）

表 2-3-26

μm

公差等级	主参数 L、$d(D)$/mm																应用举例(参考)	
	≤10	>10~16	>16~25	>25~40	>40~63	>63~100	>100~160	>160~250	>250~400	>400~630	>630~1000	>1000~1600	>1600~2500	>2500~4000	>4000~6300	>6300~10000	平行度	垂直度和倾斜度
1	0.4	0.5	0.6	0.8	1	1.2	1.5	2	2.5	3	4	5	6	8	10	12	高精度机床、测量仪器以及量具等主要基准面和工作面	
2	0.8	1	1.2	1.5	2	2.5	3	4	5	6	8	10	12	15	20	25	精密机床、测量仪器、量具以及模具的基准面和工作面，精密机床上重要箱体主轴孔对基准面的要求	精密机床导轨，普通机床主要导轨，机床主轴轴向定位面，精密机床主轴轴肩端面，滚动轴承座圈端面，齿轮测量仪的心轴，光学分度头心轴，蜗轮轴端面，精密刀具，量具的工作面和基准面
3	1.5	2	2.5	3	4	5	6	8	10	12	15	20	25	30	40	50		
4	3	4	5	6	8	10	12	15	20	25	30	40	50	60	80	100	普通机床、测量仪器、量具及模具的基准面和工作面，高精度轴承座圈、端盖、挡圈的端面，机床主轴孔对基准面的要求，重要轴承孔对基准面的要求，床头箱体重要孔间要求，一般减速器壳体孔，齿轮泵的轴孔端面等	普通机床导轨，精密机床重要零件，机床重要支承面，普通机床主轴偏摆，发动机轴和离合器凸缘，气缸的支承端面，装4、5级轴承的箱体的凸肩，测量仪器，液压传动轴瓦端面，蜗轮盘端面，刀、量具工作面和基准面等
5	5	6	8	10	12	15	20	25	30	40	50	60	80	100	120	150		
6	8	10	12	15	20	25	30	40	50	60	80	100	120	150	200	250	一般机床零件的工作面或基准面，压力机和锻锤的工作面，中等精度钻模的工作面，一般刀具、量具、模具，机床一般轴承孔对基准面的要求，床头箱一般孔间要求，气缸轴线，变速器箱孔，主轴花键对定心直径，重型机械轴承盖的端面，卷扬机、手动传动装置中的传动轴	低精度机床主要基准面和工作面，回转工作台端面，一般导轨，主轴箱体孔，刀架、砂轮架及工作台回转中心，机床轴肩，气缸配合面对其轴线，活塞销孔对活塞中心线以及装6、0级轴承壳体孔的轴线等，压缩机气缸配合面对气缸镜面轴线的要求等
7	12	15	20	25	30	40	50	60	80	100	120	150	200	250	300	400		
8	20	25	30	40	50	60	80	100	120	150	200	250	300	400	500	600		
9	30	40	50	60	80	100	120	150	200	250	300	400	500	600	800	1000	低精度零件，重型机械滚动轴承端盖，柴油机和煤气发动机的曲轴孔、轴颈等	花键轴轴肩端面，皮带运输机法兰盘等端面对轴心线，手动卷扬机及传动装置中轴承端面，减速器壳体平面等
10	50	60	80	100	120	150	200	250	300	400	500	600	800	1000	1200	1500		
11 12	80 120	100 150	120 200	150 250	200 300	250 400	300 500	400 600	500 800	600 1000	800 1200	1000 1500	1200 2000	1500 2500	2000 3000	2500 4000	零件的非工作面，卷扬机、运输机上用以装减速器壳体的平面	农业机械齿轮端面等

主参数 L、$d(D)$图例

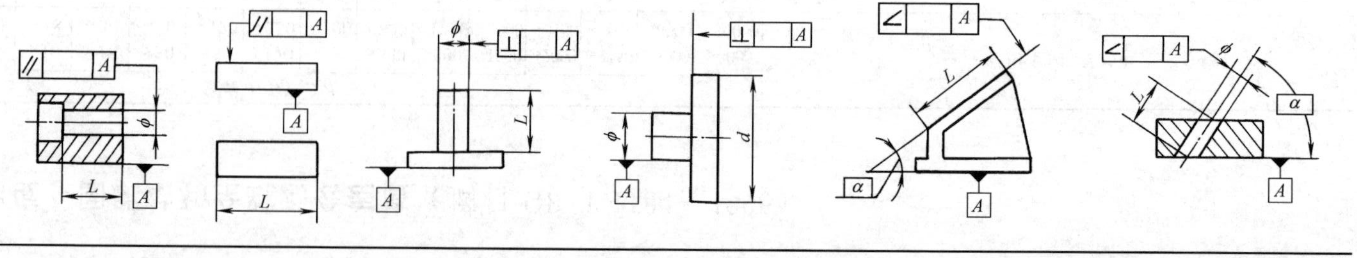

表 2-3-27　　位置度数系　　μm

1	1.2	1.5	2	2.5	3	4	5	6	8
1×10^n	1.2×10^n	1.5×10^n	2×10^n	2.5×10^n	3×10^n	4×10^n	5×10^n	6×10^n	8×10^n

注：n 为正整数。位置度应按本表规定的数系标注。

5.5 形位公差未注公差值（摘自 GB/T 1184—1996）

① 直线度、平面度的未注公差值见表 2-3-28。选择公差值时，对于直线度应按其相应线的长度选择；对于平面度应按其表面的较长一侧或圆表面的直径选择。

表 2-3-28　　直线度和平面度的未注公差值　　mm

公差等级	基本长度范围					
	≤10	>10~30	>30~100	>100~300	>300~1000	>1000~3000
H	0.02	0.05	0.1	0.2	0.3	0.4
K	0.05	0.1	0.2	0.4	0.6	0.8
L	0.1	0.2	0.4	0.8	1.2	1.6

② 圆度的未注公差值等于标准的直径公差值，但不能大于表 2-3-31 中的径向圆跳动值。

③ 圆柱度的未注公差值不作规定。

a. 圆柱度误差由三个部分组成：圆度、直线度和相对素线的平行度误差，而其中每一项误差均由它们的注出公差或未注公差控制。

b. 如因功能要求，圆柱度应小于圆度、直线度和平行度的未注公差的综合结果，应在被测要素上按 GB/T 1182 的规定注出圆柱度公差值。

c. 采用包容要求。

④ 平行度的未注公差值等于给出的尺寸公差值，或是直线度和平面度未注公差值中的相应公差值取较大者。应取两要素中的较长者作为基准，若两要素的长度相等则可选任一要素为基准。

⑤ 垂直度的未注公差值见表 2-3-29。取形成直角的两边中较长的一边作为基准，较短的一边作为被测要素；若两边的长度相等则可取其中的任意一边作为基准。

表 2-3-29　　垂直度未注公差值　　mm

公差等级	基本长度范围			
	≤100	>100~300	>300~1000	>1000~3000
H	0.2	0.3	0.4	0.5
K	0.4	0.6	0.8	1
L	0.6	1	1.5	2

⑥ 对称度的未注公差值见表 2-3-30。应取两要素中较长者作为基准，较短者作为被测要素；若两要素长度相等则可选任一要素为基准。对称度的未注公差值用于至少两个要素中的一个是中心平面，或两个要素的轴线相互垂直。

表 2-3-30　　对称度未注公差值　　mm

公差等级	基本长度范围			
	≤100	>100~300	>300~1000	>1000~3000
H	0.5			
K	0.6		0.8	1
L	0.6	1	1.5	2

⑦ 同轴度的未注公差值未做规定。在极限状况下，同轴度的未注公差值可以和表 2-3-31 中规定的径向圆跳动的未注公差值相等。应选两要素中的较长者为基准，若两要素长度相等则可任选一要素为基准。

⑧ 圆跳动（径向、端面和斜向）的未注公差值见表 2-3-31。对于圆跳动的未注公差值，应以设计或工艺给定的支承面作为基准，否则应取两要素中较长的一个作为基准；若两要素的长度相等则可任选一要素为基准。

表 2-3-31　圆跳动的未注公差值　mm

公差等级	圆跳动公差值
H	0.1
K	0.2
L	0.5

线轮廓度、面轮廓度、倾斜度、位置度和全跳动均应由各要素的注出或未注形位公差、线性尺寸公差或角度公差控制。

若采用本标准规定的未注公差值，应在标题栏附近或在技术要求、技术文件（如企业标准）中注出标准号及公差等级代号“GB/T 1184-X”。

CHAPTER 4

第4章 表面结构

1 概　述

1.1 表面结构的概念

表面结构是表面粗糙度、表面波纹度、表面缺陷、表面几何形状的总称。

表面结构的各种特性都是零件表面的几何形状误差，是在金属切削加工过程中，由于工艺等因素的不同，致使零件加工表面的几何形状误差有所不同。

表面粗糙度、表面波纹度、表面几何形状这三种特性绝非孤立存在，大多数表面是由粗糙度、波纹度及形状误差综合影响产生的结果。由于粗糙度、波纹度及形状误差的功能影响各不相同，分别测出它们是必要的（图2-4-1）。

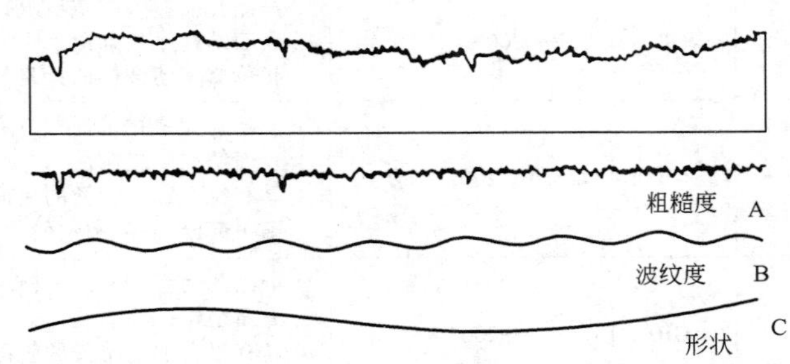

图2-4-1　代表粗糙度、波纹度和形状误差的综合影响的表面轮廓

1.2 表面结构标准体系

目前我国表面结构标准体系如图2-4-2所示。与这些有关的国标如表2-4-1。

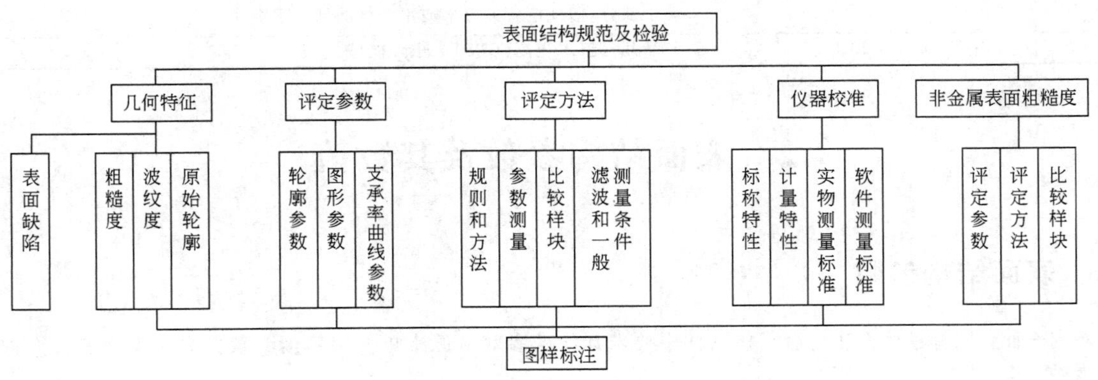

图2-4-2　表面结构标准体系

表 2-4-1　　与表面结构有关的国家标准列表

序号	国标号	国标名
1	GB/T 131—2006	产品几何技术规范(GPS) 技术产品文件中表面结构的表示法
2	GB/T 1031—2009	产品几何技术规范(GPS) 表面结构　轮廓法 表面粗糙度参数及其数值
3	GB/T 3505—2009	产品几何技术规范(GPS) 表面结构　轮廓法 术语、定义及表面结构参数
4	GB/T 4458. 4—2003	机械制图　尺寸注法
5	GB/T 6062—2009	产品几何技术规范(GPS) 表面结构　轮廓法 接触(触针)式仪器的标称特性
6	GB/T 10610—2009	产品几何技术规范(GPS) 表面结构　轮廓法 评定表面结构的规则和方法
7	GB/T 13911—2008	金属镀覆和化学处理标识方法
8	GB/T 18618—2009	产品几何技术规范(GPS) 表面结构　轮廓法 图形参数
9	GB/T 18777—2009	产品几何技术规范(GPS) 表面结构　轮廓法 相位修正滤波器的计量特性
10	GB/T 18778. 1—2002	产品几何量技术规范(GPS) 表面结构　轮廓法 具有符合加工特征的表面 第 1 部分:滤波和一般测量条件
11	GB/T 18778. 2—2003	产品几何量技术规范(GPS) 表面结构　轮廓法 具有复合加工特征的表面 第 2 部分:用线性化的支承率曲线表征高度特性
12	GB/T 18778. 3—2006	产品几何量技术规范(GPS) 表面结构　轮廓法 具有复合加工特征的表面 第 3 部分:用概率支承率曲线表征高度特性
13	GB/T 18779. 1—2022	产品几何技术规范(GPS) 工件与测量设备的测量检验 第 1 部分:按规范验证合格或不合格的判定规则
14	GB/T 20308—2020	产品几何技术规范(GPS)　矩阵模型

2　表面结构参数及其数值

2.1　表面结构参数

新的表面结构标准体系建立后，在图样中要求标注的参数从原来单一粗糙度参数扩大到下面三组（共 65 个）参数。

① 轮廓参数，包括粗糙度参数 R、波纹度参数 W、原始轮廓参数 P。

② 图形参数，包括粗糙度图形、波纹度图形。

③ 支承率曲线参数。

图形参数与支承率曲线参数尚无可供选用的参数数值，本章不编入相关内容。同样轮廓参数中的波纹度参数、原始轮廓参数的表示方法等也没有编入。

2.1.1 评定表面结构的轮廓参数（摘自 GB/T 3505—2009）

（1）一般术语及定义

表 2-4-2

序号	术语	定义或解释	图示
1	坐标系	定义表面结构参数的坐标体系 注：通常采用一个直角坐标体系，其轴线形成一右旋笛卡儿坐标系，X 轴与中线方向一致，Y 轴也处于实际表面上，而 Z 轴则在从材料到周围介质的外延方向上	
2	实际表面	物体与周围介质分离的表面	
3	表面轮廓	一个指定平面与实际表面相交所得的轮廓（见右图） 注：实际上，通常采用一条名义上与实际表面平行和在一个适当方向的法线来选择一个平面	Z Y X 表面轮廓
4	原始轮廓	通过 λ_s 轮廓滤波器之后的总轮廓 注：原始轮廓是评定原始轮廓参数的基础	
5	粗糙度轮廓	粗糙度轮廓是对原始轮廓采用 λ_c 轮廓滤波器抑制长波成分以后形成的轮廓，是经过人为修正的轮廓 注： 1. 粗糙度轮廓的传输频带是由 λ_c 和 λ_s 轮廓滤波器来限定的 2. 粗糙度轮廓是评定粗糙度轮廓参数的基础 3. λ_c 和 λ_s 之间的关系在标准中不作规定	
6	波纹度轮廓	波纹度轮廓是对原始轮廓连续应用 λ_f 和 λ_c 两个滤波器以后形成的轮廓。采用 λ_f 轮廓滤波器抑制长波成分，而采用 λ_c 轮廓滤波器抑制短波成分。这是经过人为修正的轮廓 注： 1. 在运用 λ_f 轮廓滤波器分离波纹度轮廓以前，应首选通过最小二乘法的最佳拟合从总轮廓中提取标称的形状，并将形状成分从总轮廓中去除。对于圆的标称形式，建议在最小二乘的优化计算中考虑实际半径的影响，而不要采用固定的标称值。这个分离波纹度轮廓的过程定义了理想的波纹度操作算子 2. 波纹度轮廓的传输频带是由 λ_f 和 λ_c 轮廓滤波器来限定的 3. 波纹度轮廓是评定波纹度轮廓参数的基础	
7	中线	具有几何轮廓形状并划分轮廓的基准线	
8	粗糙度轮廓中线	用 λ_c 轮廓滤波器所抑制的长波轮廓成分对应的中线	
9	波纹度轮廓中线	用 λ_f 轮廓滤波器所抑制的长波轮廓成分对应的中线	
10	原始轮廓中线	在原始轮廓上按照标称形状用最小二乘法拟合确定的中线	

续表

序号	术语	定义或解释	图示
11	取样长度	在 X 轴方向判别被评定轮廓的不规则特征的长度 注:评定粗糙度和波纹度轮廓的取样长度 l_r 和 l_w 在数值上分别与 λ_c 和 λ_f 轮廓滤波器的截止波长相等。原始轮廓的取样长度 l_p 则与评定长度相等	
12	评定长度 l_n	用于判别被评定轮廓的 X 轴方向上的长度 注:评定长度包含一个或几个取样长度	
13	轮廓滤波器	把轮廓分成长波和短波成分的滤波器,如 λ_s 滤波器、λ_c 滤波器和 λ_f 滤波器 注:在测量粗糙度、波纹度和原始轮廓的仪器中使用的三种滤波器(见右图),其传输特性相同但截止波长不同	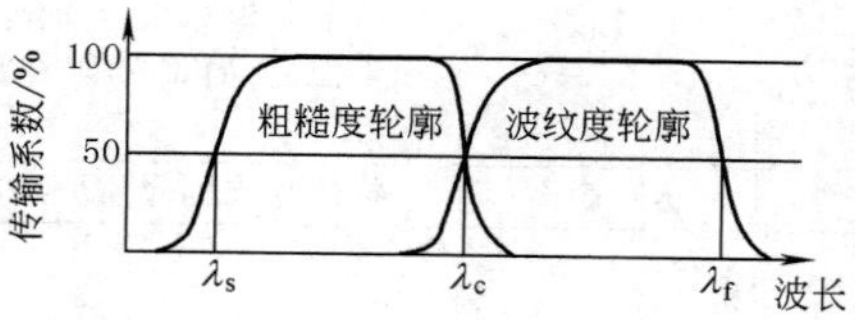 传输系数/% 100 50 粗糙度轮廓 波纹度轮廓 λ_s λ_c λ_f 波长
14	λ_s 滤波器	确定存在于表面上的粗糙度与比它更短的波的成分之间相交界限的滤波器(见右图)	
15	λ_c 滤波器	确定粗糙度与波纹度成分之间相交界限的滤波器(见右图)	
16	λ_f 滤波器	确定存在于表面上的波纹度与比它更长的波的成分之间相交界限的滤波器(见右图)	

(2) 几何参数术语及定义

表 2-4-3

序号	术语	定义或解释	图示
1	*P* 参数	在原始轮廓上计算所得的参数	
2	*R* 参数	在粗糙度轮廓上计算所得的参数	
3	*W* 参数	在波纹度轮廓上计算所得的参数	
4	轮廓峰	被评定轮廓上连接轮廓和 X 轴两相邻交点向外(从材料到周围介质)的轮廓部分	
5	轮廓谷	被评定轮廓上连接轮廓和 X 轴两相邻交点向内(从周围介质到材料)的轮廓部分	
6	高度和/或间距分辨力	应计入被评定轮廓的轮廓峰和轮廓谷的最小高度和最小间距 注:轮廓峰和轮廓谷的最小高度通常用 *Pz*、*Rz*、*Wz* 取任一幅度参数的百分率来表示,最小间距则以取样长度的百分率表示	
7	轮廓单元	轮廓峰和轮廓谷的组合(见右图) 注:在取样长度始端或末端的评定轮廓的向外部分和向内部分视为一个轮廓峰或一个轮廓谷。当在若干个连续的取样长度上确定若干个轮廓单元时,在每一个取样长度的始端或末端评定的峰和谷仅在每个取样长度的始端计入一次	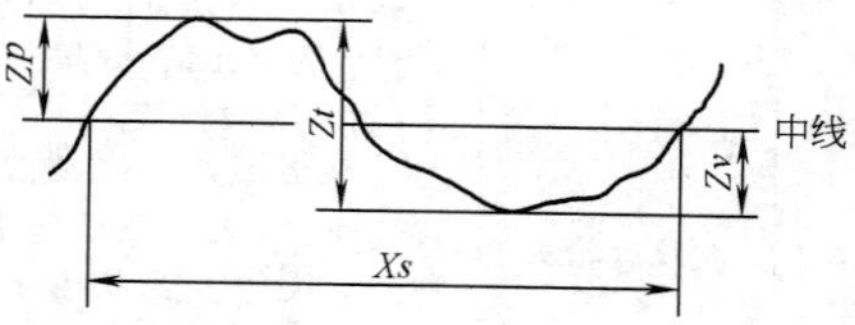 *Zp* *Zt* *Zv* 中线 *Xs*
8	纵坐标值 *Z*(*x*)	被评定轮廓在任一位置上距 X 轴的高度 注:若纵坐标位于 X 轴下方,该高度被视为负值,反之则为正值	
9	局部斜率 $\frac{dZ}{dX}$	评定轮廓在某一位置 X_i 的斜度(见右图) 注:1. 局部斜率和参数 $P\Delta q$、$R\Delta q$、$W\Delta q$ 的数值主要视纵坐标间距 ΔX 而定 2. 计算局部斜率的公式之一 $\frac{dZ_i}{dX}=\frac{1}{60\Delta X}(Z_{i+3}-9Z_{i+2}+45Z_{i+1}-45Z_{i-1}+9Z_{i-2}-Z_{i-3})$ 式中,Z_i 为第 i 个轮廓点的高度,ΔX 为相邻两轮廓点之间的水平间距	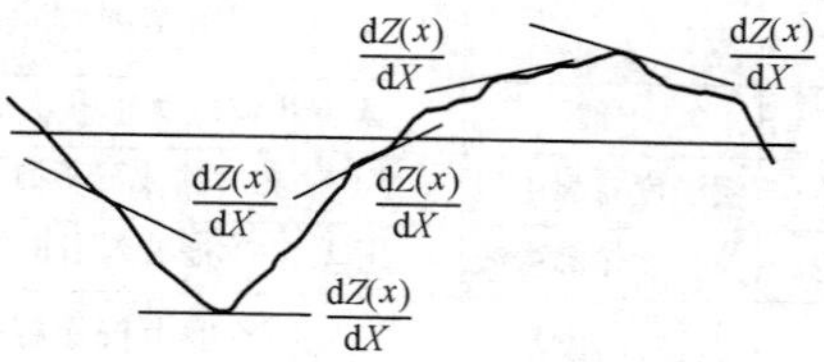 $\frac{dZ(x)}{dX}$ $\frac{dZ(x)}{dX}$ $\frac{dZ(x)}{dX}$ $\frac{dZ(x)}{dX}$ $\frac{dZ(x)}{dX}$

第2篇

续表

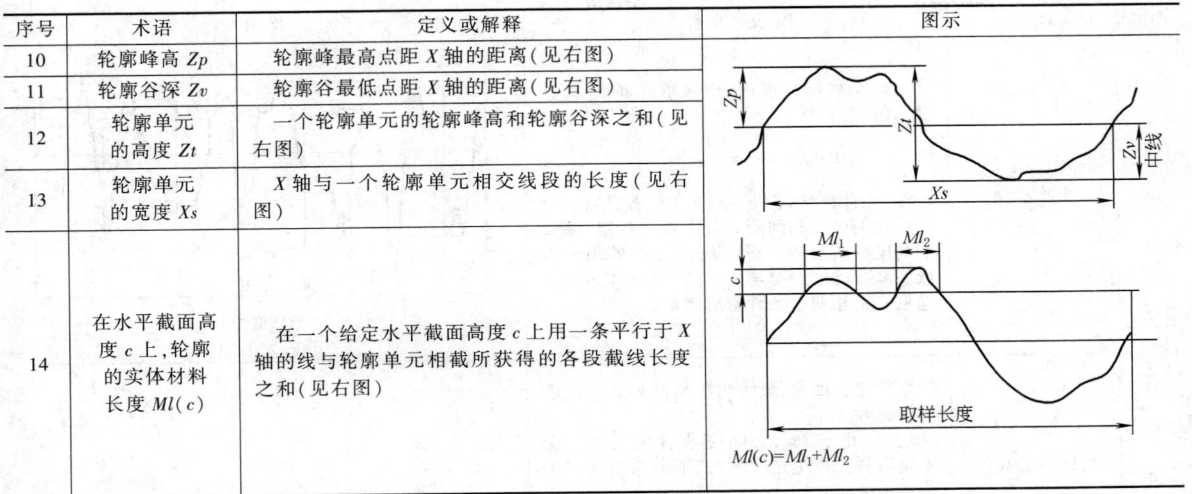

序号	术语	定义或解释	图示
10	轮廓峰高 Zp	轮廓峰最高点距 X 轴的距离(见右图)	
11	轮廓谷深 Zv	轮廓谷最低点距 X 轴的距离(见右图)	
12	轮廓单元的高度 Zt	一个轮廓单元的轮廓峰高和轮廓谷深之和(见右图)	
13	轮廓单元的宽度 Xs	X 轴与一个轮廓单元相交线段的长度(见右图)	
14	在水平截面高度 c 上,轮廓的实体材料长度 $Ml(c)$	在一个给定水平截面高度 c 上用一条平行于 X 轴的线与轮廓单元相截所获得的各段截线长度之和(见右图)	$Ml(c)=Ml_1+Ml_2$

(3) 表面轮廓参数术语及定义

表 2-4-4

序号	术语	定义或解释	图示
1	幅度参数(峰和谷)	以峰和谷值定义的最大轮廓峰高、最大轮廓谷深、轮廓的最大高度、轮廓单元的平均高度及轮廓总高度等参数	
2	最大轮廓峰高 Pp、Rp、Wp	在一个取样长度内,最大的轮廓峰高 Zp(见右图)	取样长度 (以一个粗糙度轮廓为例)
3	最大轮廓谷深 Pv、Rv、Wv	在一个取样长度内,最大的轮廓谷深 Zv(见右图)	取样长度 (以一个粗糙度轮廓为例)
4	轮廓的最大高度 Pz、Rz、Wz	在一个取样长度内,最大轮廓峰高与最大轮廓谷深之和(见右图) 注:在 GB/T 3505—1983 中,Rz 符号曾用于表示"不平度的十点高度"。在使用中的一些表面粗糙度测量仪器大多测量的是本标准的旧版本规定的 Rz 参数。因此,当使用现行的技术文件和图样时必须注意这一点,因为用不同类型的仪器按不同的定义计算所得的结果,其差别并不都是非常微小而可忽略	取样长度 (以一个粗糙度轮廓为例)

续表

序号	术语	定义或解释	图示
5	轮廓单元的平均高度 Pc、Rc、Wc	在一个取样长度内，轮廓单元高度 Zt 的平均值（见右图） $$Pc、Rc、Wc = \frac{1}{m}\sum_{i=1}^{m} Zt_i$$ 注：在计算参数 Pc、Rc、Wc 时，需要判断轮廓单元的高度和间距。若无特殊规定，缺省的高度分辨力应分别按 Pz、Rz、Wz 的 10% 选取。缺省的间距分辨力应按取样长度的 1% 选取。上述两个条件都应满足	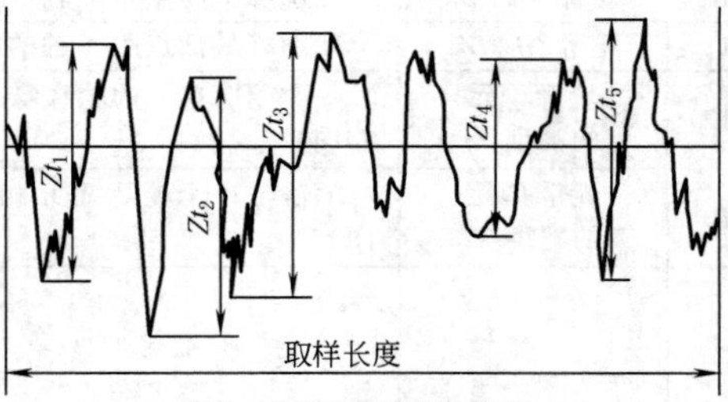 （以一个粗糙度轮廓为例）
6	轮廓的总高度 Pt、Rt、Wt	在评定长度内，最大轮廓峰高和最大轮廓谷深之和 注：1. 由于 Pt、Rt、Wt 是在评定长度上而不是取样长度上定义的，以下关系对任何轮廓都成立： $$Pt \geqslant Pz, Rt \geqslant Rz, Wt \geqslant Wz$$ 2. 在未规定的情况下，Pz 和 Pt 是相等的，此时建议采用 Pt	
7	幅度参数（纵坐标平均值）	以纵坐标平均值定义的评定轮廓的算术平均偏差、评定轮廓的均方根偏差、评定轮廓的偏斜度及评定轮廓的陡度等参数	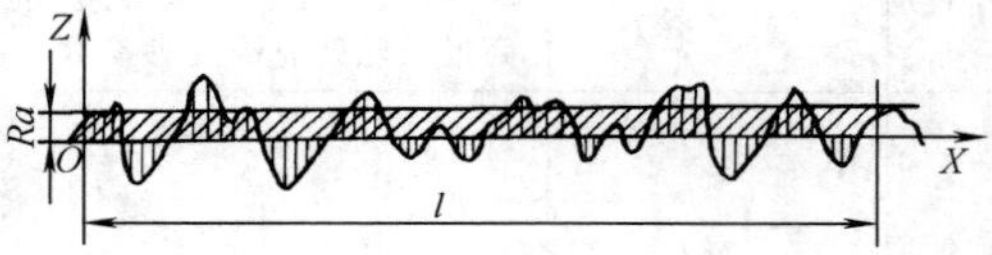
8	评定轮廓的算术平均偏差 Pa、Ra、Wa	在一个取样长度内，纵坐标值 $Z(x)$ 绝对值的算术平均值（见右图） $$Pa、Ra、Wa = \frac{1}{l}\int_0^l Z(x)\,\mathrm{d}x$$ 依据不同的情况，式中，$l=lp$、lr 或 lw	
9	评定轮廓的均方根偏差 Pq、Rq、Wq	在一个取样长度内，纵坐标值 $Z(x)$ 的均方根值 $$Pq、Rq、Wq = \sqrt{\frac{1}{l}\int_0^l Z^2(x)\,\mathrm{d}x}$$ 依据不同的情况，式中，$l=lp$、lr 或 lw	
10	评定轮廓的偏斜度 Psk、Rsk、Wsk	在一个取样长度内，纵坐标值 $Z(x)$ 三次方的平均值分别与 Pq、Rq 和 Wq 的三次方比值 $$Rsk = \frac{1}{Rq^3}\left[\frac{1}{lr}\int_0^{lr} Z^3(x)\,\mathrm{d}x\right]$$ 注：1. 上式定义了 Rsk，用类似的方式定义 Psk 和 Wsk 2. Psk、Rsk 和 Wsk 是纵坐标值概率密度函数不对称性的测定 3. 这些参数受独立的峰或独立的谷的影响很大	
11	评定轮廓的陡度 Pku、Rku、Wku	在一个取样长度内，纵坐标值 $Z(x)$ 四次方的平均值分别与 Pq、Rq 或 Wq 的四次方的比值 $$Rku = \frac{1}{Rq^4}\left[\frac{1}{lr}\int_0^{lr} Z^4(x)\,\mathrm{d}x\right]$$ 注：1. 上式定义了 Rku，用类似方式定义 Pku 和 Wku 2. Pku、Rku 和 Wku 是纵坐标值概率密度函数锐度的测定	

续表

序号	术语	定义或解释	图示
12	间距参数	以轮廓单元宽度值定义的参数，如轮廓单元的平均宽度	
13	轮廓单元的平均宽度 Psm、Rsm、Wsm	在一个取样长度内，轮廓单元宽度 Xs 的平均值（见右图） $Psm、Rsm、Wsm = \frac{1}{m}\sum_{i=1}^{m} Xs_i$ 注：对参数 Psm、Rsm、Wsm 需要辨别高度和间距。若无特殊规定，省略标注的高度分辨力（能力）分别为 Pz、Rz、Wz 的 10%，省略标注的间距分辨力（能力）为取样长度的 1%。上述两个条件都应满足	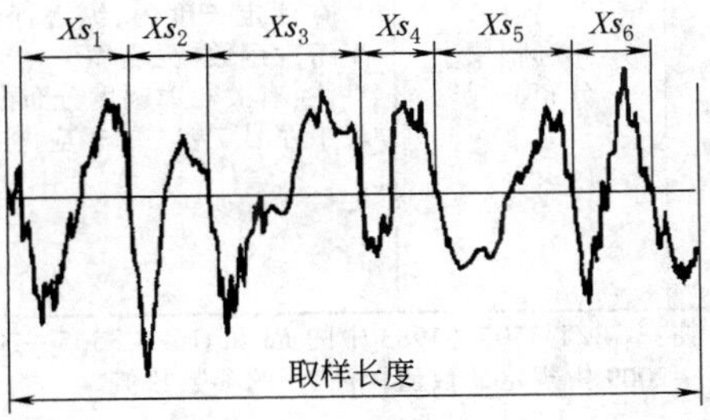 Xs_1 Xs_2 Xs_3 Xs_4 Xs_5 Xs_6 取样长度
14	评定轮廓的均方根斜率 $P\Delta q$、$R\Delta q$、$W\Delta q$	在一个取样长度内，纵坐标斜率 $\frac{dZ}{dX}$ 的均方根值	
15	曲线和相关参数	所有曲线和相关参数均在评定长度上而不是在取样长度上定义，因为这样可提供更稳定的曲线和相关参数	
16	轮廓的支承长度率 $Pmr(c)$、$Rmr(c)$、$Wmr(c)$	在给定的水平截面高度 c 上，轮廓的实体材料长度 $Ml(c)$ 与评定长度的比率 $Pmr(c)、Rmr(c)、Wmr(c) = \frac{Ml(c)}{ln}$	
17	轮廓的支承长度率曲线	表示轮廓支承率随水平截面高度 c 而变化的关系曲线（见右图） 注：该曲线为在一个评定长度内的各坐标值 $Z(x)$ 采样累积的分布概率函数	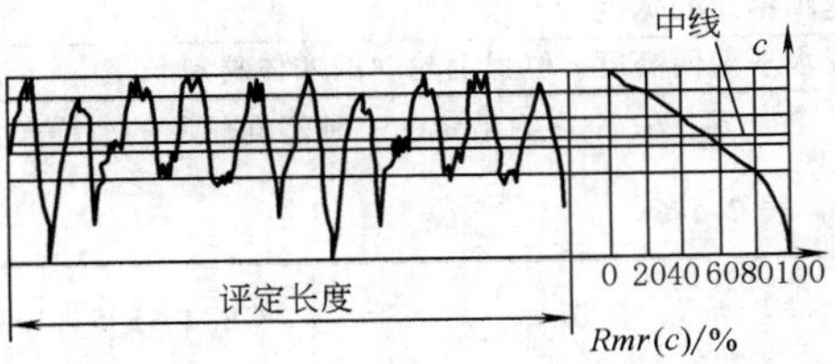 中线 c 评定长度 0 20 40 60 80 100 $Rmr(c)/\%$
18	轮廓水平截面高度差 $P\delta c$、$R\delta c$、$W\delta c$	给定支承比率的两个水平截面之间的垂直距离 $R\delta c = C(Rmr1) - C(Rmr2)$ $Rmr1 < Rmr2$ 注：以上公式定义了 $R\delta c$，用类似方法可定义 $P\delta c$ 和 $W\delta c$	
19	相对支承长度率 Pmr、Rmr、Wmr	在一个轮廓水平截面 $R\delta c$ 确定的，与起始零位 C_0 相关的支承长度率（见右图） $Pmr、Rmr、Wmr = Pmr, Rmr, Wmr(C_1)$ 其中 $C_1 = C_0 - R\delta c$（或 $P\delta c$ 或 $W\delta c$） $C_0 = C(Pmr0, Rmr0, Wmr0)$	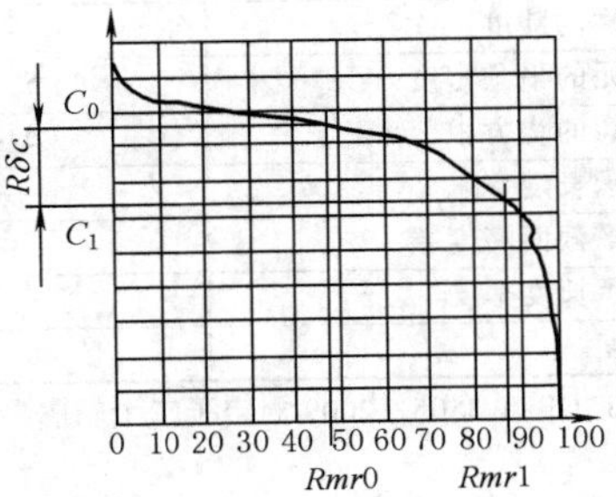 C_0 $R\delta c$ C_1 0 10 20 30 40 50 60 70 80 90 100 $Rmr0$ $Rmr1$

续表

序号	术语	定义或解释	图示
20	轮廓幅度分布曲线	在评定长度内，纵坐标值 $Z(x)$ 采样的概率密度函数（见右图） 注：有关轮廓幅度分布曲线的各参数见本表中序号 7~11 的相应内容	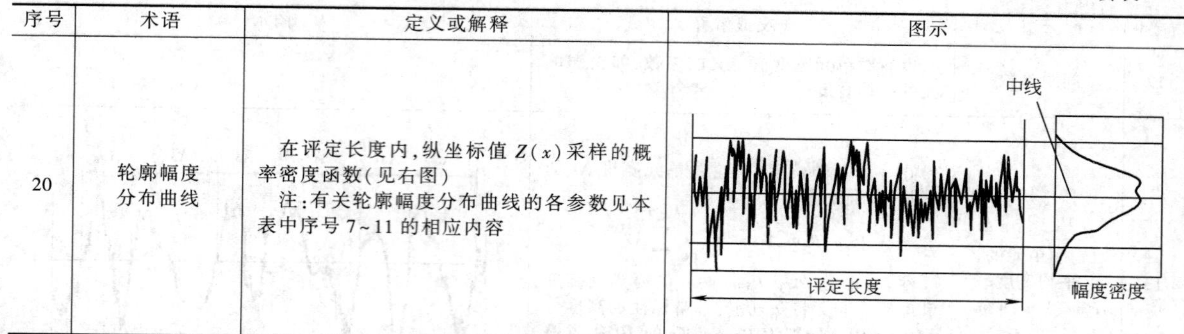

注：GB/T 3505—1983 中的 *Rz* 和 GB/T 3505—2009 中的 *Rz* 含义不同，因而测量仪器和测量结果会有区别。目前仍按 GB/T 1031—2009 中规定的数值标注 *Rz* 的参数数值。

2.1.2 基本术语和表面结构参数的新旧标准对照

表 2-4-5 基本术语的对照

基本术语	GB/T 3505—1983	GB/T 3505—2009
取样长度	l	lp、lw、lr
评定长度	l_n	ln
纵坐标值	y	$Z(x)$
局部斜率	—	$\frac{dZ}{dX}$
轮廓峰高	y_p	Zp
轮廓谷深	y_v	Zv
轮廓单元的高度	—	Zt
轮廓单元的宽度	—	Xs
在水平截面高度 c 位置上轮廓的实体材料长度	η_p	$Ml(c)$

注：*lp*、*lw* 和 *lr* 为给定的三种不同轮廓的取样长度，分别对应于 *P*、*W* 和 *R* 参数。

表 2-4-6 表面结构参数对照

参数	GB/T 3505—1983	GB/T 3505—2009	在测量范围内	
			评定长度 *ln*	取样长度
最大轮廓峰高	R_p	Rp		√
最大轮廓谷深	R_m	Rv		√
轮廓的最大高度	R_y	Rz		√
轮廓单元的平均高度	R_c	Rc		√
轮廓总高度	—	Rt	√	
评定轮廓的算术平均偏差	R_a	Ra		√
评定轮廓的均方根偏差	R_q	Rq		√
评定轮廓的偏斜度	S_k	Rsk		√
评定轮廓的陡度	—	Rku		√
轮廓单元的平均宽度	S_m	Rsm		√
评定轮廓的均方根斜率	Δ_q	$R\Delta q$		√
轮廓支承长度率	—	$Rmr(c)$	√	
轮廓水平截面高度差	—	$R\delta c$	√	
相对支承长度率	t_p	Rmr	√	
十点高度	R_z	—		

注：1. GB/T 3505—2009 规定了三个轮廓参数 *P*（原始轮廓）、*R*（粗糙度轮廓）、*W*（波纹度轮廓），表中只列出了粗糙度轮廓参数。

2. 表中的取样长度是 *lr*、*lw* 和 *lp*，分别对应于 *R*、*W* 和 *P* 参数。$lp=ln$。

3. 表中符号“√”表示在测量范围内采用的标准评定长度和取样长度。

2.1.3 表面粗糙度参数数值及取样长度 *lr* 与评定长度 *ln* 数值（摘自 GB/T 1031—2009）

GB/T 1031—2009《表面粗糙度参数及其数值》标准中参数定义的依据是 GB/T 3505—2009。

当表 2-4-7 中的 *Ra*、*Rz*、*Rsm* 系列值不能满足要求时，可选用表 2-4-8 中的补充系列值。

表 2-4-7　　表面粗糙度参数数值及取样长度 *lr* 与评定长度 *ln* 数值

<table>
<tr><td rowspan="2">幅度（高度）参数</td><td>Ra/μm</td><td colspan="3">0.012
0.025
0.05
0.1</td><td colspan="2">0.2
0.4
0.8
1.6</td><td colspan="2">3.2
6.3
12.5
25</td><td colspan="2">50
100</td></tr>
<tr><td>Rz/μm</td><td colspan="2">0.025
0.05
0.1
0.2</td><td colspan="2">0.4
0.8
1.6
3.2</td><td colspan="2">6.3
12.5
25
50</td><td colspan="2">100
200
400
800</td><td>1600</td></tr>
<tr><td rowspan="2">附加评定参数</td><td>Rsm/mm</td><td colspan="4">0.006
0.0125
0.025
0.05</td><td colspan="3">0.1
0.2
0.4
0.8</td><td colspan="2">1.6
3.2
6.3
12.5</td></tr>
<tr><td>Rmr(c)/%</td><td>10</td><td>15</td><td>20</td><td>25</td><td>30</td><td>40</td><td>50</td><td>60</td><td>70</td><td>80</td><td>90</td></tr>
<tr><td rowspan="4">取样长度与评定长度</td><td>Ra/μm</td><td colspan="2">≥0.008~0.02</td><td colspan="2">>0.02~0.1</td><td colspan="2">>0.1~2.0</td><td colspan="2">>2.0~10.0</td><td colspan="3">>10.0~80.0</td></tr>
<tr><td>Rz/μm</td><td colspan="2">≥0.025~0.1</td><td colspan="2">>0.1~0.5</td><td colspan="2">>0.5~10.0</td><td colspan="2">>10.0~50.0</td><td colspan="3">>50.0~320</td></tr>
<tr><td>lr/mm</td><td colspan="2">0.08</td><td colspan="2">0.25</td><td colspan="2">0.8</td><td colspan="2">2.5</td><td colspan="3">8.0</td></tr>
<tr><td>ln=5×lr/mm</td><td colspan="2">0.4</td><td colspan="2">1.25</td><td colspan="2">4.0</td><td colspan="2">12.5</td><td colspan="3">40.0</td></tr>
</table>

注：1. 在规定表面粗糙度要求时，应给出表面粗糙度参数值和测定时的取样长度值两项基本要求，必要时也可规定表面加工纹理、加工方法或加工顺序和不同区域的粗糙度等附加要求。

2. 表面粗糙度的标注方法应符合 GB/T 131 的规定；缺省评定长度值应符合 GB/T 10610 的规定。

3. 为保证制品表面质量，可按功能需要规定表面粗糙度参数值。否则，可不规定其参数值，也不需要检查。

4. 表面粗糙度各参数的数值应在垂直于基准面的各截面上获得。对给定的表面，如截面方向与高度参数（*Ra*，*Rz*）最大值的方向一致时，则可不规定测量截面的方向，否则应在图样上标出。

5. 对表面粗糙度的要求不适用于表面缺陷。在评定过程中，不应把表面缺陷（如沟槽、气孔、划痕等）包含进去。必要时，应单独规定对表面缺陷的要求。

6. 一般情况下，在测量 *Ra* 和 *Rz* 时，推荐按本表选用对应的取样长度，此时取样长度值的标注在图样上或技术文件中可省略。当有特殊要求时，应给出相应的取样长度值，并在图样上或技术文件中注出。

7. 由于 *Ra* 既能反映加工表面的微观几何形状特征，又能反映凸峰高度，且测量时便于数值处理，因此在幅度参数（峰和谷）常用的参数值范围内（*Ra* 为 0.025~6.3μm，*Rz* 为 0.1~25μm）推荐优先选用 *Ra*。

8. 根据表面功能的需要，在两项高度参数（*Ra*、*Rz*）不能满足要求的情况下，可选用附加评定参数。*Rsm* 一般不单独使用，*Rmr*（*c*）可单独使用。例如，必须控制零件表面加工痕迹的疏密度时，应增加附加评定参数 *Rsm*，当零件要求具有良好的耐磨性能时，则应增加选用 *Rmr*(*c*) 参数。

9. 根据表面功能和生产的经济合理性，当选用表中 *Ra*、*Rz*、*Rsm* 系列值不能满足要求时，可选取补充系列值，参见本手册表 2-4-8。

10. 选用轮廓的支承长度率 *Rmr*(*c*) 参数时，应同时给出轮廓截面高度 *c* 值。它可用微米或 *Rz* 的百分数表示。*Rz* 的百分数系列如下：5%、10%、15%、20%、25%、30%、40%、50%、60%、70%、80%、90%。如“*Rmr*（*c*）70%，*c*50%”，表示轮廓截面高度 *c* 在轮廓最大高度 *Rz* 的 50%的位置上，轮廓支承长度率的最小允许值为 70%。

11. 轮廓峰（谷）的最小高度规定为轮廓最大高度 *Rz* 的 10%。对评定 *Ra*、*Rz* 参数也适用。

12. 当两个零件的配合表面给出相同的 *c* 时，若 *Rmr*（*c*）值小，则表明零件配合的实际接触面积小，表面磨损较快；反之，*Rmr*（*c*）值越大，则配合表面实际接触面积越大，表面的耐磨性就越好。

13. 为了限定和减弱表面波纹度对表面粗糙度测得结果的影响，评定表面粗糙度时应选择一段基准线长度作为取样长度 *lr*。对于微观不平度间距较大的端铣、滚铣及其他大进给走刀量的加工表面，应按标准中本表规定的取样长度系列选取较大的取样长度值。

14. 由于加工表面不均匀，在评定表面粗糙度时，其评定长度应根据不同的加工方法和相应的取样长度来确定。一般情况下，当测量 *Ra* 和 *Rz* 时，推荐按表 2-4-7 选取相应的评定长度。如被测表面均匀性较好，测量时可选用小于 5×*lr* 的评定长度值；均匀性较差的表面可选用大于 5×*lr* 的评定长度值。

表 2-4-8　　评定表面粗糙度参数的补充系列值与常用值

参数	补充	常用	补充	常用	补充	常用	补充	常用
Ra/μm	0.008		0.125		2.0		32	
	0.010		0.160		2.5		40	
		0.012		0.20		3.2		50
	0.016		0.25		4.0		63	
	0.020		0.32		5.0		80	
		0.025		0.40		6.3		100
	0.032		0.50		8.0			
	0.040		0.63		10.0			
		0.050		0.80		12.5		
	0.063		1.00		16.0			
	0.080		1.25		20			
		0.10		1.60		25		
Rz/μm		0.025		0.4		6.3		100
	0.032		0.50		8.0		125	
	0.040		0.63		10.0		160	
		0.05		0.80		12.5		200
	0.063		1.00		16.0		250	
	0.080		1.25		20		320	
		0.10		1.6		25		400
	0.125		2.0		32		500	
	0.160		2.5		40		630	
		0.20		3.2		50		800
	0.25		4.0		63		1000	
	0.32		5.0		80		1250	

参数	补充	常用
Rsm/mm	0.002	
	0.003	
	0.004	
	0.005	0.006
	0.008	
	0.010	0.0125
	0.016	
	0.020	0.025
	0.032	
	0.040	0.05
	0.063	
	0.080	0.1
	0.125	
	0.160	0.2
	0.25	
	0.32	0.4
	0.5	
	0.63	0.8
	1.00	
	1.25	1.6
	2.0	
	2.5	3.2
	4.0	
	5.0	6.3
	8.0	
	10	12.5

2.2　轮廓法评定表面结构的规则和方法（摘自 GB/T 10610—2009）

在评定表面结构参数时，必须遵守下面的规则。

① GB/T 3505—2009、GB/T 18618—2009、GB/T 18778.2—2003、GB/T 18778.3—2006 中定义的各种表面结构参数测得值和公差极限值相比较的规则。

② 应用 GB/T 6062—2009 规定的触针式仪器测量由 GB/T 3505—2009 定义的粗糙度轮廓参数时选用截止波长 λ_c 的缺省规则。

2.2.1　参数测定

（1）在取样长度上定义的参数

① 参数测定：仅由一个取样长度测得的数据计算出参数值的一次测定。

② 平均参数测定：把所有按单个取样长度算出的参数值，取算术平均求得一个平均参数的测定。

当取 5 个取样长度（缺省值）测定粗糙度轮廓参数时，不需要在参数符号后面做标记。

如果是在不等于 5 个取样长度上测得的参数值，则必须在参数符号后面附注取样长度的个数，如 Rz_1、Rz_3。

（2）在评定长度上定义的参数

对于在评定长度上定义的参数 Pt、Rt 和 Wt，参数值的测定是由在评定长度（取 GB/T 1031 规定的评定长度缺省值）上的测量数据计算得到的。

（3）曲线及相关参数

对于曲线及相关参数的测定，首先以评定长度为基础求解这条曲线，再利用这条曲线上测得的数据计算出某一参数数值。

(4) 缺省评定长度

如果在图样上或技术产品文件中没有其他标注，缺省评定长度遵循以下规定：

R 参数：按 2.2.4 中给定的评定长度；

P 参数：评定长度等于被测特征的长度；

图形参数：评定长度的规定见 GB/T 18618—2009 中第 5 章；

GB/T 18778.2—2003、GB/T 18778.3—2006 中定义的参数，评定长度的规定见 GB/T 18778.1—2002 中第 7 章。

2.2.2 测得值与公差极限值相比较的规则

(1) 被检特征的区域

被检验工件各个部位的表面结构，可能呈现均匀一致状况，也可能差别很大。这点通过目测表面就能看出。在表面结构看来均匀的情况下，应采用整体表面上测得的参数值和图样上或产品技术文件中的规定值相比较。

如果个别区域的表面结构有明显差异，应将每个应用区域上测定的参数值分别和图样上或产品技术文件中给定的技术要求相比较。

当参数的规定值为上限值时，应在几个测量区域中选择可能会出现最大参数值的区域测量。

(2) 16%规则

当参数的规定值为上限值（见 GB/T 131—2006）时，如果所选参数在同一评定长度上的全部实测值中，大于图样或技术产品文件中规定值的个数不超过实测值总数的 16%，则该表面合格。

当参数的规定值为下限值时，如果所选参数在同一评定长度上的全部实测值中，小于图样或技术产品文件中规定值的个数不超过实测值总数的 16%，则该表面合格。

指明参数的上、下限值时，所用参数符号没有“max”标记。

(3) 最大规则

检验时，若参数的规定值为最大值（见 GB/T 131—2006 中 3.4），则在被检表面的全部区域内测得的参数值一个也不应超过图样或技术产品文件中的规定值。若规定参数的最大值，应在参数符号后面增加一个“max”的标记，例如 Rz_1max。

(4) 测量不确定度

为了验证是否符合技术要求，将测得参数值和规定公差极限进行比较时，应根据 GB/T 18779.1—2002 中的规定，把测量不确定度考虑进去。在将测量结果与上限值或下限值进行比较时，估算测量不确定度不必考虑表面的不均匀性，因为这在允许 16%超差中已计及。

2.2.3 参数评定

(1) 概述

表面结构参数不能用来描述表面缺陷。因此在检验表面结构时，不应把表面缺陷，例如划痕、气孔等考虑进去。

为了判定工件表面是否符合技术要求，必须采用表面结构参数的一组测量值，其中的每组数值是在一个评定长度上测定的。

对被检表面是否符合技术要求判定的可靠性，以及由同一表面获得的表面结构参数平均值的精度取决于获得表面参数的评定长度内取样长度的个数，而且也取决于评定长度的个数，即在表面的测量次数。

(2) 粗糙度轮廓参数

对于 GB/T 3505—2009 定义的粗糙度系列参数，如果评定长度不等于 5 个取样长度，则其上、下限值应重新计算，将其与评定长度等于 5 个取样长度时的极限值联系起来，图 2-4-3 中所示每个 σ 等于 σ_5。

σ_n 和 σ_5 的关系由下式给出：

$$\sigma_5 = \sigma_n \sqrt{n/5}$$

式中，n 为所用取样长度的个数（小于 5）。

测量的次数越多、评定长度越长，则判定被检表面是否

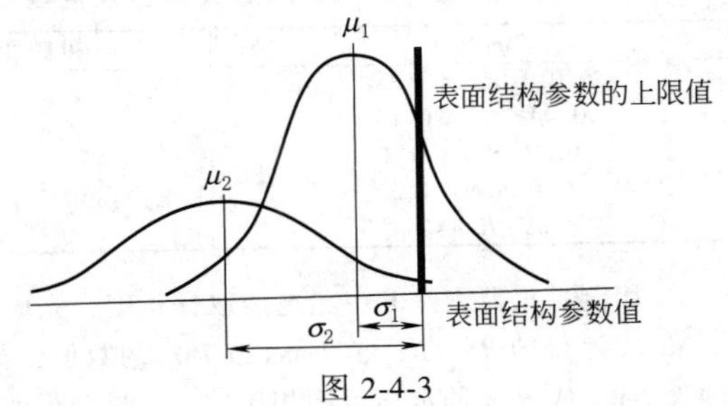

图 2-4-3

符合要求的可靠性越高，测量参数平均值的不确定度也越小。

然而，测量次数的增加将导致测量时间和成本的增加。因此，检验方法必须考虑一个兼顾可靠性和成本的折中方案（参见 GB/T 10610—2009 附录 A）。

2.2.4 用触针式仪器检验的规则和方法

（1）粗糙度轮廓参数测量中确定截止波长的基本原则

当工业产品文件或图样的技术文件中已规定取样长度时，截止波长 λ_c 应与规定的取样长度值相同。

若在图样或产品文件中没有出现粗糙度的技术规范或给出的粗糙度规范中没有规定取样长度，可由（2）给出的方法选定截止波长。

（2）粗糙度轮廓参数的测量

没有指定测量方向时，工件的安放应使其测量截面方向与得到粗糙度幅度参数（*Ra*、*Rz*）最大值的测量方向相一致，该方向垂直于被测表面的加工纹理。对无方向性的表面，测量截面的方向可以是任意的。

应在被测表面可能产生极值的部位进行测量，这可通过目测来估计。应在表面这一部位均匀分布的位置上分别测量，以获得各个独立的测量结果。

为了确定粗糙度轮廓参数的测得值，应首先观察表面并判断粗糙度轮廓是周期性的还是非周期性的。若没有其他规定，应以这一判断为基础，按下面①或②中规定的程序执行。如果采用特殊的测量程序，必须在技术文件和测量记录中加以说明。

① 非周期性粗糙度轮廓的测量程序

对于具有非周期粗糙度轮廓的表面应按下列步骤进行测量：

a. 根据需要，可以采用目测、粗糙度比较样块比较、全轮廓轨迹的图解分析等方法来估计被测的粗糙度轮廓参数 *Ra*、*Rz*、*Rz*1max 或 *Rsm* 的数值。

b. 利用 a. 中估计的 *Ra*、*Rz*、*Rz*1 max 或 *Rsm* 的数值，按表 2-4-9、表 2-4-10 或表 2-4-11 预选取样长度。

表 2-4-9　测量非周期性轮廓（如磨削轮廓）的 *Ra*、*Rq*、*Rsk*、*Rku*、*R*Δ*q* 值及曲线和相关参数的粗糙度取样长度

Ra/μm	粗糙度取样长度 *lr*/mm	粗糙度评定长度 *ln*/mm	
(0.006)<*Ra*≤0.02	0.08	0.4	*ln*=5×*lr*
0.02<*Ra*≤0.1	0.25	1.25	
0.1<*Ra*≤2	0.8	4	
2<*Ra*≤10	2.5	12.5	
10<*Ra*≤80	8	40	

表 2-4-10　测量非周期性轮廓（如磨削轮廓）的 *Rz*、*Rv*、*Rp*、*Rc*、*Rt* 值的粗糙度取样长度

*Rz*①、*Rz*1max②/μm	粗糙度取样长度 *lr*/mm	粗糙度评定长度 *ln*/mm	
(0.025)<*Rz*、*Rz*1max≤0.1	0.08	0.4	*ln*=5×*lr*
0.1<*Rz*、*Rz*1max≤0.5	0.25	1.25	
0.5<*Rz*、*Rz*1max≤10	0.8	4	
10<*Rz*、*Rz*1max≤50	2.5	12.5	
50<*Rz*、*Rz*1max≤200	8	40	

① *Rz* 是在测量 *Rz*、*Rv*、*Rp*、*Rc* 和 *Rt* 时使用。

② *Rz*1max 仅在测量 *Rz*1max、*Rv*1max、*Rp*1max 和 *Rc*1max 时使用。

表 2-4-11　测量周期性轮廓的 *R* 参数及周期性和非周期性轮廓的 *Rsm* 值的粗糙度取样长度

Rsm/mm	粗糙度取样长度 *lr*/mm	粗糙度评定长度 *ln*/mm	
0.013<*Rsm*≤0.04	0.08	0.4	*ln*=5×*lr*
0.04<*Rsm*≤0.13	0.25	1.25	
0.13<*Rsm*≤0.4	0.8	4	
0.4<*Rsm*≤1.3	2.5	12.5	
1.3<*Rsm*≤4	8	40	

c. 用测量仪器，按 b 中预选的取样长度，完成 *Ra*、*Rz*、*Rz*1max 或 *Rsm* 的一次预测量。

d. 将测得的 *Ra*、*Rz*、*Rz*1max 或 *Rsm* 的数值，与表 2-4-9、表 2-4-10 或表 2-4-11 中预选取样长度所对应的 *Ra*、*Rz*、*Rz*1max 或 *Rsm* 的数值范围相比较。如果测得值超出了预选取样长度对应的数值范围，则应按测得值对应的取样长度来设定，即把仪器调整至相应的较高或较低的取样长度。然后应用这一调整后的取样长度测得一组参数值，并再次与表 2-4-9、表 2-4-10 或表 2-4-11 中数值比较。此时，测得值应达到由表 2-4-9、表 2-4-10 或表 2-4-11 建议的测得值和取样长度的组合。

e. 如果以前在 d 步骤评定时没有采用过更短的取样长度，则把取样长度调至更短些获得一组 *Ra*、*Rz*、*Rz*1max 或 *Rsm* 的数值，检查所得的 *Ra*、*Rz*、*Rz*1max 或 *Rsm* 的数值和取样长度的组合是否也满足表 2-4-9、表 2-4-10 或表 2-4-11 的规定。

f. 只要 d 步骤中最后的设定与表 2-4-9、表 2-4-10 或表 2-4-11 相符合，则设定的取样长度和 *Ra*、*Rz*、*Rz*1max 或 *Rsm* 的数值二者是正确的。如果 e 步骤也产生一个满足表 2-4-9、表 2-4-10 或表 2-4-11 规定的组合，则这个较短的取样长度设定值和相对应的 *Ra*、*Rz*、*Rz*1max 或 *Rsm* 的数值是最佳的。

g. 用上述步骤中预选出的截止波长（取样长度）完成一次所需参数的测量。

② 周期性粗糙度轮廓的测量程序。

对于具有周期性粗糙度轮廓的表面应采用下述步骤进行测量：

a. 用图解法估计被测粗糙度表面的参数 *Rsm* 的数值。

b. 按估计的 *Rsm* 的数值，由表 2-4-11 确定推荐的取样长度作为截止波长值。

c. 必要时，如在有争议的情况下，利用由 b 选定的截止波长值测量 *Rsm* 值。

d. 如果按照 c 步骤得到的 *Rsm* 值由表 2-4-11 查出的取样长度比 b 确定的取样长度较小或较大，则应采用这较小或较大的取样长度值作为截止波长值。

e. 用上述步骤中确定的截止波长（取样长度）完成一次所需参数的测量。

3　产品几何技术规范（GPS）技术产品文件中表面结构的表示法（摘自 GB/T 131—2006）

3.1　标注表面结构的方法

表 2-4-12

	符号			意义及说明
1. 标注表面结构的图形符号	基本图形符号			表示对表面结构有要求的图形符号。当不加注粗糙度参数值或有关说明（如表面处理、局部热处理状况等）时，仅适用于简化代号标注，没有补充说明时不能单独使用
	扩展图形符号			要求去除材料的图形符号。在基本图形符号上加一短横，表示指定表面是用去除材料的方法获得，如通过机械加工获得的表面
				不允许去除材料的图形符号。在基本图形符号上加一个圆圈，表示指定表面是用不去除材料方法获得
	完整图形符号	允许任何工艺　去除材料　不去除材料		当要求标注表面结构特征的补充信息时，应在基本图形符号和扩展图形符号的长边上加一横线
	工件轮廓各表面的图形符号		1　2　3　4　5　6	当在图样某个视图上构成封闭轮廓的各表面有相同的表面结构要求时，应在完整图形符号上加一圆圈，标注在图样中工件的封闭轮廓线上。如果标注会引起歧义时，各表面应分别标注 注：图示的表面结构符号是指对图形中封闭轮廓的六个面的共同要求（不包括前后面）

续表

<table>
<tr>
<td>2. 表面结构完整图形符号的组成</td>
<td colspan="2">
为了明确表面结构要求，除了标注表面结构参数和数值外，必要时应标注补充要求，补充要求包括传输带、取样长度、加工工艺、表面纹理及方向、加工余量等。即在完整图形符号中，对表面结构的单一要求和补充要求，注写在图1所示位置。为了保证表面的功能特征，应对表面结构参数规定不同要求。图1中a~e位置注写以下内容：
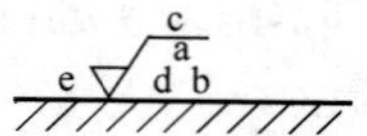

图1　表面结构完整图形符号的组成
位置a——注写表面结构的单一要求，标注表面结构参数代号、极限值和传输带或取样长度。
传输带是两个定义的滤波器之间的波长范围（见GB/T 6062和GB/T 18777）；对于图形法传输带是在两个定义极限值之间的波长范围（见GB/T 18618）。
为了避免误解，在参数代号和极限值间应插入空格。传输带或取样长度后应有一斜线“/”，之后是表面结构参数代号，最后是数值
示例1：0.0025—0.8/Rz 6.3（传输带标注）
示例2：-0.8/Rz 6.3（取样长度标注）
位置a和b——注写两个或多个表面结构要求，在位置a注写第一个表面结构要求，在位置b注写第二个表面结构要求。如果要注写第三个或更多个表面结构要求，图形符号应在垂直方向扩大，以空出足够的空间。扩大图形符号时，a和b的位置随之上移。
位置c——注写加工方法、表面处理、涂层或其他加工工艺要求，如车、磨、镀等。
位置d——注写表面纹理和方向，如“=”、“X”、“M”。
位置e——注写加工余量，以毫米为单位给出数值。
</td>
</tr>
<tr>
<td>3. 文本中用文字表达图形符号</td>
<td colspan="2">
在报告和合同的文本中用文字表达完整图形符号时，应用字母分别表示：APA表示允许任何工艺；MRR表示去除材料；NMR表示不去除材料。完整图形符号见本表第1项
示例：MRR Ra 0.8；Rz1 3.2
</td>
</tr>
<tr>
<td rowspan="4">4. 表面结构参数的标注</td>
<td colspan="2">
给出表面结构要求时，应标注其参数代号和相应数值，并包括要求解释的以下四项重要信息：
三种轮廓（R、W、P）中的一种；
轮廓特征；
满足评定长度要求的取样长度的个数；
要求的极限值
</td>
</tr>
<tr>
<td>参数代号的标注</td>
<td>
根据GB/T 3505定义的轮廓参数，标注三种（R、W、P）主要表面结构参数时，应使用完整符号。由于波纹度W和原始轮廓P的轮廓参数目前缺乏数值，所以此二者参数代号未编入。同样，图形参数和支承率曲线参数也缺乏数值未编入。R轮廓参数代号如下表
<table>
<tr><td rowspan="2">项目</td><td colspan="9">高度参数</td><td rowspan="2">间距参数</td><td rowspan="2">混合参数</td><td colspan="3" rowspan="2">曲线和相关参数</td></tr>
<tr><td colspan="5">峰谷值</td><td colspan="4">平均值</td></tr>
<tr><td>R轮廓参数（粗糙度参数）</td><td>Rp</td><td>Rv</td><td>Rz</td><td>Rc</td><td>Rt</td><td>Ra</td><td>Rq</td><td>Rsk</td><td>Rku</td><td>Rsm</td><td>RΔq</td><td>Rmr(c)</td><td>Rδc</td><td>Rmr</td></tr>
</table>
如果标注参数代号后无“max”，这表明引用了给定极限的默认定义或默认解释（即GB/T 10610—2009定义的16%规则，见本章2.2.2节的内容），否则应用最大规则（即GB/T 10610—2009定义的最大规则，见本章2.2.2节的内容）解释其给定的极限
</td>
</tr>
<tr>
<td>评定长度（ln）的标注</td>
<td>
若所注参数代号后无“max”，这表明采用的是有关标准中默认的评定长度。R轮廓粗糙度参数默认评定长度在GB/T 10610—2009中定义，默认评定长度ln，由5个取样长度lr构成，即ln=5×lr。若不存在默认的评定长度时，参数代号中应标注取样长度个数，如Rp3、Rv3、Rz3、Rc3、Rt3、Ra3、Rsm3等（要求评定长度为3个取样长度）。其他如W轮廓、P轮廓、图形参数、支承率曲线参数的评定长度的注法未编入
</td>
</tr>
<tr>
<td>极限值判断规则的标注</td>
<td>
表面结构要求中给定极限值的判断规则有两种（见GB/T 10610—2009）：
①16%规则：是所有表面结构要求标注的默认规则，见图2
②最大规则：此规则用于表面结构要求时，则参数代号中应加上“max”，见图3
MRR Ra 0.8；Rz1 3.2
(a) 在文本中
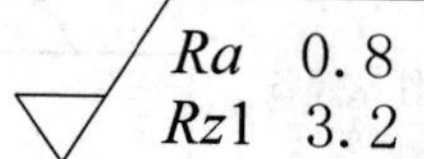

(b) 在图样上
图2　当应用16%规则（默认传输带）时参数的注法
</td>
</tr>
</table>

续表

4. 表面结构参数的标注	极限值判断规则的标注	MRR *Ra*max 0.8 ; *Rz*1max 3.2 (a) 在文本中 *Ra*max 0.8 *Rz*1max 3.2 (b) 在图样上 图 3 当应用最大规则(默认传输带)时参数的注法 16%规则和最大规则均适用于 GB/T 3505 中定义的轮廓参数。图形参数和支承率曲线的参数标注未编入
	传输带和取样长度的标注	①当参数代号中没有标注传输带时(图 2、图 3),表面结构要求采用默认的传输带(默认传输带定义见 GB/T 131—2006 附录 G),而传输带是评定时的波长范围,传输带的波长范围在两个定义的滤波器(见 GB/T 6062)之间。传输带被一个截止短波的滤波器(短波滤波器)和另一个截止长波的滤波器(长波滤波器)所限制。长波滤波器的截止波长值也就是取样长度。其数值见表 2-4-7 如果表面结构参数没有定义默认传输带、默认的短波滤波器或默认的取样长度(长波滤波器),则表面结构标注应该指定传输带,即短波滤波器或长波滤波器,以保证表面结构明确的要求。传输带应标注在参数代号的前面,并用斜线"/"隔开,见图 4。传输带标注包括滤波器截止波长(mm),短波滤波器在前,长波滤波器在后,并用连字号"-"隔开,见图 4 MRR 0.0025-0.8/*Rz* 3.2 (a) 在文本中 0.0025-0.8/*Rz* 3.2 (b) 在图样上 图 4 与表面结构要求相关的传输带的注法 在某些情况下,在传输带中只标注两个滤波器中的一个。如果存在第二个滤波器,使用默认的截止波长值。如果只标注一个滤波器,应保留连字号"-"来区分是短波滤波器还是长波滤波器 示例 1:0.008-(短波滤波器标注) 示例 2:-0.25(长波滤波器标注) ②*R* 轮廓参数参见 GB/T 3505 如果标注传输带,可能只需要标注长波滤波器 λ_c(如"-0.8")。短波滤波器 λ_s 值由 GB/T 6062—2009 的 4.4 表 1 中给定,即轮廓滤波器截止波长的标准值系列为 0.08mm、0.25mm、0.8mm、2.5mm、8mm 如果要求控制用于粗糙度参数的传输带内的短波滤波器和长波滤波器,二者应与参数代号一起标注 示例 3:0.008-0.8 轮廓参数中的 *W*、*P* 及图形参数、支承率曲线参数的传输带和取样长度的标注未编入
	单向极限或双向极限的标注	表面结构参数的单向极限:当只标注参数代号、参数值和传输带时,它们应默认为参数的上限值(16%规则或最大化规则的极限值);当参数代号、参数值和传输带作为参数的单向下限值(16%规则或最大化规则的极限值)标注时,参数代号前应加 L。 示例:L *Ra* 0.32 表面参数的双向极限:在完整符号中表示双向极限时应标注极限代号,上限值在上方用 U 表示,下极限在下方用 L 表示,上、下极限值为 16%规则或最大化规则的极限值(图 5)。如果同一参数具有双向极限要求,在不引起歧义的情况下,可以不加 U、L 上、下极限值可以用不同的参数代号和传输带表达 MRR U *Rz* 0.8; L *Ra* 0.2 (a) 在文本中 U *Rz* 0.8 L *Ra* 0.2 (b) 在图样上 图 5 双向极限的注法
5. 加工方法或相关信息的标注		轮廓曲线的特征对实际表面的表面结构参数值影响很大。标注的参数代号、参数值和传输带只作为表面结构要求,有时不一定能够完全准确地表示表面功能。加工工艺在很大程度上决定了轮廓曲线的特征,因此,一般应注明加工工艺。加工工艺用文字按图 6 和图 7 所示方式在完整符号中注明。图 7 表示的是镀覆的示例,使用了 GB/T 13911《金属镀覆和化学处理表示方法》中规定的符号

续表

5. 加工方法或相关信息的标注

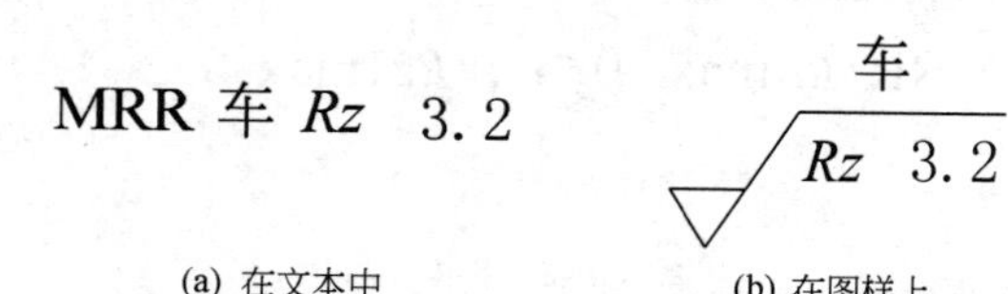

(a) 在文本中　　(b) 在图样上

图 6　加工工艺和表面粗糙度要求的注法

NMR Fe/Ep · Ni15pCr0.3r ; *Rz* 0.8

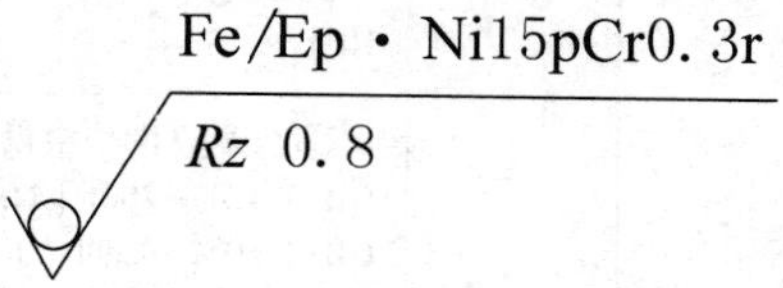

Fe/Ep · Ni15pCr0.3r

Rz 0.8

(a) 在文本中　　(b) 在图样上

图 7　镀覆和表面粗糙度要求的注法

6. 表面纹理的标注

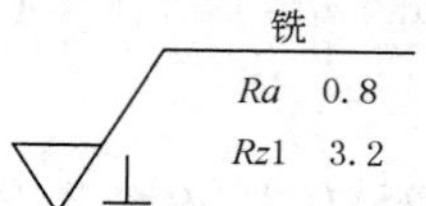

图 8　垂直于视图所在投影面的表面纹理方向的注法

表面纹理及其方向用下面规定的符号按图 8 标注在完整符号中。采用定义的符号标注表面纹理(如图 8 中的垂直符号)不适用于文本标注

注:纹理方向是指表面纹理的主要方向,通常由加工工艺决定

符号	解释和示例		符号	解释和示例	
=	纹理平行于视图所在的投影面	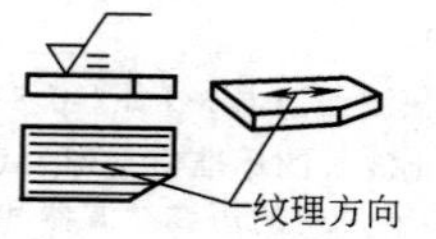 纹理方向	C	纹理呈近似同心圆且圆心与表面中心相关	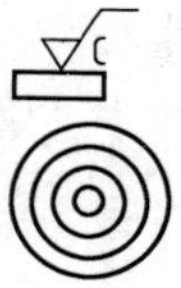
⊥	纹理垂直于视图所在的投影面	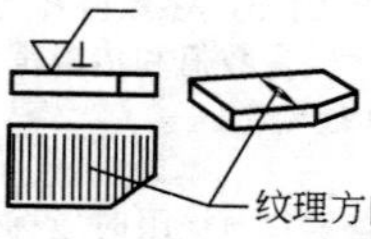 纹理方向	R	纹理呈近似放射状且与表面圆心相关	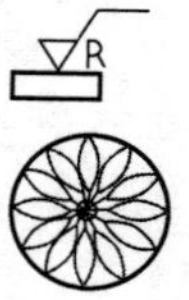
X	纹理呈两斜向交叉且与视图所在的投影面相交	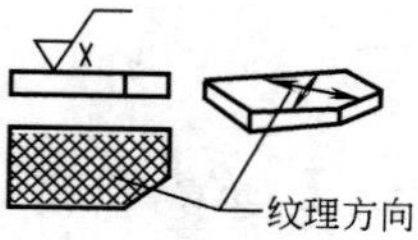 纹理方向	P	纹理呈微粒、凸起,无方向	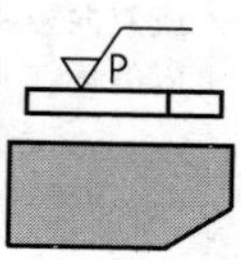
M	纹理呈多方向		注:如果表面纹理不能清楚地用这些符号表示,必要时,可以在图样上加注说明		

续表

项目	子项	图例	意义及说明
7. 加工余量的标注	在同一图样中，有多个加工工序的表面可标注加工余量，例如，在表示完工零件形状的铸锻件图样中给出加工余量(图 9)。加工余量可以是加注在完整符号上的唯一要求，也可以同表面结构要求一起标注(如图 9)。图 9 中给出加工余量的这种方式不适用于文本	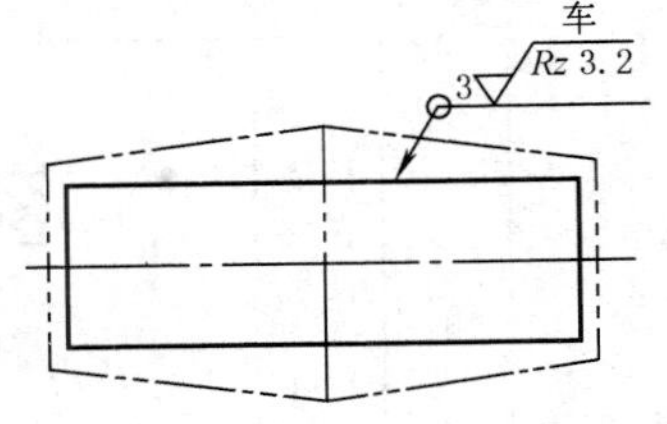 图 9　在表示完工零件的图样中给出加工余量的注法(示例为所有表面均有 3mm 加工余量)	
8. 表面结构要求及数值标注方法的总结	技术图样上标注的表面结构要求，由本表第 1 项中至少一个符号和相关的要求按本表第 2 项至第 7 项中的规定进行标注 独立使用图形符号作为表面结构要求，只有在下列两情况下才有意义： ①根据本表第 9 项中"表面结构要求的简化注法"进行简化标注时 ②当基本图形符号使用在加工工艺的图样中时，即无论是通过不去除材料的方法还是通过其他方法获得的特定表面，判断其合格与否，其状态由最后一道加工工序确定，并根据 GB/T 18779.1—2002 判定一个特定的表面是否符合表面结构要求。此外，应考虑本标准的解释规则和相关的标准规定		
9. 表面结构要求在图样和其他技术产品文件中的标注	表面结构要求对每一表面一般只标注一次，并尽可能注在相应的尺寸及其公差的同一视图上。除非另有说明，所标注的表面结构要求是对完工零件表面的要求		
	表面结构符号、代号的标注位置与方向	图例	意义及说明
	总原则	图 10　表面结构要求的注写方向	总原则是根据 GB/T 4458.4—2003《机械制图　尺寸注法》的规定，使表面结构的注写和读取方向与尺寸的注写和读取方向一致，见图 10
	标注在轮廓线上或指引线上	图 11　表面结构要求在轮廓线上的标注 (a)　(b) 图 12　用指引线引出标注表面结构要求	表面结构要求可标注在轮廓线上，其符号应从材料外指向并接触表面，见图 11。必要时，表面结构符号也可用带箭头或黑点的指引线引出标注，见图 12

续表

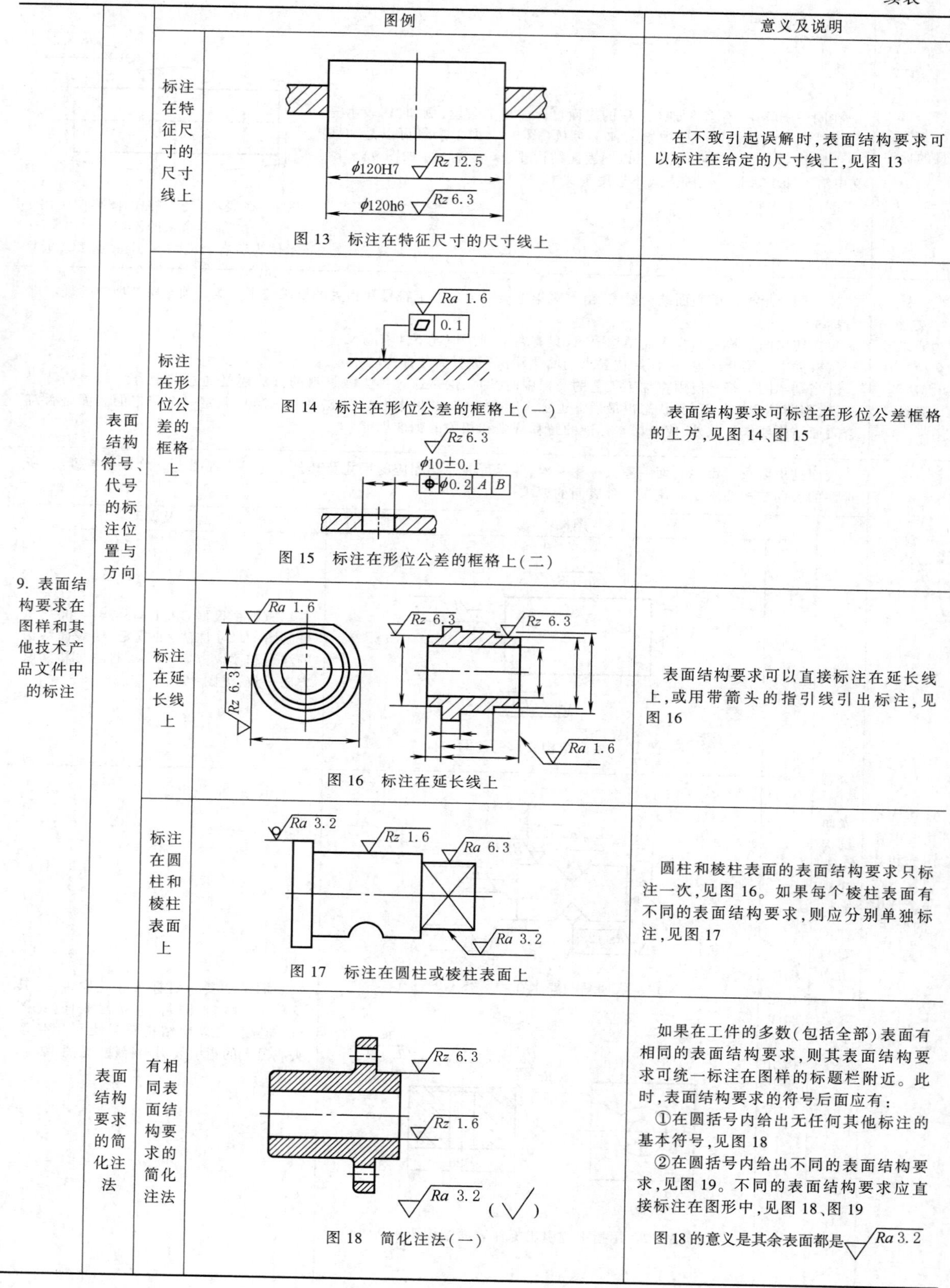

			图例	意义及说明
9. 表面结构要求在图样和其他技术产品文件中的标注	表面结构符号、代号的标注位置与方向	标注在特征尺寸的尺寸线上	图13　标注在特征尺寸的尺寸线上	在不致引起误解时,表面结构要求可以标注在给定的尺寸线上,见图13
		标注在形位公差的框格上	图14　标注在形位公差的框格上(一) 图15　标注在形位公差的框格上(二)	表面结构要求可标注在形位公差框格的上方,见图14、图15
		标注在延长线上	图16　标注在延长线上	表面结构要求可以直接标注在延长线上,或用带箭头的指引线引出标注,见图16
		标注在圆柱和棱柱表面上	图17　标注在圆柱或棱柱表面上	圆柱和棱柱表面的表面结构要求只标注一次,见图16。如果每个棱柱表面有不同的表面结构要求,则应分别单独标注,见图17
	表面结构要求的简化注法	有相同表面结构要求的简化注法	图18　简化注法(一)	如果在工件的多数(包括全部)表面有相同的表面结构要求,则其表面结构要求可统一标注在图样的标题栏附近。此时,表面结构要求的符号后面应有: ①在圆括号内给出无任何其他标注的基本符号,见图18 ②在圆括号内给出不同的表面结构要求,见图19。不同的表面结构要求应直接标注在图形中,见图18、图19 图18的意义是其余表面都是 Ra 3.2

续表

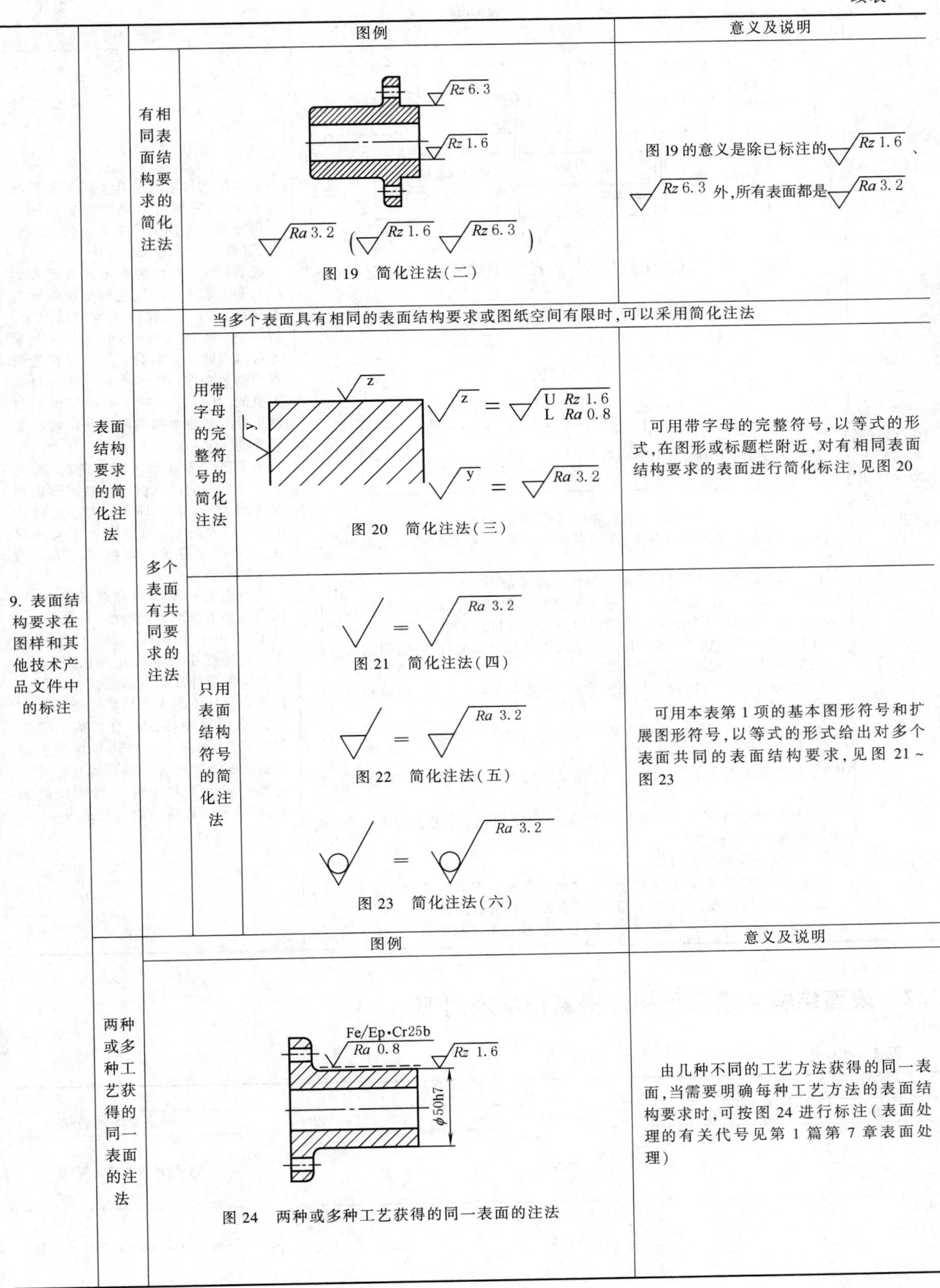

项目			图例	意义及说明
9. 表面结构要求在图样和其他技术产品文件中的标注	表面结构要求的简化注法	有相同表面结构要求的简化注法	$Rz\ 6.3$、$Rz\ 1.6$、$Ra\ 3.2$ ($Rz\ 1.6$ $Rz\ 6.3$) 图 19　简化注法(二)	图 19 的意义是除已标注的 $Rz\ 1.6$、$Rz\ 6.3$ 外,所有表面都是 $Ra\ 3.2$
		多个表面有共同要求的注法	当多个表面具有相同的表面结构要求或图纸空间有限时,可以采用简化注法	
		用带字母的完整符号的简化注法	z、y；z = U $Rz\ 1.6$ L $Ra\ 0.8$；y = $Ra\ 3.2$ 图 20　简化注法(三)	可用带字母的完整符号,以等式的形式,在图形或标题栏附近,对有相同表面结构要求的表面进行简化标注,见图 20
		只用表面结构符号的简化注法	= $Ra\ 3.2$ 图 21　简化注法(四) = $Ra\ 3.2$ 图 22　简化注法(五) = $Ra\ 3.2$ 图 23　简化注法(六)	可用本表第 1 项的基本图形符号和扩展图形符号,以等式的形式给出对多个表面共同的表面结构要求,见图 21 ~ 图 23
	两种或多种工艺获得的同一表面的注法		**图例** Fe/Ep·Cr25b、$Ra\ 0.8$、$Rz\ 1.6$、$\phi 50h7$ 图 24　两种或多种工艺获得的同一表面的注法	**意义及说明** 由几种不同的工艺方法获得的同一表面,当需要明确每种工艺方法的表面结构要求时,可按图 24 进行标注(表面处理的有关代号见第 1 篇第 7 章表面处理)

第 2 篇

续表

	图例	意义及说明
10. 控制表面功能的最少标注(标准附录 D)	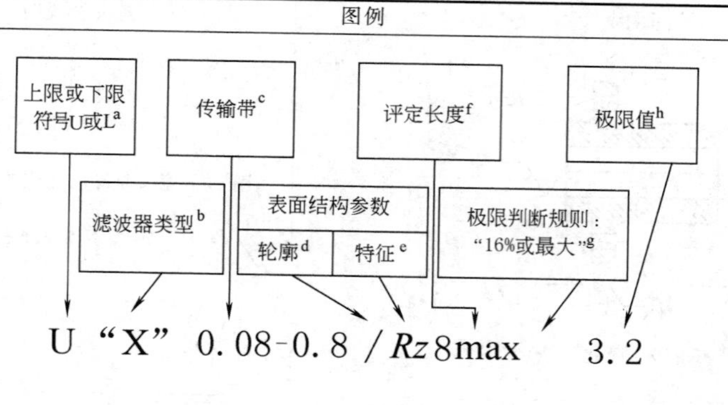 磨 U“X”0.08-0.8/Rz8max 3.2 ⊥ 加工工艺类型[i] 表面结构纹理[j] 加工工艺[k] 图 25 控制表面功能的最少标注 a 上限或下限符号 U 或 L,详见本表第 4 项“单项极限或双向极限的标注” b 滤波器类型“X”。标准滤波器是高斯滤波器(GB/T 18777)。以前的标准滤波器是 2RC 滤波器。将来也可能对其他的滤波器进行标准化。在转换期间,在图样上标注滤波器类型对某些公司比较方便。滤波器类型可以标注为“高斯滤波器”或“2RC”。滤波器名称并没有标准化,但这里所建议的标注名称是明确的,无争议的 c 传输带标注为短波或长波滤波器,详见本表第 4 项“传输带和取样长度的标注” d 轮廓(*R*、*W* 或 *P*),详见本表第 4 项“参数代号的标注” e 特征/参数,详见本表第 4 项 f 评定长度包含若干取样长度,详见本表第 4 项“评定长度(*ln*)的标注” g 极限判断规则(“16%规则”或“最大化规则”),详见本表第 4 项“极限值判断规则的标注” h 以微米为单位的极限值 i 加工工艺类型,详见本表第 1 项“标注表面结构的图形符号” j 表面结构纹理,详见本表第 6 项“表面纹理的标注” k 加工工艺,详见本表第 5 项“加工方法或相关信息的标注”	表面结构要求通过几个不同的控制元素建立,它们可以是图样中标注的一部分或在其他文件中给出的文本标注,这些元素见图 25 经验证明,所有这些元素对于表面结构要求和表面功能之间形成明确关系是必要的。只有在很少的情况下,当不会导致歧义时,其中的一些元素才可以省略。而多数元素对于设置仪器的测量条件(图 25 中 b、c、d、e、f)是必要的,其余元素对于明确评价测量结果并与所要求的极限进行比较也是必要的 为了简化表面结构要求的标注,定义了一系列的默认值,例如,极限值判断规则、传输带和评定长度(如标注 *Ra*1.6 和 *Rz*6.3),如果默认定义不存在,全部的信息都应该标注在图样的表面结构要求中 当表面结构参数存在默认定义时,标注有如下的两种可能性: ① 使用全部默认定义(标准中给出),在图样中虽能简化注法,但它不能保证按照标准的默认定义作出的选择适合于具体的表面功能控制任务 ② 在图样中标注所有可能的要求和细节,是根据表面结构要求和表面功能之间已知的客观关系确定。此情况通常应用于对工件功能重要的表面,即表面结构对功能是关键的

3.2 表面结构要求图形标注的新旧标准对照

表 2-4-13

GB/T 131 的版本			
GB/T 131—1983①	GB/T 131—1993②	GB/T 131—2006③	说明主要问题的示例
1.6	1.6　1.6	*Ra* 1.6	*Ra* 只采用“16%规则”
*Ry*3.2	*Ry*3.2　*Ry*3.2	*Rz* 3.2	除了 *Ra*“16%规则”的参数

续表

GB/T 131 的版本			说明主要问题的示例
GB/T 131—1983①	GB/T 131—1993②	GB/T 131—2006③	
—④	1.6max	*Ra*max 1.6	“最大规则”
0.8 1.6	0.8 1.6	-0.8/*Ra* 1.6	*Ra* 加取样长度
—④	—④	0.025 -0.8/*Ra* 1.6	传输带
0.8 *Ry*3.2	0.8 *Ry*3.2	-0.8/*Rz* 6.3	除 *Ra* 外其他参数及取样长度
1.6 *Ry*6.3	1.6 *Ry*6.3	*Ra* 1.6 *Rz* 6.3	*Ra* 及其他参数
—④	*Ry*3.2	*Rz*3 6.3	评定长度中的取样长度个数如果不是 5
—④	—④	L *Ra* 1.6	下限值
3.2 1.6	3.2 1.6	U *Ra* 3.2 L *Ra* 1.6	上、下限值

① 既没有定义默认值，也没有其他的细节，尤其是无默认评定长度、无默认取样长度、无“16%规则”或“最大规则”。

② 在 GB/T 3505—2000 和 GB/T 10610—1998 中定义的默认值和规则仅用于参数 *Ra*，*Ry* 和 *Rz*（十点高度）。此外，GB/T 131—1993 中存在参数代号书写不一致问题，标准正文要求参数代号第二个字母标注为下标，但在所有的图表中，第二个字母都是小写，而当时所有的其他表面结构标准都使用下标。

③ 新的 *Rz* 为原 *Ry* 的定义，原 *Ry* 的符号不再使用。

④ 表示没有该项。

3.3 表面结构代号的含义及表面结构要求的标注示例

表 2-4-14　　表面结构代号的含义示例

代号	含义
Rz 0.4	表示不允许去除材料，单向上限值，默认传输带，*R* 轮廓，粗糙度的最大高度 0.4μm，评定长度为 5 个取样长度（默认），“16%规则”（默认）
*Rz*max 0.2	表示去除材料，单向上限值，默认传输带，*R* 轮廓，粗糙度最大高度的最大值 0.2μm，评定长度为 5 个取样长度（默认），“最大规则”
0.008-0.8/*Ra* 3.2	表示去除材料，单向上限值，传输带 0.008～0.8mm，*R* 轮廓，算术平均偏差 3.2μm，评定长度为 5 个取样长度（默认），“16 规则”（默认）

续表

代号	含义
−0.8/Ra3 3.2	表示去除材料，单向上限值，传输带——根据 GB/T 6062，取样长度 0.8μm（λ_s 默认 0.0025mm），R 轮廓，算术平均偏差 3.2μm，评定长度包含 3 个取样长度，“16%规则”（默认）
U Ramax 3.2 L Ra 0.8	表示不允许去除材料，双向极限值，两极限值均使用默认传输带，R 轮廓，上限值——算术平均偏差 3.2μm，评定长度为 5 个取样长度（默认），“最大规则”，下限值——算术平均偏差 0.8μm，评定长度为 5 个取样长度（默认），“16%规则”（默认）
0.8-25/Wz3 10	表示去除材料，单向上限值，传输带 0.8-25mm，W 轮廓，波纹度最大高度 10μm，评定长度包含 3 个取样长度，“16%规则”（默认）
0.008-/Pt max 25	表示去除材料，单向上限值，传输带 λ_s = 0.008mm，无长波滤波器，P 轮廓，轮廓总高 25μm，评定长度等于工件长度（默认）“最大规则”
0.0025-0.1//Rx 0.2	表示任意加工方法，单向上限值，传输带 λ_s = 0.0025mm，A = 0.1mm，评定长度 3.2mm（默认），粗糙度图形参数，粗糙度图形最大深度 0.2μm，“16%规则”（默认）
/10/R 10	表示不允许去除材料，单向上限值，传输带 λ_s = 0.008mm（默认），A = 0.5mm（默认），评定长度 10mm，粗糙度图形参数，粗糙度图形平均深度 10μm，“16%规则”（默认）
W 1	表示去除材料，单向上限值，传输带 A = 0.5mm（默认），B = 2.5mm（默认），评定长度 16mm（默认），波纹度图形参数，波纹度图形平均深度 1mm，“16%规则”（默认）
−0.3/6/AR 0.09	表示任意加工方法，单向上限值，传输带 λ_s = 0.008mm（默认），A = 0.3mm（默认），评定长度 6mm，粗糙度图形参数，粗糙度图形平均间距 0.09mm，“16%规则”（默认）

表 2-4-15　表面结构要求的标注示例

要求	示例
表面粗糙度： 双向极限值；上限值为 Ra = 50μm，下限值为 Ra = 6.3μm；均为“16%规则”（默认）；两个传输带均为 0.008～4mm；默认的评定长度 5×4mm = 20mm；表面纹理呈近似同心圆且圆心与表面中心相关；加工方法为铣削；不会引起争议时，不必加 U 和 L	铣 0.008−4/Ra 50 C 0.008−4/Ra 6.3
除一个表面以外，所有表面的粗糙度： 单向上限值；Rz = 6.3μm；“16%规则”（默认）；默认传输带；默认评定长度（5×λ_c）；表面纹理没有要求；去除材料的工艺 不同要求的表面的表面粗糙度 单向上限值；Ra = 0.8μm；“16%规则”（默认）；默认传输带；默认评定长度（5×λ_c）；表面纹理没有要求；去除材料的工艺	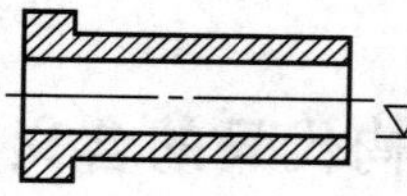 Ra 0.8 Rz 6.3 （ √ ）
表面粗糙度： 两个单向上限值 ① Ra = 1.6μm 时：“16%规则”（默认）（GB/T 10610）；默认传输带（GB/T 10610 和 GB/T 6062）；默认评定长度（5×λ_c）（GB/T 10610） ② Rzmax = 6.3μm 时：最大规则；传输带 −2.5μm（GB/T 6062）；评定长度默认 5×2.5mm；表面纹理垂直于视图的投影面；加工方法为磨削	磨 Ra 1.6 ⊥ −2.5/Rzmax 6.3
表面粗糙度： 单向上限值；Rz = 0.8μm；“16%规则”（默认）（GB/T 10610）；默认传输带（GB/T 10610 和 GB/T 6062）；默认评定长度（5×λ_c）（GB/T 10610）；表面纹理没有要求；表面处理为铜件，镀镍/铬；表面要求对封闭轮廓的所有表面有效	Cu/Ep·Ni5bCr0.3r Rz 0.8

续表

要求	示例
表面粗糙度： 单向上限值和一个双向极限值； ①单向 $Ra=1.6\mu m$ 时，"16%规则"（默认）（GB/T 10610）；传输带 -0.8mm（λs 根据 GB/T 6062 确定）；评定长度 5×0.8＝4mm（GB/T 10610） ②双向 Rz 时，上限值 $Rz=12.5\mu m$，下限值 $Rz=3.2\mu m$；"16%规则"（默认）；上、下极限传输带均为-2.5mm（λ_s 根据 GB/T 6062 确定）；上、下极限评定长度均为 5×2.5＝12.5mm（GB/T 10610），即使不会引起争议，也可以标注 U 和 L 符号；表面处理为钢件，镀镍/铬	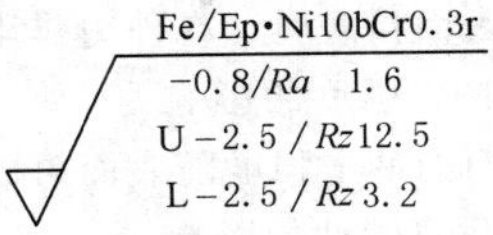 Fe/Ep·Ni10bCr0.3r -0.8/Ra 1.6 U-2.5/Rz12.5 L-2.5/Rz3.2
表面结构和尺寸可以标注在同一尺寸线上 键槽侧壁的表面粗糙度： 一个单向上限值；$Ra=3.2\mu m$；"16%规则"（默认）（GB/T 10610）；默认评定长度（$5\times\lambda_c$）（GB/T 6062）；默认传输带（GB/T 10610 和 GB/T 6062）；表面纹理没有要求；去除材料的工艺 倒角的表面粗糙度： 一个单向上限值；$Ra=6.3\mu m$；"16%规则"（默认）（GB/T 10610）；默认评定长度（$5\times\lambda_c$）（GB/T 6062）；默认传输带（GB/T 10610 和 GB/T 6062）；表面纹理没有要求；去除材料的工艺	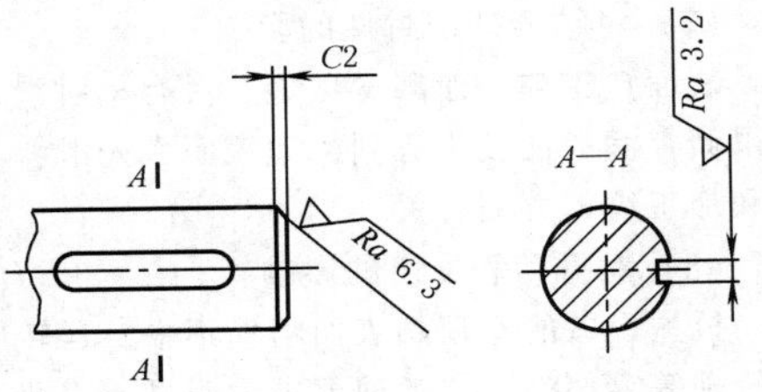 C2 Ra 3.2 A—A A Ra 6.3 A
表面结构和尺寸可以一起标注在延长线上或分别标注在轮廓线和尺寸界线上 示例中的三个表面粗糙度要求： 单向上限值；分别是 $Ra=1.6\mu m$；$Ra=6.3\mu m$，$Rz=12.5\mu m$；"16%规则"（默认）（GB/T 10610）；默认评定长度（$5\times\lambda_c$）（GB/T 6062）；默认传输带（GB/T 10610 和 GB/T 6062）；表面纹理没有要求；去除材料的工艺	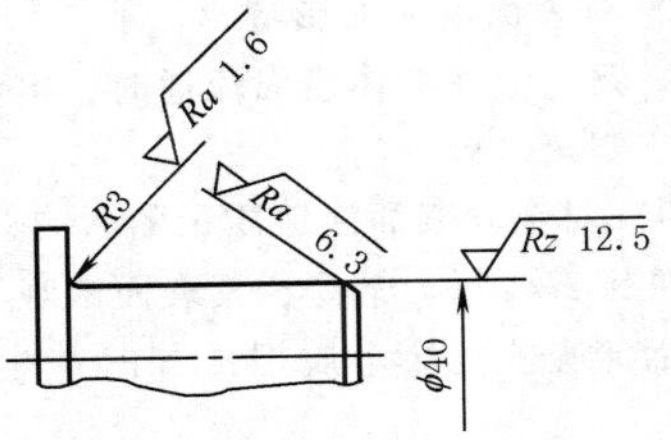 Ra 1.6 R3 Ra 6.3 Rz 12.5 φ40
表面结构、尺寸和表面处理的标注：该示例是三个连续的加工工序 第一道工序：单向上限值；$Rz=1.6\mu m$；"16%规则"（默认）（GB/T 10610）；默认评定长度（$5\times\lambda_c$）（GB/T 6062）；默认传输带（GB/T 10610 和 GB/T 6062）；表面纹理没有要求；去除材料的工艺 第二道工序：镀铬，无其他表面结构要求 第三道工序：一个单向上限值，仅对长为 50mm 的圆柱表面有效；$Rz=6.3\mu m$；"16%规则"（默认）（GB/T 10610）；默认评定长度（$5\times\lambda_c$）（GB/T 6062）；默认传输带（GB/T 10610 和 GB/T 6062）；表面纹理没有要求；磨削加工工艺	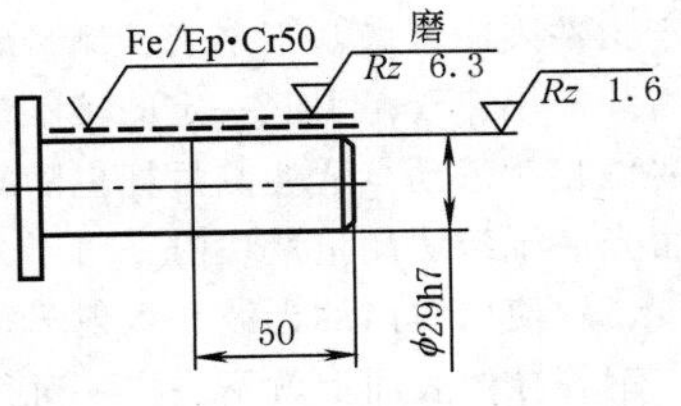 Fe/Ep·Cr50 磨 Rz 6.3 Rz 1.6 50 φ29h7

4　表面结构参数的选择

4.1　表面粗糙度对零件功能的影响

（1）对配合性质的影响

配合性质要求稳定的结合面、动配合间隙小的表面、要求连接牢固可靠承受载荷大的静配合表面 Ra 值要低。尺寸要求愈精确、公差值愈小的表面粗糙度数值要求愈低。同一公差等级的小尺寸比大尺寸（特别是 1～3 级公差等级）或同一公差等级的轴比孔的 Ra 值要低。配合性质相同，零件尺寸愈小的表面，它的 Ra 值愈低。同一零件上工作表面的粗糙度值比非工作表面的低。

（2）对摩擦面的影响

摩擦表面比非摩擦表面、滚动摩擦表面比滑动摩擦表面、运动速度高的表面比运动速度低的表面、单位压力大的摩擦面比单位压力小的摩擦面的 Ra 值要低。

(3) 对抗疲劳强度的影响

受循环载荷的表面及易引起应力集中的部分如圆角、沟槽处的 *Ra* 值要低。粗糙度对零件疲劳强度的影响程度随其材料不同而异，对铸铁件的影响不甚明显，对于钢件则强度愈高影响愈大。

(4) 对接触刚度的影响

两粗糙表面接触时，在外力作用下，易产生接触变形，因此，降低 *Ra* 值可提高结合件的接触刚度。

(5) 对冲击强度的影响

钢件表面的冲击强度随表面粗糙度 *Ra* 值的降低而提高，在低温状态下，尤为明显。

(6) 对耐腐蚀性的影响

表面粗糙则零件表面上的腐蚀性气体或液体易于积聚，而且向零件表面层渗透，加剧腐蚀，因此，在有腐蚀性气体或液体条件下工作的零件表面的 *Ra* 值要低。

(7) 对结合处密封性的影响

表面愈粗糙，泄漏愈厉害。对有相对滑动的动力密封表面，由于相对运动，其微观不平度一般为 4~5μm，用以储存润滑油较为有利，如表面太光滑，不仅不利于储存润滑油，反而会引起摩擦磨损。此外，密封性的好坏也和加工纹理方向有关。

(8) 对振动和噪声的影响

机械设备的运动副表面粗糙不平，运转中会产生振动及噪声，对高速运转的滚动轴承、齿轮及发动机曲轴、凸轮轴等零部件，这类现象更为明显，因此，运动副表面粗糙度 *Ra* 值愈低，则运动件愈平稳无声。

(9) 对表面电流的影响

当高频电流在导体表面流通时，电流聚集在导体表面 1μm 深的薄层中，由于表面粗糙度的影响，表面电阻的实际值要超过理论值。

(10) 对金属表面涂镀质量的影响

工件镀锌、铬、铜后，其表面微观不平度的深度比镀前增加一倍，而镀镍后，则会比镀前减小一半。又因粗糙的表面能吸收喷涂金属层冷却时产生的拉伸应力，故不易产生裂纹，在喷涂金属前需使其表面有一定的粗糙度。

(11) 对测量精度的影响

由于工件表面有微观不平度，测量时，测量杆实际接触在峰顶上，虽然测量力不大，但接触面积小，单位面积上的力却不小，于是引起一定的接触变形。由于表面微观不平度有一定的峰谷起伏，如测量时，测量头和被测表面间要做相对滑动，这使测量杆也随被测表面的峰谷起伏而上下波动，影响到示值也有波动。

在用光波干涉法测量量块时，由于光射到表面上再反射回来的过程中，对各种不同材料的表面有不同的微量透入深度，致使反射出的光波和入射光波之间产生一个相移。在石英、玻璃等绝缘体表面上，透入深度实际为零，而在钢等导体表面上就不一样。对很好抛光过的钢的表面，透入深度约为 0.018μm。所以当钢制量块粘合在石英平晶上做干涉测量时，对所测量的结果要加一个+0.018μm 的修正量。表面粗糙度对光透入材料的深度有影响。量块表面的 *Ra* 值一般为 0.007~0.012μm，这使光的透入深度也发生变化。在同一套量块中相差可达 0.06μm。

(12) 对流体流动阻力的影响

流体在管道中流动时，受到阻力。当管道内发生紊流时，摩擦阻力就大。管壁的粗糙度 $\varepsilon=Rz/r$（r 为管孔半径）的数值可作为是否发生紊流的一个指标。管径愈小，流速愈大，管壁表面粗糙度对摩擦损失的影响愈大。摩擦阻力和微观不平度深度与层流层厚度之比有关，也和微观不平度轮廓形状有关，特别是和微观不平度峰谷侧面的倾斜角有关。

表面粗糙度参数（GB/T 1031—2009）与零件功能之间的影响关系见表 2-4-16。

表 2-4-16　　表面粗糙度参数影响零件功能的情况

零件功能		*Ra*	*Rz*	*Rsm*	*Rmr*(c)	*r*	*r'*	表面加工纹理
耐磨性	干摩擦	(+)	(+)	(+)	+	+		+
	摩擦	+	(+)	+	+	+	(+)	+
	带润滑摩擦	+	(+)	+	+	(+)	(+)	+
	选择性转移	(+)	(+)	(+)	(+)	(+)	(+)	+
疲劳强度		(+)	+	(+)			+	+

续表

零件功能	Ra	Rz	Rsm	$Rmr(c)$	r	r'	表面加工纹理
接触刚度	(+)	(+)	(+)	+	+		+
抗振性	(+)	(+)	+	+	+		+
耐腐蚀性	(+)	(+)	+	(+)		(+)	
过盈连接强度	(+)		(+)	+	+		+
连接密封性	+	(+)	(+)	+			+
涂层粘贴强度	(+)	(+)	+	(+)	(+)	(+)	+
流体流动阻力	(+)	(+)	(+)	+	(+)	+	+

注：r为轮廓峰顶曲率半径；r'为轮廓谷底曲率半径；+表示此参数对所指零件功能有一定的影响；(+) 表示此参数对所指零件功能有较大影响。

4.2 表面粗糙度参数的选择

① 轮廓算术平均偏差 Ra 是各国普遍采用的一个参数，在表面粗糙度的常用参数值范围内（即 Ra 为 0.025～6.3μm，Rz 为 0.1～25μm 范围内）推荐优先选用 Ra。Ra 既能反映加工表面的微观几何形状特征，又能反映凸峰高度，通常采用电动轮廓仪测量零件表面的 Ra 值。Rz 通常采用双管显微镜或干涉显微镜测量，表面粗糙度要求特别高或特别低（Ra>6.3μm 或 Ra<0.025μm）时，选用 Rz。轮廓最大高度 Rz 只能反映表面轮廓的最大高度，不能反映轮廓的微观几何形状特征，对某些表面不允许出现微观较深的加工痕迹（影响疲劳强度）和小零件表面（如轴承、仪表等）有其实用意义，Rz 用于测量部位小、峰谷小或有疲劳强度要求的零件表面的评定。Rz 可和 Ra 同时选用，以控制多功能的要求。

② 对于零件表面，一般选用高度参数 Ra、Rz 控制表面粗糙度已能满足功能要求，但对某些关键零件有更多的功能要求时，如由于涂漆性能、抗振性、耐腐蚀性、减小流体流动摩擦阻力等附加要求，就要选用 Rsm 来控制表面微观不平度横向间距的细密度。对耐磨性、接触刚度要求高的零件（如轴瓦、轴承、量具等）要附加选用混合参数 $Rmr(c)$，以控制加工表面质量，在给定 Rmr（c）值时，必须同时给出轮廓水平截面高度 c 的值。附加评定参数 Rsm、$Rmr(c)$ 见标准 GB/T 1031—2009 全文。

4.3 表面粗糙度参数值的选择

零件表面粗糙度参数值的合理选用直接关系到零件的性能、产品的质量、使用寿命和生产成本。每个零件按照它的功能要求，其表面都有一个相应的合理参数值范围。在满足零件表面功能的前提下，应尽量选用较大的粗糙度参数值。

4.3.1 选用原则

通常表面粗糙度参数值的选用可以考虑下列一些原则。

① 同一零件上，工作表面的粗糙度应小于非工作表面的粗糙度值。

② 工作过程中摩擦表面粗糙度参数值应小于非摩擦表面的粗糙度参数值，滚动摩擦表面的粗糙度参数值应小于滑动摩擦表面的粗糙度参数值。

③ 对承受变动载荷的零件表面及最易产生应力集中的部位应选用较小的粗糙度参数值。

④ 接触刚度要求较高的表面，应选取较小的粗糙度参数值。

⑤ 运动精度要求高的表面，应选取较小的粗糙度参数值。

⑥ 承受腐蚀的零件表面，应选取较小的粗糙度参数值。

⑦ 配合性质和公差相同的零件、基本尺寸较小的零件以及要求配合稳定可靠的零件表面，其粗糙度参数值应选取较小的值。

⑧ 在间隙配合中，间隙越小，粗糙度参数值也应越小；在条件相同时，间隙配合表面的粗糙度参数值应比过盈配合表面的粗糙度参数值小；在过盈配合中，为了保证连接强度，应选取较小的粗糙度参数值。

⑨ 同样尺寸公差精度等级的轴表面的粗糙度参数值应比孔的参数值小。

⑩ 一般情况下尺寸公差要求越小，表面越光滑。但对于操作件等外露件，如机床的手柄、手轮以及食用工

具、卫生用品等，虽然它们没有配合或装配功能要求，尺寸公差往往较大，但为了美观和使用安全，应选用较小的粗糙度参数值。

4.3.2 表面粗糙度参数值选用实例

① 一些常见表面的粗糙度参数值的选用（表 2-4-17、表 2-4-18）。

表 2-4-17　　表面粗糙度选用举例

Ra/μm（不大于）	相当表面光洁度	表面状况	加工方法	应用举例
100	▽1	明显可见的刀痕	粗车、镗、刨、钻	粗加工的表面，如粗车、粗刨、切断等表面，用粗锉刀和粗砂轮等加工的表面，一般很少采用
25、50	▽2 ▽3			粗加工后的表面，焊接前的焊缝、粗钻孔壁等
12.5	▽4 ▽3	可见刀痕	粗车、刨、铣、钻	一般非结合表面，如轴的端面、倒角、齿轮及带轮的侧面、键槽的非工作表面，减重孔眼表面等
6.3	▽5 ▽4	可见加工痕迹	车、镗、刨、钻、铣、锉、磨、粗铰、铣齿	不重要零件的非配合表面，如支柱、支架、外壳、衬套、轴、盖等的端面，紧固件的自由表面，紧固件通孔的表面，内、外花键的非定心表面，不作为计量基准的齿轮顶圆表面等
3.2	▽6 ▽5	微见加工痕迹	车、镗、刨、铣、刮 1~2 点/cm^2、拉、磨、锉、滚压、铣齿	和其他零件连接不形成配合的表面，如箱体、外壳、端盖等零件的端面；要求有定心及配合特性的固定支承面如定心的轴肩，键和键槽的工作表面；不重要的紧固螺纹的表面；需要滚花或氧化处理的表面等
1.6	▽7 ▽6	看不清加工痕迹	车、镗、刨、铣、铰、拉、磨、滚压、刮 1~2 点/cm^2、铣齿	安装直径超过 80mm 的 0 级轴承的外壳孔，普通精度齿轮的齿面，定位销孔，V 带轮的表面，外径定心的内花键外径，轴承盖的定中心凸肩表面等
0.8	▽8 ▽7	可辨加工痕迹的方向	车、镗、拉、磨、立铣、刮 3~10 点/cm^2、滚压	要求保证定心及配合特性的表面，如锥销与圆柱销的表面，与 0 级精度滚动轴承相配合的轴颈和外壳孔，中速转动的轴颈，直径超过 80mm 的 5.6 级滚动轴承配合的轴颈与外壳孔及内、外花键的定心内径，外花键键侧及定心外径，过盈配合 IT7 级的孔（H7），间隙配合 IT8、IT9 级的孔（H8、H9），磨削的轮齿表面等
0.4	▽9 ▽8	微辨加工痕迹的方向	铰、磨、镗、拉、刮 3~10 点/cm^2、滚压	要求长期保持配合性质稳定的配合表面，IT7 级的轴、孔配合表面，精度较高的轮齿表面，受变应力作用的重要零件，与直径小于 80mm 的 5.6 级轴承配合的轴颈表面，与橡胶密封件接触的轴表面，尺寸大于 120mm 的 IT13~IT16 级孔和轴用量规的测量表面
0.2	▽10 ▽9	不可辨加工痕迹的方向	布轮磨、磨、研磨、超级加工	工作时受变应力作用的重要零件的表面；保证零件的疲劳强度、防腐性和耐久性，并在工作时不破坏配合性质的表面，如轴颈表面、要求气密的表面和支承表面、圆锥定心表面等；IT5、IT6 级配合表面，高精度齿轮的齿面，与 4 级滚动轴承配合的轴颈表面，尺寸大于 315mm 的 IT7~IT9 级孔和轴用量规及尺寸大于 120 至 315mm 的 IT10~IT12 级孔和轴用量规的测量表面等
0.1	▽11 ▽10	暗光泽面	超级加工	工作时承受较大变应力作用的重要零件的表面；保证精确定心的锥体表面；液压传动用的孔表面；气缸套的内表面，活塞销的外表面，仪器导轨面，阀的工作面；尺寸小于 120mm 的 IT10~IT12 级孔和轴用量规测量面等
0.05	▽12 ▽11	亮光泽面		保证高度气密性的接合表面，如活塞、柱塞和气缸内表面；摩擦离合器的摩擦表面；对同轴度有精确要求的轴和孔；滚动导轨中的钢球或滚子和高速摩擦的工作表面
0.025	▽13 ▽12	镜状光泽面		高压柱塞泵中柱塞和柱塞套的配合表面，中等精度仪器零件配合表面，尺寸大于 120mm 的 IT6 级孔用量规、小于 120mm 的 IT7~IT9 级孔和轴用量规测量表面
0.012	▽14 ▽13	雾状镜面		仪器的测量表面和配合表面，尺寸超过 100mm 的块规工作面
0.008	▽14			块规的工作表面，高精度测量仪器的测量面，高精度仪器摩擦机构的支承表面

表 2-4-18　　常用工作表面的表面粗糙度 *Ra*　　μm

	公差等级	表面	基本尺寸/mm	
			≤50	>50~500
配合表面(间隙过渡)	5	轴 孔	0.2 0.4	0.4 0.8
	6	轴 孔	0.4 0.4~0.8	0.8 0.8~1.6
	7	轴 孔	0.4~0.8 0.8	0.8~1.6 1.6
	8	轴 孔	0.8 0.8~1.6	1.6 1.6~3.2

		公差等级	表面	基本尺寸/mm		
				≤50	>50~120	>120~500
过盈配合	压入装配	5	轴 孔	0.1~0.2 0.2~0.4	0.4 0.8	0.4 0.8
		6、7	轴 孔	0.4 0.8	0.8 1.6	1.6 1.6
		8	轴 孔	0.8 1.6	0.8~1.6 1.6~3.2	1.6~3.2 1.6~3.2
	热装	—	轴 孔	1.6 1.6~3.2		

	表面	分组公差/μm				
		<2.5	2.5	5	10	20
分组装配的零件表面	轴 孔	0.05 0.1	0.1 0.2	0.2 0.4	0.4 0.8	0.8 1.6

	表面	径向跳动公差/μm					
		2.5	4	6	10	16	25
高定心精度的配合表面	轴 孔	0.05 0.1	0.1 0.2	0.1 0.2	0.2 0.4	0.4 0.8	0.8 1.6

	表面	公差等级		流体润滑
		IT6~IT9	IT10~IT12	
滑动轴承表面	轴 孔	0.4~0.8 0.8~1.6	0.8~3.2 1.6~3.2	0.1~0.4 0.2~0.8

	表面	高压		普通压力	低压
		直径≤10mm	直径>10mm		
滚压系统的油缸活塞等表面	轴 孔	0.025 0.05	0.05 0.1	0.1 0.2	0.2 0.4

	密封材料	速度/m·s^{-1}		
		≤3	5	>5
密封材料处的孔轴表面	橡胶	0.8~1.6 抛光	0.4~0.8 抛光	0.2~0.4 抛光
	毛毡	0.8~1.6 抛光		
	迷宫式的	3.2~6.3		
	油沟式的	3.2~6.3		

	性质	速度/m·s^{-1}	平面度公差/μm·(100mm)$^{-1}$				
			≤6	10	20	60	>60
导轨面	滑动	≤0.5	0.2	0.4	0.8	1.6	3.2
		>0.5	0.1	0.2	0.4	0.8	1.6
	滚动	≤0.5	0.1	0.2	0.4	0.8	1.6
		>0.5	0.05	0.1	0.2	0.4	0.8

	速度/m·s^{-1}	端面跳动公差/μm			
		≤6	16	25	>25
端面支承表面、端面轴承等	≤0.5	0.1	0.4	0.8~1.6	3.2
	>0.5	0.1	0.2	0.8	1.6

续表

<table>
<tr><td colspan="3" rowspan="3">球面支承</td><td colspan="9">球面轮廓度公差/μm</td></tr>
<tr><td colspan="4">≤30</td><td colspan="5">>30</td></tr>
<tr><td colspan="4">0.8</td><td colspan="5">1.6</td></tr>
<tr><td colspan="3" rowspan="3">端面接触不动的支承面(法兰等)</td><td colspan="9">垂直度公差/μm·(100mm)$^{-1}$</td></tr>
<tr><td colspan="3">≤25</td><td colspan="3">60</td><td colspan="3">>60</td></tr>
<tr><td colspan="3">1.6</td><td colspan="3">3.2</td><td colspan="3">6.3</td></tr>
<tr><td rowspan="3">箱体分界面(减速器)</td><td colspan="2">类型</td><td colspan="4">有垫片</td><td colspan="5">无垫片</td></tr>
<tr><td colspan="2">密封的</td><td colspan="4">3.2~6.3</td><td colspan="5">0.8~1.6</td></tr>
<tr><td colspan="2">不密封的</td><td colspan="4">6.3~12.5</td><td colspan="5">6.3~12.5</td></tr>
<tr><td colspan="3">与其他零件接触但不是配合面</td><td colspan="9">3.2~6.3</td></tr>
<tr><td rowspan="4">凸轮和靠模工作面</td><td colspan="2" rowspan="2">类型</td><td colspan="9">线轮廓度公差/μm</td></tr>
<tr><td colspan="2">≤6</td><td colspan="2">30</td><td colspan="2">50</td><td colspan="3">>50</td></tr>
<tr><td colspan="2">用刀口或滑块</td><td colspan="2">0.4</td><td colspan="2">0.8</td><td colspan="2">1.6</td><td colspan="3">3.2</td></tr>
<tr><td colspan="2">用滚柱</td><td colspan="2">0.8</td><td colspan="2">1.6</td><td colspan="2">3.2</td><td colspan="3">6.3</td></tr>
<tr><td colspan="3" rowspan="3">V带轮和平带轮工作表面</td><td colspan="9">带轮直径/mm</td></tr>
<tr><td colspan="3">≤120</td><td colspan="3">>120~315</td><td colspan="3">>315</td></tr>
<tr><td colspan="3">1.6</td><td colspan="3">3.2</td><td colspan="3">6.3</td></tr>
<tr><td colspan="3" rowspan="2">摩擦传动中的工作表面</td><td colspan="9">与尺寸大小及工作条件有关</td></tr>
<tr><td colspan="9">0.2~0.8</td></tr>
<tr><td rowspan="5">摩擦件工作表面</td><td colspan="2" rowspan="2">摩擦片、离合器</td><td colspan="3">压块式</td><td colspan="3">离合器</td><td colspan="3">片式</td></tr>
<tr><td colspan="3">1.6~3.2</td><td colspan="3">0.8~1.6</td><td colspan="3">0.1~0.8</td></tr>
<tr><td colspan="2" rowspan="3">制动鼓轮</td><td colspan="9">鼓轮直径/mm</td></tr>
<tr><td colspan="4">≤500</td><td colspan="5">>500</td></tr>
<tr><td colspan="4">0.8~1.6</td><td colspan="5">1.6~6.3</td></tr>
<tr><td colspan="3" rowspan="2">圆锥结合工作面</td><td colspan="3">密封结合</td><td colspan="3">对中结合</td><td colspan="3">其他</td></tr>
<tr><td colspan="3">0.1~0.4</td><td colspan="3">0.4~1.6</td><td colspan="3">1.6~6.3</td></tr>
<tr><td rowspan="5">键结合</td><td colspan="2">类型</td><td colspan="3">键</td><td colspan="3">轴上键槽</td><td colspan="3">毂上键槽</td></tr>
<tr><td rowspan="2">不动结合</td><td>工作面</td><td colspan="3">3.2</td><td colspan="3">1.6~3.2</td><td colspan="3">1.6~3.2</td></tr>
<tr><td>非工作面</td><td colspan="3">6.3~12.5</td><td colspan="3">6.3~12.5</td><td colspan="3">6.3~12.5</td></tr>
<tr><td rowspan="2">用导向键</td><td>工作面</td><td colspan="3">1.6~3.2</td><td colspan="3">1.6~3.2</td><td colspan="3">1.6~3.2</td></tr>
<tr><td>非工作面</td><td colspan="3">6.3~12.5</td><td colspan="3">6.3~12.5</td><td colspan="3">6.3~12.5</td></tr>
<tr><td rowspan="4">渐开线花键结合</td><td colspan="2" rowspan="2">类型</td><td colspan="2" rowspan="2">孔槽</td><td colspan="2" rowspan="2">轴齿</td><td colspan="2">定心面</td><td colspan="3">非定心面</td></tr>
<tr><td>孔</td><td>轴</td><td>孔</td><td colspan="2">轴</td></tr>
<tr><td colspan="2">不动结合</td><td colspan="2">1.6~3.2</td><td colspan="2">1.6~3.2</td><td>0.8~1.6</td><td>0.4~0.8</td><td>3.2~6.3</td><td colspan="2">1.6~6.3</td></tr>
<tr><td colspan="2">动结合</td><td colspan="2">0.8~1.6</td><td colspan="2">0.4~0.8</td><td>0.8~1.6</td><td>0.4~0.8</td><td>3.2</td><td colspan="2">1.6~6.3</td></tr>
<tr><td rowspan="6">螺纹</td><td colspan="2" rowspan="2">类型</td><td colspan="9">螺纹精度等级</td></tr>
<tr><td colspan="3">4、5</td><td colspan="3">6、7</td><td colspan="3">8、9</td></tr>
<tr><td colspan="2">紧固螺纹</td><td colspan="3">1.6</td><td colspan="3">3.2</td><td colspan="3">3.2~6.3</td></tr>
<tr><td colspan="2">在轴上、杆上和套上螺纹</td><td colspan="3">0.8~1.6</td><td colspan="3">1.6</td><td colspan="3">3.2</td></tr>
<tr><td colspan="2">丝杠和起重螺纹</td><td colspan="3">—</td><td colspan="3">0.4</td><td colspan="3">0.8</td></tr>
<tr><td colspan="2">丝杠螺母和起重螺母</td><td colspan="3">—</td><td colspan="3">0.8</td><td colspan="3">1.6</td></tr>
<tr><td rowspan="7">齿轮和蜗轮传动</td><td colspan="2" rowspan="2">类型</td><td colspan="9">精度等级</td></tr>
<tr><td>3</td><td>4</td><td>5</td><td>6</td><td>7</td><td>8</td><td>9</td><td>10</td><td>11</td></tr>
<tr><td colspan="2">直齿、斜齿、人字齿蜗轮(圆柱)齿面</td><td>0.1~0.2</td><td>0.2~0.4</td><td>0.2~0.4</td><td>0.4</td><td>0.4~0.8</td><td>1.6</td><td>3.2</td><td>6.3</td><td>6.3</td></tr>
<tr><td colspan="2">圆锥齿轮齿面</td><td></td><td></td><td>0.2~0.4</td><td>0.4~0.8</td><td>0.4~0.8</td><td>0.8~1.6</td><td>1.6~3.2</td><td>3.2~6.3</td><td>6.3</td></tr>
<tr><td colspan="2">蜗杆牙型面</td><td>0.1</td><td>0.2</td><td>0.2</td><td>0.4</td><td>0.4~0.8</td><td>0.8~1.6</td><td>1.6~3.2</td><td></td><td></td></tr>
<tr><td colspan="2">根圆</td><td colspan="9">与工作面同或接近的更粗些的优先数</td></tr>
<tr><td colspan="2">顶圆</td><td colspan="9">3.2~12.5</td></tr>
</table>

续表

	类型	应用精度	
		普通的	提高的
链轮	工作表面	3.2~6.3	1.6~3.2
	根圆	6.3	3.2
	顶圆	3.2~12.5	3.2~12.5

	定位精度/μm					
分度机构表面如分度板、插销	≤4	6	10	25	63	>63
	0.1	0.2	0.4	0.8	1.6	3.2

表面		Ra/μm
齿轮、链轮和蜗轮的非工作端面		3.2~12.5
孔和轴的非工作表面		6.3~12.5
倒角、倒圆、退刀槽等		3.2~12.5
螺栓、螺钉等用的通孔		25
精制螺栓和螺母		3.2~12.5
半精制螺栓和螺母		25
螺钉头表面		3.2~12.5
压簧支承表面		12.5~25
床身、箱体上的槽和凸起		12.5~25
准备焊接的倒棱		50~100
在水泥、砖或木质基础上的表面		100或更大
对疲劳强度有影响的非结合表面		0.2~0.4抛光
影响蒸汽和气流的表面	特别精密	0.2抛光
	一般	0.8~1.6

表面			
影响零件平衡的表面	直径		
	≤180	>180~500	>500
	1.6~3.2	6.3	12.5~25
光学读数的精密刻度尺	0.025~0.05		
普通精度刻度尺	0.8~1.6		
刻度盘	0.8		
操纵机构表面(如手轮、手柄)指示表面、其他需光整表面	0.4~1.6 抛光或镀层		
离合器、支架、轮辐等和其他件不接触的表面	6.3~12.5		
高速转动的凸出面(轴端等)	1.6~6.3		
外观要求高的表面	6.3		
其他表面	中、小零件	3.2~12.5	
	大零件	6.3~25	

注：本表数据仅供参考。

② 参考尺寸公差、形状公差与表面粗糙度的关系选择表面粗糙度（表2-4-19~表2-4-21）。

一般情况下，表面形状公差值 t、尺寸公差值 T 与 Ra、Rz 之间，有如下的经验对应关系：

若 $t\approx0.6T$ 则 $Ra\leqslant0.05T$； $Rz\leqslant0.2T$

$t\approx0.4T$ 则 $Ra\leqslant0.025T$； $Rz\leqslant0.1T$

$t\approx0.25T$ 则 $Ra\leqslant0.012T$； $Rz\leqslant0.05T$

$t<0.25T$ 则 $Ra\leqslant0.15T$； $Rz\leqslant0.6T$

表 2-4-19　　轴、孔公差等级与表面粗糙度的对应关系

公差等级	轴 基本尺寸/mm	轴 粗糙度参数 Ra/μm	孔 基本尺寸/mm	孔 粗糙度参数 Ra/μm
IT5	≤6	0.10	≤6	0.10
	>6~30	0.20	>6~30	0.20
	>30~180	0.40	>30~180	0.40
	>180~500	0.80	>180~500	0.80
IT6	≤10	0.20	≤50	0.40
	>10~80	0.40	>50~250	0.80
	>80~250	0.80		
	>250~500	1.60	>250~500	1.60
IT7	≤6	0.40	≤6	0.40
	>6~120	0.80	>6~80	0.80
	>120~500	1.60	>80~500	1.60
IT8	≤3	0.40	≤3	0.40
	>3~50	0.80	>3~30	0.80
			>30~250	1.60
	>50~500	1.60	250~500	3.20

公差等级	轴 基本尺寸/mm	轴 粗糙度参数 Ra/μm	孔 基本尺寸/mm	孔 粗糙度参数 Ra/μm
IT9	≤6	0.80	≤6	0.80
	>6~120	1.60	>6~120	1.60
	>120~400	3.20	>120~400	3.20
	>400~500	6.30	>400~500	6.30
IT10	≤10	1.60	≤10	1.60
	>10~120	3.20	>10~180	3.20
	>120~500	6.30	>180~500	6.30
IT11	≤10	1.60	≤10	1.60
	>10~120	3.20	>10~120	3.20
	>120~500	6.30	>120~500	6.30
IT12	≤80	3.20	≤80	3.20
	>80~250	6.30	>80~250	6.30
	>250~500	12.50	>250~500	12.50
IT13	≤30	3.20	≤30	3.20
	>30~120	6.30	>30~120	6.30
	>120~500	12.50	>120~500	12.50

表 2-4-20　　与常用、优先公差带相适应的表面粗糙度 *Ra*　　μm

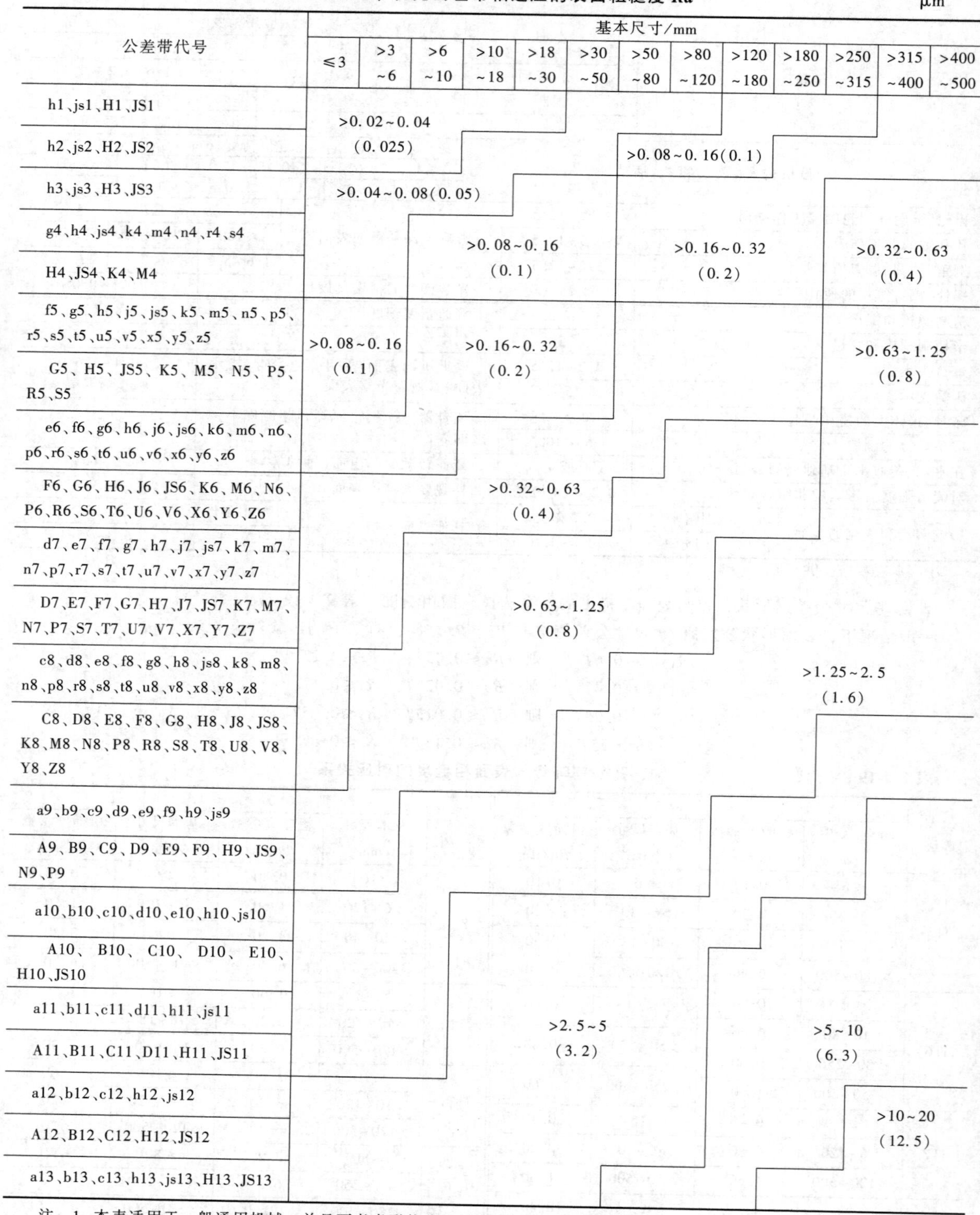

公差带代号	基本尺寸/mm												
	≤3	>3~6	>6~10	>10~18	>18~30	>30~50	>50~80	>80~120	>120~180	>180~250	>250~315	>315~400	>400~500
h1、js1、H1、JS1	>0.02~0.04(0.025)	>0.02~0.04(0.025)	>0.02~0.04(0.025)	>0.02~0.04(0.025)	>0.02~0.04(0.025)	>0.04~0.08(0.05)	>0.04~0.08(0.05)	>0.04~0.08(0.05)	>0.08~0.16(0.1)	>0.08~0.16(0.1)	>0.08~0.16(0.1)	>0.16~0.32(0.2)	>0.16~0.32(0.2)
h2、js2、H2、JS2	>0.02~0.04(0.025)	>0.02~0.04(0.025)	>0.02~0.04(0.025)	>0.04~0.08(0.05)	>0.04~0.08(0.05)	>0.04~0.08(0.05)	>0.08~0.16(0.1)	>0.08~0.16(0.1)	>0.08~0.16(0.1)	>0.16~0.32(0.2)	>0.16~0.32(0.2)	>0.16~0.32(0.2)	>0.16~0.32(0.2)
h3、js3、H3、JS3	>0.04~0.08(0.05)	>0.04~0.08(0.05)	>0.04~0.08(0.05)	>0.04~0.08(0.05)	>0.08~0.16(0.1)	>0.08~0.16(0.1)	>0.16~0.32(0.2)	>0.16~0.32(0.2)	>0.16~0.32(0.2)	>0.16~0.32(0.2)	>0.32~0.63(0.4)	>0.32~0.63(0.4)	>0.32~0.63(0.4)
g4、h4、js4、k4、m4、n4、r4、s4	>0.04~0.08(0.05)	>0.04~0.08(0.05)	>0.08~0.16(0.1)	>0.08~0.16(0.1)	>0.08~0.16(0.1)	>0.08~0.16(0.1)	>0.16~0.32(0.2)	>0.16~0.32(0.2)	>0.16~0.32(0.2)	>0.16~0.32(0.2)	>0.32~0.63(0.4)	>0.32~0.63(0.4)	>0.32~0.63(0.4)
H4、JS4、K4、M4	>0.04~0.08(0.05)	>0.04~0.08(0.05)	>0.08~0.16(0.1)	>0.08~0.16(0.1)	>0.08~0.16(0.1)	>0.08~0.16(0.1)	>0.16~0.32(0.2)	>0.16~0.32(0.2)	>0.16~0.32(0.2)	>0.16~0.32(0.2)	>0.32~0.63(0.4)	>0.32~0.63(0.4)	>0.32~0.63(0.4)
f5、g5、h5、j5、js5、k5、m5、n5、p5、r5、s5、t5、u5、v5、x5、y5、z5	>0.08~0.16(0.1)	>0.08~0.16(0.1)	>0.16~0.32(0.2)	>0.16~0.32(0.2)	>0.16~0.32(0.2)	>0.16~0.32(0.2)	>0.32~0.63(0.4)	>0.32~0.63(0.4)	>0.32~0.63(0.4)	>0.32~0.63(0.4)	>0.63~1.25(0.8)	>0.63~1.25(0.8)	>0.63~1.25(0.8)
G5、H5、JS5、K5、M5、N5、P5、R5、S5	>0.08~0.16(0.1)	>0.08~0.16(0.1)	>0.16~0.32(0.2)	>0.16~0.32(0.2)	>0.16~0.32(0.2)	>0.16~0.32(0.2)	>0.32~0.63(0.4)	>0.32~0.63(0.4)	>0.32~0.63(0.4)	>0.32~0.63(0.4)	>0.63~1.25(0.8)	>0.63~1.25(0.8)	>0.63~1.25(0.8)
e6、f6、g6、h6、j6、js6、k6、m6、n6、p6、r6、s6、t6、u6、v6、x6、y6、z6	>0.16~0.32(0.2)	>0.16~0.32(0.2)	>0.16~0.32(0.2)	>0.32~0.63(0.4)	>0.32~0.63(0.4)	>0.32~0.63(0.4)	>0.32~0.63(0.4)	>0.63~1.25(0.8)	>0.63~1.25(0.8)	>0.63~1.25(0.8)	>1.25~2.5(1.6)	>1.25~2.5(1.6)	>1.25~2.5(1.6)
F6、G6、H6、J6、JS6、K6、M6、N6、P6、R6、S6、T6、U6、V6、X6、Y6、Z6	>0.32~0.63(0.4)	>0.32~0.63(0.4)	>0.32~0.63(0.4)	>0.32~0.63(0.4)	>0.32~0.63(0.4)	>0.32~0.63(0.4)	>0.63~1.25(0.8)	>0.63~1.25(0.8)	>0.63~1.25(0.8)	>0.63~1.25(0.8)	>1.25~2.5(1.6)	>1.25~2.5(1.6)	>1.25~2.5(1.6)
d7、e7、f7、g7、h7、j7、js7、k7、m7、n7、p7、r7、s7、t7、u7、v7、x7、y7、z7	>0.32~0.63(0.4)	>0.32~0.63(0.4)	>0.63~1.25(0.8)	>0.63~1.25(0.8)	>0.63~1.25(0.8)	>0.63~1.25(0.8)	>0.63~1.25(0.8)	>0.63~1.25(0.8)	>1.25~2.5(1.6)	>1.25~2.5(1.6)	>1.25~2.5(1.6)	>1.25~2.5(1.6)	>1.25~2.5(1.6)
D7、E7、F7、G7、H7、J7、JS7、K7、M7、N7、P7、S7、T7、U7、V7、X7、Y7、Z7	>0.32~0.63(0.4)	>0.32~0.63(0.4)	>0.63~1.25(0.8)	>0.63~1.25(0.8)	>0.63~1.25(0.8)	>0.63~1.25(0.8)	>0.63~1.25(0.8)	>0.63~1.25(0.8)	>1.25~2.5(1.6)	>1.25~2.5(1.6)	>1.25~2.5(1.6)	>1.25~2.5(1.6)	>1.25~2.5(1.6)
c8、d8、e8、f8、g8、h8、js8、k8、m8、n8、p8、r8、s8、t8、u8、v8、x8、y8、z8	>0.32~0.63(0.4)	>0.63~1.25(0.8)	>0.63~1.25(0.8)	>0.63~1.25(0.8)	>0.63~1.25(0.8)	>0.63~1.25(0.8)	>1.25~2.5(1.6)	>1.25~2.5(1.6)	>1.25~2.5(1.6)	>1.25~2.5(1.6)	>1.25~2.5(1.6)	>1.25~2.5(1.6)	>1.25~2.5(1.6)
C8、D8、E8、F8、G8、H8、J8、JS8、K8、M8、N8、P8、R8、S8、T8、U8、V8、Y8、Z8	>0.32~0.63(0.4)	>0.63~1.25(0.8)	>0.63~1.25(0.8)	>0.63~1.25(0.8)	>0.63~1.25(0.8)	>1.25~2.5(1.6)	>1.25~2.5(1.6)	>1.25~2.5(1.6)	>1.25~2.5(1.6)	>1.25~2.5(1.6)	>2.5~5(3.2)	>2.5~5(3.2)	>2.5~5(3.2)
a9、b9、c9、d9、e9、f9、h9、js9	>0.63~1.25(0.8)	>0.63~1.25(0.8)	>1.25~2.5(1.6)	>1.25~2.5(1.6)	>1.25~2.5(1.6)	>1.25~2.5(1.6)	>1.25~2.5(1.6)	>1.25~2.5(1.6)	>2.5~5(3.2)	>2.5~5(3.2)	>2.5~5(3.2)	>5~10(6.3)	>5~10(6.3)
A9、B9、C9、D9、E9、F9、H9、JS9、N9、P9	>0.63~1.25(0.8)	>0.63~1.25(0.8)	>1.25~2.5(1.6)	>1.25~2.5(1.6)	>1.25~2.5(1.6)	>1.25~2.5(1.6)	>1.25~2.5(1.6)	>1.25~2.5(1.6)	>2.5~5(3.2)	>2.5~5(3.2)	>2.5~5(3.2)	>5~10(6.3)	>5~10(6.3)
a10、b10、c10、d10、e10、h10、js10	>1.25~2.5(1.6)	>1.25~2.5(1.6)	>1.25~2.5(1.6)	>2.5~5(3.2)	>2.5~5(3.2)	>2.5~5(3.2)	>2.5~5(3.2)	>2.5~5(3.2)	>2.5~5(3.2)	>5~10(6.3)	>5~10(6.3)	>5~10(6.3)	>5~10(6.3)
A10、B10、C10、D10、E10、H10、JS10	>1.25~2.5(1.6)	>1.25~2.5(1.6)	>1.25~2.5(1.6)	>2.5~5(3.2)	>2.5~5(3.2)	>2.5~5(3.2)	>2.5~5(3.2)	>2.5~5(3.2)	>5~10(6.3)	>5~10(6.3)	>5~10(6.3)	>5~10(6.3)	>5~10(6.3)
a11、b11、c11、d11、h11、js11	>1.25~2.5(1.6)	>1.25~2.5(1.6)	>1.25~2.5(1.6)	>2.5~5(3.2)	>2.5~5(3.2)	>2.5~5(3.2)	>2.5~5(3.2)	>2.5~5(3.2)	>5~10(6.3)	>5~10(6.3)	>5~10(6.3)	>5~10(6.3)	>5~10(6.3)
A11、B11、C11、D11、H11、JS11	>1.25~2.5(1.6)	>1.25~2.5(1.6)	>1.25~2.5(1.6)	>2.5~5(3.2)	>2.5~5(3.2)	>2.5~5(3.2)	>2.5~5(3.2)	>2.5~5(3.2)	>5~10(6.3)	>5~10(6.3)	>5~10(6.3)	>5~10(6.3)	>5~10(6.3)
a12、b12、c12、h12、js12	>2.5~5(3.2)	>2.5~5(3.2)	>2.5~5(3.2)	>2.5~5(3.2)	>2.5~5(3.2)	>2.5~5(3.2)	>2.5~5(3.2)	>2.5~5(3.2)	>5~10(6.3)	>5~10(6.3)	>5~10(6.3)	>10~20(12.5)	>10~20(12.5)
A12、B12、C12、H12、JS12	>2.5~5(3.2)	>2.5~5(3.2)	>2.5~5(3.2)	>2.5~5(3.2)	>2.5~5(3.2)	>2.5~5(3.2)	>2.5~5(3.2)	>2.5~5(3.2)	>5~10(6.3)	>5~10(6.3)	>5~10(6.3)	>10~20(12.5)	>10~20(12.5)
a13、b13、c13、h13、js13、H13、JS13	>2.5~5(3.2)	>2.5~5(3.2)	>2.5~5(3.2)	>2.5~5(3.2)	>2.5~5(3.2)	>5~10(6.3)	>5~10(6.3)	>5~10(6.3)	>5~10(6.3)	>10~20(12.5)	>10~20(12.5)	>10~20(12.5)	>10~20(12.5)

注：1. 本表适用于一般通用机械，并且不考虑形状公差对表面粗糙度的要求。

2. 对于特殊的配合件，如配合件孔、轴公差等级相差较多时，应按其较高等级的公差带选取。

3. 对于重型机械中采用配制配合时，应仍按完全互换性配合要求的公差选取。

4. 括号内数据为常用数据。

表 2-4-21　　间隙或过盈配合与表面粗糙度的对应关系

间隙或过盈/μm	表面粗糙度 Ra/μm 轴	表面粗糙度 Ra/μm 孔
≤2.5	0.025	0.05
>2.5~4	0.05	0.10
>4~6.5		0.20
>6.5~10	0.10	0.40
>10~16	0.20	
>16~25		
>25~40	0.40	0.80

③ 表面粗糙度与加工方法有密切的关系，在确定表面粗糙度时，应考虑可能采用的加工方法（表 2-4-22~表 2-4-24）。

表 2-4-22　　不同加工方法可能达到的表面粗糙度 *Ra* 值

加工方法		0.012	0.025	0.05	0.10	0.20	0.40	0.80	1.60	3.20	6.30	12.5	25	50	100
砂模铸造											—	—	—	—	—
型壳铸造											—	—	—	—	—
金属模铸造									—	—	—	—	—	—	
离心铸造									—	—	—	—	—		
精密铸造								—	—	—	—	—			
蜡模铸造							—	—	—	—	—	—			
压力铸造							—	—	—	—	—				
热轧											—	—	—	—	—
模锻									—	—	—	—	—	—	—
冷轧						—	—	—	—	—	—	—			
挤压							—	—	—	—	—	—			
冷拉						—	—	—	—	—	—				
锉							—	—	—	—	—	—	—		
刮削							—	—	—	—	—	—			
刨削	粗										—	—	—		
刨削	半精								—	—	—				
刨削	精						—	—	—						
插削									—	—	—	—	—		
钻孔								—	—	—	—	—	—		
扩孔	粗										—	—	—		
扩孔	精								—	—	—				
金刚镗孔				—	—	—	—								
镗孔	粗										—	—	—	—	
镗孔	半精							—	—	—	—				
镗孔	精						—	—	—						

续表

加工方法		表面粗糙度 Ra/μm													
		0.012	0.025	0.05	0.10	0.20	0.40	0.80	1.60	3.20	6.30	12.5	25	50	100
铰孔	粗								—	—	—	—			
	半精						—	—	—	—					
	精				—	—	—	—	—						
拉削	半精						—	—	—	—					
	精				—	—	—								
滚铣	粗									—	—	—	—		
	半精							—	—	—	—				
	精						—	—	—						
端面铣	粗									—	—	—			
	半精						—	—	—	—	—				
	精					—	—	—	—						
车外圆	粗										—	—	—		
	半精								—	—	—	—			
	精					—	—	—	—						
金刚车			—	—	—	—									
车端面	粗										—	—	—		
	半精								—	—	—	—			
	精						—	—	—						
磨外圆	粗							—	—	—	—				
	半精					—	—	—	—						
	精		—	—	—	—	—								
磨平面	粗								—	—					
	半精						—	—	—						
	精		—	—	—	—	—								
珩磨	平面		—	—	—	—	—	—	—						
	圆柱	—	—	—	—	—	—								
研磨	粗					—	—	—	—						
	半精			—	—	—	—								
	精	—	—	—	—										
抛光	一般				—	—	—	—	—						
	精	—	—	—	—										
滚压抛光				—	—	—	—	—	—	—					
超精加工	平面	—	—	—	—	—	—								
	柱面	—	—	—	—	—	—								
化学磨								—	—	—	—	—	—		
电解磨		—	—	—	—	—	—	—	—						
电火花加工								—	—	—	—	—	—		

续表

加工方法		0.012	0.025	0.05	0.10	0.20	0.40	0.80	1.60	3.20	6.30	12.5	25	50	100
		表面粗糙度 Ra/μm													
切割	气割										—	—	—	—	—
	锯								—	—	—	—	—	—	—
	车									—	—	—	—		
	铣											—	—	—	
	磨								—	—	—				
螺纹加工	丝锥板牙							—	—	—	—				
	梳洗							—	—	—	—				
	滚					—	—	—							
	车							—	—	—	—	—			
	搓螺纹							—	—	—	—				
	滚压						—	—	—	—					
	磨					—	—	—	—						
	研磨			—	—	—	—	—	—						
齿轮及花键加工	刨							—	—	—	—				
	滚							—	—	—	—				
	插							—	—	—	—				
	磨				—	—	—	—							
	剃					—	—	—	—						

注：本表作为一般情况参考。

表 2-4-23 不同加工方法能达到的 *Rz* 值

加工方法	0.16	0.4	1.0	2.5	6	16	40	100	250
	Rz/μm								
火焰切割							—	—	
砂型铸造								—	—
壳型铸造							—	—	—
压力铸造					—	—	—	—	
锻造				—	—	—	—	—	
爆破成形					—	—	—	—	—
成形加工				—	—	—	—	—	—
钻孔					—	—	—		
铣削				—	—	—	—	—	
铰孔				—	—	—	—		
车削			—	—	—	—	—	—	—
磨削			—	—	—	—	—		
珩磨	—	—	—	—	—				
研磨	—	—	—	—	—				
抛光	—	—							

表 2-4-24　　不同加工方法所能达到的 *Rsm* 和 *Rmr*(*c*) 值

加工方法			参数值	
			Rsm/mm	*Rmr*(*c*)(*c*=20%)/%
外圆表面	车加工	粗	0.32~1.25	10~15
		半精	0.16~0.40	10~15
		精	0.08~0.16	10~15
		精细	0.02~0.10	10~15
	磨加工	粗	0.063~0.20	10
		精	0.025~0.10	10
		精细	0.008~0.025	40
	超精磨		0.006~0.020	10
	抛光		0.008~0.025	10
	研磨		0.006~0.040	10~15
	滚压		0.025~1.25	10~70
	振动滚压		0.010~1.25	10~70
	电机械加工		0.025~1.25	10~70
	磁磨粒加工		0.008~1.25	10~30
内圆表面	钻孔		0.160~0.80	10~15
	扩孔	粗	0.160~0.80	10~15
		精	0.080~0.25	10~15
	铰孔	粗	0.080~0.20	10~15
		精	0.0125~0.04	10~15
		精细	0.080~0.25	10~15
	拉孔	粗	0.080~0.25	10~15
		精	0.020~0.10	10~15
	镗孔	粗	0.25~1.00	10~15
		半精	0.125~0.32	10~15
		精	0.080~0.16	10~15
		精细	0.020~0.10	10~15
	磨孔	粗	0.063~0.25	10
		精	0.025~0.10	10
		精细	0.008~0.025	10
	珩磨	粗	0.063~0.26	10
		精	0.020~0.10	10
		精细	0.006~0.020	10
	研磨		0.005~0.04	10~15
	滚压		0.025~1.00	10~70
	振动滚压		0.010~1.25	10~70
	滚光		0.025	10
平面	端铣	粗	0.160~0.40	10~15
		精	0.080~0.20	10~15
		精细	0.025~0.10	10~15
	平铣	粗	1.25~5.0	10
		精	0.50~2.0	10
		精细	0.160~0.63	10~15
	刨	粗	0.20~1.60	10~15
		精	0.080~0.25	10~15
		精细	0.025~0.125	10~15
	端车	粗	0.20~1.25	10~15
		精	0.080~0.25	10~15
		精细	0.025~0.125	10~15
	拉	粗	0.160~2.0	10~15
		精	0.050~0.5	10~15

续表

加工方法			参数值	
			Rsm/mm	*Rmr*(*c*)(*c*=20%)/%
平面	磨	粗	0.100~0.32	10
		精	0.025~0.125	10
		精细	0.010~0.032	10
	刮	粗	0.200~1.00	10~15
			0.063~0.25	10~15
		精	0.040~0.125	10~15
			0.016~0.050	10~15
	滚柱钢球滚压		0.025~5.0	10~70
	振动滚压		0.025~12.5	10~70
	振动抛光		0.010~0.032	10
	研磨		0.008~0.040	10~15
花键侧表面	花键铣	粗	1.00~5.0	10~15
		精	0.10~2.0	10~15
	花键刨		0.08~2.5	10~15
	花键拉		0.08~2.0	10~15
	花键磨	粗	0.100~0.320	10
		精	0.032~0.100	10
	插削		0.080~5.00	10~15
	滚压		0.063~2.00	10~70
齿轮齿面	铣齿		1.25~5.00	10~15
	滚齿		0.32~1.60	10~15
	插齿		0.20~1.25	10~15
	拉齿		0.08~2.0	10~15
	辗齿		0.08~5.0	10~15
	剃齿		0.125~0.50	10~15
	磨齿		0.040~0.100	10
	滚压齿		0.063~2.00	10~70
	研磨		0.032~0.50	10~70
螺纹侧面	车刀或梳刀车		0.080~0.25	10~15
	攻螺纹和板牙或自动板牙头切		0.063~0.200	10~15
	铣螺纹	粗	0.125~0.320	10
		精	0.032~0.125	10
	滚压		0.040~0.100	10~20

④ 一些零件表面的粗糙度高度参数值、附加参数值的要求和取样长度的选取（表 2-4-25）。

表 2-4-25　一些零件表面的粗糙度高度参数值、附加参数值要求和取样长度的选取

表面	*Ra* /μm	*Rmr*(*c*) (*c*=20%) /%	*lr* /mm	表面		*Ra* /μm	*Rmr*(*c*) (*c*=20%) /%	*lr* /mm
与滑动轴承配合的支承轴颈	0.32 *Rz*=1μm	30	0.8	蜗杆牙侧面		0.32		0.25
				铸铁箱体的主要孔		1.0~2.0		0.8
				钢箱体上的主要孔		0.63~1.6		0.8
与青铜轴瓦配合的支承轴颈	0.4	15	0.8	箱体和盖的结合面		*Rz*=10μm		2.5
与巴氏合金轴瓦配合的支承轴颈	0.25	20	0.25	机床滑动导轨	普通的	0.63		0.8
					高精度的	0.1	15	0.25
与铸铁轴瓦配合的支承轴颈	0.32	40	0.8		重型的	1.6		0.25
与石墨片轴瓦配合的支承轴颈	0.32	40	0.8	滚动导轨		0.16		0.25
与滚动轴承配合的支承轴颈、滚动轴承的钢球和滚柱的工作面	0.8		0.8	缸体工作面		0.4	40	0.8
				活塞环工作面		0.25		0.25
保证摩擦为选择性转移情况的表面	0.25	15	0.25	曲轴轴颈		0.32	30	0.8
				曲轴连杆轴颈		0.25	20	0.25
与齿轮孔配合的轴颈	1.6		0.8	活塞侧缘		0.8		0.8
按疲劳强度设计的轴表面		60	0.8	活塞上的活塞销孔		0.5		0.8
喷镀过的滑动摩擦面	0.08	10	0.25	活塞销		0.25	15	0.25
准备喷镀的表面	*Rz*=125μm	*Rsm*=0.5mm	0.8	分配轴轴颈和凸轮部分		0.32	30	0.8
电化学镀层前的表面	0.2~0.8			油针偶件		0.08	15	0.25
齿轮配合孔	0.5~2.0		0.8	摇杆小轴孔和轴颈		0.63		0.8
齿轮齿面	0.63~1.25		0.8	腐蚀性的表面		0.063	10	0.25

注：本表仅供参考。

CHAPTER 5

第5章 孔间距偏差

1 孔间距偏差的计算公式和图示

1.1 孔间距偏差的计算公式

孔间距偏差根据轴（即螺栓、双头螺栓、螺钉、销钉等）与孔的配合性质而定。其计算通常用尺寸链中极大极小法。在计算孔间距偏差时一般做下列假设：孔的位置尺寸偏差取决于配合间隙的大小和连接方法，而与孔间距本身尺寸无关；孔与轴的尺寸为已知，即最小间隙已知。

孔间隙的作用，在于使轴能自由通过孔进行连接，即用这个间隙来补偿两个被连接件孔间距在制造过程中所引起的误差。在连接中必须分清两种不同的连接结构：如图 2-5-1 所示的螺栓（穿通孔）连接和见 2-5-2 所示的螺钉（双头螺栓、销钉、铆钉等）等非穿透式连接。在穿透式连接中，上下孔和轴之间都有间隙，都能起到误差补偿的作用，而非穿透式连接的螺纹孔没有间隙调节功能，只能穿透孔和轴之间的间隙来做间距误差补偿。

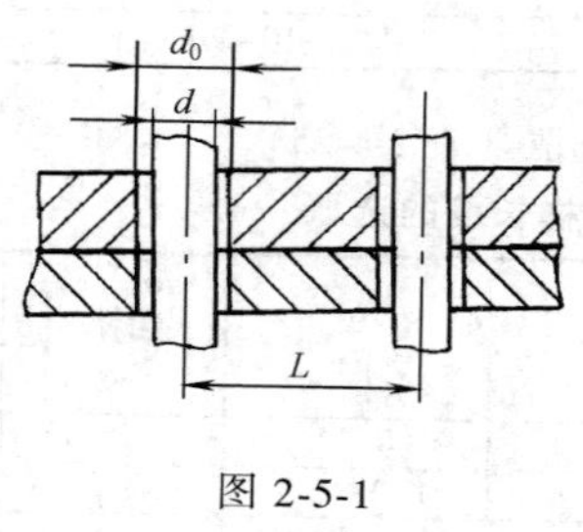

图 2-5-1

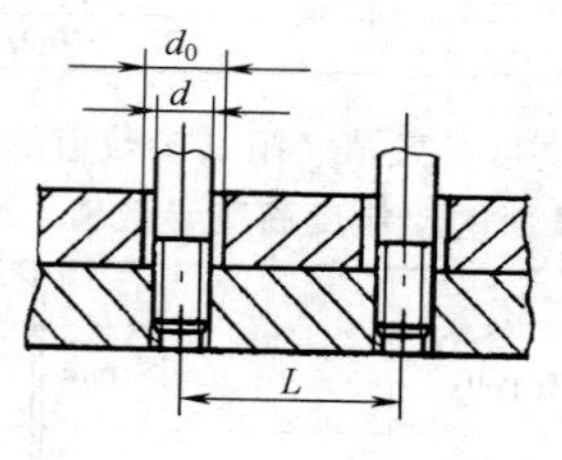

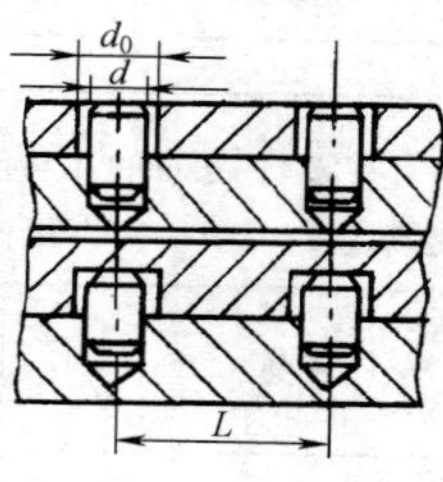

图 2-5-2

孔和轴之间的最小间隙 S_M 为

$$S_M = d_0 - d$$

式中　d_0——孔的最小极限尺寸；

　　　d——轴的最大极限尺寸。

GB/T 16675.2—2012 尺寸注法的简化表示法中对成排的孔（孔数 $n>3$）有链式标注和阶梯式标注两种方法。阶梯式标注方法是所有孔都用同一个基准，因此各孔与基准之间的偏差都是一样的，都决定于测量工具和加工设备的定位精度而和实际孔间距无关。链式标注是后一个孔用前一个孔作基准，前一个孔和后一个孔之间标注尺寸和公差（偏差），由于每两个孔之间都有测量和加工定位偏差（这个也和具体尺寸值无关，仅决定于测量工具和加工设备的定位精度），因此最后一个孔和第一个孔之间的偏差由于相互影响，已经和相邻两个孔之间的偏差相差甚远，实际值应该是这些孔间距算术平均值的 $1/(n-1)$。为便于读者理解，把不同标注方法的孔间距偏差计算方法列于表 2-5-1 左侧。对于鱼眼孔及沉头螺孔以及类似这类连接的其他孔，其孔间距偏差 $\Delta L'$ 的推荐计算公式列于表 2-5-1 右侧。为了方便读者确定不同螺栓（螺钉）在不同连接条件下的 S_M 值，特把 GB/T 5277—1985 中不同规格螺纹连接的孔尺寸和 S_M 值列在表 2-5-2 中。

表 2-5-1　　链式与阶梯式孔间距偏差的计算

尺寸标注法	简图	偏差计算式	名称	简图	偏差计算式
链式	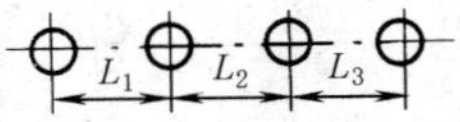 L_1 L_2 L_3	$\Delta L=\frac{S_M}{n-1}$	鱼眼孔	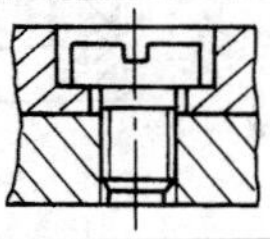	$\Delta L'=(0.7\sim0.8)\Delta L$
阶梯式	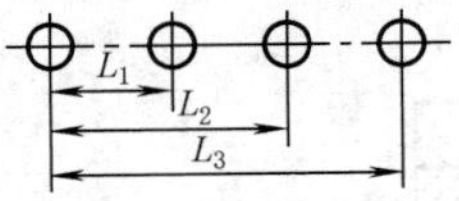 L_1 L_2 L_3	$\Delta L=\frac{S_M}{2}$	沉头孔	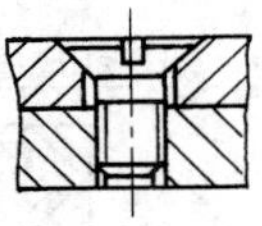	$\Delta L'=(0.5\sim0.6)\Delta L$
链式与阶梯混合式	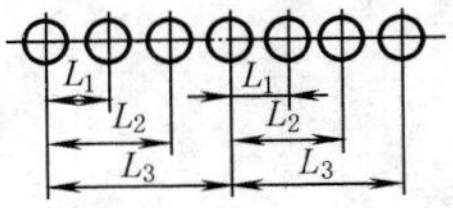 L_1 L_2 L_3 L_1 L_2 L_3	$\Delta L=\frac{S_M}{2}$ $\Delta L=\frac{S_M}{n-1}$	ΔL 按表 2-5-4~表 2-5-7 数据选取		

表 2-5-2　　常见螺纹连接螺纹孔尺寸（GB/T 5277—1985）及 S_M 值

螺纹规格 d		M1	M1.2	M1.4	M1.6	M1.8	M2	M2.5	M3	M3.5	M4	M4.5	M5	M6	M7	M8	M10	M12
精装配	螺纹孔	1.1	1.3	1.5	1.7	2	2.2	2.7	3.2	3.7	4.3	4.8	5.3	6.4	7.4	8.4	10.5	13
	S_M 值	0.1	0.1	0.1	0.1	0.2	0.2	0.2	0.2	0.2	0.3	0.3	0.3	0.4	0.4	0.4	0.5	1
中等装配	螺纹孔	1.2	1.4	1.6	1.8	2.1	2.4	2.9	3.4	3.9	4.5	5	5.5	6.6	7.6	9	11	13.5
	S_M 值	0.2	0.2	0.2	0.2	0.3	0.4	0.4	0.4	0.4	0.5	0.5	0.5	0.6	0.6	1	1	1.5
粗装配	螺纹孔	1.3	1.5	1.8	2	2.2	2.6	3.1	3.6	4.2	4.8	5.3	5.8	7	8	10	12	14.5
	S_M 值	0.3	0.3	0.4	0.4	0.4	0.6	0.6	0.6	0.7	0.8	0.8	0.8	1	1	2	2	2.5
螺纹规格 d		M14	M16	M18	M20	M22	M24	M27	M30	M33	M36	M39	M42	M45	M48	M52	M56	M60
精装配	螺纹孔	15	17	19	21	23	25	28	31	34	37	40	43	46	50	54	58	62
	S_M 值	1	1	1	1	1	1	1	1	1	1	1	1	1	2	2	2	2
中等装配	螺纹孔	15.5	17.5	20	22	24	26	30	33	36	39	42	45	48	52	56	62	66
	S_M 值	1.5	1.5	2	2	2	2	2	2	2	2	2	2	2	4	4	4	4
粗装配	螺纹孔	16.5	18.5	21	24	26	28	32	35	38	42	45	48	52	56	62	66	70
	S_M 值	2.5	2.5	3	4	4	4	5	5	5	6	6	6	7	8	10	10	10
螺纹规格 d		M64	M68	M76	M80	M85	M90	M95	M100	M105	M110	M115	M120	M125	M130	M140	M150	
精装配	螺纹孔	66	70	78	82	87	93	98	104	109	114	119	124	129	134	144	155	
	S_M 值	2	2	2	2	2	3	3	4	4	4	4	4	4	4	4	5	
中等装配	螺纹孔	70	74	82	86	91	96	101	107	112	117	122	127	132	137	147	158	
	S_M 值	6	6	6	6	6	6	6	7	7	7	7	7	7	7	7	8	
粗装配	螺纹孔	74	78	86	91	96	101	107	112	117	122	127	132	137	144	155	165	
	S_M 值	10	10	10	11	11	11	12	12	12	12	12	12	12	14	15	15	

1.2　螺栓连接中心距和孔中心距误差变化图解

图 2-5-3 是孔间距变化示意图，图中示意了在最大和最小孔间距时，在通孔状态下螺栓中心之间的最大偏差变化情况。

图中 2-5-3a 是基本情况：通孔直径 $d_0=10$mm，$d=8$mm，$S_M=2$mm，设计孔距为 $L=30$mm，由于是穿透式安装，最大中心距偏差 $\Delta L=S_M/2=1$mm，为表示极限情况，所以：上面一块板的孔中心距取最大值 $L_1=L+\Delta L=31$mm；下面一块板的孔中心距取最小值 $L_2=L-\Delta L=29$mm。

图 2-5-3b 螺栓已到下面一块板的外极限位置，实际安装时螺栓只能往中心移动，这时螺栓件的中心距最大，为 31mm。

图 2-5-3e 螺栓已到上面一块板的内极限位置，实际安装时螺栓只能往远离中心处移动，这时螺栓件的中心距最小，为 29mm。

图 2-5-3c 中右侧螺栓还可以向远处移动 1mm。

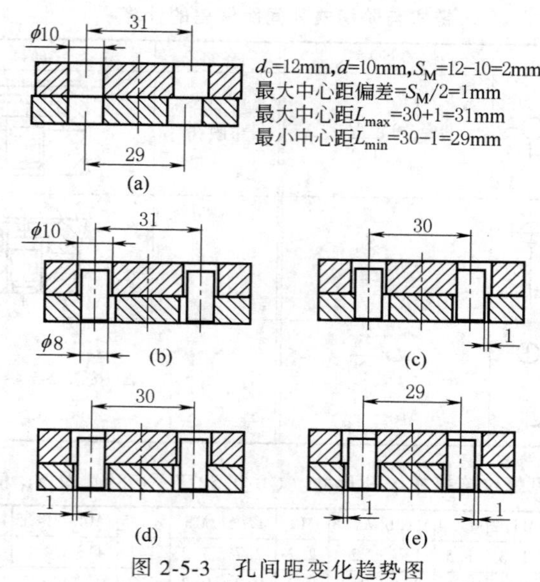

图 2-5-3　孔间距变化趋势图

图 2-5-3d 中左侧螺栓还可以向远处移动 1mm。

从图中对比可以得到：对于穿透式安装，2 个孔之间的间距偏差最大值 $\Delta L=S_M/2$。

2　按直接排列孔间距允许偏差

2.1　连接形式及特性

表 2-5-3

连接形式	简图	特性说明
Ⅰ	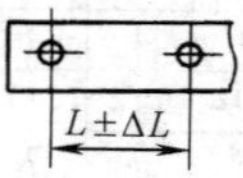 $L\pm\Delta L$	无基准要求的 2 个孔（指一个对另一个孔而言）
Ⅱ	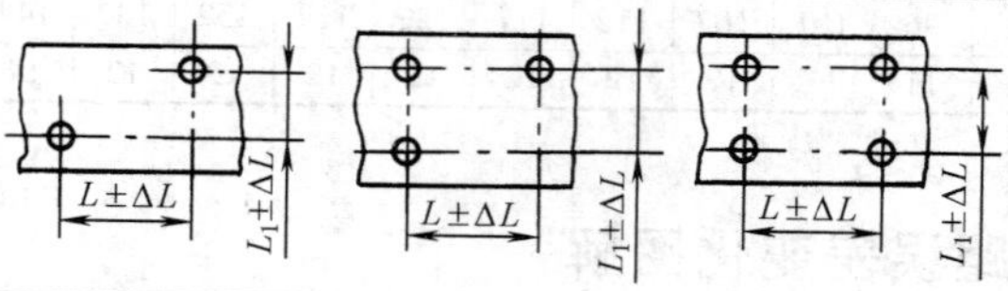 $L\pm\Delta L$　$L_1\pm\Delta L$	沿直角排列，并无基准要求的 2~4 个孔
Ⅲ	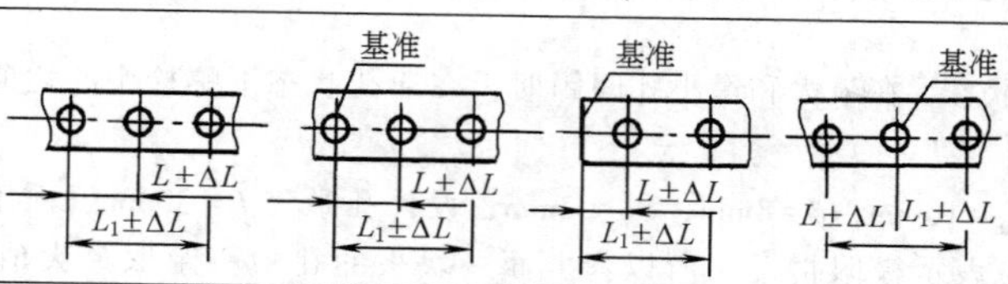 基准　$L\pm\Delta L$　$L_1\pm\Delta L$	排列在一条直线上，并无基准要求的 3 个或 3 个以上的孔（以第一个孔为基准） 排列在一条直线上，并有基准要求的 1 个或 1 个以上的孔（装配时，以零件所依据的基准面为基准）
Ⅳ	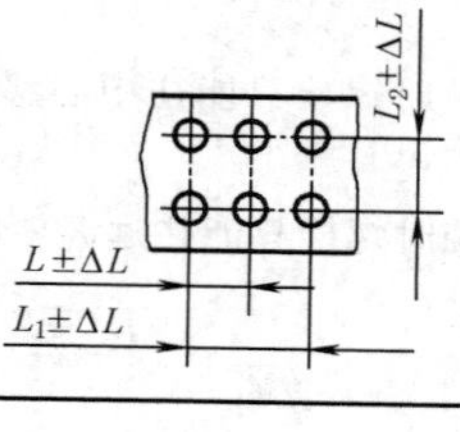 $L\pm\Delta L$　$L_1\pm\Delta L$　$L_2\pm\Delta L$	双排排列，而每排有 3 个或 3 个以上的孔（并无基准要求）

续表

连接形式	简图	特性说明
V	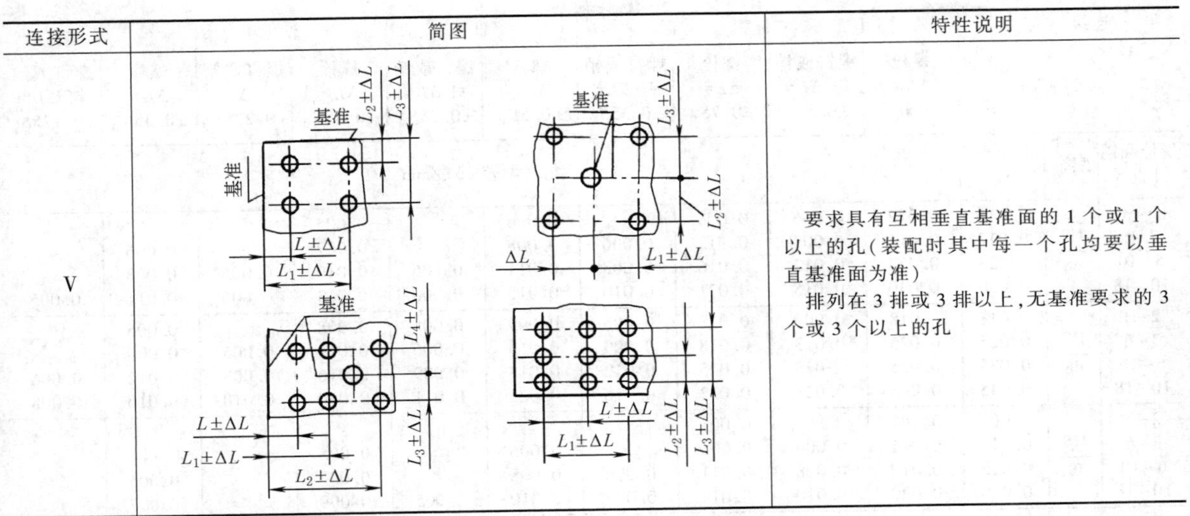	要求具有互相垂直基准面的1个或1个以上的孔(装配时其中每一个孔均要以垂直基准面为准) 排列在3排或3排以上,无基准要求的3个或3个以上的孔

注：图中±ΔL值均按表2-5-4和表2-5-5选取。

2.2 一般精度用孔的孔间距允许偏差

表 2-5-4

连接形式	连接特性及计算公式	最小间隙 S_M/mm												
		0.2	0.3	0.4	0.5	0.6	0.7	0.8	1	2	3	4	5	6
		允许偏差±ΔL/mm												
Ⅰ	螺栓 $\Delta L=\pm S_M$	0.3	0.4	0.5	0.5	0.6	0.7	0.8	1	2	3	4	5	6
	螺钉 $\Delta L=\pm0.5S_M$	0.15	0.2	0.25	0.25	0.3	0.35	0.4	0.5	1	1.5	2	2.5	3
Ⅱ	螺栓 $\Delta L=\pm0.7S_M$	0.2	0.25	0.3	0.4	0.4	0.5	0.6	0.7	1.4	2	2.8	3.5	4.2
	螺钉 $\Delta L=\pm0.35S_M$	0.1	0.12	0.15	0.2	0.2	0.25	0.3	0.35	0.7	1	1.4	1.8	2
Ⅲ	螺栓 $\Delta L=\pm0.5S_M$	0.15	0.2	0.25	0.3	0.3	0.35	0.4	0.5	1	1.5	2	2.5	3
	螺钉 $\Delta L=\pm0.25S_M$	0.08	0.1	0.12	0.15	0.15	0.18	0.2	0.25	0.5	0.8	1	1.25	1.5
Ⅳ	螺栓 $\Delta L=\pm0.45S_M$	0.12	0.18	0.2	0.25	0.25	0.3	0.35	0.45	0.9	1.3	1.8	2.2	2.7
	螺钉 $\Delta L=\pm0.225S_M$	0.06	0.09	0.1	0.12	0.12	0.15	0.18	0.22	0.45	0.6	0.9	1.1	1.3
Ⅴ	螺栓 $\Delta L=\pm0.35S_M$	0.1	0.12	0.15	0.2	0.2	0.25	0.3	0.35	0.7	1	1.4	1.8	2
	螺钉 $\Delta L=\pm0.175S_M$	0.05	0.07	0.08	0.1	0.1	0.12	0.15	0.18	0.35	0.5	0.7	0.9	1

注：黑线左侧的偏差值±ΔL，已考虑到最小间隙 S_M 有可能增大。连接形式的意义见表2-5-3。

2.3 精确用孔的孔间距允许偏差

表 2-5-5

连接形式			Ⅰ		Ⅱ		Ⅲ		Ⅳ		Ⅴ	
连接特性			螺栓 $\Delta L=\pm S_M$	螺钉或销钉 $\Delta L=\pm0.5S_M$	螺栓 $\Delta L=\pm0.7S_M$	螺钉或销钉 $\Delta L=\pm0.35S_M$	螺栓 $\Delta L=\pm0.5S_M$	螺钉或销钉 $\Delta L=\pm0.25S_M$	螺栓 $\Delta L=\pm0.45S_M$	螺钉或销钉 $\Delta L=\pm0.225S_M$	螺栓 $\Delta L=\pm0.35S_M$	螺钉或销钉 $\Delta L=\pm0.175S_M$
螺栓和销钉直径	配合	最小间隙 S_M	允许偏差±ΔL/mm									
2~3	$\frac{H7}{f7}$	0.008	0.008		0.006							
3~6		0.010	0.010		0.007		0.005					
6~10		0.013	0.013		0.009	0.005	0.006		0.006		0.005	
10~18		0.016	0.016		0.011	0.006	0.008		0.007		0.006	

续表

连接形式			Ⅰ		Ⅱ		Ⅲ		Ⅳ		Ⅴ	
连接特性			螺栓 $\Delta L=\pm S_M$	螺钉或销钉 $\Delta L=\pm 0.5S_M$	螺栓 $\Delta L=\pm 0.7S_M$	螺钉或销钉 $\Delta L=\pm 0.35S_M$	螺栓 $\Delta L=\pm 0.5S_M$	螺钉或销钉 $\Delta L=\pm 0.25S_M$	螺栓 $\Delta L=\pm 0.45S_M$	螺钉或销钉 $\Delta L=\pm 0.225S_M$	螺栓 $\Delta L=\pm 0.35S_M$	螺钉或销钉 $\Delta L=\pm 0.175S_M$
螺栓和销钉直径	配合	最小间隙 S_M	允许偏差 $\pm\Delta L$/mm									
2~3	H7/e8	0.012	0.012	0.006	0.008		0.006		0.005			
3~6		0.017	0.017	0.009	0.012	0.006	0.008		0.007		0.006	
6~10		0.023	0.023	0.012	0.016	0.008	0.011	0.006	0.010	0.005	0.008	
10~18		0.030	0.030	0.015	0.021	0.010	0.015	0.008	0.013	0.006	0.011	0.005
2~3	H7/d8	0.018	0.018	0.009	0.013	0.006	0.009	0.005	0.008		0.006	
3~6		0.025	0.025	0.013	0.018	0.009	0.013	0.006	0.011	0.005	0.009	
6~10		0.035	0.035	0.018	0.025	0.012	0.018	0.009	0.016	0.008	0.012	0.006
10~18		0.045	0.045	0.023	0.032	0.016	0.023	0.011	0.020	0.010	0.016	0.008
2~3	H8/f9	0.007	0.007		0.005							
3~6		0.011	0.011	0.006	0.008		0.006		0.005			
6~10		0.015	0.015	0.008	0.011	0.006	0.008		0.007		0.005	
10~18		0.020	0.020	0.010	0.014	0.007	0.010	0.005	0.009		0.007	
2~3	H8/d9	0.017	0.017	0.009	0.012	0.006	0.009		0.007		0.006	
3~6		0.025	0.025	0.013	0.018	0.009	0.013	0.006	0.011	0.005	0.009	
6~10		0.035	0.035	0.018	0.025	0.012	0.018	0.009	0.016	0.008	0.012	0.006
10~18		0.045	0.045	0.023	0.032	0.016	0.023	0.011	0.020	0.010	0.016	0.008

注：1. 计算公式和偏差值是按零件完全互换条件下计算的。当大批生产或连续生产以及当单件或部分调整时，偏差可增大 1.3 倍（$\Delta L'=1.3\Delta L$）。

2. 连接形式的意义见表 2-5-3。

3 按圆周分布的孔间距允许偏差

3.1 用两个以上的螺栓及螺钉连接的孔间距允许偏差

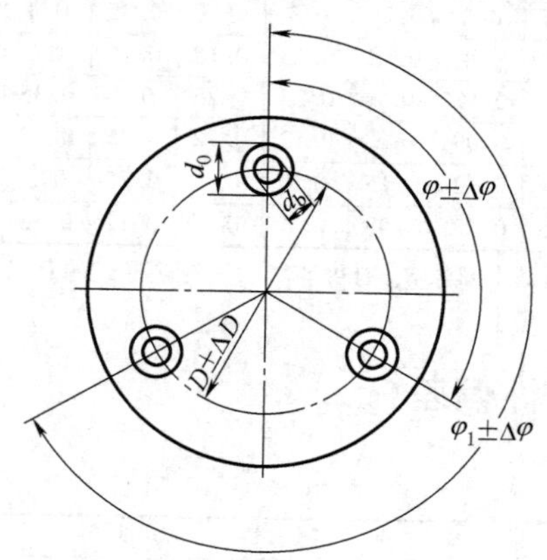

表 2-5-6

D/mm	最小间隙 S_M/mm													
	0.1	0.2	0.3	0.4	0.5	0.6	0.7	0.8	1	2	3	4	5	6
	允许偏差 $\pm\Delta D$ 及 $\pm\Delta\varphi$													
	螺栓连接													
1~12	$\frac{0.1}{30'}$	$\frac{0.2}{1°}$	$\frac{0.3}{1°}$	$\frac{0.4}{1.5°}$	$\frac{0.4}{2°}$	$\frac{0.4}{2°}$	$\frac{0.6}{2°}$							
12~20	$\frac{0.1}{15'}$	$\frac{0.2}{30'}$	$\frac{0.2}{1°}$	$\frac{0.3}{1°}$	$\frac{0.4}{1°}$	$\frac{0.4}{1.5°}$	$\frac{0.5}{1.5°}$	$\frac{0.6}{1.5°}$						

续表

D/mm	最小间隙 S_M/mm													
	0.1	0.2	0.3	0.4	0.5	0.6	0.7	0.8	1	2	3	4	5	6
	允许偏差 $\pm\Delta D$ 及 $\pm\Delta\varphi$													
	螺栓连接													
20~40	$\frac{0.1}{8'}$	$\frac{0.2}{15'}$	$\frac{0.3}{20'}$	$\frac{0.3}{30'}$	$\frac{0.4}{35'}$	$\frac{0.4}{45'}$	$\frac{0.5}{45'}$	$\frac{0.6}{1^\circ}$	$\frac{0.7}{1^\circ}$	$\frac{1}{2.5^\circ}$				
40~60	$\frac{0.1}{5'}$	$\frac{0.2}{10'}$	$\frac{0.2}{15'}$	$\frac{0.3}{15'}$	$\frac{0.4}{20'}$	$\frac{0.4}{30'}$	$\frac{0.5}{30'}$	$\frac{0.6}{30'}$	$\frac{0.7}{45'}$	$\frac{1}{2^\circ}$				
60~80		$\frac{0.2}{5'}$	$\frac{0.2}{15'}$	$\frac{0.2}{20'}$	$\frac{0.3}{20'}$	$\frac{0.4}{25'}$	$\frac{0.4}{30'}$	$\frac{0.4}{30'}$	$\frac{0.6}{45'}$	$\frac{1}{1.5^\circ}$				
80~100		$\frac{0.2}{5'}$	$\frac{0.2}{15'}$	$\frac{0.2}{15'}$	$\frac{0.3}{20'}$	$\frac{0.4}{20'}$	$\frac{0.4}{25'}$	$\frac{0.4}{30'}$	$\frac{0.4}{30'}$	$\frac{0.8}{1^\circ}$				
100~120		$\frac{0.2}{5'}$	$\frac{0.2}{10'}$	$\frac{0.2}{15'}$	$\frac{0.3}{15'}$	$\frac{0.3}{15'}$	$\frac{0.4}{15'}$	$\frac{0.4}{20'}$	$\frac{0.4}{25'}$	$\frac{0.8}{50'}$				
120~160		$\frac{0.2}{5'}$	$\frac{0.2}{10'}$	$\frac{0.3}{10'}$	$\frac{0.3}{10'}$	$\frac{0.4}{10'}$	$\frac{0.4}{20'}$	$\frac{0.4}{20'}$	$\frac{0.8}{40'}$	$\frac{1.2}{1^\circ}$				
160~200			$\frac{0.2}{5'}$	$\frac{0.2}{8'}$	$\frac{0.3}{8'}$	$\frac{0.3}{10'}$	$\frac{0.3}{10'}$	$\frac{0.4}{10'}$	$\frac{0.4}{15'}$	$\frac{0.8}{30'}$	$\frac{1.2}{45'}$	$\frac{1.6}{1^\circ}$		
200~250				$\frac{0.2}{5'}$	$\frac{0.2}{5'}$	$\frac{0.2}{5'}$	$\frac{0.2}{8'}$	$\frac{0.3}{10'}$	$\frac{0.3}{15'}$	$\frac{0.6}{25'}$	$\frac{1}{45'}$	$\frac{1.6}{50'}$		
250~300				$\frac{0.2}{4'}$	$\frac{0.2}{5'}$	$\frac{0.2}{5'}$	$\frac{0.2}{8'}$	$\frac{0.3}{8'}$	$\frac{0.3}{10'}$	$\frac{0.6}{20'}$	$\frac{1}{30'}$	$\frac{1.6}{40'}$	$\frac{1.6}{45'}$	
300~400				$\frac{0.2}{4'}$	$\frac{0.2}{5'}$	$\frac{0.2}{5'}$	$\frac{0.2}{6'}$	$\frac{0.2}{7'}$	$\frac{0.3}{8'}$	$\frac{0.6}{15'}$	$\frac{1}{25'}$	$\frac{1.6}{30'}$	$\frac{1.6}{40'}$	$\frac{2}{50'}$
400~500				$\frac{0.2}{3'}$	$\frac{0.2}{4'}$	$\frac{0.2}{4'}$	$\frac{0.2}{5'}$	$\frac{0.2}{6'}$	$\frac{0.3}{6'}$	$\frac{0.6}{12'}$	$\frac{1}{20'}$	$\frac{1.4}{25'}$	$\frac{1.6}{30'}$	$\frac{2}{40'}$
500~700									$\frac{0.3}{5'}$	$\frac{0.5}{10'}$	$\frac{1}{15'}$	$\frac{1.4}{18'}$	$\frac{2}{22'}$	$\frac{2}{30'}$
700~1000									$\frac{0.3}{4'}$	$\frac{0.5}{7'}$	$\frac{1}{10'}$	$\frac{1.4}{12'}$	$\frac{2}{16'}$	$\frac{2}{20'}$
1000~1300										$\frac{0.5}{5'}$	$\frac{1}{8'}$	$\frac{1.4}{11'}$	$\frac{2}{12'}$	$\frac{2}{16'}$
1300~1600										$\frac{0.5}{4'}$	$\frac{1}{6'}$	$\frac{1.6}{8'}$	$\frac{2}{10'}$	$\frac{2}{12'}$
1600~2000											$\frac{1}{5'}$	$\frac{2}{6'}$	$\frac{2}{8'}$	$\frac{2}{10'}$

D/mm	最小间隙 S_M/mm													
	0.1	0.2	0.3	0.4	0.5	0.6	0.7	0.8	1	2	3	4	5	6
	允许偏差 $\pm\Delta D$ 及 $\pm\Delta\varphi$													
	螺钉连接													
1~12	$\frac{0.16}{15'}$	$\frac{0.2}{30'}$	$\frac{0.2}{35'}$	$\frac{0.2}{45'}$	$\frac{0.2}{1^\circ}$	$\frac{0.2}{1^\circ 20'}$								
12~20	$\frac{0.08}{15'}$	$\frac{0.16}{15'}$	$\frac{0.2}{20'}$	$\frac{0.2}{30'}$	$\frac{0.2}{45'}$	$\frac{0.2}{1^\circ}$	$\frac{0.2}{1^\circ}$							
20~40	$\frac{0.08}{8'}$	$\frac{0.1}{15'}$	$\frac{0.16}{15'}$	$\frac{0.2}{20'}$	$\frac{0.2}{25'}$	$\frac{0.2}{30'}$	$\frac{0.2}{30'}$	$\frac{0.3}{35'}$	$\frac{0.6}{1.5^\circ}$					
40~60	$\frac{0.08}{5'}$	$\frac{0.1}{8'}$	$\frac{0.2}{8'}$	$\frac{0.2}{10'}$	$\frac{0.2}{10'}$	$\frac{0.2}{15'}$	$\frac{0.2}{20'}$	$\frac{0.3}{20'}$	$\frac{0.6}{45'}$					
60~80		$\frac{0.1}{5'}$	$\frac{0.2}{5'}$	$\frac{0.2}{8'}$	$\frac{0.2}{10'}$	$\frac{0.2}{10'}$	$\frac{0.2}{15'}$	$\frac{0.3}{15'}$	$\frac{0.6}{35'}$					

续表

D/mm	最小间隙 S_M/mm													
	0.1	0.2	0.3	0.4	0.5	0.6	0.7	0.8	1	2	3	4	5	6
	允许偏差±ΔD 及±Δφ													
	螺钉连接													
80~100			0.2 / 5′	0.2 / 8′	0.2 / 10′	0.2 / 10′	0.2 / 10′	0.3 / 15′	0.6 / 25′					
100~120			0.16 / 5′	0.16 / 5′	0.16 / 8′	0.2 / 10′	0.2 / 10′	0.3 / 10′	0.6 / 20′					
120~160				0.16 / 5′	0.16 / 5′	0.2 / 5′	0.2 / 8′	0.3 / 8′	0.4 / 20′	0.6 / 30′				
160~200					0.1 / 5′	0.2 / 5′	0.2 / 5′	0.3 / 5′	0.4 / 15′	0.6 / 25′	0.8 / 30′			
200~250							0.1 / 5′	0.2 / 5′	0.3 / 10′	0.5 / 25′	0.8 / 25′			
250~300								0.2 / 5′	0.3 / 10′	0.5 / 15′	0.8 / 20′	0.8 / 22′		
300~400								0.16 / 4′	0.3 / 8′	0.5 / 12′	0.8 / 15′	0.8 / 20′	1 / 25′	
400~500								0.16 / 3′	0.3 / 6′	0.5 / 10′	0.6 / 12′	0.8 / 15′	1 / 20′	
500~700									0.3 / 5′	0.5 / 8′	0.6 / 9′	1 / 11′	1 / 15′	
700~1000									0.3 / 3′	0.5 / 5′	0.6 / 6′	1 / 8′	1 / 10′	
1000~1300										0.5 / 4′	0.6 / 6′	1 / 6′	1 / 8′	
1300~1600										0.5 / 3′	0.8 / 4′	1 / 5′	1 / 6′	
1600~2000										0.5 / 3′	1 / 3′	1 / 4′	1 / 5′	

注：表中分子为 ΔD 值（单位：mm），分母为 Δφ 值。

3.2 用两个螺栓或螺钉及任意数量螺栓连接的孔间距允许偏差

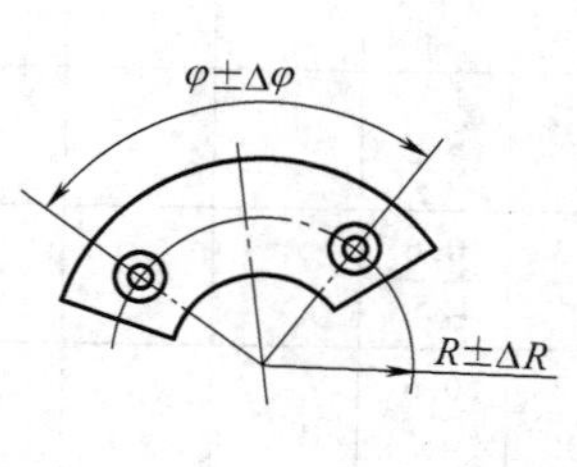

(a) 两个螺栓或螺钉连接(无基准)

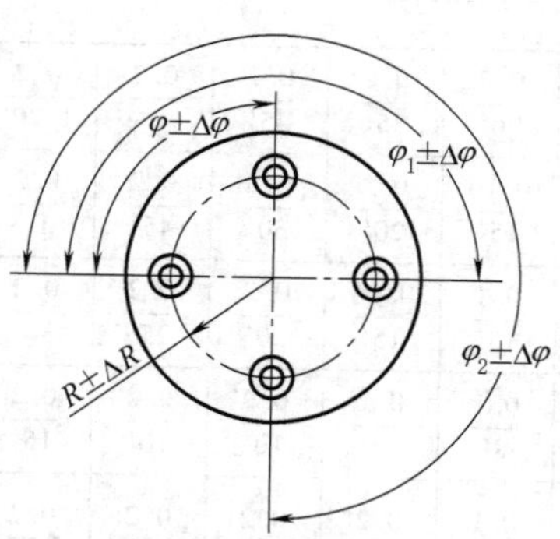

(b) 任意数量螺栓连接(以中心孔为基准)

表 2-5-7

R/mm	最小间隙 S_M/mm												
	0.2	0.3	0.4	0.5	0.6	0.7	0.8	1	2	3	4	5	6
	允许偏差 ±ΔR 及 ±Δφ												
	两个螺栓或螺钉连接(无基准)												
1~6	0.15/2°	0.2/3°	0.3/3°	0.4/4°	0.4/4°	0.5/5°							
6~10	0.15/1°	0.2/1.5°	0.3/2°	0.4/2°	0.4/3°	0.5/3°	0.6/3°						
10~20	0.1/45′	0.2/1°	0.3/1°	0.3/1.5°	0.4/1.5°	0.5/1.5°	0.6/1.5°	0.7/2°	1/3°				
20~30	0.1/30′	0.2/30′	0.3/45′	0.3/1°	0.4/1°	0.5/1°	0.6/1°	0.7/1.5°	1/3°				
30~40	0.1/15′	0.2/25′	0.2/45′	0.3/45′	0.4/45′	0.4/1°	0.4/1°	0.6/1.5°	1/2.5°				
40~50	0.1/15′	0.2/25′	0.2/30′	0.3/40′	0.4/40′	0.4/45′	0.4/1°	0.4/1°	0.8/2°				
50~60	0.1/15′	0.2/15′	0.2/25′	0.3/25′	0.4/25′	0.4/30′	0.4/45′	0.4/1°	0.8/1°45′				
60~80		0.1/15′	0.2/20′	0.3/20′	0.3/20′	0.4/20′	0.4/30′	0.4/45′	0.8/1.5°	1.2/2°			
80~100		0.1/15′	0.2/15′	0.3/15′	0.3/20′	0.3/20′	0.4/20′	0.4/30′	0.8/1°	1.2/1.5°	1.6/2°		
100~125			0.2/10′	0.2/10′	0.2/10′	0.2/20′	0.3/20′	0.3/30′	0.6/1°	1/1.5°	1.6/1°40′		
125~150			0.2/8′	0.2/10′	0.2/10′	0.2/20′	0.3/20′	0.3/20′	0.6/45′	1/1°	1.6/1°20′	1.6/1.5°	
150~200			0.2/8′	0.2/10′	0.2/10′	0.2/12′	0.2/14′	0.3/16′	0.6/30′	1/50′	1.6/1°	1.6/1.5°	2/1°40′
200~250			0.2/6′	0.2/8′	0.2/8′	0.2/10′	0.2/12′	0.3/12′	0.6/24′	1/40′	1.4/50′	1.6/1°	2/1°20′
250~350				0.2/6′	0.2/8′	0.2/10′	0.3/10′	0.3/10′	0.5/20′	1/30′	1.4/36′	2/44′	2/1°
350~500						0.2/6′	0.2/8′	0.3/8′	0.5/14′	1/20′	1.4/24′	2/32′	2/40′
500~650									0.5/10′	1/16′	1.4/22′	2/24′	2/32′
650~800									0.5/8′	1/12′	1.6/16′	2/20′	2/24′
800~1000										1/10′	2/12′	2/16′	2/20′

R/mm	最小间隙 S_M/mm												
	0.2	0.3	0.4	0.5	0.6	0.7	0.8	1	2	3	4	5	6
	允许偏差 ±ΔR 及 ±Δφ												
	任意数量螺栓连接(以中心孔为基准)												
1~6	0.1/1°	0.15/1°	0.2/1°30′	0.2/2°	0.2/2°	0.3/2°							
6~10	0.1/30′	0.1/1°	0.15/1°	0.2/1°	0.2/1°30′	0.25/1°30′	0.3/1°30′						
10~20	0.1/15′	0.15/20′	0.15/30′	0.2/35′	0.2/45′	0.25/45′	0.3/1°	0.35/1°	0.5/2.5°				

续表

R/mm	最小间隙 S_M/mm												
	0.2	0.3	0.4	0.5	0.6	0.7	0.8	1	2	3	4	5	6
	允许偏差 $\pm\Delta R$ 及 $\pm\Delta\varphi$												
	任意数量螺栓连接(以中心孔为基准)												
20~30	$\frac{0.1}{10'}$	$\frac{0.1}{15'}$	$\frac{0.15}{15'}$	$\frac{0.2}{20'}$	$\frac{0.2}{30'}$	$\frac{0.25}{30'}$	$\frac{0.3}{30'}$	$\frac{0.35}{45'}$	$\frac{0.5}{2^\circ}$				
30~40	$\frac{0.1}{5'}$	$\frac{0.1}{15'}$	$\frac{0.1}{20'}$	$\frac{0.15}{20'}$	$\frac{0.2}{25'}$	$\frac{0.2}{30'}$	$\frac{0.2}{30'}$	$\frac{0.3}{45'}$	$\frac{0.5}{1.5^\circ}$				
40~50	$\frac{0.1}{5'}$	$\frac{0.1}{15'}$	$\frac{0.1}{15'}$	$\frac{0.15}{20'}$	$\frac{0.2}{20'}$	$\frac{0.2}{25'}$	$\frac{0.2}{30'}$	$\frac{0.2}{30'}$	$\frac{0.4}{1^\circ}$				
50~60	$\frac{0.1}{5'}$	$\frac{0.1}{10'}$	$\frac{0.1}{15'}$	$\frac{0.15}{15'}$	$\frac{0.15}{15'}$	$\frac{0.2}{15'}$	$\frac{0.2}{20'}$	$\frac{0.2}{25'}$	$\frac{0.4}{50'}$				
60~80		$\frac{0.1}{5'}$	$\frac{0.1}{10'}$	$\frac{0.15}{10'}$	$\frac{0.15}{10'}$	$\frac{0.2}{10'}$	$\frac{0.2}{20'}$	$\frac{0.2}{20'}$	$\frac{0.4}{40'}$	$\frac{0.6}{1^\circ}$			
80~100		$\frac{0.1}{5'}$	$\frac{0.1}{8'}$	$\frac{0.15}{8'}$	$\frac{0.15}{10'}$	$\frac{0.15}{10'}$	$\frac{0.2}{10'}$	$\frac{0.2}{15'}$	$\frac{0.4}{30'}$	$\frac{0.6}{45'}$	$\frac{0.8}{1^\circ}$		
100~125				$\frac{0.1}{5'}$	$\frac{0.1}{5'}$	$\frac{0.1}{8'}$	$\frac{0.15}{10'}$	$\frac{0.15}{15'}$	$\frac{0.3}{25'}$	$\frac{0.5}{45'}$	$\frac{0.8}{50'}$		
125~150				$\frac{0.1}{5'}$	$\frac{0.1}{5'}$	$\frac{0.1}{8'}$	$\frac{0.15}{8'}$	$\frac{0.15}{10'}$	$\frac{0.3}{20'}$	$\frac{0.5}{30'}$	$\frac{0.8}{40'}$	$\frac{0.8}{45'}$	
150~200					$\frac{0.1}{5'}$	$\frac{0.1}{6'}$	$\frac{0.1}{7'}$	$\frac{0.15}{8'}$	$\frac{0.3}{15'}$	$\frac{0.5}{25'}$	$\frac{0.8}{30'}$	$\frac{0.8}{40'}$	$\frac{1}{50'}$
200~250					$\frac{0.1}{4'}$	$\frac{0.1}{5'}$	$\frac{0.1}{6'}$	$\frac{0.15}{6'}$	$\frac{0.3}{12'}$	$\frac{0.5}{20'}$	$\frac{0.7}{25'}$	$\frac{0.8}{30'}$	$\frac{1}{40'}$
250~350								$\frac{0.15}{5'}$	$\frac{0.25}{10'}$	$\frac{0.5}{15'}$	$\frac{0.7}{18'}$	$\frac{1}{22'}$	$\frac{1}{30'}$
350~500								$\frac{0.15}{4'}$	$\frac{0.25}{7'}$	$\frac{0.5}{10'}$	$\frac{0.7}{12'}$	$\frac{1}{16'}$	$\frac{1}{20'}$
500~650									$\frac{0.25}{5'}$	$\frac{0.5}{8'}$	$\frac{0.7}{11'}$	$\frac{1}{12'}$	$\frac{1}{16'}$
650~800									$\frac{0.25}{4'}$	$\frac{0.5}{6'}$	$\frac{0.8}{8'}$	$\frac{1}{10'}$	$\frac{1}{12'}$
800~1000										$\frac{0.5}{5'}$	$\frac{1}{6'}$	$\frac{1}{8'}$	$\frac{1}{10'}$

注：表中分子为 ΔR 值（单位：mm），分母为 $\Delta\varphi$ 值。

3.3 用任意数量螺钉连接的孔间距允许偏差

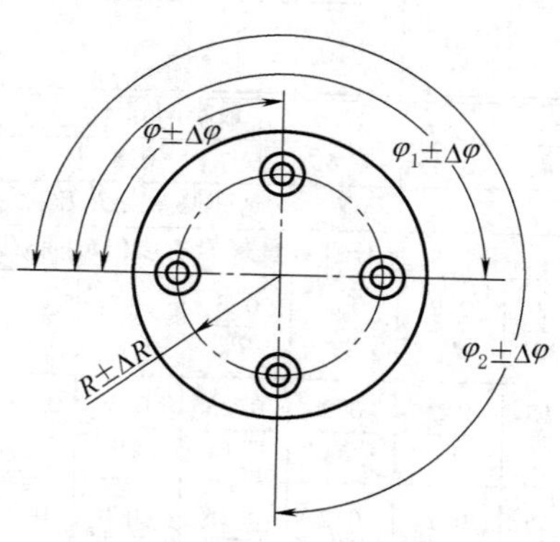

螺钉连接以中心孔为基准

表 2-5-8

R/mm	最小间隙 S_M/mm												
	0.2	0.3	0.4	0.5	0.6	0.7	0.8	1	2	3	4	5	6
	允许偏差 ΔR 及 $\Delta\varphi$												
1~6	$\frac{0.08}{15'}$	$\frac{0.1}{30'}$	$\frac{0.1}{35'}$	$\frac{0.1}{45'}$	$\frac{0.1}{1°}$	$\frac{0.1}{1°20'}$							
6~10	$\frac{0.04}{15'}$	$\frac{0.08}{15'}$	$\frac{0.1}{20'}$	$\frac{0.1}{30'}$	$\frac{0.1}{45'}$	$\frac{0.1}{1°}$	$\frac{0.1}{1°}$						
10~20	$\frac{0.04}{8'}$	$\frac{0.05}{15'}$	$\frac{0.08}{15'}$	$\frac{0.1}{20'}$	$\frac{0.1}{25'}$	$\frac{0.1}{30'}$	$\frac{0.1}{30'}$	$\frac{0.15}{35'}$	$\frac{0.3}{1°30'}$				
20~30	$\frac{0.04}{5'}$	$\frac{0.05}{8'}$	$\frac{0.1}{8'}$	$\frac{0.1}{10'}$	$\frac{0.1}{10'}$	$\frac{0.1}{15'}$	$\frac{0.1}{20'}$	$\frac{0.15}{20'}$	$\frac{0.3}{45'}$				
30~40		$\frac{0.05}{5'}$	$\frac{0.1}{5'}$	$\frac{0.1}{8'}$	$\frac{0.1}{10'}$	$\frac{0.1}{10'}$	$\frac{0.1}{15'}$	$\frac{0.15}{15'}$	$\frac{0.3}{35'}$				
40~50			$\frac{0.1}{5'}$	$\frac{0.1}{8'}$	$\frac{0.1}{10'}$	$\frac{0.1}{10'}$	$\frac{0.1}{10'}$	$\frac{0.15}{15'}$	$\frac{0.3}{25'}$				
50~60			$\frac{0.08}{5'}$	$\frac{0.08}{5'}$	$\frac{0.08}{8'}$	$\frac{0.1}{10'}$	$\frac{0.1}{10'}$	$\frac{0.15}{10'}$	$\frac{0.3}{20'}$				
60~80				$\frac{0.08}{5'}$	$\frac{0.08}{5'}$	$\frac{0.1}{5'}$	$\frac{0.1}{8'}$	$\frac{0.15}{8'}$	$\frac{0.2}{20'}$	$\frac{0.3}{30'}$			
80~100					$\frac{0.05}{5'}$	$\frac{0.1}{5'}$	$\frac{0.1}{5'}$	$\frac{0.15}{5'}$	$\frac{0.2}{15'}$	$\frac{0.3}{25'}$	$\frac{0.4}{30'}$		
100~125							$\frac{0.05}{5'}$	$\frac{0.1}{5'}$	$\frac{0.15}{10'}$	$\frac{0.25}{25'}$	$\frac{0.4}{25'}$		
125~150								$\frac{0.1}{5'}$	$\frac{0.15}{10'}$	$\frac{0.25}{15'}$	$\frac{0.4}{20'}$	$\frac{0.4}{22'}$	
150~200								$\frac{0.08}{4'}$	$\frac{0.15}{8'}$	$\frac{0.25}{12'}$	$\frac{0.4}{15'}$	$\frac{0.4}{20'}$	$\frac{0.5}{25'}$
200~250								$\frac{0.08}{3'}$	$\frac{0.15}{6'}$	$\frac{0.25}{10'}$	$\frac{0.3}{12'}$	$\frac{0.4}{15'}$	$\frac{0.5}{20'}$
250~350									$\frac{0.15}{5'}$	$\frac{0.25}{8'}$	$\frac{0.3}{9'}$	$\frac{0.5}{11'}$	$\frac{0.5}{15'}$
350~500									$\frac{0.15}{3'}$	$\frac{0.25}{5'}$	$\frac{0.3}{6'}$	$\frac{0.5}{8'}$	$\frac{0.5}{10'}$
500~650										$\frac{0.25}{4'}$	$\frac{0.3}{6'}$	$\frac{0.5}{6'}$	$\frac{0.5}{8'}$
650~800										$\frac{0.25}{3'}$	$\frac{0.4}{4'}$	$\frac{0.5}{5'}$	$\frac{0.5}{6'}$
800~1000										$\frac{0.25}{3'}$	$\frac{0.5}{3'}$	$\frac{0.5}{4'}$	$\frac{0.5}{5'}$

注：表中分子为 ΔR 值（单位 mm），分母为 $\Delta\varphi$ 值。

CHAPTER 6

第6章 产品标注实例

1 典型零件标注实例

1.1 减速器输出轴

图 2-6-1 表示了典型减速器输出轴的尺寸、几何精度及表面粗糙度轮廓的公差及技术要求。

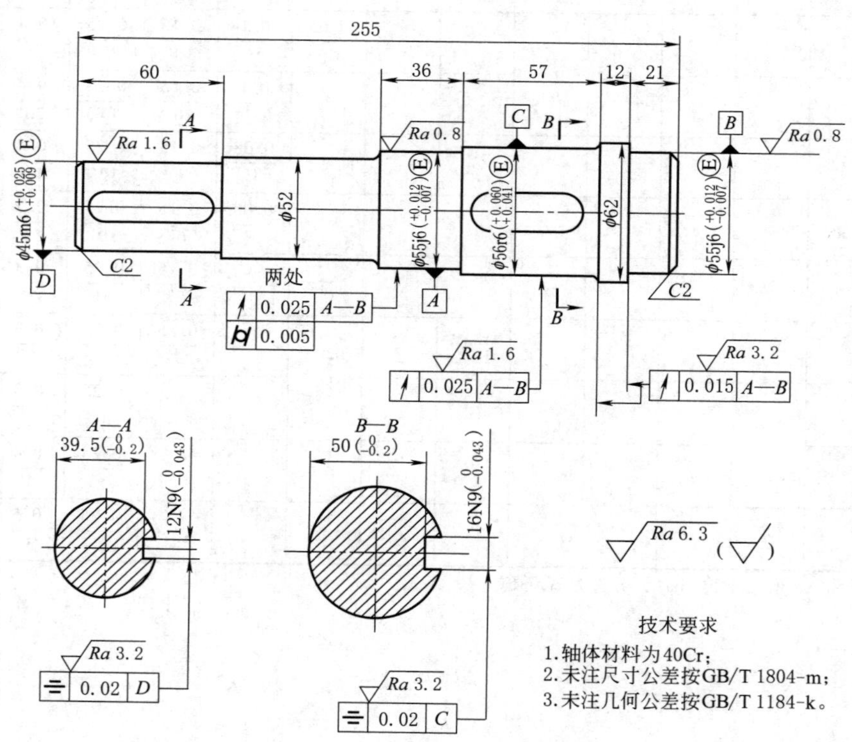

图 2-6-1 减速器输出轴

两轴颈 ϕ55j6、轴颈 ϕ56r6、轴头 ϕ45m6，分别与滚动轴承内圈、传动齿轮以及其他传动件相配合，为保证配合性质，均采用了包容要求。为保证轴承的旋转精度，两轴颈 ϕ55j6 在遵循包容原则的前提下，又提出了圆柱度公差要求 0.005mm：该两轴颈上安装滚动轴承后，将分别与减速器箱体的两孔配合，因此需限制两轴颈的同轴度误差，以保证轴承外圈和箱体孔的安装精度。为检测方便，图中给出了该两轴颈的径向圆跳动公差 0.025mm

（跳动公差 7 级）。ϕ62mm 处的两轴肩都是止推面，起一定的定位作用。为保证定位精度，给出了两轴肩相对于基准轴线 *A*—*B* 的轴向圆跳动公差 0.015mm。轴颈 ϕ56r6 及轴头 ϕ45m6 通过键与传动齿轮或其他传动件连接，为确保键与键槽的可靠装配及工作面的负荷均匀，对轴槽规定了对称度公差 0.02mm。零件各表面粗糙度轮廓的技术要求如图所示。

其他未注尺寸及未注几何公差分别按 GB/T 1804-m 及 GB/T 1184-k 级进行控制；未标注表面的表面结构要求去除材料，并按 *Ra*6.3 控制。

1.2 减速器箱座

图 2-6-2 表示了典型圆柱齿轮减速器箱座的尺寸及几何精度的公差及技术要求。

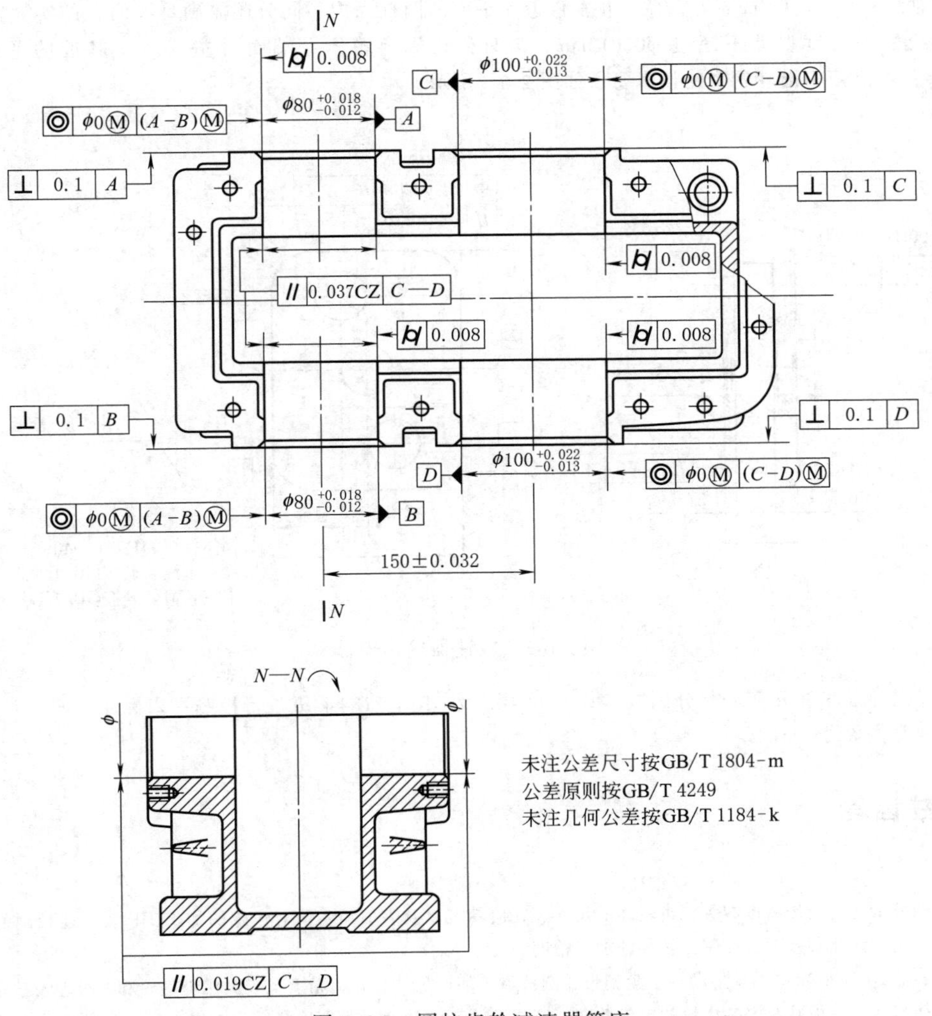

图 2-6-2 圆柱齿轮减速器箱座

在几何公差方面，为保证齿轮传动载荷分布的均匀性，对箱体的两对轴承孔 ϕ100 及 ϕ80，分别规定了两轴线在垂直平面内的平行度公差 0.019mm，在轴线平面内的平行度公差 0.037mm；为防止轴承外圈安装在轴承孔中产生过大变形，对同一根轴的两个轴承孔分别规定了同轴度及圆柱度要求。为保证轴承孔与轴承外圈的配合性质，对两对轴承孔的同轴度，均采用了最大实体要求的零形位公差；并对两对轴承孔的公共轴心线基准（*A*—*B*）及（*C*—*D*）均采用了最大实体要求，即当孔的实际尺寸达到最大实体尺寸（MMS）时，同一轴上的两个孔允许的同轴度误差为零。为保证轴承的配合精度及旋转精度，又进一步对两对轴承孔规定了圆柱度公差 0.008mm。

其他未注尺寸及未注几何公差分别按 GB/T 1804-m 及 GB/T 1184-k 进行控制，公差原则按 GB 4249 执行。

1.3 减速器箱体

图 2-6-3 表示了典型箱体类工件减速器箱体的尺寸、几何精度及表面粗糙度轮廓的公差及技术要求。

在几何公差方面，为保证轴承的旋转精度，对 2 个 ϕ100H7 轴承孔的轴线，分别规定了对 *B*—*C* 公共轴线为基准的同轴度公差、对端面 *A* 基准的垂直度公差以及箱体右端面对左端面 *A* 基准的平行度公差。其轴心线的理想位置分别由公共轴线 *B*—*C* 及基准面 *D* 的理论正确尺寸所确定，规定了对其公共轴线 *B*—*C* 的同轴度公差 ϕ0.015mm、对端面 *A* 基准的垂直度公差 ϕ0.010mm；对 2 个 ϕ90H8 孔的轴线位置，分别规定了其对于 *A*、*B*—*C* 以及 *D* 三基准的位置度公差要求，即要求该两孔圆柱面的实际轴线，应位于由 *B*—*C* 及 *D* 基准所确定的理论正确位置为基准轴线、以 ϕ0.030mm 为直径、并垂直于 *A* 平面的圆柱面内；同时还需满足该两孔的实际轴线与 *B*—*C* 公共基准轴线的平行度误差不超过 ϕ0.012mm；另外，还规定箱体右端面对左端面 *A* 基准的平行度公差为 0.05mm。零件各表面粗糙度轮廓的技术要求如图 2-6-3 所示。

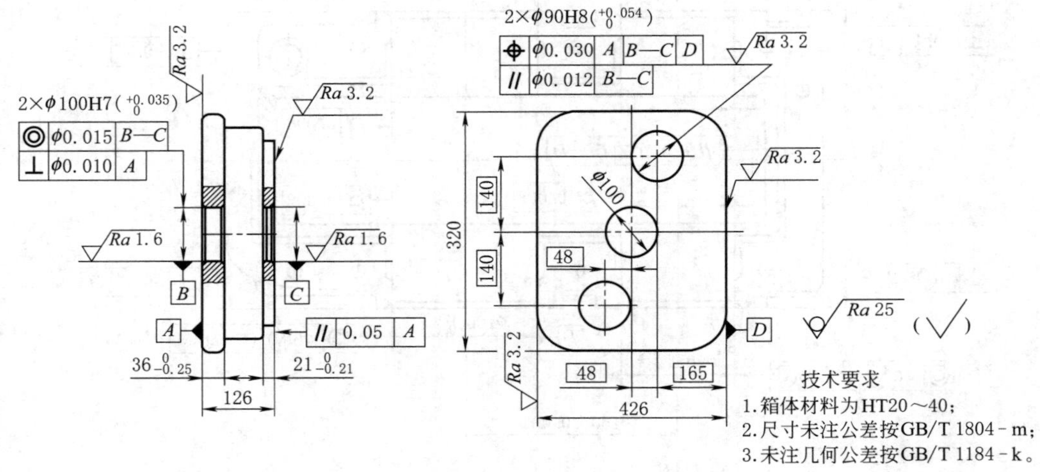

图 2-6-3 减速器输出箱体

其他未注尺寸及未注几何公差分别按 GB/T 1804-m 及 GB/T 1184-k 级进行控制；未标注表面的表面结构不允许去除材料，并按 *Ra*25 控制。

1.4 圆柱齿轮

例 1

齿轮的传动质量与齿轮坯精度有关。齿轮坯的尺寸、几何精度以及表面质量，对齿轮的加工、检验、齿轮副的接触以及啮合状况有很大影响，因此必须严格控制齿轮坯的加工精度。

图 2-6-4 表示了典型机床主轴箱传动轴上盘型带孔圆柱齿轮坯的尺寸、几何精度及表面粗糙度轮廓的公差及技术要求。

齿轮坯内孔是加工、检验及安装齿轮的定位基准，应要求较高的精度。按齿轮精度为 7 级来设计，则齿轮坯基准孔的尺寸公差等级为 IT7（ϕ58H7） （摘自旧标准 GB/T 10095—1998），并应采用包容原则；还应规定基准孔的圆柱度公差，IT7（ϕ58H7）的圆柱度公差带是 0.008mm，齿坯两端面是切齿加工时的定位基准，为保证切齿精度，规定了两端面相对于基准孔轴线的端面径向圆跳动公差 0.016mm；齿顶圆不作为加工或测量基准，尺寸公差为 IT11（ϕ245.39h11）。轮毂键槽采用正常连接 JS9，为保证齿轮内孔键槽与键的可靠装配及工作面的负荷均匀，规定了键槽侧面对基准孔轴线的对称度公差 0.02mm。零件各表面粗糙度轮廓的技术要求如图 2-6-4 所示。

其他未注尺寸及未注几何公差分别按 GB/T 1804-m 及 GB/T 1184-k 进行控制，公差原则按 GB 4249 执行。未标注表面的表面结构去除材料，并按 *Ra*25 控制。

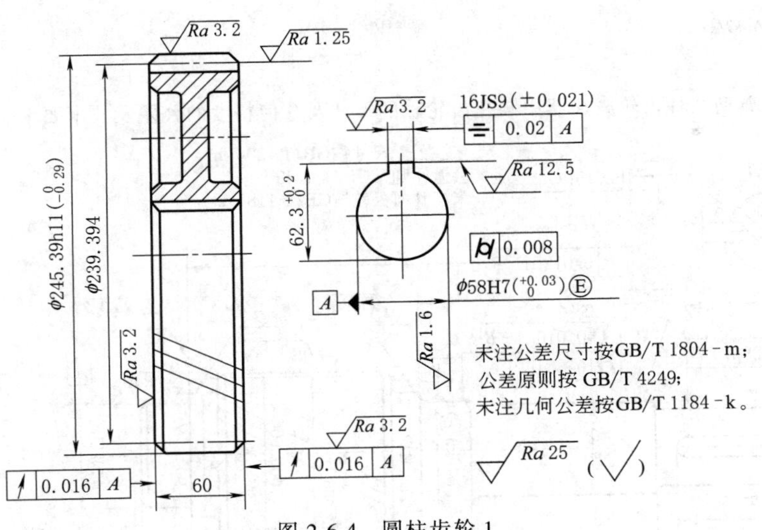

图 2-6-4 圆柱齿轮 1

例 2

图 2-6-5 表示了另一种机床主轴箱传动轴上带孔圆柱齿轮坯的尺寸、几何精度及表面粗糙度轮廓的公差及技术要求。

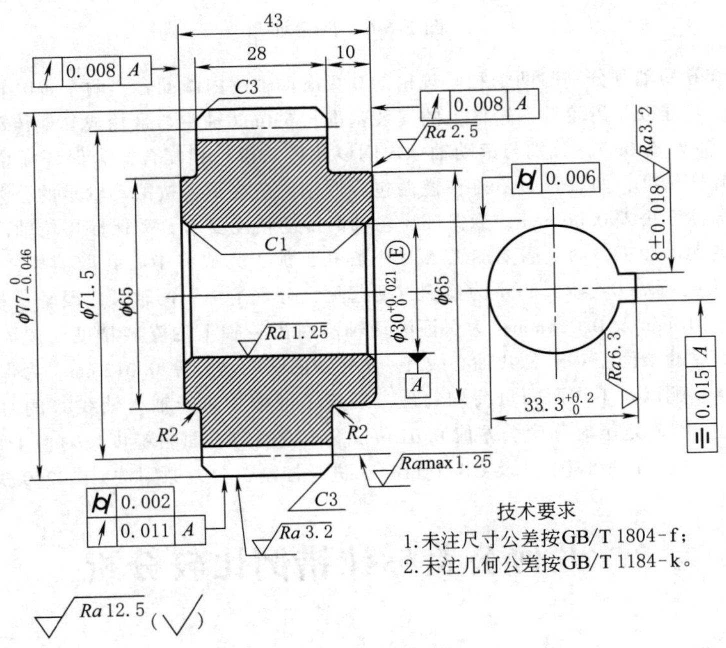

图 2-6-5 圆柱齿轮 2

齿坯内孔是加工、检验及安装齿轮的定位基准。对 7 级精度的齿轮，基准孔的尺寸公差等级为 IT7（ϕ30H7），采用包容原则，并规定了孔的圆柱度公差 0.006mm；齿坯两端面是切齿加工时的定位基准，为保证切齿精度，规定了相对于基准孔轴线的端面径向圆跳动公差 0.008mm；齿顶圆柱面亦作为加工及测量基准，则规定了齿顶圆的尺寸公差为 IT8，并需规定齿顶圆的圆柱度公差以及对基准孔轴线 *A* 的径向圆跳动公差，在此分别取值 0.002mm 及 0.011mm；为保证齿轮内孔键槽侧面与键侧面的接触面积以及装配可靠性，规定了键槽侧面对基准孔轴线 *A* 的对称度公差 0.015mm。零件各表面粗糙度轮廓的技术要求如图 2-6-5 所示。

其他未注尺寸及未注几何公差分别按 GB/T 1804-f 及 GB/T 1184-k 级进行控制；未标注表面的表面结构去除材料，并按 *Ra*12.5 控制。

1.5 齿轮轴

图 2-6-6 表示了典型圆柱齿轮减速器中圆柱齿轮轴的尺寸及几何精度的公差及技术要求。

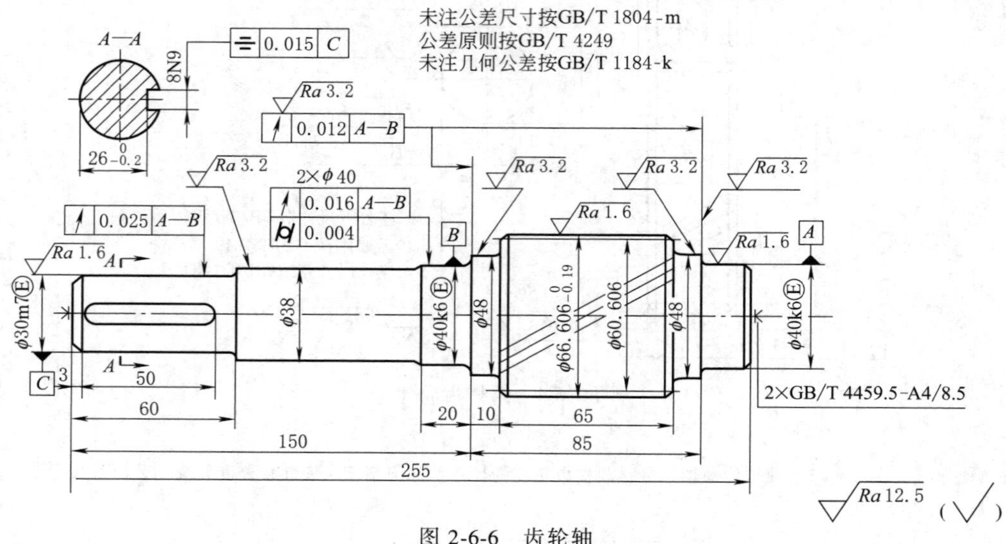

图 2-6-6 齿轮轴

齿轮轴上两个 ϕ40k6 的轴颈分别与两个相同规格的 0 级滚动轴承内圈配合，两个 ϕ48 轴肩的端面分别是这两个滚动轴承的轴向定位基准以及齿轮轴在箱体上的安装基准；ϕ30m7 轴头与带轮或其他传动件的孔配合。

两轴颈 ϕ40k 以及轴头 ϕ30m7，分别与滚动轴承内圈以及传动齿轮相配合，为保证配合性质，均采用了包容要求。为保证轴承的旋转精度，两轴颈 ϕ40k6 在遵循包容原则的前提下，按滚动轴承的公差等级为 0 级的精度要求，还确定了轴颈的圆柱度公差 0.004mm；为保证齿轮轴的传动精度要求，需保证齿轮轴两轴颈与轴头的同轴度精度，加工时采供顶尖支撑加工，两端需要加工 A 型中心孔，加工完成将中心孔取消掉，中心孔规格为：GB/T 4459.5 规定的 A 型顶尖孔（$d\times D=4\times8.5$），为检测方便起见，分别给出了两轴颈以及轴头相对于基准轴心线 *A—B* 的径向圆跳动公差 0.016mm 及 0.025mm；为保证滚动轴承在齿轮轴上的安装精度，按滚动轴承有关标准的规定，分别选取了两个轴肩的端面相对于公共轴心线 *A—B* 的轴向圆跳动公差 0.012mm。为保证轴头键槽与键以及传动件轮毂键槽的可靠装配以及工作面的负荷均匀性，规定了键槽相对于轴头轴线 *C* 的对称度公差。按使用要求选择了正常连接 8N9，并确定了对称度公差值 0.015mm。各轴颈的表面粗糙度按对应 IT 等级选取。其他未注尺寸及未注几何公差分别按 GB/T 1804-m 及 GB/T 1184-k 进行控制，公差原则按 GB 4249 执行。

2 几何公差标注错例比较分析

例 1

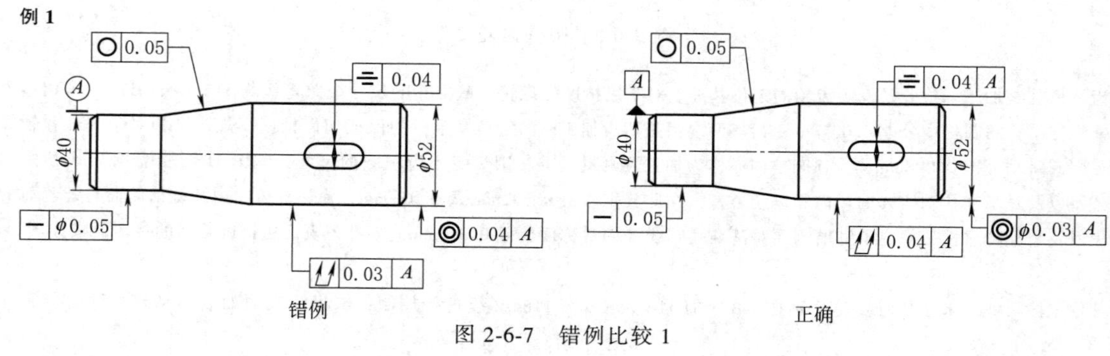

图 2-6-7 错例比较 1

错误分析：

1）圆锥体圆度公差带为垂直于公称轴线两同心圆之间的区域，公差框格指引线箭头应垂直于圆锥体轴心线；

2）基准要素 A 为左侧小圆柱体轴心线，其标注符号应为基准三角形，且应放置在小圆柱尺寸线的延长线上；

3）左侧小圆柱体母线直线度公差带为两同轴圆柱体之间的区域，其公差值前不应标注直径符号 ϕ；

4）键槽对称度公差框格应加注基准符号 A；

5）右侧大圆柱体轴心线相对于基准 A 的同轴度公差，公差框格指引线箭头应位于相应尺寸线的延长线上，其公差带为一圆柱形，故在公差值前面应加注直径符号 ϕ；其公差值应小于全跳动公差；

6）右侧大圆柱体全跳动公差值包含了同轴度公差，故其公差值应大于同轴度公差值。

例 2

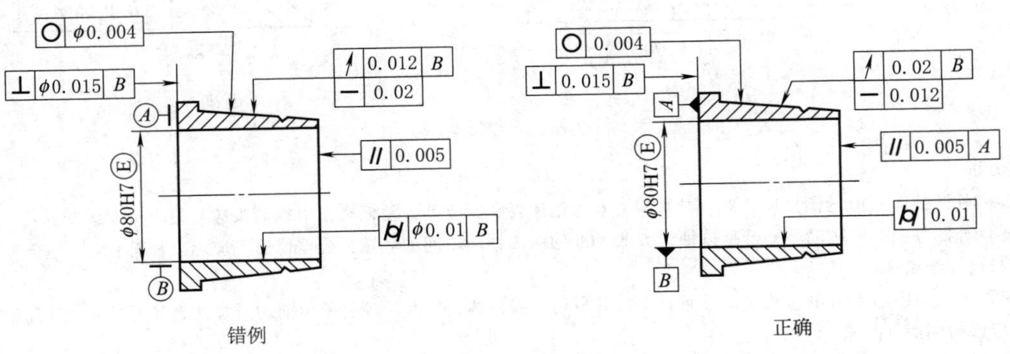

图 2-6-8　错例比较 2

第2篇

错误分析：

1）轴套外圆锥面圆度公差带为两同心圆之间的区域，其公差值前不应标注直径符号 ϕ；

2）轴套左端面基准要素 A 的标注符号应为基准三角形；

3）基准要素 B 为孔的轴心线，标注符号应为基准三角形，且应位于 ϕ80H7 孔尺寸线的延长线上；

4）轴套外圆锥面的跳动公差及直线度公差框格，其指引线箭头应为被测圆锥面的法线方向：由于同一被测要素的跳动误差包含了形状误差，故跳动公差值应大于直线度公差值；

5）左端面相对于轴心线的垂直度公差带为两平行平面之间的区域，公差值前直径符号 ϕ 应去掉；

6）右端面相对于左端面的平行度公差，公差框格右边应添加基准代号 A；

7）轴套内圈的圆柱度公差带为两同心圆柱面之间的区域，公差值前不应标注直径符号 ϕ，且应去掉基准代号 B。

例 3

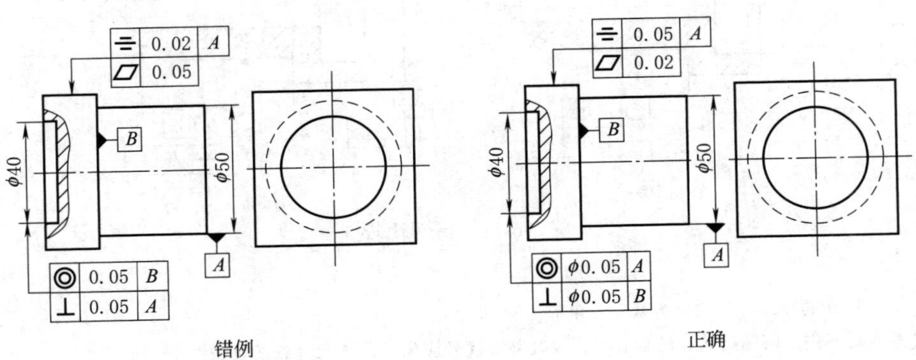

图 2-6-9　错例比较 3

错误分析：

1）基准要素 A 是圆柱体 ϕ50 轴心线，其基准代号应位于轴 ϕ50 尺寸线的延长线上；

2）零件左孔 ϕ40 轴心线的同轴度及垂直度公差带均为圆柱体，故在该两项公差值前均应加注直径符号 ϕ；另外，该孔同轴度公差的基准应为轴心线 A，而垂直度公差的基准则应为端面 B；

3）零件左边矩形上平面相对于轴线 A 的对称度误差包含了平面度误差，故其对称度公差值应大于平面度公差值。

例 4

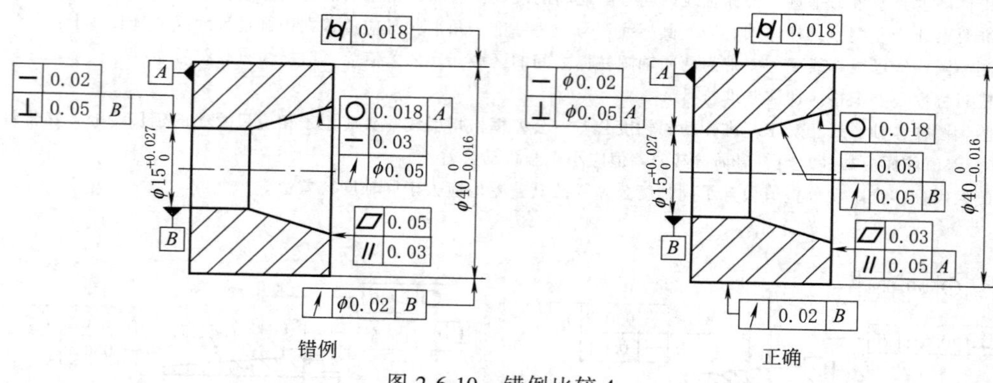

图 2-6-10 错例比较 4

错误分析：

1）零件外圆柱面 $\phi40$ 的圆柱度公差，其被测要素为轮廓要素，故其公差框格指引线箭头应与相应尺寸线错开；

2）零件外圆柱面的圆跳动公差带是以轴线 B 为基准的两圆柱面之间的区域，公差值前不应标直径符号 ϕ，且公差框格指引线箭头应与尺寸线错开；

3）零件内孔 $\phi15$ 轴心线的直线度以及垂直度公差带均为圆柱体，故此两项公差值前均应加注直径符号 ϕ，且其轴心线垂直度的基准应改为端面 A；

4）零件右端面的平面度公差值应小于方向公差平行度的公差值，且其平行度公差框格应加基准代号 A；

5）零件右端圆锥孔的几何公差标注有如下错误：

① 其圆度公差框格的指引线箭头应垂直于孔的公称轴线，而其圆跳动及直线度公差带的公差框格指引线箭头应于被测圆锥面的法线方向，故相应的公差框格应与圆度公差框格分开标注；

② 其圆度公差为形状公差，故不应标注基准代号 A；

③ 其圆跳动公差为位置公差，公差框格应加基准代号 B；公差带是两圆锥面之间的区域，公差值前不应标直径 ϕ。

例 5

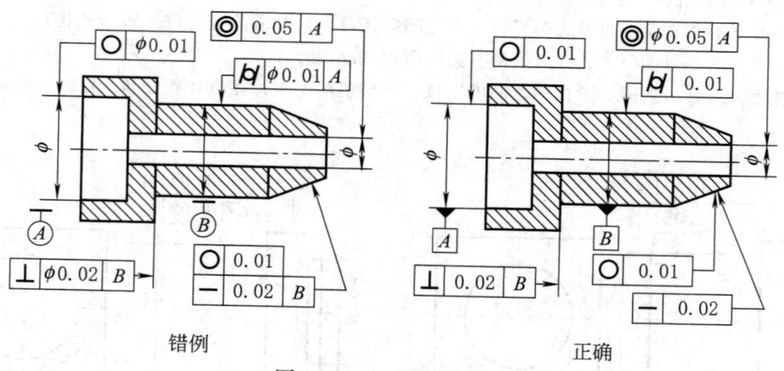

图 2-6-11 错例比较 5

错误分析：

1）基准要素 A 和 B 的标注符号均应为基准三角形；

2）基准要素 A 是零件左端圆柱体孔的轴心线，故其基准代号应位于孔 ϕ 尺寸线的延长线上；

3）左端孔的圆度公差带为两同心圆之间的区域，其公差值前不应标注直径符号 ϕ，且公差框格指引线箭头应与孔的尺寸线错开；

4）大圆柱体右端面对小孔轴心线的垂直度公差带为两平行平面之间的区域，其公差值前不应标直径符号 ϕ；

5）右端小孔相对于基准 A 的同轴度公差应为圆柱体，故公差值前应加注直径符号 ϕ；

6）右端小圆柱体的圆柱度公差为形状公差，公差框格中的基准代号 A 应去掉；其公差带为两同心圆柱面之间的区域，公差值前不应标直径符号 ϕ；

7）右端外锥体圆度公差框格的指引线箭头应垂直于孔的公称轴线；其直线度公差为形状公差，应去掉基准代号 B。

例 6

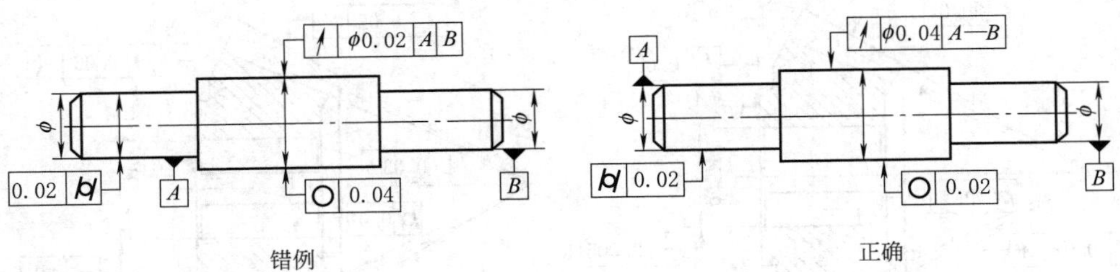

图 2-6-12　错例比较 6

错误分析：

1）基准要素 A 和 B 是零件左、右端圆柱体的轴心线，故其基准代号均应在该两轴 ϕ 的尺寸线延长线上；

2）左端小圆柱体的圆柱度公差框格，自左至右第一格应为几何特征符号，第二格应为公差值，并且其公差框格指引线箭头应与尺寸线明显错开；

3）中间圆柱体的圆度公差框格，其指引线箭头应与尺寸线明显错开，另外其公差值应小于该轴相应的径向圆跳动公差值；

4）中间圆柱体的径向圆跳动公差框格，其指引线箭头应与尺寸线明显错开，并且其基准代号应为公共轴线 A—B。其次，其公差值为两圆柱面之间的区域，故公差值前不应标直径符号 ϕ，另外，圆柱体的圆跳动误差包含了形状误差，故其公差值应大于圆度公差值。

例 7

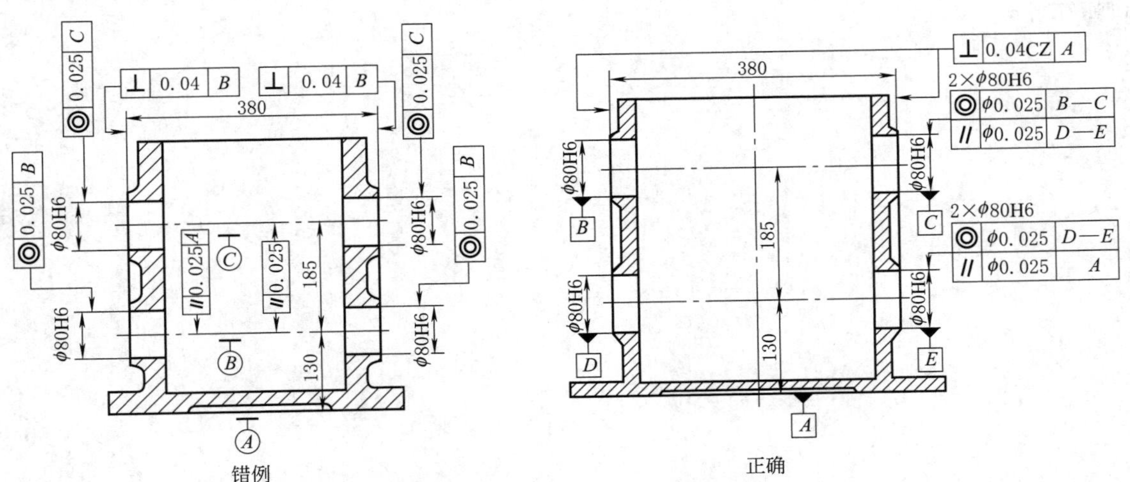

图 2-6-13　错例比较 7

错误分析：

1）所有基准要素 A、B、C、D、E 的标注符号均应为基准三角形代号；

2）4 个 ϕ80H6 孔的轴心线均为基准要素，故其代号 B、C、E、F 均应标注在孔的尺寸延长线上；

3）4 个 ϕ80H6 孔的轴心线分别相对于公共轴心线 B—C 及 D—E 的同轴度公差带均为圆柱体，故在公差值前均应加注直径符号 ϕ，且公差框格的指引线箭头均应位于孔的尺寸延长线上；

4）箱体上部一对 ϕ80H6 孔的公共轴心线 B—C 相对于轴心线 D—E 的平行度公差，其公差框格指引线箭头应位于孔的尺寸延长线上；

5）箱体下部一对 ϕ80H6 孔的公共轴心线 D—E 相对于底面 A 的平行度公差，其公差框格指引线箭头应位于孔的尺寸延长线上；

6）零件两侧面分离要素相对于底面的垂直度公差带可用一个公差框格表示，在框格中公差值的后面，应加注公共公差带符号 CZ，且其基准应为底面 A。

例 8

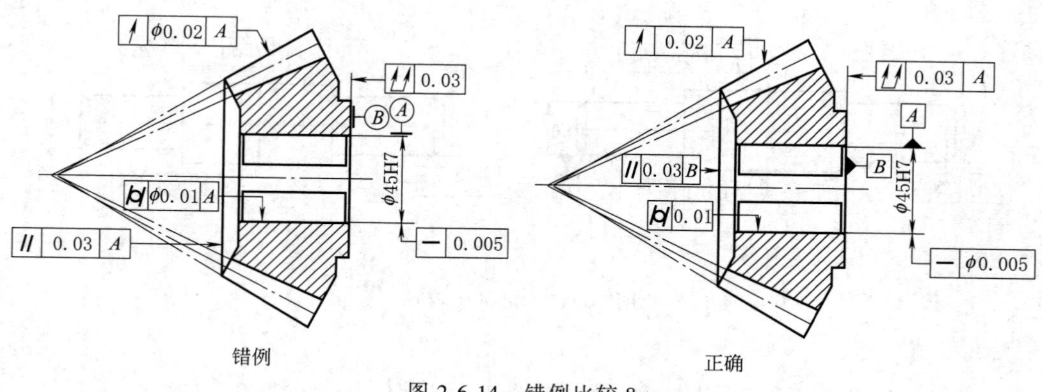

图 2-6-14 错例比较 8

错误分析：

1）基准要素 *A*、*B* 的标注符号均应为基准三角形代号；

2）圆锥面对基准孔 ϕ45H7 轴心线的跳动公差框格，其指示箭头应垂直于轴心线；因其公差带为两同心圆之间的区域，故应去掉公差值前的直径符号 ϕ；

3）零件左端面对右端面的平行度公差，其基准代号应为 *B*；

4）零件右端面对基准孔轴线的端面全跳动公差框格，应加注基准代号 *A*；

5）基准孔 ϕ45H7 轴心线的直线度公差带为一圆柱体，故其公差值前应加注直径符号 ϕ；

6）基准孔 ϕ45H7 表面的圆柱度公差为形状公差，应去掉基准代号 *A*，且其公差带为两同心圆之间的区域，故公差值前不应标注直径符号 ϕ。

参 考 文 献

[1] 成凤文. 机械制图. 北京：中国标准出版社，2006.

[2] 王之煦. 几何作图. 北京：机械工业出版社，1965.

[3] 汪恺. 机械设计标准应用手册·第 1 卷. 北京：机械工业出版社，1997.

[4] 汪恺. 形状和位置公差标准应用指南. 北京：中国标准出版社，2000.

[5] GB/T 3505—2009 产品几何技术规范（GPS） 表面结构 轮廓法 术语、定义及表面结构参数. 北京：中国标准出版社，2009.

[6] GB/T 1031—2009 产品几何技术规范（GPS） 表面结构 轮廓法 表面粗糙度参数及其数值. 北京：中国标准出版社，2009.

[7] GB/T 10610—2009 产品几何技术规范（GPS） 表面结构 轮廓法 评定表面结构的规则和方法. 北京：中国标准出版社，2009.

[8] GB/T 131—2006 产品几何技术规范（GPS） 技术产品文件中表面结构的表示法. 北京：中国标准出版社，2007.

HANDBOOK

OF

第3篇
常用机械工程材料

篇主编 蔡桂喜 曾燕屏 谢京耀

撰稿 蔡桂喜 曾燕屏 康举 李斌 信瑞山

审稿 刘实 王仪明

MECHANICAL

DESIGN

修订说明

本篇坚持实用、便查、与时俱进，通过调研，甄别和删减不符合手册编写要求、已经陈旧的内容，选编和增加适应技术发展的新型材料，以保证手册的实用性、先进性。

与第六版相比，主要修订和新增内容如下：

(1) 新增了第 1 章“机械设计中的材料选用”，目的是为机械设计师提供先进的选材理念、思路及材料代用等方面的指导性方法和资料。本章介绍了一种大视野的选材“菜单”、基本选材策略，以及如何将设计要求转化为选材判据的参数——材料特性指数 M，介绍了典型机械设计需求下的材料特性指数 M 的推导方法，并给出了常用选材判据表；以“数据地图”的方式，直观地显示各种材料特性指数 M 的数值范围，以便为常见的机械设计提供选材思路和判据；给出了利用“数据地图”进行选材的几种典型案例；介绍了“数据地图”的构成方法，使设计师可根据设计需求自行构建所需的“数据地图”；为增强机械设计中材料技术条件标注的完整性、规范性，介绍了材料订购技术条件的一般要素和质量要素，列出了一些材料性能质量测试方法的标准号等参考资料。

(2) 由于钛合金的应用日益广泛，故在第 3 章中扩充了钛合金一节内容；因 3D 打印的应用逐渐广泛，故在第 4 章新增了可用于 3D 打印的聚乳酸（PLA）生物降解材料；随着汽车用玻璃安全性标准的建立，在第 4 章新增了机动车玻璃安全技术规范；随着碳纳米管材料等新材料的应用，在第 4 章新增了碳纳米管材料及特性；因胶黏剂与第 5 篇连接与紧固中黏结剂具有密切联系，故将相关内容修订后调整到第 5 篇；因高温合金的应用日益广泛，故在第 5 章新增高温合金。

(3) 各章都按材料的常用程度和重要性重新编排了章节顺序。

(4) 各章尽量以结构图形式展现相关材料的分类体系，以便读者按材料特性分类进行选材。

(5) 更新了相关标准，并对未更新章节的内容进行了补充和完善。

本篇由中国科学院金属研究所蔡桂喜、北京科技大学曾燕屏、北京石油化工学院康举、北京科技大学李斌、鞍钢北京研究院信瑞山编写。其中，第 1 章由蔡桂喜编写，第 2 章由曾燕屏编写，第 3 章由康举编写，第 4 章由李斌编写，第 5 章由信瑞山编写。本篇由中国科学院金属研究所刘实、北京印刷学院王仪明审稿。

CHAPTER 1

第1章 机械设计中的材料选用

1 工程材料体系及选材判据

1.1 工程材料选材“菜单”

工程材料，包括金属材料、非金属材料。金属材料包括黑色金属和有色金属，非金属材料包括无机材料、有机材料和混合型材料，分类关系如图 3-1-1（a）所示。工程材料可选材料体系的庞大“菜单”如图 3-1-1（b）所示。

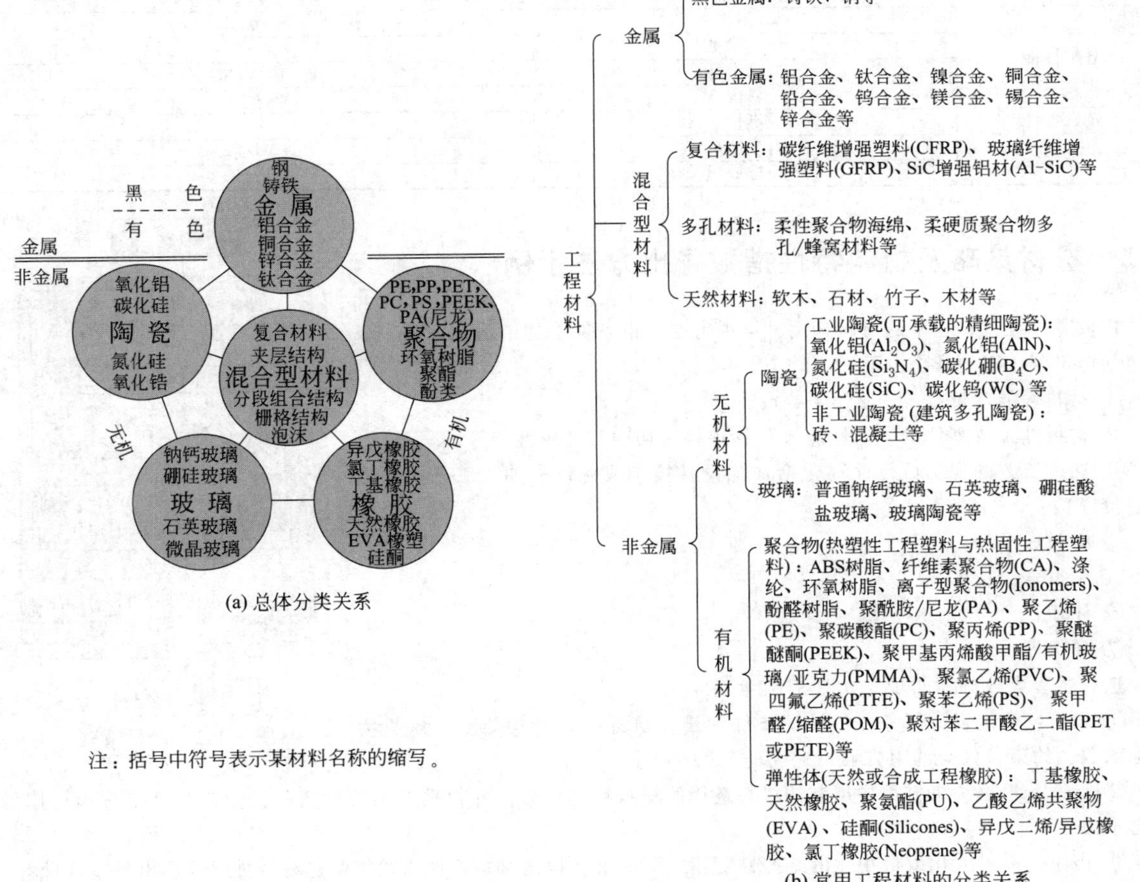

图 3-1-1 工程材料分类图

材料基本特性参量及其常用 SI 单位如表 3-1-1 所示。

表 3-1-1　　工程材料基本特性参量及其符号与单位

类别	性能参量	符号与单位
基本	密度	ρ(kg/m³ 或 Mg/m³)
	价格	C_m(￥/kg)
力学性能	弹性模量(杨氏、剪切、体积)	E,G,K(GPa)
	泊松比	ν(-)
	屈服强度	σ_y(MPa)
	抗拉(极限)强度	R_m(MPa)
	抗压强度	σ_C(MPa)
	疲劳强度	σ_e(MPa)
	失效强度	σ_f(MPa)-σ_y,R_m,σ_e
	硬度	H(维氏硬度)
	伸长率	A(-)
	断裂韧性	K_{1C}(MPa·m$^{1/2}$)
	韧性	G_{1C}(kJ/m²)
	损耗系数(吸振能力)	η(-)
	磨损速率常数(Archard 法)	k_a(MPa^{-1})
热力学性能	熔点	T_m(℃或 K)
	玻璃化温度	T_g(℃或 K)
	最高工作温度	T_{max}(℃或 K)
	最低工作温度	T_{min}(℃或 K)
	热导率	λ(W/m·K)
	热扩散率	a(m²/s)
	比热容	C_p(J/kg·K)
	热胀系数	α(K^{-1})
	耐热冲击性	ΔT_S(℃或 K)
电学性能	电阻率	ρ_e(Ω·m 或 μΩ·m)
	介电常数	ε_r(-)
	击穿电压	V_b(10⁶V/m)
	功率因数	P(-)
光学性能	折射率	n(-)
生态特性	内含能耗	H_m(MJ/kg)
	碳排放量	CO_2(kg/kg)

1.2　选材策略及材料特性指数导出方法示例

机械零件设计过程中的材料选用，可视为在约束条件下的最优化。约束条件包括但不限于下列几个方面：

① 材料性能参量（参见表 3-1-1）；

② 材料加工成零件的工艺性能（包括焊接、切削和冲压性能等）；

③ 加工工艺的现实可行性（包括加工设备技术成熟度、加工工艺繁简度和造价等）；

④ 材料成本；

⑤ 服役寿命；

⑥ 体积；

⑦ 环保等。

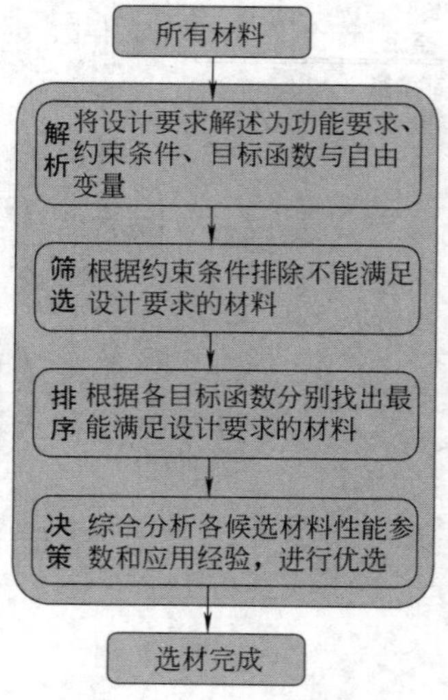

图 3-1-2　选材策略

选材过程大致分为四步，如图 3-1-2 所示：

① 解析：明确设计任务，将设计条件和设计目标等设计功能要求解析为目标函数、约束条件与约束方程；

② 筛选：根据约束方程导出制约材料选择的材料特性指数，并根据材料特性指数的限制条件筛选出可用的材料子集；

③ 排序：以最大化或最小化的某些性能指标为标准，根据材料特性指数将可选材料排序，选出最适宜材料；

④ 决策：搜集排序靠前的候选材料的性能数据，并了解其既往的应用情况和在相关环境中的使役行为和可

用性等资料，并以文档形式对比并形成足够详细的对比图表，以便做出最终选择。

几种常见几何形状零件轻量化设计中的选材方法示例如表 3-1-2 所示。

表 3-1-2　　不同承载结构的材料特性指数 M 导出方法示例

	拉杆	台板	矩形梁	
承载形式	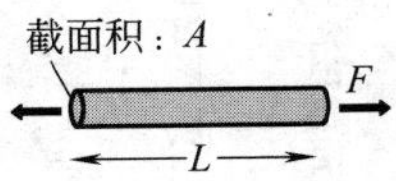 截面积：A；F；L	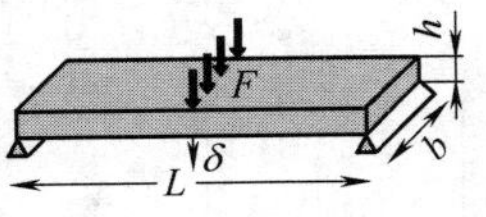 h；F；δ；L；b	方形截面积 $A=b^2$；F；b；δ；L 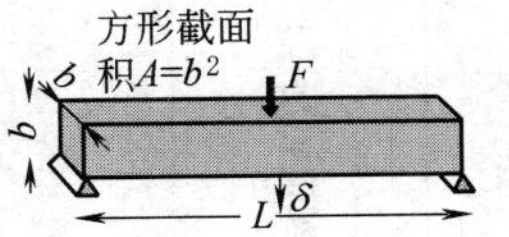	工形截面积 A；W；b；F；δ；L 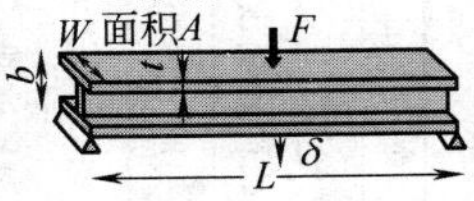
设计条件	指定长度 L（几何约束）拉杆承受轴向拉伸荷载 F^* 时不得发生故障（功能约束）	指定弯曲刚度 S^*（功能约束）；指定长度 L 和宽度 b（几何约束）	指定长度 L 和截面形状为正方或工字形（几何约束）；梁必须支撑弯曲荷载 F 而不发生太大变形，即弯曲刚度 S 指定为 S^*（功能约束）	
设计目标	使拉杆质量 m 最小化的材料选择及其横截面积 A	使台板质量 m 最小化的材料选择及其厚度 h	使梁质量 m 最小化的材料选择及其横截面积 A	
目标函数	$m=AL\rho$	$m=AL\rho=bhL\rho$	$m=AL\rho=b^2L\rho$	
约束条件	可通过减小横截面 A 来减小质量 m，但必须能承载 F^*，即 $F^*/A\leqslant\sigma_f$，再将 $A\geqslant F^*/\sigma_f$ 代入目标函数得到约束方程	可通过减小厚度 h 来减小质量 m，但须使抗弯刚度 $S=\dfrac{C_1EI}{L^3}\geqslant S^*$	可通过减小截面积 A（以及改变形状）来减小质量 m，但必须使抗弯刚度 $S=\dfrac{C_2EI}{L^3}\geqslant S^*$（方形梁惯性矩为：$I=\dfrac{bh^3}{12}=A^2/12$）	
约束方程	$m\geqslant(F^*)(L)\left(\dfrac{\rho}{\sigma_f}\right)$ 功能约束　几何约束　材料特性	对于矩形截面的惯性矩 $I=\dfrac{bh^3}{12}$，消去 h，则：$m\geqslant\left(\dfrac{12S^*}{Cb}\right)^{\frac{1}{3}}(bL^2)\left(\dfrac{\rho}{E^{1/3}}\right)$ 功能约束　几何约束　材料特性	$m\geqslant\left(\dfrac{12S^*}{C_2}\right)^{\frac{1}{3}}\left(L^{\frac{5}{2}}\right)\left(\dfrac{\rho}{E^{1/3}}\right)$ 功能约束　几何约束　材料特性	
材料特性指数 M	1. $M_1=\sigma_f/\rho$ 比强度最大化； 2. 另一方面，拉杆在受到可能的侧向力时，应不易弯曲变形（即良好的刚度），因此，比刚度 $M_2=E/\rho$ 也应最大化	1. $M_1=E^{1/3}/\rho$ 最大化（刚度约束下） 2. $M_2=\sigma_y^{1/2}/\rho$ 最大化（强度约束下）	1. $M_1=E^{1/3}/\rho$ 最大化（刚度约束下） 2. $M_2=\sigma_y^{1/2}/\rho$ 最大化（强度约束下）	
备注	参见图 3-1-4 E-ρ 图；图 3-1-5 σ_f-ρ 图；图 3-1-7 E/ρ-σ_f/ρ 图	C_1 是与载荷分布相关的常数—参见第 1 篇的材料力学基本公式	C_2 是与截面形状载荷分布相关的常数，可改变横截面形状，在不改变 A 的情况下增加惯性矩 I，以较少材料获得相同的刚度	

1.3　常用选材判据表-材料特性指数的表达式

在 1.2 节所述的材料特性指数 M，可作为机械零件设计用的选材判据。M 有时取决于材料的某一属性（如弹性模量 E，即选材指数 $M=E$），有时则取决于多个属性（例如比刚度 E/ρ，比强度 σ_y/ρ；即选材指数 $M=E/\rho$ 或 σ_y/ρ）。由多个材料属性组成的函数表达式表示的材料特性指数 M 的函数形式是根据机械零件的功能要求（安全承载、传递热量、储存能量、绝缘等）确定的。适当地选择材料种类并选择特性指数 M 最大的材料，可使零件性能指标最优。

材料指数通常与设计细节无关，且具有较强的通用性，因此选取适当的材料特性指数 M 有助于快速简便地确定最佳材料。表 3-1-3 列出了常见零件基于不同力学设计要求而导出的材料特性指数，表 3-1-4 列出了机电设计及传热和热力学设计中常用的材料特性指数。

其他形式的承载结构或者不同的设计需求，可借鉴表 3-1-2 中的方法自行导出相应的选材判据及材料特性指数 M。

表 3-1-3 基于不同力学设计需最大化的材料特性指数 M_{max}

零件 \ 设计要求	刚度约束			强度约束			振动约束		损伤容限设计		
	功能约束		指数 M_{max}	功能约束		指数 M_{max}	功能约束	指数 M_{max}	功能约束		指数 M_{max}
拉杆（受拉构件）	轻量化	规定刚度与长度，自由设计变量是截面积	E/ρ	轻量化	规定载荷与长度；自由设计变量是截面积	σ_f/ρ	纵向固有振动频率最大化	E/ρ	给定最大缺陷容限和强度条件下	载荷控制设计	K_{1C} 和σ_f
										变形位移控制	K_{1C}/E 和σ_f
							规定刚度，受外部纵向激振时振幅应最小	$\eta E/\rho$ η—损耗系数		能量控制	K_{1C}^2/E 和σ_f
轴（扭力加载或受弯）	轻量化	规定刚度、长度和形状，截面积自由设计	扭：$G^{1/2}/\rho$ 弯：$E^{1/2}/\rho$	轻量化	规定载荷、长度和形状；截面积自由	$\sigma_f^{2/3}/\rho$ $\tau_b^{2/3}/\rho$ τ_b-剪切强度			给定最大缺陷容限和强度条件下	载荷控制设计	K_{1C} 和σ_f
		规定刚度、长度和外径，壁厚自由选择	G/ρ		规定载荷、长度和外径，壁厚自由选择	σ_f/ρ				变形位移控制	K_{1C}/E 和σ_f
		规定刚度、长度和壁厚，外径自由选择	$G^{1/3}/\rho$		规定载荷、长度和壁厚；外径自由设计	$\sigma_f^{1/2}/\rho$				能量控制	K_{1C}^2/E 和σ_f
梁（弯曲加载）	轻量化	规定刚度、长度和形状，截面积自由设计	$E^{1/2}/\rho$	轻量化	规定载荷、长度和形状；截面积自由设计	$\sigma_f^{2/3}/\rho$	在所有尺寸被规定时使固有弯曲振动频率最大化	E/ρ	给定最大缺陷容限和强度条件下	载荷控制设计	K_{1C} 和σ_f
		规定刚度、长度和高度，宽度自由选择	E/ρ		规定载荷、长度和高度；宽度自由设计	σ_f/ρ	规定梁的长度和刚度，使固有弯曲振动频率最大化	$E^{1/2}/\rho$		变形位移控制	K_{1C}/E 和σ_f
		规定刚度、长度和宽，高度可自由选择	$E^{1/3}/\rho$		规定载荷、长度和宽度；高度自由设计	$\sigma_f^{1/2}/\rho$	规定刚度，受外部弯曲激振时振幅最小	$\eta E^{1/2}/\rho$ η—损耗系数		能量控制	K_{1C}^2/E 和σ_f
压力容器	—			承内压的薄壁管或压力容器		σ_f/ρ	—		断裂前先屈服		K_{1C}/σ_f
									断裂前先泄漏		K_{1C}^2/σ_f

续表

零件 \ 设计要求	刚度约束		强度约束		振动约束		损伤容限设计	
	功能约束	指数 M_{max}	功能约束	指数 M_{max}	功能约束	指数 M_{max}	功能约束	指数 M_{max}
立柱（压杆）	轻量化：规定屈曲荷载、长度和形状；弹性屈曲失效；截面积自由	$E^{1/2}/\rho$	轻量化：规定载荷、长度和形状；截面积可自由设计	σ_f/ρ	纵向固有振动频率最大化	E/ρ		
					规定刚度，受外部纵向激振时振幅最小	$\eta E/\rho$ η—损耗系数		
薄壁扭杆	轻且不屈曲	G/ρ	轻且不失效	τ_b/ρ				
面板（平板，弯曲加载）	轻量化：规定刚度、长度和宽度；厚度自由	$E^{1/3}/\rho$	轻量化：规定刚度、长度和宽度；厚度自由	$\sigma_f^{1/2}/\rho$	各尺寸被规定时使固有弯曲振动频率最大	E/ρ		
					规定其长度、宽度和刚度使固有弯曲振动频率最大化	$E^{1/3}/\rho$		
面板（平板，弯曲加载）	轻量化：规定刚度、长度和宽度；厚度自由	$E^{1/3}/\rho$	轻量化：规定刚度、长度和宽度；厚度自由	$\sigma_f^{1/2}/\rho$	规定刚度，受外部弯曲激振时振幅最小	$\eta E^{1/3}/\rho$ η—损耗系数		
板（平板、平面承压屈曲失效）	轻量化：规定塌陷荷载、长度和宽度；厚度自由	$E^{1/3}/\rho$	轻量化：规定塌陷荷载、长度和宽度；厚度自由	$\sigma_f^{1/2}/\rho$				
承内压气缸	轻量化：规定弹性变形量、压力和半径；壁厚自由	E/ρ	轻量化：规定弹性变形量、压力和半径；壁厚自由	σ_f/ρ				
承内压球壳	轻量化：规定弹性变形量、压力和半径；壁厚自由	$E/(1-\nu)\rho$ ν—泊松比	轻量化：规定弹性变形量、压力和半径；壁厚自由	σ_f/ρ				
飞轮、旋转圆盘	—	—	给定速度下每单位体积所存储能量最大化	ρ				
	—	—	每单位质量所存储能量最大化且不失效	σ_f/ρ				

续表

设计要求 / 零件	刚度约束		强度约束		振动约束		损伤容限设计	
	功能约束	指数 M_{max}	功能约束	指数 M_{max}	功能约束	指数 M_{max}	功能约束	指数 M_{max}
储能弹簧	—	—	单位体积所存储弹性能最大化且不失效	σ_f^2/E				
储能弹簧	—	—	单位质量所存储弹性能最大化且不失效	$\sigma_f^2/E\rho$				
螺旋弹簧			轻且不失效	τ_b/ρ				
弹性铰链			弯曲半径最小(具有的柔性最大化且不失效)	σ_f/E				
刃口、枢轴			最小接触面积、承载载荷最大化	σ_f^3/E^2 和硬度 H 最大				
受剪切的杆或销			轻且不失效	τ_b/ρ				
受压长杆	不能有侧弯	$E^{1/2}/\rho$ 和 $G^{1/2}/\rho$						
密封件和垫片			在限定的接触压力下界面适配性最佳	$\sigma_f^{3/2}/E$ 和 $1/E$ 最大				
隔膜			在规定的压强或力作用下的挠度最大	$\sigma_f^{3/2}/E$				
旋转圆桶和离心机			规定其角速度和半径，壁厚可自由设计	σ_f/ρ				
平板间滚柱（同材料）				$\sigma_H^4/\rho E^2$ σ_H—最大允许赫兹(Hertz)接触应力				
平板间滚珠（同材料）				$\sigma_H^{9/2}/\rho E^3$				

表 3-1-4　　机电设计及传热和热力学设计中常用的材料特性指数 M_{max}

<table>
<tr><td rowspan="2">设计要求
零件</td><td colspan="3">机电设计</td></tr>
<tr><td colspan="2">功能约束</td><td>指数 M_{max}</td></tr>
<tr><td>导电排母线</td><td colspan="2">大电流导体，寿命成本最低</td><td>$1/\rho_e\rho C_m$
C_m—单价，ρ_e—电阻率</td></tr>
<tr><td rowspan="2">电磁铁绕组</td><td colspan="2">短脉冲电磁场最强，无机械故障</td><td>σ_f</td></tr>
<tr><td colspan="2">在限定温升条件下，电磁场最强并通电持续时间最长</td><td>$C_p\rho/\rho_e$
C_p—比热容
ρ_e—电阻率</td></tr>
<tr><td rowspan="2">高速电机绕组</td><td colspan="2">无疲劳失效，转速最大</td><td>σ_e/ρ_e
σ_e—疲劳强度 MPa</td></tr>
<tr><td colspan="2">无疲劳失效，发热最小</td><td>$1/\rho_e$</td></tr>
<tr><td rowspan="2">继电器簧片</td><td colspan="2">无疲劳失效，响应时间最小</td><td>$\sigma_e/E\rho_e$</td></tr>
<tr><td colspan="2">无疲劳失效，发热最小</td><td>$\sigma_e^2/E\rho_e$</td></tr>
<tr><td rowspan="2">设计要求
零件</td><td colspan="3">传热和热力学设计</td></tr>
<tr><td colspan="2">功能约束</td><td>指数 M_{max}</td></tr>
<tr><td rowspan="3">隔热材料</td><td colspan="2">规定厚度，使稳态热通量最小</td><td>$1/\lambda$
λ—热导率</td></tr>
<tr><td colspan="2">规定厚度，使规定时间内的温升最小</td><td>$1/a=\rho C_p/\lambda$
a—热扩散率</td></tr>
<tr><td colspan="2">将热循环（窑炉等）消耗的总能量降至最低</td><td>$\sqrt{a}/\lambda=\sqrt{1/\rho C_p\lambda}$</td></tr>
<tr><td>电阻发热材料</td><td colspan="2">限定温升</td><td>$C_p\rho/\rho_e$</td></tr>
<tr><td rowspan="2">保温材料</td><td colspan="2">单位材料成本的热储能量最大（储能加热器）</td><td>C_p/C_m</td></tr>
<tr><td colspan="2">给定温升和时间，热储能量最大</td><td>$\lambda/\sqrt{a}=\sqrt{\rho C_p\lambda}$</td></tr>
<tr><td>精密仪表</td><td colspan="2">给定热通量下的热变形最小化</td><td>λ/α
α—热胀系数</td></tr>
<tr><td>耐热冲击材料</td><td colspan="2">不失效前提下，表面温度变化最大化</td><td>$\sigma_f/E\alpha$</td></tr>
<tr><td rowspan="2">散热器</td><td rowspan="2">限定热膨胀前提下</td><td>单位体积的热通量最大化</td><td>$\lambda/\Delta\alpha$</td></tr>
<tr><td>单位质量的热通量最大化</td><td>$\lambda/\rho\Delta\alpha$</td></tr>
<tr><td rowspan="2">热交换器</td><td rowspan="2">工作内压变化 Δp 时无故障的前提下</td><td>单位面积的热通量最大化</td><td>$\lambda\sigma_f$</td></tr>
<tr><td>单位质量的热通量最大化</td><td>$\lambda\sigma_f/\rho$</td></tr>
</table>

注：1. 表 3-1-3 和表 3-1-4 中所列出的材料特性指数大部分都是以轻量化为设计目标。若为了使材料成本也最低，则可用每单位体积成本 $C_m\cdot\rho$ 代替表中的密度 ρ，其中 C_m 是每千克材料的成本。若为了使材料的内含能耗或其碳排量（CO_2）最小化，可将表中 ρ 替换为 $H_m\cdot\rho$ 或 $CO_2\cdot\rho$，其中，H_m 为每生产 1kg 该材料所消耗的能量，CO_2 为每生产 1kg 该材料所产生的碳排放量。

2. 表 3-1-3 和表 3-1-4 中所列出的材料特性指数 M 值最大时性能最优，或造价最低。

2 材料特性数据概览图

机械设计中可供选择的材料种类繁多且数量很大，选材难度极高。传统的人工选材模式正逐步演进为计算机程序化智能选材模式，前者主要基于经验，后者则基于全面完整的材料性能数据库，并根据对设计输入和失效模式等信息的深度分析而进行计算机程序化选材。当前机械设计仍以人工选材为主，即根据应用需求综合考虑材料的基本特性及力学性能、热力学性能、电磁学性能、光学性能、电化学性能（抗腐蚀）和生态特性等因素，并根据各类材料的诸多性能参数以及材料性能指数 M 进行组合对比，综合分析以初选确定材料大类，再综合考虑材料与零件加工的工艺性（如可焊性、易切削性等）及其加工工艺的实施难度和价格等因素，综合决策确定材料的规格牌号。因此，本节以一些文献中材料特性数据库为基础，介绍各种材料的特性参数及其组合的特性指数概览图。

注意：1. 材料性能与其成形、连接和加工方式等相关，因此具体材料的性能数据可能超出概览图所示的范围。

2. 图中的数据仅作为指导性参考。设计师在进行具体详细设计时，须搜集初步选定材料的翔实数据，参考本节中绘图方式重新绘图并确定选材判据指导线，以便更好地选材。

3. 工程材料的特性，除了概览图所示的对比方式外，还有更多的特性组合方式。设计师可参考这些图的数据处理方式，根据设计需求自行绘制其他适宜的选材比较图。

2.1 弹性模量柱状图

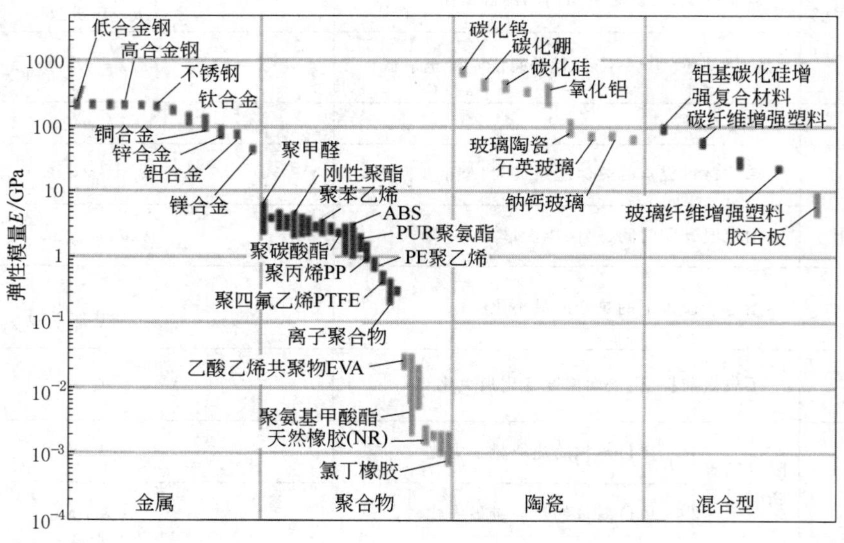

图 3-1-3 典型材料的弹性模量范围

各类材料的弹性模量从低到高的数值范围很大，其跨度约 6 个数量级（图中以对数刻度显示）。图中用特定长度的柱图表示某一典型材料弹性模量的范围。图中显示：金属和陶瓷的模量较高；聚合物的模量一般较低；混合型材料的种类繁多，其模量随其组成成分及复合方式而变。

2.2 弹性模量与密度(E-ρ 图)

图 3-1-4 是根据典型材料的弹性模量及密度数据绘制的。图中的 4 种倾斜虚线分别代表 4 种材料特性指数。

图中标为“纵波速度”的斜虚线，为材料的一种材料特性指数 $M=\left(\frac{E}{\rho}\right)^{1/2}$，因此可从图中确定典型材料的纵波速度。同样，标识为 E/ρ、$E^{1/2}/\rho$ 和 $E^{1/3}/\rho$ 的斜虚线参考线也表征材料的某种与机械设计相关的材料特性指数，是与三种常见几何形状的零件按刚度要求设计进行轻量化选材的参考线，例如：E/ρ 对应拉杆、线、绳或带子；$E^{1/2}/\rho$ 对应两端承载的梁或柱等；$E^{1/3}/\rho$ 对应周边支撑的圆盘或圆台等（参见本章第 1.2、1.3 节和第 3 节）。

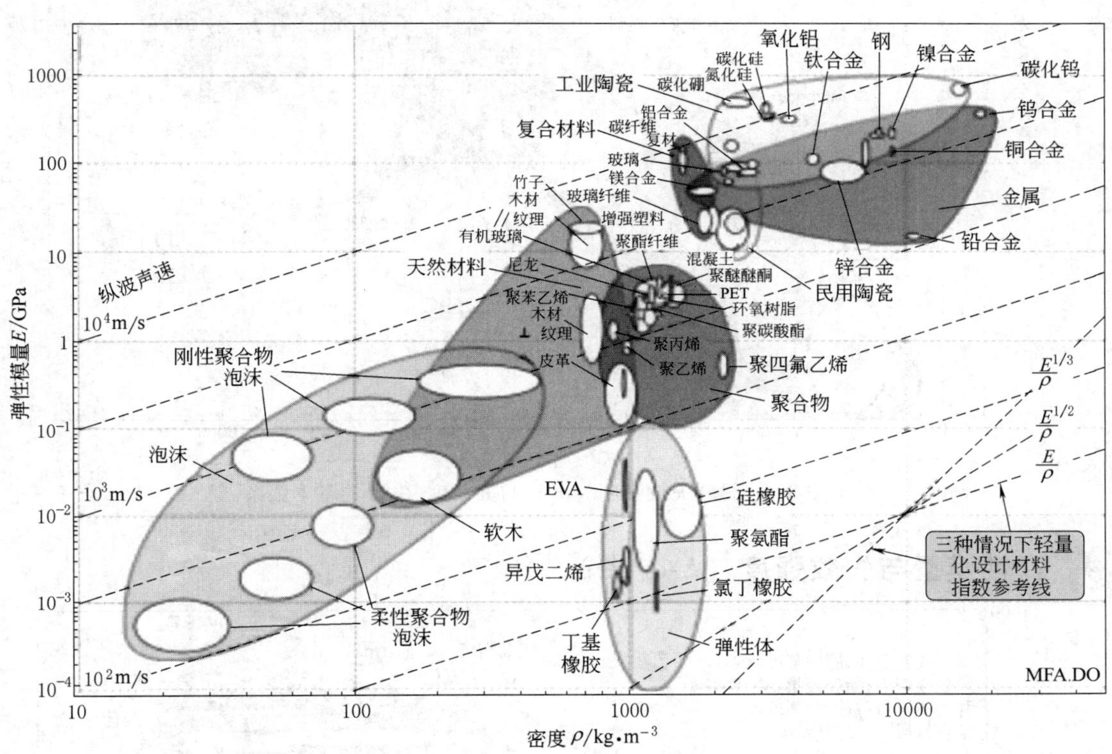

图 3-1-4 典型材料的弹性模量及其相应密度

2.3 失效强度与密度（σ_f-ρ 图）

工程上不同材料的模量 E 的定义具有一致性，但“失效强度”的定义则没有一致性。即：不同材料的“失效强度”对应不同的概念（因为不同材料所涉及的失效机制不同）。金属和聚合物的“失效强度”一般指屈服强度，这些材料因加工方式的不同或以其他方式硬化或通过退火软化，其数值范围很大；脆性陶瓷的“失效强度”指断裂模量，即抗折弯强度，略高于拉伸强度，但是远低于压缩强度（陶瓷的压缩强度是拉伸强度的 10～15 倍）；弹性体材料的“失效强度”是指抗撕裂强度；复合材料的“失效强度”是指抗拉强度，即拉伸破坏强度（由于纤维屈曲，其抗压强度会降低 30%）。在图 3-1-5 中，统一使用符号 σ_f 表示上述几种强度，以便进行统一比较。

工程材料的强度范围，从小于 0.01MPa（用于包装或吸收能量系统中的泡沫）到 10^4MPa（金刚石的强度），跨越了 6 个数量级。

图 3-1-5 的一个重要用途，是用于在满足强度要求条件下进行轻量化设计时的选材。图中的常数项 σ_f/ρ、$\sigma_f^{2/3}/\rho$ 和 $\sigma_f^{1/2}/\rho$ 的参考线可为拉杆、立柱、梁和板的轻量化设计中的材料选择提供指导，也能为运动部件在惯性力很大时的屈服极限设计提供指导。

第 3 篇

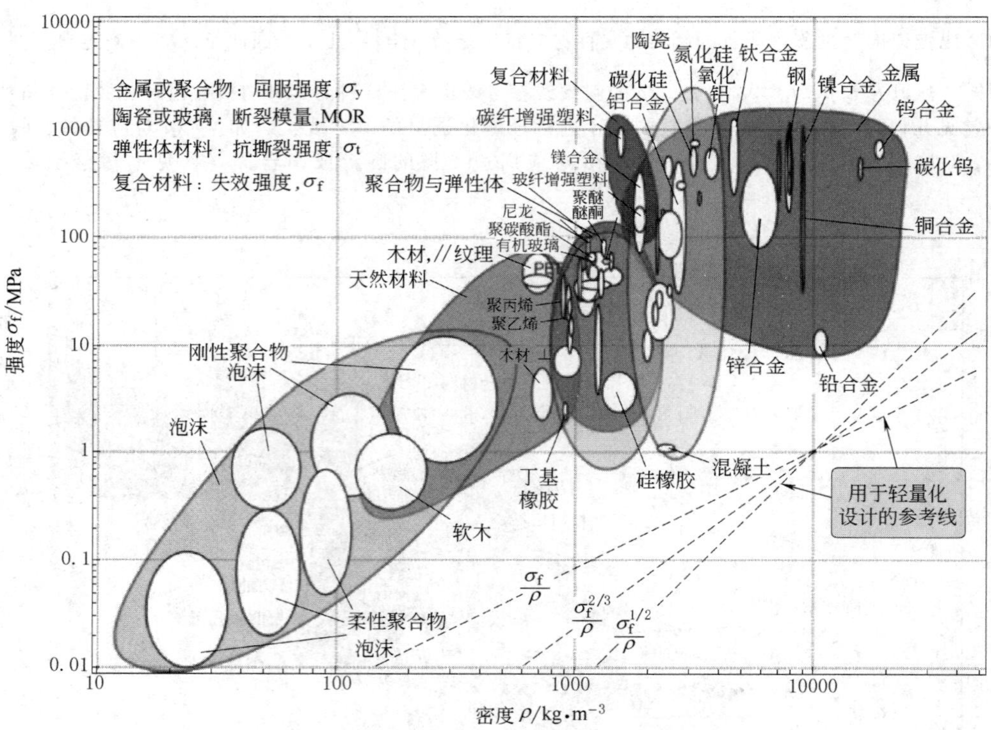

图 3-1-5 材料失效强度（σ_f）与其密度（ρ）的基本关系

2.4 弹性模量与失效强度（E-σ_f 图）

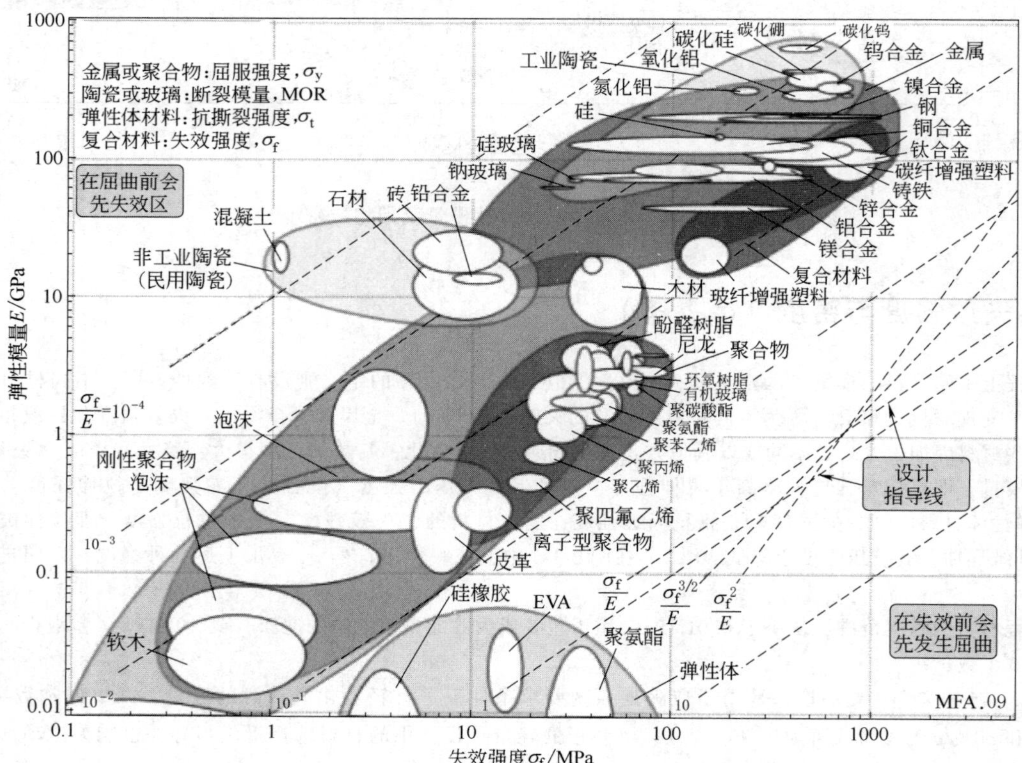

图 3-1-6 材料弹性模量（E）与其失效强度（σ_f）的基本关系

图 3-1-6 中的等值线 σ_f/E，表示不同材料在其将要失效（屈服或断裂）时的应变量。这一材料特性指数 M 设计参考线，有助于设计弹簧、轴枢、刀刃、隔板和关节等零件时指导材料选择。图中 σ_f/E 也能表示柔性铰链在静态失效前的最大转角 θ [$\theta=\dfrac{\sigma_y}{E}\times\dfrac{l\ (l+2L)}{h\ (l+L)}$，参见《机械工程学报》，2013 年 11 月第 49 卷第 1 期，基于 Ashby 图的挠性加速度计材料选择]。

2.5 比模量与比强度（E/ρ-σ_f/ρ 图）

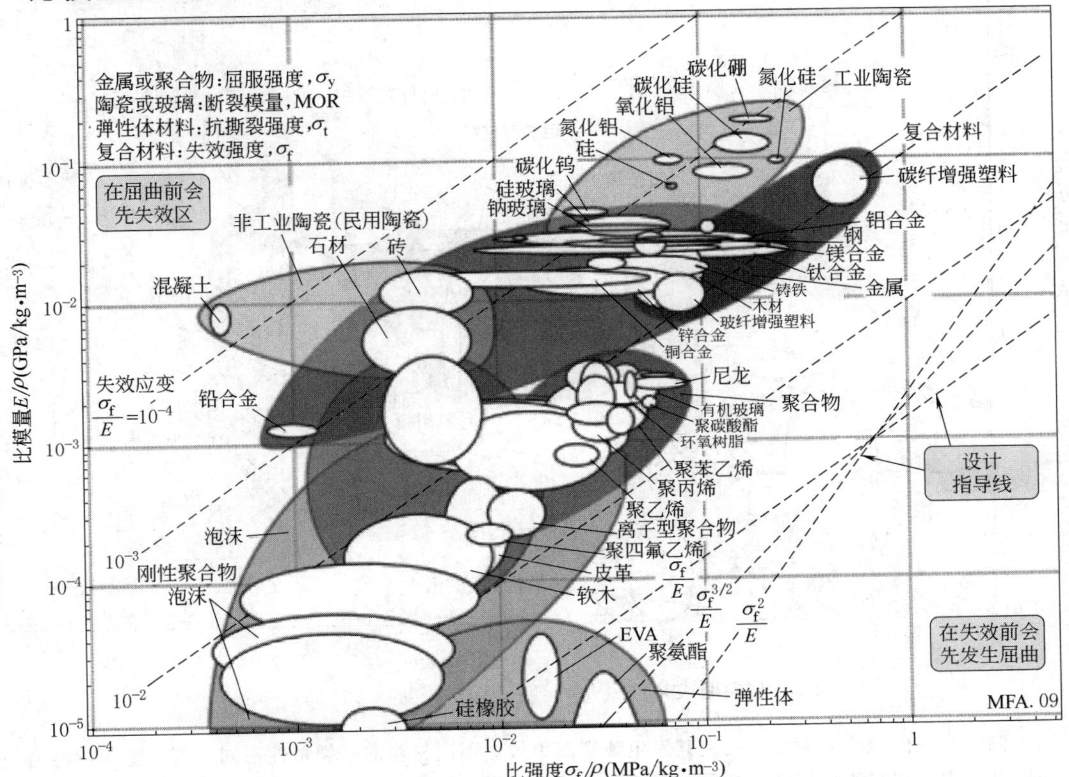

图 3-1-7 材料比模量（E/ρ）与其比强度（σ_f/ρ）的基本关系

材料的比模量（E/ρ）与比强度（σ_f/ρ），表征材料的“机械效率”。特别是对于惯性运动零件（如航空涡轮或叶片）的设计，高比强或高比刚材料意味着以轻质材料承载最大载荷，以达到结构强度设计要求。另外，图中所示的材料特性指数设计参考线有助于轻型弹簧和储能等装置的材料选择。

2.6 钢铁材料强度与伸长率的基本关系（A-R_m 图）

图 3-1-8 中 TRIP 钢为相变诱发塑性钢，TWIP 钢为孪晶诱发塑性钢。材料的强度与塑性的关系一般呈反向相关关系，如图 3-1-8 所示。普通陶瓷硬度很高，并具有极高的强度和刚度，但其塑性较差，很脆，较易断裂，不能用作结构材料。因此，可选择图中右上

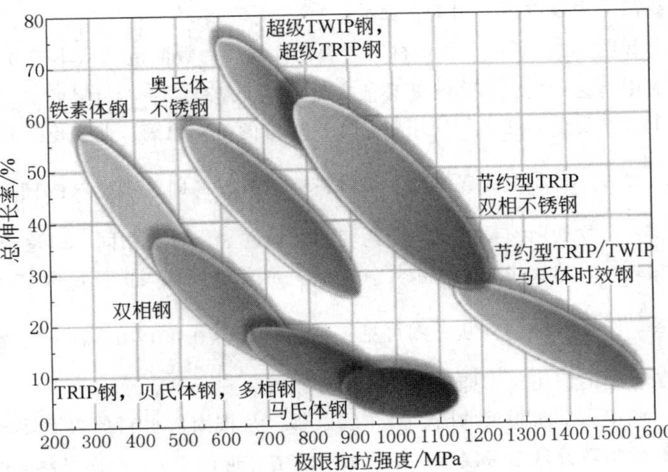

图 3-1-8 不同钢种的断后伸长率与极限抗拉强度关系

方兼具高强和高塑性的材料作为工程结构材料。

2.7 断裂韧性与弹性模量（K_{1C}-E 图）——防断设计

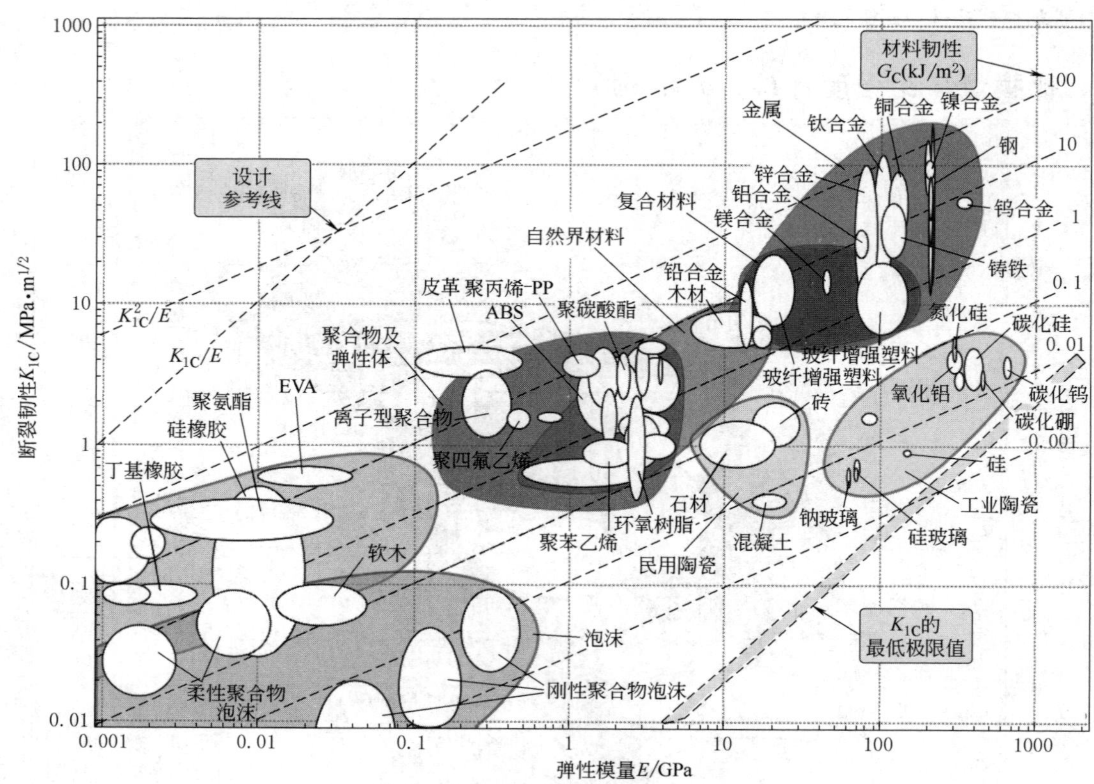

图 3-1-9　材料断裂韧性（K_{1C}）与其弹性模量（E）的基本关系

材料中同时存在的裂纹和应力可能使其发生断裂而失效。不同材料的断裂特性不同，例如脆性材料内任何微裂纹或缺陷就会引发裂纹快速扩展与断裂。在工程上，材料只有在保持塑性且不变脆的情况下，具有高强度才有意义。因此，工程上常用断裂韧性 K_{1C}（单位为 MPa·m$^{1/2}$）表示材料抗裂纹扩展的能力。

材料抗裂纹扩展的能力，是用反映裂纹尖端弹性应力场强弱的应力强度因子 K 进行量化的，张开型（Ⅰ型）裂纹的应力强度因子用 K_{1C} 表示。

如图 3-1-9 所示，各类材料断裂韧性 K_{1C} 的数值范围从小于 0.01MPa·m$^{1/2}$ 直到大于 100MPa·m$^{1/2}$。若 K_{1C} 较大则是超韧性材料，在断裂前表现出很大塑性；脆性材料的 K_{1C} 较低。金属材料的 K_{1C} 几乎都在 18MPa·m$^{1/2}$ 以上，这是金属在工程应用中占主导地位的重要原因，此值也是常规机械设计中使用的最小值。

在 K_{1C}-E 图中，有一种表示材料特性指数（即表示材料的韧性或韧度）的斜虚线$\frac{K_{1C}^2}{E}$。从 K_{1C}-E 图中可以看出，聚合物的断裂韧性 K_{1C} 与陶瓷和玻璃的 K_{1C} 大致相同，而聚合物没有类似陶瓷的“易碎性”。因此，用材料在受到外力从发生变形到破坏（断裂）时单位裂纹表面积所吸收的机械功 γ 表征材料的韧性（韧度）G_C，$G_C=2\gamma=\frac{K_{1C}^2}{E}$　(kJ/m^2)。从该图可见，陶瓷的 $G_C\approx 0.001\sim 0.1$kJ/m^2，而聚合物的 $G_C\approx 0.1\sim 70$kJ/m^2。这就是聚合物在工程中的应用比陶瓷更广泛的部分原因。

图中右下角附近的阴影对角线条带，是按固体材料的表面能 γ 计算得到的最小 K_{1C}/E 的理论值。图中的材料特性指数设计参考线族——常数 K_{1C}^2/E（近似于 G_{1C}，即材料的断裂能或韧性）线以及常数 K_{1C}/E 线，有助于防止断裂的设计。

第3篇

2.8 断裂韧性与失效强度（K_{1C}-σ_f 图）——损伤容限设计

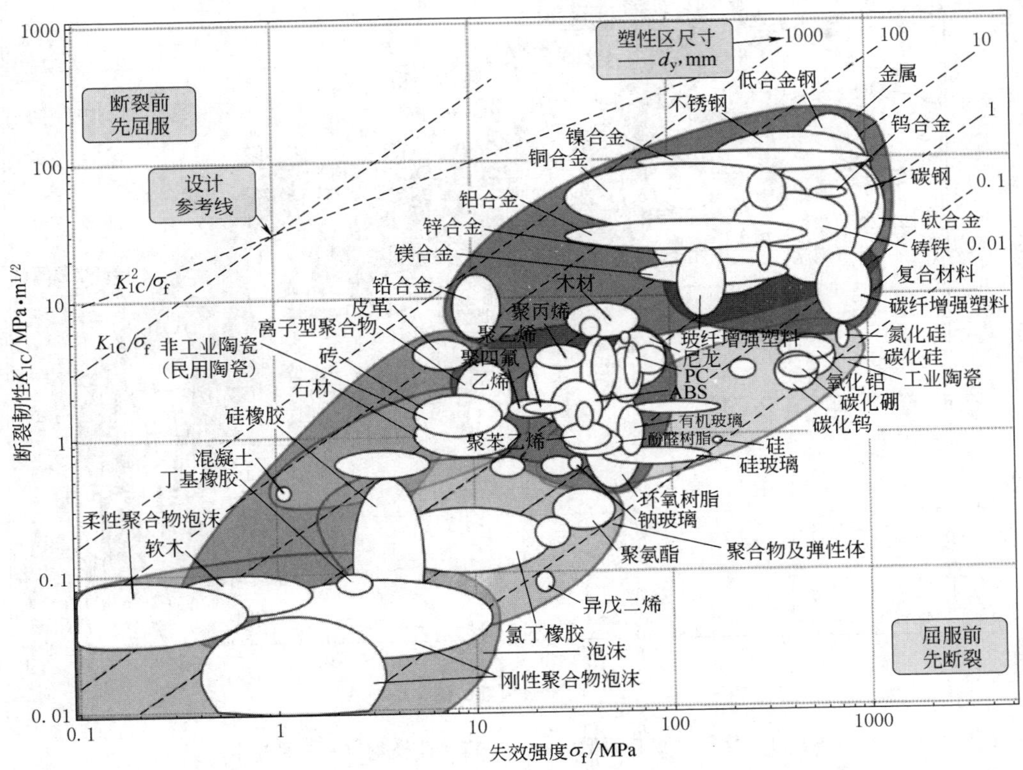

图 3-1-10　材料断裂韧性（K_{1C}）与其失效强度（σ_f）的基本关系

在材料失效的过程中，在裂纹尖端的应力集中处产生一个“损伤区”。韧性固体材料的“损伤区”是塑性区，陶瓷的“损伤区”是微裂纹区，复合材料的“损伤区”则是其中的分层、脱粘和纤维拔出区。在“损伤区”内，对抗塑性力和摩擦力需要做功，做功耗散的断裂能量 G_C 必须大致与“损伤区”内材料的强度及其裂纹尖端尺寸 d_y 成正比。根据裂纹深度为 r 的应力场（$\sigma=K/\sqrt{2\pi r}$，K 为应力强度因子），可确定该尺寸 d_y。即当 $r=d_y/2$、材料强度为 σ_f 时，可得到裂纹尖端尺寸 $d_y=\dfrac{K_{1C}^2}{2\pi\sigma_f^2}$。

图 3-1-10 中的断裂韧性 K_{1C} 与失效强度 σ_f 的关系表明：裂纹尖端尺寸 d_y（图中右上部的虚线）的范围很宽，从极脆的陶瓷和玻璃的原子尺寸，到最具韧性的金属的近 1m。还可看出，对于相同的裂纹尖端尺寸 d_y，断裂韧性 K_{1C} 随着失效强度 σ_f 的增大而增大。在该图右下方的材料，其强度较高而韧性较低，材料在屈服前就断裂或破裂；而左上方的材料则相反，在断裂前已经屈服。该图可用于承载结构安全设计的材料选择。

图中的材料特性指数设计参考线族——常数 $K_{1C}^2/2\pi\sigma_f^2$（大致为裂纹尖端损伤区的尺寸 d_y）线，和常数 K_{1C}^2/σ_f 线以及常数 K_{1C}/σ_f 线，可用于损伤容限设计时的材料选择（参见表 3-1-3）。

2.9 损耗系数与弹性模量（η-E 图）——抗振设计

机械结构发生振动时，需要材料的一种重要特性是对振动的阻尼和吸收。金属、玻璃和陶瓷的固有阻尼或“内耗”都比较低。用材料的损耗系数 η 可表征其固有阻尼或内耗特性。η 值较小的青铜可制成声音洪亮的钟，而 η 值较大的泡沫材料或橡胶可用于吸声或减震。

材料中存在着多种固有阻尼和迟滞机制，当材料在受到外载或振动时，会消耗一定的振动能量。材料内耗的

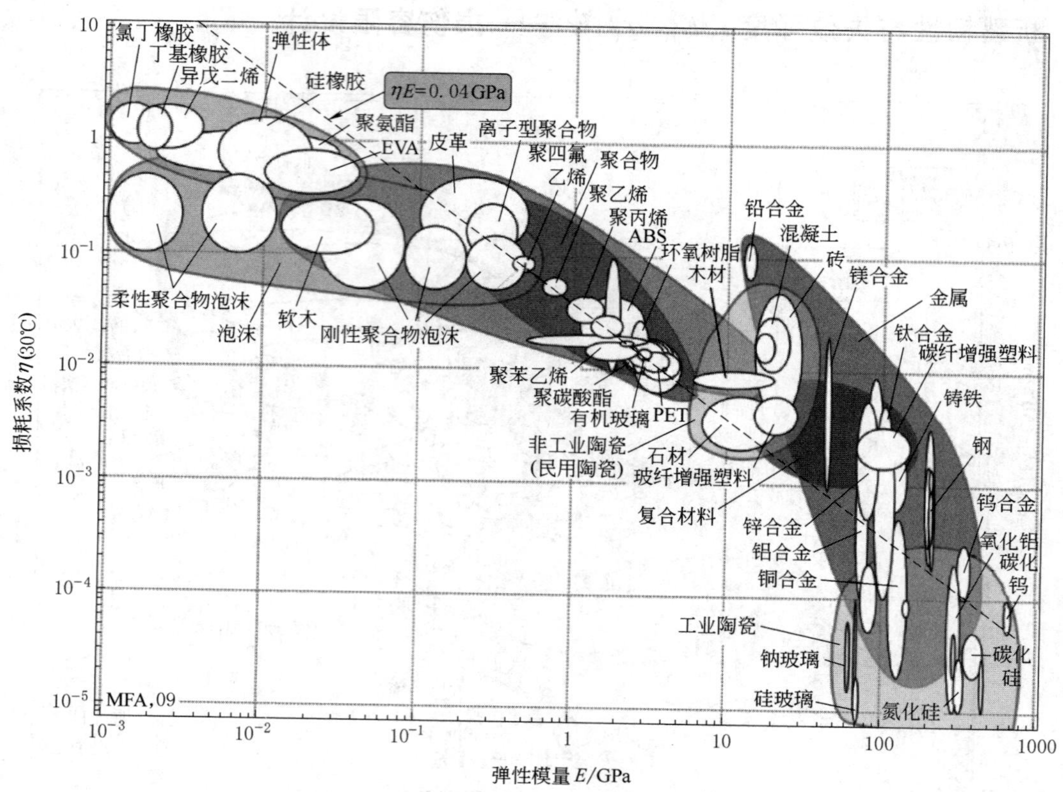

图 3-1-11　材料的损耗系数（η）与其弹性模量（E）的基本关系

一般规律是，一些“阻尼”机制与具有特定时间常数的过程相关，其能量损耗表现为以特征频率为中心的振动能量吸收最大；而其他一些机制则与时间无关，吸收所有频率的振动能量。金属中的部分损耗，是由位错运动引起的迟滞损耗，例如，铅和纯铝等软金属的这种损耗很高；青铜、高碳钢以及高合金钢因溶质钉扎位错而产生较低的损耗（可制作铃铛）；Mn-Cu 合金中因应变诱发马氏体相变致其损耗非常高，镁中因生成可逆孪晶而致其损耗也非常高。聚合物中的链段在受外载时会相互滑动而耗散能量，滑动的难易程度取决于环境温度 T 与聚合物玻璃点温度 T_g 的比值，当 $T/T_g<1$ 时，二次键“冻结”，此时模量较高，损耗系数 η 较低，当 $T/T_g>1$ 时，二次键熔化，聚合物中的链容易发生滑移，则其模量低，损耗系数 η 较高。因此，聚合物的 η 对弹性模量 E 有明显的反向依赖性。基本上，聚合物、木材和聚合物基复合材料的 η 与 E 的关系可一阶近似为：$\eta=\frac{4\times10^{-2}}{E}$，如图 3-1-11 中虚线所示，即 $\eta E=$常数 C。

2.10　热导率与电阻率（λ-ρ_e 图）

热导率表征的是材料在稳态下传导热量性能的材料特性，或称导热系数 λ（单位：W/m · K），定义为单位长度的材料在单位温差下和单位时间内经单位截面传导的热量。

金属材料的热导率与电导率之间的关系大多服从威德曼-弗朗兹定律（在低温下除外），即热导率（λ）与其电导率（σ）之比大致为常数 C，或热导率（λ）与电阻率 ρ_e 之积为常数 C，如图 3-1-12 中虚线所示。其原因是，金属中的自由价电子像气体一样在金属晶格中移动，将携带的动能（$\frac{3}{2}kT$，k 是玻尔兹曼常数，T 是绝对温度）通过碰撞传递而传导热量，其热导率 λ 可表示为：$\lambda=\frac{1}{3}C_e\bar{c}l$，$C_e$ 是单位体积的比热容——单位体积材料温度变化 1℃所吸放的热量，$\bar{c}$是电子运动速度（2×10^5m/s），l是平均自由程（约 10^{-7}m）。在高度合金化的固溶体（如不锈钢、镍基高温合金和钛合金）中，外来原子对电子的散射使平均自由程降低到原子尺寸（$\approx10^{-10}$m），因而使热导率 λ 大大减小。另一方面，当金属处于电场中时，其中的自由价电子还会在晶格中定向漂移而使金属具有导电性，金属的导电性与电子等载流子密度及其平均自由程成正比，因此，热导率（λ）与其电导率（σ）成正比关系。

但是，陶瓷和聚合物中的电子对热传导却没有上述主导性作用，取而代之的是由短波长晶格振动的声子代替了电子进行传热。这些声子相互散射并被陶瓷和聚合物内杂质、晶格缺陷和各种界面散射，决定了声子的平均自由程。与金属类似，陶瓷和聚合物的热导率表达式可表示为：$\lambda=\frac{1}{3}\rho C_p\bar{c}l$，$\rho$ 是密度，C_p 是单位质量的比热容［单位：J/(kg·K)］，而$\bar{c}$是弹性波速度（2×10^3m/s）。特别完美的晶体在远低于德拜温度的温度，如金刚石在室温下时，声子主导的热导率也很高。正是由于这个原因，单晶碳化硅和氮化铝等陶瓷材料的热导率几乎与金属铜一样高。

热导率较低的玻璃是由其不规则的非晶结构所致。分子键的特征长度（约 10^{-9}m）决定了声子的平均自由程。其较低的弹性波速$\bar{c}$（见图 3-1-4 E-ρ 图）使无序结构中的平均自由程较小，因此玻璃的热导率较低。多孔材料（如耐火砖、软木塞和泡沫）的热导率最低，因为其细小孔胞中的气体制约了热传导。

石墨和许多金属间化合物，如 C 和B_4C，虽然与金属一样具有自由电子，但其载流子数量比金属少，故其电阻率比金属高。离子型固体中的空位和杂质原子等缺陷会产生需要平衡电子的正离子，这些正离子会在离子之间跳跃并传导电荷而成为载流子，但这种载流子密度和传导速度都比较低。共价型固体和大多数聚合物中没有移动电子，是绝缘体（$\rho_e>10^{12}\mu\Omega\cdot cm$），它们位于图中的右下侧。

不同材料的电阻率范围很大，约相差 28 个数量级。但在足够高的电位梯度下，都会因电击穿而导电。

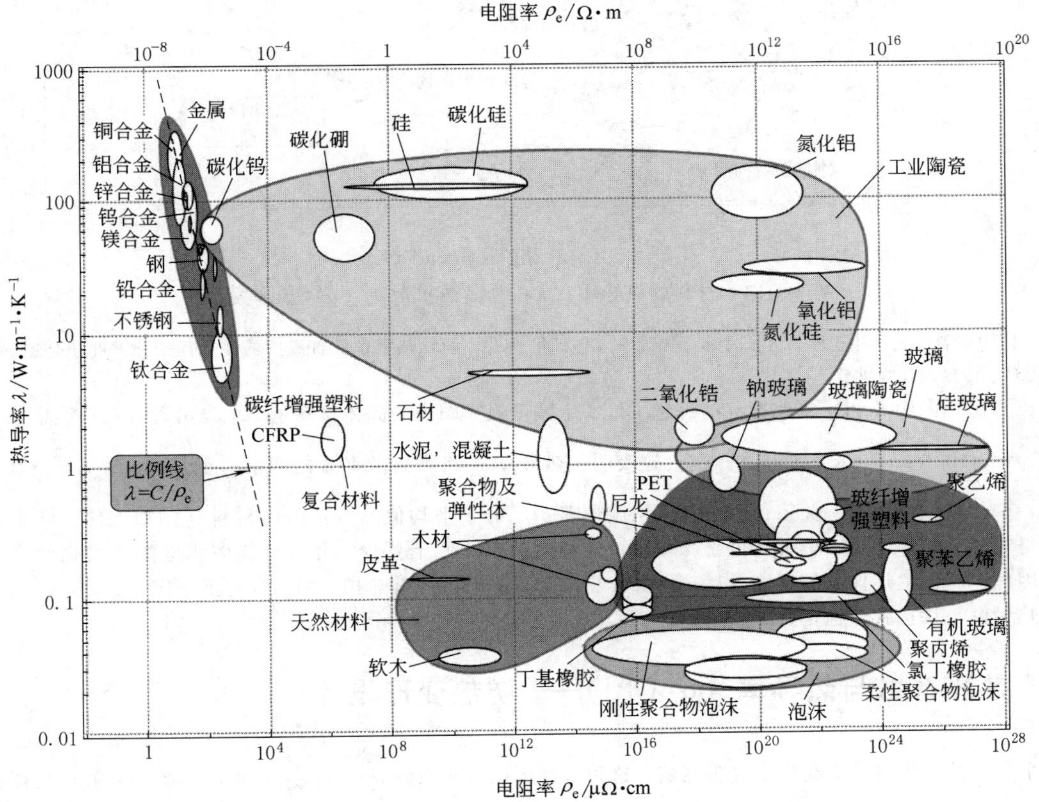

图 3-1-12　材料的热导率（λ）与其电阻率（ρ_e）基本关系（对于金属材料，两者具有相关性）

2.11　热导率与热扩散率（λ-a 图）——传热设计

上述热导率 λ 表征的材料特性，表征了材料在稳态下传导热量的能力；而热扩散率 a（单位：m^2/s）则表征在非稳态下的加热或冷却过程中材料温度趋于均匀的能力。两者之间的关系是：$a=\dfrac{\lambda}{\rho C_p}$。其中 ρ 为密度（单位：kg/m^3），ρC_p 是体积比热容［单位：$J/(m^3\cdot K)$］。图 3-1-13 给出了典型材料室温下的热导率、扩散率和体积比热容的数值关系。

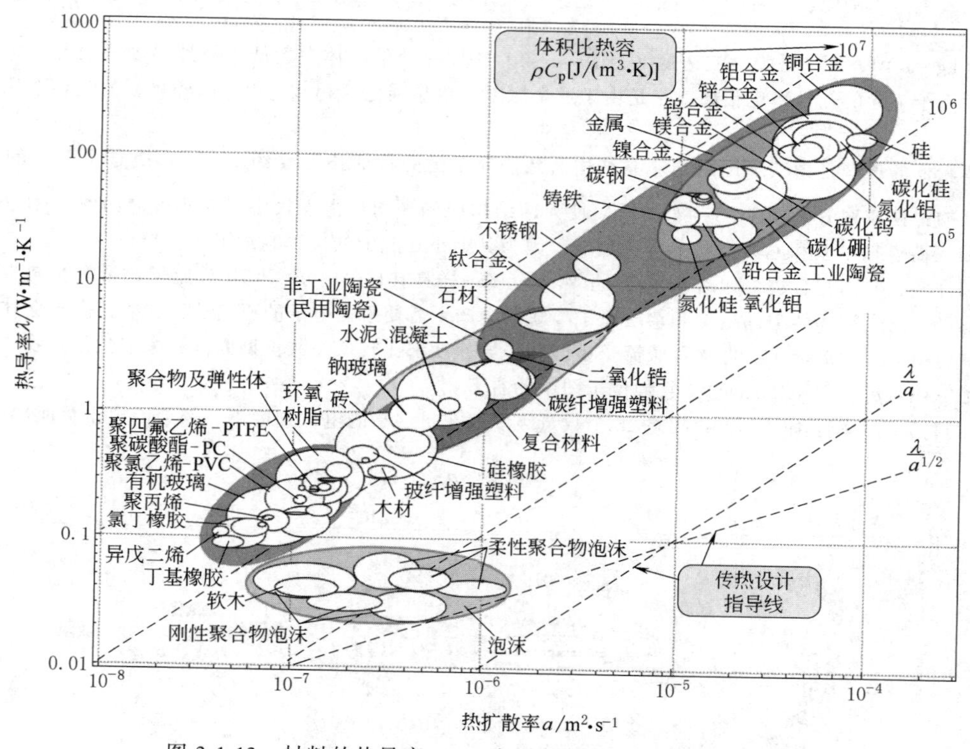

图 3-1-13　材料的热导率（λ）与其热扩散率（a）基本关系

注：图中虚斜线表示体积比热容。另外，热导率、热扩散率及体积比热容都随着温度的变化而变化，此图是室温下的数据。该图对于传热设计很重要。

可以看出，图中 λ 和 a 的数据范围跨越了近 5 个数量级。图中的固体材料基本上是沿着材料特性指数参考线 $\dfrac{\lambda}{a}=\rho C_p\approx 3\times10^6 J/(m^3\cdot K)$ 而排在一起。这表明，热导率 λ 和热扩散率 a 之间的一般规律为：$\lambda=3\times10^6a$。而图中有一些材料偏离了这一关系，因为其体积比热容 ρC_p 低于平均值。多孔固体材料（例如泡沫、低密度耐火砖、木材等）的偏差最大，其低密度意味着单位体积内含有的原子更少，并且结构体积上的平均化使其 ρC_p 值较低。因此，用作绝热保温的泡沫材料，尽管其热导率 λ 较低，但其热扩散系数 a 并不一定低，即：它们不会传导太多热量就很快达到热稳定状态。

2.12　热胀系数与热导率（α-λ 图）——防热变形设计

几乎所有的固体材料都会发生热胀冷缩，这种特性可用热胀系数 $\alpha=\dfrac{1}{l}\times\dfrac{dl}{dT}$（单位：微应变/K）表征，其中 l 为物体的线尺寸，T 为温度。图 3-1-14 给出了各类材料的热胀系数和热导率。可以看出，聚合物的热胀系数 α 很大，大约是金属材料的 10 倍，几乎是陶瓷的 100 倍。其原因是，聚合物中的原子结合力是范德华键，而金刚石、硅和二氧化硅玻璃中的结合力是低阶非谐性的共价键（即使在膨胀应变较大的条件下也几乎是线弹性的），使其膨胀系数较低。对于复合材料，即使其中含有聚合物基体，其 α 值也可能较低，因为增强纤维（尤其是碳纤维）的膨胀系数很小。

图中给出了热导率与热胀系数之比（λ/α）的虚斜线线族，是材料的一种热变形特性指数，在防止热变形设计中是一个很重要的量或判据。图中还特别显示了一种低膨胀合金，也称因瓦（Invar）合金（一种含镍约35%~36%的铁合金），其在常温下的热胀系数很低，是正常膨胀与其磁性变化引起的收缩这两种作用相互平衡的结果。精密仪器中的一些零件须在温度变化时不变形，因此设计时常选用热胀系数极低的因瓦合金（铁镍合金）。

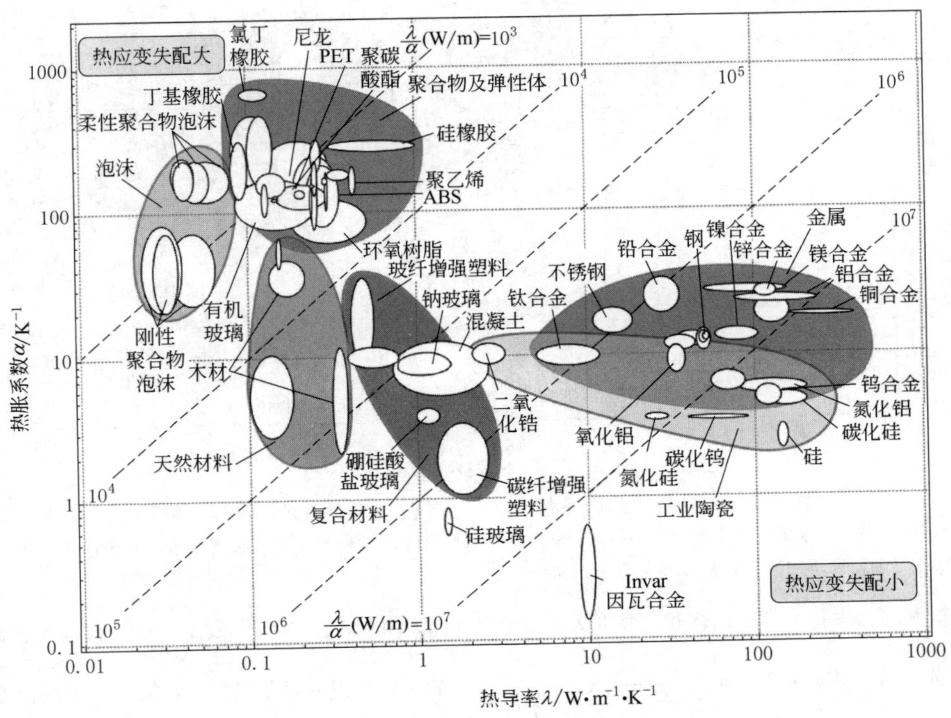

图 3-1-14 材料的热胀系数（α）与热导率（λ）基本关系

2.13 热胀系数与弹性模量（α-E 图）——热应力设计校核

材料受热或冷却时若同时受到热膨胀或冷收缩的约束，则材料内部就会出现热应力。热应力的大小取决于材料的膨胀系数 α 和弹性模量 E。

根据晶格振动的热膨胀理论得出膨胀系数 α 与弹性模量 E 两者之间的关系为：$\alpha=\frac{\gamma_G\rho C_p}{3E}$，其中 γ_G 为格律乃森（Gruneisen）常数，其值为0.4~4，但大多数固体的 γ_G 接近1。由于 ρC_p 几乎是常数（参见2.11节），由此可见：α 与 $1/E$ 成正比。图3-1-15中的热胀系数与弹性模量的关系也表明情况大致如此。例如：陶瓷材料的模量最高，而其热胀系数最低；相反，模量最低的弹性体的热胀系数最大。有些配位数较低的材料（如二氧化硅及一些金刚石立方晶体结构类材料或闪锌矿结构类材料）可优先以横模振动方式吸收能量，使其 γ_G 非常小或为负值，因此其热胀系数较小。其他材料，如因瓦（Invar）合金，会在加热到居里温度时失去铁磁性而收缩。另外，因瓦合金在较窄的温度范围内表现出接近于零的热胀系数，适用于制造精密仪器中的玻璃-金属密封件。

还有一个有用的事实关系是：材料的弹性模量 E 大致与其熔点 T_m 成正比，$E\approx\frac{100kT_m}{\Omega}$，其中 k 是玻尔兹曼

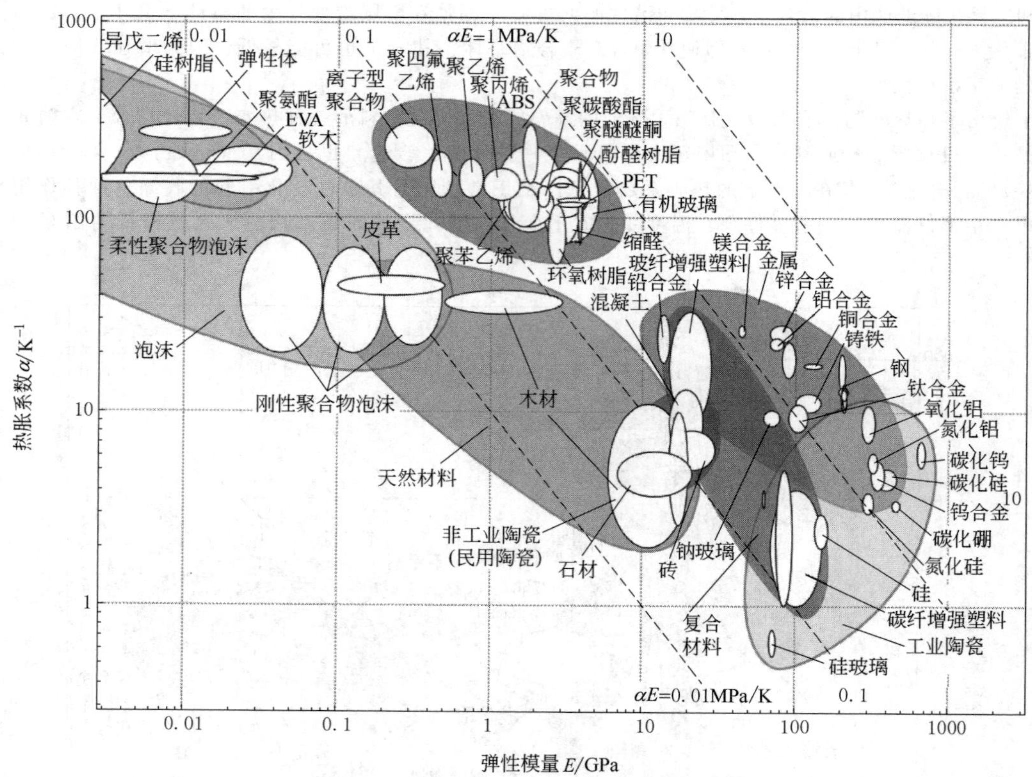

图 3-1-15　材料的热胀系数（α）与其弹性模量（E）的基本关系

注：图中的材料特性指数设计参考线——虚斜线 αE 表示材料受到轴向约束时温度每变化 1℃所产生的热应力。在双轴或三轴约束下的修正系数 C 参见以下正文。

常数，Ω 是微观结构中每个原子的体积。将此关系式及 2.11 节中的 $\rho C_p \approx 3\times10^6 \mathrm{J/(m^3\cdot K)}$ 代入上述膨胀系数 α 与其弹性模量 E 关系式，则有：$\alpha=\dfrac{\gamma_G\times3\times10^6\Omega}{3\times100kT_m}=\dfrac{\gamma_G}{100T_m}$。这表明，材料的热胀系数与其熔点一般成反比关系；还表明：所有固体在熔化之前的热应变仅取决于常数 γ_G。金属材料的热应变约为 $1\%\times1/T_m$（因其 $\gamma_G\approx1$）。上述 α、E 和 T_m 是材料性能相关性的示例，有助于估计和检查材料的性能参数。

当材料受热或冷却并被限制其热膨胀或收缩时，如果热应力足够大，就会导致材料的屈服、断裂或弹性塌陷（屈曲）。无论是由于外部约束（例如两端刚性夹紧的杆）引起的热应力，还是无外部约束的物体内部由于温度梯度而出现的热应力，都可以用 αE 估算其大小，如图 3-1-15 中的一组对角线所示。更准确地说，在受外部约束的系统中，温度每变化 1℃所产生的应力 $\Delta\sigma$，或在未受外部约束系统中材料表面温度每突变 1℃所引起的应力 $\Delta\sigma$，都可表示为：$C\Delta\sigma=\alpha E$。对于轴向约束 $C=1$，对于双轴约束或淬火 $C=(1-\nu)$，对于三轴约束 $C=(1-2\nu)$，其中 ν 为泊松比。这些应力很大，通常为 1MPa/K。突然加热或冷却时，这些应力会导致材料屈服、开裂、剥落或弯曲。

2.14　各类材料最高工作温度柱状图

材料的性能大都受温度的影响。随着工作温度的升高，金属材料可能发生蠕变，从而限制其承载负荷的能力；聚合物可能改变其化学结构而降解或分解，使其无法使用。高温可能使材料氧化或以其他方式与环境相互作用，使材料无法正常发挥作用。因此，将材料不再能够安全使用的温度称为最高工作温度 T_{max}。图 3-1-16 给出了各类材料最高工作温度柱状图。

可以看出，聚合物材料很少能够在 200℃以上正常使用。能在 800℃以上的温度使用的金属也很少，只有陶瓷材料可在 1500℃以上的温度还具有工作强度。

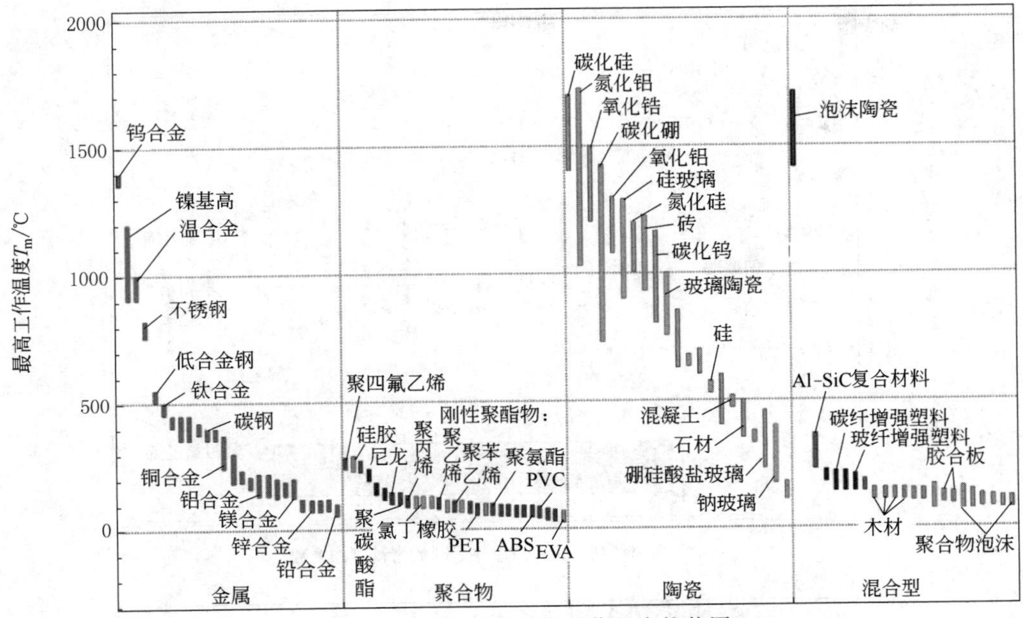

图 3-1-16　各类材料最高工作温度柱状图

2.15　摩擦系数-磨损率常数-硬度（μ-k_a-H 图）——抗磨损设计

当两个物体表面相互接触并相对运动时就会产生摩擦和磨损。

摩擦和磨损不仅造成不必要的能量损耗，还会损坏设备。减小摩擦，可提高发动机、齿轮箱等传动系统的工作效率；减少磨损，设备就能持续工作更长的时间。但是，摩擦和磨损是不可避免的。

材料的摩擦学性能不仅仅由其自身决定，还取决于与其构成相对运动的材料。摩擦性能是由两个相对运动材料所衍生而成的第三类材料性能。由于各种材料两两组合而成一对摩擦副的数量太多，无法以简单、系统的方式进行机械设计中的材料选择。轴承、传动装置和滑动密封件的材料选择，在很大程度上还是取决于经验。不过，了解摩擦系数和磨损率并了解它们与材料类别的关系，对机械设计还是很有帮助的。

在法向载荷 F_n 作用下，两个材料接触且其中一个材料表面在另一个材料表面上滑动时，就会产生与运动方向相反的力 F_s。F_s 与 F_n 成正比，但它并不取决于两者的接触表面积。也就是说，一对摩擦副的表面并不是完全接触的，只是一部分小面积接触。摩擦副完全接触的面积，与表观标称接触面积 A_n 无关。摩擦系数 μ 的定义是：$\mu=F_s/F_n$。

在干燥、无润滑滑动条件下，一些材料与钢构成一对摩擦副时 μ 的近似值如图 3-1-17a 所示，通常 $\mu\approx0.5$。图中有些材料之所以会显示出较高的 μ 值，要么是因为它们在一起摩擦时会卡住（如，两个相同的软金属在没有润滑的情况下进行摩擦时），要么是因为其中一个材料的模量足够低，使其摩擦表面与另一个材料表面的凸凹相啮合（如，橡胶在粗糙混凝土上的摩擦）。还有一种极端情况是，例如聚四氟乙烯 PTFE、青铜或石墨在抛光的钢上的滑动，其滑动摩擦副的摩擦系数极低，可降至 0.04。但它与有表面润滑情况下相比仍然很高。

两个表面相对滑动时就会有磨损，两者的表面都会有损耗。即使其中一个表面比另一表面硬得多，也都会产生损耗。磨损率 W（单位：m^2）通常定义为 $W=V/S$（V 为从接触面上被磨耗掉的材料体积，S 为滑动距离）。然而，一个更常用的量是比磨损率 Ω，Ω 是一个无量纲的量，即磨损率 W 除以表观标称接触面积 A_n，$\Omega=W/A_n$。磨损率 W 随着接触应力 P（法向载荷 F_n 除以标称接触面积 A_n）的增大而增大。因此，磨损率 W 与接触应力 P 的比值大致恒定，可用磨损率常数 $k_a=W/F_n=\Omega/P$ 表示，k_a 的单位是 $(\mathrm{MPa})^{-1}$。k_a 是一对滑动摩擦副中材料的磨损倾向的度量，高 k_a 值意味着在给定压力下材料会快速磨损。

例如，在轴承设计中，轴承压应力 P 是一个给定的设计技术参数，而轴承材料表面抵抗给定接触应力 P 的磨损的能力与轴承材料表面硬度 H 有关，即轴承最大工作应力 P_{max} 与表面硬度 H 成正比，$P_{max}=CH$，其中 C 为

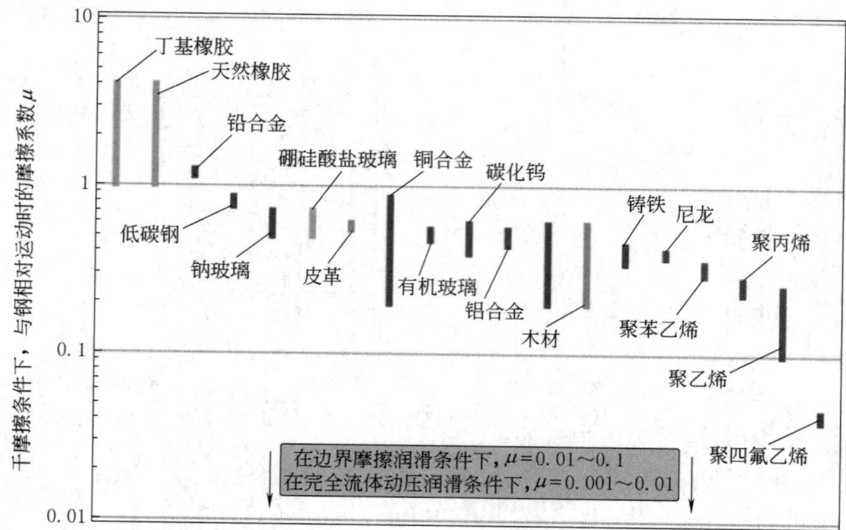

(a) 各材料在与钢组成摩擦副时的滑动摩擦系数

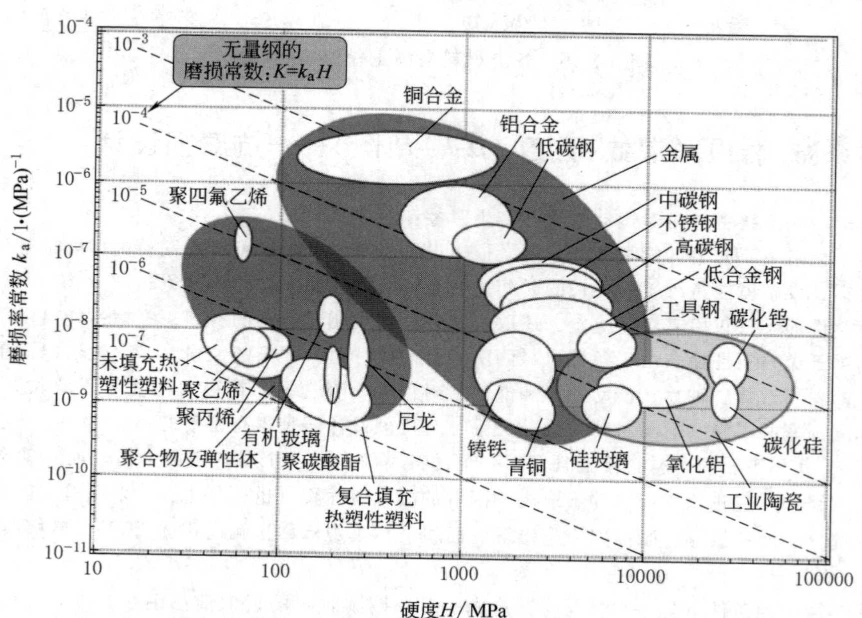

(b) 材料归一化磨损率常数k_a与硬度H的组合关系，此处硬度H用MPa而不是维氏硬度HV表示，以1MPa表示的硬度H对应10HV。该图大致体现了常见工程材料的磨损特性（会因摩擦副组成材料的不同而不同）

图 3-1-17

常数。于是，轴承表面的比磨损率Ω可写成$\Omega=k_aP=C\left(\frac{P}{P_{max}}\right)k_aH$。这个表达式涉及材料的两种特性：磨损率常数$k_a$和硬度$H$。将它们绘制在3-1-17b中，图中的一组对角线是由无量纲量的磨损常数$K=k_aH$的值计算出的斜线，这一材料特性指数，可用于比较材料的抗磨损性能。

需要说明的是：对于给定的一类材料（如，金属），其$K=k_aH$表现为向右下方倾斜的对角线，说明材料的硬度高则磨损率就低。对于轴承设计，在给定的轴承工作应力P的设计技术参数条件下，轴承的最佳材料是选k_a值最低的材料，即最接近图底部的材料；另一方面，从尺寸与重量方面考虑，以及从安全系数（即P/P_{max}）方面考虑，最佳材料是磨损常数（k_aH乘积值）最低的材料。

2.16 各类材料大致成本柱状图

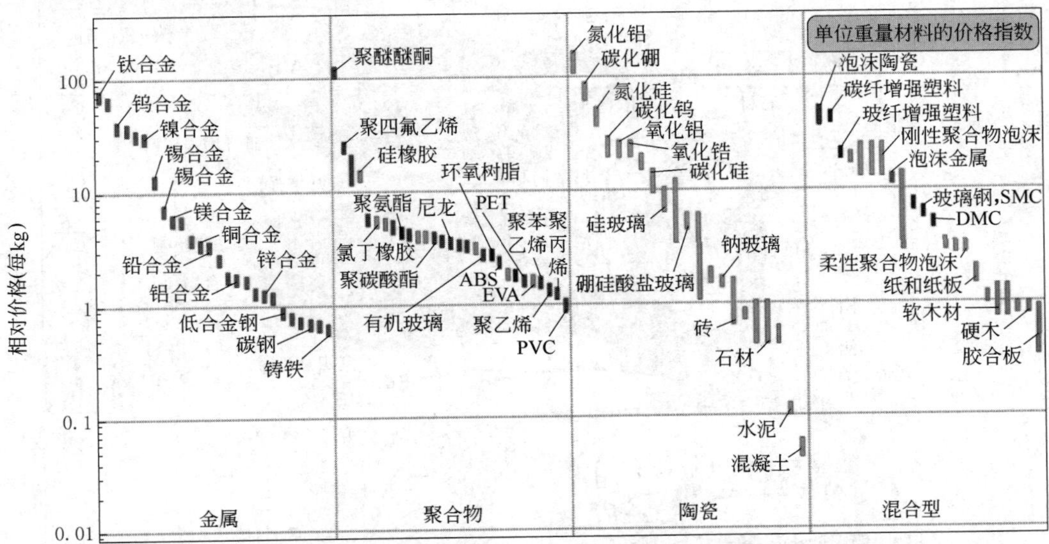

(a) 每公斤材料的大致价格，以每公斤日用品为价格单位，特殊材料较昂贵

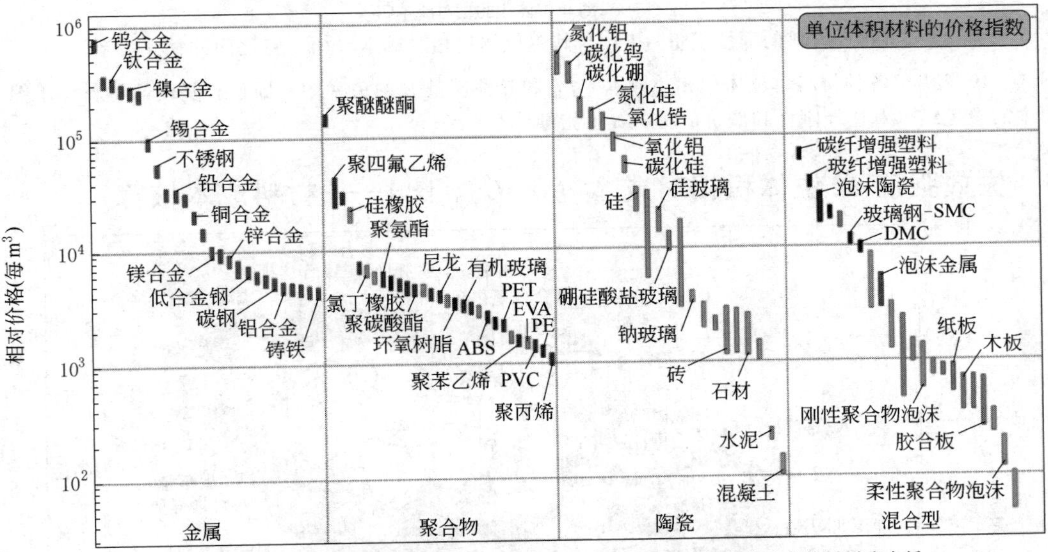

(b) 每立方米材料的大致价格，聚合物密度低，其单位体积成本比其他大多数材料成本低

图 3-1-18

机械设计中，一般必须考量材料的成本。但材料的成本会随着时间、市场（供求关系、稀缺性、商业投机和通货膨胀等多种因素）而变化。图 3-1-18a 和图 3-1-18b 给出了每千克材料成本和每立方米材料成本的近似值——即单位重量（或单位体积）材料的参考价格指数，在机械设计中对于选材成本的考量仍具有一定的参考价值。

2.17 弹性模量-单位体积相对成本（E-$C_{V,R}$ 图）——最低成本设计

在最低成本设计时，需基于材料弹性模量、强度和单位体积成本等多种指标选择材料。为了修正通货膨胀率和货币汇率对成本核算的影响，定义材料的单位体积相对成本 $C_{V,R}$：

$$C_{V,R}=\frac{\text{某材料的密度与其每公斤成本价之乘积}}{\text{低碳钢钢丝的密度与其每公斤成本价之乘积}}$$

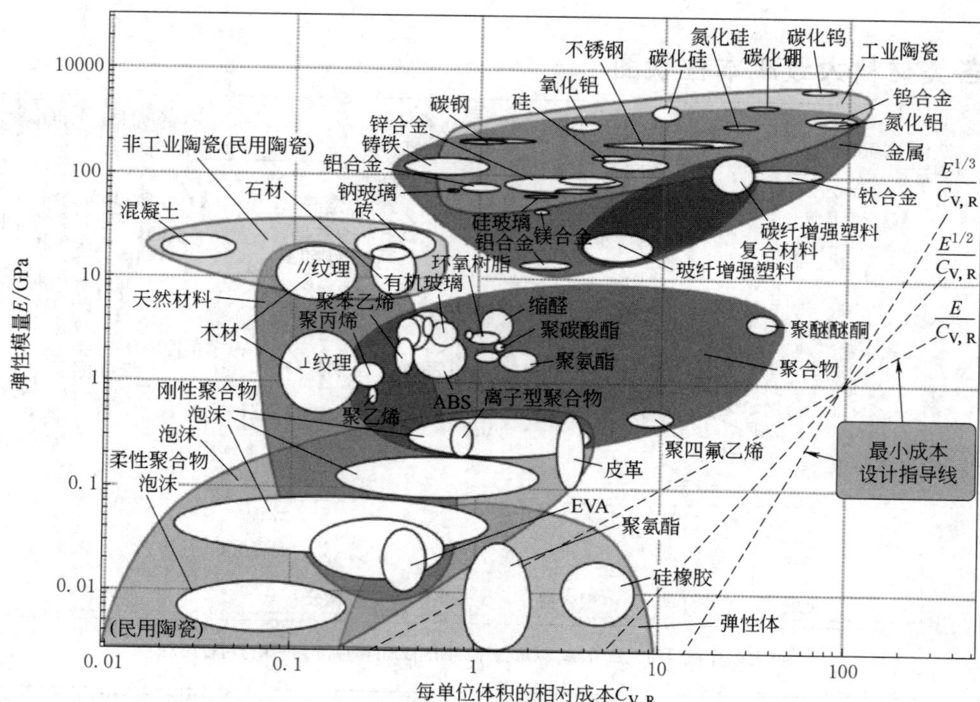

图 3-1-19 材料的弹性模量（E）与其单位体积相对成本（$C_{V,R}$）之间的相互关系

图 3-1-19 给出了各种材料单位体积相对成本 $C_{V,R}$ 和弹性模量 E 的关系图。廉价、坚硬的材料位于图中左上角。图中的参考线可对选择刚性和廉价的材料提供指导。

2.18 失效强度-单位体积相对成本（σ_f-$C_{V,R}$ 图）——材料成本核算

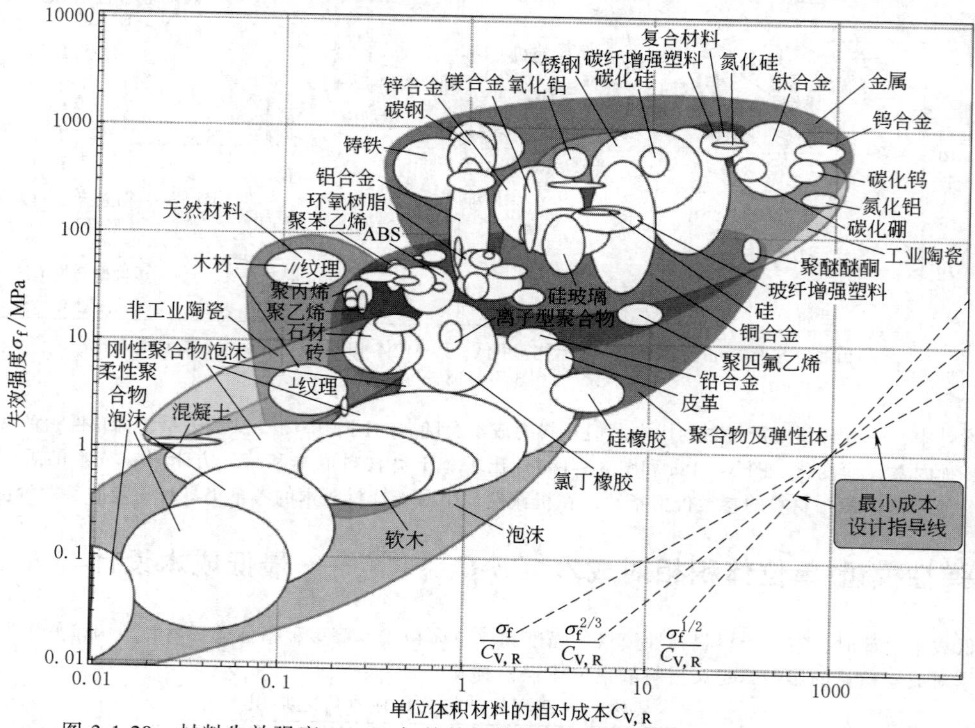

图 3-1-20 材料失效强度（σ_f）与其单位体积相对成本（$C_{V,R}$）之间的相互关系

图 3-1-20 中的数据和设计指导线，可用于指导选择廉价而坚固耐用材料。

但是，必须强调的是，虽然图 3-1-19 和图 3-1-20 给出的材料成本数据并不可靠，但对于使用“单位成本函数法”标准进行选材还是有用的。

2.19 材料的生产能耗与碳排量（H_m-E_{CO_2} 图）——生态特性

图中的红色竖线和蓝色竖线分别表示材料的生产能耗与碳排量的数据范围。在满足使用性能的前提下，选择更绿色的材料进行设计和使用，将成为一个新的考量。

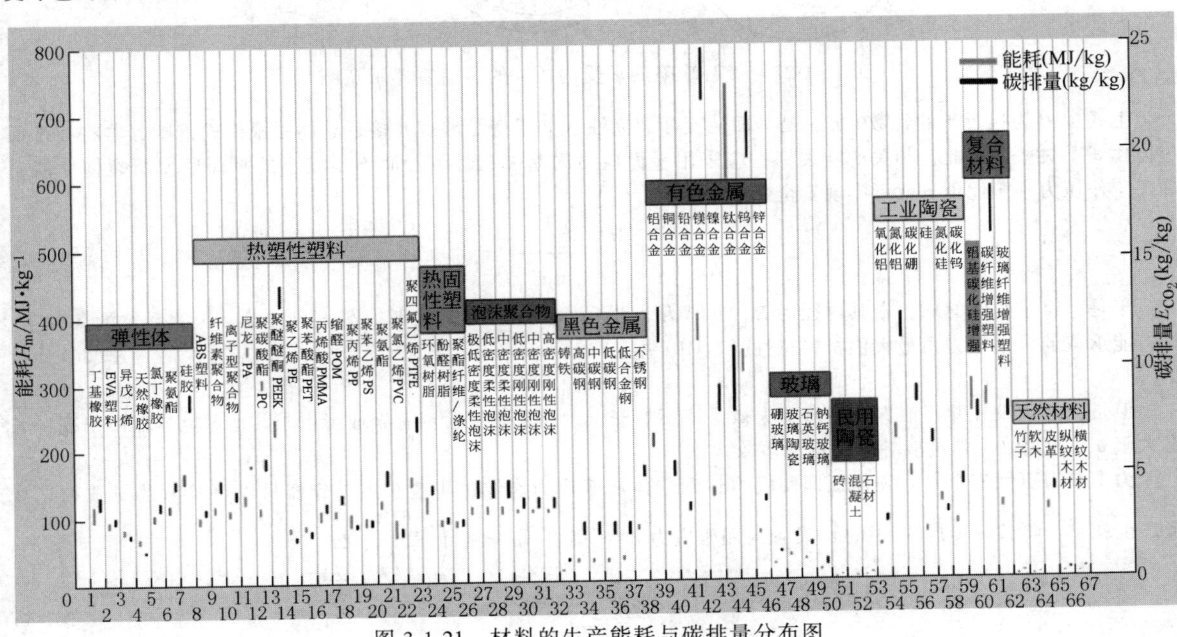

图 3-1-21 材料的生产能耗与碳排量分布图

3 材料选用过程示例

3.1 承压工件选材

这里涉及的承压工件不是严格意义上的压力容器，严格的压力容器设计须按相应的规范进行，本小节举例作为一些选材问题的参考。

不同的承压工件/压力容器，其设计准则不同。小型压力容器的安全策略是：当屈服引起的变形易于检测时，其压力就可以通过屈服安全地释放而不至于使容器破裂，因此，通常的设计准则是“破裂前先屈服”，其原因是，这种压力容器的设计压力比较低，即使其中存在裂纹，也只是造成屈服变形而不致造成裂纹的扩展。而对于大型压力容器，则不能使用这一准则。相反地，需要按“破裂前先泄漏”的规则来进行设计，即：当泄漏很容易检测时，其内压可通过泄漏逐渐释放而不致造成压力容器破裂，因此，其安全设计方法是：使不稳定扩展的最小裂纹长度大于容器壁的厚度。按照这两种准则，就有不同的选材判据-材料特性指数。

（1）将设计问题解析为选材判据-材料特性指数 M

图 3-1-22 中半径为 R 的薄壁球形压力容器，其壁中的应力为 $\sigma=\dfrac{pR}{2t}$。设计压力容器时，壁厚 t 的选择应确保在工作压力 p 下的应力 σ 小于壁的屈服强度 σ_f（当然还要有一定的安全系数）。对于小型压力容器，可用超声波或 X 射线方法检查或验证测试，以确定器壁中没有直径大于 $2a_c^*$ 的裂纹或缺陷，则裂纹扩展所需的应力为：

$$\sigma = \frac{CK_{1C}}{\sqrt{\pi a_c^*}} \tag{3-1-1}$$

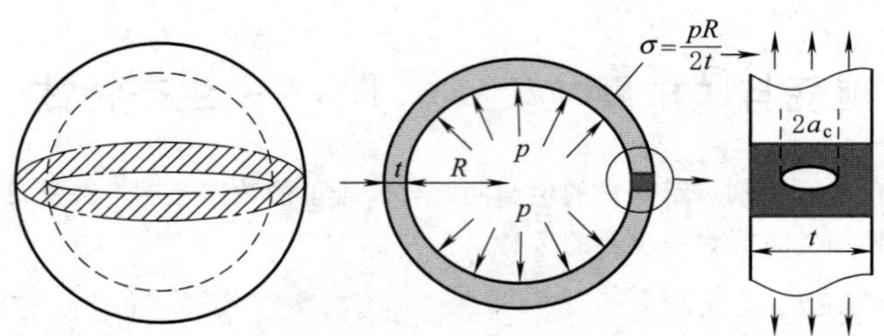

图 3-1-22　带有缺陷的承受内压 p 的压力容器示意图

上式中 C 为接近 1 的常数，K_{1C} 是平面应变断裂韧性（如果壁足够薄并接近总体屈服模式，则容器将在平面应力模式下失效，因此，相关的断裂韧性应采用平面应力的断裂韧性值，而不是较小的平面应变断裂韧性值）。确保工作压力小于此值 p 就可实现安全性，即

$$p \leqslant \frac{2t}{R} \times \frac{K_{1C}}{\sqrt{\pi a_c^*}} \tag{3-1-2}$$

于是，对于给定的球，在其内径为 R、壁厚为 t 和无损检测能力能达到检测出尺寸为 a_c^* 的裂纹的条件下，材料能承载的最大压力由最大值材料特性指数 M_1 决定。

$$M_1 = K_{1C} \tag{3-1-3}$$

但是，这种设计并不能保证容器不失效，还不够安全。如果无损检测有误或者由于其他原因容器中出现了长度大于 a_c^* 的裂纹，则可能导致灾难性事故。

为了获得更大安全性，须保证即使应力达到总体屈服应力裂纹也不会扩展，容器只以可检测的方式稳定变形。也就是，将式（3-1-1）中的 σ 设置为屈服应力 σ_y，得出 $\pi a_c \leqslant C^2\left(\frac{K_{1C}}{\sigma_y}\right)^2$，即

$$M_2 = \frac{K_{1C}}{\sigma_y} \tag{3-1-4}$$

由此选择材料特性指数 M_2 为最大值的材料，可使容器中可容许存在的裂纹尺寸最大化，从而使容器的完整性最佳。

有时不能用 X 射线或超声波检测大型压力容器，甚至也不能进行其他功能验证性测试。此外，因材料腐蚀或承受循环载荷，裂纹可能缓慢扩展，在其刚开始服役时仅进行一次无损检测是不够的。因此，在裂纹引起的泄漏可检测或后果可控的条件下，假设出现一条完全穿透容器内外表面的裂纹，即 $a_c^* = t/2$，则应该以该裂纹在工作应力作用下失稳扩展作为设计准则以确保安全。即工作应力应始终小于或等于

$$\sigma = \frac{CK_{1C}}{\sqrt{\pi t/2}} \tag{3-1-5}$$

这时压力容器的壁厚 t 的设计，也应在压力 p 下不会屈服。根据式（3-1-2），这意味着

$$t \geqslant \frac{pR}{2\sigma_y} \tag{3-1-6}$$

将其代入式（3-1-5）（$\sigma = \sigma_f$），得到

$$p \leqslant \frac{4C^2}{\pi R}\left(\frac{K_{1C}^2}{\sigma_y}\right) \tag{3-1-7}$$

因此，材料能安全承载的最大压力取决于最大值材料特性指数 $M_3 = \frac{K_{1C}^2}{\sigma_y}$。

虽然使屈服强度 σ_y 变小就可以使 M_2 和 M_3 都变大，但是也不应该选 σ_y 值较小的铅来制造压力容器。因为为了节省材料和轻量化，容器壁厚也必须较薄。由式（3-1-6）可知，屈服强度 σ_y 最大则壁厚 t 最薄。因此，轻量化的选材判据是材料特性指数 M_4 为最大：

$$M_4 = \sigma_y \tag{3-1-8}$$

（2）筛选

根据图 3-1-10 材料断裂韧性（K_{1C}）与其失效强度（σ_f）的组合关系，可分析如何使用这些材料特性指数 $M_{1\sim4}$ 作为选材的判据。在该图中，作出 $M_{1\sim4}$ 分别显示为斜率 0、1 和 1/2 的直线以及垂直线，如图 3-1-23 所示。以“破裂前先屈服”的设计准则，对应于指数 $M_2=K_{1C}/\sigma_f$ 的对角线将具有相同性能的材料连接起来，该线以上的材料更好。图中所示的 M_2 值对应于塑性区尺寸为 10mm 的线以上，就排除了其他材料而仅剩下韧性钢、铜、铝和钛合金。一些聚合物 PP、PE 和 PET 也符合这一准则，但其强度相对较低，可用于制作一些其他容器，例如带压饮料容器。按“破裂前先泄漏”的设计准则，对应指数 $M_3=K_{1C}^2/\sigma_f$ 的对角线，则更倾向于选择低合金钢、不锈钢和铜合金；聚合物则不再具备候选资格。总之，钢、铜合金和铝合金最符合“破裂前先屈服”准则（M_2）；此外，高屈服强度允许高工作压力（M_4），因此图中“筛选区”三角形中的材质才是最佳选择。而按“破裂前先泄漏”准则选材的结果也基本相同。表 3-1-5 列出了用这些材料特性指数进行选材的结果和应用说明。

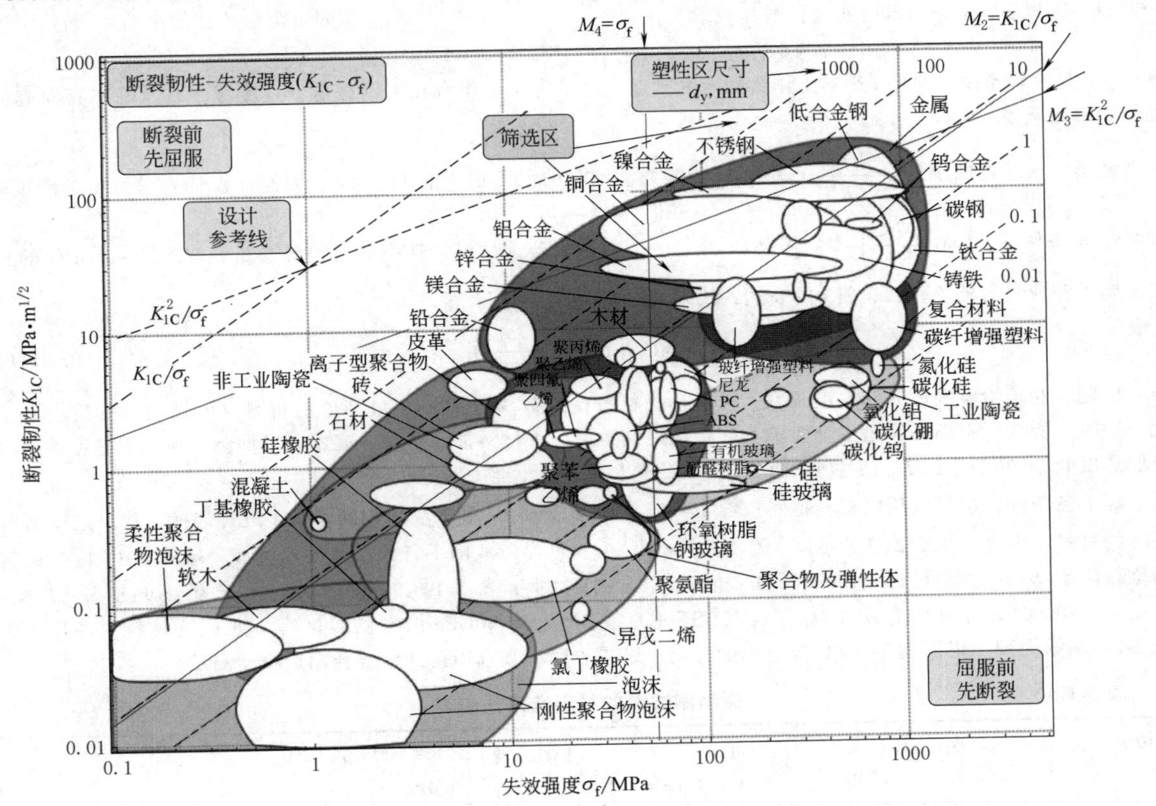

图 3-1-23　压力容器选材用图

表 3-1-5　　**压力容器安全性选材结果**

按 K_{1C}-σ_f 图可选材料	$M_2=K_{1C}/\sigma_y$($m^{1/2}$)	$M_4=\sigma_y$(MPa)	备注
不锈钢	0.35	300	由 316 不锈钢制成核用压力容器
低合金钢	0.2	800	一般应用基本采用低合金钢制作压力容器
铜及合金	0.5	200	小型锅炉和压力容器常用铜制作
铝合金	0.15	200	火箭的压力舱是铝制的
钛合金	0.13	800	适用于轻型压力容器，但价格昂贵

3.2　振动测试台用刚性高阻尼材料的选择

振动测试台用于固定被测对象（探测器、汽车、飞机部件等），以测试其抗振性能（如图 3-1-24 所示）。振动测试台通常由电磁激振器驱动，工作频率高达 1000Hz。工作在高频下半径为 R 的振动台桌必须足够结实，台面不能因夹紧被测对象而变形；为了避免共振，其固有频率必须高于最大工作频率；为了抑制共振和自然振动，还须具有高阻尼特性；同时，为了能承受错误操作和冲击，振动台桌必须足够坚韧。为了使振动台桌消耗的功率最小化，设计的主要目标是选择适当的材料并确定其厚度 t。

对于耗散型振动系统，正弦输入时所消耗的功率 P(W) 为：

$$P=C_1mA^2\omega^3 \tag{3-1-9}$$

其中，m 是振动台桌的质量，A 是振动的振幅，ω 是频率（rad/s），C_1 是常数。假设工作频率 ω 显著小于振动台桌的固有谐振频率，$C_1\approx 1$。在给定的振幅 A 和频率 ω 条件下，为了最大限度地减少振动台本身的振动损耗，必须将其质量 m 最小化。可将振动台理想化为一个具有给定半径 R 的圆盘，其厚度 t 是一个自由变量，则其质量为：

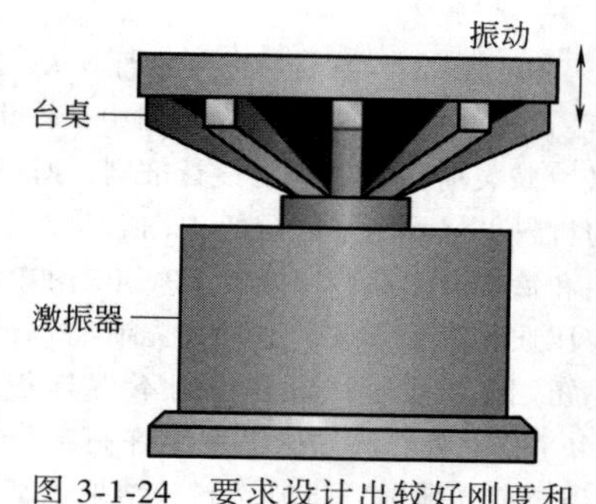

图 3-1-24　要求设计出较好刚度和固有阻尼特性的振动测试台

$$m=\pi R^2t\rho \tag{3-1-10}$$

其中，ρ 是材料密度。厚度 t 影响工作台的弯曲刚度，对于防止工作台在夹紧载荷下过度弯曲以及确定其固有振动频率都很重要。

圆形台板的弯曲刚度 $S=\dfrac{C_2EI}{R^3}$，其中 C_2 为常数。圆盘的截面矩 I 正比于 t^3R，因此在设计要求给定的刚度 S 和半径 R 条件下，$t=C_3\left(\dfrac{SR^2}{E}\right)^{1/3}$，其中 C_3 是另一个常数。若选材料特性指数（设计参量）M_1 为最大 E 值的材料，则可制成最薄的工作台；将 t 的表达式代入式（3-1-10），可得

$$m=C_3\pi R^{8/3}S^{1/3}\left(\frac{\rho}{E^{1/3}}\right) \tag{3-1-11}$$

因此，对于给定刚度 S 和振动频率，可选择材料特性指数 $M_2=E^{1/3}/\rho$ 最高值的材料以使振动台的质量最小化。同时，所选材料还需满足三个要求：一是高机械阻尼，用材料损耗系数 η 表示，以抑制共振；二是振动台的屈服强度 σ_s 和断裂韧性 K_{1C} 足以承受误操作和夹紧力；三是不能太厚。

综上各条件，选材应从以材料特性指数 $M=E$、$E^{1/3}/\rho$、η、σ_s 和 K_{1C} 为轴的图表中进行选择，找出这些值都很高的材料。为此，在 2.2 节 E-ρ 图上作出 $M_2=E^{1/3}/\rho$ 设计参考线的平行线，使之经过 $M_1=E>40$GPa 区，则可选材料位于该平行线附近。将较高 M_2 值的可选材料列于表 3-1-6 的第一列。再查看 2.9 节 $\eta-E$ 图，在位于 $\eta>0.001$ 水平线的上方且 M_1 值高（位于垂直线 $M_1=E\approx 40$GPa 的右侧）区有一些可选材料，将其列于表 3-1-6 的第二列。根据表 3-1-6 比较它们的性能。结果表明，宜选用铸造镁合金制造振动测试台。

表 3-1-6　　**振动测试台的材料选用比较表**

按 E-ρ 图可选材料	按 η-E 图可选材料	$M_1=E$ (GPa)	$M_2=E^{1/3}/\rho$ [$GPa^{1/3}/(Mg/m^3)$]	损耗系数 η	断裂韧性 K_{1C} ($MPa\cdot m^{1/2}$)	比较
镁合金	镁合金	约 45	高达 2.3	高达 0.03	15	综合性能最优
铝合金	铝合金	68~73	高达 1.7	高达 0.002	30	其阻尼特性比镁或钛合金差
钛合金	钛合金	100~118	高达 1.1	高达 0.003	60	阻尼特性较好，但较昂贵
CFRP	CFRP	70~110	高达 3.4	高达 0.003	15	其阻尼特性比镁合金差，但还可用
各种陶瓷	—	1000	高达 3.0	约 0.0002	3	因阻尼特性和韧性差而被排除
各种泡沫材料		<1	高达 10	高达 0.5	0.1	强度和韧性差，不能承载

另外，有时也可将几种材料组合以解决这类要求高刚度、高固有频率和高阻尼的材料选用问题。从损耗系数图可以看出，聚合物和弹性体材料具有高阻尼特性，因此可将聚合物复合到容易振动的薄钢板表面来增大阻尼。这是在汽车和机床上采用的一种技术。也可通过粘接碳纤维来加固铝结构（提高固有频率），此法有时用于飞机设计。对于承受弯曲或扭转载荷的结构，为了使其具有相同的刚度并进一步提高固有频率，可有效设计其结构（如通过肋骨连接各个面）使其重量更轻。

3.3 柔性关节

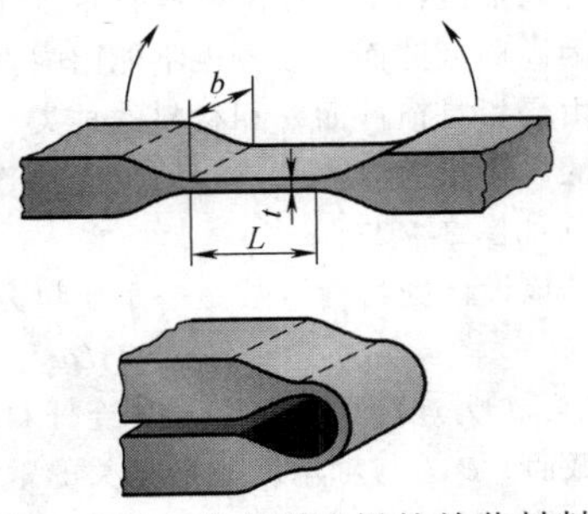

图 3-1-25 要求所选择的关节材料在最大弯曲变形时不能失效

机械设计中常常涉及零部件的形状与位置状态的转变，例如伸展与折叠状态的转换。所用材料应能像关节那样允许大的、可恢复的弯折。典型的例子如塑料瓶或盒子与盖子之间的柔性连接条带，以及机器人的柔性关节等不适合采用传统铰链的情况。它需要像关节的筋和韧带那样连接或传递组件之间的载荷，且可通过弹性弯曲而允许组件之间实现有限相对运动（如图 3-1-25）。

这种柔性关节一般不承受高的轴向载荷，但需在给定的尺寸下弯曲到最小弯曲半径时不屈服（或其他形式的不失效条件）。进一步可描述为：当厚度为 t 的关节“韧带”弹性弯曲到半径 R 时，材料表面的应变为：

$$\varepsilon=[2\pi(R+t)-2\pi R]/2\pi R=t/2R \tag{3-1-12}$$

由于韧带材料的弹性好，最大应力 $\sigma=E\varepsilon=Et/2R$ 不得超过屈服强度或破坏强度 σ_f，因此，“韧带”弯曲而不受损的最小半径为：

$$R\geqslant\frac{t}{2}\left(\frac{E}{\sigma_f}\right) \tag{3-1-13}$$

由此可见，选材的判据是使材料特性指数 $M=\frac{\sigma_f}{E}$最大来选择能弯曲到最小半径的材料。

利用图 3-1-6 的 E-σ_f 图，通过斜率为 1 设计指导参考线来确定候选材料，最佳选择位于某种失效时应变值例如 $M=\frac{\sigma_f}{E}=2\times10^{-2}$ 这条线的右侧（参见图 3-1-6 中虚线）。于是，候选材料大多是聚合物，包括聚乙烯、聚丙烯、尼龙等。从该图可见，弹性体材料也是较佳选项，但是有时显得过于柔软，对于某些应用可能不太适合。有时可选择弹簧钢或其他金属弹簧材料（如磷青铜），它们兼具较高的弹性模量 E 和较大的失效应变 σ_f/E，可得到良好的灵活性和位置稳定性（如继电器中的簧片）。几种材料弹性关节材料对比如表 3-1-7 所示。使用这些材料及相应复合材料并结合几何设计，为工程设计提供了许多可能性，如弹性联轴器和柔性万向节等，可大角度弯扭变形并灵活承受轴向和横向载荷，还具有良好的减振特性。

表 3-1-7 **柔性关节材料选用比较表**

材料	聚乙烯 PE	聚丙烯 PP	尼龙	聚四氟乙烯	弹性体	高强铜合金	弹簧钢
$M=\frac{\sigma_f}{E}(\times10^{-3})$	32	30	30	35	100-1000	4	6
应用说明	广泛廉价；用于瓶盖翻折带	比聚乙烯硬；易于成形	比聚乙烯硬；易于成形	非常耐用；比 PE、PP 等更贵	优秀，但模量低	M 不如聚合物好；用于需高刚度时	

3.4 多重约束条件下选材案例——活塞连杆

很多机械设计涉及在多重约束限制条件下需满足一个或多个功能目标的材料选择问题，会出现多重约束及目标冲突的情形，此时的选材策略如图 3-1-26 所示。

多重约束及冲突目标的处理方法主要有权重系数法和模糊逻辑法，其中涉及创建并评估惩罚函数 Z。相关知识请参阅相关文献。这里以活塞连杆为例，简要说明如何用多个材料特性指数 M 在多重约束条件下进行选材。

作为高性能发动机、压缩机或活塞泵中关键部件的连杆，如果发生故障将导致灾难事故。但是，为了将惯性力和其支撑轴承载荷降至最低，连杆必须尽可能轻，意味着需使用密度低、强度高的材料。如果以最小化成本为目标，通常用铸铁制成连杆就非常便宜。但是，现在常常以最大限度提高性能为目标，这就需要另选制造连杆的最佳材料。

往复式发动机或活塞泵连杆的设计要求是，它必须能承受峰值载荷 F，且在规定的冲程（即连杆长度 L）下不能因高周疲劳而失效，也不能因弹性屈曲而失效。设计的自由变量是横截面 A 和材料的种类，以实现连杆重量最小化的设计目标。为简单起见，假设连杆具有矩形截面 $A=bw$（如图 3-1-27）。

该设计的目标函数是一个质量方程，近似为：

$$m=\beta AL\rho \tag{3-1-14}$$

式中，L 为连杆的长度，ρ 为连杆材料密度，A 为连杆的横截面，β 为与轴承箱质量相关的常数。

第一个约束条件是疲劳约束，表示为：

$$F/A\leqslant\sigma_e \tag{3-1-15}$$

式中，σ_e 为连杆制作材料的疲劳耐久极限（这里省略了不影响选择的安全系数）。将式（3-1-15）代入式（3-1-14）去消除其中的 A，得到刚好满足疲劳约束的连杆质量：

$$m_1=\beta FL(\rho/\sigma_e) \tag{3-1-16}$$

由此可知，涉及连杆疲劳约束的材料特性指数 M_1：

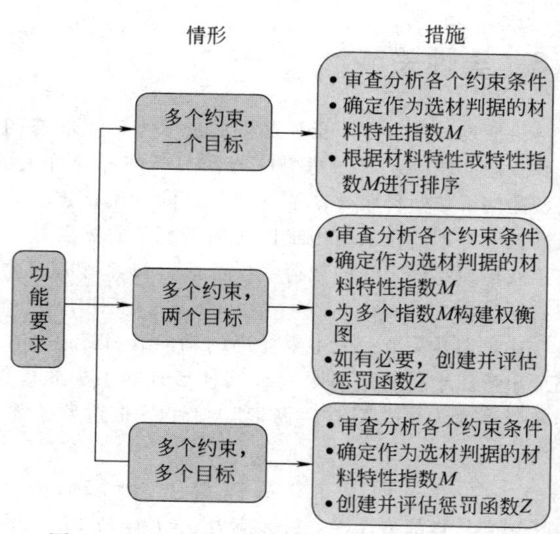

图 3-1-26　多重约束限制条件下的选材策略

$$M_1=\rho/\sigma_e \tag{3-1-17}$$

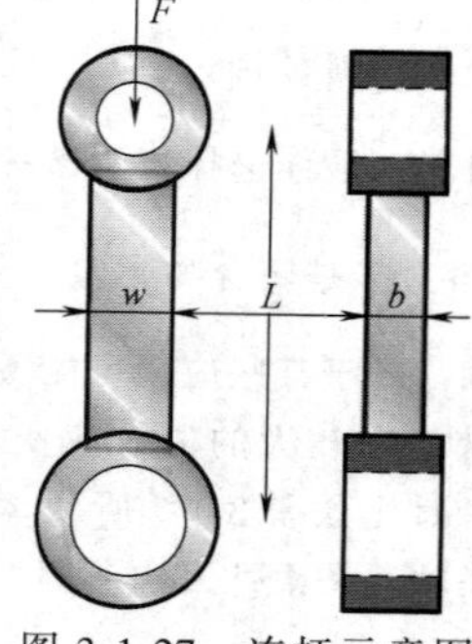

图 3-1-27　连杆示意图

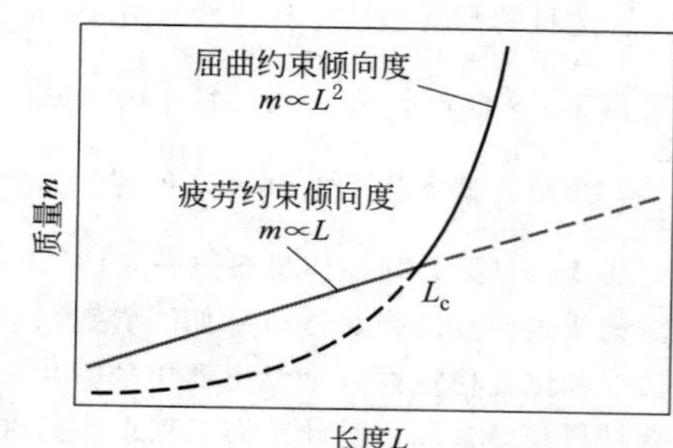

图 3-1-28　两种约束下的连杆质量随其长度变化的关系

第二个约束条件是屈曲约束，连杆是两端铰支受压杆（Euler 杆），其屈曲约束是：峰值压缩载荷 F 不能超过临界 Euler 屈曲载荷，即：

$$F\leqslant\frac{\pi^2EI}{L^2} \tag{3-1-18}$$

式中，$I=\dfrac{b^3w}{12}$（参见第 1 篇），记 $b=\alpha w$，其中 α 为表征横截面比例的无量纲“形状系数”，用式（3-1-18）从式（3-1-14）中消去 A，得到刚好满足屈曲约束的连杆质量：

$$m_2=\beta\sqrt{\frac{12F}{\alpha\pi^2}}L^2\left(\frac{\rho}{E^{1/2}}\right) \tag{3-1-19}$$

由此可知，涉及连杆屈曲约束的材料特性指数：

$$M_2=\rho/E^{1/2} \tag{3-1-20}$$

因此，为了安全，连杆必须同时满足这两个限制条件。对于给定长度 L（冲程的要求），连杆质量的有效约束是导致质量 m 最大值的约束，即：$\max(m_1,\ m_2)$。连杆的质量 m 随着 L 变化的情况如图 3-1-28 所示［式（3-1-16）和式（3-1-19）的示意图］。从图中可看出，小于 L_e 的短连杆有疲劳失效倾向，而长连杆容易弯曲。

例如，某连杆设计要求的长度 $L=200$mm，载荷 $F=50$kN，形状系数 $\alpha=0.8$，参数 $\beta=1.5$，可从表 3-1-8 中选择连杆的制作材料。表 3-1-8 列出了满足疲劳约束的杆质量 m_1 和满足屈曲约束的杆质量 m_2［分别对应式（3-1-16）和式（3-1-19）］。其中的铸铁、铸铝和铝基复合材料主要受疲劳约束，另两种材料则主要受屈曲约束。表中的最后一列是满足这两个约束条件的最小质量。从该表可看出，制造最轻连杆的材料是钛合金 Ti-6Al-4V，铝基 SiC 增强复合材料次之，两者的质量都不到铸铁连杆质量的一半。

表 3-1-8　　连杆材料选择比较表

材料	密度 $\rho/kg\cdot m^{-3}$	弹性模量 E/GPa	疲劳耐久极限 σ_e/MPa	疲劳约束下的质量 m_1/kg	屈曲约束下的质量 m_2/kg	满足两种约束的质量 $\widetilde{m}=\max(m_1,m_2)/kg$
球墨铸铁	7150	178	250	0.43	0.22	0.43
高强低合金结构钢 HSLA4140	7850	210	590	0.20	0.28	0.28
铸造铝合金 Al S355.0	2700	70	95	0.39	0.14	0.39
铝基 SiC 增强复合材料	2880	110	230	0.18	0.12	0.18
Ti-6Al-4V	4400	115	530	0.12	0.17	0.17

上述这种选材方法，还不是最好的。其缺点是，它假设使用了某种“预选”程序来获得表中所列出的材料，但是没有解释如何“预选”，仅靠经验是不够的；其次，选材结果只适用于前面给定的载荷 F 和长度 L，而这些值是会改变的。这些值改变了，则选择也会随之改变。为摆脱这些限制，可采用图形法，即：创建以这些指数 M_1 和 M_2 为轴的图，通过该图而识别和选择具有最佳组合的材料。

如前所述，能经受疲劳和屈曲的连杆，其质量为两个质量 m_1 和 m_2 中的较大者［式（3-1-16）和式（3-1-19）］。将它们设置为相等，可得出这两种约束相互耦合的耦合线方程：

$$M_2=\left[\left(\frac{\alpha\pi^2}{12}\times\frac{F}{L^2}\right)^{1/2}\right]M_1 \tag{3-1-21}$$

方括号中的数值是耦合常数 C_c，其中的 F/L^2 是“结构荷载系数”。

基于轻合金数据库，并包括铸铁以进行比较，从而绘制出图 3-1-29。绘制该图所取的形状系数 $\alpha=0.8$。在该图上绘制两条“结构荷载系数”F/L^2 分别为 5MPa 和 0.05MPa 的耦合线，分别表示高和低两种极端载荷-结构工况条件下的选材参考线，耦合线上某点左下方的材料是优选材料。图中，从该范围内所有材料的耦合常数 C_c 的比较来看，铍及其合金是最佳选择，但是难以加工且非常昂贵。此外，当 F/L^2 较大（$F/L^2=5MPa$）时，钛合金是最好的选择，如 Ti-6Al-4V；当 F/L^2 较小（$F/L^2=0.05MPa$）时，AZ61 等镁合金比铝或钛还轻，且具有良好的综合性能。虽然铝合金的性能相对较低，但比钛或镁更便宜，所以有时（如乘用车）用铝合金制作连杆也是一种较好的选择。另外，如果将碳纤维复合材料 CFRP 也列在图中，按照相同的选材规则会发现它的性能也很好，但设计和制作碳纤维复合材料连杆并不容易。

第3篇

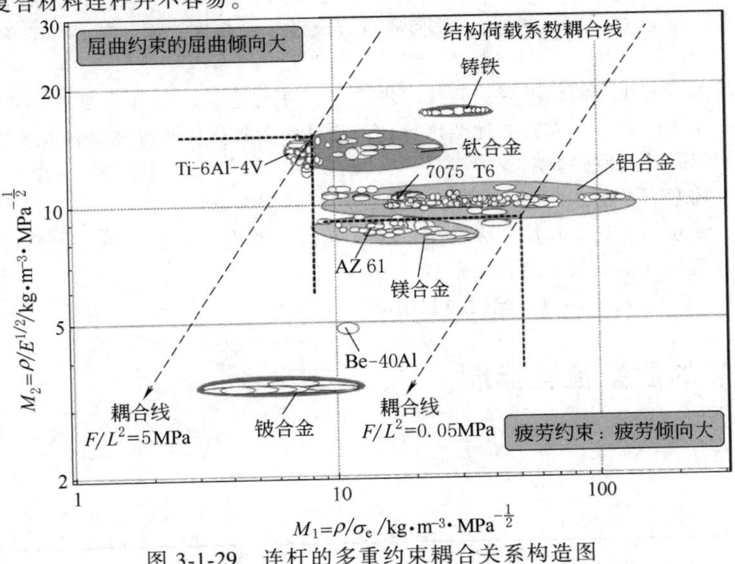

图 3-1-29　连杆的多重约束耦合关系构造图

4　材料订购技术条件与质量检验

机械设计师确定了选材后，还要明确订购材料的技术要求，并在加工图纸或技术协议中标明其技术条件与质量检验方法。

4.1 技术条件要素及确定方法

不同材料的订购要求差别很大，主要分为外观、包装、运输、储存、技术规格、质量和数量等要素。最核心的要素，是材料的质量技术指标及其检验。材料订购技术条件的制定过程如图 3-1-30 所示。

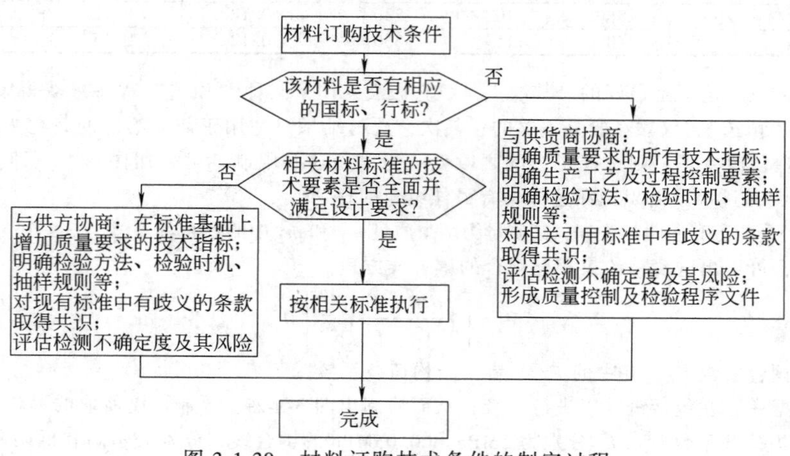

图 3-1-30 材料订购技术条件的制定过程

4.2 外观及包装运输等一般要素

材料及其制品的外观和采取必要的包装运输等防护措施，涉及所设计产品的美学功能。外观检验和技术规格核查常常是同步进行的，有时技术规格核查（如涉及颗粒度等）需要专门的仪器设备而需另行检查。外观检验主要项目有：材质、色泽（色差、均匀度等）、几何测量（尺寸、平整度、形状偏差、表面粗糙度等）和外观缺陷等。

金属材料及其制品大多有相应的标准规定其技术规格（尺寸与形状）和外观要求。如：板材、管材、圆钢、方钢以及多种型材可按相关国家标准或行业标准执行，一些异型金属材料或特殊材料以及复杂加工工艺制成的材料则需要设计师提出相应的外观检验要求。

尺寸检验：长度、宽度、厚度，直径、壁厚，直线度、椭圆度等形位参数。

外观缺陷：结疤，裂缝，气泡，起皮，夹杂、折叠，麻面，划伤，斑点，压痕，凹坑、辊印，发纹、锈蚀（锈蚀等级）；焊接件外观要求参见第 1 篇相关章节。

包装运输：详见 GB/T 36911—2018《运输包装指南》。

4.3 材料及制品的质量检验标准

4.3.1 理化分析方法

表 3-1-9

性能	标准号	标准名称	标准号	标准名称
电磁学	GB/T 351	金属材料电阻系数测量方法	GB/T 4067	金属材料电阻温度特征参数的测定
	GB/T 2522	电工钢带(片)涂层绝缘电阻和附着性测试方法	GB/T 10129	电工钢片(带)中频磁性能测量方法
	GB/T 3655	用爱泼斯坦方圈测量电工钢片(带)磁性能的方法	GB/T 13012	软磁材料直流磁性能测量方法
	GB/T 3656	电磁纯铁及软磁合金矫顽力的抛移测量方法	GB/T 13301	金属材料电阻应变灵敏系数试验方法

续表

性能	标准号	标准名称	标准号	标准名称
电磁学	GB/T 3658	软磁金属材料和粉末冶金材料20Hz~100kHz频率范围磁性能的环形试样测量方法	GB/T 13789	用单片测试仪测量电工钢片(带)磁性能的方法
力学	GB/T 2105	金属材料杨氏模量,切变模量及泊松比测量方法(动力学法)	GB/T 22315	金属材料 弹性模量和泊松比试验方法
	GB/T 5166	烧结金属材料和硬质合金弹性模量测定	GB/T 40406	炭素材料压缩静态弹性模量和泊松比测定方法
	GB/T 5986	热双金属弹性模量试验方法		
热力学	GB/T 3651	金属高温导热系数测量方法	GB/T 8364	热双金属热弯曲试验方法
	GB/T 4339	金属材料热膨胀特征参数的测定	GB/T 13300	高电阻电热合金快速寿命试验方法
几何	GB/T 2523	冷轧金属薄板和薄带表面粗糙度、峰值数和波纹度测量方法		
物相参数及与物相相关性能	GB/T 1479	金属粉末 松装密度的测定	YB/T 130	钢的等温转变曲线图的测定
	GB/T 1480	金属粉末 粒度组成的测定:干筛分法	YB/T 5127	钢的临界点测定方法 膨胀法
	GB/T 1481	金属粉末(不包括硬质合金粉末)在单轴压制中压缩性的测定	YB/T 5128	钢的连续冷却转变曲线图的测定方法膨胀法
	GB/T 1482	金属粉末流动性的测定标准漏斗法(霍尔流速计)	YB/T 5321	膨胀合金气密性试验方法
	GB/T 5158	金属粉末 还原法测定氧含量	YB/T 5336	高速钢中碳化物相的定量分析 X 射线衍射仪法
	GB/T 6524	金属粉末 粒度分布的测量 重力沉降光透法	YB/T 5338	钢中奥氏体定量测定 X 射线衍射仪法
	GB/T 11105	金属粉末 压坯的拉托拉试验	YB/T 5360	金属材料 定量极图的测定 X 射线衍射法
	GB/T 11106	金属粉末 用圆柱形压坯的压缩测定压坯强度的方法		
	GB/T 13390	金属粉末比表面积的测定 氮吸附法		

4.3.2 金属力学性能试验方法

表 3-1-10

分类	标准号	标准名称	标准号	标准名称
基础	GB/T 2975	钢及钢产品 力学性能试验取样位置及试样制备	GB/T 15481	检测和校准实验室能力的通用要求
	GB/T 10623	金属材料 力学性能试验术语		
拉伸	GB/T 228	金属材料 拉伸试验	GB/T 12160	金属材料 单轴试验用引伸计系统的标定
	GB/T 4157	金属在硫化氢环境中抗硫化物应力腐蚀开裂的实验室试验方法	GB/T 13239	金属材料低温拉伸试验方法
	GB/T 4338	金属材料高温拉伸试验	GB/T 17600. 1	钢的伸长率换算 第 1 部分:碳素钢和低合金钢
	GB/T 8358	钢丝绳 破断拉力测定方法	GB/T 17600. 2	钢的伸长率换算 第 2 部分:奥氏体钢
	GB/T 8641	热喷涂层抗拉强度的测定		
压缩	GB/T 7314	金属材料 室温压缩试验方法		
剪切	GB/T 6400	金属材料 线材和铆钉剪切试验方法	GB/T 28889	复合材料面内剪切性能试验方法
	GB/T 13222	金属热喷涂层剪切强度的测定		
硬度	GB/T 230	金属材料 洛氏硬度试验	GB/T 17394	金属材料 里氏硬度试验
	GB/T 231	金属布氏硬度试验	GB/T 8640	金属热喷涂层表面洛氏硬度试验方法

续表

分类	标准号	标准名称	标准号	标准名称
硬度	GB/T 1172	黑色金属硬度及强度换算值	GB/T 18449.1	金属材料 努氏硬度试验 第1部分:试验方法
	GB/T 1818	金属表面洛氏硬度试验方法	GB/T 18449.2	金属材料 努氏硬度试验 第2部分:硬度计的检验
	GB/T 4340	金属材料 维氏硬度试验	GB/T 18449.3	金属材料 努氏硬度试验 第3部分:标准硬度块的标定
	GB/T 4341	金属材料 肖氏硬度试验	GB/T 21838.1	金属材料 硬度和材料参数的仪器化压入试验 第1部分:试验方法
韧性	GB/T 229	金属材料 夏比摆锤冲击试验方法	GB/T 6803	铁素体钢的无塑性转变温度落锤试验方法
	GB/T 3808	摆锤式冲击试验机的检验	GB/T 8363	钢材 钢落锤撕裂试验方法
	GB/T 4158	金属艾氏冲击试验方法	GB/T 12778	金属夏比冲击断口测定方法
	GB/T 4160	钢的应变时效敏感性试验方法(夏比冲击法)	GB/T 18658	摆锤式冲击试验机间接检验用夏比V型缺口标准试样
	GB/T 5482	金属材料 动态撕裂试验方法	GB/T 19748	金属材料 夏比V型缺口摆冲击试验仪器化试验方法
弯曲	GB/T 14452	金属弯曲力学性能试验方法		
扭转	GB/T 10128	金属室温扭转试验方法		
疲劳与断裂韧性	GB/T 2038	金属材料延性断裂韧度 J1C 试验方法	GB/T 7733	金属旋转弯曲腐蚀疲劳试验方法
	GB/T 2107	金属高温旋转弯曲疲劳试验方法	GB/T 10622	金属材料滚动接触疲劳试验方法
	GB/T 3075	金属轴向疲劳试验方法	GB/T 12347	钢丝绳弯曲疲劳试验方法
	GB/T 4161	金属材料 平面应变断裂韧度 K1C 试验方法	GB/T 15248	金属材料轴向等幅低循环疲劳试验方法
	GB/T 4337	金属旋转弯曲疲劳试验方法	GB/T 19744	铁素体钢平面应变止裂韧度 K1a 试验方法
	GB/T 6398	金属材料 疲劳试验 疲劳裂纹扩展方法	GB/T 21143	金属材料 准静态断裂韧度的统一试验方法
	GB/T 7732	金属材料 表面裂纹拉伸试样断裂韧度试验方法	GB/T 12443	金属材料 扭矩控制疲劳试验方法
蠕变	GB/T 2039	金属材料 单轴拉伸蠕变试验方法	GB/T 10120	金属材料 拉伸应力松弛试验方法
摩擦磨损	GB/T 12444	金属材料 磨损试验方法 试环-试块滑动磨损试验	GB/T 12444	金属材料 磨损试验方法 试环-试块滑动磨损试验
工艺质量	GB/T 5617	钢的感应淬火或火焰淬火后有效硬化层深度的测定	GB/T 8642	热喷涂 抗拉结合强度的测定

4.3.3 金属工艺性能试验方法

表 3-1-11

分类	标准号	标准名称	标准号	标准名称
延性与加工性能	GB/T 232	金属材料 弯曲试验方法	GB/T 2976	金属材料 线材 缠绕试验方法
	GB/T 233	金属材料 顶锻试验方法	GB/T 4156	金属材料 薄板和薄带 埃里克森杯突试验方法
	GB/T 235	金属材料 薄板和薄带反复弯曲试验方法	GB/T 5027	金属材料 薄板和薄带 塑性应变比(r值)的测定
	GB/T 238	金属材料 线材反复弯曲试验方法	GB/T 5028	金属材料 薄板和薄带 拉伸应变硬化指数(n值)试验方法
	GB/T 239	金属材料 线材试验方法	GB/T 6396	复合钢板力学工艺性能试验方法
	GB/T 241	金属管 液压试验方法	GB/T 17104	金属管 管环拉伸试验方法

续表

分类	标准号	标准名称	标准号	标准名称
延性与加工性能	GB/T 242	金属管 扩口试验方法	YB/T 5001	薄板双层咬合弯曲试验方法
	GB/T 244	金属管 弯曲试验方法	YB/T 5126	钢筋平面反向弯曲试验方法
	GB/T 245	金属管 卷边试验方法		
	GB/T 246	金属管 压扁试验方法		

4.3.4 金相检验和腐蚀及防护试验方法

表 3-1-12

分类	标准号	标准名称	标准号	标准名称
金相和腐蚀及防护试验	GB/T 1838	电镀锡钢板镀锡量试验方法	GB/T 14165	金属和合金 大气腐蚀试验 现场试验的一般要求
	GB/T 1839	钢产品镀锌层质量试验方法	GB/T 14293	人造气氛腐蚀试验一般要求
	GB/T 2972	镀锌钢丝锌层硫酸铜试验方法	GB/T 15260	金属和合金的腐蚀 镍基合金晶间腐蚀试验方法
	GB/T 2973	镀锌钢丝锌层重量试验方法	GB/T 15970.1~.7	金属和合金的腐蚀 应力腐蚀试验
	GB/T 4157	金属抗硫化物应力腐蚀开裂恒负荷拉伸试验方法	GB/T 16545	金属和合金的腐蚀 腐蚀试样上腐蚀产物的清除
	GB/T 4334.1	不锈钢10%草酸浸蚀试验方法	GB/T 17897	金属和合金的腐蚀 不锈钢三氯化铁点腐蚀试验方法
	GB/T 4334.2	不锈钢硫酸-硫酸铁腐蚀 试验方法	GB/T 17898	不锈钢在沸腾氯化镁溶液中应力腐蚀试验方法
	GB/T 4334.3	不锈钢65%硝酸腐蚀试验方法	GB/T 17899	金属和合金的腐蚀 不锈钢在氯化钠溶液中点蚀电位的动电位测量方法
	GB/T 4334.4	不锈钢硝酸-氢氟酸腐蚀试验方法	GB/T 18590	金属和合金的腐蚀 点蚀评定方法
	GB/T 4334.5	不锈钢硫酸-硫酸铜腐蚀试验方法	GB/T 18592	金属覆盖层 钢铁制品热浸镀铝 技术条件
	GB/T 4334.6	不锈钢5%硫酸腐蚀试验方法	GB/T 19291	金属和合金的腐蚀 腐蚀试验一般原则
	GB/T 5776	金属和合金的腐蚀 金属和合金在表面海水中暴露和评定导则	GB/T 19747	金属和合金的腐蚀 双金属室外暴露腐蚀试验
	GB/T 7998	铝合金晶间腐蚀敏感性评价方法	GB/T 20120.1~.2	金属和合金的腐蚀 腐蚀疲劳试验
	GB/T 8650	管线钢和压力容器钢抗氢致开裂评定方法	GB/T 20121	金属和合金的腐蚀 人造气氛的腐蚀试验 间歇盐雾下的室外加速试验(疮痂试验)
	GB/T 10123	金属和合金的腐蚀 术语		
	GB 10124	金属材料实验室均匀腐蚀全浸试验方法	GB/T 20122	金属和合金的腐蚀 滴落蒸发试验的应力腐蚀开裂评价
	GB/T 10125	人造气氛腐蚀试验 盐雾试验	GB/T 20852	金属和合金的腐蚀 大气腐蚀防护方法的选择导则
	GB/T 10126	铁-铬-镍合金在高温水中应力腐蚀试验方法	GB/T 24195	金属和合金的腐蚀 酸性盐雾、“干燥”和“湿润”条件下的循环加速腐蚀试验
	GB/T 10127	不锈钢三氯化铁缝隙腐蚀试验方法	GB/T 24518	金属和合金的腐蚀 应力腐蚀室外暴露试验方法
	GB/T 11112	有色金属大气腐蚀试验方法	GB/T 25834	金属和合金的腐蚀 钢铁户外大气加速腐蚀试验
	GB/T 13303	钢的抗氧化性能测定方法		
	GB/T 13448	彩色涂层钢板及钢带试验方法	YB/T 135	镀铜钢丝镀层重量及其组分试验方法
	GB/T 13912	金属覆盖层 钢铁制件热浸镀锌层技术要求及试验方法	YB/T 136	镀锡钢板(带)表面油和铬的试验方法
	GB/T 14092.5	机械产品环境条件 工业腐蚀		

第3篇

4.3.5 金属无损检验方法

表 3-1-13

分类	标准号	标准名称	标准号	标准名称
无损检测	GB/T 1786	锻制圆饼超声波检验方法	GB/T 11344	无损检测 超声测厚
	GB/T 2970	厚钢板超声检测方法	GB/T 11345	焊缝无损检测 超声检测 技术、检测等级和评定
	GB/T 4162	锻轧钢棒超声检测方法	GB/T 12606	钢管漏磁探伤方法
	GB/T 5616	无损探伤 应用导则	GB/T 13315	锻钢冷轧工作辊超声波探伤方法
	GB/T 5777	无缝和焊接(埋弧焊除外)钢管纵向和/或横向缺欠的全圆周自动超声检测	GB/T 15830	无损检测 钢制管道环向焊缝对接接头超声检测方法
	GB/T 6402	钢锻件超声检测方法	GB/T 16544	无损检测 伽玛射线全景曝光照相检测方法
	GB/T 7734	复合钢板超声检测方法	GB/T 16673	无损检测用黑光源(UV-A)辐射的测量
	GB/T 7735	无缝和焊接(埋弧焊除外)钢管缺欠的自动涡流检测	GB/T 17990	圆钢点式(线圈)涡流探伤检验方法
	GB/T 7736	钢的低倍缺陷超声波检验法	GB/T 18256	钢管无损检测 用于确认无缝和焊接钢管(埋弧焊除外)水压密实性的自动超声检测方法
	GB/T 8361	冷拉圆钢表面超声检测方法	NB/T 47013	承压设备无损检测
	GB/T 8651	金属板材超声波探伤方法	YB/T 127	黑色金属电磁(涡流)分选检验方法
	GB/T 8652	变形高强度钢超声板波探伤方法	YB/T 143	涡流探伤信号幅度误差测量方法
	GB/T 9443	铸钢铸铁件 渗透检测	YB/T 144	超声探伤信号幅度误差测量方法
	GB/T 10121	钢材塔形发纹磁粉检验方法	YB/T 145	钢管探伤对比试样人工缺陷尺寸测量方法
	GB/T 11259	无损检测 超声检测用钢参考试块的制作和控制方法	YB/T 951	钢轨超声波探伤方法
	GB/T 11260	圆钢涡流检测方法	YB/T 4082	钢管自动超声探伤系统综合性能测试方法
	GB/T 11343	无损检测 接触式超声斜射检测方法	YB/T 4083	钢管自动涡流探伤系统综合性能测试方法

CHAPTER 2

第 2 章　黑色金属材料

1　钢铁材料的分类及表示方法

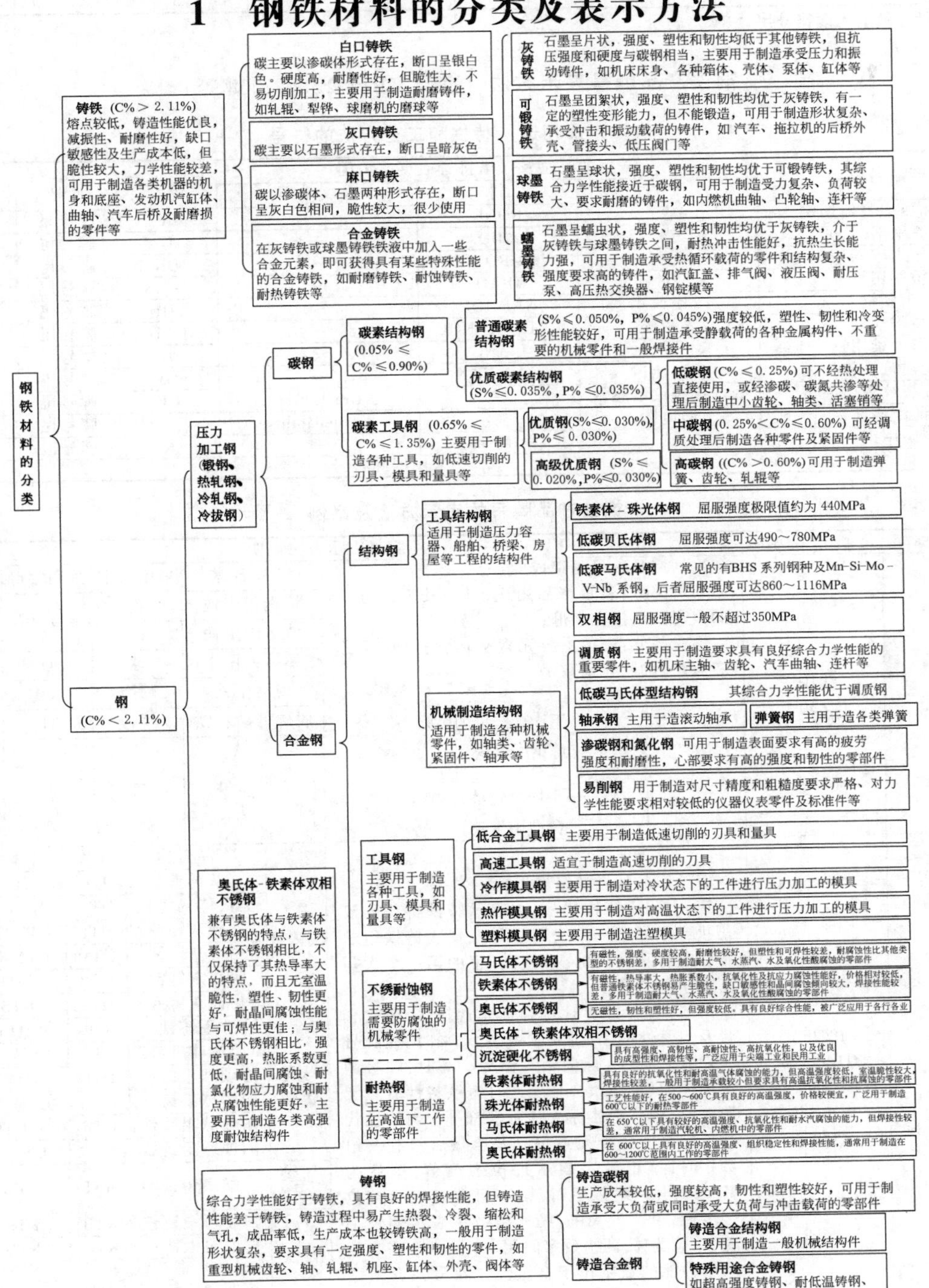

图 3-2-1　钢铁材料分类图

钢铁产品牌号中化学元素的符号（摘自 GB/T 221—2008）

表 3-2-1

元素名称	铁	锰	铬	镍	钴	铜	钨	钼	钒	钛	铝	铌	钽	锂	铍	镁	钙	锆	锡	铅
化学元素符号	Fe	Mn	Cr	Ni	Co	Cu	W	Mo	V	Ti	Al	Nb	Ta	Li	Be	Mg	Ca	Zr	Sn	Pb
元素名称	铋	铯	钡	镧	铈	钕	钐	锕	硼	碳	硅	硒	碲	砷	硫	磷	氮	氧	氢	
化学元素符号	Bi	Cs	Ba	La	Ce	Nd	Sm	Ac	B	C	Si	Se	Te	As	S	P	N	O	H	

注：混合稀土元素符号用“RE”表示。

钢铁产品牌号表示方法（摘自 GB/T 221—2008 等）

表 3-2-2 表示产品用途、特性和工艺方法的符号

产品名称	采用的汉字及汉语拼音或英文单词			采用字母	位置	示例
	汉字	汉语拼音	英文单词			
锅炉和压力容器用钢	容	RONG	—	R	牌号尾	Q345R
锅炉用钢(管)	锅	GUO	—	G	牌号尾	
低温压力容器用钢	低容	DI RONG	—	DR	牌号尾	
桥梁用钢	桥	QIAO	—	Q	牌号尾	
耐候钢	耐候	NAI HOU	—	NH	牌号尾	Q295NH
高耐候钢	高耐候	GAO NAI HOU	—	GNH	牌号尾	
汽车大梁用钢	梁	LIANG	—	L	牌号尾	
高性能建筑结构用钢	高建	GAO JIAN	—	GJ	牌号尾	
低焊接裂纹敏感性钢	低焊接裂纹敏感性	—	Grack Free	CF	牌号尾	
保证淬透性钢	淬透性	—	Hardenability	H	牌号尾	
矿用钢	矿	KUANG	—	K	牌号尾	20MnK
船用钢	采用国际符号					

表 3-2-3 钢铁产品牌号的表示方法及举例

<table>
<tr><th>产品名称</th><th>牌号举例</th><th colspan="2">牌号表示方法说明</th></tr>
<tr><td>生铁</td><td>L10
Z30</td><td>生铁产品牌号的组成为：
第一部分：表示产品用途、特性及工艺方法的大写汉语拼音字母；
第二部分：表示主要元素平均含量(以千分之几计)的阿拉伯数字
L 10
10——平均含硅量为10‰
L——炼钢用生铁
Z 30
30——平均含硅量为30‰
Z——铸造用生铁</td><td>
<table>
<tr><th>产品名称</th><th>采用汉字</th><th>采用字母</th><th>牌号示例</th></tr>
<tr><td>炼钢用生铁</td><td>炼</td><td>L</td><td>L10</td></tr>
<tr><td>铸造用生铁</td><td>铸</td><td>Z</td><td>Z30</td></tr>
<tr><td>球墨铸铁用生铁</td><td>球</td><td>Q</td><td>Q12</td></tr>
<tr><td>耐磨生铁</td><td>耐磨</td><td>NM</td><td>NM18</td></tr>
<tr><td>脱碳低磷粒铁</td><td>脱粒</td><td>TL</td><td>TL14</td></tr>
<tr><td>含钒生铁</td><td>钒</td><td>F</td><td>F04</td></tr>
</table>
</td></tr>
<tr><td>铸铁</td><td>HT250
QT400-18
QTM Mn8-300
(GB/T 5612—2008)</td><td>铸铁产品牌号的组成为：
第一部分：铸铁代号，由表示铸铁特征的汉语拼音字的第一个大写字母及代表铸铁组织特征或特殊性能的汉语拼音字的第一个大写正体字母组成；
第二部分(必要时)：合金元素符号、名义含量及力学性能，合金元素含量≥1%时，在牌号中用整数标注；合金元素含量<1%时，牌号中不标注，只有当该合金元素对铸铁特性有较大影响时，牌号中才标注其元素符号。当铸铁代号或牌号中合金元素符号及含量后只有一组数字时，该组数字表示抗拉强度值，单位为MPa；当有两组数字时，第一组数字表示抗拉强度值，单位为MPa，第二组数字表示伸长率值，单位为%，两组数字间用“-”隔开。当表示力学性能的数字位于合金元素符号及含量之后时，其间用“-”隔开</td><td>
<table>
<tr><th>类别</th><th>产品名称</th><th>代号</th><th>牌号示例</th></tr>
<tr><td rowspan="6">灰铸铁</td><td>灰铸铁</td><td>HT</td><td>HT250、HT Cr-300</td></tr>
<tr><td>奥氏体灰铸铁</td><td>HTA</td><td>HTA Ni20Cr2</td></tr>
<tr><td>冷硬灰铸铁</td><td>HTL</td><td>HTL Cr1Ni1Mo</td></tr>
<tr><td>耐磨灰铸铁</td><td>HTM</td><td>HTM Cu1CrMo</td></tr>
<tr><td>耐热灰铸铁</td><td>HTR</td><td>HTR Cr</td></tr>
<tr><td>耐蚀灰铸铁</td><td>HTS</td><td>HTS Ni2Cr</td></tr>
<tr><td rowspan="6">球墨铸铁</td><td>球墨铸铁</td><td>QT</td><td>QT400-18</td></tr>
<tr><td>奥氏体球墨铸铁</td><td>QTA</td><td>QTA Ni30Cr3</td></tr>
<tr><td>冷硬球墨铸铁</td><td>QTL</td><td>QTL Cr Mo</td></tr>
<tr><td>耐磨球墨铸铁</td><td>QTM</td><td>QTM Mn8-300</td></tr>
<tr><td>耐热球墨铸铁</td><td>QTR</td><td>QTR Si5</td></tr>
<tr><td>耐蚀球墨铸铁</td><td>QTS</td><td>QTS Ni20Cr2</td></tr>
<tr><td>蠕墨铸铁</td><td>蠕墨铸铁</td><td>RuT</td><td>RuT420</td></tr>
<tr><td rowspan="3">可锻铸铁</td><td>白心可锻铸铁</td><td>KTB</td><td>KTB350-04</td></tr>
<tr><td>黑心可锻铸铁</td><td>KTH</td><td>KTH350-10</td></tr>
<tr><td>珠光体可锻铸铁</td><td>KTZ</td><td>KTZ650-02</td></tr>
<tr><td rowspan="3">白口铸铁</td><td>抗磨白口铸铁</td><td>BTM</td><td>BTM Cr15Mo</td></tr>
<tr><td>耐热白口铸铁</td><td>BTR</td><td>BTR Cr16</td></tr>
<tr><td>耐蚀白口铸铁</td><td>BTS</td><td>BTS Cr28</td></tr>
</table>
</td></tr>
</table>

续表

产品名称	牌号举例	牌号表示方法说明
铸铁	HT250 QT400-18 QTM Mn8-300 (GB/T 5612—2008)	HT 250 250——抗拉强度(MPa) HT——灰铸铁 QT 400-18 18——伸长率(%) 400——抗拉强度(MPa) QT——球墨铸铁 QTM Mn 8-300 300——抗拉强度(MPa) 8——锰的名义含量 Mn——锰的元素符号 QTM——抗磨球墨铸铁
铸钢	ZG200-400 ZG15Cr2MoV ZGS06Cr19Ni10 (GB/T 5613—2014)	牌号组成依次为铸钢代号、力学性能或合金元素符号及其名义含量。铸钢代号为“铸”和“钢”两字的汉语拼音的第一个大写正体字母“ZG”,若要表示铸钢的特殊性能,则可在“ZG”后排列表示特殊性能的汉语拼音的第一个大写正体字母,如ZGH(焊接结构用铸钢)、ZGR(耐热铸钢)、ZGS(耐蚀铸钢)、ZGM(耐磨铸钢);若代号后有两组数字,则第一组数字表示该牌号铸钢的屈服强度最低值,第二组数字表示其抗拉强度最低值,单位均为MPa,两组数字间用“-”隔开;若代号后只有一组数字(两位或三位),则该组数字表示铸钢的名义含碳量(以万分之几计),在其后可排列各主要合金元素符号及其名义含量(以百分之几计),具体表示方法为:合金元素平均含量<1.50%时,牌号中只标明元素符号,一般不标明含量;合金元素平均含量为1.50%~2.49%、2.50%~3.49%、3.50%~4.49%、4.50%~5.49%……时,在合金元素符号后面相应写成2、3、4、5…,各元素符号按其平均含量递减的顺序排列,若两种或多种元素的平均含量相同,则按元素符号的英文字母顺序排列 ZG 200-400 400——抗拉强度(MPa) 200——屈服强度(MPa) ZG——铸钢 ZG 15Cr 2 Mo V V——钒的元素符号,其平均含量<1.50% Mo——钼的元素符号,其平均含量<1.50% 2——铬的名义含量2% Cr——铬的元素符号 15——碳的名义含量0.15% ZG——铸钢 ZGS 06 Cr 19 Ni 10 10——镍的名义含量10% Ni——镍的元素符号 19——铬的名义含量19% Cr——铬的元素符号 06——碳的名义含量0.06% ZGS——耐蚀铸钢
碳素结构钢和低合金结构钢		牌号由四部分组成: 第一部分:前缀符号+强度值(以MPa为单位); 第二部分(必要时):钢的质量等级,用英文字母A、B、C、D、E、F…表示; 第三部分(必要时):钢的脱氧方式,分别用F、b、Z、TZ表示沸腾钢、半镇静钢、镇静钢、特殊镇静钢。表示镇静钢、特殊镇静钢的符号通常可以省略; 第四部分(必要时):表示产品用途、特性和工艺方法的符号,见表3-2-2
	Q235A Q235B Q235C Q235D	碳素结构钢(GB/T 700—2006) Q 235 A F F——脱氧方式符号,F、Z、TZ分别表示沸腾钢、镇静钢、特殊镇静钢,“Z”与“TZ”符号可省略 A——质量等级代号,共分A、B、C、D四个级别,其区别见表3-2-5和表3-2-6 235——屈服强度数值(MPa) Q——代表“屈服强度”
	Q355D Q355ND Q355MD	低合金高强度结构钢(GB/T 1591—2018) Q355 N D D——质量等级符号,共分B、C、D、E、F五个级别 N——交货状态代号,交货状态为热轧时,代号用AR或WAR表示(可省略) 交货状态为热机械轧制或热机械轧制加回火时,代号用M表示; 交货状态为正火或正火轧制时,代号均用N表示 355——规定的最小上屈服强度数值(MPa) Q——代表“屈服强度”
	Q345R Q295HP Q390g Q420q Q340NH	专用结构钢

产品名称	采用的汉字及汉语拼音或英文单词			代号	牌号示例
	汉字	汉语拼音	英文单词		
热轧光圆钢筋①	热轧光圆钢筋	—	Hot Rolled Plain Bars	HPB	HPB235
热轧带肋钢筋①	热轧带肋钢筋	—	Hot Rolled Ribbed Bars	HRB	HRB335
细晶粒热轧带肋钢筋①	热轧带肋钢筋+细	—	Hot Rolled Ribbed Bars+Fine	HRBF	HRBF335

续表

<table>
<tr><th colspan="2">产品名称</th><th>牌号举例</th><th colspan="6">牌号表示方法说明</th></tr>
<tr><td colspan="2" rowspan="7">碳素结构钢和低合金结构钢</td><td rowspan="7">Q345R
Q295HP
Q340NH</td><td>冷轧带肋钢筋[2]</td><td>冷轧带肋钢筋</td><td>—</td><td>Cold Rolled Ribbed Bars</td><td>CRB</td><td>CRB550</td></tr>
<tr><td>预应力混凝土用螺纹钢筋[3]</td><td>预应力、螺纹、钢筋</td><td>—</td><td>Prestressing、Screw、Bars</td><td>PSB</td><td>PSB830</td></tr>
<tr><td>焊接气瓶用钢[3]</td><td>焊瓶</td><td>HAN PING</td><td>—</td><td>HP</td><td>HP345</td></tr>
<tr><td>管线用钢[4]</td><td>管线</td><td>—</td><td>Line</td><td>L</td><td>L415</td></tr>
<tr><td>船用锚链钢[2]</td><td>船锚</td><td>CHUAN MAO</td><td>—</td><td>CM</td><td>CM370</td></tr>
<tr><td>煤机用钢[2]</td><td>煤</td><td>MEI</td><td>—</td><td>M</td><td>M510</td></tr>
<tr><td colspan="6">Q 345 R
R——压力容器
345——屈服点数值(MPa)
Q——代表“屈服点”

Q 295 HP
HP——焊接气瓶
295——屈服点数值(MPa)
Q——代表“屈服点”</td></tr>
<tr><td rowspan="4">优质碳素结构钢和优质碳素弹簧钢</td><td>普通含锰量优质碳素结构钢</td><td>08F
45
20A
45E</td><td colspan="6" rowspan="4">牌号组成依次为：
第一部分：以两位数字表示平均含碳量（以万分之几计）；
第二部分（必要时）：较高含锰量的优质碳素结构钢，加锰元素符号 Mn；
第三部分（必要时）：钢的质量等级，即高级优质钢、特级优质钢分别以 A、E 表示，优质钢不用字母表示；
第四部分（必要时）：钢的脱氧方式，分别用 F、b、Z 表示沸腾钢、半镇静钢、镇静钢，表示镇静钢的符号通常可省略；
第五部分（必要时）：表示产品用途、特性或工艺方法的符号，见表 3-2-2
——平均含碳量为万分之几
08F——平均含碳量为0.08%的沸腾钢(半镇静钢和镇静钢的代号分别为“b”和“Z”，代号“Z”通常可省略)
45——平均含碳量为0.45%的镇静钢
20A——平均含碳量为0.20%的高级优质碳素结构钢
45E——平均含碳量为0.45%的特级优质碳素结构钢
40Mn——平均含碳量为0.40%、含锰量较高(0.70%～1.00%)的镇静钢
20G——平均含碳量为0.20%的锅炉用钢
优质碳素弹簧钢的牌号表示方法与优质碳素结构钢相同</td></tr>
<tr><td>较高含锰量优质碳素结构钢</td><td>40Mn
70Mn</td></tr>
<tr><td>专用优质碳素结构钢</td><td>20G</td></tr>
<tr><td>优质碳素弹簧钢</td><td>65Mn</td></tr>
<tr><td rowspan="3">合金结构钢和合金弹簧钢</td><td>合金结构钢</td><td>30CrMnSi
20Cr2Ni4
25Cr2MoVA
30CrMnSiA
30CrMnSiE</td><td colspan="6" rowspan="3">牌号组成依次为：
第一部分：以两位数字表示平均含碳量（以万分之几计）；
第二部分：合金元素含量，以化学元素符号及数字表示（具体表示方法见铸钢部分）；
第三部分：钢的质量等级，分别用 A、E 表示高级优质钢、特级优质钢，优质钢不用字母表示；
第四部分（必要时）：表示产品用途、特性或工艺方法的符号，见表 3-2-2
——平均含碳量为万分之几
30CrMnSi——碳、铬、锰、硅的平均含量分别为0.30%、0.95%、0.85%、1.05%
20Cr2Ni4——碳、铬、镍的平均含量分别为0.20%、2%、4%
60Si2MnA——碳、硅、锰的平均含量分别为0.60%、2%、0.75%的高级优质弹簧钢
18MnMoNbER——碳、锰、钼、铌的平均含量分别为≤0.22%、1.4%、0.55%、0.038%的特级优质锅炉和压力容器钢
合金弹簧钢的牌号表示方法与合金结构钢相同</td></tr>
<tr><td>专用合金结构钢</td><td>18MnMoNbER</td></tr>
<tr><td>合金弹簧钢</td><td>60Si2Mn
60Si2MnA</td></tr>
<tr><td>工具钢</td><td>碳素工具钢</td><td>T9
T12A
T8Mn</td><td colspan="6">牌号组成依次为：表示碳素工具钢的符号“T”、平均含碳量（以千分之几计）、锰元素符号“Mn”（仅在较高含锰量的钢牌号中添加）、钢的质量等级代号（高级优质钢的代号为“A”，优质钢不用字母表示）
——碳素工具钢
——平均含碳量为千分之几
T9——平均含碳量为0.9%的普通含锰量碳素工具钢
T12A——平均含碳量为1.2%的高级优质碳素工具钢
T8Mn——平均含碳量为0.8%、含锰量较高(0.40%～0.60%)的碳素工具钢</td></tr>
</table>

续表

<table>
<tr><th colspan="2">产品名称</th><th>牌号举例</th><th>牌号表示方法说明</th></tr>
<tr><td rowspan="2">工具钢</td><td>合金工具钢和高速工具钢</td><td>Cr4W2MoV
Cr12MoV
8MnSi
W6Mo5Cr4V2
CW6Mo5Cr4V2</td><td rowspan="2">合金工具钢和高速工具钢牌号的表示方法与合金结构钢相同，但平均含碳量≥1.00%的钢，牌号中一般不标明表示含碳量的数字，平均含碳量<1.00%的钢，可采用一位数字表示含碳量的千分之几。高速工具钢在牌号头部一般不标明表示含碳量的数字，但高碳高速工具钢可在牌号头部加符号“C”表示
——平均含碳量为千分之几
Cr4W2MoV——平均含碳量为1.19%、平均含铬量为4%、平均含钨量为2%、平均含钼量为1.00%、平均含钒量为0.95%的模具钢
Cr12MoV——平均含碳量为1.6%、平均含铬量为12%、平均含钼量为0.50%、平均含钒量为0.22%的合金工具钢
W6Mo5Cr4V2——平均含碳量为0.85%、平均含钨量为6%、平均含钼量为5%、平均含铬量为4%、平均含钒量为2%的高速工具钢
CW6Mo5Cr4V2——平均含碳量为0.90%、其他合金元素含量与上相同的高碳高速工具钢
8MnSi——平均含碳量为0.8%、平均含锰量为0.95%、平均含硅量为0.45%的合金工具钢
——平均含铬量以千分之几计，在含铬量前加数字“0”表示低铬合金工具钢
Cr06——平均含铬量为0.6%的合金工具钢</td></tr>
<tr><td>低铬合金工具钢（平均含铬量小于1%）</td><td>Cr06</td></tr>
<tr><td rowspan="3">轴承钢</td><td>高碳铬轴承钢</td><td>GCr15</td><td>在牌号头部加符号“G”，但不标明含碳量，含铬量以千分之几计，其他合金元素含量的表示方法同合金结构钢第二部分
GCr15——平均含铬量为1.5%的轴承钢</td></tr>
<tr><td>渗碳轴承钢</td><td>G20CrNiMo
G20CrNiMoA</td><td>在牌号头部加符号“G”，采用合金结构钢的牌号表示方法。高级优质渗碳轴承钢，在牌号尾部加符号“A”
G20CrNiMo——平均含碳量为0.20%、平均含铬量为0.5%、平均含镍量为0.55%、平均含钼量为0.23%的渗碳轴承钢</td></tr>
<tr><td>高碳铬不锈轴承钢和高温轴承钢</td><td>G95Cr18
G80Cr4Mo4V</td><td>采用不锈钢和耐热钢的牌号表示方法，牌号头部加符号“G”
G95Cr18——平均含碳量为0.95%、平均含铬量为18%的高碳铬不锈轴承钢
G80Cr4Mo4V——平均含碳量为0.80%、平均含铬量为4%、平均含钼量为4%的高温轴承钢</td></tr>
<tr><td rowspan="3">不锈钢和耐热钢</td><td>不锈钢和耐热钢</td><td>20Cr25Ni20
06Cr19Ni10</td><td rowspan="3">用两位或三位数字表示含碳量最佳控制值（以万分之几或十万分之几计）。只限定含碳量上限者，当含碳量上限不大于0.10%时，以其上限的3/4的万分数表示含碳量（如含碳量上限为0.08%，含碳量以06表示），当含碳量上限大于0.10%时，以其上限的4/5的万分数表示含碳量（如含碳量上限为0.20%，含碳量以16表示，含碳量上限为0.15%，含碳量以12表示）。超低碳不锈钢即碳含量不大于0.030%者，用三位数字的十万分数表示含碳量（如含碳量上限为0.030%时，牌号中含碳量以022表示，含碳量上限为0.020%时，牌号中含碳量以015表示）。规定上、下限者，以平均含碳量×100表示（如含碳量为0.16%～0.25%时，牌号中含碳量以20表示）。合金元素含量以化学元素符号及数字表示，表示方法同合金结构钢第二部分。
06Cr19Ni10——含碳量不大于0.08%、平均含铬量为19%、平均含镍量为10%的不锈钢
022Cr18Ti——含碳量不大于0.03%、平均含铬量为18%、平均含钛量为0.55%的不锈钢
20Cr15Mn15Ni2N——平均含碳量为0.20%、平均含铬量为15%、平均含锰量为15%、平均含镍量为2%、平均含氮量为0.22%的不锈钢
20Cr25Ni20——含碳量不大于0.25%、平均含铬量为25%、平均含镍量为20%的耐热钢</td></tr>
<tr><td>超低碳不锈钢</td><td>022Cr18Ti</td></tr>
<tr><td>碳含量规定上、下限者</td><td>20Cr15
Mn15Ni2N</td></tr>
<tr><td rowspan="2">钢轨钢和冷镦钢</td><td>钢轨钢</td><td>U70MnSi</td><td rowspan="2">牌号头部加“U”（钢轨钢）或“ML”（冷镦钢，俗称铆螺钢），若为优质碳素结构钢，牌号中平均含碳量的表示方法同优质碳素结构钢第一部分；若为合金结构钢，牌号中平均含碳量与合金元素含量的表示方法同合金结构钢第一和第二部分
U70MnSi——平均含碳量为0.70%、平均含锰量为1.00%、平均含硅量为1.00%的钢轨钢
ML30CrMo——平均含碳量为0.30%、平均含铬量为0.95%、平均含钼量为0.20%的冷镦钢</td></tr>
<tr><td>冷镦钢</td><td>ML30CrMo</td></tr>
<tr><td>易切削钢</td><td>加硫易切削钢和加硫、磷易切削钢</td><td>Y15
Y45Mn
Y45MnS</td><td>易切削钢的牌号组成依次为：表示易切削钢的符号“Y”、平均含碳量（以万分之几计）、易切削元素符号，但加硫或加硫磷易切削钢，通常不加易切削元素符号“S”、“P”；若为较高含锰量的加硫或加硫磷易切削钢，牌号第三部分为“Mn”；为区分牌号，对较高含硫量的易切削钢，在牌号尾部加“S”
Y15——平均含碳量为0.15%的易切削钢，在后面不加易切削元素符号S、P
Y45Mn——平均含碳量为0.45%、平均含锰量为1.5%、平均含硫量为0.20%的较高含锰量易切削钢
Y45MnS——平均含碳量为0.45%、平均含锰量为1.5%、平均含硫量为0.28%的易切削钢</td></tr>
</table>

续表

产品名称		牌号举例	牌号表示方法说明
易切削钢	含钙、铅、锡易切削钢	Y45Ca Y15Pb	Y45Ca——平均含碳量为0.45%、平均含钙量为0.004%的易切削钢，后面加易切削元素钙的符号 Y15Pb——平均含碳量为0.15%、平均含铅量为0.25%的易切削钢，后面加易切削元素铅的符号
非调质机械结构钢		F45V F35VS	牌号组成依次为：表示非调质机械结构钢的符号“F”、平均含碳量（以万分之几计）、合金元素含量（表示方法同合金结构钢第二部分），对于易切削非调质机械结构钢，在牌号尾部再加硫元素符号“S” F45V——平均含碳量为0.45%、平均含钒量为0.095%的非调质机械结构钢 F35VS——平均含碳量为0.35%、平均含钒量为0.095%、平均含硫量为0.055%的非调质机械结构钢
车辆车轴用钢		LZ45	牌号组成依次为：表示车辆车轴用钢的符号“LZ”、平均含碳量（以万分之几计） LZ45——平均含碳量为0.45%的车辆车轴用钢
机车车辆用钢		JZ45	牌号组成依次为：表示机车车辆用钢的符号“JZ”、平均含碳量（以万分之几计） JZ45——平均含碳量为0.45%的机车车辆用钢
焊接用钢		H08A H08CrMoA H1Cr19Ni9	焊接用钢包括焊接用优质碳素结构钢、焊接用合金结构钢和焊接用不锈钢等，其牌号的表示方法分别与前述的优质碳素结构钢、合金结构钢以及不锈钢相同，但在牌号头部需加表示焊接用钢的符号“H” H08A——含碳量≤0.10%的高级优质碳素结构钢 H08CrMoA—含碳量≤0.10%、平均含铬量为0.95%、平均含钼量为0.50%的高级优质合金结构钢 H1Cr19Ni9——含碳量≤0.10%、平均含铬量为19%、平均含镍量为9%的不锈钢
冷轧电工钢	取向电工钢	30Q130 30QG110	冷轧电工钢分为取向电工钢和无取向电工钢，其牌号组成依次为： 第一部分：材料公称厚度（单位：mm）的100倍数字； 第二部分：表示普通级取向电工钢的符号“Q”或表示高磁导率级取向电工钢的符号“QG”或表示无取向电工钢的符号“W”； 第三部分：在磁极化强度为1.7T及频率为50Hz条件下，相应厚度取向电工钢的最大比总损耗值（单位：W/kg）的100倍或在磁极化强度为1.5T及频率为50Hz条件下，相应厚度无取向电工钢的最大比总损耗值（单位：W/kg）的100倍 30Q130——公称厚度为0.30mm，比总损耗P1.7/50为1.30W/kg的普通级取向电工钢 30QG110——公称厚度为0.30mm，比总损耗P1.7/50为1.10W/kg的高磁导率级取向电工钢 50W400——公称厚度为0.50mm，比总损耗P1.5/50为4.0W/kg的无取向电工钢
	无取向电工钢	50W400	
电磁纯铁		DT3 DT4 DT4A DT4C DT4E	牌号组成依次为：表示电磁纯铁的符号“DT”、表示不同牌号的顺序号（一般按数字从小到大的顺序，产品电磁特性由低到高）、表示磁性能等级的符号“A”“C”“E”（A为高级，E为特级，C为超级，无符号者为普级） DT4A ——顺序号为4的高级电磁纯铁
高电阻电热合金		0Cr25A15	牌号表示方法与不锈钢和耐热钢相同（镍铬基合金不标出含碳量） 0Cr25A15——平均含铬为25%、平均含铝量为5%、平均含碳量不大于0.06%的高电阻电热合金（其余为铁）
原料纯铁		YT1	牌号组成依次为：表示原料纯铁的符号“YT”、表示不同牌号的顺序号 YT1——顺序号为1的原料纯铁

① 牌号中的强度值为屈服强度特征值。
② 牌号中的强度值为最小抗拉强度。
③ 牌号中的强度值为最小屈服强度。
④ 牌号中的强度值为最小规定总延伸强度。
注：1. 各牌号中化学元素含量，一般为质量分数（%），采用阿拉伯数字表示。
2. 本表中未标明依据的牌号表示方法均依据GB/T 221—2008。

金属材料力学性能代号及其含义

表 3-2-4

代号	名称	单位	含义
R_m σ_{bc} σ_{bb}	抗拉强度 抗压强度 抗弯强度	MPa	材料试样受拉力时,在拉断前所承受的最大应力 材料试样受压力时,在压坏前所承受的最大应力 材料试样受弯曲力时,在破坏前所承受的最大应力
τ τ_b	抗剪强度 抗扭强度	MPa	材料试样受剪力时,在剪断前所承受的最大切应力 材料试样受扭转力时,在扭断前所承受的最大切应力
R_{eH} R_{eL} R_p	屈服强度 上屈服强度 下屈服强度 规定塑性 延伸强度	MPa	当材料试样出现屈服现象,即在拉伸试验期间材料试样产生塑性变形而力不增加时的应力点称为屈服强度。应区分上屈服强度和下屈服强度。试样发生屈服而力首次下降前的最大应力为上屈服强度 R_{eH}。在屈服期间,不计初始瞬时效应时的最小应力称为下屈服强度 R_{eL} 对于某些屈服现象不明显的金属材料,测定其屈服强度比较困难,为便于测量,通常将其产生一定永久变形量时对应的应力称为规定塑性延伸强度 R_p,使用的符号应附脚注说明所规定的塑性延伸率,如 $R_{p0.2}$ 表示规定塑性延伸率为 0.2%时的应力
σ_e σ_p	弹性极限 比例极限	MPa	材料能保持弹性变形的最大应力称弹性极限。真实的弹性极限难以测定,标准规定用残余伸长为 0.01%时的应力值表示 在弹性变形阶段,材料应力和应变成正比关系的最大应力,称比例极限 σ_p 与 σ_e 两数值很接近,常以规定的 σ_p 代替 σ_e
E G	弹性模量 切变模量	GPa	在弹性范围内试样轴向应力变化(ΔR)和轴向延伸率变化(Δe)的商乘以100%,称为弹性模量 E $E=\dfrac{\Delta R}{\Delta e}\times 100\%$ $G=\dfrac{\tau}{\gamma}$ (γ 为试样的切应变)
μ	泊松比	—	低于材料比例极限的轴向应力所产生的横向应变与相应轴向应变的负比值 $\mu=\left\|\dfrac{\varepsilon'}{\varepsilon}\right\|$, $\varepsilon'=-\mu\varepsilon$($\varepsilon'$为试样横向线应变)
σ_{-1} σ_{-1n}	疲劳极限	MPa	金属材料在交变负荷作用下,经无限次应力循环而不产生断裂的最大循环应力称为疲劳极限。国家标准规定,对于钢铁材料,应力循环次数采用 10^7 次,对于有色金属材料采用 10^8 或更多的周次。σ_{-1} 表示光滑试样的对称弯曲疲劳极限;σ_{-1n} 表示缺口试样的对称弯曲疲劳极限
$\sigma\,\dfrac{温度}{应变量/时间}$	蠕变强度	MPa	金属材料在高于一定温度下受到应力作用,即使应力小于屈服强度,试件也会随着时间的增长而缓慢地产生塑性变形,这种现象称为蠕变。在给定温度下和规定的使用时间内,使试样产生一定蠕变变形量的应力称为蠕变强度。例如,$\sigma\,\dfrac{500}{1/100000}=100\text{MPa}$,表示材料在 500℃ 温度下,$10^5$h 后应变量为 1%的蠕变强度为 100MPa。蠕变强度是材料在高温长期负荷下对塑性变形抗力的性能指标
σ_b 温度/时间	持久强度	MPa	金属材料在高温条件下,经过规定时间发生断裂时的应力称为持久强度。通常所指的持久强度,是在一定的温度条件下,试样经 10^5h 后的断裂强度。$\sigma_{b/100}^{700}$ 表示在试验温度为 700℃时,持久时间为 100h 的应力
A $A_{11.3}$ A_{80mm}	断后伸长率	%	断后伸长率 A 为材料试样被拉断后,标距长度的增加量与原标距长度之比的百分数 对于比例试样,若原始标距不为 $5.65\sqrt{S_0}$(S_0 为平行长度的原始横截面积),符号 A 应附脚标说明所使用的比例系数,如 $A_{11.3}$ 表示原始标距(L_0)为 $11.3\sqrt{S_0}$ 的断后伸长率。对于非比例试样,符号 A 应附脚注说明所使用的原始标距,以 mm 表示,如 A_{80mm} 表示原始标距(L_0)为 80mm 的断后伸长率
Z	断面收缩率	%	断面收缩率 Z 为材料试样在拉断后,其断裂处横截面积的缩减量与原横截面积之比的百分数 断面收缩率和断后伸长率均为表示材料塑性的指标

续表

<table>
<tr><th>代号</th><th>名称</th><th>单位</th><th colspan="2">含义</th></tr>
<tr><td>a_{kU} 或 a_{kV}</td><td>冲击韧度</td><td>J/cm^2</td><td colspan="2" rowspan="2">在摆锤式一次试验机上，将一定尺寸和形状的标准试样冲断所消耗的功 A_k 与断口横截面积的比值称为冲击韧度 a_k。按国家标准规定，a_{kU} 为夏比 U 形缺口试样冲击韧度，KU 为夏比 U 形缺口试样冲断时所消耗的冲击吸收功(J)；a_{kV} 为夏比 V 形缺口试样冲击韧度，KV 为夏比 V 形缺口试样冲断时所消耗的冲击吸收功(J)
由于 a_k 值的大小不仅取决于材料本身，同时还随试样尺寸、形状的改变及试验温度的不同而变化，因而 a_k 值只是一个相对指标。目前国际上许多国家直接采用冲击吸收功 A_k 作为冲击韧性的指标，我国将逐步用 A_k 代替 a_k</td></tr>
<tr><td>KU 或 KV</td><td>冲击吸收功</td><td>J</td></tr>
<tr><td>HB
(HBS 或
HBW)</td><td>布氏硬度</td><td>kgf/mm^2
(一般不
标注)</td><td colspan="2">硬度是指金属抵抗硬的物体压入其表面的能力
用淬硬小钢球或硬质合金球压入金属表面，保持一定时间待变形稳定后卸载，以其压痕面积除加在钢球上的载荷，所得之商，即为金属的布氏硬度值。硬度小于或等于 450HBS 时使用钢球测定。硬度小于或等于 650HBW(见 GB/T 231.1)时使用硬质合金球测定
当试验力单位为 N 时，布氏硬度值为
$$HBW=0.102\times\frac{2F}{\pi D(D-\sqrt{D^2-d^2})}\quad(kgf/mm^2)$$
式中　F——硬质合金球上的载荷，N
D——硬质合金球直径，mm
d——压痕平均直径，mm
如果试验力单位为 kgf，则式中系数 0.102 应为 1</td></tr>
<tr><td>HRC</td><td>洛氏硬度 C 级</td><td rowspan="2">—</td><td>用 1471N 载荷，将顶角为 120°的圆锥形金刚石的压头，压入金属表面，取其压痕的深度来计算硬度的大小，即为金属的 HRC 硬度，HRC 用来测量硬度为 230～700HB 的金属材料，主要用于测定淬火钢、调质钢等较硬的金属材料(见 GB/T 230，下同)</td><td rowspan="3">$$HR=K-\frac{\overline{bd}}{0.002}$$
式中　K——常数，HRC 及 HRA 的 K 值为 100，HRB 的 K 值为 130
$\overline{bd}$——压痕深度，mm
0.002——试验机刻度盘上每一小格所代表的压痕深度(每一小格即表示洛氏硬度一度)，mm</td></tr>
<tr><td>HRA</td><td>洛氏硬度 A 级</td><td>指用 588.4N 载荷和顶角为 120°的圆锥形金刚石的压头所测定出来的硬度，一般用来测定硬度很高或硬而薄的金属材料，如碳化物、硬质合金或表面淬火层，HRA 用来测量硬度大于 700HB 的金属材料</td></tr>
<tr><td>HRB</td><td>洛氏硬度 B 级</td><td>—</td><td>指用 980.7N 载荷和直径为 1.5875mm(即 1/16in)的淬硬钢球所测得的硬度。主要用于测定硬度为 60～230HB 的较软的金属材料，如软钢、退火钢、正火钢、铜、铝等有色金属</td></tr>
<tr><td>HRN
HRT</td><td>表面洛氏硬度</td><td>—</td><td>试验原理同洛氏硬度，不同的是试验载荷较轻，HRN 的压头是顶角为 120°金刚石圆锥体，HRT 的压头是直径为 1.5875mm 的淬硬钢球。二者的载荷均为 15kgf、30kgf 和 45kgf。二者的标注分别为 HRN15、HRN30、HRN45 和 HRT15、HRT30、HRT45。表面洛氏硬度只适用于钢材表面渗碳、渗氮等处理的表面层硬度，以及较薄、较小试件的硬度测定，数值比较准确(见 GB/T 1818)</td><td>$$\left.\begin{matrix}HRN\\HRT\end{matrix}\right\}=100-1000t$$
式中　t——主载荷与初载荷两次加载的压痕深度的差值，mm</td></tr>
<tr><td>HV</td><td>维氏硬度</td><td>kgf/mm^2
(一般不
标注)</td><td>用 49.03～980.7N(分 6 级)的载荷，将顶角为 136°的金刚石四方角锥体压头压入金属的表面，经一定的保荷时间后卸载，以其压痕表面积除载荷所得之商，即为维氏硬度值。HV 只适用于测定较薄的金属材料、金属薄镀层或化学热处理后的表面层硬度(如镀铬、渗碳、氮化、碳氮共渗层等)(见 GB/T 4340.1)</td><td>$$HV=0.102\frac{2P}{d^2}\sin\frac{136^\circ}{2}$$
$$=0.1891\frac{P}{d^2}$$
式中　P——压头上的负荷，N
d——压痕对角线长度，mm</td></tr>
</table>

第3篇

续表

代号	名称	单位	含义	
HS	肖氏硬度	—	以一定重量的冲头，从一定的高度落于被测试样的表面，以其冲头的回跳高度表示的硬度，适用于测定表面光滑的一些精密量具或不易搬动的大型机件（见 GB/T 4341—2001）	$HS=\frac{Kh}{h_0}$ K——肖氏硬度系数 h——金刚石冲头落前距被测表面的高度 h_0——冲头从被测表面回跳的高度

注：部分性能名称和符号的新旧对照如下。

新标准（GB/T 228.1—2021）		旧标准（GB/T 228—1987）		新标准（GB/T 228.1—2021）		旧标准（GB/T 228—1987）	
性能名称	符号	性能名称	符号	性能名称	符号	性能名称	符号
断面收缩率	Z	断面收缩率	ψ	上屈服强度	R_{eH}	上屈服点	σ_{sU}
断后伸长率	A	—	δ_5	下屈服强度	R_{eL}	下屈服点	σ_{sL}
伸长率	$A_{11.3}$ $A_{x\,mm}$	伸长率	δ_{10} $\delta_{x\,mm}$	规定塑性延伸强度	R_p 如 $R_{p0.2}$	规定非比例伸长应力	σ_p 如 $\sigma_{p0.2}$
最大力总延伸率	A_{gt}	最大力下的总伸长率	δ_{gt}	规定总延伸强度	R_t 如 $R_{t0.5}$	规定总伸长应力	σ_t 如 $\sigma_{t0.5}$
最大力塑性延伸率	A_g	最大力下的非比例伸长率	δ_g	规定残余延伸强度	R_τ 如 $R_{\tau 0.2}$	规定残余伸长应力	σ_r 如 $\sigma_{r0.2}$
屈服点延伸率	A_e	屈服点伸长率	δ_s				
屈服强度	—	屈服点	σ_s	抗拉强度	R_m	抗拉强度	σ_b

2　钢铁材料的技术条件

2.1　压力加工钢

碳素结构钢（摘自 GB/T 700—2006）

表 3-2-5　碳素结构钢的牌号和化学成分

牌号	等级	厚度（或直径）/mm	化学成分（质量分数）/%，≤					脱氧方法	用途（参考）
			C	Mn	Si	P	S		
Q195	—	—	0.12	0.50	0.30	0.035	0.040	F、Z	载荷小的零件、铁丝、垫铁、垫圈开口销、拉杆、冲压件及焊接件
Q215	A	—	0.15	1.20	0.35	0.045	0.050	F、Z	拉杆、套圈、垫圈、渗碳零件及焊接件
	B						0.045		
Q235	A	—	0.22	1.40	0.35	0.045	0.050	F、Z	金属结构件，心部强度要求不高的渗碳或氰化零件，拉杆、连杆、吊钩、车钩、螺栓、螺母、套筒、轴及焊接件，C、D级用于重要的焊接结构
	B[①]		0.20				0.045		
	C		0.17			0.040	0.040	Z	
	D					0.035	0.035	TZ	
Q275	A	—	0.24	1.50	0.35	0.045	0.050	F、Z	转轴、心轴、吊钩、拉杆、摇杆楔等强度要求不高的零件，焊接性尚可
	B	≤40	0.21				0.045	Z	
		>40	0.22			0.040	0.040	Z	轴类、链轮、齿轮、吊钩等强度要求较高的零件
	C	—	0.20			0.035	0.035	TZ	
	D								

① 经需方同意，Q235B 的含碳量可不大于 0.22%。

注：1. 钢材一般以热轧、控轧或正火状态交货，通常用于制造焊接、铆接、栓接工程构件用热轧钢板、钢带、型钢和钢棒。

2. 在保证钢材力学性能符合本标准的情况下，各牌号 A 级钢的碳、锰、硅含量可不作为交货条件，但应在质量证明书中注明其含量。

3. 镇静钢脱氧完全，性能较沸腾钢优良。沸腾钢脱氧不完全，化学成分不均匀，内部杂质较多，耐腐蚀性和机械强度较差，冲击韧度较低，冷脆倾向及时效敏感性较大，不适于在高冲击负荷和低温下工作，但成材率高，成本低，没有集中缩孔，表面质量及深冲性能好，一般结构可大量采用。

表 3-2-6 碳素结构钢的力学性能

牌号	等级	屈服强度①R_{eH}/MPa，≥						抗拉强度② R_m /MPa	断后伸长率 A/%，≥					冲击试验（V形缺口）		冷弯试验 $B=2a$③，180°		
		厚度（或直径）/mm							厚度（或直径）/mm					温度/℃	冲击吸收功（纵向）/J ≥	试样方向	钢材厚度（或直径）④/mm	
		≤16	>16~40	>40~60	>60~100	>100~150	>150~200		≤40	>40~60	>60~100	>100~150	>150~200				≤60	>60~100
																	弯心直径 d	
Q195	—	195	185	—	—	—	—	315~430	33	—	—	—	—	—	—	纵	0	—
																横	0.5a	
Q215	A	215	205	195	185	175	165	335~450	31	30	29	27	26	—	—	纵	0.5a	1.5a
	B													+20	27	横	a	2a
Q235	A	235	225	215	205	195	185	370~500	26	25	24	22	21	—	—	纵	a	2a
	B													+20	27	横	1.5a	2.5a
	C													0				
	D													-20				
Q275	A	275	265	255	245	225	215	410~540	22	21	20	18	17	—	—	纵	1.5a	2.5a
	B													+20	27			
	C													0		横	2a	3a
	D													-20				

① Q195 的屈服强度值仅供参考，不作为交货条件。

② 厚度大于 100mm 的钢材，抗拉强度下限允许降低 20MPa。宽带钢（包括剪切钢板）抗拉强度上限不作为交货条件。

③ B 为试样宽度，a 为试样厚度（或直径）。

④ 厚度（或直径）大于 100mm 的钢材，弯曲试验由供需双方协商确定。

注：1. 进行拉伸和冷弯试验时，型钢和钢棒取纵向试样，钢板和钢带取横向试样，断后伸长率允许比表中数值降低 2%（绝对值）。窄钢带取横向试样，当受宽度限制时，可取纵向试样。

2. 各牌号 A 级钢冷弯试验合格时，抗拉强度上限可以不作为交货条件。

3. 用 Q195 和 Q235B 级沸腾钢轧制的钢材，其厚度（或直径）不大于 25mm。

4. 厚度不小于 12mm 或直径不小于 16mm 的钢材应进行冲击试验，厚度为 6~12mm 或直径为 12~16mm 的钢材，经供需双方协议可进行冲击试验。

优质碳素结构钢（摘自 GB/T 699—2015）和锻件用碳素结构钢（摘自 GB/T 17107—1997）

表 3-2-7 优质碳素结构钢和锻件用碳素结构钢的化学成分和力学性能

牌号	化学成分（质量分数）/%			标准号	推荐热处理②/℃			试样毛坯尺寸③（GB/T 699）或截面尺寸（直径或厚度）（GB/T 17107）/mm	力学性能④					交货状态硬度④ HBW 或 HB		特性和用途
	C	Si	Mn		正火	淬火	回火		R_m 或 σ_b	R_{eL}（$R_{p0.2}$）或 σ_s	A 或 δ_5	Z 或 Ψ	KU_2 或 A_{kU}/J	未热处理钢	退火钢	
									/MPa		/%					
									≥					≤		
08①	0.05~0.11	0.17~0.37	0.35~0.65	GB/T 699	930	—	—	25	325	195	33	60	—	131	—	这种钢强度不高，而塑性和韧性甚高，有良好的冲压、拉延和弯曲性能，焊接性好。可制作深拉、冲压等零件，如机罩、壳盖、管子、垫片；心部强度要求不高的渗碳和氰化零件，如套筒、短轴、离合器盘

续表

牌号	化学成分(质量分数)/%			标准号	推荐热处理[②] /℃			试样毛坯尺寸[③] (GB/T 699) 或截面尺寸 (直径或厚度) (GB/T 17107) /mm	力学性能[④]					交货状态硬度[④] HBW 或 HB		特性和用途
	C	Si	Mn		正火	淬火	回火		R_m 或 σ_b /MPa	R_{eL}($R_{p0.2}$) 或 σ_s /MPa	A 或 δ_5 /%	Z 或 Ψ /%	KU_2 或 A_{kU}/J	未热处理钢	退火钢	
									≥					≤		
10	0.07~0.13	0.17~0.37	0.35~0.65	GB/T 699	930	—	—	25	335	205	31	55	—	137	—	屈服点和抗拉强度比值较低,塑性和韧性均高,在冷状态下容易模压成形。一般用于制作拉杆、卡头、垫片、铆钉。无回火脆性倾向,焊接性甚好,冷拉或正火状态的切削加工性能比退火状态好
15	0.12~0.18	0.17~0.37	0.35~0.65		920	—	—		375	225	27	55	—	143	—	塑性、韧性、焊接性能和冷冲性能均极好,但强度较低。用于受力不大韧性要求较高的零件、渗碳零件、紧固件、冲模锻件及不要热处理的低负荷零件,如螺栓、螺钉、拉条、法兰盘及化工容器、蒸汽锅炉,冷拉或正火状态的切削性能比退火状态好
20	0.17~0.23	0.17~0.37	0.35~0.65		910	—	—		410	245	25	55	—	156	—	
	0.17~0.24	0.17~0.37	0.35~0.65	GB/T 17107	正火或正火+回火			≤100	340	215	24	50	43	103~156		冷变形塑性高,一般供弯曲、压延用,为了获得好的深冲压延性能,板材应正火或高温回火,用于不经受很大应力而要求很高韧性的机械零件,如杠杆、轴套、螺钉、起重钩等。还可用于表面硬度高而心部强度要求不高的渗碳与氰化零件。冷拉或正火状态的切削加工性较退火状态好
								>100~250	330	195	23	45	39			
								>250~500	320	185	22	40	39			
25	0.22~0.29	0.17~0.37	0.50~0.80	GB/T 699	900	870	600	25	450	275	23	50	71	170	—	性能与20钢相似,钢的焊接性及冷应变塑性均高,无回火脆性倾向,用于制造焊接设备,以及经锻造、热冲压和机械加工的不承受高应力的零件,如轴、辊子、连接器、垫圈、螺栓、螺钉、螺母
	0.22~0.30	0.17~0.37	0.50~0.80	GB/T 17107	正火或正火+回火			≤100	420	235	22	50	39	112~170		
								>100~250	390	215	20	48	31			
								>250~500	380	205	18	40	31			
30	0.27~0.34	0.17~0.37	0.50~0.80	GB/T 699	880	860	600	25	490	295	21	50	63	179	—	一般在正火状态下使用,截面尺寸不大时,淬火并回火后呈索氏体组织,从而可获得良好的综合力学性能,用于制作螺钉、拉杆、轴、套筒、机座
	0.27~0.35	0.17~0.37	0.50~0.80	GB/T 17107	正火或正火+回火			≤100	470	245	19	48	31	126~179		
								>100~300	460	235	19	46	27			
								>300~500	450	225	18	40	27			

续表

牌号	化学成分(质量分数)/% C	Si	Mn	标准号	推荐热处理②/℃ 正火	淬火	回火	试样毛坯尺寸③(GB/T 699)或截面尺寸(直径或厚度)(GB/T 17107)/mm	力学性能④ R_m 或 σ_b /MPa	R_{eL}($R_{p0.2}$)或 σ_s /MPa	A 或 δ_5 /%	Z 或 Ψ /%	KU_2 或 A_{kU}/J	交货状态硬度④ HBW 或 HB 未热处理钢	退火钢	特性和用途
									≥					≤		
35	0.32~0.39	0.17~0.37	0.50~0.80	GB/T 699	870	850	600	25	530	315	20	45	55	197	—	有好的塑性和中等的强度，切削加工性较好，多在正火和调质状态下使用。焊接性能尚可，但焊前要预热，焊后需进行回火处理，一般不进行焊接。用于制作曲轴、转轴、杠杆、连杆、圆盘、套筒、钩环、飞轮、机身、法兰、螺栓、螺母
	0.32~0.40	0.17~0.37	0.50~0.80	GB/T 17107	正火或正火+回火			≤100	510	265	18	43	28	149~187		
								>100~300	490	255	18	40	24			
								>300~500	470	235	17	37	24	143~187		
					调质			≤100	550	295	19	48	47	156~207		
								>100~300	530	275	18	40	39			
					正火+回火			>100~300	切向 470	245	13	30	20	—		
								>300~500	切向 450	225	12	28	20	—		
								>500~750	切向 430	215	11	24	16	—		
40	0.37~0.44	0.17~0.37	0.50~0.80	GB/T 699	860	840	600	25	570	335	19	45	47	217	187	有较高的强度，加工性能良好，冷变形时塑性中等，焊接性能差，焊前需预热，焊后应进行热处理，多在正火和调质状态下使用，用于制作辊子、轴、曲柄销、活塞杆等
	0.37~0.45	0.17~0.37	0.50~0.80	GB/T 17107	正火+回火			≤100	550	275	17	40	24	143~207		
								>100~250	530	265	17	36	24			
								>250~500	510	255	16	32	20			
					调质			≤100	615	340	18	40	39	196~241		
								>100~250	590	295	17	35	31	189~229		
								>250~500	560	275	17	—	—	163~219		
45	0.42~0.50	0.17~0.37	0.50~0.80	GB/T 699	850	840	600	25	600	355	16	40	39	229	197	强度较高，塑性和韧性尚好，切削性良好，调质后有很好的综合力学性能。用于制作承受载荷较大的小截面调质件和应力较小的大型正火零件，以及对心部强度要求不高的表面淬火件，如曲轴、传动轴、齿轮、蜗杆、键、销等。水淬时有形成裂纹的倾向，形状复杂的零件应在热水或油中淬火。焊接性差，但仍可焊接，焊前预热，焊后退火
				GB/T 17107	正火或正火+回火			≤100	590	295	15	38	23	170~217		
								>100~300	570	285	15	35	19	163~217		
								>300~500	550	275	14	32	19			
					调质			≤100	630	370	18	40	31	207~302		
								>100~250	590	345	17	35	31	197~286		
					正火+回火			>100~300	切向 540	275	10	25	16	—		
								>300~500	切向 520	265	10	23	16			
								>500~750	切向 500	255	9	21	12			
50	0.47~0.55	0.17~0.37	0.50~0.80	GB/T 699	830	830	600	25	630	375	14	40	31	241	207	强度高，塑性、韧性较差、弹性较好，切削性中等，焊接性差，水淬有形成裂纹倾向。一般在正火、调质状态下使用，用于制作要求较高强度、耐磨性或弹性、动载荷及冲击负荷不大的零件，如齿轮、轧辊、机床主轴、连杆、次要弹簧等
				GB/T 17107	正火+回火			≤100	610	310	13	35	23	—		
								>100~300	590	295	12	33	19			
								>300~500	570	285	12	30	19			
								>500~750	550	265	12	28	15			
55	0.52~0.60	0.17~0.37	0.50~0.80	GB/T 699	820	—	—	25	645	380	13	35	—	255	217	
				GB/T 17107	正火+回火			≤100	645	320	12	35	23	187~229		
								>100~300	625	310	11	28	19			
								>300~500	610	305	10	22	19			

续表

牌号	化学成分(质量分数)/% C	Si	Mn	标准号	推荐热处理②/℃ 正火	淬火	回火	试样毛坯尺寸③(GB/T 699)或截面尺寸(直径或厚度)(GB/T 17107)/mm	力学性能④ R_m 或 σ_b /MPa	R_{eL}($R_{p0.2}$)或 σ_s /MPa	A 或 δ_5 /%	Z 或 Ψ /%	KU_2 或 A_{kU}/J	交货状态硬度④ HBW 或 HB 未热处理钢	退火钢	特性和用途
									≥					≤		
60	0.57~0.65	0.17~0.37	0.50~0.80	GB/T 699	810	—	—	25	675	400	12	35	—	255	229	强度、硬度和弹性均相当高,切削性、焊接性差,水淬有裂纹倾向,小件才能进行淬火,大件多采用正火。用于制作轧辊、轴、轮箍、弹簧、离合器、钢丝绳等受力较大、要求耐磨性和一定弹性的零件
65	0.62~0.70	0.17~0.37	0.50~0.80		810	—	—		695	410	10	30	—	255	229	经适当热处理后,可得到较高的强度与弹性。在淬火、中温回火状态下,用于制作截面较小、形状简单的弹簧及弹簧式零件,如气门弹簧、弹簧垫圈等。在正火状态下,用于制作耐磨性高的零件,如轧辊、轴、凸轮、钢丝绳等。淬透性差,水淬有裂纹倾向,截面尺寸小于15mm时一般油淬,截面较大时水淬
70	0.67~0.75	0.17~0.37	0.50~0.80		790	—	—		715	420	9	30	—	269	229	
75	0.72~0.80	0.17~0.37	0.50~0.80		—	820	480	试样	1080	880	7	30	—	285	241	强度较70钢稍高,而弹性略低,其他性能相近,淬透性仍较差。用于制作截面不大(一般不大于20mm)、强度不太高的板弹簧、螺旋弹簧以及要求耐磨的零件
80	0.77~0.85	0.17~0.37	0.50~0.80		—	820	480		1080	930	6	30	—	285	241	
85	0.82~0.90	0.17~0.37	0.50~0.80		—	820	480		1130	980	6	30	—	302	255	
15Mn	0.12~0.18	0.17~0.37	0.70~1.00		920	—	—	25	410	245	26	55	—	163	—	是高锰低碳渗碳钢,性能与15钢相似,但淬透性、强度和塑性比15钢高。用于制作心部力学性能要求高的渗碳零件,如凸轮轴、齿轮、联轴器等,焊接性尚可
20Mn	0.17~0.23	0.17~0.37	0.70~1.00		910	—	—		450	275	24	50	—	197	—	
25Mn	0.22~0.29	0.17~0.37	0.70~1.00		900	870	600		490	295	22	50	71	207	—	
30Mn	0.27~0.34	0.17~0.37	0.70~1.00		880	860	600		540	315	20	45	63	217	187	强度与淬透性比相应的碳钢高,冷变形时塑性尚好,切削加工性良好,有回火脆性倾向,锻后要立即回火,一般在正火状态下使用。用于制作螺栓、螺母、杠杆、转轴、心轴等
35Mn	0.32~0.39	0.17~0.37	0.70~1.00		870	850	600		560	335	18	45	55	229	197	
35Mn2	0.32~0.39	0.17~0.37	1.40~1.80	GB/T 17107	正火+回火			≤100	620	315	18	45	—	207~241		可在正火状态下应用,也可在淬火与回火状态下应用。切削加工性好,冷变形时的塑性中等,焊接性不良。用于制作承受疲劳负荷的零件,如轴辊及高应力下工作的螺钉、螺母等
								>100~300	580	295	18	43	23			
					调质			≤100	745	590	16	50	47	229~269		
								>100~300	690	490	16	45	47			
40Mn	0.37~0.44	0.17~0.37	0.70~1.00	GB/T 699	860	840	600	25	590	355	17	45	47	229	207	

续表

牌号	化学成分(质量分数)/% C	Si	Mn	标准号	推荐热处理②/℃ 正火	淬火	回火	试样毛坯尺寸③(GB/T 699)或截面尺寸(直径或厚度)(GB/T 17107)/mm	力学性能④ R_m 或 σ_b /MPa ≥	R_{eL}($R_{p0.2}$)或 σ_s /MPa ≥	A 或 δ_5 /% ≥	Z 或 Ψ /% ≥	KU_2 或 A_{kU}/J ≥	交货状态硬度④ HBW 或 HB 未热处理钢 ≤	退火钢 ≤	特性和用途
45Mn	0.42~0.50	0.17~0.37	0.70~1.00	GB/T 699	850	840	600	25	620	375	15	40	39	241	217	用于制作受磨损的零件,如转轴、心轴、齿轮、啮合杆、螺栓、螺母、还可制作离合器盘、花键轴、万向节、凸轮轴、曲轴、汽车后轴、地脚螺栓等。焊接性较差
45Mn2	0.42~0.49	0.17~0.37	1.40~1.80	GB/T 17107	正火+回火			≤100	690	355	16	38	—	187~241		
								>100~300	670	335	15	35	—			
50Mn	0.48~0.56	0.17~0.37	0.70~1.00	GB/T 699	830	830	600	25	645	390	13	40	31	255	217	弹性、强度、硬度均高,多在淬火与回火后应用,在某些情况下也可在正火后应用。焊接性差。用于制作耐磨性要求很高、在高负荷作用下的热处理零件,如齿轮、齿轮轴、摩擦盘和截面在80mm以下的心轴等
60Mn	0.57~0.65	0.17~0.37	0.70~1.00		810	—	—	25	690	410	11	35	—	269	229	强度较高,淬透性较碳素弹簧钢好,脱碳倾向小,但有过热敏感性,易产生淬火裂纹,并有回火脆性。用于制作螺旋弹簧、板簧,各种扁、圆弹簧,弹簧环、片,以及冷拔钢丝(≤7mm)和发条
65Mn	0.62~0.70	0.17~0.37	0.90~1.20		830	—	—	25	735	430	9	30	—	285	229	强度高,淬透性较大,脱碳倾向小,但有过热敏感性,易形成淬火裂纹,并有回火脆性。适宜制作较大尺寸的各种扁、圆弹簧与发条,以及其他经受摩擦的农机零件,如犁、切刀等,也可制作轻载汽车离合器弹簧
70Mn	0.67~0.75	0.17~0.37	0.90~1.20		790	—	—	25	785	450	8	30	—	285	229	用于制作弹簧圈、盘簧、止推环、离合器盘、锁紧圈

① 用铝脱氧的镇静钢，碳、锰含量下限不限，锰含量上限为0.45%，硅含量不大于0.03%，全铝含量为0.020%~0.070%，此时牌号为08Al。

② GB/T 699推荐的热处理温度允许调整范围为：正火±30℃，淬火±20℃，回火±50℃；推荐的保温时间为：正火不少于30min，空冷；淬火不少于30min，75、80和85钢油冷，其他钢水冷；600℃回火不少于1h。

③ 钢棒尺寸小于试样毛坯尺寸时，用原尺寸钢棒进行热处理。

④ GB/T 699中钢的力学性能和交货状态硬度采用的是 R_m、R_{el}、A、Z、KU_2 和HBW，GB/T 17107中钢的力学性能和交货状态硬度采用的是 σ_b、σ_s、δ_5、ψ、A_{kU} 和HB。

注：1. GB/T 699一般适用于公称直径或厚度不大于80mm的优质碳素结构钢钢材，公称尺寸80~250mm者，允许其断后伸长率、断面收缩率比表中规定值分别降低2%（绝对值）和5%（绝对值），公称尺寸120~250mm者，允许将其改锻（轧）成70~80mm的试料取样检验，其结果应符合表中的规定值。表中所列各牌号的化学成分也适用于锭、坯及其制品。

2. GB/T 699牌号后面加"A"者为高级优质钢，牌号后面加"E"者为特级优质钢。按使用加工方法分为压力加工用钢和切削加工用钢。

3. GB/T 699各牌号的Cr含量不大于0.25%（其中08钢不大于0.10%；10钢不大于0.15%）；Ni含量不大于0.30%；Cu含量不大于0.25%，热压力加工用钢铜含量应不大于0.20%。优质钢的P、S含量均不大于0.035%；高级优质钢的P、S含量均不大于0.030%，特级优质钢的P、S含量均不大于0.025%。

GB/T 17107各牌号的Cr、Ni、Cu含量均不大于0.25%（使用废钢冶炼时，表中各牌号的Cu含量不大于0.30%）。P、S含量均不大于0.035%。本表仅编入GB/T 17107中的部分牌号。

4. 表中GB/T 699所列拉伸性能与冲击吸收功均为钢材纵向性能，拉伸性能为试样毛坯经正火后制成试样测定而得，冲击吸收功 KU_2 为试样毛坯经淬火+回火后制成试样测定而得，其中75、80及85钢的力学性能是用淬火+回火状态下的留有加工余量的试样测定而得。交货状态硬度栏的"未热处理"表示轧制状态。

5. GB/T 17107规定的截面尺寸为锻件截面尺寸（直径或厚度），非试样尺寸。

6. 锻件用结构钢适用于冶金、矿山、船舶、工程机械等设备经整体热处理后取样测定力学性能的一般锻件。表中所列力学性能不适用于高温、高转速的主轴、转子、叶轮和压力容器等。

低合金高强度结构钢（摘自 GB/T 1591—2018）

表 3-2-8　低合金高强度结构钢的化学成分

牌号		化学成分(质量分数)/%															
钢级	质量等级	C 公称厚度或直径/mm ≤40[②]	C 公称厚度或直径/mm >40	Si	Mn	P[①] ≤	S[①] ≤	Nb	V	Ti	Cr ≤	Ni ≤	Cu ≤	N ≤	Mo ≤	B ≤	Als ≥
热轧钢																	
Q355	B	≤0.24		≤0.55	≤1.60	0.035	0.035	—	≤0.20	≤0.20	0.30	0.30	0.40	0.012	—	—	—
	C	≤0.20	≤0.22			0.030	0.030										
	D					0.025	0.025							—			
Q390	B	≤0.20		≤0.55	≤1.70	0.035	0.035	≤0.07	≤0.20	≤0.20	0.30	0.50	0.40	0.015	0.10	—	—
	C					0.030	0.030										
	D					0.025	0.025										
Q420[③]	B	≤0.20		≤0.55	≤1.70	0.035	0.035	≤0.07	≤0.20	≤0.20	0.30	0.80	0.40	0.015	0.20	—	—
	C					0.030	0.030										
Q460[③]	C	≤0.20		≤0.55	≤1.80	0.030	0.030	≤0.11	≤0.20	≤0.20	0.30	0.80	0.40	0.015	0.20	0.004	—
正火、正火轧制钢																	
Q355N	B	≤0.20		≤0.50	0.90~1.65	0.035	0.035	0.005~0.05	0.01~0.12	0.006~0.20	0.30	0.50	0.40	0.015	0.10	—	0.015
	C					0.030	0.030										
	D					0.030	0.025										
	E	≤0.18				0.025	0.020										
	F	≤0.16				0.020	0.010										
Q390N	B	≤0.20		≤0.50	0.90~1.70	0.035	0.035	0.01~0.05	0.01~0.20	0.006~0.20	0.30	0.50	0.40	0.015	0.10	—	0.015
	C					0.030	0.030										
	D					0.030	0.025										
	E					0.025	0.020										
Q420N	B	≤0.20		≤0.60	1.00~1.70	0.035	0.035	0.01~0.05	0.01~0.20	0.006~0.20	0.30	0.80	0.40	0.015	0.10	—	0.015
	C					0.030	0.030										
	D					0.030	0.025							0.025			
	E					0.025	0.020										
Q460N[④]	C	≤0.20		≤0.60	1.00~1.70	0.030	0.030	0.01~0.05	0.01~0.20	0.006~0.20	0.30	0.80	0.40	0.015	0.10	—	0.015
	D					0.030	0.025							0.025			
	E					0.025	0.020										
热机械轧制钢																	
Q355M	B	≤0.14[⑤]		≤0.50	≤1.60	0.035	0.035	0.01~0.05	0.01~0.10	0.006~0.20	0.30	0.50	0.40	0.015	0.10	—	0.015
	C					0.030	0.030										
	D					0.030	0.025										
	E					0.025	0.020										
	F					0.020	0.010										

续表

牌号		化学成分(质量分数)/%															
钢级	质量等级	C 公称厚度或直径/mm		Si	Mn	P[①]	S[①]	Nb	V	Ti	Cr	Ni	Cu	N	Mo	B	Als
		≤40[②]	>40			≤					≤						≥
Q390M	B	≤0.15[⑤]		≤0.50	≤1.70	0.035	0.035	0.01~0.05	0.01~0.12	0.006~0.20	0.30	0.50	0.40	0.015	0.10	—	0.015
	C					0.030	0.030										
	D					0.030	0.025										
	E					0.025	0.020										
Q420M	B	≤0.16[⑤]		≤0.50	≤1.70	0.035	0.035	0.01~0.05	0.01~0.12	0.006~0.20	0.30	0.80	0.40	0.015	0.20	—	0.015
	C					0.030	0.030										
	D					0.030	0.025							0.025			
	E					0.025	0.020										
Q460M	C	≤0.16[⑤]		≤0.60	≤1.70	0.030	0.030	0.01~0.05	0.01~0.12	0.006~0.20	0.30	0.80	0.40	0.015	0.20	—	0.015
	D					0.030	0.025							0.025			
	E					0.025	0.020										
Q500M	C	≤0.18		≤0.60	≤1.80	0.030	0.030	0.01~0.11	0.01~0.12	0.006~0.20	0.60	0.80	0.55	0.015	0.20	0.004	0.015
	D					0.030	0.025							0.025			
	E					0.025	0.020										
Q550M	C	≤0.18		≤0.60	≤2.00	0.030	0.030	0.01~0.11	0.01~0.12	0.006~0.20	0.80	0.80	0.80	0.015	0.30	0.004	0.015
	D					0.030	0.025							0.025			
	E					0.025	0.020										
Q620M	C	≤0.18		≤0.60	≤2.00	0.030	0.030	0.01~0.11	0.01~0.12	0.006~0.20	1.00	0.80	0.80	0.015	0.30	0.004	0.015
	D					0.030	0.025							0.025			
	E					0.025	0.020										
Q690M	C	≤0.18		≤0.60	≤2.00	0.030	0.030	0.01~0.11	0.01~0.12	0.006~0.20	1.00	0.80	0.80	0.015	0.30	0.004	0.015
	D					0.030	0.025							0.025			
	E					0.025	0.020										

① 型钢和棒材的 P、S 含量上限值可提高 0.005%。

② 公称厚度大于 30mm 的钢材，其碳含量最高可到 0.22%。

③ 仅适用于型钢和棒材

④（V+Nb+Ti）≤0.22%，（Mo+Cr）≤0.30%。

⑤ 对于型钢和棒材，Q355M、Q390M、Q420M 和 Q460M 的最大碳含量可提高 0.02%。

注：1. 表中各牌号钢材的最大碳当量值（CEV）见原标准，CEV 应由熔炼分析成分按下式计算：

$$CEV(\%)=C+Mn/6+(Cr+Mo+V)/5+(Ni+Cu)/15$$

2. 对于热轧钢，若其中酸溶铝 Als 含量不小于 0.015%或全铝 Alt 含量不小于 0.020%，或添加了其他固氮合金元素，则氮元素含量不做限制，固氮元素应在质量证明书中注明。

3. 对于公称厚度大于 100mm 的热轧型钢，其碳含量可由供需双方协商确定。

4. 对于正火或正火轧制钢以及热机械轧制钢，钢中应至少含有细化晶粒元素铝、铌、钒、钛等中的一种，单独或组合加入时，应保证其中至少一种合金元素含量不小于表中规定含量的下限。

表 3-2-9　**低合金高强度结构钢的拉伸性能**

牌号		上屈服强度 R_{eH} ①/MPa ≥									抗拉强度 R_m/MPa				断后伸长率 A/% ≥							应用(参考)
		公称厚度或直径/mm																				
钢级	质量等级	≤16	>16~40	>40~63	>63~80	>80~100	>100~150	>150~200	>200~250	>250~400	≤100	>100~150	>150~250	>250~400	试样方向	≤40	>40~63	>63~100	>100~150	>150~250	>250~400	
Q355	B、C	355	345	335	325	315	295	285	275	—	470~630	450~600	450~600	—	纵向	22	21	20	18	17	—	用于-20~500℃高中压锅炉、化工容器、船舶、桥梁、起重机械、矿山机械等较多载荷的结构
															横向	20	19	18	18	17	—	
	D									265②				450~600②	纵向	22	21	20	18	17	17②	
															横向	20	19	18	18	17	17②	
Q390	B、C、D	390	380	360	340	340	320	—	—	—	490~650	470~620	—	—	纵向	21	20	20	19	—	—	
															横向	20	19	19	18			
Q420③	B、C	420	410	390	370	370	350	—	—	—	520~680	500~650	—	—	纵向	20	19	19	19	—	—	参见下面相应钢级的热机械轧制钢的应用
Q460③	C	460	450	430	410	410	390	—	—	—	550~720	530~700	—	—	纵向	18	17	17	17	—	—	

牌号		上屈服强度 R_{eH} ①/MPa ≥								抗拉强度 R_m/MPa			断后伸长率 A/% ≥						应用(参考)
		公称厚度或直径/mm																	
钢级	质量等级	≤16	>16~40	>40~63	>63~80	>80~100	>100~150	>150~200	>200~250	≤100	>100~200	>200~250	≤16	>16~40	>40~63	>63~80	>80~200	>200~250	
Q355N	B、C、D、E、F	355	345	335	325	315	295	285	275	470~630	450~600	450~600	22	22	22	21	21	21	参见上面相应钢级的热轧钢的应用
Q390N	B、C、D、E	390	380	360	340	340	320	310	300	490~650	470~620	470~620	20	20	20	19	19	19	
Q420N	B、C、D、E	420	400	390	370	360	340	330	320	520~680	500~650	500~650	19	19	19	18	18	18	参见下面相应钢级的热机械轧制钢的应用
Q460N	C、D、E	460	440	430	410	400	380	370	370	540~720	530~710	510~690	17	17	17	17	17	16	

牌号		上屈服强度 R_{eH} ①/MPa ≥						抗拉强度 R_m/MPa					断后伸长率 A/% ≥	应用(参考)
		公称厚度或直径/mm												
钢级	质量等级	≤16	>16~40	>40~63	>63~80	>80~100	>100~120	≤40	>40~63	>63~80	>80~100	>100~120④		
Q355M	B、C、D、E、F	355	345	335	325	325	320	470~630	450~610	440~600	440~600	430~590	22	参见上面相应钢级的热轧钢的应用
Q390M	B、C、D、E	390	380	360	340	340	335	490~650	480~640	470~630	460~620	450~610	20	

续表

钢级	质量等级	上屈服强度 R_{eH}①/MPa ≥ 公称厚度或直径/mm ≤16	>16~40	>40~63	>63~80	>80~100	>100~120	抗拉强度 R_m/MPa 公称厚度或直径/mm ≤40	>40~63	>63~80	>80~100	>100~120④	断后伸长率 A/% ≥	应用(参考)
Q420M	B、C、D、E	420	400	390	380	370	365	520~680	500~660	480~640	470~630	460~620	19	综合力学性能、焊接性能良好,低温韧性很好,用于大型船舶、车辆、桥梁、高压容器等重型机械
Q460M	C、D、E	460	440	430	410	400	385	540~720	530~710	510~690	500~680	490~660	17	
Q500M	C、D、E	500	490	480	460	450	—	610~770	600~760	590~750	540~730	—	17	
Q550M	C、D、E	550	540	530	510	500	—	670~830	620~810	600~790	590~780	—	16	
Q620M	C、D、E	620	610	600	580	—	—	710~880	690~880	670~860	—	—	15	
Q690M	C、D、E	690	680	670	650	—	—	770~940	750~920	730~900	—	—	14	

① 当屈服不明显时，可测量 $R_{p0.2}$ 代替上屈服强度 R_{eH}。

② 只适用于质量等级为 D 的钢板。

③ 只适用于型钢和棒材。

④ 对于型钢和棒材，厚度或直径不大于 150mm。

注：1. 正火状态包含正火加回火状态，热机械轧制状态包含热机械轧制加回火状态。

2. 对于公称宽度不小于 600mm 的钢板及钢带，拉伸试验取横向试样；其他钢材的拉伸试验取纵向试样。

合金结构钢（摘自 GB/T 3077—2015）和锻件用合金结构钢（摘自 GB/T 17107—1997）

表 3-2-10 **合金结构钢的化学成分和力学性能**

牌号	化学成分(质量分数)/% C	Si	Mn	Cr	Mo	其他	标准号	推荐热处理 淬火 加热温度/℃ 第一次淬火	第二次淬火	淬火 冷却剂	回火 加热温度/℃	回火 冷却剂	试样毛坯尺寸①(GB/T 3077)或截面尺寸(直径或厚度)(GB/T 17107)/mm	力学性能④ R_m 或 σ_b /MPa ≥	R_{eL}② 或 σ_s /MPa ≥	A 或 δ_5 /% ≥	Z 或 ψ /% ≥	$KU_2$③ 或 A_{kU} /J ≥	供应状态硬度④ HBW 或 HB	特性和用途
20Mn2	0.17~0.24	0.17~0.37	1.40~1.80	—	—	—	GB/T 3077	850 880		水、油 水、油	200 440	水、空 水、空	15	785	590	10	40	47	≤187	截面较小时,相当于 20Cr 钢,可制作渗碳小齿轮、小轴、活塞销、气门推杆、缸套等。渗碳后硬度 56~62HRC
30Mn2	0.27~0.34	0.17~0.37	1.40~1.80	—	—	—		840		水	500	水	25	785	635	12	45	63	≤207	制作冷墩的螺栓及截面较大的调质零件

续表

牌号	化学成分(质量分数)/%						标准号	推荐热处理					试样毛坯尺寸[①](GB/T 3077)或截面尺寸(直径或厚度)(GB/T 17107)/mm	力学性能[④]					供应状态硬度[④] HBW 或 HB	特性和用途
	C	Si	Mn	Cr	Mo	其他		淬火 加热温度/℃ 第一次淬火	淬火 加热温度/℃ 第二次淬火	淬火 冷却剂	回火 加热温度/℃	回火 冷却剂		R_m 或 σ_b /MPa	R_{eL}[②] 或 σ_s /MPa	A 或 δ_5 /%	Z 或 ψ /%	KU_2[③] 或 A_{kU} /J		
														≥	≥	≥	≥	≥		
35Mn2	0.32~0.39	0.17~0.37	1.40~1.80	—	—	—	GB/T 3077	840	—	水	500	水	25	835	685	12	45	55	≤207	截面小时(≤15mm)与40Cr相当,制作载重汽车冷墩的各种重要螺栓及小轴等,表淬硬度40~50HRC
40Mn2	0.37~0.44	0.17~0.37	1.40~1.80	—	—	—	GB/T 3077	840	—	水、油	540	水	25	885	735	12	45	55	≤217	截面较小时,与40Cr相当,直径在50mm以下时可代替40Cr制作重要螺栓及零件,一般在调质状态下使用
45Mn2	0.42~0.49	0.17~0.37	1.40~1.80	—	—	—	GB/T 3077	840	—	油	550	水、油	25	885	735	10	45	47	≤217	强度、耐磨性和淬透性均较高,调质后有良好的综合力学性能,也可正火后使用。截面尺寸在50mm以下可代替40Cr,表淬硬度45~55HRC
50Mn2	0.47~0.55	0.17~0.37	1.40~1.80	—	—	—	GB/T 3077	820	—	油	550	水、油	25	930	785	9	40	39	≤229	用于汽车花键轴,重型机械的内齿轮、齿轮轴等高应力与磨损条件的零件,直径小于80mm的零件可代替45Cr
20MnV	0.1~0.24	0.17~0.37	1.30~1.60	—	—	V0.07~0.12	GB/T 3077	880	—	水、油	200	水、空	15	785	590	10	40	55	≤187	相当于20CrNi的渗碳钢,用于制作高压容器、冷冲压件、矿用链环等
20MnMo	0.17~0.23	0.17~0.37	0.90~1.30	—	0.15~0.25	—	GB/T 17107	调质					≤300 >300~500	500 470	305 275	14 14	40 40	39 39	—	焊接性良好,用于中温高压容器,如封头、底盖、筒体等

第3篇

续表

牌号	化学成分(质量分数)/%						标准号	推荐热处理					试样毛坯尺寸①(GB/T 3077)或截面尺寸(直径或厚度)(GB/T 17107)/mm	力学性能④					供应状态硬度④ HBW 或 HB	特性和用途
								淬火			回火			R_m 或 σ_b	R_{eL}② 或 σ_s	A 或 δ_5	Z 或 ψ	$KU_2$③ 或 A_{kU} /J		
	C	Si	Mn	Cr	Mo	其他		加热温度/℃ 第一次淬火	加热温度/℃ 第二次淬火	冷却剂	加热温度/℃	冷却剂		/MPa		/%				
														≥						
20Mn-MoNb	0.16~0.23	0.17~0.37	1.20~1.50	—	0.45~0.60	Nb0.02~0.045	GB/T 17107	调质					>100~300 >300~500 >500~800	635 590 490	490 440 345	15 15 15	45 45 45	47 47 39	187~229 187~229 —	耐高温500~530℃以下,焊接性和加工性良好,可制作化工高压容器、水压机工作缸、水轮机大轴等
42Mn-MoV	0.38~0.45	0.17~0.37	1.20~1.50	—	0.20~0.30	V0.10~0.20	GB/T 17107	调质					>100~300 >300~500 >500~800	765 705 635	590 540 490	12 12 12	40 35 35	31 23 23	241~286 229~269 217~241	代替42CrMo制作轴和齿轮,表淬硬度45~55HRC
20SiMn	0.16~0.22	0.60~0.80	1.00~1.30	—	—	—	GB/T 17107	正火+回火					≤600 >600~900 >900~1200	470 450 440	265 255 245	15 14 14	30 30 30	39 39 39	— — —	具有一定的强度和韧性,焊接性良好。用于电渣焊和大截面厚壁零件
27SiMn	0.24~0.32	1.10~1.40	1.10~1.40	—	—	—	GB/T 3077	920	—	水	450	水、油	25	980	835	12	40	39	≤217	是低淬透性的调质钢。在调质状态下用于要求高韧性和耐磨性的热冲压件,也可在正火或热轧状态下使用,如拖拉机履带销等
35SiMn	0.32~0.40	1.10~1.40	1.10~1.40	—	—	—	GB/T 3077	900	—	水	570	水、油	25	885	735	15	45	47	≤229	如要求低温冲击值不高时可代替40Cr制作调质件,耐磨及耐疲劳性较好,用于轴、齿轮及430℃以下的重要紧固件
							GB/T 17107	调质					≤100 >100~300 >300~400 >400~500	785 735 685 635	510 440 390 375	15 14 13 11	45 35 30 28	47 39 35 31	229~286 217~265 215~255 196~255	

续表

牌号	化学成分(质量分数)/%						标准号	推荐热处理					试样毛坯尺寸[①](GB/T 3077)或截面尺寸(直径或厚度)(GB/T 17107)/mm	力学性能[④]					供应状态硬度[④] HBW 或 HB	特性和用途
								淬火			回火			R_m 或 σ_b	R_{eL}[②] 或 σ_s	A 或 δ_5	Z 或 ψ	KU_2[③] 或 A_{kU}		
								加热温度/℃		冷却剂	加热温度/℃	冷却剂		/MPa		/%		/J		
	C	Si	Mn	Cr	Mo	其他		第一次淬火	第二次淬火					≥						
42SiMn	0.39 ~ 0.45	1.10 ~ 1.40	1.10 ~ 1.40	—	—	—	GB/T 3077	880		水	590	水	25	885	735	15	40	47	≤229	与 35SiMn 同，但主要用来制作截面较大需表面淬火的零件，如齿轮、轴等，韧性较差，表淬易裂
							GB/T 17107	调质					≤100 >100~200 >200~300 >300~500	785 735 685 635	510 460 440 375	15 14 13 10	45 35 30 28	31 23 23 20	229~286 217~269 217~255 196~255	
50SiMn	0.46 ~ 0.54	0.80 ~ 1.10	0.80 ~ 1.10	—	—	—		调质					≤100 >100~200 >200~300	835 735 685	540 490 440	15 15 14	40 35 30	39 39 31	229~286 217~269 207~255	有高的强度和良好的韧性，不宜焊接，可代替 40Cr 制作大型齿圈及中、小截面轴类零件
20SiMn-2MoV	0.17 ~ 0.23	0.90 ~ 1.20	2.20 ~ 2.60	—	0.30 ~ 0.40	V0.05 ~ 0.12		900		油	200	水、空	试样	1380	—	10	45	55	≤269	淬火并低温回火后，强度高、韧性好，可代替调质状态下使用的 35CrMo、35CrNi3MoA 等，用来制作石油机械中的吊环、吊卡等
25SiMn-2MoV	0.22 ~ 0.28	0.90 ~ 1.20	2.20 ~ 2.60	—	0.30 ~ 0.40	V0.05 ~ 0.12		900		油	200	水、空	试样	1470	—	10	40	47	≤269	
37SiMn-2MoV	0.33 ~ 0.39	0.60 ~ 0.90	1.60 ~ 1.90	—	0.40 ~ 0.50	V0.05 ~ 0.12	GB/T 3077	870		水、油	650	水、空	25	980	835	12	50	63	≤269	有较高的淬透性，860~900℃淬火、650~680℃回火后的综合力学性能最好，低温韧性良好，有较高的高温强度，用来制作大截面承受重载的轴、转子、齿轮和高压容器，表淬硬度 50~55HRC
40B	0.37 ~ 0.44	0.17 ~ 0.37	0.60 ~ 0.90	—	—	B0.0008 ~ 0.0035		840		水	550	水	25	785	635	12	45	55	≤207	淬透性及强度稍高于 40 钢。可制作稍大截面的调质零件，可代替 40Cr 制作要求不高的小尺寸零件

续表

牌号	化学成分(质量分数)/%						标准号	推荐热处理					试样毛坯尺寸[①](GB/T 3077)或截面尺寸(直径或厚度)(GB/T 17107)/mm	力学性能[④]					供应状态硬度[④] HBW 或 HB	特性和用途
								淬火			回火			R_m 或 σ_b	R_{eL}[②] 或 σ_s	A 或 δ_5	Z 或 ψ	KU_2[③] 或 A_{kU} /J		
	C	Si	Mn	Cr	Mo	其他		加热温度/℃ 第一次淬火	加热温度/℃ 第二次淬火	冷却剂	加热温度/℃	冷却剂		/MPa		/%				
														≥						
45B	0.42~0.49	0.17~0.37	0.60~0.90	—	—	B0.0008~0.0035	GB/T 3077	840		水	550	水	25	835	685	12	45	47	≤217	淬透性、强度、耐磨性稍高于45钢，用于制作截面较45钢稍大、要求较高的调质件，可代替40Cr制作小尺寸零件
50B	0.47~0.55	0.17~0.37	0.60~0.90	—	—	B0.0008~0.0035		840	—	油	600	空	20	785	540	10	45	39	≤207	调质后综合力学性能优于50钢，主要用于代替50、50Mn及50Mn2制作要求强度高、截面不大的调质零件
25MnB	0.23~0.28	0.17~0.37	1.00~1.40	—	—	B0.0008~0.0035		850	—	油	500	水、油	25	835	635	10	45	47	≤207	主要用于制作桥梁、船舶、车辆、锅炉、压力容器等
35MnB	0.32~0.38	0.17~0.37	1.10~1.40	—	—	B0.0008~0.0035		850	—	油	500	水、油	25	930	735	10	45	47	≤207	多用于制作中小截面的重要调质零件，如汽车、拖拉机的转向轴、半轴、花键轴、蜗杆、螺栓和机床主轴、齿轮轴等，可代替40Cr钢制造较大截面的零件，也可代替40CrNi钢制造小尺寸零件
40MnB	0.37~0.44	0.17~0.37	1.10~1.40	—	—	B0.0008~0.0035		850	—	油	500	水、油	25	980	785	10	45	47	≤207	性能接近40Cr，常用来制作汽车、拖拉机等中、小截面的重要调质件，还可代替40Cr制作较大截面零件，如制作ϕ250~320mm的卷扬机中间轴

牌号	化学成分(质量分数)/%						标准号	推荐热处理					试样毛坯尺寸[①](GB/T 3077)或截面尺寸(直径或厚度)(GB/T 17107)/mm	力学性能[④]					供应状态硬度[④] HBW 或 HB	特性和用途
	C	Si	Mn	Cr	Mo	其他		淬火 加热温度/℃ 第一次淬火	淬火 加热温度/℃ 第二次淬火	淬火 冷却剂	回火 加热温度/℃	回火 冷却剂		R_m 或 σ_b /MPa	R_{eL}[②] 或 σ_s /MPa	A 或 δ_5 /%	Z 或 ψ /%	KU_2[③] 或 A_{kU} /J		
														≥	≥	≥	≥	≥		
45MnB	0.42~0.49	0.17~0.37	1.10~1.40	—	—	B0.0008~0.0035	GB/T 3077	840	—	油	500	水、油	25	1030	835	9	40	39	≤217	常用来代替 40Cr、45Cr、45Mn2 制作较耐磨的中、小截面的调质件和高频淬火件,如机床上的齿轮、钻床主轴及花键轴等
20Mn-MoB	0.16~0.22	0.17~0.37	0.90~1.20	—	0.20~0.30	B0.0008~0.0035	GB/T 3077	880	—	油	200	油、空	15	1080	885	10	50	55	≤207	常用来代替 20CrMnTi 和 12CrNi3A 制作心部强度要求高的中等负荷的汽车、拖拉机使用的齿轮及负荷大的机床齿轮等
15Mn-VB	0.12~0.18	0.17~0.37	1.20~1.60	—	—	V0.07~0.12 B0.0008~0.0035	GB/T 3077	860	—	油	200	水、空	15	885	635	10	45	55	≤207	淬火低温回火后制作重要的螺栓,如汽车上的连杆螺栓、半轴螺栓、汽缸盖螺栓等,代替 40Cr 制作调质件,也可制作中等负荷小尺寸的渗碳件,如小轴、小齿轮等
20Mn-VB	0.17~0.23	0.17~0.37	1.20~1.60	—	—	V0.07~0.12 B0.0008~0.0035	GB/T 3077	860	—	油	200	水、空	15	1080	885	10	45	55	≤207	用来代替 20CrMnTi、20CrNi、20Cr 制作模数较大、负荷较重的中、小尺寸渗碳件,如重型机床上的齿轮与轴、汽车后桥齿轮等
40Mn-VB	0.37~0.44	0.17~0.37	1.10~1.40	—	—	V0.05~0.10 B0.0008~0.0035	GB/T 3077	850	—	油	520	水、油	25	980	785	10	45	47	≤207	调质后有良好的综合力学性能,优于 40Cr,用来代替 40Cr、42CrMo、40CrNi 制作汽车、拖拉机和机床上的重要调质件,如轴、齿轮等

续表

牌号	化学成分(质量分数)/% C	Si	Mn	Cr	Mo	其他	标准号	推荐热处理 淬火 加热温度/℃ 第一次淬火	第二次淬火	冷却剂	回火 加热温度/℃	冷却剂	试样毛坯尺寸[1](GB/T 3077)或截面尺寸(直径或厚度)(GB/T 17107)/mm	力学性能[4] R_m 或 σ_b /MPa	R_{eL}[2] 或 σ_s /MPa	A 或 δ_5 /%	Z 或 ψ /%	KU_2[3] 或 A_{kU} /J	供应状态硬度[4] HBW 或 HB	特性和用途
														≥	≥	≥	≥	≥		
20Mn-TiB	0.17~0.24	0.17~0.37	1.30~1.60	—	—	Ti0.04~0.10 B0.0008~0.0035	GB/T 3077	860	—	油	200	水、空	15	1130	930	10	45	55	≤187	用于代替20CrMnTi制作较高级的渗碳件,如汽车、拖拉机上截面较小、中等负荷的齿轮
25MnTi-BRE[5]	0.22~0.28	0.20~0.45	1.30~1.60	—	—	Ti0.04~0.10 B0.0008~0.0035	GB/T 3077	860	—	油	200	水、空	试样	1380	—	10	40	47	≤229	有较高的弯曲强度、接触疲劳强度,可代替20CrMnTi、20CrMnMo、20CrMo,广泛用于中等负荷的拖拉机渗碳件,如齿轮,使用性能优于20CrMnTi
15Cr	0.12~0.17	0.17~0.37	0.40~0.70	0.70~1.00	—	—	GB/T 3077	880	770~820	水、油	180	油、空	15	685	490	12	45	55	≤179	用来制作截面尺寸小于30mm、形状简单、心部强度和韧性要求较高、表面受磨损的渗碳或氰化件,如齿轮、凸轮活塞销等,渗碳表面硬度56~62HRC
20Cr	0.18~0.24	0.17~0.37	0.50~0.80	0.70~1.00	—	—	GB/T 3077	880	780~820	水、油	200	水、空	15	835	540	10	40	47	≤179	
							GB/T 17107	正火+回火					≤100 >100~300	430 430	215 215	19 18	40 35	31 31	123~179 123~167	
							GB/T 17107	调质					≤100 >100~300	470 470	275 245	20 19	40 40	35 31	137~179 137~197	
30Cr	0.27~0.34	0.17~0.37	0.50~0.80	0.80~1.10	—	—	GB/T 3077	860	—	油	500	水、油	25	885	685	11	45	47	≤187	用于磨损及很大冲击负荷下工作的重要零件,如轴、滚子、齿轮及重要螺栓等
35Cr	0.32~0.39	0.17~0.37	0.50~0.80	0.80~1.10	—	—	GB/T 3077	860	—	油	500	水、油	25	930	735	11	45	47	≤207	

牌号	化学成分(质量分数)/%						标准号	推荐热处理					试样毛坯尺寸①(GB/T 3077)或截面尺寸(直径或厚度)(GB/T 17107)/mm	力学性能④					供应状态硬度④ HBW 或 HB	特性和用途
								淬火			回火			R_m 或 σ_b	R_{eL}② 或 σ_s	A 或 δ_5	Z 或 ψ	$KU_2$③ 或 A_{kU} /J		
	C	Si	Mn	Cr	Mo	其他		加热温度/℃ 第一次淬火	加热温度/℃ 第二次淬火	冷却剂	加热温度/℃	冷却剂		/MPa		/%				
														≥						
40Cr	0.37~0.44	0.17~0.37	0.50~0.80	0.80~1.10	—	—	GB/T 3077	850	—	油	520	水、油	25	980	785	9	45	47	≤207	调质后有良好的综合力学性能,是应用广泛的调质钢,用于轴类零件及曲轴、曲柄、汽车转向节、连杆、螺栓、齿轮等。表淬硬度 48~55HRC。截面尺寸在 50mm 以下时,油淬后有较高的疲劳极限,一定条件下可用 40MnB、45MnB、35SiMn、42SiMn 等代替
							GB/T 17107	调质					≤100 >100~300 >300~500 >500~800	735 685 635 590	540 490 440 345	15 14 10 8	45 45 35 30	39 31 23 16	241~286 241~286 229~269 217~255	
45Cr	0.42~0.49	0.17~0.37	0.50~0.80	0.80~1.10	—	—	GB/T 3077	840	—	油	520	水、油	25	1030	835	9	40	39	≤217	用于拖拉机离合器、齿轮及柴油机连杆、螺栓、挺杆等
50Cr	0.47~0.54	0.17~0.37	0.50~0.80	0.80~1.10	—	—	GB/T 3077	830	—	油	520	水、油	25	1080	930	9	40	39	≤229	用于支承辊心轴、强度和耐磨性要求高的轴、齿轮、油膜轴承的轴套等。在油中淬火与回火后能获得很高的强度
							GB/T 17107	调质					≤100 >100~300	835 785	540 490	10 10	40 40	— —	241~286 241~286	
38CrSi	0.35~0.43	1.00~1.30	0.30~0.60	1.30~1.60	—	—	GB/T 3077	900	—	油	600	水、油	25	980	835	12	50	55	≤255	比 40Cr 的淬透性好,低温冲击韧性较高,一般用于制作直径为 30~40mm、强度和耐磨性要求较高的零件,如汽车、拖拉机上的轴、齿轮、气阀等
12CrMo	0.08~0.15	0.17~0.37	0.40~0.70	0.40~0.70	0.40~0.55	—	GB/T 3077	900	—	空	650	空	30	410	265	24	60	110	≤179	蒸汽温度达 510℃ 的主汽管,管壁温度不高于 540℃ 的蛇形管、导管

续表

牌号	化学成分(质量分数)/%						标准号	推荐热处理					试样毛坯尺寸[1](GB/T 3077)或截面尺寸(直径或厚度)(GB/T 17107)/mm	力学性能[4]					供应状态硬度[4] HBW 或 HB	特性和用途
	C	Si	Mn	Cr	Mo	其他		淬火			回火			R_m 或 σ_b	R_{eL}[2] 或 σ_s	A 或 δ_5	Z 或 ψ	KU_2[3] 或 A_{kU}		
								加热温度/℃		冷却剂	加热温度/℃	冷却剂		/MPa		/%		/J		
								第一次淬火	第二次淬火					≥						
15CrMo	0.12~0.18	0.17~0.37	0.40~0.70	0.80~1.10	0.40~0.55	—	GB/T 3077	900	—	空	650	空	30	440	295	22	60	94	≤179	蒸汽温度达510℃的主汽管,管壁温度不高于540℃的蛇形管、导管
20CrMo	0.17~0.24	0.17~0.37	0.40~0.70	0.80~1.10	0.15~0.25	—	GB/T 3077	880	—	水、油	500	水、油	15	885	685	12	50	78	≤197	强度和韧性较好,在500℃以下有足够的高温强度,焊接性能良好(当Mn、Cr、Mo含量在下限时),用于轴、活塞连杆等
25CrMo	0.22~0.29	0.17~0.37	0.60~0.90	0.90~1.20	0.15~0.30	—	GB/T 3077	870	—	水、油	600	水、油	25	900	600	14	55	68	≤229	
	0.22~0.29	0.17~0.37	0.50~0.80	0.90~1.20	0.15~0.30	—	GB/T 17107	调质					>17~40 >40~100 >100~160	780 690 640	600 450 400	14 15 16	55 60 60	— — —	— — —	
30CrMo	0.26~0.33	0.17~0.37	0.40~0.70	0.80~1.10	0.15~0.25	—	GB/T 3077	880	—	油	540	水、油	15	930	735	12	50	71	≤229	调质后有很好的综合力学性能,高温(低于550℃)下也有较高强度,用于制作截面较大的零件,如主轴、高负荷螺栓等及500℃以下受高压的法兰和螺栓,尤适于29MPa、400℃条件下工作的管道与紧固件
35CrMo	0.32~0.40	0.17~0.37	0.40~0.70	0.80~1.10	0.15~0.25	—	GB/T 3077	850	—	油	550	水、油	25	980	835	12	45	63	≤229	强度、韧性、淬透性均高,淬火时变形极小,用于制作大截面齿轮和重型传动轴,如轧钢机人字齿轮、大电机轴、汽轮发电机主轴及锅炉上400℃以下的螺栓、500℃以下的螺母,可代替40CrNi使用,表淬硬度不低于40~45HRC
							GB/T 17107	调质					≤100 >100~300 >300~500 >500~800	735 685 635 590	540 490 440 390	15 15 15 12	45 40 35 30	47 39 31 23	207~269 207~269 207~269 —	

续表

牌号	化学成分(质量分数)/%						标准号	推荐热处理					试样毛坯尺寸①(GB/T 3077)或截面尺寸(直径或厚度)(GB/T 17107)/mm	力学性能④					供应状态硬度④ HBW或HB	特性和用途
	C	Si	Mn	Cr	Mo	其他		淬火			回火			R_m 或 σ_b	R_{eL}② 或 σ_s	A 或 δ_5	Z 或 ψ	$KU_2$③ 或 A_{kU} /J		
								加热温度/℃ 第一次淬火	加热温度/℃ 第二次淬火	冷却剂	加热温度/℃	冷却剂		/MPa		/%				
														≥						
42CrMo	0.38~0.45	0.17~0.37	0.50~0.80	0.90~1.20	0.15~0.25	—	GB/T 3077	850	—	油	560	水、油	25	1080	930	12	45	63	≤229	强度和淬透性比35CrMo有所增高，调质后有较高的疲劳极限和抗多次冲击能力，低温冲击韧性良好。用于制作调质断面更大的锻件，如机车牵引用的大齿轮、后轴、连杆、减速器、万向联轴器，表淬硬度不低于54~60HRC
							GB/T 17107	调质					≤100 >100~160 >160~250 >250~500 >500~750	900 800 750 690 590	650 550 500 460 390	12 13 14 15 16	50 50 55 — —	— — — — —	— — — — —	
50CrMo	0.46~0.54	0.17~0.37	0.50~0.80	0.90~1.20	0.15~0.30	—	GB/T 3077	840	—	油	560	水、油	25	1130	930	11	45	48	≤248	强度和淬透性比42CrMo高，主要用于截面较大的部件，如轴、齿轮、活塞杆及8.8级直径100~160mm的紧固件，一般调质后使用，表淬硬度不低于56~62HRC
							GB/T 17107	调质					≤100 >100~160 >160~250 >250~500 >500~750	900 850 800 740 690	700 650 550 540 490	12 13 14 14 15	50 50 50 — —	— — — — —	— — — — —	
12Cr-MoV	0.08~0.15	0.17~0.37	0.40~0.70	0.30~0.60	0.25~0.35	V0.15~0.30	GB/T 3077	970	—	空	750	空	30	440	225	22	50	78	≤241	用于制作蒸汽温度达540℃的主导管、转向导叶环、汽轮机隔板、隔板外环以及管壁温度低于570℃的各种过热器管、导管和相应的锻件
35Cr-MoV	0.30~0.38	0.17~0.37	0.40~0.70	1.00~1.30	0.20~0.30	V0.10~0.20	GB/T 3077	900	—	油	630	水、油	25	1080	930	10	50	71	≤241	用于制作承受高应力的零件，如500℃以下长期工作的汽轮机转子的叶轮、高级涡轮鼓风机及压缩机转子、联轴器及动力零件等

第3篇

续表

牌号	化学成分(质量分数)/%						标准号	推荐热处理					试样毛坯尺寸①(GB/T 3077)或截面尺寸(直径或厚度)(GB/T 17107)/mm	力学性能④					供应状态硬度④ HBW 或 HB	特性和用途
								淬火			回火			R_m 或 σ_b	R_{eL}② 或 σ_s	A 或 δ_5	Z 或 ψ	$KU_2$③ 或 A_{kU} /J		
								加热温度/℃		冷却剂	加热温度/℃	冷却剂		/MPa		/%				
	C	Si	Mn	Cr	Mo	其他		第一次淬火	第二次淬火					≥						
12Cr1-MoV	0.08~0.15	0.17~0.37	0.40~0.70	0.90~1.20	0.25~0.35	V0.15~0.30	GB/T 3077	970	—	空	750	空	30	490	245	22	50	71	≤179	同 12CrMoV,但抗氧化性与热强性比 12CrMoV 好
25Cr2-MoV	0.22~0.29	0.17~0.37	0.40~0.70	1.50~1.80	0.25~0.35	V0.15~0.30		900	—	油	640	空	25	930	785	14	55	63	≤241	用于汽轮机整体转子套筒、阀、主汽阀、调节阀、蒸汽温度在 535~550℃ 的螺母及 530℃ 以下的螺栓、氮化零件如阀杆、齿轮等
25Cr2-Mo1V	0.22~0.29	0.17~0.37	0.50~0.80	2.10~2.50	0.90~1.10	V0.30~0.50		1040	—	空	700	空	25	735	590	16	50	47	≤241	用于蒸汽温度 565℃ 的汽轮机前气缸、螺栓、阀杆等
38Cr-MoAl	0.35~0.42	0.20~0.45	0.30~0.60	1.35~1.65	0.15~0.25	Al0.70~1.10		940	—	水、油	640	水、油	30	980	835	14	50	71	≤229	高级氮化钢,用于高耐磨性,高疲劳极限和较高强度、热处理后尺寸精度高的氮化零件,如阀杆、阀门、气缸套及橡胶塑料挤压机等,渗氮后,表面硬度达 1000~1200HV
40CrV	0.37~0.44	0.17~0.37	0.50~0.80	0.80~1.10	—	V0.10~0.20		880	—	油	650	水、油	25	885	735	10	50	71	≤241	用于重要零件,如曲轴、齿轮、受强力的双头螺栓、机车连杆、高压锅炉给水泵轴等
50CrV	0.47~0.54	0.17~0.37	0.50~0.80	0.80~1.10	—	V0.10~0.20		850	—	油	500	水、油	25	1280	1130	10	40	—	≤255	用于蒸汽温度低于 400℃ 的重要零件及负荷大、疲劳极限高的大型弹簧

续表

牌号	化学成分(质量分数)/%						标准号	推荐热处理					试样毛坯尺寸[1](GB/T 3077)或截面尺寸(直径或厚度)(GB/T 17107)/mm	力学性能[4]					供应状态硬度[4] HBW 或 HB	特性和用途
								淬火			回火			R_m 或 σ_b	R_{eL}[2] 或 σ_s	A 或 δ_5	Z 或 ψ	KU_2[3] 或 A_{kU} /J		
								加热温度/℃		冷却剂	加热温度/℃	冷却剂		/MPa		/%				
	C	Si	Mn	Cr	Mo	其他		第一次淬火	第二次淬火					≥						
15CrMn	0.12~0.18	0.17~0.37	1.10~1.40	0.40~0.70	—	—	GB/T 3077	880	—	油	200	水、空	15	785	590	12	50	47	≤179	用于齿轮、蜗轮、塑料模、汽轮机密封轴套等
16CrMn	0.14~0.19	0.17~0.37	1.00~1.30	0.80~1.10	—	—	GB/T 17107	渗碳+淬火+回火					≤30 >30~63	780 640	590 440	10 11	40 40	— —	— —	是一种较好的渗碳钢,有较高的淬透性和良好的切削性,用于尺寸较大的部件时,能得到满意的表面硬度和耐磨性,主要用于齿轮、齿轮轴、蜗轮轴、蜗杆等,表淬硬度不低于57~62HRC
20CrMn	0.17~0.23	0.17~0.37	0.90~1.20	0.90~1.20	—	—	GB/T 3077	850	—	油	200	水、空	15	930	735	10	45	47	≤187	用于无级变速器、摩擦轮、齿轮与轴,性能相当于20CrNi,热处理后性能比20Cr好
	0.17~0.22	0.17~0.37	1.10~1.40	1.00~1.30	—	—	GB/T 17107	渗碳+淬火+回火					≤30 >30~63	980 790	680 540	8 10	35 35	— —	— —	是一种性能良好的渗碳钢,可作为调质钢用,焊接性能差,可制作断面不大,承受中等压力又无冲击负荷的零件,如齿轮、主轴、联轴器、万向联轴器等,表淬硬度57~62HRC
40CrMn	0.37~0.45	0.17~0.37	0.90~1.20	0.90~1.20	—	—	GB/T 3077	840	—	油	550	水、油	25	980	835	9	45	47	≤229	对于截面不太大或温度不太高的零件,可代替42CrMo和40CrNi,用于在高速与高弯曲负荷下工作的齿轮轴、齿轮、水泵转子、离合器,在化工容器上可用于高压容器盖板螺栓等

续表

牌号	化学成分(质量分数)/%						标准号	推荐热处理					试样毛坯尺寸[①](GB/T 3077)或截面尺寸(直径或厚度)(GB/T 17107)/mm	力学性能[④]					供应状态硬度[④] HBW 或 HB	特性和用途
	C	Si	Mn	Cr	Mo	其他		淬火			回火			R_m 或 σ_b	R_{eL}[②] 或 σ_s	A 或 δ_5	Z 或 ψ	KU_2[③] 或 A_{kU}		
								加热温度/℃ 第一次淬火	加热温度/℃ 第二次淬火	冷却剂	加热温度/℃	冷却剂		/MPa	/MPa	/%	/%	/J		
														≥	≥	≥	≥	≥		
20Cr-MnSi	0.17~0.23	0.90~1.20	0.80~1.10	0.80~1.10	—	—	GB/T 3077	880	—	油	480	水、油	25	785	635	12	45	55	≤207	是强度和韧性较高的低碳合金钢,用于制作要求强度较高的焊接件和要求韧性较高的拉力件、矿山用的较大截面的链条、螺栓等,适合冷冲压、冷拉
25Cr-MnSi	0.22~0.28	0.90~1.20	0.80~1.10	0.80~1.10	—	—	GB/T 3077	880	—	油	480	水、油	25	1080	885	10	40	39	≤217	用于制作重要的焊接件和冲压件
30Cr-MnSi	0.28~0.34	0.90~1.20	0.80~1.10	0.80~1.10	—	—	GB/T 3077	880	—	油	540	水、油	25	1080	885	10	45	39	≤229	淬火、回火后具有很高的强度和足够的韧性,淬透性也好,用于在振动负荷下工作的焊接结构和铆接结构,如高压鼓风机叶片,高速高负荷的砂轮轴、齿轮、链轮、离合器等,以及温度不高而要求耐磨的零件
35Cr-MnSi	0.32~0.39	1.10~1.40	0.80~1.10	1.10~1.40	—	—	GB/T 3077	加热到880℃,于280~310℃等温淬火					试样	1620	1280	9	40	31	≤241	强度比30CrMnSi提高许多,而韧性下降不明显,其他特性和30CrMnSi相同,用于制作重负荷、中等转速的高强度零件,如高压鼓风机叶轮,飞机上的高强度零件
								950	890	油	230	空、油								

续表

牌号	化学成分(质量分数)/%						标准号	推荐热处理					试样毛坯尺寸[①](GB/T 3077)或截面尺寸(直径或厚度)(GB/T 17107)/mm	力学性能[④]					供应状态硬度[④] HBW或HB	特性和用途
	C	Si	Mn	Cr	Mo	其他		淬火 加热温度/℃ 第一次淬火	淬火 加热温度/℃ 第二次淬火	淬火 冷却剂	回火 加热温度/℃	回火 冷却剂		R_m 或 σ_b /MPa ≥	R_{eL}[②] 或 σ_s /MPa ≥	A 或 δ_5 /% ≥	Z 或 ψ /% ≥	KU_2[③] 或 A_{kU} /J ≥		
20Cr-MnMo	0.17~0.23	0.17~0.37	0.90~1.20	1.10~1.40	0.20~0.30	—	GB/T 3077	850	—	油	200	水、空	15	1180	885	10	45	55	≤217	高级渗碳钢,渗碳淬火后具有较高的抗弯强度和耐磨性,有良好的低温冲击韧性,用于制作要求表面硬度高、耐磨性能好的渗碳件,如齿轮、凸轮轴连杆、活塞销等,渗碳表淬硬度不低于56~62HRC
							GB/T 17107	渗碳+淬火+回火					≤30 >30~100	1080 835	785 490	7 15	40 40	— 31	— —	
40Cr-MnMo	0.37~0.45	0.17~0.37	0.90~1.20	0.90~1.20	0.20~0.30	—	GB/T 3077	850	—	油	600	水、油	25	980	785	10	45	63	≤217	高级调质钢,调质后具有较高的综合力学性能,淬透性好,有较高的回火稳定性,适宜制作截面较大的重负荷齿轮、齿轮轴、轴类零件,螺栓、螺母、销子等可代替40CrNiMo
							GB/T 17107	调质					≤100 >100~250 >250~400 >400~500	885 835 785 735	735 640 530 480	12 12 12 12	40 40 40 35	39 39 31 23	— — — —	
20Cr-MnTi	0.17~0.23	0.17~0.37	0.80~1.10	1.00~1.30	—	Ti0.04~0.10	GB/T 3077	880	870	油	200	水、空	15	1080	850	10	45	55	≤217	用于制作渗碳零件,渗碳淬火后有良好的耐磨性和抗弯强度,有较高的低温冲击韧性,切削加工性能良好,广泛用于汽车、拖拉机工业,截面尺寸在30mm以下,承受高速、中载或重载以及冲击和摩擦的主要零件,如齿轮、齿轮轴、十字轴
							GB/T 17107	调质					≤100	615	395	17	45	47	—	

续表

牌号	化学成分(质量分数)/%						标准号	推荐热处理					试样毛坯尺寸[①](GB/T 3077)或截面尺寸(直径或厚度)(GB/T 17107)/mm	力学性能[④]					供应状态硬度[④] HBW 或 HB	特性和用途
								淬火			回火			R_m 或 σ_b	R_{eL}[②] 或 σ_s	A 或 δ_5	Z 或 ψ	KU_2[③] 或 A_{kU} /J		
	C	Si	Mn	Cr	Mo	其他		加热温度/℃ 第一次淬火	加热温度/℃ 第二次淬火	冷却剂	加热温度/℃	冷却剂		/MPa		/%				
														≥						
30Cr-MnTi	0.24~0.32	0.17~0.37	0.80~1.10	1.00~1.30	—	Ti0.04~0.10	GB/T 3077	880	850	油	200	水、空	试样	1470	—	9	40	47	≤229	主要作为渗碳钢使用,强度和淬透性高,冲击韧性略低,用于制作截面尺寸在60mm以下,心部强度要求特别高的高速、高负荷工作的重要渗碳零件,如汽车、拖拉机上的主动圆锥齿轮、后主齿轮、齿轮轴、蜗杆等
20CrNi	0.17~0.23	0.17~0.37	0.40~0.70	0.45~0.75	—	Ni1.00~1.40	GB/T 3077	850	—	水、油	460	水、油	25	785	590	10	50	63	≤197	用于制作高负荷下工作的重要渗碳件,如齿轮、轴、键、活塞销、花键轴等,也可用于制作具有高冲击韧性的调质小轴零件
40CrNi	0.37~0.44	0.17~0.37	0.50~0.80	0.45~0.75	—	Ni1.00~1.40	GB/T 3077	820	—	油	500	水、油	25	980	785	10	45	55	≤241	调质后有良好的综合力学性能,低温冲击韧性良好,用于制作要求强度高、韧性高的零件,如轴、齿轮、链条等
45CrNi	0.42~0.49	0.17~0.37	0.50~0.80	0.45~0.75	—	Ni1.00~1.40	GB/T 3077	820	—	油	530	水、油	25	980	785	10	45	55	≤255	性能基本与40CrNi相同,但具有更高的强度和淬透性,可用来制作截面尺寸较大的齿轮和轴类零件
50CrNi	0.47~0.54	0.17~0.37	0.50~0.80	0.45~0.75	—	Ni1.00~1.40	GB/T 3077	820	—	油	500	水、油	25	1080	835	8	40	39	≤255	
12CrNi2	0.10~0.17	0.17~0.37	0.30~0.60	0.60~0.90	—	Ni1.50~1.90	GB/T 3077	860	780	水、油	200	水、空	15	785	590	12	50	63	≤207	淬火低温回火后有良好的塑性和韧性,适用于要求心部韧性高、强度不太高、受力较复杂的中、小型渗碳件,如齿轮、花键轴、活塞销等
34CrNi2	0.30~0.37	0.17~0.37	0.60~0.90	0.80~1.10	—	Ni1.20~1.60	GB/T 3077	840	—	水、油	530	水、油	25	930	735	11	45	71	≤241	—

续表

牌号	化学成分(质量分数)/%						标准号	推荐热处理					试样毛坯尺寸①(GB/T 3077)或截面尺寸(直径或厚度)(GB/T 17107)/mm	力学性能④					供应状态硬度④ HBW 或 HB	特性和用途
	C	Si	Mn	Cr	Mo	其他		淬火 加热温度/℃ 第一次淬火	淬火 加热温度/℃ 第二次淬火	淬火 冷却剂	回火 加热温度/℃	回火 冷却剂		R_m 或 σ_b /MPa	R_{eL}② 或 σ_s /MPa	A 或 δ_5 /%	Z 或 ψ /%	$KU_2$③ 或 A_{kU} /J		
														≥	≥	≥	≥	≥		
12CrNi3	0.10～0.17	0.17～0.37	0.30～0.60	0.60～0.90	—	Ni2.75～3.15	GB/T 3077	860	780	油	200	水、空	15	930	685	11	50	71	≤217	淬火低温回火或高温回火后都有良好的综合力学性能，有较高的淬透性，可用于截面稍大的零件，用于要求强度高、表面硬度高、韧性高的渗碳件，如齿轮、凸轮轴、万向联轴器十字头、油泵转子等
20CrNi3	0.17～0.24	0.17～0.37	0.30～0.60	0.60～0.90	—	Ni2.75～3.15	GB/T 3077	830	—	水、油	480	水、油	25	930	735	11	55	78	≤241	调质后有良好的综合力学性能，低温冲击韧性也较好，多用于制作高负荷条件下工作的零件，如齿轮、轴、蜗杆等
30CrNi3	0.27～0.33	0.17～0.37	0.30～0.60	0.60～0.90	—	Ni2.75～3.15	GB/T 3077	820	—	油	500	水、油	25	980	785	9	45	63	≤241	性能基本同20CrNi3，淬透性较好，用于重要的较大截面的零件，如曲轴、连杆、齿轮、轴等
37CrNi3	0.34～0.41	0.17～0.37	0.30～0.60	1.20～1.60	—	Ni3.00～3.50	GB/T 3077	820	—	油	500	水、油	25	1130	980	10	50	47	≤269	用于制作大截面、高负荷、受冲击的重要调质零件，如汽轮机叶轮、转子轴等
15Cr2Ni2	0.12～0.17	0.17～0.37	0.30～0.60	1.40～1.70	—	Ni1.40～1.70	GB/T 17107	渗碳+淬火+回火					≤30 >30～63	880 780	640 540	9 10	40 40	— —	— —	是渗碳钢，具有很高的强度和韧性，用于承受高负荷的传动齿轮、万向联轴器、活塞杆、轴类零件等，渗碳表淬硬度不低于57～62HRC

续表

牌号	化学成分(质量分数)/%						标准号	推荐热处理					试样毛坯尺寸[①](GB/T 3077)或截面尺寸(直径或厚度)(GB/T 17107)/mm	力学性能[④]					供应状态硬度[④] HBW或HB	特性和用途
								淬火			回火			R_m 或 σ_b	R_{eL}[②] 或 σ_s	A 或 δ_5	Z 或 ψ	KU_2[③] 或 A_{kU} /J		
	C	Si	Mn	Cr	Mo	其他		加热温度/℃ 第一次淬火	加热温度/℃ 第二次淬火	冷却剂	加热温度/℃	冷却剂		/MPa	/MPa	/%	/%			
														≥	≥	≥	≥	≥		
12Cr-2Ni4	0.10~0.16	0.17~0.37	0.30~0.60	1.25~1.65	—	Ni3.25~3.65	GB/T 3077	860	780	油	200	水、空	15	1080	835	10	50	71	≤269	用于制作截面较大、负荷较高,在交变应力下工作的重要渗碳件,如齿轮、蜗轮、蜗杆、万向接头叉等
20Cr-2Ni4	0.17~0.23	0.17~0.37	0.30~0.60	1.25~1.65	—	Ni3.25~3.65	GB/T 3077	880	780	油	200	水、空	15	1180	1080	10	45	63	≤269	是优良的铬镍不锈钢,由于含镍量较高,而具有很高的强度和韧性,渗碳后硬度及耐磨性很高,淬透性也高,用于制作承受高负荷的渗碳件,如传动齿轮、蜗杆、轴、万向接头叉等
							GB/T 17107	调质					试样毛坯尺寸 $\phi15$	1175	1080	10	45	62	—	
15Cr-NiMo	0.13~0.18	0.17~0.37	0.70~0.90	0.45~0.65	0.45~0.60	Ni0.70~1.00	GB/T 3077	850	—	油	200	空	15	930	750	10	40	46	≤197	钻具用钢,常用于制作油井管、石油矿山机械,包括石油钻杆、钻铤、石油钻杆连接套、钻采机具、钻头等
20Cr-NiMo	0.17~0.23	0.17~0.37	0.60~0.95	0.40~0.70	0.20~0.30	Ni0.35~0.75	GB/T 3077	850	—	油	200	空	15	980	785	9	40	47	≤197	淬透性与20CrNi相近,强度比20Cr高,常用于制作中、小型汽车、拖拉机发动机与传动系统的齿轮,可代替12CrNi3制作心部要求较高的渗碳件,如矿山牙轮钻头的牙爪与牙轮体

续表

牌号	化学成分(质量分数)/%						标准号	推荐热处理					试样毛坯尺寸[①](GB/T 3077)或截面尺寸(直径或厚度)(GB/T 17107)/mm	力学性能[④]					供应状态硬度[④] HBW 或 HB	特性和用途
	C	Si	Mn	Cr	Mo	其他		淬火 加热温度/℃ 第一次淬火	淬火 加热温度/℃ 第二次淬火	淬火 冷却剂	回火 加热温度/℃	回火 冷却剂		R_m 或 σ_b /MPa ≥	R_{eL}[②] 或 σ_s /MPa ≥	A 或 δ_5 /% ≥	Z 或 ψ /% ≥	KU_2[③] 或 A_{kU} /J ≥		
30Cr-NiMo	0.28~0.33	0.17~0.37	0.70~0.90	0.70~1.00	0.25~0.45	Ni0.60~0.80	GB/T 3077	850	—	油	500	水、油	25	980	785	10	50	63	≤269	调质后有较高的屈服强度、抗拉强度和疲劳强度，足够的塑性和韧性，常用于制作压力管道等
40Cr-NiMo	0.37~0.44	0.17~0.37	0.50~0.80	0.60~0.90	0.15~0.25	Ni1.25~1.65	GB/T 3077	850	—	油	600	水、油	25	980	835	12	55	78	≤269	是优质调质钢，调质后有良好的综合力学性能，低温冲击韧性很高，淬火低温回火或高温回火后均有较高的疲劳极限和低的缺口敏感性，中等淬透性，用于截面较大的、受冲击负荷的高强度零件，如锻造机的传动偏心轴、锻压机的曲轴等
							GB/T 17107	淬火+回火					≤80	980	835	12	55	78	—	具有很高的强度、韧性和淬透性，主要用于高负荷的轴类、汽轮机轴、叶片等
													>80~100	980	835	11	50	74	—	
													>100~150	980	835	10	45	70	—	
													>150~250	980	835	9	40	66	—	
40Cr-Ni2Mo	0.38~0.43	0.17~0.37	0.60~0.80	0.70~0.90	0.20~0.30	Ni1.65~2.00	GB/T 3077	正火890	850	油	560~580	空	25	1050	980	12	45	48	≤269	调质后有良好的综合力学性能，常用于要求强度高、韧性好的大尺寸重要零部件，如重型机械高负荷轴类、直升机旋翼轴和涡轮喷气发动机涡轮轴、叶片等
								正火890	850	油	220两次回火	空	试样	1790	1500	6	25	—		

第3篇

续表

牌号	化学成分(质量分数)/% C	Si	Mn	Cr	Mo	其他	标准号	推荐热处理 淬火 加热温度/℃ 第一次淬火	第二次淬火	冷却剂	回火 加热温度/℃	冷却剂	试样毛坯尺寸[①](GB/T 3077)或截面尺寸(直径或厚度)(GB/T 17107)/mm	力学性能[④] R_m 或 σ_b /MPa ≥	R_{eL}[②] 或 σ_s /MPa ≥	A 或 δ_5 /% ≥	Z 或 ψ /% ≥	KU_2[③] 或 A_{kU} /J ≥	供应状态硬度[④] HBW 或 HB	特性和用途
34Cr-Ni3Mo	0.30~0.40	0.17~0.37	0.50~0.80	0.70~1.10	0.25~0.40	Ni2.75~3.25	GB/T 17107	调质					≤100 >100~300 >300~500 >500~800	900 850 805 755	785 735 685 590	14 14 13 12	40 38 35 32	54 47 39 32	269~341 262~321 241~302 241~302	大型汽轮机整锻低压转子钢,调质后有良好的综合力学性能和工艺性能,但焊接性能差,焊后容易出现冷裂纹,常用于制作发动机转子和汽轮机叶轮等
17Cr-2Ni2Mo	0.14~0.19	0.17~0.37	0.30~0.60	1.50~1.80	0.25~0.35	Ni1.40~1.70	GB/T 17107	渗碳+淬火+回火					≤30 >30~63	1080 980	790 690	8 8	35 35	— —	— —	是优质的渗碳钢,有高的强度和韧性,用于齿轮等传动件、摩擦件等,渗碳表淬硬度不低于57~62HRC
30Cr-2Ni2Mo	0.26~0.34	0.17~0.37	0.50~0.80	1.80~2.20	0.30~0.50	Ni1.80~2.20	GB/T 3077	850	—	油	520	水、油	25	980	835	10	50	71	≤269	是优质调质钢,有很高的强度、韧性及淬透性。用于重型机械高负荷大截面的零部件,如汽轮机转子、叶片及高负荷的传动件、紧固件、曲轴、齿轮等
30Cr-2Ni2Mo	0.26~0.34	0.17~0.37	0.30~0.60	1.80~2.20	0.30~0.50	Ni1.80~2.20	GB/T 17107	调质					≤100 >100~160 >160~250 >250~500 >500~1000	1100 1000 900 830 780	900 800 700 635 590	10 11 12 12 12	45 50 50 — —	— — — — —	— — — — —	
34Cr-2Ni2Mo	0.30~0.38	0.17~0.37	0.50~0.80	1.30~1.70	0.15~0.30	Ni1.30~1.70	GB/T 3077	850	—	油	540	水、油	25	1080	930	10	50	71	≤269	性能与用途同30Cr2Ni2Mo,表淬硬度不低于52~58HRC。用于螺钉、传动丝杠、蜗轮轴、小齿轮轴、齿条、齿轮等
34Cr-2Ni2Mo	0.30~0.38	0.17~0.37	0.40~0.70	1.40~1.70	0.15~0.30	Ni1.40~1.70	GB/T 17107	调质					≤100 >100~160 >160~250 >250~500 >500~1000	1000 900 800 740 690	800 700 600 540 490	11 12 13 14 15	50 55 55 — —	— — — — —	— — — — —	

续表

牌号	化学成分(质量分数)/%						标准号	推荐热处理					试样毛坯尺寸①(GB/T 3077)或截面尺寸(直径或厚度)(GB/T 17107)/mm	力学性能④					供应状态硬度④ HBW 或 HB	特性和用途
	C	Si	Mn	Cr	Mo	其他		淬火 加热温度/℃ 第一次淬火	淬火 加热温度/℃ 第二次淬火	淬火 冷却剂	回火 加热温度/℃	回火 冷却剂		R_m 或 σ_b /MPa ≥	R_{eL}② 或 σ_s /MPa ≥	A 或 δ_5 /% ≥	Z 或 ψ /% ≥	$KU_2$③ 或 A_{kU} /J ≥		
30Cr2-Ni4Mo	0.26~0.33	0.17~0.37	0.50~0.80	1.20~1.50	0.30~0.60	Ni3.30~4.30	GB/T 3077	850	—	油	560	水、油	25	1080	930	10	50	71	≤269	淬透性很好,调质后有良好的综合力学性能,但冷变形塑性和焊接性较差,宜作截面较大的零件,如轴类零件、对接接头、齿轮等
35Cr2-Ni4Mo	0.32~0.39	0.17~0.37	0.50~0.80	1.60~2.00	0.25~0.45	Ni3.60~4.10	GB/T 3077	850	—	油	560	水、油	25	1130	980	10	50	71	≤269	淬透性很好,调质后有良好的综合力学性能,宜作截面较大的承受疲劳载荷的关键件,如重要轴类、对接接头、螺栓及飞机起落架等
18Cr2-Ni4W	0.13~0.19	0.17~0.37	0.30~0.60	1.35~1.65	—	W0.80~1.20 Ni4.00~4.50	GB/T 3077	950	850	空	200	水、空	15	1180	835	10	45	78	≤269	是渗碳钢,用于制作大截面、高强度而又需要良好韧性和缺口敏感性低的重要渗碳件,如大齿轮、传动轴、花键轴、曲轴,也可作为调质钢使用
							GB/T 17107	淬火+回火					≤80 >80~100 >100~150 >150~250	1180 1180 1180 1180	835 835 835 835	10 9 8 7	45 40 35 30	78 74 70 66	— — — —	特性与用途基本同上,用于承受动负荷、要求高强度的零件
25Cr-2Ni4W	0.21~0.28	0.17~0.37	0.30~0.60	1.35~1.65	—	W0.80~1.20 Ni4.00~4.50	GB/T 3077	850	—	油	550	水、油	25	1080	930	11	45	71	≤269	是调质钢,有优良的低温冲击韧性及淬透性,用于制作大截面、高负荷的调质件,如汽轮机主轴、叶轮等

续表

牌号	化学成分(质量分数)/%						标准号	推荐热处理					试样毛坯尺寸①(GB/T 3077)或截面尺寸(直径或厚度)(GB/T 17107)/mm	力学性能④					供应状态硬度④ HBW或HB	特性和用途
								淬火			回火			R_m 或 σ_b	R_{eL}② 或 σ_s	A 或 δ_5	Z 或 ψ	$KU_2$③ 或 A_{kU} /J		
	C	Si	Mn	Cr	Mo	其他		加热温度/℃ 第一次淬火	加热温度/℃ 第二次淬火	冷却剂	加热温度/℃	冷却剂		/MPa		/%				
														≥						
18Cr-MnNiMo	0.15~0.21	0.17~0.37	1.10~1.40	1.00~1.30	0.20~0.30	Ni1.00~1.30	GB/T 3077	830	—	油	200	空	15	1180	885	10	45	71	≤269	强度高,淬透性也较高,主要用于制作振动载荷条件下工作的减振器、重型汽车等承受高负荷的零件,飞机发动机曲轴、起落架,中、小型火箭壳体等高强度结构零件、扭力轴、离合器轴等,淬火低温或中温回火后使用,也可制作调质件
45CrNi-MoV	0.42~0.49	0.17~0.37	0.50~0.80	0.80~1.10	0.20~0.30	V0.10~0.20 Ni1.30~1.80	GB/T 3077	860	—	油	460	油	试样	1470	1330	7	35	31	≤269	

① 钢棒尺寸小于试样毛坯尺寸时，用原尺寸钢棒进行热处理。

② 当屈服不明显时，可测量 $R_{p0.2}$ 代替下屈服强度 R_{eL}。

③ 直径小于 16mm 的圆钢和厚度小于 12mm 的方钢、扁钢，不做冲击试验。

④ GB/T 3077 中钢的力学性能采用的是 R_m、R_{eL}、A、Z 和 KU_2，交货状态的硬度为退火或高温回火状态下的 HBW，GB/T 17107 中钢的力学性能采用的是 σ_b、σ_s、δ_5、Ψ 和 A_{kU}，交货状态硬度采用的是 HB。

⑤ 稀土按 0.05%计算量加入，成品分析结果供参考。

注：1. GB/T 3077 标准所列力学性能适用于公称直径或厚度不大于 80mm 的钢材，公称尺寸 80~100mm 的钢材，允许其断后伸长率、断面收缩率及冲击吸收能量较表中规定值分别降低 1%（绝对值）、5%（绝对值）及 5%，公称尺寸 100~150mm 的钢材，允许其断后伸长率、断面收缩率及冲击吸收能量较表中规定值分别降低 2%（绝对值）、10%（绝对值）及 10%，公称尺寸 150~250mm 的钢材，允许其断后伸长率、断面收缩率及冲击吸收能量较表中规定值分别降低 3%（绝对值）、15%（绝对值）及 15%，尺寸大于 80mm 的钢材允许将取样用坯改锻（轧）成 70~80mm 后取样检验，其结果应符合表中规定。表中所列各牌号的化学成分也适用于锭、坯及其制品。

2. GB/T 3077 标准所列力学性能是钢材纵向力学性能，由试样毛坯（其截面尺寸为试样尺寸留有一定加工余量）经热处理后制成试样测得。该标准推荐的热处理温度允许调整的范围为：淬火±15℃，低温回火±20℃，高温回火±50℃。

3. GB/T 3077 标准中的钢材通常以热轧或热锻状态交货，如需方要求，也可以热处理（正火、退火或高温回火）状态交货。

4. GB/T 3077 标准中的钢材按冶金质量可分为优质钢、高级优质钢（牌号后加“A”）和特级优质钢（牌号后加“E”），按使用加工方法可分为压力加工用钢（热压力加工、顶锻或冷拔）和切削加工用钢。

5. GB/T 3077 标准规定钢中磷、硫及残余铜的含量（质量分数/%）应不大于下列数值，热压力加工用钢的铜含量应不大于 0.20%：

类别	P	S	Cu
优质钢	0.030	0.030	0.30
高级优质钢	0.020	0.020	0.25
特级优质钢	0.020	0.010	0.25

6. GB/T 3077 标准试样毛坯尺寸栏中为“试样”者，表示力学性能直接由“试样”经热处理后测得，拉伸试样的直径一般为 10mm，最大为 25mm。

7. GB/T 17107 标准中的截面尺寸为锻件尺寸，个别为试样毛坯尺寸，在表中已注明。该标准中所列硬度为热处理后的硬度。

8. GB/T 17107 标准适用于冶金、矿山、船舶、工程机械等设备中经整体热处理后取样测定力学性能的一般锻件。本表所列力学性能不适用于高温高转速的主轴、转子、叶轮和压力容器等锻件。

弹簧钢(摘自 GB/T 1222—2016)

表 3-2-11　　**弹簧钢的化学成分和力学性能**

牌号	化学成分(质量分数)/%									热处理制度[②]			力学性能,≥					交货硬度[④]		特性和用途
	C	Si	Mn	Cr	Ni	Cu[①]	P	S	其他	淬火温度/℃	淬火剂	回火温度/℃	R_{eL}[③]	R_m	A	$A_{11.3}$	Z	交货状态	HBW	
					≤								/MPa		/%				≤	
65	0.62~0.70	0.17~0.37	0.50~0.80	≤0.25	0.35	0.25	0.030	0.030	—	840	油	500	785	980	—	9.0	35	热轧	285	热处理后强度高,具有适宜的塑性和韧性,但淬透性低,只能淬透 12~15mm 的直径。用于制作汽车、拖拉机、机车车辆及一般机械用的板弹簧及螺旋弹簧
70	0.67~0.75	0.17~0.37	0.50~0.80	≤0.25	0.35	0.25	0.030	0.030	—	830	油	480	835	1030	—	8.0	30	热轧	285	
80	0.77~0.85	0.17~0.37	0.50~0.80	≤0.25	0.35	0.25	0.030	0.030	—	820	油	480	930	1080	—	6.0	30	热轧	285	
85	0.82~0.90	0.17~0.37	0.50~0.80	≤0.25	0.35	0.25	0.030	0.030	—	820	油	480	980	1130	—	6.0	30	热轧	302	
65Mn	0.62~0.70	0.17~0.37	0.90~1.20	≤0.25	0.35	0.25	0.030	0.030	—	830	油	540	785	980	—	8.0	30	热轧	302	强度高,淬透性较好,可淬透 20mm 的直径,脱碳倾向小,但有过热敏感性,易产生淬火裂纹,并有回火脆性。适于制作各种小截面的扁圆弹簧、座垫板簧、弹簧发条、弹簧环、气门簧、冷卷簧等
70Mn	0.67~0.75	0.17~0.37	0.90~1.20	≤0.25	0.35	0.25	0.030	0.030	—	⑤	—	—	450	785	8.0	—	30	热轧	302	
28SiMnB	0.24~0.32	0.60~1.00	1.20~1.60	≤0.25	0.35	0.25	0.025	0.020	B0.0008~0.0035	900	水或油	320	1180	1275	—	5.0	25	热轧	302	用于制作汽车钢板弹簧
40SiMnVBE[⑥]	0.39~0.42	0.90~1.35	1.20~1.55	—	0.35	0.25	0.020	0.012	V0.09~0.12 B0.0008~0.0025	880	油	320	1680	1800	9.0	—	40	热轧	供需双方协商	用于制作重型及中小型汽车的板簧,亦可制作其他中型断面的板簧和螺旋弹簧
																		热轧+去应力退火	321	
55SiMnVB	0.52~0.60	0.70~1.00	1.00~1.30	≤0.35	0.35	0.25	0.025	0.020	V0.08~0.16 B0.0008~0.0035	860	油	460	1225	1375	—	5.0	30	热轧	321	
38Si2	0.35~0.42	1.50~1.80	0.50~0.80	≤0.25	0.35	0.25	0.025	0.020	—	880	水	450	1150	1300	8.0	—	35	热轧	321	主要用于制作轨道扣件用弹条
																		去应力退火	280	
																		软化退火	217	

续表

牌号	化学成分(质量分数)/%									热处理制度②			力学性能,≥					交货硬度④		特性和用途
	C	Si	Mn	Cr	Ni	Cu①	P	S	其他	淬火温度/℃	淬火剂	回火温度/℃	R_{eL}③	R_m	A	$A_{11.3}$	Z	交货状态	HBW	
					≤								/MPa		/%				≤	
60Si2Mn	0.56~0.64	1.50~2.00	0.70~1.00	≤0.35	0.35	0.25	0.025	0.020	—	870	油	440	1375	1570	—	5.0	20	热轧	321	高温回火后,有良好的综合力学性能。主要用于制作铁路机车车辆、汽车和拖拉机上的板簧、螺旋弹簧(弹簧截面尺寸可达25mm),安全阀和止回阀用弹簧,以及其他高应力下工作的重要弹簧,还可制作耐热(<250℃)弹簧等
56Si2MnCr	0.52~0.60	1.60~2.00	0.70~1.00	0.20~0.45	0.35	0.25	0.025	0.020	—	860	油	450	1350	1500	6.0	—	25	热轧	供需双方协商	一般用于冷拉钢丝、淬回火钢丝制作悬架弹簧,或板厚大于10~15mm的大型板簧等
																		去应力退火	280	
																		软化退火	248	
60Si2MnCrV	0.56~0.64	1.50~2.00	0.70~1.00	0.20~0.40	0.35	0.25	0.025	0.020	V0.10~0.20	860	油	400	1650	1700	5.0	—	30	热轧	供需双方协商	可用于制作大载荷的汽车板簧
																		去应力退火	280	
																		软化退火	248	
55SiCr	0.51~0.59	1.20~1.60	0.50~0.80	0.50~0.80	0.35	0.25	0.025	0.020	—	860	油	450	1300	1450	6.0	—	25	热轧	供需双方协商	用于制作汽车悬挂用螺旋弹簧、气门弹簧
																		热轧+去应力退火	321	
55SiCrV	0.51~0.59	1.20~1.60	0.50~0.80	0.50~0.80	0.35	0.25	0.025	0.020	V0.10~0.20	860	油	400	1600	1650	5.0	—	35	热轧	供需双方协商	
																		去应力退火	280	
																		软化退火	248	

续表

牌号	化学成分(质量分数)/%									热处理制度②			力学性能,≥					交货硬度④		特性和用途
	C	Si	Mn	Cr	Ni	Cu①	P	S	其他	淬火温度/℃	淬火剂	回火温度/℃	R_{eL}③	R_m	A	$A_{11.3}$	Z	交货状态	HBW	
					≤								/MPa		/%				≤	
52SiCrMnNi	0.49~0.56	1.20~1.50	0.70~1.00	0.70~1.00	0.50~0.70	0.25	0.025	0.020	—	860	油	450	1300	1450	6.0	—	35	热轧	供需双方协商	欧洲客户用于制作载重卡车用大规格稳定杆
																		去应力退火	280	
																		软化退火	248	
60Si2Cr	0.56~0.64	1.40~1.80	0.40~0.70	0.70~1.00	0.35	0.25	0.025	0.020	—	870	油	420	1570	1765	6.0	—	20	热轧	供需双方协商	综合力学性能很好,强度高,冲击韧性好,过热敏感性较低,高温性能较稳定。用于制作最重要的、高负荷、耐冲击或耐热(≤250℃)弹簧
																		热轧+去应力退火	321	
60Si2CrV	0.56~0.64	1.40~1.80	0.40~0.70	0.90~1.20	0.35	0.25	0.025	0.020	V0.10~0.20	850	油	410	1665	1860	6.0	—	20	热轧	供需双方协商	
																		热轧+去应力退火	321	
55CrMn	0.52~0.60	0.17~0.37	0.65~0.95	0.65~0.95	0.35	0.25	0.025	0.020	—	840	油	485	1080	1225	9.0	—	20	热轧	321	用于制作汽车稳定杆,亦可制作较大规格的板簧、螺旋弹簧
60CrMn	0.56~0.64	0.17~0.37	0.70~1.00	0.70~1.00	0.35	0.25	0.025	0.020	—	840	油	490	1080	1225	9.0	—	20	热轧	321	
60CrMnB	0.56~0.64	0.17~0.37	0.70~1.00	0.70~1.00	0.35	0.25	0.025	0.020	B0.0008~0.0035	840	油	490	1080	1225	9.0	—	20	热轧	供需双方协商	用于制作较厚的钢板弹簧、汽车导向臂等产品
																		热轧+去应力退火	321	
51CrMnV	0.47~0.55	0.17~0.37	0.70~1.10	0.90~1.20	0.35	0.25	0.025	0.020	V0.10~0.25	850	油	450	1200	1350	6.0	—	30	热轧	供需双方协商	适宜制作工作应力高、疲劳性能要求严格的螺旋弹簧、汽车板簧等,亦可用作较大截面的高负荷重要弹簧及工作温度小于300℃的阀门弹簧、活塞弹簧、安全阀弹簧
																		去应力退火	280	
																		软化退火	248	
60CrMnMo	0.56~0.64	0.17~0.37	0.70~1.00	0.70~1.00	0.35	0.25	0.025	0.020	Mo0.25~0.35	860	油	450	1300	1450	6.0	—	30	热轧	供需双方协商	用于制作大型土木建筑、重型车辆、机械等使用的超大型弹簧
																		去应力退火	280	
																		软化退火	248	

续表

牌号	化学成分(质量分数)/%									热处理制度②			力学性能,≥					交货硬度④		特性和用途
	C	Si	Mn	Cr	Ni	Cu①	P	S	其他	淬火温度/℃	淬火剂	回火温度/℃	R_{eL}③	R_m	A	$A_{11.3}$	Z	交货状态	HBW	
					≤								/MPa		/%				≤	
52CrMnMoV	0.48~0.56	0.17~0.37	0.70~1.10	0.90~1.20	0.35	0.25	0.025	0.020	V0.10~0.20 Mo0.15~0.30	860	油	450	1300	1450	6.0	—	35	热轧	供需双方协商	用于制作汽车板簧、高速客车转向架弹簧、汽车导向臂等
																		去应力退火	280	
																		软化退火	248	
50CrV	0.46~0.54	0.17~0.37	0.50~0.80	0.80~1.10	0.35	0.25	0.025	0.020	V0.10~0.20	850	油	500	1130	1275	10.0	—	40	热轧	321	具有较高的综合力学性能,良好的冲击韧性,回火后强度高,高温性能稳定,淬透性很高。其用途同51CrMnV钢
30W4Cr2V⑦	0.26~0.34	0.17~0.37	≤0.40	2.00~2.50	0.35	0.25	0.025	0.020	W4.00~4.50 V0.50~0.80	1075	油	600	1325	1470	7.0	—	40	热轧	供需双方协商	是高强度耐热弹簧钢,淬透性特别高。制作高温(≤500℃)条件下使用的弹簧,如汽轮机主蒸汽阀弹簧、锅炉安全阀弹簧等
																		热轧+去应力退火	321	

① 根据需方要求，并在合同中注明，钢中残余铜含量可不大于0.20%。

② 表中热处理温度允许调整范围为：淬火±20℃；回火±50℃（28MnSiB钢±30℃）。根据需方要求，其他钢回火可按±30℃进行。

③ 当检测钢材屈服现象不明显时，可用 $R_{p0.2}$ 代替 R_{eL}。

④ 表中所有牌号的交货状态均可为冷拉+去应力退火或冷拉，前种交货状态下布氏硬度HBW应不大于321，后种交货状态下布氏硬度HBW应供需双方协商。

⑤ 70Mn的推荐热处理制度为：正火790℃，允许调整范围为±30℃。

⑥ 40SiMnVBE为专利牌号。

⑦ 30W4Cr2V除抗拉强度外，其他力学性能检验结果供参考，不作为交货依据。

注：1. GB/T 1222适用于热轧，锻制和冷拉弹簧钢钢材。圆钢和方钢（以下简称棒材）的公称直径或边长不大于120mm；扁钢的公称宽度不大于160mm，公称厚度不大于60mm；盘条的公称直径不大于40mm。

2. 热轧棒材的尺寸、外形及允许偏差应符合GB/T 702的规定，锻制棒材的尺寸、外形及允许偏差应符合GB/T 908的规定，冷拉棒材的尺寸、外形及允许偏差应符合GB/T 905的规定，热轧盘条的尺寸及允许偏差应符合GB/T 14981的规定，银亮钢的尺寸、外形及允许偏差应符合GB/T 3207的规定。热轧扁钢的尺寸见后面型材。

3. 表中力学性能指标是采用尺寸为11~12mm的热处理毛坯制成直径为10mm的比例试样测定的钢材纵向力学性能，适用于直径或边长不大于80mm的棒材，以及厚度不大于40mm的扁钢。对于直径或边长大于80mm的棒材，以及厚度大于40mm的扁钢，允许其断后伸长率、断面收缩率较表中规定值分别降低1%（绝对值）及5%（绝对值）。

4. 对于直径或边长小于11mm的棒材，用原尺寸钢材进行热处理。对于厚度小于11mm的扁钢，允许采用矩形试样，此时断面收缩率不作为验收条件。

5. 盘条通常不检验力学性能。如需方要求检验力学性能，则具体指标由供需双方协商确定。

6. 28SiMnB和40SiMnVBE的主要技术参数参见原标准附录D。

轴承钢（摘自 GB/T 18254—2016）

表 3-2-12　　高碳铬轴承钢的化学成分和力学性能

牌号	化学成分(质量分数)/%							交货状态硬度 HBW		性能特点	应用举例
	C	Si	Mn	Cr	Mo	Ni ≤	Cu ≤	球化退火	软化退火 ≤		
G8Cr15	0.75~0.85	0.15~0.35	0.20~0.40	1.30~1.65	≤0.10	0.25	0.25	179~207	245	综合性能良好，淬火及回火后，硬度高而均匀，耐磨性好，接触疲劳强度高，球化退火后可切削性能良好	宜制作壁厚≤12mm、外径≤250mm 的各种轴承套圈、直径≤50mm 的钢球、圆锥、直径≤22mm 的球面滚子及所有尺寸的滚针，还可用于制作量具、模具、木工刀具
GCr15	0.95~1.05	0.15~0.35	0.25~0.45	1.40~1.65	≤0.10			179~207		高碳铬轴承钢的代表钢种、综合性能良好，淬火与回火后具有高而均匀的硬度，良好的耐磨性和高的接触疲劳强度，热加工变形性能和切削加工性能均好，但焊接性差，对白点形成较敏感，有回火脆性倾向	用于制造壁厚不大于 12mm、外径不大于 250mm 的各种轴承套圈，也用于制造尺寸范围较宽的滚动体，如钢球、圆锥滚子、圆柱滚子、球面滚子、滚针等；还用于制造模具、精密量具以及其他要求高耐磨性、高弹性极限和高接触疲劳强度的机械零部件
GCr15SiMn	0.95~1.05	0.45~0.75	0.95~1.25	1.40~1.65	≤0.10			179~217		在 GCr15 的基础上适当增加硅、锰含量，其淬透性、弹性极限、耐磨性均有明显提高，冷加工塑性中等，切削加工性能稍差，焊接性能不好，对白点形成较敏感，有回火脆性倾向	用于制作大尺寸的轴承套圈、钢球、圆锥滚子、圆柱滚子、球面滚子等，轴承零件的工作温度小于 180℃；还用于制作模具、量具、丝锥及其他要求硬度高且耐磨的零部件
GCr15SiMo	0.95~1.05	0.65~0.85	0.20~0.40	1.40~1.70	0.30~0.40			179~217		在 GCr15 的基础上提高硅含量，并添加钼而开发的新型轴承钢。综合性能良好，淬透性高，耐磨性好，接触疲劳强度高，其他性能与 GCr15SiMn 相近	用于制作大尺寸的轴承套圈、滚珠、滚柱，还用于制作模具、精密量具以及其他要求硬度高且耐磨的零部件
GCr18Mo	0.95~1.05	0.20~0.40	0.25~0.40	1.65~1.95	0.15~0.25			179~207		相当于瑞典 SKF24 轴承钢。是在 GCr15 的基础上加入钼，并适当提高铬含量，从而提高了钢的淬透性。其他性能与 GCr15 相近	用于制作各种轴承套圈，壁厚从不大于 16mm 增加到不大于 20mm，扩大了使用范围；其他用途和 GCr15 基本相同

注：1. 表中化学成分为熔炼分析成分，各牌号中磷、硫及残余氧的含量（质量分数/%）应不大于下列数值，氧含量在钢坯或钢材上测定：

类别	P	S	O
优质钢	0.025	0.020	0.0012
高级优质钢	0.020	0.020	0.0009
特级优质钢	0.015	0.015	0.0006

2. 成品钢材（或钢坯）的化学成分允许偏差参见原标准。
3. 钢材应逐支用火花法或看谱镜检验。
4. 钢材按下列几种交货状态提供，交货状态应在合同中注明：

热轧和热锻不退火圆钢（简称：热轧、热锻）；热轧和热锻软化退火圆钢（简称：热轧软退、热锻软退）；热轧球化退火圆钢（简称：热轧球退）；热轧球化退火剥皮圆钢（简称：热轧球剥）；热轧和热锻软化退火剥皮圆钢（简称：热轧软剥、热锻软剥）；冷拉圆钢；冷拉磨光圆钢；热轧不退火圆盘条；热轧球化退火圆盘条。

工模具钢（摘自 GB/T 1299—2014）

表 3-2-13　刃具模具用非合金钢的化学成分和力学性能

牌号	化学成分(质量分数)/%			交货状态硬度和试样淬火硬度				特性和用途
	C	Mn	Si ≤	退火状态交货硬度 HBW ≤	试样淬火硬度 淬火温度/℃	冷却剂	HRC ≥	
T7	0.65~0.74	≤0.40	0.35	187	800~820	水	62	淬火回火后有较高强度和韧性，且有一定硬度，但热硬性低、淬透性差、淬火变形大，能承受振动和冲击负荷，硬度适中时具有较高韧性。用于锻模、凿子、锤、小尺寸风动工具、钳工工具和木工工具等
T8	0.75~0.84	≤0.40	0.35	187	780~800	水	62	淬火加热时容易过热，变形也大，塑性及强度也比较低，不宜制作承受较大冲击的工具，但热处理后有较高的硬度及耐磨性。多用来制作切削刃口在工作时不变热的工具，或制造能承受振动和需有足够韧性且有较高硬度的工具，如各种木工工具、风动工具、钳工装配工具、简单模具、冲头、钻、凿、斧、锯等。T8Mn 和 T8MnA 有较高的淬透性，能获得较深的淬硬层，可用于制作断面较大的木工工具
T8Mn	0.80~0.90	0.40~0.60	0.35	187	780~800	水	62	
T9	0.85~0.94	≤0.40	0.35	192	760~780	水	62	用于制作有韧性而又有硬度的各种工具，如冲模、冲头、木工工具及农机中切割零件
T10	0.95~1.04	≤0.40	0.35	197	760~780	水	62	韧性较小，有较高的耐磨性，用于制作不受突然或剧烈振动的工具，如车刀、刨刀、拉丝模、钻头、丝锥等，以及制作切削刃口在工作时不变热的工具，如木工工具、锯、钻等，或小型冲模、长板、钳工刮刀、锉刀等
T11	1.05~1.14	≤0.40	0.35	207	760~780	水	62	具有较好的综合力学性能，如硬度、耐磨性及韧性等，用于制作在工作时切削刃口不变热的工具，如丝锥、锉刀、刮刀、尺寸不大的和截面无急剧变化的冷冲模及木工工具等
T12	1.15~1.24	≤0.40	0.35	207	760~780	水	62	韧性不高，具有较高的耐磨性和硬度，用于制作不受冲击负荷、切削速度不高、切削刃口不变热的工具，如车刀、铣刀、刨刀、钻头、铰刀、丝锥、板牙、刮刀、量规、锉刀及断面尺寸小的冷切边模、冲孔模等
T13	1.25~1.35	≤0.40	0.35	217	760~780	水	62	韧性低，硬度高，用于制作不受振动但需特别高硬度的工具，如切硬金属的工具、刮刀、拉丝工具、刻锉刀纹的工具、钻头、雕刻工具和锉刀等

表 3-2-14　合金工具钢的化学成分和力学性能

钢组	牌号	化学成分(质量分数)/%							退火状态交货硬度 HBW	试样淬火硬度			特性和用途
		C	Si	Mn	Cr	W	Mo	其他		淬火温度/℃	冷却剂	HRC ≥	
量具刃具用钢	9SiCr	0.85~0.95	1.20~1.60	0.30~0.60	0.95~1.25	—	—	—	197~241[③]	820~860	油	62	淬透性良好，耐磨性高，具有回火稳定性，但加工性差。用于制作形状复杂变形小的刃具、板牙丝锥、钻头、铰刀、齿轮铣刀、风凿、冷冲模及冷轧辊等

续表

钢组	牌号	化学成分(质量分数)/%							退火状态交货硬度HBW	试样淬火硬度			特性和用途
		C	Si	Mn	Cr	W	Mo	其他		淬火温度/℃	冷却剂	HRC ≥	
量具刃具用钢	8MnSi	0.75~0.85	0.30~0.60	0.80~1.10	—	—	—	—	≤229	800~820	油	60	主要用于木工工具及凿子、锯条等刃具
	Cr06	1.30~1.45	≤0.40	≤0.40	0.50~0.70	—	—	—	187~241	780~810	水	64	有较高的硬度和耐磨性，但较脆，用于制作外科手术刀、刮脸刀及刮刀、刻刀、锉刀等
	Cr2	0.95~1.10	≤0.40	≤0.40	1.30~1.65	—	—	—	179~229	830~860	油	62	具有良好的力学性能，淬透性好，耐磨性和硬度高，变形小，但高温塑性差。用于制作大尺寸的冷冲模和低速、切削量小、加工材料不硬的刃具，如车刀、插刀、铰刀及量具、样板、量规、凸轮销、偏心轮、冷轧辊、钻套和拉丝模等
	9Cr2	0.80~0.95	≤0.40	≤0.40	1.30~1.70	—	—	—	179~217	820~850	油	62	用于制作冷作模具、冷轧辊、压延辊、钢印、木工工具等
	W	1.05~1.25	≤0.40	≤0.40	0.10~0.30	0.80~1.20	—	—	187~229	800~830	水	62	热处理变形较小，水淬时不易产生裂纹，制作断面不大的工具、小麻花钻、丝锥、板牙、铰刀、锯条等
耐冲击工具用钢	4CrW2Si	0.35~0.45	0.80~1.10	≤0.40	1.00~1.30	2.00~2.50	—	—	179~217	860~900	油	53	具有一定的淬透性，高温下具有高的强度和硬度，但塑性较差。用于制作剪切机刀片、切边用冷冲模及中应力热锻模、手或风动凿子、空气锤、混凝土破裂器等
	5CrW2Si	0.45~0.55	0.50~0.80	≤0.40	1.00~1.30	2.00~2.50	—	—	207~255	860~900	油	55	可制作冷加工用的风动凿子、空气锤、铆钉工具及热加工用的热锻模、压铸模、热剪刀片等
	6CrW2Si	0.55~0.65	0.50~0.80	≤0.40	1.00~1.30	2.20~2.70	—	—	229~285	860~900	油	57	同 4CrW2Si、5CrW2Si，但能凿更硬金属
	6CrW2SiV	0.55~0.65	0.70~1.00	0.15~0.45	0.90~1.20	1.70~2.20	—	V0.10~0.20	≤225	870~910	油	58	耐冲击与耐磨损性能配合良好，且具有良好的抗疲劳性能和高的尺寸稳定性，可制作刀片、冷成型工具、精密冲裁模以及热冲孔工具等
	6CrMnSi2Mo1V④	0.50~0.65	1.75~2.25	0.60~1.00	0.10~0.50	—	0.20~1.35	V0.15~0.35	≤229	667℃±15℃预热，885℃(盐浴)或900℃(炉控气氛)±6℃加热，保温5~15min油冷，58~204℃回火		58	具有较高的淬透性、耐磨性与回火稳定性，淬火温度要求较低，用该钢制作的模具在使用过程中很少发生崩刃和断裂，可制作在高冲击载荷下工作的工具、冲模、冷冲裁切边用凹模等

第3篇

续表

钢组	牌号	化学成分(质量分数)/%							退火状态交货硬度HBW	试样淬火硬度			特性和用途
		C	Si	Mn	Cr	W	Mo	其他		淬火温度/℃	冷却剂	HRC ≥	
耐冲击工具用钢	5Cr3MnSiMo1V④	0.45~0.55	0.20~1.00	0.20~0.90	3.00~3.50	—	1.30~1.80	V≤0.35	≤235	667℃±15℃预热,941℃(盐浴)或955℃(炉控气氛)±6℃加热,保温5~15min油冷,56~204℃回火		56	有较高的强度和回火稳定性,淬透性与综合性能良好,可制作在较高温度、高冲击载荷下工作的工具、冲模,也可用于制作锤锻模具
冷作模具用钢	Cr8	1.60~1.90	0.20~0.60	0.20~0.60	7.50~8.50	—	—	—	≤255	920~980	油	63	具有较好的淬透性与高的耐磨性,适宜制作要求耐磨性较高的各类冷作模具,与Cr12相比具有较好的韧性
	Cr12	2.00~2.30	≤0.40	≤0.40	11.50~13.00	—	—	—	217~269	950~1000	油	60	具有良好耐磨性,适宜制作承受冲击负荷较小、要求高耐磨的冷冲模及冲头、拉丝模、搓丝板、冷剪切刀、钻套、量规等
	Cr12Mo1V1⑤	1.40~1.60	≤0.60	≤0.60	11.00~13.00	—	0.70~1.20	V0.50~1.10 Co≤1.00	≤255	820℃±15℃预热,1000℃(盐浴)或1010℃(炉控气氛)±6℃加热,保温10~20min空冷,200℃±6℃回火一次,2h		59	具有高的淬透性、淬硬性和耐磨性,,淬透性和韧性比Cr12MoV好,且高温抗氧化性能好,热处理变形小,适宜制作各种高精度、长寿命的冷作模具、刃具和量具,如形状复杂的冲孔凹模、冷挤压模、滚丝轮、搓丝板、冷剪切刀和精密量具等
	Cr12MoV	1.45~1.70	≤0.40	≤0.40	11.00~12.50	—	0.40~0.60	V0.15~0.30	207~255	950~1000	油	58	具有高的淬透性和耐磨性,淬火时尺寸变化小,比Cr12钢韧性高,适宜制作形状复杂的各种铸、锻模具及冷剪切刀、圆锯、量具、螺纹滚模等
	Cr8Mo2SiV	0.95~1.03	0.80~1.20	0.20~0.50	7.80~8.30	—	2.00~2.80	V0.25~0.40	≤255	1020~1040	油或空	62	具有高的淬透性、耐磨性和韧性,淬火时尺寸变化小,适宜制作冷剪切模、切边模、滚边模、量规、拉丝模、搓丝板、冷冲模等
	Cr5Mo1V④	0.95~1.05	≤0.50	≤1.00	4.75~5.50	—	0.90~1.40	V0.15~0.50	≤255	790℃±15℃预热,940℃(盐浴)或950℃(炉控气氛)±6℃加热,保温5~15min油冷,200℃±6℃回火一次,2h		60	空淬性能好,耐磨性介于高碳油淬模具钢与高碳高铬耐磨型模具钢之间,但其韧性较好,通用性强,特别适宜制作既要求好的耐磨性又要求好的韧性的工模具,可代替CrWMn、9Mn2V制作中、小型冷冲裁模、成型模、冲头等

续表

钢组	牌号	化学成分(质量分数)/%							退火状态交货硬度HBW	试样淬火硬度			特性和用途
		C	Si	Mn	Cr	W	Mo	其他		淬火温度/℃	冷却剂	HRC ≥	
冷作模具用钢	5Cr8MoVSi	0.48~0.53	0.75~1.05	0.35~0.50	8.00~9.00	—	1.25~1.70	V0.30~0.55 P≤0.030 S≤0.015	≤229	1000~1050	油	59	具有良好的淬透性、韧性、热处理尺寸稳定性，适宜制作硬度在HRC55~HRC60的冲头和冷锻模具，也可用于制作非金属刀具材料
	7Cr7Mo2V2Si	0.68~0.78	0.70~1.20	≤0.40	6.50~7.50	—	1.90~2.30	V1.80~2.20	≤255	1100~1150	油或空	60	具有比Cr12与W6Mo5Cr4V2钢更高的强度和韧性，更好的耐磨性，且冷热加工性能优良，热处理变形小，通用性强，适宜制作承受高负荷的冷挤压模具、冷镦模具、冷冲模具等
	Cr12W	2.00~2.30	0.10~0.40	0.30~0.60	11.00~13.00	0.60~0.80	—	—	≤255	950~980	油	60	具有较高的耐磨性和淬透性，但塑性、韧性较差，适宜制作要求高强度、高耐磨性，且受热不大于300~400℃的工模具，如钢板深拉伸模、拉丝模、螺纹搓丝板、冷冲模、剪切刀、锯条等
	CrWMn	0.90~1.05	≤0.40	0.80~1.10	0.90~1.20	1.20~1.60	—	—	207~255	800~830	油	62	在淬火和低温回火后具有比9SiCr钢更高的硬度、更好的耐磨性和韧性，适宜制作丝锥、板牙、铰刀、小型冲模等
	9CrWMn	0.85~0.95	≤0.40	0.90~1.20	0.50~0.80	0.50~0.80	—	—	197~241	800~830	油	62	具有一定的淬透性和耐磨性，淬火变形小，适宜制作截面不大而形状复杂的冷冲模
	Cr4W2MoV	1.12~1.25	0.40~0.70	≤0.40	3.50~4.00	1.90~2.60	0.80~1.20	V0.80~1.10	≤269	960~980 或 1020~1040	油	60	具有较高的淬透性、淬硬性、耐磨性和尺寸稳定性，适宜制作各种冲模、冷镦模、落料模、冷挤凹模及搓丝板等，与Cr12钢制作的模具相比，寿命有较大提高
	6Cr4W3Mo2VNb	0.60~0.70	≤0.40	≤0.40	3.80~4.40	2.50~3.50	1.80~2.50	V0.80~1.20 Nb0.20~0.35	≤255	1100~1160	油	60	既具有高速钢的高硬度和高强度，又具有较好的韧性和较高的疲劳极限，还具有较好的冷热加工性能，是新型的高韧性冷作模具钢，适宜制作冷挤压、厚板冷冲、冷镦等承受较大载荷的冷作模具，也可用于制作温热挤压模具
	7CrMn2Mo	0.65~0.75	0.10~0.50	1.80~2.50	0.90~1.20	—	0.90~1.40	—	≤235	820~870	空	61	热处理变形小，适宜制作需要接近尺寸公差的制品，如修边模、塑料模、压弯工具、冲切模和精压模等

续表

钢组	牌号	化学成分(质量分数)/%							退火状态交货硬度HBW	试样淬火硬度			特性和用途
		C	Si	Mn	Cr	W	Mo	其他		淬火温度/℃	冷却剂	HRC ≥	
冷作模具用钢	7CrSiMnMoV	0.65~0.75	0.85~1.15	0.65~1.05	0.90~1.20	—	0.20~0.50	V0.15~0.30	≤235	870~900℃油冷或空冷,150℃±10℃回火空冷		60	淬火温度范围宽,淬透性良好,空冷即可淬硬,硬度可达62~64HRC,具有淬火操作方便,成本低,过热敏感性小,空冷变形小等特点,适宜制作汽车冷弯模具
	W6Mo5Cr4V2④	0.80~0.90	0.15~0.40	0.20~0.45	3.80~4.40	5.50~6.75	4.50~5.50	V1.75~2.20	≤255	730~840℃预热,1210~1230℃(盐浴或炉控气氛)加热,保温5~15min油冷,540~560℃回火两次(盐浴或炉控气氛),每次2h		64(盐浴)63(炉控气氛)	具有高的红硬性与耐磨性,好的韧性与热塑性,适宜制作各种类型的工具,大型热塑成型的刀具,还可制作高负荷下耐磨性零件,如冷挤压模具,温挤压模具等
	6W6Mo5Cr4V	0.55~0.65	≤0.40	≤0.60	3.70~4.30	6.00~7.00	4.50~5.50	V0.70~1.10	≤269	1180~1200	油	60	低碳型高速钢,具有较好的韧性,主要用于制作冷挤压用钢
	9Mn2V	0.85~0.95	≤0.40	1.70~2.00	—	—	—	V0.10~0.25	≤229	780~810	油	62	具有较高的硬度和耐磨性,淬火时变形较小,淬透性好,适宜制作各种精密量具、样板,也可用于制作尺寸较小的冲模、冷压模、雕刻模、落料模等,以及机床的丝杠等结构件
	MnCrWV	0.90~1.05	0.10~0.40	1.05~1.35	0.50~0.70	0.50~0.70	—	V0.05~0.15	≤255	790~820	油	62	硬度高,耐磨性与淬透性较好,热处理变形小,适宜制作冲裁模、剪切刀、落料模、量具及热固性塑料成型模等
热作模具用钢	8Cr3	0.75~0.85	≤0.40	≤0.40	3.20~3.80	—	—	—	207~255	850~880	油	⑥	具有较好的淬透性和高温强度,适宜制作冲击负荷不大、500℃以下工作的热作模具,如热弯、热剪的成形冲模,也可用于制作冷轧工作辊
	5CrMnMo	0.50~0.60	0.25~0.60	1.20~1.60	0.60~0.90	—	0.15~0.30	—	197~241	820~850	油	⑥	具有与5CrNiMo钢相似的性能,淬透性较5CrNiMo钢略差,耐热疲劳性逊于5CrNiMo钢,适宜制作要求较高强度和高耐磨性的各类锻模
	4CrMnSiMoV	0.35~0.45	0.80~1.10	0.80~1.10	1.30~1.50	—	0.40~0.60	V0.20~0.40	≤255	870~930	油	⑥	具有较高的热强性,良好的淬透性、耐磨性、耐热疲劳性能、抗回火稳定性、冷热加工性和韧性,主要用于制作5CrNiMo钢不能满足要求的、大型锤锻模和机锻模

续表

钢组	牌号	化学成分(质量分数)/%							退火状态交货硬度 HBW	试样淬火硬度			特性和用途
		C	Si	Mn	Cr	W	Mo	其他		淬火温度/℃	冷却剂	HRC ≥	
热作模具用钢	5CrNiMo[①]	0.50~0.60	≤0.40	0.50~0.80	0.50~0.80	—	0.15~0.30	Ni1.40~1.80	197~241	830~860	油	⑥	具有良好的淬透性、热硬性及韧性，较高的强度与耐磨性，对回火脆性不敏感，适宜制作各种大、中型锻模
	4CrNi4Mo	0.40~0.50	0.10~0.40	0.20~0.50	1.20~1.50	—	0.15~0.35	Ni3.80~4.30	≤285	840~870	油或空	⑥	具有良好的淬透性、韧性和抛光性能，可空冷硬化，适宜制作热作模具和塑料模具，也可用于制作部分冷作模具
	4Cr2NiMoV	0.35~0.45	≤0.40	≤0.40	1.80~2.20	—	0.45~0.60	Ni1.10~1.50 V0.10~0.30	≤220	910~960	油	⑥	具有较高的室温强度，较好的淬透性、回火稳定性、韧性及抗热疲劳性能，适宜制作热锻模具
	5CrNi2MoV	0.50~0.60	0.10~0.40	0.60~0.90	0.80~1.20	—	0.35~0.55	Ni1.50~1.80 V0.05~0.15	≤255	850~880	油	⑥	与5CrNiMo钢类似，具有良好的淬透性和热稳定性，适宜制作大型锻压模具和热剪
	5Cr2NiMoVSi	0.46~0.54	0.60~0.90	0.40~0.60	1.50~2.00	—	0.80~1.20	Ni0.80~1.20 V0.30~0.50	≤255	960~1010	油	⑥	具有良好的淬透性和热稳定性，适宜制作各种大型热锻模
	3Cr2W8V	0.30~0.40	≤0.40	≤0.40	2.20~2.70	7.50~9.00	—	V0.20~0.50	≤255	1075~1125	油	⑥	高温下具有高的强度和硬度，抗热疲劳性能较好，但韧性较差，适宜制作高温高应力下，不受冲击载荷的凸凹模，如平锻机上用的凸凹模、镶块、铜合金挤压模、压铸模具，也可制作同时承受大压应力、弯应力、拉应力的模具，如反挤压模具等，以及高温下受力的热金属切刀等
	4Cr5W2VSi	0.32~0.42	0.80~1.20	≤0.40	4.50~5.50	1.60~2.40	—	V0.60~1.00	≤229	1030~1050	油或空	⑥	中温下具有较高的强度、硬度、耐磨性，较好的韧性与抗热疲劳性能，可空冷硬化，适宜制作热挤压模具和芯棒，铝、锌等轻金属的压铸模，热顶锻结构钢和耐热钢用的工具，以及成型某些零件用的高速锤锻模
	5Cr4W5Mo2V	0.40~0.50	≤0.40	≤0.40	3.40~4.40	4.50~5.30	1.50~2.10	V0.70~1.10	≤269	1100~1150	油	⑥	具有高的热强性、高温硬度和耐磨性，较好的热稳定性和回火稳定性，但韧性与抗热疲劳性能低于4Cr5MoSiV1钢，适宜制作对高温强度和抗磨损性能有较高要求的热作模具，可代替3Cr2W8V

续表

钢组	牌号	化学成分(质量分数)/%							退火状态交货硬度HBW	试样淬火硬度			特性和用途
		C	Si	Mn	Cr	W	Mo	其他		淬火温度/℃	冷却剂	HRC ≥	
热作模具用钢	5Cr5WMoSi	0.50~0.60	0.75~1.10	0.20~0.50	4.75~5.50	1.00~1.50	1.15~1.65	—	≤248	990~1020	油	⑥	具有良好的淬透性和韧性，中等的耐磨性，好的热处理尺寸稳定性，适宜制作硬度在55~60HRC的冲头，也适宜制作冷作模具、非金属刀具等
	3Cr3Mo3V	0.28~0.35	0.10~0.40	0.15~0.45	2.70~3.20	—	2.50~3.00	V0.40~0.70 P≤0.030 S≤0.020	≤229	1010~1050	油	⑥	具有较高的热强性和韧性，良好的回火稳定性与抗热疲劳性能，适宜制作镦锻模、热挤压模和压铸模等
	4Cr5Mo2V	0.35~0.42	0.25~0.50	0.40~0.60	5.00~5.50	—	2.30~2.60	V0.60~0.80 P≤0.020 S≤0.008	≤220	1000~1030	油	⑥	具有较高的热强性，良好的淬透性、韧性、耐热疲劳性，热处理变形小，适宜制作铝、铜及其合金的压铸模具、热挤压模、穿孔工具、芯棒
	4Cr5Mo3V	0.35~0.40	0.30~0.50	0.30~0.50	4.80~5.20	—	2.70~3.20	V0.40~0.60 P≤0.030 S≤0.020	≤229	1000~1030	油或空	⑥	具有较高的热强性，良好的回火稳定性与高抗热疲劳性，适宜制作热挤压模、温锻模、压铸模及其他热成型模具
	3Cr3Mo3VCo3	0.28~0.35	0.10~0.40	0.15~0.45	2.70~3.20	—	2.60~3.00	V0.40~0.70 Co2.50~3.00 P≤0.030 S≤0.020	≤229	1000~1050	油	⑥	具有高的热强性，良好的回火稳定性与抗热疲劳性，适宜制作热挤压模、温锻模和压铸模具
	3Cr3Mo3W2V	0.32~0.42	0.60~0.90	≤0.65	2.80~3.30	1.20~1.80	2.50~3.00	V0.80~1.20	≤255	1060~1130	油	⑥	具有高的强韧性、良好的热稳定性及抗热疲劳性，适宜制作热锻模、热挤压模、热冲模、压铸模等
	4Cr5MoWVSi	0.32~0.40	0.80~1.20	0.20~0.50	4.75~5.50	1.10~1.60	1.25~1.60	V0.20~0.50	≤235	1000~1030	油或空	⑥	具有较高的热强性，良好的韧性，可空冷硬化，空淬时产生氧化皮的倾向较小，热处理变形小，可抵抗熔融铝的冲蚀作用，适宜制作铝压铸模、锻压模、热挤压模和穿孔芯棒等
	4Cr3Mo3SiV④	0.35~0.45	0.80~1.20	0.25~0.70	3.00~3.75	—	2.00~3.00	V0.25~0.75	≤229	790℃±15℃预热，1010℃（盐浴）或1020℃（炉控气氛）±6℃加热，保温5~15min油冷，550℃±6℃回火两次，每次2h		⑥	具有非常好的淬透性，很好的韧性及很高的热强性，适宜制作热冲模、热锻模、热挤压模、压铸模等

续表

钢组	牌号	化学成分(质量分数)/%							退火状态交货硬度HBW	试样淬火硬度			特性和用途
		C	Si	Mn	Cr	W	Mo	其他		淬火温度/℃	冷却剂	HRC ≥	
热作模具用钢	4Cr5MoSiV[④]	0.33~0.43	0.80~1.20	0.20~0.50	4.75~5.50	—	1.10~1.60	V0.30~0.60	≤229	790℃ ± 15℃ 预热，1010℃（盐浴）或1020℃（炉控气氛）± 6℃ 加热，保温 5 ~ 15min 油冷，550℃ ± 6℃回火两次，每次2h		⑥	具有较高的热强性，良好的韧性与抗热疲劳性，可空冷硬化，空淬时产生氧化皮的倾向较小，在较低奥氏体化温度下空淬，热处理变形小，且可抵抗熔融铝的冲蚀作用，适宜制作铝、镁、铜、黄铜等合金压铸模、热挤压模、穿孔芯棒、压力机锻模、塑料模等，也可制作耐500℃工作温度的飞机、火箭的结构零件
	4Cr5MoSiV1[④]	0.32~0.45	0.80~1.20	0.20~0.50	4.75~5.50	—	1.10~1.75	V0.80~1.20	≤229	790℃ ± 15℃ 预热，1000℃（盐浴）或1010℃（炉控气氛）± 6℃ 加热，保温 5 ~ 15min 油冷，550℃ ± 6℃回火两次，每次2h		⑥	用途同4Cr5MoSiV钢，但中温性能比4Cr5MoSiV钢好，是用途很广的热作模具钢代表材料
	5Cr4Mo3SiMnVAl	0.47~0.57	0.80~1.10	0.80~1.10	3.80~4.30	—	2.80~3.40	V0.80~1.20 Al0.30~0.70	≤255	1090~1120	空	⑥	热作、冷作兼用的模具钢。具有较高的热强性、红硬性，良好的耐磨性、回火稳定性、耐热疲劳性、抗氧化性、韧性及热加工塑性，模具工作温度可达700℃。用于热作模具钢时，其高温强度和耐热疲劳性优于3Cr2W8V钢；用于冷作模具钢时，具有比Cr12型钢及低合金模具钢更好的韧性，主要用于轴承行业的热挤压模和标准件行业的冷镦模
轧辊用钢	9Cr2V	0.85~0.95	0.20~0.40	0.20~0.45	1.40~1.70	—	—	V0.10~0.25	≤229	830~900	空	64	2%Cr系列，适宜制作冷轧工作辊、支承辊等
	9Cr2Mo	0.85~0.95	0.25~0.45	0.20~0.35	1.70~2.10	—	0.20~0.40	—	≤229	830~900	空	64	2%Cr系列，锻造性能良好，适宜制作冷轧工作辊、支承辊和矫正辊
	9Cr2MoV	0.80~0.90	0.15~0.40	0.25~0.55	1.80~2.40	—	0.20~0.40	V0.05~0.15	≤229	880~900	空	64	2%Cr系列，但综合性能优于9Cr2系列钢，若采用电渣重熔工艺生产，其辊坯的性能更优良，适宜制作冷轧工作辊、支承辊和矫正辊

续表

钢组	牌号	化学成分(质量分数)/%							退火状态交货硬度HBW	试样淬火硬度			特性和用途
		C	Si	Mn	Cr	W	Mo	其他		淬火温度/℃	冷却剂	HRC ≥	
轧辊用钢	8Cr3NiMoV	0.82~0.90	0.30~0.50	0.20~0.45	2.80~3.20	—	0.20~0.40	Ni0.60~0.80 V0.05~0.15 P≤0.020 S≤0.015	≤269	900~920	空	64	3%Cr系列,用于制作冷轧工作辊,使用寿命高于含2%Cr钢
轧辊用钢	9Cr5NiMoV	0.82~0.90	0.50~0.80	0.20~0.50	4.80~5.20	—	0.20~0.40	Ni0.30~0.50 V0.10~0.20 P≤0.020 S≤0.015	≤269	930~950	空	64	淬透性高,耐磨性好,适宜制作要求淬硬层深,轧制条件恶劣,抗事故性高的冷轧辊
塑料模具用钢	SM45	0.42~0.48	0.17~0.37	0.50~0.80	—	—	—	—	热轧交货状态硬度155~215	—	—	—	非合金塑料模具钢,切削加工性能好,淬火后具有较高的硬度,调质处理后具有良好的强韧性和一定的耐磨性,适宜制作中、小型中、低档次的塑料模具
塑料模具用钢	SM50	0.47~0.53	0.17~0.37	0.50~0.80	—	—	—	—	热轧交货状态硬度165~225	—	—	—	非合金塑料模具钢,切削加工性能好,但焊接性能与冷变形性能差,适宜制作形状简单的小型塑料模具或精度要求不高、使用寿命不需要很长的塑料模具等
塑料模具用钢	SM55	0.52~0.58	0.17~0.37	0.50~0.80	—	—	—	—	热轧交货状态硬度170~230	—	—	—	非合金塑料模具钢,切削加工性能中等,适宜制作形状简单的小型塑料模具或精度要求不高、使用寿命较短的塑料模具
塑料模具用钢	2CrNiMoMnV	0.24~0.30	≤0.30	1.40~1.60	1.25~1.45	—	0.45~0.60	Ni0.80~1.20 V0.10~0.20 P≤0.025 S≤0.015	235 | 30~38	850~930	油或空	48	预硬化型镜面塑料模具钢,淬透性高,硬度均匀,并具有良好的抛光性能、电火花加工性能及蚀花(皮纹加工)性能,适于渗氮处理,适宜制作大中型镜面塑料模具
塑料模具用钢	5CrNiMnMoVSCa	0.50~0.60	≤0.45	0.80~1.20	0.80~1.20	—	0.30~0.60	Ni0.80~1.20 V0.15~0.30 Ca0.002~0.008 P≤0.030 S0.06~0.15	255 | 35~45	860~920	油	62	预硬化型易切削钢,适宜制作各种类型的精密注塑模具、压塑模具和橡胶模具

钢组	牌号	化学成分(质量分数)/%							退火状态交货硬度HBW		试样淬火硬度			特性和用途
		C	Si	Mn	Cr	W	Mo	其他			淬火温度/℃	冷却剂	HRC ≥	
塑料模具用钢	2CrNi3MoAl	0.20~0.30	0.20~0.50	0.50~0.80	1.20~1.80	—	0.20~0.40	Ni3.00~4.00 Al1.00~1.60 P≤0.025 S≤0.015	—	38~43	—	—	—	时效硬化钢,其模具热处理变形小,综合力学性能好,适宜制作复杂、精密的塑料模具
	3Cr2Mo	0.28~0.40	0.20~0.80	0.60~1.00	1.40~2.00	—	0.30~0.55	—	235	28~36	850~880	油	52	预硬型钢,其综合力学性能好,淬透性高,硬度均匀,且具有很好的抛光性能,模具表面光洁度高,适宜制作大、中型塑料模具及精密塑料模具,也可用于制作低熔点合金压铸模
	3Cr2MnNiMo	0.32~0.40	0.20~0.40	1.10~1.50	1.70~2.00	—	0.25~0.40	Ni0.85~1.15	235	30~36	830~870	油或空	48	其使用性能与3Cr2Mo钢相似,适宜制作特大型、大型塑料模具、精密塑料模具,也可用于制作低熔点合金压铸模
	4Cr2Mn1MoS	0.35~0.45	0.30~0.50	1.40~1.60	1.80~2.00	—	0.15~0.25	P≤0.030 S0.05~0.10	235	28~36	830~870	油	51	预硬化型易切削钢,其使用性能与3Cr2MnNiMo钢相似,但具有更优良的机械加工性能
	8Cr2MnWMoVS	0.75~0.85	≤0.40	1.30~1.70	2.30~2.60	0.70~1.10	0.50~0.80	V0.10~0.25 P≤0.030 S0.08~0.15	235	40~48	860~900	空	62	预硬化型易切削钢,其淬火硬度高,耐磨性与综合力学性能好,热处理变形小,适宜制作各种类型的塑料模、胶木模、陶土瓷料模及印制板的冲孔模,也可用于制作精密的冷冲模具等
	2Cr13	0.16~0.25	≤1.00	≤1.00	12.00~14.00	—	—	Ni≤0.60	220	30~36	1000~1050	油	45	Cr13型不锈钢,具有优良的耐腐蚀性能,较好的强韧性与机械加工性能,适宜制作承受高负荷并受腐蚀介质作用的塑料模具及透明塑料制品模具等
	4Cr13	0.36~0.45	≤0.60	≤0.80	12.00~14.00	—	—	Ni≤0.60	235	30~36	1050~1100	油	50	Cr13型不锈钢,具有优良的耐腐蚀性能、抛光性能,较高的强度和耐磨性,适宜制作承受高负荷并受腐蚀介质作用的塑料模具及透明塑料制品模具等
	4Cr13NiVSi	0.36~0.45	0.90~1.20	0.40~0.70	13.00~14.00	—	—	Ni0.15~0.30 V0.25~0.35 P≤0.010 S≤0.003	235	30~36	1000~1030	油	50	预硬化Cr13型不锈钢,淬回火硬度高,可预硬至31~35HRC,镜面加工性好,适宜制作要求高精度、高耐磨、高耐蚀的塑料模具,也可用于制作透明塑料制品模具

续表

钢组	牌号	化学成分(质量分数)/%							退火状态交货硬度 HBW		试样淬火硬度			特性和用途
		C	Si	Mn	Cr	W	Mo	其他			淬火温度/℃	冷却剂	HRC ≥	
塑料模具用钢	3Cr17Mo	0.33~0.45	≤1.00	≤1.50	15.50~17.50	—	0.80~1.30	Ni≤1.00	285	33~38	1000~1040	油	46	预硬化 Cr17 型不锈钢，具有优良的强韧性和较高的耐蚀性，适宜制作各种要求高精度、高耐磨、耐腐蚀的塑料模具和透明塑料制品模具
	2Cr17Ni2	0.12~0.22	≤1.00	≤1.50	15.00~17.00	—	—	Ni1.50~2.50	285	28~32	1000~1050	油	49	预硬化 Cr17 型不锈钢，其抛光性能好，用作玻璃模具时具有好的抗氧化性，适宜制作耐腐蚀塑料模具，且不用采用 Cr、Ni 涂层
	3Cr17NiMoV	0.32~0.40	0.30~0.60	0.60~0.80	16.00~18.00	—	1.00~1.30	Ni0.60~1.00 V0.15~0.35 P≤0.025 S≤0.005	285	33~38	1030~1070	油	50	特性与用途同 3Cr17Mo 钢
	9Cr18	0.90~1.00	≤0.80	≤0.80	17.00~19.00	—	—	Ni≤0.60	255	协议	1000~1050	油	55	耐磨耐蚀高碳马氏体钢，淬火后具有很高的硬度和耐磨性，耐蚀性比 Cr17 型马氏体钢好，适宜制作要求耐蚀、高强度及耐磨损的零部件，如轴、杆类、弹簧、紧固件等
	9Cr18MoV	0.85~0.95	≤0.80	≤0.80	17.00~19.00	—	1.00~1.30	Ni≤0.60 V0.07~0.12	269	协议	1050~1075	油	55	基本性能和用途与 9Cr18 钢相近，但热强性和抗回火性能更好，适宜制作承受摩擦并在腐蚀介质中工作的零件，如量具、不锈切片机械刃具及剪切工具、手术刀片、高耐磨设备零件等
	1Ni3MnCuMoAl	0.10~0.20	≤0.45	1.40~2.00	—	—	0.20~0.50	Ni2.90~3.40 Al0.70~1.20 Cu0.80~1.20 P≤0.030 S≤0.015	—	38~42	—	—	—	时效硬化型钢，其淬透性与镜面加工性能好，热处理变形小，适宜制作高镜面的塑料模具、高外观质量的家用电器塑料模具
	06Ni6CrMoVTiAl	≤0.06	≤0.50	≤0.50	1.30~1.60	—	0.90~1.20	Ni5.50~6.50 V0.08~0.16 Al0.50~0.90 Ti0.90~1.30	255	43~48	850~880℃固溶，油或空冷，500~540℃时效，空冷		实测	低合金马氏体时效钢，简称 06Ni 钢，固溶处理后硬度低，切削加工性能好，光洁度高；时效处理后综合力学性能好，热处理工艺简便，热处理变形小，适宜制作高精度塑料模具和轻有色金属压铸模具等

续表

钢组	牌号	化学成分(质量分数)/%							退火状态交货硬度HBW	试样淬火硬度			特性和用途
		C	Si	Mn	Cr	W	Mo	其他		淬火温度/℃	冷却剂	HRC ≥	
塑料模具用钢	00Ni18Co8Mo5TiAl	≤0.03	≤0.10	≤0.15	≤0.60	—	4.50~5.00	Ni17.50~18.50 Al0.05~0.15 Co8.50~10.00 Ti0.80~1.10 P≤0.010 S≤0.010	协议	805~825℃固溶,空冷,460~530℃时效,空冷		协议	沉淀硬化型超高强度钢,简称18Ni(250)钢,具有高强韧性,低硬化指数,良好成形性和焊接性,适宜制作铝合金挤压模和铸件模、精密模具及冷冲模等
特殊用途模具用钢	7Mn15Cr2Al3V2-WMo	0.65~0.75	≤0.80	14.50~16.50	2.00~2.50	0.50~0.80	0.50~0.80	V1.50~2.00 Al2.30~3.30	—	1170~1190℃固溶,水冷,650~700℃时效,空冷		45	高Mn-V系奥氏体无磁钢,具有非常低的磁导率,高的硬度、强度,较好的耐磨性,适宜制作无磁模具、无磁轴承及其他要求在强磁场中不产生磁感应的结构零件,也可用于制作在700~800℃下使用的热作模具
	0Cr17Ni4Cu4Nb	≤0.07	≤1.00	≤1.00	15.00~17.00	—	—	Ni3.00~5.00 Nb0.15~0.45 Cu3.00~5.00	协议	1020~1060℃固溶,空冷,470~630℃时效,空冷		⑥	马氏体沉淀硬化不锈钢,含碳量低,故其耐蚀性与可焊性好于一般马氏体不锈钢,具有好的耐酸性与切削性,热处理工艺简单,但在400℃以上长期使用时有脆化倾向,适宜制作工作温度在400℃以下,要求耐酸与高强度的部件,也可制作受腐蚀介质作用且要求高性能、高精密的塑料模具等
	2Cr25Ni20Si2	≤0.25	1.50~2.50	≤1.50	24.00~27.00	—	—	Ni18.00~21.00	—	1040~1150℃固溶,水或空冷		⑥	奥氏体型耐热钢,抗一般腐蚀性能较好,连续使用最高温度为1150℃,间歇使用最高温度为1050~1100℃,适宜制作加热炉的各种构件,也可用于制作玻璃模具等
	Ni25Cr15Ti2MoMn	≤0.08	≤1.00	≤2.00	13.50~17.00	—	1.00~1.50	Ni22.00~26.00 V0.10~0.50 Al≤0.40 Ti1.80~2.50 B0.001~0.010 P≤0.030 S≤0.020	≤300	950~980℃固溶,水或空冷,720℃+620℃时效,空冷		⑥	时效强化型高温合金,即GH2132B,其高温耐磨性好,高温抗变形能力强,高温抗氧化性能与抗热疲劳性能优良,无缺口敏感性,适宜制作在650℃以下长期工作的高温承力部件与热作模具,如铜排模,热挤压模和内筒等

续表

钢组	牌号	化学成分(质量分数)/%							退火状态交货硬度HBW	试样淬火硬度			特性和用途
		C	Si	Mn	Cr	W	Mo	其他		淬火温度/℃	冷却剂	HRC ≥	
特殊用途模具用钢	Ni53Cr19Mo3TiNb	≤0.08	≤0.35	≤0.35	17.00~21.00	—	2.80~3.30	Ni50.00~55.00 Al0.20~0.80 Nb+Ta② 4.75~5.50 Ti0.65~1.15 Co≤1.00 B≤0.006 P≤0.015 S≤0.015	≤300	980~1000℃ 固溶,水、油或空冷,710~730℃时效,空冷		⑥	沉淀强化镍基高温合金,即In718合金,具有高的热强性,好的热稳定性与抗氧化性,优异的耐热疲劳性与冲击韧性,适宜制作600℃以上使用的热锻模、冲头、热挤压模、压铸模等

① 经供需双方同意允许钒含量小于0.20%。
② 除非特殊要求，允许仅分析Nb。
③ 根据需方要求，并在合同中注明，制造螺纹刃具用钢的该值为187~229HBW。
④ 试样在盐浴中保持时间为5min，在炉控气氛中保持时间为5~15min。
⑤ 试样在盐浴中保持时间为10min，在炉控气氛中保持时间为10~20min。
⑥ 根据需方要求，并在合同中注明，可提供实测值。

注：1. 本标准适用于工模具钢热轧、锻制、冷拉、银亮条钢及机加工交货钢材，其化学成分同样适用于锭、坯及其制品。

2. 表中化学成分为成品分析成分，除已注明磷、硫含量的牌号外，其余牌号中磷、硫含量（质量分数/%）应不大于下列数值，刃具模具用非合金钢可供应高级优质钢，此时牌号后加“A”：

冶炼方法	钢类	P	S
电弧炉	高级优质非合金工具钢	0.030	0.020
	其他钢类	0.030	0.030
电弧炉+真空脱气	冷作模具用钢 高级优质非合金工具钢	0.030	0.020
	其他钢类	0.025	0.025
电弧炉+电渣重熔 真空电弧重熔(VAR)	所有钢类	0.025	0.010

3. 热轧圆钢、方钢、扁钢及盘条、锻制圆钢、方钢及扁钢、冷拉钢棒、银亮钢棒、机加工交货钢材的尺寸、外形及允许偏差见原标准。

4. 截面尺寸小于5mm的退火钢材不作硬度试验。根据需方要求，可作拉伸或其他试验，技术指标由供需双方协商确定。

5. 钢材一般以退火状态交货，但SM45、SM50、SM55、2Cr25Ni20Si2及7Mn15Cr2Al3V2WMo钢一般以热轧或热锻状态交货，非合金工具钢可退火后冷拉交货，此时布氏硬度应不大于241HBW。根据需方要求，并在合同中注明，塑料模具钢材、热作模具钢材、冷作模具钢材及特殊用途模具钢材可以预硬化状态交货。

6. 热处理保温时间是指试样达到加热温度后保持的时间。

大型轧辊锻件用钢（摘自 JB/T 6401—2017）

表 3-2-15　大型轧辊锻件用钢的化学成分和力学性能

类别	牌号	C	Si	Mn	P ≤	S ≤	Cr	Mo	Ni	其他	R_m/MPa ≥	R_{eH}/MPa ≥	A/% ≥	Z/% ≥	KU_2/J ≥	表面硬度 HSD 粗加工后最终热处理状态 辊身	表面硬度 HSD 粗加工后最终热处理状态 辊颈	表面硬度 HSD 辊坯状态 ≤	用途
热轧工作辊	42CrMo	0.38~0.45	0.20~0.40	0.60~0.90	0.025	0.025	0.90~1.20	0.15~0.30	—	Cu≤0.25	590	390	16	—	—	33~43		40	Cr 的质量分数为 3%以上的材料牌号主要用于有色金属轧辊，其余材料牌号可用于黑色金属轧辊
	55Cr	0.50~0.60	0.17~0.37	0.35~0.65	0.025	0.025	1.00~1.30	—	≤0.30	Cu≤0.25	690	355	12	30	—	33~43		40	
	60CrMo	0.55~0.65	0.17~0.30	0.50~0.80	0.025	0.025	0.50~0.80	0.20~0.40	≤0.25	Cu≤0.25	—	—	—	—	—	33~43		40	
	60CrMn	0.55~0.65	0.25~0.40	0.70~1.00	0.025	0.025	0.80~1.20	—	≤0.25	Cu≤0.25	—	—	—	—	—	33~43		40	
	50Cr2Mn2Mo (50CrMnMo)	0.45~0.55	0.20~0.60	1.30~1.70	0.025	0.025	1.40~1.80	0.20~0.40	—	Cu≤0.25	785	440	9	25	20	35~45		40	
	60CrMnMo	0.55~0.65	0.25~0.40	0.70~1.00	0.025	0.025	0.80~1.20	0.20~0.30	≤0.25	Cu≤0.25	930	490	9	25	20	35~45		40	
	50Cr2NiMo (50CrNiMo)	0.45~0.55	0.20~0.60	0.50~0.80	0.025	0.025	1.40~1.80	0.20~0.60	1.00~1.50	Cu≤0.25	755	—	—	—	—	35~45		40	
	60CrNi2Mo (60CrNiMo)	0.55~0.65	0.20~0.40	0.60~1.00	0.025	0.025	0.70~1.00	0.10~0.30	1.50~2.00	Cu≤0.25	785	490	8	33	24	35~45		40	
	60SiMnMo	0.55~0.65	0.70~1.10	1.10~1.50	0.025	0.025	—	0.30~0.40	—	Cu≤0.25	—	—	—	—	—	33~43		40	
	60CrMoV	0.55~0.65	0.17~0.37	0.50~0.80	0.025	0.025	0.90~1.20	0.30~0.40	—	V0.15~0.35 Cu≤0.25	785	490	15	40	24	35~45		40	
	50Cr3Mo	0.42~0.52	0.20~0.60	0.50~0.90	0.025	0.025	2.00~3.50	0.25~0.60	≤0.25	Cu≤0.25	—	—	—	—	—	45~60	35~45	40	
	70Cr3Mo	0.60~0.75	0.40~0.70	0.50~0.90	0.025	0.025	2.00~3.50	0.25~0.60	≤0.60	Cu≤0.25	—	—	—	—	—	35~60	35~45	40	
	70Cr3NiMo	0.60~0.80	0.40~0.70	0.50~0.90	0.025	0.025	2.00~3.00	0.25~0.60	0.40~0.60	Cu≤0.25	880	450	10	20	20	35~60	35~45	40	
	80Cr3Mo	0.75~0.85	0.50~0.70	0.20~0.40	0.020	0.020	2.50~3.50	0.20~0.40	—	Cu≤0.25	—	—	—	—	—	45~65	35~45	40	

续表

类别	牌号	化学成分(质量分数)/% C	Si	Mn	P ≤	S ≤	Cr	Mo	Ni	其他	力学性能 R_m /MPa ≥	R_{eH} /MPa ≥	A /% ≥	Z /% ≥	KU_2 /J ≥	表面硬度 HSD 粗加工后最终热处理状态 辊身	辊颈	辊坯状态 ≤	用途
热轧工作辊	50Cr4MoV	0.40~0.55	0.20~0.60	0.20~0.60	0.025	0.025	3.00~4.50	0.25~0.60	≤0.60	V≤0.30 Cu≤0.25	—	—	—	—	—	45~65	35~45	40	Cr的质量分数为3%以上的材料牌号主要用于有色金属轧辊,其余材料牌号可用于黑色金属轧辊
	50Cr5MoV	0.40~0.55	0.20~0.60	0.20~0.60	0.025	0.025	4.00~5.50	0.25~0.60	≤0.60	V≤0.30 Cu≤0.25	—	—	—	—	—	45~70	35~45	40	
	65Cr5MoV	0.60~0.70	0.30~0.70	0.20~0.60	0.025	0.025	4.00~5.50	0.50~1.00	≤0.25	V0.05~0.10 Cu≤0.25	—	—	—	—	—	65~85	35~45	40	

类别	牌号	化学成分(质量分数)/% C	Si	Mn	P ≤	S ≤	Cr	Mo	Ni ≤	其他	用途
冷轧工作辊	8CrMoV	0.75~0.85	0.20~0.40	0.20~0.40	0.025	0.025	0.80~1.10	0.55~0.70	0.25	V0.08~0.12 Cu≤0.25	各种类型轧辊
	8Cr2MoV	0.80~0.90	0.18~0.35	0.30~0.45	0.025	0.025	1.80~2.40	0.20~0.40	0.25	V0.05~0.15 Cu≤0.25	
	8Cr3MoV	0.78~1.10	0.40~1.10	0.20~0.50	0.025	0.025	2.80~3.20	0.20~0.60	0.80	V0.05~0.15 Cu≤0.25	
	8Cr5MoV	0.80~0.90	0.18~0.35	0.30~0.45	0.020	0.020	4.80~5.50	0.20~0.60	0.80	V0.10~0.20 Cu≤0.25	
	86Cr2MoV	0.83~0.90	0.18~0.35	0.30~0.45	0.025	0.025	1.60~1.90	0.20~0.35	0.25	V0.05~0.15 Cu≤0.25	
	9Cr	0.85~0.95	0.25~0.40	0.20~0.35	0.025	0.025	1.40~1.70	—	0.25	Cu≤0.25	
	9Cr2	0.85~0.95	0.25~0.45	0.20~0.35	0.025	0.025	1.70~2.10	—	0.25	Cu≤0.25	
	9Cr2Mo	0.85~0.95	0.25~0.45	0.20~0.35	0.025	0.025	1.70~2.10	0.20~0.40	0.25	Cu≤0.25	
	9Cr2MoV	0.85~0.95	0.25~0.45	0.20~0.35	0.025	0.025	1.70~2.10	0.20~0.30	0.25	V0.10~0.20 Cu≤0.25	
	9Cr2W	0.85~0.95	0.25~0.45	0.20~0.35	0.025	0.025	1.70~2.10	—	0.25	W0.30~0.60 Cu≤0.25	

表面硬度及有效淬硬层深度 辊身直径/mm	辊身表面硬度 HSD	有效淬硬层深度/mm ≥	辊颈硬度 HSD
≤300	≥95	6	30~55
	90~98	8	
	80~90	10	
>300~600	≥95	10	
	90~98	12	
	80~90	15	
>600~900	≥95	8	
	90~98	10	
	80~90	12	

续表

类别	牌号	化学成分(质量分数)/%									用途
		C	Si	Mn	P ≤	S ≤	Cr	Mo	Ni ≤	其他	
冷轧工作辊	9Cr3Mo	0.85~0.95	0.25~0.70	0.20~0.40	0.025	0.025	2.50~3.50	0.20~0.40	0.25	Cu≤0.25	高淬硬层深轧辊
	9Cr5Mo	0.85~0.95	0.25~0.70	0.20~0.35	0.025	0.025	4.70~5.20	0.20~0.40	0.30	Cu≤0.25	
	60CrMoV	0.55~0.65	0.17~0.37	0.50~0.85	0.025	0.025	0.90~1.20	0.30~0.40	0.25	V0.15~0.35 Cu≤0.25	校直辊

表面硬度及有效淬硬层深度			
辊身直径/mm	辊身表面硬度 HSD	有效淬硬层深度/mm ≥	辊颈硬度 HSD
>600~900	≥95	8	30~55
	90~98	10	
	80~90	12	

类别	牌号	化学成分(质量分数)/%									用途
		C	Si	Mn	P ≤	S ≤	Cr	Mo	Ni	其他	
支承辊	60CrMnMo	0.55~0.65	0.25~0.40	0.70~1.00	0.025	0.025	0.80~1.20	0.20~0.30	—	Cu≤0.25	整锻辊和镶套辊辊套
	60CrMoV	0.55~0.65	0.17~0.37	0.50~0.85	0.025	0.025	0.90~1.20	0.30~0.40	—	V0.15~0.35 Cu≤0.25	
	45Cr4NiMoV	0.40~0.50	0.40~0.80	0.60~0.80	0.020	0.020	3.50~4.50	0.40~0.80	0.40~0.80	V0.05~0.15 Cu≤0.25	
	50Cr5MoV	0.40~0.60	0.40~0.80	0.50~0.80	0.020	0.020	4.50~5.50	0.40~0.80	≤0.60	V≤0.30 Cu≤0.25	
	40Cr4MoV (40Cr3MoV)	0.35~0.45	0.40~0.80	0.50~0.80	0.020	0.020	3.00~4.00	0.50~0.80	≤0.30	V≤0.30 Cu≤0.25	
	75Cr2Mo (75CrMo)	0.70~0.80	0.20~0.60	0.20~0.70	0.025	0.025	1.40~1.70	0.20~0.30	—	Cu≤0.25	
	70Cr3NiMo	0.60~0.80	0.40~0.70	0.50~0.90	0.025	0.025	2.00~3.00	0.25~0.60	0.40~0.60	Cu≤0.25	
	9Cr2	0.85~0.95	0.25~0.45	0.20~0.35	0.025	0.025	1.70~2.10	—	—	Cu≤0.25	
	9Cr2Mo	0.85~0.95	0.25~0.45	0.20~0.35	0.025	0.025	1.70~2.10	0.20~0.40	—	Cu≤0.25	
	9Cr2V (9CrV)	0.85~0.95	0.25~0.45	0.20~0.45	0.025	0.025	1.40~1.70	—	—	V0.10~0.25 Cu≤0.25	

表面硬度及有效淬硬层深度			
类型	辊身表面硬度 HSD	有效淬硬层深度/mm ≥	辊颈硬度 HSD
热轧用辊	60~70	45	35~50
	50~60	50	
	40~50	55	
冷轧用辊	65~75	40	

第3篇

续表

类别	牌号	化学成分(质量分数)/%									用途	表面硬度及有效淬硬层深度			
		C	Si	Mn	P	S	Cr	Mo	Ni ≤	其他		辊身直径 /mm	辊身表面硬度 HSD	有效淬硬层深度/mm ≥	辊颈硬度 HSD
					≤										
支承辊	55Cr	0.50~0.60	0.20~0.40	0.35~0.65	0.030	0.030	1.00~1.30	—	—	Cu≤0.25	镶套辊芯轴	冷轧用辊	60~70	45	35~50
	42CrMo	0.38~0.45	0.20~0.40	0.50~0.80	0.030	0.030	0.90~1.20	0.15~0.25	—	Cu≤0.25					
	35CrMo	0.32~0.40	0.20~0.40	0.40~0.70	0.030	0.030	0.80~1.10	0.15~0.25	—	Cu≤0.25			55~65	50	

注：1. 本标准适用于锻造合金钢冷、热轧工作辊和支承辊。
2. 对于热轧工作辊和支承辊，当冶炼采用真空碳脱氧（VCD）工艺时，Si的质量分数应≤0.10%。
3. 材料牌号后括号内注明的是旧版标准的牌号。
4. 50Cr5MoV 钢中 Ni 的质量分数可进行调整。
5. 高硬度的冷轧工作辊和支承辊不进行拉伸和冲击性能试验。
6. 热轧工作辊的拉伸和冲击性能作为需方有附加要求时的参考项目。

不锈钢（摘自 GB/T 1220—2007）

表 3-2-16　　**不锈钢的化学成分**

类别	GB/T 20878 中序号	统一数字代号	新牌号	旧牌号	化学成分(质量分数)/%①								
					C	Si	Mn	P	S	Ni	Cr	Mo	其他元素
奥氏体型	1	S35350	12Cr17Mn6Ni5N	1Cr17Mn6Ni5N	0.15	1.00	5.50~7.50	0.050	0.030	3.50~5.50	16.00~18.00	—	N0.05~0.25
	3	S35450	12Cr18Mn9Ni5N	1Cr18Mn8Ni5N	0.15	1.00	7.50~10.00	0.050	0.030	4.00~6.00	17.00~19.00	—	N0.05~0.25
	9	S30110	12Cr17Ni7	1Cr17Ni7	0.15	1.00	2.00	0.045	0.030	6.00~8.00	16.00~18.00	—	N0.10
	13	S30210	12Cr18Ni9	1Cr18Ni9	0.15	1.00	2.00	0.045	0.030	8.00~10.00	17.00~19.00	—	N0.10
	15	S30317	Y12Cr18Ni9	Y1Cr18Ni9	0.15	1.00	2.00	0.20	≥0.15	8.00~10.00	17.00~19.00	(0.60)	—
	16	S30327	Y12Cr18Ni9Se	Y1Cr18Ni9Se	0.15	1.00	2.00	0.20	0.060	8.00~10.00	17.00~19.00	—	Se≥0.15
	17	S30408	06Cr19Ni10	0Cr18Ni9	0.08	1.00	2.00	0.045	0.030	8.00~11.00	18.00~20.00	—	—
	18	S30403	022Cr19Ni10	00Cr19Ni10	0.030	1.00	2.00	0.045	0.030	8.00~12.00	18.00~20.00	—	—
	22	S30488	06Cr18Ni9Cu3	0Cr18Ni9Cu3	0.08	1.00	2.00	0.045	0.030	8.50~10.50	17.00~19.00	—	Cu3.00~4.00
	23	S30458	06Cr19Ni10N	0Cr19Ni9N	0.08	1.00	2.00	0.045	0.030	8.00~11.00	18.00~20.00	—	N0.10~0.16
	24	S30478	06Cr19Ni9NbN	0Cr19Ni10NbN	0.08	1.00	2.00	0.045	0.030	7.50~10.50	18.00~20.00	—	N0.15~0.30 Nb0.15
	25	S30453	022Cr19Ni10N	00Cr18Ni10N	0.030	1.00	2.00	0.045	0.030	8.00~11.00	18.00~20.00	—	N0.10~0.16
	26	S30510	10Cr18Ni12	1Cr18Ni12	0.12	1.00	2.00	0.045	0.030	10.50~13.00	17.00~19.00	—	—
	32	S30908	06Cr23Ni13	0Cr23Ni13	0.08	1.00	2.00	0.045	0.030	12.00~15.00	22.00~24.00	—	—
	35	S31008	06Cr25Ni20	0Cr25Ni20	0.08	1.50	2.00	0.045	0.030	19.00~22.00	24.00~26.00	—	—

续表

类别	GB/T 20878 中序号	统一数字代号	新牌号	旧牌号	化学成分(质量分数)/%[1]								
					C	Si	Mn	P	S	Ni	Cr	Mo	其他元素
奥氏体型	38	S31608	06Cr17Ni12Mo2	0Cr17Ni12Mo2	0.08	1.00	2.00	0.045	0.030	10.00~14.00	16.00~18.00	2.00~3.00	—
	39	S31603	022Cr17Ni12Mo2	00Cr17Ni14Mo2	0.030	1.00	2.00	0.045	0.030	10.00~14.00	16.00~18.00	2.00~3.00	—
	41	S31668	06Cr17Ni12Mo2Ti	0Cr18Ni12Mo3Ti	0.08	1.00	2.00	0.045	0.030	10.00~14.00	16.00~18.00	2.00~3.00	Ti≥5C
	43	S31658	06Cr17Ni12Mo2N	0Cr17Ni12Mo2N	0.08	1.00	2.00	0.045	0.030	10.00~13.00	16.00~18.00	2.00~3.00	N0.10~0.16
	44	S31653	022Cr17Ni12Mo2N	00Cr17Ni13Mo2N	0.030	1.00	2.00	0.045	0.030	10.00~13.00	16.00~18.00	2.00~3.00	N0.10~0.16
	45	S31688	06Cr18Ni12Mo2Cu2	0Cr18Ni12Mo2Cu2	0.08	1.00	2.00	0.045	0.030	10.00~14.00	17.00~19.00	1.20~2.75	Cu1.00~2.50
	46	S31683	022Cr18Ni14Mo2Cu2	00Cr18Ni14Mo2Cu2	0.030	1.00	2.00	0.045	0.030	12.00~16.00	17.00~19.00	1.20~2.75	Cu1.00~2.50
	49	S31708	06Cr19Ni13Mo3	0Cr19Ni13Mo3	0.08	1.00	2.00	0.045	0.030	11.00~15.00	18.00~20.00	3.00~4.00	—
	50	S31703	022Cr19Ni13Mo3	00Cr19Ni13Mo3	0.030	1.00	2.00	0.045	0.030	11.00~15.00	18.00~20.00	3.00~4.00	—
	52	S31794	03Cr18Ni16Mo5	0Cr18Ni16Mo5	0.04	1.00	2.50	0.045	0.030	15.00~17.00	16.00~19.00	4.00~6.00	—
	55	S32168	06Cr18Ni11Ti	0Cr18Ni10Ti	0.08	1.00	2.00	0.045	0.030	9.00~12.00	17.00~19.00	—	Ti5C~0.70
	62	S34778	06Cr18Ni11Nb	0Cr18Ni11Nb	0.08	1.00	2.00	0.045	0.030	9.00~12.00	17.00~19.00	—	Nb10C~1.10
	64	S38148	06Cr18Ni13Si4[2]	0Cr18Ni13Si4[2]	0.08	3.00~5.00	2.00	0.045	0.030	11.50~15.00	15.00~20.00	—	—
奥氏体—铁素体型	67	S21860	14Cr18Ni11Si4AlTi	1Cr18Ni11Si4AlTi	0.10~0.18	3.40~4.00	0.80	0.035	0.030	10.00~12.00	17.50~19.50	—	Ti0.40~0.70 Al0.10~0.30
	68	S21953	022Cr19Ni5Mo3Si2N	00Cr18Ni5Mo3Si2	0.030	1.30~2.00	1.00~2.00	0.035	0.030	4.50~5.50	18.00~19.50	2.50~3.00	N0.05~0.12
	70	S22253	022Cr22Ni5Mo3N	—	0.030	1.00	2.00	0.030	0.020	4.50~6.50	21.00~23.00	2.50~3.50	N0.08~0.20
	71	S22053	022Cr23Ni5Mo3N	—	0.030	1.00	2.00	0.030	0.020	4.50~6.50	22.00~23.00	3.00~3.50	N0.14~0.20
	73	S22553	022Cr25Ni6Mo2N	—	0.030	1.00	2.00	0.035	0.030	5.50~6.50	24.00~26.00	1.20~2.50	N0.10~0.20
	75	S25554	03Cr25Ni6Mo3Cu2N	—	0.04	1.00	1.50	0.035	0.030	4.50~6.50	24.00~27.00	2.90~3.90	N0.10~0.25 Cu1.50~2.50
铁素体型	78	S11348	06Cr13Al	0Cr13Al	0.08	1.00	1.00	0.040	0.030	(0.60)	11.50~14.50	—	Al0.10~0.30
	83	S11203	022Cr12	00Cr12	0.030	1.00	1.00	0.040	0.030	(0.60)	11.00~13.50	—	—
	85	S11710	10Cr17	1Cr17	0.12	1.00	1.00	0.040	0.030	(0.60)	16.00~18.00	—	—
	86	S11717	Y10Cr17	Y1Cr17	0.12	1.00	1.25	0.060	≥0.15	(0.60)	16.00~18.00	(0.60)	—
	88	S11790	10Cr17Mo	1Cr17Mo	0.12	1.00	1.00	0.040	0.030	(0.60)	16.00~18.00	0.75~1.25	—
	94	S12791	008Cr27Mo[3]	00Cr27Mo[3]	0.010	0.40	0.40	0.030	0.020	—	25.00~27.50	0.75~1.50	N0.015
	95	S13091	008Cr30Mo2[3]	00Cr30Mo2[3]	0.010	0.40	0.40	0.030	0.020	—	28.50~32.00	1.50~2.50	N0.015
马氏体型	96	S40310	12Cr12	1Cr12	0.15	0.50	1.00	0.040	0.030	(0.60)	11.50~13.00	—	—
	97	S41008	06Cr13	0Cr13	0.08	1.00	1.00	0.040	0.030	(0.60)	11.50~13.50	—	—
	98	S41010	12Cr13[4]	1Cr13[4]	0.08~0.15	1.00	1.00	0.040	0.030	(0.60)	11.50~13.50	—	—

续表

类别	GB/T 20878 中序号	统一数字代号	新牌号	旧牌号	化学成分(质量分数)/%[①]								
					C	Si	Mn	P	S	Ni	Cr	Mo	其他元素
马氏体型	100	S41617	Y12Cr13	Y1Cr13	0.15	1.00	1.25	0.060	≥0.15	(0.60)	12.00~14.00	(0.60)	—
	101	S42020	20Cr13	2Cr13	0.16~0.25	1.00	1.00	0.040	0.030	(0.60)	12.00~14.00	—	—
	102	S42030	30Cr13	3Cr13	0.26~0.35	1.00	1.00	0.040	0.030	(0.60)	12.00~14.00	—	—
	103	S42037	Y30Cr13	Y3Cr13	0.26~0.35	1.00	1.25	0.060	≥0.15	(0.60)	12.00~14.00	(0.60)	—
	104	S42040	40Cr13	4Cr13	0.36~0.45	0.60	0.80	0.040	0.030	(0.60)	12.00~14.00	—	—
	106	S43110	14Cr17Ni2	1Cr17Ni2	0.11~0.17	0.80	0.80	0.040	0.030	1.50~2.50	16.00~18.00	—	—
	107	S43120	17Cr16Ni2	—	0.12~0.22	1.00	1.50	0.040	0.030	1.50~2.50	15.00~17.00	—	—
	108	S44070	68Cr17	7Cr17	0.60~0.75	1.00	1.00	0.040	0.030	(0.60)	16.00~18.00	(0.75)	—
	109	S44080	85Cr17	8Cr17	0.75~0.95	1.00	1.00	0.040	0.030	(0.60)	16.00~18.00	(0.75)	—
	110	S44096	108Cr17	11Cr17	0.95~1.20	1.00	1.00	0.040	0.030	(0.60)	16.00~18.00	(0.75)	—
	111	S44097	Y108Cr17	Y11Cr17	0.95~1.20	1.00	1.25	0.060	≥0.15	(0.60)	16.00~18.00	(0.75)	—
	112	S44090	95Cr18	9Cr18	0.90~1.00	0.80	0.80	0.040	0.030	(0.60)	17.00~19.00	—	—
	115	S45710	13Cr13Mo	1Cr13Mo	0.08~0.18	0.60	1.00	0.040	0.030	(0.60)	11.50~14.00	0.30~0.60	—
	116	S45830	32Cr13Mo	3Cr13Mo	0.28~0.35	0.80	1.00	0.040	0.030	(0.60)	12.00~14.00	0.50~1.00	—
	117	S45990	102Cr17Mo	9Cr18Mo	0.95~1.10	0.80	0.80	0.040	0.030	(0.60)	16.00~18.00	0.40~0.70	—
	118	S46990	90Cr18MoV	9Cr18MoV	0.85~0.95	0.80	0.80	0.040	0.030	(0.60)	17.00~19.00	1.00~1.30	V0.07~0.12

续表

类别	GB/T 20878 中序号	统一数字代号	新牌号	旧牌号	化学成分(质量分数)/%①								
					C	Si	Mn	P	S	Ni	Cr	Mo	其他元素
沉淀硬化型	136	S51550	05Cr15Ni5Cu4Nb	—	0.07	1.00	1.00	0.040	0.030	3.50~5.50	14.00~15.50	—	Nb0.15~0.45 Cu2.50~4.50
	137	S51740	05Cr17Ni4Cu4Nb	0Cr17Ni4Cu4Nb	0.07	1.00	1.00	0.040	0.030	3.00~5.00	15.00~17.50	—	Nb0.15~0.45 Cu3.00~5.00
	138	S51770	07Cr17Ni7Al	0Cr17Ni7Al	0.09	1.00	1.00	0.040	0.030	6.50~7.75	16.00~18.00	—	Al0.75~1.50
	139	S51570	07Cr15Ni7Mo2Al	0Cr15Ni7Mo2Al	0.09	1.00	1.00	0.040	0.030	6.50~7.75	14.00~16.00	2.00~3.00	Al0.75~1.50

① 表中化学成分为熔炼分析成分，除已标明范围或最小值的外，其余均为最大值。括号内数值为可加入或允许含有的最大值。

② 必要时，可添加上表以外的合金元素。

③ 允许含有小于或等于 0.50%镍，小于或等于 0.20%铜，而（Ni+Cu）≤0.50%，必要时，可添加上表以外的合金元素。

④ 相对于 GB/T 20878 调整成分牌号

注：1. 本标准适用于尺寸不大于 250mm 的热轧和锻制不锈钢棒（包括圆钢、方钢、扁钢、六角钢及八角钢）。不锈钢冷加工钢棒的牌号和化学成分与本标准相同，其他见 GB/T 4226—2009。

2. 热轧圆钢和方钢的尺寸、外形及允许偏差应符合 GB/T 702 的规定，热轧扁钢的尺寸、外形及允许偏差应符合 GB/T 704 的规定，热轧六角和八角钢的尺寸、外形及允许偏差应符合 GB/T 705 的规定，锻制圆钢和方钢的尺寸、外形及允许偏差应符合 GB/T 908 的规定，锻制扁钢的尺寸、外形及允许偏差应符合 GB/T 16761 的规定。

表 3-2-17　不锈钢的力学性能与用途

类别	新牌号	旧牌号	热处理				力学性能①								特性和用途
			固溶处理/℃	退火/℃	淬火/℃	回火/℃	$R_{p0.2}$②/MPa	R_m/MPa	A/%	Z③/%	$KU_2$④/J	硬度② HBW	硬度② HRB	硬度② HV	
							≥	≥	≥	≥	≥	≤	≤	≤	
奥氏体型	12Cr17Mn6Ni5N	1Cr17Mn6Ni5N	1010~1120 快冷	—	—	—	275	520	40	45	—	241	100	253	节镍钢种，代替 12Cr17Ni7。冷加工后具有磁性。用于铁道车辆、旅馆装备、厨房用具等
	12Cr18Mn9Ni5N	1Cr18Mn8Ni5N	1010~1120 快冷	—	—	—	275	520	40	45	—	207	95	218	节镍钢种，代替 12Cr18Ni9，主要用于 800℃以下经受弱介质腐蚀的零件，如制作炊具、餐具等
	12Cr17Ni7	1Cr17Ni7	1010~1150 快冷	—	—	—	205	520	40	60	—	187	90	200	经冷加工有高的强度，大气条件下有较好的耐蚀性，用于铁道车辆、传送带、螺栓及螺母等
	12Cr18Ni9	1Cr18Ni9	1010~1150 快冷	—	—	—	205	520	40	60	—	187	90	200	经冷加工有高的强度，但伸长率比 12Cr17Ni7 稍差，建筑装饰部件用

续表

类别	新牌号	旧牌号	热处理 固溶处理/℃	热处理 退火/℃	热处理 淬火/℃	热处理 回火/℃	力学性能① $R_{p0.2}$② /MPa ≥	R_m /MPa ≥	A /% ≥	Z③ /% ≥	$KU_2$④ /J ≥	硬度② HBW ≤	硬度② HRB ≤	硬度② HV ≤	特性和用途
奥氏体型	Y12Cr18Ni9	Y1Cr18Ni9	1010~1150 快冷	—	—	—	205	520	40	50	—	187	90	200	是 12Cr18Ni9 改进切削性钢，最适用于自动车床，制作辊、轴、螺栓、螺母等
	Y12Cr18Ni9Se	Y1Cr18Ni9Se		—	—	—	205	520	40	50	—	187	90	200	调整 12Cr18Ni9 中 P、S 含量并加入 Se 提高切削性，最适用于自动车床，加工铆钉、螺钉等
	06Cr18Ni9Cu3	0Cr18Ni9Cu3		—	—	—	175	480	40	60	—	187	90	200	在 06Cr19Ni9 中加入 Cu，提高了冷加工性，主要用于冷镦紧固件，深拉冷成形部件等
	06Cr19Ni10	0Cr18Ni9		—	—	—	205	520	40	60	—	187	90	200	性能类似于 12Cr18Ni9，但耐蚀性更优，作为不锈耐热钢使用最广泛，适用于深冲部件、容器、食品用设备，一般化工设备，原子能工业用
	022Cr19Ni10	00Cr19Ni10		—	—	—	175	480	40	60	—	187	90	200	比 06Cr19Ni10 含碳量更低的钢，耐晶间腐蚀性优越，主要用于需焊接且焊后不能进行固溶热处理的耐蚀设备及部件
	06Cr19Ni10N	0Cr19Ni9N		—	—	—	275	550	35	50	—	217	95	220	在 06Cr19Ni10 基础上加 N，强度提高，塑性不降低，使材料的厚度减小，主要用于制作结构用要求较高强度部件
	06Cr19Ni9NbN	0Cr19Ni10NbN		—	—	—	345	685	35	50	—	250	100	260	在 06Cr19Ni10 基础上加 N 和 Nb，具有与 06Cr19Ni10N 相同的特性和用途
	022Cr19Ni10N	00Cr18Ni10N		—	—	—	245	550	40	50	—	217	95	220	是 06Cr19Ni10N 的超低碳钢，具有与其同样的特性，用途与 06Cr19Ni10N 相同，但耐晶间腐蚀性更好，因此焊接设备推荐用 022Cr19Ni10N

续表

类别	新牌号	旧牌号	热处理				力学性能①								特性和用途
			固溶处理/℃	退火/℃	淬火/℃	回火/℃	$R_{p0.2}$②	R_m	A	Z③	$KU_2$④	硬度②			
							/MPa		/%		/J	HBW	HRB	HV	
							≥					≤			
奥氏体型	10Cr18Ni12	1Cr18Ni12	1010~1150快冷	—	—	—	175	480	40	60	—	187	90	200	与12Cr18Ni9相比，加工硬化性低。旋压加工、特殊拉拔、冷镦用
	06Cr23Ni13	0Cr23Ni13	1030~1150快冷	—	—	—	205	520	40	60	—	187	90	200	耐腐蚀性、耐热性均比06Cr19Ni10好，多作耐热钢用
	06Cr25Ni20	0Cr25Ni20	1030~1180快冷	—	—	—	205	520	40	50	—	187	90	200	抗氧化性比06Cr23Ni13好。既可用于耐蚀，又可作为耐热钢使用
	06Cr17Ni12Mo2	0Cr17Ni12Mo2	1010~1150快冷	—	—	—	205	520	40	60	—	187	90	200	在10Cr18Ni12基础上加入钼，在海水和其他各种介质中，耐蚀性比06Cr19Ni10好。主要作为耐点蚀材料
	022Cr17Ni12Mo2	00Cr17Ni14Mo2		—	—	—	175	480	40	60	—	187	90	200	为06Cr17Ni12Mo2的超低碳钢，比06Cr17Ni12Mo2耐晶间腐蚀性好，用于厚尺寸截面的焊接设备
	06Cr17Ni12Mo2N	0Cr17Ni12Mo2N		—	—	—	275	550	35	50	—	217	95	220	在牌号06Cr17Ni12Mo2中加入N，提高强度，不降低塑性，使材料的厚度减薄。制作耐蚀性较好、强度较高的部件
	022Cr17Ni12-Mo2N	00Cr17Ni13-Mo2N		—	—	—	245	550	40	50	—	217	95	220	在牌号022Cr17Ni12Mo2中加入N，具有与其相同的特性，用途与06Cr17Ni12Mo2N相同，耐晶间腐蚀性更好，用于化肥、造纸、制药、高压设备等领域
	06Cr18Ni12-Mo2Cu2	0Cr18Ni12-Mo2Cu2		—	—	—	205	520	40	60	—	187	90	200	在06Cr17Ni12Mo2中加入Cu其耐蚀性、耐点蚀性更好，作为耐硫酸材料
	022Cr18Ni14-Mo2Cu2	00Cr18Ni14-Mo2Cu2		—	—	—	175	480	40	60	—	187	90	200	为06Cr18Ni12Mo2Cu2的超低碳钢，比06Cr18Ni12Mo2Cu2的耐晶间腐蚀性好，用途相同

续表

类别	新牌号	旧牌号	热处理				力学性能[①]								特性和用途
			固溶处理/℃	退火/℃	淬火/℃	回火/℃	$R_{p0.2}$[②]	R_m	A	Z[③]	KU_2[④]	硬度[②]			
							/MPa		/%		/J	HBW	HRB	HV	
							≥					≤			
奥氏体型	06Cr19Ni13Mo3	0Cr19Ni13Mo3	1010~1150快冷	—	—	—	205	520	40	60	—	187	90	200	耐点蚀性比06Cr17Ni12Mo2好，用于制作造纸、印染、石化及耐有机酸腐蚀的设备等
奥氏体型	022Cr19Ni13Mo3	00Cr19Ni13Mo3	1010~1150快冷	—	—	—	175	480	40	60	—	187	90	200	为06Cr19Ni13Mo3的超低碳钢，比06Cr19Ni13Mo3耐晶间腐蚀性好、用途相同
奥氏体型	06Cr17Ni12Mo-2Ti[⑦]	0Cr18Ni12Mo3-Ti[⑦]	1000~1100快冷	—	—	—	205	530	40	55	—	187	90	200	为解决06Cr17Ni12Mo2的晶间腐蚀发展而来，用于抵抗硫酸、磷酸、蚁酸、醋酸的设备，有良好的耐晶间腐蚀性，适合制造焊接设备
奥氏体型	03Cr18Ni16Mo5	0Cr18Ni16Mo5	1030~1180快冷	—	—	—	175	480	40	45	—	187	90	200	制作含氯离子溶液的热交换器、醋酸设备、磷酸设备、漂白装置等，在022Cr17Ni12Mo2和06Cr17Ni12Mo2Ti不能适用的环境中使用
奥氏体型	06Cr18Ni11Ti[⑦]	0Cr18Ni10Ti[⑦]	920~1150快冷	—	—	—	205	520	40	50	—	187	90	200	添加Ti提高耐晶间腐蚀性，有良好的高温性能，可用超低碳奥氏体钢代替，除高温和抗氢腐蚀外不推荐使用
奥氏体型	06Cr18Ni11Nb[⑦]	0Cr18Ni11Nb[⑦]	980~1150快冷	—	—	—	205	520	40	50	—	187	90	200	含Nb提高耐晶间腐蚀性，在酸、碱、盐中耐蚀同06Cr18Ni11-Ti，焊接性好，既作耐蚀钢又作耐热钢，用于火电厂、石化领域作容器、管道，热交换器等
奥氏体型	06Cr18Ni13Si4	0Cr18Ni13Si4	1010~1150快冷	—	—	—	205	520	40	60	—	207	95	218	在06Cr19Ni10中增加Ni、Si，提高耐应力腐蚀断裂性。用于含氯离子环境，如汽车排气净化装置
奥氏体—铁素体型	14Cr18Ni11Si-4AlTi	1Cr18Ni11Si-4AlTi	930~1050快冷	—	—	—	440	715	25	40	63	—	—	—	含Si以提高钢的强度和耐浓硝酸腐蚀性能，制作抗高温、浓硝酸介质的零件和设备，如排酸阀门

续表

类别	新牌号	旧牌号	热处理				力学性能①								特性和用途
			固溶处理/℃	退火/℃	淬火/℃	回火/℃	$R_{p0.2}$②	R_m	A	Z③	$KU_2$④	硬度②			
							/MPa		/%		/J	HBW	HRB	HV	
							≥					≤			
奥氏体—铁素体型	022Cr19Ni5Mo-3Si2N	00Cr18Ni5Mo-3Si2	920~1150快冷	—	—	—	390	590	20	40	—	290	30	300	具有双相组织，耐氯化物应力腐蚀性能好，耐点蚀性能与022Cr17Ni12Mo2相当，具有较高的强度，适用于含氯离子的环境，用于炼油、化肥、造纸、石油、化工等工业热交换器和冷凝器等
奥氏体—铁素体型	022Cr22Ni5-Mo3N	—	950~1200快冷	—	—	—	450	620	25	—	—	290	—	—	在瑞典SAF2205钢基础上研制的，目前世界上应用最广的双相不锈钢。对含硫化氢、二氧化碳、氯化物的环境有阻抗性，可进行冷、热加工及成形，焊接性好，适用于结构件，代替022Cr19Ni10和022Cr17Ni12Mo2用于制作油井管、化工储罐、热交换器等设备
奥氏体—铁素体型	022Cr23Ni5-Mo3N	—	950~1200快冷	—	—	—	450	655	25	—	—	290	—	—	从022Cr22Ni5Mo3N派生而来，特性用途同022Cr22Ni5Mo-3W
奥氏体—铁素体型	022Cr25Ni6-Mo2N	—	950~1200快冷	—	—	—	450	620	20	—	—	260	—	—	降低碳、调高钼、添加氮，有高强度，耐氯化物应力腐蚀，可焊接等特点，是耐点蚀最好的钢，代替0Cr26Ni5Mo2，用于石油化工等领域作热交换器、蒸发器等
奥氏体—铁素体型	03Cr25Ni6Mo-3Cu2N	—	1000~1200快冷	—	—	—	550	750	25	—	—	290	—	—	有良好的力学性能，耐局部腐蚀性能，尤其耐磨性能好，是海水环境理想材料，用作船用螺旋推进器、轴、潜艇密封件及石油化工设备
铁素体型	06Cr13Al	0Cr13Al	—	780~830空冷或缓冷	—	—	175	410	20	60	78	183	—	—	用于12Cr13或10Cr17由于空气可淬硬而不适用的地方，如蒸汽透平叶片，压力容器衬里，复合钢材、石油精炼装置等

第3篇

续表

类别	新牌号	旧牌号	热处理				力学性能[①]								特性和用途
			固溶处理/℃	退火/℃	淬火/℃	回火/℃	$R_{p0.2}$[②] /MPa	R_m /MPa	A /%	Z[③] /%	KU_2[④] /J	硬度[②] HBW	硬度[②] HRB	硬度[②] HV	
							≥					≤			
铁素体型	022Cr12	00Cr12	—	700~820 空冷或缓冷	—	—	195	360	22	60	—	183	—	—	比 022Cr13 含碳量低，焊接部位弯曲性能、加工性能、耐高温氧化性能好。制作汽车排气处理装置，锅炉燃烧室、喷嘴等
铁素体型	10Cr17	1Cr17	—	780~850 空冷或缓冷	—	—	205	450	22	50	—	183	—	—	耐蚀性良好的通用钢种，主要用于生产硝酸、硝铵的化工设备，如吸收塔、热交换器等，还可用于建筑内装饰、气体燃烧器、厨房器具、日用办公设备等
铁素体型	Y10Cr17	Y1Cr17	—	680~820 空冷或缓冷	—	—	205	450	22	50	—	183	—	—	比 10Cr17 切削性能好，用于自动车床加工螺栓、螺母等
铁素体型	10Cr17Mo	1Cr17Mo	—	780~850 空冷或缓冷	—	—	205	450	22	60	—	183	—	—	为 10Cr17 的改良钢种，比 10Cr17 抗盐溶液能力强，作汽车外装饰材料、汽车轮毂等
铁素体型	008Cr27Mo	00Cr27Mo	—	900~1050 快冷	—	—	245	410	20	45	—	219	—	—	性能、用途、耐蚀性和软磁性与 008Cr30Mo2 类似
铁素体型	008Cr30Mo2	00Cr30Mo2	—	900~1050 快冷	—	—	295	450	20	45	—	228	—	—	高 Cr-Mo 系，C、N 含量降至极低，耐蚀性很好，制作与醋酸、乳酸等有机酸有关的设备及苛性碱设备。耐卤离子应力腐蚀，耐点腐蚀，用于化工、食品、石油精炼、电力、水处理等用热交换器、压力容器、罐等

类别	新牌号	旧牌号	热处理				力学性能[①]								特性和用途
			固溶处理/℃	退火/℃	淬火/℃	回火/℃	$R_{p0.2}$[②] /MPa	R_m /MPa	A /%	Z[③] /%	KU_2[④] /J	硬度[②] HBW	硬度[②] HRC	退火 HBW[⑤]	
							≥					≥		≤	
马氏体型	12Cr12	1Cr12	—	800~900 缓冷或约 750 快冷	950~1000 油冷	700~750 快冷	390	590	25	55	118	170	—	200	作为汽轮机叶片及高应力部件之良好的不锈耐热钢
马氏体型	12Cr13	1Cr13	—	800~900 缓冷或约 750 快冷	950~1000 油冷	700~750 快冷	345	540	22	55	78	159	—	200	具有良好的耐蚀性、机械加工性，用于韧性要求高且不锈的冲击部件，如刃具、叶片等

续表

类别	新牌号	旧牌号	热处理 固溶处理/℃	热处理 退火/℃	热处理 淬火/℃	热处理 回火/℃	$R_{p0.2}$[②] /MPa ≥	R_m /MPa ≥	A /% ≥	Z[③] /% ≥	KU_2[④] /J ≥	硬度[②] HBW ≥	硬度[②] HRC ≥	退火 HBW[⑤] ≤	特性和用途
马氏体型	06Cr13	0Cr13	—	800~900 缓冷或约750快冷	950~1000 油冷	700~750 快冷	345	490	24	60	—	—	—	183	制作要求较高韧性及受冲击载荷的零件，如汽轮机叶片、结构架、不锈设备、衬里、螺栓、螺母等
	Y12Cr13	Y1Cr13	—				345	540	17	45	55	159	—	200	不锈钢中切削性能最好的钢种，用于自动车床
	20Cr13	2Cr13	—		920~980 油冷	600~750 快冷	440	640	20	50	63	192	—	223	淬火状态下硬度高，性能类似12Cr13，硬度高于12Cr13，耐蚀性和韧性稍低，制作承受高应力零件如汽轮机叶片，医药器械
	30Cr13	3Cr13	—				540	735	12	40	24	217	—	235	比12Cr13、20Cr13有更高强度、淬透性和硬度，但耐蚀性不如这两种钢，用于制作高强度部件，以及承受高应力与腐蚀介质作用的磨损件，如刀具、弹簧、轴、阀门等
	Y30Cr13	Y3Cr13	—				540	735	8	35	24	217	—	235	改善30Cr13切削性能的钢种，用途与30Cr13相似
	40Cr13	4Cr13	—		1050~1100 油冷	200~300 空冷	—	—	—	—	—	—	50	235	强度、硬度高于30Cr13，制作要求较高硬度及高耐磨性的热油泵轴、阀片、阀门、轴承、医疗器械、弹簧等零件，不作焊接件
	14Cr17Ni2	1Cr17Ni2	—	680~700 高温回火空冷	950~1050 油冷	275~350 空冷	—	1080	10	—	39	—	—	285	耐蚀性优于12Cr13和10Cr17，制作既要求可淬硬性与较高强度，又要求耐硝酸及有机酸腐蚀的零件、容器和设备
	17Cr16Ni2[⑥]	—	—	680~800 炉冷或空冷	950~1050 油冷或空冷	600~650 空冷	700	900~1050	12	45	25 (A_{kV})	—	—	295	加工性比14Cr17Ni2明显改善，用于制作要求较高强度、韧性、塑性和耐蚀性的零件及在潮湿介质中工作的承力件
						700~800+650~700[⑧] 空冷	600	800~950	14						

第3篇

续表

类别	新牌号	旧牌号	热处理				力学性能①								特性和用途
			固溶处理/℃	退火/℃	淬火/℃	回火/℃	$R_{p0.2}$②	R_m	A	Z③	$KU_2$④	硬度②			
							/MPa		/%		/J	HBW	HRC	退火 HBW⑤	
							≥					≥		≤	
马氏体型	68Cr17	7Cr17	—	800~920 缓冷	1010~1070 油冷	100~180 快冷	—	—	—	—	—	—	54	255	具有比 20Cr13 更高的淬火硬度，淬火回火后，强度、硬度高，兼有不锈、耐蚀性，制作刃具、量具、轴类、阀门
	85Cr17	8Cr17	—				—	—	—	—	—	—	56	255	硬化状态下比 68Cr17 硬，且比 108Cr17 韧性高，制作刃具、阀门
	108Cr17	11Cr17	—				—	—	—	—	—	—	58	269	在所有不锈钢、耐热钢中，硬度最高。制作喷嘴、轴承
	Y108Cr17	Y11Cr17	—				—	—	—	—	—	—	58	269	具有比 108Cr17 更好的切削性，用于自动车床
	95Cr18	9Cr18	—		1000~1050 油冷	200~300 油、空冷	—	—	—	—	—	—	55	255	耐蚀性较 Cr17 型马氏体不锈钢有所改善，用于制作耐蚀高强度耐磨损部件，如轴、泵、阀、弹簧、紧固件等
	13Cr13Mo	1Cr13Mo	—	830~900 缓冷或约 750 快冷	970~1020 油冷	650~750 快冷	490	690	20	60	78	192	—	200	比 12Cr13 耐蚀性高的高强度钢，用于制作汽轮机叶片、高温部件等
	32Cr13Mo	3Cr13Mo	—	800~900 缓冷或约 750 快冷	1025~1075 油冷	200~300 油、水、空冷	—	—	—	—	—	—	50	207	在 30Cr13 钢基础上加入 Mo，改善了钢的强度和硬度，耐蚀性优于 30Cr13 钢，用途同 30Cr13 钢
	102Cr17Mo	9Cr18Mo	—	800~900 缓冷	1000~1050 油冷	200~300 空冷	—	—	—	—	—	—	55	269	性能与用途类似于 95Cr18，热强性和抗回火能力均优于 95Cr18，主要用于制作承受摩擦并在腐蚀介质中工作的零件，如刃具、量具等
	90Cr18MoV	9Cr18MoV	—	800~920 缓冷	1050~1075 油冷	100~200 空冷	—	—	—	—	—	—	55	269	

续表

类别	新牌号	旧牌号	热处理 种类	热处理 条件	组别	$R_{p0.2}$[②] /MPa ≥	R_m /MPa ≥	A /% ≥	Z[③] /% ≥	KU_2[④] /J ≥	硬度[②] HBW	硬度[②] HRC	特性和用途
沉淀硬化型	05Cr15Ni5Cu4Nb	—	固溶处理	1020～1060℃，快冷	0	—	—	—	—	—	≤363	≤38	在 05Cr17Ni4Cu4Nb 基础上发展的马氏体沉淀硬化钢，除高强度外，还具有高的横向韧性和良好的可锻性，耐蚀性与 05Cr17Ni4Cu4Nb 相当，用于高强度锻件、高压系统阀门、飞机部件等
			固溶处理+沉淀硬化	480℃±10℃时效，空冷	1	1180	1310	10	35	—	≥375	≥40	
				550℃±10℃时效，空冷	2	1000	1070	12	45	—	≥331	≥35	
				580℃±10℃时效，空冷	3	865	1000	13	45	—	≥302	≥31	
				620℃±10℃时效，空冷	4	725	930	16	50	—	≥277	≥28	
	05Cr17Ni4Cu4Nb	0Cr17Ni4Cu4Nb	固溶处理	1020～1060℃，快冷	0	—	—	—	—	—	≤363	≤38	添加铜的沉淀硬化型钢种。用于制作耐弱酸、碱、盐腐蚀的高强度部件，如汽轮机末级动叶片
			固溶处理+沉淀硬化	480℃±10℃时效，空冷	1	1180	1310	10	40	—	≥375	≥40	
				550℃±10℃时效，空冷	2	1000	1070	12	45	—	≥331	≥35	
				580℃±10℃时效，空冷	3	865	1000	13	45	—	≥302	≥31	
				620℃±10℃时效，空冷	4	725	930	16	50	—	≥277	≥28	
	07Cr17Ni7Al	0Cr17Ni7Al	固溶处理	1000～1100℃，快冷	0	≤380	≤1030	20	—	—	≤229	—	添加铝的沉淀硬化型钢种。用于制作 350℃以下长期工作的结构件、容器、管道、弹簧、垫圈、机器部件
			固溶处理+沉淀硬化	955℃±10℃保持 10min，空冷到室温，在 24h 内冷却到 -73℃±6℃保持 8h，再加热到 510℃±10℃保持 1h 后空冷	1	1030	1230	4	10	—	≥388	—	
				760℃±15℃保持 90min，在 1h 内冷却到 15℃以下保持 30min，再加热到 565℃±10℃保持 90min 后空冷	2	960	1140	5	25	—	≥363	—	
	07Cr15Ni7Mo2Al	0Cr15Ni7Mo2Al	固溶处理	1000～1100℃，快冷	0	—	—	—	—	—	≤269	—	综合性能优于 07Cr17Ni7Al，用于有一定耐蚀要求的高强度容器、零件及结构件
			固溶处理+沉淀硬化	955℃±10℃保持 10min，空冷到室温，在 24h 内冷却到 -73℃±6℃保持 8h，再加热到 510℃±10℃保持 1h 后空冷	1	1210	1320	6	20	—	≥388	—	

续表

类别	新牌号	旧牌号	热处理			力学性能①							特性和用途
			种类	条件	组别	$R_{p0.2}$②	R_m	A	Z③	$KU_2$④	硬度②		
						/MPa		/%		/J	HBW	HRC	
						≥							
沉淀硬化型	07Cr15Ni7Mo2Al	0Cr15Ni7Mo2Al	固溶处理+沉淀硬化	760℃±15℃保持90min,在1h内冷却到15℃以下保持30min,再加热到565℃±10℃保持90min后空冷	2	1100	1210	7	25	—	≥375	—	综合性能优于07Cr17Ni7Al,用于有一定耐蚀要求的高强度容器、零件及结构件

① 奥氏体型钢棒的力学性能仅适用于直径、边长、厚度或对边距离小于或等于180mm的钢棒，大于180mm的钢棒可改锻成180mm的样坯检验。奥氏体-铁素体、铁素体、马氏体和沉淀硬化型钢棒的力学性能仅适用于直径、边长、厚度或对边距离小于或等于75mm的钢棒，大于75mm的钢棒可改锻成75mm的样坯检验。

② 对于除马氏体和沉淀硬化型钢棒外的其他类型钢棒，规定非比例延伸强度和硬度，仅当需方要求时（合同中注明）才进行测定。对于除马氏体型钢棒外的其他类型钢棒，供方可根据钢棒尺寸或状态任选一种方法测定硬度。

③ 扁钢不适用，但需方要求时，由供需双方协商确定。

④ 直径或对边距离小于或等于16mm的圆钢、六角钢、八角钢和边长或厚度小于或等于12mm的方钢、扁钢不做冲击试验。

⑤ 采用750℃退火时，其硬度由供需双方协商。

⑥ 17Cr16Ni2钢的热处理工艺应在合同中注明，未注明时由供方在上表中的两种工艺中自行选择一种。

⑦ 需方在合同中注明时可进行稳定化处理，此时热处理温度为850~930℃。

⑧ 当镍含量在本标准规定的下限时，允许采用620~720℃单回火制度。

注：1. 本标准适用于尺寸（直径、边长、对边距离或厚度）不大于250mm的热轧和锻制不锈钢棒（圆钢、方钢、六角钢、八角钢和扁钢）。

2. 表中力学性能为热处理钢棒或试样的数据，试样毛坯的尺寸一般为25mm，当钢棒尺寸小于25mm时，用原尺寸钢棒进行热处理。表列为热处理交货状态时的常温力学性能。

3. 沉淀硬化型钢棒的力学性能应在合同中注明热处理组别，未注明时按1组执行。

耐热钢（摘自 GB/T 1221—2007）

表 3-2-18　奥氏体型耐热钢的化学成分和力学性能

统一数字代号	新牌号	旧牌号	化学成分(质量分数)/%							
			C	Si	Mn	Ni	Cr	P	S	其他
S35650	53Cr21Mn9Ni4N	5Cr21Mn9Ni4N	0.48~0.58	0.35	8.00~10.00	3.25~4.50	20.00~22.0	0.040	0.030	N0.35~0.50
S35750	26Cr18Mn12Si2N	3Cr18Mn12Si2N	0.22~0.30	1.40~2.20	10.50~12.50	—	17.00~19.00	0.050	0.030	N0.22~0.33
S35850	22Cr20Mn10Ni2Si2N	2Cr20Mn9Ni2Si2N	0.17~0.26	1.80~2.70	8.50~11.00	2.00~3.00	18.00~21.00	0.050	0.030	N0.20~0.30
S30408	06Cr19Ni10	0Cr18Ni9	0.08	1.00	2.00	8.00~11.00	18.00~20.00	0.045	0.030	—
S30850	22Cr21Ni12N	2Cr21Ni12N	0.15~0.28	0.75~1.25	1.00~1.60	10.50~12.50	20.00~22.00	0.040	0.030	N0.15~0.30
S30920	16Cr23Ni13	2Cr23Ni13	0.20	1.00	2.00	12.00~15.00	22.00~24.00	0.040	0.030	—
S30908	06Cr23Ni13	0Cr23Ni13	0.08	1.00	2.00	12.00~15.00	22.00~24.00	0.045	0.030	—
S31020	20Cr25Ni20	2Cr25Ni20	0.25	1.50	2.00	19.00~22.00	24.00~26.00	0.040	0.030	—
S31008	06Cr25Ni20	0Cr25Ni20	0.08	1.50	2.00	19.00~22.00	24.00~26.00	0.040	0.030	—
S31608	06Cr17Ni12Mo2	0Cr17Ni12Mo2	0.08	1.00	2.00	10.00~14.00	16.00~18.00	0.045	0.030	Mo2.00~3.00

续表

统一数字代号	新牌号	旧牌号	化学成分(质量分数)/%							
			C	Si	Mn	Ni	Cr	P	S	其他
S31708	06Cr19Ni13Mo3	0Cr19Ni13Mo3	0.08	1.00	2.00	11.00~15.00	18.00~20.00	0.045	0.030	Mo3.00~4.00
S32168	06Cr18Ni11Ti	0Cr18Ni10Ti	0.08	1.00	2.00	9.00~12.00	17.00~19.00	0.045	0.030	Ti5C~0.70
S32590	45Cr14Ni14W2Mo	4Cr14Ni14W2Mo	0.40~0.50	0.80	0.70	13.00~15.00	13.00~15.00	0.040	0.030	Mo0.25~0.40,W2.00~2.75
S33010	12Cr16Ni35	1Cr16Ni35	0.15	1.50	2.00	33.00~37.00	14.00~17.00	0.040	0.030	—
S34778	06Cr18Ni11Nb	0Cr18Ni11Nb	0.08	1.00	2.00	9.00~12.00	17.00~19.00	0.045	0.030	Nb10C~1.10
S38148	06Cr18Ni13Si4①	0Cr18Ni13Si4①	0.08	3.00~5.00	2.00	11.50~15.00	15.00~20.00	0.045	0.030	—
S38240	16Cr20Ni14Si2	1Cr20Ni14Si2	0.20	1.50~2.50	1.50	12.00~15.00	19.00~22.00	0.040	0.030	—
S38340	16Cr25Ni20Si2	1Cr25Ni20Si2	0.20	1.50~2.50	1.50	18.00~21.00	24.00~27.00	0.040	0.030	—

统一数字代号	新牌号	旧牌号	热处理				力学性能②				
			固溶处理		时效处理		$R_{p0.2}$③	R_m	A	Z④	HBW③
			温度/℃	冷却方式	温度/℃	冷却方式	/MPa		/%		
							≥				
S35650	53Cr21Mn9Ni4N	5Cr21Mn9Ni4N	1100~1200	快冷	730~780	空冷	560	885	8	—	≥302
S35750	26Cr18Mn12Si2N	3Cr18Mn12Si2N	1100~1150		—	—	390	685	35	45	≤248
S35850	22Cr20Mn10Ni2-Si2N	2Cr20Mn9Ni2Si2N	1100~1150		—	—	390	635	35	45	≤248
S30408	06Cr19Ni10	0Cr18Ni9	1010~1150		—	—	205	520	40	60	≤187
S30850	22Cr21Ni12N	2Cr21Ni12N	1050~1150		750~800	空冷	430	820	26	20	≤269
S30920	16Cr23Ni13	2Cr23Ni13	1030~1150		—	—	205	560	45	50	≤201
S30908	06Cr23Ni13	0Cr23Ni13	1030~1150		—	—	205	520	40	60	≤187
S31020	20Cr25Ni20	2Cr25Ni20	1030~1180		—	—	205	590	40	50	≤201
S31008	06Cr25Ni20	0Cr25Ni20	1030~1180		—	—	205	520	40	50	≤187
S31608	06Cr17Ni12Mo2	0Cr17Ni12Mo2	1010~1150		—	—	205	520	40	60	≤187
S31708	06Cr19Ni13Mo3	0Cr19Ni13Mo3	1010~1150		—	—	205	520	40	60	≤187
S32168	06Cr18Ni11Ti⑤	0Cr18Ni10Ti⑤	920~1150		—	—	205	520	40	50	≤187
S32590	45Cr14Ni14W2Mo	4Cr14Ni14W2Mo	退火 820~850		—	—	315	705	20	35	≤248
S33010	12Cr16Ni35	1Cr16Ni35	1030~1180		—	—	205	560	40	50	≤201
S34778	06Cr18Ni11Nb⑤	0Cr18Ni11Nb⑤	980~1150		—	—	205	520	40	50	≤187
S38148	06Cr18Ni13Si4	0Cr18Ni13Si4	1010~1150		—	—	205	520	40	60	≤207
S38240	16Cr20Ni14Si2	1Cr20Ni14Si2	1080~1130		—	—	295	590	35	50	≤187
S38340	16Cr25Ni20Si2	1Cr25Ni20Si2	1080~1130		—	—	295	590	35	50	≤187

① 必要时可添加上表以外的合金元素。

② 53Cr21Mn9Ni4N 和 22Cr21Ni12N 钢的力学性能仅适用于直径、边长及对边距离或厚度小于或等于 25mm 的钢棒，大于 25mm 的钢棒可改锻成 25mm 的样坯检验，其余牌号的力学性能仅适用于直径、边长及对边距离或厚度小于或等于 180mm 的钢棒，大于 180mm 的钢棒可改锻成 180mm 的样坯检验。

③ 规定非比例延伸强度和硬度，仅当需方要求时（合同中注明）才进行测定。

④ 扁钢不适用，但需方要求时，由供需双方协商确定。

⑤ 需方在合同中注明时可进行稳定化处理，此时热处理温度为 850~930℃。

注：1. 本标准适用于尺寸（直径、边长、厚度或对边距离）不大于 250mm 的热轧、锻制钢棒（包括圆钢、方钢、扁钢和六角钢）或尺寸不大于 120mm 的冷加工钢棒。

2. 表中化学成分为熔炼分析成分，除已标明范围或最小值的外，其余均为最大值。

3. 钢棒可以热处理或不热处理状态交货，未在合同中注明者按不热处理交货。切削加工用奥氏体型钢棒应进行固溶处理或退火处理，热压力加工用钢棒不进行固溶处理或退火处理。

4. 力学性能为钢棒或试样毛坯经热处理后的性能，试样毛坯尺寸一般为 25mm，当钢棒尺寸小于 25mm 时，用原尺寸钢棒进行热处理。冷拉后不进行热处理钢棒的力学性能由供需双方协商确定。

表 3-2-19　铁素体、马氏体型耐热钢的化学成分和力学性能

类别	统一数字代号	新牌号	旧牌号	化学成分(质量分数)/%							
				C	Si	Mn	Ni	Cr	P	S	其他
铁素体型	S11348	06Cr13Al	0Cr13Al	0.08	1.00	1.00	—	11.50~14.50	0.040	0.030	Al0.10~0.30
	S11203	022Cr12	00Cr12	0.030	1.00	1.00	—	11.00~13.50	0.040	0.030	—
	S11710	10Cr17	1Cr17	0.12	1.00	1.00	—	16.00~18.00	0.040	0.030	—
	S12550	16Cr25N	2Cr25N	0.20	1.00	1.50	—	23.00~27.00	0.040	0.030	Cu(0.30),N0.25
马氏体型	S41010	12Cr13[①]	1Cr13[①]	0.08~0.15	1.00	1.00	(0.60)	11.50~13.50	0.040	0.030	—
	S42020	20Cr13	2Cr13	0.16~0.25	1.00	1.00	(0.60)	12.00~14.00	0.040	0.030	—
	S43110	14Cr17Ni2	1Cr17Ni2	0.11~0.17	0.80	0.80	1.50~2.50	16.00~18.00	0.040	0.030	—
	S43120	17Cr16Ni2	—	0.12~0.22	1.00	1.50	1.50~2.50	15.00~17.00	0.040	0.030	—
	S45110	12Cr5Mo	1Cr5Mo	0.15	0.50	0.60	0.60	4.00~6.00	0.040	0.030	Mo0.40~0.60
	S45610	12Cr12Mo	1Cr12Mo	0.10~0.15	0.50	0.30~0.50	0.30~0.60	11.50~13.00	0.035	0.030	Mo0.30~0.60,Cu0.30
	S45710	13Cr13Mo	1Cr13Mo	0.08~0.18	0.60	1.00	(0.60)	11.50~14.00	0.040	0.030	Mo0.30~0.60
	S46010	14Cr11MoV	1Cr11MoV	0.11~0.18	0.50	0.60	0.60	10.00~11.50	0.035	0.030	Mo0.50~0.70,V0.25~0.40
	S46250	18Cr12MoVNbN	2Cr12MoVNbN	0.15~0.20	0.50	0.50~1.00	(0.60)	10.00~13.00	0.035	0.030	Mo0.30~0.90,V0.10~0.40,N0.05~0.10,Nb0.20~0.60
	S47010	15Cr12WMoV	1Cr12WMoV	0.12~0.18	0.50	0.50~0.90	0.40~0.80	11.00~13.00	0.035	0.030	Mo0.50~0.70,W0.70~1.10,V0.15~0.30
	S47220	22Cr12NiWMoV	2Cr12NiMoWV	0.20~0.25	0.50	0.50~1.00	0.50~1.00	11.00~13.00	0.040	0.030	Mo0.75~1.25,W0.75~1.25,V0.20~0.40
	S47310	13Cr11Ni2W2-MoV	1Cr11Ni2W2MoV	0.10~0.16	0.60	0.60	1.40~1.80	10.50~12.00	0.035	0.030	Mo0.35~0.50,W1.50~2.00,V0.18~0.30
	S47450	18Cr11NiMoNbVN[①]	2Cr11NiMoNbVN[①]	0.15~0.20	0.50	0.50~0.80	0.30~0.60	10.00~12.00	0.030	0.025	Mo0.60~0.90,N0.04~0.09,V0.20~0.30,Al0.30,Nb0.20~0.60
	S48040	42Cr9Si2	4Cr9Si2	0.35~0.50	2.00~3.00	0.70	0.60	8.00~10.00	0.035	0.030	—
	S48045	45Cr9Si3	—	0.40~0.50	3.00~3.50	0.60	0.60	7.50~9.50	0.030	0.030	—
	S48140	40Cr10Si2Mo	4Cr10Si2Mo	0.35~0.45	1.90~2.60	0.70	0.60	9.00~10.50	0.035	0.030	Mo0.70~0.90
	S48380	80Cr20Si2Ni	8Cr20Si2Ni	0.75~0.85	1.75~2.25	0.20~0.60	1.15~1.65	19.00~20.50	0.030	0.030	—

类别	统一数字代号	新牌号	旧牌号	热处理[②]			力学性能[③]						
				退火	淬火	回火	$R_{p0.2}$[④]	R_m	A	Z[⑤]	KU_2[⑥]	HBW[④]	
				温度及冷却方式			/MPa		/%		/J	淬火回火	退火
							≥						≤
铁素体型	S11348	06Cr13Al	0Cr13Al	780~830℃空冷或缓冷	—	—	175	410	20	60	—	—	183
	S11203	022Cr12	00Cr12	700~820℃空冷或缓冷	—	—	195	360	22	60	—	—	183
	S11710	10Cr17	1Cr17	780~850℃空冷或缓冷	—	—	205	450	22	50	—	—	183
	S12550	16Cr25N	2Cr25N	780~880℃快冷	—	—	275	510	20	40	—	—	201

续表

类别	统一数字代号	新牌号	旧牌号		热处理[②] 退火	淬火	回火	力学性能[③] $R_{p0.2}$[④]	R_m	A	Z[⑤]	KU_2[⑥]	HBW[④]	
					温度及冷却方式			/MPa		/%		/J	淬火回火	退火 ≤
								≥						
马氏体型	S41010	12Cr13	1Cr13		800~900℃缓冷或约750℃快冷	950~1000℃油冷	700~750℃快冷	345	540	22	55	78	≥159	200
马氏体型	S42020	20Cr13	2Cr13		800~900℃缓冷或约750℃快冷	920~980℃油冷	600~750℃快冷	440	640	20	50	63	≥192	223
马氏体型	S43110	14Cr17Ni2	1Cr17Ni2		680~700℃高温回火,空冷	950~1050℃油冷	275~350℃空冷	—	1080	10	—	39	—	—
马氏体型	S43120	17Cr16Ni2[⑧]	—	1	680~800℃炉冷或空冷	950~1050℃油冷或空冷	600~650℃空冷	700	900~1050	12	45	25(A_{kV})	—	295
马氏体型	S43120	17Cr16Ni2[⑧]	—	2	680~800℃炉冷或空冷	950~1050℃油冷或空冷	750~800℃+600~700℃[⑦]空冷	600	800~950	14	45	25(A_{kV})	—	295
马氏体型	S45110	12Cr5Mo	1Cr5Mo		—	900~950℃油冷	600~700℃空冷	390	590	18	—	—	—	200
马氏体型	S45610	12Cr12Mo	1Cr12Mo		800~900℃缓冷或约750℃快冷	950~1000℃油冷	700~750℃快冷	550	685	18	60	78	217~248	255
马氏体型	S45710	13Cr13Mo	1Cr13Mo		830~900℃缓冷或约750℃快冷	970~1020℃油冷	650~750℃快冷	490	690	20	60	78	≥192	200
马氏体型	S46010	14Cr11MoV	1Cr11MoV		—	1050~1100℃空冷	720~740℃空冷	490	685	16	55	47	—	200
马氏体型	S46250	18Cr12MoVNbN	2Cr12MoVNbN		850~950℃缓冷	1100~1170℃油冷或空冷	≥600℃空冷	685	835	15	30	—	≤321	269
马氏体型	S47010	15Cr12WMoV	1Cr12WMoV		—	1000~1050℃油冷	680~700℃空冷	585	735	15	45	47	—	—
马氏体型	S47220	22Cr12NiWMoV	2Cr12NiMoWV		830~900℃缓冷	1020~1070℃油冷或空冷	≥600℃空冷	735	885	10	25	—	≤341	269
马氏体型	S47310	13Cr11Ni2W2MoV[⑧]	1Cr11Ni2W2MoV	1	—	1000~1020正火1000~1020℃油冷或空冷	660~710℃油冷或空冷	735	885	15	55	71	269~321	269
马氏体型	S47310	13Cr11Ni2W2MoV[⑧]	1Cr11Ni2W2MoV	2	—	1000~1020正火1000~1020℃油冷或空冷	540~600℃油冷或空冷	885	1080	12	50	55	311~388	269
马氏体型	S47450	18Cr11NiMoNbVN	(2Cr11NiMoNbVN)		800~900℃缓冷或700~770℃快冷	≥1090℃油冷	≥640℃空冷	760	930	12	32	20(A_{kV})	277~331	255

第3篇

续表

类别	统一数字代号	新牌号	旧牌号	热处理②			力学性能③						
				退火	淬火	回火	$R_{p0.2}$④	R_m	A	Z⑤	$KU_2$⑥	HBW④	
				温度及冷却方式			/MPa		/%		/J	淬火回火	退火
							≥						≤
马氏体型	S48040	42Cr9Si2	4Cr9Si2	—	1020~1040℃油冷	700~780℃油冷	590	885	19	50	—	—	269
	S48045	45Cr9Si3	—	800~900℃缓冷	900~1080℃油冷	700~850℃油冷	685	930	15	35	—	≥269	—
	S48140	40Cr10Si2Mo	4Cr10Si2Mo	—	1010~1040℃油冷	720~760℃空冷	685	885	10	35	—	—	269
	S48380	80Cr20Si2Ni	8Cr20Si2Ni	800~900℃缓冷或约720℃空冷	1030~1080℃油冷	700~800℃快冷	685	885	10	15	8	≥262	321

① 相对于 GB/T 20878 调整成分牌号。
② 对于马氏体型耐热钢，钢棒的热处理制度为退火，试样的热处理制度为淬火+回火。
③ 仅适用于直径、边长及对边距离或厚度小于或等于 75mm 的钢棒，大于 75mm 的钢棒可改锻成 75mm 的样坯检验。
④ 对于铁素体型耐热钢，规定非比例延伸强度和硬度，仅当需方要求时（合同中注明）才进行测定。对于马氏体型耐热钢，采用 750℃退火时，退火硬度由供需双方协商确定。
⑤ 扁钢不适用，但需方要求时，由供需双方协商确定。
⑥ 直径或对边距离小于或等于 16mm 的圆钢、六角钢和边长或厚度小于或等于 12mm 的方钢、扁钢不做冲击试验。
⑦ 当镍含量在本标准规定的下限时，允许采用 620~720℃单回火制度。
⑧ 17Cr16Ni2 和 13Cr11Ni2W2MoV 钢的性能组别应在合同中注明，未注明时由供方自行选择。
注：1. 表中化学成分为熔炼分析成分，除已标明范围或最小值的外，其余均为最大值。括号内数值为可加入或允许含有的最大值。
2. 钢棒可以热处理或不热处理状态交货，未在合同中注明者按不热处理交货。铁素体与马氏体型钢棒应进行退火处理。

表 3-2-20　沉淀硬化型耐热钢的化学成分和力学性能

统一数字代号	新牌号	旧牌号	化学成分（质量分数）/%							
			C	Si	Mn	Ni	Cr	P	S	其他
S51740	05Cr17Ni4Cu4Nb	0Cr17Ni4Cu4Nb	0.07	1.00	1.00	3.00~5.00	15.00~17.50	0.040	0.030	Cu3.00~5.00 Nb0.15~0.45
S51770	07Cr17Ni7Al	0Cr17Ni7Al	0.09	1.00	1.00	6.50~7.75	16.00~18.00	0.040	0.030	Al0.75~1.50
S51525	06Cr15Ni25Ti2MoAlVB	0Cr15Ni25Ti2MoAlVB	0.08	1.00	2.00	24.00~27.00	13.50~16.00	0.040	0.030	Mo1.00~1.50 Al0.35 Ti1.90~2.35 B0.001~0.010 V0.10~0.50

统一数字代号	新牌号	旧牌号	热处理			力学性能①					
			种类	条件	组别	$R_{p0.2}$	R_m	A	Z②	硬度③	
						/MPa		/%		HBW	HRC
						≥					
S51740	05Cr17Ni4Cu4Nb	0Cr17Ni4Cu4Nb	固溶处理	1020~1060℃，快冷	0	—	—	—	—	≤363	≤38
			固溶处理+沉淀硬化	470~490℃，空冷	1	1180	1310	10	40	≥375	≥40
				540~560℃，空冷	2	1000	1070	12	45	≥331	≥35
				570~590℃，空冷	3	865	1000	13	45	≥302	≥31
				610~630℃，空冷	4	725	930	16	50	≥277	≥28

续表

统一数字代号	新牌号	旧牌号	热处理			力学性能①					
						$R_{p0.2}$	R_m	A	Z②	硬度③	
			种类	条件	组别	/MPa		/%		HBW	HRC
						≥					
S51770	07Cr17Ni7Al	0Cr17Ni7Al	固溶处理	1000~1100℃，快冷	0	≤380	≤1030	20	—	≤229	—
			固溶处理+沉淀硬化	955℃±10℃保持10min，空冷到室温，在24h内冷却到-73℃±6℃保持8h，再加热到510℃±10℃，保持1h后空冷	1	1030	1230	4	10	≥388	—
				760℃±15℃保持90min，在1h内冷却到15℃以下保持30min，再加热到565℃±10℃保持90min后空冷	2	960	1140	5	25	≥363	—
S51525	06Cr15Ni25Ti2MoAlVB	0Cr15Ni25Ti2MoAlVB	固溶处理+时效	固溶：885~915℃或965~995℃，快冷；时效：700~760℃，16h，空冷或缓冷	—	590	900	15	18	≥248	—

① 仅适用于直径、边长及对边距离或厚度小于或等于75mm的钢棒，大于75mm的钢棒可改锻成75mm的样坯检验。

② 扁钢不适用，但需方要求时，由供需双方协商确定。

③ 供方可根据钢棒尺寸或状态任选一种方法测定硬度。

注：1. 表中化学成分为熔炼分析成分，除已标明范围或最小值的外，其余均为最大值。

2. 钢棒的力学性能应在合同中注明热处理组别，未注明时按1组执行。

3. 除05Cr17Ni4Cu4Nb外，钢棒可以热处理或不热处理状态交货，未在合同中注明者按不热处理交货。应根据钢的组织选择固溶处理或退火处理，退火制度由供需双方协商确定，无协议时退火温度一般为650~680℃。

表 3-2-21　　耐热钢的特性和用途

类别	新钢号	特性和用途
奥氏体型	53Cr21Mn9Ni4N	用于以高温强度为主的汽油及柴油机用排气阀
	26Cr18Mn12Si2N	有较高的高温强度、一定的抗氧化性、较好的抗硫及抗增碳性，用于吊挂支架、渗碳炉构件、加热炉传送带、料盘、炉爪
	22Cr20Mn10Ni2Si2N	特性和用途同26Cr18Mn12Si2N，还可用作盐浴坩埚和加热炉管道等
	22Cr21Ni12N	用于以抗氧化为主的汽油及柴油机用排气阀
	16Cr23Ni13	承受980℃以下反复加热的抗氧化钢，用于加热炉部件、重油燃烧器
	06Cr23Ni13	耐腐蚀性比06Cr19Ni10钢好，可承受980℃以下反复加热，可作炉用材料
	20Cr25Ni20	承受1035℃以下反复加热的抗氧化钢，用作炉用部件，喷嘴，燃烧室等
	06Cr25Ni20	抗氧化性比06Cr23Ni13钢好，可承受1035℃以下反复加热，可作炉用材料、汽车排气净化装置等
	06Cr17Ni12Mo2	高温下具有优良的蠕变强度，可作热交换用部件、高温耐蚀螺栓
	06Cr19Ni13Mo3	耐点蚀和抗蠕变能力优于06Cr17Ni12Mo2，用于制作造纸和印染设备、石油化工及耐有机酸腐蚀的装备、热交换用部件等
	06Cr18Ni11Ti	用作在400~900℃腐蚀条件下使用的部件及高温用焊接结构部件

续表

类别	新钢号	特性和用途
奥氏体型	45Cr14Ni14W2Mo	在700℃以下有较高的热强性，在800℃以下有良好的抗氧化性，用于制作700℃以下工作的内燃机、柴油机重负荷进、排气阀和紧固件，500℃以下工作的航空发动机及其他产品零件，也可作为渗氮钢使用
	12Cr16Ni35	抗渗碳，易渗氮，可在1035℃以下反复加热，可作炉用钢料、石油裂解装置
	06Cr18Ni11Nb	用作在400~900℃腐蚀条件下使用的部件及高温用焊接结构部件
	06Cr18Ni13Si4	具有与06Cr25Ni20相当的抗氧化性，用于含氯离子环境，如汽车排气净化装置等
	16Cr20Ni14Si2	具有较高的高温强度及抗氧化性，对含硫气氛较敏感，在600~800℃有析出相的脆化倾向，适于制作承受应力的各种炉用构件
	16Cr25Ni20Si2	
	06Cr19Ni10	通常作耐氧化钢用，可承受870℃以下的反复加热
铁素体型	16Cr25N	耐高温腐蚀性强，1082℃以下不产生易剥落的氧化皮，常用于抗硫气氛，如燃烧室、退火箱、玻璃模具、阀、搅拌杆等
	06Cr13Al	冷加工硬化少，可制作燃气透平压缩机叶片、退火箱、淬火台架等
	022Cr12	焊接部位弯曲性能、加工性能、耐高温氧化性能好，用于要求焊接的部件，可作汽车排气处理装置、锅炉燃烧室、喷嘴等
	10Cr17	用于900℃以下抗氧化部件、散热器、炉用部件、油喷嘴等
马氏体型	12Cr5Mo	中高温下有好的力学性能，能抗石油裂化过程中产生的腐蚀，用作再热蒸汽管、石油裂解管、锅炉吊架、汽轮机气缸衬套、泵的零件、阀、活塞杆、高压加氢设备部件、紧固件
	42Cr9Si2	750℃以下耐氧化，用作内燃机进气阀、轻负荷发动机的排气阀
	45Cr9Si3	
	40Cr10Si2Mo	高温强度、抗蠕变及抗氧化性能比40Cr13钢高，用于制作进、排气阀门、鱼雷、火箭部件、预燃烧室等
	80Cr20Si2Ni	用于耐磨性为主的进气阀、排气阀及阀座等
	14Cr11MoV	有较高的热强性，良好的减振性及组织稳定性，用于透平叶片及导向叶片
	12Cr12Mo	用于汽轮机叶片
	18Cr12MoVNbN	用于制作高温结构部件，如汽轮机叶片、盘、叶轮轴、螺栓等
	15Cr12WMoV	有较高的热强性，良好的减振性及组织稳定性，用于透平叶片、紧固件、转子及轮盘
	22Cr12NiWMoV	性能与用途类似于13Cr11Ni2W2MoV，用作汽轮机叶片等
	12Cr13	用于800℃以下抗氧化用部件
	13Cr13Mo	比12 Cr13耐蚀性高，用于汽轮机叶片、高温高压蒸汽用机械部件等
	20Cr13	淬火状态下硬度高，耐蚀性良好，用于汽轮机叶片
	14Cr17Ni2	用于具有较高程度耐硝酸、有机酸腐蚀的轴类、活塞杆、泵、阀等零件，以及弹簧、紧固件、容器和设备
	17Cr16Ni2	改善14Cr17Ni2钢的加工性能，可代替14Cr17Ni2钢使用
	13Cr11Ni2W2MoV	具有良好的韧性和抗氧化性，在淡水和湿空气中有较好的耐蚀性
	18Cr11NiMoNbVN	具有良好的强韧性、抗蠕变和抗松弛性能，主要用作汽轮机高温紧固件和动叶片
沉淀硬化型	05Cr17Ni4Cu4Nb	用于燃气透平压缩机叶片、燃气透平发动机周围材料
	07Cr17Ni7Al	用于高温弹簧、膜片、固定器、波纹管
	06Cr15Ni25Ti2MoAlVB	具有高的缺口强度，温度低于980℃时抗氧化性能与06Cr25Ni20相当，主要用于700℃以下要求具有高强度和优良耐蚀性的部件和设备，如汽轮机转子、叶片、骨架、燃烧室部件和螺栓等

注：与本表对应的旧钢号见表3-2-17和表3-2-18。

大型不锈钢、耐酸钢、耐热钢锻件的化学成分和力学性能（摘自 JB/T 6398—2018）

表 3-2-22　大型不锈钢、耐酸钢、耐热钢锻件的化学成分和力学性能

类别	牌号	化学成分(质量分数)/%							热处理	力学性能						特性和用途
		C	Mn	Si	Cr	Ni	Mo	其他		R_m /MPa ≥	$R_{p0.2}$ /MPa ≥	A /% ≥	Z /% ≥	KU_2 /J ≥	HBW	
奥氏体型	12Cr18Ni9	≤0.15	≤2.00	≤1.00	17.00~19.00	8.00~10.00	—	—	固溶	520	205	40	60	—	≤187	具有良好的耐蚀性和冷加工性。由于含碳量较高，对晶间腐蚀敏感，故不宜制作耐蚀的焊接件。主要用于耐蚀要求较高的部件，如食品加工、化学和印染等工业的设备部件，以及一些一般机械制造业要求耐蚀不锈的零件
	06Cr19Ni10	≤0.08	≤2.00	≤1.00	18.00~20.00	8.00~11.00	—	—	固溶	520	205	40	60	—	≤187	具有优良的耐腐蚀和冷冲压性能，对氧化性酸有很强的耐蚀能力，对碱溶液、大部分有机酸和无机酸也有一定的耐蚀能力，低温性能好，在-180℃下仍有较高的强度，较好的塑性，可承受870℃以下的反复加热，可用于深冲成形部件、输酸管道、容器、结构件等，也可制作无磁、低温设备和部件
	06Cr18Ni11Ti	≤0.08	≤2.00	≤1.00	17.00~19.00	9.00~12.00	—	Ti≥$5w_c$	固溶	520	205	40	50	—	≤187	有很好的耐蚀、耐热性能，抗晶间腐蚀性能良好，有好的焊接性。适用于化工耐蚀件、在400~900℃腐蚀条件下使用的部件、高温用焊接结构部件
	06Cr18Ni11Nb	≤0.08	≤2.00	≤1.00	17.00~19.00	9.00~13.00	—	Nb≥$10w_c$	固溶	520	205	40	50	—	≤187	
	06Cr25Ni20	≤0.08	≤2.00	≤1.00(≤1.50)	24.00~26.00	19.00~22.00	—	—	固溶	520	205	40	50	—	≤187	多作为耐热钢使用，具有优良的耐氧化、耐腐蚀、耐酸碱、耐高温性能，高温下有高的强度和蠕变强度，可承受980℃以下反复加热，可用于耐腐蚀部件和高温部件，如炉用部件、汽车排气装置等
	20Cr25Ni20	≤0.25	≤2.00	≤1.50	24.00~26.00	19.00~22.00	—	—	固溶	590	205	40	50	—	≤201	承受1035℃以下反复加热的抗氧化钢，用于喷嘴等

续表

类别	牌号	化学成分(质量分数)/%							热处理	力学性能						特性和用途
		C	Mn	Si	Cr	Ni	Mo	其他		R_m	$R_{p0.2}$	A	Z	KU_2	HBW	
										/MPa		/%		/J		
										≥						
马氏体型	12Cr13	≤0.15	≤1.00	≤1.00	11.50~13.50	≤0.60	—	—	淬火+回火	540	345	25	55	78	≥158	具有良好的抗大气腐蚀性能，在溶液中有一定的耐蚀能力。可用于汽轮机叶片、不锈设备、螺母、螺栓、弹簧以及热裂设备管道附件、喷嘴、阀门等
	20Cr13	0.16~0.25	≤1.00	≤1.00	12.00~14.00	≤0.60	—	—	淬火+回火	635	440	20	50	63	≥195	
	30Cr13	0.26~0.35	≤1.00	≤1.00	12.00~14.00	≤0.60	—	—	淬火+回火	735	540	12	40	24	≥240	
	40Cr13	0.36~0.45	≤0.80	≤0.60	12.00~14.00	≤0.60	—	—	淬火+回火	930	735	9	—	—	≥279	
	12Cr5Mo	≤0.15	≤0.60	≤0.50	4.00~6.00	≤0.60	0.40~0.60	—	淬火+回火	590	390	18	—	—	≥176	抗石油裂化过程中产生的腐蚀，用于再热蒸汽管、石油裂解管、锅炉吊架、汽轮机缸体衬套、泵、阀、活塞杆、高压加氢设备部件及紧固件
	42Cr9Si2	0.35~0.50	≤0.70	2.00~3.00	8.00~10.00	≤0.60	—	—	淬火+回火	885	590	19	50	—	≥260	900℃以下不起皮，在600~700℃有较高的热稳定性和热强性。可用于700℃以下受负荷的部件，如汽车、内燃机、船舶、发动机用阀、挤料杆等，也可用于900℃以下加热炉构件，如料盘、炉底板等
	14Cr17Ni2	0.11~0.17	≤0.80	≤0.80	16.00~18.00	1.50~2.50	(0.35~0.50)	(V0.18~0.30)	淬火+回火	1080	—	10	—	39	≥327	具有高的强度、硬度和韧性，并有很高的耐蚀性。用于化工设备的心轴、轴、活塞杆等零件，以及航空和船舶所需的高强度和高耐蚀性部件

注：1. 本标准适用于一般用途的大型不锈钢、耐酸钢、耐热锻件用钢。
2. 表中化学成分为熔炼分析成分，各牌号钢中P含量≤0.020%，S含量≤0.015%，残余Cu含量≤0.20%。
3. 括号内数字为耐热钢使用时的规定。
4. 当锻件截面尺寸（厚度或直径）大于250mm时，锻件的力学性能应由供需双方商定。
5. 以强度为验收依据时，硬度不作为验收依据。
6. 对于含有Nb、Ti元素的奥氏体型不锈钢锻件，根据需要可进行稳定化处理。

耐候结构钢（摘自 GB/T 4171—2008）

表 3-2-23　耐候结构钢的化学成分和力学性能

类别	牌号	化学成分(质量分数)/%									钢材厚度或直径/mm	力学性能								特性和用途
		C	Si	Mn	P	S	Cu	Cr	Ni	其他		拉伸试验① R_{eL}/MPa ≥	拉伸试验① R_m/MPa	拉伸试验① A/% ≥	180°冷弯试验②	V形缺口冲击试验③ 质量等级	V形缺口冲击试验③ 试样方向	V形缺口冲击试验③ 温度/℃	V形缺口冲击试验③ 冲击吸收能量 KV_2/J	
焊接耐候钢	Q235NH	≤0.13⑨	0.10~0.40	0.20~0.60	≤0.030	≤0.030	0.25~0.55	0.40~0.80	≤0.65	④,⑤	≤16	235	360~510	25	$d=a$	A B C D E	纵向	— +20 0 -20 -40	— ≥47 ≥34 ≥34 ≥27⑩	耐候钢即耐大气腐蚀钢，在钢中加入少量合金元素(如Cu、P、Cr、Ni等)，使其表面在使用过程中形成保护膜，提高钢材的耐候性能，同时保持良好的焊接性能。耐候钢具有优良的焊接性能和低温韧性，主要用于大型焊接结构，如要求耐候性能较高的车辆、桥梁、集装箱、建筑等结构，也可制作螺栓连接和铆接结构，与高耐候钢相比，具有较好的焊接性能
											>16~40	225		25	$d=2a$					
											>40~60	215		24						
											>60	215		23						
	Q295NH	≤0.15	0.10~0.50	0.30~1.00	≤0.030	≤0.030	0.25~0.55	0.40~0.80	≤0.65	④,⑤	≤16	295	430~560	24	$d=2a$					
											>16~40	285		24	$d=3a$					
											>40~60	275		23						
											>60	255		22						
	Q355NH	≤0.16	≤0.50	0.50~1.50	≤0.030	≤0.030	0.25~0.55	0.40~0.80	≤0.65	④,⑤	≤16	355	490~630	22	$d=2a$					
											>16~40	345		22	$d=3a$					
											>40~60	335		21						
											>60	325		20						
	Q415NH	≤0.12	≤0.65	≤1.10	≤0.025	≤0.030⑦	0.20~0.55	0.30~1.25	0.12~0.65⑧	④,⑤,⑥	≤16	415	520~680	22	$d=2a$					
											>16~40	405		22	$d=3a$					
											>40~60	395		20						
	Q460NH	≤0.12	≤0.65	≤1.50	≤0.025	≤0.030⑦	0.20~0.55	0.30~1.25	0.12~0.65⑧	④,⑤,⑥	≤16	460	570~730	20	$d=2a$					
											>16~40	450		20	$d=3a$					
											>40~60	440		19						
	Q500NH	≤0.12	≤0.65	≤2.0	≤0.025	≤0.030⑦	0.20~0.55	0.30~1.25	0.12~0.65⑧	④,⑤,⑥	≤16	500	600~760	18	$d=2a$					
											>16~40	490		16	$d=3a$					
											>40~60	480		15						
	Q550NH	≤0.16	≤0.65	≤2.0	≤0.025	≤0.030⑦	0.20~0.55	0.30~1.25	0.12~0.65⑧	④,⑤,⑥	≤16	550	620~780	16	$d=2a$					
											>16~40	540		16	$d=3a$					
											>40~60	530		15						
高耐候钢	Q265GNH	≤0.12	0.10~0.40	0.20~0.50	0.07~0.12	≤0.020	0.20~0.45	0.30~0.65	0.25~0.50⑧	④,⑤	≤16	265	≥410	27	—					高耐候结构钢的耐大气腐蚀性能比焊接耐候钢好，用于制造车辆、集装箱、建筑、塔架等结构
	Q295GNH	≤0.12	0.10~0.40	0.20~0.50	0.07~0.12	≤0.020	0.25~0.45	0.30~0.65	0.25~0.50⑧	④,⑤	≤16	295	430~560	24	$d=2a$					
											>16~40	285		24	$d=3a$					

续表

类别	牌号	化学成分(质量分数)/%									钢材厚度或直径/mm	力学性能								特性和用途
												拉伸试验①			180°冷弯试验②	V形缺口冲击试验③				
		C	Si	Mn	P	S	Cu	Cr	Ni	其他		R_{eL} /MPa ≥	R_m /MPa	A /% ≥		质量等级	试样方向	温度/℃	冲击吸收能量 KV_2/J	
高耐候钢	Q310GNH	≤0.12	0.25~0.75	0.20~0.50	0.07~0.12	≤0.020	0.20~0.50	0.30~1.25	≤0.65	④,⑤	≤16	310	≥450	26	—	A B C D E	纵向	— +20 0 -20 -40	— ≥47 ≥34 ≥34 ≥27⑩	高耐候结构钢的耐大气腐蚀性能比焊接耐候钢好,用于制造车辆、集装箱、建筑、塔架等结构
	Q355GNH	≤0.12	0.20~0.75	≤1.00	0.07~0.15	≤0.020	0.25~0.55	0.30~1.25	≤0.65	④,⑤	≤16	355	490~630	22	$d=2a$					
											>16~40	345		22	$d=3a$					

① 当屈服现象不明显时，可以采用 $R_{P0.2}$。
② d 为弯心直径，a 为钢材厚度。对于表中所有牌号，当钢材厚度或直径≤6mm 时，$d=a$。除 Q235NH、Q265GNH 和 Q310GNH 钢外，对于其余牌号，当钢材厚度或直径>16mm 时，$d=3a$。
③ 冲击试样尺寸为 10mm×10mm×55mm。
④ 为了改善钢的性能，可以添加一种或一种以上的微量合金元素：Nb0.015%~0.060%，V0.02%~0.12%，Ti0.02%~0.10%，Alt≥0.020%。若上述元素组合使用时，应至少保证其中一种元素含量达到上述化学成分的下限规定。
⑤ 可以添加下列合金元素：Mo≤0.30%，Zr≤0.15%。
⑥ Nb、V、Ti 等三种合金元素的添加总量不应超过 0.22%。
⑦ 供需双方协商，S 的含量可以不大于 0.008%。
⑧ 供需双方协商，Ni 含量的下限可不做要求。
⑨ 供需双方协商，C 的含量可以不大于 0.15%。
⑩ 经供需双方协商，平均冲击功值可以≥60J。

注：1. 本标准适用于车辆、桥梁、集装箱、建筑、塔架等结构用具有耐大气腐蚀性能的热轧和冷轧的钢板、钢带和型钢。
2. 表中化学成分为熔炼分析成分。
3. 热轧钢材以热轧、控轧或正火状态交货，牌号为 Q460NH、Q500NH、Q550NH 的钢材可以淬火加回火状态交货，冷轧钢材一般以退火状态交货。
4. 表中各牌号的供货尺寸范围为：Q235NH、Q295NH、Q355NH 钢板、钢带或型钢的厚度或直径≤100mm；Q415NH、Q460NH、Q500NH、Q550NH 钢板或钢带的厚度≤60mm；Q295GNH 和 Q355GNH 钢板或钢带的厚度≤20mm，型钢的厚度或直径≤40mm；Q265GNH 和 Q310GNH 钢板或钢带的厚度≤3.5mm。热轧与冷轧钢板、钢带的尺寸、外形及其允许偏差应分别符合 GB/T 709 和 GB/T 708 的有关规定，型钢的尺寸、外形及其允许偏差应符合有关标准的规定。

2.2 铸　钢

一般工程用铸造碳钢件（摘自 GB/T 11352—2009）

表 3-2-24　　**一般工程用铸造碳钢件的化学成分和力学性能**

牌号	化学成分(质量分数)/%					铸件厚度/mm	试块室温力学性能						特性和用途
	C	Si	Mn	S	P		$R_{eH}(R_{p0.2})$ /MPa	R_m /MPa	A_s /%	根据合同选择 Z/%	根据合同选择 KV_2/J	根据合同选择 KU_2/J	
	≤						≥						
ZG200-400	0.20	0.60	0.80	0.035	0.035	<100	200	400	25	40	30	47	有良好的塑性、韧性和焊接性，用于受力不大、要求韧性的各种形状的机件，如机座、变速箱壳等

续表

牌号	化学成分（质量分数）/%					铸件厚度/mm	试块室温力学性能						特性和用途
	C	Si	Mn	S	P		R_{eH}（$R_{p0.2}$）	R_m	A_s	根据合同选择			
							/MPa		/%	Z/%	KV_2/J	KU_2/J	
	≤						≥						
ZG230-450	0.30	0.60	0.90	0.035		<100	230	450	22	32	25	35	有一定的强度和较好的塑性、韧性，焊接性良好，可切削性尚好，用于受力不大、要求韧性的零件，如机座、机盖、箱体、底板、阀体、锤轮、工作温度在450℃以下的管道附件等
ZG270-500	0.40		0.90				270	500	18	25	22	27	有较高的强度和较好的塑性，铸造性良好，焊接性尚可，可切削性好，用于各种形状的机件，如飞轮、轧钢机架、蒸汽锤、桩锤、联轴器、连杆、箱体、曲轴、水压机工作缸、横梁等
ZG310-570	0.50		0.90				310	570	15	21	15	24	强度和切削性良好，塑性、韧性较低，硬度、耐磨性较高，焊接性差，流动性好，裂纹敏感性较大，用于负荷较大的零件，各种形状的机件，如联轴器、轮、气缸、齿轮、齿轮圈、棘轮及重负荷机架等
ZG340-640	0.60		0.90				340	640	10	18	10	16	有高的强度、硬度和耐磨性，切削性一般，焊接性差，流动性好，裂纹敏感性较大，用于起重运输机中齿轮、棘轮、联轴器及重要的机件等

注：1. 实际碳含量比表中碳上限每减少0.01%，允许实际锰含量比表中锰上限增加0.04%。对ZG200-400锰最高至1.00%，其余四个牌号锰最高至1.20%。

2. 对于表中所有牌号，残余元素含量（质量分数）应为：Ni≤0.40%，Cr≤0.35%，Cu≤0.40%，Mo≤0.20%，V≤0.05%，残余元素总含量应≤1.00%。当需方无要求时，残余元素不作为验收依据。

3. 当铸件厚度超过100mm时，表中规定的屈服强度 R_{eH}（$R_{p0.2}$）仅供设计使用。

4. 对于断面收缩率和冲击吸收功，若需方无要求，则由供方选择其一。

5. 测定拉伸和冲击性能用试块，应在浇注过程中单独铸出或附铸在铸件上，当试块附铸在铸件上时，附铸的位置、方法和性能指标由供需双方商定。

6. 除另有规定外，试块与其所代表的铸件同炉热处理，热处理工艺由供方决定，按GB/T 16923、GB/T 16924的规定执行。

7. 铸件表面粗糙度应符合图样或订货规定，铸件表面不应存在影响使用的缺陷。

焊接结构用铸钢件（摘自GB/T 7659—2010）

表 3-2-25　焊接结构用铸钢件的化学成分和力学性能

牌号	化学成分（质量分数）/%					单铸试块室温力学性能				
	C	Si ≤	Mn	S	P	R_{eH}	R_m	A	根据合同选择	
						/MPa		/%	Z/%	KV_2/J
				≤		≥				
ZG200-400H	≤0.20	0.60	≤0.80	0.025	0.025	200	400	25	40	45
ZG230-450H	≤0.20	0.60	≤1.20	0.025	0.025	230	450	22	35	45
ZG270-480H	0.17~0.25	0.60	0.80~1.20	0.025	0.025	270	480	20	35	40
ZG300-500H	0.17~0.25	0.60	1.00~1.60	0.025	0.025	300	500	20	21	40
ZG340-550H	0.17~0.25	0.80	1.00~1.60	0.025	0.025	340	550	15	21	35

注：1. 本标准适用于一般工程结构用且要求焊接性能好的铸钢件。

2. 实际碳含量比表中碳上限每减少0.01%，允许实际锰含量比表中锰上限增加0.04%，但总增加量不得大于0.2%。

3. 对于表中所有牌号，残余元素含量（质量分数）应为：Ni≤0.40%，Cr≤0.35%，Cu≤0.40%，Mo≤0.15%，V≤0.05%，残余元素总含量应≤1.00%。当需方无要求时，残余元素不作为验收依据。

4. 当屈服现象不明显时，可以采用 $R_{P0.2}$。

5. 拉伸和冲击试样应从力学性能试块上制取。除另有规定外，试块与其所代表的铸件同炉热处理，热处理工艺由供方决定，按GB/T 16923、GB/T 16924的规定执行。

6. 铸件表面粗糙度应符合图样或合同规定。

7. 所有牌号末尾的“H”为“焊”字汉语拼音的第一个大写字母，表示焊接用钢。

奥氏体锰钢铸件（摘自 GB/T 5680—2023）

表 3-2-26　　奥氏体锰钢铸件的化学成分和力学性能

牌号	主要化学成分(质量分数)/%						力学性能(水韧处理后)				特性和用途(参考)
	C	Si	Mn	P	S	其他	$R_{p0.2}$	R_m	A	KU_2	
				≤	≤		/MPa ≥	/MPa ≥	/% ≥	/J ≥	
ZG120Mn7Mo	1.05~1.35	0.3~0.9	6~8	0.060	0.040	Mo0.9~1.2	—	—	—	—	在强烈的冲击、挤压条件下，表层迅速发生加工硬化现象，使其在心部仍保持奥氏体良好的韧性和塑性的同时硬化层具有良好的耐磨性，适用于冲击磨料磨损和高应力碾碎磨料磨损工况，常用于球磨机衬板、破碎机颚板与锤头、拖拉机与坦克的履带板、挖掘机斗齿与斗壁等抗冲击、抗磨损铸件，也可用于防弹钢板、保险箱钢板等
ZG110Mn13Mo	0.75~1.35	0.3~0.9	11~14	0.060	0.040	Mo0.9~1.2	—	—	—	—	
ZG100Mn13	0.90~1.05	0.3~0.9	11~14	0.060	0.040	—	—	—	—	—	
ZG120Mn13	1.05~1.35	0.3~0.9	11~14	0.060	0.040	—	370	700	25	118	
ZG120Mn13Cr2	1.05~1.35	0.3~0.9	11~14	0.060	0.040	Cr1.5~2.5	390	735	20	96	
ZG120Mn13W	1.05~1.35	0.3~0.9	11~14	0.060	0.040	W0.9~1.2	370	700	25	118	
ZG120Mn13CrMo	1.05~1.35	0.3~0.9	11~14	0.060	0.040	Cr0.4~1.2 Mo0.4~1.2	390	735	20	96	
ZG120Mn13Ni3	1.05~1.35	0.3~0.9	11~14	0.060	0.040	Ni3~4	370	700	25	118	
ZG90Mn14Mo	0.70~1.00	0.3~0.6	13~15	0.070	0.040	Mo1.0~1.8	—	—	—	—	
ZG120Mn18	1.05~1.35	0.3~0.9	16~19	0.060	0.040	—	370	700	25	118	
ZG120Mn18Cr2	1.05~1.35	0.3~0.9	16~19	0.060	0.040	Cr1.5~2.5	390	735	20	96	

注：1. 本标准适用于受冲击负荷的耐磨损奥氏体锰钢铸件，其他工况的耐磨损奥氏体锰钢铸件也可参照执行。

2. 各牌号铸钢中允许加入微量 V、Ti、Nb、B 和 RE 等元素。

3. 当铸件厚度小于 45mm 且含碳量少于 0.8%时，ZG90Mn14Mo 可不经热处理而直接供货，其他所有牌号的铸件应进行水韧处理（水淬固溶热处理）。水韧处理时，铸件应均匀加热和保温，且加热温度不低于 1040℃，保温后须快速入水进行水淬，铸件入水后水温不得超过 50℃。

4. 除了 ZG120Mn7Mo，水韧处理后其他牌号铸件或附铸试块的显微组织应为奥氏体或奥氏体加少量碳化物，其中未溶碳化物级别应不大于 W3 级，析出碳化物级别应不大于 X3 级，过热碳化物级别应不大于 G2 级。非金属夹杂物应不大于 4A 和 4B 级，且视场内超过 6mm 的夹杂物不超过 2 个。显微晶粒度级别数应不小于 1.0。

5. 除另有约定外，室温下铸件硬度应不高于 300HBW。

6. 在室温条件下，试样向着断面 13mm 厚度方向应冷弯 150°而不完全断裂。如果弯曲后试样表面有裂纹，但试样仍保持在一块上，同样视为合格。

7. 铸件的尺寸公差、几何公差和重量公差应符合图样或订货合同的规定。如无规定，铸件尺寸公差应符合 GB/T 6414—2017 中 DCTG12 级，几何公差应符合 GB/T 6414—2017 中 GCTG7 级，重量公差应符合 GB/T 11351—2017 中 MT11 级的规定。

8. 铸件的检验项目应包含化学成分、硬度、表面质量、尺寸公差、几何公差和重量公差。经供需双方商定，室温条件下可对锰钢铸件、试块和试样做金相组织、拉伸性能、冲击性能、弯曲性能和无损探伤检验，应至少选择其中一项作为产品检验的项目。

9. 力学性能测定用试样既可取自单铸或附铸试块又可从铸件上切取，取样规定见原标准。试块厚度可参照铸钢件主要截面厚度，但应不小于 28mm。试块应与其代表的铸件来自同一熔炼炉次的钢液并与铸件同炉次水韧处理。当试块连在铸件上时，其连接方法由供方决定。

10. 铸件不允许有裂纹和影响使用性能的夹渣、夹砂、冷隔、气孔、缩孔、缩松、缺肉等铸造缺陷。浇冒口、毛刺、飞边、粘砂等应清除干净，浇冒口根部打磨后残余量应符合图样或订货合同的规定。铸件表面打磨（机械）处理等级、表面非金属夹杂等级、表面气孔等级可按 GB/T 39428—2020 的规定由供需双方商定。铸件表面粗糙度等级应符合图样或订货合同的规定。如无规定，单件重量小于 1000kg 铸件的表面粗糙度值应符合 GB/T 1031—2009 中 $Ra \leqslant 25\mu m$ 的规定，或者达到 GB/T 39428—2020 中 BM2 级的规定；单件重量大于 1000kg 铸件的表面粗糙度值应符合 GB/T 1031—2009 中 $Ra \leqslant 100\mu m$ 的规定，或者达到 GB/T 39428—2020 中 BM3 级的规定。

大型低合金钢铸件（摘自 JB/T 6402—2018）

表 3-2-27　**大型低合金钢铸件的化学成分和力学性能**

牌号	化学成分(质量分数)/%									热处理状态	力学性能								特性和用途
	C	Si	Mn	S	P	Cr	Ni	Mo	其他		R_{eH} /MPa ≥	R_m /MPa	A /%	Z /%	KU_2 或 KU_8 /J ≥	KV_2 或 KV_8 /J ≥	A_{kDVM} /J ≥	硬度 HBW	
				≤	≤														
ZG20Mn	0.17~0.23	≤0.80	1.00~1.30	0.030		—	≤0.80	—	—	正火+回火	285	≥495	18	30	39	—	—	≥145	焊接及流动性良好，制作水压机缸、叶片、喷嘴体、阀、弯头等
										调质	300	500~650	22	—	—	45	—	150~190	
ZG25Mn	0.20~0.30	0.30~0.45	1.10~1.30	0.030		—	—	—	Cu≤0.30	正火+回火	295	≥490	20	35	47	—	—	156~197	—
ZG30Mn	0.27~0.34	0.30~0.50	1.20~1.50	0.030		—	—	—	—	正火+回火	300	≥550	18	30	—	—	—	≥163	—
ZG35Mn	0.30~0.40	≤0.80	1.10~1.40	0.030		—	—	—	—	正火+回火	345	≥570	12	20	24	—	—	—	用于承受摩擦的零件
										调质	415	≥640	12	25	27	—	27	200~260	
ZG40Mn	0.35~0.45	0.30~0.45	1.20~1.50	0.030		—	—	—	—	正火+回火	350	≥640	12	30	—	—	—	≥163	用于承受摩擦和冲击的零件，如齿轮等
ZG65Mn	0.60~0.70	0.17~0.37	0.90~1.20	0.030		—	—	—	—	正火+回火	—	—	—	—	—	—	—	187~241	用于球磨机衬板等
ZG40Mn2	0.35~0.45	0.20~0.40	1.60~1.80	0.030		—	—	—	—	正火+回火	395	≥590	20	35	30	—	—	≥179	用于承受摩擦的零件，如齿轮等
										调质	635	≥790	13	40	35	—	35	220~270	
ZG45Mn2	0.42~0.49	0.20~0.40	1.60~1.80	0.030		—	—	—	—	正火+回火	392	≥637	15	30	—	—	—	≥179	用于模块、齿轮等
ZG50Mn2	0.45~0.55	0.20~0.40	1.50~1.80	0.030		—	—	—	—	正火+回火	445	≥785	18	37	—	—	—	—	用于高强度零件，如齿轮、齿轮缘等
ZG35SiMnMo	0.32~0.40	1.10~1.40	1.10~1.40	0.030		—	—	0.20~0.30	Cu≤0.30	正火+回火	395	≥640	12	20	24	—	—	—	制作负荷较大的零件
										调质	490	≥690	12	25	27	—	27	—	
ZG35CrMnSi	0.30~0.40	0.50~0.75	0.90~1.20	0.030		0.50~0.80	—	—	—	正火+回火	345	≥690	14	30	—	—	—	≥217	用于承受冲击、磨擦的零件，如齿轮、滚轮等
ZG20MnMo	0.17~0.23	0.20~0.40	1.10~1.40	0.030		—	—	0.20~0.35	Cu≤0.30	正火+回火	295	≥490	16	—	39	—	—	≥156	用于受压容器，如泵壳等
ZG30Cr1MnMo	0.25~0.35	0.17~0.45	0.90~1.20	0.030		0.90~1.20	—	0.20~0.30	—	正火+回火	392	≥686	15	30	—	—	—	—	用于拉坯和立柱

续表

牌号	化学成分(质量分数)/% C	Si	Mn	S、P ≤	Cr	Ni	Mo	其他	热处理状态	力学性能 R_{eH}/MPa ≥	R_m/MPa	A/% ≥	Z/% ≥	KU_2 或 KU_8/J ≥	KV_2 或 KV_8/J ≥	A_{kDVM}/J ≥	硬度 HBW	特性和用途
ZG55CrMnMo	0.50~0.60	0.25~0.60	1.20~1.60	0.030	0.60~0.90	—	0.20~0.30	Cu≤0.30	正火+回火	—	—	—	—	—	—	—	197~241	有一定的红硬性，用于锻模等
ZG40Cr1	0.35~0.45	0.20~0.40	0.50~0.80	0.030	0.80~1.10	—	—	—	正火+回火	345	≥630	18	26	—	—	—	≥212	用于高强度齿轮
ZG34Cr2Ni2Mo	0.30~0.37	0.30~0.60	0.60~1.00	0.030	1.40~1.70	1.40~1.70	0.15~0.35	—	调质	700	950~1000	12	—	—	32	—	240~290	用于特别要求的零件,如锥齿轮、小齿轮及吊车行走轮、轴等
ZG15Cr1Mo	0.12~0.20	≤0.60	0.50~0.80	0.030	1.00~1.50	—	0.45~0.65	—	正火+回火	275	≥490	20	35	24	—	—	140~220	用于汽轮机
ZG15Cr1Mo1V	0.12~0.20	0.20~0.60	0.40~0.70	0.030	1.20~1.70	≤0.30	0.90~1.20	V0.25~0.40 Cu≤0.30	正火+回火	345	≥590	17	30	24	—	—	140~220	用于汽轮机蒸汽室、汽缸等
ZG20CrMo	0.17~0.25	0.20~0.45	0.50~0.80	0.030	0.50~0.80	—	0.45~0.65	—	正火+回火	245	≥460	18	30	30	—	—	135~180	用于齿轮、锥齿轮及高压缸零件等
									调质	245	≥460	18	30	24	—	—	—	
ZG20CrMoV	0.18~0.25	0.20~0.60	0.40~0.70	0.030	0.90~1.20	≤0.30	0.50~0.70	V0.20~0.30 Cu≤0.30	正火+回火	315	≥590	17	30	24	—	—	140~220	用于570℃下工作的高压阀门
ZG35Cr1Mo	0.30~0.37	0.30~0.50	0.50~0.80	0.030	0.80~1.20	—	0.20~0.30	—	正火+回火	392	≥588	12	20	23.5	—	—	—	用于齿轮、电炉支承轮轴套、齿圈等
									调质	490	≥686	12	25	31	—	27	≥201	
ZG42Cr1Mo	0.38~0.45	0.30~0.60	0.60~1.00	0.030	0.80~1.20	—	0.20~0.30	—	正火+回火	410	≥569	12	20	—	12	—	—	用于高负荷的零件、齿轮、锥齿轮等
									调质	510	690~830	11	—	—	15	—	200~250	
ZG50Cr1Mo	0.46~0.54	0.25~0.50	0.50~0.80	0.030	0.90~1.20	—	0.15~0.25	—	调质	520	740~880	11	—	—	—	34	220~260	用于减速器零件、齿轮、小齿轮等
ZG28NiCrMo	0.25~0.30	0.30~0.80	0.60~0.90	0.030	0.35~0.85	0.40~0.80	0.35~0.55	—	—	420	≥630	20	40	—	—	—	—	用于直径大于300mm的齿轮铸件
ZG30NiCrMo	0.25~0.35	0.30~0.60	0.70~1.00	0.030	0.60~0.90	0.60~1.00	0.35~0.50	—	—	590	≥730	17	35	—	—	—	—	
ZG35NiCrMo	0.30~0.37	0.60~0.90	0.70~1.00	0.030	0.40~0.90	0.60~0.90	0.40~0.50	—	—	660	≥830	14	30	—	—	—	—	

注：1. 本标准适用于在砂型铸造或导热性与砂型相仿的铸型中浇注的铸件。

2. 表中化学成分为熔炼分析成分，各牌号铸钢中残余元素含量（质量分数）应为：Ni≤0.30%，Cr≤0.30%，Cu≤0.25%，Mo≤0.15%，V≤0.05%，残余元素总含量应≤1.00%。当需方无要求时，残余元素不作为验收依据。

3. 需方无特殊要求时，KU_2、KV_2、A_{kDVM} 由供方任选一种。

4. 硬度一般不作为验收依据，仅供设计参考。当无特殊说明时，硬度在试样上测定。

5. 供需双方无特别约定时，力学性能试验用试块采用单铸或附铸试块由供方自行确定，试块与铸件同炉热处理。除另有规定外，供方可根据力学性能要求进行热处理。

6. 铸件表面粗糙度应符合图样或订货规定，一般情况下表面粗糙度应小于或等于100μm，铸件表面不应存在影响使用的缺陷。

通用耐蚀钢铸件（摘自 GB/T 2100—2017）

表 3-2-28　通用耐蚀钢铸件的化学成分和力学性能

牌号	化学成分(质量分数)/%								
	C	Si	Mn	P	S	Cr	Mo	Ni	其他
ZG15Cr13	≤0.15	≤0.80	≤0.80	≤0.035	≤0.025	11.50~13.50	≤0.50	≤1.00	—
ZG20Cr13	0.16~0.24	≤1.00	≤0.60	≤0.035	≤0.025	11.50~14.00	—	—	—
ZG10Cr13Ni2Mo	≤0.10	≤1.00	≤1.00	≤0.035	≤0.025	12.00~13.50	0.20~0.50	1.00~2.00	—
ZG06Cr13Ni4Mo	≤0.06	≤1.00	≤1.00	≤0.035	≤0.025	12.00~13.50	≤0.70	3.50~5.00	Cu≤0.50,V≤0.05,W≤0.10
ZG06Cr13Ni4	≤0.06	≤1.00	≤1.00	≤0.035	≤0.025	12.00~13.00	≤0.70	3.50~5.00	—
ZG06Cr16Ni5Mo	≤0.06	≤0.80	≤1.00	≤0.035	≤0.025	15.00~17.00	0.70~1.50	4.00~6.00	—
ZG10Cr12Ni1	≤0.10	≤0.40	0.50~0.80	≤0.030	≤0.020	11.50~12.50	≤0.50	0.80~1.50	Cu≤0.30,V≤0.30
ZG03Cr19Ni11	≤0.03	≤1.50	≤2.00	≤0.035	≤0.025	18.00~20.00	—	9.00~12.00	N≤0.20
ZG03Cr19Ni11N	≤0.03	≤1.50	≤2.00	≤0.040	≤0.030	18.00~20.00	—	9.00~12.00	N0.12~0.20
ZG07Cr19Ni10	≤0.07	≤1.50	≤1.50	≤0.040	≤0.030	18.00~20.00	—	8.00~11.00	—
ZG07Cr19Ni11Nb	≤0.07	≤1.50	≤1.50	≤0.040	≤0.030	18.00~20.00	—	9.00~12.00	Nb8C~1.00
ZG03Cr19Ni11Mo2	≤0.03	≤1.50	≤2.00	≤0.035	≤0.025	18.00~20.00	2.00~2.50	9.00~12.00	N≤0.20
ZG03Cr19Ni11Mo2N	≤0.03	≤1.50	≤2.00	≤0.035	≤0.030	18.00~20.00	2.00~2.50	9.00~12.00	N0.10~0.20
ZG05Cr26Ni6Mo2N	≤0.05	≤1.00	≤2.00	≤0.035	≤0.025	25.00~27.00	1.30~2.00	4.50~6.50	N0.12~0.20
ZG07Cr19Ni11Mo2	≤0.07	≤1.50	≤1.50	≤0.040	≤0.030	18.00~20.00	2.00~2.50	9.00~12.00	—
ZG07Cr19Ni11Mo2Nb	≤0.07	≤1.50	≤1.50	≤0.040	≤0.030	18.00~20.00	2.00~2.50	9.00~12.00	Nb 8C~1.00
ZG03Cr19Ni11Mo3	≤0.03	≤1.50	≤1.50	≤0.040	≤0.030	18.00~20.0	3.00~3.50	9.00~12.00	—
ZG03Cr19Ni11Mo3N	≤0.03	≤1.50	≤1.50	≤0.040	≤0.030	18.00~20.00	3.00~3.50	9.00~12.00	N0.10~0.20
ZG03Cr22Ni6Mo3N	≤0.03	≤1.00	≤2.00	≤0.035	≤0.025	21.00~23.00	2.50~3.50	4.50~6.50	N0.12~0.20
ZG03Cr25Ni7Mo4WCuN	≤0.03	≤1.00	≤1.50	≤0.030	≤0.020	24.00~26.00	3.00~4.00	6.00~8.50	Cu≤1.00,N0.15~0.25,W≤1.00
ZG03Cr26Ni7Mo4CuN	≤0.03	≤1.00	≤1.00	≤0.035	≤0.025	25.00~27.00	3.00~5.00	6.00~8.00	N0.12~0.22,Cu≤1.30
ZG07Cr19Ni12Mo3	≤0.07	≤1.50	≤1.50	≤0.040	≤0.030	18.00~20.00	3.00~3.50	10.00~13.00	—
ZG025Cr20Ni25Mo7Cu1N	≤0.025	≤1.00	≤2.00	≤0.035	≤0.020	19.00~21.00	6.00~7.00	24.00~26.00	N0.15~0.25,Cu0.50~1.50
ZG025Cr20Ni19Mo7CuN	≤0.025	≤1.00	≤1.20	≤0.030	≤0.010	19.50~20.50	6.00~7.00	17.50~19.50	N0.18~0.24,Cu0.50~1.00
ZG03Cr26Ni6Mo3Cu3N	≤0.03	≤1.00	≤1.50	≤0.035	≤0.025	24.50~26.50	2.50~3.50	5.00~7.00	N0.12~0.22,Cu2.75~3.50
ZG03Cr26Ni6Mo3Cu1N	≤0.03	≤1.00	≤2.00	≤0.030	≤0.020	24.50~26.50	2.50~3.50	5.50~7.00	N0.12~0.25,Cu0.80~1.30
ZG03Cr26Ni6Mo3N	≤0.03	≤1.00	≤2.00	≤0.035	≤0.025	24.50~26.50	2.50~3.50	5.50~7.00	N0.12~0.25

续表

牌号	热处理工艺	厚度 t /mm ≤	室温力学性能			
			$R_{p0.2}$ /MPa	R_m /MPa	A /%	KV_2 /J
			≥			
ZG15Cr13	加热到 950~1050℃,保温,空冷+650~750℃回火,空冷	150	450	620	15	20
ZG20Cr13	加热到 950~1050℃,保温,空冷或油冷+680~740℃回火,空冷	150	390	590	15	20
ZG10Cr13Ni2Mo	加热到 1000~1050℃,保温,空冷+620~720℃回火,空冷或炉冷	300	440	590	15	27
ZG06Cr13Ni4Mo	加热到 1000~1050℃,保温,空冷+570~620℃回火,空冷或炉冷	300	550	760	15	50
ZG06Cr13Ni4		300	550	750	15	50
ZG06Cr16Ni5Mo	加热到 1020~1070℃,保温,空冷+580~630℃回火,空冷或炉冷	300	540	760	15	60
ZG10Cr12Ni1	加热到 1020~1060℃,保温,空冷+680~730℃回火,空冷或炉冷	150	355	540	18	45
ZG03Cr19Ni11	加热到 1050~1150℃,保温,固溶处理,水淬。也可根据铸件厚度空冷或其他快冷方法	150	185	440	30	80
ZG03Cr19Ni11N		150	230	510	30	80
ZG07Cr19Ni10		150	175	440	30	60
ZG07Cr19Ni11Nb		150	175	440	25	40
ZG03Cr19Ni11Mo2	加热到 1080~1150℃,保温,固溶处理,水淬。也可根据铸件厚度空冷或其他快冷方法	150	195	440	30	80
ZG03Cr19Ni11Mo2N		150	230	510	30	80
ZG05Cr26Ni6Mo2N	加热到 1120~1150℃,保温,固溶处理,水淬。为防止形状复杂的铸件开裂,也可随炉冷却至 1010~1040℃再固溶处理,水淬	150	420	600	20	30
ZG07Cr19Ni11Mo2	加热到 1080~1150℃,保温,固溶处理,水淬。也可根据铸件厚度空冷或其他快冷方法	150	185	440	30	60
ZG07Cr19Ni11Mo2Nb		150	185	440	25	40
ZG03Cr19Ni11Mo3	加热到≥1120℃,保温,固溶处理,水淬。也可根据铸件厚度空冷或其他快冷方法	150	180	440	30	80
ZG03Cr19Ni11Mo3N		150	230	510	30	80
ZG03Cr22Ni6Mo3N	加热到 1120~1150℃,保温,固溶处理,水淬。为防止形状复杂的铸件开裂,也可随炉冷却至 1010~1040℃时再固溶处理,水淬	150	420	600	20	30
ZG03Cr25Ni7Mo4WCuN		150	480	650	22	50
ZG03Cr26Ni7Mo4CuN		150	480	650	22	50
ZG07Cr19Ni12Mo3	加热到 1120~1180℃,保温,固溶处理,水淬。也可根据铸件厚度空冷或其他快冷方法	150	205	440	30	60
ZG025Cr20Ni25Mo7Cu1N	加热到 1200~1240℃,保温,固溶处理,水淬	50	210	480	30	60
ZG025Cr20Ni19Mo7CuN	加热到 1080~1150℃,保温,固溶处理,水淬。也可根据铸件厚度空冷或其他快冷方法	50	260	500	35	50
ZG03Cr26Ni6Mo3Cu3N	加热到 1120~1150℃,保温,固溶处理,水淬。为防止形状复杂的铸件开裂,也可随炉冷却至 1010~1040℃时再固溶处理,水淬	150	480	650	22	50
ZG03Cr26Ni6Mo3Cu1N		200	480	650	22	60
ZG03Cr26Ni6Mo3N		150	480	650	22	50

注:1. 本标准适用于各种腐蚀工况的通用耐蚀钢铸件。

2. 铸件表面粗糙度检验按 GB/T 15056 的规定进行。

一般用途耐热钢及合金铸件（摘自 GB/T 8492—2024）

表 3-2-29　　一般用途耐热钢和合金铸件的化学成分

牌号	化学成分(质量分数)/%								
	C	Si	Mn	P	S	Cr	Mo	Ni	其他
ZGR30Cr7Si2	0.20~0.35	1.0~2.5	0.5~1.0	0.035	0.030	6.0~8.0	0.15	0.5	—
ZGR40Cr13Si2	0.30~0.50	1.0~2.5	1.0	0.040	0.030	12.0~14.0	0.15	0.5	—
ZGR40Cr17Si2	0.30~0.50	1.0~2.5	1.0	0.040	0.030	16.0~19.0	0.50	1.0	—
ZGR40Cr24Si2	0.30~0.50	1.0~2.5	1.0	0.040	0.030	23.0~26.0	0.50	1.0	—
ZGR40Cr28Si2	0.30~0.50	1.0~2.5	1.0	0.040	0.030	27.0~30.0	0.50	1.0	—
ZGR130Cr29Si2	1.20~1.40	1.0~2.5	0.5~1.0	0.035	0.030	27.0~30.0	0.50	1.0	—
ZGR25Cr18Ni9Si2	0.15~0.35	0.5~2.5	2.0	0.040	0.030	17.0~19.0	0.50	8.0~10.0	—
ZGR25Cr20Ni14Si2	0.15~0.35	0.5~2.5	2.0	0.040	0.030	19.0~21.0	0.50	13.0~15.0	—
ZGR40Cr22Ni10Si2	0.30~0.50	1.0~2.5	2.0	0.040	0.030	21.0~23.0	0.50	9.0~11.0	—
ZGR40Cr24Ni24Si2Nb	0.30~0.50	1.0~2.5	2.0	0.040	0.030	23.0~25.0	0.50	23.0~25.0	Nb0.80~1.80
ZGR40Cr25Ni12Si2	0.30~0.50	1.0~2.5	0.5~2.0	0.040	0.030	24.0~27.0	0.50	11.0~14.0	—
ZGR40Cr25Ni20Si2	0.30~0.50	1.0~2.5	2.0	0.040	0.030	24.0~27.0	0.50	19.0~22.0	—
ZGR40Cr27Ni4Si2	0.30~0.50	1.0~2.5	1.5	0.040	0.030	25.0~28.0	0.50	3.0~6.0	—
ZGR50Ni20Cr20Co20-Mo3W3Nb	0.35~0.65	1.0	2.0	0.040	0.030	19.0~22.0	2.50~3.00	18.0~22.0	Co18.5~22.0 W2.0~3.0 Nb0.75~1.25
ZGR10Ni32Cr20SiNb	0.05~0.15	0.5~1.5	2.0	0.040	0.030	19.0~21.0	0.50	31.0~33.0	Nb0.50~1.50
ZGR40Ni35Cr17Si2	0.30~0.50	1.0~2.5	2.0	0.040	0.030	16.0~18.0	0.50	34.0~36.0	—
ZGR40Ni35Cr26Si2	0.30~0.50	1.0~2.5	2.0	0.040	0.030	24.0~27.0	0.50	33.0~36.0	—
ZGR40Ni35Cr26Si2Nb	0.30~0.50	1.0~2.5	2.0	0.040	0.030	24.0~27.0	0.50	33.0~36.0	Nb0.80~1.80
ZGR40Ni38Cr19Si2	0.30~0.50	1.0~2.5	2.0	0.040	0.030	18.0~21.0	0.50	36.0~39.0	—
ZGR40Ni38Cr19Si2Nb	0.30~0.50	1.0~2.5	2.0	0.040	0.030	18.0~21.0	0.50	36.0~39.0	Nb1.20~1.80
ZNRNiCr28W5	0.35~0.55	1.0~2.0	1.5	0.040	0.030	27.0~30.0	0.50	47.0~50.0	W4.0~6.0
ZNRNiCr50	0.10	1.0	1.0	0.020	0.020	48.0~52.0	0.50	余量	Fe1.00 N0.16 Nb1.00~1.80
ZNRNiCr19	0.40~0.60	0.5~2.0	1.5	0.040	0.030	16.0~21.0	0.50	50.0~55.0	—
ZNRNiCr16	0.35~0.65	2.0	1.3	0.040	0.030	13.0~19.0	—	64.0~69.0	—
ZGR50Ni35Cr25Co15W5	0.45~0.55	1.0~2.0	1.0	0.040	0.030	24.0~26.0	—	33.0~37.0	W4.0~6.0 Co14.0~16.0
ZNRCoCr28	0.05~0.25	0.5~1.5	1.5	0.040	0.030	27.0~30.0	0.50	4.0	Co48.0~52.0

注：1. 本标准适用于高温工况条件下使用的一般用途耐热钢和合金铸件，其他类型的耐热钢和合金铸件也可参照执行。

2. 本表中材料牌号按 GB/T 5613 规定的方法表示，ZGR 为耐热铸钢的代号，ZNR 为铸造耐热合金的代号。

3. 本表中的单个值表示最大值，未标出的余量为元素 Fe。

表 3-2-30　　一般用途耐热钢和合金铸件的室温力学性能与最高使用温度

牌号	铸件状态	$R_{p0.2}$	R_m	A	HBW	最高使用温度[①]
		/MPa		/%		/℃
		≥				
ZGR30Cr7Si2	铸态或退火	—	—	—	—	750
ZGR40Cr13Si2	退火	—	—	—	300[②]	850
ZGR40Cr17Si2	退火	—	—	—	300[②]	900
ZGR40Cr24Si2	退火	—	—	—	300[②]	1050
ZGR40Cr28Si2	退火	—	—	—	320[②]	1100
ZGR130Cr29Si2	退火	—	—	—	400[②]	1100
ZGR25Cr18Ni9Si2	铸态	230	450	15	—	900
ZGR25Cr20Ni14Si2	铸态	230	450	10	—	900
ZGR40Cr22Ni10Si2	铸态	230	450	8	—	950

续表

牌号	铸件状态	$R_{p0.2}$	R_m	A	HBW	最高使用温度① /℃
		/MPa		/%		
		≥				
ZGR40Cr24Ni24Si2Nb	铸态	220	400	4	—	1050
ZGR40Cr25Ni12Si2	铸态	220	450	6	—	1050
ZGR40Cr25Ni20Si2	铸态	220	450	6	—	1100
ZGR40Cr27Ni4Si2	铸态	250	400	3	400③	1100
ZGR50Ni20Cr20Co20Mo3W3Nb	铸态	320	400	6	—	1150
ZGR10Ni32Cr20SiNb	铸态	170	440	20	—	1000
ZGR40Ni35Cr17Si2	铸态	220	420	6	—	980
ZGR40Ni35Cr26Si2	铸态	220	440	6	—	1050
ZGR40Ni35Cr26Si2Nb	铸态	220	440	4	—	1050
ZGR40Ni38Cr19Si2	铸态	220	420	6	—	1050
ZGR40Ni38Cr19Si2Nb	铸态	220	420	4	—	1000
ZNRNiCr28W5	铸态	220	400	3	—	1200
ZNRNiCr50Nb	铸态	230	540	8	—	1050
ZNRNiCr19	铸态	220	440	5	—	1100
ZNRNiCr16	铸态	200	400	3	—	1100
ZGR50Ni35Cr25Co15W5	铸态	270	480	5	—	1200
ZNRCoCr28	铸态	—	—	—	—	1200

① 最高使用温度取决于环境、载荷等实际使用条件，所列数据仅供用户参考，这些数据适用于氧化气氛，实际的合金成分对其也有影响。

② 退火态最大 HBW 值（不适用铸态下供货的铸件）。

③ 最大 HBW 值。

注：1. 交付产品应符合 GB/T 40805—2021 中的订货信息和附加材料中注明的要求，交付产品的补充要求应在订货合同中确定，具体要求应符合 GB/T 40805—2021 中附录 C 的规定。

2. ZGR30Cr7Si2、ZGR40Cr13Si2、ZGR40Cr17Si2、ZGR40Cr24Si2、ZGR40Cr28Si2、ZGR130Cr29Si2 可以在 800~850℃进行退火处理。ZGR30Cr7Si2 也可在铸态下供货。其他牌号耐热钢和合金铸件，不需要热处理。若需热处理，则热处理工艺由供需双方商定，并在订货合同中注明。

3. 铸件不应有裂纹和影响使用性能的冷隔、缺肉等缺陷，应修整飞边、毛刺、去除浇冒口，表面应清除粘砂和氧化皮。铸件加工面上允许存有在加工余量范围内的表面缺陷，非加工面上允许存在的缺陷种类及接收等级由需方提供。

4. 铸件表面粗糙度等级应按 GB/T 6060.1、GB/T 39428 选定，对铸件的表面粗糙度要求应在图样或订货合同中注明。

5. 铸件尺寸公差、几何公差与机械加工余量等级应按 GB/T 6414 选定，如有特殊要求应在订货合同或图样中注明。

6. 力学性能试验用试块采用单铸试块或附铸试块，其要求详见原标准。

2.3 铸铁

灰铸铁件（摘自 GB/T 9439—2023）

表 3-2-31　　灰铸铁件的力学性能

牌号	铸件主要壁厚 /mm		R_m/MPa 单铸试棒或并排试棒		R_m/MPa 附铸试块	铸件本体预期 R_m ≥	特性与用途(非标准内容,供参考)
	>	≤	≥	≤	≥		
HT100	5	40	100	200	—	—	HT100 用于外罩、手把、手轮、底板、重锤等形状简单、对强度无要求的零件,无需人工时效处理,减振性优良,铸造性能好。当对抗磁性能有要求时,可选用 HT100

续表

牌号	铸件主要壁厚/mm		R_m/MPa			铸件本体预期 R_m ≥	特性与用途(非标准内容,供参考)	
			单铸试棒或并排试棒		附铸试块			
	>	≤	≥	≤	≥			
HT150	2.5	5	150	250	—	165	碳以片状石墨存在。塑性和韧性较低,但有一定的强度,抗压强度高,通常为(3~4)R_m。有良好的吸振性、润滑性、导热性、切削加工性和铸造性。不宜在300~400℃以上的温度长期使用。壁厚相差悬殊的铸件不推荐使用。HT150基体组织为铁素体+珠光体,HT200~HT350基体组织为珠光体。普通铸铁中加入合金元素(如硅、锰、镍、铬、钼等)使基体组织发生变化,从而具有耐热、耐磨、耐蚀、耐低温、无磁等性能	HT150用于强度要求不高的铸件,如端盖、泵体、轴承,壁厚小于30mm的耐磨轴套、阀壳、管道附件,一般机床底座、床身、工作台,圆周速度为6~12m/s的带轮等。无需人工时效,有良好的减振性和铸造性
	5	10			—	150		
	10	20			—	135		
	20	40			125	115		
	40	80			110	100		
	80	150			100	90		
	150	300			90	—		
HT200	2.5	5	200	300	—	220		可承受较大弯曲应力,用于强度、耐磨性要求较高、较重要的零件和要求保持气密性的铸件。如气缸、齿轮、底架、机体、飞轮、齿条,一般机床铸有导轨的床身及中等压力(8MPa以下)液压筒、液压泵和阀的壳体,圆周速度为12~20m/s的带轮等。有良好的减振性和较好的耐热性,铸造性较好,需进行人工时效处理。在滑动摩擦条件下,应使用低合金灰铸铁(如含P、Cr、Mn、Cu等元素),机床床身、汽车刹车片、离合器片、气缸套、活塞环等一般用低合金灰铸铁
	5	10			—	200		
	10	20			—	180		
	20	40			170	155		
	40	80			155	135		
	80	150			140	120		
	150	300			130	—		
HT225	5	10	225	325	—	—		
	10	20			—	225		
	20	40			190	205		
	40	80			170	175		
	80	150			155	155		
	150	300			145	140		
HT250	5	10	250	350	—	250		基本性能同HT200、HT225,强度较高,用于阀壳、液压缸、气缸,联轴器,机体、齿轮、齿轮箱外壳、飞轮、凸轮、轴承座等
	10	20			—	225		
	20	40			210	195		
	40	80			190	170		
	80	150			170	160		
	150	300			160	155		
HT275	10	20	275	375	—	250		可承受高弯曲应力,用于要求高强度、高耐磨性的重要铸件,要求高气密性的铸件,如齿轮、凸轮、车床卡盘、剪床、压力机的机身、自动机床及其他重负荷机床铸有导轨的床身,高压液压筒、液压泵和滑阀的壳体,圆周速度为20~25m/s的带轮等。白口倾向大、铸造性差,需进行人工时效处理和孕育处理
	20	40			230	215		
	40	80			210	190		
	80	150			190	180		
	150	300			180	170		
HT300	10	20	300	400	—	270		
	20	40			250	235		
	40	80			225	210		
	80	150			210	195		
	150	300			190	185		
HT350	10	20	350	450	—	315		用于齿轮、凸轮、车床卡盘、剪床、压力机的机身、自动机床及其他重负荷机床铸有导轨的床身,高压液压筒、液压泵和滑阀的壳体等
	20	40			290	275		
	40	80			260	240		
	80	150			240	220		
	150	300			220	210		

牌号	铸件主要壁厚/mm		铸件的布氏硬度 HBW	
	>	≤	≥	≤
HT-HBW155	2.5	5	—	210
	5	10	—	185
	10	20	—	170
	20	40	—	160
	40[1]	80[1]	—	155[1]
HT-HBW175	2.5	5	170	260
	5	10	140	225
	10	20	125	205
	20	40	110	185
	40[1]	80[1]	100[1]	175[1]
HT-HBW195	4	5	190	275
	5	10	170	260
	10	20	150	230
	20	40	125	210
	40[1]	80[1]	120[1]	195[1]

第3篇

续表

牌　　号	铸件主要壁厚/mm		铸件的布氏硬度 HBW	
	>	≤	≥	≤
HT-HBW215	5	10	200	275
	10	20	180	255
	20	40	160	235
	40①	80①	145①	215①
HT-HBW235	10	20	200	275
	20	40	180	255
	40①	80①	165①	235①
HT-HBW255	20	40	200	275
	40①	80①	185①	255①

① 表示对应该硬度等级的铸件主要壁厚处的最小和最大布氏硬度值。对同一硬度等级，硬度随壁厚的增加而降低。

注：1. 本标准适用于砂型或导热性与砂型相当的铸型中铸造的普通灰铸铁件，使用其他铸型铸造的灰铸铁件可参考使用。

2. 本标准依据直径 ϕ30mm 的单铸试棒加工的标准拉伸试样所测得的最小抗拉强度值将灰铸铁牌号分为八个等级，按 40mm<主要壁厚≤80mm 的铸件上测得的最大布氏硬度值的大小将灰铸铁牌号分为六个等级。按硬度分类的灰铸铁，主要适用于以切削加工性能或耐磨性能为主要评价指标的灰铸铁件，对于主要壁厚大于 80mm 的铸件，不按硬度进行分级。布氏硬度和抗拉强度之间的关系见原标准附录 B。

3. 对于单铸试棒和并排试棒，最小抗拉强度值为强制性值。经供需双方同意，代表铸件主要壁厚处的附铸试块的抗拉强度值，也可作为强制性值。若订货协议中未明确规定验收项目时，供方应以抗拉强度作为主要验收依据。

4. 以抗拉强度作为验收指标时，应在订货协议中规定试样类型。若未规定，则由供方自行决定。

5. 若规定了试棒的类型，应在牌号后加上“/”号，并在其后加上字母来表示试棒的类型：——/S 代表单铸试棒或并排试棒，——/A 代表附铸试块，——/C 代表本体试样。

6. 当铸件的主要壁厚超过 300mm 时，试棒的类型和尺寸以及最小抗拉强度值应由供需双方商定。

7. 通常使用 ϕ30mm 单铸试棒测试抗拉强度。ϕ30mm 单铸试样的力学性能和物理性能见原标准附录 A，摘录如下：

特性值		牌　　号						
		HT150	HT200	HT225	HT250	HT275	HT300	HT350
		基体组织						
		铁素体+珠光体			珠光体			
抗拉强度 R_m	/MPa	150~250	200~300	225~325	250~350	275~375	300~400	350~450
0.1%屈服强度 $R_{p0.1}$	/MPa	98~165	130~195	150~210	165~228	180~245	195~260	228~285
抗压强度	/MPa	600	720	780	840	900	960	1080
0.1%抗压屈服强度	/MPa	195	260	290	325	360	390	455
抗弯强度	/MPa	270~455 ($1.82R_m$)	345~520 ($1.73R_m$)	380~550 ($1.69R_m$)	415~580 ($1.66R_m$)	450~610 ($1.63R_m$)	480~640 ($1.60R_m$)	540~690 ($1.54R_m$)
抗剪强度	/MPa	170	230	260	290	320	345	400
抗扭强度	/MPa	170	230	260	290	320	345	400
弯曲疲劳强度	/MPa	70~115 ($0.46R_m$)	90~140 ($0.46R_m$)	105~150 ($0.46R_m$)	115~160 ($0.46R_m$)	125~170 ($0.46R_m$)	140~185 ($0.46R_m$)	160~205 ($0.46R_m$)
反拉-压应力疲劳极限	/MPa	50~85 ($0.34R_m$)	70~100 ($0.34R_m$)	75~110 ($0.34R_m$)	85~120 ($0.34R_m$)	95~130 ($0.34R_m$)	100~135 ($0.34R_m$)	120~155 ($0.34R_m$)
扭转疲劳强度	/MPa	55~95 ($0.38R_m$)	75~115 ($0.38R_m$)	85~125 ($0.38R_m$)	95~135 ($0.38R_m$)	105~140 ($0.38R_m$)	115~150 ($0.38R_m$)	135~170 ($0.38R_m$)
弹性模量 E	/GPa	78~103	88~113	95~115	103~118	105~128	108~137	123~143
泊松比 ν	—	0.26	0.26	0.26	0.26	0.26	0.26	0.26

8. 除非另有规定，HBW 表示在 10/3000 的试验条件下测定的布氏硬度。铸件特定位置的布氏硬度差不大于 40HBW 仅适用于批量生产的铸件，经供需双方同意，可适当增大硬度值波动范围。

9. 如将硬度作为验收项目，供需双方应商定主要壁厚和硬度检测位置，并在订货协议中明确规定，也可在试样上检测硬度。

10. 如需方没有特殊要求时，铸件表面粗糙度应符合 GB/T 6060.1 的规定。铸件应清理干净，修整多余部分，去除浇冒口残余、芯骨、粘砂及内腔残余物等。允许的浇冒口残余、披缝、飞刺残余、内腔清洁度等，应符合需方图样、技术要求或订货协议。

11. 铸件不允许有影响其使用性能的缺陷，如裂纹、冷隔、缩孔等。铸件加工面上允许存在加工余量范围内的表面缺陷，非加工面上及铸件内部允许存在的缺陷种类、范围、数量应符合需方图样、技术要求或供需双方的订货协定。

12. HT100 适用于要求高减振性和高热导率的材料。

球墨铸铁件（摘自 GB/T 1348—2019）

表 3-2-32　　球墨铸铁件的力学性能

类别	牌号	铸件壁厚 /mm	R_m /MPa ≥	$R_{p0.2}$ /MPa ≥	A[①] /% ≥	牌号	铸件壁厚 /mm	R_m /MPa ≥	$R_{p0.2}$ /MPa ≥	A /% ≥	主要基体组织	特性和用途（非标准中内容，仅供参考）	
	铸造试样的拉伸性能					铸件本体试样的拉伸性能指导值[②]							
铁素体珠光体球墨铸铁	QT350-22L	≤30	350	220	22	QT350-22L/C	≤30	340	220	20	铁素体	铁液中加入球化剂，使石墨大部分或全部呈球状。具有比灰铸铁高得多的强度和韧性，($R_{p0.2}/R_m$)高，疲劳极限也高于灰铸铁，接近 45 钢；耐磨、耐热与耐蚀性均较好；但铸造性比灰铸铁差。广泛用于机械制造各部门	有较好的塑性与韧性，焊接性与切削性也较好，常温冲击韧性高。用于制造农机具、犁铧、收割机、割草机等；汽车、拖拉机的轮毂、驱动桥壳体、离合器壳等；1.6～6.5MPa 阀门的阀体、阀盖、压缩机气缸、铁路钢轨垫板、电机壳、齿轮箱等
		>30～60	330	210	18		>30～60	320	210	15			
		>60～200	320	200	15		>60～200	310	200	12			
	QT350-22R	≤30	350	220	22	QT350-22R/C	≤30	340	220	20	铁素体		
		>30～60	330	220	18		>30～60	320	210	15			
		>60～200	320	210	15		>60～200	310	200	12			
	QT350-22	≤30	350	220	22	QT350-22/C	≤30	340	220	20	铁素体		
		>30～60	330	220	18		>30～60	320	210	15			
		>60～200	320	210	15		>60～200	310	200	12			
	QT400-18L	≤30	400	240	18	QT400-18L/C	≤30	390	240	15	铁素体		
		>30～60	380	230	15		>30～60	370	230	12			
		>60～200	360	220	12		>60～200	340	220	10			
	QT400-18R	≤30	400	250	18	QT400-18R/C	≤30	390	250	15	铁素体		
		>30～60	390	250	15		>30～60	370	240	12			
		>60～200	370	240	12		>60～200	350	230	10			
	QT400-18	≤30	400	250	18	QT400-18/C	≤30	390	250	15	铁素体		
		>30～60	390	250	15		>30～60	370	240	12			
		>60～200	370	240	12		>60～200	350	230	10			
	QT400-15	≤30	400	250	15	QT400-15/C	≤30	390	250	12	铁素体		
		>30～60	390	250	14		>30～60	370	240	11			
		>60～200	370	240	11		>60～200	350	230	8			
	QT450-10	≤30	450	310	10	QT450-10/C	≤30	440	300	8	铁素体		焊接性与切削性均较好，用途同 QT400-18
		>30～60	供需双方商定				>30～60	供方提供指导值					
		>60～200					>60～200						
	QT500-7	≤30	500	320	7	QT500-7/C	≤30	480	300	6	铁素体+珠光体		强度与塑性中等，切削性尚好，用于制作内燃机油泵齿轮、机车轴瓦、飞轮等
		>30～60	450	300	7		>30～60	450	280	5			
		>60～200	420	290	5		>60～200	400	260	3			
	QT550-5	≤30	550	350	5	QT550-5/C	≤30	530	330	4	铁素体+珠光体		强度和耐磨性较好，塑性与韧性较低。用于制作内燃机曲轴、连杆等；农机具齿轮；部分机床主轴；空压机、冷冻机、制氧机的曲轴、
		>30～60	520	330	4		>30～60	500	310	3			
		>60～200	500	320	3		>60～200	450	290	2			

续表

类别	铸造试样的拉伸性能					铸件本体试样的拉伸性能指导值[2]					主要基体组织	特性和用途（非标准中内容，仅供参考）	
	牌号	铸件壁厚 /mm	R_m /MPa ≥	$R_{p0.2}$ /MPa ≥	A[1] /% ≥	牌号	铸件壁厚 /mm	R_m /MPa ≥	$R_{p0.2}$ /MPa ≥	A /% ≥			
铁素体珠光体球墨铸铁	QT600-3	≤30	600	370	3	QT600-3/C	≤30	580	360	3	珠光体+铁素体	铁液中加入球化剂，使石墨大部分或全部呈球状。具有比灰铸铁高得多的强度和韧性，（$R_{p0.2}/R_m$）高，疲劳极限也高于灰铸铁，接近45钢；耐磨、耐热与耐蚀性均较好；但铸造性比灰铸铁差。广泛用于机械制造各部门	缸体、缸套等；球磨机齿轮、各种车轮、滚轮、矿车轮。低温（-40℃以下）下工作的铸件不宜用珠光体，低温下强度降低，脆性增加
		>30~60	600	360	2		>30~60	550	340	2			
		>60~200	550	340	1		>60~200	500	320	1			
	QT700-2	≤30	700	420	2	QT700-2/C	≤30	680	410	2	珠光体[7]		
		>30~60	700	400	2		>30~60	650	390	1			
		>60~200	650	380	1		>60~200	600	370	1			
	QT800-2	≤30	800	480	2	QT800-2/C	≤30	780	460	2	珠光体或索氏体		
		>30~60	供需双方商定				>30~60	供方提供指导值					
		>60~200					>60~200						
	QT900-2	≤30	900	600	2	—					回火马氏体或屈氏体+索氏体[7]		有高强度和耐磨性，较高的弯曲疲劳，接触疲劳和一定的韧性。用于内燃机曲轴、凸轮轴，汽车上圆锥齿轮、转向节、传动轴，拖拉机齿轮，农机具等
		>30~60	供需双方商定										
		>60~200											
固溶强化铁素体球墨铸铁	QT450-18	≤30	450	350	18	QT450-18/C	≤30	440	350	16	铁素体为主，珠光体数量不应超过5%，游离渗碳体或碳化物数量不应超过1%		适用于要求具有良好切削性能、较高韧性和强度适中的铸件
		>30~60	430	340	14		>30~60	420	340	12			
		>60~200	供需双方商定				>60~200	供方提供指导值					
	QT500-14	≤30	500	400	14	QT500-14/C	≤30	480	400	12			
		>30~60	480	390	12		>30~60	460	390	10			
		>60~200	供需双方商定				>60~200	供方提供指导值					
	QT600-10	≤30	600	470	10	QT600-10/C	≤30	580	450	8			
		>30~60	580	450	8		>30~60	560	430	6			
		>60~200	供需双方商定				>60~200	供方提供指导值					

硬度等级[3]					铁素体珠光体球墨铸铁试样上加工的V形缺口试样的最小冲击吸收能量							
类别	牌号	HBW	其他性能[4,5]		牌号	铸件壁厚 /mm	最小冲击吸收能量/J					
			R_m	$R_{p0.2}$			室温（23±5）℃		低温（-20±2）℃		低温（-40±2）℃	
			/MPa，≥				三个试样平均值	单个值	三个试样平均值	单个值	三个试样平均值	单个值
铁素体珠光体球墨铸铁	QT-HBW130	<160	350	220	QT350-22L	≤30	—	—	—	—	12	9
	QT-HBW150	130~175	400	250		>30~60	—	—	—	—	12	9
	QT-HBW155	135~180	400	250		>60~200	—	—	—	—	10	7
	QT-HBW185	160~210	450	310	QT350-22R	≤30	17	14	—	—	—	—
	QT-HBW200	170~230	500	320		>30~60	17	14	—	—	—	—
	QT-HBW215	180~250	550	350		>60~200	15	12	—	—	—	—

续表

硬度等级③				
类别	牌号	HBW	其他性能④,⑤	
			R_m	$R_{p0.2}$
			/MPa,≥	
铁素体珠光体球墨铸铁	QT-HBW230	190~270	600	370
	QT-HBW265	225~305	700	420
	QT-HBW300⑥	245~335	800	480
	QT-HBW330⑥	270~360	900	600
固溶强化铁素体球墨铸铁	QT-HBW175	160~190	450	350
	QT-HBW195	180~210	500	400
	QT-HBW210	195~225	600	470

铁素体珠光体球墨铸铁试样上加工的V形缺口试样的最小冲击吸收能量							
牌号	铸件壁厚/mm	最小冲击吸收能量/J					
		室温(23±5)℃		低温(-20±2)℃		低温(-40±2)℃	
		三个试样平均值	单个值	三个试样平均值	单个值	三个试样平均值	单个值
QT400-18L	≤30	—	—	12	9	—	—
	>30~60	—	—	12	9	—	—
	>60~200	—	—	10	7	—	—
QT400-18R	≤30	14	11	—	—	—	—
	>30~60	14	11	—	—	—	—
	>60~200	12	9	—	—	—	—
—							

① 对于铁素体珠光体球墨铸铁铸造试样，其断后伸长率在原始标距 $L_o=5d$ 上测得，d 是试样原始标距处的直径。

② 若需方要求特定位置的最小性能值，由供需双方商定。

③ 经供需双方协商一致，可按硬度进行分类。

④ 当硬度作为检验项目时，这些性能值仅供参考。

⑤ 除了对抗拉强度有要求外还对硬度有要求时，推荐的硬度测定步骤参考原标准 E. 3。

⑥ HBW300 和 HBW330 不适用于厚壁铸件。

⑦ 对大型铸件，既可能是珠光体，也可能是回火马氏体或屈氏体+索氏体。

注：1. 本标准适用于砂型或导热性与砂型相当的铸型中铸造的普通和低合金铁素体珠光体球墨铸铁件以及固溶强化的铁素体球墨铸铁件，特种铸造方法生产的球墨铸铁件也可参照使用。

2. 牌号中字母“L”表示该牌号有低温（-20℃或-40℃）下的冲击性能要求，字母“R”表示该牌号有室温（23℃）下的冲击性能要求。

3. 本表中铸造试样的力学性能数据适用于单铸试样、附铸试样和并排铸造试样，从铸造试样上测得的力学性能并不能准确反映铸件本体的力学性能。

4. 铸件本体试样的性能值无法统一一致，因其取决于铸件的复杂程度和铸件壁厚的变化。

5. 铸件要承受多种载荷，特别是在疲劳状态下要求有较高的球化率（球状和团状石墨所占的百分数），80%~85%或更高的球化率通常能保证本标准规定的最小拉伸性能。

6. 铸件表面粗糙度应符合 GB/T 6060.1 的规定，或需方图样和产品技术标准的要求。铸件应清理干净，修整多余部分。

7. 不允许有影响铸件使用性能的铸造缺陷（如裂纹、冷隔、缩孔等）存在。铸件内部缺陷可用 X 射线或超声波等方法检查。

表 3-2-33　球墨铸铁材料的力学性能和物理性能补充资料

特性值	牌号											
	QT350-22	QT400-18	QT450-10	QT500-7	QT550-5	QT600-3	QT700-2	QT800-2	QT900-2	QT450-18	QT500-14	QT600-10
剪切强度/MPa	315	360	405	450	500	540	630	720	810	—	—	—
抗扭强度/MPa	315	360	405	450	500	540	630	720	810	—	—	—
弹性模量 E(拉伸和压缩)/GPa	169	169	169	169	172	174	176	176	176	170	170	170
泊松比 ν	0.275	0.275	0.275	0.275	0.275	0.275	0.275	0.275	0.275	0.28~0.29	0.28~0.29	0.28~0.29
抗压强度/MPa	—	700	700	800	840	870	1000	1150	—	—	—	—
断裂韧性 K_{IC}/MPa·$m^{1/2}$	31	30	28	25	22	20	15	14	14	—	—	—
300℃时的热导率/W·K^{-1}·m^{-1}	36.2	36.2	36.2	35.2	34	32.5	31.1	31.1	31.1	—	—	—
20~500℃的比热容/J·kg^{-1}·K^{-1}	515	515	515	515	515	515	515	515	515	—	—	—

续表

特性值	牌号											
	QT350-22	QT400-18	QT450-10	QT500-7	QT550-5	QT600-3	QT700-2	QT800-2	QT900-2	QT450-18	QT500-14	QT600-10
20~400℃的线胀系数/$10^{-6}K^{-1}$	12.5	12.5	12.5	12.5	12.5	12.5	12.5	12.5	12.5	—	—	—
密度/$10^3 kg \cdot m^{-3}$	7.1	7.1	7.1	7.1	7.1	7.2	7.2	7.2	7.2	7.1	7.0	7.0
最大磁导率/$\mu H \cdot m^{-1}$	2136	2136	2136	1596	1200	866	501	501	501	—	—	—
磁滞损耗(B=1T)/$J \cdot m^{-3}$	600	600	600	1345	1800	2248	2700	2700	2700	—	—	—
电阻率/$\mu\Omega \cdot m$	0.50	0.50	0.50	0.51	0.52	0.53	0.54	0.54	0.54	—	—	—

注：1. 无缺口试样——对于抗拉强度是370MPa的球墨铸铁件，退火铁素体球墨铸铁件的疲劳极限强度大约是抗拉强度的0.5倍。在珠光体球墨铸铁件和（淬火+回火）球墨铸铁件中，这个比率随着抗拉强度的增加而减少，疲劳极限强度大约是抗拉强度的0.4倍。当抗拉强度超过740MPa时，这个比率将进一步减少。

2. 有缺口试样——对直径ϕ10.6mm的45°R0.25mm圆角的V形缺口试样，退火铁素体球墨铸铁件的疲劳极限强度降低到无缺口球墨铸铁件（抗拉强度是370MPa）疲劳极限强度的0.63倍。这个比率随着铁素体球墨铸铁件抗拉强度的增加而减少。对中等强度的铁素体球墨铸铁件、珠光体球墨铸铁件和（淬火+回火）球墨铸铁件，有缺口试样的疲劳极限强度大约是无缺口试样的0.6倍。

3. 除非另有说明，本表中所列数值都是常温下的测定值。

表 3-2-34　球墨铸铁件本体试样（$\phi \leqslant$25mm）的力学性能指导值（主要壁厚≤30mm）补充资料

特性值		牌号										
		QT350-22	QT400-18	QT450-10	QT500-7	QT600-3	QT700-2	QT800-2	QT900-2	QT450-18	QT500-14	QT600-10
抗拉强度 R_m/MPa		350	400	450	500	600	700	800	900	450	500	600
交变拉伸-压缩 $\sigma_w=\sigma(R=-1)$①	平均疲劳强度值 σ_w②(标准差约为22.3%)②/MPa	150	168	185	200	228	252	272	288	185	200	228
	强度比 σ_w/R_m（约为 0.50－0.0002R_m）	0.43	0.42	0.41	0.40	0.38	0.36	0.34	0.32	0.41	0.40	0.38
脉冲拉伸 $\sigma_{max}=2\times\sigma(R=0)$②,① 平均疲劳强度 σ_{ma}(标准差约为9%)②/MPa 关系式 $\sigma(R=0)/\sigma(R=-1)$约为0.7		210	235	259	280	319	353	381	403	259	280	319
交变扭转 $\tau_w=\tau_A(R=-1)$①	平均扭转疲劳强度值 τ_w②(标准差约为14%)②/MPa	138	152	166	180	204	224	240	252	166	180	204
	强度比 τ_w/R_m(约为0.46−0.0002R_m)	0.39	0.38	0.37	0.36	0.34	0.32	0.30	0.28	0.37	0.36	0.34
旋转弯曲 $\sigma_w=\sigma_{bw}(R=-1)$①	平均疲劳强度值 σ_w②(标准差约为14.2%)②/MPa	168	188	207	225	258	287	312	333	207	225	258
	强度比 σ_w/R_m（约为 0.55－0.0002R_m）	0.48	0.47	0.46	0.45	0.43	0.41	0.39	0.37	0.46	0.45	0.43

续表

特性值		牌号										
		QT350-22	QT400-18	QT450-10	QT500-7	QT600-3	QT700-2	QT800-2	QT900-2	QT450-18	QT500-14	QT600-10
旋转弯曲 $\sigma_w = \sigma_{bwk}(R=-1)$①	平均疲劳强度值 $\sigma_w^{②}$（标准差约为21.8%）③/MPa	115	128	139	150	168	182	192	198	139	150	168
	强度比 $\sigma_{bwk}(R=-1)/R_m$（约为 $0.40-0.0002R_m$）	0.33	0.32	0.31	0.30	0.28	0.26	0.24	0.22	0.31	0.30	0.28

① 应力控制疲劳测试。

② 无缺口——无缺口试样（$\phi \leqslant 25$mm）在高循环次数为 100 万转（$N=10^7$）下的平均疲劳强度和失效概率 $P=50\%$。相应的疲劳强度比随着抗拉强度的减小而增大。

③ 缺口——缺口试样（$K_t \leqslant 3$）在高循环次数为 100 万转（$N=10^7$）下的平均旋转弯曲疲劳强度和失效概率 $P=50\%$。相应的疲劳强度比随着抗拉强度的减小而增大。

可锻铸铁件（摘自 GB/T 9440—2010）

表 3-2-35　　可锻铸铁件的力学性能

类别	牌号	试样直径①,②/mm	R_m/MPa ≥	$R_{p0.2}$/MPa ≥	A/% ($L_0=3d$) ≥	布氏硬度 HBW	A_k⑥/J	特性和用途（非标准内容，供参考）	
黑心	KTH 275-05③	12 或 15	275	—	5	≤150	—	先浇注成白口铸铁件，再经长时间退火使渗碳体分解为团絮状石墨即得到可锻铸铁件。可锻铸铁中石墨成团絮状，对基体割裂作用较小，塑性和韧性较好，但可锻铸铁并不能进行锻压加工。基体组织不同，性能也不同。黑心可锻铸铁的组织为铁素体基体+团絮状石墨，有较高塑性与韧性，可承受较高的冲击与振动。珠光体可锻铸铁的组织为珠光体基体+团絮状石墨，有较高的强度、硬度与耐磨性，有一定韧性。白心可锻铸铁的组织取决于断面尺寸，	黑心可锻铸铁比灰铸铁强度高，塑性与韧性更好，可承受冲击和扭转负荷，具有良好的耐蚀性，切削性能良好，制作薄壁铸件，多用于机床零件、运输机零件、升降机械零件、管道配件、低压阀门。KTH300-06、KTH330-08 可耐 800～1400kPa 的压力（气压、水压），可用于自来水管道配件，高压锅炉管道配件，压缩空气管道配件以及农机零件。KTH350-10、KTH370-12 能承受较大的冲击负荷，在寒冷环境（-40℃）下工作，不产生低温脆断，在汽车和拖拉机中用于后轿外壳、转向机构、弹簧钢板支座
	KTH 300-06③	12 或 15	300	—	6		—		
	KTH 330-08	12 或 15	330	—	8		—		
	KTH 350-10	12 或 15	350	200	10		90～130⑦,14⑨		
	KTH 370-12	12 或 15	370	—	12		—		
珠光体	KTZ 450-06	12 或 15	450	270	6	150～200	80～120⑦,⑧,10⑨		珠光体可锻铸铁的塑性、韧性比黑心可锻铸铁稍差，但其强度高，耐磨性好，低温性能优于球墨铸铁，加工性良好，可代替有色合金、低合金钢及低碳钢与中碳钢制作较高强度和耐磨性的零件。KTZ450-06 用于制作插销、轴承座。KTZ550-04 用于制作一定强度、韧性适当的零件，如汽车前轮轮毂、发动机支架、传动箱及拖拉机履带轨板。KTZ650-02 用于制作较高强度的零件，如柴油机活塞、差速器壳、摇臂及农业机械的犁刀、犁片、齿轮箱。KTZ700-02 用于制作高强度的零件，如曲轴、刀具接头、传动齿轮、凸轮轴、活塞环等
	KTZ 500-05	12 或 15	500	300	5	165～215	—		
	KTZ 550-04	12 或 15	550	340	4	180～230	70～110⑦		
	KTZ 600-03	12 或 15	600	390	3	195～245	—		
	KTZ 650-02④,⑤	12 或 15	650	430	2	210～260	60～100⑦,⑧		
	KTZ 700-02	12 或 15	700	530	2	240～290	50～90⑦,⑧		
	KTZ 800-01④	12 或 15	800	600	1	270～320	30～40⑦,⑧		
白心	KTB 350-04	6	270	—	10	≤230	30～80⑦		
		9	310	—	5				
		12	350	—	4				
		15	360	—	3				

续表

类别	牌号	试样直径①,② /mm	R_m /MPa	$R_{p0.2}$ /MPa	A/% ($L_0=3d$)	布氏硬度 HBW	A_k⑥ /J	特性和用途（非标准内容,供参考）	
			≥						
白心	KTB 360-12	6	280	—	16	≤200	130~180⑦，14⑨	薄断面铸铁的组织为铁素体（+珠光体+团絮状石墨），厚断面铸铁外层为铁素体，心部为珠光体（+铁素体）+团絮状石墨，外层与心部之间为珠光体+铁素体+团絮状石墨，括号内为少量的、有时可能不存在的组织	将低碳低硅的白口铸铁和氧化铁一起加热，进行脱碳软化后的铸铁称为白口可锻铸铁，断口呈白色，表面层大量脱碳形式铁素体，心部为珠光体基体，且有少量残余游离碳，因而心部韧性难以提高，一般仅限于薄壁件的制造，由于工艺较复杂，生产周期长，性能较差，国内在机械工业中较少应用，KTB360-12适用于对强度有特殊要求和焊接后不需进行热处理的零件
		9	320	170	15				
		12	360	190	12				
		15	370	200	7				
	KTB 400-05	6	300	—	12	≤220	40~90⑦		
		9	360	200	8				
		12	400	220	5				
		15	420	230	4				
	KTB 450-07	6	330	—	12	≤220	80~130⑦，10⑨		
		9	400	230	10				
		12	450	260	7				
		15	480	280	4				
	KTB 550-04	6	—	—	—	≤250	30~80⑦		
		9	490	310	5				
		12	550	340	4				
		15	570	350	3				

① 如果需方没有明确要求，供方可以任意选取两种试棒直径中的一种。
② 试样直径代表同样壁厚的铸件，如果铸件为薄壁件时，供需双方可以协商选取直径 6mm 或者 9mm 试样。
③ KTH 275-05 和 KTH 300-06 为专门用于保证压力密封性能，而不要求高强度或者高延展性的工作条件的。
④ 油淬加回火。
⑤ 空冷加回火。
⑥ 本表中的 A_k 值为冲击性能指导值，是室温下三次检测结果的平均值。当需方要求冲击性能检测时，检测方法应当由供需双方协商。
⑦ 无缺口单铸试样，尺寸为 10mm×10mm×55mm。
⑧ 油淬处理后的试样。
⑨ V 形缺口机加工试样，尺寸为 10mm×10mm×55mm。

注：1. 本标准适用于砂型或导热性与砂型相当的铸型中铸造的可锻铸铁件。
2. 可锻铸铁牌号等级是依照不经机械加工的铸造拉伸试样测出的力学性能而定义的。
3. 所有级别的白心可锻铸铁均可以焊接。
4. 对于白心可锻铸铁小尺寸试样，很难判断其屈服强度，屈服强度的检测方法和数值由供需双方在签订订单时商定。
5. 铸件表面粗糙度应符合 GB/T 1031 或 GB/T 6060.1 的规定，或需方图样和产品技术标准的要求。铸件应清理干净，清除浇冒口残余、粘砂、氧化皮及内腔残余物。
6. 不允许有影响铸件使用性能的铸造缺陷，如裂纹、冷隔、缩孔等。

蠕墨铸铁件（摘自 GB/T 26655—2022）

表 3-2-36　　　　蠕墨铸铁件的力学性能

类别	牌号	主要壁厚[①] /mm	R_m /MPa	$R_{p0.2}$ /MPa	A/%	典型布氏硬度范围 HBW	主要基体组织	特性和用途	
			≥	≥	≥				
单铸试样	RuT300	—	300	210	2.0	140~210	铁素体	灰口铸铁液中加入蠕化剂，经蠕化处理，析出大部分石墨呈蠕虫状，其性能介于灰铸铁与球墨铸铁之间。既有球铁的强度、刚度和韧性，且有良好的耐磨性，同时它的铸造性及热传导性又相近于灰铁，具有比球铁和灰铁更为优良的综合耐热疲劳性能。一般用于液压件、排气管、底座、床身、钢锭模、飞轮等	RuT300 蠕墨铸铁强度和弹性模量低，塑韧性及热导率高，热应力积聚小，长时间暴露于高温之中引起的生长小，适于制作排气歧管、涡轮增压器壳体、离合器零部件、大型船用和固定式发动机缸盖 与合金灰铸铁相比，RuT350 蠕墨铸铁具有较高的强度和一定的塑韧性；与球墨铸铁相比，RuT350 蠕墨铸铁具有较好的铸造和机加工性能，较高的工艺出品率，适于制作机床底座、托架和联轴器，离合器零部件，大型船用和固定式柴油机缸体和缸盖，铸锭模 RuT400 蠕墨铸铁具有较好的耐磨性，强度、刚性和热传导综合性能好，适于制作汽车发动机缸体和缸盖，机床底座、托架和联轴器，重型卡车制动鼓，泵壳和液压件，铸锭模 与 RuT400 相比，RuT450 蠕墨铸铁具有更高的强度、刚性和耐磨性，但切削性能稍差，适于制作汽车发动机缸体和缸盖，气缸套，火车制动盘，泵壳和液压件 RuT500 蠕墨铸铁强度高，耐磨性最佳，但塑韧性低，切削性能差，适于制作高负荷汽车缸体、气缸套
	RuT350	—	350	245	1.5	160~220	铁素体+珠光体		
	RuT400	—	400	280	1.0	180~240	珠光体+铁素体		
	RuT450	—	450	315	1.0	200~250	珠光体		
	RuT500	—	500	350	0.5	220~260	珠光体		
并排试样和附铸试样	RuT300A	≤30	300	210	2.0	140~210	铁素体		
		>30~60	275	195					
		>60~200	250	175					
	RuT350A	≤30	350	245	1.5	160~220	铁素体+珠光体		
		>30~60	325	230					
		>60~200	300	210					
	RuT400A	≤30	400	280	1.0	180~240	珠光体+铁素体		
		>30~60	375	260					
		>60~200	325	230					
	RuT450A	≤30	450	315	1.0	200~250	珠光体		
		>30~60	400	280					
		>60~200	375	260					
	RuT500A	≤30	500	350	0.5	220~260	珠光体		
		>30~60	450	315					
		>60~200	400	280					

① 对于主要壁厚大于 200mm 的铸件，供需双方商定试样的类型、尺寸和性能最低值。

注：1. 本标准适用于在砂型或导热性与砂型相当的铸型铸造的蠕墨铸铁件。

2. 蠕墨铸铁材料牌号等级是依据从单铸试块或试棒（厚度或直径为 25mm）及并排试块或试棒上加工的试样测出的最小抗拉强度值而定义的。采用并排试块或试棒时，牌号后加字母“A”。

3. 表中布氏硬度系指导值，仅供参考。除需方有特殊要求外，屈服强度 $R_{p0.2}$ 一般不作为验收依据。

4. 从并排试样或附铸试样上测得的力学性能并不能准确地反映铸件本体的力学性能，但与单铸试棒上测得的值相比更接近于铸件的实际性能值。

5. 力学性能随铸件结构和冷却条件而变化，随铸件断面厚度增加而相应降低。

6. 蠕墨铸铁应在其二维抛光平面上观察到蠕化率应不小于 80%，其余为球状石墨、团状石墨、团絮状石墨。除了铸件表面边缘区域外，不应出现片状石墨。蠕墨铸铁件可根据其产品结构、服役条件由供需双方商定蠕化率（不小于 50%）。

7. 铸件表面粗糙度应符合 GB/T 6060.1 的规定，或需方图样和产品技术要求。应清理浇冒口残余量、粘砂、氧化皮及内腔残余物等。

8. 铸件不允许有影响其使用性能的铸造缺陷，如裂纹、冷隔、缩孔、夹渣等。

9. 铸件内部缺陷可用 X 射线、超声波等方法检测。

10. 工艺因素对蠕墨铸铁机加工性能的影响见原标准附录 G。

表 3-2-37　蠕墨铸铁材料的力学和物理性能补充资料

性能		温度/℃	牌号				
			RuT300	RuT350	RuT400	RuT450	RuT500
抗拉强度 R_m[①]/MPa		23	300~375	350~425	400~475	450~525	500~575
		100	275~350	325~400	375~450	425~500	475~550
		400	225~300	275~350	300~375	350~425	400~475
0.2%屈服强度 $R_{p0.2}$/MPa		23	210~260	245~295	280~330	315~365	350~400
		100	190~240	220~270	255~305	290~340	325~375
		400	170~220	195~245	230~280	265~315	300~350
断后伸长率 A/%		23	2.0~5.0	1.5~4.0	1.0~3.5	1.0~2.5	0.5~2.0
		100	1.5~4.5	1.5~3.5	1.0~3.0	1.0~2.0	0.5~1.5
		400	1.0~4.0	1.0~3.0	1.0~2.5	0.5~1.5	0.5~1.5
弹性模量[②]/GPa		23	130~145	135~150	140~150	145~155	145~160
		100	125~140	130~145	135~145	140~150	140~155
		400	120~135	125~140	130~140	135~145	135~150
疲劳系数	旋转-弯曲	23	0.50~0.55	0.47~0.52	0.45~0.50	0.45~0.50	0.43~0.48
	拉-压	23	0.30~0.40	0.27~0.37	0.25~0.35	0.25~0.35	0.20~0.30
	3点弯曲	23	0.65~0.75	0.62~0.72	0.60~0.70	0.60~0.70	0.55~0.65
泊松比		—	0.26	0.26	0.26	0.26	0.26
密度/g·cm^{-3}		—	7.0	7.0	7.0~7.1	7.0~7.2	7.0~7.2
热导率/W·m^{-1}·K^{-1}		23	47	43	39	38	36
		100	45	42	39	37	35
		400	42	40	38	36	34
线胀系数/10^{-6}(℃)$^{-1}$		100	11	11	11	11	11
		400	12.5	12.5	12.5	12.5	12.5
比热容/J·g^{-1}·K^{-1}		100	0.475	0.475	0.475	0.475	0.475
基体组织		—	铁素体为主	铁素体+珠光体	珠光体+铁素体	珠光体为主	完全珠光体

① 壁厚 25mm。

② 剪切模量为 200~300MPa。

抗磨白口铸铁件（摘自 GB/T 8263—2010）

表 3-2-38 抗磨白口铸铁件的化学成分和力学性能

牌号	化学成分(质量分数)/%									表面硬度						特性和用途
	C	Si	Mn ≤	Cr	Mo ≤	Ni	Cu ≤	S ≤	P ≤	铸态或铸态去应力处理 HRC ≥	铸态或铸态去应力处理 HBW ≥	硬化态或硬化态去应力处理 HRC ≥	硬化态或硬化态去应力处理 HBW ≥	软化退火态 HRC ≤	软化退火态 HBW ≤	
BTMNi4Cr2-DT	2.4~3.0	≤0.8	2.0	1.5~3.0	1.0	3.3~5.0	—	0.10	0.10	53	550	56	600	—	—	可用于中等冲击载荷的磨料磨损件，如衬板、磨球等
BTMNi4Cr2-GT	3.0~3.6	≤0.8	2.0	1.5~3.0	1.0	3.3~5.0	—	0.10	0.10	53	550	56	600	—	—	用于较小冲击载荷的磨料磨损件，如衬板、磨球等
BTMCr9Ni5	2.5~3.6	1.5~2.2	2.0	8.0~10.0	1.0	4.5~7.0	—	0.06	0.06	50	500	56	600	—	—	有很好的淬透性和一定的耐蚀性，可用于中等冲击载荷的磨料磨损件，如叶轮、弯管等
BTMCr2	2.1~3.6	≤1.5	2.0	1.0~3.0	—	—	—	0.10	0.10	45	435	—	—	—	—	成本低廉，用于较小冲击载荷的磨料磨损件，如衬板、磨球等
BTMCr8	2.1~3.6	1.5~2.2	2.0	7.0~10.0	3.0	≤1.0	1.2	0.06	0.06	46	450	56	600	41	400	有一定的耐蚀性，可用于中等冲击载荷的磨料磨损件，如磨球、衬板等
BTMCr12-DT	1.1~2.0	≤1.5	2.0	11.0~14.0	3.0	≤2.5	1.2	0.06	0.06	—	—	50	500	41	400	有较好的耐蚀性，可用于中等冲击载荷的磨料磨损件，如锤头、磨球、衬板、溜槽等
BTMCr12-GT	2.0~3.6	≤1.5	2.0	11.0~14.0	3.0	≤2.5	1.2	0.06	0.06	46	450	58	650	41	400	
BTMCr15	2.0~3.6	≤1.2	2.0	14.0~18.0	3.0	≤2.5	1.2	0.06	0.06	46	450	58	650	41	400	可用于较大冲击的磨料磨损件，如磨机的磨球、破碎机的板锤、渣浆泵过流件、输粉弯管等
BTMCr20	2.0~3.3	≤1.2	2.0	18.0~23.0	3.0	≤2.5	1.2	0.06	0.06	46	450	58	650	41	400	有很好的淬透性和较好的耐蚀性，可用于较大冲击载荷的磨料磨损件，如磨机的磨球、磨辊、轧管机顶头、渣浆泵的过流件等
BTMCr26	2.0~3.3	≤1.2	2.0	23.0~30.0	3.0	≤2.5	1.2	0.06	0.06	46	450	58	650	41	400	有很好的淬透性、良好的耐蚀性和抗高温氧化性，可用于较大冲击载荷的磨料磨损件，如球磨机的磨球，渣浆泵的泵件和烧结机箅条等

注：1. 本标准适用于冶金、建材、电力、建筑、船舶、煤炭、化工和机械等行业的抗磨损零部件。

2. 牌号中“DT”和“GT”分别是“低碳”和“高碳”的汉语拼音大写字母，表示该牌号含碳量的高低。

3. 允许加入微量 V、Ti、Nb、B 和 RE 等元素。

4. 热处理规范可参见原标准附录 A，金相组织可参见原标准附录 B。

5. 洛氏硬度值（HRC）和布氏硬度值（HBW）之间没有精确的对应值，因此，这两种硬度值应独立使用。

6. 铸件断面深度 40%处的硬度应不低于表面硬度值的 92%。

7. 铸件表面粗糙度应符合需方图样或订货合同的规定，如需方图样或订货合同中无规定，铸件表面粗糙度应达到 GB/T 6060.1 中 *Ra*25 级的规定。铸件浇冒口、毛刺、粘砂等应清理干净，铸件不允许有裂纹和影响其使用性能的夹渣、夹砂、冷隔、气孔、缩孔、缩松、缺肉等铸造缺陷。

8. 铸件在清整和处理铸造缺陷过程中，不允许使用火焰切割、电弧气刨切割、电焊切割和补焊。

耐热铸铁件（摘自 GB/T 9437—2009）

表 3-2-39 耐热铸铁件的化学成分和力学性能

类别	牌号	化学成分(质量分数)/% C	Si	Mn ≤	P ≤	S ≤	其他	力学性能 高温短时 R_m/MPa ≥	室温 R_m/MPa ≥	室温 HBW	使用条件	应用举例
耐热铸铁	HTRCr	3.0~3.8	1.5~2.5	1.0	0.10	0.08	Cr0.50~1.00	500℃:225 600℃:144	200	189~288	在空气炉气中耐热温度到550℃ 有高抗氧化性和体积稳定性	用于急冷急热的薄壁细长件,炉条、高炉支梁式水箱、金属型、玻璃模等
耐热铸铁	HTRCr2	3.0~3.8	2.0~3.0	1.0	0.10	0.08	Cr1.00~2.00	500℃:243 600℃:166	150	207~288	在空气炉气中耐热温度到600℃ 有高抗氧化性和体积稳定性	用于急冷急热的薄壁细长件,煤气炉内灰盆、矿山烧结车挡板等
耐热铸铁	HTRCr16	1.6~2.4	1.5~2.2	1.0	0.10	0.05	Cr15.00~18.00	800℃:144 900℃:88	340	400~450	在空气炉气中耐热温度到900℃,有高的室温及高温强度,高的抗氧化性,但常温脆性较大。耐硝酸腐蚀	可在室温及高温下作抗磨件使用。用于退火罐、煤粉烧嘴、炉栅、水泥焙烧炉零件、化工机械零件等
耐热铸铁	HTRSi5	2.4~3.2	4.5~5.5	0.8	0.10	0.08	Cr0.50~1.00	700℃:41 800℃:27	140	160~270	在空气炉气中耐热温度到700℃,耐热性较好,但承受机械和热冲击能力较差	用于炉条、煤粉烧嘴,锅炉梳形定位板、换热器针状管、二硫化碳反应瓶等
耐热球墨铸铁	QTRSi4	2.4~3.2	3.5~4.5	0.7	0.07	0.015	—	700℃:75 800℃:35	420	143~187	在空气炉气中耐热温度到650℃,力学性能及抗裂性较QTRSi5好	用于玻璃窑烟道闸门、玻璃引上机墙板、加热炉两端管架等
耐热球墨铸铁	QTRSi4Mo	2.7~3.5	3.5~4.5	0.5	0.07	0.015	Mo0.5~0.9	700℃:101 800℃:46	520	188~241	在空气炉气中耐热温度到680℃,高温力学性能较好	用于内燃机排气歧管、罩式退火炉导向器、烧结炉中后热筛板、加热炉吊梁等
耐热球墨铸铁	QTRSi4Mo1	2.7~3.5	4.0~4.5	0.3	0.05	0.015	Mo1.0~1.5 Mg0.01~0.05	700℃:101 800℃:46	550	200~240	在空气炉气中耐热温度到800℃,高温力学性能较好	
耐热球墨铸铁	QTRSi5	2.4~3.2	4.5~5.5	0.7	0.07	0.015	—	700℃:67 800℃:30	370	228~302	在空气炉气中耐热温度到800℃,常温及高温性能显著优于HTRSi5	用于煤粉烧嘴、炉条、辐射管、烟道闸门、加热炉中间管架等
耐热球墨铸铁	QTRAl4Si4	2.5~3.0	3.5~4.5	0.5	0.07	0.015	Al4.0~5.0	800℃:82 900℃:32	250	285~341	在空气炉气中耐热温度到900℃,耐热性良好	用于高温轻载荷下工作的耐热件,烧结机箅条、炉用件等
耐热球墨铸铁	QTRAl5Si5	2.3~2.8	4.5~5.2	0.5	0.07	0.015	Al5.0~5.8	800℃:167 900℃:75	200	302~363	在空气炉气中耐热温度到1050℃,耐热性良好	
耐热球墨铸铁	QTRAl22	1.6~2.2	1.0~2.0	0.7	0.07	0.015	Al20.0~24.0	800℃:130 900℃:77	300	241~364	在空气炉气中耐热温度到1100℃,抗高温硫蚀性和抗氧化性好,有较高的室温和高温强度,韧性好	用于高温(1100℃)、载荷较小、温度变化较缓的工件,锅炉用侧密封块、链式加热炉炉爪、黄铁矿焙烧炉零件等

注：1. 本标准适用于砂型铸造或导热性与砂型相仿的铸型中浇注而成且工作在1100℃以下的耐热铸铁件。
2. 允许用热处理方法达到本表中的室温力学性能，以室温抗拉强度为验收依据，高温短时抗拉强度系原标准附录 A 中数据。
3. 硅系、铝系耐热球墨铸铁件一般应进行消除残余内应力的热处理，但珠光体含量低于15%的硅钼系耐热球墨铸铁件可不进行热处理。其他牌号如需方有要求则按订货条件进行消除残余内应力的热处理。
4. 在使用温度下，铸件平均氧化增重速度不大于 $0.5g/(m^2 \cdot h)$，生长率不大于 0.2%。抗氧化试验方法和抗生长试验方法见原标准附录 E 和附录 D。
5. 铸件表面粗糙度应符合 GB/T 6060.1 的规定，由供需双方商定标准等级。铸件应清理干净，去除浇冒口残余、芯骨、粘砂及内腔残余物等。

高硅耐蚀铸铁件（摘自 GB/T 8491—2009）

表 3-2-40　高硅耐蚀铸铁件的化学成分和力学性能

牌号	化学成分(质量分数)/%									力学性能		性能和适用条件	应用举例
	C	Si	Mn	P	S	Cr	Mo	Cu	R残留量	抗弯强度 σ_{dB}/MPa	挠度 f /mm		
			≤	≤	≤				≤	≥	≥		
HTSSi11Cu2CrR	≤1.20	10.00~12.00	0.50	0.10	0.10	0.60~0.80	—	1.80~2.20	0.10	190	0.80	具有较好的力学性能，可以用一般的机械加工方法进行生产。在浓度不低于10%的硫酸、浓度不高于46%的硝酸或由上述两种介质组成的混合酸、浓度不低于70%的硫酸加氯、苯、苯磺酸等介质中具有较稳定的耐蚀性，但不允许有急剧的交变载荷、冲击载荷和温度突变	卧式离心机、潜水泵、阀门、旋塞、塔罐、冷却排水管、弯头等化工设备和零部件等
HTSSi15R	0.65~1.10	14.20~14.75	1.50	0.10	0.10	≤0.50	≤0.50	≤0.50	0.10	118	0.66	在氧化性酸（如各种温度和浓度的硝酸、硫酸、铬酸等）、各种有机酸和一系列盐溶液介质中都有良好的耐蚀性，但在卤素的酸、盐溶液（如氢氟酸和氟化物等）和强碱溶液中不耐蚀。不允许有急剧的交变载荷、冲击载荷和温度突变	各种离心泵、阀类、旋塞、管道配件、塔罐、低压容器及各种非标准零部件等
HTSSi15Cr4MoR	0.75~1.15	14.20~14.75	1.50	0.10	0.10	3.25~5.00	0.40~0.60	≤0.50	0.10	118	0.66	适用于强氯化物的环境	—
HTSSi15Cr4R	0.70~1.10	14.20~14.75	1.50	0.10	0.10	3.25~5.00	≤0.20	≤0.50	0.10	118	0.66	具有优良的耐电化学腐蚀性能，并有改善抗氧化性条件的耐蚀性能。高硅铬铸铁中的铬可提高其钝化性和点蚀击穿电位，但不允许有急剧的交变载荷和温度突变	在外加电流的阴极保护系统中，大量用于辅助阳极铸件

注：1. 本标准适用于含硅量为10.00%~15.00%的高硅耐蚀铸铁件，表中成分R表示混合稀土元素。

2. 高硅耐蚀铸铁以化学成分为验收依据；力学性能一般不作为验收依据，如需方有要求时则应符合表中规定。

3. 高硅耐蚀铸铁是一种较脆的金属材料，在其铸件的结构设计上不应有锐角和急剧的截面过渡。

4. 高硅铸铁通常在消除残余应力热处理状态下应用，其热处理规范见原标准。

5. 铸件需进行水压试验时，应在图样或订货技术文件中规定。对于承受液压的铸件，可用常温清水进行水压试验，其试验压力为工作压力的1.5倍，最小试验压力是0.275MPa，且保压时间应不少于10min。

6. 铸件表面粗糙度应符合GB/T 6060.1的规定或需方的图样或技术要求。铸件应去除浇冒口、芯骨、粘砂、内腔残余物等。不应有降低强度和有损产品外观的铸造缺陷。

3 钢　材

3.1 钢板

常用钢板、钢带的标准摘要

表 3-2-41

钢板标准号及名称	适用范围	钢板所用钢号标准	钢板尺寸标准	交货状态
GB/T 11253—2019 碳素结构钢冷轧钢板及钢带	厚度不大于4mm的碳素结构钢冷轧薄钢板及钢带，包括宽度不小于600mm的冷轧宽钢带及剪切钢板、纵切钢带（简称宽钢板及钢带）和宽度范围为250~<600mm的冷轧窄钢带及剪切钢板（简称窄钢板及钢带）。宽度不小于600mm的单张冷轧钢板亦可参照执行。表面可以为超平滑表面、光亮表面或麻面等。用于机械、轻工、建筑、电工、民用等	钢的牌号、化学成分和力学性能详见原标准	宽钢板及钢带应符合GB/T 708的规定 窄钢板及钢带应符合GB/T 15391的规定	钢板及钢带以退火后平整状态交货。经供需双方协议，也可以硬质或半硬质以及其他状态交货，此时力学性能由供需双方协商
GB/T 3274—2017 碳素结构钢和低合金结构钢热轧钢板和钢带	厚度不大于400mm的碳素结构钢和低合金结构钢热轧钢板和钢带，沸腾钢板用于建筑工程、各种冲压件和不太重要的机器零件，但不宜用于受冲击载荷、在低温条件下工作的构件。镇静钢可用于低温下承受冲击的构件、焊接结构及其他要求强度较高的构件	钢的牌号、化学成分和力学性能应符合GB/T 700和GB/T 1591的规定。对于厚度小于3mm的钢板和钢带，其断后伸长率允许比GB/T 700或GB/T 1591的规定降低5%（绝对值），其屈服强度根据需方要求可按GB/T 700、GB/T 1591的规定	应符合GB/T 709的规定	钢板和钢带以热轧、控轧或热处理状态交货
GB/T 13237—2013 优质碳素结构钢冷轧钢板和钢带	厚度不大于4mm宽度不小于600mm的优质碳素结构钢冷轧钢板和钢带，用于汽车、航空以及其他工业	钢的牌号、化学成分和力学性能详见原标准，经供需双方协商，并在合同中注明，也可供应GB/T 699规定的其他牌号	应符合GB/T 708的规定	钢板和钢带以退火后平整状态交货。对于单轧钢板，可以退火状态交货。经供需双方协议，也可以其他热处理状态交货，此时力学性能由供需双方协商

续表

钢板标准号及名称	适用范围	钢板所用钢号标准	钢板尺寸标准	交货状态
GB/T 711—2017 优质碳素结构钢热轧钢板和钢带	厚度不大于100mm、宽度不小于600mm的优质碳素结构钢热轧钢板和钢带。主要用于机器结构零部件	钢的牌号、化学成分和力学性能详见原标准	应符合GB/T 709的规定	钢带及剪切钢板以热轧状态交货，单张轧制钢板的交货状态详见原标准
YB/T 5132—2007 合金结构钢薄钢板	厚度不大于4mm的合金结构钢热轧及冷轧薄钢板	钢的牌号及力学性能详见原标准，化学成分应符合GB/T 3077的规定，12Mn2A、16Mn2A和38CrA的化学成分见原标准	冷轧钢板应符合GB/T 708的规定 热轧钢板应符合GB/T 709的规定	钢板应在热处理（退火、正火、正火后回火、高温回火）后交货
GB/T 11251—2020 合金结构钢钢板及钢带	厚度为4~200mm的合金结构钢热轧钢板和厚度不大于12mm、宽度小于600mm的合金结构钢热轧钢带（包括剪切钢板）	钢的常用牌号和化学成分应符合GB/T 3077的规定，力学性能详见原标准	钢板应符合GB/T 709的规定 钢带应符合原标准附录A的规定	钢板应以高温回火状态交货。根据需方要求，并在合同中注明，也可以退火、正火、正火+回火状态交货 钢带一般以热轧不切边状态交货。根据需方要求，可供应其他特殊交货状态的钢带
GB/T 713.1—2023 ~ GB/T 713.7—2023 《承压设备用钢板和钢带》第1至第7部分 第1部分：一般要求 第2部分：规定温度性能的非合金钢和合金钢 第3部分：规定低温性能的低合金钢 第4部分：规定低温性能的镍合金钢 第5部分：规定低温性能的高锰钢 第6部分：调质高强度钢 第7部分：不锈钢和耐热钢	锅炉、压力容器、压力管道等承压设备用钢板和钢带的制造及验收。其中： 第2部分适用于制造使用温度不低于-20℃、承压设备用厚度不大于25.4mm的钢带及卷切钢板和厚度为3~250mm的单轧钢板 第3部分适用于制造使用温度不低于-70℃、承压设备用厚度为5~120mm的低合金钢板 第4部分适用于使用温度不低于-196℃、厚度不大于150mm的规定低温性能的镍合金钢板 第5部分适用于使用温度不低于-196℃、厚度为5~60mm的规定低温性能的高锰钢板 第6部分适用于厚度为10~80mm的承压设备用调质高强度钢板 第7部分适用于宽度不小于600mm的承压设备用热轧不锈钢和耐热钢钢板和钢带（含卷切钢板）以及冷轧不锈钢和耐热钢钢板和钢带（含卷切钢板）	钢板和钢带的牌号表示方法应符合GB/T 221的规定、化学成分和力学性能详见原标准	热轧钢板（不锈钢除外）应符合GB/T 709—2019的规定 符合GB/T 713.2、GB/T 713.3、GB/T 713.5、GB/T 713.6要求钢板的厚度允许偏差应符合GB/T 709—2019的B类偏差，符合GB/T 713.4要求钢板的厚度允许偏差应符合GB/T 709—2019的C类偏差 不锈钢热轧或冷轧钢板和钢带应符合GB/T 713.7的规定	交货状态在GB/T 713（所有部分）的适用文件中给出

续表

钢板标准号及名称	适用范围	钢板所用钢号标准	钢板尺寸标准	交货状态
GB/T 3280—2015 不锈钢冷轧钢板和钢带	耐腐蚀不锈钢冷轧宽钢带及其卷切定尺钢板、纵剪冷轧宽钢带及其卷切定尺钢带、冷轧窄钢带及其卷切定尺钢带、单张轧制的钢板	钢的牌号、化学成分和力学性能详见原标准	应符合 GB/T 708 的规定	钢板和钢带经冷轧后按原标准规定进行热处理，并进行酸洗或类似处理后交货（光亮热处理时可省去酸洗）
GB/T 4237—2015 不锈钢热轧钢板和钢带	耐腐蚀不锈钢热轧厚钢板，耐腐蚀不锈钢热轧宽钢带及其卷切定尺钢板，纵剪宽钢带，耐腐蚀不锈钢热轧窄钢带及其卷切定尺钢带	钢的牌号、化学成分和力学性能详见原标准	应符合 GB/T 709 的规定	钢板和钢带经热轧后按原标准规定进行热处理，并进行酸洗或类似处理后交货。对于沉淀硬化型钢，需方未注明交货状态时，以固溶状态交货
GB/T 4238—2015 耐热钢钢板和钢带	热轧和冷轧耐热钢钢板和钢带	钢的牌号、化学成分和力学性能详见原标准	冷轧钢板和钢带应符合 GB/T 3280 的规定 热轧钢板和钢带应符合 GB/T 4237 的规定	钢板和钢带经冷轧或热轧后按原标准规定进行热处理，并进行酸性或类似处理后交货。对于沉淀硬化型钢，需方未注明交货状态时，以固溶状态交货
GB/T 8165—2008 不锈钢复合钢板和钢带	以不锈钢做复层、碳素钢和低合金钢做基层的复合钢板（带），包括用于制造石油、化工、轻工、核工业、海水淡化的各类压力容器、储罐等结构件的不锈钢复层厚度≥1mm 的复合中厚板，以及用于制造轻工机械、食品、炊具、建筑、装饰、焊管、铁路客车、医药卫生、环境保护等行业的设备或用具的复层厚度≤0.8mm 的单面、双面对称和非对称复合钢带及其剪切钢板	复合钢板（带）基层与复层的典型牌号及复合钢板（带）的力学性能详见原标准 复层与基层界面结合率分Ⅰ、Ⅱ、Ⅲ级，详见原标准	复合中厚板总公称厚度不小于 6.0mm 轧制复合带及其剪切钢板总公称厚度为 0.8～6.0mm，可根据需方需要，供需双方协商确定	复合钢板（带）应经热处理，复层表面应经酸洗钝化或抛光处理交货。根据供需双方协议也可以热轧状态交货

注：有关复合钢板的规格尺寸编入本篇第 5 章其他材料第 4 节复合材料。

热轧钢板和钢带的尺寸及允许偏差（摘自 GB/T 709—2019）

表 3-2-42

项目	单轧钢板		宽钢带、纵切钢带和连轧钢板	
	尺寸范围/mm	推荐的公称尺寸	尺寸范围/mm	推荐的公称尺寸
公称厚度	3.00~450	厚度小于 30mm 的钢板按 0.5mm 倍数的任何尺寸；厚度大于或等于 30mm 的钢板按 1mm 倍数的任何尺寸	≤25.4	厚度按 0.1mm 倍数的任何尺寸
公称宽度	600~5300	宽度按 10mm 或 50mm 倍数的任何尺寸	600~2200 纵切钢带为： 120~900	宽度按 10mm 倍数的任何尺寸
公称长度	2000~25000	长度按 50mm 或 100mm 倍数的任何尺寸	连轧钢板为： 2000~25000	连轧钢板的长度按 50mm 或 100mm 倍数的任何尺寸

项目	公称厚度/mm	下列公称宽度的厚度允许偏差/mm			
		≤1500	>1500~2500	>2500~4000	>4000~5300
单轧钢板厚度允许偏差（N 类）	3.00~5.00	±0.45	±0.55	±0.65	—
	>5.00~8.00	±0.50	±0.60	±0.75	—
	>8.00~15.0	±0.55	±0.65	±0.80	±0.90
	>15.0~25.0	±0.65	±0.75	±0.90	±1.10
	>25.0~40.0	±0.70	±0.80	±1.00	±1.20
	>40.0~60.0	±0.80	±0.90	±1.10	±1.30
	>60.0~100	±0.90	±1.10	±1.30	±1.50
	>100~150	±1.20	±1.40	±1.60	±1.80
	>150~200	±1.40	±1.60	±1.80	±1.90
	>200~250	±1.60	±1.80	±2.00	±2.20
	>250~300	±1.80	±2.00	±2.20	±2.40
	>300~400	±2.00	±2.20	±2.40	±2.60
	>400~450	协议			

注：1. 本标准适用于轧制宽度不小于 600mm 的单张轧制钢板、宽钢带、纵切钢带和连轧钢板。

2. 分类和代号如下。

按边缘状态分类和代号如下：切边，EC；不切边，EM。

按厚度偏差种类分类和代号如下：N 类偏差—上偏差和下偏差相等；A 类偏差—按公称厚度规定下偏差；B 类偏差—固定下偏差为-0.30mm；C 类偏差—固定下偏差为 0.00mm。

按厚度精度分类和代号如下：普通厚度精度，PT. A；较高厚度精度，PT. B。

按不平度精度分类和代号如下：普通不平度精度，PF. A；较高不平度精度，PF. B。

3. 单轧钢板按下列两类钢分别规定不平度：

钢类 L：规定的最小屈服强度值不大于 460MPa，未经淬火或淬火加回火处理的钢板。

钢类 H：规定的最小屈服强度值大于 460MPa，以及所有淬火或淬火加回火的钢板。

两类钢的不平度见原标准。

4. 计算钢板理论重量时，碳钢密度采用 7.85kg/dm^3，其他钢种按相应标准的规定计重。

冷轧钢板和钢带的尺寸、外形、重量及允许偏差（摘自 GB/T 708—2019）

表 3-2-43 冷轧钢板和钢带的尺寸、外形和允许偏差

项目	尺寸范围/mm	推荐的公称尺寸
公称厚度	≤4.00	厚度小于 1.00mm 的钢板和钢带按 0.05mm 倍数的任何尺寸；厚度大于或等于 1.00mm 的钢板和钢带按 0.10mm 倍数的任何尺寸
公称宽度	≤2150	宽度按 10mm 倍数的任何尺寸
公称长度	1000~6000mm	长度按 50mm 倍数的任何尺寸

项目	产品形态	按边缘状态分类	按尺寸精度分类						按不平度精度分类	
			厚度精度		宽度精度		长度精度			
			普通	较高	普通	较高	普通	较高	普通	较高
分类及代号	宽钢带	不切边 EM	PT. A	PT. B	—	—	—	—	—	—
		切边 EC	PT. A	PT. B	PW. A	PW. B	—	—	—	—
	钢板	不切边 EM	PT. A	PT. B	—	—	PL. A	PL. B	PF. A	PF. B
		切边 EC	PT. A	PT. B	PW. A	PW. B	PL. A	PL. B	PF. A	PF. B
	纵切钢带	切边 EC	PT. A	PT. B	PW. A	PW. B	—	—	—	—

续表

	公称厚度/mm	厚度允许偏差/mm						说明
		普通精度 PT. A			较高精度 PT. B			
		公称宽度/mm			公称宽度/mm			
		≤1200	>1200~1500	>1500	≤1200	>1200~1500	>1500	
最小屈服强度小于260MPa钢板和钢带的厚度允许偏差	≤0.40	±0.03	±0.04	±0.05	±0.020	±0.025	±0.030	1. 除非另有规定，距钢带焊缝处10m内的厚度允许偏差可比本表规定值增加50%；距钢带两端各10m内的厚度允许偏差可比本表规定值增加50%。 2. 需方要求按较高厚度精度（PT. B）供货时应在合同中注明，未注明的按普通厚度精度（PT. A）供货。 3. 当产品标准中未规定屈服强度且未规定厚度允许偏差时，钢板和钢带的厚度允许偏差由供需双方协商，并在合同中注明
	>0.40~0.60	±0.03	±0.04	±0.05	±0.025	±0.030	±0.035	
	>0.60~0.80	±0.04	±0.05	±0.06	±0.030	±0.035	±0.040	
	>0.80~1.00	±0.05	±0.06	±0.07	±0.035	±0.040	±0.050	
	>1.00~1.20	±0.06	±0.07	±0.08	±0.040	±0.050	±0.060	
	>1.20~1.60	±0.08	±0.09	±0.10	±0.050	±0.060	±0.070	
	>1.60~2.00	±0.10	±0.11	±0.12	±0.060	±0.070	±0.080	
	>2.00~2.50	±0.12	±0.13	±0.14	±0.080	±0.090	±0.100	
	>2.50~3.00	±0.15	±0.15	±0.16	±0.100	±0.110	±0.120	
	>3.00~4.00	±0.16	±0.17	±0.19	±0.120	±0.130	±0.140	
最小屈服强度为260~<340MPa钢板和钢带的厚度允许偏差	≤0.40	±0.04	±0.05	±0.06	±0.025	±0.030	±0.035	
	>0.40~0.60	±0.04	±0.05	±0.06	±0.030	±0.035	±0.040	
	>0.60~0.80	±0.05	±0.06	±0.07	±0.035	±0.040	±0.050	
	>0.80~1.00	±0.06	±0.07	±0.08	±0.040	±0.050	±0.060	
	>1.00~1.20	±0.07	±0.08	±0.10	±0.050	±0.060	±0.070	
	>1.20~1.60	±0.09	±0.11	±0.12	±0.060	±0.070	±0.080	
	>1.60~2.00	±0.12	±0.13	±0.14	±0.070	±0.080	±0.100	
	>2.00~2.50	±0.14	±0.15	±0.16	±0.100	±0.110	±0.120	
	>2.50~3.00	±0.17	±0.18	±0.18	±0.120	±0.130	±0.140	
	>3.00~4.00	±0.18	±0.19	±0.20	±0.140	±0.150	±0.160	
最小屈服强度为340~420MPa钢板和钢带的厚度允许偏差	≤0.40	±0.04	±0.05	±0.06	±0.030	±0.035	±0.040	
	>0.40~0.60	+0.05	+0.06	+0.07	+0.035	+0.040	+0.050	
	>0.60~0.80	±0.06	±0.07	±0.08	±0.040	±0.050	±0.060	
	>0.80~1.00	±0.07	±0.08	±0.10	±0.050	±0.060	±0.070	
	>1.00~1.20	±0.09	±0.10	±0.11	±0.060	±0.070	±0.080	
	>1.20~1.60	±0.11	±0.12	±0.14	±0.070	±0.080	±0.100	
	>1.60~2.00	±0.14	±0.15	±0.17	±0.080	±0.100	±0.110	
	>2.00~2.50	±0.16	±0.18	±0.19	土 0.110	±0.120	±0.130	
	>2.50~3.00	±0.20	±0.20	±0.21	±0.130	±0.140	±0.150	
	>3.00~4.00	±0.22	±0.22	±0.23	±0.150	±0.160	±0.170	
最小屈服强度大于420MPa钢板和钢带的厚度允许偏差	≤0.40	±0.05	±0.06	±0.07	±0.035	±0.040	±0.050	
	>0.40~0.60	±0.05	±0.07	±0.08	±0.040	±0.050	±0.060	
	>0.60~0.80	±0.06	±0.08	±0.10	±0.050	±0.060	±0.070	
	>0.80~1.00	±0.08	±0.10	±0.11	±0.060	±0.070	±0.080	
	>1.00~1.20	±0.10	±0.11	±0.13	±0.070	±0.080	±0.100	
	>1.20~1.60	±0.13	±0.14	±0.16	±0.080	±0.100	±0.110	
	>1.60~2.00	±0.16	±0.17	±0.19	±0.100	±0.110	±0.130	
	>2.00~2.50	±0.19	±0.20	±0.22	±0.130	±0.140	±0.160	
	>2.50~3.00	±0.22	±0.23	±0.24	±0.160	±0.170	±0.180	
	>3.00~4.00	±0.25	±0.26	±0.27	±0.190	±0.200	±0.210	

	规定的最小屈服强度/MPa	公称宽度/mm	不平度/mm，≤						说明
			普通精度 PF. A			较高精度 PF. B			
			公称厚度/mm						
			<0.70	0.70~<1.20	≥1.20	<0.70	0.70~<1.20	≥1.20	
钢板的不平度	<260	<600	7	6	5	4	3	2	1. 规定最小屈服强度大于或等于340MPa钢板的不平度由供需双方协议确定。 2. 需方要求按较高不平度精度（PF. B）供货时应在合同中注明，未注明的按普通不平度精度（PF. A）供货。 3. 当产品标准中未规定屈服强度且未规定不平度时，钢板和钢带的不平度由供需双方协商，并在合同中注明
		600~<1200	10	8	7	5	4	3	
		1200~<1500	12	10	8	6	5	4	
		≥1500	17	15	13	8	7	6	
	260~<340	<600	协议						
		600~<1200	13	10	8	8	6	5	
		1200~<1500	15	13	11	9	8	6	
		≥1500	20	19	17	12	10	9	

注：本标准适用于轧制宽度不小于600mm的冷轧宽钢带、纵切钢带和剪切钢板，单张冷轧钢板亦可参照执行。

表 3-2-44　　钢板理论计重的计算方法及结果的修约

计算顺序	计算方法	结果的修约
基本重量/kg/(mm · m^2)	7.85(厚度 1mm，面积 1m^2 的重量)	—
单位重量/kg/m^2	基本重量[kg/(mm · m^2)]×厚度(mm)	修约到有效数字 4 位
钢板的面积/m^2	宽度(m)×长度(m)	修约到有效数字 4 位
一张钢板的重量/kg	单位重量(kg/m^2)×面积(m^2)	修约到有效数字 3 位
总重量/kg	各张钢板重量之和	kg 的整数值

注：1. 钢板按理论或实际重量交货，钢带按实际重量交货。
2. 钢板按理论重量交货时，理论计重采用公称尺寸，碳钢密度采用 7.85kg/dm^3 进行计算，其他钢种按相应标准规定计重。

承压设备用钢板和钢带（摘自 GB/T 713.1—2023～GB/T 713.7—2023）

表 3-2-45　　承压设备用钢板和钢带的化学成分（熔炼分析）

牌号	化学成分(质量分数)/%													
	C[①]	Si	Mn	Cu≤	Ni	Cr	Mo	Nb	V	Ti≤	Alt[②]	P≤	S≤	其他
规定温度性能的非合金钢和合金钢														
Q245R	≤0.20	≤0.35	0.50～1.10	0.30	≤0.30	≤0.30	≤0.08	≤0.050	≤0.050	0.030	—	0.025	0.010	(Cu+Ni+Cr+Mo)≤0.70
Q345R	≤0.20	≤0.55	1.20～1.70	0.30	≤0.30	≤0.30	≤0.08	≤0.050	≤0.050	0.030	—	0.025	0.010	
Q370R	≤0.18	≤0.55	1.20～1.70	0.30	≤0.30	≤0.30	≤0.08	0.015～0.050	≤0.050	0.030	—	0.020	0.010	
Q420R	≤0.20	≤0.55	1.20～1.60	0.30	0.20～0.50	≤0.30	≤0.08	0.015～0.050	≤0.100	0.030	—	0.020	0.010	(Nb+V+Ti)≤0.22
Q460R	≤0.20	≤0.60	1.30～1.70	0.20	0.20～0.80	≤0.30	≤0.10	≤0.05	0.10～0.20	0.030	≤0.035	0.020	0.010	(Cu+Cr+Mo)≤0.45
18MnMoNbR	≤0.21	0.15～0.50	1.20～1.60	0.30	≤0.30	≤0.30	0.45～0.65	0.025～0.050	—	—	—	0.020	0.010	—
13MnNiMoR	≤0.15	0.15～0.50	1.20～1.60	0.30	0.60～1.00	0.20～0.40	0.20～0.40	0.005～0.020	—	—	—	0.020	0.010	—
15CrMoR	0.08～0.18	0.15～0.40	0.40～0.70	0.30	≤0.30	0.80～1.20	0.45～0.60	—	—	—	—	0.025	0.010	—
14Cr1MoR	≤0.17	0.50～0.80	0.40～0.65	0.30	≤0.30	1.15～1.50	0.45～0.65	—	—	—	—	0.020	0.010	—
12Cr2Mo1R	0.08～0.15	≤0.50	0.30～0.60	0.20	≤0.30	2.00～2.50	0.90～1.10	—	—	—	—	0.020	0.010	—
12Cr1MoVR	0.08～0.15	0.15～0.40	0.40～0.70	0.30	≤0.30	0.90～1.20	0.25～0.35	—	0.15～0.30	—	—	0.025	0.010	—
12Cr2Mo1VR	0.11～0.15	≤0.10	0.30～0.60	0.20	≤0.25	2.00～2.50	0.90～1.10	≤0.07	0.25～0.35	0.030	—	0.010	0.005	B≤0.0020 Ca≤0.015
07Cr2AlMoR	≤0.09	0.20～0.50	0.40～0.90	0.30	≤0.30	2.00～2.40	0.30～0.50	—	—	—	0.30～0.50	0.020	0.010	—

牌号	化学成分(质量分数)/%										
	C≤	Si	Mn	Ni	Mo	V	Nb	Alt[③]≥	N≤	P≤	S≤
规定低温性能的低合金钢											
16MnDR	0.20	0.15～0.50	1.20～1.60	≤0.40	≤0.08	—	—	0.020	0.012	0.020	0.010
Q420DR	0.20	0.15～0.50	1.30～1.70	0.30～0.80	≤0.08	0.05～0.15	0.015～0.050	—	0.020	0.018	0.008
Q460DR	0.20	0.15～0.50	1.30～1.70	0.40～0.80	≤0.08	0.10～0.20	0.015～0.050	—	0.025	0.018	0.008
15MnNiNbDR	0.18	0.15～0.50	1.20～1.60	0.30～0.70	≤0.08	—	0.015～0.040	—	0.012	0.020	0.008

续表

牌号	化学成分(质量分数)/%										
	C≤	Si	Mn	Ni	Mo	V	Nb	Alt[③] ≥	N≤	P≤	S≤
规定低温性能的低合金钢											
13MnNiDR	0.16	0.15~0.50	1.20~1.60	0.30~0.80	≤0.08	≤0.05	≤0.050	0.020	0.012	0.015	0.005
09MnNiDR	0.12	0.15~0.50	1.20~1.60	0.30~0.80	≤0.08	—	≤0.040	0.020	0.012	0.015	0.005
11MnNiMoDR[④]	0.14	0.15~0.50	1.20~1.60	0.40~0.90	0.10~0.30	≤0.05	≤0.050	0.020	0.012	0.015	0.005

牌号	化学成分[⑤](质量分数)/%										
	C≤	Si	Mn	Ni	P	S	Cr	Cu	Mo	V	Nb	Alt
					≤							≥
规定低温性能的镍合金钢												
08Ni3DR[⑥]	0.10	0.10~0.35	0.30~0.80	3.25~3.75	0.015	0.005	0.25	0.35	0.12	0.05	0.08	0.015
07Ni5DR[⑦]	0.10	0.10~0.35	0.30~0.80	4.75~5.25	0.015	0.005	0.25	0.35	0.10	0.05	0.08	0.015
06Ni7DR	0.08	0.05~0.30	0.30~0.80	6.50~7.50	0.008	0.003	0.50	0.35	0.30	0.01	0.03	0.015
06Ni9DR	0.08	0.10~0.35	0.30~0.80	8.50~10.00	0.008	0.003	0.25	0.35	0.10	0.01	0.08	0.015

牌号	化学成分(质量分数)/%								
	C	Si	Mn	P≤	S≤	Cr	Cu	B≤	N≤
规定低温性能的高锰钢									
Q400GMDR	0.35~0.55	0.10~0.50	22.5~25.5	0.0200	0.0050	3.00~4.00	0.30~0.70	0.0050	0.0500

牌号	化学成分(质量分数)/%												
	C ≤	Si	Mn	P	S	Cu	Ni	Cr ≤	Mo	Nb ≤	V	Ti	B	P_{cm}[⑧]
				≤								≤		
调质高强度钢														
Q490R	0.09	0.15~0.40	1.20~1.60	0.015	0.008	0.25	≤0.40	0.30	≤0.30	0.05	0.02~0.06	0.03	0.0020	0.21
Q490DRL1	0.09		1.20~1.60	0.015	0.008		0.20~0.50	0.30	≤0.30	0.05				0.22
Q490DRL2	0.09		1.20~1.60	0.015	0.005		0.30~0.60	0.30	≤0.30	0.05				0.22
Q490RW	0.15		1.20~1.60	0.015	0.008		0.15~0.40	0.30	≤0.30	0.05				0.25
Q580R	0.10		1.20~1.60	0.015	0.008		≤0.40	0.50	0.10~0.30	0.05				0.25
Q580DR	0.10		1.20~1.60	0.015	0.005		0.30~0.60	0.50	0.10~0.30	0.05				0.25
Q690R	0.13		1.00~1.60	0.015	0.005		0.30~1.00	0.80	0.20~0.80	0.06				0.30
Q690DR	0.13		1.00~1.60	0.012	0.005		0.50~1.35	0.80	0.20~0.80	0.06				0.30

统一数字代号	牌号	化学成分(质量分数)/%									
		C	Si	Mn	P	S	Cr	Ni	Mo	Cu	N	其他
				≤								
奥氏体型不锈钢												
S30408	06Cr19Ni10	≤0.08	≤0.75	2.00	0.035	0.015	18.00~20.00	8.00~10.50	—	—	≤0.10	—
S30403	022Cr19Ni10	≤0.030	≤0.75	2.00	0.035	0.015	18.00~20.00	8.00~12.00	—	—	≤0.10	—

续表

统一数字代号	牌号	化学成分(质量分数)/%										
		C	Si	Mn	P	S	Cr	Ni	Mo	Cu	N	其他
				≤								
奥氏体型不锈钢												
S30409	07Cr19Ni10	0.04~0.10	≤0.75	2.00	0.035	0.015	18.00~20.00	8.00~10.50	—	—	≤0.10	—
S30458	06Cr19Ni10N	≤0.08	≤1.00	2.00	0.035	0.015	18.00~20.00	8.00~11.00	—	—	0.10~0.16	—
S30478	06Cr19Ni9NbN	≤0.08	≤1.00	2.50	0.035	0.015	18.00~20.00	7.50~10.50	—	—	0.15~0.30	Nb≤0.15
S30453	022Cr19Ni10N	≤0.030	≤1.00	2.00	0.035	0.015	18.00~20.00	8.00~11.00	—	—	0.10~0.16	—
S30450	05Cr19Ni10Si2CeN	0.04~0.06	1.00~2.00	0.80	0.035	0.020	18.00~19.00	9.00~10.00	—	—	0.12~0.18	Ce0.03~0.08
S30908	06Cr23Ni13	≤0.08	≤0.75	2.00	0.035	0.015	22.00~24.00	12.00~15.00	—	—	—	—
S31008	06Cr25Ni20	≤0.08	≤1.50	2.00	0.035	0.015	24.00~26.00	19.00~22.00	—	—	—	—
S31252	015Cr20Ni18Mo6CuN	≤0.020	≤0.80	1.00	0.035	0.010	19.50~20.50	17.50~18.50	6.00~6.50	0.50~1.00	0.18~0.22	—
S31608	06Cr17Ni12Mo2	≤0.08	≤0.75	2.00	0.035	0.015	16.00~18.00	10.00~14.00	2.00~3.00	—	≤0.10	—
S31603	022Cr17Ni12Mo2	≤0.030	≤0.75	2.00	0.035	0.015	16.00~18.00	10.00~14.00	2.00~3.00	—	≤0.10	—
S31609	07Cr17Ni12Mo2	0.04~0.10	≤1.00	2.00	0.035	0.015	16.00~18.00	10.00~14.00	2.00~3.00	—	≤0.10	—
S31668	06Cr17Ni12Mo2Ti	≤0.08	≤0.75	2.00	0.035	0.015	16.00~18.00	10.00~14.00	2.00~3.00	—	—	Ti≥5×C~0.70
S31658	06Cr17Ni12Mo2N	≤0.08	≤1.00	2.00	0.035	0.015	16.00~18.00	10.00~13.00	2.00~3.00	—	0.10~0.16	—
S31653	022Cr17Ni12Mo2N	≤0.030	≤1.00	2.00	0.035	0.015	16.00~18.00	10.00~13.00	2.00~3.00	—	0.10~0.16	—
S39042	015Cr21Ni26Mo5Cu2	≤0.020	≤1.00	2.00	0.030	0.010	19.00~21.00	24.00~26.00	4.00~5.00	1.20~2.00	≤0.10	—
S30859	08Cr21Ni11Si2CeN	0.05~0.10	1.40~2.00	0.80	0.035	0.020	20.00~22.00	10.00~12.00	—	—	0.14~0.20	Ce0.03~0.08
S31708	06Cr19Ni13Mo3	≤0.08	≤0.75	2.00	0.035	0.015	18.00~20.00	11.00~15.00	3.00~4.00	—	≤0.10	—
S31703	022Cr19Ni13Mo3	≤0.030	≤0.75	2.00	0.035	0.015	18.00~20.00	11.00~15.00	3.00~4.00	—	≤0.10	—
S32168	06Cr18Ni11Ti	≤0.08	≤0.75	2.00	0.035	0.015	17.00~19.00	9.00~12.00	—	—	—	Ti≥5×C~0.70
S32169	07Cr19Ni11Ti	0.04~0.10	≤0.75	2.00	0.035	0.015	17.00~19.00	9.00~12.00	—	—	—	Ti4×(C+N)~0.70
S34778	06Cr18Ni11Nb	≤0.08	≤0.75	2.00	0.035	0.015	17.00~19.00	9.00~12.00	—	—	—	Nb10×C~1.00
S34779	07Cr18Ni11Nb	0.04~0.10	≤0.75	2.00	0.035	0.015	17.00~19.00	9.00~12.00	—	—	—	Nb8×C~1.00
S38240	16Cr20Ni14Si2	≤0.20	1.50~2.50	≤1.50	0.035	0.020	19.00~22.00	12.00~15.00	—	—	—	—
S38340	16Cr25Ni20Si2	≤0.20	1.50~2.50	≤1.50	0.035	0.020	24.00~27.00	18.00~21.00	—	—	—	—
S35656	05Cr19Mn6Ni5Cu2N	≤0.06	≤1.00	4.00~7.00	0.035	0.010	17.50~19.50	3.50~5.50	≤0.60	0.50~3.00	0.20~0.30	—
奥氏体-铁素体型不锈钢												
S21953	022Cr19Ni5Mo3Si2N	≤0.030	1.30~2.00	1.00~2.00	0.030	0.015	18.00~19.50	4.50~5.50	2.50~3.00	—	0.05~0.12	—
S22253	022Cr22Ni5Mo3N	≤0.030	≤1.00	≤2.00	0.030	0.015	21.00~23.00	4.50~6.50	2.50~3.50	—	0.08~0.20	—
S22053	022Cr23Ni5Mo3N	≤0.030	≤1.00	≤2.00	0.030	0.015	22.00~23.00	4.50~6.50	3.00~3.50	—	0.14~0.20	—
S23043	022Cr23Ni4MoCuN	≤0.030	≤1.00	≤2.00	0.030	0.015	21.50~24.50	3.00~5.50	0.05~0.60	0.05~0.60	0.05~0.20	—
S22553	022Cr25Ni6Mo2N	≤0.030	≤1.00	≤2.00	0.030	0.020	24.00~26.00	5.50~6.50	1.50~2.50	—	0.10~0.20	—
S25554	03Cr25Ni6Mo3Cu2N	≤0.040	≤1.00	≤1.50	0.030	0.015	24.00~27.00	4.50~6.50	2.90~3.90	1.50~2.50	0.10~0.25	—

续表

统一数字代号	牌号	化学成分(质量分数)/%										
		C	Si	Mn	P	S	Cr	Ni	Mo	Cu	N	其他
					≤							
S25073	022Cr25Ni7Mo4N	≤0.030	≤1.00	≤2.00	0.030	0.015	24.00~26.00	6.00~8.00	3.00~5.00	≤0.50	0.24~0.32	—
S27603	022Cr25Ni7Mo4WCuN	≤0.030	≤1.00	≤1.00	0.030	0.010	24.00~26.00	6.00~8.00	3.00~4.00	0.50~1.00	0.20~0.30	W0.50~1.00
S22294	03Cr22Mn5Ni2MoCuN	≤0.040	≤1.00	4.00~6.00	0.030	0.015	21.00~22.00	1.35~1.70	0.10~0.80	0.10~0.80	0.20~0.25	—
S22153	022Cr21Ni3Mo2N	≤0.030	≤1.00	≤2.00	0.030	0.015	19.50~22.50	3.00~4.00	1.50~2.00	—	0.14~0.20	—
铁素体型不锈钢												
S11348	06Cr13Al	≤0.08	≤1.00	≤1.00	0.035	0.020	11.50~14.50	≤0.60	—	—	—	Al0.10~0.30
S11972	019Cr19Mo2NbTi	≤0.025	≤1.00	≤1.00	0.035	0.020	17.50~19.50	≤1.00	1.75~2.50	—	≤0.035	(Ti+Nb)[0.20+4×(C+N)]~0.80
S11306	06Cr13	≤0.08	≤1.00	≤1.00	0.035	0.020	11.50~13.50	≤0.60	—	—	—	—
S12361	019Cr23Mo2Ti	≤0.025	≤1.00	≤1.00	0.040	0.030	21.00~24.00	—	1.50~2.50	—	≤0.025	Ti、Nb、Zr或其组合：8×(C+N)~0.80
S12362	019Cr23MoTi	≤0.025	≤1.00	≤1.00	0.040	0.030	21.00~24.00	—	0.70~1.50	—	≤0.025	Ti、Nb、Zr或其组合：8×(C+N)~0.80
S12763	022Cr27Ni2Mo4NbTi	≤0.030	≤1.00	≤1.00	0.040	0.030	25.00~28.00	1.00~3.50	3.00~4.00	—	≤0.040	(Ti+Nb)0.20~1.00且(Ti+Nb)≥6×(C+N)

① 经供需双方协议，并在合同中注明，C含量下限可不作要求。

② 未注明的不作要求。

③ 当采用酸溶铝（Als）代替Alt时，Als含量应不小于0.015%；当钢中（Nb+V+Ti）≥0.015%时，Al含量不做要求。

④ 当钢板厚度小于12mm时，Mo含量下限不做要求。

⑤ 除06Ni7DR牌号外，其余牌号（Cr+Mo+Cu）≤0.50%。

⑥ 厚度大于100mm时，C含量上限可到0.12%。

⑦ 厚度大于50mm时，C含量上限可到0.12%。

⑧ 钢熔炼分析的焊接冷裂纹敏感指数（P_{cm}）应符合本表的规定。

注：1. 厚度大于60mm的Q345R和Q370R钢板，碳含量上限可分别提高至0.22%和0.20%；厚度大于60mm的Q245R钢板，锰含量上限可提高至1.20%。

2. Q245R、Q345R和Q370R钢中可添加微量铌、钒、钛元素，其含量应填写在质量证明书中，上述3个元素含量总和应分别不大于0.050%、0.120%、0.150%。

3. 根据需方要求，Q420R和Q460R钢板的氮含量应分别不大于0.020%和0.025%。

4. 根据需方要求，07Cr2AlMoR钢可添加适量稀土元素。

5. 对于规定温度性能的非合金钢和合金钢，作为残余元素的铬、镍、铜含量应各不大于0.30%，钼含量应不大于0.080%，这些元素的总含量应不大于0.70%。供方若能保证可不做分析。

6. 对于规定低温性能的高锰钢，为改善钢的性能，可添加本表之外的其他合金元素，如Ni、Mo、Nb、V、Ti、Al等，且Ni≤1.0%、Mo≤0.30%、（Nb+V+Ti）≤0.30%、Alt≤0.10%，并在质量证明书中注明相应元素含量。当Ni≥0.30%时，Cu可低于0.30%。

7. 本表牌号中的字母“Q”为屈服强度“屈”字的汉语拼音首字母，“R”为压力容器“容”字的汉语拼音首字母，“DR”为“低温压力容器”中“低”和“容”两字的汉语拼音首字母，“GM”为“高锰”中“高”和“锰”两字的汉语拼音首字母，“L”为温度等级（L1代表-40℃要求，L2代表-50℃要求），“W”为大线能量焊接“焊”字的英文单词“Weld”的首字母。“Q”后面的数值为规定的最小屈服强度值。

8. 不锈钢和耐热钢钢板和钢带按边缘状态可分为切边（EC）与不切边（EM），按尺寸精度可分为厚度普通精度（PT.A）与厚度较高精度（PT.B）。

9. 对于不锈钢和耐热钢钢板和钢带，本表中的成分较GB/T 3280、GB/T 4237、GB/T 4238同牌号的成分有所调整。

表 3-2-46　　承压设备用钢板和钢带的力学性能和工艺性能

牌号	交货状态	钢板公称厚度/mm	室温拉伸试验 R_m/MPa	室温拉伸试验 R_{eL}[①]/MPa ≥	室温拉伸试验 A/% ≥	冲击试验 试验温度/℃	冲击试验 KV_2/J ≥	弯曲试验[②] 180° b=2a	高温力学性能 厚度/mm	100	150	200	250	300	350	400	450	500
									试验温度/℃；R_{eL}[①]（或 $R_{p0.2}$）/MPa，≥									
规定温度性能的非合金钢和合金钢																		
Q245R	热轧、正火轧制或正火	3～16	400～520	245	25	0	34	$D=1.5a$	—	—	—	—	—	—	—	—	—	—
		>16～36	400～520	235					>20～36	210	200	186	167	153	139	129	121	—
		>36～60	400～520	225					>36～60	200	191	178	161	147	133	123	116	—
		>60～100	390～510	205	24			$D=2a$	>60～100	184	176	164	147	135	123	113	106	—
		>100～150	380～500	185					>100～150	168	160	150	135	120	110	105	95	—
		>150～250	370～490	175					>150～250	160	150	145	130	115	105	100	90	—
Q345R	热轧、正火轧制、正火或正火+回火	3～16	510～640	345	21	0	41	$D=2a$	—	—	—	—	—	—	—	—	—	—
		>16～36	500～630	325				$D=3a$	>20～36	295	275	255	235	215	200	190	180	—
		>36～60	490～620	315					>36～60	285	260	240	220	200	185	175	165	—
		>60～100	490～620	305	20				>60～100	275	250	225	205	185	175	165	155	—
		>100～150	480～610	285					>100～150	260	240	220	200	180	170	160	150	—
		>150～250	470～600	265					>150～250	245	230	215	195	175	165	155	145	—
Q370R	正火或正火+回火	6～16	530～630	370	20	-20	47	$D=2a$	—	—	—	—	—	—	—	—	—	—
		>16～36	530～630	360				$D=3a$	>20～36	330	310	290	275	260	245	230	—	—
		>36～60	520～620	340					>36～60	310	290	275	260	250	235	220	—	—
		>60～100	510～610	330					>60～100	290	270	265	250	245	230	215	—	—
Q420R	正火或正火+回火	6～20	590～720	420	18	-20	60	$D=3a$	>6～20	380	355	330	305	280	255	240	—	—
		>20～30	570～700	400					>20～30	365	340	315	290	270	245	230	—	—
Q460R	正火或正火+回火	6～20	630～750	460	17	-20	60	$D=3a$	>6～20	420	390	355	325	300	280	260	—	—
		>20～30	610～730	440					>20～30	405	375	345	315	290	270	250	—	—
18MnMoNbR	正火+回火	30～60	570～720	400	18	0	47	$D=3a$	30～60	375	365	360	355	350	340	310	275	—
		>60～100	570～720	390					>60～100	370	360	355	350	345	335	305	270	—
13MnNiMoR	正火+回火	6～100	570～720	390	18	0	47	$D=3a$	6～100	370	360	355	350	345	335	305	—	—
		>100～150	570～720	380					>100～150	360	350	345	340	335	325	300	—	—
15CrMoR	正火+回火	6～60	450～590	295	19	20	47	$D=3a$	>20～60	270	255	240	225	210	200	189	179	174
		>60～100	450～590	275					>60～100	250	235	220	210	196	186	176	167	162
		>100～200	440～580	255					>100～200	235	220	210	199	185	175	165	156	150
14Cr1MoR	正火+回火	6～100	520～680	310	19	20	47	$D=3a$	>20～200	280	270	255	245	230	220	210	195	176
		>100～200	510～670	300														

续表

牌号	交货状态	钢板公称厚度/mm	室温拉伸试验 R_m/MPa	室温拉伸试验 R_{eL}[①]/MPa	室温拉伸试验 A/%	冲击试验 试验温度/℃	冲击试验 KV_2/J ≥	弯曲试验[②] 180° $b=2a$	高温力学性能 厚度/mm	试验温度/℃ 100	150	200	250	300	350	400	450	500
				≥	≥					R_{eL}[①](或 $R_{p0.2}$)/MPa,≥								
12Cr2Mo1R	正火+回火	6~200	520~680	310	19	20	47	$D=3a$	>20~200	280	270	260	255	250	245	240	230	215
12Cr1MoVR	正火+回火	6~60	440~590	245	19	20	47	$D=3a$	>20~100	220	210	200	190	176	167	157	150	142
		>60~100	430~580	235														
12Cr2Mo1VR	正火+回火	6~200	590~760	415	17	-20	60	$D=3a$	>20~200	395	380	370	365	360	355	350	340	325
07Cr2AlMoR	正火+回火	6~36	420~580	260	21	20	47	$D=3a$	>20~60	215	205	195	185	175	—	—	—	—
		>36~60	410~570	250														
规定低温性能的低合金钢																		
16MnDR	正火或正火+回火	5~16	490~620	315	21	-40	47	$D=2a$	—	—	—	—	—	—	—	—	—	—
		>16~36	470~600	295				$D=3a$	—	—	—	—	—	—	—	—	—	—
		>36~60	460~590	285					—	—	—	—	—	—	—	—	—	—
		>60~100	450~580	275					—	—	—	—	—	—	—	—	—	—
		>100~120	440~570	265					—	—	—	—	—	—	—	—	—	—
Q420DR	正火或正火+回火	6~20	590~720	420	19	-40	60	$D=3a$	—	—	—	—	—	—	—	—	—	—
		>20~30	570~700	400					—	—	—	—	—	—	—	—	—	—
Q460DR	正火或正火+回火	6~20	630~730	460	18	-40	60	$D=3a$	—	—	—	—	—	—	—	—	—	—
15MnNiNbDR	正火或正火+回火	6~16	530~630	370	20	-50	60	$D=3a$	—	—	—	—	—	—	—	—	—	—
		>16~36	530~630	360					—	—	—	—	—	—	—	—	—	—
		>36~60	520~620	340					—	—	—	—	—	—	—	—	—	—
13MnNiDR	正火或正火+回火	5~36	490~610	345	22	-60	60	$D=3a$	—	—	—	—	—	—	—	—	—	—
		>36~60	490~610	335					—	—	—	—	—	—	—	—	—	—
		>60~100	490~610	325					—	—	—	—	—	—	—	—	—	—
09MnNiDR	正火或正火+回火	6~16	440~570	300	23	-70	60	$D=2a$	—	—	—	—	—	—	—	—	—	—
		>16~36	430~560	280					—	—	—	—	—	—	—	—	—	—
		>36~60	430~560	270					—	—	—	—	—	—	—	—	—	—
		>60~80	420~550	260					—	—	—	—	—	—	—	—	—	—
		>80~120	420~550	260		-60			—	—	—	—	—	—	—	—	—	—
11MnNiMoDR	淬火+回火	5~60	560~670	420	19	-70	60	$D=3a$	—	—	—	—	—	—	—	—	—	—
		>60~80	560~670	400					—	—	—	—	—	—	—	—	—	—
		>80~100	560~670	380					—	—	—	—	—	—	—	—	—	—

续表

牌号	交货状态	钢板公称厚度/mm	室温拉伸试验			冲击试验		弯曲试验②	高温力学性能									
			R_m/MPa	R_{eL}①/MPa	A/%	试验温度/℃	KV_2/J	180° b=2a	厚度/mm	试验温度/℃								
				≥			≥			100	150	200	250	300	350	400	450	500
										R_{eL}①(或 $R_{p0.2}$)/MPa,≥								
规定低温性能的镍合金钢																		
08Ni3DR	正火或正火+回火,经需方同意,可采用淬火+回火	6~60	490~620	320	21	-100	60	D=3a	—	—	—	—	—	—	—	—	—	—
		>60~100	480~610	300					—	—	—	—	—	—	—	—	—	—
		>100~150	470~600	290					—	—	—	—	—	—	—	—	—	—
07Ni5DR	淬火+回火或淬火+淬火+回火	5~30	530~700	370	20	-120	80	D=3a	—	—	—	—	—	—	—	—	—	—
		>30~50	530~700	360					—	—	—	—	—	—	—	—	—	—
		>50~80	530~700	350					—	—	—	—	—	—	—	—	—	—
06Ni7DR	淬火+回火或淬火+淬火+回火	5~30	680~820	560	18	-196	80	D=3a	—	—	—	—	—	—	—	—	—	—
		>30~50	680~820	550					—	—	—	—	—	—	—	—	—	—
		>50~80	680~820	540					—	—	—	—	—	—	—	—	—	—
06Ni9DR	淬火+回火或淬火+淬火+回火	5~30	680~820	560	18	-196	80	D=3a	—	—	—	—	—	—	—	—	—	—
		>30~50	680~820	550					—	—	—	—	—	—	—	—	—	—
		>50~80	680~820	540					—	—	—	—	—	—	—	—	—	—

牌号	交货状态	室温拉伸试验			冲击试验			弯曲试验②
		R_m/MPa	$R_{p0.2}$/MPa	A/%	试验温度/℃	KV_2/J	侧膨胀值 LE/mm	180° b=2a
			≥			≥		
规定低温性能的高锰钢								
Q400GMDR	热机械轧制	800~950	400	35	-196	60	0.53	D=3a

牌号	交货状态	钢板公称厚度/mm	室温拉伸试验			冲击试验			弯曲试验②
			R_m/MPa	R_{eL}①/MPa	A/%	试验温度/℃	KV_2/J	侧膨胀值 LE/mm	180° b=2a
				≥			≥		
调质高强度钢									
Q490R	淬火+回火(即调质热处理),且回火温度不低于600℃	10~60	610~730	490	17	-20	80	—	D=3a
Q490DRL1		10~60	610~730	490	17	-40		—	
Q490DRL2		10~60	610~730	490	17	-50		—	
Q490RW		10~60	610~730	490	17	-20		—	
Q580R		10~60	690~820	580	16	-20		0.64	
Q580DR		10~50	690~820	580	16	-50		0.64	
Q690R		10~80	800~920	690	16	-20		0.64	
Q690DR		10~80	800~920	690	16	-40		0.64	

第3篇

续表

统一数字代号	牌号	交货状态	室温拉伸试验				KV_2[⑤]/J,≥			硬度值		
			R_m/MPa	$R_{p0.2}$/MPa	$R_{p1.0}$[③]/MPa	A[④]/%	20℃		-196℃	HBW	HRB	HV
				≥			纵向	横向	横向	≤		
经固溶处理的奥氏体型不锈钢												
S30408	06Cr19Ni10	钢板及钢带经冷轧或热轧后,应参照本表注14进行热处理,并按照本表注19的表面加工类型进行交货	520~720	230	260	45	100	60	60	201	92	210
S30403	022Cr19Ni10		500~700	220	250	45	100	60	60	201	92	210
S30409	07Cr19Ni10		≥520	220	250	40	100	60	60	201	92	210
S30458	06Cr19Ni10N		≥550	240	310	40	100	60	60	201	92	220
S30478	06Cr19Ni9NbN		≥585	275	—	30	—	—	—	241	100	242
S30453	022Cr19Ni10N		≥515	205	310	40	100	60	60	201	92	220
S30450	05Cr19Ni10Si2CeN		≥600	290	—	40	—	—	—	217	95	220
S30908	06Cr23Ni13		≥515	205	—	40	—	—	—	217	95	220
S31008	06Cr25Ni20		≥520	205	240	40	—	—	—	217	95	220
S31252	015Cr20Ni18Mo6CuN		≥655	310	—	35	100	60	60	223	96	225
S31608	06Cr17Ni12Mo2		520~680	220	260	45	100	60	60	217	95	220
S31603	022Cr17Ni12Mo2		520~680	210	240	45	100	60	60	217	95	220
S31609	07Cr17Ni12Mo2		≥515	220	—	40	100	60	60	217	95	220
S31668	06Cr17Ni12Mo2Ti		≥520	205	260	40	100	60	60	217	95	220
S31658	06Cr17Ni12Mo2N		≥550	240	—	35	100	60	60	217	95	220
S31653	022Cr17Ni12Mo2N		≥515	205	320	40	100	60	60	217	95	220
S39042	015Cr21Ni26Mo5Cu2		≥490	220	260	35	100	60	60	190	90	200
S30859	08Cr21Ni11Si2CeN		≥600	310	—	40	—	—	—	217	95	220
S31708	06Cr19Ni13Mo3		≥520	205	260	35	—	—	—	217	95	220
S31703	022Cr19Ni13Mo3		≥520	205	260	40	—	—	—	217	95	220
S32168	06Cr18Ni11Ti		≥520	205	250	40	—	—	—	217	95	220
S32169	07Cr19Ni11Ti		≥515	205	—	40	—	—	—	217	95	220
S34778	06Cr18Ni11Nb		≥515	205	—	40	—	—	—	201	92	210
S34779	07Cr18Ni11Nb		≥515	205	—	40	—	—	—	201	92	210
S38240	16Cr20Ni14Si2		≥540	220	—	40	—	—	—	217	95	220
S38340	16Cr25Ni20Si2		≥540	220	—	35	—	—	—	217	95	220
S35656	05Cr19Mn6Ni5Cu2N		≥650	355	—	40	100	60	60	—	100	250

续表

统一数字代号	牌号		交货状态	室温拉伸试验 R_m/MPa	室温拉伸试验 $R_{p0.2}$/MPa	室温拉伸试验 A[④]/%	硬度试验 HBW	硬度试验 HRC
				≥			≤	
经固溶处理的奥氏体-铁素体型不锈钢								
S21953	022Cr19Ni5Mo3Si2N		钢板及钢带经冷轧或热轧后，应参照本表注14进行热处理，并按照本表注19的表面加工类型进行交货	630	440	25	290	31
S22253	022Cr22Ni5Mo3N			620	450	25	293	31
S22053	022Cr23Ni5Mo3N			620	450	25	293	31
S23043	022Cr23Ni4MoCuN			600	400	25	290	32
S22553	022Cr25Ni6Mo2N			640	450	25	295	31
S25554	03Cr25Ni6Mo3Cu2N			760	550	20	302	32
S25073	022Cr25Ni7Mo4N			800	550	20	310	32
S27603	022Cr25Ni7Mo4WCuN			750	550	25	270	—
S22294	03Cr22Mn5Ni2MoCuN	厚度≤5.0mm		700	530	30	290	—
		厚度>5.0mm		650	450	30	290	—
S22153	022Cr21Ni3Mo2N	厚度≤5.0mm		690	485	25	293	31
		厚度>5.0mm		655	450	25	293	31

统一数字代号	牌号	交货状态	室温拉伸试验 R_m/MPa	室温拉伸试验 $R_{p0.2}$/MPa	室温拉伸试验 A[④]/%	硬度试验 HBW	硬度试验 HRB	硬度试验 HV	弯曲试验[②] 180°
			≥			≤			
经退火处理的铁素体型不锈钢									
S11348	06Cr13Al	钢板及钢带经冷轧或热轧后，应参照本表注14进行热处理，并按照本表注19的表面加工类型进行交货	415	170	20	179	88	200	$D=2a$
S11972	019Cr19Mo2NbTi		415	275	20	217	96	230	$D=2a$
S11306	06Cr13		415	205	20	183	89	200	$D=2a$
S12361	019Cr23Mo2Ti		410	245	20	217	96	230	$D=2a$
S12362	019Cr23MoTi		410	245	20	217	96	230	$D=2a$
S12763	022Cr27Ni2Mo4NbTi		585	450	18	241	100	242	$D=2a$

不锈钢和耐热钢钢板和钢带的高温力学性能

统一数字代号	牌号	规定塑性延伸强度 $R_{p0.2}$/MPa，≥ 试验温度/℃ 100	150	200	250	300	350	400	450	500	550	600
S30408	06Cr19Ni10	171	155	144	135	127	123	119	114	111	106	—
S30403	022Cr19Ni10	147	131	122	114	109	104	101	98	—	—	—
S30453	022Cr19Ni10N	170	154	144	135	129	123	118	114	110	—	—
S30458	06Cr19Ni10N	194	172	157	146	139	134	130	125	120	—	—
S31008	06Cr25Ni20	181	167	157	149	144	139	135	132	128	124	—
S31252	015Cr20Ni18Mo6CuN	185	176	168	163	159	157	156	—	—	—	—
S31608	06Cr17Ni12Mo2	175	161	149	139	131	126	123	121	119	117	—

续表

统一数字代号	牌号	规定塑性延伸强度 $R_{p0.2}$/MPa,≥ 试验温度/℃										
		100	150	200	250	300	350	400	450	500	550	600
S31603	022Cr17Ni12Mo2	147	130	120	111	105	100	96	93	—	—	—
S31653	022Cr17Ni12Mo2N	174	158	146	136	128	122	116	111	108	—	—
S31658	06Cr17Ni12Mo2N	212	196	183	172	164	156	150	145	140	—	—
S31668	06Cr17Ni12Mo2Ti	175	161	149	139	131	126	123	121	119	117	—
S31703	022Cr19Ni13Mo3	175	161	149	139	131	126	123	121	—	—	—
S34778	06Cr18Ni11Nb	189	177	166	157	150	145	141	139	139	—	—
S34779	07Cr18Ni11Nb	189	171	166	158	150	145	141	139	139	133	130
S39042	015Cr21Ni26Mo5Cu2	205	190	175	160	145	135	—	—	—	—	—
S35656	05Cr19Mn6Ni5Cu2N	295	260	230	220	205	185	—	—	—	—	—
S21953	022Cr19Ni5Mo3Si2N	315	300	290	280	270	260	—	—	—	—	—
S22253	022Cr22Ni5Mo3N	360	335	315	300	—	—	—	—	—	—	—
S22053	022Cr23Ni5Mo3N	360	335	315	300	—	—	—	—	—	—	—
S23043	022Cr23Ni4MoCuN	330	300	285	265	—	—	—	—	—	—	—
S25554	03Cr25Ni6Mo3Cu2N	445	415	395	375	—	—	—	—	—	—	—
S25073	022Cr25Ni7Mo4N	450	420	400	380	—	—	—	—	—	—	—
S27603	022Cr25Ni7Mo4WCuN	450	420	400	380	—	—	—	—	—	—	—
S22294	03Cr22Mn5Ni2MoCuN	380	350	330	320	—	—	—	—	—	—	—
S22153	022Cr21Ni3Mo2N	350	325	285	270	—	—	—	—	—	—	—

统一数字代号	牌号	固溶态下最小规定 0.2%比例极限强度 $R_{p0.2}$/MPa 试验温度/℃												
		50	100	150	200	250	300	350	400	450	500	550	600	700
S30409	07Cr19Ni10	—	157	142	127	117	108	103	98	93	88	83	78	—
S30450	05Cr19Ni10Si2CeN	245	200	—	165	—	150	—	140	—	130	—	120	110
S30908	06Cr23Ni13	—	140	128	116	108	100	94	91	86	85	84	82	—
S31008	06Cr25Ni20	—	140	128	116	108	100	94	91	86	85	84	82	—
S30859	08Cr21Ni11Si2CeN	280	230	—	185	—	170	—	160	—	150	—	140	130
S38240	16Cr20Ni14Si2	—	140	128	116	108	100	94	91	86	85	84	82	—
S32169	07Cr19Ni11Ti	—	162	152	142	137	132	127	123	118	113	108	103	—

统一数字代号	牌号	固溶态下最小规定 1.0%比例极限强度 $R_{p1.0}$MPa 试验温度/℃												
		50	100	150	200	250	300	350	400	450	500	550	600	700
S30409	07Cr19Ni10	—	191	172	157	147	137	132	127	122	118	113	108	—
S30450	05Cr19Ni10Si2CeN	280	235	—	195	—	180	—	170	—	160	—	150	135
S30908	06Cr23Ni13	—	185	167	154	146	139	132	126	123	121	118	114	—
S30859	08Cr21Ni11Si2CeN	315	265	—	215	—	200	—	190	—	180	—	170	155
S38240	16Cr20Ni14Si2	—	185	167	154	146	139	132	126	123	121	118	114	—
S32169	07Cr19Ni11Ti	—	201	191	181	176	172	167	162	157	152	147	142	—

统一数字代号	牌号	固溶态下最小规定抗拉强度 R_m/MPa												
		试验温度/℃												
		50	100	150	200	250	300	350	400	450	500	550	600	700
S30409	07Cr19Ni10	—	440	410	390	385	375	375	375	370	360	330	300	—
S30450	05Cr19Ni10Si2CeN	570	525	—	485	—	475	—	470	—	435	—	385	300
S30908	06Cr23Ni13	—	470	450	430	420	410	405	400	385	370	350	320	—
S30859	08Cr21Ni11Si2CeN	630	585	—	545	—	535	—	530	—	495	—	445	360
S38240	16Cr20Ni14Si2	—	470	450	430	420	410	405	400	385	370	350	320	—
S31008	06Cr25Ni20	—	470	450	430	420	410	405	400	385	370	350	320	—
S32169	07Cr19Ni11Ti	—	410	390	370	360	350	345	340	335	330	320	300	—

统一数字代号	牌号	固溶态下最小规定1%(塑性)蠕变断裂强度 $R_{km10000}$/MPa												
		试验温度/℃												
		500	550	600	650	700	750	800	850	900	950	1000	1050	1100
S30409	07Cr19Ni10	250	191	132	87	55	34	—	—	—	—	—	—	—
S30450	05Cr19Ni10Si2CeN	—	250	157	98	63	41	25	16	10	6.5	4	—	—
S30908	06Cr23Ni13	—	—	120	70	36	24	18	13	8.5	—	—	—	—
S31008	06Cr25Ni20	—	—	130	65	40	26	18	13	8.5	—	—	—	—
S32169	07Cr19Ni11Ti	—	—	142	82	48	27	15	—	—	—	—	—	—
S30859	08Cr21Ni11Si2CeN	—	250	157	98	63	41	27	18	13	9.5	7	5.5	4
S38240	16Cr20Ni14Si2	—	—	120	70	36	24	18	13	8.5	—	—	—	—
S38340	16Cr25Ni20Si2	—	—	130	65	40	28	20	14	10	—	—	—	—

统一数字代号	牌号	固溶态下最小规定1%(塑性)蠕变断裂强度 $R_{km100000}$/MPa												
		试验温度/℃												
		500	550	600	650	700	750	800	850	900	950	1000	1050	1100
S30409	07Cr19Ni10	192	140	89	52	28	15	—	—	—	—	—	—	—
S30450	05Cr19Ni10Si2CeN	—	160	88	55	35	22	14	8	5	3	1.7	—	—
S30908	06Cr23Ni13	—	—	65	35	16	10	7.5	5	3	—	—	—	—
S31008	06Cr25Ni20	—	—	80	33	18	11	7	4.5	3	—	—	—	—
S32169	07Cr19Ni11Ti	—	—	65	36	22	14	10	—	—	—	—	—	—
S30859	08Cr21Ni11Si2CeN	—	160	88	55	35	22	15	11	8	5.5	4	3	2.3
S38240	16Cr20Ni14Si2	—	—	65	35	16	10	7.5	5	3	—	—	—	—
S38340	16Cr25Ni20Si2	—	—	80	33	18	11	7	4.5	3	—	—	—	—

续表

统一数字代号	牌号	固溶态下最小规定 1%(塑性)蠕变应变强度 $R_{A1,10000}$/MPa												
		试验温度/℃												
		500	550	600	650	700	750	800	850	900	950	1000	1050	1100
S30409	07Cr19Ni10	147	121	94	61	35	24	—	—	—	—	—	—	—
S30450	05Cr19Ni10Si2CeN	—	200	126	74	42	25	15	8.5	5	3	1.7	—	—
S30908	06Cr23Ni13	—	—	70	47	25	15.5	10	6.5	5	—	—	—	—
S31008	06Cr25Ni20	—	—	90	52	30	17.5	10	6	4	—	—	—	—
S32169	07Cr19Ni11Ti	—	—	85	50	30	17.5	10	—	—	—	—	—	—
S30859	08Cr21Ni11Si2CeN	—	230	126	74	45	28	19	14	10	7	5	3.5	2.5
S38240	16Cr20Ni14Si2	—	—	80	50	25	15.5	10	6	4	—	—	—	—
S38340	16Cr25Ni20Si2	—	—	95	60	35	20	10	6	4	—	—	—	—

① 如屈服现象不明显，可测量 $R_{p0.2}$ 代替 R_{eL}。

② a 为弯曲试样厚度，b 为弯曲试样宽度，D 为弯曲压头直径。对于规定低温性能的镍合金钢，试样宽度为 2 倍板厚，并保证最小宽度不小于 20mm。对于经退火处理的铁素体型不锈钢，当需方要求并在合同中注明时才进行弯曲试验，且本表中产品的最大厚度为 25.0mm。

③ 规定塑性延伸强度 $R_{p1.0}$，仅当需方要求并在合同中注明时才进行检验。

④ 钢板厚度不大于 3.00mm 时，测 A_{50mm}，试样号按照 GB/T 228.1 中的 P5 执行。

⑤ 冲击吸收能量不是必检项目，由供需双方协商，并在合同中注明，可按照 GB/T 713.1 的规定进行。

注：1. 钢板和钢带的拉伸、冲击和弯曲试样方向应垂直于轧制方向（即横向试样）。不同公称厚度钢板和钢带冲击试样的尺寸要求见 GB/T 713.1，公称厚度<6mm 的钢板和钢带不做冲击检验。

2. GB/T 713.2 和 GB/T 713.7 中规定的钢板和钢带应进行布氏硬度、洛氏硬度或维氏硬度试验。对于几种不同的硬度试验，可根据钢板和钢带的不同尺寸和状态按其中一种方法检验。

3. 对于有厚度方向性能要求的钢板（不锈钢除外），可在询价和订购时达成一致，以满足 GB/T 5313 中规定的 Z15、Z25 或 Z35 中一个质量等级的要求，其由垂直于钢材表面的断面收缩率的最小值来确定。

4. 18MnMoNbR、13MnNiMoR 钢板的回火温度应不低于 620℃，15CrMoR、14Cr1MoR 钢板的回火温度应不低于 650℃，12Cr2Mo1R、12Cr1MoVR、12Cr2Mo1VR 和 07Cr2AlMoR 钢板的回火温度应不低于 680℃。

5. 对于临氢设备用铬钼合金钢钢板，其化学成分和力学性能应符合 GB/T 713.2 附录 B 的规定。根据需方要求，抗氢致开裂试验及评定方法应按 GB/T 8650，采用标准溶液 A；抗氢致开裂试验结果等级应符合 GB/T 713.2 附录 C 的规定，并在合同中注明合格等级。

6. 根据需方要求，Q245R、Q345R 和 13MnNiMoR 牌号钢板可进行-20℃冲击试验，代替本表中的 0℃冲击试验，其冲击吸收能量值应符合本表的规定。

7. 根据需方要求，对厚度大于 20mm 的规定温度性能的非合金钢和合金钢钢板可进行高温拉伸试验，试验温度应在合同中注明；高温下的规定塑性延伸强度（$R_{p0.2}$）或下屈服强度（R_{eL}）值应符合本表的规定。

8. Q420DR、Q460DR、06Ni7DR、06Ni9DR 钢板的冲击试验应测量侧膨胀值，且侧膨胀值应不小于 0.53mm（Q420DR、Q460DR）、0.64mm（06Ni7DR、06Ni9DR）。

9. 对于厚度大于 60mm 的规定温度性能的非合金钢与合金钢钢板，经供需双方协议，并在合同中注明，可不做弯曲试验。对于规定低温性能的低合金钢，当供方保证弯曲合格时，可不做弯曲试验。

10. 对于厚度 6mm 及以上 Q420DR、Q460DR 牌号钢板、厚度大于 20mm 的正火或正火+回火状态交货钢板、厚度大于 16mm 的淬火+回火状态交货钢板、规定低温性能的镍合金钢钢板、规定低温性能的高锰钢钢板，以及调质高强度钢钢板，供方应按 NB/T 47013.3 逐张进行超声检测，合格级别不应低于Ⅰ级，如有特殊要求应在合同中注明。

11. 经需方同意，厚度大于 50mm 的正火+回火的规定温度性能的非合金钢与合金钢钢板、厚度大于 36mm 的正火+回火的规定低温性能的低合金钢钢板，可正火（允许加速冷却）+回火交货。

12. 06Ni7DR、06Ni9DR 钢板出厂前对每张钢板用高斯计进行剩磁检测，剩磁测量位置由供需双方协商确定，剩磁值不应超过 50×10^{-4} 特斯拉（50 高斯）。07Ni5DR 钢板剩磁检测由供需双方协商确定。

13. 06Ni7DR、06Ni9DR 钢板热处理后应进行喷丸处理以去除钢板表面氧化铁皮。

14. 不锈钢板和钢带的热处理制度

统一数字代号	牌号	热处理温度及冷却方式	统一数字代号	牌号	热处理温度及冷却方式
奥氏体型					
S30408	06Cr19Ni10	1040~1090℃水冷或其他方式快冷	S31658	06Cr17Ni12Mo2N	1040~1090℃水冷或其他方式快冷
S30403	022Cr19Ni10	1040~1090℃水冷或其他方式快冷	S31653	022Cr17Ni12Mo2N	1040~1090℃水冷或其他方式快冷
S30409	07Cr19Ni10	≥1095℃水冷或其他方式快冷	S39042	015Cr21Ni26Mo5Cu2	1040~1090℃水冷或其他方式快冷
S30458	06Cr19Ni10N	1040~1090℃水冷或其他方式快冷	S30859	08Cr21Ni11Si2CeN	1020~1120℃水冷或其他方式快冷
S30478	06Cr19Ni9NbN	1040~1090℃水冷或其他方式快冷	S31708	06Cr19Ni13Mo3	1040~1090℃水冷或其他方式快冷
S30453	022Cr19Ni10N	1040~1090℃水冷或其他方式快冷	S31703	022Cr19Ni13Mo3	1040~1090℃水冷或其他方式快冷
S30450	05Cr19Ni10Si2CeN	1020~1120℃水冷或其他方式快冷	S32168	06Cr18Ni11Ti	1040~1090℃水冷或其他方式快冷
S30908	06Cr23Ni13	1040~1090℃水冷或其他方式快冷	S32169	07Cr19Ni11Ti	≥1095℃水冷或其他方式快冷
S31008	06Cr25Ni20	1040~1090℃水冷或其他方式快冷	S34778	06Cr18Ni11Nb	1040~1090℃水冷或其他方式快冷
S31252	015Cr20Ni18Mo6CuN	1040~1090℃水冷或其他方式快冷	S34779	07Cr18Ni11Nb	≥1095℃水冷或其他方式快冷
S31608	06Cr17Ni12Mo2	1040~1090℃水冷或其他方式快冷	S38240	16Cr20Ni14Si2	1050~1150℃水冷或其他方式快冷
S31603	022Cr17Ni12Mo2	1040~1090℃水冷或其他方式快冷	S38340	16Cr25Ni20Si2	1050~1150℃水冷或其他方式快冷
S31609	07Cr17Ni12Mo2	≥1095℃水冷或其他方式快冷	S35656	05Cr19Mn6Ni5Cu2N	1040~1090℃水冷或其他方式快冷
S31668	06Cr17Ni12Mo2Ti	1040~1090℃水冷或其他方式快冷	—		
奥氏体-铁素体型					
S21953	022Cr19Ni5Mo3Si2N	1020~1050℃水冷或其他方式快冷	S25554	03Cr25Ni6Mo3Cu2N	≥1040℃水冷或其他方式快冷
S22253	022Cr22Ni5Mo3N	1040~1100℃水冷或其他方式快冷	S25073	022Cr25Ni7Mo4N	1050~1120℃水冷或其他方式快冷
S22053	022Cr23Ni5Mo3N	1040~1100℃水冷或其他方式快冷	S27603	022Cr25Ni7Mo4WCuN	1050~1120℃水冷或其他方式快冷
S23043	022Cr23Ni4MoCuN	1020~1050℃水冷或其他方式快冷	S22294	03Cr22Mn5Ni2MoCuN	≥1020℃水冷或其他方式快冷
S22553	022Cr25Ni6Mo2N	≥1040℃水冷或其他方式快冷	S22153	022Cr21Ni3Mo2N	≥1020℃水冷或其他方式快冷
铁素体型					
S11348	06Cr13Al	780~830℃快冷或缓冷	S12361	019Cr23Mo2Ti	850~1050℃快冷
S11972	019Cr19Mo2NbTi	800~1050℃快冷	S12362	019Cr23MoTi	850~1050℃快冷
S11306	06Cr13	罩式炉退火：约760℃，缓冷； 连续退火：800~900℃，缓冷	S12763	022Cr27Ni2Mo4NbTi	950~1150℃快冷

15. 热轧钢板和钢带表面不应有气泡、结疤、裂纹、折叠、夹杂和压入氧化铁皮等影响使用的有害缺陷，热轧钢板和钢带的断面不应有目视可见的分层。

16. 热轧钢板和钢带表面允许有不妨碍检查表面缺陷的薄层氧化铁皮、铁锈及由压入氧化铁皮和轧辊所造成的不明显粗糙、网纹、麻点、划痕及其他局部缺欠，但其深度从实际尺寸算起应不大于热轧钢板和钢带厚度的公差之半，且应保证热轧钢板和钢带允许的最小厚度。经酸洗后的不锈热轧钢板和钢带表面不应有氧化皮及过酸洗。

17. 热轧钢板和钢带表面缺陷允许用修磨等方法清除，其要求详见原标准 GB/T 713.1；热轧钢带由于没有除掉缺陷的机会，允许带有局部缺陷交货，但带缺陷部分不应超过每卷热轧钢带总长度的6%。

18. 经供需双方协商，热轧钢板的表面质量也可执行 GB/T 14977 的规定。

19. 不锈钢板及钢带的表面加工类型见下表，需方应根据使用需求指定加工类型，并在合同中注明。

类别	简称	加工类型	表面状态	说明
热轧产品	1E	热轧、热处理、机械除氧化皮	无氧化皮	机械除氧化皮的方法（粗磨或喷丸）取决于产品种类，除另有规定外，由供方选择
	1D	热轧、热处理、酸洗	无氧化皮	适用于确保良好耐腐蚀性能的大多数钢的标准，是进一步加工产品常用的精加工，允许有研磨痕迹

续表

类别	简称	加工类型	表面状态	说明
冷轧产品	2D	冷轧、热处理、酸洗或除鳞	表面均匀、呈亚光状	冷轧后热处理、酸洗，亚光表面经酸洗或除鳞产生，可用毛面辊进行平整。毛面加工便于在深冲时将润滑剂保留在钢板表面。这种表面适用于加工深冲部件，但这些部件成型后还应进行抛光处理
	2B	冷轧、热处理、酸洗或除鳞、光亮加工	较 2D 表面光滑平直	在 2D 表面的基础上，对经热处理、除鳞后的钢板用抛光辊进行小压下量的平整，属于最常用的表面加工
	BA	冷轧、光亮退火	平滑、光亮、发光	冷轧后在可控气氛炉内进行光亮退火，通常采用干氢或干氢与干氮混合气氛，以防止退火过程中的氧化现象，也是后工序再加工常用的表面加工

20. 对不锈钢冷轧钢带及其剪切钢板表面质量的要求详见原标准 GB/T 713.1 和 GB/T 713.7。

连续热镀锌和锌合金镀层钢板及钢带（摘自 GB/T 2518—2019）

表 3-2-47　钢板及钢带的牌号及钢种特性

牌号	钢种特性	牌号	钢种特性	牌号	钢种特性	牌号	钢种特性	说明
DX51D+Z DX51D+ZF DX51D+ZA DX51D+AZ	低碳钢	DX57D+Z, DX57D+ZF DX57D+ZA DX57D+AZ	无间隙原子钢	S320GD+Z S320GD+ZF S320GD+ZA S320GD+AZ	结构钢	S550GD+Z S550GD+ZF S550GD+ZA S550GD+AZ	结构钢	1. 本标准适用于汽车、建筑、家电等行业用厚度为 0.20~6.0mm 的钢板及钢带 2. 牌号表示方法：钢板及钢带的牌号由产品用途代号、钢级代号（或序列号）、钢种特性（如有）、热镀代号（D）和镀层种类代号五部分构成，其中热镀代号和镀层种类代号之间用加号“+”连接 用途代号 DX——第一位字母 D 表示冷成形用扁平钢材；第二位字母若为 X，代表基板的轧制状态不规定；若为 C，代表基板规定为冷轧基板；若为 D，代表基板规定为热轧基板 S——表示为结构用钢 HX——第一位字母 H 表示冷成形用高强度扁平钢材；第二位字母若为 X，代表基板的轧制状态不规定；若为 C，代表基板规定为冷轧基板；若为 D，代表基板规定为热轧基板 钢级代号（或序列号） 牌号中 2 位数字 51～57 表示钢级序列号，3～4 位数字 180～1180 表示钢级代号，一般为规定的最小屈服强度或最小屈服强度和最小抗拉强度，单位为 MPa 钢种特性代号 Y 表示高强度无间隙原子钢；LA 表示
DX52D+Z DX52D+ZF DX52D+ZA DX52D+AZ		S220GD+Z S220GD+ZF S220GD+ZA, S220GD+AZ	结构钢	S350GD+Z S350GD+ZF S350GD+ZA S350GD+AZ		HX260LAD+Z HX260LAD+ZF HX260LAD+ZA HX260LAD+AZ	低合金钢	
DX53D+Z DX53D+ZF DX53D+ZA DX53D+AZ	无间隙原子钢	S250GD+Z S250GD+ZF S250GD+ZA S250GD+AZ		S390GD+Z S390GD+ZF S390GD+ZA S390GD+AZ		HX300LAD+Z HX300LAD+ZF HX300LAD+ZA HX300LAD+AZ		
DX54D+Z DX54D+ZF DX54D+ZA DX54D+AZ		S280GD+Z S280GD+ZF S280GD+ZA S280GD+AZ		S420GD+Z S420GD+ZF S420GD+ZA S420GD+AZ		HX340LAD+Z HX340LAD+ZF HX340LAD+ZA HX340LAD+AZ		
DX56D+Z DX56D+ZF DX56D+ZA DX56D+AZ		S300GD+Z S300GD+ZF S300GD+ZA S300GD+AZ		S450GD+Z S450GD+ZF S450GD+ZA S450GD+AZ		HX380LAD+Z HX380LAD+ZF HX380LAD+ZA HX380LAD+AZ		

续表

牌号	钢种特性	牌号	钢种特性	牌号	钢种特性	牌号	钢种特性	说明
HX420LAD+Z HX420LAD+ZF HX420LAD+ZA HX420LAD+AZ	低合金钢	HX180BD+Z HX180BD+ZF HX180BD+ZA HX180BD+AZ	烘烤硬化钢	HC500/780DPD+Z, HC500/780DPD+ZF HC500/780DPD+ZA	双相钢	HC350/600CPD+Z HC350/600CPD+ZF HC350/600CPD+ZA	复相钢	低合金钢;B 表示烘烤硬化钢;DP 表示双相钢;TR 表示相变诱导塑性钢;CP 表示复相钢;DH 表示增强成形性双相钢;G 表示钢种特性不规定 镀层代号 Z 表示纯锌镀层,ZF 表示锌铁合金镀层,ZA 表示锌铝合金镀层,AZ 表示铝锌合金镀层 3. 钢种特性中的 无间隙原子钢——是在超低碳钢中加入钛或铌,使钢中碳、氮间隙原子完全固定成碳、氮化物,钢中没有间隙原子存在 高强度无间隙原子钢——在无间隙原子钢中加入一定量的磷、锰、硅等强化元素,使具有较高的强度并保持良好的成形性能 双相钢——钢的显微组织主要为铁素体和马氏体,也可能有部分贝氏体。具有低的屈强比、较高的抗拉强度和加工硬化性能 烘烤硬化钢——保留一定量的固溶碳、氮原子,同时通过添加磷、锰等强化元素来提高强度,加工成形后在一定温度下烘烤后,由于时效硬化,使钢屈服强度进一步提高 相变诱导塑性钢——钢的显微组织为铁素体,贝氏体和残余奥氏体,在成形过程中,残余奥氏体可转变为马氏体,具有较高加工硬化率、均匀伸长率和抗拉强度 复相钢——显微组织为铁素体和(或)贝氏体基体上分布少量马氏体、残余奥氏体或珠光体。与同等抗拉强度的双相钢相比具有高的屈服强度和良好弯曲性能 增强成形性双相钢——显微组织主要为铁素体、马氏体以及少量贝氏体或残余奥氏体的钢 4. 对 DX、HX 系列的牌号,用户可以根据需要选择 DC、DD、HC、HD 系列牌号
HX460LAD+Z, HX460LAD+ZF HX460LAD+ZA HX460LAD+AZ		HX220BD+Z, HX220BD+ZF HX220BD+ZA HX220BD+AZ		HC590/980DPD+Z HC590/980DPD+ZF HC590/980DPD+ZA		HC570/780CPD+Z, HC570/780CPD+ZF HC570/780CPD+ZA		
HX500LAD+Z, HX500LAD+ZF HX500LAD+ZA HX500LAD+AZ		HX260BD+Z HX260BD+ZF HX260BD+ZA HX260BD+AZ		HC700/980DPD+Z HC700/980DPD+ZF HC700/980DPD+ZA		HC780/980CPD+Z HC780/980CPD+ZF HC780/980CPD+ZA		
HD550LAD+Z HD550LAD+ZF HD550LAD+ZA HD550LAD+AZ		HX300BD+Z HX300BD+ZF HX300BD+ZA HX300BD+AZ		HC740/1180DPD+Z HC740/1180DPD+ZF HC740/1180DPD+ZA		HD660/760CPD+Z HD660/760CPD+ZF HD660/760CPD+ZA		
HX180YD+Z HX180YD+ZF HX180YD+ZA HX180YD+AZ	高强度无间隙原子钢	HC260/450DPD+Z, HC260/450DPD+ZF HC260/450DPD+ZA	双相钢	HC820/1180DPD+Z HC820/1180DPD+ZF HC820/1180DPD+ZA		HC330/590DHD+Z HC330/590DHD+ZF HC330/590DHD+ZA	增强成形性双相钢	
HX220YD+Z HX220YD+ZF HX220YD+ZA HX220YD+AZ		HC290/490DPD+Z, HC290/490DPD+ZF HC290/490DPD+ZA		HC380/590TRD+Z HC380/590TRD+ZF HC380/590TRD+ZA	相变诱导塑性钢	HC440/780DHD+Z HC440/780DHD+ZF HC440/780DHD+ZA		
HX260YD+Z HX260YD+ZF HX260YD+ZA HX260YD+AZ		HC330/590DPD+Z, HC330/590DPD+ZF HC330/590DPD+ZA		HC400/690TRD+Z HC400/690TRD+ZF HC400/690TRD+ZA		HC550/980DHD+Z HC550/980DHD+ZF HC550/980DHD+ZA		
		HC440/780DPD+Z, HC440/780DPD+ZF HC440/780DPD+ZA		HC450/780TRD+Z, HC450/780TRD+ZF HC450/780TRD+ZA		HC700/980DHD+Z HC700/980DHD+ZF HC700/980DHD+ZA		

表 3-2-48　　钢板及钢带的化学成分（熔炼分析）

牌号	化学成分(质量分数)/%,≤						牌号	化学成分(质量分数)/%,≤				
	C	Si	Mn	P	S	Ti		C	Si	Mn	P	S
DX51D+Z,DX51D+ZF,DX51D+ZA,DX51D+AZ	0.18	0.50	1.20	0.12	0.045	0.30	S280GD+Z,S280GD+ZF,S280GD+ZA,S280GD+AZ	0.20	0.60	1.70	0.10	0.045
DX52D+Z,DX52D+ZF,DX52D+ZA,DX52D+AZ	0.12	0.50	0.60	0.10	0.045	0.30	S300GD+Z,S300GD+ZF,S300GD+ZA,S300GD+AZ					
DX53D+Z,DX53D+ZF,DX53D+ZA,DX53D+AZ	0.12	0.50	0.60	0.10	0.045	0.30	S320GD+Z,S320GD+ZF,S320GD+ZA,S320GD+AZ					
DX54D+Z,DX54D+ZF,DX54D+ZA,DX54D+AZ	0.12	0.50	0.60	0.10	0.045	0.30	S350GD+Z,S350GD+ZF,S350GD+ZA,S350GD+AZ					
DX56D+Z,DX56D+ZF,DX56D+ZA,DX56D+AZ	0.12	0.50	0.60	0.10	0.045	0.30	S390GD+Z,S390GD+ZF,S390GD+ZA,S390GD+AZ					
DX57D+Z,DX57D+ZF,DX57D+ZA,DX57D+AZ	0.12	0.50	0.60	0.10	0.045	0.30	S420GD+Z,S420GD+ZF,S420GD+ZA,S420GD+AZ					
S220GD+Z,S220GD+ZF,S220GD+ZA,S220GD+AZ	0.20	0.60	1.70	0.10	0.045	—	S450GD+Z,S450GD+ZF,S450GD+ZA,S450GD+AZ					
S250GD+Z,S250GD+ZF,S250GD+ZA,S250GD+AZ							S550GD+Z,S550GD+ZF,S550GD+ZA,S550GD+AZ					

牌　　号	化学成分(质量分数)/%							
	C	Si	Mn	P	S	Ti①	Nb①	Al_t
	≤							≥
HX180YD+Z,HX180YD+ZF,HX180YD+ZA,HX180YD+AZ	0.01	0.30	0.70	0.060	0.025	0.12	0.09	0.010
HX220YD+Z,HX220YD+ZF,HX220YD+ZA,HX220YD+AZ	0.01	0.30	0.90	0.080	0.025	0.12	0.09	0.010
HX260YD+Z,HX260YD+ZF,HX260YD+ZA,HX260YD+AZ	0.01	0.30	1.60	0.10	0.025	0.12	0.09	0.010
HX180BD+Z,HX180BD+ZF,HX180BD+ZA,HX180BD+AZ	0.06	0.50	0.70	0.060	0.025	0.12	0.09	0.015
HX220BD+Z,HX220BD+ZF,HX220BD+ZA,HX220BD+AZ	0.08	0.50	0.70	0.085	0.025	0.12	0.09	0.015
HX260BD+Z,HX260BD+ZF,HX260BD+ZA,HX260BD+AZ	0.10	0.50	1.00	0.10	0.030	0.12	0.09	0.010
HX300BD+Z,HX300BD+ZF,HX300BD+ZA,HX300BD+AZ	0.11	0.50	0.80	0.12	0.025	0.12	0.09	0.010
HX260LAD+Z,HX260LAD+ZF,HX260LAD+ZA,HX260LAD+AZ	0.11	0.50	1.00	0.030	0.025	0.15	0.09	0.015
HX300LAD+Z,HX300LAD+ZF,HX300LAD+ZA,HX300LAD+AZ	0.12	0.50	1.40	0.030	0.025	0.15	0.09	0.015
HX340LAD+Z,HX340LAD+ZF,HX340LAD+ZA,HX340LAD+AZ	0.12	0.50	1.40	0.030	0.025	0.15	0.10	0.015
HX380LAD+Z,HX380LAD+ZF,HX380LAD+ZA,HX380LAD+AZ	0.12	0.50	1.50	0.030	0.025	0.15	0.10	0.015
HX420LAD+Z,HX420LAD+ZF,HX420LAD+ZA,HX420LAD+AZ	0.12	0.50	1.60	0.030	0.025	0.15	0.10	0.015
HX460LAD+Z,HX460LAD+ZF,HX460LAD+ZA,HX460LAD+AZ	0.15	0.50	1.70	0.030	0.025	0.15	0.10	0.015
HX500LAD+Z,HX500LAD+ZF,HX500LAD+ZA,HX500LAD+AZ	0.15	0.50	1.70	0.030	0.025	0.15	0.10	0.015
HD550LAD+Z,HD550LAD+ZF,HD550LAD+ZA,HD550LAD+AZ	0.15	0.50	1.70	0.030	0.025	0.15	0.10	0.015

续表

牌号	化学成分(质量分数)/%									
	C	Si	Mn	P	S	Cr+Mo	Nb+Ti	V	B	Al_t
	≤									
HC260/450DPD+Z,HC260/450DPD+ZF,HC260/450DPD+ZA	0.14	0.75	2.00	0.080	0.015	1.00	0.15	0.20	0.005	0.015~1.0
HC290/490DPD+Z,HC290/490DPD+ZF,HC290/490DPD+ZA	0.14	0.75	2.00	0.080	0.015	1.00	0.15	0.20	0.005	0.015~1.0
HC330/590DPD+Z,HC330/590DPD+ZF,HC330/590DPD+ZA	0.15	0.75	2.50	0.040	0.015	1.40	0.15	0.20	0.005	0.015~1.5
HC440/780DPD+Z,HC440/780DPD+ZF,HC440/780DPD+ZA	0.18	0.80	2.50	0.080	0.015	1.40	0.15	0.20	0.005	0.015~2.0
HC500/780DPD+Z,HC500/780DPD+ZF,HC500/780DPD+ZA	0.18	0.80	2.50	0.080	0.015	1.40	0.15	0.20	0.005	0.015~2.0
HC590/980DPD+Z,HC590/980DPD+ZF,HC590/980DPD+ZA	0.20	1.00	2.90	0.080	0.015	1.40	0.15	0.20	0.005	0.015~2.0
HC700/980DPD+Z,HC700/980DPD+ZF,HC700/980DPD+ZA	0.23	1.00	2.90	0.080	0.015	1.40	0.15	0.20	0.005	0.015~2.0
HC740/1180DPD+Z,HC740/1180DPD+ZF,HC740/1180DPD+ZA	0.23	1.00	2.90	0.050	0.010	1.00	0.15	0.20	0.005	0.015~1.0
HC820/1180DPD+Z,HC820/1180DPD+ZF,HC820/1180DPD+ZA	0.23	1.00	2.90	0.050	0.010	1.00	0.15	0.20	0.005	0.015~1.0
HC350/600CPD+Z,HC350/600CPD+ZF,HC350/600CPD+ZA	0.18	0.80	2.20	0.080	0.015	1.00	0.15	0.20	0.005	0.015~2.0
HC570/780CPD+Z,HC570/780CPD+ZF,HC570/780CPD+ZA	0.18	1.00	2.50	0.080	0.015	1.00	0.15	0.20	0.005	0.015~2.0
HC780/980CPD+Z,HC780/980CPD+ZF,HC780/980CPD+ZA	0.23	1.00	2.70	0.080	0.015	1.00	0.15	0.22	0.005	0.015~2.0
HD660/760CPD+Z,HD660/760CPD+ZF,HD660/760CPD+ZA	0.18	1.00	2.50	0.080	0.015	1.00	0.25	0.20	0.005	0.015~2.0
HC380/590TRD+Z,HC380/590TRD+ZF,HC380/590TRD+ZA	0.23	1.80	2.00	0.080	0.015	0.60	0.20	0.20	0.005	0.015~2.0
HC400/690TRD+Z,HC400/690TRD+ZF,HC400/690TRD+ZA	0.24	2.00	2.20	0.080	0.015	0.60	0.20	0.20	0.005	0.015~2.0
HC450/780TRD+Z,HC450/780TRD+ZF,HC450/780TRD+ZA	0.25	2.20	2.50	0.080	0.015	0.60	0.20	0.20	0.005	0.015~2.0
HC330/590DHD+Z,HC330/590DHD+ZF,HC330/590DHD+ZA	0.15	0.75	2.50	0.050	0.010	1.40	0.15	0.20	0.005	0.015~1.5
HC440/780DHD+Z,HC440/780DHD+ZF,HC440/780DHD+ZA	0.18	0.80	2.50	0.050	0.010	1.40	0.15	0.20	0.005	0.015~2.0
HC550/980DHD+Z,HC550/980DHD+ZF,HC550/980DHD+ZA	0.23	1.00	2.90	0.050	0.010	1.40	0.15	0.20	0.005	0.015~2.0
HC700/980DHD+Z,HC700/980DHD+ZF,HC700/980DHD+ZA	0.23	1.00	2.90	0.050	0.010	1.40	0.15	0.20	0.005	0.015~2.0

① 可以单独或复合添加 Ti 和 Nb，也可添加 V 和 B，但是这些合金元素的总含量不大于 0.22%。

注：如需方对化学成分有要求，应在订货时协商。

表 3-2-49　钢板及钢带的力学性能

类别	牌号	下屈服强度 R_{eL}①,②	抗拉强度 R_m	断后伸长率 A_{80mm}③ /%	塑性应变比 r_{90}	横向拉伸应变硬化指数 n_{90}	标注说明
		/MPa		≥			
低碳钢	DX51D+Z,DX51D+ZF,DX51D+ZA,DX51D+AZ	—	270~500	22	—	—	①屈服现象不明显时，采用规定塑性延伸强度 $R_{p0.2}$ 代替 ②试样为 GB/T 228.1—2010 中的 P6 试样，试样方向为横向
	DX52D+Z⑥,DX52D+ZF,DX52D+ZA⑥,DX52D+AZ	140~300	270~420	26	—	—	

第3篇

续表

类别	牌号	下屈服强度 R_{eL}[①,②]	抗拉强度 R_{m}	断后伸长率 $A_{80\mathrm{mm}}$[③] /%	塑性应变比 r_{90}	横向拉伸应变硬化指数 n_{90}	标注说明
		/MPa		≥			
无间隙原子钢	DX53D+Z，DX53D+ZF，DX53D+ZA，DX53D+AZ	140～260	270～380	30	—	—	③当产品公称厚度大于0.5mm，但不大于0.7mm时，断后伸长率允许下降2%；当产品公称厚度大于0.35mm，但不大于0.5mm时，断后伸长率允许下降4%；当产品公称厚度不大于0.35mm时，断后伸长率允许下降7% ④当产品公称厚度大于1.5mm，但小于2mm时，r_{90}允许下降0.2；当产品公称厚度不小于2mm时，r_{90}允许下降0.4 ⑤当产品公称厚度大于0.5mm，但不大于0.7mm时，r_{90}允许下降0.2，n_{90}允许下降0.01；当产品公称厚度大于0.35mm，但不大于0.5mm时，r_{90}允许下降0.4，n_{90}允许下降0.03；当产品公称厚度不大于0.35mm时，r_{90}允许下降0.6，n_{90}允许下降0.04 ⑥屈服强度值仅适用于光整的FB、FC级表面的钢板及钢带
	DX54D+Z	120～220	260～350	36	1.6	0.18	
	DX54D+ZF，DX54D+ZA，DX54D+AZ			34	1.4	0.18	
	DX56D+Z	120～180	260～350	39	1.9[④]	0.21	
	DX56D+ZF，DX56D+ZA，DX56D+AZ			37	1.7[④,⑤]	0.20[⑤]	
	DX57D+Z	120～170	260～350	41	2.1[④]	0.22	
	DX57D+ZF，DX57D+ZA，DX57D+AZ			39	1.9[④,⑤]	0.21[⑤]	
高强度无间隙原子钢	HX180YD+Z	180～240	330～390	34	1.7[④,⑤]	0.18[⑤]	
	HX180YD+ZF，HX180YD+ZA，HX180YD+AZ			32	1.5[④,⑤]	0.18[⑤]	
	HX220YD+Z	220～280	340～420	32	1.5[④,⑤]	0.17[⑤]	
	HX220YD+ZF，HX220YD+ZA，HX220YD+AZ			30	1.3[④,⑤]	0.17[⑤]	
	HX260YD+Z	260～320	380～440	30	1.4[④,⑤]	0.16[⑤]	
	HX260YD+ZF，HX260YD+ZA，HX260YD+AZ			28	1.2[④,⑤]	0.16[⑤]	

类别	牌号	上屈服强度 R_{eH}[①,②]	抗拉强度 R_{m}[③]	断后伸长率 $A_{80\mathrm{mm}}$[④] /%	标注说明
		/MPa			
		≥			
结构钢	S220GD+Z，S220GD+ZF，S220GD+ZA，S220GD+AZ	220	300	20	①屈服现象不明显时，采用规定塑性延伸强度$R_{\mathrm{p0.2}}$代替 ②试样为GB/T 228.1—2010中的P6试样，试样方向为纵向 ③除S550GD+Z，S550GD+ZF，S550GD+ZA，S550GD+AZ外，其他牌号的抗拉强度可要求140MPa的范围值 ④当产品公称厚度大于0.5mm，但不大于0.7mm时，断后伸长率允许下降2%；当产品公称厚度大于0.35mm，但不大于0.5mm时，断后伸长率允许下降4%；当产品公称厚度不大于0.35mm时，断后伸长率允许下降7%
	S250GD+Z，S250GD+ZF，S250GD+ZA，S250GD+AZ	250	330	19	
	S280GD+Z，S280GD+ZF，S280GD+ZA，S280GD+AZ	280	360	18	
	S300GD+Z，S300GD+ZF，S300GD+ZA，S300GD+AZ	300	370	18	
	S320GD+Z，S320GD+ZF，S320GD+ZA，S320GD+AZ	320	390	17	
	S350GD+Z，S350GD+ZF，S350GD+ZA，S350GD+AZ	350	420	16	
	S390GD+Z，S390GD+ZF，S390GD+ZA，S390GD+AZ	390	460	16	
	S420GD+Z，S420GD+ZF，S420GD+ZA，S420GD+AZ	420	480	15	
	S450GD+Z，S450GD+ZF，S450GD+ZA，S450GD+AZ	450	510	14	
	S550GD+Z，S550GD+ZF，S550GD+ZA，S550GD+AZ	550	560	—	

类别	牌号	下屈服强度 R_{eL}[①,②]	抗拉强度 R_{m}	断后伸长率 $A_{80\mathrm{mm}}$[③] /%，≥	标注说明
		/MPa			
低合金钢	HX260LAD+Z	260～330	350～430	26	①屈服现象不明显时，采用规定塑性延伸强度$R_{\mathrm{p0.2}}$代替 ②试样为GB/T 228.1—2010中的P6试样，试样方向为横向
	HX260LAD+ZF，HX260LAD+ZA，HX260LAD+AZ			24	
	HX300LAD+Z	300～380	380～480	23	
	HX300LAD+ZF，HX300LAD+ZA，HX300LAD+AZ			21	
	HX340LAD+Z	340～420	410～510	21	
	HX340LAD+ZF，HX340LAD+ZA，HX340LAD+AZ			19	

续表

类别	牌号	下屈服强度 R_{eL}①,② /MPa	抗拉强度 R_m /MPa	断后伸长率 A_{80mm}③ /%,≥	标注说明
低合金钢	HX380LAD+Z	380~480	440~560	19	③当产品公称厚度大于 0.5mm，但不大于 0.7mm 时，断后伸长率允许下降 2%；当产品公称厚度大于 0.35mm，但不大于 0.5mm 时，断后伸长率允许下降 4%；当产品公称厚度不大于 0.35mm 时，断后伸长率允许下降 7%
	HX380LAD+ZF，HX380LAD+ZA，HX380LAD+AZ			17	
	HX420LAD+Z	420~520	470~590	17	
	HX420LAD+ZF，HX420LAD+ZA，HX420LAD+AZ			15	
	HX460LAD+Z	460~560	500~640	15	
	HX460LAD+ZF，HX460LAD+ZA，HX460LAD+AZ			13	
	HX500LAD+Z	500~620	530~690	13	
	HX500LAD+ZF，HX500LAD+ZA，HX500LAD+AZ			11	
	HD550LAD+Z	550~670	610~750	12	
	HD550LAD+ZF，HD550LAD+ZA，HD550LAD+AZ			10	

类别	牌号	下屈服强度 R_{eL}①,② /MPa	抗拉强度 R_m /MPa	断后伸长率 A_{80mm}③ /% ≥	塑性应变比 r_{90}④ ≥	横向拉伸应变硬化指数 n_{90} ≥	烘烤硬化值 BH_2 /MPa ≥	标注说明
烘烤硬化钢	HX180BD+Z	180~240	290~390	34	1.5	0.16	30	①屈服现象不明显时，采用规定塑性延伸强度 $R_{p0.2}$ 代替 ②试样为 GB/T 228.1—2010 中的 P6 试样，试样方向为横向 ③当产品公称厚度大于 0.5mm，但不大于 0.7mm 时，断后伸长率允许下降 2%；当产品公称厚度大于 0.35mm，但不大于 0.5mm 时，断后伸长率允许下降 4%；当产品公称厚度不大于 0.35mm 时，断后伸长率允许下降 7% ④当产品公称厚度大于 1.5mm 但小于 2mm 时，r_{90} 允许下降 0.2；当产品公称厚度不小于 2mm 时，r_{90} 允许下降 0.4
	HX180BD+ZF，HX180BD+ZA，HX180BD+AZ			32	1.3	0.16	30	
	HX220BD+Z	220~280	320~400	32	1.2	0.15	30	
	HX220BD+ZF，HX220BD+ZA，HX220BD+AZ			30	1.0	0.15	30	
	HX260BD+Z	260~320	360~440	28	—	—	30	
	HX260BD+ZF，HX260BD+ZA，HX260BD+AZ			26	—	—	30	
	HX300BD+Z	300~360	400~480	26	—	—	30	
	HX300BD+ZF，HX300BD+ZA，HX300BD+AZ			24	—	—	30	

类别	牌号	下屈服强度 R_{eL}①,② /MPa	抗拉强度 R_m /MPa ≥	断后伸长率③/% A_{80mm} ≥	断后伸长率③/% A_{50mm} ≥	纵向拉伸应变硬化指数 n_0 ≥	烘烤硬化值 BH_2 /MPa ≥	标注说明
双相钢	HC260/450DPD+Z	260~340	450	27	—	0.16	30	①屈服现象不明显时，采用规定塑性延伸强度 $R_{p0.2}$ 代替 ②试样为 GB/T 228.1—2010 中的 P6 试样，试样方向为纵向 ③当产品公称厚度大于 0.5mm，但不大于 0.7mm 时，断后伸长率允许下降 2%；当产品公称厚度大于 0.35mm，但不大于 0.5mm 时，断后伸长率允许下降 4%，当产品公称厚度不大于 0.35mm 时，断后伸长率允许下降 7%
	HC260/450DPD+ZF，HC260/450DPD+ZA			25	—		30	
	HC290/490DPD+Z	290~380	490	23	—	0.15	30	
	HC290/490DPD+ZF，HC290/490DPD+ZA			21	—		30	
	HC330/590DPD+Z	330~430	590	20	—	0.14	30	
	HC330/590DPD+ZF，HC330/590DPD+ZA			18	—		30	
	HC440/780DPD+Z	440~550	780	14	—	—	30	
	HC440/780DPD+ZF，HC440/780DPD+ZA			12	—		30	
	HC500/780DPD+Z	500~650	780	10	—	—	30	
	HC500/780DPD+ZF，HC500/780DPD+ZA			8	—		30	

续表

类别	牌号	下屈服强度 R_{eL}①,② /MPa	抗拉强度 R_m /MPa	断后伸长率③/% A_{80mm}	断后伸长率③/% A_{50mm}	纵向拉伸应变硬化指数 n_0	烘烤硬化值 BH_2 /MPa	标注说明
			≥					
双相钢	HC590/980DPD+Z④	590~750	980	10	11	—	30	④ 也可采用 ISO 6892—1:2016 规定的试样 3,试样方向为纵向,断后伸长率的规定值按 A_{50mm} 执行。仲裁时采用 GB/T 228.1—2010 中的 P6 试样,试样方向为纵向
	HC590/980DPD+ZF④,HC590/980DPD+ZA④			8	9		30	
	HC700/980DPD+Z④	700~900	980	8	9	—	30	
	HC700/980DPD+ZF④,HC700/980DPD+ZA④			6	7		30	
	HC740/1180DPD+Z④	740~980	1180	5	6	—	30	
	HC740/1180DPD+ZF④,HC740/1180DPD+ZA④			3	4		30	
	HC820/1180DPD+Z④	820~1150	1180	5	6	—	30	
	HC820/1180DPD+ZF④,HC820/1180DPD+ZA④			3	4		30	

类别	牌号	下屈服强度 R_{eL}①,② /MPa	抗拉强度 R_m /MPa	断后伸长率 A_{80mm}③ /%	纵向拉伸应变硬化指数 n_0	烘烤硬化值 BH_2 /MPa	标注说明
			≥				
相变诱导塑性钢	HC380/590TRD+Z	380~480	590	25	0.20	40	①屈服现象不明显时,采用规定塑性延伸强度 $R_{p0.2}$ 代替 ②试样为 GB/T 228.1—2010 中的 P6 试样,试样方向为纵向 ③当产品公称厚度大于 0.5mm,但不大于 0.7mm 时,断后伸长率允许下降 2%;当产品公称厚度大于 0.35mm,但不大于 0.5mm 时,断后伸长率允许下降 4%;当产品公称厚度不大于 0.35mm 时,断后伸长率允许下降 7%
	HC380/590TRD+ZF,HC380/590TRD+ZA			23		40	
	HC400/690TRD+Z	400~520	690	23	0.19	40	
	HC400/690TRD+ZF,HC400/690TRD+ZA			21		40	
	HC450/780TRD+Z	450~570	780	21	0.16	40	
	HC450/780TRD+ZF,HC450/780TRD+ZA			19		40	
复相钢	HC350/600CPD+Z	350~500	600	16	—	30	
	HC350/600CPD+ZF,HC350/600CPD+ZA			14			
	HC570/780CPD+Z	570~720	780	11	—	30	
	HC570/780CPD+ZF,HC570/780CPD+ZA			9			
	HC780/980CPD+Z	780~950	980	7	—	30	
	HC780/980CPD+ZF,HC780/980CPD+ZA			5			
	HD660/760CPD+Z	660~820	760	11	—	30	
	HD660/760CPD+ZF,HD660/760CPD+ZA			9			
增强成形性双相钢	HC330/590DHD+Z	330~430	590	26	0.16	30	
	HC330/590DHD+ZF,HC330/590DHD+ZA			24			
	HC440/780DHD+Z	440~550	780	18	0.13	30	
	HC440/780DHD+ZF,HC440/780DHD+ZA			16			

续表

类别	牌号	下屈服强度 R_{eL}①,② /MPa	抗拉强度 R_m /MPa	断后伸长率 A_{80mm}③ /%	纵向拉伸应变硬化指数 n_0	烘烤硬化值 BH_2 /MPa	标注说明
			≥				
增强成形性双相钢	HC550/980DHD+Z	550~750	980	15	—	30	
	HC550/980DHD+ZF, HC550/980DHD+ZA			13			
	HC700/980DHD+Z	700~900	980	13	—	30	
	HC700/980DHD+ZF, HC700/980DHD+ZA			11			

注：1. r 表示在单轴拉伸应力作用下，试样宽度方向真实塑性应变和厚度方向真实塑性应变的比。r_{90} 是在15%应变时计算得到的，均匀延伸小于15%时，以均匀延伸结束时的应变进行计算。

2. n 表示在单轴拉伸应力作用下，真实应力与真实塑性应变数学方程式（$\sigma=k\times\varepsilon^n$）中的真实塑性应变指数。$n_{90}$（或 n_0）值是在10%~20%应变范围内计算得到的，当均匀伸长率小于20%时，应变范围为10%至均匀伸长结束。

3. 交货状态为钢板及钢带经热镀或热镀加平整（或光整）后交货。

表 3-2-50　镀层种类、镀层表面结构、表面处理的分类与代号

分类项目	类别		代号	说明
镀层种类	纯锌镀层		Z	1. 镀层种类与选用 纯锌镀层——适用于各种需要加强耐腐蚀性的应用，是制造业和建筑业中一种最常见的镀层种类 锌铁合金镀层——适用于后续涂装使用的大多数应用，主要用于汽车和家电等外观件 锌铝合金镀层——具有与锌大致相同的牺牲保护作用，在大多数环境中具有相较纯锌镀层更强的耐腐蚀性，主要用于需要较好延展性的应用（如深冲部件），以及需要中等耐腐蚀性的环境 铝锌合金镀层——具有出色的镀层隔绝保护和电化学保护作用。与上述镀层相比，在大多数环境中耐腐蚀性更高，并且长期耐久，该镀层钢板广泛用于屋面和墙面，既可直接使用，又可作为彩涂板的基板 2. 镀层表面结构代号 N——镀层在自然条件下凝固得到的肉眼可见的锌花结构 M——通过特殊控制方法得到的肉眼可见的细小锌花结构 F——通过特殊控制方法得到的肉眼不可见的细小锌花结构 R——通过对纯锌镀层热处理获得的表面结构，该表面结构通常灰色无光 3. 表面处理 铬酸钝化、三价铬钝化和无铬钝化可减少产品表面产生白锈或黑锈 铬酸钝化+涂油、三价铬钝化+涂油和无铬钝化+涂油可进一步减少产品表面产生白锈或黑锈 磷化和磷化+涂油可减少产品表面产生白锈或黑锈，并可改善钢板的成形性能 耐指纹膜、三价铬耐指纹膜和无铬耐指纹膜可减少产品表面产生白锈或黑锈，同时可提高电子或电气产品表面的耐汗渍玷污性 自润滑膜、三价铬自润滑膜和无铬自润滑膜可减少产品表面产生白锈或黑锈，具有良好的耐腐蚀性，并可较好地改善钢板的成形性能 涂油处理可减少产品表面产生白锈或黑锈 不处理仅适用于需方在合同中注明不进行表面处理的情况，这种情况下，产品表面较易产生白锈、黑锈和黑点，用户应慎重选用该处理方式
	锌铁合金镀层		ZF	
	锌铝合金镀层		ZA	
	铝锌合金镀层		AZ	
镀层表面结构	纯锌镀层(Z)	普通锌花	N	
		小锌花	M	
		无锌花	F	
	锌铁合金镀层(ZF)	锌铁合金	R	
	锌铝合金镀层(ZA)	普通锌花	N	
	铝锌合金镀层(AZ)	普通锌花	N	
表面处理	铬酸钝化		C	
	涂油		O	
	铬酸钝化+涂油		CO	
	三价铬钝化		C3	
	三价铬钝化+涂油		CO3	
	无铬钝化		CN	
	无铬钝化+涂油		CON	
	磷化		P	
	磷化+涂油		PO	
	耐指纹膜		AF	
	三价铬耐指纹膜		AF3	
	无铬耐指纹膜		AFN	
	自润滑膜		SL	
	三价铬自润滑膜		SL3	
	无铬自润滑膜		SLN	
	不处理		U	

表 3-2-51　钢板及钢带的尺寸

项目		公称尺寸/mm
公称厚度		0.20~6.0
公称宽度	钢板及钢带	600~2050
	纵切钢带	<600
公称长度	钢板	1000~8000
公称内径①	钢带及纵切钢带	610 或 508

① 如用户对钢卷内径公差有要求，应由供需双方协商确定。如未规定，由供方确定。

注：1. 钢板及钢带的公称厚度包含基板厚度和镀层厚度。

2. 纵切钢带是指由钢带（母带）经纵切后获得的窄钢带，宽度<600mm。

不锈钢冷轧、热轧钢板和钢带（摘自 GB/T 3280—2015、GB/T 4237—2015）

表 3-2-52　　不锈钢板和钢带的化学成分（熔炼分析）

统一数字代号	牌　号	化学成分(质量分数)/%										
		C	Si	Mn	P	S	Ni	Cr	Mo	Cu	N	其他元素
奥氏体型												
S30103	022Cr17Ni7[①]	0.030	1.00	2.00	0.045	0.030	6.00~8.00	16.00~18.00	—	—	0.20	—
S30110	12Cr17Ni7	0.15	1.00	2.00	0.045	0.030	6.00~8.00	16.00~18.00	—	—	0.10	—
S30153	022Cr17Ni7N[①]	0.030	1.00	2.00	0.045	0.030	6.00~8.00	16.00~18.00	—	—	0.07~0.20	—
S30210	12Cr18Ni9[①]	0.15	0.75	2.00	0.045	0.030	8.00~10.00	17.00~19.00	—	—	0.10	—
S30240	12Cr18Ni9Si3	0.15	2.00~3.00	2.00	0.045	0.030	8.00~10.00	17.00~19.00	—	—	0.10	—
S30403	022Cr19Ni10[①]	0.030	0.75	2.00	0.045	0.030	8.00~12.00	17.50~19.50	—	—	0.10	—
S30408	06Cr19Ni10[①]	0.07	0.75	2.00	0.045	0.030	8.00~10.50	17.50~19.50	—	—	0.10	—
S30409	07Cr19Ni10[①]	0.04~0.10	0.75	2.00	0.045	0.030	8.00~10.50	18.00~20.00	—	—	—	—
S30450	05Cr19Ni10Si2CeN[①]	0.04~0.06	1.00~2.00	0.80	0.045	0.030	9.00~10.00	18.00~19.00	—	—	0.12~0.18	Ce0.03~0.08
S30453	022Cr19Ni10N[①]	0.030	0.75	2.00	0.045	0.030	8.00~12.00	18.00~20.00	—	—	0.10~0.16	—
S30458	06Cr19Ni10N[①]	0.08	0.75	2.00	0.045	0.030	8.00~10.50	18.00~20.00	—	—	0.10~0.16	—
S30478	06Cr19Ni9NbN	0.08	1.00	2.50	0.045	0.030	7.50~10.50	18.00~20.00	—	—	0.15~0.30	Nb0.15
S30510	10Cr18Ni12[①]	0.12	0.75	2.00	0.045	0.030	10.50~13.00	17.00~19.00	—	—	—	—
S30859	08Cr21Ni11Si2CeN	0.05~0.10	1.40~2.00	0.80	0.040	0.030	10.00~12.00	20.00~22.00	—	—	0.14~0.20	Ce0.03~0.08
S30908	06Cr23Ni13[①]	0.08	0.75	2.00	0.045	0.030	12.00~15.00	22.00~24.00	—	—	—	—
S31008	06Cr25Ni20	0.08	1.50	2.00	0.045	0.030	19.00~22.00	24.00~26.00	—	—	—	—
S31053	022Cr25Ni22Mo2N[①]	0.020	0.50	2.00	0.030	0.010	20.50~23.50	24.00~26.00	1.60~2.60	—	0.09~0.15	—
S31252	015Cr20Ni18Mo6CuN	0.020	0.80	1.00	0.030	0.010	17.50~18.50	19.50~20.50	6.00~6.50	0.50~1.00	0.18~0.25	—
S31603	022Cr17Ni12Mo2[①]	0.030	0.75	2.00	0.045	0.030	10.00~14.00	16.00~18.00	2.00~3.00	—	0.10	—
S31608	06Cr17Ni12Mo2[①]	0.08	0.75	2.00	0.045	0.030	10.00~14.00	16.00~18.00	2.00~3.00	—	0.10	—
S31609	07Cr17Ni12Mo2[①]	0.04~0.10	0.75	2.00	0.045	0.030	10.00~14.00	16.00~18.00	2.00~3.00	—	—	—
S31653	022Cr17Ni12Mo2N[①]	0.030	0.75	2.00	0.045	0.030	10.00~14.00	16.00~18.00	2.00~3.00	—	0.10~0.16	—
S31658	06Cr17Ni12Mo2N[①]	0.08	0.75	2.00	0.045	0.030	10.00~14.00	16.00~18.00	2.00~3.00	—	0.10~0.16	—
S31668	06Cr17Ni12Mo2Ti[①]	0.08	0.75	2.00	0.045	0.030	10.00~14.00	16.00~18.00	2.00~3.00	—	—	Ti≥5×C
S31678	06Cr17Ni12Mo2Nb[①]	0.08	0.75	2.00	0.045	0.030	10.00~14.00	16.00~18.00	2.00~3.00	—	0.10	Nb10×C~1.10
S31688	06Cr18Ni12Mo2Cu2	0.08	1.00	2.00	0.045	0.030	10.00~14.00	17.00~19.00	1.20~2.75	1.00~2.50	—	—
S31703	022Cr19Ni13Mo3[①]	0.030	0.75	2.00	0.045	0.030	11.00~15.00	18.00~20.00	3.00~4.00	—	0.10	—
S31708	06Cr19Ni13Mo3[①]	0.08	0.75	2.00	0.045	0.030	11.00~15.00	18.00~20.00	3.00~4.00	—	0.10	—
S31723	022Cr19Ni16Mo5N[①]	0.030	0.75	2.00	0.045	0.030	13.50~17.50	17.00~20.00	4.00~5.00	—	0.10~0.20	—

续表

统一数字代号	牌号	化学成分(质量分数)/%									
		C	Si	Mn	P	S	Ni	Cr	Mo	Cu	N	其他元素
S31753	022Cr19Ni13Mo4N[①]	0.030	0.75	2.00	0.045	0.030	11.00~15.00	18.00~20.00	3.00~4.00	—	0.10~0.22	—
S31782	015Cr21Ni26Mo5Cu2	0.020	1.00	2.00	0.045	0.035	23.00~28.00	19.00~23.00	4.00~5.00	1.00~2.00	0.10	—
S32168	06Cr18Ni11Ti[①]	0.08	0.75	2.00	0.045	0.030	9.00~12.00	17.00~19.00	—	—	0.10	Ti≥5×C
S32169	07Cr19Ni11Ti[①]	0.04~0.10	0.75	2.00	0.045	0.030	9.00~12.00	17.00~19.00	—	—	—	Ti4×(C+N)~0.70
S32652	015Cr24Ni22Mo8Mn3CuN	0.020	0.50	2.00~4.00	0.030	0.005	21.00~23.00	24.00~25.00	7.00~8.00	0.30~0.60	0.45~0.55	—
S34553	022Cr24Ni17Mo5Mn6NbN	0.030	1.00	5.00~7.00	0.030	0.010	16.00~18.00	23.00~25.00	4.00~5.00	—	0.40~0.60	Nb0.10
S34778	06Cr18Ni11Nb[①]	0.08	0.75	2.00	0.045	0.030	9.00~13.00	17.00~19.00	—	—	—	Nb10×C~1.00
S34779	07Cr18Ni11Nb[①]	0.04~0.10	0.75	2.00	0.045	0.030	9.00~13.00	17.00~19.00	—	—	—	Nb8×C~1.00
S38367	022Cr21Ni25Mo7N	0.030	1.00	2.00	0.040	0.030	23.50~25.50	20.00~22.00	6.00~7.00	0.75	0.18~0.25	—
S38926	015Cr20Ni25Mo7CuN	0.020	0.50	2.00	0.030	0.010	24.00~26.00	19.00~21.00	6.00~7.00	0.50~1.50	0.15~0.25	—
奥氏体-铁素体型												
S21860	14Cr18Ni11Si4AlTi	0.10~0.18	3.40~4.00	0.80	0.035	0.030	10.00~12.00	17.50~19.50	—	—	—	Ti0.40~0.70, Al0.10~0.30
S21953	022Cr19Ni5Mo3Si2N	0.030	1.30~2.00	1.00~2.00	0.030	0.030	4.50~5.50	18.00~19.50	2.50~3.00	—	0.05~0.10	—
S22053	022Cr23Ni5Mo3N	0.030	1.00	2.00	0.030	0.020	4.50~6.50	22.00~23.00	3.00~3.50	—	0.14~0.20	—
S22152	022Cr21Mn5Ni2N	0.030	1.00	4.00~6.00	0.040	0.030	1.00~3.00	19.50~21.50	0.60	1.00	0.05~0.17	—
S22153	022Cr21Ni3Mo2N	0.030	1.00	2.00	0.030	0.020	3.00~4.00	19.50~22.50	1.50~2.00	—	0.14~0.20	—
S22160	12Cr21Ni5Ti	0.09~0.14	0.80	0.80	0.035	0.030	4.80~5.80	20.00~22.00	—	—	—	Ti5×(C−0.02)~0.80
S22193	022Cr21Mn3Ni3Mo2N	0.030	1.00	2.00~4.00	0.040	0.030	2.00~4.00	19.00~22.00	1.00~2.00	—	0.14~0.20	—
S22253	022Cr22Mn3Ni2MoN	0.030	1.00	2.00~3.00	0.040	0.020	1.00~2.00	20.50~23.50	0.10~1.00	0.50	0.15~0.27	—
S22293	022Cr22Ni5Mo3N	0.030	1.00	2.00	0.030	0.020	4.50~6.50	21.00~23.00	2.50~3.50	—	0.08~0.20	—
S22294	03Cr22Mn5Ni2MoCuN	0.04	1.00	4.00~6.00	0.040	0.030	1.35~1.70	21.00~22.00	0.10~0.80	0.10~0.80	0.20~0.25	—
S22353	022Cr23Ni2N	0.030	1.00	2.00	0.040	0.010	1.00~2.80	21.50~24.00	0.45	—	0.18~0.26	—
S22493	022Cr24Ni4Mn3Mo2CuN	0.030	0.70	2.50~4.00	0.035	0.005	3.00~4.50	23.00~25.00	1.00~2.00	0.10~0.80	0.20~0.30	—
S22553	022Cr25Ni6Mo2N	0.030	1.00	2.00	0.030	0.030	5.50~6.50	24.00~26.00	1.50~2.50	—	0.10~0.20	—
S23043	022Cr23Ni4MoCuN[①]	0.030	1.00	2.50	0.040	0.030	3.00~5.50	21.50~24.50	0.05~0.60	0.05~0.60	0.05~0.20	—
S25073	022Cr25Ni7Mo4N	0.030	0.80	1.20	0.035	0.020	6.00~8.00	24.00~26.00	3.00~5.00	0.50	0.24~0.32	—
S25554	03Cr25Ni6Mo3Cu2N	0.04	1.00	1.50	0.040	0.030	4.50~6.50	24.00~27.00	2.90~3.90	1.50~2.50	0.10~0.25	—
S27603	022Cr25Ni7Mo4WCuN[①]	0.030	1.00	1.00	0.030	0.010	6.00~8.00	24.00~26.00	3.00~4.00	0.50~1.00	0.20~0.30	W0.50~1.00

续表

统一数字代号	牌号	化学成分(质量分数)/%										
		C	Si	Mn	P	S	Ni	Cr	Mo	Cu	N	其他元素
铁素体型												
S11163	022Cr11Ti	0.030	1.00	1.00	0.040	0.020	0.60	10.50~11.75	—	—	0.030	Ti0.15~0.50 且 Ti≥8×(C+N),Nb0.10
S11173	022Cr11NbTi	0.030	1.00	1.00	0.040	0.020	0.60	10.50~11.70	—	—	0.030	(Ti+Nb)8×(C+N)+0.08~0.75,Ti≥0.05
S11203	022Cr12	0.030	1.00	1.00	0.040	0.030	0.60	11.00~13.50	—	—	—	—
S11213	022Cr12Ni	0.030	1.00	1.50	0.040	0.015	0.30~1.00	10.50~12.50	—	—	0.030	—
S11348	06Cr13Al	0.08	1.00	1.00	0.040	0.030	0.60	11.50~14.50	—	—	—	Al0.10~0.30
S11510	10Cr15	0.12	1.00	1.00	0.040	0.030	0.60	14.00~16.00	—	—	—	—
S11573	022Cr15NbTi	0.030	1.20	1.20	0.040	0.030	0.60	14.00~16.00	0.50	—	0.030	(Ti+Nb)0.30~0.80
S11710	10Cr17①	0.12	1.00	1.00	0.040	0.030	0.75	16.00~18.00	—	—	—	—
S11763	022Cr17NbTi①	0.030	0.75	1.00	0.035	0.030	—	16.00~19.00	—	—	—	(Ti+Nb)0.10~1.00
S11790	10Cr17Mo	0.12	1.00	1.00	0.040	0.030	—	16.00~18.00	0.75~1.25	—	—	—
S11862	019Cr18MoTi①	0.025	1.00	1.00	0.040	0.030	—	16.00~19.00	0.75~1.50	—	0.025	Ti、Nb、Zr 或其组合:8×(C+N)~0.80
S11863	022Cr18Ti	0.030	1.00	1.00	0.040	0.030	0.50	17.00~19.00	—	—	0.030	Ti[0.20+4×(C+N)]~1.10,Al0.15
S11873	022Cr18Nb	0.030	1.00	1.00	0.040	0.015	—	17.50~18.50	—	—	—	Ti0.10~0.60,Nb≥0.30+3×C
S11882	019Cr18CuNb	0.025	1.00	1.00	0.040	0.030	0.60	16.00~20.00	—	0.30~0.80	0.025	Nb8×(C±N)~0.8
S11972	019Cr19Mo2NbTi	0.025	1.00	1.00	0.040	0.030	1.00	17.50~19.50	1.75~2.50	—	0.035	(Ti+Nb)[0.20+4×(C+N)]~0.80
S11973	022Cr18NbTi	0.030	1.00	1.00	0.040	0.030	0.50	17.00~19.00	—	—	0.030	(Ti+Nb)[0.20+4×(C+N)]~0.75,Al0.15
S12182	019Cr21CuTi	0.025	1.00	1.00	0.030	0.030	—	20.50~23.00	—	0.30~0.80	0.025	Ti、Nb、Zr 或其组合:8×(C+N)~0.80
S12361	019Cr23Mo2Ti	0.025	1.00	1.00	0.040	0.030	—	21.00~24.00	1.50~2.50	0.60	0.025	Ti、Nb、Zr 或其组合:8×(C+N)~0.80
S12362	019Cr23MoTi	0.025	1.00	1.00	0.040	0.030	—	21.00~24.00	0.70~1.50	0.60	0.025	Ti、Nb、Zr 或其组合:8×(C+N)~0.80

续表

统一数字代号	牌号	化学成分(质量分数)/%									
		C	Si	Mn	P	S	Ni	Cr	Mo	Cu	N	其他元素
S12763	022Cr27Ni2Mo4NbTi	0.030	1.00	1.00	0.040	0.030	1.00~3.50	25.00~28.00	3.00~4.00	—	0.040	(Ti+Nb)0.20~1.00 且 (Ti+Nb)≥6×(C+N)
S12791	008Cr27Mo①	0.010	0.40	0.40	0.030	0.020	—	25.00~27.50	0.75~1.50	—	0.015	(Ni+Cu)≤0.50
S12963	022Cr29Mo4NbTi	0.030	1.00	1.00	0.040	0.030	1.00	28.00~30.00	3.60~4.20	—	0.045	(Ti+Nb)0.20~1.00 且 (Ti+Nb)≥6×(C+N)
S13091	008Cr30Mo2①,②	0.010	0.40	0.40	0.030	0.020	0.50	28.50~32.00	1.50~2.50	0.20	0.015	(Ni+Cu)≤0.50
马氏体型												
S40310	12Cr12	0.15	0.50	1.00	0.040	0.030	0.60	11.50~13.00	—	—	—	—
S41008	06Cr13	0.08	1.00	1.00	0.040	0.030	0.60	11.50~13.50	—	—	—	—
S41010	12Cr13	0.15	1.00	1.00	0.040	0.030	0.60	11.50~13.50	—	—	—	—
S41595	04Cr13Ni5Mo	0.05	0.60	0.50~1.00	0.030	0.030	3.50~5.50	11.50~14.00	0.50~1.00	—	—	—
S42020	20Cr13	0.16~0.25	1.00	1.00	0.040	0.030	0.60	12.00~14.00	—	—	—	—
S42030	30Cr13	0.26~0.35	1.00	1.00	0.040	0.030	0.60	12.00~14.00	—	—	—	—
S42040	40Cr13①	0.36~0.45	0.80	0.80	0.040	0.030	0.60	12.00~14.00	—	—	—	—
S43120	17Cr16Ni2①	0.12~0.20	1.00	1.00	0.025	0.015	2.00~3.00	15.00~18.00	—	—	—	—
S44070	68Cr17	0.60~0.75	1.00	1.00	0.040	0.030	0.60	16.00~18.00	0.75	—	—	—
S46050	50Cr15MoV	0.45~0.55	1.00	1.00	0.040	0.015	—	14.00~15.00	0.50~0.80	—	—	V0.10~0.20
沉淀硬化型												
S51380	04Cr13Ni8Mo2Al①	0.05	0.10	0.20	0.010	0.008	7.50~8.50	12.30~13.25	2.00~2.50	—	0.01	Al0.90~1.35
S51290	022Cr12Ni9Cu2NbTi①	0.05	0.50	0.50	0.040	0.030	7.50~9.50	11.00~12.50	0.50	1.50~2.50	—	Ti0.80~1.40, (Nb+Ta)0.10~0.50
S51770	07Cr17Ni7Al	0.09	1.00	1.00	0.040	0.030	6.50~7.75	16.00~18.00	—	—	—	Al0.75~1.50
S51570	07Cr15Ni7Mo2Al	0.09	1.00	1.00	0.040	0.030	6.50~7.75	14.00~16.00	2.00~3.00	—	—	Al0.75~1.50
S51750	09Cr17Ni5Mo3N①	0.07~0.11	0.50	0.50~1.25	0.040	0.030	4.00~5.00	16.00~17.00	2.50~3.20	—	0.07~0.13	—
S51778	06Cr17Ni7AlTi	0.08	1.00	1.00	0.040	0.030	6.00~7.50	16.00~17.50	—	—	—	Al0.40,Ti0.40~1.20

① 为相对于 GB/T 20878—2007 调整化学成分的牌号。

② 可含有 V、Ti、Nb 中的一种或几种元素。

注：表中所列成分除标明范围或最小值的外，其余均为最大值。

第3篇

表 3-2-53　　不锈钢板和钢带的力学性能

统一数字代号	牌号	$R_{p0.2}$ /MPa	R_m /MPa	A[①] /%	硬度值		
		≥			HBW ≤	HRB ≤	HV ≤
经固溶处理的奥氏体型钢板和钢带							
S30103	022Cr17Ni7	220	550	45	241	100	242
S30110	12Cr17Ni7	205	515	40	217	95	220
S30153	022Cr17Ni7N	240	550	45	241	100	242
S30210	12Cr18Ni9	205	515	40	201	92	210
S30240	12Cr18Ni9Si3	205	515	40	217	95	220
S30403	022Cr19Ni10	180	485	40	201	92	210
S30408	06Cr19Ni10	205	515	40	201	92	210
S30409	07Cr19Ni10	205	515	40	201	92	210
S30450	05Cr19Ni10Si2CeN	290	600	40	217	95	220
S30453	022Cr19Ni10N	205	515	40	217	95	220
S30458	06Cr19Ni10N	240	550	30	217	95	220
S30478	06Cr19Ni9NbN	345	620	30	241	100	242
S30510	10Cr18Ni12	170	485	40	183	88	200
S30859	08Cr21Ni11Si2CeN	310	600	40	217	95	220
S30908	06Cr23Ni13	205	515	40	217	95	220
S31008	06Cr25Ni20	205	515	40	217	95	220
S31053	022Cr25Ni22Mo2N	270	580	25	217	95	220
S31252	015Cr20Ni18Mo6CuN	310	690	35	223	96	225
S31603	022Cr17Ni12Mo2	180	485	40	217	95	220
S31608	06Cr17Ni12Mo2	205	515	40	217	95	220
S31609	07Cr17Ni12Mo2	205	515	40	217	95	220
S31653	022Cr17Ni12Mo2N	205	515	40	217	95	220
S31658	06Cr17Ni12Mo2N	240	550	35	217	95	220
S31668	06Cr17Ni12Mo2Ti	205	515	40	217	95	220
S31678	06Cr17Ni12Mo2Nb	205	515	30	217	95	220
S31688	06Cr18Ni12Mo2Cu2	205	520	40	187	90	200
S31703	022Cr19Ni13Mo3	205	515	40	217	95	220
S31708	06Cr19Ni13Mo3	205	515	35	217	95	220
S31723	022Cr19Ni16Mo5N	240	550	40	223	96	225
S31753	022Cr19Ni13Mo4N	240	550	40	217	95	220
S31782	015Cr21Ni26Mo5Cu2	220	490	35	—	90	200
S32168	06Cr18Ni11Ti	205	515	40	217	95	220
S32169	07Cr19Ni11Ti	205	515	40	217	95	220
S32652	015Cr24Ni22Mo8Mn3CuN	430	750	40	250	—	252
S34553	022Cr24Ni17Mo5Mn6NbN	415	795	35	241	100	242
S34778	06Cr18Ni11Nb	205	515	40	201	92	210
S34779	07Cr18Ni11Nb	205	515	40	201	92	210
S38367	022Cr21Ni25Mo7N	310	690	30	—	100	258
S38926	015Cr20Ni25Mo7CuN	295	650	35	—	—	—

统一数字代号	牌号	$R_{p0.2}$ /MPa	R_m /MPa	A[①] /%	硬度值	
		≥			HBW ≤	HRC ≤
经固溶处理的奥氏体-铁素体型钢板和钢带						
S21860	14Cr18Ni11Si4AlTi	—	715	25	—	—
S21953	022Cr19Ni5Mo3Si2N	440	630	25	290	31
S22053	022Cr23Ni5Mo3N	450	655	25	293	31
S22152	022Cr21Mn5Ni2N	450	620	25	—	25

续表

统一数字代号	牌号	$R_{p0.2}$	R_m	A[①]	硬度值	
		/MPa		/%	HBW	HRC
		≥			≤	
S22153	022Cr21Ni3Mo2N	450	655	25	293	31
S22160	12Cr21Ni5Ti	—	635	20	—	—
S22193	022Cr21Mn3Ni3Mo2N	450	620	25	293	31
S22253	022Cr22Mn3Ni2MoN	450	655	30	293	31
S22293	022Cr22Ni5Mo3N	450	620	25	293	31
S22294	03Cr22Mn5Ni2MoCuN	450	650	30	290	—
S22353	022Cr23Ni2N	450	650	30	290	—
S22493	022Cr24Ni4Mn3Mo2CuN	540	740	25	290	—
S22553	022Cr25Ni6Mo2N	450	640	25	295	31
S23043	022Cr23Ni4MoCuN	400	600	25	290	31
S25073	022Cr25Ni7Mo4N	550	795	15	310	32
S25554	03Cr25Ni6Mo3Cu2N	550	760	15	302	32
S27603	022Cr25Ni7Mo4WCuN	550	750	25	270	—

统一数字代号	牌号	钢材厚度/mm	$R_{p0.2}$	R_m	A[①]	硬度值		弯曲性能	
			/MPa		/%	HRC	HBW	钢材厚度/mm	180°弯曲试验[③]
			≤		≥	≤			
经固溶处理的沉淀硬化型钢板和钢带									
S51380	04Cr13Ni8Mo2Al	冷轧 0.10~<8.0 热轧 2.0~102	— —	— —	— —	38 38	363 363	—	—
S51290	022Cr12Ni9Cu2NbTi	冷轧 0.30~8.0 热轧 2.0~102	1105 1105	1205 1205	3 3	36 36	331 331	冷轧 0.10~5.0 热轧 2.0~5.0	$D=6a$ $D=6a$
S51770	07Cr17Ni7Al	冷轧 0.10~<0.30 冷轧 0.30~8.0 热轧 2.0~102	450 380 380	1035 1035 1035	— 20 20	— 92[②] 92[②]	— — —	冷轧 0.10~<5.0 冷轧 5.0~7.0 热轧 2.0~<5.0 热轧 5.0~7.0	$D=a$ $D=3a$ $D=a$ $D=3a$
S51570	07Cr15Ni7Mo2Al	冷轧 0.10~<8.0 热轧 2.0~102	450 450	1035 1035	25 25	100[②] 100[②]	— —	冷轧 0.10~<5.0 冷轧 5.0~7.0 热轧 2.0~<5.0 热轧 5.0~7.0	$D=a$ $D=3a$ $D=a$ $D=3a$
S51750	09Cr17Ni5Mo3N	冷轧 0.10~<0.30 冷轧 0.30~8.0 热轧 2.0~102	585 585 585	1380 1380 1380	8 12 12	30 30 30	— — —	冷轧 0.10~5.0 热轧 2.0~5.0	$D=2a$ $D=2a$
S51778	06Cr17Ni7AlTi	冷轧 0.10~<1.50 冷轧 1.50~8.0 热轧 2.0~102	515 515 515	825 825 825	4 5 5	32 32 32	— — —	—	—

统一数字代号	牌号	钢材厚度/mm		处理温度[④]/℃	$R_{p0.2}$	R_m	A[①,⑤]	硬度值	
					/MPa		/%	HRC	HBW
					≥				
经时效处理后的沉淀硬化型钢板和钢带									
S51380	04Cr13Ni8Mo2Al	冷轧	0.10~<0.50 0.50~<5.0 5.0~8.0	510±6	1410 1410 1410	1515 1515 1515	6 8 10	45 45 45	— — —
		热轧	2~<5 5~<16 16~100	510±5	1410 1410 1410	1515 1515 1515	8 10 10	45 45 45	— — 429
		冷轧	0.10~<0.50 0.50~<5.0 5.0~8.0	538±6	1310 1310 1310	1380 1380 1380	6 8 10	43 43 43	— — —

续表

统一数字代号	牌号	钢材厚度/mm		处理温度④/℃	$R_{p0.2}$	R_m	A①,⑤	硬度值	
					/MPa		/%	HRC	HBW
					≥				
S51380	04Cr13Ni8Mo2Al	热轧	2~<5	540±5	1310	1380	8	43	—
			5~<16		1310	1380	10	43	—
			16~100		1310	1380	10	43	401
S51290	022Cr12Ni9Cu2NbTi	冷轧	0.10~<0.50	510±6 或 482±6	1410	1525	—	44	—
			0.50~<1.50		1410	1525	3	44	—
			1.50~8.0		1410	1525	4	44	—
		热轧	≥2	510±5 或 480±6	1410	1525	4	44	—
S51770	07Cr17Ni7Al	冷轧	0.10~<0.30	760±15 15±3 566±6	1035	1240	3	38	—
			0.30~<5.0		1035	1240	5	38	—
			5.0~8.0		965	1170	7	38	352
		热轧	2~<5		1035	1240	6	38	—
			5~16		965	1170	7	38	352
		冷轧	0.10~<0.30	954±8 −73±6 510±6	1310	1450	1	44	—
			0.30~<5.0		1310	1450	3	44	—
			5.0~8.0		1240	1380	6	43	401
		热轧	2~<5		1310	1450	4	44	—
			5~16		1240	1380	6	43	401
S51570	07Cr15Ni7Mo2Al	冷轧	0.10~<0.30	760±15 15±3 566±6	1170	1310	3	40	—
			0.30~<5.0		1170	1310	5	40	—
			5.0~8.0		1170	1310	4	40	375
		热轧	2~<5		1170	1310	5	40	—
			5~16		1170	1310	4	40	375
		冷轧	0.10~<0.30	954±8 −73±6 510±6	1380	1550	2	46	—
			0.30~<5.0		1380	1550	4	46	—
			5.0~8.0		1380	1550	4	45	429
		热轧	2~<5		1380	1550	4	46	—
			5~16		1380	1550	4	45	429
		冷轧	0.10~1.2	冷轧	1205	1380	1	41	—
		冷轧	0.10~1.2	冷轧+482	1580	1655	1	46	—
S51750	09Cr17Ni5Mo3N	冷轧	0.10~<0.30	455±8	1035	1275	6	42	—
			0.30~5.0		1035	1275	8	42	42
		热轧	2~5	455±10	1035	1275	8	42	—
		冷轧	0.10~<0.30	540±8	1000	1140	6	36	—
			0.30~5.0		1000	1140	8	36	—
		热轧	2~5	540±10	1000	1140	8	36	—
S51778	06Cr17Ni7AlTi	冷轧	0.10~<0.80	510±8	1170	1310	3	39	—
			0.80~<1.50		1170	1310	4	39	—
			1.50~8.0		1170	1310	5	39	—
		热轧	2~<3	510±10	1170	1310	5	39	—
			≥3		1170	1310	8	39	363
		冷轧	0.10~<0.80	538±8	1105	1240	3	37	—
			0.80~<1.50		1105	1240	4	37	—
			1.50~8.0		1105	1240	5	37	—
		热轧	2~<3	540±10	1105	1240	5	37	—
			≥3		1105	1240	8	38	352
		冷轧	0.10~<0.80	566±8	1035	1170	3	35	—
			0.80~<1.50		1035	1170	4	35	—
			1.50~8.0		1035	1170	5	35	—
		热轧	2~<3	565±10	1035	1170	5	35	—
			≥3		1035	1170	8	36	331

续表

统一数字代号	牌号	$R_{p0.2}$ /MPa	R_m /MPa	A[1] /%	180°弯曲试验[3]	硬度值 HBW	硬度值 HRB	硬度值 HV
		≥				≤		
经退火处理的铁素体型钢板和钢带								
S11163	022Cr11Ti	170	380	20	$D=2a$	179	88	200
S11173	022Cr11NbTi	170	380	20	$D=2a$	179	88	200
S11203	022Cr12	195	360	22	$D=2a$	183	88	200
S11213	022Cr12Ni	280	450	18	—	180	88	200
S11348	06Cr13Al	170	415	20	$D=2a$	179	88	200
S11510	10Cr15	205	450	22	$D=2a$	183	89	200
S11573	022Cr15NbTi	205	450	22	$D=2a$	183	89	200
S11710	10Cr17	205	420	22	$D=2a$	183	89	200
S11763	022Cr17Ti	175	360	22	$D=2a$	183	88	200
S11790	10Cr17Mo	240	450	22	$D=2a$	183	89	200
S11862	019Cr18MoTi	245	410	20	$D=2a$	217	96	230
S11863	022Cr18Ti	205	415	22	$D=2a$	183	89	200
S11873	022Cr18Nb	250	430	18	—	180	88	200
S11882	019Cr18CuNb	205	390	22	$D=2a$	192	90	200
S11972	019Cr19Mo2NbTi	275	415	20	$D=2a$	217	96	230
S11973	022Cr18NbTi	205	415	22	$D=2a$	183	89	200
S12182	019Cr21CuTi	205	390	22	$D=2a$	192	90	200
S12361	019Cr23Mo2Ti	245	410	20	$D=2a$	217	96	230
S12362	019Cr23MoTi	245	410	20	$D=2a$	217	96	230
S12763	022Cr27Ni2Mo4NbTi	450	585	18	$D=2a$	241	100	242
S12791	008Cr27Mo	275	450	22	$D=2a$	187	90	200
S12963	022Cr29Mo4NbTi	415	550	18	$D=2a$	255	25[6]	257
S13091	008Cr30Mo2	295	450	22	$D=2a$	207	95	220
经退火处理的马氏体型钢板和钢带(17Cr16Ni2 除外)								
S40310	12Cr12	205	485	20	$D=2a$	217	96	210
S41008	06Cr13	205	415	22	$D=2a$	183	89	200
S41010	12Cr13	205	450	20	$D=2a$	217	96	210
S41595	04Cr13Ni5Mo	620	795	15	—	302	32[6]	308
S42020	20Cr13	225	520	18	—	223	97	234
S42030	30Cr13	225	540	18	—	235	99	247
S42040	40Cr13	225	590	15	—	—	—	—
S43120	17Cr16Ni2[7]	690	880~1080	12	—	262~326	—	—
		1050	1350	10	—	388	—	—
S44070	68Cr17	245	590	15	—	255	25[6]	269
S46050	50Cr15MoV	—	≤850	12	—	280	100	280

冷作硬化状态	统一数字代号	牌号	$R_{p0.2}$ /MPa	R_m /MPa	A[1] /% 厚度 <0.4mm	0.4~<0.8mm	≥0.8mm
			≥				
不同冷作硬化状态冷轧钢板和钢带							
H1/4状态	S30103	022Cr17Ni7	515	825	25	25	25
	S30110	12Cr17Ni7	515	860	25	25	25
	S30153	022Cr17Ni7N	515	825	25	25	25
	S30210	12Cr18Ni9	515	860	10	10	12
	S30403	022Cr19Ni10	515	860	8	8	10
	S30408	06Cr19Ni10	515	860	10	10	12
	S30453	022Cr19Ni10N	515	860	10	10	12
	S30458	06Cr19Ni10N	515	860	12	12	12
	S31603	022Cr17Ni12Mo2	515	860	8	8	8
	S31608	06Cr17Ni12Mo2	515	860	10	10	10
	S31658	06Cr17Ni12Mo2N	515	860	12	12	12

续表

冷作硬化状态	统一数字代号	牌号	$R_{p0.2}$	R_m	A①/%		
			/MPa		厚度		
					<0.4mm	0.4~<0.8mm	≥0.8mm
			≥				
H1/2状态	S30103	022Cr17Ni7	690	930	20	20	20
	S30110	12Cr17Ni7	760	1035	15	18	18
	S30153	022Cr17Ni7N	690	930	20	20	20
	S30210	12Cr18Ni9	760	1035	9	10	10
	S30403	022Cr19Ni10	760	1035	5	6	6
	S30408	06Cr19Ni10	760	1035	6	7	7
	S30453	022Cr19Ni10N	760	1035	6	7	7
	S30458	06Cr19Ni10N	760	1035	6	8	8
	S31603	022Cr17Ni12Mo2	760	1035	5	6	6
	S31608	06Cr17Ni12Mo2	760	1035	6	7	7
	S31658	06Cr17Ni12Mo2N	760	1035	6	8	8
H3/4状态	S30110	12Cr17Ni7	930	1205	10	12	12
	S30210	12Cr18Ni9	930	1205	5	6	6
H状态	S30110	12Cr17Ni7	965	1275	8	9	9
	S30210	12Cr18Ni9	965	1275	3	4	4
H2状态	S30110	12Cr17Ni7	1790	1860	—	—	—

① 厚度不大于3mm时使用A_{50mm}试样。
② 为HRB硬度值
③ D为弯曲压头直径，a为弯曲试样厚度。
④ 为推荐性热处理温度，供方应向需方提供推荐性热处理制度。
⑤ 适用于沿宽度方向的试验，垂直于轧制方向且平行于钢板表面。
⑥ 为HRC硬度值。
⑦ 表列为淬火、回火后的力学性能。
注：1. 对于本表中所列几种硬度试验，可根据钢板和钢带的不同尺寸和状态选择其中一种进行。
2. 厚度小于0.3mm的钢板和钢带的断后伸长率和硬度值仅供参考。
3. 本表中未列的以冷作硬化状态交货的牌号，其力学性能由供需双方协商确定，并在合同中注明。

表 3-2-54　不锈钢板及钢带的热处理制度

统一数字代号	牌号	热处理温度及冷却方式	统一数字代号	牌号	热处理温度及冷却方式
奥氏体型钢					
S30110	12Cr17Ni7	≥1040℃水冷或其他方式快冷	S31678	06Cr17Ni12Mo2Nb	≥1040℃水冷或其他方式快冷
S30103	022Cr17Ni7	≥1040℃水冷或其他方式快冷	S31658	06Cr17Ni12Mo2N	≥1040℃水冷或其他方式快冷
S30153	022Cr17Ni7N	≥1040℃水冷或其他方式快冷	S31653	022Cr17Ni12Mo2N	≥1040℃水冷或其他方式快冷
S30210	12Cr18Ni9	≥1040℃水冷或其他方式快冷	S31688	06Cr18Ni12Mo2Cu2	1010~1150℃水冷或其他方式快冷
S30240	12Cr18Ni9Si3	≥1040℃水冷或其他方式快冷			
S30408	06Cr19Ni10	≥1040℃水冷或其他方式快冷	S31782	015Cr21Ni26Mo5Cu2	1030~1180℃水冷或其他方式快冷
S30403	022Cr19Ni10	≥1040℃水冷或其他方式快冷			
S30409	07Cr19Ni10	≥1095℃水冷或其他方式快冷	S31708	06Cr19Ni13Mo3	≥1040℃水冷或其他方式快冷
S30450	05Cr19Ni10Si2CeN	≥1040℃水冷或其他方式快冷	S31703	022Cr19Ni13Mo3	≥1040℃水冷或其他方式快冷
S30458	06Cr19Ni10N	≥1040℃水冷或其他方式快冷	S31723	022Cr19Ni16Mo5N	≥1040℃水冷或其他方式快冷
S30478	06Cr19Ni9NbN	≥1040℃水冷或其他方式快冷	S31753	022Cr19Ni13Mo4N	≥1040℃水冷或其他方式快冷
S30453	022Cr19Ni10N	≥1040℃水冷或其他方式快冷	S32168	06Cr18Ni11Ti	≥1040℃水冷或其他方式快冷
S30510	10Cr18Ni12	≥1040℃水冷或其他方式快冷	S32169	07Cr19Ni11Ti	≥1095℃水冷或其他方式快冷
S30908	06Cr23Ni13	≥1040℃水冷或其他方式快冷	S32652	015Cr24Ni22Mo8Mn3CuN	≥1150℃水冷或其他方式快冷
S31008	06Cr25Ni20	≥1040℃水冷或其他方式快冷	S34553	022Cr24Ni17Mo5Mn6NbN	1120~1170℃水冷或其他方式快冷
S31053	022Cr25Ni22Mo2N	≥1040℃水冷或其他方式快冷			
S31252	015Cr20Ni18Mo6CuN	≥1150℃水冷或其他方式快冷	S34778	06Cr18Ni11Nb	≥1040℃水冷或其他方式快冷
S31608	06Cr17Ni12Mo2	≥1040℃水冷或其他方式快冷	S34779	07Cr18Ni11Nb	≥1095℃水冷或其他方式快冷
S31603	022Cr17Ni12Mo2	≥1040℃水冷或其他方式快冷	S30859	08Cr21Ni11Si2CeN	≥1040℃水冷或其他方式快冷
S31609	07Cr17Ni12Mo2	≥1040℃水冷或其他方式快冷	S38926	015Cr20Ni25Mo7CuN	≥1100℃水冷或其他方式快冷
S31668	06Cr17Ni12Mo2Ti	≥1040℃水冷或其他方式快冷	S38367	022Cr21Ni25Mo7N	≥1105℃水冷或其他方式快冷

续表

统一数字代号	牌号	热处理温度及冷却方式	统一数字代号	牌号	热处理温度及冷却方式
奥氏体-铁素体型钢					
S21860	14Cr18Ni11Si4AlTi	1000~1050℃水冷或其他方式快冷	S22553	022Cr25Ni6Mo2N	1025~1125℃水冷或其他方式快冷
S21953	022Cr19Ni5Mo3Si2N	950~1050℃水冷	S25073	022Cr25Ni7Mo4N	1050~1100℃水冷
S22160	12Cr21Ni5Ti	950~1050℃水冷或其他方式快冷	S25554	03Cr25Ni6Mo3Cu2N	1050~1100℃水冷或其他方式快冷
S22293	022Cr22Ni5Mo3N	1040~1100℃水冷或其他方式快冷	S27603	022Cr25Ni7Mo4WCuN	1050~1125℃水冷或其他方式快冷
S22053	022Cr23Ni5Mo3N	1040~1100℃水冷，除钢卷在连续退火线水冷或类似方式快冷	S22153	022Cr21Ni3Mo2N	≥1010℃水冷或其他方式快冷
			S22294	03Cr22Mn5Ni2MoCuN	≥1020℃水冷或其他方式快冷
			S22152	022Cr21Mn5Ni2N	≥1040℃水冷或其他方式快冷
S23043	022Cr23Ni4MoCuN	950~1050℃水冷或其他方式快冷	S22193	022Cr21Mn3Ni3Mo2N	≥1020℃水冷或其他方式快冷
			S22253	022Cr22Mn3Ni2N	≥1020℃水冷或其他方式快冷
S22353	022Cr23Ni2N	≥1020℃水冷或其他方式快冷	S22493	022Cr24Ni4Mn3Mo2CuN	≥1040℃水冷或其他方式快冷
铁素体型钢					
S11348	06Cr13Al	780~830℃快冷或缓冷	S12791	008Cr27Mo	900~1050℃快冷
S11163	022Cr11Ti	800~900℃快冷或缓冷	S13091	008Cr30Mo2	800~1050℃快冷
S11173	022Cr11NbTi	800~900℃快冷或缓冷	S12182	019Cr21CuTi	800~1050℃快冷
S11213	022Cr12Ni	700~820℃快冷或缓冷	S11973	022Cr18NbTi	780~950℃快冷或缓冷
S11203	022Cr12	700~820℃快冷或缓冷	S11863	022Cr18Ti	780~950℃快冷或缓冷
S11510	10Cr15	780~850℃快冷或缓冷	S12362	019Cr23MoTi	850~1050℃快冷
S11710	10Cr17	780~800℃空冷	S12361	019Cr23Mo2Ti	850~1050℃快冷
S11763	022Cr17NbTi	780~950℃快冷或缓冷	S12763	022Cr27Ni2Mo4NbTi	950~1150℃快冷
S11790	10Cr17Mo	780~850℃快冷或缓冷	S12963	022Cr29Mo4NbTi	950~1150℃快冷
S11862	019Cr18MoTi	800~1050℃快冷	S11573	022Cr15NbTi	780~1050℃快冷或缓冷
S11873	022Cr18Nb	800~1050℃快冷	S11882	019Cr18CuNb	800~1050℃快冷
S11972	019Cr19Mo2NbTi	800~1050℃快冷		—	

马氏体型钢

统一数字代号	牌号	退火处理	淬火	回火
S40310	12Cr12	约750℃快冷或800~900℃缓冷	—	—
S41008	06Cr13	约750℃快冷或800~900℃缓冷	—	—
S41010	12Cr13	约750℃快冷或800~900℃缓冷	—	—
S41595	04Cr13Ni5Mo	—	—	—
S42020	20Cr13	约750℃快冷或800~900℃缓冷	—	—
S42030	30Cr13	约750℃快冷或800~900℃缓冷	980~1040℃快冷	150~400℃空冷
S42040	40Cr13	约750℃快冷或800~900℃缓冷	1050~1100℃油冷	200~300℃空冷
S43120	17Cr16Ni2	—	1010±10℃油冷	605±5℃空冷
		—	1000~1030℃油冷	300~380℃空冷
S44070	68Cr17	约750℃快冷或800~900℃缓冷	1010~1070℃快冷	150~400℃空冷
S46050	50Cr15MoV	770~830℃缓冷	—	—

沉淀硬化型钢

统一数字代号	牌号	固溶处理	沉淀硬化处理
S51380	04Cr13Ni8Mo2Al	927℃±15℃，按要求冷却至60℃以下	510℃±6℃，保温4h，空冷
			538℃±6℃，保温4h，空冷
S51290	022Cr12Ni9Cu2NbTi	829℃±15℃，水冷	480℃±6℃，保温4h，空冷
			510℃±6℃，保温4h，空冷
S51770	07Cr17Ni7Al	1065℃±15℃，水冷	954℃±8℃保温10min，快冷至室温；24h内冷至-73℃±6℃，保温8h，在空气中升至室温；再加热到510℃±6℃，保温1h后空冷
			760℃±15℃保温90min，1h内冷却至15℃±3℃，保温30min；再加热至566℃±6℃，保温90min后空冷

续表

统一数字代号	牌号	固溶处理	沉淀硬化处理
S51570	07Cr15Ni7Mo2Al	1040℃±15℃，水冷	954℃±8℃保温10min，快冷至室温；24h内冷至-73℃±6℃，保温8h，在空气中升至室温；再加热到510℃±6℃，保温1h后空冷
			760℃±15℃保温90min，1h内冷却至15℃±3℃，保温30min；再加热至566℃±6℃，保温90min后空冷
S51750	09Cr17Ni5Mo3N	930℃±15℃水冷，在-75℃以下保持3h	455℃±8℃，保温3h，空冷
			540℃±8℃，保温3h，空冷
S51778	06Cr17Ni7AlTi	1038℃±15℃，空冷	510℃±8℃，保温30min，空冷
			538℃±8℃，保温30min，空冷
			566℃±8℃，保温30min，空冷

注：1. 钢板和钢带经冷轧或热轧后，可经热处理及酸洗或类似处理后交货。对于冷轧钢板和钢带，当进行光亮热处理时，可省去酸洗等处理。对于热轧钢板和钢带，如需方同意，也可省去酸洗等处理。

2. 对于冷轧钢板和钢带，根据需方要求，钢板和钢带可按不同冷作硬化状态交货。

3. 对于沉淀硬化型钢的热处理，需方应在合同中注明热处理的种类，并应说明是对钢板、钢带本身还是对试样进行热处理。对于热轧钢板和钢带，如未注明，以固溶状态交货。

表 3-2-55　不锈钢的特性和用途

类别	统一数字代号	牌号	特性和用途
奥氏体型	S30110	12Cr17Ni7	经冷加工有高的强度，用于铁道车辆，传送带螺栓螺母等
	S30103	022Cr17Ni7	是12Cr17Ni7的超低碳钢，具有良好的耐晶间腐蚀性、焊接性，用于铁道车辆
	S30153	022Cr17Ni7N	是12Cr17Ni7的超低碳含氮钢，强度高，具有良好的耐晶间腐蚀性、焊接性，用于结构件
	S30210	12Cr18Ni9	经冷加工有高的强度，但伸长率比12Cr17Ni7稍差，用于建筑装饰部件
	S30240	12Cr18Ni9Si3	耐氧化性比12Cr18Ni9好，900℃以下与06Cr25Ni20具有相同的耐氧化性和强度，用于汽车排气净化装置、工业炉等高温装置部件
	S30408	06Cr19Ni10	作为不锈耐热钢使用最广泛，用于食品设备，一般化工设备，原子能工业等
	S30403	022Cr19Ni10	比06Cr19Ni10碳含量更低，耐晶间腐蚀性能优越，焊接后不进行热处理
	S30409	07Cr19Ni10	固溶态钢的塑性、韧性和冷加工性能良好，在氧化性酸、大气和水等介质中耐蚀性好，但在敏化态或焊接后有晶间腐蚀倾向，耐蚀性优于12Cr18Ni9，适于制造深冲成形部件和输酸管道、容器等
	S30450	05Cr19Ni10Si2CeN	加氮，提高钢的强度和加工硬化倾向，塑性不降低；改善钢的耐点蚀、耐晶间腐蚀性能，可承受更大的负荷，使材料的厚度减少。用于结构用强度部件
	S30458	06Cr19Ni10N	在06Cr19Ni10的基础上加氮，提高钢的强度和加工硬化倾向，塑性不降低；改善钢的耐点蚀、耐晶间腐蚀性能，使材料的厚度减少。用于有一定耐腐蚀要求，并要求较高强度和减轻重量的设备、结构部件
	S30478	06Cr19Ni9NbN	在06Cr19Ni10的基础上加氮和铌，提高钢的耐点蚀、耐晶间腐蚀性能，具有与06Cr19Ni10N相同的特性和用途
	S30453	022Cr19Ni10N	06Cr19Ni10N的超低碳钢，因06Cr19Ni10N在450~900℃加热后耐晶间腐蚀性将明显下降，因此对于焊接设备构件，推荐用022Cr19Ni10N
	S30510	10Cr18Ni12	与06Cr19Ni10相比，加工硬化性低，用于手机配件、电器元件、发电机组配件等
	S30908	06Cr23Ni13	耐腐蚀性比06Cr19Ni10好，但实际上多作为耐热钢使用
	S31008	06Cr25Ni20	抗氧化性比06Cr23Ni13好，但实际上多作为耐热钢使用
	S31053	022Cr25Ni22Mo2N	钢中加氮提高钢的耐孔蚀性，且使钢具有更高的强度和稳定的奥氏体组织，适用于尿素生产中汽提塔的结构材料，性能远优于022Cr17Ni12Mo2
	S31252	015Cr20Ni18Mo6CuN	一种高性价比超级奥氏体不锈钢，较低的C含量和高Mo、高N含量，使其具有较好的耐晶间腐蚀能力、耐点腐蚀和耐缝隙腐蚀性能，主要用于海洋开发、海水淡化、热交换器、纸浆生产、烟气脱硫装置等领域
	S31608	06Cr17Ni12Mo2	在海水和其他各种介质中，耐腐蚀性比06Cr19Ni10好，主要用于耐点蚀材料
	S31603	022Cr17Ni12Mo2	为06Cr17Ni12Mo2的超低碳钢。超低碳奥氏体不锈钢对各种无机酸、碱类、盐类（如亚硫酸、硫酸、磷酸、醋酸、甲酸、氯盐、卤素、亚硫酸盐等）均有良好的耐蚀性。由于含碳量低，因此，焊接性能良好，适合于多层焊接，焊后一般不需热处理，且焊后无刀口腐蚀倾向。可用于制造合成纤维、石油化工、纺织、化肥、印染及原子能等工业设备，如塔、槽、容器、管道等

续表

类别	统一数字代号	牌　　号	特性和用途
奥氏体型	S31609	07Cr17Ni12Mo2	与06Cr17Ni12Mo2相比，该钢种的碳含量由≤0.08%调整至0.04%~0.10%，耐高温性能增加，被广泛应用于加热釜、锅炉、硬质合金传送带等
	S31668	06Cr17Ni12Mo2Ti	有良好的耐晶间腐蚀性，用于抵抗硫酸、磷酸、甲酸、乙酸的设备
	S31678	06Cr17Ni12Mo2Nb	比06Cr17Ni12Mo2具有更好的耐晶间腐蚀性
	S31658	06Cr17Ni12Mo2N	在06Cr17Ni12Mo2中加入N，提高强度，不降低塑性，使材料的使用厚度减薄。用于耐腐蚀性较好、强度较高的部件
	S31653	022Cr17Ni12Mo2N	用途与06Cr17Ni12Mo2N相同，但耐晶间腐蚀性更好
	S31688	06Cr18Ni12Mo2Cu2	耐腐蚀性、耐点蚀性比06Cr17Ni12Mo2好，用于耐硫酸材料
	S31782	015Cr21Ni26Mo5Cu2	高Mo不锈钢，全面耐硫酸、磷酸、醋酸等腐蚀，又可解决氯化物孔蚀、缝隙腐蚀和应力腐蚀问题。主要用于石化、化肥、海洋开发等的塔、槽、管、换热器等
	S31708	06Cr19Ni13Mo3	耐点蚀性比06Cr17Ni12Mo2好，用于染色设备材料等
	S31703	022Cr19Ni13Mo3	为06Cr19Ni13Mo3的超低碳钢，比06Cr19Ni13Mo3耐晶间腐蚀性好，主要用于电站冷凝管等
	S31723	022Cr19Ni16Mo5N	高Mo不锈钢，钢中含0.10%~0.20%的氮，使其耐孔蚀性能进一步提高，此钢种在硫酸、甲酸、醋酸等介质中的耐蚀性要比一般含2%~4%Mo的常用Cr-Ni钢更好
	S31753	022Cr19Ni13Mo4N	在022Cr19Ni13Mo3中添加氮，具有高强度、高耐蚀性，用于罐箱、容器等
	S32168	06Cr18Ni11Ti	添加钛提高耐晶间腐蚀性，不推荐作装饰部件
	S32169	07Cr19Ni11Ti	与06Cr18Ni11Ti相比，该钢种的碳含量由≤0.08%调整至0.04%~0.10%，耐高温性能增强，可用于锅炉行业
	S32652	015Cr24Ni22Mo8Mn3CuN	属于超级奥氏体不锈钢，高Mo、高N、高Cr使其具有优异的耐点蚀、耐缝隙腐蚀性能，主要用于海洋开发、海水淡化、纸浆生产、烟气脱硫装置等领域
	S34553	022Cr24Ni17Mo5Mn6NbN	这是一种高强度且耐腐蚀的超级奥氏体不锈钢，在氯化物环境中具有优良的耐点蚀和耐缝隙腐蚀性能，被推荐用于海水淡化、海上采油平台以及电厂烟气脱硫等装置
	S34778	06Cr18Ni11Nb	添加铌提高奥氏体不锈钢的稳定性。由于其良好的耐蚀性能、焊接性能，因此被广泛应用于石油化工、合成纤维、食品、造纸等行业。在热电厂和核动力工业中，用于大型锅炉过热器、再热器、蒸汽管道、轴类和各类焊接结构件
	S34779	07Cr18Ni11Nb	与06Cr18Ni11Nb相比，该钢种的碳含量由≤0.08%调整至0.04%~0.10%，耐高温性能增加，可用于锅炉行业
	S30859	08Cr21Ni11Si2CeN	21Cr-11Ni不锈钢的基础上，通过稀土铈和氮元素的合金化提高耐高温性能，与06Cr25Ni20相比，在优化使用性能的同时，还节约了贵重的Ni资源，主要用于锅炉行业
	S38926	015Cr20Ni25Mo7CuN	与015Cr20Ni18Mo6CuN相比，Ni含量由17.5%~18.5%提高至24.0%~26.0%，具有更好的耐应力腐蚀能力，被推荐用于海洋开发、核电装置等领域
	S38367	022Cr21Ni25Mo7N	与015Cr20Ni25Mo7CuN相比，Cr含量更高，耐点腐蚀性能更好，用于海洋开发、热交换器、核电装置等领域
奥氏体-铁素体型	S21860	14Cr18Ni11Si4AlTi	由于Si的存在，既通过$\alpha+\beta$两相强化提高强度，又使此钢在浓硝酸和发烟硝酸中形成表面氧化硅膜从而提高其耐浓硝酸腐蚀性能。用于制作抗高温浓硝酸介质的零件和设备
	S21953	022Cr19Ni5Mo3Si2N	耐应力腐蚀破裂性能良好，耐点蚀性能与022Cr17Ni14Mo2相当，具有较高强度，适用于含氯离子的环境，用于炼油、化肥、造纸、石油、化工等工业制造热交换器、冷凝器等
	S22160	12Cr21Ni5Ti	可代替06Cr18Ni11Ti，有更好的力学性能，特别是强度较高，用于航天设备等
	S22293	022Cr22Ni5Mo3N	具有高强度，良好的耐应力腐蚀、耐点蚀和焊接性能，在石化、造船、造纸、海水淡化、核电等领域具有广泛的用途
	S22053	022Cr23Ni5Mo3N	属于低合金双相不锈钢，强度高，能代替022Cr19Ni10和022Cr17Ni12Mo2，可用于锅炉和压力容器，化工厂和炼油厂的管道
	S23043	022Cr23Ni4MoCuN	具有双相组织、优异的耐应力腐蚀断裂和其他形式的耐蚀性能以及良好的焊接性，主要用于石油石化、造纸、海水淡化等行业
	S22553	022Cr25Ni6Mo2N	耐腐蚀疲劳性能远比022Cr17Ni12Mo2（尿素级）好，对低应力、低频率交变载荷条件下工作的尿素甲胺泵泵体选材有重要参考价值。主要应用于化肥、石油化工等领域，多用于制造热交换器、蒸发器等，国内主要用在尿素装置，也可用于耐海水腐蚀部件等

续表

类别	统一数字代号	牌号	特性和用途
奥氏体-铁素体型	S25554	03Cr25Ni6Mo3Cu2N	该钢具有良好的力学性能和耐局部腐蚀性能，尤其是耐磨损腐蚀性能优于一般的不锈钢。海水环境中的理想材料，适宜作舰船用的螺旋推进器、轴、潜艇密封件等，而且可应用于石油化工、天然气、纸浆、造纸等行业
	S25073	022Cr25Ni7Mo4N	是双相不锈钢中耐局部腐蚀（特别是耐点蚀）性能最好的钢，并具有高强度、耐氯化物应力腐蚀、可焊接的特点。非常适用于石化和动力工业中以河水、地下水和海水等为冷却介质的换热设备
	S27603	022Cr25Ni7Mo4WCuN	在022Cr25Ni7Mo3N钢中加入W、Cu提高Cr25型双相钢的性能，特别是耐氯化物点蚀和缝隙腐蚀性能更佳，主要用于以水（含海水、卤水）为介质的热交换设备
	S22153	022Cr21Ni3MoN	含有1.5%的Mo，与Cr、N配合提高耐腐蚀性能，其耐蚀性优于022Cr17Ni12Mo2，与022Cr19Ni13Mo3接近，是022Cr17Ni12Mo2的理想替代品。同时该钢种还具有较高的强度，可用于化学储罐、纸浆造纸、建筑屋顶、桥梁等领域
	S22294	03Cr22Mn5Ni2MoCuN	低Ni、高N含量，使其具有高强度、良好的耐腐蚀性能和焊接性能的同时，制造成本大幅度降低。该钢种具有比022Cr19Ni10更好、与022Cr17Ni12Mo2相当的耐蚀性能，是06Cr19Ni10、022Cr19Ni10理想的替代品，用于石化、造船、造纸、核电、海水淡化、建筑等领域
	S22152	022Cr21Mn5Ni2N	合金Ni、Mo含量大幅降低，并含有较高氮含量，具有高强度、良好的耐腐蚀性能和焊接性能以及较低的成本。该钢种具有与022Cr19Ni10相当的耐蚀性能，在一定范围内可替代06Cr19Ni10、022Cr19Ni10，用于建筑、交通、石化等领域
	S22193	022Cr21Mn3Ni3Mo2N	含有1%~2%的Mo以及较高的N，具有良好的耐腐蚀性能、焊接性能，同时由于以Mn、N代Ni，降低了成本。该钢种具有与022Cr17Ni12Mo2相当甚至更好的耐点蚀及耐均匀腐蚀性能，耐应力腐蚀性能也显著提高，是022Cr17Ni12Mo2的理想替代品，用于建筑、储罐、造纸、石化等领域
	S22253	022Cr22Mn3Ni2MoN	含有较高的Cr和N，材料耐点蚀和抗均匀腐蚀性高于022Cr19Ni10，与022Cr17Ni12Mo2相当，耐应力腐蚀性能显著提高，并具有良好的焊接性能，可替代022Cr19Ni10、022Cr17Ni12Mo2，用于建筑、储罐、石化、能源等领域
	S22353	022Cr23Ni2N	以较高的N代Ni，Mo含量较低，从而成本得到显著降低。由于含有约23%的Cr以及约0.2%的N，材料耐点蚀和抗均匀腐蚀性与022Cr17Ni12Mo2相当甚至更高，耐应力腐蚀性显著提高，焊接性能优良，可替代022Cr17Ni12Mo2，用于建筑、储罐、石化等领域
	S22493	022Cr24Ni4Mn3Mo2CuN	以较高的N及一定含量的Mn代Ni，Cr含量较低，从而成本得到降低。由于含有约24%的Cr以及约0.25%的N，材料耐点蚀和抗均匀腐蚀性高于022Cr17Ni12Mo2，接近022Cr19Ni13Mo3，耐应力腐蚀性显著提高，焊接性能优良，可替代022Cr17Ni12Mo20以及22Cr19Ni13Mo3，用于石化、造纸、建筑、储罐等领域
铁素体型	S11348	06Cr13Al	从高温冷却下来不产生显著硬化，主要用于制作石油化工、锅炉等行业中高温下工作的零件
	S11163	022Cr11Ti	超低碳钢，焊接性能好，用于汽车排气处理装置
	S11173	022Cr11NbTi	在钢中加入Nb+Ti细化晶粒，提高铁素体钢的耐晶间腐蚀性，改善焊后塑性，性能比022Cr11Ti更好，用于汽车排气处理装置
	S11213	022Cr12Ni	具有中等的耐蚀性、良好的强度和可焊性、较好的耐湿磨性和滑动性，主要应用于运输、交通、结构、石化和采矿等行业
	S11203	022Cr12	焊接部位弯曲性能、加工性能好，多用于集装箱行业
	S11510	10Cr15	作为10Cr17改善焊接性的钢种，用于建筑内装饰、家用电器部件
	S11710	10Cr17	耐蚀性良好的通用钢种，用于建筑内装饰、家庭用具、家用电器部件。脆性转变温度均在室温以上，而且对缺口敏感，不适于制作室温以下的承载件
	S11763	022Cr17NbTi	降低10Cr17Mo中的碳和氮，单独或复合加入Ti、Nb或Zr，使其加工性和焊接性得以改善，用于建筑内外装饰、车辆部件
	S11790	10Cr17Mo	在钢中加入Mo，提高钢的耐点蚀、耐缝隙腐蚀性及强度等，主要用于汽车排气系统，建筑内外装饰等
	S11862	019Cr18MoTi	在钢中加入Mo，提高钢的耐点蚀、耐缝隙腐蚀性及强度等
	S11873	022Cr18Nb	加入不少于0.3%的Nb和0.1%~0.6%的Ti，降低碳含量，改善加工性和焊接性能，且提高耐高温性能，用于烤箱炉管、汽车排气系统、燃气罩等领域

续表

类别	统一数字代号	牌　　号	特性和用途
铁素体型	S11972	019Cr19Mo2NbTi	Mo 含量高于 022Cr18MoTi,耐腐蚀性提高,耐应力腐蚀破裂性好,用于储水槽太阳能温水器、热交换器、食品机器、染色机械等
	S12791	008Cr27Mo	用于性能、用途、耐蚀性和软磁性与 008Cr30Mo2 类似的用途
	S13091	008Cr30Mo2	高 Cr-Mo 系,碳、氮降至极低,耐蚀性很好,耐卤离子应力腐蚀破裂、耐点蚀性好。用于制作与醋酸、乳酸等有机酸有关的设备及苛性碱设备
	S12182	019Cr21CuTi	抗腐蚀性、成形性、焊接性与 06Cr19Ni10 相当,适用于建筑内外装饰材料、电梯、家电、车辆部件、不锈钢制品、太阳能热水器等领域
	S11973	022Cr18NbTi	降低 10Cr17 中的碳,复合加入 Nb、Ti,高温性能优于 022Cr11Ti,用于车辆部件、厨房设备、建筑内外装饰等
	S11863	022Cr18Ti	降低 10Cr17 中的碳,单独加入 Ti,使其耐腐蚀性、加工性和焊接性得以改善,用于车辆部件、电梯面板、管式换热器、家电等
	S12362	019Cr23MoTi	属高 Cr 系超纯铁素体不锈钢,耐蚀性优于 019Cr21CuTi,可用于太阳能热水器内胆、水箱、洗碗机、油烟机等
	S12361	019Cr23Mo2Ti	Mo 含量高于 019Cr23Mo,耐腐蚀性进一步提高,可作为 022Cr17Ni12Mo2 的替代钢种用于管式换热器、建筑屋顶、外墙等
	S12763	022Cr27Ni2Mo4NbTi	属于超级铁素体不锈钢,具有高 Cr、高 Mo 的特点,是一种耐海水腐蚀的材料,主要用于电站凝汽器、海水淡化热交换器等行业
	S12963	022Cr29Mo4NbTi	属于超级铁素体不锈钢,但通过提高 Cr 含量提高耐腐蚀性,用途与 022Cr27Ni2Mo3 一致
	S11573	022Cr15NbTi	超低碳、氮控制,复合加入 Nb、Ti,高温性能优于 022Cr18Ti,用于车辆部件等
	S11882	019Cr18CuNb	超低碳、氮控制,添加了 Nb、Cu,属中 Cr 超纯铁素体不锈钢,具有优良的表面质量和冷加工成形性能,用于汽车及建筑的外装饰部件、家电等
马氏体型	S40310	12Cr12	具有较好的耐热性,用于制造汽轮机叶片及高应力部件
	S41008	06Cr13	比 12Cr13 的耐蚀性、加工成形性更优良的钢种
	S41010	12Cr13	具有良好的耐蚀性、机械加工性,一般用于刃具类等
	S41595	04Cr13Ni5Mo	以具有高韧性的低碳马氏体并通过镍、钼等合金元素的补充强化为主要强化手段,具有高强度和良好的韧性、可焊接性及耐磨蚀性能,适用于厚截面尺寸并且要求焊接性能良好的使用条件,如大型的水电站转轮和转轮下环等
	S42020	20Cr13	淬火状态下硬度高,耐蚀性良好,用于汽轮机叶片
	S42030	30Cr13	比 20Cr13 淬火后的硬度高,作刃具、喷嘴、阀座、阀门等
	S42040	40Cr13	比 30Cr13 淬火后的硬度高,作刃具、喷嘴、阀座、阀门等
	S43120	17Cr16Ni2	马氏体不锈钢中强度和韧性匹配较好的钢种之一,对氧化酸、大多数有机酸及有机盐类的水溶液有良好的耐蚀性,用于制造耐一定程度的硝酸、有机酸腐蚀的零件、容器和设备
	S44070	68Cr17	硬化状态下坚硬,韧性高,用于刃具、量具、轴承
	S46050	50Cr15MoV	碳含量提高至 0.5%,铬含量提高至 15%,并且添加了钼和钒元素,淬火后硬度可达 HRC56 左右,具有良好的耐蚀性、加工性和打磨性,用于刀具行业
沉淀硬化型	S51380	04Cr13Ni8Mo2Al	强度高,优良的断裂韧性,良好的横向力学性能和在海洋环境中的耐应力腐蚀性能,用于宇航、核反应堆和石油化工等领域
	S51290	022Cr12Ni9Cu2NbTi	具有良好的工艺性能,易于生产棒、丝、板、带和铸件,主要用于要求耐蚀不锈的承力部件
	S51770	07Cr17Ni7Al	添加 Al 的沉淀硬化钢种,用于弹簧、垫圈、机器部件
	S51570	07Cr15Ni7Mo2Al	在固溶状态下加工成形性能良好,易于加工,加工后经调整处理、冷处理及时效处理,所析出的镍-铝强化相使钢的室温强度可达 1400MPa 以上,并具有满足使用要求的塑韧性。由于钢中含有钼,使其耐还原性介质腐蚀的能力有所改善。广泛应用于宇航、石油化工及能源工业中的耐蚀及 400℃ 以下工作的承力构件、容器以及弹性元件
	S51750	09Cr17Ni5Mo3N	是一种在半奥氏体沉淀硬化的不锈钢,具有较高的强度和良好的韧性,适宜制作中温高强度部件
	S51778	06Cr17Ni7AlTi	具有良好的冶金和制造加工工艺性能,可用于 350℃ 以下长期服役的不锈钢结构件、容器、弹簧、膜片等

耐热钢钢板和钢带（摘自 GB/T 4238—2015）

表 3-2-56　耐热钢板和钢带的化学成分

类别	统一数字代号	牌号	化学成分(质量分数)/%									
			C	Si	Mn	P	S	Ni	Cr	Mo	N	其他
奥氏体型	S30210	12Cr18Ni9①	0.15	0.75	2.00	0.045	0.030	8.00~11.00	17.00~19.00	—	0.10	—
	S30240	12Cr18Ni9Si3	0.15	2.00~3.00	2.00	0.045	0.030	8.00~10.00	17.00~19.00	—	0.10	—
	S30408	06Cr19Ni10①	0.07	0.75	2.00	0.045	0.030	8.00~10.50	17.50~19.50	—	0.10	—
	S30409	07Cr19Ni10	0.04~0.10	0.75	2.00	0.045	0.030	8.00~10.50	18.00~20.00	—	—	—
	S30450	05Cr19Ni10Si2CeN	0.04~0.06	1.00~2.00	0.80	0.045	0.030	9.00~10.00	18.00~19.00	—	0.12~0.18	Ce0.03~0.08
	S30808	06Cr20Ni11①	0.08	0.75	2.00	0.045	0.030	10.00~12.00	19.00~21.00	—	—	—
	S30859	08Cr21Ni11Si2CeN	0.05~0.10	1.40~2.00	0.80	0.040	0.030	10.00~12.00	20.00~22.00	—	0.14~0.20	Ce0.03~0.08
	S30920	16Cr23Ni13①	0.20	0.75	2.00	0.045	0.030	12.00~15.00	22.00~24.00	—	—	—
	S30908	06Cr23Ni13①	0.08	0.75	2.00	0.045	0.030	12.00~15.00	22.00~24.00	—	—	—
	S31020	20Cr25Ni20①	0.25	1.50	2.00	0.045	0.030	19.00~22.00	24.00~26.00	—	—	—
	S31008	06Cr25Ni20	0.08	1.50	2.00	0.045	0.030	19.00~22.00	24.00~26.00	—	—	—
	S31608	06Cr17Ni12Mo2①	0.08	0.75	2.00	0.045	0.030	10.00~14.00	16.00~18.00	2.00~3.00	0.10	—
	S31609	07Cr17Ni12Mo2①	0.04~0.10	0.75	2.00	0.045	0.030	10.00~14.00	16.00~18.00	2.00~3.00	—	—
	S31708	06Cr19Ni13Mo3①	0.08	0.75	2.00	0.045	0.030	11.00~15.00	18.00~20.00	3.00~4.00	0.10	—
	S32168	06Cr18Ni11Ti①	0.08	0.75	2.00	0.045	0.030	9.00~12.00	17.00~19.00	—	—	Ti5×C~0.70
	S32169	07Cr19Ni11Ti①	0.04~0.10	0.75	2.00	0.045	0.030	9.00~12.00	17.00~19.00	—	—	Ti:4×(C+N)~0.70
	S33010	12Cr16Ni35	0.15	1.50	2.00	0.045	0.030	33.00~37.00	14.00~17.00	—	—	—
	S34778	06Cr18Ni11Nb①	0.08	0.75	2.00	0.045	0.030	9.00~13.00	17.00~19.00	—	—	Nb10×C~1.00
	S34779	07Cr18Ni11Nb①	0.04~0.10	0.75	2.00	0.045	0.030	9.00~13.00	17.00~19.00	—	—	Nb8×C~1.00
	S38240	16Cr20Ni14Si2	0.20	1.50~2.50	1.50	0.040	0.030	12.00~15.00	19.00~22.00	—	—	—
	S38340	16Cr25Ni20Si2	0.20	1.50~2.50	1.50	0.045	0.030	18.00~21.00	24.00~27.00	—	—	—

续表

类别	统一数字代号	牌号	化学成分(质量分数)/%									
			C	Si	Mn	P	S	Ni	Cr	Mo	N	其他
铁素体型	S11348	06Cr13Al	0.08	1.00	1.00	0.040	0.030	0.60	11.50~14.50	—	—	Al0.10~0.30
	S11163	022Cr11Ti①	0.030	1.00	1.00	0.040	0.020	0.60	10.50~11.70	—	0.030	Ti0.15~0.50 且 Ti≥8×(C+N), Nb0.10
	S11173	022Cr11NbTi	0.030	1.00	1.00	0.040	0.020	0.60	10.50~11.70	—	0.030	(Ti+Nb)[0.08+8×(C+N)]~0.75, Ti≥0.05
	S11710	10Cr17	0.12	1.00	1.00	0.040	0.030	0.75	16.00~18.00	—	—	—
	S12550	16Cr25N①	0.20	1.00	1.50	0.040	0.030	0.75	23.00~27.00	—	0.25	—
马氏体型	S40310	12Cr12	0.15	0.50	1.00	0.040	0.030	0.60	11.50~13.00	—	—	—
	S41010	12Cr13①	0.15	1.00	1.00	0.040	0.030	0.75	11.50~13.50	0.50	—	—
	S47220	22Cr12NiMoWV①	0.20~0.25	0.50	0.50~1.00	0.025	0.025	0.50~1.00	11.00~12.50	0.90~1.25	—	V0.20~0.30, W0.90~1.25
沉淀硬化型	S51290	022Cr12Ni9Cu2NbTi①	0.05	0.50	0.50	0.040	0.030	7.50~9.50	11.00~12.50	0.50	—	Cu1.50~2.50, Ti0.80~1.40, (Nb+Ta) 0.10~0.50
	S51740	05Cr17Ni4Cu4Nb	0.07	1.00	1.00	0.040	0.030	3.00~5.00	15.00~17.50	—	—	Cu3.00~5.00, Nb0.15~0.45
	S51770	07Cr17Ni7Al	0.09	1.00	1.00	0.040	0.030	6.50~7.75	16.00~18.00	—	—	Al0.75~1.50
	S51570	07Cr15Ni7Mo2Al	0.09	1.00	1.00	0.040	0.030	6.50~7.75	14.00~16.00	2.00~3.00	—	Al0.75~1.50
	S51778	06Cr17Ni7AlTi	0.08	1.00	1.00	0.040	0.030	6.00~7.50	16.00~17.50	—	—	Al0.40, Ti 0.40~1.20
	S51525	06Cr15Ni25Ti2MoAlVB	0.08	1.00	2.00	0.040	0.030	24.00~27.00	13.50~16.00	1.00~1.50	—	Al0.35, Ti1.90~2.35, V0.10~0.50, B0.001~0.010

① 为相对于 GB/T 20878 调整化学成分的牌号。

注：表中所列成分除标明范围或最小值的外，其余均为最大值。

表 3-2-57 **耐热钢板和钢带的力学性能**

统一数字代号	牌号	$R_{p0.2}$	R_m	A①	硬度值			弯曲试验	
		/MPa		/%	HBW	HRB	HV	弯曲角度	弯曲性能②
		≥			≤				
经固溶处理的奥氏体型耐热钢板和钢带									
S30210	12Cr18Ni9	205	515	40	201	92	210	—	—
S30240	12Cr18Ni9Si3	205	515	40	217	95	220	—	—
S30408	06Cr19Ni10	205	515	40	201	92	210	—	—
S30409	07Cr19Ni10	205	515	40	201	92	210	—	—
S30450	05Cr19Ni10Si2CeN	290	600	40	217	95	220	—	—
S30808	06Cr20Ni11	205	515	40	183	88	200	—	—
S30859	08Cr21Ni11Si2CeN	310	600	40	217	95	220	—	—
S30920	16Cr23Ni13	205	515	40	217	95	220	—	—
S30908	06Cr23Ni13	205	515	40	217	95	220	—	—
S31020	20Cr25Ni20	205	515	40	217	95	220	—	—
S31008	06Cr25Ni20	205	515	40	217	95	220	—	—
S31608	06Cr17Ni12Mo2	205	515	40	217	95	220	—	—
S31609	07Cr17Ni12Mo2	205	515	40	217	95	220	—	—
S31708	06Cr19Ni13Mo3	205	515	35	217	95	220	—	—
S32168	06Cr18Ni11Ti	205	515	40	217	95	220	—	—
S32169	07Cr19Ni11Ti	205	515	40	217	95	220	—	—
S33010	12Cr16Ni35	205	560	—	201	92	210	—	—
S34778	06Cr18Ni11Nb	205	515	40	201	92	210	—	—
S34779	07Cr18Ni11Nb	205	515	40	201	92	210	—	—
S38240	16Cr20Ni14Si2	220	540	40	217	95	220	—	—
S38340	16Cr25Ni20Si2	220	540	35	217	95	220	—	—
经退火处理的铁素体型耐热钢板和钢带									
S11348	06Cr13Al	170	415	20	179	88	200	180°	$D=2a$
S11163	022Cr11Ti	170	380	20	179	88	200	180°	$D=2a$
S11173	022Cr11NbTi	170	380	20	179	88	200	180°	$D=2a$
S11710	10Cr17	205	420	22	183	89	200	180°	$D=2a$
S12550	16Cr25N	275	510	20	201	95	210	135°	—
经退火处理的马氏体型耐热钢板和钢带									
S40310	12Cr12	205	485	25	217	88	210	180°	$D=2a$
S41010	12Cr13	205	450	20	217	96	210	180°	$D=2a$
S47220	22Cr12NiMoWV	275	510	20	200	95	210	—	$a\geq 3$mm, $D=a$

统一数字代号	牌号	钢材厚度/mm	$R_{p0.2}$	R_m	A①/%	硬度值,≤		180°弯曲试验②	
			/MPa		≥	HRC	HBW	钢材厚度/mm	弯曲性能
经固溶处理的沉淀硬化型耐热钢板和钢带									
S51290	022Cr12Ni9Cu2NbTi	0.30~100	≤1105	≤1205	3	36	331	2.0~5.0	$D=6a$
S51740	05Cr17Ni4Cu4Nb	0.4~100	≤1105	≤1255	3	38	363	—	—
S51770	07Cr17Ni7Al	0.1~<0.3 0.3~100	≤450 ≤380	≤1035 ≤1035	— 20	— 92③	— —	2.0~<5.0 5.0~7.0	$D=a$ $D=3a$
S51570	07Cr15Ni7Mo2Al	0.10~100	≤450	≤1035	25	100③	—	2.0~<5.0 5.0~7.0	$D=a$ $D=3a$
S51778	06Cr17Ni7AlTi	0.10~<0.80 0.80~<1.50 1.50~100	≤515 ≤515 ≤515	≤825 ≤825 ≤825	3 4 5	32 32 32	— — —	—	—
S51525	06Cr15Ni25Ti2MoAlVB④	<2 ≥2	— ≥590	≥725 ≥900	25 15	91③ 101③	192 248	—	—

续表

统一数字代号	牌号	钢材厚度/mm	处理温度⑤	$R_{p0.2}$	R_m	A①,⑥	硬度值	
				/MPa		/%	HRC	HBW
				≥				
经时效处理后的耐热钢板和钢带								
S51290	022Cr12Ni9Cu2NbTi	0.10~<0.75	510℃±10℃或480℃±6℃	1410	1525	—	≥44	—
		0.75~<1.50		1410	1525	3	≥44	—
		1.50~16		1410	1525	4	≥44	—
S51740	05Cr17Ni4Cu4Nb	0.1~<5.0	482℃±10℃	1170	1310	5	40~48	—
		5.0~<16		1170	1310	8	40~48	388~477
		16~100		1170	1310	10	40~48	388~477
		0.1~<5.0	496℃±10℃	1070	1170	5	38~46	—
		5.0~<16		1070	1170	8	38~47	375~477
		16~100		1070	1170	10	38~47	375~477
		0.1~<5.0	552℃±10℃	1000	1070	5	35~43	—
		5.0~<16		1000	1070	8	33~42	321~415
		16~100		1000	1070	12	33~42	321~415
		0.1~<5.0	579℃±10℃	860	1000	5	31~40	—
		5.0~<16		860	1000	9	29~38	293~375
		16~100		860	1000	13	29~38	293~375
		0.1~<5.0	593℃±10℃	790	965	5	31~40	—
		5.0~<16		790	965	10	29~38	293~375
		16~100		790	965	14	29~38	293~375
		0.1~<5.0	621℃±10℃	725	930	8	28~38	—
		5.0~<16		725	930	10	26~36	269~352
		16~100		725	930	16	26~36	269~352
S51740	05Cr17Ni4Cu4Nb	0.1~<5.0	760℃±10℃ 621℃±10℃	515	790	9	26~36	255~331
		5.0~<16		515	790	11	24~34	248~321
		16~100		515	790	18	24~34	248~321
S51770	07Cr17Ni7Al	0.05~<0.30	760℃±15℃	1035	1240	3	≥38	—
		0.30~<5.0	15℃±3℃	1035	1240	5	≥38	—
		5.0~16	566℃±6℃	965	1170	7	≥38	≥352
		0.05~<0.30	954℃±8℃	1310	1450	1	≥44	—
		0.30~<5.0	−73℃±6℃	1310	1450	3	≥44	—
		5.0~16	510℃±6℃	1240	1380	6	≥43	≥401
S51570	07Cr15Ni7Mo2Al	0.05~<0.30	760℃±15℃	1170	1310	3	≥40	—
		0.30~<5.0	15℃±3℃	1170	1310	5	≥40	—
		5.0~16	566℃±10℃	1170	1310	4	≥40	≥375
		0.05~<0.30	954℃±8℃	1380	1550	2	≥46	—
		0.30~<5.0	−73℃±6℃	1380	1550	4	≥46	—
		5.0~16	510℃±6℃	1380	1550	4	≥45	≥429
S51778	06Cr17Ni7AlTi	0.10~<0.80	510℃±8℃	1170	1310	3	≥39	—
		0.80~<1.50		1170	1310	4	≥39	—
		1.50~16		1170	1310	5	≥39	—
		0.10~<0.75	538℃±8℃	1105	1240	3	≥37	—
		0.75~<1.50		1105	1240	4	≥37	—
		1.50~16		1105	1240	5	≥37	—
		0.10~<0.75	566℃±8℃	1035	1170	3	≥35	—
		0.75~<1.50		1035	1170	4	≥35	—
		1.50~16		1035	1170	5	≥35	—
S51525	06Cr15Ni25Ti2MoAlVB	2.0~<8.0	700~760℃	590	900	15	≥101	≥248

① 厚度不大于 3mm 时使用 A_{50mm} 试样。

② D 为弯曲压头直径，a 为钢板和钢带的厚度。

③ HRB 硬度值。

④ 时效处理后的力学性能。

⑤ 表中所列为推荐性热处理温度，供方应向需方提供推荐性热处理制度。

⑥ 适用于沿宽度方向的试验，垂直于轧制方向且平行于钢板表面。

注：1. 对于表中所列几种硬度试验，可根据钢板和钢带的不同尺寸和状态选择其中一种进行。

2. 对经退火处理的铁素体和马氏体型耐热钢钢板和钢带进行弯曲试验时，其外表面不允许有目视可见的裂纹产生。

第3篇

表 3-2-58　　耐热钢板和钢带的热处理制度

统一数字代号	牌号	固溶处理	统一数字代号	牌号	固溶处理
奥氏体型					
S30210	12Cr18Ni9	≥1040℃水冷或其他方式快冷	S31708	06Cr19Ni13Mo3	≥1040℃水冷或其他方式快冷
S30240	12Cr18Ni9Si3	≥1040℃水冷或其他方式快冷	S32168	06Cr18Ni11Ti	≥1095℃水冷或其他方式快冷
S30408	06Cr19Ni10	≥1040℃水冷或其他方式快冷	S32169	07Cr19Ni11Ti	≥1040℃水冷或其他方式快冷
S30409	07Cr19Ni10	≥1040℃水冷或其他方式快冷	S33010	12Cr16Ni35	1030~1180℃快冷
S30450	05Cr19Ni10Si2CeN	1050~1100℃水冷或其他方式快冷	S34778	06Cr18Ni11Nb	≥1040℃水冷或其他方式快冷
			S34779	07Cr18Ni11Nb	≥1040℃水冷或其他方式快冷
S30808	06Cr20Ni11	≥1040℃水冷或其他方式快冷	S38240	16Cr20Ni14Si2	1060~1130℃水冷或其他方式快冷
S30920	16Cr23Ni13	≥1040℃水冷或其他方式快冷			
S30908	06Cr23Ni13	≥1040℃水冷或其他方式快冷	S38340	16Cr25Ni20Si2	1060~1130℃水冷或其他方式快冷
S31020	20Cr25Ni20	≥1040℃水冷或其他方式快冷			
S31008	06Cr25Ni20	≥1040℃水冷或其他方式快冷	S30859	08Cr21Ni11Si2CeN	1050~1100℃水冷或其他方式快冷
S31608	06Cr17Ni12Mo2	≥1040℃水冷或其他方式快冷			
S31609	07Cr17Ni12Mo2	≥1040℃水冷或其他方式快冷	—		
统一数字代号	牌号	退火处理	统一数字代号	牌号	退火处理
铁素体型					
S11348	06Cr13Al	780~830℃快冷或缓冷	S11710	10Cr17	780~850℃快冷或缓冷
S11163	022Cr11Ti	800~900℃快冷或缓冷	S12550	16Cr25N	780~880℃快冷
S11173	022Cr11NbTi	800~900℃快冷或缓冷	—		
马氏体型					
S40310	12Cr12	约750℃快冷或800~900℃缓冷	S47220	22Cr12NiMoWV	—
S41010	12Cr13	约750℃快冷或800~900℃缓冷	—		

统一数字代号	牌号	固溶处理	沉淀硬化处理
沉淀硬化型			
S51290	022Cr12Ni9Cu2NbTi	829℃±15℃，水冷	480℃±6℃，保温4h，空冷；或510℃±6℃，保温4h，空冷
S51740	05Cr17Ni4Cu4Nb	1050℃±25℃，水冷	482℃±10℃，保温1h，空冷；496℃±10℃，保温4h，空冷；552℃±10℃，保温4h，空冷；579℃±10℃，保温4h，空冷；593℃±10℃，保温4h，空冷；621℃±10℃，保温4h，空冷；760℃±10℃，保温2h，空冷，621℃±10℃，保温4h，空冷
S51770	07Cr17Ni7Al	1065℃±15℃，水冷	954℃±8℃保温10min，快冷至室温；24h内冷至-73℃±6℃，保温不小于8h，在空气中加热至室温；加热到510℃±6℃，保温1h，空冷
			760℃±15℃保温90min，1h内冷却至15℃±3℃，保温≥30min；加热至566℃±6℃，保温90min，空冷
S51570	07Cr15Ni7Mo2Al	1040℃±15℃，水冷	954℃±8℃保温10min，快冷至室温；24h内冷至-73℃±6℃，保温不小于8h，在空气中加热至室温；加热到510℃±6℃，保温1h，空冷
			760℃±15℃保温90min，1h内冷却至15℃±3℃，保温≥30min；加热至566℃±6℃，保温90min，空冷
S51778	06Cr17Ni7AlTi	1038℃±15℃，空冷	510℃±8℃，保温30min，空冷；538℃±8℃，保温30min，空冷；566℃±8℃，保温30min，空冷
S51525	06Cr15Ni25Ti2MoAlVB	885~915℃，快冷或965~995℃，快冷	700~760℃保温16h，空冷或缓冷

注：1. 钢板和钢带经冷轧或热轧后，一般经热处理及酸洗或类似处理后交货。经需方同意也可省去酸洗等处理。

2. 对于沉淀硬化型钢，需方应在合同中注明钢板和钢带或试样热处理的种类；未注明时，则以固溶状态交货。

表 3-2-59　　耐热钢的特性和用途

类别	统一数字代号	牌号	特性和用途
奥氏体型	S30210	12Cr18Ni9	有良好的耐热性及抗腐蚀性，用于焊芯、抗磁仪表、医疗器械、耐酸容器及设备衬里、输送管道等设备和零件
	S30240	12Cr18Ni9Si3	耐氧化性优于 12Cr18Ni9，在 900℃以下具有较好的抗氧化性及强度，用于汽车排气净化装置，工业炉等高温装置部件
	S30408	06Cr19Ni10	作为不锈钢、耐热钢被广泛使用于一般化工设备及原子能工业设备
	S30409	07Cr19Ni10	与 06Cr19Ni10 相比，增加碳含量，适当控制奥氏体晶粒大小（一般为 7 级或更粗），有助于改善抗高温蠕变、高温持久性能
	S30450	05Cr19Ni10Si2CeN	在 600~950℃具有较好的高温使用性能，抗氧化温度可达 1050℃
	S30808	06Cr20Ni11	常用于制造锅炉、汽轮机、动力机械、工业炉和航空、石油化工等在高温下服役的零部件
	S30920	16Cr23Ni13	用于制作炉内支架、传送带、退火炉罩、电站锅炉防磨瓦等
	S30908	06Cr23Ni13	碳含量比 16Cr23Ni13 低，焊接性能较好，用途与 16Cr23Ni13 基本相同
	S31020	20Cr25Ni20	承受 1035℃以下反复加热的抗氧化钢，用于电热管，坩埚、炉用部件、喷嘴、燃烧室
	S31008	06Cr25Ni20	碳含量比 20Cr25Ni20 低，焊接性能较好，用途与 20Cr25Ni20 基本相同
	S31608	06Cr17Ni12Mo2	高温具有优良的蠕变强度，作热交换用部件，高温耐蚀螺栓
	S31609	07Cr17Ni12Mo2	与 06Cr17Ni12Mo2 相比，增加碳含量，适当控制奥氏体晶粒大小（一般为 7 级或更粗），有助于改善抗高温蠕变、高温持久性能
	S31708	06Cr19Ni13Mo3	高温具有良好的蠕变强度，作热交换用部件
	S32168	06Cr18Ni11Ti	用于制作在 400~900℃腐蚀条件下使用的部件，高温用焊接结构部件
	S32169	07Cr18Ni11Ti	与 06Cr18Ni11Ti 相比，增加碳含量，适当控制奥氏体晶粒大小（一般为 7 级或更粗），有助于改善抗高温蠕变、高温持久性能
	S33010	12Cr16Ni35	抗渗碳、氮化性大的钢种，抗 1035℃以下反复加热，用于炉用钢料、石油裂解装置
	S34778	06Cr18Ni11Nb	用于制作在 400~900℃腐蚀条件下使用的部件、高温用焊接结构部件
	S34779	07Cr18Ni11Nb	与 06Cr18Ni11Nb 相比，增加碳含量，适当控制奥氏体晶粒大小（一般为 7 级或更粗），有助于改善抗高温蠕变、高温持久性能
	S38240	16Cr20Ni14Si2	具有高的抗氧化性，用于高温（1050℃）下的冶金电炉部件、锅炉挂件和加热炉构件
	S38340	16Cr25Ni20Si2	在 600~800℃有析出相的脆化倾向，适于作承受应力的各种炉用构件
	S30859	08Cr21Ni11Si2CeN	在 850~1100℃具有较好的高温使用性能，抗氧化温度可达 1150℃
铁素体型	S11348	06Cr13Al	用于燃气透平压缩机叶片、退火箱、淬火台架
	S11163	022Cr11Ti	添加了钛，焊接性及加工性优异，适用于汽车排气管、集装箱、热交换器等焊接后不需要热处理的情况
	S11173	022Cr11NbTi	比 022Cr11Ti 具有更好的焊接性能，可作汽车排气阀净化装置用材料
	S11710	10Cr17	适用于 900℃以下耐氧化部件、散热器、炉用部件、喷油嘴
	S12550	16Cr25N	耐高温腐蚀性强，1082℃以下不产生易剥落的氧化皮，用于燃烧室
马氏体型	S40310	12Cr12	用于汽轮机叶片以及高应力部件
	S41010	12Cr13	适用于 800℃以下耐氧化部件
	S47220	22Cr12NiMoWV	通常用来制作汽轮机叶片、轴、紧固件等
沉淀硬化型	S51290	022Cr12Ni9Cu2NbTi	适用于生产棒、丝、板、带和铸件，主要应用于要求耐蚀不锈的承力部件
	S51740	05Cr17Ni14Cu4Nb	添加铜的沉淀硬化型钢，适合轴类、汽轮机部件、胶合压板、钢带输送机用
	S51770	07Cr17Ni7Al	添加铝的沉淀硬化型钢，适用于高温弹簧、膜片、固定器、波纹管
	S51570	07Cr15Ni7Mo2Al	适用于有一定耐蚀要求的高强度容器、零件及结构件
	S51778	06Cr17Ni7AlTi	具有良好的冶金和制造加工工艺性能，可用于 350℃以下长期服役的不锈钢结构件、容器、弹簧、膜片等
	S51525	06Cr15Ni25Ti2MoAlVB	适用于耐 700℃高温的汽轮机转子、螺栓、叶片、轴

热轧花纹钢板及钢带（摘自 GB/T 33974—2017）

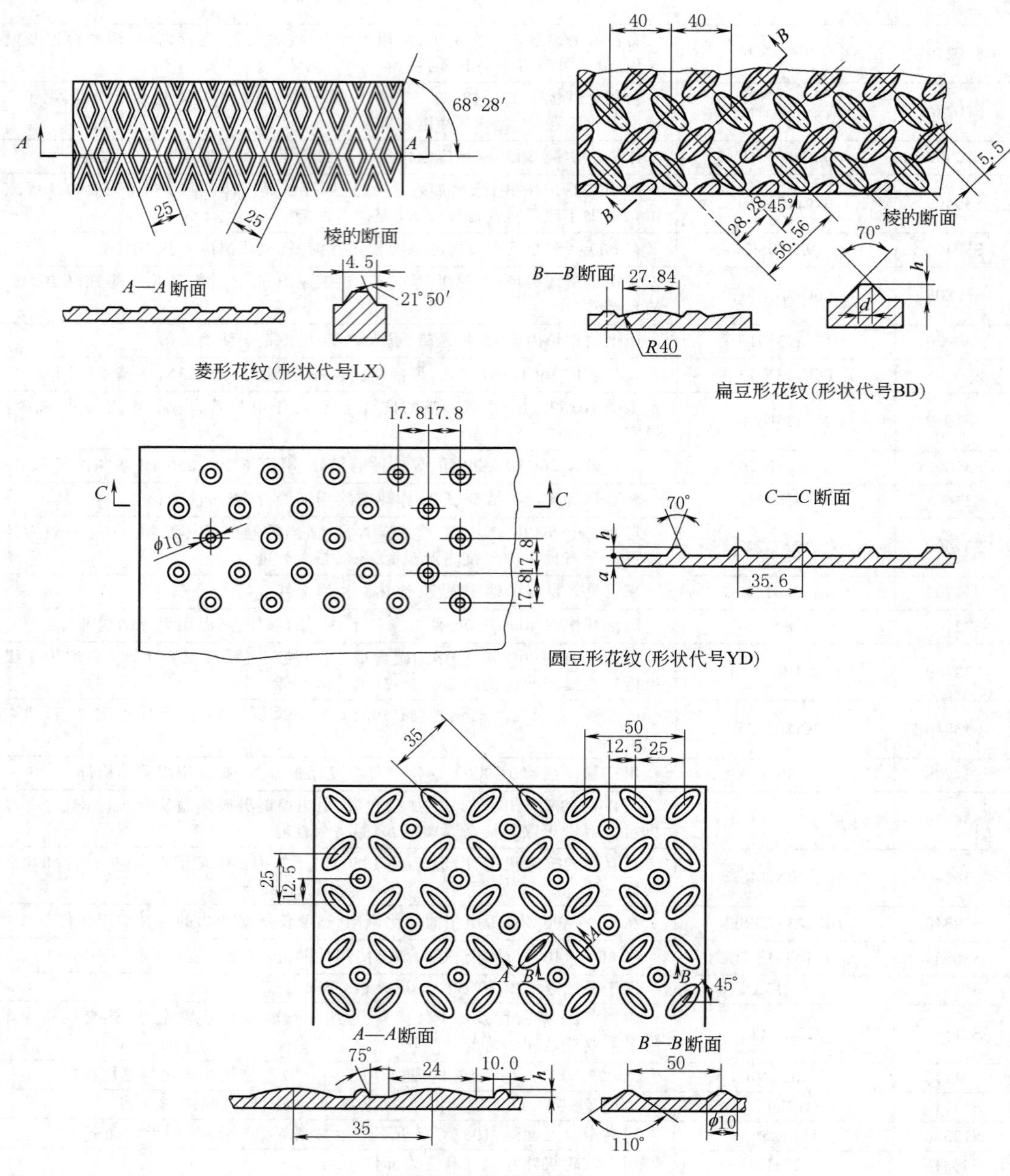

表 3-2-60　　热轧花纹钢板及钢带的尺寸、纹高和理论计重方法

基本厚度/mm	宽度/mm	长度/mm			
1.4~16.0	600~2000	钢板		2000~16000	
		钢带		—	
基本厚度/mm	纹高/mm,≥	理论重量/(kg/m²)			
		菱形	扁豆形	圆豆形	组合形
1.4	0.18	11.9	11.1	11.2	11.1
1.5	0.18	12.7	11.9	11.9	11.9

续表

基本厚度/mm	纹高/mm,≥	理论重量/(kg/m²)			
		菱形	扁豆形	圆豆形	组合形
1.6	0.20	13.6	12.8	12.7	12.8
1.8	0.25	15.4	14.4	14.4	14.4
2.0	0.28	17.1	16.2	16.0	16.1
2.5	0.30	21.1	20.1	19.9	20.0
3.0	0.40	25.6	24.6	23.9	24.3
3.5	0.50	30.0	28.8	27.9	28.4
4.0	0.60	34.4	32.8	31.9	32.4
4.5	0.60	38.3	36.7	35.9	36.4
5.0	0.60	42.2	40.7	39.8	40.3
5.5	0.70	46.6	44.9	43.8	44.4
6.0	0.70	50.5	48.8	47.7	48.4
7.0	0.70	58.4	56.7	55.6	56.2
8.0	0.90	67.1	64.9	63.6	64.4
10.0	1.00	83.2	80.8	79.3	80.2
11.0	1.00	91.1	88.7	87.2	88.0
12.0	1.00	98.9	96.5	95.0	95.9
13.0	1.00	106.8	104.4	102.9	103.7
14.0	1.00	114.6	112.2	110.7	111.6
15.0	1.00	122.5	120.1	118.6	119.4
16.0	1.00	130.3	127.9	126.4	127.3

注：1. 本标准适用于厚度为1.4~16.0mm的菱形、扁豆形、圆豆形和组合形的热轧花纹钢板及钢带。

2. 钢板及钢带花纹的尺寸、外形及其分布均为参考值，各项尺寸为生产厂加工轧辊时控制用，不作为成品钢板及钢带检查依据。

3. 花纹钢板用钢的牌号、化学成分（熔炼分析）和力学性能应符合GB/T 700（碳素结构钢）、GB/T 712（船舶及海洋工程用结构钢）、GB/T 1591（低合金高强度结构钢）和GB/T 4171（耐候结构钢）的规定。

4. 本表中的理论重量系按照此表中纹高最小值计算。

5. 钢板及钢带以热轧状态交货。

6. 钢板边缘状态代号：切边EC，不切边EM。

7. 标记示例：按本标准交货的，牌号为Q235B，尺寸为3.0mm×1250mm×2500mm，不切边扁豆形花纹钢板，其标记为：扁豆形（BD）花纹钢板Q235B-3.0×1250（EM）×2500-GB/T 33974—2017

3.2 型钢

热轧钢棒的尺寸及理论重量（摘自GB/T 702—2017）

表3-2-61 热轧钢棒的长度及允许偏差

热轧圆钢和方钢的通常长度、短尺长度及定尺或倍尺长度允许偏差				
通常长度			定尺或倍尺长度允许偏差/mm	短尺长度/mm,≥
截面公称尺寸/mm		钢棒长度/mm		
全部规格		2000~12000	+50	1500
碳素和合金工具钢	≤75	2000~12000		1000
	>75	1000~8000		500①

一般用途热轧扁钢的通常长度、短尺长度及定尺或倍尺长度允许偏差			
通常长度/mm	定尺或倍尺长度允许偏差/mm		短尺长度/mm,≥
2000~12000	≤4000	+30	1500
	>4000~6000	+50	
	>6000	+70	

续表

热轧工具钢扁钢的通常长度、短尺长度及定尺或倍尺长度允许偏差			
公称宽度/mm	通常长度/mm,≥	定尺或倍尺长度允许偏差/mm	短尺长度/mm,≥
≤50	2000	+100	1500
>50~70	2000		750
>70	1000		—

热轧六角钢和热轧八角钢的通常长度、短尺长度及定尺或倍尺长度允许偏差		
通常长度/mm	定尺或倍尺长度允许偏差/mm	短尺长度/mm,≥
2000~6000	+50	1500

① 包括高速工具钢全部规格。

注：1. 本标准适用于直径 d 为 5.5~380mm 的热轧圆钢和边长 a 为 5.5~300mm 的热轧方钢、厚度为 3~60mm，宽度为 10~200mm 的一般用途热轧扁钢、厚度为 4~100mm，宽度为 10~310mm 的热轧工具钢扁钢、对边距离 s 为 8~70mm 的热轧六角钢和对边距离 s 为 16~40mm 的热轧八角钢。

2. 短尺长度钢棒交货量不得超过该批钢棒总重量的 10%。

3. 冷拉圆钢、方钢、六角钢尺寸、外形、重量及允许偏差见标准 GB/T 905—1994。该标准适用于尺寸为 3~80mm 的冷拉圆钢、方钢、六角钢，其尺寸 d、a、s 系列为（单位：mm）：3.0、3.2、3.5、4.0、4.5、5.0、5.5、6.0、6.3、7.0、7.5、8.0、8.5、9.0、9.5、10.0、10.5、11.0、11.5、12.0、13.0、14.0、15.0、16.0、17.0、18.0、19.0、20.0、21.0、22.0、24.0、25.0、26.0、28.0、30.0、32.0、34.0、35.0、36.0、38.0、40.0、42.0、45.0、48.0、50.0、52.0、55.0、56.0、60.0、63.0、65.0、67.0、70.0、75.0、80.0。钢材通常长度为 2000~6000mm，允许交付长度不小于 1500mm 的钢材，其重量不得超过该批总重量的 10%；但高合金钢允许交付长度不小于 1000mm 的钢材，其重量不得超过该批总重量的 10%。按定尺、倍尺长度交货的钢材，其长度允许偏差不大于+50mm，并在合同中注明。

4. 锻制钢棒尺寸、外形、重量及允许偏差见标准 GB/T 908—2019。该标准适用于直径为 40~1000mm 的锻制圆钢、边长为 40~1000mm 的锻制方钢，以及厚度为 20~800mm、宽度为 40~1500mm 的扁钢。

表 3-2-62　热轧圆钢和方钢的尺寸及理论重量

圆钢公称直径 d/mm 方钢公称边长 a/mm	理论重量/(kg/m)		圆钢公称直径 d/mm 方钢公称边长 a/mm	理论重量/(kg/m)		圆钢公称直径 d/mm 方钢公称边长 a/mm	理论重量/(kg/m)	
	圆钢	方钢		圆钢	方钢		圆钢	方钢
5.5	0.187	0.237	24	3.55	4.52	55	18.7	23.7
6	0.222	0.283	25	3.85	4.91	56	19.3	24.6
6.5	0.260	0.332	26	4.17	5.31	58	20.7	26.4
7	0.302	0.385	27	4.49	5.72	60	22.2	28.3
8	0.395	0.502	28	4.83	6.15	63	24.5	31.2
9	0.499	0.636	29	5.19	6.60	65	26.0	33.2
10	0.617	0.785	30	5.55	7.07	68	28.5	36.3
11	0.746	0.950	31	5.92	7.54	70	30.2	38.5
12	0.888	1.13	32	6.31	8.04	75	34.7	44.2
13	1.04	1.33	33	6.71	8.55	80	39.5	50.2
14	1.21	1.54	34	7.13	9.07	85	44.5	56.7
15	1.39	1.77	35	7.55	9.62	90	49.9	63.6
16	1.58	2.01	36	7.99	10.2	95	55.6	70.8
17	1.78	2.27	38	8.90	11.3	100	61.7	78.5
18	2.00	2.54	40	9.86	12.6	105	68.0	86.5
19	2.23	2.83	42	10.9	13.8	110	74.6	95.0
20	2.47	3.14	45	12.5	15.9	115	81.5	104
21	2.72	3.46	48	14.2	18.1	120	88.8	113
22	2.98	3.80	50	15.4	19.6	125	96.3	123
23	3.26	4.15	53	17.3	22.1	130	104	133

续表

圆钢公称直径 d/mm 方钢公称边长 a/mm	理论重量/(kg/m)		圆钢公称直径 d/mm 方钢公称边长 a/mm	理论重量/(kg/m)		圆钢公称直径 d/mm 方钢公称边长 a/mm	理论重量/(kg/m)	
	圆钢	方钢		圆钢	方钢		圆钢	方钢
135	112	143	200	247	314	300	555	509
140	121	154	210	272	323	310	592	—
145	130	165	220	298	344	320	631	—
150	139	177	230	326	364	330	671	—
155	148	189	240	355	385	340	713	—
160	158	201	250	385	406	350	755	—
165	168	214	260	417	426	360	799	—
170	178	227	270	449	447	370	844	—
180	200	254	280	483	468	380	890	—
190	223	283	290	519	488	—		

注：本表中钢的理论重量是按密度为 7.85g/cm³ 计算。

表 3-2-63　热轧六角钢和热轧八角钢的尺寸及理论重量

对边距离 S /mm	截面面积 A/cm²		理论重量/(kg/m)		对边距离 S /mm	截面面积 A/cm²		理论重量/(kg/m)	
	六角钢	八角钢	六角钢	八角钢		六角钢	八角钢	六角钢	八角钢
8	0.5543	—	0.435	—	28	6.790	6.492	5.33	5.10
9	0.7015	—	0.551	—	30	7.794	7.452	6.12	5.85
10	0.866	—	0.68	—	32	8.868	8.479	6.96	6.66
11	1.048	—	0.823	—	34	10.011	9.572	7.86	7.51
12	1.247	—	0.979	—	36	11.223	10.73	8.81	8.42
13	1.464	—	1.05	—	38	12.505	11.96	9.82	9.39
14	1.697	—	1.33	—	40	13.86	13.25	10.88	10.40
15	1.949	—	1.53	—	42	15.28	—	11.99	—
16	2.217	2.120	1.74	1.66	45	17.54	—	13.77	—
17	2.503	—	1.96	—	48	19.95	—	15.66	—
18	2.806	2.683	2.20	2.16	50	21.65	—	17.00	—
19	3.126	—	2.45	—	53	24.33	—	19.10	—
20	3.464	3.312	2.72	2.60	56	27.16	—	21.32	—
21	3.819	—	3.00	—	58	29.13	—	22.87	—
22	4.192	4.008	3.29	3.15	60	31.18	—	24.50	—
23	4.581	—	3.60	—	63	34.37	—	26.98	—
24	4.988	—	3.92	—	65	36.59	—	28.72	—
25	5.413	5.175	4.25	4.06	68	40.04	—	31.43	—
26	5.854	—	4.60	—	70	42.43	—	33.30	—
27	6.314	—	4.96	—	—				

注：1. 本表中的理论重量按密度 7.85g/cm³ 计算。

2. 本表中截面面积（A）计算公式为：$A=\frac{1}{4}ns^2\tan\frac{\phi}{2}\times\frac{1}{100}$

六角形：$A=\frac{3}{2}s^2\tan30°\times\frac{1}{100}\approx0.866s^2\times\frac{1}{100}$

八角形：$A=2s^2\tan22°30'\times\frac{1}{100}\approx0.828s^2\times\frac{1}{100}$

式中　n——正 n 边形边数；ϕ——正 n 边形圆内角，$\phi=360°/n$。

第 3 篇

表 3-2-64　　**一般用途热轧扁钢的尺寸及理论重量**

公称宽度/mm	公称厚度/mm																								
	3	4	5	6	7	8	9	10	11	12	14	16	18	20	22	25	28	30	32	36	40	45	50	56	60
	理论重量/(kg/m)																								
10	0.24	0.31	0.39	0.47	0.55	0.63	—	—	—	—	—	—	—	—	—	—	—	—	—	—	—	—	—	—	—
12	0.28	0.38	0.47	0.57	0.66	0.75	—	—	—	—	—	—	—	—	—	—	—	—	—	—	—	—	—	—	—
14	0.33	0.44	0.55	0.66	0.77	0.88	—	—	—	—	—	—	—	—	—	—	—	—	—	—	—	—	—	—	—
16	0.38	0.50	0.63	0.75	0.88	1.00	1.15	1.26	—	—	—	—	—	—	—	—	—	—	—	—	—	—	—	—	—
18	0.42	0.57	0.71	0.85	0.99	1.13	1.27	1.41	—	—	—	—	—	—	—	—	—	—	—	—	—	—	—	—	—
20	0.47	0.63	0.78	0.94	1.10	1.26	1.41	1.57	1.73	1.88	—	—	—	—	—	—	—	—	—	—	—	—	—	—	—
22	0.52	0.69	0.86	1.04	1.21	1.38	1.55	1.73	1.90	2.07	—	—	—	—	—	—	—	—	—	—	—	—	—	—	—
25	0.59	0.78	0.98	1.18	1.37	1.57	1.77	1.96	2.16	2.36	2.75	3.14	—	—	—	—	—	—	—	—	—	—	—	—	—
28	0.66	0.88	1.10	1.32	1.54	1.76	1.98	2.20	2.42	2.64	3.08	3.53	—	—	—	—	—	—	—	—	—	—	—	—	—
30	0.71	0.94	1.18	1.41	1.65	1.88	2.12	2.36	2.59	2.83	3.30	3.77	4.24	4.71	—	—	—	—	—	—	—	—	—	—	—
32	0.75	1.00	1.26	1.51	1.76	2.01	2.26	2.55	2.76	3.01	3.52	4.02	4.52	5.02	—	—	—	—	—	—	—	—	—	—	—
35	0.82	1.10	1.37	1.65	1.92	2.20	2.47	2.75	3.02	3.30	3.85	4.40	4.95	5.50	6.04	6.87	7.69	—	—	—	—	—	—	—	—
40	0.94	1.26	1.57	1.88	2.20	2.51	2.83	3.14	3.45	3.77	4.40	5.02	5.65	6.28	6.91	7.85	8.79	—	—	—	—	—	—	—	—
45	1.06	1.41	1.77	2.12	2.47	2.83	3.18	3.53	3.89	4.24	4.95	5.65	6.36	7.07	7.77	8.83	9.89	10.60	11.30	12.72	—	—	—	—	—
50	1.18	1.57	1.96	2.36	2.75	3.14	3.53	3.93	4.32	4.71	5.50	6.28	7.06	7.85	8.64	9.81	10.99	11.78	12.56	14.13	—	—	—	—	—
55	—	1.73	2.16	2.59	3.02	3.45	3.89	4.32	4.75	5.18	6.04	6.91	7.77	8.64	9.50	10.79	12.09	12.95	13.82	15.54	—	—	—	—	—
60	—	1.88	2.36	2.83	3.30	3.77	4.24	4.71	5.18	5.65	6.59	7.54	8.48	9.42	10.36	11.78	13.19	14.13	15.07	16.96	18.84	21.20	—	—	—
65	—	2.04	2.55	3.06	3.57	4.08	4.59	5.10	5.61	6.12	7.14	8.16	9.18	10.20	11.23	12.76	14.29	15.31	16.33	18.37	20.41	22.96	—	—	—
70	—	2.20	2.75	3.30	3.85	4.40	4.95	5.50	6.04	6.59	7.69	8.79	9.89	10.99	12.09	13.74	15.39	16.49	17.58	19.78	21.98	24.73	—	—	—
75	—	2.36	2.94	3.53	4.12	4.71	5.30	5.89	6.48	7.07	8.24	9.42	10.60	11.78	12.95	14.72	16.48	17.66	18.84	21.20	23.55	26.49	—	—	—
80	—	2.51	3.14	3.77	4.40	5.02	5.65	6.28	6.91	7.54	8.79	10.05	11.30	12.56	13.82	15.70	17.58	18.84	20.10	22.61	25.12	28.26	31.40	35.17	—
85	—	—	3.34	4.00	4.67	5.34	6.01	6.67	7.34	8.01	9.34	10.68	12.01	13.34	14.68	16.68	18.68	20.02	21.35	24.02	26.69	30.03	33.36	37.37	40.04
90	—	—	3.53	4.24	4.95	5.65	6.36	7.07	7.77	8.48	9.89	11.30	12.72	14.13	15.54	17.66	19.78	21.20	22.61	25.43	28.26	31.79	35.32	39.56	42.39
95	—	—	3.73	4.47	5.22	5.97	6.71	7.46	8.20	8.95	10.44	11.93	13.42	14.92	16.41	18.64	20.88	22.37	23.86	26.85	29.83	33.56	37.29	41.76	44.74
100	—	—	3.92	4.71	5.50	6.28	7.06	7.85	8.64	9.42	10.99	12.56	14.13	15.70	17.27	19.62	21.98	23.55	25.12	28.26	31.40	35.32	39.25	43.96	47.10
105	—	—	4.12	4.95	5.77	6.59	7.42	8.24	9.07	9.89	11.54	13.19	14.84	16.48	18.13	20.61	23.08	24.73	26.38	29.67	32.97	37.09	41.21	46.16	49.46
110	—	—	4.32	5.18	6.04	6.91	7.77	8.64	9.50	10.36	12.09	13.82	15.54	17.27	19.00	21.59	24.18	25.90	27.63	31.09	34.54	38.86	43.18	48.36	51.81
120	—	—	4.71	5.65	6.59	7.54	8.48	9.42	10.36	11.30	13.19	15.07	16.96	18.84	20.72	23.55	26.38	28.26	30.14	33.91	37.68	42.39	47.10	52.75	56.52
125	—	—	—	5.89	6.87	7.85	8.83	9.81	10.79	11.78	13.74	15.70	17.66	19.62	21.58	24.53	27.48	29.44	31.40	35.32	39.25	44.16	49.06	54.95	58.88
130	—	—	—	6.12	7.14	8.16	9.18	10.20	11.23	12.25	14.29	16.33	18.37	20.41	22.45	25.51	28.57	30.62	32.66	36.74	40.82	45.92	51.02	57.15	61.23
140	—	—	—	—	7.69	8.79	9.89	10.99	12.09	13.19	15.39	17.58	19.78	21.98	24.18	27.48	30.77	32.97	35.17	39.56	43.96	49.46	54.95	61.54	65.94
150	—	—	—	—	8.24	9.42	10.60	11.78	12.95	14.13	16.48	18.84	21.20	23.55	25.90	29.44	32.97	35.32	37.68	42.39	47.10	52.99	58.88	65.94	70.65
160	—	—	—	—	8.79	10.05	11.30	12.56	13.82	15.07	17.58	20.10	22.61	25.12	27.63	31.40	35.17	37.68	40.19	45.22	50.24	56.52	62.80	70.34	75.36
180	—	—	—	—	9.89	11.30	12.72	14.13	15.54	16.96	19.78	22.61	25.43	28.26	31.09	35.32	39.56	42.39	45.22	50.87	56.52	63.58	70.65	79.13	84.78
200	—	—	—	—	10.99	12.56	14.13	15.70	17.27	18.84	21.98	25.12	28.26	31.40	34.54	39.25	43.96	47.10	50.24	56.52	62.80	70.65	78.50	87.92	94.20

注：本表中的理论重量按密度 7.85g/cm^3 计算。

表 3-2-65　　热轧工具钢扁钢的尺寸及理论重量

公称宽度/mm	公称厚度/mm																				
	4	6	8	10	13	16	18	20	23	25	28	32	36	40	45	50	56	63	71	80	90	100
	理论重量/(kg/m)																				
10	0.31	0.47	0.63	—	—	—	—	—	—	—	—	—	—	—	—	—	—	—	—	—	—
13	0.41	0.61	0.82	1.02	—	—	—	—	—	—	—	—	—	—	—	—	—	—	—	—	—
16	0.50	0.75	1.00	1.26	1.63	—	—	—	—	—	—	—	—	—	—	—	—	—	—	—	—
20	0.63	0.94	1.26	1.57	2.04	2.51	2.83	—	—	—	—	—	—	—	—	—	—	—	—	—	—
25	0.79	1.18	1.57	1.96	2.55	3.14	3.53	3.93	4.51	—	—	—	—	—	—	—	—	—	—	—	—
32	1.00	1.51	2.01	2.51	3.27	4.02	4.52	5.02	5.78	6.28	7.03	—	—	—	—	—	—	—	—	—	—
40	1.26	1.88	2.51	3.14	4.08	5.02	5.65	6.28	7.22	7.85	8.79	10.05	11.30	—	—	—	—	—	—	—	—
50	1.57	2.36	3.14	3.93	5.10	6.28	7.07	7.85	9.03	9.81	10.99	12.56	14.13	15.70	17.66	—	—	—	—	—	—
63	1.98	2.97	3.96	4.95	6.43	7.91	8.90	9.89	11.37	12.36	13.85	15.83	17.80	19.78	22.25	24.73	27.69	—	—	—	—
71	2.23	3.34	4.46	5.57	7.25	8.92	10.03	11.15	12.82	13.93	15.61	17.84	20.06	22.29	25.08	27.87	31.21	35.11	—	—	—
80	2.51	3.77	5.02	6.28	8.16	10.05	11.30	12.56	14.44	15.70	17.58	20.10	22.61	25.12	28.26	31.40	35.17	39.56	44.59	—	—
90	2.83	4.24	5.65	7.07	9.18	11.30	12.72	14.13	16.25	17.66	19.78	22.61	25.43	28.26	31.79	35.33	39.56	44.51	50.16	56.52	—	—
100	3.14	4.71	6.28	7.85	10.21	12.56	14.13	15.70	18.06	19.63	21.98	25.12	28.26	31.40	35.33	39.25	43.96	49.46	55.74	62.80	70.65	—
112	3.52	5.28	7.03	8.79	11.43	14.07	15.83	17.58	20.22	21.98	24.62	28.13	31.65	35.17	39.56	43.96	49.24	55.39	62.42	70.34	79.13	87.92
125	3.93	5.89	7.85	9.81	12.76	15.70	17.66	19.63	22.57	24.53	27.48	31.40	35.33	39.25	44.16	49.06	54.95	61.82	69.67	78.50	88.31	98.13
140	4.40	6.59	8.79	10.99	14.29	17.58	19.78	21.98	25.28	27.48	30.77	35.17	39.56	43.96	49.46	54.95	61.54	69.24	78.03	87.92	98.91	109.90
160	5.02	7.54	10.05	12.56	16.33	20.10	22.61	25.12	28.89	31.40	35.17	40.19	45.22	50.24	56.52	62.80	70.34	79.13	89.18	100.48	113.04	125.60
180	5.65	8.48	11.30	14.13	18.37	22.61	25.43	28.26	32.50	35.33	39.56	45.22	50.87	56.52	63.59	70.65	79.13	89.02	100.32	113.04	127.17	141.30
200	6.28	9.42	12.56	15.70	20.41	25.12	28.26	31.40	36.11	39.25	43.96	50.24	56.52	62.80	70.65	78.50	87.92	98.91	111.47	125.60	141.30	157.00
224	7.03	10.55	14.07	17.58	22.86	28.13	31.65	35.17	40.44	43.96	49.24	56.27	63.30	70.34	79.13	87.92	98.47	110.78	124.85	140.67	158.26	175.84
250	7.85	11.78	15.70	19.63	25.51	31.40	35.33	39.25	45.14	49.06	54.95	62.80	70.65	78.50	88.31	98.13	109.90	123.64	139.34	157.00	176.63	196.25
280	8.79	13.19	17.58	21.98	28.57	35.17	39.56	43.96	50.55	54.95	61.54	70.34	79.13	87.92	98.91	109.90	123.09	138.47	156.06	175.84	197.82	219.80
310	9.73	14.60	19.47	24.34	31.64	38.94	43.80	48.67	55.97	60.84	68.14	77.87	87.61	97.34	109.51	121.68	136.28	153.31	172.78	194.68	219.02	243.35

注：本表中的理论重量按密度 7.85g/cm^3 计算，对于高合金钢计算理论重量时，应采用相应牌号的密度进行计算。

热轧弹簧扁钢的截面形状、尺寸及允许偏差（摘自 GB/T 1222—2016）

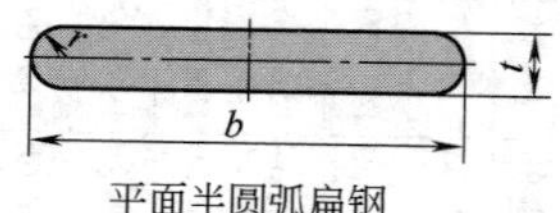

平面半圆弧扁钢

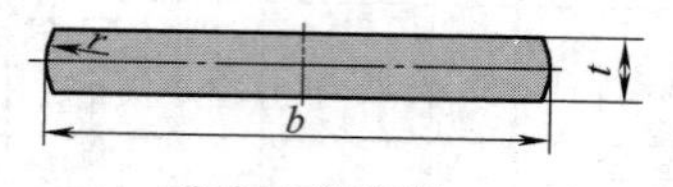

平面大圆弧扁钢

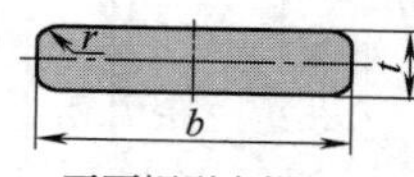

平面矩形扁钢

b——扁钢的宽度；t——扁钢的厚度；r——平面半圆弧和平面大圆弧扁钢侧面的圆弧半径、平面矩形扁钢的圆角半径（r 只在孔型上控制，不作为验收条件）。对于平面半圆弧扁钢，$r \approx 1/2t$；对于平面大圆弧扁钢，$r \approx$ 30mm；对于平面矩形扁钢，$t \leqslant 40$mm，$r \approx 8$mm；$t > 40$mm，$r \approx 12$mm。

表 3-2-66 热轧弹簧扁钢截面的公称尺寸及允许偏差

厚度 t /mm	宽度 b/mm														
	45	50	55	60	70	75	80	90	100	110	120	130	140	150	160
平面半圆弧扁钢截面的公称尺寸															
5	√	√	√	√	√	—	√	—	—	—	—	—	—	—	—
6	√	√	√	√	√	√	√	√	—	—	—	—	—	—	—
7	√	√	√	√	√	√	√	√	√	√	—	—	—	—	—
8	√	√	√	√	√	√	√	√	√	√	√	√	—	—	—
9	√	√	√	√	√	√	√	√	√	√	√	√	√	√	√
10	√	√	√	√	√	√	√	√	√	√	√	√	√	√	√
11	—	√	√	√	√	√	√	√	√	√	√	√	√	√	√
12	—	√	√	√	√	√	√	√	√	√	√	√	√	√	√
13	—	√	—	√	√	√	√	√	√	√	√	√	√	√	√
14	—	√	—	√	√	√	√	√	√	√	√	√	√	√	√
15	—	√	—	√	√	√	√	√	√	√	√	√	√	√	√
16	—	√	—	√	√	√	√	√	√	√	√	√	√	√	√
17	—	√	—	√	√	√	√	√	√	√	√	√	√	√	√
18	—	√	—	√	√	√	√	√	√	√	√	√	√	√	√
19	—	√	—	√	√	√	√	√	√	√	√	√	√	√	√
20	—	√	—	√	√	√	√	√	√	√	√	√	√	√	√
21	—	—	—	√	√	—	√	√	√	√	√	√	√	√	√
22	—	—	—	√	√	—	√	√	√	√	√	√	√	√	√
23	—	—	—	√	√	—	√	√	√	√	√	√	√	√	√
24	—	—	—	√	√	—	√	√	√	√	√	√	√	√	√
25	—	—	—	—	√	—	√	√	√	√	√	√	√	√	√
26	—	—	—	—	√	—	√	√	√	√	√	√	√	√	√
27	—	—	—	—	√	—	√	√	√	√	√	√	√	√	√
28	—	—	—	—	√	—	√	√	√	√	√	√	√	√	√
29	—	—	—	—	√	—	√	√	√	√	√	√	√	√	√
30	—	—	—	—	√	—	√	√	√	√	√	√	√	√	√
31	—	—	—	—	—	—	√	√	√	√	√	√	√	√	√
32	—	—	—	—	—	—	√	√	√	√	√	√	√	√	√
33	—	—	—	—	—	—	√	√	√	√	√	√	√	√	√
34	—	—	—	—	—	—	√	√	√	√	√	√	√	√	√
35	—	—	—	—	—	—	√	√	√	√	√	√	√	√	√
36	—	—	—	—	—	—	—	√	√	√	√	√	√	√	√
37	—	—	—	—	—	—	—	√	√	√	√	√	√	√	√
38	—	—	—	—	—	—	—	√	√	√	√	√	√	√	√
39	—	—	—	—	—	—	—	√	√	√	√	√	√	√	√
40	—	—	—	—	—	—	—	√	√	√	√	√	√	√	√

续表

厚度 t /mm	宽度 b/mm									
	60	70	80	90	100	110	120	130	140	150
平面大圆弧扁钢截面的公称尺寸										
5	√	√	√	√	—	—	—	—	—	—
6	√	√	√	√	√	√	—	—	—	—
7	√	√	√	√	√	√	√	—	—	—
8	√	√	√	√	√	√	√	√	—	—
9	√	√	√	√	√	√	√	√	√	—
10	√	√	√	√	√	√	√	√	√	√
11	√	√	√	√	√	√	√	√	√	√
12	√	√	√	√	√	√	√	√	√	√
13	√	√	√	√	√	√	√	√	√	√
14	√	√	√	√	√	√	√	√	√	√
15	√	√	√	√	√	√	√	√	√	√
16	—	√	√	√	√	√	√	√	√	√
17	—	√	√	√	√	√	√	√	√	√
18	—	√	√	√	√	√	√	√	√	√
19	—	√	√	√	√	√	√	√	√	√
20	—	√	√	√	√	√	√	√	√	√
21	—	√	√	√	√	√	√	√	√	√
22	—	—	√	√	√	√	√	√	√	√
23	—	—	√	√	√	√	√	√	√	√
24	—	—	√	√	√	√	√	√	√	√
25	—	—	—	√	√	√	√	√	√	√
26	—	—	—	√	√	√	√	√	√	√
27	—	—	—	√	√	√	√	√	√	√
28	—	—	—	√	√	√	√	√	√	√
29	—	—	—	√	√	√	√	√	√	√
30	—	—	—	√	√	√	√	√	√	√
平面矩形扁钢截面的公称尺寸										
20	√	√	—	—	—	—	—	—	—	—
21	√	√	—	—	—	—	—	—	—	—
22	√	√	—	—	—	—	—	—	—	—
23	√	√	—	—	—	—	—	—	—	—
24	√	√	—	—	—	—	—	—	—	—
25	√	√	√	√	√	—	—	—	—	—
26	√	√	√	√	√	—	—	—	—	—
27	√	√	√	√	√	√	√	—	—	—
28	√	√	√	√	√	√	√	—	—	—
29	√	√	√	√	√	√	√	—	—	—
30	√	√	√	√	√	√	√	√	√	√
31	√	√	√	√	√	√	√	√	√	√
32	√	√	√	√	√	√	√	√	√	√
33	√	√	√	√	√	√	√	√	√	√
34	√	√	√	√	√	√	√	√	√	√
35	√	√	√	√	√	√	√	√	√	√
36	√	√	√	√	√	√	√	√	√	√
37	√	√	√	√	√	√	√	√	√	√
38	√	√	√	√	√	√	√	√	√	√
39	√	√	√	√	√	√	√	√	√	√
40	√	√	√	√	√	√	√	√	√	√

续表

厚度 t /mm	宽度 b/mm									
	60	70	80	90	100	110	120	130	140	150
41	—	√	√	√	√	√	√	√	√	√
42	—	√	√	√	√	√	√	√	√	√
43	—	√	√	√	√	√	√	√	√	√
44	—	√	√	√	√	√	√	√	√	√
45	—	√	√	√	√	√	√	√	√	√
46	—	√	√	√	√	√	√	√	√	√
47	—	√	√	√	√	√	√	√	√	√
48	—	√	√	√	√	√	√	√	√	√
49	—	√	√	√	√	√	√	√	√	√
50	—	√	√	√	√	√	√	√	√	√
51	—	—	√	√	√	√	√	√	√	√
52	—	—	√	√	√	√	√	√	√	√
53	—	—	√	√	√	√	√	√	√	√
54	—	—	√	√	√	√	√	√	√	√
55	—	—	√	√	√	√	√	√	√	√
56	—	—	√	√	√	√	√	√	√	√
57	—	—	√	√	√	√	√	√	√	√
58	—	—	√	√	√	√	√	√	√	√
59	—	—	√	√	√	√	√	√	√	√
60	—	—	√	√	√	√	√	√	√	√

扁钢截面公称尺寸允许偏差

类别	公称尺寸/mm	允许偏差/mm		
		$b\leqslant50$	$50<b\leqslant100$	$100<b\leqslant160$
厚度 t①	$t\leqslant7$	±0.15	±0.18	±0.30
	$7<t\leqslant12$	±0.20	±0.25	±0.35
	$12<t\leqslant20$	±0.25	+0.25 −0.30	±0.40
	$20<t\leqslant30$	—	±0.35	±0.40
	$30<t\leqslant40$	—	±0.40	±0.45
	$t>40$	—	±0.45	±0.50
宽度 b	$b\leqslant50$	±0.55		
	$50<b\leqslant100$	±0.70		
	$100<b\leqslant120$	±0.80		
	$120<b\leqslant160$	±1.00		

① 在同一截面内任意两点测量时。扁钢的平面厚度差应不大于厚度公差之半。

注：1. 本表中"√"表示为推荐规格。

2. 扁钢的截面形状应在合同中注明，未注明时按平面半圆弧扁钢供货。

3. 经供需双方协商，供应其他截面形状的扁钢时，其宽度和厚度的允许偏差可按本表的规定执行。

4. 热轧弹簧扁钢的通常长度为3000~6000mm，不小于2000mm的短尺允许交货，但其重量应不超过交货重量的10%。热轧弹簧扁钢的定尺、倍尺长度应在合同中注明，其允许偏差为（+50，0）mm。

5. 热轧弹簧扁钢的牌号、化学成分和力学性能见原标准。

优质结构钢冷拉钢材（摘自 GB/T 3078—2019）

表 3-2-67

钢材交货状态硬度

序号	牌号	交货状态硬度 HBW，≤		序号	牌号	交货状态硬度 HBW，≤	
		冷拉、冷拉磨光①	退火、光亮退火、高温回火或正火后回火			冷拉、冷拉磨光①	退火、光亮退火、高温回火或正火后回火
1	10	229	179	4	25	229	179
2	15	229	179	5	30	229	179
3	20	229	179	6	35	241	187

续表

序号	牌号	交货状态硬度 HBW，≤		序号	牌号	交货状态硬度 HBW，≤	
		冷拉、冷拉磨光①	退火、光亮退火、高温回火或正火后回火			冷拉、冷拉磨光①	退火、光亮退火、高温回火或正火后回火
7	40	241	207	41	25CrMnSi	269	229
8	45	255	229	42	30CrMnSi	269	229
9	50	255	229	43	35CrMnSi	285	241
10	55	269	241	44	20CrMnTi	255	207
11	60	269	241	45	15CrMo	229	187
12	65	（285）	255	46	20CrMo	241	197
13	15Mn	207	163	47	30CrMo	269	229
14	20Mn	229	187	48	35CrMo	269	241
15	25Mn	241	197	49	42CrMo	285	255
16	30Mn	241	197	50	20CrMnMo	269	229
17	35Mn	255	207	51	40CrMnMo	269	241
18	40Mn	269	217	52	35CrMoV	285	255
19	45Mn	269	229	53	38CrMoAl	269	229
20	50Mn	269	229	54	15Cr	229	179
21	60Mn	（285）	255	55	20Cr	229	179
22	65Mn	（285）	269	56	30Cr	241	187
23	20Mn2	241	197	57	35Cr	269	217
24	35Mn2	255	207	58	40Cr	269	217
25	40Mn2	269	217	59	45Cr	269	229
26	45Mn2	269	229	60	20CrNi	255	207
27	50Mn2	285	229	61	40CrNi	（285）	255
28	27SiMn	255	217	62	45CrNi	（285）	269
29	35SiMn	269	229	63	12CrNi2	269	217
30	42SiMn	（285）	241	64	12CrNi3	269	229
31	20MnV	229	187	65	20CrNi3	269	241
32	40B	241	207	66	30CrNi3	（285）	255
33	45B	255	229	67	37CrNi3	（285）	269
34	50B	255	229	68	12Cr2Ni4	（285）	255
35	40MnB	269	217	69	20Cr2Ni4	（285）	269
36	45MnB	269	229	70	40CrNiMo	（285）	269
37	40MnVB	269	217	71	45CrNiMoV	（285）	269
38	40CrV	269	229	72	18Cr2Ni4W	（285）	269
39	38CrSi	269	255	73	25Cr2Ni4W	（285）	269
40	20CrMnSi	255	217				

① 括号内为参考值，不作为判定依据。

注：1. 本标准适用于优质碳素结构钢和合金结构钢冷拉钢棒（圆钢、方钢、六角钢）和冷拉磨光圆钢。

2. 钢材的牌号和化学成分应符合 GB/T 699（优质碳素结构钢）和 GB/T 3077（合金结构钢）的规定。

3. 钢材以冷拉、冷拉磨光、冷拉后热处理（退火、光亮退火、正火、高温回火、正火后回火）或其他状态交货，必须在合同中注明，未注明时，以冷拉状态交货。

4. 根据需方要求，本表中未列牌号冷拉后热处理（正火态除外）交货的合金结构钢材的硬度值应符合 GB/T 3077 中的规定。冷拉、冷拉磨光状态交货钢材的硬度宜不大于 285HBW，此硬度值为参考值，不作为判定依据。正火态交货钢材的硬度值由供需双方协商确定。

5. 在供热压力加工用的冷拉状态交货的钢材中，50Mn2、35CrMnSi、42CrMo、35CrMoV 钢材的布氏硬度值应符合本表的规定，38CrSi、38CrMoAl 钢材的布氏硬度值应不大于 285HBW，其他牌号钢材的布氏硬度值应不大于 269HBW。

6. 截面公称尺寸（直径、厚度或对角长度）小于 5mm 的钢材，不进行硬度试验。根据需方要求，并在合同中注明，可用抗拉强度替代硬度，具体要求由供需双方协商确定。

7. 冷拉钢棒的尺寸、外形及允许偏差应符合 GB/T 905 的规定，冷拉磨光圆钢的尺寸、外形及允许偏差应符合 GB/T 3207 的规定，具体要求应在合同中注明，未注明时按 h11 级规定。

表 3-2-68　　**钢材交货状态力学性能**

序号	牌号	冷拉			退火		
		R_m/MPa	A/%	Z/%	R_m/MPa	A/%	Z/%
		≥					
1	10	440	8	50	295	26	55
2	15	470	8	45	345	28	55
3	20	510	7.5	40	390	21	50
4	25	540	7	40	410	19	50
5	30	560	7	35	440	17	45
6	35	590	6.5	35	470	15	45
7	40	610	6	35	510	14	40
8	45	635	6	30	540	13	40
9	50	655	6	30	560	12	40
10	15Mn	490	7.5	40	390	21	50
11	50Mn	685	5.5	30	590	10	35
12	50Mn2	735	5	25	635	9	30

注：根据需方要求，并在合同中注明，可检验钢材交货状态的力学性能。本表中未列入牌号钢材交货状态的力学性能由供需双方协商确定。

热轧型钢（摘自 GB/T 706—2016）

热轧等边角钢

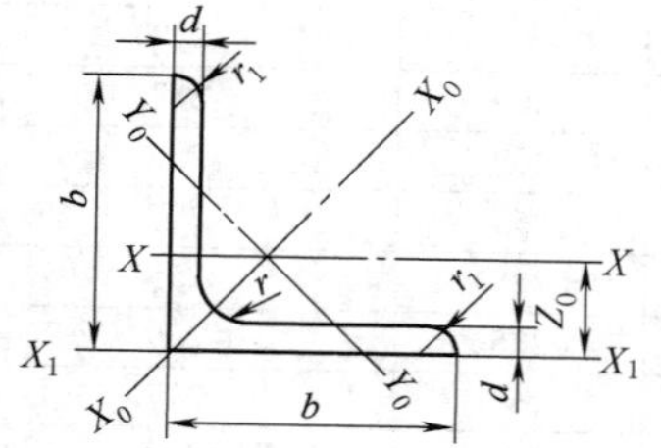

b——边宽度

d——边厚度

r——内圆弧半径

r_1——边端圆弧半径，$r_1=\frac{1}{3}d$

r 及 r_1 仅用于孔型设计非交货条件

I——惯性矩

W——截面系数

i——惯性半径

Z_0——质心距离

表 3-2-69　　**热轧等边角钢的截面尺寸、截面面积、理论重量及截面特性**

型号	截面尺寸/mm			截面面积/cm^2	理论重量/(kg/m)	外表面积/(m^2/m)	惯性矩/cm^4				惯性半径/cm			截面模数/cm^3			质心距离/cm
	b	d	r				I_x	I_{x1}	I_{x0}	I_{y0}	i_x	i_{x0}	i_{y0}	W_x	W_{x0}	W_{y0}	Z_0
2	20	3	3.5	1.132	0.89	0.078	0.40	0.81	0.63	0.17	0.59	0.75	0.39	0.29	0.45	0.20	0.60
		4		1.459	1.15	0.077	0.50	1.09	0.78	0.22	0.58	0.73	0.38	0.36	0.55	0.24	0.64
2.5	25	3		1.432	1.12	0.098	0.82	1.57	1.29	0.34	0.76	0.95	0.49	0.46	0.73	0.33	0.73
		4		1.859	1.46	0.097	1.03	2.11	1.62	0.43	0.74	0.93	0.48	0.59	0.92	0.40	0.76
3.0	30	3	4.5	1.749	1.37	0.117	1.46	2.71	2.31	0.61	0.91	1.15	0.59	0.68	1.09	0.51	0.85
		4		2.276	1.79	0.117	1.84	3.63	2.92	0.77	0.90	1.13	0.58	0.87	1.37	0.62	0.89
3.6	36	3		2.109	1.66	0.141	2.58	4.68	4.09	1.07	1.11	1.39	0.71	0.99	1.61	0.76	1.00
		4		2.756	2.16	0.141	3.29	6.25	5.22	1.37	1.09	1.38	0.70	1.28	2.05	0.93	1.04
		5		3.382	2.65	0.141	3.95	7.84	6.24	1.65	1.08	1.36	0.7	1.56	2.45	1.00	1.07
4	40	3	5	2.359	1.85	0.157	3.59	6.41	5.69	1.49	1.23	1.55	0.79	1.23	2.01	0.96	1.09
		4		3.086	2.42	0.157	4.60	8.56	7.29	1.91	1.22	1.54	0.79	1.60	2.58	1.19	1.13
		5		3.792	2.98	0.156	5.53	10.7	8.76	2.30	1.21	1.52	0.78	1.96	3.10	1.39	1.17
4.5	45	3		2.659	2.09	0.177	5.17	9.12	8.20	2.14	1.40	1.76	0.89	1.58	2.58	1.24	1.22
		4		3.486	2.74	0.177	6.65	12.2	10.6	2.75	1.38	1.74	0.89	2.05	3.32	1.54	1.26
		5		4.292	3.37	0.176	8.04	15.2	12.7	3.33	1.37	1.72	0.88	2.51	4.00	1.81	1.30
		6		5.077	3.99	0.176	9.33	18.4	14.8	3.89	1.36	1.70	0.80	2.95	4.64	2.06	1.33
5	50	3	5.5	2.971	2.33	0.197	7.18	12.5	11.4	2.98	1.55	1.96	1.00	1.96	3.22	1.57	1.34
		4		3.897	3.06	0.197	9.26	16.7	14.7	3.82	1.54	1.94	0.99	2.56	4.16	1.96	1.38
		5		4.803	3.77	0.196	11.2	20.9	17.8	4.64	1.53	1.92	0.98	3.13	5.03	2.31	1.42
		6		5.688	4.46	0.196	13.1	25.1	20.7	5.42	1.52	1.91	0.98	3.68	5.85	2.63	1.46

续表

型号	截面尺寸/mm			截面面积/cm^2	理论重量/(kg/m)	外表面积/(m^2/m)	惯性矩/cm^4				惯性半径/cm			截面模数/cm^3			质心距离/cm
	b	d	r				I_x	I_{x1}	I_{x0}	I_{y0}	i_x	i_{x0}	i_{y0}	W_x	W_{x0}	W_{y0}	Z_0
5.6	56	3	6	3.343	2.62	0.221	10.2	17.6	16.1	4.24	1.75	2.20	1.13	2.48	4.08	2.02	1.48
		4		4.39	3.45	0.220	13.2	23.4	20.9	5.46	1.73	2.18	1.11	3.24	5.28	2.52	1.53
		5		5.415	4.25	0.220	16.0	29.3	25.4	6.61	1.72	2.17	1.10	3.97	6.42	2.98	1.57
		6		6.42	5.04	0.220	18.7	35.3	29.7	7.73	1.71	2.15	1.10	4.68	7.49	3.40	1.61
		7		7.404	5.81	0.219	21.2	41.2	33.6	8.82	1.69	2.13	1.09	5.36	8.49	3.80	1.64
		8		8.367	6.57	0.219	23.6	47.2	37.4	9.89	1.68	2.11	1.09	6.03	9.44	4.16	1.68
6	60	5	6.5	5.829	4.58	0.236	19.9	36.1	31.6	8.21	1.85	2.33	1.19	4.59	7.44	3.48	1.67
		6		6.914	5.43	0.235	23.4	43.3	36.9	9.60	1.83	2.31	1.18	5.41	8.70	3.98	1.70
		7		7.977	6.26	0.235	26.4	50.7	41.9	11.0	1.82	2.29	1.17	6.21	9.88	4.45	1.74
		8		9.02	7.08	0.235	29.5	58.0	46.7	12.3	1.81	2.27	1.17	6.98	11.0	4.88	1.78
6.3	63	4	7	4.978	3.91	0.248	19.0	33.4	30.2	7.89	1.96	2.46	1.26	4.13	6.78	3.29	1.70
		5		6.143	4.82	0.248	23.2	41.7	36.8	9.57	1.94	2.45	1.25	5.08	8.25	3.90	1.74
		6		7.288	5.72	0.247	27.1	50.1	43.0	11.2	1.93	2.43	1.24	6.00	9.66	4.46	1.78
		7		8.412	6.60	0.247	30.9	58.6	49.0	12.8	1.92	2.41	1.23	6.88	11.0	4.98	1.82
		8		9.515	7.47	0.247	34.5	67.1	54.6	14.3	1.90	2.40	1.23	7.75	12.3	5.47	1.85
		10		11.66	9.15	0.246	41.1	84.3	64.9	17.3	1.88	2.36	1.22	9.39	14.6	6.36	1.93
7	70	4	8	5.570	4.37	0.275	26.4	45.7	41.8	11.0	2.18	2.74	1.40	5.14	8.44	4.17	1.86
		5		6.876	5.40	0.275	32.2	57.2	51.1	13.3	2.16	2.73	1.39	6.32	10.3	4.95	1.91
		6		8.160	6.41	0.275	37.8	68.7	59.9	15.6	2.15	2.71	1.38	7.48	12.1	5.67	1.95
		7		9.424	7.40	0.275	43.1	80.3	68.4	17.8	2.14	2.69	1.38	8.59	13.8	6.34	1.99
		8		10.67	8.37	0.274	48.2	91.9	76.4	20.0	2.12	2.68	1.37	9.68	15.4	6.98	2.03
7.5	75	5	9	7.412	5.82	0.295	40.0	70.6	63.3	16.6	2.33	2.92	1.50	7.32	11.9	5.77	2.04
		6		8.797	6.91	0.294	47.0	84.6	74.4	19.5	2.31	2.90	1.49	8.64	14.0	6.67	2.07
		7		10.16	7.98	0.294	53.6	98.7	85.0	22.2	2.30	2.89	1.48	9.93	16.0	7.44	2.11
		8		11.50	9.03	0.294	60.0	113	95.1	24.9	2.28	2.88	1.47	11.2	17.9	8.19	2.15
		9		12.83	10.1	0.294	66.1	127	105	27.5	2.27	2.86	1.46	12.4	19.8	8.89	2.18
		10		14.13	11.1	0.293	72.0	142	114	30.1	2.26	2.84	1.46	13.6	21.5	9.56	2.22
8	80	5		7.912	6.21	0.315	48.8	85.4	77.3	20.3	2.48	3.13	1.60	8.34	13.7	6.66	2.15
		6		9.397	7.38	0.314	57.4	103	91.0	23.7	2.47	3.11	1.59	9.87	16.1	7.65	2.19
		7		10.86	8.53	0.314	65.6	120	104	27.1	2.46	3.10	1.58	11.4	18.4	8.58	2.23
		8		12.30	9.66	0.314	73.5	137	117	30.4	2.44	3.08	1.57	12.8	20.6	9.46	2.27
		9		13.73	10.8	0.314	81.1	154	129	33.6	2.43	3.06	1.56	14.3	22.7	10.3	2.31
		10		15.13	11.9	0.313	88.4	172	140	36.8	2.42	3.04	1.56	15.6	24.8	11.1	2.35
9	90	6	10	10.64	8.35	0.354	82.8	146	131	34.3	2.79	3.51	1.80	12.6	20.6	9.95	2.44
		7		12.30	9.66	0.354	94.8	170	150	39.2	2.78	3.50	1.78	14.5	23.6	11.2	2.48
		8		13.94	10.9	0.353	106	195	169	44.0	2.76	3.48	1.78	16.4	26.6	12.4	2.52
		9		15.57	12.2	0.353	118	219	187	48.7	2.75	3.46	1.77	18.3	29.4	13.5	2.56
		10		17.17	13.5	0.353	129	244	204	53.3	2.74	3.45	1.76	20.1	32.0	14.5	2.59
		12		20.31	15.9	0.352	149	294	236	62.2	2.71	3.41	1.75	23.6	37.1	16.5	2.67
10	100	6	12	11.93	9.37	0.393	115	200	182	47.9	3.10	3.90	2.00	15.7	25.7	12.7	2.67
		7		13.80	10.8	0.393	132	234	209	54.7	3.09	3.89	1.99	18.1	29.6	14.3	2.71
		8		15.64	12.3	0.393	148	267	235	61.4	3.08	3.88	1.98	20.5	33.2	15.8	2.76
		9		17.46	13.7	0.392	164	300	260	68.0	3.07	3.86	1.97	22.8	36.8	17.2	2.80
		10		19.26	15.1	0.392	180	334	285	74.4	3.05	3.84	1.96	25.1	40.3	18.5	2.84
		12		22.80	17.9	0.391	209	402	331	86.8	3.03	3.81	1.95	29.5	46.8	21.1	2.91
		14		26.26	20.6	0.391	237	471	374	99.0	3.00	3.77	1.94	33.7	52.9	23.4	2.99
		16		29.63	23.3	0.390	263	540	414	111	2.98	3.74	1.94	37.8	58.6	25.6	3.06

续表

型号	截面尺寸/mm			截面面积/cm^2	理论重量/(kg/m)	外表面积/(m^2/m)	惯性矩/cm^4				惯性半径/cm			截面模数/cm^3			质心距离/cm
	b	d	r				I_x	I_{x1}	I_{x0}	I_{y0}	i_x	i_{x0}	i_{y0}	W_x	W_{x0}	W_{y0}	Z_0
11	110	7	12	15.20	11.9	0.433	177	311	281	73.4	3.41	4.30	2.20	22.1	36.1	17.5	2.96
		8		17.24	13.5	0.433	199	355	316	82.4	3.40	4.28	2.19	25.0	40.7	19.4	3.01
		10		21.26	16.7	0.432	242	445	384	100	3.38	4.25	2.17	30.6	49.4	22.9	3.09
		12		25.20	19.8	0.431	283	535	448	117	3.35	4.22	2.15	36.1	57.6	26.2	3.16
		14		29.06	22.8	0.431	321	625	508	133	3.32	4.18	2.14	41.3	65.3	29.1	3.24
12.5	125	8	14	19.75	15.5	0.492	297	521	471	123	3.88	4.88	2.50	32.5	53.3	25.9	3.37
		10		24.37	19.1	0.491	362	652	574	149	3.85	4.85	2.48	40.0	64.9	30.6	3.45
		12		28.91	22.7	0.491	423	783	671	175	3.83	4.82	2.46	41.2	76.0	35.0	3.53
		14		33.37	26.2	0.490	482	916	764	200	3.80	4.78	2.45	54.2	86.4	39.1	3.61
		16		37.74	29.6	0.489	537	1050	851	224	3.77	4.75	2.43	60.9	96.3	43.0	3.68
14	140	10		27.37	21.5	0.551	515	915	817	212	4.34	5.46	2.78	50.6	82.6	39.2	3.82
		12		32.51	25.5	0.551	604	1100	959	249	4.31	5.43	2.76	59.8	96.9	45.0	3.90
		14		37.57	29.5	0.550	689	1280	1090	284	4.28	5.40	2.75	68.8	110	50.5	3.98
		16		42.54	33.4	0.549	770	1470	1220	319	4.26	5.36	2.74	77.5	123	55.6	4.06
15	150	8		23.75	18.6	0.592	521	900	827	215	4.69	5.90	3.01	47.4	78.0	38.1	3.99
		10		29.37	23.1	0.591	638	1130	1010	262	4.66	5.87	2.99	58.4	95.5	45.5	4.08
		12		34.91	27.4	0.591	749	1350	1190	308	4.63	5.84	2.97	69.0	112	52.4	4.15
		14		40.37	31.7	0.590	856	1580	1360	352	4.60	5.80	2.95	79.5	128	58.8	4.23
		15		43.06	33.8	0.590	907	1690	1440	374	4.59	5.78	2.95	84.6	136	61.9	4.27
		16		45.74	35.9	0.589	958	1810	1520	395	4.58	5.77	2.94	89.6	143	64.9	4.31
16	160	10	16	31.50	24.7	0.630	780	1370	1240	322	4.98	6.27	3.20	66.7	109	52.8	4.31
		12		37.44	29.4	0.630	917	1640	1460	377	4.95	6.24	3.18	79.0	129	60.7	4.39
		14		43.30	34.0	0.629	1050	1910	1670	432	4.92	6.20	3.16	91.0	147	68.2	4.47
		16		49.07	38.5	0.629	1180	2190	1870	485	4.89	6.17	3.14	103	165	75.3	4.55
18	180	12		42.24	33.2	0.710	1320	2330	2100	543	5.59	7.05	3.58	101	165	78.4	4.89
		14		48.90	38.4	0.709	1510	2720	2410	622	5.56	7.02	3.56	116	189	88.4	4.97
		16		55.47	43.5	0.709	1700	3120	2700	699	5.54	6.98	3.55	131	212	97.8	5.05
		18		61.96	48.6	0.708	1880	3500	2990	762	5.50	6.94	3.51	146	235	105	5.13
20	200	14	18	54.64	42.9	0.788	2100	3730	3340	864	6.20	7.82	3.98	145	236	112	5.46
		16		62.01	48.7	0.788	2370	4270	3760	971	6.18	7.79	3.96	164	266	124	5.54
		18		69.30	54.4	0.787	2620	4810	4160	1080	6.15	7.75	3.94	182	294	136	5.62
		20		76.51	60.1	0.787	2870	5350	4550	1180	6.12	7.72	3.93	200	322	147	5.69
		24		90.66	71.2	0.785	3340	6460	5290	1380	6.07	7.64	3.90	236	374	167	5.87
22	220	16	21	68.67	53.9	0.866	3190	5680	5060	1310	6.81	8.59	4.37	200	326	154	6.03
		18		76.75	60.3	0.866	3540	6400	5620	1450	6.79	8.55	4.35	223	361	168	6.11
		20		84.76	66.5	0.865	3870	7110	6150	1590	6.76	8.52	4.34	245	395	182	6.18
		22		92.68	72.8	0.865	4200	7830	6670	1730	6.73	8.48	4.32	267	429	195	6.26
		24		100.5	78.9	0.864	4520	8550	7170	1870	6.71	8.45	4.31	289	461	208	6.33
		26		108.3	85.0	0.864	4830	9280	7690	2000	6.68	8.41	4.30	310	492	221	6.41
25	250	18	24	87.84	69.0	0.985	5270	9380	8370	2170	7.75	9.76	4.97	290	473	224	6.84
		20		97.05	76.2	0.984	5780	10400	9180	2380	7.72	9.73	4.95	320	519	243	6.92
		22		106.2	83.3	0.983	6280	11500	9970	2580	7.69	9.69	4.93	349	564	261	7.00
		24		115.2	90.4	0.983	6770	12500	10700	2790	7.67	9.66	4.92	378	608	278	7.07
		26		124.2	97.5	0.982	7240	13600	11500	2980	7.64	9.62	4.90	406	650	295	7.15
		28		133.0	104	0.982	7700	14600	12200	3180	7.61	9.58	4.89	433	691	311	7.22
		30		141.8	111	0.981	8160	15700	12900	3380	7.58	9.55	4.88	461	731	327	7.30
		32		150.5	118	0.981	8600	16800	13600	3570	7.56	9.51	4.87	488	770	342	7.37
		35		163.4	128	0.980	9240	18400	14600	3850	7.52	9.46	4.86	527	827	364	7.48

注：1. 本标准适用于热轧等边角钢、热轧不等边角钢、腿部内侧有斜度的热轧工字钢和热轧槽钢。
2. 热轧型钢的牌号、化学成分（熔炼分析）和力学性能应符合 GB/T 700 或 GB/T 1591 的有关规定。
3. 型钢以热轧状态交货，交货长度应在合同中注明。
4. 规格表示方法如下：
等边角钢："∠" 后加边宽度值×边宽度值×边厚度值，如∠200×200×24（简记为∠200×24）；
不等边角钢："∠" 后加长边宽度值×短边宽度值×边厚度值，如∠160×100×16；
槽钢："［" 后加高度值×腿宽度值×腰厚度值，如［200×75×9（简记为［20b）；
工字钢："工" 后加高度值×腿宽度值×腰厚度值，如工450×150×11.5（简记为 I45a）

热轧不等边角钢

B——长边宽度
I——惯性矩
b——短边宽度
W——截面系数
d——边厚度
i——惯性半径
r——内圆弧半径
X_0——质心距离
r_1——边端圆弧半径，$r_1=\frac{1}{3}d$
Y_0——质心距离
r 及 r_1 仅用于孔型设计非交货条件

表 3-2-70　热轧不等边角钢截面尺寸、截面面积、理论重量及截面特性

型号	截面尺寸/mm				截面面积 /cm^2	理论重量 /(kg/m)	外表面积 /(m^2/m)	惯性矩/cm^4					惯性半径/cm			截面模数/cm^3			tanα	质心距离/cm	
	B	b	d	r				I_x	I_{x1}	I_y	I_{y1}	I_u	i_x	i_y	i_u	W_x	W_y	W_u		X_0	Y_0
2.5/1.6	25	16	3	3.5	1.162	0.91	0.080	0.70	1.56	0.22	0.43	0.14	0.78	0.44	0.34	0.43	0.19	0.16	0.392	0.42	0.86
			4		1.499	1.18	0.079	0.88	2.09	0.27	0.59	0.17	0.77	0.43	0.34	0.55	0.24	0.20	0.381	0.46	0.90
3.2/2	32	20	3		1.492	1.17	0.102	1.53	3.27	0.46	0.82	0.28	1.01	0.55	0.43	0.72	0.30	0.25	0.382	0.49	1.08
			4		1.939	1.52	0.101	1.93	4.37	0.57	1.12	0.35	1.00	0.54	0.42	0.93	0.39	0.32	0.374	0.53	1.12
4/2.5	40	25	3	4	1.890	1.48	0.127	3.08	5.39	0.93	1.59	0.56	1.28	0.70	0.54	1.15	0.49	0.40	0.385	0.59	1.32
			4		2.467	1.94	0.127	3.93	8.53	1.18	2.14	0.71	1.36	0.69	0.54	1.49	0.63	0.52	0.381	0.63	1.37
4.5/2.8	45	28	3	5	2.149	1.69	0.143	4.45	9.10	1.34	2.23	0.80	1.44	0.79	0.61	1.47	0.62	0.51	0.383	0.64	1.47
			4		2.806	2.20	0.143	5.69	12.1	1.70	3.00	1.02	1.42	0.78	0.60	1.91	0.80	0.66	0.380	0.68	1.51
5/3.2	50	32	3	5.5	2.431	1.91	0.161	6.24	12.5	2.02	3.31	1.20	1.60	0.91	0.70	1.84	0.82	0.68	0.404	0.73	1.60
			4		3.177	2.49	0.160	8.02	16.7	2.58	4.45	1.53	1.59	0.90	0.69	2.39	1.06	0.87	0.402	0.77	1.65
5.6/3.6	56	36	3	6	2.743	2.15	0.181	8.88	17.5	2.92	4.7	1.73	1.80	1.03	0.79	2.32	1.05	0.87	0.408	0.80	1.78
			4		3.590	2.82	0.180	11.5	23.4	3.76	6.33	2.23	1.79	1.02	0.79	3.03	1.37	1.13	0.408	0.85	1.82
			5		4.415	3.47	0.180	13.9	29.3	4.49	7.94	2.67	1.77	1.01	0.78	3.71	1.65	1.36	0.404	0.88	1.87
6.3/4	63	40	4	7	4.058	3.19	0.202	16.5	33.3	5.23	8.63	3.12	2.02	1.14	0.88	3.87	1.70	1.40	0.398	0.92	2.04
			5		4.993	3.92	0.202	20.0	41.6	6.31	10.9	3.76	2.00	1.12	0.87	4.74	2.07	1.71	0.396	0.95	2.08
			6		5.908	4.64	0.201	23.4	50.0	7.29	13.1	4.34	1.96	1.11	0.86	5.59	2.43	1.99	0.393	0.99	2.12
			7		6.802	5.34	0.201	26.5	58.1	8.24	15.5	4.97	1.98	1.10	0.86	6.40	2.78	2.29	0.389	1.03	2.15

续表

型号	截面尺寸/mm				截面面积/cm^2	理论重量/(kg/m)	外表面积/(m^2/m)	惯性矩/cm^4					惯性半径/cm			截面模数/cm^3			tanα	质心距离/cm	
	B	b	d	r				I_x	I_{x1}	I_y	I_{y1}	I_u	i_x	i_y	i_u	W_x	W_y	W_u		X_0	Y_0
7/4.5	70	45	4	7.5	4.553	3.57	0.226	23.2	45.9	7.55	12.3	4.40	2.26	1.29	0.98	4.86	2.17	1.77	0.410	1.02	2.24
			5		5.609	4.40	0.225	28.0	57.1	9.13	15.4	5.40	2.23	1.28	0.98	5.92	2.65	2.19	0.407	1.06	2.28
			6		6.644	5.22	0.225	32.5	68.4	10.6	18.6	6.35	2.21	1.26	0.98	6.95	3.12	2.59	0.404	1.09	2.32
			7		7.658	6.01	0.225	37.2	80.0	12.0	21.8	7.16	2.20	1.25	0.97	8.03	3.57	2.94	0.402	1.13	2.36
7.5/5	75	50	5	8	6.126	4.81	0.245	34.9	70.0	12.6	21.0	7.41	2.39	1.44	1.10	6.83	3.3	2.74	0.435	1.17	2.40
			6		7.260	5.70	0.245	41.1	84.3	14.7	25.4	8.54	2.38	1.42	1.08	8.12	3.88	3.19	0.435	1.21	2.44
			8		9.467	7.43	0.244	52.4	113	18.5	34.2	10.9	2.35	1.40	1.07	10.5	4.99	4.10	0.429	1.29	2.52
			10		11.59	9.10	0.244	62.7	141	22.0	43.4	13.1	2.33	1.38	1.06	12.8	6.04	4.99	0.423	1.36	2.60
8/5	80	50	5		6.376	5.00	0.255	42.0	85.2	12.8	21.1	7.66	2.56	1.42	1.10	7.78	3.32	2.74	0.388	1.14	2.60
			6		7.560	5.93	0.255	49.5	103	15.0	25.4	8.85	2.56	1.41	1.08	9.25	3.91	3.20	0.387	1.18	2.65
			7		8.724	6.85	0.255	56.2	119	17.0	29.8	10.2	2.54	1.39	1.08	10.6	4.48	3.70	0.384	1.21	2.69
			8		9.867	7.75	0.254	62.8	136	18.9	34.3	11.4	2.52	1.38	1.07	11.9	5.03	4.16	0.381	1.25	2.73
9/5.6	90	56	5	9	7.212	5.66	0.287	60.5	121	18.3	29.5	11.0	2.90	1.59	1.23	9.92	4.21	3.49	0.385	1.25	2.91
			6		8.557	6.72	0.286	71.0	146	21.4	35.6	12.9	2.88	1.58	1.23	11.7	4.96	4.13	0.384	1.29	2.95
			7		9.881	7.76	0.286	81.0	170	24.4	41.7	14.7	2.86	1.57	1.22	13.5	5.70	4.72	0.382	1.33	3.00
			8		11.18	8.78	0.286	91.0	194	27.2	47.9	16.3	2.85	1.56	1.21	15.3	6.41	5.29	0.380	1.36	3.04
10/6.3	100	63	6	10	9.618	7.55	0.320	99.1	200	30.9	50.5	18.4	3.21	1.79	1.38	14.6	6.35	5.25	0.394	1.43	3.24
			7		11.11	8.72	0.320	113	233	35.3	59.1	21.0	3.20	1.78	1.38	16.9	7.29	6.02	0.394	1.47	3.28
			8		12.58	9.88	0.319	127	266	39.4	67.9	23.5	3.18	1.77	1.37	19.1	8.21	6.78	0.391	1.50	3.32
			10		15.47	12.1	0.319	154	333	47.1	85.7	28.3	3.15	1.74	1.35	23.3	9.98	8.24	0.387	1.58	3.40
10/8	100	80	6		10.64	8.35	0.354	107	200	61.2	103	31.7	3.17	2.40	1.72	15.2	10.2	8.37	0.627	1.97	2.95
			7		12.30	9.66	0.354	123	233	70.1	120	36.2	3.16	2.39	1.72	17.5	11.7	9.60	0.626	2.01	3.00
			8		13.94	10.9	0.353	138	267	78.6	137	40.6	3.14	2.37	1.71	19.8	13.2	10.8	0.625	2.05	3.04
			10		17.17	13.5	0.353	167	334	94.7	172	49.1	3.12	2.35	1.69	24.2	16.1	13.1	0.622	2.13	3.12
11/7	110	70	6		10.64	8.35	0.354	133	266	42.9	69.1	25.4	3.54	2.01	1.54	17.9	7.90	6.53	0.403	1.57	3.53
			7		12.30	9.66	0.354	153	310	49.0	80.8	29.0	3.53	2.00	1.53	20.6	9.09	7.50	0.402	1.61	3.57
			8		13.94	10.9	0.353	172	354	54.9	92.7	32.5	3.51	1.98	1.53	23.3	10.3	8.45	0.401	1.65	3.62
			10		17.17	13.5	0.353	208	443	65.9	117	39.2	3.48	1.96	1.51	28.5	12.5	10.3	0.397	1.72	3.70

续表

型号	截面尺寸/mm				截面面积/cm²	理论重量/(kg/m)	外表面积/(m²/m)	惯性矩/cm⁴					惯性半径/cm			截面模数/cm³			tanα	质心距离/cm	
	B	b	d	r				I_x	I_{x1}	I_y	I_{y1}	I_u	i_x	i_y	i_u	W_x	W_y	W_u		X_0	Y_0
12.5/8	125	80	7	11	14.10	11.1	0.403	228	455	74.4	120	43.8	4.02	2.30	1.76	26.9	12.0	9.92	0.408	1.80	4.01
			8		15.99	12.6	0.403	257	520	83.5	138	49.2	4.01	2.28	1.75	30.4	13.6	11.2	0.407	1.84	4.06
			10		19.71	15.5	0.402	312	650	101	173	59.5	3.98	2.26	1.74	37.3	16.6	13.6	0.404	1.92	4.14
			12		23.35	18.3	0.402	364	780	117	210	69.4	3.95	2.24	1.72	44.0	19.4	16.0	0.400	2.00	4.22
14/9	140	90	8	12	18.04	14.2	0.453	366	731	121	196	70.8	4.50	2.59	1.98	38.5	17.3	14.3	0.411	2.04	4.50
			10		22.26	17.5	0.452	446	913	140	246	85.8	4.47	2.56	1.96	47.3	21.2	17.5	0.409	2.12	4.58
			12		26.40	20.7	0.451	522	1100	170	297	100	4.44	2.54	1.95	55.9	25.0	20.5	0.406	2.19	4.66
			14		30.46	23.9	0.451	594	1280	192	349	114	4.42	2.51	1.94	64.2	28.5	23.5	0.403	2.27	4.74
15/9	150	90	8		18.84	14.8	0.473	442	898	123	196	74.1	4.84	2.55	1.98	43.9	17.5	14.5	0.364	1.97	4.92
			10		23.26	18.3	0.472	539	1120	149	246	89.9	4.81	2.53	1.97	54.0	21.4	17.7	0.362	2.05	5.01
			12		27.60	21.7	0.471	632	1350	173	297	105	4.79	2.50	1.95	63.8	25.1	20.8	0.359	2.12	5.09
			14		31.86	25.0	0.471	721	1570	196	350	120	4.76	2.48	1.94	73.3	28.8	23.8	0.356	2.20	5.17
			15		33.95	26.7	0.471	764	1680	207	376	127	4.74	2.47	1.93	78.0	30.5	25.3	0.354	2.24	5.21
			16		36.03	28.3	0.470	806	1800	217	403	134	4.73	2.45	1.93	82.6	32.3	26.8	0.352	2.27	5.25
16/10	160	100	10	13	25.32	19.9	0.512	669	1360	205	337	122	5.14	2.85	2.19	62.1	26.6	21.9	0.390	2.28	5.24
			12		30.05	23.6	0.511	785	1640	239	406	142	5.11	2.82	2.17	73.5	31.3	25.8	0.388	2.36	5.32
			14		34.71	27.2	0.510	896	1910	271	476	162	5.08	2.80	2.16	84.6	35.8	29.6	0.385	2.43	5.40
			16		39.28	30.8	0.510	1000	2180	302	548	183	5.05	2.77	2.16	95.3	40.2	33.4	0.382	2.51	5.48
18/11	180	110	10	14	28.37	22.3	0.571	956	1940	278	447	167	5.80	3.13	2.42	79.0	32.5	26.9	0.376	2.44	5.89
			12		33.71	26.5	0.571	1120	2330	325	539	195	5.78	3.10	2.40	93.5	38.3	31.7	0.374	2.52	5.98
			14		38.97	30.6	0.570	1290	2720	370	632	222	5.75	3.08	2.39	108	44.0	36.3	0.372	2.59	6.06
			16		44.14	34.6	0.569	1440	3110	412	726	249	5.72	3.06	2.38	122	49.4	40.9	0.369	2.67	6.14
20/12.5	200	125	12		37.91	29.8	0.641	1570	3190	483	788	286	6.44	3.57	2.74	117	50.0	41.2	0.392	2.83	6.54
			14		43.87	34.4	0.640	1800	3730	551	922	327	6.41	3.54	2.73	135	57.4	47.3	0.390	2.91	6.62
			16		49.74	39.0	0.639	2020	4260	615	1060	366	6.38	3.52	2.71	152	64.9	53.3	0.388	2.99	6.70
			18		55.53	43.6	0.639	2240	4790	677	1200	405	6.35	3.49	2.70	169	71.7	59.2	0.385	3.06	6.78

注：见表 3-2-69 注。

热轧槽钢

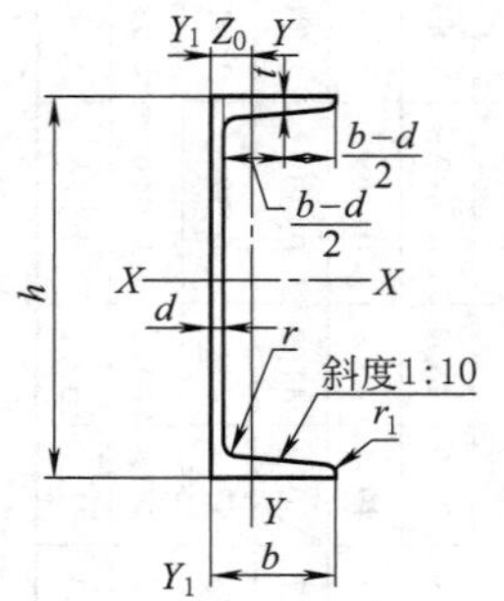

h——高度
b——腿宽度
d——腰厚度
t——腿中间厚度
r——内圆弧半径
r_1——腿端圆弧半径
r 及 r_1 仅用于孔型设计非交货条件

I——惯性矩
W——截面系数
i——惯性半径
Z_0——质心距离

表 3-2-71　热轧槽钢截面尺寸、截面面积、理论重量及截面特性

型号	截面尺寸/mm						截面面积/cm^2	理论重量/(kg/m)	外表面积/(m^2/m)	惯性矩/cm^4			惯性半径/cm		截面模数/cm^3		质心距离/cm
	h	b	d	t	r	r_1				I_x	I_y	I_{y1}	i_x	i_y	W_x	W_y	Z_0
5	50	37	4.5	7.0	7.0	3.5	6.925	5.44	0.226	26.0	8.30	20.9	1.94	1.10	10.4	3.55	1.35
6.3	63	40	4.8	7.5	7.5	3.8	8.446	6.63	0.262	50.8	11.9	28.4	2.45	1.19	16.1	4.50	1.36
6.5	65	40	4.3	7.5	7.5	3.8	8.292	6.51	0.267	55.2	12.0	28.3	2.54	1.19	17.0	4.59	1.38
8	80	43	5.0	8.0	8.0	4.0	10.24	8.04	0.307	101	16.6	37.4	3.15	1.27	25.3	5.79	1.43
10	100	48	5.3	8.5	8.5	4.2	12.74	10.0	0.365	198	25.6	54.9	3.95	1.41	39.7	7.80	1.52
12	120	53	5.5	9.0	9.0	4.5	15.36	12.1	0.423	346	37.4	77.7	4.75	1.56	57.7	10.2	1.62
12.6	126	53	5.5	9.0	9.0	4.5	15.69	12.3	0.435	391	38.0	77.1	4.95	1.57	62.1	10.2	1.59
14a	140	58	6.0	9.5	9.5	4.8	18.51	14.5	0.480	564	53.2	107	5.52	1.70	80.5	13.0	1.71
14b		60	8.0				21.31	16.7	0.484	609	61.1	121	5.35	1.69	87.1	14.1	1.67
16a	160	63	6.5	10.0	10.0	5.0	21.95	17.2	0.538	866	73.3	144	6.28	1.83	108	16.3	1.80
16b		65	8.5				25.15	19.8	0.542	935	83.4	161	6.10	1.82	117	17.6	1.75
18a	180	68	7.0	10.5	10.5	5.2	25.69	20.2	0.596	1270	98.6	190	7.04	1.96	141	20.0	1.88
18b		70	9.0				29.29	23.0	0.600	1370	111	210	6.84	1.95	152	21.5	1.84
20a	200	73	7.0	11.0	11.0	5.5	28.83	22.6	0.654	1780	128	244	7.86	2.11	178	24.2	2.01
20b		75	9.0				32.83	25.8	0.658	1910	144	268	7.64	2.09	191	25.9	1.95
22a	220	77	7.0	11.5	11.5	5.8	31.83	25.0	0.709	2390	158	298	8.67	2.23	218	28.2	2.10
22b		79	9.0				36.23	28.5	0.713	2570	176	326	8.42	2.21	234	30.1	2.03
24a	240	78	7.0	12.0	12.0	6.0	34.21	26.9	0.752	3050	174	325	9.45	2.25	254	30.5	2.10
24b		80	9.0				39.01	30.6	0.756	3280	194	355	9.17	2.23	274	32.5	2.03
24c		82	11.0				43.81	34.4	0.760	3510	213	388	8.96	2.21	293	34.4	2.00
25a	250	78	7.0				34.91	27.4	0.722	3370	176	322	9.82	2.24	270	30.6	2.07
25b		80	9.0				39.91	31.3	0.776	3530	196	353	9.41	2.22	282	32.7	1.98
25c		82	11.0				44.91	35.3	0.780	3690	218	384	9.07	2.21	295	35.9	1.92
27a	270	82	7.5	12.5	12.5	6.2	39.27	30.8	0.826	4360	216	393	10.5	2.34	323	35.5	2.13
27b		84	9.5				44.67	35.1	0.830	4690	239	428	10.3	2.31	347	37.7	2.06
27c		86	11.5				50.07	39.3	0.834	5020	261	467	10.1	2.28	372	39.8	2.03
28a	280	82	7.5				40.02	31.4	0.846	4760	218	388	10.9	2.33	340	35.7	2.10
28b		84	9.5				45.62	35.8	0.850	5130	242	428	10.6	2.30	366	37.9	2.02
28c		86	11.5				51.22	40.2	0.854	5500	268	463	10.4	2.29	393	40.3	1.95
30a	300	85	7.5	13.5	13.5	6.8	43.89	34.5	0.897	6050	260	467	11.7	2.43	403	41.1	2.17
30b		87	9.5				49.89	39.2	0.901	6500	289	515	11.4	2.41	433	44.0	2.13
30c		89	11.5				55.89	43.9	0.905	6950	316	560	11.2	2.38	463	46.4	2.09

续表

型号	截面尺寸/mm						截面面积/cm²	理论重量/(kg/m)	外表面积/(m²/m)	惯性矩/cm⁴			惯性半径/cm		截面模数/cm³		质心距离/cm
	h	b	d	t	r	r_1				I_x	I_y	I_{y1}	i_x	i_y	W_x	W_y	Z_0
32a	320	88	8.0	14.0	14.0	7.0	48.50	38.1	0.947	7600	305	552	12.5	2.50	475	46.5	2.24
32b		90	10.0				54.90	43.1	0.951	8140	336	593	12.2	2.47	509	49.2	2.16
32c		92	12.0				61.30	48.1	0.955	8690	374	643	11.9	2.47	543	52.6	2.09
36a	360	96	9.0	16.0	16.0	8.0	60.89	47.8	1.053	11900	455	818	14.0	2.73	660	63.5	2.44
36b		98	11.0				68.09	53.5	1.057	12700	497	880	13.6	2.70	703	66.9	2.37
36c		100	13.0				75.29	59.1	1.061	13400	536	948	13.4	2.67	746	70.0	2.34
40a	400	100	10.5	18.0	18.0	9.0	75.04	58.9	1.144	17600	592	1070	15.3	2.81	879	78.8	2.49
40b		102	12.5				83.04	65.2	1.148	18600	640	1140	15.0	2.78	932	82.5	2.44
40c		104	14.5				91.04	71.5	1.152	19700	688	1220	14.7	2.75	986	86.2	2.42

注：见表 3-2-69 注。

热轧工字钢

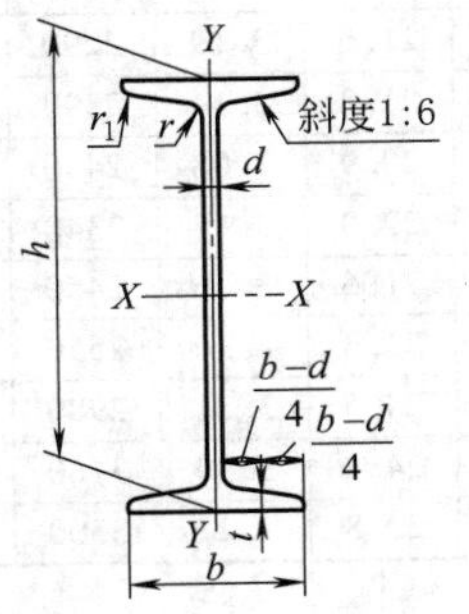

h——高度
b——腿宽度
d——腰厚度
t——腿中间厚度
r——内圆弧半径
r 及 r_1 仅用于孔型设计非交货条件

r_1——腿端圆弧半径
I——惯性矩
W——截面系数
i——惯性半径

表 3-2-72　热轧工字钢截面尺寸、截面面积、理论重量及截面特性

型号	截面尺寸/mm						截面面积/cm²	理论重量/(kg/m)	外表面积/(m²/m)	惯性矩/cm⁴		惯性半径/cm		截面模数/cm³	
	h	b	d	t	r	r_1				I_x	I_y	i_x	i_y	W_x	W_y
10	100	68	4.5	7.6	6.5	3.3	14.33	11.3	0.432	245	33.0	4.14	1.52	49.0	9.72
12	120	74	5.0	8.4	7.0	3.5	17.80	14.0	0.493	436	46.9	4.95	1.62	72.7	12.7
12.6	126	74	5.0	8.4	7.0	3.5	18.10	14.2	0.505	488	46.9	5.20	1.61	77.5	12.7
14	140	80	5.5	9.1	7.5	3.8	21.50	16.9	0.553	712	64.4	5.76	1.73	102	16.1
16	160	88	6.0	9.9	8.0	4.0	26.11	20.5	0.621	1130	93.1	6.58	1.89	141	21.2
18	180	94	6.5	10.7	8.5	4.3	30.74	24.1	0.681	1660	122	7.36	2.00	185	26.0
20a	200	100	7.0	11.4	9.0	4.5	35.55	27.9	0.742	2370	158	8.15	2.12	237	31.5
20b		102	9.0				39.55	31.1	0.746	2500	169	7.96	2.06	250	33.1
22a	220	110	7.5	12.3	9.5	4.8	42.10	33.1	0.817	3400	225	8.99	2.31	309	40.9
22b		112	9.5				46.50	36.5	0.821	3570	239	8.78	2.27	325	42.7
24a	240	116	8.0	13.0	10.0	5.0	47.71	37.5	0.878	4570	280	9.77	2.42	381	48.4
24b		118	10.0				52.51	41.2	0.882	4800	297	9.57	2.38	400	50.4
25a	250	116	8.0				48.51	38.1	0.898	5020	280	10.2	2.40	402	48.3
25b		118	10.0				53.51	42.0	0.902	5280	309	9.94	2.40	423	52.4
27a	270	122	8.5	13.7	10.5	5.3	54.52	42.8	0.958	6550	345	10.9	2.51	485	56.6
27b		124	10.5				59.92	47.0	0.962	6870	366	10.7	2.47	509	58.9
28a	280	122	8.5				55.37	43.5	0.978	7110	345	11.3	2.50	508	56.6
28b		124	10.5				60.97	47.9	0.982	7480	379	11.1	2.49	534	61.2
30a	300	126	9.0	14.4	11.0	5.5	61.22	48.1	1.031	8950	400	12.1	2.55	597	63.5
30b		128	11.0				67.22	52.8	1.035	9400	422	11.8	2.50	627	65.9
30c		130	13.0				73.22	57.5	1.039	9850	445	11.6	2.46	657	68.5

续表

型号	截面尺寸/mm						截面面积 /cm²	理论重量 /(kg/m)	外表面积 /(m²/m)	惯性矩/cm⁴		惯性半径/cm		截面模数/cm³	
	h	b	d	t	r	r_1				I_x	I_y	i_x	i_y	W_x	W_y
32a		130	9.5				67.12	52.7	1.084	11100	460	12.8	2.62	692	70.8
32b	320	132	11.5	15.0	11.5	5.8	73.52	57.7	1.088	11600	502	12.6	2.61	726	76.0
32c		134	13.5				79.92	62.7	1.092	12200	544	12.3	2.61	760	81.2
36a		136	10.0				76.44	60.0	1.185	15800	552	14.4	2.69	875	81.2
36b	360	138	12.0	15.8	12.0	6.0	83.64	65.7	1.189	16500	582	14.1	2.64	919	84.3
36c		140	14.0				90.84	71.3	1.193	17300	612	13.8	2.60	962	87.4
40a		142	10.5				86.07	67.6	1.285	21700	660	15.9	2.77	1090	93.2
40b	400	144	12.5	16.5	12.5	6.3	94.07	73.8	1.289	22800	692	15.6	2.71	1140	96.2
40c		146	14.5				102.1	80.1	1.293	23900	727	15.2	2.65	1190	99.6
45a		150	11.5				102.4	80.4	1.411	32200	855	17.7	2.89	1430	114
45b	450	152	13.5	18.0	13.5	6.8	111.4	87.4	1.415	33800	894	17.4	2.84	1500	118
45c		154	15.5				120.4	94.5	1.419	35300	938	17.1	2.79	1570	122
50a		158	12.0				119.2	93.6	1.539	46500	1120	19.7	3.07	1860	142
50b	500	160	14.0	20.0	14.0	7.0	129.2	101	1.543	48600	1170	19.4	3.01	1940	146
50c		162	16.0				139.2	109	1.547	50600	1220	19.0	2.96	2080	151
55a		166	12.5				134.1	105	1.667	62900	1370	21.6	3.19	2290	164
55b	550	168	14.5				145.1	114	1.671	65600	1420	21.2	3.14	2390	170
55c		170	16.5	21.0	14.5	7.3	156.1	123	1.675	68400	1480	20.9	3.08	2490	175
56a		166	12.5				135.4	106	1.687	65600	1370	22.0	3.18	2340	165
56b	560	168	14.5				146.6	115	1.691	68500	1490	21.6	3.16	2450	174
56c		170	16.5				157.8	124	1.695	71400	1560	21.3	3.16	2550	183
63a		176	13.0				154.6	121	1.862	93900	1700	24.5	3.31	2980	193
63b	630	178	15.0	22.0	15.0	7.5	167.2	131	1.866	98100	1810	24.2	3.29	3160	204
63c		180	17.0				179.8	141	1.870	102000	1920	23.8	3.27	3300	214

注：见表 3-2-69 注。

热轧 H 型钢和剖分 T 型钢（摘自 GB/T 11263—2017）

热轧 H 型钢

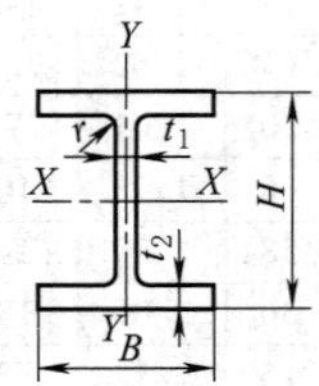

H——高度
B——宽度
t_1——腹板厚度
t_2——翼缘厚度
r——圆角半径

H 型钢规格的表示方法：
H 后加高度 H×宽度 B×腹板厚度 t_1×翼缘厚度 t_2
例如：H596×199×10×15

表 3-2-73　　热轧 H 型钢截面尺寸、截面面积、理论重量及截面特性

类别	型号（高度×宽度）/mm×mm	截面尺寸/mm					截面面积 /cm²	理论重量 /(kg/m)	表面积 /(m²/m)	惯性矩 /cm⁴		惯性半径 /cm		截面模数 /cm³	
		H	B	t_1	t_2	r				I_x	I_y	i_x	i_y	W_x	W_y
	100×100	100	100	6	8	8	21.58	16.9	0.574	378	134	4.18	2.48	75.6	26.7
	125×125	125	125	6.5	9	8	30.00	23.6	0.723	839	293	5.28	3.12	134	46.9
	150×150	150	150	7	10	8	39.64	31.1	0.872	1620	563	6.39	3.76	216	75.1
HW（宽翼缘型）	175×175	175	175	7.5	11	13	51.42	40.4	1.01	2900	984	7.50	4.37	331	112
	200×200	200	200	8	12	13	63.53	49.9	1.16	4720	1600	8.61	5.02	472	160
		200[①]	204	12	12	13	71.53	56.2	1.17	4980	1700	8.34	4.87	498	167
	250×250	244[①]	252	11	11	13	81.31	63.8	1.45	8700	2940	10.3	6.01	713	233
		250	250	9	14	13	91.43	71.8	1.46	10700	3650	10.8	6.31	860	292
		250[①]	255	14	14	13	103.9	81.6	1.47	11400	3880	10.5	6.10	912	304

续表

类别	型号（高度×宽度）/mm×mm	截面尺寸/mm					截面面积/cm²	理论重量/(kg/m)	表面积/(m²/m)	惯性矩/cm⁴		惯性半径/cm		截面模数/cm³	
		H	B	t_1	t_2	r				I_x	I_y	i_x	i_y	W_x	W_y
HW（宽翼缘型）	300×300	294①	302	12	12	13	106.3	83.5	1.75	16600	5510	12.5	7.20	1130	365
		300	300	10	15	13	118.5	93.0	1.76	20200	6750	13.1	7.55	1350	450
		300①	305	15	15	13	133.5	105	1.77	21300	7100	12.6	7.29	1420	466
	350×350	338①	351	13	13	13	133.3	105	2.03	27700	9380	14.4	8.38	1640	534
		344①	348	10	16	13	144.0	113	2.04	32800	11200	15.1	8.83	1910	646
		344①	354	16	16	13	164.7	129	2.05	34900	11800	14.6	8.48	2030	669
		350	350	12	19	13	171.9	135	2.05	39800	13600	15.2	8.88	2280	776
		350①	357	19	19	13	196.4	154	2.07	42300	14400	14.7	8.57	2420	808
	400×400	388①	402	15	15	22	178.5	140	2.32	49000	16300	16.6	9.54	2520	809
		394①	398	11	18	22	186.8	147	2.32	56100	18900	17.3	10.1	2850	951
		394①	405	18	18	22	214.4	168	2.33	59700	20000	16.7	9.64	3030	985
		400	400	13	21	22	218.7	172	2.34	66600	22400	17.5	10.1	3330	1120
		400①	408	21	21	22	250.7	197	2.35	70900	23800	16.8	9.74	3540	1170
		414①	405	18	28	22	295.4	232	2.37	92800	31000	17.7	10.2	4480	1530
		428①	407	20	35	22	360.7	283	2.41	119000	39400	18.2	10.4	5570	1930
		458①	417	30	50	22	528.6	415	2.49	187000	60500	18.8	10.7	8170	2900
		498①	432	45	70	22	770.1	604	2.60	298000	94400	19.7	11.1	12000	4370
	500×500	492①	465	15	20	22	258.0	202	2.78	117000	33500	21.3	11.4	4770	1440
		502①	465	15	25	22	304.5	239	2.80	146000	41900	21.9	11.7	5810	1800
		502①	470	20	25	22	329.6	259	2.81	151000	43300	21.4	11.5	6020	1840
HM（中翼缘型）	150×100	148	100	6	9	8	26.34	20.7	0.670	1000	150	6.16	2.38	135	30.1
	200×150	194	150	6	9	8	38.10	29.9	0.962	2630	507	8.30	3.64	271	67.6
	250×175	244	175	7	11	13	55.49	43.6	1.15	6040	984	10.4	4.21	495	112
	300×200	294	200	8	12	13	71.05	55.8	1.35	11100	1600	12.5	4.74	756	160
		298①	201	9	14	13	82.03	64.4	1.36	13100	1900	12.6	4.80	878	189
	350×250	340	250	9	14	13	99.53	78.1	1.64	21200	3650	14.6	6.05	1250	292
	400×300	390	300	10	16	13	133.3	105	1.94	37900	7200	16.9	7.35	1940	480
	450×300	440	300	11	18	13	153.9	121	2.04	54700	8110	18.9	7.25	2490	540
	500×300	482①	300	11	15	13	141.2	111	2.12	58300	6760	20.3	6.91	2420	450
		488	300	11	18	13	159.2	125	2.13	68900	8110	20.8	7.13	2820	540
	550×300	544①	300	11	15	13	148.0	116	2.24	76400	6760	22.7	6.75	2810	450
		550①	300	11	18	13	166.0	130	2.26	89800	8110	23.3	6.98	3270	540
	600×300	582①	300	12	17	13	169.2	133	2.32	98900	7660	24.2	6.72	3400	511
		588	300	12	20	13	187.2	147	2.33	114000	9010	24.7	6.93	3890	601
		594①	302	14	23	13	217.1	170	2.35	134000	10600	24.8	6.97	4500	700
HN（窄翼缘型）	100×50	100①	50	5	7	8	11.84	9.30	0.376	187	14.8	3.97	1.11	37.5	5.91
	125×60	125①	60	6	8	8	16.68	13.1	0.464	409	29.1	4.95	1.32	65.4	9.71
	150×75	150	75	5	7	8	17.84	14.0	0.576	666	49.5	6.10	1.66	88.8	13.2
	175×90	175	90	5	8	8	22.89	18.0	0.686	1210	97.5	7.25	2.06	138	21.7
	200×100	198①	99	4.5	7	8	22.68	17.8	0.769	1540	113	8.24	2.23	156	22.9
		200	100	5.5	8	8	26.66	20.9	0.775	1810	134	8.22	2.23	181	26.7
	250×125	248①	124	5	8	8	31.98	25.1	0.968	3450	255	10.4	2.82	278	41.1
		250	125	6	9	8	36.96	29.0	0.974	3960	294	10.4	2.81	317	47.0
	300×150	298①	149	5.5	8	13	40.80	32.0	1.16	6320	442	12.4	3.29	424	59.3
		300	150	6.5	9	13	46.78	36.7	1.16	7210	508	12.4	3.29	481	67.7
	350×175	346①	174	6	9	13	52.45	41.2	1.35	11000	791	14.5	3.88	638	91.0
		350	175	7	11	13	62.91	49.4	1.36	13500	984	14.6	3.95	771	112
	400×150	400	150	8	13	13	70.37	55.2	1.36	18600	734	16.3	3.22	929	97.8

续表

类别	型号（高度×宽度）/mm×mm	截面尺寸/mm					截面面积/cm²	理论重量/(kg/m)	表面积/(m²/m)	惯性矩/cm⁴		惯性半径/cm		截面模数/cm³	
		H	B	t_1	t_2	r				I_x	I_y	i_x	i_y	W_x	W_y
HN（窄翼缘型）	400×200	396①	199	7	11	13	71.41	56.1	1.55	19800	1450	16.6	4.50	999	145
		400	200	8	13	13	83.37	65.4	1.56	23500	1740	16.8	4.56	1170	174
	450×150	446①	150	7	12	13	66.99	52.6	1.46	22000	677	18.1	3.17	985	90.3
		450	151	8	14	13	77.49	60.8	1.47	25700	806	18.2	3.22	1140	107
	450×200	446①	199	8	12	13	82.97	65.1	1.65	28100	1580	18.4	4.36	1260	159
		450	200	9	14	13	95.43	74.9	1.66	32900	1870	18.6	4.42	1460	187
	475×150	470①	150	7	13	13	71.53	56.2	1.50	26200	733	19.1	3.20	1110	97.8
		475①	151.5	8.5	15.5	13	86.15	67.6	1.52	31700	901	19.2	3.23	1330	119
		482	153.5	10.5	19	13	106.4	83.5	1.53	39600	1150	19.3	3.28	1640	150
	500×150	492①	150	7	12	13	70.21	55.1	1.55	27500	677	19.8	3.10	1120	90.3
		500①	152	9	16	13	92.21	72.4	1.57	37000	940	20.0	3.19	1480	124
		504	153	10	18	13	103.3	81.1	1.58	41900	1080	20.1	3.23	1660	141
	500×200	496①	199	9	14	13	99.29	77.9	1.75	40800	1840	20.3	4.30	1650	185
		500	200	10	16	13	112.3	88.1	1.76	46800	2140	20.4	4.36	1870	214
		506①	201	11	19	13	129.3	102	1.77	55500	2580	20.7	4.46	2190	257
	550×200	546①	199	9	14	13	103.8	81.5	1.85	50800	1840	22.1	4.21	1860	185
		550	200	10	16	13	117.3	92.0	1.86	58200	2140	22.3	4.27	2120	214
	600×200	596①	199	10	15	13	117.8	92.4	1.95	66600	1980	23.8	4.09	2240	199
		600	200	11	17	13	131.7	103	1.96	75600	2270	24.0	4.15	2520	227
		606①	201	12	20	13	149.8	118	1.97	88300	2720	24.3	4.25	2910	270
	625×200	625①	198.5	13.5	17.5	13	150.6	118	1.99	88500	2300	24.2	3.90	2830	231
		630	200	15	20	13	170.0	133	2.01	101000	2690	24.4	3.97	3220	268
		638①	202	17	24	13	198.7	156	2.03	122000	3320	24.8	4.09	3820	329
	650×300	646①	299	12	18	18	183.6	144	2.43	131000	8030	26.7	6.61	4080	537
		650①	300	13	20	18	202.1	159	2.44	146000	9010	26.9	6.67	4500	601
		654①	301	14	22	18	220.6	173	2.45	161000	10000	27.4	6.81	4930	666
	700×300	692①	300	13	20	18	207.5	163	2.53	168000	9020	28.5	6.59	4870	601
		700	300	13	24	18	231.5	182	2.54	197000	10800	29.2	6.83	5640	721
	750×300	734①	299	12	16	18	182.7	143	2.61	161000	7140	29.7	6.25	4390	478
		742①	300	13	20	18	214.0	168	2.63	197000	9020	30.4	6.49	5320	601
		750①	300	13	24	18	238.0	187	2.64	231000	10800	31.1	6.74	6150	721
		758①	303	16	28	18	284.8	224	2.67	276000	13000	31.1	6.75	7270	859
	800×300	792①	300	14	22	18	239.5	188	2.73	248000	9920	32.2	6.43	6270	661
		800	300	14	26	18	263.5	207	2.74	286000	11700	33.0	6.66	7160	781
	850×300	834①	298	14	19	18	227.5	179	2.80	251000	8400	33.2	6.07	6020	564
		842①	299	15	23	18	259.7	204	2.82	298000	10300	33.9	6.28	7080	687
		850①	300	16	27	18	292.1	229	2.84	346000	12200	34.4	6.45	8140	812
		858①	301	17	31	18	324.7	255	2.86	395000	14100	34.9	6.59	9210	939
	900×300	890①	299	15	23	18	266.9	210	2.92	339000	10300	35.6	6.20	7610	687
		900	300	16	28	18	305.8	240	2.94	404000	12600	36.4	6.42	8990	842
		912①	302	18	34	18	360.1	283	2.97	491000	15700	36.9	6.59	10800	1040
	1000×300	970①	297	16	21	18	276.0	217	3.07	393000	9210	37.8	5.77	8110	620
		980①	298	17	26	18	315.5	248	3.09	472000	11500	38.7	6.04	9630	772
		990①	298	17	31	18	345.3	271	3.11	544000	13700	39.7	6.30	11000	921
		1000①	300	19	36	18	395.1	310	3.13	634000	16300	40.1	6.41	12700	1080
		1008①	302	21	40	18	439.3	345	3.15	712000	18400	40.3	6.47	14100	1220
HT（薄壁型）	100×50	95	48	3.2	4.5	8	7.620	5.98	0.362	115	8.39	3.88	1.04	24.2	3.49
		97	49	4	5.5	8	9.370	7.36	0.368	143	10.9	3.91	1.07	29.6	4.45
	100×100	96	99	4.5	6	8	16.20	12.7	0.565	272	97.2	4.09	2.44	56.7	19.6

续表

类别	型号（高度×宽度）/mm×mm	截面尺寸/mm					截面面积/cm^2	理论重量/(kg/m)	表面积/(m^2/m)	惯性矩/cm^4		惯性半径/cm		截面模数/cm^3	
		H	B	t_1	t_2	r				I_x	I_y	i_x	i_y	W_x	W_y
HT（薄壁型）	125×60	118	58	3.2	4.5	8	9.250	7.26	0.448	218	14.7	4.85	1.26	37.0	5.08
		120	59	4	5.5	8	11.39	8.94	0.454	271	19.0	4.87	1.29	45.2	6.43
	125×125	119	123	4.5	6	8	20.12	15.8	0.707	532	186	5.14	3.04	89.5	30.3
	150×75	145	73	3.2	4.5	8	11.47	9.00	0.562	416	29.3	6.01	1.59	57.3	8.02
		147	74	4	5.5	8	14.12	11.1	0.568	516	37.3	6.04	1.62	70.2	10.1
	150×100	139	97	3.2	4.5	8	13.43	10.6	0.646	476	68.6	5.94	2.25	68.4	14.1
		142	99	4.5	6	8	18.27	14.3	0.657	654	97.2	5.98	2.30	92.1	19.6
	150×150	144	148	5	7	8	27.76	21.8	0.856	1090	378	6.25	3.69	151	51.1
		147	149	6	8.5	8	33.67	26.4	0.864	1350	469	6.32	3.73	183	63.0
	175×90	168	88	3.2	4.5	8	13.55	10.6	0.668	670	51.2	7.02	1.94	79.7	11.6
		171	89	4	6	8	17.58	13.8	0.676	894	70.7	7.13	2.00	105	15.9
	175×175	167	173	5	7	13	33.32	26.2	0.994	1780	605	7.30	4.26	213	69.9
		172	175	6.5	9.5	13	44.64	35.0	1.01	2470	850	7.43	4.36	287	97.1
	200×100	193	98	3.2	4.5	8	15.25	12.0	0.758	994	70.7	8.07	2.15	103	14.4
		196	99	4	6	8	19.78	15.5	0.766	1320	97.2	8.18	2.21	135	19.6
	200×150	188	149	4.5	6	8	26.34	20.7	0.949	1730	331	8.09	3.54	184	44.4
	200×200	192	198	6	8	13	43.69	34.3	1.14	3060	1040	8.37	4.86	319	105
	250×125	244	124	4.5	6	8	25.86	20.3	0.961	2650	191	10.1	2.71	217	30.8
	250×175	238	173	4.5	8	13	39.12	30.7	1.14	4240	691	10.4	4.20	356	79.9
	300×150	294	148	4.5	6	13	31.90	25.0	1.15	4800	325	12.3	3.19	327	43.9
	300×200	286	198	6	8	13	49.33	38.7	1.33	7360	1040	12.2	4.58	515	105
	350×175	340	173	4.5	6	13	36.97	29.0	1.34	7490	518	14.2	3.74	441	59.9
	400×150	390	148	6	8	13	47.57	37.3	1.34	11700	434	15.7	3.01	602	58.6
	400×200	390	198	6	8	13	55.57	43.6	1.54	14700	1040	16.2	4.31	752	105

① 为市场非常用规格。

注：1. 本标准适用于热轧 H 型钢和由热轧 H 型钢剖分的 T 型钢。

2. 本表中截面面积计算公式为：$t_1(H-2t_2)+2Bt_2+0.858r^2$。

3. 本表中同一型号的产品，其内侧高度尺寸一致。

4. H 型钢和剖分 T 型钢的交货长度应在合同中注明，通常定尺长度为 12000mm。

5. H 型钢以热轧状态交货，剖分 T 型钢由热轧 H 型钢剖分而成。

6. H 型钢和剖分 T 型钢的牌号、化学成分（熔炼分析）和力学性能应符合 GB/T 700、GB/T 712、GB/T 714、GB/T 1591、GB/T 4171、GB/T 19879 或其他标准的有关规定。

表 3-2-74　　热轧工字钢与热轧 H 型钢型号及截面特性参数对比表

工字钢规格	H 型钢规格	H 型钢与工字钢性能参数对比						工字钢规格	H 型钢规格	H 型钢与工字钢性能参数对比					
		横截面积	W_x	W_y	I_x	惯性半径 i_x	惯性半径 i_y			横截面积	W_x	W_y	I_x	惯性半径 i_x	惯性半径 i_y
I10	H125×60	1.16	1.34	1.00	1.67	1.20	0.87	I20b	H248×124	0.81	1.11	1.24	1.38	1.31	1.37
I12	H125×60	0.94	0.90	0.76	0.94	1.00	0.81		H250×125	0.93	1.27	1.42	1.59	1.31	1.37
	H150×75	1.00	1.22	1.04	1.53	1.23	1.02	I22a	H250×125	0.88	1.03	1.15	1.17	1.16	1.22
I12.6	H150×75	0.99	1.15	1.04	1.36	1.18	1.03		H298×149	0.97	1.37	1.45	1.86	1.38	1.42
I14	H175×90	1.06	1.35	1.35	1.70	1.26	1.19	I22b	H250×125	0.79	0.98	1.10	1.11	1.18	1.24
I16	H175×90	0.88	0.98	1.02	1.07	1.10	1.09		H298×149	0.88	1.30	1.39	1.77	1.41	1.45
	H198×99	0.87	1.11	1.08	1.36	1.25	1.19		H300×150	1.01	1.48	1.59	2.02	1.41	1.45
	H200×100	1.02	1.28	1.26	1.60	1.25	1.19	I24a	H298×149	0.85	1.11	1.23	1.38	1.27	1.36
I18	H200×100	0.87	0.98	1.03	1.09	1.12	1.12	I24b	H298×149	0.78	1.06	1.18	1.32	1.30	1.38
	H248×124	1.04	1.50	1.58	2.08	1.41	1.41	I25a	H298×149	0.84	1.05	1.23	1.26	1.22	1.37
I20a	H248×124	0.90	1.17	1.30	1.46	1.28	1.33		H300×150	0.96	1.20	1.40	1.44	1.22	1.37
	H250×125	1.04	1.34	1.49	1.68	1.28	1.33	I25b	H298×149	0.76	1.00	1.13	1.20	1.25	1.37

续表

工字钢规格	H 型钢规格	H 型钢与工字钢性能参数对比					
		横截面积	W_x	W_y	I_x	惯性半径	
						i_x	i_y
I25b	H300×150	0.87	1.14	1.29	1.37	1.25	1.37
	H346×174	0.98	1.51	1.74	2.08	1.46	1.62
I27a	H346×174	0.96	1.32	1.61	1.68	1.33	1.55
I27b	H346×174	0.87	1.25	1.54	1.60	1.36	1.57
I28a	H346×174	0.95	1.26	1.61	1.55	1.28	1.55
I28b	H346×174	0.86	1.19	1.49	1.47	1.31	1.56
	H350×175	1.03	1.44	1.85	1.80	1.32	1.59
I30a	H350×175	1.03	1.29	1.78	1.51	1.21	1.55
I30b	H350×175	0.94	1.23	1.71	1.44	1.25	1.58
I30c	H350×175	0.86	1.17	1.65	1.37	1.27	1.61
I32a	H350×175	0.94	1.11	1.60	1.22	1.15	1.51
I32b	H350×175	0.86	1.06	1.49	1.16	1.17	1.52
	H400×150	0.96	1.28	1.29	1.60	1.29	1.24
	H396×199	0.97	1.38	1.91	1.71	1.32	1.72
I32c	H350×175	0.79	1.01	1.39	1.11	1.20	1.52
	H400×150	0.88	1.22	1.20	1.52	1.33	1.24
	H396×199	0.89	1.31	1.79	1.62	1.35	1.72
I36a	H400×150	0.92	1.06	1.20	1.18	1.13	1.20
	H396×199	0.93	1.14	1.79	1.25	1.15	1.67
I36b	H400×150	0.84	1.01	1.16	1.13	1.16	1.22
	H396×199	0.85	1.09	1.72	1.20	1.18	1.70
	H400×200	1.00	1.27	2.06	1.42	1.19	1.73
	H446×199	0.99	1.37	1.89	1.70	1.30	1.65
I36c	H396×199	0.79	1.04	1.66	1.14	1.20	1.73
	H400×200	0.92	1.22	1.99	1.36	1.22	1.75
	H446×199	0.91	1.31	1.82	1.62	1.33	1.68
I40a	H400×200	0.97	1.07	1.87	1.08	1.06	1.65
	H446×199	0.96	1.16	1.71	1.29	1.16	1.57
I40b	H400×200	0.89	1.03	1.81	1.03	1.08	1.68
	H446×199	0.88	1.11	1.65	1.23	1.18	1.61
	H450×200	1.01	1.28	1.94	1.44	1.19	1.63

工字钢规格	H 型钢规格	H 型钢与工字钢性能参数对比					
		横截面积	W_x	W_y	I_x	惯性半径	
						i_x	i_y
I40c	H400×200	0.82	0.98	1.75	0.98	1.11	1.72
	H446×199	0.81	1.06	1.60	1.18	1.21	1.65
	H450×200	0.93	1.23	1.88	1.38	1.22	1.67
I45a	H450×200	0.93	1.02	1.64	1.02	1.05	1.53
	H496×199	0.97	1.15	1.62	1.27	1.15	1.49
I45b	H450×200	0.86	0.97	1.58	0.97	1.07	1.56
	H496×199	0.89	1.10	1.57	1.21	1.17	1.52
	H500×200	1.01	1.25	1.81	1.38	1.17	1.54
I45c	H450×200	0.79	0.93	1.53	0.93	1.09	1.59
	H496×199	0.82	1.05	1.52	1.16	1.19	1.54
	H500×200	0.93	1.19	1.75	1.33	1.19	1.56
	H596×199	0.98	1.43	1.63	1.89	1.39	1.47
I50a	H500×200	0.94	1.01	1.51	1.01	1.04	1.42
	H596×199	0.99	1.20	1.40	1.43	1.21	1.34
I50b	H506×201	1.00	1.13	1.76	1.14	1.07	1.48
	H596×199	0.91	1.15	1.36	1.37	1.23	1.36
	H600×200	1.02	1.30	1.55	1.56	1.24	1.38
I50c	H500×200	0.81	0.90	1.42	0.92	1.07	1.47
	H506×201	0.93	1.05	1.70	1.10	1.09	1.51
	H596×199	0.85	1.08	1.32	1.32	1.25	1.39
I55a	H600×200	0.98	1.10	1.38	1.20	1.11	1.30
I55b	H600×200	0.91	1.05	1.34	1.15	1.13	1.32
I55c	H600×200	0.84	1.01	1.30	1.11	1.15	1.35
I56a	H596×199	0.87	0.96	1.21	1.02	1.08	1.29
	H600×200	0.97	1.08	1.38	1.15	1.09	1.31
I56b	H606×201	1.02	1.19	1.55	1.29	1.13	1.35
I56c	H600×200	0.83	0.99	1.24	1.06	1.13	1.32
	H606×201	0.95	1.15	1.48	1.24	1.14	1.35
I63a	H582×300	1.09	1.14	2.65	1.05	0.99	2.03
I63b	H582×300	1.01	1.08	2.50	1.01	1.00	2.05
I63c	H582×300	0.94	1.03	2.39	0.97	1.02	2.06

注：1. 本表为按照截面积大体相近，并且绕 X 轴的抗弯强度不低于相应热轧工字钢的原则，计算的热轧工字钢与热轧 H 型钢有关规格的性能参数对比表，供有关人员使用热轧 H 型钢时参考。

2. 本表中“H 型钢与工字钢性能参数对比”的数值为“H 型钢参数值/工字钢参数值”。

剖分 T 型钢

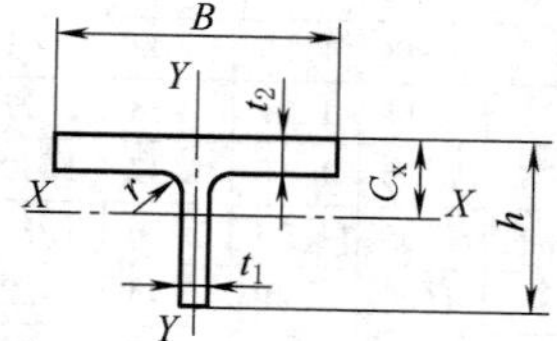

h——高度

B——宽度

t_1——腹板厚度

t_2——翼缘厚度

r——圆角半径

C_x——质心距离

剖分 T 型钢规格的表示方法：

T 后加高度 h×宽度 B×腹板厚度 t_1×翼缘厚度 t_2

例如：T207×405×18×28

表 3-2-75　　剖分 T 型钢截面尺寸、截面面积、理论重量及截面特性

类别	型号(高度×宽度)/mm×mm	截面尺寸/mm					截面面积/cm²	理论重量/(kg/m)	表面积/(m²/m)	惯性矩/cm⁴		惯性半径/cm		截面模数/cm³		质心距离	对应H型钢系列型号
		h	B	t_1	t_2	r				I_x	I_y	i_x	i_y	W_x	W_y	C_x/cm	
TW(宽翼缘剖分型)	50×100	50	100	6	8	8	10.79	8.47	0.293	16.1	66.8	1.22	2.48	4.02	13.4	1.00	100×100
	62.5×125	62.5	125	6.5	9	8	15.00	11.8	0.368	35.0	147	1.52	3.12	6.91	23.5	1.19	125×125
	75×150	75	150	7	10	8	19.82	15.6	0.443	66.4	282	1.82	3.76	10.8	37.5	1.37	150×150
	87.5×175	87.5	175	7.5	11	13	25.71	20.2	0.514	115	492	2.11	4.37	15.9	56.2	1.55	175×175
	100×200	100	200	8	12	13	31.76	24.9	0.589	184	801	2.40	5.02	22.3	80.1	1.73	200×200
		100	204	12	12	13	35.76	28.1	0.597	256	851	2.67	4.87	32.4	83.4	2.09	
	125×250	125	250	9	14	13	45.71	35.9	0.739	412	1820	3.00	6.31	39.5	146	2.08	250×250
		125	255	14	14	13	51.96	40.8	0.749	589	1940	3.36	6.10	59.4	152	2.58	
	150×300	147	302	12	12	13	53.16	41.7	0.887	857	2760	4.01	7.20	72.3	183	2.85	300×300
		150	300	10	15	13	59.22	46.5	0.889	798	3380	3.67	7.55	63.7	225	2.47	
		150	305	15	15	13	66.72	52.4	0.899	1110	3550	4.07	7.29	92.5	233	3.04	
	175×350	172	348	10	16	13	72.00	56.5	1.03	1230	5620	4.13	8.83	84.7	323	2.67	350×350
		175	350	12	19	13	85.94	67.5	1.04	1520	6790	4.20	8.88	104	388	2.87	
	200×400	194	402	15	15	22	89.22	70.0	1.17	2480	8130	5.27	9.54	158	404	3.70	400×400
		197	398	11	18	22	93.40	73.3	1.17	2050	9460	4.67	10.1	123	475	3.01	
		200	400	13	21	22	109.3	85.8	1.18	2480	11200	4.75	10.1	147	560	3.21	
		200	408	21	21	22	125.3	98.4	1.2	3650	11900	5.39	9.74	229	584	4.07	
		207	405	18	28	22	147.7	116	1.21	3620	15500	4.95	10.2	213	766	3.68	
		214	407	20	35	22	180.3	142	1.22	4380	19700	4.92	10.4	250	967	3.90	
TM(中翼缘剖分型)	75×100	74	100	6	9	8	13.17	10.3	0.341	51.7	75.2	1.98	2.38	8.84	15.0	1.56	150×100
	100×150	97	150	6	9	8	19.05	15.0	0.487	124	253	2.55	3.64	15.8	33.8	1.80	200×150
	125×175	122	175	7	11	13	27.74	21.8	0.583	288	492	3.22	4.21	29.1	56.2	2.28	250×175
	150×200	147	200	8	12	13	35.52	27.9	0.683	571	801	4.00	4.74	48.2	80.1	2.85	300×200
		149	201	9	14	13	41.01	32.2	0.689	661	949	4.01	4.80	55.2	94.4	2.92	
	175×250	170	250	9	14	13	49.76	39.1	0.829	1020	1820	4.51	6.05	73.2	146	3.11	350×250
	200×300	195	300	10	16	13	66.62	52.3	0.979	1730	3600	5.09	7.35	108	240	3.43	400×300
	225×300	220	300	11	18	13	76.94	60.4	1.03	2680	4050	5.89	7.25	150	270	4.09	450×300
	250×300	241	300	11	15	13	70.58	55.4	1.07	3400	3380	6.93	6.91	178	225	5.00	500×300
		244	300	11	18	13	79.58	62.5	1.08	3610	4050	6.73	7.13	184	270	4.72	
	275×300	272	300	11	15	13	73.99	58.1	1.13	4790	3380	8.04	6.75	225	225	5.96	550×300
		275	300	11	18	13	82.99	65.2	1.14	5090	4050	7.82	6.98	232	270	5.59	
	300×300	291	300	12	17	13	84.60	66.4	1.17	6320	3830	8.64	6.72	280	255	6.51	600×300
		294	300	12	20	13	93.60	73.5	1.18	6680	4500	8.44	6.93	288	300	6.17	
		297	302	14	23	13	108.5	85.2	1.19	7890	5290	8.52	6.97	339	350	6.41	
TN(窄翼缘剖分型)	50×50	50	50	5	7	8	5.920	4.65	0.193	11.8	7.39	1.41	1.11	3.18	2.950	1.28	100×50
	62.5×60	62.5	60	6	8	8	8.340	6.55	0.238	27.5	14.6	1.81	1.32	5.96	4.85	1.64	125×60
	75×75	75	75	5	7	8	8.920	7.00	0.293	42.6	24.7	2.18	1.66	7.46	6.59	1.79	150×75
	87.5×90	85.5	89	4	6	8	8.790	6.90	0.342	53.7	35.3	2.47	2.00	8.02	7.94	1.86	175×90
		87.5	90	5	8	8	11.44	8.98	0.348	70.6	48.7	2.48	2.06	10.4	10.8	1.93	
	100×100	99	99	4.5	7	8	11.34	8.90	0.389	93.5	56.7	2.87	2.23	12.1	11.5	2.17	200×100
		100	100	5.5	8	8	13.33	10.5	0.393	114	66.9	2.92	2.23	14.8	13.4	2.31	

续表

类别	型号(高度×宽度)/mm×mm	截面尺寸/mm					截面面积/cm²	理论重量/(kg/m)	表面积/(m²/m)	惯性矩/cm⁴		惯性半径/cm		截面模数/cm³		质心距离	对应H型钢系列型号
		h	B	t_1	t_2	r				I_x	I_y	i_x	i_y	W_x	W_y	C_x/cm	
TN(窄翼缘剖分型)	125×125	124	124	5	8	8	15.99	12.6	0.489	207	127	3.59	2.82	21.3	20.5	2.66	250×125
		125	125	6	9	8	18.48	14.5	0.493	248	147	3.66	2.81	25.6	23.5	2.81	
	150×150	149	149	5.5	8	13	20.40	16.0	0.585	393	221	4.39	3.29	33.8	29.7	3.26	300×150
		150	150	6.5	9	13	23.39	18.4	0.589	464	254	4.45	3.29	40.0	33.8	3.41	
	175×175	173	174	6	9	13	26.22	20.6	0.683	679	396	5.08	3.88	50.0	45.5	3.72	350×175
		175	175	7	11	13	31.45	24.7	0.689	814	492	5.08	3.95	59.3	56.2	3.76	
	200×200	198	199	7	11	13	35.70	28.0	0.783	1190	723	5.77	4.50	76.4	72.7	4.20	400×200
		200	200	8	13	13	41.68	32.7	0.789	1390	868	5.78	4.56	88.6	86.8	4.26	
	225×150	223	150	7	12	13	33.49	26.3	0.735	1570	338	6.84	3.17	93.7	45.1	5.54	450×150
		225	151	8	14	13	38.74	30.4	0.741	1830	403	6.87	3.22	108	53.4	5.62	
	225×200	223	199	8	12	13	41.48	32.6	0.833	1870	789	6.71	4.36	109	79.3	5.15	450×200
		225	200	9	14	13	47.71	37.5	0.839	2150	935	6.71	4.42	124	93.5	5.19	
	237.5×150	235	150	7	13	13	35.76	28.1	0.759	1850	367	7.18	3.20	104	48.9	7.50	475×150
		237.5	151.5	8.5	15.5	13	43.07	33.8	0.767	2270	451	7.25	3.23	128	59.5	7.57	
		241	153.5	10.5	19	13	53.20	41.8	0.778	2860	575	7.33	3.28	160	75.0	7.67	
	250×150	246	150	7	12	13	35.10	27.6	0.781	2060	339	7.66	3.10	113	45.1	6.36	500×150
		250	152	9	16	13	46.10	36.2	0.793	2750	470	7.71	3.19	149	61.9	6.53	
		252	153	10	18	13	51.66	40.6	0.799	3100	540	7.74	3.23	167	70.5	6.62	
	250×200	248	199	9	14	13	49.64	39.0	0.883	2820	921	7.54	4.30	150	92.6	5.97	500×200
		250	200	10	16	13	56.12	44.1	0.889	3200	1070	7.54	4.36	169	107	6.03	
		253	201	11	19	13	64.65	50.8	0.897	3660	1290	7.52	4.46	189	128	6.00	
	275×200	273	199	9	14	13	51.89	40.7	0.933	3690	921	8.43	4.21	180	92.6	6.85	550×200
		275	200	10	16	13	58.62	46.0	0.939	4180	1070	8.44	4.27	203	107	6.89	
	300×200	298	199	10	15	13	58.87	46.2	0.983	5150	988	9.35	4.09	235	99.3	7.92	600×200
		300	200	11	17	13	65.85	51.7	0.989	5770	1140	9.35	4.15	262	114	7.95	
		303	201	12	20	13	74.88	58.8	0.997	6530	1360	9.33	4.25	291	135	7.88	
	312.5×200	312.5	198.5	13.5	17.5	13	75.28	59.1	1.01	7460	1150	9.95	3.90	338	116	9.15	625×200
		315	200	15	20	13	84.97	66.7	1.02	8470	1340	9.98	3.97	380	134	9.21	
		319	202	17	24	13	99.35	78.0	1.03	9960	1160	10.0	4.08	440	165	9.26	
	325×300	323	299	12	18	18	91.81	72.1	1.23	8570	4020	9.66	6.61	344	269	7.36	650×300
		325	300	13	20	18	101.0	79.3	1.23	9430	4510	9.66	6.67	376	300	7.40	
		327	301	14	22	18	110.3	86.59	1.24	10300	5010	9.66	6.73	408	333	7.45	
	350×300	346	300	13	20	18	103.8	81.5	1.28	11300	4510	10.4	6.59	424	301	8.09	700×300
		350	300	13	24	18	115.8	90.9	1.28	12000	5410	10.2	6.83	438	361	7.63	
	400×300	396	300	14	22	18	119.8	94.0	1.38	17600	4960	12.1	6.43	592	331	9.78	800×300
		400	300	14	26	18	131.8	103	1.38	18700	5860	11.9	6.66	610	391	9.27	
	450×300	445	299	15	23	18	133.5	105	1.47	25900	5140	13.9	6.20	789	344	11.7	900×300
		450	300	16	28	18	152.9	120	1.48	29100	6320	13.8	6.42	865	421	11.4	
		456	302	18	34	18	180.0	141	1.50	34100	7830	13.8	6.59	997	518	11.3	

注：见表3-2-73注3~注6。

通用冷弯开口型钢（摘自 GB/T 6723—2017）

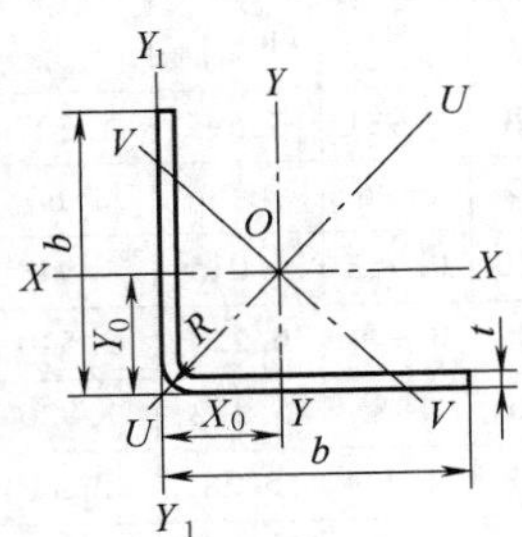

b——边宽度
t——边厚度
R——内圆弧半径

冷弯等边角钢
（代号 JD）

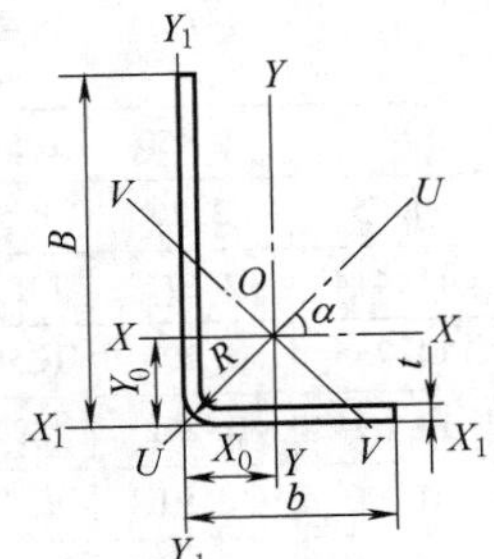

B——长边宽度
b——短边宽度
t——边厚度
R——内圆弧半径

冷弯不等边角钢
（代号 JB）

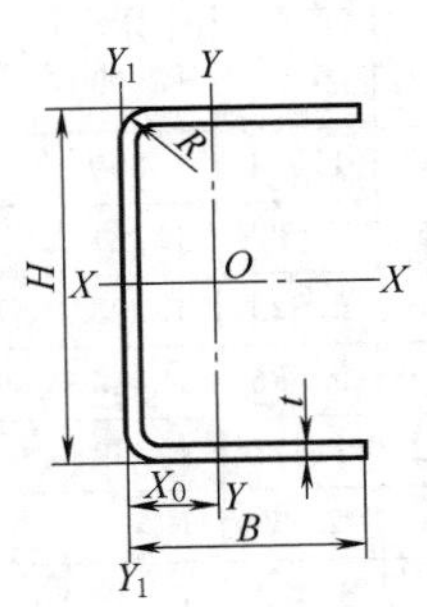

B——边宽度
H——高度
t——边厚度
R——内圆弧半径

冷弯等边槽钢
（代号 CD）

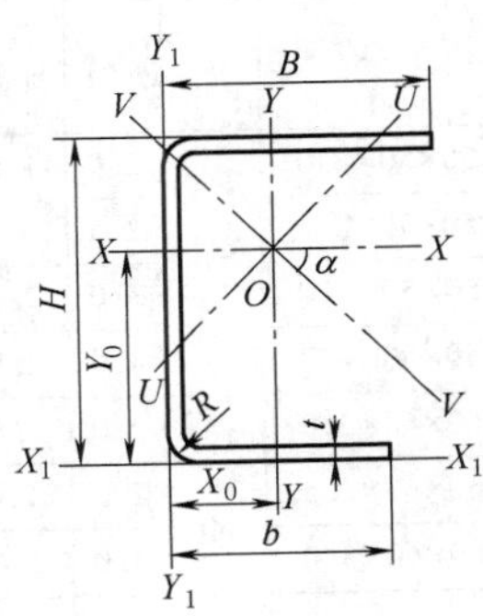

B——长边宽度
b——短边宽度
H——高度
t——边厚度
R——内圆弧半径

冷弯不等边槽钢
（代号 CB）

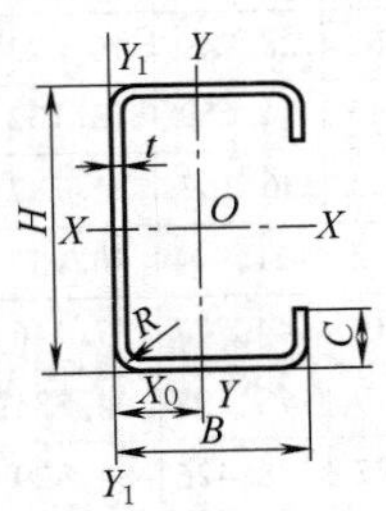

B——边宽度
H——高度
C——内卷边高度
t——边厚度
R——内圆弧半径

冷弯内卷边槽钢
（代号 CN）

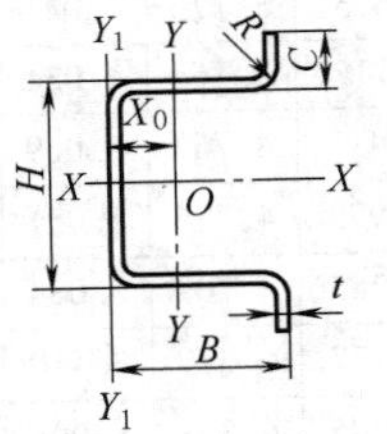

B——边宽度
H——高度
C——外卷边高度
t——边厚度
R——外卷边弧半径

冷弯外卷边槽钢
（代号 CW）

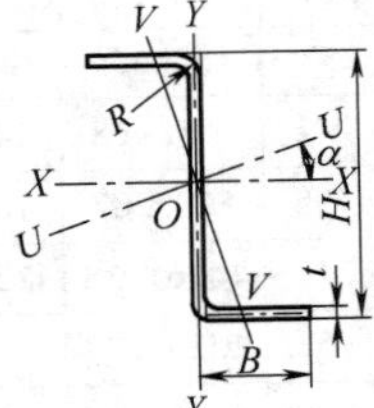

B——边宽度
H——高度
t——边厚度
R——弧半径

冷弯 Z 型钢
（代号 Z）

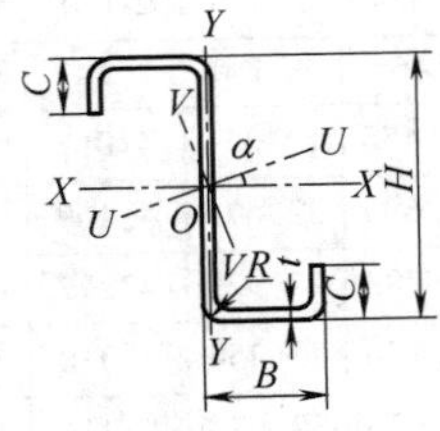

B——边宽度
H——高度
C——卷边高度
t——边厚度
R——弧半径

冷弯卷边 Z 型钢
（代号 ZJ）

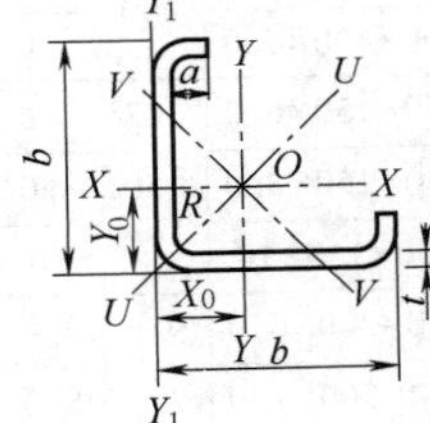

b——边宽度
t——边厚度
a——卷边高度
R——弧半径

卷边等边角钢
（代号 JJ）

第 3 篇

表 3-2-76　冷弯等边角钢基本尺寸与主要参数

规格	尺寸/mm		理论重量/(kg/m)	截面面积/cm^2	质心距离 Y_0/cm	惯性矩/cm^4			回转半径/cm			截面模数/cm^3	
$b\times b\times t$	b	t				$I_x=I_y$	I_u	I_v	$r_x=r_y$	r_u	r_v	$W_{ymax}=W_{xmax}$	$W_{ymin}=W_{xmin}$
20×20×1.2	20	1.2	0.354	0.451	0.559	0.179	0.292	0.066	0.630	0.804	0.385	0.321	0.124
20×20×2.0		2.0	0.566	0.721	0.599	0.278	0.457	0.099	0.621	0.796	0.371	0.464	0.198
30×30×1.6	30	1.6	0.714	0.909	0.829	0.817	1.328	0.307	0.948	1.208	0.581	0.986	0.376
30×30×2.0		2.0	0.880	1.121	0.849	0.998	1.626	0.369	0.943	1.204	0.573	1.175	0.464
30×30×3.0		3.0	1.274	1.623	0.898	1.409	2.316	0.503	0.931	1.194	0.556	1.568	0.671
40×40×1.6	40	1.6	0.965	1.229	1.079	1.985	3.213	0.758	1.270	1.616	0.785	1.839	0.679
40×40×2.0		2.0	1.194	1.521	1.099	2.438	3.956	0.919	1.265	1.612	0.777	2.218	0.840
40×40×2.5		2.5	1.47	1.87	1.132	2.96	4.85	1.07	1.26	1.61	0.76	2.62	1.03
40×40×3.0		3.0	1.745	2.223	1.148	3.496	5.710	1.282	1.253	1.602	0.759	3.043	1.226

续表

规格	尺寸/mm		理论重量/(kg/m)	截面面积/cm^2	质心距离Y_0/cm	惯性矩/cm^4			回转半径/cm			截面模数/cm^3	
$b \times b \times t$	b	t				$I_x = I_y$	I_u	I_v	$r_x = r_y$	r_u	r_v	$W_{ymax} = W_{xmax}$	$W_{ymin} = W_{xmin}$
50×50×2.0	50	2.0	1.508	1.921	1.349	4.848	7.845	1.850	1.588	2.020	0.981	3.593	1.327
50×50×2.5		2.5	1.86	2.37	1.381	5.93	9.65	2.20	1.58	2.02	0.96	4.29	1.64
50×50×3.0		3.0	2.216	2.823	1.398	7.015	11.414	2.616	1.576	2.010	0.962	5.015	1.948
50×50×4.0		4.0	2.894	3.686	1.448	9.022	14.755	3.290	1.564	2.000	0.944	6.229	2.540
60×60×2.0	60	2.0	1.822	2.321	1.599	8.478	13.694	3.262	1.910	2.428	1.185	5.302	1.926
60×60×2.5		2.5	2.25	2.87	1.630	10.41	16.90	3.91	1.90	2.43	1.17	6.38	2.38
60×60×3.0		3.0	2.687	3.423	1.648	12.342	20.028	4.657	1.898	2.418	1.166	7.486	2.836
60×60×4.0		4.0	3.522	4.486	1.698	15.970	26.030	5.911	1.886	2.408	1.147	9.403	3.712
70×70×3.0	70	3.0	3.158	4.023	1.898	19.853	32.152	7.553	2.221	2.826	1.370	10.456	3.891
70×70×4.0		4.0	4.150	5.286	1.948	25.799	41.944	9.654	2.209	2.816	1.351	13.242	5.107
75×75×2.5	75	2.5	2.84	3.62	2.005	20.65	33.43	7.87	2.39	3.04	1.48	10.30	3.76
75×75×3.0		3.0	3.39	4.31	2.031	24.47	39.70	9.23	2.38	3.03	1.46	12.05	4.47
80×80×4.0	80	4.0	4.778	6.086	2.198	39.009	63.299	14.719	2.531	3.224	1.555	17.745	6.723
80×80×5.0		5.0	5.895	7.510	2.247	47.677	77.622	17.731	2.519	3.214	1.536	21.209	8.288
100×100×4.0	100	4.0	6.034	7.686	2.698	77.571	125.528	29.613	3.176	4.041	1.962	28.749	10.623
100×100×5.0		5.0	7.465	9.510	2.747	95.237	154.539	35.335	3.164	4.031	1.943	34.659	13.132
150×150×6.0	150	6.0	13.458	17.254	4.062	391.442	635.468	147.415	4.763	6.069	2.923	96.367	35.787
150×150×8.0		8.0	17.685	22.673	4.169	508.593	830.207	186.979	4.736	6.051	2.872	121.994	46.957
150×150×10		10	21.783	27.927	4.277	619.211	1016.638	221.785	4.709	6.034	2.818	144.777	57.746
200×200×6.0	200	6.0	18.138	23.254	5.310	945.753	1529.328	362.177	6.377	8.110	3.947	178.108	64.381
200×200×8.0		8.0	23.925	30.673	5.416	1237.149	2008.393	465.905	6.351	8.091	3.897	228.425	84.829
200×200×10		10	29.583	37.927	5.522	1516.787	2472.471	561.104	6.324	8.074	3.846	274.681	104.765
250×250×8.0	250	8.0	30.164	38.672	6.664	2453.559	3970.580	936.538	7.965	10.133	4.921	368.181	133.811
250×250×10		10	37.383	47.927	6.770	3020.384	4903.304	1137.464	7.939	10.114	4.872	446.142	165.682
250×250×12		12	44.472	57.015	6.876	3568.836	5812.612	1325.061	7.912	10.097	4.821	519.028	196.912
300×300×10	300	10	45.183	57.927	8.018	5286.252	8559.138	2013.367	9.553	12.155	5.896	659.298	240.481
300×300×12		12	53.832	69.015	8.124	6263.069	10167.49	2358.645	9.526	12.138	5.846	770.934	286.299
300×300×14		14	62.022	79.516	8.277	7182.256	11740.00	2624.502	9.504	12.150	5.745	867.737	330.629
300×300×16		16	70.312	90.144	8.392	8095.516	13279.70	2911.336	9.477	12.137	5.683	964.671	374.654

注：1. 本标准适用于冷轧或热轧钢带在连续辊式冷弯机组上生产的通用冷弯开口型钢，其牌号、化学成分（熔炼分析）、力学性能、工艺性能和表面质量等应符合 GB/T 6725 的规定。

2. 弯曲角部分的外圆弧半径 R 应符合下表规定。

屈服强度等级	外圆弧半径/mm		
	$t \leqslant 4.0$	$4.0 < t \leqslant 12.0$	$12.0 < t \leqslant 19.0$
235	$(1.5 \sim 2.5)t$	$(2.0 \sim 3.0)t$	$(2.5 \sim 3.5)t$
345	$(2.0 \sim 3.0)t$	$(2.5 \sim 3.5)t$	$(3.0 \sim 4.0)t$
390、420、460及以上级别	供需双方协议		

3. 通用冷弯开口型钢通常长度为 4000~16000mm。

4. 标记示例：用牌号为 Q345 制成高度为 160mm、中腿边长为 60mm、小腿边长为 20mm、壁厚为 3mm 的冷弯内卷边槽钢，其标记为：

$$冷弯内卷边槽钢\frac{\text{CN160×60×20×3—GB/T 6723—2017}}{\text{Q345—GB/T 1591—2008}}$$

表 3-2-77

冷弯不等边角钢基本尺寸与主要参数

规格	尺寸/mm			理论重量	截面面积	质心距离/cm		惯性矩/cm^4				回转半径/cm				截面模数/cm^3			
$B\times b\times t$	B	b	t	/(kg/m)	/cm^2	Y_0	X_0	I_x	I_y	I_u	I_v	r_x	r_y	r_u	r_v	W_{xmax}	W_{xmin}	W_{ymax}	W_{ymin}
30×20×2.0	30	20	2.0	0.723	0.921	1.011	0.490	0.860	0.318	1.014	0.164	0.966	0.587	1.049	0.421	0.850	0.432	0.648	0.210
30×20×3.0			3.0	1.039	1.323	1.068	0.536	1.201	0.441	1.421	0.220	0.952	0.577	1.036	0.408	1.123	0.621	0.823	0.301
50×30×2.5	50	30	2.5	1.473	1.877	1.706	0.674	4.962	1.419	5.597	0.783	1.625	0.869	1.726	0.645	2.907	1.506	2.103	0.610
50×30×4.0			4.0	2.266	2.886	1.794	0.741	7.419	2.104	8.395	1.128	1.603	0.853	1.705	0.625	4.134	2.314	2.838	0.931
60×40×2.5	60	40	2.5	1.866	2.377	1.939	0.913	9.078	3.376	10.665	1.790	1.954	1.191	2.117	0.867	4.682	2.235	3.694	1.094
60×40×4.0			4.0	2.894	3.686	2.023	0.981	13.774	5.091	16.239	2.625	1.932	1.175	2.098	0.843	6.807	3.463	5.184	1.686
70×40×3.0	70	40	3.0	2.452	3.123	2.402	0.861	16.301	4.142	18.092	2.351	2.284	1.151	2.406	0.867	6.785	3.545	4.810	1.319
70×40×4.0			4.0	3.208	4.086	2.461	0.905	21.038	5.317	23.381	2.973	2.268	1.140	2.391	0.853	8.546	4.635	5.872	1.718
80×50×3.0	80	50	3.0	2.923	3.723	2.631	1.096	25.450	8.086	29.092	4.444	2.614	1.473	2.795	1.092	9.670	4.740	7.371	2.071
80×50×4.0			4.0	3.836	4.886	2.688	1.141	33.025	10.449	37.810	5.664	2.599	1.462	2.781	1.076	12.281	6.218	9.151	2.708
100×60×3.0	100	60	3.0	3.629	4.623	3.297	1.259	49.787	14.347	56.038	8.096	3.281	1.761	3.481	1.323	15.100	7.427	11.389	3.026
100×60×4.0			4.0	4.778	6.086	3.354	1.304	64.939	18.640	73.177	10.402	3.266	1.749	3.467	1.307	19.356	9.772	14.289	3.969
100×60×5.0			5.0	5.895	7.510	3.412	1.349	79.395	22.707	89.566	12.536	3.251	1.738	3.453	1.291	23.263	12.053	16.830	4.882
150×120×6.0	150	120	6.0	12.054	15.454	4.500	2.962	362.949	211.071	475.645	98.375	4.846	3.696	5.548	2.532	80.655	34.567	71.260	23.354
150×120×8.0			8.0	15.813	20.273	4.615	3.064	470.343	273.077	619.416	124.003	4.817	3.670	5.528	2.473	101.916	45.291	89.124	30.559
150×120×10			10	19.443	24.927	4.732	3.167	571.010	331.066	755.971	146.105	4.786	3.644	5.507	2.421	120.670	55.611	104.536	37.481
200×160×8.0	200	160	8.0	21.429	27.473	6.000	3.950	1147.099	667.089	1503.275	310.914	6.462	4.928	7.397	3.364	191.183	81.936	168.883	55.360
200×160×10			10	24.463	33.927	6.115	4.051	1403.661	815.267	1846.212	372.716	6.432	4.902	7.377	3.314	229.544	101.092	201.251	68.229
200×160×12			12	31.368	40.215	6.231	4.154	1648.244	956.261	2176.288	428.217	6.402	4.876	7.356	3.263	264.523	119.707	230.202	80.724
250×220×10	250	220	10	35.043	44.927	7.188	5.652	2894.335	2122.346	4102.990	913.691	8.026	6.873	9.556	4.510	402.662	162.494	375.504	129.823
250×220×12			12	41.664	53.415	7.299	5.756	3417.040	2504.222	4859.116	1062.097	7.998	6.847	9.538	4.459	468.151	193.042	435.063	154.163
250×220×14			14	47.826	61.316	7.466	5.904	3895.841	2856.311	5590.119	1162.033	7.971	6.825	9.548	4.353	521.811	222.188	483.793	177.455
300×260×12	300	260	12	50.088	64.215	8.686	6.638	5970.485	4218.566	8347.648	1841.403	9.642	8.105	11.402	5.355	687.369	280.120	635.517	217.879
300×260×14			14	57.654	73.916	8.851	6.782	6835.520	4831.275	9625.709	2041.085	9.616	8.085	11.412	5.255	772.288	323.208	712.367	251.393
300×260×16			16	65.320	83.744	8.972	6.894	7697.062	5438.329	10876.951	2258.440	9.587	8.059	11.397	5.193	857.898	366.039	788.850	284.640

注：见表 3-2-76 注。

表 3-2-78

冷弯等边槽钢基本尺寸与主要参数

规格	尺寸/mm			理论重量	截面面积	质心距离	惯性矩/cm^4		回转半径/cm		截面模数/cm^3		
$H\times B\times t$	H	B	t	/(kg/m)	/cm^2	X_0/cm	I_x	I_y	r_x	r_y	W_x	W_{ymax}	W_{ymin}
20×10×1.5	20	10	1.5	0.401	0.511	0.324	0.281	0.047	0.741	0.305	0.281	0.146	0.070
20×10×2.0			2.0	0.505	0.643	0.349	0.330	0.058	0.716	0.300	0.330	0.165	0.089

续表

规格	尺寸/mm			理论重量/(kg/m)	截面面积/cm^2	质心距离 X_0/cm	惯性矩/cm^4		回转半径/cm		截面模数/cm^3		
$H\times B\times t$	H	B	t				I_x	I_y	r_x	r_y	W_x	W_{ymax}	W_{ymin}
50×30×2.0	50	30	2.0	1.604	2.043	0.922	8.093	1.872	1.990	0.957	3.237	2.029	0.901
50×30×3.0	50	30	3.0	2.314	2.947	0.975	11.119	2.632	1.942	0.994	4.447	2.699	1.299
50×50×3.0	50	50	3.0	3.256	4.147	1.850	17.755	10.834	2.069	1.616	7.102	5.855	3.440
60×30×2.5	60	30	2.5	2.15	2.74	0.883	14.38	2.40	2.31	0.94	4.89	2.71	1.13
80×40×2.5	80	40	2.5	2.94	3.74	1.132	36.70	5.92	3.13	1.26	9.18	5.23	2.06
80×40×3.0	80	40	3.0	3.48	4.34	1.159	42.66	6.93	3.10	1.25	10.67	5.98	2.44
100×40×2.5	100	40	2.5	3.33	4.24	1.013	62.07	6.37	3.83	1.23	12.41	6.29	2.13
100×40×3.0	100	40	3.0	3.95	5.03	1.039	72.44	7.47	3.80	1.22	14.49	7.19	2.52
100×50×3.0	100	50	3.0	4.433	5.647	1.398	87.275	14.030	3.931	1.576	17.455	10.031	3.896
100×50×4.0	100	50	4.0	5.788	7.373	1.448	111.051	18.045	3.880	1.564	22.210	12.458	5.081
120×40×2.5	120	40	2.5	3.72	4.74	0.919	95.92	6.72	4.50	1.19	15.99	7.32	2.18
120×40×3.0	120	40	3.0	4.42	5.63	0.944	112.28	7.90	4.47	1.19	18.71	8.37	2.58
140×50×3.0	140	50	3.0	5.36	6.83	1.187	191.53	15.52	5.30	1.51	27.36	13.08	4.07
140×50×3.5	140	50	3.5	6.20	7.89	1.211	218.88	17.79	5.27	1.50	31.27	14.69	4.70
140×60×3.0	140	60	3.0	5.846	7.447	1.527	220.977	25.929	5.447	1.865	31.568	16.970	5.798
140×60×4.0	140	60	4.0	7.672	9.773	1.575	284.429	33.601	5.394	1.854	40.632	21.324	7.594
140×60×5.0	140	60	5.0	9.436	12.021	1.623	343.066	40.823	5.342	1.842	49.009	25.145	9.327
160×60×3.0	160	60	3.0	6.30	8.03	1.432	300.87	26.90	6.12	1.83	37.61	18.79	5.89
160×60×3.5	160	60	3.5	7.20	9.29	1.456	344.94	30.92	6.09	1.82	43.12	21.23	6.81
200×80×4.0	200	80	4.0	10.812	13.773	1.966	821.120	83.686	7.721	2.464	82.112	42.564	13.869
200×80×5.0	200	80	5.0	13.361	17.021	2.013	1000.710	102.441	7.667	2.453	100.071	50.886	17.111
200×80×6.0	200	80	6.0	15.849	20.190	2.060	1170.516	120.388	7.614	2.441	117.051	58.436	20.267
250×130×6.0	250	130	6.0	22.703	29.107	3.630	2876.401	497.071	9.941	4.132	230.112	136.934	53.049
250×130×8.0	250	130	8.0	29.755	38.147	3.739	3687.729	642.760	9.832	4.105	295.018	171.907	69.405
300×150×6.0	300	150	6.0	26.915	34.507	4.062	4911.518	782.884	11.930	4.763	327.435	192.734	71.575
300×150×8.0	300	150	8.0	35.371	45.347	4.169	6337.148	1017.186	11.822	4.736	422.477	243.988	93.914
300×150×10	300	150	10	43.566	55.854	4.277	7660.498	1238.423	11.711	4.708	510.700	289.554	115.492
350×180×8.0	350	180	8.0	42.235	54.147	4.983	10488.540	1771.765	13.918	5.721	599.345	355.562	136.112
350×180×10	350	180	10	52.146	66.854	5.092	12749.074	2166.713	13.809	5.693	728.519	425.513	167.858
350×180×12	350	180	12	61.799	79.230	5.501	14869.892	2542.823	13.700	5.665	849.708	462.247	203.442
400×200×10	400	200	10	59.166	75.854	5.522	18932.658	3033.575	15.799	6.324	946.633	549.362	209.530
400×200×12	400	200	12	70.223	90.030	5.630	22159.727	3569.548	15.689	6.297	1107.986	634.022	248.403
400×200×14	400	200	14	80.366	103.033	5.791	24854.034	4051.828	15.531	6.271	1242.702	699.677	285.159

续表

规格	尺寸/mm			理论重量	截面面积	质心距离	惯性矩/cm^4		回转半径/cm		截面模数/cm^3		
$H\times B\times t$	H	B	t	/(kg/m)	/cm^2	X_0/cm	I_x	I_y	r_x	r_y	W_x	W_{ymax}	W_{ymin}
450×220×10	450	220	10	66. 186	84. 854	5. 956	26844. 416	4103. 714	17. 787	6. 954	1193. 085	689. 005	255. 779
450×220×12			12	78. 647	100. 830	6. 063	31506. 135	4838. 741	17. 676	6. 927	1400. 273	798. 077	303. 617
450×220×14			14	90. 194	115. 633	6. 219	35494. 843	5510. 415	17. 520	6. 903	1577. 549	886. 061	349. 180
500×250×12	500	250	12	88. 943	114. 030	6. 876	44593. 265	7137. 673	19. 775	7. 912	1783. 731	1038. 056	393. 824
500×250×14			14	102. 206	131. 033	7. 032	50455. 689	8152. 938	19. 623	7. 888	2018. 228	1159. 405	453. 748
550×280×12	550	280	12	99. 239	127. 230	7. 691	60862. 568	10068. 396	21. 872	8. 896	2213. 184	1309. 114	495. 760
550×280×14			14	114. 218	146. 433	7. 846	69095. 642	11527. 579	21. 722	8. 873	2512. 569	1469. 230	571. 975
600×300×14	600	300	14	124. 046	159. 033	8. 276	89412. 972	14364. 512	23. 711	9. 504	2980. 432	1735. 683	661. 228
600×300×16			16	140. 624	180. 287	8. 392	100367. 430	16191. 032	23. 595	9. 477	3345. 581	1929. 341	749. 307

注：见表 3-2-76 注。

表 3-2-79 冷弯不等边槽钢基本尺寸与主要参数

规格	尺寸/mm				理论重量/(kg/m)	截面面积/cm^2	质心距离/cm		惯性矩/cm^4				回转半径/cm				截面模数/cm^3			
$H\times B\times b\times t$	H	B	b	t			X_0	Y_0	I_x	I_y	I_u	I_v	r_x	r_y	r_u	r_v	W_{xmax}	W_{xmin}	W_{ymax}	W_{ymin}
50×32×20×2. 5	50	32	20	2. 5	1. 840	2. 344	0. 817	2. 803	8. 536	1. 853	8. 769	1. 619	1. 908	0. 889	1. 934	0. 831	3. 887	3. 044	2. 266	0. 777
50×32×20×3. 0				3. 0	2. 169	2. 764	0. 842	2. 806	9. 804	2. 155	10. 083	1. 876	1. 883	0. 883	1. 909	0. 823	4. 468	3. 494	2. 559	0. 914
80×40×20×2. 5	80	40	20	2. 5	2. 586	3. 294	0. 828	4. 588	28. 922	3. 775	29. 607	3. 090	2. 962	1. 070	2. 997	0. 968	8. 476	6. 303	4. 555	1. 190
80×40×20×3. 0				3. 0	3. 064	3. 904	0. 852	4. 591	33. 654	4. 431	34. 473	3. 611	2. 936	1. 065	2. 971	0. 961	9. 874	7. 329	5. 200	1. 407
100×60×30×3. 0	100	60	30	3. 0	4. 242	5. 404	1. 326	5. 807	77. 936	14. 880	80. 845	11. 970	3. 797	1. 659	3. 867	1. 488	18. 590	13. 419	11. 220	3. 183
150×60×50×3. 0	150	60	50	3. 0	5. 890	7. 504	1. 304	7. 793	245. 876	21. 452	246. 257	21. 071	5. 724	1. 690	5. 728	1. 675	34. 120	31. 547	16. 440	4. 569
200×70×60×4. 0	200	70	60	4. 0	9. 832	12. 605	1. 469	10. 311	706. 995	47. 735	707. 582	47. 149	7. 489	1. 946	7. 492	1. 934	72. 969	68. 567	32. 495	8. 630
200×70×60×5. 0				5. 0	12. 061	15. 463	1. 527	10. 315	848. 963	57. 959	849. 689	57. 233	7. 410	1. 936	7. 413	1. 924	87. 658	82. 304	37. 956	10. 590
250×80×70×5. 0	250	80	70	5. 0	14. 791	18. 963	1. 647	12. 823	1616. 200	92. 101	1617. 030	91. 271	9. 232	2. 204	9. 234	2. 194	132. 726	126. 039	55. 920	14. 497
250×80×70×6. 0				6. 0	17. 555	22. 507	1. 696	12. 825	1891. 478	108. 125	1892. 465	107. 139	9. 167	2. 192	9. 170	2. 182	155. 358	147. 484	63. 753	17. 152
300×90×80×6. 0	300	90	80	6. 0	20. 831	26. 707	1. 822	15. 330	3222. 869	161. 726	3223. 981	160. 613	10. 985	2. 461	10. 987	2. 452	219. 691	210. 233	88. 763	22. 531
300×90×80×8. 0				8. 0	27. 259	34. 947	1. 918	15. 334	4115. 825	207. 555	4117. 270	206. 110	10. 852	2. 437	10. 854	2. 429	280. 637	268. 412	108. 214	29. 307
350×100×90×6. 0	350	100	90	6. 0	24. 107	30. 907	1. 953	17. 834	5064. 502	230. 463	5065. 739	229. 226	12. 801	2. 731	12. 802	2. 723	295. 031	283. 980	118. 005	28. 640
350×100×90×8. 0				8. 0	31. 627	40. 547	2. 048	17. 837	6506. 423	297. 082	6508. 041	295. 464	12. 668	2. 707	12. 669	2. 699	379. 096	364. 771	145. 060	37. 359
400×150×100×8. 0	400	150	100	8. 0	38. 491	49. 347	2. 882	21. 589	10787. 704	763. 610	10843. 850	707. 463	14. 786	3. 934	14. 824	3. 786	585. 938	499. 685	264. 958	63. 015
400×150×100×10				10	47. 466	60. 854	2. 981	21. 602	13071. 444	931. 170	13141. 358	861. 255	14. 656	3. 912	14. 695	3. 762	710. 482	605. 103	312. 368	77. 475
450×200×150×10	450	200	150	10	59. 166	75. 854	4. 402	23. 950	22328. 149	2337. 132	22430. 862	2234. 420	17. 157	5. 551	17. 196	5. 427	1060. 720	932. 282	530. 925	149. 835
450×200×150×12				12	70. 223	90. 030	4. 504	23. 960	26133. 270	2750. 039	26256. 075	2627. 235	17. 037	5. 527	17. 077	5. 402	1242. 076	1090. 704	610. 577	177. 468

续表

规格	尺寸/mm				理论重量/(kg/m)	截面面积/cm²	质心距离/cm		惯性矩/cm⁴				回转半径/cm				截面模数/cm³			
$H\times B\times b\times t$	H	B	b	t			X_0	Y_0	I_x	I_y	I_u	I_v	r_x	r_y	r_u	r_v	W_{xmax}	W_{xmin}	W_{ymax}	W_{ymin}
500×250×200×12	500	250	200	12	84.263	108.030	6.008	26.355	40821.990	5579.208	40985.443	5415.752	19.439	7.186	19.478	7.080	1726.453	1548.928	928.630	293.766
500×250×200×14				14	96.746	124.033	6.159	26.371	46087.838	6369.068	46277.561	6179.346	19.276	7.166	19.306	7.058	1950.478	1747.671	1034.107	338.043
550×300×250×14	550	300	250	14	113.126	145.033	7.714	28.794	67847.216	11314.348	68086.256	11075.308	21.629	8.832	21.667	8.739	2588.995	2356.297	1466.729	507.689
550×300×250×16				16	128.144	164.287	7.831	28.800	76016.861	12738.984	76288.341	12467.503	21.511	8.806	21.549	8.711	2901.407	2639.474	1626.738	574.631

注：见表 3-2-76 注。

表 3-2-80 冷弯内卷边槽钢基本尺寸与主要参数

规格	尺寸/mm				理论重量/(kg/m)	截面面积/cm²	质心距离	惯性矩/cm⁴		回转半径/cm		截面模数/cm³		
$H\times B\times C\times t$	H	B	C	t			X_0/cm	I_x	I_y	r_x	r_y	W_x	W_{ymax}	W_{ymin}
60×30×10×2.5	60	30	10	2.5	2.363	3.010	1.043	16.009	3.353	2.306	1.055	5.336	3.214	1.713
60×30×10×3.0				3.0	2.743	3.495	1.036	18.077	3.688	2.274	1.027	6.025	3.559	1.878
80×40×15×2.0	80	40	15	2.0	2.72	3.47	1.452	34.16	7.79	3.14	1.50	8.54	5.36	3.06
100×50×15×2.5	100	50	15	2.5	4.11	5.23	1.706	81.34	17.19	3.94	1.81	16.27	10.08	5.22
100×50×20×2.5	100	50	20	2.5	4.325	5.510	1.853	84.932	19.889	3.925	1.899	16.986	10.730	6.321
100×50×20×3.0				3.0	5.098	6.495	1.848	98.560	22.802	3.895	1.873	19.712	12.333	7.235
120×50×20×2.5	120	50	20	2.5	4.70	5.98	1.706	129.40	20.96	4.56	1.87	21.57	12.28	6.36
120×60×20×3.0	120	60	20	3.0	6.01	7.65	2.106	170.68	37.36	4.72	2.21	28.45	17.74	9.59
140×50×20×2.0	140	50	20	2.0	4.14	5.27	1.590	154.03	18.56	5.41	1.88	22.00	11.68	5.44
140×50×20×2.5				2.5	5.09	6.48	1.580	186.78	22.11	5.39	1.85	26.68	13.96	6.47
140×60×20×2.5	140	60	20	2.5	5.503	7.010	1.974	212.137	34.786	5.500	2.227	30.305	17.615	8.642
140×60×20×3.0				3.0	6.511	8.295	1.969	248.006	40.132	5.467	2.199	35.429	20.379	9.956
160×60×20×2.0	160	60	20	2.0	4.76	6.07	1.850	236.59	29.99	6.24	2.22	29.57	16.19	7.23
160×60×20×2.5				2.5	5.87	7.48	1.850	288.13	35.96	6.21	2.19	36.02	19.47	8.66
160×70×20×3.0	160	70	20	3.0	7.42	9.45	2.224	373.64	60.42	6.29	2.53	46.71	27.17	12.65
180×60×20×3.0	180	60	20	3.0	7.453	9.495	1.739	449.695	43.611	6.881	2.143	49.966	25.073	10.235
180×70×20×3.0	180	70	20	3.0	7.924	10.095	2.106	496.693	63.712	7.014	2.512	55.188	30.248	13.019
180×70×20×2.0				2.0	5.39	6.87	2.110	343.93	45.18	7.08	2.57	38.21	21.37	9.25
180×70×20×2.5				2.5	6.66	9.48	2.110	420.20	54.42	7.04	2.53	46.69	25.82	11.12
200×60×20×3.0	200	60	20	3.0	7.924	10.095	1.644	578.425	45.041	7.569	2.112	57.842	27.382	10.342
200×70×20×2.0	200	70	20	2.0	5.71	7.27	2.000	440.04	46.71	7.78	2.54	44.00	23.32	9.35
200×70×20×2.5				2.5	7.05	8.98	2.000	538.21	56.27	7.74	2.50	53.82	28.18	11.25
200×70×20×3.0				3.0	8.395	10.695	1.996	636.643	65.883	7.715	2.481	63.664	32.999	13.167

续表

规格	尺寸/mm				理论重量	截面面积	质心距离	惯性矩/cm⁴		回转半径/cm		截面模数/cm³		
$H\times B\times C\times t$	H	B	C	t	/(kg/m)	/cm²	X_0/cm	I_x	I_y	r_x	r_y	W_x	W_{ymax}	W_{ymin}
220×75×20×2.0	220	75	20	2.0	6.18	7.87	2.080	574.45	56.88	8.54	2.69	52.22	27.35	10.50
220×75×20×2.5				2.5	7.64	9.73	2.070	703.76	68.66	8.50	2.66	63.98	33.11	12.65
250×40×15×3.0	250	40	15	3.0	7.924	10.095	0.790	773.495	14.809	8.753	1.211	61.879	18.734	4.614
300×40×15×3.0	300	40	15	3.0	9.102	11.595	0.707	1231.616	15.356	10.306	1.150	82.107	21.700	4.664
400×50×15×3.0	400	50	15	3.0	11.928	15.195	0.783	2837.843	28.888	13.666	1.378	141.892	36.879	6.851
450×70×30×6.0	450	70	30	6.0	28.092	36.015	1.421	8796.963	159.703	15.629	2.106	390.976	112.388	28.626
450×70×30×8.0				8.0	36.421	46.693	1.429	11030.645	182.734	15.370	1.978	490.251	127.875	32.801
500×100×40×6.0	500	100	40	6.0	34.176	43.815	2.297	14275.246	479.809	18.050	3.309	571.010	208.885	62.289
500×100×40×8.0				8.0	44.533	57.093	2.293	18150.796	578.026	17.830	3.182	726.032	252.083	75.000
500×100×40×10				10	54.372	69.708	2.289	21594.366	648.778	17.601	3.051	863.775	283.433	84.137
550×120×50×8.0	550	120	50	8.0	51.397	65.893	2.940	26259.069	1069.797	19.963	4.029	954.875	363.877	118.079
550×120×50×10				10	62.952	80.708	2.933	31484.498	1229.103	19.751	3.902	1144.891	419.060	135.558
550×120×50×12				12	73.990	94.859	2.926	36186.756	1349.879	19.531	3.772	1315.882	461.339	148.763
600×150×60×12	600	150	60	12	86.158	110.459	3.902	54745.539	2755.348	21.852	4.994	1824.851	706.137	248.274
600×150×60×14				14	97.395	124.865	3.840	57733.224	2867.742	21.503	4.792	1924.441	746.808	256.966
600×150×60×16				16	109.025	139.775	3.819	63178.379	3010.816	21.260	4.641	2105.946	788.378	269.280

注：见表 3-2-76 注。

表 3-2-81 冷弯外卷边槽钢基本尺寸与主要参数

规格	尺寸/mm				理论重量	截面面积	质心距离	惯性矩/cm⁴		回转半径/cm		截面模数/cm³		
$H\times B\times C\times t$	H	B	C	t	/(kg/m)	/cm²	X_0/cm	I_x	I_y	r_x	r_y	W_x	W_{ymax}	W_{ymin}
30×30×16×2.5	30	30	16	2.5	2.009	2.560	1.526	6.010	3.126	1.532	1.105	2.109	2.047	2.122
50×20×15×3.0	50	20	15	3.0	2.272	2.895	0.823	13.863	1.539	2.188	0.729	3.746	1.869	1.309
60×25×32×2.5	60	25	32	2.5	3.030	3.860	1.279	42.431	3.959	3.315	1.012	7.131	3.095	3.243
60×25×32×3.0				3.0	3.544	4.515	1.279	49.003	4.438	3.294	0.991	8.305	3.469	3.635
80×40×20×4.0	80	40	20	4.0	5.296	6.746	1.573	79.594	14.537	3.434	1.467	14.213	9.241	5.900
100×30×15×3.0	100	30	15	3.0	3.921	4.995	0.932	77.669	5.575	3.943	1.056	12.527	5.979	2.696
150×40×20×4.0	150	40	20	4.0	7.497	9.611	1.176	325.197	18.311	5.817	1.380	35.736	15.571	6.484
150×40×20×5.0				5.0	8.913	11.427	1.158	370.697	19.357	5.696	1.302	41.189	16.716	6.811
200×50×30×4.0	200	50	30	4.0	10.305	13.211	1.525	834.155	44.255	7.946	1.830	66.203	29.020	12.735
200×50×30×5.0				5.0	12.423	15.927	1.511	976.969	49.376	7.832	1.761	78.158	32.678	10.999
250×60×40×5.0	250	60	40	5.0	15.933	20.427	1.856	2029.828	99.403	9.968	2.206	126.864	53.558	23.987
250×60×40×6.0				6.0	18.732	24.015	1.853	2342.687	111.005	9.877	2.150	147.339	59.906	26.768

续表

规格	尺寸/mm				理论重量	截面面积	质心距离	惯性矩/cm^4		回转半径/cm		截面模数/cm^3		
$H\times B\times C\times t$	H	B	C	t	/(kg/m)	/cm^2	X_0/cm	I_x	I_y	r_x	r_y	W_x	W_{ymax}	W_{ymin}
300×70×50×6.0	300	70	50	6.0	22.944	29.415	2.195	4246.582	197.478	12.015	2.591	218.896	89.967	41.098
300×70×50×8.0				8.0	29.557	37.893	2.191	5304.784	233.118	11.832	2.480	276.291	106.398	48.475
350×80×60×6.0	350	80	60	6.0	27.156	34.815	2.533	6973.923	319.329	14.153	3.029	304.538	126.068	58.410
350×80×60×8.0				8.0	35.173	45.093	2.475	8804.763	365.038	13.973	2.845	387.875	147.490	66.070
400×90×70×8.0	400	90	70	8.0	40.789	52.293	2.773	13577.846	548.603	16.114	3.239	518.238	197.837	88.101
400×90×70×10				10	49.692	63.708	2.868	16171.507	672.619	15.932	3.249	621.981	234.525	109.690
450×100×80×8.0	450	100	80	8.0	46.405	59.493	3.206	19821.232	855.920	18.253	3.793	667.382	266.974	125.982
450×100×80×10				10	56.712	72.708	3.205	23751.957	987.987	18.074	3.686	805.151	308.264	145.399
500×150×90×10	500	150	90	10	69.972	89.708	5.003	38191.923	2907.975	20.633	5.694	1157.331	581.246	290.885
500×150×90×12				12	82.414	105.659	4.992	44274.544	3291.816	20.470	5.582	1349.834	659.418	328.918
550×200×100×12	550	200	100	12	98.326	126.059	6.564	66449.957	6427.780	22.959	7.141	1830.577	979.247	478.400
550×200×100×14				14	111.591	143.065	6.815	74080.384	7829.699	22.755	7.398	2052.088	1148.892	593.834
600×250×150×14	600	250	150	14	138.891	178.065	9.717	125436.851	17163.911	26.541	9.818	2876.992	1766.380	1123.072
600×250×150×16				16	156.449	200.575	9.700	139827.681	18879.946	26.403	9.702	3221.836	1946.386	1233.983

注：见表 3-2-76 注。

表 3-2-82 **冷弯 Z 型钢基本尺寸与主要参数**

规格	尺寸/mm			理论重量	截面面积	惯性矩/cm^4				回转半径/cm	惯性积矩/cm^4	截面模数/cm^3		角度
$H\times B\times t$	H	B	t	/(kg/m)	/cm^2	I_x	I_y	I_u	I_v	r_v	I_{xy}	W_x	W_y	$\tan\alpha$
80×40×2.5	80	40	2.5	2.947	3.755	37.021	9.707	43.307	3.421	0.954	14.532	9.255	2.505	0.432
80×40×3.0			3.0	3.491	4.447	43.148	11.429	50.606	3.970	0.944	17.094	10.787	2.968	0.436
100×50×2.5	100	50	2.5	3.732	4.755	74.429	19.321	86.840	6.910	1.205	28.947	14.885	3.963	0.428
100×50×3.0			3.0	4.433	5.647	87.275	22.837	102.038	8.073	1.195	34.194	17.455	4.708	0.431
140×70×3.0	140	70	3.0	6.291	8.065	249.769	64.316	290.867	23.218	1.697	96.492	35.681	9.389	0.426
140×70×4.0			4.0	8.272	10.605	322.421	83.925	376.599	29.747	1.675	125.922	46.061	12.342	0.430
200×100×3.0	200	100	3.0	9.099	11.665	749.379	191.180	870.468	70.091	2.451	286.800	74.938	19.409	0.422
200×100×4.0			4.0	12.016	15.405	977.164	251.093	1137.292	90.965	2.430	376.703	97.716	25.622	0.425
300×120×4.0	300	120	4.0	16.384	21.005	2871.420	438.304	3124.579	185.144	2.969	824.655	191.428	37.144	0.307
300×120×5.0			5.0	20.251	25.963	3506.942	541.080	3823.534	224.489	2.940	1019.410	233.796	46.049	0.311
400×150×6.0	400	150	6.0	31.595	40.507	9598.705	1271.376	10321.169	548.912	3.681	2556.980	479.935	86.488	0.283
400×150×8.0			8.0	41.611	53.347	12449.116	1661.661	13404.115	706.662	3.640	3348.736	622.456	113.812	0.285

注：见表 3-2-76 注。

表 3-2-83 冷弯卷边 Z 型钢基本尺寸与主要参数

规格	尺寸/mm				理论重量 /(kg/m)	截面面积 /cm²	惯性矩/cm⁴				回转半径 /cm	惯性积矩 /cm⁴	截面模数 /cm³		角度
$H\times B\times C\times t$	H	B	C	t			I_x	I_y	I_u	I_v	r_v	I_{xy}	W_x	W_y	$\tan\alpha$
100×40×20×2.0	100	40	20	2.0	3.208	4.086	60.618	17.202	71.373	6.448	1.256	24.136	12.123	4.410	0.445
100×40×20×2.5				2.5	3.933	5.010	73.047	20.324	85.730	7.641	1.234	28.802	14.609	5.245	0.440
120×50×20×2.0	120	50	20	2.0	3.82	4.87	106.97	30.23	126.06	11.14	1.51	42.77	17.83	6.17	0.446
120×50×20×2.5				2.5	4.70	5.98	129.39	35.91	152.05	13.25	1.49	51.30	21.57	7.37	0.442
120×50×20×3.0				3.0	5.54	7.05	150.14	40.88	175.92	15.11	1.46	58.99	25.02	8.43	0.437
140×50×20×2.5	140	50	20	2.5	5.110	6.510	188.502	36.358	210.140	14.720	1.503	61.321	26.928	7.458	0.352
140×50×20×3.0				3.0	6.040	7.695	219.848	41.554	244.527	16.875	1.480	70.775	31.406	8.567	0.348
160×60×20×2.5	160	60	20	2.5	5.87	7.48	288.12	58.15	323.13	23.14	1.76	96.32	36.01	9.90	0.364
160×60×20×3.0				3.0	6.95	8.85	336.66	66.66	376.76	26.56	1.73	111.51	42.08	11.39	0.360
160×70×20×2.5	160	70	20	2.5	6.27	7.98	319.13	87.74	374.76	32.11	2.01	126.37	39.89	12.76	0.440
160×70×20×3.0				3.0	7.42	9.45	373.64	101.10	437.72	37.03	1.98	146.86	46.71	14.76	0.436
180×70×20×2.5	180	70	20	2.5	6.680	8.510	422.926	88.578	476.503	35.002	2.028	144.165	46.991	12.884	0.371
180×70×20×3.0				3.0	7.924	10.095	496.693	102.345	558.511	40.527	2.003	167.926	55.188	14.940	0.368
230×75×25×3.0	230	75	25	3.0	9.573	12.195	951.373	138.928	1030.579	59.722	2.212	265.752	82.728	18.901	0.298
230×75×25×4.0				4.0	12.518	15.946	1222.685	173.031	1320.991	74.725	2.164	335.933	106.320	23.703	0.292
250×75×25×3.0	250	75	25	3.0	10.044	12.795	1160.008	138.933	1236.730	62.211	2.205	290.214	92.800	18.902	0.264
250×75×25×4.0				4.0	13.146	16.746	1492.957	173.042	1588.130	77.869	2.156	366.984	119.436	23.704	0.259
300×100×30×4.0	300	100	30	4.0	16.545	21.211	2828.642	416.757	3066.877	178.522	2.901	794.575	188.576	42.526	0.300
300×100×30×6.0				6.0	23.880	30.615	3944.956	548.081	4258.604	234.434	2.767	1078.794	262.997	56.503	0.291
400×120×40×8.0	400	120	40	8.0	40.789	52.293	11648.355	1293.651	12363.204	578.802	3.327	2813.016	582.418	111.522	0.254
400×120×40×10				10	49.692	63.708	13835.982	1463.588	14645.376	654.194	3.204	3266.384	691.799	127.269	0.248

注：见表 3-2-76 注。

表 3-2-84 卷边等边角钢基本尺寸与主要参数

规格	尺寸/mm			理论重量 /(kg/m)	截面面积 /cm²	质心距离 Y_0/cm	惯性矩/cm⁴			回转半径/cm			截面模数/cm³	
$b\times a\times t$	b	a	t				$I_x=I_y$	I_u	I_v	$r_x=r_y$	r_u	r_v	$W_{ymax}=W_{xmax}$	$W_{ymin}=W_{xmin}$
40×15×2.0	40	15	2.0	1.53	1.95	1.404	3.93	5.74	2.12	1.42	1.72	1.04	2.80	1.51
60×20×2.0	60	20	2.0	2.32	2.95	2.026	13.83	20.56	7.11	2.17	2.64	1.55	6.83	3.48
75×20×2.0	75	20	2.0	2.79	3.55	2.396	25.60	39.01	12.19	2.69	3.31	1.81	10.68	5.02
75×20×2.5			2.5	3.42	4.36	2.401	30.76	46.91	14.60	2.66	3.28	1.83	12.81	6.03

注：见表 3-2-76 注。

结构用冷弯空心型钢（摘自 GB/T 6728—2017）

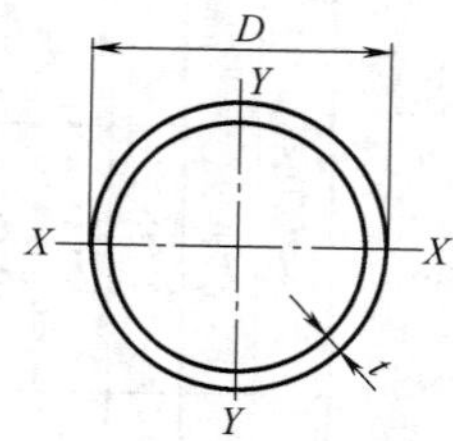

D——外径

t——壁厚

圆形空心型钢(代号 Y 或 ϕ)

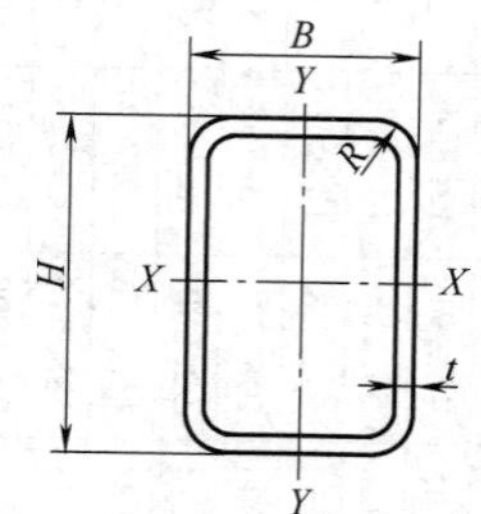

H——长边边长　B——短边边长

t——壁厚　R——外圆弧半径

矩形空心型钢(代号 J)

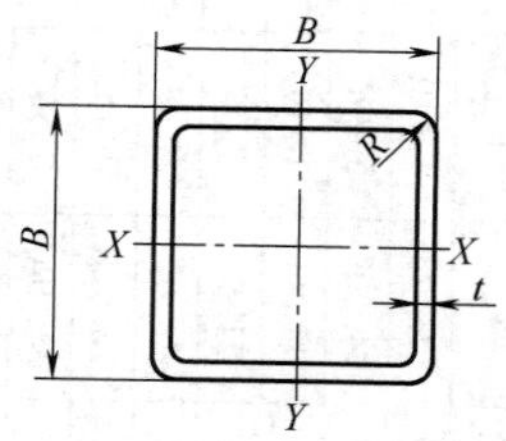

B——边长　t——壁厚

R——外圆弧半径

方形空心型钢(代号 F)

表 3-2-85　圆形冷弯空心型钢截面尺寸、允许偏差、截面面积、理论重量及截面特性

外径 D /mm	允许偏差 /mm	壁厚 t /mm	理论重量 M/(kg/m)	截面面积 A/cm²	惯性矩 I/cm⁴	惯性半径 R/cm	弹性模数 Z/cm³	塑性模数 S/cm³	扭转常数 J/cm⁴	扭转常数 C/cm³	单位长度表面积 A_s/m²
21.3 (21.3)	±0.50	1.2	0.59	0.76	0.38	0.712	0.36	0.49	0.77	0.72	0.067
		1.5	0.73	0.93	0.46	0.702	0.43	0.59	0.92	0.86	0.067
		1.75	0.84	1.07	0.52	0.694	0.49	0.67	1.04	0.97	0.067
		2.0	0.95	1.21	0.57	0.686	0.54	0.75	1.14	1.07	0.067
		2.5	1.16	1.48	0.66	0.671	0.62	0.89	1.33	1.25	0.067
		3.0	1.35	1.72	0.74	0.655	0.70	1.01	1.48	1.39	0.067
26.8 (26.9)	±0.50	1.2	0.76	0.97	0.79	0.906	0.59	0.79	1.58	1.18	0.084
		1.5	0.94	1.19	0.96	0.896	0.71	0.96	1.91	1.43	0.084
		1.75	1.08	1.38	1.09	0.888	0.81	1.10	2.17	1.62	0.084
		2.0	1.22	1.56	1.21	0.879	0.90	1.23	2.41	1.80	0.084
		2.5	1.50	1.91	1.42	0.864	1.06	1.48	2.85	2.12	0.084
		3.0	1.76	2.24	1.61	0.848	1.20	1.71	3.23	2.41	0.084
33.5 (33.7)	±0.50	1.5	1.18	1.51	1.93	1.132	1.15	1.54	3.87	2.31	0.105
		2.0	1.55	1.98	2.46	1.116	1.47	1.99	4.93	2.94	0.105
		2.5	1.91	2.43	2.94	1.099	1.76	2.41	5.89	3.51	0.105
		3.0	2.26	2.87	3.37	1.084	2.01	2.80	6.75	4.03	0.105
		3.5	2.59	3.29	3.76	1.068	2.24	3.16	7.52	4.49	0.105
		4.0	2.91	3.71	4.11	1.053	2.45	3.50	8.21	4.90	0.105
42.3 (42.4)	±0.50	1.5	1.51	1.92	4.01	1.443	1.89	2.50	8.01	3.79	0.133
		2.0	1.99	2.53	5.15	1.427	2.44	3.25	10.31	4.87	0.133
		2.5	2.45	3.13	6.21	1.410	2.94	3.97	12.43	5.88	0.133
		3.0	2.91	3.70	7.19	1.394	3.40	4.64	14.39	6.80	0.133
		4.0	3.78	4.81	8.92	1.361	4.22	5.89	17.84	8.44	0.133
48 (48.3)	±0.50	1.5	1.72	2.19	5.93	1.645	2.47	3.24	11.86	4.94	0.151
		2.0	2.27	2.89	7.66	1.628	3.19	4.23	15.32	6.38	0.151
		2.5	2.81	3.57	9.28	1.611	3.86	5.18	18.55	7.73	0.151
		3.0	3.33	4.24	10.78	1.594	4.49	6.08	21.57	8.98	0.151
		4.0	4.34	5.53	13.49	1.562	5.62	7.77	26.98	11.24	0.151
		5.0	5.30	6.75	15.82	1.530	6.59	9.29	31.65	13.18	0.151

续表

外径 D /mm	允许偏差 /mm	壁厚 t /mm	理论重量 M/(kg/m)	截面面积 A/cm^2	惯性矩 I/cm^4	惯性半径 R/cm	弹性模数 Z/cm^3	塑性模数 S/cm^3	扭转常数 J/cm^4	扭转常数 C/cm^3	单位长度表面积 A_s/m^2
60 (60.3)	±0.60	2.0	2.86	3.64	15.34	2.052	5.11	6.73	30.68	10.23	0.188
		2.5	3.55	4.52	18.70	2.035	6.23	8.27	37.40	12.47	0.188
		3.0	4.22	5.37	21.88	2.018	7.29	9.76	43.76	14.58	0.188
		4.0	5.52	7.04	27.73	1.985	9.24	12.56	55.45	18.48	0.188
		5.0	6.78	8.64	32.94	1.953	10.98	15.17	65.88	21.96	0.188
75.5 (76.1)	±0.76	2.5	4.50	5.73	38.24	2.582	10.13	13.33	76.47	20.26	0.237
		3.0	5.36	6.83	44.97	2.565	11.91	15.78	89.94	23.82	0.237
		4.0	7.05	8.98	57.59	2.531	15.26	20.47	115.19	30.51	0.237
		5.0	8.69	11.07	69.15	2.499	18.32	24.89	138.29	36.63	0.237
88.5 (88.9)	±0.90	3.0	6.33	8.06	73.73	3.025	16.66	21.94	147.45	33.32	0.278
		4.0	8.34	10.62	94.99	2.991	21.46	28.58	189.97	42.93	0.278
		5.0	10.30	13.12	114.72	2.957	25.93	34.90	229.44	51.85	0.278
		6.0	12.21	15.55	133.00	2.925	30.06	40.91	266.01	60.11	0.278
114 (114.3)	±1.15	4.0	10.85	13.82	209.35	3.892	36.73	48.42	418.70	73.46	0.358
		5.0	13.44	17.12	254.81	3.858	44.70	59.45	509.61	89.41	0.358
		6.0	15.98	20.36	297.73	3.824	52.23	70.06	595.46	104.47	0.358
140 (139.7)	±1.40	4.0	13.42	17.09	395.47	4.810	56.50	74.01	790.94	112.99	0.440
		5.0	16.65	21.21	483.76	4.776	69.11	91.17	967.52	138.22	0.440
		6.0	19.83	25.26	568.03	4.742	85.15	107.81	1136.13	162.30	0.440
165 (168.3)	±1.65	4.0	15.88	20.23	655.94	5.69	79.51	103.71	1311.89	159.02	0.518
		5.0	19.73	25.13	805.04	5.66	97.58	128.04	1610.07	195.16	0.518
		6.0	23.53	29.97	948.47	5.63	114.97	151.76	1896.93	229.93	0.518
		8.0	30.97	39.46	1218.92	5.56	147.75	197.36	2437.84	295.50	0.518
219.1 (219.1)	±2.20	5.0	26.40	33.60	1928	7.57	176	229	3856	352	0.688
		6.0	31.53	40.17	2282	7.54	208	273	4564	417	0.688
		8.0	41.60	53.10	2960	7.47	270	357	5919	540	0.688
		10.0	51.60	65.70	3598	7.40	328	438	7197	657	0.688
273 (273)	±2.75	5.0	33.0	42.1	3781	9.48	277	359	7562	554	0.858
		6.0	39.5	50.3	4487	9.44	329	428	8974	657	0.858
		8.0	52.3	66.6	5852	9.37	429	562	11700	857	0.858
		10.0	64.9	82.6	7154	9.31	524	692	14310	1048	0.858
325 (323.9)	±3.25	5.0	39.5	50.3	6436	11.32	396	512	12871	792	1.12
		6.0	47.2	60.1	7651	11.28	471	611	15303	942	1.12
		8.0	62.5	79.7	10014	11.21	616	804	20028	1232	1.12
		10.0	77.7	99.0	12287	11.14	756	993	24573	1512	1.12
		12.0	92.6	118.0	14472	11.07	891	1176	28943	1781	1.12
355.6 (355.6)	±3.55	6.0	51.7	65.9	10071	12.4	566	733	20141	1133	1.20
		8.0	68.6	87.4	13200	12.3	742	967	26400	1485	1.20
		10.0	85.2	109.0	16220	12.2	912	1195	32450	1825	1.20
		12.0	101.7	130.0	19140	12.2	1076	1417	38279	2153	1.20
406.4 (406.4)	±4.10	8.0	78.6	100	19870	14.1	978	1270	39750	1956	1.28
		10.0	97.8	125	24480	14.0	1205	1572	48950	2409	1.28
		12.0	116.7	149	28937	14.0	1424	1867	57874	2848	1.28
457 (457)	±4.60	8.0	88.6	113	28450	15.9	1245	1613	56890	2490	1.44
		10.0	110.0	140	35090	15.8	1536	1998	70180	3071	1.44
		12.0	131.7	168	41556	15.7	1819	2377	83113	3637	1.44
508 (508)	±5.10	8.0	98.6	126	39280	17.7	1546	2000	78560	3093	1.60
		10.0	123.0	156	48520	17.6	1910	2480	97040	3621	1.60
		12.0	146.8	187	57536	17.5	2265	2953	115072	4530	1.60

续表

外径 D /mm	允许偏差 /mm	壁厚 t /mm	理论重量 M/(kg/m)	截面面积 A/cm²	惯性矩 I/cm⁴	惯性半径 R/cm	弹性模数 Z/cm³	塑性模数 S/cm³	扭转常数		单位长度表面积 A_s/m²
									J/cm⁴	C/cm³	
610	±6.10	8.0	118.8	151	68552	21.3	2248	2899	137103	4495	1.92
		10.0	148.0	189	84847	21.2	2781	3600	169694	5564	1.92
		12.5	184.2	235	104755	21.1	3435	4463	209510	6869	1.92
		16.0	234.4	299	131782	21.0	4321	5647	263563	8641	1.92

注：1. 表中括号内为 ISO 4019 所列规格。

2. 本标准适用于冷轧或热轧钢板和钢带在连续辊式冷弯机组上生产的圆形、矩形和方形冷弯空心型钢（以下简称型钢），也适用于连续热浸镀型钢。但不适用于拉拔、冲压、折弯等方式生产的型钢和采用镀锌钢板及钢带冷弯并焊接成形的型钢。

3. 本标准所规定的型钢主要采用高频电阻焊接方式，也可采用氩弧焊或其他焊接方法。

4. 冷弯空心型钢的牌号、化学成分（熔炼分析）、力学性能、表面质量和焊缝质量等应符合 GB/T 6725 的规定。对于镀锌型钢，镀锌表面单位面积镀锌层总重量宜不小于 200g/m²；锌层重量、均匀性的检验方法可按 GB/T 3091。

5. 冷弯空心型钢的弯角外圆弧半径 R（或 C_1、C_2）值应符合下表规定：

厚度 t/mm	碳素钢($R_{eL}^{①}$≤320MPa)	低合金钢($R_{eL}^{①}$>320MPa)
t≤3	(1.0~2.5)t	(1.5~2.5)t
3<t≤6	(1.5~2.5)t	(2.0~3.0)t
6<t≤10	(2.0~3.0)t	(2.0~3.5)t
t>10	(2.0~3.5)t	(2.5~4.0)t

① R_{eL} 值指标准中规定的最低值。

6. 冷弯空心型钢通常交货长度为 4000~12000mm。

7. 表中理论重量按密度 7.85g/cm³ 计算。

8. 标记示例：用 GB/T 700 中规定的碳素结构钢 Q235 制造的尺寸为 150mm×100mm×6mm 冷弯矩形空心型钢的标记为：冷弯空心型钢（矩形管）$\frac{\text{J150×100×6-GB/T 6728—2017}}{\text{Q235-GB/T 700}}$。

表 3-2-86　方形型钢截面尺寸、允许偏差、截面面积、理论重量及截面特性

边长 B/mm	允许偏差 /mm	壁厚 t/mm	理论重量 M/(kg/m)	截面面积 A/cm²	惯性矩 $I_x=I_y$/cm⁴	惯性半径 $r_x=r_y$/cm	截面模数 $W_x=W_y$/cm³	扭转常数	
								I_t/cm⁴	C_t/cm³
20	±0.50	1.2	0.679	0.865	0.498	0.759	0.498	0.823	0.75
		1.5	0.826	1.052	0.583	0.744	0.583	0.985	0.88
		1.75	0.941	1.199	0.642	0.732	0.642	1.106	0.98
		2.0	1.050	1.340	0.692	0.720	0.692	1.215	1.06
25	±0.50	1.2	0.867	1.105	1.025	0.963	0.820	1.655	1.24
		1.5	1.061	1.352	1.216	0.948	0.973	1.998	1.47
		1.75	1.215	1.548	1.357	0.936	1.086	2.261	1.65
		2.0	1.363	1.736	1.482	0.923	1.186	2.502	1.80
30	±0.50	1.5	1.296	1.652	2.195	1.152	1.463	3.555	2.21
		1.75	1.490	1.898	2.470	1.140	1.646	4.048	2.49
		2.0	1.677	2.136	2.721	1.128	1.814	4.511	2.75
		2.5	2.032	2.589	3.154	1.103	2.102	5.347	3.20
		3.0	2.361	3.008	3.500	1.078	2.333	6.060	3.58
40	±0.50	1.5	1.767	2.525	5.489	1.561	2.744	8.728	4.13
		1.75	2.039	2.598	6.237	1.549	3.118	10.009	4.69
		2.0	2.305	2.936	6.939	1.537	3.469	11.238	5.23
		2.5	2.817	3.589	8.213	1.512	4.106	13.539	6.21
		3.0	3.303	4.208	9.320	1.488	4.660	15.628	7.07
		4.0	4.198	5.347	11.064	1.438	5.532	19.152	8.48
50	±0.50	1.5	2.238	2.852	11.065	1.969	4.426	17.395	6.65
		1.75	2.589	3.298	12.641	1.957	5.056	20.025	7.60
		2.0	2.933	3.736	14.146	1.945	5.658	22.578	8.51
		2.5	3.602	4.589	16.941	1.921	6.776	27.436	10.22
		3.0	4.245	5.408	19.463	1.897	7.785	31.972	11.77
		4.0	5.454	6.947	23.725	1.847	9.490	40.047	14.43

续表

边长 B/mm	允许偏差 /mm	壁厚 t/mm	理论重量 M/(kg/m)	截面面积 A/cm^2	惯性矩 $I_x=I_y$/cm^4	惯性半径 $r_x=r_y$/cm	截面模数 $W_x=W_y$/cm^3	扭转常数 I_t/cm^4	扭转常数 C_t/cm^3
60	±0.60	2.0	3.560	4.540	25.120	2.350	8.380	39.810	12.60
		2.5	4.387	5.589	30.340	2.329	10.113	48.539	15.22
		3.0	5.187	6.608	35.130	2.305	11.710	56.892	17.65
		4.0	6.710	8.547	43.539	2.256	14.513	72.188	21.97
		5.0	8.129	10.356	50.468	2.207	16.822	85.560	25.61
70	±0.65	2.5	5.170	6.590	49.400	2.740	14.100	78.500	21.20
		3.0	6.129	7.808	57.522	2.714	16.434	92.188	24.74
		4.0	7.966	10.147	72.108	2.665	20.602	117.975	31.11
		5.0	9.699	12.356	84.602	2.616	24.172	141.183	36.65
80	±0.70	2.5	5.957	7.589	75.147	3.147	18.787	118.520	28.22
		3.0	7.071	9.008	87.838	3.122	21.959	139.660	33.02
		4.0	9.222	11.747	111.031	3.074	27.757	179.808	41.84
		5.0	11.269	14.356	131.414	3.025	32.853	216.628	49.68
90	±0.75	3.0	8.013	10.208	127.277	3.531	28.283	201.108	42.51
		4.0	10.478	13.347	161.907	3.482	35.979	260.088	54.17
		5.0	12.839	16.356	192.903	3.434	42.867	314.896	64.71
		6.0	15.097	19.232	220.420	3.385	48.982	365.452	74.16
100	±0.80	4.0	11.734	11.947	226.337	3.891	45.267	361.213	68.10
		5.0	14.409	18.356	271.071	3.842	54.214	438.986	81.72
		6.0	16.981	21.632	311.415	3.794	62.283	511.558	94.12
110	±0.90	4.0	12.990	16.548	305.940	4.300	55.625	486.47	83.63
		5.0	15.980	20.356	367.950	4.252	66.900	593.60	100.74
		6.0	18.866	24.033	424.570	4.203	77.194	694.85	116.47
120	±0.90	4.0	14.246	18.147	402.260	4.708	67.043	635.603	100.75
		5.0	17.549	22.356	485.441	4.659	80.906	776.632	121.75
		6.0	20.749	26.432	562.094	4.611	93.683	910.281	141.22
		8.0	26.840	34.191	696.639	4.513	116.106	1155.010	174.58
130	±1.00	4.0	15.502	19.748	516.970	5.117	79.534	814.72	119.48
		5.0	19.120	24.356	625.680	5.068	96.258	998.22	144.77
		6.0	22.634	28.833	726.640	5.020	111.79	1173.6	168.36
		8.0	28.921	36.842	882.860	4.895	135.82	1502.1	209.54
140	±1.10	4.0	16.758	21.347	651.598	5.524	53.085	1022.176	139.8
		5.0	20.689	26.356	790.523	5.476	112.931	1253.565	169.78
		6.0	24.517	31.232	920.359	5.428	131.479	1475.020	197.9
		8.0	31.864	40.591	1153.735	5.331	164.819	1887.605	247.69
150	±1.20	4.0	18.014	22.948	807.82	5.933	107.71	1264.8	161.73
		5.0	22.260	28.356	982.12	5.885	130.95	1554.1	196.79
		6.0	26.402	33.633	1145.9	5.837	152.79	1832.7	229.84
		8.0	33.945	43.242	1411.8	5.714	188.25	2364.1	289.03
160	±1.20	4.0	19.270	24.547	987.152	6.341	123.394	1540.134	185.25
		5.0	23.829	30.356	1202.317	6.293	150.289	1893.787	225.79
		6.0	28.285	36.032	1405.408	6.245	175.676	2234.573	264.18
		8.0	36.888	46.991	1776.496	6.148	222.062	2876.940	333.56
170	±1.30	4.0	20.526	26.148	1191.3	6.750	140.15	1855.8	210.37
		5.0	25.400	32.356	1453.3	6.702	170.97	2285.3	256.80
		6.0	30.170	38.433	1701.6	6.654	200.18	2701.0	300.91
		8.0	38.969	49.642	2118.2	6.532	249.20	3503.1	381.28
180	±1.40	4.0	21.80	27.70	1422	7.16	158	2210	237
		5.0	27.00	34.40	1737	7.11	193	2724	290
		6.0	32.10	40.80	2037	7.06	226	3223	340
		8.0	41.50	52.80	2546	6.94	283	4189	432

续表

边长 B/mm	允许偏差 /mm	壁厚 t /mm	理论重量 M/(kg/m)	截面面积 A/cm²	惯性矩 $I_x=I_y$/cm⁴	惯性半径 $r_x=r_y$/cm	截面模数 $W_x=W_y$/cm³	扭转常数	
								I_t/cm⁴	C_t/cm³
190	±1.50	4.0	23.00	29.30	1680	7.57	176	2607	265
		5.0	28.50	36.40	2055	7.52	216	3216	325
		6.0	33.90	43.20	2413	7.47	254	3807	381
		8.0	44.00	56.00	3208	7.35	319	4958	486
200	±1.60	4.0	24.30	30.90	1968	7.97	197	3049	295
		5.0	30.10	38.40	2410	7.93	241	3763	362
		6.0	35.80	45.60	2833	7.88	283	4459	426
		8.0	46.50	59.20	3566	7.76	357	5815	544
		10.0	57.00	72.60	4251	7.65	425	7072	651
220	±1.80	5.0	33.2	42.4	3238	8.74	294	5038	442
		6.0	39.6	50.4	3813	8.70	347	5976	521
		8.0	51.5	65.6	4828	8.58	439	7815	668
		10.0	63.2	80.6	5782	8.47	526	9533	804
		12.0	73.5	93.7	6487	8.32	590	11149	922
250	±2.00	5.0	38.0	48.4	4805	9.97	384	7443	577
		6.0	45.2	57.6	5672	9.92	454	8843	681
		8.0	59.1	75.2	7299	9.80	578	11598	878
		10.0	72.7	92.6	8707	9.70	697	14197	1062
		12.0	84.8	108.0	9859	9.55	789	16691	1226
280	±2.20	5.0	42.7	54.4	6810	11.2	486	10513	730
		6.0	50.9	64.8	8054	11.1	575	12504	863
		8.0	66.6	84.8	10317	11.0	737	16436	1117
		10.0	82.1	104.6	12479	10.9	891	20173	1356
		12.0	96.1	122.5	14232	10.8	1017	23804	1574
300	±2.40	6.0	54.7	69.6	9964	12.0	664	15434	997
		8.0	71.6	91.2	12801	11.8	853	20312	1293
		10.0	88.4	113.0	15519	11.7	1035	24966	1572
		12.0	104.0	132.0	17767	11.6	1184	29514	1829
350	±2.80	6.0	64.1	81.6	16008	14.0	915	24683	1372
		8.0	84.2	107.0	20618	13.9	1182	32557	1787
		10.0	104.0	133.0	25189	13.8	1439	40127	2182
		12.0	123.0	156.0	29054	13.6	1660	47598	2552
400	±3.20	8.0	96.7	123.0	31269	15.9	1564	48934	2362
		10.0	120	153.0	38216	15.8	1911	60431	2892
		12.0	141	180.0	44319	15.7	2216	71843	3395
		14.0	163	208.0	50414	15.6	2521	82735	3877
450	±3.60	8.0	109	139	44966	18.0	1999	70043	3016
		10.0	135	173	55100	17.9	2449	86629	3702
		12.0	160	204	64164	17.7	2851	103150	4357
		14.0	185	236	73210	17.6	3254	119000	4989
500	±4.00	8.0	122	155	62172	20.0	2487	96483	3750
		10.0	151	193	76341	19.9	3054	119470	4612
		12.0	179	228	89187	19.8	3568	142420	5440
		14.0	207	264	102010	19.7	4080	164530	6241
		16.0	235	299	114260	19.6	4570	186140	7013

注：见表 3-2-85 注 2~注 8。

表 3-2-87　　矩形型钢截面尺寸、允许偏差、截面面积、理论重量及截面特性

边长/mm		允许偏差/mm	壁厚 t/mm	理论重量 M/(kg/m)	截面面积 A/cm²	惯性矩/cm⁴		惯性半径/cm		截面模数/cm³		扭转常数	
H	B					I_x	I_y	r_x	r_y	W_x	W_y	I_t/cm⁴	C_t/cm³
30	20	±0.50	1.5	1.06	1.35	1.59	0.84	1.08	0.788	1.06	0.84	1.83	1.40
			1.75	1.22	1.55	1.77	0.93	1.07	0.777	1.18	0.93	2.07	1.56
			2.0	1.36	1.74	1.94	1.02	1.06	0.765	1.29	1.02	2.29	1.71
			2.5	1.64	2.09	2.21	1.15	1.03	0.742	1.47	1.15	2.68	1.95
40	20	±0.50	1.5	1.30	1.65	3.27	1.10	1.41	0.815	1.63	1.10	2.74	1.91
			1.75	1.49	1.90	3.68	1.22	1.39	0.804	1.84	1.23	3.11	2.14
			2.0	1.68	2.14	4.05	1.34	1.38	0.793	2.02	1.34	3.45	2.36
			2.5	2.03	2.59	4.69	1.54	1.35	0.770	2.35	1.54	4.06	2.72
			3.0	2.36	3.01	5.21	1.68	1.32	0.748	2.60	1.68	4.57	3.00
40	25	±0.50	1.5	1.41	1.80	3.82	1.84	1.46	1.010	1.91	1.47	4.06	2.46
			1.75	1.63	2.07	4.32	2.07	1.44	0.999	2.16	1.66	4.63	2.78
			2.0	1.83	2.34	4.77	2.28	1.43	0.988	2.39	1.82	5.17	3.07
			2.5	2.23	2.84	5.57	2.64	1.40	0.965	2.79	2.11	6.15	3.59
			3.0	2.60	3.31	6.24	2.94	1.37	0.942	3.12	2.35	7.00	4.01
40	30	±0.50	1.5	1.53	1.95	4.38	2.81	1.50	1.199	2.19	1.87	5.52	3.02
			1.75	1.77	2.25	4.96	3.17	1.48	1.187	2.48	2.11	6.31	3.42
			2.0	1.99	2.54	5.49	3.51	1.47	1.176	2.75	2.34	7.07	3.79
			2.5	2.42	3.09	6.45	4.10	1.45	1.153	3.23	2.74	8.47	4.46
			3.0	2.83	3.61	7.27	4.60	1.42	1.129	3.63	3.07	9.72	5.03
50	25	±0.50	1.5	1.65	2.10	6.65	2.25	1.78	1.040	2.66	1.80	5.52	3.41
			1.75	1.90	2.42	7.55	2.54	1.76	1.024	3.02	2.03	6.32	3.54
			2.0	2.15	2.74	8.38	2.81	1.75	1.013	3.35	2.25	7.06	3.92
			2.5	2.62	2.34	9.89	3.28	1.72	0.991	3.95	2.62	8.43	4.60
			3.0	3.07	3.91	11.17	3.67	1.69	0.969	4.47	2.93	9.64	5.18
50	30	±0.50	1.5	1.767	2.252	7.535	3.415	1.829	1.231	3.014	2.276	7.587	3.83
			1.75	2.039	2.598	8.566	3.868	1.815	1.220	3.426	2.579	8.682	4.35
			2.0	2.305	2.936	9.535	4.291	1.801	1.208	3.814	2.861	9.727	4.84
			2.5	2.817	3.589	11.296	5.050	1.774	1.186	4.518	3.366	11.666	5.72
			3.0	3.303	4.206	12.827	5.696	1.745	1.163	5.130	3.797	13.401	6.49
			4.0	4.198	5.347	15.239	6.682	1.688	1.117	6.095	4.455	16.244	7.77
50	40	±0.50	1.5	2.003	2.552	9.300	6.602	1.908	1.608	3.720	3.301	12.238	5.24
			1.75	2.314	2.948	10.603	7.518	1.896	1.596	4.241	3.759	14.059	5.97
			2.0	2.619	3.336	11.840	8.348	1.883	1.585	4.736	4.192	15.817	6.673
			2.5	3.210	4.089	14.121	9.976	1.858	1.562	5.648	4.988	19.222	7.965
			3.0	3.775	4.808	16.149	11.382	1.833	1.539	6.460	5.691	22.336	9.123
			4.0	4.826	6.148	19.493	13.677	1.781	1.492	7.797	6.839	27.820	11.06
55	25	±0.50	1.5	1.767	2.252	8.453	2.460	1.937	1.045	3.074	1.968	6.273	3.458
			1.75	2.039	2.598	9.606	2.779	1.922	1.034	3.493	2.223	7.156	3.916
			2.0	2.305	2.936	10.689	3.073	1.907	1.023	3.886	2.459	7.992	4.342
55	40	±0.50	1.5	2.121	2.702	11.674	7.158	2.078	1.627	4.245	3.579	14.017	5.794
			1.75	2.452	3.123	13.329	8.158	2.065	1.616	4.847	4.079	16.175	6.614
			2.0	2.776	3.536	14.904	9.107	2.052	1.604	5.419	4.553	18.208	7.394
55	50	±0.60	1.75	2.726	3.473	15.811	13.660	2.133	1.983	5.749	5.464	23.173	8.415
			2.0	3.090	3.936	17.714	15.298	2.121	1.971	6.441	6.119	26.142	9.433
60	30	±0.60	2.0	2.620	3.337	15.046	5.078	2.123	1.234	5.015	3.385	12.570	5.881
			2.5	3.209	4.089	17.933	5.998	2.094	1.211	5.977	3.998	15.054	6.981
			3.0	3.774	4.808	20.496	6.794	2.064	1.188	6.832	4.529	17.335	7.950
			4.0	4.826	6.147	24.691	8.045	2.004	1.143	8.230	5.363	21.141	9.523

续表

边长/mm		允许偏差/mm	壁厚 t/mm	理论重量 M/(kg/m)	截面面积 A/cm²	惯性矩/cm⁴		惯性半径/cm		截面模数/cm³		扭转常数	
H	B					I_x	I_y	r_x	r_y	W_x	W_y	I_t/cm⁴	C_t/cm³
60	40	±0.60	2.0	2.934	3.737	18.412	9.831	2.220	1.622	6.137	4.915	20.702	8.116
			2.5	3.602	4.589	22.069	11.734	2.192	1.595	7.356	5.867	25.045	9.722
			3.0	4.245	5.408	25.374	13.436	2.166	1.576	8.458	6.718	29.121	11.175
			4.0	5.451	6.947	30.974	16.269	2.111	1.530	10.324	8.134	36.298	13.653
70	50	±0.60	2.0	3.562	4.537	31.475	18.758	2.634	2.033	8.993	7.503	37.454	12.196
			3.0	5.187	6.608	44.046	26.099	2.581	1.987	12.584	10.439	53.426	17.06
			4.0	6.710	8.547	54.663	32.210	2.528	1.941	15.618	12.884	67.613	21.189
			5.0	8.129	10.356	63.435	37.179	2.474	1.894	18.121	14.871	79.908	24.642
80	40	±0.70	2.0	3.561	4.536	37.355	12.720	2.869	1.674	9.339	6.361	30.881	11.004
			2.5	4.387	5.589	45.103	15.255	2.840	1.652	11.275	7.627	37.467	13.283
			3.0	5.187	6.608	52.246	17.552	2.811	1.629	13.061	8.776	43.680	15.283
			4.0	6.710	8.547	64.780	21.474	2.752	1.585	16.195	10.737	54.787	18.844
			5.0	8.129	10.356	75.080	24.567	2.692	1.540	18.770	12.283	64.110	21.744
80	60	±0.70	3.0	6.129	7.808	70.042	44.886	2.995	2.397	17.510	14.962	88.111	24.143
			4.0	7.966	10.147	87.945	56.105	2.943	2.351	21.976	18.701	112.583	30.332
			5.0	9.699	12.356	103.247	65.634	2.890	2.304	25.811	21.878	134.503	35.673
90	40	±0.75	3.0	5.658	7.208	70.487	19.610	3.127	1.649	15.663	9.805	51.193	17.339
			4.0	7.338	9.347	87.894	24.077	3.066	1.604	19.532	12.038	64.320	21.441
			5.0	8.914	11.356	102.487	27.651	3.004	1.560	22.774	13.825	75.426	24.819
90	50	±0.75	2.0	4.190	5.337	57.878	23.368	3.293	2.093	12.862	9.347	53.366	15.882
			2.5	5.172	6.589	70.263	28.236	3.266	2.070	15.614	11.294	65.299	19.235
			3.0	6.129	7.808	81.845	32.735	3.237	2.047	18.187	13.094	76.433	22.316
			4.0	7.966	10.147	102.696	40.695	3.181	2.002	22.821	16.278	97.162	27.961
			5.0	9.699	12.356	120.570	47.345	3.123	1.957	26.793	18.938	115.436	36.774
90	55	±0.75	2.0	4.346	5.536	61.75	28.957	3.340	2.287	13.733	10.53	62.724	17.601
			2.5	5.368	6.839	75.049	33.065	3.313	2.264	16.678	12.751	76.877	21.357
90	60	±0.75	3.0	6.600	8.408	93.203	49.764	3.329	2.432	20.711	16.588	104.552	27.391
			4.0	8.594	10.947	117.499	62.387	3.276	2.387	26.111	20.795	133.852	34.501
			5.0	10.484	13.356	138.653	73.218	3.222	2.311	30.811	24.406	160.273	40.712
95	50	±0.75	2.0	4.347	5.537	66.084	24.521	3.455	2.104	13.912	9.808	57.458	16.804
			2.5	5.369	6.839	80.306	29.647	3.247	2.082	16.906	11.895	70.324	20.364
100	50	±0.80	3.0	6.690	8.408	106.451	36.053	3.558	2.070	21.290	14.421	88.311	25.012
			4.0	8.594	10.947	134.124	44.938	3.500	2.026	26.824	17.975	112.409	31.35
			5.0	10.484	13.356	158.155	52.429	3.441	1.981	31.631	20.971	133.758	36.804
120	50	±0.90	2.5	6.350	8.089	143.97	36.704	4.219	2.130	23.995	14.682	96.026	26.006
			3.0	7.543	9.608	168.58	42.693	4.189	2.108	28.097	17.077	112.870	30.317
120	60	±0.90	3.0	8.013	10.208	189.113	64.398	4.304	2.511	31.581	24.666	156.029	37.138
			4.0	10.478	13.347	240.724	81.235	4.246	2.466	40.120	27.078	200.407	47.048
			5.0	12.839	16.356	286.941	95.968	4.188	2.422	47.823	31.989	240.869	55.846
			6.0	15.097	19.232	327.950	108.716	4.129	2.377	54.658	36.238	277.361	63.597
120	80	±0.90	3.0	8.955	11.408	230.189	123.430	4.491	3.289	38.364	30.857	255.128	50.799
			4.0	11.734	14.947	294.569	157.281	4.439	3.243	49.094	39.320	330.438	64.927
			5.0	14.409	18.356	353.108	187.747	4.385	3.198	58.850	46.936	400.735	77.772
			6.0	16.981	21.632	405.998	214.977	4.332	3.152	67.666	53.744	465.940	83.399
140	80	±1.00	4.0	12.990	16.547	429.582	180.407	5.095	3.301	61.368	45.101	410.713	76.478
			5.0	15.979	20.356	517.023	215.914	5.039	3.256	73.860	53.978	498.815	91.834
			6.0	18.865	24.032	569.935	247.905	4.983	3.211	85.276	61.976	580.919	105.83

续表

边长/mm		允许偏差/mm	壁厚 t/mm	理论重量 M/(kg/m)	截面面积 A/cm²	惯性矩/cm⁴		惯性半径/cm		截面模数/cm³		扭转常数	
H	B					I_x	I_y	r_x	r_y	W_x	W_y	I_t/cm⁴	C_t/cm³
150	100	±1.20	4.0	14.874	18.947	594.585	318.551	5.601	4.110	79.278	63.710	660.613	104.94
			5.0	18.334	23.356	719.164	383.988	5.549	4.054	95.888	79.797	806.733	126.81
			6.0	21.691	27.632	834.615	444.135	5.495	4.009	111.282	88.827	915.022	147.07
			8.0	28.096	35.791	1039.101	519.308	5.388	3.917	138.546	109.861	1147.710	181.85
160	60	±1.20	3.0	9.898	12.608	389.860	83.915	5.561	2.580	48.732	27.972	228.15	50.140
			4.5	14.498	18.469	552.080	116.66	5.468	2.513	69.010	38.886	324.96	70.085
160	80	±1.20	4.0	14.216	18.117	597.691	203.532	5.738	3.348	71.711	50.883	493.129	88.031
			5.0	17.519	22.356	721.650	214.089	5.681	3.304	90.206	61.020	599.175	105.90
			6.0	20.749	26.433	835.936	286.832	5.623	3.259	104.192	76.208	698.881	122.27
			8.0	26.810	33.644	1036.485	343.599	5.505	3.170	129.560	85.899	876.599	149.54
180	65	±1.20	3.0	11.075	14.108	550.35	111.78	6.246	2.815	61.150	34.393	306.750	61.849
			4.5	16.264	20.719	784.13	156.47	6.152	2.748	87.125	48.144	438.910	86.993
180	100	±1.30	4.0	16.758	21.317	926.020	373.879	6.586	4.184	102.891	74.755	852.708	127.06
			5.0	20.689	26.356	1124.156	451.738	6.530	4.140	124.906	90.347	1012.589	153.88
			6.0	24.517	31.232	1309.527	523.767	6.475	4.095	145.503	104.753	1222.933	178.88
			8.0	31.861	40.391	1643.149	651.132	6.362	4.002	182.572	130.226	1554.606	222.49
200	100	±1.30	4.0	18.014	22.941	1199.680	410.261	7.230	4.230	119.968	82.152	984.151	141.81
			5.0	22.259	28.356	1459.270	496.905	7.173	4.186	145.920	99.381	1203.878	171.94
			6.0	26.101	33.632	1703.224	576.855	7.116	4.141	170.332	115.371	1412.986	200.10
			8.0	34.376	43.791	2145.993	719.014	7.000	4.052	214.599	143.802	1798.551	249.60
200	120	±1.40	4.0	19.3	24.5	1353	618	7.43	5.02	135	103	1345	172
			5.0	23.8	30.4	1649	750	7.37	4.97	165	125	1652	210
			6.0	28.3	36.0	1929	874	7.32	4.93	193	146	1947	245
			8.0	36.5	46.4	2386	1079	7.17	4.82	239	180	2507	308
200	150	±1.50	4.0	21.2	26.9	1584	1021	7.67	6.16	158	136	1942	219
			5.0	26.2	33.4	1935	1245	7.62	6.11	193	166	2391	267
			6.0	31.1	39.6	2268	1457	7.56	6.06	227	194	2826	312
			8.0	40.2	51.2	2892	1815	7.43	5.95	283	242	3664	396
220	140	±1.50	4.0	21.8	27.7	1892	948	8.26	5.84	172	135	1987	224
			5.0	27.0	34.4	2313	1155	8.21	5.80	210	165	2447	274
			6.0	32.1	40.8	2714	1352	8.15	5.75	247	193	2891	321
			8.0	41.5	52.8	3389	1685	8.01	5.65	308	241	3746	407
250	150	±1.60	4.0	24.3	30.9	2697	1234	9.34	6.32	216	165	2665	275
			5.0	30.1	38.4	3304	1508	9.28	6.27	264	201	3285	337
			6.0	35.8	45.6	3886	1768	9.23	6.23	311	236	3886	396
			8.0	46.5	59.2	4886	2219	9.08	6.12	391	296	5050	504
260	180	±1.80	5.0	33.2	42.4	4121	2350	9.86	7.45	317	261	4695	426
			6.0	39.6	50.4	4856	2763	9.81	7.40	374	307	5566	501
			8.0	51.5	65.6	6145	3493	9.68	7.29	473	388	7267	642
			10.0	63.2	80.6	7363	4174	9.56	7.20	566	646	8850	772
300	200	±2.00	5.0	38.0	48.4	6241	3361	11.4	8.34	416	336	6836	552
			6.0	45.2	57.6	7370	3962	11.3	8.29	491	396	8115	651
			8.0	59.1	75.2	9389	5042	11.2	8.19	626	504	10627	838
			10.0	72.7	92.6	11313	6058	11.1	8.09	754	606	12987	1012
350	250	±2.20	5.0	45.8	58.4	10520	6306	13.4	10.4	601	504	12234	817
			6.0	54.7	69.6	12457	7458	13.4	10.3	712	594	14554	967
			8.0	71.6	91.2	16001	9573	13.2	10.2	914	766	19136	1253
			10.0	88.4	113.0	19407	11588	13.1	10.1	1109	927	23500	1522

续表

边长/mm H	边长/mm B	允许偏差/mm	壁厚 t/mm	理论重量 M/(kg/m)	截面面积 A/cm²	惯性矩/cm⁴ I_x	惯性矩/cm⁴ I_y	惯性半径/cm r_x	惯性半径/cm r_y	截面模数/cm³ W_x	截面模数/cm³ W_y	扭转常数 I_t/cm⁴	扭转常数 C_t/cm³
400	200	±2.40	5.0	45.8	58.4	12490	4311	14.6	8.60	624	431	10519	742
			6.0	54.7	69.6	14789	5092	14.5	8.55	739	509	12069	877
			8.0	71.6	91.2	18974	6517	14.4	8.45	949	652	15820	1133
			10.0	88.4	113.0	23003	7864	14.3	8.36	1150	786	19368	1373
			12.0	104.0	132.0	26248	8977	14.1	8.24	1312	898	22782	1591
400	250	±2.60	5.0	49.7	63.4	14440	7056	15.1	10.6	722	565	14773	937
			6.0	59.4	75.6	17118	8352	15.0	10.5	856	668	17580	1110
			8.0	77.9	99.2	22048	10744	14.9	10.4	1102	860	23127	1440
			10.0	96.2	122.0	26806	13029	14.8	10.3	1340	1042	28423	1753
			12.0	113.0	144.0	30766	14926	14.6	10.2	1538	1197	33597	2042
450	250	±2.80	6.0	64.1	81.6	22724	9245	16.7	10.6	1010	740	20687	1253
			8.0	84.2	107.0	29336	11916	16.5	10.5	1304	953	27222	1628
			10.0	104.0	133.0	35737	14470	16.4	10.4	1588	1158	33473	1983
			12.0	123.0	156.0	41137	16663	16.2	10.3	1828	1333	39591	2314
500	300	±3.20	6.0	73.5	93.6	33012	15151	18.8	12.7	1321	1010	32420	1688
			8.0	96.7	123.0	42805	19624	18.6	12.6	1712	1308	42767	2202
			10.0	120.0	153.0	52328	23933	18.5	12.5	2093	1596	52736	2693
			12.0	141.0	180.0	60604	27726	18.3	12.4	2424	1848	62581	3156
550	350	±3.60	8.0	109	139	59783	30040	20.7	14.7	2174	1717	63051	2856
			10.0	135	173	73276	36752	20.6	14.6	2665	2100	77901	3503
			12.0	160	204	85249	42769	20.4	14.5	3100	2444	92646	4118
			14.0	185	236	97269	48731	20.3	14.4	3537	2784	106760	4710
600	400	±4.00	8.0	122	155	80670	43564	22.8	16.8	2689	2178	88672	3591
			10.0	151	193	99081	53429	22.7	16.7	3303	2672	109720	4413
			12.0	179	228	115670	62391	22.5	16.5	3856	3120	130680	5201
			14.0	207	264	132310	71282	22.4	16.4	4410	3564	150850	5962
			16.0	235	299	148210	79760	22.3	16.3	4940	3988	170510	6694

注：见表 3-2-85 注 2～注 8。

汽车用冷弯型钢（摘自 GB/T 6726—2008）

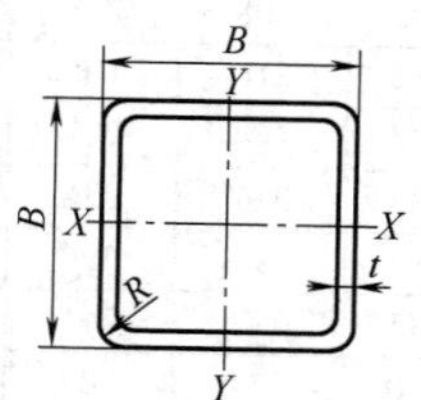

B——边长　t——壁厚

冷弯方形空心型钢(代号 F)

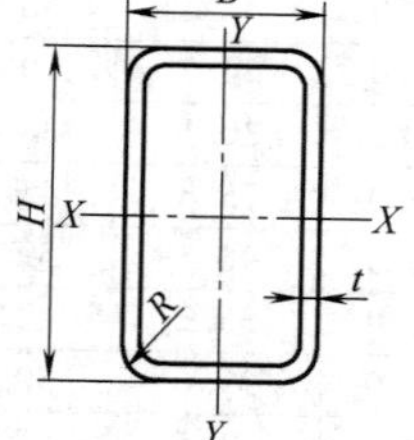

H——长边边长　B——短边边长　t——壁厚

冷弯矩形空心型钢(代号 J)

表 3-2-88　方形空心型钢截面尺寸、允许偏差、截面面积、理论重量及截面特性

边长 B/mm	允许偏差/mm	壁厚 t/mm	理论重量 M/(kg/m)	截面面积 A/cm²	惯性矩 $I_x=I_y$/cm⁴	惯性半径 $r_x=r_y$/cm	截面模数 $W_x=W_y$/cm³	扭转常数 I_t/cm⁴	扭转常数 C_t/cm³
20	±0.50	1.5	0.826	1.052	0.583	0.744	0.583	0.985	0.88
		1.75	0.941	1.199	0.642	0.732	0.642	1.106	0.98
		2.0	1.050	1.340	0.692	0.720	0.692	1.215	1.06

续表

边长 B /mm	允许偏差 /mm	壁厚 t /mm	理论重量 M /(kg/m)	截面面积 A /cm^2	惯性矩 $I_x=I_y$ /cm^4	惯性半径 $r_x=r_y$ /cm	截面模数 $W_x=W_y$ /cm^3	扭转常数 I_t/cm^4	扭转常数 C_t/cm^3
25	±0.50	1.5	1.061	1.352	1.216	0.948	0.973	1.998	1.47
		1.75	1.215	1.548	1.357	0.936	1.086	2.261	1.65
		2.0	1.363	1.736	1.482	0.923	1.186	2.502	1.80
30	±0.50	1.5	1.296	1.652	2.195	1.152	1.463	3.555	2.21
		1.75	1.490	1.898	2.470	1.140	1.646	4.048	2.49
		2.0	1.677	2.136	2.721	1.128	1.814	4.511	2.75
		2.5	2.032	2.589	3.154	1.103	2.102	5.347	3.20
		3.0	2.361	3.008	3.500	1.078	2.333	6.060	3.58
40	±0.50	1.5	1.767	2.252	5.489	1.561	2.744	8.728	4.13
		1.75	2.039	2.598	6.237	1.549	3.118	10.009	4.69
		2.0	2.305	2.936	6.939	1.537	3.469	11.238	5.23
		2.5	2.817	3.589	8.213	1.512	4.106	13.539	6.21
		3.0	3.303	4.208	9.320	1.488	4.660	15.628	7.07
		4.0	4.198	5.347	11.064	1.438	5.532	19.152	8.48
50	±0.50	1.5	2.238	2.852	11.065	1.969	4.426	17.395	6.65
		1.75	2.589	3.298	12.641	1.957	5.056	20.025	7.60
		2.0	2.933	3.736	14.146	1.945	5.658	22.578	8.51
		2.5	3.602	4.589	16.941	1.921	6.776	27.436	10.22
		3.0	4.245	5.408	19.463	1.897	7.785	31.972	11.77
		4.0	5.454	6.947	23.725	1.847	9.490	40.047	14.43
60	±0.60	2.0	3.560	4.540	25.120	2.350	8.380	39.810	12.60
		2.5	4.387	5.589	30.340	2.329	10.113	48.539	15.22
		3.0	5.187	6.608	35.130	2.305	11.710	56.892	17.65
		4.0	6.710	8.547	43.539	2.256	14.513	72.188	21.97
		5.0	8.129	10.356	50.468	2.207	16.822	85.560	25.61
70	±0.65	2.5	5.170	6.590	49.400	2.740	14.100	78.500	21.20
		3.0	6.129	7.808	57.522	2.714	16.434	92.188	24.74
		4.0	7.966	10.147	72.108	2.665	20.602	117.975	31.11
		5.0	9.699	12.356	84.602	2.616	24.172	141.183	36.65
80	±0.70	3.0	7.071	9.008	87.838	3.122	21.959	139.660	33.02
		4.0	9.222	11.747	111.031	3.074	27.757	179.808	41.84
		5.0	11.269	14.356	131.414	3.025	32.853	216.628	49.68
90	±0.75	3.0	8.013	10.208	127.277	3.531	28.283	201.108	42.51
		4.0	10.478	13.347	161.907	3.482	35.979	260.088	54.17
		5.0	12.839	16.356	192.903	3.434	42.867	314.896	64.71
		6.0	15.097	19.232	220.420	3.385	48.982	365.452	74.16
100	±0.80	4.0	11.734	11.947	226.337	3.891	45.267	361.213	68.10
		5.0	14.409	18.356	271.071	3.842	54.214	438.986	81.72
		6.0	16.981	21.632	311.415	3.794	62.283	511.558	94.12
120	±0.90	4.0	14.246	18.147	402.260	4.708	67.043	635.603	100.75
		5.0	17.549	22.356	485.441	4.659	80.906	776.632	121.75
		6.0	20.749	26.432	562.094	4.611	93.683	910.281	141.22

注：1. 本标准适用于制造客运汽车、货运汽车、挂车等车辆，采用冷加工变形的冷轧或热轧钢带在连续辊式冷弯机组上生产的冷弯型钢（以下简称型钢）。型钢的牌号、化学成分（熔炼分析）、力学性能、工艺性能和表面质量等应符合 GB/T 6725 的规定。

2. 型钢通常长度为 4000~16000mm。

3. 方形、矩形空心型钢弯曲角部分的外圆弧半径 R 应符合下表的规定。

屈服强度等级	壁厚/mm		
	$t\leqslant2.0$	$2.0<t\leqslant4.0$	$4.0<t\leqslant8.0$
235	$(1.5\sim3.0)t$		$(2.0\sim3.5)t$
345	$(2.0\sim3.5)t$		$(2.5\sim4.0)t$
390	供需双方协商		

4. 表中理论重量按密度 $7.85g/cm^3$ 计算。

5. 标记示例：用普通碳素结构钢 Q235 制造的尺寸为 120mm×60mm×4mm 汽车用冷弯矩形空心型钢的标记为：

$$冷弯矩形空心型钢(J)=\frac{J120\times60\times4\text{-GB/T 6726—2008}}{\text{Q235-GB/T 700—2006}}$$

表 3-2-89　　矩形空心型钢截面尺寸、允许偏差、截面面积、理论重量及截面特性

边长 /mm		允许偏差 /mm	壁厚 t /mm	理论重量 M/ (kg/m)	截面面积 A/cm²	惯性矩 /cm⁴		惯性半径 /cm		截面模数 /cm³		扭转常数	
H	B					I_x	I_y	r_x	r_y	W_x	W_y	I_t/cm⁴	C_t/cm³
40	30	±0. 50	1. 5	1. 53	1. 95	4. 38	2. 81	1. 50	1. 199	2. 19	1. 87	5. 52	3. 02
			1. 75	1. 77	2. 25	4. 96	3. 17	1. 48	1. 187	2. 48	2. 11	6. 31	3. 42
			2. 0	1. 99	2. 54	5. 49	3. 51	1. 47	1. 176	2. 75	2. 34	7. 07	3. 79
50	30	±0. 50	1. 5	1. 767	2. 252	7. 535	3. 415	1. 829	1. 231	3. 014	2. 276	7. 587	3. 83
			1. 75	2. 039	2. 598	8. 566	3. 868	1. 815	1. 220	3. 426	2. 579	8. 682	4. 35
			2. 0	2. 305	2. 936	9. 535	4. 291	1. 801	1. 208	3. 814	2. 861	9. 727	4. 84
			2. 5	2. 817	3. 589	11. 296	5. 050	1. 774	1. 186	4. 518	3. 366	11. 666	5. 72
			3. 0	3. 303	4. 206	12. 827	5. 696	1. 745	1. 163	5. 130	3. 797	13. 401	6. 49
			4. 0	4. 198	5. 347	15. 239	6. 682	1. 688	1. 117	6. 095	4. 455	16. 244	7. 77
50	40	±0. 50	1. 5	2. 003	2. 552	9. 300	6. 602	1. 908	1. 608	3. 720	3. 301	12. 238	5. 24
			1. 75	2. 314	2. 948	10. 603	7. 518	1. 896	1. 596	4. 241	3. 759	14. 059	5. 97
			2. 0	2. 619	3. 336	11. 840	8. 348	1. 883	1. 585	4. 736	4. 192	15. 817	6. 673
			2. 5	3. 210	4. 089	14. 121	9. 976	1. 858	1. 562	5. 648	4. 988	19. 222	7. 965
			3. 0	3. 775	4. 808	16. 149	11. 382	1. 833	1. 539	6. 460	5. 691	22. 336	9. 123
			4. 0	4. 826	6. 148	19. 493	13. 677	1. 781	1. 492	7. 797	6. 839	27. 82	11. 06
55	25	±0. 50	1. 5	1. 767	2. 252	8. 453	2. 460	1. 937	1. 045	3. 074	1. 968	6. 273	3. 458
			1. 75	2. 039	2. 598	9. 606	2. 779	1. 922	1. 034	3. 493	2. 223	7. 156	3. 916
			2. 0	2. 305	2. 936	10. 689	3. 073	1. 907	1. 023	3. 886	2. 459	7. 992	4. 342
55	40	±0. 50	1. 5	2. 121	2. 702	11. 674	7. 158	2. 078	1. 627	4. 245	3. 579	14. 017	5. 794
			1. 75	2. 452	3. 123	13. 329	8. 158	2. 065	1. 616	4. 847	4. 079	16. 175	6. 614
			2. 0	2. 776	3. 536	14. 904	9. 107	2. 052	1. 604	5. 419	4. 553	18. 208	7. 394
55	50	±0. 60	1. 75	2. 726	3. 473	15. 811	13. 660	2. 133	1. 983	5. 749	5. 464	23. 173	8. 415
			2. 0	3. 090	3. 936	17. 714	15. 298	2. 121	1. 971	6. 441	6. 119	26. 142	9. 433
60	30	±0. 60	2. 0	2. 620	3. 337	15. 046	5. 078	2. 123	1. 234	5. 015	3. 385	12. 57	5. 881
			2. 5	3. 209	4. 089	17. 933	5. 998	2. 094	1. 211	5. 977	3. 998	15. 054	6. 981
			3. 0	3. 774	4. 808	20. 496	6. 794	2. 064	1. 188	6. 832	4. 529	17. 335	7. 950
			4. 0	4. 826	6. 147	24. 691	8. 045	2. 004	1. 143	8. 230	5. 363	21. 141	9. 523
60	40	±0. 60	2. 0	2. 934	3. 737	18. 412	9. 831	2. 220	1. 622	6. 137	4. 915	20. 702	8. 116
			2. 5	3. 602	4. 589	22. 069	11. 734	2. 192	1. 595	7. 356	5. 867	25. 045	9. 722
			3. 0	4. 245	5. 408	25. 374	13. 436	2. 166	1. 576	8. 458	6. 718	29. 121	11. 175
			4. 0	5. 451	6. 947	30. 974	16. 269	2. 111	1. 530	10. 324	8. 134	36. 298	13. 653
70	50	±0. 60	2. 0	3. 562	4. 537	31. 475	18. 758	2. 634	2. 033	8. 993	7. 503	37. 454	12. 196
			3. 0	5. 187	6. 608	44. 046	26. 099	2. 581	1. 987	12. 584	10. 439	53. 426	17. 06
			4. 0	6. 710	8. 547	54. 663	32. 210	2. 528	1. 941	15. 618	12. 884	67. 613	21. 189
			5. 0	8. 129	10. 356	63. 435	37. 179	2. 171	1. 894	18. 121	14. 871	79. 908	24. 642
80	40	±0. 70	2. 0	3. 561	4. 536	37. 355	12. 720	2. 869	1. 674	9. 339	6. 361	30. 881	11. 004
			2. 5	4. 387	5. 589	45. 103	15. 255	2. 840	1. 652	11. 275	7. 627	37. 467	13. 283
			3. 0	5. 187	6. 608	52. 246	17. 552	2. 811	1. 629	13. 061	8. 776	43. 680	15. 283
			4. 0	6. 710	8. 547	64. 780	21. 474	2. 752	1. 585	16. 195	10. 737	54. 787	18. 844
			5. 0	8. 129	10. 356	75. 080	24. 567	2. 692	1. 540	18. 770	12. 283	64. 110	21. 744

续表

边长/mm		允许偏差/mm	壁厚 t/mm	理论重量 M/(kg/m)	截面面积 A/cm²	惯性矩/cm⁴		惯性半径/cm		截面模数/cm³		扭转常数	
H	B					I_x	I_y	r_x	r_y	W_x	W_y	I_t/cm^4	C_t/cm^3
80	60	±0.70	3.0	6.129	7.808	70.042	44.886	2.995	2.397	17.510	14.962	88.111	24.143
			4.0	7.966	10.147	87.945	56.105	2.943	2.351	21.976	18.701	112.583	30.332
			5.0	9.699	12.356	103.247	65.634	2.890	2.304	25.811	21.878	134.503	35.673
90	40	±0.75	3.0	5.658	7.208	70.487	19.610	3.127	1.649	15.663	9.805	51.193	17.339
			4.0	7.338	9.347	87.894	24.077	3.066	1.604	19.532	12.038	64.320	21.441
			5.0	8.914	11.356	102.487	27.651	3.004	1.560	22.774	13.825	75.426	24.819
90	50	±0.75	2.0	4.190	5.337	57.878	23.368	3.293	2.093	12.862	9.347	53.366	15.882
			2.5	5.172	6.589	70.263	28.236	3.266	2.070	15.614	11.294	65.299	19.235
			3.0	6.129	7.808	81.845	32.735	3.237	2.047	18.187	13.094	76.433	22.316
			4.0	7.966	10.147	102.696	40.695	3.181	2.002	22.821	16.278	97.162	27.961
			5.0	9.699	12.356	120.570	47.345	3.123	1.957	26.793	18.938	115.436	36.774
90	55	±0.75	2.0	4.346	5.536	61.750	28.957	3.340	2.287	13.733	10.530	62.724	17.601
			2.5	5.368	6.839	75.049	33.065	3.313	2.264	16.678	12.751	76.877	21.357
90	60	±0.75	3.0	6.600	8.408	93.203	49.764	3.329	2.432	20.711	16.588	104.552	27.391
			4.0	8.594	10.947	117.499	62.387	3.276	2.387	26.111	20.795	133.852	34.501
			5.0	10.484	13.356	138.653	73.218	3.222	2.311	30.811	24.406	160.273	40.712
100	50	±0.80	3.0	6.690	8.408	106.451	36.053	3.558	2.070	21.290	14.421	88.311	25.012
			4.0	8.594	10.947	134.124	44.938	3.500	2.026	26.824	17.975	112.409	31.350
			5.0	10.484	13.356	158.155	52.429	3.441	1.981	31.631	20.971	133.758	36.804
120	50	±0.90	2.5	6.350	8.089	143.970	36.704	4.219	2.130	23.995	14.682	96.026	26.006
			3.0	7.543	9.608	168.580	42.693	4.189	2.108	28.097	17.077	112.87	30.317
120	60	±0.90	3.0	8.013	10.208	189.113	64.398	4.304	2.511	31.581	21.466	156.029	37.138
			4.0	10.478	13.347	240.724	81.235	4.246	2.466	40.120	27.078	200.407	47.048
			5.0	12.839	16.356	286.941	95.968	4.188	2.422	47.823	31.989	240.869	55.846
			6.0	15.097	19.232	327.950	108.716	4.129	2.377	54.658	36.238	277.361	63.597
120	80	±0.90	3.0	8.955	11.408	230.189	123.430	4.491	3.289	38.364	30.857	255.128	50.799
			4.0	11.734	11.947	294.569	157.281	4.439	3.243	49.094	39.320	330.438	64.927
			5.0	14.409	18.356	353.108	187.747	4.385	3.198	58.850	46.936	400.735	77.772
			6.0	16.981	21.632	105.998	214.977	4.332	3.152	67.666	53.744	165.940	83.399
140	80	±1.00	4.0	12.990	16.547	429.582	180.407	5.095	3.301	61.368	45.101	410.713	76.478
			5.0	15.979	20.356	517.023	215.914	5.039	3.256	73.860	53.978	498.815	91.834
			6.0	18.865	24.032	569.935	247.905	4.983	3.211	85.276	61.976	580.919	105.83
150	100	±1.20	4.0	14.874	18.947	594.585	318.551	5.601	4.110	79.278	63.710	660.613	104.94
			5.0	18.334	23.356	719.164	383.988	5.549	4.054	95.888	79.797	806.733	126.81
			6.0	21.691	27.632	834.615	444.135	5.495	4.009	111.282	88.827	915.022	147.07
160	80	±1.20	4.0	14.216	18.117	597.691	203.532	5.738	3.348	71.711	50.883	493.129	88.031
			5.0	17.519	22.356	721.650	214.089	5.681	3.304	90.206	61.020	599.175	105.90
			6.0	20.749	26.433	835.936	286.832	5.623	3.259	104.192	76.208	698.881	122.27
180	65	±1.20	3.0	11.075	14.108	550.350	111.780	6.246	2.815	61.150	34.393	306.750	61.849
			4.5	16.264	20.719	784.130	156.470	6.152	2.748	87.125	48.144	438.910	86.993

注：见表3-2-88注。

起重机用钢轨（摘自 YB/T 5055—2014）

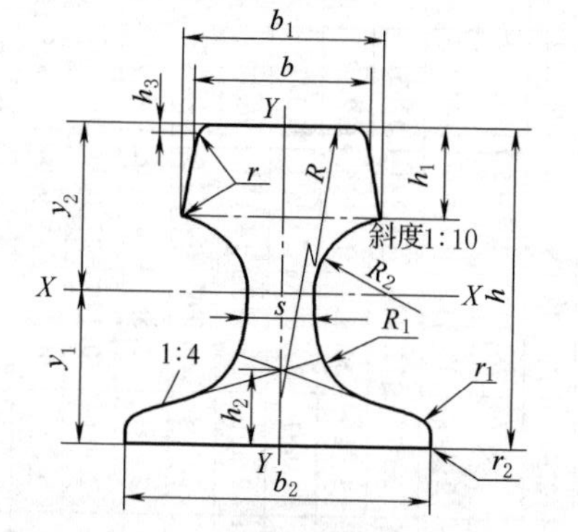

表 3-2-90 **钢轨的断面尺寸、横断面积、理论重量及计算数据**

型号	截面尺寸/mm														横断面积/cm^2	理论重量/(kg/m)	质心距轨底距离 y_1/cm	质心距轨头距离 y_2/cm	惯性力矩/cm^4		断面系数/cm^3		
	b	b_1	b_2	s	h	h_1	h_2	h_3	R	R_1	R_2	r	r_1	r_2					对水平轴线	对垂直轴线	下部	上部	底侧边
QU70	70	76.5	120	28	120	32.5	24	6.52	400	23	38	6	6	1.5	67.22	52.77	5.93	6.07	1083.25	319.67	182.80	178.34	53.28
QU80	80	87	130	32	130	35.0	26	8.59	400	26	44	8	6	1.5	82.05	64.41	6.49	6.51	1530.12	472.14	235.95	234.86	72.64
QU100	100	108	150	38	150	40.0	30	9.30	450	30	50	8	8	2.0	113.44	89.05	7.63	7.37	2806.11	919.70	367.87	380.64	122.63
QU120	120	129	170	44	170	45.0	35	10.07	500	34	56	8	8	2.0	150.95	118.50	8.70	8.30	4796.71	1677.34	551.41	577.85	197.33

注：1. 本标准适用于起重机大车及小车轨道用 QU70～QU120 钢轨。

2. 钢轨的定尺长度为 9m、9.5m、10m、10.5m、11m、11.5m、12m、12.5m。短尺轨长度为 6～8.9m（按 100mm 进级）。短尺轨的搭配数量应不大于一批订货总重量的 10%。

3. 钢轨以热轧状态交货。

4. 钢轨表面不应有裂纹，轨底下表面不应有冷态横向划痕。在热状态下形成的钢轨磨痕、热刮伤、纵向线纹、折叠、氧化皮压入、轧痕等的最大允许深度为 0.8mm。在冷状态下形成的钢轨纵向及横向划痕等缺陷最大允许深度为 0.6mm。钢轨端面边缘上的毛刺应予清除。

5. 本表中理论重量按密度 7.85g/cm^3 计算。

表 3-2-91 **钢轨的化学成分（熔炼分析）和力学性能**

牌号	化学成分(质量分数)/%							拉伸性能，≥	
	C	Si	Mn	Cr	V	P，≤	S，≤	R_m/MPa	A/%
U71Mn	0.65～0.76	0.15～0.58	0.70～1.40	—	—	0.035	0.030	880	9
U75V	0.71～0.80	0.50～0.80	0.75～1.05	—	0.04～0.12	0.035	0.030	980	9
U78CrV	0.72～0.82	0.50～0.80	0.70～1.05	0.30～0.50	0.04～0.12	0.035	0.030	1080	8
U77MnCr	0.72～0.82	0.10～0.50	0.80～1.10	0.25～0.40	—	0.035	0.025	980	9
U76CrRE	0.71～0.81	0.50～0.80	0.80～1.10	0.25～0.35	0.04～0.08	0.035	0.025	1080	9

注：1. 钢水氢含量应不大于 0.00025%，当钢水氢含量大于 0.00025%时，应进行连铸坯缓冷，并检验钢轨的氢含量。钢轨的氢含量应不大于 0.00020%，若供方工艺能保证成品钢轨无白点，可不检验氢含量。

2. 热锯取样检验时允许断后伸长率比规定值降低 1%（绝对值）。

铁路用热轧钢轨（摘自 GB/T 2585—2021）

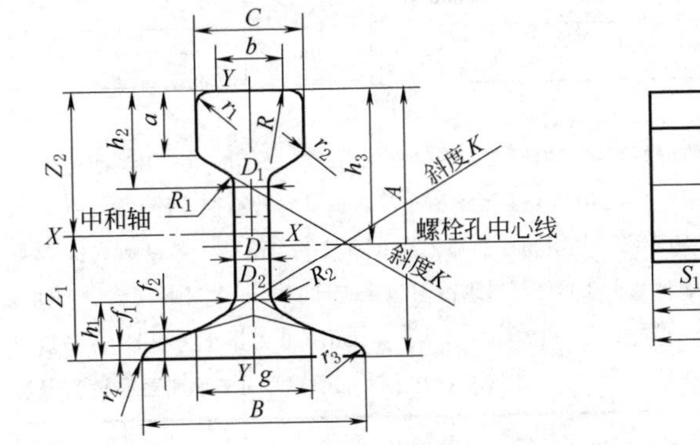

表 3-2-92　**钢轨的断面尺寸、横断面积、理论重量及计算数据**

钢轨轨型 /(kg/m)	理论重量 /(kg/m)	横断面积 /cm²	质心距轨底距离 Z_1/cm	质心距轨头距离 Z_2/cm	惯性力矩/cm⁴ 对水平轴线	惯性力矩/cm⁴ 对垂直轴线	断面系数/cm³ 下部	断面系数/cm³ 上部	断面系数/cm³ 底侧边	钢轨长度/m 标准钢轨	钢轨长度/m 曲线缩短钢轨	钢轨长度/m 短尺钢轨
38	38.73	49.5	6.67	6.73	1204.4	209.3	180.6	178.9	36.7	12.5,25	12.5m 钢轨：12.46,12.42,12.38 25m 钢轨：24.96,24.92,24.84	12.5m 钢轨：9,9.5,11,11.5,12 25m 钢轨：21,22,23,24,24.5 75m 钢轨：71,72,73,74 100m 钢轨：95,96,97,99
43	44.56	56.77	6.83	7.17	1479.6	257.2	216.6	206.4	45.1			
50	51.46	65.55	7.07	8.13	2025.4	374.2	286.5	249.1	56.7	12.5,25,100		
60	60.76	77.40	8.12	9.48	3215.2	523.5	396.0	339.1	69.8			
60N	60.45	77.01	8.07	9.53	3182.6	520.6	394.2598	334.3484	69.49467			
75	74.60	95.04	8.82	10.38	4489.0	665.0	509.0	432.0	89.0	25,75,100		
75N	74.25	94.58	8.77	10.43	4449.0	661.4	507.4	426.5	88.2			

主要断面尺寸/mm

钢轨轨型 /(kg/m)	A	B	C	D	h_1	h_2	h_3	a	b	g	f_1	f_2	r_1	r_2	r_3	r_4	S_1	S_2	S_3	ϕ	R	R_1	R_2	D_1	D_2	斜度 K
38	134	114	68	13.0	24	39	74.5	27.7	43.9	79.0	9.1	10.8	13	4	4	2	56	166	326	29	300	7	7	16.3	16.3	1∶3
43	140	114	70	14.5	27	42	77.5	30.4	45.993	78.0	11.0	14.0	13	5	4	2.5	56	166	326	29	300	10	15	17.6	16.9	1∶3
50	152	132	70	15.5	27	42	83.5	33.3	45.993	—	10.5	—	13	5	4	2	66	216	356	31	300	12	20	19.4	—	1∶4
60	176	150	70.8	16.5	30.5	48.5	97	36.3	50.700	91.4	12.0	15.3	13	5	4	2	76	216	356	31	300	25	20	20.8	20.4	1∶3
60N	176	150	70.8	16.5	30.5	48.5	97	—	51.069	—	12.0	—	16	5	4	2	76	216	356	31	200	25	20	—	—	1∶3
75	192	150	72	20.0	32.3	55.3	111.6	46.0	47.935	—	13.5	—	15	5	4	2	96	316	446	31	500	17	25	24.8	23.2	1∶4
75N	192	150	72	20.0	—	—	111.6	46.0	52.241	—	13.5	—	16	5	4	2	96	316	446	31	200	17	25	—	—	1∶4

注：1. 本标准适用于 38~75kg/m 对称断面热轧钢轨和在线热处理钢轨。

2. 按运营速度钢轨分为 200km/h 以下和 200km/h 及以上两类。运营速度小于 200km/h 等级的钢轨，短尺钢轨的数量应不大于订货总量的 10%；运营速度大于或等于 200km/h 等级的钢轨，短尺钢轨的数量应不大于订货总量的 5%。有孔钢轨原则上不应有短尺钢轨。

3. 焊接钢轨不加工螺栓孔，需要时应按要求对钢轨螺栓孔进行 45°倒棱，倒棱深度为 0.8~2.0mm。

4. 钢轨应以热轧或在线热处理状态交货。

5. 本表中理论重量按密度 7.85g/cm³ 计算。

表 3-2-93 钢轨的化学成分（熔炼分析）和力学性能

牌号	化学成分(质量分数)/%									力学性能					
										热轧钢轨			热处理钢轨		
	C	Si	Mn	P①, ≤	S, ≤	Cr	Al②, ≤	V	RE（加入量）	R_m /MPa	A③ /%	轨头顶面中心线硬度 HBW（HBW10/3000）	R_m /MPa	A /%	轨头顶面中心线硬度 HBW（HBW10/3000）
										≥			≥		
U77MnCr	0.71~0.82	0.10~0.50	0.80~1.10	0.025	0.025	0.25~0.40	0.010	—	—	980	9	290~330	—	—	—
U77MnCrH										—	—	—	1180	10	350~410
U78CrV	0.72~0.82	0.50~0.80	0.70~1.05	0.025	0.025	0.30~0.50	0.010	0.04~0.12	—	1080	9	310~360	—	—	—
U78CrVH										—	—	—	1280	10	370~420
U76CrRE	0.71~0.81	0.50~0.80	0.80~1.10	0.025	0.025	0.25~0.35	0.010	0.04~0.08	>0.020	1080	9	310~360	—	—	—
U76CrREH										—	—	—	1280	10	370~420
U71Mn	0.60~0.80	0.15~0.58	0.70~1.20	0.025	0.025	—	0.004	≤0.030	—	880	10	260~300	—	—	—
U71MnH										—	—	—	1080	10	320~380
U75V	0.71~0.80	0.50~0.80	0.70~1.05	0.025	0.025	—	0.004	0.04~0.12	—	980	10	280~320	—	—	—
U75VH										—	—	—	1180	10	340~400

① U75V 牌号生产的 75kg/m 热轧及在线热处理钢轨，P 含量应不大于 0.025%。

② 对于运营速度 200km/h 以下的钢轨，Alt 含量可不大于 0.010%。

③ 若在热锯样轨上取样检验力学性能时，断后伸长率 A 的试验结果可比规定值降低 1%（绝对值）。

注：1. 钢轨残余元素上限（质量分数,%）应符合下表规定，若供方能保证可不做检验。钢水氢含量应不大于 2.5×10^{-4}%。钢水氢含量大于 2.5×10^{-4}%时应对钢坯或钢轨进行缓冷处理。成品钢轨的氢含量应不大于 2.0×10^{-4}%。钢水或成品钢轨总氧含量应不大于 30×10^{-4}%。对于 200km/h 及以上级别钢轨总氧含量应不大于 20×10^{-4}%。允许有不大于供货总量 10%的钢轨总氧含量大于 20×10^{-4}%，但不应大于 30×10^{-4}%。对于 200km/h 以下钢轨，钢水或钢轨的氮含量应不大于 90×10^{-4}%；对于 200km/h 及以上钢轨，钢水或钢轨的氮含量应不大于 80×10^{-4}%。

Cr	Mo	Ni	Cu	Sn	Sb	Ti	Nb	V	Ni+Cu	Cu+10Sn	Cr+Mo+Ni+Cu
0.15	0.02	0.10	0.15	0.030	0.020	0.025	0.01	0.030	0.20	0.35	0.35

2. 在同一根热轧或热处理钢轨上，其硬度变化范围应不大于 30HBW。热处理钢轨横断面硬度检验要求见原标准。

热轧轻轨（摘自 GB/T 11264—2012）

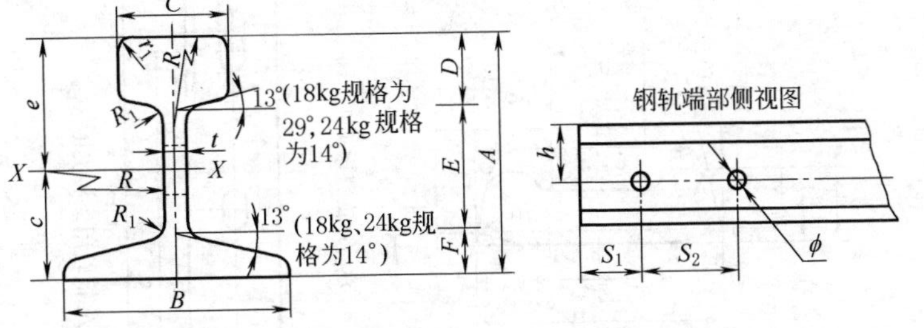

表 3-2-94　热轧轻轨的截面尺寸、截面面积、理论重量及截面特性参数

型号 /(kg/m)	截面尺寸/mm														截面面积 A/cm^2	理论重量 /(kg/m)	截面特性参数				
	轨高 A	底宽 B	头宽 C	头高 D	腰高 E	底高 F	腰厚 t	S_1	S_2	h	ϕ	R	R_1	r_1			质心距离 c/cm	质心距离 e/cm	惯性矩 I/cm^4	截面系数 W/cm^3	回转半径 i/cm
9	63.50	63.50	32.10	17.48	35.72	10.30	5.90	50.80	101.60	35.34	16.00	304.80	6.35	7.94	11.39	8.94	3.09	3.26	62.41	19.10	2.33
12	69.85	69.85	38.10	19.85	37.70	12.30	7.54	50.80	101.60	38.70	16.00	304.80	6.35	7.94	15.54	12.20	3.40	3.59	98.82	27.60	2.51
15	79.37	79.37	42.86	22.22	43.65	13.50	8.33	50.80	101.60	44.05	20.00	304.80	6.35	7.94	19.33	15.20	3.89	4.05	156.10	38.60	2.83
22	93.66	93.66	50.80	26.99	50.00	16.67	10.72	63.50	127.00	51.99	24.00	304.80	6.35	7.94	28.39	22.30	4.52	4.85	339.00	69.60	3.45
30	107.95	107.95	60.33	30.95	57.55	19.45	12.30	60.50	127.00	59.73	24.00	304.80	6.35	7.94	38.32	30.10	5.21	5.59	606.00	108.00	3.98
18	90.00	80.00	40.00	32.00	42.30	15.70	10.00	46.50	100.00	47.10	19.00	35.00	4.50	7.00	23.07	18.06	4.29	4.71	$I_x=240.00$ $I_y=41.10$	$W_1=I_x/c=56.10$, $W_2=I_x/e=51.00$, $W_3=I_y/0.5B=10.30$	
24	107.00	92.00	51.00	32.00	58.00	17.00	10.90	60.00	100.00	53.95	22.00	300.00	5.00	13.00	31.24	24.46	5.31	5.40	$I_x=486.00$ $I_y=80.46$	$W_1=I_x/c=91.64$, $W_2=I_x/e=90.12$, $W_3=I_y/0.5B=17.49$	

注：1. 本标准适用于矿业、林业、建筑等轨道用途的热轧轻轨。

2. 轻轨长度系列为：12.0，11.5，11.0，10.5，10.0，9.5，9.0，8.5，8.0，7.5，7.0，6.5，6.0，5.5，5.0。不小于 4m 的短尺轻轨的交货数量不得大于该批总重量的 3%。

3. 轻轨以热轧状态交货。

4. 本表中理论重量按密度 $7.85g/cm^3$ 计算。

表 3-2-95　　　　　　　　**轻轨的化学成分（熔炼分析）和力学性能**

牌号	化学成分(质量分数)/%						力学性能		
	型号/(kg/m)	C	Si	Mn	P,≤	S,≤	型号/(kg/m)	R_m/MPa,≥	布氏硬度HBW,≥
50Q	≤12	0.40~0.60	0.15~0.35	≥0.40	0.040	0.040	≤12	569	—
55Q	≤30	0.50~0.60	0.15~0.35	0.60~0.90	0.040	0.040	≤12	685	—
							15~30		197
45SiMnP	≤12	0.35~0.55	0.50~0.80	0.60~1.00	0.120	0.040	≤12	569	—
50SiMnP	≤30	0.45~0.58	0.50~0.80	0.60~1.00	0.120	0.040	≤12	685	—
							15~30		197

注：Cr、Ni、Cu 为残余元素时，Cu≤0.25%，Cr≤0.25%，Ni≤0.30%。供方能保证符合规定时，可不进行这些元素的化学分析。

轻轨用接头夹板（摘自 GB/T 11265—1989）

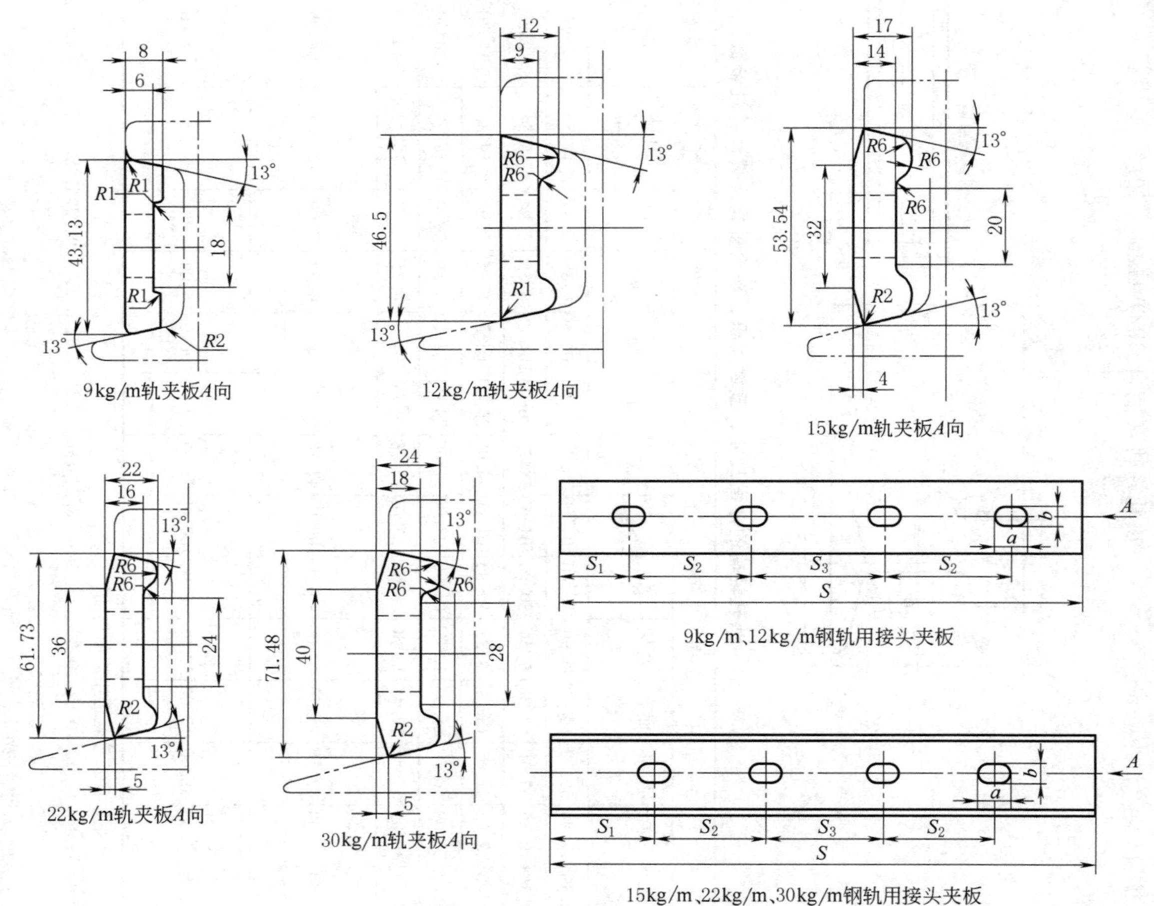

表 3-2-96　　　　**轻轨用接头夹板的截面尺寸、理论重量、化学成分和力学性能**

夹板型号	截面尺寸/mm						理论重量/(kg/块)	化学成分	抗拉强度 R_m/MPa	伸长率 A/%,≥	冷弯试验 d=弯心直径, a=试样直径
	S	S_1	S_2	S_3	a	b					
9kg/m	385	38	102	105	18	14	0.81	应符合 GB/T 700 中 Q235-A 钢的规定	375~460	26	180°, $d=a$
12kg/m	409	50	102	105	18	14	1.39				
15kg/m	409	50	102	105	24	18	2.20				

续表

夹板型号	截面尺寸/mm						理论重量/(kg/块)	化学成分	抗拉强度 R_m/MPa	伸长率 A/%，≥	冷弯试验 d=弯心直径，a=试样直径
	S	S_1	S_2	S_3	a	b					
22kg/m	510	63	127	130	29	22	3.80	应符合 GB/T 700 中 Q255-A 钢的规定	410~510	24	180°，$d=2a$
30kg/m	561	90	127	127	29	22	5.54				

注：1. 本标准适用于轻轨用普通碳素钢热轧接头夹板。

2. 接头夹板以热轧状态交货。

重轨用鱼尾板（摘自 GB/T 185—1963、GB/T 184—1963）

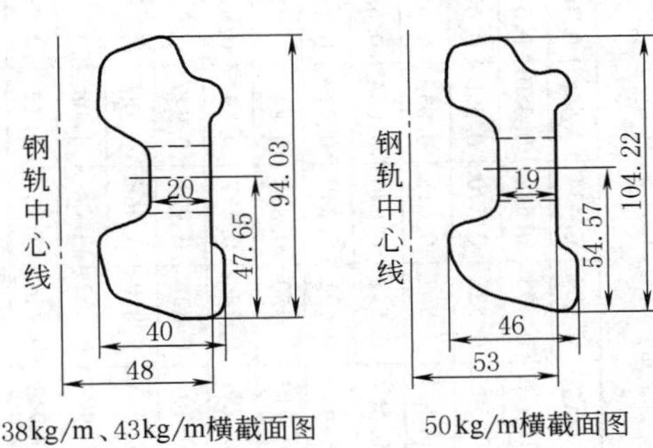

38kg/m、43kg/m横截面图　　50kg/m横截面图

38kg/m、43kg/m侧面图

50kg/m侧面图

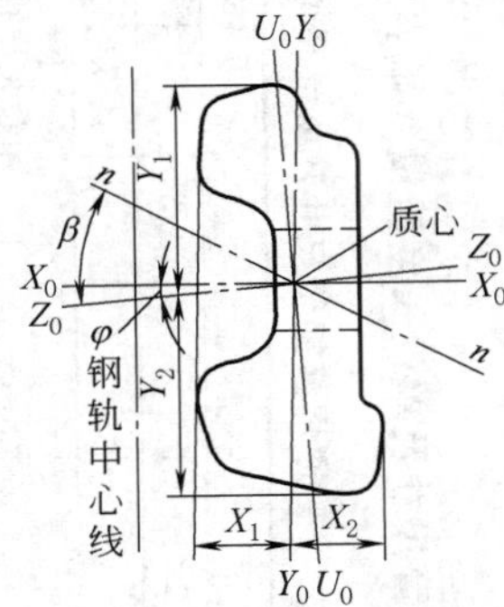

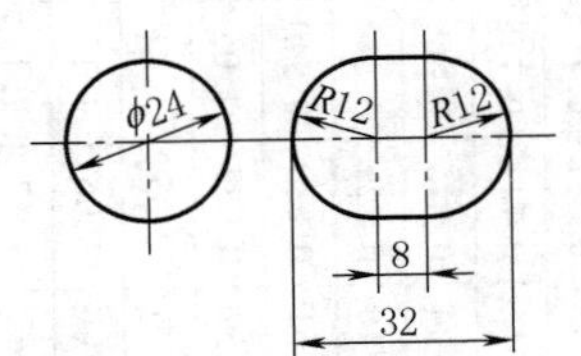

38kg/m、43kg/m螺栓孔图

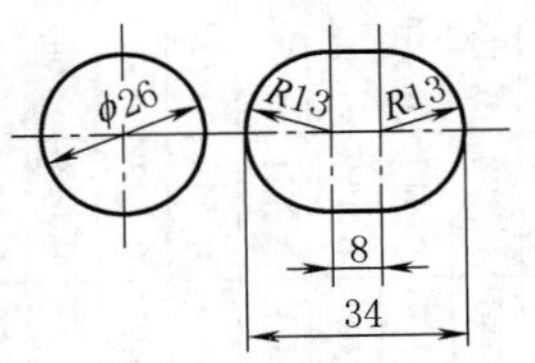

50kg/m螺栓孔图

质心位置及轴心线倾斜角

表 3-2-97　重轨用鱼尾板的截面尺寸、截面面积、理论重量及计算数据

钢轨类型/(kg/m)	鱼尾板长度/mm	横截面面积/cm²	理论重量/kg			质心至各处的距离/cm				轴心线的倾斜角度	
			每米长度的重量	每块重量		至顶部的距离 Y_1	至下部的距离 Y_2	至内侧的距离 X_1	至外侧的距离 X_2	Z_0 轴与水平轴的夹角 ϕ	中性轴与 Z_0 轴的夹角 β
				未扣除螺栓孔	扣除螺栓孔						
38、43	790	26.01	20.37	16.09	15.57	4.89	4.51	2.09	1.88	4°03′	27°11′
50	820	30.05	23.53	19.29	18.72	5.37	5.05	2.38	2.18	4°39′	30°15′

钢轨类型/(kg/m)	惯性矩/cm⁴				离心惯性矩 I_{xy}/cm⁴	截面系数/cm³				鱼尾板标准号
	对 X_0 轴 I_x	对 Y_0 轴 I_y	对主轴			对顶部边缘 W_1	对下部边缘 W_2	对内侧边缘 W_3	对外侧边缘 W_4	
			I_z	I_u						
38、43	190.0	27.1	190.8	26.3	-11.6	38.9	42.1	13.0	14.4	GB/T 185
50	281.0	40.9	282.6	39.3	-19.7	52.2	55.4	17.2	18.8	GB/T 184

注：根据鱼尾板技术条件（YB 354—2005），鱼尾板材料为 Q275，其热处理后的力学性能如下：

R_m/MPa	σ_s/MPa	A/%	Z/%	HB	冷弯(30°)
≥785	≥520	≥9	≥20	227~388	良好

第3篇

3.3 钢管

焊接钢管尺寸及单位长度重量（摘自 GB/T 21835—2008）

表 3-2-98 普通焊接钢管尺寸及单位长度理论重量

系列			壁厚 t /mm																		
系列 1			0.5	0.6	0.8	1.0	1.2	1.4	—	1.6	—	1.8	—	2.0	—	2.3	—	2.6	—	2.9	—
系列 2			—	—	—	—	—	—	1.5	—	1.7	—	1.9	—	2.2	—	2.4	—	2.8	—	3.1
外径 D/mm			单位长度理论重量/(kg/m)																		
系列 1	系列 2	系列 3																			
10.2	—	—	0.120	0.142	0.185	0.227	0.266	0.304	0.322	0.339	0.356	0.373	0.389	0.404	0.434	0.448	0.462	0.487	0.511	0.522	—
—	12	—	0.142	0.169	0.221	0.271	0.320	0.366	0.388	0.410	0.432	0.453	0.473	0.493	0.532	0.550	0.568	0.603	0.635	0.651	0.680
—	12.7	—	0.150	0.179	0.235	0.289	0.340	0.390	0.414	0.438	0.461	0.484	0.506	0.528	0.570	0.590	0.610	0.648	0.684	0.701	0.734
13.5	—	—	0.160	0.191	0.251	0.308	0.364	0.418	0.444	0.470	0.495	0.519	0.544	0.567	0.613	0.635	0.657	0.699	0.739	0.758	0.795
—	—	14	0.166	0.198	0.260	0.321	0.379	0.435	0.462	0.489	0.516	0.542	0.567	0.592	0.640	0.664	0.687	0.731	0.773	0.794	0.833
—	16	—	0.191	0.228	0.300	0.370	0.438	0.504	0.536	0.568	0.600	0.630	0.661	0.691	0.749	0.777	0.805	0.859	0.911	0.937	0.986
17.2	—	—	0.206	0.246	0.324	0.400	0.474	0.546	0.581	0.616	0.650	0.684	0.717	0.750	0.814	0.845	0.876	0.936	0.994	1.02	1.08
—	—	18	0.216	0.257	0.339	0.419	0.497	0.573	0.610	0.647	0.683	0.719	0.754	0.789	0.857	0.891	0.923	0.987	1.05	1.08	1.14
—	19	—	0.228	0.272	0.359	0.444	0.527	0.608	0.647	0.687	0.725	0.764	0.801	0.838	0.911	0.947	0.983	1.05	1.12	1.15	1.22
—	20	—	0.240	0.287	0.379	0.469	0.556	0.642	0.684	0.726	0.767	0.808	0.848	0.888	0.966	1.00	1.04	1.12	1.19	1.22	1.29
21.3	—	—	0.256	0.306	0.404	0.501	0.595	0.687	0.732	0.777	0.822	0.866	0.909	0.952	1.04	1.08	1.12	1.20	1.28	1.32	1.39
—	—	22	0.265	0.317	0.418	0.518	0.616	0.711	0.758	0.805	0.851	0.897	0.942	0.986	1.07	1.12	1.16	1.24	1.33	1.37	1.44
—	25	—	0.302	0.361	0.477	0.592	0.704	0.815	0.869	0.923	0.977	1.03	1.082	1.13	1.24	1.29	1.34	1.44	1.53	1.58	1.67
—	—	25.4	0.307	0.367	0.485	0.602	0.716	0.829	0.884	0.939	0.994	1.05	1.10	1.15	1.26	1.31	1.36	1.46	1.56	1.61	1.70
26.9	—	—	0.326	0.389	0.515	0.639	0.761	0.880	0.940	0.998	1.06	1.11	1.17	1.23	1.34	1.40	1.45	1.56	1.66	1.72	1.82
—	—	30	0.364	0.435	0.576	0.715	0.852	0.987	1.05	1.12	1.19	1.25	1.32	1.38	1.51	1.57	1.63	1.76	1.88	1.94	2.06
—	31.8	—	0.386	0.462	0.612	0.760	0.906	1.05	1.12	1.19	1.26	1.33	1.40	1.47	1.61	1.67	1.74	1.87	2.00	2.07	2.19
—	32	—	0.388	0.465	0.616	0.765	0.911	1.06	1.13	1.20	1.27	1.34	1.41	1.48	1.62	1.68	1.75	1.89	2.02	2.08	2.21
33.7	—	—	0.409	0.490	0.649	0.806	0.962	1.12	1.19	1.27	1.34	1.42	1.49	1.56	1.71	1.78	1.85	1.99	2.13	2.20	2.34
—	—	35	0.425	0.509	0.675	0.838	1.00	1.16	1.24	1.32	1.40	1.47	1.55	1.63	1.78	1.85	1.93	2.08	2.22	2.30	2.44
—	38	—	0.462	0.553	0.734	0.912	1.09	1.26	1.35	1.44	1.52	1.61	1.69	1.78	1.94	2.02	2.11	2.27	2.43	2.51	2.67
—	40	—	0.487	0.583	0.773	0.962	1.15	1.33	1.42	1.52	1.61	1.70	1.79	1.87	2.05	2.14	2.23	2.40	2.57	2.65	2.82

系列			壁厚 t /mm																	
系列 1			3.2	—	3.6	—	4.0	—	4.5	—	5.0	—	5.4	—	5.6	—	6.3	—	7.1	—
系列 2			—	3.4	—	3.8	—	4.37	—	4.78	—	5.16	—	5.56	—	6.02	—	6.35	—	7.92
外径 D/mm			单位长度理论重量/(kg/m)																	
系列 1	系列 2	系列 3																		
10.2	—	—	—	—	—	—	—	—	—	—	—	—	—	—	—	—	—	—	—	—
—	12	—	—	—	—	—	—	—	—	—	—	—	—	—	—	—	—	—	—	—
—	12.7	—	—	—	—	—	—	—	—	—	—	—	—	—	—	—	—	—	—	—
13.5	—	—	—	—	—	—	—	—	—	—	—	—	—	—	—	—	—	—	—	—
—	—	14	—	—	—	—	—	—	—	—	—	—	—	—	—	—	—	—	—	—
—	16	—	1.01	1.06	1.10	1.14	—	—	—	—	—	—	—	—	—	—	—	—	—	—
17.2	—	—	1.10	1.16	1.21	1.26	—	—	—	—	—	—	—	—	—	—	—	—	—	—
—	—	18	1.17	1.22	1.28	1.33	—	—	—	—	—	—	—	—	—	—	—	—	—	—
—	19	—	1.25	1.31	1.37	1.42	—	—	—	—	—	—	—	—	—	—	—	—	—	—
—	20	—	1.33	1.39	1.46	1.52	1.58	1.68	—	—	—	—	—	—	—	—	—	—	—	—
21.3	—	—	1.43	1.50	1.57	1.64	1.71	1.82	1.86	1.95	—	—	—	—	—	—	—	—	—	—
—	—	22	1.48	1.56	1.63	1.71	1.78	1.90	1.94	2.03	—	—	—	—	—	—	—	—	—	—
—	25	—	1.72	1.81	1.90	1.99	2.07	2.22	2.28	2.38	2.47	—	—	—	—	—	—	—	—	—
—	—	25.4	1.75	1.84	1.94	2.02	2.11	2.27	2.32	2.43	2.52	—	—	—	—	—	—	—	—	—
26.9	—	—	1.87	1.97	2.07	2.16	2.26	2.43	2.49	2.61	2.70	2.77	—	—	—	—	—	—	—	—
—	—	30	2.11	2.23	2.34	2.46	2.56	2.76	2.83	2.97	3.08	3.16	—	—	—	—	—	—	—	—
—	31.8	—	2.26	2.38	2.50	2.62	2.74	2.96	3.03	3.19	3.30	3.39	—	—	—	—	—	—	—	—
—	32	—	2.27	2.40	2.52	2.64	2.76	2.98	3.05	3.21	3.33	3.42	—	—	—	—	—	—	—	—
33.7	—	—	2.41	2.54	2.67	2.80	2.93	3.16	3.24	3.41	3.54	3.63	—	—	—	—	—	—	—	—
—	—	35	2.51	2.65	2.79	2.92	3.06	3.30	3.38	3.56	3.70	3.80	—	—	—	—	—	—	—	—
—	38	—	2.75	2.90	3.05	3.21	3.35	3.62	3.72	3.92	4.07	4.18	—	—	—	—	—	—	—	—
—	40	—	2.90	3.07	3.23	3.39	3.55	3.84	3.94	4.15	4.32	4.43	—	—	—	—	—	—	—	—

系列			壁厚 t/mm																		
系列 1			0.5	0.6	0.8	1.0	1.2	1.4	—	1.6	—	1.8	—	2.0	—	2.3	—	2.6	—	2.9	—
系列 2			—	—	—	—	—	—	1.5	—	1.7	—	1.9	—	2.2	—	2.4	—	2.8	—	3.1
外径 D/mm			单位长度理论重量/(kg/m)																		
系列 1	系列 2	系列 3																			
42.4	—	—	0.517	0.619	0.821	1.02	1.22	1.42	1.51	1.61	1.71	1.80	1.90	1.99	2.18	2.27	2.37	2.55	2.73	2.82	3.00
—	—	44.5	0.543	0.650	0.862	1.07	1.28	1.49	1.59	1.69	1.79	1.90	2.00	2.10	2.29	2.39	2.49	2.69	2.88	2.98	3.17
48.3	—	—	—	0.706	0.937	1.17	1.39	1.62	1.73	1.84	1.95	2.06	2.17	2.28	2.50	2.61	2.72	2.93	3.14	3.25	3.46
—	51	—	—	0.746	0.990	1.23	1.47	1.71	1.83	1.95	2.07	2.18	2.30	2.42	2.65	2.76	2.88	3.10	3.33	3.44	3.66

续表

外径 D/mm			单位长度理论重量/(kg/m)																			
系列 1	系列 2	系列 3																				
—	—	54	—	0.79	1.05	1.31	1.56	1.82	1.94	2.07	2.19	2.32	2.44	2.56	2.81	2.93	3.05	3.30	3.54	3.65	3.89	
—	57	—	—	0.835	1.11	1.38	1.65	1.92	2.05	2.19	2.32	2.45	2.58	2.71	2.97	3.10	3.23	3.49	3.74	3.87	4.12	
60.3	—	—	—	0.883	1.17	1.46	1.75	2.03	2.18	2.32	2.46	2.60	2.74	2.88	3.15	3.29	3.43	3.70	3.97	4.11	4.37	
—	63.5	—	—	0.931	1.24	1.54	1.84	2.14	2.29	2.44	2.59	2.74	2.89	3.03	3.33	3.47	3.62	3.90	4.19	4.33	4.62	
—	70	—	—	—	1.37	1.70	2.04	2.37	2.53	2.70	2.86	3.03	3.19	3.35	3.68	3.84	4.00	4.32	4.64	4.80	5.11	
—	—	73	—	—	1.42	1.78	2.12	2.47	2.64	2.82	2.99	3.16	3.33	3.50	3.84	4.01	4.18	4.51	4.85	5.01	5.34	
76.1	—	—	—	—	1.49	1.85	2.22	2.58	2.76	2.94	3.12	3.30	3.48	3.65	4.01	4.19	4.36	4.71	5.06	5.24	5.58	
—	—	82.5	—	—	1.61	2.01	2.41	2.80	3.00	3.19	3.39	3.58	3.78	3.97	4.36	4.55	4.74	5.12	5.50	5.69	6.07	
88.9	—	—	—	—	1.74	2.17	2.60	3.02	3.23	3.44	3.66	3.87	4.08	4.29	4.70	4.91	5.12	5.53	5.95	6.15	6.56	
—	101.6	—	—	—	—	—	2.97	3.46	3.70	3.95	4.19	4.43	4.67	4.91	5.39	5.63	5.87	6.35	6.82	7.06	7.53	
—	—	108	—	—	—	—	3.16	3.68	3.94	4.20	4.46	4.71	4.97	5.23	5.74	6.00	6.25	6.76	7.26	7.52	8.02	
114.3	—	—	—	—	—	—	3.35	3.90	4.17	4.45	4.72	4.99	5.27	5.54	6.08	6.35	6.62	7.16	7.70	7.97	8.50	
—	127	—	—	—	—	—	—	—	—	4.95	5.25	5.56	5.86	6.17	6.77	7.07	7.37	7.98	8.58	8.88	9.47	
—	133	—	—	—	—	—	—	—	—	5.18	5.50	5.82	6.14	6.46	7.10	7.41	7.73	8.36	8.99	9.30	9.93	
139.7	—	—	—	—	—	—	—	—	—	5.45	5.79	6.12	6.46	6.79	7.46	7.79	8.13	8.79	9.45	9.78	10.44	
—	—	141.3	—	—	—	—	—	—	—	5.51	5.85	6.19	6.53	6.87	7.55	7.88	8.22	8.89	9.56	9.90	10.57	
—	—	152.4	—	—	—	—	—	—	—	5.95	6.32	6.69	7.05	7.42	8.15	8.51	8.88	9.61	10.33	10.69	11.41	
—	—	159	—	—	—	—	—	—	—	6.21	6.59	6.98	7.36	7.74	8.51	8.89	9.27	10.03	10.79	11.16	11.92	
系列			壁厚 t/mm																			
系列 1			3.2	—	3.6	—	4.0	—	4.5	—	5.0	—	5.4	—	5.6	—	6.3	—	7.1	—	8.0	—
系列 2			—	3.4	—	3.8	—	4.37	—	4.78	—	5.16	—	5.56	—	6.02	—	6.35	—	7.92	—	8.74
外径 D/mm			单位长度理论重量/(kg/m)																			
系列 1	系列 2	系列 3																				
42.4	—	—	3.09	3.27	3.44	3.62	3.79	4.10	4.21	4.43	4.61	4.74	4.93	5.05	5.08	5.40	—	—	—	—	—	—
—	—	44.5	3.26	3.45	3.63	3.81	4.00	4.32	4.44	4.68	4.87	5.01	5.21	5.34	5.37	5.71	—	—	—	—	—	—
48.3	—	—	3.56	3.76	3.97	4.17	4.37	4.73	4.86	5.13	5.34	5.49	5.71	5.86	5.90	6.28	—	—	—	—	—	—
—	51	—	3.77	3.99	4.21	4.42	4.64	5.03	5.16	5.45	5.67	5.83	6.07	6.23	6.27	6.68	—	—	—	—	—	—
—	—	54	4.01	4.24	4.47	4.70	4.93	5.35	5.49	5.80	6.04	6.22	6.47	6.64	6.68	7.12	—	—	—	—	—	—
—	57	—	4.25	4.49	4.74	4.99	5.23	5.67	5.83	6.16	6.41	6.60	6.87	7.05	7.10	7.57	—	—	—	—	—	—
60.3	—	—	4.51	4.77	5.03	5.29	5.55	6.03	6.19	6.54	6.82	7.02	7.31	7.51	7.55	8.06	—	—	—	—	—	—
—	63.5	—	4.76	5.04	5.32	5.59	5.87	6.37	6.55	6.92	7.21	7.42	7.74	7.94	8.00	8.53	—	—	—	—	—	—
—	70	—	5.27	5.58	5.90	6.20	6.51	7.07	7.27	7.69	8.01	8.25	8.60	8.84	8.89	9.50	9.90	9.97	—	—	—	—
—	—	73	5.51	5.84	6.16	6.48	6.81	7.40	7.60	8.04	8.38	8.63	9.00	9.25	9.31	9.94	10.36	10.44	—	—	—	—
76.1	—	—	5.75	6.10	6.44	6.78	7.11	7.73	7.95	8.41	8.77	9.03	9.42	9.67	9.74	10.40	10.84	10.92	—	—	—	—

续表

外径 D/mm			单位长度理论重量/(kg/m)																			
系列 1	系列 2	系列 3																				
—	—	82.5	6.26	6.63	7.00	7.38	7.74	8.42	8.66	9.16	9.56	9.84	10.27	10.55	10.62	11.35	11.84	11.93	—	—	—	—
88.9	—	—	6.76	7.17	7.57	7.98	8.38	9.11	9.37	9.92	10.35	10.66	11.12	11.43	11.50	12.30	12.83	12.93	—	—	—	—
—	101.6	—	7.77	8.23	8.70	9.17	9.63	10.48	10.78	11.41	11.91	12.27	12.81	13.17	13.26	14.19	14.81	14.92	—	—	—	—
—	—	108	8.27	8.77	9.27	9.76	10.26	11.17	11.49	12.17	12.70	13.09	13.66	14.05	14.14	15.14	15.80	15.92	—	—	—	—
114.3	—	—	8.77	9.30	9.83	10.36	10.88	11.85	12.19	12.91	13.48	13.89	14.50	14.91	15.01	16.08	16.78	16.91	18.77	20.78	20.97	—
—	127	—	9.77	10.36	10.96	11.55	12.13	13.22	13.59	14.41	15.04	15.50	16.19	16.65	16.77	17.96	18.75	18.89	20.99	23.26	23.48	—
—	133	—	10.24	10.87	11.49	12.11	12.73	13.86	14.26	15.11	15.78	16.27	16.99	17.47	17.59	18.85	19.69	19.83	22.04	24.43	24.66	—
139.7	—	—	10.77	11.43	12.08	12.74	13.39	14.58	15.00	15.90	16.61	17.12	17.89	18.39	18.52	19.85	20.73	20.88	23.22	25.74	25.98	—
—	—	141.3	10.90	11.56	12.23	12.89	13.54	14.76	15.18	16.09	16.81	17.32	18.10	18.61	18.74	20.08	20.97	21.13	23.50	26.05	26.30	—
—	—	152.4	11.77	12.49	13.21	13.93	14.64	15.95	16.41	17.40	18.18	18.74	19.58	20.13	20.27	21.73	22.70	22.87	25.44	28.22	28.49	—
—	—	159	12.30	13.05	13.80	14.54	15.29	16.66	17.15	18.18	18.99	19.58	20.46	21.04	21.19	22.71	23.72	23.91	26.60	29.51	29.79	32.39

注：1. 本标准适用于制定各类用途的圆形平端焊接钢管标准时，选择公称尺寸和单位长度重量。

2. 焊接钢管公称外径分为三个系列：系列 1 是通用系列，推荐选用；系列 2 是非通用系列；系列 3 是少数特殊、专用系列。普通焊接钢管和不锈钢焊接钢管的外径有 1、2、3 系列，精密焊接钢管的外径只有 2、3 系列。普通焊接钢管的壁厚分为 1、2 系列，系列 1 为优先选用系列，系列 2 为非优先选用系列。

3. 本表仅编入普通焊接钢管外径≤159mm 的尺寸，159<外径≤2540mm 的尺寸见原标准。

4. 不锈钢焊接钢管与精密焊接钢管的外径和壁厚见原标准。

低压流体输送用焊接钢管（摘自 GB/T 3091—2015）

表 3-2-99　外径不大于 219.1mm 的低压流体输送用焊接钢管公称口径、外径、公称壁厚和不圆度

公称口径 /mm	外径 D/mm			外径允许偏差/mm								最小公称壁厚 t /mm	壁厚 t 允许偏差	不圆度 /mm ≤
				管体				管端(距管端 100mm 范围内)						
	系列 1	系列 2	系列 3	D≤48.3	48.3<D≤273.1	273.1<D≤508	D>508	D≤48.3	48.3<D≤273.1	273.1<D≤508	D>508			
6	10.2	10.0	—	±0.5	±1%D	±0.75%D	±1%D 或 ±10.0，两者取较小值	—	—	+2.4 -0.8	+3.2 -0.8	2.0	±10%t	0.20
8	13.5	12.7	—									2.0		0.20
10	17.2	16.0	—									2.2		0.20
15	21.3	20.8	—									2.2		0.30
20	26.9	26.0	—									2.2		0.35
25	33.7	33.0	32.5									2.5		0.40
32	42.4	42.0	41.5									2.5		0.40
40	48.3	48.0	47.5									2.75		0.50
50	60.3	59.5	59.0									3.0		0.60
65	76.1	75.5	75.0									3.0		0.60
80	88.9	88.5	88.0									3.25		0.70

续表

公称口径/mm	外径 D/mm			外径允许偏差/mm								最小公称壁厚 t/mm	壁厚 t 允许偏差	不圆度/mm ≤
				管体				管端(距管端 100mm 范围内)						
	系列 1	系列 2	系列 3	$D\leqslant48.3$	$48.3<D\leqslant273.1$	$273.1<D\leqslant508$	$D>508$	$D\leqslant48.3$	$48.3<D\leqslant273.1$	$273.1<D\leqslant508$	$D>508$			
100	114.3	114.0	—	±0.5	±1%D	±0.75%D	±1%D 或 ±10.0，两者取较小值	—	—	+2.4 -0.8	+3.2 -0.8	3.25	±10%t	0.80
125	139.7	141.3	140.0									3.5		1.00
150	165.1	168.3	159.0									3.5		1.20
200	219.1	219.0	—									4.0		1.60

注：1. 本标准适用于水、空气、采暖蒸汽和燃气等低压流体输送用直缝电焊钢管、直缝埋弧焊（SAWL）钢管和螺旋缝埋弧焊（SAWH）钢管，并对它们的不同要求分别做了标注，未标注时适用于直缝高频电焊钢管、直缝埋弧焊钢管和螺旋缝埋弧焊钢管。

2. 外径大于 219.1mm 钢管的公称外径和公称壁厚应符合 GB/T 21835 的规定，其不圆度应不超过管体外径公差的 80%。

3. 本表中的公称口径系近似内径的名义尺寸，不表示外径减去 2 倍壁厚所得的内径。

4. 系列 1 是通用系列，属推荐选用系列；系列 2 是非通用系列；系列 3 是少数特殊、专用系列。

5. 钢管的通常长度应为 3000~12000mm。

6. 根据需方要求，经供需双方协商，并在合同中注明，管端可按 GB/T 7306.2 的规定加工螺纹。管端用螺纹和沟槽连接的钢管尺寸见下表。

公称口径/mm	外径 D/mm	壁厚 t/mm		公称口径/mm	外径 D/mm	壁厚 t/mm		公称口径/mm	外径 D/mm	壁厚 t/mm	
		普通钢管	加厚钢管			普通钢管	加厚钢管			普通钢管	加厚钢管
6	10.2	2.0	2.5	25	33.7	3.2	4.0	80	88.9	4.0	5.0
8	13.5	2.5	2.8	32	42.4	3.5	4.0	100	114.3	4.0	5.0
10	17.2	2.5	2.8	40	48.3	3.5	4.5	125	139.7	4.0	5.5
15	21.3	2.8	3.5	50	60.3	3.8	4.5	150	165.1	4.5	6.0
20	26.9	2.8	3.5	65	76.1	4.0	4.5	200	219.1	6.0	7.0

7. 钢管按焊接状态交货。根据需方要求，经供需双方协商，并在合同中注明，钢管可按焊缝热处理状态交货，也可按整体热处理状态交货。外径不大于 508mm 的钢管可镀锌交货，也可按其他保护涂层交货。钢管镀锌应采用热浸镀锌法。

8. 钢的牌号和化学成分（熔炼分析）应符合 GB/T 700 中牌号 Q195、Q215A、Q215B、Q235A、Q235B、Q275A、Q275B 和 GB/T 1591 中牌号 Q345A、Q345B 的规定。

9. 钢管的力学性能应符合下表规定，其他钢牌号的力学性能由供需双方协商确定。

牌号	R_{eL}/MPa		R_m/MPa	A/%	
	$t\leqslant16$mm	$t>16$mm		$D\leqslant168.3$mm	$D>168.3$mm
	≥				
Q195①	195	185	315	15	20
Q215A、Q215B	215	205	335		
Q235A、Q235B	235	225	370		
Q275A、Q275B	275	265	410	13	18
Q345A、Q345B	345	325	470		

① Q195 的屈服强度值仅供参考，不作交货条件。

10. 钢管应逐根进行液压试验。液压试验压力按下式计算，修约到最邻近的 0.1MPa，但最大试验压力为 5.0MPa。试验压力保持时间应不小于 5s。在试验过程中，钢管不允许出现渗漏现象。

$$P=2St/D$$

式中，P 为钢管的试验压力，单位为 MPa；S 为力学性能表中规定的下屈服强度的 60%，单位为 MPa；D 为钢管的外径，单位为 mm；t 为钢管的壁厚，单位为 mm。

11. 电焊钢管可用超声波探伤检验或涡流探伤检验代替液压试验，埋弧焊钢管可用超声波探伤检验或射线探伤检验代替液压试验。当采用探伤代替液压试验时，电焊钢管超声波探伤应符合 SY/T 6423.2—2013 中验收等级 U3 的规定；涡流探伤应符合 GB/T 7735—2004 中验收等级 A 的规定。埋弧焊钢管超声波探伤应符合 SY/T 6423.2—2013 中验收等级 U2 的规定；射线探伤检验应符合 SY/T 6423.1—2013 中图像质量级别 A 的规定。

12. 钢管的内外表面应光滑，不允许有折叠、裂纹、分层、搭焊、断弧、烧穿及其他修磨后深度超过壁厚下偏差的缺陷。

直缝电焊钢管（摘自 GB/T 13793—2016）

表 3-2-100　　直缝电焊钢管的拉伸性能

标准号	牌号	R_{eL}[①]/MPa	R_m[②]/MPa	A/%	
				$D \leq 168.3$mm	$D > 168.3$mm
		≥			
GB/T 699	08、10	195	315	22	
	15	215	355	20	
	20	235	390	19	
GB/T 700	Q195[③]	195	315	15	20
	Q215A,Q215B	215	335	15	20
	Q235A,Q235B,Q235C	235	370	15	20
	Q275A,Q275B,Q275C	275	410	13	18
GB/T 1591	Q345A,Q345B,Q345C	345	470	13	18
	Q390A,Q390B,Q390C	390	490	19	
	Q420A,Q420B,Q420C	420	520	19	
	Q460C,Q460D	460	550	17	

① 当屈服不明显时，可测量 $R_{p0.2}$ 或 $R_{t0.5}$ 代替下屈服强度。

② 外径不小于 219mm 的钢管应进行焊缝横向拉伸试验。焊缝横向拉伸试验只测定抗拉强度，其值应符合本表的规定。焊缝横向拉伸试验取样部位应垂直焊缝，焊缝位于试样的中心。

③ Q195 的屈服强度值仅作为参考，不作交货条件。

注：1. 本标准适用于机械、建筑等结构用途，且外径不大于 711mm 的直缝电焊钢管，也可适用于一般流体输送用焊接钢管。

2. 钢管的公称外径 D 和公称壁厚 t 应符合 GB/T 21835 的规定。外径和壁厚允许偏差分为普通精度、较高精度和高精度，详见原标准。

3. 钢管的通常长度应符合如下规定：当 $D \leq 30$mm 时，通常长度为 4000～6000mm；当 30mm$< D \leq 70$mm 时，通常长度为 4000～8000mm；当 $D > 70$mm 时，通常长度为 4000～12000mm。按通常长度交货时，每批钢管可交付数量不超过该批钢管交货总数量 5%的、长度不小于 2000mm 的短尺钢管。

4. 钢管以焊接状态或热处理状态交货。根据需方要求，经供需双方协商，并在合同中注明，钢管可以整体热处理或焊缝热处理状态交货。

5. 钢管可用热浸镀锌法对内外表面进行镀锌后交货。

6. 钢的牌号和化学成分（熔炼分析）应分别符合 GB/T 699、GB/T 700 和 GB/T 1591 的规定。

7. 一般流体输送用焊接钢管应逐根进行液压试验，试验要求见表 3-2-99 注 10。其他用途钢管可供需双方协商是否进行液压试验。

8. 钢管内外表面不允许有裂纹、结疤、折叠、分层、搭焊、过烧缺陷存在。允许有不大于壁厚负偏差的划道、刮伤、焊缝错位、烧伤、氧化皮及外毛刺清除痕迹存在。

传动轴用电焊钢管（摘自 YB/T 5209—2020）

表 3-2-101　　传动轴用电焊钢管的公称外径、公称壁厚、内径及允许偏差　　mm

公称外径 D	公称壁厚 S	内径 d	内径允许偏差	公称外径 D	公称壁厚 S	内径 d	内径允许偏差	公称外径 D	公称壁厚 S	内径 d	内径允许偏差	壁厚允许偏差
36	3.5	29.0	0 -0.35	89	3.5	82.0	0 -0.40	110	5.0	100.0	0 -0.45	$S \leq 2.5$, ±0.15 $2.5 < S \leq 4.5$, ±0.20 $4.5 < S \leq 6.0$, ±0.25 $S > 6.0$, ±0.30
38	2.5	33.0		89	4.0	81.0		120	4.0	112.0		
50	2.5	45.0		89	5.0	79.0		120	4.5	111.0		
51	1.8	47.4		90	3.0	84.0		120	5.0	110.0		
63.5	1.8	59.9		92	6.5	79.0	0 -0.45	120	6.0	108.0		
63.5	2.5	58.5		100	3.5	93.0		130	5.0	120.0	0 -0.50	
68.9	2.5	63.9	0 -0.40	100	4.0	92.0		140	5.0	130.0		
70	1.8	66.4		102	7.0	88.0		140	6.0	128.0		
76	2.5	71.0		108	7.0	94.0		152	5.0	142.0		
85	5.0	75.0		109.8	7.0	95.8		159	5.0	149.0	0 -0.60	
89	2.5	84.0		110	4.5	101.0		180	5.0	170.0		

注：1. 本标准适用于制造汽车传动轴及其他机械动力传动轴用电焊或冷拔电焊钢管。

2. 钢管按公称外径 D、公称壁厚 S 和定尺长度交货。定尺长度范围为 3500～8500mm。

表 3-2-102

传动轴用电焊钢管的化学成分（熔炼分析）和力学性能

类别[①]	牌号	化学成分(质量分数)/%															拉伸性能		
		C	Si	Mn	Ti	P	S	Nb	V	Cr	Ni	Cu	N	B	Mo	Als[②]	R_m /MPa	$R_{eH}^{③}$/MPa	A/%
						≤										≥		≥	
Ⅰ、Ⅱ	CZ300	0.05~012	≤0.37	0.35~0.65	0.06~0.14	0.035	0.035	—	—	0.10	0.25	0.25	—	—	—	—	450~570	300	15
Ⅲ	CZ350	0.17~0.24	0.17~0.37	0.35~0.65	—	0.035	0.035	—	—	0.25	0.25	0.25	—	—	—	—	460~590	350	10
Ⅰ	CZ440	≤0.20	≤0.55	0.80~1.70	≤0.20	0.030	0.030	0.07	0.12	0.30	0.80	0.40	0.015	—	0.20	0.015	520~680	440	15
	CZ480	≤0.20	≤0.60	1.00~1.70	≤0.20	0.030	0.030	0.11	0.12	0.30	0.80	0.40	0.015	0.004	0.20	0.015	550~720	480	15
	CZ550	≤0.18	≤0.60	1.00~1.80	≤0.20	0.030	0.030	0.11	0.12	0.80	0.80	0.80	0.015	0.004	0.30	0.015	670~830	550	15
	CZ650	≤0.18	≤0.60	1.00~2.00	≤0.20	0.030	0.030	0.11	0.12	1.00	0.80	0.80	0.015	0.004	0.30	0.015	710~880	650	12
	CZ700	≤0.18	≤0.60	1.00~2.00	≤0.20	0.030	0.030	0.11	0.12	1.00	0.80	0.80	0.015	0.004	0.30	0.015	770~940	700	12

① 钢管按制造方法分为：用热轧钢带高频电焊制造的钢管，代号为Ⅰ；用冷轧钢带高频电焊制造的钢管，代号为Ⅱ；用冷轧或热轧钢带高频电焊加冷拔制造的钢管，代号为Ⅲ。
② 可用全铝 Alt 替代，此时全铝 Alt 最小含量为 0.020%。当钢中添加了铌、钒、钛等细化晶粒元素且含量不小于本表中规定含量的下限时，铝含量下限值不限。
③ 当屈服不明显时，可测量规定塑性延伸强度 $R_{p0.2}$ 代替上屈服强度。

注：1. 传动轴用钢的牌号由“传轴”汉语拼音首位大写字母和规定最小上屈服强度组成，如 CZ480，其中：CZ 为传动轴传轴汉语拼音首位大写字母；480 为规定最小上屈服强度，单位为 MPa。

2. CZ550 及强度更高牌号的钢管应以焊缝热处理状态交货，其他牌号钢管以焊接状态或冷加工状态交货。根据需方要求，经供需双方协商，其他牌号钢管可按合同规定的热处理状态交货。

3. 钢管应逐根进行液压试验。试验压力按下式计算，修约到最邻近的 0.1MPa。在试验压力下，稳压时间应不少于 5s，钢管不应出现渗漏现象。

$$p=2SR/D$$

式中，p 为试验压力，MPa；S 为钢管公称壁厚，mm；R 为本表规定最小上屈服强度 R_{eH} 的 60%，MPa；D 为钢管公称外径，mm。

4. 钢管内外表面不应有裂纹、结疤、错位、烧伤、压痕、毛刺和深的划道存在。不超过壁厚允许下偏差的其他局部缺陷允许存在。

流体输送用不锈钢焊接钢管（摘自 GB/T 12771—2019）

表 3-2-103

流体输送用不锈钢焊接钢管的化学成分（熔炼分析）和力学性能

类别	统一数字代号	牌号	化学成分(质量分数)[①]/%							推荐热处理制度	力学性能			
			C	Si	Mn	Ni	Cr	Mo	其他元素		R_m /MPa	$R_{p0.2}$ /MPa	A/% 热处理	A/% 非热处理
											≥			
奥氏体型	S30210	12Cr18Ni9	0.15	1.00	2.00	8.00~10.00	17.00~19.00	—	N0.10	≥1040℃，快冷	515	205	40	35
	S30403	022Cr19Ni10	0.030	1.00	2.00	8.00~12.00	18.00~20.00	—	—	≥1040℃，快冷	485	180	40	35
	S30408	06Cr19Ni10	0.08	1.00	2.00	8.00~11.00	18.00~20.00	—	—	≥1040℃，快冷	515	205	40	35
	S30409	07Cr19Ni10	0.04~0.10	1.00	2.00	8.00~11.00	18.00~20.00	—	—	≥1040℃，快冷	515	205	40	35
	S30453	022Cr19Ni10N	0.030	1.00	2.00	8.00~11.00	18.00~20.00	—	N0.10~0.16	≥1040℃，快冷	515	205	40	35
	S30458	06Cr19Ni10N	0.08	1.00	2.00	8.00~11.00	18.00~20.00	—	N0.10~0.16	≥1040℃，快冷	550	240	30	25
	S30908	06Cr23Ni13	0.08	1.00	2.00	12.00~15.00	22.00~24.00	—	—	≥1040℃，快冷	515	205	40	35
	S31008	06Cr25Ni20	0.08	1.50	2.00	19.00~22.00	24.00~26.00	—	—	≥1040℃，快冷	515	205	40	35

续表

类别	统一数字代号	牌号	化学成分(质量分数)[①]/%							推荐热处理制度	力学性能			
			C	Si	Mn	Ni	Cr	Mo	其他元素		R_m /MPa	$R_{p0.2}$ /MPa	A/% 热处理	A/% 非热处理
											≥			
奥氏体型	S31252	015Cr20Ni18Mo6CuN	0.020	0.80	1.00	17.50~18.50	19.50~20.50	6.00~6.50	Cu0.50~1.00, N0.18~0.22	≥1150℃,快冷	655	310	35	30
	S31603	022Cr17Ni12Mo2	0.030	1.00	2.00	10.00~14.00	16.00~18.00	2.00~3.00	—	≥1040℃,快冷	485	180	40	35
	S31608	06Cr17Ni12Mo2	0.08	1.00	2.00	10.00~14.00	16.00~18.00	2.00~3.00	—	≥1040℃,快冷	515	205	40	35
	S31609	07Cr17Ni12Mo2	0.04~0.10	1.00	2.00	10.00~14.00	16.00~18.00	2.00~3.00	—	≥1040℃,快冷	515	205	40	35
	S31653	022Cr17Ni12Mo2N	0.030	1.00	2.00	10.00~13.00	16.00~18.00	2.00~3.00	N0.10~0.16	≥1040℃,快冷	515	205	40	35
	S31658	06Cr17Ni12Mo2N	0.08	1.00	2.00	10.00~13.00	16.00~18.00	2.00~3.00	N0.10~0.16	≥1040℃,快冷	550	240	35	30
	S31668	06Cr17Ni12Mo2Ti	0.08	1.00	2.00	10.00~14.00	16.00~18.00	2.00~3.00	Ti≥5C	≥1040℃,快冷	515	205	40	35
	S31782	015Cr21Ni26Mo5Cu2	0.020	1.00	2.00	23.00~28.00	19.00~23.00	4.00~5.00	Cu1.00~2.00,N0.10	1030~1180℃,快冷	490	220	35	30
	S32168	06Cr18Ni11Ti[②]	0.08	1.00	2.00	9.00~12.00	17.00~19.00	—	Ti5C~0.70,N0.10	≥1040℃,快冷	515	205	40	35
	S32169	07Cr19Ni11Ti[②]	0.04~0.10	0.75	2.00	9.00~13.00	17.00~20.00	—	Ti4C~0.60	≥1095℃,快冷	515	205	40	35
	S34778	06Cr18Ni11Nb[②]	0.08	1.00	2.00	9.00~12.00	17.00~19.00	—	Nb10C~1.10	≥1040℃,快冷	515	205	40	35
	S34779	07Cr18Ni11Nb[②]	0.04~0.10	1.00	2.00	9.00~12.00	17.00~19.00	—	Nb8C~1.10	≥1095℃,快冷	515	205	40	35
铁素体型	S11163	022Cr11Ti	0.030	1.00	1.00	(0.60)	10.50~11.70	—	Ti≥8(C+N),N0.030 Ti0.15~0.50,Nb0.10	800~900℃,快冷或缓冷	380	170	20	—
	S11213	022Cr12Ni	0.030	1.00	1.50	0.30~1.00	10.50~12.50	—	N0.030	700~820℃,快冷或缓冷	450	280	18	—
	S11348	06Cr13Al	0.08	1.00	1.00	(0.60)	11.50~14.50	—	Al0.10~0.30	780~830℃,快冷或缓冷	415	170	20	—
	S11863	022Cr18Ti	0.030	0.75	1.00	(0.60)	16.00~19.00	—	Ti(或Nb)0.10~1.00	780~950℃,快冷或缓冷	415	205	22	—
	S11972	019Cr19Mo2NbTi	0.025	1.00	1.00	1.00	17.50~19.50	1.75~2.50	(Ti+Nb)[0.20+4×(C+N)]~0.80, N0.035	800~1050℃,快冷	415	275	20	—

① 本表中所列成分除标明范围或最小值的外，其余均为最大值。括号内值为允许添加的最大值。

② 需方规定在固溶处理后进行稳定化热处理时，稳定化热处理温度为：850~930℃。进行稳定化热处理的钢管应标识代号“ST”。

注：1. 本标准适用于流体输送用不锈钢焊接钢管。

2. 钢管的公称外径和公称壁厚应符合 GB/T 21835 的规定。

3. 钢管的通常长度为 3000~12000mm。

4. 钢管应以热处理并酸洗状态交货。凡经整体磨、镗或保护气氛热处理的钢管可不经酸洗交货。

5. 除 015Cr20Ni18Mo6CuN（P0.030，S0.010）、015Cr21Ni26Mo5Cu2（P0.040，S0.035）、07Cr19Ni11Ti（P0.030，S0.030）、022Cr11Ti（P0.040，S0.020）、022Cr12Ni（P0.040，S0.015）外，本表中其余牌号的 P、S 含量分别为 0.040、0.030。

6. 外径不小于 168mm 的钢管应进行焊接接头的横向拉伸试验，其抗拉强度应符合本表的规定。试样应沿钢管横向或从与钢管相同牌号、炉号、焊接工艺、热处理制度的焊接试板上截取，焊缝应位于试样中心，并与试样轴线垂直。

7. 钢管应逐根进行液压试验。试验压力按下式计算，最大试验压力为 10MPa。在试验压力下，稳压时间应不少于 5s，钢管不应出现渗漏现象。

$$p=2SR/D$$

式中，p 为试验压力，MPa；S 为钢管公称壁厚，mm；R 为允许应力，取规定塑性延伸强度的 50%，MPa；D 为钢管公称外径，mm。

8. 供方可用涡流检测代替液压试验。涡流检测时，对比样管人工缺陷应符合 GB/T 7735—2016 中验收等级 E4H 或 E4 的规定。

无缝钢管尺寸、重量（摘自 GB/T 17395—2008）

表 3-2-104 普通钢管的外径和壁厚及单位长度理论重量

外径/mm			壁厚/mm															
系列 1	系列 2	系列 3	0.25	0.30	0.40	0.50	0.60	0.80	1.0	1.2	1.4	1.5	1.6	1.8	2.0	2.2(2.3)	2.5(2.6)	2.8
			单位长度理论重量/(kg/m)															
—	6	—	0.035	0.042	0.055	0.068	0.080	0.103	0.123	0.142	0.159	0.166	0.174	0.186	0.197	—	—	—
—	7	—	0.042	0.050	0.065	0.080	0.095	0.122	0.148	0.172	0.193	0.203	0.213	0.231	0.247	0.260	0.277	—
—	8	—	0.048	0.057	0.075	0.092	0.110	0.142	0.173	0.201	0.228	0.240	0.253	0.275	0.296	0.315	0.339	—
—	9	—	0.054	0.064	0.085	0.105	0.124	0.162	0.197	0.231	0.262	0.277	0.292	0.320	0.345	0.369	0.401	0.428
10(10.2)	—	—	0.060	0.072	0.095	0.117	0.139	0.182	0.222	0.261	0.297	0.314	0.332	0.364	0.395	0.423	0.462	0.497
—	11	—	0.066	0.079	0.105	0.129	0.154	0.201	0.247	0.290	0.331	0.351	0.371	0.408	0.444	0.477	0.524	0.566
—	12	—	0.072	0.087	0.115	0.142	0.169	0.221	0.271	0.320	0.366	0.388	0.410	0.453	0.493	0.532	0.586	0.635
—	13(12.7)	—	0.079	0.094	0.124	0.154	0.184	0.241	0.296	0.349	0.400	0.425	0.450	0.497	0.543	0.586	0.647	0.704
13.5	—	—	0.082	0.098	0.129	0.160	0.191	0.251	0.308	0.364	0.418	0.444	0.470	0.519	0.567	0.613	0.678	0.739
—	—	14	0.085	0.101	0.134	0.166	0.198	0.260	0.321	0.379	0.435	0.462	0.490	0.542	0.592	0.640	0.709	0.773
—	16	—	0.097	0.116	0.154	0.191	0.228	0.300	0.370	0.438	0.504	0.536	0.568	0.630	0.691	0.749	0.832	0.910
17(17.2)	—	—	0.103	0.124	0.164	0.203	0.243	0.320	0.395	0.468	0.539	0.573	0.608	0.675	0.740	0.803	0.894	0.98
—	—	18	0.109	0.131	0.174	0.216	0.258	0.340	0.419	0.497	0.573	0.610	0.647	0.719	0.789	0.857	0.956	1.05
—	19	—	0.115	0.138	0.183	0.228	0.272	0.359	0.444	0.527	0.608	0.647	0.687	0.763	0.838	0.911	1.02	1.12
—	20	—	0.122	0.146	0.193	0.240	0.287	0.379	0.469	0.556	0.642	0.684	0.726	0.808	0.888	0.966	1.08	1.19
21(21.3)	—	—	—	—	0.203	0.253	0.302	0.399	0.493	0.586	0.677	0.721	0.765	0.852	0.937	1.02	1.14	1.26
—	—	22	—	—	0.212	0.265	0.317	0.418	0.518	0.616	0.711	0.758	0.805	0.897	0.986	1.07	1.20	1.33
—	25	—	—	—	0.242	0.302	0.361	0.477	0.592	0.704	0.815	0.869	0.923	1.03	1.13	1.24	1.39	1.53
—	—	25.4	—	—	0.247	0.307	0.367	0.485	0.602	0.716	0.829	0.884	0.939	1.05	1.15	1.26	1.41	1.56
27(26.9)	—	—	—	—	0.262	0.327	0.391	0.517	0.641	0.763	0.884	0.943	1.00	1.13	1.23	1.34	1.51	1.67
—	28	—	—	—	0.272	0.339	0.405	0.537	0.666	0.793	0.918	0.980	1.04	1.16	1.28	1.40	1.57	1.74
—	—	30	—	—	0.292	0.364	0.435	0.576	0.715	0.852	0.987	1.05	1.12	1.25	1.38	1.51	1.70	1.88
—	32(31.8)	—	—	—	0.311	0.388	0.465	0.616	0.765	0.911	1.056	1.13	1.20	1.34	1.48	1.62	1.82	2.02
34(33.7)	—	—	—	—	0.331	0.413	0.494	0.655	0.814	0.971	1.125	1.20	1.28	1.43	1.58	1.72	1.94	2.15
—	—	35	—	—	0.341	0.425	0.509	0.675	0.838	1.000	1.16	1.24	1.32	1.47	1.63	1.78	2.00	2.22
—	38	—	—	—	0.370	0.462	0.553	0.734	0.912	1.089	1.26	1.35	1.44	1.61	1.78	1.94	2.19	2.43
—	40	—	—	—	0.390	0.487	0.583	0.774	0.962	1.148	1.33	1.42	1.52	1.69	1.87	2.05	2.31	2.57
42(42.4)	—	—	—	—	—	—	—	—	1.01	1.21	1.40	1.50	1.60	1.79	1.97	2.16	2.44	2.71
—	—	45(44.5)	—	—	—	—	—	—	1.09	1.30	1.51	1.61	1.71	1.92	2.12	2.32	2.62	2.91
48(48.3)	—	—	—	—	—	—	—	—	1.16	1.39	1.61	1.72	1.83	2.05	2.27	2.48	2.81	3.12
—	51	—	—	—	—	—	—	—	1.23	1.47	1.71	1.83	1.95	2.18	2.42	2.65	2.99	3.33
—	—	54	—	—	—	—	—	—	1.31	1.56	1.82	1.94	2.07	2.32	2.56	2.81	3.18	3.54

续表

外径/mm			壁厚/mm															
			0.25	0.30	0.40	0.50	0.60	0.80	1.0	1.2	1.4	1.5	1.6	1.8	2.0	2.2(2.3)	2.5(2.6)	2.8
系列1	系列2	系列3	单位长度理论重量/(kg/m)															
—	57	—	—	—	—	—	—	—	1.38	1.65	1.92	2.05	2.19	2.45	2.71	2.97	3.36	3.74
60(60.3)	—	—	—	—	—	—	—	—	1.46	1.74	2.02	2.16	2.31	2.58	2.86	3.14	3.55	3.95
—	63(63.5)	—	—	—	—	—	—	—	1.53	1.83	2.13	2.27	2.42	2.72	3.01	3.30	3.73	4.16
—	65	—	—	—	—	—	—	—	1.58	1.89	2.20	2.35	2.50	2.81	3.11	3.41	3.85	4.29
—	68	—	—	—	—	—	—	—	1.65	1.98	2.30	2.46	2.62	2.94	3.26	3.57	4.04	4.50
—	70	—	—	—	—	—	—	—	1.70	2.04	2.37	2.53	2.70	3.03	3.35	3.68	4.16	4.64
—	—	73	—	—	—	—	—	—	1.78	2.12	2.47	2.64	2.82	3.16	3.50	3.84	4.35	4.85
76(76.1)	—	—	—	—	—	—	—	—	1.85	2.21	2.58	2.76	2.94	3.29	3.65	4.00	4.53	5.05
—	77	—	—	—	—	—	—	—	—	—	2.61	2.79	2.98	3.34	3.70	4.06	4.59	5.12
—	80	—	—	—	—	—	—	—	—	—	2.71	2.90	3.09	3.47	3.85	4.22	4.78	5.33

外径/mm			壁厚/mm															
			3.0(2.9)	3.2	3.5(3.6)	4.0	4.5	5.0	5.5(5.4)	6.0	6.5(6.3)	7.0(7.1)	7.5	8.0	8.5	9.0(8.8)	9.5	10
系列1	系列2	系列3	单位长度理论重量/(kg/m)															
—	6	—	—	—	—	—	—	—	—	—	—	—	—	—	—	—	—	—
—	7	—	—	—	—	—	—	—	—	—	—	—	—	—	—	—	—	—
—	8	—	—	—	—	—	—	—	—	—	—	—	—	—	—	—	—	—
—	9	—	—	—	—	—	—	—	—	—	—	—	—	—	—	—	—	—
10(10.2)	—	—	0.518	0.537	0.561	—	—	—	—	—	—	—	—	—	—	—	—	—
—	11	—	0.592	0.615	0.647	—	—	—	—	—	—	—	—	—	—	—	—	—
—	12	—	0.666	0.694	0.734	0.789	—	—	—	—	—	—	—	—	—	—	—	—
—	13(12.7)	—	0.740	0.774	0.820	0.888	—	—	—	—	—	—	—	—	—	—	—	—
13.5	—	—	0.777	0.813	0.863	0.937	—	—	—	—	—	—	—	—	—	—	—	—
—	—	14	0.814	0.852	0.906	0.986	—	—	—	—	—	—	—	—	—	—	—	—
—	16	—	0.962	1.01	1.08	1.18	1.28	1.36	—	—	—	—	—	—	—	—	—	—
17(17.2)	—	—	1.04	1.09	1.17	1.28	1.39	1.48	—	—	—	—	—	—	—	—	—	—
—	—	18	1.11	1.17	1.25	1.38	1.50	1.60	—	—	—	—	—	—	—	—	—	—
—	19	—	1.18	1.25	1.34	1.48	1.61	1.73	1.83	1.92	—	—	—	—	—	—	—	—
—	20	—	1.26	1.33	1.42	1.58	1.72	1.85	1.97	2.07	—	—	—	—	—	—	—	—
21(21.3)	—	—	1.33	1.41	1.51	1.68	1.83	1.97	2.10	2.22	—	—	—	—	—	—	—	—
—	—	22	1.41	1.48	1.60	1.78	1.94	2.10	2.24	2.37	—	—	—	—	—	—	—	—
—	25	—	1.63	1.72	1.86	2.07	2.28	2.47	2.64	2.81	2.97	3.11	—	—	—	—	—	—
—	—	25.4	1.66	1.75	1.89	2.11	2.32	2.52	2.70	2.87	3.03	3.18	—	—	—	—	—	—
27(26.9)	—	—	1.78	1.88	2.03	2.27	2.50	2.71	2.92	3.11	3.29	3.45	—	—	—	—	—	—
—	28	—	1.85	1.96	2.11	2.37	2.61	2.84	3.05	3.26	3.45	3.63	—	—	—	—	—	—
—	—	30	2.00	2.11	2.29	2.56	2.83	3.08	3.32	3.55	3.77	3.97	4.16	4.34	—	—	—	—
—	32(31.8)	—	2.15	2.27	2.46	2.76	3.05	3.33	3.59	3.85	4.09	4.32	4.53	4.74	—	—	—	—

续表

外径/mm			壁厚/mm															
系列 1	系列 2	系列 3	3.0(2.9)	3.2	3.5(3.6)	4.0	4.5	5.0	5.5(5.4)	6.0	6.5(6.3)	7.0(7.1)	7.5	8.0	8.5	9.0(8.8)	9.5	10
			单位长度理论重量/(kg/m)															
34(33.7)	—	—	2.29	2.43	2.63	2.96	3.27	3.58	3.87	4.14	4.41	4.66	4.90	5.13	—	—	—	—
—	—	35	2.37	2.51	2.72	3.06	3.38	3.70	4.00	4.29	4.57	4.83	5.09	5.33	5.56	5.77	—	—
—	38	—	2.59	2.75	2.98	3.35	3.72	4.07	4.41	4.74	5.05	5.35	5.64	5.92	6.18	6.44	6.68	6.91
—	40	—	2.74	2.90	3.15	3.55	3.94	4.32	4.68	5.03	5.37	5.70	6.01	6.31	6.60	6.88	7.15	7.40
42(42.4)	—	—	2.89	3.06	3.32	3.75	4.16	4.56	4.95	5.33	5.69	6.04	6.38	6.71	7.02	7.32	7.61	7.89
—	—	45(44.5)	3.11	3.30	3.58	4.04	4.49	4.93	5.36	5.77	6.17	6.56	6.94	7.30	7.65	7.99	8.32	8.63
48(48.3)	—	—	3.33	3.54	3.84	4.34	4.83	5.30	5.76	6.21	6.65	7.08	7.49	7.89	8.28	8.66	9.02	9.37
—	51	—	3.55	3.77	4.10	4.64	5.16	5.67	6.17	6.66	7.13	7.60	8.05	8.48	8.91	9.32	9.72	10.11
—	—	54	3.77	4.01	4.36	4.93	5.49	6.04	6.58	7.10	7.61	8.11	8.60	9.08	9.54	9.99	10.43	10.85
—	57		4.00	4.25	4.62	5.23	5.83	6.41	6.99	7.55	8.10	8.63	9.16	9.67	10.17	10.65	11.13	11.59
60(60.3)	—	—	4.22	4.48	4.88	5.52	6.16	6.78	7.39	7.99	8.58	9.15	9.71	10.26	10.80	11.32	11.83	12.33
—	63(63.5)	—	4.44	4.72	5.14	5.82	6.49	7.15	7.80	8.43	9.06	9.67	10.26	10.85	11.42	11.98	12.53	13.07
—	65	—	4.59	4.88	5.31	6.02	6.71	7.40	8.07	8.73	9.38	10.01	10.63	11.25	11.84	12.43	13.00	13.56
—	68	—	4.81	5.11	5.57	6.31	7.05	7.77	8.48	9.17	9.86	10.53	11.19	11.84	12.47	13.10	13.71	14.30
—	70	—	4.96	5.27	5.74	6.51	7.27	8.01	8.75	9.47	10.18	10.88	11.56	12.23	12.89	13.54	14.17	14.80
—	—	73	5.18	5.51	6.00	6.81	7.60	8.38	9.16	9.91	10.66	11.39	12.11	12.82	13.52	14.20	14.88	15.54
76(76.1)	—	—	5.40	5.75	6.26	7.10	7.93	8.75	9.56	10.36	11.14	11.91	12.67	13.42	14.15	14.87	15.58	16.28
—	77	—	5.47	5.82	6.34	7.20	8.05	8.88	9.70	10.50	11.30	12.08	12.85	13.61	14.36	15.09	15.81	16.52
—	80	—	5.70	6.06	6.60	7.50	8.38	9.25	10.10	10.95	11.78	12.60	13.41	14.20	14.99	15.76	16.52	17.26

外径/mm			壁厚/mm															
系列 1	系列 2	系列 3	0.25	0.30	0.40	0.50	0.60	0.80	1.0	1.2	1.4	1.5	1.6	1.8	2.0	2.2(2.3)	2.5(2.6)	2.8
			单位长度理论重量/(kg/m)															
—	—	83(82.5)	—	—	—	—	—	—	—	—	2.82	3.01	3.21	3.60	4.00	4.38	4.96	5.54
—	85	—	—	—	—	—	—	—	—	—	2.89	3.09	3.29	3.69	4.09	4.49	5.09	5.68
89(88.9)	—	—	—	—	—	—	—	—	—	—	3.02	3.24	3.45	3.87	4.29	4.71	5.33	5.95
—	95	—	—	—	—	—	—	—	—	—	3.23	3.46	3.69	4.14	4.59	5.03	5.70	6.37
—	102(101.6)	—	—	—	—	—	—	—	—	—	3.47	3.72	3.96	4.45	4.93	5.41	6.13	6.85
—	—	108	—	—	—	—	—	—	—	—	3.68	3.94	4.20	4.71	5.23	5.74	6.50	7.26
114(114.3)	—	—	—	—	—	—	—	—	—	—	—	4.16	4.44	4.98	5.52	6.07	6.87	7.68
—	121	—	—	—	—	—	—	—	—	—	—	4.42	4.71	5.29	5.87	6.45	7.31	8.16
—	127	—	—	—	—	—	—	—	—	—	—	—	—	5.56	6.17	6.77	7.68	8.58
—	133	—	—	—	—	—	—	—	—	—	—	—	—	—	—	—	8.05	8.99
140(139.7)	—	—	—	—	—	—	—	—	—	—	—	—	—	—	—	—	—	—

续表

外径/mm			壁厚/mm															
系列 1	系列 2	系列 3	0.25	0.30	0.40	0.50	0.60	0.80	1.0	1.2	1.4	1.5	1.6	1.8	2.0	2.2(2.3)	2.5(2.6)	2.8
			单位长度理论重量/(kg/m)															
—	—	142(141.3)	—	—	—	—	—	—	—	—	—	—	—	—	—	—	—	—
—	146	—	—	—	—	—	—	—	—	—	—	—	—	—	—	—	—	—
—	—	152(152.4)	—	—	—	—	—	—	—	—	—	—	—	—	—	—	—	—
—	—	159	—	—	—	—	—	—	—	—	—	—	—	—	—	—	—	—
168(168.3)	—	—	—	—	—	—	—	—	—	—	—	—	—	—	—	—	—	—
—	—	180(177.8)	—	—	—	—	—	—	—	—	—	—	—	—	—	—	—	—
—	—	194(193.7)	—	—	—	—	—	—	—	—	—	—	—	—	—	—	—	—
—	203	—	—	—	—	—	—	—	—	—	—	—	—	—	—	—	—	—
219(219.1)	—	—	—	—	—	—	—	—	—	—	—	—	—	—	—	—	—	—
—	—	245(244.5)	—	—	—	—	—	—	—	—	—	—	—	—	—	—	—	—

外径/mm			壁厚/mm															
系列 1	系列 2	系列 3	3.0(2.9)	3.2	3.5(3.6)	4.0	4.5	5.0	5.5(5.4)	6.0	6.5(6.3)	7.0(7.1)	7.5	8.0	8.5	9.0(8.8)	9.5	10
			单位长度理论重量/(kg/m)															
—	—	83(82.5)	5.92	6.30	6.86	7.79	8.71	9.62	10.51	11.39	12.26	13.12	13.96	14.80	15.62	16.42	17.22	18.00
—	85	—	6.07	6.46	7.04	7.99	8.93	9.86	10.78	11.69	12.58	13.46	14.33	15.19	16.04	16.87	17.69	18.49
89(88.9)	—	—	6.36	6.77	7.38	8.38	9.38	10.36	11.33	12.28	13.22	14.16	15.07	15.98	16.87	17.76	18.63	19.48
—	95	—	6.81	7.24	7.90	8.98	10.04	11.10	12.14	13.17	14.19	15.19	16.18	17.16	18.13	19.09	20.03	20.96
—	102(101.6)	—	7.32	7.80	8.50	9.67	10.82	11.96	13.09	14.21	15.31	16.40	17.48	18.55	19.60	20.64	21.67	22.69
—	—	108	7.77	8.27	9.02	10.26	11.49	12.70	13.90	15.09	16.27	17.44	18.59	19.73	20.86	21.97	23.08	24.17
114(114.3)	—	—	8.21	8.74	9.54	10.85	12.15	13.44	14.72	15.98	17.23	18.47	19.70	20.91	22.11	23.30	24.48	25.65
—	121	—	8.73	9.30	10.14	11.54	12.93	14.30	15.67	17.02	18.35	19.68	20.99	22.29	23.58	24.86	26.12	27.37
—	127	—	9.17	9.77	10.66	12.13	13.59	15.04	16.48	17.90	19.31	20.71	22.10	23.48	24.84	26.19	27.53	28.85
—	133	—	9.62	10.24	11.18	12.72	14.26	15.78	17.29	18.79	20.28	21.75	23.21	24.66	26.10	27.52	28.93	30.33
140(139.7)	—	—	10.14	10.80	11.78	13.42	15.04	16.65	18.24	19.83	21.40	22.96	24.51	26.04	27.56	29.08	30.57	32.06
—	—	142(141.3)	10.28	10.95	11.95	13.61	15.26	16.89	18.51	20.12	21.72	23.30	24.88	26.44	27.98	29.52	31.04	32.55
—	146		10.58	11.27	12.30	14.01	15.70	17.39	19.06	20.72	22.36	23.99	25.62	27.22	28.82	30.41	31.98	33.54
—	—	152(152.4)	11.02	11.74	12.82	14.60	16.37	18.13	19.87	21.60	23.32	25.03	26.73	28.41	30.08	31.74	33.39	35.02
—	—	159	—	—	13.42	15.29	17.14	18.99	20.82	22.64	24.44	26.24	28.02	29.79	31.55	33.29	35.02	36.75
168(168.3)	—	—	—	—	14.20	16.18	18.14	20.10	22.04	23.97	25.89	27.79	29.68	31.56	33.44	35.29	37.13	38.97
—	—	180(177.8)	—	—	15.23	17.36	19.48	21.58	23.67	25.74	27.81	29.86	31.90	33.93	35.95	37.95	39.94	41.92
—	—	194(193.7)	—	—	16.44	18.74	21.03	23.30	25.60	27.82	30.05	32.28	34.49	36.69	38.88	41.06	43.22	45.38
—	203	—	—	—	17.22	19.63	22.03	24.41	26.79	29.15	31.50	33.83	36.16	38.47	40.77	43.06	45.33	47.59
219(219.1)	—	—	—	—	—	—	—	—	—	31.52	34.06	36.60	39.12	41.63	44.13	46.61	49.08	51.54
—	—	232	—	—	—	—	—	—	—	33.44	36.15	38.84	41.52	44.19	46.85	49.50	52.13	54.75
—	—	245(244.5)	—	—	—	—	—	—	—	35.36	38.23	41.09	43.93	46.76	49.58	52.38	55.17	57.95

续表

外径/mm			壁厚/mm															
系列1	系列2	系列3	11	12(12.5)	13	14(14.2)	15	16	17(17.5)	18	19	20	22(22.2)	24	25	26	28	30
			单位长度理论重量/(kg/m)															
—	—	45(44.5)	9.22	9.77	—	—	—	—	—	—	—	—	—	—	—	—	—	—
48(48.3)	—	—	10.04	10.65	—	—	—	—	—	—	—	—	—	—	—	—	—	—
—	51	—	10.85	11.54	—	—	—	—	—	—	—	—	—	—	—	—	—	—
—	—	54	11.67	12.43	13.14	13.81	—	—	—	—	—	—	—	—	—	—	—	—
—	57	—	12.48	13.32	14.11	14.85	—	—	—	—	—	—	—	—	—	—	—	—
60(60.3)	—	—	13.29	14.21	15.07	15.88	16.65	17.36	—	—	—	—	—	—	—	—	—	—
—	63(63.5)	—	14.11	15.09	16.03	16.92	17.76	18.55	—	—	—	—	—	—	—	—	—	—
—	65	—	14.65	15.68	16.67	17.61	18.50	19.33	—	—	—	—	—	—	—	—	—	—
—	68	—	15.46	16.57	17.63	18.64	19.61	20.52	—	—	—	—	—	—	—	—	—	—
—	70	—	16.01	17.16	18.27	19.33	20.35	21.31	22.22	—	—	—	—	—	—	—	—	—
—	—	73	16.82	18.05	19.24	20.37	21.46	22.49	23.48	24.41	25.30	—	—	—	—	—	—	—
76(76.1)	—	—	17.63	18.94	20.20	21.41	22.56	23.67	24.73	25.75	26.71	27.62	—	—	—	—	—	—
—	77	—	17.90	19.23	20.52	21.75	22.93	24.07	25.15	26.19	27.18	28.11	—	—	—	—	—	—
—	80	—	18.72	20.12	21.48	22.79	24.04	25.25	26.41	27.52	28.58	29.59	—	—	—	—	—	—
—	—	83(82.5)	19.53	21.01	22.44	23.82	25.15	26.44	27.67	28.85	29.99	31.07	33.10	—	—	—	—	—
—	85	—	20.07	21.60	23.08	24.51	25.89	27.23	28.51	29.74	30.92	32.06	34.18	—	—	—	—	—
89(88.9)	—	—	21.16	22.79	24.36	25.89	27.37	28.80	30.18	31.52	32.80	34.03	36.35	38.47	—	—	—	—
—	95	—	22.79	24.56	26.29	27.96	29.59	31.17	32.70	34.18	35.61	36.99	39.60	42.02	—	—	—	—
—	102(101.6)	—	24.69	26.63	28.53	30.38	32.18	33.93	35.63	37.29	38.89	40.44	43.40	46.17	47.47	48.73	51.10	—
—	—	108	26.31	28.41	30.46	32.45	34.40	36.30	38.15	39.95	41.70	43.40	46.66	49.71	51.17	52.58	55.24	57.71
114(114.3)	—	—	27.94	30.19	32.38	34.52	36.62	38.67	40.66	42.61	44.51	46.36	49.91	53.27	54.87	56.43	59.39	62.15
—	121	—	29.84	32.26	34.62	36.94	39.21	41.43	43.60	45.72	47.79	49.81	53.71	57.41	59.19	60.91	64.22	67.33
—	127	—	31.47	34.03	36.55	39.01	41.43	43.80	46.12	48.38	50.60	52.77	56.96	60.96	62.89	64.76	68.36	71.77
—	133	—	33.10	35.81	38.47	41.08	43.65	46.16	48.63	51.05	53.41	55.73	60.22	64.51	66.59	68.61	72.50	76.20
140(139.7)	—	—	34.99	37.88	40.71	43.50	46.24	48.93	51.56	54.15	56.69	59.18	64.02	68.66	70.90	73.10	77.34	81.38
—	—	142(141.3)	35.54	38.47	41.36	44.19	46.98	49.72	52.41	55.04	57.63	60.17	65.11	69.84	72.14	74.38	78.72	82.86
—	146	—	36.62	39.66	42.64	45.57	48.46	51.30	54.08	56.82	59.51	62.15	67.28	72.21	74.60	76.94	81.48	85.82
—	—	152(152.4)	38.25	41.43	44.56	47.64	50.68	53.66	56.59	59.48	62.32	65.10	70.53	75.76	78.30	80.79	85.62	90.26
—	—	159	40.15	43.50	46.81	50.06	53.27	56.43	59.53	62.59	65.60	68.56	74.33	79.90	82.62	85.28	90.46	95.44
168(168.3)	—	—	42.59	46.17	49.69	53.17	56.60	59.98	63.31	66.59	69.82	73.00	79.21	85.23	88.17	91.05	96.67	102.10
—	—	180(177.8)	45.84	49.72	53.54	57.31	61.03	64.71	68.33	71.91	75.43	78.91	85.72	92.33	95.56	98.74	104.96	110.98
—	—	194(193.7)	49.64	53.86	58.02	62.14	66.21	70.23	74.20	78.12	81.99	85.82	93.31	100.62	104.20	107.72	114.63	121.33

续表

外径/mm			壁厚/mm														
系列 1	系列 2	系列 3	11	12 (12.5)	13	14 (14.2)	15	16	17 (17.5)	18	19	20	22 (22.2)	24	25	26	28	30
			单位长度理论重量/(gk/m)															
—	203	—	52.08	56.52	60.91	65.25	69.55	73.79	77.98	82.13	86.22	90.26	98.20	105.95	109.74	113.49	120.84	127.99
219(219.1)	—	—	56.43	61.26	66.04	70.78	75.46	80.10	84.69	89.23	93.71	98.15	106.88	115.42	119.61	123.75	131.89	139.83
—	—	232	59.95	65.11	70.21	75.27	80.27	85.23	90.14	95.00	99.81	104.57	113.94	123.11	127.62	132.09	140.87	149.45
—	—	245(244.5)	63.48	68.95	74.38	79.76	85.08	90.36	95.59	100.77	105.90	110.98	120.99	130.80	135.64	140.42	149.84	159.07

外径/mm			壁厚/mm											
系列 1	系列 2	系列 3	32	34	36	38	40	42	45	48	50	55	60	65
			单位长度理论重量/(kg/m)											
—	121	—	70.24	—	—	—	—	—	—	—	—	—	—	—
—	127	—	74.97	—	—	—	—	—	—	—	—	—	—	—
—	133	—	79.71	83.01	86.12	—	—	—	—	—	—	—	—	—
140(139.7)	—	—	85.23	88.88	92.33	—	—	—	—	—	—	—	—	—
—	—	142(141.3)	86.81	90.56	94.11	—	—	—	—	—	—	—	—	—
—	146	—	89.97	93.91	97.66	101.21	104.57	—	—	—	—	—	—	—
—	—	152(152.4)	94.70	98.94	102.99	106.83	110.48	—	—	—	—	—	—	—
—	—	159	100.22	104.81	109.20	113.39	117.39	121.19	126.51	—	—	—	—	—
168(168.3)	—	—	107.33	112.36	117.19	121.83	126.27	130.51	136.50	—	—	—	—	—
—	—	180(177.8)	116.80	122.42	127.85	133.07	138.10	142.94	149.82	156.26	160.30	—	—	—
—	—	194(193.7)	127.85	134.16	140.27	146.19	151.92	157.44	165.36	172.83	177.56	—	—	—
—	203	—	134.95	141.71	148.27	154.63	160.79	166.76	175.34	183.48	188.66	200.75	—	—
219(219.1)	—	—	147.57	155.12	162.47	169.62	176.58	183.33	193.10	202.42	208.39	222.45	—	—
—	—	232	157.83	166.02	174.01	181.81	189.40	196.80	207.53	217.81	224.42	240.08	254.51	267.70
—	—	245(244.5)	168.09	176.92	185.55	193.99	202.22	210.26	221.95	233.20	240.45	257.71	273.74	288.54

注：1. 本标准适用于制定各类用途的平端无缝钢管标准时，选择尺寸、外形、重量及允许偏差。

2. 本表选自原标准的普通钢管尺寸组（外径分为系列 1、系列 2、系列 3），不锈钢管尺寸组（外径分为系列 1、系列 2、系列 3）见表 3-2-105，精密钢管尺寸组（外径分为系列 2、系列 3）见原标准。系列 1 为通用系列，属推荐选用系列；系列 2 为非通用系列；系列 3 为少数特殊、专用系列。

3. 钢管的通常长度为 3000~12500mm。

4. 本表中括号内尺寸为相应的 ISO 4200 的规格。

5. 外径大于 245~1016mm 钢管的规格及单位长度理论重量见原标准，这部分钢管的壁厚范围为 6.0~120mm。

6. 钢管的理论重量按下式计算：$W=\frac{\pi}{1000}\rho(D-S)S$，式中 W 为钢管理论重量，kg/m；π 取 3.1416；ρ 为钢的密度，取 7.85kg/dm^3；D 为钢管公称外径，mm；S 为钢管公称壁厚，mm。

表 3-2-105 不锈钢管的外径和壁厚

外径/mm			壁厚/mm																													
系列 1	系列 2	系列 3	0.5	0.6	0.7	0.8	0.9	1.0	1.2	1.4	1.5	1.6	2.0	2.2 (2.3)	2.5 (2.6)	2.8 (2.9)	3.0	3.2	3.5 (3.6)	4.0	4.5	5.0	5.5 (5.6)	6.0	6.5 (6.3)	7.0 (7.1)	7.5	8.0	8.5	9.0 (8.8)	9.5	10
—	6	—	√	√	√	√	√	√	√	—	—	—	—	—	—	—	—	—	—	—	—	—	—	—	—	—	—	—	—	—	—	—
—	7	—	√	√	√	√	√	√	√	—	—	—	—	—	—	—	—	—	—	—	—	—	—	—	—	—	—	—	—	—	—	—
—	8	—	√	√	√	√	√	√	√	—	—	—	—	—	—	—	—	—	—	—	—	—	—	—	—	—	—	—	—	—	—	—
—	9	—	√	√	√	√	√	√	√	—	—	—	—	—	—	—	—	—	—	—	—	—	—	—	—	—	—	—	—	—	—	—
10 (10.2)	—	—	√	√	√	√	√	√	√	√	√	√	√	—	—	—	—	—	—	—	—	—	—	—	—	—	—	—	—	—	—	—
—	12	—	√	√	√	√	√	√	√	√	√	√	√	—	—	—	—	—	—	—	—	—	—	—	—	—	—	—	—	—	—	—
—	12.7	—	√	√	√	√	√	√	√	√	√	√	√	√	√	√	√	√	—	—	—	—	—	—	—	—	—	—	—	—	—	—
13 (13.5)	—	—	√	√	√	√	√	√	√	√	√	√	√	√	√	√	√	√	—	—	—	—	—	—	—	—	—	—	—	—	—	—
—	—	14	√	√	√	√	√	√	√	√	√	√	√	√	√	√	√	√	√	—	—	—	—	—	—	—	—	—	—	—	—	—
—	16	—	√	√	√	√	√	√	√	√	√	√	√	√	√	√	√	√	√	√	—	—	—	—	—	—	—	—	—	—	—	—
17 (17.2)	—	—	√	√	√	√	√	√	√	√	√	√	√	√	√	√	√	√	√	√	—	—	—	—	—	—	—	—	—	—	—	—
—	—	18	√	√	√	√	√	√	√	√	√	√	√	√	√	√	√	√	√	√	√	—	—	—	—	—	—	—	—	—	—	—
—	19	—	√	√	√	√	√	√	√	√	√	√	√	√	√	√	√	√	√	√	√	—	—	—	—	—	—	—	—	—	—	—
—	20	—	√	√	√	√	√	√	√	√	√	√	√	√	√	√	√	√	√	√	√	—	—	—	—	—	—	—	—	—	—	—
21 (21.3)	—	—	√	√	√	√	√	√	√	√	√	√	√	√	√	√	√	√	√	√	√	√	—	—	—	—	—	—	—	—	—	—
—	—	22	√	√	√	√	√	√	√	√	√	√	√	√	√	√	√	√	√	√	√	√	—	—	—	—	—	—	—	—	—	—
	24		√	√	√	√	√	√	√	√	√	√	√	√	√	√	√	√	√	√	√	√	—	—	—	—	—	—	—	—	—	—
—	25	—	√	√	√	√	√	√	√	√	√	√	√	√	√	√	√	√	√	√	√	√	√	√	—	—	—	—	—	—	—	—
—	—	25.4	—	—	—	—	—	√	√	√	√	√	√	√	√	√	√	√	√	√	√	√	√	√	—	—	—	—	—	—	—	—
27 (26.9)	—	—	—	—	—	—	—	√	√	√	√	√	√	√	√	√	√	√	√	√	√	√	√	√	—	—	—	—	—	—	—	—
—	—	30	—	—	—	—	—	√	√	√	√	√	√	√	√	√	√	√	√	√	√	√	√	√	√	—	—	—	—	—	—	—
—	32 (31.8)	—	—	—	—	—	—	√	√	√	√	√	√	√	√	√	√	√	√	√	√	√	√	√	√	—	—	—	—	—	—	—
34 (33.7)	—	—	—	—	—	—	—	√	√	√	√	√	√	√	√	√	√	√	√	√	√	√	√	√	√	—	—	—	—	—	—	—
—	—	35	—	—	—	—	—	√	√	√	√	√	√	√	√	√	√	√	√	√	√	√	√	√	√	—	—	—	—	—	—	—
—	38	—	—	—	—	—	—	√	√	√	√	√	√	√	√	√	√	√	√	√	√	√	√	√	√	—	—	—	—	—	—	—
—	40	—	—	—	—	—	—	√	√	√	√	√	√	√	√	√	√	√	√	√	√	√	√	√	√	—	—	—	—	—	—	—
42 (42.4)	—	—	—	—	—	—	—	√	√	√	√	√	√	√	√	√	√	√	√	√	√	√	√	√	√	√	√	—	—	—	—	—
—	—	45 (44.5)	—	—	—	—	—	√	√	√	√	√	√	√	√	√	√	√	√	√	√	√	√	√	√	√	√	√	√	—	—	—
48 (48.3)	—	—	—	—	—	—	—	√	√	√	√	√	√	√	√	√	√	√	√	√	√	√	√	√	√	√	√	√	√	—	—	—
—	51	—	—	—	—	—	—	√	√	√	√	√	√	√	√	√	√	√	√	√	√	√	√	√	√	√	√	√	√	√	—	—
—	—	54	—	—	—	—	—	—	—	—	—	√	√	√	√	√	√	√	√	√	√	√	√	√	√	√	√	√	√	√	√	√
—	57	—	—	—	—	—	—	—	—	—	—	√	√	√	√	√	√	√	√	√	√	√	√	√	√	√	√	√	√	√	√	√
60 (60.3)	—	—	—	—	—	—	—	—	—	—	—	√	√	√	√	√	√	√	√	√	√	√	√	√	√	√	√	√	√	√	√	√

续表

外径/mm			壁厚/mm																																	
系列 1	系列 2	系列 3	1.6	2.0	2.2 (2.3)	2.5 (2.6)	2.8 (2.9)	3.0	3.2	3.5 (3.6)	4.0	4.5	5.0	5.5 (5.6)	6.0	6.5 (6.3)	7.0 (7.1)	7.5	8.0	8.5	9.0 (8.8)	9.5	10	11	12 (12.5)	14 (14.2)	15	16	17 (17.5)	18	20	22 (22.2)	24	25	26	28
—	64 (63.5)	—	√	√	√	√	√	√	√	√	√	√	√	√	√	√	√	√	√	√	√	√	√	—	—	—	—	—	—	—	—	—	—	—	—	—
—	68	—	√	√	√	√	√	√	√	√	√	√	√	√	√	√	√	√	√	√	√	√	√	√	√	—	—	—	—	—	—	—	—	—	—	—
—	70	—	√	√	√	√	√	√	√	√	√	√	√	√	√	√	√	√	√	√	√	√	√	√	√	—	—	—	—	—	—	—	—	—	—	—
—	73	—	√	√	√	√	√	√	√	√	√	√	√	√	√	√	√	√	√	√	√	√	√	√	√	—	—	—	—	—	—	—	—	—	—	—
76 (76.1)	—	—	√	√	√	√	√	√	√	√	√	√	√	√	√	√	√	√	√	√	√	√	√	√	√	—	—	—	—	—	—	—	—	—	—	—
—	—	83 (82.5)	√	√	√	√	√	√	√	√	√	√	√	√	√	√	√	√	√	√	√	√	√	√	√	√	—	—	—	—	—	—	—	—	—	—
89 (88.9)	—	—	√	√	√	√	√	√	√	√	√	√	√	√	√	√	√	√	√	√	√	√	√	√	√	√	—	—	—	—	—	—	—	—	—	—
—	95	—	√	√	√	√	√	√	√	√	√	√	√	√	√	√	√	√	√	√	√	√	√	√	√	√	—	—	—	—	—	—	—	—	—	—
—	102 (101.6)	—	√	√	√	√	√	√	√	√	√	√	√	√	√	√	√	√	√	√	√	√	√	√	√	√	—	—	—	—	—	—	—	—	—	—
—	108	—	√	√	√	√	√	√	√	√	√	√	√	√	√	√	√	√	√	√	√	√	√	√	√	√	—	—	—	—	—	—	—	—	—	—
114 (114.3)	—	—	√	√	√	√	√	√	√	√	√	√	√	√	√	√	√	√	√	√	√	√	√	√	√	√	—	—	—	—	—	—	—	—	—	—
—	127	—	√	√	√	√	√	√	√	√	√	√	√	√	√	√	√	√	√	√	√	√	√	√	√	√	—	—	—	—	—	—	—	—	—	—
—	133	—	√	√	√	√	√	√	√	√	√	√	√	√	√	√	√	√	√	√	√	√	√	√	√	√	—	—	—	—	—	—	—	—	—	—
140 (139.7)	—	—	√	√	√	√	√	√	√	√	√	√	√	√	√	√	√	√	√	√	√	√	√	√	√	√	√	√	—	—	—	—	—	—	—	—
—	146	—	√	√	√	√	√	√	√	√	√	√	√	√	√	√	√	√	√	√	√	√	√	√	√	√	√	√	—	—	—	—	—	—	—	—
—	152	—	√	√	√	√	√	√	√	√	√	√	√	√	√	√	√	√	√	√	√	√	√	√	√	√	√	√	—	—	—	—	—	—	—	—
—	159	—	√	√	√	√	√	√	√	√	√	√	√	√	√	√	√	√	√	√	√	√	√	√	√	√	√	√	—	—	—	—	—	—	—	—
168 (168.3)	—	—	√	√	√	√	√	√	√	√	√	√	√	√	√	√	√	√	√	√	√	√	√	√	√	√	√	√	√	√	—	—	—	—	—	—
—	180	—	—	√	√	√	√	√	√	√	√	√	√	√	√	√	√	√	√	√	√	√	√	√	√	√	√	√	√	√	—	—	—	—	—	—
—	194	—	—	√	√	√	√	√	√	√	√	√	√	√	—	√	√	√	√	√	√	√	√	√	√	√	√	√	√	√	—	—	—	—	—	—
219 (219.1)	—	—	—	√	√	√	√	√	√	√	√	√	√	√	—	√	√	√	√	√	√	√	√	√	√	√	√	√	√	√	√	√	√	√	√	√
—	245	—	—	√	√	√	√	√	√	√	√	√	√	√	—	√	√	√	√	√	√	√	√	√	√	√	√	√	√	√	√	√	√	√	√	√
273	—	—	—	√	√	√	√	√	√	√	√	√	√	√	—	√	√	√	√	√	√	√	√	√	√	√	√	√	√	√	√	√	√	√	√	√
325 (323.9)	—	—	—	—	—	√	√	√	√	√	√	√	√	√	—	√	√	√	√	√	√	√	√	√	√	√	√	√	√	√	√	√	√	√	√	√
—	351	—	—	—	—	√	√	√	√	√	√	√	√	√	—	√	√	√	√	√	√	√	√	√	√	√	√	√	√	√	√	√	√	√	√	√
356 (355.6)	—	—	—	—	—	√	√	√	√	√	√	√	√	√	—	√	√	√	√	√	√	√	√	√	√	√	√	√	√	√	√	√	√	√	√	√
—	377	—	—	—	—	√	√	√	√	√	√	√	√	√	—	√	√	√	√	√	√	√	√	√	√	√	√	√	√	√	√	√	√	√	√	√
406 (406.4)	—	—	—	—	—	√	√	√	√	√	√	√	√	√	√	√	√	√	√	√	√	√	√	√	√	√	√	√	√	√	√	√	√	√	√	√
—	426	—	—	—	—	—	—	—	√	√	√	√	√	√	√	√	√	√	√	√	√	√	√	√	√	√	√	√	√	√	√	—	—	—	—	—

注：1. 钢管的通常长度为 3000~12500mm。

2. 本表中括号内尺寸为相应的英制规格。

3. 本表中“√”表示常用规格。

结构用和流体输送用不锈钢无缝钢管（摘自 GB/T 14975—2012、GB/T 14976—2012）

表 3-2-106 结构用和流体输送用不锈钢无缝钢管的化学成分（熔炼分析）

类别	GB/T 20878 统一数字代号	牌号	化学成分(质量分数)/%								
			C	Si	Mn	P	S	Ni	Cr	Mo	其他
奥氏体型	S30210	12Cr18Ni9	0.15	1.00	2.00	0.040	0.030	8.00~10.00	17.00~19.00	—	N0.10
	S30408	06Cr19Ni10	0.08	1.00	2.00	0.040	0.030	8.00~11.00	18.00~20.00	—	—
	S30403	022Cr19Ni10	0.030	1.00	2.00	0.040	0.030	8.00~12.00	18.00~20.00	—	—
	S30458	06Cr19Ni10N	0.08	1.00	2.00	0.040	0.030	8.00~11.00	18.00~20.00	—	N0.10~0.16
	S30478	06Cr19Ni9NbN	0.08	1.00	2.50	0.040	0.030	7.50~10.50	18.00~20.00	—	Nb0.15,N0.15~0.30
	S30453	022Cr19Ni10N	0.030	1.00	2.00	0.040	0.030	8.00~11.00	18.00~20.00	—	N0.10~0.16
	S30908	06Cr23Ni13	0.08	1.00	2.00	0.040	0.030	12.00~15.00	22.00~24.00	—	—
	S31008	06Cr25Ni20	0.08	1.50	2.00	0.040	0.030	19.00~22.00	24.00~26.00	—	—
	S31252	015Cr20Ni18Mo6CuN①	0.02	0.80	1.00	0.030	0.010	17.50~18.50	19.50~20.50	6.00~6.50	Cu0.50~1.00,N0.18~0.22
	S31608	06Cr17Ni12Mo2	0.08	1.00	2.00	0.040	0.030	10.00~14.00	16.00~18.00	2.00~3.00	—
	S31603	022Cr17Ni12Mo2	0.030	1.00	2.00	0.040	0.030	10.00~14.00	16.00~18.00	2.00~3.00	—
	S31609	07Cr17Ni12Mo2	0.04~0.10	1.00	2.00	0.040	0.030	10.00~14.00	16.00~18.00	2.00~3.00	—
	S31668	06Cr17Ni12Mo2Ti	0.08	1.00	2.00	0.040	0.030	10.00~14.00	16.00~18.00	2.00~3.00	Ti5C~0.70
	S31658	06Cr17Ni12Mo2N	0.08	1.00	2.00	0.040	0.030	10.00~13.00	16.00~18.00	2.00~3.00	N0.10~0.16
	S31653	022Cr17Ni12Mo2N	0.030	1.00	2.00	0.040	0.030	10.00~13.00	16.00~18.00	2.00~3.00	N0.10~0.16
	S31688	06Cr18Ni12Mo2Cu2	0.08	1.00	2.00	0.040	0.030	10.00~14.00	17.00~19.00	1.20~2.75	Cu1.00~2.50
	S31683	022Cr18Ni14Mo2Cu2	0.030	1.00	2.00	0.040	0.030	12.00~16.00	17.00~19.00	1.20~2.75	Cu1.00~2.50
	S39042	015Cr21Ni26Mo5Cu2①	0.020	1.00	2.00	0.045	0.030	23.00~28.00	19.00~23.00	4.00~5.00	Cu1.00~2.00,N0.10
	S31708	06Cr19Ni13Mo3	0.08	1.00	2.00	0.040	0.030	11.00~15.00	18.00~20.00	3.00~4.00	—
	S31703	022Cr19Ni13Mo3	0.030	1.00	2.00	0.040	0.030	11.00~15.00	18.00~20.00	3.00~4.00	—
	S32168	06Cr18Ni11Ti	0.08	1.00	2.00	0.040	0.030	9.00~12.00	17.00~19.00	—	Ti5C~0.70
	S32169	07Cr19Ni11Ti	0.04~0.10	0.75	2.00	0.030	0.030	9.00~13.00	17.00~20.00	—	Ti4C~0.60
	S34778	06Cr18Ni11Nb	0.08	1.00	2.00	0.040	0.030	9.00~12.00	17.00~19.00	—	Nb10C~1.10
	S34779	07Cr18Ni11Nb	0.04~0.10	1.00	2.00	0.040	0.030	9.00~12.00	17.00~19.00	—	Nb8C~1.10
	S38340	16Cr25Ni20Si2①	0.20	1.50~2.50	1.50	0.040	0.030	18.00~21.00	24.00~27.00	—	—

续表

类别	GB/T 20878 统一数字代号	牌号	化学成分(质量分数)/%								
			C	Si	Mn	P	S	Ni	Cr	Mo	其他
铁素体型	S11348	06Cr13Al	0.08	1.00	1.00	0.040	0.030	(0.60)	11.50~14.50	—	Al0.10~0.30
	S11510	10Cr15	0.12	1.00	1.00	0.040	0.030	(0.60)	14.00~16.00	—	—
	S11710	10Cr17	0.12	1.00	1.00	0.040	0.030	(0.60)	16.00~18.00	—	—
	S11863	022Cr18Ti	0.030	0.75	1.00	0.040	0.030	(0.60)	16.00~19.00	—	Ti(或 Nb)0.10~1.00
	S11972	019Cr19Mo2NbTi	0.025	1.00	1.00	0.040	0.030	1.00	17.50~19.50	1.75~2.50	(Ti+Nb)[0.20+4(C+N)]~0.80,N0.035
马氏体型	S41008	06Cr13	0.08	1.00	1.00	0.040	0.030	(0.60)	11.50~13.50	—	—
	S41010	12Cr13	0.15	1.00	1.00	0.040	0.030	(0.60)	11.50~13.50	—	—
	S42020	20Cr13①	0.16~0.25	1.00	1.00	0.040	0.030	(0.60)	12.00~14.00	—	—

① 流体输送用不锈钢无缝钢管无此牌号。

注：1. 标准 GB/T 14975 适用于一般结构或机械结构用不锈钢无缝钢管，标准 GB/T 14976 适用于流体输送用不锈钢无缝钢管。

2. 本表中所列成分除标明范围或最小值的外，其余均为最大值。括号内值为允许添加的最大值。

3. 按产品加工方式分为热轧（挤、扩）钢管（代号为 W-H）和冷拔（轧）钢管（代号为 W-C）；按尺寸精度分为普通级钢管（代号 PA）和高级钢管（代号为 PC）。

表 3-2-107　结构用和流体输送用不锈钢无缝钢管的推荐热处理制度、力学性能及密度

类别	GB/T 20878 统一数字代号	牌号	推荐热处理制度	拉伸性能 R_m/MPa	拉伸性能 $R_{p0.2}$/MPa	拉伸性能 A/%	硬度① HBW/HV/HRB	密度 ρ/(kg/dm^3)
				≥	≥	≥	≤	
奥氏体型	S30210	12Cr18Ni9	1010~1150℃,水冷或其他方式快冷	520	205	35	192HBW/200HV/90HRB	7.93
	S30438	06Cr19Ni10	1010~1150℃,水冷或其他方式快冷	520	205	35	192HBW/200HV/90HRB	7.93
	S30403	022Cr19Ni10	1010~1150℃,水冷或其他方式快冷	480	175	35	192HBW/200HV/90HRB	7.90
	S30458	06Cr19Ni10N	1010~1150℃,水冷或其他方式快冷	550	275	35	192HBW/200HV/90HRB	7.93
	S30478	06Cr19Ni9NbN	1010~1150℃,水冷或其他方式快冷	685	345	35	—	7.98
	S30453	022Cr19Ni10N	1010~1150℃,水冷或其他方式快冷	550	245	40	192HBW/200HV/90HRB	7.93
	S30908	06Cr23Ni13	1030~1150℃,水冷或其他方式快冷	520	205	40	192HBW/200HV/90HRB	7.98
	S31008	06Cr25Ni20	1030~1180℃,水冷或其他方式快冷	520	205	40	192HBW/200HV/90HRB	7.98
	S31252	015Cr20Ni18Mo6CuN②	≥1150℃,水冷或其他方式快冷	655	310	35	220HBW/230HV/96HRB	8.00
	S31608	06Cr17Ni12Mo2	1010~1150℃,水冷或其他方式快冷	520	205	35	192HBW/200HV/90HRB	8.00
	S31603	022Cr17Ni12Mo2	1010~1150℃,水冷或其他方式快冷	480	175	35	192HBW/200HV/90HRB	8.00
	S31609	07Cr17Ni12Mo2	≥1040℃,水冷或其他方式快冷	515	205	35	192HBW/200HV/90HRB	7.98
	S31668	06Cr17Ni12Mo2Ti	1000~1100℃,水冷或其他方式快冷	530	205	35	192HBW/200HV/90HRB	7.90
	S31653	022Cr17Ni12Mo2N	1010~1150℃,水冷或其他方式快冷	550	245	40	192HBW/200HV/90HRB	8.04
	S31658	06Cr17Ni12Mo2N	1010~1150℃,水冷或其他方式快冷	550	275	35	192HBW/200HV/90HRB	8.00
	S31688	06Cr18Ni12Mo2Cu2	1010~1150℃,水冷或其他方式快冷	520	205	35	—	7.96
	S31683	022Cr18Ni14Mo2Cu2	1010~1150℃,水冷或其他方式快冷	480	180	35	—	7.96

续表

类别	GB/T 20878 统一数字代号	牌号	推荐热处理制度	拉伸性能 R_m/MPa	$R_{p0.2}$/MPa	A/%	硬度[①] HBW/HV/HRB	密度 ρ/(kg/dm^3)
				≥	≥	≥	≤	
奥氏体型	S31782	015Cr21Ni26Mo5Cu2[②]	≥1100℃,水冷或其他方式快冷	490	215	35	192HBW/200HV/90HRB	8.00
	S31708	06Cr19Ni13Mo3	1010~1150℃,水冷或其他方式快冷	520	205	35	192HBW/200HV/90HRB	8.00
	S31703	022Cr19Ni13Mo3	1010~1150℃,水冷或其他方式快冷	480	175	35	192HBW/200HV/90HRB	7.98
	S32168	06Cr18Ni11Ti	920~1150℃,水冷或其他方式快冷	520	205	35	192HBW/200HV/90HRB	8.03
	S32169	07Cr19Ni11Ti	冷拔(轧):≥1100℃,热轧(挤、扩):≥1050℃,水冷或其他方式快冷	520	205	35	192HBW/200HV/90HRB	7.93
	S34778	06Cr18Ni11Nb	980~1150℃,水冷或其他方式快冷	520	205	35	192HBW/200HV/90HRB	8.03
	S34779	07Cr18Ni11Nb	冷拔(轧):≥1100℃,热轧(挤、扩):≥1050℃,水冷或其他方式快冷	520	205	35	192HBW/200HV/90HRB	8.00
	S38340	16Cr25Ni20Si2[②]	1030~1180℃,水冷或其他方式快冷	520	205	40	192HBW/200HV/90HRB	7.98
铁素体型	S11348	06Cr13Al	780~830℃,空冷或缓冷	415	205	20	207HBW/95HRB	7.75
	S11510	10Cr15	780~850℃,空冷或缓冷	415	240	20	190HBW/90HRB	7.70
	S11710	10Cr17	780~850℃,空冷或缓冷	410	245	20	190HBW/90HRB	7.70
	S11863	022Cr18Ti	780~950℃,空冷或缓冷	415	205	20	190HBW/90HRB	7.70
	S11972	019Cr19Mo2NbTi	800~1050℃,空冷	415	275	20	217HBW/230HV/96HRB	7.75
马氏体型	S41008	06Cr13	800~900℃,缓冷或750℃空冷	370	180	22	—	7.75
	S41010	12Cr13	800~900℃,缓冷或750℃空冷	410	205	20	207HBW/95HRB	7.70
	S42020	20Cr13[②]	800~900℃,缓冷或750℃空冷	470	215	19	—	7.75

① 流体输送用不锈钢无缝钢管无此硬度数据。

② 流体输送用不锈钢无缝钢管无此牌号。

注：1. 钢管的公称外径和公称壁厚应符合 GB/T 17395 的规定。钢管应按公称外径和公称壁厚交货。

2. 钢管的通常长度应符合以下规定：热轧（挤、扩）钢管的通常长度为 2000~12000mm，冷拔（轧）钢管的通常长度为 1000~12000mm。

3. 钢管应以热处理并酸洗状态交货。凡经整体磨、镗或保护气氛热处理的钢管可不经酸洗交货。

4. 热处理状态钢管的抗拉强度 R_m 和断后伸长率 A 应符合本表的规定。根据需方要求，经供需双方协商，并在合同中注明，可检验钢管的规定塑性延伸强度 $R_{p0.2}$ 与壁厚不小于 1.7mm 钢管的布氏硬度、维氏硬度或洛氏硬度，其检验结果应符合本表的规定。

5. 流体输送用不锈钢无缝钢管应逐根进行液压试验，试验压力按下式计算。当钢管外径≤88.9mm 时，最大试验压力为 17MPa；当钢管外径>88.9mm 时，最大试验压力为 19MPa。在试验压力下，稳压时间应不少于 10s，钢管不应出现渗漏现象。

$$p=2SR/D$$

式中，p 为试验压力，MPa；S 为钢管公称壁厚，mm；R 为允许应力，按本表中规定塑性延伸强度最小值的 60%，MPa；D 为钢管公称外径，mm。

6. 结构用不锈钢无缝钢管可供需双方协商是否进行液压试验。试验压力计算方法见注 5，最大试验压力为 7MPa。在试验压力下，稳压时间应不少于 5s，钢管不应出现渗漏现象。

7. 供方可用超声波探伤或涡流探伤代替液压试验。用超声波探伤时，对比样管人工缺陷应符合 GB/T 5777—2008 中验收等级 L3 的规定；用涡流探伤时，对比样管人工缺陷应符合 GB/T 7735—2004 中验收等级 A 级的规定。

8. 钢管内外表面不允许有裂纹、折叠、轧折、离层和结疤。这些缺陷应完全清除，清除深度应不超过壁厚的 10%，缺陷清除处的实际壁厚应不小于壁厚所允许的最小值。

结构用和输送流体用无缝钢管（摘自 GB/T 8162—2018、GB/T 8163—2018）

表 3-2-108　　结构用和输送流体用无缝钢管的尺寸偏差

<table>
<tr><th colspan="2">钢管种类</th><th colspan="3">外径 D 允许偏差</th></tr>
<tr><td colspan="2">热轧(扩)钢管</td><td colspan="3">±1%D 或±0.5mm,取其中较大者</td></tr>
<tr><td colspan="2">冷拔(轧)钢管</td><td colspan="3">±0.75%D 或±0.3mm,取其中较大者</td></tr>
<tr><th>钢管种类</th><th>钢管公称外径 D/mm</th><th>S/D</th><th colspan="2">壁厚 S 允许偏差</th></tr>
<tr><td rowspan="4">热轧钢管</td><td>≤102</td><td>—</td><td colspan="2">±12.5%S 或±0.4mm,取其中较大者</td></tr>
<tr><td rowspan="3">>102</td><td>≤0.05</td><td colspan="2">±15%S 或±0.4mm,取其中较大者</td></tr>
<tr><td>>0.05~0.10</td><td colspan="2">±12.5%S 或±0.4mm,取其中较大者</td></tr>
<tr><td>>0.10</td><td colspan="2">+12.5%S
−10%S</td></tr>
<tr><td>热扩钢管</td><td colspan="2">—</td><td>结构用无缝钢管:
±15%S</td><td>输送流体用无缝钢管:
+17.5%S
−12.5%S</td></tr>
<tr><th>钢管种类</th><th colspan="2">钢管公称壁厚 S/mm</th><th colspan="2">壁厚 S 允许偏差</th></tr>
<tr><td rowspan="3">冷拔(轧)钢管</td><td colspan="2">≤3</td><td colspan="2">+15%S
−10%S　或±0.15mm,取其中较大者</td></tr>
<tr><td colspan="2">>3~10</td><td colspan="2">+12.5%S
−10%S</td></tr>
<tr><td colspan="2">>10</td><td colspan="2">±10%S</td></tr>
</table>

注：1. GB/T 8162—2018 适用于机械结构和一般工程结构用无缝钢管；GB/T 8163—2018 适用于输送普通流体用无缝钢管。

2. 钢管的公称外径 D 和公称壁厚 S 应符合 GB/T 17395 的规定。

3. 钢管的通常长度为 3000~12000mm。

4. 热轧（扩）钢管应以热轧（扩）状态或热处理状态交货。冷拔（轧）钢管应以退火或高温回火状态交货。

5. 钢管理论重量的计算按 GB/T 17395 的规定，计算时采用平均壁厚（即按公称壁厚及其允许偏差计算的壁厚最大值与最小值的平均值），钢的密度取 7.85kg/dm³。

6. 钢管的内外表面不应有目视可见的裂纹、折叠、结疤、轧折和离层。这些缺陷应完全清除，清除深度应不超过公称壁厚的下偏差，清理处的实际壁厚应不小于壁厚所允许的最小值。不超过壁厚下偏差的其他局部缺欠允许存在。

表 3-2-109　　结构用和输送流体用无缝钢管的化学成分（熔炼分析）

类别	牌号	质量等级	化学成分(质量分数)①,②,③/%														
			C	Si	Mn	P	S	Nb	V	Ti	Cr	Ni	Cu	N④	Mo	B	Als⑤
			≤														≥
结构和流体输送用无缝钢管用钢⑦	Q345	A	0.20	0.50	1.70	0.035	0.035	—	—	—	0.30	0.50	0.20	0.012	0.10	—	—
		B	0.20			0.035	0.035	—	—	—							—
		C	0.20			0.030	0.030	0.07	0.15	0.20							0.015
		D	0.18			0.030	0.025	0.07	0.15	0.20							0.015
		E	0.18			0.025	0.020	0.07	0.15	0.20							0.015
	Q390	A	0.20	0.50	1.70	0.035	0.035	0.07	0.20	0.20	0.30	0.50	0.20	0.015	0.10	—	—
		B				0.035	0.035										—
		C				0.030	0.030										0.015
		D				0.030	0.025										0.015
		E				0.025	0.020										0.015
	Q420	A	0.20	0.50	1.70	0.035	0.035	0.07	0.20	0.20	0.30	0.80	0.20	0.015	0.20	—	—
		B				0.035	0.035										—
		C				0.030	0.030										0.015
		D				0.030	0.025										0.015
		E				0.025	0.020										0.015
	Q460	C	0.20	0.60	1.80	0.030	0.030	0.11	0.20	0.20	0.30	0.80	0.20	0.015	0.20	0.005	0.015
		D				0.030	0.025										
		E				0.025	0.020										

续表

类别	牌号	质量等级	化学成分(质量分数)①,②,③/%														
			C	Si	Mn	P	S	Nb	V	Ti	Cr	Ni	Cu	N④	Mo	B	Als⑤
			≤														≥
结构用无缝钢管用钢	Q500	C	0.18	0.60	1.80	0.025	0.020	0.11	0.20	0.20	0.60	0.80	0.20	0.015	0.20	0.005	0.015
		D				0.025	0.015										
		E				0.020	0.010										
	Q550	C	0.18	0.60	2.00	0.025	0.020	0.11	0.20	0.20	0.80	0.80	0.20	0.015	0.30	0.005	0.015
		D				0.025	0.015										
		E				0.020	0.010										
	Q620	C	0.18	0.60	2.00	0.025	0.020	0.11	0.20	0.20	1.00	0.80	0.20	0.015	0.30	0.005	0.015
		D				0.025	0.015										
		E				0.020	0.010										
	Q690	C	0.18	0.60	2.00	0.025	0.020	0.11	0.20	0.20	1.00	0.80	0.20	0.015	0.30	0.005	0.015
		D				0.025	0.015										
		E				0.020	0.010										

类别	牌号	化学成分(质量分数)⑥/%							
		C	Si	Mn	P	S	Cr	Ni	Cu
					≤				
流体输送用无缝钢管用钢	10	0.07~0.13	0.17~0.37	0.35~0.65	0.030	0.030	0.15	0.30	0.20
	20	0.17~0.23	0.17~0.37	0.35~0.65	0.030	0.030	0.25	0.30	0.20

① 除 Q345A、Q345B 牌号外，其余牌号钢中应至少含有细化晶粒元素 Al、Nb、V、Ti 中的一种。根据需要，供方可添加其中一种或几种细化晶粒元素，最大值应符合本表规定。组合加入时，(Nb+V+Ti)≤0.22%。

② 对于 Q345、Q390、Q420 和 Q460 牌号，(Mo+Cr)≤0.30%。

③ 各牌号中 Cr、Ni 作为残余元素时，其含量应各不大于 0.30%；当需加入时，其含量应符合本表规定或由供需双方协商确定。

④ 如果钢中加入 Al、Nb、V、Ti 等具有固氮作用的合金元素，氮元素含量不做限制，固氮元素含量应在质量证明书中注明。

⑤ 当采用全铝时，全铝含量 Alt≥0.020%。

⑥ 氧气转炉冶炼的钢，其氮含量应不大于 0.008%。

⑦ 结构用无缝钢管可用优质碳素结构钢、合金结构钢和本表所列低合金高强度结构钢制造。优质碳素结构钢的牌号和化学成分（熔炼分析）应符合 GB/T 699 的规定；合金结构钢的牌号和化学成分（熔炼分析）应符合 GB/T 3077 的规定。流体输送用无缝钢管可用本表所列低合金高强度结构钢和优质碳素结构钢制造。

表 3-2-110　结构用无缝钢管的力学性能（摘自 GB/T 8162—2018）

类别	牌号	质量等级	R_m/MPa	R_{eL}①/MPa 公称壁厚 S/mm			A②/%	冲击试验	
				≤16	>16~30	>30		温度/℃	吸收能量 KV_2/J
				≥					≥
优质碳素结构钢	10	—	≥335	205	195	185	24	—	—
	15	—	≥375	225	215	205	22	—	—
	20	—	≥410	245	235	225	20	—	—
	25	—	≥450	275	265	255	18	—	—
	35	—	≥510	305	295	285	17	—	—
	45	—	≥590	335	325	315	14	—	—
	20Mn	—	≥450	275	265	255	20	—	—
	25Mn	—	≥490	295	285	275	18	—	—

续表

类别	牌号	质量等级	R_m/MPa	R_{eL}[①]/MPa			A[②]/%	冲击试验	
				公称壁厚 S/mm				温度/℃	吸收能量 KV_2/J
				≤16	>16~30	>30			
				≥					≥
低合金高强度结构钢	Q345	A	470~630	345	325	295	20	—	—
		B					20	+20	34
		C					21	0	34
		D					21	-20	34
		E					21	-40	27
	Q390	A	490~650	390	370	350	18	—	—
		B					18	+20	34
		C					19	0	34
		D					19	-20	34
		E					19	-40	27
	Q420	A	520~680	420	400	380	18	—	—
		B					18	+20	34
		C					19	0	34
		D					19	-20	34
		E					19	-40	27
	Q460	C	550~720	460	440	420	17	0	34
		D						-20	34
		E						-40	27
	Q500	C	610~770	500	480	440	17	0	55
		D						-20	47
		E						-40	31
	Q550	C	670~830	550	530	490	16	0	55
		D						-20	47
		E						-40	31
	Q620	C	710~880	620	590	550	15	0	55
		D						-20	47
		E						-40	31
	Q690	C	770~940	690	660	620	14	0	55
		D						-20	47
		E						-40	31

类别	牌号	推荐的热处理制度[③]					拉伸性能[②]			钢管退火或高温回火交货状态布氏硬度 HBW
		淬火(正火)			回火		R_m/MPa	R_{eL}[①]/MPa	A/%	
		温度/℃		冷却剂	温度/℃	冷却剂				
		第一次	第二次				≥			≤
合金结构钢	40Mn2	840	—	水、油	540	水、油	885	735	12	217
	45Mn2	840	—	水、油	550	水、油	885	735	10	217
	27SiMn	920	—	水	450	水、油	980	835	12	217
	40MnB[④]	850	—	油	500	水、油	980	785	10	207
	45MnB[④]	840	—	油	500	水、油	1030	835	9	217
	20Mn2B[④,⑤]	880	—	油	200	水、空	980	785	10	187
	20Cr[⑤,⑥]	880	800	水、油	200	水、空	835	540	10	179
							785	490	10	179
	30Cr	860	—	油	500	水、油	885	685	11	187
	35Cr	860	—	油	500	水、油	930	735	11	207
	40Cr	850	—	油	520	水、油	980	785	9	207
	45Cr	840	—	油	520	水、油	1030	835	9	217
	50Cr	830	—	油	520	水、油	1080	930	9	229
	38CrSi	900	—	油	600	水、油	980	835	12	255
	20CrMo[⑤,⑥]	880	—	水、油	500	水、油	885	685	11	197
							845	635	12	197

续表

类别	牌号	推荐的热处理制度③					拉伸性能②			钢管退火或高温回火交货状态布氏硬度 HBW
		淬火(正火)			回火		R_m/MPa	R_{eL}①/MPa	A/%	
		温度/℃		冷却剂	温度/℃	冷却剂				
		第一次	第二次				≥			≤
合金结构钢	35CrMo	850	—	油	550	水、油	980	835	12	229
	42CrMo	850	—	油	560	水、油	1080	930	12	217
	38CrMoAl⑥	940	—	水、油	640	水、油	980	835	12	229
							930	785	14	229
	50CrVA	860	—	油	500	水、油	1275	1130	10	255
	20CrMn	850	—	油	200	水、空	930	735	10	187
	20CrMnSi⑤	880	—	油	480	水、油	785	635	12	207
	30CrMnSi⑤,⑥	880	—	油	520	水、油	1080	885	8	229
							980	835	10	229
	35CrMnSiA⑤	880	—	油	230	水、空	1620	—	9	229
	20CrMnTi⑤,⑦	880	870	油	200	水、空	1080	835	10	217
	30CrMnTi⑤,⑦	880	850	油	200	水、空	1470	—	9	229
	12CrNi2	860	780	水、油	200	水、空	785	590	12	207
	12CrNi3	860	780	油	200	水、空	930	685	11	217
	12Cr2Ni4	860	780	油	200	水、空	1080	835	10	269
	40CrNiMoA	850	—	油	600	水、油	980	835	12	269
	45CrNiMoVA	860	—	油	460	油	1470	1325	7	269

① 拉伸试验时，如不能测定下屈服强度 R_{eL}，可测定规定塑性延伸强度 $R_{p0.2}$ 代替 R_{eL}。
② 如合同中无特殊规定，拉伸试验试样可沿钢管纵向或横向截取。如有分歧时，应以沿钢管纵向截取的试样作为仲裁试样。
③ 表中所列热处理温度允许调整范围：淬火±15℃，低温回火±20℃，高温回火±50℃。
④ 含硼钢在淬火前可先正火，正火温度应不高于其淬火温度。
⑤ 于 280~320℃ 等温淬火。
⑥ 按需方指定的一组数据交货，当需方未指定时，可按其中任一组数据交货。
⑦ 含铬锰钛钢第一次淬火可用正火代替。

表 3-2-111　　流体输送用无缝钢管的力学性能（摘自 GB/T 8163—2018）

类别	牌号	质量等级	拉伸性能			冲击试验	
			R_m/MPa	R_{eL}①/MPa	A/%	温度/℃	吸收能量 KV_2/J
				≥			≥
优质碳素结构钢	10	—	335~475	205	24	—	—
	20	—	410~530	245	20	—	—
低合金高强度结构钢	Q345	A	470~630	345	20	—	—
		B			20	+20	34
		C			21	0	34
		D			21	-20	34
		E			21	-40	27
	Q390	A	490~650	390	18	—	—
		B			18	+20	34
		C			19	0	34
		D			19	-20	34
		E			19	-40	27
	Q420	A	520~680	420	18	—	—
		B			18	+20	34
		C			19	0	34
		D			19	-20	34
		E			19	-40	27
	Q460	C	550~720	460	17	0	34
		D				-20	34
		E				-40	27

① 拉伸试验时，如不能测定下屈服强度 R_{eL}，可测定规定塑性延伸强度 $R_{p0.2}$ 代替 R_{eL}。

注：1. 钢管应逐根进行液压试验。试验压力按下式计算，最大试验压力不超过 19.0MPa，在试验压力下，稳压时间应不少于 5s，钢管不应出现渗漏现象。

$$p=2SR/D$$

式中，p 为试验压力，单位为 MPa；S 为钢管公称壁厚，单位为 mm；D 为钢管公称外径，单位为 mm；R 为允许应力，取规定下屈服强度的 60%，单位为 MPa。

2. 供方可采用涡流检测或漏磁检测代替液压试验。用涡流检测时，应符合 GB/T 7735—2016 中验收等级 E4H 或 E4 的规定；用漏磁检测时，应符合 GB/T 12606—2016 中验收等级 F4 或 ISO 10893-1 的规定。

汽车半轴套管用无缝钢管（摘自 YB/T 5035—2020）

表 3-2-112　　汽车半轴套管用无缝钢管公称外径、公称壁厚及尺寸允许偏差

公称外径 D/mm	公称壁厚 S/mm	理论重量 /(kg/m)	公称外径 D/mm	公称壁厚 S/mm	理论重量 /(kg/m)	公称外径 D/mm	公称壁厚 S/mm	理论重量 /(kg/m)	公称外径 D/mm	公称壁厚 S/mm	理论重量 /(kg/m)
72	12	17.76	80	11.5	19.43	95	16	31.17	102	13.5	29.46
74	13	19.56	83	11	19.53	96	12	24.86	108	15	34.40
76	7	11.91	87	15	26.63	96	15	29.96	114	16	38.67
76	9	14.87	89	16	28.80	97	17.5	34.31	114	20	46.36
77	10	16.52	92	12	23.67	98	18	35.51	114	26	56.42
77	12	19.23	95	12	24.56	98	22	41.23	114	28.5	60.09
80	10	17.26	95	13	26.29	102	12	26.63	121	20.5	50.81

钢管的尺寸类别		钢管尺寸		允许偏差
Ⅰ	按公称外径和公称壁厚供应的钢管	公称外径 D		±1%D
		公称壁厚 S	≤15mm	+12.5%S −8%S
			>15mm	+12%S −7%S
Ⅱ	按公称外径、公称内径和壁厚不均供应的钢管	公称外径 D		±1%D
		公称内径 d		±1.75%d
		壁厚不均 ΔS		≤15%S
Ⅲ	公称外径为 77mm，公称内径为 57mm，公称壁厚为 10mm 的钢管	公称外径 D		+1.0mm −0.3mm
		公称内径 d		+1.2mm −0.8mm
		壁厚不均 ΔS		≤1.5mm

注：1. 本标准适用于制造汽车半轴套管及驱动桥桥壳管用优质碳素结构钢和合金结构钢无缝钢管。

2. 钢管的通常长度为 3000~12000mm。允许交付长度小于 3000mm 但不小于 1500mm 的钢管，其数量应不超过该批交货钢管总数量的 5%。

3. 热轧钢管应以热轧状态或热处理状态交货，冷拔（轧）钢管应以热处理状态交货。

4. 按Ⅱ或Ⅲ类尺寸类别交货的钢管应逐根进行全长通径检查。通径检查时，通径圆棒应能顺利通过钢管。

5. 钢管理论重量按 GB/T 17395 的规定计算，钢的密度取 7.85kg/dm^3。按Ⅰ类尺寸类别交货钢管，应采用平均壁厚（即按公称壁厚及其允许偏差计算的壁厚最大值与最小值的平均值）计算理论重量。

6. 钢管的内外表面不应有裂纹、折叠、结疤、轧折和离层。这些缺陷应完全清除，清理处的实际壁厚应不小于壁厚所允许的最小值。不超过壁厚允许最小值的其他局部缺欠允许存在。

7. 标记示例：用 40Cr 钢制造的公称外径为 98mm、公称壁厚为 22mm、长度为 442mm 倍尺的Ⅰ类钢管，其标记为：40Cr-98×22×442 倍-Ⅰ-YB/T 5035-2020。

表 3-2-113　　汽车半轴套管用无缝钢管的化学成分（熔炼分析）和力学性能

牌号	化学成分(质量分数)/%									力学性能			
	C	Si	Mn	Cr	Ni	B	Al_t	P	S	R_m /MPa	R_{eL}[1] /MPa	A /%	布氏硬度 HBW
								≤			≥		
45	0.42~0.50	0.17~0.37	0.50~0.80	—	—	—	—	0.025	0.025	590	335	14	—
45Mn2	0.42~0.49	0.17~0.37	1.40~1.80	—	—	—	—	0.025	0.025	—	—	—	217~269
40MnB	0.37~0.44	0.17~0.37	1.10~1.40	—	—	0.0008~0.0035	—	0.025	0.025	—	—	—	217~269
40Cr	0.37~0.44	0.17~0.37	0.50~0.80	0.80~1.10	—	—	—	0.025	0.025	—	—	—	217~269
20CrNi3A[2]	0.17~0.24	0.17~0.37	0.30~0.60	0.60~0.90	2.75~3.15	—	—	0.020	0.020	—	—	—	217~269
25MnCr	0.20~0.28	0.15~0.35	1.20~1.70	0.30~0.60	—	—	0.015~0.050	0.025	0.025	630~785	350	16	—

① 当屈服现象不明显时采用规定塑性延伸强度 $R_{p0.2}$。

② 对于 20CrNi3A 钢制造的钢管，本表中的硬度值仅供参考。

注：钢管中残余元素含量（熔炼分析）应满足如下要求：Cu≤0.20，Cr≤0.25，Mo≤0.10，Ni≤0.30。

冷拔或冷轧精密无缝钢管（摘自 GB/T 3639—2021）

表 3-2-114 冷拔或冷轧精密无缝钢管的尺寸和允许偏差

外径 D 和允许偏差/mm		壁厚 S/mm													
		0.5	0.8	1.0	1.2	1.5	1.8	2.0	2.2	2.5	2.8	3.0	3.5	4.0	4.5
		内径 d 和允许偏差/mm													
4	±0.08	3±0.15	2.4±0.15	2±0.15	1.6±0.15	—	—	—	—	—	—	—	—	—	—
5		4±0.15	3.4±0.15	3±0.15	2.6±0.15	—	—	—	—	—	—	—	—	—	—
6		5±0.15	4.4±0.15	4±0.15	3.6±0.15	3±0.15	2.4±0.15	2±0.15	—	—	—	—	—	—	—
7		6±0.15	5.4±0.15	5±0.15	4.6±0.15	4±0.15	3.4±0.15	3±0.15	—	—	—	—	—	—	—
8		7±0.15	6.4±0.15	6±0.15	5.6±0.15	5±0.15	4.4±0.15	4±0.15	3.6±0.15	3±0.25	—	—	—	—	—
9		8±0.15	7.4±0.15	7±0.15	6.6±0.15	6±0.15	5.4±0.15	5±0.15	4.6±0.15	4±0.25	3.4±0.25	—	—	—	—
10		9±0.15	8.4±0.15	8±0.15	7.6±0.15	7±0.15	6.4±0.15	6±0.15	5.6±0.15	5±0.15	4.4±0.25	4±0.25	—	—	—
12		11±0.15	10.4±0.15	10±0.15	9.6±0.15	9±0.15	8.4±0.15	8±0.15	7.6±0.15	7±0,15	6.4±0.15	6±0.25	5±0.25	4±0.25	—
14		13±0.08	12.4±0.08	12±0.08	11.6±0.15	11±0.15	10.4±0.15	10±0.15	9.6±0.15	9±0.15	8.4±0.15	8±0.15	7±0.15	6±0.25	5±0.25
15		14±0.08	13.4±0.08	13±0.08	12.6±0.08	12±0.15	11.4±0.15	11±0.15	10.6±0.15	10±0.15	9.4±0.15	9±0.15	8±0.15	7±0.15	6±0.25
16		15±0.08	14.4±0.08	14±0.08	13.6±0.08	13±0.08	12.4±0.15	12±0.15	11.6±0.15	11±0.15	10.4±0.15	10±0.15	9±0.15	8±0.15	7±0.15
18		17±0.08	16.4±0.08	16±0.08	15.6±0.08	15±0.08	14.4±0.08	14±0.08	13.6±0.15	13±0.15	12.4±0.15	12±0.15	11±0.15	10±0.15	9±0.15
20		19±0.08	18.4±0.08	18±0.08	17.6±0.08	17±0.06	16.4±0.08	16±0.08	15.6±0.15	15±0.15	14.4±0.15	14±0.15	13±0.15	12±0.15	11±0.15
22		21±0.08	20.4±0.08	20±0.08	19.6±0.08	19±0.08	18.4±0.08	18±0.08	17.6±0.08	17±0.15	16.4±0.15	16±0.15	15±0.15	14±0.15	13±0.15
25		24±0.08	23.4±0.05	23±0.08	22.6±0.08	22±0.08	21.4±0.08	21±0.08	20.6±0.08	20±0.08	19.4±0.15	19±0.15	18±0.15	17±0.15	16±0.15
26		25±0.08	24.4±0.08	24±0.08	23.6±0,08	23±0.08	22.4±0.08	22±0.08	21.6±0.08	21±0.08	20.4±0.15	20±0.15	19±0.15	18±0.15	17±0.15
28		27±0.08	26.4±0.08	26±0.08	25.6±0.08	25±0.08	24.4±0.08	24±0.08	23.6±0.08	23±0.08	22.4±0.08	22±0.15	21±0.15	20±0.15	19±0.15
30		29±0.08	28.4±0.05	28±0.08	27.6±0.08	27±0.08	26.4±0.08	26±0.08	25.6±0.08	25±0.08	24.4±0.08	24±0.15	23±0.15	22±0.15	21±0.15
32	±0.15	31±0.15	30.4±0.15	30±0.15	29.6±0.15	29±0.15	28.4±0.15	28±0.15	27.6±0.15	27±0.15	26.4±0.15	26±0.15	25±0.15	24±0.15	23±0.15
35		34±0.15	33.4±0.15	33±0.15	32.6±0.15	32±0.15	31.4±0.15	31±0.15	30.6±0.15	30±0.15	29.4±0.15	29±0.15	28±0.15	27±0.15	26±0.15
38		37±0.15	36.4±0.15	36±0.15	35.6±0.15	35±0.15	34.4±0.15	34±0.15	33.6±0.15	33±0.15	32.4±0.15	32±0.15	31±0.15	30±0.15	29±0.15
40		39±0.15	38.4±0.15	38±0.15	37.6±0.15	37±0.15	36.4±0.15	36±0.15	35.6±0.15	35±0.15	34.4±0.15	34±0.15	33±0.15	32±0.15	31±0.15
42	±0.20	—	—	40±0.20	39.6±0.20	39±0.20	38.4±0.20	38±0.20	37.6±0.20	37±0.20	36.4±0.20	36±0.20	35±0.20	34±0.20	33±0.20
45		—	—	43±0.20	42.6±0.20	42±0.20	41.4±0.20	41±0.20	40.6±0.20	40±0.20	39.4±0.20	39±0.20	38±0.20	37±0.20	36±0.20
48		—	—	46±0.20	45.6±0.20	45±0.20	44.4±0.20	44±0.20	43.6±0.20	43±0.20	42.4±0.20	42±0.20	41±0.20	40±0.20	39±0.20
50		—	—	48±0.20	47.6±0.20	47±0.20	46.4±0.20	46±0.20	45.6±0.20	45±0.20	44.4±0.20	44±0.20	43±0.20	42±0.20	41±0.20
55	±0.25	—	—	53±0.25	52.6±0.25	52±0.25	51.4±0.25	51±0.25	50.6±0.25	50±0.25	49.4±0.25	49±0.25	48±0.25	47±0.25	46±0.25
60		—	—	58±0.25	57.6±0.25	57±0.25	56.4±0.25	56±0.25	55.6±0.25	55±0.25	54.4±0.25	54±0.25	53±0.25	52±0.25	51±0.25
65	±0.30	—	—	63±0.32	62.6±0.30	62±0.30	61.4±0.30	61±0.30	60.6±0.30	60±0.30	59.4±0.30	59±0.30	58±0.30	57±0.30	56±0.30
70		—	—	68±0.30	67.6±0.30	67±0.30	66.4±0.30	66±0.30	65.6±0.30	65±0.30	64.4±0.30	64±0.30	63±0.30	62±0.30	61±0.30

续表

外径 D 和允许偏差/mm		壁厚 S/mm												
		0.5	0.8	1.0	1.2	1.5	1.8	2.0	2.2	2.5	2.8	3.0	3.5	4.0	4.5
		内径 d 和允许偏差/mm													
75	±0.35	—	—	73±0.35	72.6±0.35	72±0.35	71.4±0.35	71±0.35	70.6±0.35	70±0.35	69.4±0.35	69±0.35	68±0.35	67±0.35	66±0.35
80		—	—	78±0.35	77.6±0.35	77±0.35	76.4±0.35	76±0.35	75.6±0.35	75±0.35	74.4±0.35	74±0.35	73±0.35	72±0.35	71±0.35
85	±0.40	—	—	—	—	82±0.40	81.4±0.40	81±0.40	80.6±0.40	80±0.40	79.4±0.40	79±0.40	78±0.40	77±0.40	76±0.40
90		—	—	—	—	87±0.40	86.4±0.40	86±0.40	85.6±0.40	85±0.40	84.4±0.40	84±0.40	83±0.40	82±0.40	81±0.40
95	±0.45	—	—	—	—	—	—	91±0.45	90.6±0.45	90±0.45	89.4±0.45	89±0.45	88±0.45	87±0.45	86±0.45
100		—	—	—	—	—	—	96±0.45	95.6±0.45	95±0.45	94.4±0.45	94±0.45	93±0.45	92±0.45	91±0.45
110	±0.50	—	—	—	—	—	—	106±0.50	105.6±0.50	105±0.50	104.4±0.50	104±0.50	103±0.50	102±0.50	101±0.50
120		—	—	—	—	—	—	116±0.50	115.6±0.50	115±0.50	114.4±0.50	114±0.50	113±0.50	112±0.50	111±0.50

外径 D 和允许偏差/mm		壁厚 S/mm													
		5.0	5.5	6.0	7.0	8.0	9.0	10	12	14	16	18	20	22	25
		内径 d 和允许偏差/mm													
4	±0.08	—	—	—	—	—	—	—	—	—	—	—	—	—	—
5		—	—	—	—	—	—	—	—	—	—	—	—	—	—
6		—	—	—	—	—	—	—	—	—	—	—	—	—	—
7		—	—	—	—	—	—	—	—	—	—	—	—	—	—
8		—	—	—	—	—	—	—	—	—	—	—	—	—	—
9		—	—	—	—	—	—	—	—	—	—	—	—	—	—
10		—	—	—	—	—	—	—	—	—	—	—	—	—	—
12		—	—	—	—	—	—	—	—	—	—	—	—	—	—
14		—	—	—	—	—	—	—	—	—	—	—	—	—	—
15		5±0.25	—	—	—	—	—	—	—	—	—	—	—	—	—
16		6+0.25	5±0.25	4±0.25	—	—	—	—	—	—	—	—	—	—	—
18		8±0.15	7±0.25	6±0.25	—	—	—	—	—	—	—	—	—	—	—
20		10±0.15	9±0.15	8±0.25	6±0.25	—	—	—	—	—	—	—	—	—	—
22		12±0.15	11±0.15	10±0.15	8±0.25	—	—	—	—	—	—	—	—	—	—
25		15±0.15	14±0.15	13±0.15	11±0.15	9±0.25	—	—	—	—	—	—	—	—	—
26		16±0.15	15±0.15	14±0.15	12±0.15	10±0.25	—	—	—	—	—	—	—	—	—
28		18±0.15	17±0.15	16±0.15	14±0.15	12±0.15	—	—	—	—	—	—	—	—	—
30		20±0.15	19±0.15	18±0.15	16±0.15	14±0.15	12±0.15	10±0.25	—	—	—	—	—	—	—
32	±0.15	22±0.15	21±0.15	20±0.15	18±0.15	16±0.15	14±0.15	12±0.25	—	—	—	—	—	—	—
35		25±0.15	24±0.15	23±0.15	21±0.15	19±0.15	17±0.15	15±0.15	—	—	—	—	—	—	—
38		28±0.15	27±0.15	26±0.15	24±0.15	22±0.15	20±0.15	18±0.15	—	—	—	—	—	—	—
40		30±0.15	29±0.15	28±0.15	26±0.15	24±0.15	22±0.15	20±0.15	—	—	—	—	—	—	—
42	±0.20	32±0.20	31±0.20	30±0.20	28±0.20	26±0.20	24±0.20	22±0.20	—	—	—	—	—	—	—
45		35±0.20	34±0.20	33±0.20	31±0.20	29±0.20	27±0.20	25±0.20	—	—	—	—	—	—	—
48		38±0.20	37±0.20	36±0.20	34±0.20	32±0.20	30±0.20	28±0.20	—	—	—	—	—	—	—
50		40±0.20	39±0.20	38±0.20	36±0.20	34±0.20	32±0.20	30±0.20	—	—	—	—	—	—	—

第3篇

续表

外径 D 和允许偏差/mm		壁厚 S/mm													
		5.0	5.5	6.0	7.0	8.0	9.0	10	12	14	16	18	20	22	25
		内径 d 和允许偏差/mm													
55	±0.25	45±0.25	44±0.25	43±0.25	41±0.25	39±0.25	37±0.25	35±0.25	31±0.25	—	—	—	—	—	—
60		50±0.25	49±0.25	48±0.25	46±0.25	44±0.25	42±0.25	40±0.25	36±0.25	—	—	—	—	—	—
65	±0.30	55±0.30	54±0.30	53±0.30	51±0.30	49±0.30	47±0.30	45±0.30	41±0.30	37±0.30	—	—	—	—	—
70		60±0.30	59±0.30	58±0.30	56±0.30	54±0.30	52±0.30	50±0.30	46±0.30	42±0.30	—	—	—	—	—
75	±0.35	65±0.35	64±0.35	63±0.35	61±0.35	59±0.35	57±0.35	55±0.35	51±0.35	47±0.35	43±0.35	—	—	—	—
80		70±0.35	69±0.35	68±0.35	66±0.35	64±0.35	62±0.35	60±0.35	56±0.35	52±0.35	48±0.35	—	—	—	—
85	±0.40	75±0.40	74±0.40	73±0.40	71±0.40	69±0.40	67±0.40	65±0.40	61±0.40	57±0.40	53±0.40	—	—	—	—
90		80±0.40	79±0.40	78±0.40	76±0.40	74±0.40	72±0.40	70±0.40	66±0.40	62±0.40	58±0.40	—	—	—	—
95	±0.45	85±0.45	84±0.45	83±0.45	81±0.45	79±0.45	77±0.45	75±0.45	71±0.45	67±0.45	63±0.45	59±0.45	—	—	—
100		90±0.45	89±0.45	88±0.45	86±0.45	84±0.45	82±0.45	80±0.45	76±0.45	72±0.45	68±0.45	64±0.45	—	—	—
110	±0.50	100±0.50	99±0.50	98±0.50	96±0.50	94±0.50	92±0.50	90±0.50	86±0.50	82±0.50	78±0.50	74±0.50	—	—	—
120		110±0.50	109±0.50	108±0.50	106±0.50	104±0.50	102±0.50	100±0.50	96±0.50	92±0.50	88±0.50	84±0.50	—	—	—

外径 D 和允许偏差/mm		壁厚 S/mm													
		0.5	0.8	1.0	1.2	1.5	1.8	2.0	2.2	2.5	2.8	3.0	3.5	4.0	4.5
		内径 d 和允许偏差/mm													
130	±0.60	—	—	—	—	—	—	—	—	125±0.70	124.4±0.70	124±0.70	123±0.70	122±0.70	121±0.70
140		—	—	—	—	—	—	—	—	135±0.70	134.4±0.70	134±0.70	133±0.70	132±0.70	131±0.70
150	±0.80	—	—	—	—	—	—	—	—	—	—	144±0.80	143±0.80	142±0.80	141±0.80
160		—	—	—	—	—	—	—	—	—	—	154±0.80	153±0.80	152±0.80	151±0.80
170	±0.90	—	—	—	—	—	—	—	—	—	—	164±0.90	163±0.90	162±0.90	161±0.90
180		—	—	—	—	—	—	—	—	—	—	—	173±0.90	172±0.90	171±0.90
190	±1.00	—	—	—	—	—	—	—	—	—	—	—	183±1.0	182±1.0	181±1.0
200		—	—	—	—	—	—	—	—	—	—	—	193±1.0	192±1.0	191±1.0
220	±1.10	—	—	—	—	—	—	—	—	—	—	—	—	—	211±1.1
240	±1.20	—	—	—	—	—	—	—	—	—	—	—	—	—	231±1.2
260	±1.30	—	—	—	—	—	—	—	—	—	—	—	—	—	—
280	±1.40	—	—	—	—	—	—	—	—	—	—	—	—	—	—
300	±1.50	—	—	—	—	—	—	—	—	—	—	—	—	—	—
320	±1.60	—	—	—	—	—	—	—	—	—	—	—	—	—	—
340	±1.70	—	—	—	—	—	—	—	—	—	—	—	—	—	—
360	±1.80	—	—	—	—	—	—	—	—	—	—	—	—	—	—
380	±1.90	—	—	—	—	—	—	—	—	—	—	—	—	—	—

外径 D 和允许偏差/mm		壁厚 S/mm													
		5.0	5.5	6.0	7.0	8.0	9.0	10	12	14	16	18	20	22	25
		内径 d 和允许偏差/mm													
130	±0.60	120±0.70	119±0.70	118±0.70	116±0.70	114±0.70	112±0.70	110±0.70	106±0.70	102±0.70	98±0.70	94±0.70	—	—	—
140		130±0.70	129±0.70	128±0.70	126±0.70	124±0.70	122±0.70	120±0.70	116±0.70	112±0.70	108±0.70	104±0.70	—	—	—
150	±0.80	140±0.80	139±0.80	138±0.80	136±0.80	134±0.80	132±0.80	130±0.80	126±0.80	122±0.80	118±0.80	114±0.80	110±0.80	—	—
160		150±0.80	149±0.80	148±0.80	146±0.80	144±0.80	142±0.80	140±0.8	136±0.80	132±0.80	128±0.80	124±0.80	120±0.80	—	—

续表

外径 D 和允许偏差/mm		壁厚 S/mm													
		5.0	5.5	6.0	7.0	8.0	9.0	10	12	14	16	18	20	22	25
		内径 d 和允许偏差/mm													
170	±0.90	160±0.90	159±0.90	158±0.90	156±0.90	154±0.90	152±0.90	150±0.90	146±0.90	142±0.90	138±0.90	134±0.90	130±0.90	—	—
180		170±0.90	160±0.90	168±0.90	166±0.90	164±0.90	162±0.90	160±0.90	156±0.90	152±0.90	148±0.90	144±0.90	140±0.90	—	—
190	±1.00	180±1.0	179±1.0	178±1.0	176±1.0	174±1.0	172±1.0	170±1.0	166±1.0	162±1.0	158±1.0	154±1.0	150±1.0	—	—
200		190±1.0	189±1.0	188±1.0	186±1.0	184±1.0	182±1.0	180±1.0	176±1.0	172±1.0	168±1.0	164±1.0	160±1.0	—	—
220	±1.10	210±1.1	209±1.1	208±1.1	206±1.1	204±1.1	202±1.1	200±1.1	196±1.1	192±1.1	188±1.1	184±1.1	180±1.1	176±1.1	170±1.1
240	±1.20	230±1.2	229±1.2	228±1.2	226±1.2	224±1.2	222±1.2	220±1.2	216±1.2	212±1.2	208±1.2	204±1.2	200±1.2	196±1.2	190±1.2
260	±1.30	250±1.3	249±1.3	248±1.3	246±1.3	244±1.3	242±1.3	240±1.3	236±1.3	232±1.3	228±1.3	224±1.3	220±1.3	216±1.3	210±1.3
280	±1.40	—	269±1.4	268±1.4	266±1.4	264±1.4	262±1.4	260±1.4	256±1.4	252±1.4	248±1.4	244±1.4	240±1.4	236±1.4	230±1.4
300	±1.50	—	—	288±1.5	286±1.5	288±1.5	282±1.5	280±1.5	276±1.5	272±1.5	268±1.5	264±1.5	260±1.5	256±1.5	250±1.5
320	±1.60	—	—	308±1.6	306±1.6	304±1.6	302±1.6	300±1.6	296±1.6	292±1.6	288±1.6	284±1.6	280±1.6	276±1.6	270±1.6
340	±1.70	—	—	—	—	324±1.7	322±1.7	320±1.7	316±1.7	312±1.7	308±1.7	304±1.7	300±1.7	296±1.7	290±1.7
360	±1.80	—	—	—	—	344±1.8	342±1.8	340±1.8	336±1.8	332±1.8	328±1.8	324±1.8	320±1.8	316±1.8	310±1.8
380	±1.90	—	—	—	—	364±1.9	362±1.9	360±1.9	356±1.9	352±1.9	348±1.9	344±1.9	340±1.9	336±1.9	330±1.9

注：1. 本标准适用于制造机械结构、液压设备、汽车零部件用具有特殊尺寸精度和高表面质量要求的冷拔或冷轧精密无缝钢管。

2. 钢管用钢的化学成分（熔炼分析）应分别符合 GB/T 699 中 10、20、35、45、25Mn 钢，GB/T 1591 中 Q355B、Q420B 钢和 GB/T 3077 中 25CrMo、42CrMo 钢的规定，其中 P、S 含量均应不大于 0.025%。

3. 钢管应以下表所列其中一种状态交货。

交货状态	代号	说明
冷加工/硬	+C	最终冷加工之后钢管不进行热处理
冷加工/软	+LC	最终热处理之后进行适当的冷加工
冷加工后消除应力退火	+SR	最终冷加工后，钢管在控制气氛中进行去应力退火
退火	+A	最终冷加工之后，钢管在控制气氛中进行完全退火
正火	+N	最终冷加工之后，钢管在控制气氛中进行正火

4. 钢管通常以公称外径 D 和公称壁厚 S 交货。冷加工（+C、+LC）状态交货的钢管，其公称外径和公称内径的允许偏差应符合本表的规定。热处理（+SR、+A、+N）状态交货的钢管，其公称外径和公称内径的允许偏差见下表。

壁厚 S/外径 D	允许偏差
$S/D \geq 1/20$	按本表规定的值
$1/40 \leq S/D < 1/20$	按本表规定值的 1.5 倍
$S/D < 1/40$	按本表规定值的 2.0 倍

5. 钢管壁厚的允许偏差为±10%S 或±0.10mm（取其较大者）。

6. 钢管的通常长度为 3000~12000mm。经供需双方协商，并在合同中注明，可交付长度短于 3000mm 但不短于 2000mm 的钢管，其数量应不超过该批交货总数量的 5%。

7. 钢管的内外表面应光滑。局部凹坑、擦伤和细小划道的深度应不超过 0.08mm，这些缺陷处钢管的实际壁厚应不小于壁厚偏差所允许的最小值。

表 3-2-115　　冷拔或冷轧精密无缝钢管的室温纵向力学性能

牌号	交货状态①											
	+C②		+LC②		+SR			+A③		+N		
	R_m/MPa	A/%	R_m/MPa	A/%	R_m/MPa	R_{eH}/MPa	A/%	R_m/MPa	A/%	R_m/MPa	R_{eH}④/MPa	A/%
	≥									—	≥	
10	430	8	380	10	400	300	16	335	24	320~450	215	27
20	550	5	520	8	520	375	12	390	21	440~570	255	21
35	590	5	550	7	—	—	—	510	17	≥460	280	21
45	645	4	630	6	—	—	—	590	14	≥540	340	18
25Mn	650	6	580	8	580	450	10	490	18	—	—	—
Q355B	640	4	580	7	580	450	10	450	22	490~630	355	22
Q420B	750	4	620	8	690	590	12	520	22	550~700	425	22
25CrMo	720	4	670	6	—	—	—	—	—	—	—	—
42CrMo	720	4	670	6	—	—	—	—	—	—	—	—

① 交货状态及代号见表 3-2-114 注 3。

② 受冷加工变形程度的影响，屈服强度非常接近抗拉强度，因此，推荐下列关系式计算：+C 状态：$R_{eH} \geqslant 0.8R_m$；+LC 状态：$R_{eH} \geqslant 0.7R_m$。

③ 推荐下列关系式计算：$R_{eH} \geqslant 0.5R_m$。

④ 外径不大于 30mm 且壁厚不大于 3mm 的钢管，其最小上屈服强度可降低 10MPa。

冷拔异型钢管（摘自 GB/T 3094—2012）

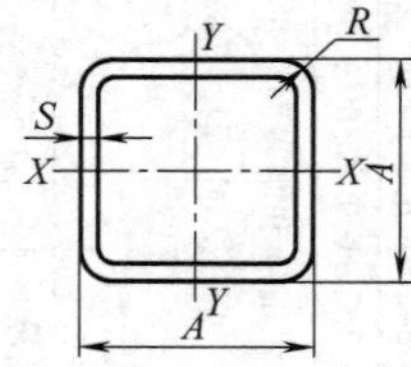

方形钢管（代号 D-1）

表 3-2-116　　方形钢管的尺寸、理论重量和物理参数

基本尺寸/mm		截面面积	理论重量①	惯性矩	截面模数
A	S	F/cm²	G/(kg/m)	$J_x=J_y$/cm⁴	$W_x=W_y$/cm³
12	0.8	0.347	0.273	0.072	0.119
	1	0.423	0.332	0.084	0.140
14	1	0.503	0.395	0.139	0.199
	1.5	0.711	0.558	0.181	0.259
16	1	0.583	0.458	0.216	0.270
	1.5	0.831	0.653	0.286	0.357
18	1	0.663	0.520	0.315	0.351
	1.5	0.951	0.747	0.424	0.471
	2	1.211	0.951	0.505	0.561
20	1	0.743	0.583	0.442	0.442
	1.5	1.071	0.841	0.601	0.601
	2	1.371	1.076	0.725	0.725
	2.5	1.643	1.290	0.817	0.817
22	1	0.823	0.646	0.599	0.544
	1.5	1.191	0.935	0.822	0.748
	2	1.531	1.202	1.001	0.910
	2.5	1.843	1.447	1.140	1.036

续表

基本尺寸/mm		截面面积	理论重量①	惯性矩	截面模数
A	S	F/cm²	G/(kg/m)	$J_x=J_y/cm^4$	$W_x=W_y/cm^3$
25	1.5	1.371	1.077	1.246	0.997
	2	1.771	1.390	1.535	1.228
	2.5	2.143	1.682	1.770	1.416
	3	2.485	1.951	1.955	1.564
30	2	2.171	1.704	2.797	1.865
	3	3.085	2.422	3.670	2.447
	3.5	3.500	2.747	3.996	2.664
	4	3.885	3.050	4.256	2.837
32	2	2.331	1.830	3.450	2.157
	3	3.325	2.611	4.569	2.856
	3.5	3.780	2.967	4.999	3.124
	4	4.205	3.301	5.351	3.344
35	2	2.571	2.018	4.610	2.634
	3	3.685	2.893	6.176	3.529
	3.5	4.200	3.297	6.799	3.885
	4	4.685	3.678	7.324	4.185
36	2	2.651	2.081	5.048	2.804
	3	3.805	2.987	6.785	3.769
	4	4.845	3.804	8.076	4.487
	5	5.771	4.530	8.975	4.986
40	2	2.971	2.332	7.075	3.537
	3	4.285	3.364	9.622	4.811
	4	5.485	4.306	11.60	5.799
	5	6.571	5.158	13.06	6.532
42	2	3.131	2.458	8.265	3.936
	3	4.525	3.553	11.30	5.380
	4	5.805	4.557	13.69	6.519
	5	6.971	5.472	15.51	7.385
45	2	3.371	2.646	10.29	4.574
	3	4.885	3.835	14.16	6.293
	4	6.285	4.934	17.28	7.679
	5	7.571	5.943	19.72	8.763
50	2	3.771	2.960	14.36	5.743
	3	5.485	4.306	19.94	7.975
	4	7.085	5.562	24.56	9.826
	5	8.571	6.728	28.32	11.33
55	2	4.171	3.274	19.38	7.046
	3	6.085	4.777	27.11	9.857
	4	7.885	6.190	33.66	12.24
	5	9.571	7.513	39.11	14.22
60	3	6.685	5.248	35.82	11.94
	4	8.685	6.818	44.75	14.92
	5	10.57	8.298	52.35	17.45
	6	12.34	9.688	58.72	19.57
65	3	7.285	5.719	46.22	14.22
	4	9.485	7.446	58.05	17.86
	5	11.57	9.083	68.29	21.01
	6	13.54	10.63	77.03	23.70

续表

基本尺寸/mm		截面面积	理论重量①	惯性矩	截面模数
A	S	F/cm^2	$G/(\mathrm{kg/m})$	$J_x=J_y/\mathrm{cm}^4$	$W_x=W_y/\mathrm{cm}^3$
70	3	7.885	6.190	58.46	16.70
	4	10.29	8.074	73.76	21.08
	5	12.57	9.868	87.18	24.91
	6	14.74	11.57	98.81	28.23
75	4	11.09	8.702	92.08	24.55
	5	13.57	10.65	109.3	29.14
	6	15.94	12.51	124.4	33.16
	8	19.79	15.54	141.4	37.72
80	4	11.89	9.330	113.2	28.30
	5	14.57	11.44	134.8	33.70
	6	17.14	13.46	154.0	38.49
	8	21.39	16.79	177.2	44.30
90	4	13.49	10.59	164.7	36.59
	5	16.57	13.01	197.2	43.82
	6	19.54	15.34	226.6	50.35
	8	24.59	19.30	265.8	59.06
100	5	18.57	14.58	276.4	55.27
	6	21.94	17.22	319.0	63.80
	8	27.79	21.82	379.8	75.95
	10	33.42	26.24	432.6	86.52

① 当 $S\leqslant 6$mm 时，$R=1.5S$，方形钢管理论重量推荐计算公式见式（3-2-1）；当 $S>6$mm 时，$R=2S$，方形钢管理论重量推荐计算公式见式（3-2-2）。

$$G=0.0157S(2A-2.8584S) \quad (3\text{-}2\text{-}1)$$
$$G=0.0157S(2A-3.2876S) \quad (3\text{-}2\text{-}2)$$

式中，G 为方形钢管的理论重量（钢的密度按 7.85kg/dm^3），kg/m；A 为方形钢管的边长，mm；S 为方形钢管的公称壁厚，mm。

注：1. 本标准适用于冷拔成形的简单断面异型钢管，包括方形钢管（代号 D-1）、矩形钢管（代号 D-2）、椭圆形钢管（代号 D-3）、平椭圆形钢管（代号 D-4）、内外六角形钢管（代号 D-5）和直角梯形钢管（代号 D-6）。本手册仅编入方形、矩形钢管。

2. 钢管的尺寸允许偏差和边凹凸度分为普通级和高级，见原标准，在交货合同中未注明时按普通级交货。

3. 钢管的通常长度为 2000~9000mm。

4. 钢管端面的外圆角半径 R 应符合下表规定。

壁厚 S	$S\leqslant 6$mm	6mm$<S\leqslant 10$mm	$S>10$mm
外圆角半径 R	$\leqslant 2.0S$	$\leqslant 2.5S$	$\leqslant 3.0S$

5. 冷拔异型钢管用优质碳素结构钢的牌号为 10、20、35 和 45，碳素结构钢的牌号为 Q195、Q215 和 Q235，低合金高强度结构钢的牌号为 Q345 和 Q390，其化学成分（熔炼分析）应分别符合 GB/T 699、GB/T 700 和 GB/T 1591 的规定。需方要求时也可供应合金结构钢钢管，其化学成分（熔炼分析）与纵向力学性能应符合 GB/T 3077 的规定。

6. 钢管应采用无缝钢管冷拔制造，合同注明时也可采用焊接钢管冷拔制造。钢管应以冷拔状态交货，其力学性能见表 3-2-118。

7. 钢管的内外表面不应有裂纹、折叠、结疤、轧折和离层。这些缺陷应完全清除，清除深度应不超过公称壁厚的负偏差，清除处的实际壁厚应不小于壁厚偏差所允许的最小值。

8. 本表未编入原标准中 A=108、120、125、130、140、150、160、180、200、250、280（各种壁厚 S）的相应数据。

矩形钢管（代号 D-2）

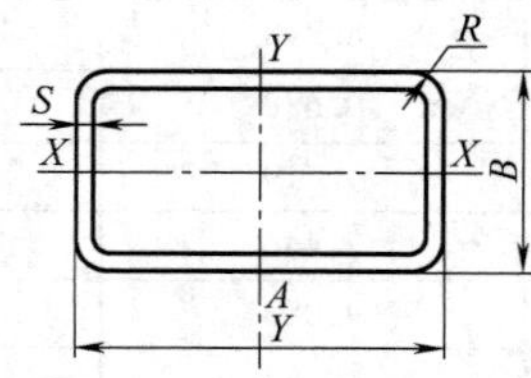

表 3-2-117　　矩形钢管的尺寸、理论重量和物理参数

基本尺寸/mm			截面面积	理论重量①	惯性矩/cm^4		截面模数/cm^3	
A	B	S	F/cm^2	$G/(kg/m)$	J_x	J_y	W_x	W_y
10	5	0.8	0.203	0.160	0.007	0.022	0.028	0.045
		1	0.243	0.191	0.008	0.025	0.031	0.050
12	6	0.8	0.251	0.197	0.013	0.041	0.044	0.069
		1	0.303	0.238	0.015	0.047	0.050	0.079
14	7	1	0.362	0.285	0.026	0.080	0.073	0.115
		1.5	0.501	0.394	0.080	0.099	0.229	0.141
		2	0.611	0.480	0.031	0.106	0.090	0.151
	10	1	0.423	0.332	0.062	0.106	0.123	0.151
		1.5	0.591	0.464	0.077	0.134	0.154	0.191
		2	0.731	0.574	0.085	0.149	0.169	0.213
16	8	1	0.423	0.332	0.041	0.126	0.102	0.157
		1.5	0.591	0.464	0.050	0.159	0.124	0.199
		2	0.731	0.574	0.053	0.177	0.133	0.221
	12	1	0.502	0.395	0.108	0.171	0.180	0.213
		1.5	0.711	0.558	0.139	0.222	0.232	0.278
		2	0.891	0.700	0.158	0.256	0.264	0.319
18	9	1	0.483	0.379	0.060	0.185	0.134	0.206
		1.5	0.681	0.535	0.076	0.240	0.168	0.266
		2	0.851	0.668	0.084	0.273	0.186	0.304
	14	1	0.583	0.458	0.173	0.258	0.248	0.286
		1.5	0.831	0.653	0.228	0.342	0.326	0.380
		2	1.051	0.825	0.266	0.402	0.380	0.446
20	10	1	0.543	0.426	0.086	0.262	0.172	0.262
		1.5	0.771	0.606	0.110	0.110	0.219	0.110
		2	0.971	0.762	0.124	0.400	0.248	0.400
	12	1	0.583	0.458	0.132	0.298	0.220	0.298
		1.5	0.831	0.653	0.172	0.396	0.287	0.396
		2	1.051	0.825	0.199	0.465	0.331	0.465
25	10	1	0.643	0.505	0.106	0.465	0.213	0.372
		1.5	0.921	0.723	0.137	0.624	0.274	0.499
		2	1.171	0.919	0.156	0.740	0.313	0.592
	18	1	0.803	0.630	0.417	0.696	0.463	0.557
		1.5	1.161	0.912	0.567	0.956	0.630	0.765
		2	1.491	1.171	0.685	1.164	0.761	0.931
30	15	1.5	1.221	0.959	0.435	1.324	0.580	0.883
		2	1.571	1.233	0.521	1.619	0.695	1.079
		2.5	1.893	1.486	0.584	1.850	0.779	1.233
	20	1.5	1.371	1.007	0.859	1.629	0.859	1.086
		2	1.771	1.390	1.050	2.012	1.050	1.341
		2.5	2.143	1.682	1.202	2.324	1.202	1.549
35	15	1.5	1.371	1.077	0.504	1.969	0.672	1.125
		2	1.771	1.390	0.607	2.429	0.809	1.388
		2.5	2.143	1.682	0.683	2.803	0.911	1.602
	25	1.5	1.671	1.312	1.661	2.811	1.329	1.606
		2	2.171	1.704	2.066	3.520	1.652	2.011
		2.5	2.642	2.075	2.405	4.126	1.924	2.358
40	11	1.5	1.401	1.100	0.276	2.341	0.501	1.170
	20	2	2.171	1.704	1.376	4.184	1.376	2.092
		2.5	2.642	2.075	1.587	4.903	1.587	2.452
		3	3.085	2.422	1.756	5.506	1.756	2.753

续表

基本尺寸/mm			截面面积	理论重量①	惯性矩/cm⁴		截面模数/cm³	
A	*B*	*S*	F/cm^2	$G/(kg/m)$	J_x	J_y	W_x	W_y
40	30	2	2.571	2.018	3.582	5.629	2.388	2.815
		2.5	3.143	2.467	4.220	6.664	2.813	3.332
		3	3.685	2.893	4.768	7.564	3.179	3.782
50	25	2	2.771	2.175	2.861	8.595	2.289	3.438
		3	3.985	3.129	3.781	11.64	3.025	4.657
		4	5.085	3.992	4.424	13.96	3.540	5.583
	40	2	3.371	2.646	8.520	12.05	4.260	4.821
		3	4.885	3.835	11.68	16.62	5.840	6.648
		4	6.285	4.934	14.20	20.32	7.101	8.128
60	30	2	3.371	2.646	5.153	15.35	3.435	5.117
		3	4.885	3.835	6.964	21.18	4.643	7.061
		4	6.285	4.934	8.344	25.90	5.562	8.635
	40	2	3.771	2.960	9.965	18.72	4.983	6.239
		3	5.485	4.306	13.74	26.06	6.869	8.687
		4	7.085	5.562	16.80	32.19	8.402	10.729
70	35	2	3.971	3.117	8.426	24.95	4.815	7.130
		3	5.785	4.542	11.57	34.87	6.610	9.964
		4	7.485	5.876	14.09	43.23	8.051	12.35
	50	3	6.685	5.248	26.57	44.98	10.63	12.85
		4	8.685	6.818	33.05	56.32	13.22	16.09
		5	10.57	8.298	38.48	66.01	15.39	18.86
80	40	3	6.685	5.248	17.85	53.47	8.927	13.37
		4	8.685	6.818	22.01	66.95	11.00	16.74
		5	10.57	8.298	25.40	78.45	12.70	19.61
	60	4	10.29	8.074	57.32	90.07	19.11	22.52
		5	12.57	9.868	67.52	106.6	22.51	26.65
		6	14.74	11.57	76.28	121.0	25.43	30.26
90	50	3	7.885	6.190	33.21	83.39	13.28	18.53
		4	10.29	8.074	41.53	105.4	16.61	23.43
		5	12.57	9.868	48.65	124.8	19.46	27.74
	70	4	11.89	9.330	91.21	135.0	26.06	30.01
		5	14.57	11.44	108.3	161.0	30.96	35.78
		6	15.94	12.51	123.5	184.1	35.27	40.92
100	50	3	8.485	6.661	36.53	108.4	14.61	21.67
		4	11.09	8.702	45.78	137.5	18.31	27.50
		5	13.57	10.65	53.73	163.4	21.49	32.69
	80	4	13.49	10.59	136.3	192.8	34.08	38.57
		5	16.57	13.01	163.0	231.2	40.74	46.24
		6	19.54	15.34	186.9	265.9	46.72	53.18
120	60	4	13.49	10.59	82.45	245.6	27.48	40.94
		5	16.57	13.01	97.85	294.6	32.62	49.10
		6	19.54	15.34	111.4	338.9	37.14	56.49
	80	4	15.09	11.84	159.4	299.5	39.86	49.91
		6	21.94	17.22	219.8	417.0	54.95	69.49
		8	27.79	21.82	260.5	495.8	65.12	82.63
140	70	6	23.14	18.17	185.1	558.0	52.88	79.71
		8	29.39	23.07	219.1	665.5	62.59	95.06
		10	35.43	27.81	247.2	761.4	70.62	108.8

续表

基本尺寸/mm			截面面积	理论重量①	惯性矩/cm^4		截面模数/cm^3	
A	B	S	F/cm^2	$G/(kg/m)$	J_x	J_y	W_x	W_y
140	120	6	29.14	22.88	651.1	827.5	108.5	118.2
		8	37.39	29.35	797.3	1014.4	132.9	144.9
		10	45.43	35.66	929.2	1184.7	154.9	169.2
150	75	6	24.94	19.58	231.7	696.2	61.80	92.82
		8	31.79	24.96	276.7	837.4	73.80	111.7
		10	38.43	30.16	314.7	965.0	83.91	128.7
	100	6	27.94	21.93	451.7	851.8	90.35	113.6
		8	35.79	28.10	549.5	1039.3	109.9	138.6
		10	43.43	34.09	635.9	1210.4	127.2	161.4

① 当 $S \leqslant 6$mm 时，$R=1.5S$，矩形钢管理论重量推荐计算公式见式（3-2-3）；当 $S>6$mm 时，$R=2S$，矩形钢管理论重量推荐计算公式见式（3-2-4）。

$$G=0.0157S(A+B-2.8584S) \tag{3-2-3}$$

$$G=0.0157S(A+B-3.2876S) \tag{3-2-4}$$

式中，G 为矩形钢管的理论重量（钢的密度按 7.85kg/dm^3），kg/m；A、B 为矩形钢管的长、宽，mm；S 为矩形钢管的公称壁厚，mm。

注：1. 见表 3-2-116 注 1~注 7。

2. 本表未编入原标准中 $A \times B$ = 160×60、160×80；180×80、180×100；200×80、200×120、220×110、220×200；240×180；250×150、250×200；300×150、300×200；400×200（各种壁厚 S）的相应数据。

表 3-2-118　冷拔异型钢管的力学性能（热处理状态交货时）

牌号	质量等级	R_m/MPa	R_{eL}/MPa	A/%	冲击试验	
		≥			温度/℃	吸收能量 KV_2/J，≥
10	—	335	205	24	—	—
20	—	410	245	20	—	—
35	—	510	305	17	—	—
45	—	590	335	14	—	—
Q195	—	315~430	195	33	—	—
Q215	A	335~450	215	30	—	—
	B				+20	27
Q235	A	370~500	235	25	—	—
	B				+20	27
	C				0	27
	D				-20	27
Q345	A	470~630	345	20	—	—
	B			20	+20	34
	C			21	0	34
	D			21	-20	34
	E			21	-40	27
Q390	A	490~650	390	18	—	—
	B			18	+20	34
	C			19	0	34
	D			19	-20	34
	E			19	-40	27

注：1. 冷拔状态交货的钢管，不做力学性能试验。以热处理状态交货时，钢管的纵向力学性能应符合本表规定。合金结构钢钢管的纵向力学性能应符合 GB/T 3077 的规定。

2. 以热处理状态交货的 Q195、Q215、Q235、Q345 和 Q390 钢管，当截面周长不小于 240mm，且壁厚不小于 10mm 时，应进行冲击试验，其夏比 V 型缺口冲击吸收能量 KV_2 应符合本表规定。

3.4 钢丝

冷拉圆钢丝、方钢丝、六角钢丝尺寸、重量（摘自 GB/T 342—2017）

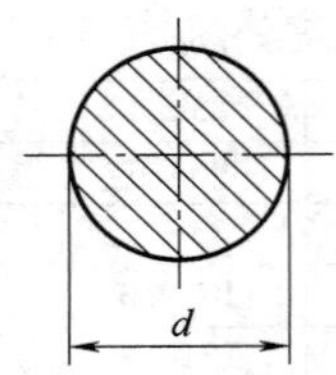

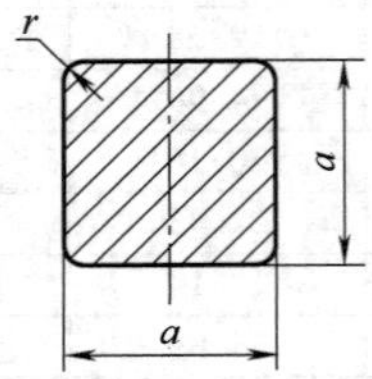

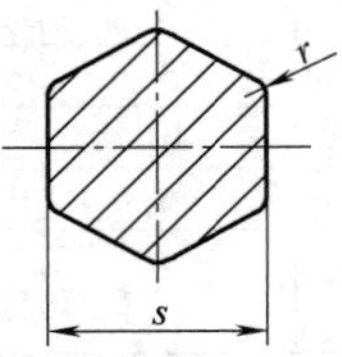

d——圆钢丝直径　*a*——方钢丝边长　*s*——六角钢丝对边距离　*r*——角部圆弧半径

表 3-2-119　钢丝公称尺寸、截面面积及理论重量

公称尺寸①/mm	圆形		方形		六角形	
	截面面积/mm²	理论重量②/(kg/1000m)	截面面积/mm²	理论重量②/(kg/1000m)	截面面积/mm²	理论重量②/(kg/1000m)
0.050	0.0020	0.016	—	—	—	—
0.053	0.0024	0.019	—	—	—	—
0.063	0.0031	0.024	—	—	—	—
0.070	0.0038	0.030	—	—	—	—
0.080	0.0050	0.039	—	—	—	—
0.090	0.0064	0.050	—	—	—	—
0.10	0.0079	0.062	—	—	—	—
0.11	0.0095	0.075	—	—	—	—
0.12	0.0113	0.089	—	—	—	—
0.14	0.0154	0.121	—	—	—	—
0.16	0.0201	0.158	—	—	—	—
0.18	0.0254	0.199	—	—	—	—
0.20	0.0314	0.246	—	—	—	—
0.22	0.0380	0.298	—	—	—	—
0.25	0.0491	0.385	—	—	—	—
0.28	0.0616	0.484	—	—	—	—
0.32	0.0804	0.631	—	—	—	—
0.35	0.096	0.754	—	—	—	—
0.40	0.126	0.989	—	—	—	—
0.45	0.159	1.248	—	—	—	—
0.50	0.196	1.539	0.250	1.962	—	—
0.55	0.238	1.868	0.302	2.371	—	—
0.63	0.312	2.447	0.397	3.116	—	—
0.70	0.385	3.021	0.490	3.846	—	—
0.80	0.503	3.948	0.640	5.024	—	—
0.90	0.636	4.993	0.810	6.358	—	—
1.00	0.785	6.162	1.000	7.850	—	—
1.12	0.985	7.733	1.254	9.847	—	—
1.25	1.227	9.633	1.563	12.27	—	—
1.40	1.539	12.08	1.960	15.39	—	—
1.60	2.011	15.79	2.560	20.10	2.217	17.40
1.80	2.545	19.98	3.240	25.43	2.806	22.03
2.00	3.142	24.66	4.000	31.40	3.464	27.20
2.24	3.941	30.94	5.018	39.39	4.345	34.11
2.50	4.909	38.54	6.250	49.06	5.413	42.49
2.80	6.158	48.34	7.840	61.54	6.790	53.30
3.15	7.793	61.18	9.923	77.89	8.593	67.46
3.55	9.898	77.70	12.60	98.93	10.91	85.68

续表

公称尺寸[①]/mm	圆形		方形		六角形	
	截面面积/mm²	理论重量[②]/(kg/1000m)	截面面积/mm²	理论重量[②]/(kg/1000m)	截面面积/mm²	理论重量[②]/(kg/1000m)
4.00	12.57	98.67	16.00	125.6	13.86	108.8
4.50	15.90	124.8	20.25	159.0	17.54	137.7
5.00	19.64	154.2	15.00	196.2	21.65	170.0
5.60	24.63	193.3	31.36	246.2	27.16	213.2
6.30	31.17	244.7	39.69	311.6	34.38	269.9
7.10	39.59	310.8	50.41	395.7	43.66	342.7
8.00	50.27	394.6	64.00	502.4	55.43	435.1
9.00	63.62	499.4	81.00	635.8	70.15	550.7
10.0	78.54	616.5	100.00	785.0	86.61	679.9
11.0	95.03	746.0	—	—	—	—
12.0	113.1	887.8	—	—	—	—
14.0	153.9	1208.1	—	—	—	—
16.0	201.1	1576.6	—	—	—	—
18.0	254.5	1997.8	—	—	—	—
20.0	314.2	2466.5	—	—	—	—

① 本表中的钢丝公称尺寸系列采用 GB/T 321—2005 标准中的 R20 优先数系。

② 本表中理论重量按密度 7.85g/cm³ 计算，圆周率 π 取标准值，对特殊合金钢丝，在计算理论重量时应采用相应牌号的密度。

注：1. 本标准适用于直径为 0.05～20mm 的冷拉圆钢丝，边长为 0.50～10mm 的冷拉方钢丝，对边距离为 1.60～10mm 的冷拉六角钢丝。

2. 本表内公称尺寸一栏，对于圆钢丝表示直径，对于方钢丝表示边长，对于六角钢丝表示对边距离。

一般用途低碳钢丝（摘自 YB/T 5294—2009）

表 3-2-120　一般用途低碳钢丝的尺寸及允许偏差

类别	钢丝公称直径/mm	允许偏差/mm	钢丝公称直径/mm	允许偏差/mm	钢丝公称直径/mm	允许偏差/mm
冷拉和退火钢丝	≤0.30	±0.01	>1.00～1.60	±0.03	>3.00～6.00	±0.05
	>0.30～1.00	±0.02	>1.60～3.00	±0.04	>6.00	±0.06
镀锌钢丝	≤0.30	±0.02	>1.00～1.60	±0.05	>3.00～6.00	±0.07
	>0.30～1.00	±0.04	>1.60～3.00	±0.06	>6.00	±0.08

注：1. 本标准适用于一般的捆绑、制钉、编织及建筑等用途的圆截面低碳钢丝。

2. 钢丝按交货状态分为三种，类别及其代号为：冷拉钢丝 WCD、退火钢丝 TA、镀锌钢丝 SZ。

3. 钢丝选用 GB/T 701 或其他低碳钢盘条制造，其牌号由供方确定。

4. 标记示例：直径为 2.00mm 的冷拉钢丝，其标记为：低碳钢丝 WCD-2.00-YB/T 5294—2009。

5. 钢丝表面不应有裂纹、斑疤、折叠、竹节及明显的纵向拉痕，且出厂时钢丝表面不得有锈蚀。退火钢丝表面允许有氧化皮。镀锌钢丝表面不应有未镀锌的地方，表面应呈基本一致的金属光泽。

表 3-2-121　一般用途低碳钢丝的力学性能

公称直径/mm	R_m/MPa					弯曲试验次数(180°/次)		伸长率/%(标距 100mm)	
	冷拉钢丝			退火钢丝	镀锌钢丝[①]	冷拉钢丝		冷拉建筑用钢丝	镀锌钢丝
	普通用	制钉用	建筑用			普通用	建筑用		
≤0.30	≤980	—	—	295～540	295～540	见原标准 6.2.3	—	—	≥10
>0.30～0.80	≤980	—	—				—	—	≥10
>0.80～1.20	≤980	880～1320	—			≥6	—	—	≥12
>1.20～1.80	≤1060	785～1220	—			≥6	—	—	≥12
>1.80～2.50	≤1010	735～1170	—			≥6	—	—	≥12
>2.50～3.50	≤960	685～1120	≥550			≥4	≥4	≥2	≥12
>3.50～5.00	≤890	590～1030	≥550			≥4	≥4	≥2	≥12
>5.00～6.00	≤790	540～930	≥550			≥4	≥4	≥2	≥12
>6.00	≤690	—	—			—	—	—	≥12

① 对于先镀后拉的镀锌钢丝的力学性能按冷拉钢丝的力学性能执行。

注：对于直径不大于 0.80mm 的冷拉普通用钢丝，用打结拉伸试验代替弯曲试验，拉伸试验时拉力应不低于钢丝破断拉力的 50%。

表 3-2-122　　常用线规号与英制尺寸、公制尺寸对照表

线规号	SWG		BWG		AWG	
	/in	/mm	/in	/mm	/in	/mm
3	0. 252	6. 401	0. 259	6. 58	0. 2294	5. 83
4	0. 232	5. 893	0. 238	6. 05	0. 2043	5. 19
5	0. 212	5. 385	0. 220	5. 59	0. 1819	4. 62
6	0. 192	4. 877	0. 203	5. 16	0. 1620	4. 11
7	0. 176	4. 470	0. 180	4. 57	0. 1443	3. 67
8	0. 160	4. 064	0. 165	4. 19	0. 1285	3. 26
9	0. 144	3. 658	0. 148	3. 76	0. 1144	2. 91
10	0. 128	3. 251	0. 134	3. 40	0. 1019	2. 59
11	0. 116	2. 946	0. 120	3. 05	0. 09074	2. 30
12	0. 104	2. 642	0. 109	2. 77	0. 08081	2. 05
13	0. 092	2. 337	0. 095	2. 41	0. 07196	1. 83
14	0. 080	2. 032	0. 083	2. 11	0. 06408	1. 63
15	0. 072	1. 829	0. 072	1. 83	0. 05707	1. 45
16	0. 064	1. 626	0. 065	1. 65	0. 05082	1. 29
17	0. 056	1. 422	0. 058	1. 47	0. 04526	1. 15
18	0. 048	1. 219	0. 049	1. 24	0. 04030	1. 02
19	0. 040	1. 016	0. 042	1. 07	0. 03589	0. 91
20	0. 036	0. 914	0. 035	0. 89	0. 03196	0. 812
21	0. 032	0. 813	0. 032	0. 81	0. 02846	0. 723
22	0. 028	0. 711	0. 028	0. 71	0. 02535	0. 644
23	0. 024	0. 610	0. 025	0. 64	0. 02257	0. 573
24	0. 022	0. 559	0. 022	0. 56	0. 02010	0. 511
25	0. 020	0. 508	0. 020	0. 51	0. 01790	0. 455
26	0. 018	0. 457	0. 018	0. 46	0. 01594	0. 405
27	0. 0164	0. 4166	0. 016	0. 41	0. 01420	0. 361
28	0. 0148	0. 3759	0. 014	0. 36	0. 01264	0. 321
29	0. 0136	0. 3454	0. 013	0. 33	0. 01126	0. 286
30	0. 0124	0. 3150	0. 012	0. 30	0. 01003	0. 255
31	0. 0116	0. 2946	0. 010	0. 25	0. 008928	0. 227
32	0. 0108	0. 2743	0. 009	0. 23	0. 007950	0. 202
33	0. 0100	0. 2540	0. 008	0. 20	0. 007080	0. 180
34	0. 0092	0. 2337	0. 007	0. 18	0. 006304	0. 160
35	0. 0084	0. 2134	0. 005	0. 13	0. 005615	0. 143
36	0. 0076	0. 1930	0. 004	0. 10	0. 005000	0. 127

注：SWG 为英国线规代号，BWG 为伯明翰线规代号，AWG 为美国线规代号。

优质碳素结构钢丝（摘自 YB/T 5303—2010）

表 3-2-123　　优质碳素结构钢丝的力学性能

类别	公称直径/mm	R_m/MPa					反复弯曲次数[①]/次				
		钢号									
		08、10	15、20	25、30、35	40、45、50	55、60	08~10	15~20	25~35	40~50	55~60
		≥									
硬状态钢丝	0. 3~0. 8	750	800	1000	1100	1200	—	—	—	—	—
	>0. 8~1. 0	700	750	900	1000	1100	6	6	6	5	5
	>1. 0~3. 0	650	700	800	900	1000	6	6	5	4	4
	>3. 0~6. 0	600	650	700	800	900	5	5	5	4	4
	>6. 0~10. 0	550	600	650	750	800	5	4	3	2	2

续表

类别	钢号	R_m/MPa	A/%	Z/%
			≥	
软状态钢丝	10	450~700	8	50
	15	500~750	8	45
	20	500~750	7.5	40
	25	550~800	7	40
	30	550~800	7	35
	35	600~850	6.5	35
	40	600~850	6	35
	45	650~900	6	30
	50	650~900	6	30

① 对于硬状态钢丝，当其直径大于7.0mm时，反复弯曲次数不作为考核要求；当其直径小于0.7mm时，用打结拉伸试验代替弯曲试验，其打结破断力应不小于不打结破断力的50%；方钢丝和六角钢丝不做反复弯曲性能检验。

注：1. 本标准适用于制造各种机器结构零件、标准件等优质钢丝。冷拉状态交货。

2. 钢丝按力学性能分为两类，即硬状态和软状态；按截面形状分为三种，即圆形钢丝、方形钢丝和六角钢丝；按表面状态分为两种，即冷拉和银亮。

3. 冷拉钢丝的尺寸及允许偏差应符合 GB/T 342 的规定，银亮钢丝的尺寸及允许偏差应符合 GB/T 3207 的规定。合同中未注明尺寸允许偏差要求级别时按11级交货。

4. 钢丝应用 GB/T 699 中的 08、10、15、20、25、30、35、40、45、50、55 和 60 钢制造，盘条的其他要求应符合 GB/T 4354 的规定。

5. 钢丝表面应光滑，不应有裂纹、分层、折叠、发纹及锈蚀，但允许有个别深度不超过直径公差之半的凹坑、凹面、划痕和刮伤等存在。银亮钢丝的表面质量应符合 GB/T 3207 中的相关要求。

合金结构钢丝（摘自 YB/T 5301—2010）

表 3-2-124　**合金结构钢丝的力学性能**

交货状态	公称尺寸<5.00mm	公称尺寸≥5.00mm
	R_m/MPa	布氏硬度 HBW
	≤	
冷拉	1080	302
退火	930	296

注：1. 本标准适用于尺寸不大于10.00mm的合金结构钢冷拉圆钢丝以及2.00~8.00mm的冷拉方、六角钢丝。

2. 钢丝按交货状态分为两种，即冷拉（代号WCD）和退火（代号A）。

3. 钢丝的尺寸、允许偏差及外形应符合 GB/T 342 的规定，合同中未注明尺寸允许偏差要求级别时按11级交货。

4. 钢丝用钢的牌号及化学成分（熔炼分析）应符合 GB/T 3077 的规定。

5. 钢丝的交货状态应在合同中注明，未注明时按冷拉状态交货。

6. 冷拉钢丝表面应洁净、光滑，不应有裂纹、结疤、麻点、折叠、氧化皮及锈蚀，但允许有不超过最小尺寸的局部刮伤和划痕，以及深度不超过尺寸公差之半的凹面。退火状态交货的钢丝表面允许有氧化色。

冷拉碳素弹簧钢丝（摘自 GB/T 4357—2022）

表 3-2-125　**冷拉碳素弹簧钢丝公称直径、抗拉强度、面缩率和扭转次数**

公称直径 d[①]/mm	抗拉强度[②]/MPa					所有级别的最小断面收缩率/%	所有级别的最小扭转次数
	SL级	SM级	DM级	SH级	DH级		
0.05	—	—	—	—	2800~3520	—	需方要求时，公称直径 d 不大于0.70mm的钢丝可进行卷簧试验，试验后试样表面应无缺陷，应不出现撕裂或裂纹，目视节距应均匀，直径应一致。
0.06	—	—	—	—	2800~3520	—	
0.07	—	—	—	—	2800~3520	—	
0.08	—	—	2780~3100	—	2800~3480	—	
0.09	—	—	2740~3060	—	2800~3430	—	
0.10	—	—	2710~3020	—	2800~3380	—	
0.11	—	—	2690~3000	—	2800~3350	—	
0.12	—	—	2660~2960	—	2800~3320	—	
0.14	—	—	2620~2910	—	2800~3250	—	
0.16	—	—	2570~2860	—	2800~3200	—	

续表

公称直径 d[①]/mm	抗拉强度[②]/MPa					所有级别的最小断面收缩率/%	所有级别的最小扭转次数
	SL 级	SM 级	DM 级	SH 级	DH 级		
0.18	—	—	2530~2820	—	2800~3160	—	需方要求时，公称直径 d 不大于 0.70mm 的钢丝可进行卷簧试验，试验后试样表面应无缺陷，应不出现撕裂或裂纹，目视节距应均匀，直径应一致
0.20	—	—	2500~2790	—	2800~3110	—	
0.22	—	—	2470~2760	—	2770~3080	—	
0.25	—	—	2420~2710	—	2720~3010	—	
0.28	—	—	2390~2670	—	2680~2970	—	
0.30	—	2370~2650	2370~2650	2660~2940	2660~2940	—	
0.32	—	2350~2630	2350~2630	2640~2920	2640~2920	—	
0.34	—	2330~2600	2330~2600	2610~2890	2610~2890	—	
0.36	—	2310~2580	2310~2580	2590~2890	2590~2890	—	
0.38	—	2290~2560	2290~2560	2570~2850	2570~2850	—	
0.40	—	2270~2550	2270~2550	2560~2830	2560~2830	—	
0.43	—	2250~2520	2250~2520	2530~2800	2530~2800	—	
0.45	—	2240~2500	2240~2500	2510~2780	2510~2780	—	
0.48	—	2220~2480	2220~2480	2490~2760	2490~2760	—	
0.50	—	2200~2470	2200~2470	2480~2740	2480~2740	—	
0.53	—	2180~2450	2180~2450	2460~2720	2460~2720	—	
0.56	—	2170~2430	2170~2430	2440~2700	2440~2700	—	
0.60	—	2140~2400	2140~2400	2410~2670	2410~2670	—	
0.63	—	2130~2380	2130~2380	2390~2650	2390~2650	—	
0.65	—	2120~2370	2120~2370	2380~2640	2380~2640	—	
0.70	—	2090~2350	2090~2350	2360~2610	2360~2610	—	
0.80	—	2050~2300	2050~2300	2310~2560	2310~2560	40	50
0.85	—	2030~2280	2030~2280	2290~2530	2290~2530	40	50
0.90	—	2010~2260	2010~2260	2270~2510	2270~2510	40	50
0.95	—	2000~2240	2000~2240	2250~2490	2250~2490	40	50
1.00	1720~1970	1980~2220	1980~2220	2230~2470	2230~2470	40	25
1.05	1710~1950	1960~2220	1960~2220	2210~2450	2210~2450	40	25
1.10	1690~1940	1950~2190	1950~2190	2200~2430	2200~2430	40	25
1.20	1670~1910	1920~2160	1920~2160	2170~2400	2170~2400	40	25
1.25	1660~1900	1910~2130	1910~2130	2140~2380	2140~2380	40	25
1.30	1640~1890	1900~2130	1900~2130	2140~2370	2140~2370	40	25
1.40	1620~1860	1870~2100	1870~2100	2110~2340	2110~2340	40	25
1.50	1600~1840	1850~2080	1850~2080	2090~2310	2090~2310	40	25
1.60	1590~1820	1830~2050	1830~2050	2060~2290	2060~2290	40	25
1.70	1570~1800	1810~2030	1810~2030	2040~2260	2040~2260	40	25
1.80	1550~1780	1790~2010	1790~2010	2020~2240	2020~2240	40	25
1.90	1540~1760	1770~1990	1770~1990	2000~2220	2000~2220	40	25
2.00	1520~1750	1760~1970	1760~1970	1980~2200	1980~2200	40	25
2.10	1510~1730	1740~1960	1740~1960	1970~2180	1970~2180	40	22
2.25	1490~1710	1720~1930	1720~1930	1940~2150	1940~2150	40	22
2.40	1470~1690	1700~1910	1700~1910	1920~2130	1920~2130	40	22
2.50	1460~1680	1690~1890	1690~1890	1900~2110	1900~2110	40	22
2.60	1450~1660	1670~1880	1670~1880	1890~2100	1890~2100	40	22
2.80	1420~1640	1650~1850	1650~1850	1860~2070	1860~2070	40	22
3.00	1410~1620	1630~1830	1630~1830	1840~2040	1840~2040	40	22
3.20	1390~1600	1610~1810	1610~1810	1820~2020	1820~2020	40	22
3.40	1370~1580	1590~1780	1590~1780	1790~1990	1790~1990	40	20
3.50	1360~1570	1580~1770	1580~1770	1780~1980	1780~1980	40	20
3.60	1350~1560	1570~1760	1570~1760	1770~1970	1770~1970	40	20
3.80	1340~1540	1550~1740	1550~1740	1750~1950	1750~1950	40	20
4.00	1320~1520	1530~1730	1530~1730	1740~1930	1740~1930	35	18
4.25	1310~1500	1510~1700	1510~1700	1710~1900	1710~1900	35	18

续表

公称直径 d①/mm	抗拉强度②/MPa					所有级别的最小断面收缩率/%	所有级别的最小扭转次数
	SL 级	SM 级	DM 级	SH 级	DH 级		
4.50	1290~1490	1500~1680	1500~1680	1690~1880	1690~1880	35	18
4.75	1270~1470	1480~1670	1480~1670	1680~1840	1680~1840	35	18
5.00	1260~1450	1460~1650	1460~1650	1660~1830	1660~1830	35	9
5.30	1240~1430	1440~1630	1440~1630	1640~1820	1640~1820	35	9
5.60	1230~1420	1430~1610	1430~1610	1620~1800	1620~1800	35	9
6.00	1210~1390	1400~1580	1400~1580	1590~1770	1590~1770	35	9
6.30	1190~1380	1390~1560	1390~1560	1570~1750	1570~1750	35	9③
6.50	1180~1370	1380~1550	1380~1550	1560~1740	1560~1740	35	9③
7.00	1160~1340	1350~1530	1350~1530	1540~1710	1540~1710	35	9③
7.50	1140~1320	1330~1500	1330~1500	1510~1680	1510~1680	30	—
8.00	1120~1300	1310~1480	1310~1480	1490~1660	1490~1660	30	—
8.50	1110~1280	1290~1460	1290~1460	1470~1630	1470~1630	30	—
9.00	1090~1260	1270~1440	1270~1440	1450~1610	1450~1610	30	—
9.50	1070~1250	1260~1420	1260~1420	1430~1590	1430~1590	30	—
10.00	1060~1230	1240~1400	1240~1400	1410~1570	1410~1570	30	—
10.50	—	1220~1380	1220~1380	1390~1550	1390~1550	30	—
11.00	—	1210~1370	1210~1370	1380~1530	1380~1530	30	—
12.00	—	1180~1340	1180~1340	1350~1500	1350~1500	30	—
12.50	—	1170~1320	1170~1320	1330~1480	1330~1480	30	—
13.00	—	1160~1310	1160~1310	1320~1470	1320~1470	30	—

① 本表的钢丝公称直径为推荐的优选直径系列。调直后，直条定尺钢丝的极限强度最多可能降低 10%；调直和切断作业还会降低扭转值。中间尺寸钢丝抗拉强度值按本表中相邻较大钢丝的规定执行；中间规格的最小断面收缩率及最小扭转次数按邻近较小直径取值，如直径 7.20mm 钢丝的最小断面收缩率取 35%。

② 对于具体的应用，供需双方可以协商采用合适的强度等级。

③ 参考值，不作为验收的强制要求。

注：1. 本标准适用于制造静载荷和动载荷应用的机械弹簧的圆形横截面的冷拉碳素弹簧钢丝。异型（如方形）弹簧钢丝的标准抗拉强度可以采用与本标准等同横截面积对应规格的值。本标准不适用于制造高疲劳强度弹簧（如阀门簧）用钢丝。

2. 对应弹簧应力水平，钢丝可分为三种强度等级，即低抗拉强度（L）、中等抗拉强度（M）和高抗拉强度（H）；对应弹簧承受的载荷类型，钢丝可分为 S 级（适用静载荷）和 D 级（适用动载荷或以动载荷为主，或旋绕比小，或成形时要经受剧烈弯曲），钢丝分类及代号详见下表。按照表面状态钢丝分为磷化（PH）、镀锌（ZN）、镀锌铝合金（ZA）及镀铜（CU）等。按交货形式钢丝分为盘卷及直条。

钢丝抗拉强度水平		低抗拉强度	中等抗拉强度	高抗拉强度
弹簧载荷类型及钢丝代号	S 级	SL	SM	SH
	D 级	—	DM	DH

3. 钢丝用盘条应符合如下要求：SL、SM 及 SH 级钢丝用盘条应符合 GB/T 24242.1、GB/T 24242.2 或质量相当的其他标准的规定；DM 及 DH 级钢丝用盘条应符合 GB/T 24242.1、GB/T 24242.4 或质量相当的其他标准的规定。钢丝用钢的化学成分（熔炼分析）应符合下表的规定。所有 D 级钢丝在成品拉拔前应经过热浴索氏体化处理；S 级钢丝由供方根据具体应用与性能要求决定是否采用热浴索氏体化处理。

等级	化学成分(质量分数)/%					
	C①	Si	Mn②	P	S	Cu
				≤		
SL、SM、SH	0.35~1.00	0.10~0.37	0.30~1.20	0.030	0.030	0.20
DH、DM	0.45~1.00	0.10~0.37	0.30~1.20	0.020	0.025	0.12

① 规定较宽的碳范围是为了适应不同需要和不同钢丝工艺，具体应用时碳范围应更窄。

② 经供需双方协商，锰含量可做适当调整。

4. 应对 0.70mm<d≤6.00mm 的钢丝进行扭转试验；供需双方协商确定是否对 6.00mm<d≤10.00mm 的钢丝进行扭转试验。钢丝按 GB/T 239.1 的要求扭转到本表规定的次数时应不断裂，表面应不出现扭转裂纹或分层。试验应进行到断裂，最初断裂面应垂直钢丝轴线而表面不应撕开；钢丝回扭时可能发生的第二次断裂应忽略不计。

5. 表面磷化为常用涂层。镀层钢丝可以采用镀锌、镀锌铝合金或镀铜。通常镀层工艺会改变钢丝性能，钢丝的韧性和疲劳强度可能下降。钢丝直径不大于 5.00mm 的镀层钢丝应进行缠绕试验，试验后镀层应不出现任何裂纹，用手指擦拭时镀层不脱落。钢丝可以涂油或不涂油。

6. 钢丝表面应光滑，不应有拉痕、撕裂、生锈、毛刺等对钢丝应用有明显不利影响的表面缺陷。对动载荷弹簧用钢丝表面质量的具体要求详见原标准。

7. 标记：钢丝按公称直径、钢丝分类、表面状态分类和本标准编号进行标记。例如，4.50mm 高抗拉强度级、适用于静载弹簧的镀锌弹簧钢丝，标记为：4.50-SH-ZN-GB/T 4357—2022。

8. 不同分类弹簧钢丝的推荐用途见下表。

弹簧钢丝等级	SL	SM	DM	SH	DH
用途	拉、压或扭簧，主要受低静载荷	拉、压或扭簧，中高静载荷，或极少动载荷	拉、压或扭簧，中高动载荷，需剧烈弯曲的线成形	拉、压或扭簧，高静载荷，或轻度动载荷	拉、压或扭簧，或线成形，承受高静载荷或中等水平动载

第 3 篇

重要用途碳素弹簧钢丝（摘自 YB/T 5311—2010）

表 3-2-126　重要用途碳素弹簧钢丝的抗拉强度和扭转次数

公称直径/mm	R_m①/MPa			公称直径/mm	R_m①/MPa		
	E 组	F 组	G 组		E 组	F 组	G 组
0.10	2440~2890	2900~3380	—	0.90	2070~2400	2410~2740	—
0.12	2440~2860	2870~3320	—	1.00	2020~2350	2360~2660	1850~2110
0.14	2440~2840	2850~3250	—	1.20	1940~2270	2280~2580	1820~2080
0.16	2440~2840	2850~3200	—	1.40	1880~2200	2210~2510	1780~2040
0.18	2390~2770	2780~3160	—	1.60	1820~2140	2150~2450	1750~2010
0.20	2390~2750	2760~3110	—	1.80	1800~2120	2060~2360	1700~1960
0.22	2370~2720	2730~3080	—	2.00	1790~2090	1970~2250	1670~1910
0.25	2340~2690	2700~3050	—	2.20	1700~2000	1870~2150	1620~1860
0.28	2310~2660	2670~3020	—	2.50	1680~1960	1830~2110	1620~1860
0.30	2290~2640	2650~3000	—	2.80	1630~1910	1810~2070	1570~1810
0.32	2270~2620	2630~2980	—	3.00	1610~1890	1780~2040	1570~1810
0.35	2250~2600	2610~2960	—	3.20	1560~1840	1760~2020	1570~1810
0.40	2250~2580	2590~2940	—	3.50	1500~1760	1710~1970	1470~1710
0.45	2210~2560	2570~2920	—	4.00	1470~1730	1680~1930	1470~1710
0.50	2190~2540	2550~2900	—	4.50	1420~1680	1630~1880	1470~1710
0.55	2170~2520	2530~2880	—	5.00	1400~1650	1580~1830	1420~1660
0.60	2150~2500	2510~2850	—	5.50	1370~1610	1550~1800	1400~1640
0.63	2130~2480	2490~2830	—	6.00	1350~1580	1520~1770	1350~1590
0.70	2100~2460	2470~2800	—	6.50	1320~1550	1490~1740	1350~1590
0.80	2080~2430	2440~2770	—	7.00	1300~1530	1460~1710	1300~1540

公称直径/mm	最小扭转次数			公称直径/mm	最小扭转次数		
	E 组	F 组	G 组		E 组	F 组	G 组
0.70~2.00	25	18	20	>4.00~5.00	12	6	10
>2.00~3.00	20	13	18	>5.00~7.00	8	4	6
>3.00~4.00	16	10	15			—	

① 中间尺寸钢丝的抗拉强度按相邻较大尺寸的规定执行；合同中注明时，亦可按相邻较小尺寸的规定执行。

注：1. 本标准适用于制造承受动载荷、阀门等重要用途的碳素弹簧钢丝。弹簧成形后不需淬火-回火处理，仅需低温去应力处理。

2. 钢丝按用途分为 E、F、G 三组，E 组主要用于制造承受中等应力的动载荷弹簧，F 组主要用于制造承受较高应力的动载荷弹簧，G 组主要用于制造承受振动载荷的阀门弹簧。

3. 钢丝用钢的化学成分（熔炼分析）按%如下：E、F、G 组别：C0.60~0.95、Mn0.30~1.00，Si≤0.37，Cr≤0.15，Ni≤0.15，Cu≤0.20，P≤0.025，S≤0.020。

4. 公称直径不小于 0.70mm 的钢丝应进行扭转试验，单向扭转次数应符合本表规定。扭转变形应均匀，表面不应有裂纹和分层，断口应垂直于轴线。

5. 钢丝应进行缠绕试验。直径小于 4.00mm 的钢丝，芯棒直径等于钢丝直径；直径不小于 4.00mm 的钢丝，芯棒直径为钢丝直径的两倍。钢丝缠绕五圈后不得折断和产生裂纹。供方能保证时可不做该项检验。

6. G 组钢丝应进行脱碳层检验，其总脱碳层深度不应超过钢丝公称直径的 1.0%。

7. 钢丝表面应光滑，不应有裂纹、折叠、起刺、锈蚀及其他有害缺陷，允许有深度不超过公称直径公差之半的划痕及润滑涂层。

淬火-回火弹簧钢丝（摘自 GB/T 18983—2017）

表 3-2-127　淬火-回火弹簧钢丝的分类、代号和直径范围

分类		静态级	中疲劳级	高疲劳级
抗拉强度	低强度	FDC	TDC	VDC
	中强度	FDCrV、FDSiMn	TDSiMn	VDCrV
	高强度	FDSiCr	TDSiCr-A	VDSiCr
	超高强度	—	TDSiCr-B、TDSiCr-C	VDSiCrV

续表

分类	静态级	中疲劳级	高疲劳级
直径范围	0.50~18.00mm	0.50~18.00mm①	0.50~10.00mm

① TDSiCr-B 和 TDSiCr-C 直径范围为 8.0~18.0mm。

注：1. 本标准适用于制造各种机械弹簧用碳素和低合金淬火-回火圆形截面钢丝。

2. 静态级钢丝适用于一般用途弹簧，以 FD 表示。中疲劳级钢丝用于一般强度离合器弹簧、悬架弹簧等，以 TD 表示。高疲劳级钢丝适用于剧烈运动的场合，例如用于阀门弹簧，以 VD 表示。

3. 钢丝由盘条经冷拉后进行淬火和回火制成。超高强度的 VDSiCrV 钢丝应经剥皮、探伤处理。

4. 标记示例：直径为 3.0mm 的 VDSiCr 级钢丝标记为：VDSiCr-3.0-GB/T 18983。

表 3-2-128　淬火-回火弹簧钢丝代号、钢材牌号和化学成分（熔炼分析）

代号	常用代表性牌号	化学成分/%								
		C	Si	Mn	P	S	Cr	V	Ni	Cu①
					≤				≤	
FDC,TDC,VDC	65,70,65Mn	0.60~0.75	0.17~0.37	0.90~1.20	0.030	0.030	≤0.25	—	0.35	0.25
FDCrV,TDCrV VDCrV	50CrV	0.46~0.54	0.17~0.37	0.50~0.80	0.025	0.020	0.80~1.10	0.10~0.20	0.35	0.25
FDSiMn,TDSiMn	60Si2Mn	0.56~0.64	1.50~2.00	0.70~1.00	0.025	0.020	—	—	0.35	0.25
FDSiCr,TDSiCr VDSiCr	55SiCr	0.51~0.59	1.20~1.60	0.50~0.80	0.025	0.020	0.50~0.80	—	0.35	0.25
VDSiCrV	65SiCrV	0.62~0.70	1.20~1.60	0.50~0.80	0.025	0.020	0.50~0.80	0.10~0.20	0.035	0.12

① TD 级和 VD 级钢丝铜含量应小于 0.12%。

注：1. 钢丝表面不得有全脱碳层，脱碳层允许深度不大于 1.0%d（d 为钢丝直径），最大不超过 0.15mm。

2. 钢丝应检验非金属夹杂物，其合格级别由供需双方协商，合同中未注明时合格级别由供方确定。

表 3-2-129　淬火-回火弹簧钢丝的力学性能

类别	直径范围/mm	R_m/MPa						Z①/%，≥	
		FDC TDC	FDCrV-A TDCrV-A	FDSiMn TDSiMn	FDSiCr TDSiCr-A	TDSiCr-B	TDSiCr-C	FD	TD
静态级、中疲劳级钢丝	0.50~0.80	1800~2100	1800~2100	1850~2100	2000~2250	—	—	—	
	>0.80~1.00	1800~2060	1780~2080	1850~2-100	2000~2250	—	—	—	
	>1.00~1.30	1800~2010	1750~2010	1850~2100	2000~2250	—	—	45	45
	>1.30~1.40	1750~1950	1750~1990	1850~2100	2000~2250	—	—	45	45
	>1.40~1.60	1740~1890	1710~1950	1850~2100	2000~2250	—	—	45	45
	>1.60~2.00	1720~1890	1710~1890	1820~2000	2000~2250	—	—	45	45
	>2.00~2.50	1670~1820	1670~1830	1800~1950	1970~2140	—	—	45	45
	>2.50~2.70	1640~1790	1660~1820	1780~1930	1950~2120	—	—	45	45
	>2.70~3.00	1620~1770	1630~1780	1760~1910	1930~2100	—	—	45	45
	>3.00~3.20	1600~1750	1610~1760	1740~1890	1910~2080	—	—	40	45
	>3.20~3.50	1580~1730	1600~1750	1720~1870	1900~2060	—	—	40	45
	>3.50~4.00	1550~1700	1560~1710	1710~1860	1870~2030	—	—	40	45
	>4.00~4.20	1540~1690	1540~1690	1700~1850	1860~2020	—	—	40	45
	>4.20~4.50	1520~1670	1520~1670	1690~1840	1850~2000	—	—	40	45
	>4.50~4.70	1510~1660	1510~1660	1680~1830	1840~1990	—	—	40	45
	>4.70~5.00	1500~1650	1500~1650	1670~1820	1830~1980	—	—	40	45
	>5.00~5.60	1470~1620	1460~1610	1660~1810	1800~1950	—	—	35	40
	>5.60~6.00	1460~1610	1440~1590	1650~1800	1780~1930	—	—	35	40
	>6.00~6.50	1440~1590	1420~1570	1640~1790	1760~1910	—	—	35	40
	>6.50~7.00	1430~1580	1400~1550	1630~1780	1740~1890	—	—	35	40
	>7.00~8.00	1400~1550	1380~1530	1620~1770	1710~1860	—	—	35	40
	>8.00~9.00	1380~1530	1370~1520	1610~1760	1700~1850	1750~1850	1850~1950	30	35
	>9.00~10.00	1360~1510	1350~1500	1600~1750	1660~1810	1750~1850	1850~1950	30	35
	>10.00~12.00	1320~1470	1320~1470	1580~1730	1660~1810	1750~1850	1850~1950	30	35
	>12.00~14.00	1280~1430	1300~1450	1560~1710	1620~1770	1750~1850	1850~1950	30	35
	>14.00~15.00	1270~1420	1290~1440	1550~1700	1620~1770	1750~1850	1850~1950	30	35
	>15.00~17.00	1250~1400	1270~1420	1540~1690	1580~1730	1750~1850	1850~1950	30	35

续表

类别	直径范围/mm	R_m/MPa				Z[①]/%，≥
		VDC	VDCrV-A	VDSiCr	VDSiCrV	
高疲劳级钢丝	0.50~0.80	1700~2000	1750~1950	2080~2230	2230~2380	—
	>0.80~1.00	1700~1950	1730~1930	2080~2230	2230~2380	—
	>1.00~1.30	1700~1900	1700~1900	2080~2230	2230~2380	45
	>1.30~1.40	1700~1850	1680~1860	2080~2230	2210~2360	45
	>1.40~1.60	1670~1820	1660~1860	2050~2180	2210~2360	45
	>1.60~2.00	1650~1800	1640~1800	2010~2110	2160~2310	45
	>2.00~2.50	1630~1780	1620~1770	1960~2060	2100~2250	45
	>2.50~2.70	1610~1760	1610~1760	1940~2040	2060~2210	45
	>2.70~3.00	1590~1740	1600~1750	1930~2030	2060~2210	45
	>3.00~3.20	1570~1720	1580~1730	1920~2020	2060~2210	45
	>3.20~3.50	1550~1700	1560~1710	1910~2010	2010~2160	45
	>3.50~4.00	1530~1680	1540~1690	1890~1990	2010~2160	45
	>4.00~4.20	1510~1660	1520~1670	1860~1960	1960~2110	45
	>4.20~4.50	1510~1660	1520~1670	1860~1960	1960~2110	45
	>4.50~4.70	1490~1640	1500~1650	1830~1930	1960~2110	45
	>4.70~5.00	1490~1640	1500~1650	1830~1930	1960~2110	45
	>5.00~5.60	1470~1620	1480~1630	1800~1900	1910~2060	40
	>5.60~6.00	1450~1600	1470~1620	1790~1890	1910~2060	40
	>6.00~6.50	1420~1570	1440~1590	1760~1860	1910~2060	40
	>6.50~7.00	1400~1550	1420~1570	1740~1840	1860~2010	40
	>7.00~8.00	1370~1520	1410~1560	1710~1810	1860~2010	40
	>8.00~9.00	1350~1500	1390~1540	1690~1790	1810~1960	35
	>9.00~10.00	1340~1490	1370~1520	1670~1770	1810~1960	35

① FDSiMn 和 TDSiMn 直径不大于 5.00mm 时，$Z \geqslant 35\%$；直径大于 5.00~14.00mm 时，$Z \geqslant 30\%$。

注：1. 一盘或一轴内钢丝抗拉强度允许波动范围为：VD 级钢丝不超过 50MPa，TD 级钢丝不超过 60MPa，FD 级钢丝不超过 70MPa。

2. 公称直径大于 1.00mm 的钢丝应测量断面收缩率。

3. 公称直径小于 3.00mm 的钢丝应进行缠绕试验，即在直径等于钢丝直径的芯棒上缠绕至少 4 圈，钢丝表面不得有裂纹、断裂。

4. 公称直径大于 6.00mm 的钢丝应进行弯曲试验，即绕直径等于钢丝直径 2 倍的芯棒弯曲 90°，钢丝表面不得出现裂纹、断裂。

5. 钢丝表面应光滑，不应有裂纹、折叠、结疤、连续麻面等缺陷，允许局部有轻微划伤、麻坑等缺陷，其深度要求见原标准。

6. 超高强度钢丝应进行涡流探伤，需方无特殊要求时，由供方确定探测深度及标记数。

表 3-2-130　淬火-回火弹簧钢丝双向扭转试验要求

公称直径/mm	TDC、VDC		TDCrV、VDCrV		TDSiCr、VDSiCr、VDSiCrV	
	右转圈数	左转圈数	右转圈数	左转圈数	右转圈数	左转圈数
>0.70~1.00	6	24	6	12	6	0
>1.00~1.60		16		8	5	
>1.60~2.50		14		4	4	
>2.50~3.00		12		4	4	
>3.00~3.50		10		4	4	
>3.50~4.50		8		4	4	
>4.50~5.60		6		4	3	
>5.60~6.00		4		4	3	

注：公称直径为 0.70~6.00mm 的钢丝应进行扭转试验，试样标距长度为钢丝直径的 100 倍，试验方法有两种，即单向扭转试验（试样向一个方向扭转至少 3 次直到断裂，断口应平齐）与双向扭转试验。TD 级和 VD 级钢丝既可选用单向扭转试验方法，也可选用双向扭转试验方法，并应满足本表要求。

不锈钢丝（摘自 GB/T 4240—2019）

表 3-2-131　　不锈钢丝的化学成分（熔炼成分）

统一数字代号	牌号	化学成分(质量分数)/%									
		C	Si	Mn	P	S	Ni	Cr	Mo	Cu	N	其他元素
奥氏体钢												
S35350	12Cr17Mn6Ni5N	0.15	1.00	5.50~7.50	0.050	0.030	3.50~5.50	16.00~18.00	—	—	0.05~0.25	—
S35450	12Cr18Mn9Ni5N	0.15	1.00	7.50~10.00	0.050	0.030	4.00~6.00	17.00~19.00	—	—	0.05~0.25	—
S36987	Y06Cr17Mn6Ni6Cu2	0.08	1.00	5.00~6.50	0.045	0.18~0.35	5.00~6.50	16.00~18.00	—	1.75~2.25	—	—
S30210	12Cr18Ni9	0.15	1.00	2.00	0.045	0.030	8.00~10.00	17.00~19.00	—	—	0.10	—
S30317	Y12Cr18Ni9	0.15	1.00	2.00	0.20	≥0.15	8.00~10.00	17.00~19.00	0.60	—	—	—
S30387	Y12Cr18Ni9Cu3	0.15	1.00	3.00	0.20	≥0.15	8.00~10.00	17.00~19.00	—	1.50~3.50	—	—
S30408	06Cr19Ni10	0.08	1.00	2.00	0.045	0.030	8.00~11.00	18.00~20.00	—	—	—	—
S30403	022Cr19Ni10	0.030	1.00	2.00	0.045	0.030	8.00~12.00	18.00~20.00	—	—	—	—
S30409	07Cr19Ni10	0.04~0.10	1.00	2.00	0.045	0.030	8.00~11.00	18.00~20.00	—	—	—	—
S30510	10Cr18Ni12	0.12	1.00	2.00	0.045	0.030	10.50~13.00	17.00~19.00	—	—	—	—
S30808	06Cr20Ni11	0.08	1.00	2.00	0.045	0.030	10.00~12.00	19.00~21.00	—	—	—	—
S30920	16Cr23Ni13	0.20	1.00	2.00	0.040	0.030	12.00~15.00	22.00~24.00	—	—	—	—
S30908	06Cr23Ni13	0.08	1.00	2.00	0.045	0.030	12.00~15.00	22.00~24.00	—	—	—	—
S31008	06Cr25Ni20	0.08	1.50	2.00	0.045	0.030	19.00~22.00	24.00~26.00	—	—	—	—
S31449	20Cr25Ni20Si2	0.25	1.50~3.00	2.00	0.045	0.030	19.00~22.00	23.00~26.00	—	—	—	—
S31608	06Cr17Ni12Mo2	0.08	1.00	2.00	0.045	0.030	10.00~14.00	16.00~18.00	2.00~3.00	—	—	—
S31603	022Cr17Ni12Mo2	0.030	1.00	2.00	0.045	0.030	10.00~14.00	16.00~18.00	2.00~3.00	—	—	—
S31668	06Cr17Ni12Mo2Ti	0.08	1.00	2.00	0.045	0.030	10.00~14.00	16.00~18.00	2.00~3.00	—	—	Ti≥5C
S31708	06Cr19Ni13Mo3	0.08	1.00	2.00	0.045	0.030	11.00~15.00	18.00~20.00	3.00~4.00	—	—	—
S32168	06Cr18Ni11Ti	0.08	1.00	2.00	0.045	0.030	9.00~12.00	17.00~19.00	—	—	—	Ti5C~0.70
奥氏体-铁素体钢												
S22053	022Cr23Ni5Mo3N	0.030	1.00	2.00	0.030	0.020	4.50~6.50	22.00~23.00	3.00~3.50	—	0.14~0.20	—
铁素体钢												
S11348	06Cr13Al	0.08	1.00	1.00	0.040	0.030	0.60	11.50~14.50	—	—	—	Al0.10~0.30

续表

统一数字代号	牌号	化学成分(质量分数)/%										
		C	Si	Mn	P	S	Ni	Cr	Mo	Cu	N	其他元素
铁素体钢												
S11168	06Cr11Ti	0.08	1.00	1.00	0.040	0.030	0.60	10.50~11.70	—	—	—	Ti6C~0.75
S11178	04Cr11Nb	0.06	1.00	1.00	0.040	0.030	0.50	10.50~11.70	—	—	—	Nb10C~0.75
S11710	10Cr17	0.12	1.00	1.00	0.040	0.030	0.60	16.00~18.00	—	—	—	—
S11717	Y10Cr17	0.12	1.00	1.25	0.060	≥0.15	0.60	16.00~18.00	0.60	—	—	—
S11790	10Cr17Mo	0.12	1.00	1.00	0.040	0.030	0.60	16.00~18.00	0.75~1.25	—	—	—
S11770	10Cr17MoNb	0.12	1.00	1.00	0.040	0.030	—	16.00~18.00	0.75~1.25	—	—	Nb5C~0.80
S12404	026Cr24	0.035	0.80	0.80	0.035	0.030	0.60	23.00~25.00	0.50	0.50	0.05	—
马氏体钢												
S41008	06Cr13	0.08	1.00	1.00	0.040	0.030	0.60	11.50~13.50	—	—	—	—
S41010	12Cr13①	0.08~0.15	1.00	1.00	0.040	0.030	0.60	11.50~13.50	—	—	—	—
S41617	Y12Cr13	0.15	1.00	1.25	0.060	≥0.15	0.60	12.00~14.00	0.60	—	—	—
S42020	20Cr13	0.16~0.25	1.00	1.00	0.040	0.030	0.60	12.00~14.00	—	—	—	—
S42030	30Cr13	0.26~0.35	1.00	1.00	0.040	0.030	0.60	12.00~14.00	—	—	—	—
S45830	32Cr13Mo	0.28~0.35	0.80	1.00	0.040	0.030	0.60	12.00~14.00	0.50~1.00	—	—	—
S42037	Y30Cr13	0.26~0.35	1.00	1.25	0.060	≥0.15	0.60	12.00~14.00	0.60	—	—	—
S42040	40Cr13	0.36~0.45	0.60	0.80	0.040	0.030	0.60	12.00~14.00	—	—	—	—
S41410	12Cr12Ni2	0.15	1.00	1.00	0.040	0.030	1.25~2.50	11.50~13.50	—	—	—	—
S41717	Y16Cr17Ni2	0.12~0.20	1.00	1.50	0.040	0.15~0.30	2.00~3.00	15.00~18.00	0.60	—	—	—
S43110	14Cr17Ni2	0.11~0.17	0.80	0.80	0.040	0.030	1.50~2.50	16.00~18.00	—	—	—	—

① 相对于 GB/T 20878 调整成分的牌号。

注：1. 本标准适用于不锈钢丝，但不包括冷顶锻用和焊接用不锈钢丝，不包括奥氏体型和沉淀硬化型的不锈弹簧钢丝。

2. 本表中所列成分除标明范围或最小值的外，其余均为最大值。

表 3-2-132　　不锈钢丝的力学性能

类别	牌号	公称直径/mm	R_m/MPa	A[①]/%,≥
软态钢丝	12Cr17Mn6Ni5N 12Cr18Mn9Ni5N 12Cr18Ni9 Y12Cr18Ni9 07Cr19Ni10 16Cr23Ni13 20Cr25Ni20Si2	0.05~0.10 >0.10~0.30 >0.30~0.60 >0.60~1.00 >1.00~3.00 >3.00~6.00 >6.00~10.0 >10.0~16.0	700~1000 660~950 640~920 620~900 620~880 600~850 580~830 550~800	15 20 20 25 30 30 30 30
	Y06Cr17Mn6Ni6Cu2 Y12Cr18Ni9Cu3 06Cr19Ni10 022Cr19Ni10 10Cr18Ni12 06Cr20Ni11 06Cr23Ni13 06Cr25Ni20 06Cr17Ni12Mo2 022Cr17Ni12Mo2 06Cr17Ni12Mo2Ti 06Cr19Ni13Mo3 06Cr18Ni11Ti	0.05~0.10 >0.10~0.30 >0.30~0.60 >0.60~1.00 >1.00~3.00 >3.00~6.00 >6.00~10.0 >10.0~16.0	650~930 620~900 600~870 580~850 570~830 550~800 520~770 500~750	15 20 20 25 30 30 30 30
	022Cr23Ni5Mo3N	1.00~3.00 >3.00~16.0	700~1000 650~950	20 30
	06Cr13Al 06Cr11Ti 04Cr11Nb	1.00~3.00 >3.00~16.0	480~700 460~680	20 20
	10Cr17 Y10Cr17 10Cr17Mo 10Cr17MoNb	1.00~3.00 >3.00~16.0	480~650 450~650	15 15
	026Cr24	1.00~3.00 >3.00~16.0	480~680 450~650	20 30
	06Cr13 12Cr13 Y12Cr13	1.00~3.00 >3.00~16.0	470~650 450~650	20 20
	20Cr13	1.00~3.00 >3.00~16.0	500~750 480~700	15 15
	30Cr13 32Cr13Mo Y30Cr13 40Cr13 12Cr12Ni2 Y16Cr17Ni2 14Cr17Ni2	1.00~2.00 >2.00~16.0	600~850 600~850	10 15

续表

类别	牌号	公称直径/mm	R_m/MPa	牌号	公称直径/mm	R_m/MPa
轻拉钢丝	12Cr17Mn6Ni5N 12Cr18Mn9Ni5N Y06Cr17Mn6Ni6Cu2 12Cr18Ni9 Y12Cr18Ni9 Y12Cr18Ni9Cu3 06Cr19Ni10 022Cr19Ni10 07Cr19Ni10 10Cr18Ni12 06Cr20Ni11 16Cr23Ni13 06Cr23Ni13 06Cr25Ni20 20Cr25Ni20Si2 06Cr17Ni12Mo2 022Cr17Ni12Mo2 06Cr17Ni12Mo2Ti 06Cr19Ni13Mo3 06Cr18Ni11Ti	0.30~1.00 >1.00~3.00 >3.00~6.00 >6.00~10.0 >10.0~16.0	850~1200 830~1150 800~1100 770~1050 750~1030	06Cr13Al 06Cr11Ti 04Cr11Nb 10Cr17 Y10Cr17 10Cr17Mo 10Cr17MoNb	0.30~3.00 >3.00~6.00 >6.00~16.0	530~780 500~750 480~730
				06Cr13 12Cr13 Y12Cr13 20Cr13	1.00~3.00 >3.00~6.00 >6.00~16.0	600~850 580~820 550~800
				30Cr13 32Cr13Mo Y30Cr13 Y16Cr17Ni2	1.00~3.00 >3.00~6.00 >6.00~16.0	650~950 600~900 600~850
冷拉钢丝	12Cr17Mn6Ni5N 12Cr18Mn9Ni5N 12Cr18Ni9 06Cr19Ni10	0.10~1.00 >1.00~3.00 >3.00~6.00 >6.00~12.0	1200~1500 1150~1450 1100~1400 950~1250	07Cr19Ni10 10Cr18Ni12 06Cr17Ni12Mo2 06Cr18Ni11Ti	0.10~1.00 >1.00~3.00 >3.00~6.00 >6.00~12.0	1200~1500 1150~1450 1100~1400 950~1250

① 易切削钢丝和公称直径小于1.00mm的钢丝，断后伸长率A供参考，不作为判定依据。

注：1. 直条或磨光状态钢丝的力学性能允许有±10%的偏差。

2. 本表中未列出牌号及状态的钢丝的力学性能由供需双方协商确定。

3. 交货状态：奥氏体和铁素体钢丝为软态（代号S）、轻拉（代号LD）、冷拉（代号WCD）；马氏体钢丝为软态、轻拉，但40Cr13、12Cr12Ni2、14Cr17Ni2只有软态无轻拉；奥氏体-铁素体钢丝为软态。

4. 钢丝按表面光亮或洁净程度分为雾面、亮面、清洁面和涂（镀）层表面4种。

5. 钢丝表面不应有结疤、折叠、裂纹、毛刺、麻坑、划伤和氧化皮等对使用有害的缺陷，但允许有个别深度不超过尺寸公差之半的麻点和划痕存在。直条钢丝表面允许有螺旋纹和润滑剂残迹存在。软态交货的马氏体型钢丝表面允许有氧化膜。

高电阻电热合金（摘自GB/T 1234—2012）

表3-2-133　高电阻电热合金丝材、棒材、盘条和带材的公称尺寸

合金牌号	冷拉丝材	棒材	盘条	冷轧带材		热轧带材	
	公称直径/mm			公称厚度/mm	公称宽度/mm	公称厚度/mm	公称宽度/mm
所有牌号	0.020~10.00	6.00~150.0	5.50~12.00	0.05~4.00	5.0~300.0	2.5~5.0 （卷状） >5.0~20.0 （条状）	15.0~300.0

冷轧带材	公称厚度/mm	0.05~0.10	>0.10~0.30	>0.30~1.00	>1.00~2.00	>2.00~4.00
	单支最小长度/m	10	20	15	10	5
热轧带材	公称厚度/mm	2.5~5.0	>5.0~7.0	>7.0~10.0	>10.0~20.0	—
	单支最小长度/m	10	3	2	1.5	—

注：1. 本标准适用于制造各种电加热元件和一般电阻元件用拉拔、轧制和锻造的镍铬、镍铬铁和铁铬铝高电阻电热合金丝材、板带材、棒材和盘条（简称合金材）。

2. 合金材以退火、退火加酸洗、退火加磨光或车削、光亮退火、冷拉或固溶热处理状态交货。

表 3-2-134 **高电阻电热合金的化学成分**

合金牌号	化学成分(质量分数)/%									
	C	P	S	Mn	Si	Cr	Ni	Al	Fe	其他
	≤									
Cr15Ni60	0.08	0.020	0.015	0.60	0.75~1.60	15.0~18.0	55.0~61.0	≤0.50	余量	—
Cr20Ni80	0.08	0.020	0.015	0.60	0.75~1.60	20.0~23.0	余量	≤0.50	≤1.0	—
Cr30Ni70	0.08	0.020	0.015	0.60	0.75~1.60	28.0~31.0	余量	≤0.50	≤1.0	—
Cr20Ni35	0.08	0.020	0.015	1.00	1.00~3.00	18.0~21.0	34.0~37.0	—	余量	—
Cr20Ni30	0.08	0.020	0.015	1.00	1.00~3.00	18.0~21.0	30.0~34.0	—	余量	—
1Cr13Al4	0.12	0.025	0.020	0.50	≤0.70	12.0~15.0	≤0.60	4.0~6.0	余量	—
0Cr20Al3	0.08	0.025	0.020	0.50	≤0.70	18.0~21.0	≤0.60	3.0~4.2	余量	—
0Cr23Al5	0.06	0.025	0.020	0.50	≤0.60	20.5~23.5	≤0.60	4.2~5.3	余量	—
0Cr25Al5	0.06	0.025	0.020	0.50	≤0.60	23.0~26.0	≤0.60	4.5~6.5	余量	—
0Cr21Al6Nb	0.05	0.025	0.020	0.50	≤0.60	21.0~23.0	≤0.60	5.0~7.0	余量	Nb 加入量 0.5
0Cr20Al6RE	0.04	0.025	0.020	0.50	≤0.40	19.0~21.0	≤0.60	5.0~6.0	余量	La+Ce、Co、Ti、Nb、Y、Zr、Hf 等元素中的一种或几种加入总量的 0.04~1.00
0Cr24Al6RE	0.04	0.025	0.020	0.50	≤0.40	22.0~26.0	≤0.60	5.0~7.0	余量	
0Cr27Al7Mo2	0.05	0.025	0.020	0.20	≤0.40	26.5~27.8	≤0.60	6.0~7.0	余量	Mo 加入量 1.8~2.2

注：1. 在保证合金性能符合本标准要求的前提下可以对合金成分范围进行适当调整。

2. 为了改善合金性能允许在合金中添加适量稀土元素及其他元素。

3. 公称直径或厚度小于 0.10mm 微细丝和箔材合金应检查非金属夹杂物，其 A、B、C、D 类夹杂物（粗系和细系）的合格级别均应不大于 2.0 级。

表 3-2-135 **软态高电阻电热合金丝材和带材的室温电阻率**

类别	合金牌号	公称直径范围/mm	20℃电阻率/μΩ·m	合金牌号	公称直径范围/mm	20℃电阻率/μΩ·m
软态丝材	Cr15Ni60	<0.50	1.12±0.05	1Cr13Al4	0.020~10.00	1.25±0.08
		≥0.50	1.15±0.05	0Cr20Al3		1.23±0.07
	Cr20Ni80	<0.50	1.09±0.05	0Cr23Al5		1.35±0.06
		≥0.50~3.00	1.13±0.05	0Cr25Al5		1.42±0.07
		>3.00	1.14±0.05	0Cr21Al6Nb		1.45±0.07
	Cr30Ni70	<0.50	1.18±0.05	0Cr20Al6RE		1.40±0.07
		≥0.50	1.20±0.05	0Cr24Al6RE		1.48±0.07
	Cr20Ni35 Cr20Ni30	—	1.04±0.05	0Cr27Al7Mo2		1.53±0.07
类别	**合金牌号**	**合金带厚度/mm**	**20℃电阻率/μΩ·m**	**合金牌号**	**合金带厚度/mm**	**20℃电阻率/μΩ·m**
软态带材	Cr15Ni60	≤0.80	1.11±0.05	Cr20Ni30	—	1.04±0.05
		>0.80~3.00	1.14±0.05	1Cr13Al4	0.050~4.00	1.25±0.08
		>3.00	1.15±0.05	0Cr20Al3		1.23±0.07
	Cr20Ni80	≤0.80	1.09±0.05	0Cr23Al5		1.35±0.07
		>0.80~3.00	1.13±0.05	0Cr25Al5		1.42±0.07
		>3.00	1.14±0.05	0Cr21Al6Nb		1.45±0.07
	Cr30Ni70	≤0.80	1.18±0.05	0Cr20Al6RE		1.40±0.07
		>0.80~3.00	1.19±0.05	0Cr24Al6RE		1.48±0.07
		>3.00	1.20±0.05	0Cr27Al7Mo2		1.53±0.07
	Cr20Ni35	—	1.04±0.05			

注：考核每米电阻值的丝材和带材，不考核其室温电阻率。公称直径为 0.020~5.50mm 的软态丝材的每米电阻值及其允许偏差见原标准，其他尺寸的每米电阻值可由下式计算，其允许偏差由供需双方协商确定。

$$R=\rho L/S$$

式中，R 为电阻值，Ω；L 为长度，m；ρ 为电阻率，μΩ·m；S 为截面积，mm^2。

表 3-2-136　　高电阻电热合金的主要物理性能、用途及合金丝材在规定温度下的快速寿命

合金牌号	丝材快速寿命		主要物理性能										特点与用途
	试验温度/℃	寿命值/h ≥	元件最高使用温度/℃	熔点（近似）/℃	密度/g·cm^{-3}	比热容/J·g^{-1}·K^{-1}	平均线胀系数α（20~1000℃）/10^{-6}K^{-1}	热导率（20℃）/W·m^{-1}·K^{-1}	电阻率（20℃）/μΩ·m	组织	磁性	
Cr15Ni60	1150	80	1150	1390	8.20	0.46	17.0	13	1.12	奥氏体	非磁性	高温力学性能很好，用后不变脆，但易被炉中的硫和含碳、氢气体腐蚀。适用于氧化及含氮气氛的低、中温移动式电炉中的电加热元件
Cr20Ni80	1200	80	1200	1400	8.40	0.46	18.0	15	1.09			
Cr30Ni70	1250	50	1250	1380	8.10	0.46	17.0	14	1.18			
Cr20Ni35	1100	80	1100	1390	7.90	0.50	19.0	13	1.04		弱磁性	
Cr20Ni30	1100	80	1100	1390	7.90	0.50	19.0	13	1.04			
1Cr13Al4	—	—	950	1450	7.40	0.49	15.4	15	1.25	铁素体	磁性	抗氧化性能比镍铬合金好，电阻率比镍铬合金高，密度较小，用料省，不用镍，价廉；但在高温下性脆，机械强度低，适用于氧化及含硫气氛的固定式低温、中温和高温电炉中的电加热元件
0Cr20Al3	1250	80	1100	1500	7.35	0.49	13.5	13	1.23			
0Cr23Al5	1300	80	1300	1500	7.25	0.46	15.0	13	1.35			
0Cr25Al5	1300	80	1300	1500	7.25	0.46	15.0	13	1.42			
0Cr21Al6Nb	1350	50	1350	1510	7.10	0.49	16.0	13	1.45			
0Cr20Al6RE	1300	80	1300	1500	7.20	0.48	14.0	13	1.40			
0Cr24Al6RE	1350	80	1400	1520	7.10	0.49	16.0	13	1.48			
0Cr27Al7Mo2	1350	50	1400	1520	7.10	0.49	16.0	13	1.53			

表 3-2-137　　软态高电阻电热合金丝材、棒材、盘条和带材的力学性能

合金牌号	推荐热处理制度①		R_m/MPa	A/%	
				直径>3.00mm 的全部丝材和厚度>0.200mm 的镍铬带材	直径 0.10~3.00mm 的全部丝材和厚度>0.200mm 的铁铬铝带材
			≥		
Cr15Ni60	固溶	980~1100℃，水冷或空冷	600	25	20
Cr20Ni80		980~1150℃，水冷或空冷	650	25	20
Cr30Ni70		980~1100℃，水冷或空冷	650	25	20
Cr20Ni35		900~1100℃，水冷或空冷	600	25	20
Cr20Ni30		900~1100℃，水冷或空冷	600	25	20
1Cr13Al4	退火	730~830℃，水冷	580	15	12
0Cr20Al3		730~830℃，水冷	580	15	12
0Cr23Al5		750~850℃，水冷	600	15	12
0Cr25Al5		750~850℃，水冷	600	15	12
0Cr21Al6Nb		750~850℃，水冷	650	12	10
0Cr20Al6RE		750~850℃，水冷	600	15	12
0Cr24Al6RE		750~850℃，水冷	680	12	10
0Cr27Al7Mo2		750~850℃，缓冷	680	10	10

① 适用于直径或厚度大于 2mm 合金丝材和带材，铁铬铝合金除 0Cr27Al7Mo2 外，热处理后应迅速淬水，不应在低于零度的大气中冷却。

注：1. 公称直径为 0.50~6.00mm 的丝材应进行缠绕试验，在规定的芯棒上缠绕 5 圈后，表面不允许出现分层及裂纹。铁铬铝丝材允许用反复弯曲试验代替缠绕试验，反复弯曲次数不得小于 5 次。公称厚度大于 0.80mm 的冷轧带材应做弯曲试验，其弯曲处不允许出现分层及裂纹。

2. 热轧板带材、棒材及盘条表面不应有折叠、裂纹、重皮、凹陷、耳子、夹杂、磷屑及其他影响使用的缺陷存在，但允许有氧化膜存在。上述表面缺陷允许清理，清理深度不应超过直径或厚度公差之半。冷拉丝材和冷轧带材表面应光滑、平整，不允许有裂纹、折叠、结疤、锈斑、分层及其他影响使用的缺陷存在，但允许局部有深度不超过直径公差之半或厚度公差的加工痕迹或划伤，也允许表面有均匀的氧化薄膜存在。

4 各国（地区）黑色金属材料牌号近似对照（参考）

4.1 各国（地区）结构用钢牌号对照

4.2 各国（地区）工模具钢牌号对照

4.3 各国（地区）不锈钢和耐热钢牌号对照

4.4 各国（地区）铸钢牌号对照

4.5 各国（地区）铸铁牌号对照

扫码阅读

第3章 有色金属材料

1 铸造有色合金

铸造有色金属及其合金牌号表示方法示例（摘自 GB/T 8063—2017）

表 3-3-1

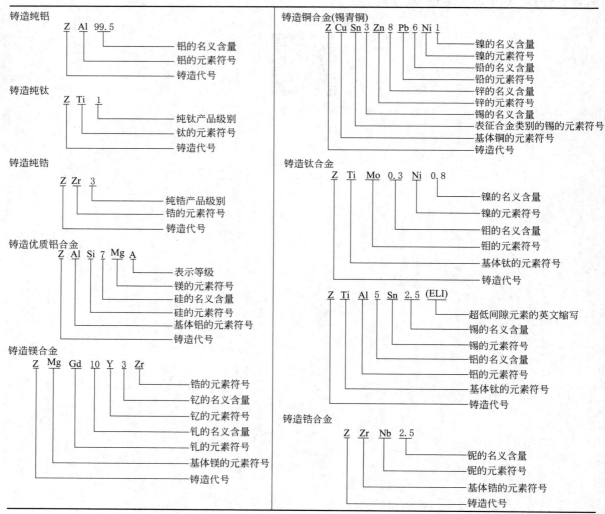

铸造纯铝

Z Al 99.5
- 99.5 — 铝的名义含量
- Al — 铝的元素符号
- Z — 铸造代号

铸造纯钛

Z Ti 1
- 1 — 纯钛产品级别
- Ti — 钛的元素符号
- Z — 铸造代号

铸造纯锆

Z Zr 3
- 3 — 纯锆产品级别
- Zr — 锆的元素符号
- Z — 铸造代号

铸造优质铝合金

Z Al Si 7 Mg A
- A — 表示等级
- Mg — 镁的元素符号
- 7 — 硅的名义含量
- Si — 硅的元素符号
- Al — 基体铝的元素符号
- Z — 铸造代号

铸造镁合金

Z Mg Gd 10 Y 3 Zr
- Zr — 锆的元素符号
- 3 — 钇的名义含量
- Y — 钇的元素符号
- 10 — 钆的名义含量
- Gd — 钆的元素符号
- Mg — 基体镁的元素符号
- Z — 铸造代号

铸造铜合金(锡青铜)

Z Cu Sn 3 Zn 8 Pb 6 Ni 1
- 1 — 镍的名义含量
- Ni — 镍的元素符号
- 6 — 铅的名义含量
- Pb — 铅的元素符号
- 8 — 锌的名义含量
- Zn — 锌的元素符号
- 3 — 锡的名义含量
- Sn — 表征合金类别的锡的元素符号
- Cu — 基体铜的元素符号
- Z — 铸造代号

铸造钛合金

Z Ti Mo 0.3 Ni 0.8
- 0.8 — 镍的名义含量
- Ni — 镍的元素符号
- 0.3 — 钼的名义含量
- Mo — 钼的元素符号
- Ti — 基体钛的元素符号
- Z — 铸造代号

Z Ti Al 5 Sn 2.5 (ELI)
- (ELI) — 超低间隙元素的英文缩写
- 2.5 — 锡的名义含量
- Sn — 锡的元素符号
- 5 — 铝的名义含量
- Al — 铝的元素符号
- Ti — 基体钛的元素符号
- Z — 铸造代号

铸造锆合金

Z Zr Nb 2.5
- 2.5 — 铌的名义含量
- Nb — 铌的元素符号
- Zr — 基体锆的元素符号
- Z — 铸造代号

铸造铜合金（摘自 GB/T 1176—2013）

表 3-3-2

组别	合金牌号	合金名称	主要化学成分(质量分数)/%										铸造方法	力学性能			特性与用途
			Sn	Pb	Zn	Ni	Si	P	Cu	Mn	Fe	Al		R_m /MPa	A /%	HBW	
锡青铜	ZCuSn3Zn8Pb6Ni1 (ZQSn3-7-5-1)	3-8-6-1 锡青铜	2.0~4.0	4.0~7.0	6.0~9.0	0.5~1.5			余量				S J	175 215	8 10	60 70	耐磨性较好，易加工，铸造性能好，气密性较好，耐腐蚀，可在流动海水下工作 用于在各种液体燃料以及海水、淡水和蒸汽(低于 225℃)中工作的零件，压力不大于 2.5MPa 的阀门和管配件
锡青铜	ZCuSn3Zn11Pb4 (ZQSn3-12-5)	3-11-4 锡青铜	2.0~4.0	3.0~6.0	9.0~13.0				余量				S、R J	175 215	8 10	60 60	铸造性能好，易加工，耐腐蚀 用于海水、淡水、蒸汽中，压力不大于 2.5MPa 的管配件
锡青铜	ZCuSn5Pb5Zn5 (ZQSn5-5-5)	5-5-5 锡青铜	4.0~6.0	4.0~6.0	4.0~6.0				余量				S、J、R Li、La	200 250	13 13	60 65	耐磨性和耐蚀性好，易加工，铸造性能和气密性较好 用于在较高载荷、中等滑动速度下工作的耐磨、耐腐蚀零件，如轴瓦、衬套、缸套、活塞离合器、泵件压盖以及蜗轮等
锡青铜	ZCuSn10P1 (ZQSn10-1)	10-1 锡青铜	9.0~11.5					0.5~1.0	余量				S、R J Li La	220 310 330 360	3 2 4 6	80 90 90 90	硬度高，耐磨性极好，不易产生咬死现象，有较好的铸造性能和切削加工性能，在大气和淡水中有良好的耐蚀性 用于高载荷(20MPa 以下)和高滑动速度(8m/s)下工作的耐磨零件，如连杆、衬套、轴瓦、齿轮、蜗轮等
锡青铜	ZCuSn10Pb5 (ZQSn10-5)	10-5 锡青铜	9.0~11.0	4.0~6.0					余量				S J	195 245	10 10	70 70	耐腐蚀，特别对稀硫酸、盐酸和脂肪酸 用于结构材料，耐蚀、耐酸的配件以及破碎机衬套、轴瓦
锡青铜	ZCuSn10Zn2 (ZQSn10-2)	10-2 锡青铜	9.0~11.0		1.0~3.0				余量				S J Li、La	240 245 270	12 6 7	70 80 80	耐蚀性、耐磨性和切削加工性能好，铸造性能好，铸件致密性较高，气密性较好 用于在中等及较高载荷和小滑动速度下工作的重要管配件，以及阀、旋塞、泵体、齿轮、叶轮和蜗轮等

续表

组别	合金牌号	合金名称	主要化学成分(质量分数)/%										铸造方法	力学性能			特性与用途
			Sn	Pb	Zn	Ni	Si	P	Cu	Mn	Fe	Al		R_m /MPa	A /%	HBW	
铅青铜	ZCuPb9Sn5	9-5 铅青铜	4.0~ 6.0	8.0~ 10.0					余量				La	110	11	60	润滑性、耐磨性能良好,易切削,可焊性良好,软钎焊性、硬钎焊性均良好,不推荐氧燃烧气焊和各种形式的电弧焊 用于轴承和轴套,汽车用衬管轴承
	ZCuPb10Sn10 (ZQPb10-10)	10-10 铅青铜	9.0~ 11.0	8.0~ 11.0					余量				S J Li、La	180 220 220	7 5 6	65 70 70	润滑性能、耐磨性能和耐蚀性能好,适合作为双金属铸造材料 用于表面压力高、又存在侧压力的滑动轴承如轧辊、车辆用轴承,负荷峰值60MPa的受冲击的零件,最高峰值达100MPa的内燃机双金属轴瓦,以及活塞销套、摩擦片等
	ZCuPb15Sn8 (ZQPb12-8)	15-8 铅青铜	7.0~ 9.0	13.0~ 17.0					余量				S J Li、La	170 200 220	5 6 8	60 65 65	在缺乏润滑剂和使用水质润滑剂条件下,滑动性和自润滑性能好,易切削,铸造性能差,对稀硫酸耐蚀性能好 用于表面压力高、又有侧压力的轴承,可用来制造冷轧机的铜冷却管,耐冲击载荷达50MPa的零件,内燃机的双金属轴瓦,主要用于最大载荷达70MPa的活塞销套,耐酸配件
	ZCuPb17Sn4Zn4 (ZQPb17-4-4)	17-4-4 铅青铜	3.5~ 5.0	14.0~ 20.0	2.0~ 6.0				余量				S J	150 175	5 7	55 60	耐磨性和自润滑性能好,易切削,铸造性能差 用于一般耐磨件,高滑动速度的轴承等
	ZCuPb20Sn5 (ZQPb25-5)	20-5 铅青铜	4.0~ 6.0	18.0~ 23.0					余量				S J La	150 150 180	5 6 7	45 55 55	有较高的滑动性能,在缺乏润滑介质和以水为介质时有特别好的自润滑性能,适用于双金属铸造材料,耐硫酸腐蚀,易切削,铸造性能差 用于高滑动速度的轴承及破碎机、水泵、冷轧机轴承,载荷达40MPa的零件,耐腐蚀零件,双金属轴承,载荷达70MPa的活塞销套

续表

组别	合金牌号	合金名称	主要化学成分(质量分数)/%										铸造方法	力学性能			特性与用途
			Sn	Pb	Zn	Ni	Si	P	Cu	Mn	Fe	Al		R_m /MPa	A /%	HBW	
铅青铜	ZCuPb30 (ZQPb30)	30铅青铜		27.0~33.0					余量				J	—	—	25	有良好的自润滑性,易切削,铸造性能差,易产生密度偏析 用于要求高滑动速度的双金属轴瓦、减摩零件
铝青铜	ZCuAl8Mn13Fe3	8-13-3铝青铜							余量	12.0~14.5	2.0~4.0	7.0~9.0	S J	600 650	15 10	160 170	具有很高的强度和硬度,良好的耐磨性能和铸造性能,合金致密性高,耐蚀性好,作为耐磨件材料,工作温度不高于400℃,可以焊接,不易钎焊 用于制造重型机械用轴套,以及要求强度高、耐磨、耐压零件,如衬套、法兰、阀体、泵体等
	ZCuAl8Mn13Fe3Ni2 (ZQAl12-8-3-2)	8-13-3-2铝青铜				1.8~2.5			余量	11.5~14.0	2.5~4.0	7.0~8.5	S J	645 670	20 18	160 170	有很高的力学性能,在大气、淡水和海水中均有良好的耐蚀性,腐蚀疲劳强度高,铸造性能好,合金组织致密,气密性好,可以焊接,不易钎焊 用于要求强度高耐腐蚀的重要铸件,如船舶螺旋桨、高压阀体、泵体,以及耐压、耐磨零件,如蜗轮、齿轮、法兰、衬套等
	ZCuAl9Mn2 (ZQAl9-2)	9-2铝青铜							余量	1.5~2.5		8.0~10.0	S、R J	390 440	20 20	85 95	有高的力学性能,在大气、淡水和海水中耐蚀性好,铸造性能好,组织致密,气密性高,耐磨性好,可以焊接,不易钎焊 用于耐蚀、耐磨零件,形态简单的大型铸件,如衬套、齿轮、蜗轮,以及在250℃以下工作的管配件和要求气密性高的铸件,如增压器内气封

续表

组别	合金牌号	合金名称	主要化学成分(质量分数)/%										铸造方法	力学性能			特性与用途
			Sn	Pb	Zn	Ni	Si	P	Cu	Mn	Fe	Al		R_m /MPa	A /%	HBW	
铝青铜	ZCuAl9Fe4Ni4Mn2 (ZQAl9-4-4-2)	9-4-4-2 铝青铜				4.0~ 5.0			余量	0.8~ 2.5	4.0~ 5.0	8.5~ 10.0	S	630	16	160	有很高的力学性能,在大气、淡水、海水中均有优良的耐蚀性,腐蚀疲劳强度高,耐磨性良好,在400℃以下具有耐热性,可以热处理,焊接性能好,不易钎焊,铸造性能尚好 用于要求强度高、耐蚀性好的重要铸件,是制造船舶螺旋桨的主要材料之一,也可用于耐磨和400℃以下工作的零件,如轴承、齿轮、蜗轮、螺母、法兰、阀体、导向套管
铝青铜	ZCuAl10Fe3 (ZQAl9-4)	10-3 铝青铜							余量		2.0~ 4.0	8.5~ 11.0	S J Li、La	490 540 540	13 15 15	100 110 110	具有高的力学性能,耐磨性和耐蚀性好,可以焊接,不易钎焊,大型铸件自700℃空冷可以防止变脆 用于要求强度高、耐磨、耐蚀的重型铸件,如轴套、螺母、蜗轮以及250℃以下工件的管配件
铝青铜	ZCuAl10Fe3Mn2 (ZQAl10-3-1.5)	10-3-2 铝青铜							余量	1.0~ 2.0	2.0~ 4.0	9.0~ 11.0	S、R J	490 540	15 20	110 120	具有高的力学性能和耐磨性,可热处理,高温下耐蚀性和抗氧化性能好,在大气、淡水和海水中耐蚀性好,可以焊接,不易钎焊,大型铸件自700℃空冷可以防止变脆 用于要求强度高、耐磨、耐蚀的零件,如齿轮、轴承、衬套、管嘴,以及耐热管配件等
黄铜	ZCuZn38 (ZH62)	38黄铜			余量				60.0~ 63.0				S J	295 295	30 30	60 70	具有优良的铸造性能和较高的力学性能,切削加工性能好,可以焊接,耐蚀性较好,有应力腐蚀开裂倾向 用于一般结构和耐蚀零件,如法兰、阀座、支架、手柄和螺母等

续表

组别	合金牌号	合金名称	主要化学成分(质量分数)/%										铸造方法	力学性能			特性与用途
			Sn	Pb	Zn	Ni	Si	P	Cu	Mn	Fe	Al		R_m /MPa	A /%	HBW	
铝黄铜	ZCuZn25Al6Fe3Mn3 (ZHAl66-6-3-2)	25-6-3-3 铝黄铜			余量				60.0~66.0	1.5~4.0	2.0~4.0	4.5~7.0	S J Li、La	725 740 740	10 7 7	160 170 170	有很高的力学性能,铸造性能良好,耐蚀性较好,有应力腐蚀开裂倾向,可以焊接 用于高强、耐磨零件,如桥梁支承板、螺母、螺杆、耐磨板、滑块和蜗轮等
铝黄铜	ZCuZn26Al4Fe3Mn3	26-4-3-3 铝黄铜			余量				60.0~66.0	2.0~4.0	2.0~4.0	2.5~5.0	S J Li、La	600 600 600	18 18 18	120 130 130	有很高的力学性能,铸造性能良好,在大气、淡水和海水中耐蚀性较好,可以焊接 用于要求强度高、耐蚀的零件
铝黄铜	ZCuZn31Al2 (ZHAl67-2.5)	31-2 铝黄铜			余量				66.0~68.0			2.0~3.0	S J	295 390	12 15	80 90	铸造性能良好,在大气、淡水、海水中耐蚀性较好,易切削,可以焊接 用于压力铸造,如电机、仪表等压铸件,以及造船和机械制造业的耐蚀零件
铝黄铜	ZCuZn35Al2Mn2Fe1 (ZHAl59-1-1)	35-2-2-1 铝黄铜			余量				57.0~65.0	0.1~3.0	0.5~2.0	0.5~2.5	S J Li、La	450 475 475	20 18 18	100 110 110	具有高的力学性能和良好的铸造性能,在大气、淡水、海水中有较好的耐蚀性,切削性能好,可以焊接 用于管配件和要求不高的耐磨件
锰黄铜	ZCuZn38Mn2Pb2 (ZHMn58-2-2)	38-2-2 锰黄铜		1.5~2.5	余量				57.0~60.0	1.5~2.5			S J	245 345	10 18	70 80	有较高的力学性能和耐蚀性,耐磨性较好,切削性能良好 用于一般用途的结构件,船舶、仪表等使用的外形简单的铸件,如套筒、衬套、轴瓦、滑块等
锰黄铜	ZCuZn40Mn2 (ZHMn58-2)	40-2 锰黄铜			余量				57.0~60.0	1.0~2.0			S J	345 390	20 25	80 90	有较高的力学性能和耐蚀性,铸造性能好,受热时组织稳定 用于在大气、淡水、海水、蒸汽(低于 300℃)和各种液体燃料中工作的零件和阀体、阀杆、泵、管接头,以及需要浇注巴氏合金和镀锡的零件等

续表

组别	合金牌号	合金名称	主要化学成分(质量分数)/%										铸造方法	力学性能			特性与用途
			Sn	Pb	Zn	Ni	Si	P	Cu	Mn	Fe	Al		R_m /MPa	A /%	HBW	
锰黄铜	ZCuZn40Mn3Fe1 (ZHMn55-3-1)	40-3-1 锰黄铜			余量				53.0~ 58.0	3.0~ 4.0	0.5~ 1.5		S、R J	440 490	18 15	100 110	有高的力学性能,良好的铸造性能和切削加工性能,在大气、淡水、海水中耐蚀性较好,有应力腐蚀开裂倾向 用于耐海水腐蚀的零件,以及300℃下工作的管配件,制造船舶螺旋桨等大型铸件
铅黄铜	ZCuZn33Pb2	33-2 铅黄铜		1.0~ 3.0	余量				63.0~ 67.0				S	180	12	50	结构材料,给水温度为90℃时抗氧化性能好,电导率约为10~14MS/m 用于煤气和给水设备的壳体,机器制造、电子技术、精密仪器和光学仪器的部分构件和配件
铅黄铜	ZCuZn40Pb2 (ZHPb59-1)	40-2 铅黄铜		0.5~ 2.5	余量				58.0~ 63.0			0.2~ 0.8	S、R J	220 280	15 20	80 90	有好的铸造性能和耐磨性,切削加工性能好,耐蚀性较好,在海水中有应力腐蚀倾向 用于一般用途的耐磨、耐蚀零件,如轴套、齿轮等
硅黄铜	ZCuZn16Si4 (ZHSi80-3)	16-4 硅黄铜			余量		2.5~ 4.5		79.0~ 81.0				S、R J	345 390	15 20	90 100	具有较高的力学性能和良好的耐蚀性,铸造性能好,流动性高,铸件组织致密,气密性好 用于接触海水工作的管配件以及水泵、叶轮、旋塞和在大气、淡水、油、燃料,以及工作压力在4.5MPa和250℃以下蒸汽中工作的铸件

注：1. 合金牌号栏中括号内为GB 1176—1974规定的牌号。2. 铸造方法代号：S—砂型，J—金属型，La—连续铸造；Li—离心铸造，R—熔模铸造。3. 牌号因篇幅限制，未全部录入。

压铸铜合金（摘自 GB/T 15116—2023）

表 3-3-3

序号	合金牌号	合金代号	元素含量(质量分数)/%																力学性能 ≥			主要特性	应用举例
			主要元素							杂质元素 ≤													
			Cu	Pb	Al	Si	Mn	Fe	Zn	Fe	Si	Ni	Sn	Mn	Al	Pb	Sb	总和	抗拉强度 R_m /MPa	伸长率 A/%	布氏硬度 HBW		
1	YZCuZn40Pb	YT40-1 铅黄铜	58.0~63.0	0.5~1.5	0.2~0.5	—	—	—	余量	0.4	0.05	—	—	0.5	—	—	0.2	1.0	320	6	85	塑性好，耐磨性高，切削加工性、耐蚀性优良，强度不高	用于一般用途的耐磨、耐蚀零件，如轴套、齿轮等
2	YZCuZn16Si4	YT16-4 硅黄铜	79.0~81.0	—	—	2.5~4.5	—	—	余量	0.3	—	—	0.3	0.5	0.1	—	0.1	1.0	355	25	85	强度高，塑性、耐蚀性好，铸造性能优良，耐磨性、切削加工性一般	用于制造在一般腐蚀介质中工作的管配件、阀体、阀盖，以及各种形状复杂的铸件
3	YZCuZn30Al3	YT30-3 铝黄铜	66.0~68.0	—	2.0~3.0	—	—	—	余量	0.4	—	—	1.0	0.5	—	1.0	—	1.0	410	15	110	强度、耐磨性高，铸造性能好，在大气中耐蚀性好，在其他介质中一般，切削加工性一般	用于制造空气中的耐蚀件
4	YZCuZn35Al2Mn2Fe	YT35-2-2-1 铝锰铁黄铜	57.0~65.0	—	0.5~2.5	—	0.1~3.0	0.5~2.0	余量	—	0.1	1.5	0.3	—	—	0.5	Sb+Pb+As 0.4	1.0①	485	3	130		

① 杂质总和中不含 Ni。

铸造铝合金（摘自 GB/T 1173—2013）

表 3-3-4

组别	合金牌号	合金代号	主要化学成分(质量分数)/%								铸造方法	合金状态	力学性能≥			用途
			Si	Cu	Mg	Zn	Mn	Ti	其他	Al			R_m /MPa	A /%	HBW	
铝硅合金	ZAlSi7Mg	ZL101	6.5~7.5		0.25~0.45					余量	S、R、J、K S、R、J、K JB S、R、K J、JB S、R、K SB、RB、KB SB、RB、KB SB、RB、KB SB、RB、KB	F T2 T4 T4 T5 T5 T5 T6 T7 T8	155 135 185 175 205 195 195 225 195 155	2 2 4 4 2 2 2 1 2 3	50 45 50 50 60 60 60 70 60 55	耐蚀性、力学性能和铸造工艺性能良好，易气焊，用于制作形状复杂、承受中等载荷、工作温度不高于 200℃ 的零件，如飞机零件、仪器零件，抽水机壳体、气化器、水冷发动机气缸体等 在海水环境中使用时，含铜量不大于 0.1%

续表

组别	合金牌号	合金代号	主要化学成分(质量分数)/%								铸造方法	合金状态	力学性能≥			用途
			Si	Cu	Mg	Zn	Mn	Ti	其他	Al			R_m /MPa	A /%	HBW	
铝硅合金	ZAlSi7MgA	ZL101A	6.5~7.5		0.25~0.45			0.08~0.2		余量	S、R、K J、JB S、R、K SB、RB、KB JB、J SB、RB、KB JB、J	T4 T4 T5 T5 T5 T6 T6	195 225 235 235 265 275 295	5 5 4 4 4 2 3	60 60 70 70 70 80 80	耐蚀性、力学性能和铸造工艺性能良好,易气焊,用于制作形状复杂、承受中等载荷、工作温度不高于200℃的零件,如飞机零件、仪器零件,抽水机壳体、气化器、水冷发动机气缸体等 在海水环境中使用时,含铜量不大于0.1%,因力学性能比ZL101有较大程度的提高,主要用于铸造高强度铝合金铸件
	ZAlSi12	ZL102	10~13							余量	SB、JB、RB、KB J SB、JB、RB、KB J	F F T2 T2	145 155 135 145	4 2 4 3	50 50 50 50	用于制作形状复杂、载荷不大而耐蚀的薄壁零件或压铸零件,以及工作温度不高于200℃的高气密性零件,如仪表壳体、机器罩、盖子、船舶零件等
	ZAlSi9Mg	ZL104	8~10.5		0.17~0.35		0.2~0.5			余量	S、J、R、K J SB、RB、KB J、JB	F T1 T6 T6	150 200 230 240	2 1.5 2 2	50 65 70 70	用于制作形状复杂、薄壁、耐腐蚀和承受较高静载荷或受冲击作用的大型零件,如风机叶片、水冷式发动机的曲轴箱、滑块和气缸盖、气缸头、气缸体及其他重要零件,工作温度不高于200℃
	ZAlSi5Cu1Mg	ZL105	4.5~5.5	1.0~1.5	0.4~0.6					余量	S、J、R、K S、R、K J S、R、K S、J、R、K	T1 T5 T5 T6 T7	155 215 235 225 175	0.5 1 0.5 0.5 1	65 70 70 70 65	强度高、切削性好,用于制作形状复杂、承受较高静载荷,以及要求焊接性良好、气密性高或在225℃以下工作的零件,如发动机的气缸头、油泵壳体、曲轴箱等 L105合金在航空工业中应用相当广泛
	ZAlSi8Cu1Mg	ZL106	7.5~8.5	1.0~1.5	0.3~0.5		0.3~0.5	0.1~0.25		余量	SB JB SB JB SB JB SB J	F T1 T5 T5 T6 T6 T7 T7	175 195 235 255 245 265 225 245	1 1.5 2 2 1 2 2 2	70 70 60 70 80 70 60 60	用于制作形状复杂、承受高静载荷的零件,也可用于制作要求气密性高或工作温度在225℃以下工作的零件,如齿轮油泵壳体、水冷发动机气缸头等
	ZAlSi12Cu2Mg1	ZL108	11~13	1~2	0.4~1		0.3~0.9			余量	J J	T1 T6	195 255	— —	85 90	用于制作要求线胀系数小、强度高、耐磨性高、重载、工作温度在250℃以下工作的零件,如大功率柴油机活塞
	ZAlSi12Cu1Mg1Ni1	ZL109	11~13	0.5~1.5	0.8~1.3				Ni0.8~1.5	余量	J J	T1 T6	195 245	0.5 —	90 100	用于制作高速下大功率活塞,工作温度在250℃以下

续表

组别	合金牌号	合金代号	主要化学成分(质量分数)/%								铸造方法	合金状态	力学性能≥			用途
			Si	Cu	Mg	Zn	Mn	Ti	其他	Al			R_m /MPa	A /%	HBW	
铝铜合金	ZAlCu5Mn	ZL201		4.5~5.3			0.6~1	0.15~0.35		余量	S、J、R、K S、J、R、K S	T4 T5 T7	295 335 315	8 4 2	70 90 80	焊接性和切削加工性良好,铸造性差、耐蚀性差。用于制作在175~300℃下工作的零件,如支臂、挂梁,也可用于制作低温下(-70℃)承受高载荷的零件,是用途较广的一种铝合金
	ZAlCu5MnA	ZL201A		4.8~5.3			0.6~1.0	0.15~0.35		余量	S、J、R、K	T5	390	8	100	力学性能高于ZL201,用途同ZL201,主要用于高强度铝合金铸件
	ZAlCu4	ZL203		4~5						余量	S、R、K J S、R、K J	T4 T4 T5 T5	195 205 215 225	6 6 3 3	60 60 70 70	用于铸造形状简单、承受中等静负荷或冲击载荷、工作温度不高于200℃并要求切削加工性良好的小型零件,如曲轴箱、支架、飞轮盖等
铝镁合金	ZAlMg10	ZL301			9.5~11					余量	S、J、R	T4	280	10	60	用于受冲击载荷、高静载荷及海水腐蚀,工作温度不高于200℃的零件
	ZAlMg5Si1	ZL303	0.8~1.3		4.5~5.5		0.1~0.4			余量	S、J、R、K	F	145	1	55	用于铸造同腐蚀介质接触和在较高温度(不高于220℃)下工作、承受中等载荷的船舶、航空及内燃机车零件
	ZAlMg8Zn1	ZL305			7.5~9	1~1.5		0.1~0.2	Be0.03~0.1	余量	S	T4	290	8	90	用途与ZL301基本相同,但工作温度不宜超过100℃
铝锌合金	ZAlZn11Si7	ZL401	6~8		0.1~0.3	9~13				余量	S、R、K J	T1 T1	195 245	2 1.5	80 90	铸造性好,耐蚀性差,用于制造工作温度低于200℃、形状复杂的大型薄壁零件及承受高的静载荷而又不便热处理的零件
	ZAlZn6Mg	ZL402			0.5~0.65	5~6.5		0.15~0.25	Cr0.4~0.6	余量	J S	T1 T1	235 215	4 4	70 65	用于高强度的零件及承受高的静载荷和冲击载荷而又不经热处理的零件,如空压机活塞、飞机起落架

注:1. 合金中杂质允许含量及其余牌号详见原标准 GB/T 1173—2013。

2. 表中力学性能在试样直径为12mm±0.25mm、标距为5倍直径经热处理的条件下测出。材料截面大于试样尺寸时,其力学性能一般比表中低,设计时根据具体情况考虑。

3. 与食物接触的铝制品不允许含有铍(Be),含砷量不大于0.015%,含锌量不大于0.3%,含铅量不大于0.15%。

4. 铝合金铸件的分类,铸件的外观质量、内在质量以及其修补方法等内容的技术要求见标准 GB/T 9438—2013。

5. 铸造方法代号:

S—砂型铸造;J—金属型铸造;R—熔模铸造;K—壳型铸造;B—变质处理。

6. 热处理状态代号:

F—铸态;T1—人工时效;T2—退火;T4—固溶处理加自然时效;T5—固溶处理加不完全人工时效;T6—固溶处理加完全人工时效;T7—固溶处理加稳定化处理;T8—固溶处理加软化处理。

7. 因篇幅限制,只录入部分牌号。

压铸铝合金（摘自 GB/T 15115—2023）

表 3-3-5

合金牌号	合金代号	主要化学成分(质量分数)/%							力学性能≥			应用
		Si	Cu	Mn	Mg	Fe	Zn	Al	抗拉强度 R_m /MPa	伸长率 A/% ($L_0=50$)	布氏硬度 HBS 5/250/30	
YZAlSi10Mg	YL101	9.0~10.0	0.6	0.35	0.4~0.6	1.3	0.5	余量	—	—	—	压铸的特点是生产率高、铸件的精度高和合金的强度、硬度高，是少、无切削加工的重要工艺，发展压铸是降低生产成本的重要途径 压铸铝合金在汽车、拖拉机、航空、仪表、纺织、国防等部门得到了广泛的应用
YZAlSi12	YL102	10.0~13.0	1.0	0.35	0.1	1.3	0.5	余量	220	2	60	
YZAlSi10	YL104	8.0~10.5	0.3	0.2~0.5	0.17~0.30	1.0	0.4	余量	220	2	70	
YZAlSi9Cu4	YL112	7.5~9.5	3.0~4.0	0.5	0.1	1.3	3.0	余量	240	1	85	
YZAlSi11Cu3	YL113	9.5~11.5	2.0~3.0	0.5	0.1	1.3	3.0	余量	230	1	80	
YZAlSi17Cu5Mg	YL117	16.0~18.0	4.0~5.0	0.5	0.45~0.65	1.3	3.0	余量	220	<1	—	
YZAlMg5Si1	YL302	0.8~1.3	0.25	0.1~0.4	4.5~5.5	1.2	0.2	余量	220	2	70	
YZAlSi12Fe	YL118	10.5~13.5	0.1	0.55	—	1.0	0.15	余量	—	—	—	
YZAlSi10MnMg	YL119	9.5~11.5	0.05	0.4~0.8	0.1~0.6	0.25	0.07	余量	—	—	—	
YZAlSi7MnMg	YL120	6.0~7.0	0.05	0.35~0.75	0.1~0.45	0.25	0.03	余量	—	—	—	

注：1. 除有范围的元素及铁为必检元素外，其余元素在有要求时抽检。

2. 表中未特殊说明的数值均为最大值。

铸造锌合金（摘自 GB/T 1175—2018）

表 3-3-6

合金牌号	合金代号	合金元素/%				铸造方法及状态	力学性能≥		
		Al	Cu	Mg	Zn		抗拉强度 R_m/MPa	伸长率 A/%	布氏硬度 HBW
ZZnAl4Cu1Mg	ZA4-1	3.9~4.3	0.7~1.1	0.03~0.06	余量	JF	175	0.5	80
ZZnAl4Cu3Mg	ZA4-3	3.9~4.3	2.7~3.3	0.03~0.06	余量	SF JF	220 240	0.5 1	90 100
ZZnAl6Cu1	ZA6-1	5.6~6.0	1.2~1.6	—	余量	SF JF	180 220	1 1.5	80 80
ZZnAl8Cu1Mg	ZA8-1	8.2~8.8	0.9~1.3	0.02~0.03	余量	SF JF	250 225	1 1	80 85
ZZnAl9Cu2Mg	ZA9-2	8.0~10.0	1.0~2.0	0.03~0.06	余量	SF JF	275 315	0.7 1.5	90 105
ZZnAl11Cu1Mg	ZA11-1	10.8~11.5	0.5~1.2	0.02~0.03	余量	SF JF	280 310	1 1	90 90
ZZnAl11Cu5Mg	ZA11-5	10.0~12.0	4.0~5.5	0.03~0.06	余量	SF JF	275 295	0.5 1	80 100
ZZnAl27Cu2Mg	ZA27-2	25.5~28.0	2.0~2.5	0.012~0.02	余量	SF ST3① JF	400 310 420	3 8 1	110 90 110

① ST3 工艺为加热到 320℃后保温 3h，然后随炉冷却。

压铸锌合金（摘自 GB/T 13818—2024）

表 3-3-7

序号	合金牌号	合金代号	主要成分(质量分数/%)				杂质含量(不大于)					
			Al	Cu	Mg	Zn	Fe	Pb	Sn	Cd	Ni	Si
1	YZZnAl4A	YX040A	3.9~4.3	0.03	0.030~0.060	余量	0.02	0.003	0.0015	0.003	0.001	—
2	YZZnAl4B	YX040B	3.9~4.3	0.03	0.010~0.020	余量	0.075	0.003	0.0010	0.002	0.005~0.020	—
3	YZZnAl4C	YX040C	3.9~4.3	0.25~0.45	0.030~0.060	余量	0.02	0.003	0.0015	0.003	0.001	—
4	YZZnAl4Cul	YX041	3.9~4.3	0.7~1.1	0.030~0.060	余量	0.02	0.003	0.0015	0.003	0.001	—
5	YZZnAl4Cu3	YX043	3.9~4.3	2.7~3.3	0.025~0.050	余量	0.02	0.003	0.0015	0.003	0.001	—
6	YZZnAl3Cu5	YX035	2.8~3.3	5.2~6.0	0.035~0.050	余量	0.05	0.004	0.0020	0.003	—	—
7	YZZnAl8Cu1	YX081	8.2~8.8	0.9~1.3	0.020~0.030	余量	0.035	0.005	0.0020	0.005	0.001	0.02
8	YZZnAl11Cu1	YX111	10.8~11.5	0.5~1.2	0.020~0.030	余量	0.050	0.005	0.0020	0.005	—	—
9	YZZnAl27Cu2	YX272	25.5~28.0	2.0~2.5	0.012~0.020	余量	0.070	0.005	0.0020	0.005	—	—

注：1. 有数值范围值的元素为添加元素，其他为杂质元素，数值为最高限量。

2. 有数值的元素为必检元素。

3. 合金代号由字母“Y”“X”（“压”、“锌”两字汉语拼音的第一字母）表示压铸锌合金。合金代号后面由三位阿拉伯数字以及一位字母组成。YX 后面前两位数字表示合金中化学元素铝的名义百分含量，第三个数字表示合金中化学元素铜的名义百分含量，末位字母用以区别成分略有不同的合金。

4. 锌合金牌号对照表

中国，合金代号	YX040A	YX040B	YX040C	YX041	YX043	YX081	YX111	YX272	YX035
北美商业标准（NADCA）	No. 3	No. 7	—	No. 5	No. 2	ZA-8	ZA-12	ZA-27	ACuZinc5
美国材料试验学会（ASTM）	AG-40A	AG-40B	—	AG-41A	AG-43A	—	—	—	—

铸造钛及钛合金（摘自 GB/T 15073—2014）

表 3-3-8

铸造钛及钛合金		化学成分(质量分数)/%																
		主要成分								杂质,不大于								
牌号	代号	Ti	Al	Sn	Mo	V	Zr	Nb	Ni	Pd	Fe	Si	C	N	H	O	其他元素 单个	其他元素 总和
ZTi1	ZTA1	余量	—	—	—	—	—	—	—	—	0.25	0.10	0.10	0.03	0.015	0.25	0.10	0.40
ZTi2	ZTA2	余量	—	—	—	—	—	—	—	—	0.30	0.15	0.10	0.05	0.015	0.35	0.10	0.40
ZTi3	ZTA3	余量	—	—	—	—	—	—	—	—	0.40	0.15	0.10	0.05	0.015	0.40	0.10	0.40
ZTiAl4	ZTA5	余量	3.3~4.7	—	—	—	—	—	—	—	0.30	0.15	0.10	0.04	0.015	0.20	0.10	0.40

续表

铸造钛及钛合金		化学成分(质量分数)/%															
		主要成分								杂质,不大于							
牌号	代号	Ti	Al	Sn	Mo	V	Zr	Nb	Ni	Pd	Fe	Si	C	N	H	O	其他元素	
																	单个	总和
ZTiAl5Sn2.5	ZTA7	余量	4.0~6.0	2.0~3.0	—	—	—	—	—	—	0.50	0.15	0.10	0.05	0.015	0.20	0.10	0.40
ZTiPd0.2	ZTA9	余量	—	—	—	—	—	—	—	0.12~0.25	0.25	0.10	0.10	0.05	0.015	0.40	0.10	0.40
ZTiMo0.3Ni0.8	ZTA10	余量	—	—	0.2~0.4	—	—	—	0.6~0.9	—	0.30	0.10	0.10	0.05	0.015	0.25	0.10	0.40
ZTiAl6Zr2MolV1	ZTA15	余量	5.5~7.0	—	0.5~2.0	0.8~2.5	1.5~2.5	—	—	—	0.30	0.15	0.10	0.05	0.015	0.20	0.10	0.40
ZTiAl4V2	ZTA17	余量	3.5~4.5	—	—	1.5~3.0	—	—	—	—	0.25	0.15	0.10	0.05	0.015	0.20	0.10	0.40
ZTiMo32	ZTB32	余量	—	—	30.0~34.0	—	—	—	—	—	0.30	0.15	0.10	0.05	0.015	0.15	0.10	0.40
ZTiAl6V4	ZTC4	余量	5.50~6.75	—	—	3.5~4.5	—	—	—	—	0.40	0.15	0.10	0.05	0.015	0.25	0.10	0.40
ZTiAl6Sn4.5Nb2Mo1.5	ZTC21	余量	5.5~6.5	4.0~5.0	1.0~2.0	—	—	1.5~2.0	—	—	0.30	0.15	0.10	0.05	0.015	0.20	0.10	0.40

注：1. 其他元素是指钛及钛合金铸件生产过程中固有存在的微量元素，一般包括 Al、V、Sn、Mo、Cr、Mn、Zr、Ni、Cu、Si、Nb、Y 等（该牌号中含有的合金元素应除去）。

2. 其他元素单个含量和总量只有在需方有要求时才考虑分析。

铸造镁合金（摘自 GB/T 1177—2018）

表 3-3-9

合金牌号	合金代号	化学成分[①](质量分数)/%												热处理状态	抗拉强度 R_m /MPa	规定塑性延伸强度 $R_{P0.2}$ /MPa	伸长率 A/%
		Zn	Al	Zr	RE	Mn	Ag	Nd	Si	Cu	Fe	Ni	其他元素[④]		≥		
ZMgZn5Zr	ZM1	3.5~5.5	0.02	0.5~1.0	—	—	—	—	—	0.10	—	0.01	0.30	T1	235	140	5.0
ZMgZn4RE1Zr	ZM2	3.5~5.0	—	0.4~1.0	0.75[②]~1.75	0.15	—	—	—	0.10	—	0.01	0.30	T1	200	135	2.5

续表

合金牌号	合金代号	化学成分①（质量分数）/%												热处理状态	抗拉强度 R_m /MPa	规定塑性延伸强度 $R_{P0.2}$ /MPa	伸长率 A/%
		Zn	Al	Zr	RE	Mn	Ag	Nd	Si	Cu	Fe	Ni	其他元素④		≥		
ZMgRE3ZnZr	ZM3	0.2~0.7	—	0.4~1.0	2.5②~4.0	—	—	—	—	0.01	—	0.01	0.30	F T2	120 120	85 85	1.5 1.5
ZMgRE3Zn3Zr	ZM4	2.0~3.1	—	0.5~1.0	2.5②~4.0	—	—	—	—	0.01	—	0.01	0.30	T1	140	95	2.0
ZMgAl8Zn	ZM5	0.2~0.8	7.5~9.0	—	—	0.15~0.5	—	—	0.30	0.10	0.05	0.01	0.50	F T1 T4 T6	145 155 230 230	75 80 75 100	2.0 2.0 6.0 2.0
ZMgA18ZnA	ZM5A	0.2~0.8	7.5~9.0	—	—	0.15~0.5	—	—	0.10	0.015	0.005	0.001	0.20	T6	230	135	3.0
ZMgNd2ZnZr	ZM6	0.1~0.7	—	0.4~1.0	—	—	—	2.0③~2.8	—	0.10	—	0.01	0.30	T4 T6	265 275	110 150	6.0 4.0
ZMgZn8AgZr	ZM7	7.5~9.0	—	0.5~1.0	—	—	0.6~1.2		—	0.10	—	0.01	0.30	T4 T6	265 275	110 150	6.0 4.0
ZMgAl10Zn	ZM10	0.6~1.2	9.0~10.7	—	—	0.1~0.5	—		0.30	0.10	0.05	0.01	0.50	F T4 T6	145 230 230	85 85 130	1.0 4.0 1.0
ZMgNd2Zr	ZM11	—	0.02	0.4~1.0	—	—	—	2.0③~3.0	0.01	0.03	0.01	0.005	0.20	T6	225	135	3.0

① 合金可加入铍，其含量不大于0.002%。
② 稀土为富铈混合稀土或稀土中间合金。当稀土为富铈混合稀土时，稀土金属总量不小于98%，铈含量不小于45%。
③ 稀土为富钕混合稀土，含钕量不小于85%，其中Nd、Pr含量之和不小于95%。
④ 其他元素是指在本表头列出了元素符号，但在本表中却未规定极限数值含量的元素。
注：含量有上下限者为合金主元素，含量为单个数值者为最高限，“—”为未规定具体数值。

铸造轴承合金（摘自 GB/T 1174—2022）

表 3-3-10

种类	合金牌号	化学成分(质量分数)/% 主要元素 Sb	Pb	Cu	Ni	As	Cd	Sn	杂质元素,≤ Pb	Zn	Al	Fe	Bi	As	Cd	其他元素总和	铸造方法	力学性能≥ R_m/MPa	A/%	布氏硬度 HBW	特性与应用举例
锡基	ZSnSb12Pb10Cu4	11.0~13.0	9.0~11.0	2.5~5.0	—	—	—	余量	—	0.01	0.01	0.1	0.08	0.1	—	0.50	J	—	—	29	是含锡量最低的锡基轴承合金,因含铅,其浇注性、热强性较差,特点是性软而韧、耐压。用于工作温度不高的中速、中载一般机器的主轴承衬
锡基	ZSnSb12Cu6Cd1	11.0~13.0	—	5.5~6.8	0.3~0.6	0.4~0.7	1.0~1.6	余量	0.15	0.05	0.05	0.1	—	—	—	0.50 且 Fe+Al+Zn≤0.15	J	—	—	34	
锡基	ZSnSb11Cu6	10.0~12.0	—	5.5~6.5	—	—	—	余量	0.35	0.01	0.01	0.1	0.08	0.1	—	0.50	J	—	—	27	具有较高的抗压强度,一定的冲击韧度和硬度,可塑性好,其导热性、耐蚀性优良。适于浇注重载、高速、工作温度低于 110℃ 的重要轴承,如高速蒸汽机、涡轮压缩机、涡轮泵和高速内燃机轴承以及高速机床、压缩机、电动机主轴
锡基	ZSnSb8Cu4	7.0~8.0	—	3.0~4.0	—	—	—	余量	0.35	0.005	0.005	0.1	0.08	0.1	—	0.50	J	—	—	24	比 ZSnSb11Cu6 韧性好,强度、硬度稍低,其他性能与 ZSnSb11Cu6 相近,用于工作温度在 100℃以下的大型机器轴承及轴衬、高速重载荷汽车发动机薄壁双金属轴承
锡基	ZSnSb4Cu4	4.0~5.0	—	4.0~5.0	—	—	—	余量	0.35	0.01	0.01	—	0.08	0.1	—	0.50	J	—	—	20	用于要求韧性较大和浇注层厚度较薄的重要高速轴承,耐蚀、耐热、耐磨,如涡轮内燃机高速轴承及轴衬
锡基	ZSnSb9Cu7	8.0~9.5	—	7.5~8.5	—	—	—	余量	0.35	0.005	0.005	0.08	0.08	0.1	0.05	0.50	J	—	—	25	
锡基	ZSnSbCu8	7.5~8.5	—	7.5~8.5	—	—	—	余量	0.35	0.005	0.005	0.08	0.08	0.1	0.05	0.50	J	—	—	28	

续表

种类	合金牌号	化学成分(质量分数)/% 主要元素 Sb	Pb	Cu	Ni	As	Cd	Sn	杂质元素,≤ Cu	Zn	Al	Fe	Bi	As	Cd	其他元素总和	铸造方法	力学性能≥ R_m/MPa	A/%	布氏硬度HBW	特性与应用举例
铅基	ZPbSb16Sn16Cu2	15.0~17.0	余量	1.5~2.0	—	—	—	15.0~17.0	—	0.15	—	0.1	0.1	0.3	—	0.60	J	—	—	30	比应用最为广泛的ZSnSb11Cu6合金摩擦因数大,抗压强度高,硬度相同,耐磨性及使用寿命相近,且价格低,但冲击韧度低,用于在工作温度低于120℃条件下承受无显著冲击载荷、重载高速轴承,如汽车、拖拉机的曲柄轴承和轧钢机用减速器及离心泵轴承,以及蒸汽涡轮机、电动机和起重机和重负荷的推力轴承床、压缩机、电动机主轴
铅基	ZPbSb15Sn5Cu3Cd2	14.0~16.0	余量	2.5~3.0	—	0.6~1.0	1.75~2.25	5.0~6.0	—	0.15	—	0.1	0.1	—	—	0.40	J	—	—	32	与ZPbSb16Sn16Cu2相近,是其良好代用材料,用于浇注汽油发动机轴承,各种功率的压缩机外伸轴承,球磨机、小型轧钢机齿轮箱和矿山水泵轴承,以及抽水机、船舶机械、小于250kW电动机轴承
铅基	ZPbSb15Sn10	14.0~16.0	余量	—	—	—	—	9.0~11.0	0.7	0.005	0.005	0.1	0.1	0.6	0.05	0.45	J	—	—	24	与ZPbSb16Sn16Cu2相比,冲击韧度高,摩擦因数大,有良好的磨合性和可塑性,退火后其减摩性、塑性、韧性及强度均显著提高。用于中速、中等冲击和中等载荷机器的轴承,也可以作高温轴承用
铅基	ZPbSb15Sn5	14.0~15.5	余量	0.5~1.0	—	—	—	4.0~5.5	—	0.15	0.01	0.1	0.1	0.2	—	0.75	J	—	—	20	与锡基轴承合金ZChSnPb4-4相近,是其理想代替材料。用于工作温度不高于120℃、承受中等载荷或高速低载荷轴承,如汽车发动机、空压机、高压油泵等主轴轴承及其他耐磨、耐蚀、重载荷的轴承,可代替ZSnSb4Cu4
铅基	ZPbSb10Sn6	9.0~11.0	余量	—	—	—	—	5.0~7.0	0.7	0.005	0.005	0.1	0.1	0.25	0.05	0.70	J	—	—	18	
铅基	ZPbSb16Sn1As1	14.5~17.5	余量	—	—	0.8~1.4	—	0.8~1.2	0.6	0.005	0.005	0.1	0.1	—	—	0.45	J	—	—	24	

续表

种类	合金牌号	化学成分(质量分数)/%																						铸造方法	力学性能			特性与应用举例
		主要元素										杂质元素,≤																
		Sn	Pb	Zn	Al	Ni	Mn	Fe	Bi	P	Cu	Sn	Pb	Zn	Al	Sb	Ni	Mn	Si	Fe	P	Bi	其他元素总和		R_m /MPa	A /%	布氏硬度 HBW	
铜基	ZCuSn5Pb5Zn5	4.0 ~ 6.0	4.0 ~ 6.0	4.0 ~ 6.0	—	—	—	—	—	—	余量	—	—	—	0.01	0.25	2.50	—	0.01	0.30	0.05		0.70 S0.10	S J Li	200 200 250	13 13 13	60* 60* 65*	参考铸造铜合金相应牌号的特性与用途(表3-3-2)
	ZCuSn10P1	9.0 ~ 11.5	—	—	—	—	—	—	—	0.8 ~ 1.1		—	0.25	0.05	0.01	0.05	0.10	0.05	0.02	0.10		0.005	0.70 S0.05	S J Li	200 310 330	3 2 4	80* 90* 90*	
	ZCuPb10Sn10	9.0 ~ 11.0	8.0 ~ 11.0	—	—	—	—	—	—	—		—	—	2.00	0.01	0.50	2.00	0.20	0.01	0.25	0.05	0.005	1.00 S0.10	S J Li	180 220 220	7 5 6	65 70 70	
	ZCuPb9Sn5	4.0 ~ 6.0	8.0 ~ 11.0	—	—	—	—	—	—	—		—	—	2.00	—	0.50	2.00	—	—	—	—	—	1.00	S J Li	160 200 200	7 5 5	55 60 60	
	ZCuPb15Sn8	7.0 ~ 9.0	13.0 ~ 17.0	—	—	—	—	—	—	—		—	—	2.00	0.01	0.50	2.00	0.20	0.01	0.25	0.10	—	1.00 S0.10	S J Li	170 200 220	5 6 8	60* 65* 65*	
	ZCuPb20Sn5	4.0 ~ 6.0	18.0 ~ 23.0	—	—	—	—	—	—	—		—	—	2.00	0.01	0.75	2.50	0.20	0.01	0.25	0.10	—	1.00 S0.10	S J	150 150	5 6	45 55	
	ZCuSn10Pb5	9.0 ~ 11.0	4.0 ~ 6.0	—	—	—	—	—	—	—		—	—	1.00	0.02	0.30	—	—	—	0.30	0.05	—	1.00	S J	195 245	10 10	70 70	
	ZCuPb17Sn4Zn4	3.5 ~ 5.0	14.0 ~ 20.0	2.0 ~ 6.0	—	—	—	—	—	—		—	—	—	0.05	0.30	—	—	0.02	0.40	0.05	—	0.75	S J	150 175	5 7	55 60	
	ZCuPb30	—	27.0 ~ 33.0	—	—	—	—	—	—	—		1.00	—	—	0.01	0.20	—	0.30	0.02	0.50	0.08	0.005	1.00 As0.10	J	—	—	25	
	ZCuAl10Fe3	—	—	—	8.5 ~ 11.0	—	—	2.0 ~ 4.0	—	—		0.30	0.20	0.40	—	—	3.00	1.00	0.20	—	—	—	1.00	S J Li	490 540 540	13 15 15	100 110 110	
	ZCuAl9Fe4NiMn2[①]	—	—	—	8.5 ~ 10.0	4.0 ~ 5.0	0.8 ~ 2.5	4.0 ~ 5.0	—	—		—	0.02	—	—	—	—	—	0.15	—	—	—	1.00 C0.1	S J Li	630 670 670	16 16 16	160 170 170	
	ZCuSn10Bi3Ni	9.0 ~ 11.0	—	—	—	0.2 ~ 1.0	—	—	2.7 ~ 3.7	—		—	0.09	1.0	0.005	0.50	—	—	—	0.15	—	—	1.30	J	310	7	95	
	ZCuSn6Bi5Ni	5.0 ~ 7.0	—	—	—	—	—	—	4.0 ~ 6.0	—		—	0.09	1.0	0.005	0.50	1.0	—	—	0.20	—	—	0.70	J	295	25	70	

种类	合金牌号	化学成分(质量分数)/%																	铸造方法	力学性能			特性与应用举例
		主要元素								杂质元素,≤													
		Sn	Cu	Zn	Ti	Si	Mg	Ni	Al	Zn	Sn	Ni	Mn	Mg	Si	Fe	Ti	其他元素总和		R_m /MPa	A /%	布氏硬度 HBW	
铝基	ZAlSn6Cu1Ni1	5.5~7.0	0.7~1.3	—	—	—	—	0.7~1.3	余量	—	—	—	0.1	—	0.7	0.7	0.2	0.50	S J	110 130	10 15	35 40	
	ZAlSn6Cu1.5Ti	5.5~6.5	1.3~1.7	—	0.05~0.2	—	—	—		0.2	—	0.2	0.2	0.1	0.3	0.4	—	0.50	J	130	30	30	
	ZAlSn20Cu1	17.5~22.5	0.7~1.3	—	—	—	—	—		—	—	—	0.7	—	0.7	0.7	—	0.50	J	110	28	30	
	ZAlZn4.5SiCuMg		0.9~1.2	4.4~5.0	0.02~0.15	1.0~2.0	0.4~0.6	—		—	0.2	0.2	0.3	—	—	0.4	—	0.50	J	160	20	48	
	ZAlZn5SiCuMg		0.9~2.0	5.0~5.5	0.02~0.15	1.2~2.0	0.4~0.6	—		—	0.2	0.2	0.3	—	—	0.6	—	0.50	J	180	19	50	
	ZAlSi2Cu1Mg1Ni1		0.8~1.5	0.3		11.0~13.0	0.8~1.3	—		0.3	—	1.3	0.3	—	—	0.7	0.2	0.50	J	200	0.3	50	

种类	合金牌号	化学成分(质量分数)/%									铸造方法	力学性能			特性与应用举例
		主要元素				杂质元素,≤									
		Al	Cu	Mg	Zn	Fe	Pb	Cd	Sn	Si		R_m /MPa	A /%	布氏硬度 HBW	
锌基	ZZnAl9Cu2Mg	8.0~10.0	1.0~2.0	0.03~0.06	余量	0.05	0.005	0.005	0.002	0.05	S J	275 315	0.7 1.5	90 105	
	ZZnAl11Cu1Mg	10.8~11.5	0.5~1.2	0.02~0.03		0.05	0.005	0.005	0.002	—	S J	280 310	1 1	90 90	
	ZZnAl11Cu5Mg	10.0~12.0	4.0~5.0	0.03~0.06		0.05	0.005	0.005	0.002	0.05	S J	275 295	0.5 1	80 100	
	ZZnAl27Cu2Mg	25.5~28.0	2.0~2.5	0.012~0.02		0.07	0.005	0.005	0.002	—	S J	400 420	3 1	110 110	

① ZCuAl9Fe4Ni4Mn2 材料中铁含量不应超过镍含量。

注：1. 带“ * ”符号的元素含量不计入杂质总和。

2. 未列出的杂质元素，计入杂质总和。

2　有色金属加工产品

2.1　铜及铜合金加工产品

铜及铜合金板材（摘自 GB/T 2040—2017）

表 3-3-11

分类	牌号	代号	状态	规格/mm		
				厚度	宽度	长度
无氧铜 纯铜 磷脱氧铜	TU1、TU2、 T2、T3、 TP1、TP2	T10150、T10180 T11050、T11090 C12000、C12200	热轧(M20)	4~80	≤3000	≤6000
			软化退火(O60)、 1/4 硬(H01)、 1/2 硬(H02)、 硬(H04)、特硬(H06)	0. 2~12	≤3000	≤6000
铁铜	TFe0. 1	C19210	软化退火(O60)、 1/4 硬(H01)、 1/2 硬(H02)、硬(H04)	0. 2~5	≤610	≤2000
	TFe2. 5	C19400	软化退火(O60)、 1/2 硬(H02)、 硬(H04)、特硬(H06)	0. 2~5	≤610	≤2000
镉铜	TCd1	C16200	硬(H04)	0. 5~10	200~300	800~1500
铬铜	TCr0. 5	T18140	硬(H04)	0. 5~15	≤1000	≤2000
	TCr0. 5-0. 2-0. 1	T18142	硬(H04)	0. 5~15	100~600	≥300
普通黄铜	H95	C21000	软化退火(O60)、 硬(H04)	0. 2~10	≤3000	≤6000
	H80	C24000	软化退火(O60)、 硬(H04)			
	H90、H85	C22000、C23000	软化退火(O60)、 1/2 硬(H02)、 硬(H04)			
	H70、H68	T26100、T26300	热轧(M20)	4~60		
			软化退火(O60)、 1/4 硬(H01)、 1/2 硬(H02)、 硬(H04)、 特硬(H06)、 弹性(H08)	0. 2~10		
	H66、H65	C26800、C27000	软化退火(O60)、 1/4 硬(H01)、 1/2 硬(H02)、 硬(H04)、 特硬(H06)、 弹性(H08)	0. 2~10		
	H63、H62	T27300、T27600	热轧(M20)	4~60		
			软化退火(O60)、 1/2 硬(H02)、 硬(H04)、 特硬(H06)	0. 2~10		
	H59	T28200	热轧(M20)	4~60		
			软化退火(O60)、 硬(H04)	0. 2~10		
铅黄铜	HPb59-1	T38100	热轧(M20)	4~60		
			软化退火(O60)、 1/2 硬(H02)、硬(H04)	0. 2~10		

续表

分类	牌号	代号	状态	规格/mm		
				厚度	宽度	长度
铅黄铜	HPb60-2	C37700	硬(H04)、特硬(H06)	0.5~10	≤3000	≤6000
锰黄铜	HMn58-2	T67400	软化退火(O60)、1/2硬(H02)、硬(H04)	0.2~10	≤3000	≤6000
锡黄铜	HSn62-1	T46300	热轧(M20)	4~60	≤3000	≤6000
锡黄铜	HSn62-1	T46300	软化退火(O60)、1/2硬(H02)、硬(H04)	0.2~10	≤3000	≤6000
锡黄铜	HSn88-1	C42200	1/2硬(H02)	0.4~2	≤610	≤2000
锰黄铜	HMn55-3-1 HMn57-3-1	T67320 T67410	热轧(M20)	4~40	≤1000	≤2000
铝黄铜	HAl60-1-1 HAl67-2.5 HAl66-6-3-2	T69240 T68900 T69200	热轧(M20)	4~40	≤1000	≤2000
镍黄铜	HNi65-5	T69900	热轧(M20)	4~40	≤1000	≤2000
锡青铜	QSn6.5-0.1	T51510	热轧(M20)	9~50	≤610	≤2000
锡青铜	QSn6.5-0.1	T51510	软化退火(O60)、1/4硬(H01)、1/2硬(H02)、硬(H04)、特硬(H06)、弹性(H08)	0.2~12	≤610	≤2000
锡青铜	QSn6.5-0.4、Sn4-3、Sn4-0.3、QSn7-0.2	T51520、T50800、C51100、T51530	软化退火(O60)、硬(H04)、特硬(H06)	0.2~12	≤600	≤2000
锡青铜	QSn8-0.3	C52100	软化退火(O60)、1/4硬(H01)、1/2硬(H02)、硬(H04)、特硬(H06)	0.2~5	≤600	≤2000
锡青铜	QSn4-4-2.5、QSn4-4-4	T53300、T53500	软化退火(O60)、1/2硬(H02)、1/4硬(H01)、硬(H04)	0.8~5	200~600	800~2000
锰青铜	QMn1.5	T56100	软化退火(O60)	0.5~5	100~600	≤1500
锰青铜	QMn5	T56300	软化退火(O60)、硬(H04)	0.5~5	100~600	≤1500
铝白铜	BAl6-1.5	T72400	硬(H04)	0.5~12	≤600	≤1500
铝白铜	BAl13-3	T72600	固溶热处理+冷加工(硬)+沉淀热处理(TH04)	0.5~12	≤600	≤1500
锌白铜	BZn15-20	T74600	软化退火(O60)、1/2硬(H02)、硬(H04)、特硬(H06)	0.5~10	≤600	≤1500
锌白铜	BZn18-17	T75210	软化退火(O60)、1/2硬(H02)、硬(H04)	0.5~5	≤600	≤1500
锌白铜	BZn18-26	C77000	1/2硬(H02)、硬(H04)	0.25~2.5	≤610	≤1500
普通白铜 铁白铜	B5、B19 BFe10-1-1、BFe30-1-1	T70380、T71050、 T70590、T71510	热轧(M20)	7~60	≤2000	≤4000
普通白铜 铁白铜	B5、B19 BFe10-1-1、BFe30-1-1	T70380、T71050、 T70590、T71510	软化退火(O60)、硬(H04)	0.5~10	≤600	≤1500

第3篇

续表

分类	牌号	代号	状态	规格/mm		
				厚度	宽度	长度
铝青铜	QAl5	T60700	软化退火(O60)、 硬(H04)	0.4~12	≤1000	≤2000
	QAl7	C61000	1/2硬(H02)、 硬(H04)			
	QAl9-2	T61700	软化退火(O60)、 硬(H04)			
	QAl9-4	T61720	硬(H04)			
硅青铜	QSi3-1	T64730	软化退火(O60)、 硬(H04)、 特硬(H06)	0.5~10	100~1000	≥500
锰白铜	BMn40-1.5	T71660	软化退火(O60)、 硬(H04)	0.5~10	100~600	800~1500
	BMn3-12	T71620	软化退火(O60)			

分类	牌号	状态	拉伸试验			硬度试验	
			厚度 /mm	抗拉强度 R_m/MPa	断后伸长率 $A_{11.3}$/%	厚度 /mm	维氏硬度 HV
力学性能	T2、T3 TP1、TP2 TU1、TU2	M20	4~14	≥195	≥30	—	—
		O60 H01 H02 H04 H06	0.3~10	≥205 215~295 245~345 295~395 ≥350	≥30 ≥25 ≥8 — —	≥0.3	≤70 60~95 80~110 90~120 ≥110
	H95	O60 H04	0.3~10	≥215 ≥320	≥30 ≥3	—	—
	H90	O60 H02 H04	0.3~10	≥245 330~440 ≥390	≥35 ≥5 ≥3	—	—
	TFe0.1	O60 H01 H02 H04	0.3~5	255~345 275~375 295~430 335~470	≥30 ≥15 ≥4 ≥4	≥0.3	≤100 90~120 100~130 110~150
	TFe2.5	O60 H02 H04 H06	0.3~5	≥310 365~450 415~500 460~515	≥20 ≥5 ≥2 —	≥0.3	≤120 115~140 125~150 135~155
	H85	O60 H02 H04	0.3~10	≥260 305~380 ≥350	≥35 ≥15 ≥3	≥0.3	≤85 80~115 ≥105
	H80	O60 H04	0.3~10	≥265 ≥390	≥50 ≥3	—	—
	H70、H68	M20	4~14	≥290	≥40	—	—
	H70 H68 H66 H65	O60 H01 H02 H04 H06 H08	0.3~10	≥290 325~410 355~440 410~540 520~620 ≥570	≥40 ≥35 ≥25 ≥10 ≥3 —	≥0.3	≤90 85~115 100~130 120~160 150~190 ≥180
	H63 H62	M20	4~14	≥290	≥30	—	—
		O60 H02 H04 H06	0.3~10	≥290 350~470 410~630 ≥585	≥35 ≥20 ≥10 ≥2.5	≥0.3	≤95 90~130 125~165 ≥155
	H59	M20	4~14	≥290	≥25	—	—
		O60 H04	0.3~10	≥290 ≥410	≥10 ≥5	≥0.3	— ≥130

续表

项目	牌号	状态	拉伸试验 厚度/mm	拉伸试验 抗拉强度 R_m/MPa	拉伸试验 断后伸长率 $A_{11.3}$/%	硬度试验 厚度/mm	硬度试验 维氏硬度 HV
力学性能	HPb59-1	M20	4~14	≥370	≥18	—	—
		O60	0.3~10	≥340	≥25	—	—
		H02		390~490	≥12		
		H04		≥440	≥5		
	HPb60-2	H04	—	—	—	0.5~2.5	165~190
						2.6~10	—
		H06	—	—	—	0.5~1.0	≥180
	HMn58-2	O60	0.3~10	≥380	≥30	—	—
		H02		440~610	≥25		
		H04		≥585	≥3		
	HSn88-1	H02	0.4~2	370~450	≥14	0.4~2	110~150
	HSn62-1	M20	4~14	≥340	≥20	—	—
		O60	0.3~10	≥295	≥35	—	—
		H02		350~400	≥15		
		H04		≥390	≥5		
	HMn57-3-1	M20	4~8	≥440	≥10	—	—
	HMn55-3-1	M20	4~15	≥490	≥15	—	—
	HAl60-1-1	M20	4~15	≥440	≥15	—	—
	HAl67-2.5	M20	4~15	≥390	≥15	—	—
	HAl66-6-3-2	M20	4~8	≥685	≥3	—	—
	HNi65-5	M20	4~15	≥290	≥35	—	—
	QAl5	O60	0.4~12	≥275	≥33	—	—
		H04		≥585	≥2.5		
	QAl7	H02	0.4~12	585~740	≥10	—	—
		H04		≥635	≥5		
	QAl9-2	O60	0.4~12	≥440	≥18	—	—
		H04		≥585	≥5		
	QAl9-4	H04	0.4~12	≥585	—	—	—
	QSn6.5-0.1	M20	9~14	≥290	≥38	—	—
		O60	0.2~12	≥315	≥40	≥0.2	≤120
		H01	0.2~12	390~510	≥35		110~155
		H02	0.2~12	490~610	≥8	≥0.2	150~190
		H04	0.2~3	590~690	≥5		180~230
			>3~12	540~690	≥5		180~230
		H06	0.2~5	635~720	≥1		200~240
		H08		≥690	—		≥210
	QSn6.5-0.4 QSn7-0.2	O60	0.2~12	≥295	≥40	—	—
		H04		540~690	≥8		
		H06		≥665	≥2		
	QSn4-3 QSn4-0.3	O60	0.2~12	≥290	≥40	—	—
		H04		540~690	≥3		
		H06		≥635	≥2		
	QSn8-0.3	O60	0.2~5	≥345	≥40	≥0.2	≤120
		H01		390~510	≥35		100~160
		H02		490~610	≥20		150~205
		H04		590~705	≥5		180~235
		H06		≥685	—		≥210
	TCd1	H04	0.5~10	≥390	—	—	—
	TQCr0.5 TCr0.5-0.2-0.1	H04	—	—	—	0.5~15	≥110
	QMn1.5	O60	0.5~5	≥205	≥30	—	—
	QMn5	O60	0.5~5	≥290	≥20	—	—
		H04		≥440	≥3		

续表

	牌号	状态	拉伸试验 厚度/mm	拉伸试验 抗拉强度 R_m/MPa	拉伸试验 断后伸长率 $A_{11.3}$/%	硬度试验 厚度/mm	硬度试验 维氏硬度 HV
力学性能	QSi3-1	O60 H04 H06	0.5~10	≥340 585~735 ≥685	≥40 ≥3 ≥1	—	—
	QSn4-4-2.5 QSn4-4-4	O60 H01 H02 H04	0.8~5	≥290 390~490 420~510 ≥635	≥35 ≥10 ≥9 ≥5	≥0.8	—
	BZn15-20	O60 H02 H04 H06	0.5~10	≥340 440~570 540~690 ≥640	≥35 ≥5 ≥1.5 ≥1	—	—
	BZn18-26	H02 H04	0.25~2.5	540~650 645~750	≥13 ≥5	0.5~2.5	145~195 190~240
	BZn18-17	O60 H02 H04	0.5~5	≥375 440~570 ≥540	≥20 ≥5 ≥3	≥0.5	— 120~180 ≥150
	B5	M20	7~14	≥215	≥20	—	—
		O60 H04	0.5~10	≥215 ≥370	≥30 ≥10	—	—
	B19	M20	7~14	≥295	≥20	—	—
		O60 H04	0.5~10	≥290 ≥390	≥25 ≥3	—	—
	BFe10-1-1	M20	7~14	≥275	≥20	—	—
		O60 H04	0.5~10	≥275 ≥370	≥25 ≥3	—	—
	BFe30-1-1	M20	7~14	≥345	≥15	—	—
		O60 H04	0.5~10	≥370 ≥530	≥20 ≥3	—	—
	BAI 6-1.5	H04	0.5~12	≥535	≥3	—	—
	BAI 13-3	TH04		≥635	≥5	—	—
	BMn40-1.5	O60 H04	0.5~10	390~590 ≥590	— —	—	—
	BMn3-12	O60	0.5~10	≥350	≥25	—	—

注：1. 超出表中规定厚度范围的板材，其性能指标由供需双方协商。

2. 表中的"—"，表示没有统计数据，如果需方要求该性能，其性能指标由供需双方协商。

3. 维氏硬度实验力由供需双方协商。

4. 状态符号含义见表 3-3-12。

铜及铜合金带材（摘自 GB/T 2059—2017）

表 3-3-12

分类	牌号	代号	状态	厚度/mm	宽度/mm
无氧铜 纯铜 磷脱氧铜	TU1、TU2、 T2、T3、 TP1、TP2	T10150、T10180 T11050、T11090 C12000、C12200	软化退火态(O60)、1/4 硬(H01) 1/2 硬(H02)、硬(H04)、特硬(H06)	>0.15~<0.50	≤610
				0.50~5.0	≤1200
镉铜	TCd1	C16200	硬(H04)	>0.15~1.2	≤300
普通黄铜	H95、H80、H59	C21000、C24000、 T28200	软化退火态(O60)、硬(H04)	>0.15~<0.50	≤610
				0.5~3.0	≤1200
	H85、H90	C23000、C22000	软化退火态(O60)、 1/2 硬(H02)、硬(H04)	>0.15~<0.50	≤610
				0.5~3.0	≤1200
	H70、H68、 H66、H65	T26100、T26300 C26800、C27000	软化退火态(O60)、1/4 硬 (H01)、1/2 硬(H02)、硬(H04)、 特硬(H06)、弹硬(H08)	>0.15~<0.50	≤610
				0.50~3.5	≤1200
	H63、H62	T27300、T27600	软化退火态(O60)、1/2 硬(H02)、 硬(H04)、特硬(H06)	>0.15~<0.50	≤610
				0.50~3.0	≤1200
锰黄铜	HMn58-2	T67400	软化退火态(O60)、1/2 硬 (H02)、硬(H04)	>0.15~<0.20	≤300
铅黄铜	HPb59-1	T38100		>0.20~2.0	≤550
	HPb59-1	T38100	特硬(H06)	0.32~1.5	≤200

续表

分类	牌号	代号	状态	厚度/mm	宽度/mm
锡黄铜	HSn62-1	T46300	硬(H04)	>0.15~0.20	≤300
				>0.20~2.0	≤550
铝青铜	QAl5	T60700	软化退火态(O60)、硬(H04)	>0.15~1.2	≤300
	QAl7	C61000	1/2硬(H02)、硬(H04)		
	QAl9-2	T61700	软化退火态(O60)、1/2硬(H02)、硬(H04)		
	QAl9-4	T61720	硬(H04)		
锡青铜	QSn6.5-0.1	T51510	软化退火态(O60)、1/4硬(H01)、1/2硬(H02)、硬(H04)、特硬(H06)、弹硬(H08)	>0.15~2.0	≤610
	QSn7-0.2、Sn6.5-0.4 QSn4-3、QSn4-0.3	T51530 T51520 T50800 C51100	软化退火态(O60)、硬(H04)、特硬(H06)	>0.15~2.0	≤610
	QSn8-0.3	C52100	软化退火态(O60)、1/4硬(H01)、1/2硬(H02)、硬(H04)、特硬(H06)、弹硬(H08)	>0.15~2.6	≤610
	QSn4-4-2.5、QSn4-4-4	T53300 T53500	软化退火态(O60)、1/4硬(H01)、1/2硬(H02)、硬(H04)	0.80~1.2	≤200
锰青铜	QMn1.5	T56100	软化退火(O60)	>0.15~1.2	≤300
	QMn5	T56300	软化退火(O60)、硬(H04)		
硅青铜	QSi3-1	T64730	软化退火态(O60)、硬(H04)、特硬(H06)	>0.15~1.2	≤300
普通白铜	B5、B19	T70380、T71050	软化退火态(O60)、硬(H04)	>0.15~1.2	≤400
铁白铜	BFe10-1-1 BFe30-1-1	T70590 T71510			
锰白铜	BMn40-1.5 BMn3-12	T71660 T71620			
铝白铜	BAl6-1.5	T72400		>0.15~1.2	≤300
	BAl13-3	T72600	固溶热处理+冷加工(硬)+沉淀热处理(TH04)		
锌白铜	BZn15-20	T74600	软化退火态(O60)、1/2硬(H02)、硬(H04)、特硬(H06)	>0.15~1.2	≤610
	BZn18-18	C75200	软化退火态(O60)、1/4硬(H01)、1/2硬(H02)、硬(H04)	>0.15~1.0	≤400
	BZn18-17	T75210	软化退火态(O60)、1/2硬(H02)、硬(H04)	>0.15~1.2	≤610
	BZn18-26	C77000	1/4硬(H01)、1/2硬(H02)、硬(H04)	>0.15~2.0	≤610

力学性能	牌号	状态	拉伸试验			硬度试验
			厚度/mm	抗拉强度 R_m /MPa	断后伸长率 $A_{11.3}$ /%	维氏硬度 HV
	TU1、TU2 T2、T3 TP1、TP2	O60	≥0.15	≥195	≥30	≤70
		H01		215~295	≥25	60~95
		H02		245~345	≥8	80~110
		H04		295~395	≥3	90~120
		H06		≥350	—	≥110
	TCd1	H04	≥0.2	≥390	—	—
	H95	O60	≥0.2	≥215	≥30	—
		H04		≥320	≥3	
	H90	O60	≥0.2	≥245	≥35	—
		H02		330~440	≥5	
		H04		≥390	≥3	

续表

	牌号	状态	拉伸试验			硬度试验
			厚度/mm	抗拉强度 R_m /MPa	断后伸长率 $A_{11.3}$ /%	维氏硬度 HV
力学性能	H85	O60	≥0.2	≥260	≥40	≤85
		H02		305~380	≥15	80~115
		H04		≥350	—	≥105
	H80	O60	≥0.2	≥265	≥50	—
		H04		≥390	≥3	
	H70 H68 H66 H65	O60	≥0.2	≥290	≥40	≤90
		H01		325~410	≥35	85~115
		H02		355~460	≥25	100~130
		H04		410~540	≥13	120~160
		H06		520~620	≥4	150~190
		H08		≥570	—	≥180
	H63、H62	O60	≥0.2	≥290	≥35	≤95
		H02		350~470	≥20	90~130
		H04		410~630	≥10	125~165
		H06		≥585	≥2.5	≥155
	H59	O60	≥0.2	≥290	≥10	—
		H04		≥410	≥5	≥130
	HPb59-1	O60	≥0.2	≥340	≥25	—
		H02		390~490	≥12	
		H04		≥440	≥5	
		H06	≥0.32	≥590	≥3	
	HMn58-2	O60	≥0.2	≥380	≥30	—
		H02		440~610	≥25	
		H04		≥585	≥3	
	HSn62-1	H04	≥0.2	390	≥5	—
	QAl5	O60	≥0.2	≥275	≥33	—
		H04		≥585	≥2.5	
	QAl7	H02	≥0.2	585~740	≥10	—
		H04		≥635	≥5	
	QAl9-2	O60	≥0.2	≥440	≥18	—
		H04		≥585	≥5	
		H06		≥880	—	
	QAl9-4	H04	≥0.2	≥635	—	—
	QSn4-3 QSn4-0.3	O60	>0.15	≥290	≥40	—
		H04		540~690	≥3	
		H06		≥635	≥2	
	QSn6.5-0.1	O60	>0.15	≥315	≥40	≤120
		H01		390~510	≥35	110~155
		H02		490~610	≥10	150~190
		H04		590~690	≥8	180~230
		H06		635~720	≥5	200~240
		H08		≥690	—	≥210
	QSn7-0.2 QSn6.5-0.4	O60	>0.15	≥295	≥40	—
		H04		540~690	≥8	
		H06		≥665	≥2	
	QSn8-0.3	O60	>0.15	≥345	≥45	≤120
		H01		390~510	≥40	100~160
		H02		490~610	≥30	150~205
		H04		590~705	≥12	180~235
		H06		685~785	≥5	210~250
		H08		≥735	—	≥230

续表

	牌号	状态	拉伸试验			硬度试验
			厚度/mm	抗拉强度 R_m /MPa	断后伸长率 $A_{11.3}$ /%	维氏硬度 HV
力学性能	QSn4-4-4 QSn4-4-2.5	O60	≥0.8	≥290	≥35	—
		H01		390~490	≥10	—
		H02		420~510	≥9	—
		H04		≥490	≥5	—
	QMn1.5	O60	≥0.2	≥205	≥30	—
	QMn5	O60	≥0.2	≥290	≥30	—
		H04	≥0.2	≥440	≥3	—
	QSi3-1	O60	>0.15	≥370	≥45	—
		H04	>0.15	635~785	≥5	
		H06	>0.15	735	≥2	
	BZn15-20	O60	>0.15	≥340	≥35	—
		H02		440~570	≥5	
		H04		540~690	≥1.5	
		H06		≥640	≥1	
	BZn18-18	O60	≥0.2	≥385	≥35	≤105
		H01		400~500	≥20	100~145
		H02		460~580	≥11	130~180
		H04		≥545	≥3	≥165
	BZn18-17	O60	≥0.2	≥375	≥20	—
		H02		440~570	≥5	120~180
		H04		≥540	≥3	≥150
	BZn18-26	H01	≥0.2	≥475	≥25	≤165
		H02		540~650	≥11	140~195
		H04		≥645	≥4	≥190
	B5	O60	≥0.2	≥215	≥32	—
		H04		≥370	≥10	
	B19	O60	≥0.2	≥290	≥25	—
		H04		≥390	≥3	
	BFe10-1-1	O60	≥0.2	≥275	≥25	—
		H04		≥370	≥3	
	BFe30-1-1	O60	≥0.2	≥370	≥23	—
		H04		≥540	≥3	
	BMn3-12	O60	≥0.2	≥350	≥25	—
	BMn40-1.5	O60	≥0.2	390~590	—	—
		H04		≥635	—	
	BAl13-3	TH04	≥0.2	实测值		—
	BAl6-1.5	H04		≥600	≥5	—

注：1. 超出表中规定厚度范围的带材，其性能指标由供需双方协商。

2. 表中的“—”，表示没有统计数据，如果需方要求该性能，其性能指标由供需双方协商。

3. 维氏硬度的实验力由供需双方协商。

各种牌号黄铜密度和理论重量换算系数

表 3-3-13

黄铜牌号	密度/g·cm^{-3}	换算系数	黄铜牌号	密度/g·cm^{-3}	换算系数
H68、H65、H62、HPb63-3、HPb59-1、HAl67-2.5、HAl66-6-3-2、HMn58-2、HMn57-3-1、HMn55-3-1	8.5	1	HSn62-1	8.45	0.9941
			HAl77-2、HSi80-3	8.6	1.0118
			HNi65-5	8.66	1.0188
			H90	8.8	1.0353
H59、HAl60-1-1	8.4	0.9882	H96	8.85	1.0412

铜及铜合金拉制管牌号、状态、规格和力学性能（摘自 GB/T 1527—2017）

表 3-3-14

分类	牌号	代号	状态	规格/mm			
				圆形		矩(方)形	
				外径	壁厚	对边距	壁厚
纯铜	T2、T3、TU1、TU2、TP1、TP2	T11050、T11090 T10150、T10180 C12000、C12200	软化退火(O60)、轻退火(O50)、硬(H04)、特硬(H06)	3~360	0.3~20	3~100	1~10
			1/2 硬(H02)	3~100			
高铜	TCr1	C18200	固溶热处理+冷加工(硬)+沉淀热处理(TH04)	40~105	4~12	—	—
黄铜	H95、H90	C21000、C22000	软化退火(O60)、轻退火(O50)、退火到 1/2 硬(O82)、硬+应力消除(HR04)	3~200	0.2~10	3~100	0.2~7
	H85、H80 HAs85-0.05	C23000、C24000 T23030					
	H70、H68 H59、HPb59-1 HSn62-1、HSn70-1 HAs70-0.05 HAs68-0.04	T26100、T26300 T28200、T38100 T46300、T45000 C26130 T26330		3~100			
	H65、H63 H62、HPb66-0.5 HAs65-0.04	C27000、T27300 T27600、C33000 —		3~200			
	HPb63-0.1	T34900	退火到 1/2 硬(O82)	18~31	6.5~13	—	—
白铜	BZn15-20	T74600	软化退火(O60)、退火到 1/2 硬(O82)、硬+应力消除(HR04)	4~40	0.5~8	—	—
	BFe10-1-1	T70590	软化退火(O60)、退火到 1/2 硬(O82)、硬(H80)	8~160			
	BFe30-1-1	T71510	软化退火(O60)、退火到 1/2 硬(O82)	8~80			

注：1. 外径≤100mm 的圆形直管，供应长度为≤16000mm；其他规格的圆形直管供应长度为≤8000mm。
2. 矩(方)形直管的供应长度为≤16000mm。
3. 外径≤30mm、壁厚<3mm 的圆形管材和周长与壁厚之比≤15 的矩(方)形管材，可供应长度≥6000mm 的盘管。

力学性能

分类	牌号	状态	壁厚/mm	拉伸试验		硬度试验	
				抗拉强度 R_m/MPa ≥	伸长率 A/% ≥	维氏硬度 HV[②]	布氏硬度 HBW[③]
纯铜、高铜管	TCr1	TH04	5~12	375	11	—	—
	T2、T3、TU1、TU2、TP1、TP2	O60	所有	200	41	40~65	35~60
		O50	所有	220	40	45~75	40~70
		H02[①]	≤15	250	20	70~100	65~95
		H04[①]	≤6	290	—	95~130	90~125
			>6~10	265	—	75~110	70~105
			>10~15	250	—	70~100	65~95
		H06[①]	≤3mm	360	—	≥110	≥105

①H02、H04 状态壁厚>15mm 的管材、H06 状态壁厚>3mm 的管材，其性能由供需双方协商确定。
②维氏硬度试验负荷由供需双方协商确定。软化退火(O60)状态的维氏硬度试验适用于壁厚≥1mm 的管材。
③布氏硬度试验仅适用于壁厚≥5mm 的管材，壁厚<5mm 的管材布氏硬度试验由供需双方协商确定。

分类	牌号	状态	拉伸试验		硬度试验	
			抗拉强度 R_m/MPa ≥	伸长率 A/% ≥	维氏硬度[①] HV	布氏硬度[②] HBW
黄铜、白铜管	H95	O60	205	42	45~70	40~65
		O50	220	35	50~75	45~70
		O82	260	18	75~105	70~100
		HR04	320	—	≥95	≥90

续表

		牌号	状态	拉伸试验		硬度试验	
				抗拉强度 R_m/MPa ≥	伸长率 A/% ≥	维氏硬度[①] HV	布氏硬度[②] HBW
力学性能	黄铜、白铜管	H90	O60	220	42	45~75	40~70
			O50	240	35	50~80	45~75
			O82	300	18	75~105	70~100
			HR04	360	—	≥100	≥95
		H85、HAs85-0.05	O60	240	43	45~75	40~70
			O50	260	35	50~80	45~75
			O82	310	18	80~110	75~105
			HR04	370	—	≥105	≥100
		H80	O60	240	43	45~75	40~70
			O50	260	40	55~85	50~80
			O82	320	25	85~120	80~115
			HR04	390	—	≥115	≥110
		H70、H68、HAs70-0.05、HAs68-0.04	O60	280	43	55~85	50~80
			O50	350	25	85~120	80~115
			O82	370	18	95~125	90~130
			HR04	420	—	≥115	≥110
		H65、HPb66-0.5、HAs65-0.04	O60	290	43	55~85	50~80
			O50	360	25	80~115	75~110
			O82	370	18	90~135	85~130
			HR04	430	—	≥110	≥105
		H63、H62	O60	300	43	60~90	55~85
			O50	360	25	75~110	70~105
			O82	370	18	85~135	80~130
			HR04	440	—	≥115	≥110
		H59、HPb59-1	O60	340	35	75~105	70~100
			O50	370	20	85~115	80~110
			O82	410	15	100~130	95~125
			HR04	470	—	≥125	≥120
		HSn70-1	O60	295	40	60~90	55~85
			O50	320	35	70~100	65~95
			O82	370	20	85~135	80~130
			HR04	455	—	≥110	≥105
		HSn62-1	O60	295	35	60~90	55~85
			O50	335	30	75~105	70~100
			O82	370	20	85~110	80~105
			HR04	455	—	≥110	≥105
		HPb63-0.1	O82	353	20	—	110~165
		BZn15-20	O60	295	35	—	—
			O82	390	20	—	—
			HR04	490	8	—	—
		BFe10-1-1	O60	290	30	75~110	70~105
			O82	310	12	≥105	≥100
			H80	480	8	≥150	≥145
		BFe30-1-1	O60	370	35	85~120	80~115
			O82	480	12	≥135	≥130

① 维氏硬度试验负荷由供需双方协商确定。软化退火(O60)状态的维氏硬度试验仅适用于壁厚≥0.5mm的管材。

② 布氏硬度试验仅适用于壁厚≥3mm的管材,壁厚<3mm的管材布氏硬度试验供需双方协商确定。

铜及铜合金挤制管（摘自 YS/T 662—2018）

表 3-3-15

分类	牌号	代号	状态	规格/mm		
				外径	壁厚	长度
无氧铜	TU0、TU1、TU2、TU3	T10130、T10150 T10180、C10200	挤制（M30）	30～300	5～65	300～6000
纯铜	T2、T3	T11050、T11090				
磷脱氧铜	TP1、TP2	C12000、C12200				
黄铜	H96、H62、HPb59-1、HFe59-1-1	T20800、T27600 T38100、T67600		20～300	1.5～42.5	
	H80、H65、H68、HSn62-1、HSi80-3、HMn58-2、HMn57-3-1	C24000、T26300、C27000 T46300、T68310 T67400、T67410		60～220	7.5～30	
青铜	QAl9-2、QAl9-4、QAl10-3-1.5、QAl10-4-4	T61700、T61720 T61760、T61780	挤制（M30）	20～250	3～50	500～6000
	QSi3.5-3-1.5	T64740		75～200	7.5～30	
铬铜	TCr0.5	T18140		100～255	15～37.5	500～3000
白铜	BFe10-1-1	T70590		70～260	10～40	300～3000
	BFe30-1-1	T71500		80～120	10～25	

分类	牌号	壁厚/mm	拉伸实验①		硬度试验①
			抗拉强度 R_m/MPa	断后伸长率 A/%	布氏硬度 HBW
力学性能	T2、T3、TU0、TU1、TU2、TU3、TP1、TP2	≤65	≥185	≥42	—
	TCr0.5	≤37.5	≥220	≥35	
	H96	≤42.5	≥185	≥42	—
	H80	≤30	≥275	≥40	—
	H68	≤30	≥295	≥45	—
	H65、H62	≤42.5	≥295	≥43	—
	HPb59-1	≤42.5	≥390	≥24	—
	HFe59-1-1	≤42.5	≥430	≥31	—
	HSn62-1	≤30	≥320	≥25	—
	HSi80-3	≤30	≥295	≥28	—
	HMn58-2	≤30	≥395	≥29	—
	HMn57-3-1	≤30	≥490	≥16	—
	QAl9-2	≤50	≥470	≥16	—
	QAl9-4	≤50	≥450	≥17	—
	QAl10-3-1.5	<16	≥590	≥14	140～200
		≥16	≥540	≥15	135～200
	QAl10-4-4	≤50	≥635	≥6	170～230
	QSi3.5-3-1.5	≤30	≥360	≥35	—
	BFe10-1-1	≤25	≥280	≥28	—
	BFe30-1-1	≤25	≥345	≥25	—

① 超出表中规格的管材力学性能提供实测值或由供需双方协商确定。

注：标记示例，用 T2（T11050）制造的、M30（热挤压）态、外径为 80mm、壁厚为 10mm、长度为 2000mm 的圆形管材，标记为：圆形管 YS/T 662-T2 M30-ϕ80×10×2000；或：圆形管 YS/T 662-T11050 M30-ϕ80×10×2000。

铜及铜合金拉制棒（摘自 GB/T 4423—2020）

表 3-3-16

分类		牌号	代号	状态	外径（或对边距）/mm		长度/mm
					圆形棒、方形棒、六角形棒	矩形棒	
铜	无氧铜	TU1 TU2	T10150 T10180	软化退火（O60） 硬（H04）	3～80	3～80	500～6000
	纯铜	T2 T3	T11050 T11090	软化退火（O60）、硬（H04）、半硬（H02）	3～80	3～80	
	磷脱氧铜	TP2	C12200	软化退火（O60） 硬（H04）	3～80	3～80	
	锆铜	TZr0.2 TZr0.4	T15200 T15400	硬（H04）	4～40	—	

续表

分类		牌号	代号	状态	外径(或对边距)/mm		长度/mm
					圆形棒、方形棒、六角形棒	矩形棒	
铜	镉铜	TCd1	C16200	软化退火(O60) 硬(H04)	4~60	—	500~6000
	铬铜	TCr0.5	T18140	软化退火(O60) 硬(H04)	4~40	—	
黄铜	普通黄铜	H96	T20800	软化退火(O60) 硬(H04)	3~80	3~80	
		H95	C21000	软化退火(O60) 硬(H04)	3~80	3~80	
		H90	C22000	硬(H04)	3~40	—	
		H80	C24000	软化退火(O60) 硬(H04)	3~40	—	
		H70	T26100	半硬(H02)	3~40		
		H68	T26300	半硬(H02) 软化退火(O60)	3~80	—	
		H65	C27000	软化退火(O60) 硬(H04) 半硬(H02)	3~80	—	
		H63	C27300	半硬(H02)	3~50	—	
		H62	T27600	半硬(H02)	3~80	3~80	
		H59	T28200	半硬(H02)	3~50	—	
	铅黄铜	HPb63-0.1	T34900	半硬(H02)	3~50	—	
		HPb59-1	T38100	半硬(H02) 硬(H04)	2~80	3~80	
		HPb63-3	T34700	软化退火(O60) 1/4硬(H01) 半硬(H02) 硬(H04)	3~80	3~80	
		HPb61-1	C37100	半硬(H02)	3~50	—	
	锡黄铜	HSn70-1	T45000	半硬(H02)	3~80	—	
		HSn62-1	T46300	硬(H04)	4~70	—	
	锰黄铜	HMn58-2	T67400	硬(H04)	4~60	—	
	铁黄铜	HFe59-1-1 HFe58-1-1	T67600 T67610	硬(H04)	4~60	—	
	铝黄铜	HAl61-4-3-1	T69230	硬(H04)	4~40	—	
青铜	铝青铜	QAl9-2 QAl9-4 QAl10-3-1.5	T61700 T61720 T61760	硬(H04)	4~40	—	
	锡青铜	QSn4-3、 QSn4-0.3 QSn6.5-0.1、 QSn6.5-0.4	T50800 C51100 T51510 T51520	硬(H04)	4~40	—	
		QSn7-0.2	T51530	硬(H04) 特硬(H06)	4~40	—	
	硅青铜	QSi3-1	T64730	硬(H04)	4~40	—	
白铜	锌白铜	BZn15-20	T74600	软化退火(O60) 硬(H04)	4~40	—	
		BZn15-24-1.5	T79500	软化退火(O60) 硬(H04) 特硬(H06)	3~18	—	
	铁白铜	BFe30-1-1	T71510	软化退火(O60) 硬(H04)	16~50	—	
	锰白铜	BMn40-1.5	T71660	硬(H04)	7~40	—	

续表

	圆形棒、方形棒和正六角形棒①							
	牌号	状态	直径（或对边距）/mm	抗拉强度 R_m/MPa	规定塑性延伸强度② $R_{P0.2}$/MPa	断后伸长率 A/%	硬度	
				不小于			HBW	HRB
力学性能	T2 T3	H04	3~10	300	200	5	—	20~55
			>10~60	260	168	6	—	
			>60~80	230	—	16	—	
		H02	3~10	300	—	9	—	30~50
			>10~45	228	217	10	80~95	
		O60	3~80	200	100	40	—	—
	TU1、TU2	H04	10~45	270	—	8	80~110	30~50
		O60	10~45	200	—	40	≥35	—
	TP2	O60	3~80	193~255	—	25	—	—
		H04	3~10	310~380	—	12	—	—
			>10~25	275~345	—	12	—	—
			>25~50	240~310	—	15	—	—
			>50~75	225~295	—	15	—	—
	TZr0.2 TZr0.4	H04	3~40	294	—	6	130	—
	TCd1	H04	4~60	370	—	5	≥100	—
		O60	4~60	215	—	36	≤75	—
	TCr0.5	H04	4~40	390	—	6	—	—
		O60	4~40	230	—	40	—	—
	H96 H95	H04	3~40	275	—	8	—	—
			>40~60	245	—	10	—	—
			>60~80	205	—	14	—	—
		O60	3~80	200	—	40	—	—
	H70	H02	10~25	350	200	23	105~140	—
	H63	H02	3~50	320	160	15		30~75
	H59	H02	3~10	390	—	12	—	
			>10~45	350	180	16	—	50~85
	HPb59-1	H04	2~15	500	300	8	150~180（HV）	40~90
		H02	2~20	420	225	9	100~150（HV）	
			>20~40	390	165	14	100~130（HV）	
			>40~80	370	105	18	—	
	HPb63-3	H04	3~15	490	—	4	—	—
			>15~20	450	—	9	—	—
			>20~30	410	—	12	—	—
		H02	3~20	390	285	10		30~90
			>20~30	340	240	15		
			>30~70	310	195	20		
		H01	3~15	320	150	20	65~150	—
			>15~80	290	115	25		—
		O60	3~10	390	205	10	95	35~90
			>10~20	370	160	15		
			>20~80	350	120	19		
	HSn70-1	H02	10~30	450	200	22	—	50~80
			>30~75	350	155	25	—	
	HMn58-2	H04	≥4~12	440	—	24	—	—
			>12~40	410	—	24	—	—
			>40~60	390	—	29	—	—

续表

	牌号	状态	直径（或对边距）/mm	抗拉强度 R_m/MPa	规定塑性延伸强度②$R_{P0.2}$/MPa	断后伸长率 A/%	硬度	
				不小于			HBW	HRB
力学性能	H90	H04	3~40	330	—	—	—	—
	H80	H04	3~40	390	—	—	—	—
		O60	3~40	275	—	50	—	—
	H68	H02	3~40	300	118	17	88~168（HV）	35~80
			>40~80	295	—	34	—	—
		O60	≥13~35	295	—	50	—	—
	H65	H04	≤10	360	210	10	—	30~80
			>10~45		125			
		H02	3~60	285	125	15	—	28~75
		O60	3~40	295	—	44	—	—
	H62	H02	3~40	370	270	12	—	30~90
			>40~80	335	105	24	—	
	HPb61-1	H02	3~10	405	160	9	—	50~100
			>10~50	365	115	10	—	
	HFe59-1-1	H04	4~12	490	—	17	—	—
			>12~40	440	—	19	—	—
			>40~60	410	—	22	—	—
	HPb63-0.1	H02	3~40	340	160	15	—	40~70
	HFe58-1-1	H04	4~40	440	—	11	—	—
			>40~60	390	—	13	—	—
	HSn62-1	H04	4~70	400	—	22	—	—
	BZn15-20	H04	4~12	440	—	6	—	—
			>12~25	390	—	8	—	—
			>25~40	345	—	13	—	—
		O60	3~40	295	—	33	—	—
	BZn15-24-1.5	H06	3~18	590	—	3	—	—
		H04	3~18	440	—	5	—	—
		O60	3~18	295	—	30	—	—
	BFe30-1-1	H04	16~50	490	—	—	—	—
		O60	16~50	345	—	25	—	—
	HAl61-4-3-1	H04	4~40	550	250	15	≥150	—
	QSn4-3	H04	4~12	430	—	14	—	—
			>12~25	370	—	21	—	—
			>25~35	335	—	23	—	—
			>35~40	315	—	23	—	—
	QSn4-0.3	H04	4~12	410	—	10	—	—
			>12~25	390	—	13	—	—
			>25~40	355	—	15	—	—
	QSn6.5-0.1	H04	10~35	440	—	13	—	—
	QSn6.5-0.4	H04	3~12	470	—	13	—	—
			>12~25	440	—	15	—	—
			>25~40	410	—	18	—	—

续表

	牌号	状态	直径（或对边距）/mm	抗拉强度 R_m/MPa	规定塑性延伸强度② $R_{P0.2}$/MPa	断后伸长率 A/%	硬度	
				不小于			HBW	HRB
力学性能	QSn7-0.2	H04	4～40	440	—	19	130～200	—
		H06	4～40	—	—	—	≥180	—
	QAl9-2	H04	4～40	515	—	14	—	—
	QAl9-4	H04	4～40	550	—	11	—	—
	QAl10-3-1.5	H04	4～40	630	—	15	—	—
	QSi3-1	H04	4～12	490	—	13	—	—
			>12～40	470	—	19	—	—
	BMn40-1.5	H04	7～20	540	—	6	—	—
			>20～30	490	—	8	—	—
			>30～40	440	—	11	—	—
	矩形棒①							
	T2	O60	3～80	196	—	36	—	—
		H04	3～80	245	—	9	—	—
	H62	H02	3～20	335	—	17	—	—
			>20～80	335	—	23	—	—
	HPb59-1	H02	2～50	390	—	12	100～50（HV）	50～85
			>50～80	375	—	18	—	—
	HPb63-3	H02	3～20	380	—	14	—	—
			>20～80	365	—	19	—	—

① 表中"—"提供实测值。
② 此值仅供参考。
注：经双方协商，可供应其他牌号和规格的棒材，具体要求在合同中注明。

铜及铜合金挤制棒（摘自 YS/T 649—2018）

表 3-3-17

	分类	牌号	代号	状态	直径或对边距/mm		
					圆形棒	矩形棒①	方形、六角形棒
牌号、规格	铜	T2、T3	T11050、T11090	挤制（M30）	30～300	20～120	20～120
		TU1、TU2 TU3、TP2	T10150、T10180 C10200、C12200		16～300	—	16～120
	高铜	TCd1	C16200		20～120	—	—
		TCr0.5、TCr1	T18140、C18200		18～160	—	—
	普通黄铜	H96	T20800		10～160	—	10～120
		H80、H65、H59	C24000、C27000、T28200		16～120	—	16～120
		H68	T26300		16～165	—	16～120
		H62	T27600		10～260	5～50	10～120
	复杂黄铜	HFe58-1-1、HAl60-1-1	T67610、T69240		10～160	—	10～120
		HSn62-1、HMn58-2、HFe59-1-1	T46300、T67400、T67600		10～220	—	10～120
		HPb60-2	C37700		50～60	—	—
		HPb59-1	T38100		10～260	5～50	10～120
		HPb59-2、HPb59-3	T38200、T38300		20～95	—	—

续表

	分类	牌号	代号	状态	直径或对边距/mm		
					圆形棒	矩形棒①	方形、六角形棒
牌号、规格	复杂黄铜	HPb58-2	T38210	挤制（M30）	50~100	—	—
		HSn61-0.8-1.8	C48500		50~70	—	—
		HSn70-1、HAl77-2	T45000、C68700		10~160	—	10~120
		HMn55-3-1、HMn57-3-1、HAl66-6-3-2、HAl67-2.5	T67320、T67410 T69200、T68900		10~160	—	10~120
		HSi80-3、HNi56-3	T68310、T69910		10~160	—	—
	铝青铜	QAl9-2	T61710		10~240	—	30~60
		QAl9-4	T61720		10~260	—	—
		QAl10-3-1.5、QAl10-4-4、QAl10-5-5	T61760、T61780、T62100		10~200	—	—
		QAl11-6-6	T62200		10~160	—	—
	硅青铜	QSi1-3	T64720		20~100	—	—
		QSi3-1	T64730		20~160	—	—
		QSi3.5-3-1.5	T64740		40~120	—	—
	锡青铜	QSn4-0.3	C51100		60~180	—	—
		QSn8-0.3	C52100		80~120	—	—
		QSn4-3、QSn7-0.2	T50800、T51530		40~180	—	40~120
		QSn6.5-0.1、QSn6.5-0.4	T51510、T51520		40~180	—	30~120
	白铜	BFe10-1-1、BFe10-1.6-1	T70590、T70620		40~160	—	—
		BFe30-1-1、BAl13-3、BMn40-1.5	T71510、T72600、T71660		40~120	—	—
		BZn15-20	T74600		25~120	—	—

①矩形棒的对边距指长边。

注：直径（或对边距）为10~50mm的棒材，供应长度为1000~5000mm；直径（或对边距）大于50~75mm的棒材，供应长度为500~5000mm；直径（或对边距）大于75~120mm的棒材，供应长度为500~4000mm；直径（或对边距）大于120mm的棒材，供应长度为300~4000mm

	牌号	直径（对边距）/mm	拉伸实验①		硬度试验①
			抗拉强度 R_m/MPa	断后伸长率 A/%	布氏硬度 HBW
力学性能	T2、T3、TU1、TU2、TU3、TP2	≤120	≥186	≥40	—
	TCd1	20~120	≥196	≥38	≤75
	TCr0.5、TCr1	20~160	≥230	≥35	—
	H96	≤80	≥196	≥35	—
	H80	≤120	≥275	≥45	—
	H68	≤80	≥295	≥45	—
	H65、H62	≤160	≥295	≥35	—
	H59	≤120	≥295	≥30	—
	HPb59-1	≤160	≥340	≥17	—
	HPb60-2	≤60	≥350	≥10	—
	HPb59-2、HPb59-3	≤60	≥360	≥10	—
	HPb58-2	≤65	≥375	≥15	—
	HSn61-0.8-1.8	≤70	≥370	≥15	—
	HSn62-1	≤120	≥365	≥22	—
	HSn70-1	≤75	≥245	≥45	—
	HMn58-2	≤120	≥395	≥29	—
	HMn55-3-1	≤75	≥490	≥17	—
	HMn57-3-1	≤70	≥490	≥16	—
	HFe58-1-1	≤120	≥295	≥22	—
	HFe59-1-1	≤120	≥430	≥31	—
	HAl60-1-1	≤120	≥440	≥20	—
	HAl66-6-3-2	≤75	≥735	≥8	—
	HAl67-2.5	≤75	≥395	≥17	—
	HAl77-2	≤75	≥245	≥45	—
	HNi56-3	≤75	≥440	≥28	—

续表

项目	牌号	直径(对边距)/mm	拉伸实验① 抗拉强度 R_m/MPa	拉伸实验① 断后伸长率 A/%	硬度试验① 布氏硬度 HBW
力学性能	HSi80-3	≤75	≥295	≥28	—
	QAl9-2	≤45	≥490	≥18	110~190
		>45~160	≥470	≥24	—
	QAl9-4	≤120	≥540	≥17	110~190
		>120~200	≥450	≥13	
	QAl10-3-1.5	≤16	≥610	≥9	130~190
		>16	≥590	≥13	
	QAl10-4-4 QAl10-5-5	≤29	≥690	≥5	170~260
		>29~120	≥635	≥6	
		>120	≥590	≥6	
	QAl11-6-6	≤28	≥690	≥4	—
		>28~50	≥635	≥5	—
	QSi1-3	≤80	≥490	≥11	—
	QSi3-1	≤100	≥345	≥23	—
	QSi3.5-3-1.5	40~120	≥380	≥35	—
	QSn4-0.3	60~120	≥280	≥30	—
	QSn4-3	40~120	≥275	≥30	—
	QSn6.5-0.1、 QSn6.5-0.4	≤40	≥355	≥55	—
		>40~100	≥345	≥60	—
		>100	≥315	≥64	—
	QSn7-0.2	40~120	≥355	≥64	≥70
	QSn8-0.3	80~120	≥355	≥64	—
	BZn15-20	≤80	≥295	≥33	—
	BFe10-1-1、BFe10-1.6-1	≤80	≥280	≥30	—
	BFe30-1-1	≤80	≥345	≥28	—
	BAl13-3	≤80	≥685	≥7	—
	BMn40-1.5	≤80	≥345	≥28	—

① 超出表中规格的棒材力学性能提供实测值或由供需双方协商确定。

铜碲合金棒（摘自 YS/T 648—2019）

表 3-3-18

截面形状

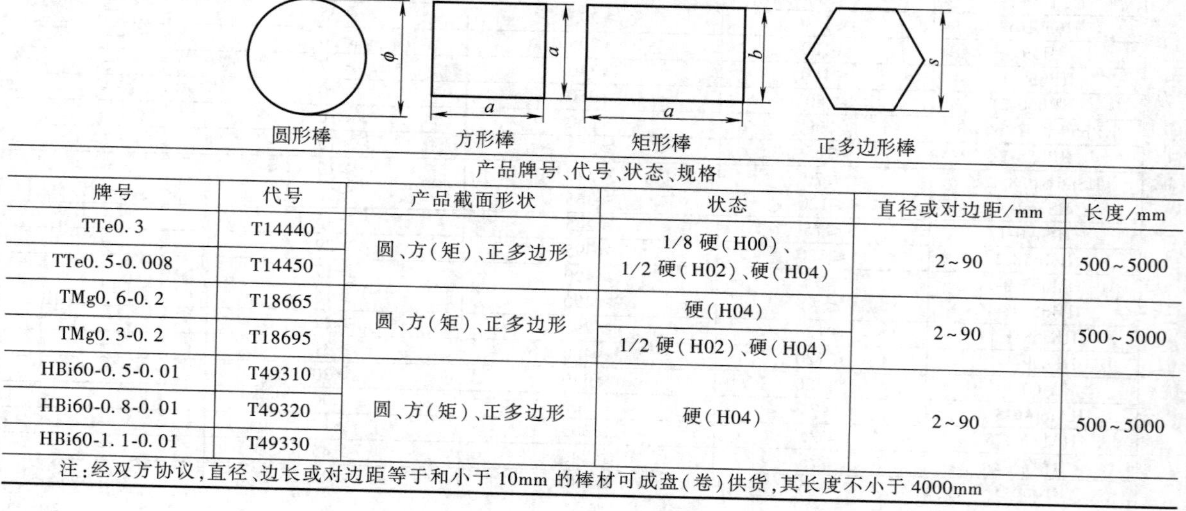

产品牌号、代号、状态、规格

牌号	代号	产品截面形状	状态	直径或对边距/mm	长度/mm
TTe0.3	T14440	圆、方(矩)、正多边形	1/8 硬(H00)、1/2 硬(H02)、硬(H04)	2~90	500~5000
TTe0.5-0.008	T14450				
TMg0.6-0.2	T18665	圆、方(矩)、正多边形	硬(H04)	2~90	500~5000
TMg0.3-0.2	T18695		1/2 硬(H02)、硬(H04)		
HBi60-0.5-0.01	T49310	圆、方(矩)、正多边形	硬(H04)	2~90	500~5000
HBi60-0.8-0.01	T49320				
HBi60-1.1-0.01	T49330				

注：经双方协议，直径、边长或对边距等于和小于 10mm 的棒材可成盘(卷)供货，其长度不小于 4000mm

续表

棒材的化学成分																	
牌号	化学成分(质量分数)/%																
	Cu+Ag	Bi	Te	P	Zn	Mg	Pb	Cd	As	Bi	Fe	Zn	Sb	Sn	Ni	S	杂质总和
TTe0.3	余量	—	0.2~0.35	0.001	—	—	0.01	0.01	0.002	0.001	0.008	0.005	0.0015	0.001	0.002	0.0025	0.1
TTe0.5-0.008	余量	—	0.4~0.6	0.004~0.012	—	—	0.01	0.01	0.002	0.001	0.008	0.005	0.003	0.01	0.005	0.003	0.2
TMg0.6-0.2	余量	—	0.15~0.20	0.0005	—	0.5~0.7	0.005	—	—	0.001	0.002	0.0016	0.001	—	0.002	—	0.1
TMg0.3-0.2	余量	—	0.15~0.20	0.0005	—	0.2~0.4	0.005	—	—	0.001	0.002	0.0016	0.001	—	0.002	—	0.1
HBi60-0.5-0.01	58.5~61.5	0.45~0.65	0.010~0.015	—	余量①	—	0.1	0.01	0.01	—	—	—	—	—	—	—	0.5
HBi60-0.8-0.01	58.5~61.5	0.70~0.95	0.010~0.015	—	余量①	—	0.1	0.01	0.01	—	—	—	—	—	—	—	0.5
HBi60-1.1-0.01	58.5~61.5	1.00~1.25	0.010~0.015	—	余量①	—	0.1	0.01	0.01	—	—	—	—	—	—	—	0.5

①"余量"为该元素含量的实测值。

注 1. 元素含量是上下限者或余量为基体元素和合金元素,元素含量为单个数值者为杂质元素,单个数值表示最高限量。

2. 杂质总和为表中所列杂质元素实测值的总和。

力学性能、电学性能及切削性能									
牌号	状态	直径或对边距/mm	力学性能			电学性能			切削性能
			抗拉强度 R_m/MPa	断后伸长率 A/%	硬度 HRB	导电率 /%IACS	抗弧性能 起晕电压 /kV	抗弧性能 击穿电压 /kV	切削率 /%
TTe0.3	H00	全规格	220~260	≥30	<32	≥97	≥17	≥19	—
	H02	2~6.5	>260	≥8	—	≥97	≥17	≥19	—
		>6.5~90	>260	≥12	32~43	≥98	≥17	≥19	—
	H04	2~6.5	>330	≥4	—	≥97	≥17	≥19	—
		>6.5~32	>305	≥8	>43	≥97	≥17	≥19	—
		>32~90	>275	≥8	>43	≥97	≥17	≥19	—
TTe0.5-0.008	H00	全规格	220~260	≥20	<32	≥85	—	—	≥85
	H02	2~6.5	>260	≥8	32~45	≥85	—	—	≥85
		>6.5~90	>260	≥12	32~45	≥85	—	—	≥85
	H04	2~6.5	>330	≥4	—	≥85	—	—	≥85
		>6.5~32	>305	≥8	>45	≥85	—	—	≥85
		>32~90	>275	>8	>45	≥85	—	—	≥85
TMg0.6-0.2	H04	全规格	≥480	≥3	≥75	≥65	—	—	—
TMg0.3-0.2	H02	全规格	430~460	≥8	60~70	≥75	—	—	—
	H04	全规格	≥460	≥3	≥70	≥75	—	—	—
HBi60-0.5-0.01	H04	全规格	≥380	≥25	50~65	—	—	—	≥80
HBi60-0.8-0.01	H04	全规格	≥390	≥22	53~68	—	—	—	≥85
HBi60-1.1-0.01	H04	全规格	≥400	≥20	55~70	—	—	—	≥90

常用铜及铜合金线材的规格和力学性能(摘自 GB/T 21652—2017)

表 3-3-19

产品的牌号、状态、规格				
类别	牌号	代号	状态	直径(对边距)/mm
纯铜	T2、T3	T11050、T11090	软(O60),1/2 硬(H02),硬(H04)	0.05~8.0

第3篇

续表

类别	牌号	代号	状态	直径(对边距)/mm
无氧铜	TU0、TU1、TU2	T10130、T10150、T10180	软(O60),硬(H04)	0.05~8.0
普通黄铜	H65、H63、H62	C27000 T27300 T27600	软(O60),1/8硬(H00),1/4硬(H01),1/2硬(H02),3/4硬(H03),硬(H04),特硬(H06)	0.05~13.0 特硬规格 0.05~4.0
	H70、H68、H66	T26100 T26300 C26800	软(O60),1/8硬(H00),1/4硬(H01),1/2硬(H02),3/4硬(H03),硬(H04),特硬(H06)	0.05~8.5 特硬规格 0.1~6.0 软态规格 0.05~18.0
	H95、H90、H85、H80	C21000 C22000 C23000 C24000	软(O60),1/2硬(H02),硬(H04)	0.05~12.0
锡黄铜	HSn60-1、HSn62-1	T46410、T46300	软(O60),硬(H04)	0.5~6.0
铅黄铜	HPb59-3	T38300	1/2硬(H02),硬(H04)	1.0~10.0
	HPb63-3	T34700	软(O60),1/2硬(H02),硬(H04)	0.5~6.0
	HPb59-1	T38100	软(O60),1/2硬(H02),硬(H04)	0.5~6.0
	HPb61-1	C37100	1/2硬(H02),硬(H04)	0.5~8.5
	HPb62-0.8	T35100	1/2硬(H02),硬(H04)	0.5~6.0
硼黄铜	HB90-0.1	T22130	硬(H04)	1.0~12.0
锰黄铜	HMn62-13	T67310	软(O60),1/4硬(H01),1/2硬(H02),3/4硬(H03),硬(H04)	0.5~6.0
锡青铜	QSn6.5-0.1、QSn6.5-0.4、QSn5-0.2、QSn7-0.2、QSn4-0.3、QSn8-0.3	T51510 T51520 C51000 T51530 C51100 C52100	软(O60),1/4硬(H01),1/2硬(H02),3/4硬(H03),硬(H04)	0.1~8.5
	QSn4-3	T50800	软(O60),1/4硬(H01),1/2硬(H02),3/4硬(H03)	0.1~8.5
			硬(H04)	0.1~6.0
	QSn4-4-4	T53500	1/2硬(H02),硬(H04)	0.1~8.5
	QSn15-1-1	T52500	软(O60),1/4硬(H01),1/2硬(H02),3/4硬(H03),硬(H04)	0.5~6.0
铝青铜	QAl7	C61000	1/2硬(H02),硬(H04)	1.0~6.0
	QAl9-2	T61700	硬(H04)	0.6~6.0
硅青铜	QSi3-1	T64730	1/2硬(H02),3/4硬(H03),硬(H04)	0.1~8.5
			软(O60),1/4硬(H01)	0.1~18.0
铬青铜	QCr4.5-2.5-0.6	T55600	软(O60),固溶热处理+沉淀热处理(TF00) 固溶热处理+冷加工(硬)+沉淀热处理(TH04)	0.5~6.0
镉铜	TCd1	C16200	软(O60),硬(H04)	0.1~6.0
镁铜	TMg0.2	T18658	硬(H04)	1.5~3.0
	TMg0.5	T18664	硬(H04)	1.5~7.0
普通白铜	B19	T71050	软(O60),硬(H04)	0.1~6.0
铁白铜	BFe10-1-1,BFe30-1-1	T70590 T71510		
锰白铜	BMn3-12	T71620	软(O60),硬(H04)	0.05~6.0
	BMn40-1.5	T71660		
锌白铜	BZn9-29,BZn12-24,BZn12-26	T76100 T76200 T76210	软(O60),1/8硬(H00),1/4硬(H01),1/2硬(H02),3/4硬(H03),硬(H04),特硬(H06)	0.1~8.0 特硬规格 0.5~4.0

续表

类别	牌号	代号	状态	直径(对边距)/mm
锌白铜	BZn15-20	T74600	软(O60),1/8 硬(H00),1/4 硬(H01),1/2 硬(H02),3/4 硬(H03),硬(H04),特硬(H06)	0.1~8.0 特硬规格 0.5~4.0 软态规格 0.1~18.0
	BZn18-20	T76300		
	BZn22-16, BZn25-18	T76400 T76500	软(O60),1/8 硬(H00),1/4 硬(H01),1/2 硬(H02),3/4 硬(H03),硬(H04),特硬(H06)	0.1~8.0 特硬规格 0.1~4.0
	BZn40-20	T77500	软(O60),1/4 硬(H01),1/2 硬(H02),3/4 硬(H03),硬(H04)	1.0~6.0
	BZn12-37-1.5	C79860	1/2 硬(H02),硬(H04)	0.5~9.0
注:经供需双方协商,可供应其他牌号、规格、状态的线材				

线材抗拉强度和断后伸长率

牌号	状态	直径(对边距)/mm	抗拉强度 R_m /MPa	断后伸长率/%	
				A_{100mm}	A
TU0 TU1 TU2	O60	0.05~8.0	195~255	≥25	—
	H04	0.05~4.0	≥345	—	—
		>4.0~8.0	≥310	≥10	—
T2 T3	O60	0.05~0.3	≥195	≥15	—
		>0.3~1.0	≥195	≥20	—
		>1.0~2.5	≥205	≥25	—
		>2.5~8.0	≥205	≥30	—
	H02	0.05~8.0	255~365	—	—
	H04	0.05~2.5	≥380	—	—
		>2.5~8.0	≥365	—	—
H62 H63	O60	0.05~0.25	≥345	≥18	—
		>0.25~1.0	≥335	≥22	—
		>1.0~2.0	≥325	≥26	—
		>2.0~4.0	≥315	≥30	—
		>4.0~6.0	≥315	≥34	—
		>6.0~13.0	≥305	≥36	—
	H00	0.05~0.25	≥360	≥8	—
		>0.25~1.0	≥350	≥12	—
		>1.0~2.0	≥340	≥18	—
		>2.0~4.0	≥330	≥22	—
		>4.0~6.0	≥320	≥26	—
		>6.0~13.0	≥310	≥30	—
	H01	0.05~0.25	≥380	≥5	—
		>0.25~1.0	≥370	≥8	—
		>1.0~2.0	≥360	≥10	—
		>2.0~4.0	≥350	≥15	—
		>4.0~6.0	≥340	≥20	—
		>6.0~13.0	≥330	≥25	—
	H02	0.05~0.25	≥430	—	—
		>0.25~1.0	≥410	≥4	—
		>1.0~2.0	≥390	≥7	—
		>2.0~4.0	≥375	≥10	—
		>4.0~6.0	≥355	≥12	—
		>6.0~13.0	≥350	≥14	—
	H03	0.05~0.25	590~785	—	—
		>0.25~1.0	540~735	—	—
		>1.0~2.0	490~685	—	—
		>2.0~4.0	440~635	—	—
		>4.0~6.0	390~590	—	—
		>6.0~13.0	360~560	—	—
	H04	0.05~0.25	785~980	—	—
		>0.25~1.0	685~885	—	—
		>1.0~2.0	635~835	—	—
		>2.0~4.0	590~785	—	—

续表

牌号	状态	直径(对边距)/mm	抗拉强度 R_m /MPa	断后伸长率/%	
				A_{100mm}	A
H62 H63	H04	>4.0~6.0	540~735	—	—
		>6.0~13.0	490~685	—	—
	H06	0.05~0.25	≥850	—	—
		>0.25~1.0	≥830	—	—
		>1.0~2.0	≥800	—	—
		>2.0~4.0	≥770	—	—
H65	O60	0.05~0.25	≥335	≥18	—
		>0.25~1.0	≥325	≥24	—
		>1.0~2.0	≥315	≥28	—
		>2.0~4.0	≥305	≥32	—
		>4.0~6.0	≥295	≥35	—
		>6.0~13.0	≥285	≥40	—
	H00	0.05~0.25	≥350	≥10	—
		>0.25~1.0	≥340	≥15	—
		>1.0~2.0	≥330	≥20	—
		>2.0~4.0	≥320	≥25	—
		>4.0~6.0	≥310	≥28	—
		>6.0~13.0	≥300	≥32	—
	H01	0.05~0.25	≥370	≥6	—
		>0.25~1.0	≥360	≥10	—
		>1.0~2.0	≥350	≥12	—
		>2.0~4.0	≥340	≥18	—
		>4.0~6.0	≥330	≥22	—
		>6.0~13.0	≥320	≥28	—
	H02	0.05~0.25	≥410	—	—
		>0.25~1.0	≥400	≥4	—
		>1.0~2.0	≥390	≥7	—
		>2.0~4.0	≥380	≥10	—
		>4.0~6.0	≥375	≥13	—
		>6.0~13.0	≥360	≥15	—
	H03	0.05~0.25	540~735	—	—
		>0.25~1.0	490~685	—	—
		>1.0~2.0	440~635	—	—
		>2.0~4.0	390~590	—	—
		>4.0~6.0	375~570	—	—
		>6.0~13.0	370~550	—	—
	H04	0.05~0.25	685~885	—	—
		>0.25~1.0	635~835	—	—
		>1.0~2.0	590~785	—	—
		>2.0~4.0	540~735	—	—
		>4.0~6.0	490~685	—	—
		>6.0~13.0	440~635	—	—
	H06	0.05~0.25	≥830	—	—
		>0.25~1.0	≥810	—	—
		>1.0~2.0	≥800	—	—
		>2.0~4.0	≥780	—	—
H68 H70 H66	O60	0.05~0.25	≥375	≥18	—
		>0.25~1.0	≥355	≥25	—
		>1.0~2.0	≥335	≥30	—
		>2.0~4.0	≥315	≥35	—
		>4.0~6.0	≥295	≥40	—
		>6.0~13.0	≥275	≥45	—
		>13.0~18.0	≥275	—	≥50

续表

牌号	状态	直径(对边距)/mm	抗拉强度 R_m /MPa	断后伸长率/%	
				A_{100mm}	A
H68 H70 H66	H00	0.05～0.25	≥385	≥18	—
		>0.25～1.0	≥365	≥20	—
		>1.0～2.0	≥350	≥24	—
		>2.0～4.0	≥340	≥28	—
		>4.0～6.0	≥330	≥33	—
		>6.0～8.5	≥320	≥35	—
	H01	0.05～0.25	≥400	≥10	—
		>0.25～1.0	≥380	≥15	—
		>1.0～2.0	≥370	≥20	—
		>2.0～4.0	≥350	≥25	—
		>4.0～6.0	≥340	≥30	—
		>6.0～8.5	≥330	≥32	—
	H02	0.05～0.25	≥410	—	—
		>0.25～1.0	≥390	≥5	—
		>1.0～2.0	≥375	≥10	—
		>2.0～4.0	≥355	≥12	—
		>4.0～6.0	≥345	≥14	—
		>6.0～8.5	≥340	≥16	—
	H03	0.05～0.25	540～735	—	—
		>0.25～1.0	490～685	—	—
		>1.0～2.0	440～635	—	—
		>2.0～4.0	390～590	—	—
		>4.0～6.0	345～540	—	—
		>6.0～8.5	340～520	—	—
	H04	0.05～0.25	735～930	—	—
		>0.25～1.0	685～885	—	—
		>1.0～2.0	635～835	—	—
		>2.0～4.0	590～785	—	—
		>4.0～6.0	540～735	—	—
		>6.0～8.5	490～685	—	—
	H06	0.1～0.25	≥800	—	—
		>0.25～1.0	≥780	—	—
		>1.0～2.0	≥750	—	—
		>2.0～4.0	≥720	—	—
		>4.0～6.0	≥690	—	—
H80	O60	0.05～12.0	≥320	≥20	—
	H02	0.05～12.0	≥540	—	—
	H04	0.05～12.0	≥690	—	—
H85	O60	0.05～12.0	≥280	≥20	—
	H02	0.05～12.0	≥455	—	—
	H04	0.05～12.0	≥570	—	—
H90	O60	0.05～12.0	≥240	≥20	—
	H02	0.05～12.0	≥385	—	—
	H04	0.05～12.0	≥485	—	—
H95	O60	0.05～12.0	≥220	≥20	—
	H02	0.05～12.0	≥340	—	—
	H04	0.05～12.0	≥420	—	—
HB90-0.1	H04	1.0～12.0	≥500	—	—
HPb59-1	O60	0.5～2.0	≥345	≥25	—
		>2.0～4.0	≥335	≥28	—
		>4.0～6.0	≥325	≥30	—
	H02	0.5～2.0	390～590	—	—
		>2.0～4.0	390～590	—	—

续表

牌号	状态	直径(对边距)/mm	抗拉强度 R_m /MPa	断后伸长率/%	
				A_{100mm}	A
HPb59-1	H02	>4.0~6.0	375~570	—	—
	H04	0.5~2.0	490~735	—	—
		>2.0~4.0	490~685	—	—
		>4.0~6.0	440~635	—	—
HPb59-3	H02	1.0~2.0	≥385	—	—
		>2.0~4.0	≥380	—	—
		>4.0~6.0	≥370	—	—
		>6.0~10.0	≥360	—	—
	H04	1.0~2.0	≥480	—	—
		>2.0~4.0	≥460	—	—
		>4.0~6.0	≥435	—	—
		>6.0~10.0	≥430	—	—
HPb61-1	H02	0.5~2.0	≥390	≥8	—
		>2.0~4.0	≥380	≥10	—
		>4.0~6.0	≥375	≥15	—
		>6.0~8.5	≥365	≥15	—
	H04	0.5~2.0	≥520	—	—
		>2.0~4.0	≥490	—	—
		>4.0~6.0	≥465	—	—
		>6.0~8.5	≥440	—	—
HPb62-0.8	H02	0.5~6.0	410~540	≥12	—
	H04	0.5~6.0	450~560	—	—
HPb63-3	O60	0.5~2.0	≥305	≥32	—
		>2.0~4.0	≥295	≥35	—
		>4.0~6.0	≥285	≥35	—
	H02	0.5~2.0	390~610	≥3	—
		>2.0~4.0	390~600	≥4	—
		>4.0~6.0	390~590	≥4	—
	H04	0.5~6.0	570~735	—	—
HSn60-1 HSn62-1	O60	0.5~2.0	≥315	≥15	—
		>2.0~4.0	≥305	≥20	—
		>4.0~6.0	≥295	≥25	—
	H04	0.5~2.0	590~835	—	—
		>2.0~4.0	540~785	—	—
		>4.0~6.0	490~735	—	—
HMn62-13	O60	0.5~6.0	400~550	≥25	—
	H01	0.5~6.0	450~600	≥18	—
	H02	0.5~6.0	500~650	≥12	—
	H03	0.5~6.0	550~700	—	—
	H04	0.5~6.0	≥650	—	—
QSn6.5-0.1 QSn6.5-0.4 QSn7-0.2 QSn5-0.2 QSn4-0.3 QSi3-1	O60	0.1~1.0	≥350	≥35	—
		>1.0~8.5		≥45	—
	H01	0.1~1.0	480~680	—	—
		>1.0~2.0	450~650	≥10	—
		>2.0~4.0	420~620	≥15	—
		>4.0~6.0	400~600	≥20	—
		>6.0~8.5	380~580	≥22	—
	H02	0.1~1.0	540~740	—	—
		>1.0~2.0	520~720	—	—
		>2.0~4.0	500~700	≥4	—
		>4.0~6.0	480~680	≥8	—
		>6.0~8.5	460~660	≥10	—

续表

牌号	状态	直径(对边距)/mm	抗拉强度 R_m /MPa	断后伸长率/%	
				A_{100mm}	A
QSn6.5-0.1 QSn6.5-0.4 QSn7-0.2 QSn5-0.2 QSn4-0.3 QSi3-1	H03	0.1~1.0	750~950	—	—
		>1.0~2.0	730~920	—	—
		>2.0~4.0	710~900	—	—
		>4.0~6.0	690~880	—	—
		>6.0~8.5	640~860	—	—
	H04	0.1~1.0	880~1130	—	—
		>1.0~2.0	860~1060	—	—
		>2.0~4.0	830~1030	—	—
		>4.0~6.0	780~980	—	—
		>6.0~8.5	690~950	—	—
QSn4-3	O60	0.1~1.0	≥350	≥35	—
		>1.0~8.5		≥45	—
	H01	0.1~1.0	460~580	≥5	—
		>1.0~2.0	420~540	≥10	—
		>2.0~4.0	400~520	≥20	—
		>4.0~6.0	380~480	≥25	—
		>6.0~8.5	360~450	≥25	—
	H02	0.1~1.0	500~700	—	—
		>1.0~2.0	480~680	—	—
		>2.0~4.0	450~650	—	—
		>4.0~6.0	430~630	—	—
		>6.0~8.5	410~610	—	—
	H03	0.1~1.0	620~820	—	—
		>1.0~2.0	600~800	—	—
		>2.0~4.0	560~760	—	—
		>4.0~6.0	540~740	—	—
		>6.0~8.5	520~720	—	—
	H04	0.1~1.0	880~1130	—	—
		>1.0~2.0	860~1060	—	—
		>2.0~4.0	830~1030	—	—
		>4.0~6.0	780~980	—	—
QSn8-0.3	O60	0.1~8.5	365~470	≥30	—
	H01	0.1~8.5	510~625	≥8	—
	H02	0.1~8.5	655~795	—	—
	H03	0.1~8.5	780~930	—	—
	H04	0.1~8.5	860~1035	—	—
QSi3-1	O60	>8.5~13.0	≥350	≥45	—
		>13.0~18.0		—	≥50
	H01	>8.5~13.0	380~580	≥22	—
		>13.0~18.0		—	≥26
QSn4-4-4	H02	0.1~6.0	≥360	≥8	—
		>6.0~8.5		≥12	—
	H04	0.1~6.0	≥420	—	—
		>6.0~8.5		≥10	—
QSn15-1-1	O60	0.5~1.0	≥365	≥28	—
		>1.0~2.0	≥360	≥32	—
		>2.0~4.0	≥350	≥35	—
		>4.0~6.0	≥345	≥36	—
	H01	0.5~1.0	630~780	≥25	—
		>1.0~2.0	600~750	≥30	—
		>2.0~4.0	580~730	≥32	—
		>4.0~6.0	550~700	≥35	—

续表

牌号	状态	直径(对边距)/mm	抗拉强度 R_m /MPa	断后伸长率/%	
				A_{100mm}	A
QSn15-1-1	H02	0.5~1.0	770~910	≥3	—
		>1.0~2.0	740~880	≥6	—
		>2.0~4.0	720~850	≥8	—
		>4.0~6.0	680~810	≥10	—
	H03	0.5~1.0	800~930	≥1	—
		>1.0~2.0	780~910	≥2	—
		>2.0~4.0	750~880	≥2	—
		>4.0~6.0	720~850	≥3	—
	H04	0.5~1.0	850~1080	—	—
		>1.0~2.0	840~980	—	—
		>2.0~4.0	830~960	—	—
		>4.0~6.0	820~950	—	—
QAl7	H02	1.0~6.0	≥550	≥8	—
	H04	1.0~6.0	≥600	≥4	—
QAl9-2	H04	0.6~1.0	≥580	—	—
		>1.0~2.0		≥1	—
		>2.0~5.0		≥2	—
		>5.0~6.0	≥530	≥3	—
QCr4.5-2.5-0.6	O60	0.5~6.0	400~600	≥25	—
	TH04、TF00	0.5~6.0	550~850	—	—
TCd1	O60	0.1~6.0	≥275	≥20	—
	H04	0.1~0.5	590~880	—	—
		>0.5~4.0	490~735	—	—
		>4.0~6.0	470~685	—	—
TMg0.2	H04	1.5~3.0	≥530	—	—
TMg0.5	H04	1.5~3.0	≥620	—	—
		>3.0~7.0	≥530	—	—
B19	O60	0.1~0.5	≥295	≥20	—
		>0.5~6.0		≥25	—
	H04	0.1~0.5	590~880	—	—
		>0.5~6.0	490~785	—	—
BFe10-1-1	O60	0.1~1.0	≥450	≥15	—
		>1.0~6.0	≥400	≥18	—
	H04	0.1~1.0	≥780	—	—
		>1.0~6.0	≥650	—	—
BFe30-1-1	O60	0.1~0.5	≥345	≥20	—
		>0.5~6.0		≥25	—
	H04	0.1~0.5	685~980	—	—
		>0.5~6.0	590~880	—	—
BMn3-12	O60	0.05~1.0	≥440	≥12	—
		>1.0~6.0	≥390	≥20	—
	H04	0.05~1.0	≥785	—	—
		>1.0~6.0	≥685	—	—
BMn40-1.5	O60	0.05~0.20	≥390	≥15	—
		>0.20~0.50		≥20	—
		>0.50~6.0		≥25	—
	H04	0.05~0.20	685~980	—	—
		>0.20~0.50	685~880	—	—
		>0.50~6.0	635~835	—	—
BZn9-29 BZn12-24 BZn12-26	O60	0.1~0.2	≥320	≥15	—
		>0.2~0.5		≥20	—
		>0.5~2.0		≥25	—
		>2.0~8.0		≥30	—

续表

牌号	状态	直径(对边距)/mm	抗拉强度 R_m /MPa	断后伸长率/%	
				A_{100mm}	A
BZn9-29 BZn12-24 BZn12-26	H00	0.1~0.2	400~570	≥12	—
		>0.2~0.5	380~550	≥16	—
		>0.5~2.0	360~540	≥22	—
		>2.0~8.0	340~520	≥25	—
	H01	0.1~0.2	420~620	≥6	—
		>0.2~0.5	400~600	≥8	—
		>0.5~2.0	380~590	≥12	—
		>2.0~8.0	360~570	≥18	—
	H02	0.1~0.2	480~680	—	—
		>0.2~0.5	460~640	≥6	—
		>0.5~2.0	440~630	≥9	—
		>2.0~8.0	420~600	≥12	—
	H03	0.1~0.2	550~800	—	—
		>0.2~0.5	530~750	—	—
		>0.5~2.0	510~730	—	—
		>2.0~8.0	490~630	—	—
	H04	0.1~0.2	680~880	—	—
		>0.2~0.5	630~820	—	—
		>0.5~2.0	600~800	—	—
		>2.0~8.0	580~700	—	—
	H06	0.5~4.0	≥720	—	—
BZn15-20 BZn18-20	O60	0.1~0.2	≥345	≥15	—
		>0.2~0.5		≥20	—
		>0.5~2.0		≥25	—
		>2.0~8.0		≥30	—
		>8.0~13.0		≥35	—
		>13.0~18.0		—	≥40
	H00	0.1~0.2	450~600	≥12	—
		>0.2~0.5	435~570	≥15	—
		>0.5~2.0	420~550	≥20	—
		>2.0~8.0	410~520	≥24	—
	H01	0.1~0.2	470~660	≥10	—
		>0.2~0.5	460~620	≥12	—
		>0.5~2.0	440~600	≥14	—
		>2.0~8.0	420~570	≥16	—
	H02	0.1~0.2	510~780	—	—
		>0.2~0.5	490~735	—	—
		>0.5~2.0	440~685	—	—
		>2.0~8.0	440~635	—	—
	H03	0.1~0.2	620~860	—	—
		>0.2~0.5	610~810	—	—
		>0.5~2.0	595~760	—	—
		>2.0~8.0	580~700	—	—
	H04	0.1~0.2	735~980	—	—
		0.2~0.5	735~930	—	—
		>0.5~2.0	635~880	—	—
		>2.0~8.0	540~785	—	—
	H06	0.5~1.0	≥750	—	—
		>1.0~2.0	≥740	—	—
		>2.0~4.0	≥730	—	—
BZn22-16 BZn25-18	O60	0.1~0.2	≥440	≥12	—
		0.2~0.5		≥16	—
		>0.5~2.0		≥23	—
		>2.0~8.0		≥28	—

续表

牌号	状态	直径(对边距)/mm	抗拉强度 R_m /MPa	断后伸长率/%	
				A_{100mm}	A
BZn22-16 BZn25-18	H00	0.1~0.2	500~680	≥10	—
		>0.2~0.5	490~650	≥12	—
		>0.5~2.0	470~630	≥15	—
		>2.0~8.0	460~600	≥18	—
	H01	0.1~0.2	540~720	—	—
		>0.2~0.5	520~690	≥6	—
		>0.5~2.0	500~670	≥8	—
		>2.0~8.0	480~650	≥10	—
	H02	0.1~0.2	640~830	—	—
		>0.2~0.5	620~800	—	—
		>0.5~2.0	600~780	—	—
		>2.0~8.0	580~760	—	—
	H03	0.1~0.2	660~880	—	—
		>0.2~0.5	640~850	—	—
		>0.5~2.0	620~830	—	—
		>2.0~8.0	600~810	—	—
	H04	0.1~0.2	750~990	—	—
		>0.2~0.5	740~950	—	—
		>0.5~2.0	650~900	—	—
		>2.0~8.0	630~860	—	—
	H06	0.1~1.0	≥820	—	—
		>1.0~2.0	≥810	—	—
		>2.0~4.0	≥800	—	—
BZn40-20	O60	1.0~6.0	500~650	≥20	—
	H01	1.0~6.0	550~700	≥8	—
	H02	1.0~6.0	600~850	—	—
	H03	1.0~6.0	750~900	—	—
	H04	1.0~6.0	800~1000	—	—
BZn12-37-1.5	H02	0.5~9.0	600~700	—	—
	H04	0.5~9.0	650~750	—	—

注：表中的“—”，表示没有统计数据，如果需方要求该性能，其性能指标由供需双方协商。

加工铜材牌号的特性与用途

表 3-3-20

组别	牌号	特性与用途
纯铜	T2 T3	有良好的导电、导热、耐蚀和加工性能，可以焊接和钎焊。易引起“氢病”，不宜在高温(>370℃)下还原气氛中加工(退火、焊接等)和使用。适用于制造电线、电缆、导电螺钉、雷管、化工用蒸发器、垫圈、铆钉、管嘴等
普通黄铜	H96	强度比纯铜高(但在普通黄铜中，它是最低的)，导热、导电性好，在大气和淡水中有高的耐蚀性，且有良好的塑性，易于冷、热压力加工，易于焊接、锻造和镀锡，无应力腐蚀破裂倾向。在一般机械制造中用于导管、冷凝管、散热器管、散热片、汽车水箱带以及导电零件等
	H90	性能和H96相似，但强度较H96稍高，可镀金属及涂敷珐琅。用于供水及排水管、奖章、艺术品、水箱带以及双金属片
	H85	具有较高的强度，塑性好，能很好地承受冷、热压力加工，焊接和耐蚀性能也都良好。用于冷凝和散热用管、虹吸管、蛇形管、冷却设备制件
	H80	性能和H85近似，但强度较高，塑性也较好，在大气、淡水及海水中有较高的耐蚀性。用于造纸网、薄壁管、波纹管及房屋建筑用品
	H75	有相当好的力学性能、工艺性能和耐蚀性能。能很好地在热态和冷态下压力加工。在性能和经济性上居于H80、H70之间。用于低载荷耐蚀弹簧

续表

组别	牌号	特性与用途
普通黄铜	H70 H68	有极为良好的塑性(是黄铜中最佳者)和较高的强度,切削加工性能好,易焊接,对一般腐蚀非常安定,但易产生腐蚀开裂。H68是普通黄铜中应用最为广泛的一个品种。用于复杂的冷冲件和深冲件,如散热器外壳、导管、波纹管、弹壳、垫片、雷管等
	H65	性能介于H68和H62之间,价格比H68便宜,也有较高的强度和塑性,能良好地承受冷、热压力加工,有腐蚀破裂倾向。用于小五金、日用品、小弹簧、螺钉、铆钉和机械零件
	H63	适用于在冷态下压力加工,宜于进行焊接和钎焊。易抛光,是进行拉丝、轧制、弯曲等成形的主要合金。用于螺钉、酸洗用的圆辊等
	H62	有良好的力学性能,热态下塑性好,冷态下塑性尚可,切削性好,易钎焊和焊接,耐蚀,但易产生腐蚀破裂。价格便宜,是应用广泛的一个普通黄铜品种。用于各种深引伸和弯折制造的受力零件,如销钉、铆钉、垫圈、螺母、导管、气压表弹簧、筛网、散热器零件等
	H59	价格最便宜,强度、硬度高而塑性差,但在热态下仍能很好地承受压力加工,耐蚀性一般,其他性能和H62相近。用于一般机器零件、焊接件、热冲及热轧零件
铅黄铜	HPb74-3	含铅量高的铅黄铜,一般不进行热加工,因有热脆倾向。有好的切削性。用于钟表、汽车、拖拉机零件以及一般机器零件
	HPb64-2 HPb63-3	含铅量高的铅黄铜,不能热态加工,切削性能极为优良,且有高的减摩性能,其他性能和HPb59-1相似。主要用于钟表结构零件,也用于汽车、拖拉机零件
	HPb60-1	有好的切削加工性和较高的强度,其他性能同HPb59-1。用于结构零件
	HPb59-1 HPb59-1A	是应用较广泛的铅黄铜,它的特点是切削性好,有良好的力学性能,能承受冷、热压力加工,易钎焊和焊接,对一般腐蚀有良好的稳定性,但有腐蚀破裂倾向,HPb59-1A杂质含量较高,用于比较次要的制件。适于以热冲压和切削加工制作的各种结构零件,如螺钉、垫圈、垫片、衬套、螺母、喷嘴等
	HPb61-1	切削性良好,热加工性极好。主要用于自动切削部件
锡黄铜	HSn90-1	力学性能和工艺性能极近似于H90普通黄铜,但有高的耐蚀性和减摩性,目前只有这种锡黄铜可作为耐磨合金使用。用于汽车拖拉机弹性套管及其他耐蚀减摩零件
	HSn70-1	是典型的锡黄铜,在大气、蒸汽、油类和海水中有高的耐蚀性,且有良好的力学性能,切削性尚可,易焊接和钎焊,在冷、热状态下压力加工性好,有腐蚀破裂(季裂)倾向。用于海轮上的耐蚀零件(如冷凝气管),与海水、蒸汽、油类接触的导管,热工设备零件
	HSn62-1	在海水中有高的耐蚀性,有良好的力学性能,冷加工时有冷脆性,只适于热压加工,切削性好,易焊接和钎焊,但有腐蚀破裂(季裂)倾向。用于与海水或汽油接触的船舶零件或其他零件
	HSn60-1	性能与HSn62-1相似,主要产品为线材。用于船舶焊接结构用的焊条
铝黄铜	HAl77-2	是典型的铝黄铜,有高的强度和硬度,塑性良好,可在热态及冷态下进行压力加工,对海水及盐水有良好的耐蚀性,并耐冲击腐蚀,但有脱锌及腐蚀破裂倾向。在船舶和海滨热电站中用于冷凝管以及其他耐蚀零件
	HAl77-2A HAl77-2B	性能、成分与HAl77-2相似,因加入了少量的砷、锑,提高了对海水的耐蚀性,又因加入少量的铍,力学性能也有所改进。用途同HAl77-2
	HAl70-1.5	性能与HAl77-2接近,但加入少量的砷,提高了对海水的耐蚀性,腐蚀破裂倾向减轻,并能防止黄铜在淡水中脱锌。在船舶和海滨热电站中用于冷凝管以及其他耐蚀零件
	HAl67-2.5	在冷、热态下能良好地承受压力加工,耐磨性好,对海水的耐蚀性尚可,对腐蚀破裂敏感,钎焊和镀锡性能不好。用于船舶耐蚀零件
	HAl60-1-1	具有高的强度,在大气、淡水和海水中耐蚀性好,但对腐蚀破裂敏感,在热态下压力加工性好,冷态下可塑性低。用于要求耐蚀的结构零件,如齿轮、蜗轮、衬套、轴等
	HAl59-3-2	具有高的强度;耐蚀性是所有黄铜中最好的,腐蚀破裂倾向不大,冷态下塑性低,热态下压力加工性好。用于发动机和船舶业及其他在常温下工作的高强度耐蚀件
	HAl66-6-3-2	为耐磨合金,具有高的强度、硬度和耐磨性,耐蚀性也较好,但有腐蚀破裂倾向,塑性较差。为铸造黄铜的移植品种。用于重负荷下工作中固定螺钉的螺母及大型蜗杆;可作铝青铜QAl10-4-4的代用品

续表

组别	牌号	特性与用途
锰黄铜	HMn58-2	在海水和过热蒸汽、氯化物中有高的耐蚀性，但有腐蚀破裂倾向；力学性能良好，导热、导电性低，易于在热态下进行压力加工，冷态下压力加工性尚可，是应用较广的黄铜品种。用于腐蚀条件下工作的重要零件和弱电流工业用零件
	HMn57-3-1	强度、硬度高，塑性低，只能在热态下进行压力加工；在大气、海水、过热蒸汽中的耐蚀性比一般黄铜好，但有腐蚀破裂倾向。用于耐蚀结构零件
	HMn55-3-1	性能和 HMn57-3-1 接近，为铸造黄铜的移植品种。用于耐蚀结构零件
铁黄铜	HFe59-1-1	具有高的强度、韧性，减摩性能良好，在大气、海水中的耐蚀性高，但有腐蚀破裂倾向，热态下塑性良好。用于在摩擦和受海水腐蚀条件下工作的结构零件
	HFe58-1-1	强度、硬度高，切削性好，但塑性下降，只能在热态下压力加工，耐蚀性尚好，有腐蚀破裂倾向。适于用热压和切削加工法制作高强度耐蚀零件
硅黄铜	HSi80-3	有良好的力学性能，耐蚀性高，无腐蚀破裂倾向，耐磨性亦可，在冷、热态下压力加工性好，易焊接和钎焊，切削性好。导热、导电性是黄铜中最低的。用于船舶零件、蒸汽管和水管配件
	HSi65-1. 5-3	强度高，耐蚀性好，在冷态和热态下能很好地进行压力加工，易于焊接和钎焊，有很好的耐磨和切削性，但有腐蚀破裂倾向，为耐磨锡青铜的代用品，用于在腐蚀和摩擦条件下工作的高强度零件
镍黄铜	HNi65-5	有高的耐蚀性和减摩性，良好的力学性能，在冷态和热态下压力加工性能极好，对脱锌和“季裂”比较稳定，导热导电性低。因镍的价格较贵，故 HNi65-5 一般用得不多。用于压力表管、造纸网、船舶用冷凝管等，可作锡磷青铜和德银的代用品
锡青铜	QSn4-3	为含锌的锡青铜。有高的耐磨性和弹性，抗磁性良好，能很好地承受热态或冷态压力加工；在硬态下，切削性好，易焊接和钎焊，在大气、淡水和海水中耐蚀性好。用于弹簧（扁弹簧、圆弹簧）及其他弹性元件，化工设备上的耐蚀零件以及耐磨零件（如衬套、圆盘、轴承等）和抗磁零件，造纸工业用的刮刀
	QSn4-4-2. 5 QSn4-4-4	为添加有锌、铅合金元素的锡青铜。有高的减摩性和良好的切削性，易于焊接和钎焊，在大气、淡水中具有良好的耐蚀性；只能在冷态进行压力加工，因含铅，热加工时易引起热脆。用于在摩擦条件下工作的轴承、卷边轴套、衬套、圆盘以及衬套的内垫等。QSn4-4-4 使用温度可达 300℃ 以下，是一种热强性较好的锡青铜
	QSn6. 5-0. 1	为锡青铜。有高的强度、弹性、耐磨性和抗磁性，在热态和冷态下压力加工性良好，对电火花有较高的抗燃性，可焊接和钎焊，切削性好，在大气和淡水中耐蚀。用于弹簧和导电性好的弹簧接触片，精密仪器中的耐磨零件和抗磁零件，如齿轮、电刷盒、振动片、接触器
	QSn6. 5-0. 4	为锡青铜。性能、用途和 QSn6. 5-0. 1 相似，因含磷量较高，其疲劳极限较高，弹性和耐磨性较好，但在热加工时有热脆性，只能接受冷压力加工。除用于弹簧和耐磨零件外，主要用于造纸工业制作耐磨的铜网和单位载荷小于 $1000N/cm^2$、圆周速度小于 3m/s 的条件下工作的零件
	QSn7-0. 2	为锡青铜。强度高，弹性和耐磨性好，易焊接和钎焊，在大气、淡水和海水中耐蚀性好，切削性良好，适于热压加工。用于中等负荷、中等滑动速度下承受摩擦的零件，如抗磨垫圈、轴承、轴套、蜗轮等，还可用于弹簧、簧片等
	QSn4-0. 3	为锡青铜。有高的力学性能、耐蚀性和弹性，能很好地在冷态下承受压力加工，也可在热态下进行压力加工。主要用于压力计弹簧用的各种尺寸的管材

续表

组别	牌号	特性与用途
铝青铜	QAl5	为不含其他元素的铝青铜。有较高的强度、弹性和耐磨性；在大气、淡水、海水和某些酸中耐蚀性高，可电焊、气焊，不易钎焊，能很好地在冷态或热态下承受压力加工，不能淬火回火强化。用于弹簧和其他要求耐蚀的弹性元件、齿轮摩擦轮、蜗轮传动机构等，可作为 QSn6.5-0.4、QSn4-3 和 QSn4-4-4 的代用品
	QAl7	性能、用途和 QAl5 相似，因含铝量稍高，其强度较高。用途同 QAl5
	QAl9-2	为含锰的铝青铜。具有高的强度，在大气、淡水和海水中耐蚀性很好，可以电焊和气焊，不易钎焊，在热态和冷态下压力加工性均好。用于高强度耐蚀零件以及在 250℃ 以下蒸汽介质中工作的管配件和海轮上零件
	QAl9-4	为含铁的铝青铜。有高的强度和减摩性，良好的耐蚀性，热态下压力加工性良好，可电焊和气焊，但钎焊性不好，可作为高锡耐磨青铜的代用品。用于在高负荷下工作的抗磨、耐蚀零件，如轴承、轴套、齿轮、蜗轮、阀座等，也可用于双金属耐磨零件
	QAl10-3-1.5	为含有铁、锰元素的铝青铜。有高的强度和耐磨性，经淬火回火后可提高硬度，有较好的高温耐蚀性和抗氧化性，在大气、淡水和海水中耐蚀性很好，切削性尚可，可焊接，不易钎焊，热态下压力加工性良好。用于高温条件下工作的耐磨零件和各种标准件，如齿轮、轴承、衬套、圆盘、导向摇臂、飞轮、固定螺母等。可代替高锡青铜制作重要机件
	QAl10-4-4	为含有铁、镍元素的铝青铜。属于高强度耐热青铜，高温（400℃）下力学性能稳定，有良好的减摩性，在大气、淡水和海水中耐蚀性很好，热态下压力加工性良好，可热处理强化，可焊接，不易钎焊，切削性尚好。用于高强度的耐磨零件和高温（400℃）下工作的零件，如轴衬、轴套、齿轮、球形座、螺母、法兰盘、滑座等以及其他各种重要的耐蚀、耐磨零件
	QAl11-6-6	成分、性能和 QAl10-4-4 相近。用于高强度耐磨零件和在 500℃ 下工作的高温耐蚀、耐磨零件
铍青铜	QBe2	为含有少量镍的铍青铜。是力学、物理、化学综合性能良好的一种合金。经淬火调质后，具有高的强度、硬度、弹性、耐磨性、疲劳极限和耐热性；同时还具有高的导电性、导热性和耐寒性；无磁性，碰击时无火花，易于焊接和钎焊，在大气、淡水和海水中耐蚀性极好。用于各种精密仪表、仪器中的弹簧和弹性元件，各种耐磨零件以及在高速、高压和高温下工作的轴承、衬套
	QBe2.15	为不含其他合金元素的铍青铜。性能和 QBe2 相似，但强度、弹性、耐磨性比 QBe2 稍高，韧性和塑性稍低，对较大型铍青铜制件的调质工艺性能不如 QBe2 好。用途同 QBe2
	QBe1.7 QBe1.9 QBe1.9-0.1	为含有少量镍、钛的铍青铜。具有和 QBe2 相近的特性，其优点是弹性迟滞小、疲劳极限高，温度变化时弹性稳定，性能对时效温度变化的敏感性小，价格较低廉，而强度和硬度比 QBe2 降低甚少。QBe1.9-0.1 尤其具有不产生火花的特点。用于各种重要用途弹簧、精密仪表的弹性元件、敏感元件以及承受高变向载荷的弹性元件，可代替 QBe2 及 QBe2.15 等牌号的铍青铜
硅青铜	QSi1-3	为含有锰、镍元素的硅青铜。具有高的强度，相当好的耐磨性，能热处理强化，淬火回火后强度和硬度大大提高，在大气、淡水和海水中有较高的耐蚀性，焊接性和切削性良好。用于在 300℃ 以下，润滑不良、单位压力不大的工作条件下的摩擦零件（如发动机排气和进气门的导向套）以及在腐蚀介质中工作的结构零件
	QSi3-1	为添加有锰的硅青铜。有高的强度、弹性和耐磨性，塑性好，低温下仍不变脆；能良好地与青铜、钢和其他合金焊接，特别是钎焊性好；在大气、淡水和海水中的耐蚀性高，对于苛性钠及氯化物的作用也非常稳定；能很好地承受冷、热压力加工，不能热处理强化，通常在退火和加工硬化状态下使用，此时有高的屈服极限和弹性。用于制作在腐蚀介质中工作的各种零件，弹簧和弹簧零件，以及蜗杆、蜗轮、齿轮、轴套、制动销和杆类等耐磨零件，也用于焊接结构中的零件，可代替重要的锡青铜，甚至铍青铜

续表

组别	牌号	特性与用途
锰青铜	QMn5	为含锰量较高的锰青铜。有较高的强度、硬度和良好的塑性，能很好地在热态及冷态下承受压力加工，有好的耐蚀性，并有高的热强性，400℃下还能保持其力学性能。用于蒸汽机零件和锅炉的各种管接头、蒸汽阀门等高温耐蚀零件
	QMn1.5	含锰量较QMn5低，与QMn5比较，强度、硬度较低，但塑性较高，其他性能相似。用途同QMn5
镉青铜	QCd1.0	具有高的导电性和导热性，良好的耐磨性和减摩性，耐蚀性好，压力加工性能良好，时效硬化效果不显著，一般采用冷作硬化来提高强度。用于工作温度在250℃以下的电机整流子片、电车触线和电话用软线以及电焊机的电极
铬青铜	QCr0.5	在常温及较高温度(<400℃)下具有较高的强度和硬度，导电性和导热性好，耐磨性和减摩性也很好，经时效硬化处理后，强度、硬度、导电性和导热性均显著提高，易于焊接和钎焊，在大气和淡水中具有良好的耐蚀性，高温抗氧化性好，能很好地在冷态和热态下承受压力加工。其缺点是对缺口的敏感性较强，在缺口和尖角处造成应力集中，容易引起机械损伤，故不宜制作整流子片。用于工作温度在350℃以下的电焊机电极、电机整流子片以及其他各种在高温下工作的、要求有高的强度、硬度、导电性和导热性的零件，还可以双金属的形式用于刹车盘和圆盘
	QCr0.5-0.2-0.1	为加有少量镁、铝的铬青铜。与QCr0.5相比，不仅进一步提高了耐热性，而且可改善缺口敏感性，其他性能和QCr0.5相似。用途同QCr0.5
锆青铜	QZr0.2 QZr0.4	为时效硬化合金。其特点是高温(<400℃)强度比其他任何高导电合金都高，并且在淬火状态下具有普通纯铜那样的塑性，其他性能和QCr0.5-0.2-0.1相似。用于工作温度在350℃以下的电机整流子片、开关零件、导线、点焊电极等

2.2 铝及铝合金加工产品

变形铝及铝合金状态代号（摘自GB/T 16475—2023）

表3-3-21

类别	代号	名称	说明
基础状态	F	自由加工状态	适用于在成形过程中，对于加工硬化和热处理条件无特殊要求的产品，该状态产品对力学性能不作规定
	O	退火状态	适用于经完全退火后获得最低强度的产品状态
	H	加工硬化状态	适用于通过加工硬化提高强度的产品
	W	固溶热处理状态	适用于经固溶热处理后，在室温下自然时效的一种不稳定状态。该状态不作为产品交货状态，仅表示产品处于自然时效阶段
	T	不同于F、O或H状态的热处理状态	适用于固溶热处理后，经过(或不经过)加工硬化达到稳定的状态
O状态细分状态	O1	高温退火后慢速冷却状态	适用于超声波检验或尺寸稳定化前，将产品或试样加热至近似固溶热处理规定的温度并进行保温(保温时间与固溶热处理规定的保温时间相近)，然后出炉置于空气中冷却的状态。该状态产品对力学性能不做规定，一般不作为产品的最终交货状态
	O2	热机械处理状态	适用于使用方在产品进行热机械处理前，将产品进行高温(可至固溶热处理规定的温度)退火，以获得良好成形性的状态
	O3	均匀化状态	适用于连续铸造的拉线坯或铸带，为消除或减少偏析和利于后继加工变形，而进行的高温退火状态
H状态细分状态	H1X	单纯加工硬化的状态	适用于未经附加热处理，只经加工硬化即可获得所需强度的状态
	H2X	加工硬化后不完全退火的状态	适用于加工硬化程度超过成品规定要求后，经不完全退火，使强度降低到规定指标的产品。对于室温下自然时效软化的合金，H2X状态与对应的H3X状态具有相同的最小极限抗拉强度值；对于其他合金，H2X状态与对应的H1X状态具有相同的最小极限抗拉强度值，但伸长率比H1X稍高
	H3X	加工硬化后稳定化处理的状态	适用于加工硬化后经低温热处理或由于加工过程中的受热作用致使其力学性能达到稳定的产品。H3X状态仅适用于在室温下时效(除非经稳定化处理)的合金
	H4X	加工硬化后涂漆(层)处理的状态	适用于加工硬化后，经涂漆(层)处理导致了不完全退火的产品
	H后面的第1位数字表示获得该状态的基本工艺，用数字1~4表示 H后面的第2位数字表示产品的最终加工硬化程度，用数字1~9来表示。数字8表示硬状态。通常采用O状态的最小抗拉强度与标准规定的强度差值之和，来确定HX8状态的最小抗拉强度值。数字9为超硬状态，用HX9表示。HX9状态的最小抗拉强度极限值，超过HX8状态至少10MPa及以上 H后面的第3位数字或字母，表示影响产品特性，但产品特性仍接近其两位数字状态(H112、H116、H321状态除外)的特殊处理		

续表

类别	代号	名称	说明
T状态细分状态	T1	高温成形+自然时效	适用于高温成形后冷却、自然时效，不再进行冷加工（或影响力学性能极限的矫平、矫直）的产品
	T2	高温成形+冷加工+自然时效	适用于高温成形后冷却，进行冷加工（或影响力学性能极限的矫平、矫直）以提高强度，然后自然时效的产品
	T3	固溶热处理+冷加工+自然时效	适用于固溶热处理后，进行冷加工（或影响力学性能极限的矫平、矫直）以提高强度，然后自然时效的产品
	T4	固溶热处理+自然时效	适用于固溶热处理后，不再进行冷加工（或影响力学性能极限的矫直、矫平），然后自然时效的产品
	T5	高温成形+人工时效	适用于高温成形后冷却，不经冷加工（或影响力学性能极限的矫直、矫平），然后进行人工时效的产品
	T6	固溶热处理+人工时效	适用于固溶热处理后，不再进行冷加工（或影响力学性能极限的矫直、矫平），然后人工时效的产品
	T7	固溶热处理+过时效	适用于固溶热处理后，进行过时效至稳定化状态，为获取除力学性能外的其他某些重要特性，在人工时效时，强度在时效曲线上越过了最高峰点的产品
	T8	固溶热处理+冷加工+人工时效	适用于固溶热处理后，经冷加工（或影响力学性能极限的矫直、矫平）以提高强度，然后人工时效的产品
	T9	固溶热处理+人工时效+冷加工	适用于固溶热处理后，人工时效，然后进行冷加工（或影响力学性能极限的矫直、矫平）以提高强度的产品
	T10	高温成形+冷加工+人工时效	适用于高温成形后冷却，经冷加工（或影响力学性能极限的矫直、矫平）以提高强度，然后进行人工时效的产品
	T34	固溶热处理+人工时效+自然时效	适用于固溶热处理后，经3%～4.5%永久冷加工变形，然后自然时效的产品
	T39		适用于固溶热处理后，经适当的冷加工获得规定强度，然后自然时效的产品
	T4P	固溶热处理+人工时效	适用于固溶热处理后经过预时效处理，在一时间内，强度稳定在一个较低值的产品
	T61		适用于固溶热处理，然后不完全时效处理以改善成形性能的产品
	T64		适用于固溶热处理，然后不完全时效处理以改善成形性能的产品。该状态产品的性能介于T6状态与T61状态产品的性能之间
	T66		适用于固溶热处理，然后人工时效的产品，该状态产品通过对工艺过程进行特殊控制，使用力学性能比T6状态的高一些（适用于6×××系铝合金），其力学性能由供需双方商定
	T6A		适用于固溶热处理后不完全时效处理，以改善材料电导率的产品
	T6B		适用于对T4P处理后再进行不完全时效的产品（时效工艺模拟烤漆过程的时效温度和时间）
	T73	固溶热处理+过时效	适用于固溶热处理后完全过时效，抗腐蚀性能优于T74、T76、T79，强度远低于T74状态的产品
	T74		适用于固溶热处理后中等程度过时效，强度、抗腐蚀性能介于T73状态与T76状态之间的产品
	T76		适用于固溶热处理后轻微过时效，强度、抗腐蚀性能介于T74状态与T79状态之间的产品
	T77	固溶热处理+预时效+回归处理+人工时效	适用于固热处理后，经回归再时效（属于典型的三级时效），要求强度达到或接近T6状态，抗腐蚀性能接近T76状态的产品
	T79	固溶热处理+过时效	适用于固溶热处理后极轻微过时效，抗腐蚀性能优于T6状态，强度低于T6状态的产品
	T81	固溶热处理+冷加工+人工时效	适用于固溶热处理后，经1%左右的冷加工变形，然后进行人工时效的产品
	T84		适用于固溶热处理后，经3%～4.5%永久冷加工变形，然后进行人工时效的产品
	T87		适用于固溶热处理后，经7%左右的冷加工变形，然后进行人工时效的产品
	T89		适用于固溶热处理后，冷加工适当量以达到规定的力学性能，然后进行人工时效的产品
	T89A		适用于固溶热处理后，经8%～10%左右的冷加工变形，然后进行人工时效的产品
	某些6×××系或7×××系的合金，无论是炉内固溶热处理，还是高温成形后急冷以保留可溶性组分在固溶体中，均能达到相同的固溶热处理效果，这些合金的T3、T4、T6、T7、T8和T9状态可采用上述两种处理方法的任一种，但应保证产品的力学性能和其他性能（如抗腐蚀性能）		
W状态细分状态	W_h	经一定时间自然时效的不稳定状态	如W2h，表示产品淬火后，在室温下自然时效2h
	W_h/_51	室温下经一定时间自然时效再进行冷变形消除应力的不稳定状态	W2h/351，表示产品淬火后，在室温下自然时效2h便开始拉伸以消除应力的状态
	W_h/_52		W2h/352，表示产品淬火后，在室温下自然时效2h便开始压缩以消除应力的状态
	W_h/_54		W2h/354，表示产品淬火后，在室温下自然时效2h便开始拉伸与压缩结合以消除应力的状态

类别	旧代号	新代号	旧代号	新代号
新旧状态代号对照	M	O	CYS	T_51、T_52等
	R	热处理不可强化合金：H112或F	CZY	T2
	R	热处理可强化合金：T1或F	CSY	T9
	Y	HX8	MCS	T62①
	Y_1	HX6	MCZ	T42①
	Y_2	HX4	CGS1	T73
	Y_4	HX2	CGS2	T76
	T	HX9	CGS3	T74
	CZ	T4	RCS	T5
	CS	T6		

①原以R状态交货的、提供CZ、CS试样性能的产品，其状态可分别对应新代号T42、T62

第3篇

铝及铝合金板、带材牌号、厚度及力学性能（摘自 GB/T 3880.2—2012）

表 3-3-22

牌号	包铝分类	供应状态	厚度/mm	室温拉伸试验结果				弯曲半径[②]	
				抗拉强度 R_m/MPa	规定非比例延伸强度 $R_{p0.2}$/MPa	断后伸长率[①]/%			
						A_{50mm}	A	90°	180°
				≥					
1A97 1A93	—	H112	>4.50~80.00	附实测值				—	—
		F	>4.50~150.00	—				—	—
1A90 1A85	—	H112	>4.50~12.50	60	—	21	—	—	—
			>12.50~20.00			—	19	—	—
			>20.00~80.00	附实测值				—	—
		F	>4.50~150.00	—				—	—
1080A	—	O H111	>0.20~0.50	60~90	15	26	—	0t	0t
			>0.50~1.50			28	—	0t	0t
			>1.50~3.00			31	—	0t	0t
			>3.00~6.00			35	—	0.5t	0.5t
			>6.00~12.50			35	—	0.5t	0.5t
		H12	>0.20~0.50	8~120	55	5	—	0t	0.5t
			>0.50~1.50			6	—	0t	0.5t
			>1.50~3.00			7	—	0.5t	0.5t
			>3.00~6.00			9	—	1.0t	—
		H22	>0.20~0.50	80~120	50	8	—	0t	0.5t
			>0.50~1.50			9	—	0t	0.5t
			>1.50~3.00			11	—	0.5t	0.5t
			>3.00~6.00			13	—	1.0t	—
1080A	—	H14	>0.20~0.50	100~140	70	4	—	0t	0.5t
			>0.50~1.50			4	—	0.5t	0.5t
			>1.50~3.00			5	—	1.0t	1.0t
			>3.00~6.00			6	—	1.5t	—
		H24	>0.20~0.50	100~140	60	5	—	0t	0.5t
			>0.50~1.50			6	—	0.5t	0.5t
			>1.50~3.00			7	—	1.0t	1.0t
			>3.00~6.00			9	—	1.5t	—
		H16	>0.20~0.50	110~150	90	2	—	0.5t	1.0t
			>0.50~1.50			2	—	1.0t	1.0t
			>1.50~4.00			3	—	1.0t	1.0t
		H26	>0.20~0.50	110~150	80	3	—	0.5t	—
			>0.50~1.50			3	—	1.0t	—
			>1.50~4.00			4	—	1.0t	—
		H18	>0.20~0.50	125	105	2	—	1.0t	—
			>0.50~1.50			2	—	2.0t	—
			>1.50~3.00			2	—	2.5t	—
		H112	>6.00~12.50	70	—	20	—	—	—
			>12.50~25.00	70	—	—	20	—	—
		F	2.50~25.00	—	—	—	—	—	—
1070	—	O	>0.20~0.30	55~95	—	15	—	0t	—
			>0.30~0.50			20	—	0t	—
			>0.50~0.80			25	—	0t	—
			>0.80~1.50		15	30	—	0t	—
			>1.50~6.00			35	—	0t	—
			>6.00~12.50			35	—	—	—
			>12.50~50.00			—	30	—	—
		H12	>0.20~0.30	70~100	—	2	—	0t	—
			>0.30~0.50			3	—	0t	—
			>0.50~0.80			4	—	0t	—
			>0.80~1.50		55	6	—	0t	—

续表

牌号	包铝分类	供应状态	厚度/mm	室温拉伸试验结果				弯曲半径[2]	
				抗拉强度 R_m/MPa	规定非比例延伸强度 $R_{p0.2}$/MPa	断后伸长率[1] /%		90°	180°
						A_{50mm}	A		
				≥					
1070	—	H12	>1.50~3.00	70		8	—	0t	—
			>3.00~6.00			9	—	0t	—
		H22	>0.20~0.30		—	2	—	0t	—
			>0.30~0.50			3	—	0t	—
			>0.50~0.80			4	—	0t	—
			>0.80~1.50		55	6	—	0t	—
			>1.50~3.00			8	—	0t	—
			>3.00~6.00			9	—	0t	—
		H14	>0.20~0.30	85~120	—	1	—	0.5t	—
			>0.30~0.50			2	—	0.5t	—
			>0.50~0.80			3	—	0.5t	—
			>0.80~1.50		65	4	—	1.0t	—
			>1.50~3.00			5	—	1.0t	—
			>3.00~6.00			6	—	1.0t	—
		H24	>0.20~0.30	85	—	1	—	0.5t	—
			>0.30~0.50			2	—	0.5t	—
			>0.50~0.80			3	—	0.5t	—
			>0.80~1.50		65	4	—	1.0t	—
			>1.50~3.00			5	—	1.0t	—
			>3.00~6.00			6	—	1.0t	—
		H16	>0.20~0.50	100~135	—	1	—	1.0t	—
			>0.50~0.80			2	—	1.0t	—
			>0.80~1.50		75	3	—	1.5t	—
			>1.50~4.00			4	—	1.5t	—
		H26	>0.20~0.50	100	—	1	—	1.0t	—
			>0.50~0.80			2	—	1.0t	—
			>0.80~1.50		75	3	—	1.5t	—
			>1.50~4.00			4	—	1.5t	—
		H18	>0.20~0.50	120	—	1	—	—	—
			>0.50~0.80			2	—	—	—
			>0.80~1.50			3	—	—	—
			>1.50~3.00			4	—	—	—
		H112	>4.50~6.00	75	35	13	—	—	—
			>6.00~12.50	70	35	15	—	—	—
			>12.50~25.00	60	25	—	20	—	—
			>25.00~75.00	55	15	—	25	—	—
		F	>2.50~150.00	—				—	—
1070A	—	O H111	>0.20~0.50	60~90	15	23	—	0t	0t
			>0.50~1.50			25	—	0t	0t
			>1.50~3.00			29	—	0t	0t
			>3.00~6.00			32	—	0.5t	0.5t
			>6.00~12.50			35	—	0.5t	0.5t
			>12.50~25.00			—	32	—	—
		H12	>0.20~0.50	80~120	55	5	—	0t	0.5t
			>0.50~1.50			6	—	0t	0.5t
			>1.50~3.00			7	—	0.5t	0.5t
			>3.00~6.00			9	—	1.0t	—
		H22	>0.20~0.50	80~120	50	7	—	0t	0.5t
			>0.50~1.50			8	—	0t	0.5t
			>1.50~3.00			10	—	0.5t	0.5t
			>3.00~6.00			12	—	1.0t	—

第3篇

续表

牌号	包铝分类	供应状态	厚度/mm	室温拉伸试验结果				弯曲半径[②]	
				抗拉强度 R_m/MPa	规定非比例延伸强度 $R_{p0.2}$/MPa	断后伸长率[①]/%			
						A_{50mm}	A	90°	180°
				≥					
1070A	—	H14	>0.20~0.50	100~140	70	4	—	0t	0.5t
			>0.50~1.50			4	—	0.5t	0.5t
			>1.50~3.00			5	—	1.0t	1.0t
			>3.00~6.00			6	—	1.5t	—
		H24	>0.20~0.50	100~140	60	5	—	0t	0.5t
			>0.50~1.50			6	—	0.5t	0.5t
			>1.50~3.00			7	—	1.0t	1.0t
			>3.00~6.00			9	—	1.5t	—
		H16	>0.20~0.50	110~150	90	2	—	0.5t	1.0t
			>0.50~1.50			2	—	1.0t	1.0t
			>1.50~4.00			3	—	1.0t	1.0t
		H26	>0.20~0.50	110~150	80	3	—	0.5t	—
			>0.50~1.50			3	—	1.0t	—
			>1.50~4.00	110~150	80	4	—	1.0t	—
		H18	>0.20~0.50	125	105	2	—	1.0t	—
			>0.50~1.50			2	—	2.0t	—
			>1.50~3.00			2	—	2.5t	—
		H112	>6.00~12.50	70	20	20	—	—	—
			>12.50~25.00		—	—	20	—	—
		F	2.50~150.00	—				—	—
1060	—	O	>0.20~0.30	60~100	15	15	—	—	—
			>0.30~0.50			18	—	—	—
			>0.50~1.50			23	—	—	—
			>1.50~6.00			25	—	—	—
			>6.00~80.00			25	22	—	—
		H12	>0.50~1.50	80~120	60	6	—	—	—
			>1.50~6.00			12	—	—	—
		H22	>0.50~1.50	80	60	6	—	—	—
			>1.50~6.00			12	—	—	—
		H14	>0.20~0.30	95~135	70	1	—	—	—
			>0.30~0.50			2	—	—	—
			>0.50~0.80			2	—	—	—
			>0.80~1.50			4	—	—	—
			>1.50~3.00			6	—	—	—
			>3.00~6.00			10	—	—	—
		H24	>0.20~0.30	95	70	1	—	—	—
			>0.30~0.50			2	—	—	—
			>0.50~0.80			2	—	—	—
			>0.80~1.50			4	—	—	—
			>1.50~3.00			6	—	—	—
			>3.00~6.00			10	—	—	—
		H16	>0.20~0.30	110~155	75	1	—	—	—
			>0.30~0.50			2	—	—	—
			>0.50~0.80			2	—	—	—
			>0.80~1.50			3	—	—	—
			>1.50~4.00			5	—	—	—
		H26	>0.20~0.30	110	75	1	—	—	—
			>0.30~0.50			2	—	—	—
			>0.50~0.80			2	—	—	—
			>0.80~1.50			3	—	—	—
			>1.50~4.00			5	—	—	—

第3篇

续表

牌号	包铝分类	供应状态	厚度/mm	室温拉伸试验结果 抗拉强度 R_m/MPa	规定非比例延伸强度 $R_{p0.2}$/MPa	断后伸长率[①]/% A_{50mm}	A	弯曲半径[②] 90°	180°
				≥					
1060	—	H18	>0.20~0.30	125	85	1	—	—	—
			>0.30~0.50			2	—	—	—
			>0.50~1.50			3	—	—	—
			>1.50~3.00			4	—	—	—
		H112	>4.50~6.00	75	—	10	—	—	—
			>6.00~12.50	75		10	—	—	—
			>12.50~40.00	70		—	18	—	—
			>40.00~80.00	60		—	22	—	—
		F	>2.50~150.00	—				—	—
1050	—	O	>0.20~0.50	60~100	—	15	—	0t	—
			>0.50~0.80			20	—	0t	—
			>0.80~1.50		20	25	—	0t	—
			>1.50~6.00			30	—	0t	—
			>6.00~50.00			28	28	—	—
		H12	>0.20~0.30	80~120	—	2	—	0t	—
			>0.30~0.50			3	—	0t	—
			>0.50~0.80			4	—	0t	—
			>0.80~1.50		65	6	—	0.5t	—
			>1.50~3.00			8	—	0.5t	—
			>3.00~6.00			9	—	0.5t	—
		H22	>0.20~0.30	80	—	2	—	0t	—
			>0.30~0.50			3	—	0t	—
			>0.50~0.80			4	—	0t	—
			>0.80~1.50		65	6	—	0.5t	—
			>1.50~3.00			8	—	0.5t	—
			>3.00~6.00			9	—	0.5t	—
		H14	>0.20~0.30	95~130	—	1	—	0.5t	—
			>0.30~0.50			2	—	0.5t	—
			>0.50~0.80			3	—	0.5t	—
			>0.80~1.50		75	4	—	1.0t	—
			>1.50~3.00			5	—	1.0t	—
			>3.00~6.00			6	—	1.0t	—
		H24	>0.20~0.30	95	—	1	—	0.5t	—
			>0.30~0.50			2	—	0.5t	—
			>0.50~0.80			3	—	0.5t	—
			>0.80~1.50		75	4	—	1.0t	—
			>1.50~3.00			5	—	1.0t	—
			>3.00~6.00			6	—	1.0t	—
		H16	>0.20~0.50	120~150	—	1	—	2.0t	—
			>0.50~0.80		85	2	—	2.0t	—
			>0.80~1.50			3	—	2.0t	—
			>1.50~4.00			4	—	2.0t	—
		H26	>0.20~0.50	120	—	1	—	2.0t	—
			>0.50~0.80		85	2	—	2.0t	—
			>0.80~1.50			3	—	2.0t	—
			>1.50~4.00			4	—	2.0t	—
		H18	>0.20~0.50	130	—	1	—	—	—
			>0.50~0.80			2	—	—	—
			>0.80~1.50			3	—	—	—
			>1.50~3.00			4	—	—	—
		H112	>4.50~6.00	85	45	10	—	—	—

续表

牌号	包铝分类	供应状态	厚度/mm	室温拉伸试验结果				弯曲半径②	
				抗拉强度 R_m/MPa	规定非比例延伸强度 $R_{p0.2}$/MPa	断后伸长率①/%			
						A_{50mm}	A	90°	180°
				≥					
1050	—	H112	>6.00～12.50	80	45	10	—	—	—
			>12.50～25.00	70	35	—	16	—	—
			>25.00～50.00	65	30	—	22	—	—
			>50.00～75.00	65	30	—	22	—	—
		F	>2.50～150.00	—				—	—
1050A	—	O H111	>0.20～0.50	>65～95	20	20	—	0t	0t
			>0.50～1.50			22	—	0t	0t
			>1.50～3.00			26	—	0t	0t
			>3.00～6.00			29	—	0.5t	0.5t
			>6.00～12.50			35	—	1.0t	1.0t
			>12.50～80.00			—	32	—	—
		H12	>0.20～0.50	>85～125	65	2	—	0t	0.5t
			>0.50～1.50			4	—	0t	0.5t
			>1.50～3.00			5	—	0.5t	0.5t
			>3.00～6.00			7	—	1.0t	1.0t
		H22	>0.20～0.50	>85～125	55	4	—	0t	0.5t
			>0.50～1.50			5	—	0t	0.5t
			>1.50～3.00			6	—	0.5t	0.5t
			>3.00～6.00			11	—	1.0t	1.0t
		H14	>0.20～0.50	>105～145	85	2	—	0t	1.0t
			>0.50～1.50			2	—	0.5t	1.0t
			>1.50～3.00			4	—	1.0t	1.0t
			>3.00～6.00			5	—	1.5t	—
		H24	>0.20～0.50	>105～145	75	3	—	0t	1.0t
			>0.50～1.50			4	—	0.5t	1.0t
			>1.50～3.00			5	—	1.0t	1.0t
			>3.00～6.00			8	—	1.5t	1.5t
		H16	>0.20～0.50	>120～160	100	1	—	0.5t	—
			>0.50～1.50			2	—	1.0t	—
			>1.50～4.00			3	—	1.5t	—
		H26	>0.20～0.50	>120～160	90	2	—	0.5t	—
			>0.50～1.50			3	—	1.0t	—
			>1.50～4.00			4	—	1.5t	—
		H18	>0.20～0.50	135	120	1	—	1.0t	—
			>0.50～1.50	140		2	—	2.0t	—
			>1.50～3.00			2	—	3.0t	—
		H28	>0.20～0.50	140	110	2	—	1.0t	—
			>0.50～1.50			2	—	2.0t	—
			>1.50～3.00			3	—	3.0t	—
		H19	>0.20～0.50	155	140	1	—	—	—
			>0.50～1.50	150	130		—	—	—
			>1.50～3.00				—	—	—
		H112	>6.00～12.50	75	30	20	—	—	—
			>12.50～80.00	70	25	—	20	—	—
		F	2.50～150.00	—				—	—
1145	—	O	>0.20～0.50	60～100	—	15	—	—	—
			>0.50～0.80			20	—	—	—
			>0.80～1.50		20	25	—	—	—
			>1.50～6.00			30	—	—	—

续表

牌号	包铝分类	供应状态	厚度/mm	室温拉伸试验结果				弯曲半径[2]	
				抗拉强度 R_m/MPa	规定非比例延伸强度 $R_{p0.2}$/MPa	断后伸长率[1]/%			
						A_{50mm}	A	90°	180°
				≥					
1145	—	O	>6.00~10.00	60~100	20	28	—	—	—
		H12	>0.20~0.30	80~120	—	2	—	—	—
			>0.30~0.50			3	—	—	—
			>0.50~0.80			4	—	—	—
			>0.80~1.50		65	6	—	—	—
			>1.50~3.00			8	—	—	—
			>3.00~4.50			9	—	—	—
		H22	>0.20~0.30	80	—	2	—	—	—
			>0.30~0.50			3	—	—	—
			>0.50~0.80			4	—	—	—
			>0.80~1.50			6	—	—	—
			>1.50~3.00			8	—	—	—
			>3.00~4.50			9	—	—	—
		H14	>0.20~0.30	95~125	—	1	—	—	—
			>0.30~0.50			2	—	—	—
			>0.50~0.80			3	—	—	—
			>0.80~1.50		75	4	—	—	—
			>1.50~3.00			5	—	—	—
			>3.00~4.50			6	—	—	—
		H24	>0.20~0.30	95	—	1	—	—	—
			>0.30~0.50			2	—	—	—
			>0.50~0.80			3	—	—	—
			>0.80~1.50			4	—	—	—
			>1.50~3.00			5	—	—	—
			>3.00~4.50			6	—	—	—
		H16	>0.20~0.50	120~145	—	1	—	—	—
			>0.50~0.80			2	—	—	—
			>0.80~1.50		85	3	—	—	—
			>1.50~4.50			4	—	—	—
		H26	>0.20~0.50	120	—	1	—	—	—
			>0.50~0.80			2	—	—	—
			>0.80~1.50			3	—	—	—
			>1.50~4.50			4	—	—	—
		H18	>0.20~0.50	125	—	1	—	—	—
			>0.50~0.80			2	—	—	—
			>0.80~1.50			3	—	—	—
			>1.50~4.50			4	—	—	—
		H112	>4.50~6.50	85	45	10	—	—	—
			>6.50~12.50	80	45	10	—	—	—
			>12.50~25.00	70	35	—	16	—	—
		F	>2.50~150.00		—			—	—
1235	—	O	>0.20~1.00	65~105	—	15	—	—	—
		H12	>0.20~0.30	95~130	—	2	—	—	—
			>0.30~0.50			3	—	—	—
			>0.50~1.50			6	—	—	—
			>1.50~3.00			8	—	—	—
			>3.00~4.50			9	—	—	—
		H22	>0.20~0.30	95	—	2	—	—	—
			>0.30~0.50			3	—	—	—
			>0.50~1.50			6	—	—	—

第3篇

续表

牌号	包铝分类	供应状态	厚度/mm	室温拉伸试验结果 抗拉强度 R_m/MPa	规定非比例延伸强度 $R_{p0.2}$/MPa	断后伸长率[①]/% A_{50mm}	A	弯曲半径[②] 90°	180°
				≥					
1235	—	H22	>1.50~3.00	95	—	8	—	—	—
			>3.00~4.50			9	—	—	—
		H14	>0.20~0.30	115~150	—	1	—	—	—
			>0.30~0.50			2	—	—	—
			>0.50~1.50			3	—	—	—
			>1.50~3.00			4	—	—	—
		H24	>0.20~0.30	115	—	1	—	—	—
			>0.30~0.50			2	—	—	—
			>0.50~1.50			3	—	—	—
			>1.50~3.00			4	—	—	—
		H16	>0.20~0.50	130~165	—	1	—	—	—
			>0.50~1.50			2	—	—	—
			>1.50~4.00			3	—	—	—
		H26	>0.20~0.50	130	—	1	—	—	—
			>0.50~1.50			2	—	—	—
			>1.50~4.00			3	—	—	—
		H18	>0.20~0.50	145	—	1	—	—	—
			>0.50~1.50			2	—	—	—
			>1.50~3.00			3	—	—	—
1200	—	O H111	>0.20~0.50	75~105	25	19	—	0t	0t
			>0.50~1.50			21	—	0t	0t
			>1.50~3.00			24	—	0t	0t
			>3.00~6.00			28	—	0.5t	0.5t
			>6.00~12.50			33	—	1.0t	1.0t
			>12.50~80.00			—	30	—	—
		H12	>0.20~0.50	95~135	75	2	—	0t	0.5t
			>0.50~1.50			4	—	0t	0.5t
			>1.50~3.00			5	—	0.5t	0.5t
			>3.00~6.00			6	—	1.0t	1.0t
		H22	>0.20~0.50	95~135	65	4	—	0t	0.5t
			>0.50~1.50			5	—	0t	0.5t
			>1.50~3.00			6	—	0.5t	0.5t
			>3.00~6.00			10	—	1.0t	1.0t
		H14	>0.20~0.50	105~155	95	1	—	0t	1.0t
			>0.50~1.50	115~155		3	—	0.5t	1.0t
			>1.50~3.00			4	—	1.0t	1.0t
			>3.00~6.00			5	—	1.5t	1.5t
		H24	>0.20~0.50	115~155	90	3	—	0t	1.0t
			>0.50~1.50			4	—	0.5t	1.0t
			>1.50~3.00			5	—	1.0t	1.0t
			>3.00~6.00			7	—	1.5t	—
		H16	>0.20~0.50	120~170	110	1	—	0.5t	—
			>0.50~1.50	130~170	115	2	—	1.0t	—
			>1.50~4.00			3	—	1.5t	—
		H26	>0.20~0.50	130~170	105	2	—	0.5t	—
			>0.50~1.50			3	—	1.0t	—
			>1.50~4.00			4	—	1.5t	—
		H18	>0.20~0.50	150	130	1	—	1.0t	—
			>0.50~1.50			2	—	2.0t	—
			>1.50~3.00			2	—	3.0t	—

续表

牌号	包铝分类	供应状态	厚度/mm	室温拉伸试验结果				弯曲半径[2]	
				抗拉强度 R_m/MPa	规定非比例延伸强度 $R_{p0.2}$/MPa	断后伸长率[1]/%		90°	180°
						A_{50mm}	A		
				≥					
1200	—	H19	>0.20~0.50	160	140	1	—	—	—
			>0.50~1.50			1	—	—	—
			>1.50~3.00			1	—	—	—
		H112	>6.00~12.50	85	35	16	—	—	—
			>12.50~80.00	80	30	—	16	—	—
		F	>2.50~150.00	—				—	—
包铝2A11、2A11	正常包铝或工艺包铝	O	>0.50~3.00	≤225	—	12	—	—	—
			>3.00~10.00	≤235	—	12	—	—	—
			>0.50~3.00	350	185	15	—	—	—
			>3.00~10.00	355	195	15	—	—	—
		T1	>4.50~10.00	355	195	15	—	—	—
			>10.00~12.50	370	215	11	—	—	—
			>12.50~25.00	370	215	—	11	—	—
			>25.00~40.00	330	195	—	8	—	—
			>40.00~70.00	310	195	—	6	—	—
			>70.00~80.00	285	195	—	4	—	—
		T3	>0.50~1.50	375	215	15	—	—	—
			>1.50~3.00			17	—	—	—
			>3.00~10.00			15	—	—	—
		T4	>0.50~3.00	360	185	15	—	—	—
			>3.00~10.00	370	195	15	—	—	—
		F	>4.50~150.00	—				—	—
包铝2A12、2A12	正常包铝或工艺包铝	O	>0.50~4.50	≤215	—	14	—	—	—
			>4.50~10.00	≤235	—	12	—	—	—
			>0.50~3.00	390	245	15	—	—	—
			>3.00~10.00	410	265	12	—	—	—
		T1	>4.50~10.00	410	265	12	—	—	—
			>10.00~12.50	420	275	7	—	—	—
			>12.50~25.00	420	275	—	7	—	—
			>25.00~40.00	390	255	—	5	—	—
			>40.00~70.00	370	245	—	4	—	—
			>70.00~80.00	345	245	—	3	—	—
		T3	>0.50~1.60	405	270	15	—	—	—
			>1.60~10.00	420	275	15	—	—	—
		T4	>0.50~3.00	405	270	13	—	—	—
			>3.00~4.50	425	275	12			
			>4.50~10.00	425	275	12	—	—	—
		F	>4.50~150.00	—				—	—
2A14	工艺包铝	O	0.50~10.00	≤245	—	10	—	—	—
		T6	0.50~10.00	430	340	5	—	—	—
		T1	>4.50~12.50	430	340	5	—	—	—
			>12.50~40.00	430	340	—	5	—	—
		F	>4.50~150.00	—				—	—
包铝2E12、2E12	正常包铝或工艺包铝	T3	0.80~1.50	405	270	—	15	—	5.0*t*
			>1.50~3.00	≥420	275	—	15	—	5.0*t*
			>3.00~6.00	425	275	—	15	—	8.0*t*
2014	工艺包铝或不包铝	O	>0.40~1.50	≤220	≤140	12	—	0*t*	0.5*t*
			>1.50~3.00			13	—	1.0*t*	1.0*t*
			>3.00~6.00			16	—	1.5*t*	—
			>6.00~9.00			16	—	2.5*t*	—
			>9.00~12.50			16	—	4.0*t*	—

续表

牌号	包铝分类	供应状态	厚度/mm	室温拉伸试验结果				弯曲半径②	
				抗拉强度 R_m/MPa	规定非比例延伸强度 $R_{p0.2}$/MPa	断后伸长率①/%			
						A_{50mm}	A	90°	180°
				≥					
2014	工艺包铝或不包铝	O	>12.50~25.00	≤220	≤140	—	10	—	—
		T3	>0.40~1.50	395	245	14	—	—	—
			>1.50~6.00	400	245	14	—	—	—
		T4	>0.40~1.50	395	240	14	—	3.0t	3.0t
			>1.50~6.00	395	240	14	—	5.0t	5.0t
			>6.00~12.50	400	250	14	—	8.0t	—
			>12.50~40.00	400	250		10	—	—
			>40.00~100.00	395	250		7	—	—
		T6	>0.40~1.50	440	390	6	—	—	—
			>1.50~6.00	440	390	7	—	—	—
			>6.00~12.50	450	395	7	—	—	—
			>12.50~40.00	460	400		6	5.0t	
			>40.00~60.00	450	390		5	7.0t	
			>60.00~80.00	435	380		4	10.0t	
			>80.00~100.00	420	360		4		
			>100.00~125.00	410	350		4		
			>125.00~160.00	390	340		2		
		F	>4.50~150.00	—			—	—	—
包铝2014	正常包铝	O	>0.50~0.63	≤205	≤95	16	—	—	—
			>0.63~1.00	≤220			—	—	—
			>1.00~2.50	≤205			—	—	—
			>2.50~12.50	≤205			9	—	—
			>12.50~25.00	≤220	—	—	5	—	—
		T3	>0.50~0.63	370	230	14	—	—	—
			>0.63~1.00	380	235	14	—	—	—
			>1.00~2.50	395	240	15	—	—	—
			>2.50~6.30	395	240	15	—	—	—
		T4	>0.50~0.63	370	215	14	—	—	—
			>0.63~1.00	380	220	14	—	—	—
			>1.00~2.50	395	235	15	—	—	—
			>2.50~6.30	395	235	15	—	—	—
		T6	>0.50~0.63	425	370	7	—	—	—
			>0.63~1.00	435	380	7	—	—	—
			>1.00~2.50	440	395	8	—	—	—
			>2.50~6.30	440	395	8	—	—	—
		F	>4.50~150.00	—				—	—
包铝2014A、2014A	正常包铝、工艺包铝或不包铝	O	>0.20~0.50	≤235	≤110		—	1.0t	—
			>0.50~1.50			14	—	2.0t	—
			>1.50~3.00			16	—	2.0t	—
			>3.00~6.00			16	—	2.0t	—
		T4	>0.20~0.50	400	225	—	—	3.0t	—
			>0.50~1.50			13	—	3.0t	—
			>1.50~6.00			14	—	5.0t	—
			>6.00~12.50		250	14	—		—
			>12.50~25.00			—	12		—
			>25.00~40.00			—	10		—
			>40.00~80.00	395		—	7		—
		T6	>0.20~0.50	440	380	—	—	5.0t	—
			>0.50~1.50			6	—	5.0t	—
			>1.50~3.00			7	—	6.0t	—

第3篇

续表

牌号	包铝分类	供应状态	厚度/mm	室温拉伸试验结果				弯曲半径②	
				抗拉强度 R_m/MPa	规定非比例延伸强度 $R_{p0.2}$/MPa	断后伸长率①/%			
						A_{50mm}	A	90°	180°
				≥					
包铝2014A、2014A	正常包铝、工艺包铝或不包铝	T6	>3.00~6.00	440	380	8	—	5.0t	—
			>6.00~12.50	460	410	8	—	—	—
			>12.50~25.00	460	410	—	6	—	—
			>25.00~40.00	450	400	—	5	—	—
			>40.00~60.00	430	390	—	5	—	—
			>60.00~90.00	430	390	—	4	—	—
			>90.00~115.00	420	370	—	4	—	—
			>115.00~140.00	410	350	—	4	—	—
2024	工艺包铝或不包铝	O	>0.40~1.50	≤220	≤140	12	—	0t	0.5t
			>1.50~3.00			13		1.0t	2.0t
			>3.00~6.00					1.5t	3.0t
			>6.00~9.00					2.5t	—
			>9.00~12.50					4.0t	—
			>12.50~25.00		—	—	11	—	—
		T3	>0.40~1.50	435	290	12	11	4.0t	4.0t
			>1.50~3.00	435	290	14		4.0t	4.0t
			>3.00~6.00	440	290	14	—	5.0t	5.0t
			>6.00~12.50	440	290	13		8.0t	—
			>12.50~40.00	430	290		11	—	—
			>40.00~80.00	420	290		8	—	—
			>80.00~100.00	400	285		7	—	—
			>100.00~120.00	380	270		5	—	—
			>120.00~150.00	360	250		5	—	—
		T4	>0.40~1.50	425	275	12	—	—	4.0t
			>1.50~6.00	425	275	14	—	—	5.0t
		T8	>0.40~1.50	460	400	5	—	—	—
			>1.50~6.00	460	400	6	—	—	—
			>6.00~12.50	460	400	5	—	—	—
			>12.50~25.00	455	400	—	4	—	—
			>25.00~40.00	455	395	—	4	—	—
		F	>4.50~80.00	—				—	—
包铝2024	正常包铝	O	>0.20~0.25	≤205	≤95	10	—	—	—
			>0.25~1.60	≤205	≤95	12	—	—	—
			>1.60~12.50	≤220	≤95	12	—	—	—
			>12.50~45.50	≤220	—	—	10	—	—
		T3	>0.20~0.25	400	270	10	—	—	—
			>0.25~0.50	405	270	12	—	—	—
			>0.50~1.60	405	270	15	—	—	—
			>1.60~3.20	420	275	15	—	—	—
			>3.20~6.00	420	275	15	—	—	—
		T4	>0.20~0.50	400	245	12	—	—	—
			>0.50~1.60	400	245	15	—	—	—
			>1.60~3.20	420	260	15			
		F	>4.50~80.00	—				—	—
包铝2017、2017	正常包铝、工艺包铝或不包铝	O	>0.40~1.60	≤215	—	12	—	0.5t	—
			>1.60~2.90		≤110			1.0t	—
			>2.90~6.00					1.5t	—
			>6.00~25.00					—	—
			>0.40~0.50	355	—	12	—	—	—
			>0.50~1.60		195	15	—	—	—

第3篇

续表

牌号	包铝分类	供应状态	厚度/mm	室温拉伸试验结果				弯曲半径[②]	
				抗拉强度 R_m/MPa	规定非比例延伸强度 $R_{p0.2}$/MPa	断后伸长率[①]/%			
						A_{50mm}	A	90°	180°
				≥					
包铝2017、2017	正常包铝、工艺包铝或不包铝	O	>1.60~2.90	355	195	17	—	—	—
			>2.90~6.50			15	—	—	—
			>6.50~25.00		185	12	—	—	—
		T3	>0.40~0.50	375	—	12	—	1.5t	—
			>0.50~1.60		215	15	—	2.5t	—
			>1.60~2.90			17	—	3t	—
			>2.90~6.00			15	—	3.5t	—
		T4	>0.40~0.50	355	—	12	—	1.5t	—
			>0.50~1.60		195	15	—	2.5t	—
			>1.60~2.90			17	—	3t	—
			>2.90~6.00			15	—	3.5t	—
		F	>4.50~150.00	—				—	—
包铝2017A、2017A	正常包铝、工艺包铝或不包铝	O	0.40~1.50	≤225	≤145	12	—	5t	0.5t
			>1.50~3.00			14		1.0t	1.0t
			>3.00~6.00			13		1.5t	—
			>6.00~9.00					2.5t	—
			>9.00~12.50					4.0t	—
			>12.50~25.00			—	12	—	—
		T4	0.40~1.50	390	245	14	—	3.0t	3.0t
			>1.50~6.00		245	15	—	5.0t	5.0t
			>6.00~12.50		260	13	—	8.0t	—
			>12.50~40.00		250	—	12	—	—
			>40.00~60.00	385	245	—	12	—	—
			>60.00~80.00	370	240	—	7	—	—
			>80.00~120.00	360		—	6	—	—
			>120.00~150.00	350		—	4	—	—
			>150.00~180.00	330	220	—	2	—	—
			>180.00~200.00	300	200	—	2	—	—
包铝2219、2219	正常包铝、工艺包铝或不包铝	O	>0.50~12.50	≤220	≤110	12	—	—	—
			>12.50~50.00	≤220	≤110	—	10	—	—
		T81	>0.50~1.00	340	255	6	—	—	—
			>1.00~2.50	380	285	7	—	—	—
			>2.50~6.30	400	295	7	—	—	—
		T87	>1.00~2.50	395	315	6	—	—	—
			>2.50~6.30	415	330	6	—	—	—
			>6.30~12.50	415	330	7	—	—	—
3A21	—	O	>0.20~0.80	100~150	—	19	—	—	—
			>0.80~4.50			23	—	—	—
			>4.50~10.00			21	—	—	—
		H14	>0.80~1.30	145~215	—	6	—	—	—
			>1.30~4.50			6	—	—	—
		H24	>0.20~1.30	145	—	6	—	—	—
			>1.30~4.50			6	—	—	—
		H18	>0.20~0.50	185	—	1	—	—	—
			>0.50~0.80			2	—	—	—
			>0.80~1.30			3	—	—	—
			>1.30~4.50			4	—	—	—
		H112	>4.50~10.00	110	—	16	—	—	—
			>10.00~12.50	120		16	—	—	—
			>12.50~25.00	120		—	16	—	—

续表

牌号	包铝分类	供应状态	厚度/mm	室温拉伸试验结果				弯曲半径[②]	
				抗拉强度 R_m/MPa	规定非比例延伸强度 $R_{p0.2}$/MPa	断后伸长率[①]/%			
						A_{50mm}	A	90°	180°
				≥					
3A21	—	H112	>25.00~80.00	110	—	—	16	—	—
		F	>4.50~150.00	—				—	—
3102	—	H18	>0.20~0.50	160	—	3	—	—	—
			>0.50~3.00			2	—	—	—
3003	—	O H111	>0.20~0.50	95~135	35	15	—	0t	0t
			>0.50~1.50			17	—	0t	0t
			>1.50~3.00			20	—	0t	0t
			>3.00~6.00			23	—	1.0t	1.0t
			>6.00~12.50			24	—	1.5t	—
			>12.50~50.00			—	23	—	—
		H12	>0.20~0.50	120~160	90	3	—	0t	1.5t
			>0.50~1.50			4	—	0.5t	1.5t
			>1.50~3.00			5	—	1.0t	1.5t
			>3.00~6.00			6	—	1.0t	—
		H22	>0.20~0.50	120~160	90	6	—	0t	1.0t
			>0.50~1.50			7	—	0.5t	1.0t
			>1.50~3.00			8	—	1.0t	1.0t
			>3.00~6.00			9	—	1.0t	—
		H14	>0.20~0.50	145~195	125	2	—	0.5t	2.0t
			>0.50~1.50			2	—	1.0t	2.0t
			>1.50~3.00			3	—	1.0t	2.0t
			>3.00~6.00			4	—	2.0t	—
		H24	>0.20~0.50	145~195	115	4	—	0.5t	1.5t
			>0.50~1.50			4	—	1.0t	1.5t
			>1.50~3.00			5	—	1.0t	1.5t
			>3.00~6.00			6	—	2.0t	—
		H16	>0.20~0.50	170~210	150	1	—	1.0t	2.5t
			>0.50~1.50			2	—	1.5t	2.5t
			>1.50~4.00			2	—	2.0t	2.5t
		H26	>0.20~0.50	170~210	140	2	—	1.0t	2.0t
			>0.50~1.50			3	—	1.5t	2.0t
			>1.50~4.00			3	—	2.0t	2.0t
		H18	>0.20~0.50	190	170	1	—	1.5t	—
			>0.50~1.50			2	—	2.5t	—
			>1.50~3.00			2	—	3.0t	—
		H28	>0.20~0.50	190	160	2	—	1.5t	—
			>0.50~1.50			2	—	2.5t	—
			>1.50~3.00			3	—	3.0t	—
		H29	>0.20~0.50	210	180	1	—	—	—
			>0.50~1.50			2	—	—	—
			>1.50~3.00			2	—	—	—
		H112	>4.50~12.50	115	70	10	—	—	—
			>12.50~80.00	100	40	—	18	—	—
		F	>2.50~150.00	—				—	—
3103	—	O H111	>0.20~0.50	90~130	35	17	—	0t	0t
			>0.50~1.50			19	—	0t	0t
			>1.50~3.00			21	—	0t	0t
			>3.00~6.00			24	—	1.0t	1.0t
			>6.00~12.50			28	—	1.5t	—
			>12.50~50.00			—	25	—	—

续表

牌号	包铝分类	供应状态	厚度/mm	室温拉伸试验结果				弯曲半径[②]	
				抗拉强度 R_m/MPa	规定非比例延伸强度 $R_{p0.2}$/MPa	断后伸长率[①] /%			
						A_{50mm}	A	90°	180°
				≥					
3103	—	H12	>0.20~0.50	115~155	85	3	—	0t	1.5t
			>0.50~1.50			4	—	0.5t	1.5t
			>1.50~3.00			5	—	1.0t	1.5t
			>3.00~6.00			6	—	1.0t	—
		H22	>0.20~0.50	115~155	75	6	—	0t	1.0t
			>0.50~1.50			7	—	0.5t	1.0t
			>1.50~3.00			8	—	1.0t	1.0t
			>3.00~6.00			9	—	1.0t	—
		H14	>0.20~0.50	140~180	120	2	—	0.5t	2.0t
			>0.50~1.50			2	—	1.0t	2.0t
			>1.50~3.00			3	—	1.0t	2.0t
			>3.00~6.00			4	—	2.0t	—
		H24	>0.20~0.50	140~180	110	4	—	0.5t	1.5t
			>0.50~1.50			4	—	1.0t	1.5t
			>1.50~3.00			5	—	1.0t	1.5t
			>3.00~6.00			6	—	2.0t	—
		H16	>0.20~0.50	160~200	145	1	—	1.0t	2.5t
			>0.50~1.50			2	—	1.5t	2.5t
			>1.50~4.00			2	—	2.0t	2.5t
			>4.00~6.00			2	—	1.5t	2.0t
		H26	>0.20~0.50	160~200	135	2	—	1.0t	2.0t
			>0.50~1.50			3	—	1.5t	2.0t
			>1.50~4.00			3	—	2.0t	2.0t
		H18	>0.20~0.50	185	165	1	—	1.5t	—
			>0.50~1.50			2	—	2.5t	—
			>1.50~3.00			2	—	3.0t	—
		H28	>0.20~0.50	185	155	2	—	1.5t	—
			>0.50~1.50			2	—	2.5t	—
			>1.50~3.00			3	—	3.0t	—
		H19	>0.20~0.50	200	175	1	—	—	—
			>0.50~1.50			2	—	—	—
			>1.50~3.00			2	—	—	—
		H112	>4.50~12.50	10	70	10	—	—	—
			>12.50~80.00	95	40	—	18	—	—
		F	>20.00~80.00	—				—	—
3004	—	O H111	>0.20~0.50	155~200	60	13	—	0t	0t
			>0.50~1.50			14	—	0t	0t
			>1.50~3.00			15	—	0t	0.5t
			>3.00~6.00			16	—	1.0t	1.0t
			>6.00~12.50			16	—	2.0t	—
			>12.50~50.00			—	14	—	—
		H12	>0.20~0.50	190~240	155	2	—	0t	1.5t
			>0.50~1.50			3	—	0.5t	1.5t
			>1.50~3.00			4	—	1.0t	2.0t
			>3.00~6.00			5	—	1.5t	—
		H22 H32	>0.20~0.50	190~240	145	4	—	0t	1.0t
			>0.50~1.50			5	—	0.5t	1.0t
			>1.50~3.00			6	—	1.0t	1.5t
			>3.00~6.00			7	—	1.5t	—
		H14	>0.20~0.50	220~265	180	1	—	0.5t	2.5t
			>0.50~1.50			2	—	1.0t	2.5t

续表

牌号	包铝分类	供应状态	厚度/mm	室温拉伸试验结果				弯曲半径[2]	
				抗拉强度 R_m/MPa	规定非比例延伸强度 $R_{p0.2}$/MPa	断后伸长率[1]/%			
						A_{50mm}	A	90°	180°
				≥					
3004	—	H14	>150~3.00	220~265	180	2	—	1.5t	2.5t
			>3.00~6.00			3	—	2.0t	—
		H24 H34	>0.20~0.50	220~265	170	3	—	0.5t	2.0t
			>0.50~1.50			4	—	1.0t	2.0t
			>1.50~3.00			4	—	1.5t	2.0t
		H16	>0.20~0.50	240~285	200	1	—	1.0t	3.5t
			>0.50~1.50			1	—	1.5t	3.5t
			>1.50~4.00			2	—	2.5t	—
		H26 H36	>0.20~0.50	240~285	190	3	—	1.0t	3.0t
			>0.50~1.50			3	—	1.5t	3.0t
			>1.50~3.00			3	—	2.5t	—
		H18	>0.20~0.50	260	230	1	—	1.5t	—
			>0.50~1.50			1	—	2.5t	—
			>1.50~3.00			2	—	—	—
		H28 H38	>0.20~0.50	260	220	2	—	1.5t	—
			>0.50~1.50			3	—	2.5t	—
		H19	>0.20~0.50	270	240	1	—	—	—
			>0.50~1.50			1	—	—	—
		H112	>4.50~12.50	160	60	7	—	—	—
			>12.50~40.00			—	6	—	—
			>40.00~80.00			—	6	—	—
		F	>2.50~80.00	—				—	—
3104	—	O H111	>0.20~0.50	155~195	—	10	—	0t	0t
			>0.50~0.80			14	—	0t	0t
			>0.80~1.30		60	16	—	0.5t	0.5t
			>1.30~3.00			18	—	0.5t	0.5t
		H12 H32	>0.50~0.80	195~245	—	3	—	0.5t	0.5t
			>0.80~1.30		145	4	—	1.0t	1.0t
			>1.30~3.00			5	—	1.0t	1.0t
		H22	>0.50~0.80	195	—	3	—	0.5t	0.5t
			>0.80~1.30			4	—	1.0t	1.0t
			>1.30~3.00	195	—	5	—	1.0t	1.0t
		H14 H34	>0.20~0.50	225~265	—	1	—	1.0t	1.0t
			>0.50~0.80			3	—	1.5t	1.5t
			>0.80~1.30		175	3	—	1.5t	1.5t
			>1.30~3.00			4	—	1.5t	1.5t
		H24	>0.20~0.50	225	—	1	—	1.0t	1.0t
			>0.50~0.80			3	—	1.5t	1.5t
			>0.80~1.30			3	—	1.5t	1.5t
			>1.30~3.00			4	—	1.5t	1.5t
		H16 H36	>0.20~0.50	245~285	—	1	—	2.0t	2.0t
			>0.50~0.80			2	—	2.0t	2.0t
			>0.80~1.30		195	3	—	2.5t	2.5t
			>1.30~3.00			4	—	2.5t	2.5t
		H26	>0.20~0.50	245	—	1	—	2.0t	2.0t
			>0.50~0.80			2	—	2.0t	2.0t
			>0.80~1.30			3	—	2.5t	2.5t
			>1.30~3.00			4	—	2.5t	2.5t
		H18 H38	>0.20~0.50	265	215	1	—	—	—
		H28	>0.20~0.50	265	—	1	—	—	—

续表

牌号	包铝分类	供应状态	厚度/mm	室温拉伸试验结果 抗拉强度 R_m/MPa	规定非比例延伸强度 $R_{p0.2}$/MPa	断后伸长率[①]/% A_{50mm}	断后伸长率[①]/% A	弯曲半径[②] 90°	弯曲半径[②] 180°
				≥					
3104	—	H19 H29 H39	>0.20~0.50	275	—	1	—	—	—
		F	>2.50~80.00	—				—	—
3005	—	O H111	>0.20~0.50	115~165	45	12	—	0t	0t
			>0.50~1.50			14	—	0t	0t
			>1.50~3.00			16	—	0.5t	1.0t
			>3.00~6.00			19	—	1.0t	—
		H12	>0.20~0.50	145~195	125	3	—	0t	1.5t
			>0.50~1.50			4	—	0.5t	1.5t
			>1.50~3.00			4	—	1.0t	2.0t
			>3.00~6.00			5	—	1.5t	—
		H22	>0.20~0.50	145~195	110	5	—	0t	1.0t
			>0.50~1.50			5	—	0.5t	1.0t
			>1.50~3.00			6	—	1.0t	1.5t
			>3.00~6.00			7	—	1.5t	—
		H14	>0.20~0.50	170~215	150	1	—	0.5t	2.5t
			>0.50~1.50			2	—	1.0t	2.5t
			>1.50~3.00			2	—	1.5t	—
			>3.00~6.00			3	—	2.0t	—
		H24	>0.20~0.50	170~215	130	4	—	0.5t	1.5t
			>0.50~1.50			4	—	1.0t	1.5t
			>1.50~3.00			4	—	1.5t	—
		H16	>0.20~0.50	195~240	175	1	—	1.0t	—
			>0.50~1.50			2	—	1.5t	—
			>1.50~4.00			2	—	2.5t	—
		H26	>0.20~0.50	195~240	160	3	—	1.0t	—
			>0.50~1.50			3	—	1.5t	—
			>1.50~3.00			3	—	2.5t	—
		H18	>0.20~0.50	220	200	1	—	1.5t	—
			>0.50~1.50			2	—	2.5t	—
			>1.50~300			2	—	—	—
		H28	>0.20~0.50	220	190	2	—	1.5t	—
			>0.50~1.50			2	—	2.5t	—
			>1.50~3.00			3	—	—	—
		H19	>0.20~0.50	235	210	1	—	—	—
			>0.50~1.50	235	210	1	—	—	—
		F	>2.50~80.00	—				—	—
4007	—	H12	>0.20~0.50	140~180	110	4	—	—	—
			>0.50~1.50			4	—	—	—
			>1.50~3.00			5	—	—	—
		F	2.50~6.00	110	—	—	—	—	—
4015	—	O H111	>0.20~3.00	≤50	45	20	—	—	—
		H12	>0.20~0.50	120~175	90	4	—	—	—
			>0.50~3.00			4	—	—	—
		H14	>0.20~0.50	150~200	120	2	—	—	—
			>0.50~3.00			3	—	—	—
		H16	>0.20~0.50	170~220	150	1	—	—	—
			>0.50~3.00			2	—	—	—
		H18	>0.20~3.00	200~250	180	1	—	—	—

续表

牌号	包铝分类	供应状态	厚度/mm	室温拉伸试验结果				弯曲半径②	
				抗拉强度 R_m/MPa	规定非比例延伸强度 $R_{p0.2}$/MPa	断后伸长率①/%			
						A_{50mm}	A	90°	180°
				≥					
5A02	—	O	>0.50~1.00	165~225	—	17	—	—	—
			>1.00~10.00			19	—	—	—
		H14 H24 H34	>0.50~1.00	235	—	4	—	—	—
			>1.00~4.50			6	—	—	—
		H18	>0.50~1.00	265	—	3	—	—	—
			>1.00~4.50			4	—	—	—
		H112	>4.50~12.50	175	—	7	—	—	—
			>12.50~25.00	175		—	7	—	—
			>25.00~80.00	155		—	6	—	—
		F	>4.50~150.00	—			—	—	—
5A03	—	O	>0.50~4.50	195	100	16	—	—	—
		H14 H24 H34	>0.50~4.50	225	195	8	—	—	—
		H112	>4.50~10.00	185	80	16	—	—	—
			>10.00~12.50	175	70	13	—	—	—
			>12.50~25.00	175	70	—	13	—	—
			>25.00~50.00	165	60	—	12	—	—
		F	>4.50~150.00	—			—	—	—
5A05	—	O	0.50~4.50	275	145	16	—	—	—
		H112	>4.50~10.00	275	125	16	—	—	—
		H112	>10.00~12.50	265	115	14	—	—	—
			>12.50~25.00	265	115	—	14	—	—
			>25.00~50.00	255	105	—	13	—	—
		F	>4.50~150.00	—			—	—	—
3105	—	O H111	>0.20~0.50	100~155	40	14	—	—	0t
			>0.50~1.50			15	—	—	0t
			>1.50~3.00			17	—	—	0.5t
		H12	>0.20~0.50	130~180	105	3	—	—	1.5t
			>0.50~1.50			4	—	—	1.5t
			>1.50~3.00			4	—	—	1.5t
		H22	>0.20~0.50	130~180	105	6	—	—	—
			>0.50~1.50			6	—	—	—
			>1.50~3.00			7	—	—	—
		H14	>0.20~0.50	150~200	130	2	—	—	2.5t
			>0.50~1.50			2	—	—	2.5t
			>1.50~3.00			2	—	—	2.5t
		H24	>0.20~0.50	150~200	120	4	—	—	2.5t
			>0.50~1.50			4	—	—	2.5t
			>1.50~3.00			5	—	—	2.5t
		H16	>0.20~0.50	175~225	160	1	—	—	—
			>0.50~1.50			2	—	—	—
			>1.50~3.00			2	—	—	—
		H26	>0.20~0.50	175~225	150	3	—	—	—
			>0.50~1.50			3	—	—	—
			>1.50~3.00			3	—	—	—
		H18	>0.20~3.00	195	180	1	—	—	—
		H28	>0.20~1.50	195	170	2	—	—	—
		H19	>0.20~1.50	215	190	1	—	—	—
		F	>2.50~80.00	—				—	—

续表

牌号	包铝分类	供应状态	厚度/mm	室温拉伸试验结果				弯曲半径②	
				抗拉强度 R_m/MPa	规定非比例延伸强度 $R_{p0.2}$/MPa	断后伸长率①/%			
						A_{50mm}	A	90°	180°
				≥					
4006	—	O	>0.20~0.50	95~130	40	17	—	—	0t
			>0.50~1.50			19	—	—	0t
			>1.50~3.00			22	—	—	0t
			>3.00~6.00			25	—	—	1.0t
		H12	>0.20~0.50	120~160	90	4	—	—	1.5t
			>0.50~1.50			4	—	—	1.5t
			>1.50~3.00			5	—	—	1.5t
		H14	>0.20~0.50	140~180	120	3	—	—	2.0t
			>0.50~1.60			3	—	—	2.0t
			>1.50~3.00			3	—	—	2.0t
		F	2.50~6.00	—	—	—	—	—	—
4007	—	O H111	>0.20~0.50	110~150	45	15	—	—	—
			>0.50~1.50			16	—	—	—
			>1.50~3.00			19	—	—	—
			>3.00~6.00			21	—	—	—
			>6.00~12.50			25	—	—	—
5A06	工艺包铝或不包铝	O	0.50~4.50	315	155	16	—	—	—
		H112	>4.50~10.00	315	155	16	—	—	—
			>10.00~12.50	305	145	12	—	—	—
			>12.50~25.00	305	145	—	12	—	—
			>25.00~50.00	295	135	—	6	—	—
		F	>4.50~150.00	—				—	—
5005 5005A	—	O H111	>0.20~0.50	100~145	35	15	—	0t	0t
			>0.50~1.50			19	—	0t	0t
			>1.50~3.00			20	—	0t	0.5t
			>3.00~6.00			22	—	1.0t	1.0t
			>6.00~12.50			24	—	1.5t	—
			>12.50~50.00			—	20	—	—
		H12	>0.20~0.50	125~165	95	2	—	0t	1.0t
			>0.50~1.50			2	—	0.5t	1.0t
			>1.50~3.00			4	—	1.0t	1.5t
			>3.00~6.00			5	—	1.0t	—
		H22 H32	>0.20~0.50	125~165	80	4	—	0t	1.0t
			>0.50~1.50			5	—	0.5t	1.0t
			>1.50~3.00			6	—	1.0t	1.5t
			>3.00~6.00			8	—	1.0t	—
		H14	>0.20~0.50	145~185	120	2	—	0.5t	2.0t
			>0.50~1.50			2	—	1.0t	2.0t
			>1.50~3.00			3	—	1.0t	2.5t
			>3.00~6.00			4	—	2.0t	—
		H24 H34	>0.20~0.50	145~185	110	3	—	0.5t	1.5t
			>0.50~1.50			4	—	1.0t	1.5t
			>1.50~3.00			5	—	1.0t	2.0t
			>3.00~6.00			6	—	2.0t	—
		H16	>0.20~0.50	165~205	145	1	—	1.0t	—
			>0.50~1.50			2	—	1.5t	—
			>1.50~3.00			3	—	2.0t	—
			>3.00~4.00			3	—	2.5t	—
		H26 H36	>0.20~0.50	165~205	135	2	—	1.0t	—
			>0.50~1.50			3	—	1.5t	—
			>1.50~3.00			4	—	2.0t	—

续表

牌号	包铝分类	供应状态	厚度/mm	室温拉伸试验结果 抗拉强度 R_m/MPa	规定非比例延伸强度 $R_{p0.2}$/MPa	断后伸长率[①]/% A_{50mm}	断后伸长率[①]/% A	弯曲半径[②] 90°	弯曲半径[②] 180°
				≥					
5005 5005A	—	H26、H36	>3.00~4.00	165~205	135	4	—	2.5t	—
		H18	>0.20~0.50	185	165	1	—	1.5t	—
			>0.50~1.50			2	—	2.5t	—
			>1.50~3.00			2	—	3.0t	—
		H28 H38	>0.20~0.50	185	160	1	—	1.5t	—
			>0.50~1.50			2	—	2.5t	—
			>1.50~3.00			3	—	3.0t	—
		H19	>0.20~0.50	205	185	1	—	—	—
			>0.50~1.50			2	—	—	—
			>1.50~3.00			2	—	—	—
		H122	>6.00~12.50	115		8	—	—	—
			>12.50~40.00	105		—	10	—	—
			>40.00~80.00	100		—	16	—	—
		F	>2.5~150.00	—				—	—
5040	—	H24 H34	0.80~1.80	220~260	170	6	—	—	—
		H26 H36	1.00~2.00	240~280	205	5	—	—	—
5049	—	O H111	>0.20~0.50	190~240	80	12	—	0t	0.5t
			>0.50~1.50			14	—	0.5t	0.5t
			>1.50~3.00			16	—	1.0t	1.0t
			>3.00~6.00			18	—	1.0t	1.0t
			>6.00~12.50			18	—	2.0t	—
			>12.50~100.00			—	17	—	—
		H12	>0.20~0.50	220~270	170	4	—	—	—
			>0.50~1.50			5	—	—	—
			>1.50~3.00			6	—	—	—
			>3.00~6.00			7	—	—	—
		H22 H32	>0.20~0.50	220~270	130	7	—	0.5t	1.5t
			>0.50~1.50			8	—	1.0t	1.5t
			>1.50~3.00			10	—	1.5t	2.0t
			>3.00~6.00			11	—	1.5t	—
		H14	>0.20~0.50	240~280	190	3	—	—	—
			>0.50~1.50			3	—	—	—
			>1.50~3.00			4	—	—	—
			>3.00~6.00			4	—	—	—
		H24 H34	>0.20~0.50	240~280	160	6	—	1.0t	2.5t
			>0.50~1.50			6	—	1.5t	2.5t
			>1.50~3.00			7	—	2.0t	2.5t
			>3.00~6.00			8	—	2.5t	—
		H16	>0.20~0.50	265~305	220	2	—	—	—
			>0.50~1.50			3	—	—	—
			>1.50~3.00			3	—	—	—
			>3.00~6.00			3	—	—	—
		H26 H36	>0.20~0.50	265~305	190	4	—	1.5t	—
			>0.50~1.50			4	—	2.0t	—
			>1.50~3.00			5	—	3.0t	—
			>3.00~6.00			6	—	3.5t	—
		H18	>0.20~0.50	290	250	1	—	—	—
			>0.50~1.50			2	—	—	—
			>1.50~3.00			2	—	—	—

第3篇

续表

牌号	包铝分类	供应状态	厚度/mm	室温拉伸试验结果				弯曲半径②	
				抗拉强度 R_m/MPa	规定非比例延伸强度 $R_{p0.2}$/MPa	断后伸长率①/%		90°	180°
						A_{50mm}	A		
				≥					
5049	—	H28 H38	>0.20~0.50	290	230	3	—	—	—
			>0.50~1.50			3	—	—	—
			>1.50~3.00			4	—	—	—
		H112	6.00~12.50	210	100	12	—	—	—
			>12.50~25.00	200	90	—	10	—	—
			>25.00~40.00	190	80	—	12	—	—
			>40.00~80.00	190	80	—	14	—	—
5449	—	O H111	>0.50~1.50	190~240	80	14	—	—	—
			>1.50~3.00			16	—	—	—
		H22	>0.50~1.50	220~270	130	8	—	—	—
			>1.50~3.00			10	—	—	—
		H24	>0.50~1.50	240~280	160	6	—	—	—
			>1.50~3.00			7	—	—	—
		H26	>0.50~1.50	265~305	190	4	—	—	—
			>1.50~3.00			5	—	—	—
		H28	>0.50~1.50	290	230	3	—	—	—
			>1.50~3.00			4	—	—	—
5050	—	O H111	>0.20~0.50	130~170	45	16	—	0t	0t
			>0.50~1.50			17	—	0t	0t
			>1.50~3.00			19	—	0t	0.5t
			>3.00~6.00			21	—	1.0t	—
			>6.00~12.50			20	—	2.0t	—
			>12.50~50.00			—	20	—	—
		H12	>0.20~0.50	155~195	130	2	—	0t	—
			>0.50~1.50			2	—	0.5t	—
			>1.50~3.00			4	—	1.0t	—
		H22 H32	>0.20~0.50	155~195	100	4	—	0t	1.0t
			>0.50~1.50			5	—	0.5t	1.0t
			>1.50~3.00			7	—	1.0t	1.5t
			>3.00~6.00			10	—	1.5t	—
		H14	>0.20~0.50	175~215	150	2	—	0.5t	—
			>0.50~1.50			2	—	1.0t	—
			>1.50~3.00			3	—	1.5t	—
			>3.00~6.00			4	—	2.0t	—
		H24 H34	>0.20~0.50	175~215	135	3	—	0.5t	1.5t
			>0.50~1.50			4	—	1.0t	1.5t
			>1.50~3.00			5	—	1.5t	2.0t
			>3.00~6.00			8	—	2.0t	—
		H16	>0.20~0.50	195~235	170	1	—	1.0t	—
			>0.50~1.50			2	—	1.5t	—
			>1.50~3.00			2	—	2.5t	—
			>3.00~4.00			3	—	3.0t	—
		H26 H36	>0.20~0.50	195~235	160	2	—	1.0t	—
			>0.50~1.50			3	—	1.5t	—
			>1.50~3.00			4	—	2.5t	—
			>3.00~4.00			6	—	3.0t	—
		H18	>0.20~0.50	220	190	1	—	1.5t	—
			>0.50~1.50			2	—	2.5t	—
			>1.50~3.00			2	—	—	—
		H28 H38	>0.20~0.50	220	180	1	—	1.5t	—
			>0.50~1.50			2	—	2.5t	—

续表

牌号	包铝分类	供应状态	厚度/mm	室温拉伸试验结果				弯曲半径[②]	
				抗拉强度 R_m/MPa	规定非比例延伸强度 $R_{p0.2}$/MPa	断后伸长率[①] /%		90°	180°
						A_{50mm}	A		
				≥					
5050	—	H28、H38	>1.50~3.00	220	180	3	—	—	—
		H112	6.00~12.50	140	55	12	—	—	—
			>12.50~40.00			—	10	—	—
			>40.00~80.00			—	10	—	—
		F	2.50~80.00	—	—	—	—		
5251	—	O H111	>0.20~0.50	160~200	60	13	—	0t	0t
			>0.50~1.50			14	—	0t	0t
			>1.50~3.00			16	—	0.5t	0.5t
			>3.00~6.00			18	—	1.0t	—
			>6.00~12.50			18	—	2.0t	—
			>12.50~50.00			—	18	—	—
		H12	>0.20~0.50	190~230	150	3	—	0t	2.0t
			>0.50~1.50			4	—	1.0t	2.0t
			>1.50~3.00			5	—	1.0t	2.0t
			>3.00~6.00			8	—	1.5t	—
		H22 H32	>0.20~0.50	190~230	120	4	—	0t	1.5t
			>0.50~1.50			6	—	1.0t	1.5t
			>1.50~3.00			8	—	1.0t	1.5t
			>3.00~6.00			10	—	1.5t	—
		H14	>0.20~0.50	210~250	170	2	—	0.5t	2.5t
			>0.50~1.50			2	—	1.5t	2.5t
			>1.50~3.00			3	—	1.5t	2.5t
			>3.00~6.00			4	—	2.5t	—
		H24 H34	>0.20~0.50	210~250	140	3	—	0.5t	2.0t
			>0.50~1.50			5	—	1.5t	2.0t
			>1.50~3.00			6	—	1.5t	2.0t
			>3.00~6.00			8	—	2.5t	—
		H16	>0.20~0.50	230~270	200	1	—	1.0t	3.5t
			>0.50~1.50			2	—	1.5t	3.5t
			>1.50~3.00			3	—	2.0t	3.5t
			>3.00~4.00			3	—	3.0t	
		H26 H36	>0.20~0.50	230~270	170	3	—	1.0t	3.0t
			>0.50~1.50			4	—	1.5t	3.0t
			>1.50~3.00			5	—	2.0t	3.0t
			>3.00~4.00			7	—	3.0t	—
		H18	>0.20~0.50	255	230	1	—	—	—
			>0.50~1.50			2	—	—	—
			>1.50~3.00			2	—	—	—
		H28 H38	>0.20~0.50	255	200	2	—	—	—
			>0.50~1.50			3	—	—	—
			>1.50~3.00			3	—	—	—
		F	2.50~80.00	—				—	—
5052	—	O H111	>0.20~0.50	170~215	65	12	—	0t	0t
			>0.50~1.50			14	—	0t	0t
			>1.50~3.00			16		0.5t	0.5t
			>3.00~6.00			18	—	1.0t	—
			>6.00~12.50	165~215		19	—	2.0t	—
			>12.50~80.00			—	18	—	—
		H12	>0.20~0.50	210~260	165	4	—	—	—
			>0.50~1.50			5	—	—	—
			>1.50~3.00			6	—	—	—
			>3.00~6.00			8	—	—	—

第3篇

续表

牌号	包铝分类	供应状态	厚度/mm	室温拉伸试验结果				弯曲半径[②]	
				抗拉强度 R_m/MPa	规定非比例延伸强度 $R_{p0.2}$/MPa	断后伸长率[①] /%			
						A_{50mm}	A	90°	180°
				≥					
5052	—	H22 H32	>0.20~0.50	210~260	130	5	—	0.5t	1.5t
			>0.50~1.50			6	—	1.0t	1.5t
			>1.50~3.00			7	—	1.5t	1.5t
			>3.00~6.00			10	—	1.5t	—
		H14	>0.20~0.50	230~280	180	3	—	—	—
			>0.50~1.50			3	—	—	—
			>1.50~3.00			4	—	—	—
			>3.00~6.00			4	—	—	—
		H24 H34	>0.20~0.50	230~280	150	4	—	0.5t	2.0t
			>0.50~1.50			5	—	1.5t	2.0t
			>1.50~3.00			6	—	2.0t	2.0t
			>3.00~6.00			7	—	2.5t	—
		H16	>0.20~0.50	250~300	210	2	—	—	—
			>0.50~1.50			3	—	—	—
			>1.50~3.00			3	—	—	—
			>3.00~6.00			3	—	—	—
		H26 H36	>0.20~0.50	250~300	180	3	—	1.5t	—
			>0.50~1.50			4	—	2.0t	—
			>1.50~3.00			5	—	3.0t	—
			>3.00~6.00			6	—	3.5t	—
		H18	>0.20~0.50	270	240	1	—	—	—
			>0.50~1.50			2	—	—	—
			>1.50~3.00			2	—	—	—
		H28 H38	>0.20~0.50	270	210	3	—	—	—
			>0.50~1.50			3	—	—	—
			>1.50~3.00			4	—	—	—
		H112	>6.00~12.50	190	80	7	—	—	—
			>12.50~40.00	170	70	—	10	—	—
			>40.00~80.00	170	70	—	14	—	—
		F	>2.50~150.00	—				—	—
5154A	—	O H111	>0.20~0.50	215~275	85	12	—	0.5t	0.5t
			>0.50~1.50			13	—	0.5t	0.5t
			>1.50~3.00			15	—	1.0t	1.0t
			>3.00~6.00			17	—	1.5t	—
			>6.00~12.50			18	—	2.5t	—
			>12.50~50.00			—	16	—	—
		H12	>0.20~0.50	250~305	190	3	—	—	—
			>0.50~1.50			4	—	—	—
			>1.50~3.00			5	—	—	—
			>3.00~6.00			6	—	—	—
		H22 H32	>0.20~0.50	250~305	180	5	—	0.5t	1.5t
			>0.50~1.50			6	—	1.0t	1.5t
			>1.50~3.00			7	—	2.0t	2.0t
			>3.00~6.00			8	—	2.5t	—
		H14	>0.20~0.50	270~325	220	2	—	—	—
			>0.50~1.50			3	—	—	—
		H14	>1.50~3.00	270~325	220	3	—	—	—
			>3.00~6.00			4	—	—	—
		H24 H34	>0.20~0.50	270~325	200	4	—	1.0t	2.5t
			>0.50~1.50			5	—	2.0t	2.5t
			>1.50~3.00			6	—	2.5t	3.0t
		H24、H34	>3.00~6.00	270~325	200	7	—	3.0t	—

续表

牌号	包铝分类	供应状态	厚度/mm	室温拉伸试验结果				弯曲半径[2]	
				抗拉强度 R_m/MPa	规定非比例延伸强度 $R_{p0.2}$/MPa	断后伸长率[1] /%			
						A_{50mm}	A	90°	180°
				≥					
5154A	—	H26 H36	>0.20~0.50	290~345	230	3	—	—	—
			>0.50~1.50			3	—	—	—
			>1.50~3.00			4	—	—	—
			>3.00~6.00			5	—	—	—
		H18	>0.20~0.50	310	270	1	—	—	—
			>0.50~1.50			1	—	—	—
			>1.50~3.00			1	—	—	—
		H28 H38	>0.20~0.50	310	250	3	—	—	—
			>0.50~1.50			3	—	—	—
			>1.50~3.00			3	—	—	—
		H19	>0.20~0.50	330	285	1	—	—	—
			>0.50~1.50			1	—	—	—
		H112	6.00~12.50	220	125	8	—	—	—
			>12.50~40.00	215	90	—	9	—	—
			>40.00~80.00	215	90	—	13	—	—
		F	2.50~80.00	—				—	—
5454	—	O H111	>0.20~0.50	215~275	85	12	—	0.5t	0.5t
			>0.50~1.50			13	—	0.5t	0.5t
			>1.50~3.00			15	—	1.0t	1.0t
			>3.00~6.00			17	—	1.5t	—
			>6.00~12.50			18	—	2.5t	—
			>12.50~80.00			—	16	—	—
		H12	>0.20~0.50	250~305	190	3	—	—	—
			>0.50~1.50			4	—	—	—
			>1.50~3.00			5	—	—	—
			>3.00~6.00			6	—	—	—
		H22 H32	>0.20~0.50	250~305	180	5	—	0.5t	1.5t
			>0.50~1.50			6	—	1.0t	1.5t
			>1.50~3.00			7	—	2.0t	2.0t
			>3.00~6.00			8	—	2.5t	—
		H14	>0.20~0.50	270~325	220	2	—	—	—
			>0.50~1.50			3	—	—	—
			>1.50~3.00			3	—	—	—
			>3.00~6.00			4	—	—	—
		H24 H34	>0.20~0.50	270~325	200	4	—	1.0t	2.5t
			>0.50~1.50			5	—	2.0t	2.5t
			>1.50~3.00			6	—	2.5t	3.0t
			>3.00~6.00			7	—	3.0t	—
		H26 H36	>0.20~1.50	290~345	230	3	—	—	—
			>1.50~3.00			4	—	—	—
			>3.00~6.00			5	—	—	—
		H28 H38	>0.20~3.00	310	250	3	—	—	—
		H112	6.00~12.50	220	125	8	—	—	—
			>12.50~40.00	215	90	—	9	—	—
			>40.00~120.00			—	13	—	—
		F	>4.50~150.00	—				—	—
5754	—	O H111	>0.20~0.50	190~240	80	12	—	0t	0.5t
			>0.50~1.50			14	—	0.5t	0.5t

续表

牌号	包铝分类	供应状态	厚度/mm	室温拉伸试验结果				弯曲半径②	
				抗拉强度 R_m/MPa	规定非比例延伸强度 $R_{p0.2}$/MPa	断后伸长率①/%			
						A_{50mm}	A	90°	180°
				≥					
5754	—	O H111	>1.50~3.00	190~240	80	16	—	1.0t	1.0t
			>3.00~6.00			18	—	1.0t	1.0t
			>6.00~12.50			18	—	2.0t	—
			>12.50~100.00			—	17	—	—
		H12	>0.20~0.50	220~270	170	4	—	—	—
			>0.50~1.50			5	—	—	—
			>1.50~3.00			6	—	—	—
			>3.00~6.00			7	—	—	—
		H22 H32	>0.20~0.50	220~270	130	7	—	0.5t	1.5t
			>0.50~1.50			8	—	1.0t	1.5t
			>1.50~3.00			10	—	1.5t	2.0t
			>3.00~6.00			11	—	1.5t	—
		H14	>0.20~0.50	240~280	190	3	—	—	—
			>0.50~1.50			3	—	—	—
			>1.50~3.00			4	—	—	—
			>3.00~6.00			4	—	—	—
		H24 H34	>0.20~0.50	240~280	160	6	—	1.0t	2.5t
			>0.50~1.50			6	—	1.5t	2.5t
			>1.50~3.00			7	—	2.0t	2.5t
			>3.00~6.00			8	—	2.5t	—
		H16	>0.20~0.50	265~305	220	2	—	—	—
			>0.50~1.50			3	—	—	—
			>1.50~3.00			3	—	—	—
			>3.00~6.00			3	—	—	—
		H26 H36	>0.20~0.50	265~305	190	4	—	1.5t	—
			>0.50~1.50			4	—	2.0t	—
			>1.50~3.00			5	—	3.0t	—
			>3.00~6.00			6	—	3.5t	—
		H18	>0.20~0.50	290	250	1	—	—	—
			>0.50~1.50			2	—	—	—
			>1.50~3.00			2	—	—	—
		H28 H38	>0.20~0.50	290	230	3	—	—	—
			>0.50~1.50			3	—	—	—
			>1.50~3.00			4	—	—	—
		H112	6.00~12.50	190	100	12	—	—	—
			>12.50~25.00		90	—	10	—	—
			>25.00~40.00		80	—	12	—	—
			>40.00~80.00			—	14	—	—
		F	>4.50~150.00	—				—	—
5082	—	H18 H38	>0.20~0.50	335	—	1	—	—	—
		H19 H39	>0.20~0.50	355	—	1	—	—	—
		F	>4.50~150.00	—				—	—
5182	—	O H111	>0.2~0.50	255~315	110	11	—	—	1.0t
			>0.50~1.50			12	—	—	1.0t
			>1.50~3.00			13	—	—	1.0t
		H19	>0.20~1.50	380	320	1	—	—	—
5083	—	O H111	>0.20~0.50	275~350	125	11	—	0.5t	1.0t
			>0.50~1.50			12	—	1.0t	1.0t
			>1.50~3.00			13	—	1.0t	1.5t

第3篇

续表

牌号	包铝分类	供应状态	厚度/mm	室温拉伸试验结果				弯曲半径②	
				抗拉强度 R_m/MPa	规定非比例延伸强度 $R_{p0.2}$/MPa	断后伸长率①/%			
						A_{50mm}	A	90°	180°
				≥					
5083	—	O H111	>3.00~6.30	275~350	125	15	—	1.5t	—
			>6.30~12.50	270~345	115	16	—	2.5t	—
			>12.50~50.00			—	15	—	—
			>50.00~80.00			—	14	—	—
			>80.00~120.00	260	110		12		
			>120.00~200.00	255	105		12		
		H12	>0.20~0.50	315~375	250	3	—	—	—
			>0.50~1.50			4	—	—	—
			>1.50~3.00			5	—	—	—
			>3.00~6.00			6	—	—	—
		H22 H32	>0.20~0.50	305~380	215	5	—	0.5t	2.0t
			>0.50~1.50			6	—	1.5t	2.0t
			>1.50~3.00			7	—	2.0t	3.0t
			>3.00~6.00			8	—	2.5t	—
		H14	>0.20~0.50	340~400	280	2	—	—	—
			>0.50~1.50			3	—	—	—
			>1.50~3.00			3	—	—	—
			>3.00~6.00			3	—	—	—
		H24 H34	>0.20~0.50	340~400	250	4	—	1.0t	—
			>0.50~1.50			5	—	2.0t	—
			>1.50~3.00			6	—	2.5t	—
			>3.00~6.00			7	—	3.5t	—
		H16	>0.20~0.50	360~420	300	1	—	—	—
			>0.50~1.50			2	—	—	—
			>1.50~3.00			2	—	—	—
			>3.00~4.00			2	—	—	—
		H26 H36	>0.20~0.50	360~420	280	2	—	—	—
			>0.50~1.50			3	—	—	—
			>1.50~3.00			3	—	—	—
			>3.00~4.00			3	—	—	—
		H116 H321	1.50~3.00	305	215	8	—	2.0t	—
			>3.00~6.00			10	—	2.5t	—
			>6.00~12.50			12	—	4.0t	—
			>12.50~40.00			—	10	—	—
			>40.00~80.00	285	200	—	10	—	—
		H112	>6.00~12.50	275	125	12	—	—	—
			>12.50~40.00	275	125	—	10	—	—
			>40.00~80.00	270	115	—	10	—	—
			>40.00~120.00	260	110	—	10	—	—
		F	>4.50~150.00	—					
5383	—	O H111	>0.20~0.50	290~360	145	11	—	0.5t	1.0t
			>0.50~1.50			12	—	1.0t	1.0t
			>1.50~3.00			13	—	1.0t	1.5t
			>3.00~6.00			15	—	1.5t	—
			>6.00~12.50			16	—	2.5t	—
			>12.50~50.00			—	15	—	—
			>50.00~80.00	285~355	135	—	14	—	—
			>80.00~120.00	275	130	—	12	—	—
			>120.00~150.00	270	125	—	12	—	—
		H22 H32	>0.20~0.50	305~380	220	5	—	0.5t	2.0t
			>0.50~1.50			6	—	1.5t	2.0t

续表

牌号	包铝分类	供应状态	厚度/mm	室温拉伸试验结果				弯曲半径[2]	
				抗拉强度 R_m/MPa	规定非比例延伸强度 $R_{p0.2}$/MPa	断后伸长率[1]/%			
						A_{50mm}	A	90°	180°
				≥					
5383	—	H22 H32	>1.50~3.00	305~380	220	7	—	2.0t	3.0t
			>3.00~6.00			8	—	2.5t	—
		H24 H34	>0.20~0.50	340~400	270	4	—	1.0t	—
			>0.50~1.50			5	—	2.0t	—
			>1.50~3.00			6	—	2.5t	—
			>3.00~6.00			7	—	3.5t	—
		H116 H321	1.50~3.00	305	220	8	—	2.0t	3.0t
			>3.00~6.00			10	—	2.5t	—
			>6.00~12.50			12	—	4.0t	—
			>12.50~40.00			—	10	—	—
			>40.00~80.00	285	205	—	10	—	—
		H112	6.00~12.50	290	145	12	—	—	—
			>12.50~40.00			—	10	—	—
			>40.00~80.00	285	135	—	10	—	—
5086	—	O H111	>0.20~0.50	240~310	100	11	—	0.5t	1.0t
			>0.50~1.50			12	—	1.0t	1.0t
			>1.50~3.00			13	—	1.0t	1.0t
			>3.00~6.00			15	—	1.5t	1.5t
			>6.00~12.50			17	—	2.5t	—
			>12.50~150.00			—	16	—	—
		H12	>0.20~0.50	275~335	200	3	—	—	—
			>0.50~1.50			4	—	—	—
			>1.50~3.00			5	—	—	—
			>3.00~6.00			6	—	—	—
		H22 H32	>0.20~0.50	275~335	185	5	—	0.5t	2.0t
			>0.50~1.50			6	—	1.5t	2.0t
			>1.50~3.00			7	—	2.0t	2.0t
			>3.00~6.00			8	—	2.5t	—
		H14	>0.20~0.50	300~360	240	2	—	—	—
			>0.50~1.50			3	—	—	—
		H14	>1.50~3.00	300~360	240	3	—	—	—
			>3.00~6.00			3	—	—	—
		H24 H34	>0.20~0.50	300~360	220	4	—	1.0t	2.5t
			>0.50~1.50			5	—	2.0t	2.5t
			>1.50~3.00			6	—	2.5t	2.5t
			>3.00~6.00			7	—	3.5t	—
		H16	>0.20~0.50	325~385	270	1	—	—	—
			>0.50~1.50			2	—	—	—
			>1.50~3.00			2	—	—	—
			>3.00~4.00			2	—	—	—
		H26 H36	>0.20~0.50	325~385	250	2	—	—	—
			>0.50~1.50			3	—	—	—
			>1.50~3.00			3	—	—	—
			>3.00~4.00			3	—	—	—
		H18	>0.20~0.50	345	290	1	—	—	—
			>0.50~1.50			1	—	—	—
			>1.50~3.00			1	—	—	—
		H116 H321	1.50~3.00	275	195	8	—	2.0t	2.0t
			>3.00~6.00			9	—	2.5t	—
			>6.00~12.50			10	—	3.5t	—

续表

牌号	包铝分类	供应状态	厚度/mm	室温拉伸试验结果				弯曲半径[2]	
				抗拉强度 R_m/MPa	规定非比例延伸强度 $R_{p0.2}$/MPa	断后伸长率[1]/%			
						A_{50mm}	A	90°	180°
				≥					
5086	—	H116 H321	>12.50~50.00	275	195	—	9	—	—
		H112	>6.00~12.50	250	105	8	—	—	—
			>12.50~40.00	240	105	—	9	—	—
			>40.00~80.00	240	100	—	12	—	—
		F	>4.50~150.00	—	—	—	—	—	—
6A02	—	O	>0.50~4.50	≤145	—	21	—	—	—
			>4.50~10.00			16	—	—	—
			>0.50~4.50	295	—	11	—	—	—
			>4.50~10.00			8	—	—	—
		T4	>0.50~0.80	195	—	19	—	—	—
			>0.80~2.90			21	—	—	—
			>2.90~4.50			19	—	—	—
			>4.50~10.00	175		17	—	—	—
		T6	>0.50~4.50	295	—	11	—	—	—
			>4.50~10.00			8	—	—	—
		T1	>4.50~12.50			8	—	—	—
			>12.50~25.00			—	7	—	—
			>25.00~40.00	285		—	6	—	—
			>40.00~80.00	275		—	6	—	—
			>4.50~12.50	175	—	17	—	—	—
			>12.50~25.00			—	14	—	—
			>25.00~40.00	165		—	12	—	—
			>40.00~80.00			—	10	—	—
		F	>4.50~150.00	—	—	—	—	—	—
6061	—	O	0.40~1.50	≤150	≤85	14	—	0.5t	1.0t
			>1.50~3.00			16	—	1.0t	1.0t
			>3.00~6.00			19	—	1.0t	—
		O	>6.00~12.50	≤150	≤85	16	—	2.0t	—
			>12.50~25.00			—	16	—	—
		T4	0.40~1.50	205	110	12	—	1.0t	1.5t
			>1.50~3.00			14	—	1.5t	2.0t
			>3.00~6.00			16	—	3.0t	—
			>6.00~12.50			18	—	4.0t	—
			>12.50~40.00			—	15	—	—
			>40.00~80.00			—	14	—	—
		T6	0.40~1.50	290	240	6	—	2.5t	—
			>1.50~3.00			7	—	3.5t	—
			>3.00~6.00			10	—	4.0t	—
			>6.00~12.50			9	—	5.0t	—
			>12.50~40.00			—	8	—	—
			>40.00~80.00			—	6	—	—
			>80.00~100.00			—	5	—	—
		F	>2.50~150.00	—				—	—
6016	—	T4	0.40~3.00	170~250	80~140	24	—	0.5t	0.5t
		T6	0.40~3.00	260~300	180~260	10	—	—	—
6063	—	O	0.50~5.00	≤130	—	20	—	—	—
			>5.00~12.50			15	—	—	—
			>12.50~20.00			—	15	—	—
			0.50~5.00	230	180	—	8	—	—

第3篇

续表

牌号	包铝分类	供应状态	厚度/mm	室温拉伸试验结果				弯曲半径②	
				抗拉强度 R_m/MPa	规定非比例延伸强度 $R_{p0.2}$/MPa	断后伸长率①/%			
						A_{50mm}	A	90°	180°
				≥					
6063	—	O	>5.00~12.50	220	170	—	6	—	—
			>12.50~20.00	220	170	6	—	—	—
		T4	0.50~5.00	150	—	10	—	—	—
			5.00~10.00	130		10	—	—	—
		T6	0.50~5.00	240	190	8	—	—	—
			>5.00~10.00	230	180	8	—	—	—
6082	—	O	0.40~1.50	≤150	≤85	14	—	0.5t	1.0t
			>1.50~3.00			16	—	1.0t	1.0t
			>3.00~6.00			18	—	1.5t	—
			>6.00~12.50			17	—	2.5t	—
			>12.50~25.00	≤155	—	—	16	—	—
		T4	0.40~1.50	205	110	12	—	1.5t	3.0t
			>1.50~3.00			14	—	2.0t	3.0t
			>3.00~6.00			15	—	3.0t	—
			>6.00~12.50			14	—	4.0t	—
			>12.50~40.00			—	13	—	—
			>40.00~80.00			—	12	—	—
		T6	0.40~1.50	310	260	6	—	2.5t	—
			>1.50~3.00			7	—	3.5t	—
			>3.00~6.00			10	—	4.5t	—
			>6.00~12.50	300	255	9	—	6.0t	—
		F	>4.50~150.00	—				—	—
包铝7A04、包铝7A09、7A04、7A09	正常包铝或工艺包铝	O	0.50~10.00	≤245	—	11	—	—	—
			0.50~2.90	470	390	7	—	—	—
			>2.90~10.00	490	410		—	—	—
		T6	0.50~2.90	480	400		—	—	—
			>2.90~10.00	490	410		—	—	—
		T1	>4.50~10.00	490	410		—	—	—
			>10.00~12.50	490	410	4	—	—	—
			>12.50~25.00				—	—	—
			>25.50~40.00			3	—	—	—
		F	>4.50~150.00	—				—	—
7020	—	O	0.40~1.50	≤220	≤140	12	—	2.0t	—
			>1.50~3.00			13	—	2.5t	—
			>3.00~6.00			15	—	3.5t	—
			>6.00~12.50			12	—	5.0t	—
		T4③	0.40~1.50	320	210	11	—	—	—
			>1.50~3.00			12	—	—	—
			>3.00~6.00			13	—	—	—
			>6.00~12.50			14	—	—	—
		T6	0.40~1.50	350	280	7	—	3.5t	—
			>1.50~3.00			8	—	4.0t	—
			>3.00~6.00			10	—	5.5t	—
			>6.00~12.50			10	—	8.0t	—
			>12.50~40.00			—	9	—	—
			>40.00~100.00	340	270	—	8	—	—
			>100.00~150.00	330	260	—	7	—	—
			>150.00~175.00			—	6	—	—
			>175.00~200.00			—	5	—	—
7021	—	T6	1.50~3.00	400	350	7	—	—	—
			>3.00~6.00			6	—	—	—

续表

牌号	包铝分类	供应状态	厚度/mm	室温拉伸试验结果				弯曲半径[2]	
				抗拉强度 R_m/MPa	规定非比例延伸强度 $R_{p0.2}$/MPa	断后伸长率[1] /%			
						A_{50mm}	A	90°	180°
				≥					
7022	—	T6	3.00~12.50	450	370	8	—	—	—
			>12.50~25.00			—	8	—	—
			>25.00~50.00			—	7	—	—
			>50.00~100.00	430	350	—	5	—	—
			>100.00~200.00	410	330	—	3	—	—
7075	工艺包铝或不包铝	O	0.40~0.80	≤275	≤145	10	—	0.5t	1.0t
			>0.80~1.50				—	1.0t	2.0t
			>1.50~3.00				—	1.0t	3.0t
			>3.00~6.00				—	2.5t	—
			>6.00~12.50				—	4.0t	—
			>12.50~75.00		—	—	9	—	—
			0.40~0.80	525	460	6	—	—	—
			>0.80~1.50	540	460	6	—	—	—
			>1.50~3.00	540	470	7	—	—	—
			>3.00~6.00	545	475	8	—	—	—
			>6.00~12.50	540	460	8	—	—	—
			>12.50~25.00	540	470	—	6	—	—
			>25.00~50.00	530	460	—	5	—	—
			>50.00~60.00	525	440	—	4	—	—
			>60.00~75.00	495	420	—	4	—	—
		T6	0.40~0.80	525	460	6	—	4.5t	—
			>0.80~1.50	540	460	6	—	5.5t	—
			>1.50~3.00	540	470	7	—	6.5t	—
			>3.00~6.00	545	475	8	—	8.0t	—
			>6.00~12.50	540	460	8	—	12.0t	—
			>12.50~25.00	540	470	—	6	—	—
			>25.00~50.00	530	460	—	5	—	—
			>50.00~60.00	525	440	—	4	—	—
		T76	>1.50~3.00	500	425	7	—	—	—
			>3.00~6.00	500	425	8	—	—	—
			>6.00~12.50	490	415	7	—	—	—
		T73	>1.50~3.00	460	385	7	—	—	—
			>3.00~6.00	460	385	8	—	—	—
			>6.00~12.50	475	390	7	—	—	—
			>12.50~25.00	475	390	—	6	—	—
			>25.00~50.00	475	390	—	5	—	—
			>50.00~60.00	455	360	—	5	—	—
			>60.00~80.00	440	340	—	5	—	—
			>80.00~100.00	430	340	—	5	—	—
		F	>6.00~50.00	—				—	—
包铝7075	正常包铝	O	>0.39~1.60	≤275	≤145	10	—	—	—
			>1.60~4.00				—	—	—
			>4.00~12.50				—	—	—
			>12.50~50.00		—	—	9	—	—
			>0.39~1.00	505	435	7	—	—	—
			>1.00~1.60	515	445	8	—	—	—
			>1.60~3.20	515	445	8	—	—	—
			>3.20~4.00	515	445	8	—	—	—
			>4.00~6.30	525	455	8	—	—	—
			>6.30~12.50	525	455	9	—	—	—
			>12.50~25.00	540	470	—	6	—	—

第3篇

续表

牌号	包铝分类	供应状态	厚度/mm		室温拉伸试验结果				弯曲半径[2]	
					抗拉强度 R_m/MPa	规定非比例延伸强度 $R_{p0.2}$/MPa	断后伸长率[1] /%		90°	180°
							A_{50mm}	A		
					≥					
包铝7075	正常包铝	O	>25.00~50.00		530	460	—	5	—	—
			>50.00~60.00		525	440	—	4	—	—
		T6	>0.39~1.00		505	435	7	—	—	—
			>1.00~1.60		515	445	8	—	—	—
			>1.60~3.20		515	445	8	—	—	—
			>3.20~4.00		515	445	8	—	—	—
			>4.00~6.30		525	455	8	—	—	—
		T76	>3.10~4.00		470	390	8	—	—	—
			>4.00~6.30		485	405	8	—	—	—
		F	>6.00~100.00		—				—	—
包铝7475	正常包铝	O	1.00~1.60		≤250	≤140	10	—	—	2.0t
			>1.60~3.20		≤260	≤140	10	—	—	3.0t
			>3.20~4.80		≤260	≤140	10	—	—	4.0t
			>4.80~6.50		≤270	≤145	10	—	—	4.0t
		T761[4]	1.00~1.60		455	379	9	—	—	6.0t
			>1.60~2.30		469	393	9	—	—	7.0t
			>2.30~3.20		469	393	9	—	—	8.0t
			>3.20~4.80		469	393	9	—	—	9.0t
			>4.80~6.50		483	414	9	—	—	9.0t
7475	工艺包铝或不包铝	T6	>0.35~6.00		515	440	9	—	—	—
		T76 T761[4]	1.00~1.60	纵向	490	420	9	—	—	6.0t
				横向	490	415	9			
			>1.60~2.30	纵向	490	420	9	—	—	7.0t
				横向	490	415	9			
			>2.30~3.20	纵向	490	420	9	—	—	8.0t
				横向	490	415	9			
			>3.20~4.80	纵向	490	420	9	—	—	9.0t
				横向	490	415	9			
			>4.80~6.50	纵向	490	420	9	—	—	9.0t
				横向	490	415	9			
8A06	—	O	>0.20~0.30		≤110	—	16	—	—	—
			>0.30~0.50				21	—	—	—
			>0.50~0.80				26	—	—	—
			>0.80~10.00				30	—	—	—
		H14 H24	>0.20~0.30		100	—	1	—	—	—
			>0.30~0.50				3	—	—	—
			>0.50~0.80				4	—	—	—
			>0.80~1.00				5	—	—	—
			>1.00~4.50				6	—	—	—
		H18	>0.20~0.30		135	—	1	—	—	—
			>0.30~0.80				2	—	—	—
			>0.80~4.50				3	—	—	—
		H112	>4.50~10.00		70	—	19	—	—	—
			>10.00~12.50		80		19	—	—	—
			>12.50~25.00		80		—	19	—	—
			>25.00~80.00		85		—	16	—	—
		F	>2.50~150		—				—	—
8011	—	H14	>0.20~0.50		125~165	—	2	—	—	—
		H24	>0.20~0.50		125~165	—	3	—	—	—
		H16	>0.20~0.50		130~185	—	1	—	—	—

续表

牌号	包铝分类	供应状态	厚度/mm	抗拉强度 R_m/MPa	规定非比例延伸强度 $R_{p0.2}$/MPa	断后伸长率①/%		弯曲半径②	
				室温拉伸试验结果					
						A_{50mm}	A	90°	180°
				≥					
8011	—	H26	>0.20~0.50	130~185	—	2	—	—	—
		H18	0.20~0.50	165	—	1	—	—	—
8011A	—	O H111	>0.20~0.50	85~130	30	19	—	—	—
			>0.50~1.50			21	—	—	—
			>1.50~3.00			24	—	—	—
			>3.00~6.00			25	—	—	—
			>6.00~12.50			30	—	—	—
		H22	>0.20~0.50	105~145	90	4	—	—	—
			>0.50~1.50			5	—	—	—
			>1.50~3.00			6	—	—	—
		H14	>0.20~0.50	120~170	110	1	—	—	—
			>0.50~1.50	125~165		3	—	—	—
			>1.50~3.00			3	—	—	—
			>3.00~6.00			4	—	—	—
		H24	>0.20~0.50	125~165	100	3	—	—	—
			>0.50~1.50			4	—	—	—
			>1.50~3.00			5	—	—	—
			>3.00~6.00			6	—	—	—
		H16	>0.20~0.50	140~190	130	1	—	—	—
			>0.50~1.50	145~185		2	—	—	—
			>1.50~4.00			3	—	—	—
		H26	>0.20~0.50	145~185	120	2	—	—	—
			>0.50~1.50			3	—	—	—
			>1.50~4.00			4	—	—	—
		H18	>0.20~0.50	160	145	1	—	—	—
			>0.50~1.50	165		2	—	—	—
			>1.50~3.00			2	—	—	—
8079	—	H14	>0.20~0.50	125~175	—	2	—	—	—

① 当 A_{50mm} 和 A 两栏均有数值时，A_{50mm} 适用于厚度不大于 12.5mm 的板材，A 适用于厚度大于 12.5mm 的板材。

② 弯曲半径中的 t 表示板材的厚度，对表中既有 90°弯曲也有 180°弯曲的产品，当需方未指定采用 90°弯曲或 180°弯曲时，弯曲半径由供方任选一种。

③ 应尽量避免订购 7020 合金 T4 状态的产品。T4 状态产品的性能是在室温下自然时效 3 个月后才能达到规定的稳定的力学性能，将淬火后的试样在 60~65℃的条件下持续 60h 后也可以得到近似的自然时效性能值。

④ T761 状态专用于 7475 合金薄板和带材，与 T76 状态的定义相同，是在固溶热处理后进行人工过时效以获得良好的抗剥落腐蚀性能的状态。

铝及铝合金拉（轧）制无缝管牌号、状态、规格及力学性能（摘自 GB/T 6893—2022）

表 3-3-23

牌号	状态①	壁厚/mm	抗拉强度 R_m /MPa	规定非比例伸长应力 $R_{P0.2}$ /MPa	断后伸长率/%		
			室温拉伸力学性能		全截面试样	其他试样	
					A_{50mm}	A_{50mm}	A
					≥		
1035 1050A 1050	O	≤20.00	60~95	—	—	22.0	25.0
	H14	≤10.00	100~135	≥70	—	5.0	6.0
1060 1070A 1070	O	≤20.00	60~95	—		—	
	H14	≤10.00	≥85	≥70		—	

续表

牌号	状态①	壁厚/mm		抗拉强度 R_m /MPa	规定非比例伸长应力 $R_{P0.2}$ /MPa	断后伸长率/%		
				室温拉伸力学性能				
						全截面试样	其他试样	
						A_{50mm}	A_{50mm}	A
						≥		
1100、1200	O	≤20.00		70~105	—	—	16.0	20.0
	H14	≤10.00		110~145	≥80	—	4.0	5.0
2A11	O	≤20.00		≤245	—	10.0	10.0	10.0
	T4	外径②≤22	≤1.50	≥375	≥195	13.0	—	—
			>1.50~2.00			14.0	—	—
			>2.00~5.00			14.0	—	—
		外径②>22~50	≤1.50	≥390	≥225	—	12.0	12.0
			>1.50~5.00			—	13.0	13.0
		外径②>50	—	≥390	≥225	—	11.0	11.0
2017A	O	≤20.00		≤240	≤125	—	10.0	12.0
	T3	≤20.00		400	250	—	8.0	10.0
2A12	O	≤20.00		≤245	—	10.0	10.0	10.0
	T4	外径②≤22	≤2.0	≥410	≥225	13.0	—	—
			>2.0~5.0			14.0	—	—
		外径②>22~50	—	≥420	275	—	12.0	12.0
		外径②>50	—	≥420	275	—	10.0	10.0
2D12	O	—	≤20.00	≤240	—	—	—	10.0
	T4	外径②≤22	1.00~2.00	≥420	≥265	13.0	—	—
			>2.00~5.00	≥420	≥265	14.0	—	—
		外径②>22	—	≥420	≥285	—	12.0	12.0
			—	≥420	≥285	—	10.0	10.0
2A14	O	—	≤20.00	≤220	—	12.0	12.0	12.0
	T4	外径②≤22	1.00~2.00	≥360	≥205	10.0	—	—
			>2.00~5.00	≥360	≥205	—	—	—
		外径②>22	—	≥360	≥205	—	10.0	10.0
	T6	外径②≤22	1.0~2.0	≥450	≥380	6.0	—	—
			>2.00~5.00	≥450	≥380	—	—	—
		外径②>22	≤1.00	≥450	≥380	—	6.0	6.0
			>1.00~5.00	≥450	≥380	—	7.0	7.0
2024	O	≤20.00		≤221	≤103	—	—	—
	T3	0.46~0.61		≥441	≥290	10.0	—	—
		>0.61~1.24		≥441	≥290	12.0	10.0	—
		>1.24~6.58		≥441	≥290	14.0	10.0	—
		>6.58~12.70		≥441	≥290	16.0	12.0	—
	T42①	0.46~0.61		≥441	≥276	10.0	—	—
		>0.61~1.24		≥441	≥276	12.0	10.0	—
		>1.24~6.58		≥441	≥276	14.0	10.0	—
		>6.58~12.70		≥441	≥276	16.0	12.0	—
3003 3103	O	≤20.00		95~130	≥35	—	20.0	25.0
	H12	≤15.00		115~150	≥75	—	12.0	14.0
	H14、H24	≤10.00		130~165	≥110	—	4.0	6.0
	H18	≤3.00		≥180	≥145	—	2.0	3.0
3026	O	≤20.00		85~120	≥30	30.0	—	—
3A21	O	≤20.00		95~130	≥35	—	20.0	25.0
	H12	≤15.00		115~150	≥75	—	12.0	14.0
	H14、H24	≤10.00		130~165	≥110	—	4.0	6.0
	H18	≤3.00		≥180	≥145	—	2.0	3.0

第3篇

续表

牌号	状态[1]	壁厚/mm		室温拉伸力学性能				
				抗拉强度 R_m /MPa	规定非比例伸长应力 $R_{P0.2}$ /MPa	断后伸长率/%		
						全截面试样	其他试样	
						A_{50mm}	A_{50mm}	A
						≥		
5B02	O	≤20.00		155~225	—	—	—	15.0
5A02	O	≤20.00		≤225	—	—	—	—
5A02	H14	外径[2]≤55	≤2.50	≥225	—	—	—	—
5A02	H14	外径[2]≤55	>2.50~20.00	≥195	—	—	—	—
5A02	H14	外径[2]>55	≤20.00	≥195	—	—	—	—
5A03	O	≤20.00		≥175	≥80	15.0	15.0	15.0
5A03	H34	≤5.00		≥215	≥125	8.0	8.0	8.0
5A05	O	≤20.00		≥215	≥90	15.0	15.0	15.0
5A05	H32	≤10.00		≥245	≥145	8.0	8.0	8.0
5A06	O	≤20.00		≥315	≥145	15.0	15.0	15.0
5052	O	≤20.00		170~230	≥65	—	17.0	20.0
5052	H14	≤5.00		230~270	≥180	—	4.0	5.0
5056	O	≤20.00		≤315	≥100	16.0	16.0	16.0
5056	H32	≤10.00		≥305	—	—	—	—
5083	O	≤20.00		270~350	≥110	—	14.0	16.0
5083	H32	≤10.00		≥280	≥200	—	4.0	6.0
5754	O	≤20.00		180~250	≥80	—	14.0	16.0
6A02	O	≤20.00		≤155	—	14.0	14.0	14.0
6A02	T4	≤20.00		≥205	—	14.0	14.0	14.0
6A02	T6	≤20.00		≥305	—	8.0	8.0	8.0
7A04	O	≤20.00		≤265	—	8.0	8.0	8.0
7A09	T6	0.63~6.30		≥530	≥455	8.0	7.0	—
7A09	T6	>6.30~12.50		≥530	≥455	9.0	8.0	7.0
8A06	O	≤20.00		≤120	—	20.0	20.0	20.0
8A06	H14	≤10.00		≥100	—	5.0	5.0	5.0
6061	O	≤20.00		≤152	≤97	15.0	15.0	—
6061	T4	0.64~1.24		≥207	≥110	16.0	14.0	—
6061	T4	>1.24~6.58		≥207	≥110	18.0	16.0	—
6061	T4	>6.58~12.70		≥207	≥110	20.0	18.0	—
6061	T42[1]	0.64~1.24		≥207	≥97	16.0	14.0	—
6061	T42[1]	>1.24~6.58		≥207	≥97	18.0	16.0	—
6061	T42[1]	>6.58~12.70		≥207	≥97	20.0	18.0	—
6061	T6、T62[1]	0.64~1.24		≥290	≥241	10.0	8.0	—
6061	T6、T62[1]	>1.24~6.58		≥290	≥241	12.0	10.0	—
6061	T6、T62[1]	>6.58~12.70		≥290	≥241	14.0	12.0	—
6061	T8	>0.91~8.89		≥310	≥276	8.0	—	—
6063	O	>0.25~12.70		≤131	—	—	—	—
6063	T4、T42[1]	0.64~1.24		≥151	≥69	16.0	14.0	—
6063	T4、T42[1]	>1.24~6.58		≥151	≥69	18.0	16.0	—
6063	T4、T42[1]	>6.58~12.70		≥151	≥69	20.0	18.0	—
6063	T6、T62[1]	0.64~1.24		≥227	≥193	12.0	8.0	—
6063	T6、T62[1]	>1.24~6.58		≥227	≥193	14.0	10.0	—
6063	T6、T62[1]	>6.58~12.70		≥227	≥193	16.0	12.0	—
6082	T4	≤20.00		≥205	≥110	—	12.0	14.0
6082	T6	≤5.00		≥310	≥255	—	7.0	8.0
6082	T6	>5.00~20.00		≥310	≥240	—	9.0	10.0

第3篇

续表

牌号	状态①	壁厚/mm	室温拉伸力学性能				
			抗拉强度 R_m /MPa	规定非比例伸长应力 $R_{P0.2}$ /MPa	断后伸长率/%		
					全截面试样	其他试样	
					A_{50mm}	A_{50mm}	A
			≥				
7020	T6	≤20.00	≥350	≥280	—	8.0	10.0
7075	T6	0.63~6.30	≥530	≥455	8.0	7.0	—
		>6.30~12.50	≥530	≥455	9.0	8.0	7.0

① T42、T62 状态非产品供货状态。

② 方管和矩形管的外径为其外接圆直径。

铝及铝合金挤压棒材牌号、状态、规格及力学性能（摘自 GB/T 3191—2019）

表 3-3-24

牌号	类别	供应状态③,④,⑤/试样状态	尺寸规格/mm	圆棒直径/mm	方棒或六角棒厚度/mm	室温拉伸试验结果				布氏硬度参考⑥ HBW
						抗拉强度 R_m	规定非比例延伸强度 $R_{p0.2}$	断后伸长率④		
								A	A_{50mm}	
						/MPa		/%		
1035	Ⅰ类①	O/O	圆棒直径：5~350；方棒或六角棒的厚度：5~200；长度：1000~6000	≤150.00	≤150.00	60~120	—	≥25	—	—
		H112/H112		≤150.00	≤150.00	≥60	—	≥25	—	—
1060		O/O		≤150.00	≤150.00	60~95	≥15	≥22	—	—
		H112/H112		≤150.00	≤150.00	≥60	≥15	≥22	—	—
1050A		O/O		≤150.00	≤150.00	60~95	≥20	≥25	≥23	20
		H112/H112		≤150.00	≤150.00	≥60	≥20	≥25	≥23	20
1070A	Ⅰ类①	H112/H112		≤150.00	≤150.00	≥60	≥23	≥25	≥23	18
1200		H112/H112		≤150.00	≤150.00	≥75	≥25	≥20	≥18	23
1350		H112/H112		≤150.00	≤150.00	≥60	—	≥25	≥23	20
2A02	Ⅱ类②	T1、T6/T62、T6		≤150.00	≤150.00	≥430	≥275	≥10	—	—
2A06		T1、T6/T62、T6		≤22.00	≤22.00	≥430	≥285	≥10	—	—
				>22.00~100.00	>22.00~100.00	≥440	≥295	≥9	—	—
				>100.00~150.00	>100.00~150.00	≥430	≥285	≥10	—	—
2A50		T1、T6/T62、T6		≤150.00	≤150.00	≥355	—	≥12	—	—
2A70、2A80、2A90		T1、T6/T62、T6		≤150.00	≤150.00	≥355	—	≥8	—	—
2A11	Ⅱ类②	T1、T4/T42、T4		≤150.00	≤150.00	≥370	≥215	≥12	—	—
2A12		T1、T4/T42、T4		≤22.00	≤22.00	≥390	≥255	≥12	—	—
				>22.00~150.00	>22.00~150.00	≥420	≥275	≥10	—	—
		T1/T42		>150.00~250.00	>150.00~200.00	≥380	≥260	≥6	—	—
2A13		T1、T4/T42、T4		≤22.00	≤22.00	≥315	—	≥4	—	—
				>22.00~150.00	>22.00~150.00	≥345	—	≥4	—	—
2A14	Ⅱ类②	T1、T6、T6511/T62、T6、T6511		≤22.00	≤22.00	≥440	—	≥10	—	—
				>22.00~150.00	>22.00~150.00	≥450	—	≥10	—	—
2A16				≤150.00	≤150.00	≥355	≥235	≥8	—	—
2014、2014A	Ⅱ类②	O		≤200.00	≤200.00	≤205	≤135	≥12	≥10	45
		T4、T4510、T4511/T4、T4510、T4511		≤25.00	≤25.00	≥370	≥230	≥13	≥11	110
				>25.00~75.00	>25.00~75.00	≥410	≥270	≥12	—	110
				>75.00~150.00	>75.00~150.00	≥390	≥250	≥10	—	110
				>150.00~200.00	>150.00~200.00	≥350	≥230	≥8	—	110

续表

牌号	类别	供应状态③,④,⑤/试样状态	尺寸规格/mm	圆棒直径/mm	方棒或六角棒厚度/mm	室温拉伸试验结果				布氏硬度参考⑥ HBW
						抗拉强度 R_m	规定非比例延伸强度 $R_{p0.2}$	断后伸长率④		
								A	A_{50mm}	
						/MPa		/%		
2014、2014A	Ⅱ类②	T6、T6510、T6511/T6、T6510、6511	圆棒直径：5~350；方棒或六角棒厚度：5~200；长度：1000~6000	≤25.00	≤25.00	≥415	≥370	≥6	≥5	140
				>25.00~75.00	>25.00~75.00	≥460	≥415	≥7	—	140
				>75.00~150.00	>75.00~150.00	≥465	≥420	≥7	—	140
				>150.00~200.00	>150.00~200.00	≥430	≥350	≥6	—	140
				>200.00~250.00	—	≥420	≥320	≥5	—	140
2017		T4/T4		≤120.00	≤120.00	≥345	≥215	≥12	—	—
2017A	Ⅱ类②	T4、T4510、T4511/T4、T4510、T4511		≤25.00	≤25.00	≥380	≥260	≥12	≥10	105
				>25.00~75.00	>25.00~75.00	≥400	≥270	≥10		105
				>75.00~150.00	>75.00~150.00	≥390	≥260	≥9	—	105
				>150.00~200.00	>150.00~200.00	≥370	≥240	≥8	—	105
				>200.00~250.00	—	≥360	≥220	≥7	—	105
2024	Ⅱ类②	O/O		≤200.00	≤150.00	≤250	≤150	≥12	≥10	47
		T3、T3510、T3511/T3、T3510、T3511		≤50.00	≤50.00	≥450	≥310	≥8	≥6	120
				>50.00~100.00	>50.00~100.00	≥440	≥300	≥8	—	120
				>100.00~200.00	>100.00~200.00	≥420	≥280	≥8		120
				>200.00~250.00	—	≥400	≥270	≥8	—	120
2024	Ⅱ类②	T8、T8510、T8511/T8、T8510、T8511		≤150.00	≤150.00	≥455	≥380	≥5	≥4	130
				>150.00~250.00	>150.00~200.00	≥425	≥360	≥5	—	130
2219	Ⅱ类②	O/O		≤150.00	≤150.00	≤220	≤125	≥12	≥12	—
		T3、T3510/T3、T3510		≤12.50	≤12.50	≥290	≥180	≥12	≥12	—
				>12.50~80.00	>12.50~80.00	≥310	≥185	≥12	≥12	—
		T1、T6/T62、T6		≤150.00	≤150.00	≥370	≥250	≥6	≥6	—
2618	Ⅱ类②	T1、T6、T6511/T62、T6、T6511		≤150.00	≤150.00	≥375	≥315	≥6	—	—
				>150.00~250.00	>150.00~250.00	≥365	≥305	≥5	—	—
		T1/T62								
		T8、T8511/T8、T8511		≤150.00	≤150.00	≥385	≥325	≥5	—	—
3A21	Ⅰ类①	O/O		≤150.00	≤150.00	≤165	—	≥20	≥20	—
		H112/H112		≤150.00	≤150.00	≥90	—	≥20	—	—
3003		O/O		≤250.00	≤200.00	95~135	≥35	≥25	≥20	30
		H112/H112		≤250.00	≤200.00	≥95	≥35	≥25	≥20	30
3103		O/O		≤250.00	≤200.00	95~135	≥35	≥25	≥20	28
		H112/H112		≤250.00	≤200.00	≥95	≥35	≥25	≥20	28
3102		H112/H112		≤250.00	≤200.00	≥80	≥30	≥25	≥23	23
4A11、4032	Ⅰ类①	T1/T62		≤100.00	≤100.00	≥350	≥290	≥6.0	—	—
				>100.00~200.00	>100.00~200.00	≥340	≥280	≥2.5	—	—
5A02	Ⅰ类①	O/O		≤150.00	≤150.00	≤225	—	≥10	—	—
		H112/H112		≤150.00	≤150.00	≥170	≥70	—	—	—
5052		O/O		≤250.00	≤200.00	170~230	70	≥17	≥15	45
		H112/H112		≤250.00	≤200.00	≥170	≥70	≥15	≥13	47
5005、5005A		O/O		≤60.00	≤60.00	100~150	≥40	≥18	≥16	30
		H112/H112		≤200.00	≤100.00	≥100	≥40	≥18	≥16	30
5251		O/O		≤250.00	≤200.00	160~220	≥60	≥17	≥15	45
		H112/H112		≤250.00	≤200.00	≥160	≥60	≥16	≥14	45
5154A		O/O		≤200.00	≤200.00	200~275	≥85	≥18	≥16	55
		H112/H112		≤200.00	≤200.00	≥200	≥85	≥16	≥14	55

续表

牌号	类别	供应状态[③,④,⑤]/试样状态	尺寸规格/mm	圆棒直径/mm	方棒或六角棒厚度/mm	室温拉伸试验结果				布氏硬度参考[⑥] HBW
						抗拉强度 R_m	规定非比例延伸强度 $R_{p0.2}$	断后伸长率[④]		
								A	A_{50mm}	
						/MPa		/%		
5454	I类[①]	O/O	圆棒直径：5~350；方棒或六角棒厚度：5~200；长度：1000~6000	≤200.00	≤200.00	200~275	≥85	≥18	≥16	60
		H112/H112		≤200.00	≤200.00	≥200	≥85	≥16	≥14	60
5754		O/O		≤150.00	≤150.00	180~250	≥80	≥17	≥15	45
		H112/H112		≤150.00	≤150.00	≥180	≥80	≥14	≥12	47
				>150.00~250.00	>150.00~250.00	≥180	≥70	≥13	—	47
5A03	I类[①]	H112、O/H112、O		≤150.00	≤150.00	≥175	≥80	≥13	≥13	—
5049		H112/H112		≤250.00	≤200.00	≥180	≥80	≥15	≥13	50
5A05	Ⅱ类[②]	H112、O/H112、O		≤150.00	≤150.00	≥265	≥120	≥15	≥15	—
5A06				≤150.00	≤150.00	≥315	≥155	≥15	≥15	—
5A12				≤150.00	≤150.00	≥370	≥185	≥15	≥15	—
5019	Ⅱ类[②]	O/O		≤200.00	≤200.00	250~320	≥110	≥15	≥13	65
		H112/H112		≤200.00	≤200.00	≥250	≥110	≥14	≥12	65
5083		O/O		≤200.00	≤200.00	270~350	≥110	≥12	≥10	70
		H112/H112		≤200.00	≤200.00	≥270	≥125	≥12	≥10	70
5086		O/O		≤200.00	≤200.00	240~320	≥95	≥18	≥15	65
		H112/H112		≤200.00	≤200.00	≥240	≥95	≥12	≥10	65
6A02	I类[①]	T1、T6/T62、T6		≤150.00	≤150.00	≥295	—	≥12	≥12	—
6082	I类[①]	T6/TT6		≤20.00	≤20.00	≥295	≥250	≥8	≥6	95
				>20.00~150.00	>20.00~150.00	≥310	≥260	≥8	—	95
				>150.00~200.00	>150.00~200.00	≥280	≥240	≥6	—	95
				>200.00~250.00	—	≥270	≥200	≥6	—	95
6101A		T6/TT6		≤150.00	≤150.00	≥200	≥170	≥10	≥8	70
6101B				—	≤15.00	≥215	≥160	≥8	≥6	70
6005、6005A	I类[①]	T5/T5		≤25.00	≤25.00	≥260	≥215	≥8	—	—
		T6/T6		≤25.00	≤25.00	≥270	≥225	≥10	≥8	90
				>25.00~50.00	>25.00~50.00	≥270	≥225	≥8	—	90
				>50.00~100.00	>50.00~100.00	≥260	≥215	≥8	—	85
6110A		T5/T5		≤120.00	≤120.00	≥380	≥360	≥10	≥8	115
		T6/T6		≤120.00	≤120.00	≥410	≥380	≥10	≥8	120
6351	I类[①]	T4/T4		≤150.00	≤150.00	≥205	≥110	≥14	≥12	67
		T6/T6		≤20.00	≤20.00	≥295	≥250	≥8	≥6	95
				>20.00~75.00	>20.00~75.00	≥300	≥255	≥8	—	95
				>75.00~150.00	>75.00~150.00	≥310	≥260	≥8	—	95
				>150.00~200.00	>150.00~200.00	≥280	≥240	≥6	—	95
				>200.00~250.00	—	≥270	≥200	≥6	—	95
6060		T4/T4		≤150.00	≤150.00	≥120	≥60	≥16	≥14	50
		T5/T5		≤150.00	≤150.00	≥160	≥120	≥8	≥6	60
		T6/T6		≤150.00	≤150.00	≥190	≥150	≥8	≥6	70
6463		T4/T4		≤150.00	≤150.00	≥125	≥75	≥14	≥12	46
		T5/T5		≤150.00	≤150.00	≥150	≥110	≥8	≥6	60
		T6/T6		≤150.00	≤150.00	≥195	≥160	≥10	≥8	74
6063A		T4/T4		≤150.00	≤150.00	≥150	≥90	≥12	≥10	50
				>150.00~200.00	>150.00~200.00	≥140	≥90	≥10	—	50
		T5/T5		≤200.00	≤200.00	≥200	≥160	≥7	≥5	75
		T6/T6		≤150.00	≤150.00	≥230	≥190	≥7	≥5	80
				>150.00~200.00	>150.00~200.00	≥220	≥160	≥7	—	80

续表

牌号	类别	供应状态[③,④,⑤]/试样状态	尺寸规格/mm	圆棒直径/mm	方棒或六角棒厚度/mm	室温拉伸试验结果 抗拉强度 R_m/MPa	规定非比例延伸强度 $R_{p0.2}$/MPa	断后伸长率[④] A/%	A_{50mm}/%	布氏硬度参考[⑥] HBW
6061	Ⅰ类[①]	T6、T6510、T6511/T6、T6510、T6511	圆棒直径：5~350；方棒或六角棒厚度：5~200；长度：1000~6000	≤150.00	≤150.00	≥260	≥240	≥8	≥6	95
		T4、T4510、T4511/T4、T4510、T4511		≤150.00	≤150.00	≥180	≥110	≥15	≥13	65
6063	Ⅰ类[①]	O/O		≤150.00	≤150.00	≤130	—	≥18	≥16	25
		T4/T4		≤150.00	≤150.00	≥130	≥65	≥14	≥12	50
				>150.00~200.00	>150.00~200.00	≥120	≥65	≥12	—	50
		T5/T5		≤200.00	≤200.00	≥175	≥130	≥8	≥6	65
		T6/T6		≤150.00	≤150.00	≥215	≥170	≥10	≥8	75
				>150.00~200.00	>150.00~200.00	≥195	≥160	≥10	—	75
7A04、7A09	Ⅱ类[②]	T1、T6/T62、T6		≤22.00	≤22.00	≥490	≥370	≥7	—	—
				>22.00~150.00	>22.00~150.00	≥530	≥400	≥6	—	—
7A15		T1、T6/T62、T6		≤150.00	≤150.00	≥490	≥420	≥6	—	—
7003	Ⅱ类[②]	T5/T5		≤250.00	≤200.00	≥310	≥260	≥10	≥8	—
		T6/T6		≤50.00	≤50.00	≥350	≥290	≥10	≥8	110
				>50.00~150.00	>50.00~150.00	≥340	≥280	≥10	≥8	110
7005	Ⅱ类[②]	T6/T6		≤50.00	≤50.00	≥350	≥290	≥10	≥8	110
				>50.00~150.00	>50.00~150.00	≥340	≥270	≥10	—	110
7020		T6/T6		≤50.00	≤50.00	≥350	≥290	≥10	≥8	110
				>50.00~150.00	>50.00~150.00	≥340	≥275	≥10	—	110
7021		T6/T6		≤40.00	≤40.00	≥410	≥350	≥10	≥8	120
7022		T6/T6		≤80.00	≤80.00	≥490	≥420	≥7	≥5	133
				>80.00~200.00	>80.00~200.00	≥470	≥400	≥7	—	133
7049A	Ⅱ类[②]	T6、T6510、T6511/T6、T6510、T6511		≤100.00	≤100.00	≥610	≥530	≥5	≥4	170
				>100.00~125.00	>100.00~125.00	≥560	≥500	≥5	—	170
				>125.00~150.00	>125.00~150.00	≥520	≥430	≥5	—	170
				>150.00~180.00	>150.00~180.00	≥450	≥400	≥3	—	170
7075	Ⅱ类[②]	O/O		≤200.00	≤200.00	≤275	≤165	≥10	≥8	60
		T1、T6、T6510、T6511/T62、T6、T6510、T6511		≤25.00	≤25.00	≥540	≥480	≥7	≥5	150
				>25.00~100.00	>25,00~100.00	≥560	≥500	≥7	—	150
				>100.00~150.00	>100.00~150.00	≥550	≥440	≥5	—	150
				>150.00~200.00	>150.00~200.00	≥440	≥400	≥5	—	150
		T73、T73510、T73511/T73、T73510、T73511		≤25.00	≤25.00	≥485	≥420	≥7	≥5	135
				>25.00~75.00	>25.00~75.00	≥475	≥405	≥7	—	135
				>75.00~100.00	>75.00~100.00	≥470	≥390	≥6	—	135
				>100.00~150.00	>100.00~150.00	≥440	≥360	≥6	—	135
8A06	Ⅰ类[①]	O/O		≤150.00	≤150.00	60~120	—	≥25	—	—
		H112/H112		≤150.00	≤150.00	≥60	—	≥25	—	—

① Ⅰ类为1×××系、3×××系、4×××系、6×××，8×××系合金及镁含量平均值小于4%的5×××系合金棒。

② Ⅱ类为2×××系、7×××系合金及镁含量平均值大于或等于4%的5×××系合金棒材。

③ 可热处理强化合金的挤压状态，按GB/T 16475—2008的规定由原H112状态修改为T1状态。

④ 2A11、2A12、2A13合金T1状态供货的棒材，取T4状态的试样检测力学性能，合格者交货。其他合金T1状态供货的棒材，取T6状态的试样检测力学性能，合格者交货。

⑤ 5A03、5A05、5A06、5A12合金O状态供货的棒材，当取H112状态的性能合格时，可按O状态力学性能合格的棒材交货。

⑥ 表中硬度值系供参考（不适用于T1状态），实测值可能与表中数据差别较大。

续表

高强度棒材室温纵向力学性能						
牌号	供应状态	试样状态	棒材直径、方棒或六角棒的厚度/mm	室温拉伸试验结果		
				抗拉强度 R_m	规定非比例延伸强度 $R_{p0.2}$	断后伸长率 A/%
				/MPa		
2A11	T1、T4	T42、T4	20.00~120.00	≥390	≥245	≥8
2A12	T1、T4	T42、T4	20.00~120.00	≥440	≥305	≥8
2A14	T1、T6	T62、T6	20.00~120.00	≥460	—	≥8
2A50	T1、T6	T62、T6	20.00~120.00	≥380	—	≥10
6A02	T1、T6	T62、T6	20.00~120.00	≥305	—	≥8
7A04、7A09	T1、T6	T62、T6	20.00~100.00	≥550	≥450	≥6
			>100.00~120.00	≥530	≥430	≥6

棒材高温持久纵向力学性能			
牌号	温度/℃	试验应力/MPa	试验时间/h
2A02①	270	64	100
		78	50
2A16	300	69	100

① 2A02合金棒材采用78MPa的试验应力，保温50h的试验结果不合格时，可以进行64MPa的试验应力，保温100h的试验，并以试验结果作为最终判定依据。

铝及铝合金花纹板（摘自GB/T 3618—2006）

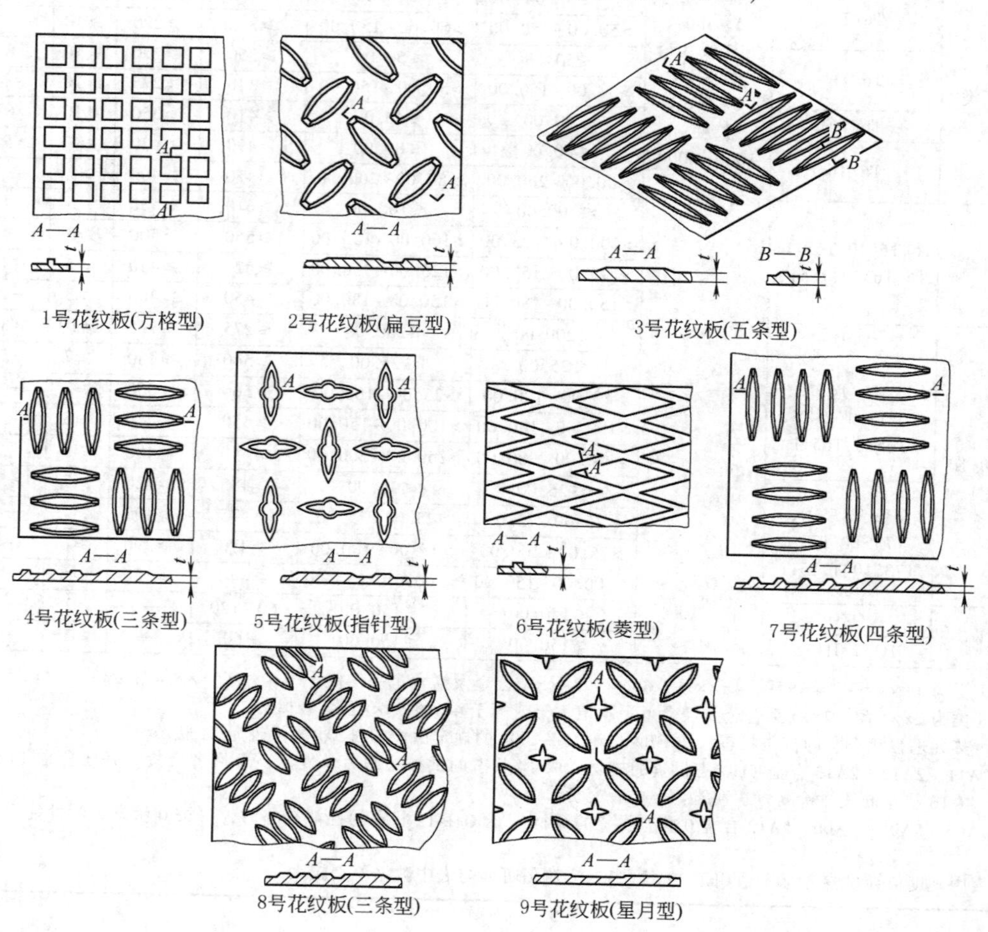

1号花纹板(方格型)　2号花纹板(扁豆型)　3号花纹板(五条型)

4号花纹板(三条型)　5号花纹板(指针型)　6号花纹板(菱型)　7号花纹板(四条型)

8号花纹板(三条型)　9号花纹板(星月型)

表 3-3-25

	花纹代号	花纹图案	牌号	状态	底板厚度	筋高	宽度	长度
					/mm			
牌号与规格	1号	方格型	2A12	T4	1.0~3.0	1.0	1000~1600	2000~10000
	2号	扁豆型	2A11、5A02、5052	H234	2.0~4.0	1.0		
			3105、3003	H194				
	3号	五条型	1×××、3003	H194	1.5~4.5	1.0		
			5A02、5052、3105、5A43、3003	O、H114				
	4号	三条型	1×××、3003	H194	1.5~4.5	1.0		
			2A11、5A02、5052	H234				
	5号	指针型	1×××	H194	1.5~4.5	1.0		
			5A02、5052、5A43	O、H114				
	6号	菱型	2A11	H234	3.0~8.0	0.9		
	7号	四条型	6061	O	2.0~4.0	1.0		
			5A02、5052	O、H234				
	8号	三条型	1×××	H114、H234、H194	1.0~4.5	0.3		
			3003	H114、H194				
			5A02、5052	O、H114、H194				
	9号	星月型	1×××	H114、H234、H194	1.0~4.0	0.7		
			2A11	H194				
			2A12	T4	1.0~3.0			
			3003	H114、H234、H194	1.0~4.0			
			5A02、5052	H114、H234、H194				

注：1. 要求其他合金、状态及规格时，应由供需双方协商并在合同中注明

2. 新、旧牌号对照表及新状态代号说明见本标准中的附录 A

3. 2A11、2A12 合金花纹板双面可带有 1A50 合金包覆层，其每面包覆层平均厚度应不小于底板公称厚度的 4%

	花纹代号	牌号	状态	抗拉强度 R_m/(N/mm^2)	规定非比例延伸强度 $R_{p0.2}$/(N/mm^2)	断后伸长率 A_{50}/%	弯曲系数
				≥			
力学性能	1号、9号	2A12	T4	405	255	10	—
	2号、4号、6号、9号	2A11	H234、H194	215	—	3	—
	4号、8号、9号	3003	H114、H234	120	—	4	4
			H194	140	—	3	8
	3号、4号、5号、8号、9号	1×××	H114	80	—	4	2
			H194	100	—	3	6
	3号、7号	5A02、5052	O	≤150	—	14	3
	2号、3号		H114	180	—	3	3
	2号、4号、7号、8号、9号		H194	195	—	3	8
	3号	5A43	O	≤100	—	15	2
			H114	120	—	4	4
	7号	6061	O	≤150	—	12	—

注：计算截面积所用的厚度为底板厚度。

第3篇

铝及铝合金压型板（摘自 GB/T 6891—2018）

压型板典型板型示意图

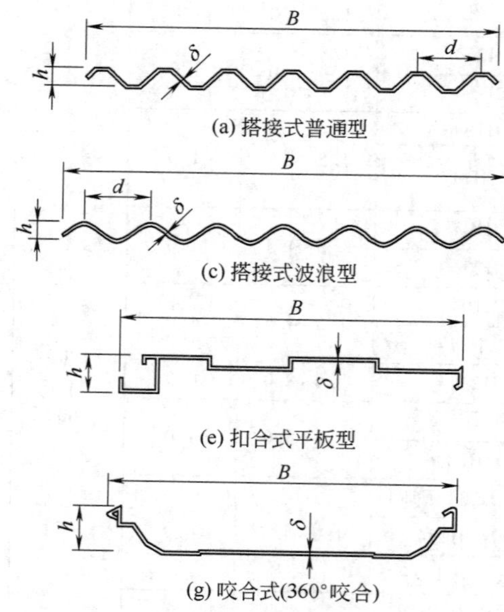

(a) 搭接式普通型

(c) 搭接式波浪型

(e) 扣合式平板型

(g) 咬合式(360°咬合)

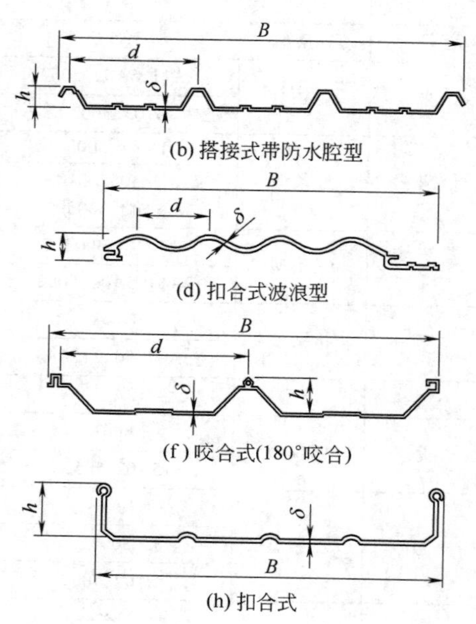

(b) 搭接式带防水腔型

(d) 扣合式波浪型

(f) 咬合式(180°咬合)

(h) 扣合式

压型板典型连接构造示意图

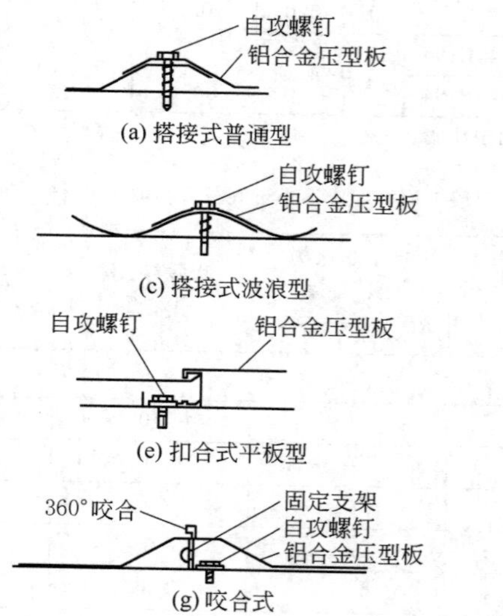

(a) 搭接式普通型

(c) 搭接式波浪型

(e) 扣合式平板型

(g) 咬合式

自攻螺钉
铝合金压型板

(b) 搭接式带防水腔型

铝合金压型板
自攻螺钉

(d) 扣合式波浪型

180°咬合
固定支架
自攻螺钉
铝合金压型板

(f) 180°咬合式

圆形咬合
固定支架
自攻螺钉
铝合金压型板

(h) 扣合式

表 3-3-26

类别	牌号	状态	膜层代号②	尺寸规格/mm		
				厚度①	宽度	长度
无涂层产品	1050、1050A、1060、1070A、1100、1200、3003、3004、3005、3105、5005、5052	H14、H16、H18 H24、H26	—	0.5~3.0	250~1300	≥1200
涂层产品		H44、H46、H48	LRA15、LRF2-25、LRF3-34、LF2-25、LF3-34、LF4-55			

① 涂层板的厚度不包括表面涂层的厚度。

② 膜层代号中“LRA”代表聚酯漆辊涂膜层，“LRA”后的数字标示最小局部膜厚限定值；“LRF2”和“LRF3”分别代表PVDF氟碳漆辊涂的二涂膜层和三涂膜层，“-”后的数字标示最小局部膜厚限定值；LF2、LF3 和 LF4 分别代表 PVDF 氟碳漆喷涂的二涂膜层、三涂膜层和四涂膜层，“-”后的数字标示最小局部膜厚限定值。

常用冷拉铝及铝合金管规格（摘自 GB/T 4436—2012）

表 3-3-27

公称外径/mm	壁厚/mm										
	0.5	0.75	1.0	1.5	2.0	2.5	3.0	3.5	4.0	4.5	5.0
	重量/kg·m^{-1}										
6	0.024	0.035	0.044								
8	0.033	0.048	0.062	0.086	0.106						
10	0.042	0.061	0.079	0.112	0.141	0.165					
12	0.051	0.074	0.097	0.139	0.176	0.209	0.238				
14	0.059	0.087	0.114	0.165	0.211	0.253	0.290				
18	0.077	0.114	0.150	0.218	0.281	0.341	0.396	0.446			
25	0.108	0.160	0.211	0.310	0.405	0.495	0.581	0.662	0.739	0.811	0.880
32		0.206	0.273	0.402	0.528	0.649	0.765	0.877	0.985	1.088	1.188
38		0.246	0.325	0.482	0.633	0.780	0.924	1.062	1.196	1.325	1.451
45		0.292	0.387	0.574	0.756	0.935	1.108	1.278	1.442	1.602	1.759
55		0.358	0.475	0.706	0.932	1.155	1.372	1.586	1.794	1.998	2.199
75				0.970	1.284	1.594	1.900	2.201	2.498	2.717	3.079
90					1.548	1.924	2.296	2.663	3.026	3.380	3.738
110						2.364	2.824	3.279	3.730	4.174	4.618
115							2.956	3.433	3.906	4.372	4.838
120								3.587	4.082	4.570	5.058

注：1. 表中质量是以密度 2.8t/m^3 为准，其他密度的合金需要进行修正。

2. 公称外径系列为：6，8，10，12，14，15，16，18，20，22，24，25，26，28，30，32，34，35，36，38，40，42，45，48，50，52，55，58，60，65，70，75，80，85，90，95，100，105，110，115，120。因篇幅限制未全录入。

3. 冷拉、轧圆管的供货长度为 1000~5500mm。

常用热挤压铝及铝合金管规格（摘自 GB/T 4436—2012）

表 3-3-28

公称外径/mm	壁厚/mm										
	6.0	7.0	7.5	8.0	9.0	10.0	12.5	15.0	17.5	20.0	22.5
	重量/kg·m^{-1}										
32	1.372	1.539	1.616	1.705							
38	1.688	1.908	2.011	2.110	2.295	2.462					
45	2.057	2.339	2.473	2.602	2.849	3.077	3.572	3.956			
55	2.585	2.954	3.132	3.306	3.640	3.956	4.670	5.275			
75	3.676	4.226	4.450	4.758	5.274	5.715	6.869	7.913	8.847	9.670	10.386
90			5.440			7.030	8.517	9.891	11.155	12.300	13.350
100			6.099			7.913	9.616	11.210	12.690	14.070	15.330

注：1. 挤压圆管的定尺和不定尺长度范围为 300~5800mm。

2. 标准系列壁厚为 5，6，7，7.5，8，9，10，12.5，15，17.5，20，22.5，25，27.5，30，32.5，35，37.5，40，42.5，45，47.5，50。

3. 公称外径系列：25，28，30，32，34，36，38，40，42，45，48，50，52，55，58，60，62，65，70，75，80，85，90，95，100，105，110，115，120，125，130，135，140，145，150，160，165，170，175，180，185，190，195，200，205，210，215，220，225，230，235，240，245，250，260，270，280，290，300，310，320，330，340，350，360，370，380，390，400，450 因篇幅限制，未全录入。

第3篇

铝及铝合金冷拉正方形、矩形管规格（摘自 GB/T 4436—2012）

表 3-3-29

mm

图例	公称边长 a	壁厚 s	公称边长 a	壁厚 s
	10	1.0~1.5		
	12	1.0~1.5	36	1.5~4.5
	14	1.0~2.0	40	1.5~4.5
	16	1.0~2.0	42	1.5~5.0
	18	1.0~2.5	45	1.5~5.0
	20	1.0~2.5	50	1.5~5.0
	22	1.5~3.0	55	2.0~5.0
	25	1.5~3.0	60	2.0~5.0
	28	1.5~4.5	65	2.0~5.0
	32	1.5~4.5	70	2.0~5.0
图例	**公称边长 $a \times b$**	**壁厚 s**	**公称边长 $a \times b$**	**壁厚 s**
	14×10	1.0~2.0	32×25	1.0~5.0
	16×12	1.0~2.0	36×20	1.0~5.0
	18×10	1.0~2.0	36×28	1.0~5.0
	18×14	1.0~2.5	40×25	1.5~5.0
	20×12	1.0~2.5	40×30	1.5~5.0
	22×14	1.0~2.5	45×30	1.5~5.0
	25×15	1.0~3.0	50×30	1.5~5.0
	28×16	1.0~3.0	55×40	1.5~5.0
	28×22	1.0~4.0	60×40	2.0~5.0
	32×18	1.0~4.0	70×50	2.0~5.0

注：1. 壁厚 s 尺寸系列为 1.0mm，1.5mm，2.0mm，2.5mm，3.0mm，4.0mm，4.5mm，5.0mm。
2. 冷拉管的化学成分应符合 GB/T 3190—2008 的规定，材料牌号及力学性能应符合 GB/T 6893—2010 的规定。
3. 冷拉正方形管、矩形管供货长度为 1000~5500mm。

等边角铝型材

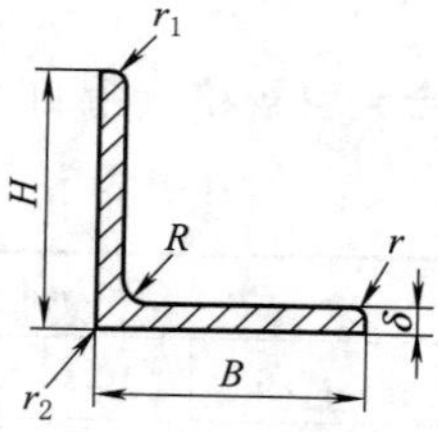

表 3-3-30

尺寸及公差/mm								F/cm^2	G/kg·m^{-1}
$H=B$		δ		R	r	r_1	r_2		
10	±0.35	2	±0.20	1.5	0.5	0.5	0.2	0.365	0.101
12		1	+0.20 −0.10	1.5	0.5	0.5	0.2	0.234	0.065
12		2	±0.20	0.5	0.2	0.2	0.2	0.440	0.122
12.5	±0.45	1.6		1.6	0.8	0.8	0.2	0.377	0.105
15		1	+0.20 −0.10	1.5	0.5	0.5	0.2	0.294	0.082
15		1.2		2	0.6	0.6	0.2	0.353	0.098
15		1.5	±0.20	2	0.75	0.75	0.2	0.434	0.121
15		2		2	1	1	0.2	0.564	0.157
15		3	±0.25	3	1.5	1.5	0.5	0.820	0.228
16		1.6	±0.20	1.6	0.2	0.2	0.2	0.492	0.137
16		2.4		3.2	1.2	1.2	0.2	0.726	0.202

续表

尺寸及公差/mm								F/cm²	G/kg·m⁻¹
H=B		δ		R	r	r_1	r_2		
18	±0.45	1.5	±0.20	2	0.75	0.75	0.2	0.524	0.146
18		2		2	1	1	0.2	0.684	0.190
19		1.6		1.6	0.8	0.8	0.2	0.585	0.163
19		2.4		2.4	1.2	1.2	0.2	0.861	0.239
19		3.2	±0.25	3.2	1.6	1.6	0.5	1.125	0.313
20		1	+0.20 −0.10	2	0.5	0.5	0.2	0.397	0.110
20		1.2		2	0.6	0.6	0.2	0.473	0.131
20		1.5	±0.20	2	0.75	0.75	0.2	0.584	0.162
20		2		2	1	1	0.2	0.764	0.212
20		3	±0.25	1	0.5	0.5	0.5	1.140	0.317
20		4	±0.30	4	0.2	0.2	0.2	1.475	0.410
20.5		1.6	±0.20	1.5	0.75	0.75	0.2	0.633	0.176
23		2		4	0.2	0.2	0.2	0.880	0.245
25		1.1	+0.20 −0.10	0.5	0.2	0.2	0.2	0.538	0.150
25		1.2		2.5	0.6	0.6	0.2	0.597	0.166
25		1.5	±0.20	2	0.75	0.75	0.2	0.734	0.204
25		1.5		2.5	0.75	0.75	4	0.710	0.197
25		1.6		1.6	0.8	0.8	0.2	0.777	0.216
25		2		2	1	1	0.2	0.964	0.268
25		2.5		2	1.25	1.25	0.2	1.189	0.331
25		3	±0.25	2	1.2	1.2	0.5	1.410	0.392
25		3.2		3.2	1.6	1.6	0.5	1.509	0.420
25		3.5		3	1.75	0.5	0.2	1.641	0.456
25		4	±0.30	4	2	2	0.5	1.857	0.516
25		5		3	2.5	2.5	0.5	2.242	0.623
25.4	±0.60	1.2	+0.20 −0.10	0.2	0.2	0.2	0.2	0.595	0.165
27		2	±0.20	2	0.2	0.2	0.2	1.049	0.292
27		2		3	0.5	0.5	5	1.090	0.303
30		1.5		2	0.75	0.75	0.2	0.884	0.246
30		2		2	1	1	0.2	1.164	0.324
30		2.5		2.5	1.5	1.5	0.2	1.441	0.401
30		3	±0.25	3	1.5	1.5	0.2	1.720	0.478
30		4	±0.30	4	1.5	1.5	0.5	2.240	0.623
32		2.4	±0.20	3.2	1.2	1.2	0.2	1.494	0.415
32		3.2	±0.25	3.2	1.6	1.6	0.5	1.957	0.544
32		3.5		3.5	1.75	1.75	0.5	2.131	0.592
32		6.5	±0.35	4	3.25	3.25	0.5	3.728	1.036
35		3	±0.25	1.5	1.5	1.5	0.5	2.005	0.557
35		4	±0.30	4	2	2	0.2	2.657	0.739
38		2.4	±0.20	2.4	1.2	1.2	0.2	1.773	0.493
38.3		3.5	±0.25	2.5	1.5	1.5	0.5	2.562	0.712
38.3		5	±0.30	4	2.5	2.5	0.5	3.590	0.998
38.3		6.3	±0.35	5	3	3	0.5	4.444	1.235
40		2	±0.20	2	1	1	0.2	1.564	0.435
40		2.5		2.5	1.25	1.25	0.2	1.944	0.540
40		3	±0.25	3	1.5	1.5	0.5	2.320	0.645
40		3.5		3	1.75	1.75	0.5	2.671	0.743
40		3.5		3.5	1.5	1.5	0.5	2.694	0.749
40		4	±0.30	4	2	2	0.5	3.057	0.850

第3篇

续表

尺寸及公差/mm								F/cm²	G/kg·m⁻¹
H=B		δ		R	r	r_1	r_2		
40	±0.60	5	±0.30	5	2.5	2.5	0.5	3.750	1.043
45		4		4	2	2	0.5	3.457	0.961
45		5		5	2.5	2.5	0.5	4.277	1.189
50		3	±0.25	3	1.5	1.5	0.5	2.920	0.812
50		4	±0.30	4	2	2	0.5	3.857	1.072
50		5		5	2.5	2.5	0.5	4.777	1.328
50		6		5	3	3	0.5	5.655	1.572
50		6.5	±0.35	6	3.25	3.25	0.5	6.110	1.699
50		12		5	4	4	0.5	10.600	2.947
60	±0.70	5	±0.30	5	2.5	2.5	0.5	5.777	1.606
60		6		5	3	3	0.5	6.855	1.906
75		7	±0.35	10	3	3	0.5	10.010	2.783
75		8		3	1.5	1.5	0.5	11.360	3.158
75		10		9	3	3	0.5	14.000	3.892
80	±0.85	5	±0.30	0.5	2.5	2.5	0.5	7.750	2.155
90		5		5	2.5	2.5	2	8.750	2.433
90		8	±0.35	5	2	2	0.5	13.760	3.825
90		10		5	3	3	0.5	17.000	4.726
90		10		10	5	5	0.5	17.250	4.796
100		10		0.5	0.5	0.5	0.5	19.000	5.282

注：1. 型材材料牌号有2A11、2A12。

2. 型材的长度可按不定尺、定尺或倍尺供应，合同未注明时按不定尺供应。供应长度为1~6m，经供需双方协商可供应长度超过6m的型材。对倍尺供应的型材应加入锯切余量，每个锯口按5mm计算。定尺长度偏差应符合GB/T 14846—2014的规定。

3. 型材的室温纵向力学性能应符合GB/T 6892—2015的规定。

不等边角铝型材

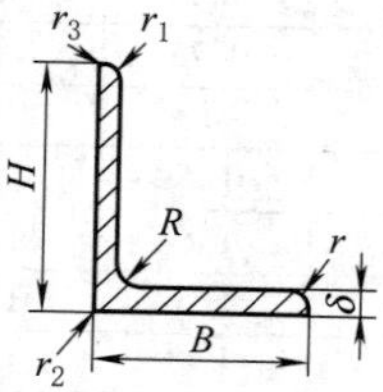

表 3-3-31

尺寸及公差/mm											F/cm²	G/kg·m⁻¹
H		B		δ		R	r	r_1	r_2	r_3		
15	±0.45	7	±0.35	1.5	±0.20	1.5	0.75	0.75	0.2	0.2	0.309	0.086
15		8		1.5		2	0.2	0.75	0.2	0.2	0.323	0.090
15		12		1.5		2	0.2	0.75	0.2	0.2	0.401	0.111
16		13	±0.45	1.6		1.6	0.8	0.8	0.2	0.2	0.441	0.123
18		5	±0.30	2.5		2	0.5	0.5	0.2	0.2	0.513	0.143
18		8	±0.35	4	±0.30	0.5	2	0.5	0.5	0.5	0.880	0.245
20		8		1.5	±0.20	2	0.2	0.2	0.2	0.2	0.400	0.111
20		15	±0.45	1.5		2	0.75	0.75	0.2	0.2	0.509	0.142
20		15		2.0		2	1.0	1.0	0.2	0.2	0.614	0.171
20		15		3	±0.25	3	1.5	1.5	0.2	0.5	0.960	0.267
20		18		2	±0.20	2	1	1	0.2	0.2	0.720	0.200

续表

尺寸及公差/mm											F/cm^2	$G/\mathrm{kg}\cdot\mathrm{m}^{-1}$
H		B		δ		R	r	r_1	r_2	r_3		
20		18		1	+0.20 −0.10	2	0.5	0.5	0.2	0.2	0.377	0.105
22		13		5	±0.30	1	1	1	0.5	0.5	1.497	0.416
25		15		1.5		2.5	0.75	0.75	0.2	0.2	0.588	0.163
25		19		1.8	±0.20	1.6	0.2	0.2	0.2	0.2	0.766	0.213
25	±0.45	19		2.4		3.2	0.2	0.2	0.2	0.2	1.005	0.279
25		20		1.2	+0.20 −0.10	2	0.5	0.5	0.2	0.2	0.533	0.148
25		20		1.5		2	0.2	0.2	0.2	0.2	0.661	0.184
25		20		2.5	±0.20	2	0.2	0.2	0.2	0.2	1.071	0.298
27		22	±0.45	2.5		4	0.2	0.2	0.2	0.2	1.160	0.322
27	±0.60	22		4	±0.30	3	2	2	0.5	0.5	1.802	0.501
30		15		3		2	1.5	1.5	0.5	0.5	1.260	0.350
30		20		3	±0.25	3	1.5	1.5	0.5	0.5	1.419	0.394
30		20		5	±0.30	3	0.5	0.5	0.5	0.5	2.250	0.626
30		24		3	±0.25	3	0.2	1.5	0.2	1.5	1.579	0.439
30		25		1.5		3	0.75	0.75	0.2	0.2	0.819	0.228
30		25		2	±0.20	2	0.2	1	0.2	1	1.069	0.297
30		25		2.5		2	0.2	1	0.2	1	1.332	0.370
30		25		3	±0.25	2	1.5	1.5	0.5	0.5	1.570	0.436
30		27	±0.60	2.5		1.5	1.5	1.5	0.2	0.2	1.363	0.379
32		19		1.5	±0.20	1.5	0.75	0.75	0.2	0.2	0.745	0.207
32		19		2.4		2.4	1.2	1.2	0.2	0.2	1.173	0.326
32		25		3.5	±0.25	3	0.5	0.5	0.2	0.5	1.870	0.520
35		20	±0.45	2	±0.20	2	1.0	1.0	0.2	0.2	1.060	0.295
35		20		3		0.5	1.2	1.2	0.5	0.5	1.560	0.434
35		22		3.5	±0.25	3.5	1.75	1.75	0.5	0.5	1.886	0.524
35		25		4		0.5	0.5	0.5	0.5	0.5	2.240	0.623
35		30	±0.60	4	±0.30	4	2	2	0.5	0.5	2.440	0.678
36		20		1.6		2	0.2	0.2	0.2	0.2	0.879	0.244
36		23		2		2.4	0.2	1	0.2	1	1.152	0.320
36		25		2.5		2.5	0.2	0.2	0.2	0.2	1.465	0.407
38	±0.60	16	±0.45	2	±0.20	2	1	1	0.2	0.2	1.044	0.290
38		19		1.5		2	0.75	0.75	0.2	0.2	0.839	0.233
38		25		2.4		2.4	1.2	1.2	0.2	0.2	1.460	0.406
38		25		3.2		3	1.5	1.5	0.5	0.5	1.940	0.537
38		32		3	±0.25	3	1.5	1.5	0.5	0.5	2.020	0.562
38		32	±0.60	5	±0.30	4	2.5	2.5	0.5	0.5	3.258	0.906
38		32		6.5	±0.35	4.5	3.25	3.25	0.5	0.5	4.127	1.147
40		20		3	±0.25	3.5	1.2	1.2	0.5	0.5	1.710	0.475
40		24	±0.45	4	±0.30	4	0.5	0.2	0.2	0.2	2.435	0.677
40		25		3.5	±0.25	3	0.5	1.5	0.2	1.5	2.162	0.601
40		30		4		4	2	2	0.5	0.5	2.900	0.806
40		30		5		5	1.7	1.7	0.5	0.5	3.250	0.904
40		36		4	±0.30	4	0.2	2	0.2	2	2.897	0.805
40		36	±0.60	5		5	2.5	2.5	0.5	0.5	3.550	0.987
43		30		2.5		2.5	0.2	1	0.2	1	1.775	0.493
44		25		2	±0.20	2.4	0.2	0.2	0.2	0.2	1.346	0.374
44		32		4.8		5	2	2	0.5	0.5	3.470	0.965
45		25	±0.45	4	±0.30	4	2	2	0.5	0.5	2.640	0.734

第3篇

续表

尺寸及公差/mm											F/cm^2	$G/kg \cdot m^{-1}$
H		B		δ		R	r	r_1	r_2	r_3		
45		28		2	±0. 20	2. 5	1	1	0. 2	0. 2	1. 429	0. 397
45		30		3	±0. 25	3	1. 5	1. 5	0. 5	0. 5	2. 160	0. 600
45		30		3		4	2	2	3	0. 5	2. 160	0. 600
45		30	±0. 60	4	±0. 30	4	0. 2	2	0. 2	2	2. 870	0. 798
45		32		3	±0. 25	4	1. 5	1. 5	2	0. 5	2. 220	0. 617
45		38		6. 5	±0. 35	6	0. 2	2	0. 2	2	5. 025	1. 397
46		40		2. 5		2. 5	0. 2	0. 5	0. 2	0. 5	2. 151	0. 598
47	±0. 60	23		2. 5	±0. 20	3	0. 2	1. 25	0. 2	1. 25	1. 700	0. 473
48		20	±0. 45	2. 5		3	0. 2	0. 5	0. 2	0. 5	1. 659	0. 461
48		25		3	±0. 25	4	0. 2	0. 2	0. 2	0. 2	2. 134	0. 593
50		15		4	±0. 30	5	1. 5	1. 5	0. 2	0. 2	2. 500	0. 695
50		30		3	±0. 25	3	1. 5	1. 5	0. 5	0. 5	2. 319	0. 645
50		30	±0. 60	4	±0. 30	3	1. 5	1. 5	2	0. 5	3. 040	0. 845
50		35		3	±0. 25	3	0. 5	1. 5	0. 5	0. 5	2. 460	0. 684
50		35		5	±0. 30	5	2. 5	2. 5	0. 5	0. 5	3. 750	1. 043
54		25	±0. 45	4		4	2	2	0. 5	0. 5	3. 017	0. 839
55		25		2. 5	±0. 20	3	1. 25	1. 25	0. 2	0. 5	1. 950	0. 542
56		42		3. 2	±0. 25	5	0. 5	0. 5	0. 2	0. 5	3. 077	0. 855
56		42	±0. 60	3. 5		5	1. 75	1. 75	0. 5	0. 5	3. 348	0. 931
57		38		6. 5	±0. 35	6	3. 25	3. 25	0. 5	0. 5	5. 785	1. 608
58		40		2. 5	±0. 20	2. 5	0. 2	0. 5	0. 2	0. 5	2. 401	0. 667
60		25	±0. 45	3. 2	±0. 25	5	0. 5	1. 6	0. 2	1. 6	2. 660	0. 739
60		28		3		3	1. 5	1. 5	0. 5	0. 5	2. 560	0. 712
60		35		6	±0. 30	5	3	3	0. 5	0. 5	5. 340	1. 485
60		40		2. 5	±0. 20	2. 5	0. 2	0. 5	0. 2	0. 5	2. 451	0. 681
60		40	±0. 60	4	±0. 30	4	2	2	0. 5	0. 2	3. 860	1. 073
60		40		5		5	2. 5	2. 5	0. 5	0. 5	4. 800	1. 334
60		45		3	±0. 25	3	2. 5	0. 5	5	2. 5	3. 060	0. 851
60		45		5	±0. 30	5	2. 5	2. 5	0. 5	0. 5	5. 050	1. 404
63		25	±0. 45	3. 2	±0. 25	5	0. 5	0. 5	0. 2	0. 5	2. 756	0. 766
63		25		3. 5		5	1. 75	1. 75	0. 5	0. 5	2. 998	0. 833
63		30		2. 5	±0. 20	2. 5	0. 2	0. 5	0. 2	0. 5	2. 276	0. 633
63	±0. 70	32	±0. 60	3. 2		5	0. 5	0. 5	0. 2	0. 5	2. 980	0. 828
63		50		3	±0. 25	3	1. 5	1. 5	0. 5	0. 5	3. 310	0. 920
65		22	±0. 45	3		4	0. 5	0. 5	0. 5	0. 5	2. 520	0. 701
65		45	±0. 60	2. 5	±0. 20	2. 5	0. 2	1. 25	0. 2	1. 25	2. 701	0. 751
65		55	±0. 70	5	±0. 30	5	2. 5	2. 5	0. 5	0. 5	5. 800	1. 612
70		25	±0. 45	2	±0. 20	2. 5	1	1	0. 2	0. 2	1. 870	0. 520
70		40	±0. 60	5		7	2. 7	2. 7	0. 5	0. 5	5. 250	1. 460
74		25	±0. 45	4. 5		5	0. 2	2	0. 2	2	4. 308	1. 198
75		30		4	±0. 30	3	1. 5	1. 5	0. 5	0. 5	4. 050	1. 126
75		30		5		5	2. 5	2. 5	0. 5	0. 5	5. 027	1. 398
75		35		4. 5		5	2	0. 2	0. 5	0. 2	4. 793	1. 332
75		45		2. 5	±0. 20	2. 5	0. 2	1. 25	0. 2	1. 25	2. 968	0. 825
75		50	±0. 60	4	±0. 30	4	1	1	0. 2	0. 5	4. 874	1. 355
75		50		5		5	2. 5	2. 5	0. 5	0. 5	6. 027	1. 676
75		50		7		8	3. 5	3. 5	0. 5	0. 5	8. 345	2. 320
75		50		8	±0. 35	8	5	5	0. 5	0. 5	9. 360	2. 602
75		50		10		3	3	3	0. 5	0. 5	11. 500	3. 197
75		50		12		5	4	4	0. 5	0. 5	13. 600	3. 781

续表

尺寸及公差/mm											F/cm²	G/kg·m⁻¹
H		B		δ		R	r	r_1	r_2	r_3		
78	±0.85	40	±0.60	2.5	±0.20	2.5	0.2	0.5	0.2	0.5	2.901	0.806
80		42		2.5		2.5	0.2	0.5	0.2	0.5	2.999	0.834
85		45		2.5		2.5	0.2	1.25	0.2	1.25	3.118	0.867
88		40		2.5		2.5	0.2	0.5	0.2	0.5	3.201	0.890
90		24	±0.45	2.5		2.5	0.2	1.25	0.2	1.25	2.798	0.778
90		36	±0.60	2.5		2.5	0.2	1	0.2	1	3.097	0.861
90		41.5		2.5		2.5	0.2	0.5	0.2	0.5	3.238	0.900
90		45		2.5		2.5	1.25	1.25	0.2	0.2	3.319	0.923
100		40		5	±0.30	5	2.5	0.5	0.5	0.5	6.790	1.888
100		60	±0.70	5	±0.35	9	3	3	0.5	0.5	12.160	3.380
106	±1.20	70	±0.80	16	±0.50	8	0.5	0.5	0.5	0.5	25.740	7.156
113		74		8		4	1.5	1.5	0.5	0.5	14.320	3.981
120	±1.50	80	±1.50	8		12	3	3	0.5	0.5	15.360	4.270
160	+1.50 −1.20	32	±0.60	8	±0.40	3	1	0.5	1	0.5	14.740	4.098
220	+2.00 −1.50	28		8		3	1	0.5	1	0.5	19.220	5.343

注：见表 3-3-30 注。

槽铝型材

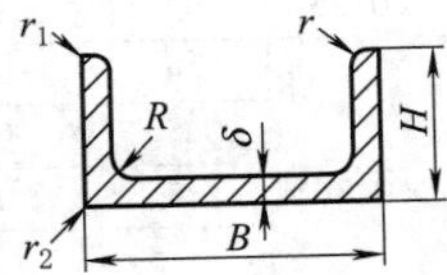

表 3-3-32

尺寸及公差/mm										F/cm²	G/kg·m⁻¹
B		H		δ		R	r	r_1	r_2		
13	±0.45	13	±0.45	1.6	±0.20	0.4	0.8	0.8	0.2	0.561	0.156
13		34	±0.60	3.5	±0.25	0.5	0.5	0.5	0.2	2.588	0.719
20		15	±0.45	1.3	+0.20 −0.10	2	1	0.2	0.2	0.620	0.172
21		28	±0.60	4	±0.30	5	0.5	0.2	0.5	2.868	0.797
25		13	±0.45	2.4	±0.20	2.4	0.2	0.2	0.2	1.134	0.315
25		15		1.5		2	0.75	0.2	0.2	0.795	0.221
25		18		1.5		2	0.5	0.2	0.2	0.870	0.242
25		18		2		2.5	1.5	0.2	0.2	1.140	0.317
25		20		2.5		2.5	1.25	0.2	0.2	1.520	0.423
25		20		4	±0.30	3.5	1.2	0.5	0.5	2.280	0.634
25		25		5		0.5	0.5	0.5	0.5	3.250	0.904
30	±0.60	15		1.5	±0.20	2	0.75	0.2	0.2	0.870	0.242
30		18		1.5		2	0.75	0.2	0.2	0.960	0.267
30		20		2		2	0.75	0.2	0.2	1.335	0.371

续表

尺寸及公差/mm										F/cm²	G/kg·m⁻¹
B		H		δ		R	r	r_1	r_2		
30	±0.60	22	±0.45	6	±0.30	3	0.5	0.5	0.5	3.760	1.045
30		30	±0.60	1.5	+0.20 −0.10	2.5	0.2	1.5	1.5	1.350	0.375
32		25	±0.45	1.8	±0.20	2.5	0.5	0.2	0.2	1.437	0.399
32		25		2.5		2.5	0.5	0.2	0.2	1.925	0.535
32.2		45	±0.60	3.6	±0.30	3	1.5	0.5	0.5	4.180	1.162
35		20	±0.45	2.5	±0.20	2.5	1.25	0.2	0.2	1.770	0.492
35		30	±0.60	2		2	1	0.2	0.2	1.833	0.510
38		50		5	±0.30	6	0.5	0.5	0.5	6.560	1.824
40		18	±0.45	2	±0.20	2	1	0.2	0.2	1.453	0.404
40		18		2.5		2.5	1.25	0.2	0.2	1.795	0.499
40		18		3	±0.25	3	1.5	0.5	0.5	2.129	0.592
40		21		4	±0.30	4	1.2	0.5	0.5	2.960	0.823
40		25		2	±0.20	2	1.25	0.2	0.2	1.730	0.481
40		25		3	±0.25	3	1.5	0.5	0.5	2.549	0.709
40		30	±0.60	3.5		2	1.2	0.5	0.5	3.250	0.904
40		32		3		3	0.5	0.5	0.5	2.978	0.828
40		50		4	±0.30	3	0.5	0.5	0.5	5.280	1.468
45		20	±0.45	3	±0.25	2	0.5	0.5	4	2.370	0.659
45		40	±0.60	3		4	0.5	0.5	0.5	3.638	1.011
46		25	±0.45	5	±0.30	2.5	2.5	0.5	0.5	4.300	1.195
50		20		4		4	2	0.5	0.5	3.331	0.926
50		30	±0.60	2	±0.20	4	2	0.2	0.5	2.120	0.589
50	±0.70	30		4	±0.30	4	2	0.5	0.5	4.131	1.148
55		25	±0.45	5		5	3	0.5	0.5	4.819	1.340
55		30	±0.60	3	±0.25	3	1.5	0.5	0.5	3.299	0.917
60		25	±0.45	4	±0.30	4	2	0.5	0.5	4.131	1.148
60		35	±0.60	5		5	0.5	0.5	0.5	6.000	1.668
60		40		4		5	0.5	0.5	9	4.480	1.245
63		38.3		4.8		3.5	2	0.5	0.5	6.275	1.744
64		38		4		5	4	0.5	0.5	5.300	1.473
70		25	±0.45	3	±0.25	3	1.5	0.5	0.5	3.449	0.959
70		25		5	±0.30	5	2.5	0.5	0.5	5.500	1.529
70		26	±0.60	3.2	±0.25	2	1.5	0.2	0.2	3.700	1.029
70		30		4	±0.30	4	2	0.5	0.5	4.931	1.371
70		40		5		5	2.5	0.5	0.5	7.080	1.968
75		45		5		5	2.5	0.5	0.5	7.831	2.177
80	±0.85	30		4.5		5	0.2	0.2	0.5	6.010	1.671
80		35		4.5		5	3	0.5	0.5	6.414	1.783
80		35		6		5	1	1	1	8.280	2.302
80		40		4		4	2	0.5	0.5	6.131	1.704
80		40		6		6	1	1	1	8.900	2.474
80		60	±0.70	4		6	0.5	0.5	10	7.480	2.079
90		50	±0.60	6		0.5	0.5	0.5	0.5	10.680	2.969
100		40		6		6	1	1	1	10.080	2.802
100		48		6.3	±0.35	4	2	0.5	0.5	11.550	3.211
100		50		5	±0.30	5	2.5	0.5	0.5	9.580	2.663
128	±1.10	40		9	±0.35	2	2	2	2	17.100	2.754

注：见表 3-3-30 注。

铝及铝合金加工产品的性能特点与用途

表 3-3-33

类别	牌号		性能特点	用途举例
	新	旧		
工业用高纯铝	1A85、1A90 1A93、1A97 1A99	LG1、LG2 LG3、LG4 LG5	工业高纯铝	主要用于生产各种电解电容器用箔材、抗酸容器等，产品有板、带、箔、管等
工业用纯铝	1060、1050A 1035、8A06	L2、L3 L4、L6	工业纯铝都具有塑性高、耐蚀、导电性和导热性好的特点，但强度低，不能通过热处理强化，切削性不好。可接受接触焊、气焊	多利用其优点制造一些具有特定性能的结构件，如铝箔制成垫片及电容器、电子管隔离网、电线、电缆的防护套、网、线芯及飞机通风系统零件及装饰件
	1A30	L4-1	特性与上类似，但其 Fe 和 Si 杂质含量控制严格，工艺及热处理条件特殊	主要用作航天工业和兵器工业纯铝膜片等处的板材
	1100	L5-1	强度较低，但延展性、成形性、焊接性和耐蚀性优良	主要生产板材、带材，适于制作各种深冲压制品
包覆铝	7A01 1A50	LB1 LB2	是硬铝合金和超硬铝合金的包铝板合金	7A01 用于超硬铝合金板材包覆，DA50 用于硬铝合金板材包覆
防锈铝	5A02	LF2	为铝镁系防锈铝，强度、塑性、耐蚀性高，具有较高的抗疲劳强度，热处理不可强化，可用接触焊氢原子焊良好焊接，冷作硬化态下可切削加工，退火态下切削性不良，可抛光	油介质中工作的结构件及导管，中等载荷的零件装饰件、焊条、铆钉等
	5A03	LF3	铝镁系防锈铝性能与 5A02 相似，但焊接性优于 5A02，可气焊、氩弧焊、点焊、滚焊	液体介质中工作的中等负载零件、焊件、冷冲件
	5A05 5B05	LF5 LF10	铝镁系防锈铝，抗腐蚀性高，强度与 5A03 类似，不能热处理强化，退火状态塑性好，半冷作硬化状态可进行切削加工，可进行氢原子焊、点焊、气焊、氩弧焊	5A05 多用于在液体环境中工作的零件，如管道、容器等，5B05 多用作连接铝合金、镁合金的铆钉，铆钉应退火并进行阳极氧化处理
	5A06	LF6	铝镁系防锈铝，强度较高，耐腐性较高，退火及挤压状态下塑性良好，可切削性良好，可氩弧焊、气焊、点焊	焊接容器，受力零件，航空工业的骨架及零件、飞机蒙皮
	5A12	LF12	镁含量高，强度较好，挤压状态塑性尚可	多用于航天工业及无线电工业用各种板材、棒材及型材
	5B06、5A13 5A33	LF14、LF13 LF33	镁含量高，且加入适量的 Ti、Be、Zr 等元素，使合金焊接性较高	多用于制造各种焊条的合金
	5A43	LF43	系铝、镁、锰合金，成本低，塑性好	多用于民用制品，如铝制餐具、用具
	3A21	LF21	铝锰系合金，强度低，退火状态塑性高，冷作硬化状态塑性低、耐蚀性好，焊接性较好，不可热处理强化，是一种应用最为广泛的防锈铝	用于在液体或气体介质中工作的低载荷零件，如油箱、导管及各种异形容器
	5083 5056	LF4 LF5-1	铝镁系高镁合金，由美国 5083 和 5056 合金成形引进，在不可热处理合金中强度良好，耐蚀性、切削性良好，阳极氧化处理外观美丽，且电焊性好	广泛用于船舶、汽车、飞机、导弹等方面，民用多用来生产自行车、挡泥板，5056 也制成管件制车架等结构件
硬铝	2A01	LY1	强度低，塑性高，耐蚀性低，点焊焊接良好，切削性尚可，工艺性能良好，在制作铆钉时应先进行阳极氧化处理	是主要的铆接材料，用来制造工作温度小于 100℃ 的中等强度的结构用铆钉
	2A02	LY2	强度高，热强性较高，可热处理强化，耐腐蚀性尚可，有应力腐蚀破坏倾向，切削性较好，多在人工时效状态下使用	是一种主要承载结构材料，用作高温（200～300℃）工作条件下的叶轮及锻件

续表

类别	牌号		性能特点	用途举例
	新	旧		
硬铝	2A04	LY4	剪切强度和耐热性较高，在退火及刚淬火（4～6h内）塑性良好，淬火及冷作硬化后切削性尚好，耐蚀性不良，需进行阳极氧化，是一种主要的铆钉合金	用于制造125～250℃工作条件下的铆钉
	2B11 2B12	LY8 LY9	剪切强度中等，退火及刚淬火状态下塑性尚好，可热处理强化，剪切强度较高	用作中等强度铆钉，但必须在淬火后2h内使用，用于高强度铆钉制造，但必须在淬火后20min内使用
	2A10	LY10	剪切强度较高，焊接性一般，用气焊、氩弧焊有裂纹倾向，但点焊焊接性良好，耐蚀性与2A01、2A11相似，用作铆钉不受热处理后的时间限制，是其优越之处，但需要阳极氧化处理，并用重铬酸钾填充	用作工作温度低于100℃的要求较高强度的铆钉，可替代2A01、2B12、2A11、2A12等合金
	2A11	LY11	一般称为标准硬铝，中等强度，点焊焊接性良好，以其作焊料进行气焊及亚弧焊时有裂纹倾向，可热处理强化，在淬火和自然时效状态下使用，抗蚀性不高，多采用包铝、阳极氧化和涂料以作表面防护，退火态切削性不好，淬火时尚好	用作中等强度的零件，空气螺旋桨叶片，螺栓铆钉等，用作铆钉应在淬火后2h内使用
	2A12	LY12	高强度硬铝，点焊焊接性良好，氩弧焊及气焊有裂纹倾向，退火状态切削性尚可，可作热处理强化，抗蚀性差，常用包铝、阳极氧化及涂料提高耐蚀性	用来制造高负荷零件，其工作温度在150℃以下的飞机骨架、框隔、翼梁、翼肋、蒙皮等
	2A06	LY6	高强度硬铝、点焊焊接性与2A12相似，氩弧焊较2A12好，耐腐蚀性也2A12相同，加热至250℃以下其晶间腐蚀倾向较2A12小，可进行淬火和时效处理，其压力加工、切削性与2A12相同	可作为150～250℃工作条件下的结构板材，但对于淬火自然时效后冷作硬化的板材，不宜在高温长期加热条件下使用
	2A16	LY16	属耐热硬铝，即在高温下有较高的蠕变强度，合金在热态下有较高的塑性；无挤压效应切削性良好，可热处理强化，焊接性能良好，可进行点焊、滚焊和氩弧焊，但焊缝腐蚀稳定性较差，应采用阳极氧化处理	用于在高温下（250～350℃）工作的零件，如压缩机叶片圆盘及焊接件，如容器
	2A17	LY17	成分与性能和2A16相近；2A17在常温和225℃下的持久强度超过2A16，但在225～300℃时低于2A16，且2A17不可焊接	用于20～300℃要求有高强度的锻件和冲压件
锻铝	6A02	LD2	具有中等强度，退火和热态下有高的可塑性，淬火自然时效后塑性尚好，且这种状态下的抗蚀性可与5A2、3A21相比，人工时效状态合金具有晶间腐蚀倾向，可切削性淬火后尚好，退火后不好，合金可点焊、氢原子焊、气焊	制造承受中等载荷、要求有高塑性和高耐蚀性，且形状复杂的锻件和模锻件，如发动机曲轴箱、直升机桨叶
	6B02	LD2-1	属Al-Mg-Si系合金，与6A02相比，其晶间腐蚀倾向要小	多用于电子工业装箱板及各种壳体等
	6070	LD2-2	属Al-Mg-Si系合金，是由美国的6070合金转化而来，其耐蚀性很好，焊接性能良好	可用于制造大型焊接结构件、高级跳水板等
	2A50	LD5	热态下塑性较高，易于锻造、冲压。强度较高，在淬火及人工时效时与硬铝相近，工艺性能较好，但有挤压效应，因此纵横向性能差别较大，抗蚀性较好，但有晶间腐蚀倾向，切削性良好，接触焊、滚焊良好，但电弧焊、气焊性能不佳	用于制造要求中等强度且形状复杂的锻件和冲击性

续表

类别	牌号		性能特点	用途举例
	新	旧		
锻铝	2B50	LD6	性能、成分与2A50相近,可互换通用,但热态下其可塑性优于2A50	制造形状复杂的锻件
	2A70	LD7	热态下具有高的可塑性,无挤压效应,可热处理强化,成分与2A50相近,但组织较2A80要细,热强性及工艺性能比2A80稍好,属耐热锻铝,其耐蚀性、可切削性尚好,接触焊、滚焊性能良好,电弧焊及气焊性能不佳	用于制造高温环境下工作的锻件,如内燃机活塞及一些复杂件如叶轮、板材,可用于制造高温下的焊接冲压结构件
	2A80	LD8	热态下可塑性较低,可进行热处理强化,高温强度高,属耐热锻铝,无挤压效应,焊接性与LD7相同,耐蚀性,可切削性尚好,有应力腐蚀倾向	用途与2A70相近
	2A90	LD9	有较好的热强性,热态下可塑性尚好,可热处理强化,耐蚀性、焊接性和切削性与2A70相近,是一种较早应用的耐热锻铝	用途与2A7、2A8相近,且逐渐被2A70、2A80所代替
	2A14	LD10	与A250相比,含铜量较高,因此强度较高,热强性较好,热态下可塑性尚好,可切削性良好,接触焊、滚焊性能良好,电弧焊和气焊性能不佳,耐蚀性不高,人工时效状态时有晶间腐蚀倾向,可热处理强化,有挤压效应,因此纵横向性能有所差别	用于制造承受高负荷和形状简单的锻件
	4A11	LD11	属Al-Cu-Mg-Si系合金,是由苏联AK9合金转化而来,可锻、可铸、热强性好,线胀系数小,抗磨性能好	主要用于制造蒸汽机活塞及气缸材料
	6061 6063	LD30 LD31	属Al-Mg-Si系合金,相当美国的6061和6063合金,具有中等强度,其焊接性优良,耐蚀性及冷加工性好,是一种使用范围广、很有前途的合金	广泛应用于建筑业门窗、台架等结构件及医疗办公、车辆、船舶、机械等方面
超硬铝	7A03	LC3	铆钉合金,淬火人工时效状态可以铆接,可热处理强化,常抗剪强度较高,耐蚀性和可切削性能尚好,铆钉铆接时,不受热处理后时间限制	用作承力结构铆钉,工作温度在125℃以下,可作2A10铆钉合金代用品
	7A04	LC4	系高强度合金,在刚淬火及退火状态下塑性尚可,可热处理强化,通常在淬火人工时效状态下使用,这时得到的强度较一般硬铝高很多,但塑性较低,合金点焊焊接性良好,气焊不良,热处理后可切削性良好,但退火后的可切削性不佳	用于制造主要承力结构件,如飞机上的大梁、桁条、加强框、蒙皮、翼肋、接头、起落架等
	7A09	LC9	属高强度铝合金,在退火和刚淬火状态下的塑性稍低于同样状态的2A12、稍优于7A04,板材的静疲劳、缺口敏感,应力腐蚀性能优于7A04	制造飞机蒙皮等结构件和主要受力零件
	7A10	LC10	属Al-Cu-Mg-Zn系合金	主要生产板材、管材和锻件等,用于纺织工业及防弹材料
	7003	LC12	属Al-Cu-Mn-Zn系合金,由日本的7003合金转化而来、综合力学性能较好,耐蚀性好	主要用来制作型材、生产自行车的车圈
特殊铝	4A01	LT1	属铝硅合金,抗蚀性高,压力加工性良好,但机械强度差	多用于制作焊条、焊棒
	4A13 4A17	LT13 LT17	属A1-Si系合金	主要用于钎接板、带材的包覆板,或直接生产板、带、箔和焊线等
	5A41	LT41	特殊的高镁合金,其抗冲击性强	多用于制作飞机座舱防弹板
	5A66	LT66	高纯铝镁合金,相当于5A02,其杂质含量要求严格控制	多用于生产高级饰品,如笔套、标牌等

第3篇

2.3 钛及钛合金加工产品

钛及钛合金牌号和化学成分（摘自 GB/T 3620.1—2016）

表 3-3-34

合金牌号	名义化学成分	化学成分(质量分数)/%																						
		主要成分															杂质,≤							
		Ti	Al	Si	V	Mn	Fe	Ni	Cu	Zr	Nb	Mo	Ru	Pd	Sn	Ta	Nd	Fe	C	N	H	O	其他元素 单一	其他元素 总和
TA0	工业纯钛	余量	—	—	—	—	—	—	—	—	—	—	—	—	—	—	—	0.15	0.10	0.03	0.015	0.15	0.1	0.4
TA1	工业纯钛	余量	—	—	—	—	—	—	—	—	—	—	—	—	—	—	—	0.25	0.10	0.03	0.015	0.20	0.1	0.4
TA2	工业纯钛	余量	—	—	—	—	—	—	—	—	—	—	—	—	—	—	—	0.30	0.10	0.05	0.015	0.25	0.1	0.4
TA3	工业纯钛	余量	—	—	—	—	—	—	—	—	—	—	—	—	—	—	—	0.40	0.10	0.05	0.015	0.30	0.1	0.4
TA1GELI	工业纯钛	余量	—	—	—	—	—	—	—	—	—	—	—	—	—	—	—	0.10	0.03	0.012	0.008	0.10	0.05	0.20
TA1G	工业纯钛	余量	—	—	—	—	—	—	—	—	—	—	—	—	—	—	—	0.20	0.08	0.03	0.015	0.18	0.10	0.40
TA1G-1	工业纯钛	余量	≤0.20	≤0.08	—	—	—	—	—	—	—	—	—	—	—	—	—	0.15	0.05	0.03	0.003	0.12	—	0.10
TA2GELI	工业纯钛	余量	—	—	—	—	—	—	—	—	—	—	—	—	—	—	—	0.20	0.05	0.03	0.008	0.10	0.05	0.20
TA2G	工业纯钛	余量	—	—	—	—	—	—	—	—	—	—	—	—	—	—	—	0.30	0.08	0.03	0.015	0.25	0.10	0.40
TA3GELI	工业纯钛	余量	—	—	—	—	—	—	—	—	—	—	—	—	—	—	—	0.25	0.05	0.04	0.008	0.18	0.05	0.20
TA3G	工业纯钛	余量	—	—	—	—	—	—	—	—	—	—	—	—	—	—	—	0.30	0.08	0.05	0.015	0.35	0.10	0.40
TA4GELI	工业纯钛	余量	—	—	—	—	—	—	—	—	—	—	—	—	—	—	—	0.30	0.05	0.05	0.008	0.25	0.05	0.20
TA4G	工业纯钛	余量	—	—	—	—	—	—	—	—	—	—	—	—	—	—	—	0.50	0.08	0.05	0.015	0.40	0.10	0.40
TA5	Ti-4Al-0.005B	余量	3.3~4.7	—	—	—	—	—	—	—	—	—	B:0.005	—	—	—	—	0.30	0.08	0.04	0.015	0.15	0.10	0.40
TA6	Ti-5Al	余量	4.0~5.5	—	—	—	—	—	—	—	—	—	—	—	—	—	—	0.30	0.08	0.05	0.015	0.15	0.10	0.40
TA7	Ti-5Al-2.5Sn	余量	4.0~6.0	—	—	—	—	—	—	—	—	—	—	—	2.0~3.0	—	—	0.50	0.08	0.05	0.015	0.20	0.10	0.40
TA7ELI	Ti-5Al-2.5SnELI	余量	4.50~5.75	—	—	—	—	—	—	—	—	—	—	—	2.0~3.0	—	—	0.25	0.05	0.035	0.0125	0.12	0.05	0.30
TA8	Ti-0.05Pd	余量	—	—	—	—	—	—	—	—	—	—	—	0.04~0.08	—	—	—	0.30	0.08	0.03	0.015	0.25	0.10	0.40
TA8-1	Ti-0.05Pd	余量	—	—	—	—	—	—	—	—	—	—	—	0.04~0.08	—	—	—	0.20	0.08	0.03	0.015	0.18	0.10	0.40

续表

合金牌号	名义化学成分	化学成分(质量分数)/%																						
		主要成分															杂质,≤							
																						其他元素	
		Ti	Al	Si	V	Mn	Fe	Ni	Cu	Zr	Nb	Mo	Ru	Pd	Sn	Ta	Nd	Fe	C	N	H	O	单一	总和
TA9	Ti-0.2Pd	余量	—	—	—	—	—	—	—	—	—	—	—	0.12~0.25	—	—	—	0.30	0.08	0.03	0.015	0.25	0.10	0.40
TA9-1	Ti-0.2Pd	余量	—	—	—	—	—	—	—	—	—	—	—	0.12~0.25	—	—	—	0.20	0.08	0.03	0.015	0.18	0.10	0.40
TA10	Ti-0.3Mo-0.8Ni	余量	—	—	—	—	—	0.6~0.9	—	—	—	0.2~0.4	—	—	—	—	—	0.30	0.08	0.03	0.015	0.25	0.10	0.40
TA11	Ti-8Al-1Mo-1V	余量	7.35~8.35	—	0.75~1.25	—	—	—	—	—	—	0.75~1.2525	—	—	—	—	—	0.30	0.08	0.05	0.015	0.12	0.10	0.30
TA12	Ti-5.5Al-4Sn-2Zr-1Mo-0.25Si	余量	4.8~6.0	0.2~0.35	—	—	—	—	—	1.5~2.5	—	0.75~1.25	—	—	3.7~4.7	—	0.6~1.2	0.25	0.08	0.05	0.0125	0.15	0.10	0.40
TA12-1	Ti-5Al-4Sn-2Zr-1Mo-0.25Si	余量	4.5~5.5	0.2~0.35	—	—	—	—	—	1.5~2.5	—	1.0~2.0	—	—	3.7~4.7	—	0.6~1.2	0.25	0.08	0.04	0.0125	0.15	0.10	0.30
TA13	Ti-2.5Cu	余量	—	—	—	—	—	—	2.0~3.0	—	—	—	—	—	—	—	—	0.20	0.08	0.05	0.010	0.20	0.10	0.30
TA14	Ti-2.3Al-11Sn-5Zr-1Mo-0.2Si	余量	2.0~2.5	0.10~0.50	—	—	—	—	—	4.0~6.0	—	0.8~1.2	—	—	10.52~11.50	—	—	0.20	0.08	0.05	0.0125	0.20	0.10	0.30
TA15	Ti-6.5Al-1Mo-1V-2Zr	余量	5.5~7.1	≤0.15	0.8~2.5	—	—	—	—	1.5~2.5	—	0.5~2.0	—	—	—	—	—	0.25	0.08	0.05	0.015	0.15	0.10	0.30
TA15-1	Ti-2.5Al-1Mo-1V-2Zr	余量	2.0~3.0	≤0.10	0.5~1.5	—	—	—	—	1.0~2.0	—	0.5~1.5	—	—	—	—	—	0.15	0.05	0.04	0.003	0.12	0.10	0.30
TA15-2	Ti-4Al-1Mo-1V-1.5Zr	余量	3.5~4.5	≤0.10	0.5~1.5	—	—	—	—	1.0~2.0	—	0.5~1.5	—	—	—	—	—	0.15	0.05	0.04	0.003	0.12	0.10	0.30
TA16	Ti-2Al-2.5Zr	余量	1.8~2.5	≤0.12	—	—	—	—	—	2.0~3.0	—	—	—	—	—	—	—	0.25	0.08	0.04	0.006	0.15	0.10	0.30
TA17	Ti-4Al-2V	余量	3.5~4.5	≤0.15	1.5~3.0	—	—	—	—	—	—	—	—	—	—	—	—	0.25	0.08	0.05	0.015	0.15	0.10	0.30
TA18	Ti-3Al-2.5V	余量	2.0~3.5	—	1.5~3.0	—	—	—	—	—	—	—	—	—	—	—	—	0.25	0.08	0.05	0.015	0.12	0.10	0.30

续表

合金牌号	名义化学成分	化学成分(质量分数)/%																						
		主要成分															杂质,≤							
		Ti	Al	Si	V	Mn	Fe	Ni	Cu	Zr	Nb	Mo	Ru	Pd	Sn	Ta	Nd	Fe	C	N	H	O	其他元素	
																							单一	总和
TA19	Ti-6Al-2Sn-4Zr-2Mo-0.08Si	余量	5.5~6.5	0.06~0.10	—	—	—	—	—	3.6~4.4	—	1.8~2.2	—	—	1.8~2.2	—	—	0.25	0.05	0.05	0.0125	0.15	0.10	0.30
TA20	Ti-4Al-3V-1.5Zr	余量	3.5~4.5	≤0.10	2.5~3.5	—	—	—	—	1.0~2.0	—	—	—	—	—	—	—	0.15	0.05	0.04	0.003	0.12	0.10	0.30
TA21	Ti-1Al-1Mn	余量	0.4~1.5	≤0.12	—	0.5~1.3	—	—	—	≤0.30	—	—	—	—	—	—	—	0.30	0.10	0.05	0.012	0.15	0.10	0.30
TA22	Ti-3Al-1Mo-1Ni-11Zr	余量	2.5~3.5	≤0.15	—	—	—	0.3~1.0	—	0.8~2.0	—	0.5~1.5	—	—	—	—	—	0.20	0.10	0.05	0.015	0.15	0.10	0.30
TA22-1	Ti-2.5Al-1Mo-1Ni-1Zr	余量	2.0~3.0	≤0.04	—	—	—	0.3~0.8	—	0.5~1.0	—	0.2~0.8	—	—	—	—	—	0.20	0.10	0.04	0.008	0.10	0.10	0.30
TA23	Ti-2.5Al-2Zr-1Fe	余量	2.2~3.0	≤0.15	—	—	0.8~1.2	—	—	1.7~2.3	—	—	—	—	—	—	—	—	0.10	0.04	0.010	0.15	0.10	0.30
TA23-1	Ti-2.5Al-2Zr-1Fe	余量	2.2~3.0	≤0.10	—	—	0.8~1.1	—	—	1.7~2.3	—	—	—	—	—	—	—	—	0.10	0.04	0.008	0.10	0.10	0.30
TA24	Ti-3Al-2Mo-2Zr	余量	2.0~3.8	≤0.15	—	—	—	—	—	1.0~3.0	—	1.0~2.5	—	—	—	—	—	0.30	0.10	0.05	0.015	0.15	0.10	0.30
TA24-1	Ti-3Al-2Mo-2Zr	余量	1.5~2.5	≤0.04	—	—	—	—	—	1.0~3.0	—	1.0~2.0	—	—	—	—	—	0.15	0.10	0.04	0.010	0.10	0.10	0.30
TA25	Ti-3Al-2.5V-0.05Pd	余量	2.5~3.5	—	2.0~3.0	—	—	—	—	—	—	—	—	0.04~0.08	—	—	—	0.25	0.08	0.03	0.015	0.15	0.10	0.40
TA26	Ti-3Al-2.5V-0.10Ru	余量	2.5~3.5	—	2.0~3.0	—	—	—	—	—	—	—	0.08~0.14	—	—	—	—	0.25	0.08	0.03	0.015	0.15	0.10	0.40
TA27	Ti-0.10Ru	余量	—	—	—	—	—	—	—	—	—	—	0.08~0.14	—	—	—	—	0.30	0.08	0.03	0.015	0.25	0.10	0.40
TA27-1	Ti-0.10Ru	余量	—	—	—	—	—	—	—	—	—	—	0.08~0.14	—	—	—	—	0.20	0.08	0.03	0.015	0.18	0.10	0.40
TA28	Ti-3Al	余量	2.0~3.0	—	—	—	—	—	—	—	—	—	—	—	—	—	—	0.30	0.08	0.05	0.015	0.15	0.10	0.40
TA29	Ti-5.8Al-4Sn-4Zr-0.7Nb-1.5Ta-0.4Si-0.06C	余量	5.4~6.1	0.34~0.45	—	—	—	—	—	3.7~4.3	0.5~0.9	—	—	—	3.7~4.3	1.3~1.7	—	0.05	0.04~0.08	0.02	0.010	0.10	0.10	0.20

续表

合金牌号	名义化学成分	化学成分(质量分数)/%																					
		主要成分															杂质,≤						
		Ti	Al	Si	V	Mn	Fe	Ni	Cu	Zr	Nb	Mo	Ru	Pd	Sn	Ta	Nd	Fe	C	N	H	O	其他元素 单一	其他元素 总和
TA30	Ti-5.5Al-3.5Sn-3Zr-1Nb-1Mo-0.3Si	余量	4.7~6.0	0.20~0.35	—	—	—	—	—	2.4~3.5	0.7~1.3	0.7~1.3	—	—	3.0~3.8	—	—	0.15	0.10	0.04	0.012	0.15	0.10	0.30
TA31	Ti-6Al-3Nb-2Zr-1Mo	余量	5.5~6.5	≤0.15	—	—	—	—	—	1.5~2.5	2.5~3.5	0.6~1.5	—	—	—	—	—	0.25	0.10	0.05	0.015	0.15	0.10	0.30
TA32	Ti-5.5Al-3.5Sn-3Zr-1Mo-0.5Nb-0.7Ta-0.3Si	余量	5.0~6.0	0.1~0.5	—	—	—	—	—	2.5~3.5	0.2~0.7	0.3~1.5	—	—	3.0~4.0	0.2~0.7	—	0.25	0.10	0.05	0.012	0.15	0.10	0.30
TA33	Ti-5.8Al-4Sn-3.5Zr-0.7Mo-0.5Nb-1.1Ta-0.4Si-0.06C	余量	5.2~6.5	0.2~0.6	—	—	—	—	—	2.5~4.0	0.2~0.7	0.2~1.0	—	—	3.0~4.5	0.7~1.5	—	0.25	0.04~0.08	0.05	0.012	0.15	0.10	0.30
TA34	Ti-2Al-3.8Zr-1Mo	余量	1.0~3.0	-	—	—	—	—	—	3.0~4.5	—	0.5~1.5	—	—	—	—	—	0.25	0.05	0.035	0.008	0.1	0.10	0.25
TA35	Ti-6Al-2Sn-4Zr-2Nb-1Mo-0.2Si	余量	5.8~7.0	0.05~0.50	—	—	—	—	—	3.5~4.5	1.5~2.5	0.3~1.3	—	—	1.5~2.5	—	—	0.20	0.10	0.05	0.015	0.15	0.10	0.30
TA36	Ti-1Al-1Fe	余量	0.7~1.3	-	—	—	1.0~1.4	—	—	—	—	—	—	—	—	—	—	—	0.10	0.05	0.015	0.15	0.10	0.30

注：1. TA0、TA1、TA2 和 TA3 是恢复了 GB/T 3620.1—1994 中的工业纯钛牌号，化学成分与 GB/T 3620.1—1994 完全等同。

2. TA7ELI 牌号的杂质“Fe+O”的质量分数总和应不大于 0.32%。

表 3-3-35

合金牌号	名义化学成分	化学成分(质量分数)/%																	
		主要成分											杂质,≤						
		Ti	Al	Si	V	Cr	Fe	Zr	Nb	Mo	Pd	Sn	Fe	C	N	H	O	其他元素 单一	其他元素 总和
TB2	Ti-5Mo-5V-8Cr-3Al	余量	2.5~3.5	—	4.7~5.7	7.5~8.5	—	—	—	4.7~5.7	—	—	0.30	0.05	0.04	0.015	0.15	0.10	0.40

续表

合金牌号	名义化学成分	化学成分(质量分数)/%																	
		主要成分										杂质,≤							
		Ti	Al	Si	V	Cr	Fe	Zr	Nb	Mo	Pd	Sn	Fe	C	N	H	O	其他元素	
																		单一	总和
TB3	Ti-3. 5Al-10Mo-8V-1Fe	余量	2. 7~3. 7	—	7. 5~8. 5	—	0. 8~1. 2	—	—	9. 5~11. 0	—	—	—	0. 05	0. 04	0. 015	0. 15	0. 10	0. 40
TB4	Ti-4Al-7Mo-10V-2Fe-1Zr	余量	3. 0~4. 5	—	9. 0~10. 5	—	1. 5~2. 5	0. 5~1. 5	—	6. 0~7. 8	—	—	—	0. 05	0. 04	0. 015	0. 20	0. 10	0. 40
TB5	Ti-15V-3Al-3Cr-3Sn	余量	2. 5~3. 5	—	14. 0~16. 0	2. 5~3. 5	—	—	—	—	—	2. 5~3. 5	0. 25	0. 05	0. 05	0. 015	0. 15	0. 10	0. 30
TB6	Ti-10V-2Fe-3Al	余量	2. 6~3. 4	—	9. 0~11. 0	—	1. 6~2. 2	—	—	—	—	—	—	0. 05	0. 05	0. 0125	0. 13	0. 10	0. 30
TB7	Ti-32Mo	余量	—	—	—	—	—	—	—	30. 0~34. 0	—	—	0. 30	0. 08	0. 05	0. 015	0. 2	0. 10	0. 40
TB8	Ti-15Mo-3Al-2. 7Nb-0. 25Si	余量	2. 5~3. 5	0. 15~0. 25	—	—	—	—	2. 4~3. 2	14. 0~16. 0	—	—	0. 40	0. 05	0. 05	0. 015	0. 17	0. 10	0. 40
TB9	Ti-3Al-8V-6Cr-4Mo-4Zr	余量	3. 0~4. 0	—	7. 5~8. 5	5. 5~6. 5	—	3. 5~4. 5	—	3. 5~4. 5	≤0. 10	—	0. 30	0. 05	0. 03	0. 030	0. 14	0. 10	0. 40
TB10	Ti-5Mo-5V-2Cr-3Al	余量	2. 5~3. 5	—	4. 5~5. 5	1. 5~2. 5	—	—	—	4. 5~5. 5	—	—	0. 30	0. 05	0. 04	0. 015	0. 15	0. 10	0. 40
TB11	Ti-15Mo	余量	—	—	—	—	—	—	—	14. 0~16. 0	—	—	0. 10	0. 1	0. 05	0. 015	0. 2	0. 10	0. 40
TB12	Ti-25V-15C-0. 3Si	余量	—	0. 2~0. 5	24. 0~28. 0	13. 0~17. 0	—	—	—	—	—	—	0. 25	0. 1	0. 03	0. 015	0. 15	0. 10	0. 30
TB13	Ti-4Al-22V	余量	3. 0~4. 5	—	20. 0~23. 0	—	—	—	—	—	—	—	0. 15	0. 05	0. 03	0. 010	0. 18	0. 10	0. 40
TB14①	Ti-45Nb	余量	—	≤0. 03	—	≤0. 02	—	—	42. 0~47. 0	—	—	—	0. 03	0. 04	0. 03	0. 0035	0. 16	0. 10	0. 30
TB15	Ti-4Al-5V-6Cr-5Mo	余量	3. 5~4. 5	—	4. 5~5. 5	5. 0~6. 5	—	—	—	4. 5~5. 5	—	—	0. 30	0. 1	0. 05	0. 015	0. 15	0. 10	0. 30
TB16	Ti-3Al-5V-6Cr-5Mo	余量	2. 5~3. 5	—	4. 5~5. 7	5. 5~6. 5	—	—	—	4. 5~5. 7	—	—	0. 30	0. 05	0. 04	0. 015	0. 15	0. 10	0. 40
TB17	Ti-6. 5Mo-2. 5Cr-2V-2Nb-1Sn-1Zr-4Al	余量	3. 5~5. 5	≤0. 15	1. 0~3. 0	2. 0~3. 5	—	0. 5~2. 5	1. 5~3. 0	5. 0~7. 5	—	0. 5~2. 5	0. 15	0. 08	0. 05	0. 015	0. 13	0. 10	0. 40

① TB14 钛合金的 Mg 的质量分数≤0. 01%，Mn 的质量分数≤0. 01%。

表 3-3-36

合金牌号	名义化学成分	化学成分(质量分数)/%																						
		主要成分																杂质,≤						
		Ti	Al	Si	V	Cr	Mn	Fe	Cu	Zr	Nb	Mo	Ru	Pd	Sn	Ta	W	Fe	C	N	H	O	其他元素 单一	其他元素 总和
TC1	Ti-2Al-1.5Mn	余量	1.0~2.5	—	—	—	0.7~2.0	—	—	—	—	—	—	—	—	—	—	0.30	0.08	0.05	0.012	0.15	0.10	0.40
TC2	Ti-4Al-1.5Mn	余量	3.5~5.0	—	—	—	0.8~2.0	—	—	—	—	—	—	—	—	—	—	0.30	0.08	0.05	0.012	0.15	0.10	0.40
TC3	Ti-5Al-4V	余量	4.5~6.0	—	3.5~4.5	—	—	—	—	—	—	—	—	—	—	—	—	0.30	0.08	0.05	0.015	0.15	0.10	0.40
TC4	Ti-6Al-4V	余量	5.50~6.75	—	3.5~4.5	—	—	—	—	—	—	—	—	—	—	—	—	0.30	0.08	0.05	0.015	0.20	0.10	0.40
TC4ELI	Ti-6Al-4VELI	余量	5.5~6.5	—	3.5~4.5	—	—	—	—	—	—	—	—	—	—	—	—	0.25	0.08	0.03	0.012	0.13	0.10	0.30
TC6	Ti-6Al-1.5Cr-2.5Mo-0.5Fe-0.3Si	余量	5.5~7.0	0.15~0.40	—	0.8~2.3	—	0.2~0.7	—	—	—	2.0~3.0	—	—		—	—	—	0.08	0.05	0.015	0.18	0.10	0.40
TC8	Ti-6.5Al-3.5Mo-0.25Si	余量	5.8~6.8	0.20~0.35	—	—	—	—	—	—	—	2.8~3.8	—	—	—	—	—	0.40	0.08	0.05	0.015	0.15	0.10	0.40
TC9	Ti-6.5Al-3.5Mo-2.5Sn-0.3Si	余量	5.8~6.8	0.2~0.4	—	—	—	—	—	—	—	2.8~3.8	—	—	1.8~2.8	—	—	0.40	0.08	0.05	0.015	0.15	0.10	0.40
TC10	Ti-6Al-6V-2Sn-0.5Cu-0.5Fe	余量	5.5~6.5	—	5.5~6.5	—	—	0.35~1.00	0.35~1.00	—	—	—	—	—	1.5~2.5	—	—	—	0.08	0.04	0.015	0.20	0.10	0.40
TC11	Ti-6.5Al-3.5Mo-1.5Zr-0.3Si	余量	5.8~7.0	0.20~0.35	—	—	—	—	—	0.8~2.0	—	2.8~3.8	—	—	—	—	—	0.25	0.08	0.05	0.012	0.15	0.10	0.40
TC12	Ti-5Al-4Mo-4Cr-2Zr-2Sn-1Nb	余量	4.5~5.5	—	—	3.5~4.5	—	—	—	1.5~3.0	0.5~1.5	3.5~4.5	—	—	1.5~2.5	—	—	0.30	0.08	0.05	0.015	0.20	0.10	0.40
TC15	Ti-5Al-2.5Fe	余量	4.5~5.5	—	—	—	—	2.0~3.0	—	—	—	—	—	—	—	—	—	—	0.08	0.05	0.013	0.20	0.10	0.40

续表

合金牌号	名义化学成分	化学成分(质量分数)/%																					
		主要成分															杂质,≤						
		Ti	Al	Si	V	Cr	Mn	Fe	Cu	Zr	Nb	Mo	Ru	Pd	Sn	Ta	W	Fe	C	N	H	O	其他元素	
																							单一	总和
TC16	Ti-3Al-5Mo-4. 5V	余量	2. 2～3. 8	≤0. 15	4. 0～5. 0	—	—	—	—	—	—	4. 5～5. 5	—	—	—	—	—	0. 25	0. 08	0. 05	0. 012	0. 15	0. 10	0. 30
TC17	Ti-5Al-2Sn-2Zr-4Mo-4Cr	余量	4. 5～5. 5	—	—	3. 5～4. 5	—	—	—	1. 5～2. 5	—	3. 5～4. 5	—	—	1. 5～2. 5	—	—	0. 25	0. 05	0. 05	0. 0125	0. 08～0. 13	0. 10	0. 3
TC18	Ti-5Al-4. 75Mo-4. 75V-1Cr-1Fe	余量	4. 4～5. 7	≤0. 15	4. 0～5. 5	0. 5～1. 5	—	0. 5～1. 5	—	≤0. 30	—	4. 0～5. 5	—	—	—	—	—	—	0. 08	0. 05	0. 015	0. 18	0. 10	0. 3
TC19	Ti-6Al-2Sn-4Zr-6Mo	余量	5. 5～6. 5	—	—	—	—	—	—	3. 5～4. 5	—	5. 5～6. 5	—	—	1. 75～2. 25	—	—	0. 15	0. 04	0. 04	0. 0125	0. 15	0. 10	0. 40
TC20	Ti-6Al-7Nb	余量	5. 5～6. 5	—	—	—	—	—	—	—	6. 5～7. 5	—	—	—	—	≤0. 5	—	0. 25	0. 08	0. 05	0. 009	0. 20	0. 10	0. 40
TC21	Ti-6Al-2Mo-2Nb-2Zr-2Sn-1. 5Cr	余量	5. 2～6. 8	—	—	0. 9～2. 0	—	—	—	1. 6～2. 5	1. 7～2. 3	2. 2～3. 3	—	—	1. 6～2. 5	—	—	0. 15	0. 08	0. 05	0. 015	0. 15	0. 10	0. 40
TC22	Ti-6Al-4V-0. 05Pd	余量	5. 50～6. 75	—	3. 5～4. 5	—	—	—	—	—	—	—	—	0. 04～0. 08	—	—	—	0. 40	0. 08	0. 05	0. 015	0. 20	0. 10	0. 40
TC23	Ti-6Al-4V-0. 1Ru	余量	5. 50～6. 75	—	3. 5～4. 5	—	—	—	—	—	—	—	0. 08～0. 14	—	—	—	—	0. 25	0. 08	0. 05	0. 015	0. 13	0. 10	0. 40
TC24	Ti-4. 5Al-3V-2Mo-2Fe	余量	4. 0～5. 0	—	2. 5～3. 5	—	—	1. 7～2. 3	—	—	—	1. 8～2. 2	—	—	—	—	—	—	0. 05	0. 05	0. 01	0. 15	0. 10	0. 40
TC25	Ti-6. 5Al-2Mo-1Zr-1Sn-1W-0. 2Si	余量	6. 2～7. 2	0. 10～0. 25	—	—	—	—	—	0. 8～2. 5	—	1. 5～2. 5	—	—	0. 8～2. 5	—	0. 5～1. 5	0. 15	0. 10	0. 04	0. 012	0. 15	0. 10	0. 30
TC26	Ti-13Nb-13Zr	余量	—	—	—	—	—	—	—	12. 5～14. 0	12. 5～14. 0	—	—	—	—	—	—	0. 25	0. 08	0. 05	0. 012	0. 15	0. 10	0. 40
TC27	Ti-5Al-4Mo-6V-2Nb-1Fe	余量	5. 0～6. 2	—	5. 5～6. 5	—	—	0. 5～1. 5	—	—	1. 5～2. 5	3. 5～4. 5	—	—	—	—	—	—	0. 05	0. 05	0. 015	0. 13	0. 10	0. 30

续表

合金牌号	名义化学成分	化学成分(质量分数)/%																				
		主要成分															杂质,≤					
																					其他元素	
		Ti	Al	Si	V	Cr	Mn	Fe	Cu	Zr	Nb	Mo	Ru	Pd	Sn	Ta	W	Fe	C	N	H	O	单一	总和
TC28	Ti-6.5Al-1Mo-1Fe	余量	5.0~8.0	—	—	—	—	0.5~2.0	—	—	—	0.2~2.0	—	—	—	—	—	—	0.10	—	0.0L5	0.15	0.10	0.40
TC29	Ti-4.5Al-7Mo-2Fe	余量	3.5~5.5	≤0.5	—	—	—	0.8~3.0	—	—	—	6.0~8.0	—	—	—	—	—	—	0.10	—	0.015	0.15	0.10	0.40
TC30	Ti-5Al-3Mo-1V	余量	3.5~6.3	≤0.15	0.9~1.9	—	—	—	—	≤0.30	—	2.5~3.8	—	—	—	—	—	0.30	0.10	0.05	0.015	0.15	0.10	0.30
TC31	Ti-6.5Al-3Sn-3Zr-3Nb-3Mo-1W-0.2Si	余量	6.0~7.2	0.1~0.5	—	—	—	—	—	2.5~3.2	1.0~3.2	1.0~3.2	—	—	2.5~3.2	—	0.3~1.2	0.25	0.10	0.05	0.015	0.15	0.10	0.30
TC32	Ti-5Al-3Mo-3Cr-1Zr-0.15Si	余量	4.5~5.5	0.1~0.2	—	2.5~3.5	—	—	—	0.5~1.5	—	2.5~3.5	—	—	—	—	—	0.30	0.08	0.05	0.0125	0.20	0.10	0.40

表 3-3-37　删除的钛及钛合金牌号和化学成分

合金牌号	名义化学成分	化学成分(质量分数)/%															
		主要成分										杂质,≤							
																	其他元素	
		Ti	B	Al	Si	Sn	Cr	Fe	Cu	Zr	Mo	Fe	Si	C	N	H	O	单一	总和
TAD	碘法钛	余量	—	—	—	—	—	—	—	—	—	0.03	—	0.03	0.01	0.015	0.05	—	—
TA8	Ti-5Al-2.5Sn-3Cu-1.5Zr	余量	—	4.5~5.5	—	2.0~3.0	—	—	2.5~3.2	1.0~1.5	—	0.30	0.15	0.10	0.05	0.015	0.15	0.10	0.40
TB1	Ti-3Al-8Mo-11Cr	余量	—	3.0~4.0	—	—	10.0~11.5	—	—	—	7.0~8.0	0.30	0.15	0.10	0.05	0.012	0.15	0.10	0.40
TC5	Ti-5Al-2.5Cr	余量	—	4.0~5.2	—	—	2.0~3.0	—	—	—	—	0.30	0.40	0.10	0.05	0.015	0.15	0.10	0.40
TC7	Ti-6Al-0.6Cr-0.4Fe-0.4Si-0.01B	余量	0.01	5.0~5.5	0.25~0.60	—	0.4~0.9	0.25~0.60	—	—	—	—	—	0.10	0.05	0.015	0.18	0.10	0.40

注：TB1、TC5 为 GB/T 3620.1—1983 年制定国标时删除的牌号，TA8、TC7 为 GB/T 3620.1—1994 年国标修订时删除的牌号，TAD 为 GB/T 3620.1—2007 修订时删除的牌号。

钛及钛合金产品状态代号（摘自 GB/T 34647—2017）

表 3-3-38

热处理状态	代号	代号释义
铸造态	Z	经铸造工艺生产、在未经任何压力、热处理等影响材料形状、组织发生改变的工艺处理过的状态
热等静压态	HIP	将铸件或粉冶条坯放入密闭容器中，在经一定温度和压力的氩气气氛中保持一定时间，使产品获得密实结构所呈现的状态
退火态	M	经退火热处理后的状态
再结晶退火态	MR	经再结晶退火热处理后的状态
β退火态	Mβ	经β退火（或β固溶处理）热处理后的状态
等温退火态	MI	经等温退火后的状态
双重退火态	MD	经双重退火处理后的状态
消应力退火态	m	经消应力退火处理后的状态
热加工态	R	材料加热至再结晶温度以上，经锻压、轧制、挤压等变形热成形方式生产的、未经任何热处理的状态
冷加工态	Y	在材料的再结晶温度以下，材料在经锻压、拉拔、轧制、挤压等冷变形方式生产的、未经任何热处理的状态
固溶态	ST	经固溶热处理后的状态
时效	A	经时效处理后的状态
固溶时效态	STA	经固溶处理后，再经时效处理后的状态
铸锭	ZD	经真空自耗电弧炉（VAR）或电子束冷床炉（EBCHM）生产的钛及钛合金圆形或其他异形铸锭
板材	PS	采用热轧或冷轧制方式生产的钛及钛合金板材
带材	D	采用带式生产方式生产的钛及钛合金带材
棒材	B	采用锻造、挤压或轧制方式生产的钛及钛合金棒材
锻件	FD	采用自由锻或模锻的方式生产的钛及钛合金锻件
管材	PT	采用挤压或轧制方式生产的钛及钛合金管材
丝（线）材	WR	采用轧制或拉拔方式生产的钛及钛合金丝（线）材
型材	X	采用挤压或轧制的方式生产的T形、U形、L形、I形以及其他形状的型材
粉	P	采用氢化脱氢或旋转电极法以及其他方式生产的钛及钛合金粉
酸洗	AP	采用酸蚀的方式清理氧化层、油污等表面污染后得到的表面
喷砂	SB	采用高速砂流的冲击方式清理或粗化基体得到的表面
砂（磨）光	S	采用砂带或砂轮磨削的方式清理或粗化基体得到的表面
机加	MO	采用车削或刨铣的方式清理表面氧化层等污染层后得到的表面

钛及钛合金制件热处理（摘自 GB/T 37584—2019）

表 3-3-39

	名称	牌号	名义成分	名称	牌号	名义成分
常用钛及钛合金牌号及名义成分	α钛合金	TA1	工业纯钛	αβ钛合金	TC4、ZTC4	Ti-6Al-4V
		TA2			TC6	Ti-6Al-2.5Mo-1.5Cr-0.3Si-0.5Fe
		TA3			TC10	Ti-6Al-6V-2Sn-0.5Cu-0.5Fe
		TA7	Ti-5Al-2.5Sn		TC11	Ti-6.5Al-3.3Mo-1.5Zr-0.25Si
		TA11	Ti-8Al-1Mo-1V		TC16	Ti-3Al-5Mo-4.5V
		TA15	Ti-6Al-2Zr-1Mo-1V		TC17	Ti-5Al-2Sn-2Zr-4Mo-4Cr
		TA18	Ti-3Al-2.5V		TC18	Ti-5Al-5Mo-5V-1Cr-1Fe
		TA19	Ti-6Al-2Sn-4Zr-2Mo		TC19	Ti-6Al-2Sn-4Zr-6Mo
		TA21	Ti-1Al-1Mn		TC21	Ti-6Al-2Mo-1.5Cr-2Sn-2Zr-2Nb
		TC1	Ti-2Al-1.5Mn		ZTC3	Ti-5Al-2Sn-0.25Si
		TC2	Ti-3Al-1.5Mn		ZTC5	Ti-5.5Al-3.0Mo-1.5V-1Fe-1Cu-1.5Sn-3.5Zr
				β钛合金	TB2	Ti-3Al-5V-5Mo-8Cr
					TB3	Ti-10Mo-8V-1Fe-3Al
					TB5	Ti-15V-3Cr-3Sn-3Al
					TB6	Ti-10V-2Fe-3Al

第3篇

续表

	合金类型	合金牌号	板材、带材及厚板制件			棒材制件及锻件		
			加热温度/℃	保温时间/min	冷却方式	加热温度/℃	保温时间/min	冷却方式
退火制度	α钛合金	TA2、TA3	650~720	15~120	空冷或更慢冷	650~815	60~120	空冷
		TA7	705~845	10~120	空冷	705~845	60~240	
		TA11	760~815	60~480	炉冷①	900~1000	60~120	空冷②
		TA15	700~850	15~120	空冷	700~850	60~240	空冷
		TA18	650~790	30~120	空冷或更慢冷	650~790	60~180	空冷或更慢冷
		TA19	870~925	10~120	空冷	T_β-（15~30）	60~120	空冷②
		TC1	640~750	15~120	空冷或更慢冷	700~800	60~120	空冷或更慢冷
		TC2	660~820	15~120	空冷或更慢冷	700~820	60~120	空冷或更慢冷
	α-β钛合金	TC4③	705~870	15~60	空冷或更慢冷④	705~790	60~120	空冷或更慢冷
		TC6	—	—	—	800~850	60~120	空冷
		TC10	710~850	15~120	空冷或更慢冷	710~850	60~120	空冷或更慢冷
		TC11	—	—	—	950~980	60~120	空冷⑤
		TC16	680~790	15~120	空冷⑤	770~790	60~120	炉冷后空冷⑥
		TC18	740~760	15~120	空冷	820~850	60~180	炉冷后空冷⑦
		TC19	—	—	—	815~915	60~120	空冷
		ZTC3	—	—	—	910~930	120~210	炉冷
		ZTC4	—	—	—	910~930	120~180	炉冷
		ZTC5	—	—	—	910~930	120~180	炉冷

① 炉冷到480℃以下。若双重退火，第二阶段应在790℃保温15min，空冷。

② 随后在595℃保温8h，空冷。

③ 当TC4合金制件的再结晶退火用于提高断裂韧度时，通常采用以下制度：在β转变温度以下30~45℃，保温1~4h，空冷或更慢冷；再在700~760℃保温1~2h，空冷。

④ 若TC4合金制件采用双重退火（或固溶处理和退火）时，退火处理制度为：在β转变温度以下30~45℃，保温1~2h，空冷或更快冷；再在700~760℃保温1~2h，空冷。

⑤ 空冷后在530~580℃保温2~12h，空冷。

⑥ 以2~4℃/min的速度炉冷至550℃（在真空炉中不高于500℃），然后空冷。

⑦ 复杂退火，炉冷至740~760℃保温1~3h，空冷，再在500~650℃保温2~6h，空冷。

注：T_β 为β转变温度。

	合金类型	合金牌号	加热温度/℃	保温时间/min	合金类型	合金牌号	加热温度/℃	保温时间/min
去应力退火制度	α钛合金	TA2、TA3、TA4	480~600	15~240	α-β钛合金	TC4②	480~650	60~240
		TA7	540~650	15~360		TC6	530~620	30~360
		TA11	595~760	10~75		TC10	540~600	30~360
		TA15	600~650	30~480		TC11	500~600	30~360
		TA18	370~595	15~240		TC16	550~650	30~240
		TA19	480~650	60~240		TC17	480~650	60~240
		TC1①	520~580	30~240		TC18	600~680	60~240
		TC2①	545~600	30~360		TC21	530~620	30~360
	β钛合金	TB2	650~700	30~60		ZTC3	620~800	60~240
		TB3	680~730	30~60		ZTC4	600~800	60~240
		TB5	680~710	30~60		ZTC5	550~800	60~240
		TB6	675~705	30~60				

① 与镀镍或镀铬零件接触的TC1和TC2焊接部件和零件的退火，只允许在520℃的真空炉中进行。

② 去应力退火可以在760~790℃与热成形同时进行。

续表

	合金类型	合金牌号	板材、带材及厚板制件 加热温度/℃	板材、带材及厚板制件 保温时间/min	棒材制件、锻件及铸件 加热温度/℃	棒材制件、锻件及铸件 保温时间/min	冷却方式
固溶处理制度	α钛合金	TA11	—	—	900~1010	20~90	空冷或更快冷
		TA19	815~915	2~90	900~980	20~120	空冷或更快冷
	α-β钛合金	TC4	890~970	2~90	890~970	20~120	水淬
		TC6	—	—	840~900	20~120	水淬
		TC10	850~900	2~90	850~900	20~120	水淬
		TC16	—	—	780~830	90~150	水淬
		TC17	—	—	790~815	20~120	水淬
		TC18	—	—	720~780①	60~180	水淬
		TC19	815~915	2~90	815~915	20~120	空冷或水淬
		Ti-6Al-2Sn-2Zr-2Mo-2Cr-0.25Si	870~925	2~90	870~925	20~120	水淬
	β钛合金	TB2	750~800	2~30	750~800	10~30	空冷或更快冷
		TB5	760~815	2~30	760~815	20~90	空冷或更快冷
		TB6	—	—	705~775	60~120	水淬②

① 对于复杂形状的TC18半成品或零件，推荐可先810~830℃，保温1~3h，炉冷，再执行本表制度，然后执行下表的时效制度。

② 直径或截面厚度不大于25mm时，允许空冷。

	合金类型	合金牌号	加热温度/℃	保温时间/h	合金类型	合金牌号	加热温度/℃	保温时间/h
时效处理制度	α钛合金	TA11	540~620	8~24	α-β钛合金	TC4	480~690	2~8
		TA19	565~620	2~8		TC6	500~620	1~4
	β钛合金	TB2	450~550	8~24		TC10	510~600	4~8
		TB5	480~675	2~24		TC16	500~580	4~10
		TB6	480~620	8~10		TC17	480~675	4~8
		—	—	—		TC18	480~600	4~10
		—	—	—		TC19	585~675	4~8
		—	—	—		Ti-6Al-2Sn-2Zr-2Mo-2Cr-0.25Si	480~675	2~10

钛及钛合金板材规格及力学性能（摘自GB/T 3621—2022）

表3-3-40

	牌号	状态	规格/mm 厚度	规格/mm 宽度	规格/mm 长度	
牌号、状态、规格	TA0、TA1、TA2、TA3、TA1GELI、TA1G、TA2G、TA3G、TA4G、TA5、TA6、TA7、TA8、TA8-1、TA9、TA9-1、TA10、TA11、TA13、TA15、TA17、TA18、TA22、TA23、TA24、TA32、TC1、TC2、TC3、TC4、TC4ELI、TC20	退火态(M)	0.3~5.0	400~1800	1000~4000	推荐厚度不大于5.0mm的板材，公称厚度为0.1mm厚度的整数倍；厚度大于5.0mm的板材，公称厚度为0.5mm厚度的整数倍；板材的公称宽度为10mm宽度的整数倍；公称长度为50mm长度的整数倍
			>5.0~100.0	400~3000	1000~6000	
	TB2、TB5、TB6、TB8	固溶态(ST)	0.3~5.0	400~1800	1000~4000	
			>5.0~100.0	400~3000	1000~6000	

	厚度	规定宽度范围的允许偏差 400~1000 厚度允差①	400~1000 不平度	>1000~2000 厚度允差①	>1000~2000 不平度	>2000~3000 厚度允差①	>2000~3000 不平度	规定宽度范围的宽度允许偏差：400~3000	规定长度范围的长度允许偏差：1000~4000	>4000~6000
外形尺寸及其允许偏差	0.3~0.5	±0.05	当板厚为0.3~20.0时：15	—	当板厚为0.3~5.0时：20	—	—	当板厚为0.3~5.0时：$^{+10}_{0}$	当板厚为0.3~5.0时：$^{+10}_{0}$	—
	>0.5~0.8	±0.07		±0.09		—				
	>0.8~1.0	±0.09		±0.10		—				
	>1.0~1.5	±0.11		±0.13		—				
	>1.5~2.0	±0.15		±0.15		—				

续表

	厚度	规定宽度范围的允许偏差						规定宽度范围的宽度允许偏差：400~3000	规定长度范围的长度允许偏差：	
		400~1000		>1000~2000		>2000~3000			1000~4000	>4000~6000
		厚度允差[①]	不平度	厚度允差[①]	不平度	厚度允差[①]	不平度			
外形尺寸及其允许偏差	>2.0~2.5	±0.18	当板厚为0.3~20.0时:15	±0.18	当板厚为0.3~5.0时:20	—	—	当板厚为0.3~5.0时：$^{+10}_{0}$	当板厚为0.3~5.0时：$^{+10}_{0}$	—
	>2.5~3.0	±0.18		±0.22		—				
	>3.0~4.0	±0.22		±0.30		—				
	>4.0~6.0	±0.35		±0.40		±0.80				
	>6.0~8.0	±0.40		±0.60	当板厚为5.0~20.0时:15	±0.80	当板厚为5.0~10.0时:20	当板厚为>5.0~100.0时：$^{+10}_{0}$	当板厚为>5.0~100.0时：$^{+10}_{0}$	当板厚为>5.0~100.0时：$^{+15}_{0}$
	>8.0~10.0	±0.50		±0.60		±0.80				
	>10.0~15.0	±0.70		±0.80		±1.00	当板厚为10.0~35.0时:15			
	>15.0~20.0	±0.70		±0.90		±1.10				
	>20.0~30.0	±0.90	当板厚为20.0~35.0时:10	±1.00	当板厚为20.0~35.0时:10	±1.20				
	>30.0~40.0	±1.10		±1.20		±1.50				
	>40.0~50.0	±1.20	当板厚为35.0~100.0时:8	±1.50	当板厚为35.0~100.0时:8	±2.00	当板厚为35.0~100.0时:10			
	>50.0~70.0	±1.60		±2.00		±2.50				
	>70.0~100.0	±2.00		±2.50		±2.50				

① 当需方要求厚度允许偏差全为“+”或全为“-”的单向偏差时，其值应为表中相应数值的 2 倍。

	牌号	状态	室温拉伸性能				高温力学性能					弯曲性能		
										持久性能				
			厚度/mm	抗拉强度 R_m/MPa	塑性强度 $R_{p0.2}$/MPa	伸长率 A/%	厚度/mm	试验温度/℃	抗拉强度 R_m/MPa	初始应力 σ_0/MPa	蠕变断裂时间 t_u/h	厚度/mm	弯曲压头直径/mm	弯曲角/(°)
力学性能	TA0	M	0.3~2.0	280~420	≥170	≥45	—					0.3~0.5	3T	≥140
			>2.0~10.0			≥30								
			>10.0~30.0			≥25								
	TA1	M	0.3~2.0	370~530	≥250	≥40	—					0.3~2.0	3T	≥140
			>2.0~10.0			≥30						>2.0~5.0	3T	≥130
			>10.0~30.0			≥25								
	TA2	M	0.3~1.0	440~620	≥320	≥35	—					0.3~2.0	3T	≥100
			>1.0~2.0			≥30								
			>2.0~10.0			≥25						>2.0~5.0	3T	≥90
			>10.0~30.0			≥18								
	TA3	M	0.3~1.0	540~720	≥410	≥30	—					0.3~2.0	3T	≥90
			>1.0~2.0			≥25								
			>2.0~10.0			≥20						>2.0~5.0	3T	≥80
			>10.0~30.0			≥16								
	TA1GELI	M	0.3~50.0	≥200	≥140	≥30	—					0.3~2.0	3T	≥105
												>2.0~5.0	3T	≥105

第3篇

续表

类别	牌号	状态	室温拉伸性能 厚度/mm	抗拉强度 R_m/MPa	塑性强度 $R_{p0.2}$/MPa	伸长率 A/%	高温力学性能 厚度/mm	试验温度/℃	抗拉强度 R_m/MPa	持久性能 初始应力 σ_0/MPa	持久性能 蠕变断裂时间 t_u/h	弯曲性能 厚度/mm	弯曲压头直径/mm	弯曲角/(°)
力学性能	TA1G	M	0.3~50.0	≥240	140~310	≥30	—					0.3~2.0	3T	≥105
												>2.0~5.0	4T	≥105
	TA2G	M	0.3~50.0	≥400	275~450	≥25	—					0.3~2.0	4T	≥105
												>2.0~5.0	5T	≥105
	TA3G	M	0.3~50.0	≥500	380~550	≥20	—					0.3~2.0	4T	≥105
												>2.0~5.0	5T	≥105
	TA4G	M	0.3~50.0	≥580	485~655	≥20	—					0.3~2.0	5T	≥105
												>2.0~5.0	6T	≥105
	TA5	M	0.5~1.0	≥685	≥585	≥20	—					0.5~40.0	5T	≥100
			>1.0~2.0			≥15								
			>2.0~10.0			≥12								
	TA6	M	0.8~1.5	685~850	≥605	≥20	0.8~25.0	350	≥420	390	≥100	0.8~1.5	3T	≥50
			>1.5~2.0			≥15		500	≥340	195	≥100	>1.5~2.0	3T	≥40
			>2.0~25.0			≥12								
	TA7	M	0.8~1.5	765~930	≥685	≥20	0.8~30.0	350	≥490	440	≥100	0.8~2.0	3T	≥50
			>1.5~2.0			≥15								
			>2.0~10.0			≥12		500	≥440	195	≥100	>2.0~5.0	3T	≥40
			>10.0~30.0			≥9								
	TA8	M	0.3~25.0	≥400	275~450	≥20	—					0.3~<1.8	4T	≥105
												1.8~5.0	5T	≥105
	TA8-1	M	0.3~25.0	≥240	140~310	≥24	—					0.3~<1.8	3T	≥105
												1.8~5.0	4T	≥105
	TA9	M	0.3~25.0	≥400	275~450	≥20	—					0.3~<1.8	4T	≥105
												1.8~5.0	5T	≥105
	TA9-1	M	0.3~25.0	≥240	140~310	≥24	—					0.3~<1.8	3T	≥105
												1.8~5.0	4T	≥105
	TA10(A类)	M	0.3~25.0	≥485	≥345	≥18	—					0.3~<1.8	4T	≥105
	TA10(B类)	M	0.3~25.0	≥345	≥275	≥25						1.8~5.0	5T	≥105
	TA11	M	5.0~12.0	≥895	≥825	≥10	5.0~12.0	425	≥620	—	—			
	TA13	M	0.5~2.0	540~770	460~570	≥18	—					0.5~2.0	2T	180

续表

项目	牌号	状态	室温拉伸性能				高温力学性能					弯曲性能		
			厚度/mm	抗拉强度 R_m/MPa	塑性强度 $R_{p0.2}$/MPa	伸长率 A/%	厚度/mm	试验温度/℃	抗拉强度 R_m/MPa	持久性能		厚度/mm	弯曲压头直径/mm	弯曲角/(°)
										初始应力 σ_0/MPa	蠕变断裂时间 t_u/h			
力学性能	TA15	M	0.8~1.8	930~1130	≥855	≥12	0.8~<30.0	500	≥635	470	≥50	0.8~6.0	3T	≥30
			>1.8~4.0			≥10				440	≥100			
			>4.0~10.0			≥8	30.0~70.0	500	≥570	470	≥50			
			>10.0~70.0			≥6				440	≥100			
	TA17	M	0.5~1.0	685~835	—	≥25	0.5~10.0	350	≥420	390	≥100	0.5~1.0	3T	≥80
			>1.0~2.0			≥15						>1.0~2.0	3T	≥60
			>2.0~4.0			≥12		400	≥390	360	≥100	>2.0~5.0	3T	≥50
			>4.0~10.0			≥10						>5.0~25.0	6T	≥120
	TA18	M	0.5~2.0	590~735	—	≥25	0.5~10.0	350	≥340	320	≥100	0.5~1.0	3T	≥100
			>2.0~4.0			≥20		400	≥310	280	≥100	>1.0~2.0	3T	≥70
			>4.0~10.0			≥15						>2.0~10.0	3T	≥60
	TA22	M	4.0~30.0	≥635	≥490	≥18	—					4.0~16.0	3T	≥60
	TA23	M	1.0~10.0	≥700	≥590	≥18	—					1.0~10.0	5T	180
	TA24	M	8.0~90.0	≥700	≥550	≥13	—					8.0~48.0	5T	≥100
												>48.0~90.0	5T	≥70
	TA32	M	0.8~4.0	≥900	≥800	≥8	0.8~4.0	550	≥600	350	≥100	0.8~4.0	3T	≥25
	TB2	ST	1.5~3.5	≤980	—	≥20	—					1.0~3.5	3T	≥120
		STA[①]	1.5~3.5	≥1320	—	≥8								
	TB5	ST	0.8~3.2	705~945	690~870	≥12	—					0.8~<1.8	4T	≥105
												1.8~3.2	5T	≥105
	TB6	ST	1.0~5.0	≥1000	—	≥6	—							
	TB8	ST	0.3~0.6	825~1000	795~965	≥6	—					0.8~<1.8	3T	≥105
			>0.6~2.5			≥8						1.8~2.5	3.5T	≥105
	TC1	M	0.3~2.0	590~735	≥460	≥25	0.3~25.0	350	≥340	320	≥100	0.3~1.0	3T	≥100
			>2.0~10.0			≥20		400	≥310	295	≥100	>1.0~2.0	3T	≥70
			>10.0~25.0			≥15						>2.0~5.0	3T	≥60

第3篇

续表

	牌号	状态	室温拉伸性能				高温力学性能					弯曲性能		
			厚度/mm	抗拉强度 R_m/MPa	塑性强度 $R_{p0.2}$/MPa	伸长率 A/%	厚度/mm	试验温度/℃	抗拉强度 R_m/MPa	持久性能 初始应力 σ_0/MPa	持久性能 蠕变断裂时间 t_u/h	厚度/mm	弯曲压头直径/mm	弯曲角/(°)
力学性能	TC2	M	0.5~1.0	685~920	≥620	≥25	0.5~25.0	350	≥420	390	≥100	0.5~1.0	3T	≥80
			>1.0~2.0			≥15		400	≥390	360	≥100	>1.0~2.0	3T	≥60
			>2.0~25.0			≥12						>2.0~5.0	3T	≥50
	TC3	M	0.5~2.0	880~1080	≥820	≥12	0.5~10.0	400	≥590	540	≥100	0.5~2.0	3T	≥35
			>2.0~10.0			≥12		500	≥440	195	≥100	>2.0~5.0	3T	≥30
	TC4	M	0.5~4.0	925~1150	≥870	≥12	0.5~30.0	400	≥590	540	≥100	0.5~1.8	9T	≥105
			>4.0~5.0			≥10								
			>5.0~10.0	895~1100	≥825	≥10		500	≥440	195	≥100	>1.8~5.0	10T	≥105
			>10.0~100.0			≥9								
	TC4ELI	M	0.5~<25.5	≥895	≥830	≥10	—					0.5~1.8	9T	≥105
			25.5~100.0	≥860	≥795	≥10						>1.8~5.0	10T	≥105
	TC20	M	0.5~25.0	≥900	≥800	≥10	—					0.5~<1.8	9T	≥105
												1.8~5.0	10T	≥105

① STA 为固溶时效态，适用于 TB2 固溶时效态试样的室温拉伸性能。

注：1. 当订货单中未注明时，TA10 板材按 A 类供货；经供需双方协商并在订货单中注明时，可按 B 类供货。
2. 室温拉伸性能适用于板材的横向和纵向。
3. TA10 板材的室温拉伸性能分为 A 类和 B 类，A 类适用于一般工业、B 类适应于复合板用复材。
4. T 为弯曲试样的厚度。
5. TB2、TB5、TB8 的弯曲性能仅适用于固溶态试样。

钛及钛合金管规格力学性能（摘自 GB/T 3624—2023）

表 3-3-41

牌号、状态、规格																			长度/mm
牌号	状态	外径/mm	壁厚/mm																
			0.2	0.3	0.5	0.6	0.8	1.0	1.25	1.5	2.0	2.5	3.0	3.5	4.0	4.5	5.0	5.5	
TA0 TA1 TA2 TA1G TA2G TA3G TA8 TA8-1 TA9 TA9-1 TA10 TA18	退火态 (M)	3~5	○	○	○	○	—	—	—	—	—	—	—	—	—	—	—	—	500~4000
		>5~10	—	○	○	○	○	○	○	—	—	—	—	—	—	—	—	—	
		>10~15	—	—	○	○	○	○	○	○	○	—	—	—	—	—	—	—	壁厚≤2.0 时，500~9000；壁厚>2.0~5.5 时，500~9000
		>15~20	—	—	—	○	○	○	○	○	○	○	—	—	—	—	—	—	
		>20~30	—	—	—	○	○	○	○	○	○	○	○	—	—	—	—	—	

续表

牌号、状态、规格																			长度/mm
牌号	状态	外径/mm	壁厚/mm																
			0.2	0.3	0.5	0.6	0.8	1.0	1.25	1.5	2.0	2.5	3.0	3.5	4.0	4.5	5.0	5.5	
TA0 TA1 TA2 TA1G TA2G TA3G TA8 TA8-1 TA9 TA9-1 TA10 TA18	退火态 (M)	>30~40	—	—	—	—	—	○	○	○	○	○	○	○	—	—	—	—	壁厚≤2.0时， 500~9000； 壁厚>2.0~ 5.5时， 500~9000
		>40~50	—	—	—	—	—	—	○	○	○	○	○	○	○	—	—	—	
		>50~60	—	—	—	—	—	—	—	○	○	○	○	○	○	○	○	—	
		>60~80	—	—	—	—	—	—	—	○	○	○	○	○	○	○	○	○	
		>80~110	—	—	—	—	—	—	—	—	—	○	○	○	○	○	○	○	

注："○"表示可以按本标准生产的规格

牌号	状态	室温拉伸性能		
		抗拉强度 R_m/MPa	规定塑性延伸强度 $R_{p0.2}$/MPa	断后伸长率 A_{50mm}/%
TA0	退火(M)	240~420	≥170	≥24
TA1		370~530	≥250	≥20
TA2		440~620	≥320	≥18
TA1G		≥240	140~310	≥24
TA2G		≥400	275~450	≥20
TA3G		≥500	380~550	≥18
TA8		≥400	275~450	≥20
TA8-1		≥240	140~310	≥24
TA9		≥400	275~450	≥20
TA9-1		≥240	140~310	≥24
TA10		≥460	≥300	≥18
TA18		≥620	≥483	≥15

钛及钛合金焊接管（GB/T 26057—2010）

表 3-3-42

牌号	状态	外径/mm	壁厚/mm							
			0.5	0.6	0.7	0.8	1.0	1.25	1.65	2.1
TA1、TA2、 TA3、TA8、 TA8-1、TA9、 TA9-1、TA10	M(退火态)	10~15	○	○	○	—	—	—	—	—
		15~27	○	○	○	○	○	○	○	—
		>27~32	○	○	○	○	○	○	○	○
		>32~38	—	—	○	○	○	○	○	○

注："○"表示可按本标准生产的规格。

合金牌号	状态	室温力学性能		
		抗拉强度 R_m/MPa	规定非比例延伸强度 $R_{p0.2}$/MPa	断后伸长率 $A_{50\ mm}$/%
TA1	M (退火态)	≥240	140~310	≥24
TA2		≥400	275~450	≥20
TA3		≥500	380~550	≥18
TA8		≥400	275~450	≥20
TA8-1		≥240	140~310	≥24
TA9		≥400	275~450	≥20
TA9-1		≥240	140~310	≥24
TA10		≥483	≥345	≥18

第3篇

钛及钛合金挤压管（GB/T 26058—2010）

表 3-3-43

牌号	供应状态	外径/mm	规定外径和壁厚时的允许最大长度/m														
			壁厚/mm														
			4	5	6	7	8	9	10	12	15	18	20	22	25	28	30
TA1 TA2 TA3 TA4 TA8 TA8-1 TA9 TA9-1 TA10 TA18	热挤压状态（R）	25、26	3.0	2.5	—	—	—	—	—	—	—	—	—	—	—	—	—
		28	2.5	2.5	2.5	—	—	—	—	—	—	—	—	—	—	—	—
		30	3.0	2.5	2.0	2.0	—	—	—	—	—	—	—	—	—	—	—
		32	3.0	2.5	2.0	1.5	1.5	—	—	—	—	—	—	—	—	—	—
		34	2.5	2.0	1.5	1.2	1.0	—	—	—	—	—	—	—	—	—	—
		35	2.5	2.0	1.5	1.2	1.0	—	—	—	—	—	—	—	—	—	—
		38	2.0	2.0	1.5	1.2	1.0	—	—	—	—	—	—	—	—	—	—
		40	2.0	2.0	1.5	1.5	1.2	—	—	—	—	—	—	—	—	—	—
		42	2.0	1.8	1.5	1.2	1.2	—	—	—	—	—	—	—	—	—	—
		45	1.5	1.5	1.2	1.2	1.0	—	—	—	—	—	—	—	—	—	—
		48	1.5	1.5	1.2	1.2	1.0	—	—	—	—	—	—	—	—	—	—
		50	—	1.5	1.2	1.2	1.0	—	—	—	—	—	—	—	—	—	—
		53	—	1.5	1.2	1.2	1.0	—	—	—	—	—	—	—	—	—	—
		55	—	1.5	1.2	1.2	1.0	—	—	—	—	—	—	—	—	—	—
		60	—	—	—	—	11	10	—	—	—	—	—	—	—	—	—
		63	—	—	—	—	10	9	—	—	—	—	—	—	—	—	—
		65	—	—	—	—	9	8	—	—	—	—	—	—	—	—	—
		70	—	—	10.0	9.0	8.0	7.0	6.5	6.0	—	—	—	—	—	—	—
		75	—	—	10.0	9.0	8.0	7.0	6.0	5.5	—	—	—	—	—	—	—
		80	—	—	8.0	7.0	6.5	6.0	5.5	5.0	4.5	—	—	—	—	—	—
		85	—	—	8.0	7.0	6.5	6.0	5.5	5.0	4.5	—	—	—	—	—	—
		90	—	—	8.0	7.0	6.0	5.5	5.0	4.5	4.5	4.5	4.0	—	—	—	—
		95	—	—	7.0	6.0	5.5	5.0	4.5	5.5	5.0	4.5	4.0	—	—	—	—
		100	—	—	6.0	5.5	5.0	4.5	5.5	5.0	4.5	4.0	3.5	3.0	2.5	—	—
		105	—	—	—	5.0	4.5	4.0	5.0	4.5	4.0	3.5	3.0	2.5	2.0	—	—
		110	—	—	—	5.0	4.5	4.0	5.0	4.5	4.0	3.5	3.0	2.5	2.0	—	—
		115	—	—	—	5.0	4.5	4.0	5.0	4.5	4.0	3.5	3.0	2.5	2.0	1.5	1.2
		120	—	—	—	6.0	5.5	5.0	4.5	4.0	3.5	3.0	2.5	2.0	1.5	1.5	1.2
		130	—	—	—	5.5	5.0	4.5	4.0	3.5	3.0	2.5	2.0	1.5	1.5	1.2	1.0
		140	—	—	—	5.0	4.5	4.0	3.5	3.0	2.5	2.0	1.5	3.5	3.0	2.5	2.0
		150	—	—	—	—	—	—	—	3.5	3.5	3.5	3.0	2.5	2.5	2.0	1.5
		160	—	—	—	—	—	—	—	3.5	3.5	3.5	3.0	2.5	2.0	1.5	1.5
		170	—	—	—	—	—	—	—	3.5	3.0	2.5	2.5	2.0	1.8	1.5	1.2
		180	—	—	—	—	—	—	—	3.5	3.0	2.5	2.5	2.0	1.8	1.5	1.2
		190	—	—	—	—	—	—	—	3.0	2.5	2.5	2.0	1.8	1.5	1.2	1.0
		200	—	—	—	—	—	—	—	—	2.5	2.0	2.0	1.8	1.5	1.2	1.0
		210	—	—	—	—	—	—	—	—	—	—	2.0	1.8	1.5	1.2	1.0

注：1. 管材的最小长度为 500 mm。

2. 需方要求时，经协商可提供其他规格的管材。

续表

牌号	供应状态	规定外径和壁厚时的允许最大长度/m								
		外径/mm	壁厚/mm							
			12	15	18	20	22	25	28	30
TC1 TC4	热挤压状态(R)	90	—	4.5	4.5	4.0	—	—	—	—
		95	—	5.0	4.5	4.0	—	—	—	—
		100	—	4.5	4.0	3.5	3.0	2.5	—	—
		105	—	4.0	3.5	3.0	2.5	2.0	—	—
		110	4.5	4.0	3.5	3.0	2.5	2.0	—	—
		115	—	—	—	3.0	2.5	2.0	1.5	1.2
		120	—	—	—	2.5	2.0	1.5	1.5	1.2
		130	—	3.0	2.5	2.0	1.5	1.5	1.2	1.0
		140	3.0	2.5	2.0	1.5	3.5	3.0	2.5	2.0
		150	3.5	3.5	3.5	3.0	2.5	2.5	2.0	1.5
		160	3.5	3.5	3.5	3.0	2.5	2.0	1.5	1.5
		170	—	—	—	—	—	—	1.5	1.2
		180	—	—	—	2.5	2.0	1.8	1.5	1.2
		190	—	2.5	2.5	2.0	1.8	1.5	1.2	1.0
		200	—	2.5	2.0	2.0	1.8	1.5	1.2	1.0
		210	—	—	—	—	—	—	—	1.0

注:1. 管材的最小长度为500mm。
2. 需方要求时,经协商可提供其他规格的管材。

合金牌号	状态	室温力学性能	
		抗拉强度 R_m/MPa	断后伸长率 A/%
TA1	热挤压(R)	≥240	≥24
TA2		≥400	≥20
TA3		≥450	≥18
TA9		≥400	≥20
TA10		≥485	≥18

表 3-3-44　　加工钛材的特性与用途

牌号	特性与用途
TA1 TA2 TA3	属工业纯钛,它们在许多天然和人工环境中具有良好的耐蚀性及较高的比强度,有较高的疲劳极限,通常在退火状态下使用,锻造性能类似低碳钢或18-8型不锈钢,可采用加工不锈钢的一些普通方法进行锻造、成形和焊接,可生产锻坯、板材、棒材、丝材等,可用于航空、医疗、化工等方面,如航空工业中用于排气管、防火墙、热空气管及受热蒙皮以及其他要求延展性、模锻及耐腐蚀的零件
TA4 TA5 TA6	属α型钛合金,不能热处理强化,通常在退火状态下使用,具有良好的热稳定性和热强性及优良的焊接性,主要作为焊丝材料
TA7	属α型钛合金,可焊,在316~593℃下具有良好的抗氧化性、强度及高温稳定性,用于锻件及板材零件,如航空发动机压气机叶片、壳体及支架等
TB2	属β型钛合金,淬火状态具有很好的塑性,可以冷成形,板材能连续生产,淬火时效后有很高的强度,可焊性好,在高的屈服强度下有高的断裂韧性,但热稳定性差,用于宇航工业结构件,如螺栓、铆钉、钣金件等
TC1 TC2 TC3 TC4 TC6 TC9 TC10	属α+β型钛合金,有较高的力学性能和优良的高温变形能力,能进行各种热加工,淬火时效后能大幅度提高强度,热稳定性较差 TC1、TC2在退火状态下使用,可作低温材料使用,TC3、TC4有良好的综合力学性能,组织稳定性高,被广泛用于火箭发动机外壳、航空发动机压气机盘、叶片、结构锻件、紧固件等 TC6进一步提高了合金的热强性 TC9、TC10具有较高的室温、高温力学性能,以及良好的热稳定性和塑性

2.4 变形镁及镁合金

变形镁及镁合金牌号和化学成分（摘自 GB/T 5153—2016）

表 3-3-45

合金组别	牌号	对应 ISO 3116:2007 的数字牌号	化学成分(质量分数)/%														其他元素[①]	
			Mg	Al	Zn	Mn	RE	Cd	Y	Zr	Li		Si	Fe	Cu	Ni	单一	总和
MgAl	AZ30M	—	余量	2.2~3.2	0.20~0.50	0.20~0.40	0.05~0.08Ce	—	—	—	—	—	0.01	0.005	0.0015	0.0005	0.01	0.15
	AZ31B	—	余量	2.5~3.5	0.6~1.4	0.20~1.0	—	—	—	—	—	0.04Ca	0.08	0.003	0.01	0.001	0.05	0.30
	AZ31C	—	余量	2.4~3.6	0.50~1.5	0.15~1.0[②]	—	—	—	—	—	—	0.10	—	0.10	0.03	—	0.30
	AZ31N	—	余量	2.5~3.5	0.50~1.5	0.20~0.40	—	—	—	—	—	—	0.05	0.0008	—	—	0.02	0.15
	AZ31S	ISO-WD21150	余量	2.4~3.6	0.50~1.5	0.15~0.40	—	—	—	—	—	—	0.10	0.005	0.05	0.005	0.05	0.30
	AZ31T	ISO-WD21151	余量	2.4~3.6	0.50~1.5	0.05~0.40	—	—	—	—	—	—	0.10	0.05	0.05	0.005	0.05	0.30
	AZ33M	—	余量	2.6~4.2	2.2~3.8	—	—	—	—	—	—	—	0.10	0.008	0.005	—	0.01	0.30
	AZ40M	—	余量	3.0~4.0	0.20~0.8	0.15~0.50	—	—	—	—	—	0.01Be	0.10	0.05	0.05	0.005	0.01	0.30
	AZ41M	—	余量	3.7~4.7	0.8~1.4	0.30~0.6	—	—	—	—	—	0.01Be	0.10	0.05	0.05	0.005	0.01	0.30
	AZ61A	—	余量	5.8~7.2	0.40~1.5	0.15~0.50	—	—	—	—	—	—	0.10	0.005	0.05	0.005	—	0.30
	AZ61M	—	余量	5.5~7.0	0.50~1.5	0.15~0.50	—	—	—	—	—	0.01Be	0.10	0.05	0.05	0.005	0.01	0.30
	AZ61S	ISO-WD2160	余量	5.5~6.5	0.50~1.5	0.15~0.4	—	—	—	—	—	—	0.10	0.005	0.05	0.005	0.05	0.30
	AZ62M	—	余量	5.0~7.0	2.0~3.0	0.20~0.50	—	—	—	—	—	0.01Be	0.10	0.05	0.05	0.005	0.01	0.30
	AZ63B	—	余量	5.3~6.7	2.5~3.5	0.15~0.6	—	—	—	—	—	—	0.08	0.003	0.01	0.001	—	0.30

续表

合金组别	牌号	对应 ISO 3116:2007 的数字牌号	化学成分(质量分数)/%														其他元素[①]	
			Mg	Al	Zn	Mn	RE	Cd	Y	Zr	Li		Si	Fe	Cu	Ni	单一	总和
MgAl	AZ80A	—	余量	7.8~9.2	0.20~0.8	0.12~0.50	—	—	—	—	—	—	0.10	0.005	0.05	0.005	—	0.30
	AZ80M	—	余量	7.8~9.2	0.20~0.8	0.15~0.50	—	—	—	—	—	0.01Be	0.10	0.05	0.05	0.005	0.01	0.30
	AZ80S	ISO-WD21170	余量	7.8~9.2	0.20~0.8	0.12~0.40	—	—	—	—	—	—	0.10	0.005	0.05	0.005	0.05	0.30
	AZ91D	—	余量	8.5~9.5	0.45~0.9	0.17~0.40	—	—	—	—	—	0.0005~0.003Be	0.08	0.004	0.02	0.001	0.01	—
	AM41M	—	余量	3.0~5.0	—	0.50~1.5	—	—	—	—	—	—	0.01	0.005	0.10	0.004	—	0.30
	AM81M	—	余量	7.5~9.0	0.20~0.50	0.50~2.0	—	—	—	—	—	—	0.01	0.005	0.10	0.004	—	0.30
	AE90M	—	余量	8.0~9.5	0.30~0.9	—	0.20~1.2[③]	—	—	—	—	—	0.01	0.005	0.10	0.004	—	0.30
	AW90M	—	余量	8.0~9.5	0.30~0.9	—	—	—	0.20~1.2	—	—	—	0.01	—	0.10	0.004	—	0.20
	AQ80M	—	余量	7.5~8.5	0.35~0.55	0.15~0.35	0.01~0.10	—	—	—	—	0.02~0.8Ag 0.001~0.02Ca	0.05	0.02	0.02	0.001	0.01	0.30
	AL33M	—	余量	2.5~3.5	0.50~0.8	0.20~0.40	—	—	—	—	1.0~3.0	—	0.01	0.005	0.0015	0.0005	0.02	0.15
	AJ31M	—	余量	2.5~3.5	0.2	0.6~0.8	—	—	—	—	—	0.9~1.5Sr	0.1	0.02	0.05	0.005	0.05	0.15
	AT11M	—	余量	0.5~1.2	—	0.10~0.30	—	—	—	—	—	0.6~1.2Sn	0.01	0.004	—	—	0.01	0.15
	AT51M	—	余量	4.5~5.5	—	0.20~0.50	—	—	—	—	—	0.8~1.3Sn	0.02	0.005	—	—	0.05	0.15
	AT61M	—	余量	6.0~6.8	—	0.20~0.40	—	—	—	—	—	0.7~1.3Sn	0.02	0.005	—	—	0.05	0.15
MgZn	ZA73M	—	余量	2.5~3.5	6.5~7.5	0.01	0.30~0.9Er	—	—	—	—	—	0.0005	0.01	0.001	0.0001	—	0.30
	ZM21M	—	余量	—	1.0~2.5	0.50~1.5	—	—	—	—	—	—	0.01	0.005	0.10	0.004	—	0.30

续表

合金组别	牌号	对应ISO 3116:2007的数字牌号	化学成分(质量分数)/%															
			Mg	Al	Zn	Mn	RE	Cd	Y	Zr	Li		Si	Fe	Cu	Ni	其他元素①	
																	单一	总和
MgZn	ZM21N	—	余量	0.02	1.3~2.4	0.30~0.9	0.10~0.6Ce	—	—	—	—	—	0.01	0.008	0.006	0.004	0.01	0.20
	ZM51M	—	余量	—	4.5~6.0	0.50~2.0	—	—	—	—	—	—	0.01	0.005	0.10	0.004	—	0.30
	ZE10A	—	余量	—	1.0~1.5	—	0.12~0.22	—	—	—	—	—	—	—	—	—	—	0.30
	ZE20M	—	余量	0.02	1.8~2.4	0.50~0.9	0.10~0.6Ce	—	—	—	—	—	0.01	0.008	0.006	0.004	0.01	0.20
	ZE90M	—	余量	0.0001	8.5~9.0	0.01	0.45~0.50Er	—	—	0.30~0.50	—	—	0.0005	0.0001	0.001	0.0001	0.01	0.15
	ZW62M	—	余量	0.01	5.0~6.5	0.20~0.8	0.12~0.25Ce	—	1.0~2.5	0.50~0.9	—	0.20~1.6Ag 0.10~0.6Cd	0.05	0.005	0.05	0.005	0.05	0.30
	ZW62N	—	余量	0.20	5.5~6.5	0.6~0.8	—	—	1.6~2.4	—	—	—	0.10	0.02	0.05	0.005	0.05	0.15
	ZK40A	—	余量	—	3.5~4.5	—	—	—	—	≥0.45	—	—	—	—	—	—	—	0.30
	ZK60A	—	余量	—	4.8~6.2	—	—	—	—	≥0.45	—	—	—	—	—	—	—	0.30
	ZK61M	—	余量	0.05	5.0~6.0	0.10	—	—	—	0.30~0.9	—	0.01Be	0.05	0.05	0.05	0.005	0.01	0.30
	ZK61S	ISO-WD32260	余量	—	4.8~6.2	—	—	—	—	0.45~0.8	—	—	—	—	—	—	0.05	0.30
	ZC20M	—	余量	—	1.5~2.5	—	0.20~0.6Ce	—	—	—	—	—	0.02	0.02	0.30~0.6	—	0.01	0.05
MgMn	M1A	—	余量	—	—	1.2~2.0	—	—	—	—	—	0.30Ca	0.10	—	0.05	0.01	—	0.30
	M1C	—	余量	0.01	—	0.50~1.3	—	—	—	—	—	—	0.05	0.01	0.01	0.001	0.05	0.30
	M2M	—	余量	0.20	0.30	1.3~2.5	—	—	—	—	—	0.01Be	0.10	0.05	0.05	0.007	0.01	0.20
	M2S	ISO-WD43150	余量	—	—	1.3~2.0	—	—	—	—	—	—	0.10	—	0.05	0.01	0.05	0.30

续表

合金组别	牌号	对应 ISO 3116:2007 的数字牌号	化学成分(质量分数)/%														
			Mg	Al	Zn	Mn	RE	Cd	Y	Zr	Li		Si	Fe	Cu	Ni	其他元素① 单一	其他元素① 总和
MgMn	ME20M	—	余量	0.20	0.30	1.3~2.2	0.15~0.35Ce	—	—	—	—	0.01Be	0.10	0.05	0.05	0.007	0.01	0.30
MgRE	EZ22M	—	余量	0.001	1.2~2.0	0.01	2.0~3.0Er	—	—	0.10~0.50	—	—	0.0005	0.001	0.001	0.0001	0.01	0.15
MgGd	VE82M	—	余量	—	—	—	0.50~2.5③	7.5~9.5	—	0.40~1.0	—	—	0.01	0.05	—	0.004	—	0.30
MgGd	VW64M	—	余量	—	0.30~1.0	—	—	5.5~6.5	3.0~4.5	0.30~0.7	—	0.20~1.0Ag 0.002~0.02Ca	0.05	0.02	0.02	0.001	0.01	0.30
MgGd	VW75M	—	余量	0.01	—	0.10	0.9~1.5Nd	6.5~7.5	4.6~5.7	0.40~1.0	—	—	0.01	—	0.10	0.004	—	0.30
MgGd	VW83M	—	余量	0.02	0.10	0.05	—	8.0~9.0	2.8~3.5	0.40~0.6	—	—	0.05	0.01	0.02	0.005	0.01	0.15
MgGd	VW84M	—	余量	—	1.0~2.0	0.6~1.0	—	7.5~9.0	3.5~5.0	—	—	—	0.05	0.01	0.02	0.005	0.01	0.15
MgGd	VK41M	—	余量	—	—	—	—	3.8~4.2	—	0.8~1.2	—	—	0.02	0.01	—	—	0.03	0.30
MgY	WZ52M	—	余量	—	1.5~2.5	0.35~0.55	—	—	4.0~6.0	0.50~1.5	—	0.15~0.50Cd	0.05	0.01	0.04	0.005	—	0.30
MgY	WE43B	—	余量	—	0.20 (Zn+Ag)	0.03	2.0~25Nd 其他<1.9④	—	3.7~4.3	0.40~1.0	0.20	—	—	0.01	0.02	0.005	0.01	—
MgY	WE43C	—	余量	—	0.06	0.03	2.0~2.5Nd 其他 0.30~1.0⑤	—	3.7~4.3	0.20~1.0	0.05	—	—	0.005	0.02	0.002	0.01	—

第3篇

续表

合金组别	牌号	对应 ISO 3116:2007 的数字牌号	化学成分(质量分数)/%															
			Mg	Al	Zn	Mn	RE	Cd	Y	Zr	Li		Si	Fe	Cu	Ni	其他元素[①] 单一	其他元素[①] 总和
MgY	WE54A	—	余量	—	0.20	0.03	1.5~2.0Nd 其他≤2.0[④]	—	4.8~5.5	0.40~1.0	0.20	—	0.01	—	0.03	0.005	0.20	—
MgY	WE71M	—	余量	—	—	—	0.7~2.5[③]	—	5.7~8.5	0.40~1.0	—	—	0.01	0.05	—	0.004	—	0.30
MgY	WE83M	—	余量	0.01	—	0.10	2.4~3.4Nd	—	7.4~8.5	0.40~1.0	—	—	0.01	—	0.10	0.004	—	0.30
MgY	WE91M	—	余量	0.10	—	—	0.7~1.9[③]	—	8.2~9.5	0.40~1.0	—	—	0.01	—	—	0.004	—	0.30
MgY	WE93M	—	余量	0.10	—	—	2.5~3.7[③]	—	8.2~9.5	0.40~1.0	—	—	0.01	—	—	0.004	—	0.30
MgLi	LA43M	—	余量	2.5~3.5	2.5~3.5	—	—	—	—	—	3.5~4.5	—	0.50	0.05	0.05	—	0.05	0.30
MgLi	LA86M	—	余量	5.5~6.5	0.50~1.5	—	—	—	0.50~1.2	—	7.0~9.0	2.0~4.0Cd 0.50~1.5Ag 0.005K 0.005Na	0.10~0.40	0.01	0.04	0.005	—	0.30
MgLi	LA103M	—	余量	2.5~3.5	0.8~1.8	—	—	—	—	—	9.5~10.5	—	0.50	0.05	0.05	—	0.05	0.30
MgLi	LA103Z	—	余量	2.5~3.5	2.5~3.5	—	—	—	—	—	9.5~10.5	—	0.50	0.05	0.05	—	0.05	0.30

① 其他元素指在本表表头中列出了元素符号，但在本表中却未规定极限值含量的元素。

② Fe 元素含量不大于 0.005%时，不必限制 Mn 元素的最小极限值。

③ 稀土为富铈混合稀土，其中 Ce：50%；La：30%；Nd：15%；Pr：5%。

④ 其他稀土为中重稀土，例如：钆、镝、铒、镱。其他稀土源生自钇，典型为 80%钇，20%的重稀土。

⑤ 其他稀土为中重稀土，例如：钆、镝、铒、镱。钆十镝十铒的含量为 0.3%~1.0%。钐的含量不大于 0.04%，镱的含量不大于 0.02%。

注：ISO 3116：2007 中采用的数字牌号的表示方法参见其附录 B。

变形镁及镁合金牌号的命名规则（摘自 GB/T 5153—2016）

纯镁牌号以 Mg 加数字的形式表示，Mg 后的数字表示 Mg 的质量分数。

镁合金牌号以英文字母加数字再加英文字母的形式表示。前面的英文字母是其最主要的合金组成元素代号（元素代号符合表 3-3-46 的规定），其后的数字表示其最主要的合金组成元素的大致含量。最后面的英文字母为标识代号，用以标识各具体组成元素相异或元素含量有微小差别的不同合金。

表 3-3-46 元素名称与代号

元素代号	元素名称	元素代号	元素名称	元素代号	元素名称	元素代号	元素名称	元素代号	元素名称
A	铝	E	稀土	K	锆	P	铅	T	锡
B	铋	F	铁	L	锂	Q	银	W	镱
C	铜	G	钙	M	锰	R	铬	Y	锑
D	镉	H	钍	N	镍	S	硅	Z	锌

镁及镁合金板、带材（GB/T 5154—2022）

表 3-3-47

	牌号①	状态①	尺寸规格/mm		
			厚度	宽度	长度
镁及镁合金板、带材的牌号、状态和尺寸规格	Mg9995	F	2.00~5.00	≤600	≤1000
	M2M AZ40M	O	0.80~10.00	400~1200	1000~3500
		H112、F	>8.00~70.00	400~1200	1000~3500
	AZ41M	H18、O	0.40~2.00	≤1000	≤2000
		O	>2.00~10.00	400~1200	1000~3500
		H112、F	>8.00~70.00	400~1200	1000~2000
	AZ31B	H24	>0.40~2.00	≤600	≤2000
			>2.00~8.00	≤1000	≤2000
			>8.00~32.00	400~1200	1.000~3.500
			>32.00~70.00	400~1200	1000~2000
		H26	6.30~50.00	400~1200	1000~2000
		O	>0.40~1.00	≤600	—
			>1.00~8.00	≤1000	≤2000
			>8.00~70.00	400~1200	1000~2000
		H112、F	>8.00~70.00	400~1200	1000~2000
	ME20M	H18、O	0.40~0.80	≤1000	≤2000
		H24、O	>0.80~10.00	400~1200	1000~3500
		H112、F	>8.00~32.00	400~1200	1000~3500
			>32.00~70.00	400~1200	1000~2000
	AZ61A	H112	>0.50~6.00	60~400	≤1200
	ZK61M	H112、T5	>8.00~32.00	400~1200	1000~3500
			>32.00~70.00	400~1200	≤2000
	LZ91N、LA93M、LA93Z	H112、O	>0.40~20.00	400~1200	1000~3500
			>20.00~70.00	400~1200	≤2000
	①新、旧牌号及状态对照表见附录 A				

第3篇

续表

板材的室温力学性能

牌号	状态	板材厚度/mm	抗拉强度 R_m/MPa	规定非比例延伸强度 $R_{p0.2}$/MPa	规定非比例压缩强度 $R_{pc0.2}$/MPa	断后伸长率/% A	断后伸长率/% A_{50mm}
			不小于				
M2M	O	0.80~3.00	190	110	—	—	6.0
		>3.00~5.00	180	100	—	—	5.0
		>5.00~10.00	170	90	—	—	5.0
	H112	8.00~12.50	200	90	—	—	4.0
		12.50~20.00	190	100	—	4.0	—
		20.00~70.00	180	110	—	4.0	—
AZ40M	O	0.80~3.00	240	130	—	—	12.0
		>3.00~10.00	230	120	—	—	12.0
	H112	8.00~12.50	230	140	—	—	10.0
		>12.50~20.00	230	140	—	8.0	—
		>20.00~70.00	230	140	70	8.0	—
AZ41M	H18	0.40~0.80	290	—	—	—	2.0
	O	0.40~3.00	250	150	—	—	12.0
		3.00~5.00	240	140	—	—	12.0
		>5.00~10.00	240	140	—	—	10.0
	H112	8.00~12.50	240	140	—	—	10.0
		>12.50~20.00	250	150	—	6.0	—
		>20.00~70.00	250	140	80	10.0	—
AZ31B	O	0.40~3.00	225	150	—	—	12.0
		>3.00~12.50	225	140	—	—	12.0
		>12.50~70.00	225	140	—	10.0	—
	H24	0.40~8.00	270	200	—	—	6.0
		>8.00~12.50	255	165	—	—	8.0
		12.50~20.00	250	150	—	8.0	—
		>20.00~70.00	235	125	—	8.0	—
	H26	6.30~10.00	270	186	—	—	6.0
		>10.00~12.50	265	180	—	—	6.0
		>12.50~25.00	255	160	—	6.0	—
		>25.00~50.00	240	150	—	5.0	—
	H112	8.00~12.50	230	140	—	—	10.0
		>12.50~20.00	230	140	—	8.0	—
		>20.00~32.00	230	140	70	8.0	—
		>32.00~70.00	230	130	60	8.0	—
ME20M	H18	0.40~0.80	260	—	—	—	2.0
	H24	>0.80~3.00	250	160	—	—	8.0
		>3.00~5.00	240	140	—	—	7.0
		>5.00~10.00	240	140	—	—	6.0
	O	0.40~3.00	230	120	—	—	12.0
		>3.00~10.00	220	110	—	—	10.0
	H112	8.00~12.50	220	110	—	—	10.0
		>12.50~20.00	210	110	—	10.0	—
		>20.00~32.00	210	110	70	7.0	—
		32.00~70.00	200	90	50	6.0	—
ZK61M	H112	8.00~12.50	265	160	—	—	6.0
		>12.50~20.00	260	150	—	6.0	—
		>20.00~32.00	260	145	—	7.0	—
		>32.00~70.00	250	140	—	7.0	—

续表

	牌号	状态	板材厚度/mm	抗拉强度 R_m/MPa	规定非比例延伸强度 $R_{p0.2}$/MPa	规定非比例压缩强度 $R_{pc0.2}$/MPa	断后伸长率/% A	断后伸长率/% A_{50mm}
				不小于				
板材的室温力学性能	ZK61M	T5	8.00~12.50	280	195	—	—	5.0
			>12.50~20.00	275	190	—	6.0	—
			>20.00~32.00	270	180	—	6.0	—
			>32.00~70.00	265	170	—	6.0	—
	LZ91N	O	0.40~3.00	130	95	—	—	25.0
			>3.00~12.50	130	90	—	—	25.0
			>12.50~20.00	120	90	—	20.0	—
		H112	2.00~12.50	135	100	—	—	25.0
			>12.50~70.00	125	95	—	20.0	—
	LA93M	O	0.40~3.00	165	130	—	—	12.0
			>3.00~12.50	160	125	—	—	12.0
			>12.50~20.00	155	120	—	12.0	—
		H112	2.00~12.50	180	145	—	—	12.0
			>12.50~32.00	170	140	—	12.0	—
			>32.00~70.00	160	135	—	12.0	—
	LA93Z	O	0.40~3.00	175	135	—	—	10.0
			>3.00~12.50	170	130	—	—	10.0
			>12.50~20.00	165	125	—	10.0	—
		H112	2.00~12.50	185	155	—	—	10.0
			>12.50~32.00	175	145	—	10.0	—
			>32.00~70.00	165	135	—	10.0	—

镁合金热挤压棒材（GB/T 5155—2022）

表 3-3-48

合金牌号①	状态①
Mg9999、AZ31B、AZ40M、AZ41M、AZ61A、AZ61M、AZ91D、AM91M、ME20M、WN54M、LZ91N、LA93M、LA93Z	H112
ZK61M、ZK61S、VW75M、ZM51M、VW83M、VW93M	T5
AZ80A、VW84M、VW84N、VW94M	H112、T5
AQ80M	H112、T6
VW92M	H112、T5、T6

棒材直径②/mm	直径允许偏差/mm A级	直径允许偏差/mm B级	直径允许偏差/mm C级
5~6	0 -0.30	0 -0.48	—
>6~10	0 -0.36	0 -0.58	—
>10~18	0 -0.43	0 -0.70	0 -1.10
>18~30	0 -0.52	0 -0.84	0 -1.30
>30~50	0 -0.62	0 -1.00	0 -1.60
>50~80	0 -0.74	0 -1.20	0 -1.90
>80~120	—	0 -1.40	0 -2.20
>120~180	—	—	0 -2.50
>180~250	—	—	0 -2.90
>250~300	—	—	0 -3.30

续表

	合金牌号	状态	棒材直径[②]/mm	抗拉强度 R_m/MPa	规定非比例延伸强度 $R_{p0.2}$/MPa	断后伸长率 A/%
				不小于		
室温拉伸力学性能	Mg9999	H112	≤16	130	60	10.0
	AZ31B	H112	≤130	220	140	7.0
	AZ40M	H112	≤100	245	—	6.0
			>100~130	245	—	5.0
	AZ41M	H112	≤130	250	—	5.0
	AZ61A	H112	≤130	260	160	6.0
	AZ61M	H112	≤130	265	—	8.0
	AZ80A	H112	≤60	295	195	6.0
			>60~130	290	180	4.0
		T5	≤60	325	205	4.0
			>60~130	310	205	2.0
	AZ91D	H112	≤100	330	240	9.0
	ME20M	H112	≤50	215	—	4.0
			>50~100	205	—	3.0
			>100~130	195	—	2.0
	ZK61M	T5	≤100	315	245	6.0
			>100~130	305	235	6.0
	ZK61S	T5	≤130	310	230	5.0
	AQ80M	H112	≤130	345	225	7.0
		T6	≤80	370	260	4.0
			>80~160	365	240	3.0
	AM91M	H112	≤50	310	200	16.0
	ZM51M	T5	≤50	320	280	5.0
	VW75M	T5	≤80	430	350	5.0
			>80~10	350	250	3.0
	VW83M	T5	≤100	420	320	8.0
	VW84M	H112	≤65	380	270	9.0
			>65~160	360	230	9.0
		T5	≤65	460	360	3.0
			>65~160	440	350	3.0
	VW84N	H112	≤80	370	260	6.0
			>80~160	350	240	6.0
		T5	≤80	450	340	3.0
			>80~160	440	320	3.0
	VW93M	T5	≤160	350	280	5.0
	VW94M	H112	≤80	360	280	10.0
			>80~160	350	260	8.0
		T5	≤80	400	310	8.0
			>80~160	380	300	5.0
	VW92M	H112	≤50	350	280	10.0
		T5	≤50	360	260	8.0
		T6	≤50	380	270	6.0
	WN54M	H112	≤80	370	280	10.0
			>80~160	350	260	6.0
	LZ91N	H112	≤20	145	100	30.0
			>20~50	135	95	25.0
			>50~200	130	95	25.0

续表

	合金牌号	状态	棒材直径②/mm	抗拉强度 R_m/MPa	规定非比例延伸强度 $R_{p0.2}$/MPa	断后伸长率 A/%
				不小于		
室温拉伸力学性能	LA93M	H112	≤20	185	155	20.0
			>20~50	175	145	15.0
			>50~200	165	135	15.0
	LA93Z	H112	≤20	205	175	20.0
			>20~50	185	155	15.0
			>50~200	175	145	10.0

① 新、旧牌号和状态对照表见 GB/T 5155—2022 附录 A。

② 方棒、六角棒为内切圆直径。

镁合金热挤压型材（GB/T 5156—2022）

表 3-3-49

牌号①	状态①
Mg9999、AZ31B、AZ40M、AZ41M、AZ61A、AZ61M、ME20M、M1C、M2S、ZE20M	H112
AZ80A	H112、T5
ZK60A、ZM51M、ZK61M、ZK61S、VW75M	T5

	合金牌号	供货状态	产品类型	抗拉强度 R_m/MPa	规定非比例延伸强度 $R_{p0.2}$/MPa	断后伸长率 A/%
				不小于		
室温拉伸力学性能	Mg9999	H112	型材	130	60	10.0
	AZ31B	H112	实心型材	220	140	7.0
			空心型材	220	110	5.0
	AZ40M	H112	型材	240	—	5.0
	AZ41M	H112	型材	250	—	5.0
	AZ61A	H112	实心型材	260	160	6.0
			空心型材	250	110	7.0
	AZ61M	H112	型材	265	—	8.0
	AZ80A	H112	型材	295	195	4.0
		T5	型材	310	215	4.0
	ZE20M	H112	型材	210	120	19.0
	ZK60A	T5	型材	310	235	12.0
	ZK61M	T5	型材	310	245	7.0
	ZK61S	T5	型材	310	230	5.0
	ZM51M	T5	型材	310	260	10.0
	M1C	H112	型材	215	140	13.0
	M2S	H112	型材	210	155	10.0
	ME20M	H112	型材	290	—	9.0
	VW75M	T5	型材	430	320	3.0

① 新、旧牌号和状态对照表见 GB/T 5156—2022 附录 A。

注：截面积大于 $140cm^2$ 的型材力学性能附实测结果。

3 其他有色金属材料

3.1 铅及铅合金

常用铅及铅锑合金板、管的化学成分（摘自 GB/T 1470—2014、GB/T 1472—2014）

表 3-3-50

组别	牌号	化学成分/%																
		主成分						杂质含量不大于										
		Pb①	Ag	Sb	Cu	Sn	Te	Sb	Cu	As	Sn	Bi	Fe	Zn	Mg+Ca	Se	Ag	杂质总和
纯铅	Pb1	>99.992	—	—	—	—	—	0.001	0.001	0.0005	0.001	0.004	0.0005	0.0005	—	—	0.0005	0.008
	Pb2	≥99.90	—	—	—	—	—	0.05	0.01	0.01	0.005	0.03	0.002	0.002	—	—	0.002	0.10
铅锑合金	PbSb0.5	余量	—	0.3~0.8	—	—	—	杂质总和≤0.3										
	PbSb1		—	0.8~1.3	—	—	—											
	PbSb2		—	1.5~2.5	—	—	—											
	PbSb4		—	3.5~4.5	—	—	—											
	PbSb6		—	5.5~6.5	—	—	—											
	PbSb8		—	7.5~8.5	—	—	—											
硬铅锑合金	PbSb4-0.2-0.5		—	3.5~4.5	0.05~0.2	0.05~0.5	—											
	PbSb6-0.2-0.5		—	5.5~6.5	0.05~0.2	0.05~0.5	—											
	PbSb8-0.2-0.5		—	7.5~8.5	0.05~0.2	0.05~0.5	—											
特硬铅锑合金	PbSb1-0.1-0.05		0.01~0.5	0.5~1.5	0.05~0.2	—	0.04~0.1											
	PbSb2-0.1-0.05		0.01~0.5	1.6~2.5	0.05~0.2	—	0.04~0.1											
	PhSh3-0.1-0.05		0.01~0.5	2.6~3.5	0.05~0.2	—	0.04~0.1											
	PbSb4-0.1-0.05		0.01~0.5	3.6~4.5	0.05~0.2	—	0.04~0.1											
	PbSb5-0.1-0.05		0.01~0.5	4.6~5.5	0.05~0.2	—	0.04~0.1											
	PbSb6-0.1-0.05		0.01~0.5	5.6~6.5	0.05~0.2	—	0.04~0.1											
	PbSb7-0.1-0.05		0.01~0.5	6.6~7.5	0.05~0.2	—	0.04~0.1											
	PbSb8-0.1-0.05		0.01~0.5	7.6~8.5	0.05~0.2	—	0.04~0.1											

① 铅含量按 100%减去所列杂质含量的总和计算，所得结果不再进行修约。

注：杂质总和为表中所列杂质之和。

铅及铅锑合金板（摘自 GB/T 1470—2014）

表 3-3-51

牌号	加工方式	规格/mm		
		厚度	宽度	长度
Pb1、Pb2	轧制	0.3~120.0	≤2500	≥1000
PbSb0.5、PbSb1、PbSb2、PbSb4、PbSb6、PbSb8、PbSb1-0.1-0.05、PbSb2-0.1-0.05、PbSb3-0.1-0.05、PbSb4-0.1-0.05、PbSb5-0.1-0.05、PbSb6-0.1-0.05、PbSb7-0.1-0.05、PbSb8-0.1-0.05、PbSb4-0.2-0.5、PbSb6-0.2-0.5、PbSb8-0.2-0.5		1.0~120.0		

注：1. 经供需双方协商，可供其他牌号和规格的板材。

2. 经供需双方协商厚度≤6mm、长度≥2000mm 的铅及铅锑合金板可供应卷材。

产品标记：按产品名称、标准编号、牌号和规格的顺序表示。标记示例如下

示例 1：用 PbSb0.5 制造的，厚度为 3.0mm、宽度为 2500mm、长度 5000mm 的普通级板材，标记为：

板 GB/T 1470-PbSb0.5-3.0×2500×5000

示例 2：用 PbSb0.5 制造的、厚度为 3.0mm、宽度为 2500mm、长度 5000mm 的高精级的板材，标记为：

板 GB/T 1470-PbSb0.5 高-3.0×2500×5000

铅及铅锑合金管（摘自 GB/T 1472—2014）

表 3-3-52

牌号	状态	规格/mm		
		内径	壁厚	长度
Pb1、Pb2	挤制(R)	5~230	2~12	直管:≤4000 盘状管:≥2500
PbSb0.5、PbSb2、PbSb4、PbSb6、PbSb8		10~200	3~14	

	公称内径	公称壁厚									
		2	3	4	5	6	7	8	9	10	12
纯铅管的常用规格	5、6、8、10、13、16、20	O	O	O	O	O	O	O	O	O	O
	25、30、35、38、40、45、50	—	O	O	O	O	O	O	O	O	O
	55、60、65、70、75、80、90、100	—	—	O	O	O	O	O	O	O	O
	110	—	—	—	O	O	O	O	O	O	O
	125、150	—	—	—	—	O	O	O	O	O	O
	180、200、230	—	—	—	—	—	—	O	O	O	O

	公称内径	公称壁厚									
		3	4	5	6	7	8	9	10	12	14
铅锑合金管的常用规格	10、15、17、20、25、30、35、40、45、50	O	O	O	O	O	O	O	O	O	O
	55、60、65、70	—	O	O	O	O	O	O	O	O	O
	75、80、90、100	—	—	O	O	O	O	O	O	O	O
	110	—	—	—	O	O	O	O	O	O	O
	125、150	—	—	—	—	O	O	O	O	O	O
	180、200	—	—	—	—	—	—	O	O	O	O

注：1. “O”表示常用规格。

2. 需要其他规格的产品由供需双方商定。

3.2 镍及镍合金

加工镍及镍合金牌号和化学成分（GB/T 5235—2021）

表 3-3-53

类别	牌号	化学成分(质量分数)/%															
		Ni+Co	Cu	Si	Mn	C	Mg	S	P	Fe	Pb	Bi	As	Sb	Zn	Cd	Sn	杂质总和
纯镍	N2	99.98①	0.001	0.003	0.002	0.005	0.003	0.001	0.001	0.007	0.0003	0.0003	0.001	0.0003	0.002	0.0003	0.001	0.02
纯镍	N4	99.9①	0.015	0.03	0.002	0.01	0.01	0.001	0.001	0.04	0.001	0.001	0.001	0.001	0.005	0.001	0.001	0.1
纯镍	N5	99.0①	0.25	0.35	0.35	0.02	—	0.01	—	0.40	—	—	—	—	—	—	—	—
纯镍	N6	99.5①	0.10	0.10	0.05	0.10	0.10	0.005	0.002	0.10	0.002	0.002	0.002	0.002	0.007	0.002	0.002	0.5
纯镍	N7	99.0①	0.25	0.35	0.35	0.15	—	0.01	—	0.40	—	—	—	—	—	—	—	—
纯镍	N8	99.0①	0.15	0.15	0.20	0.20	0.10	0.015	—	0.30	—	—	—	—	—	—	—	1.0
纯镍	N9	98.63①	0.25	0.35	0.35	0.02	0.10	0.005	0.002	0.4	0.002	0.002	0.002	0.002	0.007	0.002	0.002	0.5
纯镍	DN	99.35①	0.06	0.02~0.10	0.05	0.02~0.10	0.02~0.10	0.005	0.002	0.10	0.002	0.002	0.002	0.002	0.007	0.002	0.002	—
阳极镍	NY1	99.7①	0.1	0.10	—	0.02	0.10	0.005	—	0.10	—	—	—	—	—	—	—	0.3
阳极镍	NY2	99.4①	0.01~0.10	0.10	—	O:0.03~0.30		0.002~0.010	—	0.10	—	—	—	—	—	—	—	—
阳极镍	NY3	99.0①	0.15	0.2	—	0.1	0.10	0.005	—	0.25	—	—	—	—	—	—	—	—
镍锰系	NMn3	余量	0.5	0.30	2.30~3.30	0.30	0.10	0.03	0.010	0.65	0.002	0.002	0.030	0.002	—	—	—	1.5
镍锰系	NMn4-1	余量	—	0.75~1.05	3.75~4.25	—	—	—	—	—	—	—	—	—	—	—	—	—
镍锰系	NMn5	余量	0.50	0.30	4.60~5.40	0.30	0.10	0.03	0.020	0.65	0.002	0.002	0.030	0.002	—	—	—	—
镍锰系	NMn1.5-1.5-0.5	余量	—	0.35~0.75	1.3~1.7	—	—	—	—	—	—	—	—	—	Cr:1.3~1.7	—	—	

续表

类别	牌号	化学成分(质量分数)/%																	
		Ni+Co	Cu	Si	Mn	C	Mg	S	P	Fe	Pb	Bi	As	Sb	Zn	Cd	Sn	Cr	Co
镍铜系	NCu40-2-1	余量	38.0~42.0	0.15	1.25~2.25	0.30	—	0.02	0.005	0.2~1.0	0.006	—	—	—	—	—	—	—	—
	NCu28-1-1	余量	28~32	—	1.0~1.4	—	—	—	—	1.0~1.4	—	—	—	—	—	—	—	—	—
	NCu28-2.5-1.5	余量	27.0~29	0.1	1.2~1.8	0.20	0.10	0.02	0.005	2.0~3.0	0.003	0.002	0.010	0.002	—	—	—	—	—
	NCu30	63.0②	28.0~34.0	0.5	2.0	0.3	—	0.024	—	2.5	—	—	—	—	—	—	—	—	—
	NCu30-LC	63.0②	28.0~34.0	0.5	2.0	0.04	—	0.024	—	2.5	—	—	—	—	—	—	—	—	—
	NCu30-HS	63.0②	28.0~34.0	0.5	2.0	0.3	—	0.025~0.060	—	2.5	—	—	—	—	—	—	—	—	—
	NCu30-3-0.5	63.0②	27.0~33	0.50	1.5	0.18	—	0.010	—	2.0	—	—	—	Al:2.30~3.15		Ti:0.35~0.86		—	—
	NCu35-1.5-1.5	余量	34~38	0.1~0.4	1.0~1.5	—	—	—	—	1.0~1.5	—	—	—	—	—	—	—	—	—
镍镁系	NMg0.1	99.6①	0.05	0.02	0.05	0.05	0.07~0.15	0.005	0.002	0.07	0.002	0.002	0.002	0.002	0.007	0.002	0.002	—	—
镍硅系	NSi0.19	99.4①	0.05	0.15~0.25	0.05	0.10	0.05	0.005	0.002	0.07	0.002	0.002	0.002	0.002	0.007	0.002	0.002	—	—
	NSi3	97①	—	3	—	—	—	—	—	—	—	—	—	—	—	—	—	—	—
镍钼系	NMo28	Ni:余量③	—	0.1	1.0	0.02	—	0.030	0.04	2.0	—	—	—	Mo:26.0~30.0		—	—	1.0	1.00
	NMo30-5	Ni:余量	—	1.0	1.0	0.05	—	0.03	0.040	4.0~6.0	—	V:0.2~0.4		Mo:26.0~30.0		—	—	1.0	2.5

类别	牌号	化学成分(质量分数)/%																					
		Ni+Co	Cu	Si	Mn	C	Mg	S	P	Fe	Pb	Bi	As	Sb	Zn	Cd	Sn	W	Ca	Cr	Co	Al	Ti	B
镍钨系	NW4-0.15	余量	0.02	0.01	0.005	0.01	0.01	0.003	0.002	0.03	0.002	0.002	0.002	0.002	0.003	0.002	0.002	3.0~4.0	0.07~0.17	—	—	0.01	—	—
	NW4-0.2-0.2	余量	0.02	0.01	0.02	0.05	0.03	—	—	0.03	—	—	—	—	0.003	P+Pb+Sn+Bi+Sb+Cd+S≤0.002		3.0~4.0	0.10~0.19	—	—	0.1~0.2	—	—
	NW4-0.1	余量	0.005	0.005	0.005	0.01	0.005	0.001	0.001	0.03	0.001	0.001	—	0.001	0.003	0.001	0.001	3.0~4.0	—	Zr:0.08~0.14	—	0.005	0.005	
	NW4-0.07	余量	0.02	0.01	0.005	0.01	0.05~0.10	0.001	0.001	0.03	0.002	0.002	0.002	0.002	0.005	0.002	0.002	3.5~4.5	—	—	—	0.001	—	—

续表

类别	牌号	化学成分(质量分数)/%																						
		Ni+Co	Cu	Si	Mn	C	Mg	S	P	Fe	Pb	Bi	As	Sb	Zn	Cd	Sn	W	Ca	Cr	Co	Al	Ti	B
镍铬系	NCr10	89.0①	—	—	—	—	—	—	—	—	—	—	—	—	—	—	—	—	—	9.0~11.0	—	—	—	—
	NCr20	余量	—	—	—	—	—	—	—	—	—	—	—	—	—	—	—	—	—	18~20	—	—	—	—
	NiCr20-2-1.5	余量	—	1.00	1.00	0.10	—	0.015	—	3.00	—	—	—	—	—	—	—	—	—	18.00~21.00	—	0.50~1.80	1.80~2.70	—
	NCr20-0.5	Ni:余量	0.5	1.0	1.0	0.08~0.15	—	0.020	—	3.0	0.005	—	—	—	—	—	—	—	—	18.0~21.0	5.0	—	0.20~0.60	—

类别	牌号	化学成分(质量分数)/%																			
		Ni+Co	Cu	Si	Mn	C	Mg	S	P	Fe	Pb	Bi	W	Zr	Cr	Co	Al	Ti	Mo	B	Nb+Ta
镍铬钼系	NCr16-16	Ni:余量	—	0.08	1.0	0.015	—	0.03	0.04	3.0	—	—	—	—	14.0~18.0	2.0	—	0.7	14.0~17.0	—	—
	NMo16-15-6-4	Ni:余量	—	0.08	1.0	0.010	—	0.03	0.04	4.0~7.0	—	—	3.0~4.5	—	14.5~16.5	2.5	—	V≤0.35	15.0~17.0	—	—
	NCr30-10-2	51①	0.50	1.0	1.0	0.15	—	0.015	0.50	1.0	—	—	1.0~4.0	—	28.0~33.0	1.0④	1.0	1.0	9.0~12.0	Nb≤1.0	—
	NCr22-9-3.5	58①	—	0.5	0.5	0.10	—	0.015	0.015	5.0	—	—	—	—	20.0~23.0	1.0④	0.4	0.4	8.0~10.0	—	3.15~4.15
镍铬钴系	NCo20-15-5-4	Ni:余量	0.2	1.0	1.0	0.12~0.17	Ag≤0.0005	0.015	—	0.1	0.0015	0.0001	—	—	14.0~15.7	18.0~22.0	4.5~4.9	0.9~1.5	4.5~5.5	0.003~0.010	—
	NCr20-20-5-2	Ni:余量	0.2	0.4	0.6	0.04~0.08	Ag≤0.0005	0.007	—	0.7	0.0020	0.0001	—	—	19.0~21.0	19.0~21.0	Al:0.3~0.6; Ti:1.9~2.4; Al+Ti:2.4~2.8		5.6~6.1	0.005	—
	NCr20-13-4-3	Ni:余量	0.50	0.75	1.0	0.03~0.10	Ag≤0.0005	0.030	0.030	2.00	0.0010	0.0001	—	0.02~0.12	18.00~21.00	12.00~15.00	1.20~1.60	2.75~3.25	3.50~5.00	0.003~0.01	—
	NCr20-18-2.5	Ni:余量	0.2	1.0	1.0	0.13	—	0.015	—	1.5	—	—	—	0.15	18.0~21.0	15.0~21.0	1.0~2.0	2.0~3.0	—	0.020	—
	NCr22-12-9	Ni≥44.5	0.5	1.0	1.0	0.05~0.15	—	0.015	—	3.0	—	—	—	—	20.0~24.0	10.0~15.0	0.8~1.5	0.6	8.0~10.0	0.006	—

续表

类别	牌号	化学成分(质量分数)/%														
		Ni+Co	Cu	Si	Mn	C	S	P	Fe	W	Cr	Co	Al	Ti	Mo	B	Nb+Ta
镍铬铁系	NCr15-8	Ni≥72.0	0.5	0.5	1.0	0.15	0.015	—	6.0~10.0	—	14.0~17.0	—	—	—	—	—	—
	NCr15-8-LC	Ni≥72.0	0.5	0.5	1.0	0.02	0.015	—	6.0~10.0	—	14.0~17.0	—	—	—	—	—	—
	NCr15-7-2.5	Ni≥70.00	0.50	0.50	1.00	0.08	0.01	—	5.00~9.00	—	14.00~17.0	1.00④	0.40~1.00	2.25~2.75	—	—	0.70~1.20
	NCr21-18-9	Ni:余量③	—	1.00	1.00	0.05~0.15	0.03	0.04	17.0~20.0	0.2~1.0	20.5~23.0	0.5~2.5	—	—	8.0~10.0	—	—
	NCr23-15-1.5	Ni:58.0~63.0	1.0	0.5	1.0	0.10	0.015	—	余量	—	21.0~25.0	—	1.0~1.7	—	—	—	—
	NFe36-12-6-3	Ni:40.0~45.0	0.2	0.4	0.5	0.02~0.06	0.020	0.020	余量	—	11.0~14.0	—	0.35	2.8~3.1	5.0~6.5	0.010~0.020	—
	NCr19-19-5	Ni:50.0~55.0	0.30	0.35	0.35	0.08	0.015	0.015	余量	—	17.0~21.0	1.0④	0.20~0.80	0.65~1.15	2.80~3.30	0.006	4.75~5.50
	NFe30-21-3	Ni:38.0~46.0	1.5~3.0	0.5	1.0	0.05	0.03	—	≥22.0②	—	19.5~23.5	—	0.2	0.6~1.2	2.5~3.5	—	—
	NCr29-9	Ni≥58.0	0.5	0.5	0.5	0.05	0.015	—	7.0~11.0	—	27.0~31.0	—	—	—	—	—	—

① 此值由差减法求得;要求单独测量 Co 含量时,此值为 Ni 含量;不要求单独测量 Co 含量时,此值为 Ni+Co 含量。
② 此值由差减法求得。
③ 此值为实测值。
④ 要求时应满足。

镍及镍合金棒（GB/T 4435—2010）

表 3-3-54

	牌号	状态	直径/mm	长度/mm
牌号、状态和规格	N4、N5、N6、N7、N8、NCu28-2.5-1.5、NCu30-3-0.5、NCu40-2-1、NMn5、NCu30、NCu35-1.5-1.5	Y（硬） Y_2（半硬） M（软）	3～65	300～6000
		R（热加工）	6～254	
	注：经双方协商，可供应其他规格棒材，具体要求应在合同中注明。			

	牌号	状态	直径/mm	抗拉强度 R_m/MPa	伸长率 A/%
				不小于	
力学性能	N4、N5、N6、N7、N8	Y	3～20	590	5
			>20～30	540	6
			>30～65	510	9
		M	3～30	380	34
			>30～65	345	34
		R	32～60	345	25
			>60～254	345	20
	NCu28-2.5-1.5	Y	3～15	665	4
			>15～30	635	6
			>30～65	590	8
		Y_2	3～20	590	10
			>20～30	540	12
		M	3～30	440	20
			>30～65	440	20
		R	6～254	390	25
	NCu30-3-0.5	Y	3～20	1000	15
			>20～40	965	17
			>40～65	930	20
		R	6～254	实测	实测
		M	3～65	895	20
	NCu40-2-1	Y	3～20	635	4
			>20～40	590	5
		M	3～40	390	25
		R	6～254	实测	实测
	NMn5	M	3～65	345	40
		R	32～254	345	40
	NCu30	R	76～152	550	30
			>152～254	515	30
		M	3～65	480	35
		Y	3～15	700	8
		Y2	3～15	580	10
			>15～30	600	20
			>30～65	580	20
	NCu35-1.5-1.5	R	6～254	实测	实测

镍及镍合金管（GB/T 2882—2023）

表 3-3-55

	牌号	状态	规格/mm		
			外径	壁厚	长度
牌号、状态和规格	N2、N4、DN	软态（M）、硬态（Y）	0.35~18	0.05~5.00	100~15000
	N6	软态（M）、半硬态（Y_2）、硬态（Y）、消除应力状态（Y_0）	0.35~115	0.05~8.00	
	N5（N02201）、N7（N02200）、N8	软态（M） 消除应力状态（Y_0）	5~115	1.00~8.00	
	NCr15-8（N06600）	软态（M）	12~80	1.00~3.00	
	NCu30（N04400）	软态（M） 消除应力状态（Y_0）	10~115	1.00~8.00	
	NCu28-2.5-1.5	软态（M）、硬态（Y）	0.35~110	0.05~5.00	
		半硬态（Y_2）	0.35~18	0.05~0.90	
	NCu40-2-1	软态（M）、硬态（Y）	0.35~110	0.05~6.00	
		半硬态（Y_2）	0.35~18	0.05~0.90	
	NSi0.19 NMg0.1	软态（M）、硬态（Y） 半硬态（Y_2）	0.35~18	0.05~0.90	

	牌号	壁厚/mm	状态	抗拉强度 R_m/MPa 不小于	规定塑性延伸强度 $R_{p0.2}$/MPa	断后伸长率/%，不小于	
						A	A_{50mm}
力学性能	N4、N2、DN	所有规格	M	390	（105）	35	—
			Y	540	（210）	（8）	—
	N6	<0.90	M	390	（105）	—	35
			Y	540	（210）	（8）	—
		≥0.90	M	370	（85）	35	—
			Y_2	450	（170）	—	12
			Y	520	（200）	6	—
			Y_0	460	（270）	（10）	—
	N7（N02200）、N8	所有规格	M	380	105	—	35
			Y_0	450	275	—	15
	N5（N02201）	所有规格	M	345	80	—	35
			Y_0	415	205	—	15
	NCu30（N04400）	所有规格	M	480	195	—	35
			Y_0	585	380	—	15
	NCu28-2.5-1.5 NCu40-2-1 NSi0.19 NMg0.1	所有规格	M	440	（140）	—	20
			Y_2	540	（300）	6	—
			Y	585	（320）	3	—
	NCr15-8（N06600）	所有规格	M	550	240	—	30

注：1. 外径小于 18 mm、壁厚小于 0.90 mm 的硬（Y）态镍及镍合金管材的断后伸长率值仅供参考。
2. 供农用飞机作喷头用的 NCu28-2.5-1.5 合金硬状态管材，其抗拉强度不小于 645 MPa、断后伸长率不小于 2 %。
3. “（）”中规定塑性延伸强度和断后伸长率指标仅供参考，不作为考核值；“—”表示不考核该指标。

镍及镍合金板（GB/T 2054—2023）

表 3-3-56

牌号	状态	规格/mm 矩形产品（厚度×宽度×长度）	规格/mm 圆形产品（厚度×直径）
N4、N5、N6、N7、DN、NW4-0.07、NW4-0.1、NW4-0.15、NMg0.1、NSi0.19	软态（M）、热加工态（R）、冷加工态（Y）	热轧：(3.0~100.0)×(50~3000)×(500~6000) 冷轧：(0.1~4.0)×(50~1500)×(500~5000)	热轧：(3.0~100.0)×ϕ(50~3000) 冷轧：(0.5~4.0)×ϕ(50~1500)
NCu28-2.5-1.5、NS1101	软态（M）、热加工态（R）		
NCu30、NCr15-8	软态（M）、热加工态（R）、半硬态（Y_2）		
NS1102、NFe30-21-3	软态（M）		
NMo16-15-6-4、NCr22-9-3.5	固溶退火态（ST）		

注：冷加工态（Y）及半硬态（Y_2）仅适用于冷轧方式生产的产品

牌号	状态	厚度/mm	室温拉伸性能 抗拉强度 R_m/MPa	规定塑性延伸强度[②] $R_{p0.2}$/MPa	断后伸长率 A_{50mm}/%	硬度[①] HV	硬度[①] HRB
N4、N5 NW4-0.15 NW4-0.1 NW4-0.07	M	0.1~1.5	≥345	≥80	≥35	—	—
		>1.5~15.0	≥345	≥80	≥40	—	—
	R	3.0~15.0	≥345	≥80	≥30	—	—
	Y	0.1~2.5	≥490	实测	≥2	—	—
N6	M	0.1~15.0	≥345	≥100	≥40	—	—
	R	3.0~15.0	≥380	≥135	≥30	—	—
	Y	0.1~1.5	≥540	实测	≥2	—	—
		>1.5~4.0	≥620	≥480	≥2	188~215	90~95
N7、DN、NMg0.1、NSi0.19	M	0.1~1.5	≥380	≥100	≥35	—	—
		>1.5~15.0	≥380	≥100	≥40	—	—
	R	3.0~15.0	≥380	≥135	≥30	—	—
	Y	0.1~1.5	≥540	实测	≥2	—	—
		>1.5~4.0	≥620	≥480	≥2	188~215	90~95
	Y_2	>1.5~4.0	≥490	≥290	≥20	147~170	79~85
NCu28-2.5-1.5	M	0.1~15.0	≥440	≥160	≥35	—	—
	R	3.0~15.0	≥440	实测	≥25	—	—
	Y_2	0.1~4.0	≥570	实测	≥6.5	157~188	82~90
NCu30	M	0.1~15.0	≥485	≥195	≥35	—	—
	R	3.0~15.0	≥515	≥260	≥25	—	—
	Y_2	0.1~4.0	≥550	≥300	≥25	157~188	82~90
NS1101	R	3.0~15.0	≥550	≥240	≥25	—	—
	M	0.1~15.0	≥520	≥205	≥30	—	—
NS1102	M	0.1~15.0	≥450	≥170	≥30	—	—
NCr15-8	M	0.1~15.0	≥550	≥240	≥30	—	—
	Y	<6.4	≥860	≥620	≥2	—	—
	Y_2	<6.4	实测	实测	实测	—	93~98
NFe30-21-3	M	0.1~15.0	≥586	≥241	≥30	—	—
NMo16-15-6-4	ST	0.1~15.0	≥690	≥283	≥40	—	≤100
NCr22-9-3.5	ST	0.1~15.0	≥690	≥276	≥30	—	≤100

① 产品硬度值测试时，应根据规格和力学性能特性仅选取 HV 或 HRB 中任一项进行测试
② 厚度不大于 0.5 mm 产品的规定塑性延伸强度不作考核
注："—"表示不考核指标

续表

牌号	宽度/mm	厚度/mm	显微晶粒度级别数 G
NS1101	所有宽度	所有厚度	不大于 5.0
NS1102	所有宽度	所有厚度	不大于 5.0
NMo16-15-6-4	所有宽度	≤3.2	不小于 3.0
	所有宽度	>3.2~4.0	不小于 1.5
NCr15-8	≤305	0.10~0.25	不小于 8.0
		0.25~3.2	不小于 4.5
	>305~1500	≤1.3	不小于 4.5
		1.3~6.4	不小于 3.5

3.3 锌及锌合金

锌及锌合金棒材和型材（YS/T 1113—2016）

表 3-3-57

牌号	状态	规格/mm	
		公称尺寸 *a*、*b*、*d*、*s* 和 *R*	长度
Zn99.95、ZnAl2.5Cu1.5Mg、ZnAl4CuMg、ZnAl4Cu1Mg、ZnAl10Cu2Mg、ZnCulTi、ZnCu3.5Ti、ZnCu4.5MnBiTi、ZnCu7Mn	硬态(Y)、退火态(M)	3.0~65.0	500~3000
ZnAl10Cu、ZnCu1.2、ZnCu1.5	硬态(Y)		
ZnAl22、ZnA122Cu	硬态(Y)、退火态(M)	3.0~25.0	
ZnAl22CuMg	硬态(Y)、淬火+人工时效(CS)		
ZnAl22、ZnAl22Cu、ZnAl22CuMg	挤制(R)	>25.0~65.0	
注:经双方协商,可供其他规格牌号的棒、型材			

牌号	化学成分(质量分数)/%											
	Zn	Al	Mg	Cu	Mn	Ti	Bi	Cd	Sn	Fe	Pb	杂质总和
Zn99.95	余量	0.01	—	0.01	—	—	0.01	0.01	0.01	0.02	0.01	0.05
ZnAl2.5Cu1.5Mg	余量	2.0~3.0	0.02~0.05	1.0~2.0	—	—	0.03	0.01	0.02	0.03	0.01	0.08
ZnAl4CuMg	余量	3.5~4.5	0.030~0.065	0.2~0.5	—	—	0.03	0.01	0.02	0.01	0.02	0.08
ZnAl4Cu1Mg	余量	3.5~4.5	0.03~0.08	0.75~1.25	—	—	0.03	0.01	0.02	0.03	0.02	0.10
ZnAl10Cu	余量	9.0~11.0	0.02~0.05	0.6~1.0	—	—	0.03	0.01	0.02	0.03	0.03	0.08
ZnAl10Cu2Mg	余量	9.0~11.0	0.030~0.065	1.5~2.5	—	—	0.03	0.01	0.02	0.03	0.03	0.08
ZnAl22	余量	20.0~24.0	—	—	—	—	0.03	0.01	0.02	0.03	0.01	0.08
ZnAl22Cu	余量	20.0~24.0	—	0.5~1.0	—	—	0.03	0.01	0.02	0.03	0.01	0.08
ZnAl22CuMg	余量	20.0~24.0	0.01~0.04	0.4~1.0	—	—	0.03	0.01	0.02	0.03	0.01	0.08
ZnCu1Ti	余量	0.03	0.03	0.5~1.5	—	0.1~0.2	0.03	0.01	0.02	0.03	0.01	0.12
ZnCu1.2	余量	0.03	0.03	1.0~1.5	—	—	0.03	0.01	0.02	0.01	0.02	0.12

续表

牌号	化学成分(质量分数)/%											
	Zn	Al	Mg	Cu	Mn	Ti	Bi	Cd	Sn	Fe	Pb	杂质总和
ZnCu1.5	余量	0.03	0.03	1.2~1.7	—	—	0.03	0.01	0.02	0.01	0.02	0.12
ZnCu3.5Ti	余量	0.03	0.03	3.0~4.0	—	0.1~0.2	0.03	0.01	0.02	0.03	0.01	0.12
ZnCu4.5MnBiTi	余量	0.03	0.03	4.0~5.0	0.1~0.2	0.05~0.15	0.2~0.4	0.01	0.02	0.03	0.01	0.12
ZnCu7Mn	余量	0.03	0.03	6.0~8.0	0.2~0.3	—	0.03	0.01	0.02	0.03	0.01	0.12

注：1. 含量有上下限者为合金元素，含量为单个数值为杂质元素，单个数值表示最高限量

2. 锌的含量为100%减去表中所列元素实测值的余量

3. 杂质总和为表中所列杂质元素实测值之和

牌号	状态	公称尺寸 a、d 和 s/mm	抗拉强度 R_m/MPa	断后伸长率/%	
				A	A_{100mm}
			不小于		
Zn99.95	Y	3.0~15.0	120	—	8
		>15.0~65.0	120	10	—
	M	3.0~15.0	70	—	35
		>15.0~65.0	70	40	—
ZnAl2.5Cu1.5Mg	Y	3.0~15.0	250	—	8
		>15.0~65.0	280	10	—
	M	3.0~15.0	220	—	10
		>15.0~65.0	250	12	—
ZnAl4CuMg ZnAl4Cu1Mg	Y	3.0~15.0	250	—	8
		>15.0~65.0	280	10	—
	M	3.0~15.0	220	—	10
		>15.0~65.0	250	12	—
ZnAl10Cu	Y	3.0~15.0	280	—	6
		>15.0~65.0	280	8	—
ZnAl10Cu2Mg	Y	3.0~15.0	280	—	4
		>15.0~65.0	330	5	—
	M	3.0~15.0	250	—	6
		>15.0~65.0	280	8	—
ZnAl22①	R	>25.0~65.0	215	10	—
	Y	3.0~15.0	135	—	35
		>15.0~25.0	135	40	—
	M	3.0~15.0	195	—	12
		>15.0~25.0	195	14	—
ZnAl22Cu①	R	>25.0~65.0	275	10	—
	Y	3.0~15.0	245	—	18
		>15.0~25.0	245	20	—
	M	3.0~15.0	295	—	12
		>15.0~25.0	295	15	—
ZnAl22CuMg①	R	>25.0~65.0	310	5	—
	Y	3.0~15.0	295	—	8
		>15.0~25.0	295	10	—
	CS	3.0~15.0	390	—	1
		>15.0~25.0	390	2	—
ZnCu1Ti	Y	3.0~15.0	160	—	12
		>15.0~65.0	200	15	—

第3篇

续表

牌号	状态	公称尺寸 a、d 和 s/mm	抗拉强度 R_m/MPa	断后伸长率/%	
				A	A_{100mm}
			不小于		
ZnCu1Ti	M	3.0~15.0	120	—	18
		>15.0~65.0	160	20	—
ZnCu1.2	Y	3.0~15.0	160	—	16
		>15.0~65.0	160	18	—
ZnCu1.5	Y	3.0~15.0	160	—	18
		>15.0~65.0	160	20	—
ZnCu3.5Ti	Y	3.0~15.0	180	—	12
		>15.0~65.0	220	15	—
	M	3.0~15.0	150	—	18
		>15.0~65.0	180	20	—
ZnCu4.5MnBiTi	Y	3.0~15.0	280	—	4
		>15.0~65.0	250	5	—
	M	3.0~15.0	250	—	8
		>15.0~65.0	230	10	—
ZnCu7Mn	Y	3.0~15.0	330	—	4
		>15.0~65.0	300	5	—
	M	3.0~15.0	280	—	8
		>15.0~65.0	250	10	—

牌号	状态	公称尺寸 a、d 和 s /mm	电阻系数 /Ω · mm² · m⁻¹	导电率 /%IACS
Zn99.95	Y	3.0~15.0	≤0.06092	≥28.3
ZnAl2.5Cu1.5Mg、ZnAl4CuMg、ZnAl4CulMg、ZnAl10Cu、ZnAl10Cu2Mg、ZnCu1Ti、ZnCu1.2、ZnCu1.5	Y	3.0~15.0	0.05747~0.07183	24.0~30.0
ZnAl22、ZnAl22Cu、ZnAl22CuMg	—	—	—	—
ZnCu3.5Ti	Y	3.0~15.0	0.06157~0.07496	23.0~28.0
ZnCu4.5MnBiTi	Y	3.0~15.0	0.07183~0.09074	19.0~24.0
ZnCu7Mn	Y	3.0~15.0	0.07836~0.10141	17.0~22.0

① ZnAl22、ZnAl22Cu、ZnAl22CuMg 是超塑性锌合金，超塑热处理制度：在 350℃±15℃ 加热 1h，迅速淬水（最好 冰盐水）然后在 200℃±15℃ 时效 10~30 min。

注：其他规格、状态棒、型材的导电率可供需双方协商。

锌及锌合金线材（YS/T 1351—2020）

表 3-3-58

牌号	状态	规格	
		截面形状	直径(或对边距)/mm
Zn99.94 ZnAl4Cu0.3Mg	硬态(Y)	圆形	2.5~16.0
		正六角形、正方形	5.0~16.0
ZnAl10Cu2Mg		圆形、正六角形、正方形	5.0~16.0
ZnAl2.5Cu1.5		矩形	(1.0~3.0)×(4.0~9.0)

牌号	主要成分(质量分数)/%				杂质成分(质量分数)/%，≤							
	Al	Mg	Cu	Zn	Pb	Fe	Cd	Sn	Ti	Bi	Mn	杂质总和②
Zn99.94	—	—	—	余量①	—	0.01	0.01	0.01	0.02	0.01	—	0.06
ZnAl4Cu0.3Mg	3.5~4.5	0.03~0.065	0.2~0.5	余量①	0.02	0.01	0.01	0.02	—	0.03	—	0.08
ZnAl10Cu2Mg	9.0~11.0	0.03~0.065	1.5~2.5	余量①	0.05	0.03	0.01	0.02	—	0.03	—	0.12
ZnAl12.5Cu1.5	2.0~3.0	—	1.0~2.0	余量①	0.03	0.03	0.02	0.01	—	0.02	—	0.10

续表

牌号	状态	直径(或对边距)/mm	抗拉强度 R_m/MPa	断后伸长率 A/%	导电率/%IACS
			不小于		
Zn99.94	Y	2.5~16.0	100	10	28.3
ZnAl4Cu0.3Mg	Y	2.5~16.0	230	10	24.0
ZnAl10Cu2Mg	Y	5.0~6.0	260	5	24.0
		>6.0~16.0	280	10	24.0
ZnAl2.5Cu1.5	Y	(1.0~3.0)×(4.0~9.0)	270	10	24.0

①“余量”为100%减去表中所列元素实测值所得。

②“杂质总和”为表中所列杂质元素实测值的总和。

注：经供需双方协商，可限制未规定的元素或要求加严限制已规定的元素。

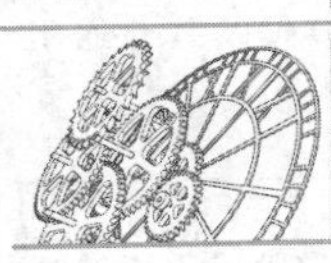

第4章 非金属材料

1 常用非金属材料种类

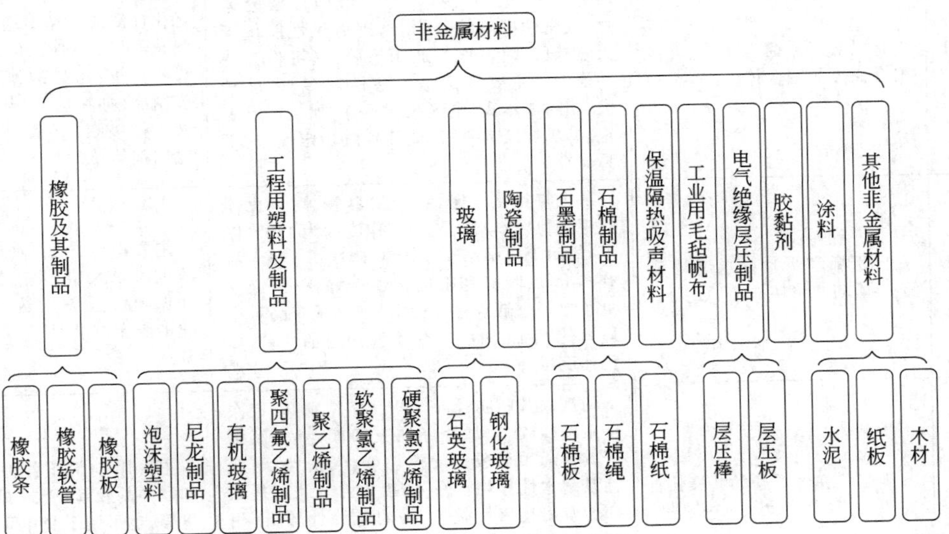

图 3-4-1 非金属材料分类图

2 橡胶及其制品

2.1 常用橡胶品种、特点和用途

表 3-4-1

品种(代号)	组成	特点	主要用途
天然橡胶(NR)	以橡胶烃(聚异戊二烯)为主,另含少量蛋白质、水分、树脂酸、糖类和无机盐等	弹性大、拉伸强度高、抗撕裂性和电绝缘性优良,耐磨性和耐寒性良好,加工性佳,易与其他材料黏合,在综合性能方面优于多数合成橡胶。缺点是耐氧及耐臭氧性差,容易老化变质;耐油和耐溶剂性不好,抵抗酸碱的腐蚀能力低;耐热性及热稳定性差	制作轮胎、减振制品、胶辊、胶鞋、胶管、胶带、电线电缆的绝缘层和护套以及其他通用制品

续表

品种(代号)	组成	特点	主要用途
丁苯橡胶(SBR)	丁二烯和苯乙烯的共聚体	性能接近天然橡胶,其特点是耐磨性、耐老化和耐热性超过天然橡胶,质地较天然橡胶均匀。缺点是弹性较低,抗屈挠、抗撕裂性能较差;加工性能差,特别是自黏性差,生胶强度低	主要用于代替天然橡胶制作轮胎、胶板、胶管、胶鞋及其他通用制品
顺丁橡胶(BR)	丁二烯聚合而成的顺式结构橡胶,全名为顺式1,4-聚丁二烯橡胶	结构与天然橡胶基本一致,它突出的优点是弹性与耐磨性优良,耐老化性佳,耐低温性优越,在动负荷下发热量小,易与金属黏合。缺点是强力较低,抗撕裂性差,加工性能与自黏性差	一般多和天然橡胶或丁苯橡胶混用,主要制作轮胎胎面、减振制品、输送带和特殊耐寒制品
异戊橡胶(IR)	是以异戊二烯为单体,聚合而成的一种顺式结构橡胶	性能接近天然橡胶,故有合成天然橡胶之称。它具有天然橡胶的大部分优点,耐老化性优于天然橡胶,但弹性和强力比天然橡胶稍低,加工性能差,成本较高	制作轮胎、胶鞋、胶管、胶带以及其他通用制品
氯丁橡胶(CR)	是以氯丁二烯为单体、乳液聚合而成的聚合体	具有优良的抗氧、抗臭氧性,不易燃,着火后能自熄,耐油、耐溶剂、耐酸碱以及耐老化、气密性好等特点;其物理力学性能优于天然橡胶,故可作为通用橡胶,又可作为特种橡胶。主要缺点是耐寒性较差,密度较大,相对成本高,电绝缘性不好,加工时易黏辊、易焦烧及易黏模,此外生胶稳定性差,不易保存	主要用于制作要求抗臭氧、耐老化性高的重型电缆护套;耐油、耐化学腐蚀的胶管、胶带和化工设备衬里;耐燃的地下采矿用橡胶制品(如输送带、电缆包皮),以及各种垫圈、模型制品、密封圈、黏结剂等
丁基橡胶(IIR)	异丁烯和少量异戊二烯或丁二烯的共聚体	最大特点是气密性小,耐臭氧、耐老化性能好,耐热性较高,长期工作温度为130℃以下;能耐无机强酸(如硫酸、硝酸等)和一般有机溶剂,吸振和阻尼特性良好,电绝缘性也非常好。缺点是弹性不好(是现有品种中最差的),加工性能、黏着性和耐油性差,硫化速度慢	主要用于内胎、水胎、气球、电线电缆绝缘层、化工设备衬里及防振制品、耐热输送带、耐热耐老化的胶布制品等
丁腈橡胶(NBR)	丁二烯和丙烯腈的共聚体	耐汽油及脂肪烃油类的性能特别好,仅次于聚硫橡胶、丙烯酸酯橡胶和氟橡胶,而优于其他通用橡胶。耐热性好,气密性、耐磨性及耐水性等均较好,粘接力强。缺点是耐寒性及耐臭氧性较差,强力及弹性较低,耐酸性差,电绝缘性不好,耐极性溶剂性能也较差	主要用于制作各种耐油制品,如耐油的胶管、密封圈、储油槽衬里等,也可用于制作耐热输送带
乙丙橡胶(EPM)	乙烯和丙烯的共聚体,一般分为二元乙丙橡胶和三元乙丙橡胶两类	密度小、颜色最浅、成本较低的新品种,其特点是耐化学稳定性很好(仅不耐浓硝酸),耐臭氧、耐老化性能优异,电绝缘性能突出,耐热可达150℃左右,耐极性溶剂——酮、酯等,但不耐脂肪烃及芳香烃,容易着色,且色泽稳定。缺点是黏着性差,硫化缓慢	主要用于化工设备衬里、电线电缆包皮、蒸汽胶管、耐热输送带、汽车配件车辆密封条
硅橡胶(SI)	含硅、氧原子的特种橡胶,其中起主要作用的是硅元素,故名硅橡胶	既耐高温(最高300℃),又耐低温(最低-100℃),是目前最好的耐寒、耐高温橡胶;同时电绝缘性优良,对热氧化和臭氧的稳定性很高,化学惰性大。缺点是机械强度较低,耐油、耐溶剂和耐酸碱性差,较难硫化,价格较贵	主要用于制作耐高、低温制品(如胶管、密封件等)及耐高温电缆电线绝缘层。由于其无毒无味,还用于食品及医疗工业
氟橡胶(FPM)	含氟单体共聚而得的有机弹性体	耐高温可达300℃,不怕酸碱,耐油性是耐油橡胶中最好的,抗辐射及高真空性优良;其他如电绝缘性、力学性能、耐化学药品腐蚀、耐臭氧、耐大气老化作用等都很好,是性能全面的特种合成橡胶。缺点是加工性差,价格昂贵,耐寒性差,弹性和透气性较低	主要用于耐真空、耐高温、耐化学腐蚀的密封材料、胶管及化工设备衬里

续表

品种(代号)	组成	特点	主要用途
聚氨酯橡胶(UR)	聚酯(或聚醚)与二异氰酸酯类化合物聚合而成	耐磨性能高，强度高，弹性好，耐油性优良；其他如耐臭氧、耐老化、气密性等也都很好。缺点是耐热性能较差，耐水和耐酸碱性不好，耐芳香族、氯化烃及酮、酯、醇类等溶剂性较差	用于轮胎及耐油、耐苯零件，垫圈、防振制品等，以及其他需要高耐磨、高强度和耐油的场合，如胶辊、齿形同步带、实心轮胎等
聚丙烯酸酯橡胶(AR)	丙烯酸酯与丙烯腈乳液共聚而成	良好的耐热、耐油性能，可在180℃以下热油中使用；且耐老化、耐氧与臭氧、耐紫外光线，气密性也较好。缺点是耐寒性较差，在水中会膨胀，耐乙二醇及高芳香族类溶剂性能差，弹性和耐磨、电绝缘性差，加工性能不好	主要用于耐油、耐热、耐老化的制品，如密封件、耐热油软管、化工衬里等
氯磺化聚乙烯橡胶(CSM)	用氯和二氧化硫处理(即氯磺化)聚乙烯后再经硫化而成	耐臭氧及耐老化的性能优良，耐候性高于其他橡胶；不易燃，耐热、耐溶剂及耐大多数化学试剂和耐酸碱性能也都较好；电绝缘性尚可，耐磨性与丁苯橡胶相似。缺点是抗撕裂性差，加工性能不好，价格较贵	用于制作臭氧发生器上的密封材料，耐油垫圈、电线电缆包皮以及耐腐蚀件和化工衬里
氯醚橡胶(CO)	环氧氯丙烷均聚或由环氧氯丙烷与环氧乙烷共聚而成	过去习惯称为氯醇橡胶，耐脂肪烃及氯化烃溶剂、耐碱、耐水、耐老化性能极好，耐臭氧性、耐候性及耐热性、气密性高，抗压缩变形性良好，黏着性也很好，容易加工，原料便宜易得。缺点是拉伸强度较低、弹性差、电绝缘性不良	制作胶管、密封件、薄膜和容器衬里、油箱、胶辊，是制作油封、水封的理想材料
氯化聚乙烯橡胶(CPE)	是乙烯、氯乙烯与二氯乙烯的三元聚合体	性能与氯磺化聚乙烯橡胶近似，其特点是流动性好，容易加工；有优良的耐大气老化性、耐臭氧性和耐电晕性，耐热、耐酸碱、耐油性良好。缺点是弹性差、压缩变形较大，电绝缘性较低	用于电线电缆护套、胶管、胶带、胶辊、化工衬里。与聚乙烯掺和可制作电线电缆绝缘层
聚硫橡胶(T)	脂肪族烃类或醚类的二卤衍生物(如三氯乙烷)与多硫化钠的缩聚物	耐油性突出，仅略逊于氟橡胶而优于丁腈橡胶，其次是化学稳定性也很好，能耐臭氧、日光、各种氧化剂、碱及弱酸等，不透水，透气性小。缺点是耐热、耐寒性不好，力学性能很差，压缩变形大，黏着性小，冷流现象严重	由于易燃烧、有催泪性气味，故在工业上很少用于耐油制品，多用于制作密封腻子或油库覆盖层

2.2 橡胶的综合性能

通用橡胶的综合性能

表 3-4-2

项目		天然橡胶	异戊橡胶	丁苯橡胶	顺丁橡胶	氯丁橡胶	丁基橡胶	丁腈橡胶
生胶密度/g·cm^{-3}		0.90~0.95	0.92~0.94	0.92~0.94	0.91~0.94	1.15~1.30	0.91~0.93	0.96~1.20
拉伸强度/MPa	未补强硫化胶	17~29	20~30	2~3	1~10	15~20	14~21	2~4
	补强硫化胶	25~35	20~30	15~20	18~25	25~27	17~21	15~30
伸长率/%	未补强硫化胶	650~900	800~1200	500~800	200~900	800~1000	650~850	300~800
	补强硫化胶	650~900	600~900	500~800	450~800	800~1000	650~800	300~800
200%定伸24h后永久变形/%	未补强硫化胶	3~5	—	5~10	—	18	2	6.5
	补强硫化胶	8~12	—	10~15	—	7.5	11	6
回弹率/%		70~95	70~90	60~80	70~95	50~80	20~50	5~65
永久压缩变形(100℃×70h)/%		+10~+50	+10~+50	+2~+20	+2~+10	+2~+40	+10~+40	+7~+20
抗撕裂性		优	良~优	良	可~良	良~优	良	良
耐磨性		优	优	优	优	良~优	可~良	优
耐屈挠性		优	优	良	优	良~优	优	良

续表

项目		天然橡胶	异戊橡胶	丁苯橡胶	顺丁橡胶	氯丁橡胶	丁基橡胶	丁腈橡胶
耐冲击性能		优	优	优	良	良	良	可
邵氏硬度		20~100	10~100	35~100	10~100	20~95	15~75	10~100
热导率/$W\cdot m^{-1}\cdot K^{-1}$		0.17	—	0.29	—	0.21	0.27	0.25
最高使用温度/℃		100	100	120	120	150	170	170
长期工作温度/℃		-55~+70	-55~+70	-45~+100	-70~+100	-40~+120	-40~+130	-10~+120
脆化温度/℃		-55~-70	-55~-70	-30~-60	-73	-35~-42	-30~-55	-16.5~-80
体积电阻率/Ω·cm		$10^{15}\sim10^{17}$	$10^{10}\sim10^{15}$	$10^{14}\sim10^{16}$	$10^{14}\sim10^{15}$	$10^{11}\sim10^{12}$	$10^{14}\sim10^{16}$	$10^{12}\sim10^{15}$
表面电阻率/Ω		$10^{14}\sim10^{15}$	—	$10^{13}\sim10^{14}$	—	$10^{11}\sim10^{12}$	$10^{13}\sim10^{14}$	$10^{12}\sim10^{15}$
相对介电常数/10^3Hz		2.3~3.0	2.37	2.9	—	7.5~9.0	2.1~2.4	13.0
瞬时击穿强度/$kV\cdot mm^{-1}$		>20	—	>20	—	10~20	25~30	15~20
介质损耗角正切/10^3Hz		0.0023~0.0030	—	0.0032	—	0.03	0.003	0.055
耐溶剂性膨胀率(体积分数)/%	汽油	+80~+300	+80~+300	+75~+200	+75~+200	+10~+45	+150~+400	-5~+5
	苯	+200~+500	+200~+500	+150~+400	+150~+500	+100~+300	+30~+350	+50~+100
	丙酮	0~+10	0~+10	+10~+30	+10~+30	+15~+50	0~+10	+100~+300
	乙醇	-5~+5	-5~+5	-5~+10	-5~+10	+5~+20	-5~+5	+2~+12
耐矿物油		劣	劣	劣	劣	良	劣	可~优
耐动植物油		次	次	可~良	次	良	优	优
耐碱性		可~良	可~良	可~良	可~良	良	优	可~良
耐酸性	强酸	次	次	次	劣	可~良	良	可~良
	弱酸	可~良	可~良	可~良	劣~次	优	优	良
耐水性		优	优	良~优	优	优	良~优	优
耐日光性		良	良	良	良	优	优	可~良
耐氧老化		劣	劣	劣~可	劣	良	良	可
耐臭氧老化		劣	劣	劣	次~可	优	优	劣
耐燃性		劣	劣	劣	劣	良~优	劣	劣~可
气密性		良	良	良	劣	良~优	优	良~优
耐辐射性		可~良	可~良	良	劣	可~良	劣	可~良
抗蒸汽性		良	良	良	良	劣	优	良

注：1. 性能等级：优→良→可→次→劣。
2. 表列性能是指经过硫化的软橡胶而言。
3. 丁腈橡胶的脆化温度与丙烯腈含量有关，减少丙烯腈含量可以提高其耐寒性。
4. 本表仅供参考。

特种橡胶的综合性能

表 3-4-3

项目		乙丙橡胶	氯磺化聚乙烯橡胶	聚丙烯酸酯橡胶	聚氨酯橡胶	硅橡胶	氟橡胶	聚硫橡胶	氯化聚乙烯橡胶
生胶密度/$g\cdot cm^{-3}$		0.86~0.87	1.11~1.13	1.09~1.10	1.09~1.30	0.95~1.40	1.80~1.82	1.35~1.41	1.16~1.32
拉伸强度/MPa	未补强硫化胶	3~6	8.5~24.5	—	—	2~5	10~20	0.7~1.4	—
	补强硫化胶	15~25	7~20	7~12	20~35	4~10	20~22	9~15	>15
伸长率/%	未补强硫化胶	—	—	—	—	40~300	500~700	300~700	400~500
	补强硫化胶	400~800	100~500	400~600	300~800	50~500	100~500	100~700	—
回弹率/%		50~80	30~60	30~40	40~90	50~85	20~40	20~40	—
永久压缩变形(100℃×70h)/%		—	+20~+80	+25~+90	+50~+100	—	+5~+30	—	—
抗撕裂性		良~优	可~良	可	良	劣~可	良	劣~可	优
耐磨性		良~优	优	可~良	优	可~良	优	劣~可	优
耐屈挠性		良	良	良	优	劣~良	良	劣	—
耐冲击性能		良	可~良	劣	优	劣~可	劣~可	劣	—
邵氏硬度		30~90	40~95	30~95	40~100	30~80	50~60	40~95	—

续表

项目		乙丙橡胶	氯磺化聚乙烯橡胶	聚丙烯酸酯橡胶	聚氨酯橡胶	硅橡胶	氟橡胶	聚硫橡胶	氯化聚乙烯橡胶
热导率/$W \cdot m^{-1} \cdot K^{-1}$		0.36	0.11	—	0.067	0.25	—	—	—
最高使用温度/℃		150	150	180	80	315	315	180	—
长期工作温度/℃		-50~+130	-30~+130	-10~+180	-30~+70	-100~+250	-10~+280	-10~+70	+90~+105
脆化温度/℃		-40~-60	-20~-60	0~-30	-30~-60	-70~-120	-10~-50	-10~-40	—
体积电阻率/Ω·cm		10^{12}~10^{15}	10^{13}~10^{15}	10^{11}	10^{10}	10^{16}~10^{17}	10^{13}	10^{11}~10^{12}	10^{12}~10^{13}
表面电阻率/Ω		—	10^{14}	—	10^{11}	10^{13}	—	—	—
相对介电常数/10^3Hz		3.0~3.5	7.0~10.0	4.0	—	3.0~3.5	2.0~2.5	—	7.0~10.0
瞬时击穿强度/$kV \cdot mm^{-1}$		30~40	15~20	—	—	20~30	20~25	—	15~20
介质损耗角正切/10^3Hz		0.004（60Hz）	0.03~0.07	—	—	0.001~0.01	0.3~0.4	—	0.01~0.03
耐溶剂性膨胀率（体积分数）/%	汽油	+100~+300	+50~+150	+5~+15	-1~+5	+90~+175	+1~+3	-2~+3	—
	苯	+200~+600	+250~+350	+350~+450	+30~+60	+100~+400	+10~+25	-2~+50	—
	丙酮	—	+10~+30	+250~+350	约+40	-2~+15	+150~+300	-2~+25	—
	乙醇	—	-1~+2	-1~+1	-5~+20	-1~+1	-1~+2	-2~+20	—
耐矿物油		劣	良	良	良	劣	优	优	良
耐动植物油		良~优	良	优	优	良	优	优	良
耐碱性		优	可~良	可	可	次~良	优	优	良
耐强酸性		良	可~良	次~可	劣	次	优	可~良	良
耐弱酸性		优	良	可	劣	次	优	可~良	优
耐水性		优	良	劣~可	可	良	优	可	良
耐日光性		优	优	优	良~优	优	优	优	优
耐氧老化		优	优	优	良	优	优	优	优
耐臭氧老化		优	优	优	优	优	优	优	优
耐燃性		劣	良	劣~可	劣~可	可~良	优	劣	良
气密性		良~优	良	良	良	可	优	优	—
耐辐射性		劣	可~良	劣~良	良	可~优	可~良	可~良	—
抗蒸汽性		优	优	劣	劣	良	优	—	—

注：1. 性能等级：优→良→可→次→劣。

2. 表列性能是指经过硫化的软橡胶而言。

2.3 橡胶制品

工业用橡胶板（摘自 GB/T 5574—2008）

表 3-4-4

项目		规格									
厚度/mm	公称尺寸	0.5、1.0、1.5	2.0、2.5、3.0	4.0	5.0、6.0	8.0	10	12	14	16、18、20、22	25、30、40、50
	偏差	±0.2	±0.3	±0.4	±0.5	±0.8	±1.0	±1.2	±1.4	±1.5	±2.0
宽度/mm	公称尺寸	500~2000									
	偏差	±20									

性能（由天然橡胶或合成橡胶为主体材料制成的橡胶板）		
耐油性能（100℃，3 号标准油中浸泡 72h）	A 类	不耐油
	B 类	中等耐油，体积变化率（ΔV）为+40%~+90% 3#标准油，100℃×72h
	C 类	耐油，体积变化率（ΔV）为-5%~+40% 3#标准油，100℃×72h
拉伸强度/MPa		03/≥3；04/≥4；05/≥5；07/≥7；10/≥10；14/≥14；17/≥17
扯断伸长率/%		1/≥100；1.5/≥150；2.0/≥200；2.5/≥250；3.0/≥300；3.5/≥350；4.0/≥400；5.0/≥500；6.0/≥600

第3篇

续表

性能（由天然橡胶或合成橡胶为主体材料制成的橡胶板）		
国际公称橡胶硬度（或邵尔 A 硬度）（偏差$^{+5}_{-4}$）		H3:30;H4:40;H5:50;H6:60;H7:70;H8:80;HP:90
耐热空气老化性能（A_r）		A_r1:70℃×72h，老化后拉伸强度降低率≤30%，扯断伸长率降低率≤40% A_r2:100℃×72h，老化后拉伸强度降低率≤20%，扯断伸长率降低率≤50% B 类和 C 类胶板必须符合 A_r2 要求。标记中不专门标注
附加性能（由供需双方商定）	耐热性能	H_r1:（100±1）℃×96h；H_r2:（125±2）℃×96h；H_r3:（150±2）℃×168h；H_r4:（180±2）℃×168h
	耐低温性能	T_b1:-20℃；T_b2:-40℃
	压缩永久变形	C_s:试验条件为（70±1）℃×24h；（100±1）℃×72h；（150±2）℃×72h
	耐臭氧老化性能	O_r:试验条件是拉伸:20%；臭氧浓度:（50±5）$\times10^{-8}$、（200±20）$\times10^{-8}$；温度:（40±2）℃；时间:72h、96h、168h

注：1. 胶板长度及偏差、表面花纹及颜色由供需双方商定。

2. 标记示例：拉伸强度为 5MPa，扯断伸长率为 400%，公称硬度为 60IRHD，抗撕裂的不耐油橡胶板，其标记为：工业胶板 GB/T 5574—A-05-4-H6-Ts。A：耐油性能；05：拉伸强度；4：拉伸伸长率；H6：公称硬度；Ts：抗撕裂性能（抗撕裂性能测定按照 GB/T 529—1999 执行）。

3. 胶板表面不允许有裂纹、穿孔。

设备防腐衬里用橡胶板（摘自 GB/T 18241.1—2014）

表 3-4-5

类别（按硫化方式）	
加热硫化橡胶衬里 J	加热硫化橡胶衬里是指将未经硫化的橡胶板用黏合剂粘贴在受衬设备上，经过加热方式硫化形成的衬里。硫化后的胶板按其硬度分为加热硫化硬胶（JY）和加热硫化软胶（JR）
预硫化橡胶衬里 Y	预硫化橡胶衬里是指将预先加热硫化的橡胶板用黏合剂粘贴在受衬设备上形成的衬里。预硫化软胶代号：YR
自硫化橡胶衬里 Z	自硫化橡胶衬里是指将未硫化过的橡胶板用黏合剂粘贴在受衬设备上，在自然条件下（室温、经一定时间）完成硫化过程形成的衬里。自硫化软胶代号：ZR

规格尺寸及偏差			说明
厚度		宽度偏差/mm	其他规格尺寸由供需双方协商确定
公称尺寸/mm	偏差/%		
2、2.5、3、4、5、6	-10～+15	-10～+15	

力学性能

项目			JY	JR、YR、ZR
硬度	邵尔 A（邵氏硬度）		—	40～80
	邵尔 D（邵氏硬度）		40～85	—
拉伸强度/MPa		≥	10	4
拉断伸长率/%		≥	—	250
冲击强度/$J\cdot m^{-2}$		≥	200×10^3	—
硬胶与金属的黏合强度/MPa		≥	6.0	—
软胶与金属的黏合强度/$kN\cdot m^{-1}$		≥	—	3.5

衬里胶板的耐介质性能

耐温等级	1	2	3	4	注：其他介质和浓度的试验和判定由供需双方协商，选择合适的试验条件进行试验
使用温度范围	常温 T	$T\leq70$℃	70℃$<T\leq85$℃	$T>85$℃	
试验温度	（23±2）℃	70℃	85℃	标记温度	
试验条件（介质、浓度、时间）	质量变化率 Δ/%				
硫酸：40% H_2SO_4×168h	-2～+1	-2～+3	-3～+5	-3～+5	
磷酸：70% H_3PO_4×168h	-2～+1	-2～+3	-3～+5	-3～+5	
盐酸：20% HCl×168h	-2～+3	-2～+8	--3～+10	—	
氢氧化钠：40% NaOH×168h	-2～+1	-2～+3	-3～+5	-3～+5	

压缩空气用织物增强橡胶软管（摘自 GB/T 1186—2016）

表 3-4-6

软管规格	4、5	6.3	8、10、12.5、16、19、20	25、31.5	38、40、51、63、76	80、100、102
内径公差/mm	±0.75	±1.25	±0.75	±1.25	±1.5	±2.0
同心度/mm	≤1.0					≤1.5
级别	A 级:非耐油性能;B 级:正常耐油性能;C 级:良好耐油性能					
类别	N-T 类(常温)工作温度范围为:-25～+70℃; L-T 类(低温)工作温度范围为:-40～+70℃					
型别	1 型:低压:最大工作压力为 1.0MPa 2 型:中压:最大工作压力为 1.6MPa 3 型:高压:最大工作压力为 2.5MPa					

内衬层和外覆层的最小厚度/mm	1 型		2 型		3 型	
	内衬层	外覆层	内衬层	外覆层	内衬层	外覆层
	1.0	1.5	1.5	2.0	2.0	2.5
	内衬层和外覆层均为橡胶,铺放一层或多层天然纤维或合成纤维织物增强;内衬层和外覆层具有均匀的厚度,不同心时也应符号规定的最小厚度,不应有孔洞等缺陷。					

成品软管物理性能	软管型别	耐臭氧性能	层间黏合强度	弯曲实验,23℃	验证压力/MPa	低温曲挠性	最小爆破压力/MPa	在最大工作压力下尺寸变化	
								长度	直径
	1 型	2 倍放大观察无龟裂	2.0kN/m(最小)	*TID* 不小于 0.8	2.0	验证压力下,无龟裂	4.0	±5%	±5%
	2 型				3.2		6.4		
	3 型				5.0		10.0		

混炼胶物理性能	项目	指标	
		内胶层	外胶层
	最小拉伸强度/MPa	7.0	7.0
	最小拉断伸长率/%	250	250
	耐老化性能(100±1℃下,老化 3d 后) 拉伸强度变化率/% 扯断伸长率变化率/%	 ±25 ±50	 ±25 ±50
	耐液体性能(在 3 号油中浸泡,70±2℃,72h,用重量分析法) 体积增大(A 类) 体积增大(仅适用 B 类,最大)% ≤ 体积增大(仅适用 C 类,最大)% ≤	 N/A 115(不允许收缩) 30(不允许收缩)	 N/A N/A 75(不允许收缩)

输水、通用橡胶软管（摘自 HG/T 2184—2008）

表 3-4-7

公称尺寸/mm		10	12.5	16	19	20	22	25	27	32	38	40	50	63	76	80	100
公差/mm		±0.75					±1.25			±1.5					±2		
胶层厚度/mm≥	内衬层	1.5					2.0			2.5					3.0		
	外覆层	1.5								1.5					2.0		
工作压力 p_t/MPa	1 型(低压型)	a 级:≤0.3;b 级:0.3<p_t≤0.5;c 级:0.5<p_t≤0.7															
	2 型(中压型)	d 级:0.7<p_t≤1.0											—				
	3 型(高压型)	e 级:1.0<p_t≤2.5							—								
适用范围		适用于温度范围为-25～±70℃,最大工作压力为 2.5MPa 的通用输水。不适用于输送饮用水、洗衣机进水和专用农业机械,也不可用作消防软管或可折叠式水管。可用于输送降低水的冰点的添加剂															

续表

结构	由内衬层、用适当方法铺放的天然或合成织物增强层和外覆层组成		
性能	项目	指标	
		内衬层	外覆层
	拉伸强度/MPa 1 型、2 型≥ 3 型≥	 5.0 7.0	 5.0 7.0
	拉断伸长率/% 1 型、2 型≥ 3 型≥	 200 200	 200 200
	耐老化性能(100℃±1℃,72h) 拉伸强度变化率/% 扯断伸长率变化率/%	 ±25 ±50	 ±25 ±50
	各层间黏合强度/kN·m^{-1}≥	1.5	
	耐臭氧性能试验* 按 HG/T 2869—1997	2 倍放大镜下不得出现龟裂	

注：1. 带*者性能要求按供需双方协商确定。

2. 标记为输水软管 1-b-40 HG/T 2184—2008 表示为 1 型胶管、b 级、公称内径 40mm。

3. 软管长度由需方提出，偏差按 GB/T 9575 规定。

耐稀酸碱橡胶软管（摘自 HG/T 2183—2014）

表 3-4-8

型式		A 型 B 型、C 型														
公称内径/mm A 型		12.5	16	19	22	25	31.5	38	45	51	63.5	76	89	102	127	152
公称内径/mm B、C 型		—	—	—	—	—	31.5	38	45	51	63.5	76	89	102	127	152
内径/mm		13.0	16	19	22	25	32	38	45	51	64	76	89	102	127	152
内径偏差/mm		±0.5				±1.0		±1.3						±1.5		
胶层厚度≥/mm	内衬层	2.2					2.5						2.8	3.5		
	外覆层	1.2					1.5						2.0			
软管同心度	内径与外径之间(最大)/mm	1.0				1.3					1.5			2.0		

拉伸强度和拉断伸长率		拉伸强度/MPa	拉断伸长率/%	拉伸强度变化率/%	拉断伸长率变化率/%	拉伸强度变化率/%(热空气老化 70℃,72h)	拉断伸长率变化率/%(热空气老化 70℃,72h)
	内衬层	7.0	250	−15	−20	−25～+25	−30～+10
	外覆层	7.0	250	—	—	−25～+25	−30～+10
		注：外覆层厚度达不到厚度要求，可用制造软管胶料制成试样进行试验。					

适用范围	室温下，分别将软管试样浸泡在 40%硫酸、30%盐酸、15%氢氧化钠溶液中，经 72h 后，测定拉伸强度变化率和拉断伸长率变化率； 在(70±2)℃下老化 72h 后，测定拉伸强度变化率和拉断伸长率变化率

静液压要求		最大工作压力/MPa	验证压力/MPa	最小爆破压力/MPa	长度变化率/%(最大工作压力,15min)	外径变化率/%(最大工作压力,15min)
	A 型、C 型	0.3	0.6	1.2	−1.5～+1.5	−0.5～+0.5
		0.5	1.0	2.0		
		0.7	1.4	2.8		
		1.0	2.0	4.0		

注：1. B 型、C 型软管在−80kPa 的压力下，经耐真空试验后，内胶层应无剥离、凹陷或塌瘪等异常现象。

2. 软管各层间的黏合强度应大于 2.0kN/m。

橡胶软管及软管组合件

油基或水基流体适用的织物增强液压型橡胶软管及软管组合件规范（摘自 GB/T 15329—2019）

表 3-4-9

公称内径/mm			5	6.3	8	10	12.5	16	19	25	31.5	38	51	60	80	100
内径/mm	1TE 型 2TE 型 3TE 型	min	4.4	5.9	7.4	9.0	12.1	15.3	18.2	24.6	30.8	37.1	49.8	58.8	78.8	98.6
		max	5.2	6.9	8.4	10.0	13.3	16.5	19.8	26.2	32.8	39.1	51.8	61.2	81.2	101.4
	R3 型	min	4.5	6.1	7.6	9.2	12.4	15.6	18.7	25.1	31.4					
		max	5.4	7.0	8.5	10.1	13.5	16.7	19.8	26.2	32.9					
	R6 型	min	4.2	5.6	7.2	8.7	11.9	15.1	18.3							
		max	5.4	7.2	8.8	10.3	13.5	16.7	19.9							
外径/mm	1TE 型	min	10.0	11.6	13.1	14.7	17.7	21.9								
		max	11.6	13.2	14.7	16.3	19.7	23.9								
	2TE 型	min	11.0	12.6	14.1	15.7	18.7	22.9	26.0	32.9						
		max	12.6	14.2	15.7	17.3	20.7	24.9	28.0	35.9						
	3TE 型	min	12.0	13.6	16.1	17.7	20.7	24.9	28.0	34.4	40.8	47.6	60.3	70.0	91.5	113.5
		max	13.5	15.2	17.7	19.3	22.7	26.9	30.0	37.4	43.8	51.6	64.3	74.0	96.5	118.5
	R3 型	min	11.9	13.5	16.7	18.3	23.0	26.2	31.0	36.9	42.9					
		max	13.5	15.1	18.3	19.8	24.6	27.8	32.5	39.3	46.0					
	R6 型	min	10.3	11.9	13.5	15.1	19.0	22.2	25.4							
		max	11.9	13.5	15.1	16.7	20.6	23.8	27.8							

软管的同心度	公称内径	内径和外径之间的最大壁厚差/mm
	≤6.3	0.9
	6.3<内径≤19	1.0
	内径>19	1.3

公称内径/mm		5	6.3	8	10	12.5	16	19	25	31.5	38	51	60	80	100
最大工作压力/MPa	1TE 型	2.5	2.5	2.0	2.0	1.6	1.6								
	2TE 型	8.0	7.5	6.8	6.3	5.8	5.0	4.5	4.0						
	3TE 型	16.0	14.5	13.0	11.0	9.3	8.0	7.0	5.5	4.5	4.0	3.3	2.5	1.8	1.0
	R3 型	10.5	8.8	8.2	7.9	7.0	6.1	5.2	3.9	2.6					
	R6 型	3.5	3.0	3.0	3.0	3.0	2.6	2.2							
验证压力/MPa	1TE 型	5.0	5.0	4.0	4.0	3.2	3.2								
	2TE 型	16.0	16.0	13.6	12.6	11.6	10.0	9.0	8.0						
	3TE 型	32.0	29.0	26.0	22.0	18.6	16.0	14.0	11.0	9.0	8.0	6.6	5.0	3.6	2.0
	R3 型	21.0	17.6	16.8	15.6	14.0	12.2	10.4	7.8	5.2					
	R6 型	7.0	6.0	6.0	6.0	6.0	5.2	4.4							
最大爆破压力/MPa	1TE 型	10.0	10.0	8.0	8.0	6.4	6.4								
	2TE 型	32.0	30.0	27.0	25.2	23.2	20.2	18.0	16.0						
	3TE 型	64.0	58.0	52.0	44.0	37.2	32.0	28.0	22.0	18.0	16.0	13.2	10.0	7.2	4.0
	R3 型	42.0	35.2	33.6	31.2	28.0	24.4	20.8	15.6	10.4					
	R6 型	14.0	12.0	12.0	12.0	12.0	10.4	8.8							
最小弯曲半径/mm	1TE 型	35	45	65	75	90	115								
	2TE 型	25	40	50	60	70	90	110	150						
	3TE 型	40	45	55	70	85	105	130	150	190	240	300	400	500	600
	R3 型	75	75	100	100	125	140	150	205	250					
	R6 型	50	65	75	75	100	125	150							
真空度	2TE 型	0.060	0.060	0.060	0.060	0.060									
	3TE 型	0.080	0.080	0.080	0.080	0.080	0.080	0.080	0.080						

最小层间黏合强度	公称内径	内衬层与增强层 kN/m	外覆层与增强层 kN/m
	≤8	1.5	2.0
	>8	2.5	2.5

注：1. 耐油性能　当按 ISO 1817 进行试验时，100℃下，在 IRM903 油中浸泡 168h，1TE、2TE 和 3TE 型软管内衬层的体积变化率应在 0%～+25%，R3 和 R6 型应在 0%～+100%（即不允许收缩）。当按 ISO1817 进行试验时，70℃下，在 IRM903 油中浸泡 168h，软管外覆层的体积变化率应在 0%～+100%（即不允许收缩）。

2. 耐水性能　当按 ISO1817 进行试验时，60℃下，在蒸馏水中浸泡 168h 所有型别的软管内衬层的体积变化率应在 0%～+30%（即不允许收缩）。

3. 耐臭氧性能　当根据软管公称内径按 ISO7326：2016 方法 1 或方法 2 进行试验时，放大 2 倍观察，外覆层应无龟裂或其他老化现象。

4. 目视检查　检查软管外层有无可见缺陷、软管标识是否正确并适当标记。此外，检查软管组合件是否装配了正确的管接头。

5. 公称内径大于 25 仅适用于 3TE 型的内径。

油基或水基流体适用的钢丝缠绕增强外覆橡胶液压型橡胶软管及软管组合件规范

（摘自 GB/T 10544—2013）

表 3-4-10

软管的尺寸

公称内径/mm	内径/mm									
	4SP 型		4SH 型		R12 型		R13 型		R15 型	
	min	max	min	max	min	max	min	max	min	max
6.3	6.2	7.0	—	—	—	—	—	—	—	—
10	9.3	10.1	—	—	9.3	10.1	—	—	9.3	10.1
12.5	12.3	13.5	—	—	12.3	13.5	—	—	12.3	13.5
16	15.5	16.7	—	—	15.5	16.7	—	—	—	—
19	18.6	19.8	18.6	19.8	18.6	19.8	18.6	19.8	18.6	19.8
25	25.0	26.4	25.0	26.4	25.0	26.4	25.0	26.4	25.0	26.4
31.5	31.4	33.0	31.4	33.0	31.4	33.0	31.4	33.0	31.4	33.0
38	37.7	39.3	37.7	39.3	37.7	39.3	37.7	39.3	37.7	39.3
51	50.4	52.0	50.4	52.0	50.4	52.0	50.4	52.0	—	—

增强层外径和软管外径

公称内径/mm	4SP 型				4SH 型				R12 型				R13 型				R15 型			
	增强层外径/mm		软管外径/mm		增强层外径/mm		软管外径/mm		增强层外径/mm		软管外径/mm		增强层外径/mm		软管外径/mm		增强层外径/mm		软管外径/mm	
	min	max	min	max	min	max	min	max	min	max	min	max	min	max	min	max	min	max	min	max
6.3	14.1	15.3	17.1	18.7	—	—	—	—	—	—	—	—	—	—	—	—	—	—	—	—
10	16.9	18.1	20.6	22.2	—	—	—	—	16.6	17.8	19.5	21.0	—	—	—	—	—	20.3	—	23.3
12.5	19.4	21.0	23.8	25.4	—	—	—	—	19.9	21.5	23.0	24.6	—	—	—	—	—	24.0	—	26.8
16	23.0	24.6	27.4	29.0	—	—	—	—	23.8	25.4	26.6	28.2	—	—	—	—	—	—	—	—
19	27.4	29.0	31.4	33.0	27.6	29.2	31.4	33.0	26.9	28.4	29.9	31.5	28.2	29.8	31.0	33.2	—	32.9	—	36.1
25	34.5	36.1	38.5	40.9	34.4	36.0	37.5	39.9	34.1	35.7	36.8	39.2	34.9	36.4	37.6	39.8	—	38.9	—	42.9
31.5	45.0	47.0	49.2	52.4	40.9	42.9	43.9	47.1	42.7	45.1	45.4	48.6	45.6	48.0	48.3	51.3	—	48.4	—	51.5
38	51.4	53.4	55.6	58.8	47.8	49.8	51.9	55.1	49.2	51.6	51.9	55.0	53.1	55.5	55.8	58.8	—	56.3	—	59.6
51	64.3	66.3	68.2	71.4	62.2	64.2	66.5	69.7	62.5	64.8	65.1	68.3	66.9	69.3	69.5	72.7	—	—	—	—

最大工作压力、试验压力和最小爆破压力

公称内径/mm	最大工作压力/MPa					验证压力/MPa					最小爆破压力/MPa				
	4SP	4SH	R12	R13	R15	4SP	4SH	R12	R13	R15	4SP	4SH	R12	R13	R15
6.3	45.0	—	—	—	—	90.0	—	—	—	—	180.0	—	—	—	—
10	44.5	—	28.0	—	42.0	89.0	—	56.0	—	84.0	178.0	—	112.0	—	168.0
12.5	41.5	—	28.0	—	42.0	83.0	—	56.0	—	84.0	160.0	—	112.0	—	168.0
16	35.0	—	28.0	—	42.0	70.0	—	56.0	—	84.0	140.0	—	112.0	—	168.0
19	35.0	42.0	28.0	35.0	42.0	70.0	84.0	56.0	70.0	84.0	140.0	168.0	112.0	140.0	168.0
25	28.0	38.0	28.0	35.0	42.0	56.0	76.0	56.0	70.0	84.0	112.0	152.0	112.0	140.0	168.0
31.5	21.0	32.5	21.0	35.0	42.0	42.0	65.0	42.0	70.0	84.0	84.0	130.0	84.0	140.0	168.0
38	18.5	29.0	17.5	35.0	42.0	37.0	58.0	35.0	70.0	84.0	74.0	116.0	70.0	140.0	168.0
51	16.5	25.0	17.5	35.0	—	33.0	50.0	35.0	70.0	—	66.0	100.0	70.0	140.0	—

注：当按照 ISO 1402 或者 ISO 6605 进行试验时，软管在最大工作压力下的长度变化，4SP 和 4SH 型不应大于+2%和小于-4%，R12、R13 和 R15 型不应大于+2%和小于-2%。

公称内径/mm	最小弯曲半径/mm				
	4SP	4SH	R12	R13	R15
6.3	150	—	—	—	—
10	180	—	130	—	150
12.5	230	—	180	—	200
16	250	—	200	—	—
19	300	280	240	240	265
25	340	340	300	300	330
31.5	460	460	420	420	445
38	560	560	500	500	530
51	660	700	630	630	—

续表

形式、结构及适用范围		
形式	4SP 型:4 层钢丝缠绕的中压软管 4SH 型:4 层钢丝缠绕的高压软管 R12 型:4 层钢丝缠绕苛刻条件下的高温中压软管 R13 型:多层钢丝缠绕苛刻条件下的高温高压软管 R15 型:多层钢丝缠绕苛刻条件下的高温超高压软管		
结构	软管应由一层耐液压流体的橡胶内衬层、以交替方向缠绕的钢丝增强层和一层耐油和耐天候的橡胶外覆层构成。每层缠绕钢丝层应由橡胶隔离		
适用范围	工作温度/℃	4SP 型、4SH 型	-40~100
		R12 型、R13 型、R15 型	-40~120
	工作介质	适用于符合 ISO6743-4 要求的 HFC、HFAE、HFAS 和 HFB 水基液压液体,以及 1SO 6743-4 要求的 HH、HL、HM、HR 和 HV 油基液压流体	

在 2.5MPa 及以下压力下输送液态或气态液化石油气(LPG)和天然气的橡胶软管及软管组合件规范(摘自 GB/T 10546—2013)

表 3-4-11

	公称内径	内径/mm	公差/mm	外径/mm	公差/mm	最小弯曲半径/mm
规格尺寸	12	12.7	±0.5	22.7	±1.0	100(90)
	15	15	±0.5	25	±1.0	120(95)
	16	15.9	±0.5	25.9	±1.0	125(95)
	19	19	±0.5	31	±1.0	160(100)
	25	25	±0.5	38	±1.0	200(150)
	32	32	±0.5	45	±1.0	250(200)
	38	38	±0.5	52	±1.0	320(280)
	50	50	±0.6	66	±1.2	400(350)
	51	51	±0.6	67	±1.2	400(350)
	63	63	±0.6	81	±1.2	550(480)
	75	75	±0.6	93	±1.2	650(550)
	76	76	±0.6	94	±1.2	650
	80	80	±0.6	98	±1.2	725
	100	100	±1.6	120	±1.6	800
	150	150	±2.0	174	±2.0	1200
	200	200	±2.0	224	±2.0	1600
	250	254	±2.0	—	—	2000
	300	305	±2.0	—	—	2500

注:1. 公称内径 250 和 300 仅应用于内接式连接管。
2. 括号内尺寸为 SD、SD-LT 型尺寸,其余为 D、D-LT 型尺寸

	性能	要求	试验方法
物理性能	成品软管		
	验证压力/MPa　最小	3.75(无泄漏或其他缺陷)	ISO 1402
	验证压力下长度变化/%　最大	D 型和 D-LT 型:+5 SD、SD-LTR 和 SD-LTS 型:+10	ISO 1402
	验证压力下扭转变化/(°)·m^{-1}　最大	8	ISO 1402
	耐真空 0.08MPa 下 10min(仅 SD、SD-LTS 及 SD-LTR 型)	无结构破坏,无塌陷	ISO 7233
	爆破压力/MPa　最小	10	ISO 1402
	层间黏合强度/kN·m^{-1}　最小	2.4	ISO 8033
	外覆层耐臭氧 40℃	72h 后在 2 倍放大镜下观察无龟裂	GB/T 24134—2009 方法 1,不大于 25 公称内径;方法 3 大于 25 公称内径相对湿度(55±10)%;臭氧浓度(50±5)pphm,拉伸 20%(仅方法 3 适用)

续表

	性能	要求	试验方法
物理性能	低温弯曲性能 -30℃下（D 和 SD 型） -50℃下（D-LT、SD-LTR 和 SD-LTS 型）	无永久变形或可见的结构缺陷，电阻无增长及电连续性无损害	GB/T 5564—2006，方法 B
	电阻性能/Ω	软管的电性能应满足软管组合件的要求	ISO 8031
	燃烧性能	立即熄灭或在 2min 后无可见的发光	附录 A
	在最小弯曲半径下软管外径的变形系数（内压 0.07MPa，D 和 D-LT 型） 最大	$T/D \geqslant 0.9$	ISO 1746
	软管组合件		
	验证压力/MPa 最小	3.75（无泄漏或其他缺陷）	ISO 1402
	验证压力下长度变化/% 最大	D 型和 D-LT 型：+5 SD、SD-LTR 和 SD-LTS 型：+10	ISO 1402
	验证压力下扭转变化/(°)·m^{-1} 最大	8	ISO 1402
	耐负压 0.08MPa 下 10 min（仅 SD、SD-LTS 及 SD-LTR 型）	无结构破坏，无塌陷	ISO 7233
	电阻性能/（Ω/根）	M 式：最大 10^2；Ω 式：最大 10^6； 非导电式：最小 $2.5×10^4$	ISO 8031

注：1. 用于输送液态或气态液化石油气（LPG）和天然气，工作压力介于真空与最大 2.5MPa 之间，温度范围为-30~+70℃或者低温软管（表示为-LT）为-50~+70℃。

2. 型别：D 型：排放软管；

D-LT 型：低温排放软管；

SD 型：螺旋线增强的排吸软管；

SD-LTR 型：低温（粗糙内壁）螺旋线增强的排吸软管；

SD-LTS 型：低温（光滑内壁）螺旋线增强的排吸软管。

所有型别软管可为：

电连线式，用符号 M 标示和标志；

导电式，借助导电橡胶层，用符号 Ω 标示和标志；

非导电式，仅在软管组合件的一个管接头上安装有金属连接线。

岸上排吸油橡胶软管（摘自 HG/T 3038—2008）

表 3-4-12

公称内径/mm		50	75	80	100	125	150	160	200	205	250	255	315	400	500
内径公差		内径公差应符合 GB/T 9575 的规定													
长度公差		软管长度≤5m，公差±50mm，软管长度>5m，公差±1%													
允许最大工作压力/MPa		A 级：0.7 B 级：1.0 C 级：1.5 D 级：2.0													
结构		软管由内衬层、增强层和外覆层构成。增强层可采用纤维线绳、胶布或钢丝软管接头的规格、结构、形式，由供需双方商定													
型别	S 型	平滑内壁													
	R 型	粗糙内壁（螺旋状）													
类别	1 类	输送原油和汽油（适用于芳香烃含量不大于 50%）													
	2 类	输送芳烃类产品（适用于芳香烃含量为 50%~100%）													
性能		耐负压性能：当按 GB/T 5567 进行试验，在 0.07MPa 的负压力下保持 5min，软管内壁应无泡现象 软管导电性：除另有规定外，软管的两个接头之间应能导电。进行静液压试验期间及以后，每根软管的管接头之间的导电性能应符合 GB/T 9572 中所规定的最大允许电阻 $2×10^6$Ω/m 的要求。 爆破压力要求：按要求向软管施加最大工作压力后，再将压力降到 0。经过 15min 时重新施加压力至最大工作压力的 4 倍，之后保持该压力 15 min。检查该软管不应有失效的迹象。然后再升压至软管爆破将其记录为爆破压力，单位 MPa。 低温弯曲性能：取内衬层和外覆层试样，在-253℃下调节 5h 后弯曲，无龟裂现象													
应用		适用于船只在码头一侧装卸运输在常温常压下为液体的石油基产品的橡胶软管，不适用以屈挠金属为内衬层而制成的软管和设计用于海上的软管。适用温度为-20~80℃													

注：管长由供需双方协商确定，软管的长度是指包括软管接头在内的软管组合件长度。测量软管长度应在 0.7MPa 的静液压压力下进行。

计量分配燃油用橡胶和塑料软管及软管组合件（摘自 HG/T 3037—2019）

表 3-4-13

项目										
内径尺寸规格/mm	公称内径	12	16	19	22	25	32	38	40	45
	内径尺寸	12.5	16.0	19.0	22.0	25.0	32.0	38.0	40.0	50.0
	公差	±0.8			±1.25					
	最小弯曲半径	60	80	100	130	150	175	225	225	275
结构	软管由下列部分组成。内衬层为光滑耐燃油橡胶或热塑性弹性体（TPE）组成。4 型软管的镶衬层置于内衬层内侧，可由热塑性塑料、热塑性弹性体或橡胶组成。增强层应由适宜的增强材料组成。外覆层为无波纹、耐燃油、耐天候老化橡胶或 TPE 组成。软管组合件管接头之间应有导电性能，当使用金属导线来解决导电性能时，嵌入的金属导线应不少于两股，并且应使用高防疲劳和防腐蚀的金属材料。使用金属线导线软管需用“M”作标志；使用混炼胶导电的软管用“Ω”作标志。标志应打印在软管上									
型别	1 型	由无缝橡胶（或 TPE）内衬层，织物增强层和橡胶（或 TPE）外覆层构成的软管								
	2 型	由无缝橡胶（或 TPE）内衬层，织物和螺旋金属丝增强层和橡胶（或 TPE）外覆层构成的软管								
	3 型	由无缝橡胶（或 TPE）内衬层，细金属丝增强层和橡胶（或 TPE）外覆层构成的软管								
	4 型	在 1、2、3 型基础上增加防燃油渗透的镶衬层，按渗透率分为 4A 型、4B 型								
压力要求	最大工作压力			试验压力			最小爆破压力			
	1.6MPa（16bar）			2.4MPa（24bar）			4.8MPa（48bar）			

混炼胶的物理性能

项目			要求：橡胶	要求：TPE
内衬层和外覆层的拉伸强度/MPa		最小	9	12
内衬层和外覆层的拉断伸长率/%		最小	250	350
加速老化	内衬层和外覆层的拉伸强度变化/%	最大	20	10
	内衬层和外覆层的拉断伸长率变化/%	最大	−35	−20
耐液体性能			+70	
内衬层溶胀/%		最大	+25	

项目		要求：橡胶	要求：TPE
内衬层溶剂抽出物 常温级	最大	+10	
内衬层溶剂抽出物 低温级	最大	+15	
外覆层溶胀	最大	+100	
内衬层和外覆层的耐低温性能（−30℃，如有要求−40℃）		10 倍放大无龟裂	
外覆层的耐磨性能/mm^3	最大	500	

镶嵌层的物理性能

项目			要求：橡胶	要求：热塑性塑料、热弹性弹性体
拉伸强度/MPa		最小	8	20
拉断伸长率/%		最小	200	300
耐液体性能	质量变化率/%		0～+25	0～5
	拉伸强度/MPa	最小	5	18
	拉断伸长率/%	最小	150	200

软管的物理性能

项目			要求
验证压力试验（2.4MPa）			无渗漏及其他缺陷
爆破压力/MPa		最小	4.8
容积膨胀率/%　最大	1 型和 2 型		2
	3 型		1
层间黏合强度/kN · m^{-1}	初始值（最小）		2.4
	浸液后（最小）		1.8
室温弯曲性能			$\frac{T}{D}\geqslant 0.8$
低温屈挠性能			无裂纹或断裂，最大弯曲力 180N
验证压力下的长度变化率/%			0～5

项目			单位	要求
外覆层耐臭氧性能				两倍放大无龟裂
燃油渗透性能（最大）	常温等级（1,2,3 型）		mL · m^{-1} · d^{-1}	12
	低温等级（1,2,3 型）			18
	4 型	4A 型	g · m^{-2} · d^{-1}	10
		4B 型		10～40
导电性能（最大）	Ω 类		Ω	1×10^6
	M 类			1×10^2
可燃性				①移开本生灯后，明火燃烧 20s 停止；②移开本生灯后，2min 内无明显的无焰燃烧 ③ 软管无渗漏

第 3 篇

输送无水氨用橡胶软管及软管组合件规范(摘自 GB/T 16591—2013)

表 3-4-14

软管额定压力/MPa	最大工作压力	2.5	公称内径/mm	12.5	16	19	25	31.5	38	51	64	76
	试验压力	6.3	最小	12.1	15.3	18.6	24.6	31.0	37.3	49.6	62.3	75.0
	最小爆破压力	12.5	最大	13.5	16.7	19.9	26.6	33.4	39.7	52.0	64.7	77.4
其他偏差	外径	虽然这些规格的软管没有规定外径或公差要求,但是软管制造厂所选择的外径必须适合使用方的需要,并且提供完整的接头适配性,从而满足本标准的使用性能要求										
	同心度	根据内径与外覆层外表面之间的总指示器读数,内径为 76mm 及以下的软管同心度不应大于 10mm										

注：1. 产品适用于在-40~55℃环境温度范围内输送液态或气态氨。

2. 软管内衬层厚度均匀，至少 1.5mm，不应有孔眼、气泡及其他缺陷，所用的材料应耐氨，不应由于氨的作用而引起硬化或其他变质。增强层由不受渗透氨影响的材料构成，应平整均匀。外覆层当使用时，质量和厚度应均一致不应有影响使用的缺陷，应具有耐氨和耐环境劣化的性能。不透气外覆层应在制造过程中进行针刺处理，以便在使用时能释放渗透的气体。不应刺到内衬层，并且每米软管应至少有 40 个有效的针孔。

焊接和切割用橡胶软管（摘自 GB/T 2550—2007)

表 3-4-15

公称内径/mm		4	5	6.3	8	10	12.5	16	20	25	32	40	50
公差/mm		±0.55			±0.65		±0.7		±0.75		±1	±1.25	
物理性能	胶层					拉伸强度/MPa				拉断伸长率/%			
	内衬层					5.0				200			
	外覆层					7.0				250			
静液压要求	性能					轻负荷				正常负荷			
	公称内径					≤6.3				所有规格			
	最大工作压力					1MPa(10bar)				2MPa(20bar)			
	验证压力					2MPa(20bar)				4MPa(40bar)			
	最小爆破压力					3MPa(30bar)				6MPa(60bar)			
	在最大工作压力下长度变化					±5%							
	在最大工作压力下直径变化					±10%							

注：1. 使用温度范围：-20~+60℃。

2. 适合下列用途：气体焊接和切割；在惰性或活性气体保护下的电弧焊接；类似焊接和切割的作业。但不适用于高压［高于 1.5MPa（15bar)］乙炔软管。

饱和蒸汽用橡胶软管及软管组合件（摘自 HG/T 3036—2009)

表 3-4-16

内径/mm	公称尺寸	9.5	13	16	19	25	32	38	45	50	51	63	75	76	100	102
	偏差范围	±0.5							±0.7			±0.8				
外径/mm	公称尺寸	21.5	25	30	33	40	48	54	61	68	69	81	93	94	120	122
	偏差范围	±1.0						±1.2		±1.4		±1.6				
厚度(最小)/mm	内衬层	2.0	2.5													
	外覆层	1.5														
弯曲半径(最小)		120	130	160	190	250	320	380	450	500	500	630	750	750	1000	1000
类型与级别		1 型:低压蒸汽软管,最大工作压力 0.6MPa,对应温度为 164℃ 2 型:高压蒸汽软管,最大工作压力 1.8MPa,对应温度为 210℃ 每个型别的软管分为:A 级:外覆层不耐油;B 级:外覆层耐油 型别和等级都可以为:电连接的,标注为“M”;导电性的,标注为“Ω”														

胶料的物理性能

性能		要求		试验方法
		内衬层	外覆层	
拉伸强度/MPa	最小	8	8	GB/T 528(哑铃试片)

续表

性能		要求		试验方法
		内衬层	外覆层	
拉断伸长率/%	最小	200	200	GB/T 528(哑铃试片)
老化后 拉伸强度变化/% 拉断伸长率变化/%	 最大 最大	 50 50	 50 50	GB/T 3512(1 型:125℃下 7d;2 型:150℃下 7d,空气烘箱方法)
耐磨耗性能 炭黑填充胶料/mm^3 非炭黑填充胶料(着色)/mm^3	 最大 最大	 — —	 200 400	GB/T 9867—2008 方法 A
体积变化(最大,仅限 B 级)/%		—	100	GB/T 1690,3 号油,100℃下 72h

软管及软管组合件成品的物理性能

性能		要求	试验方法
软管			
爆破压力/MPa	最小	10 倍最大工作压力	GB/T 5563
验证压力/MPa		在 5 倍最大工作压力下无泄漏或扭曲	GB/T 5563
层间黏合强度/kN · m^{-1}	最小	2.4	GB/T 14905
弯曲试验(无压力下)T/D	最小	0.8	ISO 1746
验证压力下长度变化/%		-3~+8	GB/T 5563
验证压力下扭转/(°) · m^{-1}	最大	10	GB/T 5563
外覆层耐臭氧性能		放大 2 倍时无可视龟裂	GB/T 24134—2009 中方法 3,相对湿度(55±10)%,臭氧浓度(50±5)×10^{-9},伸长率 20%,温度 40℃
软管组合件			
验证压力/MPa		在 5 倍最大工作压力下无泄漏或扭曲	GB/T 5563
电阻/Ω		≤10^2/M 型组合件 ≤10^6/组合件 ≤10^9/Ω 型内衬层与外覆层间电阻	GB/T 9572—2001 方法 4 GB/T 9572—2001 方法 3.4、3.5 或 3.6

注：使用范围，对两个型别的软管及软管组合件的要求，最大工作压力为 0.6MPa 的低压软管及软管组合件和最大工作压力为 1.8MPa 的高软管及软管组合件都由橡胶软管和金属接头组成，用于输送饱和蒸汽和冷凝水。

车辆门窗橡胶密封条（摘自 HG/T 3088—1999）

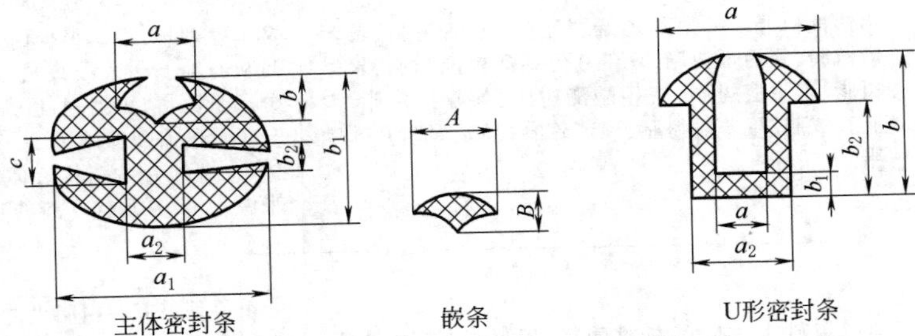

主体密封条　　嵌条　　U形密封条

表 3-4-17

序号	H 形密封条/mm										序号	U 形密封条/mm					
	主体密封条							密封条嵌条				a	a_1	a_2	b	b_1	b_2
	a	a_1	a_2	b	b_1	b_2	c	序号	A	B							
1	7	22	6.5	6	16	4	5	1	8.5	6.7	1	4	—	7	10.5	1.2	—
2	7	22	6.5	7.5	16.5	2.4	4.8	2	9	5	2	5	—	8	13.0	1.5	10
3	7	29.5	9	9.2	22.4	2	5	3	9.5	7.5	3	5	—	9	10.0	—	—

第 3 篇

续表

序号	H形密封条/mm										序号	U形密封条/mm					
	主体密封条							密封条嵌条									
	a	a_1	a_2	b	b_1	b_2	c	序号	A	B		a	a_1	a_2	b	b_1	b_2
4	9	25	6	5.5	16.5	3	5	4	9.5	8	4	5	15	9	12.0	2.0	8
5	9	26	6	5.6	18	3.5	5	5	10.5	9	5	5	—	9	14.0	2.0	10
6	9	28	7	7.5	21	3	5										
7	10	33	9	9	27	3	6										

橡胶材料物理性能(摘自 HG/T 3088—1999)

序号	项目	橡胶指标		
1	硬度(IRHD 或邵尔 A 度)	50±5	60±5	70±5
2	拉伸强度(最小)/MPa	7	7	7
3	扯断伸长率(最小)/%	400	300	200
4	压缩永久变形(B 型试样 70℃×22h,最大)/%	50	50	50
5	撕裂强度(最小)/kN·m^{-1}	15	15	15
6①	耐候性(63℃ × 300h,拉伸 20%)	无龟裂或异常现象		
7	热空气老化(70℃×70h)			
	硬度变化(最大)(IRHD 或度)	10	10	10
	拉伸强度变化率(最大)/%	−25	−25	−25
	扯断伸长率变化率(最大)/%	−35	−35	−35
8	污染性	试片上无转移污染		
9	耐臭氧性(50pphm,拉伸 20% 40℃×72h)	无龟裂或异常现象		
10	脆性温度(不高于)/℃	−35	−35	−35

① 表示当需方没有提出要求时，第 6 项试验可以不进行。

注：密封条结构及尺寸来源于原国标 GB/T 7526—1987，该标准已由 HG/T 3088—1999 代替。但 HG/T 3088—1999 又未规定密封条的结构尺寸。为了方便读者使用，表中尺寸仍采用原标准。

3　工程用塑料及制品

3.1　塑料组成

表 3-4-18

成分类别		材料名称	作用及有关说明
树脂		热固性树脂——酚醛树脂、氨基树脂(包括脲醛及三聚氰胺甲醛树脂)、环氧树脂、聚酯树脂、硅树脂、聚氨酯树脂、呋喃树脂、聚邻(间)苯二甲酸二丙烯酯树脂等 热塑性树脂——聚氯乙烯树脂、聚乙烯树脂、聚苯乙烯树脂、聚丙烯树脂、聚甲基丙烯酸甲酯树脂、聚酰胺树脂、聚甲醛树脂、聚碳酸酯树脂、聚氟类树脂、聚酰亚胺树脂、聚苯醚树脂、聚苯硫醚树脂、聚苯并咪唑树脂	树脂约占塑料全部组成的 40%~100%。它能将全部组分黏结起来,同时也决定和影响塑料的介电、理化性能和机械强度 树脂有天然树脂和合成树脂两大类:天然树脂(如松香、虫胶、琥珀等)由于产量极少、性能又不够理想,现已很少用来制造塑料;合成树脂是从石油、天然气、煤或农副产品中,提炼出低分子量原料,再通过化学反应而获得的一种高分子量的有机聚合物,一般在常温常压下为固体,也有的为黏稠状液体,因性能好,而且原料来源丰富,是现代塑料的基本原料
添加剂	填料	有机填料——木粉、核桃壳粉、棉籽壳粉、木质素、棉纤维、麻丝、碎布和纸浆、纸屑等 无机填料——高岭土、硅藻土、滑石粉、石膏、石粉、重晶石粉、二氧化硅、氧化铝、氧化锌、氧化钛、石墨、云母、石棉、二硫化钼、硫化钨、硫化铅、硫酸钙、硫酸钡、焦炭、碳化硅以及各种金属粉末(如铁粉、铅粉、铜粉、铝粉等)	填料是填充在树脂里的材料,又称填充剂,其作用主要在于改进塑料的某些固有缺点,以提高其硬度、冲击强度和耐热、导热、耐磨性能,减少收缩、开裂现象;其次也可改善成形加工性能,降低产品成本 填料的品种很多,性能各异。以有机材料作填料的,具有较高的机械强度;以无机物作填料的,具有较高的耐热、导热、耐磨、耐腐蚀和自润滑性

续表

成分类别		材料名称	作用及有关说明
添加剂	增强材料	主要是玻璃纤维及其制品，其次是棉纤维和棉布、石棉纤维和石棉布、麻丝、合成纤维、纸张等以及碳纤维、石墨纤维、硼纤维、陶瓷纤维等新型的高强度增强材料	增强材料的作用是能提高塑料的物理性能和强度 适于增强改性的热固性树脂有聚酯树脂、酚醛树脂、氨基树脂、环氧树脂和硅树脂；热塑性树脂有聚酰胺树脂、聚碳酸酯树脂、线型聚酯树脂、聚乙烯树脂和聚丙烯树脂
	固化剂	主要有：用于环氧树脂的胺类、酸酐类、聚酯型类、咪唑类等；用于聚酯树脂的过氧化物、过氧化氢化物等；用于酚醛树脂的六次甲基四胺；促进剂环烷酸钴、环烷酸锌等	一般热固性树脂在成塑前必须加入固化剂，以促使塑料的线型或网型的分子结构相互交联，变成体型结构的硬固体。为了加速固化，常与促进剂配合使用
	增塑剂	主要有：邻苯二甲酸酯类化合物；磷酸酯类化合物；有时也有氯化石蜡、环氧化油脂、烃类等	增塑剂能增加塑料的可塑性、流动性和柔软性，降低脆性，并改善加工性；但刚度减弱。用量一般不超过20%
	稳定剂（又称防老剂）	抗氧剂主要有胺类和酚类两大系列；光稳定剂主要有紫外线吸收剂；热稳定剂主要有盐基性铅盐、脂肪酸皂类、有机锡化合物等	稳定剂的作用在于增强塑料对光、热、氧等老化作用的抵抗力，延长制品的使用年限。用量一般为千分之几
	润滑剂	常用的有硬脂酸盐、脂肪酸、脂肪酸酯和酰胺、石蜡四大类	改善塑料加热成型时的流动性和脱模性，防止粘模，也可使制品表面光滑美观。用量一般为0.5%~1.5%
	着色剂	包括各种有机染料和无机颜料	增加制品美观，适合使用要求
	阻燃剂	常用的有氧化锑、磷酸酯类和含溴化合物等	增加塑料的耐燃性，或能使之自熄
	发泡剂	常用的有偶氮二甲酰胺、偶氮苯胺、碳酸钠、碳酸铵、氨气、二氧化碳、水、二氯甲烷	主要用于制备泡沫塑料，能产生泡孔结构
	抗静电添加剂	长链脂族胺类和酰胺类、磷酸酯类、季铵盐类和各种聚乙二醇及其酯类等	消除塑料在加工、使用中，因摩擦而产生的静电，以保证生产操作安全，并使塑料表面不易吸尘

3.2 塑料分类

表 3-4-19

分类方法	分类名称	特点及说明	典型品种
按树脂的制取方法分	以聚合树脂为基础的塑料	是由很多低分子化合物通过聚合反应而合成的高分子聚合物。聚合物的成分与单体成分完全相同，只不过是低分子（单体）变成了高分子（高聚物）	聚乙烯、聚丙烯、聚氯乙烯、聚苯乙烯、ABS、聚甲基丙烯酸甲酯、聚甲醛、氯化聚醚、氟塑料、聚邻（间）苯二甲酸二丙烯酯
	以缩聚树脂为基础的塑料	是由很多低分子化合物通过缩聚反应而合成的高分子聚合物。在聚合过程中不断放出低分子物质，如水、氨、甲醇、氯化氢等；缩聚物的成分和单体的成分不一样	酚醛、氨基（包括脲醛及三聚氰胺甲醛）、有机硅、环氧、聚酯、聚氨酯、聚酰胺、聚碳酸酯、聚苯醚、聚苯硫醚、聚砜、聚酰亚胺、聚苯并咪唑、聚二苯醚

续表

分类方法	分类名称	特点及说明	典型品种
按成形工艺性能分	热固性塑料	多是以缩聚树脂为基料，加入填料、固化剂以及其他添加剂制取而成。性能特点是：在一定的温度下，经过一定时间的加热或加入固化剂后，即可固化成型。固化后的塑料质地坚硬、性质稳定，不再溶于溶剂中，也不能用加热方法使它再软化，强热则分解、破坏。优点是：无冷流性、抗蠕变性强，受压不易变形；耐热性较高，即使超过其使用温度极限，也只是在表面产生碳化层而不失去其原有骨架形状。缺点是：树脂性质较脆、机械强度不高，必须加入填料或增强材料以改善性能，提高强度；成形工艺复杂，大多只能采用模压或层压法，生产效率低	酚醛、氨基（包括脲醛及三聚氰胺甲醛）、环氧、有机硅、不饱和聚酯（简称聚酯）、聚氨酯、聚邻（间）苯二甲酸二丙烯酯、呋喃、聚二苯醚
	热塑性塑料	以聚合树脂或缩聚树脂为基料，加入少量的稳定剂、润滑剂或增塑剂，加或不加填料制取而成。性能特点是：受热软化、熔融，具有可塑性，可塑制成一定形状的制品，冷却后坚硬；再热又可软化，塑制成另一形状的制品，可以反复重塑，而其基本性能不变。优点是：成形工艺简便，形式多种多样，生产效率高，可以直接注射或挤压、吹塑成所需形状的制品，而且具有一定的物理力学性能。缺点是：耐热性和刚性都较差，最高使用温度一般只有120℃左右，使用时不能超过温度极限，否则就会引起变形。氟塑料、聚酰亚胺、聚苯并咪唑等各有其突出的性能，如优良的耐腐蚀、耐高温、高绝缘、低摩擦因数等	聚乙烯、聚丙烯、聚氯乙烯、聚苯乙烯、ABS、聚甲基丙烯酸甲酯（有机玻璃）、聚甲醛、聚酰胺（尼龙）、聚碳酸酯、聚苯醚、聚砜、聚芳砜、氯化聚醚、线型聚酯、聚酚氧、氟塑料、聚酰亚胺、聚苯硫醚、聚苯并咪唑
按实际应用情况及性能特点分	通用塑料	包括聚氯乙烯等六大常用塑料品种，特点是产量大，价格低，通用性强，用途广泛	聚氯乙烯、聚乙烯、聚苯乙烯、聚丙烯、酚醛、氨基
	工程塑料	是指力学性能比较好的，可以代替金属作为工程结构材料的一类塑料。它在各种环境（如高温、低温、腐蚀、机械应力等）下均能保持优良的性能，并有很好的机械强度、韧性和刚性，有的塑料还有很好的耐蚀性、耐磨性、自润滑性以及尺寸稳定性好等特点。它可用挤压、注射、浇注、模塑或压制等方法加工成形 工程塑料通常是指热塑性塑料，但也包括少数的热固性塑料	聚酰胺（尼龙）、聚甲醛、聚碳酸酯、ABS、聚砜、氯化聚醚、聚苯醚、聚酚氧、线型聚酯、聚邻（间）苯二甲酸二丙烯酯、环氧
	耐高温塑料	是指耐高温及其他特殊用途的塑料品种，特点是耐热性好，大都可以在150℃以上工作，有的还可在200~250℃下长期工作，但一般价格较高、产量较小	有机硅、氟塑料、聚酰亚胺、聚苯硫醚、聚苯并咪唑、聚二苯醚、芳香尼龙、聚芳砜

第3篇

续表

分类方法	分类名称	特点及说明	典型品种
按成形方法和制品状态分	压塑料	是指以热固性树脂或热塑性树脂和填料为基础,再加其他必要的添加剂配制而成的一种粉状或纤维状、碎屑状的半成品,利用模压法在模型中压制成所需形状的塑料制品。其成品性能不仅取决于树脂品种,而且与填料有密切关系。根据所用填料的不同,压塑料通常分为:以有机物为主填料的压塑料,如酚醛木粉压塑料、酚醛碎纸压塑料;以无机物为主填料的压塑料,如酚醛石棉压塑料、聚酯玻璃纤维压塑料	酚醛木粉、酚醛高岭土、酚醛石粉、酚醛玻璃纤维、酚醛石棉、酚醛石棉云母、三聚氰胺甲醛玻璃纤维、三聚氰胺石棉、有机硅石棉、聚酰亚胺玻璃纤维、聚酯玻璃纤维
	层压塑料	是指以片状增强材料(如纸、布、玻璃纤维布等)在合成树脂中浸渍后,用层压法(或卷制法)压制而成的一种板状或棒状、管状半成品。层压制品一般适用于热固性塑料,通过机械加工制作成各种耐磨、传动机械零件和电气绝缘结构件	酚醛层压纸、酚醛层压布、环氧酚醛层压玻璃纤维布、三聚氰胺层压玻璃纤维布、聚酰亚胺层压玻璃纤维布
	铸塑料	又称浇铸塑料,是以纯树脂或树脂与填料按一定配比配制,采用浇铸成形方法制作各种制品,如有机玻璃和其他成形零件	有机玻璃、单体浇铸尼龙、环氧浇铸料、聚酯浇铸料、酚醛浇铸料、聚苯乙烯浇铸料
	增强塑料	是指以热固性或热塑性树脂为黏结剂,以纤维为增强材料的一种复合材料 热塑性增强塑料一般都采用玻璃纤维增强,对尼龙增强的效果最为显著,对聚碳酸酯、线型聚酯、聚乙烯和聚丙烯等的效果也很优良。热塑性树脂增强后的强度、刚性、硬度及抗蠕变性能都有所提高,耐热性也显著上升,线胀系数和吸水率降低,尺寸稳定性增加,并可抑制应力开裂。冲击强度有所下降,但缺口敏感性有改善。成形工艺可采用一般注射方法。用于对强度、耐热、尺寸稳定性和电性能等要求较高的机械零件 热固性增强塑料所用的增强材料,主要是玻璃纤维或玻璃布、玻璃带、玻璃毡等,这种增强塑料一般称为玻璃钢。成形方法有手糊法、模压法、层压法、袋压法、液压法、喷射法和缠绕法等多种,特点是重量轻、强度大,特别是比强度高,超过普通钢材;耐腐蚀、耐热、耐辐射,有优越的电绝缘性能和良好的高频电磁波渗透性;成形方法比较方便,价格较低	热塑性玻璃纤维增强塑料主要有尼龙、聚碳酸酯、线型聚酯、聚乙烯、聚丙烯 热固性玻璃增强塑料的主要品种有酚醛玻璃钢、环氧玻璃钢、聚酯玻璃钢、呋喃玻璃钢、聚二苯醚玻璃钢
	泡沫塑料	是以合成树脂为基料,加入一定量的发泡剂、催化剂、稳定剂等辅助材料,经加热发泡而制成。特点是单位体积重量极小,热导率低,具有轻质、绝热、隔声、耐潮、耐蚀、抗振等优良性能。热固性泡沫塑料耐热性较高,但制造困难,易脆;热塑性泡沫塑料有较高的弹性和抗振能力,但耐热性差	聚氯乙烯泡沫塑料、聚苯乙烯泡沫塑料、脲醛泡沫塑料、聚氨酯泡沫塑料

3.3 工程常用塑料的综合性能、用途及选用

工程常用塑料

表 3-4-20

塑料名称	密度/g·cm^{-3}	吸水率/%	成品收缩率/%	马丁耐热/℃	连续耐热/℃	维卡耐热/℃	热变形温度/℃ 1.86MPa	热变形温度/℃ 0.46MPa	脆化温度/℃	燃烧性	线胀系数/10^{-5}℃$^{-1}$	物理力… 拉伸强度/MPa	物理力… 弯曲强度/MPa
硬聚氯乙烯(PVC)	1.35~1.45	0.4~0.6	0.6~0.8	50~65	49~71		56~73	75~82	-15	自熄	5~8	45~50	70~112
软聚氯乙烯	1.16~1.35	0.15~0.75	2~4	40~70	55~80				-30~-35	缓慢至自熄	7~25		
高密度聚乙烯(HDPE)	0.94~0.965	<0.01	1.5~3.6		121	121~127	48	60~82	-70	很慢	12.6~16	屈服 22~29 断裂 15~16	25~40
改性有机玻璃(372)(PMMA)	1.18	<0.2	0.5	≥60		≥110	85~100				5~6	≥50	≥100
聚丙烯(PP)	0.90~0.91	0.03~0.04	1.0~1.2	44	121		56~67	100~116	-35	自熄	10.8~11.2	30~39	42~56
改性聚苯乙烯(204)(PS)	1.07	0.17	0.4~0.7	75	60~96		175~205				5~5.5	≥50	≥72
聚砜(PSU)	1.24	0.12~0.22	0.8	156	150~174		174	181	-100	自熄	5.0~5.2	72~85	108~127
ABS 超高冲击型	1.05	0.3	0.5				87	96		缓慢	10.0	35	62
ABS 高强度中冲击型	1.07	0.3	0.4				89	98			7.0	63	97
ABS 低温冲击型	1.02	0.2					78~85	98		厚>1.27mm, 0.55mm/s	8.6~9.9	21~28	25~46
ABS 耐热型	1.06~1.08	0.2					96~110	104~116			6.8~8.2	53~56	84
聚酰胺(PA) 尼龙1010 未增强	1.04~1.06	0.39	1.0~2.5	45	80~120	123~190			-60	自熄	10.5	52~55	89
聚酰胺(PA) 尼龙1010 玻璃纤维增强	1.23	0.05		180					-60	自熄	3.1	180	237
聚酰胺(PA) 尼龙610 干态	1.07~1.09	0.4~0.5	1.0~1.5	51~56		195~205				自熄	9~12	60	
聚酰胺(PA) 尼龙610 含水1.5%												47	
聚酰胺(PA) 尼龙66 干态	1.14~1.15	1.5	1.5	50~60	82~140		66~68	182~185	-25~-30	自熄	9~10	83	100~110
聚酰胺(PA) 尼龙66 含水2.3%												56.5	
聚酰胺(PA) 尼龙6 干态	1.13~1.15	1.9	0.8~1.5	40~50	79~121		55~58	180	-20~-30	自熄	7.9~8.7	74~78	100
聚酰胺(PA) 尼龙6 含水3.5%												52~54	70
聚酰胺(PA) 尼龙11	1.04	0.4		(38)		173~178				自熄	11.4~12.4	47~58	76
聚酰胺(PA) 尼龙9	1.05	1.2	1.5~2.5	42~48		>160					8~12	58~65	80~85
聚酰胺(PA) MC尼龙(单体浇铸尼龙)	1.16			55			94	205		自熄	8.3	90~97	152~171

的综合性能

学性能										电性能				
压缩强度	疲劳强度(10^7次)	冲击韧度/J·cm^{-2}		拉伸弹性模量	弯曲弹性模量	断裂伸长率/%	硬度			介电常数	介电损耗	体积电阻率/Ω·cm	击穿强度/kV·mm^{-1}	耐电弧性/s
							洛氏		布氏HB					
		缺口	无缺口	/10^3MPa			R	M		/10^6Hz				
56.2~91.4		1.09~2.18	0.3~0.4			20~40		邵氏D 70~90		14~17		10^{12}~10^{16}	17~52	60~80
6.2~11.8			0.39~1.18			200~450		邵氏D 20~30		5~9	0.08~0.015	10^{11}~10^{18}	12~40	
22.5	11	7~8	不断	0.84~0.95	1.1~1.4	60~150		邵氏D 60~70		2.3~2.35	<0.005	10^{16}		150
			≥0.12						≥10			表面4.5×10^{15}	20	
39~56	11~22	0.22~0.5	不断	1.1~1.6	1.2~1.6	>200	95~105			2.0~2.6	0.001	>10^{16}	30	125~185
≥90		≥1.6	0.12~0.26			1.0~3.7		68~98(HRM)		3.12		10^{16}	25	
89~97		0.7~0.81	1.72~3.7	2.5~2.8	2.8	20~100	120		10.8	2.9~3.1	0.001~0.006	10^{16}	16.1~20	122
		5.3		1.8	1.8		100			2.4~5.0	0.003~0.008	10^{16}		50~85
		0.6		2.9	3.0		121			2.4~5.0	0.003~0.008	10^{16}		50~85
18~39		2.7~4.9		0.7~1.8	1.2~2.0		62~88			3.7	0.011~0.073	10^{13}	15.1~15.7	70~80
70		1.6~3.2		2.5	2.5~2.6		108~116			2.7~3.5	0.034	10^{13}	14.2~15.7	70~80
79		0.4~0.5	不断	1.6	1.3	100~250			7.1	2.5~3.6	0.020~0.026	>10^{14}	>20	
157		0.85	100	8.8	5.9				12.4		0.027	10^{15}	29	
90		0.35~0.55		2.3		85	111~113			3.9	0.04	10^{14}	28.5	
70		0.98		1.2		220~240	90							
120		0.39		3.2~3.3	2.9~3.0	60	118			40	0.014	10^{14}	15~19	130~140
90	23~25	1.38		1.4	1.2	200	100							
90	12~19	0.31		2.6	2.4~2.6	150	114			4.1	0.01	10^{14}~10^{15}	22	
60		>5.5		0.83	0.53	250	85							
80~110		0.35~0.48	3.8	1.2	1.1	60~230	100~113		7.5		0.06	10^{15}	29.5	
			2.5~3.0	1.0~1.2	1.0~1.2					3.7	0.019	5.5×10^{14}	>15	
107~130	约20		>5.0	3.6	4.2	20~30			14~21	3.7	0.02			

第3篇

塑料名称		密度/g·cm^{-3}	吸水率	成品收缩率	马丁耐热	连续耐热	维卡耐热	热变形温度/℃		脆化温度/℃	燃烧性	线胀系数/10^{-5}℃$^{-1}$	拉伸强度	弯曲强度
			/%		/℃			1.86 MPa	0.46 MPa				/MPa	
聚甲醛(POM)	共聚	1.41~1.43	0.22~0.25	2.0~3.0	57~62	104		110	168	-40	缓慢	11.0	屈服 62~68	91~92
	均聚	1.42~1.43	0.25	2.0~2.5	60~64	85		124	170		缓慢	10.0	70	98
聚碳酸酯(PC)	未增强	1.20	0.13	0.5~0.8	110~130	121		132~138		-100	自熄	6~7	67	98~106
	增强	1.40	0.07~0.09	0.1~0.5	150~152	140~141		147~149			不燃	1.6~2.7	110~140	160~190
氯化聚醚(聚氯醚)(CPE)		1.40	0.01	0.4~0.8	72	120~143		100	141	-40	自熄	12	42.3	70~77
聚酚氧(苯氧树脂)		1.18	0.13	0.3~0.4		77		86	92	-60		5.8~6.8	63~70	90~110
线型聚酯(PET)	未增强	1.37~1.38	0.26	1.8				85	115			6.0	80	117
	增强	1.63~1.70		0.2~1.0	130~140			240			缓慢	2.5~3.4	120	145~175
聚苯醚(PPO)	PPO	1.06~1.07	0.07	0.7~1.0	144~160	200		190		-127	缓慢至自熄	5.0~5.6	屈服 86.5~89.5 断裂 66.5	98~137
	改性 PPO	1.06	0.066	0.7		100		190		-45	自熄	6.7	67	95
氟塑料	F-4(聚四氟乙烯)(PTFE)	2.10~2.20	0.001~0.005	模压 1~5		260		55	121	-180~-195	自熄	10~12	14~25	11~14
	F-3(聚三氟氯乙烯)(PCTFE)	2.10~2.20	<0.005	1~2.5	70	120~190		75	130	-180~-195	自熄	4.5~7.0	32~40	55~70
	F-2	1.76	0.04	2.0		150		91	149	-62	自熄	8.5~15.3	46~49.2	
	F-46(聚全氟乙丙烯)(FEP)	2.10~2.20	<0.01	2~5		204		51	70	-200	自熄	8.3~10.5	20~25	
	F-23	2.02				170~180							25~30	35
聚酰亚胺(PI)	均苯型	1.40~1.60	0.2~0.3			260	>300	360		-180	自熄	5.5~6.3	94.5	>100
	可溶型	1.34~1.40	0.2~0.3	0.5~1.0		200~250	250~270			-180	自熄		120	200~210
酚醛塑料(PF)		1.60~2.00	≤0.05		≥150							1.5~2.5	≥25	≥60
聚苯硫醚(PPS)	未增强	1.30~1.50			105			135				2.8	6.5	9.6
	增强	1.60~1.65	0.02					260					14.2~17.9	1.96

注：还有如下塑料未列入本表，即醋酸纤维素（CA）；甲酚甲醛树脂（CF）；氯化聚乙烯（CPE）；邻苯二甲酸二烯丙酯（DAP）；聚酯（UP）。

续表

学性能										电性能				
压缩强度	疲劳强度(10^7次)	冲击韧度/$J \cdot cm^{-2}$		拉伸弹性模量	弯曲弹性模量	断裂伸长率/%	硬度			介电常数	介电损耗	体积电阻率/$\Omega \cdot cm$	击穿强度/$kV \cdot mm^{-1}$	耐电弧性/s
							洛氏		布氏HB					
		缺口	无缺口	/10^3MPa			R	M		/10^6Hz				
113	25~27	0.65~0.76	0.9~1.1	2.8	2.6	60~75	120	94		3.8	0.005	10^{14}	18.6	240
122	30~35	0.65	1.08	2.9	2.9	15~25		80		3.7	0.004	10^{14}		129
83~88	7~10	6.4~7.5	不断	2.2~2.4	2.0~3.0	60~100		75	9.7~10.4	3.0	0.006~0.007	10^{16}	17~22	120
120~135			0.65	6.6~11.9	4.8~7.5	1~5			12.8	3.2~3.5	0.003~0.005	10^{15}		5~120
63~87		0.21	>0.5	1.1	0.9	60~160	100			3.1~3.3	0.011	6×10^{14}	15.8	
84		0.134	不断	2.7	2.9	60~100	121	72		3.8~4.1	0.0012	10^{15}		
		0.04		2.9		200				3.4	0.021	10^{14}		
130~161		0.085		8.3~9.0	6.2	15		95~100	14.5	3.78	0.016	10^{16}	18~35	90~120
91~112	14	0.083~0.102	0.53~0.64	2.6~2.8	2.0~2.1	30~80	118~123	78		2.58	0.001	10^{16}~10^{17}	15.8~20.5	
115	约20	0.7		2.5	2.5	20	119	78		2.64	0.0004	10^{17}		
12		0.164		0.4		250~350	58	邵氏D 50~65		2.0~2.2	0.0002	10^{18}	25~40	>200
		0.13~0.17		1.1~1.3	1.3~1.8	50~190		邵氏D 74~78	10~13	2.3~2.7	0.0017	1.2×10^{16}	19.7	360
70		0.203	0.16	0.84	1.4	30~300		邵氏D 80		8.4	0.018	2×10^{14}	10.2	50~70
		不断	不断	0.35		250~370	25			2.1	0.0007	2×10^{18}	40	>160
					1.0~1.2	150~250			7.8~8.0	3.0	0.012	10^{16}~10^{17}	23~25	
>170	26	0.38	0.54		3.2	6~8				3~4	0.003	10^{17}	>40	230
>230		1.2	不断		3.3	6~10				3.1~3.5	0.001~0.005	10^{15}~10^{16}	>30	
≥100	抗剪强度≥25		≥0.35						≥30					
			0.78~0.98		3.8	3	117			3.4~3.8			20	
			2.9~3.9		10.7	3	123	428		3.8~4.2	0.002~0.006		17.1~18.4	160

二甲基乙酰胺（DMA）；环氧树脂（EP）；玻璃纤维（GF）；聚乙烯醇（PVAl）；聚氨基甲酸酯（PUR）；增强塑料（RP）；不饱和

工程常用塑料的特点和用途

表 3-4-21

塑料名称	特点	用途
硬聚氯乙烯 (PVC)	①耐腐蚀性能好,除强氧化性酸(浓硝酸、发烟硫酸)、芳香族及含氟的碳氢化合物和有机溶剂外,对一般的酸、碱介质都是稳定的 ②机械强度高,特别是冲击韧性优于酚醛塑料 ③电性能好 ④软化点低,使用温度为-10~+55℃	①可代替铜、铝、铅、不锈钢等金属材料制作耐腐蚀设备与零件 ②可制作灯头、插座、开关等
高密度聚乙烯 (HDPE)	①耐寒性良好,在-70℃时仍柔软 ②摩擦因数低,为0.21 ③除浓硝酸、汽油、氯化烃及芳香烃外,可耐强酸、强碱及有机溶剂的腐蚀 ④吸水性小,有良好的电绝缘性能和耐辐射性能 ⑤注射成型工艺性好,可用火焰、静电喷涂法涂于金属表面,作为耐磨、减摩及防腐涂层 ⑥机械强度不高,热变形温度低,故不能承受较高的载荷,否则会产生蠕变及应力松弛,使用温度可达80~100℃	①制作一般结构零件 ②制作减摩自润滑零件,如低速、轻载的衬套等 ③制作耐腐蚀的设备与零件 ④制作电器绝缘材料,如高频、水底和一般电缆的包皮等
改性有机玻璃 (372) (PMMA)	①有极好的透光性,可透过92%以上的太阳光,紫外线光达73.5% ②综合性能超过聚苯乙烯等一般塑料,机械强度较高,有一定耐热耐寒性 ③耐腐蚀、绝缘性能良好 ④尺寸稳定,易于成型 ⑤质较脆,易溶于有机溶剂中,作为透光材料,表面硬度不够,易擦毛	可制作要求有一定强度的透明结构零件
聚丙烯 (PP)	①是最轻的塑料之一,它的屈服、拉伸和压缩强度以及硬度均优于高密度聚乙烯,有很突出的刚性,高温(90℃)抗应力松弛性能良好 ②耐热性能较好,可在100℃以上使用,如无外力,在150℃也不变形 ③除浓硫酸、浓硝酸外,在许多介质中,几乎都很稳定。但低相对分子质量的脂肪烃、芳香烃、氯化烃对它有软化和溶胀作用 ④几乎不吸水,高频电性能好,成形容易,但成形收缩率大 ⑤低温呈脆性,耐磨性不高	①制作一般结构零件 ②制作耐腐蚀化工设备与零件 ③制作受热的电气绝缘零件
改性聚苯乙烯 (204) (PS)	①有较好的韧性和一定的抗冲击性能 ②有优良的透明度(与有机玻璃相似) ③化学稳定性及耐水、耐油性能都较好,并易于成形	制作透明结构零件,如汽车用各种灯罩、电气零件等
改性聚苯乙烯 (203A) (PS)	①与聚苯乙烯相比有较高的韧性和抗冲击性能 ②耐酸、碱性能好,但不耐有机溶剂 ③电气性能优良 ④透光性好,着色性佳,并易于成形	①制作一般结构零件和透明结构零件 ②制作仪表零件、油浸式多点切换开关、电池外壳等
聚砜(PSU)	①不仅能耐高温,也能在低温下保持优良的力学性能,故可在-100~+150℃下长期使用 ②在高温下能保持常温下所具有的各种力学性能和硬度,蠕变值很小。冲击韧性好,具有良好的尺寸稳定性 ③化学稳定性好 ④电绝缘、热绝缘性能良好 ⑤用F-4填充后,可制作摩擦零件	适用于高温下工作的耐磨受力传动零件,如汽车分速器盖、齿轮等,以及电绝缘零件、耐热零件
ABS	①由于ABS是由苯乙烯-丁二烯-丙烯腈为基的三元共聚体,故具有良好的综合性能,即高的冲击韧性和良好的机械强度 ②优良的耐热、耐油性能和化学稳定性 ③尺寸稳定,易于成形和机械加工,且表面还可镀金属 ④电性能良好	①制作一般结构或耐磨受力传动零件,如齿轮、轴承等,也可制作叶轮 ②制作耐腐蚀设备与零件 ③用ABS制成的泡沫夹层板可制作小轿车车身

续表

塑料名称		特点	用途
聚酰胺(PA)	尼龙 66 (PA-66)	疲劳强度和刚性较高,耐热性较好,耐磨性好,但吸湿性大,尺寸稳定性不够,摩擦因数低,为 0.15~0.40,*pv* 极限值为 0.9×10^5 Pa · m/s	适用于在中等载荷、使用温度不高于 120℃、无润滑或少润滑条件下工作的耐磨受力传动零件
	尼龙 6 (PA-6)	疲劳强度、刚性、耐热性略低于尼龙 66,但弹性好,有较好的消振、降噪能力。其余同尼龙 66	适用于在轻负荷、中等温度(最高 100℃)、无润滑或少润滑、要求噪声低的条件下工作的耐磨受力传动零件
	尼龙 610 (PA-610)	强度、刚性、耐热性略低于尼龙 66,但吸湿性较小,耐磨性好	同尼龙 6。制作要求比较精密的齿轮,并适用于在湿度波动较大的条件下工作的零件
	尼龙 1010 (PA-1010)	强度、刚性、耐热性均与尼龙 6、尼龙 610 相似,而吸湿性低于尼龙 610。成形工艺性较好,耐磨性也好	适用于在轻载荷、温度不高、湿度变化较大且无润滑或少润滑的情况下工作的零件
	MC 尼龙 (PA-MC)	强度、耐疲劳性、耐热性、刚性均优于尼龙 6 及尼龙 66,吸湿性低于尼龙 6 及尼龙 66,耐磨性好,能直接在模型中聚合成形。适宜浇铸大型零件,如大型齿轮、蜗轮,轴承及受力零件等。摩擦因数为 0.15~0.30	适用于在较高载荷、较高使用温度(最高使用温度低于 120℃)、无润滑或少润滑条件下工作的零件
聚甲醛 (POM)		①耐疲劳性和刚性高于尼龙,尤其是弹性模量高、硬度高,这是其他塑料所不能相比的 ②自润滑性能好,耐磨性好,摩擦因数为 0.15~0.35,*pv* 极限值为 1.26×10^5 Pa · m/s ③较小的蠕变性和吸湿性,故尺寸稳定性好,但成形收缩率大于尼龙 ④长期使用温度为-40~100℃ ⑤用聚四氟乙烯填充的聚甲醛,可显著降低摩擦因数,提高耐磨性和 *pv* 极限值	①制作对强度有一定要求的一般结构零件 ②适用于在轻载荷、无润滑或少润滑条件下工作的各种耐磨受力传动零件 ③制作减摩自润滑零件
聚碳酸酯 (PC)		①力学性能优异,尤其是具有优良的冲击韧性 ②蠕变性相当小,故尺寸稳定性好 ③耐热性高于尼龙、聚甲醛,长期工作温度可达 130℃ ④疲劳强度低,易产生应力开裂,长期允许负荷较小,耐磨性欠佳 ⑤透光率达 89%,接近有机玻璃	①制作耐磨受力的传动零件 ②制作支架、壳体、垫片等一般结构零件 ③制作耐热透明结构零件,如防爆灯、防护玻璃等 ④制作各种仪器仪表的精密零件
氯化聚醚 (CPE)		①具有独特的耐腐蚀性能,仅次于聚四氟乙烯,可与聚三氟乙烯相似,能耐各种酸、碱和有机溶剂。在高温下不耐浓硝酸、浓双氧水和湿氯气等 ②可在 120℃下长期使用 ③强度、刚性比尼龙、聚甲醛等低,耐磨性略优于尼龙,*pv* 极限值为 0.72×10^5 Pa · m/s ④吸湿性小,成品收缩率小,尺寸稳定,成品精度高 ⑤可用火焰喷镀法涂于金属表面	①制作耐腐蚀设备与零件 ②制作在腐蚀介质中使用的低速或高速、低负荷的精密耐磨受力传动零件
聚酚氧(苯氧树脂)		①具有优良的力学性能,高的刚性、硬度和韧性。冲击强度可与聚碳酸酯相比,抗蠕变性能与大多数热塑性塑料相比属于优等 ②吸湿性小,尺寸稳定,成形精度高 ③一般推荐的最高使用温度为 77℃	①适用于精密的、形状复杂的耐磨受力传动零件 ②适用于仪表、计算机等零件
线型聚酯 (聚对苯二甲酸乙二醇酯)(PETP)		①具有很高的力学性能,拉伸强度超过聚甲醛,抗蠕变性能、刚性和硬度都胜过多种工程塑料 ②吸湿性小,线胀系数小,尺寸稳定性好 ③热力学性能与冲击性能很差 ④耐磨性可与聚甲醛、尼龙比美 ⑤增强的线型聚酯,其性能相当于热固性塑料	①制作耐磨受力传动零件,特别是与有机溶剂如油类、芳香烃、氯化烃接触的上述零件 ②增强的聚酯可代替玻璃纤维填充的酚醛、环氧等热固性塑料
聚苯醚(PPO)		①在高温下仍能保持良好的力学性能,最突出的特点是拉伸强度高和蠕变性极好 ②较高的耐热性,可与一般热固性塑料比美,长期使用温度为-127~120℃ ③成形收缩率低,尺寸稳定 ④耐高浓度的无机酸、有机酸及其盐的水溶液、碱及水蒸气,但溶于氯化烃和芳香烃中,在丙酮、石油、甲酸中龟裂和膨胀	①适用于高温工作下的耐磨受力传动零件 ②制作耐腐蚀的化工设备与零件,如泵叶轮、阀门、管道等 ③可代替不锈钢制作外科医疗器械

续表

塑料名称	特点	用途
聚四氟乙烯 (F-4) (PTFE)	①聚四氟乙烯素称"塑料王",具有良好的化学稳定性,对强酸、强碱、强氧化剂、有机溶剂均耐蚀,只有对熔融状态的碱金属及高温下的氟元素才不耐蚀 ②有异常好的润滑性,具有极低的动、静摩擦因数,对金属的摩擦因数为 0.07~0.14,自摩擦因数接近冰,*pv* 极限值为 $0.64\times10^5\text{Pa}\cdot\text{m/s}$ ③可在 260℃长期连续使用,也可在-250℃的低温下使用 ④优异的电绝缘性 ⑤耐大气老化性能好 ⑥突出的表面不黏性,几乎所有的黏性物质都不能附在它的表面上 ⑦其缺点是强度低、刚性差,冷流性大,必须用冷压烧结法成型,工艺较复杂	①制作耐腐蚀化工设备及其衬里与零件 ②制作减摩自润滑零件,如轴承、活塞环、密封圈等 ③制作电绝缘材料与零件
填充 F-4	用玻璃纤维、二硫化钼、石墨、氧化镉、硫化钨、青铜粉、铅粉等填充的聚四氟乙烯,在承载能力、刚性、*pv* 极限值等方面都有不同程度的提高	用于高温或腐蚀性介质中工作的摩擦零件,如活塞环等
聚三氟氯乙烯 (F-3) (PCTFE)	①耐热性、电性能和化学稳定性仅次于 F-4,在 180℃的酸、碱和盐的溶液中既不被溶胀也不被侵蚀 ②机械强度、抗蠕变性能、硬度都比 F-4 好 ③长期使用温度为-195~190℃之间,但要求长期保持弹性时,则最高使用温度为 120℃ ④涂层与金属有一定的附着力,其表面坚韧、耐磨,有较高的强度	①制作耐腐蚀化工设备与零件 ②悬浮液涂于金属表面可作为防腐、电绝缘防潮等涂层 ③制作密封零件、电绝缘件、机械零件(如润滑齿轮、轴承) ④制作透明件
聚全氟乙丙烯 (F-46) (FEP)	①力学、电性能和化学稳定性基本与 F-4 相同,但突出的优点是冲击韧性高 ②能在-85~205℃温度范围内长期使用 ③可用注射法成形 ④摩擦因数为 0.08,*pv* 极限值为 $(0.6\sim0.9)\times10^5\text{Pa}\cdot\text{m/s}$	①制作耐腐蚀化工设备及其衬里与零件 ②用于制作要求大批量生产或外形复杂的零件,并用注射成型代替 F-4 的冷压烧结成形
聚酰亚胺 (PI)	①是新型的耐高温、高强度的塑料之一,可在 260℃温度下长期使用,在有惰性气体存在的情况下,可在 300℃下长期使用,间歇使用温度高达 430℃ ②耐磨性能好,且在高温和高真空下稳定,挥发物少,摩擦因数为 0.17 ③电性能和耐辐射性能良好 ④有一定的化学稳定性,不溶于一般有机溶剂和不受酸的侵蚀,但在强碱、沸水、蒸汽持续作用下会破坏 ⑤主要缺点是质脆,对缺口敏感,不宜在室外长期使用	①适用于高温、高真空条件下的减摩、自润滑零件 ②适用于高温电机、电器零件
酚醛塑料 (PF)	①具有良好的耐腐蚀性能,能耐大部分酸类、有机溶剂,特别能耐盐酸、氯化氢、硫化氢、二氧化硫、三氧化硫、低及中等浓度硫酸的腐蚀,但不耐强氧化性酸(如硝酸、铬酸等)及碱、碘、溴、苯胺嘧啶等的腐蚀 ②热稳定性好,一般使用温度为-30~130℃ ③与一般热塑性塑料相比,它的刚性大,弹性模量均为 60~150MPa;用布质和玻璃纤维层压塑料,力学性能更高,具有良好的耐油性 ④在水润滑条件下,其摩擦因数很小,约为 0.01~0.03,宜制作摩擦磨损零件 ⑤电绝缘性能良好 ⑥冲击韧性不高,质脆,故不宜在机械冲击、剧烈振动、温度变化大的情况下使用	①制作耐腐蚀化工设备与零件 ②制作耐磨受力传动零件,如齿轮、轴承等 ③制作电器绝缘零件

续表

塑料名称	特点	用途
聚苯硫醚（PPS）	①突出的热稳定性 ②吸湿性小，易加工 ③与金属、无机材料有良好的附着性，尺寸稳定性好 ④耐化学性极好，在191～204℃不溶于任何溶剂	①最适宜制作耐腐蚀涂层 ②注射制品可代替金属材料，制作汽车、照相机部件，如轴承、衬套 ③制作泵的叶轮、压盖、滚动轴承保持架、机械密封件、密封圈等
聚乳酸（PLA）	①聚乳酸的生产过程无污染，而且产品可以生物降解，实现在自然界中的循环，因此是理想的绿色高分子材料 ②聚乳酸的热稳定性好，加工温度170～230℃，有好的抗溶剂性，可用多种方式进行加工，如挤压、纺丝、双轴拉伸，注射吹塑 ③还具有一定的耐菌性、阻燃性和抗紫外性	可用作包装材料、纤维和非织造物等，目前主要用于服装（内衣、外衣）、产业（建筑、农业、林业、造纸）和医疗卫生等领域

工程常用塑料的选用

表 3-4-22

产品要求	典型产品名称	工作条件	对材料的性能要求	选用
一般结构零件	壳体、盖板、外罩、支架、手柄、手轮、导管、管接头、紧固件等	不承受动载荷或承受很小的动载荷，工作环境温度不高	只要求较低的强度和耐热性能，但因其用量较大，还要求有较高的生产率、成本低	高密度聚乙烯、改性聚苯乙烯、聚丙烯、ABS
耐磨传动零件	各种轴承、衬套、齿轮、凸轮、蜗轮、蜗杆、齿条、滚子、联轴器等	承受交变应力和冲击负荷，表面受磨损	要求有较高的强度、刚性、韧性、耐磨性和耐疲劳性，并有较高的热变形温度	尼龙、MC尼龙、聚甲醛、聚碳酸酯、ABS、酚醛层压板棒、聚酚氧、线型聚酯、氯化聚醚、玻璃纤维增强塑料
减摩、自润滑零件	活塞环、机械动密封圈、填料函、滑动导轨以及轴承等	一般受力较小，但运动速度较高，有的是在无油润滑的情况下运转	机械强度要求不高，主要要求具有低的摩擦因数和良好的自润滑性，并应有高的耐磨性和一定的耐腐蚀性	F-4、填充的F-4、F-4填充的聚甲醛、填充改性的聚酰亚胺、高密度聚乙烯、F-46、填充改性酚醛塑料
耐腐蚀零部件	化工容器、管道、泵、阀门、塔器、搅拌器、反应釜、热交换器、冷凝器、分离和排气净化设备等	在常温或较高温度下，长期受酸、碱或其他腐蚀介质的侵蚀	要求具有抗各种强酸、强碱、强氧化剂以及各种有机溶剂等腐蚀的能力，保证正常操作、安全生产	硬聚氯乙烯、聚乙烯、聚丙烯、ABS、氟塑料、氯化聚醚、聚苯硫醚、酚醛玻璃钢、环氧玻璃钢、呋喃玻璃钢
耐高温零部件	煮沸杀菌用的外科医疗器械，蒸汽管道中的泵及阀门零部件，B级、F级、H级和C级电气绝缘零件，高温下工作的齿轮、轴承以及其他机械零件	一般工作温度在120℃以上，有的高达200～300℃	要求具有高的热变形温度及高温抗蠕变性能，有的还要求有高温耐磨、耐腐蚀以及电绝缘性能	①工作温度≤130℃——聚苯醚、聚碳酸酯、氯化聚醚、线型聚酯、填充改性酚醛塑料 ②工作温度≤150℃——聚砜、环氧、玻璃纤维增强聚丙烯或尼龙66 ③工作温度≤180～200℃——有机硅、芳香尼龙、F-46、玻璃纤维增强聚酯或尼龙1010 ④工作温度≤250℃——F-4、聚酰亚胺、聚芳砜、聚苯硫醚 ⑤工作温度≤315℃——聚苯并咪唑、体型聚酯

续表

产品要求	典型产品名称	工作条件	对材料的性能要求	选用
耐低温零部件	与液氨或液氢、液氧接触的有关零件以及在严寒地区使用的各种机械、电气零部件	在低温或超低温下使用(氨的沸点为-33.4℃,凝固点为-77.7℃,氢的沸点为-252.7℃,凝固点为-259.2℃,氧的沸点为-182.97℃,熔点为-218.9℃)	要求在低温或超低温下仍具有良好的力学、电气性能	①-40℃以上——聚甲醛、线型聚酯、ABS、尼龙1010 ②-60℃以上——聚甲基丙烯酸甲酯、聚酚氧、F-2 ③-70℃以上——低压聚乙烯、芳香尼龙、环氧 ④-100℃以上——聚碳酸酯、聚砜、聚苯醚、F-46 ⑤-180℃以上——F-4、聚酰亚胺 ⑥-240℃以上——聚芳砜
透明结构件	仪表壳、灯罩、风窗玻璃、液面计、油标、设备标牌、光学镜片等	不承受载荷或承受很小的载荷,工作环境温度不高,但需要透光性好	要求一定的透明度和强度,并有一定的耐热性、耐天候性和耐磨性	有机玻璃、聚苯乙烯、高压聚乙烯、聚碳酸酯、聚砜、透明ABS、透明芳香尼龙
高强度、高模结构件	燃气轮机压气机叶片、高速风扇叶片、泵叶轮、船用螺旋桨、发电机护环、压力容器、高速离心转筒、船艇壳体、汽车车身等	负荷大,运转速度高;有的承受强大的离心力和热应力,有的受介质腐蚀	要求高强度、高的弹性模量、耐冲击、耐疲劳、耐腐蚀以及较高的热变形温度	玻璃布层压塑料、玻璃纤维增强塑料(如玻璃纤维增强尼龙、玻璃纤维增强聚酯等)、环氧玻璃钢、聚酯玻璃钢

3.4 硬聚氯乙烯制品

硬聚氯乙烯层压板材(摘自GB/T 22789.1—2008)

表3-4-23

性能	第1类 一般用途级	第2类 透明级	第3类 高模量级	第4类 高抗冲级	第5类 耐热级
拉伸屈服应力/MPa	≥50	≥45	≥60	≥45	≥50
拉伸断裂伸长率/%	≥5	≥5	≥8	≥10	≥8
拉伸弹性模量/MPa	≥2500	≥2500	≥3000	≥2000	≥2500
缺口冲击强度(厚度小于4mm的板材不做缺口冲击强度)/$kJ \cdot m^{-2}$	≥2	≥1	≥2	≥10	≥2
维卡软化温度/℃	≥75	≥65	≥78	≥70	≥90
加热尺寸变化率/%	-3~+3				
层积性(层间剥离力)	无气泡、破裂或剥落(分层剥离)				
总透光率(只适用于第2类)/%	厚度:d≤2.0mm; ≥82 2.0mm<d≤6.0mm; ≥78 6.0mm<d≤10.0mm; ≥75 d>10.0mm; —				

注:可燃性、腐蚀度及卫生指标的要求根据需要由供需双方协商确定。用于与食品直接接触的板材,执行相关法规。

工业用硬聚氯乙烯(PVC-U)管道系统 第1部分:管材(摘自GB/T 4219.1—2008)

表3-4-24 mm

公称压力PN/MPa		管系列S,标准尺寸比SDR与公称压力PN对照(基于MRS值为25MPa)						
		S20 SDR41	S16 SDR33	S12.5 SDR26	S10 SDR21	S8 SDR17	S6.3 SDR13.6	S5 SDR11
c值	2.0	PN0.63	PN0.8	PN1.0	PN1.25	PN1.6	PN2.0	PN2.5
	2.5	PN0.5	PN0.63	PN0.8	PN1.0	PN1.25	PN1.6	PN2.0

续表

公称外径 d_n	壁厚 e_{min}													
	e_{min}	偏差	e_{min}	偏差	e_{min}	偏差	e_{min}	偏差	e_{min}	偏差	e_{min}	偏差	e_{min}	偏差
16	—	—	—	—	—	—	—	—	—	—	—	—	2.0	+0.4
20	—	—	—	—	—	—	—	—	—	—	—	—	2.0	+0.4
25	—	—	—	—	—	—	—	—	—	—	2.0	+0.4	2.3	+0.5
32	—	—	—	—	—	—	—	—	2.0	+0.4	2.4	+0.5	2.9	+0.5
40	—	—	—	—	—	—	2.0	+0.4	2.4	+0.5	3.0	+0.5	3.7	+0.6
50	—	—	—	—	2.0	+0.4	2.4	+0.5	3.0	+0.5	3.7	+0.6	4.6	+0.7
63	—	—	2.0	+0.4	2.5	+0.5	3.0	+0.5	3.8	+0.6	4.7	+0.7	5.8	+0.8
75	—	—	2.3	+0.5	2.9	+0.5	3.6	+0.6	4.5	+0.7	5.6	+0.8	6.8	+0.9
90	—	—	2.8	+0.5	3.5	+0.6	4.3	+0.7	5.4	+0.8	6.7	+0.9	8.2	+1.1
110	—	—	3.4	+0.6	4.2	+0.7	5.3	+0.8	6.6	+0.9	8.1	+1.1	10.0	+1.2
125	—	—	3.9	+0.6	4.8	+0.7	6.0	+0.8	7.4	+1.0	9.2	+1.2	11.4	+1.4
140	—	—	4.3	+0.7	5.4	+0.8	6.7	+0.9	8.3	+1.1	10.3	+1.3	12.7	+1.5
160	4.0	+0.6	4.9	+0.7	6.2	+0.9	7.7	+1.0	9.5	+1.2	11.8	+1.4	14.6	+1.7
180	4.4	+0.7	5.5	+0.8	6.9	+0.9	8.6	+1.1	10.7	+1.3	13.3	+1.6	16.4	+1.9
200	4.9	+0.7	6.2	+0.9	7.7	+1.0	9.6	+1.2	11.9	+1.4	14.7	+1.7	18.2	+2.1
225	5.5	+0.8	6.9	+0.9	8.6	+1.1	10.8	+1.3	13.4	+1.6	16.6	+1.9	—	—
250	6.2	+0.9	7.7	+1.0	9.6	+1.2	11.9	+1.4	14.8	+1.7	18.4	+2.1	—	—
280	6.9	+0.9	8.6	+1.1	10.7	+1.3	13.4	+1.6	16.6	+1.9	20.6	+2.3	—	—
315	7.7	+1.0	9.7	+1.2	12.1	+1.5	15.0	+1.7	18.7	+2.1	23.2	+2.6	—	—
355	8.7	+1.1	10.9	+1.3	13.6	+1.6	16.9	+1.9	21.1	+2.4	26.1	+2.9	—	—
400	9.8	+1.2	12.3	+1.5	15.3	+1.8	19.1	+2.2	23.7	+2.6	29.4	+3.2	—	—

	项目	要求
物理性能	密度 ρ/kg·m^{-3}	1330~1460
	维卡软化温度(VST)/℃	≥80
	纵向回缩率/%	≤5
	二氯甲烷浸渍试验	试样表面无破坏

	项目	温度/℃	环应力/MPa	时间/h	要求
力学性能	静液压试验	20	40.0	1	无破裂、无渗漏
		20	34.0	100	
		20	30.0	1000	
		60	10.0	1000	
	落锤冲击性能	0℃(-5℃)			TIR≤10%

注：1. 本产品适用于工业用硬聚氯乙烯管道系统，也适用于承压给排水输送以及污水处理、水处理、石油、化工、电力电子、冶金、电镀、造纸、食品饮料、医药、中央空调、建筑等领域的粉体、液体的输送。

2. 当用于输送易燃易爆介质时，应符合防火、防爆的有关规定。

3. 设计时应考虑输送介质随温度变化对管材的影响，应考虑管材的低温脆性和高温蠕变，建议使用温度范围为-5~45℃。

4. 当用于输送饮用水、食品饮料、医药时，其卫生性能应符合有关规定。

化工用硬聚氯乙烯管件（摘自 QB/T 3802—2009）

表 3-4-25　　mm

①许用工作压力

公称直径 D_e/mm	10~90	110~140	160
工作压力 p/10^5Pa	16	10	6

②用于输送 0~40℃酸、碱等腐蚀性液体

③D_e、D_e'代表管材公称直径

90°弯头

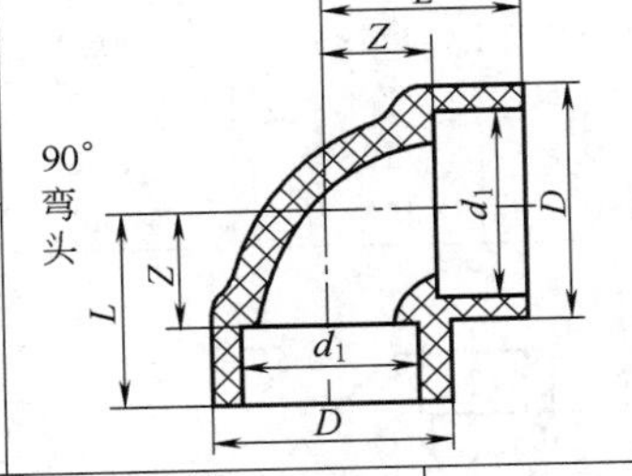

45°弯头

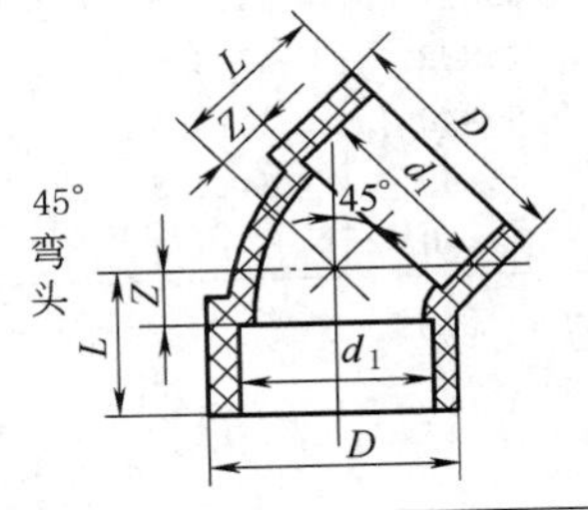

1. 阴接头										2. 弯头				
D_e	d_1		d_2		l		d	D_{min}	t_{min}	D_e	90°		45°	
	基本尺寸	偏差	基本尺寸	偏差	基本尺寸	偏差	基本尺寸				Z	L	Z	L
10	10.3	±0.10	10.1	±0.10	12	±0.5	6.1	14.1	2	10	6±1	18	3±1	15
12	12.3	±0.12	12.1	±0.12	12	±0.5	8.1	16.1	2	12	7±1	19	3.5±1	15.5

续表

D_e	1. 阴接头									2. 弯头				
	d_1		d_2		l		d	D_{min}	t_{min}	D_e	90°		45°	
	基本尺寸	偏差	基本尺寸	偏差	基本尺寸	偏差	基本尺寸				Z	L	Z	L
16	16.3	±0.12	16.1	±0.12	14	±0.5	12.1	20.1	2	16	9±1	23	4.5±1	18.5
20	20.4	±0.14	20.2	±0.14	16	±0.8	15.6	24.8	2.3	20	11±1	27	5±1	21
25	25.5	±0.16	25.2	±0.16	19	±0.8	19.6	30.8	2.8	25	$13.5_{-1}^{+1.2}$	32.5	$6_{-1}^{+1.2}$	25
32	32.5	±0.18	32.2	±0.18	22	±0.8	25	39.4	3.6	32	$17_{-1}^{+1.6}$	39	$7.5_{-1}^{+1.6}$	29.5
40	40.7	±0.20	40.2	±0.20	26	±1	31.2	49.2	4.5	40	21_{-1}^{+2}	47	9.5_{-1}^{+2}	35.5
50	50.7	±0.22	50.2	±0.22	31	±1	39	61.4	5.6	50	$26_{-1}^{+2.5}$	57	$11.5_{-1}^{+2.5}$	42.5
63	63.9	±0.24	63.3	±0.24	38	±1	49.1	77.5	7.1	63	$32.5_{-1}^{+3.2}$	70.5	$14_{-1}^{+3.2}$	52
75	76	±0.26	75.3	±0.26	44	±1	58.5	92	8.4	75	38.5_{-1}^{+4}	82.5	16.5_{-1}^{+4}	60.5
90	91.2	±0.30	90.4	±0.30	51	±2	70	110.6	10.1	90	46_{-1}^{+5}	97	19.5_{-1}^{+5}	70.5
110	111.3	±0.34	110.4	±0.34	61	±2	94.2	127	8.1	110	56_{-1}^{+6}	117	23.5_{-1}^{+6}	84.5
125	126.5	±0.38	125.5	±0.38	69	±2	107.1	143.9	9.2	125	63.5_{-1}^{+6}	132.5	27_{-1}^{+6}	96
140	141.6	±0.42	140.5	±0.42	77	±2	119.3	162	10.6	140	71_{-1}^{+7}	148	30_{-1}^{+7}	107
160	161.8	±0.46	160.6	±0.46	86	±2.5	145.2	176	7.7	160	81_{-1}^{+8}	167	34_{-1}^{+8}	120

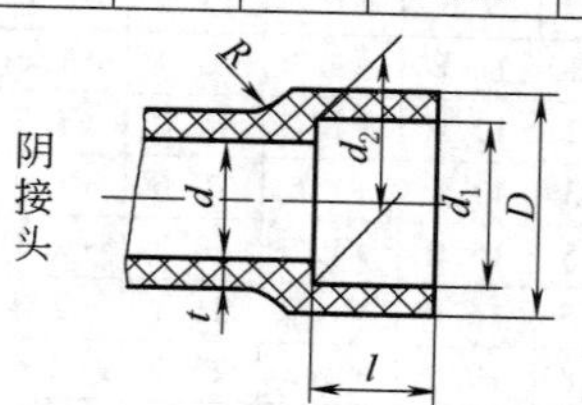

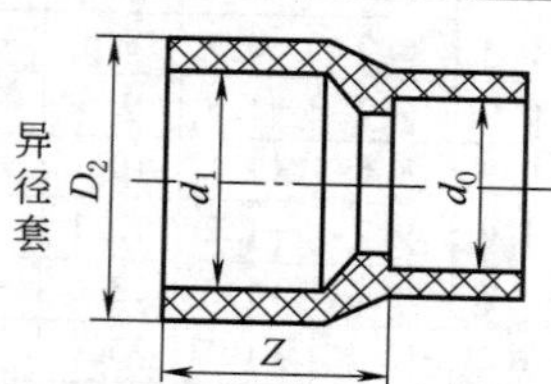

3. 异径套								
$D_e \times D_e'$	Z	D_2	$D_e \times D_e'$	Z	D_2	$D_e \times D_e'$	Z	D_2
12×10	15±1	16±0.2	20×12	21±1	25±0.3	32×16	30±1	40±0.4
16×10	18±1	20±0.3	25×12	25±1	32±0.3	40×16	30±1.5	50±0.4
20×10	21±1	25±0.3	32×12	30±1	40±0.4	25×20	25±1	32±0.3
25×10	25±1	32±0.3	20×16	21±1	25±0.3	32×20	30±1	40±0.4
16×12	18±1	20±0.3	25×16	25±1	32±0.3	40×20	36±1.5	50±0.4
50×20	44±1.5	63±0.5	90×40	74±2	110±0.8	140×75	111±2	160±1.2
32×25	30±1	40±0.4	63×50	54±1.5	75±0.5	110×90	88±2	125±1.0
40×25	36±1.5	50±0.4	75×50	62±1.5	90±0.7	125×90	100±2	140±1.0
50×25	44±1.5	63±0.5	90×50	74±2	110±0.8	140×90	111±2	160±1.2
62×25	54±1.5	75±0.5	110×50	88±2	125±1.0	160×90	126±2	180±1.4
40×32	36±1.5	50±0.4	75×63	62±1.5	90±0.7	125×110	100±2	140±1.0
50×32	44±1.5	63±0.5	90×63	74±2	110±0.8	140×110	111±2	160±1.2
63×32	54±1.5	75±0.5	110×63	88±2	125±1.0	160×110	126±2	180±1.4
75×32	62±1.5	90±0.7	125×63	100±2	140±1.0	140×125	111±2	160±1.2
50×40	44±1.5	63±0.5	90×75	74±2	110±0.8	160×125	126±2	180±1.4
63×40	54±1.5	75±0.5	110×75	88±2	125±1.0	160×140	126±2	180±1.4
75×40	62±1.5	90±0.7	125×75	100±2	140±1.0			

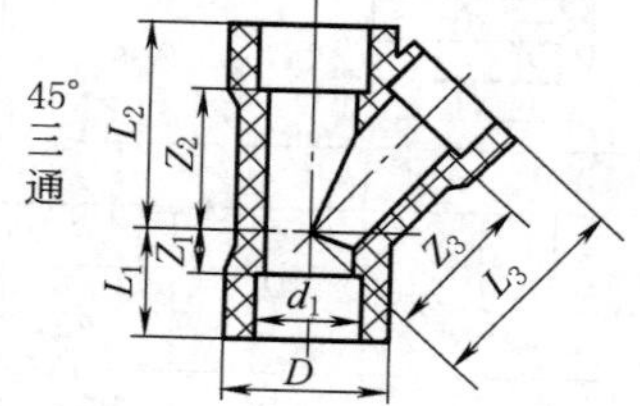

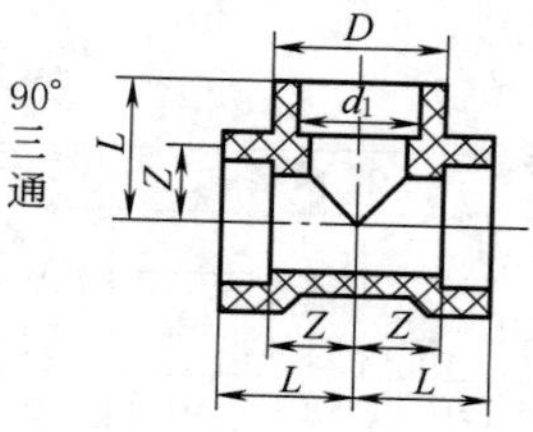

续表

4. 45°三通							5. 90°三通					
D_e	Z_1	Z_2	Z_3	L_1	L_2	L_3	D_e	Z	L	D_e	Z	L
20	6^{+2}_{-1}	27±3	29±3	22	43	51	10	6±1	18	63	$32.5^{+3.2}_{-1}$	70.5
25	7^{+2}_{-1}	33±3	35±3	26	52	54	12	7±1	19	75	38.5^{+4}_{-1}	82.5
32	8^{+2}_{-1}	42^{+4}_{-3}	45^{+5}_{-3}	30	64	67	16	9±1	23	90	46^{+5}_{-1}	97
40	10^{+2}_{-1}	51^{+5}_{-3}	54^{+5}_{-3}	36	77	80	20	11±1	27	110	56^{+6}_{-1}	117
50	12^{+2}_{-1}	63^{+6}_{-3}	67^{+6}_{-3}	43	94	98	25	$13.5^{+1.2}_{-1}$	32.5	125	63.5^{+6}_{-1}	132.5
63	14^{+2}_{-1}	79^{+7}_{-3}	84^{+8}_{-3}	52	117	122	30	$17^{+1.6}_{-1}$	39	140	71^{+7}_{-1}	148
75	17^{+2}_{-1}	94^{+9}_{-3}	100^{+10}_{-3}	61	138	144	40	21^{+2}_{-1}	47	160	81^{+8}_{-1}	167
90	20^{+3}_{-1}	112^{+11}_{-3}	119^{+12}_{-3}	71	163	170	50	$26^{+2.5}_{-1}$	57			
110	24^{+3}_{-1}	137^{+13}_{-4}	145^{+14}_{-4}	85	198	206						
125	27^{+3}_{-1}	157^{+15}_{-4}	166^{+16}_{-4}	96	226	236						
140	30^{+4}_{-1}	175^{+17}_{-5}	185^{+18}_{-5}	107	252	262						
160	35^{+4}_{-1}	200^{+20}_{-6}	212^{+21}_{-6}	121	286	298						

平面垫圈接合面　密封圈槽接合面

法兰变接头

管套

法兰

6. 法兰变接头						平面结合面		带槽结合面	
D_e	d_1'	d_2	d_3	l	r_{max}	h	Z	h_1	Z_1
16	22±1	13	29	14	1	6	3	9	6
20	27±0.16	16	34	16	1	6	3	9	6
25	33±0.16	21	41	19	1.5	7	3	10	6
32	41±0.2	28	50	22	1.5	7	3	10	6
40	50±0.2	36	61	26	2	8	3	13	8
50	61±0.2	45	73	31	2	8	3	13	8
63	76±0.3	57	90	38	2.5	9	3	14	8
75	90±0.3	69	106	44	2.5	10	3	15	8
90	108±0.3	82	125	51	3	11	5	16	10
110	131±0.3	102	150	61	3	12	5	18	11
125	148±0.4	117	170	69	3	13	5	19	11
140	165±0.4	132	188	77	4	14	5	20	11
160	188±0.4	152	213	86	4	16	5	22	11

配合使用实例：

管子

7. 管套								
D_e	Z	L	D_e	Z	L	D_e	Z	L
10	3±1	27	32	$3^{+1.6}_{-1}$	47	90	5^{+2}_{-1}	107
12	3±1	27	40	3^{+2}_{-1}	55	110	6^{+3}_{-1}	128
16	3±1	31	50	3^{+2}_{-1}	65	125	6^{+3}_{-1}	144
20	3±1	35	63	3^{+2}_{-1}	79	140	8^{+3}_{-1}	152
25	$3^{+1.2}_{-1}$	41	75	4^{+2}_{-1}	92	160	8^{+4}_{-1}	180

8. 法兰								
D_e	d_4	D	d_5	r_{1min}	d_n	n	螺栓	S
16	$23^{0}_{-0.15}$	90	60	1	14	4	M12	根据使用温度、压力而定
20	$28^{0}_{-0.5}$	95	65	1	14	4	M12	
25	$34^{0}_{-0.5}$	105	75	1.5	14	4	M12	
32	$42^{0}_{-0.5}$	115	85	1.5	14	4	M12	
40	$51^{0}_{-0.5}$	140	100	2	18	4	M16	
50	$62^{0}_{-0.5}$	150	110	2	18	4	M16	
63	78^{0}_{-1}	165	125	2.5	18	4	M16	
75	92^{0}_{-1}	185	145	2.5	18	8	M16	
90	110^{0}_{-1}	200	160	3	18	8	M16	
110	133^{0}_{-1}	220	180	3	18	8	M16	
125	150^{0}_{-1}	250	210	3	18	8	M16	
140	167^{0}_{-1}	250	210	4	18	8	M16	
160	190^{0}_{-1}	285	240	4	22	8	M20	

注：1. 配合时的最小承插深度为 $1/2D_e$。
2. 2、3、4、5、6、7 中的其他尺寸按阴接头相同尺寸确定，3 的 d_0 按 d_1 相应比例确定。
3. 法兰变接头密封圈槽处均按 O 形橡胶密封圈的公称尺寸配合加工。
4. n 为螺栓数。

3.5 软聚氯乙烯制品

软聚氯乙烯压延薄膜和片材（摘自 GB/T 3830—2008）

表 3-4-26

厚度和宽度极限偏差										
厚度极限偏差不超过公称尺寸的±10%。 宽度公称尺寸小于 1000mm 时，极限偏差为±10mm。宽度公称尺寸大于等于 1000mm 时，极限偏差为±25mm										
一般膜和片材物理力学性能										
序号	项目		指标							
			雨衣膜	民杂膜	民杂片	印花膜	玩具膜	农业膜	工业膜
1	拉伸强度/MPa	纵向 横向	≥13.0	≥13.0	≥15.0	≥11.0	≥16.0	≥16.0	≥16.0
2	断裂伸长率/%	纵向 横向	≥150	≥150	≥180	≥130	≥220	≥210	≥200
3	低温伸长率/%	纵向 横向	≥20	≥10	—	≥8	≥20	≥22	≥10
4	直角撕裂强度/kN · m^{-1}	纵向 横向	≥30	≥40	≥45	≥30	≥45	≥40	≥40
5	尺寸变化率/%	纵向 横向	≤7	≤7	≤5	≤7	≤6	—	—
6	加热损失率/%		≤5.0	≤5.0	≤5.0	≤5.0	—	≤5.0	≤5.0
7	低温冲击性/%		—	≤20	≤20	—	—	—	—
8	水抽出率/%		—	—	—	—	—	≤1.0	—
9	耐油性		—	—	—	—	—	—	不破裂
注：低温冲击性属供需双方协商确定的项目，测试温度由供需双方协商确定，其试验方法见标准附录 A										

特软膜、高透膜物理力学性能

序号	项目		指标	
			特软膜	高透膜
1	拉伸强度/MPa	纵向 横向	≥9.0	≥15.0
2	断裂伸长率/%	纵向 横向	≥140	≥180
3	低温伸长率/%	纵向 横向	≥30	≥10
4	直角撕裂强度/kN · m^{-1}	纵向 横向	≥20	≥50
5	尺寸变化率/%	纵向 横向	≤8	≤7
6	加热损失率/%		≤5.0	≤5.0
7	雾度/%		—	≤2.0

医用软聚氯乙烯管（摘自 GB/T 10010—2009）

表 3-4-27

项目		外径	内径	壁厚	长度
极限偏差/%		±15	±15	±15	±5
物理力学性能	项目	拉伸强度/MPa	断裂拉伸应度/%	压缩永久变形/%	邵氏(A)硬度
	指标	≥12.4	≥300	≤40	N±3
化学性能	项目	要　求			
	还原物质	20mL 检验液与同批空白对照液所消耗的高锰酸钾溶液[$c(KMnO_4)=0.002mol/L$]的体积之差不超过 1.5mL			
	重金属	检验液中重金属的总含量应不超过 1.0μg/mL，镉、锡不应检出			
	酸碱度	检验液与空白液对比，pH 值之差不得超过 1.0			
	蒸发残渣	50mL 检验液蒸发残渣的总量应不超过 2.0mg			
	氯乙烯单体	氯乙烯单体的含量应不大于 1.0μg/g			

注：1. 管材的生物性能应符合国家相应生物学的评价要求。
2. 用于输送流动介质——气体、液体（如血液、药液、营养液、排泄物液体等），邵氏（A）硬度在 40~90 范围内的聚氯乙烯管材（以下简称管材）。

第3篇

3.6 聚乙烯制品

聚乙烯（PE）挤出板材的规格及性能（摘自 QB/T 2490—2009）

表 3-4-28

板材规格/mm			技术性能		
项目	尺寸	极限偏差	项目	指标	
厚度 S	2~8	±(0.08+0.03S)	密度/g·cm^{-3}	0.919~0.925	0.940~0.960
宽度	≥1000	±5	拉伸屈服强度(纵横向)/MPa	≥7.0	≥22.0
长度	≥2000	±10	简支梁缺口冲击韧性	无破裂	无破裂
对角线最大差值	每 1000 边长	≤5	断裂伸长率(纵横向)/%	≥200	≥500

给水用聚乙烯（PE）管道系统　第 2 部分：管材（摘自 GB/T 13663.2—2018）

表 3-4-29

平均外径和圆度/mm							
公称外径 d_n	平均外径		直管圆度的最大值	公称外径 d_n	平均外径		直管圆度的最大值
	$d_{en,min}$	$d_{en,max}$			$d_{en,min}$	$d_{en,max}$	
16	16.0	16.3	1.2	400	400.0	402.4	14
20	20.0	20.3	1.2	450	450.0	452.7	15.6
25	25.0	25.3	1.2	500	500.0	503	17.5
32	32.0	302.3	1.3	560	560.0	563.4	19.6
40	40.0	40.4	1.4	630	630.0	633.8	22.1
50	50.0	50.4	1.4	710	710.0	716.4	—
63	63.0	63.4	1.5	800	800.0	807.2	—
75	75.0	75.5	1.6	900	900.0	908.1	—
90	90.0	90.6	1.8	1000	1000.0	1009	—
110	110.0	110.7	2.2	1200	1200.0	1210.8	—
125	125.0	125.8	2.5	1400	1400.0	1412.6	—
140	140.0	140.9	2.8	1600	1600.0	1614.4	—
160	160.0	161	3.2	1800	1800.0	1816.2	—
180	180.0	181.1	3.6	1200	1200.0	1210.8	—
200	200.0	201.2	4	1400	1400.0	1412.6	—
225	225.0	226.4	4.5	1600	1600.0	1614.4	—
250	250.0	251.5	5	1800	1800.0	1816.2	—
280	280.0	281.7	9.8	2000	2000.0	2018	—
315	315.0	316.9	11.1	2250	2250.0	2270.3	—
355	355.0	357.2	12.5	2500	2500.0	2522.5	—

公称外径 d_n	公称壁厚 e_n/mm							
	标准尺寸比							
	SDR9	SDR11	SDR13.6	SDR17	SDR21	SDR26	SDR33	SDR41
	管系列							
	S4	S5	S6.3	S8	S10	S12.5	S16	S20
	PE80 级公称压力/MPa							
	1.6	1.25	1.0	0.8	0.6	0.5	0.4	0.32
	PE100 级公称压力/MPa							
	2.0	1.6	1.25	1.0	0.8	0.6	0.5	0.4
16	2.3	—	—	—	—	—	—	—
20	2.3	2.3	—	—	—	—	—	—
25	3	2.3	2.3	—	—	—	—	—
32	3.6	3	2.4	2.3	—	—	—	—
40	4.5	3.7	3	2.4	2.3	—	—	—
50	5.6	4.6	3.7	3	2.4	2.3	—	—
63	7.1	5.8	4.7	3.8	3	2.5	—	—
75	8.4	6.8	5.6	4.5	3.6	2.9	—	—
90	10.1	8.2	6.7	5.4	4.3	3.5	—	—
110	12.3	10	8.1	6.6	5.3	4.2	—	—
125	14	11.4	9.2	7.4	6	4.8	—	—
140	15.7	12.7	10.3	8.3	6.7	5.4	—	—
160	17.9	14.6	11.8	9.5	7.7	6.2	—	—
180	20.1	16.4	13.3	10.7	8.6	6.9	—	—
200	22.4	18.2	14.7	11.9	9.6	7.7	—	—
225	25.2	20.5	16.6	13.4	10.8	8.6	—	—
250	27.9	22.7	18.4	14.8	11.9	9.6	—	—

续表

公称外径 d_n	公称壁厚 e_n/mm							
	标准尺寸比							
	SDR9	SDR11	SDR13.6	SDR17	SDR21	SDR26	SDR33	SDR41
	管系列							
	S4	S5	S6.3	S8	S10	S12.5	S16	S20
	PE80 级公称压力/MPa							
	1.6	1.25	1.0	0.8	0.6	0.5	0.4	0.32
	PE100 级公称压力/MPa							
	2.0	1.6	1.25	1.0	0.8	0.6	0.5	0.4
280	31.3	25.4	20.6	16.6	13.4	10.7	—	—
315	35.2	28.6	23.2	18.7	15	12.1	9.7	7.7
355	39.7	32.2	26.1	21.1	16.9	13.6	10.9	8.7
400	44.7	36.3	29.4	23.7	19.1	15.3	12.3	9.8
450	50.3	40.9	33.1	26.7	21.5	17.2	13.8	11
500	55.8	45.4	36.8	29.7	23.9	19.1	15.3	12.3
560	62.5	50.8	41.2	33.2	26.7	21.4	17.2	13.7
630	70.3	57.2	46.3	37.4	30	24.1	19.3	15.4
710	79.3	64.5	52.2	42.1	33.9	27.2	21.8	17.4
800	89.3	72.6	58.8	47.4	38.1	30.6	24.5	19.6
900	—	81.7	66.2	53.3	42.9	34.4	27.6	22
1000	—	90.2	72.5	59.3	47.7	38.2	30.6	24.5
1200	—	—	88.2	67.9	57.2	45.9	36.7	29.4
1400	—	—	102.9	82.4	66.7	53.5	42.9	34.3
1600	—	—	117.6	94.1	76.2	61.2	49	39.2
1800	—	—	—	105.9	85.7	69.1	54.5	43.8
2000	—	—	—	117.6	95.2	76.9	60.6	48.8
2250	—	—	—	—	107.2	86	70	55
2500	—	—	—	—	119.1	95.6	77.7	61.2

注：1. 对于盘管或公称外径大于或等于 710mm 的直管，不圆度的最大值应由供需双方商定。应在生产地点测量圆度。
2. 公称压力按照 $C=1.25$ 计算。

管材的物理力学性能

序号	项目	要求	试验参数	
1	熔体质量流动速率(g/10min)	加工前后 MFR 变化不大于 20%①	负荷质量 试验温度	5kg 190℃
2	氧化诱导时间	≥20min	试验温度	210℃
3	纵向回缩率	≤3%	试验温度 试样长度	110℃ 200mm
4	炭黑含量②	2.0%~2.5%	—	—
5	炭黑分散/颜料分散③	≤3 级	—	—
6	灰分	≤0.1%	试验温度	(850±50)℃
7	断裂伸长率 $e_n\leqslant 5$mm	≥350%④、⑤	试样形状 试验速度	类型 2 100mm/min
	断裂伸长率 5mm<$e_n\leqslant 12$mm	≥350%④、⑤	试样形状 试验速度	类型 1⑥ 50mm/min
	断裂伸长率 e_n>12mm	≥350%④、⑤	试样形状 试验速度	类型 1⑥ 25mm/min 或 类型 3⑥ 10mm/min
8	耐慢速裂纹增长 $e_n\leqslant 5$mm(锥体试验)	<10mm/24h	—	—
9	耐慢速裂纹增长 e_n>5mm(切口试验)	无破坏，无渗漏	试验温度 内部试验压力： PE80，SDR11 PE100，SDR11 试验时间 试验类型	80℃ 0.80MPa⑦ 0.92MPa⑦ 500h 水-水

① 管材取样测量值与所用混配料测量值的关系。
② 炭黑含量仅适用于黑色管材。
③ 炭黑分散仅适用于黑色管材，颜料分散仅适用于蓝色管材。
④ 若破坏发生在标距外部，在测试值达到要求情况下认为试验通过。
⑤ 当达到测试要求值时即可停止试验，无需试验至试样破坏。
⑥ 如果可行，公称壁厚不大于 25mm 的管材也可采用类型 2 试样，类型 2 试样采用机械加工或者裁切成形。如有争议，以类型 1 试样的试验结果作为最终判定依据。
⑦ 对于其他 SDR 系列对应的压力值，参见 GB/T 18476—2001。

3.7 聚四氟乙烯制品

聚四氟乙烯板、管、棒的规格

表 3-4-30

mm

聚四氟乙烯板(QB/T 3625—2009)

牌号	厚度	偏差	宽度×长度
SFB-3 SFB-2 SFB-1	0.5	±0.08	60、90 120、150 200、250 300、600 1000、1200 1500 }×(≥500)
	0.6	±0.09	
	0.7	±0.11	
	0.8	±0.12	
	0.9	±0.14	
	1.0	±0.20	同上 120×120 160×160 200×200 250×250
	1.2	±0.24	
	1.5	±0.30	
	2、2.5、3、4、5、6、7、8、9、10、11、12、13、14、15、16、17、18、19、20、22、24、26、28、30、32、34、36、38、40、45、50、55、60、65、70、75	见QB/T 3625—2009	120×120 160×160 200×200 250×250 300×300 400×400 450×450
	80、85、90、95、100		300×300 400×400 450×450
	0.8、1.0、1.2、1.5		直径(圆形板) 100、120、140、160、180、200、250

SFB-1 用于电器绝缘
SFB-2 用于腐蚀介质中的衬垫、密封件及润滑材料
SFB-3 用于腐蚀介质中的隔膜与视镜

聚四氟乙烯管(QB/T 3624—2009)

牌号	内径	偏差	壁厚	偏差	长度
SFG-1	0.5、0.6、0.7、0.8、0.9、1.0	±0.1	0.2 0.3	±0.06 ±0.08	≥200
	1.2、1.4、1.6、1.8、2.0、2.2、2.4、2.6、2.8	±0.2	0.2 0.3 0.4	±0.06 ±0.08 ±0.10	
	3.0、3.2、3.4、3.6、3.8、4.0	±0.3	0.2 0.3 0.4 0.5	±0.06 ±0.08 ±0.10 ±0.16	
	2.0	±0.2	1.0	±0.30	
	3.0、4.0	±0.3			
SFG-2	5.0、6.0、7.0、8.0	±0.5	0.5 1.0 1.5 2.0		
	9.0、10.0、11.0、12.0	±0.5	1.0 1.5 2.0		
	13.0、14.0、15.0、16.0、17.0、18.0、19.0、20.0	±1.0	1.5 2.0		
	25.0、30.0	±1.0	1.5 2.0		
		±1.5	2.5		

用于绝缘及输送腐蚀流体导管

聚四氟乙烯棒(QB/T 4041—2010)

牌号	直径	偏差	长度
Ⅰ型-T	3、4 5、6	+0.4 0	≥100
Ⅱ型-D	7、8 9、10、 11、12	+0.6 0	
Ⅱ型	13、14 15、16 17、18	+0.7	
	20、22 25	+1 0	
	30、35 40、45 50	+1.5 0	
	55、60 65、70 75、80 85、90 95	+4.0 0	
	100、110 120、130 140	+5.0 0	

用于各种腐蚀性介质中工作的衬垫、密封件和润滑材料,以及在各种频率下使用的电绝缘零件

聚四氟乙烯制品的物理力学性能

表 3-4-31

项目	指标						
	聚四氟乙烯板(QB/T 3625—2009)			聚四氟乙烯管(QB/T 3624—2009)		聚四氟乙烯棒(QB/T 4041—2010)	
	SFB-1	SFB-2	SFB-3	SFG-1	SFG-2	SFB-1	SFB-2
密度/$g \cdot cm^{-3}$	2.1~2.3	2.1~2.3	2.1~2.3	—	2.1~2.3	2.1~2.3	2.1~2.3
拉伸强度/MPa	≥15	≥15	≥15	25	15	≥15	≥10

续表

<table>
<tr><td rowspan="3">项　　目</td><td colspan="8">指　　标</td></tr>
<tr><td colspan="3">聚四氟乙烯板
(QB/T 3625—2009)</td><td colspan="3">聚四氟乙烯管
(QB/T 3624—2009)</td><td colspan="2">聚四氟乙烯棒
(QB/T 4041—2010)</td></tr>
<tr><td>SFB-1</td><td>SFB-2</td><td>SFB-3</td><td colspan="2">SFG-1</td><td>SFG-2</td><td>SFB-1</td><td>SFB-2</td></tr>
<tr><td>断裂伸长率/%　≥</td><td>≥150</td><td>≥150</td><td>≥30</td><td colspan="2">100</td><td>150</td><td>≥160</td><td>≥130</td></tr>
<tr><td rowspan="5">交流击穿电压/kV　≥</td><td rowspan="5">10</td><td rowspan="5">—</td><td rowspan="5">—</td><td>壁厚 0.2mm</td><td>6</td><td rowspan="5">—</td><td colspan="2" rowspan="5">—</td></tr>
<tr><td>壁厚 0.3mm</td><td>8</td></tr>
<tr><td>壁厚 0.4mm</td><td>10</td></tr>
<tr><td>壁厚 0.5mm</td><td>12</td></tr>
<tr><td>壁厚 1.0mm</td><td>18</td></tr>
</table>

3.8 有机玻璃

浇铸型工业有机玻璃板材（摘自 GB/T 7134—2008）

表 3-4-32

<table>
<tr><td colspan="10">板　　材</td></tr>
<tr><td colspan="2">长度或宽度</td><td colspan="2">≤1000</td><td colspan="2">1001~2000</td><td colspan="2">2001~3000</td><td colspan="2">≥3001</td></tr>
<tr><td colspan="2">公差</td><td colspan="2">+3
0</td><td colspan="2">+6
0</td><td colspan="2">+9
0</td><td colspan="2">+0.3%
0</td></tr>
<tr><td rowspan="2">厚度
/mm</td><td>尺寸</td><td colspan="2">1.5</td><td colspan="2">2、2.5、2.8、3</td><td colspan="2">3.5、4、4.5、5、6、8</td><td colspan="2">9、10</td></tr>
<tr><td>公差</td><td colspan="2">±0.2</td><td colspan="2">±0.4</td><td colspan="2">±0.5</td><td colspan="2">±0.6</td></tr>
<tr><td rowspan="2">厚度
/mm</td><td>尺寸</td><td>11、12</td><td>13</td><td>15、16</td><td>18</td><td>20、25</td><td>30、35</td><td>40、45</td><td>50</td></tr>
<tr><td>公差</td><td>±0.7</td><td>±0.8</td><td>±1.0</td><td>±1.8</td><td>±0.5</td><td>±1.7</td><td>±2.0</td><td>±2.5</td></tr>
</table>

物理力学性能指标

<table>
<tr><td colspan="2" rowspan="2">项　　目</td><td colspan="2">指标</td></tr>
<tr><td>无色</td><td>有色</td></tr>
<tr><td colspan="2">拉伸强度/MPa</td><td>≥70</td><td>≥65</td></tr>
<tr><td colspan="2">拉伸断裂应变/%</td><td>≥3</td><td>—</td></tr>
<tr><td colspan="2">拉伸弹性模量/MPa</td><td>≥3000</td><td>—</td></tr>
<tr><td colspan="2">简支梁无缺口冲击强度/$kJ \cdot m^{-2}$</td><td>≥17</td><td>≥15</td></tr>
<tr><td colspan="2">维卡软化温度/℃</td><td>≥100</td><td>—</td></tr>
<tr><td colspan="2">加热时尺寸变化(收缩)/%</td><td>≤2.5</td><td>—</td></tr>
<tr><td colspan="2">总透光率/%</td><td>≥91</td><td>—</td></tr>
<tr><td rowspan="2">420nm 透光率(厚度 3mm)/%</td><td>氙弧灯照射之前</td><td>≥90</td><td>—</td></tr>
<tr><td>氙弧灯照射 1000h 之后</td><td>≥88</td><td>—</td></tr>
</table>

3.9 尼龙制品

尼龙棒材及管材规格（摘自 JB/ZQ 4196—2006）

表 3-4-33

<table>
<tr><td colspan="17">棒　　材</td></tr>
<tr><td>公称直径/mm</td><td>10</td><td>12</td><td>15</td><td>20</td><td>25</td><td>30</td><td>40</td><td>50</td><td>60</td><td>70</td><td>80</td><td>90</td><td>100</td><td>120</td><td>140</td><td>160</td></tr>
<tr><td>允许偏差/mm</td><td>+1.0
0</td><td colspan="2">+1.5
0</td><td colspan="2">+2.0
0</td><td colspan="5">+3.0
0</td><td colspan="3">+4.0
0</td><td colspan="3">+5.0
0</td></tr>
</table>

续表

管材													
外径×壁厚/mm		4×1	6×1	8×1	8×2	9×2	10×1	12×1	12×2	14×2	16×2	18×2	20×2
公差/mm	外径	±1.0			±0.5		±0.1		±0.15				
	壁厚	±1.0			±0.15		±0.1		±0.15				
长度		协议											

尼龙 1010 棒材及其他尼龙材料性能（摘自 JB/ZQ 4196—2006）

表 3-4-34

性能		尼龙 1010 棒材	尼龙 66 树脂	玻纤增强尼龙 6 树脂	MC 尼龙
密度/$g \cdot cm^{-3}$		1.04~1.05	1.10~1.14	1.30~1.40	1.16
抗拉屈服强度/MPa ≥		49~59	59~79	118	90~97
断裂强度/MPa ≥		41~49	—	—	—
相对伸长率/% ≥		160~320	—	—	—
拉伸弹性模量/MPa ≥		0.18×10^4~0.22×10^4	—	—	0.36×10^4
抗弯强度/MPa ≥		67~80	98~118	196	152~171
弯曲弹性模量/MPa ≥		0.11×10^4~0.14×10^4	0.2×10^4~0.3×10^4	—	0.42×10^4
抗压强度/MPa ≥		470~570(46~56)	79	137	107~130
抗剪强度/MPa ≥		400~420(39~41)	—	—	—
布氏硬度/HB ≥		7.3~8.5	10	12	14~21
冲击韧度/$J \cdot cm^{-2}$ ≥	缺口	1.47~2.45	0.88	1.47	—
	无缺口	不断	4.9~9.8	4.9~7.9	>5

特性和用途	
尼龙 1010 棒材	尼龙 1010 是一种新型聚酰胺品种，它具有优良的减摩、耐磨和自润滑性，且抗霉、抗菌、无毒、半透明，吸水性较其他尼龙品种小，有较好的刚性、力学强度和介电稳定性，耐寒性也很好，可在-60~80℃下长期使用；做成零件有良好的降噪性，运转时噪声小；耐油性优良，能耐弱酸、弱碱及醇、酯、酮类溶剂，但不耐苯酚、浓硫酸及低分子有机酸的腐蚀。尼龙 1010 棒材主要用于切削加工制作成螺母、轴套、垫圈、齿轮、密封圈等机械零件，以代替铜和其他金属制件
尼龙 1010 管材	性能同上。主要用作机床输油管（代替钢管），也可输送弱酸、弱碱及一般腐蚀性介质；但不宜与酚类、强酸、强碱及低分子有机酸接触。可用管件连接，也可用黏接剂粘接；其弯曲可用弯卡弯成90°，也可用热空气或热油加热至 120℃ 弯成任意弧度。使用温度为-60~80℃，使用压力为 9.8~14.7MPa
MC 尼龙	强度、耐疲劳性、耐热性、刚性均优于尼龙 6 及尼龙 66，吸湿性低于前者。耐磨性好，能直接在模型中聚合成型。宜浇铸大型零件，如大型齿轮、蜗轮、轴承等其他受力零件等。摩擦因数为 0.15~0.30。适宜于制作在较高负荷、较高的使用温度（最高使用温度不大于 120℃）、无润滑或少润滑条件下工作的零件

3.10 泡沫塑料

泡沫塑料制品的规格、性能及用途

表 3-4-35

名称	性能	用途	制品型式及规格/mm
聚苯乙烯泡沫塑料	质轻，保温，隔热，吸声，防振性能好，吸湿性小，耐低温性好，耐酸、碱好，有一定的弹性，易于加工	作为吸声、保温、隔热、防振材料以及制冷设备、冷藏装备的隔热材料	板材：厚度≤100 管材：(ϕ20×35)~(ϕ426×60)
硬质聚氨酯泡沫塑料	机械强度高，热导率低，吸湿性小，耐油，隔声，绝热，绝缘，防振，防潮	作为雷达天线罩的夹层材料，飞机、船舶、火车防振隔声材料，保温、保冷材料，各种设备、仪器、仪表的包装材料	按需方要求可供各种规格的板材、管材

续表

名　　称	性　　能	用　　途	制品型式及规格 /mm
聚氯乙烯泡沫塑料	密度小，吸湿性小，隔声，绝热，不燃，防潮，防振，耐酸、碱，耐油	作为救生工具以及造船、交通运输、建筑和冷冻设备等工业方面的绝热保温材料	板材，长、宽、厚尺寸由供需双方商定
脲醛泡沫塑料	质轻，密度小，热导率低，价格较廉。缺点是吸湿性大，机械强度较低	用于夹层中作为填充保温、隔热、吸声材料	板材
聚乙烯泡沫塑料	质轻，吸湿性小，柔软，有一定弹性，隔热，吸声性好，耐化学腐蚀	作为保温、隔热、吸声、防振等材料	板材

注：产品详细规格可与相关制造厂联系。

泡沫塑料的物理力学性能

表 3-4-36

名　　称		密度 /kg·m⁻³	拉伸强度 /kPa	回弹率 /% ≥	撕裂强度 /N·cm⁻¹ ≥	形变10%时压缩应力 /kPa ≥	吸水率（体积分数）/% ≤	水蒸气透湿系数（23℃±2℃至85%RH）/ng·Pa⁻¹·m⁻¹·s⁻¹ ≤	热导率 /W·m⁻¹·K⁻¹ ≤	尺寸稳定性（70℃，48h）≤	断裂伸长率 /% ≥
隔热用聚苯乙烯泡沫塑料（QB/T 3807—1999）	Ⅰ类	15				60	6	9.5	0.041	5	
	Ⅱ类	20				100	4	4.5			
隔热用硬质聚氨酯泡沫塑料（QB/T 3806—1999）		30				100	4	6.5	0.022～0.027	5	
硬质聚氯乙烯泡沫塑料板材（QB/T 1650—1992）	Ⅰ类	34～45	400			100			0.044	5	
	Ⅱ类	>45	450			200					
高回弹软质聚氨酯泡沫塑料（QB/T 2080—2010）	HR-Ⅰ型	40	80	60	1.75			75%压缩永久变形≤10%			100
	HR-Ⅱ型	65	100	55	2.5						90
高发泡聚乙烯挤出片材（QB/T 2188—2009）			纵/横 200/100		纵/横 20/4			热收缩率（70℃）2.5/2.0（纵/横）			80

注：QB/T 3807、QB/T 3806 及 QB/T 1650 未查到新标准（表列）供参考。

泡沫塑料的化学性能

表 3-4-37

名称	液体名称	作用情况 室温	作用情况 60℃	名称	液体名称	作用情况	名称	液体名称	作用情况
聚苯乙烯泡沫塑料				聚苯乙烯泡沫塑料	盐水	无作用	聚乙烯泡沫塑料		
	乙酸乙酯	能溶	—		36%盐酸	无作用		30%硫酸	无作用
	乙醚	能溶	—		48%硫酸	无作用		10%盐酸	无作用
	丙酮	能溶	—		95%硫酸	表面部分变黄		10%硝酸	无作用
	四氯化碳	能溶	—		浓氨水	无作用		10%氢氧化钾	无作用
	松节油	能溶	—		68%硝酸	无作用		3%过氧化氢	无作用
	苯	能溶	—		90%磷酸	无作用		95%乙醇	无作用
	甲醇	不溶	不溶		40%氢氧化钠	无作用		丙酮	无作用
	乙醇	不溶	逐步能溶		5%氢氧化钾	无作用		乙酸乙酯	无作用
	矿物油	不溶	逐步能溶	烯泡沫塑料硬质聚氯乙				二氯乙烷	稍胀
	蓖麻油	不溶	逐步能溶		20%盐酸	浸24h无变化		庚烷	轻微溶胀
	70%乙酸	不溶	逐步能溶		45%氢氧化钠	浸24h无变化		甲苯	轻微溶胀
					1级汽油	浸24h无变化		汽油	轻微溶胀

4 玻璃

5 陶瓷制品

6 石墨制品

7 石棉制品

8 保温、隔热、吸声材料

9 工业用毛毡、帆布

10 电气绝缘层压制品

11 涂料

12 其他非金属材料

扫码阅读

CHAPTER 5

第5章 其他材料及制品

1 高温材料

1.1 分类与牌号

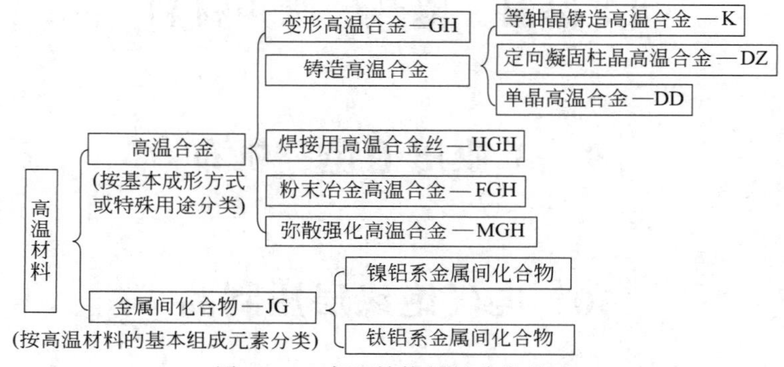

图 3-5-1 高温结构材料分类关系

牌号命名形式：高温合金和金属间化合物高温材料牌号命令的一般形式如下。

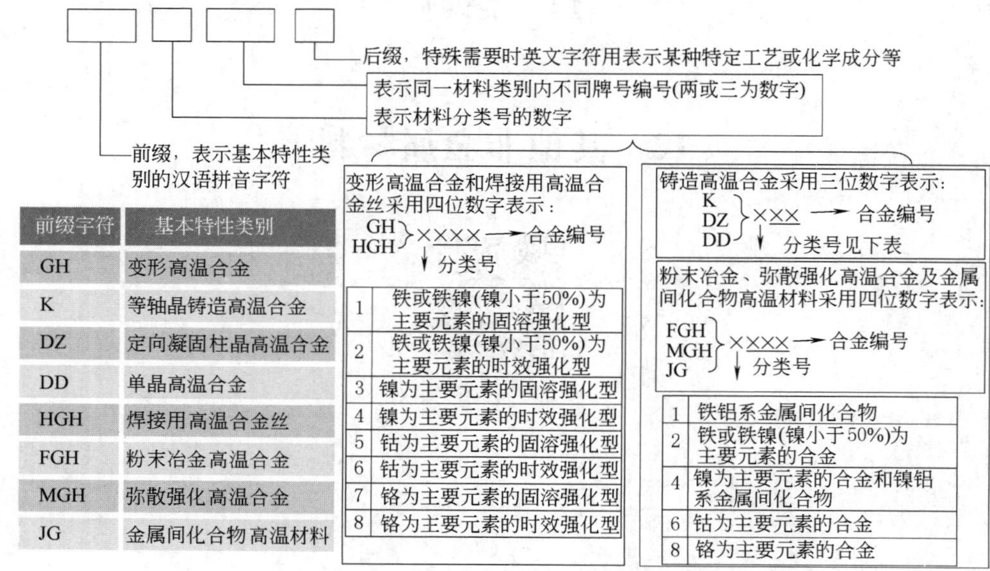

前缀字符	基本特性类别
GH	变形高温合金
K	等轴晶铸造高温合金
DZ	定向凝固柱晶高温合金
DD	单晶高温合金
HGH	焊接用高温合金丝
FGH	粉末冶金高温合金
MGH	弥散强化高温合金
JG	金属间化合物高温材料

分类号	类别
1	铁或铁镍(镍小于50%)为主要元素的固溶强化型
2	铁或铁镍(镍小于50%)为主要元素的时效强化型
3	镍为主要元素的固溶强化型
4	镍为主要元素的时效强化型
5	钴为主要元素的固溶强化型
6	钴为主要元素的时效强化型
7	铬为主要元素的固溶强化型
8	铬为主要元素的时效强化型

分类号	类别
1	铁铝系金属间化合物
2	铁或铁镍(镍小于50%)为主要元素的合金
4	镍为主要元素的合金和镍铝系金属间化合物
6	钴为主要元素的合金
8	铬为主要元素的合金

图 3-5-2 高温合金和金属间化合物高温材料牌号命名方法示意图

表 3-5-1　　变形高温合金牌号及其化学成分（摘自 GB/T 14992—2005）

铁或铁镍(镍小于 50%)为主要元素的变形高温合金化学成分(质量分数)/%

新牌号	原牌号	C	Cr	Ni	W	Mo	Al	Ti	Fe	Nb
GH1015	GH15	≤0.08	19.00~22.00	34.00~39.00	4.80~5.80	2.50~3.20	—	—	余	1.10~1.60
GH1016[①]	GH16	≤0.08	19.00~22.00	32.00~36.00	5.00~6.00	2.60~3.30	—	—	余	0.90~1.40
GH1035[②]	GH35	0.06~0.12	20.00~23.00	35.00~40.00	2.50~3.50	—	≤0.50	0.70~1.20	余	1.20~1.70
GH1040[③]	GH40	≤0.12	15.00~17.50	24.00~27.00	—	5.50~7.00	—	—	余	—
GH1131[④]	GH131	≤0.10	19.00~22.00	25.00~30.00	4.80~6.00	2.80~3.50	—	—	余	0.70~1.30
GH1139[⑤]	GH139	≤0.12	23,00~26.00	15.00~18.00	—	—	—	—	余	—
GH1140	GH140	0.06~0.12	20.00~23.00	35.00~40.00	1.40~1.80	2.00~2.50	0.20~0.60	0.70~1.20	余	—
GH2035A	GH35A	0.05~0.11	20.00~23.00	35.00~40.00	2.50~3.50	—	0.20~0.70	0.80~1.30	余	—
GH2036	GH36	0.34~0.40	11.50~13.50	7.00~9.00	—	1.10~1.40	—	<0.12	余	0.25~0.50
GH2038	GH38A	≤0.10	10.00~12.50	18.00~21.00	—	—	≤0.50	2.30~2.80	余	—
GH2130	GH130	≤0.08	12.00~16.00	35.00~40.00	1.40~2.20	—	—	2.40~3.20	余	—
GH2132	GH132	≤0.08	13.50~16.00	24.00~27.00	—	1.00~1.50	≤0.40	1.75~2.35	余	—

新牌号	原牌号	Mg	V	B	Ce	Si	Mn	P	S	Cu
								不大于		
GH1015	GH15	—	—	≤0.010	≤0.050	≤0.60	≤1.50	0.020	0.015	0.250
GH1016	GH16	—	0.100~0.300	≤0.010	≤0.050	≤0.60	≤1.80	0.020	0.015	—
GH1035	GH35	—	—	—	≤0.050	≤0.80	≤0.70	0.030	0.020	—
GH1040	GH40	—	—	—	—	0.50~1.00	1.00~2.00	0.030	0.020	0.200
GH1131	GH131	—	—	0.005	—	≤0.80	≤1.20	0.020	0.020	—
GH1139	GH139	—	—	≤0.010	—	≤1.00	5.00~7.00	0.035	0.020	—
GH1140	GH140	—	—	—	≤0.050	≤0.80	≤0.70	0.025	0.015	—
GH2035A	GH35A	≤0.010	—	0.010	0.050	≤0.80	<0.70	0.030	0.020	—
GH2036	GH36	—	1.250~1.550	—	—	0.30~0.80	7.50~9.50	0.035	0.030	—
GH2038	GH38A	—	—	≤0.008		≤1.00	≤1.00	0.030	0.020	—
GH2130	GH130	—	—	0.020	0.020	≤0.60	≤0.50	0.015	0.015	—
GH2132	GH132	—	0.100~0.500	0.001~0.010	—	≤1.00	1.00~2.00	0.030	0.020	—

铁或铁镍(镍小于 50%)为主要元素的变形高温合金化学成分(质量分数)/%

新牌号	原牌号	C	Cr	Ni	Co	W	Mo	Al	Ti	Fe	Nb
GH2135	GH135	≤0.08	14.0~16.00	33.0~36.00		1.70~2.20	1.70~2.20	2.00~2.80	2.10~2.50	余	
GH2150	GH150	≤0.08	14.0~16.00	45.0~50.00		2.50~3.50	4.50~6.00	0.80~1.30	1.80~2.40	余	0.90~1.40

续表

铁或铁镍(镍小于50%)为主要元素的变形高温合金化学成分(质量分数)/%

新牌号	原牌号	C	Cr	Ni	Co	W	Mo	Al	Ti	Fe	Nb
GH2302	GH302	≤0.08	12.0~16.00	38.0~42.00	—	3.50~4.50	1.50~2.50	1.80~2.30	2.30~2.80	余	—
GH2696	GH696	≤0.10	10.0~12.50	21.0~25.00	—	—	1.00~1.60	≤0.80	2.60~3.20	余	—
GH2706	GH706	≤0.06	14.50~17.50	39.00~44.00	—	—	—	≤0.40	1.50~2.00	余	2.50~3.30
GH2747	GH747	≤0.10	15.0~17.00	44.0~46.00	—	—	—	2.90~3.90	—	余	—
GH2761	GH761	0.02~0.07	12.0~14.00	42.0~45.00	—	2.80~3.30	1.40~1.90	1.40~1.85	3.20~3.65	余	—
GH2901	GH901	0.02~0.06	11.0~14.00	40.0~45.00	—	—	5.00~6.50	≤0.30	2.80~3.10	余	—
GH2903	GH903	≤0.05	—	36.0~39.00	14.0~17.00	—	—	0.70~1.15	1.35~1.75	余	2.70~3.50
GH2907	GH907	≤0.06	≤1.00	35.0~40.00	12.0~16.00	—	—	≤0.20	1.30~1.80	余	4.30~5.20
GH2909	GH909	≤0.06	≤1.00	35.0~40.00	12.0~16.00	—	—	<0.15	1.30~1.80	余	4.30~5.20
GH2984	GH984	≤0.08	18.0~20.00	40.00~45.00	—	2.00~2.40	0.90~1.30	0.20~0.50	0.90~1.30	余	—

新牌号	原牌号	B	Zr	Ce	Si	Mn	P	S	Cu
						不大于			
GH2135	GH135	≤0.015	—	≤0.030	≤0.50	0.40	0.020	0.020	—
GH2150	GH150	≤0.010	≤0.050	≤0.020	≤0.40	0.40	0.015	0.015	0.070
GH2302	GH302	≤0.010	≤0.050	≤0.020	≤0.60	0.60	0.020	0.010	—
GH2696	GH696	≤0.020	—	—	<0.60	0.60	0.020	0.010	—
GH2706	GH706	≤0.006	—	—	≤0.35	0.35	0.020	0.015	0.300
GH2747	GH747	—	—	≤0.030	≤1.00	1.00	0.025	0.020	—
GH2761	GH761	≤0.015	—	≤0.030	≤0.40	0.50	0.020	0.008	0.200
GH2901	GH901	0.010~0.020	—	—	≤0.40	0.50	0.020	0.0D8	0.200
GH2903	GH903	0.005~0.010	—	—	≤0.20	0.20	0.015	0.015	—
GH2907	GH907	≤0.012	—	—	0.07~0.35	1.00	0.015	0.015	0.500
GH2909	GH909	≤0.012	—	—	0.25~0.50	1.00	0.015	0.015	0.500
GH2984	GH984				≤0.50	0.50	0.010	0.010	—

镍为主要元素的变形高温合金化学成分(质量分数)/%

新牌号	原牌号	C	Cr	Ni	Co	W	Mo	Al	Ti	Fe	Nb
GH3007	GH5K	≤0.12	20.0~35.00	余	—	—	—	—	—	≤8.00	—
GH3030	GH30	≤0.12	19.0~22.00	余	—	—	—	≤0.15	0.15~0.35	≤1.50	—
GH3039	GH39	≤0.08	19.0~22.00	余	—	—	1.80~2.30	0.35~0.75	0.35~0.75	≤3.00	0.90~1.30
GH3044	GH44	≤0.10	23.5~26.50	余	—	13.0~16.00	≤1.50	≤0.50	0.30~0.70	≤4.00	—
GH3128	GH128	≤0.05	19.0~22.00	余	—	7.50~9.00	7.50~9.00	0.40~0.80	0.40~0.80	≤2.00	—
GH3170	GH170	≤0.06	18.0~22.00	余	15.0~22.00	17.0~21.00	—	≤0.50	—	—	—

续表

镍为主要元素的变形高温合金化学成分(质量分数)/%

新牌号	原牌号	C	Cr	Ni	Co	W	Mo	Al	Ti	Fe	Nb
GH3536	GH536	0.05~0.15	20.5~23.00	余	0.50~2.50	0.20~1.00	8.00~10.00	≤0.50	≤0.15	17.00~20.00	—
GH3600	GH600	≤0.15	14.0~17.00	≥72.00	—	—	—	≤0.35	≤0.50	6.00~10.00	≤1.00

新牌号	原牌号	La	B	Zr	Ce	Si	Mn	P	S	Cu
						不大于				
GH3007	GH5K	—	—	—	—	1.00	0.50	0.040	0.040	0.500~2.000
GH3030	GH30	—	—	—	—	0.80	0.70	0.030	0.020	≤0.200
GH3039	GH39	—	—	—	—	0.80	0.40	0.020	0.012	—
GH3044	GH44	—	—	—	—	0.80	0.50	0.013	0.013	≤0.070
GH3128	GH128	—	≤0.005	≤0.060	≤0.050	0.80	0.50	0.013	0.013	
GH3170	GH170	0.100	≤0.005	0.100~0.200	—	0.80	0.50	0.013	0.013	—
GH3536	GH536	—	≤0.010	—	—	1.00	1.00	0.025	0.015	≤0.500
GH3600	GH600	—	—	—	—	0.50	1.00	0.040	0.015	≤0.500

镍为主要元素的变形高温合金化学成分(质量分数)/%

新牌号	原牌号	C	Cr	Ni	Co	W	Mo	Al	Ti	Fe	Nb
GH3625	GH625	≤0.10	20.00~23.00	余	≤1.00	—	8.00~10.00	≤0.40	≤0.40	≤5.00	3.15~4.15
GH3652	GH652	≤0.10	26.50~28.50	余	—	—	—	2.80~3.50	—	≤1.00	—
GH4033	GH33	0.03~0.08	19.00~22.00	余	—	—	—	0.60~1.00	2.40~2.80	≤4.00	—
GH4037	GH37	0.03~0.10	13.00~16.00	余	—	5.00~7.00	2.00~4.00	1.70~2,30	1.80~2.30	≤5.00	—
GH4049	GH49	0.04~0.10	9.50~11.00	余	14.00~16.00	5.00~6.00	4.50~5.50	3.70~4.40	1.40~1.90	≤1.50	—
GH4080A	GH80A	0.04~0.10	18.00~21.00	余	≤2.00	—	—	1.00~1.80	1.80~2.70	≤1.50	—
GH4090	GH90	≤0.13	18.00~21.00	余	15.00~21.00	—	—	1.00~2.00	2.00~3.00	≤1.50	—
GH4093	GH93	≤0.13	18.00~21.00	余	15.00~21.00	—	—	1.00~2.00	2.00~3.00	≤1.00	—
GH4098	GH98	≤0.10	17.50~19.50	余	5.00~8.00	5.50~7.00	3.50~5.00	2.50~3.00	1.00~1.50	≤3.00	≤1.50
GH4099	GH99	≤0.08	17.00~20.00	余	5.00~8.00	5.00~7.00	3.50~4.50	1.70~2.40	1.00~1.50	≤2.00	—

新牌号	原牌号	Mg	V	B	Zr	Ce	Si	Mn	P	S	Cu
							不大于				
GH3625	GH625	—	—	—	—	—	0.50	0.50	0.015	0.015	0.070
GH3652	GH652	—	—	—	—	≤0.030	0.80	0.30	0.020	0.020	—
GH4033	GH33	—	—	≤0.010	—	≤0.020	0.65	0.40	0.015	0.007	—
GH4037	GH37	—	0.100~0.500	≤0.020	—	≤0.020	0.40	0.50	0.015	0.010	0.070
GH4049	GH49	—	0.200~0.500	≤0.025	—	≤0.020	0.50	0.50	0.010	0.010	0.070
GH4080A	GH80A	—	—	≤0.008	—	—	0.80	0.40	0.020	0.015	0.200
GH4090	GH90	—	—	≤0.020	≤0.150	—	0.80	0.40	0.020	0.015	0.200
GH4093	GH93	—	—	≤0.020	—	—	1.00	1.00	0.015	0.015	0.200
GH4098	GH98	—	—	≤0.005	—	≤0.020	0.30	0.30	0.015	0.015	0.070
GH4099	GH99	≤0.010	—	≤0.005	—	<0.020	0.50	0.40	0.015	0.015	—

续表

镍为主要元素的变形高温合金化学成分(质量分数)/%

新牌号	原牌号	C	Cr	Ni	Co	W	Mo	Al	Ti	Fe	Nb
GH4105	GH105	0.12~0.17	14.00~15.70	余	18.00~22.00	—	4.50~5.50	4.50~4.90	1.18~1.50	≤1.00	—
GH4133	GH33A	≤0.07	19.00~22.00	余	—	—	—	0.70~1.20	2.50~3.00	≤1.50	1.15~1.65
GH4133B	GH4133B	≤0.06	19.00~22.00	余	—	—	—	0.75~1.15	2.50~3.00	≤1.50	1.30~1.70
GH4141	GH141	0.06~0.12	18.00~20.00	余	10.00~12.00	—	9.00~10.50	1.40~1.80	3.00~3.50	≤5.00	—
GH4145	GH145	≤0.08	14.00~17.00	≥70.00	≤1.00	—	—	0.40~1.00	2.25~2.75	5.00~9.00	0.70~1.20
GH4163	GH163	0.04~0.08	19.00~21.00	余	19.00~21.00	—	5.60~6.10	0.30~0.60	1.90~2.40	≤0.70	—
GH4169	GH169	≤0.08	17.00~21.00	50.00~55.00	≤1.00	—	2.80~3.30	0.20~0.80	0.65~1.15	余	4.75~5.50
GH4199	GH199	≤0.10	19.00~21.00	余	—	9.00~11.00	4.00~6.00	2.10~2.60	1.10~1.60	≤4.00	—
GH4202	GH202	≤0.08	17.00~20.00	余	—	4.00~5.00	4.00~5.00	1.00~1.50	2.20~2.80	≤4.00	—
GH4220	GH220	≤0.08	9.00~12.00	余	14.00~15.50	5.00~6.50	5.00~7.00	3.90~4.80	2.20~2.90	≤3.00	—

新牌号	原牌号	Mg	V	B	Zr	Ce	Si	Mn	P	S	Cu
							不大于				
GH4105	GH105	—	—	0.003~0.010	0.070~0.150	—	0.25	0.40	0.015	0.010	0.200
GH4133	GH33A	—	—	≤0.010	—	≤0.010	0.65	0.35	0.015	0.007	0.070
GH4133B	GH4133B	0.001~0.010	—	≤0.010	0.010~0.100	≤0.010	0.65	0.35	0.015	0.007	0.070
GH4141	GH141	—	—	0.003~0.010	≤0.070	—	0.50	0.50	0.015	0.015	0.500
GH4145	GH145	—	—	—	—	—	0.50	1.00	0.015	0.010	0.500
GH4163	GH163	—	—	≤0.005	—	—	0.40	0.60	0.015	0.007	0.200
GH4169	GH169	≤0.010	—	≤0.006	—	—	0.35	0.35	0.015	0.015	0.300
GH4199	GH199	≤0.050	—	≤0.008	—	—	0.55	0.50	0.015	0.015	0.070
GH4202	GH202	—	—	≤0.010	—	≤0.010	0.60	0.50	0.015	0.010	—
GH4220	GH220	≤0.010	0.250~0.800	≤0.020	—	≤0.020	0.35	0.50	0.015	0.009	0.070

镍为主要元素的变形高温合金化学成分(质量分数)/%

新牌号	原牌号	C	Cr	Ni	Co	W	Mo	Al	Ti	Fe	Nb
GH4413	GH413	0.04~0.10	13.00~16.00	余	—	5.00~7.00	2.50~4.00	2.40~2.90	1.70~2.20	≤5.00	—
GH4500	GH500	≤0.12	18.00~20.00	余	15.00~20.00	—	3.00~5.00	2.75~3.25	2.75~3.25	≤4.00	—
GH4586	GH586	≤0.08	18.00~20.00	余	10.00~12.00	2.00~4.00	7.00~9.00	1.50~1.70	3.20~3.50	≤5.00	—
GH4648	GH648	≤0.10	32.00~35.00	余	—	4.30~5.30	2.30~3.30	0.50~1.10	0.50~1.10	≤4.00	0.50~1.10
GH4698	GH698	≤0.08	13.00~16.00	余	—	—	2.80~3.20	1.30~1.70	2.35~2.75	≤2.00	1.80~2.20
GH4708	GH708	0.05~0.10	17.50~20.00	余	≤0.50	5.50~7.50	4.00~6.00	1.90~2.30	1.00~1.40	≤4.00	—

续表

镍为主要元素的变形高温合金化学成分(质量分数)/%											
新牌号	原牌号	C	Cr	Ni	Co	W	Mo	Al	Ti	Fe	Nb
GH4710	GH710	≤0.10	16.50~19.50	余	13.50~16.00	1.00~2.00	2.50~3.50	2.00~3.00	4.50~5.50	≤1.00	—
GH4738	GH738 (GH684)	0.03~0.10	18.00~21.00	余	12.00~15.00	—	3.50~5.00	1.20~1.60	2.75~3.25	≤2.00	—
GH4742	GH742	0.04~0.08	13.00~15.00	余	9.00~11.00	—	4.50~5.50	2.40~2.80	2.40~2.80	≤1.00	2.40~2.80

新牌号	原牌号	La	Mg	V	B	Zr	Ce	Si	Mn	P	S	Cu
								不大于				
GH4413	GH413	—	≤0.005	0.200~1.000	0.020	—	0.020	0.60	0.50	0.015	0.009	0.070
GH4500	GH500	—	—	—	0.003~0.008	≤0.060	—	0.75	0.75	0.015	0.015	0.100
GH4586	GH586	≤0.015	≤0.015	—	≤0.005	—	—	0.50	0.10	0.010	0.010	—
GH4648	GH648	—	—	—	≤0.008	—	≤0.030	0.40	0.50	0.015	0.010	—
GH4698	GH698	—	≤0.008	—	≤0.005	≤0.050	≤0.005	0.60	0.40	0.015	0.007	0.070
GH4708	GH708	—	—	—	≤0.008	—	≤0.030	0.40	0.50	0.015	0.015	—
GH4710	GH710	—	—	—	0.010~0.030	≤0.060	0.020	0.15	0.15	0.015	0.010	0.100
GH4738	GH738 (GH684)	—	—	—	0.003~0.010	0.020~0.080	—	0.15	0.10	0.015	0.015	0.100
GH4742	GH742	≤0.100	—	—	≤0.010	—	0.010	0.30	0.40	0.015	0.010	—

钴为主要元素的变形高温合金化学成分(质量分数)/%											
新牌号	原牌号	C	Cr	Ni	Co	W	Mo	Al	Ti	Fe	Nb
GH5188	GH188	0.05~0.15	20.00~24.00	20.00~24.00	余	13.00~16.00	—	—	—	≤3.00	—
GH5605	GH605	0.05~0.15	19.00~21.00	9.00~11.00	余	14.00~16.00	—	—	—	≤3.00	—
GH5941	GH941	≤0.10	19.00~23.00	19.00~23.00	余	17.00~19.00	—	—	—	≤1.50	—
GH6159	GH159	≤0.04	18.00~20.00	余	34.00~38.00	—	6.00~8.00	0.10~0.30	2.50~3.25	8.00~10.00	0.25~0.75
GH6783⑥	GH783	≤0.03	2.50~3.50	26.00~30.00	余	—	—	5.00~6.00	≤0.40	24.00~27.00	2.50~3.50

新牌号	原牌号	La	B	Si	Mn	P	S	Cu
						不大于		
GH5188	GH188	0.030~0.120	≤0.015	0.20~0.50	≤1.25	0.020	0.015	0.070
GH5605	GH605	—	—	≤0.40	1.00~2.00	0.040	0.030	—
GH5941	GH941	—	—	≤0.50	≤1.50	0.020	0.015	0.500
GH6159	GH159	—	≤0.030	≤0.20	≤0.20	0.020	0.010	—
GH6783	GH783	—	0.003~0.012	≤0.50	≤0.50	0.015	0.005	0.500

① 氮含量在 0.130~0.250 之间。

② 加钛或加铌，但两者不得同时加入。

③ 氮含量在 0.100~0.200 之间。

④ 氮含量在 0.150~0.300 之间。

⑤ 氮含量在 0.300~0.450 之间。

⑥ 钽含量不大于 0.050。

表 3-5-2　　铸造高温合金牌号及其化学成分（摘自 GB/T 14992—2005）

等轴晶铸造高温合金化学成分(质量分数)/%

新牌号	原牌号	C	Cr	Ni	Co	W	Mo	Al	Ti	Fe
K211	K11	0.10~0.20	19.50~20.50	45.00~47.00	—	7.50~8.50	—	—	—	余
K213	K13	<0.10	14.00~16.00	34.00~38.00	—	4.00~7.00	—	1.50~2.00	3.00~4.00	余
K214	K14	≤0.10	11.00~13.00	40.00~45.00	—	6.50~8.00	—	1.80~2.40	4.20~5.00	余
K401	K1	≤0.10	14.00~17.00	余	—	7.00~10.00	≤.0.30	4.50~5.50	1.50~2.00	≤0.20
K402	K2	0.13~0.20	10.50~13.50	余	—	6.00~8.00	4.50~5.50	4.50~5.30	2.00~2.70	≤2.00
K403	K3	0.11~0.18	10.00~12.00	余	4.50~6.00	4.80~5.50	3.80~4.50	5.30~5.90	2.30~2.90	≤2.00
K405	K5	0.10~0.18	9.50~11.00	余	9.50~10.50	4.50~5.20	3.50~4.20	5.00~5.80	2.00~2.90	≤0.50
K406	K6	0.10~0.20	14.00~17.00	余	—	—	4.50~6.00	3.25~4.00	2.00~3.00	≤1.00
K406C	K6C	0.03~0.08	18.00~19.00	余	—	—	4.50~6.00	3.25~4.00	2.00~3.00	≤1.00
K407	K7	≤0.12	20.00~35.00	余	—	—	—	—	—	≤8.00

新牌号	原牌号	B	Zr	Ce	Si	Mn	P	S	Cu
					不大于				
K211	K11	0.030~0.050	—	—	0.40	0.50	0.040	0.040	—
K213	K13	0.050~0.100	—	—	0.50	0.50	0.015	0.015	—
K214	K14	0.100~0.150	—	—	0.50	0.50	0.015	0.015	—
K401	K1	0.030~0.100	—	—	0.80	0.80	0.015	0.010	—
K402	K2	0.015	—	0.015	0.04	0.04	0.015	0.015	—
K403	K3	0.012~0.022	0.030~0.080	0.010	0.50	0.50	0.020	0.010	—
K405	K5	0.015~0.026	0.030~0.100	0.010	0.30	0.50	0.020	0.010	—
K406	K6	0.050~0.100	0.030~0.080	—	0.30	0.10	0.020	0.010	—
K406C	K6C	0.050~0.100	≤0.030	—	0.30	0.10	0.020	0.010	—
K407	K7	—	—	—	1.00	0.50	0.040	0.040	0.500~2.000

等轴晶铸造高温合金化学成分(质量分数)/%

新牌号	原牌号	C	Cr	Ni	Co	W	Mo	Al	Ti	Fe	Nb	Ta
K408	K8	0.10~0.20	14.90~17.00	余	—	—	4.50~6.00	2.50~3.50	1.80~2.50	8.00~12.50	—	—
K409	K9	0.08~0.13	7.50~8.50	余	9.50~10.50	≤0.10	5.75~6.25	5.75~6.25	0.80~1.20	≤0.35	≤0.10	4.00~4.50
K412	K12	0.11~0.16	14.00~18.00	余	—	4.50~6.50	3.00~4.50	1.60~2.20	1.60~2.30	≤8.00	—	—
K417	K17	0.13~0.22	8.50~9.50	余	14.00~16.00	—	2.50~3.50	4.80~5.70	4.50~5.00	≤1.00	—	—
K417G	K17G	0.13~0.22	8.50~9.50	余	9.00~11.00	—	2.50~3.50	4.80~5.70	4.10~4.70	≤1.00	—	—
K417L	K17L	0.05~0.22	11.00~15.00	余	3.00~5.00	—	2.50~3.50	4.00~5.70	3.00~5.00	—	—	—

第3篇

续表

等轴晶铸造高温合金化学成分(质量分数)/%												
新牌号	原牌号	C	Cr	Ni	Co	W	Mo	Al	Ti	Fe	Nb	Ta
K418	K18	0.08~0.16	11.50~13.50	余	—	—	3.80~4.80	5.50~6.40	0.50~1.00	≤1.00	1.80~2.50	—
K418B	K18B	0.03~0.07	11.00~13.00	余	≤1.00	—	3.80~5.20	5.50~6.50	0.40~1.00	≤0.50	1.50~2.50	—
K419	K19	0.09~0.14	5.50~6.50	余	11.00~13.00	9.50~10.50	1.70~2.30	5.20~5.70	1.00~1.50	≤0.50	2.50~3.30	—
K419H	K19H	0.09~0.14	5.50~6.50	余	11.00~13.00	9.50~10.70	1.70~2.30	5.20~5.70	1.00~1.50	≤0.50	2.25~2.75	—

新牌号	原牌号	Hf	Mg	V	B	Zr	Ce	Si	Mn	P	S	Cu
								不大于				
K408	K8	—	—	—	0.060~0.080	—	0.010	0.60	0.60	0.015	0.020	—
K409	K9	—	—	—	0.010~0.020	0.050~0.100	—	0.25	0.20	0.015	0.015	—
K412	K12	—	—	≤0.300	0.005~0.010	—	—	0.60	0.60	0.015	0.009	—
K417	K17	—	—	0.600~0.900	0.012~0.022	0.050~0.090	—	0.50	0.50	0.015	0.010	—
K417G	K17G	—	—	0.600~0.900	0.012~0.024	0.050~0.090	—	0.20	0.20	0.015	0.010	—
K417L	K17L	—	—	—	0.003~0.012	—	—	—	—	0.010	0.006	—
K418	K18	—	—	—	0.008~0.020	0.060~0.150	—	0.50	0.50	0.015	0.010	—
K418B	K18B	—	—	—	0.005~0.015	0.050~0.150	—	0.50	0.25	0.015	0.015	0.500
K419	K19	—	≤0.003	≤0.100	0.050~0.100	0.030~0.080	—	0.20	0.50	—	0.015	0.400
K419H	K19H	1.200~1.600	—	≤0.100	0.050~0.100	0.030~0.080	—	0.20	0.20	—	0.015	0.100

等轴晶铸造高温合金化学成分(质量分数)/%												
新牌号	原牌号	C	Cr	Ni	Co	W	Mo	Al	Ti	Fe	Nb	Ta
K423	K23	0.12~0.18	14.50~16.50	余	9.00~10.50	≤0.20	7.60~9.00	3.90~4.40	3.40~3.80	≤0.50	≤0.25	—
K423A	K23A	0.12~0.18	14.00~15.50	余	8.20~9.50	≤0.20	6.80~8.30	3.90~4.40	3.40~3.80	≤0.50	≤0.25	—
K424	K24	0.14~0.20	8.50~10.50	余	12.00~15.00	1.00~1.80	2.70~3.40	5.00~5.70	4.20~4.70	≤2.00	0.50~1.00	—
K430	K430	≤0.12	19.00~22.00	>75.00	—	—	—	≤0.15	—	≤1.50	—	—
K438	K38	0.10~0.20	15.70~16.30	余	8.00~9.00	2.40~2.80	1.50~2.00	3.20~3.70	3.00~3.50	≤0.50	0.60~1.10	1.50~2.00
K438G	K38G	0.13~0.20	15.30~16.30	余	8.00~9.00	2.30~2.90	1.40~2.00	3.50~4.50	3.20~4.00	≤0.20	0.40~1.00	1.40~2.00
K441	K41	0.02~0.10	15.00~17.00	余	—	12.00~15.00	1.50~3.00	3.10~4.00	—	—	—	—
K461	K461	0.12~0.17	15.00~17.00	余	≤0.50	2.10~2.50	3.60~5.00	2.10~2.80	2.10~3.00	6.00~7.50	—	—
K477	K77	0.05~0.09	14.00~15.25	余	14.00~16.00	—	3.90~4.50	4.00~4.60	3.00~3.70	≤1.00	—	—

续表

等轴晶铸造高温合金化学成分(质量分数)/%												
新牌号	原牌号	C	Cr	Ni	Co	W	Mo	Al	Ti	Fe	Nb	Ta
K480[①]	K80	0.15~0.19	13.70~14.30	余	9.00~10.00	3.70~4.30	3.70~4.30	2.80~3.20	4.80~5.20	≤0.35	≤0.10	≤0.10
K491	K91	≤0.02	9.50~10.50	余	9.50~10.50	—	2.75~3.25	5.25~5.75	5.00~5.50	≤0.50	—	—

新牌号	原牌号	Hf	Mg	V	B	Zr	Ce	Si	Mn	P	S	Cu
									不大于			
K423	K23	≤0.250	—	—	0.004~0.008	—	—	≤0.20	0.20	0.010	0.010	—
K423A	K23A	—	—	—	0.005~0.015	—	—	≤0.20	0.20	—	0.010	—
K424	K24	—	—	0.500~1.000	0.015	0.020	0.020	≤0.40	0.40	0.015	0.015	—
K430	K430	—	—	—	—	—	—	≤1.20	1.20	0.030	0.020	0.200
K438	K38	—	—	—	0.005~0.015	0.050~0.150	—	≤0.30	0.20	0.015	0.015	—
K438G	K38G	—	—	—	0.005~0.015	—	—	≤0.01	0.20	0.0005	0.010	0.100
K441	K41	—	—	—	0.001~0.010	≤0.050	—	—	—	0.015	0.010	—
K461	K461	—	—	—	0.100~0.130	—	—	1.20~2.00	0.30	0.020	0.020	—
K477	K77	—	—	—	0.012~0.020	≤0.040	≤0.100	≤0.50	0.20	0.015	0.010	—
K480	K80	≤0.100	≤0.010	≤0.100	0.010~0.020	0.020~0.100	—	≤0.10	0.50	0.015	0.010	0.100
K491	K91	—	≤0.005	—	0.080~0.120	≤0.040	—	≤0.10	0.10	0.010	0.010	—

等轴晶铸造高温合金化学成分(质量分数)/%												
新牌号	原牌号	C	Cr	Ni	Co	W	Mo	Al	Ti	Fe	Nb	Ta
K4002	K002	0.13~0.17	8.00~10.00	余	9.00~11.00	9.00~11.00	≤0.50	5.25~5.75	1.25~1.75	≤0.50	—	2.25~2.7
K4130	K130	<0.01	20.00~23.00	余	≤1.00	≤0.20	9.00~10.50	0.70~0.90	2.40~2.80	≤0.50	≤0.25	—
K4163	K163	0.04~0.08	19.50~21.00	余	18.50~21.00	≤0.20	5.50~6.10	0.40~0.60	2.00~2.40	0.70	0.25	—
K4169	K4169	0.02~0.08	17.00~21.00	50.00~55.00	≤1.00	—	2.80~3.30	0.30~0.70	0.65~1.15	余	4.40~5.40	≤0.10
K4202	K202	≤0.08	17.00~20.00	余	—	4.00~5.00	4.00~5.00	1.00~1.50	2.20~2.80	≤4.00	—	—
K4242	K242	0.27~0.35	20.00~23.00	余	9.55~11.00	≤0.20	10.00~11.00	≤0.20	≤0.30	≤0.75	≤0.25	—
K4536	K536	≤0.10	20.50~23.00	余	0.50~2.50	0.20~1.00	8.00~10.00	—	—	17.00~20.00	—	—
K4537[②]	K537	0.07~0.12	15.00~16.00	余	9.00~10.00	4.70~5.20	1.20~1.70	2.70~3.20	3.20~3.70	≤0.50	1.70~2.20	—
K4648	K648	0.03~0.10	32.00~35.00	余	—	4.30~5.50	2.30~3.50	0.70~1.30	0.70~1.30	≤0.50	0.70~1.30	—
K4708	K708	0.05~0.10	17.50~20.50	余	—	5.50~7.50	4.00~6.00	1.90~2.30	1.00~1.40	≤4.00	—	—

第3篇

续表

新牌号	原牌号	Hf	Mg	V	B	Zr	Ce	Si	Mn	P	S	Cu
										不大于		
K4002	K002	1.300~1.700	≤0.003	≤0.100	0.010~0.020	0.030~0.080	—	≤0.20	≤0.20	0.010	0.010	0.100
K4130	K130	—	—	—	—	—	—	≤0.60	≤0.60	—	—	—
K4163	K163	—	—	—	≤0.005	=	—	≤0.40	≤0.60	—	0.007	0.200
K4169	K4169	—	—	—	≤0.006	≤0.050	—	≤0.35	≤0.35	0.015	0.015	0.300
K4202	K202	—	—	—	≤0.015	—	≤0.010	≤0.60	≤0.50	0.015	0.010	—
K4242	K242	—	—	—	—	—	—	0.20~0.45	0.20~0.50	—	—	—
K4536	K536	—	—	—	≤0.010	—	—	≤1.00	≤1.00	0.040	0.030	—
K4537	K537	—	—	—	0.010~0.020	0.030~0.070	—	—	—	0.015	0.015	—
K4648	K648	—	—	—	≤0.008	—	≤0.030	≤0.30	—	—	0.010	—
K4708	K708	—	—	—	≤0.008	—	≤0.030	≤0.60	≤0.50	0.015	0.015	—

等轴晶铸造高温合金化学成分(质量分数)/%

新牌号	原牌号	C	Cr	Ni	Co	W	Mo	Al	Ti	Fe
K605	K605	≤0.40	19.00~21.00	9.00~11.00	余	14.00~16.00	—	—	—	≤3.00
K610	K10	0.15~0.25	25.00~28.00	3.00~3.70	余	≤0.50	4.50~5.50	—	—	≤1.50
K612	K612	1.70~1.95	27.00~31.00	≤1.50	余	8.00~10.00	≤2.50	1.00	—	≤2.50
K640	K40	0.45~0.55	24.50~26.50	9.50~11.50	余	7.00~8.00	—	—	—	≤2.00
K640M	K40M	0.45~0.55	24.50~26.50	9.50~11.50	余	7.00~8.00	0.10~0.50	0.70~1.20	0.05~0.30	≤2.00
K6188[3]	K188	0.15	20.00~24.00	20.00~24.00	余	13.00~16.00	—	—	—	3.00
K825[4]	K25	0.02~0.08	余	39.50~42.50	—	1.40~1.80	—	—	0.20~0.40	—

新牌号	原牌号	V	B	Zr	Ce	Si	Mn	P
								不大于
K605	K605	—	≤0.030	—	—	≤0.40	1.00~2.00	0.040
K610	K10	—	—	—	—	≤0.50	≤0.60	0.025
K612	K612	—	—	—	—	≤1.50	≤1.50	—
K640	K40	—	—	—	—	≤1.00	≤1.00	0.040
K640M	K40M	—	0.008~0.040	0.100~0.300	—	≤1.00	≤1.00	0.040
K6188	K188	—	≤0.015	—	—	0.20~0.50	≤1.50	0.020
K825	K25	0.200~0.400	—	—	—	≤0.50	≤0.50	0.015

定向凝固柱晶高温合金化学成分(质量分数)/%

新牌号	原牌号	C	Cr	Ni	Co	W	Mo	Al	Ti	Fe	Nb	Ta	Hf
DZ404	DZ4	0.10~0.15	9.00~10.00	余	5.50~6.50	5.10~5.80	3.50~4.20	5.60~6.40	1.60~2.20	≤ 1.00	—	—	—
DZ405	DZ5	0.07~0.15	9.50~11.00	余	9.50~10.50	4.50~5.50	3.50~4.20	5.00~6.00	2.00~3.00	—	—	—	—
DZ417G	DZ17G	0.13~0.22	8.50~9.50	余	9.00~11.00	—	2.50~3.50	4.80~5.70	4.10~4.70	≤ 0.50	—	—	—

续表

定向凝固柱晶高温合金化学成分(质量分数)/%

新牌号	原牌号	C	Cr	Ni	Co	W	Mo	Al	Ti	Fe	Nb	Ta	Hf
DZ422	DZ22	0.12~0.18	8.00~10.00	余	9.00~11.00	11.50~12.50	—	4.75~5.25	1.75~2.25	≤0.20	0.75~1.25	—	1.40~1.80
DZ422B⑤	DZ22B	0.12~0.14	8.00~10.00	余	9.00~11.00	11.50~12.50	—	4.75~5.25	1.75~2.25	≤0.25	0.75~1.25	—	0.80~1.10
DZ438G⑥	DZ38G	0.08~0.14	15.50~16.40	余	8.00~9.00	2.40~2.80	1.50~2.00	3.50~4.30	3.50~4.30	≤0.30	0.40~1.00	1.50~2.00	—
DZ4002	DZ002	0.13~0.17	8.00~10.00	余	9.00~11.00	9.00~11.00	≤0.50	5.25~5.75	1.25~1.75	≤0.50	—	2.25~2.75	1.30~1.70
DZ4125	DZ125	0.07~0.12	8.40~9.40	余	9.50~10.50	6.50~7.50	1.50~2.50	4.80~5.40	0.70~1.20	≤0.30	—	3.50~4.10	1.20~1.80
DZ4125L	DZ125L	0.06~0.14	8.20~9.80	余	9.20~10.80	6.20~7.80	1.50~2.50	4.30~5.30	2.00~2.80	≤0.20	—	3.30~4.00	—
DZ640M	DZ40M	0.45~0.55	24.50~26.50	9.5~11.5	余	7.00~8.00	0.10~0.50	0.70~1.20	0.05~0.30	≤2.00	—	0.10~0.50	—

新牌号	原牌号	V	B	Zr	Si	Mn	P	S	Pb	Sb	As	Sn	Bi	Ag	Cu
					不大于										
DZ404	DZ4	—	0.012~0.025	≤0.020	0.5	0.5	0.02	0.01	0.001	0.001	0.005	0.002	0.0001	—	—
DZ405	DZ5	—	0.010~0.020	≤0.100	0.5	0.5	0.02	0.01	—	—	—	—	—	—	—
DZ417G	DZ17G	0.600~0.900	0.012~0.024	—	0.2	0.2	0.005	0.008	0.0005	0.001	0.005	0.002	0.0001	—	—
DZ422	DZ22	—	0.010~0.020	≤0.050	0.15	0.2	0.01	0.015	0.0005	—	—	—	0.00005	—	0.1
DZ422B⑤	DZ22B	—	0.010~0.020	≤0.050	0.12	0.12	0.015	0.01	0.0005	—	—	—	0.00003	—	0.1
DZ438G⑥	DZ38G	—	0.005~0.015	—	0.15	0.15	0.0005	0.015	0.001	0.001	—	0.002	0.0001	—	—
DZ4002	DZ002	≤0.100	0.010~0.020	0.030~0.080	0.2	0.2	0.02	0.01	—	—	—	—	—	—	0.1
DZ4125	DZ125	—	0.010~0.020	≤0.080	0.15	0.15	0.01	0.01	0.0005	0.001	0.001	0.001	0.00005	0.0005	—
DZ4125L	DZ125L	—	0.005~0.015	≤0.050	0.15	0.15	0.001	0.01	0.0005	0.001	0.001	0.001	0.00005	0.0005	—
DZ640M	DZ40M	—	0.008~0.018	0.100~0.300	1	1	0.04	0.04	0.0005	0.001	0.001	0.001	0.00005	—	—

单晶高温合金化学成分(质量分数)/%

新牌号	原牌号	C	Cr	Ni	Co	W	Mo	Al	Ti	Fe	Nb	Ta	Hf	Re
DD402	DD402	≤0.006	7.00~8.20	余	4.30~4.90	7.60~8.40	0.30~0.70	5.45~5.75	0.80~1.20	≤0.20	≤0.15	5.80~6.20	≤0.0075	—
DD403	DD3	≤0.010	9.00~10.00	余	4.50~5.50	5.00~6.00	3.50~4.50	5.50~6.20	1.70~2.40	≤0.50	—	—	—	—
DD404	DD4	≤0.01	8.50~9.50	余	7.00~8.00	5.50~6.50	1.40~2.00	3.40~4.00	3.90~4.70	≤0.50	0.35~0.70	3.50~4.80	—	—
DD406	DD6	0.001~0.04	3.80~4.80	余	8.50~9.50	7.00~9.00	1.50~2.50	5.20~6.20	≤0.10	≤0.30	≤1.20	6.00~8.50	0.060~0.150	1.600~2
DD408	DD8	<0.03	15.50~16.90	余	8.00~9.00	5.60~6.40	—	3.60~4.20	3.60~4.20	≤0.50	—	0.70~1.20	—	—

续表

新牌号	原牌号	Ga	Tl	Te	Se	Yb	Cu	Zn	Mg	[N]	[H]	[O]	B	Zr
		不大于												
DD402	DD402	0.002	0.00003	0.00003	0.0001	0.100	0.050	0.0005	0.008	0.0012	—	0.0010	0.003	0.007
DD403	DD3	—	—	—	—	—	0.100	—	0.003	0.0012	—	0.0010	0.005	0.0075
DD404	DD4	—	—	—	—	—	0.100	—	0.003	0.0015	—	0.0015	0.010	0.050
DD406	DD6	—	—	—	—	—	0.100	—	0.003	0.0015	0.001	0.004	0.020	0.100
DD408⑦	DD8	—	—	—	—	—	0.100	—	0.003	0.0012	—	0.001	0.005	0.007

新牌号	原牌号	Si	Mn	P	S	Pb	Sb	As	Sn	Bi	Ag
		不大于									
DD402	DD402	0.040	0.020	0.005	0.002	0.0002	0.0005	0.0005	0.0015	0.00003	0.0005
DD403	DD3	0.200	0.200	0.010	0.002	0.0005	0.0010	0.0010	0.0010	0.00005	0.0005
DD404	DD4	0.200	0.200	0.010	0.010	0.0005	0.002	0.001	0.001	0.0005	0.0005
DD406	DD6	0.200	0.150	0.018	0.004	0.0005	0.001	0.001	0.001	0,00005	0.0005
DD408	DD8	0.150	0.150	0.010	0.010	0.001	—	0.005	0.002	0.0001	—

① 钨加钼含量不小于 7.70。

② 氮含量小于 0.200。

③ 镧含量在 0.020~0.120 之间。

④ 氮含量小于 0.030。

⑤ 硒含量不大于 0.0001；碲含量不大于 0.00005；铊含量不大于 0.00005。

⑥ 铝加钛含量不小于 7.30。

⑦ 铝加钛含量在 7.50~7.90 之间。

表 3-5-3　焊接用高温合金丝牌号及其化学成分（摘自 GB/T 14992—2005）

新牌号	原牌号	C	Cr	Ni	W	Mo	Al	Ti	Fe	Nb	V
HGH1035	HGH35	0.06~0.12	20.00~23.00	35.00~40.00	2.50~3.50	—	≤0.50	0.70~1.20	余	—	—
HGH1040	HGH40	≤0.10	15.00~17.50	24.00~27.00	—	5.50~7.00	—	—	余	—	—
HGH1068	HGH68	≤0.10	14.00~16.00	21.00~23.00	7.00~8.00	2.00~3.00	—	—	余	—	—
HGH1131	HGH131	≤0.10	19.00~22.00	25.00~30.00	4.80~6.00	2.80~3.50	—	—	余	0.70~1.30	—
HGH1139	HGH139	≤0.12	23.00~26.00	14.00~18.00	—	—	—	—	余	—	—
HGH1140	HGH140	0.06~0.12	20.00~23.00	35.00~40.00	1.40~1.80	2.00~2.50	0.20~0.60	0.70~1.20	余	—	—
HGH2036	HGH36	0.34~0.40	11.50~13.50	7.00~9.00	—	1.10~1.40	—	≤0.12	余	0.25~0.50	1.25~1.55
HGH2038	HGH38	≤0.10	10.00~12.50	18.00~21.00	—	—	≤0.50	2.30~2.80	余	—	—
HGH2042	HGH42	≤0.05	11.50~13.00	34.50~36.50	—	—	0.90~1.20	2.70~3.20	余	—	—

新牌号	原牌号	B	Ce	Si	Mn	P	S	Cu	其他
						不大于			
HGH1035	HGH35	—	≤0.050	≤0.80	≤0.70	0.020	0.020	0.200	
HGH1040	HGH40	—	—	0.50~1.00	1.00~2.00	0.030	0.020	0.200	N:0.100~0.200
HGH1068	HGH68	—	≤0.020	≤0.20	5.00~6.00	0.010	0.010	—	—
HGH1131	HGH131	≤0.005	—	≤0.80	≤1.20	0.020	0.020	—	N:0.150~0.300

续表

新牌号	原牌号	B	Ce	Si	Mn	P	S	Cu	其他
						不大于			
HGH1139	HGH139	≤0.010	—	≤1.00	5.00~7.00	0.030	0.025	0.200	N:0.250~0.450
HGH1140	HGH140	—	—	≤0.80	≤0.70	0.020	0.015	—	—
HGH2036	HGH36	—	—	0.30~0.80	7.50~9.50	0.035	0.030	—	—
HGH2038	HGH38	≤0.008	—	≤1.00	≤1.00	0.030	0.020	0.200	—
HGH2042	HGH42	—	—	≤0.60	0.80~1.30	0.020	0.020	0.200	—

新牌号	原牌号	C	Cr	Ni	W	Mo	Al	Ti	Fe	Nb	V
HGH2132	HGH132	≤0.08	13.50~16.00	24.50~27.00	—	1.00~1.50	≤0.35	1.75~2.35	余	—	0.10~0.50
HGH2135	HGH135	≤0.06	14.00~16.00	33.00~36.00	1.70~2.20	1.70~2.20	2.40~2.80	2.10~2.50	余	—	—
HGH2150	HGH150	≤0.06	14.00~16.00	45.00~50.00	2.50~3.50	4.50~6.00	0.80~1.30	1.80~2.40	余	0.90~1.40	—
HGH3030	HGH30	≤0.12	19.00~22.00	余	—	—	≤0.15	0.15~0.35	≤1.00	—	—
HGH3039	HGH39	≤0.08	19.00~22.00	余	—	1.80~2.30	0.35~0.75	0.35~0.75	≤3.00	0.90~1.30	—
HGH3041	HGH41	≤0.25	20.00~23.00	72.00~78.00	—	—	≤0.06	—	≤1.70	—	—
HGH3044	HGH44	≤0.10	23.50~26.50	余	13.60~16.00	—	≤0.50	0.30~0.70	≤4.00	—	—
HGH3113	HGH113	≤0.08	14.50~16.50	余	3.00~4.50	15.00~17.00	—	—	4.00~7.00	—	≤0.35
HGH3128	HGH128	≤0.05	19.00~22.00	余	7.50~9.00	7.50~9.00	0.40~0.80	0.40~0.80	≤2.00	—	—
HGH3367	HGH367	≤0.06	14.00~16.00	余	—	14.00~16.00	—	—	≤4.00	—	—

新牌号	原牌号	B	Ce	Si	Mn	P	S	Cu	其他
						不大于			
HGH2132	HGH132	0.001~0.010	—	0.40~1.00	1.00~2.00	0.020	0.015	—	—
HGH2135	HGH135	≤0.015	≤0.030	≤0.50	≤0.40	0.020	0.020	—	—
HGH2150	HGH150	≤0.010	≤0.020	≤0.40	≤0.40	0.015	0.015	0.070	Zr:0.050
HGH3030	HGH30	—	—	≤0.80	≤0.70	0.015	0.010	0.200	—
HGH3039	HGH39	—	—	≤0.80	≤0.40	0.020	0.012	0.200	—
HGH3041	HGH41	—	—	≤0.60	0.20~1.50	0.035	0.030	0.200	—
HGH3044	HGH44	—	—	≤0.80	≤0.50	0.013	0.013	0.200	—
HGH3113	HGH113	—	—	≤1.00	≤1.00	0.015	0.015	0.200	—
HGH3128	HGH128	≤0.005	≤0.050	≤0.80	≤0.50	0.013	0.013	—	Zr;0.060
HGH3367	HGH367	—	—	≤0.30	1.00~2.00	0.015	0.010	—	—

新牌号	原牌号	C	Cr	Ni	W	Mo	Al	Ti	Fe	Nb
HGH3533	HGH533	≤0.08	17.00~20.00	余	7.00~9.00	7.00~9.00	≤0.40	2.30~2.90	≤3.00	—
HGH3536	HGH536	0.05~0.15	20.50~23.00	余	0.20~1.00	8.00~10.00	—	—	17.00~20.00	—

续表

新牌号	原牌号	C	Cr	Ni	W	Mo	Al	Ti	Fe	Nb
HGH3600	HGH600	≤0.10	14.00~17.00	≥72.00	—	—	—	—	6.00~10.00	—
HGH4033	HGH33	≤0.06	19.00~22.00	余	—	—	0.60~1.00	2.40~2.80	<1.00	—
HGH4145	HGH145	≤0.08	14.00~17.00	余	—	—	0.40~1.00	2.50~2.75	5.00~9.00	0.70~1.20
HGH4169	HGH169	≤0.08	17.00~21.00	50.00~55.00	—	2.80~3.30	0.20~0.60	0.65~1.15	余	4.75~5.50
HGH4356	HGH356	≤0.08	17.00~20.00	余	4.00~5.00	4.00~5.00	1.00~1.50	2.20~2.80	≤4.00	—
HGH4642	HGH642	≤0.04	14.00~16.00	余	2.00~4.00	12.00~14.00	0.60~0.90	1.30~1.60	≤4.00	—
HGH4648	HGH648	≤0.10	32.00~35.00	余	4.30~5.30	2.30~3.30	0.50~1.10	0.50~1.10	≤4.00	0.50~1.10

新牌号	原牌号	B	Ce	Si	Mn	P	S	Cu	其他
				不大于					
HGH3533	HGH533	—	—	0.30	0.60	0.010	0.010	—	—
HGH3536	HGH536	≤0.010	—	1.00	1.00	0.025	0.025	—	Co:0.50~2.50
HGH3600	HGH600	—	—	0.50	1.00	0.020	0.015	0.500	Co:≤1.00
HGH4033	HGH33	≤0.010	≤0.010	0.65	0.35	0.015	0.007	0.07	—
HGH4145	HGH145	—	—	0.50	1.00	0.020	0.010	0.200	—
HGH4169	HGH169	≤0.006	—	0.30	0.35	0.015	0.015	—	—
HGH4356	HGH356	≤0.010	≤0.010	0.50	1.00	0.015	0.010	—	—
HGH4642	HGH642	—	≤0.020	0.35	0.60	0.010	0.010	—	—
HGH4648	HGH648	≤0.008	≤0.030	0.40	0.50	0.015	0.010	—	—

表 3-5-4　粉末冶金高温合金牌号及其化学成分（摘自 GB/T 14992—2005）

新牌号	原牌号	C	Cr	Ni	Co	W	Mo	Al	Ti	Fe	Nb
FGH 4095	FGH95	0.04~0.09	12.00~14.00	余	7.00~9.00	3.30~3.70	3.30~3.70	3.30~3.70	2.30~2.70	≤0.50	3.30~3.70
FGH4096	FGH96	0.02~0.05	15.00~16.50	余	12.50~13.50	3.80~4.20	3.80~4.20	2.00~2.40	3.50~3.90	≤0.50	0.60~1.00
FGH4097	FGH97	0.02~0.06	8.00~10.00	余	15.00~16.50	4.80~5.90	3.50~4.20	4.85~5.25	1.60~2.00	≤0.50	2.40~2.80
新牌号	原牌号	Hf	Mg	Ta	B	Zr	Ce	Si	Mn	P	S
								不大于			
FGH4095	FGH95	—	—	≤0.020	0.006~0.015	0.030~0.070	—	0.20	0.15	0.015	0.015
FGH4096	FGH96	—	—	≤0.020	0.006~0.015	0.025~0.050	0.005~0.010	0.20	0.15	0.015	0.015
FGH4097	FGH97	0.100~0.400	0.002~0.050	—	0.006~0.015	0.010~0.015	0.005~0.010	0.20	0.15	0.015	0.009

表 3-5-5　弥散强化高温合金牌号及其化学成分（摘自 GB/T 14992—2005）

		化学成分(质量分数)/%										
新牌号	原牌号	C	Cr	Ni	W	Mo	Al	Ti	Fe	[O]	Y_2O_3	S
MGH2756	MGH2756	≤0.10	18.50~21.50	<0.50	—	—	3.75~5.75	0.20~0.60	余	—	0.30~0.70	—
MGH2757[①]	MGH2757	≤0.20	9.00~15.00	<1.00	1.00~3.00	0.20~1.50	—	0.30~2.50	余	—	0.20~1.00	—

续表

新牌号	原牌号	化学成分(质量分数)/%										
		C	Cr	Ni	W	Mo	Al	Ti	Fe	[O]	Y_2O_3	S
MGH4754	MGH754	≤0.05	18.50~21.50	余	—	—	0.25~0.55	0.40~0.70	<1.20	<0.50	0.50~0.70	<0.005
MGH4755	MGHSK	≤0.10	25.00~35.00	余	—	—	—	—	≤4.0	—	0.10~2.00	—
MGH4758②	MGH4758	≤0.05	28.00~32.00	余	—	—	0.25~0.55	0.40~0.70	<1.20	<0.50	0.50~0.70	<0.005

① 钨钼元素只可任选一种加入。

② 钢含量在0.50~1.50。

表 3-5-6　金属间化合物高温材料牌号（摘自 GB/T 14992—2005）

新牌号	原牌号	C	Cr	Ni	W	Mo	Al	Ti	Nb	Ts	V	Fe
JG1101	TAC-2	—	1.20~1.60	—	—	—	32.30~34.60	余	—	—	3.00~3.60	—
JG1102	TAC-2M	—	1.20~1.60	0.65~0.85	—	—	32.10~33.10	余	—	—	2.30~2.90	—
JG1201	TAC-3A	—	—	—	—	—	9.90~11.90	余	41.60~43.60	—	—	—
JG1202	TAC-3B	—	—	—	—	—	9.70~11.70	余	44.20~46.20	—	—	—
JG1203	TAC-3C	—	—	—	—	—	9.20~11.20	余	37.50~39.50	9.00~9.60	—	—
JG1204	TAC-3D	—	—	—	—	—	8.60~10.60	余	29.20~31,20	20.10~21.10	—	—
JG1301	TAC-1	—	—	—	—	0.80~1.20	12.10~14.10	余	25.30~27.30	—	2.80~3.40	—
JG1302	TAC-1B	—	—	—	—	—	11.20~13.20	余	30.10~32.10	—	—	—
JG4006	IC6	≤0.02	—	余	—	13.50~14.30	7.40~8.00	—	—	—	—	≤1.00
JG4006A	IC6A	≤0.02	—	余	—	13.50~14.30	7.40~8.00	—	—	—	—	≤1.00
JG4246	MX246	0.06~0.16	7.40~8.20	余	—	—	7.00~8.50	0.60~1.20	—	—	—	≤2.00
JG4246A	MX246A	0.06~0.20	7.40~8.20	余	1.70~2.30	3.50~4.50	7.60~8.50	0.60~1.20	—	—	—	≤2.00

新牌号	原牌号	B	Zr	Hf	Y	Si	Mn	P	S	Pb	Sb	As	Sn	Bi	O	N	H
						不大于											
JG1101	TAC-2	—	—	—	—	—	—	—	—	—	—	—	—	—	0.100	0.020	0.01
JG1102	TAC-2M	—	—	—	—	—	—	—	—	—	—	—	—	—	0.100	0.020	0.01
JG1201	TAC-3A	—	—	—	—	—	—	—	—	—	—	—	—	—	0.100	0.020	0.01
JG1202	TAC-3B	—	—	—	—	—	—	—	—	—	—	—	—	—	0.100	0.020	0.01
JG1203	TAC-3C	—	—	—	—	—	—	—	—	—	—	—	—	—	0.100	0.020	0.01
JG1204	TAC-3D	—	—	—	—	—	—	—	—	—	—	—	—	—	0.100	0.020	0.01
JG1301	TAC-1	—	—	—	—	—	—	—	—	—	—	—	—	—	0.100	0.020	0.01
JG1302	TAC-1B	—	—	—	—	—	—	—	—	—	—	—	—	—	0.100	0.020	0.01
JG4006	IC6	0.020~0.060	—	—	—	0.50	0.50	0.015	0.010	0.001	0.001	0.005	0.002	0.0001	—	—	—
JG4006A	IC6A	0.020~0.060	—	—	0.010~0.050	0.50	0.50	0.015	0.010	0.001	0.001	0.005	0.002	0.0001	—	—	—

续表

新牌号	原牌号	B	Zr	Hf	Y	Si	Mn	P	S	Pb	Sb	As	Sn	Bi	O	N	H
						不大于											
JG4246	MX246	0.010~0.050	0.300~0.800	—	—	1.00	0.50	0.020	0.015	0.001	0.001	0.005	0.002	0.0001	—	—	—
JG4246A	MX246A	0.010~0.050	—	0.300~0.600	—	1.00	0.50	0.020	0.015	0.001	0.001	0.005	0.002	0.0001	—	—	—

1.2 高温合金板（带）材（摘自 GB/T 25827—2010）

热轧板

表 3-5-7

公称厚度	厚度允许偏差			
	公称宽度 600~750		公称宽度 750~1000	
	较高轧制精度	普通轧制精度	较高轧制精度	普通轧制精度
4.00~5.50	+0.10 -0.30	+0.20 -0.40	+0.15 -0.30	+0.30 -0.40
>5.50~7.50	+0.10 -0.40	+0.20 -0.50	+0.10 -0.50	+0.20 -0.60
>7.50~14.00	+0.10 -0.70	+0.20 -0.80	+0.10 -0.70	+0.20 -0.80

注：成品板材长度 1000~2000mm，允许偏差+10mm；宽度允许偏差+10mm。

冷轧薄板

表 3-5-8

公称厚度	公称宽度	公称长度
0.5~3.0	600~1000	1200~2100
>3.0~4.0	600~1000	900~1600

冷轧带材

表 3-5-9

公称厚度	厚度允许偏差			
	公称宽度≤150		公称宽度>150~250	
	普通精度	高级精度	普通精度	高级精度
0.10~0.15	±0.015	±0.010	±0.020	±0.010
>0.15~0.25	±0.020	+0.010 -0.020	±0.025	+0.010 -0.020
>0.25~0.45	±0.025	±0.020	±0.030	±0.020
>0.45~0.65	±0.030	+0.020 -0.030	±0.040	+0.020 -0.030
>0.65~0.80	±0.040	±0.030	±0.040	±0.030

热轧压板和冷轧薄板不平度、冷轧带材侧面镰刀弯的要求

表 3-5-10

公称厚度/mm	热轧板材	公称厚度/mm	冷轧薄材	公称宽度/mm	冷轧带材
	不平度/mm·m^{-1}		不平度/mm·m^{-1}		侧面镰刀弯/mm·m^{-1}
4.0~10.0	≤10	<0.8	≤15	≤50	<3
>10.0~14.0	≤8	≥0.8~4.0	≤10	>50	<2

第3篇

1.3 高温合金管材（摘自 GB/T 28295—2012）

表 3-5-11 **尺寸及允许偏差** mm

公称外径 D	公称壁厚 S											
	0.5	0.75	1.0	1.5	2.0	2.5	3.0	3.5	4.0	4.5	5.0	5.5
4~7	●	●	●	●	—	—	—	—	—	—	—	—
>7~9	—	●	●	●	●	—	—	—	—	—	—	—
>9~15	—	—	●	●	●	●	—	—	—	—	—	—
>15~20	—	—	●	●	●	●	●	—	—	—	—	—
20~30	—	—	—	●	●	●	●	●	—	—	—	—
>30~40	—	—	—	●	●	●	●	●	●	●	●	—
>40~57	—	—	—	—	●	●	●	●	●	●	●	●

表 3-5-12 **管材外径（D）和壁厚（S）的允许偏差** mm

管材公称尺寸		允许偏差	
		普通精度	高级精度
外径 D	4~6	±0.15	±0.10
	>6~10	±0.20	±0.15
	>10~30	±0.30	±0.20
	>30~50	±0.40	±0.30
	>50	±0.9%D	±0.80%D
壁厚 S	0.50~1.0	±0.12	±0.10
	>1.0~3.0	+15%S;-12%S	+12%S;-10%S
	>3.0	+12%S;-10%S	±10%S

1.4 高温合金棒材（摘自 GB/T 25828—2010）

表 3-5-13 **成品的直径及其允许偏差**

公称直径	允许偏差	公称直径	允许偏差
20~50	±1.5	>100~180	±8.0
>50~80	±3.0	>180~300	±10.0
>80~100	±5.0	>300~450	±15.0

表 3-5-14 **交货状态棒材不圆度及弯曲度要求**

类型	不圆度,不大于	弯曲度/(mm/m)不大于
热轧和锻制圆棒材	直径公差的 70%	6
冷拉棒材(圆、方、六角形)	符合 GB/T 905—1994 规定	符合 GB/T 905—1994 规定

表 3-5-15 **允许清除缺陷的深度和允许存在的缺陷**

类型	公称直径	允许清除缺陷的深度,不大于	允许存在的缺陷
普通承力棒材	≤50	公称尺寸公差	深度不超过公称尺寸公差之半的个别划痕、压痕、凹坑、麻点
	>50~100	公称尺寸的 6%	
	>100	供需双方协商	
紧固件用棒材	所有尺寸	—	深度不超公称尺寸负偏差的小麻点、擦伤、压伤、黑斑及划痕,固溶状态交货的棒材表面允许有非粗糙的氧化皮存在
转动承力件用棒材	所有尺寸	公称尺寸公差之半	深度不超过公称尺寸公差 1/4 的个别轻微划伤

1.5　高温合金锻件（摘自 QJ 2141A—2011）

表 3-5-16　　锻件原材料要求

材料牌号	标准号	材料牌号	标准号
GH1040	GB/T 14992、GJB2611	GH3044	GB/T 14992、GJB3165
GH1131	GB/T 14992、GJB1955	GH4033	GB/T 14992、GJB 1953、GJB 3165、GJB3782、YB/T 5351
GH1140	GB/T 14992、GJB3165	GH4037	GB/T 14992、GB/T 14993、GJB1953
GH2036	GB/T 14992、GJB2611、GJB3165、GJB3782、YB/T 5351	GH4043	GB/T 14992、GB/T 14993
GH2038	GB/T 14992	GH4141	GJB2456
GH2130	GB/T 14992、GB/T 14993	GH4169	GB/T 14992、GJB712、GJB713

表 3-5-17　　锻件供应状态

材料牌号	热处理状态	推荐的锻件热处理制度						布氏硬度 HBW	说明
		固溶温度/℃	保温时间	冷却方式	时效温度/℃	保温时间	冷却方式		
GH1040	固溶+时效	1175~1200	1h	空冷	700±10	16h	空冷	≥207	—
GH1131	固溶	1160±10	1h	空冷	—	—	—	—	—
			1h~2h						棒材直径 $d \geqslant 45$mm
GH1140	固溶	1080±10	1h~2h	空冷	—	—	—	—	—
GH2036	固溶+时效	1140±5	80min	水冷	加热 650~670℃，保温 14~16h，空冷；然后升温至 770~800℃，保温 14~20h，空冷			277~311	—
					加热 660~670℃，保温 4~6h，空冷；然后升温至 810~820℃，保温 4~6h，空冷				
GH2038	固溶+时效	1180±10	2h	空冷	760±10	16~25h	空冷	241~302	—
GH2130	固溶+时效	一次固溶热处理 1180℃±10℃，保温 1.5h，空冷；二次固溶热处理 1050℃±10℃，保温 4h，空冷			800±10	16h	空冷	269~341	—
GH3044	固溶	1120~1160	30min~40min	空冷	—	—	—	≤285	—
GH4033	固溶+时效	1080±10	8h	空冷	700±10	16h	空冷	255~321	
GH4037	固溶+时效	一次固溶热处理 1180℃±10℃，保温 2h，空冷；二次固溶热处理 1050℃±10℃，保温 4h，空冷或缓冷			800±10	16h	空冷	269~341	—
GH4043	固溶+时效	一次固溶热处理 1170℃±10℃，保温 5h，空冷；二次质溶热处理 1070℃±10℃，保温 8h，空冷			800±10	16h	空冷	269~341	—
GH4141	固溶+时效	1065±10	4h	空冷或油冷	760±10	16h	空冷	≥340	—
		1080±10							棒材直径 $d<70$mm
GH4169	固溶	950~980	1~1.5h	空冷	—	—	—	≤277	—
	固溶+时效				710~730℃，保温 8h，以不大于 50℃/h 的速度冷却到 610~630℃，保温 8h，空冷			≥331	—

续表

材料牌号	推荐试样的热处理制度	锻件力学性能要求：室温力学性能：抗拉强度 R_m/MPa	规定非比例延伸强度 $R_{p0.2}$/MPa	断后伸长率 A/%	断面收缩率 Z/%	冲击吸收能量 KU/J	布氏硬度 HBW	高(低)温瞬时力学性能：试验温度/℃	抗拉强度 R_m/MPa	规定非比例延伸强度 $R_{p0.2}$/MPa	断后伸长率 A/%	断面收缩率 Z/%	高温：试验温度/℃	试应 M
		不小于							不小于					
GH1040	同前	685	390	15	20	23	≥207	800	290	—	—	—	—	—
GH1131		735	340	32	实测	—	—	1000	105	—	50	实测	—	—
GH1140		615	—	40	45	—	—	800	245	—	40	50	—	—
GH2036		835	590	15	20	27.5	277~311	—	—	—	—	—	650	3
GH2038		785	440	15	15	23	241~302	800	290	—	20	20	—	—
GH2130		—	—	—	—	—	269~341	800	665	—	3	8	850	1
GH3044		685	—	40	45	—	≤285	900	195	—	30	40	900	7
GH4033		880	590	13	16	23.5	255~321	700	685	—	15	20	750	2
													750	(3)
													(700)	(4)
GH4037		—	—	—	—	—	269~341	800	665	—	5	8	850	1
GH4043		—	—	—	—	—	269~341	800	685	—	6	10	800	2
GH4141（棒材直径 d>70mm）		1175	880	12	12	11.8	≥340	800	780	650	15	20	800	5
GH4141（棒材直径 d≤70mm）		1175	880	12	12	16	≥340	850	740	640	15	20	850	5
GH4169①	固溶加720℃±10℃，保温8h，以不大于50℃/h冷却速度到620℃±10℃，保温8h，空冷	1275	1030	12	15	36	≥331	650	1000	860	12	15	650	6
								(800)	(540)	—	(15)	(25)	(800)	(3)
								(−190)	(1470)	—	(12)	(20)	—	—

① GH4169 合金Ⅰ、Ⅱ类锻件，必要时做低温瞬时拉伸性能检查，其力学性能应符合表中的规定。

注：选用括号内力学性能时，应在零件图样或技术条件中注明。

1.6 高温合金丝材（摘自 GB/T 25831—2010）

表 3-5-18　交货状态的圆形弹簧丝直径及其允许偏差要求　mm

公称直径	允许偏差	公称直径	允许偏差
0.10~0.30	±0.014	>1.0~3.0	±0.030
>0.3~0.60	±0.018	>3.0~6.0	±0.040
>0.60~1.0	±0.023	>6.0~8.0	±0.050

表 3-5-19　交货状态的顶镦丝直径及其允许偏差要求　mm

公称直径	允许偏差		公称直径	允许偏差	
	普通精度	高级精度		普通精度	高级精度
<2.0	−0.05	−0.04	>5.0~6.0	−0.08	−0.05
≥2.0~5.0	−0.06	−0.04	>6.0~8.0	−0.08	−0.06

注：高级精度指经细磨光交货的顶镦丝。

表 3-5-20　　交货状态的焊丝直径及其允许偏差要求　　mm

公称直径	允许偏差	公称直径	允许偏差
0.2~0.3	-0.03	>2.5~6.0	-0.08
>0.3~0.8	-0.04	>6.0~10.0	-0.10
>0.8~2.5	-0.05	—	

表 3-5-21　　交货状态的丝材盘重要求

公称直径/mm	每盘(轴)质量/kg,不小于	公称直径/mm	每盘(轴)质量/kg,不小于
<2.0	不限	>4.0~6.5	3.0
2.0~4.0	2.0	>6.5~10.0	4.0

2　粉末冶金材料

2.1　粉末冶金材料分类和牌号表示方法（摘自 GB/T 4309—2009）

采用由汉语拼音字母和阿拉伯数字组成的五位符号体系表示材料的牌号。其通式及各符号的意义如下：

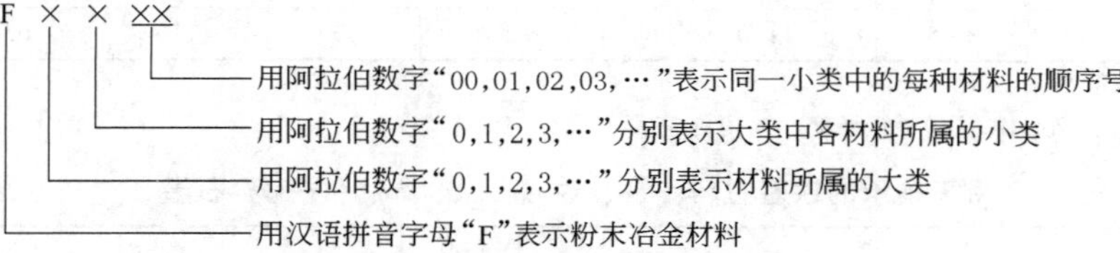

表 3-5-22　　粉末冶金材料分类和牌号表示方法

符　号	F	第一位数字×	第二位数字×	第三部分数字××
意义	粉末冶金材料	0—结构材料类	0:铁及铁基合金;1:碳素结构钢;2:合金结构钢;6:铜及铜合金;7:铝合金;3、4、5、8、9:(空位)	顺序号(00~99)
		1—摩擦材料类和减磨材料类	0:铁基摩擦材料;1:铜基摩擦材料;3:镍基摩擦材料;5:铁基减磨材料;6:铜基减磨材料;7:铝基减磨材料;4、8、9:(空位)	
		2—多孔材料类	0:铁及铁基合金;1:不锈钢;2:铜及铜基合金;3:钛及钛合金;4:镍及镍合金;5:钨及钨合金;6:难熔化合物及多孔材料;7、8、9:(空位)	
		3—工具材料类	0:钢结硬质合金;6:金属陶瓷和陶瓷;7:工具钢;1、2、3、4、5、8、9:(空位)	
		4—难熔材料类	0:钨及钨合金;2:钼及钼合金;4:钽及其合金;5:铌及其合金;6:锆及其合金;7:铪及其合金;1、3、8、9:(空位)	
		5—耐蚀材料和耐热材料类	0:不锈钢和耐热钢;2:高温合金;5:钛及钛合金;8:金属陶瓷;1、3、4、6、7、9:(空位)	
		6—电工材料类	0:钨基电触头材料;1:钼基电触头材料;2:铜基电触头材料;3:银基电触头材料;5:集电器材料;8:电真空材料;4、6、7、9:(空位)	
		7—磁性材料类	0:软磁性铁氧体;1:硬磁性铁氧体;2:特殊磁性铁氧体;4:软磁性金属和合金;5:硬磁性金属和合金;7:特殊磁性合金;3、6、8、9:(空位)	
		8—其他材料类	0:铍材料;2:储氢材料;5:功能材料;7:复合材料;1、3、4、6、8、9:(空位)	

2.2 粉末冶金结构材料

烧结金属材料（摘自 GB/T 19076—2022）

表 3-5-23　　用于轴承的有色金属材料：青铜和青铜石墨

	牌号[1]	标准值						参考值	
		化学成分(质量分数)/%				开孔率最小值 p /%	径向压溃强度最小值 K /MPa	干密度 ρ /g·cm^{-3}	线胀系数 /10^{-6}K^{-1}
		石墨	Sn	Cu	其他元素总和最大值				
青铜	-C-T10-K110	—	8.5~11.0	余量	2	27	110	6.1	18
	-C-T10-K140	—	8.5~11.0	余量	2	22	140	6.6	18
	-C-T10-K180	—	8.5~11.0	余量	2	15	180	7.0	18
青铜-石墨	-C-T10G-K90	0.5~2.0	8.5~11.0	余量	2	27	90	5.9	18
	-C-T10G-K110[2]	0.5~2.0	8.5~11.0	余量	2	25	110	6.0	18
	-C-T10G-K120	0.5~2.0	8.5~11.0	余量	2	22	120	6.4	18
	-C-T10G-K170[2]	0.5~2.0	8.5~11.0	余量	2	19	170	6.5	18
	-C-T10G-K160	0.5~2.0	8.5~11.0	余量	2	17	160	6.8	18
	-C-T10G-K115	3~5	8.5~11.0	余量	2	11	115	6.8	19

① 所有材料可浸渍润滑油。
② 这些材料具有比所列孔隙率更高的强度，这可能需要不同的烧结参数。

表 3-5-24　　用于轴承的铁基材料：铁、铁-铜、铁-青铜和铁-碳-石墨

	牌号[1]	标准值								参考值	
		化学成分(质量分数)/%						开孔率最小值 p /%	径向压溃强度 K /MPa	干密度 ρ /g·cm^{-3}	线胀系数 /10^{-6}K^{-1}
		$C_{化合}$[2]	Cu	Sn	石墨	Fe	其他元素总和最大值				
铁	-F-00-K170	<0.3	—	—	—	余量	2	22	>170	5.8	12
	-F-00-K220	<0.3	—	—	—	余量	2	17	>220	6.2	12
铁-铜	-F-00C2-K200	<0.3	1~4	—	—	余量	2	22	>200	5.8	12
	-F-00C2-K250	<0.3	1~4	—	—	余量	2	17	>250	6.2	12
	-F-03C22-K150	<0.5	18~25	—	—	余量	2	18	>150	6.4	13
	-F-03C22G-K150	<0.5	18~25	—	0.3~1.0	余量	2	18	>150	6.4	13
	-F-03C22G-K200[4]	<0.5	18~25	—	1.0~3.0	余量	2	18	>200	6.4	13
	-F-03C25T-K120	<0.5	20~30	1.0~3.0	—	余量	2	17	120~250	6.4	13
铁-青铜[3]	-F-03C36T-K90	<0.5	34~38	3.5~4.5	0.3~1.0	余量	2	24	90~265	5.8	14
	-F-03C36T-K120	<0.5	34~38	3.5~4.5	0.3~1.0	余量	2	19	120~345	6.2	14
	-F-03C45T-K70	<0.5	43~47	4.5~5.5	<1.0	余量	2	24	70~245	5.6	14
	-F-03C45T-K100	<0.5	43~47	4.5~5.5	<1.0	余量	2	19	100~310	6.0	14
铁-碳-石墨[3]	-F-03G3-K70	<0.5	—	—	2.0~3.5	余量	2	20	70~175	5.6	12
	-F-03G3-K80	<0.5	—	—	2.0~3.5	余量	2	13	80~210	6.0	12

① 所有材料可浸渍润滑油。
② 仅基于铁相。
③ 所给出径向压溃强度值的范围表明化合碳和游离石墨之间需保持平衡。
④ 这类材料具有比所列孔隙率更高的强度，这可能需要不同的烧结参数

表 3-5-25　　结构零件用铁基材料：铁与碳钢　烧结态

	牌号	标准值					参考值										
		化学成分（质量分数）/%				屈服强度最小值 $R_{p0.2}$ /MPa	密度 ρ/ $g\cdot cm^{-3}$	抗拉强度 R_m /MPa	屈服强度 $R_{p0.2}$ /MPa	伸长率 A_{25} /%	弹性模量 /GPa	泊松比	无缺口夏比冲击能 /J	压缩屈服强度（0.1%）/MPa	横向断裂强度 /MPa	旋转疲劳极限 90%存活率① /MPa	表观硬度	
		$C_{化合}$	Cu	Fe	其他元素总和最大值												HV_5	洛氏
铁	-F-00-100	<0.3	—	余量	2	100	6.7	170	120	3	120	0.25	8	120	340	65	60	60 HRF
	-F-00-120	<0.3	—	余量	2	120	7.0	210	150	4	140	0.27	24	125	500	80	75	70 HRF
	-F-00-140	<0.3	—	余量	2	140	7.3	260	170	7	160	0.28	47	130	660	100	85	80 HRF
碳钢	-F-05-100	0.3~0.6	—	余量	2	100	6.1	170	120	<1	105	0.25	4	125	330	60	70	25 HRB
	-F-05-140	0.3~0.6	—	余量	2	140	6.6	220	160	1	115	0.25	5	160	440	80	90	40 HRB
	-F-05-170	0.3~0.6	—	余量	2	170	7.0	275	200	2	140	0.27	8	200	550	105	120	60 HRB
	-F-08-170	0.6~0.9	—	余量	2	170	6.2	240	210	<1	110	0.25	4	210	420	100	110	50 HRB
	-F-08-210	0.6~0.9	—	余量	2	210	6.6	290	240	1	115	0.25	5	210	510	120	120	60 HRB
	-F-08-240	0.6~0.9	—	余量	2	240	7.0	390	260	1	140	0.27	7	250	690	170	140	70 HRB

① 符合 ISO 3928 的机加工试样。

注：1. 这些材料可通过添加切削助剂改善加工性能。

2. 性能按 ISO 2740 从压制、烧结试样（非机加工）上测得。

表 3-5-26　　结构零件用铁基材料：碳钢　热处理态

牌号	标准值					参考值										
	化学成分（质量分数）/%				抗拉强度最小值 R_m /MPa	密度 ρ /$g\cdot cm^{-3}$	抗拉强度③ R_m /MPa	伸长率 A_{25} /%	弹性模量 /GPa	泊松比	无缺口夏比冲击能 /J	压缩屈服强度（0.1%）/MPa	横向断裂强度 /MPa	旋转疲劳极限 90%存活率④ /MPa	表观硬度	
	$C_{化合}$	Cu	Fe	其他元素总和最大值											HV_{10}	洛氏 HRC
-F-05-340H①	0.3~0.6	—	余量	2	340	6.6	410	<1	115	0.25	4	300	720	160	280	20
-F-05-410H①	0.3~0.6	—	余量	2	410	6.8	480	<1	130	0.27	5	360	830	190	290	22
-F-05-480H①	0.3~0.6	—	余量	2	480	7.0	550	<1	140	0.27	5	420	970	220	300	25
-F-08-450H②	0.6~0.9	—	余量	2	450	6.6	520	<1	115	0.25	5	550	790	210	320	28
-F-08-500H②	0.6~0.9	—	余量	2	500	6.8	570	<1	130	0.27	6	600	860	230	345	31
-F-08-550H②	0.6~0.9	—	余量	2	550	7.0	620	<1	140	0.27	7	655	950	260	360	33

① 在 850℃，于 0.5%的碳势保护气氛中加热 30min 进行奥氏体化后油淬火，再在 180℃回火 1h。

② 在 850℃，于 0.8%的碳势保护气氛中加热 30min 进行奥氏体化后油淬火，再在 180℃回火 1h。

③ 经热处理后的材料屈服强度与抗拉强度近似相等。

④ 符合 ISO 3928 的机加工试样。

注：热处理态拉伸性能是按 ISO 2740 从机加工试样测得的。

表 3-5-27　结构零件用铁基材料：铜-钢和铜-碳钢　烧结态

	牌号	标准值					参考值													
		化学成分（质量分数）/%				屈服强度最小值 $R_{p0.2}$ /MPa	密度 ρ/ $g \cdot cm^{-3}$	抗拉强度 R_m /MPa	屈服强度 $R_{p0.2}$ /MPa	伸长率 A_{25} /%	弹性模量 /GPa	泊松比	无缺口夏比冲击能 /J	压缩屈服强度（0.1%）/MPa	横向断裂强度 /MPa	旋转疲劳极限90%存活率① /MPa	弯曲疲劳极限90%存活率② /MPa	轴向疲劳极限90%存活率③ /MPa	表观硬度	
		$C_{化合}$	Cu	Fe	其他元素总和最大值														HV_5	洛氏HRB
铜-钢	-F-00C2-110	<0.3	1.3~3.0	余量	2	110	6.2	180	150	1.5	110	0.25	6	130	340	70	—	—	60	16
	-F-00C2-140	<0.3	1.3~3.0	余量	2	140	6.6	210	180	2	115	0.25	7	160	390	80	—	—	70	26
	-F-00C2-175	<0.3	1.3~3.0	余量	2	175	7.0	235	205	3	140	0.27	8	185	445	89	—	—	90	39
铜-碳钢	-F-05C2-230	0.3~0.6	1.3~3.0	余量	2	230	6.2	270	270	<1	110	0.25	3	270	480	95	—	—	110	44
	-F-05C2-270	0.3~0.6	1.3~3.0	余量	2	270	6.6	325	300	<1	115	0.25	7	305	620	130	—	—	115	57
	-F-05C2-300	0.3~0.6	1.3~3.0	余量	2	300	7.0	390	330	<1	140	0.27	10	330	760	190	—	150	150	68
	-F-08C2-270	0.6~0.9	1.3~3.0	余量	2	270	6.2	320	300	<1	110	0.25	3	300	580	110	—	90	115	58
	-F-08C2-350	0.6~0.9	1.3~3.0	余量	2	350	6.6	390	360	<1	115	0.25	7	330	800	150	—	120	140	70
	-F-08C2-390	0.6~0.9	1.3~3.0	余量	2	390	7.0	480	420	<1	140	0.27	8	360	980	200	—	170	165	78
	-F-08C2-410	0.6~0.9	1.3~3.0	余量	2	410	7.2	520	450	<1	155	0.28	9	380	1070	230	—	190	185	84

① 符合 ISO 3928 的机加工试样。

② 符合 ISO 3928 的烧结试样（烧结表面）。

③ 符合 ISO 3928 的机加工试样。

注：1. 这些材料可通过添加切削助剂改善加工性能。

2. 性能按 ISO 2740 从压制、烧结试样（非机加工）上测得。

表 3-5-28　结构零件用铁基材料：铜-碳钢　热处理态

牌号	标准值					参考值										
	化学成分（质量分数）/%				抗拉强度最小值 R_m /MPa	密度 ρ/ $g \cdot cm^{-3}$	抗拉强度③ R_m /MPa	伸长率 A_{25} /%	弹性模量 /GPa	泊松比	无缺口夏比冲击能 /J	压缩屈服强度（0.1%）/MPa	横向断裂强度 /MPa	旋转疲劳极限90%存活率④ /MPa	表观硬度	
	$C_{化合}$	Cu	Fe	其他元素总和最大值											HV_{10}	洛氏HRC
-F-05C2-410H①	0.3~0.6	1.3~3.0	余量	2	410	6.2	480	<1	110	0.25	3	390	660	190	270	19
-F-05C2-500H①	0.3~0.6	1.3~3.0	余量	2	500	6.6	580	<1	115	0.25	5	520	800	220	310	27
-F-05C2-620H①	0.3~0.6	1.3~3.0	余量	2	620	7.0	690	<1	140	0.27	7	660	930	260	390	36
-F-08C2-360H②	0.6~0.9	1.3~3.0	余量	2	360	6.2	470	<1	110	0.25	4	430	690	180	290	22

续表

牌号	标准值					参考值										
	化学成分（质量分数）/%				抗拉强度最小值 R_m /MPa	密度 ρ/ g·cm^{-3}	抗拉强度③ R_m /MPa	伸长率 A_{25} /%	弹性模量 /GPa	泊松比	无缺口夏比冲击能 /J	压缩屈服强度（0.1%）/MPa	横向断裂强度 /MPa	旋转疲劳极限 90%存活率④ /MPa	表观硬度	
	$C_{化合}$	Cu	Fe	其他元素总和最大值											HV_{10}	洛氏 HRC
F-08C2-500H②	0.6~0.9	1.3~3.0	余量	2	500	6.6	570	<1	115	0.25	6	560	830	230	360	33
-F-08C2-620H②	0.6~0.9	1.3~3.0	余量	2	620	7.0	690	<1	140	0.27	6	690	1000	270	430	40
F-08C2-670H②	0.6~0.9	1.3~3.0	余量	2	670	7.2	750	<1	155	0.28	7	750	1070	290	470	44

① 在 850℃，于 0.5%的碳势保护气氛中加热 30min 进行奥氏体化后油淬火，再在 180℃回火 1h。

② 在 850℃，于 0.8%的碳势保护气氛中加热 30min 进行奥氏体化后油淬火，再在 180℃回火 1h。

③ 经热处理后的材料屈服强度与抗拉强度近似相等。

④ 符合 ISO 3928 的机加工试样。

注：热处理态拉伸性能是按 ISO 2740 从机加工试样测得的。

表 3-5-29　　结构零件用铁基材料：磷钢　烧结态

牌号		标准值						参考值										
		化学成分（质量分数）/%					屈服强度最小值 $R_{p0.2}$ /MPa	密度 ρ /g·cm^{-3}	抗拉强度 R_m /MPa	屈服强度 $R_{p0.2}$ /MPa	伸长率 A_{25} /%	弹性模量 /GPa	泊松比	无缺口夏比冲击能 /J	横向断裂强度 /MPa	弯曲疲劳极限 90%存活率① /MPa	表观硬度	
		$C_{化合}$	P	Cu	Fe	其他元素总和最大值											HV_5	洛氏 HRB
磷钢	-F-00P05-180	<0.1	0.40~0.50	—	余量	2	180	6.6	300	210	4	115	0.25	18	600	95	70	40
	-F-00P05-210	<0.1	0.40~0.50	—	余量	2	210	7.0	400	240	9	140	0.27	30	900	125	120	60
磷-碳钢	-F-05P05-270	0.3~0.6	0.40~0.50	—	余量	2	270	6.6	400	305	3	115	0.25	9	700	125	130	65
	-F-05P05-320	0.3~0.6	0.40~0.50	—	余量	2	320	7.0	480	365	5	140	0.27	15	1000	160	150	72
铜-磷钢	-F-00C2P-260	<0.3	0.40~0.50	1.5~2.5	余量	2	260	6.6	400	300	3	115	0.25	—	—	115	120	60
	-F-00C2P-300	<0.3	0.40~0.50	1.5~2.5	余量	2	300	7.0	500	340	6	140	0.27	—	—	145	140	69
铜-磷碳钢	-F-05C2P-320	0.3~0.6	0.40~0.50	1.5~2.5	余量	2	320	6.6	450	360	2	115	0.25	—	820	135	140	69
	-F-05C2P-380	0.3~0.6	0.40~0.50	1.5~2.5	余量	2	380	7.0	550	400	3	140	0.27	—	1120	165	160	74

① 符合 ISO 3928 的烧结试样（烧结表面）。

注：1. 性能按 ISO 2740 从压制、烧结试样（非机加工）上测得。

2. 这些材料用于磁性用途时，建议先向供应商咨询。一些粉末冶金软磁材料在 IEC60404-8-9 中有规定。

表 3-5-30　结构零件用铁基材料：镍钢　烧结态

牌号	标准值：化学成分(质量分数)/% $C_{化合}$	Ni	Cu	Fe	其他元素总和最大值	屈服强度最小值 $R_{p0.2}$ /MPa	参考值：密度 ρ /g·cm^{-3}	抗拉强度 R_m /MPa	屈服强度 $R_{p0.2}$ /MPa	伸长率 A_{25} /%	弹性模量 /GPa	泊松比	无缺口夏比冲击能 /J	压缩屈服强度(0.1%) /MPa	横向断裂强度 /MPa	旋转疲劳极限90%存活率① /MPa	表观硬度 HV_5	表观硬度 洛氏HRB
-F-05N2-140	0.3~0.6	1.5~2.5	0.0~2.5	余量	2	140	6.6	280	170	1.5	115	0.25	8	170	450	100	80	44
-F-05N2-180	0.3~0.6	1.5~2.5	0.0~2.5	余量	2	180	7.0	360	220	2.5	140	0.27	20	210	740	130	130	62
-F-05N2-210	0.3~0.6	1.5~2.5	0.0~2.5	余量	2	210	7.2	410	240	4.0	155	0.28	28	240	860	150	145	69
-F-05N2-240	0.3~0.6	1.5~2.5	0.0~2.5	余量	2	240	7.4	480	280	5.5	170	0.28	46	280	1030	180	170	78
-F-08N2-220	0.6~0.9	1.5~2.5	0.0~2.5	余量	2	220	6.8	350	260	1.5	130	0.27	9	260	660	120	145	68
-F-08N2-260	0.6~0.9	1.5~2.5	0.0~2.5	余量	2	260	7.0	430	300	1.5	140	0.27	13	300	800	150	160	74
-F-08N2-300	0.6~0.9	1.5~2.5	0.0~2.5	余量	2	300	7.2	515	325	2.2	155	0.28	18	325	985	180	175	80
-F-05N4-180	0.3~0.6	3.5~4.5	0.0~2.0	余量	2	180	6.6	285	220	1.0	115	0.25	8	240	500	110	105	53
-F-05N4-240	0.3~0.6	3.5~4.5	0.0~2.0	余量	2	240	7.0	410	280	3.0	140	0.27	20	280	830	150	145	71
-F-05N4-310	0.3~0.6	3.5~4.5	0.0~2.0	余量	2	310	7.4	620	340	4.5	170	0.28	45	310	1210	220	185	84
-F-08N4-300	0.6~0.9	3.5~4.5	0.0~2.0	余量	2	300	6.8	420	320	1.0	130	0.27	9	320	720	150	160	75
-F-08N4-330	0.6~0.9	3.5~4.5	0.0~2.0	余量	2	330	7.0	480	360	1.0	140	0.27	11	360	850	170	175	80
-F-08N4-380	0.6~0.9	3.5~4.5	0.0~2.0	余量	2	380	7.2	550	410	1.0	155	0.28	15	410	1030	190	205	87

① 符合 ISO 3928 的机加工试样。

注：性能按 ISO2740 从压制、烧结试样（非机加工）上测得。

表 3-5-31　结构零件用铁基材料：镍钢　热处理态

牌号	标准值：化学成分(质量分数)/% $C_{化合}$	Ni	Cu	Fe	其他元素总和最大值	抗拉强度最小值 R_m③ /MPa	参考值：密度 ρ /g·cm^{-3}	抗拉强度 R_m /MPa	伸长率 A_{25} /%	弹性模量 /GPa	泊松比	无缺口夏比冲击能 /J	压缩屈服强度(0.1%) /MPa	横向断裂强度 /MPa	旋转疲劳极限90%存活率④ /MPa	表观硬度 HV_{10}	表观硬度 洛氏HRC
-F-05N2-550H①	0.3~0.6	1.5~2.5	0.0~2.5	余量	2	550	6.6	620	<1	115	0.25	5	410	830	180	290	23
-F-05N2-800H①	0.3~0.6	1.5~2.5	0.0~2.5	余量	2	800	7.0	900	<1	140	0.27	7	600	1200	260	350	31
-F-05N2-1070H①	0.3~0.6	1.5~2.5	0.0~2.5	余量	2	1070	7.2	1100	<1	155	0.28	9	830	1480	320	390	36
-F-05N2-1240H①	0.3~0.6	1.5~2.5	0.0~2.5	余量	2	1240	7.4	1280	<1	170	0.28	13	970	1720	370	430	40
-F-08N2-600H①	0.6~0.9	1.5~2.5	0.0~2.5	余量	2	600	6.7	620	<1	120	0.25	5	680	830	200	310	26
-F-08N2-900H②	0.6~0.9	1.5~2.5	0.0~2.5	余量	2	900	7.0	1000	<1	140	0.27	7	940	1280	320	380	35

续表

牌号	标准值						参考值										
	化学成分（质量分数）/%					抗拉强度最小值 R_m③ /MPa	密度 ρ /g·cm^{-3}	抗拉强度 R_m /MPa	伸长率 A_{25} /%	弹性模量 /GPa	泊松比	无缺口夏比冲击能 /J	压缩屈服强度（0.1%）/MPa	横向断裂强度 /MPa	旋转疲劳极限90%存活率④ /MPa	表观硬度	
	$C_{化合}$	Ni	Cu	Fe	其他元素总和最大值											HV_{10}	洛氏 HRC
-F-08N2-1070H②	0.6~0.9	1.5~2.5	0.0~2.5	余量	2	1070	7.2	1170	<1	155	0.28	9	1120	1520	370	420	39
-F-05N4-600H①	0.3~0.6	3.5~4.5	0.0~2.0	余量	2	600	6.6	640	<1	115	0.25	6	510	860	190	270	21
-F-05N4-900H①	0.3~0.6	3.5~4.5	0.0~2.0	余量	2	900	7.0	930	<1	140	0.27	9	710	1380	290	350	31
-F-05N4-1240H①	0.3~0.6	3.5~4.5	0.0~2.0	余量	2	1240	7.4	1280	<1	170	0.28	18	910	1930	390	430	40

① 在 850℃，于 0.5%的碳势保护气氛中加热 30min 进行奥氏体化后油淬火，再在 260℃回火 1h。

② 在 850℃，于 0.8%的碳势保护气氛中加热 30min 进行奥氏体化后油淬火，再在 260℃回火 1h。

③ 经热处理后的材料屈服强度与抗拉强度近似相等。

④ 符合 ISO 3928 的机加工试样。

注：热处理态拉伸性能是按 ISO 2740 从机加工试样测得的。

表 3-5-32　结构零件用铁基材料：扩散合金镍-铜-钼钢　烧结态

牌号①	标准值							参考值												
	化学成分（质量分数）/%						屈服强度最小值 $R_{p0.2}$ /MPa	密度 ρ /g·cm^{-3}	抗拉强度③ R_m /MPa	屈服强度 $R_{p0.2}$ /MPa	伸长率 A_{25} /%	弹性模量 /GPa	泊松比	无缺口夏比冲击能 /J	压缩屈服强度（0.1%）/MPa	横向断裂强度 /MPa	旋转疲劳极限90%存活率② /MPa	弯曲疲劳极限90%存活率② /MPa	表观硬度	
	$C_{化合}$	Ni	Cu	Mo	Fe	其他元素总和最大值													HV_5	洛氏 HRB
FD-05N2C-360	0.3~0.6	1.5~2.0	1.3~1.7	0.4~0.6	余量	2	360	6.9	540	390	2	135	0.27	14	350	1040	190	170	155	74
FD-05N2C-400	0.3~0.6	1.5~2.0	1.3~1.7	0.4~0.6	余量	2	400	7.1	590	420	3	150	0.27	22	380	1200	220	195	180	81
FD-05N2C-440	0.3~0.6	1.5~2.0	1.3~1.7	0.4~0.6	余量	2	440	7.4	680	460	4	170	0.28	38	430	1450	260	220	210	86
FD-08N2C-350	0.6~0.9	1.5~2.0	1.3~1.7	0.4~0.6	余量	2	350	6.8	500	410	<1	130	0.27	10	410	980	195	190	175	80
FD-08N2C-390	0.6~0.9	1.5~2.0	1.3~1.7	0.4~0.6	余量	2	390	7.0	580	450	1	140	0.27	14	450	1160	240	210	190	84
FD-08N2C-430	0.6~0.9	1.5~2.0	1.3~1.7	0.4~0.6	余量	2	430	7.2	680	490	1	155	0.28	20	490	1300	300	230	215	87
-FD-05N4C-400	0.3~0.6	3.6~4.4	1.3~1.7	0.4~0.6	余量	2	400	6.9	650	445	1	135	0.27	21	410	1220	—	205	170	79
FD-05N4C-420	0.3~0.6	3.6~4.4	1.3~1.7	0.4~0.6	余量	2	420	7.1	750	465	2	150	0.27	28	440	1380	—	215	200	85
FD-05N4C-450	0.3~0.6	3.6~4.4	1.3~1.7	0.4~0.6	余量	2	450	7.4	875	485	3	170	0.28	39	510	1630	290	235	230	89
FD-08N4C-350	0.6~0.9	3.6~4.4	1.3~1.7	0.4~0.6	余量	2	360	6.8	540	410	1	130	0.27	14	450	1000	—	240	205	86
FD-08N4C-390	0.6~0.9	3.6~4.4	1.3~1.7	0.4~0.6	余量	2	390	7.0	650	440	1	140	0.27	19	480	1190	—	255	220	88
FD-08N4C-430	0.6~0.9	3.6~4.4	1.3~1.7	0.4~0.6	余量	2	410	7.2	760	460	1.5	155	0.28	24	500	1380	—	270	235	90

① 这些材料是由扩散合金粉末添加石墨制成的。

② 符合 ISO 3928 的机加工试样。

③ 符合 ISO 3928 的烧结试样（烧结表面）。

表 3-5-33　　结构零件用铁基材料：扩散合金镍-铜-钼钢　热处理态

牌号①	标准值							参考值										
	化学成分（质量分数）/%						抗拉强度最小值 R_m /MPa	密度 ρ /g·cm^{-3}	抗拉强度 R_m /MPa	伸长率 A_{25} /%	弹性模量 /GPa	泊松比	无缺口夏比冲击能 /J	压缩屈服强度（0.1%）/MPa	横向断裂强度 /MPa	旋转疲劳极限 90%存活率③ /MPa	表观硬度	
	$C_{化合}$	Ni	Cu	Mo	Fe	其他元素总和最大值											HV_{10}	洛氏 HRC
-FD-05N2C-700H②	0.3~0.6	1.5~2.0	1.3~1.7	0.4~0.6	余量	2	700	6.8	770	<1	130	0.27	8	950	1150	310	340	30
-FD-05N2C-950H②	0.3~0.6	1.5~2.0	1.3~1.7	0.4~0.6	余量	2	950	7.1	1020	<1	150	0.27	11	1170	1420	430	400	37
-FD-05N2C-1100H②	0.3~0.6	1.5~2.0	1.3~1.7	0.4~0.6	余量	2	1100	7.4	1170	<1	170	0.28	15	1380	1650	520	480	45
-FD-05N4C-725H②	0.3~0.6	3.6~4.4	1.3~1.7	0.4~0.6	余量	2	725	6.8	780	<1	130	0.27	8	890	1130	—	320	31
-FD-05N4C-930H②	0.3~0.6	3.6~4.4	1.3~1.7	0.4~0.6	余量	2	930	7.1	1000	<1	150	0.27	10	1060	1420	—	390	36
-FD-05N4C-1100H②	0.3~0.6	3.6~4.4	1.3~1.7	0.4~0.6	余量	2	1100	7.4	1170	<1	170	0.28	15	1240	1650	—	460	43

① 这些材料是由扩散合金粉末添加石墨制成的。

② 在850℃，于0.5%的碳势保护气氛中加热30min进行奥氏体化后油淬火，再在180℃回火1h。

③ 符合ISO 3928的机加工试样。

注：1. 热处理态拉伸性能是按ISO 2740从机加工试样测得的。

2. 经热处理后的材料屈服强度与抗拉强度近似相等。

表 3-5-34　　结构零件用铁基材料：预合金钢　烧结态

牌号①	标准值								参考值												
	化学成分（质量分数）/%							屈服强度最小值 $R_{P0.2}$ /MPa	密度 ρ /g·cm^{-3}	抗拉强度 R_m /MPa	屈服强度 $R_{p0.2}$ /MPa	伸长率 A_{25} /%	弹性模量 /GPa	泊松比	无缺口夏比冲击能 /J	压缩屈服强度（0.1%）/MPa	横向断裂强度 /MPa	旋转疲劳极限 90%存活率⑦ /MPa	弯曲疲劳极限 90%存活率⑧ /MPa	表观硬度	
	$C_{化合}$	Ni	Mo	Cr	Mn	Fe	其他元素总和最大值													HV_5	洛氏 HRB
-FL-05M1N-240②	0.4~0.7	0.35~0.55	0.50~0.85	—	0.20~0.40	余量	2	240	6.8	360	290	1	130	0.27	8	290	690	140	—	120	60
-FL-05M1N-290②	0.4~0.7	0.35~0.55	0.50~0.85	—	0.20~0.40	余量	2	290	7.0	420	330	1	140	0.27	13	330	810	200	—	140	67
-FL-05M1N-325②	0.4~0.7	0.35~0.55	0.50~0.85	—	0.20~0.40	余量	2	325	7.2	480	380	1.5	155	0.28	19	375	940	250	—	155	72
-FL-05M1-260③	0.4~0.7	—	0.75~0.95	—	0.05~0.30	余量	2	260	6.8	380	305	1	130	0.27	11	290	770	165	175	130	63
-FL-05M1-295③	0.4~0.7	—	0.75~0.95	—	0.05~0.30	余量	2	295	7.0	430	340	1	140	0.27	18	335	910	205	205	150	70

续表

牌号①	标准值								参考值											
	化学成分（质量分数）/%							屈服强度最小值 $R_{P0.2}$ /MPa	密度 ρ /g·cm^{-3}	抗拉强度 R_m /MPa	屈服强度 $R_{p0.2}$ /MPa	伸长率 A_{25} /%	弹性模量 /GPa	泊松比	无缺口夏比冲击能 /J	压缩屈服强度（0.1%）/MPa	横向断裂强度 /MPa	旋转疲劳极限90%存活率⑦ /MPa	弯曲疲劳极限90%存活率⑧ /MPa	表观硬度	
	$C_{化合}$	Ni	Mo	Cr	Mn	Fe	其他元素总和最大值													HV_5	洛氏 HRB
-FL-05M1-325③	0.4~0.7	—	0.75~0.95	—	0.05~0.30	余量	2	325	7.2	480	380	1.5	155	0.28	26	375	1050	250	235	160	76
-FL-05N2M-250④	0.4~0.7	1.75~2.00	0.45~0.60	—	0.05~0.30	余量	2	250	6.8	370	295	1	130	0.27	10	295	720	150	150	125	61
-FL-05N2M-285④	0.4~0.7	1.75~2.00	0.45~0.60	—	0.05~0.30	余量	2	285	7.0	410	330	1	140	0.27	17	330	865	200	185	140	66
-FL-05N2M-320④	0.4~0.7	1.75~2.00	0.45~0.60	—	0.05~0.30	余量	2	320	7.2	470	370	1.5	155	0.28	24	370	1010	235	215	155	72
-FL-07Cr2M-485⑤	0.6~0.8	—	0.15~0.30	1.3~1.7	0.05~0.30	余量	2	485	6.8	690	515	1	130	0.27	14	465	1205	200	200	195	84
-FL-07Cr2M-535⑤	0.6~0.8	—	0.15~0.30	1.3~1.7	0.05~0.30	余量	2	535	7.0	795	575	1.5	140	0.27	18	555	1415	230	230	220	88
-FL-07Cr2M-570⑤	0.6~0.8	—	0.15~0.30	1.3~1.7	0.05~0.30	余量	2	570	7.2	880	630	2.5	155	0.28	22	625	1640	260	250	240	90
-FL-05Cr3M-570⑥	0.4~0.6	—	0.40~0.60	2.7~3.3	0.05~0.30	余量	2	570	6.8	810	640	<1	130	0.27	12	560	1365	205	—	235	90
-FL-05Cr3M-670⑥	0.4~0.6	—	0.40~0.60	2.7~3.3	0.05~0.30	余量	2	670	7.0	915	740	<1	140	0.27	14	645	1520	240	—	260	92
-FL-05Cr3M-775⑥	0.4~0.6	—	0.40~0.60	2.7~3.3	0.05~0.30	余量	2	775	7.2	1040	845	<1	155	0.28	16	740	1655	275	—	320	28 HRC

① 这些材料是由预合金粉添加石墨制成的。

② 预合金基粉的组分是：0.45%Ni，0.7%Mo，0.35%Mn，余量 Fe。

③ 预合金基粉的组分是：0.85%Mo，0.2%Mn，余量 Fe。

④ 预合金基粉的组分是：1.8%Ni，0.5%Mo，0.2%Mn，余量 Fe。

⑤ 预合金基粉的组分是：1.5%Cr，0.2%Mo，0.2%Mn，余量 Fe。

⑥ 预合金基粉的组分是：3.0%Cr，0.5%Mo，0.2%Mn，余量 Fe。

⑦ 符合 ISO 3928 的机加工试样。

⑧ 符合 ISO 3928 的烧结试样（烧结表面）。

注：性能按 ISO 2740 从压制、烧结试样（非机加工）上测得。

表 3-5-35　　结构零件用铁基材料：混合型合金钢　烧结态

牌号[1]	标准值								参考值													
	化学成分（质量分数）/%							屈服强度最小值 $R_{p0.2}$ /MPa	密度 ρ /g·cm^{-3}	抗拉强度 R_m /MPa	屈服强度 $R_{p0.2}$ /MPa	伸长率 A_{25} /%	弹性模量 /GPa	泊松比	无缺口夏比冲击能 /J	压缩屈服强度(0.1%) /MPa	横向断裂强度 /MPa	旋转疲劳极限90%存活率[6] /MPa	弯曲疲劳极限90%存活率[7] /MPa	轴向疲劳极限90%存活率[8] /MPa	表观硬度	
	$C_{化合}$	Ni	Mo	Mn	Cu	Fe	其他元素总和最大值														HV_5	洛氏HRB
-FLA-05M1-N2C-430[2]	0.4~0.7	1.55~1.95	0.4~0.6	0.05~0.30	1.3~1.7	余量	2	430	6.8	550	465	1	130	0.27	12	395	1100	—	—	160	185	82
-FLA-05M1-N2C-465[2]	0.4~0.7	1.55~1.95	0.4~0.6	0.05~0.30	1.3~1.7	余量	2	465	7.0	670	500	2	140	0.27	18	430	1290	—	—	190	200	86
-FLA-05M1-N2C-495[2]	0.4~0.7	1.55~1.95	0.4~0.6	0.05~0.30	1.3~1.7	余量	2	495	7.2	780	535	3	155	0.28	28	470	1470	—	—	230	220	90
-FLA-05M1-N4C-500[2]	0.4~0.7	3.6~4.4	0.4~0.6	0.05~0.30	1.3~1.7	余量	2	500	6.8	640	555	<1	130	0.27	17	450	1270	—	—	170	200	86
-FLA-05M1-N4C-535[2]	0.4~0.7	3.6~4.4	0.4~0.6	0.05~0.30	1.3~1.7	余量	2	535	7.0	740	580	<1	140	0.27	26	485	1500	—	—	220	225	91
-FLA-05M1-N4C-570[2]	0.4~0.7	3.6~4.4	0.4~0.6	0.05~0.30	1.3~1.7	余量	2	570	7.2	840	600	1	155	0.28	43	520	1720	—	—	265	250	96
-FLA-05M1N-N1-310[3]	0.4~0.7	1.35~2.50	0.50~0.85	0.20~0.40	—	余量	2	310	6.8	460	360	1	130	0.27	11	340	860	190	—	—	150	83
-FLA-05M1N-N1-335[3]	0.4~0.7	1.35~2.50	0.50~0.85	0.20~0.40	—	余量	2	335	7.0	490	390	1.5	140	0.27	17	380	1000	215	—	—	160	88
-FLA-05M1N-N1-360[3]	0.4~0.7	1.35~2.50	0.50~0.85	0.20~0.40	—	余量	2	360	7.2	560	420	2	155	0.28	25	400	1140	250	—	—	175	95
-FLA-05M1-N2-340[4]	0.4~0.7	1.0~3.0	0.65~0.95	0.05~0.30	—	余量	2	340	6.8	450	400	1	130	0.27	9	380	1070	170	—	—	175	80
-FLA-05M1-N2-370[4]	0.4~0.7	1.0~3.0	0.65~0.95	0.05~0.30	—	余量	2	370	7.0	530	430	1.5	140	0.27	15	420	1260	210	—	—	190	84
-FLA-05M1-N2-400[4]	0.4~0.7	1.0~3.0	0.65~0.95	0.05~0.30	—	余量	2	400	7.2	620	460	2	155	0.28	24	460	1435	255	—	—	210	87
-FLA-05M1-N4-480[4]	0.4~0.7	3.0~5.0	0.65~0.95	0.05~0.30	—	余量	2	480	6.8	570	530	<1	130	0.27	11	380	970	190	—	—	185	83
-FLA-05M1-N4-570[4]	0.4~0.7	3.0~5.0	0.65~0.95	0.05~0.30	—	余量	2	570	7.0	680	630	<1	140	0.27	15	410	1240	215	—	—	210	86
-FLA-05M1-N4-660[4]	0.4~0.7	3.0~5.0	0.65~0.95	0.05~0.30	—	余量	2	660	7.2	790	730	<1	155	0.28	27	440	1510	245	—	—	245	90

续表

牌号①	标准值								参考值													
	化学成分（质量分数）/%							屈服强度最小值 $R_{p0.2}$ /MPa	密度 ρ /g·cm^{-3}	抗拉强度 R_m /MPa	屈服强度 $R_{p0.2}$ /MPa	伸长率 A_{25} /%	弹性模量 /GPa	泊松比	无缺口夏比冲击能 /J	压缩屈服强度 (0.1%) /MPa	横向断裂强度 /MPa	旋转疲劳极限 90%存活率⑥ /MPa	弯曲疲劳极限 90%存活率⑦ /MPa	轴向疲劳极限 90%存活率⑧ /MPa	表观硬度	
	$C_{化合}$	Ni	Mo	Mn	Cu	Fe	其他元素总和最大值														HV_5	洛氏 HRB
-FLD-08M2-N2-500⑤	0.6~0.9	1.8~2.2	1.30~1.70	0.05~0.30	—	余量	2	500	6.8	590	560	<1	130	0.27	10	420	1150	200	200	—	260	92
-FLD-08M2-N2-570⑤	0.6~0.9	1.8~2.2	1.30~1.70	0.05~0.30	—	余量	2	570	7.0	700	630	<1	140	0.27	14	480	1380	230	220	—	280	95
-FLD-08M2-N2-640⑤	0.6~0.9	1.8~2.2	1.30~1.70	0.05~0.30	—	余量	2	640	7.2	830	710	1	155	0.28	21	540	1650	260	240	—	340	99
-FLD-05M2-N4C-360⑤	0.3~0.6	3.6~4.4	1.30~1.70	0.05~0.30	1.6~2.4	余量	2	360	6.8	620	415	1	130	0.27	14	360	1160	—	—	—	210	86
-FLD-05M2-N4C-430⑤	0.3~0.6	3.6~4.4	1.30~1.70	0.05~0.30	1.6~2.4	余量	2	430	7.0	755	480	1	140	0.27	17	420	1420	—	—	—	250	91
-FLD-05M2-N4C-500⑤	0.3~0.6	3.6~4.4	1.30~1.70	0.05~0.30	1.6~2.4	余量	2	500	7.2	890	545	1.5	155	0.28	30	470	1680	—	—	—	320	97

① 这些材料由预合金粉加上添加剂或扩散合金元素金属粉末和石墨制成。
② 预合金基粉的组分是：0.5%Mo，0.2%Mn，余量 Fe。
③ 预合金基粉的组分是：0.7%Mo，0.45%Ni，0.35%Mn，余量 Fe。
④ 预合金基粉的组分是：0.85%Mo，0.2%Mn，余量 Fe。
⑤ 预合金基粉的组分是：1.5%Mo，0.2%Mn，余量 Fe。
⑥ 符合 ISO 3928 的机加工试样。
⑦ 符合 ISO 3928 的烧结试样（烧结表面）。
⑧ 符合 ISO 3928 的机加工试样。
注：性能按 ISO 2740 从压制、烧结试样（非机加工）上测得。

表 3-5-36　结构零件用铁基材料：混合型合金钢　热处理态

牌号①	标准值									参考值													
	化学成分（质量分数）/%								抗拉强度最小值 R_m /MPa	密度 ρ /g·cm^{-3}	抗拉强度⑭ ^{n}R /MPa	屈服强度 $R_{p0.2}$ /MPa	伸长率 A_{25} /%	弹性模量 /GPa	泊松比	无缺口夏比冲击能 /J	压缩屈服强度 (0.1%) /MPa	横向断裂强度 /MPa	旋转疲劳极限 90%存活率⑪ /MPa	弯曲疲劳极限 90%存活率⑫ /MPa	轴向疲劳极限 90%存活率⑬ /MPa	表观硬度	
	$C_{化合}$	Ni	Mo	Mn	Cu	Cr	Fe	其他元素总和最大值 /%														HV_{10}	洛氏 HRC
-FLA-05M1-N2C-830H②,⑨	0.4~0.7	1.55~1.95	0.4~0.6	0.05~0.30	1.3~1.7	—	余量	2	830	6.8	900	—	<1	130	0.27	9	800	1430	—	—	220	315	27

续表

牌号[①]	标准值									参考值													
	化学成分（质量分数）/%								抗拉强度最小值 R_m /MPa	密度 ρ /g·cm^{-3}	抗拉强度[⑭] ^{n}R /MPa	屈服强度 $R_{p0.2}$ /MPa	伸长率 A_{25} /%	弹性模量 /GPa	泊松比	无缺口夏比冲击能 /J	压缩屈服强度（0.1%）/MPa	横向断裂强度 /MPa	旋转疲劳极限90%存活率[⑪] /MPa	弯曲疲劳极限90%存活率[⑫] /MPa	轴向疲劳极限90%存活率[⑬] /MPa	表观硬度	
	$C_{化合}$	Ni	Mo	Mn	Cu	Cr	Fe	其他元素总和最大值 /%														HV_{10}	洛氏 HRC
-FLA-05M1-N2C-1060H[②,⑨]	0.4~0.7	1.55~1.95	0.4~0.6	0.05~0.30	1.3~1.7	—	余量	2	1060	7.0	1140	—	<1	140	0.27	15	980	1800	—	—	300	350	32
FLA-05M1-N2C-1280H[②,⑨]	0.4~0.7	1.55~1.95	0.4~0.6	0.05~0.30	1.3~1.7	—	余量	2	1280	7.2	1410	—	<1	155	0.28	21	1170	2200	—	—	380	390	36
-FLA-05M1-N4C-860H[②,⑨]	0.4~0.7	3.6~4.4	0.4~0.6	0.05~0.30	1.3~1.7	—	余量	2	860	6.8	930	800	<1	130	0.27	13	740	1400	—	—	245	290	23
-FLA-05M1-N4C-1050H[②,⑨]	0.4~0.7	3.6~4.4	0.4~0.6	0.05~0.30	1.3~1.7	—	余量	2	1050	7.0	1130	950	<1	140	0.27	18	880	1735	—	—	310	315	27
-FLA-05M1-N4C-1260H[②,⑨]	0.4~0.7	3.6~4.4	0.4~0.6	0.05~0.30	1.3~1.7	—	余量	2	1260	7.2	1360	1080	<1	155	0.28	28	1010	2060	—	—	380	350	32
-FLA-05M1N-N1-720H[③,⑧]	0.4~0.7	1.35~2.50	0.50~0.85	0.20~0.40	—	—	余量	2	720	6.8	790	—	<1	130	0.27	9	1000	1170	260	—	—	340	30
-FLA-05M1N-N1-920H[③,⑧]	0.4~0.7	1.35~2.50	0.50~0.85	0.20~0.40	—	—	余量	2	920	7.0	980	—	<1	140	0.27	11	1140	1500	310	—	—	380	35
-FLA-05M1N-N1-1110H[③,⑧]	0.4~0.7	1.35~2.50	0.50~0.85	0.20~0.40	—	—	余量	2	1110	7.2	1180	—	1	155	0.28	16	1280	1830	360	—	—	430	40
-FLA-05M1-N2-830H[④,⑧]	0.4~0.7	1.0~3.0	0.65~0.95	0.05~0.30	—	—	余量	2	830	6.8	900	—	<1	130	0.27	8	860	1450	280	—	—	350	32
-FLA-05M1-N2-1040H[④,⑧]	0.4~0.7	1.0~3.0	0.65~0.95	0.05~0.30	—	—	余量	2	1040	7.0	1120	—	<1	140	0.27	13	1050	1740	330	—	—	400	37
-FLA-05M1-N2-1230H[④,⑧]	0.4~0.7	1.0~3.0	0.65~0.95	0.05~0.30	—	—	余量	2	1230	7.2	1340	—	<1	155	0.28	16	1240	2040	380	—	—	450	42
-FLA-05M1-N4-830H[④,⑧]	0.4~0.7	3.0~5.0	0.65~0.95	0.05~0.30	—	—	余量	2	830	6.8	900	—	<1	130	0.27	11	720	1260	260	—	—	300	25
-FLA-05M1-N4-1070H[④,⑧]	0.4~0.7	3.0~5.0	0.65~0.95	0.05~0.30	—	—	余量	2	1070	7.0	1140	—	<1	140	0.27	15	890	1620	320	—	—	340	30

续表

牌号①	标准值									参考值													
	化学成分（质量分数）/%								抗拉强度最小值 R_m /MPa	密度 ρ /g·cm^{-3}	抗拉强度⑭ ^nR /MPa	屈服强度 $R_{p0.2}$ /MPa	伸长率 A_{25} /%	弹性模量 /GPa	泊松比	无缺口夏比冲击能 /J	压缩屈服强度(0.1%) /MPa	横向断裂强度 /MPa	旋转疲劳极限90%存活率⑪ /MPa	弯曲疲劳极限90%存活率⑫ /MPa	轴向疲劳极限90%存活率⑬ /MPa	表观硬度	
	$C_{化合}$	Ni	Mo	Mn	Cu	Cr	Fe	其他元素总和最大值 /%														HV_{10}	洛氏 HRC
-FLA-05M1-N4-1260H④,⑧	0.4~0.7	3.0~5.0	0.65~0.95	0.05~0.30	—	—	余量	2	1260	7.2	1370	—	<1	155	0.28	21	1060	1980	390	—	—	390	36
-FLA-08M1-N2C2-590SH④,⑩	0.6~0.9	1.0~3.0	0.65~0.95	0.05~0.30	1.0~3.0	—	余量	2	590	6.8	660	—	<1	130	0.27	9	590	1310	180	—	—	280	21
-FLA-08M1-N2C2-720SH④,⑩	0.6~0.9	1.0~3.0	0.65~0.95	0.05~0.30	1.0~3.0	—	余量	2	720	7.0	790	—	<1	140	0.27	16	660	1520	230	—	—	300	25
-FLA-08M1-N2C2-900SH④,⑩	0.6~0.9	1.0~3.0	0.65~0.95	0.05~0.30	1.0~3.0	—	余量	2	900	7.2	970	—	1	155	0.28	22	720	1720	290	—	—	340	30
-FLA-08N2M-C2-480SH⑤,⑩	0.6~0.9	1.6~2.00	0.45~0.60	0.05~0.30	1.0~3.0	—	余量	2	480	6.8	550	—	<1	130	0.27	9	—	1030	160	—	—	305	26
-FLA-08N2M-C2-620SH⑤,⑩	0.6~0.9	1.6~2.00	0.45~0.60	0.05~0.30	1.0~3.0	—	余量	2	620	7.0	690	—	<1	140	0.27	12	—	1310	230	—	—	345	31
-FLA-08N2M-C2-760SH⑤,⑩	0.6~0.9	1.6~2.00	0.45~0.60	0.05~0.30	1.0~3.0	—	余量	2	760	7.2	830	—	<1	155	0.28	19	—	1590	290	—	—	400	37
-FLA-06N1M-C-690SH⑥,⑩	0.5~0.7	1.2~1.6	1.1~1.4	0.3~0.5	0.75~1.35	—	余量	2	690	6.8	760	—	<1	130	0.27	9	900	1380	—	—	190	330	29
-FLA-06N1M-C-970SH⑥,⑩	0.5~0.7	1.2~1.6	1.1~1.4	0.3~0.5	0.75~1.35	—	余量	2	970	7.0	1030	—	<1	140	0.27	14	1100	1650	—	—	245	370	34
-FLA-06N1M-C-1210SH⑥,⑩	0.5~0.7	1.2~1.6	1.1~1.4	0.3~0.5	0.75~1.35	—	余量	2	1210	7.2	1280	—	<1	155	0.28	20	1280	1970	—	—	320	410	39
-FLA-08N1M-C2-590SH⑥,⑩	0.6~0.9	1.2~1.6	1.1~1.4	0.3~0.5	1.0~3.0	—	余量	2	830	6.8	900	—	<1	130	0.27	11	720	1260	260	—	—	300	25
-FLA-08N1M-C2-760SH⑥,⑩	0.6~0.9	1.2~1.6	1.1~1.4	0.3~0.5	1.0~3.0	—	余量	2	1070	7.0	1140	—	<1	140	0.27	15	890	1620	320	—	—	340	30

续表

牌号①	标准值									参考值													
	化学成分（质量分数）/%								抗拉强度最小值 R_m /MPa	密度 ρ /g·cm^{-3}	抗拉强度⑭ ^nR /MPa	屈服强度 $R_{p0.2}$ /MPa	伸长率 A_{25} /%	弹性模量 /GPa	泊松比	无缺口夏比冲击能 /J	压缩屈服强度 (0.1%) /MPa	横向断裂强度 /MPa	旋转疲劳极限90%存活率⑪ /MPa	弯曲疲劳极限90%存活率⑫ /MPa	轴向疲劳极限90%存活率⑬ /MPa	表观硬度	
	$C_{化合}$	Ni	Mo	Mn	Cu	Cr	Fe	其他元素总和最大值 /%														HV_{10}	洛氏 HRC
-FLA-08N1M-C2-1000SH⑥,⑩	0.6~0.9	1.2~1.6	1.1~1.4	0.3~0.5	1.0~3.0	—	余量	2	1260	7.2	1370	—	<1	155	0.28	21	1060	1980	390	—	—	390	36
-FLA-07Cr2M-C2-660SH⑦,⑩	0.6~0.8	—	0.15~0.30	0.05~0.30	1.6~2.4	1.3~1.7	余量	2	590	6.8	660	—	<1	130	0.27	9	590	1310	180	—	—	280	21
-FLA-07Cr2M-C2-660SH⑦,⑩	0.6~0.8	—	0.15~0.30	0.05~0.30	1.6~2.4	1.3~1.7	余量	2	720	7.0	790	—	<1	140	0.27	16	660	1520	230	—	—	300	25
-FLA-07Cr2M-C2-830SH⑦,⑩	0.6~0.8	—	0.15~0.30	0.05~0.30	1.6~2.4	1.3~1.7	余量	2	900	7.2	970	—	1	155	0.28	22	720	1720	290	—	—	340	30

① 这些材料由预合金粉添加金属粉和石墨制成的。
② 预合金基粉的组分是：0.5%Mo，0.2%Mn，余量 Fe。
③ 预合金基粉的组分是：0.45%Ni，0.7%Mo，0.35%Mn，余量 Fe。
④ 预合金基粉的组分是：0.85%Mo，0.2%Mn，余量 Fe。
⑤ 预合金基粉的组分是：1.8%Ni，0.5%Mo，0.2%Mn，余量 Fe。
⑥ 预合金基粉的组分是：1.4%Ni，1.25%Mo，0.4%Mn，余量 Fe。
⑦ 预合金基粉的组分是：1.5%Cr，0.25%Mo，0.2%Mn，余量 Fe。
⑧ 在 850℃，于 0.5%的碳势保护气氛中加热 30min 进行奥氏体化后油淬火，再在 180℃回火 1h。
⑨ 在 850℃，于 0.5%的碳势保护气氛中加热 30min 进行奥氏体化后油淬火，再在 205℃回火 1h。
⑩ SH 表示通过烧结硬化工艺制备的材料；-FLA-08M1-N2C2 和-FLA-08N2M-C2 表示在 180℃回火，-FLA-06N1M-C 和-FLA-08NIM-C2 表示在 205℃回火。
⑪ 符合 ISO 3928 的机加工试样。
⑫ 符合 ISO 3928 的烧结试样（烧结表面）。
⑬ 符合 ISO 3928 的机加工试样，在 205℃回火 1h。
⑭ 经热处理后的材料屈服强度与抗拉强度近似相等。

注：热处理态拉伸性能是按 ISO 2740 从机加工试样测得的。

表 3-5-37　结构零件用铁基材料：渗铜钢

牌号	标准值						参考值										
	化学成分（质量分数）/%				屈服强度最小值 $R_{p0.2}$ /MPa	抗拉强度最小值 R_m /MPa	密度 ρ/ $g\cdot cm^{-3}$	抗拉强度 R_m /MPa	屈服强度 $R_{p0.2}$ /MPa	伸长率 A_{25} /%	弹性模量 /GPa	泊松比	无缺口夏比冲击能 /J	压缩屈服强度（0.1%）/MPa	横向断裂强度 /MPa	旋转疲劳极限 90%存活率④ /MPa	表观硬度	
	$C_{化合}$	Cu	Fe	其他元素总和最大值													HV	洛氏
-FX-08C10-340①	0.6~0.9	8~15	余量	2	340	—	7.3	600	410	3	160	0.28	14	490	1140	230	210/5	89
-FX-08C20-410②	0.6~0.9	15~25	余量	2	410	—	7.3	550	480	1	145	0.24	9	480	1080	160	210/5	90
-FX-08C10-760H③	0.6~0.9	8~15	余量	2	—	760	7.3	830	b	<1	160	0.28	9	790	1300	280	460/10	43 HRC
-FX-08C20-620H③	0.6~0.9	15~25	余量	2	—	620	7.3	690	b	<1	145	0.24	7	510	1100	190	390/10	36 HRC

① 仅基于铁相。

② 经热处理后材料屈服强度与抗拉强度近似相等。

③ 在 850℃ 于 0.8%碳势保护气氛中加热 30min 进行奥氏体化后油淬火。再在 180℃ 回火 1h。

④ 符合 ISO 3928 的机加工试样。

注：1. 性能按 ISO 2740 从机加工试样上测得的。

2. 所有数据均基于单次熔渗。

粉末冶金铁基渗铜烧结材料（摘自 YS/T 1375—2020）

表 3-5-38　化学成分　% (质量分数)

Fe	Cu	C
余量	2.0~20.0	0.5~0.9

表 3-5-39　压坯密度及产品密度　g/cm³

压坯类型	压坯密度	产品密度			
		Cu 含量≤5%	Cu 含量 5%~10%	Cu 含量 10%~15%	Cu 含量 15%~20%
低密度压坯	6.50~6.80	6.60~7.10	6.80~7.45	7.10~7.80	7.35~7.98
中密度压坯	6.80~7.00	6.90~7.35	7.10~7.70	7.35~7.90	7.80~7.90
高密度压坯	7.00~7.20	7.10~7.55	7.35~7.92	7.70~7.90	—

表 3-5-40　产品的压缩强度

压坯类型	压缩强度/MPa			
	Cu 含量≤5%	Cu 含量 5%~10%	Cu 含量 10%~15%	Cu 含量 15%~20%
低密度压坯	830~920	850~1030	900~1150	950~1200
中密度压坯	860~1060	920~1160	980~1230	1120~1240
高密度压坯	940~1150	1050~1280	1150~1300	—

表 3-5-41　产品的表观硬度

压坯类型	表观硬度(HRB)			
	Cu 含量≤5%	Cu 含量 5%~10%	Cu 含量 10%~15%	Cu 含量 15%~20%
低密度压坯	68~80	72~87	80~93	85~97
中密度压坯	78~85	82~94	85~99	≥90
高密度压坯	80~94	85~99	≥90	—

热处理状态粉末冶金铁基结构材料（摘自 JB/T 3593—1999）

表 3-5-42

材料	牌号	化学成分(质量分数)/%					物理力学性能			
		$C_{化合}$	Cu	Mo	Fe	其他	密度 /g·cm^{-3} ≥	抗拉强度 R_m /MPa ≥	冲击韧度 a_k (无切口) /J·cm^{-2} ≥	表观硬度 HRA ≥
烧结碳钢	F0102J F0103J	0.1~0.4	—	—	余量	≤1.5	6.5 6.8	(400) 450	(3.0) 3.0	45 50
	F0112J F0113J	0.4~0.7	—	—			6.5 6.8	450 500	3.0 5.0	50 55
	F0122J F0123J	0.7~1.0	—	—			6.5 6.8	500 550	3.0 5.0	50 55
烧结铜钢	F0202J F0203J	0.5~0.8	2~4	—			6.5 6.8	550 650	3.0 5.0	55 60
烧结铜钼钢	F0211J F0212J	0.4~0.7	2~4	0.5~1.0			6.5 6.8	550 700	3.0 5.0	55 65

注：1. JB/T 3593—1999 标准适用于 GB/T 14667.1—1993《粉末冶金铁基结构材料 第一部分 烧结铁 烧结碳钢 烧结铜钢 烧结铜钼钢》规定的烧结碳钢、烧结铜钢、烧结铜钼钢热处理状态的选材。

2. 化合碳量低于 0.4%采用渗碳淬火。

3. 括号内数字为参考值。

2.3 粉末冶金减摩材料

粉末冶金减摩材料类型、特点及应用

表 3-5-43

按润滑条件分类			特　　点	说　　明	用　　途
有油润滑类	粉末冶金含油轴承材料(铜基、铁基)		①没有或仅有少量切削加工 ②有大量贯通的孔隙，贮油量约占容积的20%左右，能自动供油到摩擦面上 ③自润滑时，摩擦因数为0.05~0.1；供油充分时则为0.004~0.007 ④能添加固体润滑组分，改善润滑性能 ⑤有利于消声减振	轴承壁厚通常为2~5mm，最小不宜小于0.8~1mm。轴承长度不大于外径3倍(用于壁厚大于孔径)或不大于壁厚20倍(用于壁厚小于孔径) 利用毛细管的作用，孔隙中含有润滑油。摩擦热使金属膨胀，孔隙缩小，将油挤到摩擦面。当线速度高、载荷小、间隙小时，易形成液体润滑，否则形成半干摩擦。运转停止，轴承冷却，孔隙增大，大部分油被吸回孔隙内，少部分留在摩擦表面，再启动时，避免完全干摩擦	用于不便经常加油或不能加油的场合，如放映机、冰箱电机、电风扇、洗衣机电机、磁带录音机的轴承 含油轴承工作面尽可能不切削加工，以免切屑和油污堵塞孔隙，降低减摩性能
	双金属减摩材料	钢背-铜铅轴瓦	①组织结构均匀，避免铅偏析、疏松等缺陷，废品率低 ②耐磨性好，比铸造轴瓦提高2倍 ③减摩组元添加范围宽 ④材料利用率高 ⑤成本低	钢背利用率为78%~88%，铜铅合金利用率为65%~75%，大大高于离心铸造。为了改善减摩性能，可在工作表面再镀第三层合金，合金成分中通常含锡、铅、铟等，厚度为0.02~0.03mm。这种三层结构的轴瓦承载能力高，抗咬合性好，对润滑油附着力大，耐腐蚀性强，显著地减少磨损	在内燃机和齿轮泵中得到广泛应用，如油泵侧板、衬套、轴套、曲轴瓦等
		粉末冶金双金属套	由于外层是铁基粉末或致密钢，内层是青铜粉末，不仅提高了衬套的承压能力和疲劳强度，且保留了青铜减摩性能，还可添加石墨或其他固体润滑剂	这种双金属套能节约大量有色金属	用于汽车、拖拉机、胶印机、轧钢机等设备，制作衬套、轴套、衬板、轴瓦等
无油润滑类	金属塑料减摩材料(整体金属塑料、复合金属塑料)		①有较宽的工作温度范围(-200~280℃)，温度超过80℃时，寿命降低 ②有较好的镶嵌性，能在一定尘埃环境中工作 ③不会产生静电，有一定抗辐射能力 ④能经受一般工业液体(如汽油、煤油、合成洗涤剂)的腐蚀 ⑤兼有金属的强度和工程塑料的自润滑性能 ⑥浸渍聚四氟乙烯表面很软，易拉伤，因此要求对偶表面 $Ra \leqslant 0.2\mu m$，HB≥300；热压聚甲醛塑料，表层厚度为0.3~0.4mm，可在较长时间内不需补加润滑剂，要求对偶表面 $Ra \leqslant 0.4\mu m$，HB≥200	金属塑料减摩材料分两类：整体金属塑料(ZT)和复合金属材料(FH) 整体金属塑料是由粉末冶金多孔制品或金属纤维制品，经真空浸渍聚四氟乙烯分散液和其他固体润滑剂制成 复合金属塑料是以低碳钢板为基体，烧结球形青铜粉末为中间层，用工程塑料及添加剂作填充物，用轧制方法将塑料填充物轧入中间层的孔隙内，形成表面减摩层，三者牢固结合为一体，成为复合的自润滑材料	属于新型减摩材料，用途广。常用于制作衬套、轴瓦、止推垫圈、球面座、压缩机活塞环、导向环、支承环、球形补偿器密封圈、动密封环、滑板、机床横导轨、减振离合器片等，工作时不需或只需少量润滑油 金属塑料减摩材料能适应旋转、摆动、往复等多种运动

续表

按润滑条件分类		特　点	说　明	用　途
无油润滑类	镶嵌固体润滑剂轴承材料	①是自润滑轴承材料 ②金属或非金属材料为骨架，在骨架上打孔，将固体润滑剂镶嵌在孔中，孔的面积占整个摩擦面积的25%～35%，镶嵌后精加工制得成品 ③提高使用寿命，如铁水包起重机和1150初轧机比原用轴瓦寿命高6～8倍 ④选择适当材料，提高耐腐性能 ⑤耐高温、尘埃能力强	摩擦热使得固体润滑剂膨胀，自动转移到摩擦表面，形成一层润滑膜，防止金属间接触，从而减小摩擦因数、减少磨损，提高轴承的承载能力 金属骨架可选用青铜、黄铜、铸铁、铸钢和不锈钢，非金属骨架可用胶木、酚醛塑料、尼龙等。固体润滑剂可用石墨、硫化物、塑料树脂、软金属、氮化物	用于油膜不易形成的重载、低速、高温、有水汽等腐蚀工况条件，现已用于矿山、冶金、石油、地质、化工、造纸、桥梁、水力枢纽、船舶、航天等工业部门

粉末冶金含油轴承材料

表 3-5-44　粉末冶金减摩材料（粉末冶金滑动轴承）的成分和性能（摘自 GB/T 2688—2012）

类别		牌号标记	化学成分(质量分数)/%								物理-力学性能	
基体	合金		Fe	$C_{化合}$	$C_{总}$	Cu	Sn	Zn	Pb	其他	含油率/%	径向压溃强度/MPa
铁基	铁	FZ11060	余量	0～0.25	0～0.5	—	—	—	—	<2	≥18	≥200
		FZ11065									≥12	≥250
	铁-石墨	FZ12058	余量	0～0.5	2.0～3.5	—	—	—	—	<2	≥18	≥170
		FZ12052									≥12	≥240
		FZ12158	余量	0.5～1.0	2.0～3.5	—	—	—	—	<2	≥18	≥310
		FZ12162									≥12	≥380
	铁-碳-铜	FZ13058	余量	0～0.3	0～0.3	0～1.5	—	—	—	<2	≥21	≥100
		FZ13062									≥17	≥160
		FZ13158	余量	0.3～0.6	0.3～0.6	0～1.5	—	—	—	<2	≥21	≥140
		FZ13162									≥17	≥190
		FZ13258	余量	0.6～0.9	0.6～0.9	0～1.5	—	—	—	<2	≥21	≥140
		FZ13262									≥17	≥220
		FZ13358	余量	0.3～0.6	0.3～0.6	1.5～3.9	—	—	—	<2	≥22	≥140
		FZ13362									≥17	≥240
		FZ13458	余量	0.6～0.9	0.6～0.9	1.5～3.9	—	—	—	<2	≥22	≥170
		FZ13462									≥17	≥280
		FZ13558	余量	0.6～0.9	0.6～0.9	4～6	—	—	—	<2	≥22	≥300
		FZ13562									≥17	≥320
		FZ13658	余量	0.6～0.9	0.6～0.9	18～22	—	—	—	<2	≥22	≥300
		FZ13662									≥17	≥320
	铁-铜	FZ14058	余量	0～0.3	0～0.3	1.5～3.9	—	—	—	<2	≥22	≥140
		FZ14062									≥17	≥230
		FZ14158	余量	0～0.3	0～0.3	9～11	—	—	—	<2	≥22	≥140
		FZ14160									≥19	≥210
		FZ14162									≥17	≥280
		FZ14258	余量	0～0.3	0～0.3	18～22	—	—	—	<2	≥22	≥170
		FZ14260									≥19	≥210
		FZ14262									≥17	≥280
铜基	铜-锡-锌-铅	FZ21070	<0.5	—	0.5～2.0	余量	5～7	5～7	2～4	<1.5	≥18	≥150
		FZ21075									≥12	≥200
	铜-锡	FZ22062	—	—	0～0.3	余量	9.5～10.5	—	—	<2	≥24	>130
		FZ22066									≥19	>180

续表

类别		牌号标记	化学成分(质量分数)/%								物理-力学性能	
基体	合金		Fe	$C_{化合}$	$C_{总}$	Cu	Sn	Zn	Pb	其他	含油率/%	径向压溃强度/MPa
铜基	铜-锡	FZ22070	—	—	0~0.3	余量	9.5~10.5	—	—	<2	≥12	>260
		FZ22074									≥9	>280
		FZ22162	—	—	0.5~1.8	余量	9.5~10.5	—	—	<2	≥22	>120
		FZ22166									≥17	>160
		FZ22170									≥9	>210
		FZ22174									≥7	>230
		FZ22260	—	—	2.5~5	余量	9.2~10.2	—	—	<2	≥11	>70
		FZ22264									—	>100
	铜-锡-铅	FZ23065	<0.5	—	0.5~2.0	余量	6~10	<1	3~5	<1	≥18	>150
	铜-锡-铁-碳	FZ24058	54.2~62	—	0.5~1.3	34~38	3.5~4.5	—	—	—	≥22	110~250
		FZ24062									≥17	150~340
		FZ24158	50.2~58	—	0.5~1.3	36~40	5.5~6.5	—	—	—	≥22	100~240
		FZ24162									≥17	150~340
		FZ24258	余量	—	0~0.1	17~19	1.5~2.5	—	—	<1	≥24	150
		FZ24262									≥19	215
		FZ24266									≥13	270

推荐采用的座孔及轴的公差

轴承等级	内径公差	外径公差	推荐采用的轴承座孔公差	推荐采用的轴的公差	
				当轴承压入座孔后内径收缩量为过盈量的0~50%	当轴承压入座孔后内径收缩量为过盈量的0~100%
7级	G7	r7	H7	e6	d5
8级	E8	s8	H8	d7	c7
9级	C9	t9	H8	d8	c8

表 3-5-45 **常用含油轴承的成分和物理力学性能**

类别		化学成分(质量分数)/%								物理力学性能				特　点
		Fe	C	S	Cu	Sn	Zn	Pb	其他≤	密度/$g\cdot cm^{-3}$	含油率(体积分数)/%	硬度HB	压溃强度/MPa≥	
铜基	铜-锡-锌-铅	<0.5	0.5~2.0	—	余量	5~7	5~7	2~4	1.3	6.5~7.1	>18	20~40	147	一般用途
	铜-锡-锌-铅	<0.4	—	—	余量	5~7	5~7	2~4	—	6.5~7.1	>18	20~40	147	一般用途
	铜-锡	—	0.5~2.0	—	余量	9~11	—	—	2.0	6.4	开口孔隙率≥22	—	120	无噪声轴承,低负荷用
	铜-锡	—	—	—	余量	8~11	—	—	0.5	6.7	≥18	—	147	无噪声轴承
	铜-锡-铅	—	<3.0	—	余量	8~11	—	<3	0.5	6.5	≥18	—	147	自润滑性好,较高速用
铁基	铁	余量	<0.25	—	—	—	—	—	2.0	5.4	开口孔隙率≥27	20~40	120	易跑合,自润滑性好
	铁	余量	<0.25	渗入[①]	—	—	—	—	—	5.0~5.8	少量	20~60	117	摩擦因数小,抗咬合性好

续表

类别		化学成分(质量分数)/%								物理力学性能				特 点
		Fe	C	S	Cu	Sn	Zn	Pb	其他 ≤	密度 $/g \cdot cm^{-3}$	含油率(体积分数)/%	硬度 HB	压溃强度 /MPa ≥	
铁基	铁-碳	余量	0.5~3.0	—	—	—	—	—	—	5.8~6.5	12~18	30~110	196	硬度可调范围大,有游离石墨润滑
	铁-碳-硫	余量	1~2	0.5~1.0	—	—	—	—	—	5.8~6.2	—	35~70	196	摩擦因数小,抗咬合性好
	铁-碳-硫-铜	余量	3.5	1.0	2.5	—	—	—	—	5.6~6.8	—	50~80	196	强度较高,抗冲击性好
	铁-铜	余量	<0.25	—	1~4	—	—	—	2.0	5.8	开口孔隙率22	40~80	200	强度高,抗冲击性好

① 将熔融硫渗入孔隙，并热处理成 FeS。

表 3-5-46　　三种含油轴承极限 *pv* 值（自润滑）

轴承种类	密度 $/g \cdot cm^{-3}$	含油率(体积分数)/%	线速率 v $/m \cdot s^{-1}$	压力 p /MPa	极限 pv 值 $/MPa \cdot m \cdot s^{-1}$
纯铁	5.9~6.1	21.0~23.3	0.10	15.30	1.53
			0.25	15.92	3.98
			0.50	7.34	3.67
			1.00	7.50	7.50
			1.50	5.17	7.76
铁-0.9%石墨	5.8~6.0	20.7~23.2	0.10	15.60	1.56
			0.25	12.96	3.24
			0.50	14.58	7.29
			0.75	8.40	6.30
			1.00	4.30	4.30
			1.50	3.03	4.55
6-6-3 青铜-1.5%石墨	6.5~6.6	19.3~20.7	0.10	8.20	0.82
			0.25	12.20	3.05
			0.50	7.36	3.68
			1.00	6.53	6.53
			1.50	4.81	7.22

注：1. 许用 pv 值通常为极限 pv 值的 1/2 左右。

2. 有无润滑对许用 pv 值影响很大，如含碳量为 1.5%的铁基含油轴承的许用 pv 值：不补充供油，靠自润滑，许用 pv 值为 1.4~1.6MPa·m/s；定期补油或少量供油时，许用 pv 值为 2.5MPa·m/s；连续充足供油时，许用 pv 值为 7~10MPa·m/s；压力供油时，许用 pv 值为 40MPa·m/s。

双金属含油减摩材料

表 3-5-47　　粉末冶金铜铅轴瓦的性能

制造方法	化学成分(质量分数)/%			抗拉强度 /MPa	硬度 HB	密度 $/g \cdot cm^{-3}$	金相组织
	Cu	Pb	Sn				
粉末冶金	70	30	—	70	35~40	9.51	铅粒呈细小点块状,均匀分布在铜的基体上
	73.5	25	1.5	88	34~44	9.20	铅粒呈细小点块状,均匀分布在铜的基体上,并有少量铜-锡 α 固溶体
	62	38	—	58	35	9.55	
	72	24	4	116	50	9.10	
离心铸造	70	30	—	54	35	9.10	树枝状分布铅块,不均匀

表 3-5-48　　　　常见的铜铅轴瓦材料应用举例

牌号	化学成分(质量分数)/%					应用举例
	Pb	Sn	Zn	Cu	其他	
QB-01	4~7	4~7	2~4	余量	—	油泵侧板、衬套、轴套
QB-02	8~11	8~11	—	余量	—	衬套、轴套
QB-03	8~11	4~6	—	余量	—	板簧衬套
QB-04	—	9~12	—	余量	—	离合器衬套
QB-05	19~26	2~4	—	余量	表面镀 0.02~0.03mm 三元合金	曲轴瓦、主轴瓦
QB-06	19~26	0.5~1	—	余量		

2.4 粉末冶金过滤材料

烧结不锈钢过滤元件（摘自 GB/T 6886—2017）

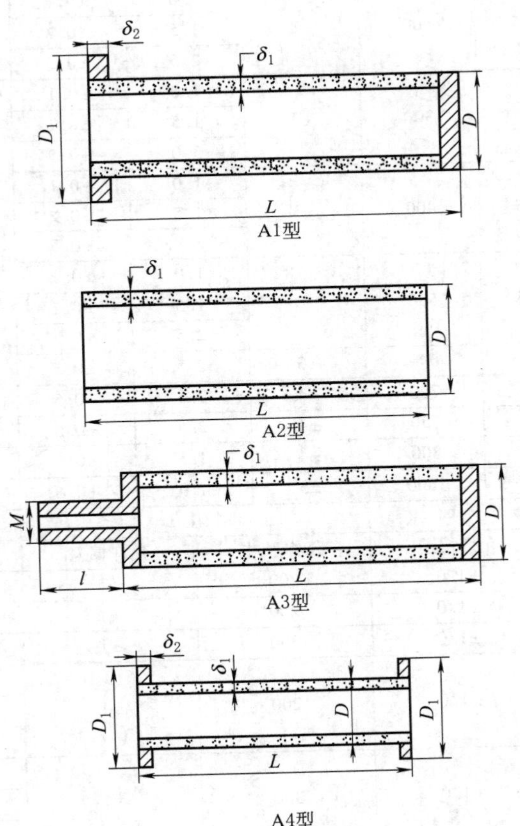

A1型　A2型　A3型　A4型

表 3-5-49　　　　烧结不锈钢过滤元件规格　　　　mm

	直径 D		长度 L		壁厚 δ_1		法兰直径 D_1		法兰厚度 δ_2
	公称尺寸	允许偏差	公称尺寸	允许偏差	公称尺寸	允许偏差	公称尺寸	允许偏差	
A1 型	20	±1.0	200	±2	2.0	±0.5	30	±0.2	3~4
	30	±1.0	300	±2			40	±0.2	3~4
	30	±1.0	300	±2					
	40	±1.0	200	±2	1.0	±0.1	50	±0.3	3~5
					1.5	±0.2			
					2.5	±0.5			

续表

	直径 D		长度 L		壁厚 δ_1		法兰直径 D_1		法兰厚度 δ_2
	公称尺寸	允许偏差	公称尺寸	允许偏差	公称尺寸	允许偏差	公称尺寸	允许偏差	
A1 型	40	±1.0	300	±2	1.0	±0.1	50	±0.3	3~5
					1.5	±0.2			
					2.5	±0.5			
	40	±1.0	400	±3	1.0	±0.1			
					1.5	±0.2			
					2.5	±0.5			
	50	±1.5	300	±2	1.0	±0.1	62	±0.3	4~6
					1.5	±0.2			
					2.5	±0.5			
	50	±1.5	400	±3	1.0	±0.2			
					1.5	±0.3			
					2.5	±0.5			
	50	±1.5	500	±3	1.0	±0.1			
					1.5	±0.2			
					2.5	±0.5			
	60	±1.5	300	±2	1.0	±0.1	72	±0.3	4~6
					1.5	±0.2			
					3.0	±0.5			
	60	±1.5	400	±3	1.0	±0.1			
					1.5	±0.2			
					3.0	±0.5			
	60	±1.5	500	±3	1.0	±0.1			
					1.5	±0.2			
					2.5	±0.5			
	60	±1.5	600	±3	2.5	±0.5			
	60	±1.5	700	±4	2.5	±0.5			
	60	±1.5	750	±4	2.5	±0.5			
	90	±2.0	800	±4	3.5	±0.6	110	±0.5	5~12
	100	±2.0	1000	±5	4.0	±0.6	120	±0.5	5~12

	直径 D		长度 L		壁厚 δ	
	公称尺寸	允许偏差	公称尺寸	允许偏差	公称尺寸	允许偏差
A2 型	20	±1.0	200	±1	2.0	±0.5
	30	±1.0	200	±1	2.0	±0.5
	30	±1.0	300	±1	2.5	±0.5
	40	±1.0	200	±1	1.0	±0.1
					1.5	±0.2
					2.5	±0.5
	40	±1.0	300	±1	1.0	±0.1
					1.5	±0.2
					2.5	±0.5
	40	±1.0	400	±1	1.0	±0.1
					1.5	±0.2
					2.5	±0.5
	50	±1.5	300	±1	1.0	±0.1
					1.5	±0.2
					2.5	±0.5
	50	±1.5	400	±1	1.0	±0.2
					1.5	±0.3
					2.5	±0.5

续表

型	直径 D 公称尺寸	直径 D 允许偏差	长度 L 公称尺寸	长度 L 允许偏差	壁厚 δ 公称尺寸	壁厚 δ 允许偏差
A2 型	50	±1.5	500	±1	1.0	±0.1
					1.5	±0.2
					2.5	±0.5
	60	±1.5	300	±1	1.0	±0.1
					1.5	±0.2
					2.5	±0.5
	60	±1.5	400	±1	1.0	±0.1
					1.5	±0.2
					2.5	±0.5
	60	±1.5	500	±1	1.0	±0.1
					1.5	±0.2
					2.5	±0.5
	60	±1.5	600	±2	2.5	±0.5
	60	±1.5	700	±2	2.5	±0.5
	90	±2.0	800	±2	3.5	±0.6
	100	±2.0	1000	±2	4.0	±0.6

型	直径 D 公称尺寸	直径 D 允许偏差	长度 L 公称尺寸	长度 L 允许偏差	壁厚 δ 公称尺寸±允许偏差	管接头 螺纹尺寸	管接头 长度 l
A3 型	20	±1.0	200	±2	2.0±0.5	M12×1.0	28
	30	±1.0	200	±2	2.0±0.5		
	30	±1.0	300	±2			
	40	±1.0	200	±2	1.0±0.1 1.5±0.2 2.0±0.5		
	40	±1.0	300	±2			
	40	±1.0	400	±2		M20×1.5	
	50	±1.5	300	±2			
	50	±1.5	400	±2			
	50	±1.5	500	±2			
	60	±1.5	300	±2	1.0±0.1 1.5±0.2 2.5±0.5	M30×2.0	40
	60	±1.5	400	±2			
	60	±1.5	500	±2			
	60	±1.5	600	±2		M36×2.0	100
	60	±1.5	700	±3			
	60	±1.5	750	±3			
	60	±1.5	1000	±4			
	70	±1.5	500	±2		M36×2.0	40
	70	±1.5	600	±3			
	70	±1.5	800	±3		M36×2.0	100
	70	±1.5	1000	±4		M36×2.0	40
	90	±2.0	600	±2	3.5±0.6	M48×2.0	140
	90	±2.0	800	±4			
	90	±2.0	1000	±4			
	100	±2.0	1000	±4	4.0±0.6	M48×2.0	180

型	直径 D 公称尺寸	直径 D 允许偏差	长度 L 公称尺寸	长度 L 允许偏差	壁厚 δ_1 公称尺寸	壁厚 δ_1 允许偏差	法兰直径 D_1 公称尺寸	法兰直径 D_1 允许偏差	法兰厚度 δ_2
A4 型	20	±0.5	200	±1	2.3	±0.4	30	±0.2	3~4
	30	±1.0	200	±1			40	±0.2	3~4
	30	±1.0	300	±1					
	40	±1.0	200	±1			52	±0.3	3~5
	40	±1.0	300	±1					

续表

	直径 D		长度 L		壁厚 δ_1		法兰直径 D_1		法兰厚度
	公称尺寸	允许偏差	公称尺寸	允许偏差	公称尺寸	允许偏差	公称尺寸	允许偏差	δ_2
A4 型	40	±1.0	400	±1	2.3	±0.4	52	±0.3	3~5
	50	±1.5	300	±1					
	50	±1.5	400	±1			62	±0.3	4~6
	50	±1.5	500	±1					
	60	±1.5	300	±1	2.5	±0.4	72	±0.3	4~6
	60	±1.5	400	±1					
	60	±1.5	500	±1					
	60	±1.5	600	±2					
	60	±1.5	700	±2					
	60	±1.5	750	±2					
	90	±2.0	800	±2	3.5	±0.6	110	±1.0	5~12
	100	±2.0	1000	±2	4.0	±0.6	130	±1.0	5~12

	直径 D		厚度 δ	
	公称尺寸	允许偏差	公称尺寸	允许偏差
B1 型	10	±0.2	1.5、2.0、2.5、3.0	±0.1
	30	±0.2	1.5、2.0、2.5、3.0	±0.1
	50	±0.5	1.5、2.0、2.5、3.0	±0.1
	80	±0.5	2.5、3.0、3.5、4.0、5.0	±0.2
	100	±1.0	2.5、3.0、3.5、4.0、5.0	±0.2
	200	±1.5	3.0、3.5、4.0、5.0	±0.3
	300	±2.0	3.0、3.5、4.0、5.0	±0.3
	400	±2.5	3.0、3.5、4.0、5.0	±0.3

表 3-5-50　　不锈钢过滤元件性能

牌号	液体中阻挡的颗料尺寸值/μm		渗透性 ≥		耐压破坏强度 ≥
	过滤效率(98%)	过滤效率(99.9%)	渗透系数 /$10^{-12}m^2$	相对透气系数 /[m^3/(h·kPa·m^2)]	MPa
SG005	5	7	0.18	18	3.0
SG007	7	10	0.45	45	3.0
SG010	10	15	0.90	90	3.0
SG015	14	22	1.81	180	3.0
SG022	22	30	3.82	380	3.0
SG030	30	40	5.83	580	2.5
SG045	45	60	7.54	750	2.5
SG065	65	75	12.10	1200	2.5

注：1. 管状元件耐压强度为外压试验值。

2. 表中的"渗透系数"值对应的元件厚度为 2mm。

烧结金属过滤元件及材料（摘自 GB/T 6887—2019）

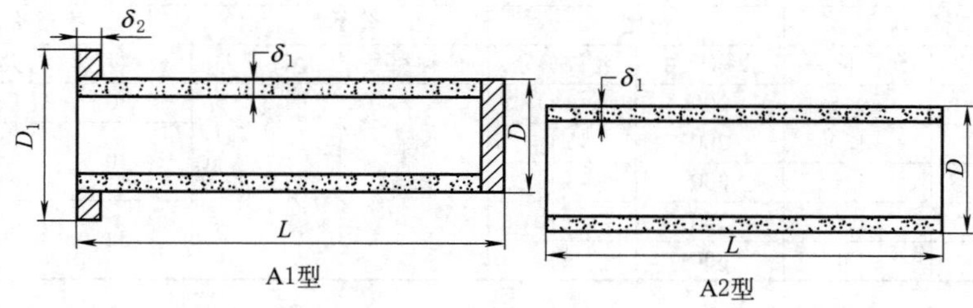

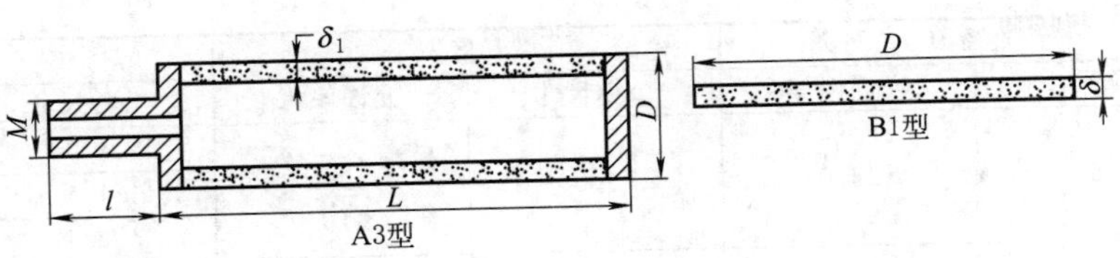

表 3-5-51 烧结钛烧结镍及镍合金过滤元件规格 mm

型式	直径 D 公称尺寸	直径 D 允许偏差	长度 L 公称尺寸	长度 L 允许偏差	壁厚 δ_1 公称尺寸	壁厚 δ_1 允许偏差	法兰直径 D_1 公称尺寸	法兰直径 D_1 允许偏差	法兰厚度 δ_2
A1 型	20	±1.0	200	±2	2.5	±0.4	30	±0.2	3~4
	30	±1.0	200	±2	2.5	±0.4	40	±0.2	3~4
	30	±1.0	300	±2	2.5	±0.4			
	40	±1.0	200	±2	1.0	±0.1	52	±0.3	3~5
					1.5	±0.2			
					2.5	±0.5			
	40	±1.0	300	±2	1.0	±0.1			
					1.5	±0.2			
					2.5	±0.4			
	40	±1.0	400	±2	1.0	±0.1			
					1.5	±0.2			
					2.5	±0.4			
	50	±1.5	300	±2	1.0	±0.1	62	±0.3	4~6
					1.5	±0.2			
					2.5	±0.4			
	50	±1.5	400	±2	1.5	±0.2			
					2.0	±0.3			
					2.5	±0.4			
	50	±1.5	600	±2	1.0	±0.1			
					1.5	±0.2			
					2.5	±0.4			
	60	±1.5	300	±2	1.0	±0.1	72	±0.3	4~6
					1.5	±0.2			
					3.0	±0.4			
	60	±1.5	400	±2	1.0	±0.1			
					1.5	±0.2			
					3.0	±0.4			
	60	±1.5	500	±2	1.0	±0.1			
					1.5	±0.2			
					3.0	±0.4			
	60	±1.5	600	±3	3.0	±0.5			
	60	±1.5	700	±3	3.0	±0.5			
	90	±2.0	800	±3	5.0	±0.6	110	±0.5	5~12
	100	±2.0	1000	±3	5.0	±0.6	120	±0.5	5~12

型式	直径 D 公称尺寸	直径 D 允许偏差	长度 L 公称尺寸	长度 L 允许偏差	壁厚 δ 公称尺寸	壁厚 δ 允许偏差
A2 型	20	±1.0	200	±2	2.5	±0.4
	30	±1.0	200	±2	2.5	±0.4
	30	±1.0	300	±2	2.5	±0.4
	40	±1.0	200	±2	1.0	±0.1
					1.5	±0.2
					2.5	±0.4

续表

	直径 D		长度 L		壁厚 δ	
	公称尺寸	允许偏差	公称尺寸	允许偏差	公称尺寸	允许偏差
A2 型	40	±1.0	300	±2	1.0	±0.1
					1.5	±0.2
					2.5	±0.4
	40	±1.0	400	±2	1.0	±0.1
					1.5	±0.2
					2.5	±0.4
	50	±1.5	300	±2	1.0	±0.1
					1.5	±0.2
					2.5	±0.4
	50	±1.5	400	±2	1.5	±0.2
					2.0	±0.3
					2.5	±0.4
	50	±1.5	500	±2	1.0	±0.1
					1.5	±0.2
					2.5	±0.4
	60	±1.5	300	±2	1.0	±0.1
					1.5	±0.2
					3.0	±0.4
	60	±1.5	400	±2	1.0	±0.1
					1.5	±0.2
					3.0	±0.4
	60	±1.5	500	±2	1.0	±0.1
					1.5	±0.2
					3.0	±0.4
	60	±1.5	600	±3	3.0	±0.5
	60	±1.5	700	±3	3.0	±0.5
	90	±2.0	800	±3	5.0	±0.6
	100	±2.0	1000	±3	5.0	±0.6
	注：壁厚公称尺寸为：1.0mm、1.5mm 的管状过滤元件由轧制板材卷焊而成					

	直径 D		长度 L		壁厚 δ		管接头	
	公称尺寸	允许偏差	公称尺寸	允许偏差	公称尺寸	允许偏差	螺纹尺寸	长度 l
A3 型	20	±1.0	200	±2	2.5	±0.4	M12×1.0	28
	30	±1.0	200	±2	2.5	±0.4		
	30	±1.0	300	±2	2.5	±0.4		
	40	±1.0	200	±2	1.0	±0.1		
					1.5	±0.2		
					2.5	±0.4		
	40	±1.0	300	±2	1.0	±0.1		
					1.5	±0.2		
					2.5	±0.4		
	40	±1.0	400	±3	1.0	±0.1		
					1.5	±0.2		
					2.5	±0.4		
	50	±1.5	300	±2	1.0	±0.1	M20×1.5	40
					1.5	±0.2		
					2.5	±0.4		
	50	±1.5	400	±2	1.5	±0.1		
					2.0	±0.2		
					2.5	±0.4		

续表

	直径 D		长度 L		壁厚 δ		管接头	
	公称尺寸	允许偏差	公称尺寸	允许偏差	公称尺寸	允许偏差	螺纹尺寸	长度 l
A3 型	50	±1.5	500	±2	1.0	±0.1	M20×1.5	40
					1.5	±0.2		
					2.5	±0.4		
	60	±1.5	300	±2	1.0	±0.1	M30×2.0	50
					1.5	±0.2		
					3.0	±0.5		
	60	±1.5	400	±2	1.0	±0.1		
					1.5	±0.2		
					3.0	±0.5		
	60	±1.5	500	±2	1.0	±0.1	M30×2.0	40
					1.5	±0.2		
					3.0	±0.5		
	60	±1.5	600	±3	3.0	±0.5		
	60	±1.5	700	±3	3.0	±0.5	M30×2.0	60
	90	±2.0	800	±3	5.0	±0.6	M36×2.0	100
	100	±2.0	1000	±3				

	直径 D		厚度 δ	
	公称尺寸	允许偏差	公称尺寸	允许偏差
B1 型	10	±0.2	1.0、1.5、2.0、2.5、3.0	±0.1
	30	±0.2	1.0、1.5、2.0、2.5、3.0	±0.1
	50	±0.5	1.0、1.5、2.0、2.5、3.0	±0.1
	80	±0.5	1.0、1.5、2.0、2.5、3.0	±0.2
	100	±1.0	1.0、1.5、2.0、2.5、3.0	±0.2
	200	±1.5	2.5、3.0、3.5、4.0、5.0	±0.3
	300	±2.0	3.0、3.5、4.0、5.0	±0.3
	400	±2.5	3.0、3.5、4.0、5.0	±0.3
	注:厚度公称尺寸为 1.0mm、1.5mm 的片状过滤元件由轧制板材机加工而成			

表 3-5-52　烧结钛、烧结钛过滤元件的性能

牌号	液体中阻挡的颗粒尺寸值/μm		渗透性,不小于		耐压破坏强度/MPa ≥
	过滤效率(98%)	过滤效率(99.9%)	渗透系数/$10^{-12}m^2$	相对透气系数 /$m^3 \cdot h^{-1} \cdot kPa^{-1} \cdot m^{-2}$	
TG003	3	7	0.04	12	2.5
TG006	6	10	0.15	42	2.0
TG010	10	14	0.40	90	2.0
TG020	20	32	1.01	200	1.5
TG035	35	52	2.01	450	1.5
TG060	60	85	3.02	650	1.0

注：1. 轧制成形的过滤元件，其耐压破坏强度不小于 0.3MPa。管状元件需进行耐内压破坏强度试验。

2. 表中的“渗透系数”值对应的元件厚度为 1mm。

表 3-5-53　烧结镍及镍合金过滤元件的性能

牌号	液体中阻挡的颗粒尺寸值/μm		渗透性,不小于		耐压破坏强度/MPa ≥
	过滤效率(98%)	过滤效率(99.9%)	渗透系数/$10^{-12}m^2$	相对透气系数 /$m^3 \cdot h^{-1} \cdot kPa^{-1} \cdot m^{-2}$	
NG003	3	7	0.08	10	3.0
NG006	6	10	0.40	45	3.0
NG012	12	18	0.71	100	3.0

第3篇

续表

牌号	液体中阻挡的颗粒尺寸值/μm		渗透性,不小于		耐压破坏强度/MPa ≥
	过滤效率(98%)	过滤效率(99.9%)	渗透系数/$10^{-12}m^2$	相对透气系数 $/m^3 \cdot h^{-1} \cdot kPa^{-1} \cdot m^{-2}$	
NG022	22	36	2.44	260	2.5
NG035	35	50	6.10	600	2.5

注:1. 管状元件优先进行耐内压破坏强度试验。

2. 表中的“渗透系数”值对应的元件厚度为2mm。

3 磁性材料

磁性材料的类型、牌号和用途(摘自 GB/T 2129—2007/IEC 60404-1:2000)

表 3-5-54

类别与名称			牌号或代号	用途
软磁材料	高磁饱和材料	工业电磁纯铁	DT3、DT4、DT5、DT6	主要制造电磁铁的铁芯和极靴、继电器和扬声器的磁导体、电话机中的振膜、电工仪表仪器零件、磁屏蔽罩,以及用于电信技术中
		热轧电工硅钢片 冷轧电工钢带(DW型)	DW270-35、DW310-35、DW435-35、DW500-35、DW550-35、DW315-50、DW360-50、DW460-50、DG1、DG2、DG3、DQ1、DQ2、DQ3、DR530-50、DR510-50、DR490-50、DR450-50、DR420-50、DR400-50	主要用于电力工业和电信仪表工业
		铁钴合金	1J22	特别适用于小型化、轻型化及有较高飞行要求的飞行器及仪器仪表元件的制造。制造伺服电机、饱和电抗器和变压器、电磁铁极头和高级耳膜振动片
	中饱和中导磁材料	冷轧带材 热轧(锻)扁材 热轧(锻)棒材	1J46、1J50、1J54、Fe-Ni 36%合金	主要用于中弱磁场范围的高频器材,如译码器、高频滤波器、间歇振荡变压器、脉冲变压器、灵敏断电器、电缆屏蔽及磁偏转示波管铁轭等
	高导磁材料	坡莫合金(铁镍系合金)	1J76、1J77、1J79、1J80、1J85、1J86	用于电信和仪器仪表中的各种音频变压器、高精度电桥变压器、互感器、磁屏蔽器、磁放大器、磁调制器、频磁头、扼流圈、精密电表中的动片及定片等
	耐磨高导磁材料	新型高镍铁镍基合金 导磁型非晶态软磁合金 铁硅铝合金	1J87、1J88、1J89、1J90、1J91	用于录音机、录像机、磁盘机、数字磁带机,以及某些电影放映机的磁头、铁芯材料
		铁氧体	YEP-TB、YEP-TC、YEP-TD、YEP-TE、YEPTF、YEP-TG	
	矩磁材料		1J403、1J34、1J51、1J52、1J65、1J67、1J83	用来制造磁放大器、磁调制器、中小功率脉冲变压器、方波变压器和磁心存储器
	恒导磁材料		1J66	主要用于恒电感器、中功率单极脉冲变压器
	磁温度补偿材料		1J30、1J31、1J32、1J33、1J38	主要用于磁电式仪表、转速表、速度表、里程表、电度表、调温及与温度有关的电感、开关仪表
	磁致伸缩材料		1J13、1J22、1J50	主要用于音频或超音频声波发生器振子,如水下通信和探测金属、探伤,疾病诊断,研磨、焊接,将高频率机械振动传给刀具,可以对硬质材料如玻璃、陶瓷、硬质合金进行雕刻加工

续表

类别与名称			牌号或代号	用途
永磁材料	铝镍钴系永磁合金	铸造合金：铝镍型 铝镍钴型 铝镍钴钛型	LN9、LN10、LNG12、LNG16、LNG34、LNG37、LNG40、LNG44、LNG52 等	用于精密仪器仪表
		烧结合金(又称粉末磁钢)	FLN8、FLNG12、FLNG28、FLNG34、FLNGT31、FLNGT31J	适合生产小、薄、形状复杂的永磁体，外形光洁、尺寸精确，还可钻孔机加工
	永磁铁氧体	各向同性钡铁氧体 各向同性锶铁氧体 各向异性钡铁氧体 各向异性锶铁氧体	Y10T、Y15、Y20、Y25、Y30、Y35、Y15H、Y20H、Y25BH、Y30BH	用于精密仪器仪表、电机及笛簧接点元件、扬声器、电话机、电子仪器、家用电器、音响设备、转动机械
	稀土永磁材料	稀土钴永磁材料 RCo_5 型 R_2TM_{17} 型	XGS80/36、XGS96/40、XGS112/96、XGS128/120、XGS144/120、XGS160/96、XGS196/96、XGS196/40、XGS208/44、XGS240/46	矫顽力极高，约为永磁铁氧体的3~4倍，最大磁能积高，磁体形状为小片状，最能完美地适应电子元件轻、薄、短、小的要求，但价格高。用途同永磁铁氧体
		钕铁硼合金永磁材料	—	同永磁铁氧体，用于伺服电机、陀螺、飞机发动机、线性加速器、音响及宇航、军事、电子工业和微机技术等，适于轻、薄、小及超小型磁性元件
	铁铬钴系永磁合金		2J83、2J84、2J85	加工性能好，弥补了上面材料不可加工的缺点。适于制造形状特殊、需机加工的磁铁
	黏结(复合)永磁材料	黏结稀土永磁材料 黏结 Alnico 永磁材料 烧结铁氧体永磁密封条	YX-20G、YX-40H、YX-80H、NJ-XG40、SmCo-B、NJ-LNGT8	制造磁轴承、电冰箱和冷藏库的门封条、教具、玩具、电子仪器元件如音响设备与笛簧接点元件、复印机、传真机中的磁辊、工具固定永磁吸盘、永磁式传动装置
半硬磁材料	淬火硬化钢		中碳钢、Cr 钢、Co-Cr 钢	用于磁滞电机、自保持型继电器如铁簧继电器、闩锁继电器、剩磁舌簧继电器及半固定存储器、磁翻板显示器、磁离合器、报警器
	磁滞合金冷轧带	α-γ相变型合金：Fe-Co-V(Cr)系合金 Fe-Mn 系合金 Fe-Ni 系合金	1J4(相当于国外的 P-6)、2J7、2J9、2J10、2J11、2J12、2J4、2J51、2J52、2J53、2J31、2J32、2J33、2J63、2J64、2J65、2J67	
		两相分散型合金	Fe-Mn-Co 系合金、Fe-Mn-Ti 系、Fe-Ni15%-Al3%Ti 系合金	
磁泡材料	稀土亚铁磁性石榴石($R_3Fe_5O_{12}$，简称 RIG)单晶薄膜		代号 RIG	磁泡直径可控制为几微米乃至亚微米，任人操纵以完成器件功能，实现信息的传输、存取、复制和读出、修改，制造磁泡存储器，制备完成器件功能的图案如传输图案、检出器、控制发生器、开关、消灭器、复制转移门，其应用位于众多信息存储技术之首，存取速度快
	$Gd_3Ga_5O_2$ 型单晶薄膜		代号 GGG	
磁记录介质材料	磁粉涂布型介质	γ-Fe_2O_3 磁粉 包钴 γ-Fe_2O_3 磁粉 CrO_2 磁粉 金属磁粉	1128 型、0222 型、1072 型、1126 型	在计算机技术中，用于高速、大容量的数字磁记录装置，如硬磁盘、软盘、磁带机、磁鼓及磁卡片机等 在军事和空间科学方面，用于高空侦察机、资源卫星、宇宙飞船、人造卫星、飞机的飞行记录 广播电视中，用于高清晰录像带、电影制片、信息复制等 用于在科研和工农业生产中的数据磁带，高速度、高密度记录所得的各种信息资料 在科研中，用于测量分析压力、应力、位移、温度、流量等物理量的变化过程的磁带记录器；在农业中，可用于研究农作物的连续生长变化过程的磁带记录器
	片状 Ba 铁氧体微粉			
	连续薄膜型磁记录介质	溅射 Co-γ-Fe_2O_3 薄膜 电镀 Co 系薄膜介质 化学镀 Co 系薄膜介质 真空蒸镀 Co-Ni 合金 金属膜磁带	—	

续表

类别与名称		牌号或代号	用途
磁性液体	磁液(由磁性微粒、界面活性剂和载液三者组成,呈液体状态)	—	用于磁液陀螺、加速度表、光纤、连接装置、机器人的筋肉、工业用机械手、水下低频声波发生器、显示磁带磁迹、检查磁头缝隙、磁性显影剂、软磁路、磁液研磨、磁液水平仪、磁液驱动装置、选矿、无摩擦开关、继电器、密度计、各种习惯性阻尼器、减振器、联轴器、制动器、磁液轴承、磁场传感器、光传感器、电流计、磁强计、激光稳定器、光计算机超声波传递、外科手术的“磁刀”、放射治疗的显影剂、磁液高音扬声器、密封、轴承润滑、机器人关节、机械手夹钳、能量转换装置等

铁钴钒永磁合金（摘自 GB/T 14989—2015）

表 3-5-55

冷拉丝材		冷轧带材					用途
直径/mm	偏差/mm	厚度/mm		宽度/mm		长度/mm	
		尺寸	偏差	尺寸	偏差	≥	
0.05~0.10	±0.01	0.20~0.30	±0.015	50~120	±0.05	300	制作小截面永磁铁
>0.1~0.30	±0.014	>0.30~0.40	±0.020				
>0.3~0.6	±0.018	>0.40~0.50	±0.025				
>0.6~1.0	±0.023	>0.50~0.70	±0.030				
>1.0~3.0	±0.030	>0.70~1.0	±0.035				

磁性能及化学成分									
合金牌号	磁性能						化学成分(其余为 Fe)(质量分数)/%		
	丝材			带材					
	矫顽力 H_c/Oe (kA·m^{-1})	剩余磁感应强度 B_r /Gs(T)	B_rH_c /Gs·Oe	矫顽力 H_c/Oe (kA·m^{-1})	剩余磁感应强度 B_r /Gs(T)	B_rH_c /Gs·Oe	Co	V	其他元素
2J31	300 (23.88)	10000 (1.0)	3.0×10^6	220 (17.51)	10000 (1.0)	2.4×10^6	51~53	10.8~11.7	C≤0.12 Mn≤0.5 Si≤0.5 P≤0.025 S≤0.02 Ni≤0.7
2J32	350 (27.86)	8500 (0.85)	3.0×10^6	300 (23.88)	7500 (0.75)	2.4×10^6	51~53	11.8~12.7	
2J33	400 (31.84)	7000 (0.70)	3.0×10^6	350 (27.86)	6000 (0.60)	2.3×10^6	51~53	12.8~13.8	

注：制造厂应提供最大磁能积 $(BH)_{max}$ 数据，但不作为考核依据。

变形永磁钢（摘自 GB/T 14991—2016）

表 3-5-56

热锻(轧)棒材			热轧扁材				冷轧带材			
直径 /mm	直径偏差 /mm	长度 /mm ≥	厚度 /mm	厚度偏差 /mm	宽度 /mm	宽度偏差 /mm	厚度 /mm	厚度偏差 /mm	宽度 /mm	宽度偏差 /mm
31~45 >45~70 >70~100	+2 −1 ±2 +3 −2	200	3~6 >6~15 >15~20	±0.3 ±0.4 ±0.5	20~100	±3.0	0.4~0.6 >0.6~0.8 >0.8~1.0	−0.05 −0.07 −0.09	40~120	±0.5
(10~20)	±0.5	500	>20~25	±0.6			>1.0~1.5 >1.5~2.0 >2.0~2.5 >2.5~3.0	−0.11 −0.13 −0.15 −0.17		
(>20~30)	±0.8	300								

续表

牌号	磁性能及化学成分 磁性能 矫顽力 H_c /Oe(kA·m^{-1})	剩余磁感应强度 B_r/Gs(T)	B_rH_c /Gs·Oe	硬度 HB ≤	化学成分(其余为 Fe)(质量分数)/% C	Cr	W	Co	Mo	Mn	Si	其他元素
2J63	62(4.93)	9500 (0.95)	$0.59×10^6$	285	0.95~1.1	2.8~3.6	—	—	—	0.2~0.4	0.17~0.4	P≤0.03 S≤0.02 Ni≤0.03 (2J65: N≤0.06)
2J64	62(4.93)	10000 (1.0)	$0.62×10^6$	321	0.68~0.78	0.3~0.5	5.2~6.2	—	—	0.2~0.4	0.17~0.4	
2J65	100(7.96)	8500 (0.85)	$0.85×10^6$	341	0.9~1.05	5.5~6.5	—	5.5~6.5	—	0.2~0.4	0.17~0.4	
2J67	260(20.69)	10000 (1.0)	$2.6×10^6$	363	≤0.03	—	—	11~13	16.5~17.5	0.1~0.5	≤0.3	P、S≤0.025

注：1. 制造厂应提供最大磁能积 $(BH)_{max}$ 数据，但不作为考核依据。

2. 变形永磁钢用于制作永久磁铁，其中 2J63、2J64 可制成棒材、扁材和带材；2J65、2J67 可制成棒材、扁材。

4 复合材料

4.1 复合钢板

不锈钢复合板和钢带

表 3-5-57　不锈钢复合板和钢带尺寸（摘自 GB/T 8165—2008）

<table>
<tr><th colspan="2" rowspan="3">项目</th><th colspan="3" rowspan="2">级别</th><th colspan="3">总厚度/mm</th><th colspan="3">复层厚度/mm</th><th colspan="2">基层厚度/mm</th><th colspan="4">宽度（B）偏差/mm</th></tr>
<tr><th rowspan="2">尺寸</th><th colspan="2">允许偏差/%</th><th rowspan="2">尺寸</th><th colspan="2">偏差</th><th rowspan="2">复合板</th><th rowspan="2">复合带</th><th rowspan="2">B<1450</th><th colspan="3">B≥1450</th></tr>
<tr><th>Ⅰ级</th><th>Ⅱ级</th><th>Ⅲ级</th><th>Ⅰ、Ⅱ级</th><th>Ⅲ级</th><th>Ⅰ、Ⅱ级</th><th>Ⅲ级</th><th>Ⅰ级</th><th>Ⅱ级</th><th>Ⅲ级</th></tr>
<tr><td rowspan="3">代号</td><td>爆炸法</td><td>BⅠ</td><td>BⅡ</td><td>BⅢ</td><td>6~7</td><td>+10
−8</td><td>±9</td><td rowspan="6">0.8~6.0 通常为 2~3 或由供需双方协商</td><td rowspan="6">±9% 板厚，且 ≤1mm</td><td rowspan="6">±10% 板厚，且 ≤1mm</td><td rowspan="6">最小厚度为 5mm</td><td rowspan="6">最小厚度由供需双方协商</td><td rowspan="6">按 GB/T 709</td><td rowspan="2">+60
0</td><td rowspan="2">+100
0</td><td rowspan="2">+150
0</td></tr>
<tr><td>轧制法</td><td>RⅠ</td><td>RⅡ</td><td>RⅢ</td><td>>7~15</td><td>+9
−7</td><td>±8</td></tr>
<tr><td>爆炸轧制法</td><td>BRⅠ</td><td>BRⅡ</td><td>BRⅢ</td><td>15~25</td><td>+8
−6</td><td>±7</td><td rowspan="2">+200
0</td><td rowspan="2">+250
0</td><td rowspan="2">+300
0</td></tr>
<tr><td colspan="2" rowspan="3">用途</td><td rowspan="3">用于不允许有未结合区存在的、加工时要求严格的构件上</td><td rowspan="3">用于可允许有少量未结合区存在的构件上</td><td rowspan="3">用于复层材料只作为抗腐蚀使用的一般构件</td><td>25~30</td><td>+7
−5</td><td>±6</td></tr>
<tr><td>>30~60</td><td>+6
−4</td><td>±5</td><td rowspan="2">+250
0</td><td rowspan="2">+300
0</td><td rowspan="2">+350</td></tr>
<tr><td>>60</td><td>协商</td><td>协商</td></tr>
</table>

注：复合钢板宽度为 1450~3000mm，复合钢带宽度为 1000~1400mm，两者长度为 4000~10000mm。

表 3-5-58　　不锈钢复合板的常规力学性能（摘自 GB/T 8165—2008）

<table>
<tr><th>级别</th><th>界面抗剪强度
τ/MPa</th><th>上屈服强度①
R_{eH}/MPa</th><th>抗拉强度
R_m/MPa</th><th>断后伸长率
A/%</th><th>冲击吸收能量
A_{KV2}/J</th><th>结合率
/%</th></tr>
<tr><td>Ⅰ级</td><td rowspan="2">≥210</td><td rowspan="3">不小于基层对应厚度钢板标准值②</td><td rowspan="3">不小于基层对应厚度钢板标准下限值，且不大于上限值 35MPa③</td><td rowspan="3">不小于基层对应厚度钢板标准值④</td><td rowspan="3">应符合基层对应厚度钢板的规定⑤</td><td>100</td></tr>
<tr><td>Ⅱ级</td><td>≥99</td></tr>
<tr><td>Ⅲ级</td><td>≥200</td><td>≥95</td></tr>
</table>

① 屈服现象不明显时，按 $R_{p0.2}$。

② 复合钢板和钢带的屈服下限值亦可按式（1）计算：

$$R_p=\frac{t_1R_{p1}+t_2R_{p2}}{t_1+t_2} \tag{1}$$

式中　R_{p1}——复层钢板的屈服点下限值，MPa；

R_{p2}——基层钢板的屈服点下限值，MPa；

t_1——复层钢板的厚度，mm；

t_2——基层钢板的厚度，mm。

③ 复合钢板和钢带的抗拉强度下限值亦可按式（2）计算：

$$R_m=\frac{t_1R_{m1}+t_2R_{m2}}{t_1+t_2} \tag{2}$$

式中　R_{m1}——复层钢板的抗拉强度下限值，MPa；

R_{m2}——基层钢板的抗拉强度下限值，MPa；

t_1——复层钢板的厚度，mm；

t_2——基层钢板的厚度，mm。

④ 当复层伸长率标准值小于基层标准值、复合钢板伸长率小于基层、但又不小于复层标准值时，允许剖去复层仅对基层进行拉伸试验，其伸长率应不小于基层标准值。

⑤ 复合钢板复层不做冲击试验。

钛-钢复合板（摘自 GB/T 8547—2019）

表 3-5-59　钛-钢复合板的尺寸及技术要求

厚度 /mm	厚度允许偏差 /mm	宽度允许偏差 /mm		长度允许偏差 /mm			不平度 /mm · m^{-1}		拉伸试验		剪切试验 剪切强度 τ/MPa		弯曲试验				面积结合率			用途			复层			基层	
		≤ 1600	>1600 ~ 2200	≤ 1600	>1600 ~ 2800	>2800 ~ 4500	0 类 1 类	2 类	抗拉强度 R_m /MPa	断后伸长率 A/%	0 类	1 类 2 类	弯曲角 α/(°) 内弯	弯曲角 α/(°) 外弯	弯曲直径 D/mm 内弯	弯曲直径 D/mm 外弯	0 类	1 类	2 类	0 类	1 类	2 类	厚度 /mm	厚度允许偏差 /%	钢号	厚度间隔	钢号
4~8	±0.8	+150	+300	+150	+250	±50	≤8	≤15	>R_{mj}	不小于复材或基材标准中规定的较低断后伸长率	≥196	≥140	180	105	按基材标准的规定执行，不够2倍按2倍执行	复合板厚度的3倍	100%，但不包括≤25mm的起爆点缺陷	>98%，单个不结合区的长度≤75mm，其面积≤45cm^2	>95%，单个不结合区的面积≤60cm^2	高结合强度的复合板，如过度接头、法兰等	复材作为设计强度部分复合板，如管板	复材不作为设计强度部分复合板，如防腐衬里	0.3 ~ 15	±10	TA1G TA2G TA3G TA9 TA10	按 GB/T 709—1988 的规定执行	压力容器用碳素钢和低合金钢、锅炉用的碳素钢和低合金钢、船体用结构钢的有关牌号
8~18	±0.8	+150	+300	+150	+250																						
19~28	±1.0	+50 0		+50 0																							
29~46	±1.2						≤6																				
47~64	±1.5																										
65~100	±2.0																										

注：1. 复层厚度允许偏差指复层名义厚度的允许偏差。

2. 爆炸钛-钢复合板生产分 0 类、1 类、2 类，其代号分别为 B0、B1 和 B2，“B”为“爆”字汉语拼音字首，爆炸-轧制钛-钢复合板生产分 1 类和 2 类，其代号分别为 BR1 和 BR2，“BR”为“爆”和“热”字汉语拼音字首，轧制钛-钢复合板生产分 1 类和 2 类，其代号为 R_1 和 R_2，0 类为用于过渡接头、法兰等的高结合强度，且不允许不结合区存在的复合板，1 类为用于将复材作为设计强度部分复合板，如管板等，2 类为用于将复材不作为设计强度部分复合板，如防腐衬里等。

3. 复合板复层和基层应符合表中的规定，表中所列的复层与基层可以自由结合。经供需双方协商也可提供其他复层或基层的复合板。

4. 爆炸-轧制复合板的伸长率可由供需双方协商确定。

5. 复合板的不平度应符合表中的规定。需方有特殊要求时，可由供需双方协商确定。

6. 复合板四角应切成直角，切斜应不大于其长度或宽度的允许偏差。厚度大于 18mm 或长度大于 4000mm 的复合板允许用其他切割方法切边。需方同意时，可不切边交货。

7. 复合板复材的表面不应有裂纹、起皮、压折、金属或非金属夹杂物等缺陷，允许有不超出复材厚度公差之半的划伤、凹坑、压痕等缺陷。

8. 允许沿加工方向清除复材表面的局部缺陷，但清理后复材的厚度不得小于其最小允许厚度。

9. 复层表面非贯穿到基层的较小缺陷允许焊接修补，修补后的表面应与复层表面齐平。处理区域应进行渗透检验和超声检验。

10. 当用户要求时，供方可以进行基层的拉伸试验，其抗拉强度应达到基层相应标准的要求。

11. 宽度大于 1100mm 或长度大于 2200mm 的复合板允许复层或基层拼焊。复层或基层的拼焊焊缝应满足以下条件：复层焊缝和基层焊缝应经无损检验，其判定标准及焊缝要求由供需双方协商确定；拼板最小板宽不小于300mm。

12. 爆炸复合板以原始表面交货，长度小于3000mm的以酸洗表面交货。需方对表面有特殊要求时，可由供需双方协商确定。

13. 复合板以轧制（R）、爆炸（B）或爆炸-轧制（BR）状态交货。爆炸复合板一般以消除应力（m）状态供应，推荐热处理制度为：热处理温度为540~650℃；保温时间不小于1h；加热和冷却速度为50~200℃/h。

14. 复合板的抗拉强度理论下限标准值 R_{mj} 按下列公式计算：

$$R_{mj}=\frac{t_1R_{m1}+t_2R_{m2}}{t_1+t_2}$$

式中 R_{m1}——基层抗拉强度下限标准值，MPa；
R_{m2}——复层抗拉强度下限标准值，MPa；
t_1——基层厚度，mm；
t_2——复层厚度，mm。

15. 标记示列如下。

复层厚度为6mm的TA2、基层厚度为30mm的Q235钢、宽度为1000mm、长度为3000mm、消除应力状态的1类爆炸复合板标记为：TA2/Q235　B1　m　6/30×1000×3000　GB/T 8547—2019

复层厚度为2mm的TA1、基层厚度为10mm的Q235钢、宽度为1100mm、长度为3500mm的2类爆炸-轧制复合板标记为：TA1/Q235　BR2　2/10×1100×3500　GB/T 8547—2019

钛-不锈钢复合板（摘自GB/T 8546—2017）

表 3-5-60　钛-不锈钢复合板的尺寸及技术要求

种类(代号)			厚度/mm	厚度允许偏差/mm	宽度允许偏差/mm			长度允许偏差/mm				拉伸试验		剪切试验		弯曲试验				分离试验
												抗拉强度 R_m/MPa	延伸率 A/%	剪切强度 τ/MPa		弯曲角 α/(°)		弯曲直径 D/mm		分离强度 σ_τ/MPa
0类(B0)	1类(B1)	2类(B2)			≤1100	>1100~1600	>1600	≤1100	>1100~1600	>1600~2800	>2800			0类	1、2类	内弯	外弯	内弯	外弯	
用于过渡接头、法兰等高结合强度，不允许不结合区存在的某些特殊用途	钛材参与强度设计的复合板，或复合板需进行严格加工的构件，如管板等	钛材作为耐蚀设计，不参与强度设计的复合板，如筒体等	4~6	±0.6	+150	+150	+200	+200	+200	+300	+400	>R_{mj}	大于基材或复材标准中较低一方规定值	≥196	≥140	180	按复材标准确定	复合板厚度的2倍	复合板厚度的3倍	0类：≥274
			>6~18	±0.8	+150	+200	+300	+300	+300	+400	+400									
			>18~28	±1.0	+200	+300	+400	+400	+400	+400	+400									
			>28~46	±1.2	+300	+400	+400													
			>46~60	±1.5	+400	+400	+500													
			>60	±2.0	+400	+500	+500													

注：1. 复合板的抗拉强度理论下限标准值 R_{mj} 按表3-5-45注14的公式计算。
2. 复合板进行弯曲试验，弯曲部分的外侧不允许产生裂纹，复合界面不允许分层。
3. 复合板采用爆炸方法制成。

铜-钢复合薄板和带材（摘自 GB/T 36162—2018）

表 3-5-61　CSC 板带的牌号、覆层金属厚度比率、覆层金属质量比、状态、规格

牌号	覆层金属厚度比率 铜/钢/钢（或铜/钢）/%	覆层金属质量比 /%	复合类型	状态	带材/mm 总厚度	带材/mm 宽度	板材/mm 总厚度	板材/mm 宽度	板材/mm 长度
T2/Q195/T2	9/82/9	19.00	对称双面复合	软化退火(O60) 1/8 硬(H00),退火到 1/8 硬(O80) 1/4 硬(H01),退火到 1/4 硬(O81) 1/2 硬(H02),退火到 1/2 硬(O82) 3/4 硬(H03) 3/4 硬十应力消除(HR03) 硬(H04) 硬十应力消除(HR04) 特硬十应力消除(HR06)	0.20~2.00	≤600	0.4~2.0	≤600	≤3000
	7.5/85/7.5	16.00	对称双面复合						
	6/88/6	12.60	对称双面复合						
	6/90/4	10.55	非对称双面复合						
	5/90/5	10.55	对称双面复合						
H65/Q195/H65	7.5/85/7.5	15.40	对称双面复合		0.20~1.20	≤500	0.4~1.2	≤500	≤2000
	6/88/6	12.40	对称双面复合						
T2/Q195/T2	3.25/93.5/3.25	6.95	对称双面复合	退火(O61)	1.60~2.00	≤600	—	—	—
T2/Q195	10/90	10.55	单面复合	1/8 硬(H00),1/4 确(H01)	0.20~1.50	≤600	—	—	—
T2/DC04/T2、T2/DC06/T2	6/88/6	12.60	对称双面复合	软化退火(O60)	0.20~1.20	≤600	—	—	—
H90/18Al/H90	4/92/4	8.55	对称双面复合	软化退火(O60)	1.50~3.20	≤500	—	—	—
H90/11Al/H90	4/92/4	8.55	对称双面复合		0.50~1.70	≤500	—	—	—
	8/84/8	16.90	对称双面复合						
H90/Q195/H90	4/92/4	8.55	对称双面复合	软化退火(O60)	0.50~2.00	≤460	—	—	—
	5/90/5	10.45	对称双面复合						
H65/DC04/H65,H65/DC06/H65	6/88/6	12.40	对称双面复合	软化退火(O60)	0.20~1.20	≤500	—	—	—
T2/Q345/T2	9/82/9	19.00	对称双面复合	特硬(H06) 弹性(H08)	0.20~0.50	≤300	—	—	—
	7/86/7	14.80	对称双面复合						
H65/Q345/H65	9/82/9	18.45	对称双面复合	特硬(H06) 弹性(H08)	0.20~0.50	≤300	—	—	—
	7/86/7	14.65	对称双面复合						

注：经供需双方协商，也可供应其他规格的 CSC 板带

表 3-5-62　CSC 板带的力学性能

牌号	状态	厚度 /mm	抗拉强度 R_m /MPa	断后伸长率 $A_{11.3}$ /%
T2/Q195/T2	O60①	0.20~1.20	280~360	≥37
		>1.20~2.00	280~360	≥39
	O61①	>1.20~2.00	290~375	≥32
T2/DC04/T2	O60①	>1.20~2.00	275~345	≥40
T2/DC06/T2	O60①	0.20~1.20	275~340	≥43
T2/Q195/T2 T2/Q195	H00、O80①	0.20~2.00	310~360	≥28
	H01、O81①	0.20~1.90	330~390	≥18
	H02、O82①	0.20~1.80	370~450	≥8
	H03	0.20~1.70	430~500	≥4
	H04	0.20~1.60	480~570	≥1

续表

牌号	状态	厚度/mm	抗拉强度 R_m/MPa	断后伸长率 $A_{11.3}$/%
T2/Q195/T2	HR03	0.20~1.20	430~500	≥13
	HR04	0.20~0.80	480~570	≥8
	HR06	0.20~0.80	≥550	≥4
T2/Q345/T2	H06	0.20~0.80	550~700	≥0.5
	H08	0.20~0.80	≥680	—
H90/Q195/H90 H90/11Al/H90	O60①	0.20~1.20	285~365	≥37
		>1.20~2.20	285~365	≥39
H90/18Al/H90	O60①	1.20~3.20	305~395	≥37
H65/Q195/H65	O60①	0.20~1.20	290~370	≥38
H65/DC04/H65	O60①	0.20~1.20	285~355	≥41
H65/DC06/H65	O60①	0.20~1.20	280~350	≥44
H65/Q195/H65	H00、O80①	0.20~1.20	330~375	≥28
	H01、O81①	0.20~1.20	340~400	≥18
	H02、O82①	0.20~1.10	380~460	≥8
	H03	0.20~1.00	440~520	≥3
	H04	0.20~1.00	≥500	≥1
	HR03	0.20~0.80	440~520	≥10.5
	HR04	0.20~0.80	500~590	≥8
	HR06	0.20~0.50	≥570	≥4
H65/Q345/H65	H06	0.20~0.50	570~720	≥0.5
	H08	0.20~0.50	≥700	—

① 该状态为退火后经过1%~3%的精整量以提高规定塑性延伸强度，或表面压光之后，再进行拉伸试验。

注：表中未包括表1规格在内的CSC板带室温力学性能，由供需双方协商确定。

铜-钢复合钢板（摘自 GB/T 13238—1991）

表 3-5-63

总厚度/mm		复层厚度/mm		长度/mm		宽度/mm	
公称尺寸	允许偏差	公称尺寸	允许偏差	公称尺寸	允许偏差	公称尺寸	允许偏差
8~30	+12% -8%	2~6	±10%	≥1000	+25 -10	≥1000	+20 -10

复合钢板材料牌号

复层	Tul	T2	B30
基层	Q235、20g、16Mng	20R、16MnR、16Mn	20

复合钢板力学性能及用途

抗拉强度 R_m ≥	$R_m=\dfrac{t_1R_{m1}+t_2R_{m2}}{t_1+t_2}$	式中 R_m——复合钢板的抗拉强度，MPa； R_{m1}——基材抗拉强度下限值，MPa； R_{m2}——复材抗拉强度下限值，MPa； t_1、t_2——基材、复材的厚度，mm
伸长率 A/% ≥	基材标准的规定值	
抗剪强度 τ_b ≥	100MPa	
用途	制造耐腐蚀的压力容器和真空设备	

注：经供需双方协商可供应其他规格及允许偏差的板材。板材长度可按需方名义尺寸倍尺供料。

镍-钢复合板（摘自 YB/T 108—1997）

表 3-5-64　复合板的牌号

复层材料		基层材料	
典型牌号	标准号	典型牌号	标准号
N6 N8	GB 5235	Q235A、Q235B	GB 700
		20g、16Mng	GB 713
		20R、16MnR	GB 6654
		Q345	GB 1591
		20	GB 699

表 3-5-65　复合板的力学性能和工艺性能

拉伸试验		剪切试验	弯曲试验（$\alpha=180°$）		结合度试验（$\alpha=180°$）
抗拉强度 R_m /MPa	伸长率 A /%	抗剪强度 τ /MPa	外弯曲	内弯曲	分离率 C /%
$\geqslant R_m$	大于基材和复材标准值中较低的值	≥196	弯曲部位的外侧不得有裂纹		三个结合度试样中的二个试样 C 值不大于 50

锆-钢复合板（摘自 YB/T 108—1997）

表 3-5-66　分类和代号

生产方法	类型	代号	用途分类
爆炸复合板	0 类	B0	0 类：用于过渡接头、法兰等高结合强度，结合率 100% 1 类：将复材锆作为强度设计或特殊用途的复合板，如管板 2 类：将复材锆作为耐蚀设计而不作强度设计考虑的复合板
	1 类	B1	
	2 类	B2	
爆炸-轧制复合板	1 类	BR1	
	2 类	BR2	

表 3-5-67　复合板的剪切强度和工艺性能

拉伸试验		剪切实验		弯曲试验	
		剪切强度（τ）/MPa			
抗拉强度 R_m/MPa	伸长率 A/%	0 类复合板	其他类复合板	弯曲角 α/(°)	弯曲直径 D/mm
大于 R_{mj}	不小于基材或复材标准中较低一方的规定	≥196	≥140	内弯 180°，外弯由复材标准决定，侧弯 180°作为参考值	内弯时按基材标准规定，不够 2 倍时取 2 倍；外弯时为复合板厚度的 3 倍；侧弯参照内弯

注：1. 复合板的抗拉强度理论下限值 R_{mj} 按该标准中 4.3.2 计算。
2. 爆炸-轧制复合板的伸长率可以由供需双方协商确定。
3. 剪切强度适用于复材厚度大于 1.5mm 的复合板。
4. 基材为锻制品时不做弯曲试验。

塑料薄膜热覆合钢板及钢带（摘自 GB/T 40871—2021）

表 3-5-68

复材	基材	基层厚度 /mm	复层厚度 /mm	宽度×长度 /mm	工作温度	用途
软质和半软质聚氯乙烯塑料薄膜（可复合成两面塑料）	BY1 BY2	0.35 0.50 0.70 0.80 1.00 1.20 1.50 2.00	0.15~0.20	(900~1000)×(1500~2000)	在 10~60℃ 时可长期使用，短期可耐 120℃	排气通风道，电解槽，食盐中和槽，硝酸、硫酸及盐酸桶，电器外壳，配电盘等

注：1. 耐化学性好，可耐浓酸、浓碱及醇类的侵蚀，耐水性好，对有机溶剂的耐蚀差（如酮、酯、醛、芳香族等）。
2. 具有普通钢板所应有的切断、弯曲、深冲、钻孔、铆接、咬合、卷边等加工性能。加工温度在 20~40℃ 之间为最佳。

第3篇

塑料-青铜-钢背三层复合自润滑板材（摘自 GB/T 27553.1—2011）

表 3-5-69

项目		类型									
		Ⅰ				Ⅱ				Ⅲ	
名称		改性聚四氟乙烯-青铜-钢背三层复合材料				改性聚甲醛-青铜-钢背三层复合材料				填充增强酚醛-青铜-钢背三层复合材料	
结构及特点		以钢板为基体、多孔青铜为中间层、塑料为表面层制成。复合材料的物理力学性能取决于基体；摩擦、磨损性能取决于塑料；多孔性青铜为媒介，从而使结合更可靠，结合强度高于喷涂和胶接，一旦塑料磨损，露出青铜，也不致严重磨损轴，三层复合材料具有自润滑性能									
用途		特别适用于无油润滑条件				特别适用于边界润滑及无油润滑				特别适用于水润滑条件	
		用于卷制轴承、轴瓦、止推垫片、滑块、机床导轨、闸门滑道、球座及关节轴承垫层等滑动摩擦副									
板材公称尺寸/mm	板厚	1.0	1.5	2.0	2.5	1.0	1.5	2.0	2.5	20	40
	板厚公差	0.05		0.06	0.07	0.05		0.06	0.07		
	长度×宽度	500×120									
板材压缩永久变形/mm		压力 280MPa 时，≤0.08				压力 140MPa 时，有油坑：≤0.05 无油坑：≤0.04				压力 250MPa 时，≤0.10	
板材磨痕宽度/mm	干摩擦	≤6.0				≤5.5（脂润滑）				≤2.5（水润滑）	
	油润滑	≤4.5									
摩擦因数	干摩擦	≤0.20				≤0.50				≤0.12（水润滑）	
	油润滑	≤0.08				≤0.10（脂润滑）					
线胀系数/$℃^{-1}$	数值	$\leqslant 30\times10^{-6}$				$\leqslant 70\times10^{-6}$					
	温度范围	20~180℃				0~80℃					
热导率/$W\cdot m^{-1}\cdot K^{-1}$		≥2.3				≥1.7					

4.2 衬里钢管和管件

衬聚四氟乙烯钢管和管件（摘自 HG/T 2437—2006）

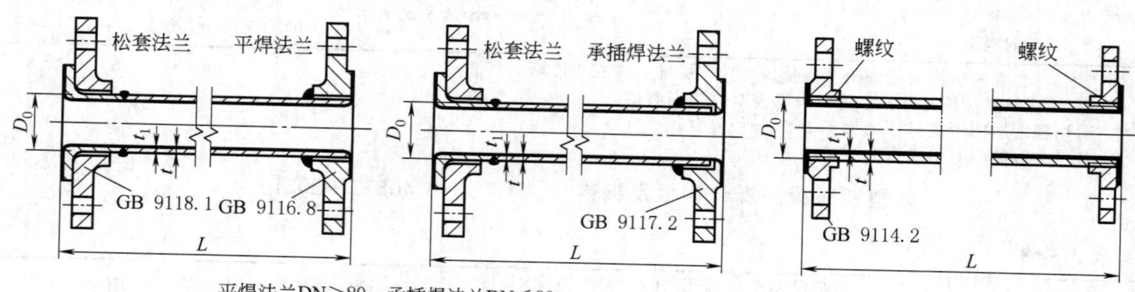

(a) 一端固定法兰、另一端松套法兰

(b) 突面带颈螺纹法兰连接

表 3-5-70

适用压力和温度

聚四氟乙烯管成形方式	正压		负压	
	使用温度/℃	公称压力/MPa	温度/℃	负压/kPa
缠绕管	>-80~200	≤0.6	>-18~180	-95
焊接管	>-20~180	≤1.0	>110~140	-65
推、挤压管	>-20~180	≤1.6	>140~180	-40

表 3-5-71　　　　　　　　　　衬聚四氟乙烯直管　　　　　　　　　　mm

公称直径 DN	管子外径 D_0	壁厚				管长 L			说明
		钢管 t(最小)		聚四氟乙烯管 t_1					
		图(a)	图(b)	推、挤压管	缠绕管	推、挤压管	缠绕管	焊接管	
25	33.7	2.9	3.2	2.5	2.5	3000	3000	3000	①HG/T 2437—2006 不适用于采用喷涂聚四氟乙烯的钢管和管件，也不适用于粘贴法加工的衬里钢管和管件 ②聚四氟乙烯焊接管最小壁厚为 2mm ③钢管采用 HG 20533《化工配管用无缝及焊接钢管尺寸选用系列》中Ⅰ系列；若工程需要Ⅱ系列时，请见标准 HG/T 2437—2006 附录 A ④铸钢(仅有管件)衬聚四氟乙烯详细规格见 HG/T 2437—2006
32	42.4	2.9	3.6	2.5	2.5				
40	48.3	2.9	3.6	2.5	2.5				
50	60.3	3.2	4.0	3	3				
65	76.1	4.5	5.0	3	3				
80	88.9	4.5	5.6	3.5	3.5				
100	114.3	5.0	5.9	4	4				
125	139.7	5.0	6.3	4	4				
150	168.3	5.6	7.1	4	4				
200	219.1	6.3	8.0	4	4				
250	273.0	6.3	8.8	4.5	4.5				
300	323.9	6.3	10.0	4.5	4.5				
350	355.6	6.3	11.0	4.5	4.5				
400	406.4	6.3	12.5	5	5				
450				5	5				
500				5	5				
600				5	5				
700				5	5				
800				5	5				
900				5	5				
1000				5	5				

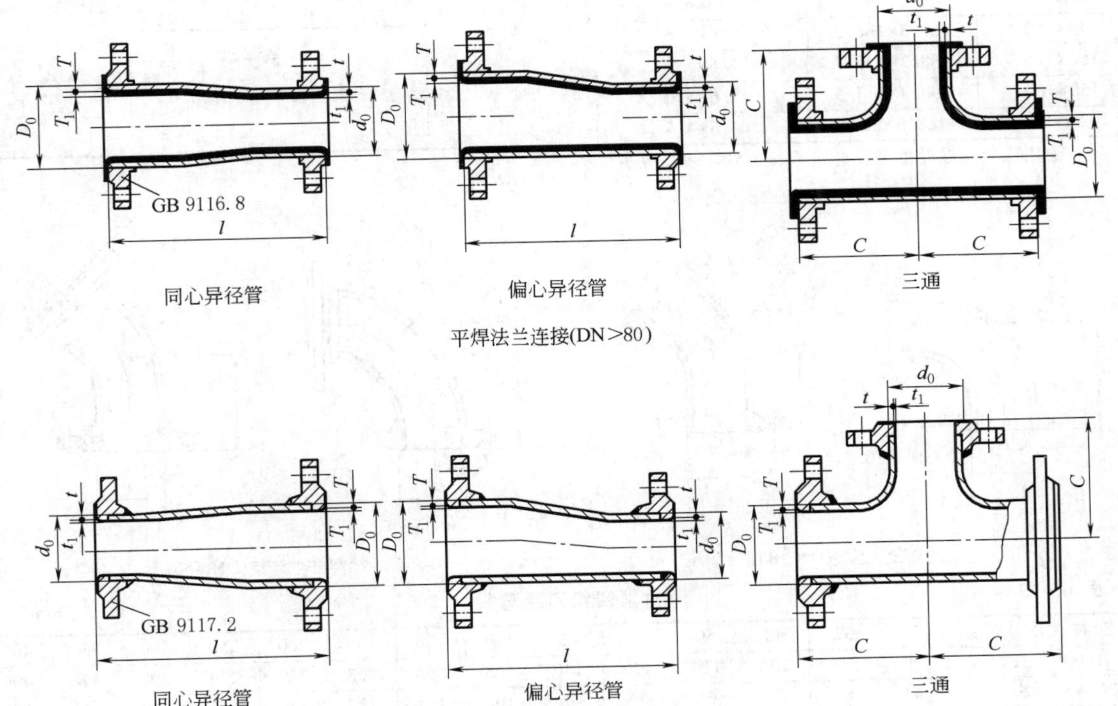

同心异径管　　偏心异径管　　三通

平焊法兰连接(DN＞80)

同心异径管　　偏心异径管　　三通

承插焊法兰连接(DN≤80)

表 3-5-72

衬聚四氟乙烯三通和异径管

mm

公称直径 DN	外径 $D_0 \times d_0$	壁厚 钢管件 $T \times t$(最小)	壁厚 衬塑 $T_1(t_1)$	三通 C	异径管 l	说明
25×25	33.7×33.7	2.9×2.9	见表 3-5-73	88	—	公称直径 DN: 200×200 200×150 200×125 200×100 250×250 250×200 250×150 250×125 300×300 300×250 300×200 300×150 350×350 350×300 350×250 350×200 400×400 400×350 400×300 400×250 400×200 见 HG/T 21562—1994
32×32	42.4×42.4	2.9×2.9		98	—	
32×25	42.4×33.7	2.9×2.9			151	
40×40	48.3×48.3	2.9×2.9		107	—	
40×32	48.3×42.4	2.9×2.9			164	
40×25	48.3×33.7	2.9×2.9				
50×50	60.3×60.3	3.2×3.2		114	—	
50×40	60.3×48.3	3.2×2.9			176	
50×32	60.3×42.4	3.2×2.9				
50×25	60.3×33.7	3.2×2.9				
65×65	76.1×76.1	4.5×4.5		126	—	
65×50	76.1×60.3	4.5×3.2			189	
65×40	76.1×48.3	4.5×2.9				
65×32	76.1×42.4	4.5×2.9				
80×80	88.9×88.9	4.5×4.5		136	—	
80×65	88.9×76.1	4.5×4.5			189	
80×50	88.9×60.3	4.5×3.2				
80×40	88.9×48.3	4.5×2.9				
100×100	114.3×114.3	5.0×5.0		155	—	
100×80	114.3×88.9	5.0×4.5			202	
100×65	114.3×76.1	5.0×4.5				
100×50	114.3×60.3	5.0×3.2				
125×125	139.7×139.7	5.0×5.0		184	—	
125×100	139.7×114.3	5.0×5.0			247	
125×80	139.7×88.9	5.0×4.5				
125×65	139.7×76.1	5.0×4.5				
150×150	168.3×168.3	5.6×5.6		203	—	
150×125	168.3×139.7	5.6×5.0			260	
150×100	168.3×114.3	5.6×5.0				
150×80	168.3×88.9	5.6×4.5				

注：适用压力、温度范围及说明见表 3-5-54 表头说明。

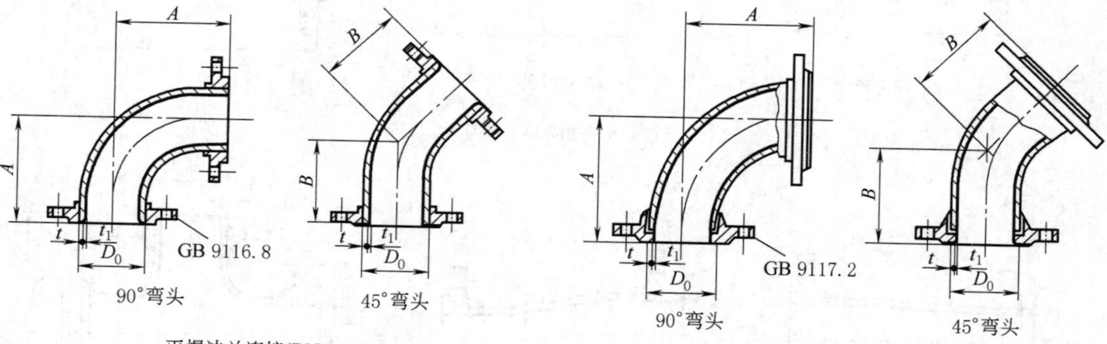

90°弯头　45°弯头

平焊法兰连接(DN>80)

90°弯头　45°弯头

承插焊法兰连接(DN≤80)

表 3-5-73

衬聚四氟乙烯弯头

mm

公称直径 DN	25	32	40	50	65	80	100	125	150	200	250	300	350	400
A(90°弯头)	89	95	102	114	127	140	165	190	203	229	279	305	356	406
B(45°弯头)	44	51	57	64	76	76	102	114	127	140	165	190	221	253

注：壁厚 t、t_1 及适用压力、温度范围和说明见表 3-5-54 表头说明。

衬塑（PP、PE、PVC）钢管和管件（摘自 HG/T 2437—2006）

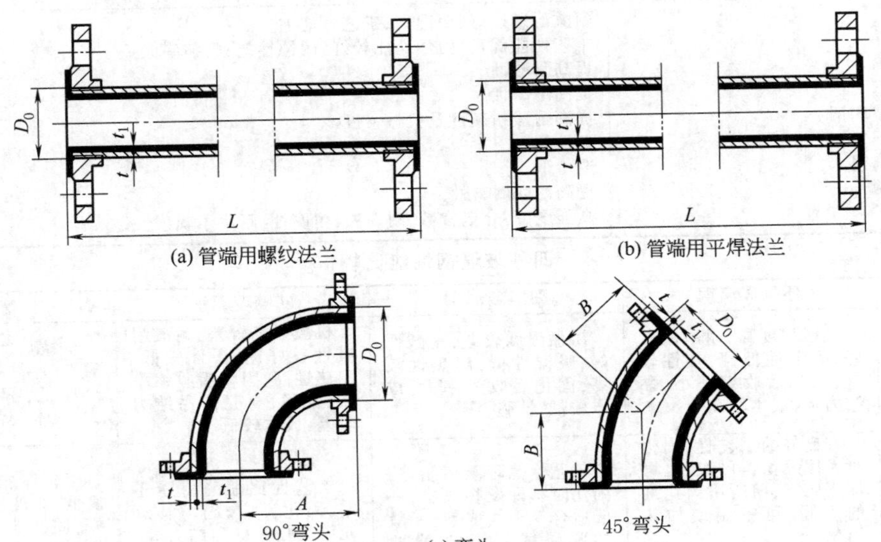

(a) 管端用螺纹法兰　(b) 管端用平焊法兰

90°弯头　45°弯头

(c) 弯头

表 3-5-74　适用压力、温度范围

衬塑材料	塑料缩写代号	使用温度/℃	使用压力/MPa
聚丙烯	PP	-15~90	PN2.0
聚乙烯	PE	-30~90	
聚氯乙烯	PVC	-15~60	

表 3-5-75　衬塑钢管及弯头　mm

公称直径 DN	管子外径 D_0	壁厚				管长 L	90°弯头 A	45°弯头 B	说明
		钢管 t(最小)		衬塑 t_1					
		图 a	图 b、c	PP、PE、PVC					
25	31	3	3	3	4000	89	44		①涂塑钢管和管件的结构尺寸、压力等级和检验要求与衬塑钢管和管件相同 ②钢管采用 HG20533《化工配管用无缝及焊接钢管尺寸选用系列》中 I 系列 ③衬塑铸钢管件详细规格见 HG/T 2437—2006 ④衬塑钢制三通、异径管尺寸与衬聚四氟乙烯三通、异径管相同，详见表 3-5-72，但两端法兰连接都是平焊法兰，超过表中所列的大规格尺寸见 HG/T 2437—2006
32	39.8	4.8	4.8	3	4000	95	51		
40	47.8	4.8	4.8	3	4000	102	57		
50	58.6	5.6	5.6	3	4000	114	64		
65	74.6	5.6	5.6	4	4000	127	76		
80	89.6	5.6	5.6	4	6000	140	76		
100	110.3	6.3	6.3	4	6000	165	102		
125	137.1	7.1	7.1	5	6000	190	114		
150	162.1	7.1	7.1	5	6000	203	127		
200	212.9	7.9	7.9	5	6000	229	140		
250	264.6	8.6	8.6	6	6000	279	165		
300	315.5	9.5	9.5	6	6000	305	190		
350	366	10	10	6	6000	356	221		
400	417	11	11	6	6000	406	253		
450	469	13	13	6		457	284		
500	520	14	14	6		508	316		
600	622	16	16	6		610	374		
700	724	18	18	6		710	430		
800	826	20	20	6		810	488		
900	926	20	20	6		910	548		
1000	1028	22	22	6		1010	608		

4.3 玻璃纤维增强热固性塑料（玻璃钢）

玻璃钢的种类、特点和性能

表 3-5-76　玻璃钢的种类和特点

种类	特点
酚醛玻璃钢	耐酸性强，耐温较高，成形较困难
环氧玻璃钢	机械强度高，收缩率小，耐温不够高

续表

种类	特点
呋喃玻璃钢	耐酸耐碱性好，耐温高，工艺性能差
聚酯玻璃钢	工艺性能优良，力学性能较好，耐蚀性差，收缩率大
酚醛环氧玻璃钢	提高耐酸性
酚醛呋喃玻璃钢	提高耐碱性
环氧酚醛呋喃玻璃钢	提高耐酸耐碱性及机械强度
环氧聚酯玻璃钢	韧性好
环氧煤焦油玻璃钢	造价低
环氧呋喃玻璃钢	提高耐酸耐碱性
硼酚醛玻璃钢	高强度，高介电常数，耐高温，耐腐蚀，耐中子辐射

表 3-5-77　　四种玻璃钢性能比较

项目	环氧玻璃钢	酚醛玻璃钢	呋喃玻璃钢	聚酯玻璃钢
制品性能	机械强度高，耐酸碱性好，吸湿性低，耐热性较差，固化后收缩率小，黏结力强，成本较高	机械强度较差，耐酸性好，吸湿性低，耐热性较高，固化后收缩率大，成本较低，性脆	机械强度较差，耐酸耐碱性较好，吸湿性较低，耐热性高，固化后收缩率大，性脆，与壳体黏结力较差，成本较低	机械强度较高，耐酸耐碱性较差，吸湿性低，耐热性低，固化后收缩率大，成本较低，韧性好
工艺性能	有良好的工艺性，固化时无挥发物，可常压也可加压成型，随所用固化剂的不同，可室温或加热固化 易于改性，黏结性大，脱模较困难	工艺性比环氧树脂差，固化时有挥发物放出，一般适合于干法成型，一般的常压成形品性能差得多	工艺性比酚醛树脂还差，固化反应较猛烈，对光滑无孔底材黏结力差，变定和养护期较长	工艺性能优越，胶液黏度低，对玻璃纤维渗透性好，固化时无挥发物放出，能常温常压成形，适于制大型构件
参考使用温度/℃	<100	<120	<180	<90
毒性	胺类和酸类固化剂均有毒性及刺激性，国内低毒固化剂已试制应用，有的正试制			常用的交联剂苯乙烯有毒
应用情况	使用广泛，一般用于酸、碱性介质中高强度制品或作加强用	使用一般，用于酸性较强的腐蚀介质中	用于酸或碱性较强的，以及酸、碱交变腐蚀介质中，或者使用于温度较高的腐蚀介质中	用于腐蚀性较弱的酸性介质中

表 3-5-78　　四种玻璃钢的耐腐蚀性能

介质	浓度/%	环氧玻璃钢		酚醛玻璃钢		呋喃玻璃钢		聚酯玻璃钢 306#	
		25℃	95℃	25℃	95℃	25℃	120℃	20℃	50℃
硝酸	5	尚耐	不耐	耐	不耐	尚耐	不耐	耐	不耐
	20	不耐	不耐	不耐	不耐	不耐	不耐	不耐	不耐
	40	不耐	不耐	不耐	不耐	不耐	不耐	不耐	不耐
硫酸	5							耐	耐
	10							耐	尚耐
	30							耐	不耐
	50	耐	耐	耐	耐	耐	耐		
	70	尚耐	不耐	耐	不耐	耐	不耐		
	93	不耐	不耐	耐	不耐	不耐	不耐		
发烟硫酸		不耐	不耐	耐	不耐	不耐	不耐		
盐酸	浓 5	耐	耐	耐	耐	耐	耐	不耐 耐	不耐 不耐
醋酸	浓 5	不耐	不耐	耐	耐	耐	耐	不耐 耐	不耐
磷酸	浓	耐	耐	耐	耐	耐	耐	耐	不耐
氢氧化钾	10	耐		不耐	不耐	耐	耐		
氯化钠		耐		耐		耐			
氢氧化钠	10	耐	不耐	不耐	不耐	耐	耐	耐	不耐
	30	尚耐	尚耐	不耐	不耐	耐	耐	耐	不耐
	50	尚耐	不耐	不耐	不耐	耐	耐		
氨水		尚耐	不耐	不耐	不耐	耐	耐		
氯仿		尚耐	不耐	耐	耐	耐	耐	不耐	
四氯化碳		耐	不耐	耐	耐	耐	耐	耐	
丙酮		耐	不耐	耐	耐	耐	耐	不耐	

注：1. 浓度栏中的“浓”字指介质浓度很高。

2. 在硫酸工厂中，以双酚 A 不饱和树脂为基体的玻璃钢设备和管道对高温稀硫酸的耐腐蚀性能更优。

表 3-5-79　　不同含量玻璃纤维增强热塑性塑料的性能

材　料	ABS	聚甲醛		聚四氯乙烯	聚碳酸酯		聚　酰　胺			
		均聚	共聚				尼龙 6	尼龙 66	尼龙 66	尼龙 1010
	玻璃纤维含量(体积分数)									
	20%	20%	25%	25%	10%	30%	30%~35%	30%~33%	20%+20%碳纤维	28%
成形收缩率/%	0.2	0.9~1.2	0.4~1.8	1.8~2	0.2~0.5	0.1~0.2	0.3~0.5	0.2~0.6	0.25~0.35	0.4~0.5
拉伸强度/MPa	72~90	59~62	127	13.8~18.6	65	131	165① 110②	193① 152②	238	58
断后伸长率/%	3	6~7	2~3	200~300	5~7	2~5	—	3~4① 5~7②	3~4	—
抗压强度/MPa	96	124	117	6.9~9.6	93	124~138	131~158 165①	154 165~276①	—	137
抗弯强度/MPa	96~120	103	193	13.8	103~110	158~172	227① 145②	282① 172②	343	202
冲击韧度(缺口)/kJ·m^{-2}	2.3~2.9	1.7~2.1	2.1~3.8	5.7	2.5~5.5	3.6~6.3	4.6~7.1① 7.8②	4.2~4.6	3.78	81.8 (无缺口)
拉伸弹性模量/GPa	5.1~6.1	6.9	8.6~9.6	1.4~1.6	3.4~4	8.6~9.6	10① 5.5②	9①	—	7.7
压缩弹性模量/GPa	5.5	—	—	—	3.6	8.96				
弯曲弹性模量/GPa	4.5~5.5	5	7.6	1.62	3.4	7.6	9.6① 5.5②	9~10① 5.5②	19.6	4.1
硬度	85~98HRM 107HRR	90HRM	79HRM	60~70HSD	75HRM 118HRR	92HRM 119HRR	96HRM① 78HRR②	101HRR 109HRR①	—	11.48HB
线胀系数/$10^{-5}K^{-1}$	2.1	3.8~8.1	2~4.4	7.7~10	3.2~3.8	2.2~2.3	1.6~8	1.5~5.4	2.07	—
热变形温度(1.82MPa)/℃	99	157	163	—	138~142	146~149	200~215	254①	260	马丁温度 176
热导率/W·m^{-1}·K^{-1}	—	—	—	0.34~0.42	0.20~0.22	0.22~0.32	0.24~0.48	0.21~0.49	—	—
密度/g·cm^{-3}	1.18~1.22	1.54~1.56	1.55~1.61	2.2~2.3	1.27~1.28	1.4~1.43	1.35~1.42	1.15~1.4	1.4	1.19
吸水率/%　(24h)	0.18~0.2	0.25	0.22~0.29	—	0.12~0.15	0.08~0.14	1.1~1.2	0.7~1.1	0.5	—
(饱和)	—	—	—	—	—	—	6.5~7	5.5~6.5	—	—
击穿强度/kV·mm^{-1}	18	193	18.9~22.9	12.6	20.9	18.5~18.7	15.8~17.7	14.2~19.7	—	—

第3篇

续表

材料	聚酰胺		聚对苯二甲酸丁二酯(PBT)		聚对苯二甲酸乙二酯(PET)		聚酰胺酰亚胺	聚醚酰亚胺	聚醚醚酮(PEEK)	高密度聚乙烯
	尼龙 610	尼龙 612								
	玻璃纤维含量(体积分数)									
	33%	30%~35%	30%	35%玻璃纤维、滑石粉	30%	40%~50%玻璃纤维、滑石粉	30%	30%	30%	30%
成形收缩率/%	—	0.2~0.5	0.2~0.8	0.3~1.2	0.2~0.9	0.2~0.4	0.2~0.4	0.1~0.2	0.2	0.2~0.6
拉伸强度/MPa	170	152① 138②	96~131	78.5~95	145~158	96~179	221	172~196	162	62
断后伸长率/%	—	4	2~4	2~3	2~7	1.5~3	2.3	2~5	3	1.5~2.5
抗压强度/MPa	145	152①	124~162	—	172	141~165	264	162~165	154	34~41
抗弯强度/MPa	234	220 241①	156~200	124~152	214~230	145~273	317	227~255	227~289	55~65
冲击韧度(缺口)/$kJ \cdot m^{-2}$	11.7	—	1.9~3.4	2.7~3.8	3.4~4.2	1.9~5	3.2	3.6~4.2	4.2~5.4	2.3~3.1
拉伸弹性模量/GPa	6	8.3①	8.96~10	—	8.96~9.9	12~13	14.5	9~11	8.6~11	5.5~6.2
压缩弹性模量/GPa	—	6.2②	—	—	—	—	7.9	3.79	9.6	4.8~5.5
弯曲弹性模量/GPa	4.1	7.6① 6.2②	5.9~8.3	8.3~9.6	8.6~10	9.6~13.8	11.7	8.3~8.6	—	—
硬度	10.65HB	93HRM	90HRM	50HRM	90~100HRM	118~119HRR	94HRE	125HRM 123HRR	—	75~90HRR
线胀系数/$10^{-5}K^{-1}$	—	—	2.5	—	2.5~3	2.1	1.3~1.8	2~2.1	1.5~2.2	4.8
热变形温度(1.82MPa)/℃	马丁温度 195	199~218①	196~218	166~197	216~224	211~227	281	208~215	288~315	121
热导率/$W \cdot m^{-1} \cdot K^{-1}$	—	0.43	0.29	—	0.25~0.29	—	0.68	0.25~0.39	0.2	0.36~0.46
密度/$g \cdot cm^{-3}$	1.30	1.30~1.38	1.48~1.53	1.59~1.73	1.56~1.67	1.58~1.68	1.61	1.49~1.51	1.49~1.54	1.18~1.28
吸水率/% (24h)	—	0.2	0.06~0.08	0.06~0.07	0.05	0.05	—	0.18~0.2	0.06~0.12	0.02~0.06
(饱和)	—	1.85	0.3	—	—	—	0.24	0.9	0.11~0.12	—
击穿强度/$kV \cdot mm^{-1}$	—	20.5	15.8~21.7	17.7~23.6	16.9~25.6	22.5~23.6	33.1	19.5~24.8	—	19.7~21.7

续表

材料	聚苯醚和改性聚苯醚	聚苯硫醚(PPS)	聚丙烯均聚	聚氯乙烯	聚苯乙烯		丙烯腈苯乙烯共聚物(SAN)	聚砜	改性聚砜	聚醚砜
					均聚	耐热共聚物				
	玻璃纤维含量(体积分数)									
	30%	40%	40%	15%	20%	20%	20%长玻璃纤维	30%	30%	20%
成形收缩率/%	0.1~0.4	0.2~0.4	0.3~0.5	0.1	0.1~0.3	0.3~0.4	0.1~0.3	0.1~0.3	0.1~0.3	0.2~0.5
拉伸强度/MPa	103~127	120~158	58~103	62	68.9~82.7	68.9~96	107~124	100	103~131	138~170
断后伸长率/%	2~5	0.9~4	1.5~4	2.3	1.3	1.4~3.5	1.2~1.8	1.5	1.9~3	2~3.5
抗压强度/MPa	123	145~179	61~68	62	110~117	—	117~145	131	—	134~165
抗弯强度/MPa	145~158	156~220	72~152	93	96~124	112~151	138~156	138	138~176	169~190
冲击韧度(缺口)/$kJ \cdot m^{-2}$	3.6~4.8	2.3~3.2	2.9~4.2	2.1	1.9~5.3	4.4~5.5	2.1~6.3	2.3	2.1~4.2	2.5~3.6
拉伸弹性模量/GPa	6.9~8.9	7.6	7.6~10	6	6.2~8.3	5.8~6.2	6.3~11.8	9.3	5.7~6.89	5.9
弯曲弹性模量/GPa	7.6~7.9	11.7~12.4	6.5~6.9	5.2	6.5~7.6	5.5~7.2	6.9~8.8	7.2	8.86	5.9~6.2
硬度	115~116HRR	123HRR	102~111HRR	118HRR	80~95HRM 119HRR	—	89~100HRM 122HRR	90~100HRM	80~85HRM	98~99HRM
线胀系数/$10^{-5}K^{-1}$	1.4~2.5	2.2	2.7~3.2	—	3.96~4	2	2.34~4.14	2.5	4.8~5.4	2.3~3.2
热变形温度(1.82MPa)/℃	135~158	252~263	149~165	68	93~104	110~119	99~110	177	160~167	209~218
热导率/$W \cdot m^{-1} \cdot K^{-1}$	0.15~0.17	0.29~0.45	0.35~0.37	—	0.25	—	0.28	—	—	—
密度/$g \cdot cm^{-3}$	1.27~1.36	1.6~1.67	1.22~1.23	1.54	1.2	1.21~1.22	1.2~1.22	1.46	1.52	1.51
吸水率/% (24h)	0.06	0.02~0.05	0.05~0.06	0.01	0.07~0.1	0.1	0.1~0.2	0.3	0.1~0.2	0.15~0.4
吸水率/% (饱和)	—	—	0.09~0.1	—	0.3	—	0.7	—	0.43	1.65~2.1
击穿强度/$kV \cdot mm^{-1}$	21.7~24.8	14.2~17.7	19.7~20.1	23.6~31.5	16.7	—	19.7	—	15.7	14.8~19.7

① 干燥状态。

② 50%相对湿度。

合成树脂及辅助材料

表 3-5-80　　环氧树脂及辅助材料

材料功能		材料名称、特点及说明
基体材料	环氧树脂	环氧树脂是指分子中含有两个或两个以上环氧基团的有机高分子化合物。它具有机械强度高、良好的耐腐蚀性、粘接性、绝缘性和防水性,但价格高、某些固化剂毒性大等特点。环氧树脂种类很多,常用环氧树脂如下: ①双酚A环氧树脂(通用型环氧树脂)　它由环氧氯丙烷与双酚A缩聚而成,牌号有E-51、E-44、E-42、E-20、E-12。这种树脂应用最广,使用温度较低,可以与其他树脂混用,以改进性能 ②酚醛多环氧树脂　它是酚醛树脂与环氧氯丙烷缩合而成。这种树脂耐热性能好,耐腐蚀性能也较好,所以常用于制作耐热玻璃钢 ③脂环族环氧树脂　它是由脂环烯烃的双键环氧化而得的相对分子质量比较小的环氧化合物,牌号有R-122、H-71、W-95等。这种树脂经固化后具有很好的物理力学性能、较高的热变形温度和紫外线的稳定性
辅助材料	固化剂	固化剂可分催化性和反应性两类。催化性固化剂是通过催化作用去促进环氧树脂分子自身的交联反应,一般应用较少。反应性固化剂直接参加固化反应。常用固化剂有如下几类: ①胺类固化剂　它是环氧树脂最常用的一种固化剂,包括 脂肪族胺类　它能在室温下固化环氧树脂、固化速度快、黏度低、使用方便,但固化后产物耐热性差,会使皮肤过敏。常用的品种有乙二胺(EDA)、二乙烯三胺(DETA)、三乙烯四胺(TETA)、四乙烯五胺、多乙烯多胺(PEDA)、二甲氨基丙胺(DMAPA)、二乙氨基丙胺(DEAPA)、六氢吡啶(PRN) 芳香族胺类　它的分子中含有稳定的苯环结构,固化后的树脂热变形温度高,耐腐蚀性、电性能和力学性能也比较好。常用固化剂品种有间苯二胺(MPDA)、间苯二甲胺(MXDA)、二氨基二苯砜(DDS)、4,4-次甲基二苯胺(MDA) 改性胺类　它是对胺类固化剂进行改性。固化后树脂抗冲击性强,耐溶剂性能较好,施工时毒性低,常用品种有590型、591型、593型和120型 ②酸酐类固化剂　除胺类外,酸酐是环氧树脂中应用最多的一种固化剂。它需要在较高温度下长时间固化。为加速固化,加入胺类促进剂。固化后的树脂具有优良的物理、电和耐腐蚀性能,有中等或较高的热变形温度。常用固化剂有顺丁烯二酸酐(MA)、邻苯二甲酸酐(PA)、内次甲基四氢邻苯二甲酸酐(NA)、均苯四甲酸酐(PMDA)、十二烷基丁二酸酐(DDSA)、四氢苯酐(THPA)、甲基内次甲基四氢邻苯二甲酸酐(MNA)、聚壬二酸酐(PAPA)等 ③咪唑类固化剂　它是一种新型固化剂,毒性低、用量少、黏度低、固化速度快、中温固化。固化后树脂机械强度高、耐热、耐腐蚀、电性能好、价格贵。常用咪唑类固化剂有咪唑、2-甲基咪唑、2-乙基4-甲基咪唑、三氟化硼与乙胺络合物,后者要避免使用石棉、云母和某些碱性填充剂 ④潜伏性固化剂　它是指与环氧树脂混合后在室温下有较长储存期,经加热后作固化剂。品种有偏硼酸己丁酯与仲胺的加成物,594硼化剂、双氰胺 ⑤合成树脂固化剂　常用品种有氨基聚酰胺、酚醛树脂、苯胺甲醛树脂
	稀释剂	稀释剂用以降低树脂黏度,便于工艺操作,满足施工要求,改进润湿能力,增加填充剂的填充体积,利于放热。稀释剂分为两类: ①活性稀释剂　它能参与树脂的固化反应,对树脂起增韧作用,固化后收缩率小,用量少,价格贵,有毒,长期接触会引起皮肤过敏,甚至溃烂。常用品种有环氧丙烷丙烯醚(500#)、环氧丙烷丁基醚(501#)、环氧丙烷苯基醚(690#)、二缩水甘油醚(600#)、脂环族环氧(6269#、6206#、6221#)、乙二醇二缩水甘油醚(512#)、甘油环氧(662#) ②非活性稀释剂　它不参与树脂的固化反应,纯属物理混合。稀释后挥发,使固化后树脂收缩率增加,黏结力降低,残留的溶剂使强度和耐热性降低,价格低。常用品种有丙酮、甲乙酮、环己酮、苯、甲苯、二甲苯、正丁醇、苯乙烯
	增韧剂	增韧剂用于增加环氧树脂的韧性、提高弯曲和冲击韧性。增韧剂分为两类: ①活性增韧剂　它参与固化反应,对树脂起增韧作用。主要品种有低相对分子质量的聚酰胺(650#、651#)、聚硫橡胶、丁腈橡胶、不饱和树脂、环氧化聚丁烯树脂等 ②非活性增韧剂　它不参与固化反应,只发生物理变化。对固化后树脂的性能影响较小,但时间长了会游离出来,导致塑性变形或老化。黏度小,可兼作稀释剂用,增加树脂的流动性。常用品种有邻苯二甲酸二甲酯、邻苯二甲酸二丁酯、邻苯二甲酸二辛酯、磷酸三乙酯、磷酸三苯酯、磷酸三甲酚酯等
	填充剂	填充剂可以减小树脂的流动性和放热作用,降低树脂固化收缩性和线胀系数,增加导热性,改善表面硬度,同时还可减少树脂用量、降低成本。常用填充剂有灰绿岩粉、石英粉、瓷粉和石墨粉。填充剂中不应含水,且应耐腐蚀,细度一般在120目以上

表 3-5-81　　聚酯树脂及辅助材料

材料功能		材料名称、特点及说明
基体材料	聚酯树脂	聚酯树脂是不饱和树脂的简称,按其性能可分为: ①通用型(邻苯型)　它具有良好的综合性能,用于制造船舶、车辆、板材及强度要求不高的化工设备,适用温度低于70℃,通用型聚酯多为邻苯二甲酸型 ②耐热型 以通用型为基础的耐热型聚酯　长期使用温度分别在80~90℃和120℃以下 以丙烯基型单体为交联剂的聚酯　如以内次甲基四氢邻苯二甲酸酐或三聚氰酸三丙烯酯为交联剂的不饱和聚酯,能在250~260℃长期使用 丙烯基型聚酯　如邻苯二甲酸二丙烯酯(DAP),其制品可在200℃以下长期使用 ③耐化学腐蚀型　通用型聚酯只能满足一般性防腐要求。间苯二甲酸型和对苯二甲酸型聚酯可满足中等耐腐蚀要求,双酚A型聚酯耐腐蚀最好,尤其是耐碱 ④胶衣树脂(表面层聚酯)　它用于玻璃钢制品表面,具有良好的耐化学性、耐水性和韧性。胶衣树脂可以是透明的或着色的 除上述外,聚酯树脂还有光稳定型、自熄型及韧性型。聚酯树脂按化学组成不同分为双酚A型、间苯二甲酸型、对苯二甲酸型、邻苯二甲酸型、丙烯基型等

续表

材料功能		材料名称、特点及说明
辅助材料	交联剂	在聚酯中加入交联剂后的固化过程很缓慢,因此需在树脂中加引发剂。以便在引发剂的引发下,聚酯与交联剂在加热条件下进行固化,称热固化;如果同时加入促进剂,则聚酯与交联剂在引发剂-促进剂条件下,可室温固化,或称冷固化。交联剂与聚酯分子链发生固化反应。常用交联剂有苯乙烯、甲基丙烯酸甲酯,其次有乙烯基甲苯、氯代苯乙烯、二乙烯基苯、丙烯酸乙酯
	引发剂	引发剂能使交联剂和聚酯树脂变成活性单体和活性链,达到交联固化的目的。引发剂一般为有机过氧化合物,如叔丁基过氧化氢、异丙苯过氧化氢、过氧化二异丙苯、过氧化二苯甲酰、过氧化二月桂酰、过苯甲酸叔丁酯、过氧化环己酮、过氧化甲乙酮等。引发剂的选用原则是所选引发剂的临界温度应低于固化温度,上述引发剂的临界温度为60~130℃
	促进剂	促进剂能促使降低引发剂的引发温度,从而降低固化温度,加快固化速度,减少引发剂用量,适合手糊法成型。促进剂应与引发剂配对使用。常用促进剂有含6%的环烷酸钴的苯乙烯液(Ⅰ号)、含10%的二甲基苯胺的苯乙烯液(Ⅱ号)
	阻聚剂	阻聚剂的作用是提高聚酯的储存稳定性,调节聚酯胶液的使用期。常用阻聚剂有对苯二酚
	其他辅助材料	触变剂 它用于大型设备成形,防止垂直面或斜面树脂流胶。常用的触变剂有可溶性的聚氯乙烯粉和活性的二氧化硅粉 填充剂 添加适量的填充剂可以改善树脂固化后的物理力学性能,详见表3-5-82的有关说明 颜料 为使制品具有某种颜色,常加入一些无机颜料,但必须对引发剂具有化学惰性,如红色氧化铁等

表 3-5-82 酚醛树脂及辅助材料

材料功能		材料名称、特点及说明
基体材料	酚醛树脂	酚醛树脂是以酚类化合物与醛类化合物为原料,在催化剂作用下缩聚而得。酚醛树脂一般分为高、中、低三种不同黏度,其中中黏度树脂用于制作玻璃钢。它们的落球法黏度(直径8.5mm的钢球、落下高度100mm,20℃±1℃条件下测得时间)为5~20min,游离酚含量一般在14%~19%,若含量过高,会影响树脂的性能,所以一般控制游离酚含量在15%以下。游离醛含量一般在1.8%~2.5%。在树脂固化时,游离醛易逸出,造成树脂的孔隙率加大,所以游离醛含量一般控制在2%以下。树脂中水分含量一般在10%~12%,含量过高,导致玻璃钢强度下降,抗渗透性差。树脂中游离酚有毒、有刺激作用,会引起皮肤过敏。除强氧化酸外,酚醛树脂能耐各种酸的腐蚀,如任何浓度的盐酸、稀硫酸及大部分的有机酸和苯、氯苯等有机溶剂,但耐碱性差 因酚醛玻璃钢具有脆性大、耐碱性差等缺点,所以现多用改性酚醛树脂,如聚乙烯醇缩醛改性酚醛树脂、环氧改性酚醛树脂、有机硅改性酚醛树脂、硅酚醛树脂及二甲苯改性酚醛树脂等
辅助材料	固化剂	酚醛树脂固化分热固化和酸固化两种。热固化不需添加固化剂。固化温度控制在175℃左右,同时施加一定压力,压力大小与成型工艺有关,一般层压工艺的压力为10~12MPa,模压工艺为30~50MPa。酸固化是指树脂在酸性固化剂中于常温或较低温度下固化。常用固化剂有盐酸、磷酸、对甲苯磺酸、苯酚磺酸等,一般用量为树脂重量的10%左右。目前热固法应用较广,因固化产物即玻璃钢的耐热性能、力学性能及耐溶剂性能比酸固化的好
	改进剂(软化剂)	加入改进剂的目的主要是为了降低酚醛树脂固化后的脆性。改进剂一般采用桐油钙松香、苯二甲酸二丁酯,用于改善树脂的脆性时,前者优于后者,且不降低树脂的耐酸性,但在有机溶剂中的耐腐蚀性有所降低
	稀释剂	稀释剂用以降低树脂的黏度,便于工艺操作。酚醛树脂常用稀释剂有乙醇,黏度过高时可用丙酮或两者混合来调节施工黏度
	填充剂	酚醛树脂在酸性介质中固化,它能和填充剂中不耐酸杂质进行化学反应,放出气体,使玻璃钢产生气鼓或气泡,降低抗渗透性和粘接强度,所以要严格控制填充剂中碳酸盐含量,一般含量超过0.1%时必须进行酸洗,同时除去铁粉,提高耐蚀性 其他详见环氧树脂及辅助材料(表3-5-80)

玻璃纤维及制品

玻璃纤维及制品是玻璃钢的重要组成部分，它基本上决定了玻璃钢的机械强度和弹性模量。玻璃纤维具有下列特点。

① 相对密度、拉伸强度高：玻璃纤维相对密度为2.5~2.7，拉伸强度约200MPa，且直径越小，强度越高。

② 耐热性好：玻璃纤维在200~300℃时强度无明显变化，300℃以上时强度才逐渐下降，在强度要求不高的场合，有碱玻璃纤维可用到450℃，无碱玻璃纤维可用到700℃。

③ 弹性模量高：玻璃纤维弹性模量约为 $(0.3\sim0.7)\times10^5$MPa，是钢的1/6~1/3。

④ 化学稳定性好：除氢氟酸、热浓磷酸和浓碱外，玻璃纤维具有良好的化学稳定性。

玻璃纤维的缺点是脆性大、耐磨性较差；玻璃纤维表面光滑，不易与其他纤维相结合；使人的皮肤有刺痛感。

玻璃钢是由无机增强玻璃纤维与有机基体材料两相组成，两相之间存在性质不同的界面。为了使两相之间粘接在一起，以达到提高玻璃钢性能的目的，就需要对玻璃纤维进行表面处理，即在玻璃纤维表面包覆一种称为表面处理剂（或称偶联剂）的特殊物质。

表面处理工艺方法有前处理法、后处理法和迁移法三种。

玻璃纤维的分类见表 3-5-83，玻璃纤维及制品的用途及成形工艺见表 3-5-84。

表 3-5-83　玻璃纤维的分类

分类项目	按化学成分(含碱量)分类			按纤维直径分类					按纤维外观分类		
指标	<1%	2%~6%	11.5%~12.5%	30μm	20μm	10~20μm	5~10μm	<5μm	—	长度<70mm	—
名称	无碱玻璃纤维	中碱玻璃纤维	高碱玻璃纤维	粗纤维	初级纤维	中级纤维	高级纤维	超细纤维	长纤维	短纤维	空心纤维

注：含碱量是指玻璃纤维组成中含金属钾、钠氧化物的质量分数。无碱玻璃纤维具有耐水性、耐老化性和电绝缘性好、机械强度高，但价格贵的特点。

表 3-5-84　不同玻璃纤维及制品的用途、成形工艺

纤维及制品名称	成形工艺	纤维含量/%	主要用途	说明
无捻粗纱	缠绕、连续成形、喷射成形、挤出成形、模压	25~80	管道、容器、汽车车身、火箭发动机壳体、武器等	将玻璃纤维原丝合股，但不加捻得到的纱
加捻纱	缠绕、纺织	60~80	飞机、船舶及电器绝缘板等	
玻璃布（斜纹、缎纹）	手糊成形、袋压、层压、模压、卷管	45~65	飞机、船舶、储罐、管道、绝缘板、武器等	用加捻玻璃纤维制成的布，按织法分为平纹布、斜纹布和缎纹布
方格布	手糊成形	40~70	船舶、大罩、储罐、容器等	是无捻粗纱布，用无捻粗纱织成较厚的平纹布
短切纤维	预混料模压	15~40	电气设备、机械及武器零件等	将短纤维在平面上无规则交叉重叠，再用黏结剂粘接后经滚压、烘干、冷却
短切连续纤维毡	模压、手糊成形、缠绕	20~45	阀门、零件、储罐、透明板等	
表面毡	手糊成形、缠绕、连续成形	5~15	表面光滑的部件、管道及容器外表面	厚度为 0.3~0.4mm，是将短纤维均匀铺放，中间用黏结剂粘接
无纺布	手糊成形、缠绕	60~80	飞机构件	将纤维直径为 12~15μm 的长纤维平行或交叉排列后，用黏结剂粘接而成
布带	连续成形、缠绕、卷管	45~65	管道	用加捻玻璃纤维制成带，与玻璃布相比仅幅宽较窄

表 3-5-85　玻璃钢主要成形方法、特点及应用

成型方法	基本原理	特点	应用
手糊法	边铺覆玻璃布、边涂刷树脂胶料，固化后而成。固化条件为低压、室温、压力一般在 35~680kPa 范围内，为使制品外表面光滑，可利用真空或压缩空气使浸润过树脂的纤维布紧贴模具	①操作简便，专用设备少，成本低。不受制品形状和尺寸限制 ②质量不稳定，劳动条件差，效率低 ③制品机械强度较低 ④适用树脂主要是聚酯和环氧树脂	广泛用于整体制品和机械强度要求不高的大型制品，如汽车车身、船舶外壳等
模压法	将已干燥的浸胶玻璃纤维布叠后放入金属模具内，加热加压，经过一定时间成形	①质量稳定、尺寸准确、表面光滑 ②制品机械强度高 ③生产效率高，适合成批生产	用于压制泵、阀门壳体、小型零件等

续表

成型方法	基本原理	特点	应用
缠绕法	将连续纤维束通过浸胶槽浸上树脂胶液后缠绕在芯模上，常温或加热固化、脱模即成制品	①制品机械强度较高 ②质量稳定，可得到内表面尺寸准确、表面光滑的制品 ③可采用机械式、数控式和计算机控制的缠绕机 ④轴向增强较困难	用于制造管道、储槽、槽车等圆截面制品，也可制作飞机横梁、风车翼梁等不同截面的制品
拉挤成型法	玻璃纤维通过浸树脂槽，再经模管拉挤，加热固化后即成制品	①工艺简单，效率高 ②能最佳地发挥纤维的增强作用 ③质量稳定、工艺自动化程度高 ④制品长度不受限制 ⑤原材料利用率高 ⑥保持良好的耐腐蚀性能 ⑦生产速度受树脂加热和固化速度限制 ⑧制品轴向强度大、环向强度小	用于制作电线杆、电工用脚手架、汇流线管、导线管、无线电天线杆、光学纤维电缆，以及石油化工用管、储槽，还有汽车保险杠、车辆和机床驱动轴、车身骨架、体育用品中的单杠、双杠
树脂传递成型法	这是一种闭模模塑成形法。首先在模具成形面上涂脱模剂或胶衣层，然后铺覆增强材料，锁紧闭合的模具，再用注射机注入树脂，固化后开模即得制品	①生产周期短，效率高 ②材料损耗少 ③制品两面光洁，允许埋入嵌件和加强筋	用于制作小型零件

4.4 碳纤维增强塑料

碳纤维增强热固性塑料

表 3-5-86　碳纤维增强热固性塑料单向层压板性能及特点

性能	T300/3231①	T300/4211②	T300/5222①	T300/QY8911③	T300/5405④
纵向拉伸强度/MPa	1750	1396	1490	1548	1727
纵向拉伸弹性模量/GPa	134	126	135	135	115
泊松比	0.29	0.33	0.30	0.33	0.29
横向拉伸强度/MPa	49.3	33.9	40.7	55.5	75.5
横向拉伸弹性模量/GPa	8.9	8.0	9.4	8.8	8.6
纵向抗压强度/MPa	1030	1029	1210	1226	1104
纵向压缩弹性模量/GPa	130	116	134	125.6	125.5
横向抗压强度/MPa	138	166.6	197	218	174
横向压缩弹性模量/GPa	9.5	7.8	10.8	10.7	8.1
纵横抗剪强度/MPa	106	65.5	92.3	89.9	135
纵横切变模量/GPa	4.7	3.7	5.0	4.5	4.4
密度/$g \cdot cm^{-3}$	—	1.56	1.61	1.61	—
玻璃化转变温度/℃	—	154~170	230	268~276	210

特点	用途举例	
碳纤维增强热固性塑料具有很好的力学性能，包括较高的高温和低温力学性能，抗疲劳及耐腐蚀性能均好，并且具有高的比强度和比模量，同时，可以通过设计和加工的措施，获得材料多项特殊性能，以满足不同的应用要求，在机械工业、航空航天及其他工业中都得到了应用	汽车工业	螺旋桨轴、弹簧、底盘、车轮、发动机零件，如活塞、连杆、操纵杆等
	纺织机械	综框、传箭带、梭子等
	电子器械	雷达设备、复印机、电子计算机、工业机器人等
	化工机械	导管、油罐、泵、搅拌器、叶片等
	医疗器械	X射线床和暗盒、骨夹板、关节、轮椅、单架等
	体育器械	高尔夫球棒、球头、钓竿、羽毛球拍、网球拍、小船、游艇、赛车、自行车等

续表

特点	用途举例	
碳纤维增强热固性塑料具有很好的力学性能，包括较高的高温和低温力学性能，抗疲劳及耐腐蚀性能均好，并且具有高的比强度和比模量，同时，可以通过设计和加工的措施，获得材料多项特殊性能，以满足不同的应用要求，在机械工业、航空航天及其他工业中都得到了应用	航空航天	飞机方向舵、升降舵、口盖、机翼、尾翼、机身、发动机零件等；人造卫星、火箭、飞船等
	其他	石油井架、建筑物、桥、铁塔、高速离心机转子、飞轮、烟草制造机板簧等

① 纤维体积分数 $\varphi_f=65\%\pm3\%$，环氧体系，孔隙率<2%。

② 纤维体积分数 $\varphi_f=60\%\pm3\%$，环氧体系，孔隙率<2%。

③ 纤维体积分数 $\varphi_f=60\%\pm5\%$，双马来酰亚胺体系，孔隙率<2%。

④ 纤维体积分数 $\varphi_f=65\%\pm3\%$，双马来酰亚胺体系，孔隙率<2%。

碳纤维增强热塑性树脂

表 3-5-87 **碳纤维增强热塑性树脂的性能及特点**

性能	聚砜		线型聚酯		乙烯-四氟乙烯共聚物	
	纯树脂	碳纤维 30%	纯树脂	碳纤维 30%	纯树脂	碳纤维 30%
密度/g·cm^{-3}	1.24	1.37	1.32	1.47	1.70	1.73
吸水率/%(24h)	0.20	0.15	0.03	0.04	0.02	0.018
(饱和)	0.60	0.38	—	0.23	—	—
加工收缩率/%	0.7~0.8	0.1~0.2	1.7~2.3	0.1~0.2	1.5~2.0	0.15~0.25
拉伸强度/MPa	71	161	56	140	45	105
断后伸长率/%	20~100	2~3	10	2~3	150	2~3
抗弯强度/MPa	108	224	91	203	70	140
弯曲弹性模量/GPa	2.7	14.3	2.4	14	1.4	11.6
抗剪强度/MPa	63	66	49	56	42	49
冲击韧度(悬臂梁)/kJ·m^{-2}(缺口)	2.5	2.5	0.63	2.5	未断	8.4~16.5
(无缺口)	126	12.6~14.7	52.5	8.4~10.5	未断	21
热变形温度(1.85MPa)/℃	174	185	68	221	74	241
线胀系数/10^{-5}K^{-1}	5.6	1.08	9.5	0.9	7.6	1.4
热导率/W·m^{-1}·K^{-1}	0.26	0.79	0.15	0.94	0.23	0.81
表面电阻/Ω	10^8	1~3	10^{15}	2~4	5×10^{14}	3~5

特点	应用举例
韧性好，损伤容限大，耐环境性能优异，对水、光、溶剂和化学药品均有很好的耐蚀性，耐高温性能好(长期工作温度一般可达 150℃以上)，预浸料储存期长，工艺简单、效率高，成形后的制品可采用热加工方法修整，装配自由度大，废料可回收，在各个工业部门有广泛的应用前景	用于制造轴承、轴承保持架、活塞环、调速器、复印机零件、齿轮、化工设备、电子电器工业中的继电器零件及印制电路板、赛车、网球拍、高尔夫球棒、钓鱼竿、医用 X 射线设备以及纺织机械中的剑杆、连杆、推杆、梭子等；航空航天工业中作结构材料用，如制作机身、机翼、尾翼、舱内材料、人造卫星支架、导弹弹翼、航天机构件等

5 工业用网

表 3-5-88

网孔基本尺寸		金属丝直径/mm	筛分面积百分率 A_0/%	单位面积网重量/kg·m^{-2}				相当英制目数/目·(25.4mm)$^{-1}$
系列	尺寸/mm			低碳钢	黄铜	锡青铜	不锈钢	
R10 R20 R40/3	16.0	3.15	69.8	6.58	7.29	7.40	6.67	1.33
		2.24	76.9	3.49	3.87	3.93	3.54	1.39
		2.00	79.0	2.82	3.13	3.18	2.86	1.41
		1.80	80.8	2.31	2.56	2.60	2.34	1.43
		1.60	82.6	1.85	2.05	2.08	1.87	1.44

续表

网孔基本尺寸		金属丝直径/mm	筛分面积百分率 A_0/%	单位面积网重量/kg·m^{-2}				相当英制目数/目·(25.4mm)$^{-1}$
系列	尺寸/mm			低碳钢	黄铜	锡青铜	不锈钢	
R10 R20	12.5	2.50	69.4	5.29	5.87	5.95	5.36	1.69
		2.24	71.9	4.32	4.79	4.86	4.38	1.72
		2.00	74.3	3.50	3.88	3.94	3.55	1.75
		1.80	76.4	2.88	3.19	3.24	2.91	1.78
		1.60	78.6	2.31	2.56	2.59	2.34	1.80
		1.25	82.6	1.44	1.60	1.62	1.46	1.85
R10 R20	10.0	2.50	64.0	6.35	7.04	7.14	6.43	2.03
		2.24	66.7	5.21	5.77	5.86	5.27	2.08
		2.00	69.4	4.23	4.69	4.76	4.29	2.12
		1.80	71.8	3.49	3.87	3.92	3.53	2.15
		1.60	74.3	2.80	3.11	3.15	2.84	2.19
		1.40	76.9	2.18	2.42	2.46	2.21	2.23
		1.12	80.9	1.43	1.59	1.61	1.45	2.28
R10 R20 R40/3	8.00	2.24	61.0	6.22	6.90	7.00	6.30	2.48
		2.00	64.0	5.08	5.63	5.72	5.15	2.54
		1.80	66.6	4.20	4.65	4.72	4.25	2.59
		1.60	69.4	3.39	3.75	3.81	3.43	2.65
		1.40	72.4	2.65	2.94	2.98	2.68	2.70
		1.25	74.8	2.15	2.38	2.41	2.17	2.75
		1.00	79.0	1.41	1.56	1.59	1.43	2.82
R10 R20	6.30	1.80	60.5	5.08	5.63	5.72	5.15	3.14
		1.40	66.9	3.23	3.58	3.64	3.27	3.30
		1.12	72.1	2.15	2.38	2.42	2.17	3.42
		1.00	74.5	1.74	1.93	1.96	1.76	3.48
		0.800	78.7	1.14	1.27	1.29	1.16	3.58
R10 R20	5.00	1.60	57.4	4.93	5.46	5.54	4.99	3.85
		1.40	61.0	3.89	4.31	4.38	3.94	3.97
		1.25	64.0	3.18	3.52	3.57	3.22	4.06
		1.00	69.4	2.12	2.35	2.38	2.14	4.23
		0.900	71.8	1.74	1.93	1.96	1.77	4.31
R10 R20 R40/3	4.00	1.40	54.9	4.61	5.11	5.19	4.67	4.70
		1.25	58.0	3.78	4.19	4.25	3.83	4.84
		1.12	61.0	3.11	3.45	3.50	3.15	4.96
		0.900	66.6	2.10	2.33	2.36	2.13	5.18
		0.710	72.1	1.36	1.51	1.53	1.38	5.39
R10 R20	3.15	1.25	51.3	4.51	5.00	5.07	4.57	5.77
		1.12	54.4	3.73	4.14	4.20	3.78	5.95
		0.900	60.5	2.54	2.82	2.86	2.57	6.27
		0.800	63.6	2.06	2.28	2.32	2.08	6.43
		0.710	66.6	1.66	1.84	1.87	1.68	6.58
		0.630	69.4	1.33	1.48	1.50	1.35	6.72
		0.560	72.1	1.07	1.19	1.21	1.09	6.85
		0.500	74.5	0.87	0.96	0.98	0.88	6.96
R10 R20	2.50	1.00	51.0	3.63	4.02	4.08	3.68	7.26
		0.800	57.4	2.46	2.73	2.77	2.49	7.70
		0.710	60.7	1.99	2.21	2.24	2.02	7.91
		0.630	63.8	1.61	1.79	1.81	1.63	8.12
		0.560	66.7	1.30	1.44	1.46	1.32	8.30
		0.500	69.4	1.06	1.17	1.19	1.07	8.47
		0.450	71.8	0.87	0.97	0.98	0.88	8.61
R10 R20 R40/3	2.00	0.900	47.6	3.55	3.93	3.99	3.59	8.76
		0.710	54.5	2.36	2.62	2.66	2.39	9.37
		0.630	57.8	1.92	2.12	2.16	1.94	9.66
		0.560	61.0	1.56	1.72	1.75	1.58	9.92
		0.500	64.0	1.27	1.41	1.43	1.29	10.16
		0.450	66.6	1.05	1.16	1.18	1.06	10.37
		0.315	74.6	0.54	0.60	0.61	0.55	10.97

续表

网孔基本尺寸		金属丝直径/mm	筛分面积百分率 A_0/%	单位面积网重量/kg·m^{-2}				相当英制目数/目·(25.4mm)$^{-1}$
系列	尺寸/mm			低碳钢	黄铜	锡青铜	不锈钢	
R10 R20	1.60	0.800	44.4	3.39	3.75	3.81	3.43	10.58
		0.630	51.5	2.26	2.51	2.54	2.29	11.39
		0.560	54.9	1.84	2.04	2.07	1.87	11.76
		0.500	58.0	1.51	1.68	1.70	1.53	12.10
		0.450	60.9	1.25	1.39	1.41	1.27	12.39
		0.400	64.0	1.02	1.13	1.14	1.03	12.70
		0.355	67.0	0.82	0.91	0.92	0.83	12.99
R10 R20	1.25	0.630	44.2	2.68	2.97	3.02	2.72	13.51
		0.560	47.7	2.20	2.44	2.48	2.23	14.03
		0.500	51.0	1.81	2.01	2.04	1.84	14.51
		0.450	54.1	1.51	1.68	1.70	1.53	14.94
		0.400	57.4	1.23	1.37	1.39	1.25	15.39
		0.355	60.7	1.00	1.11	1.12	1.01	15.83
		0.315	63.8	0.81	0.89	0.91	0.82	16.23
		0.280	66.7	0.65	0.72	0.73	0.66	16.60
R10 R20 R40/3	1.00	0.560	41.1	2.55	2.83	2.87	2.59	16.28
		0.500	44.4	2.12	2.35	2.38	2.14	16.93
		0.450	47.6	1.77	1.97	2.00	1.80	17.52
		0.400	51.0	1.45	1.61	1.63	1.47	18.14
		0.355	54.5	1.18	1.31	1.33	1.20	18.75
		0.315	57.8	0.96	1.06	1.08	0.97	19.32
		0.280	61.0	0.78	0.86	0.88	0.79	19.84
		0.250	64.0	0.64	0.70	0.71	0.64	20.32
R10 R20	0.800	0.450	41.0	2.06	2.28	2.31	2.08	20.32
		0.355	48.0	1.39	1.54	1.56	1.40	21.99
		0.315	51.5	1.13	1.25	1.27	1.14	22.78
		0.280	54.9	0.92	1.02	1.04	0.93	23.52
		0.250	58.0	0.76	0.84	0.85	0.77	24.19
		0.224	61.0	0.62	0.69	0.70	0.63	24.80
		0.200	64.0	0.51	0.56	0.57	0.51	25.40
R10 R20	0.630	0.400	37.4	1.97	2.19	2.22	2.00	24.66
		0.355	40.9	1.63	1.80	1.83	1.65	25.79
		0.315	44.4	1.33	1.48	1.50	1.35	26.88
		0.280	47.9	1.09	1.21	1.23	1.11	27.91
		0.250	51.3	0.90	1.00	1.01	0.91	28.86
		0.224	54.4	0.75	0.83	0.84	0.76	29.74
		0.200	57.6	0.61	0.68	0.69	0.62	30.60
		0.180	60.5	0.51	0.56	0.57	0.51	31.36

注：1. 本表对标准中 R10 系列删去了：0.500、0.400、0.355、0.315、0.250、0.200、0.180、0.160、0.125、0.100、0.080、0.063、0.050、0.040、0.032、0.020 等；R20 系列删去了：14.0、11.2、9.00、7.10、5.60、4.50、3.55、2.80、2.24、1.80、1.40、1.12、0.900、0.710、0.560、0.500、0.450、0.400、0.355、0.315、0.280、0.250、0.224、0.200、0.180、0.160、0.140、0.125、0.112、0.100、0.090、0.080、0.071、0.063、0.056、0.050、0.045、0.040、0.036、0.032、0.028、0.025、0.020 等；R40/3 系列删去了：13.2、11.2、9.50、6.70、5.60、4.75、3.35、2.80、2.36、1.70、1.40、1.18、0.850、0.710、0.600、0.500、0.425、0.355、0.300、0.250、0.212、0.180、0.150、0.125、0.106、0.090、0.075、0.063、0.053、0.045、0.038、0.032 等，详见原标准。

2. 本标准用于固体颗粒的筛分，液体、气体物质的过滤或其他工业用途。

3. 金属丝材料为软态黄铜、锡青铜、不锈钢和碳素钢。

4. 网幅宽度为 800mm、1000mm、1250mm、1600mm、2000mm 五种，根据需要也可制造其他网幅宽度。

5. 网段最小长度如下。

网孔基本尺寸/mm	16.0~8.50	8.00~0.630	0.600~0.100	0.095~0.040	0.038~0.020
网段长度/m	≥2.0	≥2.5	≥2.5	≥2.5	≥1.0

6. 型号标记示例如下。

网孔基本尺寸为 1.00mm，金属丝直径为 0.355mm，

工业用金属丝平纹编织方孔筛网为：

GFW1.00/0.355（平纹）GB/T5330—2003。

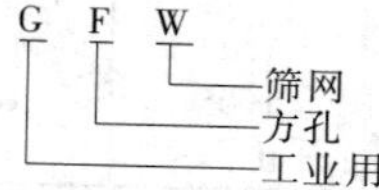

合成纤维网

表 3-5-89

网号/目·(25.4mm)$^{-1}$	12	14	16	18	20	25	30	40	50	60	80	100
丝径/mm	0.55	0.4	0.4	0.35	0.35	0.35	0.3、0.25	0.25	0.2	0.2、0.15	0.15	0.1

注：1. 材料为尼龙 6、尼龙 1010、涤纶，耐磨耐酸碱。

2. 幅宽为 1~2m。

机织热镀锌六角形钢丝网

表 3-5-90

公称网孔/mm	12	16	20	25	40	50
实际网孔/mm	15^{+1}_{0}	$18^{+1.5}_{0}$	22^{+1}_{0}	28^{+2}_{0}	44^{+1}_{0}	56^{+3}_{0}
斜边长短差/mm	2.5	2.5	4	5	6	6
规格(宽×长)/m	1×50、1×30、1×25、1×20、2×50、2×20					
线径/mm	0.81、0.71、0.64		1.25、1.07、0.89、0.81、0.71、0.64			1.25、1.07、0.89、0.81、0.71

注：1. 此网适用于管道、设备绝热时的丝网。

2. 此网先织后镀，材料为低碳钢。

气液过滤网

表 3-5-91

型式		型号	型式		型号	型式		型号
标准型		40-100 型 60-150 型 150-300 型 140-400 型 160-400 型	高效型		60-100 型 80-100 型 80-150 型 90-150 型 150-300 型 200-400 型	高穿透型		20-100 型 30-150 型 70-400 型 170-500 型 170-600 型

注：1. 材料为各种不锈钢丝、镀锌铁丝、紫铜丝、磷铜丝、镍丝、钛丝；锦纶丝、聚乙烯丝、F46 丝、玻璃纤维丝；金属丝与非金属丝交织。

2. 型号说明：140-400 型即 400mm 宽的网上有 140 个眼孔。

3. 过滤网常用于制作丝网除沫器；用于气液分离，除去气体夹带的雾沫。

普通钢板网（摘自 QB/T 33275—2016）

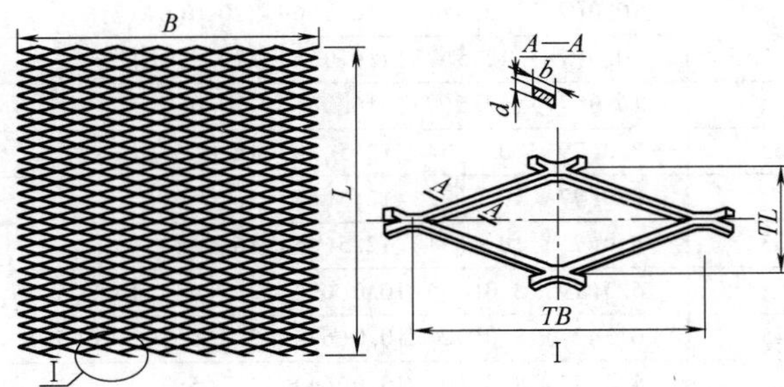

表 3-5-92 mm

d	网格尺寸			网面尺寸		钢板网理论重量
	TL	TB	b	B	L	kg/m²
0.3	2	3	0.3	500	2000	0.71
	3	4.5	0.4			0.63
0.4	2	3	0.4			1.26
	3	4.5	0.5			1.05
0.5	2.5	4.5	0.5	500	2000	1.57
	5	12.5	1.11	1000		1.74
	10	25	0.96	2000	4000	0.75
0.8	8	16	0.8	1000	5000	1.26
	10	20	1.0			1.26
	10	25	0.96	2000		1.21
1.0	10	25	1.10			1.73
	15	40	1.68			1.76
1.2	10	25	1.13			2.13
	15	30	1.35			1.7
	15	40	1.68			2.11
1.5	15	40	1.69			2.65
	18	50	2.03			2.66
	24	60	2.47			2.42

预弯成形金属丝编织方孔网（摘自 GB/T 13307—2012）

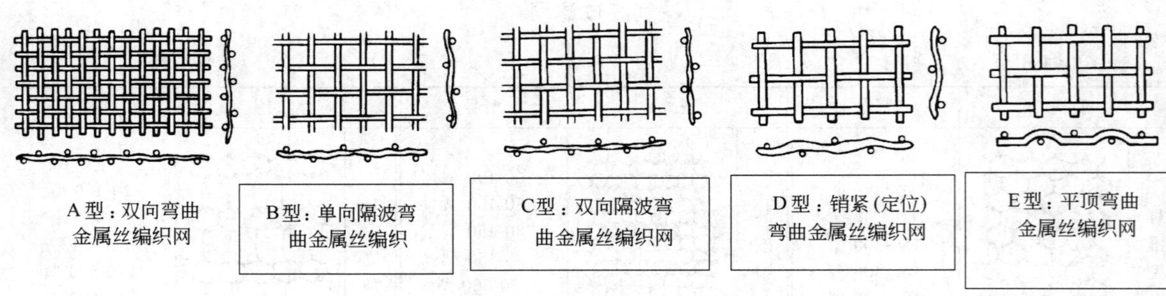

A型：双向弯曲金属丝编织网

B型：单向隔波弯曲金属丝编织

C型：双向隔波弯曲金属丝编织网

D型：销紧（定位）弯曲金属丝编织网

E型：平顶弯曲金属丝编织网

表 3-5-93 mm

主要尺寸	补充尺寸		金属丝直径基本尺寸 d（筛分面积百分数 A_c/%）
R10 系列	R20 系列	R40/3 系列	
125	125	125	10.0(86)、12.5(83)、16.0(79)、20.0(74)、25.0(69)
	112		10.0(84)、12.5(81)、16.0(77)、20.0(72)
		106	10.0(84)、12.5(80)、16.0(75)、20.0(71)
100	100		10.0(83)、12.5(79)、16.0(74)、20.0(69)、25.0(64)
	90	90	10.0(81)、12.5(77)、16.0(72)、20.0(67)
80	80		10.0(79)、12.5(75)、16.0(69)、20.0(64)
		75	10.0(78)、12.5(73)、16.0(69)、20.0(62)
	71		10.0(77)、12.5(72)、16.0(67)、20.0(61)
63	63	63	8.0(79)、10.0(74)、12.5(70)、16.0(64)
	56		8.0(77)、10.0(72)、12.5(67)、16.0(61)
		53	8.0(75)、10.0(71)、12.5(65)、16.0(59)
50	50		6.3(79)、8.0(74)、10.0(69)、12.5(64)、16.0(57)
	45	45	6.3(77)、8.0(72)、10.0(67)、12.5(61)、16.0(54)
40	40		6.3(75)、8.0(69)、10.0(64)、12.5(58)

续表

主要尺寸	补充尺寸		金属丝直径基本尺寸 d (筛分面积百分数 A_c/%)
R10 系列	R20 系列	R40/3 系列	
		37.5	6.3(74)、8.0(68)、10.0(63)、12.5(56)
	35.5		5.0(77)、6.3(72)、8.0(67)、10.0(61)
31.5	31.5	31.5	5.0(74)、6.3(69)、8.0(64)、10.0(58)
	28		5.0(72)、6.3(67)、8.0(60)、10.0(54)
		26.5	5.0(71)、6.3(65)、8.0(59)、10.0(53)
25	25		4.0(74)、5.0(69)、6.3(64)、8.0(57)、10.0(51)
	22.4	22.4	4.0(72)、5.0(67)、6.3(61)、8.0(54)
20	20		3.15(75)、4.0(69)、5.0(64)、6.3(58)、8.0(51)
		19	4.0(68)、5.0(63)、6.3(56)、8.0(50)
	18		3.15(72)、4.0(67)、5.0(61)、6.3(55)、8.0(48)
16	16	16	2.5(75)、3.15(70)、4.0(64)、5.0(58)、6.3(51)
	14		2.5(72)、3.15(67)、4.0(60)、5.0(54)、6.3(48)
		13.2	3.15(65)、4.0(59)、5.0(53)、6.3(46)
12.5	12.5		2.5(69)、3.15(64)、4.0(57)、5.0(51)、6.3(44)
	11.2	11.2	2.5(67)、3.15(61)、3.55(58)、4.0(54)、5.0(48)
10	10		2.0(69)、2.5(64)、3.15(58)、4.0(51)
		9.5	2.24(65)、3.15(56)、4.0(50)、5.0(43)
	9		1.8(69)、2.24(64)、2.5(61)、3.15(55)、4.0(48)
8	8	8	2.0(64)、2.5(58)、3.15(51)、3.55(48)、4.0(44)
	7.1		1.8(64)、2.0(61)、2.5(55)、3.15(48)
		6.7	1.8(62)、2.5(53)、3.15(46)、4.0(39)
6.3	6.3		1.6(64)、2.0(58)、2.5(51)、3.15(44)
	5.6	5.6	1.6(60)、2.0(54)、2.5(48)、3.15(41)
5	5		1.6(57)、2.0(51)、2.5(44)、3.15(38)
		4.75	1.6(56)、1.8(53)、2.24(47)、3.15(36)
	4.5		1.4(58)、1.8(51)、2.24(45)、2.5(41)
4	4	4	1.25(58)、1.6(51)、2.0(45)、2.24(41)、2.5(38)
	3.55		1.25(55)、1.4(51)、1.6(48)、1.8(44)、2.0(41)
		3.35	1.0(59)、1.25(53)、1.8(42)、2.24(36)
3.15	3.15		1.12(54)、1.4(4.8)、1.6(44)、1.8(41)、2.0(37)
	2.8	2.8	0.9(57)、1.12(51)、1.4(45)、1.8(37)
2.5	2.5		1.0(51)、1.12(48)、1.25(44)、1.4(41)、1.6(37)
		2.36	0.8(56)、1.0(49)、1.4(39)、1.8(32)
	2.24		0.71(58)、0.9(51)、1.12(44)、1.4(38)
2	2	2	0.71(54)、0.8(51)、0.9(48)、1.12(41)、1.25(38)

注：1. 网孔尺寸偏差如下。

网孔基本尺寸	125~63	56~18	16~11.2	12.5~11.2	10~5.6	5~2
网孔尺寸偏差	4.5	5	5.6	5.6	6.3	7
大网孔尺寸偏差	8~15	10~20	15~25	10~25	21~35	21~35

2. 网孔基本尺寸优先选用 R10 系列，其次选用 R20 系列，如果需要，也可选用 R40/3 系列。

3. 标记示例如下。

网孔基本尺寸为 10mm，金属丝直径为 2.5mm，网宽 1200mm，网长 5000mm，B2F 材料，A 型编织预弯成型网标记为：YFW10/2.50-A-B2F-1.2×5GB/T 13307—2012

网孔基本尺寸为 2.5mm，金属丝直径为 1.25mm，网宽 1000mm，网长 2500mm，1Cr18Ni9 材料，B 型编织预弯成型网标记为：YFW2.5/1.25-B-1Cr18Ni9-1×2.5GB/T 13307—2012

重型钢板网

表 3-5-94

mm

型号	网格尺寸 丝板厚 d	丝板宽 b	短节距 TL	长节距 TB	标准成品尺寸 网面宽 B	网面长 L	理论重量 /kg·m^{-2}
ZW24	4	4.5	22	60	1500 1800 2000	2000 ~ 4000	12.84
	4.5	5					16.05
	5	6	24				19.62
ZW32	4	5	30	80		2000 ~ 5000	10.46
	4.5	6					14.13
	5	6	32				14.71
	6	7					20.60
ZW40	4	6	36	100		1900 ~ 5000	10.46
	4.5	6					11.77
	5	7	38				14.46
	6	7					17.35

型号	网格尺寸 丝板厚 d	丝板宽 b	短节距 TL	长节距 TB	标准成品尺寸 网面宽 B	网面长 L	理论重量 /kg·m^{-2}
ZW40	7	8	40	100	1500 1800 2000	1900 ~ 5000	21.98
	8	9					28.26
ZW60	5	6	56	150		2000 ~ 5000	8.41
	6	7					11.77
	7	8	60				14.65
	8	9					18.84
ZW80	5	6	76	200			6.19
	6	8					9.91
	7	9	80				12.36
	8	10					15.70

注：1. 用于大型设备的操作平台、矿用筛、高强度混凝土的钢筋等。

2. 结构同钢板网。

铝板网

表 3-5-95

mm

板材厚 d	网格尺寸 短节距 TL	长节距 TB	丝板宽 b	错位 t	标准成品尺寸 网面宽 B	网面长 L	理论重量 /kg·m^{-2}
0.4	1.7	6	0.5	1.5		500 1000	0.635
	2.2	8	0.5	2			0.491
	2.8	10	0.6	2.5			0.463
0.5	1.7	6	0.5	1.5			0.794
	2.2	8	0.6	2			0.736

板材厚 d	网格尺寸 短节距 TL	长节距 TB	丝板宽 b	错位 t	标准成品尺寸 网面宽 B	网面长 L	理论重量 /kg·m^{-2}
0.5	2.8	10	0.7	2.5		500 1000	0.675
	3.5	12.5	0.8	3.1			0.617
1.0	2.8	10	1.0	2.5	1000		1.929
	3.5	12.5	1.1	3.1	2000		1.697

板材厚 d	网格尺寸 短节距 TL	长节距 TB	丝板宽 b	标准成品尺寸 网面宽 B	网面长 L	理论重量 /kg·m^{-2}
0.1	0.8	2	0.2	≤200		0.135
	1.1	3	0.2			0.098
0.2	0.8	2	0.3			0.405
	1.1	3	0.3			0.295
	1.5	4	0.4			0.288
0.3	1.1	3	0.4	≤400		0.589
	1.5	4	0.5			0.54
0.4	1.5	4	0.5			0.72

板材厚 d	网格尺寸 短节距 TL	长节距 TB	丝板宽 b	标准成品尺寸 网面宽 B	网面长 L	理论重量 /kg·m^{-2}
0.4	2.3	6	0.6	≤400		0.563
0.5	2.3	6	0.7	≥400	500 1000	0.822
	3.2	8	0.8			0.675
	4.0	10	0.9			0.608
	5.0	12.5	1.0			0.54
1.0	4.0	10	1.1	1000		1.48
	5.0	12.5	1.2	2000		1.296

注：1. 铝板网用优质铝合金制成，经表面处理后，具有耐腐蚀、抗氧化性能，主要用于各种类型仪表电气设备，还可用于船舶建造、机车车辆修造等。

2. 结构同钢板网。

6　金属软管

P3型镀锌金属软管（摘自YB/T 5306—2006）

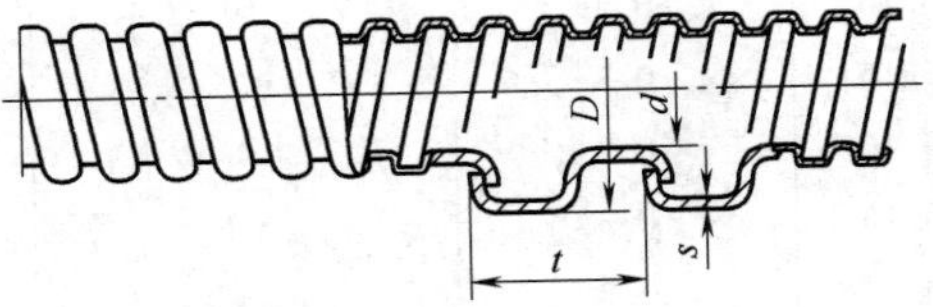

标记示例：公称内径为15mm的P3型镀锌金属软管　P3d15-YB/T 5306—2006

表 3-5-96

公称内径 d /mm	最小内径 d_{min} /mm	外径及偏差 D /mm	节距及偏差 t /mm	钢带厚度 s /mm	自然弯曲直径 R /mm	轴向拉力 /N ≥	理论重量 /kg·m^{-1}
(4)	3.75	6.20±0.25	2.65±0.40	0.25	30	240	49.6
(6)	5.75	8.20±0.25	2.70±0.40	0.25	40	360	68.6
8	7.70	11.00±0.30	4.00±0.40	0.30	45	480	111.7
10	9.70	13.50±0.30	4.70±0.45	0.30	55	600	139.0
12	11.65	15.50±0.35	4.70±0.45	0.30	60	720	162.3
(13)	12.65	16.50±0.35	4.70±0.45	0.30	65	780	174.0
(15)	14.65	19.00±0.35	5.70±0.45	0.35	80	900	233.8
(16)	15.65	20.00±0.35	5.70±0.45	0.35	85	960	247.4
(19)	18.60	23.30±0.40	6.40±0.50	0.40	95	1140	326.7
20	19.60	24.30±0.40	6.40±0.50	0.40	100	1200	342.0
(22)	21.55	27.30±0.45	8.70±0.50	0.40	105	1320	375.1
25	24.55	30.30±0.45	8.70±0.50	0.40	115	1500	420.2
(32)	31.50	38.00±0.50	10.50±0.60	0.45	140	1920	585.8
38	37.40	45.00±0.60	11.40±0.60	0.50	160	2280	804.3
51	50.00	58.00±1.00	11.40±0.60	0.50	190	3060	1054.6
64	62.50	72.50±1.50	14.20±0.60	0.60	280	3840	1522.5
75	73.00	83.50±2.00	14.20±0.60	0.60	320	4500	1841.2
(80)	78.00	88.50±2.00	14.20±0.60	0.60	330	4800	1957.0
100	97.00	108.50±3.00	14.20±0.60	0.60	380	6000	2420.4

注：1. 本标准金属软管作电线保护管用，一般长度不小于3m。
2. 钢带厚度及理论重量仅供参考。
3. 括号中的规格不推荐使用。
4. 镀锌层厚度≥7μm。

S型钎焊不锈钢金属软管（摘自YB/T 5307—2006）

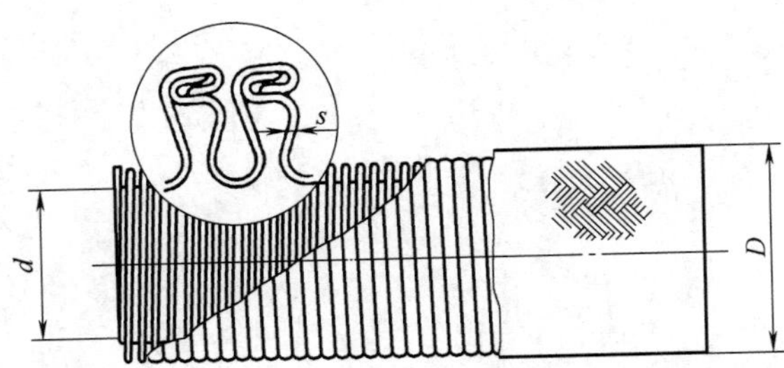

标记示例：公称内径为10mm的S型钎焊不锈钢金属软管　S10-GB/T 3642—1983

用途：电缆的防护套管及非腐蚀性的液压油、燃油、润滑油和蒸汽系统的输送管道，使用温度为0~400℃，耐压密封，材料为1Cr18Ni9Ti。

第3篇

表 3-5-97

公称内径 d /mm	最小内径 d_{min} /mm	软管外径 D /mm	钢带厚度 s /mm	编织钢丝直径 d_1 /mm	软管性能参数		理论重量（参考）/kg · m^{-1}
					20℃时工作压力 /MPa	20℃时爆破压力 /MPa	
6	5.9	$10.8_{-0.3}^{0}$	0.13	0.3	15	45	0.209
8	7.9	$12.8_{-0.3}^{0}$	0.13	0.3	12	36	0.238
10	9.85	$15.6_{-0.3}^{0}$	0.16	0.3	10	30	0.367
12	11.85	$18.2_{-0.3}^{0}$	0.16	0.3	9.5	28.5	0.434
14	13.85	$20.2_{-0.3}^{0}$	0.16	0.3	9	27	0.494
(15)	14.85	$21.2_{-0.3}^{0}$	0.16	0.3	8.5	25.5	0.533
16	15.85	$22.2_{-0.3}^{0}$	0.16	0.3	8	24	0.553
(18)	17.85	$24.3_{-0.3}^{0}$	0.16	0.3	7	22.5	0.630
20	19.85	$29.3_{-0.3}^{0}$	0.20	0.3	7	21	0.866
(22)	21.85	$31.3_{-0.3}^{0}$	0.20	0.3	6.5	19.5	0.946
25	24.80	$35.3_{-0.3}^{0}$	0.25	0.3	6	18	1.347
30	29.80	$40.3_{-0.3}^{0}$	0.25	0.3	5	15	1.555
32	31.80	$44_{-0.3}^{0}$	0.30	0.3	4.5	13.5	1.864
38	37.75	$50_{-0.3}^{0}$	0.30	0.3	4	12	2.142
40	39.75	$52_{-0.3}^{0}$	0.30	0.3	3.5	10.5	2.207
42	41.75	$54_{-0.3}^{0}$	0.30	0.3	3.5	10.5	2.342
48	47.75	$60_{-0.3}^{0}$	0.30	0.3	3	9	2.634
50	49.75	$62_{-0.3}^{0}$	0.30	0.3	2.5	7.5	2.714
52	51.75	$64_{-0.3}^{0}$	0.30	0.3	2.5	7.5	2.795

注：1. 带括号的规格不推荐使用。

2. 软管长度不小于500mm。交货时可带，也可不带软管接头。

3. S型软管为右旋卷绕而成的互锁型结构的软管，由不锈钢带和不锈钢丝制成。管接头焊料采用HL312银镉焊接或其他银基焊料。

4. 软管在出厂前按合同的耐内压要求进行液压试验，并以0.3~0.6MPa进行气密性试验。

第3篇

参 考 文 献

[1] Michael F. Ashby. Materials Selection in Mechanical Design, Fourth Edition. Butterworth Heinemann, 2010.

[2] 潘家祯. 压力容器材料实用手册——碳钢及合金钢 [M]. 北京：化学工业出版社, 2000.

[3] 师昌绪, 李恒德, 周廉. 材料科学与工程手册. 北京：化学工业出版社, 2004.

[4] 钢铁材料手册总编辑委员会. 钢铁材料手册 [M]. 北京：中国标准出版社, 2003.

[5] 曾正明. 机械工程材料手册：金属材料 [M]. 第7版. 北京：机械工业出版社, 2010.

[6] 机械工程材料性能数据手册编委会. 机械工程材料性能数据手册 [M]. 北京：机械工业出版社, 1995.

[7] 李骏带, 师昌绪, 钟群鹏, 李成功. 中国材料工程大典. 第1卷：材料工程基础 [M]. 北京：化学工业出版社, 2006.

[8] 李成功, 等. 中国材料工程大典. 第4卷. 有色金属材料工程（上）[M]. 北京：化学工业出版社, 2006

[9] 胡正寰, 夏巨谌. 中国材料工程大典. 第20卷. 材料塑成形工程（上、下卷）[M]. 北京：化学工业出版社, 2006.

[10] 黄伯云, 李成功, 石力开, 邱冠周, 左铁镛. 有色金属材料手册（上、下卷）[M]. 北京：化学工业出版社, 2009.

[11] 方昆凡, 黄须强. 机械工程材料实用手册 [M]. 北京：机械工业出版社, 2022.

[12] 郭建亭. 高温合金材料学（下册）[M]. 北京：科学出版社, 2010.

[13] 中国金属学会高温材料分会. 中国高温合金手册（上、下）[M]. 北京：中国标准出版社, 2012.

[14] 中国航空材料手册编辑委员会. 中国航空材料手册. 第2卷. 变形高温合金铸造高温合金 [M]. 第2版. 北京：中国标准出版社, 2002.

[15] 张俊臣. 化工产品手册. 涂料及涂料用无机颜料 [M]. 第2版：北京：化学工业出版社, 1999.

[16] 王巧云, 李金平. 设备及管道绝热应用技术手册 [M]. 北京：中国标准出版社, 1998.

[17] 温秉权, 黄勇. 非金属材料手册 [M]. 北京：电子工业出版社, 2006.

[18] 廖树帜, 张邦维. 实用非金属材料手册 [M]. 长沙：湖南科学技术出版社, 2011.

[19] 刘新佳. 实用非金属材料手册 [M]. 南京：江苏科学技术出版社, 2008.

[20] 功能材料及其应用手册编写组. 功能材料及其应用手册 [M]. 北京：机械工业出版社, 1991.

[21] 林慧国, 等. 袖珍世界钢号手册 [M]. 第3版. 北京：机械工业出版社, 2004.

[22] 安继儒. 中外常用金属材料手册 [M]. 修订本. 西安：陕西科学技术出版社, 2005.

HANDBOOK

OF

第4篇
机构

篇主编	撰稿		审稿
王仪明	王仪明	成大先	郭卫东
	阎绍泽	王德夫	
	武淑琴	成杰	

MECHANICAL

DESIGN

修订说明

本篇包括机构分析的常用方法、基本机构的设计、组合机构的分析与设计、机构参考图例4章，分别介绍了机构分析的常用方法、CAD图解法的内涵及应用方法、基本机构设计、各类组合机构设计、印刷机递纸机构设计与结构设计案例、机构参考图例等内容。

与第六版相比，主要修订和新增内容如下：

（1）全面更新了相关国家标准等技术标准和资料，并增补了机构元件、关节、运动关节和组件等术语及概念，满足工业机器人技术发展的需求。

（2）随着机器速度提高和计算机技术发展，圆弧凸轮基本仅限于偏心轮，很少使用多圆弧凸轮，故删减了单圆弧凸轮和多圆弧凸轮设计的内容；删减了已不再使用的样板试凑法；删除了已被淘汰机构案例。随着变频控制技术发展，删减了大部分机械变速机构案例和已被机电一体化技术替代的位置、轨迹综合示例。

（3）鉴于CAD（Computer Aided Drafting，计算机辅助绘图）已经逐渐取代手工绘图，图解法和几何法修改为CAD图解法，给出了CAD图解法内涵及绘制步骤。以CAXA电子图板软件为例阐述CAD图解法。

（4）对第4章的机构参考图例重新编写。考虑方便查阅，对原有图例逐一按照名称、功能、应用、原理、特点五个要点重新组织、改编。新增太阳能电池阵展开机构、基于变胞折纸原理的可展开抓取机械手等可展机构参考图例。

（5）新增印刷机递纸机构与结构设计工程案例。以单张纸平版印刷机下摆式递纸机构为例，从工程需求出发，完成总体方案布局、运动规律设计、机构设计以及结构设计。该工程案例已经在某型国产单张纸平版印刷机中应用。

参加本篇编写的有：北京印刷学院王仪明，清华大学阎绍泽，北京印刷学院武淑琴，中国有色工程有限公司成大先、王德夫，中国科学技术信息研究所成杰等。本篇由北京航空航天大学郭卫东教授审稿。

本篇修订过程中承蒙上海交通大学高峰教授指导，特此致谢。

CHAPTER 1

第1章 机构分析的常用方法

1 机构的自由度分析

1.1 常用术语的概念

表 4-1-1 机构常用术语（GB/T 10853—2008）

术语	意义	术语	意义
零件	机器中的制造单元,如螺钉、键、轴等	输入构件（主动件）	机构中输入运动和力的构件。一般与机架相连,又称原动件、起始构件
构件	携带运动副的机构元件,又称为低副运动链的单元	输出构件（从动件）	所需的力和运动从其中获得的构件
运动副	运动副元素连接的机械模型,具有某种相对运动和自由度,同义词为"关节"。根据所加的约束条件数的多少,可将运动副分为五级,见表 4-1-2	机架	被视为固定的机构元件
机构元件	机构的固体或流体组成的元件	运动链	构件和运动副的装配
关节	运动副的物理实现,包括通过中间机构元件的连接,也称"运动副"	闭环运动链（闭链）	每个构件至少与其他两个构件连接的运动链,它可分为单环或多环闭链,闭链是组成一般机械的基础
组件	形成机器一个部分的可确认元件组		
高副	运动副元素点或线接触形成的运动副		
低副	运动副元素面接触形成的运动副 低副所连接的两构件上瞬时接触（重合）点的相对运动轨迹相同,其相对运动特性是可逆的;而高副所连接的两构件的相对运动特性是不可逆的	开环运动链	至少有一个构件只有一个运动副元素的运动链
		运动关节	运动特性在某些方面等同运动副的运动链
形封闭运动副	利用特殊几何形状来保持运动副两元素相互接触的运动副	机构	设计用以将一个或多个物体的运动和力转化为其他物体上的约束运动和力的物体系统,有一个构件被固定为机架的运动链。其运动特性取决于构件间的相对尺寸、运动副的性质以及其相互配置方式
力封闭运动副	利用外力来保持运动副两元素相互接触的运动副		
约束	减少系统自由度的各种限制条件		
运动副的自由度	描述运动副元素相对位置所需的独立坐标的数目		
运动链或机构的自由度	确定机构或运动链的构形所需独立坐标的数目	平面机构	机构中构件上各点的轨迹均位于平行平面上的机构
（机械系统的）自由度	在任意时间完全确定系统位形所需的独立广义坐标数。描述或确定一个系统（构件也是一个简单系统）的运动（或状态,如位置）所必需的独立参变量（或坐标数）。例如一个不受任何约束的自由构件,在空间运动时,具有六个独立运动参数（自由度）,即绕 x、y、z 轴的三个独立转动 θ_x、θ_y、θ_z 和沿这三个轴的独立移动 S_x、S_y、S_z。而在做平面运动时,只具有三个独立运动参数,如 S_x、S_y 和 θ_z	空间机构	机构中某些构件的某些点具有非平面轨迹,或其轨迹不在平行平面内的机构
		机器	完成特定任务（如材料成型）、实现运动和力的传递和转换的机械系统
		机械	一般为机器和机构的通称

表 4-1-2 **运动副的分类**

名称		图例	简图符号	副级	代号	约束条件	自由度
力封闭空间运动副	球面高副	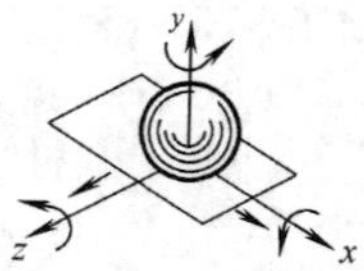	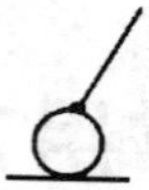	Ⅰ	P_1 (S_h)	S_y	5
	柱面高副	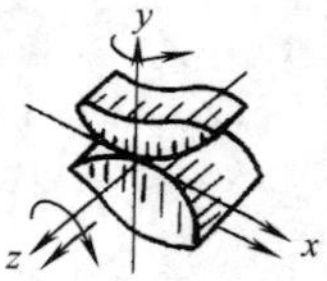	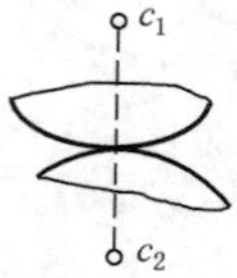	Ⅱ	P_2 (C_h)	S_y、θ_x	4
形封闭空间运动副	球面低副	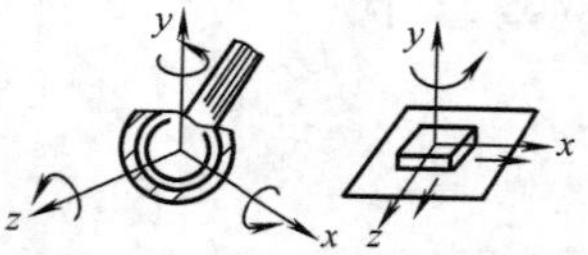	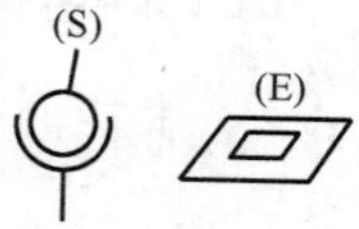 (S)	Ⅲ	P_3 (S) (E)	S_x、S_z、S_y	3
	平面低副		(E)			S_y、θ_x、θ_z	
	球销副	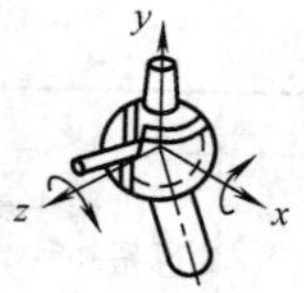	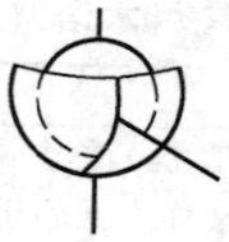	Ⅳ	P_4 (S′)	S_x、S_z、S_y、θ_y	2
	圆柱副	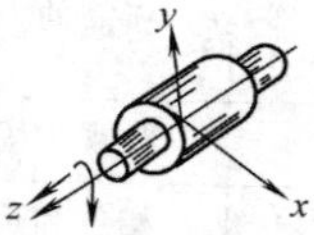		Ⅳ	P_4 (C)	S_x、θ_x、S_y、θ_y	2
	螺旋副	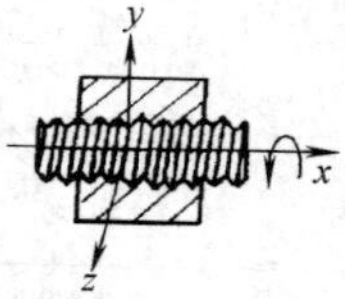		Ⅴ	P_5 (H)	S_x、S_z、θ_z、S_y、θ_y	1
形封闭平面运动副	转动副	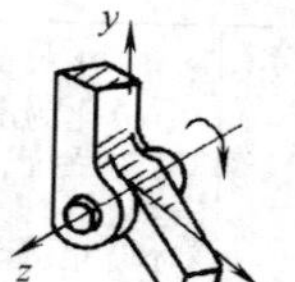	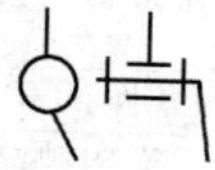	Ⅴ	P_5 (R)	S_x、θ_x、S_z S_y、θ_y	1
	移动副	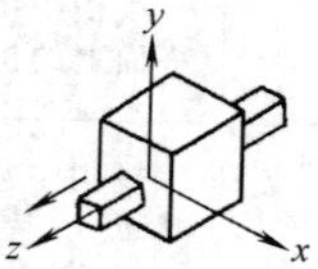	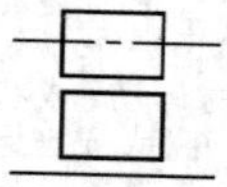	Ⅴ	P_5 (P)	S_x、θ_x、θ_z S_y、θ_y	1

注：1. 对圆柱面高副再增加 S_z、θ_y 的约束条件，则变成二自由度的力封闭平面滚滑高副；若再增加约束条件 S_x，则其变成一个自由度的力封闭平面纯滚动高副。

2. 表中带括号的代号是机构学中常用的代号。

1.2 机构的运动简图和机构示意图

表 4-1-3　　机构运动简图的画法

定义	画法	图例
机构运动简图是把组成机构的构件和运动副，用表 4-1-2、表 4-1-4 的符号按尺寸比例画出的图形。它与原机构有完全相当的运动；可用来表达机构的组成和传动情况，便于进行机构的运动和受力分析。不按尺寸比例绘制的机构运动简图称为机构示意图	1. 确定机架及活动构件数，标上编号；如图 a 中有主动件 1（包括 1_a、1_b、1_c 等组成）、连杆 2、滑块 3 共三个活动构件及机架 4 2. 由相邻两构件间的相对运动性质，定出运动副元素：转动副中心位置、移动副导路的方位和高副廓线的形状等，如图 a 中构件 4 与 1_a、1 与 2、2 与 3 分别绕 A、B、C 相对转动（B 为圆盘 1_c 的圆心），是三个五级回转副，3 和 4 可沿 AC 方位相对移动，是一个五级移动副。构件上转动副中心的连线即代表该构件的长度 3. 选择恰当的视图（图 a 选择垂直 1_a 的平面为主视图），以主动件的某一位置为作图位置（以主动件 1 与水平线呈某角度），用表 4-1-4 符号，根据构件尺寸按比例画出机构运动简图 b 4. 必要时应标出主动件的运动方向和参数，如转速、功率或转矩，以及齿轮的齿数、模数等，如图 c	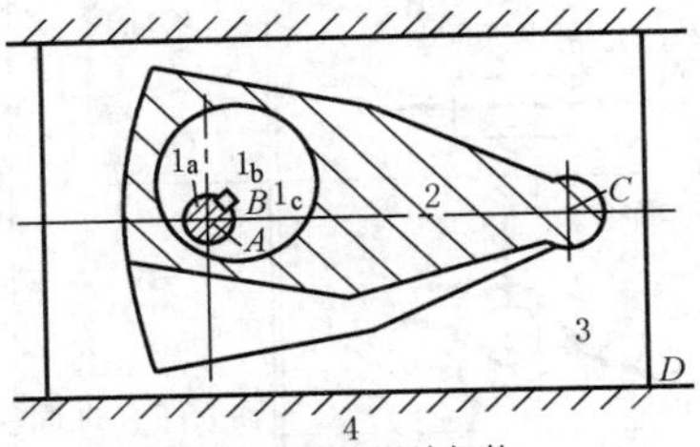 (a) 冲床的曲柄滑块机构 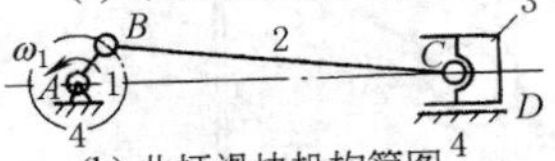 (b) 曲柄滑块机构简图  (c) 运锭车翻斗机构简图 1—电机；2—传动轴；3—减速器；4—蜗杆；5—连杆；6—翻斗 作图比例尺：$\mu(\text{m/mm})=\dfrac{\text{构件的实际长度(m)}}{\text{简图上代表构件的线段长度(mm)}}$ 即图上每 1mm 长度代表构件的实际长度 μm

表 4-1-4　　机构构件运动简图图形符号（摘自 GB/T 4460—2013）

名称	基本符号	
机构构件的运动		
直线或曲线的单向运动	直线运动 回转运动	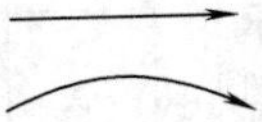
	回转运动 可用符号	
具有瞬时停顿的单向运动	直线运动 回转运动	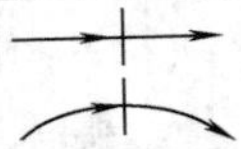
具有停留的单向运动	直线运动 回转运动	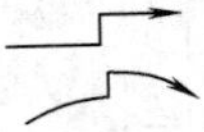
具有局部反向的单向运动	直线运动 回转运动	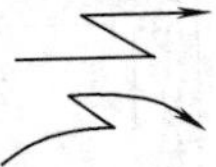
往复运动	直线运动 回转运动	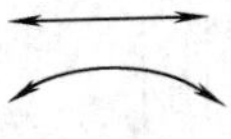
在一个极限位置停留的往复运动	直线运动 回转运动	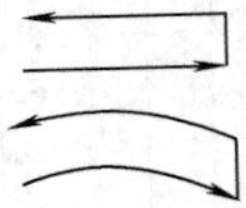

名称	基本符号	
在两个极限位置停留的往复运动	直线运动 回转运动	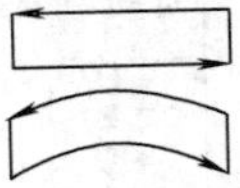
在中间位置停留的往复运动	直线运动 回转运动	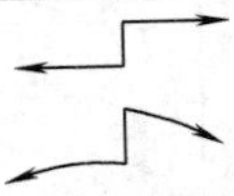
具有局部反向及停留的单向运动	直线运动 回转运动	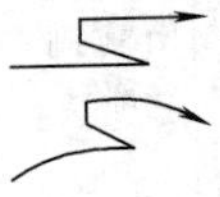
运动终止	直线运动 回转运动	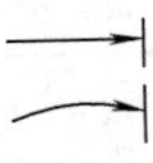
运动副		
一个自由度的运动副	回转副	平面机构  空间机构 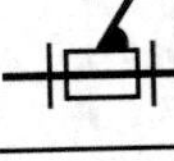

名称		基本符号
一个自由度的运动副	回转副	可用符号 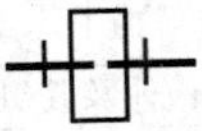
	棱柱副（移动副）	
		可用符号  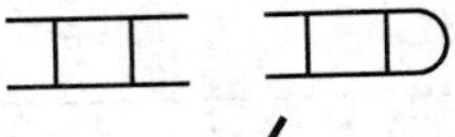 
	螺旋副	
		可用符号 

续表

名称		基本符号
二自由度的运动副	圆柱副	
		可用符号 
	球销副	
三自由度的运动副	球面副	
	平面副	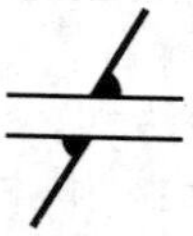
四自由度的运动副	球与圆柱副	
五自由度的运动副	球与平面副	
构件及其组成部分的连接		
机架		
		可用符号 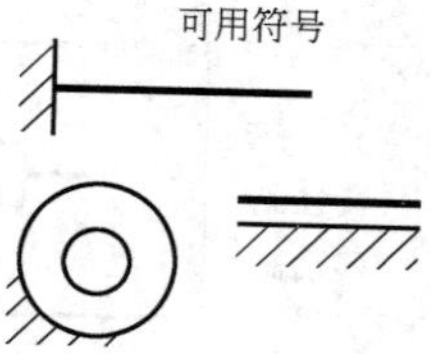
轴、杆		
构件组成部分的永久连接		
		可用符号 

名称		基本符号
构件组成部分的永久连接		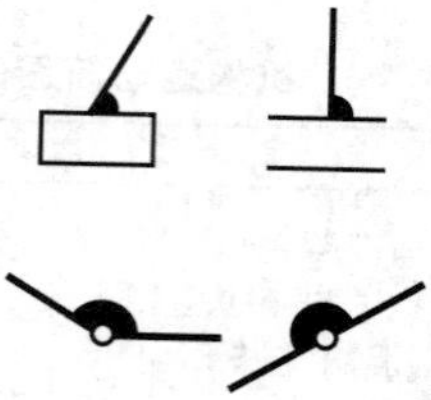
组成部分与轴（杆）的固定连接		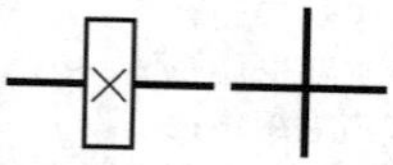
		可用符号 
构件组成部分的可调连接		
		可用符号 
多杆构件及其组成部分		
低副机构	附注	细实线所画为相邻构件
单副元素构件	构件是回转副的一部分	平面机构 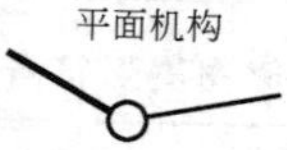
		空间机构 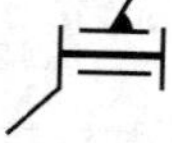
	机架是回转副的一部分	平面机构 
		空间机构 
		可用符号 
	构件是棱柱副的一部分	
		可用符号 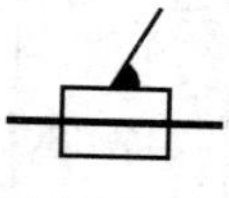
	构件是圆柱副的一部分	

名称			基本符号
单副元素构件		构件是球面副的一部分	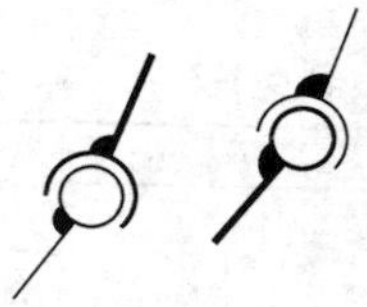
双副元素构件	连接两个回转副的构件	连杆	平面机构 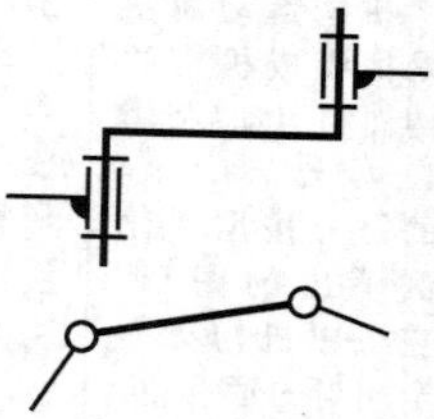
			空间机构 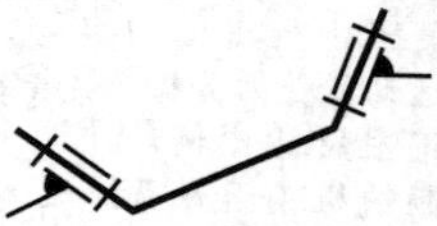
		曲柄（或摇杆）	平面机构 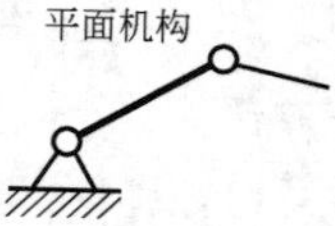
			空间机构 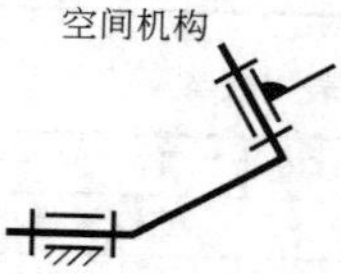
		偏心轮	
	连接两个棱柱副的构件	通用情况	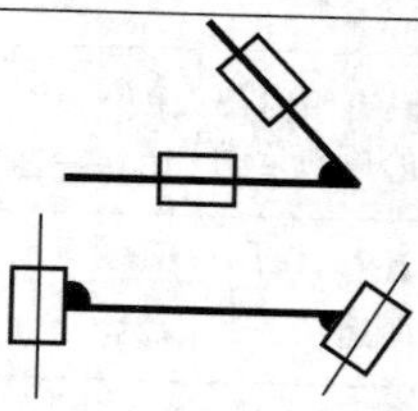
		滑块	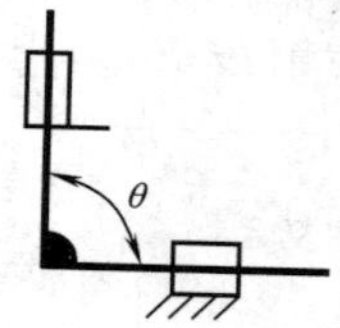
			可用符号 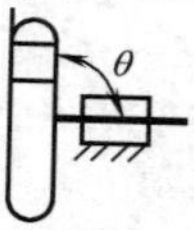

第4篇

续表

名称			基本符号	名称		基本符号	名称		基本符号
双副元素构件	连接回转副与棱柱副的构件	通用情况		举例			摩擦轮机构	可调圆锥轮 附注	带可调圆环的圆锥轮 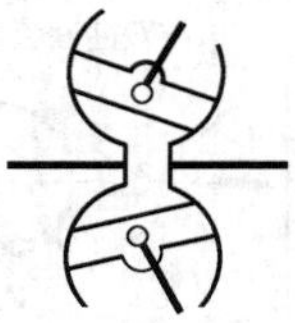
		导杆							带可调球面的圆锥轮 
			可用符号	摩擦轮机构	圆柱轮			可调冕状轮	
		滑块				可用符号			可用符号
三副元素构件					圆锥轮	可用符号	齿轮机构（不指明齿线）	齿轮传动[ ]可在其相应图上分别用“═”、“⫽”、“⫽”、“≈”和“≈”表示直齿、斜齿（右旋、左旋）、人字齿和弧线齿的齿线方向[ ]	
			可用符号		双曲面轮	可用符号		圆柱齿轮	可用符号
举例					可调圆锥轮	可用符号		非圆齿轮	可用符号
					附注	带可调中间体的圆锥轮		圆锥齿轮 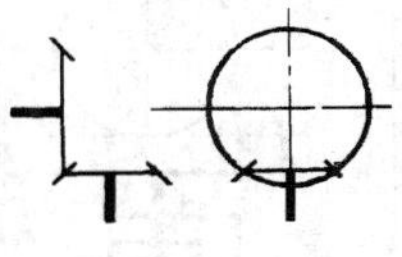	可用符号 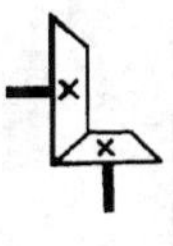

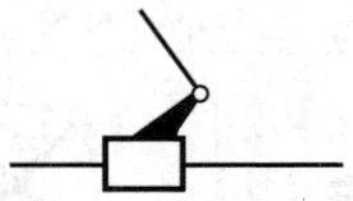

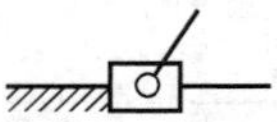

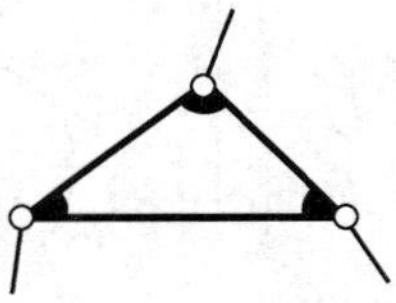

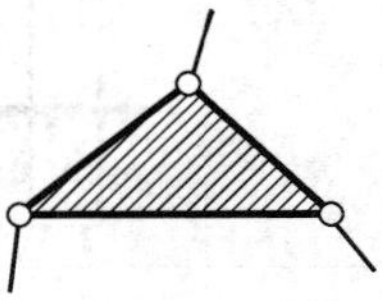

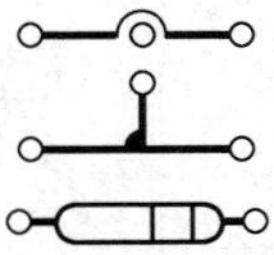

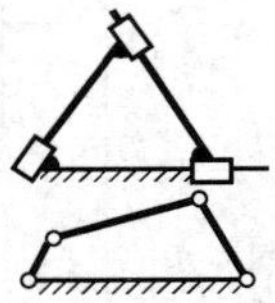

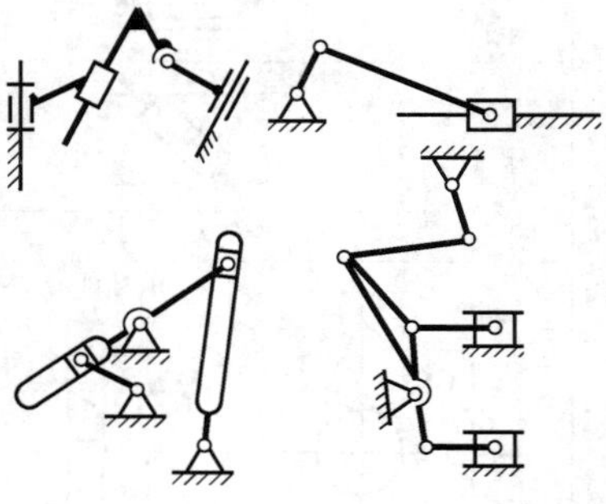

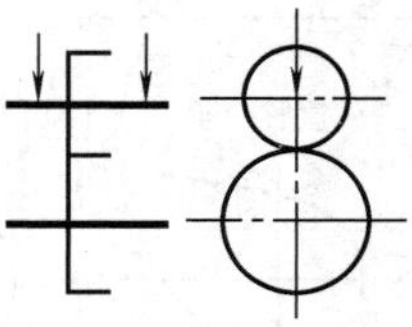

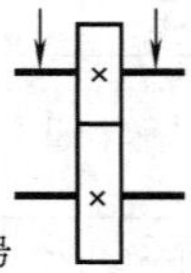

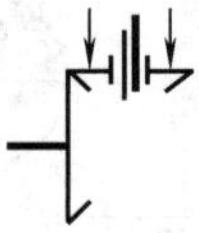

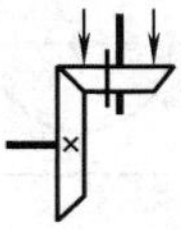

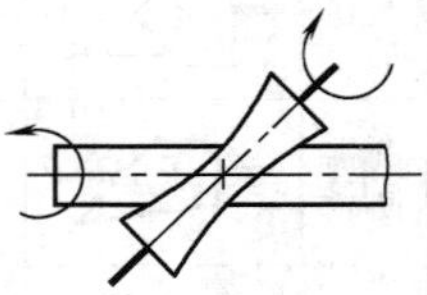

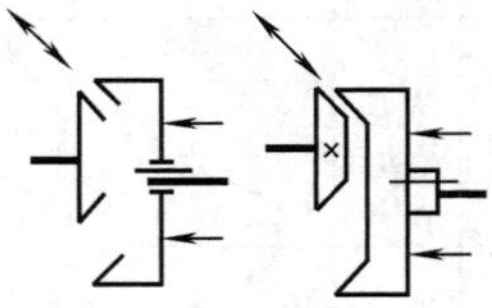

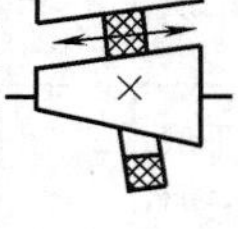

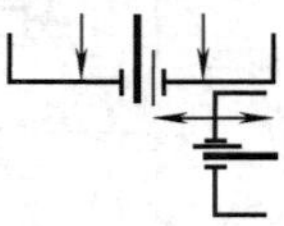

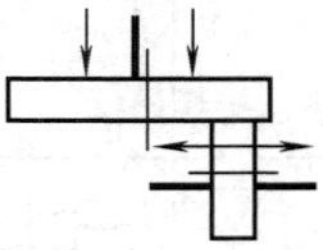

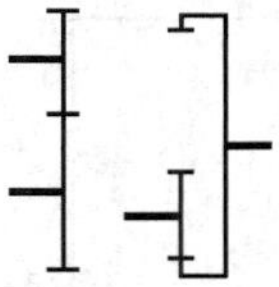

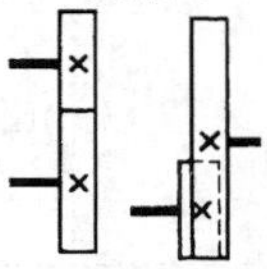

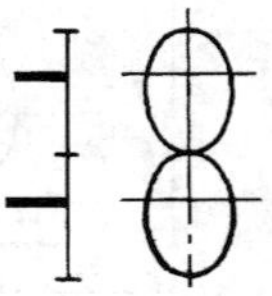

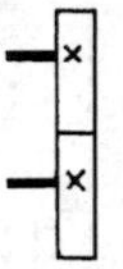

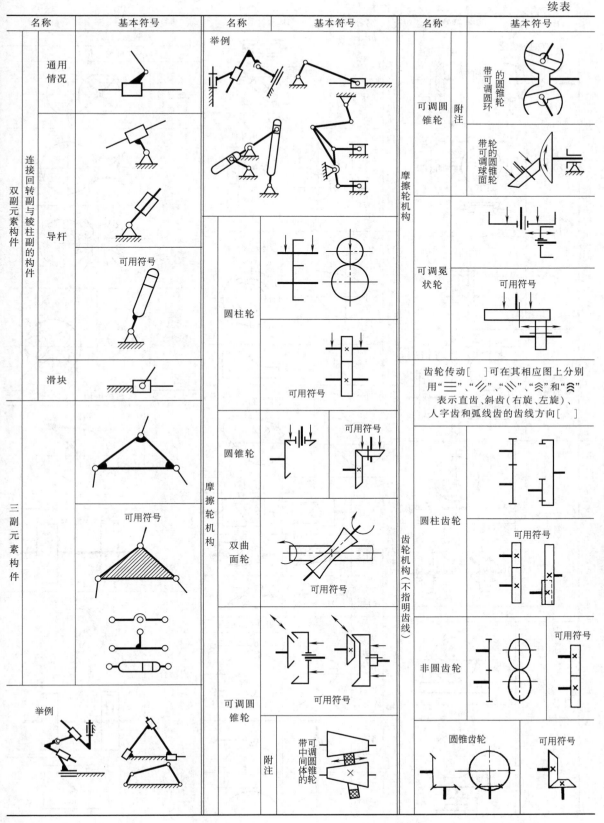

续表

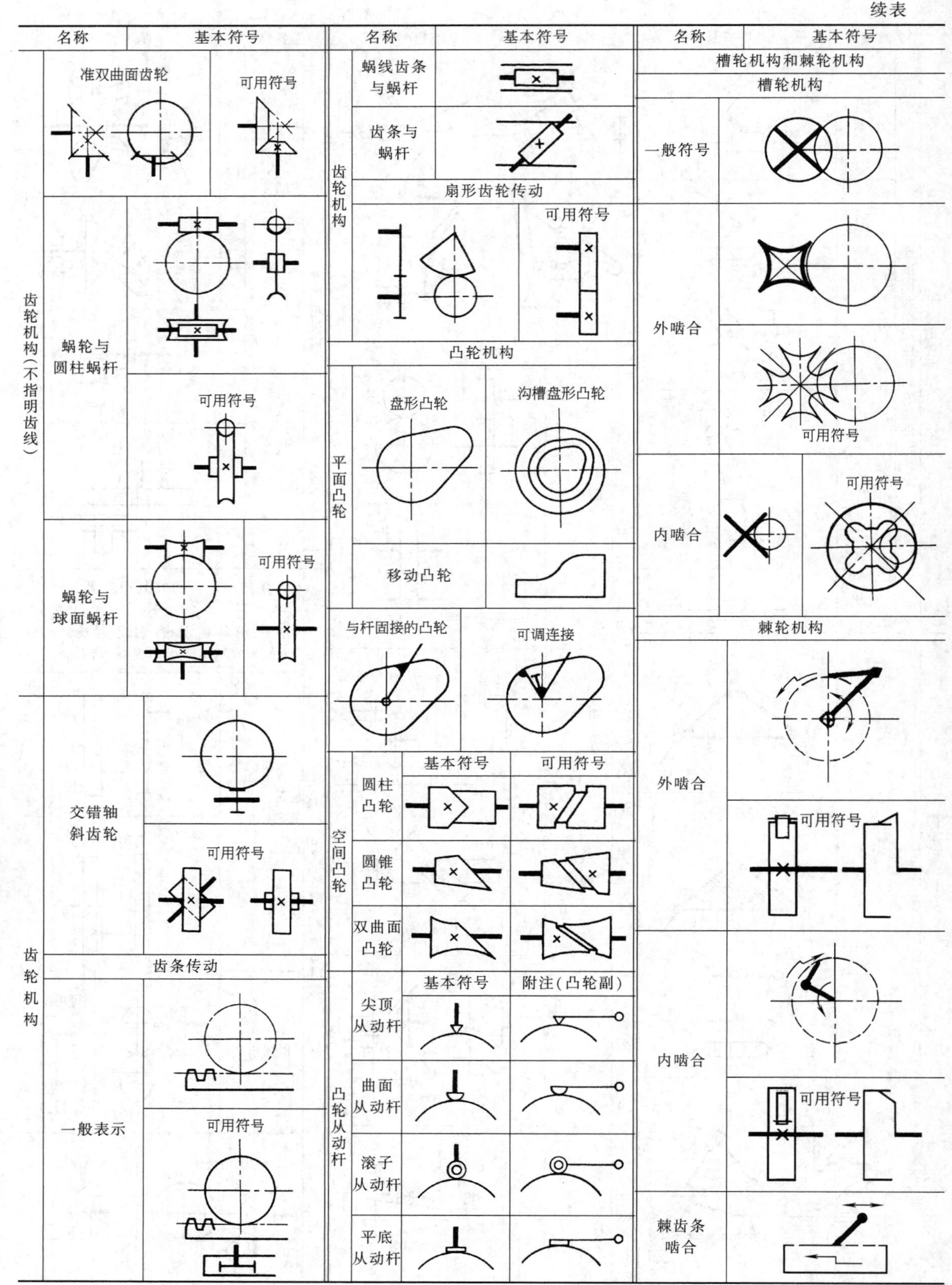
名称
基本符号
名称
基本符号
名称
基本符号
齿轮机构（不指明齿线）
准双曲面齿轮
可用符号
蜗轮与圆柱蜗杆
可用符号
蜗轮与球面蜗杆
可用符号
齿轮机构
交错轴斜齿轮
可用符号
齿条传动
一般表示
可用符号
齿轮机构
蜗线齿条与蜗杆
齿条与蜗杆
扇形齿轮传动
可用符号
凸轮机构
平面凸轮
盘形凸轮
沟槽盘形凸轮
移动凸轮
与杆固接的凸轮
可调连接
空间凸轮
基本符号
可用符号
圆柱凸轮
圆锥凸轮
双曲面凸轮
凸轮从动杆
基本符号
附注（凸轮副）
尖顶从动杆
曲面从动杆
滚子从动杆
平底从动杆
槽轮机构和棘轮机构
槽轮机构
一般符号
外啮合
可用符号
内啮合
可用符号
棘轮机构
外啮合
可用符号
内啮合
可用符号
棘齿条啮合

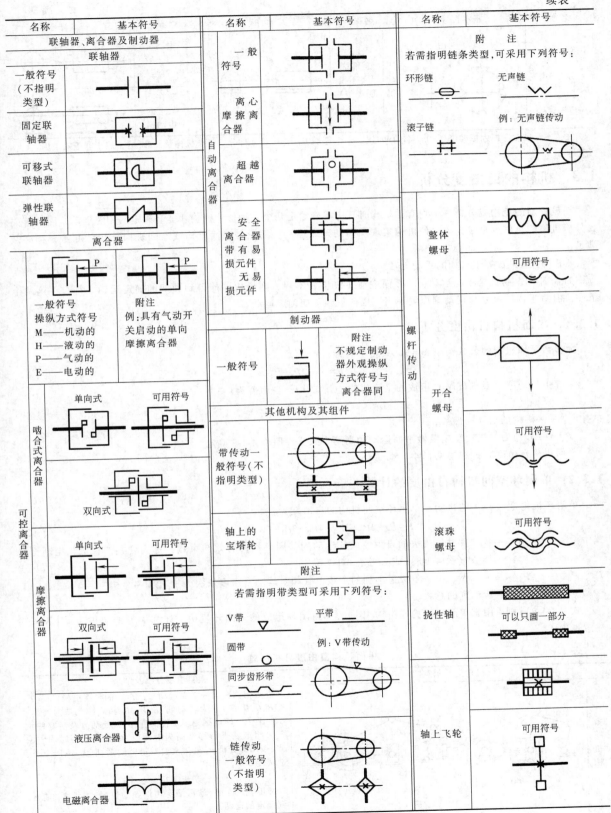

续表

名称	基本符号
联轴器、离合器及制动器	
联轴器	
一般符号（不指明类型）	
固定联轴器	
可移式联轴器	
弹性联轴器	
离合器	
可控离合器 一般符号 操纵方式符号 M——机动的 H——液动的 P——气动的 E——电动的	附注 例：具有气动开关启动的单向摩擦离合器
可控离合器 啮合式离合器 单向式	可用符号
可控离合器 啮合式离合器 双向式	
可控离合器 摩擦离合器 单向式	可用符号
可控离合器 摩擦离合器 双向式	可用符号
可控离合器 液压离合器	
可控离合器 电磁离合器	

名称	基本符号
自动离合器 一般符号	
自动离合器 离心摩擦离合器	
自动离合器 超越离合器	
自动离合器 安全离合器 带有易损元件	
自动离合器 安全离合器 无易损元件	
制动器	
一般符号	附注 不规定制动器外观操纵方式符号与离合器同
其他机构及其组件	
带传动一般符号（不指明类型）	
轴上的宝塔轮	
附注 若需指明带类型可采用下列符号： V带　平带 圆带　例：V带传动 同步齿形带	
链传动一般符号（不指明类型）	

名称	基本符号
附　注 若需指明链条类型，可采用下列符号： 环形链　无声链 例：无声链传动 滚子链	
螺杆传动 整体螺母	
	可用符号
螺杆传动 开合螺母	
	可用符号
螺杆传动 滚珠螺母	可用符号
挠性轴	可以只画一部分
轴上飞轮	
	可用符号

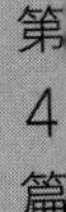

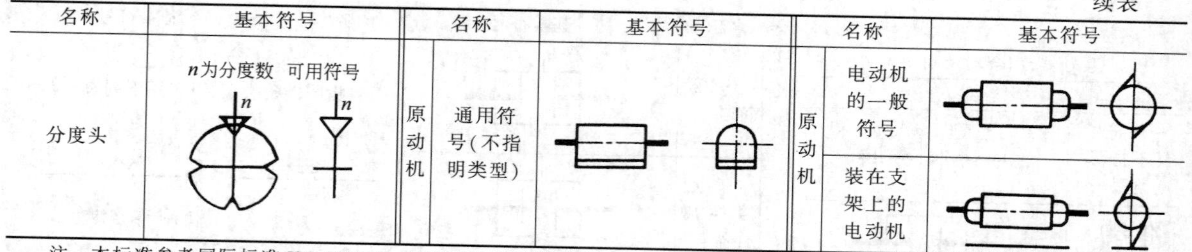

续表

名称	基本符号	名称		基本符号	名称		基本符号
分度头	n为分度数　可用符号	原动机	通用符号(不指明类型)		原动机	电动机的一般符号	
						装在支架上的电动机	

注：本标准参考国际标准 ISO 3952-4：1997《运动学简易表示法　第 4 部分：复杂机构及其部件》，属于非等效采用。

1.3　机构的自由度分析

在设计新的机构或分析一个现有的机构时，应明确给定几个主动件，机构才能有确定的相对运动，因此首先要分析机构的自由度是多少。要使机构实现预期的确定运动，无论是平面机构或空间机构，其自由度 F 都必须满足：

①$F>0$；②F 数等于机构的主动件数。

如果 $F=0$，则机构不能运动；$F>0$ 而主动件数与 F 不等，则机构不能得到预期的确定运动。符合了这两个条件，但由于构件尺寸与运动副配置不当，也得不到预期确定运动。

1.3.1　平面机构自由度分析

大多数平面机构的公共约束 $M=3$，其自由度为：

$$F=3n-2P_5-P_4 \tag{4-1-1a}$$

全部由移动副（及螺旋副）组成的平面机构，其 $M=4$，自由度为：

$$F=2n-P_5 \tag{4-1-1b}$$

式中　n——机构的活动构件数；

P_5、P_4——分别为Ⅴ级运动副及做平面运动的高副个数，参照表 4-1-2 确定。

平面机构自由度分析例题见表 4-1-5。

1.3.2　单闭环空间机构自由度的计算

单闭环机构是 $j-n=1$ 的机构。单闭环空间机构的自由度为：

$$F=P_5+2P_4+3P_3+4P_2+5P_1-(6-M)(j-n) \tag{4-1-2}$$

式中　M——各构件共同失去的自由度或各运动副共同得到的有效约束数，称为公共约束数，用断开机架法（表 4-1-8）或参考表 4-1-7 确定；

P_5、P_4、…、P_1——Ⅴ、Ⅳ、…、Ⅰ级运动副的个数，其相对运动自由度依次为 1、2、…、5；

j——运动副的总数。

式（4-1-2）只适用于单闭环机构或由 M 相同的单封闭环组成的多闭环机构。计算 F 时应考虑表 4-1-6 所列注意事项。

表 4-1-5　　**平面机构自由度分析例题**

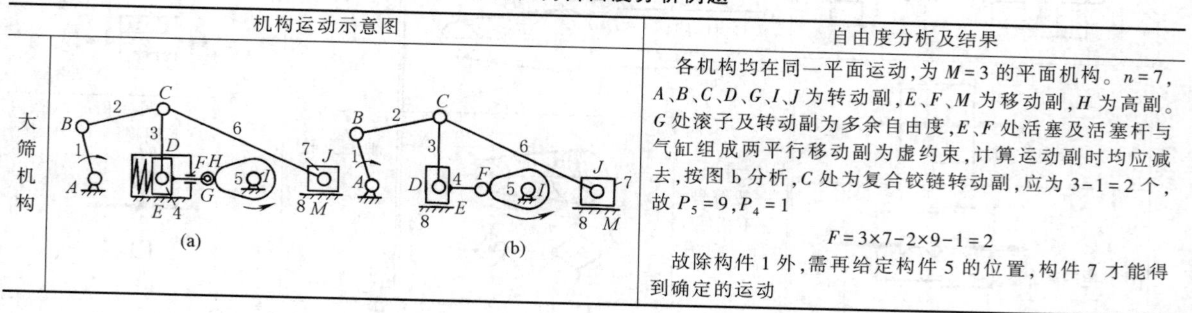

	机构运动示意图	自由度分析及结果
大筛机构	(a)　(b)	各机构均在同一平面运动，为 $M=3$ 的平面机构。$n=7$，A、B、C、D、G、I、J 为转动副，E、F、M 为移动副，H 为高副。G 处滚子及转动副为多余自由度，E、F 处活塞及活塞杆与气缸组成两平行移动副为虚约束，计算运动副时均应减去，按图 b 分析，C 处为复合铰链转动副，应为 3−1=2 个，故 $P_5=9$，$P_4=1$ $F=3\times7-2\times9-1=2$ 故除构件 1 外，需再给定构件 5 的位置，构件 7 才能得到确定的运动

续表

	机构运动示意图	自由度分析及结果
压床机构	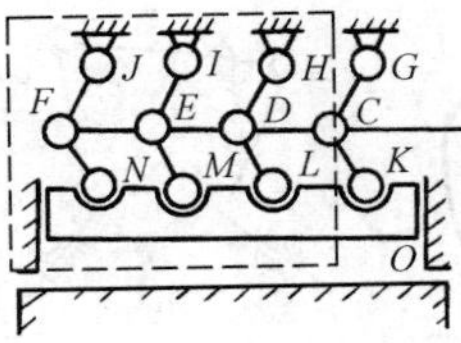 (c) 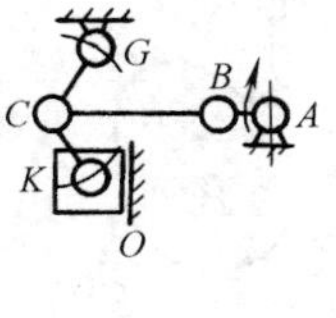 (d)	为 $M=3$ 的平面机构，A、B、C、…、N 均为转动副，O 为移动副，其中 C、D、E、F、H、I、J、L、M、N 及相应构件构成 3 个虚约束，计算运动副时应减去，按图 d 分析，C 处转动副为 $3-1=2$，故 $P_5=7$，$P_4=0$，$n=5$ $F=3\times5-2\times7-0=1$ 按图 c 分析 $n=14$，$P_5=22$，虚约束 $C=3$ $F=3n-2P_5-P_4+C=42-44-0+3=1$
牛头刨床的主体机构	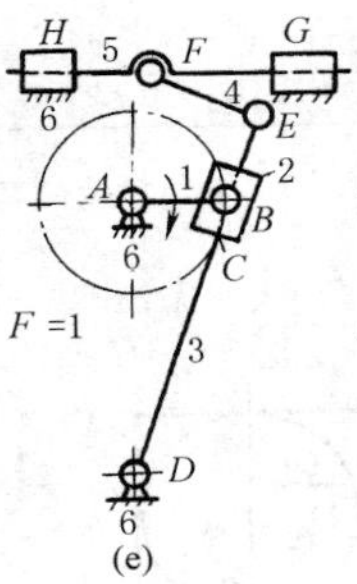 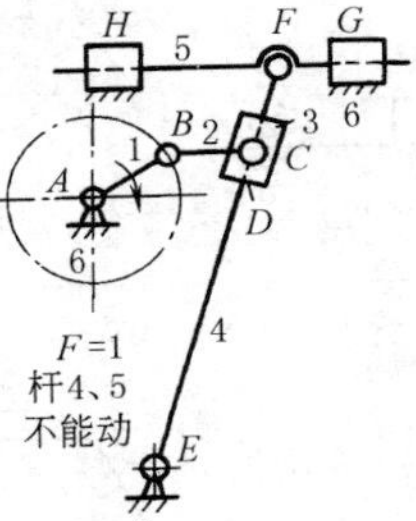 (e) 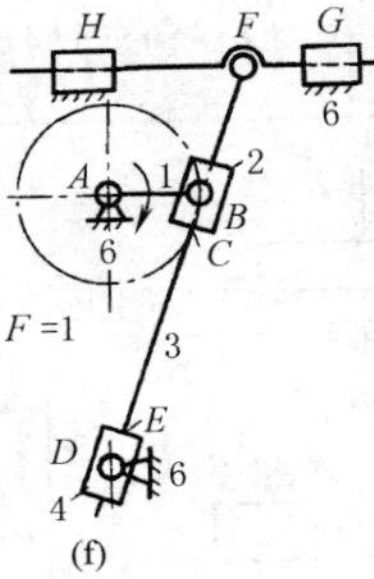 $F=1$ (f) $F=1$ (g) 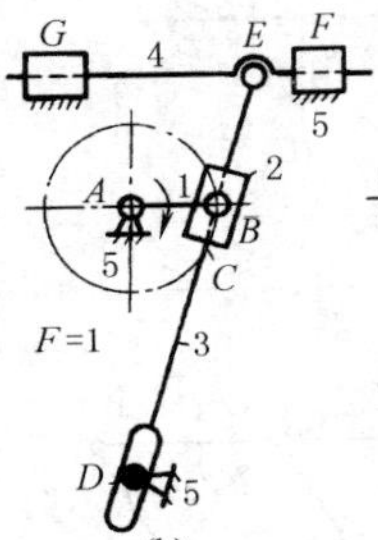 $F=1$ 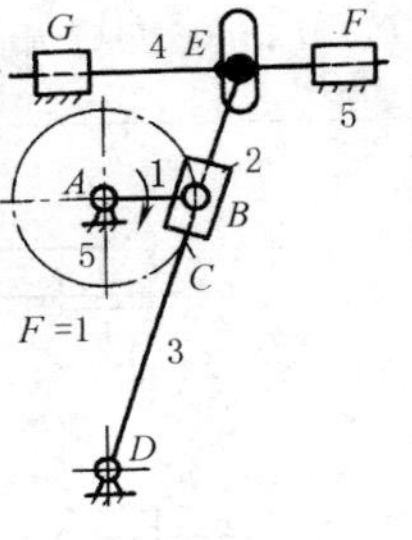 (h) $F=1$ (i) 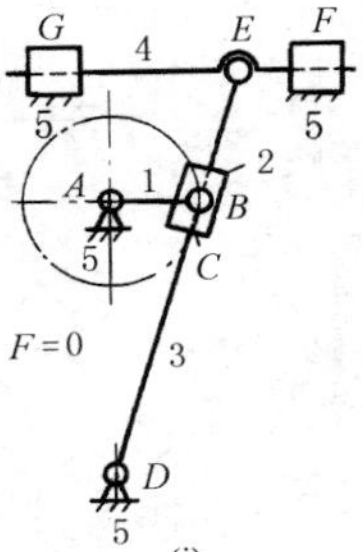 $F=1$ 杆4、5不能动 (j) $F=0$	图 e~图 j 均为 $M=3$ 的平面机构 图 e、图 f：$n=5$，$P_5=7$，$P_4=0$ $F=3\times5-2\times7-0=1$ 图 g、图 h 是具有一个高副的结构型式 $n=4$，$P_5=5$，$P_4=1$ $F=3\times4-2\times5-1=1$ 图 i、图 j 为错误的结构 图 i：$n=5$，$P_5=7$，$P_4=0$ 所以 $F=3\times5-2\times7-0=1$，与主动件数相等，但是只能实现滑块 3 的往复移动，而不能实现刨头的预期往复移动；这是由于构件和运动副配置不当所造成的 图 j：$F=3\times4-2\times6-0=0$，所以不能动。图 e、图 f 较图 j 多了一杆和一 V 级副，增加了一个自由度；图 g、图 h 只是将图 j 中的一个 V 级副改为 Ⅱ 级高副，而释放了一个自由度
周转轮系	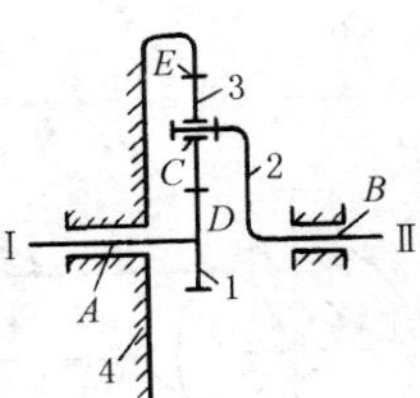 (k) 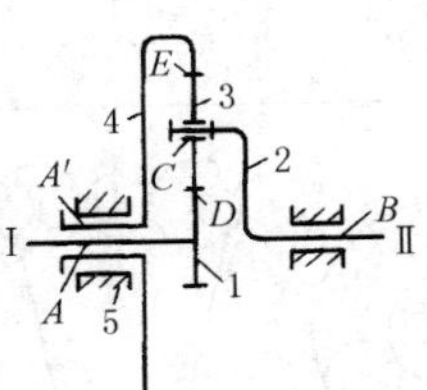 (l)	图 k 为行星轮系。A、B、C 为转动副，D、E 为线接触高副 所以　$n=3$，$P_5=3$，$P_4=2$ 故　$F=3\times3-2\times3-2=1$ 因此，给 1 轮一个确定运动，其他构件的运动都完全确定了。如果 4 不固定，如图 l 成为差动轮系，则整个机构自由度就发生了变化，增加了一个构件 5 和一个转动副 A' $n=4$，$P_5=4$，$P_4=2$，故 $F=3\times4-2\times4-2=2$ 除给 1 一个确定运动外，还必须把另外一个构件也控制起来，机构的运动才能确定
不同 M 的多闭环机构	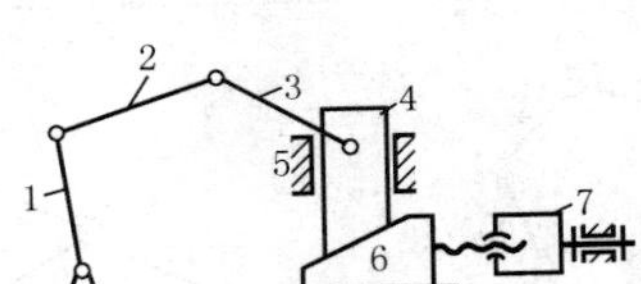 (m)	图 m 为由 5-1-2-3-4-5、5-4-6-5 和 5-6-7-5 三个不同公共约束 M 的闭环机构组成的七杆多闭环机构，由表 4-1-7 查得，各环的公共约束为 $M_1=3$、$M_2=M_3=4$，它由 5 个转动副、3 个移动副和 1 个螺旋副组成，共有 9 个 V 级副，按式 (4-1-3a) 计算得机构的自由度为： $F=P_5-\sum_{i=1}^{3}(6-M_i)=9-(6-3)-2\times(6-4)=2$

表 4-1-6 **计算 F 时的注意事项**

注意事项		图例
减去多余自由度 f	构件与运动副组合后，所增多的、不影响机构整体运动特性的自由度，称为多余自由度或局部自由度 f。采用多余自由度，一般是为了减少摩擦损失和使运动副表面磨损均匀，以及补偿制造误差，计算 F 时应减去 f，或去除形成局部自由度的构件及运动副数后计算，如图 a	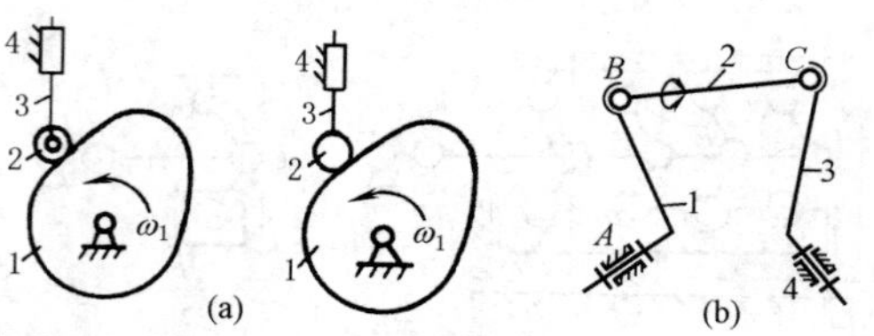 (a) (b) 图 a 中滚子 2 处有一个多余自由度，将 2、3 刚化后： $\because n=3-1=2, P_5=3-1=2, P_4=1$ $\therefore F=3\times2-2\times2-1=1$ 或 $F=3\times3-2\times3-1-1=1$ 图 b 中连杆 2 绕自身轴线 BC 的转动为局部自由度，$f=1$，且 $M=0, j=4, n=3, P_5=2, P_3=2$ $F=P_5+3P_3-(6-M)(j-n)-f=2+3\times2-6\times(4-3)-1=1$
去除虚约束 C	在运动副所加的约束中，有些约束互相重合，重合的约束中有一些对构件运动不起约束作用的称为虚约束，亦称消极约束 C，计算 F 时应除去 C 虚约束用于增加机构工作时的刚度，改善受力情况，渡过机构死点或满足工作需要。但必须有较高的制造和装配精度 常见的虚约束有： 1. 两构件间形成 2 个以上运动副：转动副轴线重合（图 c），移动副导路重合或平行（图 d、e），高副接触点法线重合（图 f） 2. 轨迹重合约束：机构中构件尺寸满足特定条件时引入的虚约束（图 g 中 $AB=BC=BD$、$AD\perp AC$ 时，杆 1 和 A、B 副或滑块 3 及复副 D 形成的约束为虚约束，图 h 中 $AB \mathrel{\underline{\parallel}} CD \mathrel{\underline{\parallel}} EF$、$AD \mathrel{\underline{\parallel}} BC$、$AF \mathrel{\underline{\parallel}} BE$ 时，杆 1 和 E、F 副形成虚约束） 3. 具有重复（图 i 中行星轮 2′、2″与 2 重复，应将 2′、2″去除后计算 F）或对称结构（图 j 中 $O_1'A'B'$ 与 O_1AB 对称，应去除一个）以及表 4-1-5 图 c 4. 如图 k 中，轮 1、3 上两动点 C、D 间的距离在运动中始终保持不变，故杆 4 及 C、D 副引入的约束为虚约束	两构件间形成多个运动副：(c) (d) $C=2$ (e) $C=1$ (f) 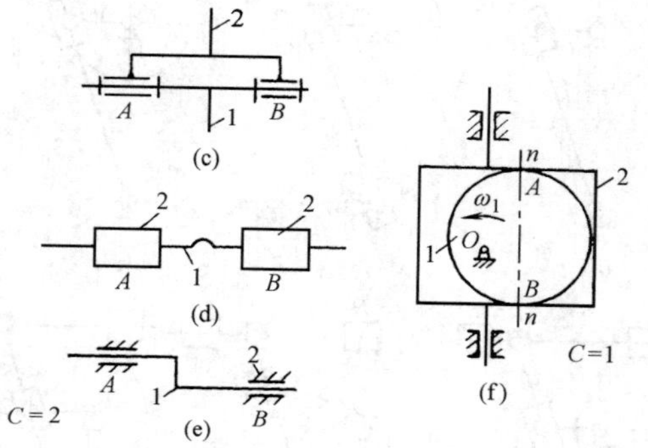 轨迹重合：$C=1$ (g) $C=1$ (h) 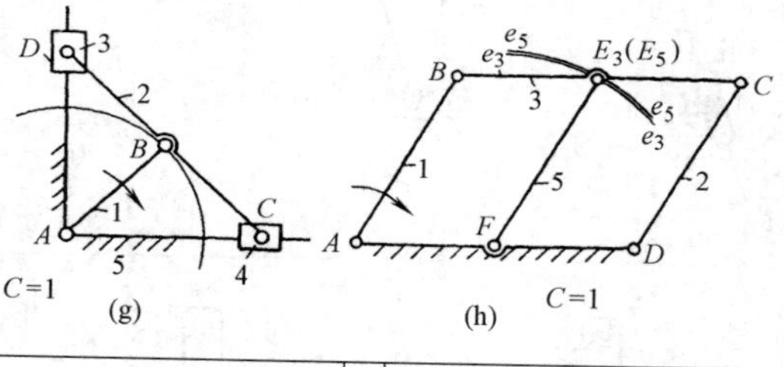 具有重复或对称结构：$C=2$ (i) $C=1$ (j) 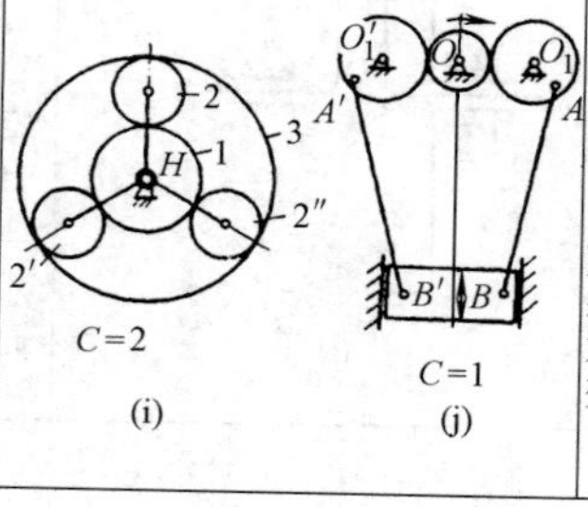 两动点间距保持不变：$C=1$ (k) 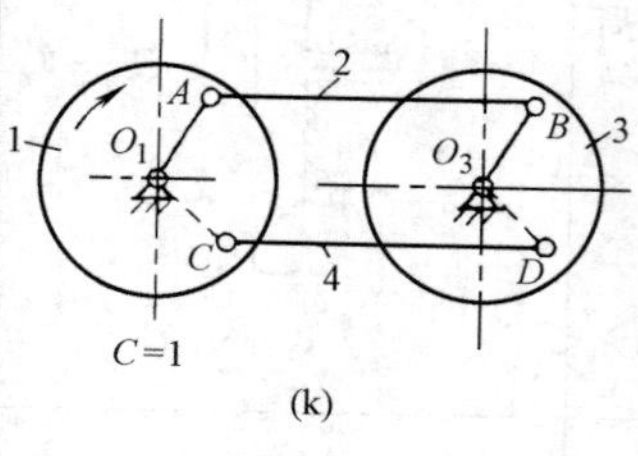
正确判断复合运动副的个数	两个以上的构件同时在一处以运动副相连接，构成复合运动副。由 m 个构件组成的复合运动副为 $m-1$ 个 图 l 中 C 处有 2 个转动副； 图 m 中 D 处有 1 个转动副、1 个移动副，C 处有 2 个转动副、1 个移动副	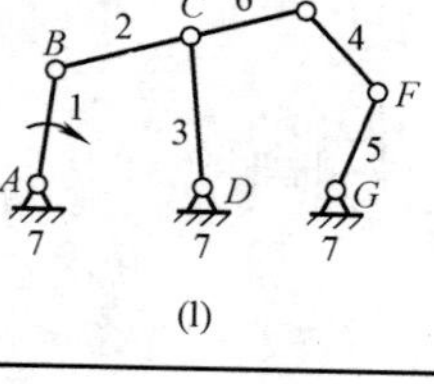 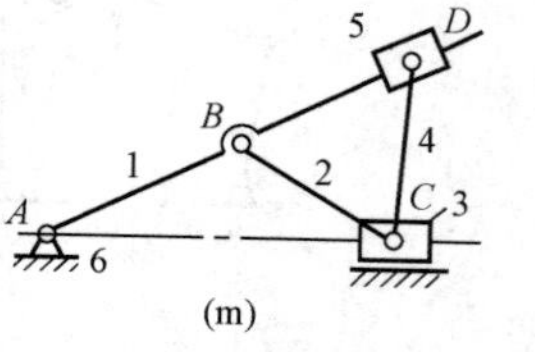 (l) (m)

表 4-1-7　　　　单闭环机构公共约束数 M 的判定

M	机构组成举例			
0	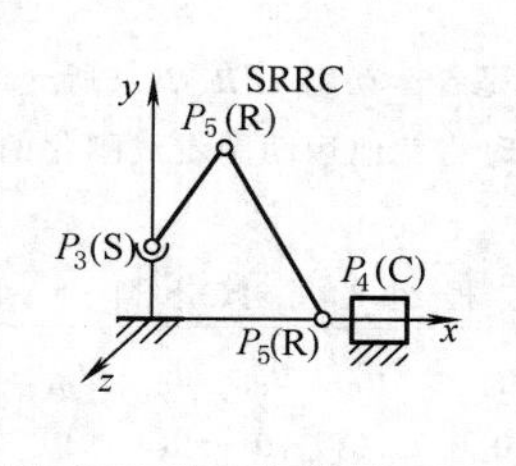 SRRC	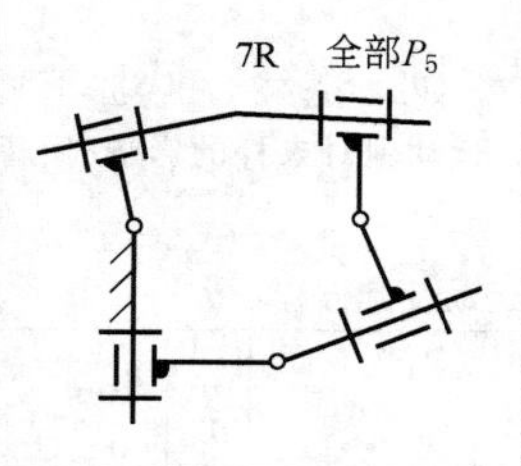 7R　全部P_5	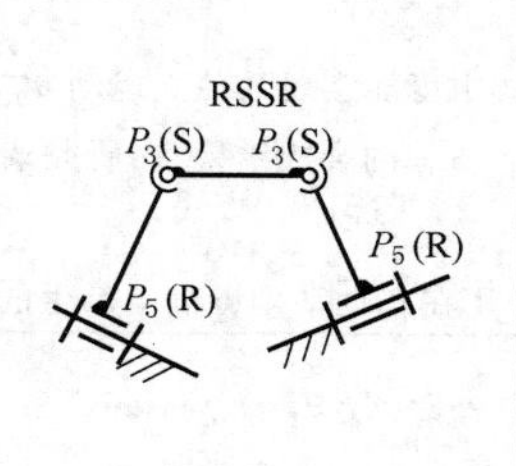 RSSR	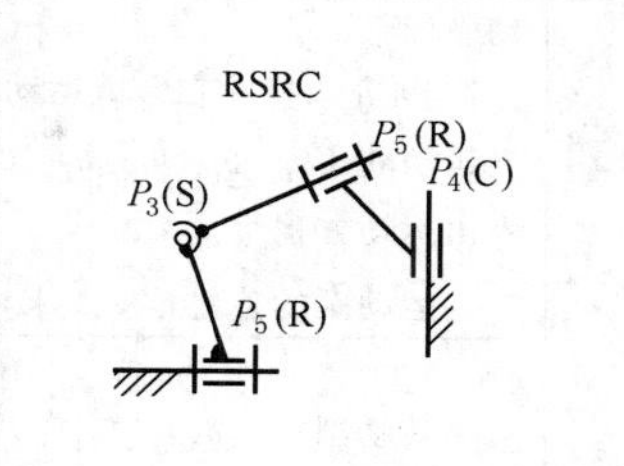 RSRC
1	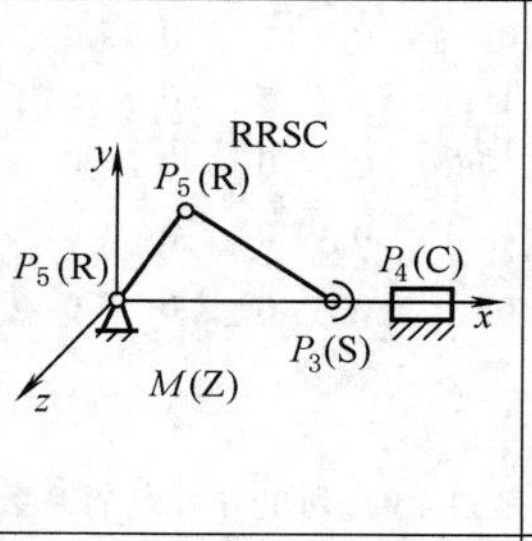 RRSC $M(Z)$	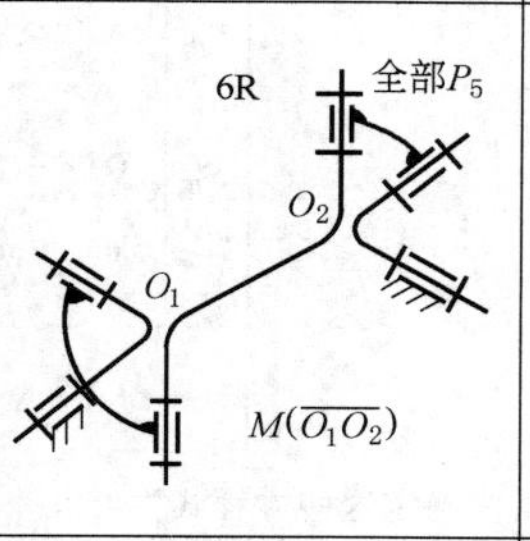 6R　全部P_5 $M(\overline{O_1O_2})$	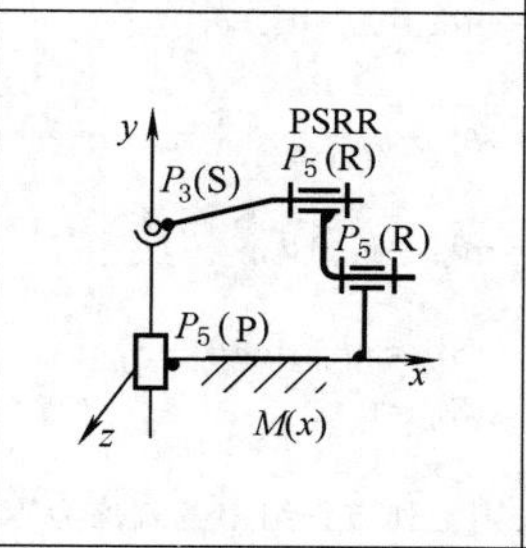 PSRR $M(x)$	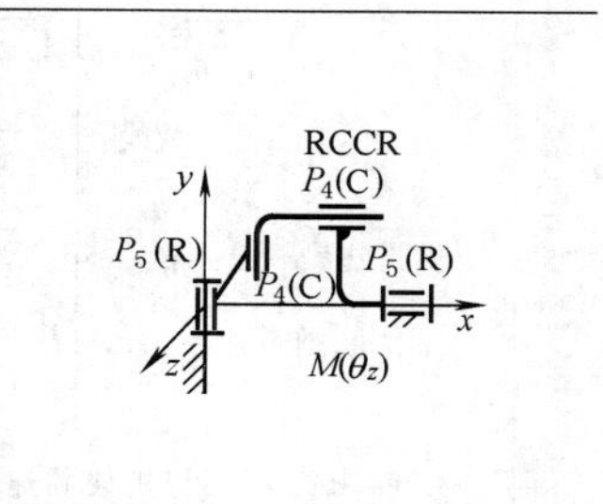 RCCR $M(\theta_z)$
2	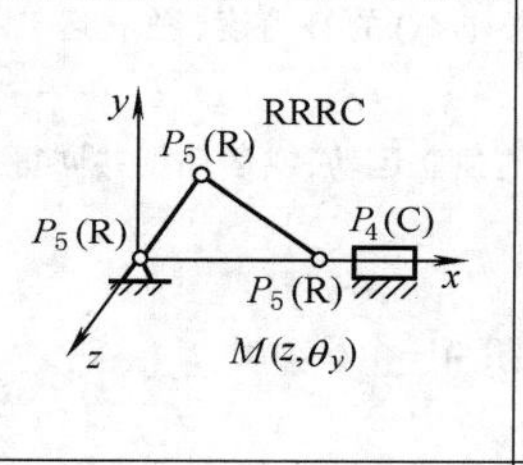 RRRC $M(z,\theta_y)$	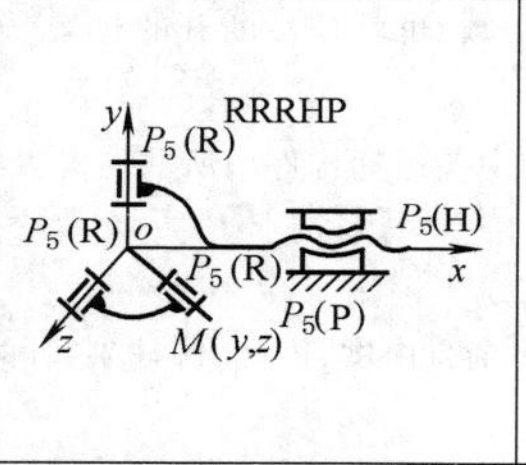 RRRHP $M(y,z)$	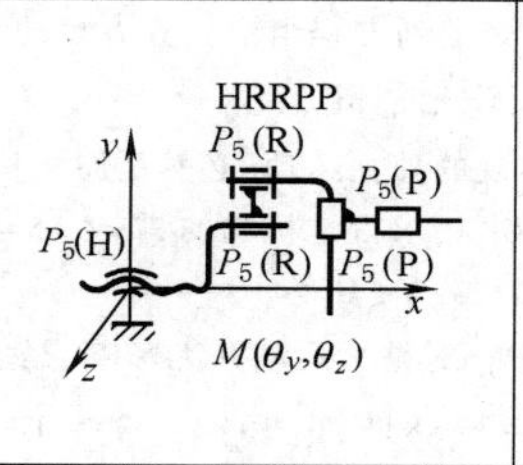 HRRPP $M(\theta_y,\theta_z)$	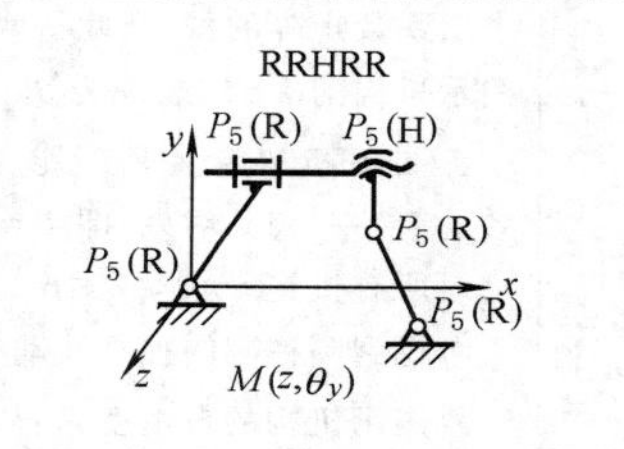 RRHRR $M(z,\theta_y)$
3	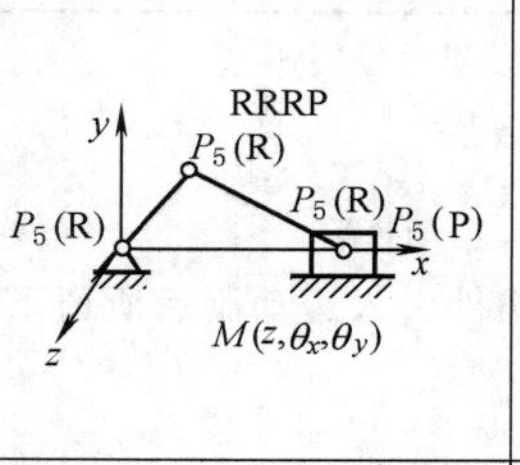 RRRP $M(z,\theta_x,\theta_y)$	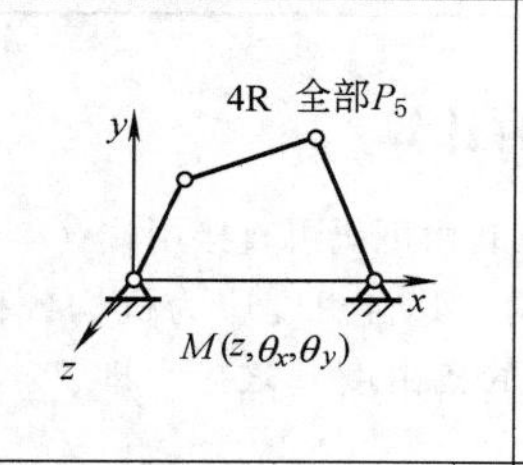 4R　全部P_5 $M(z,\theta_x,\theta_y)$	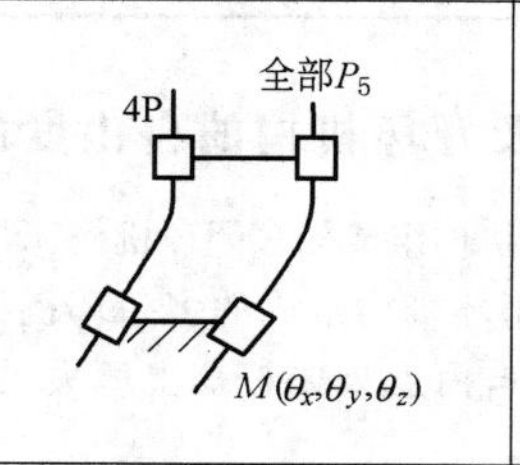 4P　全部P_5 $M(\theta_x,\theta_y,\theta_z)$	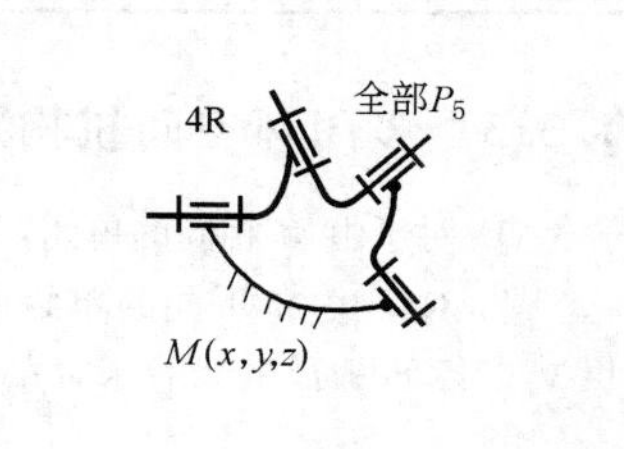 4R　全部P_5 $M(x,y,z)$
4	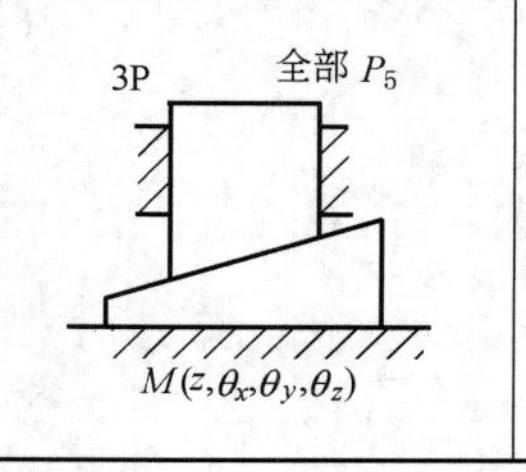 3P　全部 P_5 $M(z,\theta_x,\theta_y,\theta_z)$	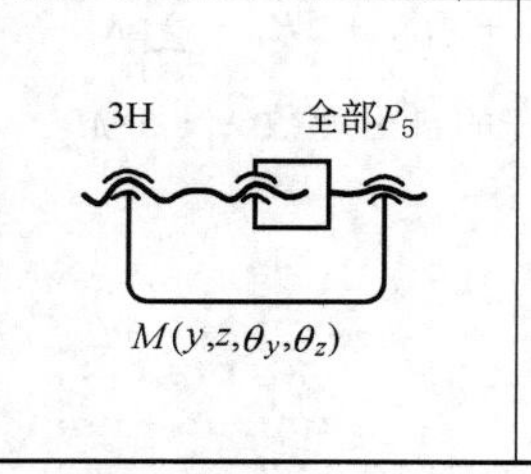 3H　全部P_5 $M(y,z,\theta_y,\theta_z)$	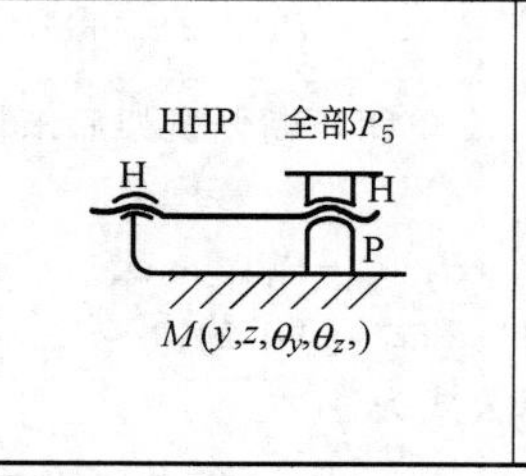 HHP　全部P_5 $M(y,z,\theta_y,\theta_z,)$	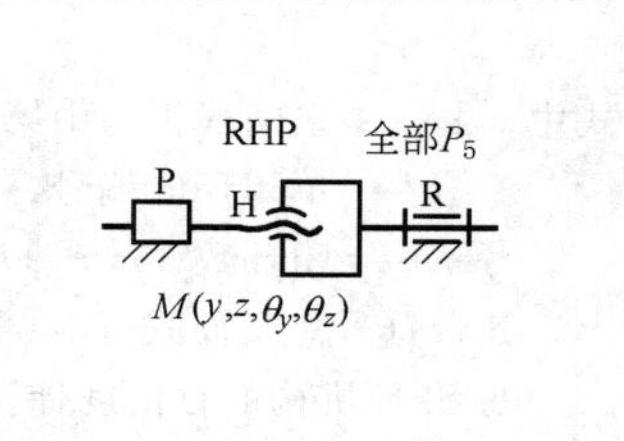 RHP　全部P_5 $M(y,z,\theta_y,\theta_z)$

表 4-1-8　　　　用断开机架法确定单闭环空间机构的 M

图例	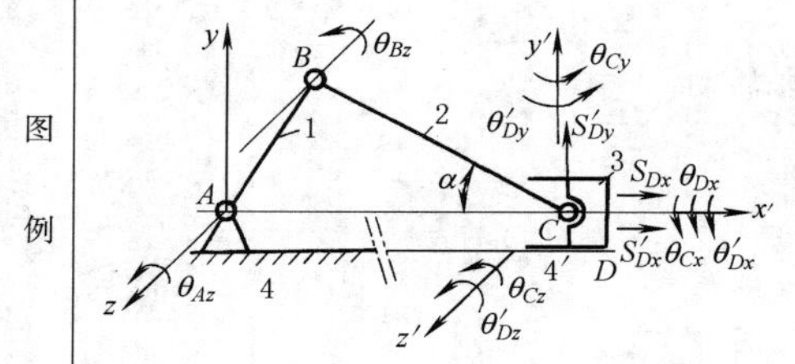	说明： 1. 关键在于建立恰当的坐标系，利用虚位移原理写出末杆的运动方程式，写方程式时应就各运动副对末杆产生的运动影响逐个仔细地考察 2. 本例中球副 C 的两个转动 θ_{Cx}、θ_{Cy} 对机构的输出运动是不起作用的，仅用来补偿制造运动副 A 时所产生的转角误差，并增大承压面积

续表

<table>
<tr><td rowspan="3">解题步骤</td><td colspan="3">

1. 将图示机构的构件 4 断开，使 4′与机架脱离而成为运动链的末杆，并取 4′上任一点 D（图中取得与 C 重合）为原点建立动坐标系 $x'y'z'$

2. 研究末杆 4′在开式运动链中可能实现的独立运动 θ'_{Dx}、θ'_{Dy}、θ'_{Dz}、S'_{Dx}、S'_{Dy} 和 S'_{Dz}，它们是各运动副 A、B、C、D 所允许的独立运动 θ_{Az}、θ_{Bz}、θ_{Cz}、θ_{Cy}、θ_{Cx}、θ_{Dx}、S_{Dx} 的合成结果，在研究某一运动副对末杆的影响时，暂时将其他运动副看成刚化的，据此列出运动方程组：

</td></tr>
<tr><td>各运动副的独立运动</td><td>末杆 4′在各运动副影响下产生的运动及其方程</td><td>方程组的系数矩阵</td></tr>
<tr><td>转动副 $A:\theta_{Az}$
$B:\theta_{Bz}$
球　副 $C:\theta_{Cz}$
θ_{Cy}
θ_{Cx}
圆柱副 $D:\theta_{Dx}$
S_{Dx}
（转动副 $B:\theta_{Bz}$）</td><td>$\rightarrow S'_{Dy}=l_{AC}\theta_{Az}+l_{BC}\cos\alpha\theta_{Bz}$
$\rightarrow \theta'_{Dz}=\theta_{Az}+\theta_{Bz}+\theta_{Cz}$
$\rightarrow \theta'_{Dy}=\theta_{Cy}$
$\rightarrow \theta'_{Dx}=\theta_{Cx}+\theta_{Dx}$
$\rightarrow S'_{Dx}=-l_{BC}\sin\alpha\theta_{Bz}+S_{Dx}$
$S'_{Dz}=0$</td><td>$$\begin{array}{c} \\ \theta'_{Dx}\\ \theta'_{Dy}\\ \theta'_{Dz}\\ S'_{Dx}\\ S'_{Dy}\\ S'_{Dz}\end{array}\begin{bmatrix}\theta_{Az} & \theta_{Bz} & \theta_{Cz} & \theta_{Cy} & \theta_{Cx} & \theta_{Dx} & S_{Dx}\\ 0 & 0 & 0 & 0 & 1 & 1 & 0\\ 0 & 0 & 0 & 1 & 0 & 0 & 0\\ 1 & 1 & 1 & 0 & 0 & 0 & 0\\ 0 & -l_{BC}\sin\alpha & 0 & 0 & 0 & 0 & 1\\ l_{AC} & l_{BC}\cos\alpha & 0 & 0 & 0 & 0 & 0\\ 0 & 0 & 0 & 0 & 0 & 0 & 0\end{bmatrix}$$</td></tr>
<tr><td></td><td colspan="3">

3. 将末杆 4′再与机架固连，则上列方程组中各式均为零，为确定这些方程式中有几个是独立的，列出方程组的系数矩阵，求出系数矩阵的秩，则此秩就是上列方程组中独立方程的个数，也就是被断开的机架（末杆 4′）的自由度（独立运动）数 λ，图示机构的 $\lambda=5$，表现为 θ'_{Dx}、θ'_{Dy}、θ'_{Dz}、S'_{Dx}、S'_{Dy}

4. 断开机架后，4′所不能实现的独立运动，必然是原机构中各运动构件中所共同失去的独立运动，或运动副共同得到的有效约束——公共约束，即 $M=6-\lambda$，求得本机构的 $M=6-5=1$

对所有机构 $\because\ 2\leqslant\lambda\leqslant 6\quad \therefore\ 0\leqslant M\leqslant 4$

考虑到圆柱副的独立运动 θ_{Dx} 对整个运动并无影响，是多余自由度，因此，圆柱副实际相当一个移动副

故图示机构的自由度为：$F=3+3\times1-(6-1)\times(4-3)=1$

</td></tr>
</table>

1.3.3 多闭环空间机构及开环机构的自由度的计算

① 对于由 M 相同的单闭环机构组成的多闭环机构，其自由度仍可直接用式（4-1-2）计算；

② 对于由 M 不同的单封闭环机构组成的多闭环机构，其自由度应为机构各构件引入运动副后所留下的自由度减去各环断开机架后末杆的自由度（末杆焊上所失去的自由度）之差，即：

$$F=P_5+2P_4+3P_3+4P_2+5P_1-\sum_{i=1}^{j-n}\lambda_i \tag{4-1-3a}$$

式中　λ_i——多闭环机构中第 i 个单闭环断开机架后末杆的自由度数 $\lambda_i=6-M_i$；

i——单闭环的编号；

$j-n$——闭环数，$j=P_1+P_2+P_3+P_4+P_5$；

其余符号意义同式（4-1-1）和式（4-1-2）。

③ 开环机构的自由度计算公式为

$$F=P_5+2P_4+3P_3+4P_2+5P_1 \tag{4-1-3b}$$

1.3.4 空间机构自由度计算例题

（1）拖拉机外轮调整机构（单闭环机构，图 4-1-1）

由表 4-1-7 查得此机构的 $M=2$，表现为不能沿 x 轴移动和绕 z 轴转动：

$$n=4,\ j=5,\ P_5=5$$

所以
$$F=5-(6-2)\times(5-4)=1$$

（2）割草机割刀机构（单闭环机构）

① 设取坐标系如图 4-1-2，其运动方程式为：

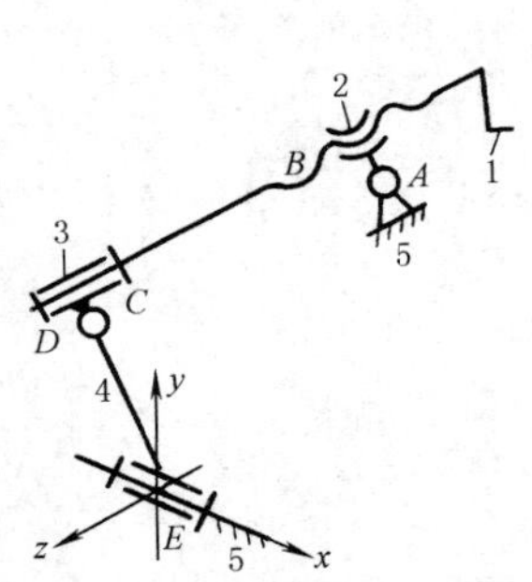

图 4-1-1　拖拉机外轮调整机构

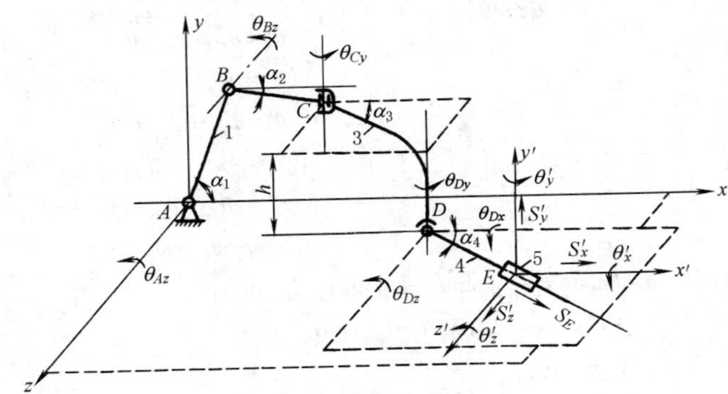
图 4-1-2　割草机割刀机构

$$\theta'_x=\theta_{Dx}$$
$$\theta'_y=\theta_{Cy}+\theta_{Dy}$$
$$\theta'_z=\theta_{Az}+\theta_{Bz}+\theta_{Dz}$$
$$S'_x=-a\theta_{Az}-b\theta_{Bz}+c\theta_{Cy}+d\theta_{Dy}+\cos\alpha_4 S_E$$
$$S'_y=e\theta_{Az}+f\theta_{Bz}+g\theta_{Dz}-d\theta_{Dx}$$
$$S'_z=-k\theta_{Cy}-g\theta_{Dy}+\sin\alpha_4 S_E$$

式中　$a=l_{AB}\sin\alpha_1-l_{BC}\sin\alpha_2-h$

$b=-l_{BC}\sin\alpha_2-h$

$c=l_{CD}\sin\alpha_3+l_{DE}\sin\alpha_4$

$d=l_{DE}\sin\alpha_4$

$e=l_{AB}\cos\alpha_1+l_{BC}\cos\alpha_2+l_{CD}\cos\alpha_3+l_{DE}\cos\alpha_4$

$f=l_{BC}\cos\alpha_2+l_{CD}\cos\alpha_3+l_{DE}\cos\alpha_4$

$g=l_{DE}\cos\alpha_4$

$k=l_{CD}\cos\alpha_3+l_{DE}\cos\alpha_4$

② 求系数矩阵的秩：$\lambda=6$，即 $M=6-6=0$

③ 机构的自由度：此机构中 $n=4$，$j=5$，$P_5=4$，$P_3=1$

$$\therefore F=4+3\times1-(6-0)\times(5-4)=1$$

（3）谷物收获机的割刀机构（多闭环机构，图 4-1-3）

$n=6$，$j=8$，$P_3=1$，$P_5=7$，所以 $j-n=2$ 为空间双闭环机构。

闭环Ⅰ为 7-1-2-3-4-7，闭环Ⅱ为 7-4-5-6-7。分别求出环Ⅰ和环Ⅱ的 λ，由式（4-1-3a）可求出整个机构的自由度。

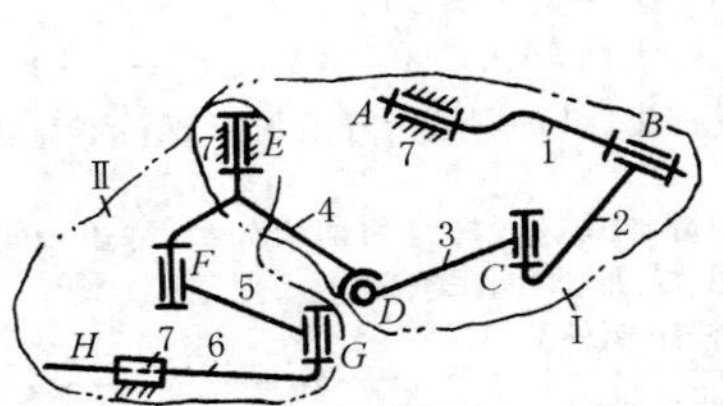

图 4-1-3　谷物收获机的割刀机构

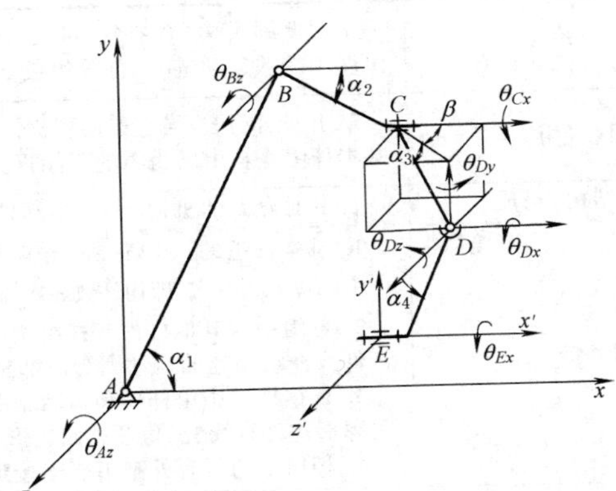
图 4-1-4　谷物收获机的割刀机构闭环Ⅰ

① 闭环Ⅰ：设取坐标系如图 4-1-4，其运动方程式为：

$$\theta'_x=\theta_{Cx}+\theta_{Dx}+\theta_{Ex}$$
$$\theta'_y=\theta_{Dy}$$
$$\theta'_z=\theta_{Az}+\theta_{Bz}+\theta_{Dz}$$
$$S'_x=-a\theta_{Az}-b\theta_{Bz}+c\theta_{Dy}-d\theta_{Dz}$$
$$S'_y=e\theta_{Az}+f\theta_{Bz}-g\theta_{Cx}-h\theta_{Dx}$$
$$S'_z=-i\theta_{Cx}-j\theta_{Dx}$$

式中 $a=l_{AB}\sin\alpha_1-l_{BC}\sin\alpha_2-l_{CD}\sin\alpha_3-l_{DE}\sin\alpha_4$

$b=-l_{BC}\sin\alpha_2-l_{CD}\sin\alpha_3-l_{DE}\sin\alpha_4$

$c=l_{DE}\cos\alpha_4$

$d=-l_{DE}\sin\alpha_4$

$e=l_{AB}\cos\alpha_1+l_{BC}\cos\alpha_2+l_{CD}\cos\alpha_3\cos\beta$

$f=l_{BC}\cos\alpha_2+l_{CD}\cos\alpha_3\cos\beta$

$g=l_{CD}\cos\alpha_3\sin\beta+l_{DE}\cos\alpha_4$

$h=l_{DE}\cos\alpha_4$

$i=l_{CD}\sin\alpha_3+l_{DE}\sin\alpha_4$

$j=l_{DE}\sin\alpha_4$

经求解此系数矩阵为满秩，即 $\lambda_{\mathrm{I}}=6$，$\therefore M=0$

② 闭环Ⅱ：为一平面曲柄滑块机构，其 $M=3$，$\lambda_{\mathrm{II}}=3$，由式（4-1-3a）得：

$$F=7+3\times1-(6+3)=1$$

1.4 平面机构的结构分析

机构结构分析是对测绘或设计所得的机构运动简图进行自由度计算，再从机构结构的角度研究其组成原理，并以此进行机构分类，以便于按此分类研究机构运动和进行动力分析的一般方法，以及根据机构组成原理进行机构综合创新设计。平面机构的组成及结构分类见表 4-1-9。

基于一个平面高副和一个带有两个低副的杆在约束上是等价的，均为一个约束。高副低代时，在高副两元素接触点的曲率中心处用两个转动副，并以杆长为两曲率半径之和（凸凸接触）或差（凸凹接触）的杆相连，用此一杆两低副来取代一个高副。除了以点、直线、圆弧为高副元素之外，其他曲线的高副元素在不同接触点处的曲率半径是变化的，因而低代杆的长度也是变化的，所以一个高副机构在不同位置时的低代机构是不同的，因而只能用来分析机构在某一瞬时位置的运动和受力。

表 4-1-9　　平面机构的组成及结构分类

机构的一般组成	平面低副机构(含有气、液元件的除外,高副可转换为低副)是由机架、主动件和从动系统(自由度为零的运动链)三部分组成
基本杆组(杆组)	最小的运动链,当它连接到机构上或从机构上拆去时,机构的自由度与原机构的自由度相同。基本杆组是自由度为零的不能再分解(拆)的运动链
机构的(结构)组成	自由度为 F 的机构 $=F$ 个主动件+1 个机架+若干个自由度为零的杆组
杆组结构属性	1. 基本杆组的 $F=3n-2P_5=0$(无高副时),$F=3n-2P_5-P_4=0$(含高副时) 由此得 $P_5=3n/2$,即构件数 n 应为偶数,且当 $n=2,4,6,\cdots$时,$P_5=3,6,9,\cdots$。含高副时:$n=P_4=P_5$ 2. 杆组中与其他杆件或杆组相连接的运动副称为外部副(外部副数为杆组的序数);不与其他杆件或杆组相连的运动副为内部副 3. 依据杆组中由杆件和运动副所形成的最高级别闭廓形式进行杆组的结构分类,杆组中最高闭廓形式为直线、三角形和四边形时分别称此杆组为Ⅱ类、Ⅲ类和Ⅳ类杆组 4. 杆组上的所有外副不能连接到同一构件上(带缸杆组例外)
杆组的运动和动力属性	1. 各类杆组具有运动确定性,当已知杆组各外部副的运动时,整个杆组的运动即可确定 2. 各类杆组具有动力确定性,杆组中内、外副中的反力均可按静力平衡方程求解

续表

	类别	杆数和运动副数	刚性杆杆组形式		单缸杆组形式
刚性杆、杆组中的转动副一般可转换为移动副形式 带有液、气动缸杆组的 W 等于缸数，每增加一缸，杆数和运动副数均增加一个	Ⅱ	$n=2$ $P_5=3$	每个构件含两个低副		Ⅱ类一缸杆组
	Ⅲ	$n=4$ $P_5=6$	至少有一个构件有三个低副		Ⅲ类一缸杆组
		$n=6$ $P_5=9$		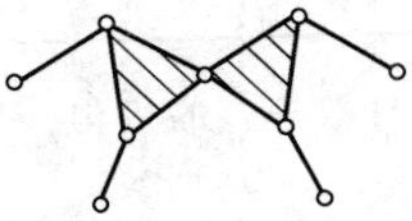	
	Ⅳ	$n=4$ $P_5=6$	杆组中有一个四边形	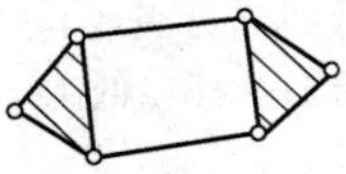	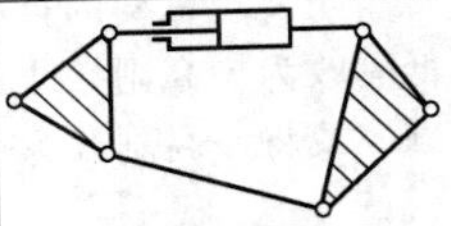 Ⅳ类一缸杆组
		$n=6$ $P_5=9$		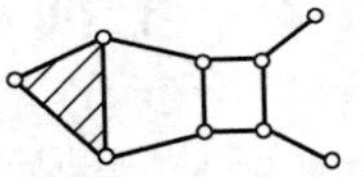	

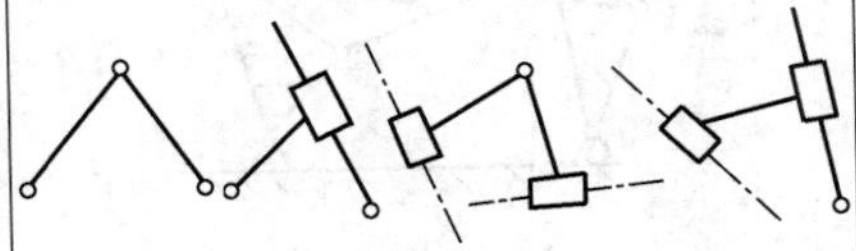

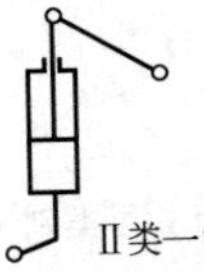

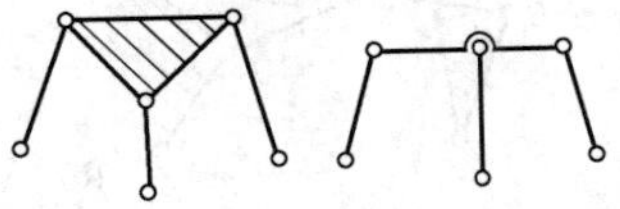

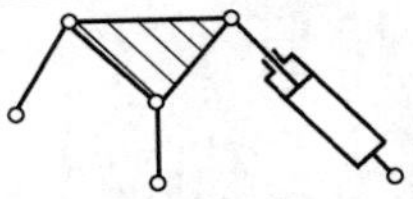

机构的结构分类	机构的类别是由机构中各基本杆组中的最高类别决定，如杆组的最高类别为Ⅲ类，则机构为Ⅲ类机构。机构的类别愈高，机构就愈复杂，分析也较困难	
机构结构分类的步骤和方法	1. 画出机构运动简图 2. 除去机构中的虚约束和局部自由度，计算机构自由度，用箭头标出选定或已知的主动杆（一般为连架杆） 3. 将机构中的高副加以低代 4. 从远离主动件处对机构进行拆组，先试拆最简单的Ⅱ类杆组，当无法拆除Ⅱ类杆组时，再试拆Ⅲ类或Ⅳ类杆组。注意所拆离杆组的构件一定要带走有关的外部运动副；试拆完一个杆组后，剩下的必须仍为一个完整的机构，不允许出现零散的构件或运动副 5. 每拆完一个杆组后，再对剩余机构拆组，直到全部杆组拆完，仅剩下 F 个主动件和机架，同一机构，选取不同构件为主动件，所拆得杆组的形式和类别也可能不同 6. 根据所拆得各个杆组中的最高类别确定机构的类别 7. 对带有气、液动缸的机构，可先试拆杆数较少的带缸或不带缸的杆组，如不可能，再拆杆数较多的杆组，但应注意，带缸杆组的自由度等于缸数，而不带缸杆组的自由度为零。带缸机构的自由度是组成机构的各带缸杆组自由度之和	
判定平面机构类别示例	例 1 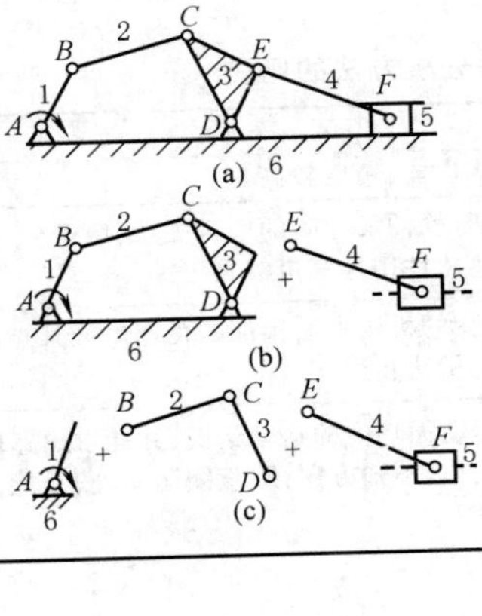 (a) (b) (c)	先将图 a 中的构件 4、5 连同 E、F 两个转动副及一个移动副的Ⅱ类杆组拆下，剩下的是一个铰链四杆机构（见图 b） 从这个四杆机构中再拆下构件 2、3 连同 B、C、D 三个转动副的又一个Ⅱ类杆组，最后剩下的是主动件 1 和机架 6（图 c） 可以判定该机构为具有一个自由度的Ⅱ类机构

续表

判定平面机构类别示例	例 2 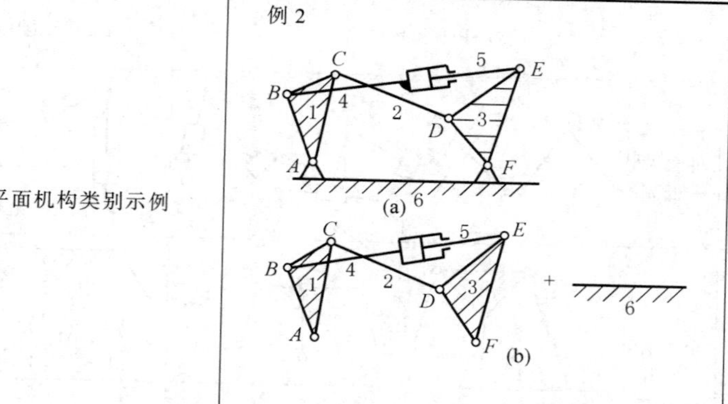	先从图 a 所示的带缸机构中试拆带缸或不带缸的Ⅱ类杆组,都会导致将机构拆散,再试拆Ⅲ类杆组也行不通 将全部运动构件连同 A、F 两个转动副从机架上拆下,得一Ⅳ类一缸杆组,见图 b 可以判定该机构为一个自由度的Ⅳ级机构

要将杆数较少的机构扩展成杆数较多的机构，且保持原有自由度时，只需在机构的适当部位拼接若干个杆组。反之，则减少若干个杆组。

当发现机构的自由度不符合要求，希望机构增加一个自由度时，可在机构的适当部位增加一杆一低副或将一低副改为一高副，或拆去一杆二低副（见表 4-1-5 图 e~图 j）；若希望机构减少一个自由度时，则拆去一杆一低副，或将一高副改为一低副，或增加一杆二低副。

2 平面机构的运动分析

机构的运动分析是按给定机构的尺寸、主动件的位置和运动规律，求解机构在一个运动循环内：①各构件的对应位置，构件上特定点的位移和轨迹；②构件上某些特定点的速度和加速度；③各构件的角速度和角加速度。

分析的结果可以用来：① 判定机构的运动特性与所需运动的适合程度；②为机构动力学计算做准备。

CAD 图解法（基于 CAD 的几何法）是指通过计算机辅助设计软件（如 CAXA，AutoCAD，SolidWorks 等）绘制平面机构的图形、分析及综合的方法，包括机构运动简图绘制、机构运动分析、机构运动综合、结构设计（各种形状尺寸的零件）。可以绘制连杆曲线；生成模型，模拟机构运动；进行参数设计，优化平面机构。本篇以 CAXA 电子图板软件为例阐述 CAD 图解法。

CAD 图解法没有传统作图法中比例尺概念，可灵活设置。采用 CAXA 软件绘制机构图形时，一般按绘图比例 1∶1；标注尺寸时，度量比例设置为 1∶1。图形输出时，先设置幅面，然后根据图形实际尺寸和设置的幅面尺寸，设置对应的缩放比例，打印输出；缩放后的图形标注尺寸时，需要先设置对应的度量比例，以便保证图形上标注实际尺寸。

绘图步骤：绘制中垂线示例。启动 CAXA 软件，新建工程图文档；打开“图幅设置”对话框，绘图比例设置为 1∶1。打开“工具设置”对话框，启动“垂足”“中点”“交点”捕捉。选定直线，点击“旋转”命令，捕捉中点为基点，选择“旋转复制”，输入“旋转角”90°，得到选定直线的中垂线。

CAD 图解法与其他几种分析方法的比较见表 4-1-10。

表 4-1-10　　平面机构运动分析方法的比较

序号	方法	特点
1	CAD 图解法	简单、直观性强,可以优化机构性能,精度较高
2	解析法	精度高,能够给出各运动参数与构件尺寸间的解析关系,便于合理确定机构参数,计算复杂,但可自行编制软件或利用现有商业软件用计算机解算
3	瞬心法	简单,尤其适用于求构件数较少的机构中某构件的角速度或某点的速度,不能用于求解机构的加速度,应用软件作图,精度与解析法相当
4	线图微积分法	可以简便地求出构件在整个运动循环中的运动情况,并能求出速度和加速度的极限值,及其所在位置。但只能求运动参数的大小,不知方向,除直线运动外,只能求某点的切向加速度,本手册不做介绍

续表

序号	方法	特点
5	实验法	能反映机构在工作条件下的真实运动，可检验机构的运动与其主要尺寸间的关系，对解决输出构件的运动和轨迹问题较简便，需要测试设备，也可以测试、分析中间构件的运动

2.1 机构的位置和构件上某点的轨迹分析

在按轨迹要求设计机器、确定机构的运动范围和各构件间是否发生干涉问题时，要用 CAD 图解法或解析法进行轨迹和位置分析。作图步骤如下：

① 在作图区按给定尺寸和相对位置，用设定的比例绘制与机架相连的各运动副位置；

② 绘制各连架杆另一端运动副中心的轨迹；

③ 以主动件某一设定位置时的非连架运动副中心 B 为基准，针对不同情况采用表 4-1-11 中所列方法之一，求作机构中其他各构件的位置；

④ 将机构在一系列位置时，某构件上指定点（如表 4-1-11 图 a 中 BC 杆上的 M、N 点）的相应位置顺序连成光滑样条曲线即为该点轨迹。连杆上各点的轨迹叫做连杆曲线，其形状复杂多样，通常为高次方曲线。

表 4-1-11 分析方法

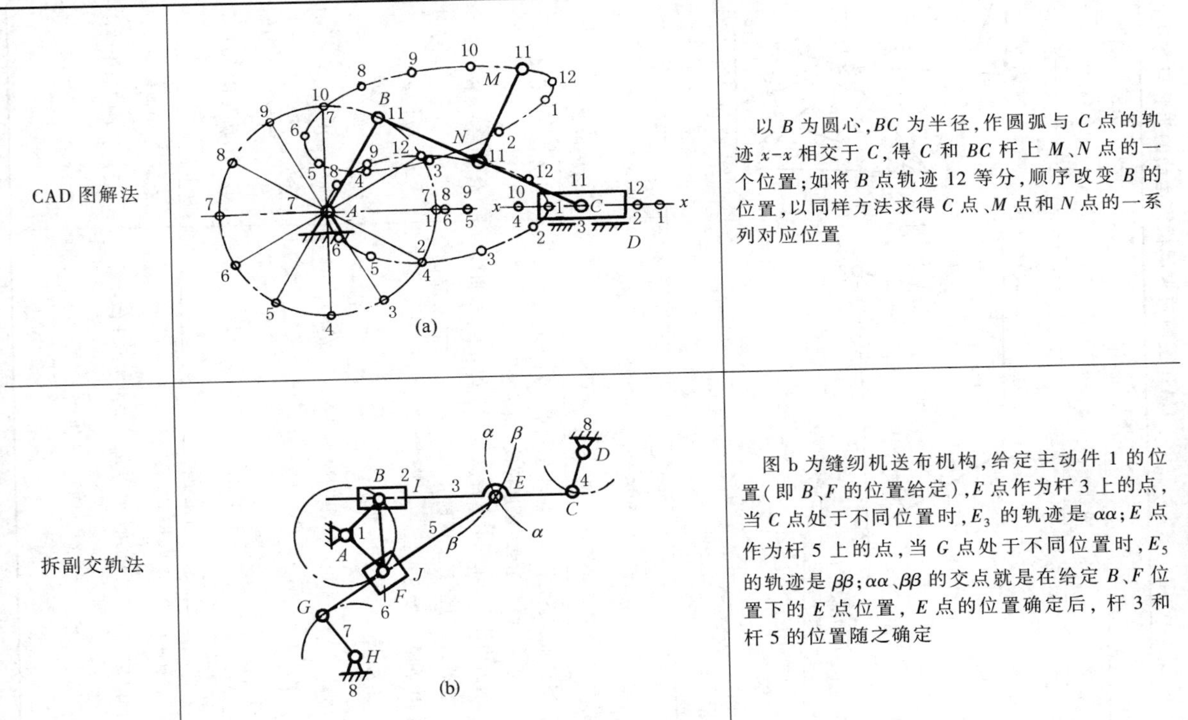

CAD 图解法	(a)	以 B 为圆心，BC 为半径，作圆弧与 C 点的轨迹 x-x 相交于 C，得 C 和 BC 杆上 M、N 点的一个位置；如将 B 点轨迹 12 等分，顺序改变 B 的位置，以同样方法求得 C 点、M 点和 N 点的一系列对应位置
拆副交轨法	(b)	图 b 为缝纫机送布机构，给定主动件 1 的位置（即 B、F 的位置给定），E 点作为杆 3 上的点，当 C 点处于不同位置时，E_3 的轨迹是 $\alpha\alpha$；E 点作为杆 5 上的点，当 G 点处于不同位置时，E_5 的轨迹是 $\beta\beta$；$\alpha\alpha$、$\beta\beta$ 的交点就是在给定 B、F 位置下的 E 点位置，E 点的位置确定后，杆 3 和杆 5 的位置随之确定

2.2 机构的速度与加速度分析

2.2.1 CAD 图解法（基于 CAD 的几何法）

已知机构运动简图、主动件的位置 φ_1、角速度 ω_1（rad/s）及角加速度 ε_1（rad/s^2），各构件的长度 L_{AB}、L_{BC}、…（m）；求在指定的机构主动件位置时，连杆 2 上 C 点的速度 v_C 和加速度 a_C 以及杆 2 的角速度 ω_2 和角加速度 ε_2。其求解步骤与方法见表 4-1-12。几种常用四杆机构的速度和加速度矢量方程见表 4-1-13。

表 4-1-12

CAD 图解法求解机构运动的步骤与方法

<table>
<tr><th colspan="2" rowspan="2">步骤</th><th colspan="2">方法与数值</th></tr>
<tr><th>求速度和角速度</th><th>求加速度和角加速度</th></tr>
<tr><td colspan="2">1. 设置绘图比例 1∶1，绘给定位置 φ_1 时的机构运动简图</td><td> 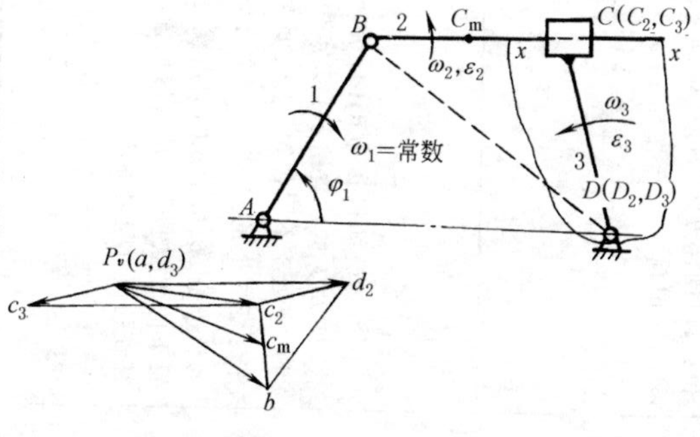</td><td> 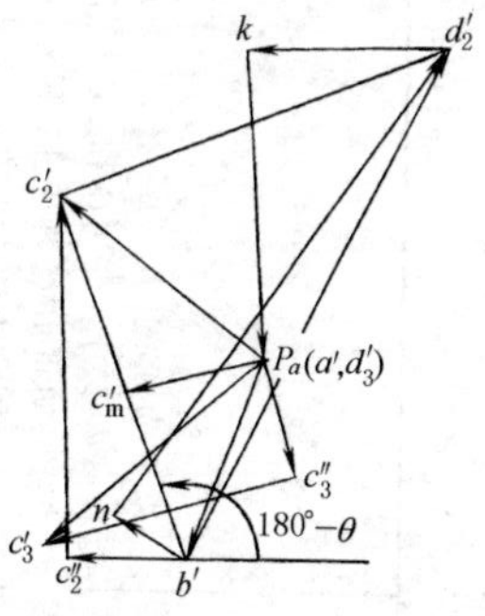极点 P_v 或 P_a 引出的线段为绝对运动矢量，连接其他任意两点的矢量为相对运动矢量</td></tr>
<tr><td colspan="2">2. 求主动件非连架运动副中心 B 的 v_B 和 a_B</td><td>$$v_B=L_{AB}\omega_1=L_{AB}\times\frac{\pi n_1}{30}\ (\mathrm{m/s})$$
方向 ⊥ AB，其指向与 ω 一致</td><td>$$a_B=L_{AB}\omega_1^2=L_{AB}\left(\frac{\pi n_1}{30}\right)^2\ (\mathrm{m/s^2})$$
方向由 $B\rightarrow A$</td></tr>
<tr><td rowspan="2">3. 由主动件出发向远离主动件方向依次取各构件为分离体，利用运动分解成牵连运动和相对运动的原理列出相对运动矢量方程式，用 CAD 图解法求解（每一矢量方程式可求解两个未知量大小或方向）</td><td>（1）列 C 或 D 点的速度和加速度的矢量方程式</td><td>根据平面运动的构件两点间速度的关系：
绝对速度 = 牵连速度 + 相对速度
先列出构件 2、3 上瞬时重合点 C_2、C_3 的方程，未知数为 3，不能解，故列出其上瞬时重合点 D_2（在 2 的扩充部分上）、D_3 间的速度方程：
$$\boldsymbol{v}_{D_3}=\boldsymbol{v}_{D_2}+\boldsymbol{v}_{D_{32}}=\boldsymbol{v}_B+\boldsymbol{v}_{D_2B}+\boldsymbol{v}_{D_{32}}$$
方向：　　⊥ AB　　⊥ DB　　$//xx$
大小：0　　ω_1L_{AB}　　?（ω_2L_{DB}）　　?</td><td>牵连运动为移动时：
绝对加速度 = 牵连加速度 + 相对加速度
牵连运动为转动时：牵连运动与相对运动互相影响
绝对加速度 = 牵连加速度 + 相对加速度 + 哥氏加速度
$$\boldsymbol{a}_{D_3}=\boldsymbol{a}_{D_2}+\boldsymbol{a}_{D_{32}}=\boldsymbol{a}_B^n+\boldsymbol{a}_B^t+\boldsymbol{a}_{D_2B}^n+\boldsymbol{a}_{D_2B}^t+\boldsymbol{a}_{D_{32}}^r+\boldsymbol{a}_{D_{32}}^k$$
方向：　$B\rightarrow A$　　⊥ AB　　$D_2\rightarrow B$　　⊥ D_2B　　$//xx$　　将 $\boldsymbol{v}_{D_{32}}$ 顺 ω_2 转 90°
大小：0　$\omega_1^2L_{AB}$　　$\varepsilon_1L_{AB}=0$　　$\omega_2^2L_{D_2B}$　　?（$\varepsilon_2L_{D_2B}$）　　?　　$2\omega_2v_{D_{32}}$
$a_{D_{32}}^r$ 为动点 D_3 相对牵连点 D_2 的相对加速度，$a_{D_{32}}^k$ 为哥氏加速度</td></tr>
<tr><td>（2）定出速度、加速度比例尺</td><td>取 P_v 为速度极点，取长 P_vb 表示 $\boldsymbol{v}_B$ 大小，并使 $P_vb\perp AB$，指向与 ω_1 一致，则 $\overrightarrow{P_vb}$ 即为 $\boldsymbol{v}_B$。定出速度比例尺
$$\mu_v=v_B/\overrightarrow{P_vb}\ [(\mathrm{m/s})/\mathrm{mm}]$$</td><td>取 P_a 为加速度极点，取长 P_ab' 表示 $\boldsymbol{a}_B^n$ 大小，并使 $P_ab'//BA$ 指向由 B 到 A，则 $\overrightarrow{P_ab'}$ 即为 $\boldsymbol{a}_B^n$，设定加速度的比例尺
$$\mu_a=a_B^n/\overrightarrow{P_ab'}\ (\mathrm{m/s})$$</td></tr>
</table>

续表

步骤		方法与数值 求速度和角速度	求加速度和角加速度
3. 由主动件出发向远离主动件方向依次取各构件为分离体，利用运动分解成牵连运动和相对运动的原理列出相对运动矢量方程式，用CAD图解法求解（每一矢量方程式可求解两个未知量大小或方向）	（3）作速度、加速度多边形，求 ω_2、ω_3 及 ε_2、ε_3	过 b 作 $bd_2 \perp BD$，过 P_v 作 $d_3d_2 // xx$，d_3d_2 与 bd_2 交于 d_2，则 $$v_{D_2B}=\mu_v\ bd_2(\mathrm{m/s})$$ $$\therefore \omega_2=\omega_3=\frac{v_{D_2B}}{L_{D_2B}}=\frac{\mu_v d_2 b}{D_2B}(\mathrm{rad/s})$$ 将代表 $\boldsymbol{v}_{D_2B}$ 的矢量 $\overrightarrow{bd_2}$ 平移到杆2上的 D_2 点，将 B 看作转动中心，可求得 ω_2 为逆时针方向；构件2与3之间不得相对转动，故 ω_3 亦为逆时针方向	过 b' 作 $b'n // D_2B$，取 $b'n=\omega_2^2 L_{DB}/\mu_a$，过 n 作 $nd_2' \perp D_2B$，过 P_a 作 $kP_a \perp \boldsymbol{v}_{D_{32}}$，使 $kP_a=a^k_{D_{32}}/\mu_a$，则 $\overrightarrow{kP_a}$ 表示 $\boldsymbol{a}^k_{D_{32}}$，并确定了 k 点位置，过 k 作 $kd_2' // xx$ 交 nd_2' 于 d_2'，则 $$a^t_{D_2B}=\mu_a\ nd_2'\ (\mathrm{m/s})$$ $$\therefore \varepsilon_2=\varepsilon_3=\frac{a^t_{D_2B}}{L_{D_2B}}=\frac{\mu_a\ nd_2'}{D_2B}(\mathrm{rad/s^2})$$ 将代表 $\boldsymbol{a}^t_{D_2B}$ 的矢量 $\overrightarrow{nd_2'}$ 平移到杆2上的 D_2 点，将 B 看作转动中心，可求得 ε_2 和 ε_3 为逆时针方向
	（4）列 C_2 点的速度和加速度矢量方程式，并作速度和加速度多边形，求 $\boldsymbol{v}_{C_2}$、$\boldsymbol{v}_{C_3}$、$\boldsymbol{v}_{C_m}$ 及 $\boldsymbol{a}_{C_2}$、$\boldsymbol{a}_{C_3}$、$\boldsymbol{a}_{C_m}$	$\boldsymbol{v}_{C_2}=\boldsymbol{v}_B\ +\boldsymbol{v}_{C_2B}\ =\ \boldsymbol{v}_{C_3}\ +\ \boldsymbol{v}_{C_{2/3}}$ 方向：？ $\perp AB$　$\perp CB$　$\perp CD$　$//xx$ 大小：？ $\omega_1 L_{AB}$　$\omega_2 L_{CB}$　？（$\omega_3 L_{CD}$）　？ 过 b 作 $bc_2 \perp BC$，取 $bc_2=\omega_2 L_{CB}/\mu_v$，$\overrightarrow{P_vC_2}$ 即代表 $\boldsymbol{v}_{C_2}$ $$\therefore v_{C_2}=\mu_v\overrightarrow{P_vC_2}(\mathrm{m/s})$$ 过 P_v 作 $P_vc_3 \perp DC$，过 c_2 作 $c_2c_3 // xx$，$\overrightarrow{P_vc_3}$ 与 c_2c_3 相交于 c_3 点，则 $$v_{C_3}=\mu_v\overrightarrow{P_vc_3}(\mathrm{m/s})$$ 指向与 ω_3 一致，亦可由 $v_{C_3}=\omega_3 L_{CD}$ 求得 $\triangle bc_2d_2 \sim \triangle BCD$，且字母顺序一致，可将 $\triangle BCD$ 沿 ω_2 方向转过90°而得，此谓速度影像原理 如已知构件上两点的速度，便可求其上任一点的速度，如 BC 上的 C_m 点，可使 $$\frac{c_2c_m}{c_2b}=\frac{CC_m}{CB}$$，连 P_vc_m 则 $\overrightarrow{P_vc_m}$ 代表 $\boldsymbol{v}_{c_m}$ $$\therefore v_{c_m}=\mu_v\overrightarrow{P_vc_m}(\mathrm{m/s})$$	$\boldsymbol{a}_{C_2}=\ \boldsymbol{a}_B\ +\ \boldsymbol{a}^n_{C_2B}\ +\ \boldsymbol{a}^t_{C_2B}$ 方向：？　$B\to A$　$C\to B$　$\perp BC$ 大小：？　$\omega_1^2 L_{AB}$　$\omega_2^2 L_{C_2B}$　$\varepsilon_2 L_{C_2B}$ 过 b' 作 $b'c_2'' // BC$，使 $b'c_2''=a^n_{C_2B}/\mu_a$，方向由 C 到 B，过 c_2'' 作 $c_2''c_2' \perp CB$，使 $c_2''c_2'=a^t_{C_2B}/\mu_a$，方向与 ε_2 一致，则 $$a_{C_2}=\mu_a\overrightarrow{P_ac_2'}(\mathrm{m/s^2})$$ $\boldsymbol{a}_{C_3}\ =\boldsymbol{a}^n_{C_3}\ +\ \boldsymbol{a}^t_{C_3}$ 方向：？　$C\to D$　$\perp CD$ 大小：？　$\omega_3^2 L_{CD}$　$\varepsilon_3 L_{CD}$ 过 P_a 作 $P_ac_3'' // CD$，指向由 C 到 D，取 $P_ac_3''=a^n_{C_3}/\mu_a$，过 c_3'' 作 $c_3''c_3' \perp CD$，取 $c_3''c_3'=a^t_{C_3}/\mu_a$，方向与 ε_3 一致，则 $$a_{C_3}=\mu_a\overrightarrow{P_ac_3''}(\mathrm{m/s^2})$$ $\triangle b'c_2'd_2' \sim \triangle BCD$，字母顺序一致，可将 $\triangle BCD$ 沿 ε_2 方向转过 $180°-\theta$ 而得，$\theta=\arctan\frac{\lvert\varepsilon_2\rvert}{\omega_2^2}$，此谓加速度影像原理。可用同样原理求解构件上任一点的加速度，如 BC 上的 C_m 点，可使 $$\frac{c_2'c_m'}{c_2'b'}=\frac{CC_m}{CB}$$，连 $P_a'c_m'$，则 $a_{C_m}=\mu_a\overrightarrow{P_ac_m'}$（$\mathrm{m/s^2}$）

表 4-1-13　　几种常用四杆机构的速度和加速度矢量方程

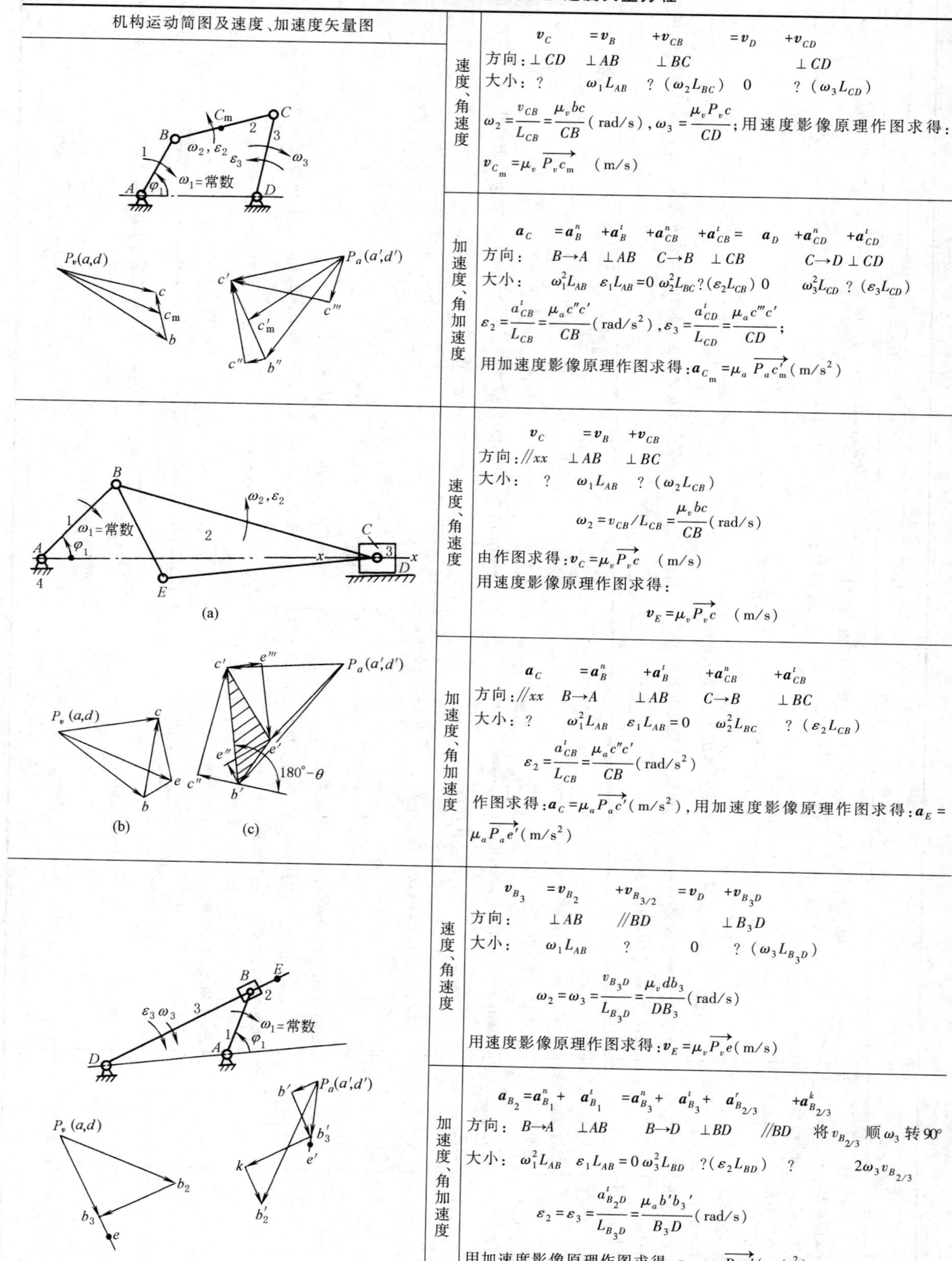

机构运动简图及速度、加速度矢量图		
	速度、角速度	$v_C = v_B + v_{CB} = v_D + v_{CD}$ 方向：⊥CD　⊥AB　⊥BC　⊥CD 大小：？　$\omega_1 L_{AB}$　？（$\omega_2 L_{BC}$）　0　？（$\omega_3 L_{CD}$） $\omega_2=\frac{v_{CB}}{L_{CB}}=\frac{\mu_v bc}{CB}$(rad/s)，$\omega_3=\frac{\mu_v P_v c}{CD}$；用速度影像原理作图求得： $v_{C_m}=\mu_v \overrightarrow{P_v c_m}$　(m/s)
	加速度、角加速度	$a_C = a_B^n + a_B^t + a_{CB}^n + a_{CB}^t = a_D + a_{CD}^n + a_{CD}^t$ 方向：　B→A　⊥AB　C→B　⊥CB　　C→D　⊥CD 大小：　$\omega_1^2 L_{AB}$　$\varepsilon_1 L_{AB}=0$　$\omega_2^2 L_{BC}$　？（$\varepsilon_2 L_{CB}$）　0　$\omega_3^2 L_{CD}$　？（$\varepsilon_3 L_{CD}$） $\varepsilon_2=\frac{a_{CB}^t}{L_{CB}}=\frac{\mu_a c''c'}{CB}$(rad/s²)，$\varepsilon_3=\frac{a_{CD}^t}{L_{CD}}=\frac{\mu_a c'''c'}{CD}$； 用加速度影像原理作图求得：$a_{C_m}=\mu_a \overrightarrow{P_a c'_m}$(m/s²)
(a)	速度、角速度	$v_C = v_B + v_{CB}$ 方向：//xx　⊥AB　⊥BC 大小：？　$\omega_1 L_{AB}$　？（$\omega_2 L_{CB}$） $\omega_2 = v_{CB}/L_{CB}=\frac{\mu_v bc}{CB}$(rad/s) 由作图求得：$v_C=\mu_v \overrightarrow{P_v c}$　(m/s) 用速度影像原理作图求得： $v_E=\mu_v \overrightarrow{P_v c}$　(m/s)
(b)　(c)	加速度、角加速度	$a_C = a_B^n + a_B^t + a_{CB}^n + a_{CB}^t$ 方向：//xx　B→A　⊥AB　C→B　⊥BC 大小：？　$\omega_1^2 L_{AB}$　$\varepsilon_1 L_{AB}=0$　$\omega_2^2 L_{BC}$　？（$\varepsilon_2 L_{CB}$） $\varepsilon_2=\frac{a_{CB}^t}{L_{CB}}=\frac{\mu_a c''c'}{CB}$(rad/s²) 作图求得：$a_C=\mu_a \overrightarrow{P_a c'}$(m/s²)，用加速度影像原理作图求得：$a_E=\mu_a \overrightarrow{P_a e'}$(m/s²)
	速度、角速度	$v_{B_3} = v_{B_2} + v_{B_{3/2}} = v_D + v_{B_3 D}$ 方向：　⊥AB　//BD　　⊥B_3D 大小：　$\omega_1 L_{AB}$　？　0　？（$\omega_3 L_{B_3 D}$） $\omega_2=\omega_3=\frac{v_{B_3 D}}{L_{B_3 D}}=\frac{\mu_v db_3}{DB_3}$(rad/s) 用速度影像原理作图求得：$v_E=\mu_v \overrightarrow{P_v e}$(m/s)
	加速度、角加速度	$a_{B_2}=a_{B_1}^n + a_{B_1}^t = a_{B_3}^n + a_{B_3}^t + a_{B_{2/3}}^r + a_{B_{2/3}}^k$ 方向：B→A　⊥AB　B→D　⊥BD　//BD　将 $v_{B_{2/3}}$ 顺 ω_3 转 90° 大小：$\omega_1^2 L_{AB}$　$\varepsilon_1 L_{AB}=0$　$\omega_3^2 L_{BD}$　？（$\varepsilon_2 L_{BD}$）　？　$2\omega_3 v_{B_{2/3}}$ $\varepsilon_2=\varepsilon_3=\frac{a_{B_2 D}^t}{L_{B_3 D}}=\frac{\mu_a b'b_3'}{B_3 D}$(rad/s) 用加速度影像原理作图求得：$a_E=\mu_a \overrightarrow{P_a e'}$(m/s²)

2.2.2 解析法

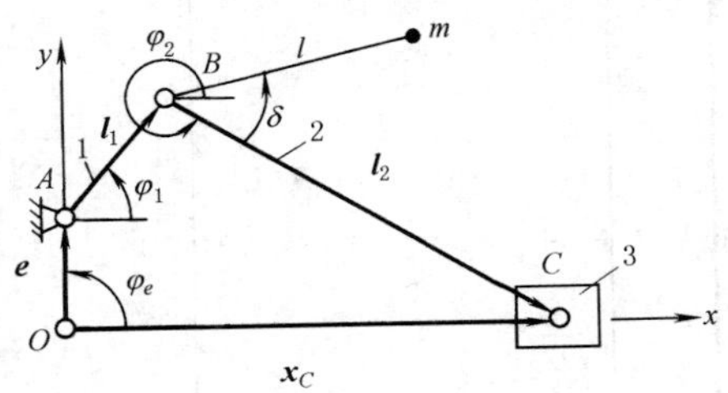

图 4-1-5 机构的封闭矢量多边形

用解析法求解机构的运动，可用多种数学方法求解，这里仅介绍封闭矢量法。

已知：机构的运动简图如图 4-1-5 所示，构件的长度 l_1、l_2 和 e，以及构件 2 上距铰链点 B 为 l，与 BC 呈固定角度 δ 的连杆点 m；主动件的位置 φ_1 及角速度 ω_1、角加速度 ε_1。求构件 3 的位置 $\boldsymbol{x}_C$、速度 $\boldsymbol{v}_C$ 和加速度 $\boldsymbol{a}_C$；构件 2 的速度 ω_2、v_m 及加速度 ε_2、a_m。其求解步骤与方法见表 4-1-14。三种常用四杆机构的运动分析公式见表 4-1-15。

表 4-1-14 用解析法求解机构运动的步骤与方法

步骤	方法与公式	
1. 选适当坐标作封闭矢量图	可用构件矢量($\boldsymbol{l}$)和非构件矢量($\boldsymbol{e},\boldsymbol{x}_C$)把机构表示成一个或若干个封闭矢量多边形	(1)由坐标原点画出的两个矢量均由原点出发，各个头尾相衔接的矢量均为正，反之为负 (2)构件的方位角均由矢尾作 x 轴的平行线，按逆时针方向转至与矢量相重合时所扫过的夹角表示
2. 列封闭矢量方程式	$\boldsymbol{e}+\boldsymbol{l}_1+\boldsymbol{l}_2=\boldsymbol{x}_C$	
3. 列封闭矢量方程式的投影方程	$x_C=l_1\cos\varphi_1+l_2\cos\varphi_2$　　$x_m=l_1\cos\varphi_1+l\cos(\varphi_2+\delta)$ $\sin\varphi_2=(\pm e+l_1\sin\varphi_1)/l_2$　$y_m=l_1\sin\varphi_1+l\sin(\varphi_2+\delta)\pm e$ 滑块行程　$s=\sqrt{(l_1+l_2)^2-e^2}-\sqrt{(l_2-l_1)^2-e^2}$；极位夹角 $\theta=\arccos\dfrac{e}{l_1+l_2}-\arccos\dfrac{e}{l_2-l_1}$	
4. 求速度方程式	$\omega_2=\dfrac{d\varphi_2}{dt}=-l_1\omega_1\cos\varphi_1/l_2\cos\varphi_2$ $v_C=\dfrac{dx_C}{dt}=\omega_1 l_1\cos\varphi_1(\tan\varphi_2-\tan\varphi_1)$ $v_m=\sqrt{v_{mx}^2+v_{my}^2}$，$\tan\beta_{vm}=v_{my}/v_{mx}$ $v_{mx}=-l_1\omega_1\sin\varphi_1-l\omega_2\sin(\varphi_2+\delta)$ $v_{my}=l_1\omega_1\cos\varphi_1+l\omega_2\cos(\varphi_2+\delta)$	
5. 求加速度方程式	$\varepsilon_2=\dfrac{d\omega_2}{dt}=\omega_1^2\dfrac{l_1\cos\varphi_1}{l_2\cos\varphi_2}\left[\tan\varphi_1+\dfrac{l_1\cos\varphi_1}{l_2\cos\varphi_2}\tan\varphi_2-\dfrac{\varepsilon_1}{\omega_1^2}\right]$ $a_C=\dfrac{dv_C}{dt}=-\omega_1^2 l_1\cos\varphi_1\left[1+\tan\varphi_1\tan\varphi_2+\dfrac{l_1\cos\varphi_1}{l_2\cos\varphi_2}\sec^2\varphi_2+\dfrac{\varepsilon_1}{\omega_1^2}(\tan\varphi_1-\tan\varphi_2)\right]$ $a_m=\sqrt{a_{mx}^2+a_{my}^2}$　$\tan\beta_{am}=a_{my}/a_{mx}$ $a_{mx}=-l_1\omega_1^2\cos\varphi_1-l_1\varepsilon_1\sin\varphi_1-l\omega_2^2\cos(\varphi_2+\delta)-l\varepsilon_2\sin(\varphi_2+\delta)$ $a_{my}=-l_1\omega_1^2\sin\varphi_1+l_1\varepsilon_1\cos\varphi_1-l\omega_2^2\sin(\varphi_2+\delta)+l\varepsilon_2\cos(\varphi_2+\delta)$	

在表 4-1-14 中，不论杆 1 还是杆 2 作为主动件，其封闭矢量投影方程总是相同的，表中的位移、速度和加速度都是以杆 1 作为主动件求得的。如以滑块 3 作为主动件，则杆 1、2 的位移、速度和加速度均应转化成以滑块 3 的位移、速度和加速度为自变量的表达式。其中位移表达式要变成单一自变量的表达式有时是困难的，例如表 4-1-14 中，当以杆 1 为主动件时有：$x_C=l_1\cos\varphi_1+\sqrt{l_2^2-e^2-l_1^2\sin^2\varphi_1\mp 2l_1 e\sin\varphi_1}$；$\sin\varphi_2=(l_1\sin\varphi_1\pm e)/l_2$；而当滑块 3 为主动件时，只能用超越方程 $(x_C-l_1\cos\varphi_1)^2=l_2^2-(l_1\sin\varphi_1\pm e)^2$ 及 $\sin\varphi_2=(l_1\sin\varphi_1\pm e)/l_2$ 来求解 φ_1 及 φ_2。将表中连杆点 m 的 x_m、y_m 表达式消去 φ_2，便可得到连杆点 m 的轨迹方程 $f(x_m,y_m,\varphi_1)=0$，只要连杆点 $m(l,\ \delta)$ 不变，不论杆 1 还是杆 2 作为主动件，其轨迹都是相同的，但 $f(x_m,y_m,\varphi_1)=0$ 与 $f(x_m,y_m,\varphi_2)=0$ 的形式则有差异。至于速度和加速度方程，则可将 x、y 方向的投影方程对 t 求导一、两次，便可得到以 φ_2 为自变量的速度和加速度方程。

2.2.3 瞬心法

速度瞬心是互做平面运动的两构件上绝对速度相等（相对速度为零）的瞬时重合点，也就是在某瞬间一构件绕另一构件做相对转动的瞬时转动中心，如表 4-1-16 图中的 $A(P_{14}$、$P_{41})$、$B(P_{12}$、$P_{21})$、…；若两构件都是

表 4-1-15　　三种常用四杆机构的运动分析公式（杆 1 为主动件）

机构名称及运动简图		运动分析公式
铰接四杆机构	位置	$l_1\cos\varphi_1+l_2\cos\varphi_2=l_4+l_3\cos\varphi_3$；$l_1\sin\varphi_1+l_2\sin\varphi_2=l_3\sin\varphi_3$；$l_{DB}=\sqrt{l_1^2+l_4^2-2l_1l_4\cos\varphi_1}$ $\varphi_2=\pm\arccos\dfrac{l_2^2+l_{DB}^2-l_3^2}{2l_2l_{DB}}-(180°-\varphi_{DB})$；$\varphi_3=\varphi_{DB}\mp\arccos\dfrac{l_3^2+l_{DB}^2-l_2^2}{2l_3l_{DB}}$ $\tan\varphi_{DB}=l_1\sin\varphi_1/(l_1\cos\varphi_1-l_4)$；杆 3 摆角 $\Psi=\arccos\dfrac{l_3^2+l_4^2-(l_1+l_2)^2}{2l_3l_4}-\arccos\dfrac{l_3^2+l_4^2-(l_2-l_1)^2}{2l_3l_4}$ $x_m=l_1\cos\varphi_1+l\cos(\varphi_2+\delta)$，$y_m=l_1\sin\varphi_1+l\sin(\varphi_2+\delta)$ 极位夹角 $\theta=\arccos\{[(l_2-l_1)^2+l_4^2-l_3^2]/2(l_2-l_1)l_4\}-\arccos\{[(l_1+l_2)^2+l_4^2-l_3^2]/2(l_1+l_2)l_4\}$
	速度	$\omega_2=-\omega_1l_1\sin(\varphi_1-\varphi_3)/l_2\sin(\varphi_2-\varphi_3)$；$\omega_3=\omega_1l_1\sin(\varphi_1-\varphi_2)/l_3\sin(\varphi_3-\varphi_2)$ $v_C=\omega_3l_3=\omega_1l_1\sin(\varphi_1-\varphi_2)/\sin(\varphi_3-\varphi_2)$；$v_m=\sqrt{v_{mx}^2+v_{my}^2}$；$\tan\beta_{vm}=v_{my}/v_{mx}$ $v_{mx}=-l_1\omega_1\sin\varphi_1-l\omega_2\sin(\varphi_2+\delta)$；$v_{my}=l_1\omega_1\cos\varphi_1+l\omega_2\cos(\varphi_2+\delta)$
	加速度	$\varepsilon_2=\omega_1^2\dfrac{l_1}{l_2}\left[\dfrac{l_1\sin^2(\varphi_1-\varphi_2)}{l_3\sin^3(\varphi_2-\varphi_3)}-\dfrac{\cos(\varphi_1-\varphi_3)}{\sin(\varphi_2-\varphi_3)}-\dfrac{l_1\sin^2(\varphi_1-\varphi_3)}{l_2\sin^2(\varphi_2-\varphi_3)}\cot(\varphi_2-\varphi_3)-\dfrac{\varepsilon_1\sin(\varphi_1-\varphi_3)}{\omega_1^2\sin(\varphi_2-\varphi_3)}\right]$ $\varepsilon_3=\omega_1^2\dfrac{l_1}{l_3}\left[\dfrac{l_1\sin^2(\varphi_1-\varphi_3)}{l_2\sin^3(\varphi_3-\varphi_2)}+\dfrac{\cos(\varphi_1-\varphi_2)}{\sin(\varphi_3-\varphi_2)}-\dfrac{l_1\sin^2(\varphi_1-\varphi_2)}{l_3\sin^2(\varphi_3-\varphi_2)}\cot(\varphi_3-\varphi_2)+\dfrac{\varepsilon_1\sin(\varphi_1-\varphi_2)}{\omega_1^2\sin(\varphi_3-\varphi_2)}\right]$ $a_C=l_3\sqrt{\omega_3^4+\varepsilon_3^2}$；$a_m=\sqrt{a_{mx}^2+a_{my}^2}$；$\tan\beta_{am}=a_{my}/a_{mx}$ $a_{mx}=-l_1\omega_1^2\cos\varphi_1-l_1\varepsilon_1\sin\varphi_1-l\omega_2^2\cos(\varphi_2+\delta)-l\varepsilon_2\sin(\varphi_2+\delta)$ $a_{my}=-l_1\omega_1^2\sin\varphi_1+l_1\varepsilon_1\cos\varphi_1-l\omega_2^2\sin(\varphi_2+\delta)+l\varepsilon_2\cos(\varphi_2+\delta)$
曲柄摇块机构	位置	$l_1\cos\varphi_1+l_{2x}\cos\varphi_2=l_4-l_3\cos(\varphi_2-\alpha)$；$l_1\sin\varphi_1+l_{2x}\sin\varphi_2+l_3\sin(\varphi_2-\alpha)=0$；$l_{DB}=\sqrt{l_1^2+l_4^2-2l_1l_4\cos\varphi_1}$ $\varphi_2=\varphi_{DB}\pm\arccos\dfrac{l_{2x}^2+l_{DB}^2-l_3^2}{2l_{2x}l_{DB}}-180°$；$\varphi_3=180°\mp\alpha+\varphi_2$ $l_{2x}=-l_3\cos\alpha+\sqrt{l_{DB}^2-l_3^2\sin^2\alpha}$；$\tan\varphi_{DB}=l_1\sin\varphi_1/(l_1\cos\varphi_1-l_4)$ 极位夹角 $\alpha=\arcsin\dfrac{l_3\sin\alpha+l_1}{l_4}-\arcsin\dfrac{l_3\sin\alpha-l_1}{l_4}=\Psi$（摇块摆角） 令 $l_3=0$，即为对心曲柄摇块机构的运动分析公式（下同）

续表

机构名称及运动简图		运动分析公式
曲柄摇块机构	速度	$\omega_2=\omega_3=-\omega_1 l_1\cos(\varphi_1-\varphi_2)/(l_{2x}+l_2\cos\alpha)$ $v_{C_{23}}=\omega_1 l_1\sin(\varphi_1-\varphi_2)-\omega_2 l_2\sin\alpha=\omega_1 l_1\sin(\varphi_1-\varphi_2)\left[1+\dfrac{l_3\sin\alpha\cot(\varphi_1-\varphi_2)}{l_{2x}+l_2\cos\alpha}\right]$ $v_{C_3}=\omega_3 l_3=-\omega_1 l_1 l_3\cos(\varphi_1-\varphi_2)/(l_{2x}+l_3\cos\alpha)$；$v_m=\sqrt{v_{mx}^2+v_{my}^2}$；$\tan\beta_{vm}=v_{my}/v_{mx}$ $v_{mx}=-l_1\omega_1\sin\varphi_1-l\omega_2\sin(\varphi_2+\delta)$；$v_{my}=l_1\omega_1\cos\varphi_1+l\omega_2\cos(\varphi_2+\delta)$
	加速度	$\varepsilon_2=\varepsilon_3=\omega_1^2\dfrac{l_1}{l_{2x}+l_3\cos\alpha}\sin(\varphi_1-\varphi_2)\left\{1+\dfrac{l_1\cos(\varphi_1-\varphi_2)}{l_{2x}+l_3\cos\alpha}\left[2+\dfrac{l_3\sin\alpha\cot(\varphi_1-\varphi_2)}{l_{2x}+l_3\cos\alpha}\right]-\dfrac{\varepsilon_1}{\omega_1^2}\cot(\varphi_1-\varphi_2)\right\}$ $a_{C_3}=l_3\sqrt{\omega_3^4+\varepsilon_3^2}$；$a_{C_{23}}^k=2\omega_2 v_{C_{23}}$ $a_{C_{23}}^r=\omega_1^2 l_1\cos(\varphi_1-\varphi_2)\left[1+\dfrac{\varepsilon_1}{\omega_1^2}\tan(\varphi_1-\varphi_2)\right]+\omega_2^2(l_{2x}+l_3\cos\alpha)-\varepsilon_2 l_3\sin\alpha$ $a_m=\sqrt{a_{mx}^2+a_{my}^2}$；$\tan\beta_{am}=a_{my}/a_{mx}$，$a_{mx}=-l_1\omega_1^2\cos\varphi_1-l_1\varepsilon_1\sin\varphi_1-l\omega_2^2\cos(\varphi_2+\delta)-l\varepsilon_2\sin(\varphi_2+\delta)$ $a_{my}=-l_1\omega_1^2\sin\varphi_1+l_1\varepsilon_1\cos\varphi_1-l\omega_2^2\sin(\varphi_2+\delta)+l\varepsilon_2\cos(\varphi_2+\delta)$
曲柄导杆机构	位置	$l_1\cos\varphi_1=l_{3x}\cos\varphi_3$；$a+l_1\sin\varphi_1=l_{3x}\sin\varphi_3$；$\tan\varphi_3=(a+l_1\sin\varphi_1)/l_1\cos\varphi_1$；$l_{3x}=l_1\cos\varphi_1/\cos\varphi_3$ $x_m=l_1\cos\varphi_1+l\cos(\varphi_3\pm\delta)$；$y_m=l_1\sin\varphi_1+l\sin(\varphi_3\pm\delta)+a$ 极位夹角 $\theta=2\arcsin(l_1/a)=\Psi$(导杆摆角)
	速度	$\omega_2=\omega_3=\omega_1\cos(\varphi_1-\varphi_3)\cos\varphi_3/\cos\varphi_1$；$v_{C_{23}}=-\omega_1 l_1\sin(\varphi_1-\varphi_3)$；$v_E=\omega_3 l_{DE}$ $v_m=\sqrt{v_{mx}^2+v_{my}^2}$；$\tan\beta_{vm}=v_{my}/v_{mx}$ $v_{mx}=-l_1\omega_1\sin\varphi_1-l\omega_3\sin(\varphi_3\pm\delta)$；$v_{my}=l_1\omega_1\cos\varphi_1+l\omega_3\cos(\varphi_3\pm\delta)$
	加速度	$\varepsilon_2=\varepsilon_3=\omega_1^2\dfrac{\cos\varphi_3\sin(\varphi_1-\varphi_3)}{\cos\varphi_1}\left[\dfrac{\varepsilon_1}{\omega_1^2}\cot(\varphi_1-\varphi_3)+2\times\dfrac{\cos\varphi_3\cos(\varphi_1-\varphi_3)}{\cos\varphi_1}-1\right]$ $a_{C_{23}}^r=\omega_1^2 l_1\cos(\varphi_1-\varphi_3)\left[\dfrac{\cos\varphi_3\cos(\varphi_1-\varphi_3)}{\cos\varphi_1}-1-\dfrac{\varepsilon_1}{\omega_1^2}\tan(\varphi_1-\varphi_3)\right]$ $a_{C_{23}}^k=2v_{C_{23}}\omega_3$；$a_E=l_{DE}\sqrt{\omega_3^4+\varepsilon_3^2}$；$a_m=\sqrt{a_{mx}^2+a_{my}^2}$，$\tan\beta_{am}=a_{my}/a_{mx}$ $a_{mx}=-l_1\omega_1^2\cos\varphi_1-l_1\varepsilon_1\sin\varphi_1-l\omega_3^2\cos(\varphi_3\pm\delta)-l\varepsilon_3\sin(\varphi_3\pm\delta)$；$a_{my}=-l_1\omega_1^2\sin\varphi_1+l_1\varepsilon_1\cos\varphi_1-l\omega_3^2\sin(\varphi_3\pm\delta)+l\varepsilon_3\cos(\varphi_3\pm\delta)$

续表

<table>
<tr><th>机构名称及运动简图</th><th colspan="2">运动分析公式</th></tr>
<tr><td rowspan="3">回转曲柄导杆机构

y, m, δ, l, B₁,B₂,B₃, l₃, ω₁, l₁ₓ, φ₁, C, φ₃, l₄, A, x</td><td>位置</td><td>$l_4+l_{1x}\cos\varphi_1=l_3\cos\varphi_3$；$l_{1x}\sin\varphi_1=l_3\sin\varphi_3$；$\sin\varphi_3=(-l_4\cos\varphi_1\pm\sqrt{l_3^2-l_4^2\sin^2\varphi_1})\sin\varphi_1/l_3$
$l_{1x}=l_3\sin\varphi_3/\sin\varphi_1$，极位夹角 $\theta=2\arcsin(l_4/l_3)$
滑块相对导杆的位移 $S_r=l_4\left(1-\dfrac{1}{\cos\varphi_1}\right)+l_3\left(\dfrac{\cos\varphi_3}{\cos\varphi_1}-1\right)$
$x_m=l_4+l_{1x}\cos\varphi_1+l\cos(\varphi_1\pm\delta)$，$y_m=l_{1x}\sin\varphi_1+l\sin(\varphi_1\pm\delta)$</td></tr>
<tr><td>速度</td><td>$\omega_3=\omega_1\cos(\varphi_1-\varphi_3)\sin\varphi_3/\sin\varphi_1$；$\omega_2=\omega_1$，$v_r=v_{B_1B_2}=l_3\omega_1\sin(\varphi_1-\varphi_3)\sin\varphi_3/\sin\varphi_1$
$v_m=\sqrt{v_{xm}^2+v_{ym}^2}$；$\tan\beta_{vm}=v_{ym}/v_{xm}$
$v_{xm}=v_r\cos\varphi_1-l_{1x}\omega_1\sin\varphi_1-l\omega_1\sin(\varphi_1\pm\delta)$；$v_{ym}=v_r\sin\varphi_1+l_{1x}\omega_1\cos\varphi_1+l\omega_1\cos(\varphi_1\pm\delta)$</td></tr>
<tr><td>加速度</td><td>$\varepsilon_3=\omega_1^2\sin\varphi_3\cos(\varphi_1-\varphi_3)\left[2\dfrac{\sin(\varphi_1-\varphi_3)}{\sin\varphi_1}+\dfrac{\varepsilon_1}{\omega_1^2\sin(\varphi_1-\varphi_3)}\right]$；$a^k=2v_r\omega_1$
$a^r=l_3\omega_1^2\cos(\varphi_1-\varphi_3)\sin\varphi_3\left[\dfrac{1}{\sin^2(\varphi_1-\varphi_3)}-\sin\varphi_3\left(\dfrac{\cos(\varphi_1-\varphi_3)}{\sin\varphi_1}\right)^2-\dfrac{2\sin^2(\varphi_1-\varphi_3)}{\sin\varphi_1}-\dfrac{\varepsilon_1}{\omega_1^2}\right]$
$a_m=\sqrt{a_{xm}^2+a_{ym}^2}$；$\tan\beta_{am}=a_{ym}/a_{xm}$
$a_{xm}=a^r\cos\varphi_1-2a^k\sin\varphi_1-l_{1x}\omega_1^2\cos\varphi_1-l\omega_1^2\cos(\varphi_1\pm\delta)-l\varepsilon_1\sin(\varphi_1\pm\delta)$
$a_{ym}=a^r\sin\varphi_1+2a^k\cos\varphi_1-l_{1x}\omega_1^2\sin\varphi_1-l\omega_1^2\sin(\varphi_1\pm\delta)+l\varepsilon_1\cos(\varphi_1\pm\delta)$</td></tr>
</table>

注：表中求 φ_2 和 φ_3 计算式中的“±”号应根据机构的连续位置确定。m 点为杆 2 上距 B 铰点长为 l，与杆 2（杆 3）呈 δ 角的点。

运动的，则称其为相对速度瞬心（$v \neq 0$），如图中 B、C 等，若两构件中有一个是静止的，则称其为绝对速度瞬心（$v=0$），如图中 A。

瞬心的数目：每两个构件有一个瞬心，若一机构有 N 个构件，则此机构共有 $K=N(N-1)/2$ 个瞬心。

瞬心的位置：两构件以转动副、移动副相连时，其瞬心分别在转动副中心和导路的垂线上；两构件以平面纯滚动、滚滑高副相连时，其瞬心分别在接触点和接触点的公法线上。

三心定理：三个互作平行平面运动的构件，它们的三个速度瞬心必定在一条直线上，例如表 4-1-16 铰链四杆机构图中构件 1、2 和 4 的三个瞬心 A、B、P_{24} 在一条直线上。

利用瞬心求构件的相对速度或绝对速度：构件上某点的相对速度或绝对速度等于其绕相对瞬心（或绝对瞬心）转动的角速度与该点到相对瞬心（或绝对瞬心）的距离的乘积。

几种常用机构的瞬心位置及构件速度求解见表 4-1-16。

表 4-1-16　　几种常用机构的瞬心位置及构件速度

机构	铰链四杆机构	曲柄滑块机构	凸轮机构
已知条件	主动件 1 的转角 φ_1、角速度 ω_1，各构件尺寸		凸轮角速度 ω_1，其余同左
求解	杆 2 的 ω_2 及 v	图示位置时，杆 2 的角速度 ω_2，S 及 C 点的速度	瞬心及从动杆的速度 v_2
解题步骤 1. 设置绘图比例为 1∶1 采用 CAD 图解法绘制机构运动简图	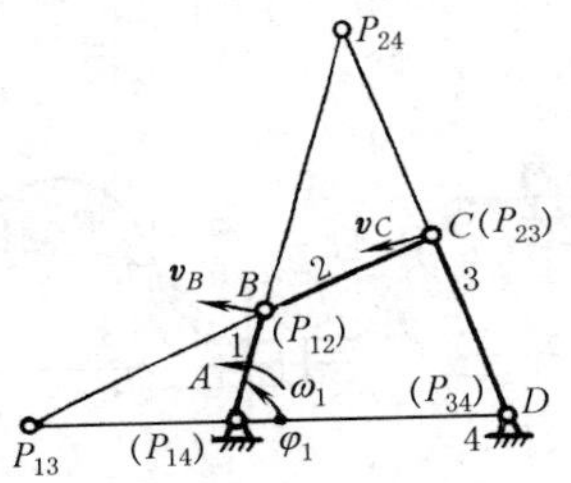	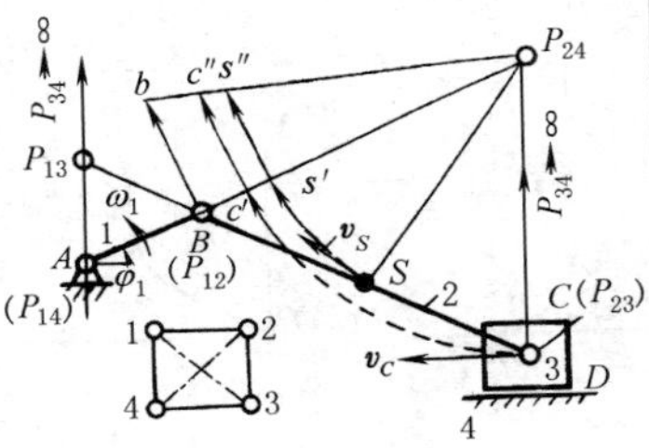	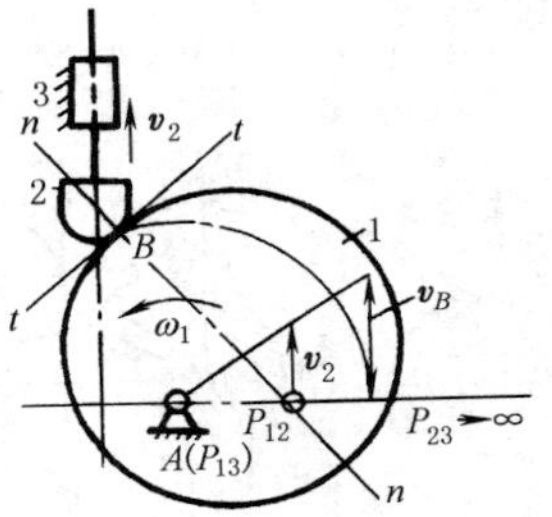
解题步骤 2. 找出有关瞬心	因待求量均为杆 2 相对于机架 4 的运动量，故应找出 P_{24} 的位置 方法 1：因为两构件的瞬心在其相对速度的垂线上，P_{24} 应在 $\boldsymbol{v}_B$ 和 $\boldsymbol{v}_C$ 的两垂线的交点上 方法 2：此机构共有 $K=4\times(4-1)/2=6$ 个瞬心，由观察知 P_{14}、P_{12}、P_{23} 和 P_{34}（曲柄滑块机构的在无穷远处）为瞬心。由三心定理知 P_{24} 必然在 $P_{12}P_{14}$ 和 $P_{23}P_{34}$ 的交点处，同理也可找出 P_{13}		此机构共有 $K=3\times(3-1)/2=3$ 个瞬心；P_{13}、P_{23} 可直接看出，由三心定理知 P_{12} 在 $P_{13}P_{23}$ 上，且 P_{12} 点在 B 点的公法线 nn 上，则 P_{12} 在 $P_{13}P_{23}$ 与 nn 的交点处
解题步骤 3. 求杆 2 的速度及角速度	$v_B=\omega_1 L_{AB}=\omega_1 P_{12}P_{14}=\omega_2 P_{24}P_{12}$ $\omega_2=v_B/P_{24}P_{12}=\omega_1 P_{12}P_{14}/P_{24}P_{12}$，方向为顺时针 $v_C=\omega_2 P_{24}P_{23}$	$v_B=\omega_1 L_{AB}=\omega_1 P_{12}P_{14}=\omega_2 P_{24}P_{12}$ $\omega_2=v_B/P_{24}P_{12}=\omega_1 P_{12}P_{14}/P_{24}P_{12}$，方向为顺时针 $v_S=\omega_2 P_{24}S$，$v_C=\omega_2 P_{24}C$ 取 $P_{12}b=v_B/\mu_v$（mm），同理也可使 $v_S=\mu_v s's''$，$v_C=\mu_v c'c''$	P_{12} 是构件 1 和 2 的同速点，所以，$v_2=\omega_1 P_{13}P_{12}$，方向向上

2.3　高副机构的运动分析

2.3.1　用高副低代法求解

由于一个平面运动高副有一个约束条件，而一个具有两个平面运动低副的构件也具有一个约束条件，因而可将高副机构用瞬时运动特性相当的低副机构来代替，然后按 2.2 节中的 CAD 图解法或解析法来分析。代换的方法如下：

① 求出高副接触处 P 点的两个曲率中心 B、C 和两个曲率半径 ρ_1、ρ_2，$\rho_1=BP$，$\rho_2=CP$（图 4-1-6a）；

② 以杆长为 $L_{BC}=\rho_1+\rho_2$ 的杆用两个转动副在 B、C 处与杆 1、3 相拼接，得到低副机构 $ABCD$。当 ρ_2（或 ρ_1）为无穷大时，则一个转动副变为移动副（图 4-1-6c、d）；当 ρ_2（或 ρ_1）为零，则一个转动副即在高副接触处

（图 4-1-6b）。由于一般高副机构中高副接触处的曲率半径是随机构位置的变化而变化的，所以在不同瞬时的相当低副机构的构件尺寸是不同的，应予注意。

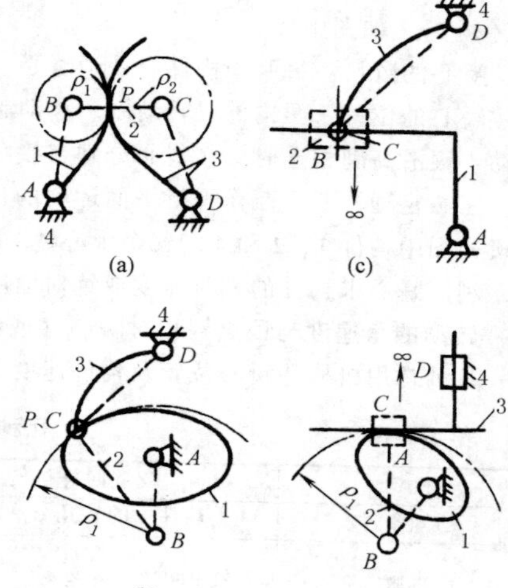

图 4-1-6　高副机构运动示意图

2.3.2　用高副机构直接求解

平面高副机构的运动分析也可用 2.2.2 中的封闭矢量法，对三构件单自由度平面高副机构，可写出图 4-1-7 所示的 a、b、c 三种模型，图 a 是两个运动构件以转动副与机架连接的，图 b 是运动构件 1、2 分别以转动副和移动副与机架连接的，图 c 是构件 1、2 均以移动副与机架连接。在接触点可写出它们的封闭构件矢量方程为：

图 a、d、e：　　$\boldsymbol{R}_1(u)=\boldsymbol{R}_2(v)+\boldsymbol{a}$　　（4-1-4a）

图 b、f：　　$\boldsymbol{R}_1(u)=\boldsymbol{S}+\boldsymbol{e}+\boldsymbol{R}_2(v)$　　（4-1-4b）

图 c：　　$\boldsymbol{S}_1+\boldsymbol{R}_1(u)=\boldsymbol{S}_2+\boldsymbol{e}+\boldsymbol{R}_2(v)$　　（4-1-4c）

式中　$\boldsymbol{R}_1(u)$、$\boldsymbol{R}_2(v)$——构件矢量；

$\boldsymbol{a}$——机架构件矢量（中心距）；

$\boldsymbol{S}$、$\boldsymbol{e}$——表达运动副相对位置的定向非构件矢量；

u、v——参变量。

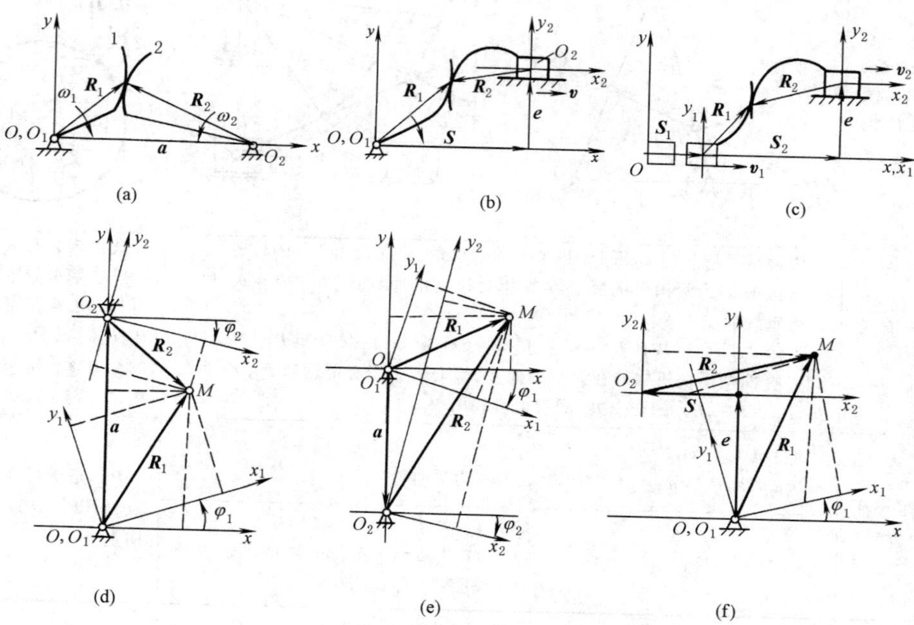

图 4-1-7　高副机构矢量模型

与低副构件不同，高副构件的接触点是时变的，因而需要在运动构件上设置一个与构件固连的坐标系（简称：构件坐标系）以代表高副构件运动转角 φ 的计量准线。但是高副元素的接触点在此坐标系中的位置也是时变的，它用参数 u、v 来表达动点在动坐标系中的相对运动。构件的运动则用转角 φ 或位移 $\boldsymbol{S}$ 来表达牵连运动。根据以上分析，按式（4-1-4）利用坐标变换方法，可写成图 4-1-7 所示三种模型的投影标量表达式：

图 4-1-7d，　e：

$$\begin{Bmatrix}x\\y\\1\end{Bmatrix}=\begin{bmatrix}\cos\varphi_1 & -\sin\varphi_1 & 0\\ \sin\varphi_1 & \cos\varphi_1 & 0\\ 0 & 0 & 1\end{bmatrix}\begin{Bmatrix}x_1(u)\\y_1(u)\\1\end{Bmatrix}=\begin{bmatrix}\cos\varphi_2 & -\sin\varphi_2 & a\sin0\\ \sin\varphi_2 & \cos\varphi_2 & a\cos0\\ 1 & 1 & 1\end{bmatrix}\begin{Bmatrix}x_2(v)\\y_2(v)\\1\end{Bmatrix}\tag{4-1-5a}$$

图 4-1-7f：

$$\begin{Bmatrix}x\\y\\1\end{Bmatrix}=\begin{bmatrix}\cos\varphi_1 & -\sin\varphi_1 & 0\\ \sin\varphi_1 & \cos\varphi_1 & 0\\ 0 & 0 & 1\end{bmatrix}\begin{Bmatrix}x_1(u)\\y_1(u)\\1\end{Bmatrix}=\begin{bmatrix}\cos0 & -\sin0 & e\sin0+S\cos0\\ \sin0 & -\cos0 & e\cos0-S\sin0\\ 0 & 0 & 1\end{bmatrix}\begin{Bmatrix}x_2(v)\\y_2(v)\\1\end{Bmatrix}\tag{4-1-5b}$$

图 4-1-7c：

$$\begin{Bmatrix} x \\ y \\ 1 \end{Bmatrix} = \begin{bmatrix} \cos 0 & -\sin 0 & S\cos 0 \\ \sin 0 & \cos 0 & 0 \\ 0 & 0 & 1 \end{bmatrix} \begin{Bmatrix} x_1(u) \\ y_1(u) \\ 1 \end{Bmatrix} = \begin{bmatrix} \cos 0 & -\sin 0 & S\cos 0 \\ +\sin 0 & \cos 0 & e\cos 0 \\ 0 & 0 & 1 \end{bmatrix} \begin{Bmatrix} x_2(v) \\ y_2(v) \\ 1 \end{Bmatrix} \tag{4-1-5c}$$

式中　x、y；x_1、y_1；x_2、y_2——接触点 M 在机架坐标系和与运动构件固连的动坐标系中的坐标。φ 角的度量方向与构件的转动方向相反，按右手法则确定其正、负号；ω_1 与 ω_2 方向相同时，φ_1 与 φ_2 同号，ω_1 与 ω_2 方向相反时，φ_1 与 φ_2 异号。

式（4-1-5）只给出了联系四个未知变量 u、v、φ_1、φ_2 的三个标量方程，因而是不可解的。为此，根据高副约束的特点，在接触点两高副元素的公切矢、公法矢应分别相等，且两者间的相对运动速度垂直于公法矢，因而可以补充一个约束方程，即

$$\begin{Bmatrix} n_x \\ n_y \end{Bmatrix} = \begin{bmatrix} \cos\varphi_1 & -\sin\varphi_1 \\ \sin\varphi_1 & \cos\varphi_1 \end{bmatrix} \begin{Bmatrix} n_{x1} \\ n_{y1} \end{Bmatrix} = \begin{bmatrix} \cos\varphi_2 & -\sin\varphi_2 \\ \sin\varphi_2 & \cos\varphi_2 \end{bmatrix} \begin{Bmatrix} n_{x2} \\ n_{y2} \end{Bmatrix} \tag{4-1-6}$$

式中　n_x、n_y；n_{x1}、n_{y1}；n_{x2}、n_{y2}——高副元素接触点的公法矢分别在固定坐标系与动坐标系 1 和 2 中沿 x、y 方向的分量。对平面曲线有：$n_{x1}=\partial y_1(u)/\partial u$、$n_{y1}=-\partial x_1(u)/\partial u$；$n_{x2}=\partial y_2(v)/\partial v$、$n_{y2}=-\partial x_2(v)/\partial v$。

式（4-1-5）和式（4-1-6）共给出了四个标量方程，联系着 u、v、φ_1 和 φ_2 四个未知量，对单自由度机构通常 φ_1（或 S_1）是自变量，因而给定一个 φ_1 值便可求得相应的 φ_2、u、v 值和 $\varphi_2=\varphi_2(\varphi_1)$ 的转角关系。通常联系着 u、v、φ_1、φ_2 的四个标量超越方程式，不易写出显式表达式，宜用数值计算法求解。通常由式（4-1-6）可以得到 $v=f(u,\ \varphi_2\pm\varphi_1)$ 的关系，将此关系代入式（4-1-5）所给出的三个投影方程式，它们是 φ_1、$\varphi_*=\varphi_2\pm\varphi_1$、$u$ 及定长参数的三个标量方程，给定 φ_1 便可求得 u 及 φ_*（或 φ_2）。如定义 $\partial x_i/\partial q=x_i'$，$\dfrac{\partial^2 x_i}{\partial q^2}=x_i''$，$\dfrac{\partial y_i}{\partial q}=y_i'$，$\dfrac{\partial^2 y_i}{\partial q^2}=y_i''$ $(i=1,2;\ q=u,\ v)$，$\dfrac{\partial u}{\partial\varphi_1}=u'$，$\dfrac{\partial^2 u}{\partial\varphi_1^2}=u''$，$\dfrac{\partial v}{\partial\varphi_2}=v'$，$\dfrac{\partial^2 v}{\partial\varphi_2^2}=v''$，$\mathrm{d}\varphi_2/\mathrm{d}\varphi_1=i_{21}$，$\mathrm{d}\varphi_i/\mathrm{d}t=\omega_i$。以 $v=f(u,\ \varphi_2\pm\varphi_1)$ 代入式（4-1-5）的三个投影式后，将其对 φ_1 求导数，可以得到 u' 及 i_{21}；如对 t 求导数，则可得到 $\omega_2=\mathrm{d}\varphi_2/\mathrm{d}t=f_\omega(\varphi_1,\ \omega_1,\ u')$ 的表达式。将 $v=f(u,\ \varphi_2\pm\varphi_1)$ 代入式（4-1-5）所得的三个投影式分别对 φ_1、t 求二阶导数，可分别得到 $i_{21}'=\mathrm{d}i_{21}/\mathrm{d}\varphi_1$、$u''$ 及 $\varepsilon_2=\dfrac{\mathrm{d}^2\varphi_2}{\mathrm{d}t^2}=f_\varepsilon(\varphi_1,\ \varepsilon_1,\ u',\ u'')$ 的表达式。i_{21} 及 i_{21}' 是类速度和类加速度，它们并不一定等于 ω_2/ω_1 及 $\varepsilon_2/\varepsilon_1$。高副机构中构件的廓线通常是由几段曲线组成的，例如凸轮机构中凸轮廓线由停-推-停-回-停四段曲线组成，而瞬心线机构的构件廓线通常也是几段曲线组成的封闭或不封闭曲线，齿轮的廓线则是 1～2 段曲线组成的呈周期性排列的曲线，分析时并不需要分析整条曲线。为了说明方法如何应用，现举例如下。

例　齿廓分别为外摆线和圆的齿轮 1 和 2，各自绕固定中心 O_1、O_2 转动，中心距为 a，在初始位置二者相切于点 P（图 4-1-8），已知齿轮 1 的角速度为 ω_1，角加速度为 ε_1，试求齿轮 2 的 ω_2 和 ε_2。

解：如令 u、v 分别表示齿轮 1、2 的变量参数，r_b、r_1 表示齿轮 1 的基圆半径和滚圆半径，且有 $r=r_1+r_b$、$b=1+\dfrac{r_b}{2r_1}$，$\boldsymbol{i}_1$、$\boldsymbol{j}_1$ 为动坐标系 $x_1O_1y_1$ 的单位矢量，$\boldsymbol{R}_1(u)$ 和 $\boldsymbol{n}_1(u)$ 分别为齿轮 1 上点在自身坐标系中的径矢和公法矢。r_2 为齿轮 2 齿形圆的半径（常数），$\boldsymbol{R}_2(v)$ 和 $\boldsymbol{n}_2(v)$ 分别为齿轮 2 齿形上点在其自身坐标系中的径矢和公法矢。$\boldsymbol{i}_2$、$\boldsymbol{j}_2$ 为动坐标系 $x_2O_2y_2$ 的单位矢量。则可写出齿轮 1 和齿轮 2 的齿形曲线 C_1、C_2 及公法矢方程分别为：

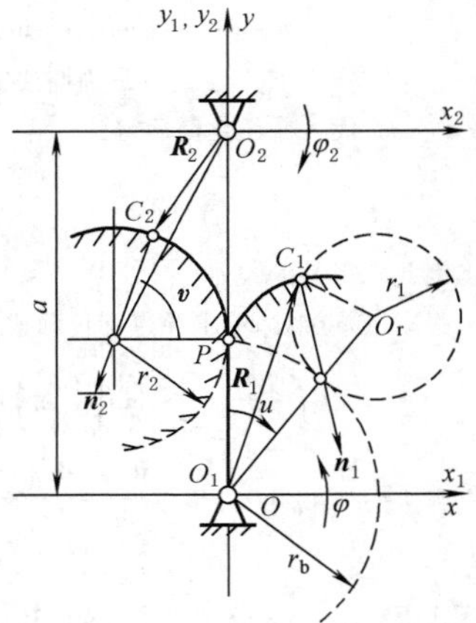

图 4-1-8　初始位置相切点

$$C_1:\boldsymbol{R}_1(u)=x_1\boldsymbol{i}_1+y_1\boldsymbol{j}_1=\left[r\sin u-r_1\sin\left(\frac{r}{r_1}u\right)\right]\boldsymbol{i}_1+\left[r\cos u-r_1\cos\left(\frac{r}{r_1}u\right)\right]\boldsymbol{j}_1 \tag{a}$$

$$\boldsymbol{n}_1(u)=\cos(bu)\boldsymbol{i}_1+\sin(bu)\boldsymbol{j}_1 \tag{b}$$

$$C_2:\boldsymbol{R}_2(v)=x_2\boldsymbol{i}_2+y_2\boldsymbol{j}_2=r_2(\cos v-1)\boldsymbol{i}_2+[r_2\sin v-(a-r_b)]\boldsymbol{j}_2 \tag{c}$$

$$\boldsymbol{n}_2(v)=\cos v\boldsymbol{i}_2-\sin v\boldsymbol{j}_2 \tag{d}$$

将 C_1、C_2 及公法矢利用坐标变换式（4-1-5a）及式（4-1-6）变换到固定坐标系 xOy 中，由于 C_1、C_2 上两点接触时在 xOy 中处于同一点并具有相同法矢，于是有：

$$x\text{ 分量：}\left[r\sin u-r_1\sin\left(\frac{r}{r_1}u\right)\right]\cos\varphi_1-\left[r\cos u-r_1\cos\left(\frac{r}{r_1}u\right)\right]\sin\varphi_1=r_2(\cos v-1)\cos\varphi_2-[r_2\sin v-(a-r_b)]\sin\varphi_2+a\sin 0 \tag{e}$$

$$y\text{ 分量：}\left[r\sin u-r_1\sin\left(\frac{r}{r_1}u\right)\right]\sin\varphi_1+\left[r\cos u-r_1\cos\left(\frac{r}{r_1}u\right)\right]\cos\varphi_1=r_2(\cos v-1)\sin\varphi_2-[r_2\sin v-(a-r_b)]\cos\varphi_1+a\cos 0 \tag{f}$$

$$\text{公法矢：}\cos(bu)\cos\varphi_1+\sin(bu)\sin\varphi_1=\cos v\cos\varphi_2-\sin v\sin\varphi_2 \tag{g}$$

由式（g）有：

$$v=-(\varphi_2-\varphi_1)-bu=-\varphi_*-bu \tag{h}$$

式（h）是两齿廓上的点接触时应满足的条件，将式（h）代入式（e）、（f）后并对其施行坐标旋转后，可得：

$$r\sin u-r_1\sin\left(\frac{r}{r_1}u\right)+r_2[\cos\varphi_*-\cos(bu)]-(a-r_b)\sin\varphi_*=-a\sin\varphi_1 \tag{i}$$

$$r\cos u-r_1\cos\left(\frac{r}{r_1}u\right)+r_2[\sin\varphi_*+\sin(bu)]+(a-r_b)\cos\varphi_*=a\cos\varphi_1 \tag{j}$$

给定 φ_1，由式（i）和式（j）可求得 φ_* 和 u，则 $\varphi_2=\varphi_*+\varphi_1$、$v=-\varphi_*-bu$。

将式（j）对 φ_1 求导，并经化简得：

$$\dot u=\frac{du}{d\varphi_1}=\{(i_{21}-1)[(a-r_b)\sin\varphi_*-r_2\cos\varphi_*]-a\sin\varphi_1\}\Bigg/\left\{\cos(bu)\left[2r\sin\left(\frac{r_b}{2r_1}u\right)+br_2\right]\right\} \tag{k}$$

$\dot u$ 的物理意义是变量参数 u 对转角 φ_1 的变化率。

将式（h）对 φ_1 求导可求变量参数 v 对转角 φ_2 的变化率为：

$$\dot v=\frac{dv}{d\varphi_2}=-\frac{(i_{21}-1)+b\dot u}{i_{21}} \tag{l}$$

由式（k）和式（l）可见 $\dot u$、$\dot v$ 均与传动比 i_{21} 有关。为了求得 i_{21}，需要利用齿廓曲线 C_1、C_2 在接触时，齿廓间的相对滑动速度 $\boldsymbol{v}_{12}$ 与接触点的公法矢正交这一特性，即应满足啮合方程 $\boldsymbol{v}_{12}\cdot\boldsymbol{n}=0$。因此可得：

$$\begin{aligned}\boldsymbol{v}_{12}&=\boldsymbol{\omega}_1(x_{10}\boldsymbol{i}+y_{10}\boldsymbol{j})-\boldsymbol{\omega}_2(x_{20}\boldsymbol{i}+y_{20}\boldsymbol{j})\\&=\omega_1\Bigg[(i_{21}\{r_2(\cos v-1)\sin\varphi_2+[r_2\sin v-(a-r_b)]\cos\varphi_2\}+a)-\Bigg\{\left[r\sin u-r_1\sin\left(\frac{r}{r_1}u\right)\right]\sin\varphi_1\\&\quad-\left[r\cos u-r_1\cos\left(\frac{r}{r_1}u\right)\right]\cos\varphi_1\Bigg\}\Bigg]\boldsymbol{i}+\omega_1\Bigg(\left[r\sin u-r_1\sin\left(\frac{r}{r_1}u\right)\right]\cos\varphi_1-\left[r\cos u-r_1\cos\left(\frac{r}{r_1}u\right)\right]\sin\varphi_1\\&\quad-i_{21}\{r_2(\cos v-1)\cos\varphi_2-[r_2\sin v-(a-r_b)]\sin\varphi_2\}\Bigg)\boldsymbol{j}\end{aligned}$$

$$\boldsymbol{n}=\cos(bu)\cos\varphi_1\boldsymbol{i}+\sin(bu)\sin\varphi_2\boldsymbol{j}$$

式中，x_{10}、y_{10}、x_{20}、y_{20} 为曲线 C_1、C_2 经坐标变换到固定坐标系后的 x、y 分量，见式（e）、（f）。将 $\boldsymbol{v}_{12}$ 点积 $\boldsymbol{n}$ 后，再以 $v=-\varphi_*-bu$ 代入，经化简后得到 i_{21}：

$$i_{21}=\frac{\omega_2}{\omega_1}=\cos\left(\frac{r_b}{2r_1}u\right)\Bigg/\left[\cos\left(\frac{r_b}{2r_1}u\right)-\frac{a}{r_b}\cos(\varphi_1-bu)\right] \tag{m}$$

因此求得 $\omega_2=i_{21}\omega_1$。

将式（m）对 φ_1 求导得到传动比 i_{21} 对转角 φ_1 的变化率 i'_{21}。

$$i'_{21}=\frac{a}{r_b}\left[\frac{r_b}{2r_1}\dot u\sin\left(\frac{r_b}{2r_1}u\right)\cos(\varphi_1-bu)-(1-b\dot u)\cos\left(\frac{r_b}{2r_1}u\right)\sin(\varphi_1-bu)\right]\Bigg/\left[\cos\left(\frac{r_b}{2r_1}u\right)-\frac{a}{r_b}\cos(\varphi_1-bu)\right]^2 \tag{n}$$

由于 $i_{21}=\omega_2/\omega_1$，可有 $\dfrac{di_{21}}{dt}=\dfrac{di_{21}}{d\varphi_1}\times\dfrac{d\varphi_1}{dt}=\left(\omega_1\dfrac{d\omega_2}{dt}-\omega_2\dfrac{d\omega_1}{dt}\right)\Big/\omega_1^2=(\varepsilon_2-i_{21}\varepsilon_1)/\omega_1$，于是有

$$\varepsilon_2=i'_{21}\omega_1^2-i_{21}\varepsilon_1$$

式中，i'_{21}、i_{21} 分别由式（n）和式（m）确定，而 ω_1 及 ε_1 是原动件的给定运动参数。

3 平面机构的受力分析

机构受力分析的目的是：根据给定的机构运动简图、运动规律、构件的质量和所受外力，考虑惯性力（假想力）等，确定各运动副中的反力、必须加到主动件上的平衡力或平衡力矩、传动机械所需的功率和机械效率，

并为构件的承载能力计算和选用轴承等提供数据。

3.1 杆组静定条件和构件惯性力的计算

表 4-1-17　　杆组静定条件和构件惯性力的计算

杆组静定条件				
运动副类型及简图		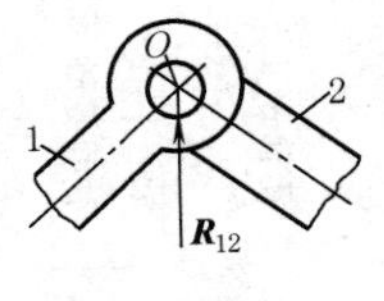 转动副(P_5)	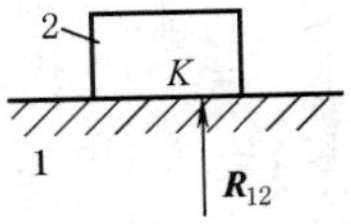 移动副(P_5)	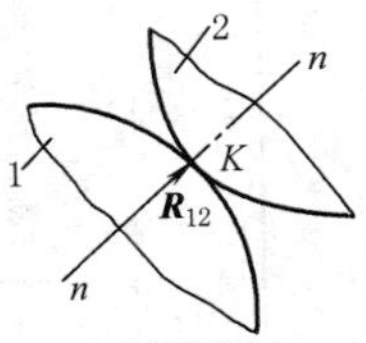 平面高副(P_4)
运动副反力要素	已知	$\boldsymbol{R}_{12}$ 作用点通过转动副中心(不计摩擦)	$\boldsymbol{R}_{12}$ 垂直于导路(不计摩擦)	$\boldsymbol{R}_{12}$ 通过接触点 K，方向沿公法线 nn
	待求	$\boldsymbol{R}_{12}$ 的大小和方向	$\boldsymbol{R}_{12}$ 的大小和作用点	$\boldsymbol{R}_{12}$ 的大小
静定条件	杆组有 n 个杆件，可列出 $3n$ 个独立的力平衡方程式，杆组的 $F=3n-2P_5-P_4=0$，因而当作用于 n 个构件、P_5 和 P_4 运动副的杆组上的外力已知时，平衡方程数 $3n$ 恰好等于 $2P_5+P_4$ 个未知反力要素。故杆组中的所有未知力均可求得。当 $P_4=0$ 时，$n/P_5=2/3$；当 $P_4\neq0$ 时，$n:P_5:P_4=1:1:1$，所有杆组均满足静定条件			

构件惯性力的计算					
构件类型及简图	平移构件 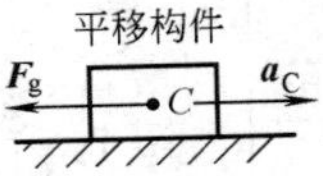	定轴转动构件 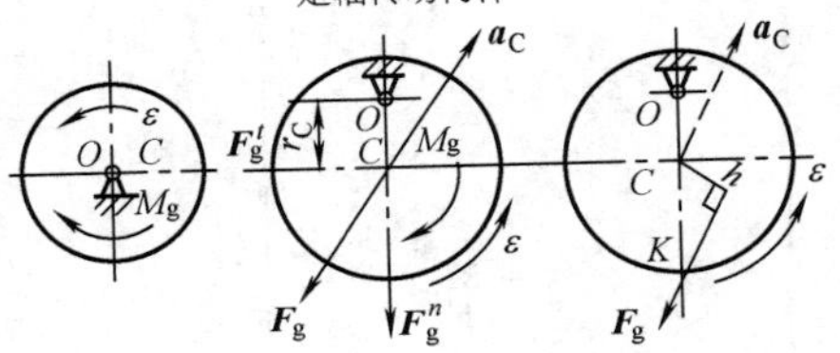		平面复合运动构件 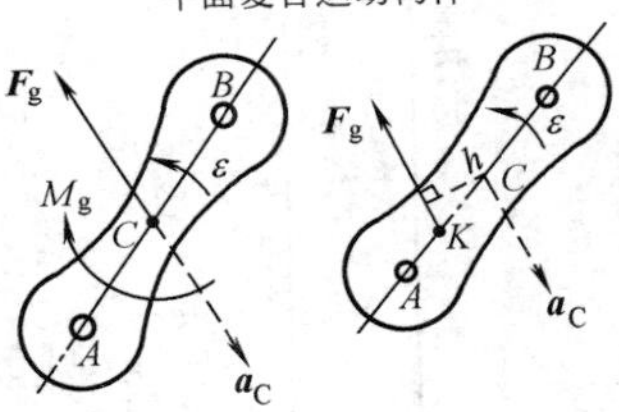	
		轴、惯性主轴重合	轴与惯性主轴不重合		
惯性力 $\boldsymbol{F}_g$ 与惯性力矩 $\boldsymbol{M}_g$	$\boldsymbol{F}_g=-m\boldsymbol{a}_C$ $\boldsymbol{M}_g=\boldsymbol{0}$	$\boldsymbol{F}_g=\boldsymbol{0}$ $\boldsymbol{M}_g=-J_C\boldsymbol{\varepsilon}$	$\boldsymbol{F}_g=-m\boldsymbol{a}_C=-m\boldsymbol{r}_C\sqrt{\omega^4+\varepsilon^2}$ $M_g=-J_C\varepsilon$ 或用一个与质心 C 相距 h 的合成惯性力表示，$h=\boldsymbol{M}_g/\boldsymbol{F}_g$，这时 $\boldsymbol{F}_g$ 对 C 之矩与 $\boldsymbol{M}_g$ 相等	$\boldsymbol{F}_g=-m\boldsymbol{a}_C$ $\boldsymbol{M}_g=-J_C\boldsymbol{\varepsilon}$	$\boldsymbol{F}_g=-m\boldsymbol{a}_C$ $\boldsymbol{F}_g$ 与质心 C 相距 $h=\boldsymbol{M}_g/\boldsymbol{F}_g$

注：m——构件质量，kg；J_C——构件对于惯性主轴的转动惯量，kg·m^2；r_C——回转轴与惯性主轴间的距离，m；ε——构件的角加速度，s^{-2}；a_C——构件质心的加速度，m/s^2。

3.2 运动副中摩擦力的计算

表 4-1-18　　运动副中摩擦力的计算公式

运动副名称	简图	公式
楔面移动副		$N'=Q\cos\lambda+P\sin\lambda$ $N=N'/2\sin\alpha$ $F=2\mu N=\dfrac{\mu N'}{\sin\alpha}=\mu' N'$ 令 $\alpha=90°$ 便得到平面移动副的公式
有间隙支承或短支承的移动及转动副		$N_1=Q\left(l+\dfrac{a}{2}\right)/a$ $N_2=Q\left(l-\dfrac{a}{2}\right)/a$ $F=\mu(N_1+N_2)=\dfrac{2\mu Ql}{a}$ $M_m=lQ\mu d/a$
无间隙支承的移动及转动副		$F=3l\mu Q/a$ $M_m=3l\mu Qd/2a$
推力轴颈		新轴颈 $M_m=\dfrac{2(R^3-r^3)}{3(R^2-r^2)}\times\mu Q$ 跑合轴颈 $M_m=\dfrac{R+r}{2}\times\mu Q$
圆锥形轴颈		新轴颈 $M_m=\dfrac{2(R^3-r^3)\mu Q}{3(R^2-r^2)\sin\alpha}$ 跑合轴颈 $M_m=\dfrac{R+r}{2\sin\alpha}\times\mu Q$
螺旋副		$F=Q\tan(\lambda\pm\varphi)$ 使 Q 上升时用"+"号；反之用"-"号 $M_m=Fr$；$F_K=F\dfrac{r}{l}$ 对三角、梯形螺纹将式中 φ 用 φ' 取代 $\tan\varphi'=\tan\varphi/\cos\alpha$
滚动摩擦		$N=Q$；$M_m=\mu_k N$；$F=\mu_k N/r$ 纯滚动条件 $\mu_s>\mu_k/r$ 纯滑动条件 $\mu_s<\mu_k/r$
径向轴颈		总反作用力 R 恒切于 $\rho=\mu' r$ 的摩擦圆，其形成的摩擦力矩 M_m 与 ω 方向相反 $M_m=Q\rho=\mu' Qr$ 新轴颈 $\mu'=\dfrac{\pi}{2}\mu$ 跑合轴颈 $\mu'=\dfrac{4}{\pi}\mu$ 有间隙轴颈 $\mu'=\mu$ 滚动轴承 $\mu'=\dfrac{A\mu_k}{r}\left(1+\dfrac{d}{D}\right)$ 式中　$A=1.4$（钢球） $=1.46$（滚子）

注：μ、μ_k——滑动摩擦因数与滚动摩擦因数，见第 1 篇第 1 章，在选用摩擦因数值时，应注意试验条件与使用条件是否一致；μ_s——静摩擦因数；F、M_m——摩擦力和摩擦力矩；Q——外力（重力、轴向力）；N——法向压力；R——总反作用力，在转动副中其方向应根据运动副所在构件的力平衡条件来确定；$2r$、D、d——轴、内圆和滚动体的直径；λ、α——螺旋的升角与牙型半角；φ——摩擦角。

3.3 机构的受力分析

工程中常用的方法是按达朗贝尔原理，将惯性力和外力加于机构的相应构件上，用静力平衡的条件求出各运动副的反力和原动件上的平衡力，故又称动态静力分析。求解时，对于运动质量小的低速机构可不考虑惯性力；一般情况下不考虑摩擦力，但对在接近自锁位置的机构进行受力分析时，应计入摩擦力，并将应用摩擦圆（对转动副）和摩擦角（对移动副）来进行 CAD 作图求解。

3.3.1 CAD 图解法

现以曲柄滑块机构为例，用表 4-1-19 来说明其受力分析的步骤与方法。

表 4-1-19　　CAD 图解计算法的步骤

解题步骤	方法及数值
1. 作机构运动简图、求各构件的角加速度 ε 及其质心的加速度 a	按表 4-1-12 CAD 图解法，作图求 ε 及 a 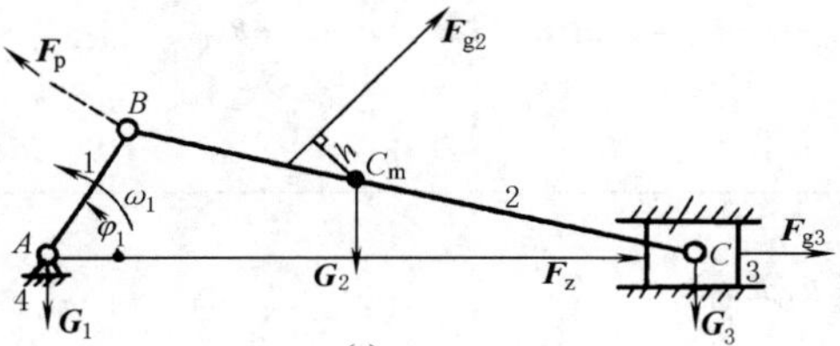 (a) 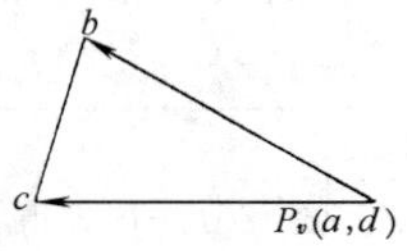　(b) 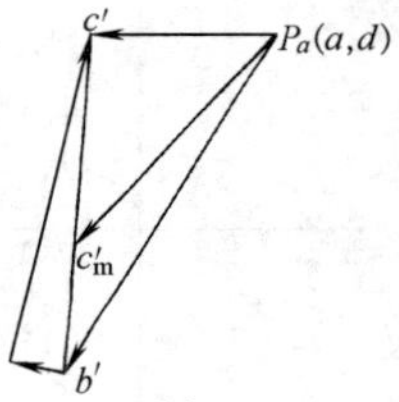　(c)
2. 求各构件的惯性力 F_g 及其作用位置	按表 4-1-17 方法求得杆 2、滑块 3 上的 F_g（杆 1：为等速回转 $a=0,\varepsilon=0,F_g=0,M_g=0$） 杆 2：$\boldsymbol{F}_{g2}=-\dfrac{G_2}{g}\boldsymbol{a}_{Cm}, \boldsymbol{M}_{g2}=-J_{C2}\boldsymbol{\varepsilon}_2$，其作用位置 $h=\dfrac{\boldsymbol{M}_{g2}}{\boldsymbol{F}_{g2}}$ 滑块 3：$\boldsymbol{F}_{g3}=-\dfrac{G_3}{g}\boldsymbol{a}_C, \boldsymbol{M}_{g3}=\boldsymbol{0}$，其作用位置通过 C 点，平行于导路
3. 取分离体，作示力图，列力的平衡方程式，求各运动副的反力	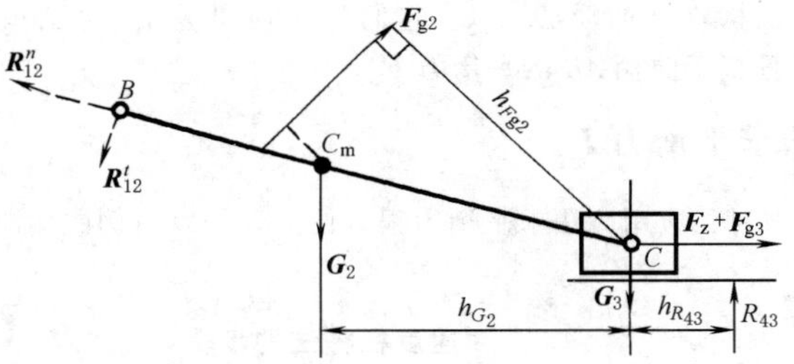 (d) 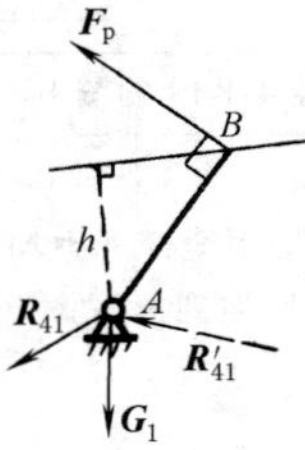 (e) 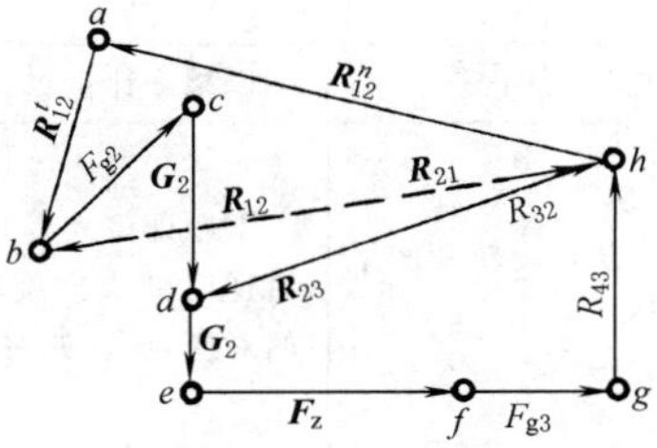　(f)

续表

解题步骤	方法及数值
3. 取分离体，作示力图，列力的平衡方程式，求各运动副的反力	(1)将包括惯性力在内的全部外力加在构件上，如图 d (2)将机构分成主动件 1 和构件组(本例为杆 2、滑块 3)，画出示力图，如图 d、e (3)列出构件组的力平衡方程式(为便于求解，法向反力$\boldsymbol{R}_{12}^{n}$、$\boldsymbol{R}_{43}^{n}$放于首尾，每一构件上的力列在一起) $\boldsymbol{R}_{12}^{n}+\boldsymbol{R}_{12}^{t}+\boldsymbol{F}_{g2}+\boldsymbol{G}_2+\boldsymbol{G}_3+\boldsymbol{F}_z+\boldsymbol{F}_{g3}+\boldsymbol{R}_{43}=\boldsymbol{0}$ 方向：$/\!/BC$　$\perp BC$　√　√　√　√　√　$\perp AC$ 大小：？　？　√　√　√　√　√　？ 此方程的未知数超过 2 个，需求出R_{12}^{t}后，才能求解，故分别取构件 2 和 3 为示力体，由$\sum M_C=\boldsymbol{0}$，可得， $R_{12}^{t}=(F_{g2}h_{F_{g2}}-G_2h_{G_2})/l_{BC}$；　$h_{R_{43}}=\dfrac{(F_z+F_{g3})\times 0+G_3\times 0}{R_{43}}=0$ 若求出的R_{12}^{t}为负值，表示与原假定方向相反，$h_{R_{43}}=0$，表示R_{43}通过 c 点。 (4)按构件组的力平衡方程式作矢量多边形，如图 f 取力比例尺为$\mu_p=\dfrac{F_z}{ef}$(N/mm)， $\therefore\quad R_{12}^{n}=\mu_p ha, R_{12}=\mu_p hb, R_{43}=\mu_p gh$ 列出构件 2 的力平衡方程式$\boldsymbol{R}_{12}+\boldsymbol{F}_{g2}+\boldsymbol{G}_2+\boldsymbol{R}_{32}=\boldsymbol{0}$，由图 f 得$R_{23}=\mu_p hd=-R_{32}$ 也可由构件 3 求出$\boldsymbol{R}_{32}$，$\boldsymbol{R}_{23}=-\boldsymbol{R}_{32}$
4. 求机构的平衡力 F_p	(1)在图 e 上，取$\sum M_A=0$，即得$\boldsymbol{F}_p=\boldsymbol{R}_{21}h/l_{AB}$ $\boldsymbol{R}_{21}=-\boldsymbol{R}_{12}$ (2)列构件 1 的力平衡方程式$\boldsymbol{G}_1+\boldsymbol{R}_{21}+\boldsymbol{F}_p+\boldsymbol{R}_{41}=\boldsymbol{0}$，并作其力矢量多边形图 g。求得$R_{41}=\mu_p da$，$\boldsymbol{R}_{41}$与$\boldsymbol{G}_1$的合力沿 BA 方向 当平衡力以力矩形式($M_p=-R_{21}h, F_p=0$)给出时，杆 1 处于三力平衡状态：$\boldsymbol{G}_1+\boldsymbol{R}_{21}+\boldsymbol{R}_{41}=\boldsymbol{0}$ $R_{41}'=\mu_p ca$ 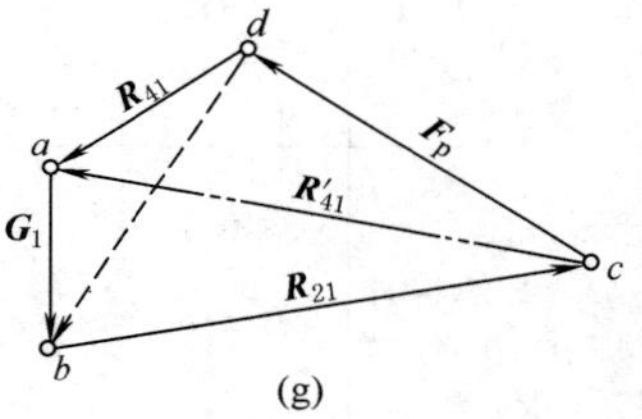 (g)

已知：机构的尺寸，原动件的转速 n_1（角速度 ω_1 = 常数），作用在输出构件（滑块）上的生产阻力 $\boldsymbol{F}_z$，各构件的重力 $\boldsymbol{G}_1$、$\boldsymbol{G}_2$、$\boldsymbol{G}_3$ 及构件 2 的质心 C_{m2}，它们的转动惯量 J_{Cm1}、J_{Cm2}。求各运动副中的反力 $\boldsymbol{R}_{12}$、$\boldsymbol{R}_{23}$、$\boldsymbol{R}_{34}$、$\boldsymbol{R}_{41}$ 和作用在 B 点并垂直于曲柄 AB 的平衡力 $\boldsymbol{F}_p$。

3.3.2 用速度杠杆法求平衡力 F_p

在不需要求运动副反力时，应用此法求平衡力很方便。现仍以前例曲柄滑块机构为例，将求解步骤与方法列于表 4-1-20。

表 4-1-20　　速度杠杆法的步骤

解题步骤	方法与数值	
1. 采用 CAD 图解法作速度图	以某一比例尺，可用表 4-1-19 的图 b	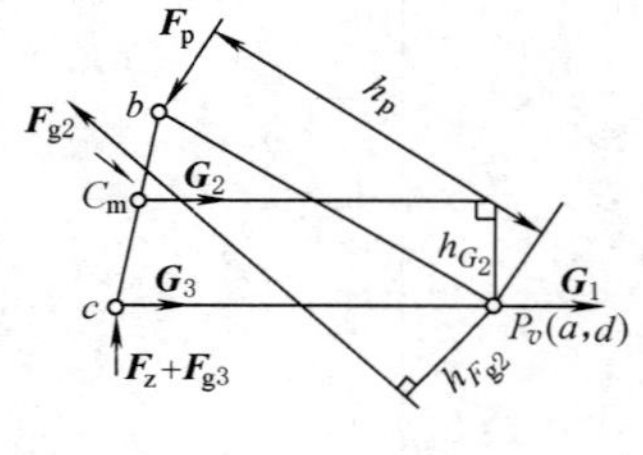
2. 将全部外力沿同一方向旋转 90°后加到速度图的对应点上	本题即将表 4-1-19 图 a 中全部外力均沿逆时针方向旋转 90°后加到速度图 b 的对应点上，如右图	
3. 过速度极点 P_v 作各转向力的垂线	如右图中的 h_p、$h_{F_{g2}}$、h_{G_2}、…	

续表

解题步骤	方法与数值
4. 对 P_v 取矩，求得平衡力 F_p 或平衡力矩 M_p	$F_p=\dfrac{(F_z+F_{g3})P_v c+F_{g2}h_{F_{g2}}+G_2h_{G_2}+G_1\times0+G_3\times0}{h_p}$ $M_p=F_pL_{AB}$ 若求出的 F_p 为负值，表示 F_p 的方向与原假设相反

注：1. 若构件上作用有力偶 M，则应将其化为作用于构件上两选定点（通常为转动副中心）的力偶，此力偶中的每个力为 $F_M=M/L$（L 为两选定点间的距离）。如表 4-1-19 图 a 中的 $\boldsymbol{F}_{g2}$ 若以作用于 C_m 的 $\boldsymbol{F}_{g2}$ 和惯性力矩 $\boldsymbol{M}_{g2}=-J_{C_{m2}}\boldsymbol{\varepsilon}_2$ 的形式给出时，则应将 M_{g2} 化为由两个力 $\boldsymbol{F}_M=-J_{C_{m2}}\boldsymbol{\varepsilon}_2/L_{BC}$ 组成的力偶，如下图所示，然后把 $\boldsymbol{F}_M$ 按已知外力处理。

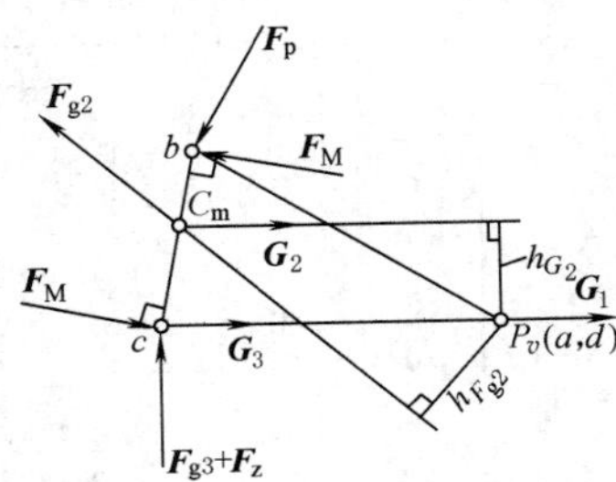

2. 也可以将速度图旋转 90°，而将诸外力按原来的方向加到转向速度图的对应点上，然后对 P_v 取矩，所得结果不变。

3.3.3 机构动态静力分析的解析法

表 4-1-21 建立了受未知外力作用的平衡构件（转动或移动的连架杆）和三种常见的Ⅱ类杆组的力平衡方程。为了便于列矩阵方程：规定以 A、B、…、D 表示运动副；i、j 表示构件号；以 R_{ij} 表示构件 i 对构件 j 的运动副反力，且下标 i 的值必小于 j 的值，且以 $-\boldsymbol{R}_{ij}$ 表示 $\boldsymbol{R}_{ji}$，再以下标 x、y 表示其 x、y 方向的分量，如 R_{12x}、R_{12y}；以 S_i 表示构件 i 的质心位置。构件上两点间的距离以分量形式表达，如 C 点到 B 点的距离表示为 $x_{CB}=x_C-x_B$、$y_{CB}=y_C-y_B$，$l_{CB}=(x_{CB}^2+y_{CB}^2)^{1/2}$；以 m_i、J_{Si} 表示构件 i 的质量和对质心的转动惯量；以 $\boldsymbol{a}_{Si}$ 及 $\boldsymbol{\varepsilon}_i$ 表示构件 i 的质心加速度和角加速度。将所有作用在构件上的已知外力（矩）向质心 S 简化得到一个主矢 $\boldsymbol{F}_i$ 和主矩 $\boldsymbol{M}_i$（不含惯性力及矩）。力矩规定以逆时针方向为正。对每个构件分别列出 $\sum\boldsymbol{F}_{xi}=\boldsymbol{0}$、$\sum\boldsymbol{F}_{yi}=\boldsymbol{0}$ 及 $\sum\boldsymbol{M}_{Si}=\boldsymbol{0}$ 方程，略去中间过程，便得到表 4-1-21 的各方程。

利用表 4-1-21 中的公式可以对多杆Ⅱ级平面机构进行力分析。只需将受未知外力（矩）作用的机构看成平衡构件，由远离平衡构件处依次将机构拆成若干个Ⅱ级杆组，仿照表 4-1-21 写出各杆组及平衡构件的平衡方程，编成子程序，便可进行力分析计算。程序可自编或采用有关软件中的程序，但必须注意符号的对应关系。

表 4-1-21 **力和力矩平衡方程式**

简图	力和力矩平衡方程式
(a)	$$\begin{bmatrix}1&0&-1&0&0&0\\0&1&0&-1&0&0\\-y_{BS_2}&x_{BS_2}&y_{CS_2}&-x_{CS_2}&0&0\\0&0&1&0&-1&0\\0&0&0&1&0&-1\\0&0&-y_{CS_2}&x_{CS_2}&y_{DS_3}&-x_{DS_3}\end{bmatrix}\begin{bmatrix}R_{12x}\\R_{12y}\\R_{23x}\\R_{23y}\\R_{34x}\\R_{34y}\end{bmatrix}=\begin{bmatrix}m_2a_{S_2x}-F_{2x}\\m_2a_{S_2y}-F_{2y}\\J_{S_2}\varepsilon_2-M_2\\m_3a_{S_3x}-F_{3x}\\m_3a_{S_3y}-F_{3y}\\J_{S_3}\varepsilon_3-M_3\end{bmatrix}$$

续表

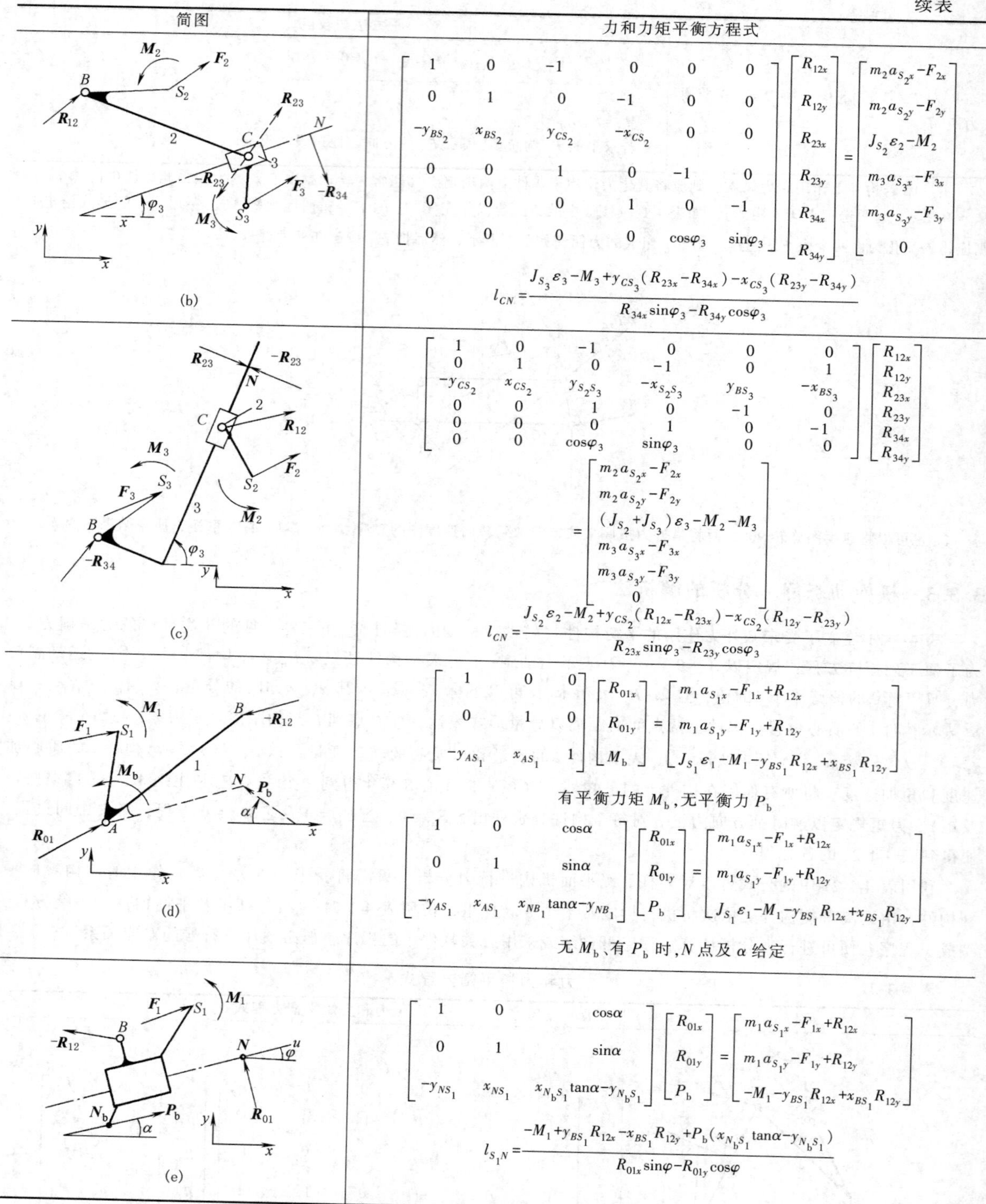

简图	力和力矩平衡方程式
(b)	$\begin{bmatrix}1&0&-1&0&0&0\\0&1&0&-1&0&0\\-y_{BS_2}&x_{BS_2}&y_{CS_2}&-x_{CS_2}&0&0\\0&0&1&0&-1&0\\0&0&0&1&0&-1\\0&0&0&0&\cos\varphi_3&\sin\varphi_3\end{bmatrix}\begin{bmatrix}R_{12x}\\R_{12y}\\R_{23x}\\R_{23y}\\R_{34x}\\R_{34y}\end{bmatrix}=\begin{bmatrix}m_2a_{S_2x}-F_{2x}\\m_2a_{S_2y}-F_{2y}\\J_{S_2}\varepsilon_2-M_2\\m_3a_{S_3x}-F_{3x}\\m_3a_{S_3y}-F_{3y}\\0\end{bmatrix}$ $l_{CN}=\dfrac{J_{S_3}\varepsilon_3-M_3+y_{CS_3}(R_{23x}-R_{34x})-x_{CS_3}(R_{23y}-R_{34y})}{R_{34x}\sin\varphi_3-R_{34y}\cos\varphi_3}$
(c)	$\begin{bmatrix}1&0&-1&0&0&0\\0&1&0&-1&0&1\\-y_{CS_2}&x_{CS_2}&y_{S_2S_3}&-x_{S_2S_3}&y_{BS_3}&-x_{BS_3}\\0&0&1&0&-1&0\\0&0&0&1&0&-1\\0&0&\cos\varphi_3&\sin\varphi_3&0&0\end{bmatrix}\begin{bmatrix}R_{12x}\\R_{12y}\\R_{23x}\\R_{23y}\\R_{34x}\\R_{34y}\end{bmatrix}=\begin{bmatrix}m_2a_{S_2x}-F_{2x}\\m_2a_{S_2y}-F_{2y}\\(J_{S_2}+J_{S_3})\varepsilon_3-M_2-M_3\\m_3a_{S_3x}-F_{3x}\\m_3a_{S_3y}-F_{3y}\\0\end{bmatrix}$ $l_{CN}=\dfrac{J_{S_2}\varepsilon_2-M_2+y_{CS_2}(R_{12x}-R_{23x})-x_{CS_2}(R_{12y}-R_{23y})}{R_{23x}\sin\varphi_3-R_{23y}\cos\varphi_3}$
(d)	$\begin{bmatrix}1&0&0\\0&1&0\\-y_{AS_1}&x_{AS_1}&1\end{bmatrix}\begin{bmatrix}R_{01x}\\R_{01y}\\M_b\end{bmatrix}=\begin{bmatrix}m_1a_{S_1x}-F_{1x}+R_{12x}\\m_1a_{S_1y}-F_{1y}+R_{12y}\\J_{S_1}\varepsilon_1-M_1-y_{BS_1}R_{12x}+x_{BS_1}R_{12y}\end{bmatrix}$ 有平衡力矩 M_b,无平衡力 P_b $\begin{bmatrix}1&0&\cos\alpha\\0&1&\sin\alpha\\-y_{AS_1}&x_{AS_1}&x_{NB_1}\tan\alpha-y_{NB_1}\end{bmatrix}\begin{bmatrix}R_{01x}\\R_{01y}\\P_b\end{bmatrix}=\begin{bmatrix}m_1a_{S_1x}-F_{1x}+R_{12x}\\m_1a_{S_1y}-F_{1y}+R_{12y}\\J_{S_1}\varepsilon_1-M_1-y_{BS_1}R_{12x}+x_{BS_1}R_{12y}\end{bmatrix}$ 无 M_b、有 P_b 时,N 点及 α 给定
(e)	$\begin{bmatrix}1&0&\cos\alpha\\0&1&\sin\alpha\\-y_{NS_1}&x_{NS_1}&x_{N_bS_1}\tan\alpha-y_{N_bS_1}\end{bmatrix}\begin{bmatrix}R_{01x}\\R_{01y}\\P_b\end{bmatrix}=\begin{bmatrix}m_1a_{S_1x}-F_{1x}+R_{12x}\\m_1a_{S_1y}-F_{1y}+R_{12y}\\-M_1-y_{BS_1}R_{12x}+x_{BS_1}R_{12y}\end{bmatrix}$ $l_{S_1N}=\dfrac{-M_1+y_{BS_1}R_{12x}-x_{BS_1}R_{12y}+P_b(x_{N_bS_1}\tan\alpha-y_{N_bS_1})}{R_{01x}\sin\varphi-R_{01y}\cos\varphi}$

3.4 惯性力的平衡

为消除或减小不平衡惯性力引起的附加动载荷和振动，应进行惯性力的平衡计算，以确定附加平衡质量来消除由于结构特点（如构件形状不对称等）引起的不平衡；并进行平衡工序，在平衡机上用实验方法将由于材质不均匀和制造不精确所引起的不平衡量减小到允许的范围内（允许不平衡量的参考数据见 GB/T 9239.12—2021）。

工作转速在一阶临界转速的 75%以下的转子称为刚性转子，反之称为挠性转子。挠性转子的平衡必须考虑其轴线的动挠度，其振型曲线可分解为一、二、三、……阶振型分量，其中对平衡影响大的主要是工作转速范围内的几阶振型，转子的转速接近某阶临界转速时，该阶的振型分量就显著增大；当低阶振型已平衡时，在更高阶临界转速下运转时，则出现更高阶的振型，因此，应按工作需要对其有关各阶振型分别予以校正。在做挠性体平衡之前，一般先做刚性转子的平衡，然后在一定的真空条件下进行挠性体平衡，本手册只讨论刚性旋转体转子因结构原因使质量分布不均匀而引起的不平衡。

刚性转子的平衡分为两类：静平衡$\left(\text{长径比}\dfrac{b}{d}<0.2\text{、转速低时采用}\right)$，其目的在于平衡其不平衡惯性力；动平衡（长径比大、转速较高时采用），其目的在于平衡其不平衡的惯性力和惯性力偶。

3.4.1　具有不规则形状的转子平衡质量的确定

表 4-1-22　　**转子平衡质量的确定方法**

平衡种类	静平衡	动平衡
简图	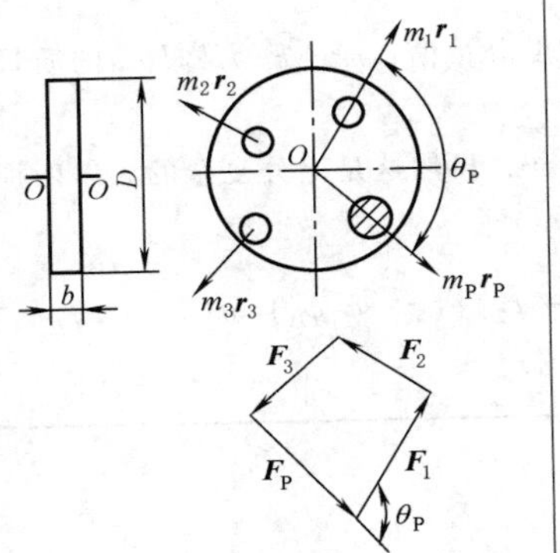	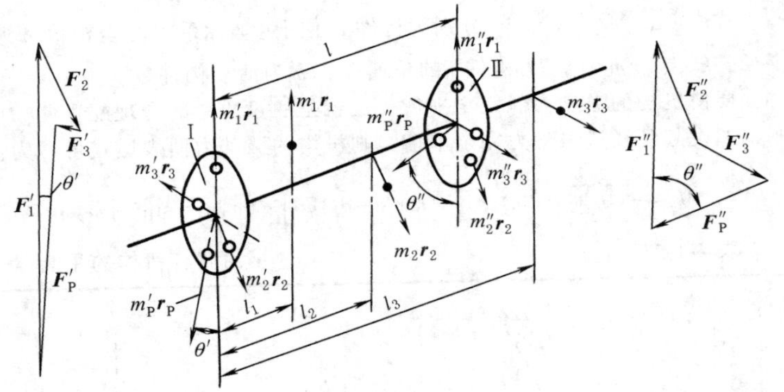
平衡方法	1. 对转子进行形体分析，定出各不平衡质量 m_1、m_2、m_3、…，及其质心半径 r_1、r_2、r_3、… 2. 算出各质径积值 m_1r_1、m_2r_2、m_3r_3、…，并将它们按某一比例尺 μ_F 用 F_1、F_2、F_3、…表示 $\mu_F=\dfrac{m_1r_1}{F_1}$ (N·cm/mm) 3. 由平面共点力系的平衡条件： $\boldsymbol{m}_1r_1+\boldsymbol{m}_2r_2+\boldsymbol{m}_3r_3+\cdots+\boldsymbol{m}_Pr_P=\mathbf{0}$ 或 $\boldsymbol{F}_1+\boldsymbol{F}_2+\boldsymbol{F}_3+\cdots+\boldsymbol{F}_P=\mathbf{0}$ 作封闭矢量多边形求出 $\boldsymbol{F}_P$ 4. 按转子结构条件选定平衡质量 m_P 的配置半径 r_P，求出平衡质量 $m_P=\mu_F F_P/r_P$ 其方位平行于 $\boldsymbol{F}_P$，即与 m_1 方向呈 θ_P 角	1. 对转子进行形体分析，选定两个平衡平面Ⅰ和Ⅱ（应在两端支承附近），定出不平衡质量 m_1、m_2、m_3、…，质心半径 r_1、r_2、r_3、…及其轴向位置 l_1、l_2、l_3、… 2. 算出各质径积值 m_1r_1、m_2r_2、m_3r_3、…，利用平行力系平衡的条件将它们分解到平衡平面Ⅰ和Ⅱ上 $m''_1r_1=\dfrac{l_1}{l}m_1r_1$；$m''_2r_2=\dfrac{l_2}{l}m_2r_2$；$m''_3r_3=\dfrac{l_3}{l}m_3r_3$ $m'_1r_1=m_1r_1-m''_1r_1$；$m'_2r_2=m_2r_2-m''_2r_2$；$m'_3r_3=m_3r_3-m''_3r_3$ 3. 按比例尺 μ_F 用 F'_1、F'_2、F'_3、…，F''_1、F''_2、F''_3、…分别表示 m'_1r_1、m'_2r_2、…、m''_1r_1、m''_2r_2、… 4. 由平衡平面Ⅰ和Ⅱ的平衡条件： $F'_1+F'_2+F'_3+\cdots+F'_P=0$ $F''_1+F''_2+F''_3+\cdots+F''_P=0$ 作封闭矢量多边形求出 $\boldsymbol{F}'_P$、$\boldsymbol{F}''_P$ 及其相位角 θ'、θ'' 5. 按转子结构条件选定平衡质量 m'_P、m''_P 的配置半径 r'_P、r''_P，求出平衡质量： $m'_P=\mu_F F'_P/r'_P$；$m''_P=\mu_F F''_P/r''_P$ 其方位分别与 $m'_1\boldsymbol{r}_1$、$m''_1\boldsymbol{r}_1$ 呈 θ'、θ'' 角

3.4.2　平面机构的平衡

平面机构中存在着质心做周期运动的构件，在高速运动中它们所产生的惯性力和惯性力偶的大小和方向均做周期性变化，形成动载荷而在机器的基础上引起振动。运动构件惯性力作用在机座上的合力称为振动力，而产生在垂直于机构运动平面的、作用在机座上的惯性力偶矢则称为振动力偶。使振动力和振动力偶完全消失的措施就是机构的完全平衡；而使之减弱的措施是机构的部分（不完全）平衡。

平面机构平衡的方法有：①当机器有几个机构同时工作时，可将这些机构合理布置，使振动力达到完全或部分平衡（表 4-1-23）；②通过加平衡质量以改变构件的质量及分布情况，使振动力平衡（表 4-1-23）；③通过加附加平衡装置（一般为齿轮惯性配重）使振动力及力偶平衡（表 4-1-23）。其中，加平衡质量的方法简单易行，较常采用，其基本思想是通过加平衡质量后，使机构的总质心固定不变。要使机构达到振动力完全平衡，需利用通路定理，即机构中任何一个构件都有一条通到机架的路径，在此路径上只经过转动副而没有移动副，不满足通路定理的机构不可能实现振动力完全平衡；单自由度 n 杆机构在满足通路定理的前提下，要实现振动力完全平衡应加的平衡质量数不得少于 $n/2$。

振动力偶的平衡比较复杂，要求不高的机构常只做振动力平衡，振动力完全平衡的机构，可能使机构质量、运动副反力、振动力偶以及驱动力矩增大。因此，出现了以机构一个运动周期内的振动力偶及振动力的均方根最小值为优化目标的综合优化平衡、谐波平衡等，采用改变构件质量及其分布情况和附加平衡装置相结合的方法来得到振动力及振动力偶完全平衡的近 30 种具体机构。

振动力矩 M_z 是通过角动量原理给出其表达式的，其标量表达式为：

$$M_z = -\frac{\mathrm{d}}{\mathrm{d}t}\sum_{i=1}^{m} m_i(x_i\dot{y}_i - y_i\dot{x}_i + k_i^2\dot{\varphi}_i)$$

式中，x_i、y_i，$\dot{x}_i$、$\dot{y}_i$ 分别为构件 i 在固定坐标系中的坐标值和速度分量值；m_i、k_i 为构件 i 的质量和回转半径，$k_i^2=J_{Si}/m_i$；$\dot{\varphi}_i$ 为构件 i 的角速度；m 为活动构件数。

要使机构的振动力偶完全平衡，也就是通过质量的合理配置使 $M_z=0$，显然这是十分复杂的。以四杆机构为例，如设其已经过振动力完全平衡，则机构的振动力偶表达式可写为：

$$M_z = -\left[\sum_{i=1}^{3} m_i(k_i^2 + r_i^2 - \boldsymbol{a}_i\boldsymbol{r}_i\cos\theta_i)\ddot{\varphi}_i\right] - 2m_2a_1r_2\sin\theta_2\left[\ddot{\varphi}_1\sin(\varphi_1-\varphi_2) - (\dot{\varphi}_1^2 - \dot{\varphi}_1\dot{\varphi}_2)\cos(\varphi_1-\varphi_2)\right] \quad (4\text{-}1\text{-}7)$$

表 4-1-23　　平面四杆机构的平衡

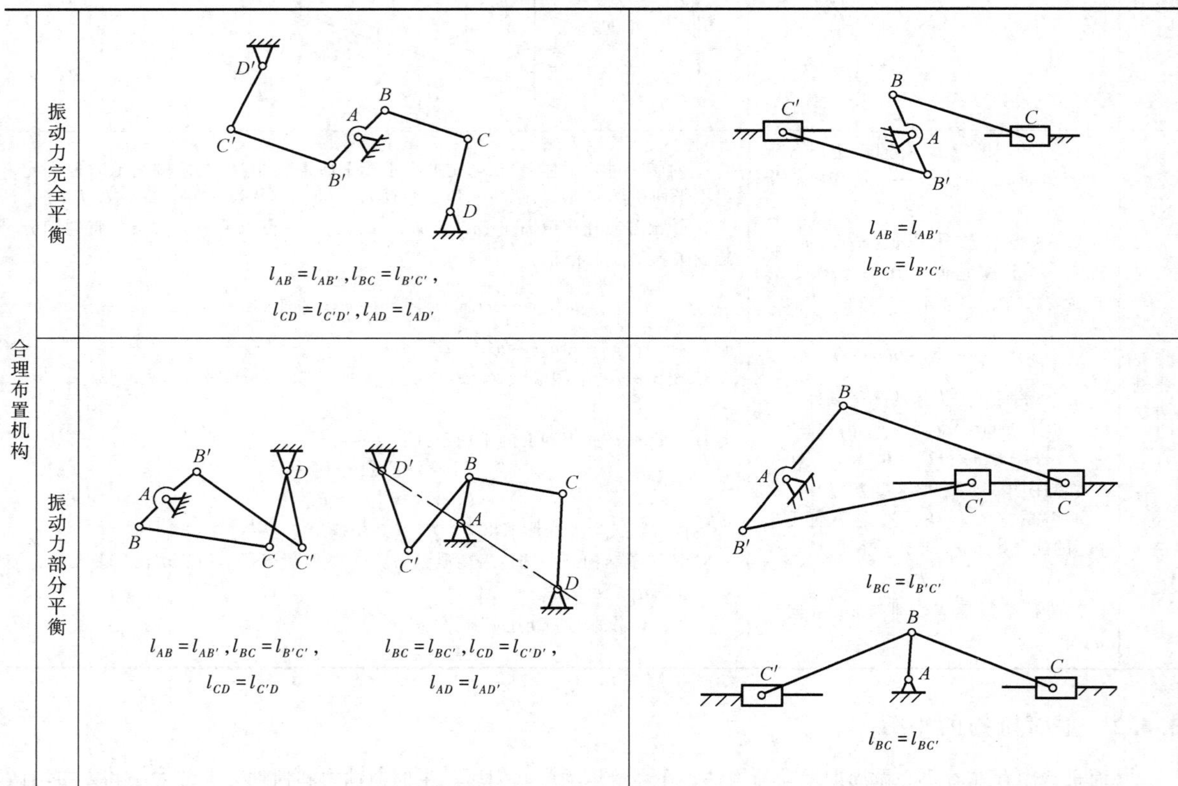

续表

<table>
<tr>
<td rowspan="2">加平衡质量</td>
<td rowspan="2">振动力完全平衡</td>
<td>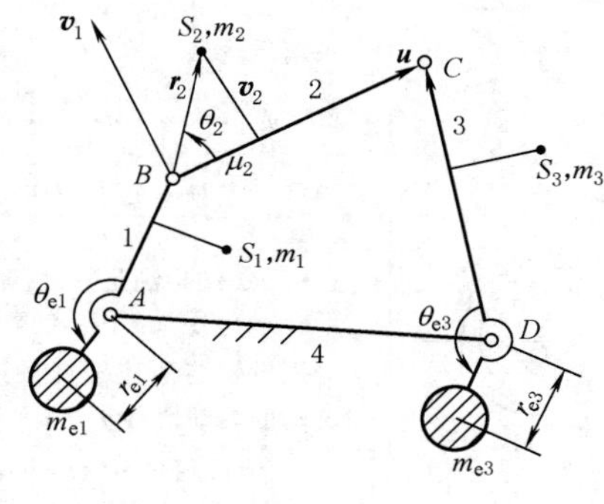

平衡质量大小及位置：
$m_{e1}=\frac{\sqrt{[l_2u_1m_1+l_1(l_2-u_2)m_2]^2+(l_2v_1m_1+l_1v_2m_2)^2}}{l_2r_{e1}}$
$\tan\theta_{e1}=(l_2v_1m_1+l_1v_2m_2)/[l_2u_1m_1+l_1(l_2-u_2)m_2]$
$m_{e3}=\frac{\sqrt{(l_3u_2m_2+l_2u_3m_3)^2+(l_3v_2m_2+l_2v_3m_3)^2}}{l_2r_{e3}}$
$\tan\theta_{e3}=(l_3v_2m_2+l_2v_3m_3)/(l_3u_2m_2+l_2u_3m_3)$</td>
<td>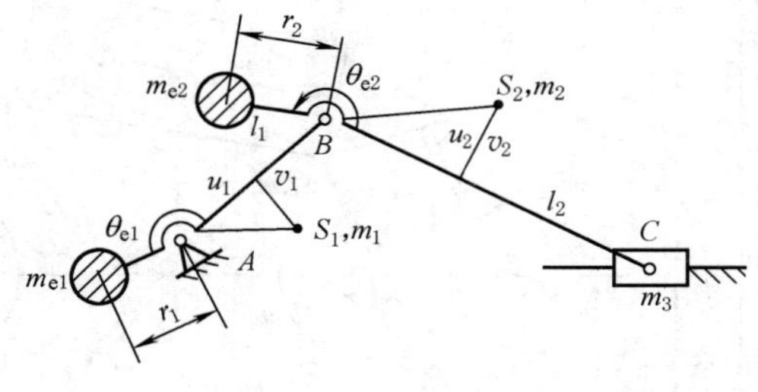

在 r_2 端加 m_{e2} 使 m_{e2}、m_2、m_3 总质心在 B 点：
$m_{e2}=\sqrt{(m_2u_2+m_3l_2)^2+(m_2v_2)^2}/r_2$
$\tan\theta_{e2}=m_2v_2/(m_2u_2+m_3l_2)$
加在 r_1 端的平衡质量：
$m_{e1}=\sqrt{[u_1m_1+(m_{e2}+m_2+m_3)l_1]^2+(v_1m_1)^2}/r_1$
$\tan\theta_{e1}=(v_1m_1)/[u_1m_1+(m_{e2}+m_2+m_3)l_1]$</td>
</tr>
<tr>
<td colspan="2">l_i、m_i 分别为构件 i 的长度、质量；u_i、v_i、θ_i 为质心 S_i 在所属构件坐标系的坐标和相位角。质心 S 在转动副连线上时只需令各式中 $v=0$</td>
</tr>
<tr>
<td rowspan="2">附加平衡装置</td>
<td rowspan="2">振动力平衡</td>
<td>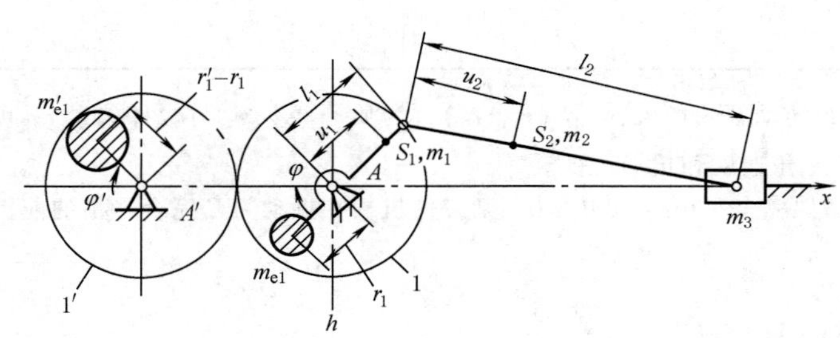
</td>
<td>平衡质量
$m_{e1}=\left[\frac{l_2-u_2}{l_2}m_2+\frac{u_1}{l_1}m_1+0.5\left(\frac{u_2}{l_2}m_2+m_3\right)\right]\frac{l_1}{r_1}$
$m'_{e1}=0.5\left(\frac{u_2}{l_2}m_2+m_3\right)\frac{l_1}{r_1}$
齿轮 1，1′的齿数 $z_1=z'_1$，两平衡质量与水平轴的夹角 $\varphi'=\varphi$，且分别位于轴上、下两侧。可将移动质量一阶惯性力完全平衡</td>
</tr>
<tr>
<td>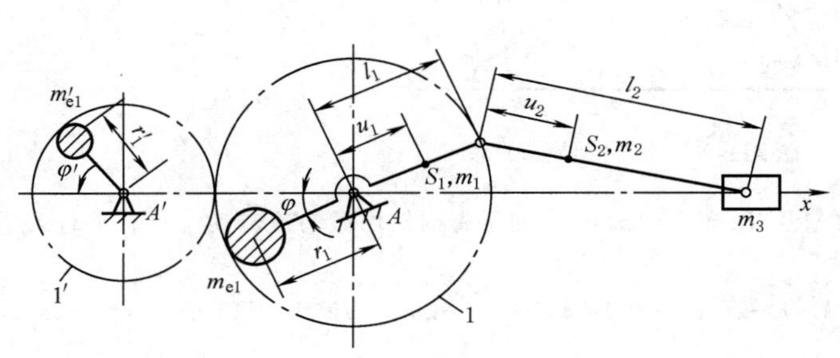
</td>
<td>平衡质量
$m_{e1}=\left(\frac{l_2-u_1}{l_2}m_2+\frac{u_1}{l_1}m_1+\frac{u_2}{l_2}m_2+m_3\right)\frac{l_1}{r_1}$
$m'_{e1}=\frac{1}{4}\left(\frac{u_2}{l_2}m_2+m_3\right)\frac{l_1^2}{l_2r'_1}$
齿轮 1，1′的齿数 $z_1=2z'_1$，m_{e1}、m'_{e1}与水平轴的夹角 $\varphi'=2\varphi$，分别位于轴上、下两侧。可平衡移动质量一、二阶惯性力，但垂直方向有不平衡惯性力</td>
</tr>
</table>

续表

附加平衡装置	振动力、振动力偶的完全平衡	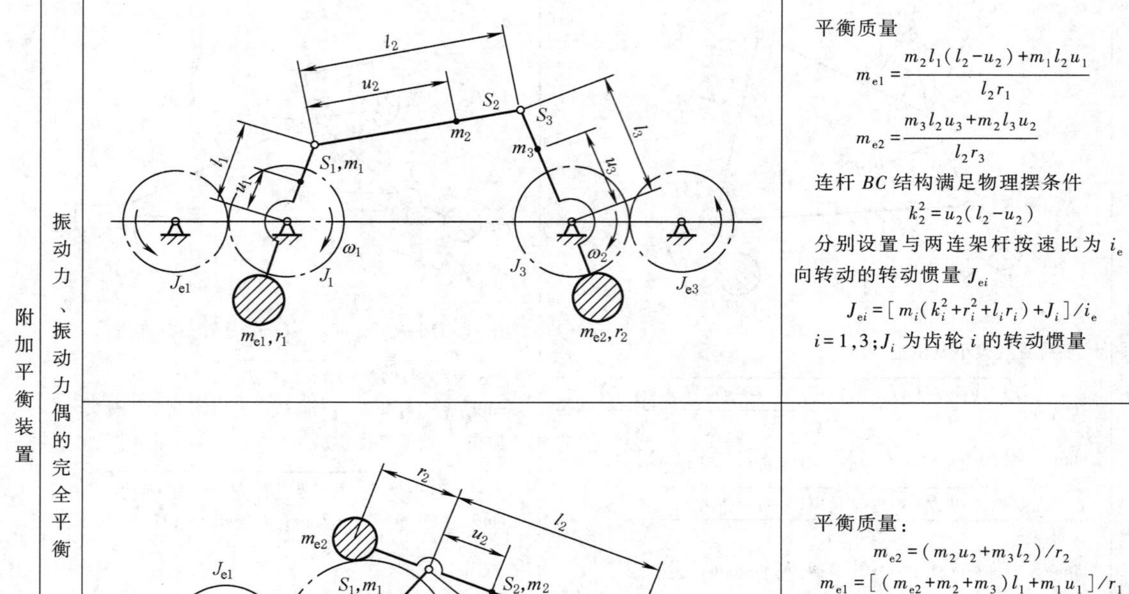	平衡质量 $m_{e1}=\dfrac{m_2 l_1(l_2-u_2)+m_1 l_2 u_1}{l_2 r_1}$ $m_{e2}=\dfrac{m_3 l_2 u_3+m_2 l_3 u_2}{l_2 r_3}$ 连杆 BC 结构满足物理摆条件 $k_2^2=u_2(l_2-u_2)$ 分别设置与两连架杆按速比为 i_e 反向转动的转动惯量 J_{ei} $J_{ei}=[m_i(k_i^2+r_i^2+l_i r_i)+J_i]/i_e$ $i=1,3$；J_i 为齿轮 i 的转动惯量
			平衡质量： $m_{e2}=(m_2u_2+m_3l_2)/r_2$ $m_{e1}=[(m_{e2}+m_2+m_3)l_1+m_1u_1]/r_1$ 设置与曲柄轴联轴齿轮成传动比为 i_e 的反向转动的转动惯量配重 J_{e1} $J_{e1}=[m_1(k_1^2+r_1^2+l_1r_1)+J_1]/i_e$

式中，$\boldsymbol{a}_i$、$\boldsymbol{r}_i$ 分别为 i 杆长度和质心距转动副的径矢；$\theta_i=(\boldsymbol{r}_i, \boldsymbol{a}_i)$，为质心径矢 $\boldsymbol{r}_i$ 与构件矢量 $\boldsymbol{a}_i$ 间的夹角（图 4-1-9）；φ_i、$\dot{\varphi}_i$、$\ddot{\varphi}_i$ 分别为 i 杆位置角、角速度和角加速度。

由式（4-1-7）可见：要使机构振动力偶完全平衡，即 $M_z=0$，则应使机构在振动力已完全平衡的前提下，满足下列条件。

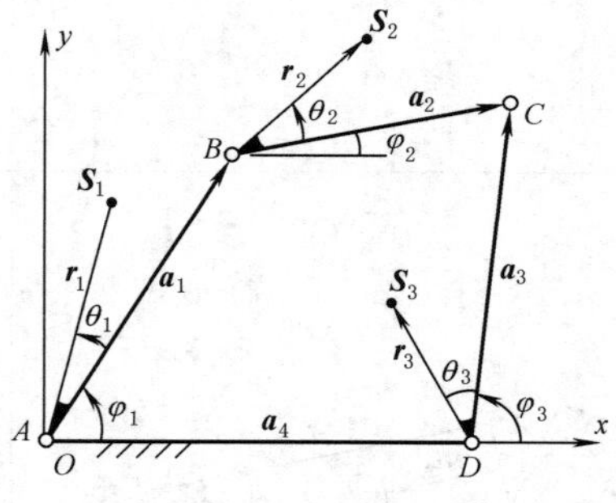

图 4-1-9　径矢的位置关系

① $\theta_2=0$，连杆 2 的质心在连杆线 BC 上；$\ddot{\varphi}_1=\ddot{\varphi}_2=\ddot{\varphi}_3=0$，即所有构件均做匀速转动。只有平行四边形机构能满足这个条件。

② $\theta_2=0$、$\ddot{\varphi}_1=0$；且 $\ddot{\varphi}_2=-\ddot{\varphi}_3$、$m_1(k_1^2+r_1^2-2a_1r_1\cos\theta_1)=m_3(k_3^2+r_3^2-2a_3r_3\cos\theta_3)$；只有 $a_1=a_4$、$a_2=a_3$ 的菱形机构能满足这个条件。

以上分析说明机构要通过加平衡质量来实现振动力偶完全平衡是困难的；但是可以通过以下措施来减小机构的振动力偶：①使输入构件做匀速转动，$\ddot{\varphi}_1=0$；②使连杆的质心位于铰 B、C 的连线上，$\theta_2=0$ 或 $\theta_2'=\pi$；③任何构件的质量分布都是一个物理摆，即 $k_i^2+r_i^2-2a_ir_i\cos\theta_i=0$。

当满足不了上述条件，而要实现机构振动力偶完全平衡时，则应在连架副 A、D 处加装齿轮惯性配重的附加平衡装置。

要进行平面机构的平衡，通常是第一步将构件设计成物理摆，第二步实现振动力的完全平衡，第三步添加惯性配重来实现振动力偶的完全平衡或部分平衡。

4　单自由度机器的动力分析

机器的动力分析以力和能的分析为基础，解决下列基本问题：①确定机器所传递的力和功；②确定机器在给定质量分布情况和外力作用下的真实运动；③机器速度的调节。

4.1　机器的运动过程和运动方程式

机器的整个运动（常以主轴代表）可以分为三个阶段，如图 4-1-10 所示。

在启动阶段，机器存在着较大的加速度以及由其惯性所引起的附加动载荷，很容易引起机件的损坏，因而对于惯性大的机器应仔细地考虑其启动方式，并设置相应的装置。

在稳态运动阶段，机器主轴的运动速度为常数，即匀速运动，如图 4-1-10 中曲线 1 所示（例如电动机、鼓风机等），或在其正常工作速度相对应的平均值 ω_m 的上下做周期性（周期为 t_c）变动，即变速运动，如图 4-1-10 中曲线 2 所示（例如各种活塞式原动机）。这是机器的正常工作阶段，其运动特性应满足工作机械的要求。

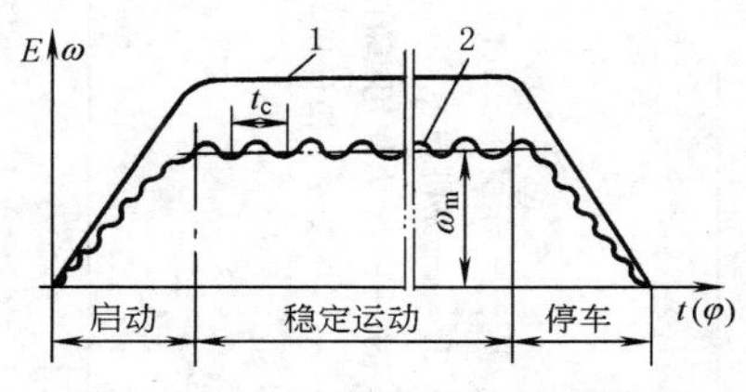

图 4-1-10　机器运动的三个阶段

在停车阶段，为了缩短停车时间往往在机器中设置制动装置。

机器在运动过程中的功能关系可用下列运动方程式表示

$$A_c-A_z-A_m\pm A_G=E_2-E_1 \tag{4-1-8}$$

式中　A_c——在时间间隔 t_2-t_1 内驱动力 P_c 所做的功；

A_z——在时间间隔 t_2-t_1 内生产阻力 P_z 所做的功；

A_m——在时间间隔 t_2-t_1 内摩擦阻力 P_m 等所做的功；

A_G——在时间间隔 t_2-t_1 内所有构件重力所做的功；有时为正，取“+”号；有时为负，取“-”号；

E_2——机器在 t_2 时所具有的总动能，$E_2=\dfrac{1}{2}\sum\limits_{i=1}^{k}(m_iv_{ci_2}^2+J_{ci_2}\omega_{i_2}^2)$；

E_1——机器在 t_1 时所具有的总动能，$E_1=\dfrac{1}{2}\sum\limits_{i=1}^{k}(m_iv_{ci_1}^2+J_{ci_1}\omega_{i_1}^2)$；

$v_{ci_2}(\omega_{i_2})$——在 t_2 时第 i 个构件质心的线速度（第 i 个构件的角速度）；

$v_{ci_1}(\omega_{i_1})$——在 t_1 时第 i 个构件质心的线速度（第 i 个构件的角速度）；

其他符号的含义见表 4-1-24。

4.2　机器运动方程的求解

在求解给定质量分布情况和外力作用下的机构运动问题时，可将单自由度机器简化为一个与机架相连的等效构件（转动或移动），该等效构件与原系统中某一活动构件具有相同的运动规律。为此，必须：①将所有作用在原机构上的驱动力和阻力等，按功能原理，用一个作用在等效构件的转化点上的等效力 F_e（或等效力矩 M_e）代替；②将原机构所有构件的质量和转动惯量，按功能原理，用一个转化到等效构件上的等效质量 m_e（或等效转动惯量 J_e）来代替。然后用机器的运动方程式求解其运动。计算公式见表 4-1-24。运动方程的应用举例见表 4-1-25。

表 4-1-24　机器的运动方程

<table>
<tr><td>原机构</td><td colspan="3">(a)
F_i、M_i——作用在原机构上的第 i 个力、力矩；
m_i、J_{ci}——原机构中第 i 个构件的质量、对其质心的转动惯量；
v_i、ω_i——F_i 力作用点的速度，M_i 作用所在构件的角速度；
v_{ci}——第 i 个构件质心的速度</td></tr>
<tr><td>等效构件</td><td>具有转化点的等效构件　(b)</td><td>移动等效构件　(c)</td><td>没有转化点的等效构件　(d)</td></tr>
<tr><td rowspan="3">等效力 F_e 或等效力矩 M_e</td><td colspan="3">等效力(矩)是作用在等效机构的等效构件上的一个假想力(矩)；在所研究的可能位移中，等效力对等效构件所做的功，恒等于原来的力(矩)作用在原机构的相应构件上所做功之和</td></tr>
<tr><td colspan="2">对于图 b、c 所示等效构件常采用等效力
$$F_e = \sum_{i=1}^{k} F_i \frac{v_i}{v_d}\cos\theta_i + \sum_{i=1}^{k} M_i \frac{\omega_i}{v_d} \quad (1)$$</td><td>对于图 d 所示等效构件常采用等效力矩
$$M_e = \sum_{i=1}^{k} F_i \frac{v_i}{\omega_d}\cos\theta_i + \sum_{i=1}^{k} M_i \frac{\omega_i}{\omega_d} \quad (2)$$</td></tr>
<tr><td colspan="3">将驱动力(矩)或生产阻力(矩)、惯性力(矩)和重力均包括在内时，所求得的等效力(矩)与用动态静力学或速度杠杆法求得的平衡力 F_p(力矩 M_p)等值而反向也可以将外力按类(驱动力、生产阻力、惯性力等)分别求出其相应的等效力(矩)</td></tr>
</table>

等效质量 m_e 或等效转动惯量 J_e		等效构件中等效质量或等效转动惯量所具有的动能等于原机构中所有构件具有的动能之和，m_e 和 J_e 同样是等效构件所具有的一个假想质量和转动惯量 对于上图所示等效构件常采用等效质量 $$m_e=\sum_{i=1}^{k}m_i\left(\frac{v_{ci}}{v_d}\right)^2+\sum_{i=1}^{k}J_{ci}\left(\frac{\omega_i}{v_d}\right)^2 \quad (3)$$ F_e、M_e、m_e、J_e 是一个假想的力（矩）和质量（转动惯量），是速度比的函数，因而是原动件位置的函数，而与原动件的真实速度无关，是用来研究机器功能问题的一种手段，而不是原机构中所有外力的合力（矩）和所有构件质量（转动惯量）的总和，所以不能用它们来进行机构的力计算、平衡计算和求总惯性力（矩）。例题见表 4-1-25 例 1	对于上图所示等效构件常采用等效转动惯量 $$J_e=\sum_{i=1}^{k}m_i\left(\frac{v_{ci}}{\omega_d}\right)^2+\sum_{i=1}^{k}J_{ci}\left(\frac{\omega_i}{\omega_d}\right)^2 \quad (4)$$
对于等效构件的运动方程式	以动能形式表达	$$\int_{s_1}^{s_2}F_e\mathrm{d}s=\int_{s_1}^{s_2}(F_{ed}-F_{er})\mathrm{d}s=\frac{1}{2}(m_{e3}s_2v_{s_2}^2-m_{e1}s_1v_{s_1}^2) \quad (5)$$	$$\int_{\varphi_1}^{\varphi_2}M_e\mathrm{d}\varphi=\int_{\varphi_1}^{\varphi_2}(M_{ed}-M_{er})\mathrm{d}\varphi=\frac{1}{2}(J_{e2}\varphi_2\omega_{\varphi_2}^2-J_{e1}\varphi_1\omega_{\varphi_1}^2) \quad (6)$$
	以力或力矩形式表达	$$F_e=F_{ed}-F_{er}=m_e\frac{\mathrm{d}v_d}{\mathrm{d}t}+\frac{v_d^2}{2}\times\frac{\mathrm{d}m_e}{\mathrm{d}s}=\frac{1}{2}\times\frac{\mathrm{d}(m_ev_d^2)}{\mathrm{d}s} \quad (7)$$	$$M_e=M_{ed}-M_{er}=J_e\frac{\mathrm{d}\omega_d}{\mathrm{d}t}+\frac{\omega_d^2}{2}\times\frac{\mathrm{d}J_e}{\mathrm{d}\varphi}=\frac{1}{2}\times\frac{\mathrm{d}(J_e\omega_d^2)}{\mathrm{d}\varphi} \quad (8)$$
	式中 F_{ed}、M_{ed}、F_{er}、M_{er}——分别为所有驱动力（矩）、阻力（矩）的等效力（矩） φ、s——等效构件的转角、位移 ω_d、v_d——等效构件的角速度、线速度 θ_i——F_i 与 v_i 的夹角 用分析法（当原始数据以某种函数形式给出时）或图解法（当原始数据以线图或数值形式给出时），按给定初始条件求解运动方程中的某一方程，便可求解机构的真实运动；假如，在一般情况下，给定机器的驱动力和阻抗力的变化规律以及质量分布情况，即可求出机器主轴的角位移、角速度、角加速度和启、制动时间等过渡过程问题；反之给定了作用力及运动的变化情况，可以求出机器各质量的配置情况，如飞轮设计问题等。由于情况的多样性，方程的解并非在任何条件下均可得出，因此不予赘述。这里通过表 4-1-25 例 2、例 3 说明其原理		

注：1. 解题时，只需根据具体情况简化为表中的一种等效构件。解题可用微分、积分、差分、图解等方法进行。

2. 也可将某一构件的质量或某一个作用力个别地转化到等效构件上去，求出其相应的等效质量或等效力。

表 4-1-25 运动方程应用举例

已知条件	求解	方法与数值
例 1 $\omega_1=200\mathrm{s}^{-1}$, $L_{AB}=75\mathrm{mm}$, $L_{BC}=200\mathrm{mm}$, $L_{BS_2}=60\mathrm{mm}$ $G_1=100\mathrm{N}$,质心在回转轴上 $G_2=50\mathrm{N}$ $G_3=40\mathrm{N}$ $J_{S_1}=0.006\mathrm{kg\cdot m^2}$ $J_{S_2}=0.02\mathrm{kg\cdot m^2}$ $F_z=1000\mathrm{N}$	当 $\varphi_1=45°$ 时 (1)转化在等效构件的转化点 B 上的 m_e 和 F_e; (2)转化在没有转化点的等效构件 AB 上的 J_e 和 M_e	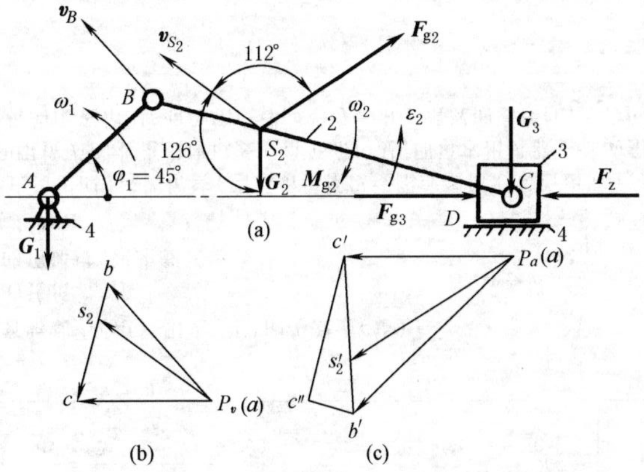 (a) (b) (c) 1. 设置绘图比例为 1∶1 $\mu_v=0.75\dfrac{\mathrm{m/s}}{\mathrm{mm}};\mu_a=100\dfrac{\mathrm{m/s^2}}{\mathrm{mm}}$ 分别画出机构运动简图 a、速度图 b 和加速度图 c,求得: $v_B=15\mathrm{m/s}\quad v_C=\overline{P_v c}\mu_v=13.5\mathrm{m/s}$ $v_{S_2}=\overline{P_v s_2}\mu_v=13.5\mathrm{m/s},\omega_2=56.25\mathrm{s}^{-1}$ $a_B^n=\omega_1^2L_{AB}=3000\mathrm{m/s^2},a_C=P_ac'\mu_a=2300\mathrm{m/s^2}$ $a_{S_2}=\overline{P_a s_2}\mu_a=2650\mathrm{m/s^2},\varepsilon_2=10^4\mathrm{s}^{-2}$ 惯性力 $F_{g3}=\dfrac{G_3}{g}a_C=9388\mathrm{N}$ $F_{g2}=\dfrac{G_2}{g}a_{S_2}=13520\mathrm{N},M_{g2}=J_{S_2}\varepsilon_2=200\mathrm{N\cdot m}$ 2. 等效构件为具有转化点的转动构件时,转化点 B 上的 F_e 及 m_e 由表 4-1-24 公式求得: $F_e=F_{g2}\dfrac{v_{S_2}}{v_B}\cos112°+M_{g2}\dfrac{\omega_2}{v_B}+G_2\dfrac{v_{S_2}}{v_B}\cos126°+(F_{g3}-F_z)\dfrac{v_C}{v_B}\cos180°$ $=13520\times\dfrac{13.5}{15}\times(-0.3746)+200\times\dfrac{56.25}{15}+50\times\dfrac{13.5}{15}\times(-0.5878)-(9388-1000)\times\dfrac{13.5}{15}=-11384\mathrm{N}$(即 F_e 与 v_B 反向) $m_e=J_{S_1}\left(\dfrac{\omega_1}{v_B}\right)^2+\dfrac{G_2}{g}\left(\dfrac{v_{S_2}}{v_B}\right)^2+J_{S_2}\left(\dfrac{\omega_2}{v_B}\right)^2+\dfrac{G_3}{g}\left(\dfrac{v_C}{v_B}\right)^2$ $=0.006\times\left(\dfrac{200}{15}\right)^2+\dfrac{50}{9.8}\times\left(\dfrac{13.5}{15}\right)^2+0.02\times\left(\dfrac{56.25}{15}\right)^2+\dfrac{40}{9.8}\times\left(\dfrac{13.5}{15}\right)^2=8.7867\mathrm{kg}$ 3. 等效构件为没有转化点的转动构件时,等效构件 AB 上的 M_e 及 J_e 由表 4-1-24 公式求得: $M_e=F_{g2}\left(\dfrac{v_{S_2}}{\omega_1}\right)\cos112°+M_{g2}\dfrac{\omega_2}{\omega_1}+G_2\dfrac{v_{S_2}}{\omega_1}\cos126°+(F_{g3}-F_z)\dfrac{v_C}{\omega_1}\cos180°$ $=13520\times\left(\dfrac{13.5}{200}\right)\times(-0.3746)+200\times\left(\dfrac{56.25}{200}\right)+50\times\left(\dfrac{13.5}{200}\right)\times(-0.5878)-(9388-1000)\times\dfrac{13.5}{200}=-854\mathrm{N\cdot m}$(即 M_e 与 ω_1 反向) $J_e=J_{S_1}\left(\dfrac{\omega_1}{\omega_2}\right)^2+J_{S_2}\left(\dfrac{\omega_2}{\omega_1}\right)^2+\dfrac{G_2}{g}\left(\dfrac{v_{S_2}}{\omega_1}\right)^2+\dfrac{G_3}{g}\left(\dfrac{v_C}{\omega_1}\right)^2=0.006+0.02\times\left(\dfrac{56.25}{200}\right)^2+\dfrac{50}{9.8}\times\left(\dfrac{13.5}{200}\right)^2+\dfrac{40}{9.8}\times\left(\dfrac{13.5}{200}\right)^2=0.0494\mathrm{kg\cdot m^2}$ 处理工程问题时,2、3 两种情况仅需做一种即可

已知条件	求解	方法与数值
例 2　驱动力矩 $M_1=80\text{N}\cdot\text{m}$，生产阻力矩 $M_3=100\text{N}\cdot\text{m}$，各轮齿数 $z_1=20$、$z_2=30$、$z_3=40$，各轮的转动惯量分别为： $J_1=0.1\text{kg}\cdot\text{m}^2$ $J_2=0.225\text{kg}\cdot\text{m}^2$ $J_3=0.4\text{kg}\cdot\text{m}^2$	轮 1 在运动开始后 0.5s 的 ω_1 及 ε_1	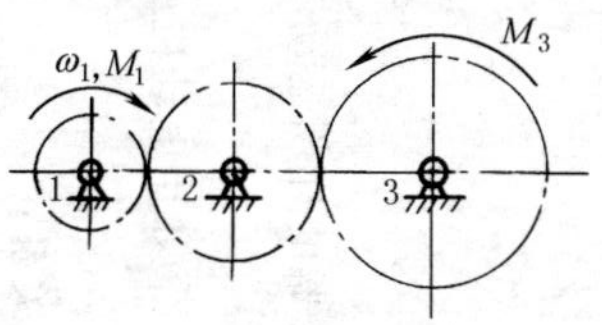 此机构为定轴转动机构，其等效构件可视为由齿轮和机架组成的单自由度没有转化点的等效构件 1. 求出转化到轴 1 上的等效转动惯量 J_e 及等效力矩 M_e： $J_e=J_1\left(\frac{\omega_1}{\omega_1}\right)^2+J_2\left(\frac{\omega_2}{\omega_1}\right)^2+J_3\left(\frac{\omega_3}{\omega_1}\right)^2=J_1+J_2\left(\frac{z_1}{z_2}\right)^2+J_3\left(\frac{z_1}{z_3}\right)^2$ $=0.1+0.225\times\left(\frac{20}{30}\right)^2+0.4\times\left(\frac{20}{40}\right)^2=0.3\text{kg}\cdot\text{m}^2$ $M_e=M_1\frac{\omega_1}{\omega_1}+M_2\frac{\omega_2}{\omega_1}+M_3\frac{\omega_3}{\omega_1}=80+0-100\times\frac{20}{40}=30\text{N}\cdot\text{m}$ 2. 求解运动：按表 4-1-24 式（8），由于齿轮机构的 J_e 为常量，故式中 $\frac{dJ_e}{d\varphi}=0$，$M_e=J_e\varepsilon_1$ ∴　角加速度 $\varepsilon_1=\frac{M_e}{J_e}=\frac{30}{0.3}=100\text{s}^{-2}$，0.5s 时的角速度 $\omega_1=\omega_0+\varepsilon_1 t=0+100\times0.5=50\text{s}^{-1}$
例 3　$F=200\text{N}$；飞轮 1 的转动惯量 $J_1=4\text{kg}\cdot\text{m}^2$；$D=0.2\text{m}$；$L_{AB}=0.5L_{AC}$；轮缘与杆的摩擦因数 $\mu=0.2$，制动前飞轮的 $\omega_1=100\text{s}^{-1}$	若不计轴承中的摩擦，求由制动开始到轮完全静止所需要的时间 t 和在此期间飞轮转过的转数 n	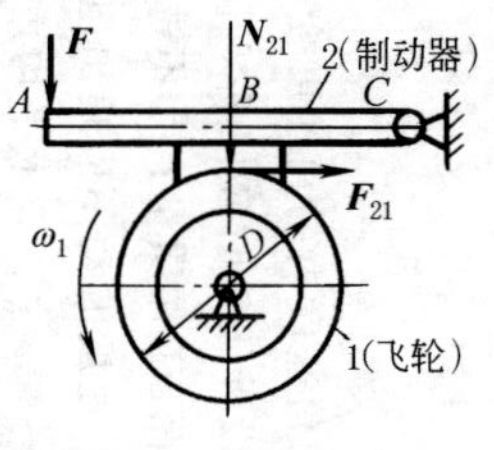 杆与轮缘间的正压力 $N_{21}=\frac{FL_{AC}}{L_{BC}}=\frac{200\times1}{0.5}=400\text{N}$ 杆与轮缘间的摩擦力（制动力）$F_{21}=\mu N_{21}=0.2\times400=80\text{N}$ 制动力矩 $M=F_{21}\times\frac{D}{2}=80\times\frac{0.2}{2}=8\text{N}\cdot\text{m}$；此时，$M_e=-M$ 由于 J_e 为常量，表 4-1-24 式（8）可改写为 $\varepsilon_1=\frac{d\omega_1}{dt}=\frac{-M}{J_1}=\frac{-8}{4}=-2\text{s}^{-2}$ 为等减角速度运动，求出制动时间 $t=\frac{\omega_1'-\omega_1}{\varepsilon_1}=\frac{0-100}{-2}=50\text{s}$ 飞轮制动转过的转角 φ 与转数 n 为：$n=\frac{\varphi}{2\pi}=\frac{\omega_1 t+\frac{1}{2}\varepsilon_1 t^2}{2\pi}=\frac{100\times50-\frac{1}{2}\times2\times50^2}{2\pi}=398$

4.3 机器周期性速度波动的调节和飞轮设计

机器的非周期性速度波动，可由自动调节装置调节力能来源获得稳定运动。

当机器在一个运动循环内的输入能量（驱动功）等于输出能量（阻抗功），而在任一时间间隔内它们并不相等时，将产生周期性速度波动。因此，凡是在一个运动循环内，输入或输出能量有较大的周期性变化的机器，均应装设飞轮，以便当能量有盈余时被飞轮所吸收而储存起来，而当能量有亏损时由飞轮将积蓄的能量放出给予补偿。飞轮具有以下功能：

① 减小机器主轴的速度波动（但不能消除；减小的程度视飞轮的转动惯量与转速的高低而异）；

② 用较小功率的原动机带动瞬时需要较大功率的工作机；

③ 帮助机器启动和渡过死点。

随着材质的改善与发展，飞轮的允许转速和储存的能量将显著提高，飞轮可望像蓄电池那样，作为短途交通运输工具的动力源，这对减少空气污染等均是有利的。近年来又出现了无轮辐的钢丝飞轮。

4.3.1 机器主轴的平均角速度 ω_m 与运动不均匀系数 δ

主轴的平均角速度 ω_m 有两种表达方式：

（1）算术平均值（工程上常用）

$$\omega_m=\frac{\omega_{max}+\omega_{min}}{2} \tag{4-1-9}$$

式中 ω_{max}、ω_{min}——在一个运动循环中的最大和最小角速度值。

（2）实际平均值

瞬时角速度 ω 为构件转角 φ 的函数时：

$$\omega_m = \frac{1}{\varphi}\int_0^{\varphi}\omega(\varphi)\,d\varphi \tag{4-1-10}$$

瞬时角速度 ω 为时间 t 的函数时：

$$\omega_m = \frac{1}{t}\int_0^{t}\omega(t)\,dt \tag{4-1-11}$$

运动不均匀系数 δ：

$$\delta=\frac{\omega_{max}-\omega_{min}}{\omega_m} \tag{4-1-12}$$

式中，δ 表示单位平均角速度内的角速度变化率，δ 小，机器的速度波动小。各类机器的许用运动不均匀系数 δ_p 值可参考表 4-1-26；设计飞轮时应使 $\delta<\delta_p$。

选取 δ 值的原则：①保证工作质量；②不选取过小的 δ，以免飞轮过大，经济性差；③如用电动机驱动工作机，应考虑电动机的特性，速度波动不应超出电动机的极限转差率。

最大、最小角速度 ω_{max}、ω_{min}，算术平均角速度 ω_m 和角速度变化率 δ 之间存在下列关系：

$$\omega_{max}=\omega_m\left(1+\frac{\delta}{2}\right) \tag{4-1-13}$$

$$\omega_{min}=\omega_m\left(1-\frac{\delta}{2}\right) \tag{4-1-14}$$

$$\omega_{max}^2-\omega_{min}^2=2\delta\omega_m^2 \tag{4-1-15}$$

4.3.2 飞轮设计

在机器设计基本完成后进行飞轮设计，其任务是根据机器的功、能变化情况（用最大盈亏功 A_d 或动能增量 ΔE 表示）、机器所要求的运动不均匀系数 δ 和飞轮所在轴的转速 n_f，求出飞轮的转动惯量 J_f，从而定出飞轮的尺寸。

（1）飞轮的设计步骤

已知条件：① 转化到等效构件上的驱动力矩曲线：$M_{ed}(\varphi)$——内燃机、蒸汽机等；

$M_{ed}(\omega)$——电动机、涡轮机等；

② 转化到等效构件上的阻抗力矩曲线：$M_{er}(\varphi)$——曲柄滑块机构型的泵、压缩机、锻压机械、剪切机、金属切削机床等；

$M_{er}(\omega)$——鼓风机、离心泵等；

$M_{er}(t)$——轧钢机等。

③ 转化到等效构件上的转动惯量 J_0。

④ 机器所要求的运动不均匀系数 δ_p，由机器的工作要求参考表 4-1-26 确定。

⑤ 机器中安装飞轮的轴的转速 n_f：由机器的整体布置及运动学计算确定，但不宜装在低速轴上。

所需飞轮转动惯量 J_f 的求解，可借助于机械系统的动力学分析，即用迭代法令 $J_{dn}=J_0+J_f$ 代入表 4-1-24 中的式（6）或（8），求出 ω_{max}、ω_{min}，$\delta=(\omega_{max}-\omega_{min})/\omega_m$，验算是否满足 $\delta<\delta_p$，如不满足则变更 J_f（J_0 是固定值），再进行计算，直至 $\delta<\delta_p$，这时的 J_f 值便是所需的飞轮转动惯量。这种方法精度高、通用性强。

飞轮转动惯量的求解也可根据转化到等效构件上的驱动力矩 M_{ed} 和阻抗力矩 M_{er}，先求出机器在稳态运动阶段最高盈功 E_{max} 与最低亏功 E_{min} 区间的最大盈亏功 A_d，即该区间的驱动功与阻抗功之差。A_d 的求法有多种形式。再按 $J_f=(A_d/\delta w_f^2)-J_0$ 或 $J_f=(91.19A_d/\delta n_f^2)-J_0$ 算出飞轮所需的转动惯量 J_f。并按飞轮的材质、工艺方法所允许圆周速度 v_p 定出飞轮的计算直径 D。最后按 J_f 参考表 4-1-27 确定飞轮的结构和各部分尺寸。

表 4-1-26　各种机器允许的运动不均匀系数 δ_p

机器种类		δ_p
破碎机		1/5~1/20
矿井电动起重机、柴油机驱动的活塞式压缩机		1/7~1/10
冲床、剪床、活塞泵、混凝土搅拌机		1/7~1/30
轧钢机	大型	1/10~1/12
	中型	1/12~1/15
	小型	1/15~1/25
农业机械		1/10~1/50
驱动螺旋桨用的船用发动机		1/20~1/150
印刷机、磨粉机		1/20~1/50
汽车、拖拉机		1/20~1/60

机器种类		δ_p
金属切削机床、泵、鼓风机		1/30~1/50
具有电力传动的船用、内燃机车用发动机		1/20~1/100
电动机驱动的活塞式压缩机	带传动	1/30~1/40
	弹性连接	1/80
	刚性连接	1/100~1/150
织布机、磨面机、造纸机		1/40~1/50
纺纱机		1/60~1/100
内燃机驱动的发电机		1/150~1/200

机器种类		δ_p
直流发电机	带传动	1/70~1/80
	直联	1/100~1/150
	用于电车	1/250~1/300
交流发电机	带传动	1/125~1/150
	直联	1/150~1/200
	并列运行	<1/150
小汽车用汽油机、航空发动机		1/200~1/300
冲击类型机械电机额定转差率		
$S_N=0.02\sim0.04$		0.10
$S_N=0.05\sim0.08$		0.15
$S_N=0.08\sim0.13$		0.20

注：原动机与工作机之间用刚性连接时取较小的 δ_p 值，弹性连接时取较大值。

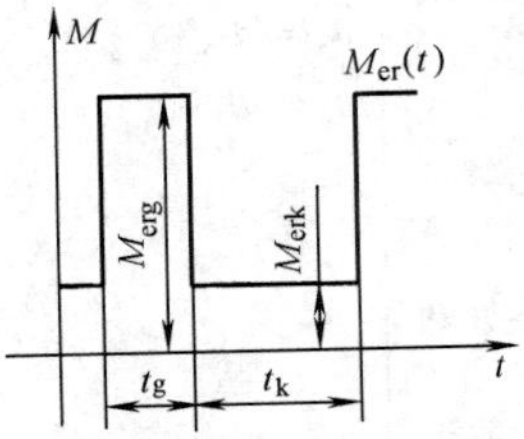

对于交流异步电动机拖动的轧钢机，其等效转动惯量是常数，等效力矩（如图 4-1-11 所示）为常数，电动机的机械特性按线性变化，即 $M_{ed}=M_0-c\omega$，J_f 可按式（4-1-16）和式（4-1-17）计算：

图 4-1-11　阻抗力矩示意图

$$J_{fg}=\frac{ct_g}{\ln\dfrac{M_0-M_{erg}-c\omega_{max}}{M_0-M_{erg}-c\omega_{min}}} \tag{4-1-16}$$

$$J_{fk}=\frac{ct_k}{\ln\dfrac{M_0-M_{erk}-c\omega_{min}}{M_0-M_{erk}-c\omega_{max}}} \tag{4-1-17}$$

式中　J_{fg}、J_{fk}——工作行程和空程时所需的飞轮转动惯量，力矩取 N·m 时，J_f 取 kg·m^2，恒取 J_{fg} 为飞轮的转动惯量，当 $J_{fg}>J_{fk}$ 时，ω_{min} 将有所降低；

t_g、t_k——工作行程与空程的时间，s；

M_{erg}、M_{erk}——工作行程与空程时的阻抗力矩；

M_0——电动机 $\omega=0$ 时的力矩，$c=\dfrac{M_0}{\omega_0}$；

ω_0——电动机的同步角速度。

(2) 飞轮尺寸的确定（见表 4-1-27）

表 4-1-27　　飞轮尺寸的确定

项目	整体式(实腹式)	辐条式	辐板式
简图	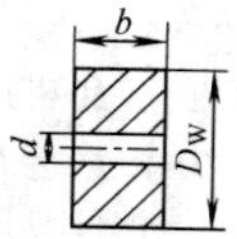	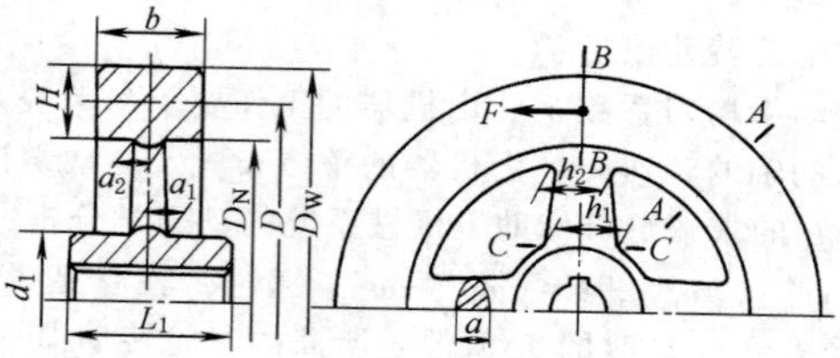	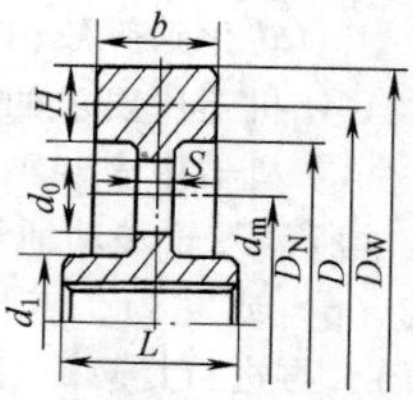
应用场合	小型飞轮	中、大型飞轮	中、小型飞轮
平均直径 D/m	由结构及允许圆周速度 v_p 确定，$D \leqslant 60v_p/\pi n_m$		
允许圆周速度 $v_p/m \cdot s^{-1}$	铸铁：$v_p = 30 \sim 50$ 铸钢：$v_p = 70 \sim 90$ 锻钢：$v_p = 100 \sim 120$	铸铁：$v_p = 45 \sim 55$ 铸钢：$v_p = 40 \sim 60$	铸铁：$v_p = 30 \sim 50$ 铸钢：$v_p = 70 \sim 90$
飞轮转动惯量/$kg \cdot m^2$	J_f		
飞轮质量 m/kg	$m = 8J_f/D_W^2$	轮缘质量：$m_0 = (0.7 \sim 0.9)4J_f/D^2$	
飞轮宽度 b 及轮缘厚度 H	$b = \dfrac{32J_f}{\pi D_W^2 \rho}$	$b = [(2.8 \sim 3.6)J_f/\pi\rho k D^3]^{\frac{1}{2}}$ $H = kb$；$k = 1 \sim 2$，大型飞轮取小值；$\rho = 7850kg \cdot m^{-3}$(钢的密度)、$7250kg \cdot m^{-3}$(铸铁密度)	
其他尺寸(参照表图)及强度校核(当 $v < v_p$ 时可不校核)	轮毂直径 $d_1 = (2 \sim 2.5)d$，轮毂长度 $L = (1.5 \sim 2)d$，d——轴的直径		
	$\sigma = \dfrac{\rho\omega^2}{8}(3+\mu) \times \dfrac{(D_W^2 - 4y^2)(4y^2 - d^2)}{16y^2} \times 10^{-6}MPa \leqslant \sigma_p$ $\tau_{max} = \dfrac{\rho\omega^2[(3+\mu)D_W^2 + (1-\mu)d^2]}{16} \times 10^{-6}MPa \leqslant \tau_p$ σ_p、τ_p——铸铁为 110MPa，铸钢为 200MPa μ——材料的泊松比 y——验算截面所在半径，m ω——飞轮的最大角速度，rad/s	飞轮外径 $D_W = D + H$；轮缘内径：$D_N = D - H$	
		h_1 由强度条件确定，$h_2 = 0.8h_1$ $a_1 = (0.4 \sim 0.6)h_1$；$a_2 = 0.8a_1$ 辐条截面长径 h_1 的确定： $h_1 = 40\sqrt[3]{2TL_1 - (d_1/D)J/\pi z\sigma_{bp}}$ (mm) z——辐条数；$D \leqslant 500$，$z = 4$；$500 < D \leqslant 1600$，$z = 6$；$1600 < D \leqslant 3000$，$z = 8$ T——作用在飞轮轴上的最大转矩，N·m σ_{bp}——许用弯曲应力，铸铁为 12～14MPa，铸钢为 35MPa 对于重要的飞轮，在必要时应验算 A—A、B—B 和 C—C 截面处的应力	$S = b/(4 \sim 5)$ $d_m = (D_N + d_1)/2$ $d_0 = (D_N - d_1)/4$

4.4　机械效率的计算

机械效率 η 是衡量机器对能量有效利用程度的指标。

$$\eta = \frac{P_z}{P_c} = 1 - \frac{P_m}{P_c} = \frac{P_z}{P_z + P_m} \tag{4-1-18}$$

式中，P_z、P_c 和 P_m 分别是匀速稳态运动阶段的驱动功率、有效功率和摩擦等有害阻抗功率。对于变速稳态运动阶段，它们是指一个运动循环的相应平均值，这时效率亦指平均值，称为循环效率。

机器的效率随其载荷、速度、运转时间、制造精度等的不同而异，其实际效率应由实验测定，在额定载荷和转速时效率最高；定轴转动机构的效率比具有移动构件者高。

提高机械效率的途径大致有：①缩短传动路线、减少运动副和虚约束；②把动力传动链和辅助传动链分开，特别是高速机器更应如此；③合理地分配能流；④使传动链中没有大的封闭功率（如行星差速器中）；⑤保证恰当的制造与安装精度；⑥采用合理的润滑方式与润滑剂。

在已知各传动机构及运动副的传动效率时，机器的总效率与各组成机构的连接方式有关，可参照表 4-1-28 的公式进行计算。

表 4-1-28　传动机构以不同方式连接时的总效率及特点

传动连接方式		功率流程及总效率计算公式	特点
单流（串联）传动：k 个机构串联进行传动		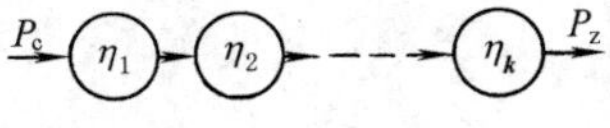 $P_c \to \eta_1 \to \eta_2 \dashrightarrow \eta_k \to P_z$ $\eta_\Sigma=\eta_1\eta_2\cdots\eta_k$	串联机构的个数愈多，总效率愈低，其中若有一个机构的效率特别低，则总效率也特别低，因此应提高每一个机构的效率并缩短传动链
多流传动	汇流传动：数个原动机同时驱动一个机构	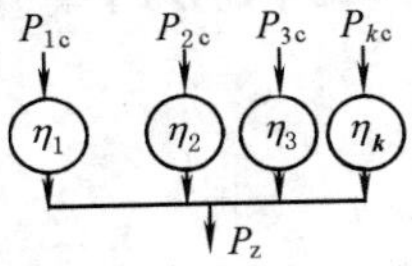 $P_{1c}\to\eta_1$，$P_{2c}\to\eta_2$，$P_{3c}\to\eta_3$，$P_{kc}\to\eta_k$ → P_z $\eta_{H\Sigma}=\dfrac{P_z}{P_{1c}+P_{2c}+\cdots+P_{kc}}=\dfrac{P_{1c}\eta_1+P_{2c}\eta_2+\cdots+P_{kc}\eta_k}{P_{1c}+P_{2c}+\cdots+P_{kc}}$	分、汇流传动的总效率不但与每个传动机构的传动效率有关，而且与通过各个机构的能量大小有关，如 $P_1\geqslant P_2$、P_3、…、P_k；则 $\eta_\Sigma\approx\eta_1$，因此要提高总效率应提高传递功率最大的机构的效率 汇流传动要注意各原动机之间的同步性，应设置浮动结构以均载，这种传动形式可缩小机器的体积和重力，且不致因一个原动机发生故障而影响整个机器
	分流传动：一个原动机同时驱动数个传动机构	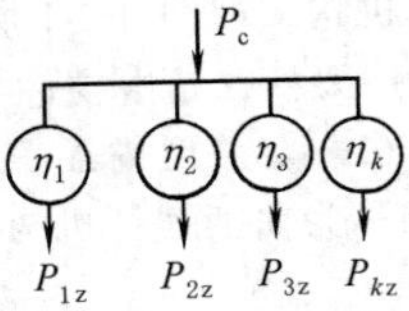 P_c → $\eta_1\to P_{1z}$，$\eta_2\to P_{2z}$，$\eta_3\to P_{3z}$，$\eta_k\to P_{kz}$ $\eta_{F\Sigma}=\dfrac{P_{1z}+P_{2z}+\cdots+P_{kz}}{P_c}=\dfrac{P_{1z}+P_{2z}+\cdots+P_{kz}}{\dfrac{P_{1z}}{\eta_1}+\dfrac{P_{2z}}{\eta_2}+\cdots+\dfrac{P_{kz}}{\eta_k}}$	
	混流传动：分、汇流传动的复合	$P_c\to\eta_1\xrightarrow{P_1}\eta_2$；$\eta_2\xrightarrow{P_2'}\eta_3'\xrightarrow{P_3'}\eta_4'\xrightarrow{P_4'}\dashrightarrow\eta_k'\to P_{kz}'$ → Ⅰ；$\eta_2\xrightarrow{P_2''}\eta_3''\xrightarrow{P_3''}\eta_4''\xrightarrow{P_4''}\dashrightarrow\eta_k''\to P_{kz}''$ → Ⅱ；$\eta_3''\xrightarrow{P_3'''}\eta_4'''\xrightarrow{P_4'''}\dashrightarrow\eta_k'''\to P_{kz}'''$ → Ⅲ $P_z=P_{kz}'+P_{kz}''+P_{kz}'''$ $P_c=\dfrac{P_{kz}'}{\eta_{1k}'}+\dfrac{P_{kz}''}{\eta_{1k}''}+\dfrac{P_{kz}'''}{\eta_{1k}'''}$ $\eta_{1k}'=\eta_1\eta_2\eta_3'\eta_4'\cdots\eta_k'$；$\eta_{1k}''=\eta_1\eta_2\eta_3''\eta_4''\cdots\eta_k''$ $\eta_{1k}'''=\eta_1\eta_2\eta_3''\eta_4'''\cdots\eta_k'''$ $\eta_\Sigma=\dfrac{P_z}{P_c}=\dfrac{\eta_1\eta_2(P_{kz}'+P_{kz}''+P_{kz}''')}{\dfrac{P_{kz}'}{\eta_3'\cdots\eta_k'}+\dfrac{1}{\eta_3''}\left(\dfrac{P_{kz}''}{\eta_4''\cdots\eta_k''}+\dfrac{P_{kz}'''}{\eta_4'''\cdots\eta_k'''}\right)}$	可获得多种传动比；分流后再采用汇流传动，可改善传动性能和封闭功率流，在装甲车、工程机械中多有应用

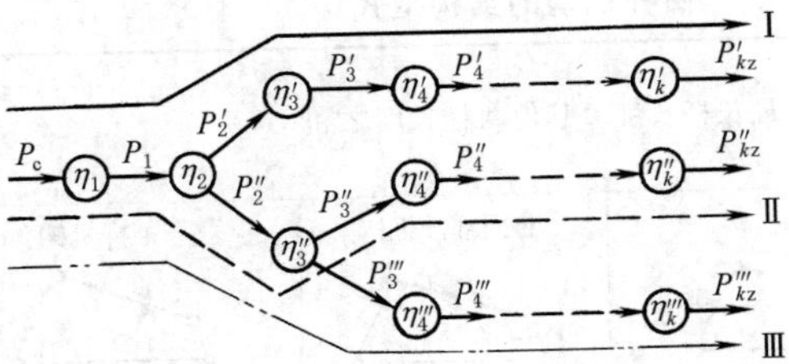

CHAPTER 2

第2章 基本机构的设计

1　平面连杆机构

1.1　四杆机构的结构型式

在平面连杆机构中广泛应用四杆机构。只有在实现某些特殊要求时才用多杆机构，例如要求输出杆有放大作用，或有更好的传力作用和更佳的传动角，在固定铰链间有特定的大中心距及二自由度以上的函数或轨迹综合机构等。

最基本的四杆机构是具有四个转动副的铰链四杆机构，如图 4-2-1 所示。图中构件 4 为机架，构件 1、3 与机架相连，称为连架杆，其中构件 1 相对机架能做整周转动，称为曲柄，构件 3 相对机架在一定角度内摇摆，称为摇杆；构件 2 不与机架相连，称为连杆。这种机构称为曲柄摇杆机构，它是铰链四杆机构中最常见的一种。

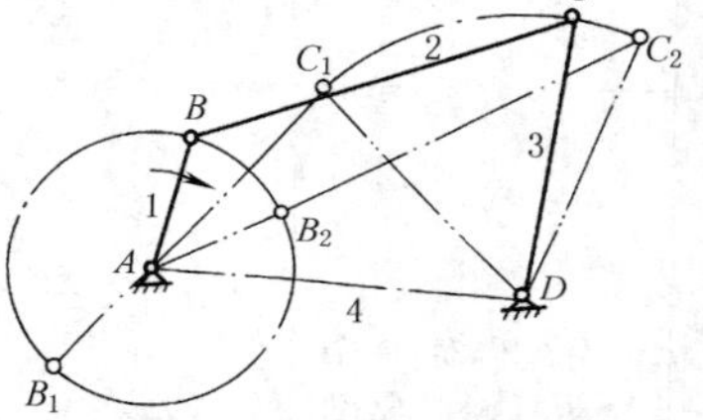

图 4-2-1　铰链四杆机构

铰链四杆机构中，与机架相连的连架杆成为曲柄的条件是：

① 最短杆长度+最长杆长度≤其他两杆长度之和；

② 被考察的连架杆或机架为最短杆。

各种四杆机构的结构型式见表 4-2-1。常用四杆机构的运动分析公式见表 4-1-15。

表 4-2-1　四杆机构的结构型式

运动副种类	最短杆长度+最长杆长度≤其他两杆长度之和				最短杆长度+最长杆长度>其他两杆长度之和
四个转动副	曲柄摇杆机构 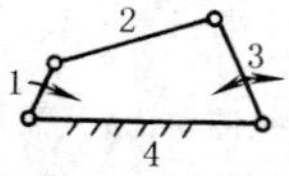	双曲柄机构 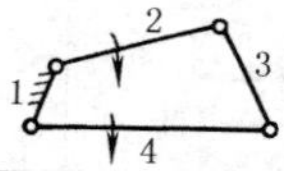	曲柄摇杆机构 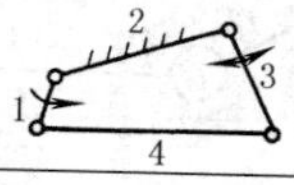	双摇杆机构 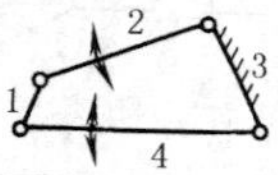	双摇杆机构（任一杆均可做机架）
三个转动副和一个移动副	曲柄滑块机构 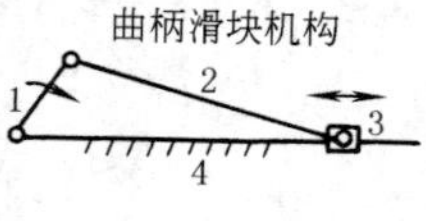	转动导杆机构 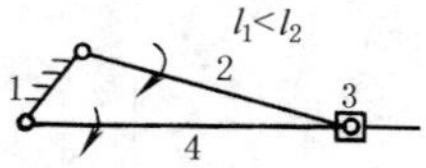 $l_1<l_2$	摆动导杆机构 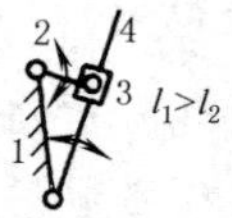 $l_1>l_2$	曲柄摇块机构 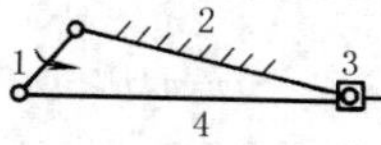	移动导杆机构 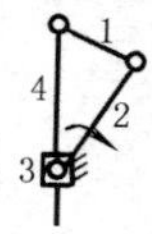
两个转动副和两个移动副	正弦机构 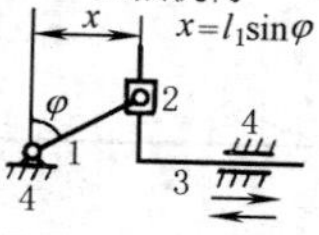 $x=l_1\sin\varphi$	十字滑块联轴器 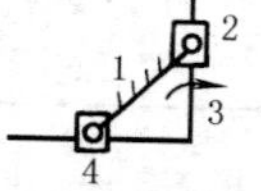	正弦机构 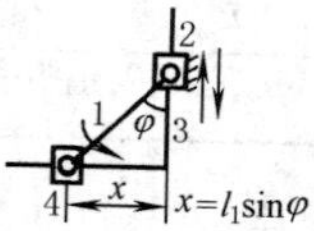 $x=l_1\sin\varphi$	椭圆仪机构 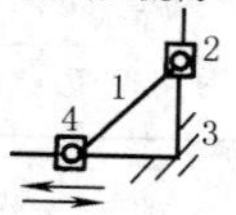	正切机构 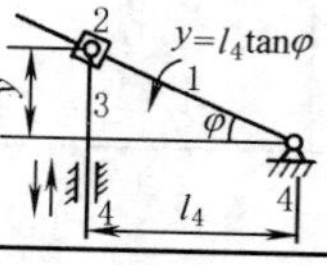 $y=l_4\tan\varphi$

1.2 按传动角设计四杆机构

不计摩擦力、重力和惯性力时，机构输出杆受力点的受力方向与该点速度方向间所夹的锐角称为压力角 α，压力角的余角称为传动角 γ。铰链四杆机构的传动角是连杆与输出杆之间所夹的锐角（图 4-2-2），传动角越大，则传力越好。按传动角设计四杆机构就是合理地选择各构件尺寸，使机构运转中的最小传动角具有最大值（最小传动角的最大值用 $\gamma_{\min}^{m}$ 表示），且最好使最小传动角位于机构的非工作行程。

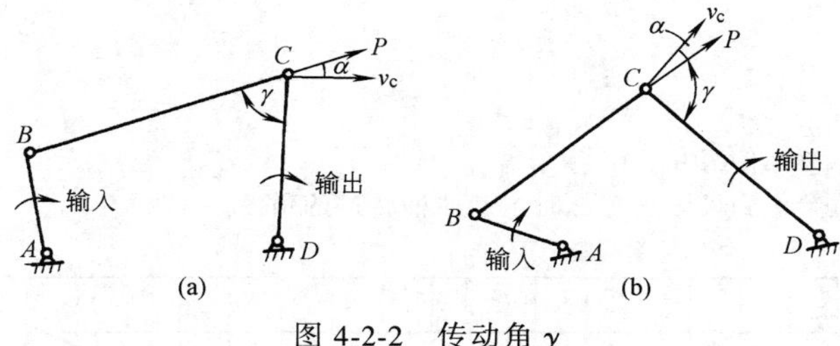

图 4-2-2 传动角 γ

机构运转中最小传动角的容许值应按受力情况、运动副间隙的大小、摩擦、速度等因素而定。一般传动角不小于 40°，高速机构则不小于 50°。某些四杆机构最小传动角出现的位置见图 4-2-3。

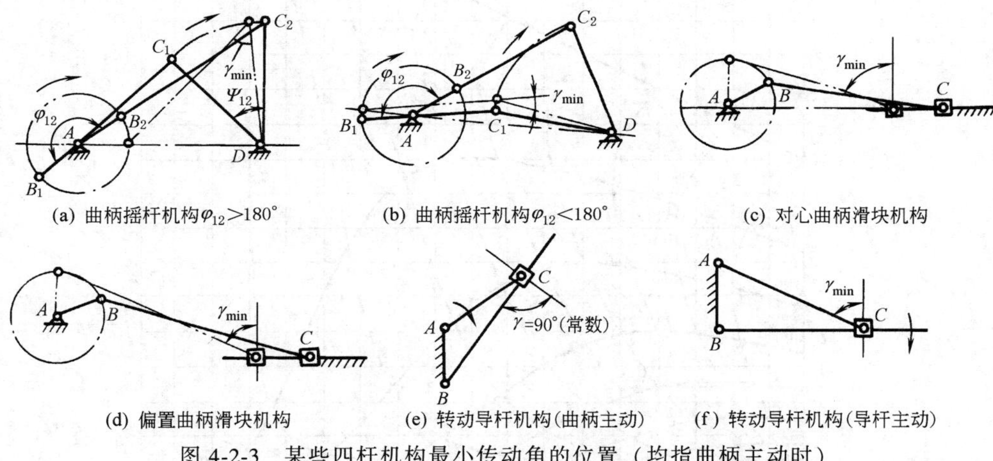

图 4-2-3 某些四杆机构最小传动角的位置（均指曲柄主动时）

对于曲柄摇杆机构（图 4-2-3a、b），最小传动角 $\gamma_{\min}$ 在曲柄与机架重合位置；对于曲柄滑块机构（图 4-2-3c、d），最小传动角 $\gamma_{\min}$ 在曲柄与滑块速度方向垂直位置；对于导杆为主动杆的转动导杆机构（图 4-2-3f），最小传动角 $\gamma_{\min}$ 在主动导杆与机架垂直位置。连杆与输出连架杆共线时，压力角 $\alpha=90°$、$\gamma=0°$，这是机构的死点位置，应予合理利用。

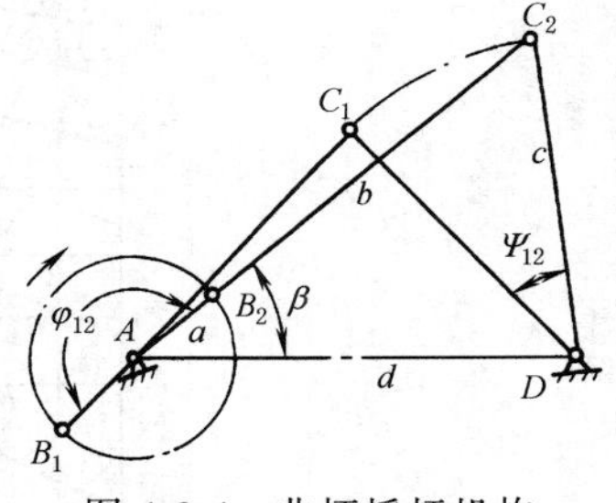

图 4-2-4 曲柄摇杆机构

1.2.1 按最小传动角具有最大值的条件设计曲柄摇杆机构

根据已知的 φ_{12} 及 Ψ_{12}（图 4-2-4），由图 4-2-5 查得最大的最小传动角 $\gamma_{\min}^{m}$ 及 β 角。β 为摇杆在远极限位置时曲柄与机架间的夹角。然后用下列公式计算各构件相对长度。

$$\frac{a}{d}=-\frac{\sin\dfrac{\Psi_{12}}{2}\cos\left(\dfrac{\varphi_{12}}{2}+\beta\right)}{\sin\left(\dfrac{\varphi_{12}}{2}-\dfrac{\Psi_{12}}{2}\right)}$$

$$\frac{b}{d}=\frac{\sin\frac{\Psi_{12}}{2}\sin\left(\frac{\varphi_{12}}{2}+\beta\right)}{\cos\left(\frac{\varphi_{12}}{2}-\frac{\Psi_{12}}{2}\right)}$$

$$\left(\frac{c}{d}\right)^2=\left(\frac{a}{d}+\frac{b}{d}\right)^2+1-2\left(\frac{a}{d}+\frac{b}{d}\right)\cos\beta$$

式中　a——曲柄长度；

b——连杆长度；

c——摇杆长度；

d——机架长度；

Ψ_{12}——摇杆 c 两极限位置间的夹角；

φ_{12}——摇杆 c 由极限位置 1 到极限位置 2 时主动曲柄转过的角度。

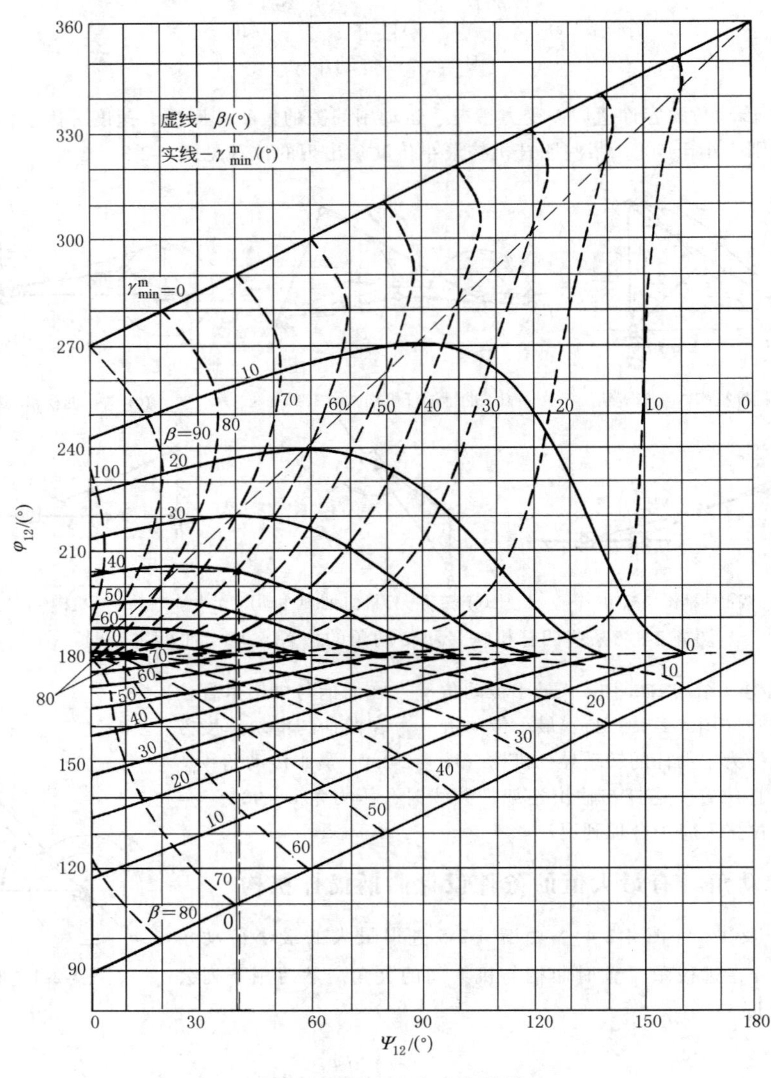

图 4-2-5　φ_{12}－Ψ_{12} 关系图

例 1　已知 $\varphi_{12}=205°$，$\Psi_{12}=40°$，求各杆的相对长度。

解　由图 4-2-5 得 $\beta=60°$，$\gamma_{\min}^{m}=40°$

$$\frac{a}{d}=-\frac{\sin 20^\circ\cos 162.5^\circ}{\sin 82.5^\circ}=\frac{0.342\times 0.9537}{0.9914}=0.329$$

$$\frac{b}{d}=\frac{\sin 20^\circ\sin 162.5^\circ}{\cos 82.5^\circ}=\frac{0.342\times 0.3007}{0.1305}=0.788$$

$$\left(\frac{c}{d}\right)^2=(0.329+0.788)^2+1-2\times(0.329+0.788)\times\cos 60^\circ=1.1307$$

$$\frac{c}{d}=1.063$$

1.2.2 按最小传动角设计行程速比系数 $k=1$（$\varphi_{12}=180^\circ$）的曲柄摇杆机构

可根据选定的最小传动角，用图 4-2-6 确定各杆长度，或用下列公式计算：

$$\frac{b}{d}=\left(\frac{1-\cos\Psi_{12}}{2\cos^2\gamma_{\min}}\right)^{\frac{1}{2}}$$

$$\frac{c}{d}=\left[\frac{1-\left(\frac{b}{d}\right)^2}{1-\left(\frac{b}{d}\right)^2\cos^2\gamma_{\min}}\right]^{\frac{1}{2}}$$

$$\frac{a}{d}=\left[\left(\frac{b}{d}\right)^2+\left(\frac{c}{d}\right)^2-1\right]^{\frac{1}{2}}$$

例 2 已知 $\varphi_{12}=180^\circ$，$\Psi_{12}=40^\circ$，$\gamma_{\min}=50^\circ$，决定各杆的相对长度。

解 查图 4-2-6 得，$\frac{a}{d}=0.31$，$\frac{b}{d}=0.54$，$\frac{c}{d}=0.895$

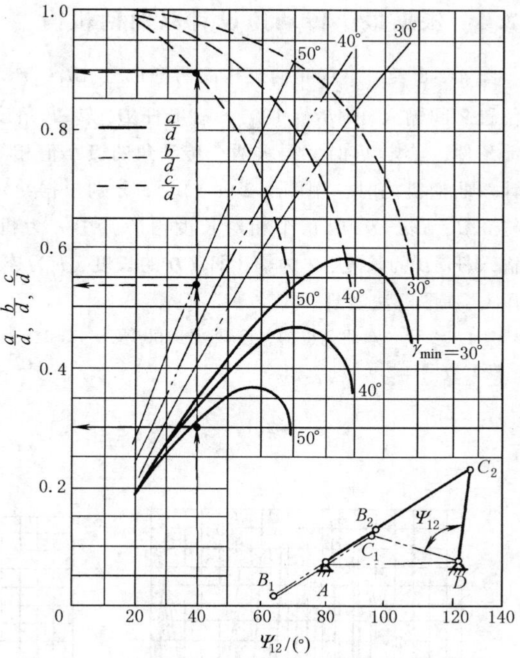

图 4-2-6 按最小传动角设计行程速比系数 $k=1$ 的曲柄摇杆机构的线图

1.2.3 按最小传动角具有最大值的条件设计偏置曲柄滑块机构

根据 φ_{12} 查图 4-2-7，不适用于 $\varphi_{12}=180^\circ$时。曲柄顺时针转动时 $k>1$ 有急回；反之，$k<1$。

例 3 已知偏置曲柄滑块机构，当 $\varphi_{12}=160^\circ$时，求曲柄、连杆及偏距 e 相对于滑块行程 s 的相对长度。

解 按 $\varphi_{12}=160^\circ$查图 4-2-7 得

$$\gamma_{\min}^{m}=43^\circ,\frac{a}{s}=0.465,$$

$$\frac{b}{s}=1.150,\frac{a}{b}=0.406,\frac{e}{s}=0.378$$

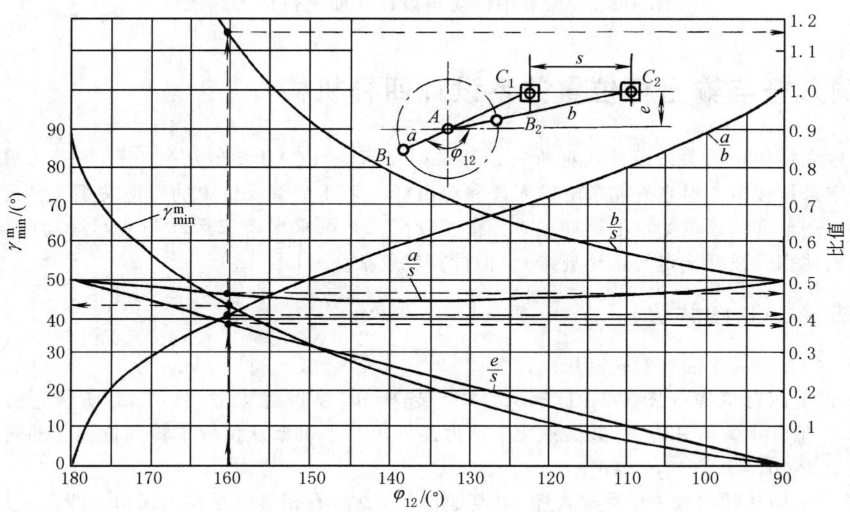

图 4-2-7 按 $\gamma_{\min}^{m}$ 条件设计偏置曲柄滑块机构的线图

1.2.4 根据最小传动角设计双曲柄机构

图 4-2-8 表示出双曲柄机构的两个位置 AB_1C_1D 及 AB_2C_2D，此时具有两个最小传动角（$\gamma_{\min1}$、$\gamma_{\min2}$）。在这两位置之间输入杆 AB 转 180°，输出杆 DC 转 Ψ 角度。为了达到最佳传动条件，给定 Ψ 时，要求两个传动角的极小值相等。按最小传动角设计双曲柄机构时，用图 4-2-9a、b、c 分别根据给定的 Ψ 及 $\gamma_{\min}$ 值，求得 a/d、b/d 及 c/d 三个相对长度值。其中 d 为机架 AD 的长度，a 为输入杆 AB 的长度，c 为输出杆 CD 的长度，b 为连杆 BC 的长度。可采用 CAD 图解法实现。

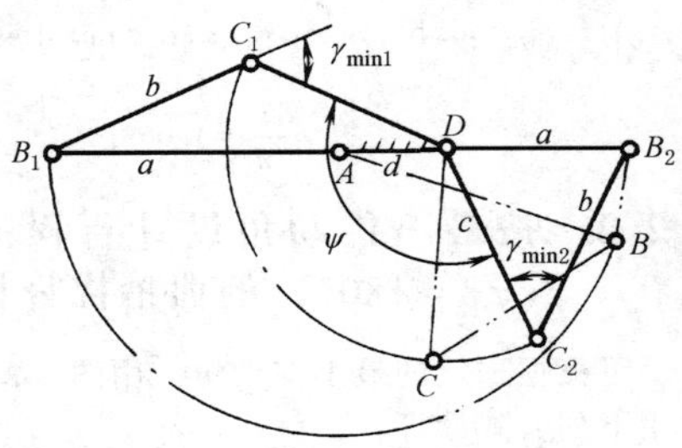

图 4-2-8 双曲柄机构

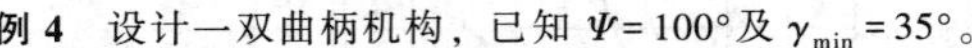
例 4 设计一双曲柄机构，已知 $\Psi=100°$ 及 $\gamma_{\min}=35°$。

解 查图 4-2-9a、b、c 得

$$\frac{a}{d}=2.1,\ \frac{b}{d}=1.9,\ \frac{c}{d}=1.37$$

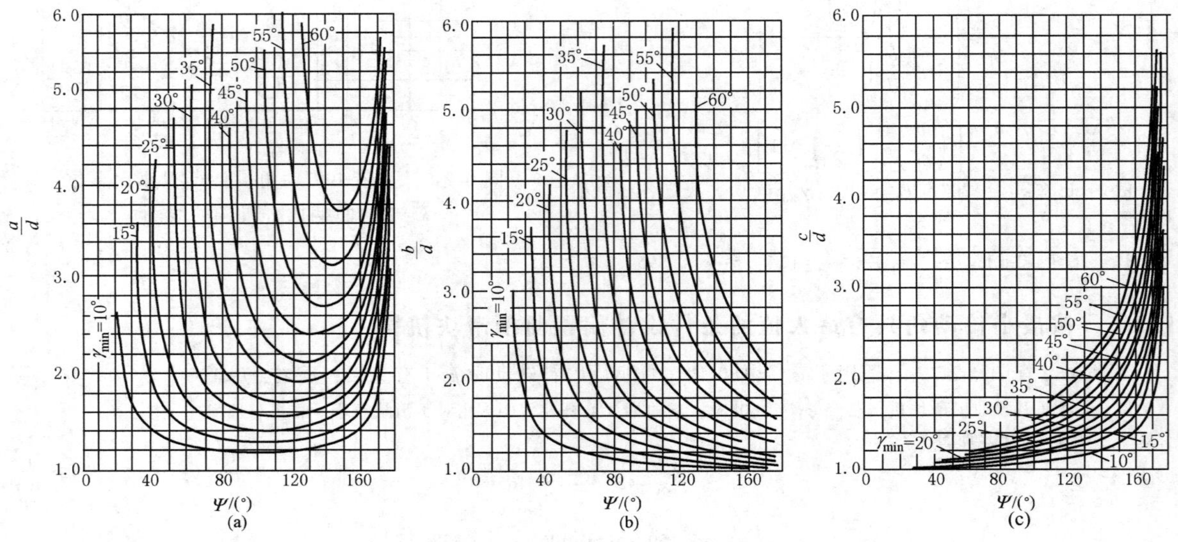

图 4-2-9 按最小传动角设计双曲柄机构的线图

1.3 按照输入杆与输出杆位置关系设计四杆机构

按输出杆与输入杆的位置关系设计四杆机构，可采用几何法（CAD 图解法）、分析法。CAD 图解法比较简便，在一般设计中采用较多，但它只能求解输入杆和输出杆的某几个有限位置的对应关系，精度不如分析法高；分析法则可在一定的范围内逼近给定的运动规律，精度较高，并可求出所求运动与实际运动的偏差（四连杆机构不可能完全准确地完成任意给定的运动规律），但计算较复杂。

1.3.1 几何法（CAD 图解法）

(1) 转动极、等视角关系和相对转动极

① 转动极。铰链四杆机构（图 4-2-10）$ABCD$ 中，连杆 BC 从位置 B_1C_1 到 B_2C_2 所转过的角度为 θ_{12}，作 B_1B_2 和 C_1C_2 的垂直平分线 n_b 和 n_c，其交点 P_{12} 称为连杆相对于机架从位置 1 转到位置 2 的转动极（点）。图 4-2-10a 及 b 中 $\angle B_1P_{12}B_2=\angle C_1P_{12}C_2=\theta_{12}$。

② 等视角关系。即从转动极 P_{12} 看输入杆 AB 与输出杆 CD 时有相等或互补的视角，即：

在图 4-2-10a 中 $\angle B_1P_{12}A=\angle C_1P_{12}D=\angle B_2P_{12}A=\angle C_2P_{12}D=\theta_{12}/2$

在图 4-2-10b 中 $\angle B_1P_{12}A=\theta_{12}/2$，$\angle DP_{12}C_1=\angle DP_{12}C_2=180°-\theta_{12}/2$

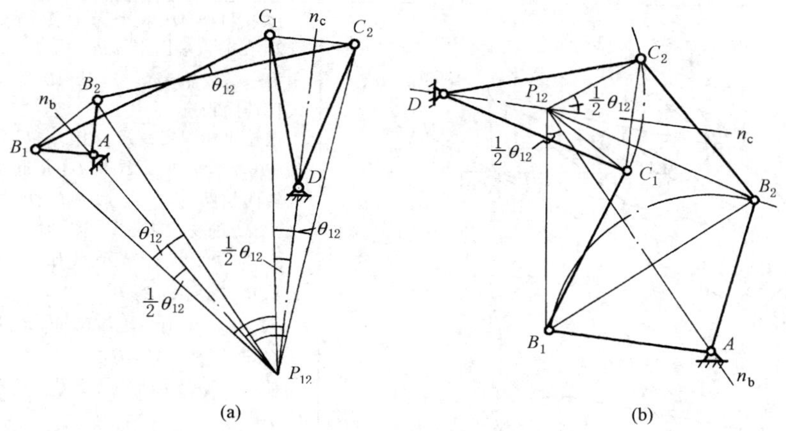

图 4-2-10 铰链四杆机构

从转动极 P_{12} 看连杆 BC 及机架 AD 时，也有相等或互补的视角。

在图 4-2-10a 中 $$\angle B_1P_{12}C_1=\angle AP_{12}D=\angle B_2P_{12}C_2$$

在图 4-2-10b 中 $$\angle B_1P_{12}C_1=\theta_{12}/2+\angle AP_{12}C_1=\angle AP_{12}n_c$$

$$\angle B_2P_{12}C_2=\theta_{12}/2+\angle B_2P_{12}n_c=\angle AP_{12}B_2+\angle B_2P_{12}n_c=\angle AP_{12}n_c$$

$$\angle B_1P_{12}C_1+\angle DP_{12}A=\angle B_2P_{12}C_2+\angle DP_{12}A=180°$$

③ 相对转动极。图 4-2-11a 表示机构的两个位置，输入杆 AB 转过 φ_{12} 角，输出杆 CD 转过对应的 Ψ_{12} 角（顺时针的角度为正，逆时针的角度为负）。图 4-2-11b 表示上述机构在第二位置时的图形 AB_2C_2D 绕固定铰链 A 逆时针旋转 φ_{12} 角度，使 AB_2 还原到 AB_1，此时 C_2 到 C_2'、D 到 D' 位置，经这样倒置后，相当于机构的输入杆 AB 成为机架，而输出杆 DC 成为连杆。C_1C_2' 与 DD' 的垂直平分线的交点 R_{12} 称为输出杆 CD 相对于输入杆 AB 从位置 1 到位置 2 的相对转动极。

图 4-2-11c 是机构在第一位置时对相对转动极的等视角关系，即：

$$\angle B_1R_{12}C_1=\angle AR_{12}D=\delta_{12}/2=[(\Psi_2-\varphi_2)-(\Psi_1-\varphi_1)]/2=(\Psi_{12}-\varphi_{12})/2$$

式中，δ_{12} 是输出杆对输入杆的相对转角（$\Psi_{12}-\varphi_{12}$）。

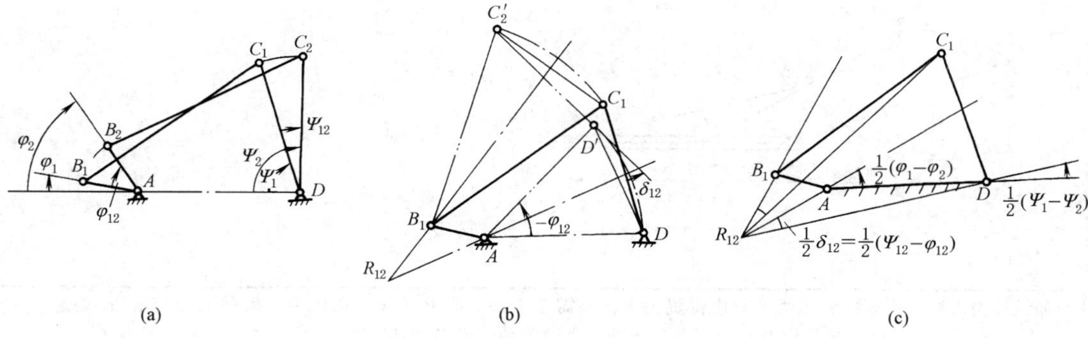

图 4-2-11 相对转动极

（2）用相对转动极法综合四杆机构使输入与输出构件满足三个对应位置关系（见表 4-2-2）

表 4-2-2　　相对转动极法应用步骤

<table>
<tr><td rowspan="2">设计铰链四杆机构</td><td colspan="2">已知：机架长度 d，输入角 φ_{12} 及 φ_{13}（顺时针），输出角 Ψ_{12} 及 Ψ_{13}（顺时针）</td></tr>
<tr><td>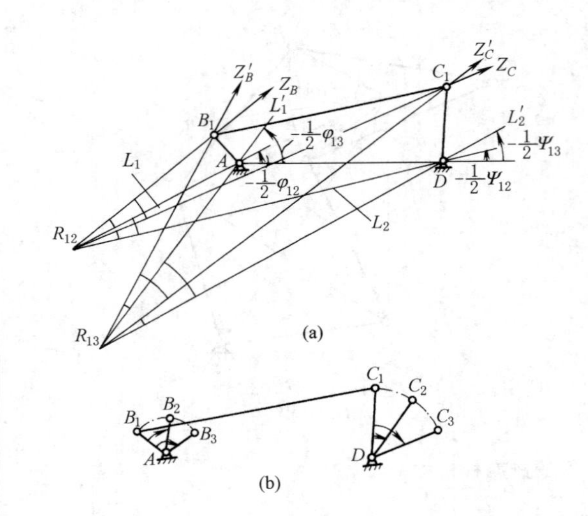

(a)
(b)</td><td>1. 作机架 AD，长度为 d（图 a）
2. 在输入端固定铰链 A 作 L_1、L'_1 线分别与 AD 的夹角为 $-\varphi_{12}/2$ 和 $-\varphi_{13}/2$（从 AD 量起逆时针转向，与输入杆转向相反）
过输出端固定铰链 D 作 L_2、L'_2 线分别与 AD 的夹角为 $-\Psi_{12}/2$ 和 $-\Psi_{13}/2$（从 DA 量起逆时针转向，与输出杆转向相反）。L_1 与 L_2 线的交点即相对转动极 R_{12}，L'_1 与 L'_2 的交点为 R_{13}
3. 过 R_{12} 在任意位置作 $R_{12}Z_B$ 与 $R_{12}Z_C$ 线，使 $\angle Z_BR_{12}Z_C=\angle AR_{12}D$
过 R_{13} 在任意位置作 $R_{13}Z'_B$ 与 $R_{13}Z'_C$ 线，使 $\angle Z'_BR_{13}Z'_C=\angle AR_{13}D$
4. $R_{12}Z_B$ 与 $R_{13}Z'_B$ 交于 B_1 点，$R_{12}Z_C$ 与 $R_{13}Z'_C$ 交于 C_1 点
图 b 为所求机构的三个位置
当 $R_{12}Z_B$ 及 $R_{13}Z'_B$ 选不同位置时，可得到另外的解</td></tr>
<tr><td rowspan="2">设计曲柄滑块机构</td><td colspan="2">已知：曲柄转角 φ_{12}、φ_{13}（顺时针），滑块位移 S_{12} 及 S_{13} 远离固定铰链 A，确定曲柄及连杆长度</td></tr>
<tr><td>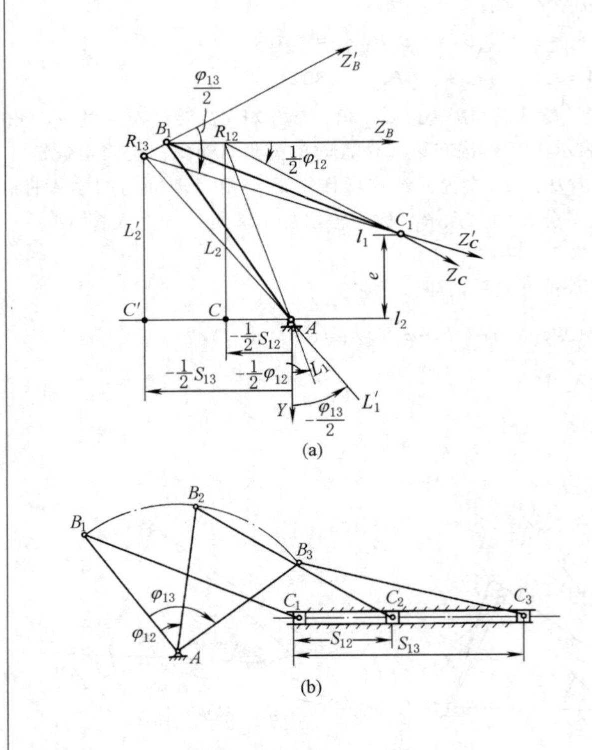

(a)
(b)</td><td>1. 作 l_1、l_2 两平行线相距为 e，在 l_2 上任选一点 A，并取 $AC=-S_{12}/2$，$AC'=-S_{13}/2$（图 a）
2. 作 AY 垂直于 l_2，作直线 AL_1、AL'_1 使 $\angle YAL_1=-\varphi_{12}/2$，$\angle YAL'_1=-\varphi_{13}/2$（从 AY 量起逆时针转向，与输入杆转向相反）
3. 作 CL_2、$C'L'_2$ 线分别与 AY 线平行且相距 $-S_{12}/2$、$-S_{13}/2$，CL_2 线与 AL_1 线的交点 R_{12} 是相对转动极，$C'L'_2$ 与 AL'_1 的交点是 R_{13}
4. 过 R_{12} 在任意位置作 $R_{12}Z_B$ 与 $R_{12}Z_C$，使 $\angle Z_BR_{12}Z_C=\varphi_{12}/2$，过 R_{13} 在任意位置作 $R_{13}Z'_B$ 与 $R_{13}Z'_C$，使 $\angle Z'_BR_{13}Z'_C=\varphi_{13}/2$（前者从 $R_{13}Z_B$，后者从 $R_{13}Z'_B$ 量起，顺时针转向与输入杆转向相同）
5. Z_BR_{12} 及 Z'_BR_{13} 的交点为曲柄上铰链 B_1 的位置。Z_CR_{12} 及 Z'_CR_{13} 的交点为连杆上铰链 C_1 的位置
图 b 为所求机构的三个位置</td></tr>
</table>

注：如设计输入杆与输出杆满足两个对应位置关系，只需在 $R_{12}Z_B$ 线上任取一点作为输入杆上动铰链 B_1 的位置，而在 $R_{12}Z_C$ 线上任选一点（对曲柄滑块机构为 $R_{12}Z_C$ 与 l_1 线的交点）为动铰链 C_1 的位置。

（3）用倒置法综合四杆机构

用相对转动极法综合机构时应用了倒置原理，这里所说倒置法是用点位还原的 CAD 图解法。作图步骤见表 4-2-3。

表 4-2-3　　倒置法应用步骤

<table>
<tr><td rowspan="2">设计曲柄摇杆机构</td><td colspan="2">已知条件和表 4-2-2 设计铰链四杆机构相同，但 CD 长度可求解前选定</td></tr>
<tr><td>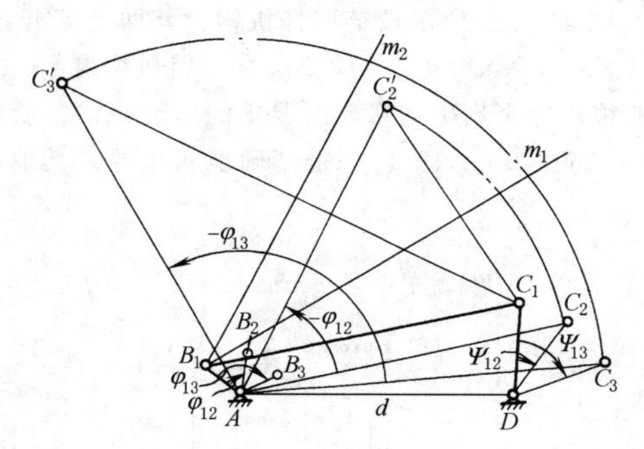</td><td>1. 作 AD 长度等于 d
2. 在输出端选一合适长度 CD，作 $\angle C_1DC_2=\Psi_{12}$，$\angle C_1DC_3=\Psi_{13}$，C_1、C_2、C_3 是输出杆动铰链的三个位置
3. 连 AC_2，作 $\angle C_2AC_2'=-\varphi_{12}$，并作 $AC_2'=AC_2$
4. 连 AC_3，作 $\angle C_3AC_3'=-\varphi_{13}$，并作 $AC_3'=AC_3$
5. 作 C_1C_2'，C_1C_3' 的垂直平分线 m_1 和 m_2，相交于 B_1 点，AB_1C_1D 即为所求的机构</td></tr>
<tr><td rowspan="2">设计曲柄滑块机构</td><td colspan="2">已知条件和表 4-2-2 设计曲柄滑块机构相同，但滑块偏距 e 给定</td></tr>
<tr><td>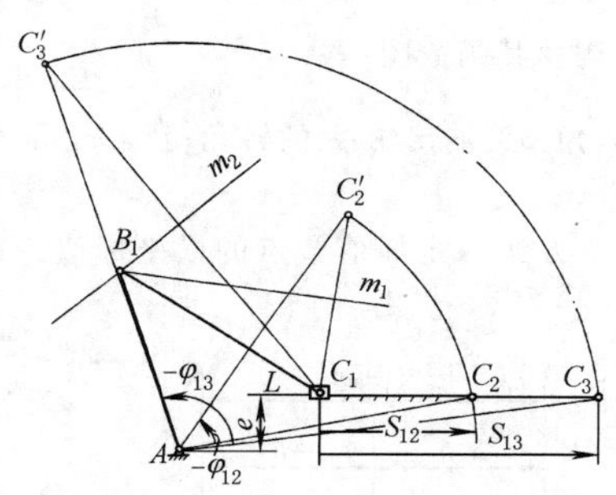</td><td>1. 过 A 点按给定偏距 e 作 L 线
2. 在 L 线上任选 C_1 点，作 $C_1C_2=S_{12}$，$C_1C_3=S_{13}$
3. 连 AC_2，以 A 为中心，AC_2 为半径绕 A 点反转 $-\varphi_{12}=45°$，得 AC_2'
4. 连 AC_3，使 AC_3 绕中心 A 反转一角度 $-\varphi_{13}=90°$，得 AC_3'
5. 作 C_1C_2' 和 C_1C_3' 的垂直平分线 m_1 和 m_2
6. m_1 和 m_2 的交点即为 B_1 点，机构在第一位置时的图形即为 AB_1C_1</td></tr>
<tr><td rowspan="2">设计双摇杆机构</td><td colspan="2">已知机架长度为 d，输入角 φ_{12}、φ_{13}、φ_{14} 和对应的输出角 Ψ_{12}、Ψ_{13}、Ψ_{14}</td></tr>
<tr><td>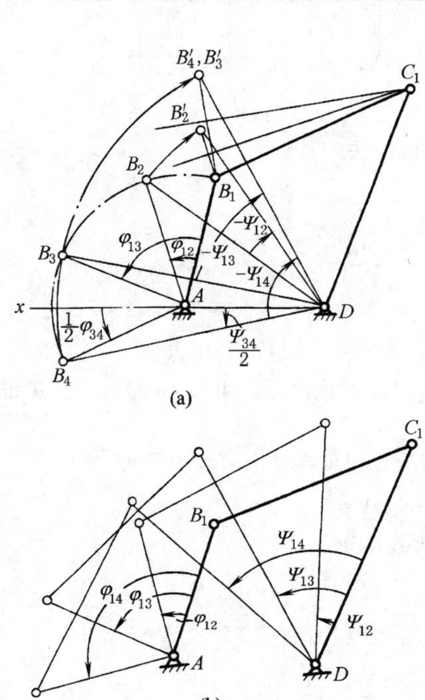</td><td>1. 作机架 AD，长度为 d（图 a）
2. 过 A 点作 $\angle xAB_4=\varphi_{34}/2=(\varphi_{14}-\varphi_{13})/2$
3. 过 D 点作 $\angle ADB_4=\Psi_{34}/2=(\Psi_{14}-\Psi_{13})/2$，$B_4D$ 与 B_4A 相交于 B_4，选择 B_3、B_4 对称于机架 Ax 线，使 B_3' 能与 B_4' 重合
4. 以 A 为中心，AB_4 为半径，作一圆弧 $B_1B_2B_3B_4$，取 $\angle B_1AB_2=\varphi_{12}$，$\angle B_1AB_3=\varphi_{13}$，$\angle B_1AB_4=\varphi_{14}$
5. 连 B_4D，以 D 为中心，DB_4 为半径作圆弧 B_4B_4'，使 $\angle B_4DB_4'=-\Psi_{14}$
6. 连 B_2D，以 D 为中心，DB_2 为半径，作圆弧 B_2B_2' 使 $\angle B_2DB_2'=-\Psi_{12}$
7. 作 $B_4'B_1$ 及 $B_2'B_1$ 的垂直平分线，相交于 C_1 点，B_1C_1 即为连杆
图 b 为机构在四个位置时的简图</td></tr>
</table>

1.3.2 分析法

以铰链四杆机构的函数综合仪的设计为例进行分析。图 4-2-12a 所示铰链四杆机构，其两连架杆角位置 Ψ 和 φ 存在函数关系，如果要求实现的运动规律为 $y=f(x)$（式中 $x_0 \leqslant x \leqslant x_m$），就要选择一组机构参数，使上述两关系相同（精确实现）或接近（近似实现）。连杆机构一般很难完全精确地实现所要求的运动规律，所以设计机构时往往选择一组机构参数，使其中有若干个点（如图 4-2-12b 中 x_1、x_2、x_3）是精确地实现的，其他点则是近似地实现，但其误差不超过一定的允许值。

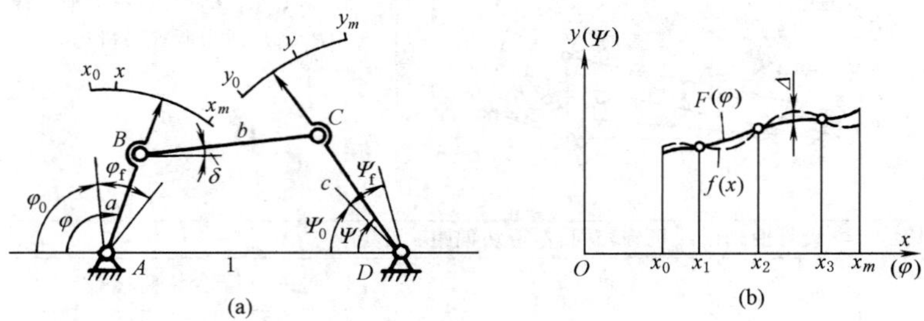

图 4-2-12 铰链四杆机构及其函数图

设计参数共有 7 个，即各构件的 3 个相对长度参数，输入角 φ、输出角 Ψ 的转角范围 φ_f 和 Ψ_f，以及输入角与输出角的起始值 φ_0 与 Ψ_0。

精确插值节点用图 4-2-13 的切氏区间法来确定。应用这个方法确定插值节点的横坐标值，在机构误差分析的多数情况中，其极限偏差值相差很小。

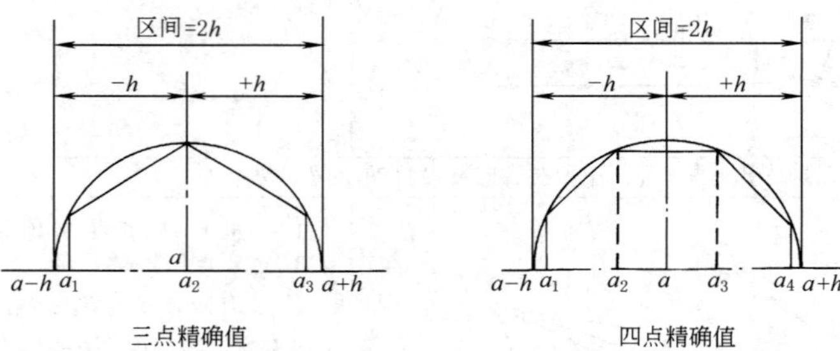

图 4-2-13 切氏区间法

插值节点的横坐标根据下式确定：

$$x_i = a - h\cos\frac{2i-1}{2M}\pi = \frac{x_0+x_m}{2} + \frac{x_0-x_m}{2}\cos\frac{2i-1}{2M}\pi$$

式中，$i=1$、2、…、M。

M 为精确插值节点的数目，$x_m-x_0=2h$ 为逼近区间。$x_0+x_m=2a$，a 为区间的中点值。

当 $M=3$ 时，用内接于半径为 h 的圆的正六边形求 x_1、x_2、x_3 的横坐标。当 $M=4$ 时，以内接正八边形求 x_1、x_2、x_3、x_4 的横坐标。求得 x_i 后即可求出相应的 y_i。

用分析法设计铰链四杆机构，根据图 4-2-12a 对任一组对应位置可推导出求解的公式。

$$a\cos(\pi-\varphi)+b\cos\delta+c\cos\Psi=1 \tag{4-2-1}$$

$$a\sin(\pi-\varphi)+b\sin\delta=c\sin\Psi \tag{4-2-2}$$

消去 δ 得

$$\cos\varphi=p_1\cos\Psi+p_2\cos(\varphi-\Psi)+p_3 \tag{4-2-3}$$

式中

$$p_1=\frac{c}{a},\ p_2=c,\ p_3=\frac{b^2-a^2-c^2-1}{2a} \tag{4-2-4}$$

在设计满足三对对应位置关系的铰链四杆机构时，令：

$$W_1=\cos\varphi_1-\cos\varphi_2,\ W_2=\cos\varphi_1-\cos\varphi_3,\ W_3=\cos\Psi_1-\cos\Psi_2,$$
$$W_4=\cos\Psi_1-\cos\Psi_3,\ W_5=\cos(\varphi_1-\Psi_1)-\cos(\varphi_2-\Psi_2),\ W_6=\cos(\varphi_1-\Psi_1)-\cos(\varphi_3-\Psi_3)$$

以 φ_i、Ψ_i（$i=1$、2、3）代入方程式（4-2-3），得：

$$\left.\begin{aligned}p_1&=\frac{W_1W_2-W_2W_5}{W_1W_5-W_4W_5}\\p_2&=\frac{W_2W_3-W_1W_4}{W_2W_6-W_4W_5}\\p_3&=\cos\varphi_i-p_1\cos\Psi_i-p_2\cos(\varphi_i-\Psi_i),\ i=1、2、3\end{aligned}\right\}\tag{4-2-5}$$

因而决定了机构的参数 a、b、c，如图 4-2-12b 中实线表示 $\Psi=F(\varphi)$，虚线表示要求的函数 $y=f(x)$，Δ 表示插值节点以外位置的误差。

例　设计四铰链机构实现 $y=x^{1.5}$，$1\leqslant x\leqslant 4$。

已知条件：$x_0=1$，$x_m=4$，$y_0=1$，$y_m=8$。选定 $\varphi_0=30°$，$\varphi_f=90°$，$\Psi_0=90°$，$\Psi_f=90°$。

解　1. 插值节点的计算，$M=3$

$$x_1=\frac{1+4}{2}+\frac{1-4}{2}\cos\frac{2-1}{2\times3}\pi=1.2010,\ x_2=\frac{1+4}{2}+\frac{1-4}{2}\cos\frac{4-1}{2\times3}\pi=2.5000,$$

$$x_3=\frac{1+4}{2}+\frac{1-4}{2}\cos\frac{6-1}{2\times3}\pi=3.7990$$

$$y_1=x_1^{1.5}=1.201^{1.5}=1.3162,\ y_2=x_2^{1.5}=2.5^{1.5}=3.9528,\ y_3=x_3^{1.5}=3.799^{1.5}=7.4046$$

2. 插值节点的输入角及输出角的余弦值

$$\varphi_1=\frac{x_1-x_0}{x_m-x_0}\varphi_f+\varphi_0=\frac{1.201-1}{4-1}\times90°+30°=36.03°$$

$$\varphi_2=\frac{x_2-x_0}{x_m-x_0}\varphi_f+\varphi_0=\frac{2.5-1}{4-1}\times90°+30°=75°$$

$$\varphi_3=\frac{x_3-x_0}{x_m-x_0}\varphi_f+\varphi_0=\frac{3.799-1}{4-1}\times90°+30°=113.97°$$

$$\Psi_1=\frac{y_1-y_0}{y_m-y_0}\Psi_f+\Psi_0=\frac{1.3162-1}{8-1}\times90°+90°=94.07°$$

$$\Psi_2=\frac{y_2-y_0}{y_m-y_0}\Psi_f+\Psi_0=\frac{3.9528-1}{8-1}\times90°+90°=127.96°$$

$$\Psi_3=\frac{y_3-y_0}{y_m-y_0}\Psi_f+\Psi_0=\frac{7.4046-1}{8-1}\times90°+90°=172.34°$$

3. W 值

$W_1=\cos\varphi_1-\cos\varphi_2=0.54989$，$W_2=\cos\varphi_1-\cos\varphi_3=1.214967$，$W_3=\cos\Psi_1-\cos\Psi_2=0.544136$，$W_4=\cos\Psi_1-\cos\Psi_3=0.920102$，$W_5=\cos(\varphi_1-\Psi_1)-\cos(\varphi_2-\Psi_2)=-0.073045$，$W_6=\cos(\varphi_1-\Psi_1)-\cos(\varphi_3-\Psi_3)=0.004895$

4. p 值

$$p_1=\frac{W_1W_6-W_2W_5}{W_3W_6-W_4W_5}=1.3086,\ p_2=\frac{W_2W_3-W_1W_4}{W_3W_6-W_4W_5}=2.2205$$

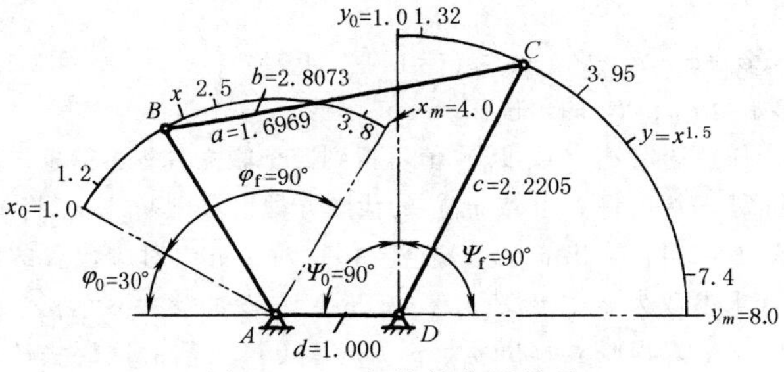

$$p_3=\cos\varphi_1-p_1\cos\Psi_1-p_2\cos(\varphi_1-\Psi_1)=-0.2738$$

校核 p_3

$$p_3=\cos\varphi_2-p_1\cos\Psi_2-p_2\cos(\varphi_2-\Psi_2)=-0.2738$$

5. 各构件相对长度 $d=1$（图 4-2-14）

$$a=\frac{p_2}{p_1}=1.6969$$

$$c=p_2=2.2205$$

$$b^2=2ap_3+a^2+c^2+1=7.8809$$

$$b=2.8073$$

图 4-2-14　各构件位置关系

6. 误差分析

$$\alpha_1 = \arctan \frac{a\sin\varphi}{1+a\cos\varphi}$$

$$f^2 = 1+a^2+2a\cos\varphi$$

$$\alpha_2 = \arccos \frac{f^2+c^2-b^2}{2cf}$$

$$\Psi^* = \alpha_1+\alpha_2 \text{（机构实际输出角值）}$$

$$\Psi = \Psi_0+\Psi_f \frac{y-y_0}{y_m-y_0} \text{（理论所需输出角值）}$$

$$x = x_0+(x_m-x_0)\frac{\varphi-\varphi_0}{\varphi_f} = \frac{\varphi}{30}$$

角度偏差值 $\Delta\Psi=\Psi^*-\Psi$，函数偏差值

$$\Delta y = \frac{y_m-y_0}{\Psi_f}\Delta\Psi = \frac{7}{90}\Delta\Psi$$

误差分析数据和误差曲线如图 4-2-15。

$a=1.6969$　$b=2.8073$　$c=2.2205$　$d=1$　$1+a^2=3.8795$　$c^2-b^2=-2.9503$　$2c=4.4410$

φ /(°)	$\alpha_1=\arctan\dfrac{1.6969\sin\varphi}{1+1.6969\cos\Psi}$	$f=\sqrt{3.8795+3.3938\cos\varphi}$	$\alpha_2=\arccos\dfrac{f^2-2.9503}{4.441f}$	$\Psi^*=\alpha_1+\alpha_2$	$x=\dfrac{\Psi}{30}$	$y=x^{1.5}$	$\Psi=\dfrac{90°}{7}\times(y-1)+90°$	$\Delta\Psi=\Psi^*-\Psi$	$\Delta y=\dfrac{7}{90}\Delta\Psi$
30	18.96	2.6113	70.51	89.47	1	1	90	−0.53	−0.0412
36.03	22.82	2.5737	71.25	94.07	1.201	1.316	94.06	0.01	0.0008
40	25.37	2.5457	71.81	97.18	1.3333	1.5395	96.94	0.24	0.0189
100	67.12	1.8139	87.58	154.70	3.3333	6.0858	155.39	−.69	−0.0536
110	75.26	1.6488	91.81	167.07	3.6667	7.0210	167.41	−0.34	−0.0264
113.97	78.67	1.5814	93.67	172.34	3.7990	7.4046	172.35	−0.01	−0.0008
120	84.11	1.4773	96.72	180.83	4	8	180.00	0.83	0.0646

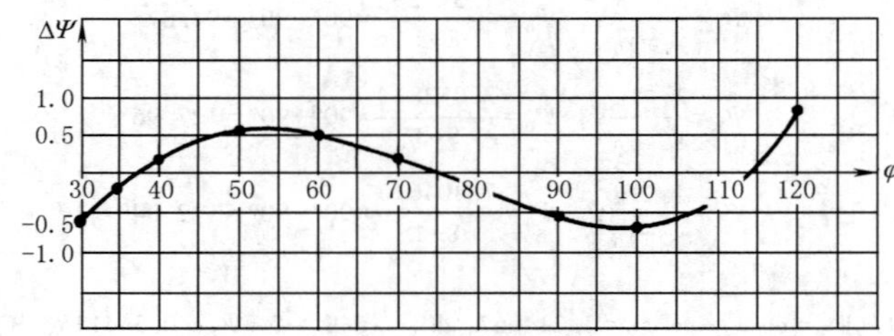

图 4-2-15　误差分析数据及曲线图

对于铰链四杆机构，当按照输入杆和输出杆的给定若干组对应角位移设计时，由于机构的设计参数最多为五个（如 a、b、c、φ_0、Ψ_0），故用精确点逼近设计时，最多只能按五个精确点设计。这时，式（4-2-5）应改写为式（4-2-5a）

$$\cos(\varphi_0+\varphi_i) = p_1\cos(\Psi_0+\Psi_i)+p_2\cos(\varphi_0+\varphi_i-\Psi_0-\Psi_i)+p_3 \quad (i=1、2、3、4、5) \tag{4-2-5a}$$

式中，φ_i 及 Ψ_i 分别为输入杆、输出杆相对于其起始角 φ_0、Ψ_0 的角位移。

对于四组对应位置设计时，方程中 $i=1$、2、3、4，任意选定 φ_0（或 Ψ_0）值可得到四个联立方程，待求参数为 Ψ_0（或 φ_0）、p_1、p_2、p_3。设法消去 p_1、p_2、p_3 先得到一个关于 Ψ_0（或 φ_0）的代数方程，求出 Ψ_0 后，将 Ψ_0 代回原方程中的三个方程联立解出 p_1、p_2、p_3，再由式（4-2-4）求出 a、b、c（$d=1$）。对于五组对应位置的设计，方程中 $i=1$、2、3、4、5，可以列出五个方程，待求参数为 φ_0、Ψ_0、p_1、p_2、p_3。先设法消去 p_1、p_2、p_3 求出 φ_0 和 Ψ_0，然后将 φ_0、Ψ_0 代回原方程组，由其中三个方程联立解出 p_1、p_2、p_3。也可用数值迭代法计算求解。

1.4 按照连杆位置及连杆点位置综合铰链四杆机构

1.4.1 已知连杆三个位置综合铰链四杆机构

表 4-2-4　　已知连杆三个位置综合铰链四杆机构的方法

B、C两点是铰链中心	已知条件	连杆 BC 的三个位置，B_1C_1、B_2C_2 及 B_3C_3（如图 a 所示）
	CAD图解法作图步骤	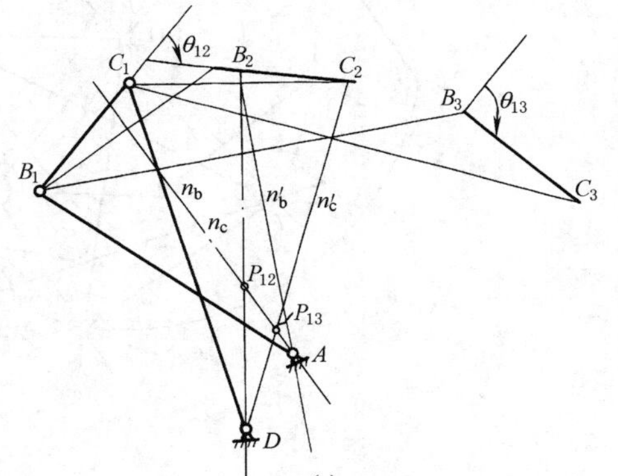 (a) 1. 作 B_1B_2 和 B_1B_3 的垂直平分线 n_b 和 n_b'，作 C_1C_2 和 C_1C_3 的垂直平分线 n_c 和 n_c' 2. n_b 与 n_b' 的交点即为固定铰链 A 的位置，n_c 与 n_c' 的交点即为固定铰链 D 的位置，机构在第一位置的图形即为 AB_1C_1D 对于给定连杆 BC 两个位置的设计，只需根据空间限制期望的机构类型及传动角 γ 的大小，分别在 n_b 和 n_c 上取定固定铰链 A 和 D 即可
B、C两点不是铰链中心	已知条件	连杆上 BC 的三个位置，B_1C_1、B_2C_2 和 B_3C_3（如图 b 所示）
	CAD图解法作图步骤	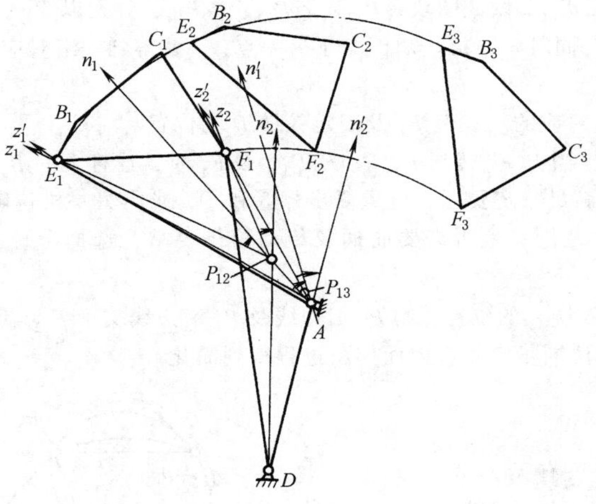 (b) 1. 参照图 a 作 n_1 及 n_2，其交点 P_{12} 为连杆平面在 1、2 两位置之间的转动极，作 n_1' 及 n_2'，其交点 P_{13} 为连杆平面在 1、3 两位置之间的转动极。连杆从第一位置到第二位置及第三位置时的转角分别为 θ_{12} 及 θ_{13}（见本表图 a） 2. 过 P_{12} 点作 z_1 与 n_1 线使 $\angle z_1P_{12}n_1=\dfrac{\theta_{12}}{2}$，过 P_{13} 作 z_1' 及 n_1' 线使 $\angle z_1'P_{13}n_1'=\dfrac{\theta_{13}}{2}$ 3. z_1 与 z_1' 的交点即为连杆上动铰链位置 E_1；n_1 与 n_1' 的交点，即为固定铰链 A 之位置 4. 把 $\angle z_1P_{12}n_1$ 绕 P_{12} 转过任意一个角度得 $\angle z_2P_{12}n_2$，再把 $\angle z_1'P_{13}n_1'$ 绕 P_{13} 转过任一角度得 $\angle z_2'P_{13}n_2'$ 5. z_2 与 z_2' 的交点即为连杆上另一动铰链位置 F_1；n_2 与 n_2' 的交点即为另一固定铰链 D 的位置 6. 机构在第一位置时的图形即为 AE_1F_1D，当 E_1F_1 分别转到 E_2F_2 及 E_3F_3 时，连杆平面上的线段 B_1C_1 相应转到 B_2C_2 及 B_3C_3 对于给定连杆上 B、C 两个位置的设计，只需在 n_1 上任取点作为固定铰链 A，在 z_1 上取点作为动铰链 E；在 n_2 上任取点作为固定铰链 D，在 z_2 上任取点作为动铰链 F

1.4.2 已知连杆四个位置综合铰链四杆机构

已知条件：连杆平面上线段 BC 的四个位置 B_1C_1、B_2C_2、B_3C_3 和 B_4C_4。

作图步骤

① 根据已知的 B_1C_1、B_2C_2、B_3C_3 及 B_4C_4 的位置，用 CAD 图解法求出其转动极 P_{12}、P_{13}、P_{14} 和连杆的角

位移 θ_{12}、θ_{13}、θ_{14}（图 4-2-16）。

② 过 P_{12} 作 z_1 和 n_1 线使 $\angle z_1P_{12}n_1=\dfrac{\theta_{12}}{2}$，过 P_{13} 作 z_1' 及 n_1' 线使 $\angle z_1'P_{13}n_1'=\dfrac{\theta_{13}}{2}$，过 P_{14} 作 z_1'' 及 n_1'' 线使 $\angle z_1''P_{14}n_1''=\dfrac{1}{2}\theta_{14}$（图 4-2-17）。

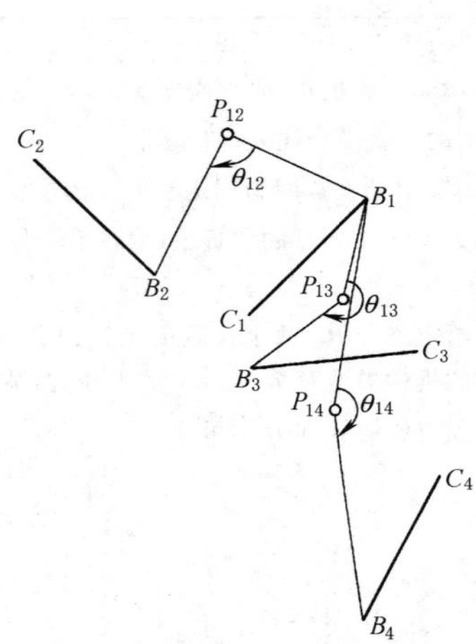

图 4-2-16　已知条件和求解结果

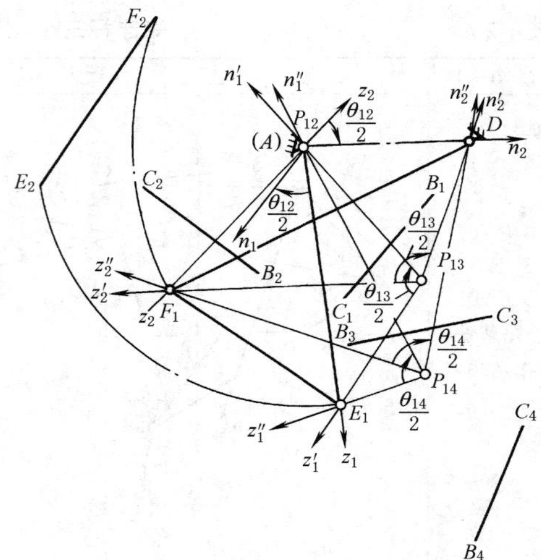

图 4-2-17　求解过程

③ 把上述三个角度 $\angle\theta_{12}/2$、$\angle\theta_{13}/2$、$\angle\theta_{14}/2$ 做成图块 $\angle P_{12}$、$\angle P_{13}$、$\angle P_{14}$，分别以 P_{12}、P_{13}、P_{14} 为中心转动图块试凑，使 z_1、z_1'、z_1''汇交于一点 E_1，同时 n_1、n_1'、n_1''汇交于另一点 A，就得到一组对应的动铰链 E_1 及固定铰链 A 的位置。

④ 再转动图块得另一组交点，即另一组对应的动铰链 F_1 及固定铰链 D 的位置。

⑤ 机构在第一位置的图形即为 AE_1F_1D，当 E_1F_1 转到 E_2F_2、E_3F_3、E_4F_4 时，连杆上的 B_1C_1 线相应地转到 B_2C_2、B_3C_3 及 B_4C_4 位置。如所得的机构不满足特定要求，可重复步骤③和④，求得另一机构解，直至满意。

⑥ 在上述求解过程中可根据机构的尺寸范围、是否需要曲柄及传动角等要求，选择合理的两组对应位置，作为机构图形。

⑦ 如在图 4-2-17 中，选择 P_{12} 作为固定铰链 A 的位置，则 $P_{13}n_1'$边线及 $P_{14}n_1''$边线交于 P_{12} 点，$P_{13}z_1'$及 $P_{14}z_1''$边线的交点即为动铰链的位置 E_1。D、F_1 的解法同步骤④，因而作图过程得到简化。

1.4.3　圆点曲线及圆心点曲线

前面所述连杆四个位置综合 CAD 图解法有无穷多解，只要绕各转动极 P_{1i}（$i=2$、3、4）连续地转动图块 $\angle P_{1i}$，就可得到相应的一组 z 及 n 的交点，z 边的交点（动铰链可能位置）轨迹（即平面运动刚体上各圆点所连成的曲线）称为圆点曲线，用 K_1 表示；n 边的交点（固定铰链可能位置）轨迹（即各圆心点在定参考系上所连成的曲线）称为圆心点曲线，用 M_{1234} 表示（图 4-2-18）。

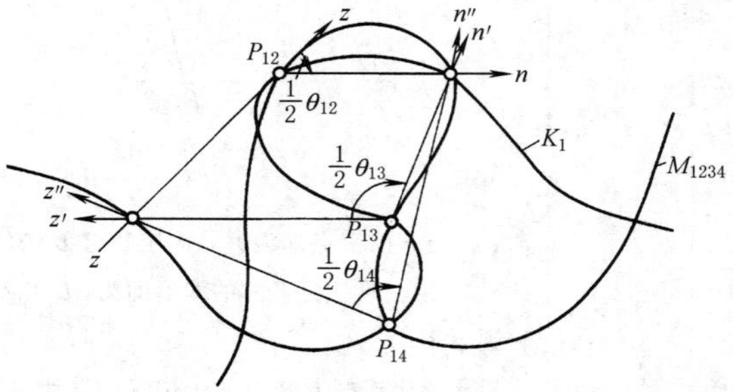

图 4-2-18　圆点曲线和圆心点曲线

圆点曲线 K_1 是在第 1 参考位置时连杆动平面上的曲线，当连杆在给定的 4 个位置时，K_1 上的对应圆点依次落在一个圆弧上。圆弧中心的轨迹即为圆心点曲线，圆心点曲线在固定平面上。

于是前面所述实现四个位置的机构的设计也可以按这样的步骤进行，即先作出圆点曲线及圆心点曲线，然后在曲线上选择合适的两对对应位置作为动铰链及固定铰链位置，从而求出机构图形。

关于连杆实现已知五个位置的机构综合，以及有关圆点曲线及圆心点曲线的详细理论及作图方法可参考有关专门著作。

1.4.4 已知连杆上点的位置综合铰链四杆机构

例 1 设计一个铰链四杆机构，连杆上一点 e 需实现 e_1、e_2、e_3 和 e_4 四个点位（图 4-2-19a）。

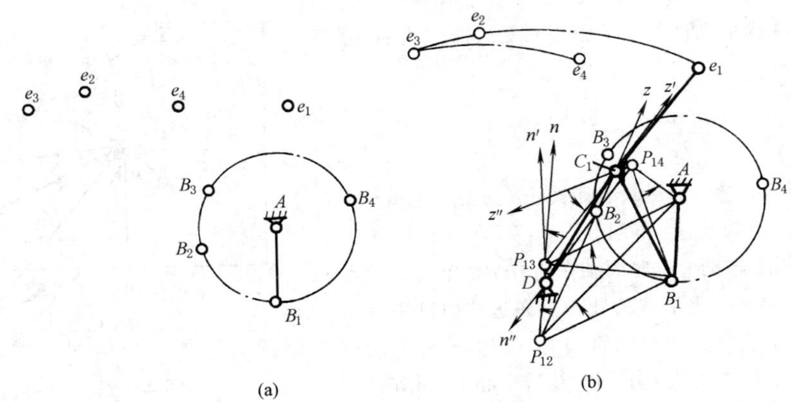

图 4-2-19 已知连杆上点的位置综合铰链四杆机构

解 1. 由于本例未给定输入杆的位置要求 φ_{1i}，故可根据机构的尺寸范围选定固定铰链 A 的位置、曲柄长度 AB、B_1 点位置以及连杆上 Be 的长度，然后作曲柄圆及动铰链 B_1、B_2、B_3 和 B_4（图 4-2-19a）。

2. 根据 B_1e_1、B_2e_2、B_3e_3 及 B_4e_4（即连杆上 Be 线的四个位置）求出转动极 P_{12}、P_{13}、P_{14}。

3. 求出连杆在第 1、2 位置，第 1、3 位置及第 1、4 位置间转角的半角值

$$\angle B_1P_{12}A=\frac{1}{2}\theta_{12}，\angle B_1P_{13}A=\frac{1}{2}\theta_{13}，\angle B_1P_{14}A=\frac{1}{2}\theta_{14}$$

4. 以 P_{12} 为中心，选合适位置作 $\angle zP_{12}n=\frac{1}{2}\theta_{12}$；以 P_{13} 为中心作 $\angle z'P_{13}n'=\frac{1}{2}\theta_{13}$；以 P_{14} 为中心作 $\angle z''P_{14}n''=\frac{1}{2}\theta_{14}$；试凑到使 z'、z''与 z 交于一点 C_1，同时 n'、n''与 n 交于一点 D。C_1 与 D 是一对对应的动铰链及固定铰链的位置。

5. 机构在第 1 位置的图形即为 $ADB_1C_1e_1$，e_1 为连杆 B_1C_1 上的一个点。如果所得机构的尺寸比例和传动角不合适，则需另选 $\angle zP_{12}n$ 的位置，即令 $\angle zP_{12}n$ 绕 P_{12} 点转一角度再进行试凑得另一解。有时整个设计过程需重选 A 点位置及 AB 长度。

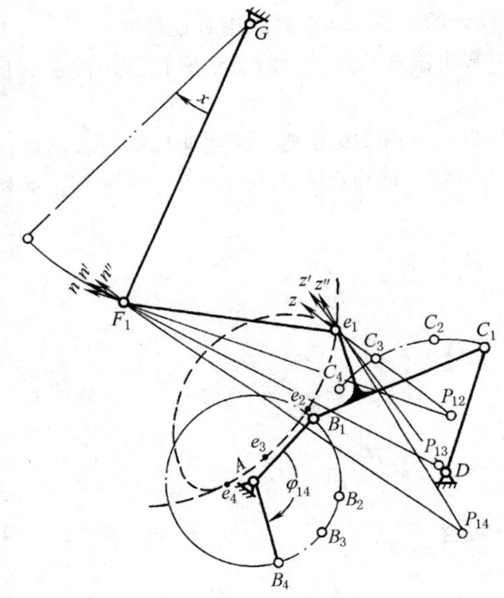

图 4-2-20 带停歇期的六杆机构

例 2 设计一个带停歇期的六杆机构，图 4-2-20 中基础的铰链四杆机构是一个曲柄摇杆机构。当已知输入杆转动 φ_{14} 角时，六杆机构的输出杆 GF 近似地停歇不动。

解 1. 本例可先按机构空间尺寸，选定处于某一圆弧上的四个点 e_1、e_2、e_3、e_4；如给定了输入杆的 φ_{12}、φ_{13}、φ_{14} 时，可设计出基础铰链四杆机构 $ABCD$。如未给定 φ_{12}、φ_{13}，则可按例 1 的方法设计出基础四杆机构 $ABCD$。

2. 在第 1 步中已同时求得转动极 P_{12}、P_{13}、P_{14} 及 $\angle B_1P_{12}A=\frac{1}{2}\theta_{12}$、$\angle B_1P_{13}A=\frac{1}{2}\theta_{13}$、$\angle B_1P_{14}A=\frac{1}{2}\theta_{14}$。

3. 分别过 P_{12}、P_{13} 和 P_{14} 作直线 $P_{12}z$、$P_{13}z'$和 $P_{14}z''$通过 e_1 点；再作直线 $P_{12}n$、$P_{13}n'$和 $P_{14}n''$使 $\angle zP_{12}n=\frac{1}{2}\theta_{12}$、$\angle z'P_{13}n'=\frac{1}{2}\theta_{13}$、$\angle z''P_{14}n''=\frac{1}{2}\theta_{14}$，则 $P_{12}n$、$P_{13}n'$和 $P_{14}n''$三条直线的交点 F_1 便是动铰链 F 的位置，而 e_1 则是连杆 B_1C_1 上的动铰链位置。显然 F_1 是动铰链 e 的圆弧轨迹的圆心。

4. 根据机构空间取定输出杆的固定铰链 G 的位置，得到机构在第一位置时的图形 $ADB_1C_1e_1F_1G$。确定 GF 杆长度时，应考虑输出杆 GF 的摆角 x 值。连杆点 e 的整个轨迹可由 CAD 图解法或解析法得到。

第 4 篇

1.4.5 轨迹综合

四杆机构的轨迹综合，是使所设计的四杆机构的连杆某一点能实现某一已知轨迹。设计方法有以下几种。

① 用 CAD 图解法求解。如图 4-2-21 已知要求实现的轨迹为 mm，可先选定一点 A 为原动件的铰链中心，然后选定曲柄 AB 及连杆 BM 的长度。令

$$l_{AB}=\frac{\rho'-\rho}{2},\ l_{BM}=\frac{\rho'+\rho}{2}$$

式中，ρ' 为 A 点至轨迹 mm 的最长距离；ρ 为最短距离。

令连杆上 M 点在已知轨迹 mm 上运动，则 B 点在以 A 为圆心、AB 为半径的圆周上移动，这时固结在连杆 BM 上的其他点如 C'、C''、C''' 点也各绘出其一定形状的轨迹。在这些轨迹中找出一与圆或圆弧相近似的轨迹，则形成此轨迹的点即为连杆上动铰链中心 C，此轨迹的圆心即作为机架上固定铰链中心 D，$ABCD$ 即为实现已知轨迹 mm 的四杆机构。

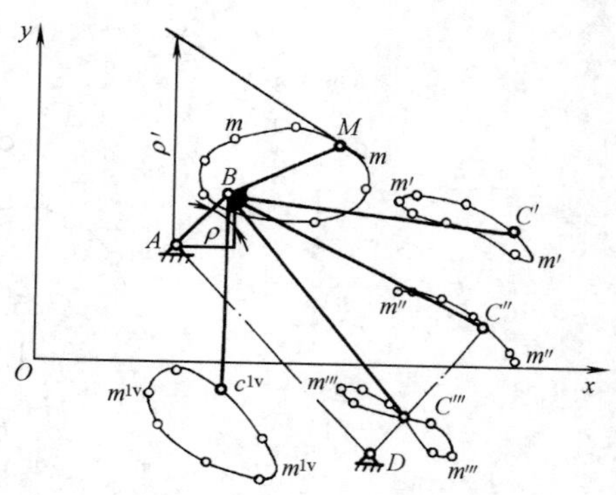

图 4-2-21　轨迹示意图

如果点的轨迹不是圆弧而是一直线，则可得曲柄滑块机构。

② 在工程上已有现成的连杆轨迹图谱，设计者可以查阅图谱中相近的一条轨迹定出机构的初步尺寸。

③ 在所要求实现的轨迹上选择 3 个或 4 个点位，用 1.4.4 节方法进行实现此类点位的四杆机构尺寸设计，设计所得的四杆机构连杆上某一点的轨迹有若干个位置能精确实现所设计的轨迹，其余各点则是近似实现。

④ 当要求较多点（最多不超过 9 个）实现给定轨迹时，宜采用解析法进行设计。解析法有位移矩阵法和形封闭法等。

图 4-2-22a 所示四杆机构 $ABCD$ 的连杆刚体以动铰链 B、C 与连架杆 AB 和 CD 相连，而连架杆则以转动副或移动副（图 4-2-22b）相连，B、C 在固定坐标系 xOy 中的轨迹为圆或直线，而连杆刚体上的点在 xOy 平面上的轨迹称为连杆曲线 LL，不同的点有不同的轨迹。

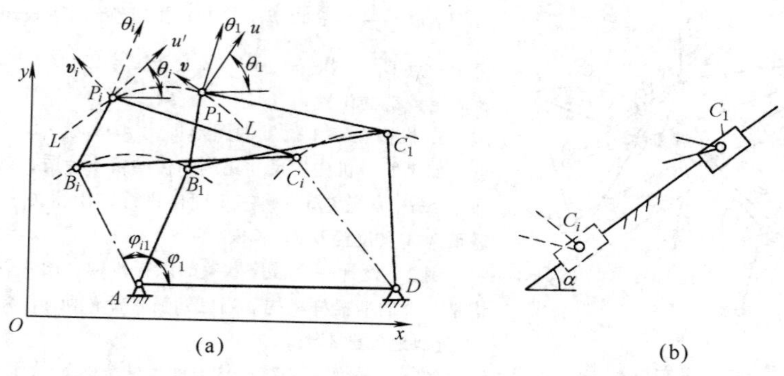

图 4-2-22　连杆刚体及其移动副

在两个连架杆和连杆上各设置一个坐标系（动坐标系），则与连架杆相固连的动坐标系只能做定点转动或定向（沿导路）移动，而与连杆相固连的动坐标系（$u'P_iv_i$）则是做平面复合运动（即坐标原点 P_i 是运动的）；与机架固连的坐标系是固定坐标系 xOy（O 不一定与定铰 A 重合）；铰链 B、C 与连杆点 P 在各自的动坐标系中的位置是固定不变的，然而它们在固定坐标 xOy 中的位置却是时变的；B 相对 A、C 相对 D 以及 P 相对 B、C 在各自动坐标系中的相对位置和距离都是固定不变的，而且连杆上 B、C 点和连架杆上 B、C 点在固定坐标系中同一时刻的坐标值必须是相等的。按给定轨迹要求设计四杆机构时，连杆点 P 在固定坐标系中坐标值系列（x_{Pi}，y_{Pi}）是给定的，为了简化计算，在连杆上的动坐标系原点即取为 P_i，则连杆上给定点 Q_i 的坐标（u_Q、v_Q 为动系坐标，x_{Qi}、y_{Qi} 为定系坐标）可表示为：

$$\left.\begin{aligned} x_{Qi} &= x_{Pi}+u_Q\cos\theta_i-v_Q\sin\theta_i \\ y_{Qi} &= y_{Pi}+u_Q\sin\theta_i+v_Q\cos\theta_i \end{aligned}\right\} \tag{4-2-6}$$

式中，θ_i 表示动坐标 u 与 x 坐标之间的夹角，它表示连杆刚体的姿态；（x_{Qi}、y_{Qi}）和（u_Q、v_Q）表示连杆点 Q 在定坐标和动坐标中的位置；x_{Qi}、y_{Qi} 和 θ_i 三者合称连杆刚体的位姿。

取定连杆刚体的第一个位姿（x_{Q1}，y_{Q1}，θ_1，x_{P1}，y_{P1}），可得：

$$u_Q=(x_{Q1}-x_{P1})\cos\theta_1+(y_{Q1}-y_{P1})\sin\theta_1$$

$$v_Q=(y_{Q1}-y_{P1})\sin\theta_1-(x_{Q1}-x_{P1})\cos\theta_1$$

再将（u_Q、v_Q）代入式（4-2-6）可得：

$$\begin{aligned} x_{Qi} &= x_{Pi}+x_{Q1}\cos\theta_{i1}-x_{P1}\cos\theta_{i1}+y_{P1}\sin\theta_{i1}-y_{Q1}\sin\theta_{i1} \\ y_{Qi} &= y_{Pi}+x_{Q1}\sin\theta_{i1}-x_{P1}\sin\theta_{i1}-y_{P1}\cos\theta_{i1}+y_{Q1}\cos\theta_{i1} \end{aligned} \tag{4-2-7}$$

或
$$\begin{Bmatrix} x_{Qi} \\ y_{Qi} \\ 1 \end{Bmatrix}=\begin{bmatrix} \cos\theta_{i1} & -\sin\theta_{i1} & x_{Pi}-x_{P1}\cos\theta_{i1}+y_{P1}\sin\theta_{i1} \\ \sin\theta_{i1} & \cos\theta_{i1} & y_{Pi}-y_{P1}\cos\theta_{i1}-x_{P1}\sin\theta_{i1} \end{bmatrix}\begin{Bmatrix} x_{Q1} \\ y_{Q1} \\ 1 \end{Bmatrix}=[D_{i1}]_P(x_{Q1} \quad y_{Q1} \quad 1)^{\mathrm{T}}$$

式中，$\theta_{i1}=\theta_i-\theta_1$ 为刚体由位姿 1 到达位姿 i 时的相对转角；有下标 1 和 i 的参数分别表示位姿 1 和 i 时的参数值；$[D_{i1}]_P$ 为以 P_1 为原点的位移矩阵，此位移矩阵可用于任何做平面运动的刚体，例如用于连架杆则可以 A_1（或 D_1）取代 P_1，这时 θ_{i1} 应以 φ_{i1} 取代，如构件做平移（如滑块）则只需令 $\theta_{i1}=0$。

对以转动副和机架相连的连架杆，有以下定杆长约束方程：

$$(x_{Bi}-x_A)^2+(y_{Bi}-y_A)^2=(x_{B1}-x_A)^2+(y_{B1}-y_A)^2 \quad \{i=2、3、4、\cdots\} \tag{4-2-8}$$

$$(x_{Ci}-x_D)^2+(y_{Ci}-y_D)^2=(x_{C1}-x_D)^2+(y_{C1}-y_D)^2 \quad \{i=2、3、4、\cdots\} \tag{4-2-9}$$

对以移动副和机架相连的连架杆（滑块），有以下定向约束方程：

$$y_{Ci}-y_{C1}=(x_{Ci}-x_{C1})\tan\alpha \qquad i=2、3、4、\cdots \tag{4-2-10}$$

式中，α 是滑块导路与固定坐标系的 x 轴之间的夹角（即方向角），且为定值。

由于连杆上的动铰链 B、C 与连架杆上的动铰链 B、C 在固定坐标系 xOy 中应该具有相同的值，所以同一连杆上的 B、C 两点的位移矩阵中的 θ_{i1}、x_{P1}、x_{Pi}、y_{P1} 和 y_{Pi} 都是相同的。基于以上分析，将式（4-2-7）中的（$x_{Bi}=x_{Qi}$、$y_{Bi}=y_{Qi}$）代入式（4-2-8）中，经整理后可以得到非线性的方程组：

杆 AB：
$$A_{i1}\cos\theta_{i1}+B_{i1}\sin\theta_{i1}=G_{i1} \tag{4-2-11}$$

$$A_{i1}=(x_{B1}-x_{P1})(x_{Pi}-x_A)+(y_{B1}-y_{P1})(y_{Pi}-y_A)$$

$$B_{i1}=(x_{B1}-x_{P1})(y_{Pi}-y_A)-(y_{B1}-y_{P1})(y_{Pi}-x_A)$$

$$G_{i1}=x_{B1}(x_{P1}-x_A)+y_{B1}(y_{P1}-y_A)+x_{Pi}x_A+y_{Pi}y_A-0.5(x_{P1}^2+y_{P1}^2+x_{Pi}^2+y_{Pi}^2)$$

$$i=2、3、\cdots、n$$

同理，杆 CD：
$$C_{i1}\cos\theta_{i1}+D_{i1}\sin\theta_{i1}=K_{i1} \tag{4-2-12}$$

$$C_{i1}=(x_{C1}-x_{P1})(x_{Pi}-x_D)+(y_{C1}-y_{P1})(y_{Pi}-y_D)$$

$$D_{i1}=(x_{C1}-x_{P1})(y_{Pi}-y_D)-(y_{C1}-y_{P1})(x_{Pi}-x_D)$$

$$K_{i1}=x_{C1}(x_{P1}-x_D)+y_{C1}(x_{P1}-y_D)+y_{Pi}x_D+y_{Pi}y_D-0.5(x_{P1}^2+y_{P1}^2+x_{Pi}^2+y_{Pi}^2)$$

$$i=2、3、4、\cdots、n$$

滑块 C：
$$E_{i1}\cos\theta_{i1}+F_{i1}\sin\theta_{i1}=H_{i1} \tag{4-2-13}$$

$$E_{i1}=-(x_{C1}-x_{P1})\tan\alpha+(y_{C1}-y_{P1})$$

$$E_{i1}=(y_{C1}-y_{P1})\tan\alpha+(x_{C1}-y_{P1})$$

$$H_{i1}=-(x_{C1}-x_{Pi})\tan\alpha+(y_{C1}-y_{Pi})$$

$$i=2、3、4、\cdots、n$$

对铰链四杆机构，联立式（4-2-11）和式（4-2-12）得：

第4篇

$$\left.\begin{aligned}\cos\theta_{i1}=(G_{i1}D_{i1}-K_{i1}B_{i1})/(A_{i1}D_{i1}-C_{i1}B_{i1})\\ \sin\theta_{i1}=(A_{i1}K_{i1}-C_{i1}G_{i1})/(A_{i1}D_{i1}-C_{i1}B_{i1})\end{aligned}\right\}\tag{4-2-14}$$

$$和(G_{i1}D_{i1}-K_{i1}B_{i1})^2+(A_{i1}K_{i1}-C_{i1}G_{i1})^2=(A_{i1}D_{i1}-C_{i1}B_{i1})^2\tag{4-2-15}$$

式（4-2-15）中各系数均不包含连杆的姿态角 θ_{i1}，故式（4-2-15）是按给定连杆点轨迹（不要求姿态角 θ）设计铰链四杆机构参数的方程式。当给定点位数为 n 时，方程数为 $n-1$；而机构待定参数为 8 个，即铰链 A、B、C、D 的 8 个坐标值。当方程可解时，应满足 $n-1=8$，即 $n=9$，故用铰链四杆机构实现给定轨迹时，最多能精确实现轨迹上的 9 个点。其余点只能近似实现，可以用优化的方法选择精确实现的 9 个点，使误差最小。当给定点位数 n 小于 9 时，可列方程数少于待定参数，这时可预先选定的参数个数为（$9-n$）个，也就是说给定 9 个位置时无参数可供预选。

设计时，按给定的 x_{Pi}、y_{Pi}（$i=1$、2、…、n）代入式（4-2-15）中的系数 A_{i1}、B_{i1}、C_{i1}、D_{i1}、G_{i1} 和 K_{i1}，得到（$n-1$）个非线性方程式，从而解得（$n-1$）个机构参数。例如 $n=9$ 时为 8 个机构参数，$n=5$ 时为 4 个机构参数。再将求得的机构参数值代入式（4-2-14）便求出了连杆的姿态角 θ_{i1}。应该指出：上述非线性方程组求解时，随着精确点数的增多，求解也越困难，而且可能无实解，或即使有解，也可能因杆长比或传动角等不合理而无实用价值。所以一般常按 4~6 个精确点设计，这时有 3~5 个参数可以预选，因而有无限多个解，有利于机构多目标优化的设计。

按给定轨迹设计曲柄滑块机构时，待求参数是铰链 A、B、C 的 6 个坐标值和导路的方向角 α，共 7 个待求参数。这时能够精确实现的点位数为 8 个（即 $n-1=7$，$n=8$）。所用的方程是式（4-2-8）、式（4-2-10）或式（4-2-11）、式（4-2-13）；这时，式（4-2-14）、式（4-2-15）应变为式（4-2-16）、式（4-2-17）：

$$\left.\begin{aligned}\cos\theta_{i1}=(G_{i1}F_{i1}-H_{i1}B_{i1})/(A_{i1}F_{i1}-E_{i1}B_{i1})\\ \sin\theta_{i1}=(A_{i1}H_{i1}-E_{i1}G_{i1})/(A_{i1}F_{i1}-E_{i1}B_{i1})\end{aligned}\right\}\tag{4-2-16}$$

$$(G_{i1}F_{i1}-H_{i1}B_{i1})^2+(A_{i1}H_{i1}-E_{i1}G_{i1})^2=(A_{i1}F_{i1}-E_{i1}B_{i1})^2\tag{4-2-17}$$

当设计连杆位置给定（即 θ_{i1} 给定）的刚体引导机构时，所用方程及待求参数均同前；对铰链四杆机构 $n=5$，对曲柄滑块机构 $n=4$。

当按给定轨迹上一系列有序点 P_i 及其对应的曲柄转角 φ_i 的要求设计四杆机构时，所用方程及待求参数均同前；对铰链四杆机构 $n=5$，对曲柄滑块机构 $n=4$。而且式（4-2-7）中的位移矩阵 $[D_{i1}]_P$ 应改为 $[D_{i1}]_A$，其元素中（x_{Pi}，y_{Pi}）、（x_{P1}，y_{P1}）均用（x_A，y_A）取代，将 θ_{i1} 改成 φ_{i1} 即可。

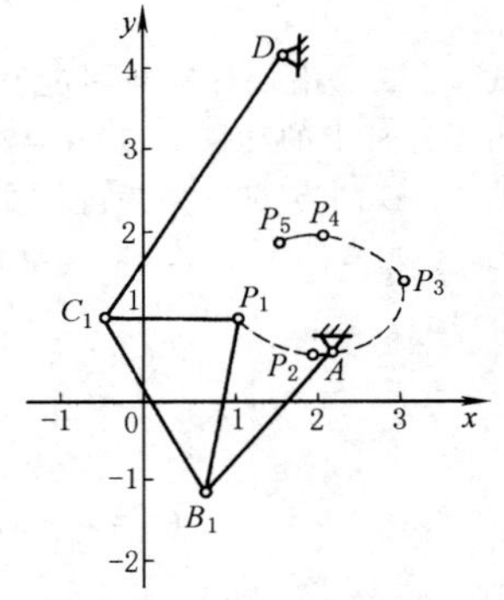

图 4-2-23 铰链四杆机构轨迹点

例 设计一铰链四杆机构，实现图 4-2-23 所示轨迹上 5 个点 $P_1(1,\ 1)$、$P_2(2,\ 0.5)$、$P_3(3,\ 1.5)$、$P_4(2,\ 2)$ 和 $P_5(1.5,\ 1.9)$。

解 1. 因已知点位数 $n=5$，故可列设计方程数为 $5-1=4$，待求参数为 8，方程数不够，因而需预选参数，可预选参数的个数为 $9-n=9-5=4$，先选定 $A(2.1,\ 0.6)$、$D(1.5,\ 4.2)$。

2. 将（x_{B1}，y_{B1}）、（x_{C1}，y_{C1}）、（x_A，y_A）、（x_D，y_D）、（x_{Pi}，y_{Pi}）代入式（4-2-11）、式（4-2-12）和式（4-2-15）得到四个非线性方程式，求得四个参数及四根杆的长度：

$$x_{B1}=0.607、y_{B1}=-1.127；x_{C1}=-0.586、y_{C1}=0.997；$$

$$l_{AB}=2.283\quad l_{CD}=3.822\quad l_{BC}=2.346\quad l_{AD}=3.649；l_{BP}=2.163\quad l_{CP}=1.586$$

3. 连杆第一位置 $\overline{B_1C_1}$ 的方向角 θ_1 及第 i 个位置 $\overline{B_iC_i}$ 的方向角 θ_i 可按下式求得：

$$\theta_i=\arctan\frac{y_{Ci}-y_{Bi}}{x_{Ci}-x_{Bi}}$$

$$\theta_1=\arctan\frac{y_{C1}-y_{B1}}{x_{C1}-x_{B1}}=\arctan(-1.78035583)=119.322°$$

则

$$\theta_{i1}=\theta_i-\theta_1$$

或按式（4-2-14）求出 θ_{i1} 的值。

应该指出：由于预选的 A、D 坐标值不同，所求得的机构参数也不相同。

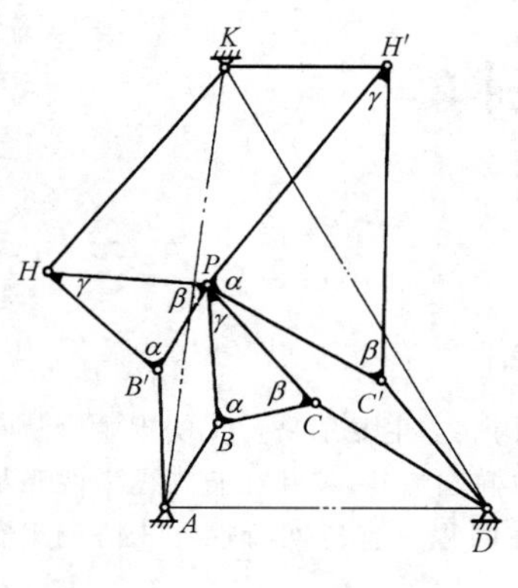

图 4-2-24　同源机构

1.4.6　同源机构及其应用

在机构设计时，有时会发现设计所得的铰链四杆机构虽然能实现预期的连杆上点的轨迹，但是固定铰链及动铰链不能很方便地安装在机器里，或者传动角很不恰当。遇到这些问题时可以应用重演同样连杆曲线有三个同源机构的原理（罗培兹定理），尝试采用另外两个同源机构来解决上述问题。同源机构的 CAD 图解法如下（图 4-2-24）：

① 已知铰链四杆机构 *ABCD* 及连杆上一点 *P*，以 *AD* 为底边作三角形 *ADK* 与三角形 *BCP* 相似；

② 作平行四边形 *AB′PB*，作三角形 *B′PH* 与三角形 *BCP* 相似，*AB′HK* 即为机构 *ABCD* 的一个同源机构，*P* 点为连杆 *B′H* 上的一点；

③ 作平行四边形 *DCPC′*，作三角形 *PC′H′* 与 *BCP* 相似，*KH′C′D* 为机构 *ABCD* 的另一个同源机构。*P* 点为连杆 *C′H′* 上的一点。

1.4.7　直线运动机构

在机构设计中常应用连杆上点的直线运动或近似直线运动的轨迹。表 4-2-5 列出若干种四杆及多杆机构连杆上点做直线或近似直线运动的机构。

表 4-2-5　　直线运动或近似直线运动机构

四杆直线运动机构		
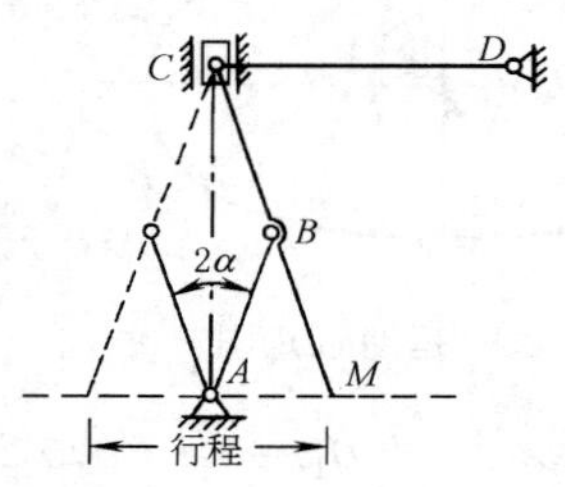 $AB=BC=BM$ 如 *C* 处用滑块，轨迹点 *M* 做直线运动。如用 *CD* 杆代替滑块，*M* 点做近似直线运动。如 *CD* 长度等于输出行程，则 *M* 点的直线轨迹误差为 0.03%，2α 最大值为 40°	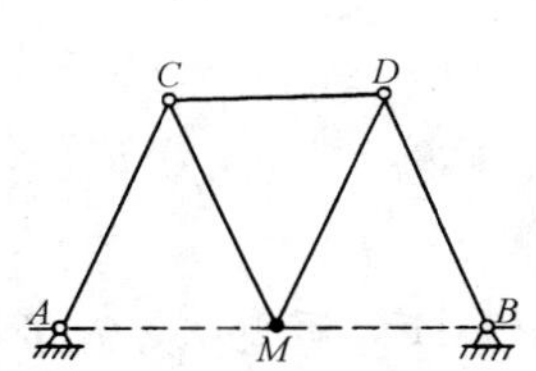 $AB=2CD$ $AC=BD=1.2CD$ 轨迹点 *M* 做近似直线运动	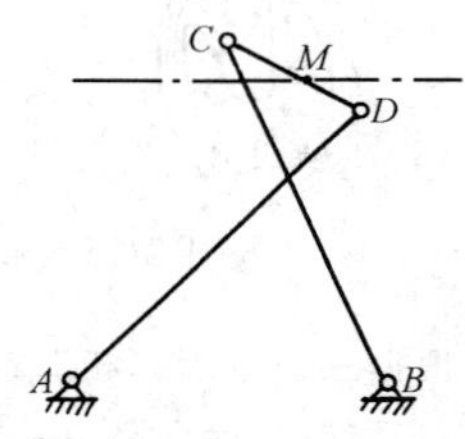 $AB=2CD$ $AD=BC=2.5DC$ *M* 为 *CD* 中点 轨迹点 *M* 做近似直线运动

六杆直线运动机构	八杆直线运动机构
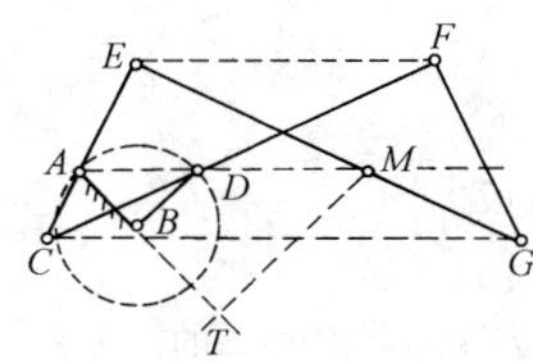 $CE=GF$　$EG=CF$ 过 *A*、*D*、*M* 诸点的线平行于 *EF*，如 *D* 点的轨迹经过 *A*，轨迹点 *M* 做直线运动，其轨迹 *MT* 垂直于 *AB* 如 *D* 点的轨迹不经过 *A*，且 $BA<BD$，则 *M* 点轨迹为大圆弧，圆弧半径 $R=BD\times\dfrac{CF^2-CE^2}{BD^2-AB^2}\times\dfrac{AC\times AE}{CE^2}$	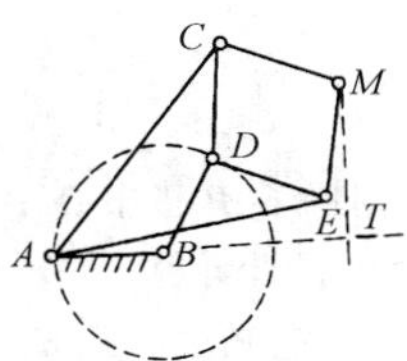 $AC=AE$　$AB=BD$ $CD=DE=CM=ME$ 如 *D* 点的轨迹经过 *A*，轨迹点 *M* 做直线运动，其轨迹 *MT* 垂直于 *AB* 如 *D* 点的轨迹不经过 *A*，且 $BA<BD$，*M* 点轨迹为大圆弧，圆弧半径 $R=BD\times\dfrac{AC^2-CD^2}{BD^2-AB^2}$

2 瞬心线机构及互包络线机构

2.1 瞬心线机构的工作特点及设计计算的一般原理

（1）特点及用途

瞬心线机构是以相对运动瞬心线作为廓形线，利用摩擦力来传动的高副机构。它主要用来：①实现主、从动件之间的变速传动；②改善组合机构的运动特性或动力特性，例如图 4-2-25 的椭圆齿轮（相当于节线为两条椭圆瞬心线）与曲柄滑块机构组合，使滑块的工作行程做近似的等速运动，并在回程具有急回特性；③协调平行工作机构的周期。

（2）做纯滚动的条件

两绕定轴 O_1、O_2 转动的动瞬心线（如图 4-2-26 中的 C_1、C_2）做纯滚动的两个运动条件如下：

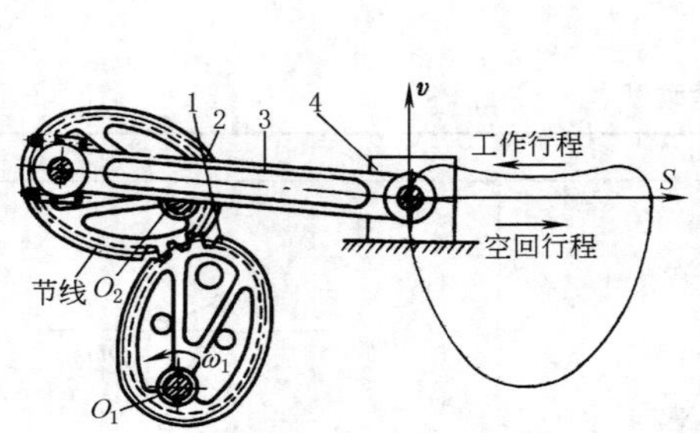

图 4-2-25 椭圆齿轮

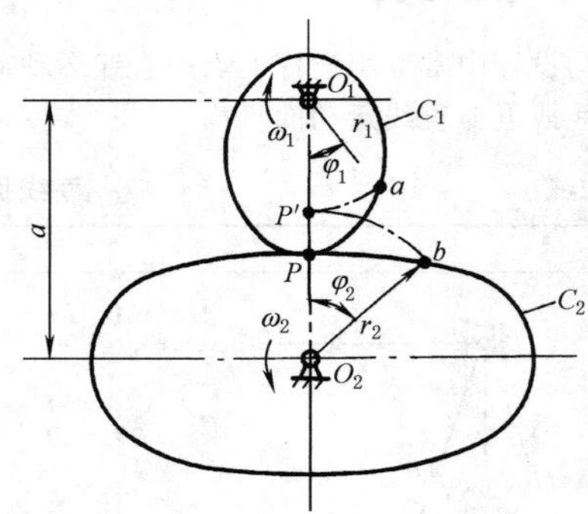

图 4-2-26 运动示意图

1）根据三心定理，相对运动瞬心 P 与绝对运动瞬心 O_1、O_2 必位于同一直线上，故 $O_1P \pm O_2P = O_1O_2$，或任何瞬时相互接触的两向径（r_1，r_2）之和等于中心距 a。

$$r_1 \pm r_2 = a \tag{4-2-18}$$

外接时用“+”号，内接时用“-”号。

2）设 t 秒后，向径 r_1 与 r_2 恰好转到 P' 点相互接触，则瞬心线所滚过的两段弧长应相等。

$$\overset{\frown}{Pa} = \overset{\frown}{Pb}$$

或

$$r_1 \mathrm{d}\varphi_1 = r_2 \mathrm{d}\varphi_2$$

即传动比

$$i_{12} = \frac{\omega_1}{\omega_2} = \frac{\mathrm{d}\varphi_1}{\mathrm{d}\varphi_2} = \frac{r_2}{r_1} \tag{4-2-19}$$

这样，每一瞬时，相对瞬心 P 将中心距 a 分成与角速度 ω 成反比的两个线段。

（3）瞬心线机构的设计计算

1）瞬心线方程式　已知中心距 a，构件 1 的瞬心线 C_1 的方程 $r_1 = r_1(\varphi_1)$，求构件 2 的瞬心线 C_2 的方程：

$$\left.\begin{aligned} r_2 &= a - r_1(\varphi_1) \\ \varphi_2 &= \int_0^{\varphi_1} \frac{r_1 \mathrm{d}\varphi_1}{r_2} = \int_0^{\varphi_1} \frac{r_1(\varphi_1)\mathrm{d}\varphi_1}{a - r_1(\varphi_1)} = -\varphi_1 + a\int_0^{\varphi_1} \frac{\mathrm{d}\varphi_1}{a - r_1(\varphi_1)} \end{aligned}\right\}$$

已知中心距 a，传动比函数 $i_{21} = \dfrac{\mathrm{d}\varphi_2}{\mathrm{d}\varphi_1} = \varphi_2'(\varphi_1)$，求瞬心线 C_1 和瞬心线 C_2 的方程：

$$C_1: r_1 = \frac{a\varphi_2'(\varphi_1)}{1+\varphi_2'(\varphi_1)} \tag{4-2-20}$$

第 4 篇

$$C_2: r_2 = \frac{a}{1+\varphi'_2(\varphi_1)},\ \varphi_2 = \int_0^{\varphi_1}\varphi'_2(\varphi_1)\mathrm{d}\varphi_1 \tag{4-2-21}$$

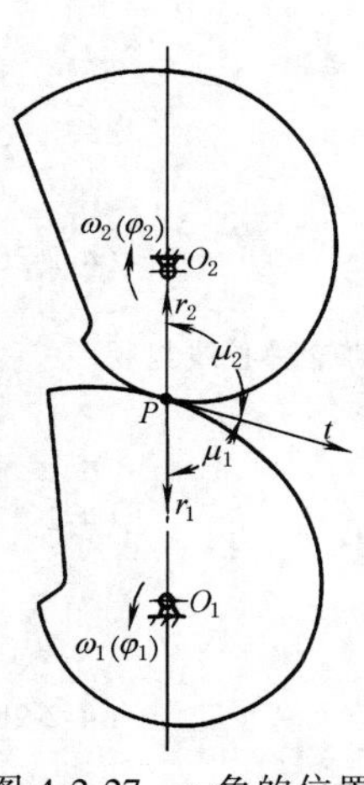

图 4-2-27　μ 角的位置

2）瞬心线在接触点的 μ 角　μ 角是瞬心线接触点的向径 r 和公切线正方向 t 之间的夹角（图 4-2-27），在瞬心线上任取一点为起点，设瞬心线弧长增加的方向与转角 φ 的方向相反，则瞬心线切线的正方向与弧长增加方向一致。

μ 角的计算公式为：

$$\tan\mu = \frac{r}{\dfrac{\mathrm{d}r}{\mathrm{d}\varphi}} \tag{4-2-22}$$

对于主动轮：

$$\tan\mu_1 = \frac{r_1}{\dfrac{\mathrm{d}r_1}{\mathrm{d}\varphi_1}} = -\frac{i_{12}\pm 1}{i'_{12}} \tag{4-2-23}$$

对于从动轮：

$$\tan\mu_2 = \frac{r_2}{\dfrac{\mathrm{d}r_2}{\mathrm{d}\varphi_2}} = \frac{1\pm i_{12}}{i'_{12}} \tag{4-2-24}$$

式中 $i'_{12} = \dfrac{\mathrm{d}i_{12}}{\mathrm{d}\varphi_1}$

所以 $\tan\mu_1 \pm \tan\mu_2 = 0$

式中　“+”号用于外接时，“-”号用于内接时。即外接时 $\mu_1+\mu_2=180°$，内接时 $\mu_1=\mu_2$。

3）传动比函数 $i_{12}=f(\varphi_1)$

① 要使瞬心线具有平滑的外形，μ 角连续变化，则要求传动比函数在 φ_1 变化区域内具有连续导数。

② 为避免瞬心线出现过陡的段落，以利于力的传递，则要求传动比函数为有限的值，一般应使 $45° \leqslant \mu \leqslant 135°$（即保证压力角 $\alpha = |\mu-90°| \leqslant 45°$）。

③ 当要求主动轮按某一方向旋转，而从动轮旋转方向不变时，则要求传动比函数为正值。

因此，瞬心线机构的传动比函数应为有限正值的光滑曲线，可为周期函数曲线或非周期函数曲线，如图 4-2-28 所示。

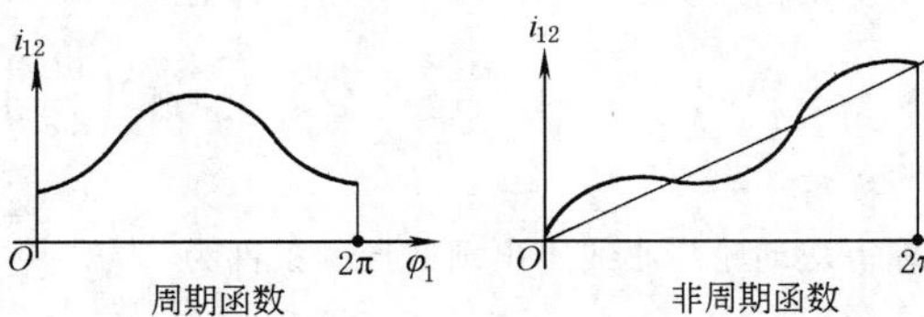

图 4-2-28　传动比函数曲线

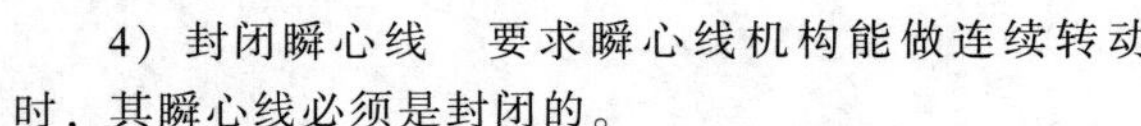

4）封闭瞬心线　要求瞬心线机构能做连续转动时，其瞬心线必须是封闭的。

① 封闭条件。要使主动轮为封闭曲线，由瞬心线方程式

$$\begin{cases} r_1 = \dfrac{a}{1+i_{12}} = r_1(\varphi_1) \\ i_{12} = f(\varphi_1) \end{cases}$$

可知必须使传动比函数是一个周期函数，其周期 T 与主动轮旋转周期 T_1 之间满足关系式 $T=\dfrac{T_1}{n_1}$，周期数 n_1 为整数。当 $\varphi_1=\dfrac{360°}{n_1}$的整数倍时，向径 r_1 的值重复出现，即 φ_1 为 0、$\dfrac{360°}{n_1}$、$\dfrac{2\times360°}{n_1}$、…、360°处，向径 r_1 均相等，廓线封闭。

要使与具有封闭瞬心线的主动轮相搭配的从动轮的瞬心线也是封闭曲线，由方程式

$$\begin{cases} r_2 = \dfrac{a i_{12}}{1+i_{12}} = r_2(\varphi_1) \\ \varphi_2 = \displaystyle\int_0^{\varphi_1}\dfrac{\mathrm{d}\varphi_1}{i_{12}} \end{cases} \tag{4-2-25}$$

可知从动轮旋转周期 T_2 与 T、T_1 之间应满足关系式 $T=\dfrac{T_2}{n_2}=\dfrac{T_1}{n_1}$，周期数 n_2 也为整数。当 $\varphi_1=\dfrac{360°}{n_1}$的整数倍，而

且 $\varphi_2=\dfrac{360°}{n_2}$的整数倍时，向径 r_2 的值重复出现，廓线封闭。

② 封闭瞬心线机构的中心距 a。主动轮转过 $\varphi_1=360°/n_1$ 时，从动轮转过的角度为

$$\varphi_2=\frac{360°}{n_2}=\int_0^{\frac{360°}{n_1}}\frac{\mathrm{d}\varphi_1}{i_{12}}=\int_0^{\frac{360°}{n_1}}\frac{r_1(\varphi_1)}{a-r_1(\varphi_1)}\mathrm{d}\varphi_1 \tag{4-2-26}$$

当主动轮瞬心线为一封闭曲线，只有选取式（4-2-26）中解出的中心距 a 时，才能保证从动轮瞬心线封闭。

5）瞬心线周长 S_1、S_2

$$S_i=n_i\int_0^{\frac{360°}{n_i}}\sqrt{r_i(\varphi_i)^2+r'_i(\varphi_i)^2}\,\mathrm{d}\varphi_i \tag{4-2-27}$$

式中，$i=1$ 或 2。

对于非圆齿轮，其节线周长还应等于周节与齿数的乘积。

$$S_i=\pi m z_i \tag{4-2-28}$$

式中 m——模数；

z_i——齿数。

为满足式（4-2-28）往往需要改变某些参数，如 $r_i(\varphi_i)$ 等。

6）瞬心线的曲率半径 ρ 当 $\rho>0$ 时，曲线外凸；$\rho<0$ 时，曲线内凹；$\rho=\infty$ 时，曲线成直线。瞬心线同时存在凹形与凸形时，则必然存在一个拐点，此处的 $\rho=\infty$。

曲率半径在极坐标系中的表达式为：

$$\rho=\frac{\left[r^2+\left(\dfrac{\mathrm{d}r}{\mathrm{d}\varphi}\right)^2\right]^{3/2}}{r^2+2\left(\dfrac{\mathrm{d}r}{\mathrm{d}\varphi}\right)^2-r\dfrac{\mathrm{d}^2r}{\mathrm{d}\varphi^2}}$$

对于主动轮，瞬心线不出现凹形的条件为：

$$r_1^2+2\left(\frac{\mathrm{d}r_1}{\mathrm{d}\varphi_1}\right)^2-r_1\frac{\mathrm{d}^2r_1}{\mathrm{d}\varphi_1^2}\geqslant 0$$

经变换得

$$1+i_{12}+i''_{12}\geqslant 0 \tag{4-2-29}$$

同理得从动轮瞬心线不出现凹形的条件为：

$$r_2^2+2\left(\frac{\mathrm{d}r_2}{\mathrm{d}\varphi_2}\right)^2-r_2\frac{\mathrm{d}^2r_2}{\mathrm{d}\varphi_2^2}\geqslant 0$$

经变换得

$$1+i_{12}+{i'_{12}}^2-i_{12}i''_{12}\geqslant 0 \tag{4-2-30}$$

上述两式中：$i'_{12}=\dfrac{\mathrm{d}i_{12}}{\mathrm{d}\varphi_1}$，$i''_{12}=\mathrm{d}\dfrac{i'_{12}}{\mathrm{d}\varphi_1}$。

当非圆齿轮的节线有内凹部分时，则不能采用滚齿加工，而只能采用插齿或铣齿。

当节线为凸形时，必须验算最小曲率半径 $\rho_{\min}$ 处不产生根切的模数 m。

$$m\leqslant\frac{2\rho_{\min}}{z_{\min}} \tag{4-2-31}$$

取 $z_{\min}=17$。

2.2 非圆齿轮节线设计

2.2.1 再现一个给定自变量的函数的非圆齿轮节线设计

表 4-2-6 非圆齿轮节线设计公式

名称	符号	公式	说明
给定自变量的函数	y	$y=f(x)$	函数在再现区间 $x_2\geqslant x\geqslant x_1$ 内连续可导

第4篇

续表

名称	符号	公式	说明
比例系数	k	$k_1=\dfrac{\varphi_1}{x-x_1}$	主动轮转角 φ_1 和自变量 x 成比例
		$k_2=\dfrac{\varphi_2}{f(x)-f(x_1)}$	从动轮转角 φ_2 和再现函数 $f(x)$ 成比例
比例系数的最大值	k_{max}	$k_{1max}=\dfrac{\varphi_{1max}}{x_2-x_1}$	k_{1max}、k_{2max} 应取较大的值，以保证给定函数有较高的再现精度。对不封闭的节线，允许 φ_{max} 在 300°~330°区间内再现。对封闭的节线，$\varphi_{max}=2\pi$
		$k_{2max}=\dfrac{\varphi_{2max}}{f(x_2)-f(x_1)}$	
传动比函数	i_{12}	$i_{12}=\dfrac{k_1}{k_2f'(x)}$	
主动轮节线方程式	φ_1	$\varphi_1=k_1(x-x_1)$	φ_1 的计量起点是 $x=x_1$
	r_1	$r_1=\dfrac{a}{1+i_{12}}=\dfrac{ak_2f'(x)}{k_1+k_2f'(x)}$	
从动轮节线方程式	φ_2	$\varphi_2=k_2[f(x)-f(x_1)]$	φ_2 的计量起点是 $y=f(x_1)$
	r_2	$r_2=a-r_1=\dfrac{ak_1}{k_1+k_2f'(x)}$	

例　绘出再现函数 $y=Cx^2$ 的非圆齿轮节线。已知：中心距 $a=50\text{mm}$，$x_{min}=200$，$x_{max}=1000$，$C=2.5\times10^{-6}$=常数。

解

1. 取比例系数

$$k_{1max}=\frac{\varphi_{1max}}{x_{max}-x_{min}}=\frac{300°}{1000-200}=0.375$$

取 $k_1=0.35$。

$$k_{2max}=\frac{\varphi_{2max}}{C(x_{max}^2-x_{min}^2)}=\frac{300°}{2.5\times10^{-6}\times(1000^2-200^2)}=125$$

取 $k_2=125$。

2. 传动比函数

$$i_{12}=\frac{k_1}{k_2y'}=\frac{k_1}{2k_2Cx}=\frac{0.35}{2\times125\times2.5\times10^{-6}x}=\frac{560}{x}$$

3. 节线方程式

主动轮：

$$\varphi_1=k_1(x-x_{min})=0.35(x-200)$$

$$r_1=\frac{a}{1+i_{12}}=\frac{50}{1+\dfrac{560}{x}}$$

从动轮：

$$\varphi_2=k_2C\ (x^2-x_{min}^2)\ =125\times2.5\times10^{-6}\ (x^2-200^2)$$

$$r_2=a-r_1=50-r_1$$

4. 计算数据如图 4-2-29，按比例尺 1∶1 绘出非圆齿轮节线。

序号	1	2	3	4	5
x	200	400	600	800	1000
φ_1	0°	70°	140°	210°	280°
r_1/mm	13.16	20.83	25.86	29.41	32.05
φ_2	0°	37.5°	100°	187.5°	300°
r_2/mm	36.84	29.17	24.14	20.59	17.95

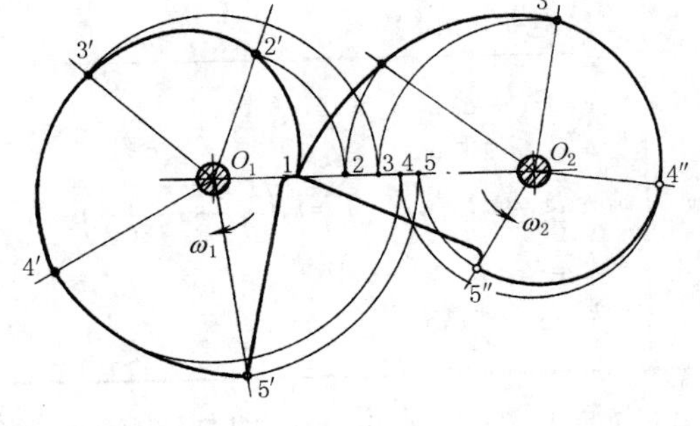

图 4-2-29　计算数据及非圆齿轮节线示意图

表 4-2-7 是 8 种典型的非圆齿轮节曲线和 5 种典型的非圆齿轮齿条传动的节曲线计算公式。

表 4-2-7

节曲线计算公式

序号	运动要求及传动比	节曲线计算公式	
		齿轮-齿轮	齿轮-齿条
1	$\varphi_2=(A+B\varphi_1^m)^n$ $i_{21}=Bmn\varphi_1^{m-1}(A+B\varphi_1^m)^{n-1}$	主动轮：$r_1=\dfrac{aBmn\varphi_1^{m-1}(A+B\varphi_1^m)^{n-1}}{Bmn\varphi_1^{m-1}(A+B\varphi_1^m)^{n-1}+1}$ 从动轮：$r_2=a/[B^{\frac{m-1}{m}}mn\varphi_2^{\frac{n-1}{n}}(\varphi_2^{\frac{1}{n}}-A)^{\frac{1}{m}}+1]$	齿轮：$r_1=Bmn\varphi_1^{m-1}(A+B\varphi_1^m)^{n-1}$ 齿条：$x=s=(A+B\varphi_1^m)^n$ $y=r_1$
2	$\varphi_2=m\ln(A+B\varphi_1^n)$ $i_{21}=Bmn\varphi_1^{n-1}/(A+B\varphi_1^n)$	主动轮：$r_1=\dfrac{aBmn\varphi_1^{n-1}}{A+B\varphi_1^n+Bmn\varphi_1^{n-1}}$ 从动轮：$r_2=a\mathrm{e}^{\frac{\varphi_2}{m}}/\left[\mathrm{e}^{\frac{\varphi_2}{m}}+B^{\frac{1}{n}}mn(\mathrm{e}^{\frac{\varphi_2}{m}}-A)^{\frac{n-1}{n}}\right]$	齿轮：$r_1=Bmn\varphi_1^{n-1}/(A+B\varphi_1^n)$ 齿条：$x=s=m\ln(A+B\varphi_1^n)$ $y=r_1$
3	$\varphi_2=A^{\varphi_1}$　A 为大于 0 的常数 $i_{21}=A^{\varphi_1}\ln A$	主动轮：$r_1=aA^{\varphi_1}\ln A/(1+A^{\varphi_1}\ln A)$ 从动轮：$r_2=a/(1+A^{\ln\varphi_2/\ln A}\ln A)$	齿轮：$r_1=A^{\varphi_1}\ln A$ 齿条：$x=s=A^{\varphi_1}$ $y=r_1$
4	给定主动轮节曲线为对数螺旋线 $i_{21}=r_{10}\mathrm{e}^{\varphi_1/m}/(a-r_{10}\mathrm{e}^{\varphi_1/m})$ $\mathrm{d}s/\mathrm{d}\varphi_1=r_{10}\mathrm{e}^{\varphi_1/m}$	主动轮：$r_1=r_{10}\mathrm{e}^{\varphi_1/m}$，$m$、$r_{10}$ 为常数 从动轮：$r_2=(a-r_{10})\mathrm{e}^{-\varphi_2/m}$	齿轮：$r_1=r_{10}\mathrm{e}^{\varphi_1/m}$ 齿条：$x=s=\int_0^{\varphi_1}r_1\mathrm{d}\varphi_1$ $=mr_{10}(\mathrm{e}^{\varphi_1/m}-1)$ $y=r_1$
5	$S=A\varphi_1+B\sin\varphi_1$ $i_{21}=\mathrm{d}s/\mathrm{d}\varphi_1=A+B\cos\varphi_1$		齿轮：$r_1=A+B\cos\varphi_1$ 齿条：$x=s=A\varphi_1+B\sin\varphi_1$ $y=r_1$

序号	运动要求及传动比	节曲线方程(齿轮-齿轮)
5′	$\varphi_1=0, i_{12}=i_0; \varphi_1=\varphi_{1\max}, i=i_m$ i_{12} 在此区间均匀变化，$i_m<i_0$ $i_{12}=i_0-k\varphi_1$ $k=(i_0-i_m)/\varphi_{1\max}$	主动轮：$r_1=a/(1+i_0-k\varphi_1)$ 从动轮：$r_2=a\dfrac{i_0-k\varphi_1}{1+i_0-k\varphi_1}$ $\varphi_2=-\dfrac{1}{k}\ln\left(1-\dfrac{k\varphi_1}{i_0}\right)$
6	$y=kx^2$　$x_2\geqslant x\geqslant x_1$ 令 $\varphi_1=k_1(x-x_1)$ $\varphi_2=k_2k(x^2-x_1^2)$ $i_{12}=k_1/2k_2kx$ k_1、k_2 为比例常数	主动轮：$r_1=a\Big/\left(1+\dfrac{k_1}{2k_2kx}\right)$ $\varphi_1=k_1(x-x_1)$ 从动轮：$r_2=a\Big/\left(1+\dfrac{2k_2kx}{k_1}\right)$ $\varphi_2=k_2k(x^2-x_1^2)$
7	$y=\ln x, x_2\geqslant x\geqslant x_1$ 令 $\varphi_1=k_1(x-x_1)$ $\varphi_2=k_2(\ln x-\ln x_1)$ 则 $i_{12}=k_1x/k_2$ k_1、k_2 为比例常数	主动轮：$r_1=ak_2/(k_1x+k_2)$ $\varphi_1=k_1(x-x_1)$ 从动轮：$r_2=ak_1x/(k_1x+k_2)$ $\varphi_2=k_2(\ln x-\ln x_1)$
8	$y=A/(B-Cx)$　$x_2\geqslant x\geqslant x_1$ A、B、C 为常数 令：$\varphi_1=k_1(x-x_1)$　$\varphi_2=k_2\left(\dfrac{A}{B-Cx}-\dfrac{A}{B-Cx_1}\right)$ $i_{12}=-k_1(B-Cx)^2/k_2AC$ k_1、k_2 为比例常数	主动轮：$r_1=\dfrac{aACk_2}{k_1(B-Cx)^2+k_2AC}$ $\varphi_1=k_1(x-x_1)$ 从动轮：$r_2=\dfrac{ak_1(B-Cx)^2}{k_1(B-Cx)^2+k_2AC}$ $\varphi_2=k_2\left(\dfrac{A}{B-Cx}-\dfrac{A}{B-Cx_1}\right)$

注：表中 A、B、C、m、n、k 均为常数；中心距 a 为给定值；$i_{12}=\dfrac{\mathrm{d}\varphi_1}{\mathrm{d}\varphi_2}=\dfrac{1}{i_{21}}$，$i_{21}=\dfrac{\mathrm{d}\varphi_2}{\mathrm{d}\varphi_1}=\dfrac{\mathrm{d}s}{\mathrm{d}\varphi_1}$，齿轮齿条传动，以 s 取代 φ_2。

2.2.2　偏心圆齿轮与非圆齿轮共轭

一对齿数、模数、压力角和偏心距 e 均相同的偏心圆齿轮，可以近似地代替一对全等的椭圆齿轮传动，实现近似正弦规律变化的输出角速度。这种齿轮制造简单、经济。它有两种设计方法：①取最小几何中心距为标准中心距，而转动中心距略大于几何中心距；两个齿轮均采用标准齿轮；利用渐开线齿轮中心距的可分性来保证连续传动，故应验算重合度。②取转动中心距等于最大几何中心距，且为标准中心距，为了避免传动过程中几何中心距缩小而引起轮齿干涉，故应采用变位齿轮。

一对偏心圆齿轮的应用受到偏心距的限制，当要求从动轮的变速范围较大时，可采用偏心圆齿轮与非圆齿轮共轭，其设计公式见表 4-2-8。

表 4-2-8　　偏心圆齿轮与非圆齿轮共轭的设计公式

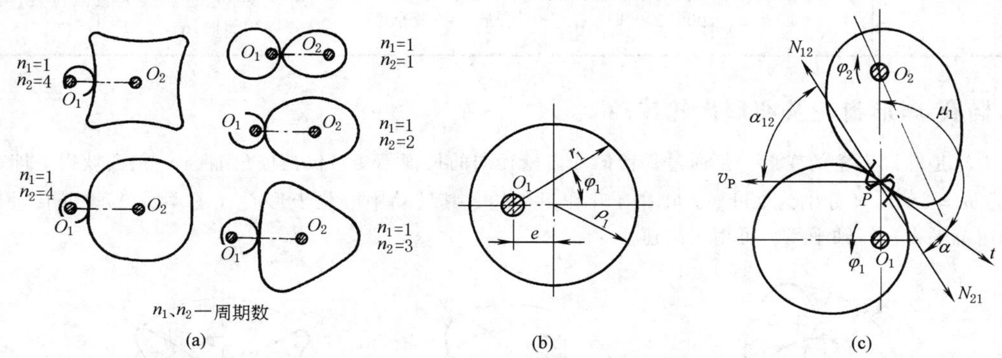

(a)　(b)　(c)

名称	符号	公式	说明
模数	m	m 按 GB/T 1357—2008 取标准值，并满足强度要求	
齿数	z	$z_1 \geqslant 17, z_2 = iz_1 = n_2 z_1$	i 为平均传动比，$n_1 = 1$ 时 $i = n_2$
偏心圆齿轮节线曲率半径	ρ_1	$\rho_1 = \frac{1}{2}mz_1 = e/\lambda$	e 为偏心距，$\lambda = e/\rho_1$ 为偏心率
从动轮变速比	K	$K = \frac{(\rho_1+e)(a+e-\rho_1)}{(\rho_1-e)(a-e-\rho_1)} = \frac{\omega_{2\max}}{\omega_{2\min}}$	因 $n_1 = 1$，已知 K，并选定 n_2 后可由左边两式联立求得 a、e，最好用计算机完成
非圆齿轮节线封闭时中心距	a	$\frac{360°}{n_2} = a\int_0^{\frac{360°}{n_1}} \frac{d\varphi_1}{a \mp e\cos\varphi_1 \mp \sqrt{\rho_1^2 - e^2\sin^2\varphi_1}} - \frac{360°}{n_1}$	
非圆齿轮节线上凸段与凹段的最小曲率半径 $\rho_{2\min}$	$\rho_{2\min}$	$\rho_{2\min凸} = \frac{\rho_1(\rho_1-e)(a-\rho_1+e)}{(\rho_1-e)^2+ae} > 0$ $\rho_{2\min凹} = \frac{\rho_1(\rho_1+e)(a-\rho_1-e)}{(\rho_1+e)^2-ae} < 0$	因 $n_1 = 1, n_2 = 1 \sim 3$，偏心圆齿轮取任意 e 值，非圆齿轮节线均不会出现凹形；当 $n_2 = 4, \frac{e}{\rho_1} \leqslant 0.40$ 和 $n_2 = 5, \frac{e}{\rho_1} \leqslant 0.271$ 时，非圆齿轮节线出现凹形
非圆齿轮节线的曲率半径 齿轮节曲线不内凹条件	ρ_2	$\rho_2 = \frac{\rho_1 r_1(a \mp r_1)}{\pm r_1^2 - ae\cos\varphi_1} \times$ $\frac{(n_2+1)(n_2-2)}{4n_2}\lambda^3 + \lambda^2 - (n_2-1)\lambda + 1 \geqslant 0$	
非圆齿轮节线最小曲率半径的校核		$\frac{2\rho_{2\min凸}}{m} \geqslant 17$ $\frac{2\rho_{2\min凹}}{m} > z_0$	验算在 $\rho_{2\min凸}$ 处是否发生根切 验算在 $\rho_{2\min凹}$ 处加工时插齿刀应有的齿数 z_0，并应按内啮合传动验算是否发生过渡曲线干涉和齿廓重叠干涉
偏心圆齿轮节线的极坐标方程	r_1	$r_1 = e\cos\varphi_1 + \sqrt{\rho_1^2 - e^2\sin\varphi_1}$	

续表

名称	符号	公式	说明
共轭的非圆齿轮节线的极坐标方程	r_2 φ_2	$r_2=a\mp e\cos\varphi_1\mp\sqrt{\rho_1^2-e^2\sin^2\varphi_1}$ $\varphi_2=a\int_0^{\varphi_1}\dfrac{d\varphi_1}{a\mp e\cos\varphi_1\mp\sqrt{\rho_1^2-e^2\sin^2\varphi_1}}-\varphi_1$	表中∓号或±号的上方符号用于外接传动，下方符号用于内接传动
传动比函数	i_{12}	$i_{12}=\dfrac{a}{e\cos\varphi_1+\sqrt{\rho_1^2-e^2\sin^2\varphi_1}}\mp1$	
非圆齿轮副的齿廓压力角	α_{12}	$\alpha_{12}=\mu_1+\alpha-90°$ $=\arctan\dfrac{-\sqrt{\rho_1^2-e^2\sin^2\varphi_1}}{e\sin\varphi_1}+\alpha-90°$ 式中，α 为齿轮的齿形角，$\alpha=20°$ 当 $\varphi_1=90°$、$270°$时，α_{12} 分别有最大和最小值	齿廓在节点 P 啮合时，其绝对速度 v_P 与齿廓法向压力 N_{12} 之间的夹角称压力角 α_{12}。压力角的数值随 μ_1 角的变化而变化，压力角的正负值仅表示齿形法线的象限位置，并当 $\alpha=20°$时，$\lvert\alpha_{12\max}\rvert$应小于 65°

2.2.3 椭圆-卵形齿轮及卵形齿轮传动

卵形齿轮是椭圆齿轮的变形，是通过保留椭圆齿轮径向的长度不变，仅把极角缩小 n_i 倍而获得。即 $n_i=1$ 为原始椭圆，$n_i=2$、3、4 分别为 2 叶、3 叶和 4 叶卵形齿轮，其转动中心位于形心（图 4-2-30）。其传动特点是：从动件变速范围大；转轴平衡，可用于高速。

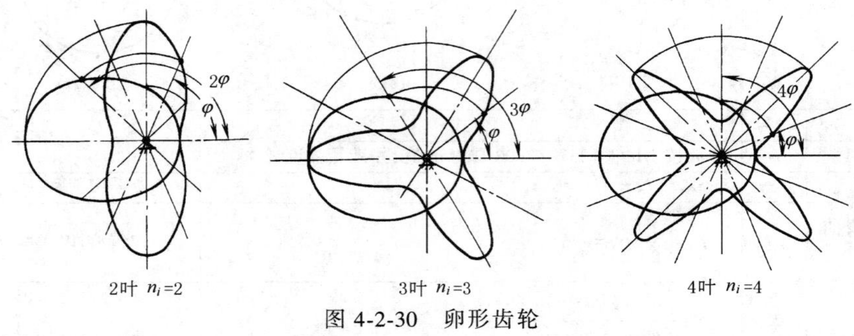

图 4-2-30　卵形齿轮

椭圆-卵形齿轮及卵形齿轮传动的计算见表 4-2-9。当为一对全等椭圆齿轮时，$i=1$，$n_1=n_2=1$；当为椭圆-卵形齿轮时，$n_1=1$，$i=n_2$；当为卵形齿轮传动时，$i=n_2/n_1$，n_1、$n_2\neq1$。

表 4-2-9　　椭圆-卵形齿轮及卵形齿轮传动的计算

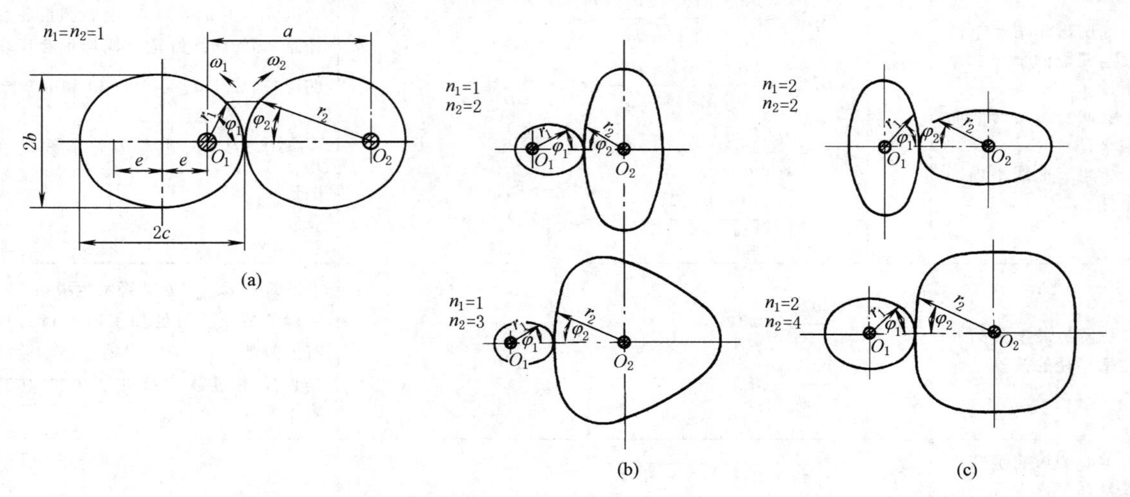

第4篇

续表

名称	符号	公式及说明
平均传动比	i	$i=\frac{z_2}{z_1}=\frac{n_2}{n_1}$，$n_1$、$n_2$ 为极角缩小倍数，即周期数
从动轮变速比	K	$K=\frac{i_{21\max}}{i_{21\min}}=\frac{(1+\lambda_1)[\sqrt{1+(i^2-1)(1-\lambda_1^2)}+\lambda_1]}{(1-\lambda_1)[\sqrt{1+(i^2-1)(1-\lambda_1^2)}-\lambda_1]}=\frac{\omega_{2\max}}{\omega_{2\min}}$ 以节曲线不出现内凹时的主动轮极限偏心率 $\lambda_{1\lim}$ 代入 λ_1 便得 $K_{\max}$
模数	m	应满足强度要求，其值应符合 GB/T 1357—2008
初定齿数	z	$z_2=iz_1$，并保证不发生根切，$n_1=n_2=i=1$ 时 z 应取奇数齿
节线周长	S	$S_i=4C\sqrt{1+\lambda_1(n_i^2-1)}\int_0^{\frac{\pi}{2}}\sqrt{1-k^2\sin^2\varphi}\,d\varphi=4C\sqrt{1+\lambda_1(n_i^2-1)}E$ $k=n_i\lambda_1/\sqrt{1+\lambda_1^2(n_i^2-1)}$，$E$ 可根据 $\arcsin k$ 查表 4-2-10
长半径	C	$C=S_i/4E\sqrt{1+\lambda_1(n_i^2-1)}=mz_i/4E\sqrt{1+\lambda_1(n_i^2-1)}$ 共轭的主、从动轮的 C 为基本椭圆的长半径，它们必相等，也可由结构取定
焦距	e	$e=\lambda_1 C$，$\lambda_1=e/C$ 为主动轮的偏心率，应保证节曲线不内凹
从动轮偏心率	λ_2	$\lambda_2=\lambda_1/\sqrt{i^2-\lambda_1^2(i^2-1)}$
节曲线的曲率半径	ρ	$\rho_i=\frac{C(1-\lambda_i^2)\{[1\pm\lambda_i\cos(n_i\varphi_i)]^2+\lambda_i^2n_i^2\sin^2(n_i\varphi_i)\}^{3/2}}{[1\pm\lambda_i\cos(n_i\varphi_i)]^3[1-\lambda_i(n_i^2-1)\cos(n_i\varphi_i)]}$ $i=1,2$
节曲线不出现凹形时主动轮的极限偏心率	$\lambda_{1\lim}$	$\lambda_{1\lim}=1/\sqrt{i^2n_1^4-2n_1^2+1}$ 由 $\rho_i=0$ 导出，当 i、n_1 取不同值时 $\lambda_{1\lim}$ 的取值不同
节曲线不出现凹形时的最小曲率半径	$\rho_{\min}$	$\rho_{1\min}=C(1-\lambda_1^2)/[1+\lambda_1(n_1^2-1)]$ $\rho_{2\min}=C(1-\lambda_1^2)i^2/[\sqrt{i^2-\lambda_1^2(i^2-1)}+\lambda_1(i^2n_1^2-1)]$ $\lambda_1\leqslant\lambda_{1\lim}$
验算是否发生根切		$2\rho_{\min}/m\geqslant z_{\min}$ $z_{\min}=2h_a^*/\sin^2\alpha$ α 为齿轮的齿形角，h_a^* 为齿顶高系数
压力角最大值	$\alpha_{12\max}$	$\alpha_{12\max}=\arctan(-\sqrt{1-\lambda_1^2}/\lambda_1)+\alpha-90°$ α 为齿轮的齿形角，$\lvert\alpha_{12\max}\rvert\leqslant65°$
从动轮为封闭节曲线时的中心距	a	$a=C[\sqrt{i^2-\lambda_1^2(i^2-1)}\pm1]$ 上方符号用于外啮合，下方符号用于内啮合
主动轮节曲线方程	r_1	$r_1=C(1-\lambda_1^2)/[1\pm\cos(n_1\varphi_1)]$ 上方符号用于表头图 a、b、c 中 $i=n_1=n_2$ 所示图形中 φ_1 方向，下方符号用于表头图中 $n_1=1$，$i=2,3$ 所示图形中 φ_1 方向
从动轮节曲线方程	r_2 φ_2	$r_2=C(1-\lambda_2^2)/[1\mp\lambda_2\cos(n_2\varphi_2)]$ $\varphi_2=\frac{2}{n_2}\arctan\left(\sqrt{\frac{(\sqrt{i^2-\lambda_1^2(i^2-1)}\pm1)(1\pm\lambda_1)\mp(1-\lambda_1^2)}{(\sqrt{i^2-\lambda_1^2(i^2-1)}\pm1)(1\mp\lambda_1)\mp(1-\lambda_1^2)}}\tan\frac{n_1\varphi_1}{2}\right)$ 上方符号用于外啮合，下方符号用于内啮合
瞬时传动比	i_{12}	$i_{12}=\omega_1/\omega_2=\frac{[1-\lambda_1\cos(n_1\varphi_1)]\sqrt{i^2-\lambda_1^2(i^2-1)}\pm\lambda_1[\lambda_1-\cos(n_1\varphi_1)]}{1-\lambda_1^2}$ 上方符号用于外啮合，下方符号用于内啮合

注：1. 当节曲线出现凹形时，必须验算在 $\rho_{\min}$ 凹处加工时插齿刀应有的齿数 z_0，并应按内啮合传动验算是否会发生过渡曲线干涉和齿廓重叠干涉。

2. 本表公式适用于高阶椭圆及一阶椭圆非圆齿轮的节曲线计算，但应注意区分内、外啮合的符号，并正确代入 i、n_1、n_2 的值。

表 4-2-10　　椭圆积分数值表 $E=\int_0^{\frac{\pi}{2}}\sqrt{1-k^2\sin^2\varphi}\,d\varphi$

arcsin$k$	E	arcsin$k$	E	arcsin$k$	E	arcsin$k$	E	arcsin$k$	E	arcsin$k$	E
0°	1.5708	15°	1.5442	30°	1.4675	45°	1.3506	60°	1.2111	75°	1.0764
1°	1.5707	16°	1.5405	31°	1.4608	46°	1.3418	61°	1.2015	76°	1.0686
2°	1.5703	17°	1.5367	32°	1.4539	47°	1.3329	62°	1.1920	77°	1.0611
3°	1.5697	18°	1.5326	33°	1.4469	48°	1.3238	63°	1.1826	78°	1.0583
4°	1.5689	19°	1.5283	34°	1.4397	49°	1.3147	64°	1.1732	79°	1.0408
5°	1.5678	20°	1.5238	35°	1.4323	50°	1.3055	65°	1.1638	80°	1.0401
6°	1.5665	21°	1.5191	36°	1.4248	51°	1.2963	66°	1.1545	81°	1.0388
7°	1.5649	22°	1.5141	37°	1.4171	52°	1.2870	67°	1.1453	82°	1.0278
8°	1.5632	23°	1.5090	38°	1.4092	53°	1.2776	68°	1.1362	83°	1.0223
9°	1.5611	24°	1.5037	39°	1.4013	54°	1.2681	69°	1.1272	84°	1.0172
10°	1.5589	25°	1.4981	40°	1.3931	55°	1.2587	70°	1.1184	85°	1.0127
11°	1.5564	26°	1.4924	41°	1.3849	56°	1.2492	71°	1.1096	86°	1.0086
12°	1.5537	27°	1.4864	42°	1.3765	57°	1.2397	72°	1.1011	87°	1.0053
13°	1.5507	28°	1.4803	43°	1.3680	58°	1.2301	73°	1.0927	88°	1.0026
14°	1.5476	29°	1.4740	44°	1.3594	59°	1.2206	74°	1.0844	89°	1.0008

2.3　互包络线机构的工作特点

互包络线机构是在接触处有滚有滑的高副机构，如齿轮机构、凸轮机构以及其他曲线廓形构件间的啮合传动。

（1）被包络线与包络线

如图 4-2-31，设共轭曲线 K_1、K_2 分别固结于一对瞬心线 C_1、C_2 上，当瞬心线绕轴心 O_1、O_2 以 ω_1、ω_2 转动时，共轭曲线 K_1、K_2 组成既滚又滑的高副。过 K_1、K_2 共轭接触点 M 的法线必通过此瞬时瞬心线 C_1、C_2 的接触点 P，即通过相对运动瞬心。

今对整个机构加上一个绕 O_2 的 $-\omega_2$，使从动件 C_2、K_2 静止不动，而主动件 C_1 沿 C_2 依次纯滚到 P'、P''、P''' 等位置；同时 K_1 沿 K_2 滚滑到 M'、M''、M'''等位置，可见 K_2 将包络各个位置的 K_1 曲线，称 K_2 为包络曲线，K_1 为被包络曲线。反之，K_1 将包络各个位置的 K_2 曲线，故 K_1、K_2 互相包络，称互包络线或共轭曲线。

可用 K_1 对 K_2 的推压传动来实现瞬心线机构 C_1、C_2 纯滚动时的瞬时传动比 $i_{12}=\dfrac{\omega_1}{\omega_2}=\dfrac{O_2P}{O_1P}$。

（2）滑动速度

K_1、K_2 在 M 点的相对滑动速度 $v_{M(K_1/K_2)}$ 等于其相对角速度（$\omega_1-\omega_2$）与接触点 M 至对应相对瞬心 P 间距离 PM 的乘积，其方向垂直于 PM：

$$v_{M(K_1/K_2)}=(\omega_1-\omega_2)PM=-v_{M(K_2/K_1)}$$

（3）压力角

从动件上接触点的受力方向（不计摩擦）和其绝对速度的方向间的夹角，为该点压力角。互包络线机构可在设计时控制其压力角 α_M 不超过一定的许用值来保证具有良好的传动特性。

（4）互包络线机构的运动条件

设 K_1、K_2 是在给定共轭运动下的一对互包络曲线。设共轭运动为 1、2 两构件绕 O_1、O_2 的转动 φ_1 和 $\varphi_2=\varphi_2(\varphi_1)$，以及 O_2 相对 O_1 的移动 $f=f(\varphi_1)$，$h=h(\varphi_1)$。此时互包络线 K_1、K_2 应满足下列三个运动条件（图 4-2-32）。

1）K_1、K_2 上的任一对对应共轭点，当处于共轭接触位置时，必须重合。即 $M_{01}(x_1, y_1)$ 转动 φ_1 时，$M_{02}(x_2, y_2)$ 点移动 f_0-f、h_0-h，并且又转动了 φ_2，两点将在 M 点 (x_{M1}, y_{M1})、(x_{M2}, y_{M2}) 接触。则

$$\begin{cases} x_1\cos\varphi_1-y_1\sin\varphi_1=x_{M1}=x_{M2}+f=x_2\cos\varphi_2+y_2\sin\varphi_2+f \\ x_1\sin\varphi_1+y_1\cos\varphi_1=y_{M1}=y_{M2}+h=-x_2\sin\varphi_2+y_2\cos\varphi_2+h \end{cases}$$

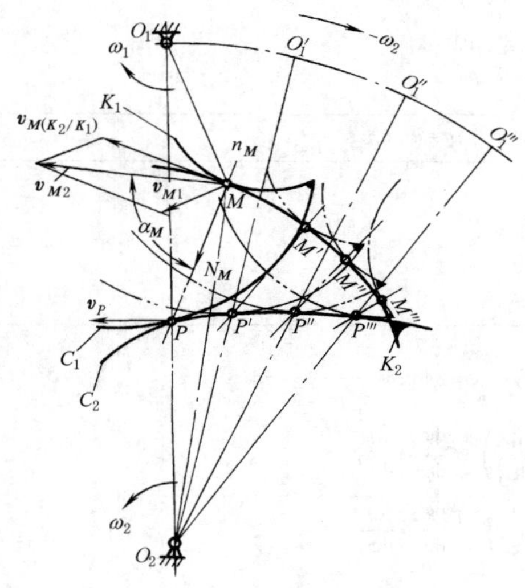

图 4-2-31　互包络线

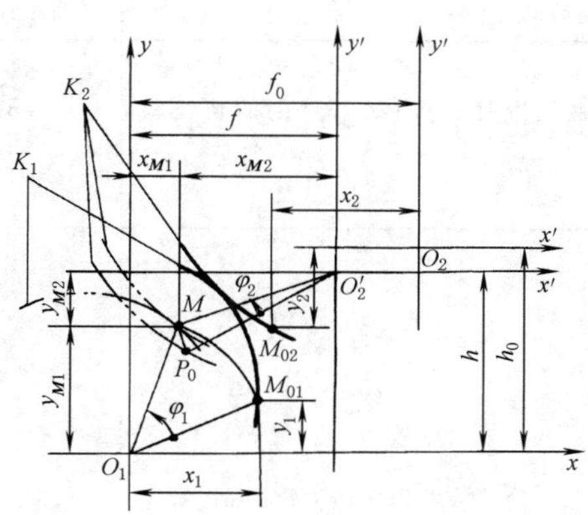

图 4-2-32　运动条件

2）K_1、K_2 两曲线在共轭接触点 M 处必须相切，即具有相同的斜率。

$$\left(\frac{\mathrm{d}y_1}{\mathrm{d}x_1}\right)_M=\frac{\dfrac{\mathrm{d}y_1}{\mathrm{d}x_1}+\tan\varphi_1}{1-\dfrac{\mathrm{d}y_1}{\mathrm{d}x_1}\tan\varphi_1}=\frac{\dfrac{\mathrm{d}y_2}{\mathrm{d}x_2}-\tan\varphi_2}{1+\dfrac{\mathrm{d}y_2}{\mathrm{d}x_2}\tan\varphi_2}=\left(\frac{\mathrm{d}y_2}{\mathrm{d}x_2}\right)_M$$

3）在共轭接触点 M 处，K_1、K_2 的相对滑动速度必沿着其公切线方向，或相对滑动速度必垂直于其公法线。

$$\frac{x_{M1}+\dfrac{\mathrm{d}\varphi_2}{\mathrm{d}\varphi_1}x_{M2}-\dfrac{\mathrm{d}h}{\mathrm{d}\varphi_1}}{-y_{M1}-\dfrac{\mathrm{d}\varphi_2}{\mathrm{d}\varphi_1}y_{M2}-\dfrac{\mathrm{d}f}{\mathrm{d}\varphi_1}}=\frac{\dfrac{\mathrm{d}y_1}{\mathrm{d}x_1}+\tan\varphi_1}{1-\dfrac{\mathrm{d}y_1}{\mathrm{d}x_1}\tan\varphi_1}$$

化简得：

$$\left[\left(h\frac{\mathrm{d}\varphi_2}{\mathrm{d}\varphi_1}-\frac{\mathrm{d}f}{\mathrm{d}\varphi_1}\right)\frac{\mathrm{d}y_1}{\mathrm{d}x_1}+f\frac{\mathrm{d}\varphi_2}{\mathrm{d}\varphi_1}+\frac{\mathrm{d}h}{\mathrm{d}\varphi_1}\right]\cos\varphi_1-\left[\left(f\frac{\mathrm{d}\varphi_2}{\mathrm{d}\varphi_1}+\frac{\mathrm{d}h}{\mathrm{d}\varphi_1}\right)\frac{\mathrm{d}y_1}{\mathrm{d}x_1}-h\frac{\mathrm{d}\varphi_2}{\mathrm{d}\varphi_1}+\frac{\mathrm{d}f}{\mathrm{d}\varphi_1}\right]\sin\varphi_1=\left(1+\frac{\mathrm{d}\varphi_2}{\mathrm{d}\varphi_1}\right)\left(x_1+y_1\frac{\mathrm{d}y_1}{\mathrm{d}x_1}\right)$$

2.4　互包络线机构的设计

互包络线机构的设计主要可归纳为两类问题。

① 按给定的主、从动件间运动规律，先求出能实现这种要求的瞬心线机构，然后通过瞬心线作出一对共轭的互包络线。非圆齿轮机构就是最典型的例子，先按瞬心线机构原理设计出一对非圆齿轮节线，然后再按互包络线机构原理设计其齿廓曲线。这对创设新型齿廓的齿轮传动很有用处。

② 按给定主、从动件间运动规律 $\varphi_2(\varphi_1)$ 或 $S_2(\varphi_1)$ 和被包络曲线 K_1，求与其共轭的包络曲线 K_2。凸轮廓线设计是这类的最典型的例子。凸轮机构从动件的接触形状（尖端、平底、滚子）即为给定的被包络曲线 K_1，凸轮廓线即为待求的包络曲线 K_2。在油泵的齿廓曲线设计、曲线廓形构件传动的廓线设计以及用互包络法（又称展成法）加工特殊形状零件的刀具设计中，都常用这类互包络线机构的设计原理。

(1) 互包络线机构的设计计算公式(运动学法)

表 4-2-11　　互包络线机构的设计计算公式

名称	计算公式及说明
K_1 的曲线方程式	给定:显式　$y=y(x)$ 或隐式　$F(x,y)=0$ 或参变量式　$\begin{cases}x=x(\theta)\\y=y(\theta)\end{cases}$
共轭运动	给定:$\varphi_2=\varphi_2(\varphi_1)$, $f=f(\varphi_1)$, $h=h(\varphi_1)$
K_1 曲线上任一点(x_1,y_1)处的切线斜率 m_1	$m_1=\dfrac{\mathrm{d}y_1}{\mathrm{d}x_1}=-\dfrac{\dfrac{\partial F}{\partial x_1}}{\dfrac{\partial F}{\partial y_1}}=\dfrac{\dfrac{\mathrm{d}y_1}{\mathrm{d}\theta}}{\dfrac{\mathrm{d}x_1}{\mathrm{d}\theta}}$
点(x_1,y_1)进入共轭接触位置 M 时,对应的转角 φ_1	$\varphi_1=\arccos\dfrac{W}{\sqrt{U^2+V^2}}-\delta$ 式中　$U=m_1\left(h\dfrac{\mathrm{d}\varphi_2}{\mathrm{d}\varphi_1}-\dfrac{\mathrm{d}f}{\mathrm{d}\varphi_1}\right)+f\dfrac{\mathrm{d}\varphi_2}{\mathrm{d}\varphi_1}+\dfrac{\mathrm{d}h}{\mathrm{d}\varphi_1}$ $V=m_1\left(f\dfrac{\mathrm{d}\varphi_2}{\mathrm{d}\varphi_1}+\dfrac{\mathrm{d}h}{\mathrm{d}\varphi_1}\right)-h\dfrac{\mathrm{d}\varphi_2}{\mathrm{d}\varphi_1}+\dfrac{\mathrm{d}f}{\mathrm{d}\varphi_1}$ $W=\left(1+\dfrac{\mathrm{d}\varphi_2}{\mathrm{d}\varphi_1}\right)(x_1+m_1y_1)$ $\delta=\arctan\dfrac{V}{U}$ 一般情况下 U、V、W、δ 是 φ_1 的函数,可利用逐次逼近法求得对应的 φ_1 值 当 U、V、W、δ 不是 φ_1 的函数时,在主值范围内得两个 φ_1 值。若 $\lvert W\rvert>\sqrt{U^2+V^2}$,则无解,表示点$(x_1,y_1)$不能进入共轭接触
点(x_1,y_1)进入共轭接触位置 M 时的坐标位置(x_{M1},y_{M1})	$x_{M1}=x_1\cos\varphi_1-y_1\sin\varphi_1$ $y_{M1}=x_1\sin\varphi_1+y_1\cos\varphi_1$
点(x_1,y_1)进入共轭接触位置 M 时,K_2 的对应转角 φ_2 及 f、h 值	由共轭运动条件得: $\varphi_2=\varphi_2(\varphi_1)$ $f=f(\varphi_1)$ $h=h(\varphi_1)$
与 K_1 曲线上点(x_1,y_1)共轭接触的 K_2 曲线上的对应点的坐标位置(x_2,y_2)	$x_2=x_1\cos(\varphi_1+\varphi_2)-y_1\sin(\varphi_1+\varphi_2)-f\cos\varphi_2+h\sin\varphi_2$ $y_2=x_1\sin(\varphi_1+\varphi_2)+y_1\cos(\varphi_1+\varphi_2)-f\sin\varphi_2-h\cos\varphi_2$
K_2 曲线上点(x_2,y_2)处的切线斜率 m_2	$m_2=\dfrac{\mathrm{d}y_2}{\mathrm{d}x_2}=\dfrac{(1-m_1\tan\varphi_1)\tan\varphi_2+(m_1+\tan\varphi_1)}{(1-m_1\tan\varphi_1)-(m_1+\tan\varphi_1)\tan\varphi_2}$

注:本表按外啮合情况给出公式,对内啮合时 φ_2 应以负值代入。

表 4-2-11 给出的公式是基于运动学法导出的,也可用包络法推出相应的计算公式为:

$$\begin{cases}F_1(x,y,\alpha)=0\\\partial F_1(x,y,\alpha)/\partial\alpha=0\end{cases}\tag{4-2-32}$$

第一式为被包络线族的方程,其中 α 为被包络线族的位置参数。消去二式中的 α,可得到包络线的方程 $F_2(x,y)=0$;如无法消去 α,则得到包络线的方程为 $x=x(\alpha)$、$y=y(\alpha)$。

(2) 互包络线机构的设计计算举例

表 4-2-12　　互包络线机构的设计计算举例

机构名称		内齿油泵齿廓线 $\left(i_{21}=\frac{6}{5}\right)$	旋转发动机廓线 $\left(i_{21}=\frac{3}{2}\right)$
简图		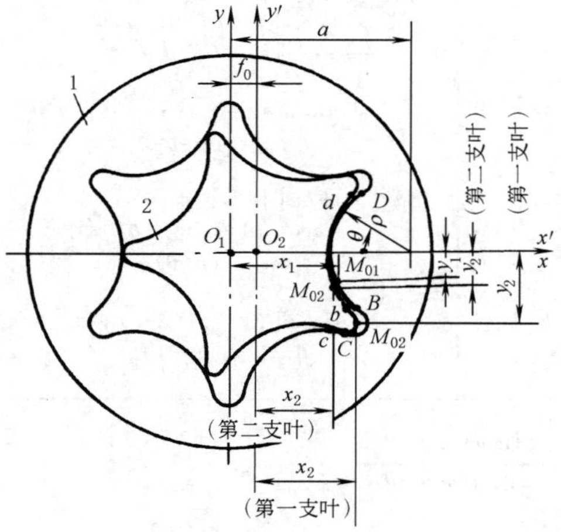	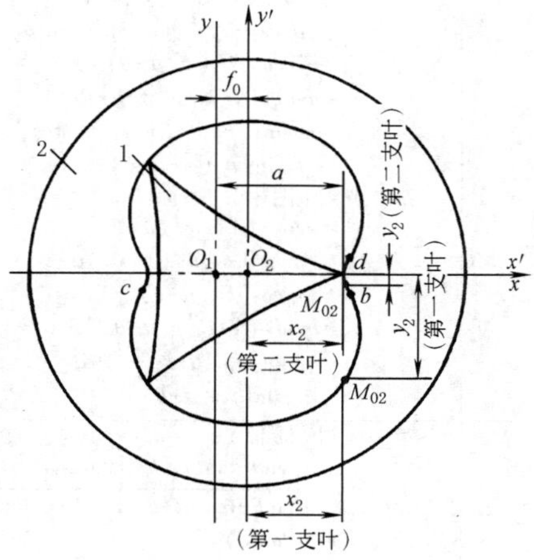
计算项目	K_1 曲线方程	给定参变量方程（泵体为圆弧曲线） $x_1=a-\rho\cos\theta, y_1=-\rho\sin\theta$	给定参变量方程（转子曲线锐化为一尖点） $x_1=a, y_1=0$
	共轭运动	给定 $\varphi_2=i_{21}\varphi_1$（$i_{21}$=常数。$i_{21}$ 为正值表示外啮合，负值表示内啮合） $f=f_0=$常数$\left(0<f_0<\left\lvert\frac{a(1+i_{21})}{i_{21}}\right\rvert\right), h=0$	
	m_1	$m_1=\frac{\mathrm{d}y_1}{\mathrm{d}x_1}=\frac{-\rho\cos\theta}{\rho\sin\theta}=-\frac{1}{\tan\theta}$	尖点处 m_1 可为任何值，设 $m_1=-\frac{1}{\tan\theta}$，其中 θ 为参变量
	φ_1	$U=f_0 i_{21}, V=-\frac{f_0 i_{21}}{\tan\theta}, W=a(1+i_{21})$ $\delta=\arctan\left(-\frac{1}{\tan\theta}\right)=\theta-\frac{\pi}{2}$ $\varphi_1=\arccos\frac{a(1+i_{21})\sin\theta}{f_0 i_{21}}-\theta+\frac{\pi}{2}$ 令 $\sin\mu=\frac{a(1+i_{21})\sin\theta}{f_0 i_{21}}$，且 $-\frac{\pi}{2}\leqslant\mu\leqslant\frac{\pi}{2}$，$\arccos(\sin\mu)=\pm\left(\frac{\pi}{2}-\mu\right)$ 则第一支叶：$\varphi_1=\pi-\mu-\theta$，第二支叶：$\varphi_1=\mu-\theta$ 备注：对曲线锐化为一尖点时，认为具有切线斜率为 $-\frac{1}{\tan\theta}$ 的尖点进入共轭接触位置	
	x_{M1} y_{M1}	第一支叶： $x_{M1}=-a\cos(\mu+\theta)+\rho\cos\mu$ $y_{M1}=a\sin(\mu+\theta)-\rho\sin\mu$ 第二支叶： $x_{M1}=a\cos(\mu-\theta)-\rho\cos\mu$ $y_{M1}=a\sin(\mu-\theta)-\rho\sin\mu$	第一支叶： $x_{M1}=-a\cos(\mu+\theta)$ $y_{M1}=a\sin(\mu+\theta)$ 第二支叶： $x_{M1}=a\cos(\mu-\theta)$ $y_{M1}=a\sin(\mu-\theta)$
	φ_2	第一支叶：$\varphi_2=i_{21}(\pi-\mu-\theta)$ 第二支叶：$\varphi_2=i_{21}(\mu-\theta)$	

续表

机构名称		内齿油泵齿廓线$\left(i_{21}=\dfrac{6}{5}\right)$	旋转发动机廓线$\left(i_{21}=\dfrac{3}{2}\right)$
计算项目	x_2 y_2	第一支叶(图中 bc 段曲线) $x_2=a\cos[(1+i_{21})(\pi-\mu-\theta)]-\rho\cos[-i_{21}\theta+(1+i_{21})(\pi-\mu)]-f_0\cos[i_{21}(\pi-\mu-\theta)]$ $y_2=a\sin[(1+i_{21})(\pi-\mu-\theta)]-\rho\sin[-i_{21}\theta+(1+i_{21})(\pi-\mu)]-f_0\sin[i_{21}(\pi-\mu-\theta)]$ 第二支叶(图中 db 段曲线) $x_2=a\cos[(1+i_{21})(\mu-\theta)]-\rho\cos[-i_{21}\theta+(1+i_{21})\mu]-f_0\cos[i_{21}(\mu-\theta)]$ $y_2=a\sin[(1+i_{21})(\mu-\theta)]-\rho\sin[-i_{21}\theta+(1+i_{21})\mu]-f_0\sin[i_{21}(\mu-\theta)]$	第一支叶(图中 bc 段曲线) $x_2=a\cos[(1+i_{21})(\pi-\mu-\theta)]-f_0\cos[i_{21}(\pi-\mu-\theta)]$ $y_2=a\sin[(1+i_{21})(\pi-\mu-\theta)]-f_0\sin[i_{21}(\pi-\mu-\theta)]$ 第二支叶(图中 db 段曲线) $x_2=a\cos[(1+i_{21})(\mu-\theta)]-f_0\cos[i_{21}(\mu-\theta)]$ $y_2=a\sin[(1+i_{21})(\mu-\theta)]-f_0\sin[i_{21}(\mu-\theta)]$
	m_2	第一支叶(bc 段) $m_2=\dfrac{[\tan\theta-\tan(\mu+\theta)]\tan[i_{21}(\pi-\mu-\theta)]-[1+\tan\theta\tan(\mu+\theta)]}{[\tan\theta-\tan(\mu+\theta)]+[1+\tan\theta\tan(\mu+\theta)]\tan[i_{21}(\pi-\mu-\theta)]}$ 第二支叶(db 段) $m_2=\dfrac{[\tan\theta+\tan(\mu-\theta)]\tan[i_{21}(\mu-\theta)]-[1-\tan\theta\tan(\mu-\theta)]}{[\tan\theta+\tan(\mu-\theta)]+[1-\tan\theta\tan(\mu-\theta)]\tan[i_{21}(\mu-\theta)]}$	

3 凸轮机构

凸轮机构是使从动件做预期规律运动的高副机构。其主要优缺点如下。

优点：①从动件的运动规律可以任意拟定，凸轮机构可用于对从动件运动规律要求严格的地方，也可以用于要求从动件做间歇运动的地方，其运动时间与停歇时间的比例以及停歇次数都可以任意拟定。可以高速启动，动作准确可靠。②只要设计相应的凸轮轮廓，就可以使从动件按拟定的规律运动。由于数控机床、计算机普遍应用，通过计算机辅助设计与制造，凸轮轮廓加工易于实现。

缺点：①在高副接触处难以保证良好的润滑，又因其比压较大，故容易磨损，为了保持必要的寿命，传递动力不能过大。②高速凸轮机构中，其高副接触处的动力学特性比较复杂，精确分析与设计都比较困难。

3.1 凸轮机构的术语及一般设计步骤

表 4-2-13　　术语及符号

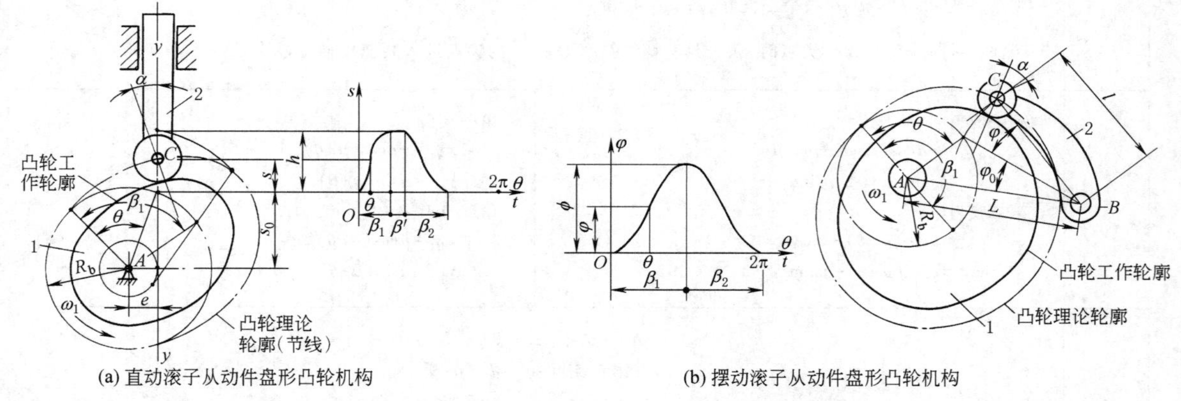

(a) 直动滚子从动件盘形凸轮机构　　(b) 摆动滚子从动件盘形凸轮机构

续表

术语及符号	定　义	术语及符号	定　义
凸轮	具有控制从动件运动规律的曲线轮廓(或沟槽)的构件,它可以是主动件,也可以是从动件①	回程运动角 β_2	在回程阶段,从动件由距凸轮转动中心最远位置回到最近位置时相应的凸轮转角
从动件	运动规律受凸轮轮廓控制的构件	从动件的位移 s、ϕ	从起始位置起,经过时间 t 或凸轮旋转 θ 角后,从动件移动的距离 s 或摆动的角度 ϕ
凸轮工作轮廓	直接与从动件接触的凸轮轮廓曲线	从动件的行程 h、ϕ	移动从动件由离凸轮转动中心最近的位置到最远位置的距离为推程;反之,移动从动件从最远位置到最近位置的距离为回程;移动从动件在推程或回程中移动的距离称为行程,用 h 表示。对于摆动从动件的行程则为摆动的角度 ϕ
凸轮机构的压力角 α	在从动件与凸轮的接触点上,从动件所受正压力方向(与凸轮廓线在该点的法线重合)与其速度方向之间所夹的锐角,也简称压力角		
基圆、基圆半径 R_b	以凸轮转动中心为圆心,以凸轮理论轮廓的最短向径为半径所画的圆称基圆;其半径称基圆半径	起始位置	从动件在距凸轮转动中心最近且刚开始运动时机构所处的位置,也即推程开始时的机构位置
凸轮理论轮廓(凸轮节线)	在从动件与凸轮的相对运动中,从动件上的参考点(从动件的尖端,或者滚子中心,或者平底中点,在图中为滚子中心 C)在凸轮平面上所画的曲线	偏距 e	直动从动件的移动方位线到凸轮转动中心的距离,其值有正负之分,当凸轮顺时针方向旋转而从动件位于 A 点左侧时 e 为正,这对减小 α 有利。反之 e 为负,对 α 不利。当凸轮逆时针旋转时,从动件位于 A 点左侧时,e 为负,反之为正
凸轮转角 θ	由起始位置开始,经过时间 t 后,凸轮转过的角度,通常凸轮做等速转动		
推程运动角 β_1	在推程阶段,从动件由离凸轮转动中心最近位置到达最远位置时相应的凸轮转角	摆杆长度 l	摆动从动件转动中心到滚子中心或尖端的距离
远(近)休止角 β'	从动件在距凸轮转动中心最远(近)的位置上停歇时相应的凸轮转角	中心距 L	摆杆转动中心到凸轮转动中心的距离

① 当以凸轮作为输出构件，而以另一形状简单的连架杆作为主动件时，称为反凸轮机构。

表 4-2-14　凸轮的一般设计步骤

步　骤	说　明	
1. 确定从动件的运动规律	主要根据从动件在机器中所要求完成的运动、凸轮转速以及加工凸轮轮廓的技术水平等确定 对于一般中等尺寸的凸轮机构,凸轮转速 n 大致划分为:低速($n\leqslant100$r/min)、中速(100r/min$<n<$200r/min)及高速($n\geqslant200$r/min)三种	
2. 确定凸轮机构的类型(包括封闭方式)及结构尺寸	根据凸轮轴与从动件的相对位置及其所占空间的大小,凸轮的转速,从动件的行程、重量及运动方式(移动或摆动)、载荷大小等条件来确定类型,可参考 3.2 节。然后再确定 e 或 L、l 等尺寸的大小	
3. 设计凸轮轮廓	滚子从动件凸轮	平底从动件凸轮
	(1)参考表 4-2-17 确定许用压力角的大小 (2)参考 3.4 节确定 R_b、R_r 及滚子轴径 r (3)按表 4-2-19 或表 4-2-29、表 4-2-31 用 CAD 图解法或解析法设计凸轮轮廓 (4)按表 4-2-31 检查 α_{max} 是否过大,ρ_{Cmin} 是否过小	参考 3.7 节 (1)确定或拟定 R_b、e 等 (2)按表 4-2-19 或表 4-2-34、表 4-2-35 用 CAD 图解法或解析法设计凸轮廓线 (3)按表 4-2-35 求出 ρ_{min},检查 ρ_{min} 是否过小
4. 设计凸轮结构,选择材料、尺寸公差、表面粗糙度,画工作图等		
5. 其他	根据需要(例如对于高速凸轮机构)进行运动分析、动态静力分析、动力学分析以及试验分析等,然后修正设计。若用弹簧,则为设计弹簧提供数据	

注：1. 当对从动件仅有行程大小要求时，可采用便于加工的简单几何曲线（如圆弧、直线等）作为凸轮廓线。
2. ρ_{Cmin}—凸轮理论轮廓最小曲率半径；ρ_{min}—凸轮工作轮廓最小曲率半径。

3.2 凸轮机构的基本型式及封闭方式

表 4-2-15

凸轮机构的基本型式及特点

<table>
<tr><td rowspan="2"></td><td colspan="3">盘形凸轮机构</td><td colspan="2">移动凸轮机构</td></tr>
<tr><td>对心直动从动件</td><td>偏置直动从动件</td><td>摆动从动件</td><td>直动从动件</td><td>摆动从动件</td></tr>
<tr><td>平面凸轮机构</td><td>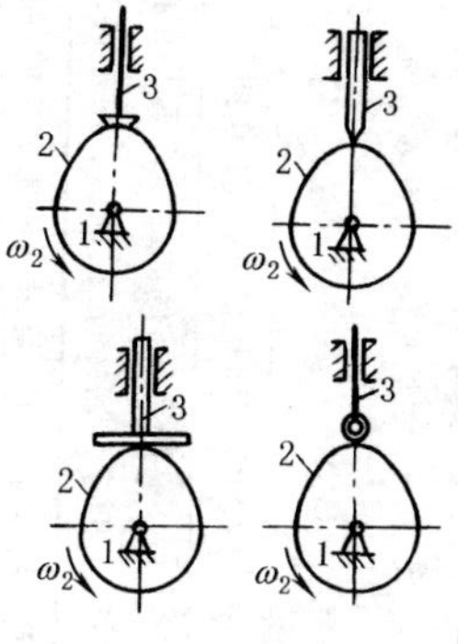</td><td>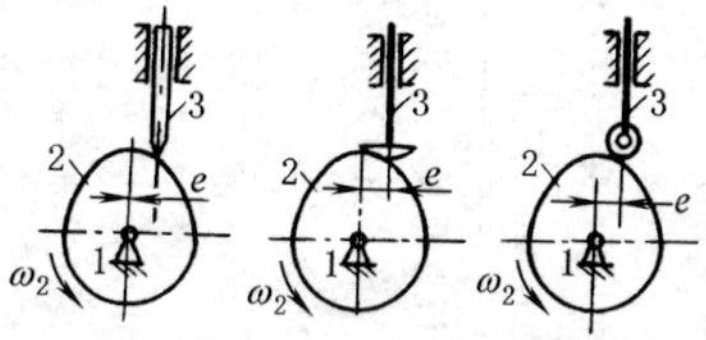
偏置可以改善关键位置的受力情况，但其他位置就要差些；设计比较复杂，制造安装的要求较高。ω 的方向使从动件实现推程运动时，e 的偏向为有利偏置，反之为不利偏置，大小要适当，可根据凸轮机构结构及受力情况等条件确定，建议其 $e \leqslant R_h/4$
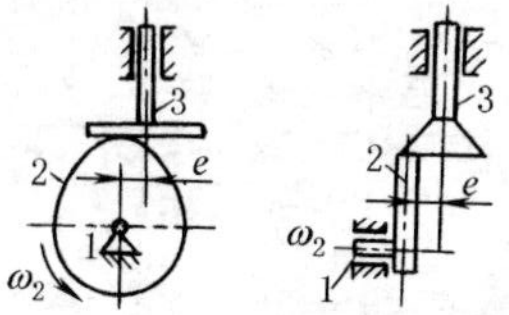
偏置不影响 3 的运动，但影响导路受力情况，平底直动从动件凸轮机构的压力角为恒值
右图平底磨损分散，但 e 不能过大</td><td>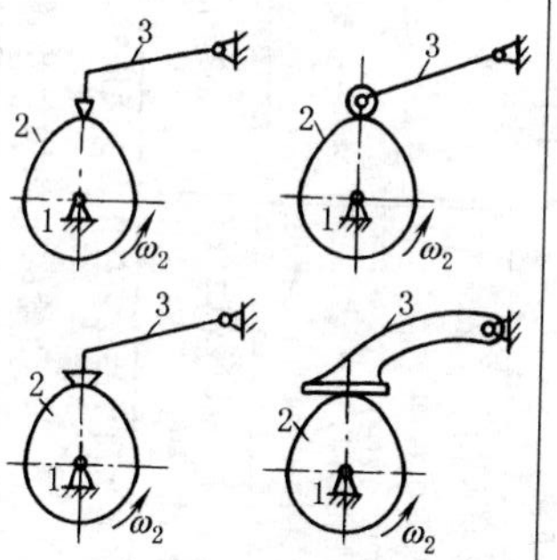
摆动从动件比直动从动件的摩擦阻力小，因而许用压力角较大，机构体积小，结构简单、制造容易，故应用较广；但按参数正确设计的方法比较复杂</td><td>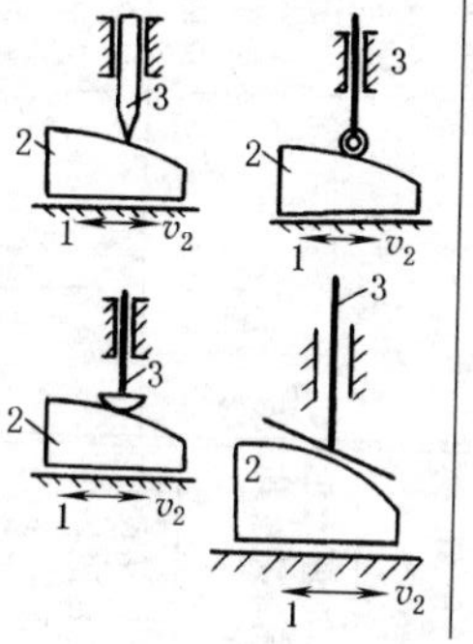</td><td>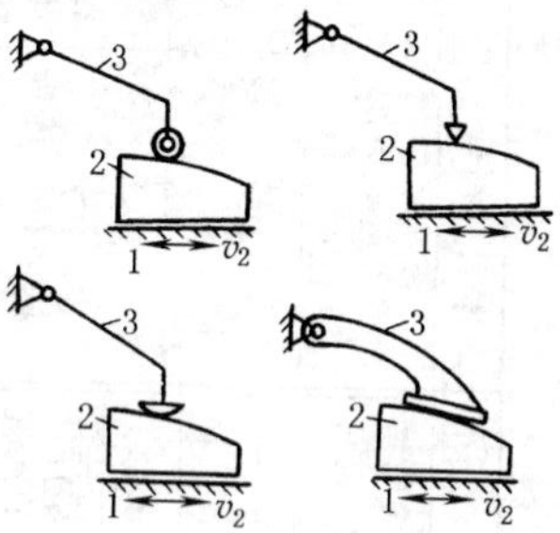</td></tr>
<tr><td></td><td></td><td></td><td></td><td colspan="2">从动件、移动凸轮设计、制造简单，精度较高，但因凸轮做往复移动，故不宜用在高速场合
右图，从动件受力情况好，不易自锁；当从动件的速度 v_3 与 v_2 正交时，是摆杆的最高位置</td></tr>
</table>

续表

<table>
<tr><td rowspan="2">空间凸轮机构</td><td colspan="2">直动滚子从动件圆柱或圆锥凸轮机构 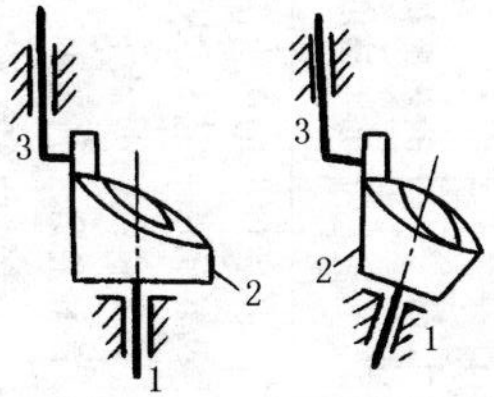</td><td colspan="2">摆动滚子从动件圆柱凸轮机构 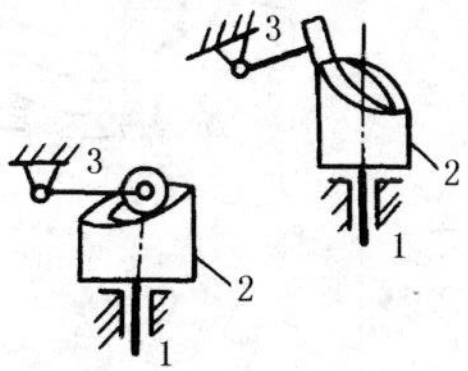</td></tr>
<tr><td colspan="4">空间凸轮机构特点：①从动件的运动平面与凸轮的运动平面互相垂直或成一角度（平面凸轮机构中二者互相平行）；②与平面凸轮机构比较，从动件能完成的移动行程较大，而能完成的摆角较小</td></tr>
<tr><td rowspan="2">从动件类型</td><td>1. 尖端从动件</td><td>2. 滚子从动件</td><td>3. 曲面从动件</td><td>4. 平底从动件</td></tr>
<tr><td> 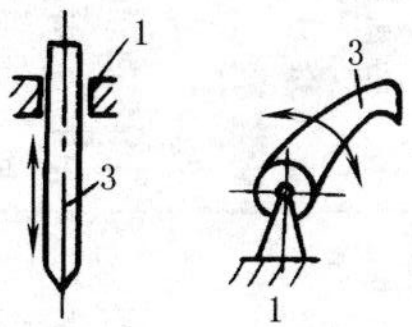结构简单，不论基圆半径大小如何，尖端总能与凸轮轮廓上的点依次接触。但易磨损，磨损后，使从动件运动失真。用于低速及受力不大的场合</td><td> 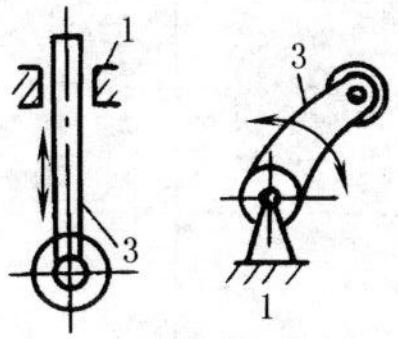耐磨损，可传递较大的动力，但结构复杂，尺寸重量大，不易润滑，滚子轴常受结构限制，强度较低。广泛应用于低速和中速，其改进结构可用于高速</td><td> 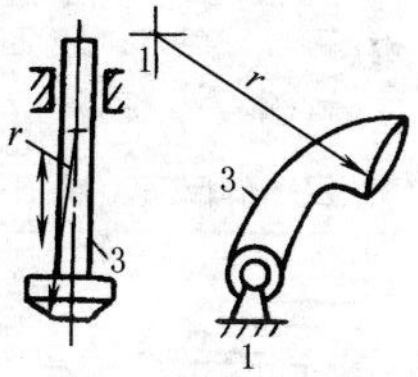$r=250\sim7500\text{mm}$
在有机构变形或安装偏差情况下不改变其接触状态，可避免用滚子或平底时因偏斜而使载荷集中、应力增高的缺点</td><td> 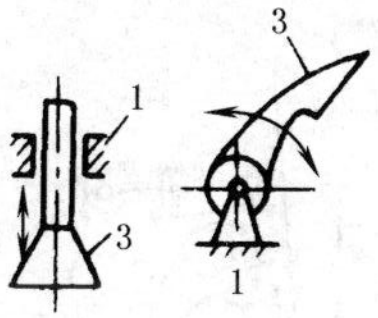多数平底与其速度方向垂直，因此受力情况好，传动效率高，与凸轮接触面间易形成楔形油膜，易润滑，结构维护简单、体积小，重量轻，但不能与内凹或直线轮廓工作，且平底不能太长。多用于高速小型凸轮机构</td></tr>
</table>

表 4-2-16　凸轮机构的封闭方式

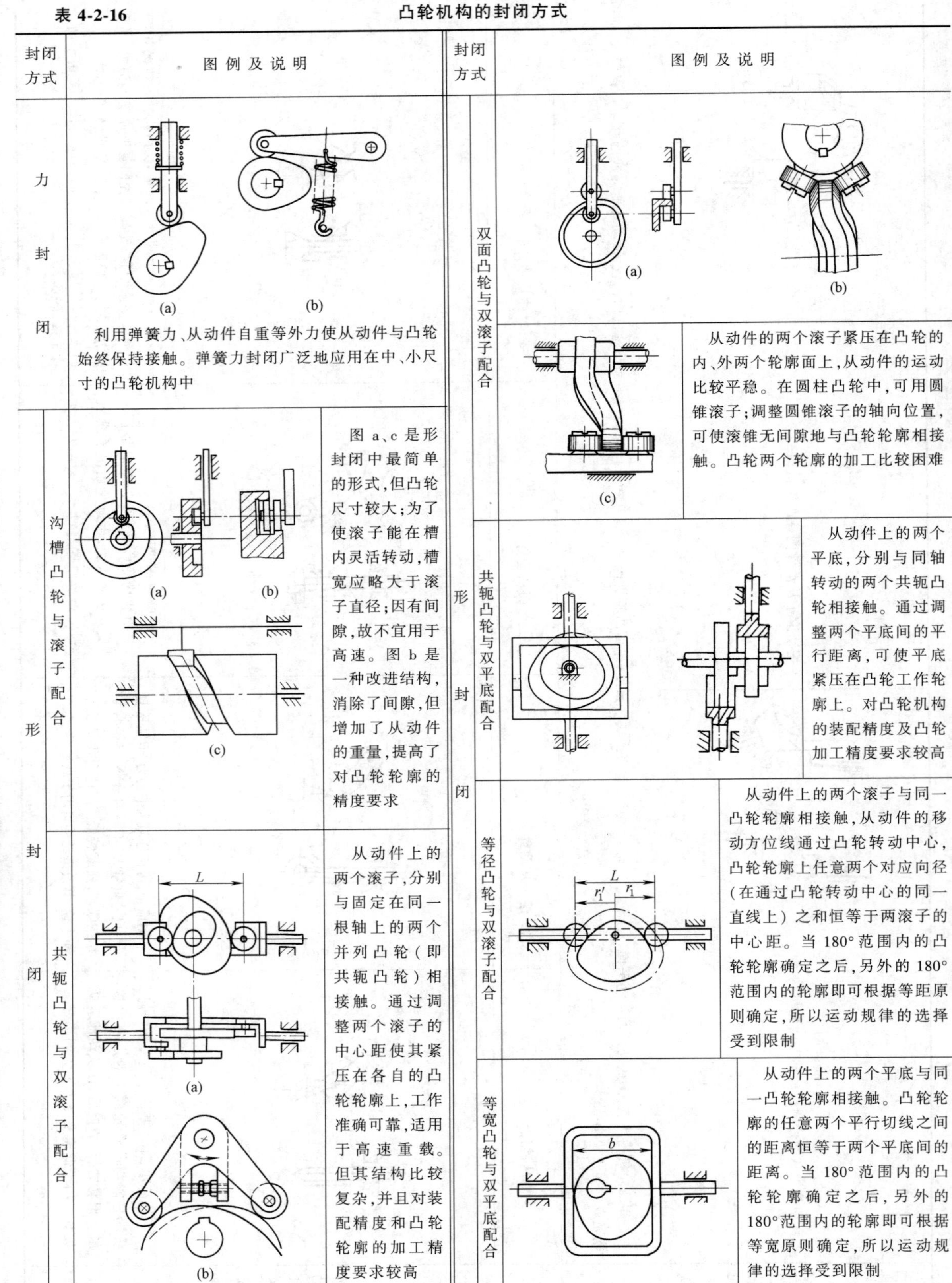

封闭方式		图例及说明
力封闭		(a)　(b) 利用弹簧力、从动件自重等外力使从动件与凸轮始终保持接触。弹簧力封闭广泛地应用在中、小尺寸的凸轮机构中
形封闭	沟槽凸轮与滚子配合	(a)　(b)　(c) 图 a、c 是形封闭中最简单的形式,但凸轮尺寸较大;为了使滚子能在槽内灵活转动,槽宽应略大于滚子直径;因有间隙,故不宜用于高速。图 b 是一种改进结构,消除了间隙,但增加了从动件的重量,提高了对凸轮轮廓的精度要求
形封闭	共轭凸轮与双滚子配合	(a)　(b) 从动件上的两个滚子,分别与固定在同一根轴上的两个并列凸轮(即共轭凸轮)相接触。通过调整两个滚子的中心距使其紧压在各自的凸轮轮廓上,工作准确可靠,适用于高速重载。但其结构比较复杂,并且对装配精度和凸轮轮廓的加工精度要求较高
形封闭	双面凸轮与双滚子配合	(a)　(b)　(c) 从动件的两个滚子紧压在凸轮的内、外两个轮廓面上,从动件的运动比较平稳。在圆柱凸轮中,可用圆锥滚子;调整圆锥滚子的轴向位置,可使滚锥无间隙地与凸轮轮廓相接触。凸轮两个轮廓的加工比较困难
形封闭	共轭凸轮与双平底配合	从动件上的两个平底,分别与同轴转动的两个共轭凸轮相接触。通过调整两个平底间的平行距离,可使平底紧压在凸轮工作轮廓上。对凸轮机构的装配精度及凸轮加工精度要求较高
形封闭	等径凸轮与双滚子配合	从动件上的两个滚子与同一凸轮轮廓相接触,从动件的移动方位线通过凸轮转动中心,凸轮轮廓上任意两个对应向径(在通过凸轮转动中心的同一直线上)之和恒等于两滚子的中心距。当 180°范围内的凸轮轮廓确定之后,另外的 180°范围内的轮廓即可根据等距原则确定,所以运动规律的选择受到限制
形封闭	等宽凸轮与双平底配合	从动件上的两个平底与同一凸轮轮廓相接触。凸轮轮廓的任意两个平行切线之间的距离恒等于两个平底间的距离。当 180°范围内的凸轮轮廓确定之后,另外的 180°范围内的轮廓即可根据等宽原则确定,所以运动规律的选择受到限制

3.3 凸轮机构的压力角

压力角关系到凸轮机构传动时受力情况是否良好和凸轮尺寸是否紧凑。

在一定载荷和机构的运动规律确定以后，压力角愈大，一方面可使凸轮的基圆半径变小，从而使凸轮尺寸较小；另一方面又会使机构受力情况变坏，不但使凸轮与从动件之间的作用力增大，而且使导路中的摩擦力相对地增大。当压力角大到某一临界值 α_c 时，机构将发生自锁。在设计中，如果对机构尺寸没有严格要求时，可将基圆半径选大一些，以便减小压力角，使机构有良好的受力条件；反之若要求尽量减小凸轮尺寸时，所用基圆半径，应保证其最大压力角不超过许用值 α_p，以及最小曲率半径 ρ_{min} 大于一定值，以免工作轮廓曲线过切而引起运动失真。对于直动滚子从动件盘形凸轮机构，有可能出现最大压力角的位置有三处：推程中部、近休止位置（远休止时的压力角永远小于近休止时的压力角）、回程中部。对于摆动从动件，除上述三个位置外，还有远休止位置。凸轮机构的结构、尺寸及运动参数确定后，凸轮机构的压力角值也是随着凸轮转角的变化而变化的（平底直动从动件除外）。

各种凸轮机构的压力角 α 的计算公式见表 4-2-31、表 4-2-32、表 4-2-35。尖端从动件盘形凸轮机构的受力分析、临界压力角 α_c 和许用压力角 α_p 的公式和数据见表 4-2-17。

表 4-2-17　尖端从动件盘形凸轮的受力分析及临界压力角 α_c、许用压力角 α_p

受力图	计算公式	
	作用力 $F=\dfrac{Q}{\cos(\alpha+\varphi_2)-\mu_1\left(1+\dfrac{2l}{b}\right)\sin(\alpha+\varphi_2)}$ 临界压力角 $\alpha_c=\arctan\dfrac{1}{\mu_1\left(1+\dfrac{2l}{b}\right)}-\varphi_2$ 提高 α_c 的措施： ① 降低摩擦因数（用滚动代替滑动、加强润滑等） ② 加长导路长度 b，减少从动件悬伸 l ③ 提高构件刚度，减少运动副间隙	Q—从动件承受的载荷（包括从动件自重、生产阻力及弹簧压力等）； μ_1——从动件与导路间的摩擦因数； φ_2——从动件与凸轮间的摩擦角； α_c——发生自锁时的压力角，称临界压力角

直动尖端从动件盘形凸轮 α_c 值举例

$\mu(\mu=\mu_1=\mu_2=\tan\varphi_2)$			l/b 1/2	1	2
钢对钢、钢对铸铁、钢对青铜、铸铁对铸铁、铸铁对青铜	有润滑剂时动、静摩擦因数的概略值	0.1	73°	68°	58°
钢对钢、钢对青铜	无润滑剂时动、静摩擦因数的概略值	0.15	65°	57°	45°
钢对软钢、软钢对铸铁		0.2	57°	48°	34°
钢对铸铁		0.3	42°	31°	17°

尖端摆动从动件盘形凸轮的受力分析及临界压力角 α_c

受力图	计算公式
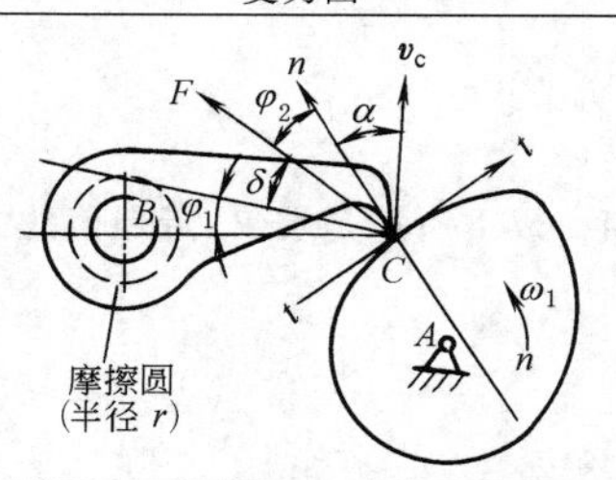	$\alpha+\varphi_2+\varphi_1+\delta=\dfrac{\pi}{2}$，$\alpha$ 的计算公式见表 4-2-31 当 α 增大时，δ 角减小；当 $\delta=0$ 时，则力 F 切于轴 B 的摩擦圆，机构自锁。此时的 α 即为临界压力角 α_c，α_c 与两处摩擦角有关 $\alpha_c=\dfrac{\pi}{2}-\varphi_1-\varphi_2$ φ_1 为从动件与轴 B 之间的摩擦角，设摩擦圆半径为 r，则 $\varphi_1=\arcsin(r/BC)\approx\arctan(4\mu/\pi)$

许用压力角 α_p 的概略值

从动件种类	推程 α_{p1}	回程 α_{p2} 力封闭	回程 α_{p2} 形封闭
直动从动件	≤30°，当要求凸轮尽可能小时，可用到 45°	≤70°~80°	≤30°（可用到 45°）
摆动从动件	≤35°~45°	≤70°~80°	≤35°~45°

3.4 基圆半径 R_b、圆柱凸轮最小半径 R_{min} 和滚子半径 R_r

3.4.1 基圆半径 R_b 对凸轮机构的影响

表 4-2-18　　R_b 过大和过小的影响

<table>
<tr><td rowspan="2">R_b 过大</td><td>优点</td><td>改善凸轮机构受力情况</td></tr>
<tr><td>缺点</td><td>1. 使凸轮机构尺寸增大
2. 使凸轮廓线长度增加,在设计时要增加分点,在加工时要增多精确切削点,增大加工费用,使用时增加滚子转速(易使滚子早期磨损)
3. 使凸轮的圆周速度增加,加剧了凸轮廓线的偏差对从动件加速度的影响
4. 使凸轮轴上的不平衡重量增加,容易加剧机器在高速时的振动</td></tr>
<tr><td rowspan="2">R_b 过小</td><td>优点</td><td>减小了凸轮尺寸</td></tr>
<tr><td>缺点</td><td>1. 使压力角增大,机构受力情况变坏,甚至会发生自锁
2. 使凸轮廓线的曲率半径变小,影响到滚子半径也要变小(接触应力增大),滚子轴变细(强度降低),还容易使从动件运动规律失真
3. 使凸轮轴直径过小而引起轴的强度和刚度不够</td></tr>
</table>

3.4.2 确定 R_b、R_{min} 的方法

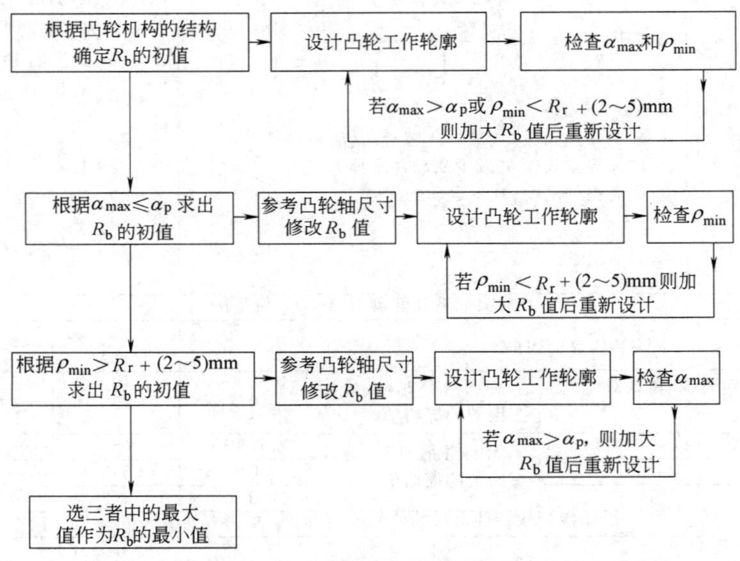

图 4-2-33　确定基圆半径的方法

(1) 根据 $\alpha_{max}\leqslant\alpha_p$ 确定 R_b、R_{min} 的初值

由于 α_p 的值通常是不精确的，所以根据 α_p 确定的 R_b 值也是近似值。以下所述是求 R_b 近似值的方法。

1) 用诺谟图求盘形凸轮 R_b　图 4-2-34a 的使用说明：

① 由 V_m、α_{max}、h、β_1 值从图中查出 R_W 后，按 $R_b=R_W-\dfrac{h}{2}$求出 R_b。

图中 V_m 为最大速度因数，其值见表 4-2-21、表 4-2-24、表 4-2-25。

② 此图用于对心直动从动件凸轮，在 $h\leqslant R_b$ 的情况下是足够准确的。

③ 此图也可近似用于偏置直动从动件凸轮（即不考虑偏距）。此时所得 R_b 值对于有利偏置比较安全。而对于不利偏置则使得推程最大压力角较大。若考虑偏置，可将由此图查得的 R_b 值乘以修正系数 k：

$$k=\left[\left(1\mp\frac{e}{R_{\rm b}\tan\alpha_{\rm p}}\right)^2+\left(\frac{e}{R_{\rm b}}\right)^2\right]^{1/2} \tag{4-2-33}$$

式中，上方符号用于有利偏置，下方符号用于不利偏置。

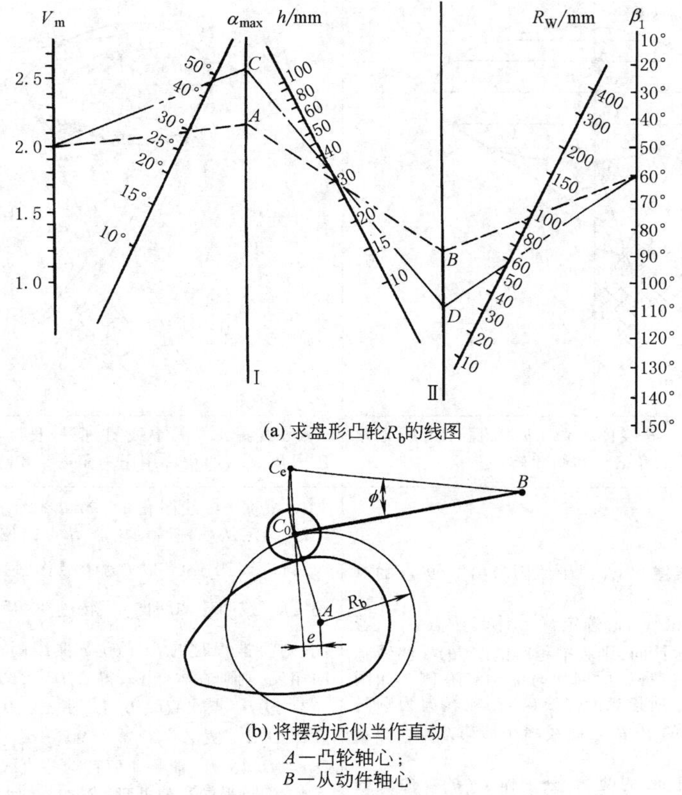

(a) 求盘形凸轮R_b的线图

(b) 将摆动近似当作直动
A—凸轮轴心；
B—从动件轴心

图 4-2-34　根据 $\alpha_{max}\leqslant\alpha_p$ 确定 R_b、R_{min} 的初值

④ 对于摆动从动件，可近似当作移动从动件处理，如图 4-2-34b 把弦线 C_0C_e 当作移动方位线；对相当于对心者，根据 $\alpha_p=45°$由图 4-2-34a 求 R_b 值；对相当于偏置者，可先按对心处理，再乘以修正系数 k。

例 1　对心直动从动件在推程时以摆线规律运动，$\beta_1=60°$，$h=30$mm，$\alpha_p=30°$，求 R_b。

解　由表 4-2-21 知：摆线规律的最大速度因数 V_m 为 2，在图 4-2-34a 中，将 $V_m=2$ 与 $\alpha_{max}=30°$的两点连线（如虚线表示），与直线Ⅰ相交于 A，又将 A 点与 $h=30$mm 的点相连，连线与直线Ⅱ相交于 B，再将 B 点与 $\beta_1=60°$的点相连，连线交 R_W 线于 $R_W=100$mm 处。故 $R_b=R_W-\dfrac{h}{2}=85$mm（采用此值后，最大压力角值为 30.037°）。

例 2　同例 1，但具有有利偏距 $e=8.5$mm。

解　1. 近似地按无偏置处理，取上例计算结果 $R_b=85$mm。

2. 考虑偏置必须进行修正，当 $e/R_b=\dfrac{8.5}{85}=0.1$ 时，由式（4-2-33）求得 $k=0.83$，故 $R_b=85\text{mm}\times0.83\approx71$mm（采用此值后，推程最大压力角值为 29.98°）。

如取同值不利偏置，求得 $k=1.177$、$R_b=100.1$mm。

例 3　已知一摆动滚子从动件盘形凸轮机构，从动件推程按抛物线规律运动，$\phi=20°$，$l=90$mm，$\alpha_p=45°$，$\beta_1=60°$，求 R_b。

解　把滚子中心 C 的轨迹（圆弧）所对的弦长 C_0C_e 当作直动从动件的行程，故 $h=2\times l\sin\dfrac{\phi}{2}=2\times90\times\sin10°=31.25$mm。然后用例 1 所述的方法（这里 α_{max} 取作 45°）求得 $R_W=55$mm。故 $R_b=R_W-\dfrac{h}{2}=55-15.7\approx40$mm（此解没有考虑偏置，采用此值后，推程最大压力角值 为 46.138°）。

2）CAD 图解法求盘形凸轮 R_b 的通用方法（适用于任何运动规律，求得结果是可行域）

表 4-2-19　　CAD 图解法求盘形凸轮 R_b 的通用方法

名称	直动从动件	摆动从动件
图例	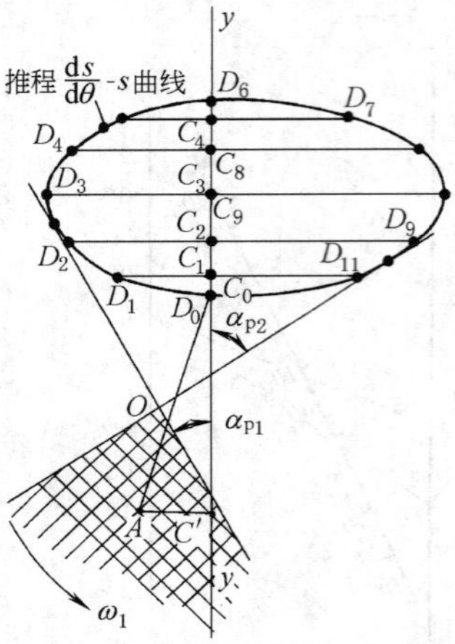	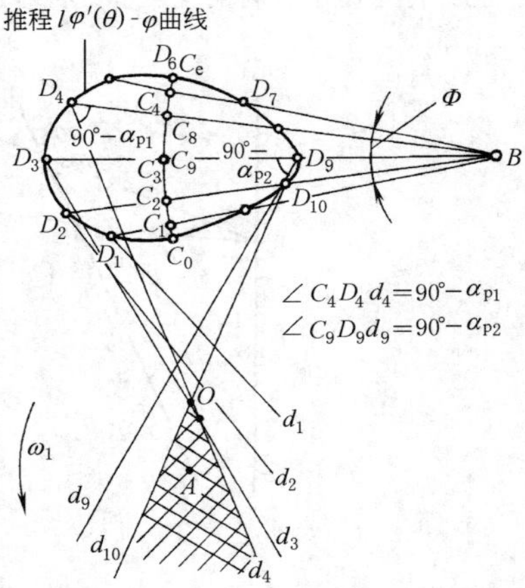
已知	s-θ 线图，$s'(\theta)$-θ 线图，行程 h，推程许用压力角 α_{p1}，回程许用压力角 α_{p2} 和凸轮转向	φ-θ 线图，$\varphi'(\theta)$-θ 线图，摆杆长度 l，摆角行程 Φ，推程许用压力角 α_{p1}，回程许用压力角 α_{p2} 和凸轮转向
作图步骤	1. 根据 s-θ 线图和 $s'(\theta)$-θ 线图求出 $s'(\theta)$-s 的对应关系 2. 画移动方位线 yy，选定从动件起始点 C_0。若凸轮转向为逆时针向，则将推程时的 $s'(\theta)$-s 曲线画在移动方位线的左侧，而回程时的画在右侧。如图中 D_0、D_1、D_2、…所连成的曲线（当凸轮转向为顺时针方向时，推程的 $s'(\theta)$-s 曲线画在移动方位线的右侧） 3. 在移动方位线的两侧，分别作 $s'(\theta)$-s 曲线的下半部分的切线，并使之与移动方位线成 α_{p1} 和 α_{p2} 角；两切线相交于 O 点；并形成图中有方格的区域，凸轮转动轴心应选在这个区域内 4. 过 C_0 点，作许用压力角线（包括正负偏置），凸轮中心应选在该线以内的方格区域内	1. 根据 φ-θ 线图和 $\varphi'(\theta)$-θ 线图求出 $l\varphi'(\theta)$-φ 的对应关系 2. 确定从动件转动中心 B 点的位置，并确定 A 点的大致方位；再以 B 为圆心，以 l 为半径作圆弧 $\widehat{C_0C_e}$。将推程时 C 点的速度 v_C 按凸轮的转向 ω_1 转过 90°后，其方向若指向 $\widehat{C_0C_e}$ 的外侧，则将推程时的 $l\varphi'(\theta)$-φ 曲线画在 $\widehat{C_0C_e}$ 的外侧（若凸轮转向相反，则画在内侧）。得 C_1D_1，C_2D_2，… 3. 过 D_1 点作直线 D_1d_1，使 $\angle C_1D_1d_1=90°-\alpha_{p1}$；同样，过 D_2 点作 D_2d_2，使 $\angle C_2D_2d_2=90°-\alpha_{p1}$ …，得一系列直线 D_1d_1，D_2d_2，D_3d_3，…，轴心 A 应在这些直线的左下方 4. 对回程做相似处理（例如，在回程时的 $l\varphi'(\theta)$-φ 曲线上，过 D_9 作直线 D_9d_9 使 $\angle C_9D_9d_9=90°-\alpha_{p2}$），得到一系列直线（如 D_9d_9，$D_{10}d_{10}$，…），轴心 A 应在这些直线的右下方 5. 综合上述，可找出同时满足上述两种条件的区域（如图中有方格的区域），轴心位置应选在这个区域内。如图中选在 A 点 6. 检查 C_0 处和 C_e 处的压力角是否超过许用值。若超过，另选 A 点

3）圆柱凸轮的最小半径 R_{min} 的确定　R_{min} 是指滚子和沟槽侧面接触时，凸轮上与滚子接触的最小圆柱体的半径。其值可由式（4-2-34）求得

$$R_{min}=f\frac{h}{\beta_1} \tag{4-2-34}$$

式中，凸轮尺寸系数 f 的值，可根据从动件运动规律和最大压力角（可取许用压力角 α_p）由图 4-2-35 查得。适用于轴向直动从动件圆柱凸轮，也可近似应用于摆动从动件圆柱凸轮。

圆柱凸轮的相应外径为

$$R_e=R_{min}+b \tag{4-2-35}$$

式中　b——滚子宽度。

例　轴向直动从动件圆柱凸轮机构的从动件在推程时按简谐规律运动，$\beta_1=90°$，$h=30\text{mm}$，$\alpha_p=30°$，求 R_{min}。

解　在图 4-2-35 中，在 $\alpha_{max}=30°$ 处作垂线，与简谐运动的凸轮尺寸系数曲线相交，交点的纵坐标 $f=2.8$，故

$$R_{min}=2.8\times30\Big/\frac{\pi}{2}\approx54\text{mm}$$

（2）根据凸轮结构确定 R_b、R_{min} 的初值

表 4-2-20　　凸轮与轴的连接方式及 R_b、R_{min} 的计算公式

类别	盘形凸轮		圆柱凸轮	
	凸轮与轴一体	凸轮装在轴上	凸轮与轴一体	凸轮装在轴上
简图	R_s　R_b　R_r	R_b　R_h　R_r	R_{min}　R_s	R_{min}　R_h
公式	$R_b \geqslant R_s+R_r+(2\sim5)$mm　$R_b \geqslant R_h+R_r+(2\sim5)$mm　$R_{min} \geqslant R_s+(2\sim5)$mm　$R_{min} \geqslant R_h+(2\sim5)$mm R_s——凸轮轴半径，mm；R_h——凸轮轮毂半径，mm			

对于摆动从动件盘形凸轮机构（图 4-2-36），其基圆半径除了满足表 4-2-20 中条件外，通常，还应满足：

$$R_{max}+R_{h2}<L$$

式中　R_{max}——凸轮廓线最大向径；

　　　R_{h2}——从动件的轮毂半径。

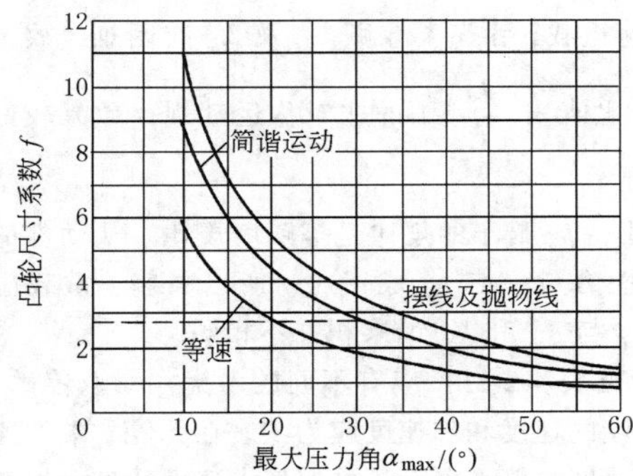

图 4-2-35　圆柱凸轮尺寸系数 f

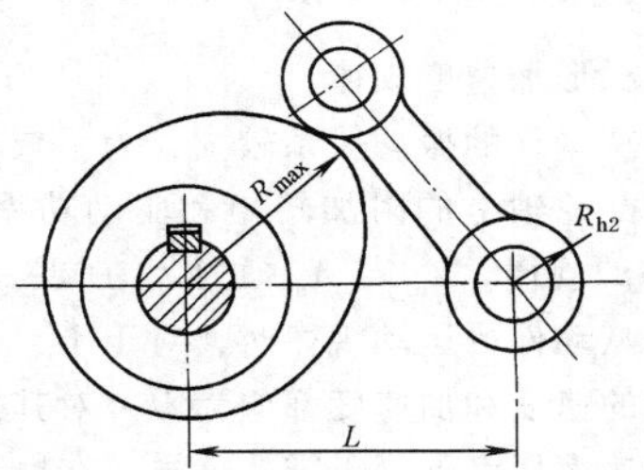

图 4-2-36　摆动从动件盘形凸轮机构的常见结构

当从动件的回转轴和凸轮的回转轴分别在凸轮端面的两侧时，则不必满足上述关系。

（3）凸轮工作轮廓的最小曲率半径 ρ_{min} 与 R_b 的关系

凸轮廓线的曲率半径 ρ 的计算公式见表 4-2-31、表 4-2-35，ρ 的表达式是包含机构基本尺寸、运动规律的超越方程或高次代数方程，需要根据相应公式编制软件后在计算机上进行求解，常用数值解法。对平底从动件凸轮机构要求 $\rho>0$ 而不内凹；对滚子从动件凸轮机构，要求 $\rho_{min}>(2\sim3)R_r$，以保证凸轮工作廓线不过切及从动件运动不失真，并限制接触应力不过大。

各参数对 ρ_{min} 有何种影响，有以下参考结论：①凸轮廓线的曲率半径 ρ 及 ρ_{min} 随着基圆半径 R_b 的增大而增大；②直动从动件凸轮机构偏置 e 对 ρ_{min} 的影响很小；③对摆动从动件凸轮机构，中心距 L 对 ρ_{min} 的影响随着升程运动角 β 的增大而逐渐减小，当 β 大于一定值后，$\rho_{min}\approx R_b$（简谐运动规律除外）；④当 β 较小时，ρ_{min} 出现在最大减速度处，而当 β 增大到某一值后，ρ_{min} 发生在 S（或 Ψ）为零附近；⑤在 R_b 一定的情况下，随着从动件升程 h、Ψ 的增大，ρ_{min} 的变化较大。

3.4.3　滚子半径 R_r 的确定

R_r 值必须满足的条件如下：

① 保证从动件运动不失真并限制接触应力　　　　$R_r \leqslant (0.3\sim0.5)\rho_{Cmin}$

② 使凸轮结构比较合理　　$R_r \leqslant 0.4R_b$

③ 保证滚子结构合理及滚子轴强度足够　　$R_r \geqslant (2\sim3)r$，r 为滚子轴半径

3.5 从动件运动规律及其方程式

3.5.1 从动件运动规律

V_m、A_m、J_m 分别表示无量纲运动参数中的最大速度、最大加速度和最大跃度，称为运动规律的特性值，也可用下角标 max 表示。表 4-2-21 列出了不同运动规律的特性值供合理选择运动规律参考。一般应避免由于速度突变引起的刚性冲击和加速度突变引起的柔性冲击。目前常用的有多项式运动规律和组合运动规律。要求 V_m、A_m、J_m 和 $(AV)_m$ 都是最小值的运动规律是没有的，应根据不同的工作情况进行合理选择，下列原则可供参考。

1）高速轻载。各特性值大体可按 A_m、V_m、J_m、$(AV)_m$ 的顺序考虑。A_m 愈大时，从动件的最大惯性力愈大，凸轮与从动件间的动压力愈大，且 A 与凸轮角速度 ω 平方成比例，所以高速凸轮应选择较小 A_m 的规律。改进梯形加速度规律的 A_m 较小，是较理想的运动规律。

2）低速重载。各特性值大体可按 V_m、A_m、$(AV)_m$、J_m 的顺序考虑。V_m 愈大，动量越大，承载功率和摩擦功率也愈大，对质量大的从动件影响更大。V_m 还影响到凸轮的受力和尺寸的大小。同样尺寸的凸轮，V_m 大时，其最大压力角 α_{max} 也大（等速运动除外），反之，同样的 α_{max}，则 V_m 小的凸轮尺寸也小。改进等速运动规律是比较理想的。

3）中速中载。要求 A_m、V_m、J_m、$(AV)_m$ 等特性值均较小。正弦加速度规律较好，但其 V_m 较大，因此用改进正弦加速度或 3-4-5 次多项式规律也较理想。

4）其他。低速轻载的凸轮机构，对运动规律要求不严。高速重载，由于要兼顾 V_m 及 A_m 有困难，故不宜采用凸轮机构。为了减小弹簧的尺寸，采用减速时间和加速时间的比值 $m=\dfrac{t_d}{t_a}>1$ 的非对称运动规律效果较好，如非对称改进梯形加速度规律。

跃度和从动件的振动关系较大，为了减小振动，应使 J_m 减小，J_m 最小的规律是等跃度规律。从动件的惯性力可以引起凸轮轴上的附加转矩和驱动功率增加，从动件的惯性力与 $(AV)_m$ 成正比，所以高速、重载应选用 $(AV)_m$ 较小的规律。V_m 与 A_m 往往不在同一时间出现，故 $(AV)_m$ 与 A_m 和 V_m 的乘积并不相同。

在选择从动件的运动规律时，对于Ⅰ、Ⅱ、Ⅲ种运动类型（见表 4-2-21）应有不同的考虑。对双停歇运动，在行程两端的速度和加速度都应为零。对其他两种运动，在停歇端的速度和加速度应为零。在无停歇端的速度也为零，而加速度最好不等于零。这样，在推程和回程衔接处，加速度过渡平滑，且可使最大速度和最大加速度下降，对受力情况和减少振动都是有利的。

表 4-2-21　　凸轮机构各种运动规律比较

运动类型	名　称	$m=t_d/t_a$	加速度线图形状	V_m	A_{ma} A_{md}	J_{ma} J_{md}	$(AV)_{ma}$ $(AV)_{md}$	说　明
加速度不连续运动	等速（直线）		∞　−∞	1.00	∞	∞	∞	V_m 最小。大质量的从动件动量小，但有刚性冲击，即 $A_m\to\infty$，制造容易，可用于低速
	等加速、等减速（抛物线）	$m=1$		2.00	4.00	∞	8.00	A_m 最小，但即使在无停歇的运动中仍有柔性冲击，行程始末及中点加速度出现突变（即 $J_m\to\infty$），要求机构刚度大及系统间隙小；在耐磨损、压力角、弹簧尺寸等方面不如简谐和摆线规律，目前很少用
	余弦加速度（简谐运动）	$m=1$		1.57	4.93	∞ 15.50	3.88	V_m 及转矩小，启动较平稳，弹簧尺寸较小，行程始末有柔性冲击（$J_m\to\infty$）。可用于低速、中速中载

续表

运动类型	名称	$m=t_d/t_a$	加速度线图形状	V_m	A_{ma} A_{md}	J_{ma} J_{md}	$(AV)_{ma}$ $(AV)_{md}$	说明
Ⅰ双停歇运动	等跃度	$m=1$		2.00	8.00	32.0	8.71	J_m 很小,但由于 A_m 大,很少用
	3-4-5 次多项式	$m=1$		1.88	5.77	60.0 30.0	6.69	性能接近改进正弦加速度,特性值较好,常用
	正弦加速度(摆线)	$m=1$		2.00	6.28	39.5	8.16	加速度曲线连续。行程始末加速度等于零,跃度为有限值的突变。启动平稳。弹簧尺寸小,导路侧压力小,冲击、磨损较轻。适用中、高速轻载。缺点是 V_m、A_m 较大,始末段位移变化缓慢,加工要求较高
	改进梯形加速度	$T_1=\frac{1}{8}$		2.00	4.89	61.4	8.09	A_m 小,无冲击,适用于高速轻载。近来在分度凸轮中应用较多
	非对称改进梯形加速度	$m=1.5$		2.00	6.11 4.07	95.9 42.6	10.11 6.74	$A_{md}<A_{ma}$,对弹簧设计有利
	改进正弦加速度	$T_1=\frac{1}{8}$		1.76	5.53	69.5 23.2	5.46	无冲击,行程始末采用周期较短的正弦加速度,以使此段的位移变化较明显,便于加工。同时行程中部速度和加速度变化比较平缓,V_m 及转矩小,适用于中、高速,中、重载,性能较好
	改进等速	$T_2=\frac{1}{4}$		1.33	8.38	105.28	7.25	V_m 很小,转矩小,适用于低速重载。也可用以代替等速运动,避免冲击
		$T_1=1/16$ $T_2=1/4$		1.28	8.01	201.4 67.1	5.73	
Ⅱ无停歇运动	余弦加速度	$m=1$		1.57	4.93	15.5	3.88	用于无停歇运动中,这是一种很好的运动规律
	正弦加速度	$m=1$		1.72	4.20	—	—	与相应的双停歇或单停歇运动相比,各特性值都有所改善
	改进梯形加速度	$m=1$		1.84	4.05	—	—	
	改进正弦加速度	$m=1$		1.63	4.48	—	—	
	改进等速	$m=1$		1.22	7.68	48.2	4.69	

续表

运动类型	名称	$m=t_d/t_a$	加速度线图形状	V_m	A_{ma} A_{md}	J_{ma} J_{md}	$(AV)_{ma}$ $(AV)_{md}$	说明
Ⅲ单停歇运动	3-4-5次多项式	$m=1$		1.73	4.58 6.67	40.4 22.5	4.96 5.61	特性值较好，但 A_{md} 值较大
	正弦加速度	$m=1$	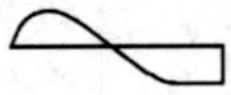	1.85	5.81 4.52	—	—	与对应的双停歇运动相比，各特性值都有所改善，因此将双停歇运动规律用于单停歇运动是不恰当的（这里几种规律的加速度和减速时间相同）
	改进梯形加速度	$m=1$	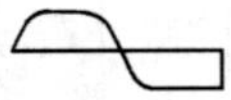	1.92	4.68 4.21	—	—	
	改进正弦加速度	$m=1$	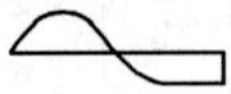	1.69	5.31 4.65	—	—	

注：1. 特性值中的下标 a 代表加速部分，d 代表减速部分。A_{md}、J_{md}、$(AV)_{md}$ 为减速部分相应的最大值，实际都是负值，表中取绝对值。

2. $m=t_d/t_a$ 表示减速段时间与加速段时间之比。

3. 最大速度 $v_{max}=V_m\dfrac{h}{\beta_1}\omega_1$，最大加速度 $a_{max}=A_m\dfrac{h}{\beta_1^2}\omega_1^2$，最大跃度 $j_{max}=J_m\dfrac{h}{\beta_1^3}\omega_1^3$。

3.5.2 基本运动规律的参数曲线

表 4-2-22　　基本运动规律的参数曲线

项目	等速（直线）	等加速、等减速 $v=1$（抛物线）	
		加速段	减速段
位移曲线	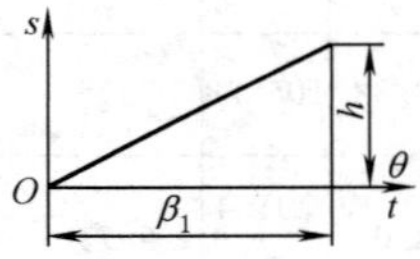	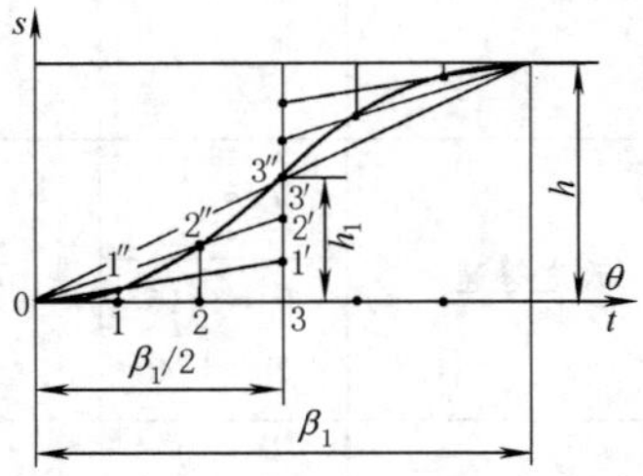	
速度曲线 $v=\dfrac{ds}{dt}$	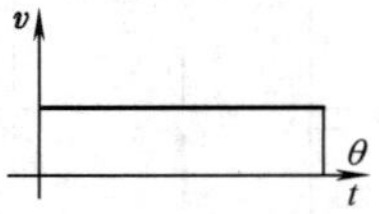	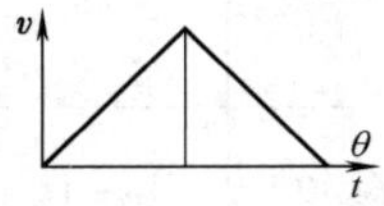	
加速度曲线 $a=\dfrac{dv}{dt}$	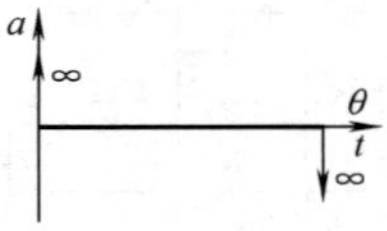	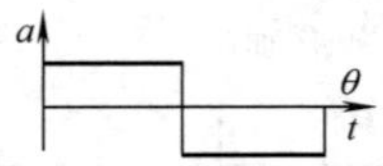	
跃度曲线 $j=\dfrac{da}{dt}$	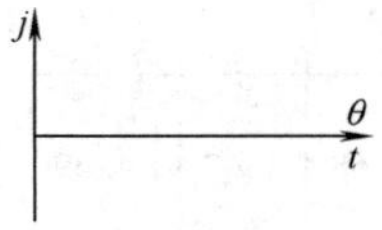	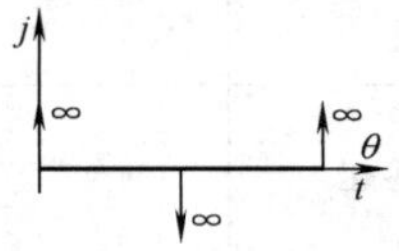	

续表

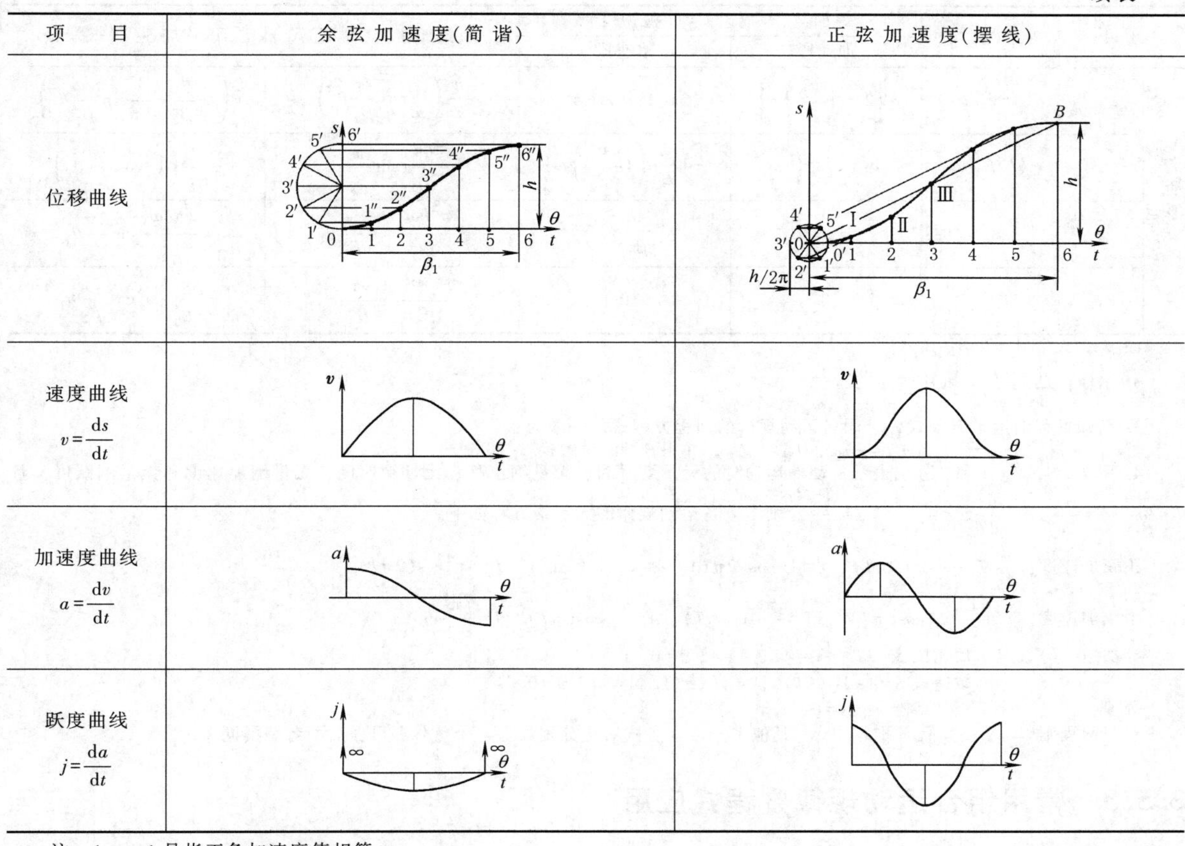

项目	余弦加速度(简谐)	正弦加速度(摆线)
位移曲线		
速度曲线 $v=\dfrac{ds}{dt}$		
加速度曲线 $a=\dfrac{dv}{dt}$		
跃度曲线 $j=\dfrac{da}{dt}$		

注：1. $v=1$ 是指正负加速度值相等。

2. 对于摆动从动件：用 Ψ 代 s、ω_2 代 v、ε_2 代 a、Φ 代 h。

表 4-2-23　基本运动规律的方程式

项目			等速(直线)	等加速、等减速 $v=1$(抛物线)		余弦加速度(简谐)	正弦加速度(摆线)
				加速段	减速段		
停、推、停运动	范围	θ	$0\sim\beta_1$	$0\sim\dfrac{1}{2}\beta_1$	$\dfrac{1}{2}\beta_1\sim\beta_1$	$0\sim\beta_1$	$0\sim\beta_1$
		s	$0\sim h$	$0\sim\dfrac{1}{2}h$	$\dfrac{1}{2}h\sim h$	$0\sim h$	$0\sim h$
	s		$h(\theta/\beta_1)$	$2h(\theta/\beta_1)^2$	$h\left[1-2\left(1-\dfrac{\theta}{\beta_1}\right)^2\right]$	$\dfrac{h}{2}\left(1-\cos\dfrac{\pi}{\beta_1}\theta\right)$	$h\left(\dfrac{\theta}{\beta_1}-\dfrac{1}{2\pi}\sin\dfrac{2\pi}{\beta_1}\theta\right)$
	v		$(h/\beta_1)\omega_1$	$\dfrac{4h\theta}{\beta_1^2}\omega_1$	$\dfrac{4h}{\beta_1}(1-\theta/\beta_1)\omega_1$	$\dfrac{\pi h}{2\beta_1}\omega_1\sin\dfrac{\pi}{\beta_1}\theta$	$\dfrac{h}{\beta_1}\omega_1\left(1-\cos\dfrac{2\pi}{\beta_1}\theta\right)$
	a		0	$\dfrac{4h}{\beta_1^2}\omega_1^2$	$-\dfrac{4h}{\beta_1^2}\omega_1^2$	$\dfrac{\pi^2 h}{2\beta_1^2}\omega_1^2\cos\dfrac{\pi}{\beta_1}\theta$	$\dfrac{2\pi h}{\beta_1^2}\omega_1^2\sin\dfrac{2\pi}{\beta_1}\theta$
	j			0	0	$-\dfrac{\pi^3 h}{2\beta_1^3}\omega_1^3\sin\dfrac{\pi}{\beta_1}\theta$	$\dfrac{4\pi^2 h}{\beta_1^3}\omega_1^3\cos\dfrac{2\pi}{\beta_1}\theta$
停、回、停运动	范围	θ	$0\sim\beta_2$	$0\sim\dfrac{1}{2}\beta_2$	$\dfrac{1}{2}\beta_2\sim\beta_2$	$0\sim\beta_2$	$0\sim\beta_2$
		s	$h\sim 0$	$h\sim\dfrac{1}{2}h$	$h/2\sim 0$	$h\sim 0$	$h\sim 0$

续表

项目		等速(直线)	等加速、等减速 $v=1$(抛物线)		余弦加速度(简谐)	正弦加速度(摆线)
			加速段	减速段		
停、回、停运动	s	$h(1-\theta_1/\beta_2)$	$h\left[1-2\left(\dfrac{\theta_1}{\beta_2}\right)^2\right]$	$2h(1-\theta_1/\beta_2)^2$	$\dfrac{h}{2}\left(1+\cos\dfrac{\pi}{\beta_2}\theta_1\right)$	$h\left(1-\dfrac{\theta_1}{\beta_2}+\dfrac{1}{2\pi}\sin\dfrac{2\pi}{\beta_2}\theta_1\right)$
	v	$-(h/\beta_2)\omega_1$	$-4h(\theta_1/\beta_2^2)\omega_1$	$-4\dfrac{h}{\beta_2}\left(1-\dfrac{\theta_1}{\beta_2}\right)\omega_1$	$-\dfrac{\pi h\omega_1}{2\beta_2}\sin\dfrac{\pi}{\beta_2}\theta_1$	$-\dfrac{h\omega_1}{\beta_2}\left(1-\cos\dfrac{2\pi}{\beta_2}\theta_1\right)$
	a	0	$-4h\omega_1^2/\beta_2^2$	$\dfrac{4h}{\beta_2^2}\omega_1^2$	$-\dfrac{\pi^2h\omega_1^2}{2\beta_2^2}\cos\dfrac{\pi}{\beta_2}\theta_1$	$-\dfrac{2\pi h\omega_1^2}{\beta_2^2}\sin\dfrac{2\pi}{\beta_2}\theta_1$
	j		0	0	$\dfrac{\pi^3h\omega_1^3}{2\beta_2^3}\sin\dfrac{\pi}{\beta_2}\theta_1$	$-\dfrac{4\pi^2h}{\beta_2^3}\omega_1^3\cos\dfrac{2\pi}{\beta_2}\theta_1$

注：1. 式中 $\theta_1=\theta-\beta_1-\beta'$。

2. 类速度$\dfrac{ds}{d\theta}=\dfrac{v}{\omega_1}$，类加速度$\dfrac{d^2s}{d\theta^2}=\dfrac{a}{\omega_1^2}$。

3. 已知推程的运动方程式，求同名运动规律的回程方程式。一般为：
$s_{回}=h-s_{推}$，$v_{回}=-v_{推}$，$a_{回}=-a_{推}$，$J_{回}=-J_{推}$，并用 β_2 和 θ_1 置换 β_1 和 θ。

4. 用 T、S、V、A 和 J 分别表示从动件运动时的无量纲时间、无量纲位移、无量纲速度、无量纲加速度和无量纲跃度，且 $T=\dfrac{\theta}{\beta_1}$、$S=\dfrac{s}{h}$、$V=\dfrac{dS}{dT}$、$A=\dfrac{d^2S}{dT^2}$和 $J=\dfrac{d^3S}{dT^3}$，则本表各运动规律的无量纲方程如下。

正弦加速度：$S=T-\dfrac{1}{2\pi}\sin(2\pi T)$、$V=1-\cos(2\pi T)$、$A=2\pi\sin(2\pi T)$、$J=4\pi^2\cos(2\pi T)$

余弦加速度：$S=\dfrac{1}{2}[1-\cos(\pi T)]$、$V=\dfrac{\pi}{2}\sin(\pi T)$、$A=\dfrac{\pi^2}{2}\cos(\pi T)$、$J=-\dfrac{\pi^3}{2}\sin(\pi T)$

等加速、等减速：加速段 $S=2T^2$、$V=4T$、$A=4$、$J=0$

减速段 $S=1-2(1-T)^2$、$V=4(1-T)$、$A=-4$、$J=0$

等速： $S=T$、$V=1$、$A=0$

对于回程则以 $(1-S)$ 代替推程中 S，其他 V、A、J 各式右边分别加上一个负号即可，后面各表类同。

3.5.3 常用组合运动规律方程式应用

为使凸轮机构有较好的性能，常将基本运动规律加以改进，或将它们组合起来使用。组合时，所选运动规律应在有关区间内连续，在拼接点两个运动规律的位移和速度对应相等（即位移曲线在拼接点相切）；高速时，还要求加速度在拼接点对应相等（即两段位移曲线在拼接点的曲率半径相等）。相关公式见表 4-2-24～表 4-2-28。

表 4-2-24　常用组合运动规律的方程式及其比较与应用

名称	线图	区间及区间行程	"停、推、停"时的方程式	最大速度因数 V_m	最大加速度因数 A_m	最大跃度因数 J_m	应用
抛物线-直线-抛物线规律	图中(以下各图同)： 实线——位移曲线 虚线——速度曲线 点画线——加速度曲线 n 是 β_1 的等分数，根据从动件的动作要求确定。通常 $n=4\sim8$	$0\sim\dfrac{\beta_1}{n}$ $h_1=\dfrac{h}{2(n-1)}$	$s=\dfrac{n^2h}{2(n-1)}\left(\dfrac{\theta}{\beta_1}\right)^2$ $s'(\theta)=\dfrac{n^2h\theta}{(n-1)\beta_1^2}$ $s''(\theta)=\dfrac{n^2h}{(n-1)\beta_1^2}$	1.33	5.33	8	低速中载荷
		$\dfrac{\beta_1}{n}\sim\dfrac{n-1}{n}\beta_1$ $h_2=h-2h_1$	$s=\dfrac{h}{n-1}\left(\dfrac{n\theta}{\beta_1}-\dfrac{1}{2}\right)$ $s'(\theta)=\dfrac{hn}{(n-1)\beta_1}$ $s''(\theta)=0$				
		$\dfrac{n-1}{n}\beta_1\sim\beta_1$ $h_3=h_1$	$s=h-\dfrac{n^2h}{2(n-1)}\left(1-\dfrac{\theta}{\beta_1}\right)^2$ $s'(\theta)=\dfrac{n^2h}{(n-1)\beta_1}\left(1-\dfrac{\theta}{\beta_1}\right)$ $s''(\theta)=\dfrac{-n^2h}{(n-1)\beta_1^2}$				

续表

名称	线图	区间及区间行程	“停、推、停”时的方程式	最大 速度因数 V_m	最大 加速度因数 A_m	最大 跃度因数 J_m	应用
简谐-直线-简谐规律		$0\sim\frac{\beta_1}{n}$ $h_1=\frac{2h}{4+(n-2)\pi}$	$s=\frac{2h}{4+(n-2)\pi}\left[1-\cos\left(\frac{n\pi}{2\beta_1}\theta\right)\right]$ $s'(\theta)=\frac{n\pi h}{[4+(n-2)\pi]\beta_1}\sin\left(\frac{n\pi}{2\beta_1}\right)\theta$ $s''(\theta)=\frac{n^2\pi^2 h}{2[4+(n-2)\pi]\beta_1^2}\cos\left(\frac{n\pi}{2\beta_1}\right)\theta$				低速重载荷
		$\frac{\beta_1}{n}\sim\frac{n-1}{n}\beta_1$ $h_2=h-2h_1$	$s=\frac{h}{4+(n-2)\pi}\left(\frac{n\pi\theta}{\beta_1}-\pi+2\right)$ $s'(\theta)=\frac{n\pi h}{[4+(n-2)\pi]\beta_1}$ $s''(\theta)=0$	1.22	7.68	48.2	
		$\frac{n-1}{n}\beta_1\sim\beta_1$ $h_3=h_1$	$s=h-\frac{2h}{4+(n-2)\pi}\times\left[1+\cos\left(\frac{n\pi}{2\beta_1}\theta-\frac{(n-2)\pi}{2}\right)\right]$ $s'(\theta)=\frac{n\pi h}{[4+(n-2)\pi]\beta_1}\times\sin\left(\frac{n\pi}{2\beta_1}\theta-\frac{(n-2)\pi}{2}\right)$ $s''(\theta)=\frac{n^2\pi^2 h}{2\times[4+(n-2)\pi]\beta_1^2}\times\cos\left(\frac{n\pi}{2\beta_1}\theta-\frac{(n-2)\pi}{2}\right)$				
摆线-直线-摆线规律		$0\sim\frac{\beta_1}{n}$ $h_1=\frac{h}{2(n-1)}$	$s=\frac{h}{2(n-1)}\left[\frac{n\theta}{\beta_1}-\frac{1}{\pi}\sin\left(\frac{n\pi}{\beta_1}\theta\right)\right]$ $s'(\theta)=\frac{nh}{2(n-1)\beta_1}\left[1-\cos\left(\frac{n\pi}{\beta_1}\theta\right)\right]$ $s''(\theta)=\frac{n^2\pi h}{2(n-1)\beta_1^2}\sin\left(\frac{n\pi}{\beta_1}\theta\right)$				
		$\frac{\beta_1}{n}\sim\frac{n-1}{n}\beta_1$ $h_2=h-2h_1$	$s=\frac{h}{(n-1)}\left(\frac{n\theta}{\beta_1}-\frac{1}{2}\right)$ $s'(\theta)=\frac{nh}{(n-1)\beta_1}$ $s''(\theta)=0$	1.33	8.38	105.3	
		$\frac{n-1}{n}\beta_1\sim\beta_1$ $h_3=h_1$	$s=\frac{h}{2(n-1)}\left\{n-2+\frac{n}{\beta_1}\theta-\frac{1}{\pi}\sin\left[\frac{n\pi}{\beta_1}\theta-(n-2)\pi\right]\right\}$ $s'(\theta)=\frac{nh}{2(n-1)\beta_1}\times\left\{1-\cos\left[\frac{n\pi}{\beta_1}\theta-(n-2)\pi\right]\right\}$ $s''(\theta)=\frac{n^2h\pi}{2(n-1)\beta_1^2}\times\sin\left[\frac{n\pi}{\beta_1}\theta-(n-2)\pi\right]$				

续表

名称	线　　图	区间及区间行程	“停、推、停”时的方程式	最大速度因数 V_m	最大加速度因数 A_m	最大跃度因数 J_m	应用
	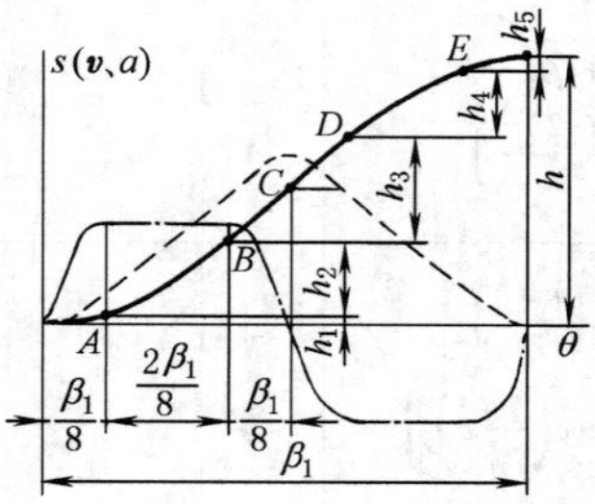	$0\sim\frac{1}{8}\beta_1$ $h_1=\frac{(\pi-2)h}{4\pi(\pi+2)}$	$s=\frac{h}{2+\pi}\left[\frac{2\theta}{\beta_1}-\frac{1}{2\pi}\sin\left(\frac{4\pi}{\beta_1}\theta\right)\right]$ $s'(\theta)=\frac{2h}{(2+\pi)\beta_1}\left[1-\cos\left(\frac{4\pi}{\beta_1}\theta\right)\right]$ $s''(\theta)=\frac{8\pi h}{(2+\pi)\beta_1^2}\sin\left(\frac{4\pi}{\beta_1}\theta\right)$				
		$\frac{\beta_1}{8}\sim\frac{3\beta_1}{8}$ $h_2=\frac{h}{4}$	$s=\frac{h}{2+\pi}\times\left(\frac{4\pi}{\beta_1^2}\theta^2-\frac{\pi-2}{\beta_1}\theta+\frac{\pi}{16}-\frac{1}{2\pi}\right)$ $s'(\theta)=\frac{h}{2+\pi}\left(\frac{8\pi}{\beta_1^2}\theta-\frac{\pi-2}{\beta_1}\right)$ $s''(\theta)=\frac{8\pi h}{(2+\pi)\beta_1^2}$				
摆线-抛物线-摆线规律（改进梯形加速度）		$\frac{3}{8}\beta_1\sim\frac{5}{8}\beta_1$ $h_3=0.4647h$	$s=\frac{h}{2+\pi}\left[\frac{2(\pi+1)}{\beta_1}\theta-\frac{\pi}{2}-\frac{1}{2\pi}\sin\left(4\pi\frac{\theta}{\beta_1}-\pi\right)\right]$ $s'(\theta)=\frac{2h}{(2+\pi)\beta_1}\times\left[\pi+1-\cos\left(\frac{4\pi}{\beta_1}\theta-\pi\right)\right]$ $s''(\theta)=\frac{8\pi h}{(2+\pi)\beta_1^2}\sin\left(\frac{4\pi}{\beta_1}\theta-\pi\right)$	2.00	4.89	61.4	高速轻载荷
		$\frac{5}{8}\beta_1\sim\frac{7}{8}\beta_1$ $h_4=h_2$	$s=\frac{h}{2+\pi}\times\left(\frac{7\pi+2}{\beta_1}\theta-4\pi\frac{\theta^2}{\beta_1^2}-\frac{33\pi}{16}+\frac{1}{2\pi}\right)$ $s'(\theta)=\frac{h}{2+\pi}\left(\frac{7\pi+2}{\beta_1}-\frac{8\pi}{\beta_1^2}\theta\right)$ $s''(\theta)=\frac{-8\pi h}{(2+\pi)\beta_1^2}$				
		$\frac{7}{8}\beta_1\sim\beta_1$ $h_5=h_1$	$s=\frac{h}{2+\pi}\times\left[\frac{2\theta}{\beta_1}+\pi-\frac{1}{2\pi}\sin\left(4\pi\frac{\theta}{\beta_1}-2\pi\right)\right]$ $s'(\theta)=\frac{2h}{(2+\pi)\beta_1}\times\left[1-\cos\left(4\pi\frac{\theta}{\beta_1}-2\pi\right)\right]$ $s''(\theta)=\frac{8\pi h}{(2+\pi)\beta_1^2}\sin\left(4\pi\frac{\theta}{\beta_1}-2\pi\right)$				

续表

名称	线图	区间及区间行程	"停、推、停"时的方程式	最大 速度因数 V_m	最大 加速度因数 A_m	最大 跃度因数 J_m	应用
改进正弦加速度规律	$s(v,a)$ θ $\frac{\beta_1}{8}$　$\frac{\beta_1}{8}$ β_1	$0\sim\frac{1}{8}\beta_1$ $h_1=\frac{(\pi-2)h}{8(4+\pi)}$	$s=\frac{h}{4+\pi}\left[\frac{\pi\theta}{\beta_1}-\frac{1}{4}\sin\left(\frac{4\pi}{\beta_1}\theta\right)\right]$ $s'(\theta)=\frac{\pi h}{(4+\pi)\beta_1}\times\left[1-\cos\left(4\pi\frac{\theta}{\beta_1}\right)\right]$ $s''(\theta)=\frac{4\pi^2 h}{(4+\pi)\beta_1^2}\sin\left(4\pi\frac{\theta}{\beta_1}\right)$	1.76	5.53	69.5	中、高速重载荷
		$\frac{1}{8}\beta_1\sim\frac{7}{8}\beta_1$ $h_2=h-2h_1$	$s=\frac{h}{4+\pi}\times\left[2+\frac{\pi}{\beta_1}\theta-\frac{9}{4}\sin\left(\frac{\pi}{3}+\frac{4\pi}{3\beta_1}\theta\right)\right]$ $s'(\theta)=\frac{\pi h}{(4+\pi)\beta_1}\times\left[1-3\cos\left(\frac{\pi}{3}+\frac{4\pi}{3\beta_1}\theta\right)\right]$ $s''(\theta)=\frac{4\pi^2 h}{(4+\pi)\beta_1^2}\sin\left(\frac{\pi}{3}+\frac{4\pi}{3\beta_1}\theta\right)$				
		$\frac{7}{8}\beta_1\sim\beta_1$ $h_3=h_1$	$s=\frac{h}{4+\pi}\left[4+\frac{\pi}{\beta_1}\theta-\frac{1}{4}\sin\left(\frac{4\pi}{\beta_1}\theta\right)\right]$ $s'(\theta)=\frac{\pi h}{(4+\pi)\beta_1}\left[1-\cos\left(\frac{4\pi}{\beta_1}\theta\right)\right]$ $s''(\theta)=\frac{4\pi^2 h}{(4+\pi)\beta_1^2}\sin\left(\frac{4\pi}{\beta_1}\theta\right)$				

注：1. $v_{max}=V_m\times\frac{h}{\beta_1}\omega_1$；$a_{max}=A_m\times\frac{h}{\beta_1^2}\omega_1^2$；$j_{max}=J_m\times\frac{h}{\beta_1^3}\omega_1^3$。

2. 表中前三种运动取 $n=4$ 时的数据；后两种运动取 $n=8$ 时的数据。

例 如图 4-2-37 从动件按等加速-等速-等减速做"停、推、停"运动。区间分别为 0°~40°，40°~70°，70°~130°；$h=100$mm，$\beta_1=130°$，求其位移方程式。

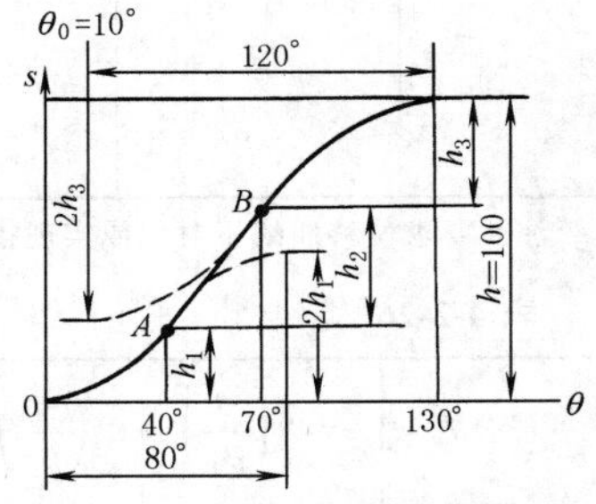

图 4-2-37　等加速-等速-等减速的组合曲线

解 分别按区间讨论如下。

1. 在 $0°\leqslant\theta\leqslant40°$：从动件做等加速运动，设想有相等的减速段，则相应行程为 $2h_1$，相应的推程运动角为 2×40°=80°，参考等加速等减速运动规律的公式，则：

$$s_1=4h_1(\theta/80°)^2$$

$$s_1'(\theta)=8h_1\frac{\theta}{80°}\times\frac{180°}{80°\times\pi}=\frac{18h_1}{\pi}\left(\frac{\theta}{80°}\right)$$

当 $\theta=40°$时，$[s_1'(\theta)]_{A_1}=9h/\pi$。

2. 在 $40°\leqslant\theta\leqslant70°$：属等速规律；在 A 点（$\theta=40°$处）两个运动规律的速度相等，即：

$$s_2'(\theta)=[s_1'(\theta)]_{A_1}=9h/\pi$$

设从 A 点计算的位移为 s_2，则

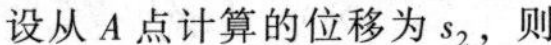

$$s_2=\frac{9}{\pi}h_1(\theta-40°)\times\frac{\pi}{180°}=\frac{h_1}{20}(\theta-40°)$$

当 $\theta=70°$时：$s_2=h_2=3h_1/2$。

3. 在 $70°\leqslant\theta\leqslant130°$：从动件做等减速运动，设想有相等的加速段，则加速段从 $\theta=10°$处开始，相应的推程运动角为 120°，相应行程为 $2h_3$，设从 B 点开始计算的位移用 s_3 表示，参考减速段的方程式，则：

$$s_3=2h_3\left[1-2\left(1-\frac{\theta-10°}{120°}\right)^2\right]\quad(h_3\text{ 只用减速段})$$

故

$$s_3'(\theta)=\frac{12}{\pi}h_3\frac{130°-\theta}{120°}$$

当 $\theta=70°$时，　　　　　　　$[s'(\theta)]_{B_3}=6h_3/\pi$。

根据边界条件（两运动规律在 B 点的速度相等）有：

$$s_2'(\theta)=[s'(\theta)]_{B_3} \text{ 即 } 9h_1/\pi=6h_3/\pi$$

故

$$h_3=3h_1/2$$

4. 各区间行程之和等于总行程，即 $h_1+\frac{3}{2}h_1+\frac{3}{2}h_1=100\text{mm}$ 故 $h_1=25\text{mm}$，$h_2=\frac{3}{2}h_1=37.5\text{mm}$，$h_3=37.5\text{mm}$。

5. 各区间的位移方程式：

$$\theta=0°\sim40° \qquad s=100(\theta/80°)^2$$

$$\theta=40°\sim70° \qquad s=25(\theta-20°)/20°$$

$$\theta=70°\sim130° \qquad s=100-150\left(\frac{130°-\theta}{120°}\right)^2$$

表 4-2-25　　常用多项式运动规律方程式

运动规律名称	区间	边界条件		运动规律方程式(停、推、停)	最　大			应用
		始点	终点		速度因数 V_m	加速度因数 A_m	跃度因数 J_m	
3-4-5 次多项式	$0\sim\beta_1$	$s=0$	$s=h$	$s=h\left[10\left(\frac{\theta}{\beta_1}\right)^3-15\left(\frac{\theta}{\beta_1}\right)^4+6\left(\frac{\theta}{\beta_1}\right)^5\right]$	1.88	5.77	60	中速
		$s'=0$	$s'=0$	$s'(\theta)=\frac{h}{\beta_1}\left[30\left(\frac{\theta}{\beta_1}\right)^2-60\left(\frac{\theta}{\beta_1}\right)^3+30\left(\frac{\theta}{\beta_1}\right)^4\right]$				
		$s''=0$	$s''=0$	$s''(\theta)=\frac{h}{\beta_1^2}\left[60\left(\frac{\theta}{\beta_1}\right)-180\left(\frac{\theta}{\beta_1}\right)^2+120\left(\frac{\theta}{\beta_1}\right)^3\right]$				
4-5-6-7 次多项式	$0\sim\beta_1$	$s=0$ $s'=0$ $s''=0$ $s'''=0$	$s=h$ $s'=0$ $s''=0$ $s'''=0$	$s=h\left[35\left(\frac{\theta}{\beta_1}\right)^4-84\left(\frac{\theta}{\beta_1}\right)^5+70\left(\frac{\theta}{\beta_1}\right)^6-20\left(\frac{\theta}{\beta_1}\right)^7\right]$	2.19	7.52	52.5	中速或高速
				$s'(\theta)=\frac{h}{\beta_1}\left[140\left(\frac{\theta}{\beta_1}\right)^3-420\left(\frac{\theta}{\beta_1}\right)^4+420\left(\frac{\theta}{\beta_1}\right)^5-140\left(\frac{\theta}{\beta_1}\right)^6\right]$				
				$s''(\theta)=\frac{h}{\beta_1^2}\left[420\left(\frac{\theta}{\beta_1}\right)^2-1680\left(\frac{\theta}{\beta_1}\right)^3+2100\left(\frac{\theta}{\beta_1}\right)^4-840\left(\frac{\theta}{\beta_1}\right)^5\right]$				

注：要求位移曲线不对称或实现指定边界条件的运动时，采用多项式运动规律比较方便。

表 4-2-26　　加速度不对称的多项式运动规律方程式

一般公式	$s=C_p\left(\frac{\theta}{\beta_1}\right)^p+C_q\left(\frac{\theta}{\beta_1}\right)^q+C_r\left(\frac{\theta}{\beta_1}\right)^r+C_s\left(\frac{\theta}{\beta_1}\right)^s+\cdots$				
求系数公式	$C_p=\frac{qrs\cdots}{(q-p)(r-p)(s-p)\cdots}$				
	$C_q=\frac{prs\cdots}{(p-q)(r-q)(s-q)\cdots}$				
	$C_r=\frac{pqs\cdots}{(p-r)(q-r)(s-r)\cdots}$				
	$C_s=\frac{pqr\cdots}{(p-s)(q-s)(r-s)\cdots}$				
常用多项式 p	3	3	4	4	4
q	5	6	6	7	8
r	7	9	8	10	12
s	0	0	10	13	16

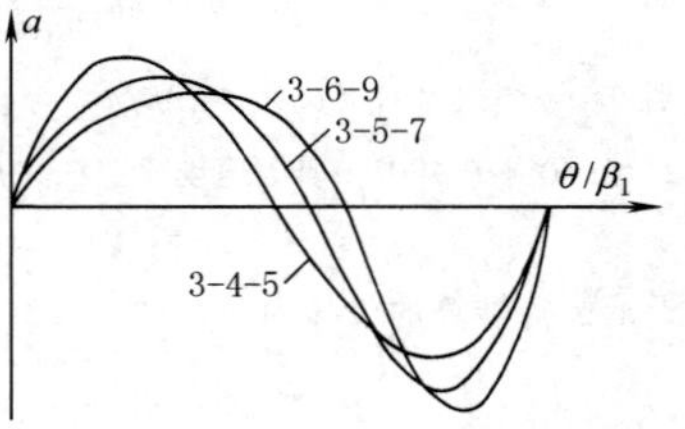

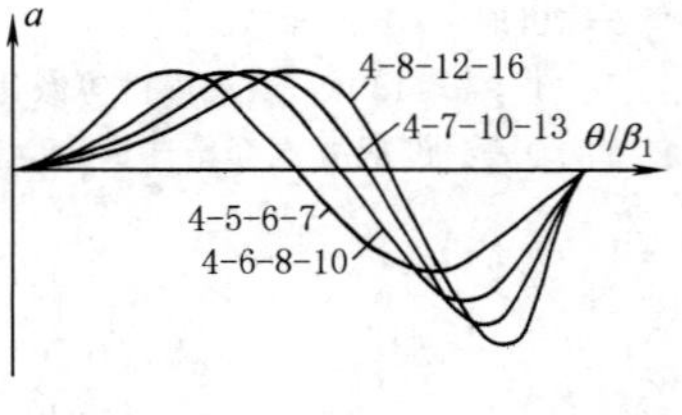

表 4-2-27　　根据指定特殊边界条件建立多项式运动规律方程式举例

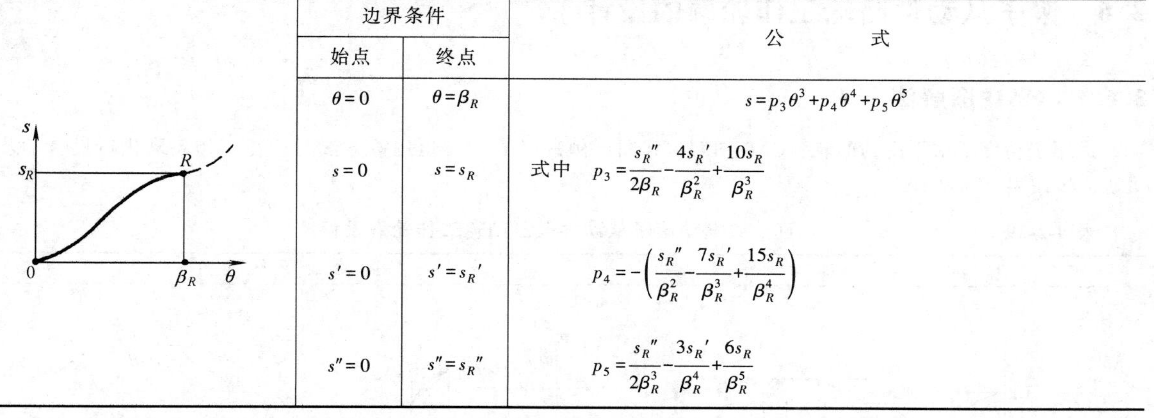

边界条件 始点	边界条件 终点	公式
$\theta=0$	$\theta=\beta_R$	$s=p_3\theta^3+p_4\theta^4+p_5\theta^5$
$s=0$	$s=s_R$	式中 $p_3=\dfrac{s_R''}{2\beta_R}-\dfrac{4s_R'}{\beta_R^2}+\dfrac{10s_R}{\beta_R^3}$
$s'=0$	$s'=s_R'$	$p_4=-\left(\dfrac{s_R''}{\beta_R^2}-\dfrac{7s_R'}{\beta_R^3}+\dfrac{15s_R}{\beta_R^4}\right)$
$s''=0$	$s''=s_R''$	$p_5=\dfrac{s_R''}{2\beta_R^3}-\dfrac{3s_R'}{\beta_R^4}+\dfrac{6s_R}{\beta_R^5}$

表 4-2-28　　停、推、回、停运动规律方程式举例

名称	线图及推程(或回程)方程式
摆线-简谐-简谐-摆线运动	$q=\dfrac{\beta_2}{\beta_1}$，$h_1=0.4399h$，$h_2=h-h_1$ $p=-1.8299q+\dfrac{1}{2}(13.393q^2+8.3196)^{\frac{1}{2}}$ $h_3=\dfrac{22.112}{\pi^2}p^2h$，$h_4=h-h_3$ 当 $0\leqslant\theta\leqslant\dfrac{1}{2}\beta_1$ 时，$s_1=h_1\left(\dfrac{2\theta}{\beta_1}-\dfrac{1}{\pi}\sin2\pi\dfrac{\theta}{\beta_1}\right)$ 当$\dfrac{1}{2}\beta_1\leqslant\theta\leqslant\beta_1$ 时，$s_2=h_1+h_2\sin\pi\left(\dfrac{\theta}{\beta_1}-\dfrac{1}{2}\right)$ 当 $\beta_1\leqslant\theta\leqslant(1+p)\beta_1$ 时，$s_3=h_3\cos\dfrac{\pi}{2p}\left(\dfrac{\theta}{\beta_1}-1\right)+h_4$ 当$(1+p)\beta_1\leqslant\theta\leqslant\beta_1+\beta_2$，$\beta_2=q\beta_1$ 时， $s_4=h_4\left[1+\dfrac{1+p}{q-p}-\dfrac{\theta}{(q-p)\beta_1}-\dfrac{1}{\pi}\sin\left(\dfrac{\theta}{(q-p)\beta_1}-\dfrac{1+p}{q-p}\right)\right]$
摆线-等速-简谐-多项式运动	$h_1+h_2+h_3=h$，$\dfrac{2h_1}{h_2}=\dfrac{\delta_1}{\delta_2}$，$\dfrac{2h_2}{\pi h_3}=\dfrac{\delta_2}{\delta_3}$，$\dfrac{21.08h}{\pi^2h_3}=\left(\dfrac{\beta_2}{\delta_3}\right)^2$ 当 $0\leqslant\theta\leqslant\delta_1$ 时，$s_1=h_1\left(\dfrac{\theta}{\delta_1}-\dfrac{1}{\pi}\sin\pi\dfrac{\theta}{\delta_1}\right)$ 当 $\delta_1\leqslant\theta\leqslant\delta_1+\delta_2$ 时，$s_2=h_1+\dfrac{h_2}{\delta_2}(\theta-\delta_1)$ 当 $\delta_1+\delta_2\leqslant\theta\leqslant\beta_1$时，$s_3=h-h_3\sin\dfrac{\pi(\beta-\theta)}{2\delta_3}$ 当 $\beta_1\leqslant\theta\leqslant\beta_1+\beta_2$，$\tau=(\theta-\beta_1)/\beta_2$ 时， $s_4=h(1.00-2.63415\tau^2+2.78055\tau^5+3.17060\tau^6-6.87795\tau^7+2.56095\tau^8)$

注：$\beta_1\neq\beta_2$，要求加速度曲线在 $\beta_1+\beta_2$ 中光滑连续。v 和 a 的方程式，请读者自己推导。

第4篇

3.6 滚子从动件凸轮工作轮廓的设计

3.6.1 CAD 图解法

适用于精度要求不高的凸轮，CAD 图解法作图比例常用 1∶1。运用该方法对凸轮工作轮廓进行设计的步骤见表 4-2-29 和表 4-2-30。

表 4-2-29　　直动或摆动滚子从动件盘形凸轮工作轮廓设计

	直动滚子从动件	摆动滚子从动件
	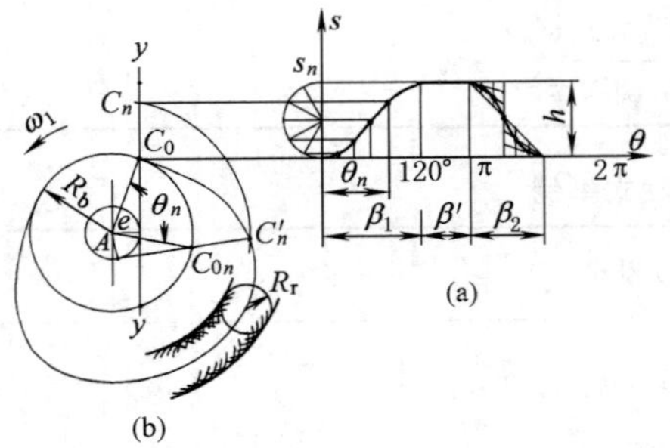 (a)　(b)	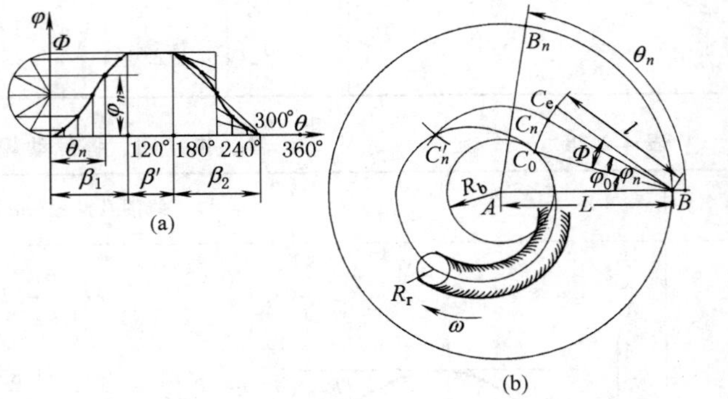 (a)　(b)
已知	$h,\beta_1,\beta',\beta_2,e,R_b$，从动件运动规律及凸轮转向（图中为逆时针向）	$\Phi,\beta_1,\beta',\beta_2,L,l,R_b$，从动件运动规律及凸轮转向（图中为顺时针向）
作图步骤 1. 画 s-θ 或 φ-θ 曲线	参考表 4-2-22 在图中每隔 1°左右取一 θ 值，求出相应的位移；图示当 $\theta=\theta_n$ 时的 $s=s_n$	参考表 4-2-22，在图中每隔 1°左右取一个 θ 值，求出相应 φ；图示当 $\theta=\theta_n$ 时的 $\varphi=\varphi_n$
作图步骤 2. 确定凸轮轴 A 的位置或确定起始位置	作移动方位线 y-y，与 θ 轴相交于 C_0；又根据 R_b 的大小及 e 的正负和大小确定 A 点；画基圆和偏距圆，标出凸轮转向	任选凸轮转动轴心 A，按结构布局取定从动件转轴 B 的位置（$AB=L$），分别以 A 和 B 为圆心，以 R_b 和 l 为半径作弧相交于 C_0 点（有两点，按需要取一点），则 BC_0 为从动件起始位置，并标出凸轮转向
作图步骤 3. 画凸轮的理论轮廓（节线）	以 AC_0 为起点，逆凸轮转向量取 θ_n，得 C_{0n} 点；过 C_{0n} 作偏距圆的相应切线；又在 y-y 上取 $C_0C_n=s_n$，得 C_n 点，再以 A 为圆心、AC_n 为半径画弧，与对应的偏置圆切线交于 C_n'。取不同 θ 值，重复上述画法，得一系列点 C_0、C_1'、C_2'、C_3'、…。光滑连接即得	以 BC_0 为起点，量取从动件的角位移 φ_n（即画出 $\overset{\frown}{C_0C_n}$）得 C_n 点；又以 AB 为起点，逆凸轮转向量取 θ_n，得 B_n；又以 B_n 为圆心、l 为半径画弧，与以 A 为圆心、AC_n 为半径的圆弧相交于 C_n'点。取不同 θ 值，重复上述画法，即得一系列点 C_0、C_1'、C_2'、…。光滑连接即得
作图步骤 4. 检查 $\rho_{C\min}$ 和 $\alpha_{\max}$ 并确定 R_r	求出推程的最大压力角 $\|\alpha_1\|_{\max}$ 和回程的 $\|\alpha_2\|_{\max}$。对外接凸轮，求出外凸部分（$\rho_C>0$）的 $\rho_{C\min}$，对槽凸轮还要求出内凹部分（$\rho_C<0$）的 $\|\rho_C\|_{\min}$ 值。并确定 R_r 若 $\|\alpha_1\|_{\max}>\alpha_{p1}$，或 $\|\alpha_2\|_{\max}>\alpha_{p2}$，或 $\rho_{C\min}$（或 $\|\rho_C\|_{\min}$）$<R_r+(2\sim5)$mm，则加大 R_b 后重新设计	
作图步骤 5. 画凸轮工作轮廓	以凸轮理论轮廓上的点为圆心、以 R_r 为半径画一系列滚子圆，作其包络线即得（图中只画出了一部分）	

表 4-2-30　　轴向直动和摆动从动件圆柱凸轮工作轮廓设计

		轴向直动从动件	摆动从动件
		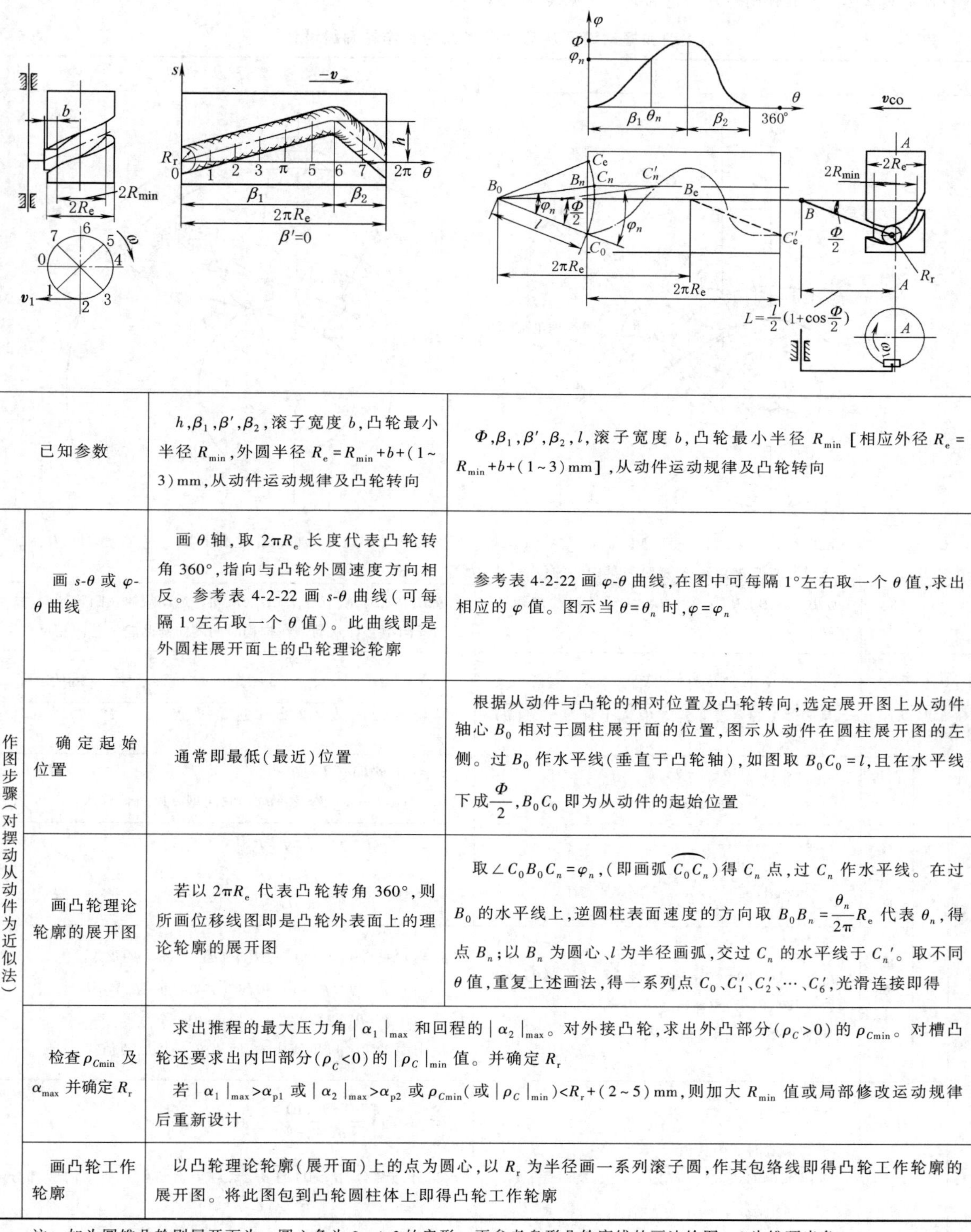	
已知参数		h,β_1,β',β_2,滚子宽度 b,凸轮最小半径 R_{min},外圆半径 $R_e=R_{min}+b+(1\sim3)$mm,从动件运动规律及凸轮转向	$\Phi,\beta_1,\beta',\beta_2,l$,滚子宽度 b,凸轮最小半径 R_{min}[相应外径 $R_e=R_{min}+b+(1\sim3)$mm],从动件运动规律及凸轮转向
作图步骤(对摆动从动件为近似法)	画 s-θ 或 φ-θ 曲线	画 θ 轴,取 $2\pi R_e$ 长度代表凸轮转角 360°,指向与凸轮外圆速度方向相反。参考表 4-2-22 画 s-θ 曲线(可每隔 1°左右取一个 θ 值)。此曲线即是外圆柱展开面上的凸轮理论轮廓	参考表 4-2-22 画 φ-θ 曲线,在图中可每隔 1°左右取一个 θ 值,求出相应的 φ 值。图示当 $\theta=\theta_n$ 时,$\varphi=\varphi_n$
	确定起始位置	通常即最低(最近)位置	根据从动件与凸轮的相对位置及凸轮转向,选定展开图上从动件轴心 B_0 相对于圆柱展开面的位置,图示从动件在圆柱展开图的左侧。过 B_0 作水平线(垂直于凸轮轴),如图取 $B_0C_0=l$,且在水平线下成 $\frac{\Phi}{2}$,B_0C_0 即为从动件的起始位置
	画凸轮理论轮廓的展开图	若以 $2\pi R_e$ 代表凸轮转角 360°,则所画位移线图即是凸轮外表面上的理论轮廓的展开图	取 $\angle C_0B_0C_n=\varphi_n$,(即画弧 $\overset{\frown}{C_0C_n}$)得 C_n 点,过 C_n 作水平线。在过 B_0 的水平线上,逆圆柱表面速度的方向取 $B_0B_n=\frac{\theta_n}{2\pi}R_e$ 代表 θ_n,得点 B_n;以 B_n 为圆心、l 为半径画弧,交过 C_n 的水平线于 C_n'。取不同 θ 值,重复上述画法,得一系列点 C_0、C_1'、C_2'、…、C_6',光滑连接即得
	检查 ρ_{Cmin} 及 α_{max} 并确定 R_r	求出推程的最大压力角 $\lvert\alpha_1\rvert_{max}$ 和回程的 $\lvert\alpha_2\rvert_{max}$。对外接凸轮,求出外凸部分($\rho_C>0$)的 ρ_{Cmin}。对槽凸轮还要求出内凹部分($\rho_C<0$)的 $\lvert\rho_C\rvert_{min}$ 值。并确定 R_r 若 $\lvert\alpha_1\rvert_{max}>\alpha_{p1}$ 或 $\lvert\alpha_2\rvert_{max}>\alpha_{p2}$ 或 ρ_{Cmin}(或 $\lvert\rho_C\rvert_{min}$)$<R_r+(2\sim5)$mm,则加大 R_{min} 值或局部修改运动规律后重新设计	
	画凸轮工作轮廓	以凸轮理论轮廓(展开面)上的点为圆心,以 R_r 为半径画一系列滚子圆,作其包络线即得凸轮工作轮廓的展开图。将此图包到凸轮圆柱体上即得凸轮工作轮廓	

注：如为圆锥凸轮则展开面为一圆心角为 $2\pi\sin\delta$ 的扇形，再参考盘形凸轮廓线的画法绘图。δ 为锥顶半角。

3.6.2 解析法

适用于中、高速凸轮及某些精度要求较高的凸轮（如靠模凸轮）。直动和摆动滚子从动件盘形凸轮工作轮廓线设计见表 4-2-31，共轭凸轮理论轮廓方程式见表 4-2-32。

表 4-2-31　　直动和摆动滚子从动件盘形凸轮工作轮廓线设计

直动滚子从动件	摆动滚子从动件

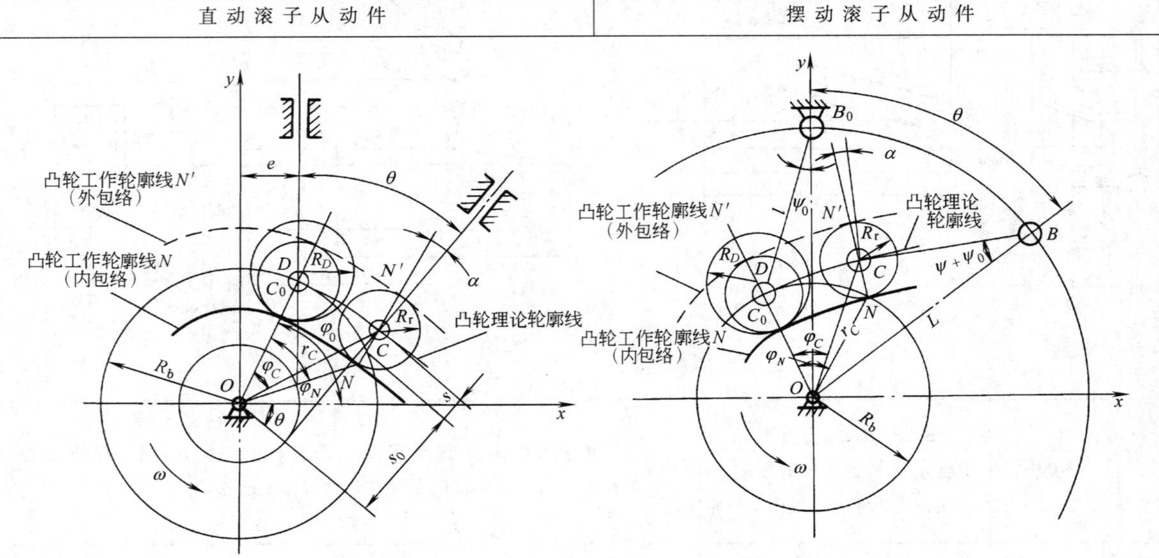

$C(x_C,y_C)$为凸轮理论轮廓上的任一点，$N(x_N,y_N)$、$N'(x_{N'},y_{N'})$分别为外缘和内缘凸轮工作轮廓上与 C 点对应的点，$D(x_D,y_D)$、$D'(x_{D'},y_{D'})$分别为加工 N 点和 N′点时刀具中心的位置，R_D 为刀具半径

项目			直动滚子从动件	摆动滚子从动件
已知			$h,\beta_1,\beta',\beta_2,R_b,e,R_r,R_D$，从动件运动规律，凸轮转向	$\Phi,\beta_1,\beta',\beta_2,R_b,L,l,R_r,R_D$，从动件运动规律及凸轮转向（图示为异向型），即从动件在推程时的转向与凸轮的转向相反
常量计算			$s_0=\sqrt{R_b^2-e^2}$，$\varphi_0=\arccos\dfrac{e}{R_b}=\angle C_0Ox$	$\Psi_0=\arccos\dfrac{L^2+l^2-R_b^2}{2lL}$，$\varphi_0=\arccos\dfrac{L^2+R_b^2-l^2}{2LR_b}=\angle C_0Oy$
计算项目	从动件运动参数		从表 4-2-23～表 4-2-25 中选出计算 s、$s'(\theta)$、$s''(\theta)$的公式	从表 4-2-23～表 4-2-25 中选出 Ψ、$\Psi'(\theta)$、$\Psi''(\theta)$的计算公式
	凸轮理论轮廓	直角坐标	$x_C=(s_0+s)\sin\theta+e\cos\theta$ $y_C=(s_0+s)\cos\theta-e\sin\theta$	$x_C=L\sin\theta-l\sin(\Psi+\Psi_0+\theta)$ $y_C=L\cos\theta-l\cos(\Psi+\Psi_0+\theta)$　同向型 θ 以负值代入
		极坐标	$r_C=[(s_0+s)^2+e^2]^{1/2}$ $\varphi_C=\theta-\arccos\dfrac{r_C^2+R_b^2-s^2}{2r_CR_b}$	$r_C=\sqrt{L^2+l^2-2Ll\cos(\Psi+\Psi_0)}$ $\varphi_C=\theta+\varphi_0-\arccos\dfrac{L^2+r_C^2-l^2}{2Lr_C}$
		曲率半径	$\rho_C=\{[(s'(\theta)-e)^2+(s_0+s)^2]^{3/2}\}/[(s'(\theta)-e)\times(2s'(\theta)-e)-(s_0+s)(s''(\theta)-s_0-s)]$ 不利偏置时 e 用负值代入	$\rho_C=[L^2+l^2(\Psi'(\theta)+1)^2-2Ll(\Psi'(\theta)+1)\cos(\Psi+\Psi_0)]^{3/2}/[L^2+l^2(\Psi'(\theta)+1)^3-Ll\Psi''(\theta)\sin(\Psi+\Psi_0)-Ll(\Psi'(\theta)+2)(\Psi'(\theta)+1)\cos(\Psi+\Psi_0)]$ 同向型 $\Psi'(\theta)$以负值代入，回程 Ψ 等也以负值代入
	压力角		$\alpha=\arctan\dfrac{s'(\theta)-e}{s_0+s}$ 不利偏置时 e 用负值代入	$\alpha=\arctan\left[\dfrac{l(1+\Psi'(\theta))}{L\sin(\Psi_0+\Psi)}-\cot(\Psi+\Psi_0)\right]$
	检查		求出推程的最大压力角$\lvert\alpha_1\rvert_{max}$及回程$\lvert\alpha_2\rvert_{max}$。求出外凸部分（$\rho_C>0$）的 ρ_{Cmin}，对于槽凸轮还要求内凹部分（$\rho_C<0$）的$\lvert\rho_C\rvert_{min}$。 若$\lvert\alpha_1\rvert_{max}>\alpha_{p1}$或$\lvert\alpha_2\rvert_{max}>\alpha_{p2}$或 ρ_{Cmin}（或$\lvert\rho_C\rvert_{min}$）$<R_r+(2\sim5)$mm，则加大 R_b 值后重新计算	

续表

<table>
<tr><th colspan="3"></th><th>直动滚子从动件</th><th>摆动滚子从动件</th></tr>
<tr><td rowspan="3">计算项目</td><td rowspan="3">凸轮工作轮廓</td><td>直角坐标</td><td>$x_{N(N')}=x_C\pm R_r[(s'(\theta)-e)\cos\theta-(s+s_0)\sin\theta]/\Delta$
$y_{N(N')}=y_C\mp R_r[(s'(\theta)-e)\sin\theta+(s+s_0)\cos\theta]/\Delta$
$\Delta=\sqrt{(s'(\theta)-e)^2+(s+s_0)^2}$
求 N' 的坐标时用下方符号</td><td>$x_{N(N')}=x_C\pm R_r\{[-L\sin\theta+l(\Psi'(\theta)+1)\sin(\Psi+\Psi_0+\theta)]/\Delta\}$
$y_{N(N')}=y_C\mp R_r\{[L\cos\theta-l(\Psi'(\theta)+1)\cos(\Psi+\Psi_0-\theta)]/\Delta\}$
$\Delta=\sqrt{L^2+l^2(\Psi'(\theta)+1)^2-2Ll(\Psi'(\theta)+1)\cos(\Psi+\Psi_0)}$
求 N' 的坐标时用下方符号</td></tr>
<tr><td>极坐标</td><td>$r_N=((s+s_0)^2+e^2+R_r^2\pm 2R_r\{[e(s'(\theta)-e)-(s+s_0)^2]/\Delta\})^{1/2}$
$\varphi_N=\varphi_C\pm\arccos\frac{r_C^2+r_N^2-R_r^2}{2r_Cr_N}$</td><td>$r_N=\left[L^2+l^2+R_r^2-2Ll\cos(\Psi+\Psi_0)\pm 2R_r\times\frac{-l^2(\Psi'(\theta)+1)-L^2+Ll(\Psi'(\theta)+2)\cos(\Psi+\Psi_0)}{\Delta}\right]^{1/2}$
$\varphi_N=\varphi_C+\arccos\frac{r_C^2+r_N^2-R_C^2}{2r_Nr_C}$</td></tr>
<tr><td>曲率半径</td><td colspan="2">$\rho=\rho_C\pm R_r$（外包络时用正号，内包络时用负号）</td></tr>
<tr><td></td><td colspan="2">刀具中心轨迹坐标</td><td colspan="2">只需将工作轮廓直角坐标方程中的 R_r 以 $-(R_D-R_r)$ 取代即得，切制内凹凸轮廓线时取下方符号</td></tr>
</table>

表 4-2-32　　共轭凸轮理论轮廓方程式

<table>
<tr><th>简图</th><th>方程式及说明</th></tr>
<tr><td> 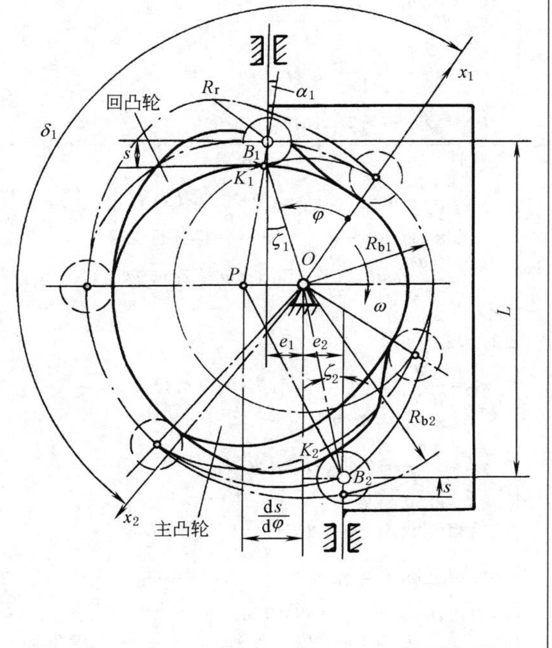</td><td>主凸轮：$x_{C1}=(s+s_{01})\sin\theta+e_1\cos\theta$
$y_{C1}=(s+s_{01})\cos\theta-e_1\sin\theta$
回（副）凸轮：$x_{C2}=(s+s_{02})\sin\theta+e_2\cos\theta$
$y_{C2}=(s+s_{02})\cos\theta-e_2\sin\theta$
压力角：$\tan\alpha_i=\left(\frac{ds}{d\varphi}-e_i\right)\Big/(s_{0i}+s_i)$
$s_{0i}=\sqrt{R_{bi}^2-e_i^2}$，$i=1,2$
$\tan\zeta_i=e_i\Big/\sqrt{R_{bi}^2-e_i}$
凸轮相位角：$\delta_1=\pi+\zeta_2-\zeta_1$
滚子中心距：$L=\sqrt{R_{b1}^2-e_1^2}+\sqrt{R_{b2}^2-e_2^2}$
滚子偏心距：$E=e_1+e_2$
$R_{b2}=\sqrt{\left(\sqrt{R_{b1}^2-e_1^2}+h\right)^2+e_1^2}$</td></tr>
</table>

续表

<table>
<tr><th>简 图</th><th>方程式及说明</th></tr>
<tr><td>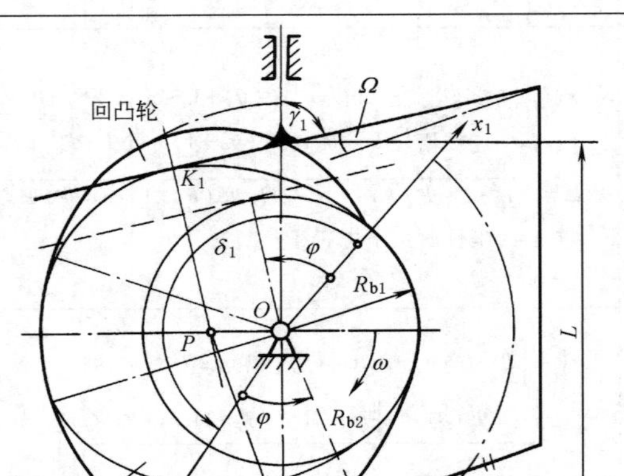
</td><td>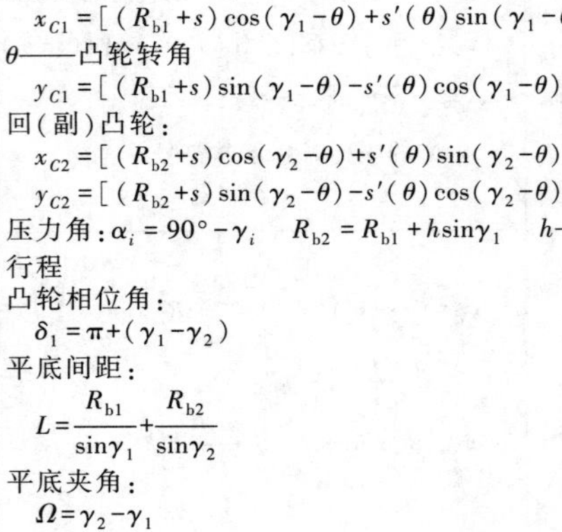
主凸轮：
$x_{C1}=[(R_{b1}+s)\cos(\gamma_1-\theta)+s'(\theta)\sin(\gamma_1-\theta)]\sin\gamma_1$
θ——凸轮转角
$y_{C1}=[(R_{b1}+s)\sin(\gamma_1-\theta)-s'(\theta)\cos(\gamma_1-\theta)]\cos\gamma_1$
回(副)凸轮：
$x_{C2}=[(R_{b2}+s)\cos(\gamma_2-\theta)+s'(\theta)\sin(\gamma_2-\theta)]\sin\gamma_2$
$y_{C2}=[(R_{b2}+s)\sin(\gamma_2-\theta)-s'(\theta)\cos(\gamma_2-\theta)]\cos\gamma_2$
压力角：$\alpha_i=90°-\gamma_i$ $R_{b2}=R_{b1}+h\sin\gamma_1$ h——从动件行程
凸轮相位角：
$\delta_1=\pi+(\gamma_1-\gamma_2)$
平底间距：
$L=\frac{R_{b1}}{\sin\gamma_1}+\frac{R_{b2}}{\sin\gamma_2}$
平底夹角：
$\Omega=\gamma_2-\gamma_1$</td></tr>
<tr><td>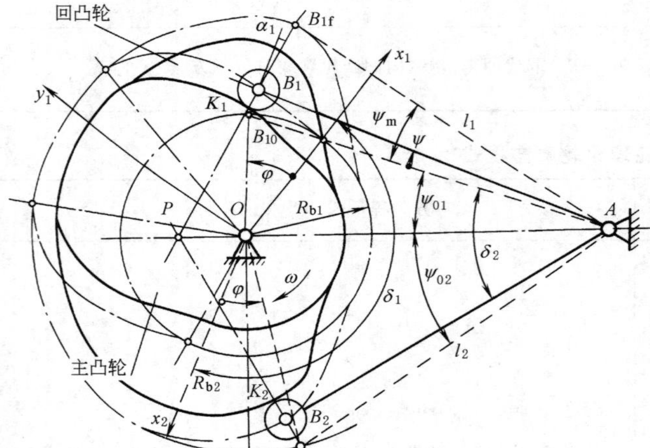
</td><td>主凸轮：
$x_{C1}=L\sin\theta-l_1\sin(\Psi+\Psi_{01}+\theta)$ $L=OA$
$y_{C1}=L\cos\theta-l_1\cos(\Psi+\Psi_0+\theta)$ $l_i=AB_i$
回(副)凸轮：
$x_{C2}=L\sin\theta-l_2(\Psi+\Psi_{02}+\theta)$
$y_{C2}=L\cos\theta-l_2(\Psi+\Psi_{02}+\theta)$
压力角：
$\tan\alpha_i=\frac{L\cos(\Psi+\Psi_{0i})-l_i(1+\Psi')}{L\sin(\Psi+\Psi_{0i})}$
凸轮相位角：
$\delta_1=2\pi-(\zeta_1+\zeta_2)$
$\cos\zeta_i=\frac{R_{bi}^2+L^2-l_i^2}{2LR_{bi}}$，$i=1、2$
摆杆相位角：
$\delta_2=\Psi_{01}+\Psi_{02}$
$\cos\Psi_{0i}=\frac{L^2+l_i^2-R_{bi}^2}{2Ll_i}$，$i=1、2$
$R_{b2}=\sqrt{L^2+l_2^2-2Ll_2\cos\Psi_{02}}$</td></tr>
<tr><td>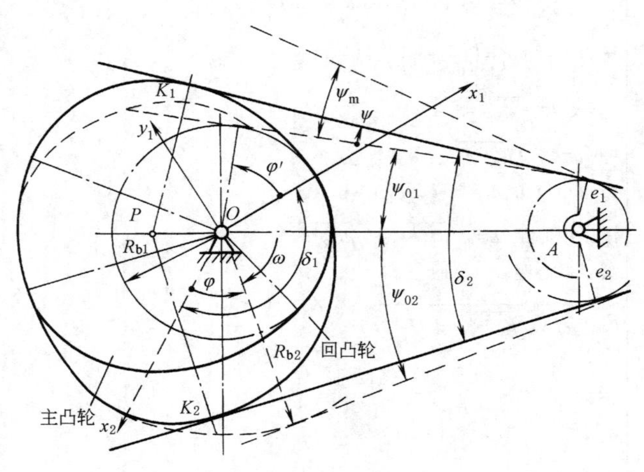
</td><td>主凸轮：
$x_{C1}=\frac{L\Psi'}{1+\Psi'}\sin\theta-[e_1+L\sin(\Psi+\Psi_{01})/(1+\Psi')]$
$\times\cos(\theta+\Psi+\Psi_{01})$ Ψ'——摆杆角位移
$y_{C1}=\frac{L\Psi'}{1+\Psi'}\cos\theta+[e_1+L\sin(\Psi+\Psi_{01})/(1+\Psi')]$
$\times\sin(\theta+\Psi+\Psi_{01})$
回(副)凸轮：
$x_{C2}=\frac{L\Psi'}{1+\Psi'}\sin\theta-[e_2+L\sin(\Psi+\Psi_{02})/(1+\Psi')]$
$\times\cos(\theta+\Psi+\Psi_{02})$
$y_{C2}=\frac{L\Psi'}{1+\Psi'}\cos\theta+[e_2+L\sin(\Psi+\Psi_{02})/(1+\Psi')]$
$\times\sin(\theta+\Psi+\Psi_{02})$
凸轮相位角：$\delta_1=\pi+(\Psi_{01}+\Psi_{02})$ $L=OA$
摆杆相位角：$\delta_2=\Psi_{01}+\Psi_{02}$，$\sin\Psi_{0i}=\frac{R_{bi}-e_i}{L}$
压力角：$\tan\alpha_i=-e(1+\Psi')/L\cos(\Psi+\Psi_{0i})$
$R_{b2}=L\sin(\Psi_{01}+\Psi_{m})+e_1$ Ψ_m——总摆角</td></tr>
</table>

例 1 设计一个直动滚子从动件盘形凸轮，从动件在推程按简谐运动规律运动，回程按抛物线规律运动，$h=40\text{mm}$，$\beta_1=110°$，$\beta'=15°$，$\beta_2=175°$，$R_b=85\text{mm}$，$e=21\text{mm}$，$R_r=25\text{mm}$。

解 1. CAD 图解法设计　见图 4-2-38，作图过程说明从略。

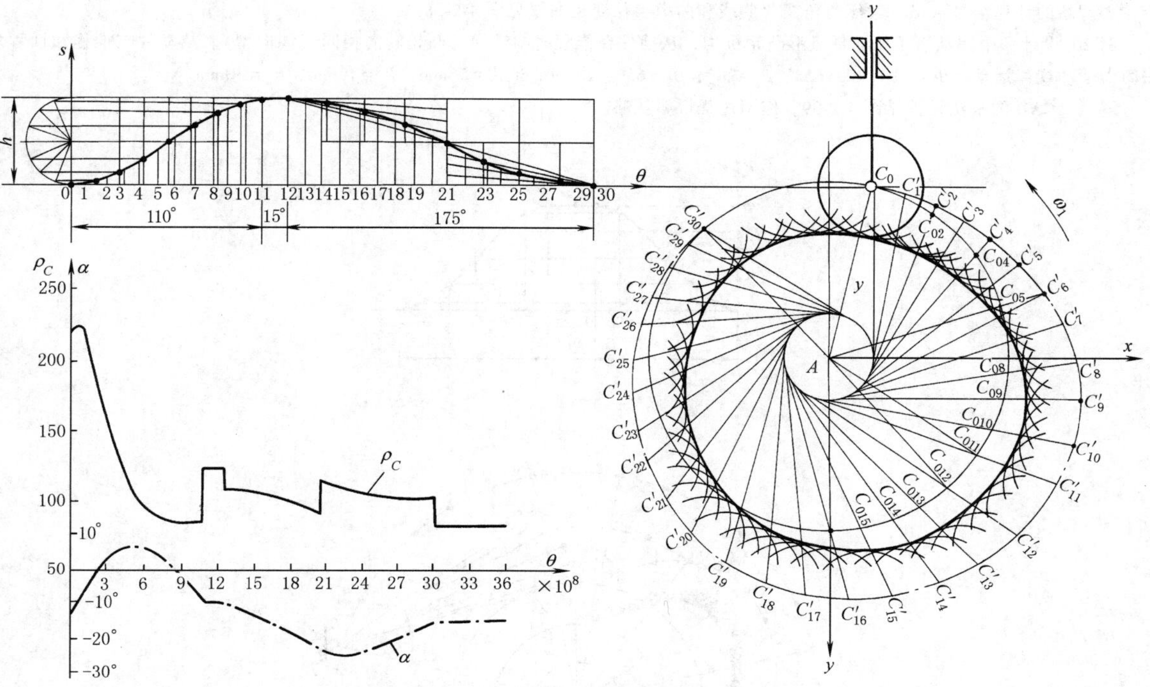

图 4-2-38　直动滚子从动件盘形凸轮轮廓设计及 α、ρ 变化曲线

2. 解析法设计　以 $\theta=60°$为例，按表 4-2-31 逐项计算如下：

$$s_0=(R_b^2-e^2)^{1/2}=82.365\text{mm},\ \varphi_0=\arccos\frac{e}{R_b}=75.696°$$

1）由表 4-2-23 知：

$$s=\frac{h}{2}\left(1-\cos\frac{\pi}{\beta_1}\theta\right)=22.846\text{mm}$$

$$s'(\theta)=\frac{h\pi}{2\beta_1}\sin\left(\frac{\pi}{\beta_1}\theta\right)=32.394$$

$$s''(\theta)=\frac{\pi^2 h}{2\beta_1^2}\cos\left(\frac{\pi}{\beta_1}\theta\right)=-7.621$$

2）$x_C=(s_0+s)\sin\theta+e\cos\theta=101.615\text{mm}$

$y_C=(s_0+s)\cos\theta-e\sin\theta=34.419\text{mm}$

$r_C=(x_C^2+y_C^2)^{1/2}=107.286\text{mm}$

$\varphi_C=\varphi_0-\arctan\dfrac{y_C}{x_C}=56.984°$

3）$\rho_C=\dfrac{[(32.394-21)^2+105.211^2]^{3/2}}{(32.394-21)(2\times32.394-21)-105.211\times(-1.063-105.211)}=101.5\text{mm}$

4）$\alpha=\arctan\dfrac{s'(\theta)-e}{s_0+s}=\arctan\dfrac{11.394}{105.211}=6.181°$

5）检查通过

6）$x_N=x_C-R_r\sin(\theta-\alpha)=101.615-25\times0.81=81.365\text{mm}$

$y_N=y_C-R_r\cos(\theta-\alpha)=34.419-25\times0.59=19.669\text{mm}$

$r_N=(x_N^2+y_N^2)^{1/2}=83.708\text{mm}$

$\varphi_N=\varphi_0-\arctan\dfrac{y_N}{x_N}=75.696°-13.578°=62.106°$

第 4 篇

以上只计算 $\theta=60°$时这一点的数值；在凸轮的实际设计中，要根据凸轮精度要求，每隔一定的凸轮转角（即凸轮转角增量）计算出一组数据才能连接成光滑的凸轮廓线，所以计算工作量很大。若采用计算机，只要将已编好的程序输入，然后向计算机输入少量指令，即进行计算，如程序中包含了绘图程序及刀具中心轨迹程序，则可以表格或图形输出，而将程序与数控机床的接口相连，便形成了凸轮的 CAD/CAM 系统。

本例题的计算结果从略。其压力角变化曲线和曲率半径变化曲线见图 4-2-38。

例 2 设计一个摆动滚子从动件盘形凸轮机构，从动件在推程时的转向与凸轮转向相同（同向型）。从动件在推程和回程均按简谐运动规律运动，$\Phi=20°$，$\beta_1=65°$，$\beta'=20°$，$\beta_2=65°$，$L=56\text{mm}$，$l=56\text{mm}$，$R_r=10\text{mm}$，$R_b=30\text{mm}$。

解 1. CAD 图解法设计见图 4-2-39。作图过程说明从略。

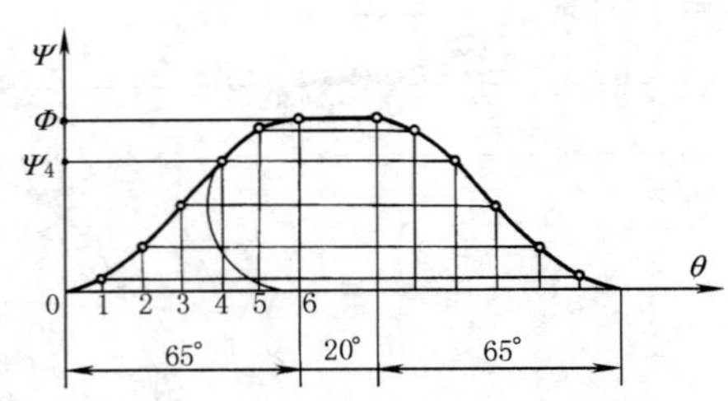

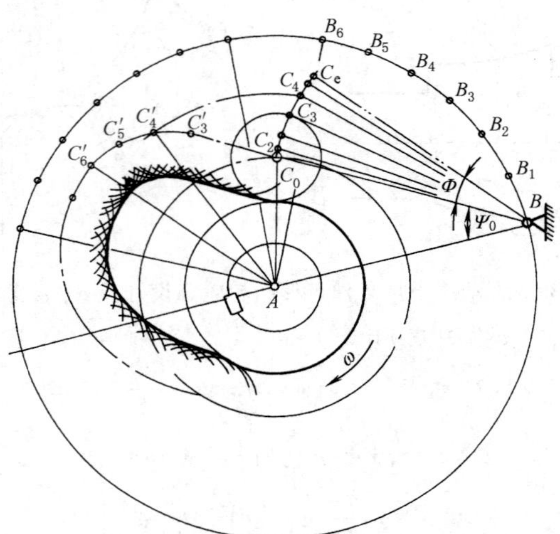

图 4-2-39 摆动滚子从动件盘形凸轮轮廓设计

2. 解析法设计（计算机编程），这个机构属同向型，以 $\theta=45°$为例按表 4-2-31 中同向型逐项计算如下：

$$\Psi_0=\arccos\frac{L^2+l^2-R_b^2}{2lL}=31.074°$$

$$\varphi_0=\arccos\frac{L^2+R_b^2-l^2}{2LR_b}=74.463°$$

1）由表 4-2-31 知：$\Psi=\dfrac{\Phi}{2}\left[1-\cos\left(\dfrac{\Phi}{\beta_1}\pi\right)\right]=15.681°$

$$\Psi'(\theta)=\frac{\pi\Phi}{2\beta_1}\sin\left(\pi\frac{\theta}{\beta_1}\right)=0.398$$

$$\Psi''(\theta)=\frac{\pi^2\Phi}{2\beta_1^2}\cos\left(\pi\frac{\theta}{\beta_1}\right)=-0.760$$

2）$\theta=45°$时凸轮理论轮廓上的参数［同向型 θ 及 $\Psi'(\theta)$ 均以负值代入公式］：

$$x_C=L\sin\theta-l\sin(\Psi+\Psi_0+\theta)=-41.313\text{mm}$$

$$y_C = L\cos\theta - l\cos(\Psi+\Psi_0+\theta) = -16.376\text{mm}$$

$$r_C = \sqrt{L^2+l^2-2Ll\cos(\Psi+\Psi_0)} = 44.440\text{mm}$$

$$\varphi_C = \theta+\varphi_0-\arccos\frac{L^2+r_C^2-l^2}{2Lr_C} = -37.159°$$

3）曲率半径 ρ_C 及压力角 α

$$\begin{aligned}\rho_C &= [L^2+l^2(\Psi'(\theta)+1)^2-2Ll(\Psi'(\theta)+1)\cos(\Psi+\Psi_0)]^{3/2}/[L^2+l^2(\Psi'(\theta)+1)^3-Ll\Psi''(\theta)\sin(\Psi+\Psi_0)-Ll(\Psi'(\theta)+2)\times \\ &\quad (\Psi'(\theta)+1)\cos(\Psi+\Psi_0)] \\ &= 19.863\text{mm}\end{aligned}$$

$$\alpha = \arctan\left[\frac{l(1+\Psi'(\theta))}{L\sin(\Psi+\Psi_0)}-\cot(\Psi+\Psi_0)\right] = -6.51°$$

工作行程的最大压力角 α_{max} 出现在 $\theta=32.5°$处，这时 $\Psi=10°$、$\Psi'(\theta)=0.4833$、$\Psi''(\theta)=0$，代入公式求得的 $\alpha_{max}=19.85°<30°=\alpha_p$，通过检查。

4）$\theta=45°$时凸轮工作轮廓上的参数：

$$x_N = x_C+R_r\frac{-L\sin\theta+l(\Psi'(\theta)+1)\sin(\Psi+\Psi_0+\theta)}{[L^2+l^2(\Psi'(\theta)+1)^2-2Ll(\Psi'(\theta)+1)\cos(\Psi+\Psi_0)]^{1/2}} = -31.417\text{mm}$$

$$y_N = y_C-R_r\frac{L\cos\theta-l(\Psi'(\theta)+1)\cos(\Psi+\Psi_0+\theta)}{[L^2+l^2(\Psi'(\theta)+1)^2-2Ll(\Psi'(\theta)+1)\cos(\Psi+\Psi_0)]^{1/2}} = -17.813\text{mm}$$

$$r_N = \left[L^2+l^2+R_r^2-2Ll\cos(\Psi+\Psi_0)\pm 2R_r\frac{-l^2(\Psi'(\theta)+1)-L^2+Ll(\Psi'(\theta)+2)\cos(\Psi+\Psi_0)}{[L^2+l^2(\Psi'(\theta)+1)^2-2Ll(\Psi'(\theta)+1)\cos(\Psi+\Psi_0)]^{1/2}}\right]^{1/2} = 36.115\text{mm}$$

$$\varphi_N = \varphi_C \pm \arccos\frac{r_N^2+r_C^2-R_r^2}{2r_Nr_C} = -45.0906°$$

$$\rho_N = \rho_C - R_r = 9.863\text{mm}$$

实际计算时，只需采取直角坐标或极坐标形式中的一种。

3.7 平底从动件盘形凸轮工作轮廓的设计

表 4-2-33　　直动直角平底从动件盘形凸轮基本尺寸的确定

名　称	公　式	说　明
移动副长度 b，从动件悬伸 l	$l \leqslant \dfrac{b}{4\mu^2}$	供参考，μ 为从动件与导路之间以及凸轮之间摩擦因数的平均值
平底半径 r	$r=\lvert s'(\theta)\rvert_{max}+(2\sim5)\text{mm}$	$\lvert s'(\theta)\rvert_{max}$ 的计算公式见表 4-2-23～表 4-2-25，取推程与回程两者中较大者
基圆半径 R_b	$R_b \geqslant R_{b0}+\rho_{min}$	R_{b0} 从图 4-2-40 查得，ρ_{min} 自定

注：对等速规律，R_b 值可任选。

例　有一直动直角平底从动件盘形凸轮机构，在推程按摆线规律运动，回程按抛物线规律运动，$h=20\text{mm}$，$\beta_1=60°$，$\beta_2=90°$，要求 $\rho_{min}\geqslant 10\text{mm}$，求基圆半径。

解　在图 4-2-40 中，由纵坐标上 60°处作横线与摆线规律曲线相交，过交点找其横坐标为 5，即 $R_{b0}=5\times20=100\text{mm}$。故 $R_b=R_{b0}+\rho_{min}=100+10=110\text{mm}$，由于 $\beta_2=90°$，所需 R_b 值显然小于此值，故此凸轮的 R_b 值为 110mm。

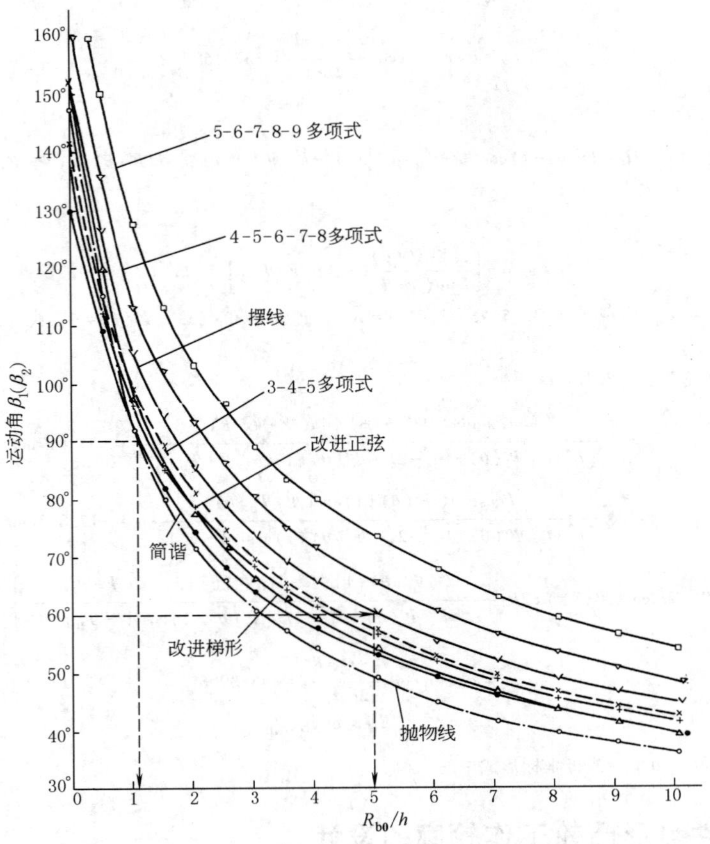

图 4-2-40　直动直角平底从动件盘形凸轮 R_{b0}-$\beta_1(\beta_2)$ 曲线

$R_{b0}-\rho_{min}=0$ 时的基圆半径 $R_b=R_{b0}+\rho_{min}$

表 4-2-34　　平底从动件盘形凸轮工作轮廓设计（CAD 图解法）

直动直角平底从动件	摆动平底从动件
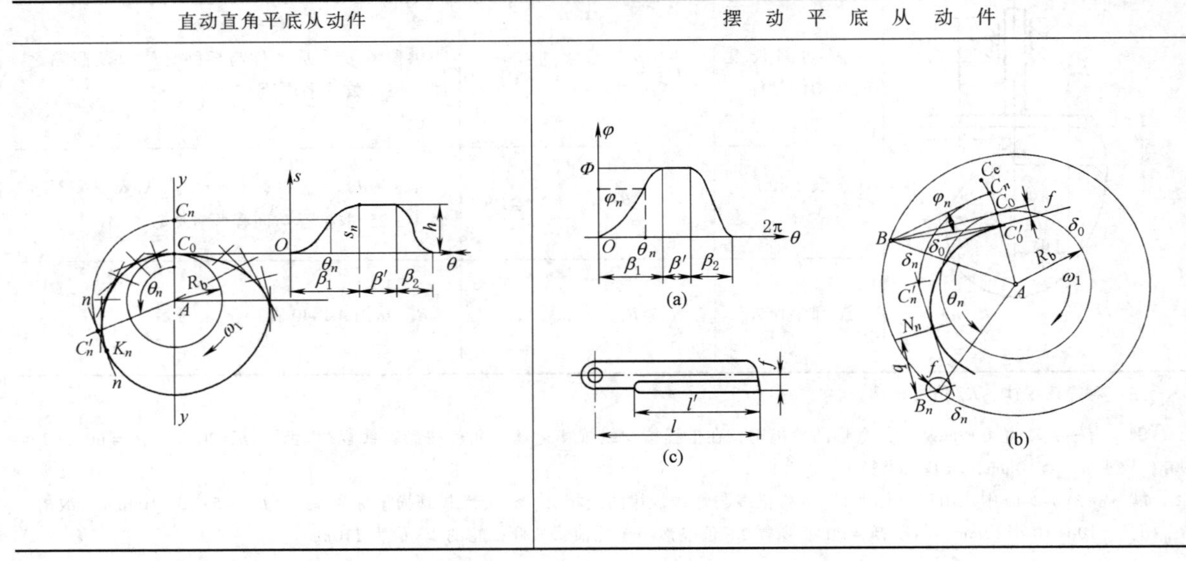	

续表

		直动直角平底从动件	摆动平底从动件
已知参数		$h,\beta_1,\beta',\beta_2,R_b$,从动件运动规律	$\Phi,\beta_1,\beta',\beta_2,R_b,L,f$(平底偏距),从动件运动规律及凸轮转向
作图步骤	画 s-θ 曲线或 φ-θ 曲线	参考表 4-2-22 在图中每隔 1°左右取一个 θ 值,求出相应的位移曲线,图示为 $\theta=\theta_n$ 时,$s=s_n$	参考表 4-2-22 在图中每隔 1°左右取一个 θ 值,求出相应的位移曲线。图示为当 $\theta=\theta_n$ 时 $\varphi=\varphi_n$
	确定轴心 A 的位置及起始位置	作移动副方位线 yy,与 θ 轴相交于 C_0,取 $C_0A=R_b$,得 A 点位置,凸轮廓线从 C_0 画起	根据凸轮机构的结构,确定凸轮转动轴心 A 及从动件转动轴心 B ($AB=L$),以 A 为圆心,画基圆,过 B 作基圆的一条切线(方位与所定结构一致),得切点 C_0,作与 BC_0 相距为 f 的平行线 $\delta_0\delta_0$(即平底线,方位与所定结构一致)交 C_0A 于 C'_0 点,用 BC'_0 表示从动件起始位置。标出凸轮转向
	画凸轮工作轮廓	在 yy 上取 $C_0C_n=s_n$;又以 AC_n 为起始线,逆凸轮转向量取 θ_n,得 C_n',过 C_n'作 AC_n'的垂线 nn(即平底在反转后的位置);取不同的 θ 值,重复上述画法,得一系列直线,作其包络线即是工作轮廓	以 B 为圆心,BC'_0为半径画圆弧$\overset{\frown}{C'_0C_e}$,以 BC'_0为起始线,量取 φ_n,得 C_n 点;再以 AB 为起始线,逆凸轮转向量取 θ_n 角(即画$\overset{\frown}{BB_n}$),得 B_n 点;以 B_n 为圆心、f 为半径作偏距圆;又以 A 为圆心、AC_n 为半径画圆弧,与以 B_n 为圆心、BC_0 为半径所画的圆弧相交于 C_n',过 C_n'作此偏距圆的相应切线 $\delta_n\delta_n$(即平底在反转后的位置)。取不同 θ 值,重复上述画法,得一系列平底线,作其包络线即为凸轮工作轮廓
	检查	求出最小曲率半径 ρ_{min}。若ρ_{min}<(2~5)mm,则加大基圆半径后重新设计	
	确定平底半径 r 或确定从动件长度 l 及平底长度 l'	图示包络线与直线 nn 相切于 K_n,对于不同的 θ 值,$C_d'K_n$ 长度不同,取其中最大值再加(2~5)mm 即为 r。其中 C_d'即 C_1'、C_2'、…、C_n'中的任意一点	当 $\theta=\theta_n$ 时,凸轮廓线与平底线 $\delta_n\delta_n$ 相切于 N_n 点,过 N_n 点作法线,设 B_n 点到此法线的距离为 q;取不同 θ 值,得不同的 q 值,求得 q_{min} 和 q_{max};则 $l=q_{max}+(2\sim5)$ mm $l'=q_{max}-q_{min}+(2\sim5)$ mm

表 4-2-35　直动平底和摆动平底从动件盘形凸轮工作轮廓设计(解析法)

直动平底从动件	摆动平底从动件
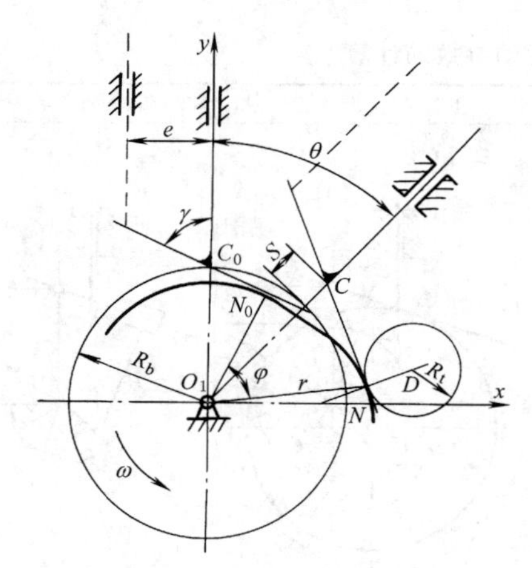	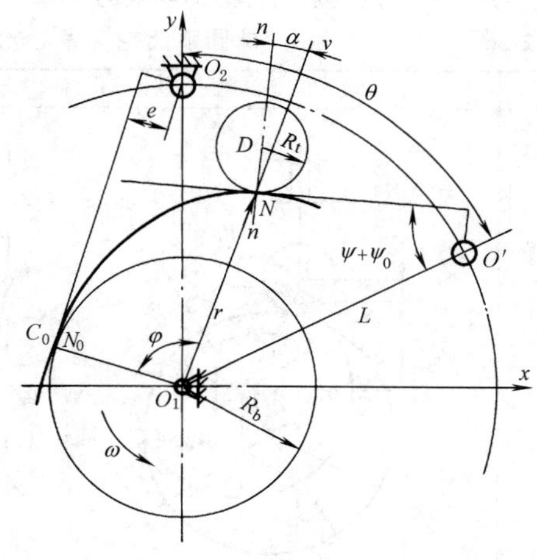

续表

<table>
<tr><td colspan="3">直 动 平 底 从 动 件</td><td>摆 动 平 底 从 动 件</td></tr>
<tr><td colspan="4">e——偏距有正值和负值之分，如图中实线所示即为正值
$C(x_C,y_C)$为凸轮理论轮廓上的任一点，$N(x_N,y_N)$为凸轮工作轮廓上与C点相对应的点，$D(x_D,y_D)$为加工N点时圆柱形刀具中心的位置，设刀具半径为R_D</td></tr>
<tr><td colspan="2">已知参数</td><td>$e,h,\beta_1,\beta',\beta_2,R_b$，从动件运动规律，平底与移动导轨夹角$\gamma$，$R_t$</td><td>$\varphi,\beta_1,\beta',\beta_2,R_b,L,e$从动件运动规律及凸轮转向（上图所示为异向型），刀具半径R_t</td></tr>
<tr><td colspan="2">常量计算</td><td></td><td>$\Psi_0=\arcsin\dfrac{R_b-e}{L}\quad \varphi_0=\dfrac{\pi}{2}-\Psi_0$</td></tr>
<tr><td colspan="2">从动件运动参数</td><td>从表 4-2-23～表 4-2-25 中选出计算</td><td>$S'(\theta)$、$S''(\theta)$[对摆动从动件为$\Psi'(\theta)$，$\Psi''(\theta)$]的公式</td></tr>
<tr><td rowspan="5">计算项目</td><td>凸轮工作轮廓 廓线方程</td><td>直角坐标：
$x=[(R_b+S)\cos(\gamma-\theta)+S'\sin(\gamma-\theta)]\sin\gamma$
$y=[(R_b+S)\sin(\gamma-\theta)-S'\cos(\gamma-\theta)]\sin\gamma$
极坐标：
$r=\sin\gamma\sqrt{(R_b+S)^2+(S'(\theta))^2}$
$\varphi=\theta+\arctan\dfrac{S'(\theta)}{R_b+S(\theta)}$</td><td>直角坐标：
$x=A\sin\theta-B\cos(\theta+\Psi+\Psi_0)$
$y=A\cos\theta+B\sin(\theta+\Psi+\Psi_0)$
式中 $A=L\Psi'(\theta)/(1+\Psi(\theta))$
$B=e+[L\sin(\Psi+\Psi_0)/(1+\Psi(\theta))]$ 意义下同
极坐标：
$r=[A^2+B^2+2AB\sin(\Psi+\Psi_0)]^{1/2}$
$\varphi=\theta+\Psi+\arcsin\dfrac{A\cos(\Psi+\Psi_0)}{r}$</td></tr>
<tr><td>凸轮工作轮廓 曲率半径</td><td>$\rho=[R_b+S(\theta)+S''(\theta)]\sin\gamma$</td><td>$\rho=\dfrac{L}{(1+\Psi'(\theta))^3}[1+\Psi'(\theta)(1+2\Psi'(\theta))\sin(\Psi+\Psi_0)$
$+\Psi''(\theta)\cos(\Psi+\Psi_0)]+e$</td></tr>
<tr><td>凸轮工作轮廓 压力角</td><td>$\alpha=90°-\gamma$</td><td>$\tan\alpha=-e[1+\Psi'(\theta)]/[L\cos(\Psi+\Psi_0)]$</td></tr>
<tr><td>刀具中心轨迹 直角坐标</td><td>$x_D=x+R_t\cos(\gamma-\theta)$
$y_D=y+R_t\sin(\gamma-\theta)$</td><td>$x_D=x-R_t\cos(\theta+\Psi+\Psi_0)$
$y_D=y+R_t\sin(\theta+\Psi+\Psi_0)$</td></tr>
<tr><td>刀具中心轨迹 极坐标</td><td>$r_t=\{[R_t+(R_b+S)\sin\gamma]^2+(S'\sin\gamma)^2\}^{1/2}=O_1D$
$\varphi_t=\theta+\arctan\dfrac{S'\sin\gamma}{R_t+(R_b+S)\sin\gamma}$</td><td>$r_t=[A^2+B^2+R_t^2-2A(B+R_t)\sin(\Psi+\Psi_0)-2BR_t]^{1/2}=O_1D$
$\varphi_t=\varphi-\arccos\dfrac{r^2+r_t^2-R_t^2}{2rr_t}$</td></tr>
</table>

3.8 圆弧凸轮（偏心轮）工作轮廓的设计

适用于要求从动件做连续“推、回”运动的场合。凸轮轮廓为一圆周（半径为 R_k），偏心距 $e=\dfrac{h}{2}=OA$。单圆弧凸轮（偏心轮）及其从动件运动参数的计算见表 4-2-36。

表 4-2-36 单圆弧凸轮（偏心轮）及其从动件运动参数的计算

项目	直动滚子从动件凸轮	直动平底从动件凸轮
简图	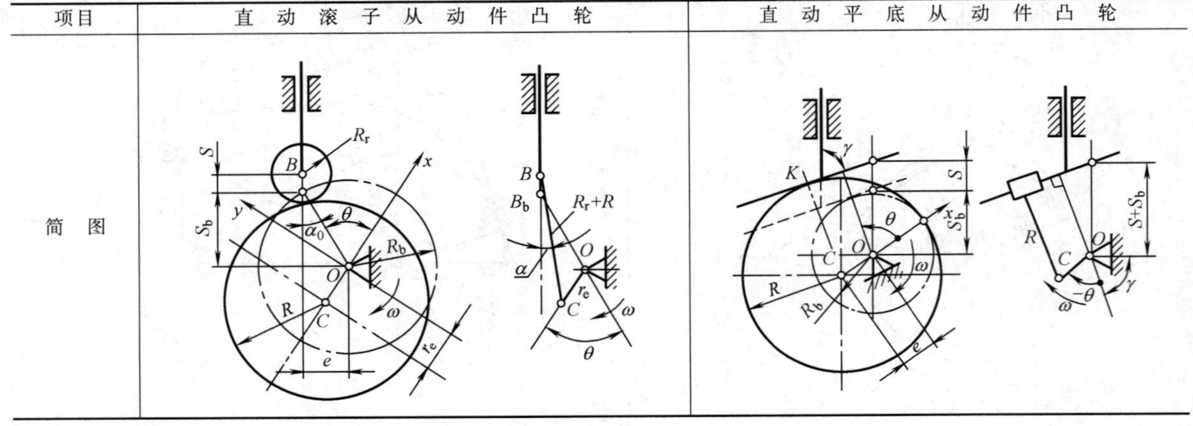	

续表

项目		直动滚子从动件凸轮	直动平底从动件凸轮
运动特点		导路与凸轮转动中心间有偏距，其运动与偏置曲柄滑块机构中滑块的运动相同；对心直动滚子从动件凸轮机构只需将公式中 e 和 α_0 以 0 代入即可	属简谐运动规律，有较好的加速度规律。R_k 值不影响从动件运动参数。R_k 值可由接触强度决定，从动件的运动与正弦机构中的滑块运动相同
计算项目	压力角	$\alpha=\arcsin\dfrac{e\mp r_e\sin(\theta-\alpha_0)}{R+R_r}$，$\alpha_0=\arcsin\dfrac{e}{R+R_r-r_e}$	$\alpha=90°-\gamma$
	位移	$s=(R_k+R_r)\cos\alpha-r_e\cos(\theta-\alpha_0)-\sqrt{R_b^2-e^2}$	$s=h(1-\cos\theta)/(2\sin\gamma)$
	速度	$v=r_e\omega_1\sin(\theta-\alpha_0-\alpha)/\cos\alpha$	$v=h\omega_1\sin\theta/(2\sin\gamma)$
	加速度	$a=\dfrac{r_e\omega_1}{\cos\alpha}\left[\cos(\theta-\alpha_0-\alpha)-\dfrac{r_e\cos^2(\theta-\alpha_0)}{(R+R_r)\cos^2\alpha}\right]$	$a=h\omega_1^2\cos\theta/(2\sin\gamma)$
	凸轮尺寸	$R_r\geqslant(2\sim3)r$，r 为滚子轴半径 $R_b\geqslant R_r+R_{s(h)}+(2\sim5)$ mm，$R_{s(h)}$ 为凸轮轴或凸轮轮毂的半径 $R=R_b-R_r+\dfrac{h}{2}$，$R_k>R_r$	$R_b\geqslant R_{s(h)}+(2\sim5)$ mm $R=R_b+\dfrac{h}{2}$

3.9 凸轮及滚子结构、材料、强度、精度、表面粗糙度及工作图

3.9.1 凸轮及滚子结构

1）凸轮结构举例。多数凸轮的结构与齿轮相似，特殊结构如下。

① 周向可调的结构：如图 4-2-41～图 4-2-45。

② 从动件停歇时间可调的结构：如图 4-2-46 和图 4-2-47。

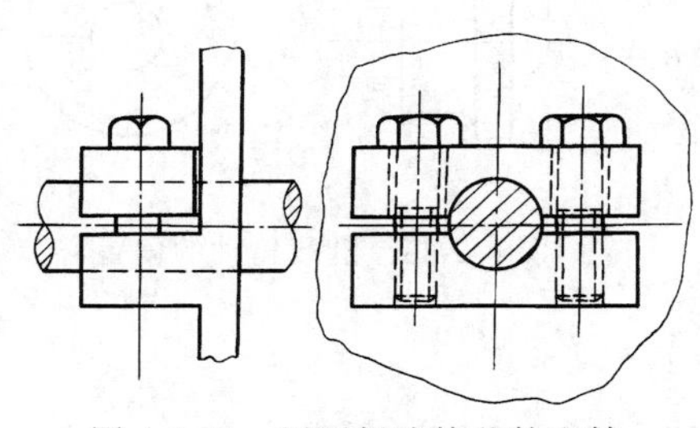

图 4-2-41　用压板连接凸轮和轴

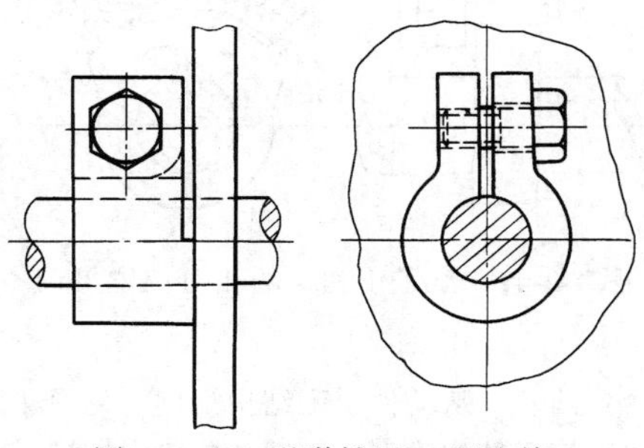

图 4-2-42　用弹性开口环连接

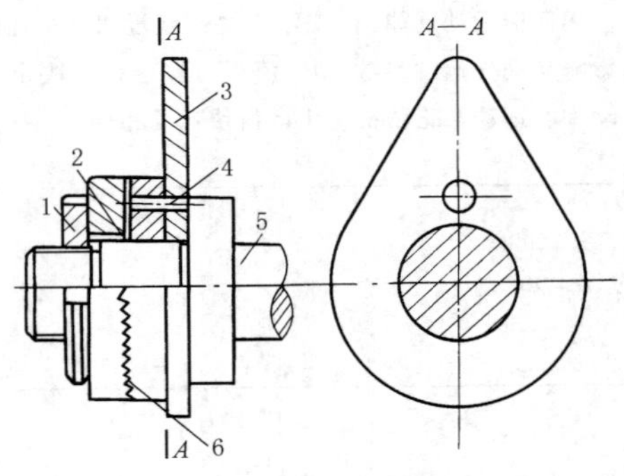

图 4-2-43　用细牙离合器连接

1—圆螺母；2—键；3—凸轮；
4—销；5—分配轴；6—细齿离合器

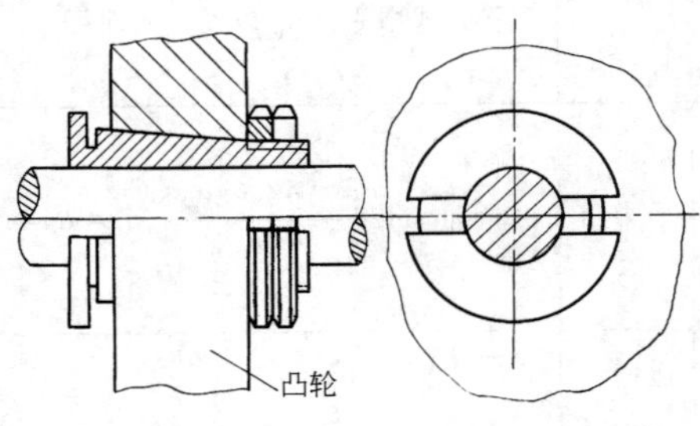

图 4-2-44　用开口锥套连接

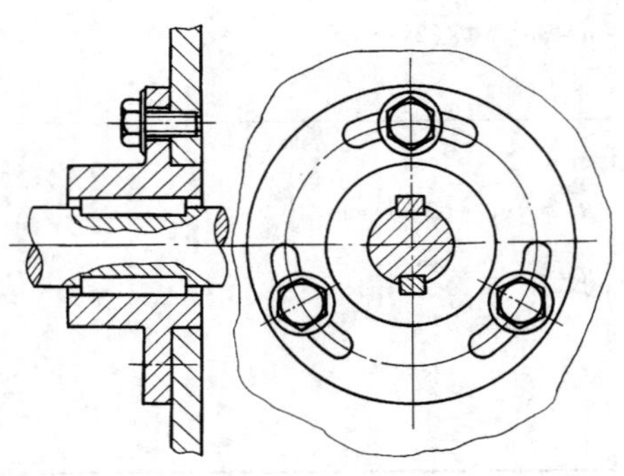

图 4-2-45　用法兰连接

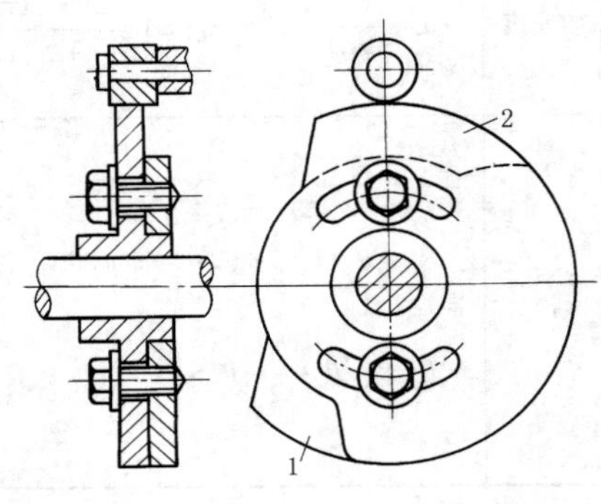

图 4-2-46　凸轮 1 和 2 的相对位置可调

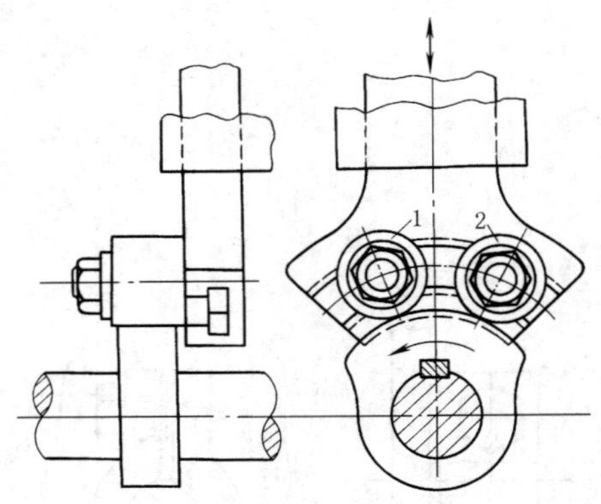

图 4-2-47　滚子 1 和 2 的相对位置可调

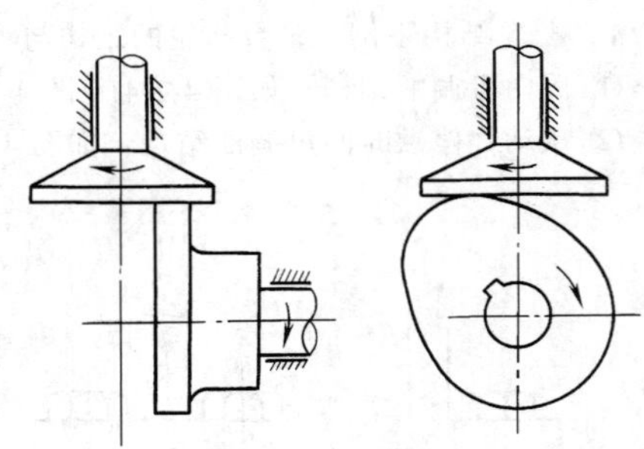

图 4-2-48　沿凸轮轴的偏置

2）凸轮、从动件装配结构举例，见图 4-2-48。

3）滚子结构举例，见图 4-2-49。各部分尺寸参考数据见表 4-2-37。

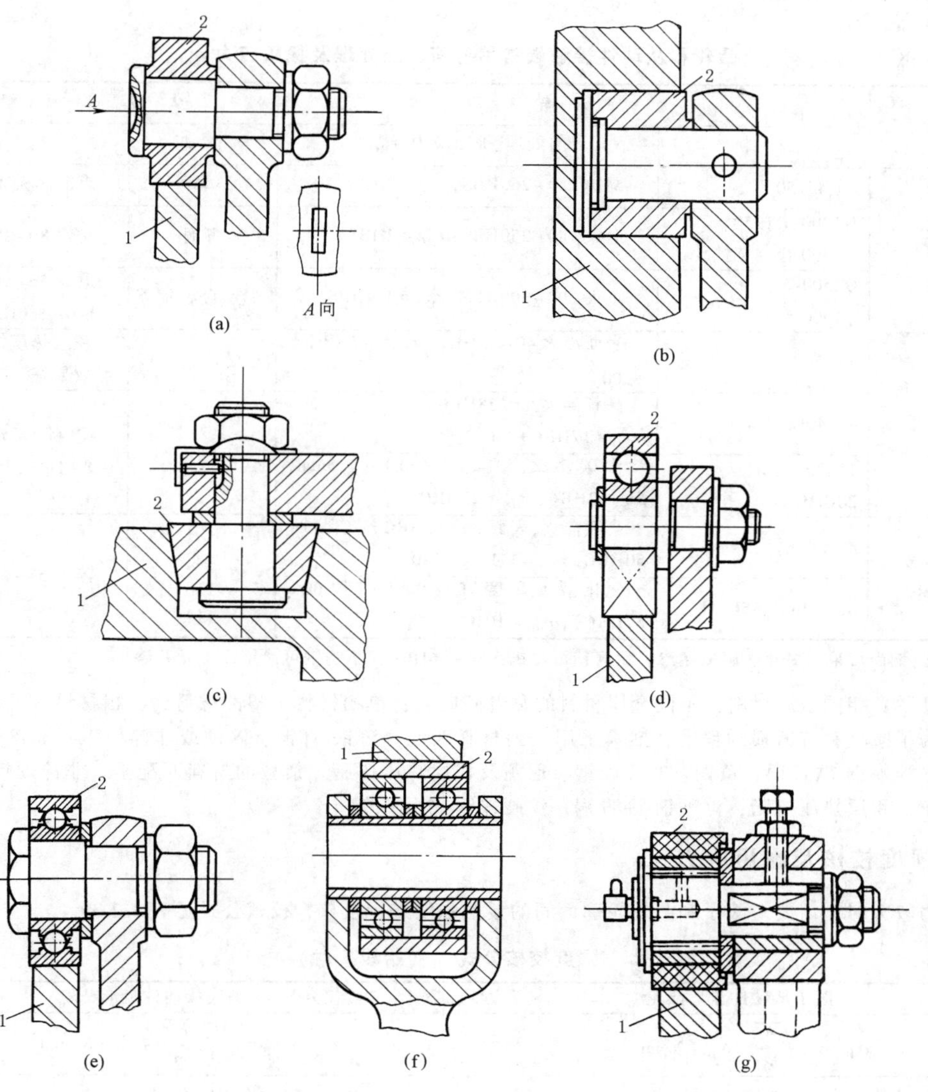

图 4-2-49　滚子的结构

1—凸轮；2—滚子

表 4-2-37　　**滚子各部分尺寸参考数据**

主要尺寸/mm										承载能力/N	
D	d	d_1	d_2	d_3	b	b_1	L	l	l_1	额定动载荷	额定静载荷
16	M6×0.75	3			11	12	28	9		2650	2060
19	M8×0.75	4			12	13	32	11		3330	2840
22	M10×1.0	4			12	13	36	13		3820	3430
30	M12×1.5	6	3	3	14	15	40	14	6	5590	5000
35	M16×1.5	6	3	3	18	19.5	52	18	8	8530	8630
40	M18×1.5	6	3	3	20	21.5	58	20	10	12360	14020
52	M20×1.5	8	4	4	24	25.5	66	22	12	17060	19510
62	M24×1.5	8	4	4	29	30.5	80	25	12	20980	25690
80	M30×1.5	8	4	4	35	37	100	32	15	32950	38150

3.9.2 常用材料

表 4-2-38　　凸轮和从动件接触端常用材料、热处理及极限应力 σ_{HO}　　MPa

工作条件	凸轮		从动件接触端	
	材料	热处理、极限应力 σ_{HO}	材料	热处理
低速轻载	40、45、50	调质 220~260HBS,σ_{HO}=2HBS+70	45	表面淬火 40~45HRC
	HT200、HT250、HT300 合金铸铁	退火 180~250HBS,σ_{HO}=2HBS	青铜	时效 80~120HBS
	QT500-7 QT600-3	正火 200~300HBS,σ_{HO}=2.4HBS	软、硬黄铜	退火 55~90HBS 140~160HBS
中速中载	45	表面淬火 40~45HRC,σ_{HO}=17HRC+200	尼龙	积层热压树脂吸振及降噪效果好
	45、40Cr	高频淬火 52~58HRC,σ_{HO}=17HRC+200	20Cr	渗碳淬火,渗碳层深 0.8~1mm,55~60HRC
	15、20、20Cr 20CrMnTi	渗碳淬火,渗碳层深 0.8~1.5mm,56~62HRC,σ_{HO}=23HRC		
高速重载或靠模凸轮	40Cr	高频淬火,表面 56~60HRC,芯部 45~50HRC,σ_{HO}=17HRC+200	GCr15 T8 T10 T12	淬火 58~62HRC
	38CrMoAl、35CrAl	氮化、表面硬度 700~900HV(约 60~67HRC),σ_{HO}=1050		

注：合金钢尚可采用氮化、碳氮共渗；耐磨钢可渗钒，64~66HRC，不锈钢可渗铬或多元共渗。

试验证明：相同金属材料比不同金属材料的黏着倾向大；单相材料、塑性材料比多相材料、脆性材料的黏着倾向大。为了减轻黏着磨损的程度，推荐采用下列材料匹配：铸铁-青铜、淬硬或非淬硬钢；非淬硬钢-软黄铜、巴氏合金；淬硬钢-软青铜、黄铜、非淬硬钢、尼龙及积层热压树脂。禁忌的材料匹配是：非淬硬钢-青铜、非淬硬钢、尼龙及积层热压树脂；淬硬钢-硬青铜；淬硬镍钢-淬硬镍钢。

3.9.3 强度校核及许用应力

当受力较大时，需要对滚子和凸轮轮廓面间的接触强度进行校核，校核公式见表 4-2-39。

表 4-2-39　　强度校核公式（初始线接触）

滚子从动件盘形凸轮	平底从动件盘形凸轮
$\sigma_H=z_E\sqrt{\dfrac{F}{b\rho}}\leqslant\sigma_{HP}$(N/mm²)	$\sigma_H=z_E\sqrt{\dfrac{F}{2b\rho_1}}\leqslant\sigma_{HP}$(N/mm²)

式中　F——凸轮与从动件在接触处的法向力,N

b——凸轮与从动件的接触宽度,mm

ρ——综合曲率半径,

$$\rho=\frac{\rho_1\rho_2}{\rho_2\pm\rho_1}$$

两个外凸面接触用“+”,外凸与内凹接触时用“-”

ρ_1——凸轮轮廓在接触处的曲率半径,mm

ρ_2——从动件在接触处的曲率半径,mm

z_E——综合弹性系数,$\sqrt{\text{N/mm}^2}$,

$$z_E=0.418\sqrt{\frac{2E_1E_2}{E_1+E_2}}$$

E_1,E_2——凸轮和从动件接触端材料的弹性模量,N/mm²,钢对钢的 $z_E=189.8$,钢对铸铁的 $z_E=165.4$,钢对球墨铸铁的 $z_E=181.3$

σ_{HP}——接触许用应力

$$\sigma_{HP}=\sigma_{HO}z_R\sqrt[6]{N_O/N}/S_H$$

σ_{HO} 见表 4-2-38

$z_R=0.95\sim1$,表面粗糙度值低时取大值

N——$60nT$

n——凸轮转速,r/min

T——凸轮预期寿命,h

N_O——对 HT 氮化处理的表面 $N_O=2\times10^6$,其他材料 $N_O=10^5$

S_H——安全系数,$S_H=1.1\sim1.2$

3.9.4 凸轮精度及表面粗糙度

凸轮的最大向径在 300~500mm 以下者，可参考表 4-2-40 选取。

表 4-2-40　　凸轮的公差和表面粗糙度

凸轮精度	极限偏差				表面粗糙度 Ra/μm		位置公差
	向径/mm	极　角	基准孔	凸轮槽宽	凸轮工作轮廓	凸轮槽壁	级别
高精度	±(0.01~0.05)	±(10′~20′)	H7(H6)	H7	0.2~0.4	0.4~0.8	5~6
一般精度	±(0.1~0.2)	±(30′~40′)	H7(H8)	H8	0.8~1.6	1.6	7~8
低精度	±(0.2~0.5)	±1°	H8	H8、H9	1.6~3.2	1.6~3.2	8~10

3.9.5 凸轮工作图

凸轮工作图如图 4-2-50~图 4-2-52，与一般零件工作图比较，有下列特点。

1）标有凸轮理论轮廓或工作轮廓尺寸，盘形凸轮是以极坐标形式标出或列表给出，圆柱凸轮是在其外圆柱的展开图上以直角坐标形式标出，也可列表给出。

2）用图解法设计的滚子从动件凸轮，凸轮的理论轮廓比较准确，多数都标出节线的向径和极角；平底从动件凸轮是标注在凸轮工作轮廓上。

3）当同一轴上有若干个凸轮时，根据工作循环图确定各凸轮的键槽位置。

4）为了保证从动件与凸轮轮廓的良好接触，可提出凸轮轮廓与其轴线间的平行度、端面与轴线的垂直度等要求。

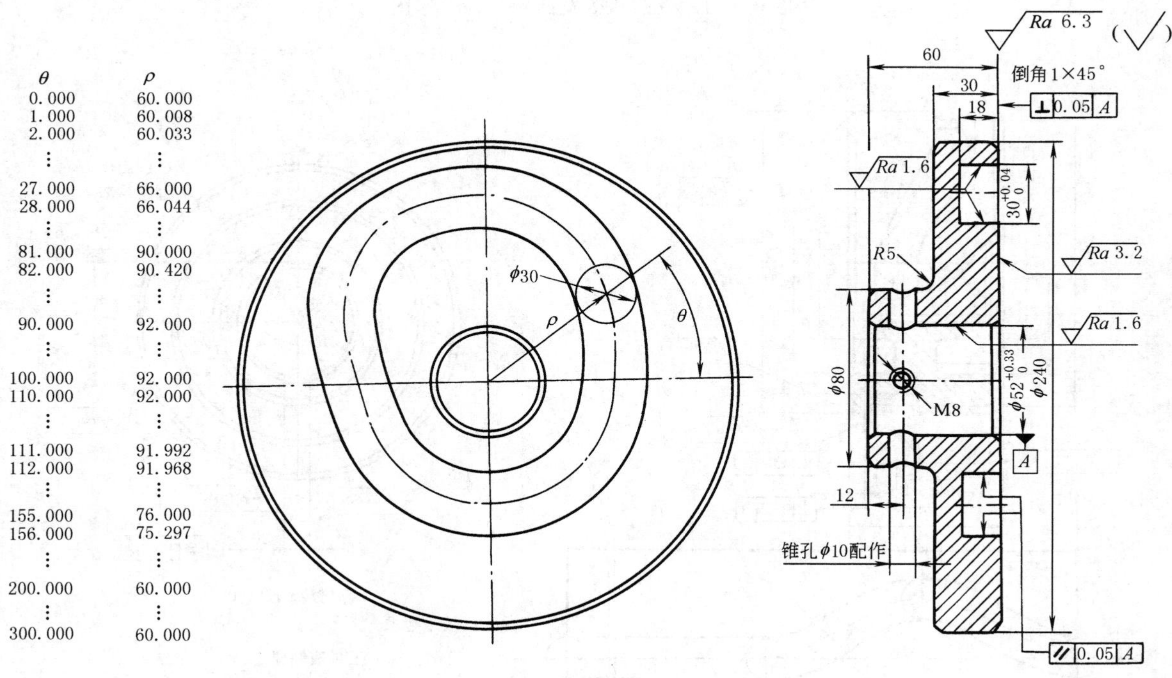

图 4-2-50　沟槽式平面凸轮零件工作图

第4篇

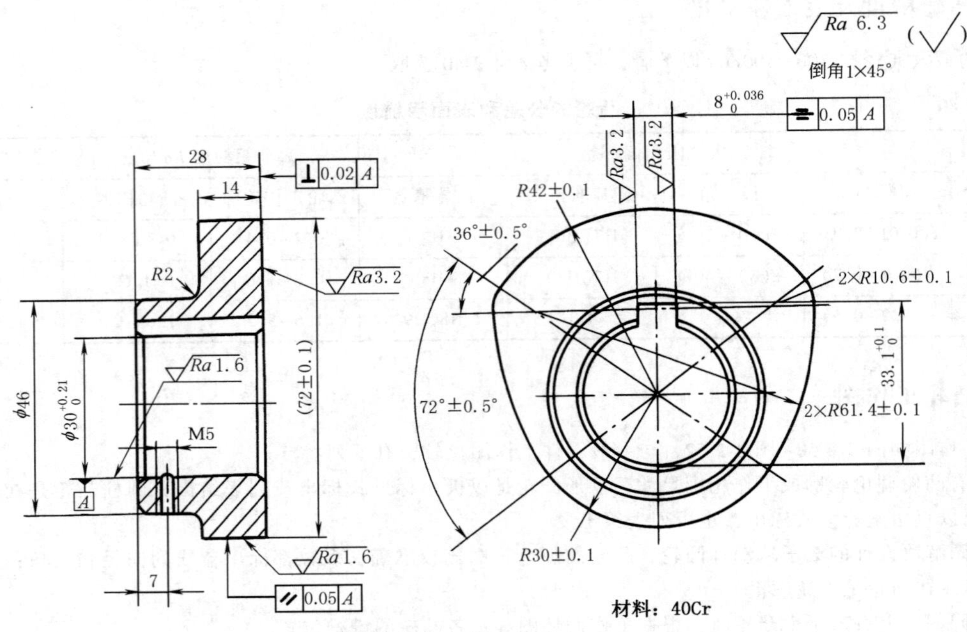

技术要求：
1. 调质240～280HBS。
2. 凸轮轮廓棱边倒角0.2mm×45°。

图 4-2-51 六圆弧等宽凸轮零件工作图

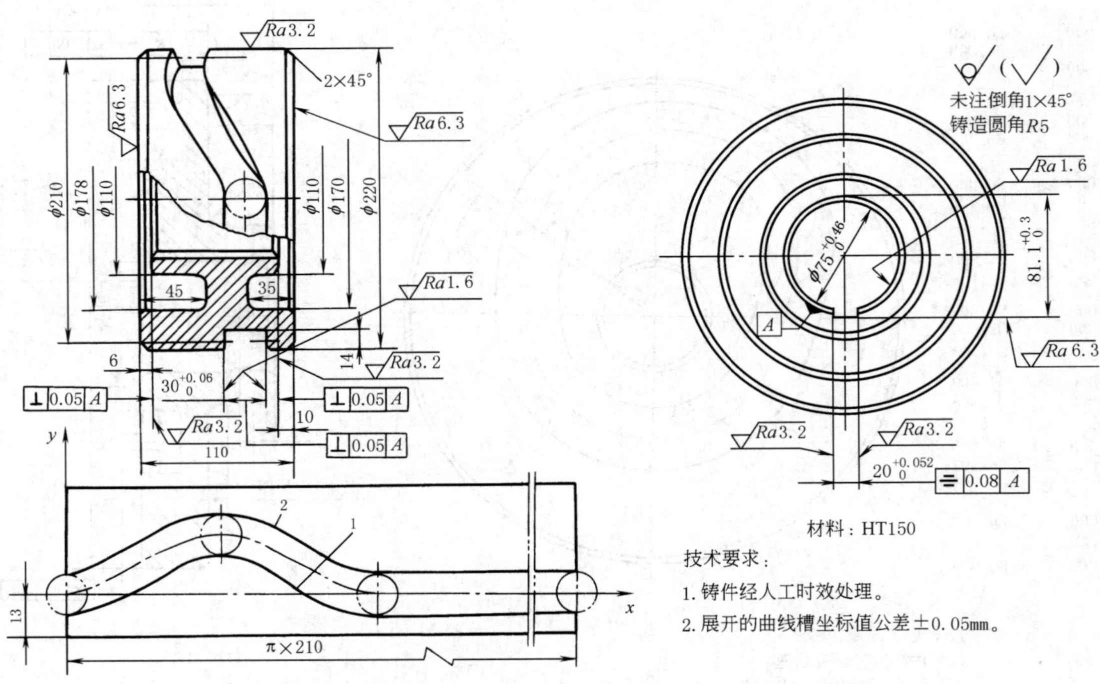

技术要求：
1. 铸件经人工时效处理。
2. 展开的曲线槽坐标值公差±0.05mm。

图 4-2-52 圆柱凸轮零件工作图
1，2—圆柱凸轮理论廓线两侧的实际廓线

4　分度凸轮机构

4.1　分度凸轮机构的性能及其运动参数

分度凸轮机构中，主动件是凸轮，一般做等速连续旋转，从动件是装有多个滚子的转盘，可按设计要求做间歇步进分度转位运动。这种机构不需其他附属装置即可完成较精确的分度定位。表 4-2-41 是几种常用的间歇分度机构的性能比较。

分度凸轮机构一般是在中、高速的情况下工作的，故在选择运动规律时主要应考虑使其具有较好的动力学特性。一般总希望从动转盘在分度期开始和终了时的角速度 ω_2 和角加速度 ε_2 等于零，在分度期间角速度和角加速度连续变化而无突变，跃度 j_2 值尽量小，并最好选用角速度和角加速度最大值 $\omega_{2\max}$ 和 $\varepsilon_{2\max}$ 较小的运动规律。表 4-2-41 为分度凸轮机构中较常用的几种运动规律，其公式和所用符号的意义见表 4-2-42。

表 4-2-41　　几种常用的间歇分度机构的性能比较

项目	槽轮机构	共轭分度凸轮机构	弧面分度凸轮机构	圆柱分度凸轮机构
主动件运动型式	转　动	转　动	转　动	转　动
主、从动轴线相对位置	两轴线平行	两轴线平行	两轴线垂直交错	两轴线垂直交错
从动件分度期运动规律	槽数一定时，运动规律及动停比已确定	可按转速和载荷等要求进行设计和选用		
从动件分度数（从动件转一周中的停歇次数）	3～18	1～16	3～24	6～24
从动件最高分度精度	15″～30″	15″～30″	10″～20″	15″～30″
主动件最高转速/$r\cdot min^{-1}$	100	1000	3000	300
适用场合	低速，中、轻载	中、高速，轻载	高速，中、重载	中、低速，中、轻载
制造成本	低	中	高	高
加工设备要求	普通机床	普通数控机床	至少有两个回转坐标的数控机床	至少有一个回转坐标的数控机床

表 4-2-42　　分度凸轮机构中主要运动参数的符号及意义

名　称	符号	公　式
无量纲时间	T	$T=\dfrac{t}{t_f}=\dfrac{\theta}{\theta_f}$　t——转盘转动时间，s；t_f——转盘分度期时间，s；θ——凸轮角位移，rad 或(°)；θ_f——凸轮分度期转角，rad 或(°)
无量纲位移	S	$S=\dfrac{\phi_i}{\phi_f}$　分度凸轮中 S 恒为正；ϕ_i——转盘角位移，rad 或(°)；ϕ_f——转盘分度期转位角，rad 或(°)
无量纲速度	V	$V=\dfrac{dS}{dT}=\dfrac{t_f\omega_2}{\phi_f}=\dfrac{\theta_f\omega_2}{\phi_f\omega_1}$　分度凸轮中 V 恒为正；ω_1——凸轮角速度，s^{-1}；ω_2——转盘角速度，s^{-1}
无量纲加速度	A	$A=\dfrac{dV}{dT}=\dfrac{t_f^2\varepsilon_2}{\phi_f}=\dfrac{\theta_f^2\varepsilon_2}{\phi_f\omega_1^2}$　A 和 V 同向为正，异向为负；ε_2——转盘角加速度，s^{-2}
无量纲跃度	J	$J=\dfrac{dA}{dT}=\dfrac{t_f^3 j_2}{\phi_f}=\dfrac{\theta_f^3 j_2}{\phi_f\omega_1^3}$　J 和 V 同向为正，异向为负；j_2——转盘角跃度，s^{-3}

4.2　弧面（滚子齿式）分度凸轮机构

4.2.1　基本结构和工作原理

弧面分度凸轮机构用于两垂直交错轴间的间歇分度步进传动。主动凸轮为圆弧回转体，凸轮轮廓制成突脊状，类似于一个具有变螺旋角的弧面蜗杆。从动转盘外圆上装有 z 个轴线沿转盘径向均匀分布的滚子。转盘相当于蜗轮，滚子相当于蜗轮的齿。所以弧面分度凸轮也有单头、多头和左旋、右旋之分，凸轮和转盘转动方向间的关系，可用类似蜗杆蜗轮传动的方法来判定。当凸轮旋转时，其分度段轮廓推动滚子，使转盘分度转位；当凸轮转到其停歇段轮廓时，转盘上的两个滚子跨夹在凸轮的圆环面突脊上，使转盘停止转动。所以这种机构不必附加其他装置就能获得很好的定位作用；又可以通过调整中心距来消除滚子与凸轮突脊间的间隙和补偿磨损；转盘在分度期的运动规律，可按转速、载荷等工作要求进行设计；特别适用于高速、重载、高精度分度等场合。凸轮一般做等速连续旋转，有时由于需要转盘有较长的停歇时间，也可使凸轮做间断性旋转。

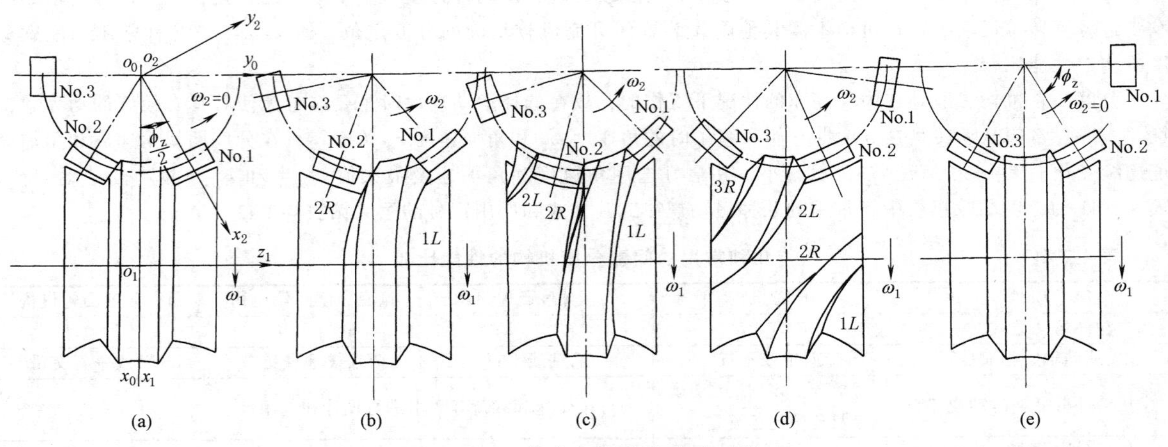

图 4-2-53　单头左旋凸轮啮合过程

现以图 4-2-53 所示单头左旋凸轮为例，$H=1$，$p=+1$，$z=6$，说明滚子与凸轮工作曲面的啮合过程：

转盘的分度期开始时（图 a），凸轮转角 $\theta=0$，No. 2 滚子与 No. 1 滚子和凸轮定位环面左、右两侧分别接触，No. 1 滚子在其起始位置 $\phi_{10}=\phi_z/2=\pi/6$，No. 2 滚子在其起始位置 $\phi_{20}=-\pi/6$，No. 3 滚子的起始位置 $\phi_{30}=-\pi/2$。凸轮以 ω_1 方向旋转时，其廓面 $1L$（槽的左侧脊的右侧）推动 No. 1 滚子使转盘以 ω_2 逆时针方向转动（图 b）。在廓面 $1L$ 继续推动 No. 1 滚子的同时，在适当时刻凸轮廓面 $2L$ 进入啮合，同时推动 No. 2 滚子（图 c）。No. 1 滚子退出啮合，仅由廓面 $2L$ 推动 No. 2 滚子（图 d）。凸轮转过 θ_f 后，No. 2 滚子与 No. 3 滚子分别与凸轮定位环面接触（图 e），这时转盘已转位 ϕ_f，分度期结束，进入停歇期。No. 1 滚子此时的位置角为 $\pi/2$。当凸轮转完 2π 后，转盘上的 No. 2 滚子与 No. 3 滚子取代原来的 No. 1 和 No. 2 滚子开始重复上述过程进行下一个工作循环。

再以图 4-2-54 所示双头右旋凸轮为例，滚子数 $z=8$，头数 $H=2$，旋向系数 $p=-1$，转盘分度数 $I=4$，转盘分度期转位角 $\phi_f=\pi/2$，$\phi_z=\pi/4$。滚子与凸轮工作曲面啮合过程如下：

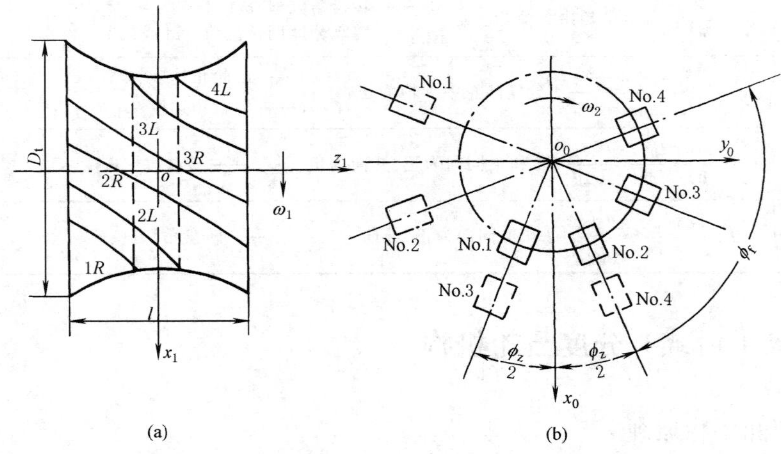

图 4-2-54　双头右旋凸轮

转盘分度期开始时，凸轮转角 $\theta=0$，No. 1 与 No. 2 滚子和凸轮定位环面左右两侧分别接触（图 a 中为背面，以虚线表示），No. 1 滚子在其起始位置 $\phi_{10}=-\pi/8$，No. 2 滚子在其起始位置 $\phi_{20}=\pi/8$（图 b）。凸轮以 ω_1 方向旋转时，其廓面 $1R$ 推动 No. 1 滚子使转盘以 ω_2 顺时针方向转动。廓面 $1R$ 继续推动 No. 1 滚子，在适当时刻凸轮廓面 $2R$ 进入啮合同时推动 No. 2 滚子。No. 1 滚子退出啮合，仅由廓面 $2R$ 推动 No. 2 滚子。廓面 $2R$ 继续推动 No. 2 滚子，在适当时刻凸轮廓面 $3R$ 进入啮合同时推动 No. 3 滚子。No. 2 滚子退出啮合，仅由廓面 $3R$ 推动 No. 3 滚子。凸轮转过 θ_f 后，No. 3 与 No. 4 滚子（虚线滚子与实线滚子编号相同，且均在同一圆周，为清晰起见，将其外移）与凸轮定位环面两侧分别接触，这时转盘已转位 ϕ_f，分度期结束，进入停歇期。当凸轮转完一周后，转盘上的 No. 3 与 No. 4 滚子开始重复上述过程，进行下一个工作循环。图中虚线所示为转盘从实线位置开始经过一个分度期后滚子的相应位置，此时 No. 3 滚子的位置角 $\phi=p\phi_z/2$，No. 4 滚子的位置角 $\phi=-p\phi_z/2$。

4.2.2 弧面分度凸轮机构的主要运动参数和几何尺寸

表 4-2-43 和表 4-2-44 通过实例来说明弧面分度凸轮机构的主要运动参数（图 4-2-55）和几何尺寸（图 4-2-56）计算步骤。

已知设计条件：凸轮转速 $n=300\text{r/min}$，连续旋转，从动转盘有 8 工位，中心距 $C=180\text{mm}$。

表 4-2-43　弧面分度凸轮机构的主要运动参数及实例计算

项　目	计算公式与说明	实　例　计　算
凸轮角速度 ω_1/s^{-1}	$\omega_1=\pi n/30$	$\omega_1=\pi\times300/30=10\pi\text{s}^{-1}$
凸轮分度期转角 $\theta_f/(°)$	常用的为 120°～240°，在满足动停比 k 的要求下，宜取较大 θ_f	选定 $\theta_f=120°$
凸轮停歇期转角 $\theta_d/(°)$	$\theta_d=360°-\theta_f$	$\theta_d=360°-120°=240°$
凸轮角位移 $\theta/(°)$	以凸轮分度期开始处作为 $\theta=0$，计算步长为 1°～2°	
凸轮和转盘的分度期时间 t_f/s	$t_f=\theta_f/\omega_1$	$t_f=(2\pi/3)/10\pi=1/15\text{s}$
凸轮和转盘的停歇期时间 t_d/s	$t_d=2\pi/\omega_1-t_f$ 此式仅适用于凸轮连续旋转时	$t_d=2\pi/10\pi-1/15=2/15\text{s}$
凸轮分度廓线旋向及旋向系数 p	L——左旋，$p=+1$； R——右旋，$p=-1$	选用左旋 L，$p=+1$
凸轮分度廓线头数 H	单头 $H=1$；双头 $H=2$；$H\geqslant3$ 较少用	选用 $H=1$
转盘分度数 I	I 为转盘转一周中的停歇次数，常用的有：3、4、5、6、8、10、12、16	按设计要求的工位数，选定 $I=8$
转盘滚子数 z	$z=HI$，一般常用的 z 为：6、8、10、12、16	$z=1\times8=8$
转盘分度期运动规律	常用的有：正弦加速度、改进正弦加速度、改进梯形加速度、改进等速等	选用改进正弦加速度
转盘分度期转位角 $\phi_f/(°)$	$\phi_f=360°/I$	$\phi_f=360°/8=45°$
转盘分度期角位移 $\phi_i/(°)$	$\phi_i=S\phi_f$ S 为所选运动规律的无因次位移	$T=\theta/\theta_f=\theta/120°$ $0\leqslant T\leqslant1/8(0°\leqslant\theta\leqslant15°)$ $\phi_i=\dfrac{45°}{\pi+4}\left[\pi T-\dfrac{1}{4}\sin(4\pi T)\right]$ $1/8\leqslant T\leqslant7/8(15°\leqslant\theta\leqslant105°)$ $\phi_i=\dfrac{45°}{\pi+4}\times\left(2+\pi T-\dfrac{9}{4}\sin\dfrac{\pi+4\pi T}{3}\right)$ $7/8\leqslant T\leqslant1(105°\leqslant\theta\leqslant120°)$ $\phi_i=\dfrac{45°}{\pi+4}\left[4+\pi T-\dfrac{1}{4}\sin(4\pi T)\right]$

续表

项　目	计算公式与说明	实　例　计　算
转盘分度期角速度 ω_2/s^{-1}	$\omega_2=\phi_f V/t_f$ V 为所选运动规律的无因次速度	$\omega_2=\frac{\pi/4}{1/15}V=\frac{15\pi}{4}V$ $T=\theta/120°,0\leqslant T\leqslant 1/8$ $\omega_2=\frac{15\pi^2}{4(\pi+4)}[1-\cos(4\pi T)]$ $1/8\leqslant T\leqslant 7/8$ $\omega_2=\frac{15\pi^2}{4(\pi+4)}\left(1-3\cos\frac{\pi+4\pi T}{3}\right)$ $7/8\leqslant T\leqslant 1$ $\omega_2=\frac{15\pi^2}{4(\pi+4)}[1-\cos(4\pi T)]$
转盘与凸轮在分度期的角速比 ω_2/ω_1 最大角速比 $(\omega_2/\omega_1)_{max}$ 转盘分度期的角位移 ϕ_i、角速度 ω_2、角加速度 ε_2 和角跃度 j_2 与凸轮转角 θ 的曲线图	$\omega_2/\omega_1=\phi_f V/\theta_f$ $(\omega_2/\omega_1)_{max}=\phi_f V_{max}/\theta_f$ V_{max} 为所选运动规律的无因次速度最大值 $\varepsilon_{2max}=\phi_f A_{max}\omega_1^2/\theta_f^2$ $j_{2max}=\phi_f J_{max}\omega_1^3/\theta_f^3$ 对改进正弦加速度规律 $V_{max}=1.76$、$A_{max}=\pm 5.53$ $J_{max}=69.47,-23.16$ 曲线图见图 4-2-55	$\omega_2/\omega_1=\frac{45°}{120°}V=3V/8$ $T=\theta/120°\quad 0\leqslant T\leqslant 1/8$ $\omega_2/\omega_1=\frac{3\pi}{8(\pi+4)}(1-\cos 4\pi T)$ $1/8\leqslant T\leqslant 7/8$ $\omega_2/\omega_1=\frac{3\pi}{8(\pi+4)}\times\left(1-3\cos\frac{\pi+4\pi T}{3}\right)$ $7/8\leqslant T\leqslant 1$ $\omega_2/\omega_1=\frac{3\pi}{8(\pi+4)}[1-\cos(4\pi T)]$
动停比 k,运动系数 τ	$k=t_f/t_d,\tau=t_f/(t_f+t_d)$	$k=\frac{1/15}{2/15}=0.5,\tau=1/3$
重叠系数 ε	$\varepsilon=1+\theta_\varepsilon/\theta_f$	$\varepsilon=1+28/120=1.233$ 表 4-2-47 中凸轮转角 $\theta=30°\sim58°$ 区间 1L 和 2L 共同推动滚子,故 $\theta_\varepsilon=58°-30°=28°$

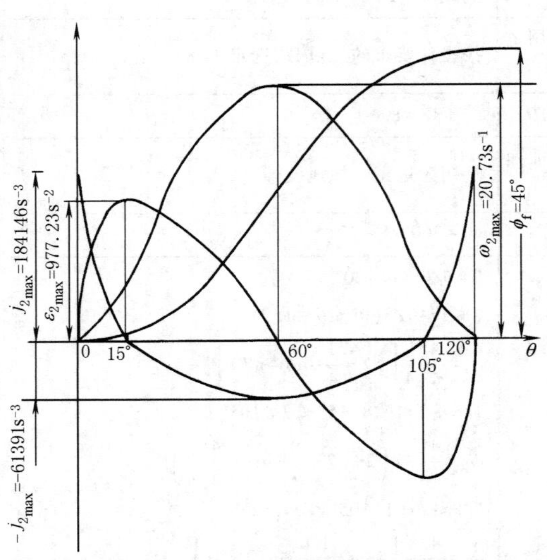

图 4-2-55　弧面分度凸轮机构的主要运动参数

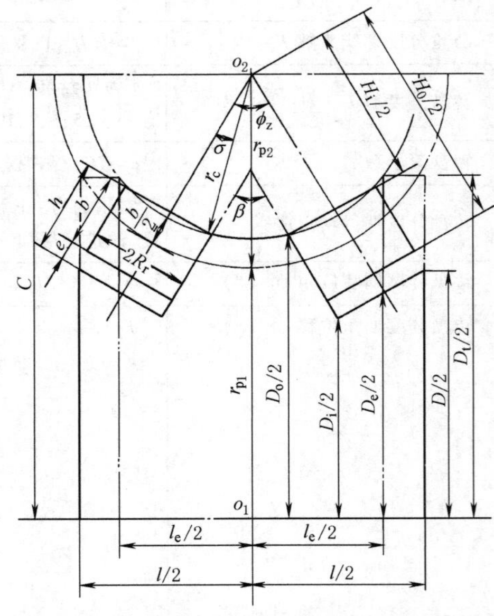

图 4-2-56　弧面分度凸轮机构的几何尺寸

表 4-2-44　　弧面分度凸轮机构的主要几何尺寸及实例计算　　mm

项　目	计算公式与说明	实　例　计　算
中心距 C	$C=R_{p1}+R_{p2}$	给定 $C=180$
许用压力角 $\alpha_p/(°)$	一般 $\alpha_p=30°\sim40°$	取 $\alpha_p=30°$
转盘节圆半径 R_{p2}(或 r_{p2})	$R_{p2}\leqslant\dfrac{C\tan\alpha_p}{(\omega_2/\omega_1)_{max}+\tan\alpha_p\cos(\phi_0+0.5p\phi_f)}$	$R_{p2}\leqslant\dfrac{180\tan30°}{0.66+\tan30°}\leqslant84$,取 $R_{p2}=84$
凸轮节圆半径 R_{p1}(或 r_{p1})	$R_{p1}=C-R_{p2}$	$R_{p1}=180-84=96$
滚子中心角 $\phi_z/(°)$	$\phi_z=360°/z$	$\phi_z=360°/8=45°$
滚子半径 R_r	$R_r=(0.5\sim0.7)R_{p2}\sin(\pi/z)$	$R_r=(0.5\sim0.7)84\sin(\pi/8)=16\sim22.5$,取 $R_r=22$
滚子宽度 b	$b=(1\sim1.4)R_r$	$b=(1\sim1.4)\times22=22\sim30.8$,取 $b=24$
间隙 e	$e=(0.2\sim0.3)b$,一般至少 $e\geqslant5\sim10$	$e=(0.2\sim0.3)\times24=4.8\sim7.2$,取 $e=6$
H_0	$H_0=2R_{p2}+b$	$H_0=2\times84+24=192$
H_i	$H_i=2R_{p2}-b$	$H_i=2\times84-24=144$
凸轮定位环面两侧夹角 $\beta/(°)$	$\beta=360°/z$	$\beta=360°/8=45°$
凸轮定位环面侧面长度 h	$h=b+e$	$h=24+6=30$
凸轮的顶弧面半径 r_c	$r_c=\sqrt{(R_{p2}-b/2)^2+R_r^2}$	$r_c=\sqrt{(84-12)^2+22^2}=75.29$
凸轮定位环面外圆直径 D_o	$D_o=2\left[C-r_c\cos\left(\dfrac{\phi_z}{2}-\sigma\right)\right]$ $\sigma=\arcsin(R_r/r_c)$	$\sigma=\arcsin(22/75.29)=16.99°$ $D_o=210.12$
凸轮定位环面内圆直径 D_i	$D_i=D_o-2h\cos(\beta/2)$	$D_i=210.12-2\times30\cos22.5°=154.69$
凸轮理论宽度 l_e	$l_e=2(R_{p2}+b/2+e)\sin(\phi_z/2)$	$l_e=2\times(84+12+6)\sin22.5°=78.07$
凸轮宽度 l	$l_e<l<l_e+2R_r\cos(\phi_z/2)$	$l_e+2R_r\cos(\phi_z/2)$ $=78.07+2\times22\cos22.5°=118.72$ $78.07<l<118.72$,取 $l=90$
凸轮理论端面直径 D_e	$D_e=2[C-(R_{p2}+b/2+e)\cos(\phi_z/2)]$	$D_e=171.53$
凸轮理论端面外径 D_t	$D_t=2[C-\sqrt{r_c^2-(l_e/2)^2}]$	$D_t=231.24$
凸轮实际端面直径 D	$D=D_e+(l-l_e)\tan(\phi_z/2)$	$D=171.53+(90-78.07)\tan22.5°$ $=176.47$

4.2.3　弧面分度凸轮的工作曲面设计及其实例计算

弧面分度凸轮工作轮廓是空间不可展曲面，很难用常规的机械制图方法绘制，可按空间包络曲面的共轭原理进行设计计算。凸轮工作曲面与从动转盘滚子的共轭接触点必须满足下列三个基本条件：

① 在共轭接触位置，两曲面上的一对对应的共轭接触点必须重合。

② 两曲面在共轭接触点处必须相切，不产生干涉，且在共轭接触点的邻域也无曲率干涉。

③ 在共轭接触点处，两曲面间的相对运动速度必须与其公法线相垂直。

弧面分度凸轮机构的坐标系见图 4-2-57。弧面分度凸轮工作曲面的设计计算步骤见表 4-2-45。角位置、角速比及压力角计算实例见表 4-2-46。三维坐标计算实例见表 4-2-47。

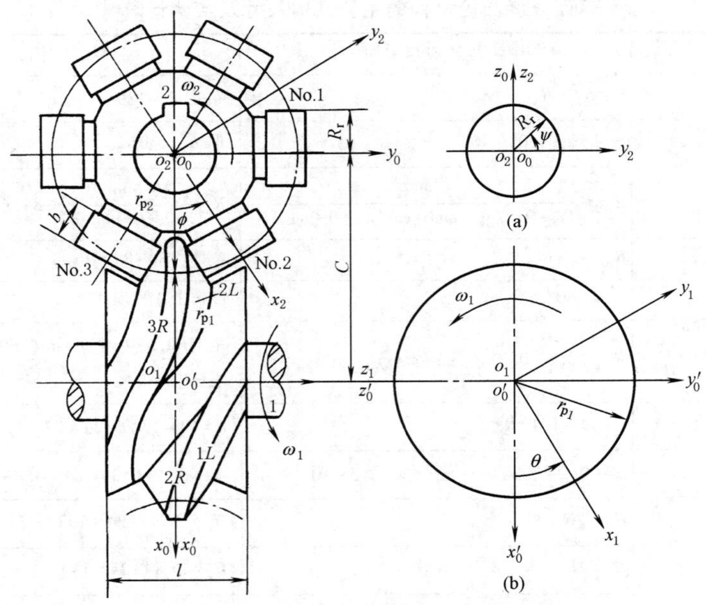

图 4-2-57　弧面分度凸轮机构的坐标系

(a) 面对 x_2 箭头看，滚子在 r 处垂直于 x_2 轴的截面；

(b) 面对 z_1 箭头看，通过凸轮中心 o_1 并垂直于 z_1、半径为 r_{p1} 的凸轮截面

表 4-2-45　　弧面分度凸轮工作轮廓的设计计算

步骤	公式和方法	步骤	公式和方法
1. 选取坐标系	均用右手直角坐标系，见图 4-2-57 (1) 与机架相连的定坐标系 $o_0x_0y_0z_0$ (2) 与机架相连的辅助定坐标系 $o'_0x'_0y'_0z'_0$，选择 z'_0 的方向时，应使面对 z'_0 的箭头看，ω_1 为逆时针方向 (3) 与凸轮 1 相连的动坐标系 $o_1x_1y_1z_1$ (4) 与转盘 2 相连的动坐标系 $o_2x_2y_2z_2$	5. 求解凸轮工作轮廓的三维坐标值	凸轮工作轮廓的三维坐标是上述三组非线性方程的联立求解，用 CAD 求其数值解时的具体步骤如下： (1)按选定的运动规律由每一凸轮转角 θ 求得转盘相应的角位移 ϕ_i 和角速比(ω_2/ω_1)，并按下式求得滚子的位置角 ϕ $\phi=\phi_0+p\phi_i$ $\phi_i=S\phi_f, 0\leqslant\phi_i\leqslant\phi_f$ 式中　ϕ_f——转盘分度期转位角 S——无因次位移 ϕ_i——恒取绝对值 图 4-2-53 所示情况，各个滚子的起始位置角 ϕ_0 按下表求得： 滚子代号 | No. 1 | No. 2 | No. 3 ϕ_0 | $p\phi_z/2$ | $-p\phi_z/2$ | $-3p\phi_z/2$ (2)选定中心距 C 后，把求得的 ϕ 和 ω_2/ω_1 代入共轭接触方程式，得到每个 θ 时滚子圆柱面上共轭接触点的曲面参数 r 与 Ψ 间的制约关系 (3)每个 θ 时设定一系列 r 值，由上述制约关系式求得相应的 Ψ，同一 r 有两个 Ψ，$\Psi\leqslant90°$用于凸轮轮廓 R，$\Psi\geqslant180°$用于凸轮轮廓 L (4)把同一 θ 时 r 和 Ψ 的每组对应值代入滚子的坐标方程式中，即可求得滚子圆柱面上共轭接触点的坐标 x_2、y_2、z_2 (5)把上述每一 θ 时求得的 ϕ 和 x_2、y_2、z_2 代入凸轮的坐标方程式中，即得到相应的凸轮工作轮廓的三维坐标值 x_1、y_1、z_1，并列出表格(表 4-2-46) (6) 当凸轮转角 $\theta=\theta_f\to360°$时，转盘停歇，故 $\theta=0$ 和 $\theta=\theta_f$ 时的 x_1、y_1、z_1 即为凸轮定位环面的三维坐标值
2. 转盘滚子圆柱面在动坐标系 $o_2x_2y_2z_2$ 中的方程式	$x_2=r$，$y_2=R_r\cos\Psi$，$z_2=R_r\sin\Psi$ 式中　r、Ψ——滚子圆柱形工作面的方程参数		
3. 凸轮与滚子的共轭接触方程式	$\tan\Psi=\dfrac{pr}{C-r\cos\phi}\left(\dfrac{\omega_2}{\omega_1}\right)$ 式中　ϕ——滚子的位置角，即 o_2x_2 与 o_0x_0 间夹角，由 o_0x_0 量起，逆时针方向为正 p——凸轮的旋向系数，当凸轮的分度期轮廓线为左旋时，$p=+1$；右旋时，$p=-1$		
4. 凸轮工作轮廓在动坐标系 $o_1x_1y_1z_1$ 中的方程式	$x_1=x_2\cos\phi\cos\theta-py_2\sin\phi\cos\theta-z_2\sin\theta-C\cos\theta$ $y_1=-x_2\cos\phi\sin\theta+py_2\sin\phi\sin\theta-z_2\cos\theta+C\sin\theta$ $z_1=px_2\sin\phi+y_2\cos\phi$		

应用新型的计算机辅助设计方法。例如，采用 CAD/CAM 集成软件 EDS-UGⅡ，可较方便地绘制出凸轮的工程三视图（图 4-2-58）和不同凸轮转角位置时的轴测图（图 4-2-59），并且利用旋转显示，还可清楚地看到滚子与凸轮间啮合的交替与重叠状态，以模拟加工情况，变换机构尺度参数，避免发生干涉和过切等现象。

表 4-2-46　凸轮和转盘的对应转角位置、机构的角速比及压力角的实例计算

给定条件：

$\theta_f=120°$　$\phi_f=45°$　$\phi_z=45°$　$z=8$　$C=180\text{mm}$　$R_r=22\text{mm}$

$b=24\text{mm}$　$e=6\text{mm}$　$r_{p2}=84\text{mm}$　$r_{p1}=96\text{mm}$　$l=90\text{mm}$

$D_t=231.24\text{mm}$　$D=176.47\text{mm}$　$p=1$　$H=1$

转盘分度期运动规律：改进正弦加速度

转盘节圆半径 r_{p2} 处的压力角计算公式：$\tan\alpha=\left|r_{p2}(\omega_2/\omega_1)/(C-r_{p2}\cos\phi)\right|$

滚子代号	ϕ_0/(°)
No. 1	22. 5
No. 2	-22. 5
No. 3	-67. 5

凸轮转角 θ/(°)	转盘角位移 ϕ_i/(°)	转盘上各个滚子的角位置 ϕ/(°)			角速比 $\dfrac{\omega_2}{\omega_1}$	转盘节圆半径 r_{p2} 处的压力角 α/(°)	
		No. 1	No. 2	No. 3		No. 1	No. 2
0	0	22. 50	-22. 50	-67. 50	0	0	
2	2.4×10^{-3}	22. 50	-22. 50	-67. 50	3.6×10^{-3}	0	
4	0. 02	22. 52	-22. 48	-67. 48	0. 01	0. 5	
⋮	⋮	⋮	⋮	⋮	⋮	⋮	
10	0. 28	22. 78	-22. 22	-67. 22	0. 08	4	
20	1. 94	24. 44	-20. 56	-65. 56	0. 25	11. 3	
30	5. 27	27. 77	-17. 23	-62. 23	0. 41	18. 3	19. 4

注：计算步长 $\Delta\theta=2°$。

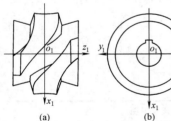

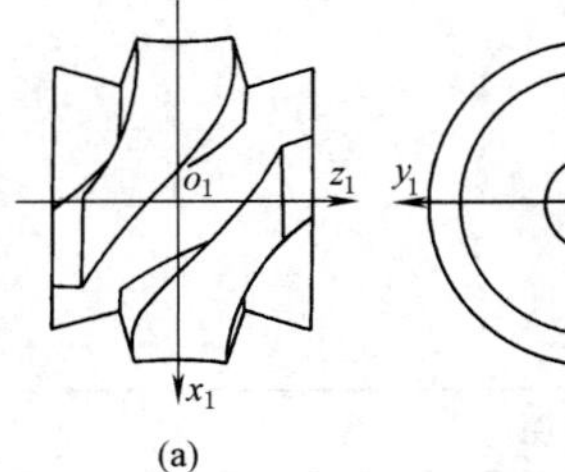

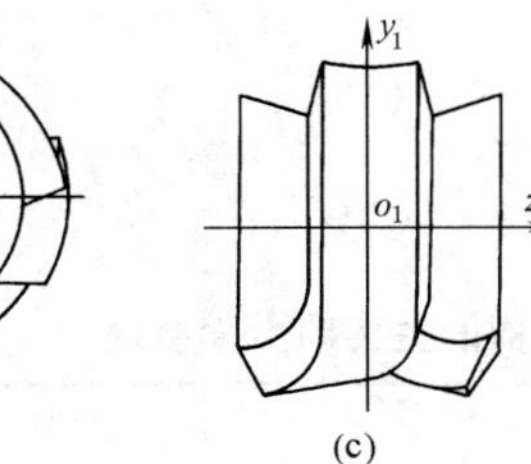

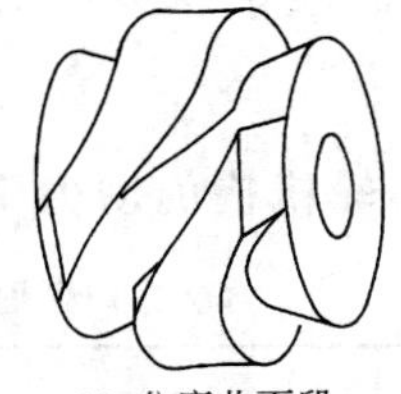

图 4-2-58　弧面分度凸轮轮廓曲面的三视图

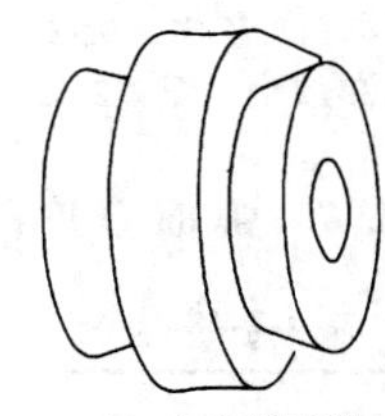

图 4-2-59　弧面分度凸轮轮廓曲面的轴测图

表 4-2-47　凸轮工作曲面的三维坐标 x_1、y_1、z_1 的实例计算（给定参数同表 4-2-49）

凸轮转角 θ/(°)	滚子曲面参数 r/mm	曲面 1L			曲面 2L			曲面 2R			曲面 3R		
		$(x_1)_{1L}$/mm	$(y_1)_{1L}$/mm	$(z_1)_{1L}$/mm	$(x_1)_{2L}$/mm	$(y_1)_{2L}$/mm	$(z_1)_{2L}$/mm	$(x_1)_{2R}$/mm	$(y_1)_{2R}$/mm	$(z_1)_{2R}$/mm	$(x_1)_{3R}$/mm	$(y_1)_{3R}$/mm	$(z_1)_{3R}$/mm
0	72	-105. 06	—	7. 23	—	—	—	-105. 06	—	-7. 23	—	—	—
	⋮	⋮		⋮				⋮		⋮			
	102	-77. 35		18. 71				-77. 35		-18. 71			
⋮													
30	82	-81. 28	54. 55	19. 64	-89. 94	59. 94	-44. 72	-86. 17	41. 73	-4. 34	—	—	—
	84	-79. 66	53. 90	20. 65	-88. 12	59. 21	-44. 73	-84. 68	40. 56	-5. 03			
	86	-78. 03	53. 26	21. 65	-86. 30	58. 48	-45. 22	-83. 19	39. 37	-5. 71			

续表

凸轮转角 θ /(°)	滚子曲面参数 r /mm	曲面 1L			曲面 2L			曲面 2R			曲面 3R		
		$(x_1)_{1L}$ /mm	$(y_1)_{1L}$ /mm	$(z_1)_{1L}$ /mm	$(x_1)_{2L}$ /mm	$(y_1)_{2L}$ /mm	$(z_1)_{2L}$ /mm	$(x_1)_{2R}$ /mm	$(y_1)_{2R}$ /mm	$(z_1)_{2R}$ /mm	$(x_1)_{3R}$ /mm	$(y_1)_{3R}$ /mm	$(z_1)_{3R}$ /mm
⋮													
58	82	-49.00	95.35	42.11	-43.18	89.13	-21.15	-60.72	77.12	17.38	-65.14	-87.58	-45.38
	84	-48.04	94.35	43.58	-41.81	87.62	-20.99	-59.97	75.23	17.12	—	—	—
	86	-47.09	93.34	45.06	-40.43	86.12	-20.82	-59.23	73.35	16.86			
⋮													
62	82	-43.28	-100.20	45.38	-36.43	91.14	-17.38	-55.60	81.96	21.15	-58.08	90.11	-42.11
	84				-35.17	89.55	-17.12	-54.98	80.02	20.99	-57.68	88.78	-43.58
	86				-33.91	87.97	-16.86	-54.36	78.07	20.82	-57.29	87.45	-45.06
	⋮	⋮	⋮	⋮	⋮	⋮	⋮	⋮	⋮	⋮	⋮	⋮	⋮
90	82				6.94	95.50	4.34	-6.94	107.86	44.22	-6.61	97.67	-19.64
	84	—	—	—	7.22	93.61	5.03	-7.22	105.92	44.73	-6.85	95.94	-20.65
	86				7.50	91.73	5.71	-7.50	103.98	45.22	-7.11	94.21	-21.65
	⋮				⋮	⋮	⋮	⋮	⋮	⋮	⋮	⋮	⋮
⋮													
120	72				52.53	90.99	7.23				52.53	90.99	-7.23
	⋮	—	—	—	⋮	⋮	⋮	—	—	—	⋮	⋮	⋮
	102				38.67	66.98	18.71				38.67	66.98	-18.71

注：1. 计算步长 $\Delta\theta=2°$，$\Delta r=2\text{mm}$，$72\leqslant r\leqslant 102$。

2. 由于受凸轮宽度 l 和理论外径 D_t 的限制，z_1 只在±45mm，x_1 和 y_1 只在±115.62mm 范围内有效。表中列出的某些超出此界限的值，仅供分析时参考用，有方框者为界限值。

3. 实例见图 4-2-62。

4.2.4 弧面分度凸轮机构的动力学计算

表 4-2-48　弧面分度凸轮机构的主要动力学参数

名称	单位	计算公式及说明
凸轮(包括凸轮轴)的转动惯量 J_1	kg·m²	$J_1\approx 0.5m_1r_{p1}^2\times 10^{-6}=0.5\pi\rho l r_{p1}^4\times 10^{-6}$ 式中　ρ——材料密度,kg/mm³ m_1——凸轮质量(包括轴),kg
转盘(包括滚子)的转动惯量 J_2	kg·m²	$J_2\approx 0.5m_2r_{p2}^2\times 10^{-6}=0.5\pi\rho(B_2r_{p2}^2+zbR_r^2)r_{p2}^2\times 10^{-6}$ 式中　m_2——转盘质量,kg
工作台的转动惯量 J_3	kg·m²	$J_3\approx 0.5m_3r_3^2\times 10^{-6}=0.5\pi\rho B_3r_3^4\times 10^{-6}$ 式中　B_3、r_3——工作台的厚度及外径,mm m_3——工作台的质量,kg
转盘与工作台上在分度期间的惯性力矩 M_{i2}、最大惯性力矩 $(M_{i2})_{max}$	N·m	$M_{i2}=(J_2+J_3)A\phi_f\omega_1^2/\theta_f^2$ $(M_{i2})_{max}=(J_2+J_3)A_{max}\phi_f\omega_1^2/\theta_f^2$
转盘与工作台上在分度期间的最大载荷力矩 $(M_{r2})_{max}$	N·m	设计时作为已知条件,根据实际工作情况测定

续表

名　　称	单　位	计算公式及说明
转盘与工作台上在分度期间的最大摩擦力矩$(M_{f2})_{max}$	N·m	$$(M_{f2})_{max}=\mu'r'Q_{max}\times10^{-3}$$ 式中　μ'——当量摩擦因数 r'——当量摩擦半径,mm Q_{max}——转盘与工作台上的最大载荷,N
转盘与工作台上在分度期间的最大阻力矩$(M_2)_{max}$	N·m	$$(M_2)_{max}=(M_{r2})_{max}+(M_{f2})_{max}+(M_{i2})_{max}$$ 如$(M_{r2})_{max}$和$(M_{f2})_{max}$较难计算,在设计时可近似按10%~20%的$(M_{i2})_{max}$估算此二项之和
凸轮上需要的最大驱动力矩$(M_{d1})_{max}$	N·m	$$(M_{d1})_{max}=(M_{r2}+M_{f2})_{max}V_{max}\frac{\phi_f}{\theta_f}+(J_2+J_3)\frac{\phi_f^2\omega_1^2}{\theta_f^3}(AV)_{max}\quad(1)$$
凸轮产生最大驱动力矩所需要的电动机功率P_{max}	kW	$$P_{max}=\frac{(M_{d1})_{max}n_1}{9550\eta}\quad(2)$$ 式中　η——电动机到凸轮间传动系统的效率 n_1——凸轮的转速
验算电动机、传动系统、凸轮等的转动惯量是否足够,即$J\geqslant J_e$ 如$J<J_e$则应增加从电动机到凸轮间传动系统的转动惯量来满足;如无法增加J,则电动机功率应按能产生凸轮上最大驱动力矩$(M_{d1})_{max}$来计算,公式见本表式(2)	kg·m²	$$J=J_1+J_d\left(\frac{\omega_d}{\omega_1}\right)^2+\sum_{i=1}^{n}J_i\left(\frac{\omega_i}{\omega_1}\right)^2\quad(3)$$ 式中　J——电动机、传动系统、凸轮等换算到凸轮轴上的等效转动惯量 J_1、J_d、J_i——凸轮、电动机、第i个传动件的转动惯量 ω_1、ω_d、ω_i——凸轮、电动机、第i个传动件的角速度 $$J_e=\frac{(J_2+J_3)\left(\frac{\omega_2}{\omega_1}\right)^2_{max}}{2\delta_p}\quad(4)$$ 式中　J_e——维持机械系统正常工作所需要换算到凸轮轴上的等效转动惯量 δ_p——电动机许用的转差率
如电动机传动系统及凸轮有足够大的转动惯量时(即$J\geqslant J_e$),机构实际所需要的电动机功率P	kW	$$P=\frac{k(M_{r2}+M_{f2})_{max}V_{max}(\phi_f/\theta_f)n_1}{9550\eta}\quad(5)$$ 式中　k——工作情况系数,根据电动机的过载特性、凸轮转速n_1及机构运动规律特性值等选定,一般$k=1.5\sim2.0$ 电动机传动系统和凸轮等的转动惯量可起类似于飞轮储能的作用,以帮助电动机克服转盘在分度期的惯性力矩峰值,因此可用本表式(2)计算电动机功率。但此时应验算传动系统等的转动惯量是否足够
凸轮工作曲面上在节圆半径处的最大圆周力F_{t1max},转盘上的最大轴向力F_{a2max}	N	$$F_{t1max}=\frac{(M_{d1})_{max}}{r_{p1}}\times10^3=-F_{a2max}$$ F_{t1}方向与凸轮工作曲面上在节圆半径r_{p1}处的圆周速度方向相反
凸轮工作曲面上的最大轴向力F_{a1max},转盘上在节圆处的最大圆周力F_{t2max}	N	$$F_{a1max}=F_{t1max}\frac{r_{p1}\theta_f}{r_{p2}\phi_f}=-F_{t2max}$$ F_{a1}方向与转盘在r_{p2}处的圆周速度方向相同
凸轮工作曲面上的最大径向力F_{r1max},转盘上的最大径向力F_{r2max}	N	$$F_{r1max}=F_{r2max}=F_{a1max}\tan\frac{\phi_z}{2}$$ 方向由节点分别指向凸轮、转盘旋转中心

4.2.5 弧面分度凸轮机构主要零件的材料、热处理与技术要求

弧面分度凸轮、转盘及滚子的常用材料和热处理参见表 4-2-38，其技术要求见表 4-2-49。

表 4-2-49　　弧面分度凸轮、转盘及滚子的主要技术要求

项　　目	技　术　要　求
凸轮工作曲面（包括分度曲面和定位环面）的粗糙度	$Ra \leqslant 0.4 \sim 1.6\mu m$
凸轮端面粗糙度	$Ra \leqslant 0.8 \sim 1.6\mu m$
凸轮端面对内孔（基准）的垂直度	0.005～0.01mm
凸轮定位环面两侧夹角 β 的公差	−1′
转盘上的滚子轴线间的相邻分度偏差	±10″～±20″ 按机构的分度精度要求选定
累积分度偏差	±30″ 按机构的分度精度要求选定
滚子的表面粗糙度	$Ra \leqslant 0.4 \sim 0.8\mu m$
凸轮及转盘均应进行静平衡	

4.2.6 弧面分度凸轮机构的结构设计要点

① 应保证转盘轴线与凸轮轴线垂直交错。

② 转盘上滚子的中心平面应与转盘轴线垂直。

③ 转盘上滚子的中心平面应与凸轮轴线共面，在设计时应考虑有可调整转盘轴向位置的结构，例如在转盘轴的轴承衬套端面与箱体间具有可调整厚度的垫片。

④ 转盘轴线应位于凸轮定位环面的对称平面上，以保证凸轮定位环面与左、右两侧滚子接触良好。设计上应考虑在安装时具有可调整凸轮轴向位置的结构，例如采用在凸轮两端面用螺母调整其轴向位置。

⑤ 在设计时应考虑中心距可调整，以消除滚子与凸轮工作曲面间的间隙及适当预紧，例如可采用垫片或用可调整偏心的轴套。

4.2.7 弧面分度凸轮机构的主要零部件图实例

经过运动参数计算、几何尺寸计算（见 4.2.2 节）、工作曲面三维坐标的计算（见 4.2.3 节）及动力学参数的计算（见 4.2.4 节）以后，就可将计算结果绘制成零部件图，如图 4-2-60～图 4-2-62。

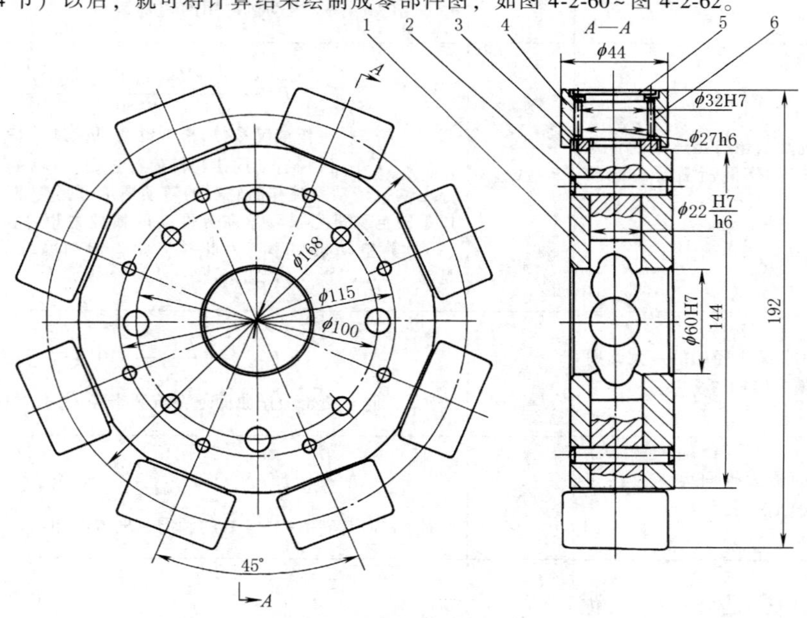

图 4-2-60　转盘体零件图 1

1—转盘体；2—圆柱销；3—隔垫；4—圆柱滚子；5—滚子轴；6—滚针

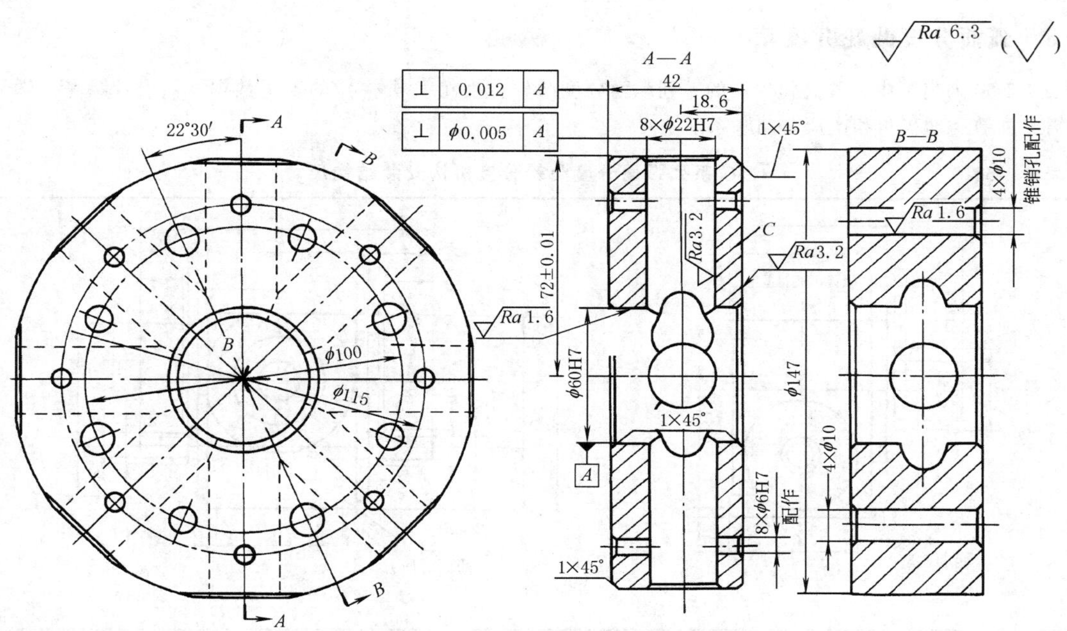

技术要求：8×ϕ22H7 孔的等分角 45°，相邻分度偏差不大于±10″，累积分度偏差不大于±20″。材料 45 钢，热处理调质 230~250HBS。

C—转盘体工作端面

图 4-2-61　转盘体零件图 2

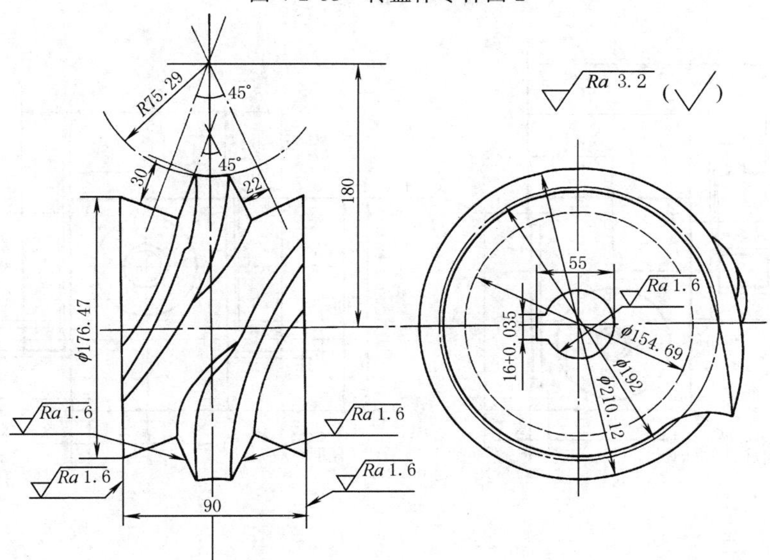

技术要求：

1. 凸轮分度曲面单头左旋，凸轮分度期转角 120°，停歇期转角 240°，转盘分度期运动规律为改进正弦加速度，滚子数为 8。
2. 凸轮定位环面左右两侧 45°夹角的偏差为-1′。
3. 热处理：调质 240~280HBS 后，渗氮，深度≥0.5mm，表面硬度 900HV。
4. 凸轮工作曲面最后加工时，工艺心轴与凸轮内孔的配合为 $\phi 50\ \frac{H7}{n6}$，以心轴顶针孔定位。
5. 凸轮端面对内孔（基准）的垂直度 0.01mm。
6. 凸轮应进行静平衡试验。
7. 材料：20CrMnTi。

图 4-2-62　弧面分度凸轮零件图

4.2.8 弧面分度凸轮分度箱

表 4-2-50 列出国内一些公司生产的系列弧面分度凸轮分度箱（机构）的若干数据，供设计参考。选用时应按所需分度数、动程角和生产公司联系。

表 4-2-50　　GJC 系列弧面分度凸轮分度机构安装结构尺寸

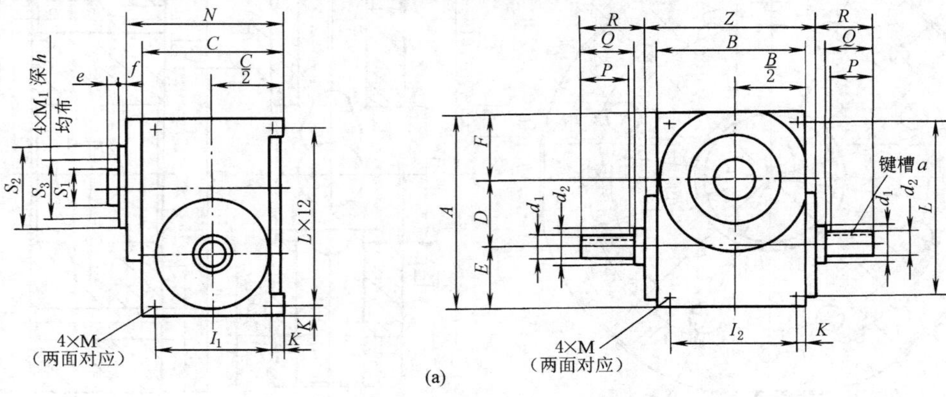

(a)

mm

规格	A	B	C	D	E	F	N	Z	P	Q	R	e	f	d_1	d_2	S_1	S_2	S_3	I_1	I_2	K	L	M	M_1	a
GJC50	140	90	100	50	45	45	112	114	35	40	43	5	3	16	20	20	50	35	76	66	12	125	M8	M6	4
GJC63	180	120	130	63	59	58	142	144	40	45	48	5	3	20	25	25	60	44	110	100	10	160	M8	M6	6

轴　输　出　结　构

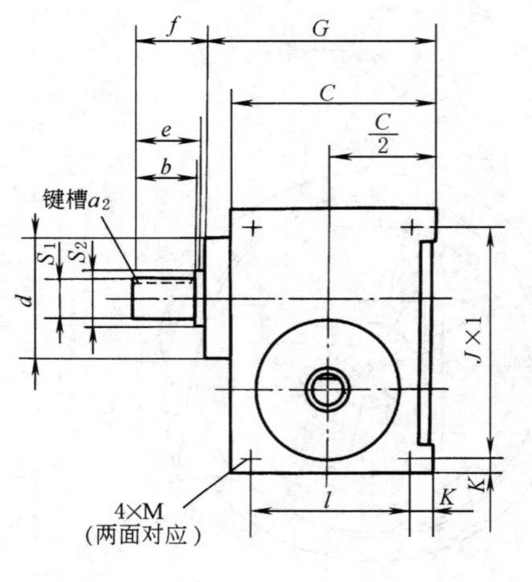

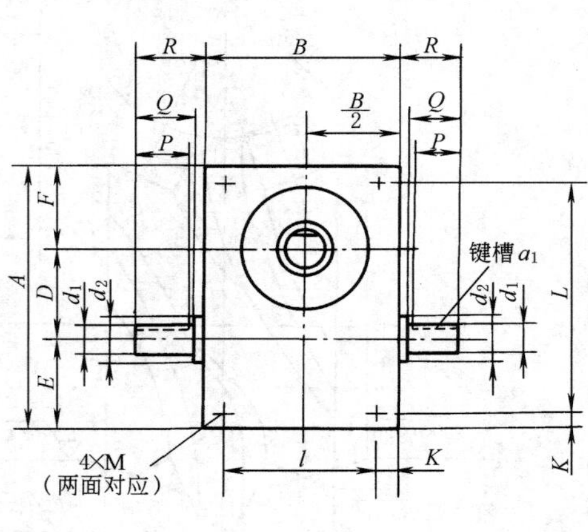

(b)

GJC 系列机构常用主参数：

分度精度等级：高精级≤±15″，精密级≤±30″，普通级≤±50″

转盘分度期运动规律：变形正弦加速、变形等速运动、变形梯形运动

凸轮分度廓线旋向：左旋、右旋；分度数：2～6、8、10、12、16、20、24；凸轮动程角：90°～330°（间隔 30°）；最高输入轴转速：1000r/min

4.3 圆柱分度凸轮机构

4.3.1 工作原理和主要类型

图 4-2-63a 所示圆柱分度凸轮机构，主动凸轮 1 为圆柱体，从动转盘 2 上装有几个沿转盘圆周方向均布的滚

子，其轴线与转盘轴线平行，凸轮和转盘两轴线垂直交错。当凸轮旋转时，其分度段轮廓推动滚子使转盘分度转位；当凸轮转到其停歇段轮廓时，转盘上的两个滚子跨夹在凸轮的圆环面突脊上使转盘停止转动。圆柱滚子与凸轮轮廓间的间隙较难补偿，容易产生跨越冲击，滚子轴的刚度及与凸轮的啮合性能均不及弧面分度凸轮机构，故一般多用于中、低速及中、轻载场合。但圆柱分度凸轮比弧面分度凸轮容易制造，而且从结构上比弧面分度凸轮沿同样尺寸转盘圆周能分布更多的滚子数，故适用于需要分度数较多的场合。圆柱分度凸轮的分度段轮廓也有左旋、右旋与单头、多头之分。

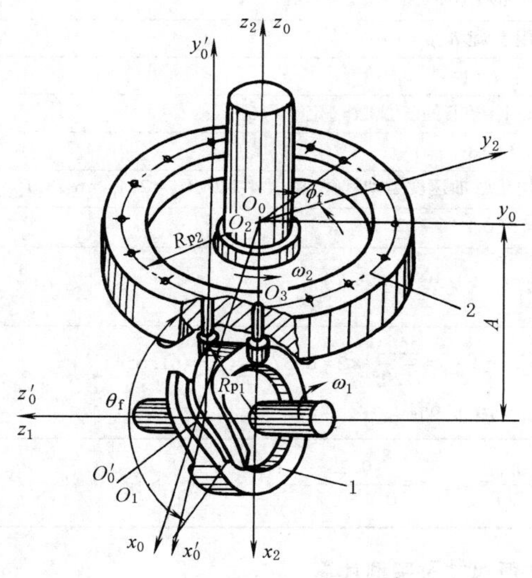

(a) 圆柱分度凸轮机构的坐标系及尺寸

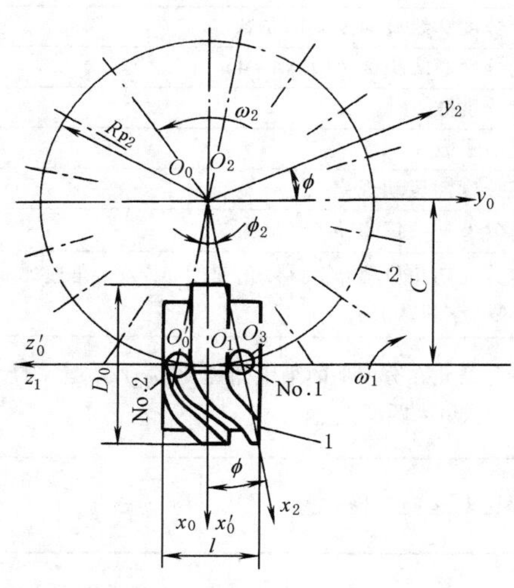

(b) 垂直于转盘轴线的凸轮和转盘俯视图

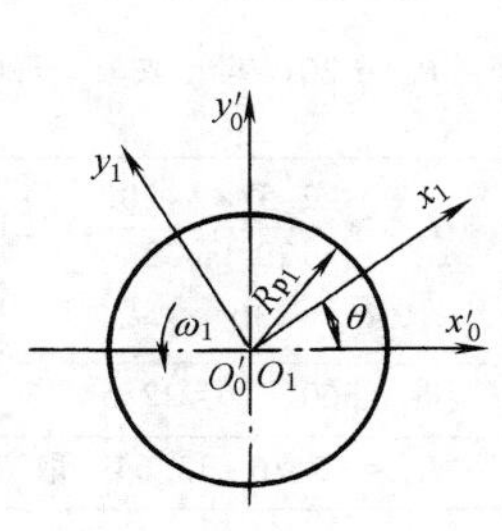

(c) 垂直于凸轮轴线的凸轮节圆柱剖视图

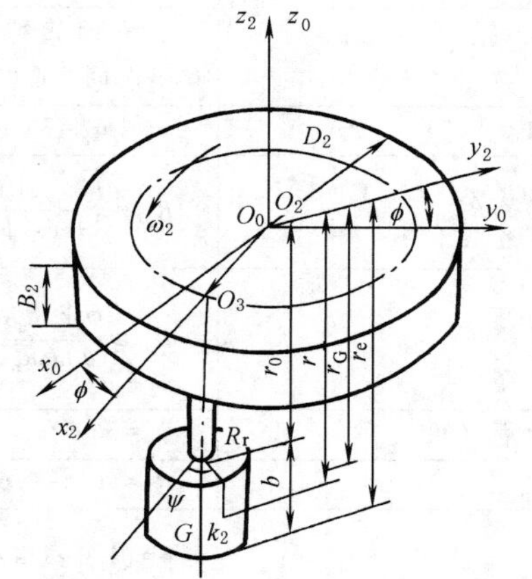

(d) 转盘及圆柱滚子的坐标系及尺寸

图 4-2-63　圆柱分度凸轮机构

4.3.2　圆柱分度凸轮机构的主要运动参数和几何尺寸

表 4-2-51 和表 4-2-52 列出了圆柱分度凸轮机构的主要运动参数和几何尺寸的设计计算方法，并附有实例计算。

例　灯管装配转位机装置中的圆柱分度凸轮机构，已知设计条件：凸轮转速 $n=100\mathrm{r/min}$，连续旋转，转盘需 16 工位，中心距 $C=200\mathrm{mm}$。

表 4-2-51 中所有项目的计算公式均与表 4-2-43 相同，故本表中仅列出实例计算。

表 4-2-51　　圆柱分度凸轮机构的主要运动参数及实例计算

项　目	实 例 计 算
凸轮角速度 ω_1/s^{-1}	$\omega_1=\pi\times100/30=10\pi/3\ s^{-1}$
凸轮分度期转角 $\theta_f/(°)$	选定 $\theta_f=120°$
凸轮停歇期转角 $\theta_d/(°)$	$\theta_d=360°-120°=240°$
凸轮和转盘的分度期时间 t_f/s	$t_f=(2\pi/3)/(10\pi/3)=0.2s$
凸轮和转盘的停歇期时间 t_d/s	$t_d=2\pi/(10\pi/3)-0.2=0.4s$
凸轮分度廓线旋向及旋向系数 p	选用右旋 R,$p=-1$
凸轮分度廓线头数 $H(H=1\sim4)$	选用 $H=1$
转盘分度数 I	按设计要求的工位数选定 $I=16$
转盘滚子数 z	$z=HI=16$
转盘分度期运动规律	选用正弦加速度运动规律,由表 4-2-21,$V_m=2$,$A_m=6.28$,$J_m=39.5$
转盘分度期转位角 $\phi_f/(°)$	$\phi_f=360°/16=22.5°$
转盘分度期角位移 $\phi_i/(°)$、角速度 ω_2/s^{-1}、角速比 ω_2/ω_1、角加速度 ε_2 和跃度 j_2	计算公式见表 4-2-43
转盘与凸轮在分度期的最大角速比 $(\omega_2/\omega_1)_{max}$、最大角加速度 ε_{2max}、最大跃度 j_{2max}	$(\omega_2/\omega_1)_{max}=\dfrac{22.5°}{120°}\times2=0.375$,$\varepsilon_{2max}=61.654s^{-2}$ $j_{2max}=1938.95s^{-3}$
动停比 k,运动系数 τ	$k=\dfrac{0.2}{0.4}=0.5$,$\tau=\dfrac{0.2}{0.4+0.2}=\dfrac{1}{3}$

表 4-2-52　　圆柱分度凸轮机构的主要几何尺寸及实例计算　　mm

项　目	计算公式与说明	实 例 计 算
中心距 C		给定 $C=200$
基距 A	A 为凸轮轴线 z_1 到转盘基准端面 $O_2x_2y_2$ 间的垂直距离	选定 $A=180$
许用压力角 $\alpha_p/(°)$	一般 $\alpha_p=30°\sim40°$	取 $\alpha_p=32°$
转盘节圆半径 R_{p2}	$R_{p2}\approx\dfrac{2C}{1+\cos(\phi_f/2)}$	$R_{p2}\approx201.94$　取 $R_{p2}=202$
凸轮节圆半径 R_{p1}	$R_{p1}\geqslant\dfrac{\phi_f V_m R_{p2}}{\theta_f\tan\alpha_p}$	$R_{p1}\geqslant\dfrac{22.5°\times2\times202}{120°\tan32°}\geqslant121.22$ 取 $R_{p1}=130$
滚子中心角 $\phi_z/(°)$	$\phi_z=360°/z$	$\phi_z=360°/16=22.5°$
滚子半径 R_r	$R_r=(0.4\sim0.6)R_{p2}\sin(180°/z)$	$R_r=15.76\sim23.64$　取 $R_r=16$
滚子宽度 b	$b=(1.0\sim1.4)R_r$	$b=(1.0\sim1.4)\times16=16\sim22.4$ 取 $b=20$
滚子与凸轮槽底间的间隙 e	$e=(0.2\sim0.4)b$,但至少 e 为 $5\sim10$	取 $e=10$
凸轮定位环面径向深度 h	$h=b+e$	$h=20+10=30$
凸轮定位环面的外圆直径 D_o	$D_o=2R_{p1}+b$	$D_o=2\times130+20=280$
凸轮定位环面的内圆直径 D_i	$D_i=D_o-2h$	$D_i=280-2\times30=220$
凸轮宽度 l	$2R_{p2}\sin(\phi_f/2)<l<2R_{p2}\sin(\phi_f/2)+2R_r$	$404\sin11.25°<l<404\sin11.15°+2\times16$ 即 $78.82<l<110.12$ 取 $l=100$
转盘外圆直径 D_2	$D_2\geqslant2(R_{p2}+R_r)$	$D_2\geqslant2\times(202+16)=436$ 取 $D_2=440$

续表

项　目	计算公式与说明	实 例 计 算
转盘基准端面到滚子宽度中点的轴向距离 r_G	$r_G=A-R_{p1}$	$r_G=180-130=50$
转盘基准端面到滚子上端面的轴向距离 r_0	$r_0=r_G-b/2$	$r_0=50-20/2=40$
转盘基准端面到滚子下端面的轴向距离 r_e	$r_e=r_G+b/2$	$r_e=50+20/2=60$

4.3.3 圆柱分度凸轮的工作轮廓设计

圆柱分度凸轮的工作轮廓设计方法和步骤与弧面分度凸轮类似，但计算公式不同。表 4-2-53 列出了其步骤和方法。

表 4-2-53　　圆柱分度凸轮工作轮廓的设计计算

<table>
<tr><th>步　骤</th><th colspan="4">公式和方法</th></tr>
<tr><td>选取坐标系</td><td colspan="4">与表 4-2-45 类似,选取四套右手直角坐标系,见图 4-2-63</td></tr>
<tr><td>转盘滚子圆柱面在动坐标系 $O_2x_2y_2z_2$ 中的方程式</td><td colspan="4">$x_2=R_{p2}+R_r\cos\Psi, y_2=R_r\sin\Psi, z_2=-r$
式中　r、Ψ——滚子圆柱形工作面的方程参数</td></tr>
<tr><td>凸轮与滚子的共轭接触方程式</td><td colspan="4">$\tan\Psi=p\left[\dfrac{R_{p2}}{(A-r)\cos\phi}\left(\dfrac{\omega_2}{\omega_1}\right)-\tan\phi\right]$
式中　ϕ——滚子的位置角</td></tr>
<tr><td>凸轮工作轮廓在动坐标系 $O_1x_1y_1z_1$ 中的方程式</td><td colspan="4">$x_1=(x_2\cos\phi+py_2\sin\phi-C)\cos\theta+(z_2+A)\sin\theta$
$y_1=(-x_2\cos\phi-py_2\sin\phi+C)\sin\theta+(z_2+A)\cos\theta$
$z_1=px_2\sin\phi-y_2\cos\phi$</td></tr>
<tr><td rowspan="3">求解凸轮工作轮廓的三维坐标值</td><td colspan="4">凸轮工作轮廓的三维坐标是上述三组非线性方程的联立求解,用 CAD 求其数值解时的具体步骤同表 4-2-45。但滚子位置角 ϕ 为
$$\phi=\phi_0-p\phi_i$$
图 4-2-63 所示情况,各个滚子的起始位置角 ϕ_0 按下表求得:</td></tr>
<tr><td>滚子代号</td><td>No. 1</td><td>No. 2</td><td>No. 3</td></tr>
<tr><td>ϕ_0</td><td>$-p\phi_z/2$</td><td>$p\phi_z/2$</td><td>$3p\phi_z/2$</td></tr>
<tr><td>凸轮工作轮廓的计算机绘图</td><td colspan="4">同表 4-2-45</td></tr>
</table>

4.3.4 圆柱分度凸轮机构主要零件的材料、技术要求及结构设计要点

圆柱分度凸轮机构主要零件的材料、技术要求与弧面分度凸轮机构类同，可参见 4.2.5 节，其结构设计要点如下。

① 应保证转盘轴线与凸轮轴线垂直交错。

② 转盘轴线应位于凸轮定位环面的对称平面上，以保证凸轮定位环面与左右两侧滚子接触良好。在结构上应考虑在装配时能调整凸轮的轴向位置。

③ 滚子与凸轮定位环面的啮合间隙一般采用 IT6 或 IT7，例如 H7/h6。

④ 转盘在结构上应设计成在安装时能进行轴向调整，如各滚子在转盘上的轴向位置一致性要求较高时，应设计成可使每个滚子都能分别做轴向位置调整。

4.3.5 圆柱分度凸轮轮廓曲面展开为平面矩形时的设计计算

当凸轮转速较低、精度要求不高时，可以把圆柱分度凸轮按其节圆半径 R_{p1} 或外圆直径 D_o 展开成平面矩形，并按滚子摆动从动件移动凸轮的方法进行分析和设计。图 4-2-64 为图 4-2-63 所示单头右旋圆柱分度凸轮按 R_{p1} 或 D_o 展开后的相当移动凸轮，凸轮轮廓的计算见表 4-2-54。

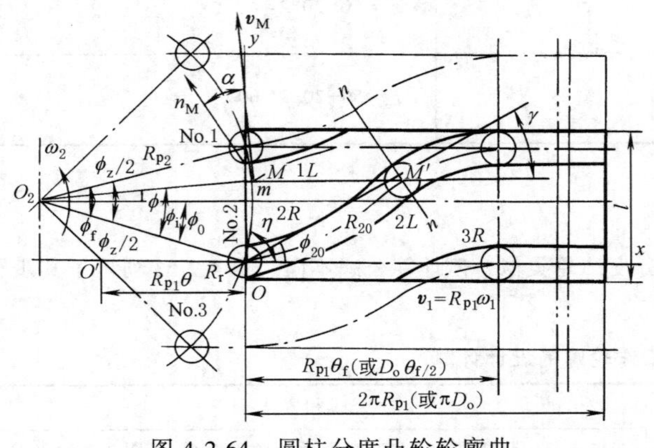

图 4-2-64 圆柱分度凸轮轮廓曲线间的关系

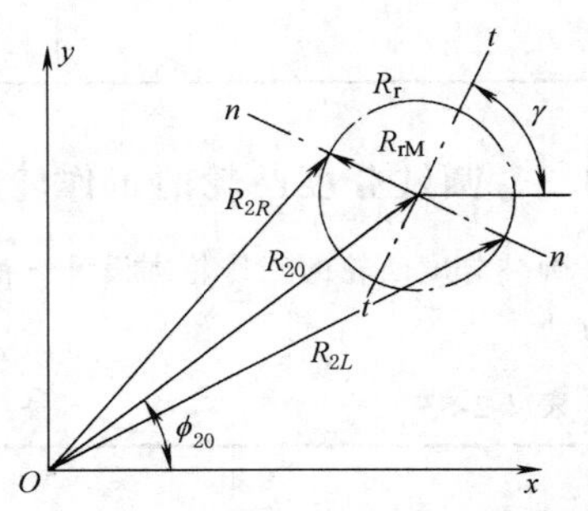

图 4-2-65 凸轮理论廓线与工作廓面展开为平面

表 4-2-54 圆柱分度凸轮轮廓曲面展开为平面矩形时的设计计算

<table>
<tr><th>项 目</th><th colspan="4">计 算 公 式 与 说 明</th></tr>
<tr><td>凸轮分度期的矩形</td><td colspan="4">长度 $=R_{p1}\theta_f$，宽度 $=l$
式中 R_{p1}——凸轮节圆半径；θ_f——凸轮分度期转角；l——凸轮宽度</td></tr>
<tr><td rowspan="3">转盘角位置 ϕ</td><td colspan="4">$$\phi=\phi_0-p\phi_i$$
式中 p——旋向系数，右旋 $p=-1$；ϕ_i——转盘分度期角位移；ϕ_0——滚子起始位置角</td></tr>
<tr><td>滚子代号</td><td>No. 1</td><td>No. 2</td><td>No. 3</td></tr>
<tr><td>ϕ_0</td><td>$-p\phi_z/2$</td><td>$p\phi_z/2$</td><td>$p\phi_z/2$</td></tr>
<tr><td>与 No. 2 滚子啮合的凸轮理论廓线方程式</td><td colspan="4">由矢量多边形 $OO_2M'M$ 得极坐标方程式
$$R_{20}=(m^2+R_{p1}{}^2\theta^2+2mR_{p1}\theta\cos\eta)^{1/2},\ \Phi_{20}=\arctan\frac{m\sin\eta}{m\cos\eta+R_{p1}\theta}$$
直角坐标方程式
$$x_{20}=R_{20}\cos\Phi_{20},\ y_{20}=R_{20}\sin\Phi_{20}$$
$$m=\sqrt{2R_{p2}^2[1-\cos(\phi+\phi_f/2)]}\quad \eta=\arctan\frac{\sin\phi+\sin(\phi_f/2)}{\cos\phi-\cos(\phi_f/2)}$$
式中 θ——凸轮角位移；ϕ_f——转盘分度期转位角；R_{p2}——转盘节圆半径</td></tr>
<tr><td>凸轮理论廓线的切线倾角 γ</td><td colspan="4">$$\gamma=\arctan\frac{\omega_2\cos\phi/\omega_1}{R_{p1}/R_{p2}-\omega_2\sin\phi/\omega_1}$$</td></tr>
<tr><td>压力角 α</td><td colspan="4">$\alpha=\gamma-\phi$</td></tr>
<tr><td>转盘分度期中点的最大压力角 α_{max}</td><td colspan="4">$\alpha_{max}=\arctan[(R_{p2}/R_{p1})(\omega_2/\omega_1)_{max}]$</td></tr>
</table>

第4篇

续表

项　目	计 算 公 式 与 说 明
凸轮工作廓线 2L、2R 的方程式(图 4-2-65)	$R_{2L}=[R_{20}^2+R_r^2+2R_{20}R_r\sin(\gamma-\Phi_{20})]^{1/2}$　$R_{2R}=[R_{20}^2+R_r^2-2R_{20}R_r\sin(\gamma-\Phi_{20})]^{1/2}$ $\Phi_{2L}=\arctan\dfrac{R_{20}\sin\Phi_{20}-R_r\cos\gamma}{R_{20}\cos\Phi_{20}+R_r\sin\gamma}$　$\Phi_{2R}=\arctan\dfrac{R_{20}\sin\Phi_{20}+R_r\cos\gamma}{R_{20}\cos\Phi_{20}-R_r\sin\gamma}$ $x_{2L}=R_{2L}\cos\Phi_{2L}$　$y_{2L}=R_{2L}\sin\Phi_{2L}$　$x_{2R}=R_{2R}\cos\Phi_{2R}$　$y_{2R}=R_{2R}\sin\Phi_{2R}$ 式中　R_r——滚子半径
与 No. 1 和 No. 3 滚子啮合的凸轮理论廓线和工作廓线 1L 和 3R 的方程式	将上述公式中 No. 2 滚子的起始位置角 ϕ_0 分别用 No. 1 和 No. 3 的相应值代入即可求得。受凸轮宽度 l 的限制，只需计算在 l 范围内的 γ 值
凸轮按外圆直径 D_o 展开时的各值	将上述公式中的 R_{p1} 均以 $D_o/2$ 代替即可求得

4.4　共轭（平行）分度凸轮机构

4.4.1　基本结构和工作原理

共轭分度凸轮机构用于两平行轴间的间歇分度步进传动。主动凸轮 1 由前后（或上、下）两片盘形凸轮组成。这两片凸轮在制造时廓线形状完全相同，安装时，使前后两片成镜像对称错开一定相位角安装，故称为共轭分度凸轮机构，见图 4-2-66 实线与虚线所示。从动转盘 2 的前后两端面上也各装有几个径向均匀分布的滚子（图 4-2-66 中装在后侧端面上的滚子用虚线表示）。当凸轮旋转时，其前后两侧的廓线分别与相应的滚子接触，相继推动转盘分度转位或抵住滚子起限位作用。当凸轮转到其圆弧形廓线与滚子接触时，转盘停止不动。由于机构工作时是由两片凸轮按设计要求同时控制从动转盘的运动，因此凸轮与滚子之间能保持良好的形封闭，不必附加弹簧等其他装置就能获得较好的几何锁合。当然，对凸轮的加工精度和安装要求也较高。

共轭分度凸轮机构主要有两种类型。

（1）单头型

转盘每次转位，转过一个滚子圆心角，例如图 4-2-66a 所示，头数 $H=1$，滚子数 $z=8$，则转盘每次分度期转位角 $\phi_f=\dfrac{2\pi H}{z}=\dfrac{\pi}{4}$。这种型式的机构，凸轮每转半圈，转盘分度一次。

（2）多头型

转盘每次转位，转过多个滚子圆心角，图 4-2-66b 所示，$H=2$，$z=8$，$\phi_f=\pi/2$；图 4-2-66c 所示，$H=4$，$z=4$，$\phi_f=2\pi$。多头型的机构，凸轮每转一圈，转盘分度一次。

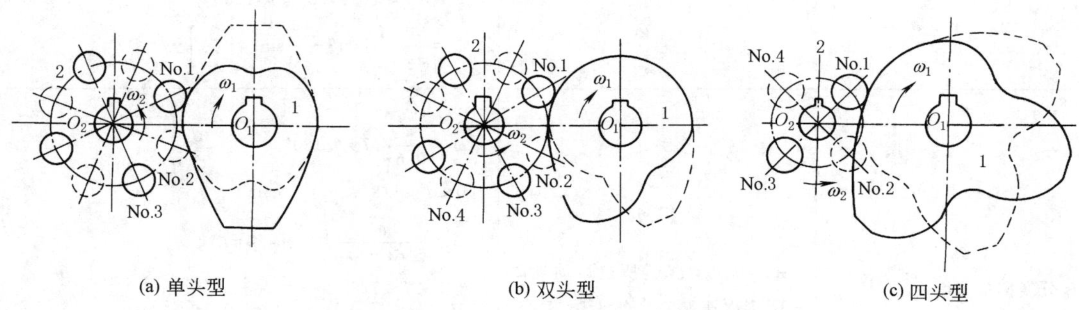

(a) 单头型　(b) 双头型　(c) 四头型

图 4-2-66　共轭分度凸轮机构的主要类型

4.4.2　共轭分度凸轮机构的主要运动参数和几何尺寸

表 4-2-55 和表 4-2-57 列出了共轭盘形分度凸轮机构的主要运动参数和几何尺寸的设计计算方法，并附有实例计算。

例 平压平模切机送纸装置中的共轭盘形分度凸轮机构，已知设计条件：凸轮转速 $n=100\text{r/min}$，连续旋转，从动转盘需四工位，中心距 $C=100\text{mm}$。

表 4-2-55　共轭盘形分度凸轮机构的主要运动参数及实例计算

项　目	计算公式与说明	实　例　计　算
凸轮角速度 ω_1/s^{-1}	$\omega_1=\pi n/30$	$\omega_1=10\pi/3\ (\text{s}^{-1})$
转盘分度数 I	I 为转盘每转一周中的停歇次数，常用值见表 4-2-56	按设计要求的工位数选定 $I=4$
头数 H	常用值见表 4-2-56	选用 $H=2$
转盘滚子数 z	$z=HI$，常用值见表 4-2-56	$z=HI=2\times4=8$
凸轮分度期转角 $\theta_f/(°)$	常用值见表 4-2-56	选用 $\theta_f=180°$
凸轮停歇期转角 $\theta_d/(°)$	单头 $H=1$ 时，$\theta_d=180°-\theta_f$ 多头 $H\geqslant2$ 时，$\theta_d=360°-\theta_f$	$\theta_d=360°-180°=180°$
凸轮角位移 $\theta/(°)$	以凸轮分度期开始处作为 $\theta=0$	
分度期时间 t_f/s	$t_f=\theta_f/\omega_1$	$t_f=\dfrac{\pi}{(10\pi/3)}=0.3(\text{s})$
停歇期时间 t_d/s	$t_d=\theta_d/\omega_1$，此式仅适用凸轮连续旋转时	$t_d=\dfrac{\pi}{(10\pi/3)}=0.3(\text{s})$
转盘分度期转位角 $\phi_f/(°)$	$\phi_f=360°/I$	$\phi_f=360°/4=90°$
转盘分度期运动规律	常用的有正弦加速度、改进正弦加速度、改进梯形加速度、改进等速等运动规律	选用改进正弦加速度运动规律
转盘分度期角位移 $\phi_i/(°)$	$\phi_i=S\phi_f$，S 为所选运动规律的无因次位移	$T=\theta/\theta_f=\theta/180°$ $0\leqslant T\leqslant1/8(0°\leqslant\theta\leqslant22.5°)$ $\phi_i=\dfrac{90°}{\pi+4}\left(\pi T-\dfrac{1}{4}\sin4\pi T\right)$ $1/8\leqslant T\leqslant7/8(22.5°\leqslant\theta\leqslant157.5°)$ $\phi_i=\dfrac{90°}{\pi+4}\left(2+\pi T-\dfrac{9}{4}\sin\dfrac{\pi+4\pi T}{3}\right)$ $7/8\leqslant T\leqslant1(157.5°\leqslant\theta\leqslant180°)$ $\phi_i=\dfrac{90°}{\pi+4}\left[4+\pi T-\dfrac{1}{4}\sin(4\pi T)\right]$
转盘分度期角速度 ω_2/s^{-1}	$\omega_2=\phi_f V/t_f$，V 为所选运动规律的无因次速度	$\omega_2=\dfrac{\pi}{0.6}V,T=\theta/180°$ $0\leqslant T\leqslant1/8$ $\omega_2=\dfrac{\pi^2}{0.6(\pi+4)}[1-\cos(4\pi T)]$ $1/8\leqslant T\leqslant7/8$ $\omega_2=\dfrac{\pi^2}{0.6(\pi+4)}\left(1-3\cos\dfrac{\pi+4\pi T}{3}\right)$ $7/8\leqslant T\leqslant1$ $\omega_2=\dfrac{\pi^2}{0.6(\pi+4)}[1-\cos(4\pi T)]$

续表

项　　目	计算公式与说明	实 例 计 算
转盘与凸轮在分度期的最大角速比$(\omega_2/\omega_1)_{max}$	$(\omega_2/\omega_1)_{max}=\phi_f V_{max}/\theta_f$，$V_{max}$为所选运动规律的无因次速度最大值	$\left(\frac{\omega_2}{\omega_1}\right)_{max}=\frac{90}{180}\times1.76=0.88$
动停比k，运动系数τ	$k=t_f/t_d$，$\tau=t_f/(t_d+t_f)$	$k=0.3/0.3=1$，$\tau=0.5$

表 4-2-56　转盘分度数等参数的常用值

凸轮头数H	1	2	3	4
转盘分度数I	6、8、10、12、16	3、4、5、6、8	2、4	1、2、3
滚子数z	6、8、10、12、16	6、8、10、12、16	6、12	4、8、12
凸轮分度期转角$\theta_f/(°)$	60、75、90、120、150	90、120、150、180、210、240、270	180、180、210、240、270	180、210、240、270

表 4-2-57　共轭盘形分度凸轮机构的主要几何尺寸及实例计算（图 4-2-70）

项　　目	计算公式与说明	实 例 计 算
转盘节圆半径R_p/mm	1. 由图 4-2-67 按最大压力角α_{max}选用R_p/C，一般$\alpha_{max}=45°\sim60°$	1. 按$\alpha_{max}=50°$及$z=8$由图 4-2-67 得$R_p/C=0.46$
	2. 按凸轮理论廓线的形成条件，由图 4-2-68 验算R_p/C的最大允许值	2. 由$z=8$及$\theta_f/H=180°/2=90°$，按图 4-2-68 得R_p/C最大允许值为 0.77，故知现选用的$R_p/C=0.46$合格
	3. 由图 4-2-69 检验凸轮理论廓线不发生曲线本身自交现象的R_p/C最大允许值	3. 由$I=4$及$\theta_f=180°$，按图 4-2-69 得R_p/C最大允许值为 0.57，故知现选用的$R_p/C=0.46$合格
凸轮的基圆半径R_b/mm	R_b是凸轮轴心到其理论廓线间的最短向径，$R_b=C-R_p$	$R_b=100-46=54$mm
转盘的基准起始位置角$\phi_{10}/(°)$	$\phi_{10}=180°/z$	$\phi_{10}=180°/8=22.5°$
凸轮的基准起始向径R_{10}/mm	$R_{10}=(C^2+R_p^2-2CR_p\cos\phi_{10})^{1/2}$	$R_{10}=60.14$mm
凸轮的基准起始位置角$\theta_{10}/(°)$	$\theta_{10}=\arcsin(R_p\sin\phi_{10}/R_{10})$	$\theta_{10}=17.021°$
滚子中心角$\phi_z/(°)$	$\phi_z=360°/z$	$\phi_z=360°/8=45°$
滚子半径R_r/mm	$R_r\leqslant(0.4\sim0.6)R_p\sin(\phi_z/2)$	$R_r\leqslant7\sim11$ 取$R_r=10$mm
滚子宽度b/mm	$b=(1.0\sim1.4)R_r$	$b=(1.0\sim1.4)\times10=10\sim14$ 取$b=12$mm

续表

项　　目	计算公式与说明	实 例 计 算
安装相位角 θ_p/(°)	θ_p 是前后两片凸轮两条基准起始向径间的夹角 单头 $H=1$:$\theta_p=180°-\theta_f-2\theta_{10}$ 多头 $H\geqslant 2$:$\theta_p=360°-\theta_f-2\theta_{10}$	$\theta_p=145.958°$
No. n 滚子中心 F_{n0} 的起始位置角 ϕ_{n0}/(°)	$\phi_{n0}=360°(1.5-n)/z$ 式中,n 为滚子代号,n 为奇数指装在转盘前侧的滚子,n 为偶数指装在后侧的滚子	$\phi_{30}=360°\times(1.5-3)/8=-67.5°$
No. n 滚子中心与 O_1 间的距离 R_{n0}/mm	$R_{n0}=(R_p^2+C^2-2R_pC\cos\phi_{n0})^{1/2}$	$R_{30}=92.71$mm
$F_{n0}O_1$ 与 O_2O_1 间夹角 θ_{n0}	$\theta_{n0}=\arcsin\dfrac{R_p\sin\phi_{n0}}{R_{n0}}$	$\theta_{30}=-27.284°$

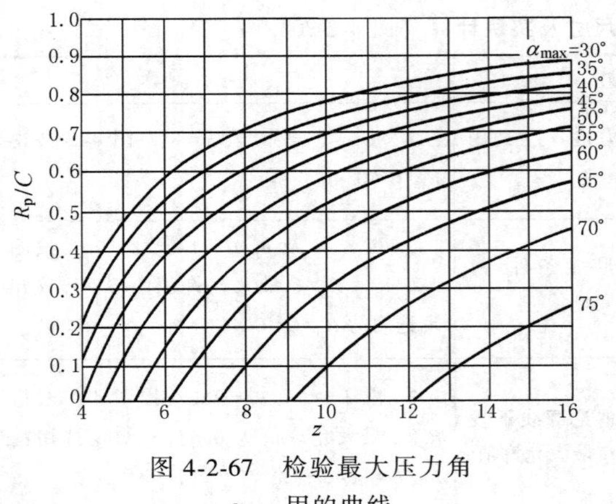

图 4-2-67　检验最大压力角 α_{max} 用的曲线

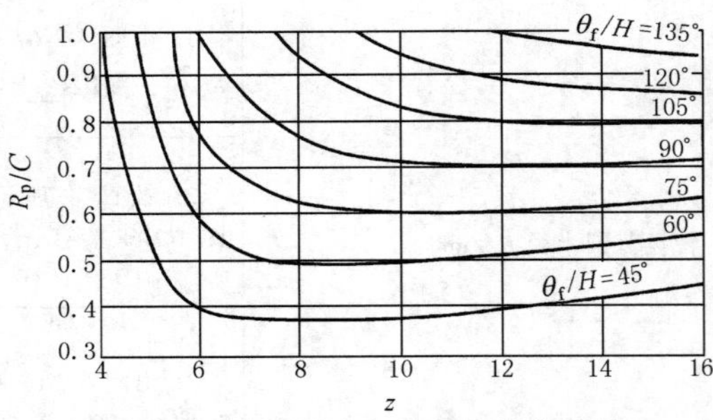

图 4-2-68　能形成凸轮理论廓线的最大 R_p/C 和最小 θ_f

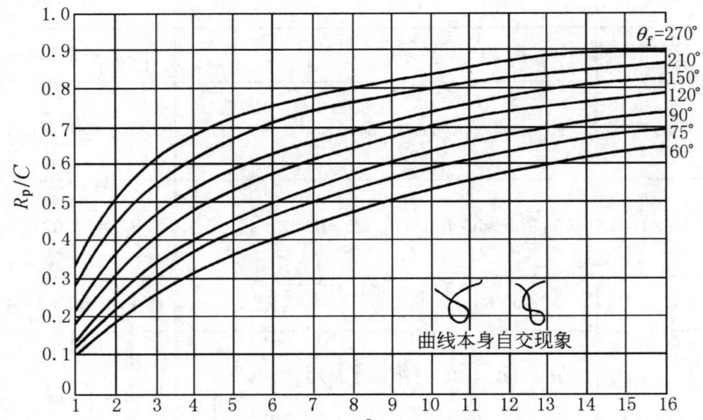

图 4-2-69　凸轮理论廓线不产生自交现象的最大 R_p/C 和最小 θ_f

(适用于改进正弦加速度、改进梯形加速度和 3-4-5 多项式)

4.4.3 用CAD图解法绘制凸轮的理论廓线和工作廓线

为了建立直观的凸轮廓线几何图形，看出各段廓线交汇处所在的区间，以便用计算机精确设计凸轮廓线时优化计算，设计时应先用CAD图解法绘制凸轮轮廓，作图时的分点以保证画出几个关键位置为宜。表4-2-58和图4-2-70是根据4.4.2节中例及表4-2-57和表4-2-55所得实例计算结果进行作图的方法和步骤。

表4-2-58　　共轭盘形分度凸轮廓线设计的CAD图解法

<table>
<tr><th>步　　骤</th><th>计算公式、数据和作图方法</th></tr>
<tr><td>1. 作出机构的中心距、转盘节圆和凸轮基圆</td><td>中心距 $C=100\text{mm}$，转盘节圆半径 $R_p=46\text{mm}$，凸轮基圆半径 $R_b=54\text{mm}$，此二圆相切</td></tr>
<tr><td>2. 定出前、后侧凸轮理论廓线的起始点 A_0、B_0</td><td>由 $\angle O_1O_2A_0=\phi_{10}=22.5°$ 和 $O_2A_0=R_p=46\text{mm}$，定出 F_{10}，A_0 与 F_{10} 重合。由 $\angle A_0O_2B_0=\phi_z=45°$ 和 R_p 定出 F_{20}，B_0 与 F_{20} 重合</td></tr>
<tr><td>3. 定出No.1～No.8各滚子的中心 F_{10}、F_{20}、…、F_{80}</td><td>由 O_2F_{10} 起逆 ω_2 方向依次取 ϕ_z，在转盘节圆上得 F_{20}、F_{30}、F_{40}，No.5～No.8滚子中心未在图上画出</td></tr>
<tr><td>4. 作反转圆，定出转盘轴心 O_2 的相应反转位置 O_{21}、O_{22}、…、O_{26}</td><td>以 O_1 为中心，C 为半径作反转圆。图中将 $\theta_f=180°$ 分成六等分，每个分角 $\theta_i=30°$，逆 ω_1 方向在反转圆上定出 O_{21}、O_{22}、…、O_{26}</td></tr>
<tr><td>5. 将No.1滚子中心按选定的运动规律将分度期转角 ϕ_f 分成相应的角位置 ϕ_{10}、ϕ_{11}、…、ϕ_{16} 和分点 F_{10}、F_{11}、…、F_{16}</td><td>按选定的改进正弦加速度运动规律，得七个分点及其角位置如下表：
<table>
<tr><td>滚子中心位置</td><td>F_{10}</td><td>F_{11}</td><td>F_{12}</td><td>F_{13}</td><td>F_{14}</td><td>F_{15}</td><td>F_{16}</td></tr>
<tr><td rowspan="2">位置角/(°)</td><td>ϕ_{10}</td><td>ϕ_{11}</td><td>ϕ_{12}</td><td>ϕ_{13}</td><td>ϕ_{14}</td><td>ϕ_{15}</td><td>ϕ_{16}</td></tr>
<tr><td>22.5</td><td>26.379</td><td>42.675</td><td>67.5</td><td>92.325</td><td>108.622</td><td>112.5</td></tr>
</table></td></tr>
<tr><td>6. 作出前端面凸轮理论廓线</td><td>从 $O_{21}O_1$ 起由 ϕ_{11} 和 R_p 定出 A_1 点，由 $O_{21}A_1$ 起逆 ω_2 由 ϕ_z 和 R_p 依次定出 B_1、D_1 和 E_1。同理从 $O_{22}O_1$ 起由 ϕ_{12} 和 R_p 定出 A_2，由 $O_{22}A_2$ 起逆 ω_2 由 ϕ_z 和 R_p 依次定出 B_2、D_2 和 E_2。依此类推，定出 A_3、B_3、D_3、E_3、…、A_6、B_6、D_6、E_6。把 A_0、A_1、…、A_5、A_6 和 D_0、D_1、…、D_5、D_6 分别连成曲线，两曲线交于 G 点，则前端面凸轮理论廓线即为 $A_0A_1A_2GD_2D_3D_4D_5D_6A_0$，其中 $\overset{\frown}{D_6A_0}$ 为以 O_1 为中心，R_{10} 为半径的圆弧</td></tr>
<tr><td>7. 作出后端面凸轮理论廓线</td><td>把上述定出的 B_0、B_1、…、B_5、B_6 和 E_0、E_1、…、E_5、E_6 分别连成曲线，两曲线交于 H 点，则后端面凸轮理论廓线即为 $B_0B_1B_2B_3B_4HE_4E_5E_6B_0$，其中 $\overset{\frown}{E_6B_0}$ 为以 O_1 为中心，$R_{20}(=R_{10})$ 为半径的圆弧</td></tr>
<tr><td>8. 作凸轮的工作廓线</td><td>在理论廓线上分别以滚子半径 $R_r=10\text{mm}$ 作圆，其包络线即凸轮工作廓线，图中前端面用实线表示，后端面用虚线表示；也可用CAXA等距曲线绘制命令</td></tr>
</table>

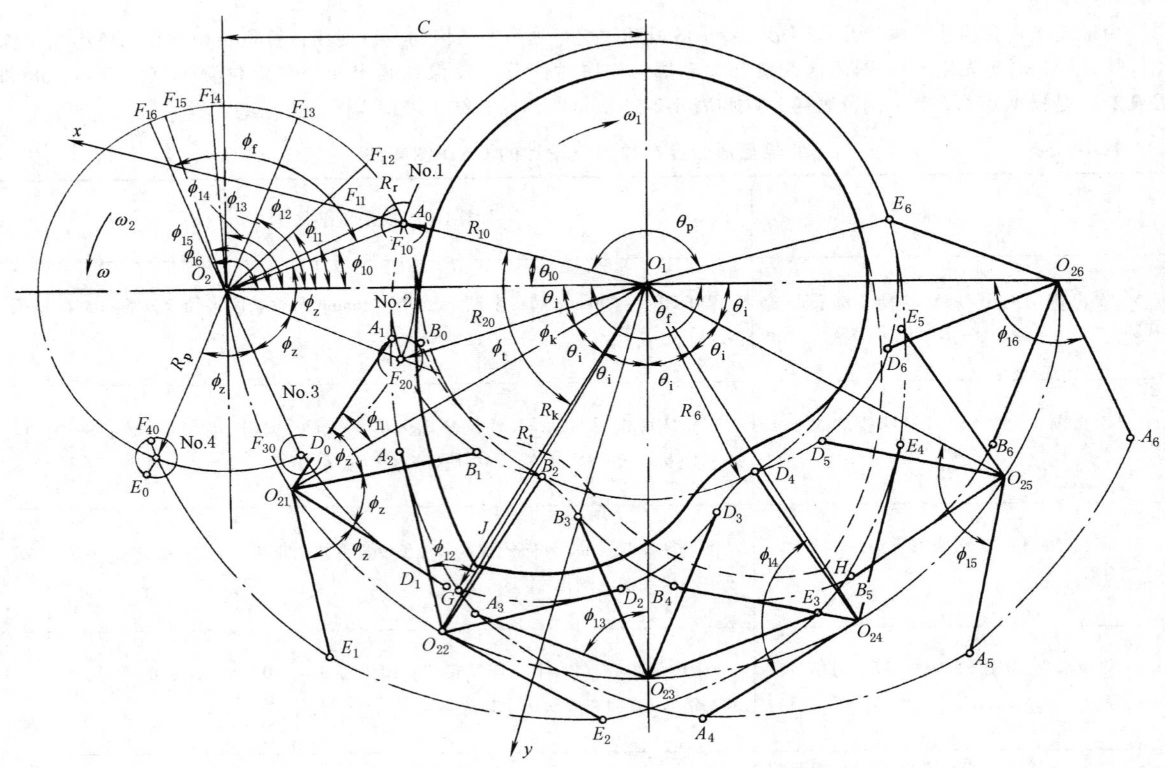

图 4-2-70　用作图法绘制共轭盘形分度凸轮的轮廓

4.4.4　共轭盘形分度凸轮机构凸轮廓线的解析法计算

表 4-2-59 和图 4-2-71、图 4-2-72 列出了解析法计算的步骤和公式，表 4-2-60 是根据 4.4.2 节例求出的凸轮廓线坐标值，图 4-2-73 给出了凸轮和转盘滚子在一个循环中的工作情况。

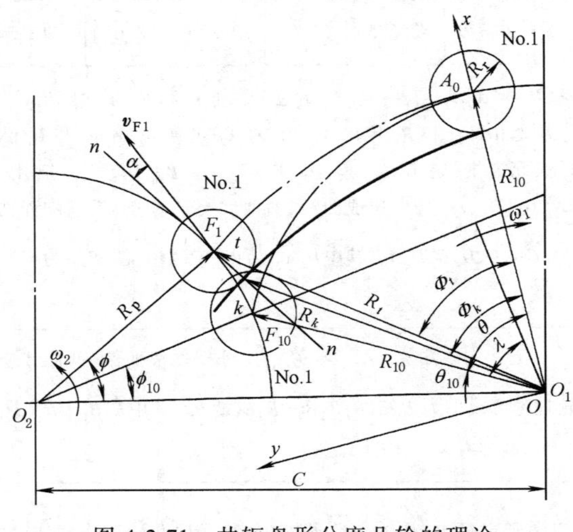

图 4-2-71　共轭盘形分度凸轮的理论廓线和工作廓线

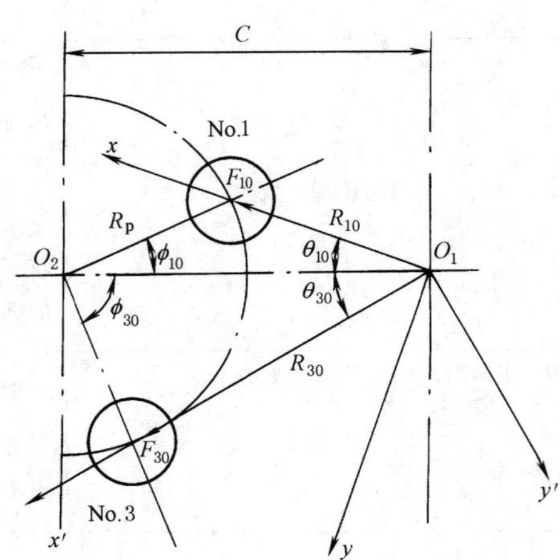

图 4-2-72　No. 1 滚子和 No. 3 滚子的坐标变换

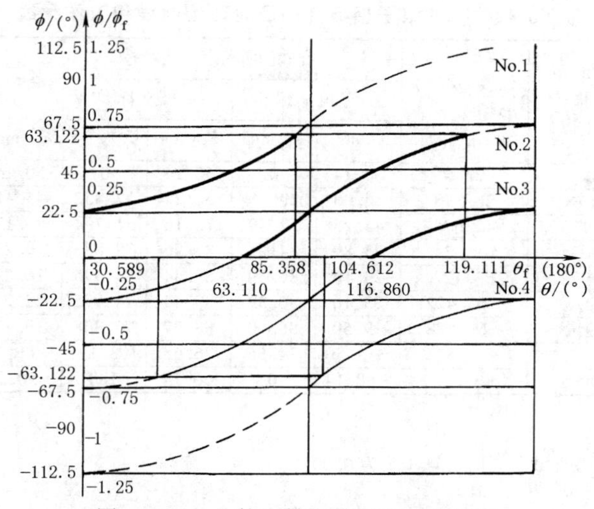

图 4-2-73　凸轮和转盘滚子的工作情况

粗实线—滚子受凸轮推动阶段；细实线—凸轮抵住滚子的限位阶段；虚线—滚子未与凸轮接触

表 4-2-59　　共轭盘形分度凸轮廓线设计的解析法

步　骤	计　算　公　式　与　说　明
1. 在凸轮上建立动坐标系	右手直角坐标系 Oxy 的原点 O 与凸轮轴心 O_1 重合，O_1x 与凸轮的基准起始向径 O_1A_0 重合。如 ω_1 为逆时针方向转，则 Oxy 应取左手直角坐标系，则下列公式均适用，而算出的极坐标值均逆 ω_1 转向度量
2. 求与 No.1 滚子中心相啮合的凸轮理论廓线方程式	图 4-2-71 表示凸轮已从其基准起始位置角 θ_{10} 处顺 ω_1 转过 θ，转盘上 No.1 滚子已从其基准起始位置角 ϕ_{10} 处顺 ω_2 转过 $\phi-\phi_{10}$，滚子中心由 F_{10} 转到 F_1，凸轮理论廓线上 t 点的方程式为： 直角坐标 $x_t=R_p\sin(\theta+\phi-\phi_{10}-\lambda)-C\sin(\theta-\phi_{10}-\lambda)$ $y_t=-R_p\cos(\theta+\phi-\phi_{10}-\lambda)+C\cos(\theta-\phi_{10}-\lambda)$ 极坐标 $R_t=(x_t^2+y_t^2)^{1/2}$ $\Phi_t=\arctan(y_t/x_t)$（当 $x_t>0,y_t>0$ 时） 或　$\Phi_t=180°+\arctan(y_t/x_t)$（当 $x_t<0$ 时） 或　$\Phi_t=360°+\arctan(y_t/x_t)$（当 $x_t>0,y_t<0$ 时） 式中　θ——凸轮转角，由 O_1x 起逆时针向量度 Φ_t——凸轮理论廓线的向径角，由 O_1x 起逆时针向量度 ϕ——转盘上 No.1 滚子的位置角，$\phi=\phi_{10}+\phi_i$，由 O_2O_1 起逆时针向量度 λ——计算用辅助角 $\lambda=\arctan\dfrac{C\cos\phi_{10}-R_p}{C\sin\phi_{10}}$
3. 求与 No.1 滚子相啮合的凸轮工作廓线方程式	凸轮工作廓线上 k 点的方程式为： 直角坐标 $x_k=x_t-R_r\cos(\theta+\phi-\phi_{10}-\lambda+\alpha)$ $y_k=y_t-R_r\sin(\theta+\phi-\phi_{10}-\lambda+\alpha)$ 极坐标 $R_k=(x_k^2+y_k^2)^{1/2}$ $\Phi_k=\arctan(y_k/x_k)$（当 $x_k>0,y_k>0$ 时） 或　$\Phi_k=180°+\arctan(y_k/x_k)$（当 $x_k<0$ 时） 或　$\Phi_k=360°+\arctan(y_k/x_k)$（当 $x_k>0,y_k<0$ 时） 式中　Φ_k——凸轮工作廓线的向径角，由 O_1x 起逆时针向量度 α——压力角的计算值，按下式计算，可大于或小于 90° $\alpha=\arctan\dfrac{C\cos\phi-R_p(1+\omega_2/\omega_1)}{C\sin\phi}$
4. 求与 No.3 滚子相啮合的凸轮理论廓线和工作廓线方程式	(1)在凸轮上建立辅助动坐标系 $O_1x'y'$（图 4-2-72），O_1x' 与 No.3 滚子中心的起始位置 F_{30} 和 O_1 的连线重合 (2)将上述公式中所有 ϕ_{10} 均用 ϕ_{30} 代替后，求出 x_t'、y_t'和 x_k'、y_k' (3)将 x'和 y'用下列坐标变换公式演化为在 O_1xy 坐标系中的 x_t、y_t 和 x_k、y_k $x=x'\cos(\theta_{10}-\theta_{30})-y'\sin(\theta_{10}-\theta_{30})$ $y=x'\sin(\theta_{10}-\theta_{30})+y'\cos(\theta_{10}-\theta_{30})$

表 4-2-60　　　　与 No. 1、No. 3 滚子相啮合的凸轮理论廓线和工作廓线

凸轮转角 $\theta/(°)$	滚子的起始位置角 $\phi_{10},\phi_{30}/(°)$	滚子的角位移 $\phi_i/(°)$	滚子的角位置 $\phi/(°)$ $\phi=\phi_{10}+\phi_i$ $\phi=\phi_{30}+\phi_i$	凸轮的理论廓线				凸轮的工作廓线			
				直角坐标		极坐标		直角坐标		极坐标	
				x_t/mm	y_t/mm	R_t/mm	$\Phi_t/(°)$	x_k/mm	y_k/mm	R_k/mm	$\Phi_k/(°)$
0	ϕ_{10}:22.5	0	22.5	60.14	0	60.14	0	50.14	0	50.14	0
30		3.878	26.378	55.03	29.08	62.24	27.852	45.41	26.36	52.50	30.130
60		20.175	42.675	45.25	52.49	73.16	51.794	36.17	53.30	64.41	55.838
82.243[①]		39.074	61.574	25.89	84.06	87.96	72.883	19.22	76.61	78.98	75.913
85.358[②]		40.922	63.422	23.16	86.39	89.44	74.995	16.85	78.63	80.42	77.907
30.589[②]	ϕ_{30}:−67.5	4.078	−63.422	23.16	86.39	89.44	74.995	22.28	76.43	79.61	73.746
32.900[①]		4.912	−62.588	19.50	86.60	88.77	77.308	19.22	76.61	78.98	75.913
60		20.175	−47.325	−17.50	74.66	76.68	103.192	−11.25	66.85	67.79	99.560
180		90	22.5	−60.14	0	60.14	180	−50.14	0	50.14	180

① 为工作廓线的交点。

② 为理论廓线的交点。

注：θ 的计算步长 1°，求两条曲线交点时计算步长为 0.001°。

4.4.5　共轭（平行）分度凸轮分度箱

表 4-2-61 为国内公司生产的系列平行分度凸轮分度箱的若干数据，供设计、选用时参考。选用时需按分度数和动程角与生产厂具体联系确定尺寸。

表 4-2-61　　　　国内生产的系列平行分度凸轮分度箱的数据　　　　mm

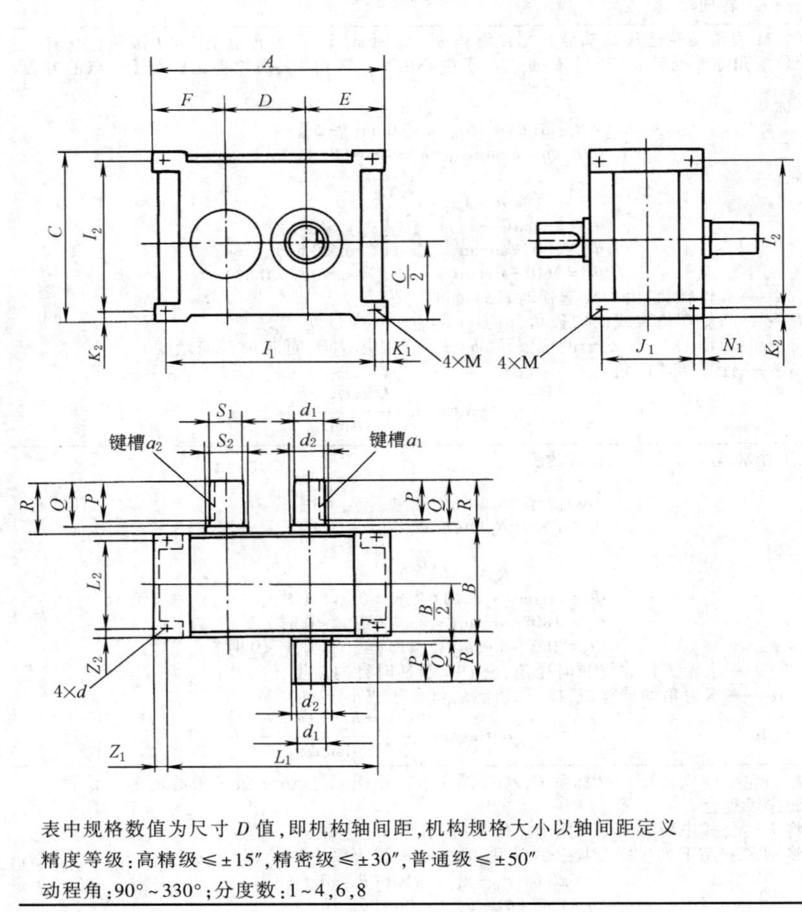

表中规格数值为尺寸 D 值，即机构轴间距，机构规格大小以轴间距定义

精度等级：高精级≤±15″，精密级≤±30″，普通级≤±50″

动程角：90°～330°；分度数：1～4，6，8

规格	50	65	80	100	125	160	200	250
A	155	190	230	285	350	450	555	690
B	90	110	120	140	170	200	240	280
C	110	130	160	200	240	310	390	480
D	50	65	80	100	125	160	200	250
E	55	65	80	100	120	155	190	240
F	50	60	70	85	105	135	165	200
P	35	35	45	52	52	70	90	110
Q	38	42	50	60	60	80	110	130
R	40	45	55	65	65	85	115	135
d_1	16	20	25	30	30	45	50	55
d_2	20	25	30	35	35	50	55	60
S_1	16	20	25	30	35	45	60	70
S_2	20	25	30	35	40	50	65	75
a_1	6	6	8	8	8	14	14	16
a_2	6	6	8	8	10	14	18	20
l_1	125	150	180	225	280	350	445	540
K_1	15	20	25	30	35	45	55	75
l_2	94	110	140	170	200	270	340	420
K_2	8	10	10	15	20	20	25	30
J_1	70	70	70	80	100	130	150	180
N_1	10	20	25	30	35	35	45	50
L_1	135	170	206	255	310	390	485	590
Z_1	10	10	12	15	20	30	35	50
L_2	70	90	96	110	130	160	190	230
Z_2	10	10	12	15	20	20	25	25
M	M6	M8	M10	M10	M12	M12	M16	M20
d	7	9	11	11	14	14	18	22

第4篇

5 棘轮机构、槽轮机构、不完全齿轮机构和针轮机构

5.1 棘轮机构

棘轮机构用于将摇杆的周期性摆动转换为棘轮的单向间歇转动，也常作为防逆转装置。

5.1.1 常用形式

表 4-2-62 棘轮机构的常用形式

类别	齿啮式		摩擦式	
	外接	内接	外接	内接
简图	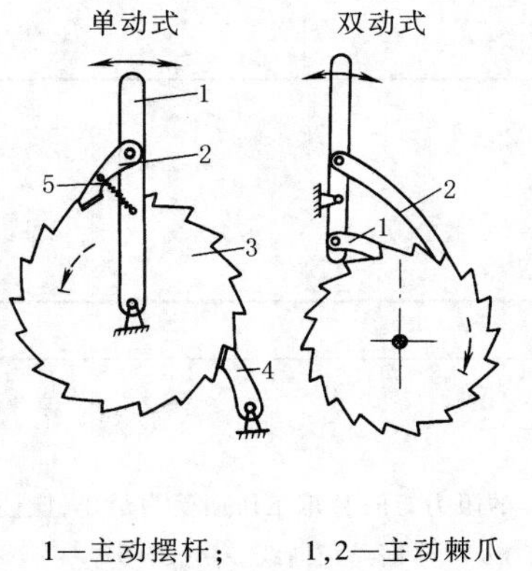 单动式 双动式 1—主动摆杆； 2—主动棘爪； 3—棘轮； 4—止回棘爪； 5—弹簧 1,2—主动棘爪	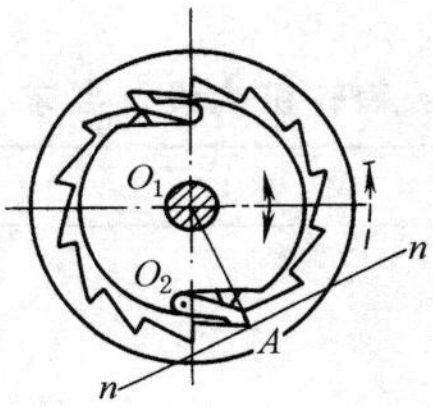	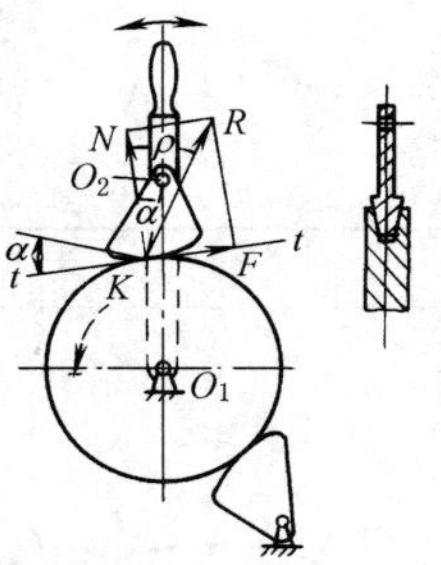	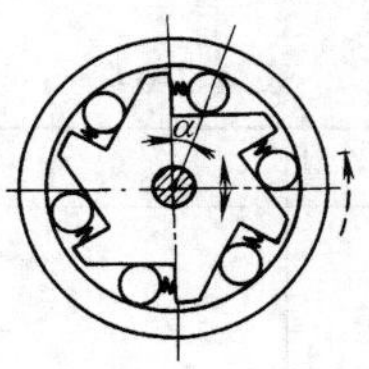
特点	1. 靠啮合传动,运动可靠 2. 棘轮转角只能有级调节 3. 噪声较大 4. 承载能力受棘齿的弯曲与挤压强度的限制		1. 靠摩擦力传动,运动不准确 2. 棘轮转角可无级调节 3. 噪声较小 4. 承载能力受工作面接触强度限制 5. 为增大摩擦力,可将棘轮截面做成梯形槽	

表 4-2-63 棘齿摩擦面的类型

类型	简图及特点			
齿啮式	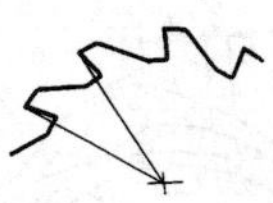 不对称梯形齿, 非径向锐角 最常用,已标准化	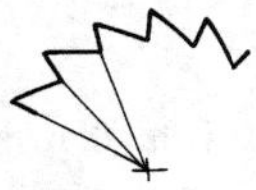 直线形三角形 齿,径向锐角 用于小载荷	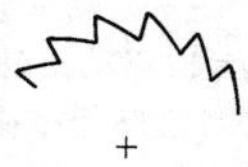 圆弧形三角形齿	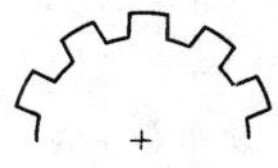 对称形矩形齿, 用于双向驱动 的棘轮

续表

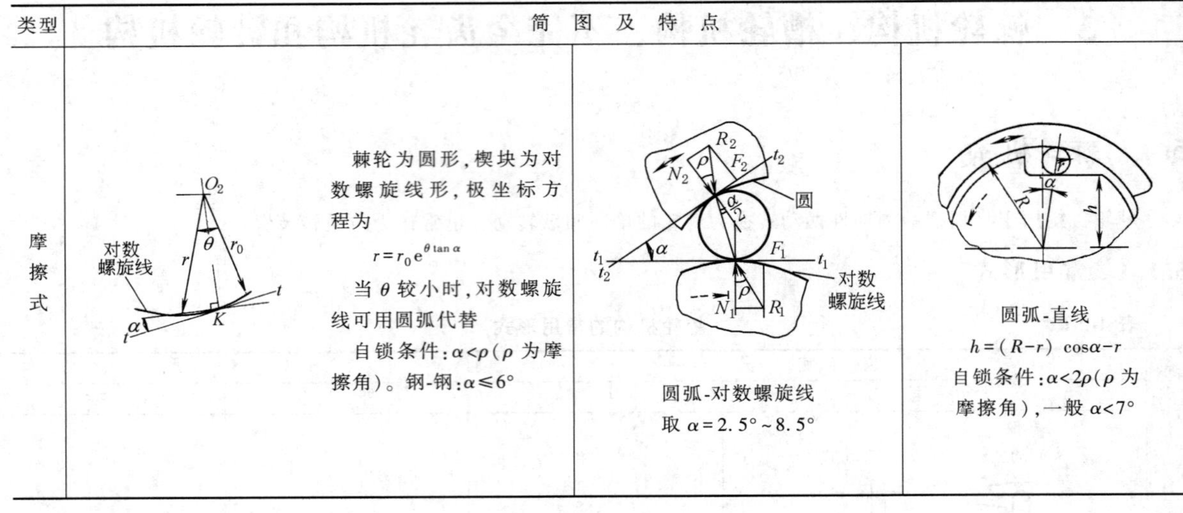

类型	简图及特点		
摩擦式	棘轮为圆形，楔块为对数螺旋线形，极坐标方程为 $r=r_0e^{\theta\tan\alpha}$ 当 θ 较小时，对数螺旋线可用圆弧代替 自锁条件：$\alpha<\rho$（ρ 为摩擦角）。钢-钢：$\alpha\leqslant6°$	圆弧-对数螺旋线 取 $\alpha=2.5°\sim8.5°$	圆弧-直线 $h=(R-r)\cos\alpha-r$ 自锁条件：$\alpha<2\rho$（ρ 为摩擦角），一般 $\alpha<7°$

5.1.2 设计要点

表 4-2-64 棘轮机构设计要求

类型	设计要点	
齿啮式	轴心位置及齿形工作面位置的确定（不计工作面间摩擦和计工作面间摩擦）	为使棘轮克服同样的阻力矩时棘爪工作面受力最小，应使 $O_2A\perp O_1A$（A 为棘轮齿顶点）及工作面沿径向线 O_1A（$\beta=0$） 为使棘爪在工作载荷下，能自动啮入而不被推出，应使齿廓工作面在齿尖 A 点处的法线 NN 与 O_2A 间的夹角 δ 大于棘爪和棘轮工作面间的摩擦角 ρ，常取 $\rho=15°\sim20°$。即当外接时，法线 NN 应通过 O_1O_2 之间。若取 $O_2A\perp O_1A$，则 $\beta=\delta$；若取 $\beta=0$，则 O_2 的位置应离开棘轮切线向外取，保证 $\delta>\rho$。当内接时，法线 NN 应在 O_1O_2 之外
	棘轮齿数 z 的选取	由运动要求选定，在单向传动的制动装置中，由于载荷较大，一般取 $z=6\sim30$；在轻载的进给机构中可取 $z\leqslant250$
	棘爪数 j 的选取	一般棘轮机构 $j=1$；双动式棘轮机构 $j=2$ 当载荷较大，且棘轮尺寸受限，齿数 z 较少，摆杆摆角小于齿距角时，采用多爪棘轮机构，一般 $j\leqslant3$；当 $j=3$ 时，（如右图）三个爪在齿面上相互错开 $\frac{4}{3}t$，摆杆摆动三次棘轮转过一个齿角

第4篇

续表

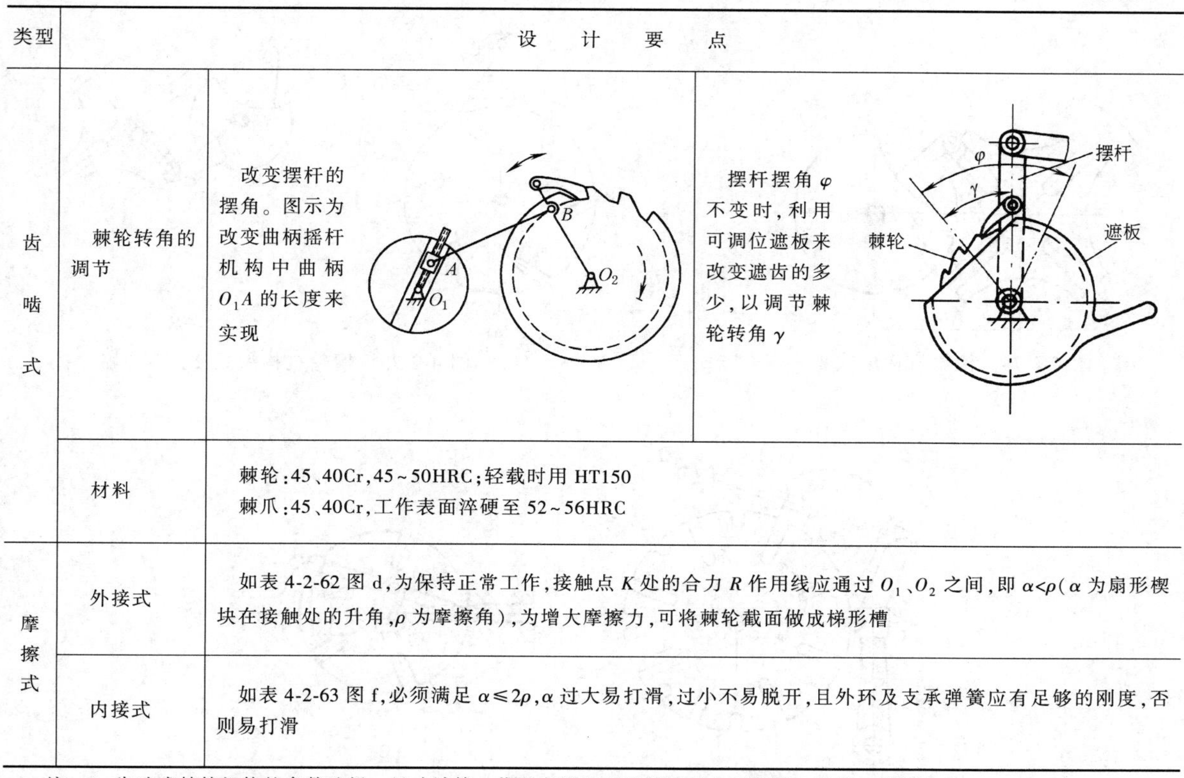

类型		设计要点	
齿啮式	棘轮转角的调节	改变摆杆的摆角。图示为改变曲柄摇杆机构中曲柄 O_1A 的长度来实现	摆杆摆角 φ 不变时，利用可调位遮板来改变遮齿的多少，以调节棘轮转角 γ
	材料	棘轮：45、40Cr，45~50HRC；轻载时用 HT150 棘爪：45、40Cr，工作表面淬硬至 52~56HRC	
摩擦式	外接式	如表 4-2-62 图 d，为保持正常工作，接触点 K 处的合力 R 作用线应通过 O_1、O_2 之间，即 $\alpha<\rho$（α 为扇形楔块在接触处的升角，ρ 为摩擦角），为增大摩擦力，可将棘轮截面做成梯形槽	
	内接式	如表 4-2-63 图 f，必须满足 $\alpha \leqslant 2\rho$，α 过大易打滑，过小不易脱开，且外环及支承弹簧应有足够的刚度，否则易打滑	

注：1. 齿啮式棘轮机构的参数选择，尺寸计算、作图方法和强度计算见本手册第 2 卷第 7 篇第 1 章。

2. 内接棘轮机构又称超越离合器，见本手册第 2 卷第 6 篇第 3 章。

5.2 槽轮机构

5.2.1 工作原理及形式

槽轮机构（又称马耳他机构）能把主动轴的单向匀速连续转动转换为从动轴的单向周期性间歇运动。常用于各种转位机构中。

槽轮机构的基本形式分为外接（图 4-2-74）、内接（表 4-2-65 图 b）和球面槽轮机构（表 4-2-68）三类。外接槽轮机构的主、从动件转向相反，槽轮的停歇时间较转位时间长。内接槽轮机构则相反。球面槽轮机构的转位时间恒等于停歇时间。

按槽的方位不同，槽轮机构可分为以下两种。①径向槽的（图 4-2-74，表 4-2-65 图 b）：冲击小，制造简便，最为常用，槽轮的动停时间比取决于槽数 z。②非径向槽的（图 4-2-75a）：在槽数不变的条件下，可以用不同的中心距 O_1O_2 与曲柄半径 r 的组合来获得不同的动停时间比，但冲击较大。

按曲柄上圆销数的不同，槽轮机构可分为以下两种。①单圆销的（图 4-2-74）：曲柄转一圈，槽轮完成一次间歇运动。②多圆销的（图 4-2-75b）：曲柄转一圈，槽轮完成多次间歇运动，当各圆销不在同一圆周上或不均匀分布在同一圆周上时，则每次间歇运动的动停时间比是不同的。

槽轮机构的定位方式有三种。①凹凸锁止弧定位（图 4-2-74，表 4-2-65 图 b）：结构简单、定位精度低。为提高定位精度应使锁止面间的配合间隙尽量小些，并可附加其他精确定位装置。②定位槽定位（图 4-2-76a）。③利用槽轮的径向槽和曲柄滑块机构 O_1BC 的滑块销 C 定位（图 4-2-76b）：这时圆销 A 装在连杆 ABC 的右端。

为了避免槽轮在启动和停歇瞬间发生冲击，如图 4-2-74 所示销 A 应在 $O_1A \perp O_2A$ 时进入槽和退出槽，这时曲柄上锁止凸弧的终点 E 和起点 F 应分别处于中心连线 O_1O_2 上。当销 A 刚脱离径向槽，槽轮的凹弧就被曲柄上的凸弧锁住，当销 A 刚进入径向槽，锁止弧就脱开。

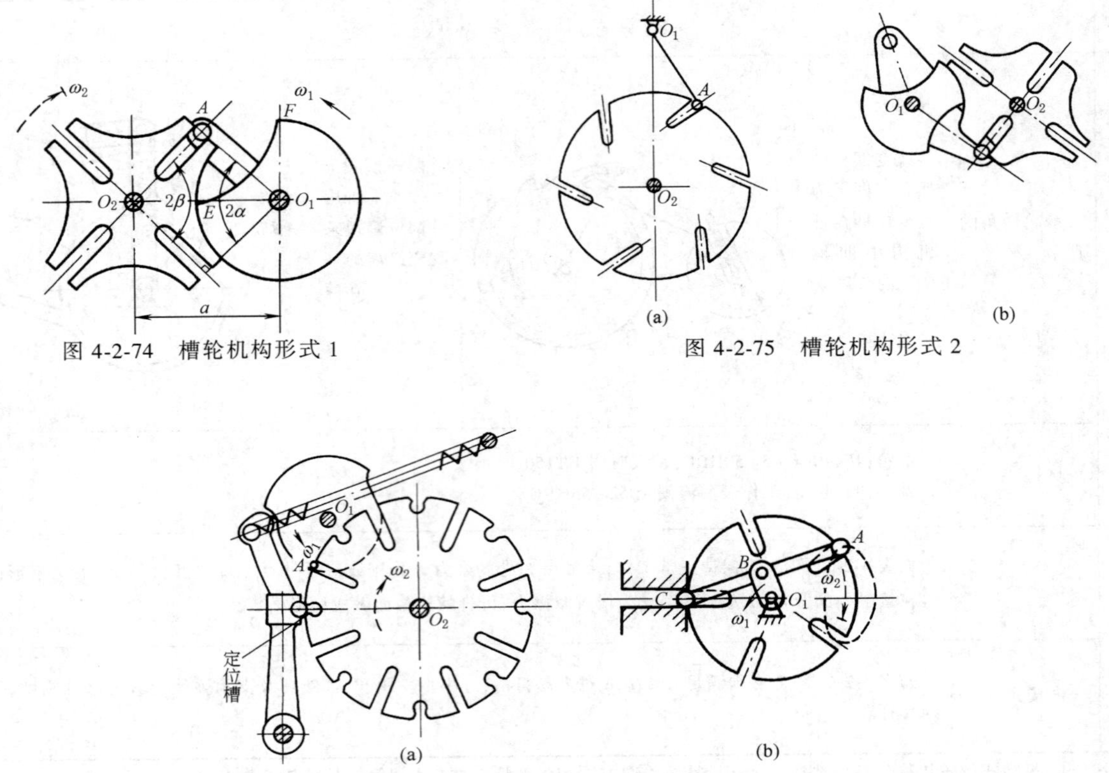

图 4-2-74　槽轮机构形式 1

(a)　(b)

图 4-2-75　槽轮机构形式 2

(a)　(b)

图 4-2-76　槽轮机构定位方式

为了改善槽轮机构的动力性能，提高转位速度，可采用行星槽轮机构（图 4-2-77、图 4-2-78），它是行星轮系与槽轮机构的组合。圆销 A 偏心地装在行星轮上，主动转臂 1 带着行星轮 3 绕太阳轮 O 做行星运动，圆销 A 拨动槽轮 2 做间歇运动。行星轮 3 的绝对角速度方向与转臂角速度方向一致者称为正传动比行星槽轮机构（图 4-2-77），槽轮的槽数取 $z<5$，圆销 A 的运动轨迹为短幅外摆线。反之为负传动比行星槽轮机构（图 4-2-78），槽轮的槽数取 $z\geqslant5$，圆销 A 的运动轨迹为短幅内摆线，其动力性能优于正传动比行星槽轮机构。

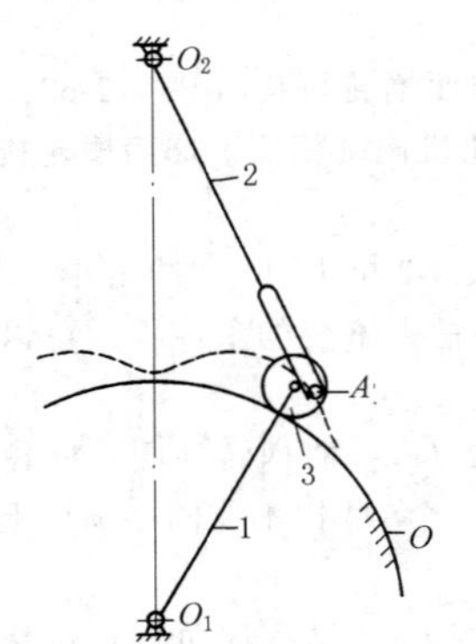

图 4-2-77　正传动比行星槽轮机构

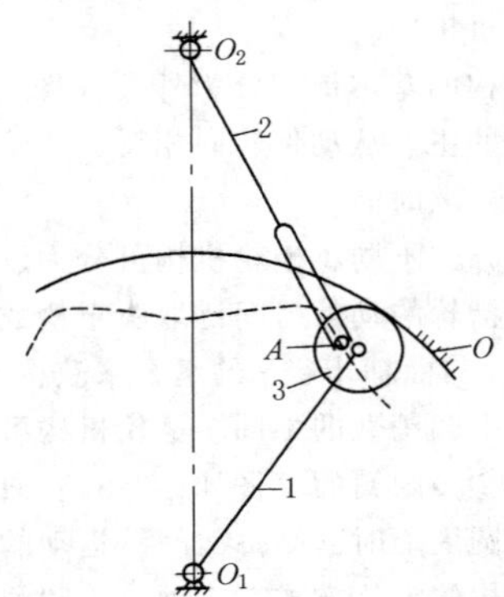

图 4-2-78　负传动比行星槽轮机构

行星槽轮机构的特点是：①槽轮在运动始末时的角加速度为零，避免了软冲，能提高转位速度，且最大角加速度也小于普通槽轮机构；②在不改变槽数的情况下，采用修正的办法可只改变行星机构的传动比就能改变动停时间比 k，从而使槽数 z 和动停时间比 k 这两个重要参数可以独立选择；③槽深较小。

5.2.2 槽轮机构的几何尺寸和主要运动参数的计算（均布径向槽）

表 4-2-65　槽轮机构的几何尺寸和主要运动参数的计算

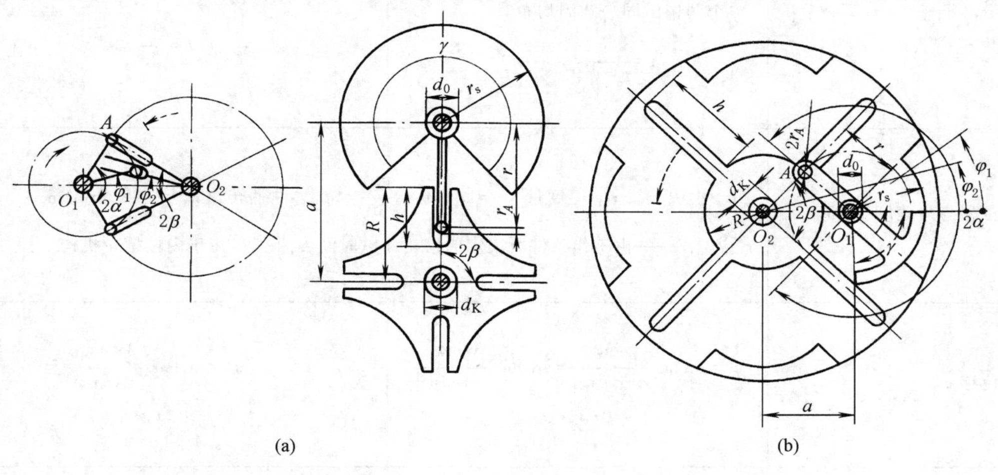

(a)　　　　(b)

项　目	外接槽轮机构	内接槽轮机构
槽数 z	$3\leqslant z\leqslant 18$，z 多时机构尺寸大，z 少时动力性能不好，按工作要求全面考虑	
槽间角 2β	$2\beta=360°/z,\beta=180°/z$	
槽轮每次转位时曲柄的转角 2α	$2\alpha=180°-2\beta=180°\left(1-\dfrac{2}{z}\right)$	$2\alpha=180°+2\beta=180°\left(1+\dfrac{2}{z}\right)$
中心距 a	由结构条件选定	
曲柄相对长度 λ	$\lambda=\dfrac{r}{a}=\sin\beta;r=\lambda a$　式中　r——曲柄长度	
槽轮相对半径 ζ	$\zeta=\dfrac{R}{a}=\cos\beta=\sqrt{1-\lambda^2},R=\zeta a$　式中　R——槽轮名义半径	
锁止凸弧张角 γ	$\gamma=360°-2\alpha$	
圆销半径 r_A	按结构条件选定，使 $r_A\geqslant 0.175p_{\max}E_d/b\sigma_{HP}^2$，通常取 $r_A\approx r/6$ 式中　$p_{\max}$、b 和 E_d——分别为销与槽面间的正压力、接触宽度和综合弹性模量 σ_{HP}——销或槽面材料的许用接触应力	
相对槽深 $\dfrac{h-r_A}{a}$	$\dfrac{h-r_A}{a}>\lambda+\zeta-1$	$\dfrac{h-r_A}{a}>1+\lambda-\zeta$
槽轮轮毂相对直径 $\dfrac{d_K+2r_A}{a}$	$\dfrac{d_K+2r_A}{a}<2(1-\lambda)$	按结构条件选定，不受几何条件限制
曲柄轴轮毂相对直径 $\dfrac{d_0}{a}$	$\dfrac{d_0}{a}<2(1-\zeta)$	
锁止凸弧半径 r_s	$r_s<r-r_A$	$r_s>r+r_A$
圆销个数 j	j 个圆销沿同一圆周均布时： $j\leqslant 2z/(z-2)$	$j=1$
槽轮每次转位时间 t_d 与停歇时间 t_j 之比 k	j 个圆销沿同一圆周均布时： $k=\dfrac{t_d}{t_j}=\dfrac{z-2}{\dfrac{2z}{j}-(z-2)}$	$k=\dfrac{t_d}{t_j}=\dfrac{z+2}{z-2}>1$

续表

项　　目	外接槽轮机构	内接槽轮机构
运动系数 τ	j 个圆销沿同一圆周均布时： $\tau=\dfrac{t_d}{t_d+t_j}=j\times\dfrac{z-2}{2z}<1$	$\tau=\dfrac{z+2}{2z}<1$
曲柄角位移与角速度 φ_1、ω_1	φ_1 由中心线 O_1O_2 度量，$\varphi_1=\omega_1 t$，$\omega_1=\dfrac{\pi n_1}{30}$=常数，曲柄转速 $n_1=\dfrac{z\pm2}{zt_j}\times30\mathrm{r/min}$， 式中　t_j——由工作条件所决定的槽轮停歇时间，s；“-”号用于内接槽轮机构	
槽轮角位移 φ_2	$\varphi_2=\arctan\dfrac{r\sin\varphi_1}{a-r\cos\varphi_1}=\arctan\dfrac{\lambda\sin\varphi_1}{1-\lambda\cos\varphi_1}$ $0<\varphi_1<\alpha$	$\varphi_2=\arctan\dfrac{\lambda\sin\varphi_1}{1+\lambda\cos\varphi_1}$ $0<\varphi_1<\alpha$
槽轮角速度 ω_2	$\omega_2=\dfrac{\mathrm{d}\varphi_2}{\mathrm{d}t}=\dfrac{\lambda(\cos\varphi_1-\lambda)}{1-2\lambda\cos\varphi_1+\lambda^2}\omega_1$	$\omega_2=\dfrac{\lambda(\cos\varphi_1+\lambda)}{1+2\lambda\cos\varphi_1+\lambda^2}\omega_1$
槽轮角加速度 ε_2	$\varepsilon_2=\dfrac{\mathrm{d}^2\varphi_2}{\mathrm{d}t^2}=\dfrac{\lambda(1-\lambda^2)\sin\varphi_1}{(1-2\lambda\cos\varphi_1+\lambda^2)^2}\omega_1^2$ 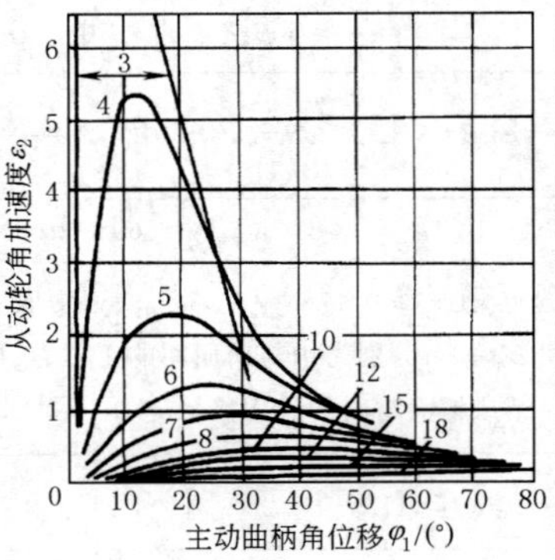 注：图中曲线上的数字表示槽数 z	$\varepsilon_2=\dfrac{\lambda(1-\lambda^2)\sin\varphi_1}{(1+2\lambda\cos\varphi_1+\lambda^2)^2}\omega_1^2$ 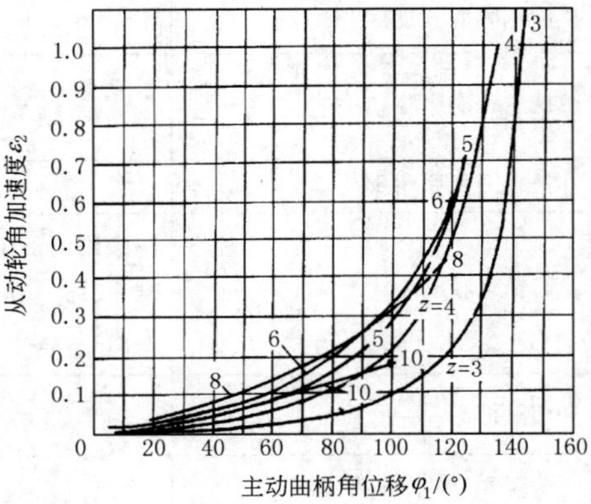
槽轮角加速度为最大值 $\varepsilon_{2\max}$ 时，曲柄的位置角 $\varphi_{1\varepsilon_{2\max}}$	$\varphi_{1\varepsilon_{2\max}}=\arccos\left[-\dfrac{1+\lambda^2}{4\lambda}+\sqrt{\left(\dfrac{1+\lambda^2}{4\lambda}\right)^2+2}\right]$	$\varphi_{1\varepsilon_{2\max}}=\pm\alpha$
$\omega_{2\max}$ 出现时，曲柄的位置角 $\varphi_{1\omega_{2\max}}$	$\varphi_{1\omega_{2\max}}=0^\circ$，$\omega_{2\max}=\dfrac{\lambda}{1-\lambda}\omega_1$	$\varphi_{1\omega_{2\max}}=0^\circ$，$\omega_{2\max}=\dfrac{\lambda}{1+\lambda}\omega_1$

表 4-2-66　　**槽轮机构主要参数表**（均布径向槽）

槽数 z	槽轮的槽间角 2β	锁止凸弧张角 γ：外接槽轮；槽轮转位曲柄转角 2α：内接槽轮	锁止凸弧张角 γ：内接槽轮；槽轮转位曲柄转角 2α：外接槽轮	曲柄相对长度 λ $\lambda=\frac{\gamma}{a}=\sin\beta$	槽轮的相对半径 ζ $\zeta=\frac{R}{a}=\cos\beta$	外槽轮机构 相对槽深 $\frac{h-r_A}{a}\geqslant$	外槽轮机构 槽轮轮毂相对直径 $\frac{d_K+2r_A}{a}<$	外槽轮机构 曲柄轴轮毂相对直径 $\frac{d_0}{a}<$	内槽轮机构的相对槽深 $\frac{h-r_A}{a}>$	外槽轮的最大类角速度 $\frac{\omega_{2max}}{\omega_1}$	内槽轮的最大类角速度 $\frac{\omega_{2max}}{\omega_1}$	外槽轮进、出口外类角加速度（内槽轮的最大类角加速度）$\left(\frac{\varepsilon_2}{\omega_1^2}\right)\varphi_1=\alpha$	外槽轮机构 最大类角加速度 $\frac{\varepsilon_{2max}}{\omega_1^2}$	外槽轮机构 最大类角加速度发生处 $\varphi_{1\varepsilon_{2max}}$	圆销最多个数 j_{max} 外	圆销最多个数 j_{max} 内
3	120°	300°	60°	0.86603	0.50000	0.36603	0.26795	1.00000	1.36603	6.46410	0.46410	1.73205	31.39250	4°45′29″	5	1
4	90°	270°	90°	0.70711	0.70711	0.41421	0.58579	0.58579	1.00000	2.41421	0.41421	1.00000	5.40697	11°27′49″	3	
5	72°	252°	108°	0.58779	0.80902	0.39680	0.82443	0.38197	0.77877	1.42592	0.37020	0.72654	2.29883	17°34′17″	2	
6	60°	240°	120°	0.50000	0.86603	0.36603	1.00000	0.26795	0.63398	1.00000	0.33333	0.57735	1.34964	22°54′11″		
7	51°25′42″	231°25′42″	128°34′18″	0.43388	0.90097	0.33485	1.13224	0.19806	0.53292	0.76642	0.30259	0.48158	0.92840	27°33′17″		
8	45°	225°	135°	0.38268	0.92388	0.30656	1.23463	0.15241	0.45880	0.61991	0.27677	0.41421	0.69976	31°38′32″		
9	40°	220°	140°	0.34202	0.93969	0.28171	1.31596	0.12062	0.40233	0.51980	0.25486	0.36397	0.55908	35°15′44″		
10	36°	216°	144°	0.30902	0.95106	0.26007	1.38197	0.09789	0.35796	0.44721	0.23607	0.32492	0.46484	38°29′28″		
12	30°	210°	150°	0.25882	0.96593	0.22475	1.48236	0.06815	0.29289	0.34920	0.20561	0.26795	0.34766	40°0′16″		
15	24°	204°	156°	0.20791	0.97815	0.18606	1.58418	0.04371	0.22976	0.26249	0.17215	0.21256	0.25312	50°30′28″		
18	20°	200°	160°	0.17365	0.98481	0.15846	1.65270	0.03039	0.18884	0.21014	0.14796	0.17633	0.19981	55°30′54″		

注：γ 值系指 $j=1$ 者。

表 4-2-67　　**槽轮机构的 k、τ 值**

z		3						4				5			6		7		8		9		10		12		15		18	
外接	j	1	2	3	4	5	6	1	2	3	4	1	2	3	1	2	1	2	1	2	1	2	1	2	1	2	1	2	1	2
外接	k	$\frac{1}{5}$	$\frac{1}{2}$	1	2	5	8	$\frac{1}{3}$	1	3	8	$\frac{3}{7}$	$\frac{3}{2}$	9	$\frac{1}{2}$	2	$\frac{5}{9}$	$\frac{5}{2}$	$\frac{3}{5}$	3	$\frac{7}{11}$	$\frac{7}{2}$	$\frac{2}{3}$	4	$\frac{5}{7}$	5	$\frac{13}{17}$	6.5	$\frac{4}{5}$	8
外接	τ	$\frac{1}{6}$	$\frac{1}{3}$	$\frac{1}{2}$	$\frac{2}{3}$	$\frac{5}{6}$	1	$\frac{1}{4}$	$\frac{1}{2}$	$\frac{3}{4}$	1	$\frac{3}{10}$	$\frac{3}{5}$	$\frac{9}{10}$	$\frac{1}{3}$	$\frac{2}{3}$	$\frac{5}{14}$	$\frac{5}{7}$	$\frac{3}{8}$	$\frac{3}{4}$	$\frac{7}{18}$	$\frac{7}{9}$	$\frac{2}{5}$	$\frac{4}{5}$	$\frac{5}{12}$	$\frac{5}{6}$	$\frac{13}{30}$	$\frac{13}{15}$	$\frac{4}{9}$	$\frac{8}{9}$
内接 $j=1$	k	5						3				$\frac{7}{3}$			2		$\frac{9}{5}$		$\frac{5}{3}$		$\frac{11}{7}$		$\frac{4}{3}$		$\frac{7}{5}$		$\frac{17}{13}$		$\frac{5}{4}$	
内接 $j=1$	τ	$\frac{5}{6}$						$\frac{3}{4}$				$\frac{7}{10}$			$\frac{2}{3}$		$\frac{9}{14}$		$\frac{5}{8}$		$\frac{11}{18}$		$\frac{3}{5}$		$\frac{7}{12}$		$\frac{17}{30}$		$\frac{5}{9}$	

表 4-2-68　　球面槽轮机构的几何尺寸及运动特性

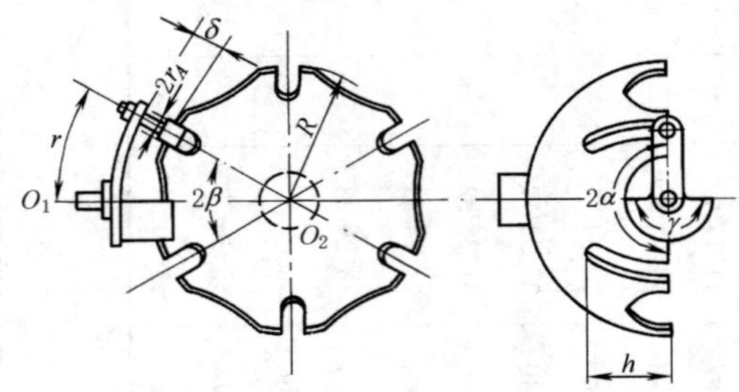

参　数	数　值				
槽数 z	3	4	5	6	8
槽间角 2β	120°	90°	72°	60°	45°
槽轮每次转位时曲柄转角 2α	180°				
球面槽轮半径 R	由结构需要确定				
二轴线位置	垂直相交，曲柄轴线通过球面槽轮的球心				
曲柄半径（沿圆弧方向弧长）r	$r=(R+\delta)\beta$　式中　δ——间隙，由结构需要确定				
槽深（沿轴线方向）h	$h>R\sin\beta+r_A$				
圆销半径 r_A	按接触强度确定，圆销中心线通过球面槽轮的球心				
锁止弧张角 γ	180°				
圆销数 j	$j\leqslant2$，通常取 $j=1$；当 $j=2$ 时，槽轮连续转动				
槽轮每次转位时间与停歇时间之比 k	1				
槽轮最大类角速度 $\dfrac{\omega_{2\max}}{\omega_1}$	1.732	1.000	0.727	0.577	0.414
槽轮最大类角加速度 $\dfrac{\varepsilon_{2\max}}{\omega_1^2}$	2.172	0.880	0.579	0.456	0.354

5.2.3　槽轮机构的动力性能

表 4-2-69　　槽轮机构的动力性能

槽数 z 对动力性能的影响		槽轮机构的动力性能可用其角加速度 ε 来衡量。由表 4-2-66 的数据可知，槽数 z 越少，角加速度 ε 越大，动力性能越差。z 相同时，外接槽轮的 $\varepsilon_{2\max}$ 大于内接槽轮的 $\varepsilon_{2\max}$
减小 ε 的措施	采用变化的 ω_1	采用椭圆齿轮与槽轮机构组合，使曲柄在槽轮出现较大 ε_2 区间具有最低的 ω_1 值，从而减小 $\varepsilon_{2\max}$ 值
	采用变化的 λ	采用组合机构使槽轮机构的 $\lambda\left(\lambda=\dfrac{r}{a}\right)$ 为变化值，图 4-2-77、图 4-2-78 所示的行星槽轮机构和右图所示的凸轮-槽轮组合机构中的 r 是变化的；图 4-2-76 所示的连杆-槽轮组合机构，利用连杆曲线的特殊形状，相当于采用变化的 λ 值

续表

减小冲击的措施

由于槽轮的角加速度变化较大，且在转位过程的前半阶段与后半阶段的角加速度方向不同，因此当槽与圆销间存在间隙时，会产生冲击，为了减小冲击应采用以下措施：①减小或消除销与槽之间的间隙；②消除销开始进入槽时的间隙，应使槽轮的实际外圆半径 R_a 略大于槽轮名义外圆半径 R，取 $R_a=\sqrt{R^2+r_A^2}$，见图，以消除圆销开始进入轮槽时销与槽两侧顶端的间隙 Δ；③使槽轮具有适当的转动惯量 J_2，使 $|J_2\varepsilon_2|<M_z$，M_z 为槽轮的承载力矩

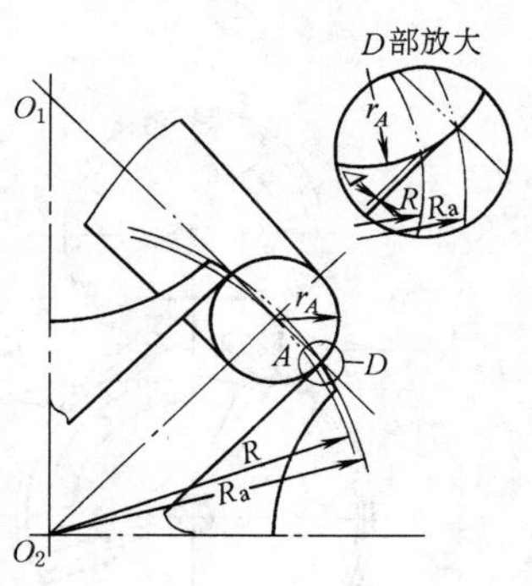

动力计算

① 槽轮驱动力矩 M_2 的计算

$$M_2=M_z+M_i=M_z+J_{dn}\varepsilon_2$$

式中 M_z——克服摩擦阻力和生产阻力所需的承载力矩

M_i——机构的惯性力矩

J_{dn}——折算到槽轮轴上的等能转动惯量

② 圆销所受最大作用力 F_{max} 的计算（不能直接应用于球面槽轮机构）

$$F_{max}=\frac{M_z}{a}(c+dA)$$

式中

$$A=\frac{J_{dn}\omega_1^2}{M_z}$$

a——中心距

c、d 值按槽数 z 由下表选取：

z	3	4	5	6	7	8	9	10	12	15	18
c	7.464	3.414	2.426	2.000	1.766	1.620	1.520	1.447	1.349	1.262	1.210
d	20.655	16.290	4.929	2.337	1.456	1.009	0.7584	0.6020	0.4219	0.2895	0.2206

5.3 不完全齿轮机构

不完全渐开线齿轮机构能将主动轮的等速连续转动转换为从动轮的间歇转动。其动停时间比不受机构结构的限制，制造方便，但是从动轮在每次间歇运动的始、末有剧烈冲击，故一般只用于低速、轻载及机构冲击不影响正常工作的场合。若设置缓冲结构可改善机构的动力性能。

5.3.1 基本形式与啮合特性

不完全齿轮机构分外啮合与内啮合两类（图 4-2-79、图 4-2-80）。机构由三部分组成：主动轮 1 与从动轮 2；一对锁止弧 3，主动轮上的凸弧和从动轮上的凹弧可以直接切出或装配而成，也可单独制成一对锁止轮；缓冲结构，用以缓和或消除间歇运动始、末时的剧烈冲击，改善机构的动力性能。本节只讨论没有缓冲结构的运动分析与尺寸设计。

不完全齿轮的啮合特性：每一次间歇运动，可以只由一对齿啮合来完成，也可以由若干对齿来完成。不完全齿轮机构首、末两对齿的啮合过程与完全齿轮机构不同，而中间各对齿的啮合过程与完全齿轮相同。

首对齿：从动轮所处的静止位置，应使主动轮旋转时其首齿 S 能顺利地通过两轮顶圆右侧交点 G，与从动轮具有锁止弧的齿 K 啮合（图 4-2-81a、b）。始啮点 E 由从动轮的静止位置 F 决定，它可能位于从动轮齿顶圆弧 $\overset{\frown}{GB_1}$ 上（图 b）或啮合线段 B_1P 上（图 a）。首齿开始推动从动轮、锁止弧恰好脱开。轮齿在 $\overset{\frown}{GB_1}$ 段啮合时，从

动轮变速转动；E 点离 B_1 点越远，则开始啮合时冲击越大；轮齿在 B_1B_2 段啮合时，从动轮匀速转动。如所选参数满足连续传动条件，则第一对齿到 B_2 点终止啮合时，第二对齿已进入啮合。

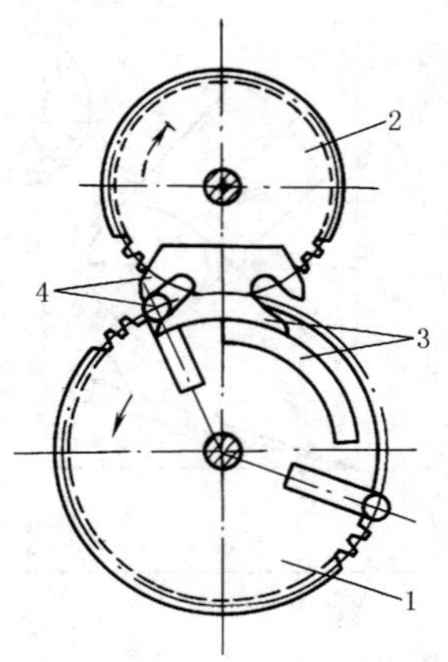

图 4-2-79　外啮合式不完全齿轮机构

1—主动轮；2—从动轮；3—锁止弧；4—缓冲结构

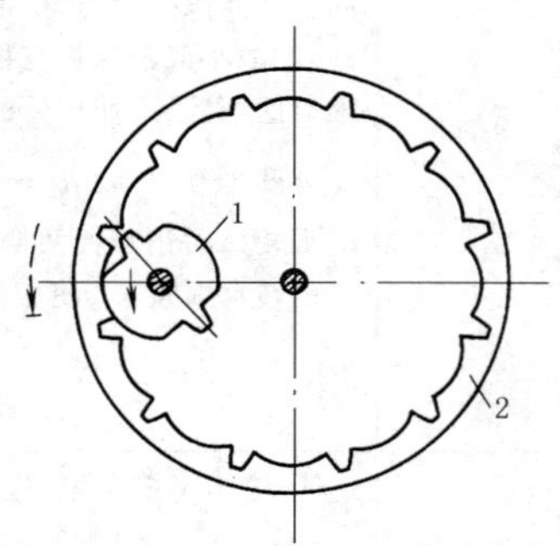

图 4-2-80　内啮合式不完全齿轮机构

1—主动轮；2—从动轮

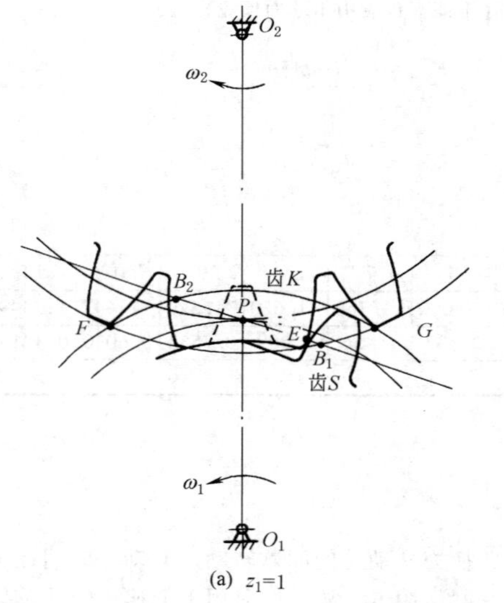

(a) $z_1=1$

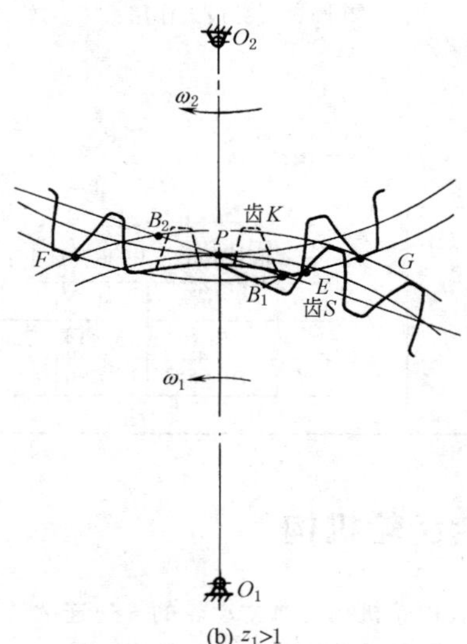

(b) $z_1>1$

图 4-2-81　啮合示意图

末对齿：末对齿啮合至 B_2 点时，因无后续齿所以并不立即脱啮，而以主动齿顶尖角与从动末齿根部向齿顶滑动啮合，经圆弧段 $\widehat{B_2F}$，最终于两顶圆左侧交点 F 处分离。在 $\widehat{B_2F}$ 段啮合过程中，从动轮角速度逐渐降低。在 F 点终止啮合时，锁止弧恰好锁住，从动轮突然停止。

中间各对齿开始啮合于 B_1 点，终止啮合于 B_2 点。

仅由一对齿啮合来完成一次间歇运动时，啮合轨迹的前半段 EB_1P（或 EP）与首对齿的前半段相同；后半段 PB_2F 与末对齿的后半段相同。

同时看到，由于啮合轨迹较长，每次间歇运动中，从动轮所转过的角度较大，其中包含的齿距数为 z_2。

$$z_2=z_1-1+K \tag{4-2-36}$$

式中　z_1——一次间歇运动中，主动轮转过的齿数；

K——锁止弧覆盖部分所包含的齿距数，一般 K 取整数。当 $z_1=1$ 时，从动轮每次转过 K 个齿距。

5.3.2 设计参数的计算

(1) K 值与首、末齿齿顶高系数 h_{as}^*、h_{am}^* 的确定

从动轮的静止位置由两齿顶圆的交点 F 确定，当模数 m、压力角 α 和布满齿后的假想齿数 z_1'、z_2'确定后，可通过改变齿顶高来改变 F 点的位置。为了简化设计步骤，通常取 K 为整数，从动轮在静止位置时锁止弧对称于连心线 O_1O_2，从动轮齿顶高系数为标准值 $h_{a2}^*=1$，而仅改变主动轮首、末二齿的齿顶高系数 h_{as}^*、h_{am}^*。

为保证从动轮每次转位前都具有相同的静止位置，应使从动轮转过 $2(\beta_2-\delta_2)$ 的角度内，恰好包含 K 个周节（图 4-2-82）。图中 G'、F'为 $h_{as}^*=h_{am}^*=h_{a2}^*=1$ 时的两齿顶圆交点。

即
$$K=2(\beta_2-\delta_2)z_2'/2\pi \text{ 取整数} \tag{4-2-37}$$

式中，β_2 为从动轮具有标准齿顶高，主动轮为修正齿顶高 $h_{as}=h_{am}$ 时，两顶圆交点 G、F 所对从动轮中心角之半

$$\beta_2=\arccos\frac{z_2'(z_2'+z_1')+2h_{a2}^*(z_2'+h_{a2}^*)-2h_{am}^*(z_1'+h_{am}^*)}{(z_1'+z_2')(z_2'+2h_{a2}^*)} \tag{4-2-38}$$

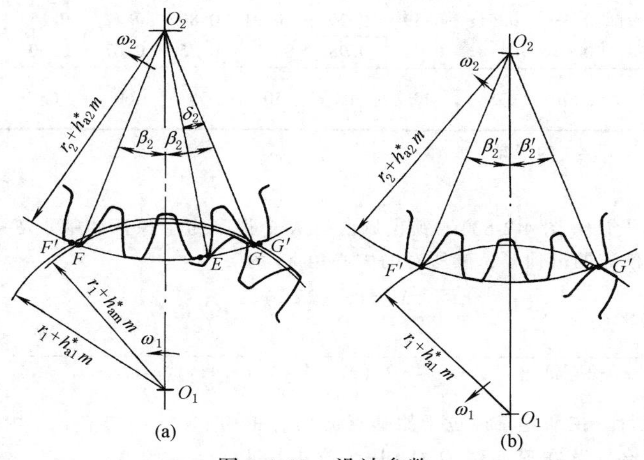

图 4-2-82 设计参数

δ_2 为 $h_{a2}^*=1$ 时从动轮齿顶圆齿槽所对中心角

$$\delta_2=(\pi/z_2')+2(\text{inv}\alpha_{a2}-\text{inv}\alpha) \tag{4-2-39}$$

α_{a2} 为从动轮的齿顶压力角，其中（$\text{inv}\alpha_{a2}-\text{inv}\alpha$）值应化成度数后代入

$$\alpha_{a2}=\arccos[z_2'\cos\alpha/(z_2'+2h_{a2}^*)] \tag{4-2-40}$$

将式（4-2-38）~式（4-2-40）代入式（4-2-37）后，仍有两个未知数 K、h_{am}^*，不能直接解得。可先假定 $h_{am}^*=h_{a2}'=1$ 求出近似值 β_2' 和 K'（图 4-2-82b）。这时 K'可能不是整数。

令 $K=K'\pm$小数$=$整数，并解出 h_{am}^*。当 $K'+$小数$=$整数时，$h_{am}^*>1$；当 $K'-$小数$=$整数时，$h_{am}^*<1$。式中“±”应根据传动要求和考虑到加工的方便来确定。

K 值与假想齿数 z_1'、z_2'，分度圆压力角 α，齿顶高系数 h_{am}^*、h_{a2}^* 有关，而与模数无关。表 4-2-70 列出 $\alpha=20°$，$h_{a2}^*=1$ 时，不产生齿顶干涉的主动轮末齿的齿顶高系数 h_{am}^* 与 z_1'、z_2'、K 的数值。

z_1'、z_2'处于中间值时，不能从表中用插值法求 h_{am}^*，应按式（4-2-37）~式（4-2-39）计算，才能保证从动轮有确定的静止位置。

在理论上，可使 $h_{as}^*=h_{am}^*$，但实际上考虑加工精度的影响，为了保证进入啮合时不发生齿顶干涉，取

$$h_{as}^*\leqslant h_{am}^* \tag{4-2-41}$$

(2) 连续传动性能

由于首齿齿顶高被修正，为避免产生二次冲击，必须校核首齿与第二对齿之间的重合度 ε_α。

$$\varepsilon_\alpha=[z_1'(\tan\alpha_{as1}-\tan\alpha)+z'_2(\tan\alpha_{a2}-\tan\alpha)]/2\pi>1 \tag{4-2-42}$$

式中 α_{as1}——主动轮首齿的齿顶压力角

$$\alpha_{as1}=\arccos[z_1'\cos\alpha/(z_1'+2h_{as}^*)] \tag{4-2-43}$$

表 4-2-70　从动轮锁止弧所跨越的整周节数 K 和不产生齿顶干涉时主动轮的末齿齿顶高系数 h_{am}^*

z_2'	$K=1$			$K=2$										
15	0.27	0.011	0.011	—	—	0.97	0.92	0.87	0.83	0.80	0.77	0.74	0.73	0.71	$K=2$
20	0.08	—	0.89	0.75	0.66	0.58	0.53	0.47	0.44	0.40	0.38	0.35	0.34	0.31	
25	—	0.85	0.66	0.52	0.42	0.35	0.30	0.25	0.21	0.17	0.15	0.12	0.11	0.97	
30	—	0.70	0.51	0.37	0.27	0.20	0.14	0.98	0.91	0.86	0.81	0.77	0.74	0.70	
35	0.90	0.59	0.40	0.26	0.16	0.97	0.87	0.79	0.73	0.67	0.63	0.58	0.55	0.52	$K=3$
40	0.83	0.52	0.32	0.18	0.95	0.83	0.74	0.65	0.59	0.53	0.49	0.44	0.41	0.38	
45	0.77	0.46	0.26	0.12	0.85	0.73	0.63	0.55	0.48	0.43	0.38	0.34	0.30	0.27	
50	0.72	0.40	0.21	0.93	0.76	0.64	0.54	0.46	0.40	0.34	0.29	0.98	0.93	0.87	
55	0.68	0.37	0.16	0.86	0.70	0.57	0.47	0.39	0.33	0.27	0.93	0.87	0.82	0.77	
60	0.65	0.33	0.13	0.80	0.64	0.51	0.41	0.33	0.27	0.91	0.84	0.78	0.73	0.68	
65	0.62	0.30	0.98	0.76	0.59	0.46	0.36	0.28	0.93	0.84	0.77	0.71	0.65	0.61	$K=4$
70	0.60	0.28	0.94	0.72	0.55	0.42	0.32	0.96	0.86	0.78	0.70	0.64	0.59	0.54	
75	0.57	0.26	0.91	0.68	0.51	0.39	0.29	0.91	0.80	0.72	0.65	0.58	0.53	0.48	
80	0.55	0.24	0.87	0.64	0.48	0.35	0.98	0.85	0.75	0.67	0.60	0.53	0.48	0.43	
z_2' / z_1'	15	20	25	30	35	40	45	50	55	60	65	70	75	80	z_1'

注：本表仅适用于 $\alpha=20°$，$h_{a2}^*=1$ 的情况。

(3) 锁止弧设计

1) 从动轮锁止凹弧的设计（图 4-2-83）　锁止弧占有 K 个齿，为了保证始啮点 E 不致因磨损而变动，建议锁止凹弧两侧留有 0.5mm 模数的齿顶厚，其所对的中心角 λ_2 为

$$\lambda_2=(z_2'+2h_{as}^*)^{-1} \tag{4-2-44}$$

当凹弧圆心在 O_1 时，凹弧半径 R_a 为

$$R_a=\frac{m}{2}\sqrt{(z_2'+2h_{a2}^*)^2+(z_1'+z_2')^2-2(z_2'+2h_{a2}^*)(z_1'+z_2')\cos(\beta_2-\delta_2-\lambda_2)}\quad(\text{mm}) \tag{4-2-45}$$

2) 主动轮锁止凸弧设计　主动轮首齿位于始啮点 E 时，主动轮上锁止凸弧的终点 S 应恰好落在连心线 O_1O_2 上（图 4-2-84）；当主动轮末齿到达 F 点啮合时，主动轮上锁止凸弧的起点 T 也应恰好落在连心线 O_1O_2 上（图 4-2-83）。凸弧的半径 $R_d=R_a$，凸弧的圆心在 O_1。$O_2T=a-R_a$。

① 锁止凸弧终点 S 的确定：即确定通过 S 点的向径 O_1S 与首齿中线 O_1M_S 之间的夹角 Q_S。

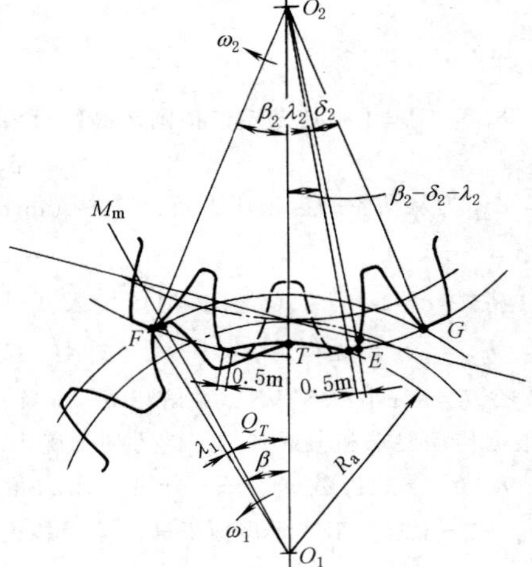

图 4-2-83　从动轮锁止凹弧

第一种情况：始啮点 E 落在从动轮齿顶圆弧 $\widehat{B_1G}$ 段上（不包括 B_1 点，图 4-2-84），即 $(\beta_2-\delta_2)>(\alpha_{a2}-\alpha')$ 时

$$Q_S=\beta_1+\Psi_1 \tag{4-2-46}$$

式中　β_1——主动轮过 E 点的向径 O_1E 与 O_1S 之间的夹角

$$\beta_1=\arcsin\frac{O_2E\sin(\beta_2-\delta_2)}{O_1E}=\arcsin\frac{(z_2'+2h_{a2}^*)\ \sin\ (\beta_2-\delta_2)}{\sqrt{(z_2'+2h_{a2}^*)^2+(z_1'+z_2')^2-2(z_2'+2h_{a2}^*)\ (z_1'+z_2')\cos(\beta_2-\delta_2)}} \tag{4-2-47}$$

Ψ_1——向径 O_1E 与首齿中线 M_S 之间的夹角

$$\Psi_1=\frac{\pi}{z_1'}-\text{inv}\alpha_{E1}+\text{inv}\alpha \tag{4-2-48}$$

α_{E1}——主动轮过 E 点的压力角

$$\alpha_{E1}=\arccos\frac{z_1'\cos\alpha}{\sqrt{(z_2'+2h_{a2}^*)^2+(z_1'+z_2')^2-2(z_2'+2h_{a2}^*)(z_1'+z_2')\cos(\beta_2-\delta_2)}} \tag{4-2-49}$$

第二种情况：始啮点 E 与 B_1 点重合，或落在 B_1P 段上（图 4-2-85）；即 $(\beta_2-\delta_2)\leqslant(\alpha_{a2}-\alpha')$ 时

$$Q_S=\beta_0+\frac{\pi}{z_1'}$$

当啮合点由 E 移到节点 P，主、从动轮渐开线齿廓在分度圆上对应的二点 M、N 都移到节点 P。因此从动轮转过角 $\gamma_2=(K-0.5)\ \dfrac{\pi}{z_2'}$，主动轮转过角 $\beta_0=\dfrac{z_2'}{z_1'}\gamma_2$。

所以

$$Q_S=K\pi/z_1' \tag{4-2-50}$$

② 锁止凸弧起点 T 的确定：即确定通过 T 点的向径 O_1T 与末齿中线 O_1M_m 之间的夹角 Q_T，如图 4-2-83。

$$Q_T=\beta-\lambda_1 \tag{4-2-51}$$

式中 β——在终啮点 F 啮合时，主动轮上向径 O_1T 与 O_1F 间的夹角

$$\beta=\arcsin\frac{O_2F\sin\beta_2}{O_1F}=\arcsin\frac{(z_2'+2h_{a2}^*)\sin\beta_2}{z_1'+2h_{am}^*} \tag{4-2-52}$$

λ_1——主动轮上顶圆齿厚所对中心角之半

$$\lambda_1=(\pi/2z_1')-\mathrm{inv}\alpha_{am1}+\mathrm{inv}\alpha' \tag{4-2-53}$$

α_{am1}——主动轮末齿顶圆压力角

$$\alpha_{am1}=\arccos[z_1'\cos\alpha/(z_1'+2h_{am}^*)] \tag{4-2-54}$$

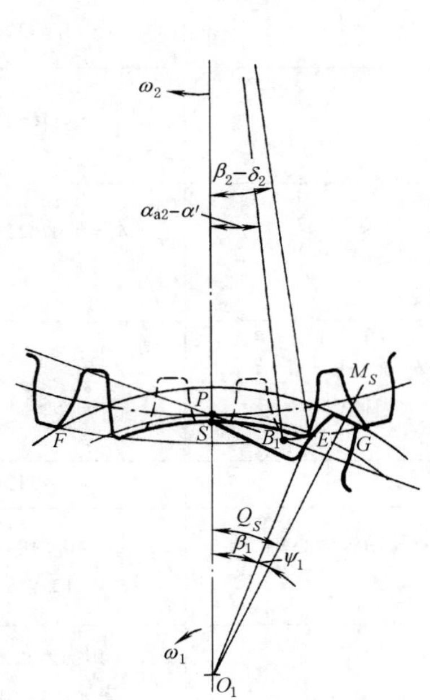

图 4-2-84 始啮点第一种情况

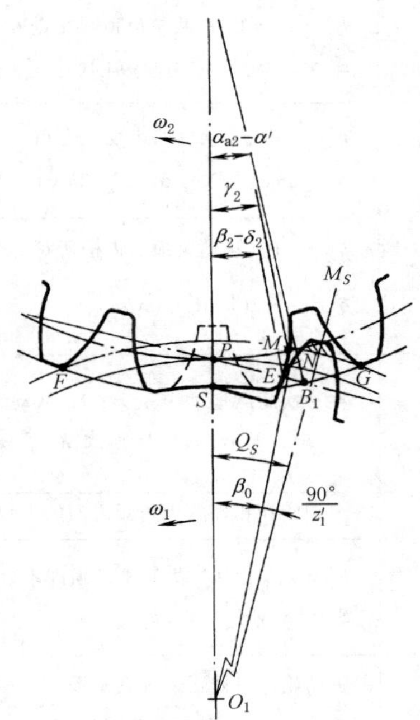

图 4-2-85 始啮点第二种情况

（4）运动时间 t_d 和静止时间 t_j

间歇运动机构从动轮的运动时间 t_d 和静止时间 t_j 是设计的重要参数之一。当主动轮等速旋转时，从动轮在一次间歇运动中的运动时间 t_d 可以看成 $z_1=1$ 时传动所需的时间与 z_1-1 对中间齿传动所需时间之和。

$$t_d=\left(Q_S+Q_T\times2\pi\frac{z_1-1}{z_1'}\right)\bigg/\omega_1 \tag{4-2-55}$$

式中 ω_1——主动轮角速度，s^{-1}。

$$t_j=\left[2\pi\left(1-\frac{z_1-1}{z_1'}\right)-Q_S-Q_T\right]/\omega_1 \tag{4-2-56}$$

5.3.3 不完全齿轮机构的设计计算公式及工作图

（1）不完全齿轮机构的计算公式及算例

表 4-2-71　　不完全齿轮机构的计算公式及实例

符号	计算公式及说明	算例结果
z_1'、z_2' m a	主、从动轮上布满齿时的假想齿数，按工作条件决定，常取 $z_1'=50\sim55$ $z_1'=44$、48、52、56 模数，按强度条件决定，并按 GB/T 1357—2008 取值 中心距　$a=m(z'_1+z'_2)/2$(mm)按结构空间确定	$z_1'=z_2'=52$ $m=1.5$mm $a=78$mm
α h_{a1}^*、h_{a2}^* c^*	压力角，$\alpha=20°$ 主、从动轮的标准齿顶高系数　$h_{a1}^*=h_{a2}^*=1$ 顶隙系数　$c^*=0.25$	
N	主动轮每转一周，从动轮完成间歇运动的次数，按工作要求决定	$N=4$
z_2	在一次间歇运动中，从动轮转过角度内所包含的齿数，按设计要求决定，$z_2=z_2'/N$	$z_2=13$
β_2'	$h_{a1}^*=h_{a2}^*=1$ 时，两轮齿顶圆交点 G'、F'所对的从动轮中心角之半（图 4-2-82） $\beta'_2=\arccos\{[z_2'(z_1'+z_2')+2(z_2'+z_1')]/(z_1'+z_2')(z'_2+2)\}$	$\beta'_2=0.2730$rad 15.643°
α_{a2}	$h_{a2}^*=1$ 时，从动轮的齿顶压力角 $\alpha_{a2}=\arccos[z'_2\cos\alpha/(z'_2+2h_{a2}^*)]$	25.192°
δ_2	$h_{a2}^*=1$ 时，从动轮顶圆齿槽所对的中心角 $\delta_2=\dfrac{\pi}{z'_2}+2(\mathrm{inv}\alpha_{a2}-\mathrm{inv}\alpha)$	$\delta_2=0.076223$rad ≈4.367°
K	在一次间歇运动中，$z_1=1$ 时，从动轮转过角度内所包含的周节数 $K=z_2'(\beta'_2-\delta_2)/\pi$　取整数，$K=z_2-z_1+1$　或由表 4-2-70 按 z'_1、z'_2 查得	$K=3$
z_1	主动轮在相邻两锁止弧之间的齿数　　$z_1=z_2+1-K$	$z_1=11$
β_2	$h_{a2}^*=1$，$h_{am}^*=h_{as}^*$ 为修正齿顶高系数时，两轮顶圆交点（F、G）所对从动轮中心角之半 $\beta_2=(K\pi/z'_2)+0.5\delta_2$	$\beta_2=0.2194$rad ≈12.568°
h_{am}^*	主动轮末齿修正齿顶高系数 查表 4-2-70，或由下式解出 $h_{am}^*=(-z_1'+\sqrt{z'^2_1-2G})/2$ $G=(z'_1+z'_2)(z'_2+2h_{a2}^*)\cos\beta_2-z'_2(z'_2+z'_1)-2h_{a2}^*(z'_2+h_{a2}^*)$	用插入法查 表 $h_{am}^*\approx0.412$ 解方程 $h_{am}^*=0.33$
h_{as}^*	主动轮首齿修正齿顶高系数 $h_{as}^*\leqslant h_{am}^*$	取 $h_{as}^*=0.30$
α_{as1}	主动轮首齿的齿顶压力角 $\alpha_{as1}=\arccos[z'_1\cos\alpha/(z_1'+2h_{as1}^*)]$	21.725°
ε_α	首齿与第二对齿之间的重合度 $\varepsilon_\alpha=[z_1'(\tan\alpha_{as1}-\tan\alpha)+z_2'(\tan\alpha_{a2}-\tan\alpha)]/2\pi>1$	$\varepsilon_\alpha=1.166$

续表

符号	计算公式及说明	算例结果
λ_2	从动轮上具有 0.5mm 模数的顶圆齿厚所对的中心角 $\lambda_2=(z_2'+2h_{a2}^*)^{-1}$	$\lambda_2=0.0185\text{rad}$ $=1.061°$
$R_a(R_d)$	一对锁止凹弧与凸弧的半径,中心在主动轮轴心 O_1 $R_a=\dfrac{m}{2}\times\sqrt{(z_2'+2h_{a2}^*)^2+(z_1'+z_2')^2-2(z_2'+2h_{a2}^*)(z_1'+z_2')\cos(\beta_2-\delta_2-\lambda_2)}$	38.18mm
β_1	主动轮上过始啮点 E 的向径 O_1E 与 O_1S 间的夹角 $\beta_1=\arcsin[(z'_2-2h_{a2}^*)\sin(\beta_2-\delta_2)/\Delta]$ $\Delta=\sqrt{(z_2'+2h_{a2}^*)^2+(z_1'+z_2')^2-2(z_2'+h_{a2}^*)(z_1'+z_2')\cos(\beta_2-\delta_2)}$	$\beta_1=9.08°$ $=0.1585\text{rad}$
α_{E1}	主动轮齿廓在始啮点 E 处的压力角 $\alpha_{E1}=\arccos(z_1'\cos\alpha/\Delta)$	$\alpha_{E1}=17.563°$ $=0.30653\text{rad}$
Ψ_1	主动轮上过始啮点的向径 O_1E 与首齿中线间的夹角 $\Psi_1=\pi/2z_1'-\text{inv}\alpha_{E1}+\text{inv}\alpha$	$\Psi_1=0.0351\text{rad}$ $=2.0133°$
Q_S	过主动轮锁止凸弧终点 S 的向径 O_1S 与首齿中线之间的夹角 第一种情况:$(\beta_2-\delta_2)>(\alpha_{a2}-\alpha)$时,$Q_S=\beta_1+\Psi_1$ 第二种情况:$(\beta_2-\delta_2)\leqslant(\alpha_{a2}-\alpha)$时,$Q_S=K\pi/z_1'$	$Q_S=0.1936\text{rad}$ $=11.0924°$
β	在终啮点 F 啮合时,主动轮上向径 O_1F 与 O_1T 之间的夹角 $\beta=\arcsin[(z_2'+2h_{a2}^*)\sin\beta_2/(z_1'+2h_{am}^*)]$	$\beta=12.484°$ $=0.2179\text{rad}$
α_{am1}	主动轮末齿的齿顶压力角厚所对中心角之半 $\alpha_{am1}=\arccos[z_1'\cos\alpha/(z_1'+2h_{am}^*)]$	$\alpha_{aml}=21.725°$ $=0.3792\text{rad}$
λ_1	主动轮上顶圆齿 $\lambda_1=(\pi/2z_1')-\text{inv}\alpha_{am1}+\text{inv}\alpha$	$\lambda_1=0.02583\text{rad}$ $=1.48°$
Q_T	过主动轮锁止凸弧起点 T 的向径 O_1T 与末齿中线之间的夹角 $Q_T=\beta-\lambda_1$	$Q_T=0.19207\text{rad}$ $\approx11.004°$
t_d t_j	主动轮等速旋转时 ,从动轮在一次间歇运动中的运动时间 t_d,静止时间 t_j $t_d=\left(Q_S+Q_T+\dfrac{z_1-1}{z_1'}2\pi\right)\Big/\omega_1(\text{s})$;$t_j=\left[2\pi\left(1-\dfrac{z_1-1}{z_1'}\right)-Q_S+Q_T\right]\Big/\omega_1(\text{s})$ 动停比 $k=t_d/t_j=\left(Q_S+Q_T+\dfrac{z_1-1}{z_1'}2\pi\right)\Big/\left[2\pi\left(1-\dfrac{z_1-1}{z_1'}\right)-Q_S-Q_T\right]$ 式中 ω_1——主动转角速度,s^{-1}	$k\approx0.3401$

(2) 工作图例

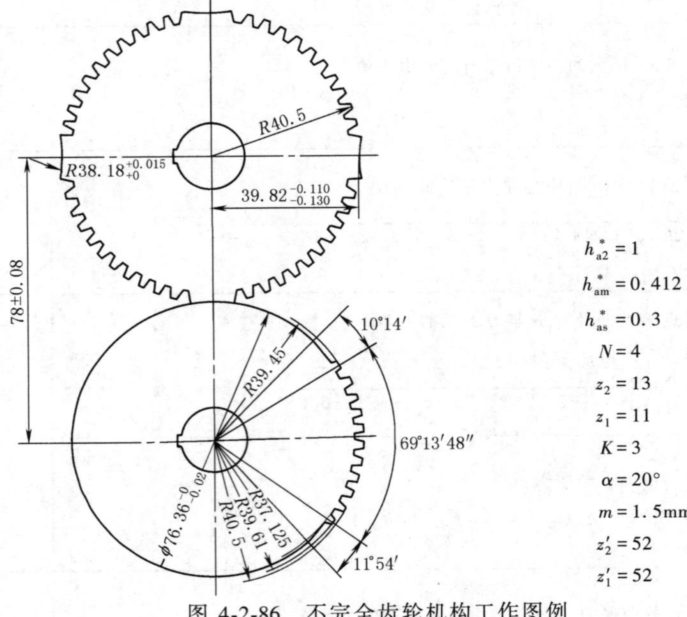

图 4-2-86　不完全齿轮机构工作图例

5.4　针轮机构

5.4.1　针轮机构的主要类型和特点

表 4-2-72　　针轮机构的主要类型和特点

类　型	外啮合针轮-星轮机构	内啮合针轮-星轮机构	针轮-星齿条机构
机构简图	(a)	(b)	(c)
主要结构特点(以图示为例)	主动针轮 1 上有 5 个针齿和一段锁止凸圆弧(粗线)	主动针轮 1 上有 3 个针齿和一段锁止凹圆弧(粗线)	主动针轮 1 上有 2 个针齿和一段锁止凸圆弧(粗线)
	从动星轮 2 上有 4 段锁止凹圆弧,每两段锁止弧之间有 4 个摆线齿廓的轮齿和始末 2 段过渡曲线	从动星轮 2 上有 2 段锁止凸圆弧,锁止弧间有 2 个摆线轮齿和始末 2 段过渡曲线	从动齿条上相邻两锁止凹圆弧间有 1 个摆线轮齿及其等距曲线齿槽
主从动件的主要运动特点	主动轮动程角 $\theta_d=180°$,停程角 $\theta_j=180°$	主动轮 $\theta_d=60°$,$\theta_j=300°$	主动轮 $\theta_d=180°$,$\theta_j=180°$
	从动轮转位时 ω_2 与 ω_1 异向,每次转过 $\phi_d=90°$后停歇一次	从动轮转位时 ω_2 与 ω_1 同向,每次转过 $\phi_d=180°$后停歇一次	从动齿条移位时间与停歇时间相同
	从动件的运动规律为开始啮合时逐渐加速,中间为等速,啮合终了时为逐渐减速		

5.4.2 针轮机构的设计计算

见图 4-2-87 和表 4-2-73。

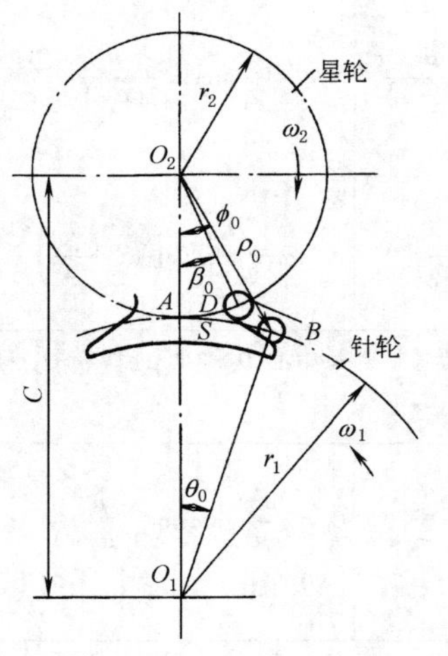

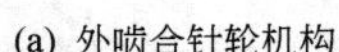
(a) 外啮合针轮机构

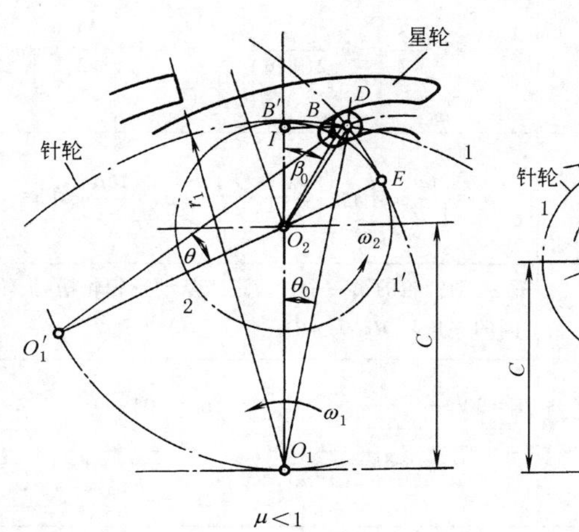

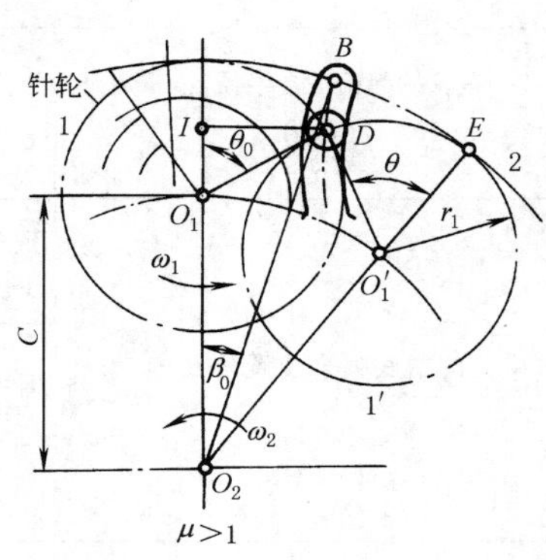

(b) 内啮合针轮机构

图 4-2-87 针轮机构的几何尺寸

表 4-2-73 针轮机构的几何尺寸和运动参数

项　目	外啮合针轮机构	内啮合针轮机构	
		$\mu<1$	$\mu>1$
针轮节圆半径 r_1/mm	$r_1=C/(1+\mu)$	$r_1=C/(1-\mu)$	$r_1=C/(\mu-1)$
星轮节圆半径 r_2/mm	$r_2=C\mu/(1+\mu)$	$r_2=C\mu/(1-\mu)$	$r_2=C\mu/(\mu-1)$
节圆半径比 μ	$\mu=r_2/r_1$		
中心距 C/mm	$C=r_1+r_2$	$C=r_1-r_2$	$C=r_2-r_1$
主动针轮的动程角 θ_d/(°)	每个工作循环中,与从动星轮转位期相对应的主动针轮转角		
主动针轮的停程角 θ_j/(°)	每个工作循环中,与从动星轮停歇期相对应的主动针轮转角,$\theta_j=360°-\theta_d$		
从动星轮的转位角 ϕ_d/(°)	每个工作循环中,从动星轮转过的角度		
从动星轮每转一周中的停歇次数 N	N 为从动轮上的锁止弧数,$N=360°/\phi_d$		
转角比 σ	$\sigma=\dfrac{\theta_d}{\phi_d}=\mu\left(1-\dfrac{N}{2}\right)+N\dfrac{4+3\mu}{\pi}\arcsin\dfrac{\mu}{2(1+\mu)}$	$\sigma=\mu\left(1-\dfrac{N}{2}\right)+N\dfrac{4-3\mu}{\pi}\arcsin\dfrac{\mu}{2(1-\mu)}$	$\sigma=\mu\left(1+\dfrac{N}{2}\right)+N\dfrac{4-3\mu}{\pi}\arcsin\dfrac{\mu}{2(\mu-1)}$
动停比 k	从动星轮每次转位时间 t_f 与停歇时间 t_d 之比,$k=\theta_d/\theta_j$		
运动系数 τ	从动星轮每个工作循环中,转位时间所占的比率,$\tau=\theta_d/(\theta_d+\theta_j)$		
针轮的起始啮合位置角 θ_0/(°)	主动针轮的第一个针齿进入从动星轮轮槽时,针齿中心 B 与轴心连线 O_1O_2 间的夹角 $\angle BO_1O_2=\theta_0$		
	$\theta_0=2\arcsin\dfrac{\mu}{2(1+\mu)}$	$\theta_0=2\arcsin\dfrac{\mu}{2(1-\mu)}$	$\theta_0=2\arcsin\dfrac{\mu}{2(\mu-1)}$
针轮的起始啮合位置弦长 S/mm	主动针轮的第一个针齿进入从动星轮轮槽时,针齿中心 B 与节点 A 间的弦线距离 $BA=S$		
	$S=C\mu(1+\mu)^2$	$S=C\mu/(1-\mu)^2$	

续表

项目	外啮合针轮机构	内啮合针轮机构	
		$\mu<1$	$\mu>1$
星轮的起始啮合位置角 $\phi_0/(°)$ $\phi_0=\angle BO_2O_1$	$\phi_0=45°-\dfrac{3}{2}\arcsin\dfrac{\mu}{2(1+\mu)}$	$\phi_0=45°+\dfrac{3}{2}\arcsin\dfrac{\mu}{2(1-\mu)}$	$\phi_0=\dfrac{3}{2}\arcsin\dfrac{\mu}{2(\mu-1)}-45°$
星轮的起始啮合半径 ρ_0/mm $\rho_0=BO_2$	$\rho_0=\dfrac{2C\mu}{1+\mu}\cos\left(45°+\dfrac{\theta_0}{4}\right)$	$\rho_0=\dfrac{2C\mu}{1-\mu}\cos\left(45°-\dfrac{\theta_0}{4}\right)$	$\rho_0=\dfrac{2C\mu}{\mu-1}\cos\left(45°+\dfrac{\theta_0}{4}\right)$
星轮的槽底啮合位置角 $\beta_0/(°)$	主动针轮的第一个针齿进入从动星轮轮槽时，轮槽底端圆弧中心 D 和 O_2 连线与 O_1O_2 间的夹角 $\angle DO_2O_1=\beta_0$		
	$\beta_0=90°-\dfrac{2+3\mu}{\mu}\arcsin\dfrac{\mu}{2(1+\mu)}$	$\beta_0=90°-\dfrac{2-3\mu}{\mu}\arcsin\dfrac{\mu}{2(1-\mu)}$	$\beta_0=\dfrac{3\mu-2}{\mu}\arcsin\dfrac{\mu}{2(\mu-1)}-90°$
星轮的类角速度 ω_2/ω_1	$\omega_2/\omega_1=\dfrac{2(\mu\pm1)\cos\theta\mp2}{(\mu\pm1)^2+1\mp2(\mu\pm1)\cos\theta}-\dfrac{1}{\mu}$	下方符号用于内啮合针轮 $\theta=0°$时，ω_2/ω_1 有最大值	
星轮的类角加速度 ε_2/ω_1^2	$\varepsilon_2/\omega_1^2=\dfrac{-2\mu(\mu\pm1)(\mu\pm2)\sin\theta}{[(\mu\pm1)^2+1\mp2(\mu\pm1)\cos\theta]^2}$	下方符号用于内啮合，$\theta=\theta_0$ 时为星轮起始啮合时的类加速度，$\theta=\theta_m$ 时有最大值 $(\varepsilon_2/\omega_1^2)_m$	
星轮的最大类角加速度 $(\varepsilon_2/\omega_1^2)_m$ 发生处针轮的位置角 $\theta_m/(°)$	$\cos\theta_m=-\dfrac{\mu^2+2(1\pm\mu)}{4(1\pm\mu)}+\sqrt{\left[\dfrac{\mu^2+2(1\pm\mu)}{4(1\pm\mu)}\right]^2+2}$		
针轮上锁止弧所对圆心角 γ	$\gamma=2\left[\left(1-\dfrac{\mu}{n}\right)\pi-\theta_0+\mu\beta_0\right]$		
针销入啮与出啮时星轮上齿槽中线坐标 x、y 及内外包络线坐标 x_K、y_K	$x=C\cos\theta\mp r_1\cos\left(1\pm\dfrac{r_2}{r_1}\right)\theta$ $y=C\sin\theta\mp r_1\sin\left(1\pm\dfrac{r_2}{r_1}\right)\theta$ $x_K=x\pm r_T[(dy/d\theta)/\sqrt{(dx/d\theta)^2+(dy/d\theta)^2}]$ $y_K=y\mp r_T[(dx/d\theta)/\sqrt{(dx/d\theta)^2+(dy/d\theta)^2}]$	下方符号用于内啮合，上方符号用于外包络线 r_T——针销半径	

6　斜面机构与螺旋机构

6.1　斜面机构的特性指标与计算公式

斜面机构是只含有平面移动副的平面机构。它将一个移动转变成另一个移动。其特点是：速比大、省力、能自锁、效率低。一般有斜面微动机构（实现微小移动）和斜面夹紧机构（产生较大的夹紧力）。

三构件斜面机构特性线见图 4-2-88。斜面机构的特性指标与计算公式见表 4-2-74。

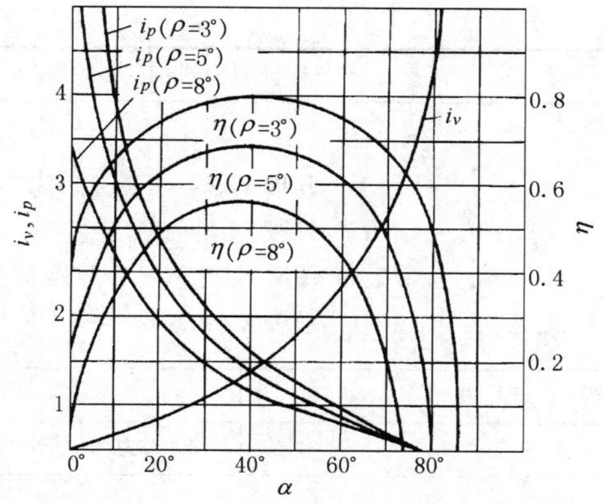

图 4-2-88　三构件斜面机构特性线

表 4-2-74　**斜面机构的特性指标与计算公式**

序　号	机构特性指标	两构件斜面机构	
1	简　图		
2	运动方向	正行程 输入力 P,输出力 Q,构件 2 上升	反行程 输入力 Q,输出力 P,构件 2 下滑
3	速度比 $i_v=\dfrac{从动件速度}{主动件速度}$	$\boldsymbol{v}_2$	$\boldsymbol{v}_2$
4	增力比 $i_p=\dfrac{输出力}{输入力}$	$i_p=\dfrac{Q}{P}=\dfrac{1}{\tan(\alpha+\rho)}$	$i_p=\dfrac{P}{Q}=\tan(\alpha-\rho)$
5	效率 $\eta=\dfrac{输出功率}{输入功率}$ $\eta\leqslant 0$ 时,机构自锁	$\eta_z=\dfrac{\tan\alpha}{\tan(\alpha+\rho)}$	$\eta_f=\dfrac{\tan(\alpha-\rho)}{\tan\alpha}$
6	正行程最大效率 η_{max}	$\eta_{max}=\dfrac{\tan\left(45°-\dfrac{\rho}{2}\right)}{\tan\left(45°+\dfrac{\rho}{2}\right)}$	
7	正行程最大效率时的升角	$\alpha_{\eta max}=45°-\dfrac{\rho}{2}$	
8	正行程不自锁条件 $\eta_z>0$	$\alpha<90°-\rho$	
9	反行程自锁条件 $\eta_f\leqslant 0$		$\alpha\leqslant\rho$
10	反行程自锁时,正行程最大效率	<50%	

续表

序　号	三构件斜面机构	
1	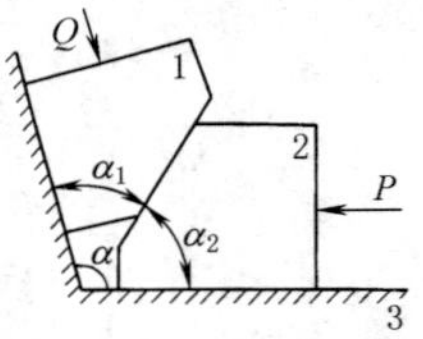 $\alpha=\alpha_1+\alpha_2$	符　号 升角 α_1、α_2　外力 P、Q　摩擦角 $\rho=\arctan\mu$ 位移 S_1、S_2　正压力 N　正行程效率 η_z 速度 v_1、v_2　摩擦力 $F=\mu N$　反行程效率 η_f 加速度 a_1、a_2　全反力 $\boldsymbol{R}=\boldsymbol{F}+\boldsymbol{N}$
2	正　行　程 输入力 P,输出力 Q,构件 1 上升	反　行　程 输入力 Q,输出力 P,构件 1 下滑
3	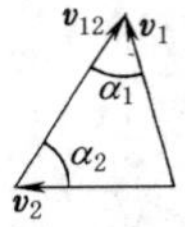 $\boldsymbol{v}_1=\boldsymbol{v}_2+\boldsymbol{v}_{12}$ $i_v=\dfrac{v_1}{v_2}=\dfrac{\sin\alpha_2}{\sin\alpha_1}=\dfrac{S_1}{S_2}=\dfrac{a_1}{a_2}$	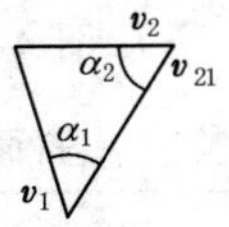 $\boldsymbol{v}_2=\boldsymbol{v}_1+\boldsymbol{v}_{21}$ $i_v=\dfrac{v_2}{v_1}=\dfrac{\sin\alpha_1}{\sin\alpha_2}=\dfrac{S_2}{S_1}=\dfrac{a_2}{a_1}$
4	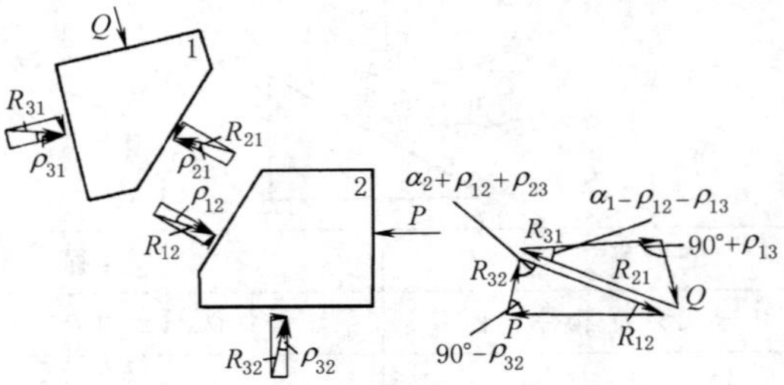 $i_p=\dfrac{Q}{P}=\dfrac{\sin(\alpha_1-\rho_{12}-\rho_{13})\cos\rho_{32}}{\sin(\alpha_2+\rho_{12}+\rho_{23})\cos\rho_{13}}$ 当 ρ 相等时,$i_p=\dfrac{Q}{P}=\dfrac{\sin(\alpha_1-2\rho)}{\sin(\alpha_2+2\rho)}$	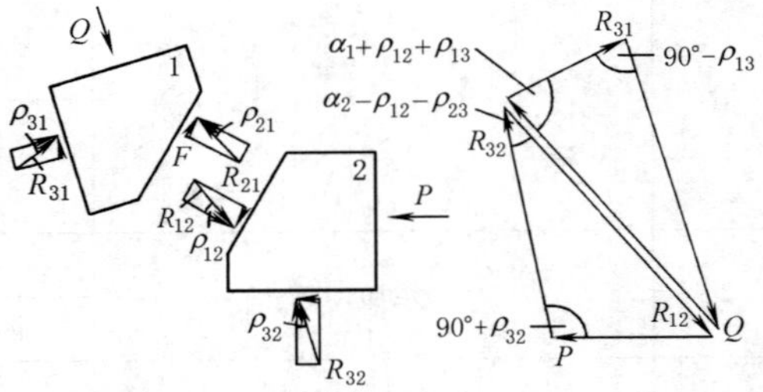 $i_p=\dfrac{P}{Q}=\dfrac{\sin(\alpha_2-\rho_{12}-\rho_{23})\cos\rho_{13}}{\sin(\alpha_1+\rho_{12}+\rho_{13})\cos\rho_{32}}$ 当 ρ 相等时,$i_p=\dfrac{P}{Q}=\dfrac{\sin(\alpha_2-2\rho)}{\sin(\alpha_1+2\rho)}$
5	$\eta_z=\dfrac{\sin(\alpha_1-\rho_{12}-\rho_{13})\cos\rho_{23}\sin\alpha_2}{\sin(\alpha_2+\rho_{12}+\rho_{23})\cos\rho_{13}\sin\alpha_1}$ 当 ρ 相等时,$\eta_z=\dfrac{1-\cot\alpha_1\tan2\rho}{1+\cot\alpha_2\tan2\rho}$ 当 $\alpha_1+\alpha_2=90°$,$\eta_z=\dfrac{\tan\alpha_2}{\tan(\alpha_2+2\rho)}$	$\eta_f=\dfrac{\sin(\alpha_2-\rho_{12}-\rho_{23})\cos\rho_{13}\sin\alpha_1}{\sin(\alpha_1+\rho_{12}+\rho_{13})\cos\rho_{23}\sin\alpha_2}$ 当 ρ 相等时,$\eta_f=\dfrac{1-\cot\alpha_2\tan2\rho}{1+\cot\alpha_1\tan2\rho}$ 当 $\alpha_1+\alpha_2=90°$,$\eta_f=\dfrac{\tan(\alpha_2-2\rho)}{\tan\alpha_2}$
6	$\eta_{\max}=\dfrac{\tan(45°-\rho)}{\tan(45°+\rho)}$($\rho$ 相等)	
7	$\alpha_2\eta_{\max}=45°-\rho$($\rho$ 相等)	
8	$\alpha_2<90°-\rho_{12}-\rho_{23}$	
9		$\alpha_2\leqslant\rho_{12}+\rho_{23}$
10	<50%	

6.2　螺旋机构

螺旋机构是斜面机构的变形，具有与斜面机构相同的特点，可将转动变成移动。按用途分为三类：传动螺旋、传力螺旋和调整螺旋。

6.2.1 螺旋机构的特性指标

表 4-2-75　　螺旋机构的特性指标

名称		公式	说明
速度比		i_v=移动速度 v/旋转角速度 ω=直线位移 s/角位移 φ=导程 $h/2\pi$ $i_v=r\tan\alpha$	r——螺纹中径 α——螺旋升角 ρ'——当量摩擦角 $\rho'=\arctan\mu'=\arctan\dfrac{\mu}{\cos\beta}$ μ——摩擦因数 β——螺纹牙型半角 μ'——当量摩擦因数 矩形螺纹 $\mu'=\mu$ 三角形螺纹 $\mu'=\dfrac{\mu}{\cos30^\circ}=1.155\mu$ 梯形螺纹 $\mu'=\dfrac{\mu}{\cos15^\circ}=1.035\mu$ 锯齿形螺纹 $\mu'=\dfrac{\mu}{\cos3^\circ}=1.001\mu$
增力比	正行程	i_p=轴向载荷 Q/驱动力矩 M $i_p=\dfrac{1}{r\tan(\alpha+\rho')}$	
	反行程	i_p=阻力矩 M/驱动力 Q $i_p=r\tan(\alpha-\rho')$	
效率	正行程	克服轴向载荷 Q,沿螺旋面上升 $\eta_z=\dfrac{\tan\alpha}{\tan(\alpha+\rho')}$	
	反行程	在轴向载荷作用下,沿螺旋面下降 $\eta_f=\dfrac{\tan(\alpha-\rho')}{\tan\alpha}$	

6.2.2 螺旋机构传动型式

表 4-2-76　　螺旋机构传动型式

序号	型式	简图	特点
1	螺杆旋转,并沿轴线移动,螺母固定	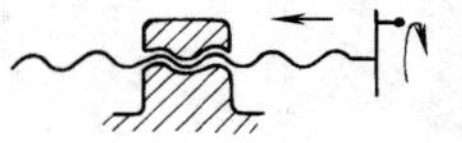	与二构件斜面机构类似。可获得较高的精度,但结构尺寸大
2	螺杆旋转,螺母沿轴线移动	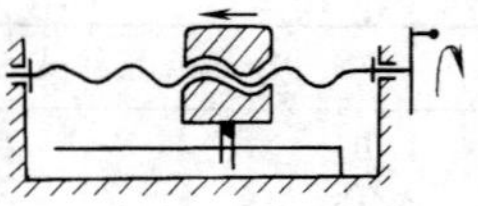	与三构件斜面机构类似。有限制螺杆轴向窜动和螺母转动的结构 结构尺寸较小,但精度较低,结构较复杂
3	螺母旋转,螺杆移动	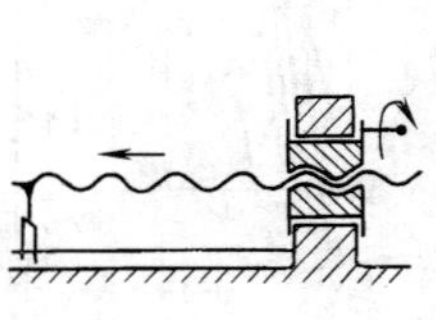	与三构件斜面机构类似。有限制螺母轴向窜动和螺杆转动的结构 精度较低,结构尺寸大,结构复杂
4	螺杆固定,螺母旋转并沿螺杆轴向移动	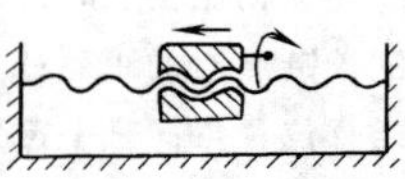	与二构件斜面机构类似。精度最低
5(差动螺旋)	1)两螺旋左右安排,是第1、2两种型式的组合	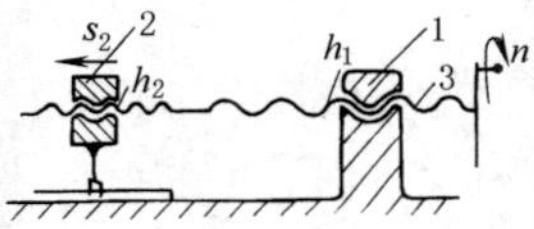 s2 2 h2 h1 1 3 n	$s_2=(h_1-h_2)n$ $=(h_1-h_2)\varphi/2\pi$ 式中 s_2——构件2相对构件1的轴向位移,正值表示向左移,负值表示向右移 h_1、h_2——构件1、2的导程,右旋以正值代入,左旋以负值代入 n——构件3的转数,顺时针方向以正值代入,逆时针方向以负值代入 φ——转角 为获得微量移动,可采用两个导程相差很小,且旋向相同的螺旋组成
	2)两螺旋内外安排,是第1、3两种型式的组合	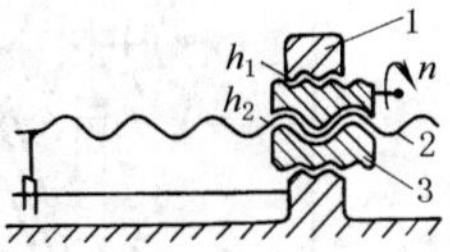 1 h1 n h2 2 3	
	3)螺杆、螺母二者同时输入运动的差动螺旋	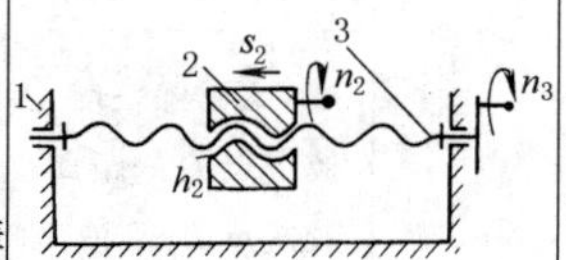 s2 3 2 n2 n3 1 h2	$s_2=(n_2-n_3)h_2$ $=(\varphi_2-\varphi_3)h_2/2\pi$ 式中,s_2、n_2、n_3、h_2的正负号同上,由于螺杆与螺母的转数与转向的不同,螺母可获得各种不同的(大小和方向)移动速度

6.3 参数选择

斜面机构与螺旋机构的设计主要是选取升角 α 与摩擦角 ρ。特性指标 i_v、i_p、η 均与参数 α、ρ 有关，且对 α、ρ 的要求各异，所以应根据机构的要求，视具体情况处理。升角 α 可参考表 4-2-77 选取。

表 4-2-77　　升角 α 参考值

使用场合	要　求	α 值
手动夹压机构	如手动千斤顶，用人力操作，要求省力，即 i_p 高；操作中要停歇，所以反行程要自锁，而正行程效率无特殊要求，则可按反行程自锁条件，升角取较小值	4°～6°
液动、气动夹压机构	气动夹压机构：对省力和反行程自锁无特殊要求，可按最大效率升角取较大值	15°～45°
	螺旋压力机：由于 α 较大，加工困难	18°～25°
微动进给机构	微动（即 i_v 低）且灵敏；反行程自锁	取很小的 α 和 ρ'
螺纹连接	主要是自锁	1.5°～5°

7 液压（气）缸机构的运动设计

液压（气）缸有缸体轴线固定式和缸体绕定点摆动式两种。缸体轴线固定式机构（曲柄滑块机构）的运动设计见本章 1.4 节。本节只介绍缸体绕定点摆动式液压缸（简称摆动液压缸）机构（曲柄摇块机构）的运动设计。摆动液压缸机构根据铰链位置可分为对中式和偏置式两类。偏置式能提高机构的传力效果，但因液压缸对活塞杆有横向作用力，使活塞和活塞杆的密封条件恶化，影响使用寿命。

7.1 参数计算

表 4-2-78　　摆动油缸的计算公式

类　型	对　中　式	偏　置　式
机构简图	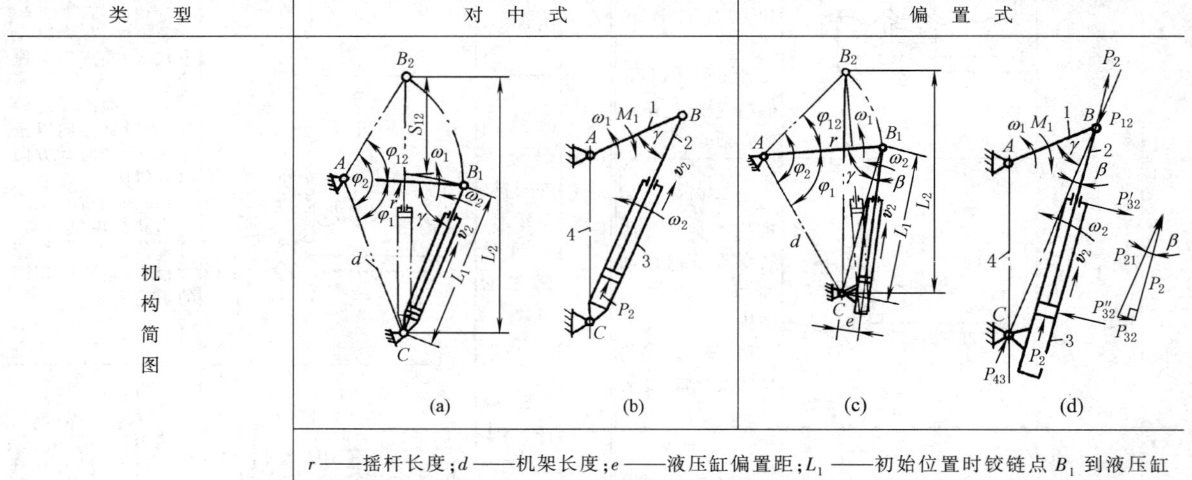 (a)　(b)	(c)　(d)
	r——摇杆长度；d——机架长度；e——液压缸偏置距；L_1——初始位置时铰链点 B_1 到液压缸铰链点 C 的距离；L_2——终止位置时铰链点 B_2 到液压缸铰链点 C 的距离；L_i——任意位置时铰链点 B_i 到液压缸铰链点 C 的距离；φ_i——从动摇杆任意位置角；i——符号角码，表示任意位置	

续表

类型			对中式	偏置式
位置参数（见图a、c）	从动摇杆	初始和终止位置角 φ_1 和 φ_2	$\cos\varphi_1=\dfrac{1+\sigma^2-\rho_1^2}{2\sigma}$　$\cos\varphi_2=\dfrac{1+\sigma^2-\lambda^2\rho_1^2}{2\sigma}$　$\lambda=L_2/L_1$　$\rho_1=L_1/d$　$\rho_i=L_i/d$　$\sigma=r/d$　$\rho_2=L_2/d=\lambda\rho_1$	
		工作摆角 φ_{12}	$\varphi_{12}=\varphi_2-\varphi_1$	
	液压缸行程 S_{12}		$S_{12}=L_2-L_1$	$S_{12}=\sqrt{L_2^2-e^2}-\sqrt{L_1^2-e^2}$
	传动角 γ	给定 ρ_i 和 σ	$\cos\gamma_i=\dfrac{\rho_i^2+\sigma^2-1}{2\rho_i\sigma}$　$\sin\gamma_i=\dfrac{\sqrt{4\rho_i^2\sigma^2-(\rho_i^2+\sigma^2-1)^2}}{2\rho_i\sigma}$	
		给定 φ_i 和 σ	$\cos\gamma_i=\dfrac{\sigma-\cos\varphi_i}{\sqrt{1+\sigma^2-2\sigma\cos\varphi_i}}$　$\sin\gamma_i=\dfrac{1}{\sqrt{\left(\dfrac{\sigma-\cos\varphi_i}{\sin\varphi_i}\right)^2+1}}$	
	偏置角 β		0	$\sin\beta_i=e/L_i$
	活塞杆伸出系数 λ'		$\lambda'=\lambda$	$\lambda'=\sqrt{\dfrac{\lambda^2-(e/L_1)^2}{1-(e/L_2)^2}}$
运动参数和动力参数（见图b、d）	摇杆角速度 ω_1		$\omega_1=v_2$①$/r\sin\gamma_i$	$\omega_1=v_2\cos\beta_i/r\sin\gamma_i$
	液压缸角速度 ω_2		$\omega_2=v_2/L_i\tan\gamma_i$	$\omega_2=v_2(\cot\gamma_i\cos\beta_i-\sin\beta_i)/L_i$
	所需液压缸推力 P_2		$P_2=M_1/r\sin\gamma_i$	$P_2=M_1\cos\beta_i/r\sin\gamma_i$
	液压缸对活塞杆的横向力 P_{32}		0	$P_{32}=M_1\sin\beta_i/r\sin\gamma_i$
	所传递的阻力矩 M_1		$M_1=P_2r\sin\gamma_i$	$M_1=P_2r\sin\gamma_i/\cos\beta_i$
	所传递的阻力矩 M_1 相对值		$M_1/P_2r=\sin\gamma_i$	$M_1/P_2r=\sin\gamma_i/\cos\beta_i$

① 表示 v_2 为活塞的平均相对运动速度的大小。

7.2　参数选择

活塞杆伸出系数 λ'，应根据活塞杆伸出时稳定性的要求确定，对表 4-2-78 所列的连接形式，一般可取 $\lambda'\approx1.5\sim1.7$。

基本参数 σ 和 φ_1、φ_2 及 σ 和 ρ_1、ρ_2，可根据对摆动液压缸机构的工作位置和传力要求，按图 4-2-89 选择。摆动液压缸机构的传力效果与 $\sin\gamma$ 成正比；γ 愈大机构愈省力；反之，即使负载不大，也需很大的液压缸推力。若传动角 γ 过小（小于最小极限值），机构将自锁。传动角 γ 是机构位置的函数（图 4-2-89）。

例 1　已知 $\rho=2.40$，$\sigma=2.00$，由图 4-2-89 求得 $\sin\gamma\approx0.41$，$\gamma\approx24°8'49''$，$\varphi\approx100°57'10''$。

例 2　已知 $\varphi_1=80°$，$\sigma=1.50$，由图 4-2-89 求得 $\sin\gamma_1\approx0.60$，$\gamma_1\approx36°35'37''$，$\rho_1\approx1.652$。

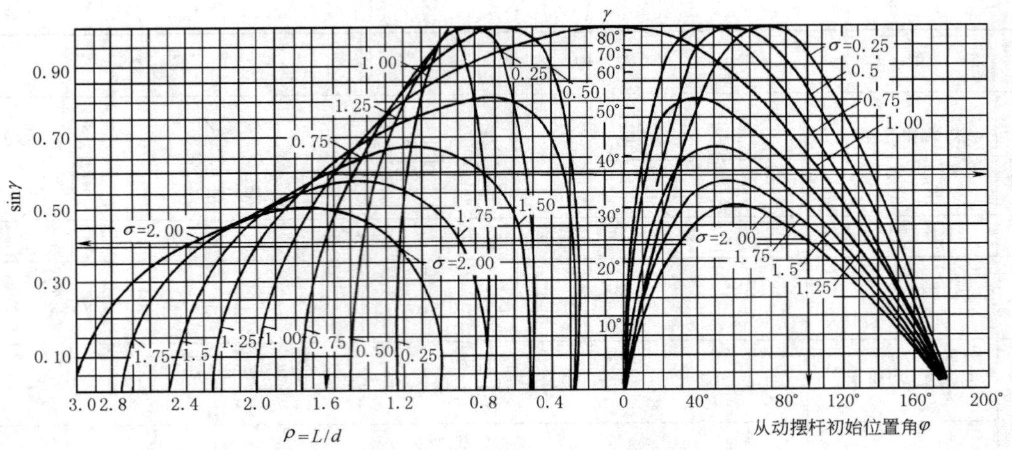

图 4-2-89　摆动液压缸机构基本参数选择

7.3　运动设计

表 4-2-79　　　　**几何法**（CAD 图解法）

序号	已知条件	简图	作图步骤
例 1	摇杆摆角 φ_{12}、许用传动角 γ_p 和 λ 值	(a) 实现从动摇杆两位置时的参数关系 (b) 实现从动摇杆两位置的图解	1. 如图 a 所示，当机构在上、下两个极端位置时，若 $\gamma_2<\gamma_1$，则必须使 $\gamma_2\geqslant\gamma_p$，$\rho_1$ 必须符合如下关系 $$\rho_1\leqslant\frac{\sin(\varphi_1+\varphi_{12})}{\lambda\sin\gamma_p}$$ 2. 如图 b 作图。选取机架 $AC=d$，在 A、C 点作射线 AF、AF'、CF 和 CF'，使它们与机架 AC 的夹角小于 $90°-\gamma_p$，得交点 F、F'，分别以 F、F' 为圆心，CF 和 CF' 为半径作圆 K 和 K'，由于 $\angle AFC=\angle AF'C=2\gamma_p$，故在 K 圆的圆弧 $\overset{\frown}{ABC}$ 上取任一点 B（或 K' 圆的圆弧 $\overset{\frown}{AC}$ 上任一点 B'），其所对角 $\angle ABC=\gamma_p$。为使最小传动角不小于 γ_p，铰链点 B 应该在 K、K' 圆上或 K、K' 圆所围的范围以内。许用传动角 γ_p 取得愈小，B 点几何位置的可能范围就愈大 3. 若选定 ρ_1、φ_{12}，则以 C 为圆心，$l_1=\rho_1 d$ 和 $l_2=\lambda l_4$ 为半径作圆，并从 A 点作摇杆摆角 φ_{12}，与两圆弧相交于 B_1、B_2 点，同时，使 $AB_1=AB_2$，则 AB_2 就是所求的摇杆长度 r，并得到起始角 φ_1，若选定 ρ_1 和 σ，则从 A 点以 $r'=\sigma d$ 为半径作圆交得 B'_1 点和 B'_2 点，可得到 φ'_{12} 和 φ'_1

第 4 篇

续表

序号	已知条件	简　图	作 图 步 骤
例 2	摇杆三个转角 φ_{12}、φ_{13}、φ_{14}，相应的活塞行程 S_{12}、S_{13}、S_{14}	实现从动摇杆三转角时的图解	1. 任取摇杆轴心 A，摇杆长度 AB 选取的依据是当其夹角为 $\varphi_{23}(=\varphi_{13}-\varphi_{12})$ 时，所对的弦长 B_2B_3 恰等于 $S_{23}(=S_{13}-S_{12})$ 之长 2. 由 B_1 点任作直线 B_1K，与 B_2B_3 的延长线相交于 E 点，取 $EB_2=EF$ 得 F 点。由于 B_1K 是任取的直线，所以用上法由 B_1 点作不同的直线可得到许多个 F 点，把这些点连接起来即为曲线 m 3. 以 B_1 为圆心，以 S_{12} 长为半径画圆与曲线 m 相交于 D_2 点。连接 B_1D_2，即得摇杆处于 AB_1 位置时液压缸轴线的位置 4. 在 B_1D_2 延长线上截取活塞行程 S_{13} 和 S_{14}，得 D_3、D_4 两点。作 B_3D_3 与 B_4D_4 的中垂线，两者相交于 C 点，则机构 ABC 即为所求的机构

表 4-2-80　　分析法

已知条件	摇杆的摆角 φ_{12} 及初始角 φ_1	摇杆摆角 φ_{12}，液压缸初始长度 L_1，活塞行程 $S_{12}=L_2-L_1$
确定参数	摇杆和液压缸相对长度 σ 和 ρ	摇杆长度 r 及初始位置角 φ_1
计算	根据表 4-2-78 中机构的初始、终止位置关系式可得 $$\sigma=\frac{-B\pm\sqrt{B^2-4AC}}{2A}\qquad(a)$$ 式中 $\begin{cases}A=C=\lambda^2-1\\B=-2(\lambda^2\cos\varphi_1-\cos\varphi_2)\end{cases}$　(b) 而　$\rho=\sqrt{1+\sigma^2-2\sigma\cos\varphi_1}$　(c)	令 $d=1$，由表 4-2-78 中图 a 可得 $$\begin{cases}(L_1+S_{12})^2=1+r^2-2r\cos(\varphi_1+\varphi_{12})\\\cos\varphi_1=\dfrac{1+r^2-L_1^2}{2r}\end{cases}\qquad(d)$$ 将上式消去 φ_1，化简后得 $$ar^4-br^2+c=0\qquad(e)$$ 式中　$a=2(1-\cos\varphi_{12})$ $b=2[(2L_1^2+2L_1S_{12}+S_{12}^2)(\cos\varphi_{12}-1)+2\cos\varphi_{12}(\cos\varphi_{12}-1)]$ $c=(L_1+S_{12})^4-2(L_1+S_{12})^2+[(L_1+S_{12})^2-1](2-2L_1^2)\cos\varphi_{12}+L_1^4-2L_1^2+2$ 由式（e）和式（d）可分别解出 r 和 φ_1
举例	某汽车吊要求举升液压缸将起重臂从 $\varphi_1=0$ 举升到 $\varphi_2=60°$，试确定 σ 和 ρ 值 **解**　取活塞杆伸出系数 $\lambda=1.6$，代入式（b）得 $A=C=1.56$、$B=-4.12$，再代入式（a）和式（c）可得两组数值 $\begin{cases}\sigma_1=2.183\\\rho_1=1.183\end{cases}$　$\begin{cases}\sigma_2=0.458\\\rho_2=0.549\end{cases}$ 根据汽车底盘结构取机架长度 $d=1400$mm，则可得 $\begin{cases}r_1=3056\text{mm}\\L_1=1656\text{mm}\end{cases}$　$\begin{cases}r_2=641\text{mm}\\L_2=768\text{mm}\end{cases}$	某摆动导板送料辊的摆动液压缸机构，要求导板的摆角 $\varphi_{12}=60°$，$S_{12}=0.5$m，$L_1=d=1$m，试决定 r 和 φ_1 值 **解**　将已知数据代入式（d）及式（e）可求得两组解 $\begin{cases}r=0.6376\text{m}\\\varphi_1=71°24'\end{cases}$　$\begin{cases}r=1.96\text{m}\\\varphi_1=11°24'\end{cases}$ 载荷不大时，两组数据都可采用

第 3 章 组合机构的分析与设计

许多机械设备中，特别是自动机械，由于需要执行多种多样的运动，而且各种动作之间又有一定的配合要求，如采用单一的基本机构往往无法完成工作要求，所以多数是使用多种类型机构的组合。

1　基本机构的主要组合型式

(1) 基本机构的串联式组合

图 4-3-1 为由凸轮机构 125 和铰链四杆机构 2′345 串联组成的凸轮-连杆组合机构。主动构件为凸轮 1，凸轮机构的滚子摆动从动件 2 与四杆机构的输入件 2′固连，输入运动 ω_1，经过两套基本机构的串联组合，由杆 4 输出运动 ω_4。

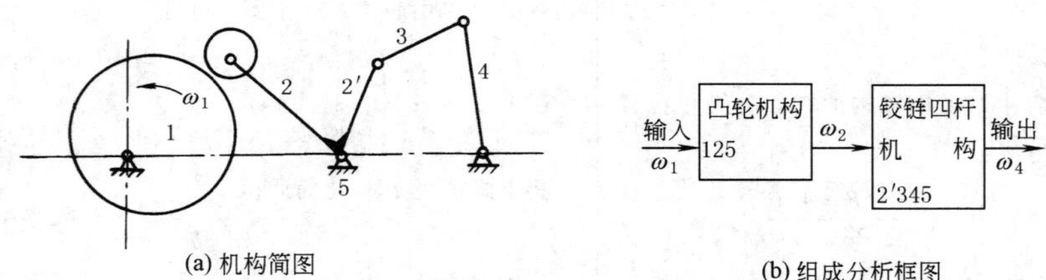

图 4-3-1　串联式机构组合

(2) 基本机构的并联式组合

图 4-3-2 为一并联式凸轮-连杆组合机构。凸轮 1 和 1′装在同一轴 O 上，输入运动 ω_1 后，经过两套并联的凸轮机构 126 和 1′36，分别输出 x 方向的运动 s_2 和 y 方向的运动 s_3，s_2 和 s_3 使二自由度五杆机构 23456 的构件 4 和 5 的铰接点 M 走出工作所需要的轨迹 mm。

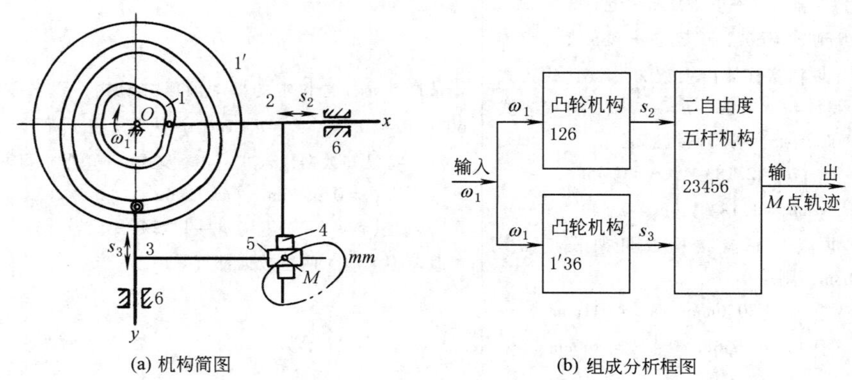

图 4-3-2　并联式机构组合

(3) 基本机构的复联式组合

图 4-3-3 所示为一反馈型的复联式齿轮-连杆组合机构，它是由一个二自由度的铰链五杆机构 12345 和一单自由度行星轮系 $z_3z_5$4 所组成。行星轮 z_3 与连杆 3 固连，其中心与杆 4 在 D 点铰接。中心轮 z_5 与机架 5 固连不动，其中心与杆 4 在 E 点铰接。输入运动为 ω_1，经过这两套基本机构的反馈型复联组合，使杆 2 和 3 的铰接点 C 输出工作所需要的运动轨迹 mm。

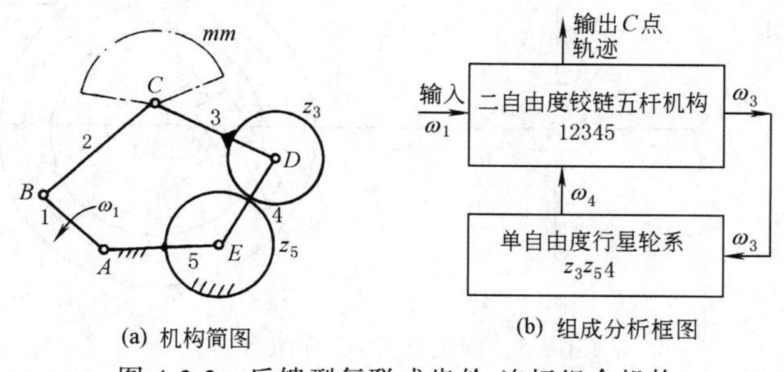

(a) 机构简图　　(b) 组成分析框图

图 4-3-3　反馈型复联式齿轮-连杆组合机构

图 4-3-4 所示为一装载型的复联式齿轮-连杆组合机构，即电风扇上的自动摇头机构。它是由一蜗杆蜗轮机构 z_5z_2 装载在一铰链四杆机构 1234 上所组成，电动机装在杆 1 上，驱动蜗杆 z_5 和风扇，蜗轮 z_2 与连杆 2 固连，其中心与杆 1 在 B 点铰接。当电动机 M 带动风扇以角速度 ω_{51} 转动时，通过蜗杆蜗轮机构使摇杆 1 以角速度 ω_1 来回摆动，即使风扇头摇摆。

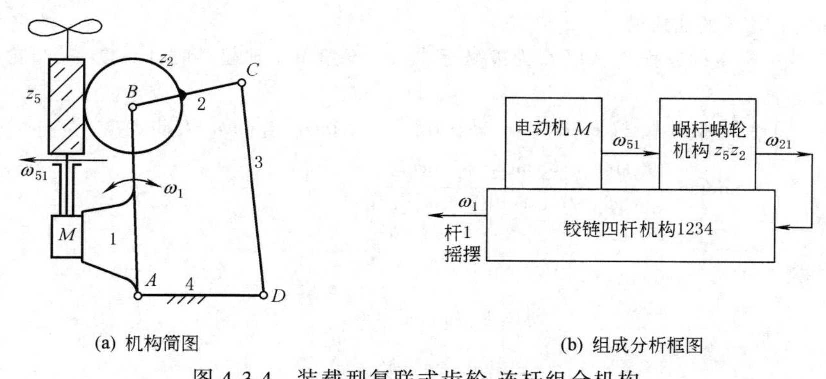

(a) 机构简图　　(b) 组成分析框图

图 4-3-4　装载型复联式齿轮-连杆组合机构

2　凸轮-连杆组合机构

凸轮-连杆组合机构是由连杆机构和凸轮机构按一定工作要求组合而成，它综合了这两种机构各自的优点。这种组合机构中，多数是以连杆机构为基础，而凸轮起调节和补偿作用，以执行单纯连杆机构无法实现或难以设计的运动要求。但有时也以凸轮机构为主体，通过连杆机构的运动变换使输出的从动件能满足各种工作要求。

2.1　固定凸轮-连杆组合机构

(1) 实现给定轨迹的固定凸轮-连杆组合机构

图 4-3-5 为由连杆机构 12345 和固定凸轮 5 所组成的组合机构。主动件 1 以 ω_1 转动时，连杆 2 上 D 点执行给定轨迹 mm。这种组合机构的运动相当于杆长 BC 可变的铰链四杆机构 $OABC$，因而克服了一般铰链四杆机构的连杆曲线无法精确实现给定轨迹的困难。其设计步骤和方法如下。

① 建立坐标系 Oxy。一般取原点 O 为输入轴轴心，x 轴为连心线 OC 方向。

② 将给定的轨迹 mm 分成若干分点，定出一系列的向径 r_D 和 ϕ_D。

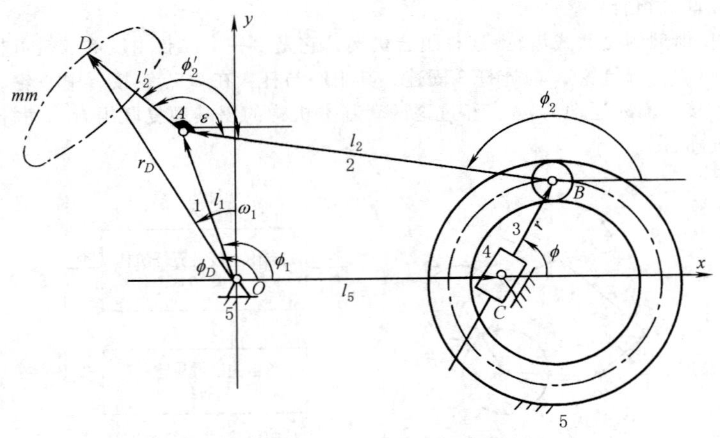

图 4-3-5 固定凸轮-连杆组合机构

③ 选定杆长 l_1、l_2 和 l_5，以及执行点 D 在连杆 2 上的位置 l_2' 和 ε 角。

④ 确定 A 点的一系列分度位置，以 O 为中心、l_1 为半径作曲柄圆，以一系列 D 为中心、l_2' 为半径作圆弧，它与曲柄圆的交点即得一系列的 A 点。

⑤ 确定 B 点的一系列位置。连 AD，在此基础上按角 ε 和杆长 l_2 定出一系列的 B 点相应位置。

⑥ 画出凸轮 5 的廓线，把一系列的 B 点连成曲线即凸轮的理论廓线。在理论廓线上作一系列的滚子圆，其内、外包络线即固定凸轮 5 的曲线槽。

⑦ 凸轮理论廓线的极坐标方程式（以 C 为极坐标中心，ϕ 角由 x 轴起逆时针量度）。凸轮的理论廓线方程式为：

$$\begin{cases} r=\left[(r_D\cos\phi_D-l_2\cos\phi_2-l_2'\cos\phi_2'-l_5)^2+(r_D\sin\phi_D-l_2\sin\phi_2-l_2'\sin\phi_2')^2\right]^{1/2} \\ \phi=\arctan\dfrac{r_D\sin\phi_D-l_2\sin\phi_2-l_2'\sin\phi_2'}{r_D\cos\phi_D-l_2\cos\phi_2-l_2'\cos\phi_2'-l_5} \end{cases} \tag{4-3-1}$$

其中

$$\phi_2'=\phi_D\pm\arccos\frac{r_D^2+l_2'^2-l_1^2}{2r_Dl_2'} \tag{4-3-2}$$

$$\phi_2=\pi+\phi_2'-\varepsilon \tag{4-3-3}$$

$$\phi_1=\phi_D-\left(\pm\arccos\frac{r_D^2+l_1^2-l_2'^2}{2r_Dl_1}\right) \tag{4-3-4}$$

式中，±号按机构的位置连续性取定。

（2）实现给定运动规律的固定凸轮-连杆组合机构

图 4-3-6 为一由连杆机构和固定凸轮组成的组合机构。主动件 1 以等角速度 ω_1 连续旋转，通过连杆 2 和 3 带动滑块 4 往复移动。这种组合机构相当于从动曲柄 CE 长度可变的六杆机构 $ABCDE$（E 为凸轮理论轮廓曲线的曲率中心）。具有较长停歇期，可用尺寸较小的凸轮来实现较大输出行程的优点。其设计步骤和方法如下。

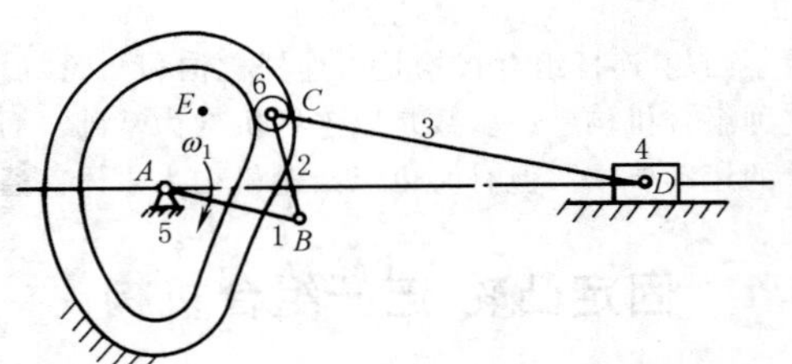

图 4-3-6 固定凸轮-连杆组合机构

① 给定设计条件。主动曲柄长度 $l_1=20\text{mm}$，角速度 $\omega_1=10\text{s}^{-1}$，输出滑块的起始位置 $H_0=88\text{mm}$，行程 $H=36\text{mm}$，运动规律如下：

曲柄转角 ϕ_1	0°~150°	>150°~270°	>270°~360°
滑块位移 s_D	等速向左 36mm	停歇	等速向右 36mm

② 画出输出滑块的位移曲线见图 4-3-7a。

③ 以 A 为中心，l_1 为半径作曲柄圆，顺 ω_1 取 12 等分，得 B_0、B_1、…、B_{12}。同时将行程 H 按图 4-3-7a 所示运动规律求得滑块相应的分点 D_0、D_1、…、D_{12}，见图 4-3-7b。

④ 选定连杆 BC 和 CD 的长度 l_2 和 l_3，由相应的 B 和 D 分点中求得变长 BD 的最大和最小距离：

$$(l_{BD})_{\max}=72\text{mm},\ (l_{BD})_{\min}=56\text{mm}$$

一般可按下列条件求 l_2 和 l_3：

$$l_2+l_3\geqslant(l_{BD})_{\max}\qquad l_3-l_2\leqslant(l_{BD})_{\min}$$

图 4-3-7b 中取：$l_3=68\text{mm}$，$l_2=16\text{mm}$。

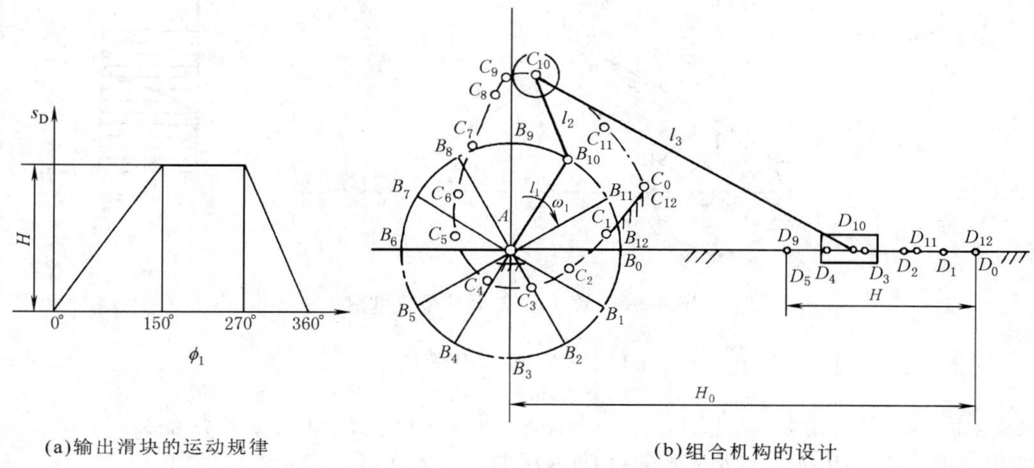

图 4-3-7　糖果包装机中应用的固定凸轮-连杆组合机构

⑤ 凸轮廓线设计，以 B_0 为中心、l_2 为半径作圆弧，再以 D_0 为中心、l_3 为半径作圆弧，两圆弧的交点为 C_0，它就是主动曲柄转角 $\phi_1=0$ 时凸轮理论廓线上的点。同理，分别作出 12 个 C 点，各个 C 点连接起来即固定凸轮的理论廓线。在理论廓线上作一系列滚子圆，其内外包络线即凸轮的工作廓线（图中未画出）。

2.2　转动凸轮-连杆组合机构

这种组合机构是以一个二自由度的五杆机构为基础，利用和主动件一起转动的凸轮来控制五杆机构两个输入运动间的关系，从而使输出的运动实现给定的工作要求。这种组合机构主要有下列两种型式。

（1）用凸轮来控制从动曲柄（或摇杆）的运动

图 4-3-8a 为一由五杆机构 12345 和凸轮机构 145 所组成的相当于机架铰链点 D 的位置可变动的铰链四杆机构 $ABCD$，其设计步骤和方法如下。这种组合机构的另外一种常见型式是将凸轮机构中的移动从动件 4 改为摆动从动件。

① 建立坐标系 Oxy。一般原点 O 与输入轴 A 重合，x 与从动件 4 的移动导路方向平行或重合。

② 选定曲柄 AB 和连杆 BC、CD 的长度 l_1、l_2 和 l_3：

$$l_1=\frac{1}{2}(l_{AC''}-l_{AC'}),\ l_2=\frac{1}{2}(l_{AC''}+l_{AC'}),\ l_3>h_{\max}$$

$l_{AC'}$和 $l_{AC''}$是 A 到 mm 曲线的最近和最远距离。$h_{\max}$ 是 mm 曲线与构件 4 导路线之间的最远距离。

③ 作曲柄圆（图 4-3-8b），并顺 ω_1 方向 12 等分，得 B 点。以各个 B 点为中心、l_2 为半径，与 mm 曲线的交点即得 12 个相应的 C 点，再以各个 C 点为中心、l_3 为半径，与杆 4 导路线的交点即得 12 个相应的分点 D。

④ 作出从动件 4 的位移曲线 s_D-ϕ_1，根据构件 1 各个等分角 ϕ_1 时的 D 点位置，画出其位移曲线（图 4-3-8c），注意 $\phi_1=0°$时，不一定就是从动件 4 的左极限或右极限位置。

⑤ 画出凸轮廓线。根据此位移曲线，用移动从动件盘形凸轮廓线的绘制方法作出凸轮的理论廓线和工作廓线。

⑥ mm 曲线的参数方程式

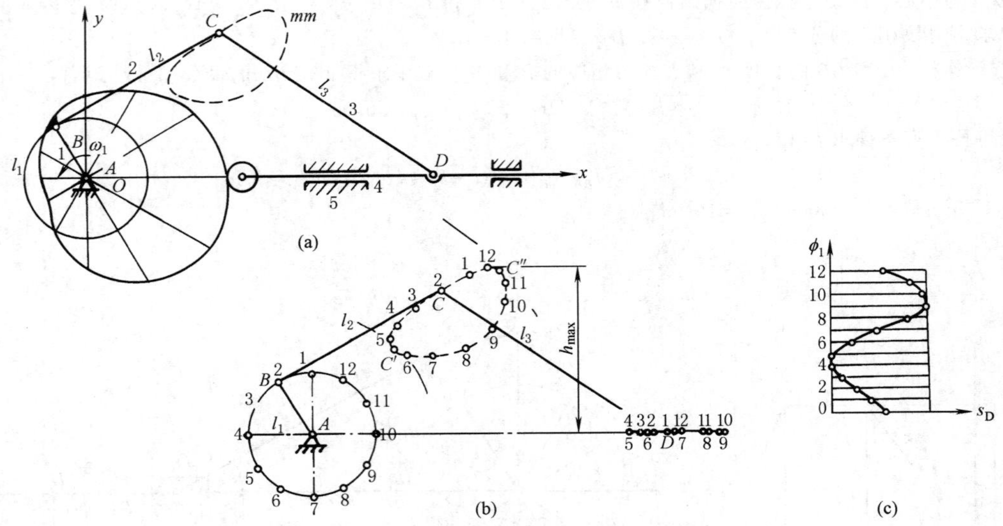

图 4-3-8　转动凸轮-五杆组合机构

$$\begin{cases}x_C=l_1\cos\phi_1+l_2\cos\phi_2\\y_C=l_1\sin\phi_1+l_2\sin\phi_2\end{cases}\tag{4-3-5}$$

设计时选定 mm 曲线上各个 C 点的坐标（x_C，y_C），选定 l_1 和 l_2，按上式求出相应的 ϕ_1 和 ϕ_2。

⑦ 求 D 点的位置（$AD=h_4$）以及从动件 4 的位移规律 $s_D=f(\phi_1)$。

$$\tan\phi_2=(M\pm\sqrt{M^2+N^2-P^2})/(N+P)\tag{4-3-6}$$

其中

$$M=2l_1l_2\sin\phi_1\tag{4-3-7}$$

$$N=2l_1l_2\cos\phi_1-2l_2h_4\tag{4-3-8}$$

$$P=l_3^2-l_1^2-l_2^2-h_4^2+2l_1h_4\cos\phi_1\tag{4-3-9}$$

将选定的 l_1、l_2 和 l_3 以及由式（4-3-5）求得的 ϕ_1 和 ϕ_2 代入上列四式，便可求得和 ϕ_1 相对应的一系列 h_4，从而得出从动件 4 的位移规律 $s_D=f(\phi_1)$。

⑧ 按 $s_D=f(\phi_1)$ 用解析法求解移动从动件盘形凸轮的理论廓线和工作廓线方程式（参见表 4-2-31）。

（2）用凸轮来控制连杆的运动

图 4-3-9a 所示为一五杆机构 12345 和凸轮 1 组成的组合机构。这种组合机构相当于连杆 AC 长度可变的四杆铰链机构 OACD，只要改变凸轮的轮廓曲线形状就可控制 AC 长度的变化规律，设计时，可将其转化为运动相当的连杆机构，用封闭矢量法求解，如图 4-3-9b 所示。这种组合机构的设计步骤和方法如下。

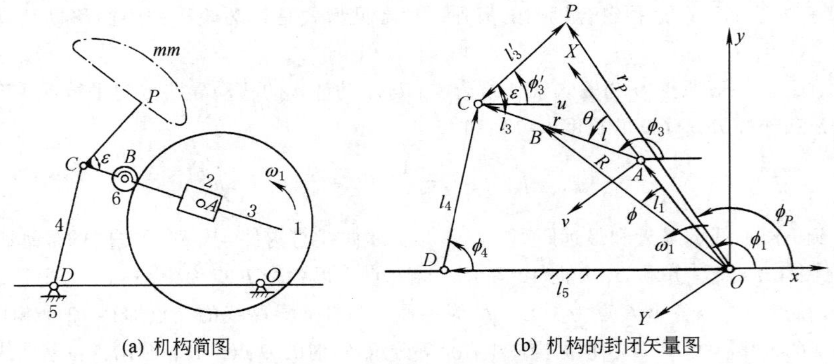

(a) 机构简图　　(b) 机构的封闭矢量图

图 4-3-9　凸轮-五杆组合机构

① 建立定坐标系 Oxy。一般取原点与输入轴重合，Ox 为连心线 OD 方向。

② 选定连杆机构中各杆的尺度。$l_1=OA$，$l_3=BC$，$l'_3=CP$，$l_4=DC$，$l_5=OD$，$\angle PCB=\varepsilon$，这些都是不变的尺度。变量 $r=AB$。

③ 将给定的 mm 曲线用矢量表示为：向径 $\boldsymbol{r}_P=\overrightarrow{OP}$，位置角 ϕ_P。

④ 求出杆 ABC、杆 CP 和杆 DC 的位置角 ϕ_3、ϕ_3'和 ϕ_4。

由机构位置的封闭矢量方程式可解出

$$\phi_4=\phi_F-\left(\pm\arccos\frac{F^2+l_4^2-l'^2_3}{2Fl_4}\right) \tag{4-3-10}$$

$$\phi_3'=\phi_F\pm\arccos\frac{F^2+l'^2_3-l_4^2}{2Fl_3'} \tag{4-3-11}$$

$$\phi_3=\pi+\phi_3'-\varepsilon \tag{4-3-12}$$

式中

$$F=(r_P^2+l_5^2-2r_Pl_5\cos\phi_P)^{1/2}$$

$$\phi_F=\arctan\frac{r_P\sin\phi_P}{l_5+r_P\cos\phi_P}$$

⑤ 求出可变长度 r

$$r=G\cos(\phi_G-\phi_3)-l_1\cos(\phi_1-\phi_3)-l_3 \tag{4-3-13}$$

式中

$$G=(l_4^2+l_5^2-2l_4l_5\cos\phi_4)^{\frac{1}{2}}$$

$$\phi_G=\arctan\frac{l_4\sin\phi_4}{l_4\cos\phi_4-l_5}$$

⑥ 求出主动件 1 的相应转角 ϕ_1

$$\phi_1=\phi_3+\arcsin\frac{G\sin(\phi_G-\phi_3)}{l_1} \tag{4-3-14}$$

⑦ 求凸轮理论廓线在动坐标 uAv 上的方程式。动坐标 uAv 和构件 1 固连，原点在 A。凸轮理论廓线在坐标系 uAv 上的极坐标方程式：

$$\begin{cases}r=G\cos(\phi_G-\phi_3)-l_1\cos(\phi_1-\phi_3)-l_2\\ \theta=\phi_3-\phi_1\end{cases} \tag{4-3-15}$$

直角坐标方程式：

$$\begin{cases}u=r\cos\theta\\ v=r\sin\theta\end{cases} \tag{4-3-16}$$

2.3 联动凸轮-连杆组合机构

这种组合机构是以联动凸轮机构为主体，连杆机构作为实现复杂工作要求的执行部分。

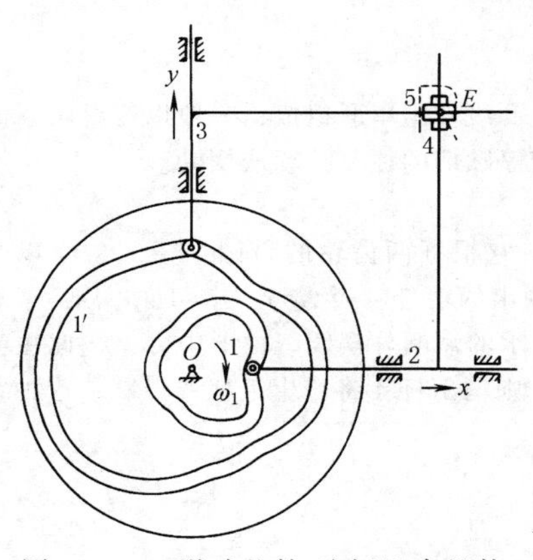

图 4-3-10 联动凸轮-连杆组合机构

图 4-3-10 所示联动凸轮-连杆组合机构中，主动件是两个固连在一起的盘形槽凸轮 1 和 1′，当凸轮 1 和 1′转动时，根据这两个凸轮的不同轮廓形状和相互间的位置配合关系，可使 E 点准确地实现工作所需要的预定轨迹。这种组合机构的设计步骤和方法如下。

① 按工作要求拟定出 E 点描绘给定轨迹 R 的路线，并确定分点。在选择路线时注意必须轨迹连续，首末衔接，为了轨迹连续，允许 E 点走的路线有重复。图 4-3-11a 中将轨迹 R 分成 30 点。

② 将凸轮 1 和 1′的转角 ϕ_1 和 ϕ_1'按一圈 30 等分，分别作出 E 点在 x 和 y 方向的位移 s_x 和 s_y，并连成位移曲线 $s_x-\phi_1$ 和 $s_y-\phi'_1$（图 4-3-11b 和图 4-3-11c）。

③ 选定凸轮 1 和 1′的起始位置并作出其一圈中的各等分角。图 4-3-11d 中，取凸轮 1 的起始位置 ϕ_{10} 为 Ox 方向，取凸轮 1′的起始位置 ϕ_{10}'为 Oy 方向。逆凸轮 ω_1 方向各取一圈 30 个等分角线。

④ 作出凸轮的理论廓线和工作廓线。按凸轮轮廓设计的反转法原理，根据位移曲线 $s_x-\phi_1$ 和 $s_y-\phi_1'$分别作出移动从动件盘形凸轮 1 和 1′的理论廓线（图 4-3-11d）。然后在理论廓线上作一系列滚子圆，其内外包络线即凸轮的工作廓线（图中未画出）。

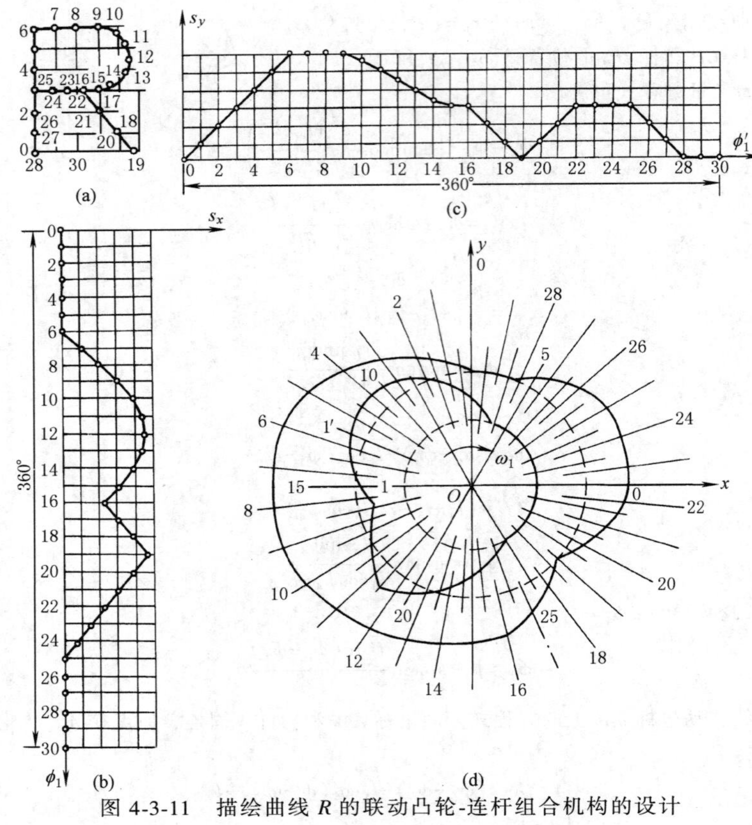

图 4-3-11　描绘曲线 R 的联动凸轮-连杆组合机构的设计

3　齿轮-连杆组合机构

凸轮-连杆组合机构虽能完成多种运动要求，但其承载能力和加工要求均有限制，因此在某些情况下，使用齿轮-连杆组合机构也可以达到所要的运动要求，只是设计较为困难。这种组合机构中的齿轮机构，多数采用周转轮系。

3.1　行星轮系与Ⅱ级杆组的组合机构

这种组合机构是由一个最简单的单排内啮合或外啮合行星轮系与一个Ⅱ级杆组串联组成，一般以行星轮系的转臂为主动件，利用行星轮与杆组铰接点所走的轨迹，使输出构件实现带停歇期的往复移动或摆动。

（1）单排外啮合行星轮系与双滑块杆组的组合机构

这种组合机构如图 4-3-12 所示，C 点的轨迹为外摆线或变幅外摆线，它根据两齿轮的节圆半径 r_1、r_2 以及 BC 长度 r_3 的不同，而有不同的轨迹。图 4-3-13 为 $K=r_1/r_2=2$ 时 C 点所画出的轨迹，当 $\lambda=r_3/r_2=1$ 时，则 C_1 点的轨迹为图中实线所示的外摆线；当 $\lambda=1/3$ 时，则 C_2 点的轨迹为虚线所示的短幅外摆线。由图中可见，此短幅外摆线上有两段为近似的直线，如滑块 3 上 C 点行经此两段近似直线时，则输出杆 4 将产生近似的停歇。这种组合机构的设计步骤和方法如下。

① 行星轮系 12H 中各构件间的角速比和转角关系。

$$i_{2H}=\omega_2/\omega_H=1+K \tag{4-3-17}$$

轮 2 的转角：

$$\phi_2=(1+K)\phi \tag{4-3-18}$$

轮 2 相对 H 的转角：

$$\varphi_2^H=\phi_2-\phi=K\phi \tag{4-3-19}$$

式中　ϕ——主动转臂 H 的转角；

K——齿数比，$K=z_1/z_2$。

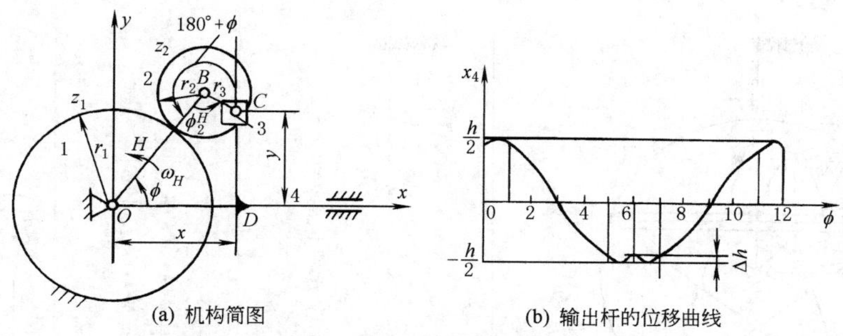

图 4-3-12　单排外啮合行星轮系-连杆组合机构

② 行星齿轮 2 上 C 点的轨迹方程式。

$$\begin{cases}x_C=(r_1+r_2)\cos\phi-r_3\cos(1+K)\phi \\ y_C=(r_1+r_2)\sin\phi-r_3\sin(1+K)\phi\end{cases} \tag{4-3-20}$$

式中　r_1、r_2——齿轮 1 与 2 的节圆半径；

r_3——BC 的长度。

③ 输出杆 4 的位置和行程 h。

$$\begin{cases}x_4=H\cos\phi-r_3\cos\ (1+K)\phi \\ y_4=0\end{cases} \tag{4-3-21}$$

式中　H——转臂的长度，当 $\phi=0$ 时，$x_4=H-r_3$；$\phi=\pi$ 时，$x_4=-(H-r_3)$。

行程　$h=(H-r_3)+(H-r_3)=2(H-r_3)$　(4-3-22)

图 4-3-12b 为转臂 H 转一周中输出杆 4 的位移曲线 $x_4=f(\phi)$，此机构取 $K=2$。

④ 输出杆 4 的速度 v_4 和加速度 a_4。

$$v_4=\dot{x}_4=-\omega_H[H\sin\phi-(1+K)r_3\sin(1+K)\phi] \tag{4-3-23}$$

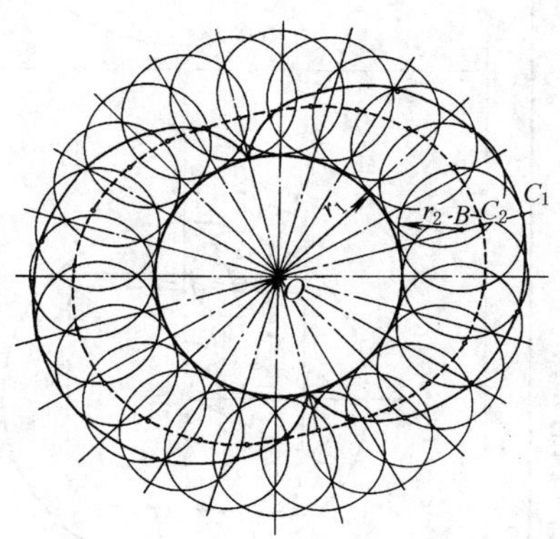

$K=2$　实线：$\lambda=1$　虚线：$\lambda=1/3$

图 4-3-13　外摆线和变幅外摆线

$$a_4=\ddot{x}_4=-\varepsilon_H[H\sin\phi-(1+K)r_3\sin(1+K)\phi]-\omega_H{}^2[H\cos\phi-(1+K)^2r_3\cos(1+K)\phi] \tag{4-3-24}$$

式中　ω_H——转臂 H 的角速度；

ε_H——转臂 H 的角加速度，当 ω_H 为常数时，$\varepsilon_H=0$。

⑤ 如工作要求输出杆 4 在其行程两端具有近似停歇区，并给定转臂 H 的相应转角，计算转臂长度 H 与 r_3 的比值 σ 和 r_3 与 r_2 的比值 λ。本例中取 $K=2$，并给定输出杆 4 在行程两端近似停歇时转臂 H 的相应转角各为 60°。设计时，假定输出杆在行程两端停歇时的位置为对称分布，即按 $\phi=0°$ 和 $\phi=30°$时的 x_4 值相等的条件求解（同理，按 $\phi=150°$ 和 $\phi=180°$时 x_4 值相等的条件），可得：

$$H-r_3=H\cos30°$$

$$\sigma=\frac{H}{r_3}=7.4627$$

$$\lambda=\frac{r_3}{r_2}=\frac{1+K}{\sigma}=\frac{1+2}{7.4627}=0.402$$

⑥ 行程 h 及其微动值 Δh。输出杆 4 在极限位置时转臂 H 相应的位置角 ϕ 可按下法求得：令式（4-3-23）中 $\dot{x}_4=0$，并将 σ 值代入可得 $\phi=0°$及 $\phi=20.96°$，然后以 $\phi=20.96°$及 $x_4=0.5h$ 代入式（4-3-21）求得 $h=1.74549H$，$\Delta h=0.5h-(H-r_3)=-0.00673H=-0.00386h$，这表示微动值 Δh 仅占行程 h 的 0.4%左右，所以实际上由于运动副中间隙等因素存在，在输出杆 4 的行程两端，相应于主动件 H 的转角 60°范围内，将出现一段时间的停歇期。

（2）单排内啮合行星轮系与Ⅱ级杆组的组合（实现近似停歇运动）

表 4-3-1 中图 a 为这种组合机构 $K=r_1/r_2=3$，$\lambda=r_3/r_2=1$ 时 C 点的轨迹 mm；当 $\lambda=1/2$ 时，则 C 点的轨迹为具有近似直线段的带圆角三角形，如图 b；当 $\lambda=1.5$ 时，则 C 点的轨迹为长幅内摆线（图未示出）。若选取适当的连杆长度 l_3，使以 D 为中心、l_3 为半径的圆弧通过内摆线 mm 上的 C、C'和 C''点，则输出滑块 4 将出现近似停歇段，且有相应于主动转臂转角为±ϕ 的停歇时间。如果将图 a 的滑块 4 改为摇杆 5（如虚线所示），则输出摇杆 5 在摆动到其右极限位置时将具有停歇期。改变 K 和 λ 可以得到不同形状的变幅内摆线，图 c 所示为 $K=4$，$\lambda=1/3$ 时，C 点的轨迹为具有近似直线段的带圆角正方形；如取 $K=2.5$，$\lambda=2/3$，此时 C 点的轨迹为具有近似直线段的带圆角五角星形（如图 d）。图 b、c 为 C 点处再铰接一个双滑块杆组 34，则当 C 点途经近似直线段时，输出杆 4 将出现停歇期。这种组合机构的设计步骤和方法见表 4-3-1。

表 4-3-1　　单排内啮合式行星轮系-连杆组合机构的计算

机构简图

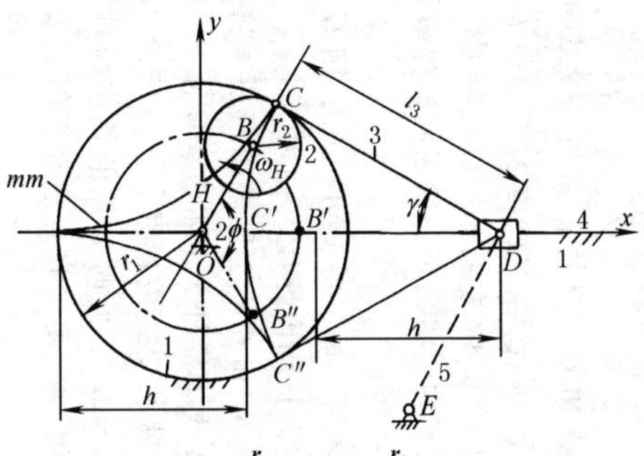

(a) $K=\frac{r_1}{r_2}=3$，$\lambda=\frac{r_3}{r_2}=1$	(b) $K=\frac{r_1}{r_2}=3$，$\lambda=\frac{r_3}{r_2}=\frac{1}{2}$	(c) $K=\frac{r_1}{r_2}=4$，$\lambda=\frac{r_3}{r_2}=1/3$	(d) $K=\frac{r_1}{r_2}=2.5$，$\lambda=\frac{r_3}{r_2}=\frac{2}{3}$

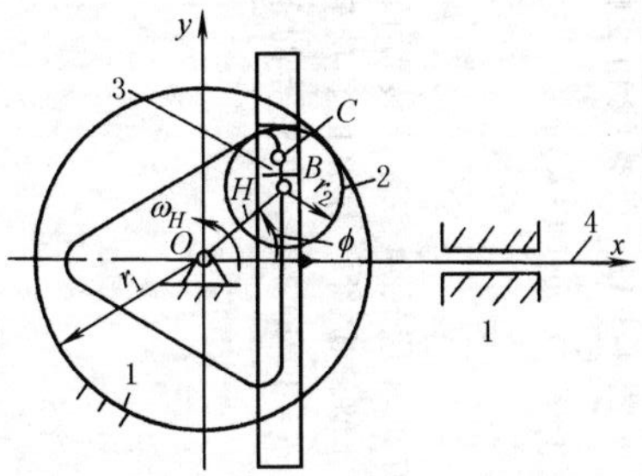

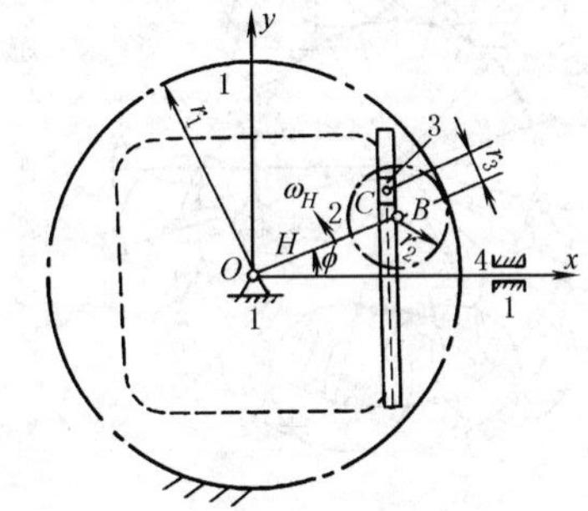

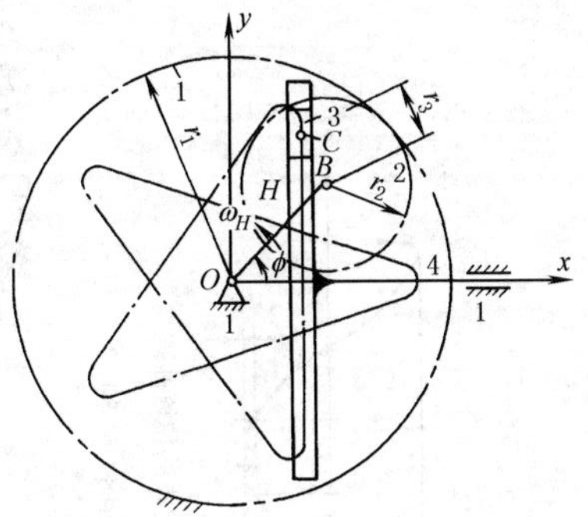

已知条件	$K=r_1/r_2=z_1/z_2, \omega_H$ $l_1=l_{OB}=(K-1)r_2, l_2=l_{BC}=r_3=\lambda r_2, l_3$ 由结构取定	构件 4 的行程	$h=x_0-x_{min}$
构件的角速比与转角关系	$i_{2H}=\omega_2/\omega_H=1-K, \phi_2=(1-K)\phi$ 相对转角：$\phi_2^H=\phi_2-\phi=-K\phi$ 式中　ϕ——主动臂 H 的转角	构件 4 的位移	$S=x-x_{min}+l_3(\cos\gamma-1)$，$\sin\gamma=y/l_3$ 图 b、d：$\gamma=0, l_3=\infty$
C 点坐标	$x=l_1\cos\phi-l_2\cos\phi(K-1)\phi$ $=r_2[(K-1)\cos\phi-\lambda\cos(K-1)\phi]$ $y=l_1\sin\phi+l_2\sin(K-1)\phi$ $=r_2[(K-1)\sin\phi+\lambda\sin(K-1)\phi]$	x、y 对 ϕ 的导数	$dx/d\phi=(K-1)r_2[-\sin\phi+\lambda\sin(K-1)\phi]$ $dy/d\phi=(K-1)r_2[\cos\phi+\lambda\cos(K-1)\phi]$
当 $\phi=0$ 时，$x=x_0$	$x_0=l_1-l_2=r_2(K-1-\lambda)$	构件 4 的速度	$v_4=ds/dt=\omega_H\left(\frac{dx}{d\phi}-\frac{y}{l_3\cos\gamma}\times\frac{d\gamma}{d\phi}\right)$
当 $\phi=180°$ 时 $x=x_{min}$	$x_{min}=-(l_1+l_2)=-r_2(K-1+\lambda)$	和构件 4 停歇期相对应的转臂 H 的转角 ϕ	$\phi=\pm\frac{\pi}{K}$

注：1. 当在 $\phi=0$ 的起始位置，铰链 C 在 OB 的延长线上时，λ 以负值代入。
2. 单排行星轮系尚可与其他双杆组合成五杆齿轮连杆机构，获得具有连续输出运动、往复摆动及具有停歇、中间停歇和部分逆移的往复移动。

3.2 四杆机构与周转轮系的组合机构

(1) 主动曲柄上固连有齿轮

图 4-3-14 为铰链四杆机构与周转轮系复联组成的组合机构（铰链四杆-周转轮系组合机构），主动件为曲柄 1，其上固连有齿轮 z_1，其节圆半径为 r_1（r_1 有时也可大于曲柄长度 l_1）。齿轮 5 空套在铰链 B 上，输出轮 6 空套在轴 C 上，当主动曲柄以等角速度 ω_1 连续旋转时，根据四杆机构各杆尺度和齿轮齿数的不同配置，输出齿轮 6 可能得到下列三种不同类型的运动规律：①无停歇点的单向不匀速转动（图 4-3-15a）；②有瞬时停歇（m 点）的单向不匀速转动（图 4-3-15b）；③有两个瞬时停歇点（m 和 n）的不匀速转动（图 4-3-15c）。

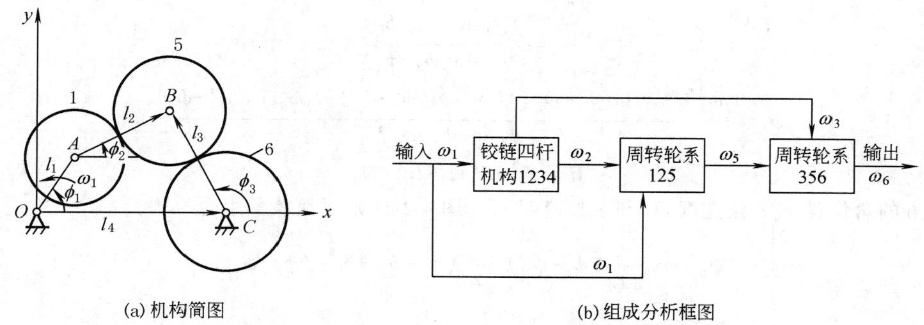

(a) 机构简图 (b) 组成分析框图

图 4-3-14 铰链四杆机构与周转轮系复联组合机构

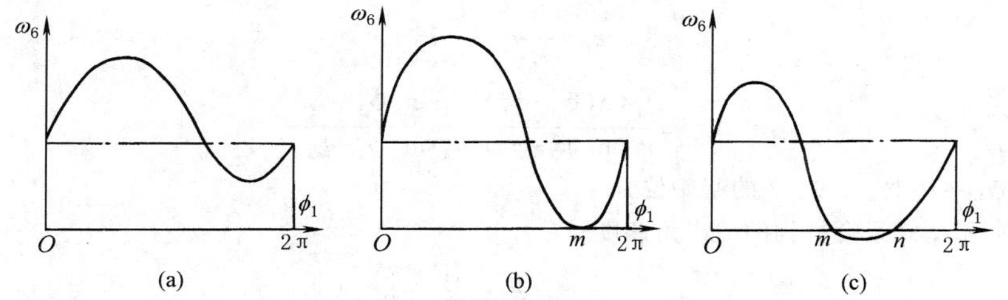

(a) (b) (c)

图 4-3-15 铰链四杆-周转轮系组合机构的运动规律

根据结构需要，齿轮 5 也可以做成双联的形式，如图 4-3-16 中 5（z_5）和 5′（z_5'），而图 b 中输出齿轮 6（z_6）为内齿轮。铰链四杆机构与周转轮系复联组合机构的设计步骤和方法如下。

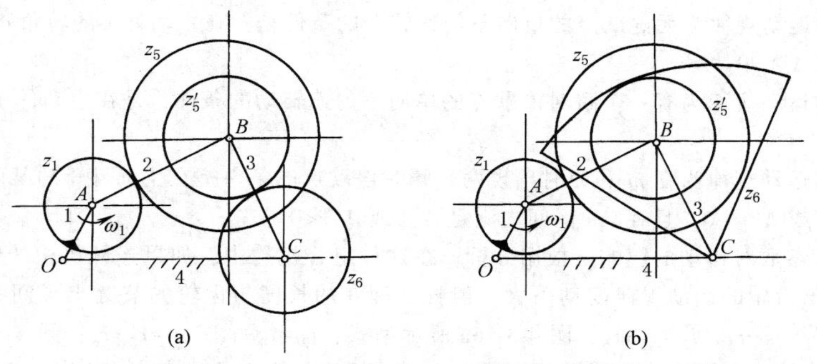

(a) (b)

图 4-3-16 铰链四杆-周转轮系组合机构

1）杆 2 的角位置 ϕ_2、角速度 ω_2 和角加速度 ε_2。

$$\phi_2 = 2\arctan\frac{F \pm \sqrt{E^2+F^2-G^2}}{E-G} \tag{4-3-25}$$

$$\omega_2 = -\omega_1\frac{l_1\sin(\phi_1-\phi_3)}{l_2\sin(\phi_2-\phi_3)} \tag{4-3-26}$$

$$\varepsilon_2=\frac{l_3\omega_3^2-l_1\varepsilon_1\sin(\phi_1-\phi_3)-l_1\omega_1^2\cos(\phi_1-\phi_3)-l_2\omega_2^2\cos(\phi_2-\phi_3)}{l_2\sin(\phi_2-\phi_3)} \tag{4-3-27}$$

$$E=l_4-l_1\cos\phi_1$$

$$F=-l_1\sin\phi_1$$

$$G=-\frac{E^2+F^2+l_2^2-l_3^2}{2l_2}$$

2）杆 3 的角位置 ϕ_3、角速度 ω_3 和角加速度 ε_3。

$$\phi_3=2\arctan\frac{F\pm\sqrt{E^2+F^2-H^2}}{E-H} \tag{4-3-28}$$

$$\omega_3=\omega_1\frac{l_1\sin(\phi_1-\phi_2)}{l_3\sin(\phi_3-\phi_2)} \tag{4-3-29}$$

$$\varepsilon_3=\frac{l_2\omega_2^2+l_1\varepsilon_1\sin(\phi_1-\phi_2)+l_1\omega_1^2\cos(\phi_1-\phi_2)-l_3\omega_3^2\cos(\phi_3-\phi_2)}{l_3\sin(\phi_3-\phi_2)} \tag{4-3-30}$$

式中 $$H=(E^2+F^2+l_3^2-l_2^2)/2l_3$$

3）齿轮 6 的角位置 ϕ_6、角速度 ω_6 和角加速度 ε_6（图 4-3-14 所示型式的组合机构）。

$$\phi_6=\phi_{30}+\frac{r_1}{r_6}(\phi_1-\phi_{10})-\frac{l_2}{r_6}(\phi_2-\phi_{20})+\frac{l_3}{r_6}(\phi_3-\phi_{30}) \tag{4-3-31}$$

$$\omega_6=\omega_1\Delta\frac{r_1}{r_6} \tag{4-3-32}$$

$$\varepsilon_6=\frac{l_3}{r_6}\varepsilon_3-\frac{l_2}{r_6}\varepsilon_2 \tag{4-3-33}$$

$$\Delta=1+\frac{l_1\sin(\phi_3-\phi_1)}{r_1\sin(\phi_3-\phi_2)}+\frac{l_1\sin(\phi_2-\phi_1)}{r_1\sin(\phi_2-\phi_3)} \tag{4-3-34}$$

式中　ϕ_{10}、ϕ_{20}、ϕ_{30}——杆 1、2、3 的起始位置。

4）图 4-3-16 所示型式组合机构的输出角速度 ω_6。

$$\omega_6=\omega_1\Delta\frac{r_1r_5'}{r_5r_6} \tag{4-3-35}$$

$$\Delta'=\pm1\pm\frac{l_1\sin(\phi_3-\phi_1)}{r_1\sin(\phi_3-\phi_2)}+\frac{r_5l_1\sin(\phi_2-\phi_1)}{r_5'r_1\sin(\phi_2-\phi_3)} \tag{4-3-36}$$

图 4-3-16a 所示的外啮合用正号，图 b 所示的内啮合用负号。

5）齿轮 6 输出的运动规律为无停歇点的单向不匀速转动的条件是：在主动件 1 的转角 ϕ_1 从 $0\to2\pi$ 中的任一位置时均应满足 Δ(或 Δ')>0。

6）齿轮 6 输出的运动规律为有一个瞬时停歇点的单向不匀速转动的条件，是在主动件 1 的某一转角位置 ϕ_1 时出现 Δ(或 Δ')= 0。

7）齿轮 6 输出的运动规律为在 m 和 n 时出现两个瞬时停歇点的条件是在主动件 1 的某两个转角位置时（对应 m 和 n），出现 Δ（或 Δ'）= 0，且在 mn 区间内满足 Δ（或 Δ'）<0。

8）机构中各尺度参数对运动的影响。根据分析，在这种组合机构中，如果连杆机构的各杆长度不变，只改变齿轮的齿数，则输出齿轮的运动规律变动不大。但杆 2 和 3 的长度与齿轮的节圆半径间有一定几何关系，即图 4-3-14 所示型式：$l_2=r_1+r_5$，$l_3=r_5+r_6$；图 4-3-16a 所示型式：$l_2=r_1+r_5$，$l_3=r_5'+r_6$；图 4-3-16b 所示型式：$l_2=r_1+r_5$，$l_3=r_6-r_5'$。故这种组合机构的主要设计变量为主动曲柄的长度 l_1 和机架的长度 l_4。一般设计时可先定 l_1，然后再求 l_4。

$l_4=l_{4\min}$ 时，轮 6 出现一个瞬时停歇点；$l_4>l_{4\min}$ 时，轮 6 有可能出现两个瞬时停歇点；$l_4<l_{4\min}$ 时，轮 6 只是变速无停歇。

9）能出现瞬时停歇点的条件是 $l_4=l_{4\min}$。

$$l_{4\min}=\{[(r_1+2r_5+r_6)\cos\lambda-(r_1^2\cos^2\lambda-r_1^2+l_1^2)^{1/2}]^2+r_6^2\sin^2\lambda\}^{1/2} \tag{4-3-37}$$

式中的 λ 需满足下列方程式：

$$K\cos^4\lambda-L\cos^2\lambda-M=0 \tag{4-3-38}$$

$$K=[(r_6^2-r_1^2)^2-2(r_6^2+r_1^2)(r_1+2r_5+r_6)^2+(r_1+2r_5+r_6)^4]r_1^2 \tag{4-3-39}$$

$$L=[(r_6^2-r_1^2)^2-2(r_6^2+r_1^2)(r_1+2r_5+r_6)^2+(r_1+2r_5+r_6)^4](r_1^2-l_1^2) \tag{4-3-40}$$

$$M=(r_1+2r_5+r_6)^2(r_1^2-l_1^2)^2 \tag{4-3-41}$$

10）出现瞬时停歇点时的相应主动件角位置 ϕ_1。

$$\phi_1=\arcsin\left(\frac{r_1}{l_1}\sin\lambda\right)+\arctan\left(\frac{r_6}{l_4}\sin\lambda\right)+180° \tag{4-3-42}$$

（2）连杆上固连有齿轮

图 4-3-17 所示为铰链四杆机构与周转轮系组成的组合机构，主动件为曲柄 1，连杆 2 上固连有齿轮 2，输出件为齿轮 5。这种组合机构有两种型式：①回归式（输出轮 5 与主动件 1 共轴线）；②非回归式（输出轮 5 与杆 3 共轴线）。根据四杆机构各杆的尺度和齿轮齿数的不同配合，当主动曲柄以等角速度 ω_1 连续旋转时，输出轮 5 可获得如图 4-3-15 所示的不同运动规律。这种组合机构的设计步骤和方法如下。

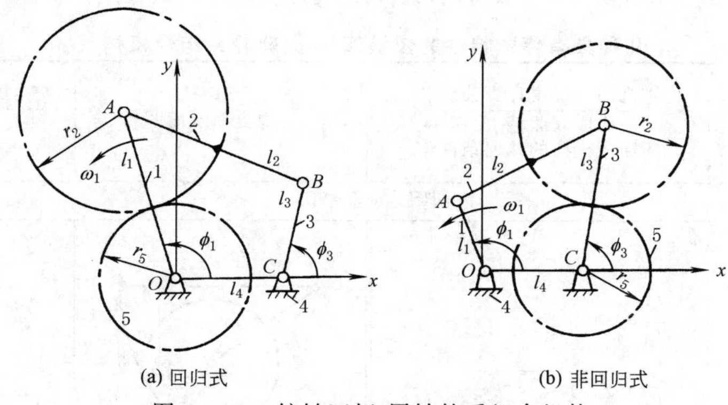

图 4-3-17　铰链四杆-周转轮系组合机构

1）由周转轮系的角速比公式及其对时间的积分和微分可求得输出齿轮 5 的角位置 ϕ_5、角速度 ω_5 和角加速度 ε_5。

回归式（图 4-3-17a）：

$$\phi_5=\phi_{50}+(1+i)(\phi_1-\phi_{10})-i(\phi_2-\phi_{20}) \tag{4-3-43}$$

$$\omega_5=(1+i)\omega_1-i\omega_2 \tag{4-3-44}$$

$$\varepsilon_5=(1+i)\varepsilon_1-i\varepsilon_2 \tag{4-3-45}$$

非回归式（图 4-3-17b）：

$$\phi_5=\phi_{50}+(1+i)(\phi_3-\phi_{30})-i(\phi_2-\phi_{20}) \tag{4-3-46}$$

$$\omega_5=(1+i)\omega_3-i\omega_2 \tag{4-3-47}$$

$$\varepsilon_5=(1+i)\varepsilon_3-i\varepsilon_2 \tag{4-3-48}$$

式中　i——齿数比，$i=\pm\frac{z_2}{z_5}$，外啮合 i 为正，内啮合 i 为负；

ϕ_{10}、ϕ_{20}、ϕ_{30}、ϕ_{50}——杆 1、2、3 和轮 5 的起始位置角；

ϕ_2、ϕ_3、ω_2、ω_3、ε_2、ε_3——杆 2 和 3 的位置角、角速度和角加速度，由四杆铰链机构 $OABC$ 求得，可按式（4-3-25）~式（4-3-30）计算。

2）输出齿轮 5 具有瞬时停歇特性时的条件，根据机构各构件间的运动关系，以及瞬时停歇时 $\omega_5=0$、$\varepsilon_5=0$ 的条件，可由下列非线性方程组联立求解。

回归式：

$$\left.\begin{aligned}
&l_1^2-l_2^2+l_3^2+l_4^2-2l_1l_4\cos\phi_{10}+2l_3l_4\cos\phi_{30}-2l_1l_3\cos(\phi_{10}-\phi_{30})=0 &&\text{(a)}\\
&\frac{l_1}{l_4}\sin(\phi_{10}-\phi_{30})+(1+i)\sin\phi_{30}=0 &&\text{(b)}\\
&[l_1l_3\sin(\phi_{10}-\phi_{30})+l_1l_4\sin\phi_{10}]\sin\phi_{10}-[l_1l_3\sin(\phi_{10}-\phi_{30})\\
&\quad+l_3l_4\sin\phi_{30}]\sin\phi_{30}=\cos(\phi_{10}-\phi_{30}) &&\text{(c)}
\end{aligned}\right\} \tag{4-3-49}$$

第4篇

非回归式：

$$\left.\begin{aligned}
&l_1^2-l_2^2+l_3^2+l_4^2-2l_1l_4\cos\phi_{10}-2l_3l_4\cos\phi_{30}-2l_1l_3\cos(\phi_{10}-\phi_{30})=0 &\text{(a)}\\
&\frac{l_3}{l_4}\sin(\phi_{10}-\phi_{30})+(1+i)\sin\phi_{10}=0 &\text{(b)}\\
&[l_1l_3\sin(\phi_{10}-\phi_{30})+l_3l_4\sin\phi_{30}]\sin\phi_{30}-[l_1l_3\sin(\phi_{10}-\phi_{30})\\
&\quad+l_1l_4\sin\phi_{10}]\sin\phi_{10}=\cos(\phi_{10}-\phi_{30}) &\text{(c)}
\end{aligned}\right\}\qquad(4\text{-}3\text{-}50)$$

上列方程组中均含有六个未知数，即 l_1/l_4、l_2/l_4、l_3/l_4、i、ϕ_{10} 和 ϕ_{30}。设计时一般可先选定铰链四杆机构的杆长比 l_1/l_4、l_2/l_4、l_3/l_4，然后按照上列方程组求出 i、ϕ_{10} 和 ϕ_{30}。

表 4-3-2 列出了几种具有瞬时停歇特性的铰链四杆-周转轮系组合机构的尺度设计计算公式，其主要设计步骤为：①选定表中给出的 ϕ_{10} 和 ϕ_{30}；②选定齿轮 2 与 5 是内啮合还是外啮合，及其齿数比 i 的范围；③计算铰链四杆机构中各杆的长度比，一般可先选定 $l_4=1$，表中所列公式中，l_1/l_4、l_2/l_4、l_3/l_4 均取绝对值；④杆长选定后，应按表中最后一栏所列公式校验并确认一下铰链四杆机构的属性。

表 4-3-2　几种具有停歇特性的铰链四杆-周转轮系组合机构

机构类型及简图	机构的尺度计算公式 构成双曲柄、曲柄摇杆机构的几何条件	机构类型及简图	机构的尺度计算公式 构成双曲柄、曲柄摇杆机构的几何条件
回归式 $\phi_{30}=90°$			
$i<-1$, $\phi_{10}=180°$ (a)	$\frac{l_1}{l_4}=i-1$ $\frac{l_2}{l_4}=\sqrt{(l_3/l_4)^2+i^2}$ 双曲柄：l_4 应为最短杆 曲柄摇杆：l_1 或 l_3 为最短杆 后同	$i<-1$ $90°<\phi_{10}<180°$ (d)	$\frac{l_1}{l_4}=(i-1)/\cos\phi_{10}$ $\frac{l_2}{l_4}=\sqrt{(l_1/l_4)^2-(l_3/l_4)^2+1}$
$i>0$, $\phi_{10}=0°$ (b)	$\frac{l_1}{l_4}=1+i$ $\frac{l_2}{l_4}=\sqrt{\left(\frac{l_3}{l_4}\right)^2+i^2}$	$i>0, 0<\phi_{10}<90°$ (e)	$\frac{l_1}{l_4}=(1+i)/\cos\phi_{10}$ $\frac{l_2}{l_4}=i$ $\frac{l_3}{l_4}=\sqrt{(l_1/l_4)^2-(1+i)^2}$
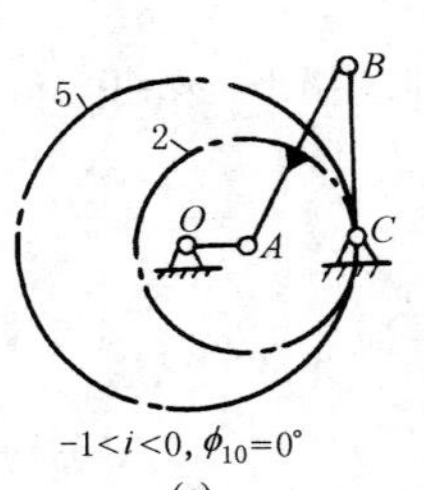 $-1<i<0, \phi_{10}=0°$ (c)	$\frac{l_1}{l_4}=1-i$ $\frac{l_2}{l_4}=\sqrt{\left(\frac{l_3}{l_4}\right)^2+i^2}$	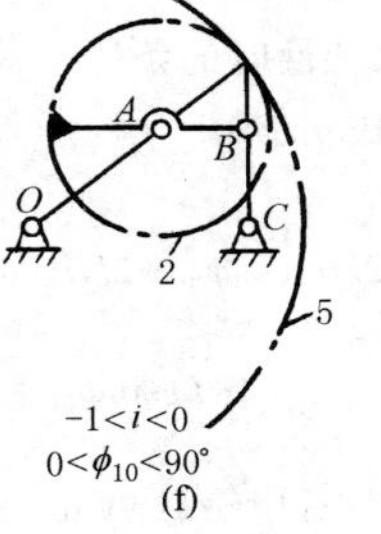 $-1<i<0$ $0<\phi_{10}<90°$ (f)	$\frac{l_1}{l_4}=(1-i)/\cos\phi_{10}$ $\frac{l_2}{l_4}=i$ $\frac{l_3}{l_4}=\sqrt{\left(\frac{l_1}{l_4}\right)^2-(1-i)^2}$

续表

机构类型及简图	机构的尺度计算公式 构成双曲柄、曲柄摇杆机构的几何条件	机构类型及运动简图	机构的尺度计算公式 构成双曲柄、曲柄摇杆机构的几何条件
非回归式 $\phi_{10}=90°$			
$i<-1$, $\phi_{30}=0°$ (g)	$\frac{l_2}{l_4}=\sqrt{\left(\frac{l_1}{l_4}\right)^2+i^2}$ $\frac{l_3}{l_4}=i-1$	$i<-1$, $0<\phi_{30}<90°$ (j)	$\frac{l_3}{l_4}=\frac{i-1}{\cos\phi_{30}}$ $\frac{l_2}{l_4}=i$ $\frac{l_1}{l_4}=\sqrt{(l_3/l_4)^2+(1-i)^2}$
$i>0$, $\phi_{30}=180°$ (h)	$\frac{l_2}{l_4}=\sqrt{\left(\frac{l_1}{l_4}\right)^2+i^2}$ $\frac{l_3}{l_4}=1+i$	$i>0$, $90°<\phi_{30}<180°$ (k)	$\frac{l_1}{l_4}=\sqrt{\left(\frac{l_3}{l_4}\right)^2-(1+i)^2}$ $\frac{l_2}{l_4}=i$ $\frac{l_3}{l_4}=\frac{1+i}{\cos\phi_{30}}$
$-1<i<0$, $\phi_{30}=180°$ (i)	$\frac{l_2}{l_4}=\sqrt{\left(\frac{l_1}{l_4}\right)^2+i^2}$ $\frac{l_3}{l_4}=1-i$	$90°<\phi_{30}<180°$ $-1<i<0$ (l)	$\frac{l_1}{l_4}=(1-i)\tan\phi_{30}$ $\frac{l_2}{l_4}=i$ $\frac{l_3}{l_4}=\sqrt{(l_1/l_4)^2+(1-i)^2}$

铰链四杆-周转轮系组合机构中，如其铰链四杆机构为特殊杆长比的双曲柄机构，它除了能瞬时停歇外，还具有较佳的传动性能。图 4-3-18～图 4-3-21 列出了这种型式组合机构的设计线图，其设计计算步骤如下。

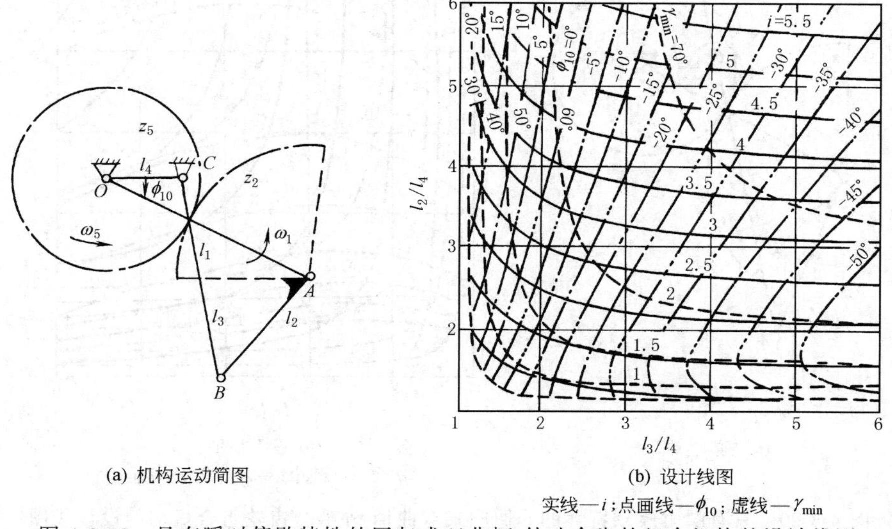

(a) 机构运动简图　　(b) 设计线图

实线—i；点画线—ϕ_{10}；虚线—γ_{min}

图 4-3-18　具有瞬时停歇特性的回归式双曲柄-外啮合齿轮组合机构的设计线图

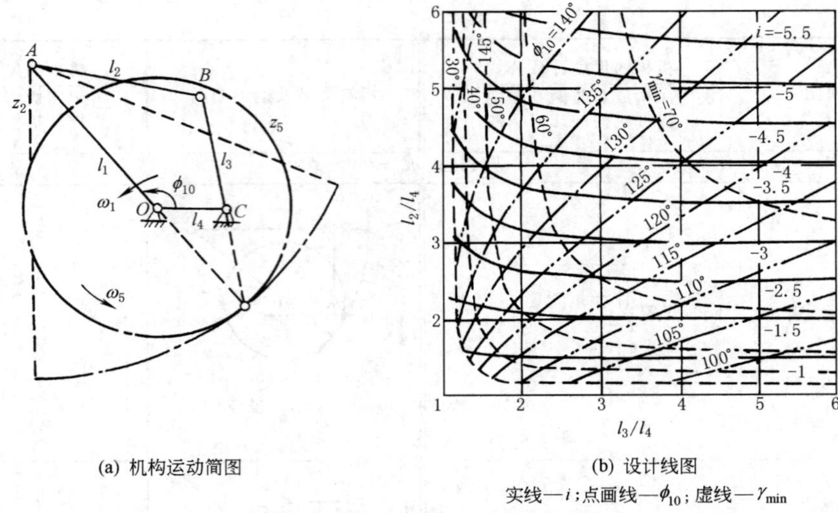

(a) 机构运动简图

(b) 设计线图

实线—i；点画线—ϕ_{10}；虚线—γ_{min}

图 4-3-19　具有瞬时停歇特性的回归式双曲柄-内啮合齿轮组合机构的设计线图

① 选定此组合机构是回归式还是非回归式，再选定 z_2 与 z_5 是内啮合还是外啮合。

② 选定机架的长度 l_4，在这种型式组合机构中，因为其铰链四杆机构为双曲柄机构，故 l_4 通常是四个杆长中的最短者。

③ 根据结构要求，选定杆长 l_2 和 l_3。

④ 根据 l_2/l_4 和 l_3/l_4，查阅图 4-3-18~图 4-3-21 中与机构类型对应的图，由图中的实线定出齿数比 i（$i=\pm z_2/z_5$，外啮合为正，反之为负），并由图中点画线定出主动曲柄 1 的起始位置角 ϕ_{10}。图中的虚线为铰链四杆机构中杆 2 与 3 间所夹的最小传动角 γ_{min}，可供设计中评估传动性能时参考。

⑤ 按下式计算主动杆长 l_1（l_1 取绝对值）：

$$l_1=\left|\sqrt{l_2^2+l_3^2-l_4^2}\right| \tag{4-3-51}$$

例如选定机构是回归式外啮合，选定 $l_4=1$，$l_2/l_4=3$，$l_3/l_4=2$，则由图 4-3-18 可查得 $i=2.5$，$\phi_{10}=-3°$，$\gamma_{min}=54°$，则

$$l_1=\sqrt{3^2+2^2-1^2}=3.464$$

第 4 篇

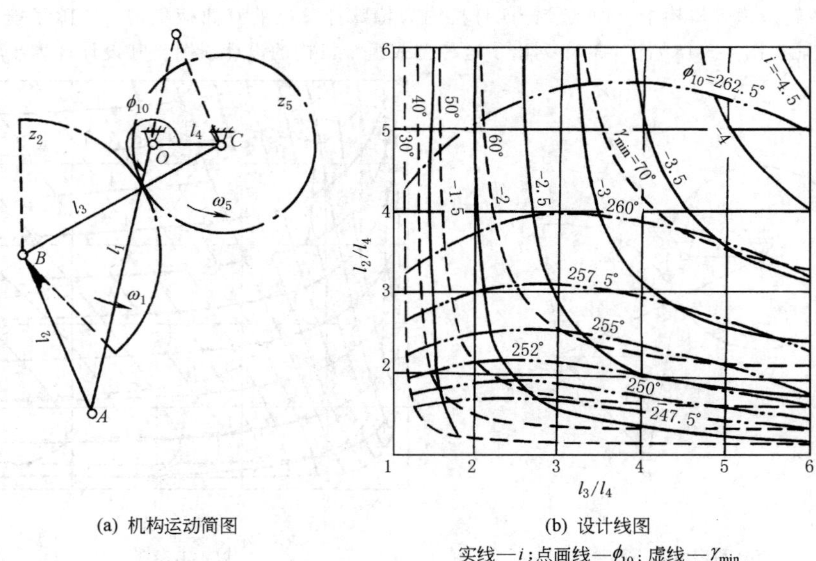

(a) 机构运动简图

(b) 设计线图

实线—i；点画线—ϕ_{10}；虚线—γ_{min}

图 4-3-20　具有瞬时停歇特性的非回归式双曲柄-外啮合齿轮组合机构的设计线图

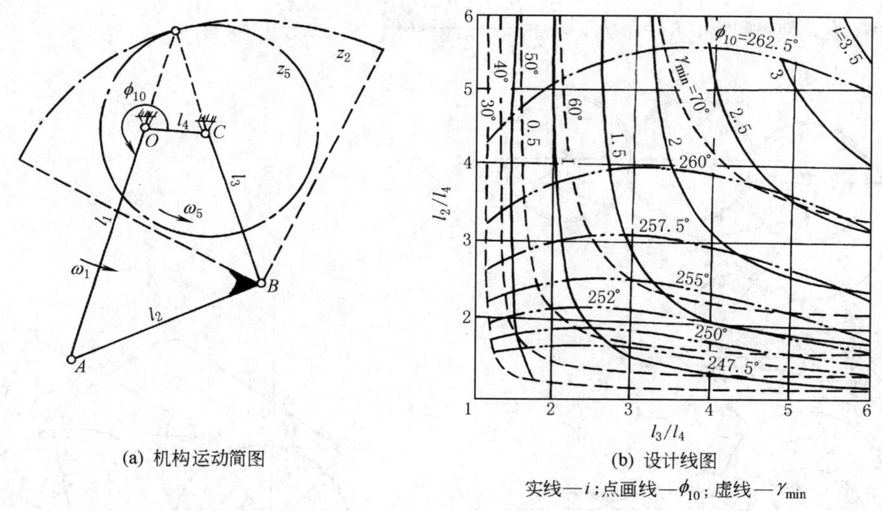

(a) 机构运动简图

(b) 设计线图

实线—i；点画线—ϕ_{10}；虚线—γ_{min}

图 4-3-21　具有瞬时停歇特性的非回归式双曲柄-内啮合齿轮组合机构的设计线图

3.3　五杆机构与齿轮机构的组合机构

这种组合机构是以一个二自由度的铰链五杆机构为基础，利用装在不同杆件上的定轴轮系或周转轮系，使两个输入运动之间发生联系，以达到只用一个主动件就能使机构实现工作所需要的各种运动要求。这种组合机构多用来执行给定的轨迹。

（1）铰链五杆机构与定轴轮系的组合

图 4-3-22a 所示为铰链五杆-定轴轮系组合机构，它是在二自由度铰链五杆机构（图 4-3-22b）的基础上组成。当主动件 1 的运动给定时，机构中其他构件的运动均能确定。一般这种组合机构多用作使连杆 2 或 3 上的某一点执行工作需要的运动轨迹。例如在振摆式轧钢机中就应用这种组合机构（图 4-3-23），当主动齿轮 10（z_{10}）连续旋转时，M 点的运动轨迹为 mm，一对工作轧辊 6 的包络线 $m'm'$ 和 $m''m''$ 实现轧制钢坯的工艺需要。调节曲柄 1 和 4 的相位角 ϕ_1 和 ϕ_4，可改变 M 点的轨迹及相应的包络线形状，以满足不同的轧钢工艺要求。铰链五杆-定轴轮系组合机构的设计步骤和方法如下。

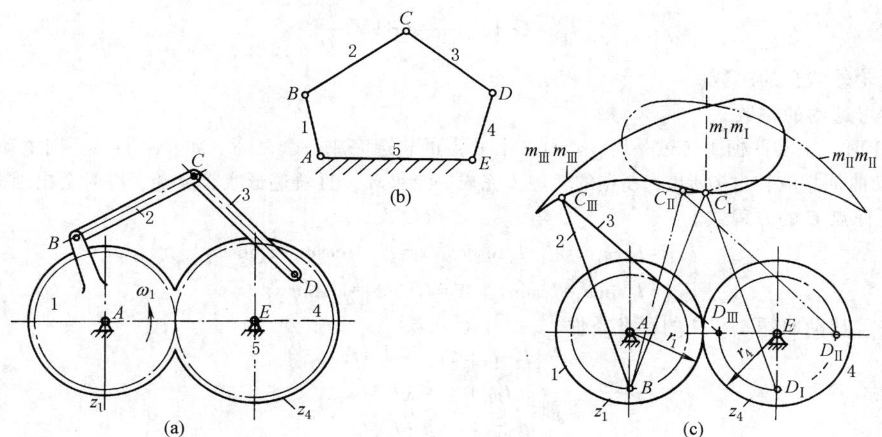

图 4-3-22　铰链五杆-定轴轮系组合机构

1）铰链五杆机构（图 4-3-24）中各杆尺度间的关系式。

$$K_1\cos(\phi_4-\phi_3)-K_2\cos(\phi_3-\phi_1)-K_3\cos\phi_1+K_4=\cos(\phi_4-\phi_1)-K_5\cos\phi_3-K_6\cos\phi_4 \quad (4\text{-}3\text{-}52)$$

式中，$K_1=l_3/l_1$，$K_2=l_3/l_4$，$K_3=l_5/l_4$，$K_4=\dfrac{l_1^2-l_2^2+l_3^2+l_4^2+l_5^2}{2l_1l_4}$，$K_5=\dfrac{l_3l_5}{l_1l_4}$，$K_6=\dfrac{l_5}{l_1}$。

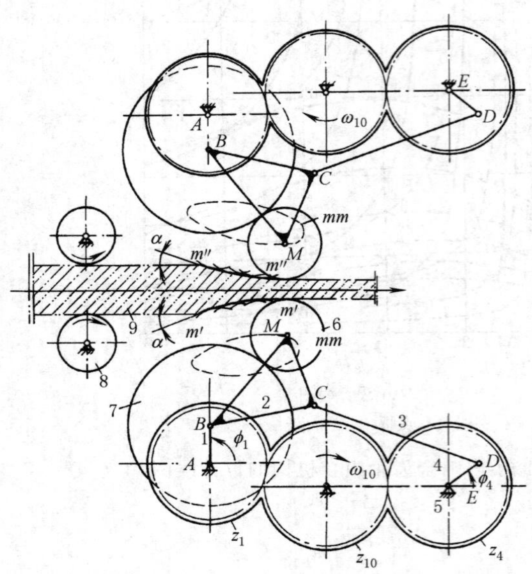

图 4-3-23　轧钢机中的铰链五杆-定轴轮系组合机构

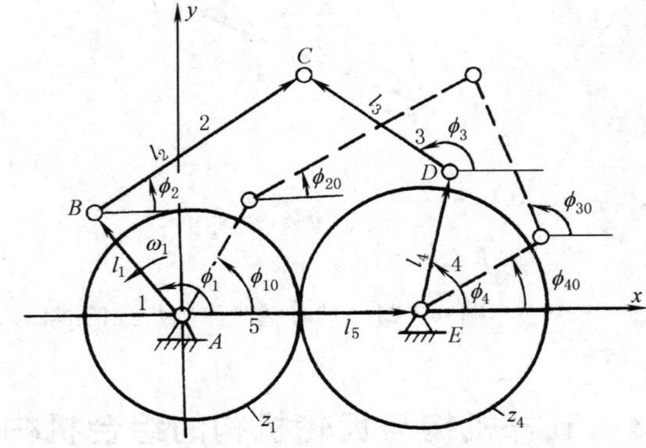

图 4-3-24　铰链五杆-定轴轮系组合机构简图

2）主、从动曲柄 1 和 4 间的位置关系式。

$$\frac{\phi_1-\phi_{10}}{\phi_4-\phi_{40}}=-\frac{z_4}{z_1} \tag{4-3-53}$$

式中，ϕ_{10} 和 ϕ_{40} 是杆 1 和 4 的起始位置角。

选定铰链五杆机构的各杆尺寸及有关的起始位置角。在根据工作要求的轨迹或位置导引进行设计时，需确定五个杆长 l_1、l_2、l_3、l_4 和 l_5。如按主、从动曲柄的输出、输入角设计时，则可设定某一杆长为 1，再确定其他四个杆长比。主、从动曲柄的起始位置角 ϕ_{10} 和 ϕ_{40} 可任意选定，调节此起始位置角可获得不同的连杆点轨迹。如图 4-3-22c 所示，主动曲柄 1 在同一位置 AB 时，从动曲柄 4 在三个不同的位置，当分别在 ED_{I}、ED_{II} 和 ED_{III} 位置时，则连杆 2 上 C 点将有三种不同的运动轨迹 $m_{\mathrm{I}}m_{\mathrm{I}}$、$m_{\mathrm{II}}m_{\mathrm{II}}$ 和 $m_{\mathrm{III}}m_{\mathrm{III}}$。

3）选定齿轮 1 和 4 的齿数 z_1 和 z_4。

$$i_{14}=(-1)^n\frac{z_4}{z_1}=(-1)^n\frac{K}{Q} \tag{4-3-54}$$

式中　n——齿轮外啮合的次数；

K、Q——不可通约的整数。

当 $|i_{14}|=1$ 时，主动曲柄 1 转过一周，连杆 2 上 C 点的轨迹完成一个循环。如 $|i_{14}|\neq1$，则主动曲柄 1 需转过 K 周（此时从动曲柄相应转过 Q 周），C 点的轨迹才完成一个循环，且轨迹形状较复杂，有时会出现多次自交叉。

4）确定连杆点 C 的方程式。

$$\begin{cases}x_C=l_5+l_4\cos\phi_4+l_3\cos\phi_3(\text{或}=l_5+l_1\cos\phi_1+l_2\cos\phi_2)\\ y_C=l_4\sin\phi_4+l_3\sin\phi_3(\text{或}=l_1\sin\phi_1+l_2\sin\phi_2)\end{cases} \tag{4-3-55}$$

5）验算主、从动曲柄 1 和 4 的存在条件。

$$|l_2-l_3|\leqslant l_{BD}\leqslant l_2+l_3$$

$$\text{即}\begin{cases}(l_{BD}^2)_{\max}\leqslant(l_2+l_3)^2\\ (l_{BD}^2)_{\min}\geqslant(l_2-l_3)^2\end{cases} \tag{4-3-56}$$

而

$$l_{BD}^2=l_1^2+l_4^2+l_5^2-2l_1l_5\cos\phi_1+2l_4l_5\cos\left[(-1)^n\frac{z_4}{z_1}\phi_1+\phi_{\mathrm{p}}\right]$$

$$-2l_1l_4\cos\left\{\left[(-1)^n\frac{z_4}{z_1}-1\right]\phi_1+\phi_{\mathrm{p}}\right\} \tag{4-3-57}$$

式中，ϕ_p 为 $\phi_1=0$ 时的 ϕ_4 值，将式（4-3-57）对 ϕ_1 求导即可求得（l_{BD}^2）$_{max}$ 和（l_{BD}^2）$_{min}$。

（2）铰链五杆机构与周转轮系的复联组合机构

图 4-3-25 所示为一由铰链五杆机构 12345 和行星轮系 $z_3z_5$4 复联组成的组合机构。其设计步骤、方法和有关计算公式，除式（4-3-53）改用式（4-3-58）外，其余完全与上述（1）相同。

$$\frac{\phi_3-\phi_{30}}{\phi_4-\phi_{40}}=1+\frac{z_5}{z_3} \tag{4-3-58}$$

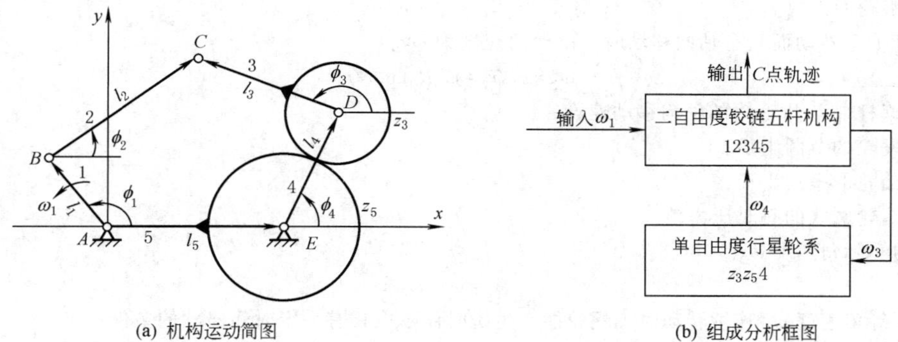

(a) 机构运动简图　　(b) 组成分析框图

图 4-3-25　铰链五杆-行星轮系组合机构

图 4-3-26 所示为一由铰链五杆机构 12345 和差动轮系 z_1z_3 2 复联组成的组合机构。其设计步骤、方法和有关计算公式，除式（4-3-53）改用式（4-3-59）外，其余也完全与上述（1）相同。

$$\frac{(\phi_3-\phi_{30})-(\phi_2-\phi_{20})}{(\phi_1-\phi_{10})-(\phi_2-\phi_{20})}=-\frac{z_1}{z_3} \tag{4-3-59}$$

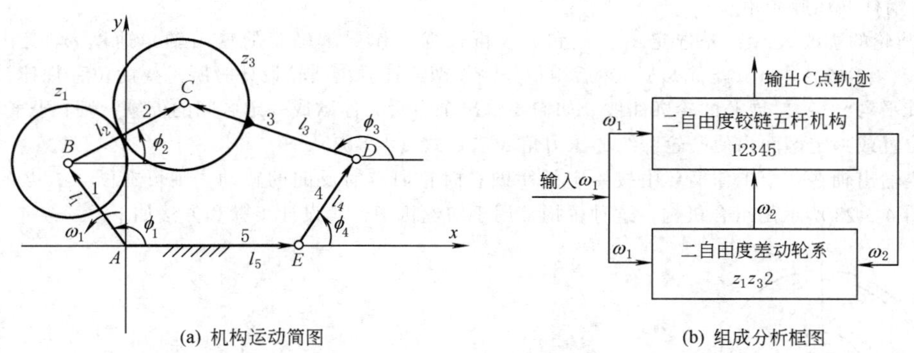

(a) 机构运动简图　　(b) 组成分析框图

图 4-3-26　铰链五杆-差动轮系组合机构

4　凸轮-齿轮组合机构

凸轮-齿轮组合机构是由各种类型的齿轮机构（包括定轴轮系、周转轮系、蜗杆蜗轮等）和凸轮机构组成。这种组合机构一般均以齿轮机构为主体，凸轮机构起控制、调节与补偿作用，以实现单纯齿轮机构无法实现的特殊运动要求。

4.1　输出件实现周期性变速运动的凸轮-齿轮组合机构

图 4-3-27 所示为由蜗杆蜗轮机构和圆柱凸轮机构串联组成的组合机构，它常用作纺丝机的卷绕机构和包装

机中的周期性变速机构。主动件为圆柱凸轮 1，当输入轴 o_1o_1 以等角速度 ω_1 连续旋转时，凸轮与蜗杆固连在一起（用导向键装在轴 o_1o_1 上），以 ω_1 转动的同时沿 o_1o_1 轴向做一定规律的往复移动，其移动规律由凸轮的曲线槽来控制，从而驱动蜗轮以一定规律的变角速度 ω_2 转动。这种组合机构的设计步骤和方法如下。

① 设蜗杆 1′只绕 o_1o_1 轴转动而无轴向移动时，蜗轮的角速度为 ω_2'。

$$\omega_2'=\omega_1 z_1/z_2 \tag{4-3-60}$$

式中　z_1——蜗杆的螺旋头数；

z_2——蜗轮的齿数。

② 设蜗杆 1′不转动而只有轴向移动时，蜗轮角速度为 ω_2''。

$$\omega_2''=v_1/r_2=\omega_1 R_0\tan\alpha/r_2 \tag{4-3-61}$$

式中　v_1——蜗杆（与凸轮）的轴向移动速度；

r_2——蜗轮的节圆半径；

R_0——凸轮的平均半径；

α——凸轮廓线的瞬时压力角。

③ 蜗轮的实际角速度 ω_2。

$$\omega_2=\omega_2'+\omega_2'' \tag{4-3-62}$$

④ 蜗杆以等角速度 ω_1 连续转动时，蜗轮能产生瞬时停歇或具有一定时间停歇的条件。

由 $\omega_2=0$ 得 $\omega_2'=-\omega_2''$，即：

$$\left|\frac{z_1}{z_2}\omega_1\right|=\left|\frac{\omega_1 R_0\tan\alpha}{r_2}\right|$$

可求得：

$$\tan\alpha=\frac{r_1\tan\lambda}{R_0} \tag{4-3-63}$$

式中　r_1——蜗杆的节圆半径；

λ——蜗杆的螺旋升角。

⑤ 圆柱凸轮的廓线设计，先选定 z_1、z_2 和 r_2，再根据工作要求确定的输出轴角速度 ω_2 变化规律，由式（4-3-60）~式（4-3-62）求出 $v_1=f(\phi_1)$，然后用积分法作图或计算出凸轮设计时所需要的位移规律，并据此设计圆柱凸轮以其平均半径 R_0 展开的轮廓曲线。如需要输出轴有瞬时停歇或一定区间的停歇，则在凸轮廓线设计时，应在此瞬时位置或一定区间内使凸轮廓线的压力角 α 满足式（4-3-63）。

如果需要输出轴在一个工作循环中按一定规律做有时正向有时反向的转动，则可在图 4-3-27 的基础上进行扩展而成如图 4-3-28 所示的组合机构，这种机构常用于纺丝机中，其设计步骤和方法如下。

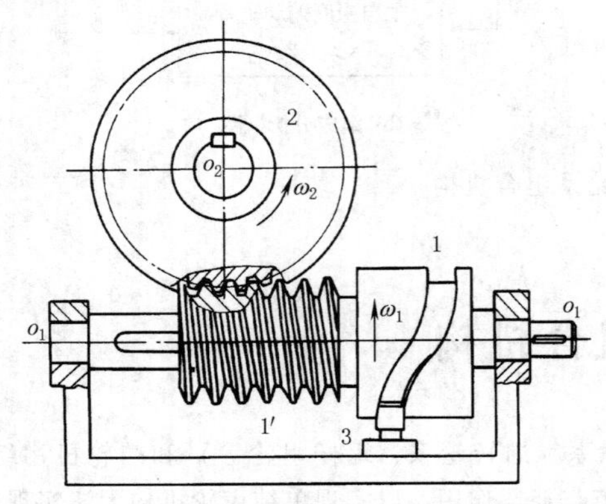

图 4-3-27　圆柱凸轮-蜗杆蜗轮组合机构

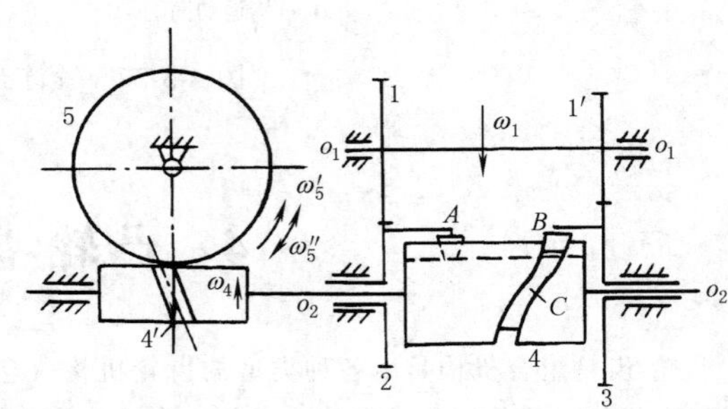

图 4-3-28　纺丝机中应用的圆柱凸轮-齿轮组合机构

① 设蜗杆 4′只有转动而无轴向移动时，求蜗轮的角速度 ω_5'。

$$\omega_5'=\omega_1 z_1 z_4'/z_2 z_5 \tag{4-3-64}$$

式中　z_1、z_2、z_5——齿轮 1、2 和蜗轮 5 的齿数；

z_4'——蜗杆 4′的螺旋头数。

② 设蜗杆 4′不转动而有轴向移动速度 v_4 时，求蜗轮的角速度 ω_5''。

$$\omega_5''=v_4/r_5 \tag{4-3-65}$$

当 v_4 向右时，ω_5''逆时针方向转，ω_5''为正，反之为负，r_5 为蜗轮的节圆半径。

③ 蜗轮 5 的实际角速度 ω_5。

$$\omega_5=\omega_5'+\omega_5'' \tag{4-3-66}$$

④ 蜗轮 5 在一个工作循环中的平均角速度 ω_{5m}。

$$\omega_{5m}=\omega_5' \tag{4-3-67}$$

⑤ 输出输入轴的平均角速比 K_1。

$$K_1=\frac{\omega_{5m}}{\omega_1}=\frac{n_5}{n_1}=\frac{z_1z_4'}{z_2z_5} \tag{4-3-68}$$

⑥ 轮 5 的平均转速与轮 2、3 转速差之比 K_2。

$$K_2=\frac{n_5}{n_2-n_3}=\frac{\omega_{5m}}{\omega_2-\omega_3}=\frac{z_1z_3z_4'}{z_5(z_1z_3-z_1'z_2)} \tag{4-3-69}$$

式中　z_1'、z_3——齿轮 1′、3 的齿数。

⑦ 确定各轮齿数。按工作要求给定 K_1 和 K_2，设计时可先选定 z_4'和 z_5，再由式（4-3-68）和式（4-3-69）求出 z_1、z_1'、z_2、z_3 间的关系式，然后按定轴轮系 1、1′、2、3 间的几何关系确定各轮齿数。

⑧ 设计圆柱凸轮的廓线，凸轮 4 相对齿轮 3 的角位移为（$\phi_2-\phi_3$）。按工作要求拟定 ω_5''与（$\phi_2-\phi_3$）间的关系，选定 r_5 后再按式（4-3-65）求出 v_4 与（$\phi_2-\phi_3$）间的关系式，然后用积分法求出位移 s_4 与（$\phi_2-\phi_3$）间的关系，并据此设计圆柱凸轮在展开面上的廓线。

4.2　实现轨迹要求的凸轮-齿轮组合机构

图 4-3-29 所示机构由一对齿数相同的定轴齿轮机构 1、2 和凸轮 3 所组成，槽凸轮 3 与齿轮 1 在 A 点铰接，齿轮 2 上装有柱销 B，它在凸轮 3 的曲线槽中运动。当主动齿轮 1 以等角速度 ω_1 连续转动时，做平面复合运动的凸轮 3 上某一点 P 沿轨迹 pp 运动。这种组合机构设计时，主要是设计凸轮槽的廓线形状，其设计的步骤和方法如下。

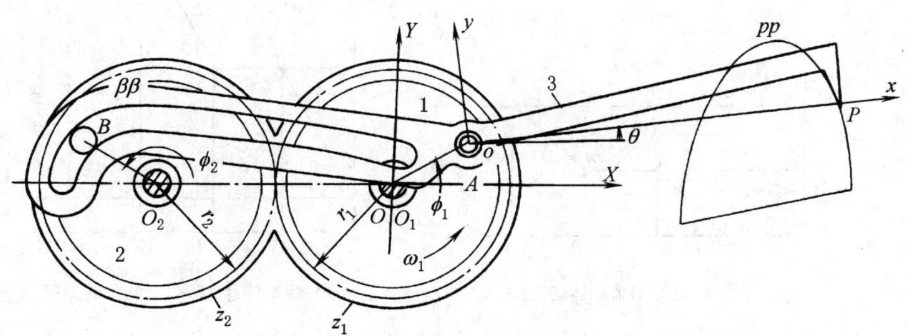

图 4-3-29　实现轨迹要求的凸轮-齿轮组合机构

第 4 篇

① 在机架上建立定坐标系 OXY，按工作要求画出轨迹 pp，并列出 pp 在 OXY 中的方程式或离散坐标数据（X_p，Y_p）。一般取定坐标的原点 O 与主动齿轮轴心 O_1 重合，X 轴沿连心线 O_2O_1。

② 在凸轮 3 上建立动坐标系 oxy，取动坐标系 oxy 的原点 o 与 A 点重合，x 轴沿 AP。

③ 两坐标系中 x 轴与 X 轴间的夹角 θ

$$\theta=\arctan\frac{Y_p-r_1\sin\phi_1}{X_p-r_1\cos\phi_1} \tag{4-3-70}$$

式中　ϕ_1——齿轮 1 的转角，从 OX 起逆时针向量度。

④ 圆柱销中心 B 在定坐标系 OXY 中的坐标。

取 $\phi_2=180°-\phi_1$，得：

$$\begin{cases} X_B = -C + r_2\cos\phi_2 = -(C + r_2\cos\phi_1) \\ Y_B = r_2\sin\phi_2 = r_2\sin\phi_1 \end{cases} \tag{4-3-71}$$

式中　C——O_1O_2 的距离。

⑤ 两坐标系间的坐标变换关系

$$\begin{cases} x = X\cos\theta + Y\sin\theta - r_1\cos(\phi_1 - \theta) \\ y = -X\sin\theta + Y\cos\theta - r_1\sin(\phi_1 - \theta) \end{cases} \tag{4-3-72}$$

⑥ 凸轮理论廓线（即凸轮槽的中心线）$\beta\beta$ 的方程式

$$\begin{cases} x_\beta = -(C + r_2\cos\phi_1)\cos\theta + r_2\sin\phi_1\sin\theta - r_1\cos(\phi_1 - \theta) \\ y_\beta = (C + r_2\cos\phi_1)\sin\theta + r_2\sin\phi_1\cos\theta - r_1\sin(\phi_1 - \theta) \end{cases} \tag{4-3-73}$$

4.3　输出件实现周期性停歇的凸轮-齿轮组合机构

图 4-3-30 为一由周转轮系和固定凸轮组成的组合机构。周转轮系中的转臂 H 为主动件，输出齿轮为中心轮 1，1 与 H 共轴线，在行星轮 2 上固连有滚子 4，它在固定凸轮 3 的曲线槽中运动。当主动件 H 以等角速度 ω_1 连续旋转时输出齿轮 1 能实现周期性的具有长区间停歇的步进运动。这种组合机构中，由于凸轮可控制行星轮的运动，对输出轴有一定的运动补偿，因此在许多机械中，常采用这种固定凸轮-周转轮系组合机构的原理来设计校正装置。这种组合机构的设计步骤和方法如下。

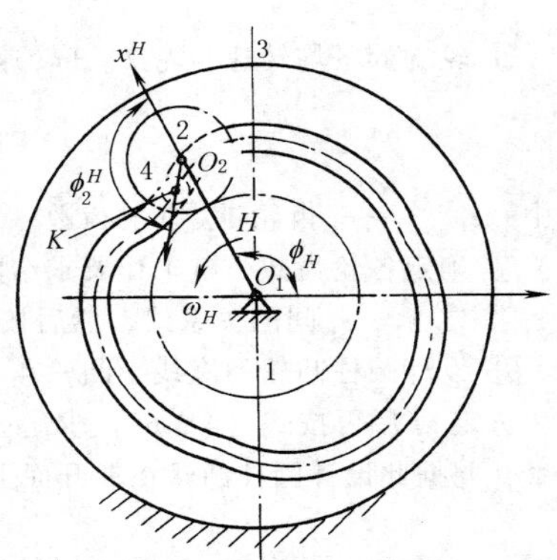

图 4-3-30　固定凸轮-周转轮系组合机构

1）给定工作所需要的输出轮 1 的运动规律 $\phi_1 = f_1(\phi_H)$。例如图 4-3-31a 所示，主动转臂 H 转两周，输出轮 1 按停-等速转动-停-等速转动的规律转过一周。

2）画出行星轮 2 相对转臂 H 的角位移规律 $\phi_2^H = f_2(\phi_H)$。

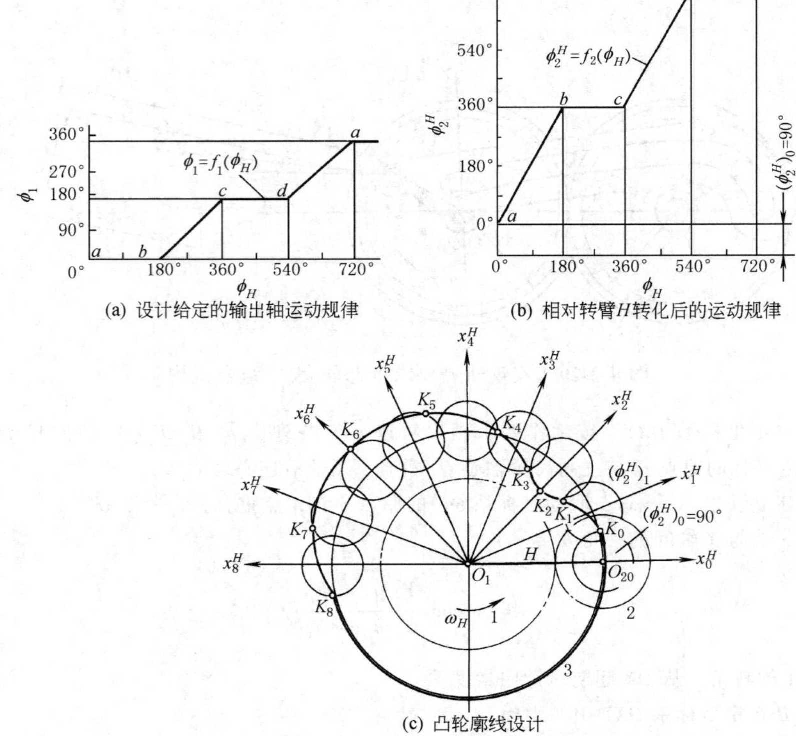

图 4-3-31　固定凸轮-周转轮系组合机构的设计

$$\phi_2^H=\phi_2-\phi_H=-\frac{z_2}{z_1}(\phi_1-\phi_H) \tag{4-3-74}$$

如取 $z_1=2z_2$，按式（4-3-74）画出 $\phi_2^H=f_2(\phi_H)$ 曲线如图 4-3-31b 所示。

3）盘形槽凸轮机构 234H 相当于假想转臂 H 不动，而凸轮 3 绕 O_1 以 $-\omega_H$ 转动，从而推动带滚子 4 的从动件（齿轮 2）按给定规律 $\phi_2^H=f_2(\phi_H)$ 运动（本例中它可做 360°转动）的凸轮机构。

4）凸轮的廓线设计。①以 O_1 为中心，O_1O_2 为半径作圆，并将它逆公共运动 $-\omega_H$ 的方向（即顺 ω_H 方向）等分，图 4-3-31c 中为每个分度 22.5°，并分别作分度线 x_0^H、x_1^H、…、x_8^H。②以 O_2 为中心，凸轮从动件 O_2K 为半径作小圆，分别在各小圆上按表 4-3-3 中所列数据截取 K 的相应位置。设取 O_2K 的起始位置 $O_{20}K_0$ 与 x_0^H 间的夹角 $(\phi_2^H)_0=90°$。③把 K_1、K_2、K_3、…、K_8 等连接起来即为凸轮的理论廓线，其中 K_1、K_2、…、K_8 部分所对应的 $\phi_H=0°\sim180°$，$\phi_2^H=90°\sim(360°+90°)$，而输出轴 $\phi_1=0$，即输出轴为停歇期。当 $\phi_H=180°\sim360°$ 时，ϕ_2^H 在（360°+90°）不变化，而输出轴 1 按等速规律由 0°转过 180°。当主动转臂转过第二圈时，输出轴 1 以和前半圈相同的停-转规律再转完一圈，完成一个工作循环。见表 4-3-3。

表 4-3-3　ϕ_H 与 ϕ_2^H 数据表

i	0	1	2	3	4	5	6	7	8
ϕ_H	0°	22.5°	45°	67.5°	90°	112.5°	135°	157.5°	180°
ϕ_2^H	90°	135°	180°	225°	270°	315°	360°	45°+360°	90°+360°

5　具有挠性件的组合机构

具有链条、同步带传动等挠性件的组合机构可以实现主、从动轴之间距离较长的传动，又能使从动件按工作要求执行复杂的运动规律或轨迹。这种组合机构结构简单、制造方便。

5.1　同步带-连杆组合机构

图 4-3-32 所示为一由同步带传动和连杆组成的组合机构。当主动轮 1 以等角速度 ω_1 连续转动时根据机构不同的尺度关系，杆 5 可能输出下列三种不同的运动规律：①输出杆做单纯的匀速-非匀速转动；②输出杆做匀速-具有瞬时停歇的非匀速转动；③输出杆做匀速-具有逆转或一定区间近似停歇的非匀速转动。

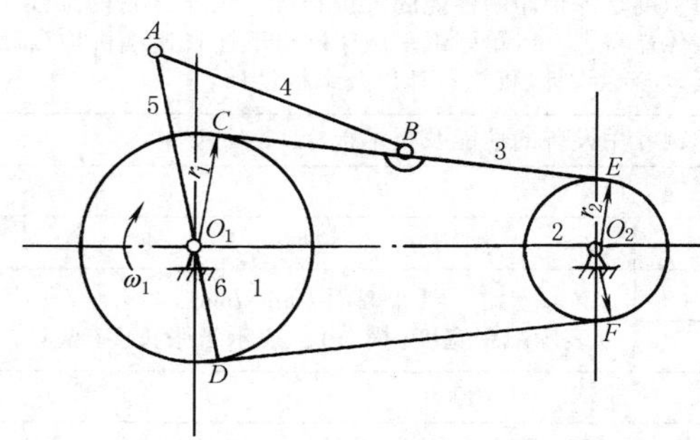

图 4-3-32　同步带-连杆组合机构

当连杆 AB 的长度增大时，从动摇杆 5 出现近似停歇区间的可能缓慢递增。而增大摇杆 O_1A 的长度，则从动摇杆 5 发生近似停歇区间的可能迅速减少。

5.2　差动式同步带-连杆组合机构

图 4-3-33a 所示为剑杆织机中应用的差动式同步带-连杆组合机构。表 4-3-4 中列出了这种组合机构中各构件间的运动关系。

表 4-3-4　差动式同步带-连杆组合机构中各构件间的运动关系

构件	主动带轮 1（曲柄 AB）	摇杆 5	同步带轮 6（摇杆 FG）	输出带轮 9
位置角及起始位置角	位置角 ϕ_1 及起始位置角 ϕ_{10}	位置角 ϕ_5 及起始位置角 ϕ_{50} 按六杆机构 $ABCDEF$ 求得	位置角 ϕ_6 及起始位置角 ϕ_{60} 按同步带传动 18 及曲柄摇杆机构 $FGHJ$ 求得	$\phi_9=\phi_{60}+\frac{z_6}{z_9}(\phi_6-\phi_{60})+\left(1-\frac{z_6}{z_9}\right)(\phi_5-\phi_{50})$ 式中　z_6、z_9——轮 6 和 9 的齿数

续表

构件	主动带轮 1（曲柄 AB）	摇杆 5	同步带轮 6（摇杆 FG）	输出带轮 9
角速度	$\omega_1=$常数	$\omega_5=\dot{\phi}_5$	$\omega_6=\dot{\phi}_6$	按差动机构 569 求得 $\omega_9=\omega_6\dfrac{z_6}{z_9}+\omega_5\left(1-\dfrac{z_6}{z_9}\right)$
角加速度	$\varepsilon_1=0$	$\varepsilon_5=\ddot{\phi}_5$	$\varepsilon_6=\ddot{\phi}_6$	$\varepsilon_9=\varepsilon_6\dfrac{z_6}{z_9}+\varepsilon_5\left(1-\dfrac{z_6}{z_9}\right)$

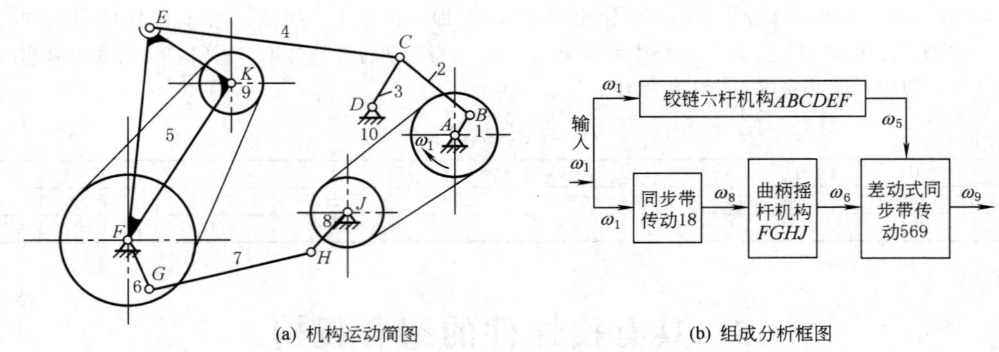

(a) 机构运动简图　　(b) 组成分析框图

图 4-3-33　差动式同步带-连杆组合机构

6　印刷机递纸机构与结构设计工程案例

表 4-3-5　　印刷机递纸机构与结构设计案例

工程案例任务描述	递纸机构是决定单张纸印刷机性能的核心部件之一，套印精度是评价印刷性能的关键指标。由于纸张的柔性，要求递纸系统具备良好的运动学和动力学特性，且满足纸张传递需求。以单张纸平版印刷机下摆式递纸机构（简称：递纸机构）为例，从工程需求出发，完成总体方案布局、运动规律设计、机构设计以及结构设计		
工程需求	设计一种高速对开单张纸平版印刷机递纸机构，需满足印刷专用设备的性能及技术指标		
递纸形式	下摆式，间接传纸		
性能及技术指标	项　目	数值或要求	说明
	最大纸张幅面/mm	650×920	纸张幅面 $b$mm×$l$mm，b 表示纸张宽度（横向），l 表示纸张长度（纵向）
	最小纸张幅面/mm	393×546	
	最高运转速度（SPH）/张·时$^{-1}$	10000	
	适用纸张范围/g·m^{-2}	60～450（厚度：0.075～0.60mm）	
	套印精度（输纸精密度）	不应大于 0.022mm	
	套印精度（传纸精密度）	不应大于 0.020mm	
	咬纸牙排咬纸力	咬纸牙排要有足够的咬纸力，满足额定规格纸张的印刷要求	
	印刷机整机噪声	小于 85dB（A）	
产品检验标准	依据：GB/T 3264—2013《单张纸平版印刷机　四开及对开幅面》国家标准		
递纸系统组成及运动协调要求			
组成	递纸系统一般由前规机构、侧规机构、递纸机构（递纸牙）、咬纸牙开闭机构、传纸滚筒、递纸牙台等组成		
作用	纸张在输纸板上处于半约束状态，由于输送误差、堆纸不齐等原因，无法以相同位置进入印刷单元。通过前规纵向定位和侧规横向定位，使每张纸静止于同一位置。经过递纸机构的加速，以同一位置进入印刷单元		

第4篇

续表

总体运动要求	为保证套印准确，定位系统（前规和侧规）及递纸机构有严格的运动要求，包括时间、位置、速度、加速度等方面。前规、侧规和递纸牙不仅要时间上相互协调，而且要在某一时刻达到所需要的位置。在取纸位置，要求递纸牙绝对速度为零（即处于绝对静止状态）；在交接位置，要求递纸牙与传纸（基准）滚筒的表面相对速度为零（线速度相等）。同时，要求运转过程中运行平稳、无冲击	
总体运行协调要求	（1）运动协调、无干涉，满足印刷工艺要求 （2）定位准确，满足套印准确要求 （3）纸张交接准确，纸张不能失控 （4）适应各类幅面及厚度纸张，不损伤纸张 （5）具有良好的稳定性，扰动对定位和传纸精度的影响小	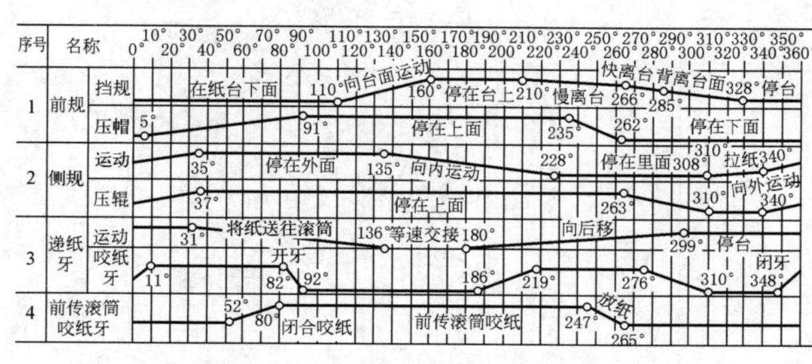 纸张传递（递纸）系统运动循环图
递纸机构运动协调性要求	纸张传递交接准确是套印准确的基础。递纸牙从递纸牙台上接取静止纸张，把纸张加速到印刷机运转速度，然后传递给传纸滚筒，也称基准滚筒。保证了在任何转速时，纸张都能定位准确地传送到印刷单元	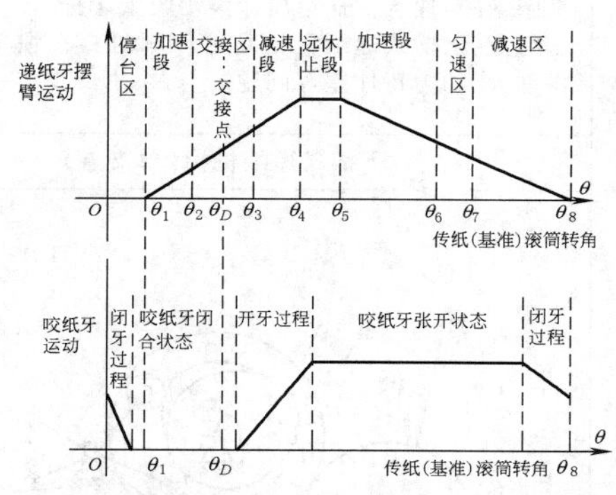 递纸机构递纸牙摆臂与咬纸牙运动循环图
递纸系统总体布局与递纸系统方案		
递纸系统总体布局	总体布局考虑因素： （1）侧规定位板至前规定位线距离 （2）前规定位板中点至定位后纸张边口距离 （3）根据印刷工艺要求：侧规拉纸距离为5～8mm，递纸牙咬口宽度为6～8mm 运动关系： 给纸堆的纸张，通过输纸机一张张连续送到输纸板19上；在真空带和滚轮作用下，被送至递纸牙台2，侧规3对纸张进行横向定位；接着被送至前规4，进行纵向定位；由递纸系统5的递纸牙将静止纸张传递给前传纸滚筒6的咬纸牙；然后，将纸张传递给压印滚筒7的咬纸牙，依次进入由印版滚筒17、胶皮滚筒18、压印滚筒7组成的印刷单元16，15，14，13；印刷完的纸张由收纸链条10送至收纸装置12处收纸堆11，完成印刷	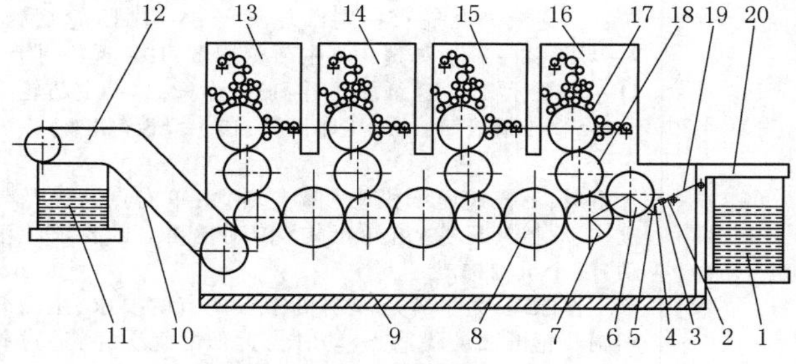 单张纸平版印刷机总体布局示意图 1—给纸堆；2—递纸牙台；3—侧规机构；4—前规机构；5—递纸系统；6—前传纸滚筒；7—压印滚筒；8—倍径传纸滚筒；9—机架；10—收纸链条；11—收纸堆；12—收纸装置；13—第4印刷单元（色组）；14—第3印刷单元（色组）；15—第2印刷单元（色组）；16—第1印刷单元（色组）；17—印版滚筒；18—胶皮滚筒；19—输纸板；20—输纸机

续表

<table>
<tr><td rowspan="5">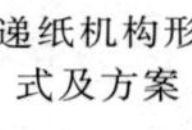递纸机构形式及方案</td><td colspan="2">递纸机构形式和方案比较</td></tr>
<tr><td>上摆式递纸机构</td><td>下摆式递纸机构</td></tr>
<tr><td>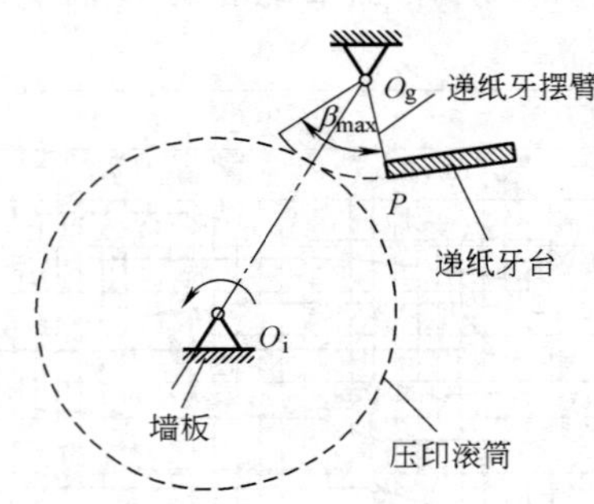
上摆式递纸机构
工作原理:输纸板上方的递纸机构递纸牙叼住静止的纸张,在等速区传送给压印滚筒咬纸牙排
特点:上摆式递纸机构高速印刷时存在惯量大、不良振动大、动力特性差等问题</td><td>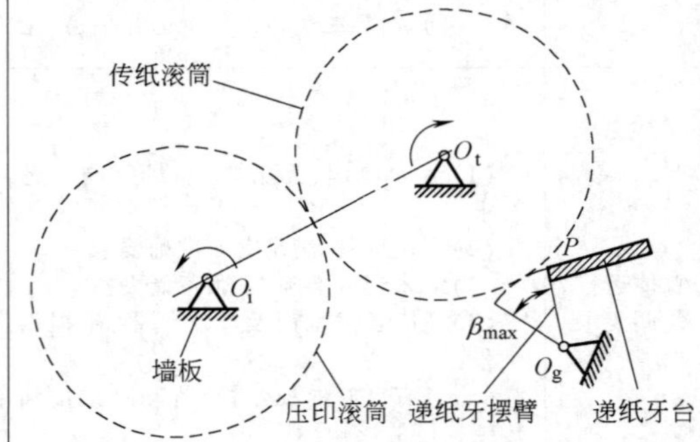
下摆式递纸机构
工作原理:输纸板下方递纸机构的递纸牙叼住静止纸张;然后逐渐使纸张加速,当达到传纸滚筒表面速度时,交给传纸滚筒咬纸牙排
特点:下摆式递纸机构符合主流,运动学和动力学特性良好,提高了套印精度</td></tr>
<tr><td>下摆式递纸机构(单支点)</td><td>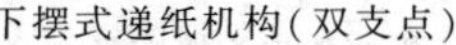下摆式递纸机构(双支点)</td></tr>
<tr><td>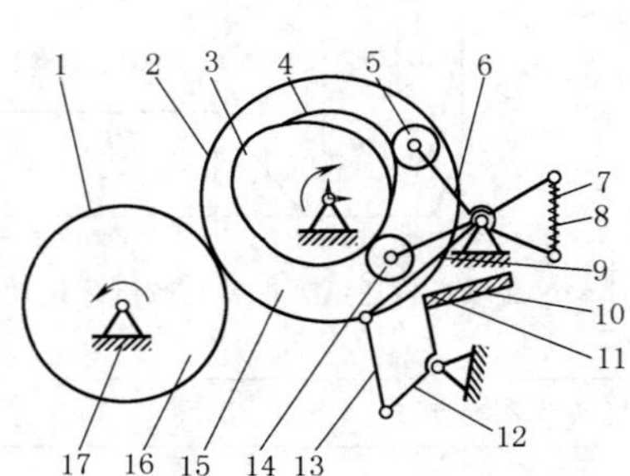
下摆式递纸机构运动简图(单支点)
1—压印滚筒齿轮;2—传纸滚筒齿轮;3—递纸主凸轮;4—递纸副凸轮;5—副凸轮滚子;6—副凸轮摆臂;7—导杆;8—补偿弹簧;9—主凸轮摆臂;10—递纸牙台;11—递纸牙;12—递纸牙摆臂;13—连杆;14—主凸轮滚子;15—传纸滚筒;16—压印滚筒;17—墙板(机架)

组成:下摆式递纸机构(单支点)由单支点共轭凸轮机构、双摇杆机构、齿轮机构(传动比 1 : 1,要求纯滚动)三个机构构成
工作原理:为了满足印刷机零点调节的要求,主凸轮和副凸轮可微量调整,运动时为近似共轭关系;通过碟形补偿弹簧,补充凸轮与滚子的间隙。按共轭凸轮机构建模和设计,不考虑凸轮调节和间隙补偿因素。双摇杆机构是摆角放大机构,满足递纸牙摆臂最大摆角要求条件下,尽量减小凸轮从动件(主、副凸轮摆臂)转角,降低压力角幅值。压印和传纸滚筒齿轮副啮合,实现纸张滚筒间等速交接</td><td>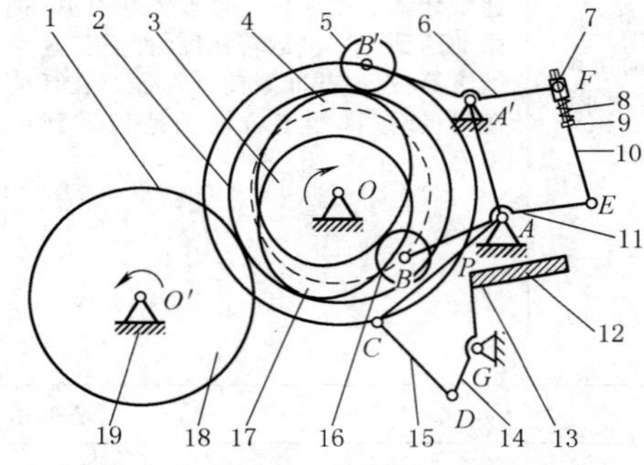
下摆式递纸机构运动简图(双支点)
1—压印滚筒齿轮;2—传纸滚筒齿轮;3—递纸主凸轮;4—递纸副凸轮;5—副凸轮滚子;6—副凸轮摆臂;7—滑块;8—补偿弹簧;9—调节螺母;10—导杆;11—主凸轮摆臂;12—递纸牙台;13—递纸牙;14—递纸牙摆臂;15—连杆;16—主凸轮滚子;17—传纸滚筒;18—压印滚筒;19—墙板(机架)

组成:下摆式递纸机构(双支点)由双支点共轭凸轮机构 *OAA′BB′*、双摇杆机构 *ACDG*、平行四杆机构 *AEFA′*、齿轮机构 *OO′*(传动比 1 : 1)四个机构构成
工作原理:为了满足印刷机零点调节的要求,递纸主凸轮和递纸副凸轮可微量调整,运动时为近似共轭关系;对应 *F* 处为滑块导杆机构,主、副凸轮相位调整时,通过碟形补偿弹簧 8,补偿凸轮与滚子的间隙;调整完成后,紧固调节螺母 9,*AEFA′B* 构成近似的平行四边形机构。按平行四边形机构建模和设计,不考虑凸轮调节和间隙补偿因素。双摇杆机构是摆角放大机构,满足递纸牙摆臂最大摆角要求条件下,尽量减小凸轮从动件(凸轮摆臂)转角,降低压力角幅值。压印和传纸滚筒纯滚动,实现纸张滚筒间等速交接</td></tr>
</table>

续表

印刷机递纸机构(凸轮连杆组合机构)设计与结构设计一般流程

设计一般流程	(1)根据印刷工艺要求,设计执行构件(递纸牙摆臂)的运动规律 (2)采用四杆机构运动分析方法,求出递纸凸轮从动件的运动(角位移、角速度和角加速度) (3)采用解析法,进行递纸机构凸轮设计 (4)递纸凸轮压力角与曲率半径的验证 (5)纸张传递系统的结构设计

递纸牙摆臂运动规律设计及运动区段划分

下摆式递纸牙摆臂运动规律设计

以摆动器(递纸牙摆臂)在递纸牙台开始闭牙取纸时刻为全机零点,即摆臂运动线图的坐标系原点位置。注意:该点不是摆臂到达递纸牙台时刻

摆臂的角位移线图,反映摆动式递纸牙角位移(摆角)β与传纸滚筒转角θ的函数关系。摆臂的速度线图,反映摆臂角速度随传纸滚筒转角的变化。摆臂的角加速度线图,反映摆臂角加速度随传纸滚筒转角的变化

整个工作循环由四个阶段(区段)组成:停台阶段、工作行程、远休止阶段、返回行程

1)停台阶段:指递纸牙静止在递纸牙台前,消除振动,然后取纸

2)工作行程:指递纸牙带着纸张加速,完成与传纸(或压印)滚筒的交接,并摆动至离递纸牙台最远点的过程

3)远休止阶段:指递纸牙静止在离递纸牙台的最远位置,以便完成纸张传递,并消除振动

4)返回行程:指递纸牙由最远位置,返回到递纸牙台前过程

通过摆臂对各阶段选择合理的运动规律,可以满足工艺要求。为了设计方便,将递纸牙的工作行程和返回行程再各细分三个区段:启动区段(即加速区段)、匀速区段(对工作行程,为交接区段,递纸牙线速度等于传纸或压印滚筒的线速度)、惰性区段(即减速区段)。由于匀速区段是等角速度摆动,所以,运动规律实际上就是启动区段和惰性区段的运动规律

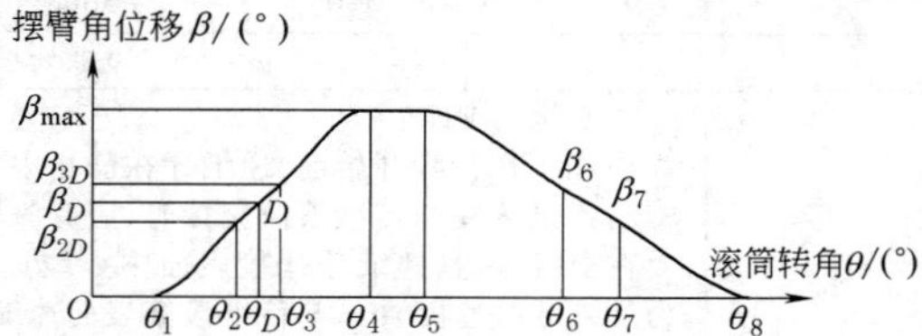

递纸牙摆臂角位移曲线

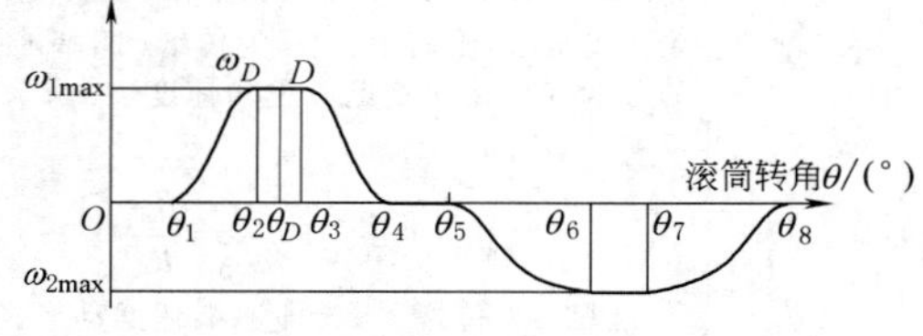

递纸牙摆臂角速度曲线

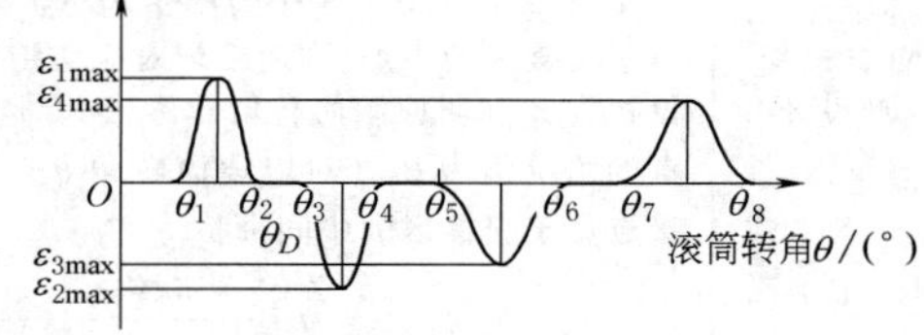

递纸牙摆臂角加速度曲线

根据《机械原理》可知,机构做加速或减速的运动时,常采用的运动规律是正弦加速度、余弦加速度、多项式等运动规律。因此,从设计角度,整个摆臂工作循环分为9个运动区段,分别记为Ⅰ至Ⅸ区段。分别是:停台区段(前规让纸)Ⅰ,$\theta\in[0,\theta_1]$;加速区段Ⅱ,$\theta\in[\theta_1,\theta_2]$;匀速交接区段Ⅲ,$\theta\in[\theta_2,\theta_3]$;惰性区段Ⅳ,$\theta\in[\theta_3,\theta_4]$;远休止区段Ⅴ,$\theta\in[\theta_4,\theta_5]$;回程加速区段Ⅵ,$\theta\in[\theta_5,\theta_6]$;回程匀速区段Ⅶ,$\theta\in[\theta_6,\theta_7]$;回程减速区段Ⅷ,$\theta\in[\theta_7,\theta_8]$;停台区段Ⅸ,$\theta\in[\theta_8,360°]$

	区段	转角范围	区段长度	递纸牙运动特征
递纸牙摆臂运动区段及运动特征	Ⅰ	$\theta\in[0,\theta_1]$	$\theta_{10}=\theta_1$	递纸牙静止在递纸牙台咬住纸张,前规利用该时间在递纸牙开始运动前让纸
	Ⅱ	$\theta\in[\theta_1,\theta_2]$	$\theta_{21}=\theta_2-\theta_1$	加速段,递纸牙由静止加速到与传纸滚筒表面线速度相等,要求加速平稳
	Ⅲ	$\theta\in[\theta_2,\theta_3]$	$\theta_{32}=\theta_3-\theta_2$	等速(匀速)阶段,递纸牙做等角速度运动;完成纸张由递纸牙向传纸滚筒咬纸牙传递。当$\theta=\theta_D$时,递纸牙将纸交给传纸滚筒,称为交接点;$[\theta_2,\theta_3]$称为交接区
	Ⅳ	$\theta\in[\theta_3,\theta_4]$	$\theta_{43}=\theta_4-\theta_3$	惰性阶段。将纸张交给传纸滚筒咬纸牙后,继续向前摆动,直至达到最大摆角β_{max}
	Ⅴ	$\theta\in[\theta_4,\theta_5]$	$\theta_{54}=\theta_5-\theta_4$	递纸牙停在距递纸牙台最远位置,消除往复运动对印刷机整体平稳性的影响

续表

	区段	转角范围	区段长度	递纸牙运动特征
递纸牙摆臂运动区段及运动特征	Ⅵ	$\theta\in[\theta_5,\theta_6]$	$\theta_{65}=\theta_6-\theta_5$	返回行程,递纸牙由静止开始加速
	Ⅶ	$\theta\in[\theta_6,\theta_7]$	$\theta_{76}=\theta_7-\theta_6$	递纸牙返回行程恒速段,只做匀速转动,线速度不一定与传纸滚筒表面线速度相等。保留该段,而不是由加速立即变为减速,也是为减少冲击
	Ⅷ	$\theta\in[\theta_7,\theta_8]$	$\theta_{87}=\theta_8-\theta_7$	递纸牙减速回到输纸板前
	Ⅸ	$\theta\in[\theta_8,360°]$	$\theta_{98}=360°-\theta_8$	停留,消除振动并准备下一次取纸

递纸牙摆臂运动模型的工艺设计

递纸牙摆臂运动模型设计

主要运动要求:

1)在工作行程开始前,递纸牙在静止中咬住纸张

2)递纸牙在与传纸滚筒交接时,应有一段等速交接区

在交接区内,递纸牙牙垫表面中点线速度(以下简称为递纸牙线速度)v_{gD} 与传纸滚筒表面速度 v_i 相等,即

$$v_i=v_{gD} \tag{1}$$

亦即

$$R_i\omega=R_g\omega_{gD} \tag{2}$$

式(2)中,R_g 为递纸牙摆动半径,即摆臂的长度;R_i 为传纸(或压印)滚筒半径;ω 为传纸(即基准)滚筒角速度;ω_{gD} 为摆臂在交接点 D 的角速度

令

$$i=\frac{\omega}{\omega_{gD}}=\frac{R_g}{R_i} \tag{3}$$

这里 i 为传递系数,即递纸牙摆动半径与传纸(或压印)滚筒半径之比,一般传递系数 i 选取 1.15 左右

建立摆臂的运动设计方程:

设对应交接区递纸牙的摆角为 $\Delta\beta$,一般选择交接点位于交接区的中点,则递纸牙对应交接区的起始点的角位移为 β_{2D}(对应滚筒转角 θ_2),递纸牙对应交接区的终点的角位移为 β_{3D}(对应滚筒转角 θ_3)。工程上一般交接点位于交接区的中间,即

$$\beta_D=\frac{\beta_{2D}+\beta_{3D}}{2} \tag{4}$$

对各区段运动进行设计。β_i、ω_{gi}、ε_{gi} 表示递纸牙在第 $i(i=1,2,\cdots,8)$ 区段内任一时刻(对应传纸或压印滚筒转角 θ)的角位移、角速度、角加速度。β_{ij}、ω_{gij}、ε_{gij} 分别表示第 i 区段内边界点 $j(j=0,1,2,\cdots,8)$ 处递纸牙的摆角、角速度、角加速度。ω_{gimax}、ε_{gimax} 分别表示第 i 区段内角速度及角加速度的幅值。这里,$i=1,2,\cdots,8$。采用分段函数描述,各区段边界点的角位移、角速度及角加速度取值即为边界条件

注意:尽管已划分了 9 个区段和确定了交接点位置,但对应等速段的滚筒转角起始及终点 θ_2、θ_3 待定。在确定递纸牙运动规律过程中还需要根据交接要求,确定边界点 θ_2 及 θ_3 的位置

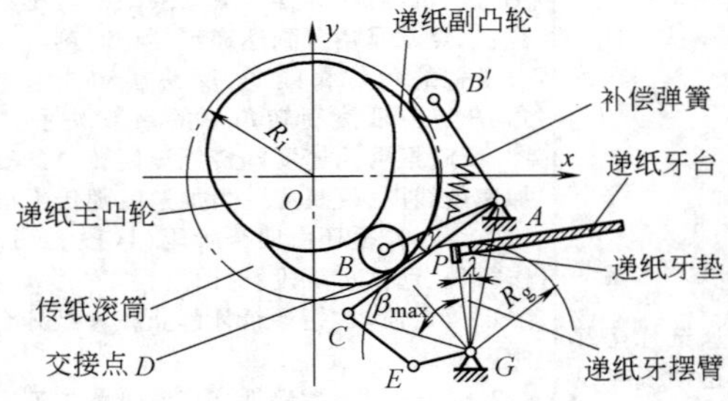

递纸牙摆臂运动的确定。如图所示,横坐标轴(θ)的原点选在递纸牙刚咬住纸张的时刻

交接点的确定。在进行运动设计时,根据印刷工艺要求、印刷幅面等性能参数预先计算出压印滚筒半径 R_i、递纸牙摆动半径 R_g 等结构参数。根据最高印刷速度计算出传纸(或压印)滚筒角速度 ω。根据整机运动循环图和纸张交接的工艺要求,确定交接点 D 的传纸(或压印)滚筒转角位置 θ_D

交接区递纸牙摆臂角位移的确定。根据整机布局、机构传动要求可以确定递纸牙与传纸(或压印)滚筒交接时递纸牙摆角为 β_D 以及对应滚筒转角 θ_D、递纸牙最大摆角为 β_{max} 等运动参数

区段运动模型

	区段	区段范围	边界条件	运动方程
区段运动模型(递纸牙摆角与传纸或压印滚筒转角的关系)	Ⅰ	$\theta\in[0,\theta_1]$ 停台区段	起点 $\theta=0$ 时,$\beta_{10}=0,\omega_{g10}=0,\varepsilon_{g10}=0$ 终点 $\theta=\theta_1$ 时,$\beta_{11}=0,\omega_{g11}=0,\varepsilon_{g11}=0$	$\beta_1=0;\omega_{g1}=0;\varepsilon_{g1}=0$
	Ⅱ	$\theta\in[\theta_1,\theta_2]$ 加速区段	起点 $\theta=\theta_1$ 时,$\beta_{21}=0,\omega_{g21}=0,\varepsilon_{g21}=0$ 终点 $\theta=\theta_2$ 时,$\beta_{22}=\beta_{2D},\omega_{g22}=\omega/i,\varepsilon_{g22}=0$	$\beta_2=\frac{1}{2i}\left(\theta-\theta_1-\frac{\theta_{21}}{\pi}\sin\frac{\theta-\theta_1}{\theta_{21}}\pi\right)$ $\omega_{g2}=\frac{\omega}{2i}\left(1-\cos\frac{\theta-\theta_1}{\theta_{21}}\pi\right)$ $\varepsilon_{g2}=\frac{\pi\omega^2}{2i\theta_{21}}\sin\frac{\theta-\theta_1}{\theta_{21}}\pi$

续表

	区段	区段范围	边界条件	运动方程
区段运动模型(递纸牙摆角与传纸或压印滚筒转角的关系)	Ⅲ	$\theta\in[\theta_2,\theta_3]$ 交接区段	起点 $\theta_2=2(\theta_D-i\beta_D)-\theta_1$ 交接点 $\theta=\theta_D$ 时,$\beta_D=\dfrac{\theta_D-\theta_2}{i}+\dfrac{\theta_{21}}{2i}$ 终点 $\theta=\theta_3$ 时,$\beta_{33}=\dfrac{\theta_{32}}{i}+\dfrac{\theta_{21}}{2i}=\beta_{33}$ $\theta_3=i\beta_{33}+(\theta_D-i\beta_D)-\dfrac{\theta_1}{2}$	$\beta_3=\dfrac{\theta-\theta_2}{i}+\dfrac{\theta_{21}}{2i}$ $\omega_{g2}=\omega/i$ $\varepsilon_{g3}=0$
	Ⅳ	$\theta\in[\theta_3,\theta_4]$ 惰性区段	起点 $\theta=\theta_3$ 时,$\varepsilon_{g43}=0$ 终点 $\theta=\theta_4$ 时,$\varepsilon_{g44}=0$	$\beta_4=\beta_{\max}-\dfrac{1}{2i}\left(\theta_4-\theta-\dfrac{\theta_{43}}{\pi}\sin\dfrac{\theta-\theta_3}{\theta_{43}}\pi\right)$ $\omega_{g4}=\dfrac{\omega}{2i}\left(1+\cos\dfrac{\theta-\theta_3}{\theta_{43}}\pi\right)$ $\varepsilon_{g4\max}=\dfrac{\pi\omega^2}{2i\theta_{43}}$
	Ⅴ	运动区段	Ⅴ、Ⅵ、Ⅶ、Ⅷ	该4个区段运动规律与工作行程类似,唯一不同在恒速区段Ⅶ,不要求递纸牙与传纸滚筒表面线速度相等

工程案例边界点角度

节点	序号	0	1	2	3	4	5	6	7	8
	转角符号	θ_0	θ_1	θ_2	θ_3	θ_4	θ_5	θ_6	θ_7	θ_8
	转角/(°)	0	31.4	81.6	87.7	136	180	256	299	360

根据杆组法求解实例

方法简述:根据印刷工艺要求和印刷机整机运动循环图要求,确定了递纸牙摆臂的运动规律。典型的下摆式递纸机构一般均采用凸轮连杆组合机构。为了设计递纸凸轮,需要根据已知的摆臂运动规律求解凸轮从动件摆杆的运动,即对四杆机构进行分析。通过运动分析得到凸轮摆杆的运动。四杆机构的运动分析有很多方法,如矩阵法、矢量法、杆组法等。采用杆组法对四杆机构运动分析

序号	0	1	2	3	4	5	6	7	8
转角符号	θ_0	θ_1	θ_2	θ_3	θ_4	θ_5	θ_6	θ_7	θ_8
转角/(°)	0	31.4	81.6	87.7	136	180	256	299	360
四杆机构结构参数	l_{GE}	l_{EC}	l_{AC}	l_{GA}	l_{AB}	γ	A 点坐标	G 点坐标	$\dot{\theta}_1$
	18.0	25.0	55.0	44.18	36.0	15°	(54.0,51.0)	(58.0,7.0)	1rad/s

下摆式递纸机构四杆机构运动求解

杆组法	根据RRR杆组和刚体数学模型,利用FORTRAN语言,编制子程序DPELRRR和DPELRGD。实际应用时,不需要建立数学模型和编制子程序,只需要对机构组成进行分析、编号,然后编制主程序调用即可。当然,也可以用VC、VB、MATLAB、Mathematica等软件编程求解
杆组法实例	利用给定的递纸牙摆臂角位移 β、角速度 $\dot{\beta}$ 和角加速度 $\ddot{\beta}$,通过调用刚体子程序和杆组子程序,可以求传纸滚筒转过任意角度 θ 时杆 AC 的运动,$\delta_i'=\mathrm{TH}(3)$,$\dot{\delta}_i'=\mathrm{VTH}(3)$,$\ddot{\delta}_i'=\mathrm{ATH}(3)\ (i\in[0,360])$ 杆组法运动求解。根据建立的刚体及RRR杆组运动求解的数学模型。根据印刷工艺确定的 GT 构件运动求出摆杆 AB 的运动,进而求出 B 点的运动
求解过程	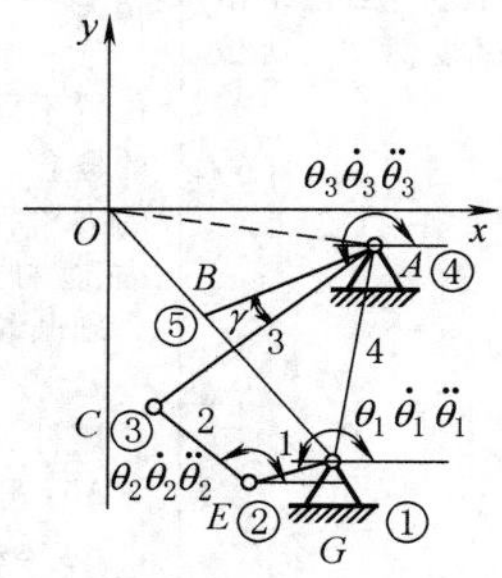 铰链四杆机构杆组法运动求解示例 建立坐标系 Oxy,坐标原点 O 为凸轮中心。已知机构的结构参数,即各杆的长度、构件 ACB 上的角度 γ 和固定铰链点(A、G)的坐标 EG 杆件为原动件,通常为递纸牙摆臂、前规机构的执行构件等,其运动根据工艺要求给定。运动参数为角位移 θ_1、角速度 $\dot{\theta}_1$ 和角加速度 $\ddot{\theta}_1$;$\ddot{\theta}_1=0$ 即做匀角速度摆动。一般情况下,铰链四杆机构未必存在曲柄,即 θ_1 取值范围只是一定角度,而不是常用的0~360°。同时运动参数 θ_1、$\dot{\theta}_1$ 和 $\ddot{\theta}_1$ 是传纸滚筒转角 θ 的函数

求解过程	机构构件、节点编号及机构组成分析 利用杆组法求机构的输出运动。当 $\theta_1=0\sim60°$时，计算中间连杆 CE 的运动（角位移 θ_2、角速度 $\dot{\theta}_2$ 和角加速度 $\ddot{\theta}_2$）和摆杆 AB 的运动（角位移 θ_3、角速度 $\dot{\theta}_3$ 和角加速度 $\ddot{\theta}_3$）。注意本例中，θ_1 的取值范围是 0~60°（主程序中变量 $NN=60$） 首先对机构进行构件及节点编号。机构由 4 个构件组成，原动件 GE、连杆 EC、摆杆 ACB 和机架 GA。杆件总数为 4。程序中 $L=4$，原动件 GE 的编号为 1，记为 $L1=1$；连杆 EC 的编号为 2，记为 $L2=2$；摆杆 ACB 的编号为 3，记为 $L3=3$；机架 GA 的编号为 4，记为 $L4=4$	节点编号。本例中除四个运动中心（G、E、C、A 点）外，B 点也是一个关键点，通常是凸轮连杆组合机构中凸轮滚子的中心。因此，节点总数为 5。程序中 $NP=5$，G 点的编号为①，记为 $N1=1$；E 点的编号为②，记为 $N2=2$；C 点的编号为③，记为 $N3=3$；A 点的编号为④，记为 $N4=4$；B 点的编号为⑤，记为 $N5=5$ 根据机构组成原理，将机构分解成 RRR 杆组和若干个刚体。由图可以看出，GE 是我们运动分析时的原动件（实际上，对于整个递纸机构而言，摆动器 EG 是最终的执行构件），为一刚体（编号 1）。ACB 是执行构件，亦为一刚体（杆件编号 3）；而中间构件 EC（杆件编号 2）、CA 以及转动副 E（节点编号②）、C（节点编号③）、A（节点编号④）构成 RRR 杆组

递纸凸轮廓线求解实例

内容	反转法求解凸轮廓线	求解廓线坐标数学模型
求解过程	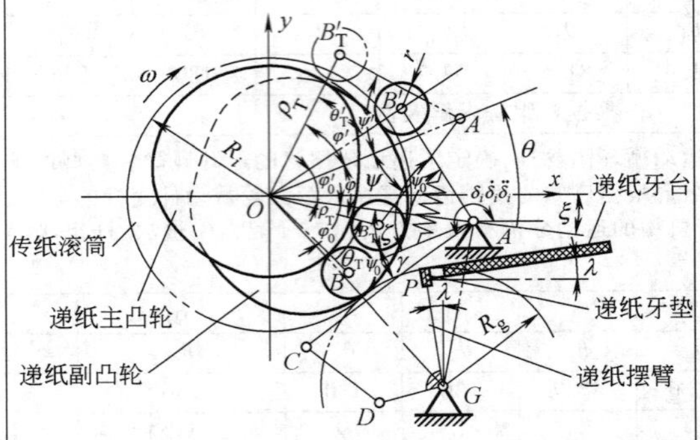 根据对递纸四杆机构运动分析，得到了摆臂 AC 的相对角位置 δ'_i、角速度 $\dot{\delta}'_i$和角加速度 $\ddot{\delta}'_i$ 利用反转法，建立凸轮理论廓线坐标。假设凸轮固定，将从动件（包括主凸轮摆臂和副凸轮摆臂）、机架沿凸轮转向的反方向（即$-\omega$ 方向）旋转 θ 角。根据运动变换原理，相对运动不发生变化，相当于凸轮转过 θ 角，而机架保持不变 主凸轮摆杆 AB 与 OA 的初始夹角 ψ_0 变为 ψ，角位移为： $$\Delta\psi=\psi-\psi_0 \quad (5)$$ 另一种计算主动摆杆 AB 角位移的方法是：当传纸滚筒转过 θ 角时，摆杆 AC 的角位置由 δ'_0变为 δ'_i，角位移为： $$\Delta\delta=\delta'_i-\delta'_0 \quad (6)$$ 显然，$\Delta\psi=\Delta\delta$ 即 $\psi-\psi_0=\delta'_i-\delta'_0$ 所以 $\psi=\delta'_i-\delta'_0+\psi_0$ (7) 至于摆杆 AB 的角速度 $\dot{\psi}=\dot{\delta}'_i$，角加速度 $\ddot{\psi}=\ddot{\delta}'_i$	随着凸轮在加工中心的普及，许多加工企业要求提供凸轮的直角坐标。在 Oxy 坐标系中，凸轮理论廓线（即滚子中心点 B）某点的坐标为（x_B，y_B） $$x_B=l_{OA}\cos(\theta-\xi)-l_{AB}\cos(\theta-\xi+\psi) \quad (12)$$ $$y_B=l_{OA}\sin(\theta-\xi)-l_{AB}\sin(\theta-\xi+\psi) \quad (13)$$ 理论廓线求出后，根据滚子半径可以求得凸轮的实际廓线。应说明的是求实际廓线时，单一凸轮机构由从动件运动规律的数学模型，可以直接求导，得到实际廓线任意点的坐标；而在凸轮连杆组合机构中，直接给定的是递纸牙摆臂的运动规律，凸轮摆杆从动件运动是离散数据。需要进行数值微分，得到偏导数，进而求出实际廓线 递纸副凸轮廓线求解： 若主副凸轮保持严格的共轭关系，它们的运动同步，即角位移、角速度、角加速度完全相同。因此，相当于已知 AB'，与共轭主凸轮设计方法相同，同样可以采用反转法，不同的是，凸轮安装位置不同，当主凸轮滚子由最低点运动到最高点时，副凸轮滚子同步由最高点运动到最低点 在理想情况下，主副凸轮的两摆杆为同一构件，即存在如下关系： 1）$\angle BAB'=\psi_0+\psi'_0=\psi+\psi'$恒定 2）主副凸轮摆杆角位移、角速度、角加速度相等 唯一不同的是，由于结构关系，两摆杆的角位置不同。注意角位移与角位置是两个不同的概念。角位置是指某一时刻，摆杆与 x 轴的夹角，对应时刻；而角位移是指一定时间内，摆杆角位置的变化量，对应时间 副凸轮从动件 AB'的角位置为 $$\angle xAB'=\delta-\zeta-\gamma$$ 摆杆 AB'的角位移与摆杆 AB 相同， $\Delta\delta=\delta'_i-\delta'_0$ $\Delta\psi'=\psi'-\psi'_0$ 显然，$\Delta\psi'=\Delta\delta$

第4篇

续表

内容	反转法求解凸轮廓线	求解廓线坐标数学模型
求解过程	递纸主凸轮廓线求解： 根据传纸滚筒轴端结构，初步选定递纸主凸轮理论廓线基圆半径 r_b，据此及杆长，得到凸轮机构初始位置角度。凸轮理论廓线极径用 ρ_T 表示，极角用 θ_T 表示，这里以凸轮滚子与基圆接触的初始位置为极轴。$\rho_T=\|OB\|$ 在△OAB 中，根据余弦定理，初始位置： $r_b^2=l_{OA}^2+l_{AB}^2-2l_{OA}l_{AB}\cos\psi_0$ 摆杆初始角度：$\psi_0=\arccos\dfrac{l_{OA}^2+l_{AB}^2-r_b^2}{2l_{OA}l_{AB}}$ (8) 同理，$l_{AB}^2=l_{OA}^2+r_b^2-2l_{OA}r_b\cos\varphi_0$ $\varphi_0=\arccos\dfrac{l_{OA}^2+r_b^2-l_{AB}^2}{2l_{OA}r_b}$ (9) 在一般位置，$\|OB\|^2=l_{OA}^2+l_{AB}^2-2l_{OA}l_{AB}\cos\psi$ 理论廓线极径，$\rho_T=\sqrt{l_{OA}^2+l_{AB}^2-2l_{OA}l_{AB}\cos\psi}$ (10) 这里，$\psi=\delta_i-\delta_0+\psi_0$ 极角：$\theta_T=\theta+\varphi_0-\varphi$ (11) 其中，$\varphi=\arccos\dfrac{l_{OA}^2+l_{AB}^2+\rho_T^2}{2l_{OA}l_{AB}}$ 在初始位置 $\theta=0$ 时：$\rho_T=r_b$ $\theta_T=0$	因此，$\psi'-\psi_0'=\delta_i'-\delta_0'$ 所以，$\psi'=\delta_i'-\delta_0'+\psi_0'$ 与共轭主凸轮理论廓线求解方法相同 凸轮的理论廓线极径用 ρ_T' 表示，极角用 θ_T' 表示，这里以凸轮滚子与基圆接触的初始位置为极轴。初步选定递纸副凸轮理论廓线的基圆半径 r_{bg}，$\rho_T'=\|OB'\|$ 在△OAB' 中，根据余弦定理，初始位置： $r_{bg}^2=l_{OA}^2+l_{AB'}^2-2l_{OA}l_{AB'}\cos\psi_0'$ 摆杆初始角度：$\psi_0'=\arccos\dfrac{l_{OA}^2+l_{AB'}^2-r_{bg}^2}{2l_{OA}l_{AB'}}$ (14) 同理，$l_{AB'}^2=l_{OA}^2+r_{bg}^2-2l_{OA}r_{bg}\cos\varphi_0'$ $\varphi_0'=\arccos\dfrac{l_{OA}^2+r_{bg}^2-l_{AB'}^2}{2l_{OA}r_{bg}}$ (15) 在一般位置，$\|OB'\|^2=l_{OA}^2+l_{AB'}^2-2l_{OA}l_{AB'}\cos\psi'$ 理论廓线极径， $\rho_T'=\sqrt{l_{OA}^2+l_{AB'}^2-2l_{OA}l_{AB'}\cos\psi'}$ (16) 这里，$\psi'=\delta_i-\delta_0+\psi_0'$ 极角：$\theta_T'=\theta+\varphi_0'-\varphi'$ (17) 其中，$\varphi'=\arccos\dfrac{l_{OA}^2+l_{AB'}^2+\rho_T'^2}{2l_{OA}l_{AB'}}$ 在 Oxy 坐标系中。凸轮理论廓线（即滚子中心点 B'）某点的坐标为（x_B'，y_B'） $x_B'=l_{OA}\cos(\theta-\xi)-l_{AB'}\cos(\theta-\xi-\psi')$ (18) $y_B'=l_{OA}\sin(\theta-\xi)-l_{AB'}\sin(\theta-\xi-\psi')$ (19)

凸轮机构基本参数及廓线坐标

mm

基本参数	凸轮中心到摆臂中心距离 l_{OA}	摆臂长度	滚子直径	半径	实际廓线最小半径	实际廓线最大半径
	219.187	146	70	35	86	137.34
凸轮实际廓线直角坐标、极坐标	序号	Xdata(实际廓线 x 坐标)	Ydata(实际廓线 y 坐标)	Pr(实际廓线极径)	ThTr(实际廓线极角)	备注
	1	59.6905	-61.9118	86.0002	313.9528	31.6913
	2	83.4521	-20.7934	86.0036	346.0080	
	3	89.6626	10.8969	90.3223	6.9293	
	4	92.9328	47.0129	104.1476	26.8339	
	5	86.7298	86.4536	122.4593	44.9085	
	6	59.9264	119.7002	133.8630	63.4056	
	7	20.2114	135.8479	137.3432	81.5374	
	8	-66.2784	120.2942	137.3446	118.8531	
	9	-85.9848	106.4354	136.8280	128.9330	
	10	-113.0477	69.7017	132.8086	148.3430	
	11	-121.0270	19.4885	122.5861	170.8520	
	12	-107.1877	-20.3888	109.1096	190.7695	
	13	-81.0750	-51.0667	95.8174	212.2051	
	14	-51.5277	-71.5051	88.1367	234.2223	
	15	-25.3001	-82.2009	86.0063	252.8919	
	16	-24.2820	-82.5017	86.0009	253.5991	

凸轮压力角和曲率半径校核

压力角与曲率半径校核	不同于单一的凸轮机构。在递纸机构中，由于是通过摆动器的运动规律计算而不是直接给定，得到摆杆从动件的运动是离散数据。需要用数值微分的方法，计算对时间的导数，进而计算各点的压力角及曲率半径

递纸系统结构设计		
递纸主凸轮零件图	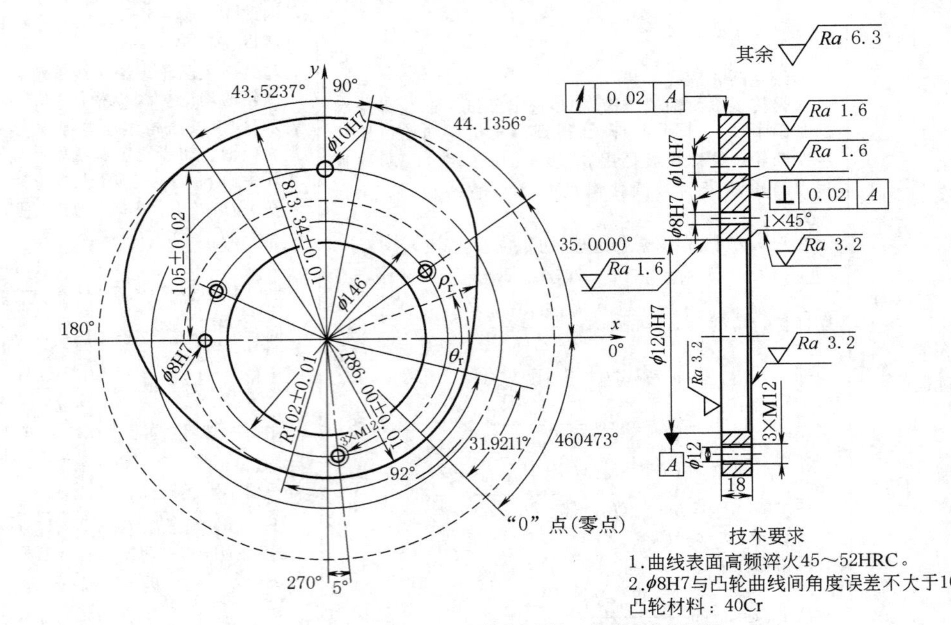 递纸主凸轮、技术要求和材料	
下摆式递纸机构结构设计	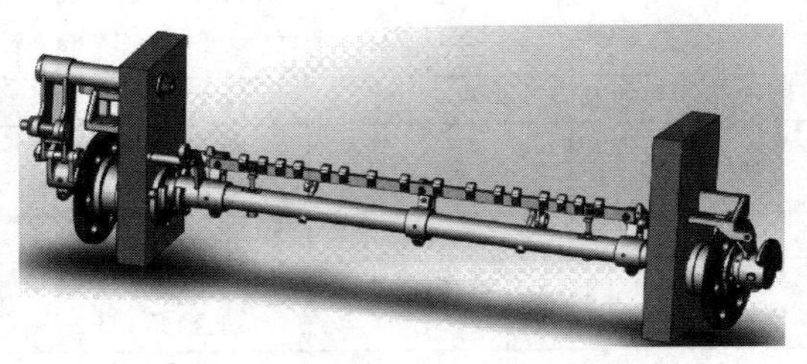 下摆式递纸机构三维装配体截图(与二维图略有差异) 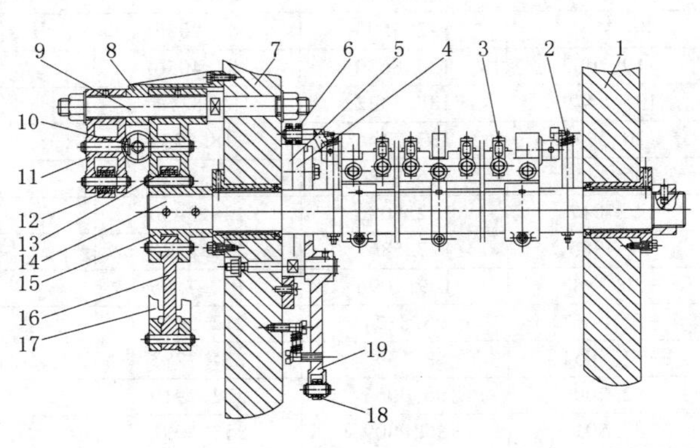 下摆式递纸机构二维装配图(主视图)	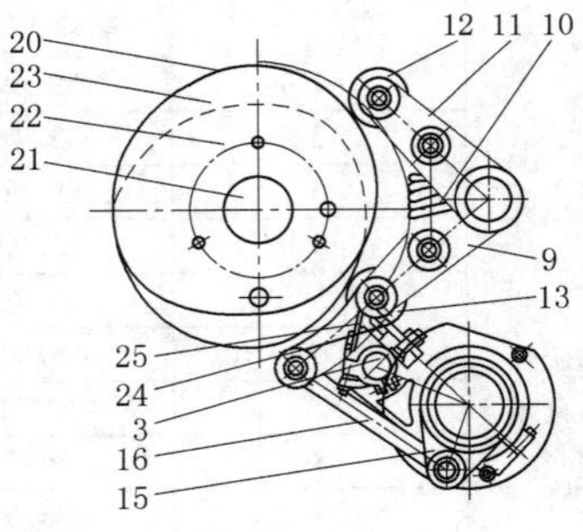 下摆式递纸机构二维装配图 (左视图)

续表

下摆式递纸机构装配图明细表

代号	零件名称	材料	数量	代号	零件名称	材料	数量
1	操作面墙板	HT250	1	14	递纸牙轴	45	1
2	闭牙弹簧	65Mn	2	15	递纸牙摆臂	QT400-18L	1
3	咬纸牙组件		17	16	连杆	QT400-18L	1
4	开压块	45	1	17	摆杆	QT400-18L	1
5	支撑块	45	1	18	牵拉凸轮连杆	45	1
6	开牙滚子		2	19	滚子		1
7	传动面墙板	HT250	1	20	传纸滚筒		1
8	摆臂支座	45	2	21	传纸滚筒轴	45	1
9	递纸主凸轮摆臂	QT400-18L	1	22	递纸主凸轮	40Cr	1
10	补偿弹簧	65Mn	1	23	递纸副凸轮	40Cr	1
11	递纸副凸轮摆臂	QT400-18L	1	24	压垫	GCr15	17
12	副凸轮滚子	QT400-18L	1	25	牙片	65Mn	17
13	主凸轮滚子	QT400-18L	1				

递纸凸轮摆臂零件图

递纸凸轮摆臂零件图

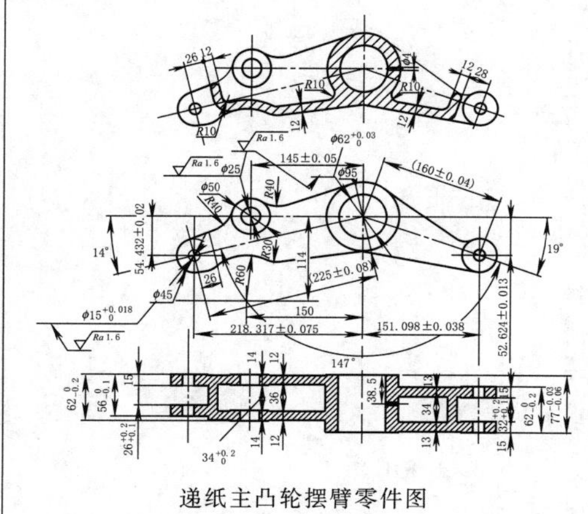

递纸主凸轮摆臂零件图

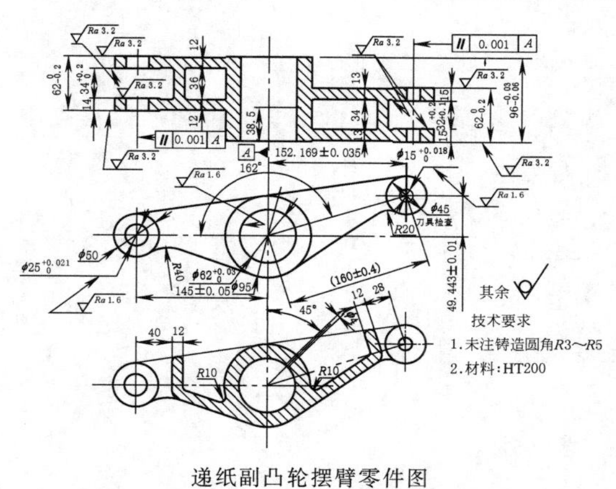

其余
技术要求
1.未注铸造圆角R3～R5
2.材料:HT200

递纸副凸轮摆臂零件图

传纸滚筒三维实体装配模型和二维装配图

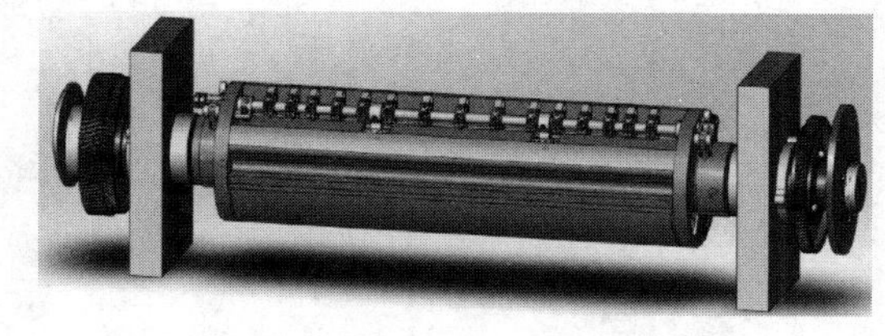

传纸滚筒三维装配体截图(与二维图略有差异)

传纸滚筒二维装配图(主视图)

续表

传纸滚筒体零件图	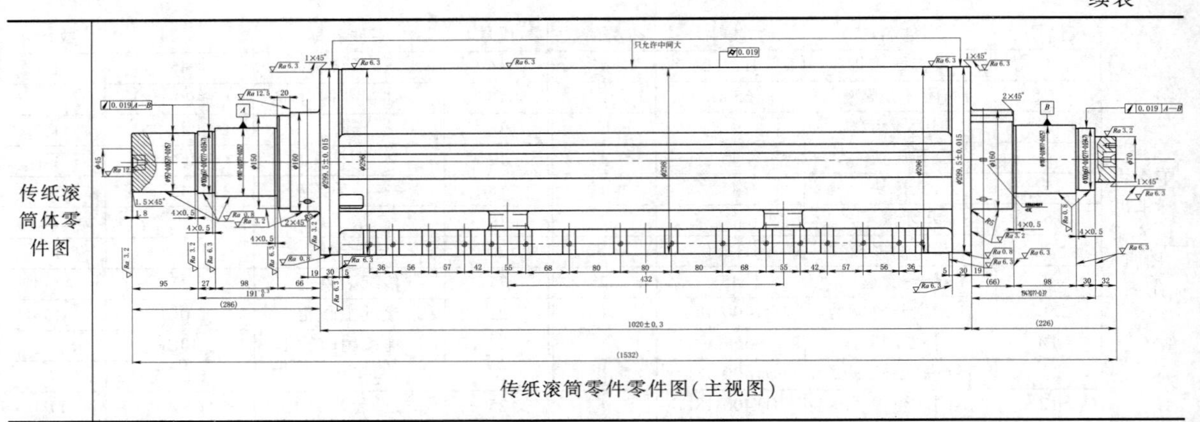 传纸滚筒零件零件图(主视图)

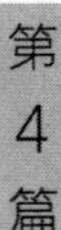

CHAPTER 4

第4章 机构参考图例

机构类型繁多，很难一一列举。本章除介绍部分常用者外，尽可能选列一些灵巧实用、结构简单、制造容易以及具有某些独特运动规律或作用的机构图例，供非标准设备设计或技术革新者参考。由于机构的运动规律与各构件的相对尺寸密切相关，选用时应注意各构件的相对尺寸。图例中除个别者外，一般未标出尺寸关系。

1 匀速转动机构

1.1 定传动比匀速转动机构

1.1.1 平行四边形机构（对边杆长分别相等）

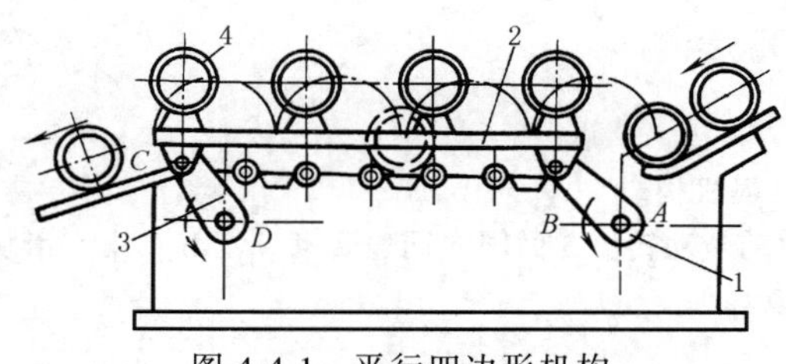

图 4-4-1 平行四边形机构

功能：主动曲柄和从动杆做同向同速转动，连杆做平动，连杆曲线为圆弧。

用途：用于物料输送，如火车轮联动机构、多组平行四边形联轴器、缩放机构等。

原理：如图 4-4-1，主动曲柄 1 逆时针方向转动时，带动从动杆 3 做同向同速转动，而送料杆 2 做平移运动，可将物料 4 一步一步地向前搬动。

特点：曲柄与从动杆、机架与连杆长度分别相等。

第4篇

1.1.2 平行四边形机构（多输出轴）

功能：主动曲柄转动，带动多输出轴各绕其固定轴心做同速转动。

用途：用于多输出轴等速转动，如多头钻、多头铣床等。

原理：如图 4-4-2，图 a 中主动曲柄 1 转动时，带动盘 2 做平动，从而同时带动四个等长曲柄 3 各绕其固定轴

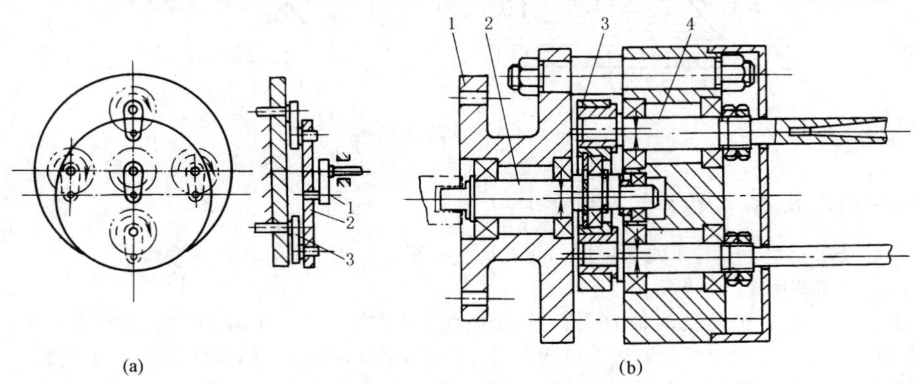

图 4-4-2 多个输出轴的平行四边形机构

心做同速转动。图 b 为多头钻的结构，主动偏心轴 2 通过圆盘 3 带动与 2 有相同偏心距 e 的钻杆 4 转动。

特点：曲柄与多输出轴的其他曲柄等长，多输出轴对称分布。

1.1.3 平行四边形机构（两轴距可变）

功能：主动轴通过中间圆盘及连杆带动从动轴做同速转动。

用途：用于轴距可变的两平行轴传动，例如联轴器等。

原理：如图 4-4-3，在运转中主、从动轴间的距离可变，盘 4 的中心具有不变的确定位置。主动轴 1 通过中间圆盘及连杆使从动轴 7 做同速转动，圆盘 2、4、6 的等径圆周上各有三个等间隔的销轴，分别以三个长度为 l 的连杆相互铰接，形成多个平行四边形机构。

特点：两轴中心距可变。在主、从动轴线重合时（零位移），盘 4 处于位置不确定状态，故应避免使用该位置。

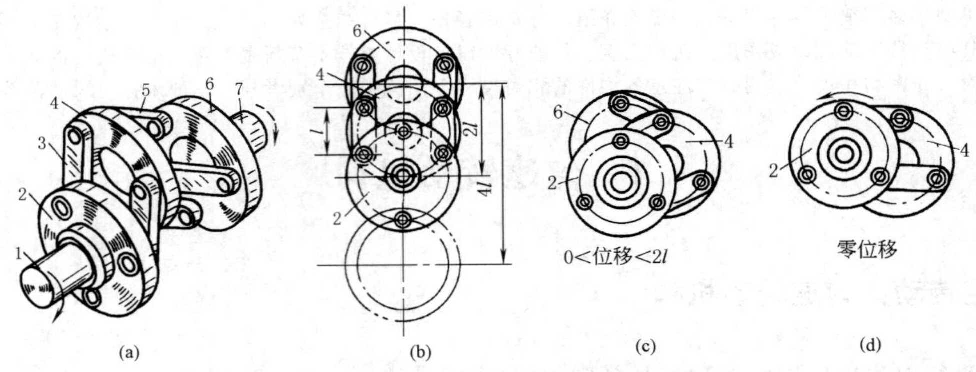

图 4-4-3 两轴距可变的平行四边形机构

1.1.4 双转块机构

功能：主动轴通过中间十字滑块带动从动轴做同速转动。

用途：用于两轴线不易重合的平行轴的传动，例如印刷机供墨机构。

原理：如图 4-4-4a，主动转块 1 匀速转动时，通过连杆 2 驱动从动转块 3 做同向同速转动。图 b 中十字滑块两侧的移动滑块垂直，分别与主动轴 1 和从动轴 3 的滑槽构成移动副。

特点：结构简单，工作可靠。

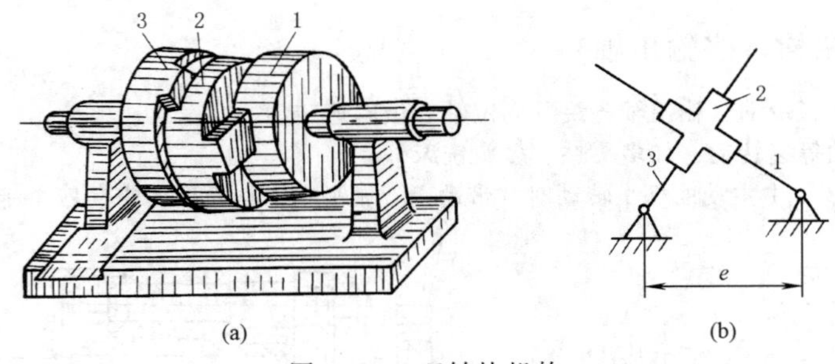

图 4-4-4 双转块机构

1.1.5 平行四边形机构（用于电力机车）

功能：电机驱动车轮主动轴与车架为一体，并支承在弹簧上，使车架有减振缓冲作用。

用途：用于电力机车驱动。

原理：如图 4-4-5，电机带动主动轴 O 与两从动轴 O_1、O_2 均在同一车架上。运行中的振动引起 O_1O_2 与 O_3O_4 间的距离发生变化。在两个平行四边形机构中增加杆 A_3B_3 可补偿主、从动轴间距离的变化。

特点：曲柄 $OA=O_1B_1=O_2B_2$，连杆 $AB_1=AB_2=OO_1=OO_2$。

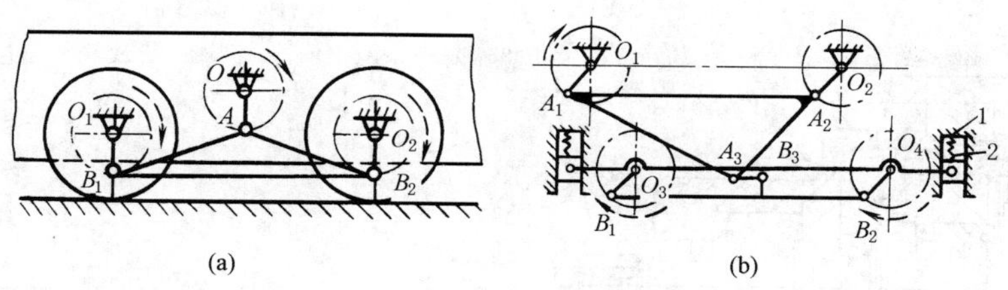

图 4-4-5　用于电力机车的平行四边形机构

1.1.6　开口齿轮传动机构

功能：主动齿轮经惰轮带动从动轮，实现从动轮（开口齿轮）做整周回转。

用途：用于石油钻井旋扣器等。

原理：如图 4-4-6，主动齿轮 1 经惰轮 2、4 带动从动轮 3。生产上要求从动轮 3 上开有宽度为 b 的钳口槽。该机构能保证从动轮 3 做整周回转。设计要求：①保证正确的安装条件：$\alpha(z_3-z_4)+\gamma(z_4-z_1)+\beta(z_3-z_2)+\delta(z_2-z_1)=2\pi k$；式中，$k$ 应为正整数；z_1、z_2、z_3、z_4 为各齿轮齿数。②$O_1O_3>(d_1+d_3)/2$；$O_2O_4>(d_2+d_4)/2$；式中，d_1、d_2、d_3、d_4 为各轮的齿顶圆直径。③槽宽 b 所对中心角 $\theta<\alpha+\beta$。

特点：结构简单，操作方便。

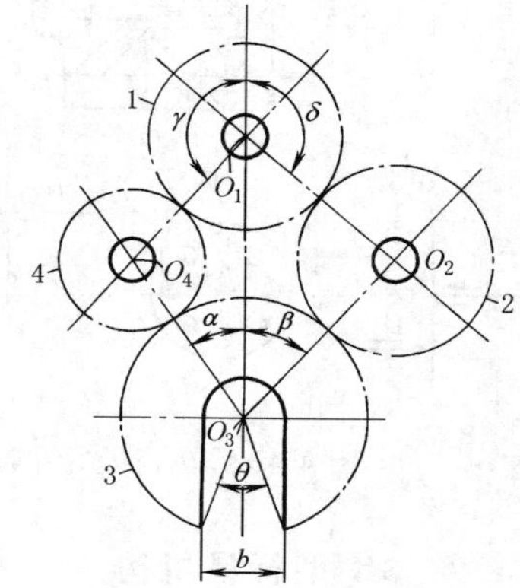

图 4-4-6　开口齿轮传动机构

1.1.7　带式行星传动机构

功能：如图 4-4-7，当主动轮 1 通过传动带带动轮 2 旋转时，则行星滚筒 5 绕固定轮 4 公转并绕销轴自转。

用途：用于抛光机等。

原理：带式行星传动机构的轴 3 和轮 4 固定不动，轮 2 空套在轴 3 上可自由转动，行星滚筒 5 与轮 4 通过传送带相连；滚筒 5 的转速按下式计算：

$$n_5=n_1\left(\frac{r_1}{r_2}\right)\left(1-\frac{r_4}{r_5}\right)$$

式中　r_1、r_2、r_4、r_5——各带轮的半径。

特点：带轮 2 上相隔 180°对称地装有两个在销轴上可自由转动的行星滚筒 5。

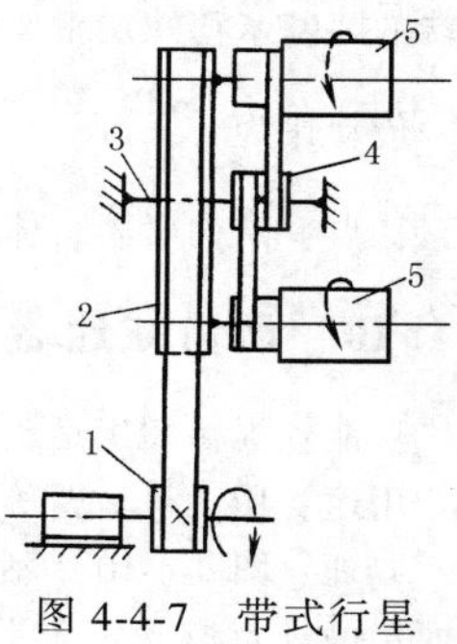

图 4-4-7　带式行星传动机构

1.1.8　少齿差行星减速机构

功能：可获得很大的减速比。

用途：用于冶金机械、起重机械、石油化工、食品机械及仪表制造等行业。

原理：如图 4-4-8，行星减速机构中的偏心轴（转臂）H 主动，内齿轮 2 固定，行星轮 1 从动，通过传动比为 1 的输出机构将行星轮的运动输出，总传动比

$$i_{H3}=\frac{n_H}{n_3}=-\frac{z_1}{z_2-z_1}$$

轮 1、2 的齿廓曲线可为摆线和针齿，也可为渐开线。前者称为摆线针轮减速器，后者称为少齿差行星减速器。这类机构的主动轴转速一般可达到 1500～1800r/min。若采用摆线针轮，则效率较高，功率范围也较大。输出机构一般用销盘和孔盘组成（图 4-4-8b）；传动功率较小时，也可采用一对齿数相等的内、外齿轮组成的零齿差输出机构（图 4-4-8c），为避免齿形干涉，该齿轮除径向变位外，还要切向负变位。

特点：机构传动比大，结构紧凑。(z_2-z_1) 齿数差一般取得很小（常用差为 1～4），可获得大传动比，如 z_1 和 z_2 相差一个齿，则 $i_{H3}=-z_1$（负号表示主、从动件转向相反）。

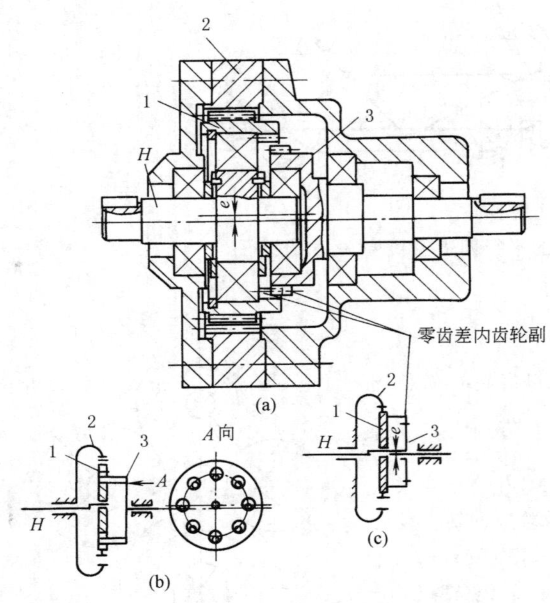

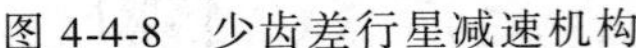

图 4-4-8　少齿差行星减速机构

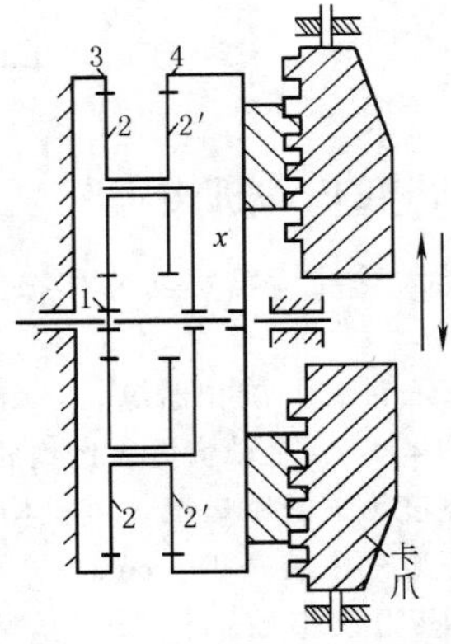

图 4-4-9　3K 型行星机构

1.1.9　3K 型行星机构

功能：当电机带动主动齿轮旋转时，通过阿基米德螺旋槽驱使卡爪卡紧或松开工件。

用途：用于车床电动卡盘，或用于短期工作，中小功率传动，如工厂内车间之间运输的悬链式输送机等。

原理：图 4-4-9 为 3K 型行星机构，当电机带动主动齿轮 1 旋转时，通过行星架使齿轮 4 低速转动，通过轮 4 右端的阿基米德螺旋槽驱使卡爪卡紧或松开工件。

传动比为：

$$i_{14}^{3}=\left(1+\frac{z_3}{z_1}\right)\Bigg/\left(1-\frac{z_2'z_3}{z_4z_2}\right)$$

特点：结构紧凑，体积小，传动比范围大，但制造安装较复杂。

1.1.10　活齿减速器

功能：提供精细运动控制和扭矩支持的减速装置，使机械臂具备灵活的动作能力。

用途：用于机械臂等工业机器人。

原理：图 4-4-10 为活齿减速器，利用了曲线齿轮的原理，通过齿面接触进行减速。与差速器外壳固结的隔离罩 1 绕固定轴线 B（轴线 B 与 A 重合）转动，在该隔离罩的均布径向槽内安置块状齿 2，分别与凸轮盘 3 外缘齿和凸轮盘 4 内缘齿啮合，凸轮盘 3 和 4 分别固定在半轴 A 和 B 上。当差速器外壳及隔离罩转动时，将给凸轮盘 3、轴 A 与凸轮盘 4、轴 B 相应的驱动力矩。如两轴上所受的阻力矩相同，则它们以相同的转速回转，否则，两轴以不同的转速回转。

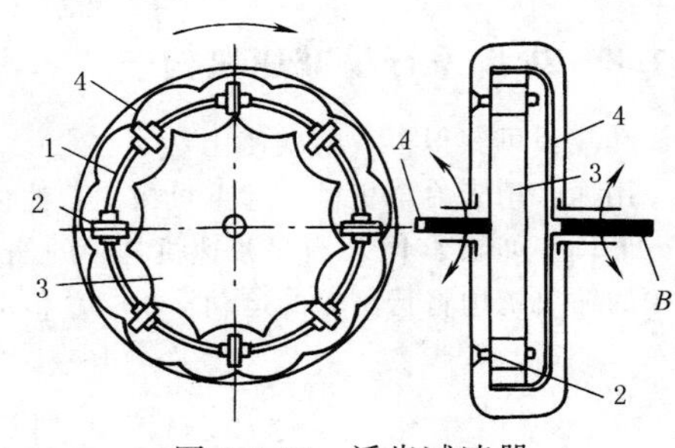

图 4-4-10　活齿减速器

特点：结构比其他任何减速器都要简单，紧凑；由于是多齿啮合，因此运转平稳，噪声小，承载能力高。

1.1.11　谐波传动机构

功能：依靠弹性变形运动实现高精度、高扭矩传动的减速机构。

用途：用于能源、通信、机床、机器人、汽车、印刷装备以及医疗器械等领域。

原理：在柔性齿轮构件中，通过波发生器，产生移动变形波，并与刚轮齿相啮合，从而达到传动目的。

图 4-4-11a 为谐波传动，由谐波发生器 1、柔性齿轮（柔轮）2 和刚性齿轮（刚轮）3 组成。3 个构件中任何 1 个皆可为主动，其余 1 个固定，1 个为从动。当刚轮固定，发生器主动并连续转动时，从动柔轮各处依次发生啮入、啮合、啮出及脱开四种连续工作状态，错齿运动使柔轮反向转动。发生器转动一周，柔轮转过 $(z_3-z_2)/z_2$ 周。柔轮的变形过程是一个基本对称的和谐波（图 4-4-11b）。在传动中发生器转一周，柔轮某一点变形的循环次数叫波数（等于发生器的滚轮数），一般常应用双波和三波。

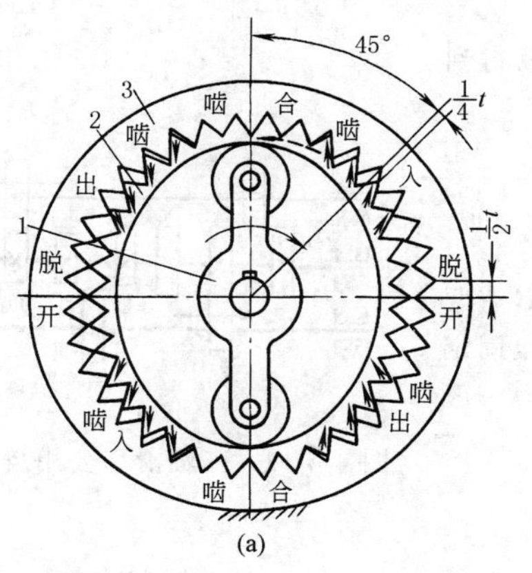

(a)

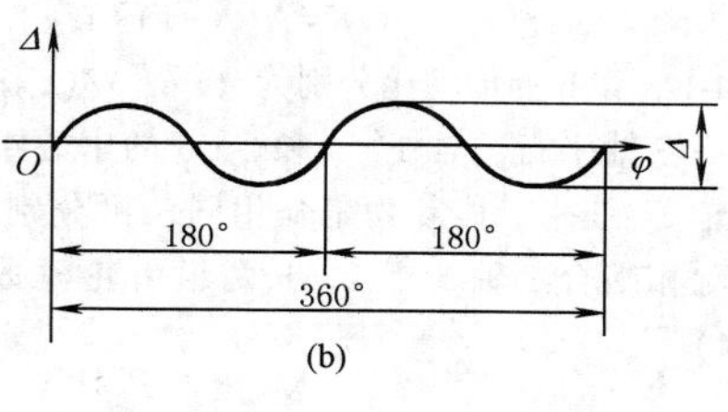

(b)

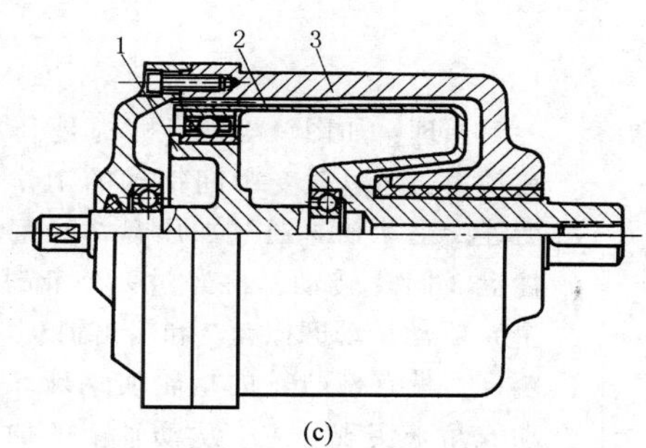

(c)

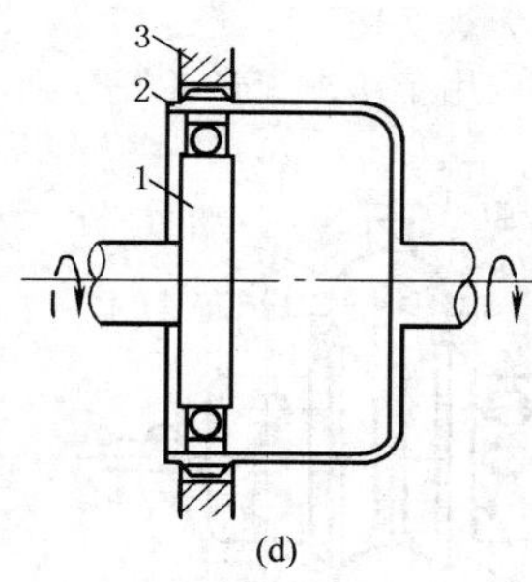

(d)

图 4-4-11　谐波传动机构

图 4-4-11b 是双波变形波。谐波传动机构的刚轮和柔轮的周节 t 相等，但齿数不等，齿数差一般等于波数（或波数的整数倍）。谐波高 Δ 等于刚轮与柔轮的分度圆直径之差，即

$$\Delta = d_2 - d_3 = \frac{t(z_3 - z_2)}{\pi}$$

图 4-4-11c 为应用较普遍的单级双波的谐波减速器结构图，系刚轮固定、发生器主动、柔轮输出的结构，图 d 为其示意图。其传动比为：

$$i_{12}^{3} = -\frac{z_2}{z_3 - z_2}$$

当 2 固定，1 主动，3 从动时

$$i_{13}^{2} = \frac{z_3}{z_3 - z_2}$$

当 1 固定，2（或 3）主动，3（或 2）从动时

$$i_{23}^{1} = \frac{z_3}{z_2}\left(\text{或} i_{32}^{1} = \frac{z_2}{z_3}\right)$$

此时传动比接近于 1。

特点：传动比范围大，单级传动比为 1～500，体积小，重量轻，承载能力强，运转平稳，传动效率较高，结构简单。其缺点是柔轮需用抗疲劳强度很高的材料，散热性差。

1.2 有级变速机构

三轴滑移公用齿轮机构，如图 4-4-12 所示。

功能：利用齿轮变位凑中心距可达到无侧隙啮合，以获得多种有级变速。

用途：用于普通机床进给箱中切削公制、英制螺纹时，很容易得到互为倒数的传动比关系。

原理：设 N 为公用齿轮数，则变速级数 K 为：

$$K=N(N-1)+1$$

图 4-4-12a 和 b 的传动比分别为 $(z_a z_{b3})/(z_{a2}z_b)$ 和 $(z_b z_{a2})/(z_{b3}z_a)$。

特点：三轴平行，轴 1、3 和 2、3 的中心距相等，轴 1、2 上各有两个滑移齿轮 z_a 和 z_b，其参数完全相同，可分别与轴 3 上 a、b 两组固定的公用齿轮相啮合。轴 3 上 a、b 两组齿轮模数相同，齿数不同（一般齿差 $\Delta z<4$）。

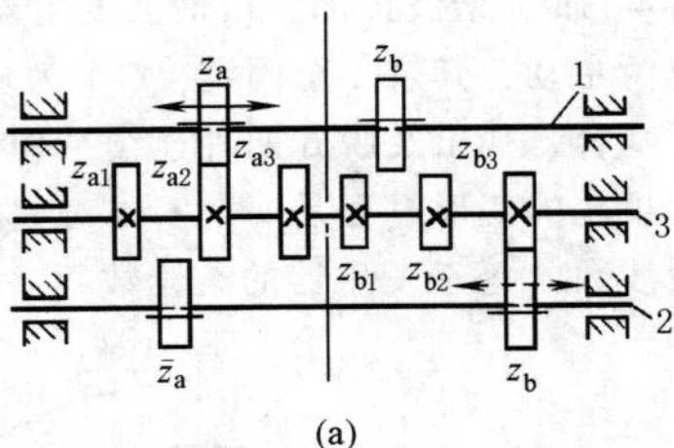

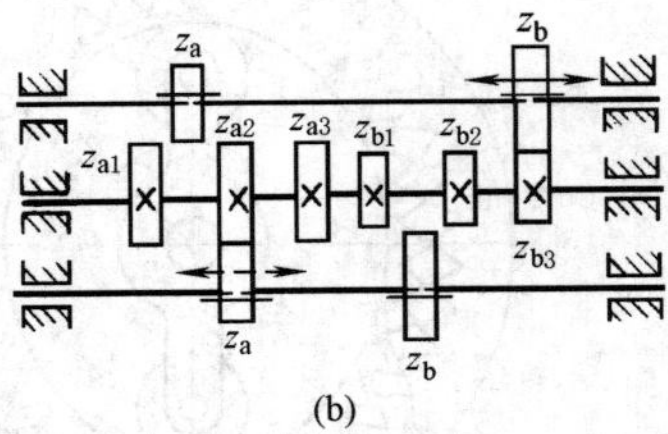

图 4-4-12　三轴滑移公用齿轮机构

1.3 无级变速机构

钢球外锥轮式无级变速机构，如图 4-4-13 所示。

功能：无级变速。

用途：应用于纺织、轻工等行业。

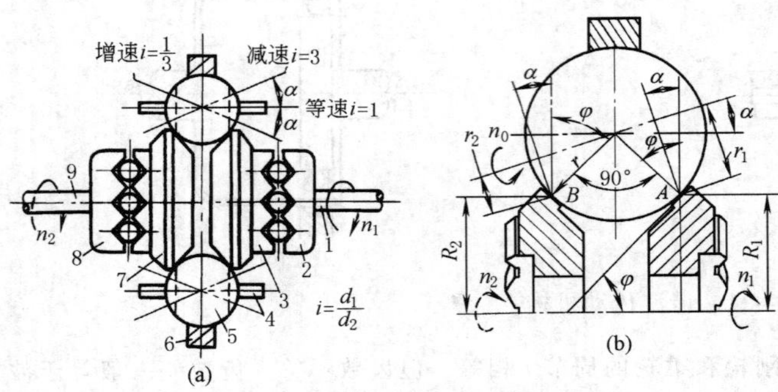

图 4-4-13　钢球外锥轮式无级变速机构

6—外环；8—端盖；其余见“原理”

原理：如图 4-4-13，机构是利用摩擦传递动力，通过改变中间钢球的工作半径进行变速。主动轴 1 通过加压盘 2 经钢球带动摩擦盘 3 同速转动，再经过一组钢球 5（3～8 个）驱动从动摩擦盘 7 和输出轴 9。调速通过蜗杆、带有槽凸轮的蜗轮使钢球 5 的轴 4 转动 α 角来实现。主、从动轴上的加压机构能自动地施加与载荷成正比的压紧力，使摩擦盘与传动钢球 5 相互压紧，确保在没有滑动的情况下传递动力。传动比为：

$$i=\frac{n_1}{n_2}=\frac{r_1}{r_2}=\frac{1\mp\tan\varphi\tan\alpha}{1\pm\tan\varphi\tan\alpha}$$

特点：一般使用传动比 $i_B=1/3\sim3$，使用变速范围 $R_{b8}\leqslant9$，功率 $N\leqslant0.2\sim11\text{kW}$，效率 $\eta=0.8\sim0.9$。其特点为体积小，结构紧凑，可增速或减速，但制造精度要求较高。输出传递动力特性基本上为恒功率。

2 非匀速转动机构

2.1 反平行四边形机构

功能：当主动曲柄做匀速转动时，从动曲柄做反向非匀速转动。

用途：用于机构联动，使两个工作构件获得大小相同、方向相反的角位移，如车门启闭机构、印刷机变速输纸机构等。

原理：如图 4-4-14，反平行四边形机构的平均传动比等于 1，瞬时传动比为：

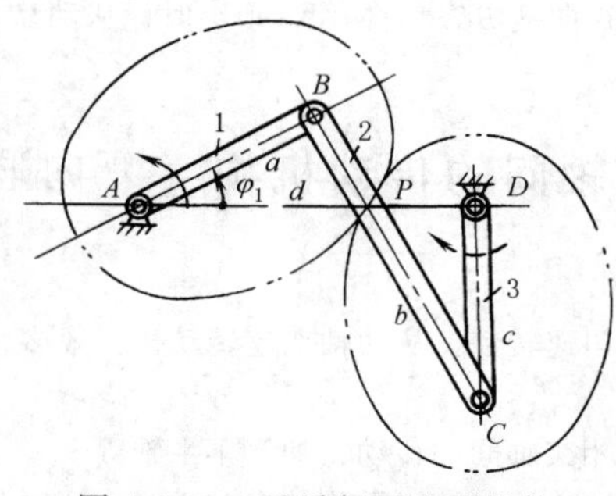

图 4-4-14　反平行四边形机构

$$i_{31}=\frac{\omega_3}{\omega_1}=\frac{AP}{DP}=\frac{b^2-a^2}{-(b^2+a^2)+2ab\cos\varphi_1}$$

当 $\varphi_1=0°$时，　$i_{31}=(i_{31})_{max}=-(b+a)/(b-a)$

当 $\varphi_1=180°$时，$i_{31}=(i_{31})_{min}=-(b-a)/(b+a)$

当主动曲柄转至与机架重合时，从动曲柄也与机架重合，这时形成机构运动的不确定状态，即曲柄继续向前转动时，从动曲柄有可能与主动曲柄同向转动，故必须用特殊装置（如死点引出器）或杆件惯性来渡过机构的不稳定状态。

特点：两短杆 a、c 为曲柄，且 $a=c$，机架 d 和连杆 b 相等。该机构通过改变 a（c）、b（d）的长度，可以得到需要的变传动比的运动规律。当运动精度要求不高时，此机构可用来代替椭圆齿传动（如双点画线所示），椭圆齿轮回转轴分别在焦点 A 和 D，椭圆长轴为连杆长 b，焦距为曲柄长 a，而制造比椭圆齿轮简单得多。

2.2　双曲柄机构

功能：如图 4-4-15，主动曲柄 AB 匀速转动，转换为曲柄 CD 的非匀速转动。

用途：用于惯性筛等。

原理：该机构具有急回特性，但平均传动比等于 1。若 $AD+CD<AB+BC$，且 $AD<AB<BC<CD$（或 $AD<BC<AB<CD$）则机构没有死点位置。双点画线表示在此双曲柄机构上再相连一偏置曲柄滑块机构 DCE。由于双曲柄机构和偏置曲柄滑块机构均有急回特性，二者并用加强了急回效果。

特点：从右往左运动时，有较大的加速度，依靠物料惯性而达到筛分的目的。

2.3　用于刨床的旋转导杆机构

功能：主动曲柄匀速转动，转换为旋转导杆的非匀速转动。

用途：用于刨床。

原理：如图 4-4-16，该机构具有急回特性，平均传动比为 1，使工作（切削）行程较慢，回程较快（BC 顺时针方向转动 φ_1 角时，滑块 E 以较慢的速度近于等速切削，而 BC 继续转动 φ_2 角时，E 快速返回）。

特点：行程 $S=2AD$。比值$\frac{BC}{AB}$较小时，机构的动力性能变坏，一般推荐$\frac{BC}{AB}>2$。

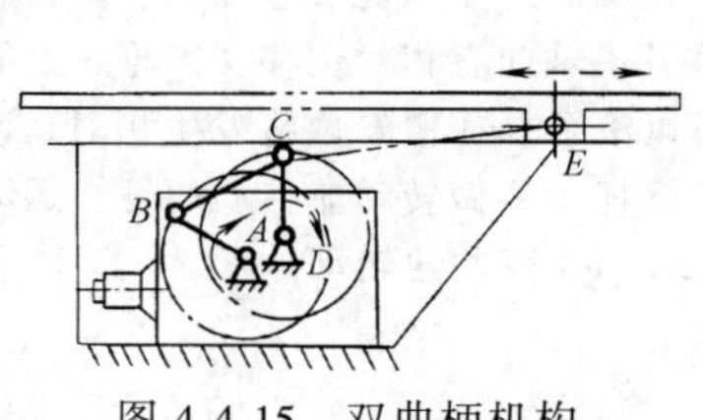

图 4-4-15　双曲柄机构

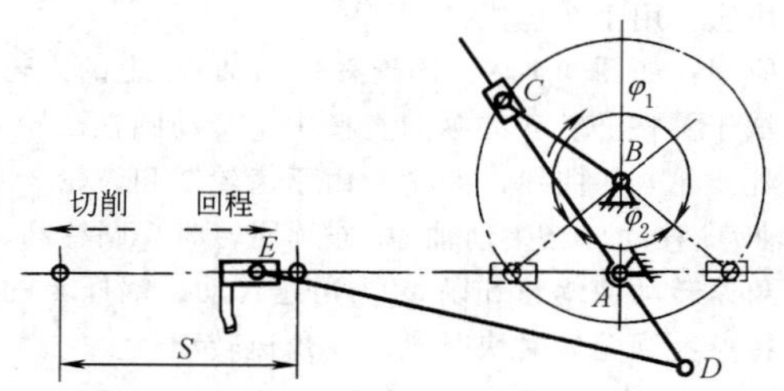

图 4-4-16　用于刨床的旋转导杆机构

2.4　用于联轴器的旋转导杆机构

功能：主动盘等速转动时，带动从动盘做变速转动。

用途：用于联轴器、回转柱塞泵、叶片泵及旋转式发动机等机器。

原理：图 4-4-17 为轴心线不重合的联轴器结构，当圆盘 1 绕轴 C 转动时，通过圆盘 1 上的滑槽拨动盘 3 绕轴心 A 同向转动，同时销 2 将相对于滑槽滑动。图 b 是运动简图，导杆 1 做等速转动，带动从动盘 3 做变速转动。

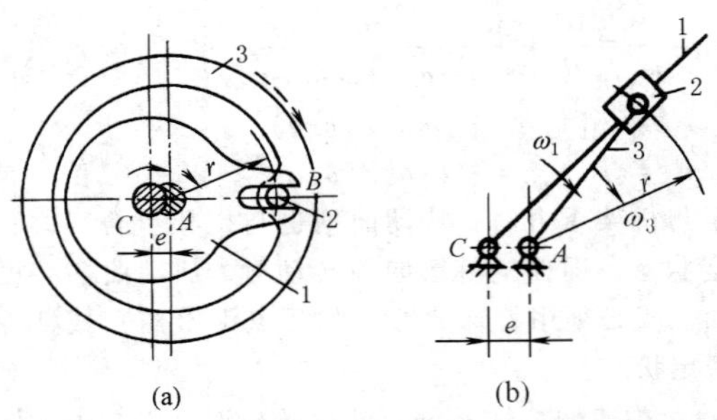

图 4-4-17　用于联轴器的旋转导杆机构

特点：机架 AB<曲柄 BC。当偏距 e 很小时，从动盘 3 的角速度变化平缓。

2.5　两相交轴间的传动机构（万向联轴器）

功能：主动轴匀速转动，从动轴变速转动，一般多采用双万向联轴器。

用途：用于两相交轴间的传动，如汽车半轴等。

原理：如图 4-4-18，该机构平均传动比为 1，瞬时传动比为 $i_{21}=\dfrac{\omega_2}{\omega_1}=\dfrac{\cos\alpha}{1-\sin^2\alpha\cos^2\varphi_1}$，式中，$\varphi_1$ 为主动轴上叉头从轴面（两轴所决定的平面）开始计算的转角。图 b 为双万向联轴器，在主、从动轴 1、3 之间用一个中间轴 2（即用花键套连接的轴）和两个万向联轴器连接，它可以传递任意位置的两轴间的回转运动。当中间轴 2 两端的叉面位于同一平面内且 $\alpha_1=\alpha_2$ 时，可以得到主、从动轴间传动比恒等于 1 的匀速传动。

特点：由于瞬时传动比的变化，传动中将产生附加动载荷，并引起振动。

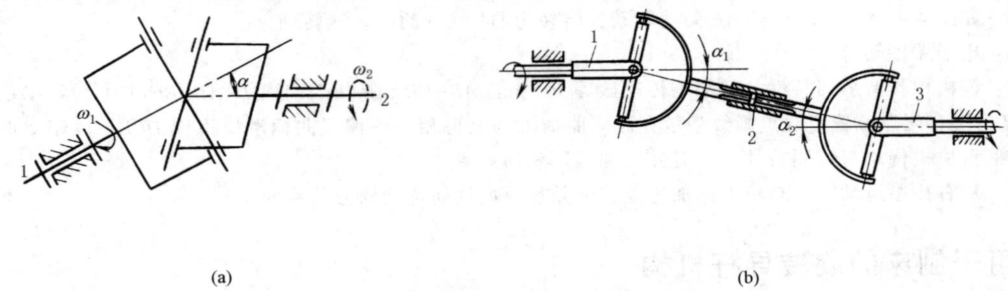

图 4-4-18　两相交轴间的传动机构

2.6　用于纺丝机的齿轮凸轮组合卷绕机构

功能：当主动轴连续回转时，圆柱凸轮及与其固结的蜗杆将做转动兼移动的复合运动，该蜗轮的运动为时快时慢的变角速转动，以满足纺丝卷绕工艺的要求。

用途：用于纺丝机。

原理：如图 4-4-19，固连在主动轴 O_1 上的齿轮 1 和 1′分别与活套在轴 O_2 上齿轮 2 和 3 啮合。齿轮 2 上的凸销 A 嵌于圆柱凸轮 4 的纵向直槽中，带动圆柱凸轮 4 一起回转并允许其沿轴向有相对位移；齿轮 3 上的滚子 B 装在圆柱凸轮 4 的曲线槽 C 中。由于齿轮 2 和齿轮 3 的转速有差异，所以滚子 B 在槽 C 内将发生相对运动，使凸轮 4 沿轴 O_2 移动。当主动轴 O_1 连续回转时，圆柱凸轮 4 及与其固结的蜗杆 4′将做转动兼移动的复合运动。蜗杆 4′的等角速转动使蜗轮 5 以 ω_5'等角速转动，蜗杆 4′的变速移动使蜗轮 5 以 ω_5 变角速转动。

特点：蜗轮做时快时慢的变角速转动。

2.7　两齿轮连杆组合机构

功能：主动曲柄匀速转动，从动齿轮做非匀速转动。

用途：用于纺织机的送纬机构和接纬机构。

原理：如图 4-4-20，在四杆机构 $ABCD$ 上装一对齿轮，行星齿轮 2 与连杆 BC 固连，中心轮 4 绕 A 轴转动。当主动曲柄 1 以 ω_1 匀速转动时，从动齿轮 4 做非匀速转动，其角速度为：

$$\omega_4=\omega_1\left(1+\frac{z_2}{z_4}\right)-\omega_2\frac{z_2}{z_4}$$

轮 4 的角速度是由等速部分（第一项）和周期性变化的变速部分（第二项）合成。通过改变杆长和齿轮节圆半径，可使从动轮做单向非匀速转动或做瞬时停歇带逆转的转动。如 *ABCD* 为曲柄摇杆机构，当主动曲柄 1 转 n_1 整周时，从动轮转动 $n_4=\left(1+\frac{z_2}{z_4}\right)n_1$ 周；如 *ABCD* 为双曲柄机构时，则 $n_4=n_1$。

特点：主、从动轴共线，*AD* 间距离可调。

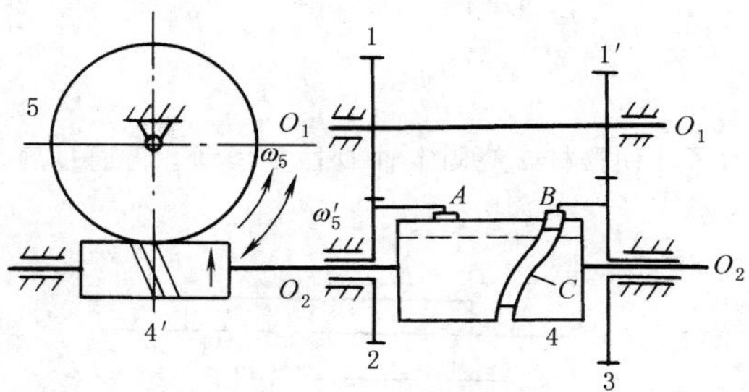

图 4-4-19　用于纺丝机的齿轮凸轮组合卷绕机构

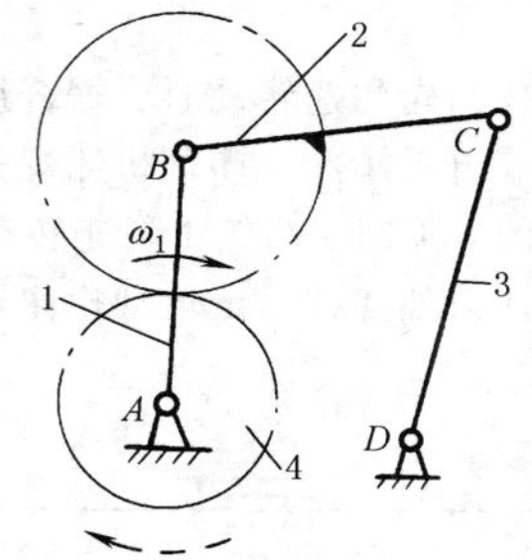

图 4-4-20　两齿轮连杆组合机构

3　往复运动机构

凸轮机构广泛用于实现往复运动的传动，只要选择适当的凸轮廓线就可得到各种形式的往复运动。

3.1　往复移动从动件凸轮机构

功能：主动轮转动，从动杆做往复简谐运动。

用途：用于粉碎机。

原理：如图 4-4-21，图 a 为偏心圆凸轮，从动杆做往复简谐运动，其行程为偏心距 e 的 2 倍。图 b 为等宽三角凸轮，棱边半径为 r，$r=a+b$，从动杆行程为 $a-b$。图 c 为等径凸轮，凸轮对径长等于两滚子间距离 d，并保持不变，凸轮转一圈从动杆往复一次。图 d 为抛物线凸轮，从动杆上升动作平稳，推力较小。

特点：从动件下降时有冲击作用。

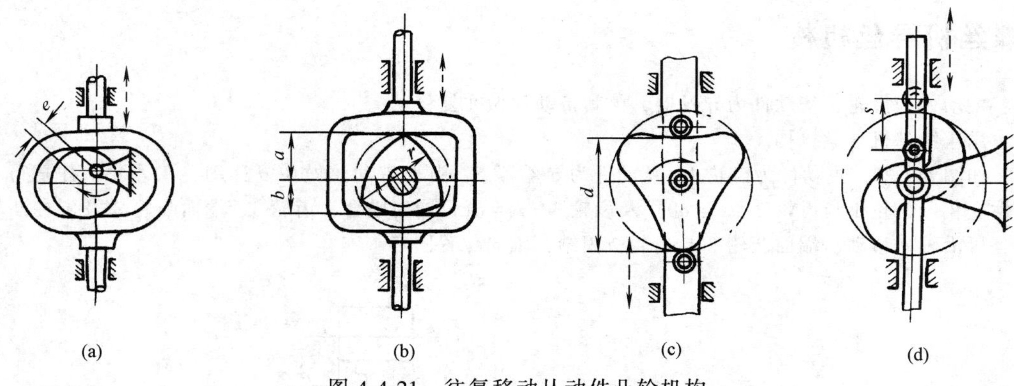

图 4-4-21　往复移动从动件凸轮机构

3.2　往复螺旋槽圆柱凸轮机构

功能：主动凸轮旋转时，从动杆即被带动做往复移动。

用途：用于卷筒的导绳机构和纺纱机械。

原理：如图 4-4-22，圆柱凸轮 1 上刻有往复螺旋槽，两螺旋槽的头尾均用圆滑圆弧相接，槽中有一与从动杆

2 的下端相连的船形导向块 3，凸轮旋转时，从动杆 2 即被带动做往复移动。凸轮转过的转数为两条螺旋槽的总导程数时，从动杆完成一次往复循环。

特点：机构效率较低，宜用于慢速运动。

3.3 自动走刀圆柱凸轮机构

功能：圆柱凸轮匀速转动时，摆杆绕固定轴往复摆动。

用途：用于自动车床、印刷机侧规机构等。

原理：如图 4-4-23，凸轮 1 匀速转动，其曲线凹槽带动滚子 3 使摆杆 2 绕固定轴 *O* 往复摆动，再通过扇形齿轮齿条机构，使刀架 4 按一定运动规律运动，实现自动走刀。

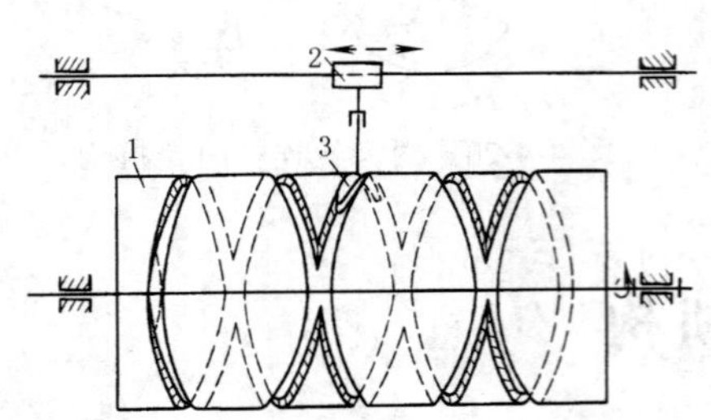

图 4-4-22 往复螺旋槽圆柱凸轮机构

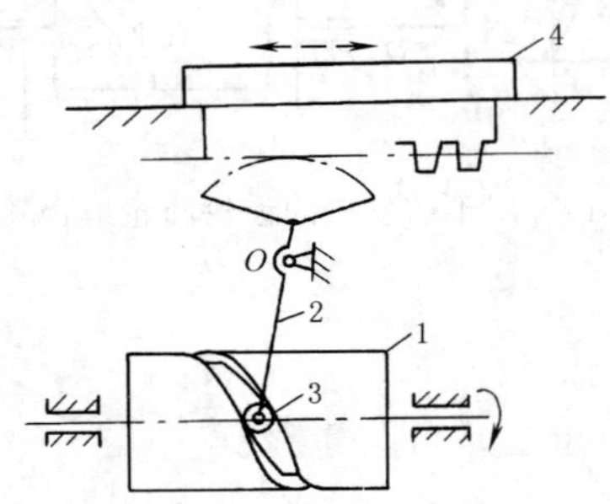

图 4-4-23 自动走刀圆柱凸轮机构

特点：刀架运动规律固定，不可调，逐渐被步进电机取代。

3.4 凸轮-连杆组合机构

功能：主动偏心凸轮回转，从动件做有急回特性的往复运动。

用途：用于选矿机械的摇床。

原理：如图 4-4-24，通过四杆机构 *ABCD* 带动从动件 2 做有急回特性的往复运动，实现细粒物料分层与运输。

特点：机构和结构简单。

3.5 缫丝机导丝机构

功能：主动件为齿轮，从动件为导丝器，由其带动丝做往复移动。

用途：用于缫丝机导丝机构。

原理：如图 4-4-25，主动件为齿轮 1，从动件为导丝器 6，由 6 带动丝做往复移动，工艺要求往复行程始末位置周期性变化。齿轮 1 与齿轮 2（$z_2=60$）及齿轮 3（$z_3=61$）同时啮合，齿轮 3、端面凸轮 3′及圆柱凸轮 3″固结为一体，可沿轴向移动；端面凸轮 2′与齿轮 2 固结，轴向位置固定。

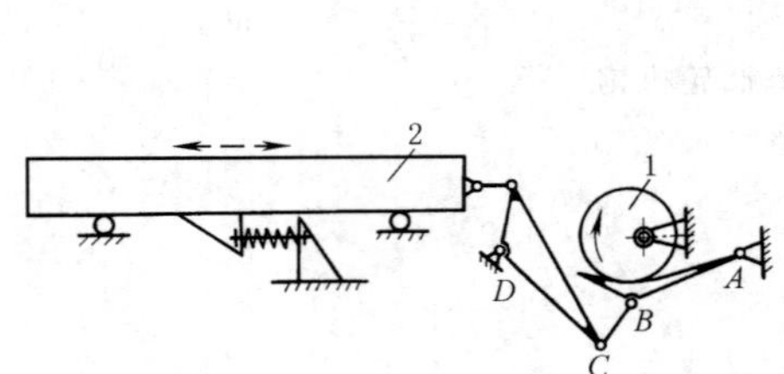

图 4-4-24 凸轮-连杆组合机构

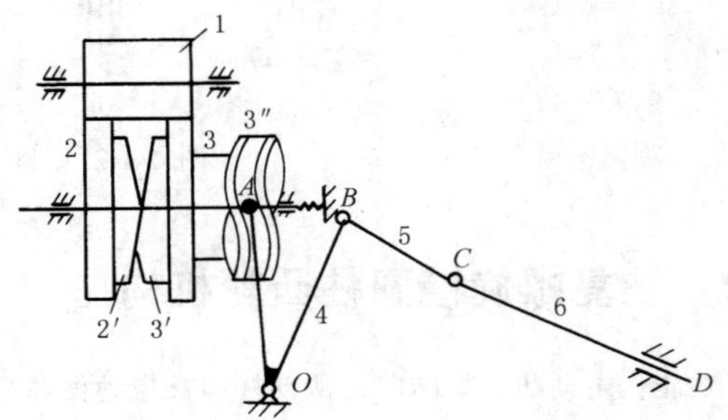

图 4-4-25 缫丝机导丝机构

齿轮 3 及凸轮 3′转 1 周，齿轮 2 转 $1\frac{1}{60}$周，摆杆 4 及导丝器 6 做往复运动一次。

由于齿轮 2、3 有相对转动，故两端面凸轮 2′及 3′的接触点变化，使圆柱凸轮 3″随同端面凸轮 3′做微小的轴向位移，改变导丝器 6 往复行程始末位置。当齿轮 3 转 60 周，则齿轮 2 转 61 周，两轮的相对位置及导丝器 6 的轨迹恢复到初始位置，所以，一个循环中，导丝器 6 往复 60 次。

特点：机构和结构简单。

3.6 曲柄移动导杆机构（正弦机构）

功能：主动曲柄做匀速转动时，从动导杆按正弦规律的速度做往复运动。

用途：用于振动台、数字解算装置、操纵机构、印刷装备和缝纫机等。

原理：如图 4-4-26，图 a 导杆行程 $s=2r$；导杆位移 $x=r(1-\cos\varphi)$；导杆速度 $v=r\omega\sin\varphi=\omega\sqrt{2rx-x^2}$；导杆加速度 $a=r\omega^2\cos\varphi=(r-x)\omega^2$。

图 b 为具有倾斜导杆的正弦机构，此时，以$\frac{r}{\cos\alpha}$代替上述各式中 r，得到相应的公式，可获得较大的行程。

特点：机构和结构简单。

3.7 斜面凸轮往复机构

功能：当主动轴旋转时，从动杆做往复简谐运动。

用途：用于发动机、压缩机、泵等。

原理：如图 4-4-27，斜面凸轮 2 与主动轴 1 固连，滑块 3 以球面铰与从动杆 4 连接，并通过弹簧与凸轮 2 接触。当主动轴旋转时，从动杆做往复简谐运动。

特点：机构和结构简单。

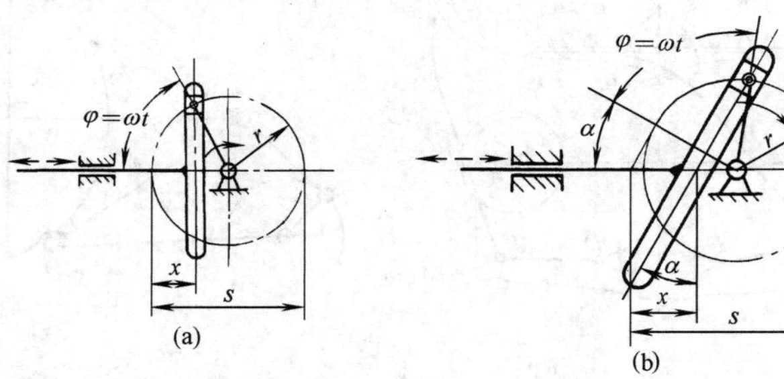

图 4-4-26　曲柄移动导杆机构

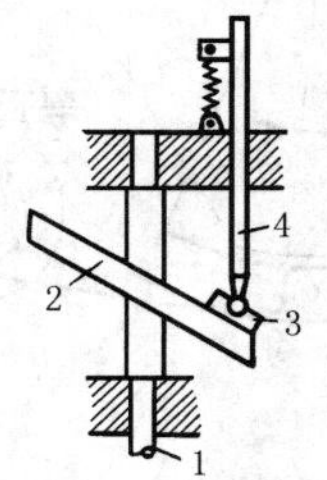

图 4-4-27　斜面凸轮往复机构

3.8 带挠性构件的往复运动机构

功能：挠性构件带动滑块往复运动。

用途：用于轻工机械、包装机械等。

原理：如图 4-4-28a，滑块 3 铰接在链条 2 上，T 形导杆 4 可在滑块 3 中滑动，链轮 1 转动时，链条带着滑块

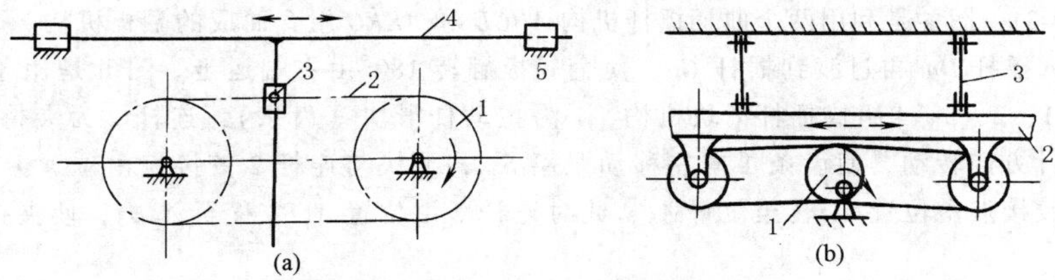

图 4-4-28　带挠性构件的往复运动机构

3运动，从而带动导杆4在导轨5中做往复移动。当3在直线段时，4为等速运动；当3在圆弧段时，4做简谐运动。如图b，主动偏心轮1转动，通过左右带轮带动筛体2往复摆动。筛体悬挂在平板弹簧3上。

特点：换向较平稳；以两个挠性体代替曲柄摇杆机构中的连杆，同时悬挂采用板簧，能吸收一部分能量，动力性能较好。

3.9 行星齿轮简谐运动机构

功能：行星齿轮系杆转动时，与行星轮节圆上铰链相连的杆做往复移动，将旋转运动转化为直线往复移动。

用途：用于高速印刷装备的折页机构等。

原理：如图4-4-29，内齿轮3（半径为r_3）固定，行星齿轮2的半径为r_2，$r_3=2r_2$，杆4用铰链A连接在行星轮2的节圆上，当系杆1转动时，杆4沿O_1x做往复移动，其运动规律为：$x=2r_2\cos\varphi$。

特点：高速运行时运动、动力性能良好。

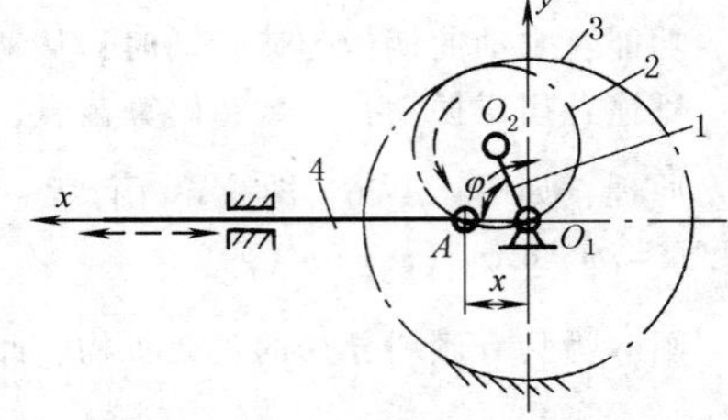

图4-4-29　行星齿轮简谐运动机构

3.10 曲柄摇杆机构

功能：蜗轮减速器通过曲柄摇杆机构带动执行构件往复摆动。

用途：用于雷达天线俯仰角度调整、摆动式给矿机构、装岩机扒矿机构等。

原理：如图4-4-30，图a为摆动式给矿机构，蜗轮减速器通过曲柄摇杆机构$ABCD$带动闸门（与CD固连）往复摆动，实现间歇放矿。图b为装岩机扒矿机构，利用曲柄摇杆机构$ABCD$中连杆端部E点（扒爪）的环形轨迹扒取矿石。图c为用来调整雷达天线俯仰角度的曲柄摇杆机构。

特点：往复摆动高速下会引起冲击。

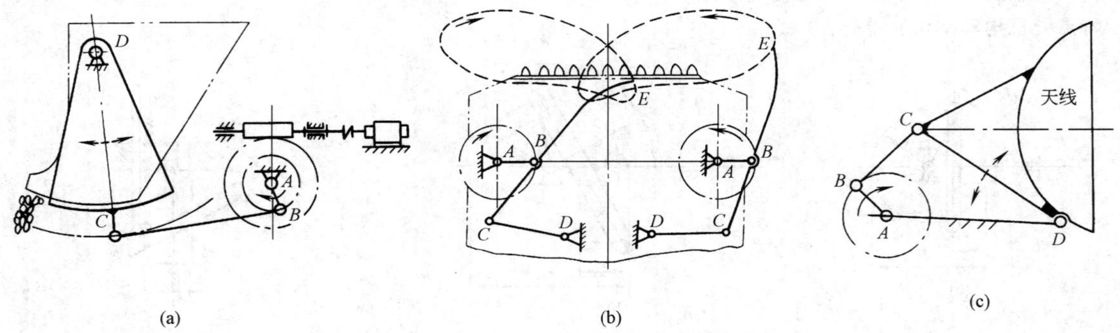

图4-4-30　曲柄摇杆机构

3.11 翻板机构

功能：两个曲柄摇杆机构组合实现翻转运动；齿轮齿条带动摇杆滑块机构，实现翻板运动。

用途：用于有色金属轧机后端用来翻转金属板，将薄片零件翻转180°。

原理：如图4-4-31，图a是利用两个曲柄摇杆机构$ABCD$和$AEFG$组合而成的翻板机构。金属板（双点画线所示）先由左端进入摇杆Dm再过渡到摇杆Gn，使金属板翻转180°由右端运走。图b是用于将薄片零件翻转180°的机构，构件1、2、3、4组成摇杆滑块机构，1为主动杆滑块（齿条），连杆2为夹持薄片零件的弯杆。当主动齿轮5逆时针方向转动，使齿条1向左移动距离S_{12}，滑块与连杆2铰接点由位置B_1移至位置B_2时，连杆2与摇杆3的铰接点由位置A_1转至位置A_2，此时连杆2由位置A_1B_1移至A_2B_2，使夹持的薄片也随之翻转180°。

特点：结构简单，满足中、低速运动及动力要求。

第4篇

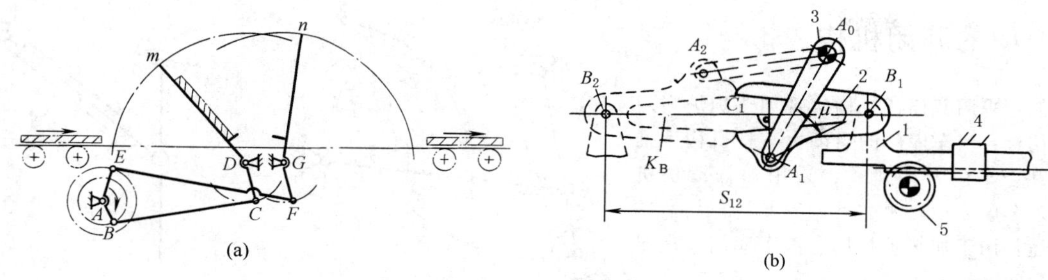

图 4-4-31　翻板机构

3.12　渣口堵塞机构

功能：气缸驱动铰链四杆机构实现高炉渣门的开启和闭合状态。

用途：用于启闭高炉出渣口。

原理：如图 4-4-32，活塞杆 2 在摆动气缸 1 中运动，带动杆 3 摆动，通过连杆 5 又使杆 4 摆动，从而带动杆 6 启闭高炉的出渣口。

特点：结构简单，运动可靠。

3.13　汽车前轮转向机构

功能：操纵杆使双摇杆摆动，实现两车轮转向。

用途：用于汽车前轮的转向。

原理：如图 4-4-33，图 a 中 *ABCD* 为等腰梯形的双摇杆机构，*CD* 上带一拐臂，在 *E* 点与操纵杆相连。操纵杆使双摇杆摆动，并使两车轮转向，如图 b 所示。

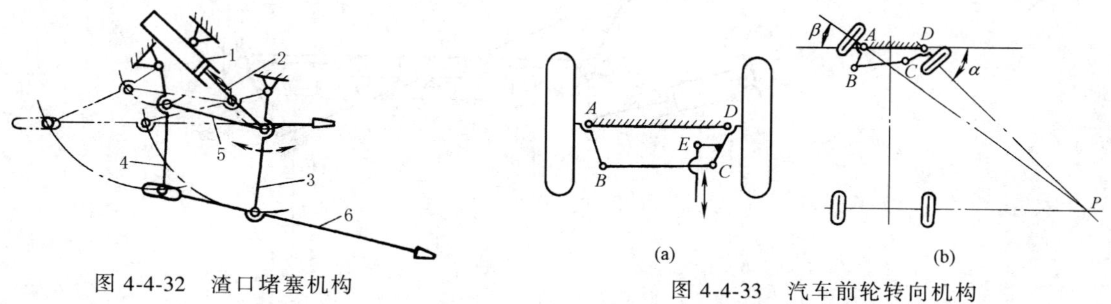

图 4-4-32　渣口堵塞机构

图 4-4-33　汽车前轮转向机构

特点：双摇杆控制的两车轮转角不等，即 $\alpha \neq \beta$，使汽车在转弯时两前轮的轴线交点 *P* 能落在后轮轴线的延长线附近，尽可能实现轮胎与地面做纯滚动。

3.14　飞机起落架机构

功能：飞机起飞后双摇杆机构运动到某一位置，使轮子收起来；液压缸在压力油作用下伸缩时，实现收放飞机起落架的功能。

用途：用于飞机起落架的收放。

原理：如图 4-4-34，图 a 中实线（即死点）位置是轮子落地情况，飞机起飞后双摇杆机构 *ABCD* 运动到双点画线 *AB′C′D* 位置，使轮子收起来，减少空气阻力；图 b 中构件 2、3 组成的液压缸在压力油作用下伸缩时，轮轴支柱 1 绕斜轴摆动，达到收放飞机起落架的目的。其中，构件 2、3 各有一个绕圆柱副轴线转动的局部自由度。

特点：轮子落地时，依靠机构的死点位置，保证可靠支撑。

3.15 门的开闭机构

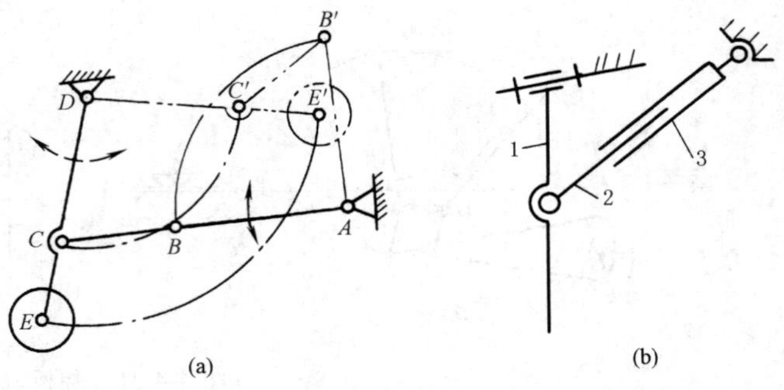

(a) (b)

图 4-4-34 飞机起落架机构

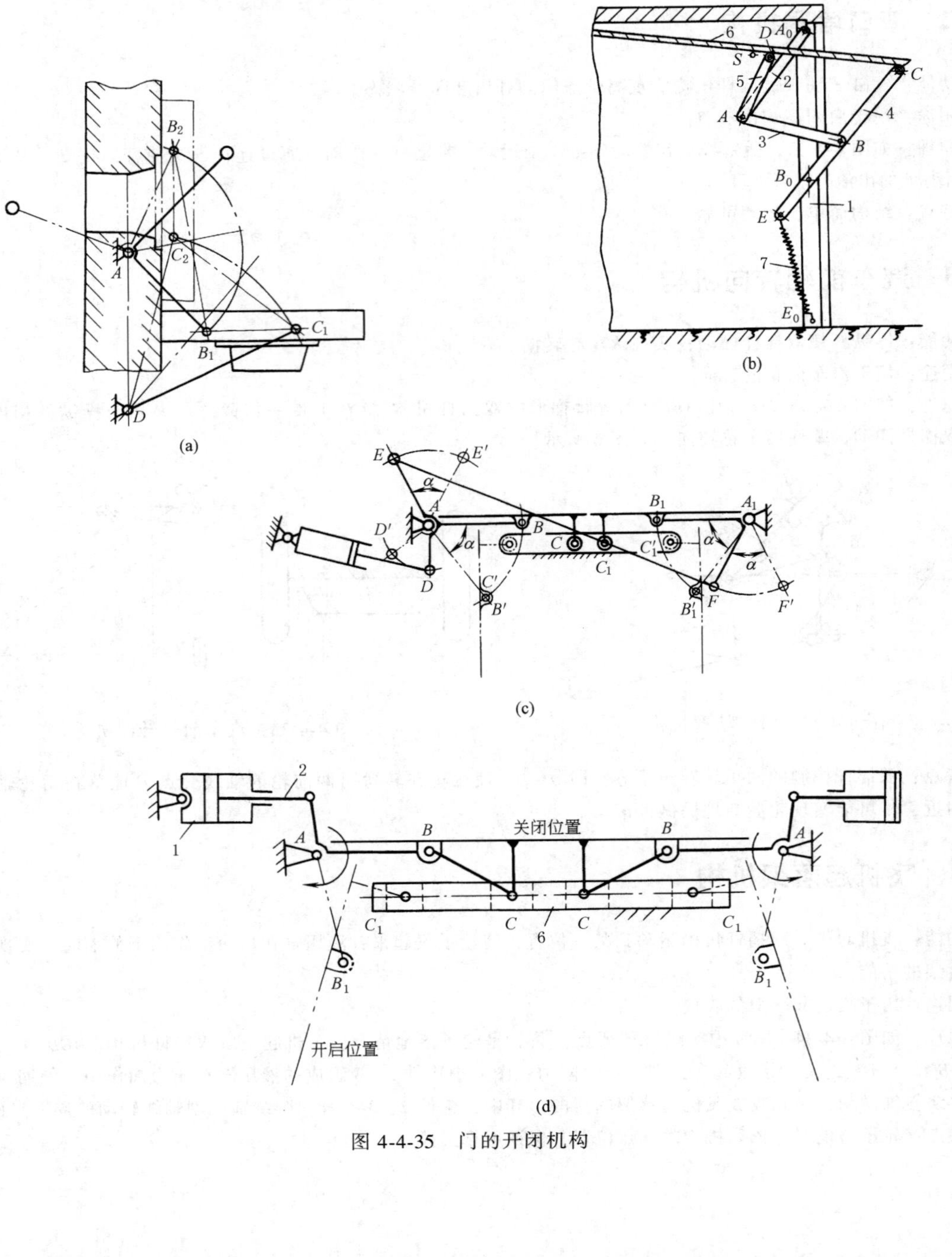

功能：采用双摇杆机构实现加热炉炉门两个给定位置；汽车库门的启闭由五杆机构手推拉杆实现；车门开闭机构，采用摇杆滑块机构，实现车门联动启闭。

用途：用于加热炉炉门、汽车库门、汽车车门的启闭。

原理：如图 4-4-35，图 a 为加热炉炉门的开闭（启闭）机构，炉门在双摇杆机构的实线

(a)

(b)

(c)

关闭位置

开启位置

(d)

图 4-4-35 门的开闭机构

位置时（AB_1C_1D）是启开位置，在双点画线位置（AB_2C_2D）表示关闭位置。图 b 为汽车库门的启闭机构，是由铰链四杆机构 A_0ABB_0 和两杆组 CDA 组成的五杆机构。杆 6 本身即为车库大门。当用手推拉杆 4 时，即能使库门启闭，弹簧 E_0E 用以平衡库门质量，并能使库门在任一位置时均保持静止状态。图 c 为车门开闭机构，ABC 为摇杆滑块机构，当气缸带动摇杆 AB 转动到 AB′位置时，左车门 BC（机构中的连杆）被打开到 B′C′位置；通过反平行四边形机构 $AEFA_1$ 使右车门实现联动，反向转动相等的角度。图 d 为两个驱动缸的车门开闭机构。

特点：① 多铰接点位置应适当选择，使炉门运动过程中不应发生轨迹干涉，即炉门不应与炉壁相碰；

② 开启时炉门呈水平位置，有利于操作；

③ 开启时炉门的热面朝下，冷面朝上，操作条件较好；

④ 汽车库门启闭都应不与车库顶部或库内汽车相碰，汽车库门在启闭过程中所占的空间较小。

3.16 电风扇摇头机构

功能：采用双摇杆机构的摇杆和蜗轮蜗杆机构带动固连于连杆的蜗轮做复合运动，实现电风扇摇头。

用途：用于摇头电风扇。

原理：如图 4-4-36，a 为电风扇的摇头机构，是一双摇杆机构 ABCD，电机 1 与摇杆 AB 固连，蜗轮 2 与连杆 BC 固连，AD 为机架，当风扇工作时，通过电机 1 端部的蜗杆带动蜗轮 2 转动，从而使风扇（AB）绕 A 往复摆动。图 b 是另一种双摇杆摇头机构，带风扇电机 5，带轮 3、4 和蜗杆 2、蜗轮 1 均装于连架杆 AB 上，而 1 又与连杆 BC 固连。电机转动时使摇杆 AB，DC 往复摆动。图 c 为机构简图，风扇摆动角度为 α。

特点：四杆长度应满足最短杆 BC 长度加最长杆 CD 长度之和小于其他两杆长度之和的条件，则杆 AB、CD 相对机架 AD 只能做一定角度的摆动，连杆 BC 相对机架 AD 能做整周转动。

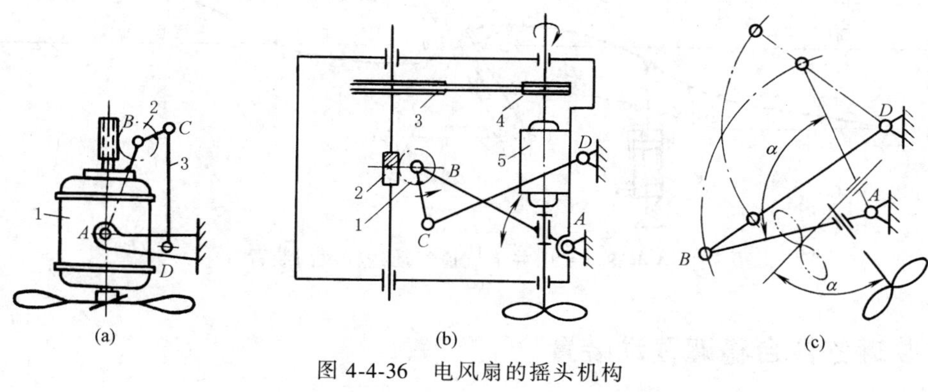

图 4-4-36 电风扇的摇头机构

3.17 汽车风窗刮水器机构

功能：通过电机输出轴的蜗轮蜗杆和曲柄摇杆机构实现将电机的转动变成摇摆往复运动。

用途：用于汽车风窗刮水器。

原理：如图 4-4-37，图 a 为刮水器结构，它由电机 1、连杆 2、枢轴 3、传动机构 4、刮臂 5 和刮片 6 组成。图 b 为驱动电机及其蜗轮蜗杆机构。电机轴上的蜗杆 1 由左、右相反的两段螺旋组成，分别带动位于蜗杆轴两侧的双联齿轮 2、3 中的大齿轮同向转动。双联齿轮中的小齿轮与输出齿轮 4 啮合，输出齿轮 4 与输出轴 5 一起转动。输出轴 5 上连接有曲柄摇杆机构的曲柄。

特点：为了确保规定的刮刷面积，通常采用两个刮片同时工作。

3.18 矿山井下坑道气动碰杆风门装置

功能：井下列车通过风门时，通过行程开关，使气缸动作，拉动碰杆和平行四边形机构联动实现风门开闭。

用途：用于矿山井下坑道风门的开闭。

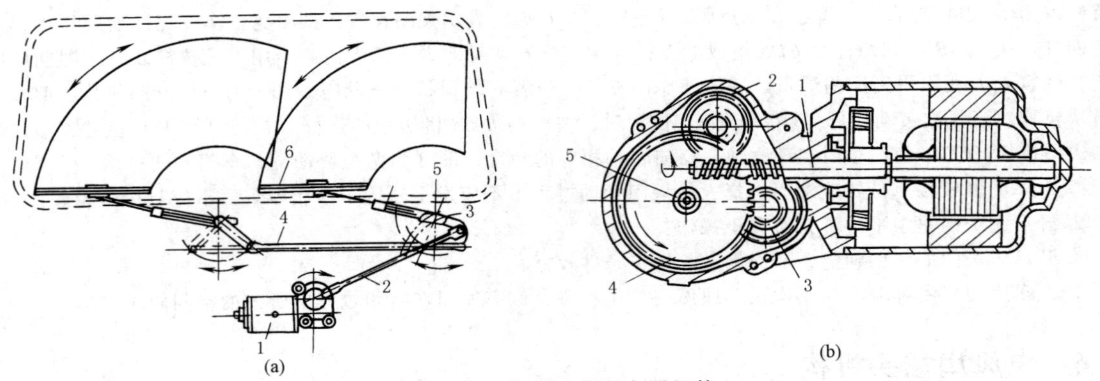

图 4-4-37 汽车风窗刮水器机构

原理：如图 4-4-38，当井下列车通过风门时，通过行程开关，使气缸 1 动作，将碰杆 2 拉向双点画线位置，杆 2 端部有小轮 3 可在门 *DM* 的导槽中滑动，使 *DM* 绕 *D* 转动到 DM_1 位置，再通过平行四边形机构 *DCBA* 推动另一扇门 *AN* 绕 *A* 转动到 AN_1 位置。两扇门打开，列车通过。列车通过以后，在电气系统作用下，风门重新关闭。

特点：如果电气系统有故障。经减速的列车可直接推动碰杆 2（右行时）或 4（左行时）将门打开。

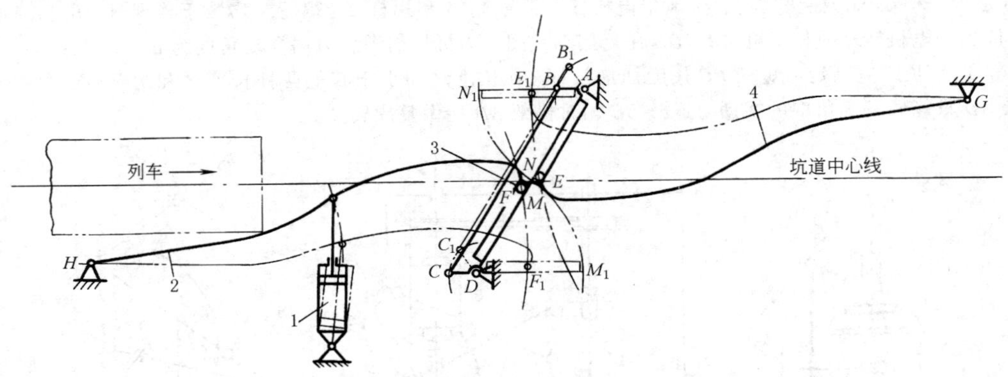

图 4-4-38 矿山井下坑道气动碰杆风门装置

3.19 矿井罐笼摇台稳罐联动装置

功能：由 3 个产生往复摇动的平面连杆机构组成，即由铰链四杆机构带动两个反平行四边形机构实现两侧同时动作，实现摇台与稳罐器联动或脱离。

用途：用于矿井罐笼摇台稳罐联动或脱离。

原理：如图 4-4-39，当罐笼停于井口时，为了使矿车平稳地进入罐笼，可采用摇台稳罐联动装置。摇台 3、9

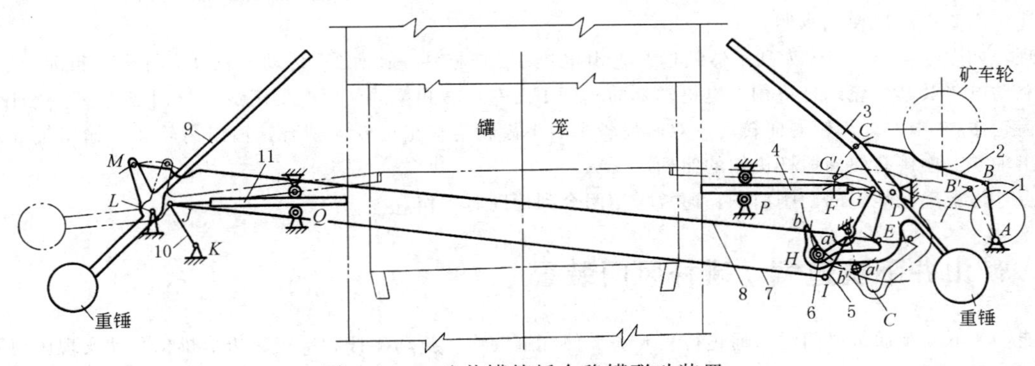

图 4-4-39 矿井罐笼摇台稳罐联动装置

可搭在罐笼上，使矿车经其上进入罐笼，稳罐器 4、11 从两侧顶住罐笼，不使其摇晃。当矿车进罐时，车轮压下杆 2，带动摇台 3 绕 *D* 转动，同时摇台 3 的下部弯杆通过开口槽中的滚轮 6 带动杆 5 绕 *F* 点转动，使稳罐器 4 伸出，并稳住罐笼。杆 3、5 分别通过与其上 *E*、*I* 点铰接的杆 8、7 带动罐笼另一侧的摇台 9 与稳罐器 11 动作。当摇台 3 转动到使稳罐器 4、11 全部伸出时（即已从两边顶住罐笼），滚轮 6 正好离开弯杆上的开口槽 *C*，到达弯杆的圆弧面 $a'b'$上（圆弧面 ab、$a'b'$的圆心为 *D*），摇台 3 继续绕 *D* 转动到双点画线位置，此时稳罐器 4、11 不再跟随摇台 3 动作，处于不动位置。矿车进入罐笼以后，摇台 3、9 在重锤作用下复位，同时稳罐器的滚轮 6 重新进入槽 *C* 被摇台 3 带动复位。

特点：稳罐器 4、11 从两侧顶住罐笼，不会摇晃。

4 急回机构

4.1 偏置曲柄滑块机构

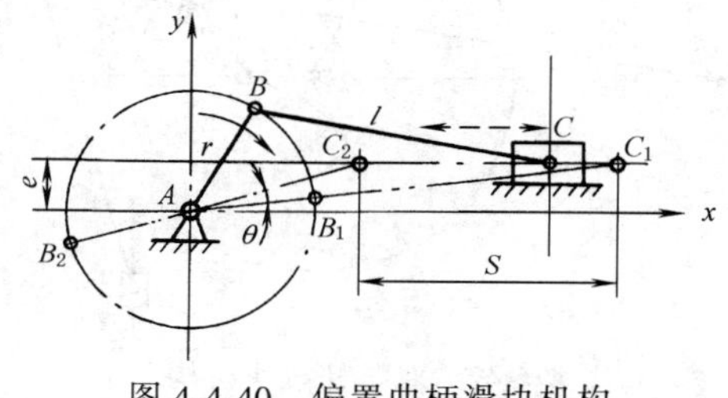

图 4-4-40 偏置曲柄滑块机构

功能：曲柄匀速转动时，带动偏置滑块移动，工作行程和空行程速度不等，具备急回特性。

用途：用于冲压机等需要急回特性的设备。

原理：如图 4-4-40，滑块 *C* 由 C_2 到 C_1（工作行程）和 C_1 到 C_2（空行程）速度不等，其行程速比系数为：$K=\dfrac{\pi+\theta}{\pi-\theta}$

特点：当加大 *r* 或 *e*，则 θ 增大，急回特性也增加，当加大 *l* 时，则 θ 减小，急回特性减小。机构的曲柄存在条件为 $r+e\leqslant l$。滑块行程 $S>2r$。

4.2 曲柄导杆机构

功能：由曲柄转动变往复移动，或大摆角的急回往复转动，具备急回特性。

用途：用于插床、刨床等需要急回特性的设备。

原理：如图 4-4-41，图 a 为由转动变往复移动的摆动导杆机构（$AC=L>r$），行程速比系数为：

$$K=\frac{180°+\theta}{180°-\theta}$$

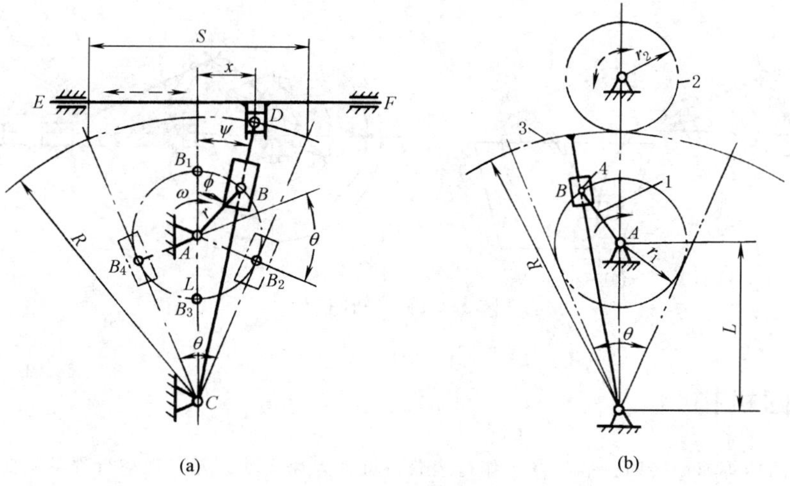

图 4-4-41 曲柄导杆机构

第4篇

式中，$\theta=2\arcsin\frac{r}{L}$。

杆 EF 的位置方程为：

$$x=R\sin\Psi$$

式中，$\Psi=\arctan\frac{r\sin\phi}{L+r\cos\phi}$。

图 b 为由旋转变旋转的摆动导杆机构，在导杆 3 上装有节圆半径为 R 的扇形齿轮，它与半径为 r_2 的齿轮 2 啮合，则齿轮 2 做大摆角急回往复转动，其往复旋转角为：

$$\phi=\frac{R\theta}{r_2}=2\frac{R}{r_2}\arcsin\frac{r_1}{L}$$

特点：当减小 L 或加大 r 时，机构尺寸可减小，导杆摆角可增大，但空行程角速度变化剧烈，故一般推荐 $\frac{L}{r}>2$，此时导杆摆角 $\theta<60°$。

4.3 双导杆滑块机构

功能：如图 4-4-42，旋转导杆与摆动导杆组合，加强了滑块 G 的急回效果。

用途：用于搅拌机等。

原理：双导杆滑块机构的行程速比系数显著增大为：

$$K'=\frac{\varphi'}{\pi-\varphi'}>K=\frac{\varphi}{\pi-\varphi}$$

特点：要求 $AC>AB$，随着比值 $\frac{AC}{AB}$ 的减小，机构的动力性能变坏，一般推荐 $\frac{AC}{AB}>2$。

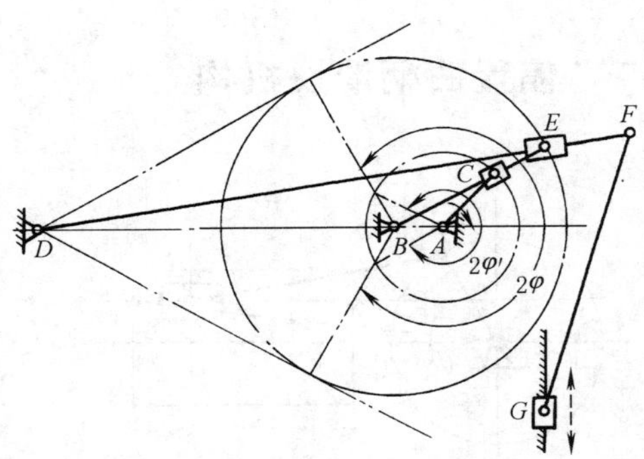

图 4-4-42　双导杆滑块机构

4.4 摇块机构

功能：曲柄旋转时带动导杆和摇块旋转，并使滑块做往复急回运动。

用途：用于搅拌机等，如图 4-4-43a。

原理：如图 4-4-43b，导杆 BD 在摇块 C 中做相对滑动，而 D 点的轨迹为 α（此 α 不是圆形）。如果在 D 点不铰接连杆 DE，而铰接一个可在圆盘 I 的开口槽中滑动的圆滚，通过此圆滚驱动圆盘 I 绕 A 点转动。

特点：圆盘 I 做具有急回特性的非匀速转动。

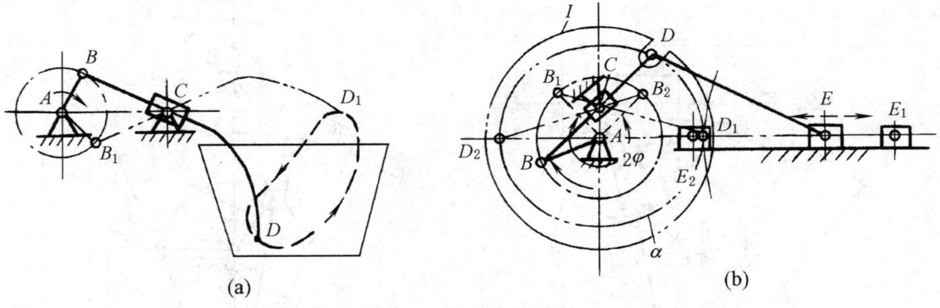

图 4-4-43　摇块机构

4.5 六杆急回机构

功能：当主动曲柄等速回转时，插刀在工作行程获得近似等速运动，并实现空行程急回要求。

用途：用于重型插床等。

第 4 篇

原理：如图 4-4-44，在曲柄摇杆机构 $OABC$ 中，主动曲柄 OA 由 OA_1 顺时针方向转到 OA_2 是工作行程（滑块做向下切削运动），由 OA_2 到 OA_1 是空行程（滑块做退刀运动）。

特点：杆长 $AB=BC=BD$。

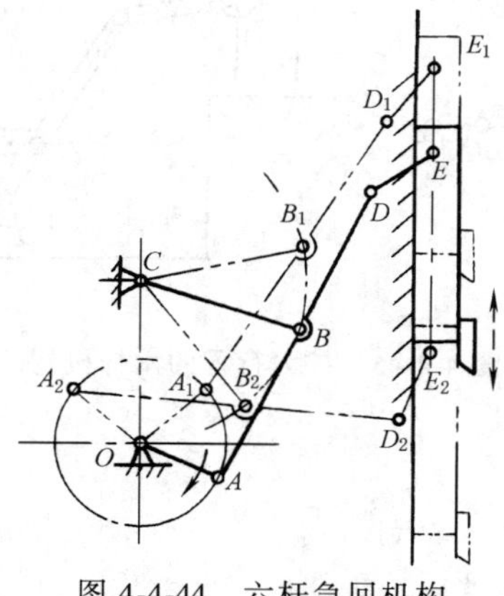

图 4-4-44　六杆急回机构

5　行程放大机构

行程放大机构是一种将输入的小行程转化为大行程输出的机构设计。

5.1　齿轮齿条机构

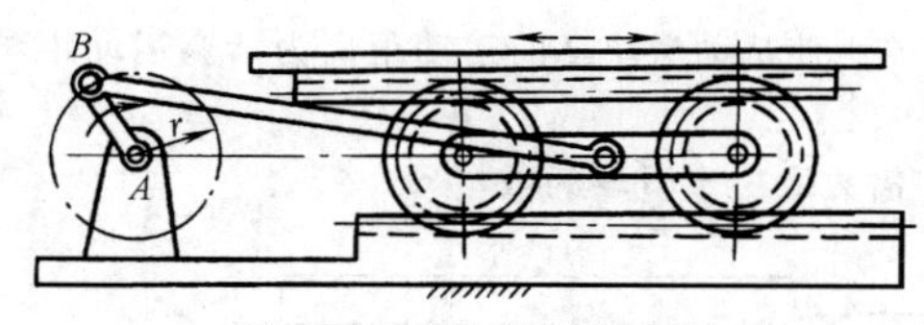

图 4-4-45　齿轮齿条机构

功能：下齿条固定不动，齿轮带动上齿条做增大行程的往复移动。

用途：用于轻工装备、印刷装备等。

原理：如图 4-4-45，一对与上、下齿条同时啮合的齿轮，由曲柄 AB 带动做往复运动。

特点：曲柄长为 r 时，上齿条的行程 $S=4r$。

5.2　扩大行程的六杆机构

功能：主动曲柄转动时，杆带动滑块做往复移动，行程扩大。

用途：用于冷床运输机，该运输机能使热轧钢料在运输过程中逐渐冷却。

原理：如图 4-4-46a，六杆机构是由一个行程速比系数 $K=1$ 的曲柄摇杆机构 $ABCD$ 和在其摇杆 E 处添加连杆 4 和滑块 5 组成的Ⅱ级杆组构成，并使滑块导路中心线通过线段 MN 的中点。行程 H 为

$$H=E_1E_2=2ED\sin\frac{\Psi}{2}$$

因 $K=1$，故 $C_1C_2=2AB$，则 $\sin\frac{\Psi}{2}=\frac{AB}{CD}$，将其代入上式得

$$H=2AB\frac{ED}{CD}$$

如图 4-4-46b，是扩大行程的六杆机构在冷床运输机上的应用。动力源通过减速箱驱动偏心轮 1 转动，通过连杆 2、摇杆 3、连杆 5 使拨杆（相当于滑块）6 做往返速度相同的往复移动。前移时，拨杆 6 上的单向摆动的拨块 7 推动导轨上钢料前移一距离，而后返回原位置。

特点：缩小 CD 或加大 ED 均可使行程 H 扩大，而横向尺寸要比行程 H 相同的对心曲柄滑块机构小得多。

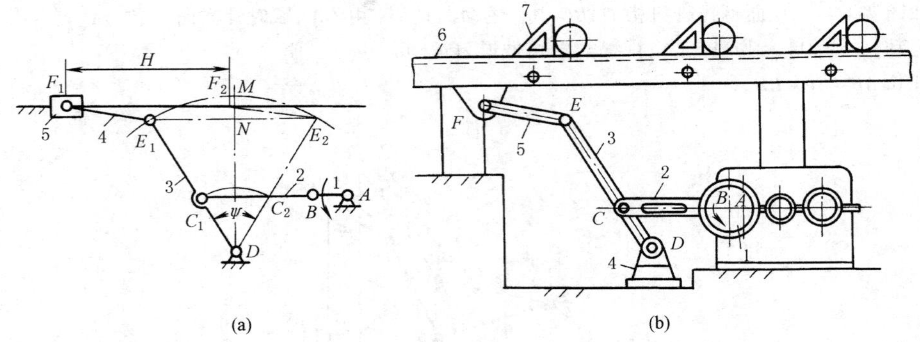

图 4-4-46　扩大行程的六杆机构

5.3　压缩机机构

功能：主动曲柄转动时，活塞做往复移动。

用途：用于压缩机。

原理：如图 4-4-47，主动曲柄 1 转动时，通过对称铰接的两个连杆带动缸体 2 和活塞 3 做相对运动，其相对行程为曲柄长度的 4 倍。

特点：对称铰接的两曲柄滑块（即活塞）机构可实现机构的动平衡。

5.4　复式滑轮组增大行程机构

功能：气缸中的活塞运动时，通过绳索复式滑轮组使从动滑块的运动距离扩大。

用途：用于弹射装置。

原理：如图 4-4-48，气缸 1 中的活塞运动时，通过绳索复式滑轮组使从动滑块 2 的运动距离为活塞运动距离的 6 倍。

特点：复式滑轮组是由多个滑轮组成的机构，运动距离扩大的倍数取决于滑轮的数量。

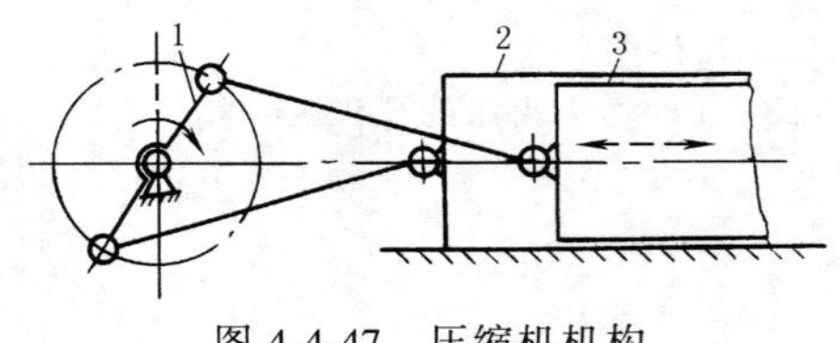

图 4-4-47　压缩机机构

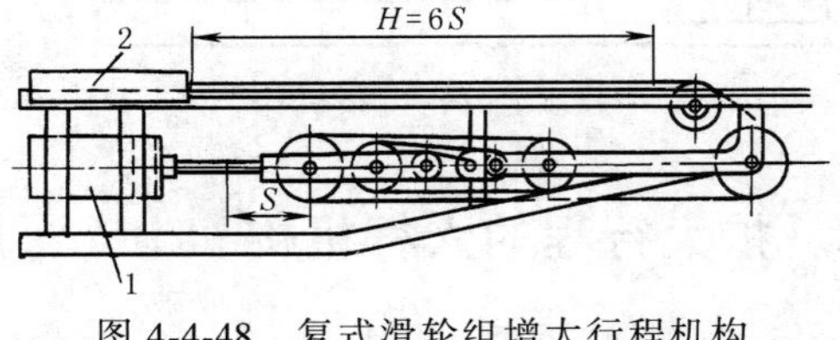

图 4-4-48　复式滑轮组增大行程机构

5.5　叉车门架提升机构

功能：活塞端部装一链轮，导向滚子在导槽中上下移动，提升叉板高度。

用途：用于叉车门架。

原理：如图 4-4-49，活塞 3 端部装一链轮，链条一端绕过链轮与叉车门架上 A 点连接，另一端与叉板 1 在 B 点连接，导向滚子 4 可在导槽 2 中上下移动。叉板提升高度为活塞行程的 2 倍。

特点：叉板提升高度取决于两链条的布局方式。

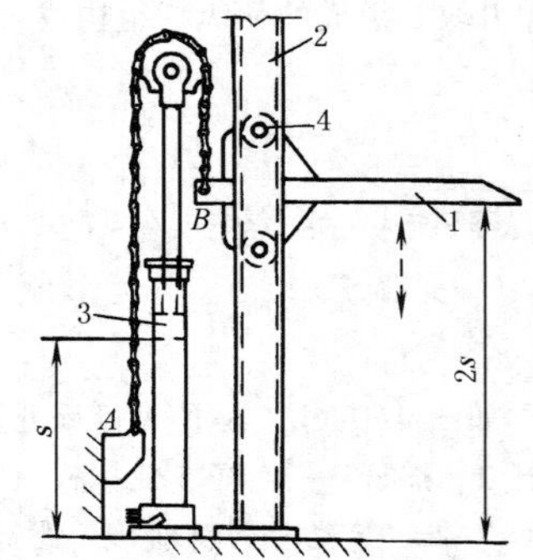

图 4-4-49　叉车门架提升机构

5.6　双面凸轮增大行程机构

功能：主动齿轮通过齿轮使双端面凸轮转动，双端面凸轮推动构件，实现增大行程往复移动。

用途：用于轻工装备、包装装备。

原理：如图 4-4-50，主动齿轮 1 通过齿轮 2 使双端面凸轮 4 转动，装在机架上的滚子 7 通过下端面凸轮使凸轮 4 在轴 5 上往复移动，凸轮 4 上端面轮廓推动装在移动构件 8 上的滚子 6，使构件 8 得到增大行程的往复移动。

特点：滚子 7 和构件 8 在各段的运动规律和行程增大幅度，取决于双端面凸轮对应廓线的形状。

5.7 滑块增大行程机构

功能：滑块上下运动时，滚子在两个斜槽中滑动，使从动滑块在导轨中左右移动，增大了滑块的行程。

用途：用于轻工装备、包装装备等。

原理：如图 4-4-51，主连杆 2 上的滚子 3 同时插入在构件 4、5 上相互交叉的两条斜槽中。滑块 1 上下运动时，杆 2 上的滚子在两个斜槽中滑动，迫使从动滑块 5 在机架的导轨 4 中左右移动，移动行程 $s=2L\cos\alpha$。

特点：斜槽 α 越小，行程增大幅度越大，α 取值范围为（0，90°）。

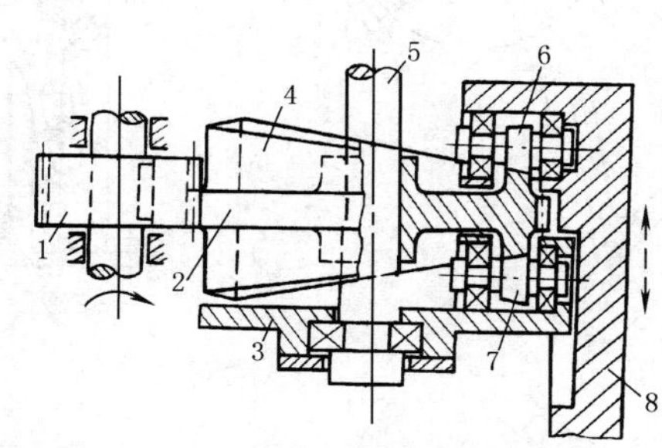

图 4-4-50　双面凸轮增大行程机构

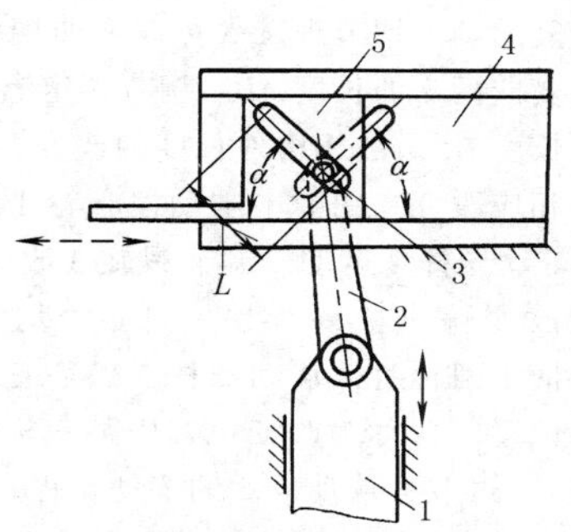

图 4-4-51　滑块增大行程机构

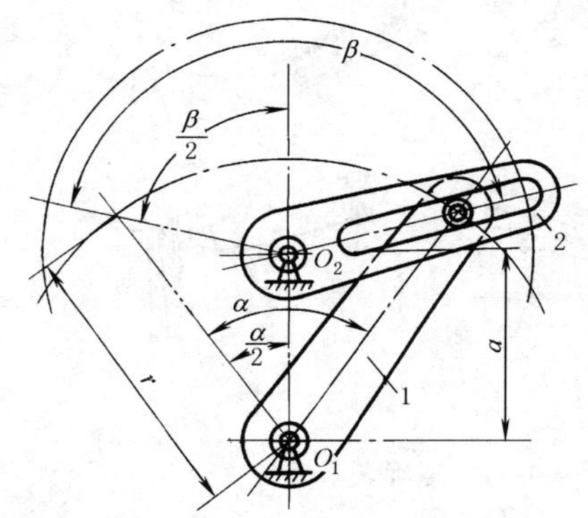

图 4-4-52　摆动角增大机构

5.8 摆动角增大机构

功能：主动摆杆摆动一个角时，从动杆摆动一个增大的角。

用途：用于工程机械、轻工机械、包装机械。

原理：如图 4-4-52，主动摆杆 1 端部的滚子插入从动杆 2 的槽中，杆 1 摆动 α 角时，从动杆 2 摆动一个增大了的 β 角。增大距离 a（但 $a<r$）可以增大杆 2 的摆角。α、β、r 和 a 间的关系为：

$$\beta=2\arctan\left[\frac{r}{a}\tan\frac{\alpha}{2}\Big/\left(\frac{r}{a}-\sec\frac{\alpha}{2}\right)\right]$$

特点：从动杆 2 摆角增大幅度取决于 α、β、r 和 a。

5.9 宽摆角机构

功能：主动杆带动摆杆摆动一较小的角时，从动杆可得到一个放大的宽摆角。

用途：用于工程装备、轻工装备等。

原理：如图 4-4-53，杆 2 两端各有一链轮 3 和 5（齿数各为 z_3 和 z_5），链轮 5 固定不动，链轮 3 是行星轮，两者间用链条 4 连接，杆 1 带动摆杆 2 摆动一较小角度 α，固定在链轮 3 上的从动杆 6 可得到一个放大了的宽摆角 β。摆角的放大比率取决于两链轮的齿数比：

$$\frac{\beta}{\alpha}=1-\frac{z_5}{z_3}$$

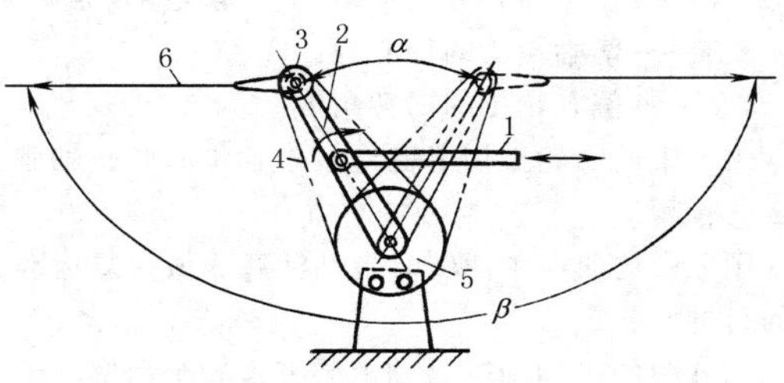

图 4-4-53　宽摆角机构

第 4 篇

特点：由于链传动的多边形效应，高速时存在冲击。

6 可调行程机构

6.1 螺旋调节机构

功能：通过与螺杆轴或螺母固连的零件，改变杆件长度与运动副中心的位置，从而改变输出构件摆角行程。

用途：用于工程机械、包装机械、印刷机调压机构等。

原理：如图 4-4-54，图 a 中曲柄及连杆长度均可调节的四杆机构 *ABCD* 的主动圆盘 1 回转时，带动从动摇杆 3 往复运动。调节螺旋 5 可改变曲柄销 *B* 的位置，从而改变曲柄 1 的长度 *AB*。调节紧定螺钉 6 可改变连杆 2 的长度 *BC*。由于构件长度的改变，输出件 3 的摆角行程相应改变。图 b 中主动偏心轮 1 绕固定轴 *A* 回转时，带动导杆 2 运动。调节螺旋 3 改变机架 *AC* 长度，从而改变输出杆的行程。图 c 中均为多杆机构。主动曲柄 1 回转时，从动摇杆 3 做往复摆动。调节滑块 2 的位置（实际为改变机构中某一构件与机架铰接点位置），可改变从动杆 3 的摆动行程。

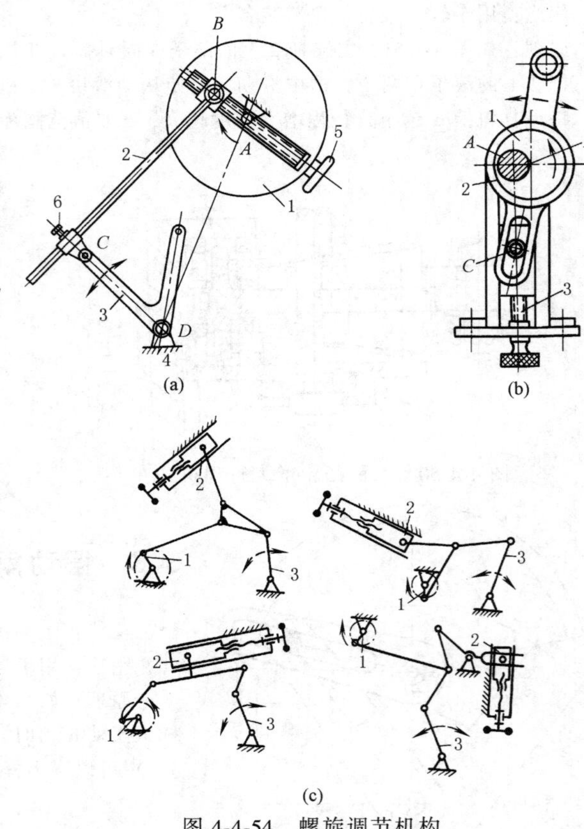

图 4-4-54 螺旋调节机构

特点：通过螺旋机构改变工艺参数，是满足某些专用制造领域如印刷、涂布等复杂工艺要求的必要途径。调节后应固定或锁定。

6.2 偏心调节机构

第4篇

功能：通过调节偏心套相位，改变与偏心套（轴）连接的杆长度或铰链中心位置，从而改变输出构件的行程。

用途：用于工程机械、包装机械、轻工装备、印刷机偏心调压机构、印刷机离合压机构等。

原理：如图 4-4-55，图 a 中的圆盘 2 上曲柄 *AB* 绕轴 *A* 回转，带动滑块 *C* 做往复运动，曲柄 *AB* 长度 *R* 可调，调节时将偏心轮 1 绕 *A* 转动 α 角后，将轮 1 和盘 2 固连。曲柄长度为：

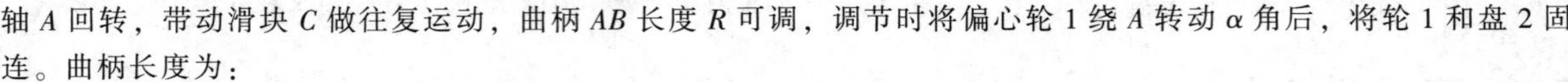

$$R=\sqrt{(a+b)^2+r^2+2(a+b)r\cos\alpha}$$

式中 a——曲柄销 *B* 到盘 2 圆心 O_2 的距离；

b——盘 2 圆心 O_2 到偏心轮 1 圆心 O_1 的距离；

r——偏心轮 1 的偏心距，$r=AO_1$；

α——偏心轮 1 的回转角度。

图 b 中的凸轮 2 用滑键连接于轴 1 的倾斜轴颈上，当轴 1 轴向移动时，凸轮 2 偏心发生变化，从而改变从动件 3 的行程。

图 c 中的曲柄 1 回转时带动活塞 3 做往复运动，调节时将偏心轮 2 绕 *O* 轴转动，改变机架的长度达到调节行程的目的。

图 d 中的机构的输入轴上装有齿轮 1 和偏心轮 2，输出轴上装有棘轮 4，并空套有 U 形摆杆 5，棘爪 3 安装在 U 形摆杆上。输入轴由齿轮带动转动时，偏心轮 2 使 U 形摆杆 5 往复摆动，由棘爪推动棘轮实现单向间歇运动。

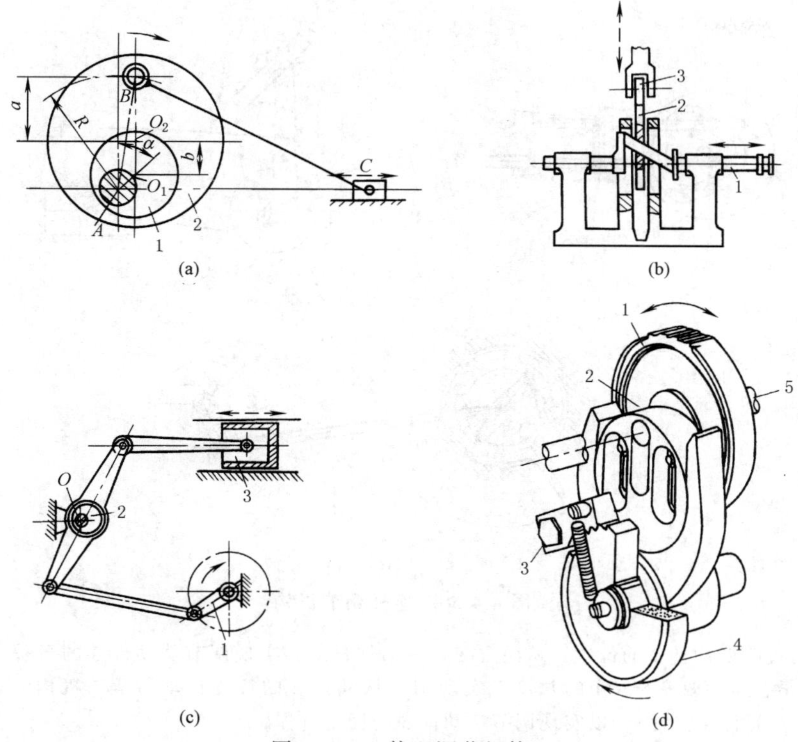

图 4-4-55　偏心调节机构

该机构偏心轮的偏心量可以调整，是通过图中的两个腰形孔和两个螺栓来实现的。改变偏心量，便改变了 U 形摆杆的摆动角度，从而改变了棘轮的转角大小。

特点：通过偏心机构改变参数，是满足专用制造领域如印刷等复杂工艺要求的必要途径。调节后应固定或锁定。

6.3　连杆调节机构

功能：在运转中可进行调节运动的机构，要求机构有 2 个自由度（个别有 3 个自由度），即要求有 2 个主动件（其中一个输入主运动，另一个输入调节运动），当调节主动件调到需要的位置后，将它固定或锁定，则机构就成为单自由度的机构。

用途：常用于换向配气机构等。

原理：如图 4-4-56，图 a 通过改变构件 6 的位置（如Ⅰ、Ⅱ之间位置）来改变机架长度，实现调节从动件 5 的行程。

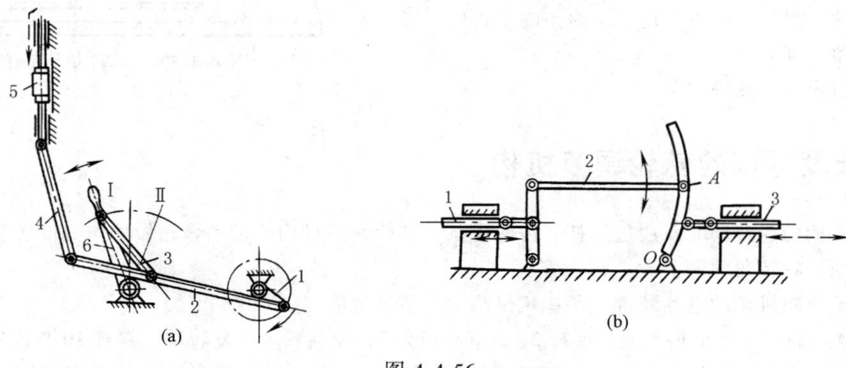

图 4-4-56

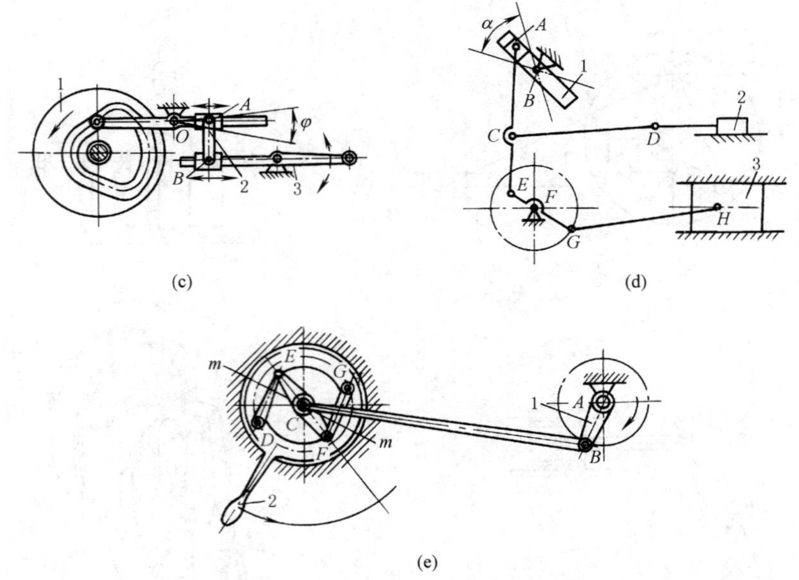

(c) (d)

(e)

图 4-4-56 连杆调节机构

图 b、c 都是通过改变构件 2 的位置，从而改变某一构件长度，实现调节从动件 3 的行程。机构 b 在运转时可调节连杆 2 的转角，从而改变杆 *OA* 的长度，实现调节从动件 3 的往复移动行程。机构 c 在运转时调节杆 2（实为同时调节 *A*、*B* 的相互位置），以实现调节从动件 3 的摆动行程。

图 d、e 都是通过改变曲柄滑块机构中滑块的导向方位实现调节。机构 d 中，杆 1 可在角度 α 的范围内绕 *B* 转动，调节到某一所需位置，从而控制阀门 2 的行程或换向，使活塞 3 的气体受到控制。杆 1 调好以后固定于所需位置，活塞 3 通过连杆、曲柄等杆件与阀门 2 联动。机构 e 表示用直线机构 *DEFG* 上 *C* 点轨迹的直线段（图示位置此直线段与直线 *mm* 重合）代替导杆的机构。将构件 2 转动到某一位置，*C* 点直线段方位（即 *mm* 直线）发生变化，*C* 点行程也相应发生变化。此时 *D*、*G* 即是在机架上的铰接点。

特点：调节后应固定或锁定。

6.4 回转角可调的机构

功能：主动件匀速转动时，带动从动件往复摆动，并使输出构件脉动转动。改变机架长度，可实现输出构件不同的脉动转角或角速度。

用途：用于脉动无级变速机构、可调的棘轮机构等。

原理：如图 4-4-57，当主动件 1 匀速转动时，带动从动件 3 往复摆动，并使输出构件 4 脉动转动。当移动构件 2 用以改变机架长度时，从动件 3 得到不同的摆角，从而使输出构件 4 得到不同的转角或脉动角速度。

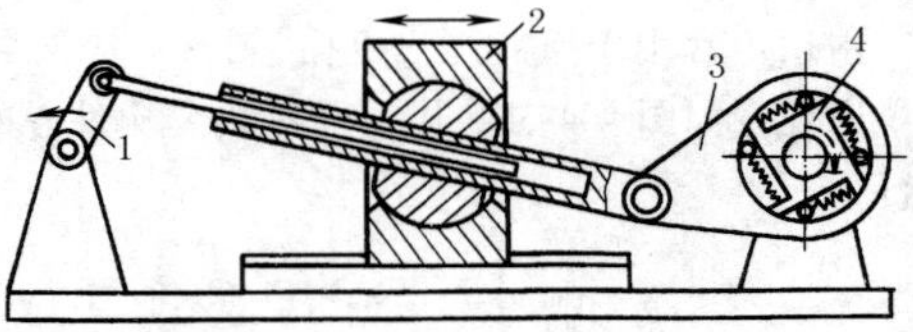

图 4-4-57 回转角可调的机构

特点：调节后应固定或锁定。

6.5 机架长度可调的棘轮调节机构

功能：主动曲柄匀速转动时，通过连杆、齿轮齿条、棘轮棘爪机构，带动棘轮做单向简谐转动。在运行中改变滑块位置，实现棘轮转角的调节。

用途：常用于控制机床的进给装置、印刷机供墨量调节装置等。

原理：如图 4-4-58，主动曲柄 1 通过连杆 2、5 带动齿条 7，使齿轮 8 往复转动，摆杆 10 与齿轮 8 固连，齿轮 8 往复转动时，通过固连杆（摆杆）10 带动棘爪 11，11 推动空套在 *A* 轴上的棘轮 9 做单向间歇转动。这种机构可在运行中调节定位销 4，从而改变滑块 6 的位置，使棘轮 9 的转角获得调节。

特点：调节过程中用定位销锁定。

6.6 转位角可调的间歇转动机构

功能：工作台用齿牙盘（鼠齿盘）定位，其间歇转动的转位角（分度角）可以按工作要求进行调整，等分或不等分均可实现，其单位调整量为齿盘一个齿的分度角。

用途：用于机床的精密分度头等。

原理：如图 4-4-59，机构的工作台 1 用齿牙盘（鼠齿盘）4 定位。工作台开始转位前需先上升，使其底面的上齿盘与定位齿盘分离；工作台转位完毕后下降复位。因此，在每个转位运动中工作台有“升-转位-降”的运动过程。工作台 1 与螺杆 2 连接为一体，蜗轮 3 的内孔为螺母，从图示位置开始，蜗杆 5 转动，经蜗轮、螺母及螺杆使工作台上升一个距离 h。此时两齿盘分离，螺杆下端凸缘 $2a$ 与蜗轮接触，使螺母与螺杆停止相对转动。于是，在蜗杆继续转动时工作台随蜗轮转动，直到工作台周边上的撞块 9 接触电路开关 8，电磁铁 6 控制的预定位销 7 上升，使工作台停止转动并获得初步定位。与此同时，电机反向转动，蜗杆换向反转，经蜗轮、螺母及螺杆使工作台下降，齿盘重新啮合，工作台获得精确定位。

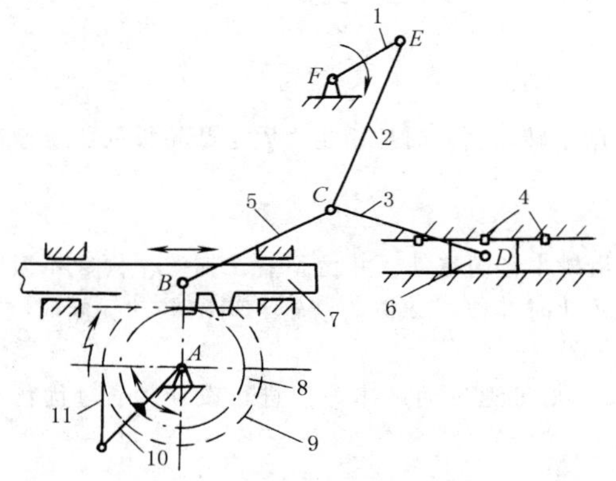

图 4-4-58 机架长度可调的棘轮调节机构

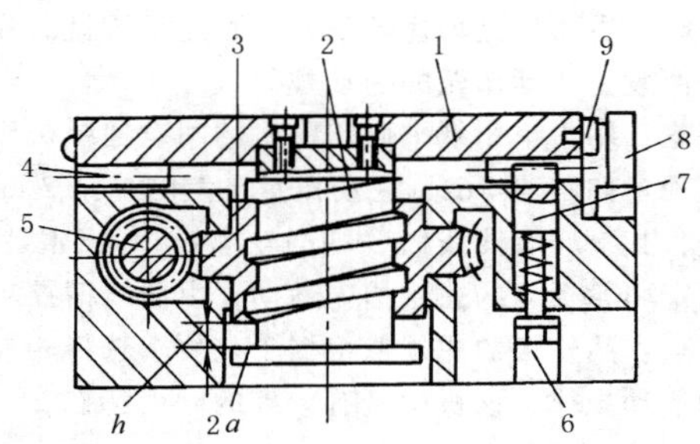

图 4-4-59 转位角可调的间歇转动机构

特点：工作台转动的角度取决于撞块 9 的位置，只要适当布置若干撞块，工作台就可按要求的若干个角度转动。调节过程中用齿牙盘（鼠齿盘）锁定。改变转位角的操作简便，容易适应内容多变的工作。

7 间歇运动机构

7.1 平面凸轮间歇机构

功能：主动凸轮做定轴匀速转动，带动从动销轮绕其轴线做间歇转动。

用途：这种机构能用于高速，如电影放映机等。

原理：如图 4-4-60，主动凸轮 1 绕 O_1 匀速转动，带动从动销轮 2 绕 O_2 做间歇运动。凸轮 1 旋转时由侧面 e 推动销 a，继而又以沟槽侧面 f、g 推动销 b、d，使从动销轮 2 转动，直到 b、d 被推出凸轮沟槽，轮 2 被锁住，如图 c。凸轮转 1 圈，销轮 2 转 90°。

特点：设计凸轮工作面的廓线时，应使从动销轮 2 转动时的加速度连续，不突变，运转平稳，冲击小。

7.2 齿轮槽轮机构

功能：主动蜗杆带动与蜗轮固连的销轮转动，保持槽轮静止；齿轮带动与其固连的槽轮转动。

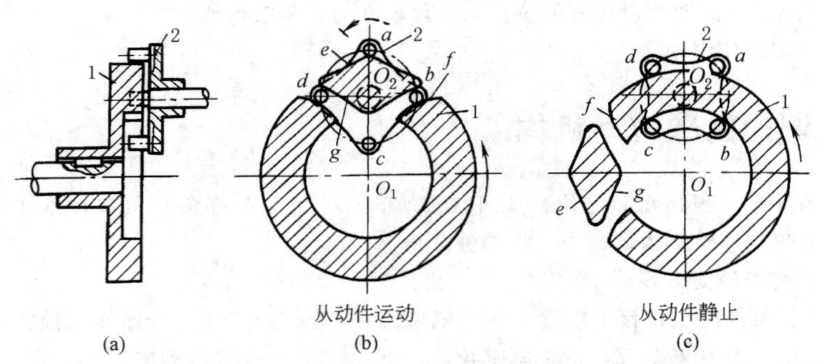

图 4-4-60　平面凸轮间歇机构

用途：用于分度头或分割器。

原理：如图 4-4-61，销轮 5 与蜗轮 6 固连，由蜗杆 1 带动，槽轮 2 与齿轮 3 固连，齿轮 4 由齿轮 3 带动。图示机构满足分度角为定值（齿轮 4 每次转 90°）。

特点：该机构具有较好的动力特性，槽轮槽数较多，动力性能较好，但会导致机构尺寸增大。

7.3　凸轮槽轮机构

功能：主动拨盘匀速转动时，固连于拨盘的柱销带动槽轮间歇转动，同时柱销也在固定凸轮板的曲线槽内运动，从而改变从动槽轮的运动规律。

用途：用于单张纸平版印刷机的间歇递纸机构等。

原理：如图 4-4-62，主动拨盘 1 上的柱销 2 可在拨盘上的滑槽中径向移动，并由弹簧 3 支撑，构件 4 为固定凸轮板，其上开有曲线槽（即凸轮廓线）。当主动拨盘 1 匀速转动时，柱销 2 带动槽轮 5 间歇转动，同时柱销 2 也在固定凸轮板 4 的曲线槽内运动，由曲线槽控制柱销 2 的驱动半径。

特点：凸轮板的曲线槽根据工艺要求选择相应的运动规律（如等速运动规律等）进行设计；通过优化从动槽轮的运动规律，该机构具有较好的动力特性。

7.4　球面槽轮机构

功能：主动销轮匀速转动时，固连于销轮的拨销带动槽轮间歇转动，槽轮的停、动时间相等。

用途：常用于多工位鼓轮式组合机床等。

原理：如图 4-4-63，机构的工作过程和平面槽轮机构相似，但主、从动轴线垂直相交。槽轮 2 呈半球形，主动销轮 1 的轴线和拨销 3 的轴线均通过球心。槽轮的槽数不少于 3。槽数大于 7 时，槽轮的角速度和角加速度变化很小。主动轴拨销数通常只有一个，所以，槽轮的停、动时间相等。如用两个拨销，槽轮就连续转动。

特点：动力性能比外槽轮机构好，槽数愈多，动力性能愈好；结构简单，运动平稳，设计、制造也不困难。

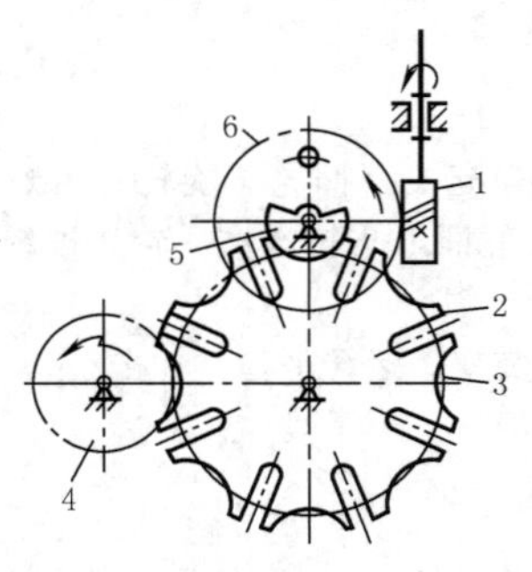

图 4-4-61　齿轮槽轮机构

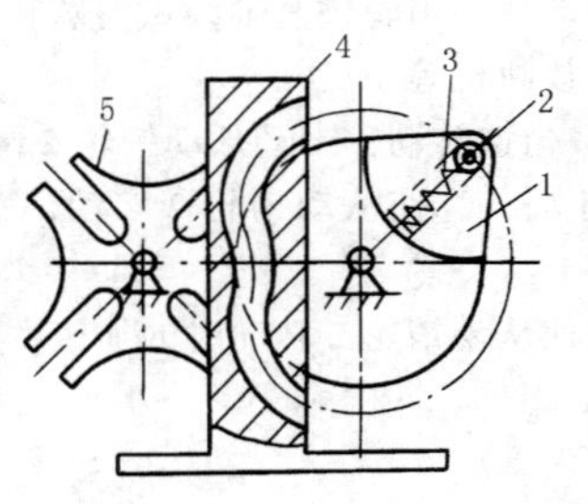

图 4-4-62　凸轮槽轮机构

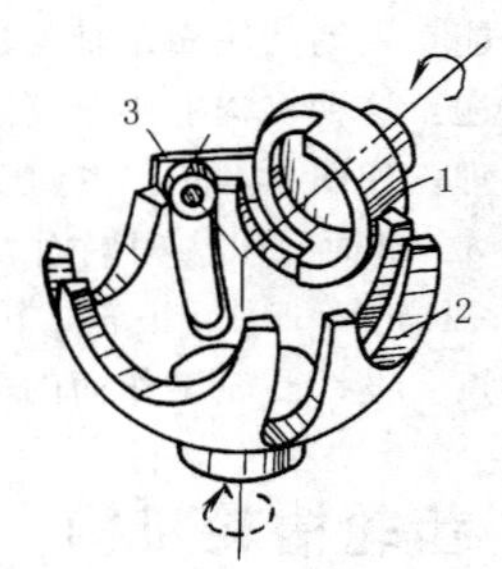

图 4-4-63　球面槽轮机构

7.5 蜗旋凸轮间歇机构

功能：主动轮上有槽或为有凸轮廓线的圆柱凸轮，推动从动轮或其上的柱销间歇转动。

用途：常用于低速轻载、自动进给机构，如高速冲床、多色印刷机、包装机和折叠机等。

原理：如图 4-4-64，图 a 主动轮 1 上有槽，槽的两端有斜形开口，当主动轮 1 转动时，槽的斜面推动从动轮 2 转动。由于相对滑动较大，适用于低速轻载、自动进给机构。图 b 主动轮 1 为一两端有头的凸起轮廓（类似螺旋状）的圆柱凸轮，从动轮 2 端面上有若干柱销，轮 1 转动时，B 销开始进入凸轮轮廓的曲线段，凸轮转动驱使从动轮 2 转位。凸轮转过 180°，转位终了。B 销接触的凸轮轮廓将由曲线段过渡到直线段，同时，与 B 销相邻的 C 销开始和凸轮的直线段轮廓在另一侧接触，此时，凸轮继续转动，从动轮不动。在间歇阶段，B 销和 C 销同时贴在凸轮直线轮廓的两侧实现定位。凸轮轮廓直线段的宽度为 $b=2R_1\sin\alpha-d$。

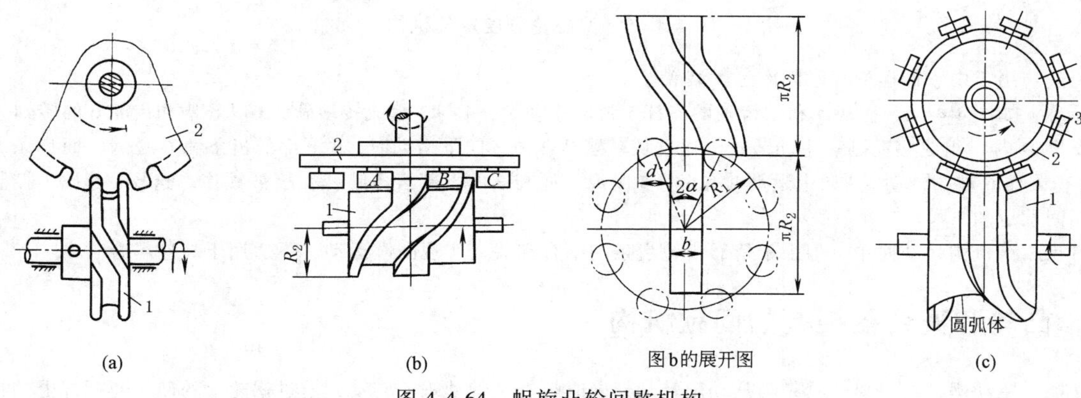

图 4-4-64 蜗旋凸轮间歇机构

图 c 主动凸轮 1 上的凸轮曲面（突脊的工作面）是变升角螺旋，当升角为零的那一段曲面与从动轮 2 上的滚子 3 接触时，从动轮停歇。从动轮上滚子沿径向呈辐射状配置，故主动凸轮在轴向截面内突脊的截面应是梯形，且突脊是包绕在圆弧体表面上，这样可以通过调节中心距来消除滚子与突脊间的间隙。当从动轮停歇时，主动凸轮的突脊廓线和凸轮轴线成垂直且处于凸轮中部，当从动轮转位时，主动凸轮突脊廓线的选择，通常要保证从动轮转动时，其加速度按正弦规律变化。

特点：图 b 和图 c 机构具有良好的动力性能，运转平稳，噪声和振动较小，可用于较大载荷和高速的场合。停歇频率每分钟最高可达 1200 次，柱销数一般大于 6。

7.6 偏心轮分度定位机构

功能：当主动轴回转时，通过偏心轮使杆绕滑块上的铰销做往复摆动；滑块交替插入输出盘的周边孔中，则输出盘被带动，做单向间歇运动。

用途：常用于较高速度的分度定位装置等。

原理：如图 4-4-65，滑块 4、5 铰接于杆 3 上，可分别在杆 7 与固定盘 6 的滑槽中滑动。当主动轴 1 回转时，通过偏心轮 2 使杆 3 绕滑块 5 上的铰销做往复摆动，此时，杆 3 带动滑块 4、5 交替插入输出盘 8 的周边孔中，当 4 脱出周边孔而 5 插入时，盘 8 固定不动。反之，5 脱出而 4 插入周边孔，则盘 8 被带动，做单向间歇运动。图 b 为其机构简图。

特点：该机构运动和结构简单、输出盘工作平稳，可用于较高转速。

7.7 凸轮控制的定时脱啮间歇机构

功能：主动凸轮通过从动摆杆使导杆向下运动时，导杆下部的齿条脱啮，而上部齿条啮合，因而齿轮被齿条带动做周期间歇运动。

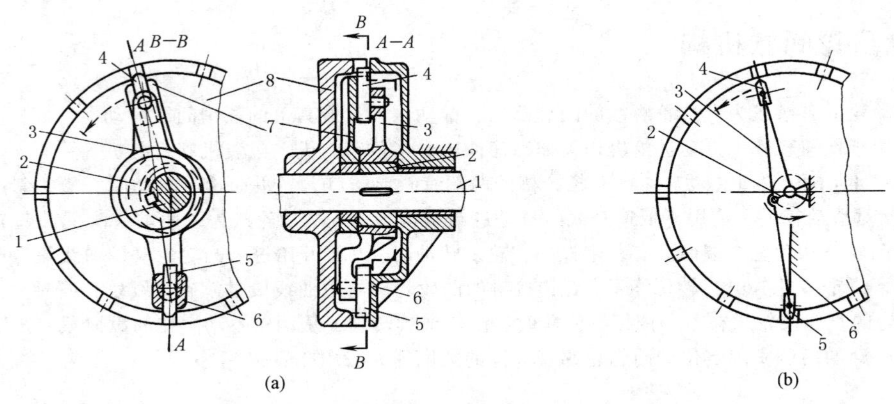

图 4-4-65 偏心轮分度定位机构

用途：用于中、低速的定时间歇运动装置。

原理：如图 4-4-66，摇块 4 和带齿条的连杆 5 组成移动副，4 与 3 组成转动副，3 以导槽和齿轮 6 的转轴（在固定支座 D 内）组成移动副。主动凸轮 1 通过从动摆杆 2 使 3 向下运动时，3 下部的齿条和 6 脱啮，而齿条 5 与 6 啮合，因而 6 被 5 带动。3 向上运动时，6 与 5 脱离，而与 3 的下部齿条啮合，故被锁住。这样，6 被 1 控制着做周期间歇运动。

特点：该机构运动简单，但由于依靠齿轮齿条的啮合和脱离实现间歇运动，不适用于高速场合。

7.8 凸轮和离合器控制的间歇机构

功能：主动蜗杆通过离合器带动从动轴转动，同时蜗杆又带动蜗轮转动，通过蜗轮上的凸块与摆杆上的挡块接触或分离，使离合器脱开或啮合，实现从动轴的间歇转动。

用途：常用于中、低速的间歇运动装置。

原理：如图 4-4-67，主动蜗杆 1 通过离合器带动从动轴 5 转动，同时蜗杆又带动蜗轮 2 转动，当蜗轮上的凸块与摆杆 3 上的挡块接触时，推动摆杆 3 逆时针方向摆，使离合器脱开，轴 5 停止转动。当凸块与挡块脱离时，在弹簧 6 的作用下离合器啮合，从动轴开始转动。

特点：该机构运动简单，但由于依靠离合器的啮合和脱离实现间歇运动，不适用于高速场合；更换凸块（改变其弧长）可调整从动轴的停、动时间。

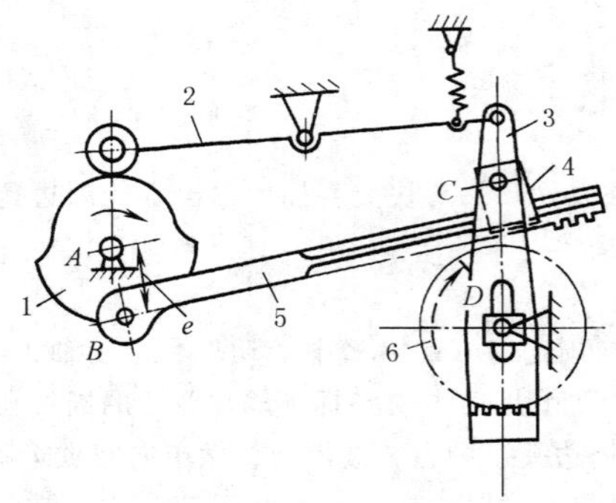

图 4-4-66 凸轮控制的定时脱啮间歇机构

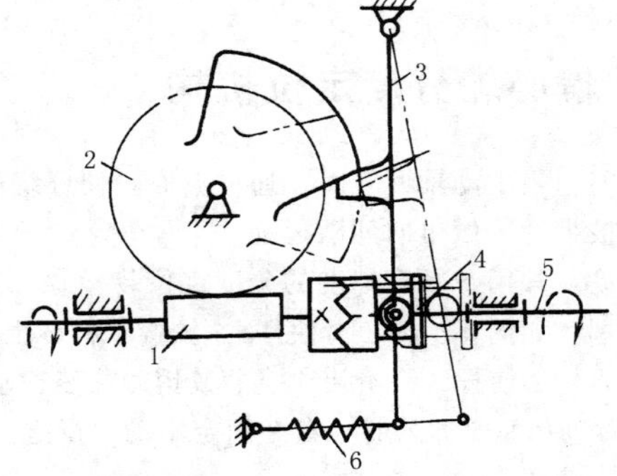

图 4-4-67 凸轮和离合器控制的间歇机构

7.9 停歇时间不等的间歇机构

功能：固连于主动轮上的臂使挂钩抬起或落下时，主动轮依靠摩擦力产生或消失带动从动轮间歇转动。

用途：常用于中速、需要停歇时间不等的间歇运动装置。

原理：如图 4-4-68，从动轮 2 上有七个柱销 5，它们不均匀地分布在同一圆周上。当固连于主动轮 1 上的臂 *A* 使挂钩 4 抬起时，轮 1 依靠摩擦力（通过摩擦环 3）带动轮 2 转动。当挂钩落下并钩住柱销 5 时，摩擦面间打滑，轮 2 不转。轮 2 每次停歇时间不等。

特点：结构简单；从动轮每次停歇时间的长短取决于柱销间的距离。

7.10　停歇时间不等的浮动棘轮机构

功能：主动摆杆通过棘爪同时推动棘轮做间歇转动。

用途：常用于中速、需要停歇时间不等的间歇运动装置。

原理：如图 4-4-69，与棘轮 2 大小、齿数相同而附有犬齿 *K* 的浮动棘轮 3 空套在轴上，主动摆杆 1 通过棘爪同时推动棘轮 2、3 做间歇转动，当犬齿进入啮合时，棘爪不与棘轮 2 接触，棘轮 3 转动而 2 静止，轮 3 每转一周，轮 2 有一次较长时间的停歇。

特点：该机构运动和结构简单；改变犬齿齿数，可以调整停歇时间的长短。

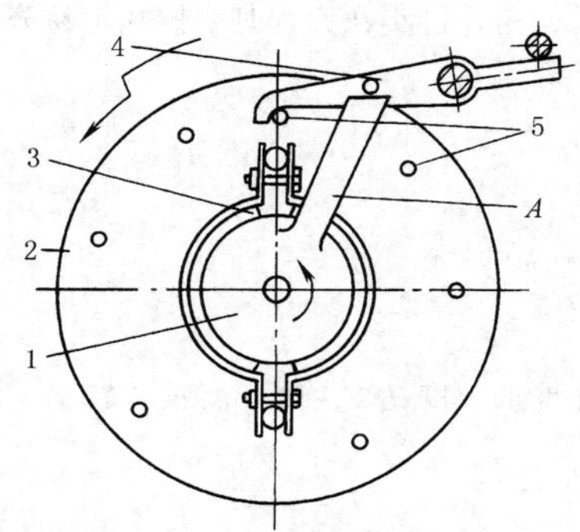

图 4-4-68　停歇时间不等的间歇运动机构

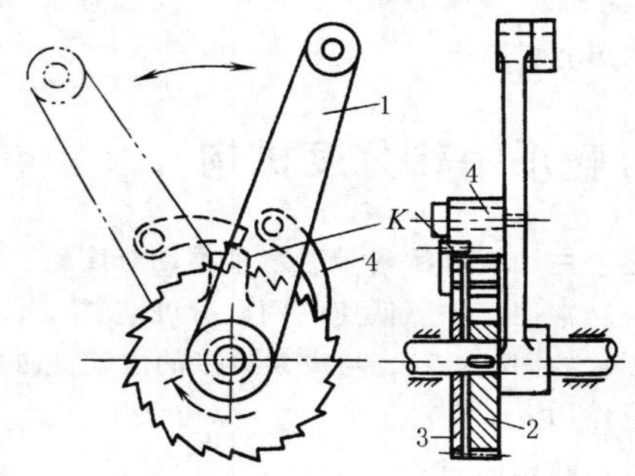

图 4-4-69　停歇时间不等的浮动棘轮机构

7.11　单侧停歇的曲线槽导杆机构

功能：主动曲柄转动时，滚子位于圆弧槽内，导杆单侧停歇。

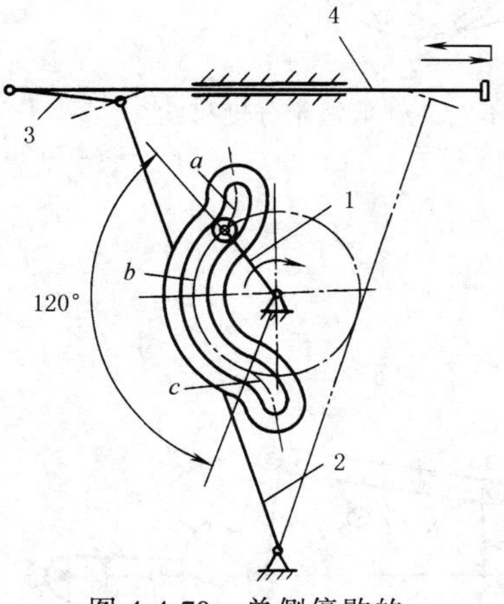

用途：常用于食品加工机械中作为物料的推送机构。

原理：如图 4-4-70，杆 2 的导槽由如图所示的 *a*、*b*、*c* 三段圆弧槽组成。当主动曲柄 1 在 120°范围内运动时，滚子位于 *b* 段圆弧槽内，导杆停歇。

特点：结构紧凑、制造简单、运动性能较好。从动杆具有单侧停歇的间歇运动特性。如果导槽曲线由两段相对的圆弧构成，则可获得双侧停歇的间歇运动。

图 4-4-70　单侧停歇的曲线槽导杆机构

7.12　短暂停歇机构

功能：主动套筒转动时，通过棘轮与推爪的啮合与脱离实现链轮的短暂间歇运动。

用途：常用于印染烘干机等。

原理：如图 4-4-71，链轮 6 和棘轮 5 固连于轴 2 上，而主动套筒 1 空套在轴 2 上，1 上铰接有推爪 4。1 顺时针方向转动时，4、5、6 一起转动，当 4 的端部与固定于机架上的杆 3 接触时，4 与 5 脱离，链轮 6 停歇，1 继续转动到推爪 4 脱离 3 时，在扭簧 7 作用下再与棘轮啮合并带动链轮 6。

特点：结构紧凑、制造简单。但由于依靠棘轮与棘爪的啮合和脱离实现间歇运动，不适用于高速。

7.13 摩擦式间歇机构

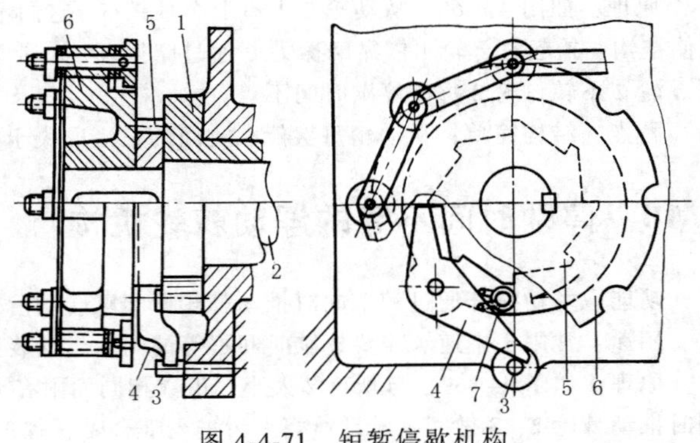

图 4-4-71 短暂停歇机构

功能：主动杆拉摇臂转动时，通过摩擦片的摩擦力，带动轮子间歇转动。

用途：常用于低速、大载荷的间歇运动装置。

原理：如图 4-4-72，主动杆 1 拉摇臂 2 绕 O 向下转动时，作用在摩擦片 4 上的摩擦力使杆 3 向上摆，摩擦片 5、4 在轮 6 的轮缘内、外两面滑动而轮 6 静止。杆 1 推摇臂 2 向上转动时，摩擦片 4 上的摩擦力使杆 3 向下摆，使摩擦片 4 紧贴轮 6 的外缘，此时杆 2 继续被推向上转动时，带着摩擦片 5 紧贴轮 6 的内缘，摩擦片 5、4 夹紧轮 6 的轮缘使轮 6 转动。

特点：优点是摩擦面大，可用于大载荷。角 α 过大将减弱夹紧力，角 α 过小在回程时摩擦片不易分离，设计时一般取角 $\alpha \leqslant 7°$。

7.14 棘爪销轮分度机构

功能：主动气缸活塞带着棘爪推动分度销，实现间歇分度。

用途：常用于中、低速的间歇分度装置。

原理：如图 4-4-73，与机架铰接的主动气缸 1 的活塞带着棘爪 2 推动分度销 3，使分度盘 4 转动，滚子 5 起止动定位作用。

特点：结构简单。

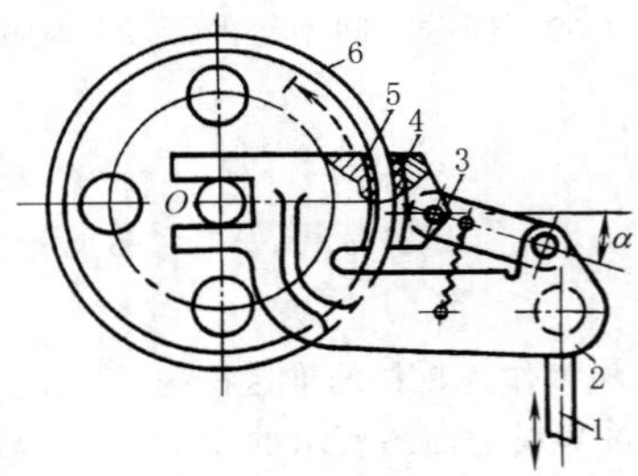

图 4-4-72 摩擦式间歇机构

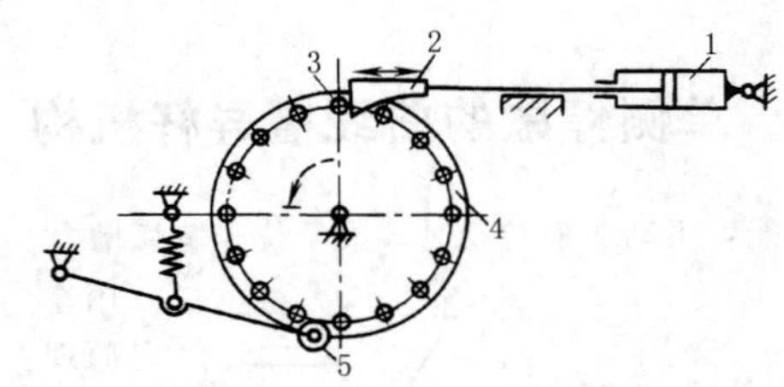

图 4-4-73 棘爪销轮分度机构

第4篇

7.15 单侧停歇摆动机构

功能：主动曲柄连续转动时，摇杆做间歇往复摆动。

用途：常用于印刷机供墨、供水装置。

原理：如图 4-4-74，当主动曲柄 1 做连续转动时，摇杆 3 做往复摆动，摇杆 3 一端的滚子 A 将在 aa' 范围内摆动，当滚子与从动杆 4 的沟槽脱离时，从动杆停歇不动，由锁止弧 α 保证停歇位置不变。

特点：结构简单，但不适于高速场合。

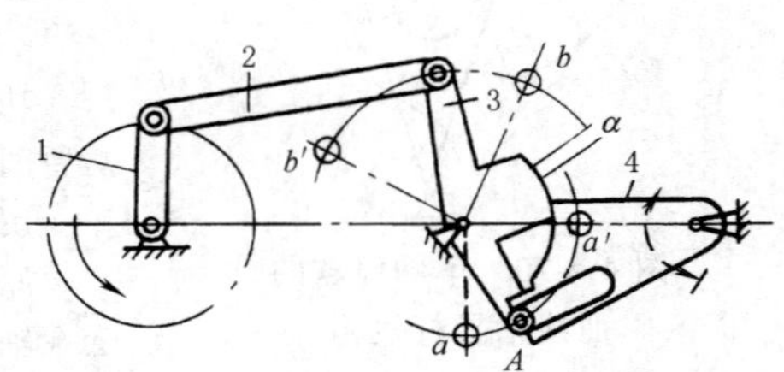

图 4-4-74 单侧停歇摆动机构

7.16 双侧停歇摆动机构

功能：主动曲柄连续转动时，扇形板做间歇往复摆动。

用途：常用于印刷机供墨装置。

原理：如图 4-4-75，主动曲柄 1 转动时使扇形板 3 摆动，3 上有可滑移的齿圈 4，在图示位置，3 顺时针方向转动时，挡块 a 推动齿圈 4 使齿轮 5 逆时针方向转动。当 3 逆时针方向转动时，挡块 b 经过空程 l 后才推动齿圈 4 使齿轮 5 顺时针方向转动，调节挡块 a、b 的位置以改变空程 l，便可改变齿轮 5 的停歇时间。

特点：往复运动机构在停、动开始点有冲击。

7.17 不完全齿轮移动导杆机构

功能：不完全齿轮主动推动移动导杆做两侧停歇的往复摆动。

用途：常用于转动变换为间歇往复摆动的装置。

原理：如图 4-4-76，不完全齿轮 1 主动，通过齿轮 6 及与锁止弧 5 铰接的滑块 3 推动移动导杆 4 做两侧停歇的往复运动。轮 6 齿数为 20，轮 1 保留 9 只齿（末齿高修低），可使轮 1 每转两周，导杆 4 完成一次往复运动，并在两端各有一停歇时间。2 和 5 是锁止弧，分别与齿轮 1、6 固连，1、6 不啮合时，齿轮 6 被 2、5 锁住。

特点：结构简单，不适用于高速。

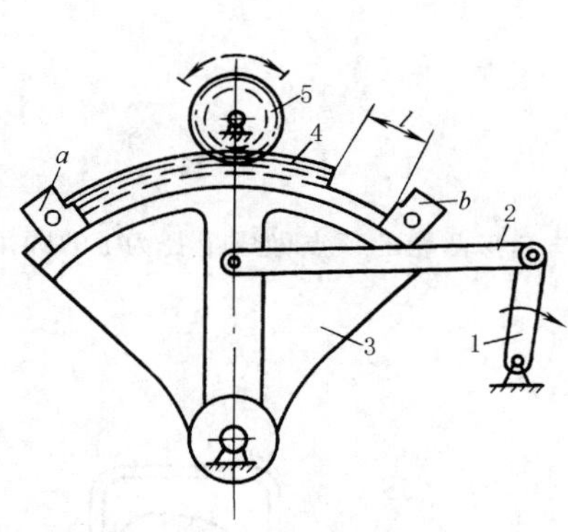

图 4-4-75　双侧停歇摆动机构

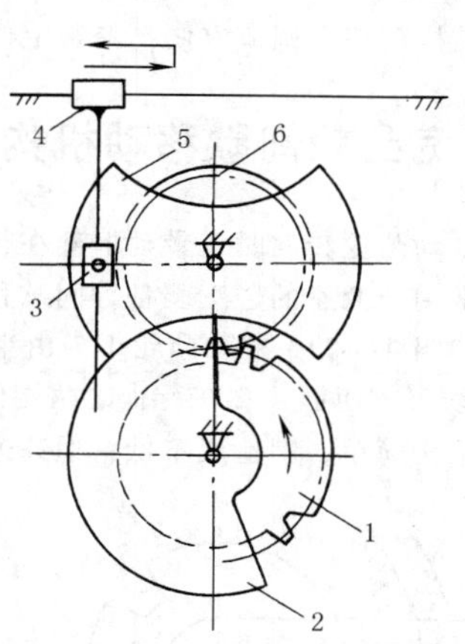

图 4-4-76　不完全齿轮移动导杆机构

7.18 齿轮-连杆组合停歇机构

功能：主动曲柄转动，从动齿轮非匀速转动，中间有停歇。

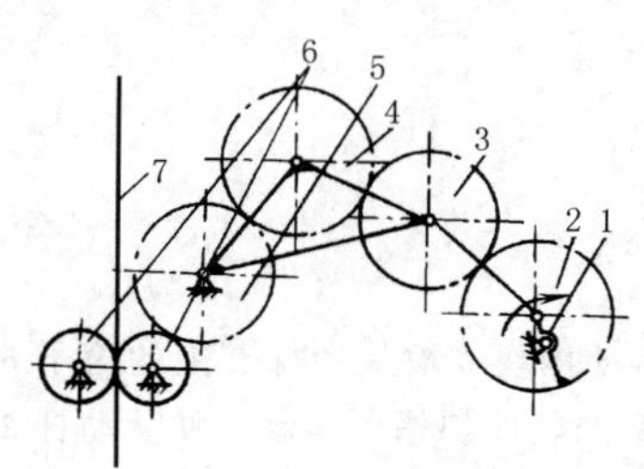

图 4-4-77　齿轮-连杆组合停歇机构

用途：常用于香烟包装机的送纸机构、软糖包装机的送糖机构。

原理：如图 4-4-77，曲柄 1 与齿轮 2 固连，齿轮 2、3、4 及 5 的齿数相同，所以当曲柄 1 转一圈时，从动齿轮 5 也转一圈。但从动齿轮 5 的角速度是非匀速的，其中有一段片刻停歇时间。与齿轮 5 啮合的送纸辊 6 送进的纸张 7 也有片刻的停歇，以便配合切纸刀的切纸动作。

特点：结构简单，适用于高速。

7.19 有急回作用的间歇移动机构

功能：主动转臂转动，从动件做具有急回特性的间歇移动。

用途：常用于轻工装备、包装机械。

原理：如图 4-4-78，主动转臂 1 转动，通过凸耳 b 将从动件 2 升起。1 与 b 脱离接触时，2 的下凸耳 a 被摆动挡块 3 钩住（构件 3 能靠自重保持图示位置），滑块停在双点画线位置。1 继续转动时，先拨动挡块 3 脱钩，2 下落搁在固定挡块 4 上，然后转臂 1 又推动凸耳 b 上升，继续下一运动循环。

特点：机构具有两端停歇、快速下落的特性。

7.20 斜面拔销间歇移动机构

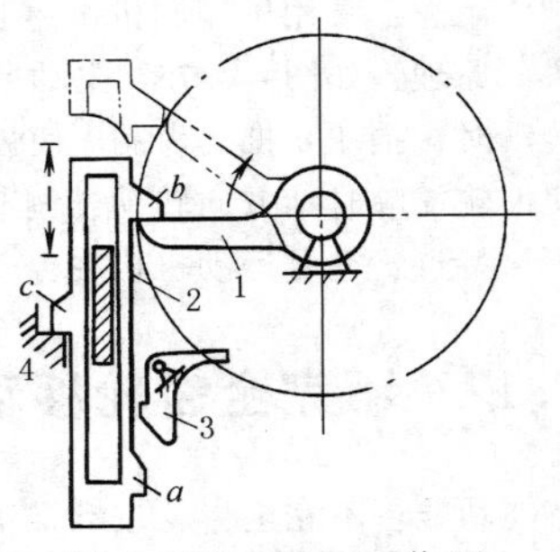

图 4-4-78　有急回作用的间歇移动机构

功能：当插销插入圆盘槽中时，圆盘随同主动杆一起转动，推动滑块移动；反之，滑块停歇。

用途：常用于轻工装备、印刷装备。

原理：如图 4-4-79，主动杆 1 的滑槽中置有一个可移动的插销 3，其顶部安装一滚子。当插销 3 插入圆盘 5 的 K_1 槽中时，圆盘 5 随同主动杆 1 一起转动，经连杆 6 推动滑块 7 移动。当主动杆 1 转经固定挡块 4 时，其斜面 A 顶起滚子使插销 3 脱开 K_1 槽，圆盘 5 停歇不动，相应滑块 7 也停歇不动，并在弹簧定位销 8 的作用下可靠地定位在 a_1 处。杆 1 转至圆盘上 K_2 缺口（槽）处时，在弹簧 2 的作用下，插销 3 插入 K_2 缺口中，圆盘 5 又随着杆 1 转动，直至杆 1 再转经至 4 处，插销 3 被拔出 K_2 槽，出现第二次停歇。这样，主动杆 1 每转两周，圆盘 5 转一周，滑块 7 在 a_1、a_2 处各停歇一次。

特点：结构简单，调节方便；弹簧定位销使停歇更为可靠。

7.21 等宽凸轮间歇移动机构

功能：主动凸轮转动时，带动框架在行程的两端停歇。

用途：常用于低速的轻工装备等间歇移动。

原理：如图 4-4-80，主动凸轮 1 为由半径 R 的三段圆弧组成，三角形凸轮的顶点做成半径为 r 的圆角。当凸轮绕 O 点转动时，使框架 2 在行程的两端停歇，框架的行程为 $R-r$。

特点：结构简单，制造成本低；但高速时存在冲击。

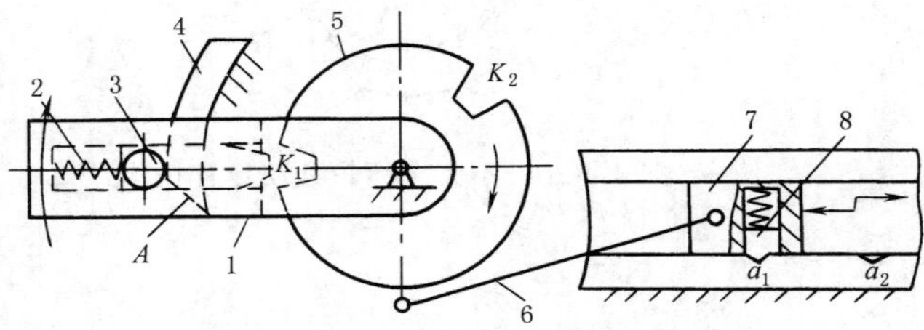

图 4-4-79　斜面拔销间歇移动机构

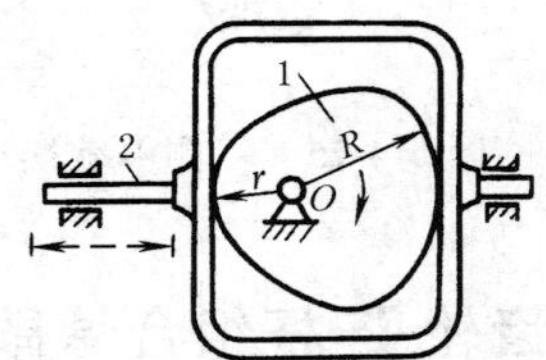

图 4-4-80　等宽凸轮间歇移动机构

7.22 有三角形槽的移动凸轮间歇运动机构

功能：主动凸轮往复移动时，从动杆做一端停歇的往复移动。

用途：常用于低速、一端停歇的往复移动场合。

原理：如图 4-4-81，主动凸轮 1 沿固定导轨向上移动时，凸轮右下方的活动挡块 b 被从动杆 2 上的滚子 c 推开，c 到达垂直槽底部后，b 在弹簧作用下复位。凸轮 1 下移时，滚子 c 只能在凸轮的斜槽内运动，使从动杆 2 先向左、后向右移动，然后滚子 c 推开凸轮上方活动挡块 a 进入直槽。凸轮上移时，从动杆 2 停歇。所以凸轮往复移动时，从动杆 2 做一端停歇的往复移动。

特点：结构简单，不适用于高速。

7.23 利用摆线轨迹的间歇移动机构

功能：主动转臂带着行星轮运动时，行星轮上某点的轨迹为短幅内摆线，滑块近似停歇。

用途：常用于高速、往复近似间歇移动场合。

原理：如图 4-4-82，主动转臂 1 带着行星齿轮 2 沿固定内齿轮 3 做行星运动时，2 上 m 点的轨迹为短幅内摆线，若连杆 4 的长度近似等于摆线 ab 的曲率半径，则 m 点在 ab 段上运动时，滑块 5 近似停歇。

特点：结构简单。

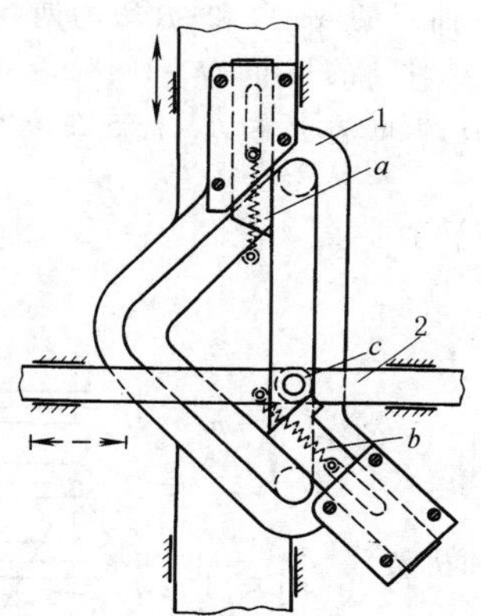

图 4-4-81　有三角形槽的移动凸轮间歇运动机构

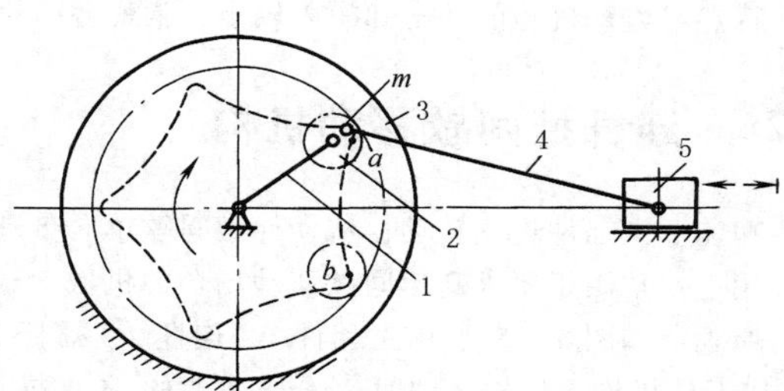

图 4-4-82　利用摆线轨迹的间歇移动机构

7.24　利用连杆轨迹的直线段实现间歇运动机构

功能：主动曲柄回转时，连杆上某点的轨迹有一段为直线，利用此直线段实现间歇运动。

用途：常用于高速、往复间歇移动场合。

原理：如图 4-4-83，主动曲柄 AB 回转时，连杆上 m 点的轨迹有一段为直线 m_1m_1，利用此直线段实现间歇运动，有如下两种情况：①在 m 点铰接一移动导杆 $abdm$，使 ab 垂直 m_1m_1，当 m 点运动到直线段 m_1m_1 时，移动导杆停歇。②在 m 点铰接一转动导杆 Om，使其回转中心 O 在直线 m_1m_1 的延长线上，当 m 点运动到直线段 m_1m_1 时，转动导杆停歇。

特点：结构简单，运动平稳。

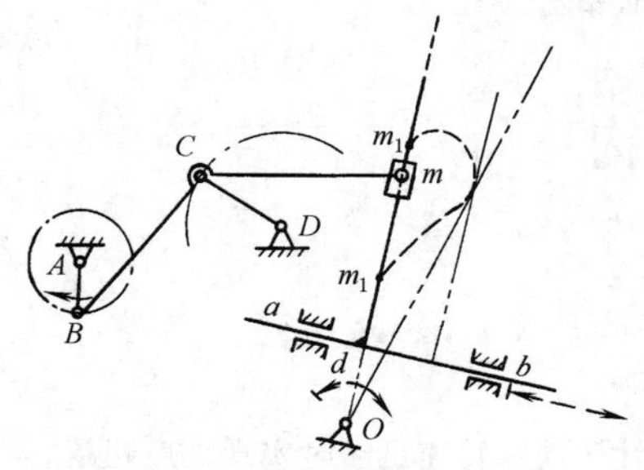

图 4-4-83　利用连杆轨迹的直线段实现间歇运动机构

7.25　利用连杆某点的曲线轨迹实现间歇运动机构

功能：利用摇块机构中导杆上某点的轨迹实现工作台的单向间歇转位运动。

用途：常用于立车转位机构（图 4-4-84a）、织布机（图 4-4-84b）等机械。

原理：如图 4-4-84a，当主动曲柄 1 以图示 ω 方向由 Ⅰ 到 Ⅱ 转过 φ 角

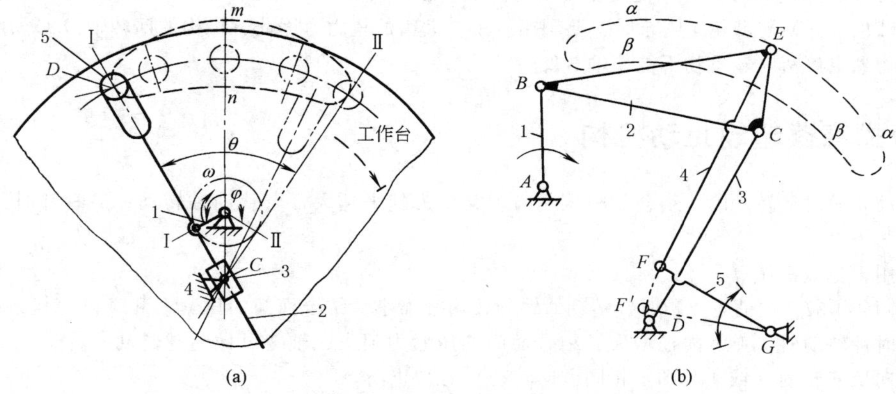

图 4-4-84　利用连杆某点的曲线轨迹实现间歇运动机构

时，导杆 2 上抱叉端点 D 的轨迹为曲线 m，于是抱叉便夹持着工作台上的滚子 5 使工作台顺时针方向绕 C 点转过 θ 角。当曲柄 1 顺 ω 方向由位置Ⅱ回到位置Ⅰ转过 $360°-\varphi$ 角时，导杆 2 上抱叉端点 D 的轨迹为曲线 n，这时，抱叉与滚子 5 脱开（如图中双点画线所示的位置），于是工作台便停歇不动。图 b，从动杆 5 在极限位置时有一短时停歇。$ABCD$ 为曲柄摇杆机构，连杆 2 上 E 点的轨迹为一腰形曲线，曲线的 $\alpha\alpha$ 段和 $\beta\beta$ 段为两相同的近似圆弧，它们的圆心分别在 F 和 F'。如在 E、F、G 处铰接构件 4、5，并使构件 4 的长度 EF 和圆弧段的曲率半径相等。当 E 点在圆弧 $\alpha\alpha$ 上运动，从动杆 5 在位置 FG 近于停歇，当 E 点在圆弧 $\beta\beta$ 上运动，杆 5 在位置 $F'G$ 近于停歇，实现了从动杆做具有停歇的摆动。

特点：连杆机构的冲击和噪声较小，常代替凸轮机构以适应高速运转的要求。

7.26 连杆型间歇移动机构

功能：主动件连续转动，从动件做间歇单向步进移动。

用途：常用于要求高速间歇移动场合的机械。

原理：如图 4-4-85，由主动件 1、连杆 2、摇杆 3、移动从动件 4 和机架 5 组成五杆机构。机构运动时，连杆 2 上的 M 点描绘出的运动轨迹为 m-m，它是具有两段平行的近似直线段且相距为 h 的对称连杆曲线，其对称轴线与机架 A、D 连心线间的夹角为 $90°-x$。在连杆 2 上的 M 点处安装一柱销，并在移动从动件 4 上开有多条互相平行的直线槽，槽中心线为 m-m 轨迹直线段方向，其槽距为 h。让柱销与直线槽啮合。当主动件 1 由图示位置按逆时针方向转动时，柱销顺着直线槽进入从动件 4，随着主动件 1 转动，驱使从动件向上移动，主动件 1 转过 180°时，从动件向上移动距离 h；主动件继续转过后 180°时，柱销由直线槽中脱出，从动件处于停歇，主动件连续转动，从动件 4 做间歇单向步进移动。

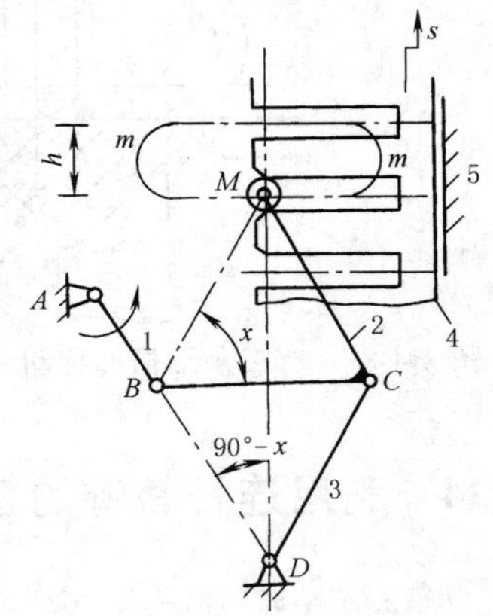

图 4-4-85　连杆型间歇移动机构

特点：连杆机构的冲击和噪声较小，可代替凸轮机构以适应高速运转的要求。

8　超越止动及单向机构

8.1 无声棘轮超越止动机构

功能：当主动棘轮顺时针转动时，通过棘爪带动轴超越棘轮轴做顺时针转动；转速足够时实现无声超越。

用途：常用于印刷机供墨装置等。

原理：如图 4-4-86，当主动棘轮 1 顺时针转动时，通过爪 2 带动轴 3 转动，3 可超越 1 做顺时针转动，在超越时由于离心力（转速足够时）作用能使爪 2 不与轮 1 接触，实现无声超越。如果 1 固定，当 3 反转时被止动。

特点：在棘爪 2 开始与棘轮 1 啮合时，要利用棘爪 2 大头的重力，因此，机构的回转轴 O 必须水平放置。如起重机吊起重物悬空停留时，重物不能使轴 3 反转。

8.2 弹簧式摩擦超越止动机构

功能：主动轮顺时针转动时，结合面间压紧力和摩擦力越来越大带着从动轴转动；逆时针时，轴可做超越转动。

用途：常用于包装机械等。

原理：如图 4-4-87，主动轮 1 顺时针转动时，弹簧内径缩小，结合面间的压紧力和摩擦力越来越大带着轴 3 转动；轮 1 逆时针转动时，弹簧内径增大，结合面间的压紧力消失，轴 3 可做超越转动。若 1（或 3）固定时，则 3 与图示方向反向转动（或 1 与图示相同方向转动）时被止动。

特点：左旋弹簧 2 的内径稍小于从动轴 3 的外径，使结合面间略有预压紧力，弹簧的右端与轮 1 上的销接触，左端为自由端。

8.3 螺旋摩擦式超越止动机构

功能：启动电机时，通过螺旋轴带动转盘沿轴向移动；转盘与端面贴合，通过摩擦力，带动曲轴超越转动。

用途：常用于建筑机械、印后装订线书夹机构等。

原理：如图 4-4-88，轮 2 装在有右螺旋的轴 1 上，启动电机与轴 1 相连，被启动的发动机的启动曲轴与盘 3 相连，启动时电机逆时针方向转动，则轮 2 左移（开始限制件 2 转动，而当件 3 启动后，件 2 又脱离限制装置，图中未示出），其端面与盘 3 压紧靠摩擦力带动曲轴，当发动机转速高于轴 1 时，3 与 2 脱开，发动机曲轴做超越转动。当轴 1 回转时，限制轮 2 转动的装置未在图中示出。

特点：结构简单，紧凑。

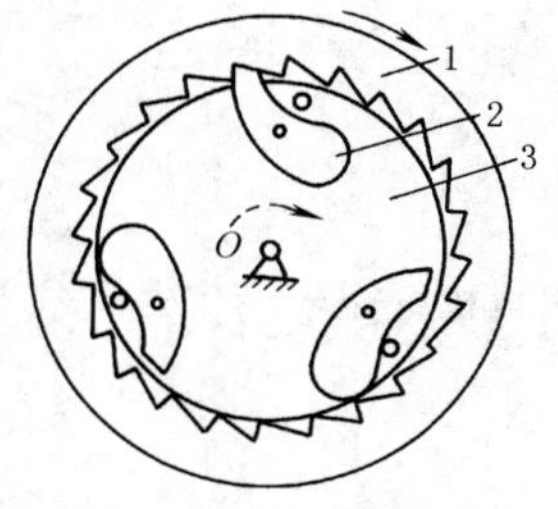

图 4-4-86 无声棘轮超越止动机构

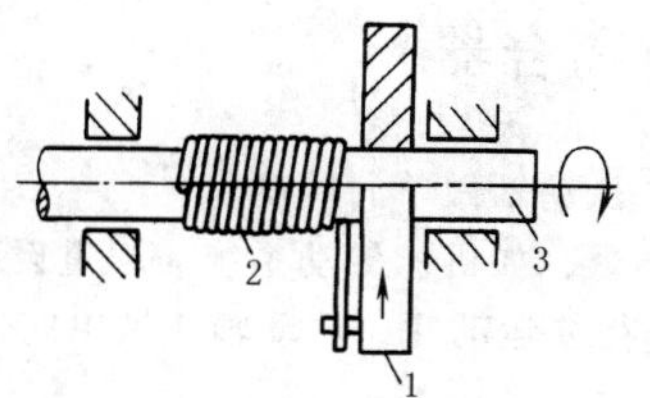

图 4-4-87 弹簧式摩擦超越止动机构

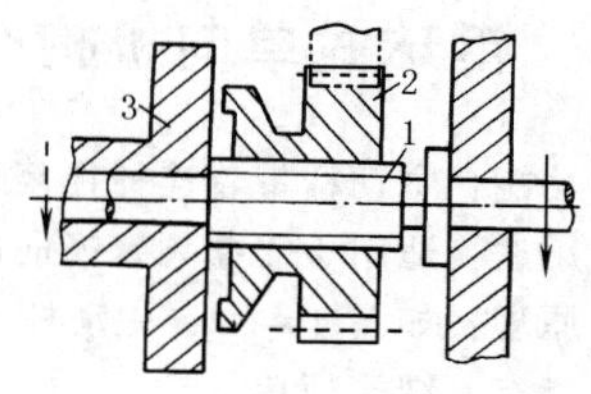

图 4-4-88 螺旋摩擦式超越止动机构

8.4 双动式单向转动机构

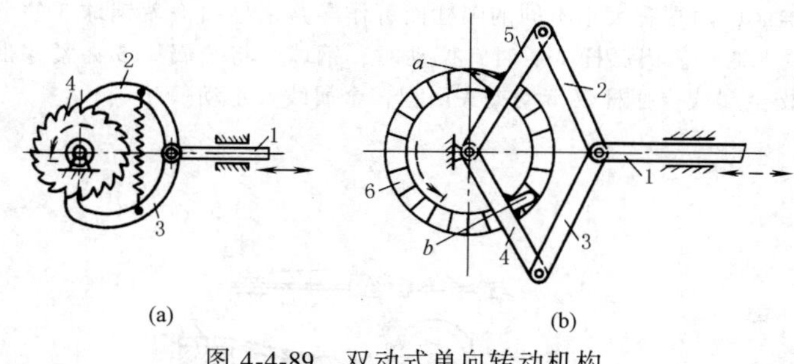

图 4-4-89 双动式单向转动机构

功能：主动杆左右移动时，均使棘轮单向旋转。

用途：用于脉冲计数器作计数装置等。

原理：如图 4-4-89a，杆 1 左右移动时，均使棘轮 4 单向旋转。此机构已用于脉冲计数器作计数装置。图 b，轮 6 为端面棘轮，当主动杆 1 往复移动时，固结在杆 4、5 上的棘爪 a、b 交替推动端面棘轮 6 单向转动。

特点：图 b 中杆 2、3（或 4、5）等长，属于对称平行四边形机构。

8.5 双动式棘齿条单向机构

功能：主动摇杆摆动推动棘齿条做单向移动。

用途：常用于手动、低速包装机械等。

原理：如图 4-4-90，摇杆 1 上两个棘爪交替推动棘齿条 2 做单向移动。

特点：结构简单，不适合高速。

8.6 无声棘轮单向机构

功能：主动构件顺时针转动时，通过销带着棘轮转动；逆时针转动时，与棘轮脱离，实现无声逆转。

用途：常用于自动机间歇进给或回转工作台，或千斤顶、自行车中棘轮机构，手动绞车中棘轮机构以防止逆转。

原理：如图 4-4-91，构件 1、2 与棘轮 5 自由装在轴 6 上，构件 2 上固定有销 a、b，件 4 与件 1、3 铰接。当主动构件 1 顺时针转动时，1 通过销 b 带着 2、3 和棘轮 5 一起转动。当 1 逆时针转动时，通过 4 将 3 抬起与棘轮脱离，通过销 a 带着棘爪 3 实现无声逆转。

特点：结构简单，不适合高速。

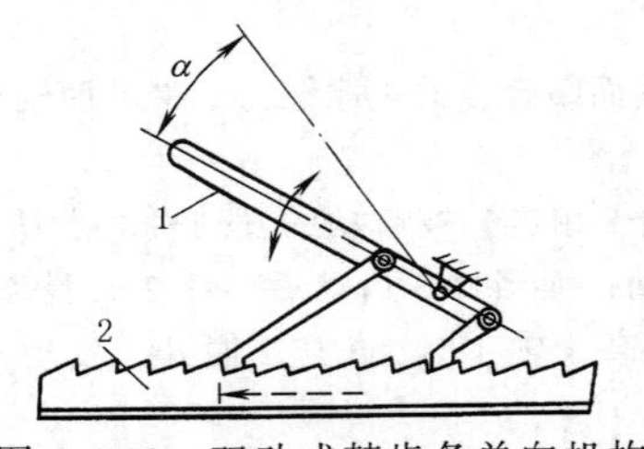

图 4-4-90　双动式棘齿条单向机构

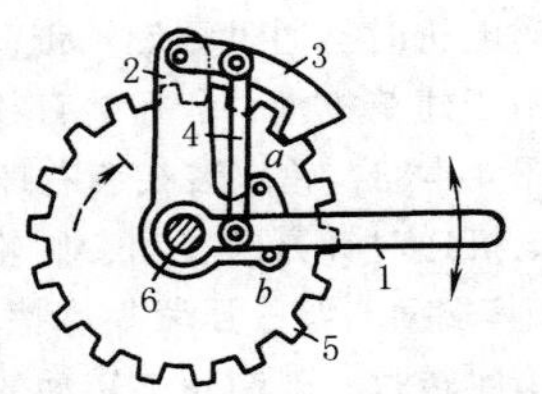

图 4-4-91　无声棘轮单向机构

8.7　钢球式单向机构（超越离合器）

功能：主动杆带着连杆往复运动时，从动轴做单向转动。

用途：适用于需要频繁换向的应用场景，如机械传动系统、起重设备、风力发电机组等。

原理：如图 4-4-92，主动杆 1 带着 2 往复运动时，从动轴 3 做单向转动。

特点：结构简单。

8.8　单向定长送料机构

功能：当摆杆逆时针摆动时，钢球将金属线夹紧并带动其向右移动一定长度；摆杆回程摆动时，金属线不动。

用途：常用于变压器生产技术领域。

原理：如图 4-4-93，夹头外壳 2 的内侧有圆锥面，两端有大小不同的圆柱面可作导路来导引嵌着钢球 3 的滑块 4，弹簧将滑块 4 压向左边，滑块中心有金属线 5 通过。当摆杆 1 逆时针摆动时，钢球 3 将金属线 5 夹紧并带动其向右移动；摆杆 1 顺时针摆动时，钢球 3 放松金属线，摆杆仅带动夹头回程，金属线 5 不动。

特点：金属线输送平稳。

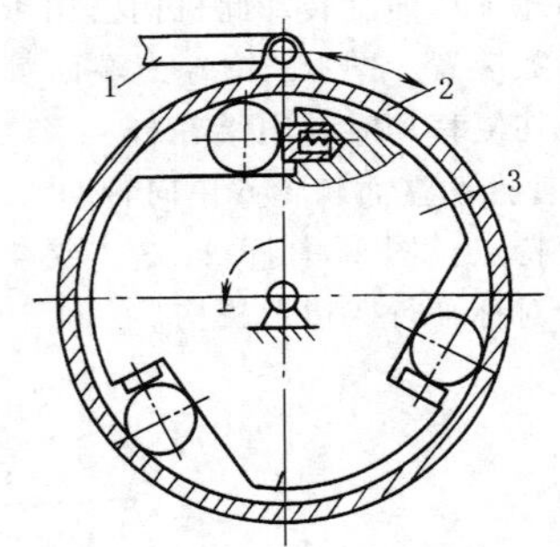

图 4-4-92　钢球式单向机构（超越离合器）

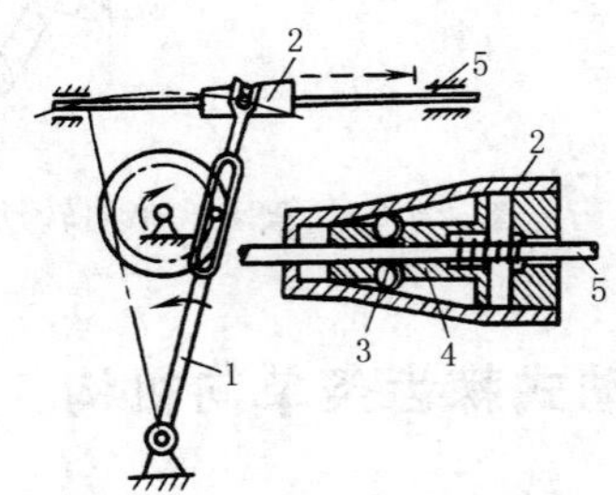

图 4-4-93　单向定长送料机构

9　换 向 机 构

9.1　三星轮换向机构

功能：主动轮与从动轮间装有 2 个惰轮，通过与不同齿轮组合的啮合，实现换向。

用途：常用于机械设备的换向机构，如车床上走刀丝杠的换向机构。

原理：如图 4-4-94，主动轮 1 与从动轮 4 间装有惰轮 2 和 3，2 与 3 装在三角形支承架 H 上，H 可绕轴 O_4 转动。H 位于Ⅰ时（图中实线所示，1 与 2，2 与 3，3 与 4 啮合）各轮转向如图示；H 位于Ⅲ时（图中双点画线所示，1 与 3，3 与 4 啮合）轮 4 换向；H 位于Ⅱ时（2、3 均不与 1、4 啮合），轮 4 不转。

特点：换向过程无冲击、平稳。换向杆 h 必须有良好的固定，因 H 上受的力矩有使其转变方向的趋势。

9.2 三惰轮换向机构

功能：主动轮与从动轮间装有 3 个惰轮，通过与不同齿轮组合的啮合，实现换向。

用途：用于机械设备的换向机构，如车床上走刀丝杠的换向机构。

原理：如图 4-4-95，主动轮 1 与从动轮 4 间装有惰轮 2、3 和 4。原理同 9.1。

特点：换向过程无冲击、平稳。没有使换向杆 h 改变方向的力矩。

9.3 拨销换向机构

功能：通过攻螺纹头轴上横销与竖销的接触或脱离，实现轴的换向。

用途：常用于攻螺纹工具及螺纹加工设备。

原理：如图 4-4-96，在攻螺纹工具的拨销换向机构中，锥柄 1 和套筒体 3 用螺母 2 压紧，靠接触面的摩擦力带动 3 转动。带有拨销 5 的套筒 4 用紧定螺钉与 3 固结。锥柄 1 向下移动到丝锥接触工件时，攻螺纹头轴 7 上的销 6 插入销 5 之间，攻螺纹头与锥柄同速转动。攻螺纹完毕时，6 自动与销 5 脱离接触，若将锥柄 1 向上抬起，则 7 借压缩弹簧的作用力使销 6 进入中心齿轮 9 上的销槽 8 中；此时，若使 13 被挡住不动，则固结在 3 上的内齿轮 11 通过三个小齿轮 10 和齿轮 9 带动轴 7 快速反向转动，将丝锥退出工件。

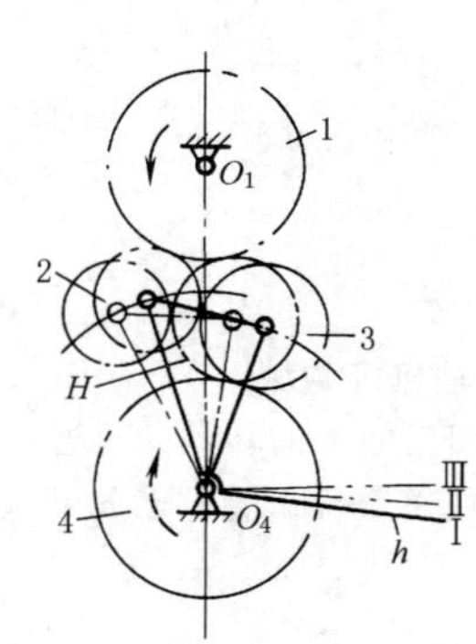

图 4-4-94　三星轮换向机构

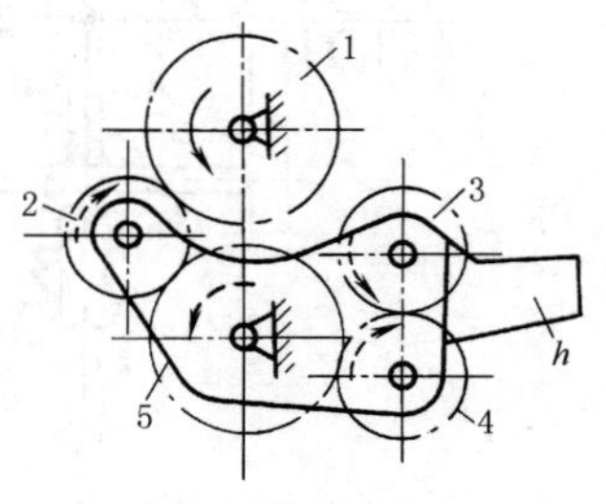

图 4-4-95　三惰轮换向机构

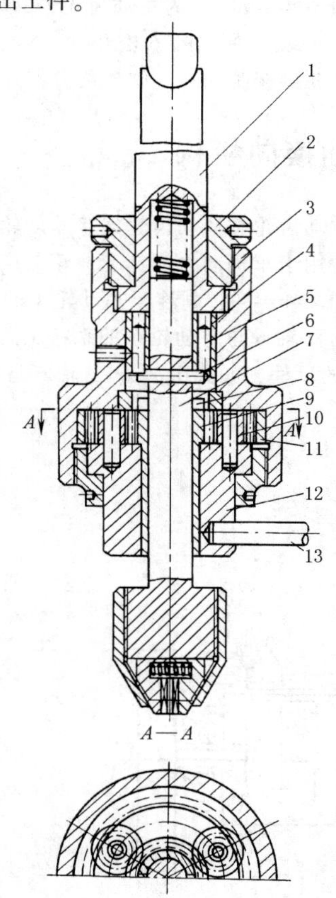

图 4-4-96　拨销换向机构

特点：整个工作过程中，锥柄既不需反转，又能使攻螺纹头慢速攻螺纹、快速退出，结构简单，制造、操作方便。

9.4 行星式换向变速机构

功能：主动轴和从动轴上分别空套有若干刹车轮、三联齿轮，实现换挡变速、换向。

用途：常用于车辆动力换挡变速箱，广泛应用于汽车、工程车辆、运输机等领域。

原理：如图 4-4-97，主动轴 1 和从动轴 7 上分别空套有刹车轮 5 和 6，齿轮 2、3、4 为三联齿轮，套在和轮 6 固连的系杆 x 上。刹住轮 6 时，系统是定轴轮系，按 1-3-4-7 传动，轴 7 与轴 1 同向转动；刹住轮 5 时，轴 1 通过有同一转臂 x 的两个行星轮系 1-3-2-5 和 5-2-4-7 使轴 7 转动，这时轴 7 的转速为：

$$n_7=\frac{1-\dfrac{z_5z_4}{z_1z_2}}{1-\dfrac{z_5z_3}{z_1z_2}}n_1$$

当 $z_3z_5>z_1z_2$ 或 $z_4z_5>z_2z_7$ 时，轴 7 的转向与轴 1 相反。

特点：只要变换刹车轮即可换向变速，而不需停车。

9.5 行星齿轮换向机构

功能：主动齿轮和从动齿轮间装有制动器、摩擦离合器，实现换挡变速、换向。

用途：常用于履带式水稻收割机的转向装置等。

原理：如图 4-4-98，1 为主动齿轮，5 为从动链轮，6 是制动器，7 为可转动架体，8 为摩擦离合器。当离合器 8 接通（$n_1=n_7$），制动器 6 松开时，5 与 1 等速同向转动。

特点：只要操作制动器、摩擦离合器即可换向变速，而不需停车。

9.6 差动换向机构

功能：主动齿轮和从动齿轮连接差动轮系、摩擦盘，实现换向。

用途：常用于车辆动力换挡变速箱，广泛应用于汽车、工程车辆、运输机等领域。

原理：如图 4-4-99，固连于主动轮 1 的摩擦盘 2，使摩擦盘 3 和 5 以相反的方向转动，再通过锥齿轮差动轮系使轴 6 转动（轴 6 与差动轮系的系杆 x 固连），轴 6 的转速调节螺杆 a 使整个锥齿轮差动轮系上升或下降，以改变 r_2 和 r_2' 的尺寸，如式中 $r_2>r_2'$，轴 6 与盘 5 转向相同，否则相反。

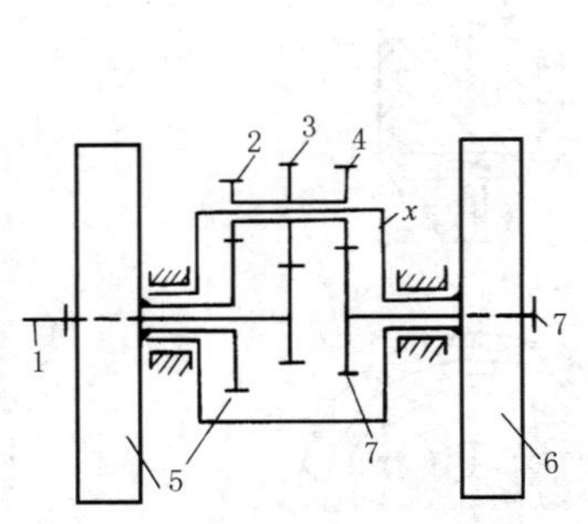

图 4-4-97 行星式换向变速机构

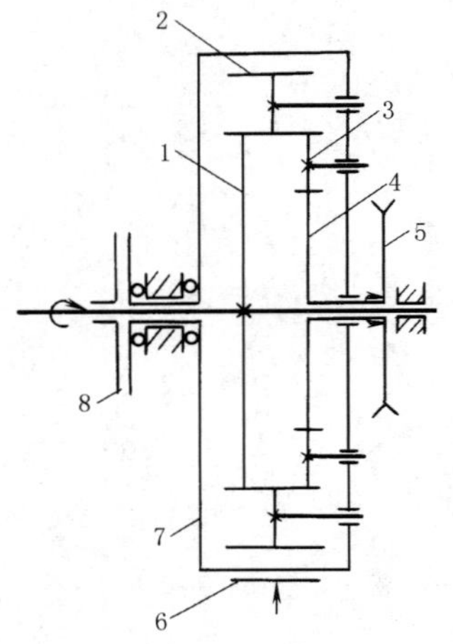

图 4-4-98 行星齿轮换向机构

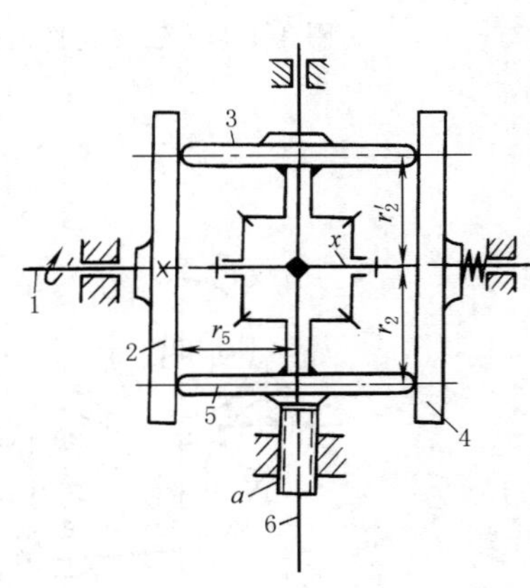

图 4-4-99 差动换向机构

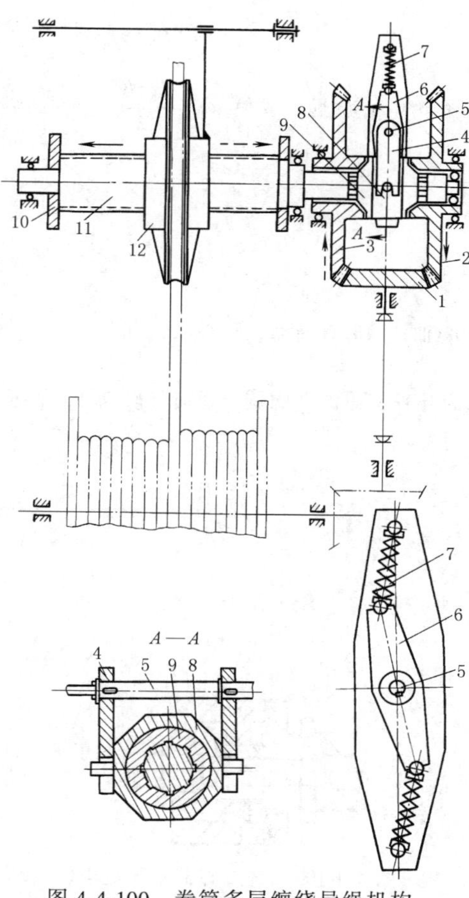

图 4-4-100　卷筒多层缠绕导绳机构

$$n_6=\frac{1}{2}\left(\frac{r_2-r_2'}{r_5}\right)n_1$$

特点：只要操作摩擦盘即可换向，而不需停车。

9.7　卷筒多层缠绕导绳机构

功能：卷筒轴上的锥齿轮通过万向联轴器带动导绳装置，自动往复完成钢绳多层缠绕。

用途：常用于卷筒多层缠绕导绳机构等起重机械技术领域。

原理：如图 4-4-100，卷筒轴上的锥齿轮通过万向联轴器带动导绳装置的输入锥齿轮 1，拨叉 4 处于中间位置时锥齿轮 2、3 反向空转。拨叉固定在竖轴 5 上，竖轴 5 与摆杆 6 固连，摆杆两端用串联碟形弹簧 7 压紧，拨叉在中间位置时牙嵌离合器 9 与两边锥齿轮 2 和 3 之间有相等的少量间隙，此时两弹簧和摆杆 6 处于一直线上。使用前调整好导向滑轮 12 与卷筒上钢丝绳的相互位置，并使摆杆 6 朝某一方向偏离（按图示滑轮与钢绳的位置，4 应向右偏），从而推动拨环 8 并带动离合器 9，使其与锥齿轮 2（或 3）啮合，螺杆 11 被带动旋转，从而带动滑轮 12 做轴向移动。当滑轮到达左端并被挡板 10 挡住，阻力矩增大，通过锥齿轮 2 与离合器间的啮合斜面相互作用，克服弹簧反力矩使摆杆 6（或 4）向左摆动，离合器脱开并自动与对面锥齿轮 3 啮合，螺杆 11 反向旋转，导轮 12 反向移动，如此自动往复完成钢绳多层缠绕。

特点：结构简单，能较好地解决多层缠绕钢丝绳卷筒乱缠绕和越槽问题。

9.8　棘轮换向机构

功能：主动摆杆带动棘轮 3 做顺时针转动；棘爪切换位置时，棘轮做逆时针转动。

用途：用于车辆发动机、航空和航天的变速器和钟表中。

原理：如图 4-4-101，棘爪 2 在实线位置时，摆杆 1 带动棘轮 3 做顺时针转动；棘爪在虚线位置时，棘轮做逆时针转动。

特点：结构简单，工作可靠。

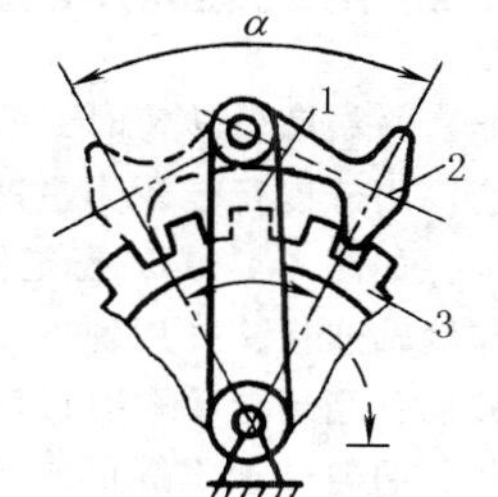

图 4-4-101　棘轮换向机构

10　差动补偿机构

10.1　增力差速滑轮

功能：通过双联定滑轮的半径差，产生滑轮的速差，实现增力效果。

用途：常用于机械系统传动带运动的工具，如起重机械、自动化生产线、机械装置等。

原理：如图 4-4-102，双联定滑轮 1、2 受拉力 F 作用时，通过动滑轮 3 吊起重物 Q，拉力 F 为

$$F=\frac{(R_1-R_2)Q}{2R_1\cos\alpha}$$

两定滑轮半径差愈小，增力效果愈大；若使动滑轮 3 离定滑轮中心愈远，或使 $R_3=\frac{R_1+R_2}{2}$，可提高增力效果。

特点：传动效率，但结构复杂，安装和维护难度较大。

10.2 铣刀心轴紧固机构

功能：若双螺旋为导程不等的左螺旋，逆时针转动，能紧固心轴；顺时针转动，则心轴退出。

用途：常用于铣床的铣刀心轴紧固装置。

原理：如图 4-4-103，3 为铣床主轴，2 为心轴，若双螺旋 1 为导程不等的左螺旋，逆时针转动 1，能紧固心轴 2，顺时针转动 1，则心轴 2 退出。

特点：结构简单，效率高。

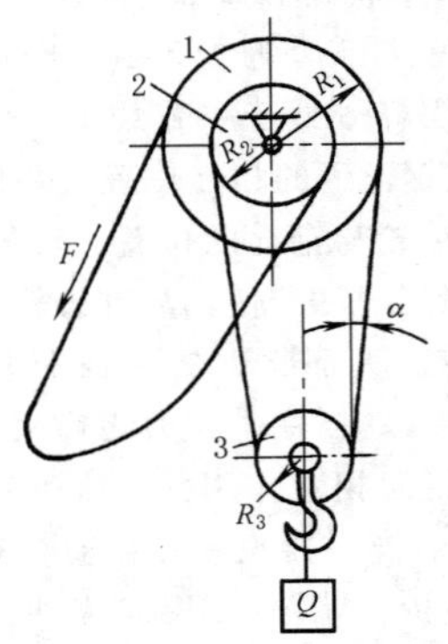

图 4-4-102 增力差速滑轮

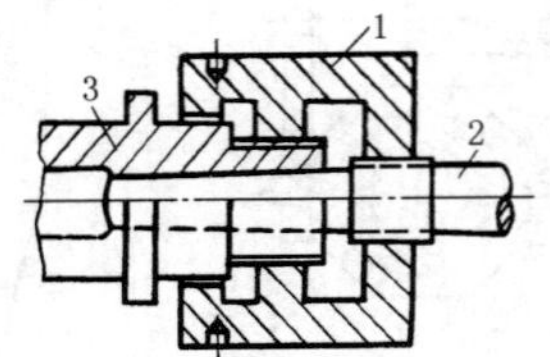

图 4-4-103 铣刀心轴紧固机构

10.3 棘轮式差动装置

功能：左右两轮转弯时，两轮转速不等形成差动。

用途：用于以行走轮为主动的畜力割草机等。

原理：如图 4-4-104，行走轮 1（内棘轮）空套在轮轴 4 上，六槽圆盘 3 用销 5 与轮轴连接，并用棘爪 2 与行走轮 1 连接。当行走轮逆时针转动时，带动轮轴转动；当行走轮顺时针转动时，轮在棘爪上滑过。轴 4 上有左右两轮，在转弯时，两轮转速不等形成差动。

特点：结构简单，可靠性高。

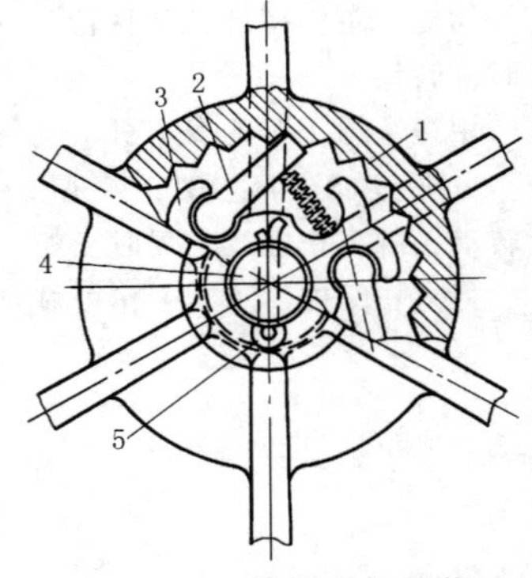

图 4-4-104 棘轮式差动装置

10.4 汽车差速器

功能：当汽车转弯行驶或在不平路面上行驶时，使左右车轮以不同转速滚动，即保证两侧驱动车轮做纯滚动运动。

用途：用于汽车等机动车转向。

原理：如图 4-4-105，差动轮系将一个转动分解为两个转动。汽车转弯时，为了保持左右两后轮在地上做纯滚动，两轮转速应不同，n_4、n_5 与各自所走弯道的半径成正比，即

$$\frac{n_4}{n_5}=\frac{r-L}{r+L}$$

式中　r——转弯半径；

L——两后轮轮距之半。

同时，差动轮系 n_4、n_5 必须满足下式

$$n_x=\frac{n_4+n_5}{2},\ n_x=\frac{z_1}{z_2}n_1$$

特点：正常行驶，两轮同速。转弯行驶，内慢外快。车辆被困，单轮空转。当汽车直行时 $n_4=n_5=n_x$，此时，轮系 3-4-5-x 间无相对运动。当左轮在粗硬的路面上，而后轮陷于泥泞中时，左轮阻力甚大，相当于被刹住，$n_4=0$，右轮几乎没有阻力，可以自由转动，转速 $n_5=2n_x$。

10.5　卷染机卷布辊用差动机构

功能：差动轮系附加张力恒定约束条件，两卷布辊表面线速度相等。

用途：用于卷染机卷布辊。

原理：如图 4-4-106，太阳轮 2、5，行星轮 3、3′、4 和系杆 H 组成差动轮系。轮 2 与卷布辊 1 之间通过锥齿轮 2′、1′直接传动，轮 5 与卷布辊 6 之间通过锥齿轮 5′、6′直接传动。各轮齿数为 $z_{1'}=z_{6'}=42$，$z_{2'}=z_{5'}=13$，$z_2=z_3=z_{3'}=z_4=z_5=24$。系杆 H 为主动件，太阳轮 2、5 为从动件，主、从动件之间转速 n_H、n_2、n_5 的关系为：$n_2+n_5=2n_H$。

特点：织物以近似恒速、恒张力通过染槽，使织物染色深浅尽可能一致。

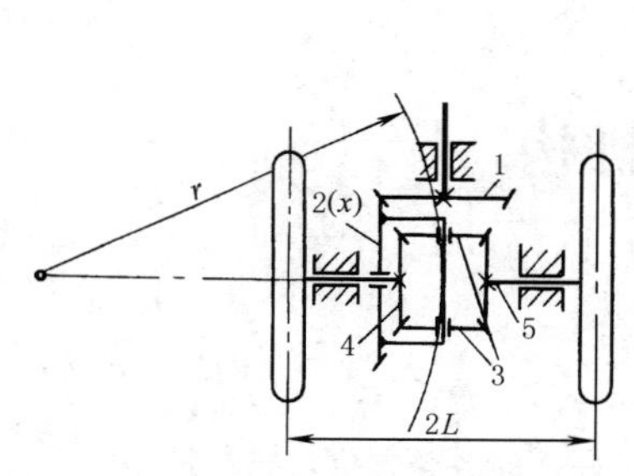

图 4-4-105　汽车差速器

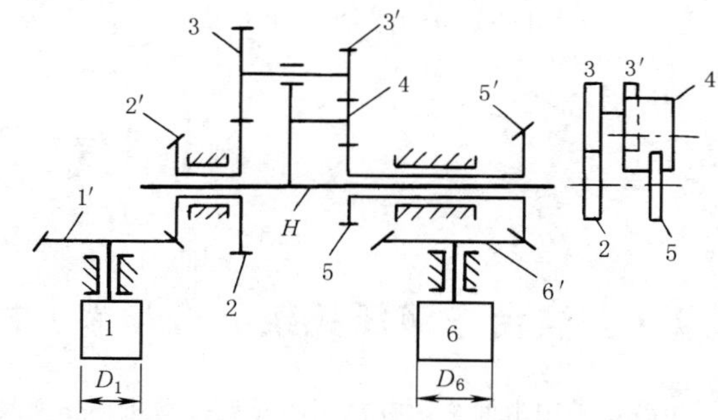

图 4-4-106　卷染机卷布辊用差动机构

10.6　凸轮分度误差补偿机构

功能：与工作台固连的凸轮廓线根据蜗轮的实测误差设计，通过用凸轮廓线给蜗轮以附加运动实现误差补偿。

用途：用于滚齿机工作台的运动误差补偿。

原理：如图 4-4-107，工作台 2、蜗轮 3、凸轮 4 固连在轴Ⅱ上。但由于蜗轮 3 的制造、安装误差，而使工作台与滚刀间有运动误差，通过用凸轮 4 的廓线给蜗轮 3 以附加运动来进行误差补偿。凸轮 4 的廓线根据蜗轮 3 的实测误差设计。图中主运动由轴Ⅰ输入，然后分成两路：一路经锥齿轮 10 带动滚刀转动；一路经锥齿轮 10、12、13、9、H、8、7 传至蜗轮 3。附加运动则由凸轮 4、齿条 5、齿轮 6 传至锥齿轮 14。再经锥齿轮 13、9、14 及转臂 H 组成的差动轮系，加到轴Ⅱ上。

特点：可提高工作台的分度精度。

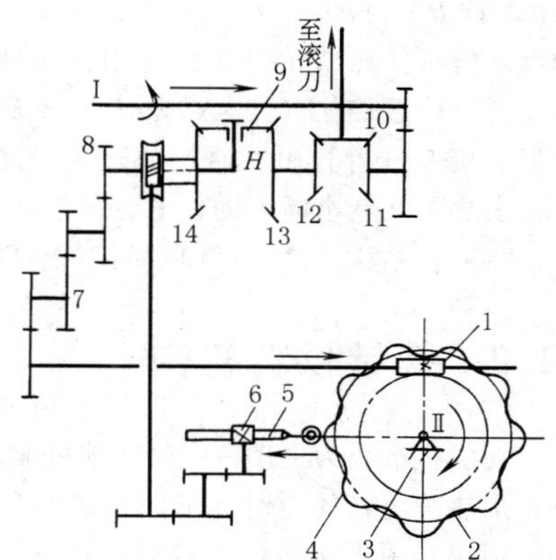

图 4-4-107　凸轮分度误差补偿机构

10.7　单轮刹车装置

功能：用手拉动操作杆时，杆上闸瓦均衡施力于车轮，实现单轮刹车。

用途：用于人工三轮车刹车或低速电动车。

原理：如图 4-4-108，刹车时，将操作杆 1 向右拉，使杆 4、6 上闸瓦均衡施力于车轮，轮轴上不受附加的刹车力。

特点：结构简单，但仅适用低速，且车辆会偏转。

10.8　多工件夹紧装置

功能：通过拧紧或松开螺母，实现多工件的夹紧或松开。

用途：用于机床工件的夹紧。

原理：图 4-4-109，通过连杆传动动力，拧紧或松开左边螺母，可实现多工件的夹紧或松开。

特点：结构简单，操作可靠。

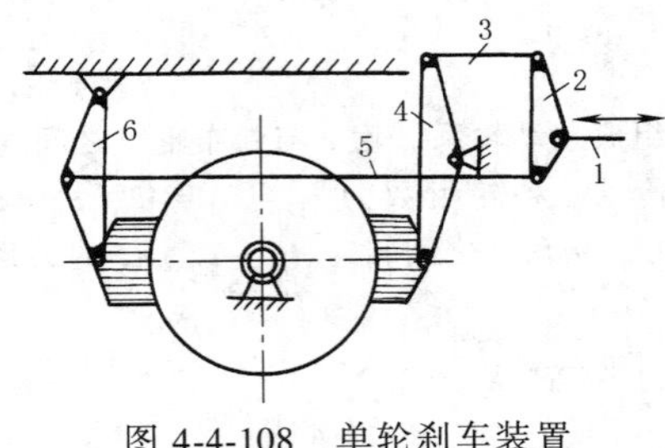

图 4-4-108　单轮刹车装置

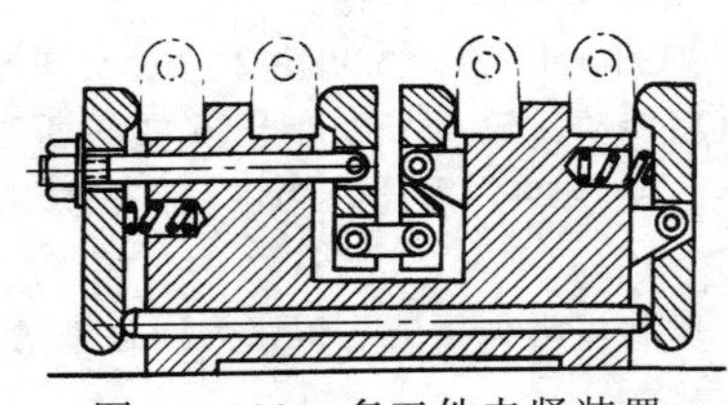

图 4-4-109　多工件夹紧装置

11　气、液驱动机构

11.1　凿岩台车液压托架（叠形架）摆动机构

功能：采用由两个油缸控制的托架摆动机构，实现凿岩机在巷道断面的各个方位均能打眼。

用途：用于凿岩台车液压托架。

原理：如图 4-4-110，凿岩机 8 打眼时，先将立柱 2 固定（通过气压千斤顶顶在巷道顶板上）。当油缸 5 的活塞杆伸缩时，可使摇臂 6 绕 E 转动，并可停在 α 角内的任一位置。摆臂 7 上 A、B 点分别在轨迹 AA_1A_2A' 与立柱 2 上占有相应位置（如 $A_1O_1B_1$，$A_2O_2B_2$）。AB 位置固定后，油缸 4 的活塞杆可使托架 1 绕 A 点转动，并可在 β 角范围内任一位置停住（如 AK 或 AK'''，$A'K'$ 或 $A'K''$），使凿岩机 8 进行打眼。通过油缸 4、5 配合动作，可使凿岩机在巷道断面的任意方位进行打眼。

特点：结构紧凑，占用空间小，可靠性高。

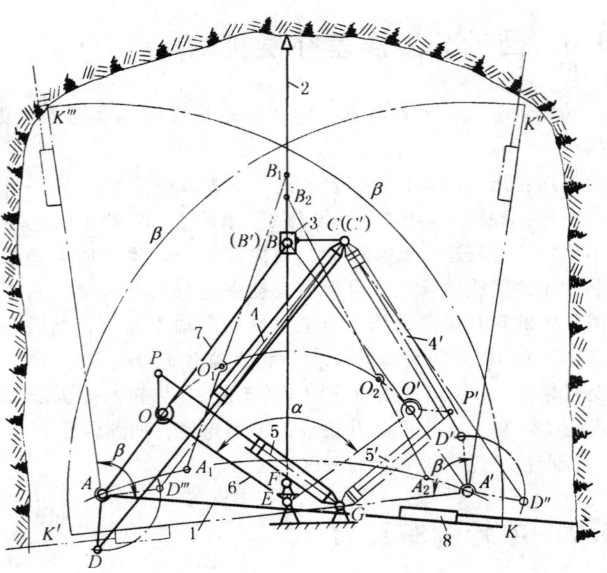

图 4-4-110　凿岩台车液压托架（叠形架）摆动机构

11.2　铸锭供料机构

功能：滑块为主动件，通过连杆驱动双摇杆，将从加热炉出料的铸锭（工件）送到下一工序。

用途：用于加热炉出料设备、加工机械的上料设备等，也用于振动造型机的翻台机构。

原理：如图 4-4-111，当供料机构处于实线位置时，铸锭 6 自加热炉进入盛料器 4，由水压缸 1 的推动，机构转至位置 $AB'C'D$，盛料器 4 翻转 180°，铸锭被卸在升降台 7 上。

特点：铸锭进入盛料器中，盛料器即为双摇杆机构 $ABCD$ 中的连杆 BC。

11.3 造型机的顶箱机构

功能：通过连杆的运动实现顶箱。

用途：用于砂型铸造机。

原理：如图 4-4-112，摆动气缸 1 的活塞杆通过连杆带动杆 2 上下运动，完成顶箱动作。

特点：节省劳动力，提高生产效率。

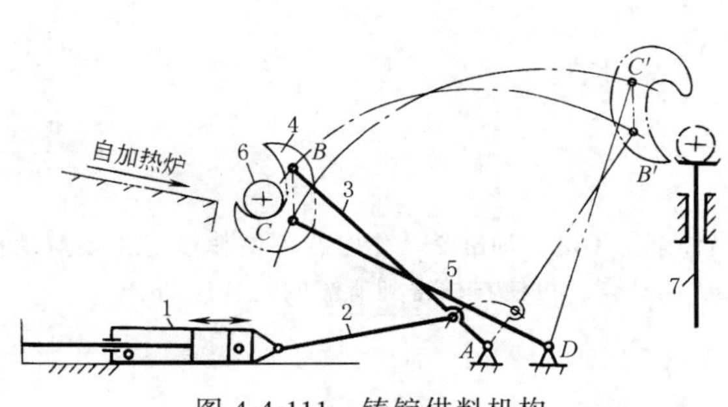

图 4-4-111 铸锭供料机构

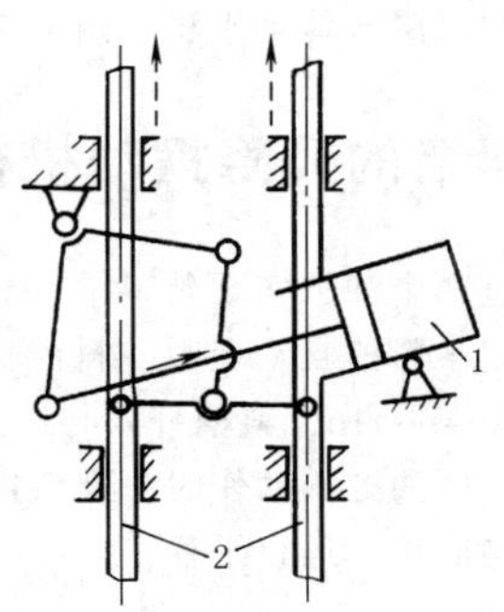

图 4-4-112 造型机的顶箱机构

11.4 卷筒胀缩机构

功能：当活塞杆向右或向左运动时，通过筒体周围均布的若干平行四边形机构，将卷筒外径缩小或胀大。

用途：用于金属轧材厂的退火电炉。

原理：如图 4-4-113，当活塞杆 4 向右运动时，通过连杆 BE 使 AB、DC 向右摆动，此时，卷筒 1 外径缩小，装上金属带卷；当活塞杆 4 向左运动时，AB、DC 向左摆动，卷筒 1 外径胀大，将已装上的带卷张紧，以便松带。松带时，为使带材保持一定的拉力，利用制动器 3 造成一定的滑动摩擦阻力。

特点：卷筒 1 是由数个围绕筒体 2 圆周的平行四边形机构 $ABCD$ 的连杆 BC 组成，A、D 与筒体 2 铰接。

11.5 平板式气动闸门机构

功能：气缸活塞杆通过连杆机构带动闸门开或关。

用途：用于煤化工、石油化工、橡胶、造纸、制药等管道中作介质的分流、合流或流向切换装置。

原理：如图 4-4-114，气缸的活塞杆 1 通过连杆 4 带动闸门 5 开或关。实线所示位置为闸门关闭状态，此时，

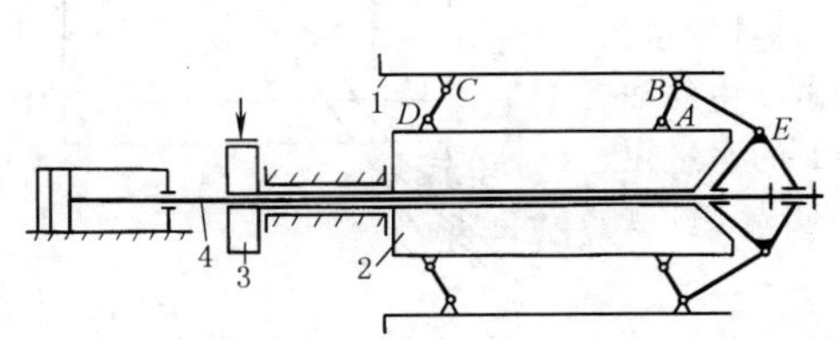

图 4-4-113 卷筒胀缩机构

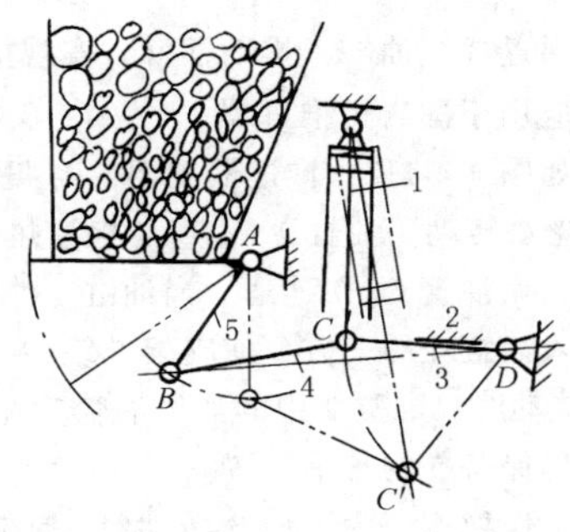

图 4-4-114 平板式气动闸门机构

C 点稍越过 BD 连线，处于上方位置。即将关闭时，杆 3、4 趋近直线，使闸门关紧。2 为限位挡块。双点画线表示闸门开启状态。

特点：具有自锁和增力作用。

11.6　多油缸驱动的机械手抓取机构

功能：油缸活塞杆带动齿条和齿轮，使弯臂抬起或下降。使齿轮反向转动，以夹紧或松开工件。

用途：用于工业厂矿、井下、铸造冶金机械手臂。

原理：如图 4-4-115，油缸的活塞杆 1 带动齿条 2 和齿轮 3，使立轴 4 转动。活塞杆 5 使弯臂 6 抬起或下降。活塞杆 7 使互相啮合的齿轮 8、9 反向转动，以夹紧或松开工件 10。

特点：结构紧凑、传动平稳、耐冲击、耐振动、防爆性好、输出力大、动作灵敏。

11.7　装料槽的升降摆动机构

功能：通过两个油缸实现装料槽（料槽）的升降。

用途：应用于料槽自动上料、料盘自动下料。

原理：如图 4-4-116，料槽杆 4 与油缸 1 的 A 点铰接，当油缸 1 不动，油缸 2 动作时，可使料槽绕 A 点摆动；当油缸 2 不动，而油缸 1 动作时，则料槽平行升降。两油缸协调动作，可使料槽得到所需的复合运动。

特点：结构简单、运行平稳。

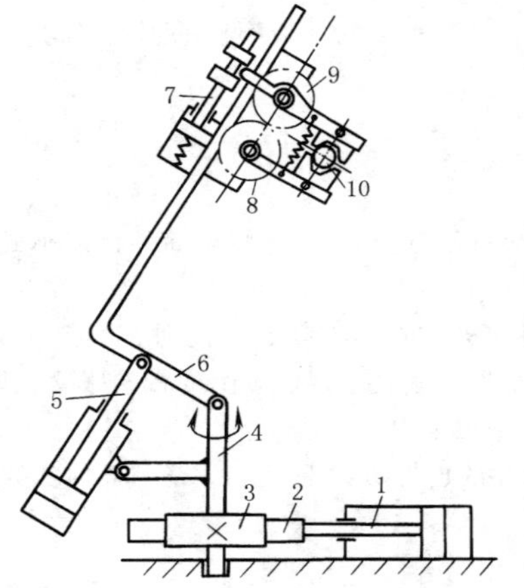

图 4-4-115　多油缸驱动的机械手抓取机构

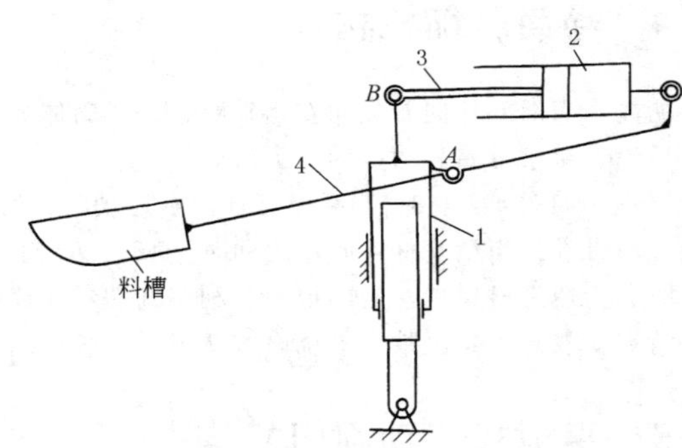

图 4-4-116　装料槽的升降摆动机构

11.8　凿岩机推进器支架平行升降机构

功能：通过 3 个油缸，推动摆臂，实现推进器支架平行升降。

用途：应用于凿岩机推进器。

原理：如图 4-4-117，推进器支架 5 与摆臂 3 在 H 铰接，摆臂 3 用油缸 1 驱动使其绕 C 转动。油缸 2、4 直径相等并分别在 E、F、G 与 3、5 铰接，二者充满油，用油管 6、7 连通。当油缸 1 使 3 向下转动时，油缸 2 中的油经油管 6 流入油缸 4 的上方，使支架 5 绕 H 逆时针转动，保持 5 的水平位置。3 向上转动时，油缸 2 中的油经油管 7 流入油缸 4 的下方，使支架 5 顺时针转动，仍保持 5 的水平位置。

特点：工作稳定。为了使 3 转动时，5 能保持水平，铰接点 C、D、E 间和 F、G、H 间的位置关系应计算确定。

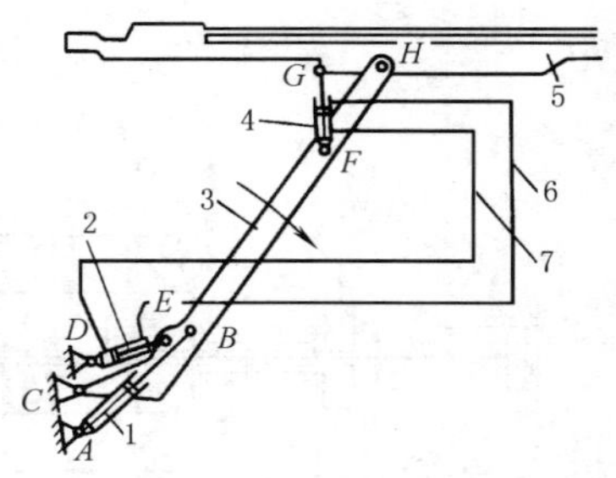

图 4-4-117　凿岩机推进器支架平行升降机构

11.9 挖掘机动臂屈伸液压、驱动机构

功能：挖掘机通过 3 个液压缸驱动，推动动臂伸屈，实现挖掘和卸载。装载机通过 2 个液压缸驱动，实现装载。

用途：应用于挖掘机的挖掘和装载机构。

原理：如图 4-4-118，图 a 为正铲挖掘机的挖掘机构。图 b 为反铲挖掘机的挖掘机构。机构分别由大臂 1、小臂 2 和铲斗 3 组成，由三个液压缸驱动，能自由伸屈，便于向不同高度挖掘和卸载。图 c 为图 a 的机构简图。图 d、e、f 为装载机的装载机构，分别用两个液压缸驱动。

特点：操作简单、方便灵活。

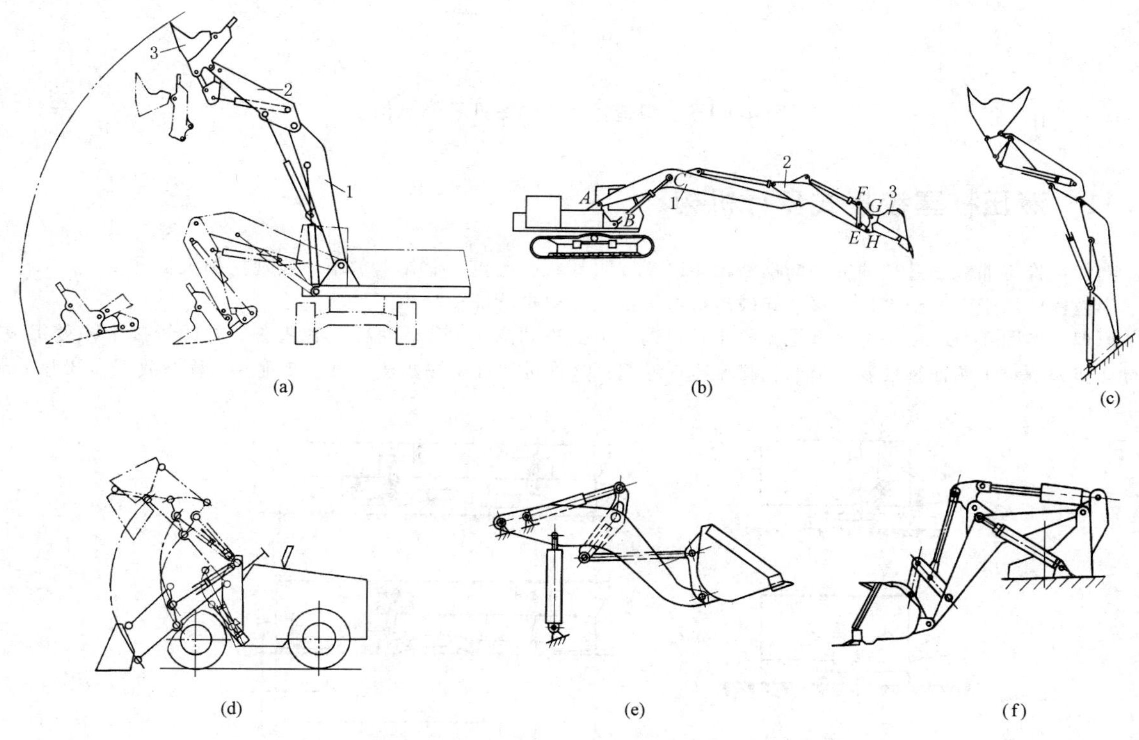

图 4-4-118 挖掘机动臂屈伸液压、驱动机构

11.10 锻造操作机的钳杆升降机构

功能：夹持钢锭或毛坯的一头，使钢锭或毛坯翻转、送进和上下移动，以代替人工操作。

用途：用于锻造操作机的钳杆升降机构。

原理：如图 4-4-119，弯杆 3、7 的下端分别和活塞杆 2、支杆 9 铰接，而上端和连杆 6 铰接，两弯杆上的 A_1、A_2 与钳杆装置 8 铰接，弯杆 3 上 B 点与油缸 4 铰接，8 上的 D 点与活塞杆 5 铰接。支杆 9 通过撑杆 10 保持图示位置（弹簧起缓冲作用）。分析机构运动时，O_2 可看成与机架的铰接点。动作从以下两种情况分别说明。图 a，当油缸 1 的活塞杆 2 不动（停止进排油），即 O_1 点固定，此时若油缸 4 进油，使活塞杆 5 缩回，则机构位置相应运动到双点画线位置，即钳杆装置平行地下降到 $A_1'D'A_2'$位置。图 b，当油缸 4 停止进排油，即 BD 长度保持不变，此时 $A_1C_1C_2A_2$ 是固定的平行四边形，$O_1A_1C_1C_2A_2O_2$ 相当于一个构件，油缸 1 进油其活塞杆缩回时（设原来活塞杆是伸出状态），则钳杆装置绕 O_2 转动一个角度，如实线位置 $A_1''D''A_2''$。

特点：可通过两个油缸同时进排油来达到具体需要的位置。可以免除繁重的体力劳动并提高生产率。

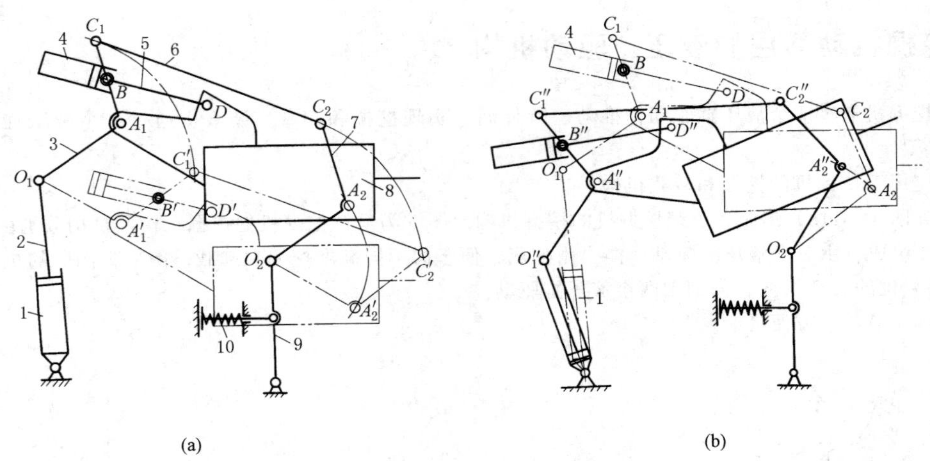

图 4-4-119　锻造操作机的钳杆升降机构

11.11　液压柱塞铰接式步行机构

功能：推进油缸、升举油缸协同推动靴座（或 T 形履板）悬起、移动、放下，实现挖掘机步进。

用途：应用于大型挖掘机、移动式破碎机组等巨型移动式设备。

原理：如图 4-4-120，a 为大型挖掘机步行机构。由推进油缸 1、升举油缸 2 和靴座 3 共同铰接于 A 处组成。步行动作如下：①两油缸柱塞杆缩回，将靴座 3 悬起；②推进油缸 1 柱塞杆伸出，使靴座右移并放下；③升举油

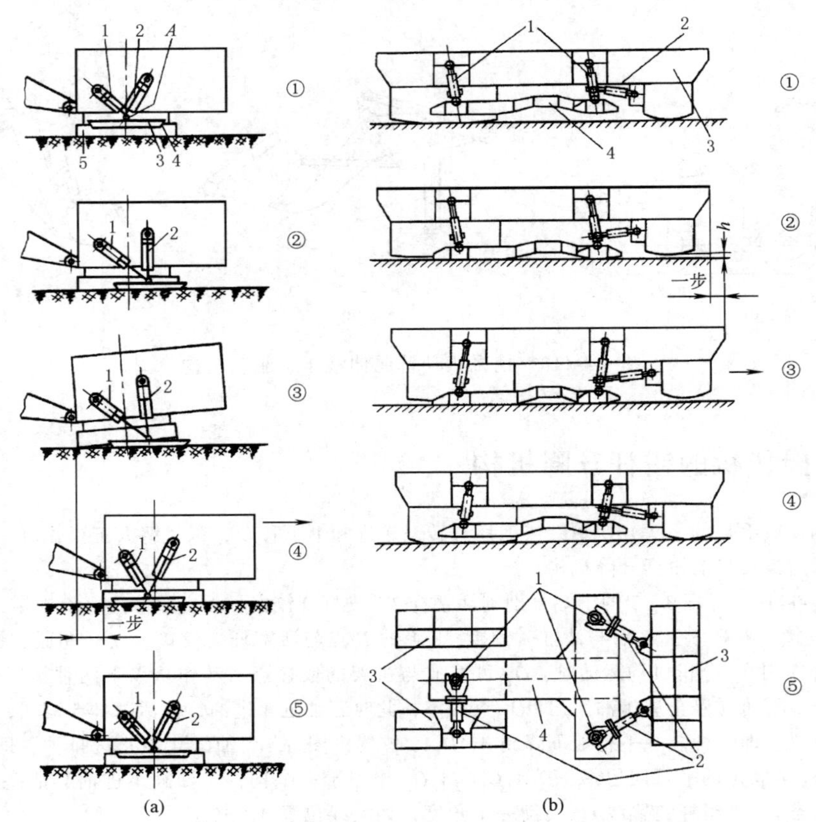

图 4-4-120　液压柱塞铰接式步行机构

缸 2 柱塞杆伸出使靴座紧压土壤，并迫使挖掘机机体升起斜支在土壤上；④推进油缸 1 柱塞杆缩回，从而拉动挖掘机向右移动一步。至此，完成一循环，往后，重复上述循环。图 b 为巨型移动式设备的步行机构。步行机构由三个竖向油缸 1 和三个横向油缸 2 与 T 形履板 4、机座 3 铰接而成。步行动作如下：①右端两个油缸 2 的柱塞杆缩回，将悬挂的履板 4 向右拉；②三个油缸 1 的柱塞杆伸出，将履板 4 放下，并将机座 3 举高离地 h；③右端两个油缸 2 柱塞杆伸出，将升举的机座向右推移一步；④三个油缸 1 的柱塞杆缩回，放下机座并提起履板，至此，完成一个循环。往后，重复上述循环。如需要转向，由三个横向油缸协同动作，使 T 形履板在平面上转动一个角度即可。

特点：承载能力强，移动总重可达 250t 或更大。

12　增力及夹持机构

12.1　斜面杠杆式夹紧机构

功能：在机械制造中可靠地夹紧待加工或传递的工件。

用途：用于机械制造设备的夹持辅助设备。

原理：如图 4-4-121，采用了双升角斜楔，大升角 α_1 用来使夹紧构件迅速接近工件，小升角 α 用来使夹紧构件夹紧工件保持自锁。

特点：结构简单、动作迅速，具有自锁能力。

12.2　铰链杠杆式夹紧机构

功能：在制造中可靠地夹紧待加工或传递的工件。

用途：用于夹紧和固定工件的机械装置，如气动夹具。

原理：如图 4-4-122，夹紧力随被夹件尺寸的变化而变化，角 α 越小夹紧力越大，一般 $\alpha = 10° \sim 25°$。

特点：结构简单、动作迅速、增力比大、摩擦损失小，但一般不具备自锁性能。

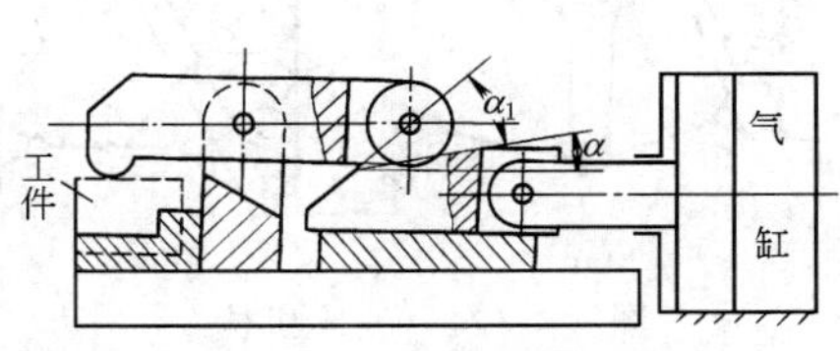

图 4-4-121　斜面杠杆式夹紧机构

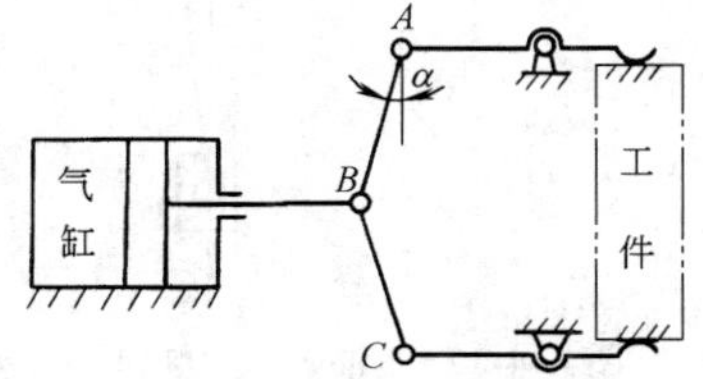

图 4-4-122　铰链杠杆式夹紧机构

12.3　冲压增力机构

功能：利用机构接近死点位置所具有的传力特性实现增力。

用途：用于精压机、冲床等锻压设备。

原理：如图 4-4-123，为六杆曲柄肘杆机构。如果肘杆 3 的两极限位置 EC_1 和 EC_2 在 ED 线的两侧，当曲柄 1 回转一周时，滑块 5 可上下两次（可用于铆钉机）；如果杆 3 的两极限位置取在 ED 线的一侧，则滑块 5 上下一次（如冲床）。设滑块产生的压力为 Q，杆 2、4 受力为 F、P，两肘杆 3、4 长度相等时，曲柄 1 施加于连杆 2 的力为：

$$F = \frac{QL_2}{L_1 \cos\alpha}$$

式中　α——肘杆 3、4 与 ED 线的夹角；

L_1、L_2——力 F 和 P 的作用线至轴心 E 的垂直距离。

在加压工作开始时，角 α 和线段 L_2 很小，因此曲柄 1 施加于杆 2 上的力 F 很小，达到增压效果。

特点：结构简单、增力比大，但一般不具备自锁性能。

12.4 破碎机构

功能：偏心轮绕固定点转动时，带动活动颚板摆动，产生增力作用。

用途：用于颚式破碎机。

原理：如图 4-4-124，图 a 中偏心轮绕固定点 B 转动时，带动活动颚板 AE 摆动，产生增力作用。但活动颚板仅做绕轴心 A 的简单摆动，两颚板的靠近量下大上小，因此，上部不能获得较大的破碎功。图 b，这种机构的活动颚板装于连杆上，当偏心轮绕固定点 A 转动时，活动颚板做平面复合运动。活动颚板和固定颚板的靠近量上大而下小，这样能在破碎机的上部获得很大的破碎功，破碎效果好，而下部因行程小，能得到较细较均匀的矿块，偏心距 e 越小，破碎力越大，但过小的偏心距将降低效率，偏心距可近似由下式确定：

$$e=\frac{fd}{\dfrac{1}{\eta}-1}=\frac{fd\eta}{1-\eta}$$

式中　f——轴承的滑动摩擦因数；

d——偏心轮轴颈直径；

η——效率。

特点：结构简单、增力作用明显，但一般不具备自锁性能。

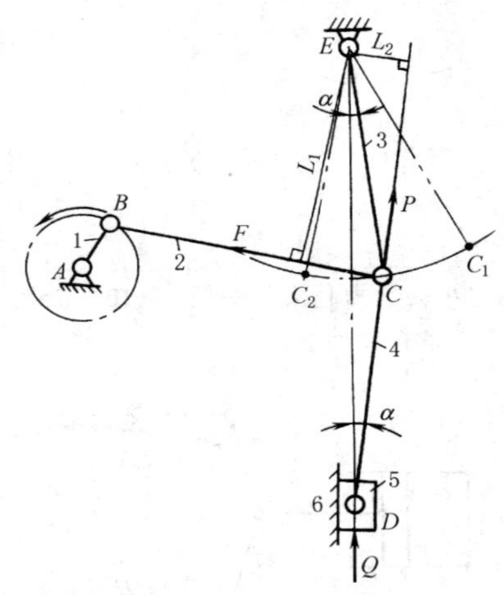

图 4-4-123　冲压增力机构

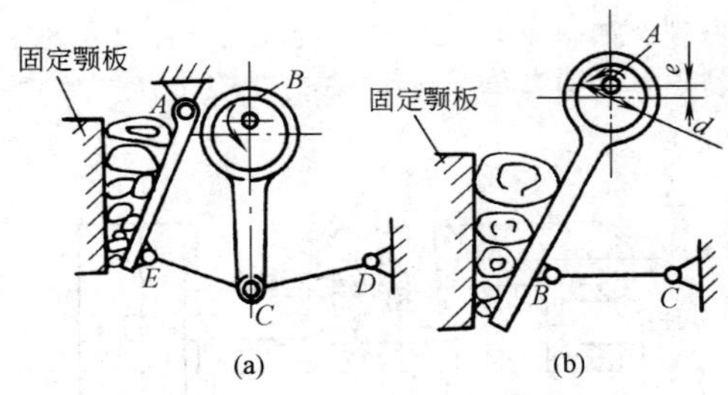

图 4-4-124　破碎机构

12.5 卸载式压砖机构

功能：上下压头同时移动，实现双向等量加压。

用途：用于卸载式压砖机。

原理：如图 4-4-125，为保证砖坯 10 上下密度一致，需上下压头同时移动，进行双向等量加压，滑块 7 在拉杆架 8 的导轨中滑动，下压头装在 8 的下部，8 的上部与杆 5 铰接，5 的上端有一滚轮 4 可沿固定凸轮 3 滚动，凸轮 3 的曲线应能满足双向等量加压的要求。

特点：双向等量加压，可使压砖时的压力（最大可达 1200t）不作用于机架上。

12.6 双肘杆机构

功能：实现加工过程慢速回程较快的运动。

用途：用于机械压力机，适合于金属精密压制成形或挤压成形。

原理：如图 4-4-126，电动机 3 通过无级变速机构和离合器带动蜗杆机构 2，再经过一对齿轮 5 传动两个同步旋转的曲轴 4。两个曲轴的偏心率不同，从而各产生一个频率相同但振幅不同的运动。

特点：具有工作行程速度慢、增力比大、滑块在下死点保压时间长等特点，且机身刚性好，能提高生产率。

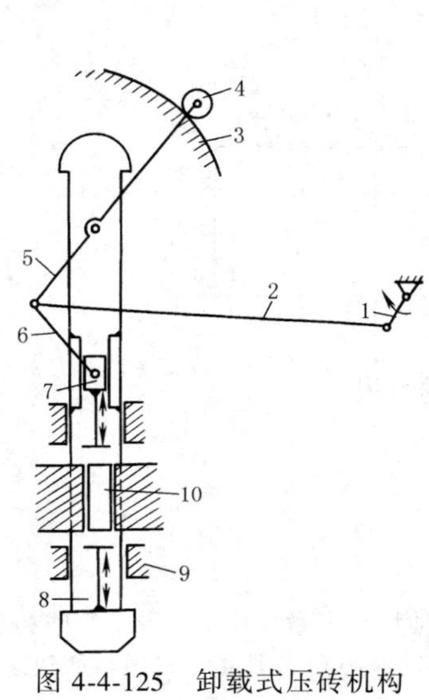

图 4-4-125　卸载式压砖机构

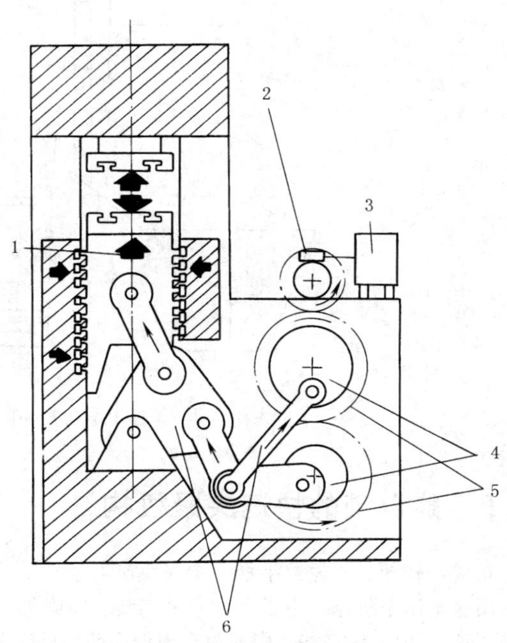

图 4-4-126　双肘杆机构

1—滑块；2—蜗杆机构；3—带有无级变速机构的电动机；4—曲轴；5—齿轮；6—双肘杆

12.7　单线架空索道抱索器机构

功能：矿斗作用于法线的重力相当在杆上作用有力和力矩，并对钢绳进行剪刀式夹紧。

用途：用于单线循环式货运索道。

原理：如图 4-4-127，货车的重力 W 作用在通过钢绳芯的 n-n 线上，弯杆 3 可绕 A 转动，杆 3、4 在 C 处铰接，4 与弯杆 2 在 B 处铰接，弯杆 2 可在支座 5 中左右滑动。矿斗作用于 n-n 线的重力 W 相当在杆 1 上作用有力 W 和力矩 Wl，这两力使杆 3、4 分别绕 C 反向转动，并对钢绳进行剪刀式夹紧。

特点：零部件连接可靠，运动部件运转灵活自如。

12.8　压铸机合模机构

功能：通过活塞的运动使两压模合拢。

用途：用于压铸机。

原理：如图 4-4-128，为压铸机合模机构，由两个摆杆滑块机构对称安装组成。当高压油进入油缸 7 推动活塞右移时，驱动力 P 通过连杆 5 加在曲柄 1 上的 D 点处，迫使杆 1 绕轴心 A 摆动，并通过连杆 2 使活动压模 3 向固定压模 4 靠近。当活塞推至右端位置时，两压模 3 和 4 正好合拢，而曲柄 1 的 AB 线刚好与连杆 2 的 BC 共线，机构处于死点。这时，高压油的驱动力 P 撤除，并使金属液进入两模板间。

特点：因上下两曲柄滑块机构同时处于自锁状态，当注入金属液而产生几百吨的压力时，压模也不会移动。

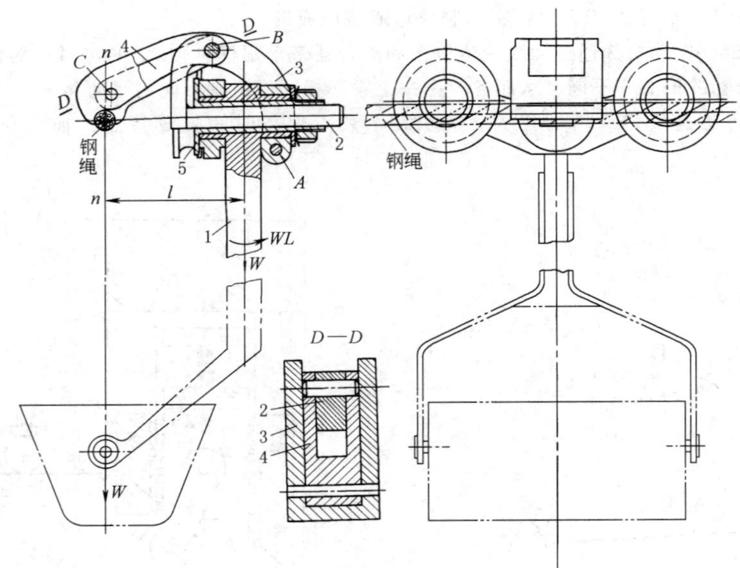

图 4-4-127　单线架空索道抱索器机构

12.9　能自锁的快速夹紧机构

功能：转动偏心轮或手柄，实现快速夹紧。

用途：用于机床制造设备的辅助工装、印刷机的上版夹机构等，适用于夹紧行程小、振动小的场合。

原理：如图 4-4-129，图 a 为利用偏心凸轮的夹紧机构，工作时转动偏心轮。图 b 为利用斜面快速固定机构，工作时转动左边手柄。

特点：利用自锁的夹紧机构，虽自锁性差，但结构简单，运作迅速。

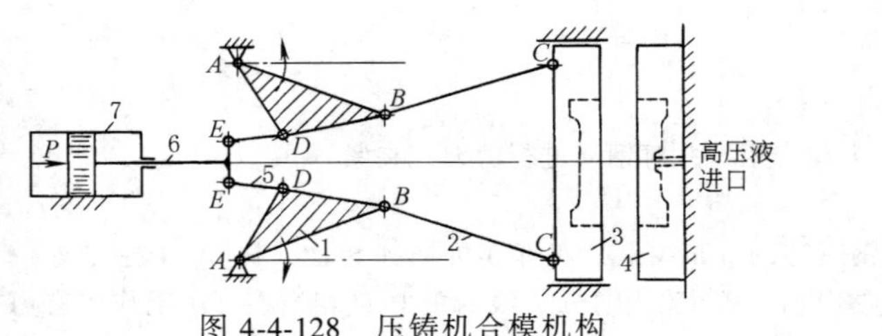

图 4-4-128　压铸机合模机构

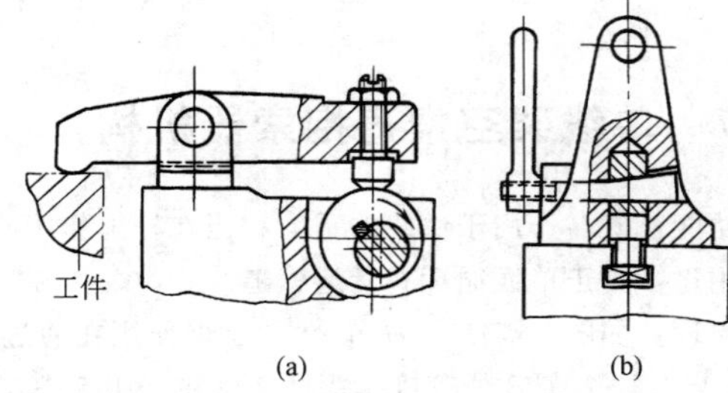

图 4-4-129　能自锁的快速夹紧机构

12.10　利用死点的自锁夹紧机构

功能：转动手柄，使机构处于死点位置而自锁，使工件夹紧。

用途：用于机床制造设备的辅助工装，适用于夹紧行程小、振动小的场合。

原理：如图 4-4-130，图 a 中逆时针转动手柄 1，使其与连杆 2 成一直线，这时机构处于死点位置，摇杆 3 对工件进行夹紧。图 b 中转动手柄 2，使其与摇杆 3 成一直线，此时机构处于死点位置而自锁，并使工件夹紧。

特点：利用死点达到自锁的夹具，虽自锁性差，但结构简单，运作迅速。

12.11　摆动夹紧机构

功能：借斜面及滚轮的作用使夹爪反向移动夹紧工件。

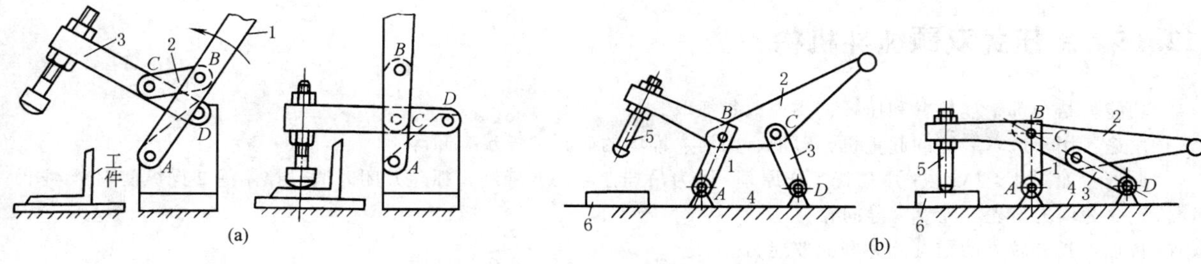

图 4-4-130 利用死点的自锁夹紧机构

用途：用于机床等设备的辅助工装。

原理：如图 4-4-131，操作杆 1 左移时，销 a 通过块 2 使夹爪沿图示箭头方向移动，放松工件；操作杆 1 右移时，借斜面及滚轮的作用使夹爪反向移动夹紧工件。

特点：利用死点自锁的夹紧，结构简单。

12. 12 气动夹紧机构

功能：利用两侧气缸同时动作并夹紧（或放松）物料。

用途：用于自动化生产线工件辅助工装。

原理：如图 4-4-132，气缸及其活塞杆 1、2 反向伸开（或相向收拢）带动杆 4、7 动作，滑块 5 可上下滑动，使 4、7 同时动作并夹紧（或放松）物料。

特点：气缸两侧机构的构件尺寸对应相等。

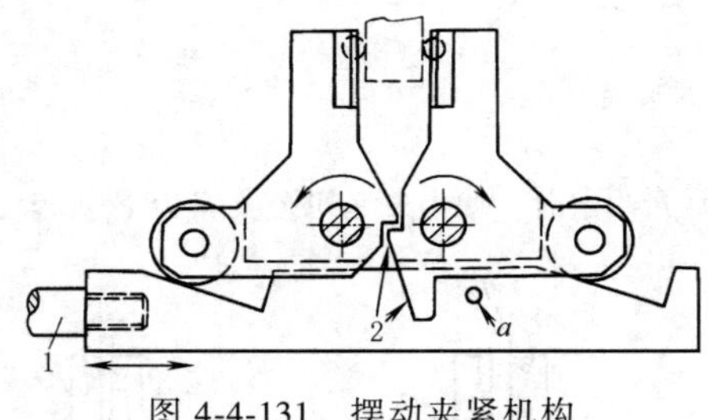

图 4-4-131 摆动夹紧机构

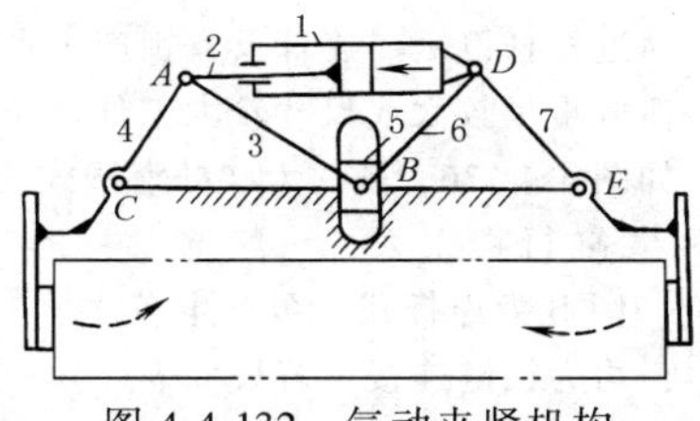

图 4-4-132 气动夹紧机构

12. 13 浮动拉压夹紧机构

功能：操作杆绕铰链下摆，左右爪夹紧（或放松）物料。

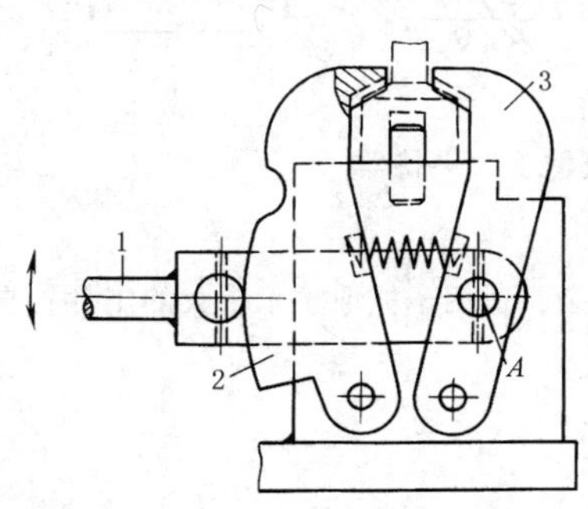

图 4-4-133 浮动拉压夹紧机构

用途：用于自动化生产线夹紧物料辅助装置。

原理：如图 4-4-133，操作杆 1 与右爪 3 铰接于 A，爪 2、3 间以压簧相连，当 1 绕 A 下摆时，通过爪 2 上的凸块使夹爪夹紧，杆 1 上摆时，在压簧的作用下夹爪松开。

特点：结构简单，操作方便。

12. 14 轨道夹持机构

功能：夹持设备并将其固定在轨道。

用途：用于轨道起重机。

原理：如图 4-4-134，通过螺旋传动，用螺旋手动夹持机构将设备固定在轨道上。

特点：结构简单，操作方便。

12.15　斜压式双颚抓斗机构

功能：结合鄂铲连接臂和压杆，实现散货抓取。

用途：用于散货装卸的起重机，海港、内河、堆场的矿石和煤炭装卸等。

原理：如图 4-4-135，采用杠杆工作原理，1 为吊挂抓斗的升降绳，抓斗开闭时通过控制绳 2 操纵使颚铲 4 开闭。轮 3 为增力滑轮，轮 5 为导向轮。

特点：具有较高的挖掘能力和抓取能力。

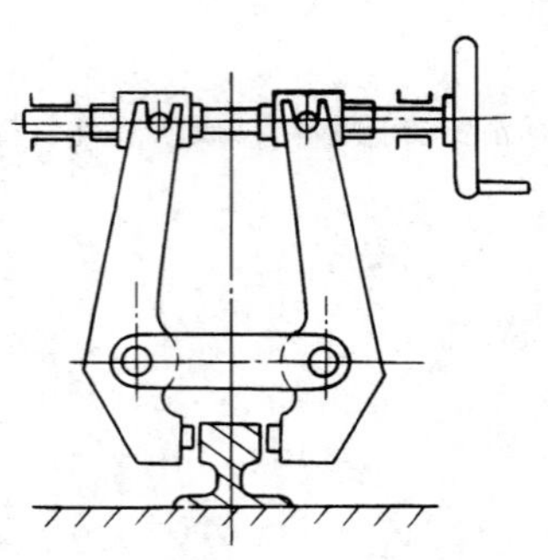

图 4-4-134　轨道夹持机构

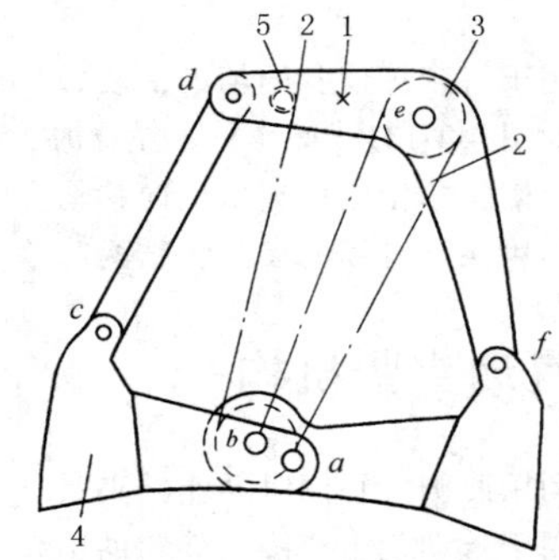

图 4-4-135　斜压式双颚抓斗机构

12.16　机械手式夹持器

功能：通过杠杆滑键、连杆及自锁产生夹紧力，实现机械手的夹持功能。

用途：抓取重量较大或尺寸较大工件。

原理：如图 4-4-136，图 a 为杠杆滑槽式。若尺寸 a、b 和拉力 F 一定时，增大 α 角可使夹紧力 F_1 增大，但 α 过大会导致气缸行程太大，一般选取 $\alpha=30°\sim40°$。图 b 为连杆式，可产生较大的夹紧力，均为铰链连接。若尺寸 b、c 和推力 F 一定时，减小 α 角可增大夹紧力 F_1。当 $\alpha=0°$ 时，利用死点能自锁，此时去掉外力 F，重物不会把手爪推开而脱落。图 c 为自锁式，由于手爪回转中心 O 在重力作用线 $\frac{G}{2}$ 的内侧，手爪挂上工件后，工件自重对 O 点产生的力矩使手爪自动夹紧工件而不会脱开。

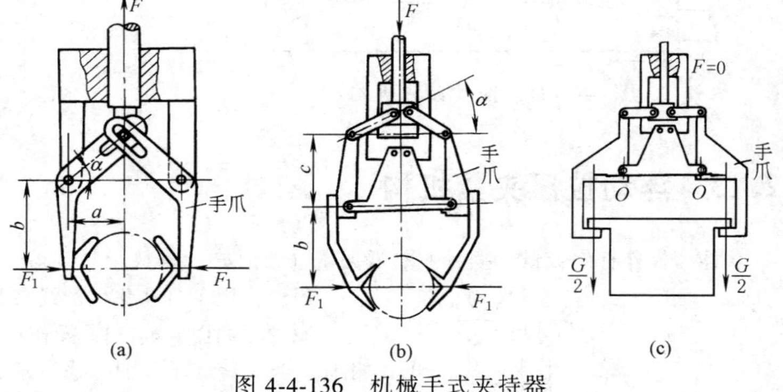

图 4-4-136　机械手式夹持器

特点：杠杆滑键式结构简单，动作灵活，手爪开闭角度大；连杆式可产生较大的夹紧力，磨损较小但结构较复杂，适用于抓取重量较大的工件；自锁式可搬运较大工件。

12.17　大开口度夹紧机构

功能：通过伸缩机构和手爪的基部连接，实现大开口度的夹持功能。

用途：用于夹持大尺寸工件的机械手。

原理：如图 4-4-137，伸缩机构 1 一端和手爪的基部 3 铰接，另一端用铰销插在基部的滑动槽中滑动。伸缩机构的中间有一铰链 6 固定在固定基体 5 上，而对称的另一铰销则可在固定基体的槽中滑动，此铰销为驱动轴。当驱动轴向上运动时，伸缩机构张开，爪 7 便获得很大的开口度，如图 a 所示。当驱动轴向下运动时，则各连杆收缩，二爪闭合，如图 b 所示。

特点：由于采用伸缩机构，夹紧机构开口度大。

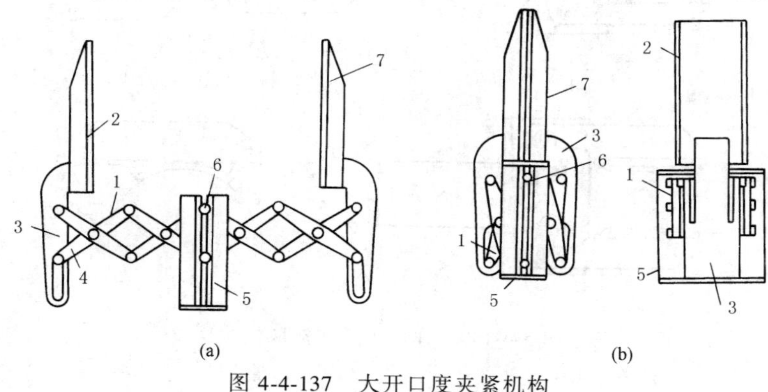

图 4-4-137 大开口度夹紧机构

12.18 电磁抓取机构

功能：通过电磁铁抓取铁磁性物体。

用途：用于抓取铁磁性物体。

原理：如图 4-4-138，图 a 电磁铁 5 的两极上，均安装可变形的袋 1，袋中装有磁粉体 2，当袋与被吸物 4 接触时，袋的外形可随被吸物外形改变。线圈 3 通电时，具有磁性的被吸物 4 就会被电磁爪 1 抓住。断电时，物体被释放。图 b 为被吸物较大时的结构。

特点：由于采用电磁铁抓取，可以抓取较大的物体。

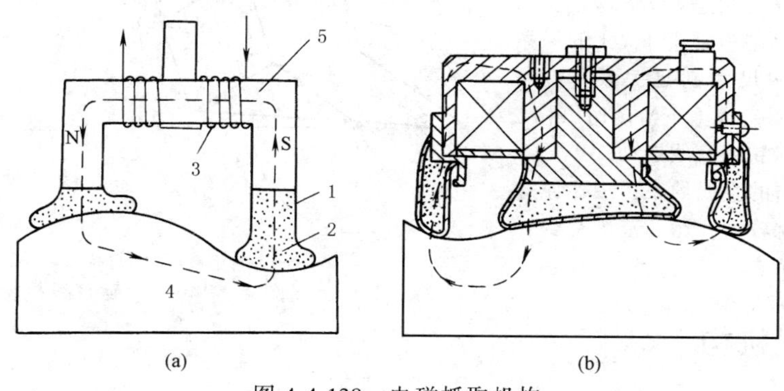

图 4-4-138 电磁抓取机构

12.19 弹性手爪式抓取机构

功能：通过手爪中弹性材料随工件变形的特点，实现工件的抓取功能。

用途：用于可抓取特殊形状的工件，也可抓取易破损材料制成的工件。

原理：如图 4-4-139，图 a 抓取机构中两手爪上，一爪装有平面弹性材料 1，另一爪装有凸面弹性材料 8，其形状必须保证有足够的变形空间。当活塞杆 4 右移时，接头 6 带动连杆 7 使两手爪 2 相向运动，弹性材料与工件 9（图 b）接触后，即随工件的外形而变形，并用其弹性力夹紧工件。图 b 为抓取两种不同形状的工件时，弹性材料变形的情况。图 c、d 是另一种结构形式的抓取机构。

特点：既保证了有足够的抓取夹紧力，又避免了夹紧力过于集中而损坏由易破碎材料制成的工件。

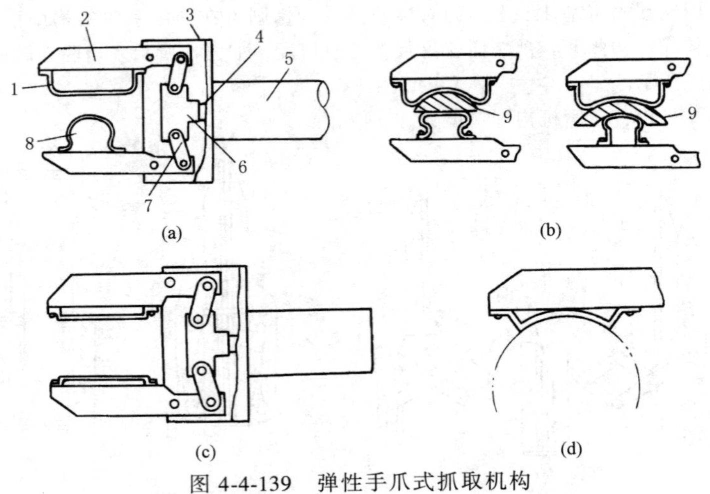

图 4-4-139 弹性手爪式抓取机构

13 实现预期轨迹的机构

13.1 精确直线机构

功能：连杆上某一点能再现直线轨迹的连杆机构。

用途：用于扑翼机、机器鱼等仿生机械。

原理：如图 4-4-140，图 a 中机构尺寸满足关系：$L_1=L_2$、$L_3=L_4$、$L_5=L_6=L_7=L_8$，当杆 2 转动时，Q 点的轨迹为垂直于 OA 的一条直线 QM。图 b 中机构尺寸满足关系：$AB=BC=BM$，当滑块 3 沿垂直线上下滑动时，杆 2 端点 M 沿水平线 NN 做精确直线运动。

特点：可实现严格的直线约束，工作原理简单。缺点是占空间比较大，运动范围受到杆长限制，结构比较复杂。

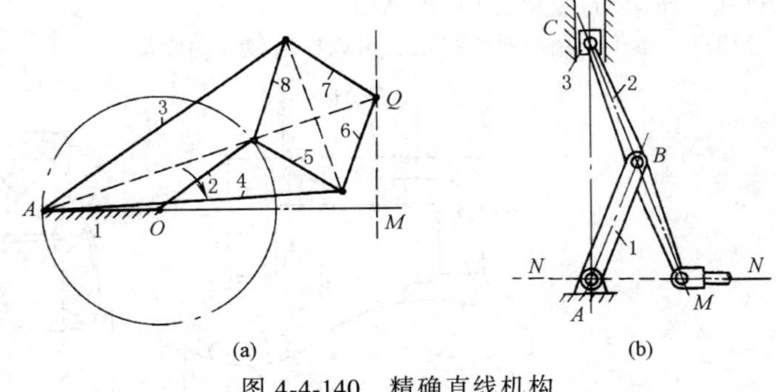

图 4-4-140 精确直线机构

13.2 近似直线机构

功能：利用曲柄摇杆机构连杆曲线的直线段来实现近似平移。

用途：用于港口的门座式起重机、物流行业的垂直上下传递输送物料装置、选矿机械直线筛分机等。

原理：如图 4-4-141，图 a 中取 $AB=0.6h$，$O_1A=O_2B=1.5h$，则 AB 中点 M 在行程为 h 范围内（相应摆角 $\alpha=\beta\approx40°$）的轨迹为近似直线。图 b 中当 $AB=BC=BM=2.5OA$，$OC=2OA$，则 OA 绕 O 点转动，A 点在左半圆时，M 点的轨迹为近似直线。图 c 是扒渣机，它是图 b 的具体应用实例。

特点：组成构件少，机构的累积误差小，传动效率高。

13.3 皮革打光机的近似直线机构

功能：利用曲柄摇杆机构连杆曲线的直线段来实现近似平移。

用途：用于皮革打光机等。

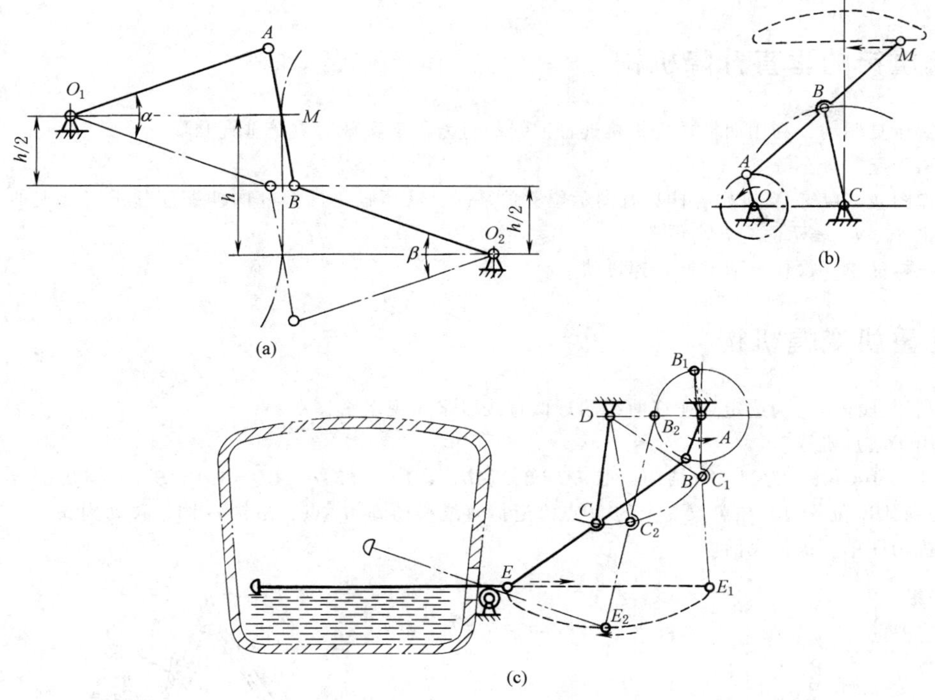

图 4-4-141　近似直线机构

原理：如图 4-4-142，曲柄 1 转动时，连杆 2 上的 M 点沿图中点画线所示轨迹运动，若在 M 点设置抛光轮，则可利用轨迹的近似直线段进行皮革打光工作。

特点：组成构件少，机构的累积误差小，传动效率高。

13.4　以预期速度沿轨迹运动的凸轮连杆机构

功能：利用凸轮连杆机构的连杆曲线的直线段来实现以预期速度沿轨迹运动。

用途：用于洗瓶机中的推瓶机构等。

原理：如图 4-4-143，洗瓶机中的推瓶机构要求推头 M 自 a 沿轨迹以较慢的匀速推瓶并自 b 快速退回。以铰接四杆机构 $ABCD$ 实现连杆上 M 点轨迹，而以凸轮控制 CD 杆的运动，从而实现 M 的预期速度。扇形齿轮是用来减小凸轮升程的。

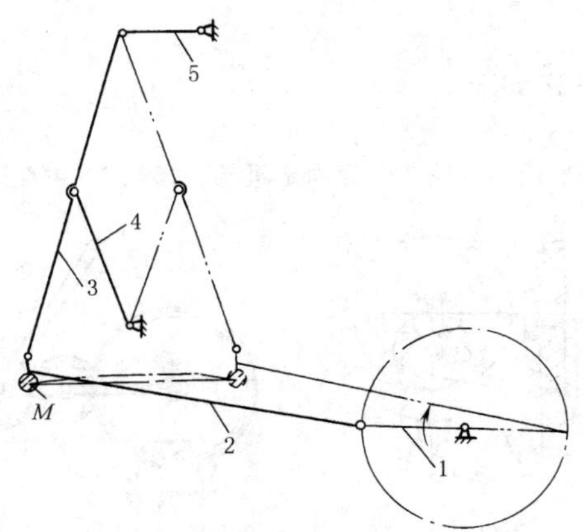

图 4-4-142　皮革打光机的近似直线机构

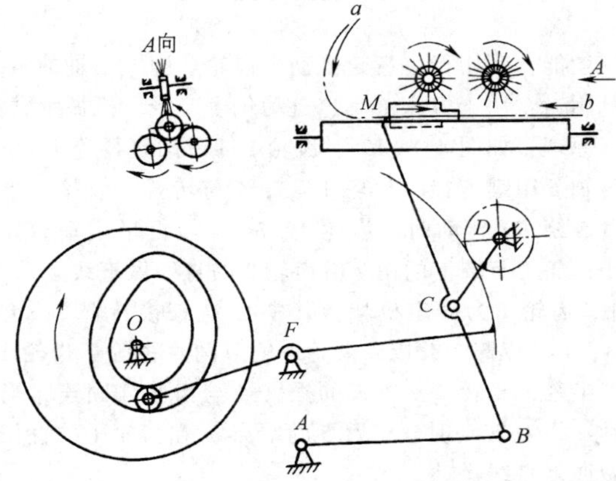

图 4-4-143　以预期速度沿轨迹运动的凸轮连杆机构

特点：以较慢的匀速推瓶，快速退回，生产效率高。

13.5 起重铲的垂直升降机构

功能：液压缸驱动，利用曲柄摇杆机构连杆曲线的直线段来实现起重铲垂直升降。

用途：用于起重铲车等。

原理：如图 4-4-144，当机构各杆具有图示位置关系时，液压缸 1 活塞杆的伸缩使起重臂 2 上的 E 点沿垂直线升降。图中 h_1、h_2 表示两个升高位置。

特点：机构简单，操作灵活，回转速度快。

13.6 起重机变幅机构

功能：利用连杆机构的选定点连杆曲线的近似直线段来实现水平移动。

用途：用于起重机等。

原理：如图 4-4-145，为起重机结构，取 $BC=0.27AB$，$CM=0.83AB$，$CD=1.18AB$，$AD=0.64AB$，当主动件 AB 绕 A 转动到 AB_1 位置时，象鼻梁 3 上的 M 点沿近似直线移动到 M_1 点，吊钩 m 同样移动到 m_1。

特点：机构简单，操作灵活。

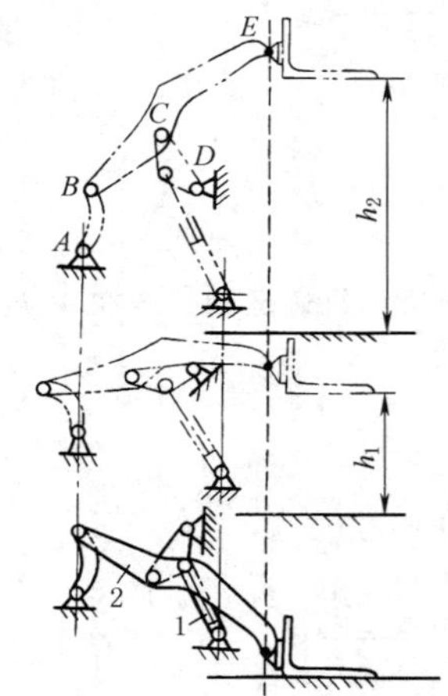

图 4-4-144　起重铲的垂直升降机构

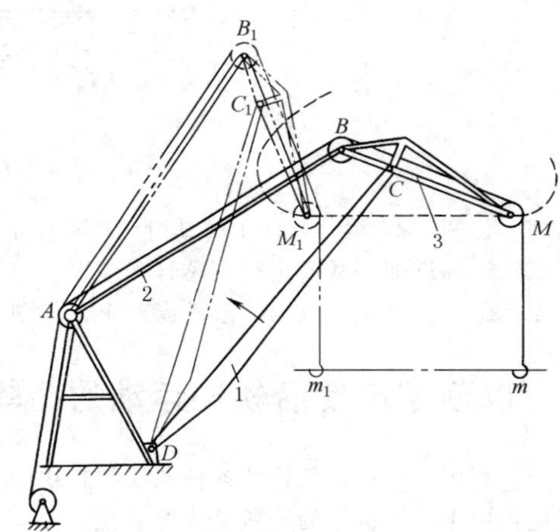

图 4-4-145　起重机变幅机构

13.7 齿轮传动的直线机构

功能：利用行星齿轮传动中齿轮节圆上销轴的直线运动实现移动。

用途：用于机床工具、自动化生产线、机械手臂等。

原理：如图 4-4-146a，齿轮 1 的节圆直径等于齿轮 2 的节圆半径，齿轮 2 作为固定机架，齿轮 3、4 直径相等均与轴 6 用键连接，齿轮 1、3、4 与转臂 5 铰接。当转臂 5 绕 O_1 转动时，齿轮 1、3、4 做行星运动。铰接于齿轮 1 节圆上的销 7 沿齿轮 2 的直径做直线运动。图 b，齿轮 1 为固定机架，其中心 O 铰接转臂 2，齿轮 3、4 与转臂 2 铰接，齿轮 4 的节圆直径等于齿轮 1 节圆半径，与转臂 2 等长的摆臂 5 与齿轮 4 固连。当转臂 2 绕 O 转动时，摆臂 5 的端点 m 在齿轮 1 的直径上做往复直线运动。

特点：结构简单，运动平稳，精度高。

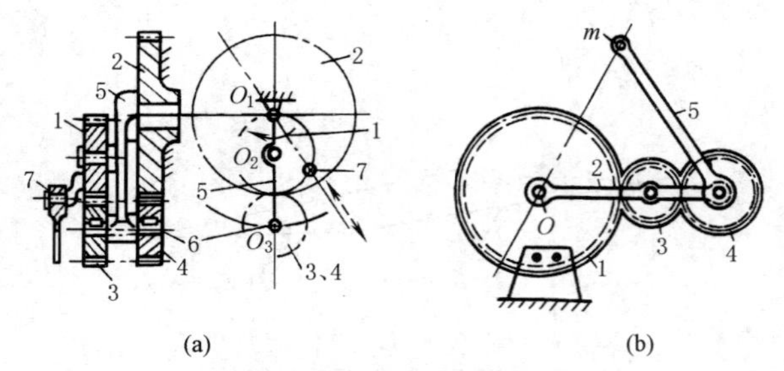

图 4-4-146　齿轮传动的直线机构

第4篇

13.8 双凸轮步进送进机构

功能：双凸轮联动机构将圆珠笔抬起和放下，托架左、右往复移动，实现笔杆步进送进。

用途：用于圆珠笔装配线上的自动送进机构等。

原理：如图 4-4-147，为双凸轮步进送进机构。主动轴 *I-I* 上的盘状凸轮 2 控制托架 3 上、下运动，从而将圆珠笔 5 抬起和放下，端面凸轮 1 及推杆 6 控制托架 3 左、右往复移动，从而使圆珠笔 5 沿着矩形轨迹 *K* 运动，将笔杆步进式地向前送进。

特点：工艺动作协同，生产效率高。

13.9 凸轮连杆组合推包机构

功能：曲柄回转时，推杆端部推板按工艺要求时序，沿近似矩形轨迹推包。

用途：用于饼干包装机的推包机等。

原理：如图 4-4-148，滑块 4 与推杆 6 铰接，滑块 5 上固连导槽 7，杆 6 端部的滚子可在导槽中运动。当曲柄 OB_1、OB_2 绕 O 回转时，推杆 6 端部的推板 T 的轨迹 a 为近似矩形。

特点：能够满足包装工艺要求。

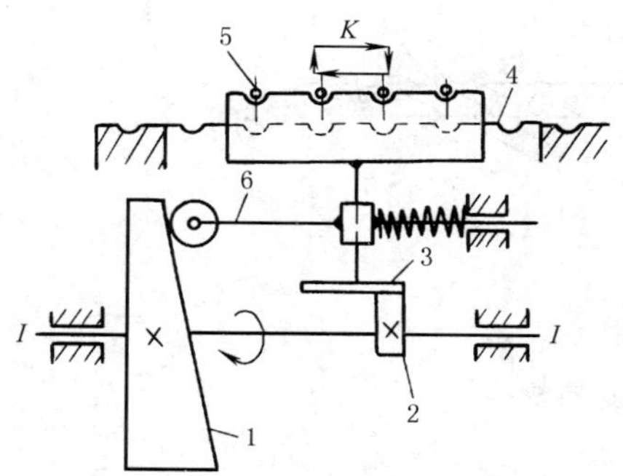

图 4-4-147　双凸轮步进送进机构

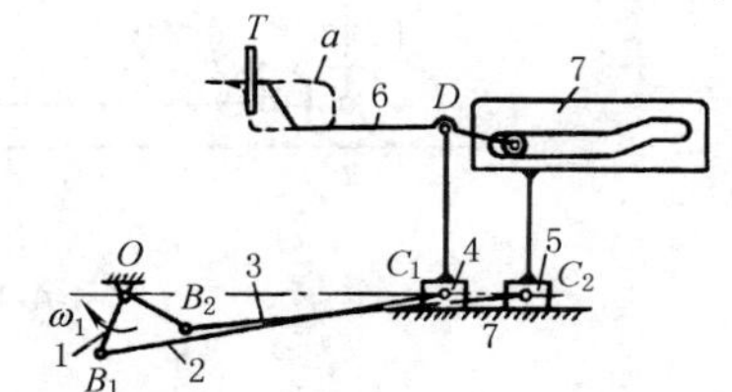

图 4-4-148　凸轮连杆组合推包机构

13.10 磨削非圆零件机构

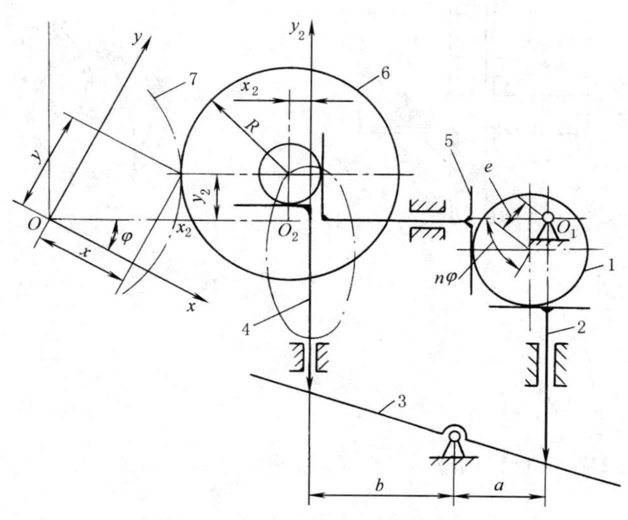

图 4-4-149　磨削非圆零件机构

功能：主动偏心轮转动，控制砂轮的轴心位置，使其按椭圆轨迹磨削。

用途：用于磨床专用工装。

原理：如图 4-4-149，主动偏心轮 1 通过推杆 2、杠杆 3、推杆 4 和 5 控制砂轮 6 的轴心位置，使其按椭圆轨迹运动，其轴心方程为：$x_2 = e\cos n\varphi$，$y_2 = \dfrac{b}{a}e\sin n\varphi$。

特点：能够满足非圆零件的磨削要求。

13.11 油缸驱动步进送料机构

功能：两油缸交替伸缩，推动横梁及小车步进。

用途：用于轧钢厂运送钢卷的步进梁。

原理：如图 4-4-150，为油缸驱动步进送料机构。其动作如下：①油缸 2 的活塞杆不动，油缸 1 的活塞杆外伸时，使油缸 2 绕 O 点上摆，横梁 4 沿弧线 $\overset{\frown}{O_1O_1'}$（轨迹线 $\overset{\frown}{ab}$）上升，底盘 3 及车轮向左水平移动，油缸 1 及连杆 5、6 均做包含有顺时针方向转动的平面复合运动，使机构到达 $OO_1'A'B'C'D'E'F'$ 位置（图 a）；②油缸 1 的活塞杆不动，油缸 2 的活塞杆外伸，使横梁 4 连同整个小车向左水平移动（轨迹线 bc），这时机构位置为 $OO_1''A''B''C''D''E''F''$（图 b）；③油缸 2 的活塞杆不动，油缸 1 的活塞杆缩回，这时，缸 2 绕 O 点摆回，横梁 4 沿弧线 $\overset{\frown}{O_1''O_1'''}$（轨迹线 $\overset{\frown}{cd}$）下降，底盘 3 及车轮向右水平移动，缸 1 及连杆 5、6 均做包含有逆时针方向转动的平面复合运动，这时，机构到达 $OO_1'''A'''B'''C'''D'''E'''F'''$ 位置（图 b）；④油缸 1 的活塞杆不动，油缸 2 的活塞杆缩回，横梁 4 连同整个小车向右水平返回原位（轨迹线 da），即回到 $OO_1ABCDEF$ 位置（图 a），完成一次运动循环。

特点：利用两个油缸交替动作使横梁按 $abcd$ 的轨迹运动，以便运送物料。

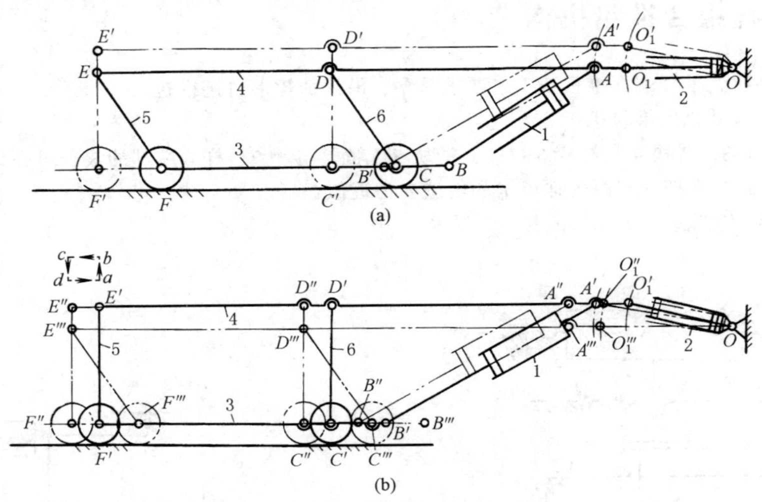

图 4-4-150　油缸驱动步进送料机构

13.12　椭圆仪机构

功能：通过正交沟槽内的 2 个滑块在槽内移动，使连杆上除中点外的其余各点均为椭圆轨迹。

用途：用于椭圆仪机构；除用于解算装置，绘椭圆曲线外，尚用于仪表及夹具的增力装置。

原理：如图 4-4-151，图 a 中机架 1 上有直交的沟槽，其内滑块 2、3 分别组成移动副，滑块分别与杆 4 铰接。当滑块 2、3 在槽内移动时，杆 4 上除 AB 中点 M 画出以 O 为圆心、OM 为半径的圆 α 外，杆上其余各点均为椭圆轨迹，如 β。设杆 4 上 $AC=a$，$AB=b$，杆的倾斜角为 φ，则 C 点在坐标系中的坐标为：

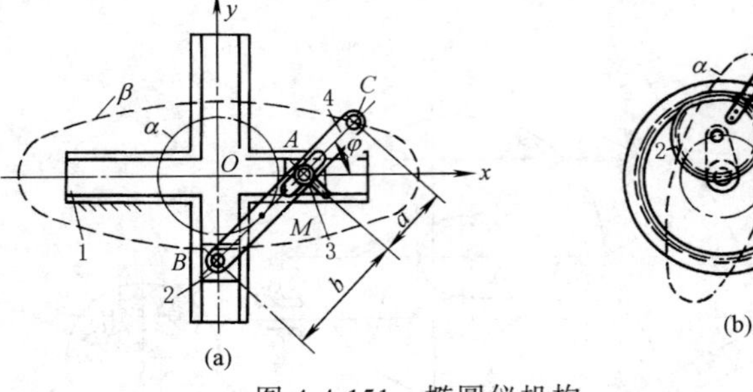

图 4-4-151　椭圆仪机构

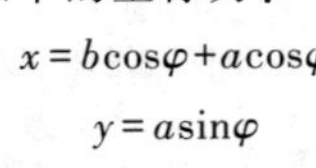

$$x=b\cos\varphi+a\cos\varphi$$

$$y=a\sin\varphi$$

C 点轨迹的椭圆方程为：

$$\frac{x^2}{(a+b)^2}+\frac{y^2}{a^2}=1$$

图 b，齿轮 2 沿固定内齿轮 1 做行星运动，齿轮 2 节圆直径等于齿轮 1 的节圆半径。当齿轮 2 做行星运动时，其上节圆外的一点 m 的运动轨迹为椭圆 α。

特点：销 A、B 间的距离可调节，以变更长、短半轴的长度，因而可得到不同大小的椭圆。

13.13 连杆送料机构

功能：采用两套相同尺寸的曲柄摇杆机构实现送料。

用途：用于自动线送料装置。

原理：如图 4-4-152，曲柄 *AB* 回转时，连杆 *BC* 上的 *E* 点形成图示轨迹，采用两套相同尺寸的曲柄摇杆机构，将它们连杆上的相应点 *E*、*E'*与输送机的推杆 1 铰接，这样，主动曲柄 *AB* 的回转可带动推杆按 *E* 点轨迹平动，利用轨迹上部近似水平段推送固定导杆 2 上的工件。

特点：运转平稳，适于高速。

13.14 偏心凸轮与连杆组合送料机构

功能：偏心凸轮转动时，带动摆动导杆摆动，使导杆的开口叉按一定轨迹运送物料。

用途：用于电影机的抓片机构等。

原理：如图 4-4-153，与齿轮 1 固连的偏心凸轮 2 绕 *A* 点转动时，使摆动导杆 4 在摇块 3 中绕 *B* 点摆动，导杆 4 左端的开口叉按图示轨迹 α 运送物料。

特点：操作方便，高速时存在冲击。

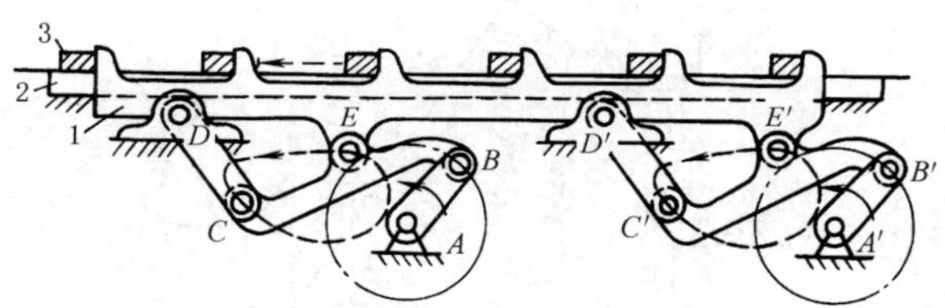

图 4-4-152 连杆送料机构

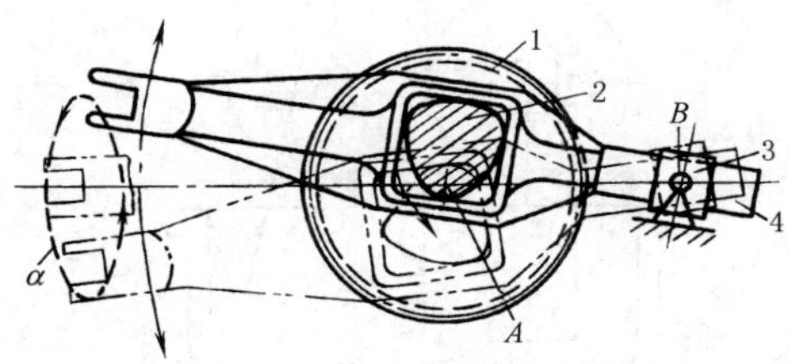

图 4-4-153 偏心凸轮与连杆组合送料机构

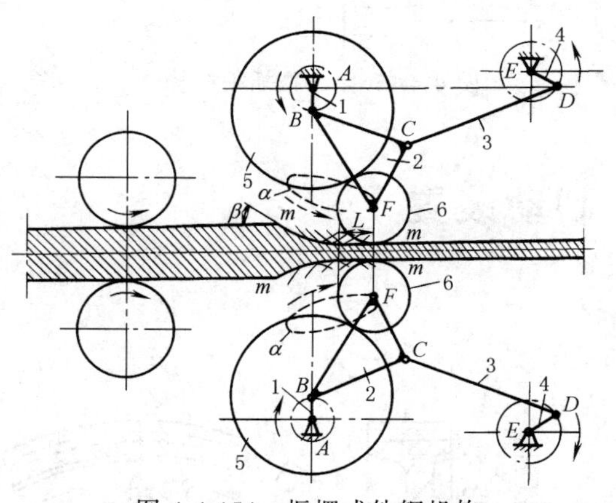

图 4-4-154 振摆式轧钢机构

13.15 振摆式轧钢机构

功能：上下曲柄转动时，工作辊的中心按连杆曲线轨迹运动，实现对钢材轧制。

用途：用于轧钢机等。

原理：如图 4-4-154 所示为振摆式轧钢机构，由上下对称的两个五杆机构组成，1、4 为主动曲柄，5 为支承辊，6 为工作辊。当 1、4 转动时，工作辊的中心 *F* 按轨迹 α 曲线运动，并对钢材进行轧制。工作辊在不同位置时的包络线即为钢坯开口处的形状 *mm*。轧辊与钢坯开始接触点处的咬入角 β 宜小，以减轻送料辊的载荷，直线段 *L* 宜长，使钢材表面平整。当机构各构件长度不变，仅改变两主动曲柄的转速，即可使杆 2 上点 *F* 的轨迹 α 及工作辊的包络线 *mm* 发生变化，使轧制钢坯的开口度相应地增加或减小。

特点：当无专门的压下装置时，可轧制规格范围变化不大的各种轧件，以满足不同的轧制工艺要求。

13.16 和面机用齿轮连杆机构

功能：两齿轮分别绕其定轴转动，并相互啮合，带动连杆机构和面爪平面运动，其上连杆点沿轨迹运动实现和面。

用途：用于和面机等。

原理：如图 4-4-155，齿轮 1、2 分别绕定轴 O_1、O_2 转动，两轮相互啮合，齿轮 1 与连杆 6 组成回转副 *A*，齿轮 2 与连杆 7 组成回转副 B，连杆 6、7 组成回转副 C。在连杆 6、7 上分别固接有和面爪 3、4，其伸出长度可以调节。在机构初始位置，O_1A、O_2B 和 O_1O_2 共线，且在相反方向转动。和面爪 4 相对于连杆 7 可以固定在不同位置，构件 5 为盛面缸，可绕自身轴线转动。当齿轮 1 绕定轴 O_1 转动时，和面爪 3、4 上的 D、E 点分别描绘出轨迹曲线 d 和 e。

特点：构件间尺寸关系为：两齿轮尺寸相同；$AC=BC$；$O_1A=O_2B$。面爪上 D、E 点轨迹曲线，可满足和面要求。

13.17 水稻插秧机构

功能：插秧爪模拟人手动作，从秧箱中取出秧后插入土中。

用途：用于水稻插秧机等。

原理：如图 4-4-156，连杆 2 上固接着插秧爪 5。插秧爪 5 从秧箱中分秧时走的轨迹要近似圆弧，以便插秧爪顺利分秧和取秧可靠；要求插秧爪入土后到插深位置时稍向后运动，出土时，渐成垂直走向。

特点：可保证不将插好的秧苗重新带出。

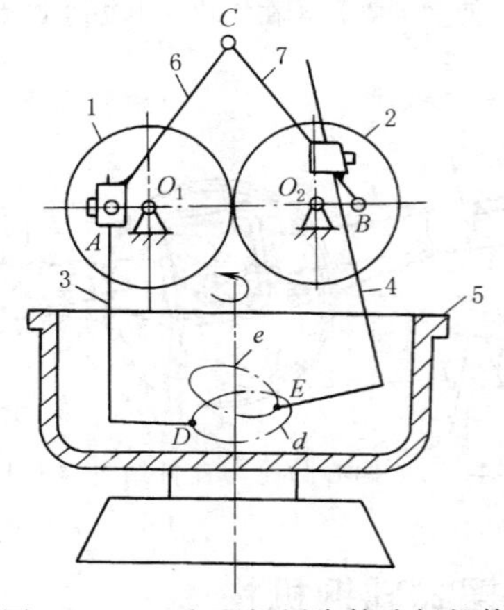

图 4-4-155 和面机用齿轮连杆机构

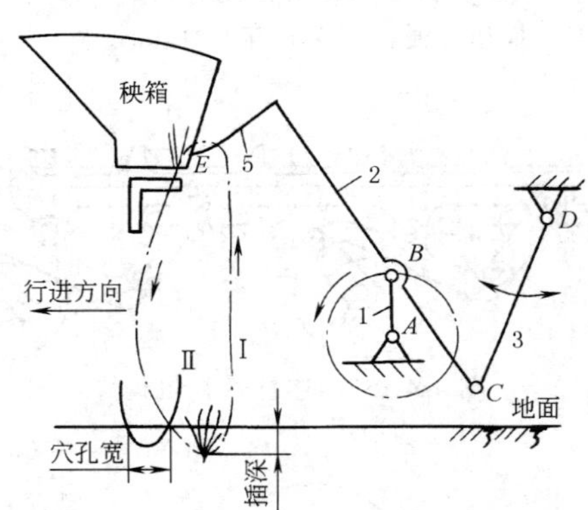

图 4-4-156 水稻插秧机构

14 安全保险、制动装置

14.1 剪切销保险装置

功能：主动轮带动从动盘转动，过载时销被剪断，起安全保护作用。

用途：用于飞机牵引车、轻工机械烟草切丝机等。

原理：如图 4-4-157，轮 1 主动，盘 6 从动，过载时销 5 被剪断，1 和 6 间产生相对转动，2 离开凹窝被转动，使其上的销 4 抬起（处于半径为 R 的圆周上）碰撞开关 3 而停车。

特点：属于机械式过载保护装置，是机械中的一个薄弱环节。

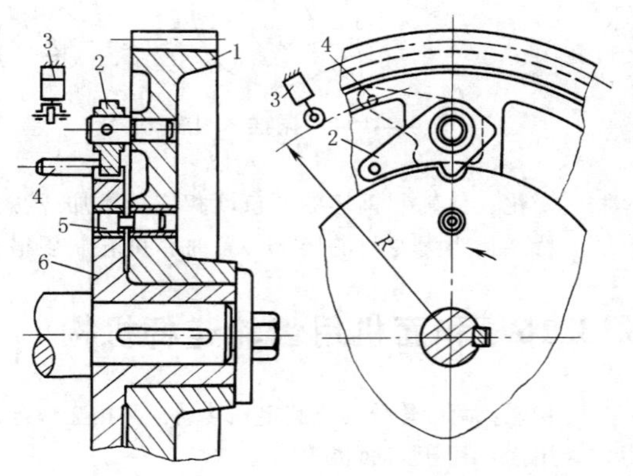

图 4-4-157 剪切销保险装置

14.2 加压机的保险装置

功能：过载时螺栓断裂，并及时发出信号停车，保护其他杆件不受损坏。

用途：用于加压机等。

原理：如图 4-4-158，连杆 AB 由 4、6 两杆铰接于 C 处，并用螺栓 5 固连，C 点不在 AB 线上，过载时螺栓 5 断裂。

特点：属于机械式过载保护装置。

14.3 爪式保险离合器

功能：过载时 V 形槽斜面与滚子相互作用将连接套推向一侧，使齿轮停转。

用途：用于起重机械、汽车、印刷机械等。

原理：如图 4-4-159，带动承载的齿轮 4 和套 3 以爪式保险离合器相接，在 3 的左端隔 180°配有 V 形槽与滚子 2 接合，2 装在主动轴 1 上，过载时 V 形槽斜面与滚子 2 相互作用将 3 和 4 推向右边。在转过 180°后，3 上的 V 形槽对准滚子，则 3 在弹簧的作用下向左移与 2 接合，齿轮 4 仍停留在右侧，4 脱离 3。

特点：齿轮 4 要重新转动时，必须将其左移使它和 3 接通。

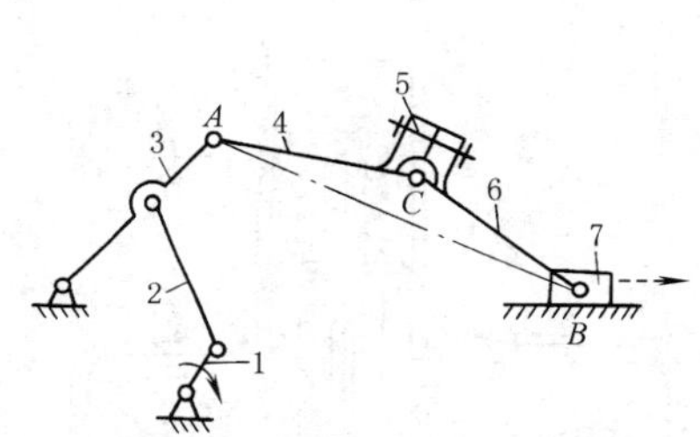

图 4-4-158　加压机的保险装置

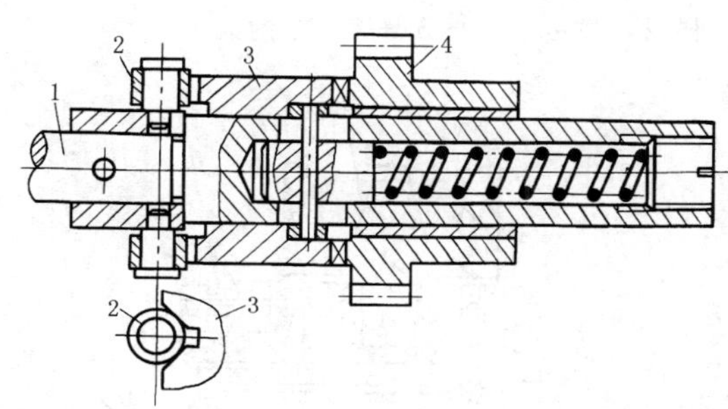

图 4-4-159　爪式保险离合器

14.4 摩擦式过载保护装置

功能：过载时摩擦盘打滑，可以防止原动机过载。

用途：用于锻造生产中的辅助机械装备，如锻造操作机等。

原理：如图 4-4-160，为锻造操作机钳杆旋转机构的过载保护装置。当锻件被送进砧上，上砧突然压住旋转着的锻件时，摩擦盘 2、3 打滑，可以防止原动机 1 过载，造成钳杆旋转机构损坏。

特点：机构通过齿轮 4 输出，碟形弹簧 5 可调整摩擦力矩的大小。

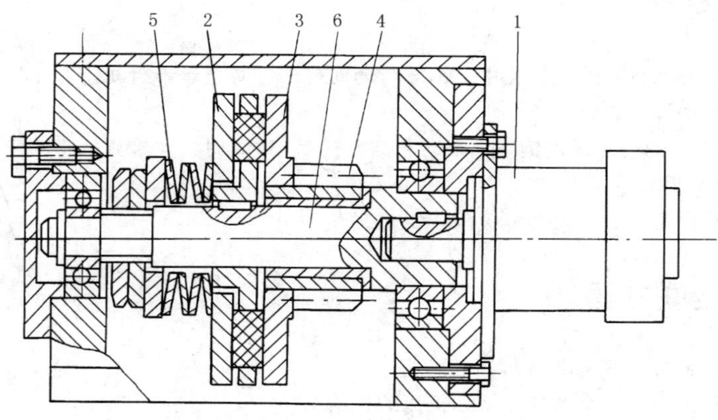

图 4-4-160　摩擦式过载保护装置

14.5 平面摩擦保险离合器

功能：过载时，摩擦面间打滑，起保险作用。

用途：用于锻造生产中的辅助机械装备，如锻造操作机等。

原理：如图 4-4-161，主动带轮 1 通过套筒 6 活套在轴套 5 上，带轮通过摩擦片 7 和 8、5 端面间的摩擦力带动轴 2。摩擦面间的压力是由碟形弹簧 9 产生的。摩擦面也可做成锥面，以增大接触面间的正压力。

特点：用螺母 10 调整压紧力的大小，可改变极限力矩值。图中 3 是键，4 是螺钉。

14.6 极限力矩联轴器超载保护装置

功能：超载时，摩擦盘打滑，防止烧坏原动机。

用途：用于锻造生产中的辅助机械装备，如锻造操作机等。

原理：如图 4-4-162，机构是由原动机带动蜗杆 1，驱动蜗轮 5，通过摩擦盘 4 和主轴 3 传动齿轮 6、7 输出。

特点：弹簧 2 可调节摩擦力矩的大小。

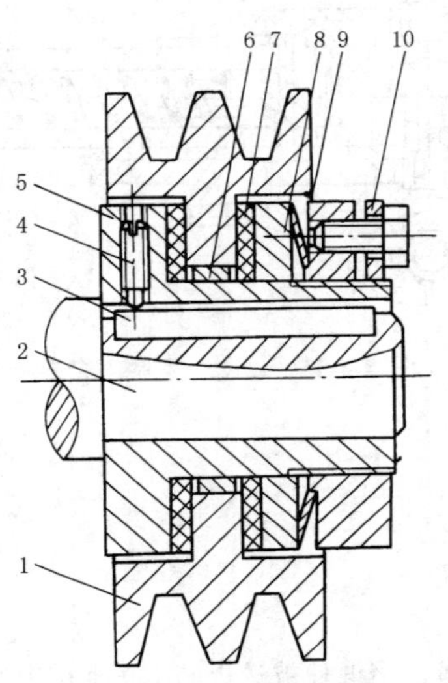

图 4-4-161 平面摩擦保险离合器

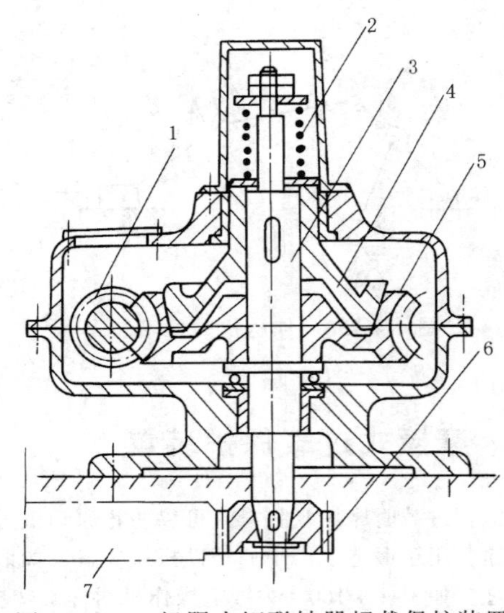

图 4-4-162 极限力矩联轴器超载保护装置

14.7 钢球保险器

功能：过载时，丝锥方柄将钢球推至孔中，钢球与套间打滑，防止丝锥折断。

用途：用于丝锥的保护等。

原理：如图 4-4-163，主动套 1 通过钢球 2 带动丝锥方柄 3，过载时，丝锥方柄将钢球 2 推至孔中，1、3 间打滑。

特点：螺钉用以调节弹簧压力，以调整极限转矩。

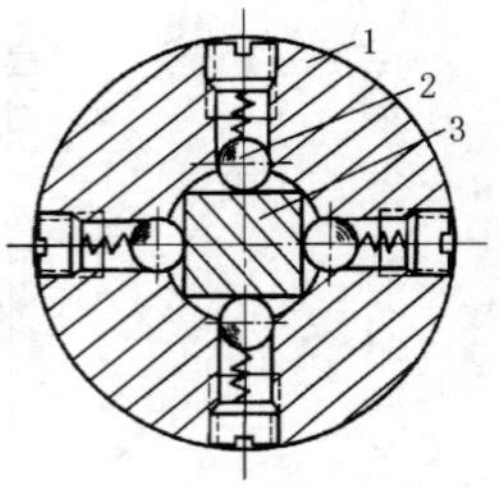

图 4-4-163 钢球保险器

14.8 滚珠式安全联轴器

功能：传递的转矩过载时，使从动盘向右滑移。

用途：用于经常过载又需要安全的地方，如机床的进给机构。

原理：如图 4-4-164，主动盘 1 和从动盘 2 都装有滚珠，由于弹簧 4 推力的作用，主动盘和从动盘的滚珠相啮合。套筒 3 用键与轴连接，同时用滑键与从动盘 2 相连。当传递的转矩超过许用值时，弹簧被压缩，使从动盘

2 向右滑移。

特点：螺母 5 用来调整弹簧压力。

14.9 弹簧支座过载保险装置

功能：过载时，压缩弹簧实现保护作用。

用途：用于经常过载又需要安全的地方。

原理：如图 4-4-165，主动曲柄 1 绕 *A* 转动，带动摇杆 3 绕 *D* 点摆动，此时 *D* 相当于一固定支座。过载时，杆 3 的支点 *D* 压缩弹簧实现保护作用。

特点：弹簧压缩时可增加自由度，保证设备安全。

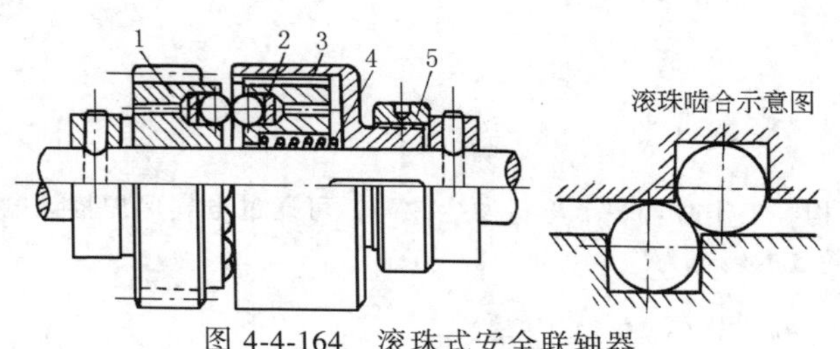

图 4-4-164 滚珠式安全联轴器

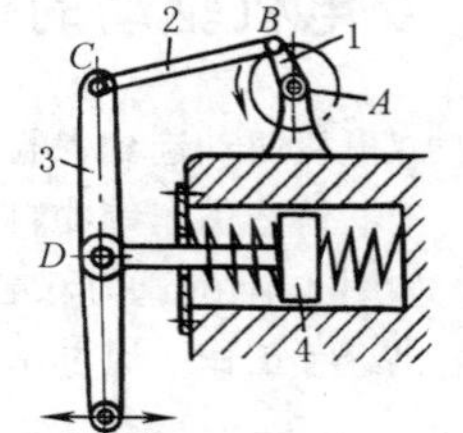

图 4-4-165 弹簧支座过载保险装置

14.10 弹簧保险机构

功能：过载时，滑块压缩弹簧，销由杆窄槽滑到凹口中。

用途：用于经常过载又需要安全的地方，如印刷机械前规等。

原理：如图 4-4-166，为弹簧保险机构。正常工作时，如图 a，由主动杆 1 通过滑块 2、弹簧 3 带动杆 4、5 和棘爪 6，使棘轮 7 做单向间歇转动。过载时杆 1 通过滑块 2 压缩弹簧 3，并使销 *a* 由杆 8 的窄槽滑到凹口中，如图 b，此时，棘爪 6 被抬起，杆 5 的摆动不再带动轮 7。

特点：在图示位置设行程开关 *b*，则杆 1 回程时碰撞开关 *b*，使电路断开，机构停止运动。

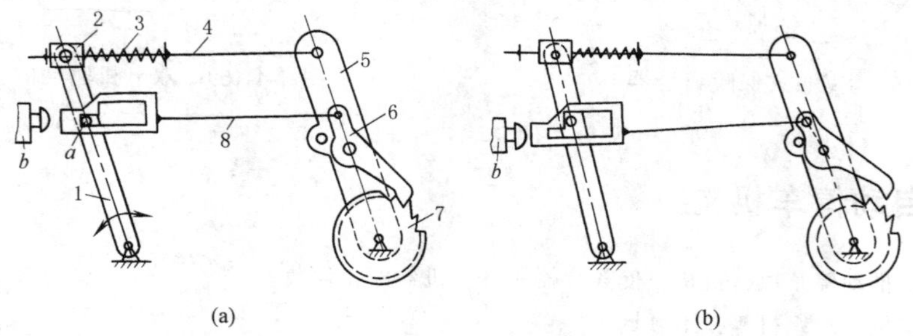

图 4-4-166 弹簧保险机构

14.11 差动离合器

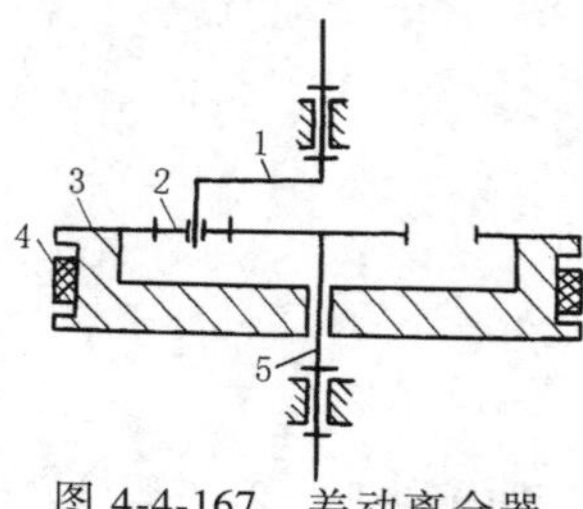

图 4-4-167 差动离合器

功能：实现车辆换挡、离合、刹车功能。

用途：用于机动车辆换挡离合装置，也用于刹车。

原理：如图 4-4-167，1 是主动轴，5 是从动轴开，则内齿轮 3 空转，轴 5 不动（由于轴 5 上有动）。拉紧制动器 4，则 3 不动，1 带动 5 转动。

特点：结构简单、操作方便。

14.12 离心式保险离合器

功能：采用离心限速原理，转速达到定值，从动盘被带动；若过载，从动盘不动。

用途：用于机动车辆离合装置。

原理：如图 4-4-168，曲柄 1 主动，摇块 3 与从动盘 5 铰接，带有重锤 4 的杆 2 相对于 3 滑动。曲柄 1 转速不高时，盘 5 不动（由于盘 5 上有载荷），1、2、3 成为曲柄摇块机构。轴 1 转速增高到一定值后，4 的离心力有使 1、2 拉成直线的趋势，盘 5 被带动。若固连于从动盘 5 上的从动轴过载，盘 5 不动，又成为曲柄摇块机构。

特点：结构简单、操作方便。

14.13 双电机驱动的提升机构

功能：双电机驱动起到保险作用。

用途：用于铸造吊车等物料输送的设备。

原理：如图 4-4-169，为双电机驱动的提升机构。工作时若一个电机发生故障，可通过电气保护将该电机制动，另一电机继续工作。通过轮 5 将运动输出，轮 5 的转速为

$$n_5=\frac{n_B z_1 z_3'-n_A z_4 z_3}{z_3' z_1+z_3 z_3'}$$

中 n_A、n_B——分别为电机 A、B 的转速。

特点：可以提高效率和安全性。

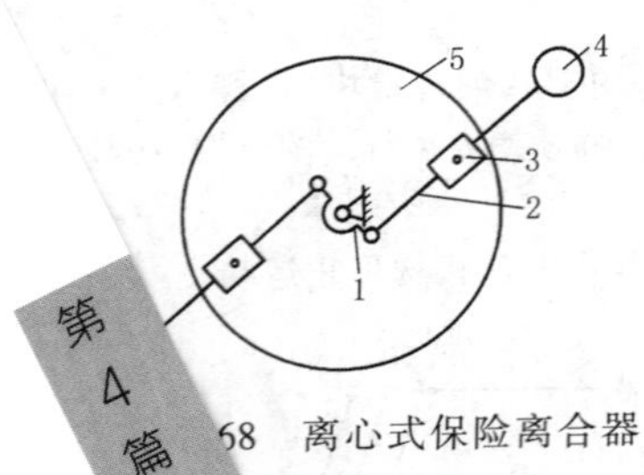

68 离心式保险离合器

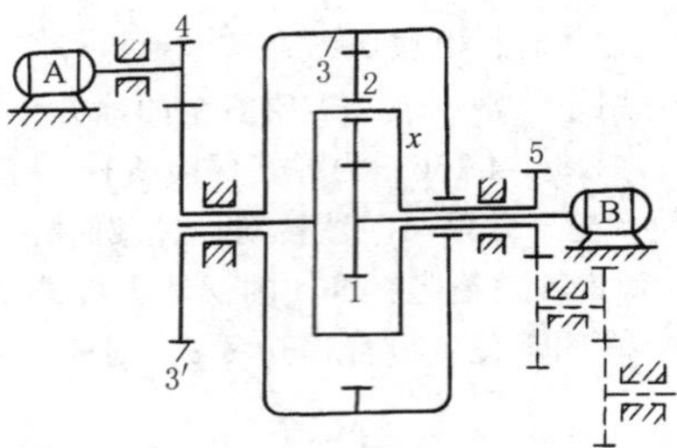

图 4-4-169 双电机驱动的提升机构

停车机构

停车执行机构，使离合器脱开，机器停止运转。

织机等技术领域。

断纱自动停车机构。正常工作时，重量很轻的探测器 9 挂在纱 8 上，杆 7 被弹簧 6 拉

1 作为发动机构，带动滑杆 10 左右移动。断纱时，探测器 9 下落到虚线位置，杆

动，杆 11 迫使杆 7 转动，通过 5、4 推动停车执行机构 3，使离合器 2 脱开，从而

动轴Ⅱ断开。

降低成本。

制自动停车装置

但包装系统停止工作。

的曲柄，2 上有线圈，3 为衔铁，当线圈中通电时，2、3 吸合，组成不变

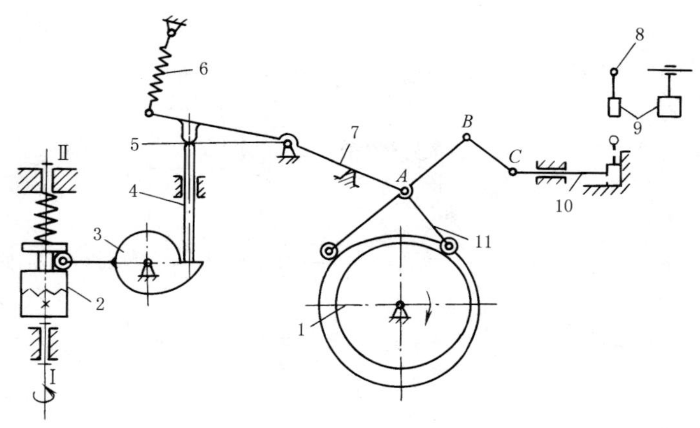

图 4-4-170　断纱自动停车机构

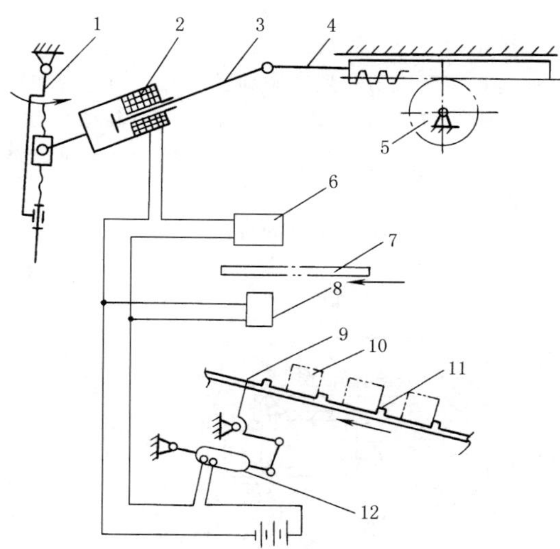

图 4-4-171　包装联动光电控制自动停车装置

长度的连杆。断电时，2、3 可相对伸缩，曲柄 1 虽继续转动，但连接包装系统的齿条 4 和齿轮 5 仍保持不动。如果纸 7 和被包装物 10 中有一个没有被送到包装位置，则水银开关 12 或光电开关 6（8 是光源）中就有一个没有闭合，线圈中无电，包装系统停止工作。

特点：减少浪费，降低成本。

14.16　外抱块式制动器

功能：双向螺杆转动时，带动两个螺母相向移动，通过摇杆带动左、右两闸块实现制动或脱开动作。

用途：用于起重、运输、冶金、矿山、港口、码头、建筑机械等机械驱动装置的减速或制动。

原理：如图 4-4-172，具有左、右螺纹的螺杆 5 绕轴线 x-x 转动，带动螺母 1 和 4 相向移动而缩短距离，使摇杆 2 和 6 分别沿顺时针和逆时针转动，从而带动左、右两闸块 a 制动轮 3。

特点：制动平稳，动作效率高。

14.17　液压推杆块式制动器

功能：通过液压缸电机控制制动动作。

用途：用于起重、运输、冶金、矿山、港口、码头、建筑机械等机械驱动装置的减速或制动。

原理：如图 4-4-173，制动块 1 被弹簧 2 驱动制动，液压缸电机通电时，推杆伸出使制动块松闸。

特点：使用维护简单可靠。

14.18　液力制动装置

功能：通过液力产生制动力矩，实现轴的制动。

用途：用于各种车辆。

原理：如图 4-4-174，制动盘 1 用键固定于轴 3 上，在该圆盘与箱体 4 之间的孔腔内充满液体，其液力影响作用于轴 3 上的制动力矩。

特点：结构紧凑，防尘性好，可用于安装空间受限制的场合。

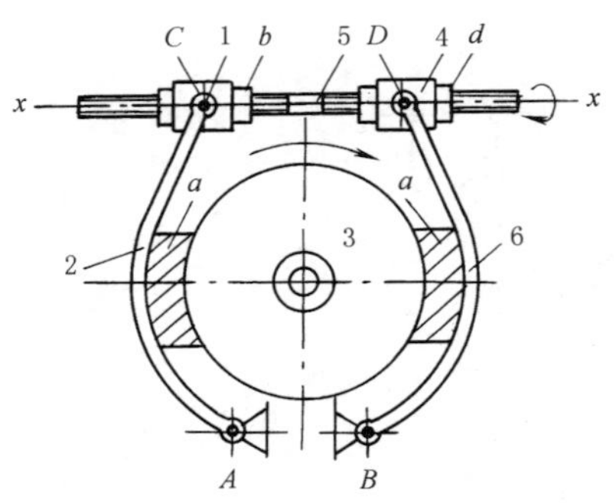

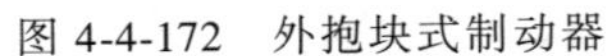
图 4-4-172 外抱块式制动器

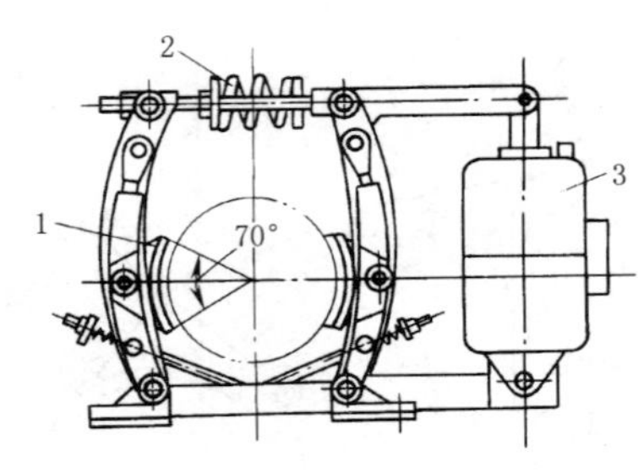

图 4-4-173 液压推杆块式制动器

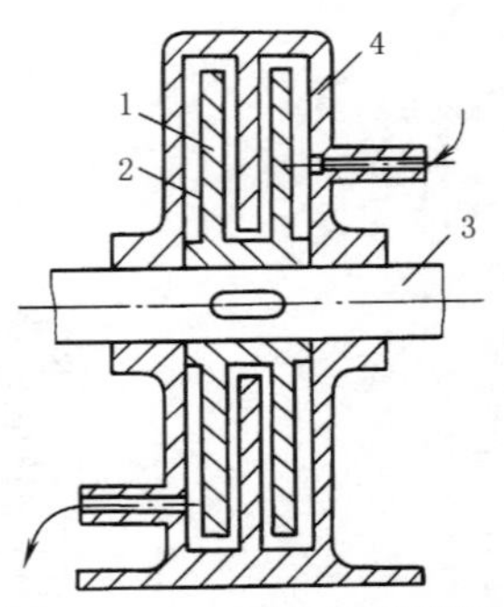

图 4-4-174 液力制动装置

14.19 液压盘式制动器

功能：制动缸端部的摩擦块对制动盘压紧产生制动。

用途：用于大型专用装卸机械、起重运输机械、冶金设备、矿山设备及工程机械。

原理：如图 4-4-175a 为盘式制动器的安装简图。制动缸 2 通过机架 3 成对布置在制动盘 1 的两侧。制动缸端部的摩擦块 4 对制动盘压紧产生制动。图 b 为制动缸结构图。碟形弹簧 7 推动活塞 9 及顶杆 8，使制动摩擦块 2 压向制动盘 1。当 *A* 管通入液压油后，活塞 9 右移压碟形弹簧 7 而松闸。3 为缸体，4 为导引部分，5 为调整垫片，6 为磨损量指示器。

特点：可始终保持两侧瓦块退距均等且无需调整，完全避免制动衬垫浮贴制动盘的现象。

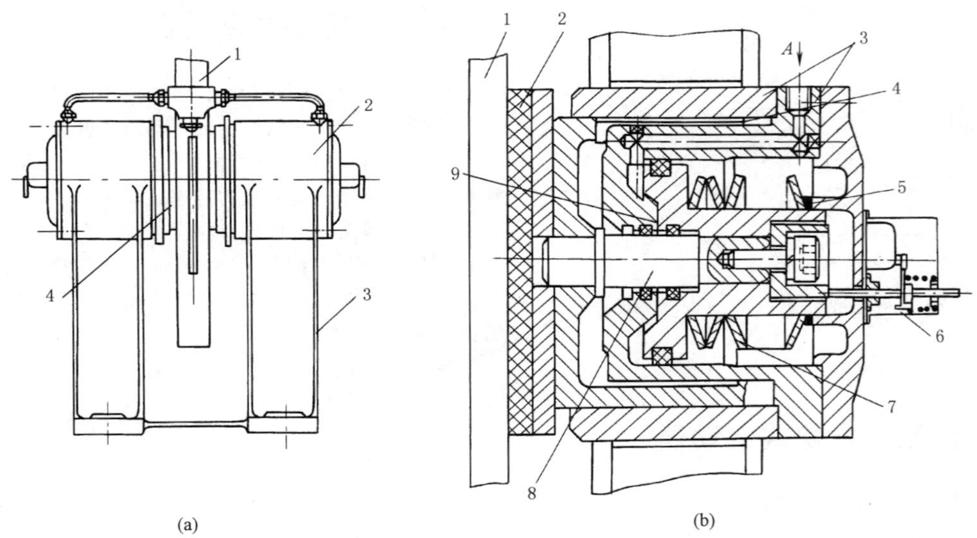

图 4-4-175 液压盘式制动器

14.20 磁粉制动器

功能：根据电磁原理和利用磁粉传递转矩，实现制动功能。

用途：用于造纸、印刷、塑料、纺织、印染、电线电缆、冶金以及其他卷料加工行业的张力控制；还经常被用于传动机械的测功、加载和制动等。

原理：如图 4-4-176，磁粉制动器是在内定子 1 与转子 7 之间充以磁粉 2，线圈 3 通电后，磁粉 2 在磁场的作用下（4 为磁路）形成磁粉链，对转子 7 产生制动力矩。转子与转动轴相连，定子 1 固定，6 为隔磁环，5 为导磁壳体。

特点：响应速度快、结构简单、无污染、无噪声、无冲击振动、节约能源。

14.21 内张蹄式制动器

功能：通过制动蹄上制动衬片的动作实现轴的制动。

用途：用于汽车、起重机等。

原理：如图 4-4-177，汽车要减速制动时，踩下制动踏板 1，驱动主缸活塞 3 使制动轮缸 6 中的液压增高，使轮缸活塞 7 向外伸张，则制动蹄 10 上的制动衬片 9 对制动鼓 8 进行制动。

特点：内部机构操作简单，制动效果较好。

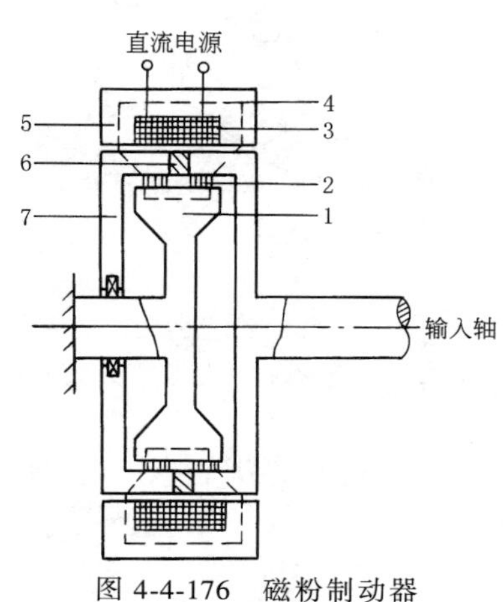

图 4-4-176 磁粉制动器

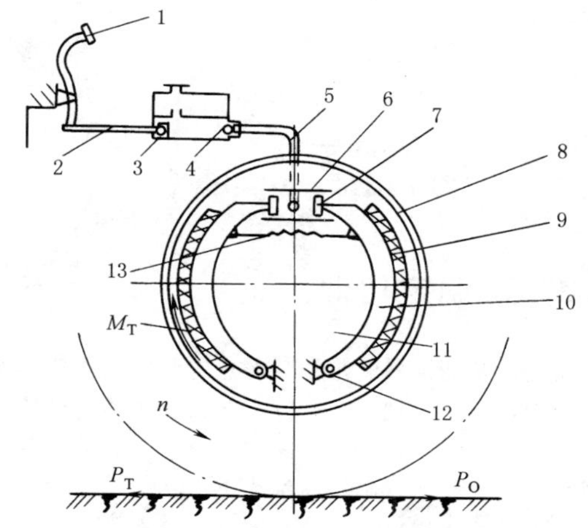

图 4-4-177 内张蹄式制动器

1—制动踏板；2—推杆；3—主缸活塞；4—制动主缸；5—油管；6—制动轮缸；7—轮缸活塞；8—制动鼓；9—制动衬片；10—制动蹄；11—制动底板；12—支承销；13—制动蹄回位弹簧；M_T—制动力矩；P_O—车轮对地面作用向后的圆周力；P_T—地面对车轮作用向前的反作用力

15 定位联锁机构

15.1 单销定位装置

功能：定位销进入转动件的定位槽孔，实现转动件的定位。

用途：用于机械制造、汽车制造、航空航天、印刷机械等。

原理：如图 4-4-178，定位销 2 由弹簧进入转动件 1 的定位槽孔，而利用凸轮 3 退出。

特点：为防止定位销自动滑出定位槽，其楔角应满足自锁条件，即 α 应小于摩擦角，一般 $\alpha=5°\sim7°$。

15.2 双销定位装置

功能：定位销进入转动件的定位槽孔，实现转动件的定位。

用途：用于机械制造、汽车制造、航空航天、印刷机械等。

原理：如图 4-4-179，转盘 3 逆时针方向转位时，由于斜面的作用，将定位销 1 由定位槽 *A* 中推出，而定位销 2 由凸轮 4 或其他机构控制使之由定位槽 B 中退出。转盘转位后，定位销 1 在弹簧作用下插入定位槽 A'，这时，另一定位销 2 在弹簧作用下插入相应的定位槽 B'。

特点：双销定位比单销定位磨损小，精度高。

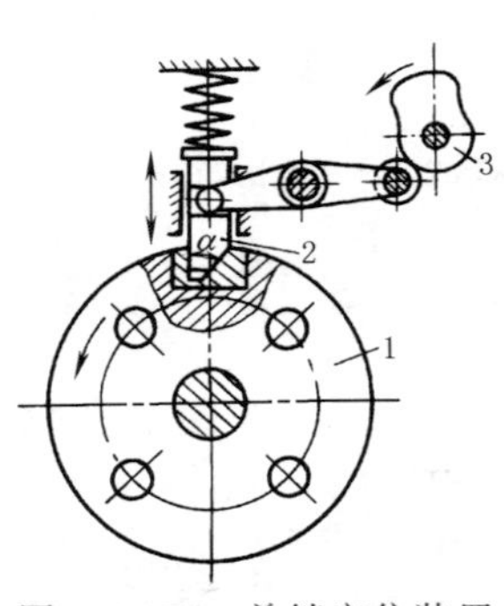

图 4-4-178　单销定位装置

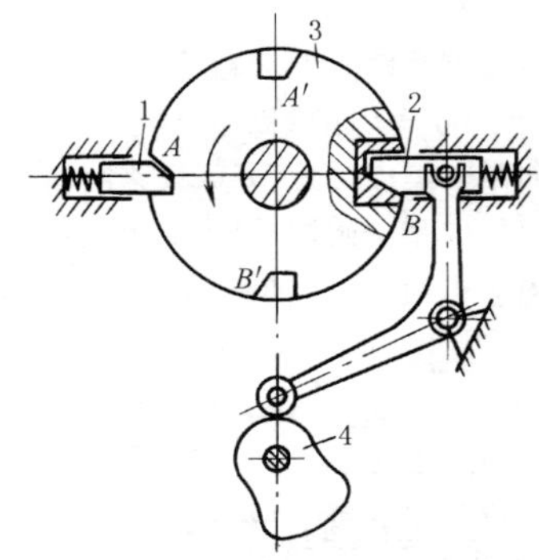

图 4-4-179　双销定位装置

15.3　可调定位器

功能：转动杠杆的定位端与选定的不同位置挡块接触，实现可调定位。

用途：用于机械制造、汽车制造、包装机械等。

原理：如图 4-4-180，在件 2 的不同半径的圆周上，设置有挡块 a、b、c、d，转动杠杆 1，使 1 上的 A 端处于不同半径的圆周上，则相应圆周上的挡块与 A 接触时盘 2 被定在这位置上。

特点：结构简单，定位精度高，效率高。

15.4　弹子锁机构

功能：使用多个不同高度的圆柱形零件（称为弹子），锁住锁芯。

用途：用于弹子锁。

原理：如图 4-4-181，钥匙 1 使上排弹子 7 和下排弹子 2 刚好接触在 3、5 的分界面上，此时 1 可转动，并带动 3 转动，3 的凸块拨动销 4，将它插入门框体 5 的孔中。如将 1 拔出，则弹子 2、7 一起下落，7 将卡入 3、5 的分界面中阻止 3 转动，这样，就将 4 锁住。

特点：上弹子与下弹子的接触面与锁芯与锁体的接触面相重合，具有保密性能。

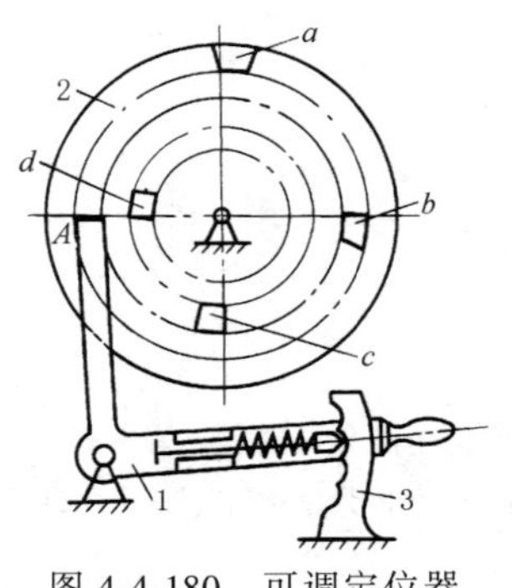

图 4-4-180　可调定位器

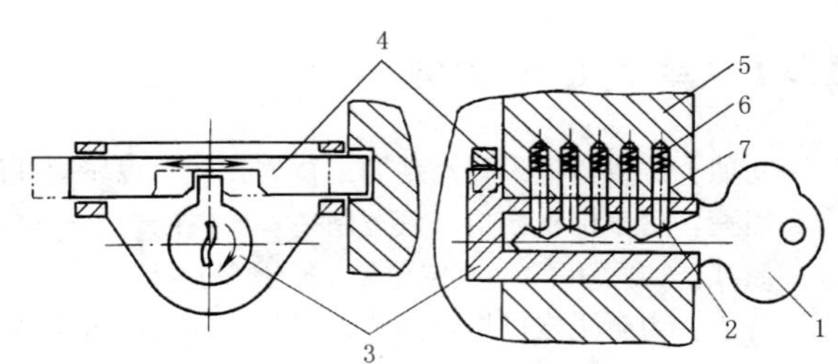

图 4-4-181　弹子锁机构

15.5　两轴移动联锁装置

功能：采用多个滚珠-弹簧实现两轴轴向移动联锁。

用途：用于两平行轴传动机构的联锁。

原理：如图 4-4-182，轴 1、2 联锁，移动其中一根轴，则另一根轴被锁住。如先移动轴 2，则 2 将钢球（滚珠）4 向上推入轴 1 的凹槽中（图 b），这时，轴 1 被锁住不能动，反之，轴 1 先移动时可将轴 2 锁住。

特点：结构简单，定位可靠。

15.6 两转动轴的联锁机构

功能：采用凹口（凹弧）实现两转动轴周向转动的联锁。

用途：用于两平行轴周向转动装置的联锁。

原理：如图 4-4-183a，轮 1 的圆弧面将锁杆 2 推入 3 的凹口中时，轮 1 可转动，轮 3 被锁住，只有 1 的凹口对着锁杆 2 时，轮 3 才能转动，这时锁杆 2 推入轮 1 的凹口中，将 1 锁住。图 b，一轮的凹弧与另一轮的凸弧相对时，凸弧的轮可以转动，而凹弧的轮被锁住，如图示为轮 1 被锁住。

特点：结构简单，锁定可靠。

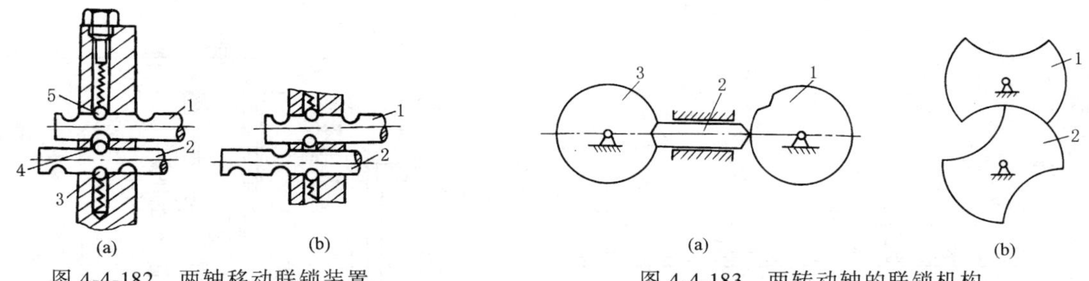

图 4-4-182　两轴移动联锁装置

图 4-4-183　两转动轴的联锁机构

15.7 差速定位机构

功能：采用两盘槽口对准，孔板与分度销盘间产生差速转动。

用途：用于万能分度头。

原理：如图 4-4-184，具有凹槽的定位盘 5、7 大小相同。齿轮 1、2、3、4 的齿数分别为 $z_1=50$，$z_2=150$，$z_3=50$，$z_4=50$。初始位置时，两盘槽口对准，定位齿 6 插入两盘的槽中定位，拔出定位齿后，定位盘 7 开始转动，若 7 转 1 转或 2 转，则 5 仅转 1/3 或 2/3 转，两盘的槽口仍相互错开，6 不能入槽口定位，只有当 7 转 3 转时 5 才转 1 转使两盘槽口对准，定位齿又插入槽中定位，所以盘 5 还可起计数的作用。

特点：万能分度头要扩大原有分度孔板的分度数目时，可依上述原理使孔板与分度销盘间产生差速转动。

15.8 两垂直交错轴联锁机构

功能：实现空间垂直交错轴传动的联锁。

用途：用于空间垂直交错轴传动装置的联锁。

原理：如图 4-4-185，轮 2 被锁住，只有当轮 1 的凹口对着轮 2 时，才可能转动轮 2，锁住轮 1。

特点：结构简单，加工方便。

15.9 齿盘式定位机构

功能：工作台转位后，工作台落下，实现上、下齿盘相互嵌合而定位。

用途：用于机械制造领域的分度工作台。

原理：如图 4-4-186，图 a 中牙齿断面形状是齿顶交角为 90°的三角形齿，齿槽沿圆盘径向布置。两个齿盘的结构相同，一个固定在机座上，一个固定在转位盘上。图 b 中两齿盘保持同心，上定位齿盘 2 固定在转位工作台

1 上，下定位齿盘 3 固定在机座上。工作台 1 需转位时，首先通过锥齿轮 13、14，偏心轴 7，连杆和滑动轴 4，使工作台 1 升高，使上、下定位齿盘脱离，然后，由齿轮机构 11、10，四销四槽槽轮机构 8、9 和齿轮 6、5 驱动工作台 1 转位。转位停止时，转动偏心轴 7，使工作台落下，上、下齿盘相互嵌合而定位。

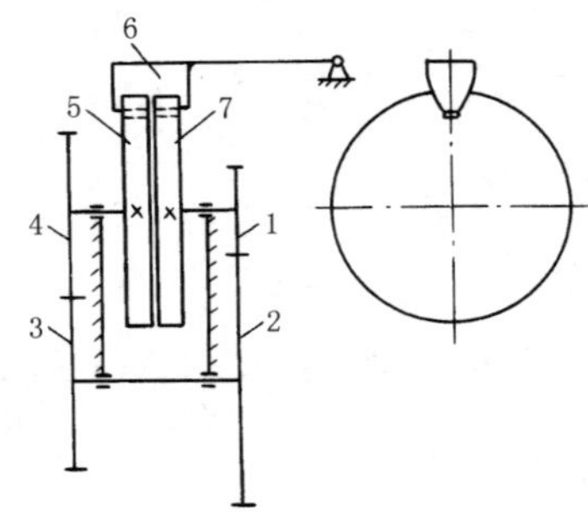

图 4-4-184　差速定位机构

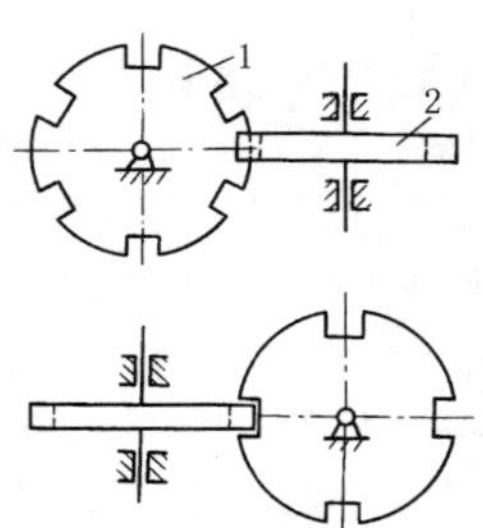

图 4-4-185　两垂直交错轴联锁机构

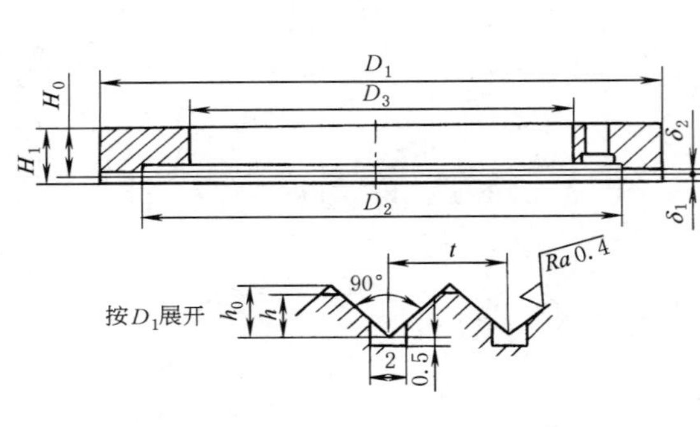

(a)

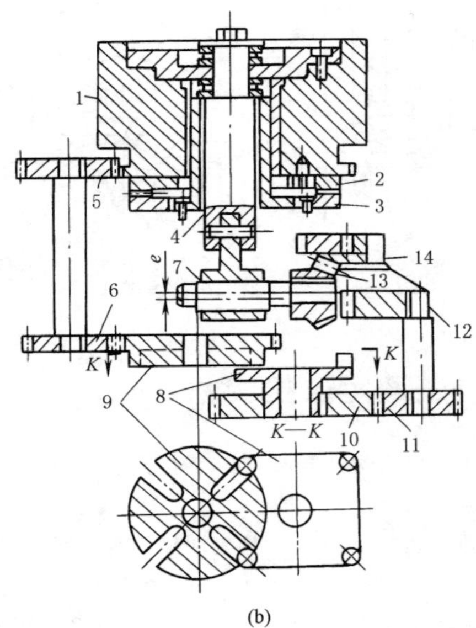

(b)

图 4-4-186　齿盘式定位机构

特点：齿盘式定位机构的定位刚度和精度均较好。若要有较高的定位精度和刚度，则齿盘要精加工，工作齿面要进行研磨，欲使其适应多种分度角的变化，可采用多对齿盘组成“差动式”定位装置。

15.10　蜗轮和刻度盘组合转动定位机构

功能：利用高精度蜗杆蜗轮副和刻度盘（分度盘）实现转动和定位。

用途：用于工业机器人。

原理：如图 4-4-187，为工业机器人水平转动部件，可做任意角度转动，往返定位精度±4″（手臂长 500mm 时，顶端定位误差在±0.01mm）。使用了由直流伺服电动机驱动的高精度蜗杆蜗轮副 3、2，同时应用液压缸 1 保证其经常为零齿侧间隙。图中，4 为转动分度盘，5 为检测头，6 为角度表示装置的输出。

特点：采用交错控制方式，装有高精度转动分度盘。

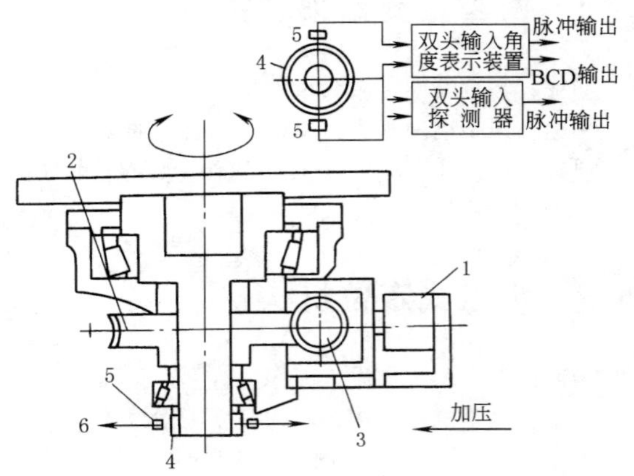

图 4-4-187　蜗轮和刻度盘组合转动定位机构

16 可展机构和伸缩机构

伸缩机构和可展机构均具有执行构件运动空间可变的特点，但二者的含义和应用领域不同。

伸缩机构是指通过臂架长度改变，获得需要尺寸的机构。主要用于起重机械、汽车、折叠门等设备。

可展机构是指整体具有压缩和展开等两种状态的一类机构，以方便储藏与运输，待进入特定位置后再展开到较大尺度状态以实现更大范围的作业。主要用于大型折展天线、通信卫星平台、空间伸展臂、太空太阳能帆板等重大高端装备的核心构架。

16.1 剪式升降平台

功能：具有可伸缩的垂直升降功能。

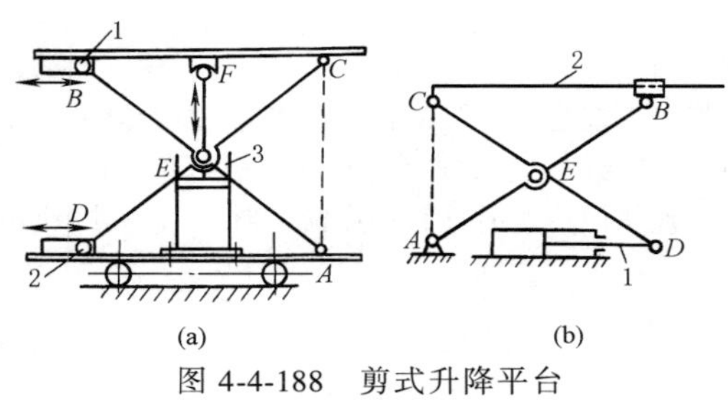

图 4-4-188 剪式升降平台

用途：用于高空作业专用设备。

原理：如图 4-4-188，图 a 中长度相等的支撑杆 AB 和 DC，铰接于中点 E，滚轮 1、2 与支撑杆铰接于 B、D 点，可在上下平板的导槽中滚动，气缸下部与下平板固连，活塞杆上部以球形头与上平面球窝于 F 点接触。通过升降气缸 3 可使上平台垂直升降。这类机构为平行四边形机构的变形。图 b，长度相等的支撑杆 AB 和 CD，铰接于中点 E，杆的 B、D 端分别与滑块及活塞杆 1 铰接，卧式油缸活塞杆 1 使平台 2 垂直升降。

特点：结构稳固、操作方便、维护简单方便。

16.2 大行程剪式伸缩架

功能：通过多个平行四边形铰接，实现大行程伸缩。

用途：该机构可水平或垂直配置。水平配置时，该机构可实现水平伸缩，用于折叠门等；也可以垂直配置，用于垂直升降的检修平台和仓库用升降台。

原理：如图 4-4-189，由多个平行四边形铰接而成的剪式伸缩架，杆 1 上端与 A 铰接，杆 2 下端铰接滚子 B 可在垂直的导槽中滚动，伸缩架的右上端 C 与件 3 铰接，右下端滚子 D 紧贴件 3 的垂直面，并可上下滚动。这样，件 3 可在水平方向来回移动。

特点：多个平行四边形伸缩架能获得较大的伸缩行程。

16.3 平移升降台

功能：具有平动功能。

用途：用于垂直升降的检修平台和仓库用升降台。

原理：如图 4-4-190，平行四边形机构 $ABCD$ 用油缸驱动，活塞杆 1 的伸缩使平台 2 平移升降。

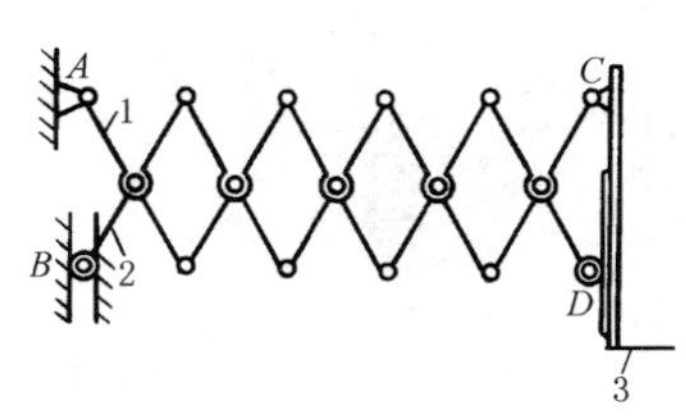

图 4-4-189 大行程剪式伸缩架

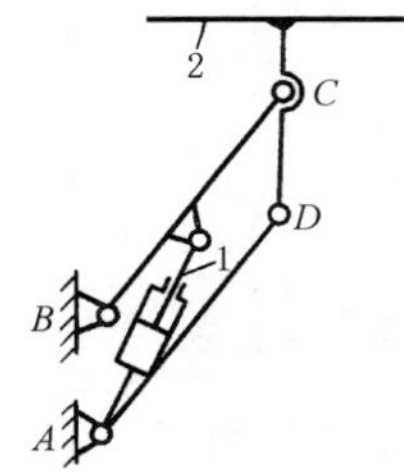

图 4-4-190 平移升降台

第4篇

特点：结构稳固、操作方便。

16.4　叉车三级门架伸缩机构

功能：具有可伸缩的较大高度升降功能。

用途：用于装卸作业，完成货物的叉取、升降、堆放和码垛等工序。

原理：如图 4-4-191，门架 1、2、3 借助多级油缸 4 伸缩，链条 5 的一端与链轮架 6 上 A 点固连，另一端绕过货叉 7 上的链轮 8 和链轮架 6 上的链轮 9 与油缸 4 的 B 点固连。当油缸的活塞杆外伸时，带动门架升高使货叉由最低位置升到最高位置。

特点：结构简单、操作方便。

16.5　钢绳联动伸缩架

功能：具有钢绳传动、可多级联动、可收缩的举升功能。

用途：用于装卸作业，完成货物的叉取、升降、堆放和码垛等工序。

原理：如图 4-4-192，钢绳 11 的下端与滑架 5 的 a 点连接，另一端绕过固定架 2 上部的滑轮 3 与卷筒 1 缠绕，钢绳 10 的下端与滑架 7 的 b 点连接，另一端绕过滑架 5 上部的滑轮 4 与固定架 2 的 d 点连接，钢绳 9 的下端与滑架 8 的 c 点连接，另一端绕过滑架 7 上部的滑轮 6 与滑架 5 的 e 点连接。当顺时针转动卷筒 1 时，三个滑架同时外伸。反之，则同时缩回。

特点：结构紧凑，重量轻，伸缩长度较长。

16.6　自动伞伸缩机构

功能：具有自动展开和收缩、折叠功能。

用途：用于自动伞制造。

原理：如图 4-4-193，为自动伞伸缩机构。中间伞杆由可伸缩的数节组成，利用弹簧将伞自动打开。压缩弹簧时伞架折叠缩短。

特点：收缩自如，使用方便，但收缩机构复杂。

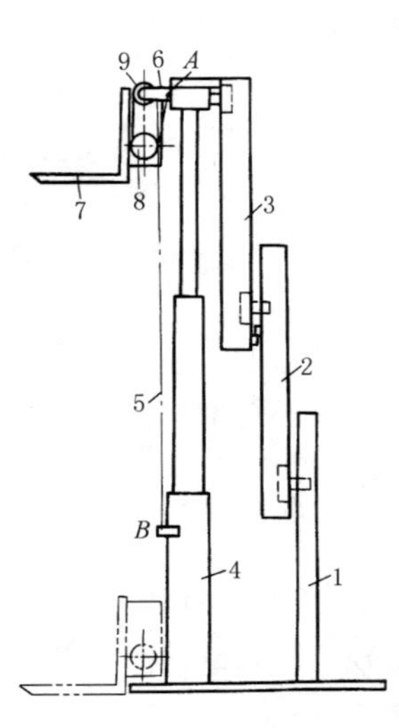

图 4-4-191　叉车三级门架伸缩机构

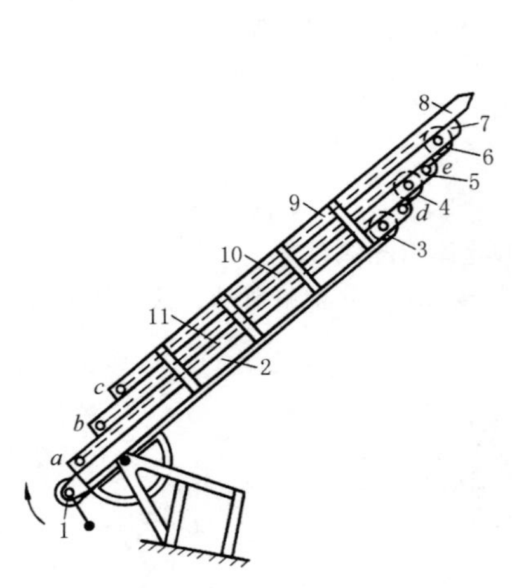

图 4-4-192　钢绳联动伸缩架

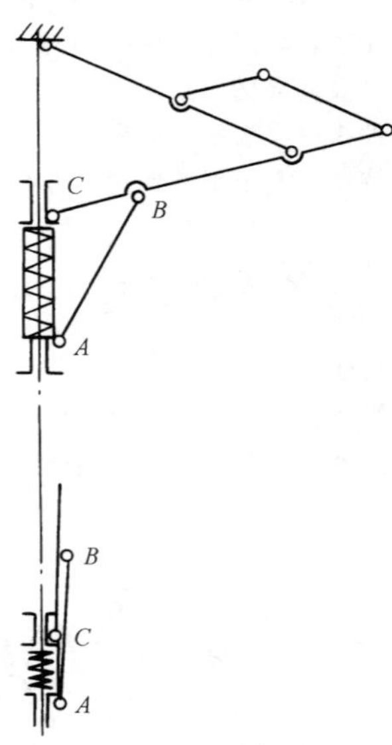

图 4-4-193　自动伞伸缩机构

16.7 钢绳联动升降平台

功能：具有多级联动、大行程升降功能。

用途：用于轻载荷升降装置。

原理：如图 4-4-194，卷筒 1 上缠有两根钢绳，分别通过两侧滑轮 a、b、c、d、e 与上平台 5 连接，图中左侧是平台降下位置，右侧是平台升起位置。

特点：结构简单，使用方便，但钢绳松紧不一致，会导致平稳性差。

16.8 汽车升降平台

功能：以汽车为运载工具，通过油缸实现平台升降功能。

用途：用于移动式升降平台。

原理：如图 4-4-195，为汽车升降平台，通过油缸使平台升降。图 a 为剪式垂直升降台；图 b 为折展臂式升降台。

特点：重量轻、自行走、自支腿、操作简单。

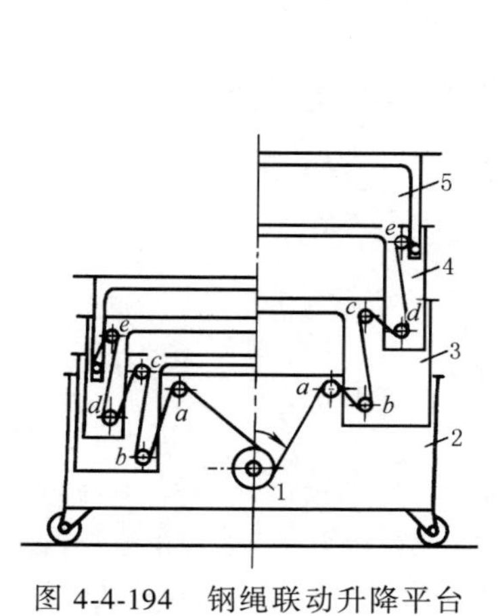

图 4-4-194 钢绳联动升降平台

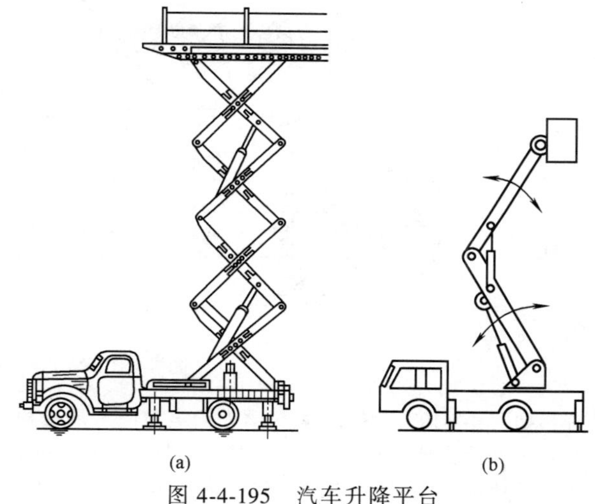

图 4-4-195 汽车升降平台

16.9 汽车千斤顶

功能：具备顶起汽车的功能。

用途：用于更换备用轮胎时顶起车身。

原理：如图 4-4-196，转动插入螺旋头 4 的扳手，驱使螺旋 5 转动，于是螺母 6 开始沿螺旋轴线移动，使杠杆系 1、2 和 3 合拢或分开，从而使重物上升或下降。为了使杠杆系分合均等，杠杆 1 和 3 分别啮合。依靠螺纹自锁来撑住重物。

特点：螺旋承受拉伸载荷，结构简单，但工作效率低。

16.10 航天器太阳电池阵可展机构

功能：可实现折叠和完全展开状态两个稳定状态。

应用：大型卫星天线、折叠式太阳电池阵和空间机械臂等航天器件。在航天工程中，由于发射重量和体积受到限制，航天器件一般采用可展机构。

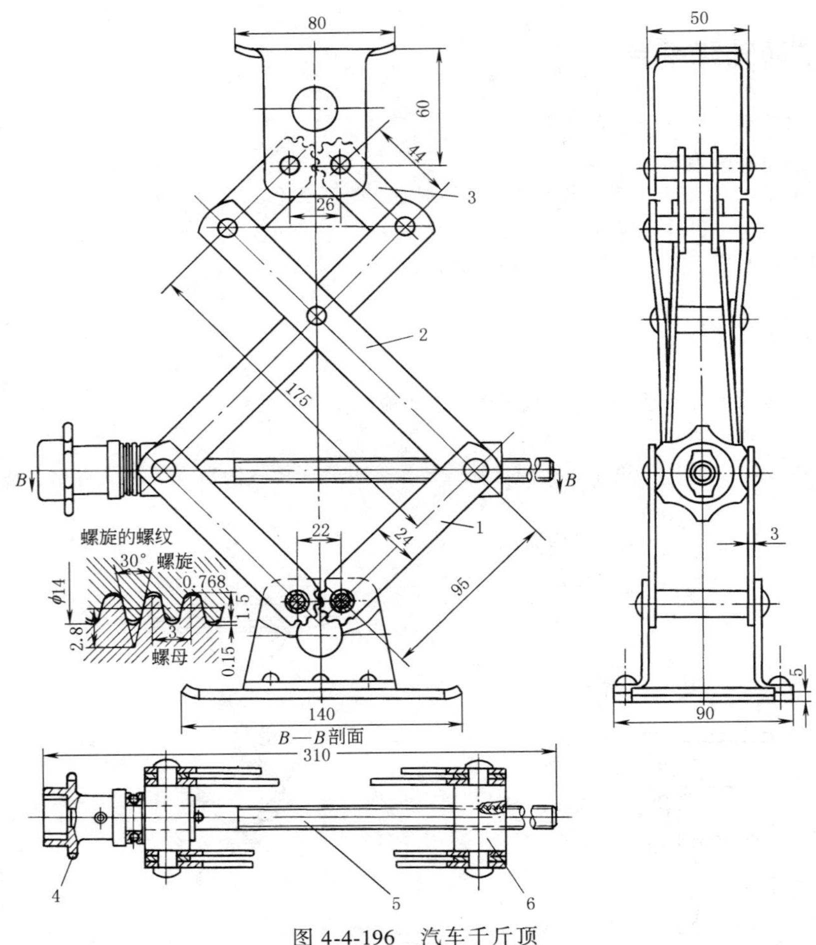

图 4-4-196　汽车千斤顶

原理：如图 4-4-197，图 a 中航天器太阳电池阵可展机构的基本结构单元主要包括摇臂架 2、电池板 4（5，6）、连接铰链和同步带机构 3。摇臂架分别与卫星本体 1 和太阳电池板连接，其作用主要是支撑电池板，以及避免卫星主体遮挡电池板吸收太阳能。图 b 展开驱动可采用平面涡卷形式的驱动扭簧，将其安装在转动副位置，7 为压紧释放机构。展开时依靠扭簧预设的预紧扭矩，驱动太阳电池阵展开，为保证各块电池板按预定轨迹同步展开，在电池板间安装有同步带机构 3 以保证其同步性。图 c、d 为太阳电池阵展开过程，c 为半展开状态；d 为完全展开状态。

特点：重量轻、刚度高、收拢体积小、模块数量可灵活调整。

16.11　变胞折纸可展机械手

功能：在单一气源驱动下先产生展开运动，到达变胞状态后改为膨胀运动，并且变胞折纸单元处于完全膨胀状态时，可以承载多倍于自身重量的负载而未发生较大的变形。

应用：应用于空间可伸展机械臂和无人机的机载机械臂等航天工程领域。

原理：如图 4-4-198，基于变胞折纸原理，将传统折纸过程的运动学跟轻质的气动软体驱动机构相结合，实现了通过单一的驱动产生多种形式的变胞序列可展机构。图 a 为基于气动变胞折纸原理设计了可用于抓取大尺度目标的可展机械手，该机械手的手指可以在单一气源驱动下先做 Z 形展开到较大尺度，到达第一个变胞状态后开始膨胀，达到第 2 个变胞状态后，在可伸展折痕的作用下手指可以产生弯曲运动完成目标抓取，该机械手可以抓取比自身尺寸大 3 倍的目标。图 b 为叶子形分支的可展机械手，该机械手可以抓取比自身大 2 倍的物体，实验中抓取目标是自身重量的 8 倍。

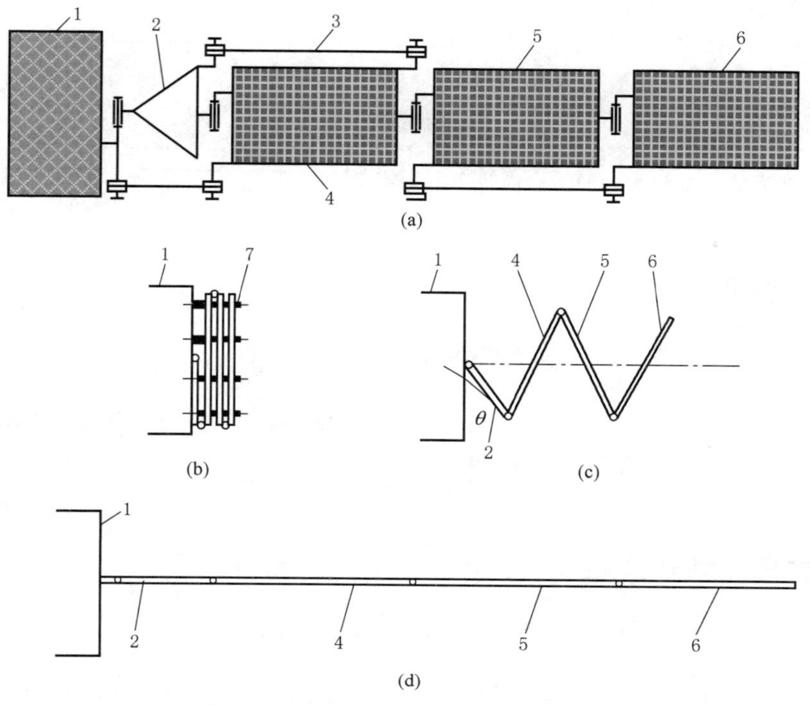

图 4-4-197　航天器太阳电池阵可展机构

1—卫星；2—摇臂架；3—同步带机构；4—电池板 1；5—电池板 2；6—电池板 3；7—压紧释放机构

特点：基于变胞折纸的机构系统（可展机械手）所需要的驱动数量大幅减少，系统重量也大大降低，系统制造成本大幅降低，而且仍然可以适应多种工况操作，对能耗受限、轻量化要求较高的应用领域尤其是航空航天领域是非常好的解决方案。

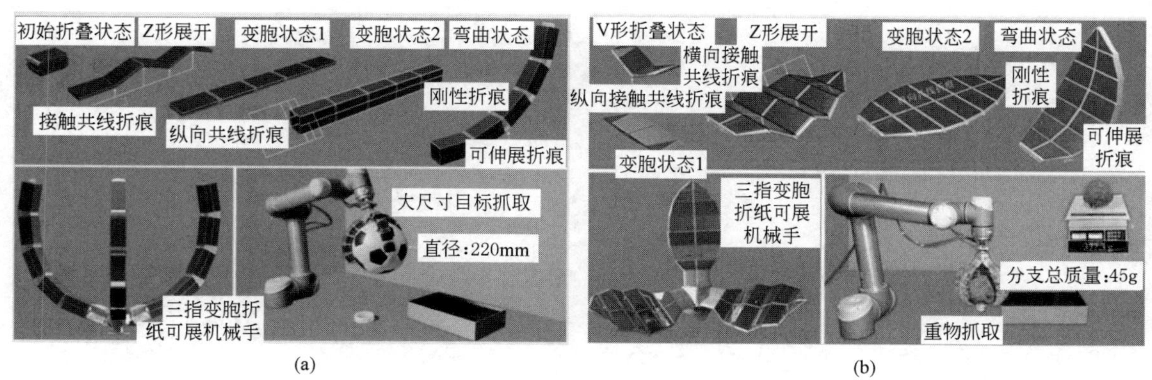

图 4-4-198　基于变胞折纸原理的可展机械手

17　振动机构

17.1　单质体振动机构

功能：通过周期性振动，可以将不同粒径的颗粒物料进行分离并分类。

用途：用于物料的输送与筛分设备。

原理：图 4-4-199 为单质体振动机构，由主动曲柄 1 通过弹性连杆 2 带动单质体 m（料槽、管或筛）做往复摆动。由于在一次振动循环中摆杆 3 总是向左倾斜，所以物料向右运动。

特点：筛网根据需要可更换和调整，以满足不同物料的筛选要求。

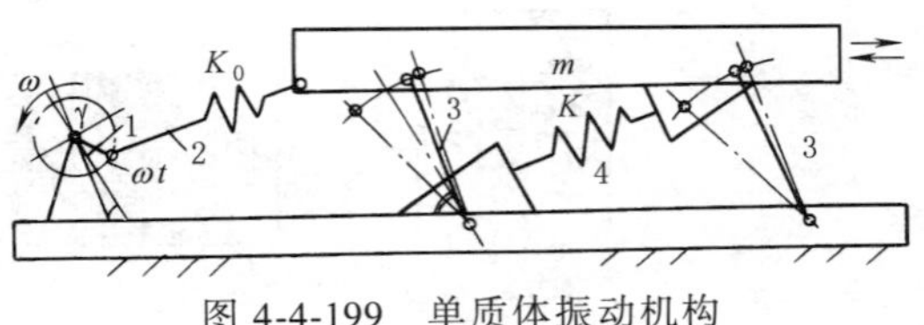

图 4-4-199　单质体振动机构

17.2　振动离心机构

功能：通过周期性振动，可以将不同粒径的颗粒物料悬浮进行分离。

用途：用于物料的输送与筛分设备。

原理：如图 4-4-200，齿轮 2 带动 1 转动，曲柄 4 通过滑块和弹簧使 1 产生垂直运动（振动），因而 1 内的含水粒状物料沿内壁（带孔的钢板）上升，水从孔中分离出来。

特点：使用成本低、效率高。

17.3　螺旋垂直振动输送机

功能：利用螺旋形槽体振动将物料沿固定的机壳内推移而进行输送。

用途：用于物料输送设备。

原理：图 4-4-201 为弹性连杆螺旋垂直振动输送机。工作构件 4 为一垂直安装的螺旋形槽体，槽体的下方沿圆周方向安装着倾斜布置的主振弹簧 3，弹簧的另一端固定于基础上，槽体 4 由水平偏心轴 1 及垂直安装的弹性连杆 2 驱动，由于在槽体与基础之间装有与主振弹簧相垂直的杆 5，因而槽体做垂直与扭转、振动叠加的组合振动。

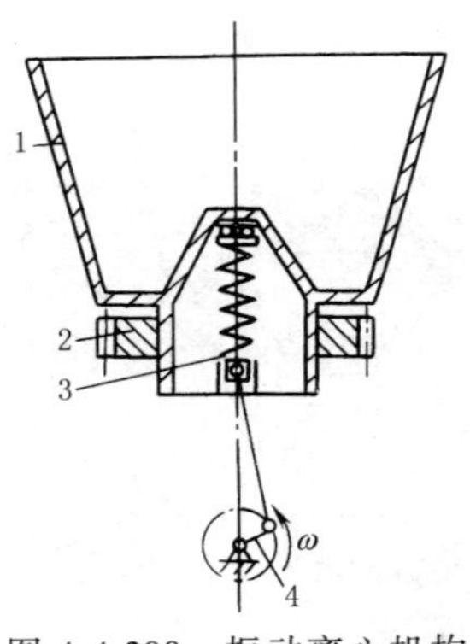

图 4-4-200　振动离心机构

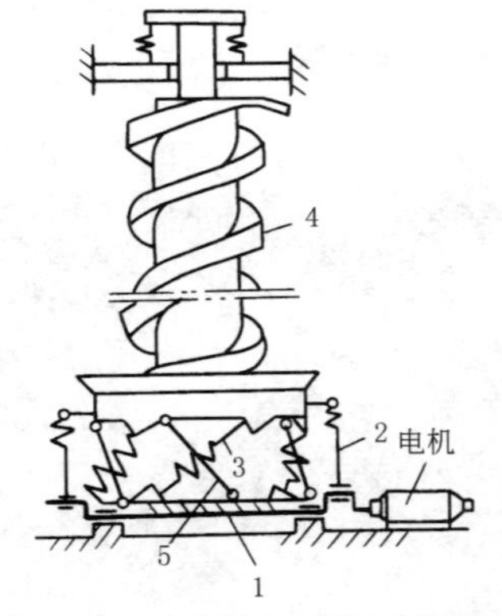

图 4-4-201　螺旋垂直振动输送机

特点：承载能力大、安全可靠。

17.4　漏斗型电磁振动喂料机

功能：电磁激振器产生激振力，强迫漏斗及底座产生垂直振动和扭振，实现喂料。

用途：用于矿山、冶金、煤炭、建材、轻工、化工、电力、机械、粮食等各行业。

原理：如图 4-4-202，沿圆周装有 4 个电磁激振器，每个电磁激振器均呈倾斜安装。由电磁激振器产生的电磁激振力强迫漏斗 4 及底座 1 产生垂直振动和绕垂直轴的扭转振动。图中 2 为板簧、3 为衔铁、5 为线圈、6 为铁芯、7 为橡胶减振器。

特点：振动频率通常为 3000 次/min，双振幅为 0.5~1.5mm。机器在近共振状态下工作。

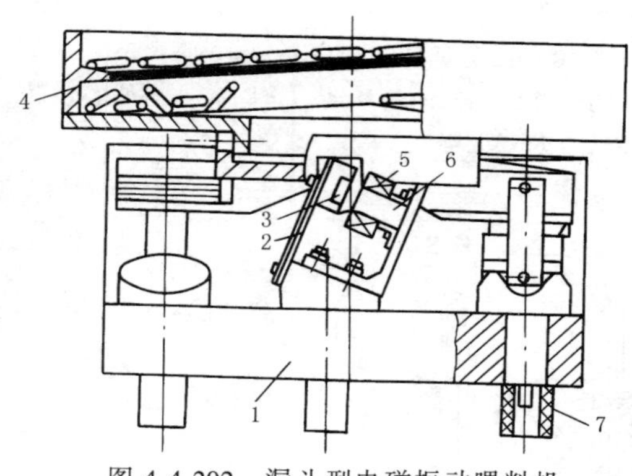

图 4-4-202　漏斗型电磁振动喂料机

17.5　插入式振捣器

功能：振动头插入混凝土内部，将振动波直接传给混凝土，使混凝土密实结合。

用途：用于振捣混凝土。

原理：如图 4-4-203，图 a 为插入式振捣器，由带有增速齿轮的电动机 7、增速器 4、软轴 3 和偏心式振动棒 1 所组成。电动机 7 通过增速器 4 和软轴 3，将动力传递给偏心轴 2 使振动棒 1 振动。在电动机轴 5 和增速器大齿轮之间有防逆转用的超越离合器 6。图 b 为外滚锥行星高频振捣器，采用了行星增速原理，滚动体沿着不同直径的滚道做滚动运动，造成质量不平衡的离心作用，使外壳 3 获得高频振动，其振动频率为：

$$f=\frac{n}{\frac{D}{d}-1}\text{（次/min）}$$

式中　n——滚动体驱动轴的转速，r/min；

d——滚动体直径，mm；

D——滚道直径，mm。

特点：重量轻，移动方便；滚道大小可以更换。

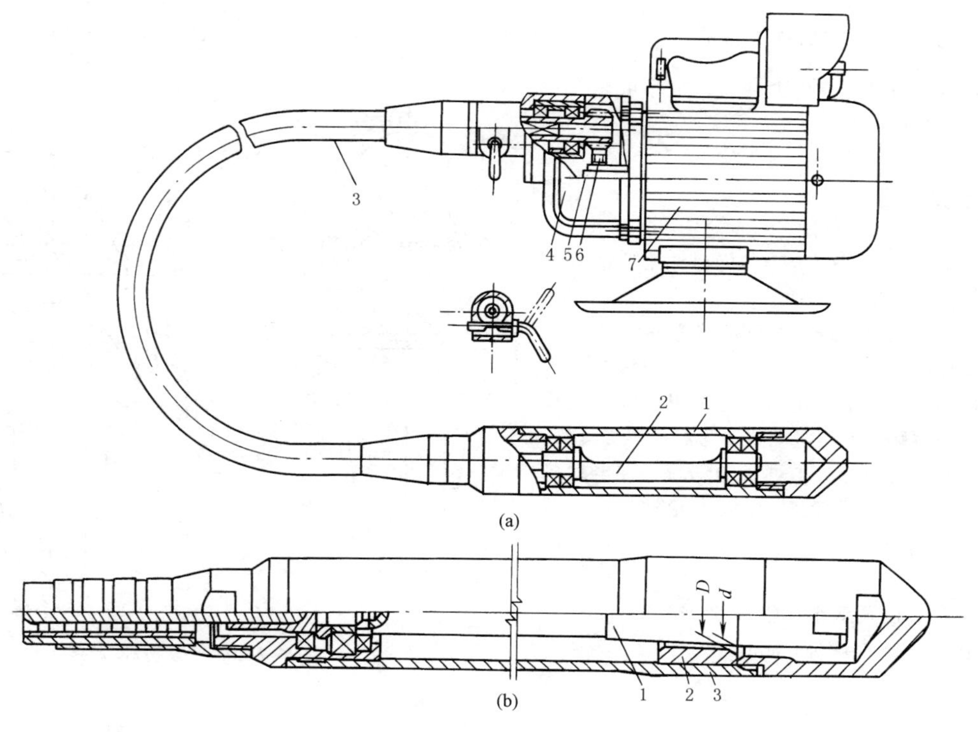

图 4-4-203　插入式振捣器

17.6　惯性激振蛙式夯土机

功能：在离心力作用下，夯头被提升到一定高度，以较大的冲击力夯实土壤。

用途：用于建筑工程中夯实灰土和素土地基以及完成场地的平整工作。

原理：如图 4-4-204，电动机 5 通过两级 V 带 7、3 使带有偏心块 10 的带轮回转。当偏心块 10 回转至某一角度时，夯头 1 被抬起，在离心力作用下，夯头被提升到一定高度，同时整台机器向前移动一定距离；当偏心块转到一定位置后，夯头开始下落，下落速度逐渐增大，并以较大的冲击力夯实土壤。

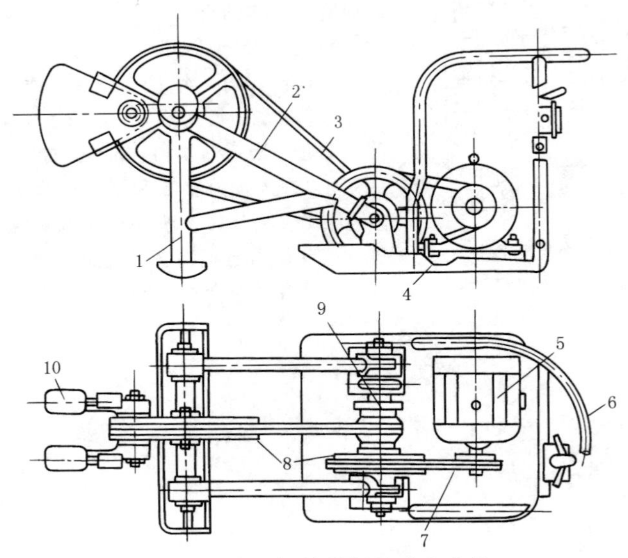

图 4-4-204　惯性激振蛙式夯土机

1—夯头；2—夯架；3,7—V 带；4—底盘；5—电动机；6—把手；8—V 带轮；9—传动轴架；10—偏心块

特点：结构简单、操作方便，它工作可靠，效能较高，容易维护保养。

17.7　振动锤

功能：基于振动力的产生和传递，振动锤使施工物产生位移和变形。

用途：用于建筑工程中的桩基础施工机械。

原理：如图 4-4-205，图 a 为电动机与激振器连在一起的振动锤。为了防止由于冲击引起电动机损坏，在图 b 中用弹簧 5 将电动机 1 与激振器 2 隔离。为了预防由于振动引起带的伸长与缩短，在电动机底座上增设一个中间带轮 6，中间带轮轴与激振器轴在一个水平平面内。图中 3 为夹持器，4 为冲击锤。

特点：施工时振感小、噪声小；施工效率高，振动沉桩速度一般在 4~7m/min。

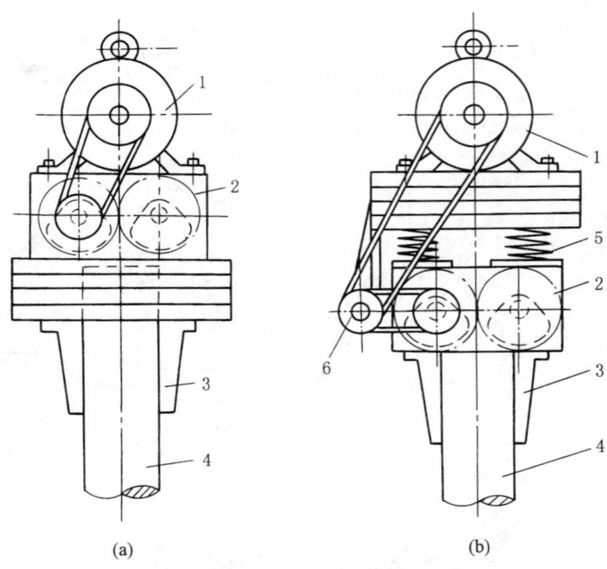

图 4-4-205　振动锤

参 考 文 献

[1] 机械工程手册电机工程手册编辑委员会编. 机械工程手册. 机械设计基础卷. 第2版. 北京：机械工业出版社，1997.

[2] 现代机械传动手册编辑委员会编. 现代机械传动手册. 第2版. 北京：机械工业出版社，2002.

[3] [苏] Артоболевский И. И. Теория Механизмов и Машин. М.，1975.

[4] 郑文纬，吴克坚. 机械原理. 第7版. 北京：高等教育出版社，1997.

[5] [美] C. H. Suh，C. W. Radcliffe. 运动学及机构设计. 上海交通大学机械原理及零件教研室译. 北京：机械工业出版社，1983.

[6] [美] G. N. Sandor，A. Erdman. 高等机构设计——分析与综合. 第1、2卷. 庄细荣，党祖祺，杨上培译. 北京：高等教育出版社，1992.

[7] 邹慧君，郭为忠. 机械原理. 第3版. 北京：高等教育出版社，2016.

[8] [苏] И. И. Артоболевский，等. 平面机构综合. 上、下册. 孙可宗，陈兆雄，张世民译. 北京：人民教育出版社，1965.

[9] [俄] К. В. Фролов. 机械原理. 刘作毅等译. 北京：高等教育出版社，1997.

[10] [美] H. H. Mabie，F. W. Ocvik. Mechanisms and Dynamics of Machinery. John Wiley and Sons，1975.

[11] 杨基原. 机构运动学与动力学. 北京：机械工业出版社，1987.

[12] [德] J. Volmer. 连杆机构. 陆锡年等译. 北京：机械工业出版社，1988.

[13] R. J. Brodell. Design of the Crank-rocker Mechanism with cenit Time ratio. J of Mechanisms，1970.

[14] [美] A. H. Seni. Mechanism Synthesis and Analysis. McGraw-Hill Book Company，1974.

[15] 吴序堂，等. 非圆齿轮及非匀速比传动. 北京：机械工业出版社，1997.

[16] 陈志新. 共轭曲面原理. 上册. 北京：科学出版社，1974.

[17] [美] H. A. Rothbart，John Wiley and Sons. Cams. 1956.

[18] [美] F. Y. Chen. Mechanics and Design of Cam Mechanisms. Pergamon Press，1982.

[19] 邹慧君，等. 凸轮机构的现代设计. 上海：上海交通大学出版社，1991.

[20] 彭国勋，肖正扬. 自动机械的凸轮机构设计. 北京：机械工业出版社，1990.

[21] 石永刚，吴央芳. 凸轮机构设计与应用创新. 北京：机械工业出版社，2007.

[22] 赵韩，丁爵曾，梁锦华. 凸轮机构设计. 北京：高等教育出版社，1993.

[23] 殷鸿梁，朱邦贤. 间歇运动机构设计. 上海：上海科学技术出版社，1996.

[24] [苏] С. И. 柯热夫尼柯夫，等. 机构参考手册. 孟宪源等译. 北京：机械工业出版社，1988.

[25] 阮忠唐. 机械无级变速器设计与选用指南. 北京：化学工业出版社，1999.

[26] [日] 牧野洋. 自动机械机构学. 胡茂松译. 北京：科学出版社，1980.

[27] [美] H. H. Ryffel. Machinery's Hand Book. 22nd ed. New York：Industrail Press，1984.

[28] 闻邦椿. 机械设计手册. 第6版. 第2卷. 北京：机械工业出版社，2020.

[29] 卜炎. 机械传动装置设计手册. 上册. 北京：机械工业出版社，1999.

[30] 申永胜. 机械原理教程. 第3版. 北京：清华大学出版社，2015.

[31] Wang S，Yan P，Huang H L，et al. Inflatable Metamorphic Origami. RESEARCH，2023，4：0133.

[32] 罗浚雄，张萌，侯浩宇，等. 折纸机构及机器人应用研究 [J]. 机器人技术与应用，2021 (05)：27-32.